MonLab | L'apprentissage optimisé

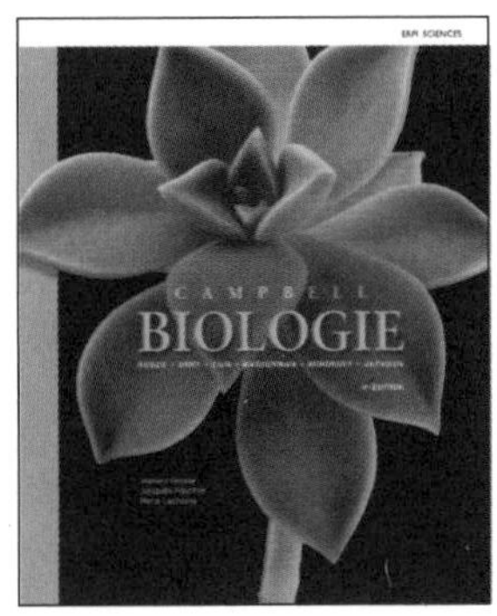

MonLab, c'est l'environnement numérique de votre manuel. Il vous connecte aux exercices interactifs ainsi qu'aux documents complémentaires de l'ouvrage. De plus, il vous permet de suivre la progression de vos résultats ainsi que le calendrier des activités à venir. **MonLab** vous accompagne vers l'atteinte de vos objectifs, tout simplement!

Vous avez également accès à l'**Édition en ligne** et la page **Animations.**

INSCRIPTION de l'étudiant

1. Rendez-vous à l'adresse de connexion **mabiblio.pearsonerpi.com**
2. Suivez les instructions à l'écran. Lorsqu'on vous demandera votre code d'accès, utilisez le code fourni sous l'étiquette bleue.
3. Vous pouvez retourner en tout temps à l'adresse de connexion pour consulter MonLab, l'Édition en ligne et la page Animations.

L'accès est valide pendant 60 MOIS à compter de la date de votre inscription.

CODE D'ACCÈS DE L'ÉTUDIANT

BI60ST-SHALL-SYNCH-ISSUE-FIORI-NURSE

AVERTISSEMENT : Ce livre NE PEUT ÊTRE RETOURNÉ si la case ci-dessus est découverte.

ACCÈS de l'enseignant

Du matériel complémentaire à l'usage exclusif de l'enseignant est offert sur adoption de l'ouvrage. Certaines conditions s'appliquent. **Demandez votre code d'accès à information@pearsonerpi.com**

1 800 263-3678 option 2
pearsonerpi.com/aide

W20525 (A36837)

CAMPBELL
BIOLOGIE

ERPI SCIENCES

CAMPBELL
BIOLOGIE

REECE • URRY • CAIN • WASSERMAN • MINORSKY • JACKSON

4e ÉDITION

Adaptation française
Jacques Faucher
René Lachaîne

PEARSON

Montréal Toronto Boston Columbus Indianapolis New York San Francisco Upper Saddle River
Amsterdam Le Cap Dubaï Londres Madrid Milan Munich Paris
Delhi México São Paulo Sydney Hong-Kong Séoul Singapour Taipei Tōkyō

Supervision éditoriale
Sylvie Chapleau

Traduction
Annie Desbiens, Sylvie Dupont, Jean-Luc Riendeau,
Johanne Tremblay

Révision linguistique
Jean-Pierre Regnault et Hélène Crevier

Correction d'épreuves
Carole Laperrière, Louise Garneau, Odile Dallaserra

Recherche iconographique
Chantal Bordeleau

Direction artistique
Hélène Cousineau

Coordination aux réalisations graphiques
Muriel Normand

Conception graphique de l'intérieur
Benoit Pitre

Conception graphique de la couverture
Martin Tremblay

Édition électronique
Interscript

Cet ouvrage est une version française de la neuvième édition de *Campbell Biology* de Jane Reece, Lisa Urry, Michael Cain, Steven Wasserman, Peter Minorsky et Robert Jackson, publiée et vendue à travers le monde avec l'autorisation de Pearson Education, Inc.

1611, boulevard Crémazie Est, 10e étage
Montréal (Québec) H2M 2P2
Canada
Téléphone : 514 334-2690
Télécopieur : 514 334-4720
info@pearsonerpi.com
pearsonerpi.com

Dépôt légal – Bibliothèque et Archives nationales du Québec, 2012
Dépôt légal – Bibliothèque et Archives Canada, 2012

Imprimé au Canada 67890 II 21 20 19 18
ISBN 978-2-7613-2856-2 20525 ABCD SM9

Préface

La biologie est un sujet si vaste qu'elle peut décontenancer les étudiants et même des scientifiques. Des nouvelles molécules d'ARN au génome du Néanderthalien, des nouveaux biogaz aux communautés d'organismes proliférant sous d'énormes glaciers, et des maladies infectieuses émergentes aux vaccins contre le cancer, le rythme des découvertes y est sans précédent. Par conséquent, la présentation d'un cours de biologie générale constitue un tour de force intimidant : celui d'instruire les étudiants sans les ensevelir sous une avalanche d'information. *Biologie* relève brillamment ce défi en présentant les bases essentielles à la compréhension des connaissances actuelles et des innovations dans le contexte des concepts biologiques sous-jacents.

Des concepts clés et des thèmes centraux

Chacun des chapitres de ce manuel présente un cadre de travail composé de trois à six **concepts clés** soigneusement choisis ; ceux-ci fournissent un contexte aux idées secondaires et aident les étudiants à distinguer l'arbre de la forêt. Les concepts clés sont numérotés et présentés en début de chapitre, et le découpent en sections. À la fin de chaque section, le *Retour sur le concept* présente un cadre hiérarchique d'autoévaluation qui permet à l'étudiant de consolider ses connaissances et d'aller plus loin en répondant à des questions de raisonnement critique. Le *Résumé des concepts clés*, présenté en fin de chapitre, recentre le lecteur sur les notions essentielles. *Biologie* aide aussi les étudiants à organiser et à comprendre ce qu'ils apprennent dans une perspective plus large en insistant sur l'**évolution** et d'autres **thèmes fondamentaux** indissociables de la biologie. Ces thèmes sont présentés au chapitre 1 puis intégrés au fil des chapitres.

Du nouveau dans cette édition : une invitation à faire des liens

En plus des concepts clés et des thèmes, nous avons enrichi cette quatrième édition d'éléments qui aident les étudiants à situer la biologie dans un contexte plus large en les amenant à **faire des liens**. En voici quelques-uns.

Des questions pour faire des liens entre les chapitres

Les questions introduites par l'étiquette *Faites des liens* aident les lecteurs à saisir les relations existant entre divers domaines de la biologie, et freinent notre tendance à compartimenter l'information. Chaque question invite les étudiants à s'écarter du par cœur pour mieux comprendre les principes de biologie en faisant des liens entre le contenu du chapitre et ce qu'ils ont appris dans des chapitres précédents. Par exemple, nous invitons les lecteurs à faire des liens entre :

- la réplication de l'ADN (chapitre 16, p. 369) et le cycle cellulaire (chapitre 12) ;
- la formation des sols (chapitre 37, p. 920) et les propriétés de l'eau (chapitre 3) ;
- les biomes aquatiques (chapitre 52, p. 1335) et l'osmorégulation (chapitre 44).

Chaque chapitre compte au moins trois questions de type « Faites des liens ».

Une couverture enrichie de l'évolution : pour faire des liens avec l'évolution dans tous les chapitres

L'évolution est le thème fondamental de la biologie, et cette édition en témoigne d'éclatante façon. Les lecteurs trouveront au moins une **rubrique *Évolution*** dans chaque chapitre. Celle-ci traite de l'évolution dans le contexte du contenu abordé et porte un bandeau facilement reconnaissable. Voyez, par exemple, les nouveaux exposés sur l'évolution des enzymes (p. 174), la coévolution des fleurs et des pollinisateurs (p. 935) et l'évolution de la fonction hormonale chez les Animaux (p. 1146).

De nouvelles figures Impact : pour faire des liens entre les percées scientifiques et notre monde

Nos nouvelles **figures *Impact*** mettent en lumière les répercussions importantes de découvertes récentes en biologie. Ces figures présentent des sujets captivants comme les cellules souches pluripotentes induites et la médecine régénérative (chapitre 20, p. 482), la découverte de *Tiktaalik* (chapitre 34, p. 827) et l'utilisation de l'écologie médicolégale dans la lutte contre le braconnage des éléphants (chapitre 56, p. 1435). Pour chacune, la rubrique *Pourquoi c'est important* explique l'incidence de la recherche présentée sur notre vie, sur un problème mondial ou sur la biologie. Chaque figure Impact comporte une question hypothétique (*Et si ?*) ou de type *Faites des liens*, qui stimule le raisonnement critique.

Une nouvelle organisation visuelle et des illustrations de style 3D : pour faire des liens visuels

La nouvelle **organisation visuelle** met en lumière les principales composantes d'une figure et aide les étudiants à saisir les catégories importantes en un coup d'œil. Voyez par exemple la figure 17.24, qui présente les types de mutation à petite échelle (p. 399), ou la figure 27.3 sur la coloration de Gram (p. 645). Au fil des chapitres, des figures ont été rehaussées d'un **traitement de style 3D** qui leur confère plus de réalisme sans sacrifier la clarté de l'apprentissage. La figure 52.3, sur les régimes climatiques à l'échelle planétaire (p. 1324), en présente un bon exemple.

Une restructuration de la révision des chapitres : pour faire des liens à un autre niveau

Dans le résumé à la fin des chapitres, chaque concept se termine sur une **question du résumé des concepts clés** portant sur un objectif d'apprentissage important. Cette édition amène en outre les étudiants à prendre conscience de différents niveaux de réflexion grâce à la réorganisation des questions de fin de chapitre en trois niveaux inspirés de la **taxinomie de Bloom**, qui classifie les types de raisonnement nécessaires à l'apprentissage : (1) Connaissances et compréhension, (2) Application et analyse et (3) Synthèse et évaluation. La variété des questions aide les étudiants à développer leurs compétences en raisonnement critique et à se préparer au type de questions qui leur seront soumises aux examens. Les questions de type *Écrivez un texte* les amènent à rédiger de courtes dissertations cohérentes pour faire le lien entre le contenu du chapitre et l'un des thèmes du manuel. (La page xv propose une grille d'évaluation des textes.)

Nouveau contenu : pour faire des liens avec les percées scientifiques

Comme dans chaque nouvelle édition, cette quatrième version intègre de **nouveaux contenus scientifiques** et une **organisation améliorée**. Les pages vii à ix décrivent ces innovations en détail.

Les signes distinctifs de cet ouvrage

Outre nos concepts clés et nos grands thèmes, plusieurs autres éléments ont contribué au succès de *Biologie*. Parce que le texte et les illustrations sont également importants dans l'étude de la biologie, l'**intégration des figures et du texte** est un signe distinctif de cet ouvrage depuis sa conception. Nos populaires *Panoramas* traitant de sujets choisis illustrent parfaitement cette approche. Chacun de ces Panoramas constitue un module d'apprentissage essentiel réunissant des illustrations et du texte. Nos *figures numérotées* constituent un autre exemple : les descriptions en caractères bleus guident le lecteur pas à pas dans l'exploration de figures complexes en attirant son attention sur les structures et les fonctions clés ou sur les étapes d'un processus.

Pour stimuler l'**apprentissage par l'action**, cette édition intègre de nouveaux types de questions : questions hypothétiques (*Et si ?*), questions sur les figures et invitations à dessiner une structure, à annoter une figure ou à faire un diagramme (*Faites un dessin*). Cette quatrième édition s'enrichit aussi de questions pour aller plus loin (*Faites des liens*).

Enfin, *Biologie* s'intéresse à la **recherche scientifique**, une composante essentielle à tout cours de biologie. Conçues pour enrichir le récit de découvertes scientifiques décrites dans le texte, les rubriques *Investigation* aident les étudiants à comprendre d'où viennent nos connaissances et leur fournissent un modèle de raisonnement scientifique. Chaque rubrique commence par une question de recherche puis décrit comment les chercheurs ont conçu une expérience et interprété ses résultats avant d'en tirer des conclusions. Une source est fournie en référence pour en savoir plus sur la recherche, et une question hypothétique (*Et si ?*) invite les étudiants à envisager d'autres scénarios. À la fin de chaque chapitre, les questions d'*Intégration* sont autant d'occasions d'exercer son jugement critique en formulant des hypothèses, en concevant des expériences et en analysant de véritables données de recherche.

Édition en ligne

L'Édition en ligne offre du matériel complémentaire aux étudiants et aux enseignants. Les étudiants y trouveront les questions du manuel et des questions supplémentaires en format interactif. La section réservée aux enseignants contient les réponses aux questions supplémentaires, des études de cas, les figures et tableaux du manuel en format jpg et une sélection de figures muettes.

Adaptation

Cette nouvelle édition de *Biologie* perfectionne encore ce qu'elle a toujours été : une référence à la fois globale et spécifique pour les besoins, non seulement des étudiants et de leurs professeurs, mais aussi pour toute personne qui s'intéresse de près ou de loin à la biologie. Par son traitement des connaissances et par ses textes structurés, clairs et soutenus par de nombreuses illustrations, *Biologie* incite les lecteurs à approfondir leur savoir, les aide à étancher leur curiosité et à faire des liens avec maints sujets d'actualité. Les nouveaux éléments de connaissance et les nouvelles applications qui s'ajoutent sans cesse ont fait de cette discipline un domaine vaste, en développement perpétuel et qui ne peut plus s'expliquer sans faire appel à l'ensemble des autres sciences. Cette nouvelle édition est donc la bienvenue à plus d'un titre.

Depuis la toute première édition, ce manuel a été notre outil de travail et celui de nos étudiants des programmes préuniversitaires. Et maintenant, en tant qu'adaptateurs, nous avons éprouvé une grande satisfaction à lire, relire et relire encore ces chapitres, de façon à les rendre le plus clair, le plus intéressant possible, et à rendre rigoureusement compte des connaissances actuelles dans le domaine.

Nous avons été grandement aidés dans ce travail par toute une équipe dont vous trouverez la liste à la page iv de ce manuel. Parmi toutes ces personnes que nous remercions chaleureusement, nous aimerions souligner la participation de celles avec qui nous avons été en contact de façon régulière durant plus d'une année, soit la responsable de la supervision éditoriale, Sylvie Chapleau, les traducteurs, les réviseurs linguistiques, Jean-Pierre Regnault et Hélène Crevier, ainsi que les personnes chargées de la correction des épreuves. Sans leur bienveillante et précieuse collaboration, nous n'aurions pu être en mesure de vous présenter aujourd'hui, avec une fierté que nous croyons justifiée, cette quatrième adaptation française du « Campbell ».

Jacques Faucher
René Lachaîne

Quoi de neuf?

Cette section ne présente qu'un aperçu du nouveau contenu et des améliorations apportées à l'organisation de *Biologie,* quatrième édition.

CHAPITRE 1 Introduction: les thèmes de l'étude du vivant

Nous avons fait de la circulation d'énergie un nouveau thème distinct et avons consolidé celui des interactions environnementales. Nous avons revu le concept 1.3, sur la méthode scientifique, afin qu'il reflète plus fidèlement la démarche scientifique et insiste sur les observations et les hypothèses. Le concept 1.4, inédit, traite de la valeur de la technologie pour la société tout en soulignant le caractère coopératif de la science et la richesse que procure la diversité au sein de la communauté scientifique.

PREMIÈRE PARTIE La chimie de la vie

Dans cette édition, la chimie de base s'enrichit de nouveaux contenus qui révèlent sa relation avec l'évolution, l'écologie et d'autres domaines de la biologie. Les acides gras oméga-3, les formes isomériques de méthamphétamine, la contamination à l'arsenic des nappes phréatiques et l'origine de la maladie de la vache folle n'en sont que quelques exemples. L'importance émergente des acides nucléiques en biologie nous a incités à élargir notre couverture des structures de l'ADN et de l'ARN dans cette première partie. En fait, l'objectif général, pour les deux premières parties, était d'enrichir les chapitres d'information sur les acides nucléiques, les gènes et autres sujets connexes. Nous avons également introduit dans cette partie, ainsi que dans les deux suivantes, des modèles informatiques de protéines importantes en contexte. Ces modèles améliorent la compréhension de la fonction moléculaire.

DEUXIÈME PARTIE La cellule

Le chapitre 6 s'enrichit d'un Panorama sur la microscopie, qui en présente deux nouveaux types. Des micrographies de divers types de cellules ont également été ajoutées au Panorama sur les cellules eucaryotes. Nous avons en outre remanié notre description de la composition chromosomique afin de rectifier certaines idées reçues qu'ont les étudiants sur les chromosomes et l'ADN. Les lecteurs trouveront également de nouveaux liens avec l'évolution, dont une introduction à la théorie endosymbiotique (chapitre 6) et certaines adaptations évolutives intéressantes des membranes cellulaires (chapitre 7). Nous avons enrichi le chapitre 8 d'une section sur l'évolution des enzymes dotées de nouvelles fonctions. En plus d'approfondir notre étude des enzymes, cette nouvelle section constitue une introduction à la notion voulant que les mutations contribuent à l'évolution moléculaire. Au chapitre 9, nous avons simplifié la figure sur la glycolyse et montré plus précisément que l'oxydation en pyruvate est une étape distincte, afin d'aider les étudiants à se concentrer sur les idées principales. Dans l'optique des enjeux mondiaux de cette quatrième édition, le chapitre 10 présente une rubrique Impact sur les biogaz et un exposé sur l'effet possible du changement climatique sur la distribution des plantes de types C_3 et C_4. Le chapitre 11 compte aussi une nouvelle rubrique Impact qui souligne l'importance et la pertinence, pour la médecine, des récepteurs couplés aux protéines G.

TROISIÈME PARTIE La génétique

Nous avons ajouté aux chapitres 13 à 17 du matériel stimulant, par exemple une figure Impact sur le dépistage génétique de mutations associées à des maladies. Comme dans les autres parties de cette quatrième édition, nous invitons les étudiants à faire des liens entre les chapitres, de façon à éviter de compartimenter l'information. Ainsi, au chapitre 15, qui traite du chromosome Philadelphie, associé à la leucémie myéloïde, nous invitons les étudiants à faire un lien entre cette information et ce qu'ils ont appris au chapitre 12 au sujet de la communication cellulaire. Nous encourageons aussi les étudiants à faire des liens entre ce qu'ils ont appris sur la réplication de l'ADN et la structure des chromosomes, au chapitre 16, et ce que dit le chapitre 12 sur le comportement des chromosomes durant le cycle cellulaire. Le chapitre 16 présente une nouvelle modélisation en 3D du complexe de réplication de l'ADN, avec le brin discontinu enroulé en boucle passant au travers.

Les chapitres 18 à 21 ont fait l'objet d'une importante mise à jour rendue nécessaire par les nouvelles séquences de données génomiques et les découvertes sur la régulation de l'expression des gènes. (L'étude des gènes, des génomes et de l'expression génique, dans les deux premières parties, devrait aider les étudiants à aborder ce nouveau contenu.) Le chapitre 18 comprend une nouvelle section sur l'architecture nucléaire, qui décrit l'organisation de la chromatine dans le noyau et son rôle dans l'expression des gènes. Le rôle des divers types de molécules d'ARN dans la régulation fait également l'objet d'une attention particulière. Nous décrivons, dans la section consacrée au cancer, comment les progrès techniques peuvent contribuer à personnaliser les traitements en fonction des caractéristiques moléculaires de chaque tumeur. Le chapitre 19 comporte un exposé sur la pandémie de grippe H1N1 survenue en 2009. Le chapitre 20 présente pour sa part les progrès réalisés dans le séquençage de l'ADN et l'obtention de cellules souches pluripotentes induites (SPi). Enfin, la révision importante du chapitre 21 a permis d'y présenter les nouvelles connaissances relatives au séquençage de nombreux génomes, y compris celui d'humains.

QUATRIÈME PARTIE Les mécanismes de l'évolution

Nous continuons, dans cette nouvelle édition, d'alimenter le dossier de preuves de l'évolution en y versant des exemples et des figures qui illustrent les concepts clés de la partie. Ainsi, le chapitre 22 présente des données de recherche sur l'évolution adaptative de *Jadera haematoloma*, sur la découverte de fossiles qui nous renseignent sur l'origine des cétacés et sur la prolifération du staphylocoque doré (*Staphylococcus aureus*) résistant à la méthicilline. Le chapitre 23 s'intéresse à la dispersion des gènes et à l'adaptation des populations d'oiseaux chanteurs. Le chapitre 24 intègre plusieurs nouveaux exemples de recherche sur la spéciation, dont l'isolement reproductif des poissons larvivores, la spéciation des crevettes et l'hybridation d'espèces d'ours. D'autres changements consolident le thème de cette partie, assurent la cohérence entre les chapitres et contribuent à donner une vue d'ensemble claire de l'évolution et de ses mécanismes. Ainsi, de nouveaux liens entre les chapitres 24 et 25 montrent comment les variations dans le rythme de spéciation et d'extinction façonnent les grandes tendances de l'histoire du vivant. Nous avons également ajouté, à partir du chapitre 22, des points de vue sur la phylogenèse et sur l'interprétation et l'utilisation des arbres phylogénétiques.

CINQUIÈME PARTIE La diversité biologique à travers l'évolution

L'un de nos objectifs, pour cette partie sur la diversité, était d'accorder une plus grande place aux preuves scientifiques sur lesquelles repose l'histoire de l'évolution que relatent ses chapitres. Par conséquent, le chapitre 27 présente maintenant les plus récentes découvertes sur l'origine des flagelles chez les Bactéries. Sans perdre de vue la vision d'ensemble phylogénétique, nous avons ajouté au chapitre 34 un diagramme d'évolution des Tétrapodes. Celui-ci montre les lignées à l'appui de l'hypothèse phylogénétique. Nos exposés sur les groupes d'organismes promettent de captiver encore davantage les étudiants grâce à de nouvelles applications et à une information accrue sur l'écologie. Mentionnons par exemple le contenu sur la croissance partout dans le monde des Protistes photosynthétiques (chapitre 28), sur les Mollusques en voie d'extinction (chapitre 33) et sur le rôle des Chytridiomycètes dans le déclin des populations d'Amphibiens (chapitres 31 et 34).

SIXIÈME PARTIE Anatomie et physiologie végétales

L'enseignement de la biologie végétale traverse une période de transition ; certains professeurs misent davantage sur la botanique classique alors que d'autres souhaitent approfondir la biologie moléculaire des plantes. Nous continuons dans cette édition de doser l'approche classique et l'innovation en offrant aux lecteurs les connaissances de base sur l'anatomie et la fonction des Végétaux, tout en montrant le dynamisme qui anime la recherche en botanique et les nombreuses relations qu'entretiennent les Végétaux et d'autres organismes. Notre objectif principal était de présenter des exposés plus explicites sur les aspects évolutifs de la biologie végétale, comme la coévolution des Insectes et des animaux pollinisateurs (chapitre 38). Les nouvelles découvertes sur le développement des Végétaux (concept 35.5) et un contenu enrichi sur le dynamisme de l'architecture végétale (dans le contexte de l'acquisition des ressources), au chapitre 36, font aussi partie des mises à jour.

SEPTIÈME PARTIE Anatomie et physiologie animales

Nous nous sommes efforcés, en revisitant cette partie, de présenter les systèmes physiologiques au moyen d'une approche comparative qui souligne les liens entre les adaptations et les défauts physiologiques communs à une espèce. Tout au long de cette partie, nous avons ainsi mis en lumière l'interdépendance des systèmes endocrinien et nerveux afin que nos lecteurs mesurent bien comment ces deux modes de communication relient les tissus, les organes et les individus. D'autres aspects de notre mise à jour visent à aider les étudiants à ne pas perdre de vue les concepts fondamentaux que l'étude en détail de systèmes complexes pourrait estomper. Pour ce faire, nous avons remplacé de nombreuses figures afin de mieux faire ressortir l'information clé ; de nouvelles figures comparent la circulation simple et la circulation double (chapitre 42) et présentent la fonction des récepteurs d'antigènes (chapitre 43), alors que de nouveaux Panoramas présentent la fonction rénale chez les Vertébrés (chapitre 44), de même que la structure et la fonction de l'œil (chapitre 50). Le chapitre 43 a fait l'objet d'une importante révision afin de faciliter la compréhension des concepts relatifs aux réactions immunitaires et aux cellules clés qu'elles mettent en jeu. Partout dans cette partie, de captivants sujets d'actualité – les rythmes circadiens (chapitre 40), les nouvelles souches de virus grippaux (chapitre 43), les effets des changements climatiques sur les cycles de reproduction des Animaux (chapitre 46) et notre nouvelle compréhension de la plasticité et de la fonction du cerveau (chapitre 49) – sont traités au moyen d'images de pointe et de contenus pertinents qui captiveront les lecteurs et les inciteront à faire d'autres liens.

HUITIÈME PARTIE L'écologie

Cette mise à jour s'est accomplie dans un contexte où l'on fait de plus en plus appel aux connaissances des biologistes pour résoudre des problèmes planétaires, comme les changements climatiques qui affectent déjà profondément la vie terrestre. L'accent grandissant que met cette édition sur l'écologie mondiale est particulièrement visible dans l'organisation et le contenu de la huitième partie. Les changements organisationnels commencent par le premier chapitre de la partie (chapitre 52), qui s'enrichit d'un nouveau concept clé (52.1) : « Le climat de la Terre varie selon la latitude et la saison, et change rapidement. »

La présentation au début du chapitre du caractère planétaire du climat et de ses effets sur la vie fournit une base solide pour la suite. Les nouveaux contenus apportés aux chapitres 53 et 54 mettent en lumière les facteurs qui limitent la croissance démographique, l'importance écologique des maladies, les interactions positives entre les organismes ainsi que la biodiversité. Le chapitre 55 explore maintenant l'écologie de la restauration avec l'écologie des écosystèmes, puisque le succès des démarches de restauration passe obligatoirement par la compréhension de la structure et de la fonction des écosystèmes.

Enfin, le nouveau titre du chapitre 56, dernier de la partie et de l'ouvrage, témoigne de l'importance combinée de la conservation et de notre planète en changement: «La biologie de la conservation et les changements à l'échelle planétaire». Les nombreuses figures Impact inédites présentées dans cette partie montrent comment les écologistes appliquent les connaissances biologiques et la théorie de l'écologie à tous les niveaux pour comprendre et résoudre les problèmes du monde qui les entoure.

Comment utiliser ce manuel

Gros plan sur les concepts clés

Chaque chapitre est organisé à partir d'un cadre de travail comprenant de 3 à 6 **concepts clés** qui vous permettront de ne pas perdre de vue l'essentiel et vous aideront à mettre les idées secondaires en contexte.

Avant d'entreprendre la lecture d'un chapitre, consultez la **liste des concepts clés** afin de vous orienter et de connaître les idées maîtresses du chapitre.

Chaque **concept clé** intitule une section du chapitre.

53

L'écologie des populations

▲ **Figure 53.1 Qu'est-ce qui fait fluctuer la taille d'une population de moutons?**

CONCEPTS CLÉS

53.1 Des processus biologiques dynamiques influent sur la densité et la dispersion des populations de même que sur la démographie
53.2 Le modèle exponentiel décrit l'accroissement démographique dans un environnement idéal aux ressources illimitées
53.3 Le modèle logistique décrit comment l'accroissement démographique ralentit lorsqu'une population atteint la capacité limite du milieu
53.4 Les caractéristiques des cycles biologiques sont le produit de la sélection naturelle
53.5 De nombreux facteurs régissant la croissance des populations sont dépendants de la densité
53.6 La population humaine n'augmente plus de manière exponentielle, mais croît néanmoins rapidement

INTRODUCTION

Le compte des moutons

Sur l'île accidentée de Hirta, en Écosse, des écologistes étudient une population de moutons de Soay (**figure 53.1**) depuis plus de 50 ans. Que vaut à ces bêtes l'honneur de faire l'objet de si longues études? En fait, les moutons de Soay constituent une race primitive et rare, et sont les plus proches parents vivants des moutons domestiques qui vivaient en Europe il y a des milliers d'années. En 1932, dans l'espoir de préserver la race, des environnementalistes ont capturé des bêtes sur l'île de Soay, le seul foyer de l'espèce à l'époque, et les ont relâchées sur Hirta, une île voisine. Les moutons y sont devenus doublement précieux puisqu'ils fournissaient l'occasion d'étudier comment croît une population animale isolée lorsque la nourriture abonde et qu'aucun prédateur ne la menace. À leur grande surprise, les écologistes ont constaté que, indépendamment de ces conditions favorables, le nombre de moutons sur Hirta changeait radicalement, parfois du simple au double d'une année sur l'autre.

Pourquoi les populations de certaines espèces fluctuent-elles beaucoup, alors que celles d'autres espèces changent peu? Pour répondre à cette question, il nous faut puiser à l'écologie des populations, une discipline qui étudie les populations sous l'angle de l'environnement. L'écologie des populations explore l'influence de facteurs biotiques et abiotiques sur la densité, la distribution, la taille et la pyramide des âges des populations.

Dans l'étude des populations présentée au chapitre 23, nous nous sommes attardés sur la relation entre la génétique des populations (la structure et la dynamique des patrimoines génétiques) et l'évolution. Les populations évoluent au gré des effets que la sélection naturelle exerce sur les variations génétiques parmi les individus, en modifiant la fréquence des allèles et des caractères au fil du temps. L'évolution reste un fil conducteur tandis que nous entreprenons, dans ce chapitre, l'étude des populations dans un contexte écologique.

Nous aborderons ce chapitre en examinant quelques-uns des aspects de la structure et de la dynamique des populations. Nous explorerons ensuite les outils et les modèles qu'utilisent les écologistes pour analyser les populations, ainsi que les facteurs qui régulent l'abondance des organismes. Enfin, nous examinerons certaines tendances récentes quant à la taille et à la composition de la population humaine à la lumière de ces principes fondamentaux.

CONCEPT 53.1

Des processus biologiques dynamiques influent sur la densité et la dispersion des populations de même que sur la démographie

Une **population** est un groupe d'individus de la même espèce vivant dans une aire géographique donnée, à un moment précis. Ces individus consomment les mêmes ressources et sont influencés par les mêmes facteurs écologiques. De plus, la

CHAPITRE 53 L'écologie des populations **1349**

Après avoir lu une section, évaluez vos connaissances en répondant aux questions du **Retour sur le concept**. Répondez-y individuellement ou en groupe: vous vous familiariserez ainsi aux questions types des examens. ▶

Les questions **Et si?** vous invitent à mettre vos connaissances en pratique. De nouvelles questions intitulées **Faites des liens** vous demandent de relier des notions du chapitre à des notions apprises dans un chapitre précédent.

Si vous arrivez à répondre à ces questions, c'est que vous êtes prêt pour la suite. ▶

RETOUR SUR LE CONCEPT 53.1

1. FAITES UN DESSIN Chaque femelle d'une certaine espèce de Poissons produit chaque année des millions d'œufs. Dessinez la courbe de survie la plus plausible pour cette espèce et expliquez votre choix.
2. ET SI? Comme le mentionne la figure 53.2, la technique de capture-recapture suppose que les individus marqués ont autant de chances d'être capturés que les individus non marqués. Décrivez une situation où cette supposition ne tiendrait pas et expliquez en quoi cela modifierait l'estimation de la taille de la population.
3. FAITES DES LIENS Comme le montre la figure 51.2a (p. 1294), l'épinoche à trois épines mâle attaque les autres mâles qui empiètent sur son territoire de reproduction. Présumez le mode de dispersion probable des mâles de cette espèce et expliquez votre raisonnement.

Voir les réponses proposées à la fin du chapitre.

Faites des liens entre les concepts

En reliant le contenu d'un chapitre à des notions que vous avez apprises plus tôt, les questions **Faites des liens** vous aident à mieux comprendre les principes de la biologie.

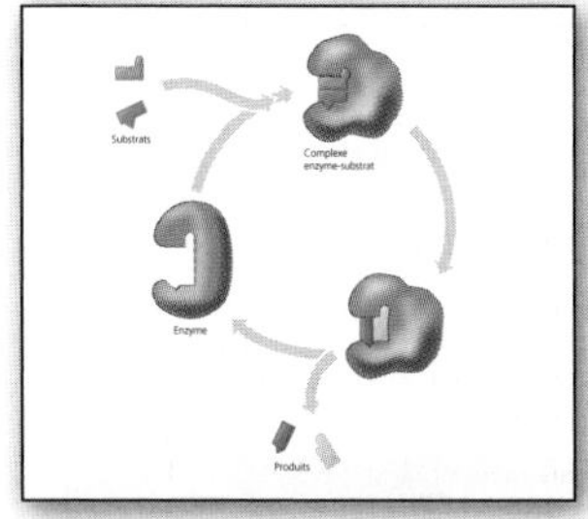

RETOUR SUR LE CONCEPT 41.1

2. **FAITES DES LIENS** Relisez la section sur le rôle des enzymes dans les réactions métaboliques, abordé au concept 8.4 (p. 169-175). Ensuite, expliquez pourquoi les vitamines sont nécessaires, en très petites quantités, dans l'alimentation.

Les enzymes (chapitre 8) — **La nutrition des Animaux** (chapitre 41)

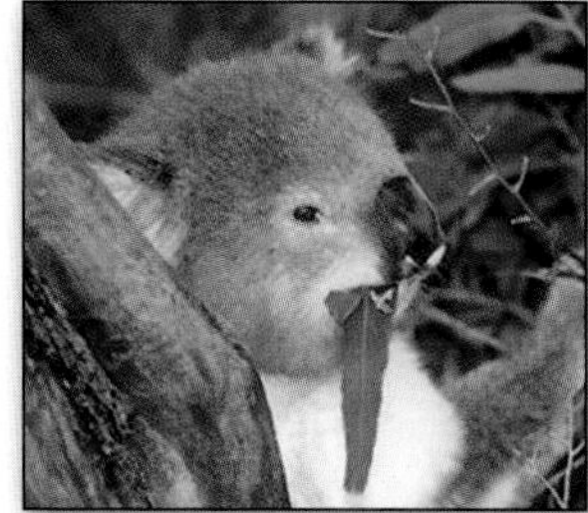

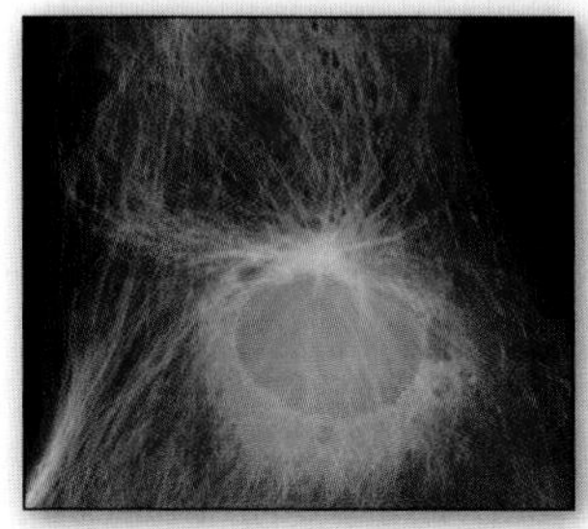

RETOUR SUR LE CONCEPT 16.2

3. **FAITES DES LIENS** Quelle est la relation entre la réplication de l'ADN et la phase S du cycle cellulaire? Voir la figure 12.6, page 262.

Le cycle cellulaire (chapitre 12) — **La réplication de l'ADN** (chapitre 16)

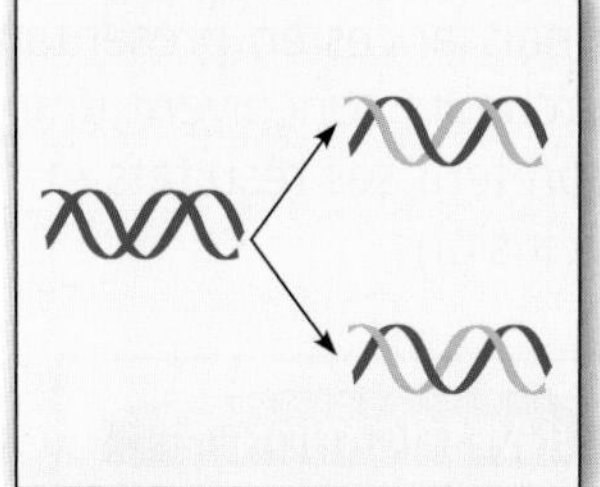

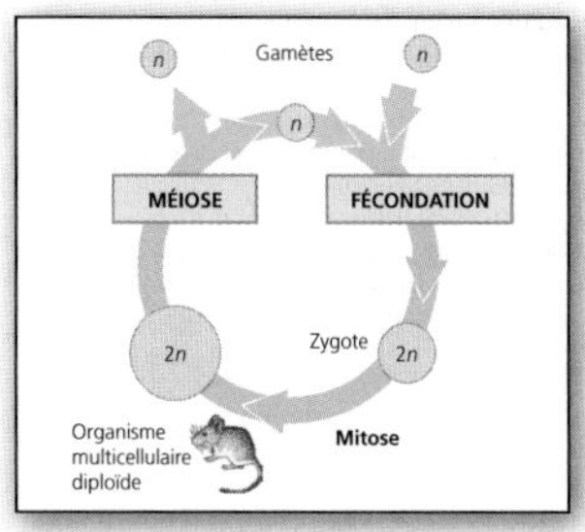

RETOUR SUR LE CONCEPT 31.2

1. **FAITES DES LIENS** Comparez les figures 31.5 et 13.6 (p. 286). En ce qui concerne l'état haploïde par opposition à l'état diploïde, en quoi les cycles de développement des humains et des Eumycètes diffèrent-ils?

La méiose (chapitre 13) — **Les Eumycètes** (chapitre 31)

Faites des liens avec l'**évolution**, un thème fondamental de la biologie.

Recherchez ces **bandeaux** qui soulignent dans chaque chapitre les parties traitant de la **dimension évolutive du sujet**.

Les origines évolutionnaires
des mitochondries et des chloroplastes

ÉVOLUTION Les similarités que les mitochondries et les chloroplastes présentent avec les bactéries sont à l'origine de la **théorie de l'endosymbiose** (**figure 6.16**). Selon cette théorie, un ancêtre lointain des cellules eucaryotes a absorbé une cellule procaryote non photosynthétique aérobie. Avec le temps, la cellule absorbée a établi une relation avec la cellule hôte, devenant ainsi un endosymbionte (une cellule qui vit dans une autre cellule). Au fil de l'évolution, la cellule hôte et son endosymbionte ont fusionné pour ne former qu'un seul organisme, soit une cellule eucaryote renfermant une mitochondrie. Au moins l'une de ces cellules a acquis un
te photosynthétique, devenant ainsi l'ancêtre des cel-
caryotes contenant des chloroplastes.
discuterons la théorie de l'endosymbiose (mainte-
ement acceptée) plus en profondeur au chapitre 25,
ntionnons ici que le modèle qu'elle propose concorde
sieurs caractéristiques des mitochondries et des
stes. Premièrement, plutôt que d'être entourés d'une
mbrane, comme le sont les organites du réseau intra-
de membranes, les mitochondries et les chloroplastes
sont recouverts de deux membranes. (Les chloro-
nt également un système interne de sacs membra-
, tout indique que les procaryotes ancestraux qui
bsorbés possédaient deux membranes externes, et
dernières sont devenues les doubles membranes des
ndries et des chloroplastes. Deuxièmement, comme
yotes, les mitochondries et les chloroplastes recèlent
omes de même que des molécules d'ADN circulaire

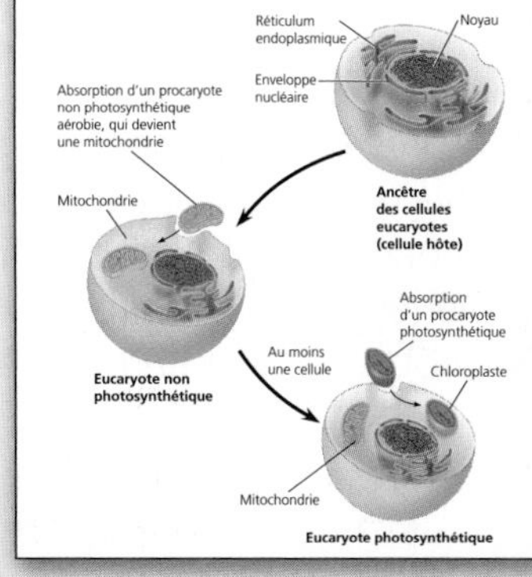

Exercez votre raisonnement scientifique

Les nouvelles figures **Impact** présentent les conséquences de découvertes récentes en biologie et montrent que celle-ci change constamment à mesure que d'autres découvertes enrichissent notre compréhension. ►

▼ Figure 11.8

IMPACT

Détermination de la structure d'un récepteur couplé à une protéine G (RCPG)

Les RCPG sont flexibles et instables, de sorte qu'on a eu du mal à les cristalliser, une étape essentielle pour déterminer leur structure par radiocristallographie. C'est pourtant ce que viennent de réussir les chercheurs pour le récepteur β2-adrénergique humain en présence d'un ligand (en vert dans la modélisation ci-dessous) similaire au ligand naturel et de cholestérol (en orangé), qui stabilise suffisamment le récepteur pour qu'on puisse en déterminer la structure. Cette modélisation montre deux molécules réceptrices (en bleu) en forme de ruban dans une membrane plasmique (en coupe transversale).

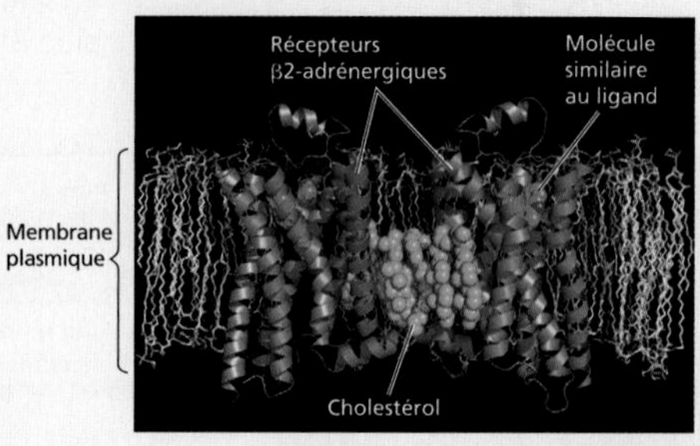

Pourquoi c'est important montre la pertinence de la recherche. ►

POURQUOI C'EST IMPORTANT On trouve le récepteur β2-adrénergique dans les cellules des muscles lisses du corps, et ses formes anormales sont associées à des maladies comme l'asthme, l'hypertension et l'insuffisance cardiaque. Les médicaments qu'on utilise actuellement pour traiter ces maladies ont des effets indésirables, et les progrès de la recherche pourraient mener à la mise au point de meilleurs traitements pharmaceutiques. De plus, comme les RCPG présentent des similarités structurelles, ces travaux sur le récepteur β_2-adrénergique contribueront à la mise au point de traitements pour des maladies associées à d'autres RCPG.

Pour en savoir plus propose des suggestions de lecture. ►

POUR EN SAVOIR PLUS R. Ranganathan, Signaling across the cell membrane, *Science* 318 : 1253-1254 (2007).

Une question (**Et si ?** ou **Faites des liens**) vous invite à la réflexion. ►

ET SI ? Dans le modèle ci-dessus, le récepteur est inactivé ; il n'est pas lié à une protéine G. Comment pourrait-on obtenir une cristallisation de protéine qui révèlerait la structure du récepteur pendant qu'il communique activement avec l'intérieur de la cellule ?

Les figures **Investigation** montrent d'où viennent nos connaissances en présentant comment les chercheurs conçoivent une expérience, interprètent ses résultats et en tirent des conclusions.

▼

▼ Figure 18.22 INVESTIGATION

Bicoïd est-il un morphogène qui détermine l'extrémité antérieure de la drosophile ?

EXPÉRIENCE En suivant une approche génétique pour étudier *Drosophila melanogaster*, Christiane Nüsslein-Volhard et ses collègues du Laboratoire européen de biologie moléculaire à Heidelberg, en Allemagne, ont analysé l'expression du gène *bicoïd*. Les chercheurs ont émis l'hypothèse selon laquelle le gène *bicoïd* code normalement pour un morphogène qui spécifie l'extrémité antérieure (tête) de l'embryon. Pour confirmer cette hypothèse, ils ont utilisé des techniques d'analyse moléculaire pour localiser l'ARNm et la protéine codée par ce gène dans l'œuf fécondé et le jeune embryon des drosophiles de phénotype sauvage.

RÉSULTATS L'ARNm *bicoïd* (en bleu foncé) est confiné à l'extrémité antérieure de l'ovocyte de deuxième ordre. Plus tard dans le développement, les cellules à l'extrémité antérieure de l'embryon contiennent une concentration élevée de la protéine Bicoïd (en orangé foncé).

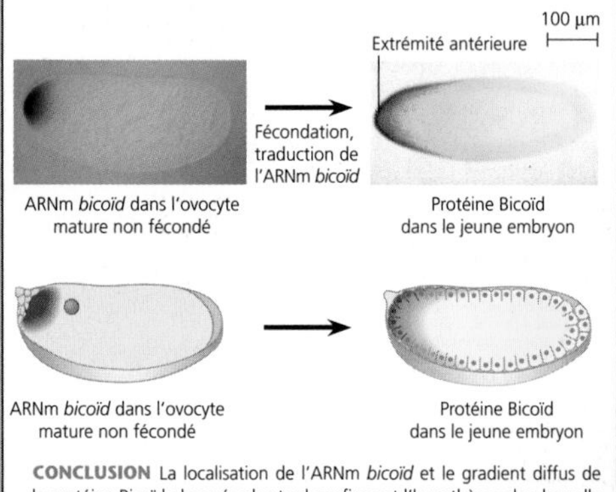

CONCLUSION La localisation de l'ARNm *bicoïd* et le gradient diffus de la protéine Bicoïd observés plus tard confirment l'hypothèse selon laquelle la protéine Bicoïd est un morphogène qui code pour la formation des structures spécifiques à la tête.

SOURCES C. Nüsslein-Volhard *et al.*, Determination of anteroposterior polarity in *Drosophila*, *Science* 238 : 1675-1681 (1987) ; W. Driever et C. Nüsslein-Volhard, A gradient of *bicoid* protein in *Drosophila* embryos, *Cell* 54 : 83-93 (1988) ; T. Berleth *et al.*, The role of localization of *bicoid* RNA in organizing the anterior pattern of the *Drosophila* embryo, *EMBO Journal* 7 : 1749-1756 (1988).

ET SI ? *Supposez que l'hypothèse formulée ci-dessus est valable. Qu'arriverait-il si vous injectiez de l'ARNm* bicoïd *dans l'extrémité antérieure d'un ovocyte de deuxième ordre provenant d'une femelle ayant subi une mutation rendant inefficace le gène* bicoïd *?*

◄ Après avoir pris connaissance de l'expérience, évaluez votre capacité d'analyse en répondant à une question hypothétique (**Et si ?**). Pour vérifier votre compréhension, voyez les réponses proposées à la fin du chapitre.

Étudiez les figures tout en lisant le texte

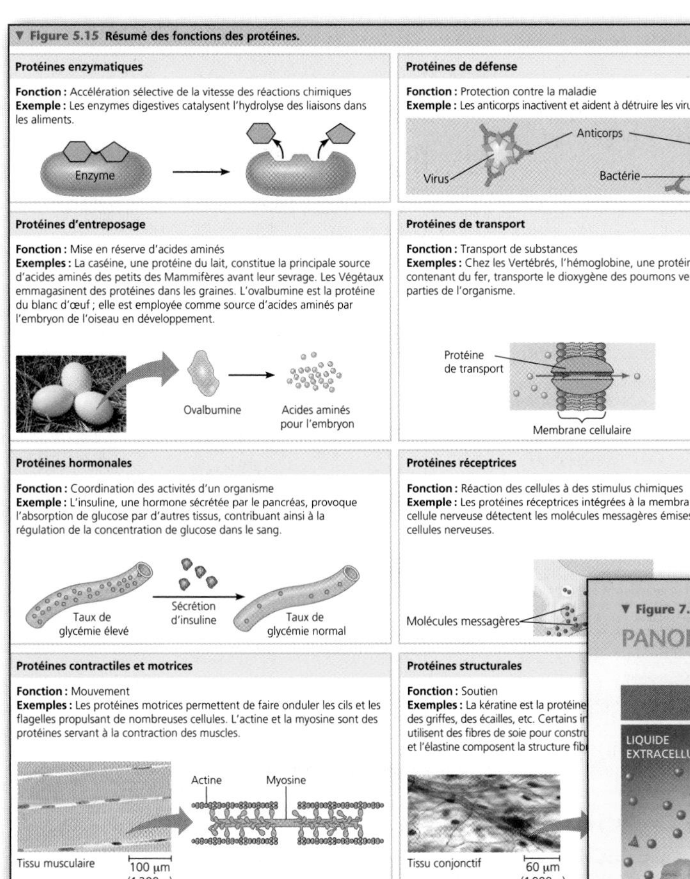
▼ Figure 5.15 Résumé des fonctions des protéines.

Protéines enzymatiques
Fonction : Accélération sélective de la vitesse des réactions chimiques
Exemple : Les enzymes digestives catalysent l'hydrolyse des liaisons dans les aliments.

Protéines de défense
Fonction : Protection contre la maladie
Exemple : Les anticorps inactivent et aident à détruire les virus et les bactéries.

Protéines d'entreposage
Fonction : Mise en réserve d'acides aminés
Exemples : La caséine, une protéine du lait, constitue la principale source d'acides aminés des petits des Mammifères avant leur sevrage. Les Végétaux emmagasinent des protéines dans les graines. L'ovalbumine est la protéine du blanc d'œuf ; elle est employée comme source d'acides aminés par l'embryon de l'oiseau en développement.

Protéines de transport
Fonction : Transport de substances
Exemples : Chez les Vertébrés, l'hémoglobine, une protéine sanguine contenant du fer, transporte le dioxygène des poumons vers les différentes parties de l'organisme.

Protéines hormonales
Fonction : Coordination des activités d'un organisme
Exemple : L'insuline, une hormone sécrétée par le pancréas, provoque l'absorption de glucose par d'autres tissus, contribuant ainsi à la régulation de la concentration de glucose dans le sang.

Protéines réceptrices
Fonction : Réaction des cellules à des stimulus chimiques
Exemple : Les protéines réceptrices intégrées à la membrane d'une cellule nerveuse détectent les molécules messagères émises par d'autres cellules nerveuses.

Protéines contractiles et motrices
Fonction : Mouvement
Exemples : Les protéines motrices permettent de faire onduler les cils et les flagelles propulsant de nombreuses cellules. L'actine et la myosine sont des protéines servant à la contraction des muscles.

Protéines structurales
Fonction : Soutien
Exemples : La kératine est la protéine
des griffes, des écailles, etc. Certains i
utilisent des fibres de soie pour constr
et l'élastine composent la structure fib

◄ Grâce à une nouvelle **organisation visuelle**, vous verrez les catégories importantes d'un seul coup d'œil.

Les **Panoramas** combinent le texte et les éléments visuels, et optimisent votre apprentissage.
▼

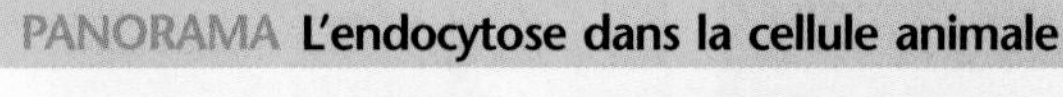

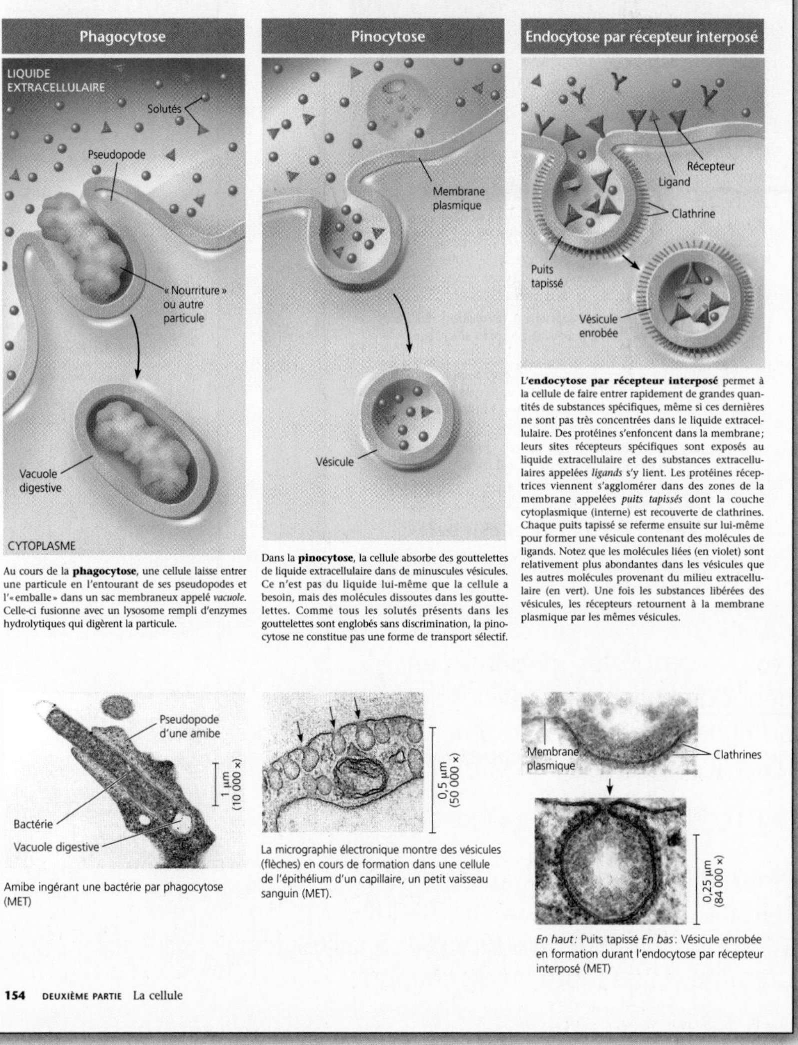
▼ Figure 7.22

PANORAMA **L'endocytose dans la cellule animale**

Au cours de la **phagocytose**, une cellule laisse entrer une particule en l'entourant de ses pseudopodes et l'« emballe » dans un sac membraneux appelé *vacuole*. Celle-ci fusionne avec un lysosome rempli d'enzymes hydrolytiques qui digèrent la particule.

Dans la **pinocytose**, la cellule absorbe des gouttelettes de liquide extracellulaire dans de minuscules vésicules. Ce n'est pas du liquide lui-même que la cellule a besoin, mais des molécules dissoutes dans les gouttelettes. Comme tous les solutés présents dans les gouttelettes sont englobés sans discrimination, la pinocytose ne constitue pas une forme de transport sélectif.

L'**endocytose par récepteur interposé** permet à la cellule de faire entrer rapidement de grandes quantités de substances spécifiques, même si ces dernières ne sont pas très concentrées dans le liquide extracellulaire. Des protéines s'enfoncent dans la membrane ; leurs sites récepteurs spécifiques sont exposés au liquide extracellulaire et des substances extracellulaires appelées *ligands* s'y lient. Les protéines réceptrices viennent s'agglomérer dans des zones de la membrane appelées *puits tapissés* dont la couche cytoplasmique (interne) est recouverte de clathrines. Chaque puits tapissé se referme ensuite sur lui-même pour former une vésicule contenant des molécules de ligands. Notez que les molécules liées (en violet) sont relativement plus abondantes dans les vésicules que les autres molécules provenant du milieu extracellulaire (en vert). Une fois les substances libérées des vésicules, les récepteurs retournent à la membrane plasmique par les mêmes vésicules.

Amibe ingérant une bactérie par phagocytose (MET)

La micrographie électronique montre des vésicules (flèches) en cours de formation dans une cellule de l'épithélium d'un capillaire, un petit vaisseau sanguin (MET).

En haut : Puits tapissé *En bas :* Vésicule enrobée en formation durant l'endocytose par récepteur interposé (MET)

154 DEUXIÈME PARTIE La cellule

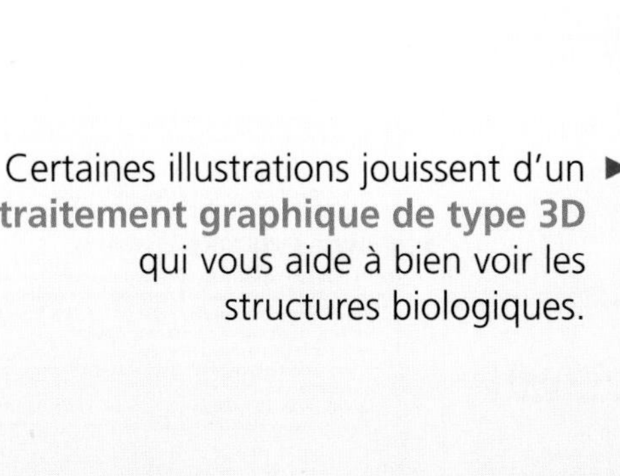

Certaines illustrations jouissent d'un ► **traitement graphique de type 3D** qui vous aide à bien voir les structures biologiques.

Révisez vos connaissances

Les sections **Révision du chapitre** vous aident à maîtriser le contenu de chaque chapitre : elles ciblent les principaux éléments étudiés et vous permettent de vous préparer aux examens.

Des **figures synthèses** résument visuellement l'information importante.

22

La « descendance avec modification » : l'évolution selon Darwin

▲ **Figure 22.1 Comment ce scarabée de Namibie survit-il dans le désert et qu'est-il en train de faire ?**

ÉVOLUTION

CONCEPTS CLÉS

22.1 La théorie de Darwin a révolutionné l'idée d'une Terre jeune et peuplée d'espèces immuables

22.2 La descendance avec modification par sélection naturelle explique les adaptations des organismes ainsi que l'unité et la diversité de la vie

22.3 Une somme considérable de données scientifiques atteste l'évolution

INTRODUCTION

L'infinité des formes les plus belles

Dans le désert côtier de Namibie en Afrique du Sud-Ouest, une terre où le brouillard est fréquent, mais où il ne pleut à peu près jamais, on peut observer le comportement insolite

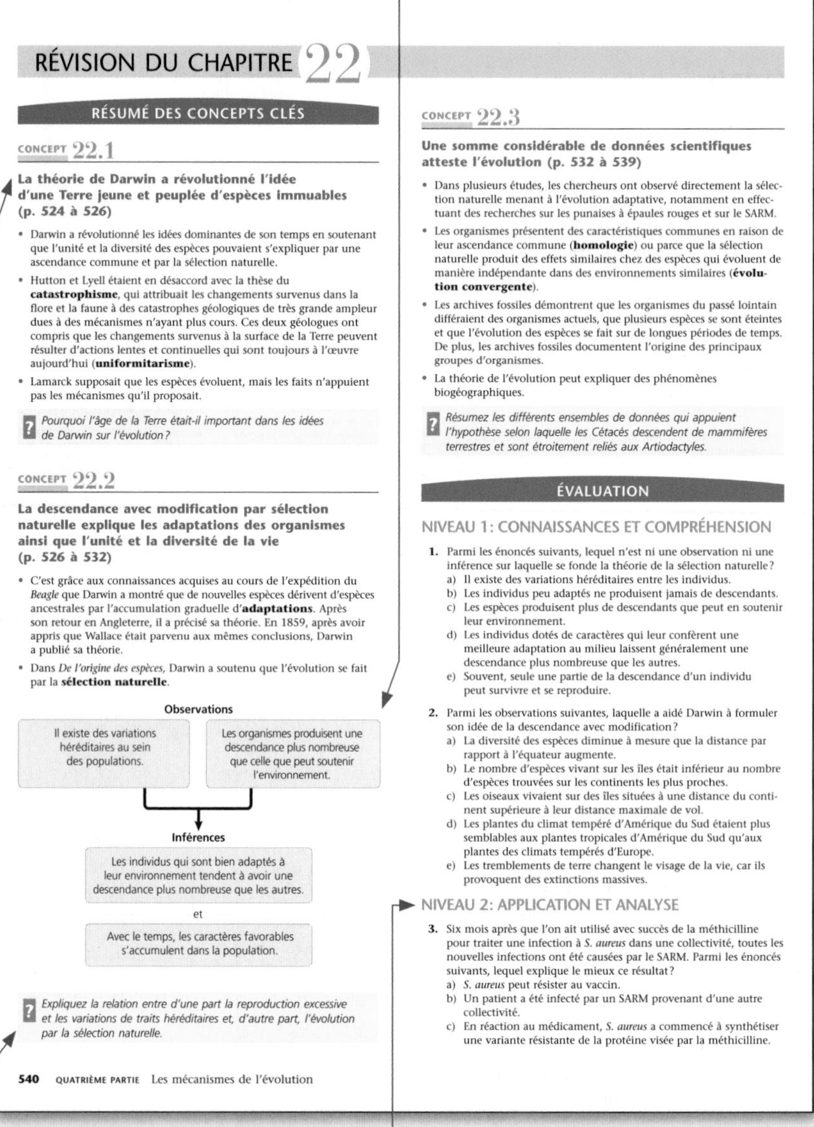

RÉVISION DU CHAPITRE 22

RÉSUMÉ DES CONCEPTS CLÉS

CONCEPT 22.1

La théorie de Darwin a révolutionné l'idée d'une Terre jeune et peuplée d'espèces immuables (p. 524 à 526)

- Darwin a révolutionné les idées dominantes de son temps en soutenant que l'unité et la diversité des espèces pouvaient s'expliquer par une ascendance commune et par la sélection naturelle.
- Hutton et Lyell étaient en désaccord avec la thèse du **catastrophisme**, qui attribuait les changements survenus dans la flore et la faune à des catastrophes géologiques de très grande ampleur dues à des mécanismes n'ayant plus cours. Ces deux géologues ont compris que les changements survenus à la surface de la Terre peuvent résulter d'actions lentes et continuelles qui sont toujours à l'œuvre aujourd'hui (**uniformitarisme**).
- Lamarck supposait que les espèces évoluent, mais les faits n'appuient pas les mécanismes qu'il proposait.

? *Pourquoi l'âge de la Terre était-il important dans les idées de Darwin sur l'évolution ?*

CONCEPT 22.2

La descendance avec modification par sélection naturelle explique les adaptations des organismes ainsi que l'unité et la diversité de la vie (p. 526 à 532)

- C'est grâce aux connaissances acquises au cours de l'expédition du *Beagle* que Darwin a montré que de nouvelles espèces dérivent d'espèces ancestrales par l'accumulation graduelle d'**adaptations**. Après son retour en Angleterre, il a précisé sa théorie. En 1859, après avoir appris que Wallace était parvenu aux mêmes conclusions, Darwin a publié sa théorie.
- Dans *De l'origine des espèces*, Darwin a soutenu que l'évolution se fait par la **sélection naturelle**.

? *Expliquez la relation entre d'une part la reproduction excessive et les variations de traits héréditaires et, d'autre part, l'évolution par la sélection naturelle.*

CONCEPT 22.3

Une somme considérable de données scientifiques atteste l'évolution (p. 532 à 539)

- Dans plusieurs études, les chercheurs ont observé directement la sélection naturelle menant à l'évolution adaptative, notamment en effectuant des recherches sur les punaises à épaules rouges et sur le SARM.
- Les organismes présentent des caractéristiques communes en raison de leur ascendance commune (**homologie**) ou parce que la sélection naturelle produit des effets similaires chez des espèces qui évoluent de manière indépendante dans des environnements similaires (**évolution convergente**).
- Les archives fossiles démontrent que les organismes du passé lointain différaient des organismes actuels, que plusieurs espèces se sont éteintes et que l'évolution des espèces se fait sur de longues périodes de temps. De plus, les archives fossiles documentent l'origine des principaux groupes d'organismes.
- La théorie de l'évolution peut expliquer des phénomènes biogéographiques.

? *Résumez les différents ensembles de données qui appuient l'hypothèse selon laquelle les Cétacés descendent de mammifères terrestres et sont étroitement reliés aux Artiodactyles.*

ÉVALUATION

NIVEAU 1 : CONNAISSANCES ET COMPRÉHENSION

1. Parmi les énoncés suivants, lequel n'est ni une observation ni une inférence sur laquelle se fonde la théorie de la sélection naturelle ?
a) Il existe des variations héréditaires entre les individus.
b) Les individus peu adaptés ne produisent jamais de descendants.
c) Les espèces produisent plus de descendants que peut en soutenir leur environnement.
d) Les individus dotés de caractères qui leur confèrent une meilleure adaptation au milieu laissent généralement une descendance plus nombreuse que les autres.
e) Souvent, seule une partie de la descendance d'un individu peut survivre et se reproduire.

2. Parmi les observations suivantes, laquelle a aidé Darwin à formuler son idée de la descendance avec modification ?
a) La diversité des espèces diminue à mesure que la distance par rapport à l'équateur augmente.
b) Le nombre d'espèces vivant sur les îles était inférieur au nombre d'espèces trouvées sur les continents les plus proches.
c) Les oiseaux vivaient sur des îles situées à une distance du continent supérieure à leur distance maximale de vol.
d) Les plantes du climat tempéré d'Amérique du Sud étaient plus semblables aux plantes tropicales d'Amérique du Sud qu'aux plantes des climats tempérés d'Europe.
e) Les tremblements de terre changent le visage de la vie, car ils provoquent des extinctions massives.

NIVEAU 2 : APPLICATION ET ANALYSE

3. Six mois après que l'on ait utilisé avec succès de la méthicilline pour traiter une infection à *S. aureus* dans une collectivité, toutes les nouvelles infections ont été causées par le SARM. Parmi les énoncés suivants, lequel explique le mieux ce résultat ?
a) *S. aureus* peut résister au vaccin.
b) Un patient a été infecté par un SARM provenant d'une autre collectivité.
c) En réaction au médicament, *S. aureus* a commencé à synthétiser une variante résistante de la protéine visée par la méthicilline.

540 QUATRIÈME PARTIE Les mécanismes de l'évolution

Les **concepts clés**, présentés en début de chapitre et développés au fil des pages, sont résumés dans la révision du chapitre.

Nouveau ! Une **question synthèse** figure à la fin du résumé de chaque concept. Comparez vos réponses à celles présentées à la toute fin du chapitre.

Pour vous aider à vous préparer aux divers types de questions d'examen, les questions de fin de chapitre sont maintenant organisées en trois niveaux, selon la taxinomie de Bloom :

Niveau 1 : Connaissances et compréhension
Niveau 2 : Application et analyse
Niveau 3 : Synthèse et évaluation

Dans chaque section *Révision du chapitre*, des questions **Lien avec l'évolution** vous invitent à une réflexion critique sur le rapport existant entre un aspect du chapitre et l'évolution.

À la fin de chaque chapitre, des questions d'**Intégration** sont l'occasion d'exercer votre raisonnement scientifique en établissant des hypothèses, en concevant des expériences et en analysant des données issues de recherches véritables.

d) Certains *S. aureus* résistants à la méthicilline étaient déjà présents au début du traitement, et la sélection naturelle a augmenté leur nombre.
e) Le médicament provoque un changement dans l'ADN du *S. aureus*.

4. L'analyse anatomique des membres antérieurs des humains, des chauves-souris et des baleines montre que les structures osseuses des humains et des chauves-souris sont assez semblables, tandis que les formes et les proportions des os des baleines sont assez différentes. Cependant, l'analyse de plusieurs gènes de ces espèces laisse penser que ces trois mammifères se sont séparés de leur ancêtre commun environ au même moment. Lequel des énoncés suivants explique le mieux ces données?
a) Les humains et les chauves-souris ont évolué par sélection naturelle, tandis que les baleines ont évolué par le mécanisme décrit par Lamarck.
b) L'évolution des membres antérieurs des humains et des chauves-souris était adaptative, mais pas celle des baleines.
c) La sélection naturelle en milieu aquatique a produit des changements considérables dans l'anatomie des membres antérieurs de la baleine.
d) Les gènes mutent plus rapidement chez les baleines que chez les humains ou les chauves-souris.
e) Les baleines ne sont pas à proprement parler des Mammifères.

5. Les séquences d'ADN de très nombreux gènes humains sont très similaires à celles des gènes correspondants chez les chimpanzés. Lequel des énoncés suivants explique le mieux cette donnée?
a) Les humains et les chimpanzés ont un ancêtre commun relativement récent.
b) Les humains descendent des chimpanzés.
c) Les chimpanzés descendent des humains.
d) L'évolution convergente a produit ces similarités de l'ADN.
e) Les humains et les chimpanzés ne sont pas étroitement reliés.

NIVEAU 3: SYNTHÈSE ET ÉVALUATION

6. LIEN AVEC L'ÉVOLUTION
Expliquez pourquoi les homologies anatomiques et moléculaires appartiennent généralement à la même configuration ramifiée, puis décrivez un processus où ce ne serait pas le cas.

7. INTÉGRATION
FAITES UN DESSIN Les premiers moustiques résistants au pesticide DDT sont d'abord apparus en Inde en 1959, mais on en trouve aujourd'hui dans le monde entier. (a) Servez-vous des données du tableau ci-dessous pour construire un graphique. (b) Analysez ce graphique et formulez une explication de l'augmentation rapide du nombre de moustiques résistants au DDT. (c) Proposez une explication de la mondialisation de la résistance au DDT.

Mois	0	8	12
Moustiques résistants* au DDT	4 %	45 %	77 %

Source: C. F. Curtis *et al.*, Selection for and against insecticide resistance and possible methods of inhibiting the evolution of resistance in mosquitoes, *Ecological Entomology* 3: 273-287 (1978).

*Les moustiques étaient considérés comme résistants s'ils n'étaient pas morts 1 heure après avoir été exposés à une dose d'une solution à 4 % de DDT.

8. ÉCRIVEZ UN TEXTE
Les interactions environnementales Rédigez un court texte (100 à 150 mots) dans lequel vous pourriez démontrer à l'aide d'un exemple si des changements dans l'environnement physique d'un organisme sont susceptibles ou non d'entraîner chez cet organisme un changement adaptatif lié à l'évolution.

RÉPONSES DU CHAPITRE 22

Questions des figures

Figure 22.6 Le mangeur de cactus est plus étroitement relié au géospize granivore. La figure 1.22 montre que ces deux espèces ont un ancêtre commun (granivore) plus proche que l'ancêtre commun du mangeur de cactus et du géospize insectivore. **Figure 22.8** Il y a plus de 5,5 millions d'années. **Figure 22.12** Les couleurs et la forme du corps de ces mantes leur permettent de se fondre dans leur environnement, ce qui illustre l'adéquation entre les organismes et leur environnement. Ces mantes ont également en commun (entre elles et avec d'autres espèces de mantes) des caractéristiques (six pattes, des membres antérieurs préhensiles ainsi que des yeux volumineux) qui illustrent l'unité du vivant découlant d'une ascendance commune. À mesure qu'elles s'éloignaient de leur ancêtre commun, les mantes accumulaient des adaptations différentes qui les rendaient mieux adaptées à la vie dans leurs milieux respectifs. À la longue, ces différences sont devenues assez importantes pour que de nouvelles espèces apparaissent, contribuant ainsi à la diversité du vivant. **Figure 22.13** Ces résultats montrent que le fait d'avoir été pondu, d'avoir éclos et d'avoir grandi sur une espèce de plante n'a pas modifié le «bec» de l'adulte pour rendre sa longueur plus appropriée à la plante hôte. La longueur du bec de l'adulte était principalement déterminée par les caractères génétiques de la population d'où il provenait. Comme les œufs prélevés sur un faux persil (*Cardiospermum corindum*) avaient été très probablement pondus par des parents à long bec, ces résultats indiquent que la longueur du bec est un caractère héréditaire. **Figure 22.14** Ces deux stratégies devraient allonger le temps nécessaire que prendra *S. aureus* pour devenir résistant à un nouveau médicament. Si un médicament est nocif seulement pour *S. aureus*, la sélection naturelle ne favorisera pas la résistance à ce médicament chez les autres espèces de bactéries. Cela réduira les risques que *S. aureus* acquière les gènes de résistance de ces autres bactéries, et ralentira donc l'évolution de la résistance. De même, la sélection pour la résistance à un médicament qui ralentit la croissance de *S. aureus* sans le tuer sera beaucoup plus faible que la sélection pour la résistance à un médicament fatal pour *S. aureus*, ce qui là encore ralentira l'évolution de la résistance. **Figure 22.17** Cet arbre d'évolution montre que les crocodiles sont plus étroitement reliés aux oiseaux qu'aux lézards parce que l'ancêtre qu'ils ont en commun avec les oiseaux (ancêtre 5) est plus récent que celui qu'ils ont en commun avec les lézards (ancêtre 4). **Figure 22.20** Les modifications structurales des membres postérieurs se sont produites en premier. *Rodhocetus* était dépourvu de nageoire caudale, mais ses os pelviens et ses membres postérieurs avaient changé substantiellement par rapport à la forme et à la disposition des os chez *Pakicetus*. Par exemple, chez *Rodhocetus*, le bassin et les membres postérieurs semblent disposés pour la nage, tandis que chez *Pakicetus* ils semblent destinés à la marche.

Retour sur le concept 22.1

1. Hutton et Lyell ont soutenu que les événements du passé étaient causés par les mêmes mécanismes que ceux qui se déroulent aujourd'hui, ce qui semblait indiquer que l'âge de la Terre dépassait largement les quelques milliers d'années qu'on lui donnait à l'époque. Hutton et Lyell croyaient également que les changements géologiques se produisaient graduellement, ce qui a amené Darwin à penser qu'une lente accumulation de petits changements pouvait finir par produire les profondes modifications dont témoignaient les archives fossiles. Dans ce sens, l'âge de la Terre avait beaucoup d'importance pour Darwin, car si elle n'avait pas été très vieille, l'évolution comme il l'envisageait n'aurait pas eu le temps de se produire. **2.** Selon ces critères, l'explication de Cuvier sur les archives fossiles et l'hypothèse de Lamarck sur l'évolution sont toutes deux scientifiques. Cuvier croyait que les espèces restaient inchangées au fil du temps. Selon lui, les catastrophes naturelles et les extinctions d'espèces

CHAPITRE 22 La «descendance avec modification»: l'évolution selon Darwin 541

Dans chaque chapitre, des exercices **Faites un dessin** vous invitent à dessiner une structure, à annoter une figure ou à illustrer dans un diagramme les données d'une expérience.

◄ Les nouveaux exercices intitulés **Écrivez un texte** vous permettent d'exercer votre aptitude à rédiger en reliant le contenu du chapitre à l'un des thèmes introduits au chapitre 1.

◄ À la fin de chacun des chapitres, vous trouverez les réponses aux questions qui y sont posées.

Cette **grille d'évaluation de l'écrit** explique les critères qui guideront l'évaluation de vos textes.
▼

Grille d'évaluation suggérée pour les exercices intitulés «Écrivez un texte»

	Compréhension du thème et lien avec le sujet	Utilisation d'exemples ou d'idées secondaires	Utilisation appropriée de la terminologie	Qualité de l'écriture
4	Témoigne d'une compréhension approfondie	Recourt à des exemples bien choisis et à des idées secondaires justes et relatives au thème	L'utilisation de la terminologie scientifique appropriée enrichit le texte	Organisation, syntaxe et grammaire excellentes
3	Témoigne d'une bonne compréhension	Recourt à des exemples ou à des idées secondaires s'appliquant généralement bien au thème	La terminologie utilisée est juste	Organisation, syntaxe et grammaire correctes
2	Témoigne d'une compréhension élémentaire	Recourt à des exemples ou à des idées secondaires adéquats	La terminologie utilisée n'est pas parfaitement juste ou appropriée	Quelques difficultés organisationnelles et grammaticales
1	Témoigne d'une compréhension limitée	Recourt à un minimum d'exemples et d'idées secondaires	La terminologie appropriée n'est pas utilisée dans le texte	Piètre organisation; les erreurs grammaticales et syntaxiques nuisent à la lecture
0	Témoigne d'une incompréhension du thème	Manque d'exemples ou exemples incorrects	La terminologie utilisée est incorrecte	Texte très mal écrit

Figures clés

Impact

Panorama

Investigation

Méthode de recherche

Table des matières

Chapitre 3 L'eau et la vie 49

Chapitre 4 Le carbone et la diversité moléculaire de la vie 63

Chapitre 5 Structure et fonction des molécules organiques complexes 75

DEUXIÈME PARTIE La cellule

Chapitre 6 Exploration de la cellule 103

Chapitre 9 La respiration cellulaire et la fermentation 183

Chapitre 10 La photosynthèse 207

Chapitre 11 La communication cellulaire 233

Chapitre 15 Les bases chromosomiques de l'hérédité 329

Chapitre 16 Les bases moléculaires de l'hérédité 353

Chapitre 17 Du gène à la protéine 377

Chapitre 18 La régulation de l'expression génique 407

Chapitre 19 Les Virus 441

Chapitre 20 La biotechnologie 459

Chapitre 21 Les génomes et leur évolution 495

QUATRIÈME PARTIE Les mécanismes de l'évolution

Chapitre 22 La «descendance avec modification»: l'évolution selon Darwin 523

CINQUIÈME PARTIE La diversité biologique à travers l'évolution

Chapitre 26 La phylogenèse et l'arbre de la vie 619

Chapitre 27 Bactéries et Archées 643

Chapitre 28 Les Protistes 667

Chapitre 29 La diversité des Végétaux I: la colonisation des milieux terrestres 695

Chapitre 30 La diversité des Végétaux II: l'évolution des plantes à graines 717

Chapitre 31 Les Eumycètes 739

Chapitre 34 Origine et évolution des Vertébrés 813

SIXIÈME PARTIE Anatomie et physiologie végétales

Chapitre 35 Anatomie, croissance et développement des Végétaux 859

Chapitre 36 L'acquisition et le transport des ressources chez les Vasculaires 889

Chapitre 37 Les sols et la nutrition chez les Végétaux 915

Chapitre 38 La reproduction des Angiospermes et la biotechnologie végétale 933

Chapitre 39 Les réponses des Végétaux aux stimulus internes et externes 955

SEPTIÈME PARTIE Anatomie et physiologie animales

Chapitre 40 La structure et la fonction chez les Animaux: principes fondamentaux 989

Chapitre 41 La nutrition chez les Animaux 1017

Chapitre 46 La reproduction chez les Animaux 1157

Chapitre 47 Le développement chez les Animaux 1185

Chapitre 48 Les neurones, les synapses et la communication 1211

Chapitre 49 Les systèmes nerveux 1231

HUITIÈME PARTIE L'écologie

Chapitre 52 L'écologie et la biosphère : introduction 1321

Chapitre 53 L'écologie des populations 1349

Chapitre 54 L'écologie des communautés 1377

Chapitre 55 Les écosystèmes et l'écologie de la restauration 1405

Chapitre 56 La biologie de la conservation et les changements à l'échelle planétaire 1429

1

Introduction : les thèmes de l'étude du vivant

▲ **Figure 1.1 Comment *Graptopetalum paraguayense*, une variété d'orpin, est-il adapté à son environnement ?**

CONCEPTS CLÉS

1.1 Les thèmes qu'explore cet ouvrage établissent des ponts entre les différents domaines de la biologie

1.2 Le thème central, l'évolution, donne un sens à l'unité et à la diversité de la vie

1.3 Les scientifiques étudient la nature en faisant des observations, à partir desquelles ils formulent et testent des hypothèses

1.4 L'approche multidisciplinaire et la diversité des points de vue contribuent à l'avancement des sciences

INTRODUCTION

L'exploration du vivant

Graptopetalum paraguayense (**figure 1.1** et couverture) est originaire des montagnes du nord-est du Mexique. Avec ses feuilles charnues, et grâce à d'autres caractéristiques, cette plante de terrain sec réussit à emmagasiner l'eau et à la retenir. Même lorsqu'il pleut, la plante n'accède à l'eau que de façon très limitée puisqu'elle pousse dans les crevasses des parois rocheuses, et que le peu de terre qui s'y trouve ne suffit pas à retenir l'eau (**figure 1.2**). Les propriétés hydrorétentrices de la plante l'aident à survivre et à se développer dans ces recoins inhabituels. Des propriétés semblables permettent à de nombreuses plantes de survivre dans leur habitat naturel où l'approvisionnement en eau est imprévisible.

Les adaptations d'un organisme à son environnement, comme celles permettant d'emmagasiner l'eau, sont le fruit de l'**évolution**, le processus de changement qui a transformé la vie sur Terre depuis ses balbutiements jusqu'à la multitude d'organismes que nous connaissons aujourd'hui. L'évolution est le principe organisateur fondamental de la biologie et le thème central de cet ouvrage.

Les biologistes connaissent déjà beaucoup de choses au sujet de la vie sur Terre, mais il reste encore à percer de nombreux mystères. Par exemple, comment explique-t-on exactement le déclenchement de la floraison chez des plantes comme celle illustrée ici ? Poser des questions sur le monde vivant et chercher des réponses fondées sur la science – c'est la recherche scientifique – sont les activités centrales de la **biologie**, l'étude scientifique des êtres vivants. Les questions auxquelles tentent de répondre les biologistes sont parfois ambitieuses. Par exemple, comment une cellule microscopique peut-elle devenir un arbre ou un chien ? Comment l'esprit humain fonctionne-t-il ? Comment les divers organismes vivants d'une forêt interagissent-ils ? La plupart des gens s'interrogent sur les organismes qui les entourent, et de nombreuses questions intéressantes vous traversent sans doute l'esprit lorsque vous vous retrouvez en pleine nature. Vous pensez alors déjà comme un biologiste. La biologie est une quête plus que toute autre chose, une recherche permanente sur la nature de la vie.

Qu'est-ce que la vie ? Même un jeune enfant conçoit d'instinct qu'un insecte ou une plante sont vivants, alors qu'un caillou ou une tondeuse à gazon ne le sont pas. Néanmoins, il

▲ **Figure 1.2 *Graptopetalum paraguayense.*** Cette plante aux couleurs variables, de la famille des succulentes, survit dans les endroits arides grâce à sa capacité de stocker l'eau dans ses feuilles et ses tiges charnues.

est bien difficile de définir en une seule phrase le phénomène que nous appelons la vie. On reconnaît les êtres vivants par ce qu'ils sont capables de faire. La **figure 1.3** illustre quelques-unes des propriétés et des processus associés au vivant.

Avec ces quelques photographies, la figure 1.3 nous rappelle que la diversité du monde vivant est prodigieuse. Comment les biologistes arrivent-ils à comprendre cette diversité et cette complexité ? Ce premier chapitre propose un cadre de travail qui permettra de répondre à cette question. La première partie du chapitre présente un panorama de la biologie organisé autour de quelques thèmes intégrateurs. Nous nous concentrerons ensuite sur le thème central de la biologie, l'évolution, en présentant notamment le raisonnement qui permit à Charles Darwin de formuler sa théorie. Après quoi, nous nous pencherons sur la recherche scientifique, le moyen par lequel les scientifiques posent des questions sur le monde naturel et tentent d'y répondre. Enfin, nous nous intéresserons à la culture scientifique et à ses effets sur la société.

▼ **Ordre.** Ce gros plan d'une fleur de tournesol illustre la structure hautement ordonnée qui caractérise la vie.

▲ **Adaptation évolutive.** Cet hippocampe nain est capable de modifier son apparence pour se fondre dans son environnement. Acquis au cours des générations successives, ce genre d'adaptation se maintient en raison du succès reproductif supérieur des individus dont les caractères héréditaires sont les mieux adaptés à leur environnement.

▲ **Réactions aux stimulus de l'environnement.** Une libellule s'est aventurée sur le bord des feuilles ouvertes d'une dionée (*Dionaea muscipula*). La dionée a fermé rapidement son « piège » en réaction à ce stimulus.

► **Reproduction.** Un organisme (être vivant) produit des organismes qui lui ressemblent. Ici, un girafeau à côté de sa mère.

▲ **Homéostasie.** Les très grandes oreilles de ce lièvre de Californie (*Lepus californicus*) sont utiles à la régulation du volume sanguin circulant. Elles aident à ajuster les pertes de chaleur aux conditions extérieures et, par le fait même, à conserver une température corporelle constante.

▲ **Utilisation d'énergie.** Ce colibri puise son énergie dans le nectar des fleurs. Il utilise l'énergie chimique stockée dans cette nourriture pour voler et accomplir ses autres activités.

◄ **Croissance et développement.** Les informations héréditaires transmises par les gènes déterminent la croissance et le développement des organismes, comme pour ce crocodile du Nil (*Crocodilus niloticus*).

▲ **Figure 1.3 Quelques propriétés de la vie.**

CONCEPT **1.1**

Les thèmes qu'explore cet ouvrage établissent des ponts entre les différents domaines de la biologie

La biologie est un sujet qui ratisse large, et les bulletins de nouvelles révèlent chaque jour des découvertes excitantes en ce domaine. Il existe très probablement de meilleures façons d'acquérir une vision cohérente du vivant qu'en mémorisant les données factuelles de ce colossal sujet. Il est sûrement préférable de s'engager plus activement en établissant des liens entre tous les faits que vous découvrez et en en dégageant une série de thèmes qui couvrent tous les domaines de la biologie. En vous concentrant sur quelques grandes idées – des façons de penser ce qu'est la vie qui demeurent toujours vraies au cours du temps –, vous arriverez plus facilement à organiser vos connaissances et à comprendre la signification de toutes les informations que vous découvrirez en étudiant la biologie. Pour vous faciliter la tâche, nous vous proposons huit thèmes unificateurs qui vous serviront de repères tout au long de ce livre.

Thème: De nouvelles propriétés émergent à chaque niveau de la hiérarchie de l'organisation biologique

L'étude du vivant commence à l'échelle microscopique, celle des molécules et des cellules composant les organismes, et s'étend jusqu'à celle de la planète prise dans sa globalité. Nous pouvons découper ce formidable champ d'action en divers niveaux d'organisation biologique.

Imaginez que vous êtes dans l'espace à regarder la Terre, puis que vous zoomez graduellement pour observer la vie terrestre de plus en plus près. C'est le printemps au Québec, et vous mettez le cap sur l'une de ses forêts afin de procéder à l'examen moléculaire d'une feuille d'érable. La **figure 1.4** (dans les deux pages qui suivent) raconte cette exploration de plus en plus détaillée du monde vivant. En suivant la numérotation, examinez la série d'images qui vous fera passer du niveau de la biosphère à celui de l'atome.

Les propriétés émergentes des systèmes

Examinons encore la hiérarchie de l'organisation biologique à la figure 1.4, mais cette fois-ci en prenant du recul, c'est-à-dire en partant du niveau moléculaire. Chaque fois qu'on monte d'un niveau dans la hiérarchie, nous voyons apparaître de nouvelles propriétés qui n'étaient pas présentes au niveau précédent. Ces **propriétés émergentes** résultent de l'arrangement des composantes et de leurs interactions de plus en plus complexes. Par exemple, même si on mélange de la chlorophylle et toutes les molécules d'un chloroplaste dans une éprouvette, la photosynthèse ne peut se dérouler, car cette réaction dépend de la façon très spécifique dont la chlorophylle et les autres molécules sont organisées dans un chloroplaste intact. Prenons un autre exemple. Si un traumatisme crânien grave perturbe l'architecture complexe d'un cerveau humain, celui-ci risque de cesser de fonctionner correctement, même si toutes ses parties sont encore présentes. Nos pensées et nos souvenirs font partie des propriétés émergentes d'un réseau complexe de neurones. À un niveau d'organisation biologique encore plus élevé, en l'occurrence au niveau de l'écosystème, le recyclage des nutriments tel le carbone dépend d'un réseau de divers organismes qui interagissent entre eux, de même qu'avec le sol et l'air.

Les propriétés émergentes ne sont pas exclusives au vivant. Une boîte contenant toutes les pièces d'une bicyclette ne vous mènera nulle part, mais si celles-ci sont assemblées d'une façon précise, vous pourrez pédaler jusqu'où bon vous semble. Il en va de même du graphite formant la mine d'un crayon et d'un diamant serti sur une alliance: tous deux se composent de carbone pur, mais leurs propriétés sont très différentes parce que leurs atomes de carbone sont arrangés différemment. Ces deux exemples illustrent l'importance du concept d'organisation, mais rien ne peut rivaliser avec les systèmes biologiques en matière de complexité. Celle-ci fait des propriétés émergentes de la vie un sujet d'étude particulièrement stimulant.

Les forces et les faiblesses du réductionnisme

Puisque les êtres vivants présentent des propriétés qui émergent de leur organisation complexe, les scientifiques qui s'attachent à comprendre les processus biologiques font face à un dilemme. D'une part, il est impossible d'expliquer totalement un niveau d'organisation supérieur en le réduisant à ses parties. Un animal disséqué ne vit plus; une cellule réduite à ses constituants chimiques n'a plus rien d'une cellule. D'autre part, il est vain d'essayer d'analyser une chose aussi complexe qu'un organisme ou une cellule sans la réduire à ses composantes.

Une stratégie efficace en biologie, appelée **réductionnisme**, consiste à fragmenter les systèmes complexes en éléments plus simples et plus faciles à manipuler en vue de les étudier. Par exemple, c'est en se penchant sur la structure moléculaire d'une substance extraite de cellules que James Watson et Francis Crick ont déduit, en 1953, que l'ADN constitue le fondement chimique de l'hérédité. Cependant, on comprit mieux le rôle crucial de l'ADN des cellules et des organismes lorsque les scientifiques réussirent à étudier ses interactions avec d'autres molécules. Les biologistes doivent recourir à la stratégie réductionniste sans perdre de vue l'objectif plus global qui est de comprendre les propriétés émergentes, c'est-à-dire la façon dont les parties des cellules, les organismes et les niveaux supérieurs d'organisation, comme les écosystèmes, interagissent. C'est l'objectif de la biologie des systèmes, une approche mise au point il y a plus de 50 ans.

La biologie des systèmes

Un système n'est qu'une combinaison de composantes fonctionnant ensemble. Un biologiste peut étudier un système à n'importe quel niveau d'organisation. Une seule cellule d'une feuille d'arbre peut être considérée comme un système, tout comme une grenouille, une colonie de fourmis ou l'écosystème d'un désert. Pour comprendre le fonctionnement de tels systèmes, il ne suffit pas de connaître la liste de leurs composantes, aussi complète soit-elle. Après avoir compris ce principe, de nombreux chercheurs ont commencé à enrichir le réductionnisme de nouvelles stratégies leur permettant

▼ Figure 1.4

PANORAMA La hiérarchie de l'organisation biologique

◄ 1 La biosphère

Dès qu'on est suffisamment proche de la Terre pour en repérer les continents et les océans, on commence à voir des signes de vie, ne serait-ce que dans la mosaïque verte que forment les forêts de la planète. C'est le premier aperçu de la biosphère qu'a le voyageur de l'espace. La biosphère comprend tout ce qui vit sur la planète et tous les lieux où la vie existe, c'est-à-dire la plupart des régions terrestres, la plupart des étendues d'eau telles que les océans, les lacs et les rivières, l'atmosphère jusqu'à une altitude de quelques kilomètres, et même les sédiments accumulés dans les fonds marins ainsi que les kilomètres de roches de la croûte terrestre.

◄ 2 Les écosystèmes

À mesure qu'on se rapproche de la surface de la Terre, en l'occurrence de cette forêt imaginaire du Québec, on distingue une forêt de feuillus (arbres qui perdent leurs feuilles à l'automne et en ont de nouvelles au printemps). Une forêt de feuillus est un écosystème, tout comme les prairies, les déserts et les récifs de corail des océans. Un écosystème renferme tous les êtres vivants d'une même région, de même que tout le non-vivant qui compose l'environnement de ces êtres vivants, c'est-à-dire le sol, l'eau, les gaz atmosphériques et la lumière. L'ensemble des écosystèmes de la Terre forme la biosphère.

► 3 Les communautés biologiques

L'ensemble des organismes qui peuplent un même écosystème est appelé communauté biologique. Celle que représente la forêt québécoise abrite de nombreux types d'arbres et d'autres plantes, toutes sortes d'animaux, de champignons et autres eumycètes, ainsi qu'une quantité faramineuse de microorganismes, c'est-à-dire d'êtres vivants qui, comme les bactéries, sont invisibles à l'œil nu. Chacune de ces formes de vie est appelée *espèce*.

► 4 Les populations

Une population est l'ensemble des individus d'une même espèce qui vivent dans une même région. Par exemple, la forêt québécoise compte une population d'érables à sucre (*Acer saccharum*) et une population de cerfs de Virginie (*Odocoileus virginianus*). Nous pouvons maintenant préciser notre définition d'une communauté biologique en disant qu'elle est constituée de l'ensemble des populations vivant dans une même région.

▲ 5 Les organismes

Les organismes sont les êtres vivants considérés individuellement. Chacun des érables à sucre et chacune des plantes d'une forêt, par exemple, sont des organismes, de même que chaque animal, qu'il s'agisse d'un cerf de Virginie, d'un écureuil, d'une grenouille ou d'un insecte. L'air, l'eau et le sol contiennent aussi des microorganismes comme les bactéries.

▼ 6 Les organes et les systèmes

La hiérarchie structurale de la vie continue de se déployer à mesure qu'on explore l'architecture des organismes plus complexes. Une feuille d'érable est un exemple d'organe, une partie d'un organisme constituée d'au moins deux tissus (nous décrivons les tissus au niveau 7). Les tiges et les racines sont les autres organes principaux des plantes. Le cerveau, le cœur et les reins sont des exemples d'organes humains. Les organes des êtres humains, d'autres animaux complexes et des plantes sont organisés en systèmes. Chaque système est formé d'un groupe d'organes qui travaillent en coopération pour exécuter une fonction plus vaste. Ainsi, le système digestif de l'humain comprend des organes comme la langue, l'estomac et les intestins. Les organes se composent de plusieurs tissus.

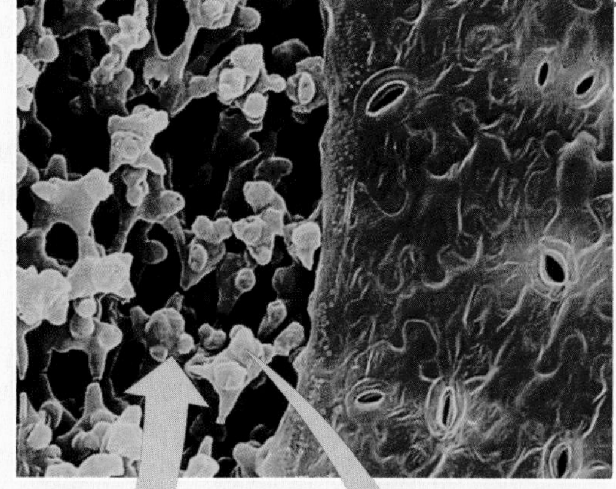

◀ 7 Les tissus

Le niveau des tissus n'est visible qu'au microscope. Chaque tissu se compose d'un groupe de cellules qui travaillent en coopération à l'exécution d'une fonction spécialisée. La feuille d'érable ci-contre a été coupée obliquement. Le tissu en nid d'abeille qui se trouve à l'intérieur de la feuille (la moitié gauche de la micrographie) est le siège principal de la photosynthèse, un processus qui convertit l'énergie lumineuse en énergie chimique, sous la forme de glucides et d'autres nutriments. La micrographie montre également le tissu perforé qui correspond à l'épiderme; l'épiderme est la «peau» qui recouvre la feuille (la moitié droite de la micrographie). Les pores de l'épiderme laissent entrer le dioxyde de carbone, la matière première qui sera transformée en glucides par la photosynthèse. À cette échelle microscopique, on peut voir également que chaque tissu a sa structure cellulaire propre.

10 μm (800×)

Cellule

◀ 8 Les cellules

La cellule est l'unité structurale et fonctionnelle des organismes. Certains organismes, comme les amibes et la plupart des bactéries, sont formés d'une cellule unique qui exécute toutes les fonctions vitales. D'autres organismes, dont les plantes et les animaux, sont multicellulaires. Ces organismes ont des cellules spécialisées qui se répartissent les tâches. Le corps humain se compose de billions de cellules microscopiques de toutes sortes, par exemple des cellules musculaires et des neurones, qui sont regroupées dans des tissus spécialisés. Ainsi, le tissu musculaire est un ensemble de faisceaux de cellules musculaires. La micrographie ci-dessus montre une vue grossie de cellules contenues dans le tissu d'une feuille. Une cellule ne mesure que quelque 40 μm (micromètres) de largeur. Il faudrait en juxtaposer 500 pour égaler le diamètre d'une pièce d'un cent. Si petites que soient ces cellules, on peut voir que chacune contient de nombreuses structures vertes appelées chloroplastes, les organites qui assurent la photosynthèse.

▶ 9 Les organites

Le chloroplaste est un exemple d'organite. Les organites sont les différents éléments fonctionnels qui composent une cellule. Grâce à un instrument d'optique très puissant appelé microscope électronique, cette figure nous montre un chloroplaste.

Chloroplaste

1 μm (18 000×)

▶ 10 Les molécules

Le niveau moléculaire est le dernier niveau d'organisation dans la hiérarchie de la vie. On voit ici une des molécules de chlorophylle que renferme un chloroplaste. Une molécule est une structure chimique qui comprend au moins deux de ces petites unités chimiques appelées atomes, représentés ici sous forme de boules par infographie moléculaire. La chlorophylle est la molécule de pigment qui donne à la feuille sa couleur verte. La chlorophylle, une des plus importantes molécules sur Terre, absorbe la lumière solaire durant la première étape de la photosynthèse. À l'intérieur de chaque chloroplaste, des millions de molécules de chlorophylle et d'autres molécules se partagent la tâche de convertir l'énergie lumineuse en énergie chimique nourricière.

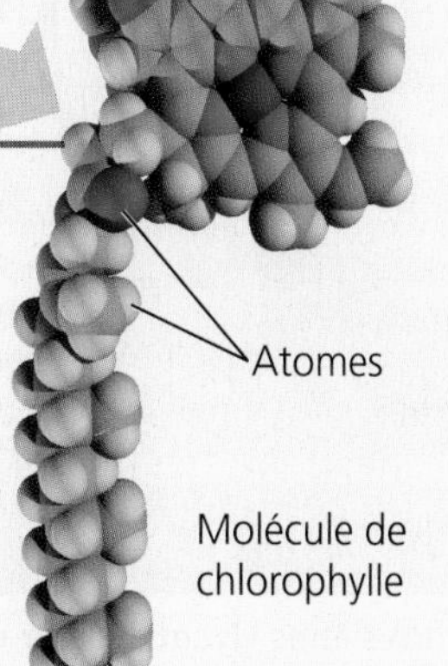

Atomes

Molécule de chlorophylle

d'étudier des systèmes entiers. Pour illustrer ce changement de perspective, imaginons que l'on quitte le niveau de la rue, où l'on observait la circulation à une intersection donnée, pour survoler la ville à bord d'un hélicoptère. Du haut des airs, il est possible de constater les effets de variables comme l'heure, les projets de construction, les accidents et les pannes de feux de circulation sur la circulation automobile d'une ville.

La **biologie des systèmes** est une approche qui tente de représenter par des modèles, c'est-à-dire par des schématisations simplifiées de la réalité, le comportement dynamique de systèmes biologiques entiers, d'après l'étude des interactions entre leurs parties. Les modèles réussis permettront aux biologistes de prédire quels effets la modification d'une ou de plusieurs variables peut avoir sur les autres parties du système et sur l'ensemble de celui-ci. Cette démarche permet donc de formuler de nouveaux types de questions. Par exemple, quels seront les effets de tel médicament contre l'hypertension artérielle sur le fonctionnement des organes de tout l'organisme? Comment l'arrosage accru d'une culture se répercutera-t-il sur les processus vitaux des plantes, comme le stockage des molécules essentielles à la nutrition de l'humain? Comment une augmentation graduelle du dioxyde de carbone atmosphérique altérera-t-elle les écosystèmes et l'ensemble de la biosphère? Le but ultime de la biologie des systèmes est d'apporter des réponses à des questions cruciales comme cette dernière.

La biologie des systèmes s'applique quels que soient les niveaux de l'organisation biologique examinés. Durant les premières années du 20e siècle, les biologistes qui étudiaient le fonctionnement du corps des animaux (la physiologie animale) commencèrent à intégrer des données sur la façon dont plusieurs organes participaient à des processus comme la régulation de la glycémie. Puis, dans les années 1960, les scientifiques qui étudiaient les écosystèmes ont élaboré des modèles détaillés pour décrire le réseau d'interactions qui s'établissent entre les organismes et les composants non vivants d'un même écosystème, par exemple un marais salant. Plus récemment, grâce au séquençage de l'ADN de nombreuses espèces, la biologie des systèmes a pris d'assaut les niveaux cellulaires et moléculaires. Nous en discuterons plus loin, dans la section sur la continuité du vivant (page 8).

Thème: Les organismes interagissent entre eux et avec l'environnement physique

Revenons à la figure 1.4 et attardons-nous cette fois à la forêt. Dans un écosystème, chaque organisme est en relation continuelle avec son environnement, qui compte d'autres organismes ainsi que diverses composantes physiques. Les feuilles d'un arbre, par exemple, absorbent la lumière du soleil et le dioxyde de carbone contenu dans l'air et libèrent de l'oxygène dans l'air (**figure 1.5**). L'organisme et l'environnement subissent les effets de leurs interactions. Par exemple, une plante absorbe l'eau et les minéraux contenus dans le sol par ses racines, et celles-ci contribuent à la formation du sol en désagrégeant la roche. À l'échelle planétaire, les plantes et autres organismes photosynthétiques produisent l'oxygène contenu dans l'air.

L'arbre interagit aussi avec les autres êtres vivants, y compris les microorganismes qui vivent autour de ses racines, les insectes qui l'habitent et les animaux qui mangent ses feuilles et ses fruits. Les interactions entre les organismes donnent lieu à la circulation cyclique des nutriments dans les écosystèmes. Par exemple, les minéraux qu'absorbent les arbres finissent par retourner dans le sol sous l'action des microorganismes qui décomposent les feuilles, les racines mortes et d'autres débris organiques. Les minéraux deviennent alors disponibles, ce qui permet aux arbres de les absorber de nouveau.

Comme tous les organismes, nous interagissons avec notre environnement. Malheureusement, les conséquences de certaines interactions sont parfois dramatiques. Ainsi, depuis la révolution industrielle, survenue au 19e siècle, la combustion de carburants fossiles (charbon, pétrole et gaz) s'accroît à un rythme effréné. Cette pratique libère des gaz dans l'atmosphère, notamment d'importantes quantités de dioxyde de carbone (CO_2). Près de la moitié du CO_2 généré par l'activité humaine est emprisonnée dans l'atmosphère et agit comme une couche de verre autour de la planète. Le verre laisse passer les rayons du soleil qui réchauffent la Terre, mais il empêche la chaleur de s'échapper dans l'espace. Les scientifiques estiment que la température moyenne de la planète a augmenté de 1 °C depuis 1900 à cause de cet « effet de serre ». Ils prévoient une augmentation additionnelle de cette température d'au moins 3 °C au cours du 21e siècle.

Lumière du soleil
Les feuilles absorbent l'énergie lumineuse du soleil.
Les feuilles puisent le dioxyde de carbone contenu dans l'air et libèrent de l'oxygène.
CO_2
O_2
La circulation cyclique des nutriments chimiques
Les feuilles tombent au sol, des organismes les décomposent et les minéraux regagnent le sol.
L'arbre capte par ses racines l'eau et les minéraux contenus dans le sol.
Les animaux mangent les fruits et les feuilles de l'arbre.

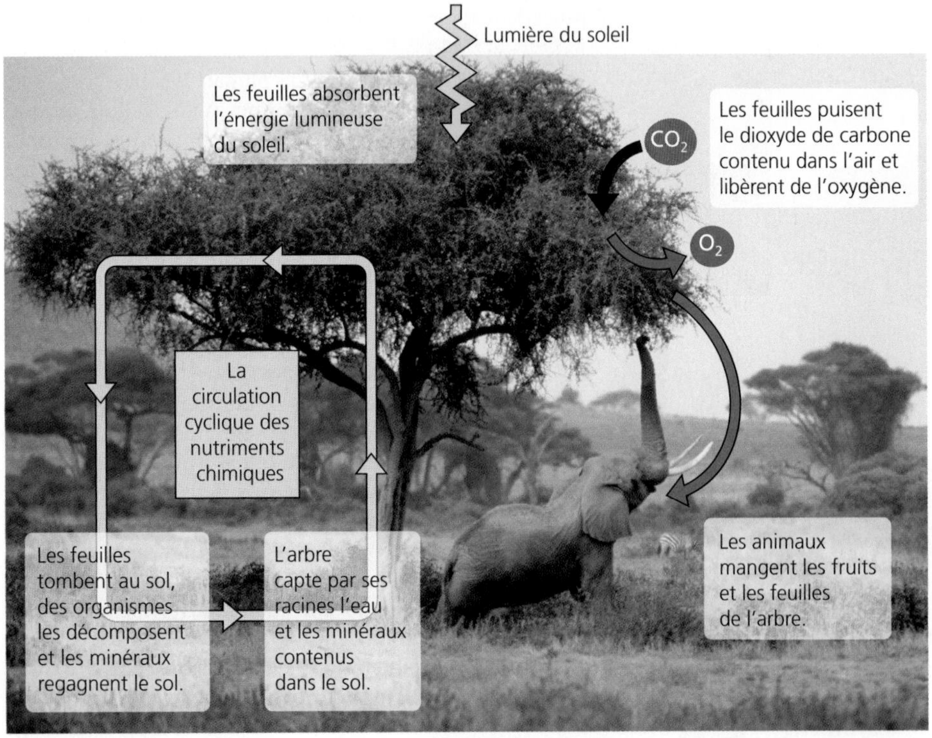

▲ **Figure 1.5 Les interactions d'un acacia avec d'autres êtres vivants et leur environnement physique en Afrique.**

Ce réchauffement planétaire, un aspect important du **changement climatique mondial**, entraîne déjà des effets nuisibles sur les formes de vie et leurs habitats partout sur la Terre. Par exemple, les ours polaires ont perdu une portion importante de la couverture de glace qui leur tient lieu de territoire de chasse. L'aire d'extension de certains petits rongeurs et de plusieurs végétaux s'est étendue vers des régions de plus haute altitude, et des populations d'oiseaux ont modifié leur calendrier de migration. Les conséquences de ces changements sont impossibles à prévoir. Selon les scientifiques, même si nous cessions aujourd'hui de consommer des carburants fossiles, le taux de CO_2 mettrait plusieurs siècles avant de revenir à ses valeurs préindustrielles. Ce scénario est très improbable, aussi est-il impératif que nous en apprenions le plus possible sur les effets qu'exercera le changement climatique mondial sur la planète et ses populations. Puisque nous sommes les intendants de notre planète, nous devons nous appliquer à trouver comment composer avec ce problème.

Thème: Le transfert et la transformation de l'énergie sont essentiels à la vie

Comme vous l'avez vu à la figure 1.5, les feuilles des arbres absorbent la lumière. L'apport d'énergie provenant du soleil rend la vie possible: l'utilisation de l'énergie pour mener à bien les activités de la vie est une des caractéristiques fondamentales des êtres vivants. Pour se déplacer, croître, se reproduire et accomplir ses autres fonctions, un être vivant a besoin d'énergie. Les êtres vivants convertissent souvent une forme d'énergie en une autre. Les molécules de chlorophylle contenues dans les feuilles d'un arbre utilisent l'énergie lumineuse pour réaliser la photosynthèse, durant laquelle le dioxyde de carbone et l'eau sont convertis en glucides et en oxygène, et l'énergie lumineuse convertie en énergie chimique. L'énergie chimique des glucides est alors relayée par les plantes et d'autres organismes photosynthétiques (des producteurs) jusqu'aux consommateurs. Ceux-ci sont les organismes, tels les animaux, qui se nourrissent des producteurs et d'autres consommateurs (**figure 1.6a**).

Les fibres musculaires d'un animal utilisent l'énergie mise en réserve dans les glucides. Elles convertissent alors l'énergie chimique en énergie cinétique, c'est-à-dire l'énergie du mouvement (**figure 1.6b**). Les cellules d'une feuille utilisent les glucides pour assurer le processus de prolifération cellulaire durant la croissance de la feuille, transformant ainsi l'énergie chimique emmagasinée en activité cellulaire. Au cours de ces deux processus pris en exemple, une partie de l'énergie disponible est convertie en énergie thermique, qui se dissipe dans l'environnement sous forme de chaleur. Contrairement aux nutriments chimiques qui se recyclent à l'intérieur de l'écosystème, l'énergie traverse l'écosystème, c'est-à-dire qu'elle y pénètre sous forme de lumière et en ressort sous forme de chaleur.

Thème: La structure et la fonction sont corrélées à tous les niveaux de l'organisation biologique

L'idée voulant que la forme définisse la fonction est un autre thème qui ressort de la figure 1.4 et dont nous pouvons nous rendre compte au quotidien. Par exemple, un tournevis est conçu pour serrer ou desserrer des vis, alors qu'un marteau sert à enfoncer des clous. Le fonctionnement d'un mécanisme est corrélé à sa structure. Lorsqu'on l'applique à la biologie, ce principe est un guide de l'anatomie de la vie, à tous ses niveaux structurels. La feuille présentée dans la figure 1.4 en est un exemple: sa forme mince et aplatie maximise la quantité de lumière que peuvent absorber ses chloroplastes. L'analyse d'une structure biologique fournit des indices sur sa fonction et son fonctionnement. De même, le fait de connaître la fonction d'un objet nous renseigne sur sa constitution. Dans le règne animal, l'aile d'un oiseau illustre parfaitement le thème de la structure et de la fonction (**figure 1.7**). L'exploration de la vie à travers ses divers niveaux structurels nous permet d'en découvrir les nombreuses merveilles fonctionnelles.

Lumière solaire
Les producteurs absorbent l'énergie lumineuse et la transforment en énergie chimique.
Énergie chimique
L'énergie chimique contenue dans les aliments est transférée des plantes aux consommateurs.
Chaleur
Une partie de l'énergie utilisée pour accomplir une tâche est convertie en énergie thermique, qui se dissipe sous forme de chaleur.
Les fibres musculaires d'un animal convertissent l'énergie chimique contenue dans les aliments en énergie cinétique, ou énergie du mouvement.
Les cellules des végétaux utilisent l'énergie chimique pour accomplir un travail, par exemple produire de nouvelles feuilles.

(a) L'énergie provenant de la lumière solaire se transmet aux producteurs, puis aux consommateurs

(b) L'énergie au service du travail

▲ **Figure 1.6 La circulation de l'énergie dans un écosystème.** En voie de disparition, ce colobe bai (*Piliocolobus badius*) vit en Tanzanie.

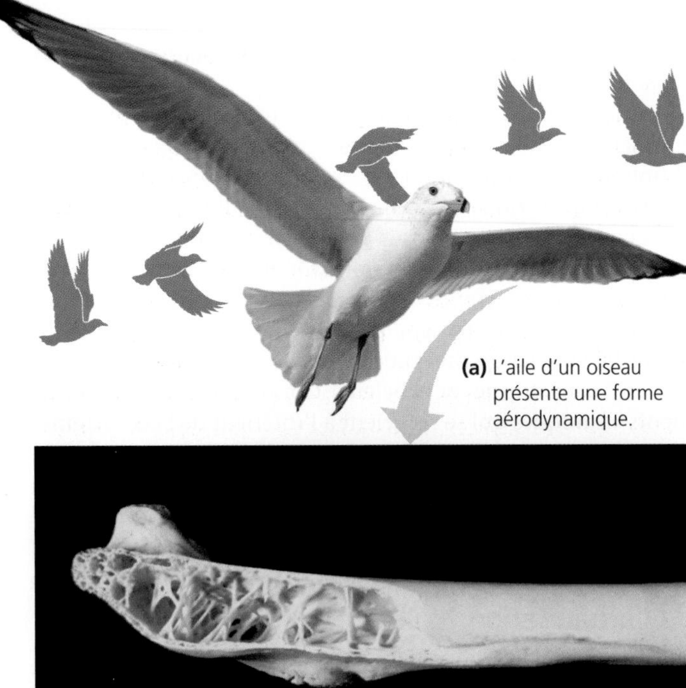

(a) L'aile d'un oiseau présente une forme aérodynamique.

(b) Les os de l'aile présentent une structure en nid d'abeille, à la fois forte et légère.

▲ **Figure 1.7 La forme définit la fonction de l'aile du goéland.** **(a)** La forme de l'aile et **(b)** sa structure osseuse permettent à l'oiseau de voler.

? *Comment la forme de la main humaine définit-elle sa fonction?*

Thème: La cellule est l'unité élémentaire de la structure et de la fonction d'un organisme

La cellule occupe une place spéciale dans la hiérarchie structurale de la vie, car elle est le plus bas niveau d'organisation capable d'accomplir toutes les activités nécessaires à la vie. De plus, les activités des organismes reposent toutes sur celles des cellules. Par exemple, le mouvement de vos yeux pour lire ces mots dépend de l'activité de cellules musculaires et de neurones. Même un processus global comme le recyclage du carbone est le produit cumulatif du travail cellulaire. Cela inclut la photosynthèse qui se déroule dans les chloroplastes des cellules d'une plante. Comprendre le fonctionnement de la cellule est un des principaux objectifs de la recherche en biologie.

Toutes les cellules partagent certaines caractéristiques. Par exemple, elles sont entourées d'une membrane qui régit le passage des matières entre le milieu interne et l'environnement. Et toutes les cellules utilisent l'ADN comme information génétique. On distingue néanmoins deux grands types de cellules: les cellules procaryotes (du latin *pro,* «avant», et du grec *karuon,* «noyau») et les cellules eucaryotes (du grec *eu,* «vrai», et *karuon,* «noyau»). Les microorganismes appelés Bactéries et Archées sont des cellules procaryotes. Tous les autres êtres vivants, dont les Plantes et les Animaux, sont composés de cellules eucaryotes.

La **cellule eucaryote** est compartimentée par des membranes internes et la plupart de ses principaux organites sont délimités par une membrane (**figure 1.8**). Le plus gros organite de la plupart des cellules eucaryotes est le noyau, qui

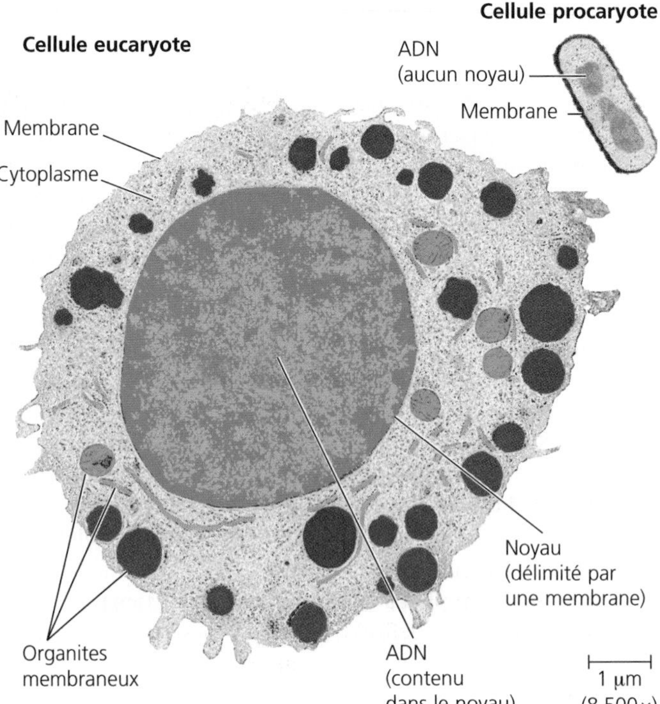

▲ **Figure 1.8 Les différences de forme et de taille entre une cellule eucaryote et une cellule procaryote.**

contient l'ADN de la cellule. Les autres organites se trouvent dans le cytoplasme, qui remplit tout l'espace intracellulaire entre le noyau et la membrane plasmique. Le chloroplaste présenté dans la figure 1.4 est un organite d'une cellule eucaryote photosynthétique. La **cellule procaryote** est beaucoup plus simple et généralement plus petite que la cellule eucaryote, comme on peut le voir dans la figure 1.8. Dans une cellule procaryote, l'ADN ne se trouve pas dans un noyau séparé du cytosol par une enveloppe membraneuse. En outre, ce type de cellule est dépourvu des organites membraneux caractéristiques de la cellule eucaryote. Les propriétés de tout organisme, qu'il se compose de cellules eucaryotes ou procaryotes, reposent sur la structure et la fonction de ses cellules.

Thème: La continuité du vivant repose sur l'information héritée sous forme d'ADN

Chez les organismes multicellulaires, la reproduction, la croissance et la réparation des tissus reposent fondamentalement sur la division cellulaire pour former d'autres cellules. À l'intérieur de la cellule en division de la **figure 1.9**, les structures appelées chromosomes sont colorées en bleu. Les chromosomes renferment presque tout le matériel génétique de la cellule, son **ADN** (l'abréviation d'acide désoxyribonucléique). L'ADN constitue les **gènes**, ces éléments d'information que transmettent les parents à leur progéniture. Par exemple, votre groupe sanguin (A, B, AB ou O) est le produit de certains gènes que vous ont transmis vos parents.

La structure et la fonction de l'ADN

Chaque chromosome est constitué d'une seule et très longue molécule d'ADN le long de laquelle sont disposés des centaines ou des milliers de gènes. Les gènes codent l'information nécessaire à la fabrication d'autres molécules de la cellule,

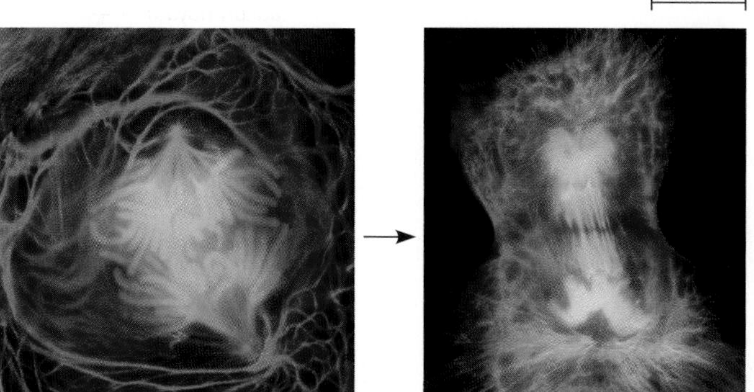

▲ **Figure 1.9 Une cellule pulmonaire de triton se divise en cellules plus petites qui croissent et se divisent à leur tour.**

notamment les protéines. Ces dernières remplissent divers rôles structurels, en plus d'être responsables du travail accompli par les cellules. Elles définissent donc l'identité de la cellule. L'ADN des chromosomes se réplique lorsque la cellule s'apprête à se diviser; par conséquent, chacune des deux cellules filles hérite d'un ensemble complet de gènes, identique à celui de la cellule mère. Chacun de nous n'a d'abord été qu'une cellule unique contenant l'ADN provenant de nos deux parents. La réplication de cet ADN lors de chaque division cellulaire a ensuite transmis les gènes aux billions de cellules qui nous composent. L'ADN régit le développement et l'entretien de tout l'organisme et, indirectement, tout ce que fait l'organisme (**figure 1.10**). L'ADN tient lieu de base centrale de données.

La structure moléculaire de l'ADN explique sa capacité à emmagasiner l'information. Chaque molécule d'ADN est constituée de deux longues chaînes, appelées brins, formant une double hélice. Chaque chaîne est formée à partir de quatre unités structurales chimiques appelées nucléotides et désignées par les lettres A, T, C et G (**figure 1.11**). L'ADN transmet l'information d'une manière analogue à notre façon de combiner les lettres de l'alphabet en des séquences précises correspondant à des significations spécifiques. Vous savez que, selon leur enchaînement, les lettres de l'alphabet forment des mots ayant des sens distincts. Le mot *rat*, par exemple, désigne un rongeur, alors que le mot *art*, qui contient les mêmes lettres, mais agencées de manière différente, a une tout autre signification. Nous pouvons considérer les quatre nucléotides comme l'alphabet de l'hérédité. L'information génétique réside dans l'enchaînement particulier de ces lettres chimiques; quant aux gènes, ils correspondent à une portion d'ADN et sont généralement formés de centaines ou de milliers de nucléotides. L'ADN fournit la recette pour fabriquer des protéines, qui sont les principales responsables de l'édification et de l'entretien de la cellule et de ses activités. Par exemple, l'information contenue dans un gène bactérien peut définir une protéine de la paroi cellulaire bactérienne, alors que l'information contenue dans un gène humain correspondra à une hormone protéique stimulant la croissance. Parmi les autres protéines humaines, on pourrait citer celles qui régissent la contraction des cellules musculaires, celles qui agissent comme anticorps ou encore les enzymes, qui sont essentielles aux cellules. Les enzymes catalysent (accélèrent) des réactions chimiques particulières.

L'ADN des gènes régit indirectement la production de protéines en faisant appel à un type de molécule parente, l'ARN, qui sert d'intermédiaire. La séquence de nucléotides le long d'un gène est transcrite en ARN, c'est-à-dire en acide ribonucléique. Cette molécule est ensuite traduite en une protéine précise, dotée d'une forme et d'une fonction uniques. Le processus par lequel l'information d'un gène dicte la fabrication d'un produit cellulaire s'appelle l'**expression génétique**. Lorsqu'elles traduisent les gènes en protéines, toutes les formes de vie utilisent essentiellement le même code génétique. Une séquence particulière de nucléotides exprime le même message d'un organisme à l'autre. Les différences entre les organismes ne reflètent pas les différences entre leur code génétique respectif, mais bien les différences dans les séquences de leurs nucléotides.

Certains ARN font partie de la machinerie cellulaire qui fabrique des protéines, mais nous savons maintenant que ce n'est pas l'unique fonction de ces molécules. En effet, des découvertes récentes montrent que des classes entières d'ARN jouent d'autres rôles au sein de la cellule, notamment en

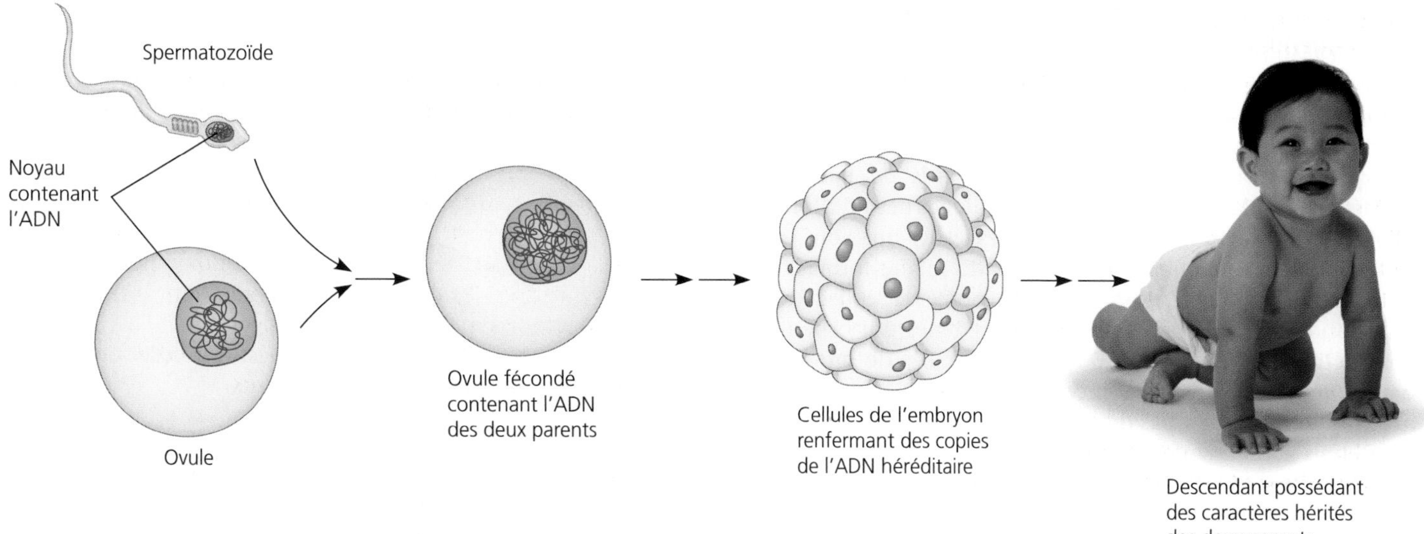

▲ **Figure 1.10 L'ADN transmis détermine le développement d'un organisme.**

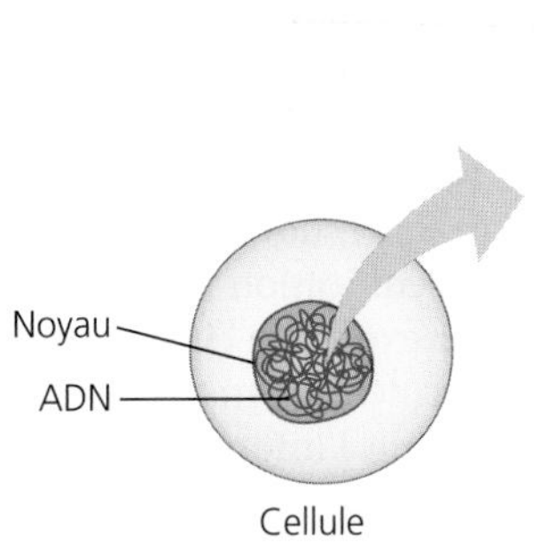

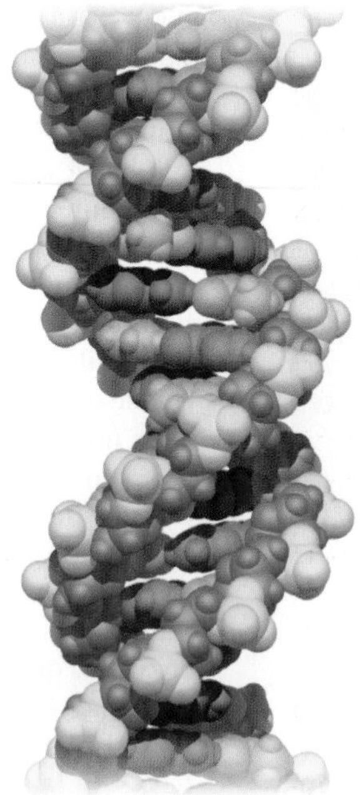

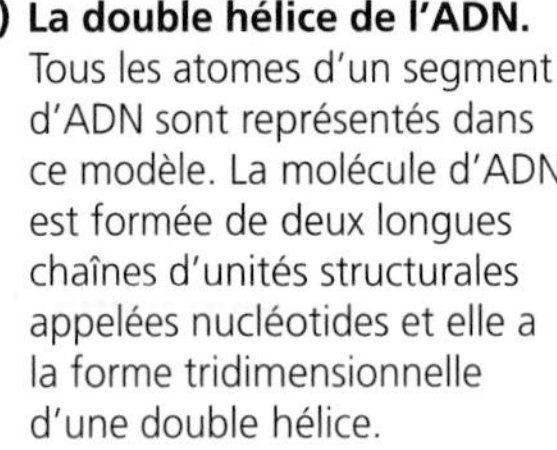

(a) La double hélice de l'ADN. Tous les atomes d'un segment d'ADN sont représentés dans ce modèle. La molécule d'ADN est formée de deux longues chaînes d'unités structurales appelées nucléotides et elle a la forme tridimensionnelle d'une double hélice.

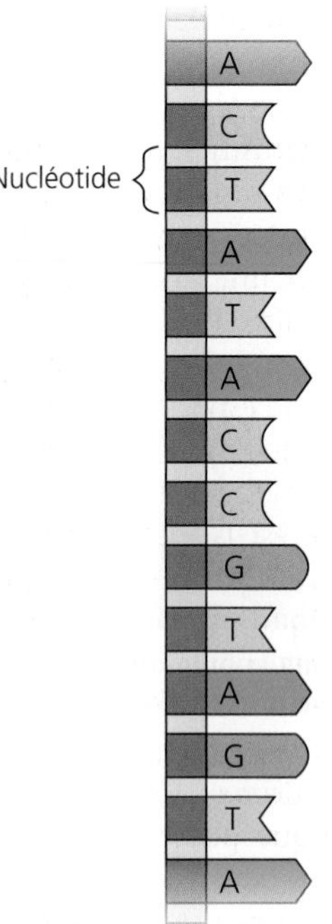

(b) Brin d'ADN. Ces lettres et ces formes géométriques représentent les nucléotides contenus dans un court segment d'une des deux chaînes d'une molécule d'ADN. L'information génétique réside dans l'enchaînement particulier des quatre nucléotides (leurs noms sont abrégés ici avec les lettres A, T, C et G).

▲ **Figure 1.11 Le matériel génétique : l'ADN.**

régulant le fonctionnement des gènes responsables du codage de protéines. Toutes ces molécules d'ARN sont gouvernées par des gènes, et leur transcription fait aussi partie de l'expression génétique. Quant à l'ADN, il garantit la transmission fidèle du bagage génétique d'une génération à l'autre en conservant les instructions pour produire des protéines et des molécules d'ARN, et en se répliquant à chaque division cellulaire.

La génomique : l'analyse à grande échelle de séquences d'ADN

L'ensemble des directives génétiques dont un organisme hérite est appelé **génome**. Chaque cellule humaine comporte deux jeux de chromosomes semblables, et l'ADN de chaque jeu totalise environ trois milliards de paires de nucléotides. Si la taille des « lettres » chimiques des nucléotides d'un seul brin était identique à celle des lettres que vous lisez actuellement, il faudrait 600 manuels du même format que celui-ci pour les écrire toutes. Dans ce génome de séquences de nucléotides de l'humain se trouvent les gènes qui codent la production de plus de 75 000 types différents de protéines, sans compter un nombre – inconnu à ce jour – de molécules d'ARN qui ne codent pas de protéines.

Depuis le début des années 1990, grâce à la révolution technologique, la cadence de séquençage de génomes s'est accélérée et a atteint un rythme incroyable. La mise au point de nouvelles méthodes et de séquenceurs automatiques d'ADN, comme celui présenté à la **figure 1.12**, y a largement contribué. Nous connaissons maintenant la séquence complète de nucléotides composant le génome humain, de même que celle de nombreux autres organismes, parmi lesquels des bactéries, des archées, des eumycètes, des plantes et des animaux.

Au rayon des réalisations scientifiques et technologiques, on a comparé le séquençage du génome humain aux premiers pas sur la Lune, en 1969, des astronautes de la mission Apollo.

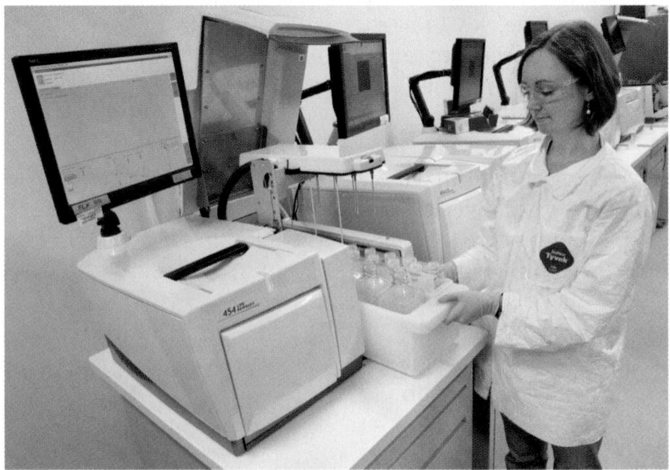

▲ **Figure 1.12 La biologie, une science de l'information.** Les séquenceurs d'ADN et l'immense puissance de traitement dont on dispose ont rendu possible le séquençage génomique. Ces installations de Walnut Creek, en Californie, appartiennent au Joint Genome Institute.

Or, ce travail n'est que le début d'une entreprise encore plus vaste visant à comprendre comment les activités d'une myriade de protéines codées par l'ADN sont coordonnées dans les cellules et les organismes. Pour comprendre l'avalanche de données émanant des projets de séquençage génomique et le répertoire grandissant de fonctions protéiques connues, les scientifiques utilisent une approche systémique aux niveaux moléculaire et cellulaire. Plutôt que d'enquêter sur un gène à la fois, ces chercheurs étudient plutôt des ensembles complets de gènes propres à une espèce ou comparent les génomes d'espèces différentes. Cette approche s'appelle la **génomique**.

L'approche génomique a vu le jour grâce à trois grandes percées. La première est la technologie de haut débit, qui fait appel à divers appareils permettant d'analyser très rapidement du matériel biologique et d'obtenir d'énormes quantités de données. C'est le cas, par exemple, des séquenceurs d'ADN utilisés pour réaliser le séquençage du génome humain (voir la figure 1.12). La deuxième grande percée est celle de la **bio-informatique**, un domaine qui réunit l'ensemble des utilisations de l'informatique pour stocker, organiser et analyser la masse de données produite par la technologie à haut débit. Enfin, la troisième innovation est la création d'équipes de recherche interdisciplinaires réunissant divers spécialistes issus de différents champs d'activité : informaticiens, mathématiciens, ingénieurs, chimistes, physiciens et, bien sûr, biologistes.

Thème : Les mécanismes de régulation agissent sur les systèmes biologiques

Tout comme la gestion coordonnée de la circulation routière dans une ville permet d'en assurer le bon fonctionnement, la régulation des processus biologiques est essentielle au bon fonctionnement des systèmes qui en dépendent. Vos muscles constituent à cet égard un bon exemple. Lors d'activités physiques, vos fibres musculaires accélèrent la dégradation des molécules de glucose, libérant ainsi l'énergie nécessaire à l'accomplissement de leur travail de contraction. À l'inverse, lorsque vous vous reposez, une autre chaîne de réactions chimiques convertit le glucose excédentaire en substances de réserve.

Comme la plupart des processus chimiques qui ont lieu dans la cellule, les processus qui dégradent ou stockent le glucose sont accélérés, ou catalysés, par des protéines spécialisées appelées enzymes. Chaque type d'enzyme catalyse une réaction chimique spécifique. Souvent, ces réactions sont liées à une même voie chimique, chaque réaction étant catalysée par sa propre enzyme. Comment la cellule arrive-t-elle à coordonner ses diverses voies chimiques ? Dans le cas de l'utilisation du glucose, par exemple, comment la cellule fait-elle pour coordonner deux voies contraires, c'est-à-dire la dégradation du glucose et sa mise en réserve, et arriver ainsi à ajuster l'offre à la demande ? La clé réside dans la capacité de nombreux processus biologiques de s'autoréguler par un mécanisme appelé rétroaction.

Dans la régulation par rétroaction, le produit d'un processus est le régulateur de ce même processus. Chez les êtres vivants, la forme de régulation la plus répandue est la **rétro-inhibition**, qui fait que l'accumulation du produit final d'un processus ralentit ce même processus. Par exemple, la dégradation du glucose de la cellule produit de l'énergie chimique sous la forme d'une substance appelée ATP. Lorsqu'une cellule produit plus d'ATP qu'elle peut en consommer, l'excédent « rétroagit » et inhibe une enzyme située au début de la voie chimique (**figure 1.13a**).

Il existe également des processus biologiques dont la régulation se fait par **rétroactivation** ; ce type de régulation est cependant moins courant que la rétro-inhibition. Dans la rétroactivation, le produit final d'un processus biologique

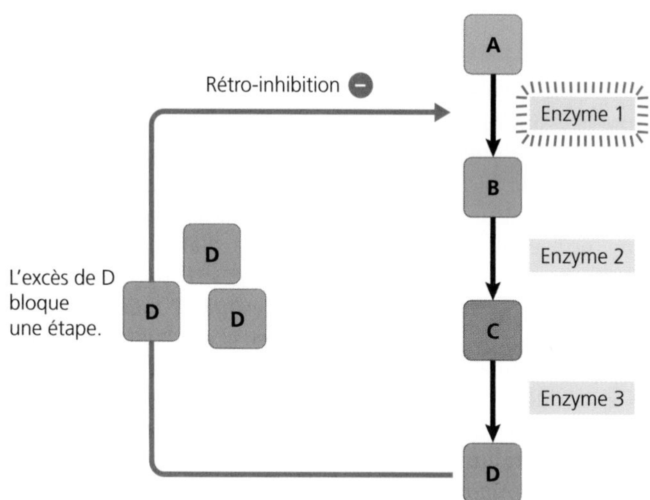

(a) Rétro-inhibition. La voie biochimique en trois étapes convertit la substance A en substance D. Une enzyme spécifique catalyse chaque réaction chimique. L'accumulation du produit final (D) inhibe la production de la première enzyme de la chaîne, ralentissant ainsi la production de D.

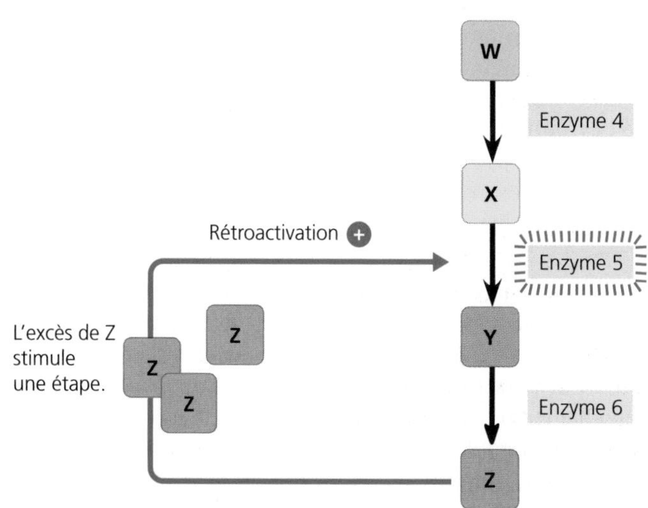

(b) Rétroactivation. Dans une voie biochimique régulée par la rétroactivation, un produit stimule une enzyme de la chaîne de réactions, ce qui accroît la vitesse de production de ce même produit.

▲ **Figure 1.13 Les mécanismes de régulation.**

? *Comment le système de régulation réagirait-il si l'enzyme 2 était absente ?*

accélère sa propre production (**figure 1.13b**). La coagulation de votre sang en réaction à une blessure illustre bien ce mécanisme. Quand un vaisseau sanguin est endommagé, les éléments sanguins appelés plaquettes commencent à s'agréger dans la zone de la lésion. La rétroactivation se produit quand les substances chimiques libérées par les plaquettes attirent encore *plus* de plaquettes. Les plaquettes s'accumulent puis amorcent un processus complexe qui scelle la lésion avec un caillot.

La régulation par rétroaction se produit à tous les niveaux de l'organisation biologique, de la simple molécule jusqu'à la biosphère. Ce mécanisme de régulation est un exemple d'intégration qui montre encore qu'un système vivant constitue une entité plus grande que la somme de ses parties.

L'évolution est le thème dominant de la biologie

Après ce survol de tous les autres thèmes examinés dans ce manuel, tournons-nous maintenant vers l'évolution, le thème central de la biologie. L'évolution est la notion qui donne un sens à tout ce que nous savons sur les organismes. La vie sur Terre évolue depuis des milliards d'années et a donné lieu à une vaste diversité d'organismes disparus ou encore vivants. Or, cette diversité présente quand même de nombreuses caractéristiques communes. Par exemple, malgré leurs différences visibles, l'hippocampe, le lièvre, le colibri, le crocodile et les girafes de la figure 1.3 présentent un squelette fondamentalement semblable. L'explication scientifique de cette unité et de cette diversité – et de l'adaptabilité de chaque organisme à son environnement – est l'évolution, selon laquelle tous les organismes vivant sur la Terre aujourd'hui sont les descendants modifiés d'ancêtres communs. Autrement dit, nous pouvons expliquer que deux organismes partagent certains caractères par le fait qu'ils descendent d'un ancêtre commun, et nous pouvons expliquer ce qui les distingue par le fait que des transformations héréditaires se sont produites en cours de route. De nombreuses données permettent de documenter le principe de l'évolution et la théorie qui décrit comment elle s'est déroulée. Nous consacrons la prochaine partie au concept fondamental de l'évolution.

RETOUR SUR LE CONCEPT 1.1

1. Pour chaque niveau biologique de la figure 1.4, rédigez une phrase qui comporte le niveau « inférieur » immédiat. Exemple : « Une communauté biologique comprend des *populations* de diverses espèces vivant dans une même région. »
2. Quels thèmes les exemples suivants illustrent-ils : (a) les piquants acérés du porc-épic, (b) le clonage d'une plante à partir d'une cellule et (c) un colibri qui « carbure » au glucose pour voler ?
3. **ET SI ?** Pour chacun des thèmes présentés dans cette partie, trouvez un exemple qui n'a pas été mentionné dans ces pages.

Voir les réponses proposées à la fin du chapitre.

CONCEPT **1.2**

Le thème central, l'évolution, donne un sens à l'unité et à la diversité de la vie

ÉVOLUTION La liste de thèmes présentés dans les pages précédentes n'est pas absolue, et certaines personnes la raccourciraient ou l'allongeraient volontiers. Il existe cependant un consensus parmi les biologistes sur le fait que l'évolution constitue le thème central de la biologie. Comme le dit l'un des fondateurs de la théorie moderne de l'évolution, Theodosius Dobzhansky : « Rien en biologie n'a de sens, si ce n'est à la lumière de l'évolution. »

En plus de couvrir une succession de niveaux d'organisation biologique allant des molécules jusqu'à la biosphère, la biologie étend ses champs d'étude à la grande diversité d'espèces vivant ou ayant vécu sur la Terre. Nous devons, pour comprendre l'énoncé de Dobzhansky, examiner la façon dont les biologistes conçoivent cette diversité.

Classifier la diversité de la vie

La diversité est la caractéristique essentielle du vivant. Jusqu'à présent, les biologistes ont répertorié environ 1 800 000 espèces. À ce jour, cette diversité se manifeste par la présence d'au moins 100 000 Eumycètes, 290 000 Végétaux, 52 000 Vertébrés (les animaux possédant une colonne vertébrale) et plus de 1 000 000 d'Insectes (plus de la moitié de toutes les formes de vie connues), sans compter la myriade de types d'organismes unicellulaires. Chaque année, la liste s'enrichit de milliers d'espèces. On estime que le nombre total d'espèces se situerait quelque part entre 10 millions et plus de 100 millions. Quel que soit ce nombre, toutefois, la fabuleuse diversité du monde vivant fait de la biologie une discipline très vaste. Les biologistes qui tentent de comprendre cette variété ont tout un défi à relever.

La classification des espèces : un principe fondamental

Les humains ont tendance à classifier, c'est-à-dire à former des catégories d'éléments selon leurs ressemblances et la relation qui les lie. Par exemple, nous parlons d'écureuils et de papillons tout en reconnaissant que chacun de ces groupes inclut différentes espèces. Nous formons même des catégories plus vastes, comme les Rongeurs (qui comprennent les écureuils) et les Insectes (qui comprennent les papillons). La taxinomie, cette branche de la biologie qui a pour objet de nommer et de classifier les espèces, établit une organisation hiérarchique des groupes (**figure 1.14**). Nous reviendrons sur le sujet au chapitre 26. Pour l'instant, nous nous attarderons aux règnes et aux domaines, les plus vastes catégories de ce classement.

Les trois domaines du vivant

Historiquement, les scientifiques ont classifié la diversité du vivant selon des règnes et des regroupements plus précis en comparant la structure, la fonction et d'autres caractéristiques

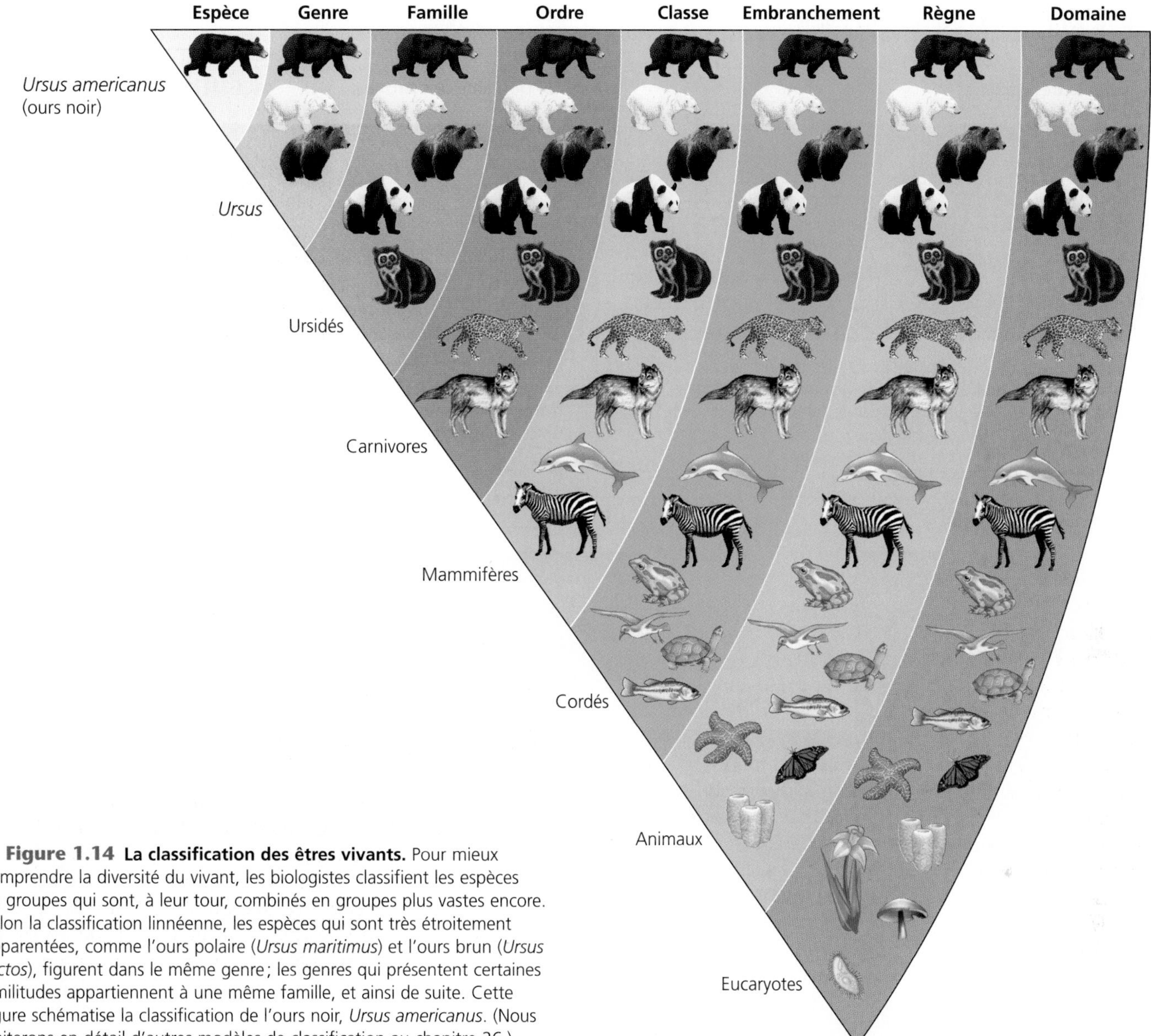

▲ **Figure 1.14 La classification des êtres vivants.** Pour mieux comprendre la diversité du vivant, les biologistes classifient les espèces en groupes qui sont, à leur tour, combinés en groupes plus vastes encore. Selon la classification linnéenne, les espèces qui sont très étroitement apparentées, comme l'ours polaire (*Ursus maritimus*) et l'ours brun (*Ursus arctos*), figurent dans le même genre ; les genres qui présentent certaines similitudes appartiennent à une même famille, et ainsi de suite. Cette figure schématise la classification de l'ours noir, *Ursus americanus*. (Nous traiterons en détail d'autres modèles de classification au chapitre 26.)

observables. Au cours des dernières décennies, cependant, de nouvelles méthodes d'évaluation des liens entre les espèces, notamment la comparaison de séquences d'ADN, ont entraîné une réévaluation incessante du nombre de règnes et de leurs frontières. Les chercheurs proposent des classifications variant de six à douze règnes. La question n'est pas tranchée, mais les scientifiques sont généralement d'accord pour établir une catégorie supérieure au règne : le domaine. Il existe donc trois domaines : les Bactéries, les Archées et les Eucaryotes (**figure 1.15**).

Les organismes formant deux des trois domaines, celui des **Bactéries** et celui des **Archées**, sont tous des Procaryotes. La plupart des Procaryotes sont unicellulaires et microscopiques. Auparavant, les Bactéries et les Archées faisaient partie du même règne parce qu'elles avaient toutes deux une structure cellulaire procaryote. Cependant, les découvertes les plus récentes indiquent que les Bactéries et les Archées constituent deux groupes très distincts de Procaryotes et présentent des différences importantes dont nous traiterons au chapitre 27. Certaines observations indiquent également que les Archées sont au moins tout aussi apparentées aux Eucaryotes qu'aux Bactéries.

Tous les organismes constitués de cellules de type eucaryote sont maintenant regroupés dans le domaine des **Eucaryotes**. Ce domaine comprend trois règnes d'eucaryotes multicellulaires, soit les Végétaux, les Eumycètes et les Animaux. Ces trois règnes se distinguent par leur mode de nutrition. Les Végétaux produisent eux-mêmes leur matière organique au moyen de la photosynthèse. Les Eumycètes absorbent des nutriments dissous présents dans leur environnement ; la plupart d'entre eux décomposent des organismes morts et des débris organiques (comme les feuilles mortes et les excréments) dont ils tirent leurs nutriments. Quant aux Animaux, ils se nourrissent en ingérant et en digérant des proies de toute

▼ Figure 1.15 Les trois domaines du vivant.

(a) Domaine des Bactéries

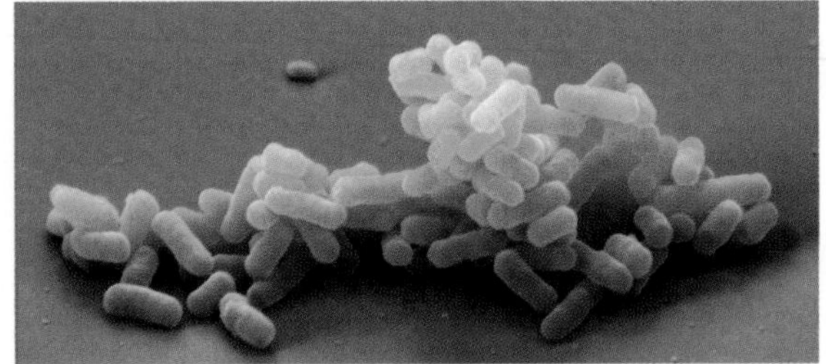

Les membres du domaine des **Bactéries** sont les organismes procaryotes les plus diversifiés et les plus répandus. Ils sont maintenant répartis dans plusieurs règnes. Chacune des structures en bâtonnet de cette micrographie est une cellule bactérienne.

(b) Domaine des Archées

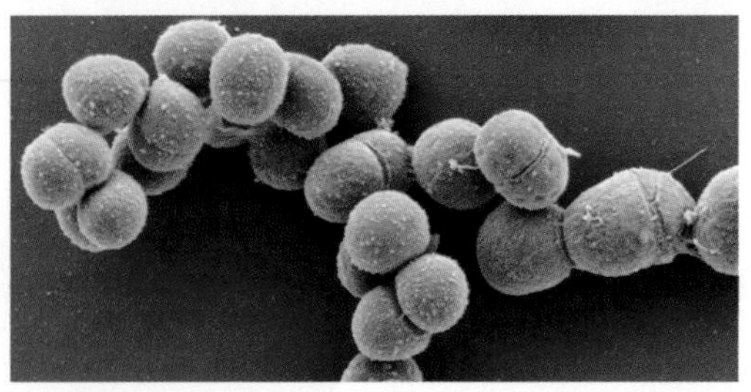

La plupart des organismes procaryotes du domaine des **Archées** vivent dans des milieux extrêmes, comme les lacs salés et les sources hydrothermales. Le domaine des Archées comprend plusieurs règnes. Chacune des structures rondes de cette micrographie est une archée.

(c) Domaine des Eucaryotes

▲ Le règne des **Végétaux** comprend les eucaryotes multicellulaires terrestres (les plantes terrestres) qui sont capables de photosynthèse, laquelle convertit l'énergie lumineuse en énergie chimique.

► Le règne des **Eumycètes** regroupe des organismes qui, comme ce champignon, absorbent les nutriments par la paroi extérieure de leur corps.

◄ Le règne des **Animaux** est composé d'organismes eucaryotes multicellulaires qui ingèrent d'autres organismes.

100 µm
(130 ×)

► Les **Protistes** comprennent principalement les organismes eucaryotes unicellulaires et quelques organismes eucaryotes multicellulaires relativement simples qui leur sont apparentés. On voit ici divers protistes en suspension dans l'eau d'un étang. Actuellement, les scientifiques cherchent à diviser les Protistes en règnes de manière à bien rendre compte de leur évolution et de leur diversité.

provenance. L'humain, bien entendu, appartient au règne des Animaux. Cependant, aucun de ces trois règnes n'est aussi peuplé et diversifié que celui des Protistes, dont font partie les eucaryotes unicellulaires. Auparavant, les Protistes avaient droit à leur propre règne, mais les biologistes ont constaté qu'ils ne formaient pas un groupe naturel unique. Des découvertes récentes indiquent en effet que certains groupes de protistes sont plus étroitement liés à des eucaryotes multicellulaires comme les Animaux et les Eumycètes qu'à d'autres membres de leur propre règne. La plus récente tendance taxinomique a donc séparé le règne des Protistes en plusieurs règnes.

Unité et diversité

La diversité de la vie cache une unité étonnante, surtout aux niveaux moléculaire et cellulaire de l'organisation biologique. Nous avons mentionné plus haut la ressemblance, sur le plan du squelette, entre différents animaux vertébrés, de même que le langage génétique que constitue l'ADN (le code génétique). En fait, on observe des ressemblances entre des organismes à tous les niveaux de l'organisation biologique. Par exemple, l'unité s'exprime dans de nombreuses caractéristiques de la structure cellulaire (**figure 1.16**).

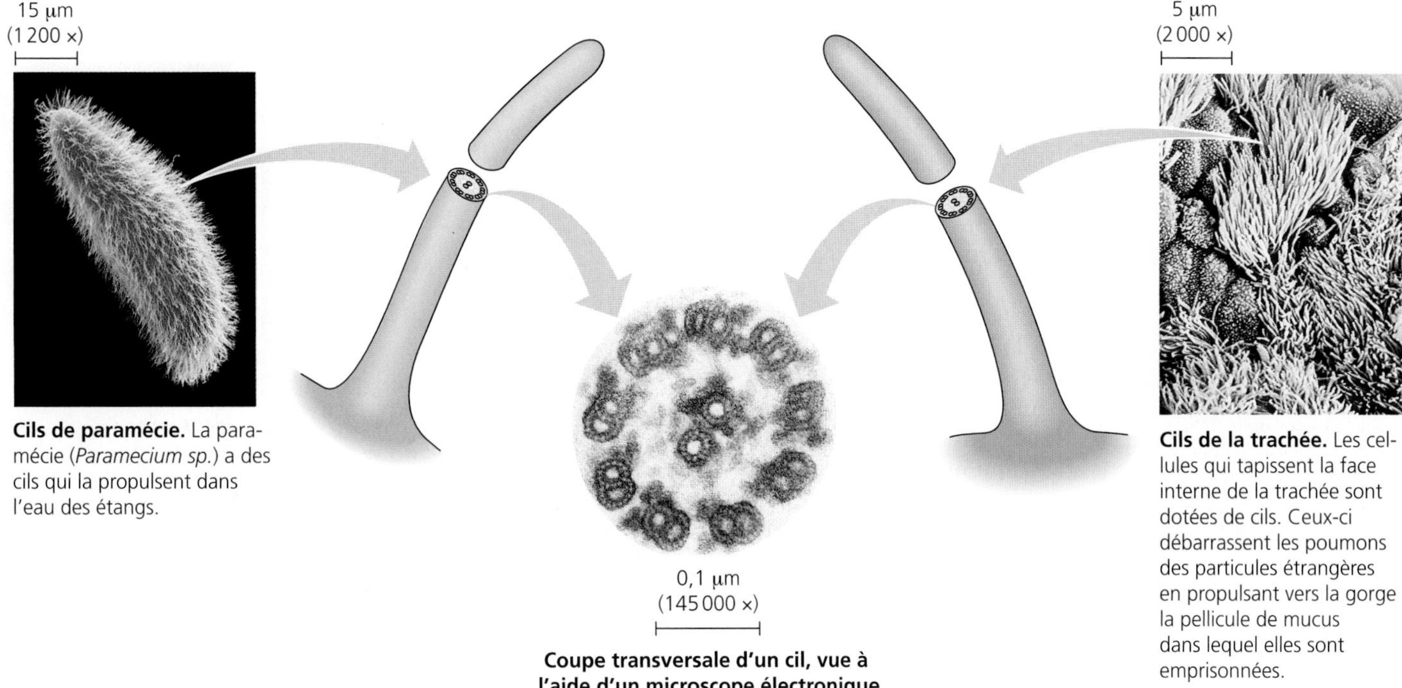

Cils de paramécie. La paramécie (*Paramecium sp.*) a des cils qui la propulsent dans l'eau des étangs.

Coupe transversale d'un cil, vue à l'aide d'un microscope électronique

Cils de la trachée. Les cellules qui tapissent la face interne de la trachée sont dotées de cils. Ceux-ci débarrassent les poumons des particules étrangères en propulsant vers la gorge la pellicule de mucus dans lequel elles sont emprisonnées.

▲ **Figure 1.16 Un exemple de l'unité au sein de la diversité des êtres vivants: l'architecture des cils chez les Eucaryotes.** Les cils sont des appendices locomoteurs émergeant de cellules. Des organismes eucaryotes aussi différents qu'une paramécie (un organisme unicellulaire) et un humain possèdent des cils. Même si ces deux organismes sont très différents, leurs cils possèdent une organisation structurale commune, soit un système complexe de tubules que l'on voit ici dans les coupes transversales.

Comment expliquer la coexistence de l'unité et de la diversité chez les organismes? Le processus de l'évolution, expliqué dans le prochain concept, permet de dégager les ressemblances et les différences entre les organismes et introduit une autre dimension de la biologie: le temps historique.

Charles Darwin et la théorie de la sélection naturelle

L'histoire de la vie, telle qu'elle est révélée par les fossiles et d'autres données, s'étend sur des milliards d'années. Elle a pour toile de fond une planète en constant bouleversement, peuplée par une succession d'êtres vivants (**figure 1.17**). Cette vision évolutive de la vie a attiré l'attention en novembre 1859, quand Charles Robert Darwin a publié un des ouvrages les plus importants et les plus controversés jamais écrits jusqu'alors. Intitulé *De l'origine des espèces au moyen de la sélection naturelle ou la conservation des espèces dans la lutte pour la survie,* le livre de Darwin a connu un succès instantané et a fait du «darwinisme», le terme proposé à l'époque, un quasi-synonyme du concept de l'évolution (**figure 1.18**). (Alfred Russell Wallace, un naturaliste anglais, a élaboré la même théorie au même moment, et la première communication sur ce sujet en 1858 fut une communication conjointe de Darwin et de Wallace.)

Le propos de Charles Darwin dans *De l'origine des espèces* était double. D'abord, Darwin montrait de façon convaincante que les espèces contemporaines étaient l'aboutissement d'une succession d'ancêtres. (Nous présentons au chapitre 22 les preuves

▲ **Figure 1.17 À la recherche du passé.** Des paléontologues exhument délicatement la patte arrière d'un dinosaure à long cou (*Rapetosaurus krausei*) emprisonné dans la roche à Madagascar.

▲ **Figure 1.18** **Le jeune Charles Darwin.**

détaillées de l'évolution.) Darwin disait de l'évolution des espèces qu'elle correspondait à une « descendance avec modification », c'est-à-dire à une succession d'ancêtres ayant subi des transformations progressives au fil des générations. Cette explication rendait compte à la fois de l'unité et de la diversité de la vie : d'une part, on comprend que les espèces ont des caractères communs qui proviennent de leurs ancêtres communs ; d'autre part, on comprend que leurs différences résultent de modifications apparues au fur et à mesure que ces espèces se sont séparées de leurs ancêtres communs (**figure 1.19**). Darwin proposait en outre un mécanisme de l'évolution, soit la sélection naturelle.

Darwin a formulé le concept de sélection naturelle à partir d'observations qui n'étaient ni nouvelles ni très poussées. En fait, les pièces du casse-tête étaient déjà connues, mais c'est lui qui a su comment les agencer. Il a entrepris sa réflexion à partir de trois observations sur la nature. La première veut que, dans une population donnée, de nombreux caractères héréditaires (c'est-à-dire transmis par les parents) varient d'un individu à l'autre. Deuxièmement, une population a la capacité de produire un nombre de descendants supérieur au nombre pouvant survivre et se reproduire, compte tenu des ressources limitées du milieu. Cette surnatalité entraîne inévitablement une lutte pour la survie. Troisièmement, les espèces sont généralement faites pour vivre dans leur environnement ; autrement dit, elles y sont adaptées. Par exemple, les oiseaux qui se nourrissent principalement de graines à enveloppe dure ont un bec particulièrement robuste.

Les conclusions que Darwin a tirées de ces observations lui ont permis de formuler sa théorie de l'évolution. Il a déduit que les individus possédant les caractères les mieux adaptés à leur milieu de vie engendrent généralement beaucoup plus de descendants féconds que les autres. Au fil des générations, une proportion grandissante d'individus d'une population présenteront les caractères héréditaires les mieux adaptés à l'environnement. L'évolution survient lorsque le succès reproductif inégal des individus finit par rendre la population adaptée à son environnement, tant et aussi longtemps que l'environnement reste inchangé.

Darwin a appelé ce mécanisme d'adaptation évolutive la **sélection naturelle**, parce que l'environnement naturel fait une « sélection » des caractères les mieux adaptés parmi une variété de caractères que présentent naturellement les individus. L'exemple de la **figure 1.20** illustre le mécanisme par lequel la sélection naturelle peut faire le « tri » dans les variations héréditaires d'une population. Les effets de la sélection naturelle sont révélés par l'adaptation parfois raffinée des organismes aux contraintes de leur environnement. Les ailes de la chauve-souris, présentée à la **figure 1.21**, constituent un excellent exemple d'adaptation.

▲ **Figure 1.19** **Unité et diversité dans la famille des orchidées.** Ces trois orchidées vivant dans la forêt tropicale humide sont des variantes sur un même thème. Par exemple, chacune de ces fleurs a des pétales en forme de lèvres qui attirent les insectes pollinisateurs et leur offrent une surface d'appui.

L'arbre de la vie

Examinez à nouveau l'architecture squelettique des ailes de la chauve-souris à la figure 1.21. Ses membres antérieurs sont adaptés au vol, mais ils possèdent les mêmes os, les mêmes articulations, les mêmes nerfs et les mêmes vaisseaux sanguins que ceux des membres d'autres espèces, comme le bras humain, la patte antérieure du cheval ou la nageoire de la baleine. En fait, les membres antérieurs des Mammifères sont des variations anatomiques d'une architecture commune, tout comme les fleurs de la figure 1.19 sont des variations typiques des orchidées. Ces exemples de liens de parenté relient le concept de l'« unité dans la diversité » et celui de la « descendance avec modification » de Darwin. Autrement dit, l'unité qui se dégage de l'anatomie des membres des Mammifères montre que cette structure provient d'un ancêtre commun, sorte de « prototype » de mammifère dont descendent tous les autres mammifères. La diversité des membres antérieurs des Mammifères témoigne des modifications produites par sélection naturelle sur des millions de générations dans différents contextes environnementaux. Les fossiles et d'autres preuves corroborent l'unité anatomique et appuient la théorie voulant que les Mammifères descendent tous d'un ancêtre commun.

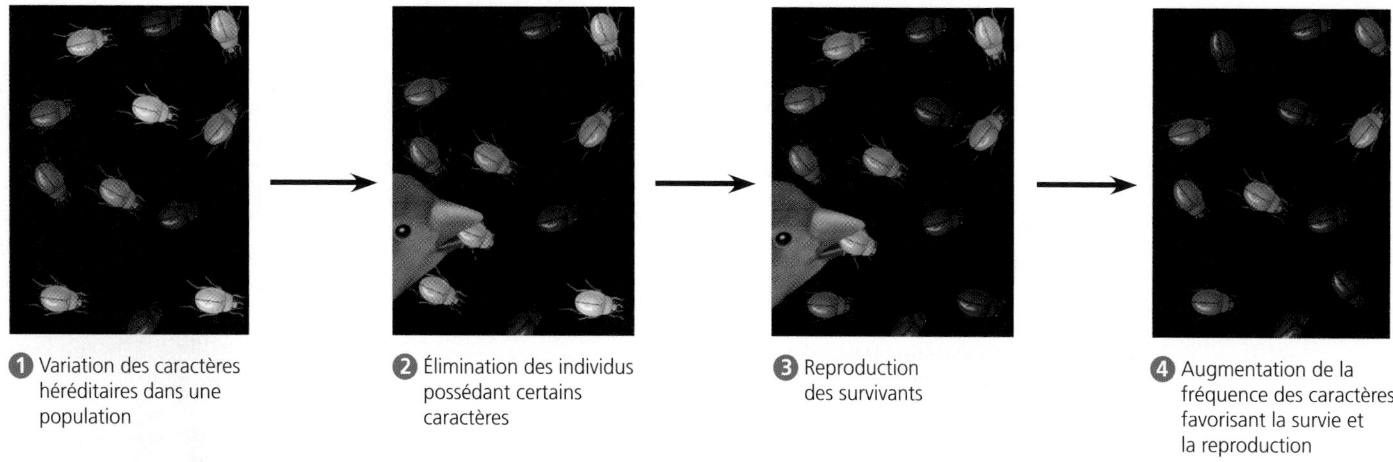

1 Variation des caractères héréditaires dans une population
2 Élimination des individus possédant certains caractères
3 Reproduction des survivants
4 Augmentation de la fréquence des caractères favorisant la survie et la reproduction

▲ **Figure 1.20 La sélection naturelle.** Cette population imaginaire de coléoptères a colonisé un lieu dont le sol a été noirci par un feu de brousse. Au départ, la coloration des individus varie considérablement dans la population : elle va d'un gris très pâle à un gris très sombre. Les individus pâles sont repérés plus facilement par les oiseaux affamés qui se nourrissent de coléoptères.

Darwin expliquait qu'en raison de ses effets cumulatifs au fil de nombreuses générations, la sélection naturelle permettait d'envisager qu'une espèce ancestrale se « scinde » en de nouvelles espèces. Un tel phénomène peut se produire, par exemple, lorsqu'une même population se fragmente en plusieurs populations géographiquement isolées et vivant dans des environnements différents. À mesure qu'elles s'adaptent chacune de leur côté à un environnement particulier, celles-ci peuvent former des espèces distinctes.

L'« arbre généalogique » des 14 géospizes de la **figure 1.22**, à la page suivante, est un exemple bien connu de la radiation adaptative d'une espèce ancestrale en nouvelles espèces. Darwin a recueilli des spécimens de ces oiseaux lorsqu'il a visité les îles Galápagos en 1835. Cet archipel volcanique relativement jeune est situé dans l'océan Pacifique à environ 900 km des côtes de l'Amérique du Sud. Il abrite de nombreuses espèces végétales et animales qui n'existent nulle part ailleurs dans le monde, encore qu'elles soient manifestement apparentées aux espèces du continent sud-américain. Après que le volcanisme eut fait apparaître l'archipel, il y a quelques millions d'années, les géospizes se sont probablement diversifiés sur ses différentes îles à partir d'une espèce ancestrale qui s'y est posée par hasard. (On a longtemps cru que les premiers géospizes provenaient du continent sud-américain, comme de nombreux organismes des îles Galápagos, mais il semble qu'ils proviendraient des Antilles, un archipel des Caraïbes qui, à une autre époque, se trouvait beaucoup plus près des îles Galápagos.) Des années après la visite de Darwin aux îles Galápagos, des chercheurs ont commencé à étudier l'apparentement entre les différentes espèces de géospizes, d'abord à partir de données anatomiques et géographiques puis, plus récemment, à partir de la comparaison des séquences d'ADN.

Les diagrammes que les biologistes créent pour représenter l'évolution ont souvent la forme d'un arbre, quoique ces derniers aient aujourd'hui tendance à le présenter horizontalement, comme dans la figure 1.22. Le diagramme arborescent convient particulièrement à ce type de représentation : tout comme une personne possède une histoire familiale qu'on peut représenter par un arbre généalogique, chaque espèce occupe l'extrémité d'une branche de l'arborescence. En parcourant les ramifications, on remonte jusqu'aux espèces ancestrales. Les espèces très semblables, comme les géospizes des îles Galápagos, descendent d'un ancêtre commun occupant une fourche relativement récente de l'arbre généalogique. En remontant plus loin dans le temps, toutefois, on s'aperçoit que les géospizes sont apparentés aux pinsons, aux faucons, aux pingouins et à tous les autres Oiseaux. Par ailleurs, les Oiseaux, les Mammifères et tous les autres Vertébrés ont un ancêtre commun encore plus ancien. Des ressemblances comme la structure des cils chez les Eucaryotes (voir la figure 1.16) témoignent d'un lien de parenté encore plus archaïque. Toujours plus loin dans le temps, il y a plus de 3,5 milliards d'années, seuls les Procaryotes primitifs existaient sur la Terre. Nous en retrouvons des vestiges dans nos propres cellules, notamment dans le code génétique universel. Tous les êtres vivants sont donc apparentés, et l'essence de ce lien réside dans l'évolution.

▲ **Figure 1.21 L'adaptation évolutive.** Les chauves-souris sont les seuls mammifères capables de voler. Leurs ailes font penser à de longs « doigts » palmés qui forment une sorte de cape. Selon la théorie de Darwin, ce genre d'adaptation est dû à la sélection naturelle.

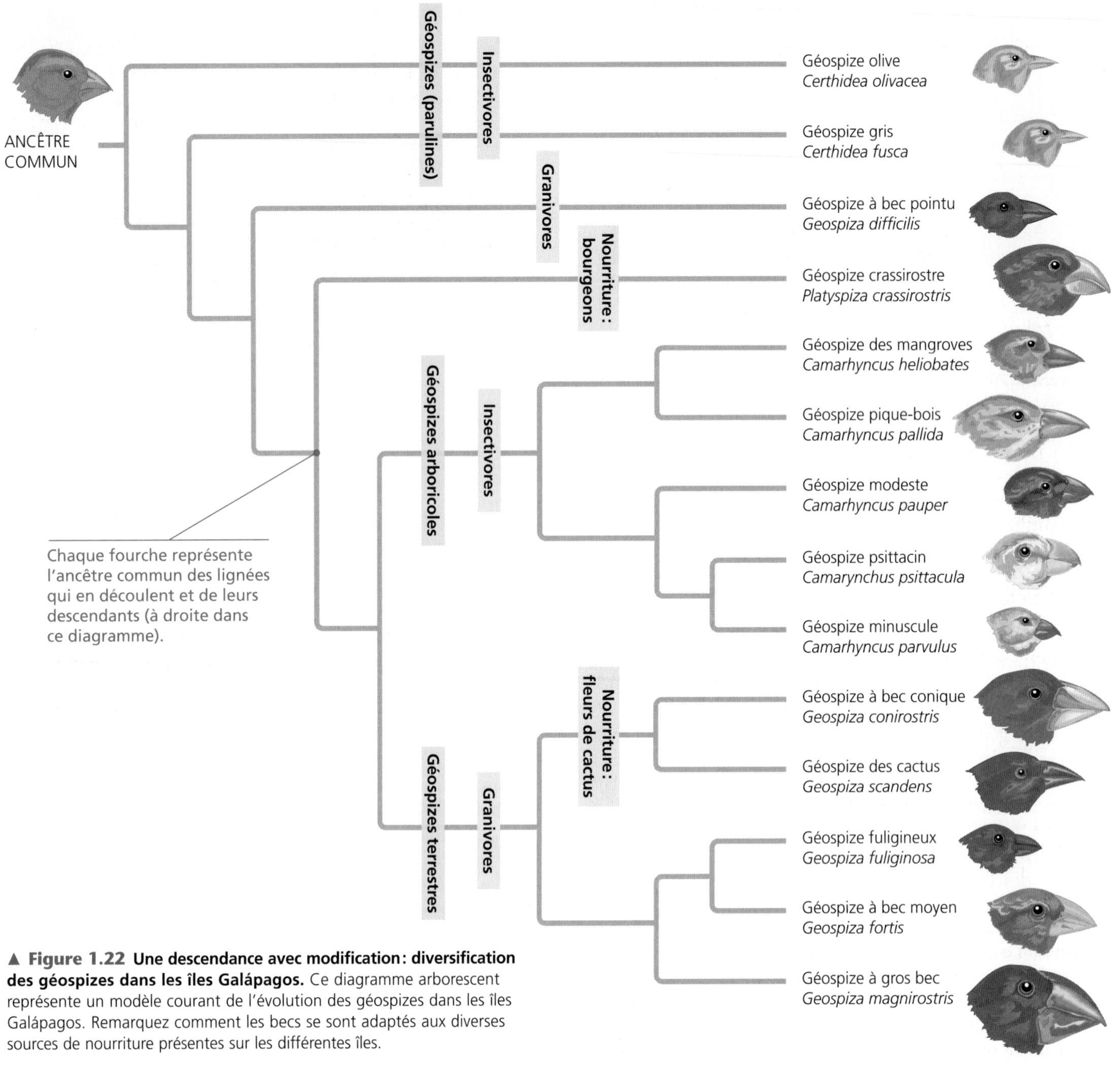

▲ **Figure 1.22 Une descendance avec modification : diversification des géospizes dans les îles Galápagos.** Ce diagramme arborescent représente un modèle courant de l'évolution des géospizes dans les îles Galápagos. Remarquez comment les becs se sont adaptés aux diverses sources de nourriture présentes sur les différentes îles.

RETOUR SUR LE CONCEPT 1.2

1. En quoi une adresse postale ressemble-t-elle à la taxinomie hiérarchique de la biologie ?
2. Expliquez pourquoi l'expression *faire le tri* illustre bien le mécanisme de la sélection naturelle sur la variation héréditaire d'une population.
3. **ET SI ?** Les trois domaines décrits dans le concept 1.2 peuvent représenter les trois principales branches de l'arbre de l'évolution, celle des Eucaryotes comportant trois ramifications, soit le règne des Végétaux, celui des Eumycètes et celui des Animaux. Mais supposons un instant que les Eumycètes et les Animaux soient plus étroitement apparentés entre eux qu'ils ne le sont aux Végétaux, comme le suggèrent fortement les données les plus récentes. Dessinez un diagramme arborescent simple qui illustre la relation proposée ici entre ces trois règnes eucaryotes.

Voir les réponses proposées à la fin du chapitre.

CONCEPT 1.3

Les scientifiques étudient la nature en faisant des observations, à partir desquelles ils formulent et testent des hypothèses

Le mot *science* vient du verbe latin *scire,* qui signifie « savoir ». La **science** est une façon de connaître le monde naturel et une méthode pour le comprendre. Elle naît de notre curiosité à l'égard de nous-mêmes, de la vie qui nous entoure, de notre planète et de tous les phénomènes de l'univers. Il semble que le besoin de comprendre soit inhérent à l'humain.

Au cœur de la science se trouve la **recherche**. Souvent axée sur des questions précises, la recherche vise l'acquisition de nouvelles connaissances. C'est la soif de connaître qui a poussé Darwin à aller dans la nature pour chercher à savoir comment les espèces s'adaptaient à leur environnement. Et c'est également la soif de connaître qui incite les scientifiques d'aujourd'hui à analyser le génome humain pour mieux comprendre l'unité et la diversité qui existent au niveau moléculaire. En fait, la curiosité est le moteur de tous les progrès en biologie.

Il n'existe aucune recette pour faire de la recherche scientifique, aucune méthode unique, aucune règle que les chercheurs suivent à la lettre. Comme dans toute quête, la science est un mélange de défi, d'aventure et de chance, enrichi de divers ingrédients: planification soignée, raisonnement, créativité, coopération, concurrence, patience et persévérance malgré les insuccès. Ce mélange plutôt hétérogène fait que la science est beaucoup moins structurée qu'on ne le croit généralement et que certaines découvertes sont le fruit d'heureux concours de circonstances. Cela dit, certains éléments permettent de distinguer la science des autres disciplines qui s'attachent elles aussi à décrire la nature.

Pour arriver à comprendre les mécanismes de phénomènes naturels, les scientifiques ont recours à une méthode de recherche qui consiste à faire des observations, à formuler des hypothèses logiques et à les vérifier. La démarche est forcément répétitive: la mise à l'épreuve d'une hypothèse suscite d'autres observations qui peuvent, à leur tour, entraîner la formulation d'une nouvelle hypothèse ou la modification de la première, qui sera suivie de nouveaux tests. De cette façon, les scientifiques cernent de plus en plus étroitement les lois de la nature.

Les observations

Au cours de leur travail, les scientifiques décrivent des structures et des processus naturels le plus minutieusement possible au moyen d'une observation attentive et d'une analyse rigoureuse des données. Les observations s'avèrent souvent précieuses pour ce qu'elles sont. Par exemple, une série d'observations détaillées ont façonné notre compréhension de la structure de la cellule. C'est également un ensemble d'observations qui nous permettent d'enrichir les bases de données sur le génome de diverses espèces.

Les types de données

L'observation consiste à utiliser ses sens pour recueillir des données, soit directement, soit indirectement au moyen d'instruments qui, comme le microscope, prolongent la portée des sens. Les observations consignées sont appelées **données**. Autrement dit, les données sont les éléments d'information sur lesquels s'appuie la recherche scientifique.

Beaucoup de gens s'imaginent que les *données* se présentent sous forme numérique. Pourtant, les données ne sont pas nécessairement *quantitatives*; elles peuvent aussi être *qualitatives*, c'est-à-dire consister en une description plutôt qu'en une mesure chiffrée. Par exemple, Jane Goodall a passé des décennies à noter ses observations sur le comportement des chimpanzés lors de ses recherches sur le terrain dans la jungle tanzanienne (**figure 1.23**). Elle enrichissait également ses observations de dessins, de photos et de films. En plus d'avoir accumulé ces données qualitatives, Goodall a amassé une très grande quantité de données *quantitatives*, qu'elle consignait généralement sous forme de mesures. Feuilletez n'importe quelle revue scientifique à la bibliothèque de votre collège, et vous y trouverez nombre de tableaux ou de graphiques remplis de données quantitatives.

Le raisonnement inductif

La collecte et l'analyse de données peuvent déboucher sur des conclusions importantes fondées sur une forme de logique appelée induction, ou **raisonnement inductif**. Par induction, on peut faire des généralisations basées sur un grand nombre d'observations spécifiques. C'est ainsi qu'on peut

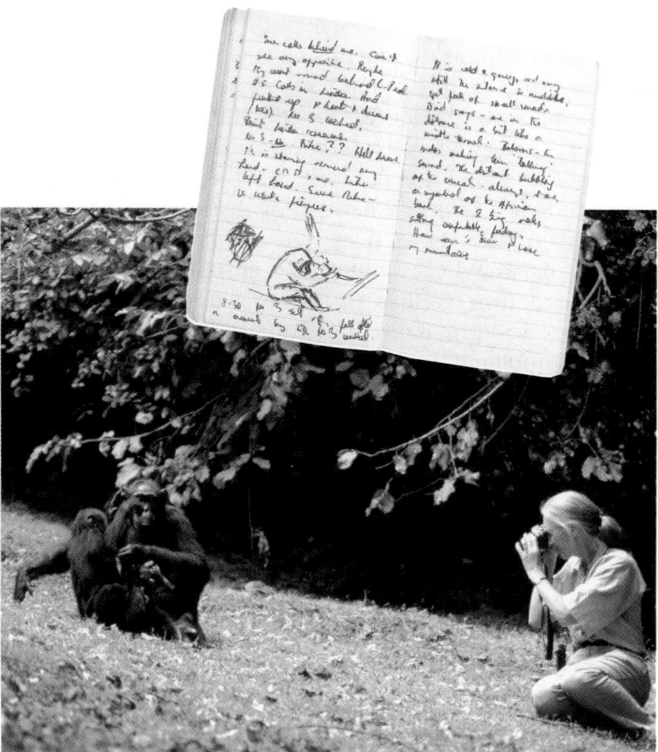

▲ **Figure 1.23 Jane Goodall recueillant des données sur le comportement des chimpanzés (*Pan troglodytes*).** Goodall consignait ses observations dans des cahiers réservés à son travail sur le terrain. Elle y esquissait également des dessins représentant le comportement de ces animaux.

dire, par exemple, « Le soleil se lève toujours à l'Est » et « Tous les organismes sont formés de cellules ». Pour formuler cette dernière généralisation qui fait aujourd'hui partie de la théorie cellulaire, il a fallu deux siècles pendant lesquels des biologistes ont observé au microscope des cellules de divers spécimens d'organismes. Les observations minutieuses, l'analyse rigoureuse des données et les généralisations inductives auxquelles cette analyse mène parfois sont essentielles à notre compréhension de la nature.

La formulation et la vérification d'hypothèses

Les observations et le raisonnement inductif nous poussent à chercher les causes et les explications naturelles à ces observations. Qu'est-ce qui a *causé* la diversification des géospizes des Galápagos ? Qu'est-ce qui *explique* que les racines d'un semis poussent vers le sol alors que la future feuille pousse vers le ciel ? Qu'est-ce qui *explique* la généralisation qui dit que le soleil se lève toujours à l'Est ? En science, ce genre de questions suppose habituellement la formulation d'hypothèses et leur vérification.

Le rôle des hypothèses dans la recherche

Une **hypothèse** scientifique est la réponse provisoire à une question bien précise, une explication qu'on doit vérifier. Elle consiste habituellement en un énoncé rationnel d'un ensemble d'observations reposant sur les données disponibles et guidé par un raisonnement inductif. Une hypothèse scientifique conduit à des prédictions qu'on peut vérifier en consignant d'autres observations ou en réalisant des expériences.

Nous formulons tous des hypothèses pour résoudre les problèmes que nous éprouvons dans la vie de tous les jours. Supposez, par exemple, que vous passez une nuit en camping et que votre lampe de poche s'éteint. Voilà pour l'observation. La question qui se pose, évidemment, est la suivante : pourquoi la lampe de poche ne fonctionne-t-elle plus ? En vous fondant sur votre expérience, vous émettez deux hypothèses plausibles : (1) les piles sont à plat ; (2) l'ampoule est grillée. Chacune de ces hypothèses entraîne une prédiction que vous pouvez vérifier au moyen d'une expérience. Par exemple, l'hypothèse des piles à plat prédit que vous corrigerez le problème en remplaçant les piles. La **figure 1.24** illustre le problème de la lampe de poche. Évidemment, nous prenons rarement le temps de disséquer ainsi les opérations de notre pensée lorsque nous voulons résoudre un problème qui suppose des hypothèses, des prédictions et des expériences. Cependant, l'approche par hypothèses inhérente à la science vient manifestement de la tendance naturelle de l'humain à résoudre des problèmes par tâtonnements (essais et erreurs).

Le raisonnement déductif et la vérification d'hypothèses

L'approche par hypothèses comporte un type de raisonnement qu'on qualifie de *déductif*. La déduction s'oppose à l'induction. Rappelez-vous que cette dernière consiste à formuler une conclusion générale à partir d'une série d'observations particulières. Ce processus alimente la formulation d'hypothèses. Le **raisonnement déductif** survient habituellement après la formulation de l'hypothèse et fait appel à un raisonnement inverse, qui va du général au particulier. On pose des prémisses générales, puis on extrapole les résultats particuliers qui devraient se produire si elles sont vraies. Par exemple, si tous les organismes se composent de cellules (prémisse n° 1) et que les humains sont des organismes (prémisse n° 2), alors les humains se composent de cellules (prédiction déductive concernant un cas particulier).

Lorsque nous recourons aux hypothèses dans la démarche scientifique, la déduction consiste habituellement à prévoir

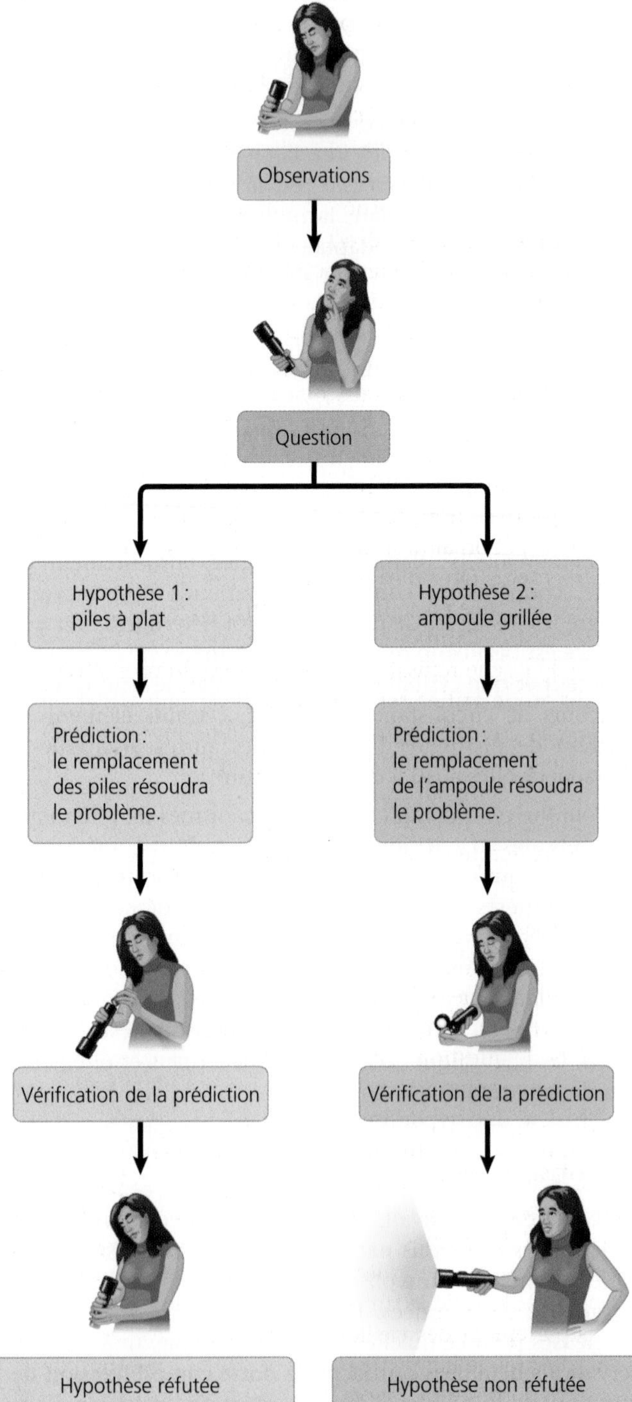

▲ **Figure 1.24 Un exemple de raisonnement dans l'approche par hypothèses.**

les résultats auxquels des expériences ou des observations devraient aboutir si l'hypothèse émise (soit la prémisse) est vraie. On vérifie ensuite celle-ci en menant une expérience pour voir si oui ou non on obtient les résultats attendus. Cette vérification déductive fait appel à la formulation logique «Si..., alors». Dans le cas de la lampe de poche, la formulation serait la suivante: *si* l'hypothèse des piles à plat est correcte et que l'on remplace les vieilles piles par de nouvelles piles, *alors* la lampe de poche devrait fonctionner.

L'exemple de la lampe de poche illustre un élément clé du recours aux hypothèses en science: les observations initiales peuvent donner lieu à plusieurs hypothèses. L'idéal est de concevoir des expériences permettant de tester toutes les tentatives d'explication. En plus des deux explications vérifiées dans la figure 1.24, une des nombreuses autres hypothèses possibles est que les piles *et* l'ampoule ne marchent plus. Que prédit cette hypothèse au sujet du résultat des expériences de la figure 1.24? Quelle autre expérience pourriez-vous concevoir pour vérifier l'hypothèse de la cause multiple?

Examinons encore l'exemple de la lampe de poche pour apprendre un autre élément important au sujet de la démarche dans la recherche scientifique. Même si l'hypothèse de l'ampoule grillée est l'explication la plus plausible, remarquez que l'étape de la vérification appuie l'hypothèse *non pas* en prouvant qu'elle est correcte, mais en ne l'éliminant pas par réfutation. En d'autres termes, même si les résultats d'une expérience semblent confirmer une hypothèse (dans ce cas-ci, celle de l'ampoule grillée), cette hypothèse n'est pas pour autant prouvée hors de tout doute. L'ampoule était peut-être mal vissée, et on aura simplement inséré la nouvelle ampoule correctement. On pourrait essayer de réfuter l'hypothèse de l'ampoule grillée en tentant une autre expérience, qui consisterait à retirer l'ampoule pour la remettre correctement. Si la lampe de poche refusait toujours de fonctionner, l'hypothèse de l'ampoule grillée serait non réfutée. Cependant, aucune expérience ne peut *prouver* une hypothèse au-delà de tout doute, car il est impossible de vérifier *toutes* les hypothèses possibles. Une hypothèse devient crédible parce qu'elle résiste aux différentes tentatives de réfutation et que les expériences éliminent (réfutent) les autres hypothèses.

Les questions pour lesquelles la science n'offre pas de réponse

La recherche scientifique est un moyen éprouvé de faire des découvertes sur la nature, mais elle ne peut répondre à tous les types de question. L'exemple de la lampe de poche illustre deux qualités importantes des hypothèses scientifiques. Premièrement, une hypothèse doit être *vérifiable*, c'est-à-dire qu'on doit pouvoir démontrer sa validité. Deuxièmement, une hypothèse doit être *réfutable*, c'est-à-dire qu'il doit exister une observation ou une expérience qui *permettrait* de démontrer l'inverse si l'hypothèse n'était *pas* vraie. Par exemple, l'hypothèse voulant que les piles à plat soient la *seule* cause du non-fonctionnement de la lampe de poche pourrait être réfutée par le remplacement des vieilles piles par de nouvelles piles, pour constater que la lampe de poche ne fonctionne toujours pas.

Les hypothèses ne répondent pas toutes aux critères qu'impose la science. Aucun test ne vous permettrait de réfuter l'hypothèse voulant que des fantômes aient trafiqué votre lampe de poche. La science exige des explications naturelles à des phénomènes naturels; elle ne peut donc valider ni réfuter des hypothèses voulant que des anges, des fantômes ou des esprits – bienveillants ou maléfiques – puissent causer des tempêtes, des arcs-en-ciel, des maladies ou des guérisons. De telles explications surnaturelles dépassent les limites de la science, tout comme les questions religieuses, qui relèvent de la foi personnelle.

La flexibilité de la méthode scientifique

Dans l'exemple de la lampe de poche de la figure 1.24, les étapes sont celles d'un processus de recherche idéalisé qu'on appelle *démarche scientifique*. Ces étapes sous-tendent la plupart des articles de recherche publiés par des scientifiques, mais rarement de manière aussi structurée. Seul un petit nombre d'entre eux appliquent la démarche scientifique à la lettre. Par exemple, un scientifique peut commencer à concevoir une expérience et ensuite faire un retour en arrière parce qu'il se rend compte qu'il lui manque des observations. Dans d'autres cas, l'équipe de chercheurs dispose d'observations intrigantes qui ne permettront de formuler des questions bien définies que dans le contexte nouveau d'un autre projet de recherche. Par exemple, Darwin a recueilli des spécimens de géospizes des îles Galápagos, mais plusieurs années s'écoulèrent, pendant lesquelles l'idée de la sélection naturelle prenait forme, avant que les biologistes ne commencent à poser des questions clés sur l'histoire de ces oiseaux.

De plus, les scientifiques doivent parfois réorienter leur recherche lorsqu'ils se rendent compte qu'ils font fausse route. Par exemple, au début du 20e siècle, plusieurs travaux de recherche sur la schizophrénie et le trouble bipolaire (alors appelé psychose maniacodépressive) ont piétiné parce que les scientifiques essayaient de répondre à une question au départ erronée, à savoir comment les expériences de vie causaient ces graves maladies mentales. La recherche sur les causes et les traitements de ces maladies a commencé à porter ses fruits lorsque les chercheurs se sont demandé comment certains déséquilibres chimiques du cerveau entraînaient la maladie mentale. Évidemment, ces piétinements de la recherche ressortent davantage avec le recul du temps.

Il est important que vous constatiez par vous-même l'efficacité de la démarche scientifique, en l'appliquant dans les expériences de laboratoire de votre cours de biologie, par exemple. Mais il est tout aussi important de ne pas considérer la science comme indissociable de la démarche scientifique.

Une étude de cas dans la recherche scientifique: le mimétisme chez les serpents

Maintenant que nous avons dégagé les principaux éléments de la démarche scientifique – observations, formulation et vérification d'hypothèses –, de l'approche descriptive et de l'approche par hypothèses, vous devriez être capable de les reconnaître dans une étude de cas réelle.

Pour commencer, considérons un ensemble d'observations et de généralisations inductives. Un grand nombre d'animaux venimeux sont de couleur vive, et plusieurs d'entre eux portent aussi des motifs distinctifs très vifs. Cette apparence voyante est appelée *coloration d'avertissement* parce qu'on croit qu'elle prévient les prédateurs potentiels de leur dangerosité.

Or, il existe également des animaux capables de mimétisme, c'est-à-dire qui prennent l'allure d'une espèce venimeuse alors qu'ils sont inoffensifs. À quoi sert le mimétisme ? Quel avantage confère-t-il aux « imposteurs » ? Une hypothèse plausible veut que la « supercherie » soit une adaptation évolutive qui réduit le risque que l'animal inoffensif soit attaqué parce que ses prédateurs le confondent avec l'espèce dangereuse. Cette hypothèse, formulée par le scientifique anglais Henry Bates, date de 1862. Aussi plausible soit-elle, elle s'est avérée relativement difficile à vérifier, en particulier par des expériences sur le terrain. En 2001, cependant, les biologistes David et Karin Pfennig, en collaboration avec un étudiant de la University of North Carolina, William Harcombe, ont conçu une série d'expériences simples mais ingénieuses pour vérifier l'hypothèse de Bates au sujet du mimétisme.

L'équipe a étudié un cas de mimétisme observé chez les serpents qui vivent en Caroline du Nord et en Caroline du Sud (**figure 1.25**). Un serpent venimeux appelé serpent-arlequin a recours à la coloration d'avertissement : il se pare de rayures rouges, jaunes (ou blanches) et noires très voyantes. (Le terme *venimeux* désigne les espèces qui transmettent leur poison, ou venin, de façon active, par piqûre ou morsure.) Les prédateurs attaquent rarement les serpents affichant de telles couleurs. Il est peu probable que les prédateurs apprennent ce comportement d'évitement puisqu'une première attaque par le serpent-arlequin est habituellement fatale. La sélection naturelle semble avoir accru la fréquence des prédateurs qui ont hérité de la capacité instinctive de reconnaître et d'éviter la coloration d'avertissement du serpent-arlequin dans les zones où il vit.

La couleuvre tachetée, un serpent non venimeux, imite la coloration du serpent-arlequin. Les deux espèces vivent dans la région de la Caroline du Nord et du Sud, mais l'aire de distribution géographique de la couleuvre tachetée s'étend plus loin, dans des zones où l'on ne trouve aucun serpent-arlequin (voir la figure 1.25).

L'aire de distribution géographique du serpent-arlequin permet de vérifier la principale prédiction de l'hypothèse de Bates. Le comportement d'évitement à l'égard des serpents qui arborent une coloration d'avertissement est une adaptation que l'on ne devrait observer qu'auprès des populations de prédateurs vivant dans les régions où vit également le serpent-arlequin. Par conséquent, le mimétisme devrait contribuer à protéger la couleuvre tachetée contre les prédateurs, *mais seulement dans les régions où le serpent-arlequin vit également.* L'hypothèse de Bates prédit que les prédateurs des régions dépourvues de serpents-arlequins attaqueront les couleuvres tachetées plus fréquemment que les prédateurs des régions abritant des serpents-arlequins.

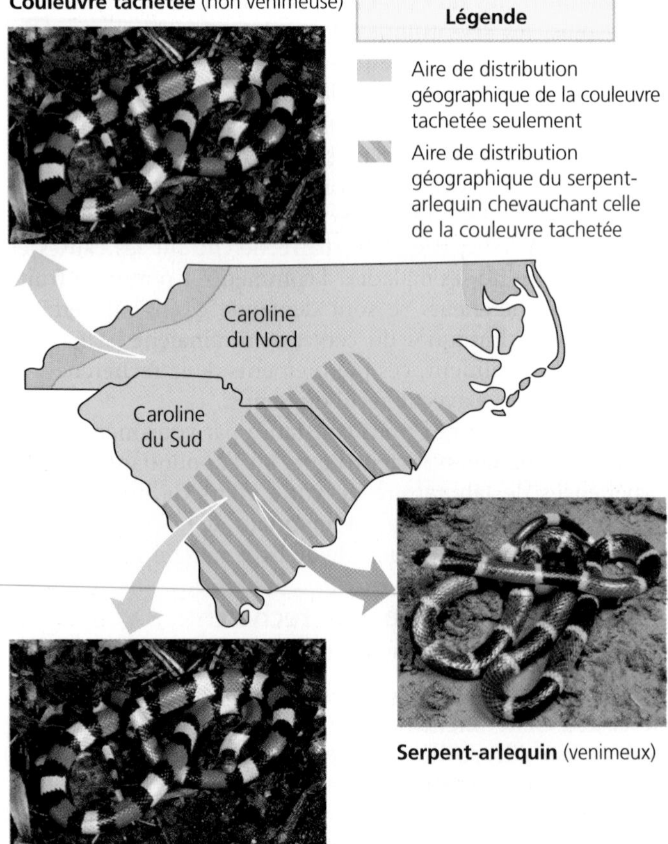

▲ **Figure 1.25 Les aires de distribution géographique du serpent-arlequin et de la couleuvre tachetée de la Caroline.** La couleuvre tachetée (*Lampropeltis triangulum*) imite la coloration d'avertissement du serpent-arlequin venimeux (*Micrurus fulvius*).

Une expérience sur le terrain avec des serpents artificiels

Pour vérifier l'hypothèse de Bates, Harcombe a confectionné des centaines de faux serpents avec du fil de fer et de la pâte à modeler. Il en a fabriqué de deux sortes : un *groupe expérimental* doté des rayures tricolores caractéristiques de la couleuvre tachetée ; et un *groupe témoin* de couleur brune pour comparer (**figure 1.26**).

Les chercheurs ont éparpillé en nombres égaux les deux types de serpents artificiels dans divers emplacements en Caroline du Nord et du Sud, y compris dans la région dépourvue de serpents-arlequins. Après quatre semaines, les scientifiques ont récupéré les faux serpents et noté combien avaient été attaqués en examinant les marques de dents et de griffes. Les prédateurs les plus nombreux étaient les renards, les coyotes et les ratons-laveurs, mais des ours noirs avaient également attaqué certains des faux serpents (voir la figure 1.26b).

Les résultats concordaient avec la prédiction de l'hypothèse de Bates. Comparativement aux serpents bruns, les serpents tricolores s'étaient fait attaquer par les prédateurs moins souvent *seulement* dans les emplacements situés à l'intérieur de l'aire de distribution géographique des serpents-arlequins venimeux. La **figure 1.27** résume l'expérience sur le terrain qu'ont menée les biologistes. Cette figure présente également une schématisation que nous utiliserons tout au long de ce manuel pour illustrer la recherche en biologie.

Le contrôle expérimental et la reproductibilité

L'expérience sur le mimétisme du serpent est un exemple d'**expérience contrôlée**, conçue pour comparer un groupe expérimental (composé ici de fausses couleuvres tachetées) et un groupe témoin (composé ici de faux serpents bruns). Idéalement, le groupe expérimental et le groupe témoin diffèrent seulement par la variable que l'expérience est censée mesurer – dans le cas qui nous occupe, l'effet de la coloration des serpents sur le comportement des prédateurs.

Sans groupe témoin, les chercheurs n'auraient pu écarter d'autres causes possibles pour expliquer la fréquence accrue des attaques sur les fausses couleuvres tachetées, par exemple un nombre différent de prédateurs ou des écarts de température dans les diverses régions testées. Grâce à une méthodologie expérimentale ingénieuse, seule la coloration peut expliquer le plus faible taux de prédation envers les fausses couleuvres tachetées déposées dans l'aire de distribution géographique des serpents-arlequins. Ce n'était pas le nombre absolu d'attaques sur les fausses couleuvres tachetées qui comptait, mais la différence entre ce nombre et le nombre d'attaques sur les faux serpents bruns.

Contrairement à ce qu'on croit parfois, le terme *expérience contrôlée* ne signifie pas que les scientifiques contrôlent l'environnement expérimental pour maintenir constantes toutes les variables à l'exception de celle qu'ils sont censés mesurer. De toute façon, cela est impossible dans la recherche sur le terrain et irréaliste même dans l'environnement hautement contrôlé d'un laboratoire. Les chercheurs «contrôlent» les variables non désirées non pas en les *éliminant* par contrôle de l'environnement, mais en *annulant* leurs effets au moyen de groupes témoins.

La reproductibilité des observations et des résultats de l'expérience constitue aussi un critère scientifique incontournable. Les observations non vérifiables peuvent être intéressantes ou même fascinantes, mais elles ne comptent pas quand il est question de recherche scientifique. Les manchettes de certains

(a) Fausse couleuvre tachetée

(b) Faux serpent brun qui a été attaqué

▲ **Figure 1.26 L'utilisation de serpents artificiels dans des expériences sur le terrain pour vérifier l'hypothèse de Bates.** En **(b)**, un ours a mordu le faux serpent brun.

▼ **Figure 1.27** INVESTIGATION

La présence de serpents-arlequins modifie-t-elle le taux de prédation sur leurs «imposteurs», les couleuvres tachetées ?

EXPÉRIENCE David Pfennig et ses collègues ont fabriqué des faux serpents pour vérifier la prédiction de l'hypothèse de Bates, selon laquelle les couleuvres tachetées tirent avantage de leur imitation de la coloration d'avertissement des serpents-arlequins, mais seulement dans les régions abritant des serpents-arlequins venimeux. Les chercheurs ont placé un nombre égal de fausses couleuvres tachetées (groupe expérimental) et de faux serpents bruns (groupe témoin) dans 14 sites. La moitié d'entre eux a été installée dans la région où cohabitent le serpent-arlequin et la couleuvre tachetée, et l'autre moitié, dans une région où ne vit pas le serpent-arlequin. Au bout de quatre semaines, les chercheurs ont récupéré les faux serpents et consigné les données sur la prédation à partir des marques de dents et de griffes sur ceux-ci.

RÉSULTATS Dans les sites exempts de serpents-arlequins, les prédateurs ont surtout attaqué des fausses couleuvres tachetées. Dans les sites habités par des serpents-arlequins, la plupart des agressions ont visé de faux serpents bruns.

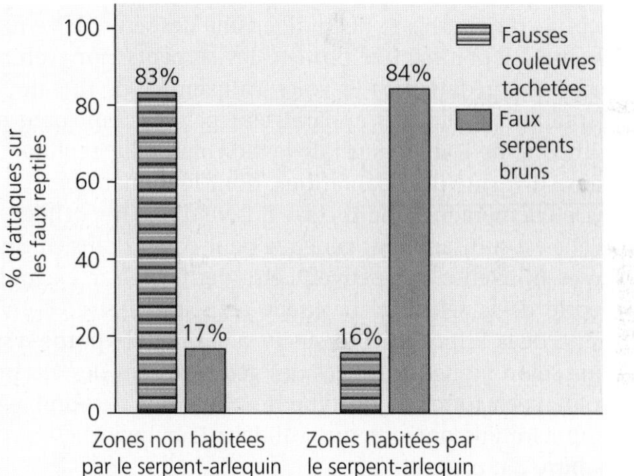

CONCLUSION Les expériences sur le terrain corroborent l'hypothèse de Bates en ne réfutant pas la principale prédiction, selon laquelle les faux serpents-arlequins ne sont efficaces que dans les régions abritant des serpents-arlequins. Les expériences ont également permis de réfuter l'hypothèse voulant que les prédateurs évitent habituellement tous les serpents aux rayures vivement colorées, qu'ils soient venimeux ou non. En effet, les données recueillies montrent que, dans les régions dépourvues de serpents-arlequins, les rayures vivement colorées n'ont pas repoussé les prédateurs. (Les fausses couleuvres tachetées ont peut-être été attaquées plus fréquemment dans ces régions parce que leurs couleurs très voyantes les rendaient plus visibles que les faux serpents bruns.)

SOURCE D. W. Pfennig, W. R. Harcombe et K. S. Pfennig, Frequency-dependent Batesian mimicry, *Nature* 410 : 323 (2001).

ET SI ? Quelle prédiction feriez-vous si tous les prédateurs du territoire de la Caroline du Nord et du Sud évitaient tous les reptiles parés d'anneaux aux couleurs voyantes ?

tabloïdes peuvent bien faire croire que des humains naissent parfois avec une tête de chien ou que certains de vos camarades de classe sont des extraterrestres, ces observations ne seront jamais convaincantes malgré les «témoignages» et les photos truquées qui nous sont présentés. En science, une preuve engendrée par des observations et des expériences n'est concluante que si elle respecte la condition de reproductibilité. Les scientifiques qui ont travaillé sur le mimétisme des serpents de la Caroline du Nord et du Sud ont obtenu des données similaires lorsqu'ils ont refait leur expérience avec d'autres espèces de serpents-arlequins et de couleuvres tachetées en Arizona. Et *vous* devriez également pouvoir obtenir des résultats similaires si vous décidiez de reproduire leur expérience.

Les théories scientifiques

«Ce n'est qu'une théorie!» Dans le langage courant, le mot *théorie* désigne souvent une spéculation ou une hypothèse. Dans le langage scientifique, cependant, le mot *théorie* a une connotation différente. Qu'est-ce qu'une théorie scientifique? Quelle est la différence entre une théorie et une hypothèse?

Premièrement, la portée d'une **théorie** scientifique est beaucoup plus vaste que la portée d'une hypothèse. Voici un exemple d'hypothèse: «Le mimétisme des serpents venimeux est une adaptation qui protège les serpents non venimeux contre les prédateurs.» Et voici un exemple de théorie: «Les adaptations évolutives apparaissent par sélection naturelle.» La théorie de Darwin sur la sélection naturelle explique l'immense diversité des adaptations, dont le mimétisme.

Deuxièmement, une théorie diffère d'une hypothèse en ce qu'elle est suffisamment générale pour couvrir plusieurs hypothèses nouvelles qui peuvent être vérifiées. Par exemple, la théorie de la sélection naturelle a incité Peter et Rosemary Grant, de la Princeton University, à vérifier l'hypothèse spécifique selon laquelle les becs des géospizes des îles Galápagos évoluent en fonction du type de nourriture disponible. (Les résultats qu'ils ont obtenus valident leur hypothèse; voir le chapitre 23, page 543.)

Troisièmement, comparativement à une hypothèse, une théorie repose habituellement sur une multitude de données probantes. Les théories scientifiques qui sont universellement acceptées (comme la théorie de la sélection naturelle) s'appuient sur une longue série d'observations et sur une accumulation importante de preuves. En fait, les théories générales sont mises à l'épreuve chaque fois qu'on vérifie les hypothèses réfutables qu'elles génèrent.

Malgré l'ensemble de preuves qui étaye une théorie universellement reconnue, les scientifiques doivent parfois modifier ou même rejeter une théorie lorsque de nouvelles méthodes de recherche produisent des résultats qui ne concordent pas avec cette théorie. Par exemple, la théorie de la diversité biologique qui considérait les bactéries et les archéobactéries (d'où leur nouveau nom d'Archées) comme faisant partie du même règne de procaryotes a commencé à battre de l'aile quand de nouvelles méthodes pour comparer les cellules et les molécules ont permis de remettre en cause certaines relations hypothétiques entre les organismes, relations qu'avançait cette théorie. S'il existe une vérité en science, elle repose sur la prépondérance des preuves.

RETOUR SUR LE CONCEPT 1.3

1. Comparez le raisonnement inductif et le raisonnement déductif.
2. Dans les expériences sur le mimétisme des serpents, quelle est la variable?
3. Pourquoi la sélection naturelle est-elle une théorie?
4. **ET SI?** Supposons que vous étendez l'expérience sur le mimétisme des serpents à une région de la Virginie que ces deux types de reptiles ne sont pas censés habiter. Quelle prédiction de résultats feriez-vous pour ce site?

Voir les réponses proposées à la fin du chapitre.

CONCEPT 1.4

L'approche multidisciplinaire et la diversité des points de vue contribuent à l'avancement des sciences

Le cinéma, la télévision et la bande dessinée véhiculent parfois l'image du savant asocial qui travaille dans un laboratoire isolé. En réalité, la science est une pratique éminemment sociale. La plupart des scientifiques travaillent en équipe. Dans les milieux universitaires, les groupes de recherche sont souvent formés d'étudiants de tous les cycles (**figure 1.28**). Et pour réussir en science, il faut être un bon communicateur. Les résultats d'une recherche n'ont aucun impact tant qu'ils ne sont pas diffusés à la communauté scientifique lors d'un colloque, dans une publication ou sur un site Web.

Construire avec le travail des autres

Sir Isaac Newton, le célèbre scientifique, a déclaré un jour: «Expliquer les secrets de la nature est une tâche trop difficile pour un seul homme, voire pour une seule époque. Il vaut

▲ **Figure 1.28 La science en tant qu'activité sociale.** Lors de leurs réunions, les membres d'un laboratoire s'aident mutuellement à interpréter des données, à régler les difficultés qu'ils rencontrent lors de leurs expériences et à trouver de nouvelles avenues de recherche.

nettement mieux faire peu avec certitude et laisser à ceux qui suivront le soin de trouver le reste... » Ceux qui, poussés par le désir de comprendre le fonctionnement de la nature, choisissent une carrière scientifique ont l'assurance de pouvoir puiser dans le vaste bagage de découvertes que d'autres ont faites avant eux.

Les membres de la communauté scientifique scrutent les travaux de ceux qui ont choisi le même domaine de recherche qu'eux. Il leur arrive même souvent de vérifier les conclusions des autres en essayant de reproduire leurs expériences. Lorsque des confrères scientifiques n'arrivent pas à reproduire les résultats d'une expérience, ce peut être parce que l'hypothèse de départ comportait une faiblesse sous-jacente et qu'elle devra être revue. À cet égard, la science s'autoréglemente. L'intégrité et le respect de normes professionnelles élevées dans la diffusion des résultats font partie des règles de l'aventure scientifique. Après tout, la validité des données expérimentales est un élément clé pour tracer de futures pistes de recherche.

Il n'est pas rare que plusieurs scientifiques travaillent sur le même sujet de recherche. Certains membres de la communauté scientifique sont motivés par le désir d'être les premiers à faire une découverte importante ou à procéder à une expérience clé, alors que d'autres tirent plus de satisfaction à coopérer avec d'autres confrères à la résolution d'un problème.

La coopération est plus facile lorsque les scientifiques travaillent sur le même type d'organisme. Il s'agit souvent d'un **organisme modèle** qu'utilisent de nombreux chercheurs, c'est-à-dire une espèce facile à reproduire en laboratoire et qui se prête particulièrement bien aux projets en cours d'étude. Dans la mesure où tous les organismes sont génétiquement liés, les découvertes réalisées sur un organisme modèle s'avèrent souvent applicables à beaucoup d'autres. Par exemple, les études en génétique réalisées sur la drosophile (*Drosophila melanogaster*) nous ont appris beaucoup de choses sur le fonctionnement des gènes chez d'autres espèces, dont l'espèce humaine. Les organismes modèles populaires comptent aussi *Arabidopsis thaliana* (une plante connue sous le nom d'arabette), *Caenorhabditis elegans* (un nématode), *Danio rerio* (le poisson-zèbre), *Mus musculus* (la souris commune) et *Escherichia coli* (une bactérie). Au fil des chapitres de ce manuel, remarquez combien l'étude du vivant s'est enrichie des nombreuses contributions de ces organismes modèles, et de bien d'autres.

Les biologistes abordent des questions intéressantes selon des angles différents. Les uns se concentrent sur les écosystèmes, alors que d'autres étudient des phénomènes naturels au niveau des organismes et des cellules. Ce manuel est divisé en modules qui considèrent la biologie selon différents niveaux hiérarchiques de l'organisation biologique. Il est néanmoins possible d'examiner n'importe quel problème selon diverses perspectives qui se révéleront complémentaires.

Puisque vous faites vos premiers pas dans l'étude de la biologie, vous aurez avantage à établir ce type de liens entre les divers niveaux de cette science. Vous pouvez commencer en remarquant comment certains sujets reviennent sans cesse d'un module à l'autre. C'est le cas, notamment, de la drépanocytose, une maladie génétique qui n'a plus de secret pour les biologistes et dont la prévalence est particulièrement élevée parmi les populations d'Afrique et d'autres régions tropicales, ainsi que chez leurs descendants. Le changement climatique mondial, dont nous avons déjà parlé, est aussi un sujet dont traitent plusieurs modules de ce manuel, mais chaque fois sous un angle différent. Nous espérons que ces sujets récurrents vous aideront à intégrer la matière et à rendre la biologie encore plus captivante en vous permettant d'en voir les applications.

Science, technologie et société

Les biologistes forment une communauté qui fait partie intégrante de la société dans son ensemble. La science est indissociable de la culture contemporaine.

Certains philosophes des sciences avancent que les chercheurs sont tellement influencés par les valeurs culturelles et politiques que la science ne possède pas plus d'objectivité que les autres moyens de comprendre la nature. À l'opposé, certaines personnes envisagent les théories scientifiques comme s'il s'agissait de lois de la nature et non d'interprétations humaines de la nature. La réalité se situe probablement entre ces deux extrêmes. La science est rarement d'une objectivité parfaite, mais elle doit toujours se conformer aux exigences suivantes : les observations et les expériences doivent être reproductibles et les hypothèses doivent être vérifiables et réfutables.

Le lien entre la science et la société s'est précisé avec l'avènement de la technologie. La science et la technologie recourent parfois à des processus de recherche similaires, mais leurs objectifs fondamentaux diffèrent. La science a pour but de comprendre les phénomènes naturels, tandis que la **technologie** *applique* le savoir scientifique à quelque objet. Les biologistes et les autres scientifiques parleront de « découvertes » alors que les ingénieurs et autres technologues parleront d'« inventions ». Et parmi ceux qui bénéficient de ces inventions se trouvent les scientifiques, qui utilisent la nouvelle technologie dans leur recherche. En somme, la science et la technologie sont indissociables.

L'interdépendance de la science et de la technologie peut avoir des répercussions considérables sur la société. Quelquefois, les applications les plus bénéfiques de la recherche fondamentale ont vu le jour de façon inattendue à la suite d'observations recueillies en cours d'exploration scientifique. Prenons par exemple la découverte par Watson et Crick de la structure de l'ADN il y a 60 ans. Cette percée a suscité une foule d'activités scientifiques qui ont débouché sur l'apparition de nombreuses technologies d'analyse de l'ADN, lesquelles ont à leur tour révolutionné plusieurs domaines, dont la médecine, l'agriculture et la médecine légale (**figure 1.29**). Watson et Crick ont peut-être pensé que leur découverte trouverait un jour des applications importantes, mais ils ne pouvaient certainement pas en prévoir la nature de façon précise.

L'orientation que prend la technologie dépend moins de la curiosité qui anime la science que des besoins et désirs actuels de la société et de l'environnement du moment. Les débats concernant la technologie portent plus souvent sur la question « *devrions*-nous le faire ? » que sur la question « *pouvons*-nous le faire ? ». Les progrès technologiques s'accompagnent de choix difficiles. Dans quelles circonstances, par exemple, est-il acceptable de se servir de la technologie de l'ADN pour dépister les maladies héréditaires ? Et ce dépistage devrait-il être volontaire, ou existe-t-il des circonstances où il devrait

▲ **Figure 1.29 Technologie de l'ADN et enquête criminelle.** En 2008, l'analyse judiciaire d'échantillons d'ADN prélevés sur les lieux d'un crime a conduit à la libération de Charles Chatman, qui a passé près de 27 ans en prison pour un viol qu'il n'avait pas commis. Sur la photo, le juge John Creuzot étreint M. Chatman après que celui-ci eut été innocenté. L'analyse judiciaire de l'ADN est examinée en détail au chapitre 20.

être obligatoire? Les compagnies d'assurances et les employeurs devraient-ils avoir accès à cette information comme ils ont accès à plusieurs autres données de nature personnelle? Ces questions deviennent de plus en plus pressantes à mesure que diminuent le coût et le temps requis pour le séquençage de génomes individuels.

De tels enjeux éthiques relèvent autant de la politique, de l'économie et de la culture que de la science et de la technologie. Il incombe à tous – et non aux seuls scientifiques – de se renseigner sur le fonctionnement de la science et sur les risques et les bienfaits potentiels des technologies. La relation fondamentale entre la science, la technologie et la société donne encore plus d'importance à tout cours de biologie.

Les mérites de la diversité de points de vue en science

Parmi les innovations technologiques les plus marquantes sur la société humaine, plusieurs ont vu le jour dans des établissements situés le long de routes commerciales, où le riche mélange de cultures favorisait l'émergence d'idées nouvelles. Par exemple, la presse à imprimer – qui a permis la diffusion des connaissances auprès de toutes les classes sociales et, dans une certaine mesure, l'existence de ce manuel – a été inventée par Johannes Gutenberg, vers 1440. Or cette invention repose sur plusieurs innovations venues de Chine, notamment le papier et l'encre. Le papier s'est rendu jusqu'à nous par les routes commerciales, de la Chine jusqu'à Bagdad, berceau de la technologie qui en permit la production de masse. Cette technologie a ensuite fait son chemin jusqu'en Europe, tout comme l'encre à base d'eau, venue de Chine, dont s'inspira Gutenberg pour inventer l'encre à base d'huile. Comme beaucoup d'autres inventions importantes, la presse à imprimer est le fruit de nombreuses contributions culturelles.

Dans le même ordre d'idées, la science ne peut que profiter d'une diversité d'expertises et de points de vue. La population de scientifiques présente-t-elle cette nécessaire diversité sur les plans sexuel, racial, ethnique ou autre? La communauté scientifique reflète les normes culturelles et les comportements de la société. Il n'est donc pas surprenant que, dans de nombreux pays, les femmes et certaines minorités ethniques aient dû surmonter d'énormes obstacles pour embrasser une carrière scientifique. Au cours des 50 dernières années, le changement de mentalité à l'égard des choix de carrière a cependant accru la présence des femmes en biologie et dans d'autres domaines scientifiques, si bien que celles-ci représentent près de la moitié des effectifs dans les programmes de biologie de premier cycle jusqu'au doctorat. La progression est cependant plus lente aux échelons supérieurs de la profession, et les femmes de même que les membres de nombreux groupes ethniques et raciaux sont toujours sous-représentés dans de nombreuses branches scientifiques. Ce manque de diversité nuit au progrès scientifique. Plus nombreux seront les participants à la table de discussion, plus solides, plus riches et plus productifs seront les échanges scientifiques. Les auteurs de ce manuel vous souhaitent la bienvenue au sein de la communauté de biologistes et vous souhaitent de goûter les joies et la satisfaction que procure ce domaine scientifique des plus excitants: la biologie.

RETOUR SUR LE CONCEPT 1.4

1. En quoi la science et la technologie se distinguent-elles?
2. **ET SI?** La population de l'Afrique subsaharienne est porteuse du gène responsable de la drépanocytose à une fréquence nettement supérieure à celle observée chez les Afro-Américains dont les descendants sont issus de cette région. Incidemment, la présence de ce gène confère une certaine protection contre la malaria, une maladie endémique grave qui sévit également en Afrique subsaharienne. Quel rôle l'évolution pourrait-elle avoir joué dans l'écart de pourcentage entre les résidents des deux régions?

Voir les réponses proposées à la fin du chapitre.

RÉVISION DU CHAPITRE 1

RÉSUMÉ DES CONCEPTS CLÉS

CONCEPT 1.1

Les thèmes qu'explore cet ouvrage établissent des ponts entre les différents domaines de la biologie (p. 3 à 12)

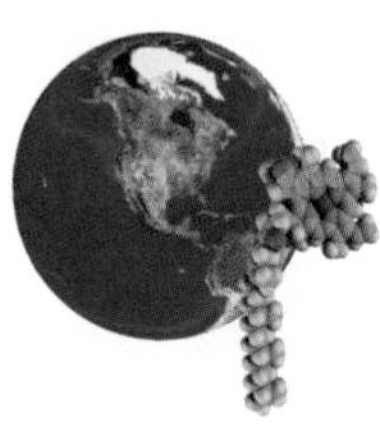

- **Thème: De nouvelles propriétés émergent à chaque niveau de la hiérarchie de l'organisation biologique** La hiérarchie de l'organisation biologique se déploie comme suit: biosphère > écosystème > communauté biologique > population > organisme > système organique > organe > tissu > cellule > organite > molécule > atome. À partir de l'atome, chaque niveau supérieur présente de nouvelles propriétés résultant des interactions entre les composantes aux niveaux inférieurs. Le réductionnisme est une démarche visant à décomposer des systèmes complexes en éléments plus simples et plus faciles à étudier. Par la biologie des systèmes, les scientifiques tentent de modéliser le comportement dynamique de systèmes biologiques entiers en étudiant les interactions qui s'établissent entre les différentes composantes.

- **Thème: Les organismes interagissent entre eux et avec l'environnement physique** Les végétaux puisent des nutriments dans le sol et des substances chimiques dans l'air, et utilisent l'énergie du soleil. Les interactions entre les plantes et les organismes rendent possible la circulation des nutriments au sein d'un écosystème. Le changement climatique mondial est une conséquence nuisible des interactions humaines avec l'environnement, que l'on attribue à la combustion de carburants fossiles et à l'augmentation du CO_2 dans l'atmosphère.

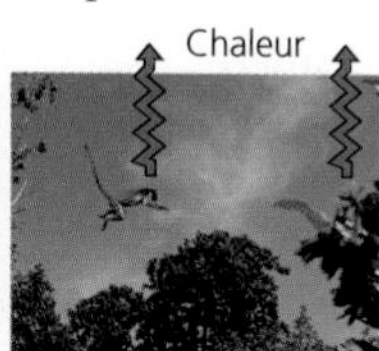

- **Thème: Le transfert et la transformation d'énergie sont essentiels à la vie** L'énergie traverse l'écosystème. Tous les organismes accomplissent diverses activités, ce qui requiert de l'énergie. L'énergie solaire est convertie en énergie chimique par des producteurs, avant d'être transmise aux consommateurs.

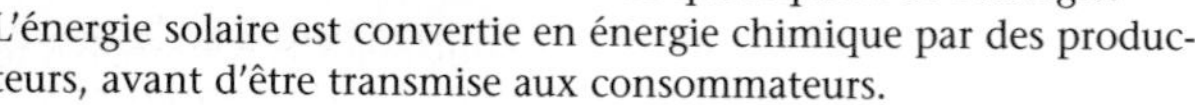

- **Thème: La structure et la fonction sont corrélées à tous les niveaux de l'organisation biologique** La forme d'une structure biologique convient à sa fonction, et vice versa.

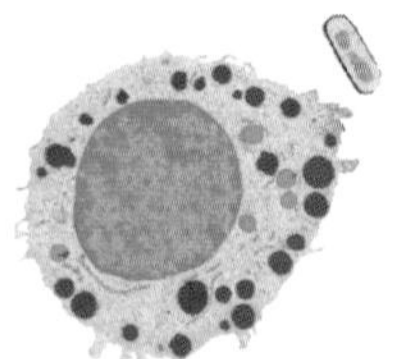

- **Thème: La cellule est l'unité élémentaire de la structure et de la fonction d'un organisme** La cellule est le plus bas niveau d'organisation capable d'effectuer toutes les activités caractéristiques des organismes vivants. Les cellules sont de type procaryote ou eucaryote. Les **cellules eucaryotes** renferment des organites membraneux, dont un noyau contenant l'ADN. Les **cellules procaryotes** sont dépourvues d'organites membraneux.

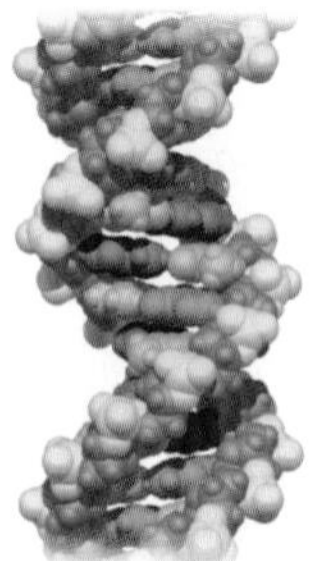

- **Thème: La continuité du vivant repose sur l'information héritée sous forme d'ADN** L'information génétique est codée dans les séquences de nucléotides d'**ADN**. L'ADN contient l'information génétique que les parents transmettent à leurs descendants. Une séquence de nucléotides est transcrite en ARN, laquelle est ensuite traduite en une protéine spécifique, dotée d'une forme et d'une fonction qui lui sont propres; ce processus par lequel l'information d'un gène dicte la production d'un produit cellulaire s'appelle l'**expression génétique**. Toutes les molécules d'ARN de la cellule ne sont pas traduites en protéines; certaines d'entre elles accomplissent d'autres tâches importantes. La **génomique** étudie et analyse à grande échelle les séquences d'ADN d'une espèce et compare des séquences d'ADN d'espèces différentes.

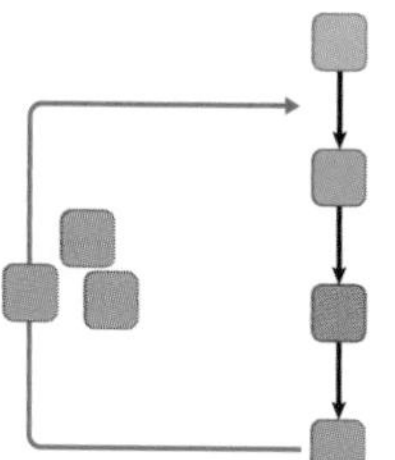

- **Thème: Les mécanismes de régulation agissent sur les systèmes biologiques** La **rétro-inhibition** est un mécanisme de rétroaction par lequel l'accumulation du produit final d'un processus ralentit ce même processus. La **rétroactivation** est le mécanisme inverse par lequel l'accumulation du produit final accélère le processus. Tous les niveaux d'organisation du vivant, de la molécule aux écosystèmes, font appel à des mécanismes de régulation.

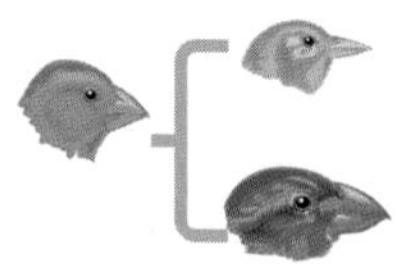

- **L'évolution est le thème dominant de la biologie** La théorie de l'évolution donne un sens à l'unité et à la diversité du vivant. Elle explique aussi pourquoi les organismes arrivent à s'épanouir dans leur environnement.

? *Pourquoi considère-t-on l'évolution comme le thème dominant de la biologie?*

CONCEPT 1.2

Le thème central, l'évolution, donne un sens à l'unité et à la diversité de la vie (p. 12 à 18)

- Les biologistes classifient les espèces selon un système de catégories de plus en plus larges. Le domaine des **Bactéries** et le domaine des **Archées** comprennent des **Procaryotes**. Le domaine des Eucaryotes renferme divers groupes de Protistes et les règnes des Végétaux, des Eumycètes et des Animaux. Malgré sa grande diversité, la vie montre les signes d'une remarquable unité, dont témoignent les ressemblances entre divers types d'organismes.
- Darwin a proposé la théorie de la sélection naturelle pour expliquer comment les populations s'adaptent à leur environnement au fil de leur évolution.

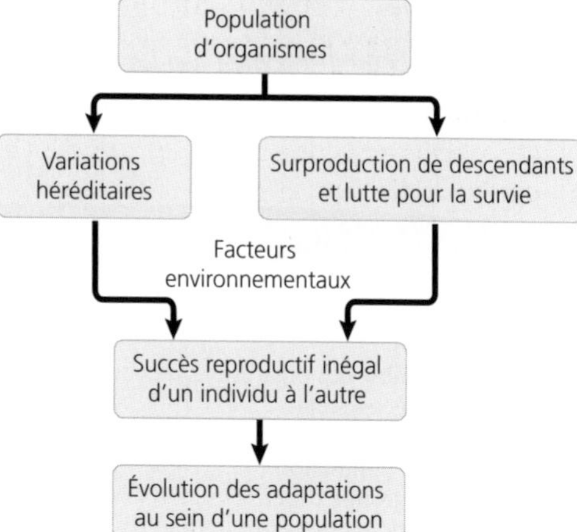

- Chaque espèce occupe l'extrémité d'une branche d'un arbre généalogique. En parcourant les ramifications, on remonte jusqu'aux espèces ancestrales. Tous les êtres vivants sont donc apparentés, et l'essence de ce lien réside dans l'évolution.

? *Comment la sélection naturelle a-t-elle influé sur l'évolution d'adaptations comme les propriétés hydrorétentrices des feuilles charnues de* Graptopetalum paraguayense, *illustrant la page couverture de ce manuel?*

CONCEPT 1.3

Les scientifiques étudient la nature en faisant des observations, à partir desquelles ils formulent et testent des hypothèses (p. 19 à 24)

- Les chercheurs qui font de la **recherche** scientifique procèdent à des observations (collecte de **données**) et utilisent le **raisonnement inductif** pour tirer des conclusions générales et formuler des **hypothèses** vérifiables. Le **raisonnement déductif** consiste à faire des prédictions dans le but de vérifier des hypothèses: si l'hypothèse est juste, alors on peut s'attendre à ce que les prédictions se vérifient si on la teste. Une hypothèse doit être testable et réfutable; la science ne s'occupe pas de vérifier la possibilité de phénomènes surnaturels ou la validité de croyances religieuses.
- Les **expériences contrôlées**, comme l'étude du mimétisme au sein des populations de reptiles, visent à montrer l'effet d'une variable sur un groupe témoin et sur un groupe expérimental qui diffèrent seulement par cette variable.
- Une **théorie** scientifique a une large portée, elle génère de nouvelles hypothèses et repose sur une multitude de données probantes.

? *Quels rôles le raisonnement inductif et le raisonnement déductif jouent-ils dans la recherche scientifique?*

CONCEPT 1.4

L'approche multidisciplinaire et la diversité des points de vue contribuent à l'avancement des sciences (p. 24 à 26)

- La science est une activité sociale. Les travaux de chaque scientifique reposent sur ceux de ses prédécesseurs. Les scientifiques doivent pouvoir reproduire les résultats qu'ont obtenus leurs confrères, ce qui garantit l'intégrité de la recherche. Les biologistes abordent les sujets de recherche sous différents angles; leurs approches sont complémentaires.
- La **technologie** est un ensemble de savoirs, de méthodes et d'appareils fondés sur des connaissances scientifiques; elle est utilisée à des fins précises qui influent sur la société. La recherche fondamentale entraîne parfois des répercussions inattendues.
- La diversité au sein de la communauté scientifique favorise le progrès scientifique.

? *Pourquoi est-il important que les scientifiques disposent d'une variété d'approches et d'expériences?*

ÉVALUATION

NIVEAU 1: CONNAISSANCES ET COMPRÉHENSION

1. L'ensemble des organismes de votre campus forment:
a) un écosystème.
b) une communauté.
c) une population.
d) un groupe expérimental.
e) un domaine taxinomique.

2. Parmi les énoncés suivants, lequel est juste au sujet de l'organisation biologique, si l'on commence par le niveau supérieur pour un animal donné?
a) Cerveau, système organique, neurone, tissu nerveux.
b) Système organique, tissu nerveux, cerveau.
c) Organisme, système organique, tissu, cellule, organe.
d) Système nerveux, cerveau, tissu nerveux, neurone.
e) Système organique, tissu, molécule, cellule.

3. Parmi les énoncés suivants, lequel *n'est pas* une des observations ou des inférences qui sous-tendent la théorie de la sélection naturelle de Darwin?
a) Les individus mal adaptés n'ont jamais de progéniture.
b) Il existe des variations héréditaires chez les individus.
c) En raison de la surnatalité, les espèces se disputent les ressources limitées de l'environnement.
d) Les individus dont les caractéristiques héréditaires sont les mieux appropriées à l'environnement ont généralement une progéniture plus nombreuse.
e) Avec le temps, une population peut devenir adaptée à son environnement.

4. La biologie des systèmes s'applique surtout:
a) à analyser les génomes de diverses espèces.
b) à décomposer un système complexe en le fragmentant en parties plus petites et plus simples.
c) à comprendre le comportement de systèmes biologiques entiers.
d) à concevoir des technologies de haut débit pour obtenir rapidement des données biologiques.
e) à accélérer l'application technologique du savoir scientifique.

5. Les Protistes et les Bactéries sont classés dans des domaines différents parce que:
a) les Protistes mangent les Bactéries.
b) les Bactéries ne se composent pas de cellules.
c) les Protistes ont un noyau séparé de la cellule par une enveloppe membraneuse, contrairement aux Bactéries.
d) les Bactéries décomposent les Protistes.
e) les Protistes sont photosynthétiques.

6. Parmi les propositions suivantes, laquelle illustre le mieux l'unité parmi les organismes?
a) Des séquences de nucléotides d'ADN qui concordent.
b) La «descendance avec modification».
c) La structure et la fonction de l'ADN.
d) La sélection naturelle.
e) Les propriétés émergentes.

7. Une expérience contrôlée est une expérience qui:
a) se déroule suffisamment lentement pour que le chercheur puisse consigner les résultats.
b) peut inclure des groupes expérimentaux et des groupes témoins sur lesquels on effectue l'expérience en parallèle.
c) est reproduite plusieurs fois pour s'assurer que les résultats sont exacts.
d) garde constantes toutes les variables.
e) est supervisée par un scientifique chevronné.

8. Parmi les énoncés suivants, lequel fait le mieux la distinction entre une hypothèse et une théorie scientifique?
a) Les théories sont des hypothèses qui ont été prouvées.
b) Les hypothèses sont des suppositions; les théories sont les bonnes réponses.
c) Les hypothèses ont généralement une portée relativement limitée, tandis que les théories ont une portée plus vaste.
d) Une hypothèse est essentiellement la même chose qu'une théorie.
e) Les théories ont toujours été prouvées; les hypothèses sont souvent réfutées par des expériences.

NIVEAU 2: APPLICATION ET ANALYSE

9. Parmi les énoncés suivants, lequel est un exemple de données qualitatives?
a) La température est passée de 20 °C à 15 °C.
b) La plante mesure 25 cm de hauteur.

c) Le poisson nage en zigzag.
d) Les six couples de pinsons ont couvé en moyenne trois oisillons.
e) Le contenu de l'estomac est mélangé toutes les 20 secondes.

10. Parmi les énoncés suivants, lequel décrit le mieux la logique de l'approche par hypothèses?
a) Si je formule une hypothèse vérifiable, des expérimentations et des observations l'appuieront.
b) Si ma prédiction est correcte, elle générera une hypothèse vérifiable.
c) Si mes observations sont justes, elles appuieront mon hypothèse.
d) Si mon hypothèse est correcte, mon expérimentation devrait donner certains résultats.
e) Si ma méthodologie est bonne, mes expériences devraient générer une hypothèse réfutable.

11. **FAITES UN DESSIN** À l'aide de croquis, illustrez une hiérarchie biologique semblable à celle de la figure 1.4, en utilisant le récif de corail comme écosystème, un poisson en guise d'organisme, son estomac en guise d'organe et son ADN en guise de molécule. Votre dessin doit présenter tous les niveaux de la hiérarchie.

NIVEAU 3: SYNTHÈSE ET ÉVALUATION

12. LIEN AVEC L'ÉVOLUTION
Une cellule procaryote typique possède environ 3000 gènes dans son ADN, tandis qu'une cellule humaine en possède environ 25 000. Environ 1 000 de ces gènes sont présents dans les deux types de cellules. D'après ce que vous savez de l'évolution, expliquez comment des organismes aussi différents peuvent avoir des gènes en commun. Quels types de fonctions ces gènes communs pourraient-ils remplir?

13. INTÉGRATION
À partir des résultats de l'étude de cas sur le mimétisme des serpents, formulez une autre hypothèse que les chercheurs pourraient examiner pour approfondir leur recherche.

14. **ÉCRIVEZ UN TEXTE**
Évolution Dans un court texte (de 100 à 150 mots), présentez le point de vue de Darwin sur les mécanismes par lesquels la sélection naturelle a favorisé l'unité et la diversité du vivant sur la Terre. Votre propos doit reprendre certains éléments de preuve de Darwin. (La page xv fournit un exemple de grille d'évaluation.)

RÉPONSES DU CHAPITRE 1

Questions des figures

Figure 1.7 Avec son pouce opposable aux autres doigts, ses ongles et son réseau complexe de nerfs et de muscles, la main humaine est capable de saisir et de manipuler des objets avec dextérité. **Figure 1.13** La production de substance B ne s'interromprait jamais, et celle-ci s'accumulerait. Les substances C et D ne seraient pas produites, si bien que D ne pourrait inhiber la production de l'enzyme 1 et réguler la voie chimique. **Figure 1.27** Le pourcentage de faux serpents bruns agressés serait sans doute plus élevé que le pourcentage de fausses couleuvres agressées dans toutes les régions (habitées ou non par le serpent-arlequin).

Retour sur le concept 1.1

1. Exemples: Une molécule est un groupe d'*atomes* liés ensemble. Un organite est un arrangement ordonné de *molécules*. Les cellules végétales photosynthétiques contiennent des *organites* appelés chloroplastes. Un tissu animal est un groupe de *cellules* similaires. Un organe comme le cœur est formé de plusieurs *tissus*. Un organisme complexe se compose de plusieurs types d'*organes*, par exemple les feuilles et les racines dans le cas d'une plante. Une population est un groupe d'*organismes* de la même espèce. Une communauté biologique est un groupe de *populations* de différentes espèces vivant dans une même région. Un écosystème comprend à la fois une *communauté* biologique et les facteurs non vivants nécessaires à la vie, comme l'air, le sol et l'eau. La biosphère se compose de tous les *écosystèmes* de la planète. **2.** (a) La structure et la fonction sont corrélées. (b) La cellule est l'unité élémentaire d'un organisme, *et* la continuité du vivant repose sur l'information transmise sous forme d'ADN. (c) Les organismes interagissent entre eux et avec l'environnement physique, *et* le transfert et la transformation d'énergie sont essentiels à la vie. **3.** Quelques réponses possibles: *Propriétés émergentes:* Pour pouvoir pomper du sang, le cœur humain doit être en état de fonctionner; cette aptitude n'est pas attribuable à l'un des tissus cardiaques ou au seul travail des cellules. *Interactions environnementales:* Une souris mange de la nourriture, par exemple des noix ou de l'herbe, et rejette une partie de la nourriture consommée sous forme d'excréments ou d'urine. La construction d'un nid modifie l'environnement physique et peut hâter la dégradation de certaines de ses composantes. La souris peut être un prédateur ou constituer une source de nourriture. *Transfert d'énergie:* Un végétal, comme l'herbe, absorbe l'énergie du soleil et la transforme en molécules qui s'ajoutent aux réserves de carburant. Les animaux peuvent manger de l'herbe et en tirer l'énergie nécessaire pour mener à bien leurs activités. *Structure et fonction:* Les dents robustes et acérées du loup lui permettent de mordre dans sa proie et de la démembrer. *Fondement cellulaire de la vie:* La digestion de la nourriture est possible grâce aux substances chimiques (enzymes en tête) produites par les cellules du tube digestif. *Fondement génétique de la vie:* La couleur de l'œil humain est déterminée par la combinaison de gènes hérités des deux parents. *Mécanismes de régulation:* Lorsque vous avez assez mangé, votre estomac avertit votre cerveau de diminuer votre appétit. *Évolution:* Presque tous les végétaux ont des chloroplastes, preuve qu'ils proviennent d'un ancêtre commun.

Retour sur le concept 1.2

1. Une adresse indique un emplacement particulier grâce à des catégories de plus en plus précises: le pays, la province, la ville, la rue et le numéro du domicile. En biologie, la taxinomie fait une classification semblable, en groupes de plus en plus étroits. **2.** La sélection naturelle «corrige» la variation spontanée des caractères héréditaires au sein d'une population parce que les individus qui présentent les caractères les mieux adaptés à l'environnement survivent et leur descendance est plus nombreuse que celle de leurs congénères. Au fil des générations, les individus les mieux adaptés se perpétuent et leur pourcentage au sein de la population augmente, alors que le nombre d'individus moins adaptés diminue. Nous assistons donc à une forme de tri.

3.

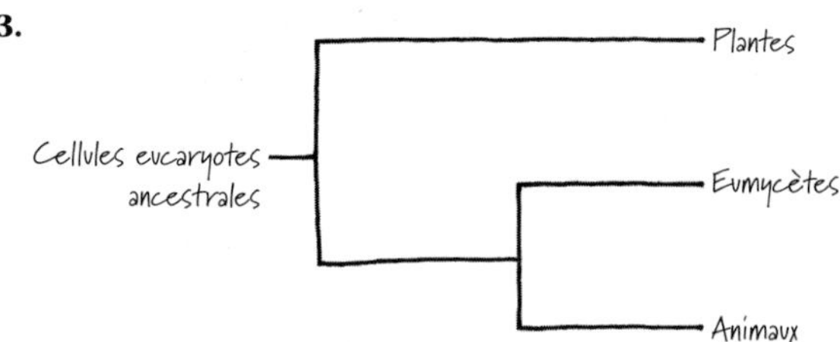

Retour sur le concept 1.3

1. Le raisonnement inductif découle de généralisations formulées à partir de cas particuliers; le raisonnement déductif prédit des résultats particuliers à partir de prémisses générales. **2.** Le motif coloré qu'arbore le serpent. **3.** La théorie scientifique est habituellement plus générale qu'une hypothèse et s'appuie sur un ensemble de données beaucoup plus vaste. La sélection naturelle est une notion explicative qui s'applique à tous les types d'organismes et qui s'appuie sur une quantité colossale de preuves de toutes sortes. **4.** D'après les résultats présentés à la figure 1.27, vous pourriez prédire que les fausses couleuvres tachetées seront attaquées plus fréquemment que les faux serpents bruns, tout simplement parce que les prédateurs les distinguent plus facilement. Cette prédiction présume que des prédateurs vivant dans la région de la Virginie où vous travaillerez attaquent les serpents, mais pas les serpents venimeux qui ressemblent à la fausse couleuvre tachetée.

Retour sur le concept 1.4

1. La science vise à comprendre les phénomènes naturels et leur fonctionnement, alors que la technologie produit et utilise des applications de découvertes scientifiques à des fins particulières ou pour résoudre un problème précis. **2.** Il pourrait s'agir d'un effet de la sélection naturelle. La malaria sévit en Afrique subsaharienne, si bien que les personnes porteuses du gène de la drépanocytose détiennent peut-être un avantage qui améliore leurs chances de survivre et de transmettre leurs gènes à leur progéniture. Les descendants africains vivant aux États-Unis, où la malaria n'existe pas, n'ont cependant aucun avantage à être porteurs de ce gène, si bien que ceux qui en sont porteurs seront davantage pénalisés que les autres, jusqu'à ce que leur nombre diminue.

Questions du résumé des concepts clés

1.1 L'évolution explique les aspects les plus fondamentaux de toute vie sur Terre. Elle explique la présence de caractéristiques communes à toutes les formes de vie par le fait qu'elles descendent toutes d'un ancêtre commun; elle offre aussi une explication à la prodigieuse diversité des organismes. **1.2** On peut penser que les ancêtres de cette plante présentaient des variations relativement à la structure des feuilles et à leurs propriétés hydrorétentrices. Comme les crevasses où pousse cette plante contiennent peu de terre, les spécimens qui arrivaient à conserver l'eau ont pu survivre et se reproduire en plus grand nombre. Avec le temps, une proportion de plus en plus importante d'individus de cette population aurait présenté l'adaptation salutaire de feuilles charnues qui leur confère la capacité de retenir plus d'eau. **1.3** Le raisonnement inductif sert à formuler des hypothèses, alors que le raisonnement déductif permet de faire des prédictions qui serviront à valider des hypothèses. **1.4** En adoptant des approches différentes, les scientifiques qui étudient des phénomènes naturels sous divers angles se complètent, si bien qu'ils en apprennent plus sur chaque problème étudié. La diversité d'expériences et d'origines parmi les scientifiques contribue au foisonnement des idées, comme en témoignent les innovations importantes qui ont vu le jour sous l'influence de l'amalgame des différentes cultures.

ÉVALUATION

1. b; **2.** d; **3.** a; **4.** c; **5.** c; **6.** c; **7.** b; **8.** c; **9.** c; **10.** d;
11. Voici ce que votre figure devrait montrer: (1) Pour la biosphère, la Terre avec une flèche émergeant d'un océan tropical; (2) pour l'écosystème, une vue éloignée d'un récif de corail; (3) pour la communauté, une collection de représentants de la faune et de la flore du récif, algues, coraux, poissons, varech et tout autre organisme pertinent qui vous vient à l'esprit; (4) pour la population, un groupe de poissons de la même espèce; (5) pour l'organisme, un poisson de la population illustrée; (6) pour l'organe, l'estomac du poisson, et pour le système dont il fait partie, le tube digestif (voir le chapitre 41 au besoin); (7) pour un tissu, un groupe de cellules semblables provenant de l'estomac; (8) pour la cellule, une cellule du tissu avec noyau et quelques autres organites; (9) pour l'organite, le noyau, où se trouve l'essentiel de l'ADN; et (10) pour la molécule, une double hélice d'ADN. Vos croquis peuvent être très sommaires!

2

L'organisation chimique fondamentale de la vie

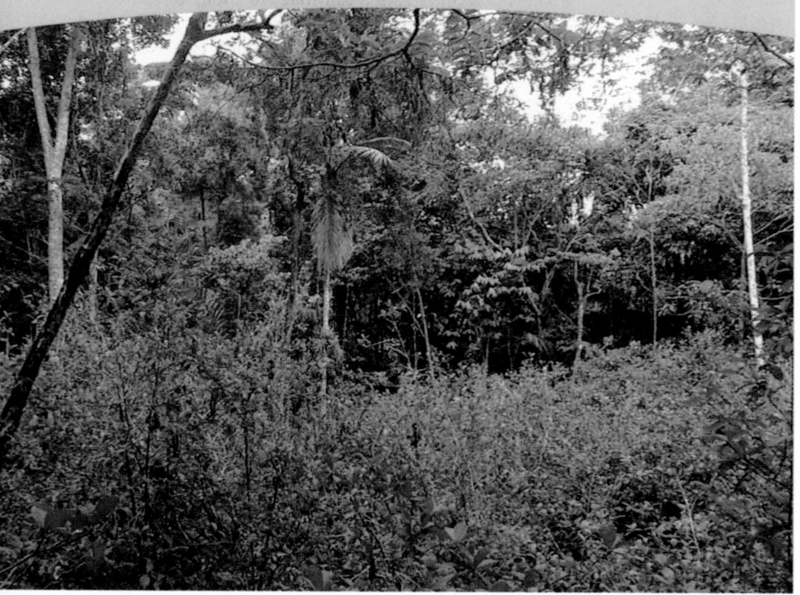

▲ **Figure 2.1** **Qui entretient ce « jardin » ?**

CONCEPTS CLÉS

2.1 **La matière est constituée d'éléments chimiques purs ou combinés; les éléments combinés forment des composés**

2.2 **Les propriétés d'un élément sont déterminées par la structure de ses atomes**

2.3 **La formation et la fonction des molécules dépendent des liaisons chimiques entre les atomes**

2.4 **Les réactions chimiques établissent et rompent des liaisons chimiques**

INTRODUCTION

Un lien entre la biologie et la chimie

La forêt tropicale amazonienne, en Amérique du Sud, est un lieu de prédilection pour la diversité de la vie sur Terre. Des oiseaux colorés, des insectes et d'autres animaux y vivent dans un milieu où croît une multitude d'arbres, d'arbustes, de lianes et de fleurs sauvages; il suffit d'une excursion le long d'un cours d'eau ou dans le sentier d'une forêt pour constater à quel point ces lieux offrent une profusion exubérante d'espèces végétales. Les visiteurs qui voyagent dans la région du cours supérieur de l'Amazone, au Pérou, sont donc extrêmement surpris de croiser sur leur chemin des coins de végétation comme celui de l'avant-plan de la **figure 2.1** et dans lesquels pousse presque exclusivement une seule espèce d'arbre: *Duroia hirsuta*. Les voyageurs curieux se demandent peut-être si cet endroit à la végétation particulière est le fruit du travail de la population locale, mais les autochtones sont tout aussi étonnés par ce phénomène que les visiteurs. Ils ont surnommé ces lieux les « jardins du diable », selon une légende qui attribue leur existence à un esprit malin.

À la recherche d'une explication scientifique, une équipe de la Stanford University a récemment résolu le mystère de ces lieux intrigants. La **figure 2.2** décrit la principale expérience des chercheurs qui ont su démontrer que les « jardiniers » qui créent et entretiennent ces endroits sont en fait des fourmis qui vivent dans le creux des tiges d'un arbre du nom de *Duroia hirsuta*. Les fourmis ne plantent pas ces arbres, mais elles empêchent les autres espèces végétales de pousser en injectant un produit chimique toxique pour les intrus. C'est pourquoi seuls les arbres de l'espèce *Duroia*, qui servent de domicile aux fourmis, croissent dans cette zone. Grâce à sa capacité à entretenir et à agrandir son habitat, une seule colonie de fourmis du jardin du diable peut prospérer pendant des centaines d'années.

Ces insectes éliminent les végétaux indésirables en les empoisonnant avec l'acide formique, une substance dont le nom vient du latin *formica*, qui signifie fourmi. De nombreuses espèces de fourmis utiliseraient l'acide formique pour se protéger des parasites, mais la fourmi des jardins du diable est la première espèce connue à utiliser l'acide formique comme herbicide. C'est un ajout important à la liste des fonctions attribuables à des produits chimiques dans le monde des insectes. Les scientifiques savaient depuis longtemps que des substances chimiques jouent un rôle dans la communication chez les insectes, l'attraction dans l'accouplement et la défense contre les prédateurs.

Les recherches sur les jardins du diable ne sont qu'un exemple de la pertinence de la chimie dans l'étude de la vie. Contrairement à la liste de cours d'un programme, la nature ne se résume pas à une suite de sciences naturelles prises individuellement: biologie, chimie, physique, etc. Les biologistes se spécialisent dans l'étude de la vie, mais pour expliquer certains phénomènes du vivant, il leur est nécessaire d'utiliser des concepts fondamentaux de chimie et de physique qui s'appliquent aux organismes et au monde dans lequel ils évoluent. La biologie est une science multidisciplinaire, une science d'intégration.

Les chapitres de cette partie constituent une introduction à certains concepts clés de la chimie qui s'appliquent à l'étude de la vie. Nous ferons beaucoup de liens avec les thèmes présentés au chapitre 1. L'un de ces thèmes est l'organisation de la vie en une hiérarchie de niveaux structuraux, chaque niveau présentant des propriétés que le niveau précédent ne possède pas (concept d'émergence). Dans cette partie, nous verrons comment cette émergence se manifeste aux paliers les plus

▼ **Figure 2.2** INVESTIGATION

Comment les «jardins du diable» apparaissent-ils dans la forêt tropicale humide?

EXPÉRIENCE Sous la direction de Deborah Gordon et en collaboration avec Michael Greene, l'étudiante Megan Frederickson a cherché l'origine des «jardins du diable», des zones où ne pousse qu'une seule espèce d'arbre, *Duroia hirsuta*. Une des hypothèses pour expliquer ce phénomène supposait que des fourmis qui colonisent ces plantes, *Myrmelachista schumanni*, produisent une substance chimique qui empoisonne les autres espèces d'arbres; selon une autre hypothèse, ce sont les arbres de l'espèce de *Duroia* eux-mêmes qui tuent les compétiteurs, probablement en sécrétant un produit chimique.

Afin de vérifier ces hypothèses, Frederickson a effectué des expériences sur le terrain, au Pérou. Elle a planté deux jeunes pousses d'arbre d'une espèce locale non hôte, *Cedrela odorata*, à l'intérieur de dix jardins du diable. À la base d'une des jeunes pousses, elle a appliqué une barrière engluée d'insecticide; l'autre n'était pas protégée. Puis, elle a planté deux autres pousses de *Cedrela*, avec et sans barrière, à environ 50 mètres à l'extérieur de chaque jardin.

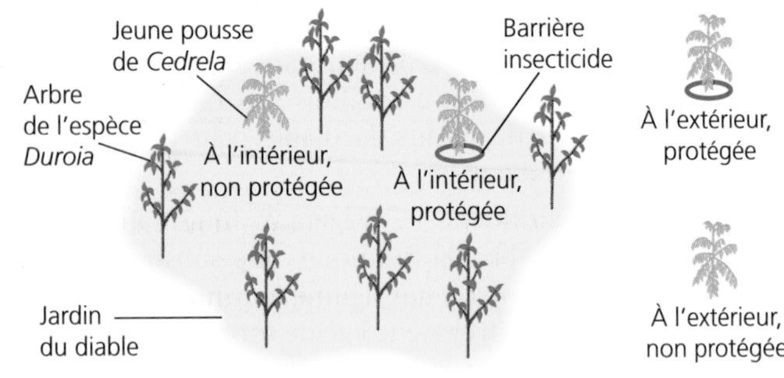

Les chercheurs ont observé l'activité des fourmis sur les feuilles de *Cedrela* et ont mesuré, après une journée, les surfaces des tissus nécrosés des feuilles. Ils ont également effectué une analyse chimique du contenu des glandes à venin des fourmis.

RÉSULTATS À l'aide d'un aiguillon placé à l'extrémité de leur abdomen, les fourmis ont fait des injections dans les feuilles des jeunes pousses non protégées dans les jardins (voir la photo). En l'espace d'une journée, des zones nécrosées se sont formées sur les feuilles (voir le graphique). Les pousses protégées par la barrière insecticide n'ont pas été blessées, de même que celles plantées à l'extérieur des jardins. L'acide formique a été le seul produit chimique détecté dans les glandes abdominales des fourmis.

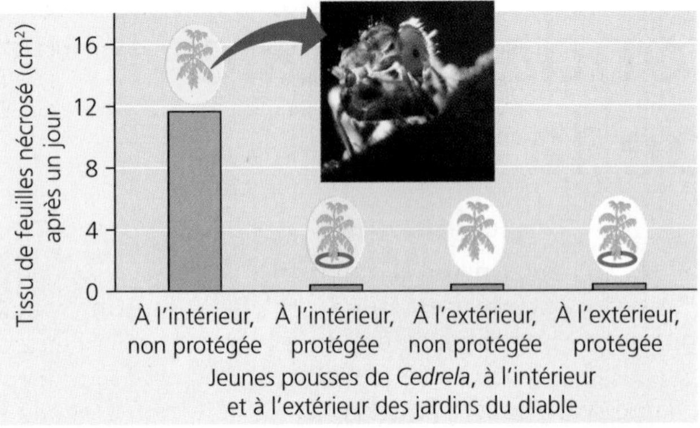

CONCLUSION Les fourmis de l'espèce *Myrmelachista schumanni* éliminent les arbres non-hôtes en injectant de l'acide formique dans leurs feuilles, faisant ainsi des jardins du diable un habitat hospitalier pour ces colonies de fourmis.

SOURCE M. E. Frederickson, M. J. Greene et D. M. Gordon, «Devil's gardens» bedevilled by ants, *Nature* 437: 495-496 (2005).

ET SI? Quels résultats observerait-on si l'incapacité à croître des jeunes pousses non protégées dans les jardins du diable était causée par un produit chimique libéré par les arbres de l'espèce *Duroia* plutôt que par les fourmis?

bas de l'organisation biologique. Nous traiterons de l'agencement des atomes en molécules, puis des interactions des molécules au sein des cellules. Ce faisant, nous franchirons la frontière qui sépare le non-vivant du vivant. Ce chapitre traite des composants chimiques qui forment toute matière.

CONCEPT 2.1

La matière est constituée d'éléments chimiques purs ou combinés; les éléments combinés forment des composés

Les organismes sont constitués de matière. On appelle **matière** tout ce qui occupe un espace et possède une masse*. La matière existe sous toutes sortes de formes; les pierres, les métaux, le pétrole, les gaz et les humains en sont quelques exemples.

* On utilise parfois le terme poids, même si ce terme n'est pas synonyme de masse. La masse est la quantité de matière dans un objet, alors que le poids d'un objet désigne l'intensité de la force avec laquelle cette masse subit l'action de la gravité. Le poids d'un astronaute qui marche sur la Lune est d'environ 1/6 de celui qu'il a sur la Terre, mais sa masse est la même. Cependant, tant que nous restons sur Terre, le poids d'un objet est une mesure de sa masse; c'est pourquoi, dans le langage courant, on utilise indifféremment les deux termes.

Les éléments et les composés

La matière est formée d'éléments. Un **élément** est une substance impossible à décomposer en d'autres substances plus simples au cours de réactions chimiques. Les chimistes ont identifié 92 éléments naturels, dont l'or, le cuivre, le carbone et l'oxygène. Ils ont attribué à chacun un symbole, le plus souvent constitué de la première ou des deux premières lettres de son nom. Quelques symboles dérivent de noms latins ou allemands; par exemple, celui du sodium est Na, du mot latin *natrium*, alors que celui du tungstène est W, du mot allemand *wolfram*.

Un **composé** est une substance formée de deux ou de plusieurs éléments combinés dans des proportions définies. Le sel de table, par exemple, est en fait du chlorure de sodium (NaCl); il est constitué des éléments sodium (Na) et chlore (Cl) dans un rapport de 1:1. Le sodium pur est un métal, alors que le chlore pur est un gaz toxique. Cependant, une fois qu'ils sont liés chimiquement, ils forment un composé comestible. L'eau (H_2O), un autre composé, est constituée des éléments hydrogène (H) et oxygène (O) dans un rapport 2:1. Ces exemples illustrent bien le concept d'émergence: un composé possède des caractéristiques que n'ont pas ses éléments pris individuellement (**figure 2.3**).

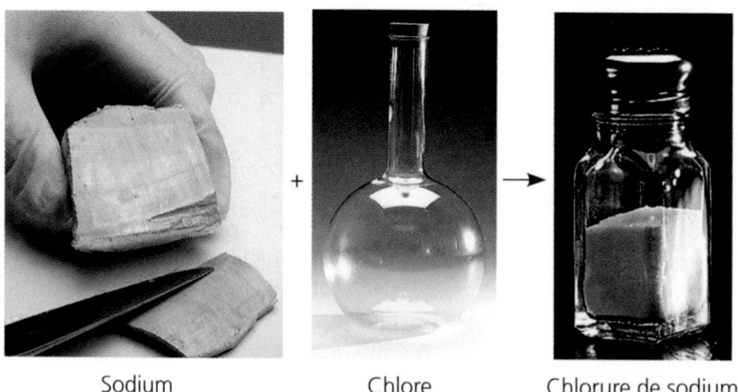

▲ **Figure 2.3 L'émergence (apparition de nouvelles propriétés) au moment de la formation d'un composé.** Le sodium, un métal alcalin, se combine au chlore, un gaz toxique, pour former un composé comestible, le chlorure de sodium ou sel de table.

Les éléments chimiques de la matière vivante

Des 92 éléments naturels, environ 20 à 25 % sont des **éléments essentiels**, c'est-à-dire dont un organisme a besoin pour mener une vie saine et pour se reproduire. Les éléments essentiels sont semblables parmi les organismes, mais il existe certaines variations; par exemple, les humains ont besoin de 25 éléments alors que les végétaux n'en exigent que 17.

Quatre d'entre eux, soit l'oxygène (O), le carbone (C), l'hydrogène (H) et l'azote (N), constituent à eux seuls 96 % de la matière vivante. Le calcium (Ca), le phosphore (P), le potassium (K), le soufre (S) et quelques autres éléments forment presque tout le reste de la masse d'un organisme (4 %). L'organisme a besoin de certains éléments en infimes quantités; ces **éléments trace** sont essentiels à son fonctionnement. Quelques-uns d'entre eux, comme le fer (Fe), sont indispensables à toutes les formes de vie, alors que d'autres le sont uniquement pour quelques espèces. Par exemple, chez les Vertébrés (animaux dotés d'une colonne vertébrale), l'iode (I) est un constituant essentiel d'une hormone produite par la glande thyroïde. Un apport quotidien de 0,15 mg d'iode suffit au bon fonctionnement de la thyroïde humaine, mais un régime alimentaire déficient en iode fait augmenter le volume de cette glande et entraîne une déformation appelée goitre. Dans les régions où l'on consomme des fruits de mer ou du sel iodé, l'incidence du goitre a diminué. Tous les éléments qui entrent dans la composition du corps humain figurent dans le **tableau 2.1**.

Tableau 2.1 Les éléments constituant le corps humain

Élément chimique	Symbole	Pourcentage de la masse corporelle (incluant l'eau)	
Oxygène	O	65,0 %	96,3 %
Carbone	C	18,5 %	
Hydrogène	H	9,5 %	
Azote	N	3,3 %	
Calcium	Ca	1,5 %	3,7 %
Phosphore	P	1,0 %	
Potassium	K	0,4 %	
Soufre	S	0,3 %	
Sodium	Na	0,2 %	
Chlore	Cl	0,2 %	
Magnésium	Mg	0,1 %	

Éléments trace (moins de 0,01 %) : bore (B), chrome (Cr), cobalt (Co), cuivre (Cu), fluor (F), iode (I), fer (Fe), manganèse (Mn), molybdène (Mo), sélénium (Se), silicium (Si), étain (Sn), vanadium (V) et zinc (Zn).

Certains éléments naturels sont toxiques pour les organismes. Chez les humains, par exemple, l'arsenic est associé à de nombreuses maladies et ses effets peuvent être mortels. Dans certaines régions du monde, l'arsenic est naturellement présent dans le sol et peut être entraîné dans les eaux souterraines. Après avoir consommé de l'eau riche en arsenic provenant de puits forés en Asie du Sud, des millions de personnes ont été accidentellement contaminées. Les autorités publiques tentent actuellement de remédier à ce problème afin de réduire les taux d'arsenic dans l'eau potable.

Étude de cas: l'évolution de la tolérance aux éléments toxiques

ÉVOLUTION Certaines espèces se sont adaptées à des milieux contenant des éléments habituellement toxiques. Les communautés végétales qui se développent dans un sol riche en serpentine en offrent un exemple éloquent. Ressemblant au jade par sa couleur, la serpentine est un minerai riche en divers éléments toxiques comme le chrome, le nickel et le cobalt. La plupart des végétaux ne survivent pas dans un sol contenant de la serpentine, à l'exception d'un petit nombre d'espèces spécialement adaptées à ce milieu (**figure 2.4**). On suppose que les végétaux de ces communautés serpentinicoles

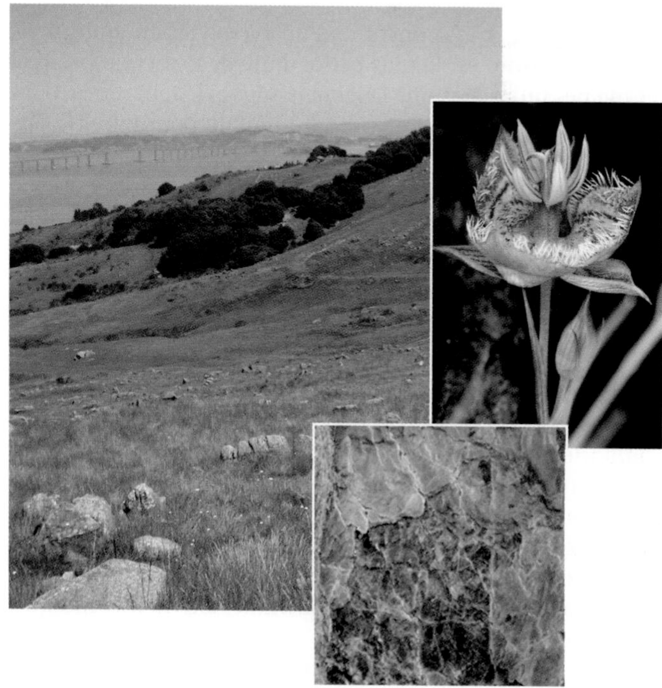

▲ **Figure 2.4 Une communauté végétale serpentinicole.** La photo principale montre des plantes qui poussent dans un sol riche en serpentine, une roche contenant des éléments habituellement toxiques. Les deux gros plans montrent la serpentine et un lis Tiburon Mariposa (*Calochortus tiburonensis*) adapté à ce milieu hostile semi-désertique.

sont des variantes d'espèces ancestrales devenues capables de survivre dans ce type de sols. Après une sélection naturelle, ces espèces ont réussi à coloniser ces lieux inhospitaliers.

RETOUR SUR LE CONCEPT **2.1**

1. **FAITES DES LIENS** Reportez-vous à la discussion sur les propriétés émergentes au chapitre 1 (p. 3). Expliquez pourquoi le sel de table possède des propriétés émergentes.
2. Un élément trace est-il un élément essentiel? Expliquez votre réponse.
3. Le fer est un élément trace nécessaire aux humains pour le bon fonctionnement de l'hémoglobine, la molécule qui transporte l'oxygène dans les globules rouges. Quels seraient les effets d'une carence en fer?
4. **FAITES DES LIENS** Reportez-vous à la discussion sur la sélection naturelle au chapitre 1 (p. 15 et 16) et expliquez comment elle pourrait avoir joué un rôle dans l'évolution des espèces capables de croître dans les sols de serpentine.

Voir les réponses proposées à la fin du chapitre.

CONCEPT **2.2**

Les propriétés d'un élément sont déterminées par la structure de ses atomes

Chaque élément est constitué d'un type d'atome qui lui est propre. L'**atome** est la plus petite unité de matière possédant les mêmes propriétés que l'élément auquel il appartient. Il est si petit qu'il en faudrait environ un million pour tracer le diamètre du point imprimé à la fin de cette phrase. On emploie le même symbole pour désigner l'atome et l'élément dont il fait partie. Par exemple, le symbole C représente aussi bien l'élément carbone qu'un seul atome de carbone.

Les particules élémentaires

Bien qu'il soit la plus petite unité possédant les propriétés d'un élément, l'atome est formé de parties encore plus petites, appelées particules élémentaires. Selon les physiciens, l'atome comporte plus d'une centaine de types de particules, mais seulement trois méritent notre attention: les **neutrons**, les **protons** et les **électrons**. Les protons et les électrons ont une charge électrique. Chaque proton possède une unité de charge positive, et chaque électron, une unité de charge négative. Quant au neutron, il est, comme son nom l'indique, électriquement neutre.

Les protons et les neutrons se trouvent au centre de l'atome et forment un noyau dense, appelé **noyau atomique**; les protons confèrent au noyau une charge positive. Les électrons, eux, forment une espèce de nuage de charge négative autour du noyau, et c'est l'attraction entre les charges opposées qui retient ceux-ci dans le voisinage du noyau. La **figure 2.5** montre en exemple deux modèles couramment utilisés de la structure d'un atome d'hélium.

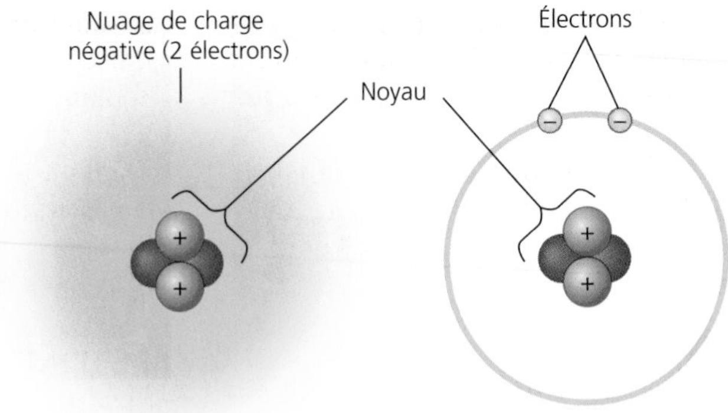

(a) Les deux électrons sont représentés par un nuage de charge négative.

(b) Dans ce modèle plus simplifié, les électrons sont représentés par de petites sphères jaunes sur un cercle autour du noyau.

▲ **Figure 2.5 Deux modèles simplifiés d'un atome d'hélium (He).** Le noyau de l'hélium comporte deux neutrons (en brun) et deux protons (en rose). Deux électrons (en jaune) sont situés à l'extérieur du noyau. Ces modèles ne sont pas à l'échelle; la taille du noyau est très exagérée par rapport à celle du nuage d'électrons.

Le neutron et le proton possèdent une masse presque identique, de l'ordre de $1{,}7 \times 10^{-24}$ gramme (g). Les grammes et les autres conventions d'unités ne sont pas très utiles pour décrire des objets aussi minuscules. Par conséquent, pour les atomes et les particules élémentaires (et pour les molécules également), on utilise une unité de mesure appelée **dalton**, nommée en l'honneur de John Dalton, le scientifique britannique qui a contribué au développement de la théorie atomique autour de 1800. (Le dalton est la même chose que l'unité de masse atomique, ou amu, une unité avec laquelle vous avez peut-être fait connaissance dans une autre discipline.) Les neutrons et les protons possèdent des masses autour de 1 dalton. Comme la masse d'un électron ne représente qu'environ 1/2 000 de celle d'un neutron ou d'un proton, on peut l'ignorer lorsqu'on calcule la masse totale d'un atome.

Le numéro atomique et le nombre de masse

Les atomes des différents éléments se distinguent par le nombre de particules élémentaires qu'ils contiennent. Tous les atomes d'un même élément ont un nombre égal de protons dans leur noyau. Ce nombre est appelé **numéro atomique**. Il est placé en indice à gauche du symbole de l'élément. Par exemple, l'abréviation $_2He$ montre que chaque atome d'hélium a deux protons dans son noyau. À moins d'une indication contraire, un atome est électriquement neutre, c'est-à-dire qu'il a autant de protons que d'électrons. En conséquence, dans un atome électriquement neutre, le numéro atomique indique à la fois le nombre de protons et le nombre d'électrons.

Il est possible de déduire le nombre de neutrons à partir du **nombre de masse**. Ce dernier correspond à la somme des protons et des neutrons contenus dans le noyau d'un atome. Il est exprimé au moyen d'un exposant placé à gauche du symbole de l'élément. Par exemple, pour désigner un atome d'hélium, on peut employer l'abréviation ^4_2He. Puisque le numéro atomique indique le nombre de protons, il est possible de déterminer la quantité de neutrons en soustrayant le numéro atomique du nombre de masse. L'atome d'hélium, $^{4}_{2}He$, possède deux neutrons. Pour un atome de sodium (Na):

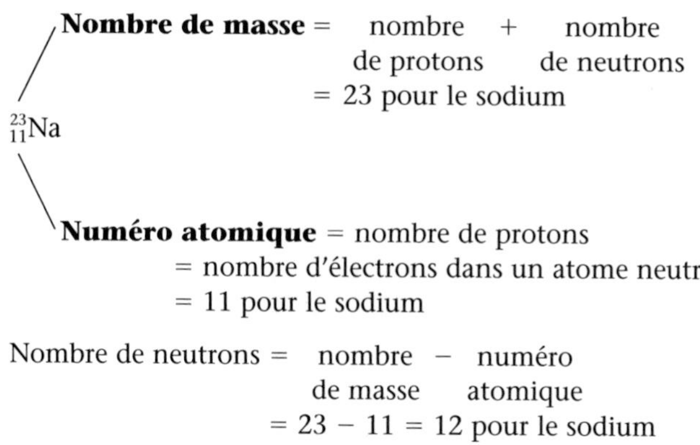

Nombre de masse = nombre de protons + nombre de neutrons
= 23 pour le sodium
$^{23}_{11}Na$
Numéro atomique = nombre de protons
= nombre d'électrons dans un atome neutre
= 11 pour le sodium

Nombre de neutrons = nombre de masse − numéro atomique
= 23 − 11 = 12 pour le sodium

L'atome le plus simple est l'hydrogène ($^{1}_{1}H$); il ne possède aucun neutron. Il est constitué d'un seul proton et d'un seul électron.

Puisque la masse des électrons est négligeable, presque toute la masse de l'atome se concentre dans le noyau et, par ailleurs, comme les neutrons et les protons ont chacun une masse très près de 1 dalton, le nombre de masse est une approximation de la masse atomique moyenne. La **masse atomique moyenne** nous indique, à peu de chose près, la masse de l'atome entier. Ainsi, la masse atomique du sodium ($^{23}_{11}Na$) est de 23 daltons (22,989 8 daltons exactement).

Les isotopes

Tous les atomes d'un élément donné possèdent le même nombre de protons (sinon, il ne s'agirait pas du même élément), mais certains ont plus de neutrons que d'autres et, par conséquent, ont une masse plus élevée. Les différentes formes atomiques d'un élément s'appellent **isotopes**. Dans la nature, où il existe plus de 300 isotopes différents, on trouve les éléments sous forme de mélange d'isotopes. Prenons, par exemple, le carbone, dont le numéro atomique est 6. Il existe trois isotopes de cet élément. Le plus courant est le carbone 12 ($^{12}_{6}C$); il constitue environ 99 % du carbone naturel et possède six neutrons. La majeure partie du 1 % restant consiste en atomes de l'isotope $^{13}_{6}C$, qui a sept neutrons. Quant au troisième isotope, le $^{14}_{6}C$, qui est encore plus rare, il a huit neutrons. Même si leurs masses sont différentes, les isotopes d'un élément se comportent de la même façon dans les réactions chimiques. (Le nombre généralement attribué comme masse atomique à un élément, tel que 22,989 8 daltons pour le sodium, est en fait une moyenne des masses atomiques de tous les isotopes naturels de cet élément.)

Les isotopes ^{12}C et ^{13}C sont stables, c'est-à-dire que leur noyau n'a pas tendance à perdre de particules. Par contre, l'isotope ^{14}C est instable, ou radioactif. Un **radio-isotope** est un isotope dont le noyau se désintègre spontanément, ce qui libère des particules et de l'énergie. Lorsque cela se produit et que le nombre de protons présents dans le noyau se modifie, l'atome se transforme en un atome d'un autre élément. Par exemple, lorsque le carbone radioactif se désintègre, il se transforme en azote.

Les radio-isotopes ont de nombreuses applications pratiques en biologie. Au chapitre 25, vous apprendrez comment les chercheurs étudient la quantité de radioactivité contenue dans les fossiles pour en connaître l'âge. Comme l'illustre la **figure 2.6**, les radio-isotopes servent également de traceurs permettant de suivre le cheminement des atomes dans le métabolisme (soit l'ensemble des réactions chimiques qui ont lieu dans un organisme). Les cellules utilisent les isotopes radioactifs d'un élément de la même manière que les isotopes non radioactifs; par contre, les traceurs radioactifs peuvent être facilement détectés.

Les traceurs radioactifs sont très utiles en médecine. Par exemple, il est possible de diagnostiquer certaines maladies rénales en injectant dans le sang d'une personne de petites doses de substances contenant des radio-isotopes, puis en mesurant la quantité de traceur excrété dans l'urine. De plus, grâce à des techniques d'imagerie sophistiquées, comme la tomographie par émission de positons (TEP), on peut suivre les étapes des processus chimiques, par exemple, dans le cas d'une excroissance cancéreuse, à mesure qu'elles se produisent dans l'organisme (**figure 2.7**). Les cellules cancéreuses peuvent aussi être détruites, en radiothérapie, par l'utilisation de radio-isotopes (cobalt 60, par exemple).

Au-delà de leur grande utilité dans les domaines de la recherche biologique et médicale, les rayonnements émis au cours de la désintégration des isotopes comportent des risques, parce qu'ils endommagent les molécules qui composent les cellules. La gravité des lésions dépend du type et de la quantité de radiations absorbées par l'organisme. Les retombées radioactives causées par des accidents nucléaires constituent l'une des menaces environnementales les plus sérieuses. En médecine, cependant, les doses de la plupart des isotopes utilisés comportent peu de risques.

Les niveaux énergétiques des électrons

Dans la figure 2.5, qui montre deux modèles simplifiés d'un atome, la taille du noyau est disproportionnée par rapport au volume complet de l'atome. Si l'atome d'hélium avait la taille d'un stade de football, le noyau ne serait pas plus gros que la gomme à effacer d'un crayon planté au centre du terrain. De plus, les électrons auraient l'allure de deux minuscules moucherons gravitant dans le stade. Les atomes se composent en grande partie d'espace vide.

Même lorsque deux atomes s'approchent l'un de l'autre au cours d'une réaction chimique, les noyaux demeurent trop éloignés pour interagir. Ainsi, parmi les trois types de particules élémentaires dont nous avons parlé, seuls les électrons participent directement aux réactions chimiques entre les atomes.

Chaque électron possède sa propre quantité d'énergie. L'**énergie** est la capacité de provoquer un changement, par exemple de produire du travail. L'**énergie potentielle** est l'énergie que la matière possède grâce à sa structure ou à sa position par rapport à d'autres objets. Par exemple, l'eau contenue dans un réservoir situé sur une colline possède de l'énergie potentielle en raison de la hauteur à laquelle elle se trouve. Lorsque les vannes du réservoir s'ouvrent, l'énergie se libère et sert à produire du travail, par exemple à faire tourner une turbine. L'eau qui arrive au pied de la colline a moins d'énergie que celle du réservoir. Or, il faut savoir que la tendance

▼ **Figure 2.6** MÉTHODE DE RECHERCHE

Les traceurs radioactifs

APPLICATION Les scientifiques utilisent des radio-isotopes pour marquer certaines substances chimiques dans le but de suivre les étapes d'un processus métabolique, ou encore de localiser un composé dans une cellule ou dans un organisme. Dans l'exemple qui suit, un chercheur effectue une expérience qui vise à déterminer comment la température modifie la vitesse de réplication de l'ADN dans certaines cellules.

TECHNIQUE

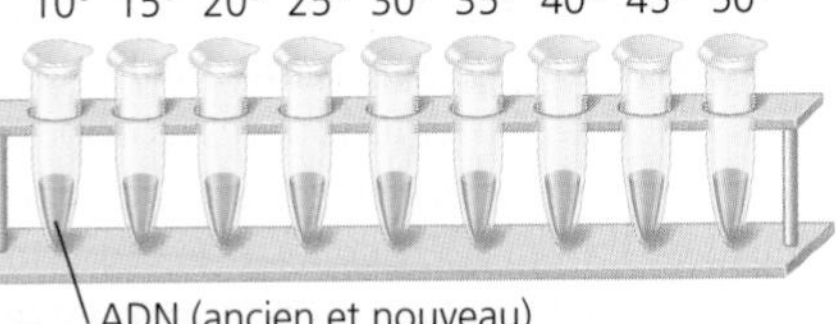

1. Le chercheur commence par cultiver des cellules dans un milieu contenant les composés nécessaires à la fabrication de l'ADN. L'un de ceux-ci est marqué à l'aide d'un isotope radioactif de l'hydrogène, ^3H. Il incube ensuite à différentes températures neuf récipients contenant des échantillons des cellules. Chaque nouvelle copie d'ADN que les cellules fabriqueront incorporera le traceur radioactif.

2. Il place les cellules de chaque incubateur dans des éprouvettes, isole leur ADN et élimine les composés marqués qui n'ont pas réagi.

3. Il ajoute ensuite une solution appelée scintillateur dans les éprouvettes, qu'il place dans un compteur à scintillation. La désintégration de ^3H dans le nouvel ADN émet des radiations qui excitent les réactifs dans le scintillateur et provoquent leur scintillement. Le compteur enregistre les scintillations.

RÉSULTATS La fréquence des scintillations émises se mesure en coups par minute; elle est proportionnelle à la quantité de traceur radioactif présent, ce qui indique la quantité de nouvel ADN. Si le chercheur représente graphiquement les coups par minute des différents échantillons d'ADN en fonction de la température, il constatera que la température agit de façon importante sur la vitesse de synthèse de l'ADN; on voit dans le graphique que la température optimale est 35 °C.

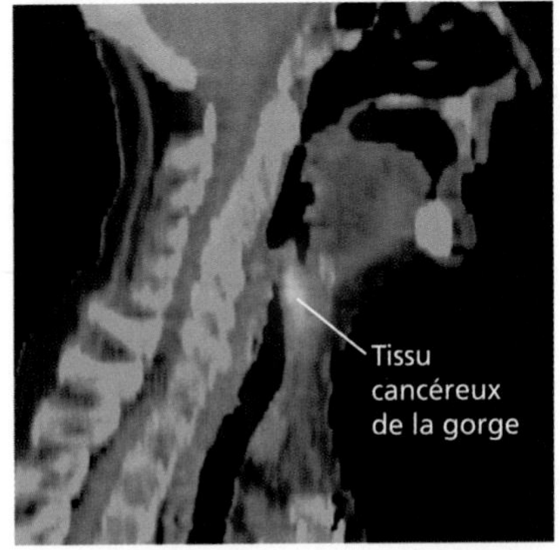

◄ **Figure 2.7 Une image obtenue grâce à la tomographie par émission de positons, une application médicale des radio-isotopes.** La tomographie par émission de positons détecte les sites d'activité chimique intense dans l'organisme. Le point jaune clair révèle une région où le niveau de glucose marqué d'un isotope radioactif est élevé, ce qui indique une activité métabolique élevée, une caractéristique d'un tissu cancéreux.

naturelle de la matière est d'occuper le niveau d'énergie potentielle le plus bas possible. Pour rétablir l'énergie potentielle de l'eau ayant coulé, il faut produire du travail; celui-ci permettra de faire remonter l'eau jusqu'au réservoir malgré la force de gravitation.

Les électrons d'un atome, qui sont chargés négativement, possèdent eux aussi de l'énergie potentielle en raison de leur disposition par rapport au noyau, chargé positivement. Les électrons de charge négative sont attirés par le noyau de charge positive. Plus ils sont éloignés du noyau, plus leur énergie potentielle est élevée, étant donné qu'il faut fournir un travail pour éloigner un électron donné du noyau. Contrairement à la variation continue de l'énergie potentielle de l'eau qui s'écoule vers le bas, les changements d'énergie potentielle des électrons s'effectuent par étapes, de façon discontinue. Un électron possédant une certaine énergie potentielle peut se comparer à une balle descendant un escalier (**figure 2.8a**). La balle a différentes quantités d'énergie potentielle selon la marche sur laquelle elle se trouve, et elle ne peut passer beaucoup de temps entre les marches. De même, l'énergie potentielle d'un électron est déterminée par son niveau d'énergie. Un électron ne peut pas exister entre des niveaux d'énergie.

Le niveau énergétique d'un électron est lié à sa distance moyenne du noyau. Les électrons occupent différentes **couches électroniques**, chacune se caractérisant par une distance moyenne et un niveau énergétique particuliers. Dans des schémas, on peut représenter les couches électroniques par des anneaux concentriques (**figure 2.8b**). La première couche est la plus proche du noyau, et les électrons qui s'y trouvent possèdent l'énergie la plus faible. Les électrons situés dans la deuxième couche ont plus d'énergie, ceux de la troisième couche, plus encore. Un électron peut passer d'une couche à une autre seulement en absorbant ou en perdant une quantité d'énergie égale à la différence d'énergie potentielle entre l'ancienne couche et la nouvelle. Pour gagner une couche plus éloignée du noyau, l'électron doit absorber de l'énergie. Par exemple, la lumière peut l'exciter et le faire passer à un niveau énergétique supérieur. (En fait, il s'agit là de la première étape de la photosynthèse, durant laquelle les Végétaux captent l'énergie lumineuse. C'est le processus qui leur permet de produire des composés organiques à partir de dioxyde de carbone et d'eau.) Au contraire, pour regagner une couche située plus près du noyau, l'électron doit perdre de l'énergie, habituellement en la libérant dans l'environnement sous forme de chaleur. Ainsi, quand les rayons du Soleil excitent les électrons contenus à la surface d'une voiture,

(a) Une balle qui rebondit de marche en marche dans un escalier constitue une bonne analogie pour les niveaux énergétiques des électrons, puisque la balle ne peut s'arrêter que sur les marches.

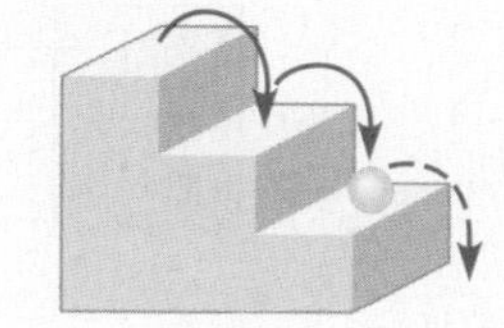

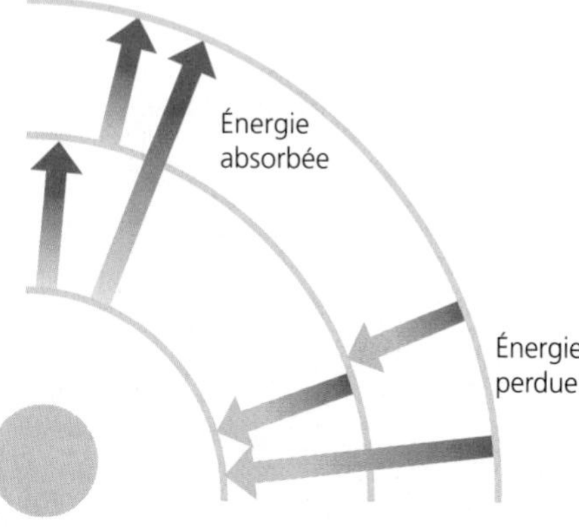

(b) Un électron peut passer d'une couche à une autre uniquement si l'énergie qu'il gagne ou qu'il perd correspond exactement à la différence d'énergie entre les niveaux des deux couches. Les flèches dans ce modèle indiquent quelques-uns des changements possibles de niveaux d'énergie potentielle.

▲ **Figure 2.8 Les niveaux énergétiques des électrons.** Les électrons occupent certains niveaux déterminés d'énergie potentielle appelés couches électroniques.

ceux-ci passent à des niveaux énergétiques supérieurs. L'automobile chauffe pendant que les électrons regagnent leur niveau énergétique initial. Cette énergie thermique peut être transférée à l'air ou à la main si on touche l'automobile.

La répartition électronique et les propriétés chimiques

Le comportement chimique d'un atome est déterminé par la répartition des électrons dans les couches électroniques de l'atome. En commençant par l'hydrogène, l'atome le plus simple, nous pouvons représenter les atomes des autres éléments en ajoutant un proton et un électron à la fois (de même que le nombre approprié de neutrons). La **figure 2.9** présente une version abrégée du tableau périodique des éléments, qui permet de visualiser la répartition électronique des 18 premiers éléments, soit de l'hydrogène ($_1$H) à l'argon ($_{18}$Ar). Ces éléments figurent sur trois lignes, appelées périodes, correspondant au nombre de couches électroniques contenues dans leurs atomes. De gauche à droite, la suite des éléments de chaque ligne correspond à l'addition séquentielle d'électrons et de protons. (Le tableau périodique complet est donné à l'appendice C.)

Comme toute matière, les électrons cherchent à atteindre l'état d'énergie potentielle le plus bas, ce qui est possible lorsqu'ils se trouvent dans la première couche électronique. L'unique électron de l'hydrogène et les deux électrons de l'hélium, par exemple, occupent la première couche. Or, celle-ci ne peut contenir plus de deux électrons; donc, la première rangée du tableau ne peut contenir plus de deux éléments (l'hydrogène et l'hélium). Quand il possède plus de deux électrons, un atome doit utiliser des couches électroniques supérieures, la première étant saturée. L'élément suivant, le lithium, a trois électrons: deux électrons remplissent sa première couche, et le troisième est localisé dans sa deuxième couche. Cette dernière peut contenir un maximum de huit électrons. Quant au néon, qui se situe à la fin de la deuxième ligne, il compte huit électrons dans sa seconde couche; cet élément a donc 10 électrons au total.

Un atome a des propriétés chimiques qui dépendent principalement du nombre d'électrons présents dans sa couche périphérique, appelée dernier niveau énergétique. Ces électrons s'appellent **électrons de valence** ou **électrons périphériques**. Le lithium, par exemple, qui a deux couches, possède seulement un électron de valence. Les atomes qui ont le même nombre d'électrons dans leur dernier niveau énergétique affichent un comportement chimique semblable. Par exemple, le fluor (F) et le chlore (Cl) possèdent tous deux sept électrons de valence, et chacun d'eux peut se combiner au sodium et former des composés (voir la figure 2.3). Par ailleurs, un atome dont le dernier niveau énergétique est saturé ne réagit pas spontanément avec d'autres atomes. À l'extrême droite du tableau périodique se trouvent l'hélium, le néon et l'argon; il s'agit des trois seuls éléments présentés à la figure 2.9 dont le dernier niveau énergétique est saturé. Ils sont dits inertes en raison de leur stabilité chimique. Tous les autres atomes de la figure 2.9 ont la capacité de réagir chimiquement, parce que leur dernier niveau énergétique est insaturé.

Les orbitales électroniques

Au début des années 1900, les scientifiques percevaient les couches électroniques comme des trajectoires concentriques décrites par les électrons se déplaçant autour du noyau, un peu comme les orbites des planètes tournant autour du Soleil. Aujourd'hui, on se sert encore des cercles concentriques à deux dimensions, comme dans la figure 2.9, pour illustrer les couches électroniques tridimensionnelles, mais il faut se rappeler que chaque anneau concentrique ne représente que la distance moyenne entre un électron occupant cette couche et le noyau autour duquel il gravite. Par conséquent, les schémas d'anneaux concentriques ne donnent en rien une représentation réelle d'un atome. En fait, il est impossible de connaître la trajectoire exacte d'un électron. Par contre, nous pouvons déterminer le volume de l'espace dans lequel il passe la majeure partie de son temps. L'espace tridimensionnel où l'électron passe 90% de son temps s'appelle **orbitale**.

Chaque couche électronique contient des électrons dans un niveau énergétique particulier, distribués parmi un nombre déterminé d'orbitales de formes et d'orientations particulières. La **figure 2.10** (page 39) illustre en exemple les orbitales du néon accompagné de son schéma de répartition électronique en référence. On peut se représenter une orbitale comme une composante d'une couche électronique. La première couche électronique a une seule orbitale de forme sphérique, qui s'appelle 1*s*, mais la deuxième couche a quatre orbitales: une grande orbitale sphérique *s* (appelée 2*s*) et trois orbitales *p* (appelées 2*p*) qui ont la forme d'haltères. La troisième couche électronique, ainsi que les couches supérieures, possède également des orbitales *s* et *p*, en plus d'orbitales de formes plus complexes.

Une même orbitale ne peut contenir plus de deux électrons. La première couche électronique peut donc loger un maximum

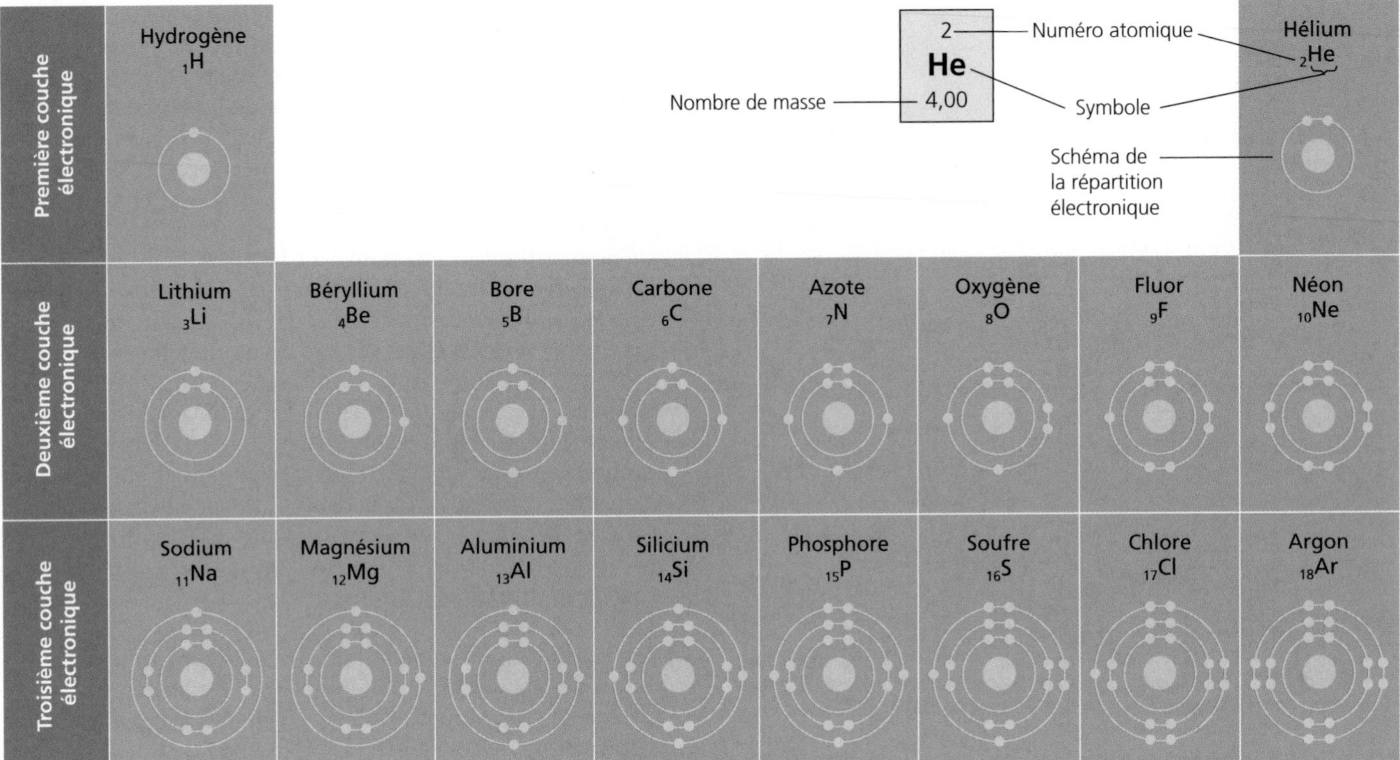

▲ **Figure 2.9 Les schémas de la répartition électronique des 18 premiers éléments du tableau périodique.** Dans un tableau périodique de base (voir l'appendice C), l'information est présentée comme dans le médaillon illustrant l'hélium. Dans les schémas de ce tableau, les électrons sont représentés par des points jaunes, et les couches électroniques (représentant les niveaux énergétiques) par des anneaux concentriques. Cette façon de représenter les couches électroniques constitue un moyen commode d'illustrer la répartition des électrons d'un atome selon leurs niveaux énergétiques, mais ces modèles simplifiés ne représentent pas de façon exacte la forme de l'atome ou la localisation de ses électrons. Quant aux éléments, ils figurent sur trois lignes (ou périodes), selon le nombre de leurs couches et le nombre d'électrons contenus dans celles-ci. Chaque ligne représente le remplissage d'un niveau énergétique. À mesure qu'ils s'ajoutent, les électrons occupent le plus bas niveau énergétique disponible.

Quel est le numéro atomique du magnésium? Combien de protons et d'électrons possède-t-il? Combien de couches électroniques? Combien d'électrons de valence?

de deux électrons dans son orbitale *s*. L'unique électron de l'atome d'hydrogène et les deux électrons de l'atome d'hélium occupent donc l'orbitale 1*s*. La deuxième couche électronique a quatre orbitales et peut loger jusqu'à huit électrons, deux dans chaque orbitale. Ces électrons possèdent à peu près la même énergie, mais ils se déplacent dans des espaces différents.

La réactivité d'un atome dépend de la présence d'électrons non appariés, ou célibataires, dans une ou plusieurs orbitales de son dernier niveau énergétique. Comme vous le verrez dans la prochaine section, les atomes interagissent pour combler leur dernier niveau énergétique et ce sont les électrons célibataires qui entrent alors en jeu.

RETOUR SUR LE CONCEPT 2.2

1. Un atome de lithium a trois protons et quatre neutrons. Quelle est sa masse atomique en daltons?
2. Un atome d'azote a sept protons, et l'isotope le plus abondant de l'azote a sept neutrons. Un isotope radioactif de l'azote a huit neutrons. Écrivez le numéro atomique et le nombre de masse de cet azote radioactif sous forme de symbole chimique accompagné des nombres placés en indice et en exposant.
3. Combien d'électrons le fluor a-t-il? Combien de couches électroniques? Nommez les orbitales occupées. Combien d'électrons sont nécessaires pour remplir le dernier niveau énergétique?
4. **ET SI?** Dans la figure 2.9, s'il y a deux éléments ou plus dans la même rangée, qu'ont-ils en commun? S'il y a deux éléments ou plus dans la même colonne, qu'ont-ils en commun?

Voir les réponses proposées à la fin du chapitre.

CONCEPT 2.3

La formation et la fonction des molécules dépendent des liaisons chimiques entre les atomes

Montons maintenant dans la hiérarchie de l'organisation biologique pour comprendre comment les atomes se combinent de façon à former des molécules et des composés ioniques. Les atomes dont le dernier niveau énergétique est incomplet (c'est le cas des éléments les plus abondants dans

Néon, dont les deux couches sont saturées (10 électrons)

Première couche

Deuxième couche

(a) Schéma de répartition électronique. Le schéma ci-dessus représente la répartition électronique d'un atome de néon qui possède au total 10 électrons. Chaque anneau concentrique représente une couche électronique, laquelle peut être subdivisée en orbitales électroniques.

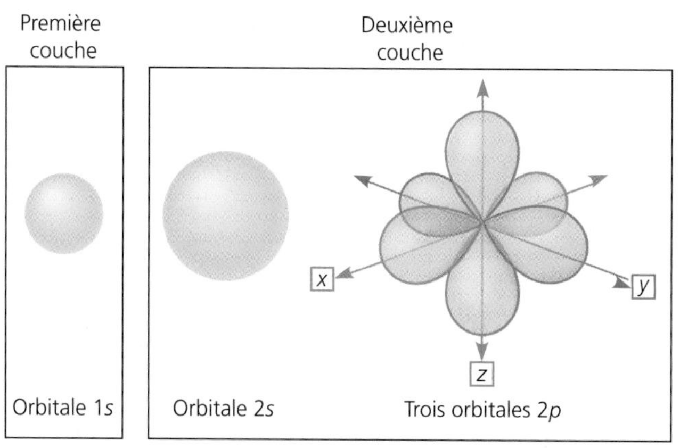

(b) Orbitales électroniques séparées. Les formes tridimensionnelles représentent les orbitales électroniques, des régions de l'espace dans lesquelles les électrons ont la plus grande probabilité de se trouver. Chaque orbitale contient un maximum de deux électrons. La première couche électronique, à gauche, possède une orbitale sphérique (*s*), appelée 1*s*. La deuxième couche, à droite, a une orbitale *s* plus grande (elle s'appelle 2*s* dans le cas de la deuxième couche), ainsi que trois orbitales en forme d'haltères appelées orbitales *p* (elles se nomment 2*p* dans le cas de la deuxième couche). Les trois orbitales 2*p* se trouvent à angle droit les unes par rapport aux autres sur des axes imaginaires *x*, *y* et *z*. Dans la figure, le contour de chaque orbitale 2*p* est représenté par une couleur différente.

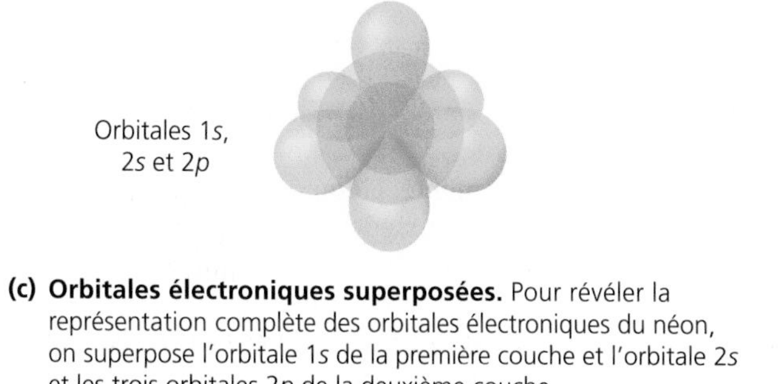

(c) Orbitales électroniques superposées. Pour révéler la représentation complète des orbitales électroniques du néon, on superpose l'orbitale 1*s* de la première couche et l'orbitale 2*s* et les trois orbitales 2*p* de la deuxième couche.

▲ **Figure 2.10 Les orbitales électroniques.**

la matière vivante) interagissent avec certains autres atomes de manière à remplir leur dernière couche électronique. Pour ce faire, ils doivent soit mettre en commun leurs électrons de valence, soit les transférer complètement. Cela fait, ils restent habituellement proches l'un de l'autre: ils sont retenus par des forces d'attraction appelées **liaisons chimiques**. Les liaisons chimiques les plus fortes sont la liaison covalente et la liaison ionique, la liaison covalente étant la plus forte des deux.

La liaison covalente

Une **liaison covalente** se forme quand deux atomes mettent en commun une ou plusieurs paires d'électrons de valence. C'est ce qui arrive, par exemple, quand deux atomes d'hydrogène s'approchent l'un de l'autre. Rappelez-vous que l'hydrogène possède un électron de valence situé dans sa première couche, mais que celle-ci peut en contenir deux. Lorsqu'ils sont assez près pour que leurs orbitales 1*s* se chevauchent, ces deux atomes d'hydrogène mettent en commun leur unique électron (**figure 2.11**). Chaque atome d'hydrogène est alors associé à deux électrons dans son dernier niveau énergétique complet. Quand ils sont unis par des liaisons covalentes, deux atomes ou plus forment une **molécule**. Dans l'exemple ci-dessus, il s'agit d'une molécule de dihydrogène.

La **figure 2.12a** illustre plusieurs façons de représenter une molécule de dihydrogène. Sa formule moléculaire, H_2, indique simplement que la molécule consiste en deux atomes d'hydrogène. On peut décrire le partage des électrons à l'aide d'un schéma de répartition électronique ou par un diagramme de Lewis, dans lequel les symboles des éléments sont entourés de points qui représentent les électrons de valence (H:H). On peut également utiliser une formule développée, H—H, dans laquelle le tiret indique une **liaison simple**, c'est-à-dire un doublet d'électrons mis en commun. Le modèle compact, quant à lui, se rapproche le plus de la forme réelle de la molécule.

Ayant six électrons dans sa deuxième couche électronique, l'oxygène a besoin de deux électrons supplémentaires pour combler son dernier niveau énergétique. Deux atomes d'oxygène qui se rencontrent doivent mettre en commun deux doublets d'électrons de valence afin de former une molécule (**figure 2.12b**). Ils sont alors unis par une **liaison double** (O═O).

Chaque atome qui peut mettre en commun des électrons de valence possède une capacité de liaison correspondant au nombre de liaisons covalentes qu'il peut établir. Une fois que celles-ci sont formées, le dernier niveau énergétique de l'atome est comblé. Cette capacité de liaison est donnée par le **nombre d'oxydation** d'un atome. Il représente le nombre d'électrons qu'un atome doit perdre (signe +), gagner (signe −) ou mettre en commun pour remplir son dernier niveau énergétique. Le nombre d'oxydation de l'hydrogène est de +1. Cette valeur signifie que l'électron a plutôt tendance à s'éloigner du noyau de l'hydrogène et à se rapprocher d'un autre atome; l'électron éloigne, par le fait même, sa charge négative du noyau de l'hydrogène. Dans ce cas, le proton du noyau, de charge positive, prédomine au sein de l'hydrogène, d'où le +1 correspondant au nombre d'oxydation de cet atome. Quant au nombre d'oxydation de l'oxygène, il est de −2. Parfois, un élément comporte plusieurs nombres d'oxydation, selon le type de molécule auquel il appartient; ainsi, ceux de l'azote sont de ±3, +5, +4 et +2. Cependant, la situation est plus compliquée pour les éléments de la troisième période du tableau périodique. Le phosphore (P), par exemple, peut avoir un nombre d'oxydation de ±3, ainsi que ses trois électrons célibataires permettent de le prédire. Cependant, lorsqu'il fait partie d'une molécule essentielle à la vie, il a généralement un nombre d'oxydation de +5: il forme trois liaisons simples et une liaison double. Il peut aussi avoir un nombre d'oxydation de +4.

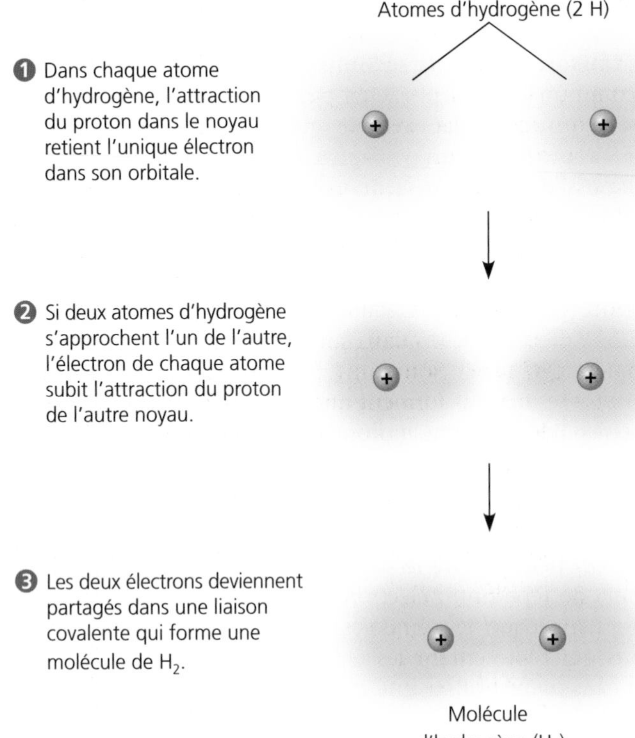

Atomes d'hydrogène (2 H)
❶ Dans chaque atome d'hydrogène, l'attraction du proton dans le noyau retient l'unique électron dans son orbitale.
❷ Si deux atomes d'hydrogène s'approchent l'un de l'autre, l'électron de chaque atome subit l'attraction du proton de l'autre noyau.
❸ Les deux électrons deviennent partagés dans une liaison covalente qui forme une molécule de H_2.
Molécule d'hydrogène (H_2)

▲ **Figure 2.11 La formation d'une liaison covalente.**

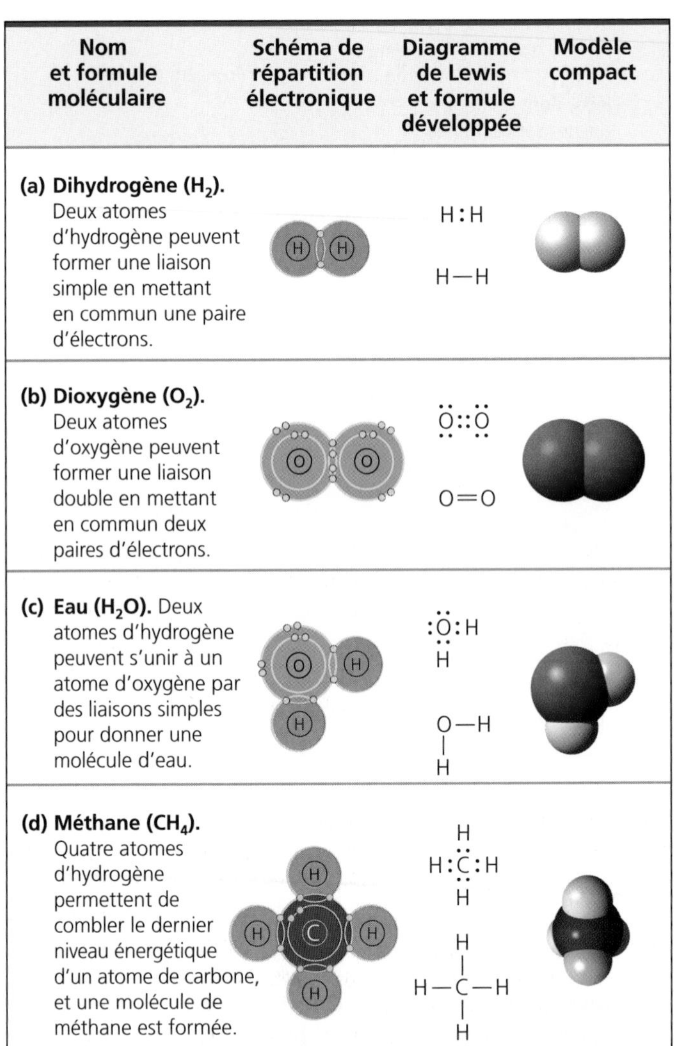

Nom et formule moléculaire
Schéma de répartition électronique
Diagramme de Lewis et formule développée
Modèle compact
(a) Dihydrogène (H_2). Deux atomes d'hydrogène peuvent former une liaison simple en mettant en commun une paire d'électrons.
H:H
H—H
(b) Dioxygène (O_2). Deux atomes d'oxygène peuvent former une liaison double en mettant en commun deux paires d'électrons.
O::O
O=O
(c) Eau (H_2O). Deux atomes d'hydrogène peuvent s'unir à un atome d'oxygène par des liaisons simples pour donner une molécule d'eau.
:O:H
H
O—H
H
(d) Méthane (CH_4). Quatre atomes d'hydrogène permettent de combler le dernier niveau énergétique d'un atome de carbone, et une molécule de méthane est formée.
H
H:C:H
H
H
H—C—H
H

▲ **Figure 2.12 Quatre molécules comprenant au moins une liaison covalente.** Le nombre d'électrons requis pour remplir le dernier niveau énergétique d'un atome détermine généralement le nombre de liaisons covalentes que cet atome peut former. Cette figure illustre plusieurs façons de représenter les liaisons covalentes.

Les molécules H_2 et O_2 constituent des éléments purs et non des composés, car un composé est une combinaison de deux ou de plusieurs éléments différents. L'eau, dont la formule moléculaire est H_2O, est un composé. Il faut deux atomes d'hydrogène pour combler le dernier niveau énergétique d'un atome d'oxygène. La **figure 2.12c** montre la structure d'une molécule d'eau. L'eau revêt tellement d'importance pour la vie que nous consacrerons tout le chapitre 3 à sa structure et à ses propriétés.

Le méthane, dont la formule moléculaire est CH_4, représente un autre exemple de composé. C'est en fait le constituant principal du gaz naturel. Il faut quatre atomes d'hydrogène (chacun ayant un nombre d'oxydation de +1) pour combler le dernier niveau énergétique d'un atome de carbone (dont le nombre d'oxydation est de +4) (**figure 2.12d**). Nous étudierons de nombreux autres composés du carbone au chapitre 4.

Il arrive que des atomes ou des molécules contenant des électrons de valence non appariés (ou célibataires) se forment dans un organisme (O_2^-, NO et OH, par exemple). Ces substances, appelées **radicaux libres**, sont très instables et réactives, car elles sont, en quelque sorte, à la recherche de l'électron manquant. Elles peuvent «voler» celui-ci à n'importe quel autre atome, y compris des atomes appartenant à des substances utiles pour un organisme, comme ses protéines. Les radicaux libres peuvent donc avoir des effets physiologiques nocifs.

Les atomes dans une molécule attirent les électrons partagés à divers degrés, selon la nature de l'élément. L'attraction qu'un atome exerce sur les électrons qu'il met en commun dans le cadre d'une liaison covalente s'appelle **électronégativité**. Plus un atome est électronégatif, plus il attire fortement vers lui les électrons mis en commun. Dans une liaison covalente entre deux atomes du même élément, le partage est égal, étant donné que ceux-ci possèdent la même électronégativité; la partie est donc nulle. On parle alors de **liaison covalente non polaire**. Ainsi, la liaison simple de H_2 n'est pas polaire, tout comme la liaison double de O_2. Par contre, quand un atome est lié à un autre plus électronégatif, les électrons de la liaison ne sont pas partagés également. On parle alors de **liaison covalente polaire**. La polarité de ces liaisons varie en fonction de l'électronégativité relative des deux atomes. Par exemple, les liaisons entre les atomes d'oxygène et d'hydrogène d'une molécule d'eau sont très polaires (**figure 2.13**). L'oxygène est un des éléments les plus électronégatifs; l'attraction qu'il exerce sur les électrons mis en commun est beaucoup plus forte que celle de l'hydrogène. En conséquence, dans une liaison covalente entre l'oxygène et l'hydrogène, les électrons passent plus de temps autour du noyau de l'oxygène que du noyau de l'hydrogène. Comme les électrons possèdent une charge négative et qu'ils sont attirés vers l'oxygène dans une molécule d'eau, l'atome d'oxygène possède une charge

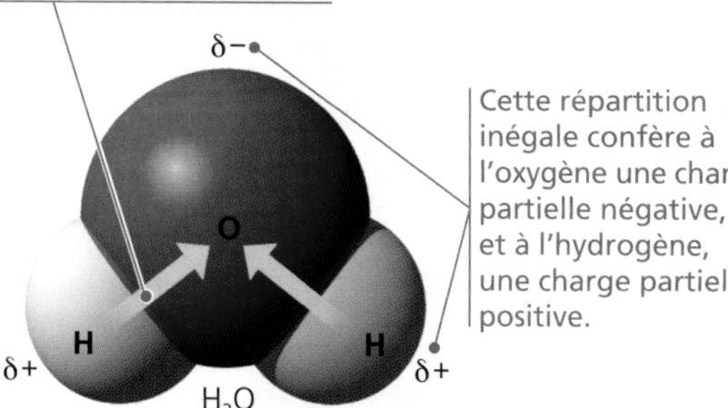

L'oxygène (O), qui est beaucoup plus électronégatif que l'hydrogène (H), attire les électrons mis en commun dans la liaison.
δ−
Cette répartition inégale confère à l'oxygène une charge partielle négative, et à l'hydrogène, une charge partielle positive.
O
H
H
δ+
δ+
H2O

▲ **Figure 2.13 Les liaisons covalentes polaires dans une molécule d'eau.**

partielle négative (symbolisée par la lettre grecque δ suivie du signe moins, δ− ou «delta moins»), et chacun des atomes d'hydrogène, une charge partielle positive (δ+, ou «delta plus»). Par contre, les liaisons du méthane (CH_4) sont beaucoup moins polaires, parce que les électronégativités du carbone et de l'hydrogène sont semblables.

La liaison ionique

Dans certains cas, deux atomes proches l'un de l'autre exercent des attractions tellement inégales sur leurs électrons de valence que le plus électronégatif arrache complètement un électron à l'autre atome. Cela se produit, par exemple, quand un atome de sodium ($_{11}Na$) rencontre un atome de chlore ($_{17}Cl$) (**figure 2.14**). L'atome de sodium possède au total 11 électrons, dont un seul de valence. L'atome de chlore possède 17 électrons, dont sept de valence. Lorsque ces deux atomes se rencontrent, le sodium cède son unique électron de valence au chlore; les deux atomes ont alors leur dernier niveau énergétique saturé. (Comme le sodium n'a plus d'électron dans sa troisième couche, sa deuxième couche devient le dernier niveau énergétique.)

Le transfert d'un électron du sodium au chlore déplace vers celui-ci une unité de charge négative. Le sodium, qui se retrouve avec 11 protons et seulement 10 électrons, possède maintenant une charge électrique nette de 1+. Un atome chargé (ou une molécule chargée) s'appelle **ion**. Lorsque la charge est positive, comme dans le cas du sodium de notre exemple, l'ion s'appelle **cation**. Par contre, comme l'atome de chlore a gagné un électron, il se retrouve avec 17 protons et 18 électrons, ce qui lui donne une charge électrique nette de 1−. C'est devenu un ion chlorure, un **anion**, soit un ion chargé négativement. En raison de leurs charges opposées, les cations et les anions s'attirent mutuellement et forment des **liaisons ioniques**. Ce n'est pas le transfert d'un électron qui forme une liaison; il permet plutôt la formation d'une liaison parce que deux ions de charges opposées sont ainsi créés. Deux ions de charges opposées peuvent former une liaison ionique sans qu'ils aient effectué un transfert mutuel d'électrons pour acquérir leur charge.

Les composés formés par des liaisons ioniques sont appelés **composés ioniques** ou **sels**. Nous connaissons tous le sel de table (**figure 2.15**); il s'agit d'un composé ionique appelé chlorure de sodium (NaCl). Dans la nature, les sels ont souvent l'aspect de cristaux de taille et de forme diverses. Ce sont des agrégats formés d'un grand nombre de cations et d'anions unis par leur attraction électrique et assemblés en réseaux tridimensionnels. Un composé covalent est constitué de molécules ayant une taille et un nombre d'atomes déterminés, ce qui n'est pas le cas d'un composé ionique. La formule d'un composé ionique, comme NaCl, indique seulement le rapport entre les éléments que le cristal de sel renferme. La formule NaCl ne représente pas une molécule individualisée.

Tous les sels ne possèdent pas un nombre égal de cations et d'anions. Par exemple, le chlorure de magnésium ($MgCl_2$), un composé ionique, comprend deux ions chlorure pour chaque ion magnésium. Le magnésium ($_{12}Mg$) doit perdre ses deux électrons de valence pour que son dernier niveau énergétique soit saturé; il devient alors un cation, dont la charge est de 2+ (Mg^{2+}). Un cation magnésium peut ainsi former des liaisons ioniques avec deux anions chlorure (Cl^-).

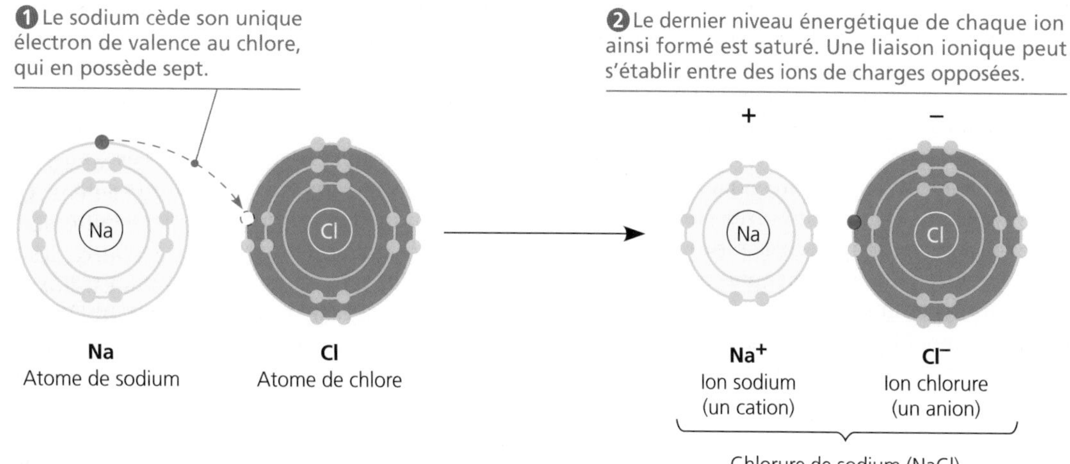

❶ Le sodium cède son unique électron de valence au chlore, qui en possède sept.
❷ Le dernier niveau énergétique de chaque ion ainsi formé est saturé. Une liaison ionique peut s'établir entre des ions de charges opposées.
+
−
Na
Cl
Na
Cl
Na
Atome de sodium
Cl
Atome de chlore
Na+
Ion sodium
(un cation)
Cl−
Ion chlorure
(un anion)
Chlorure de sodium (NaCl)

▲ **Figure 2.14 Le transfert d'un électron et la liaison ionique.** L'attraction qui unit les atomes de charges opposées, ou ions, constitue une liaison ionique. L'ion peut se lier non seulement à l'atome avec lequel il a réagi, mais aussi à tout autre ion de charge opposée.

▲ **Figure 2.15 Le cristal de chlorure de sodium (NaCl).** Les ions sodium (Na^+) et les ions chlorure (Cl^-) sont maintenus ensemble par des liaisons ioniques. La formule NaCl nous indique que le rapport entre les ions Na^+ et Cl^- est de 1:1.

Le terme ion s'applique également à des molécules entières qui portent une charge électrique. Dans le cas du chlorure d'ammonium (NH_4Cl), par exemple, l'anion est un ion monoatomique chlorure (Cl^-), mais le cation est l'ion ammonium (NH_4^+), un composé formé d'un atome d'azote lié par covalence à quatre atomes d'hydrogène. L'ion ammonium possède une charge électrique de 1+ parce qu'il lui manque un électron.

L'environnement influe sur la force des liaisons ioniques. Lorsqu'il est sec, un cristal de sel pur possède des liaisons tellement fortes qu'il faut un marteau et un ciseau pour le casser en morceaux. Cependant, si le même cristal de sel est dissous dans l'eau, les liaisons ioniques sont beaucoup plus faibles parce que les interactions avec les molécules d'eau forment partiellement écran avec chaque ion. Cette observation explique pourquoi la plupart des médicaments sont fabriqués sous forme de sels: ils sont très stables lorsqu'ils sont secs, mais ils se dissocient (se séparent) facilement dans l'eau. Dans le prochain chapitre, vous en apprendrez davantage sur la dissolution des sels dans l'eau.

Les liaisons chimiques faibles

Chez les êtres vivants, les liaisons chimiques les plus fortes sont les liaisons covalentes unissant des atomes et formant les molécules d'une cellule. Mais des liaisons intermoléculaires et intramoléculaires plus faibles sont également indispensables; en fait, elles contribuent dans une large mesure aux propriétés émergentes de la vie. Grâce aux liaisons faibles, de nombreuses grosses molécules biologiques peuvent maintenir leur forme tridimensionnelle, responsable de leur fonction. De plus, lorsqu'elles entrent en contact dans une cellule, deux molécules peuvent s'associer de façon temporaire grâce à des types de liaisons chimiques faibles. Le caractère réversible des liaisons faibles constitue un avantage: deux molécules s'associent, réagissent l'une à l'autre d'une certaine manière, puis se séparent.

Plusieurs types de liaisons chimiques faibles jouent un rôle important dans les organismes. Mentionnons la liaison ionique, dont nous venons de parler, et qui existe entre des ions dissociés dans l'eau, ainsi que la liaison hydrogène et les forces de Van der Waals, qui sont également essentielles à la vie.

La liaison hydrogène

La liaison hydrogène, une liaison chimique faible, est tellement importante pour la vie qu'elle mérite une attention

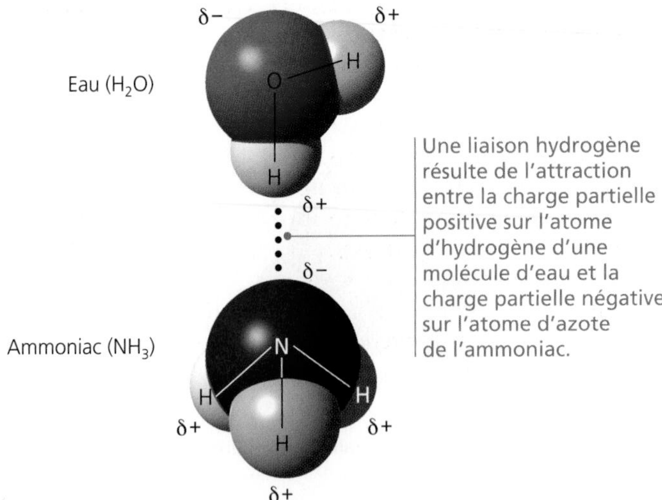

▲ **Figure 2.16 La liaison hydrogène.**

FAITES UN DESSIN *Dessinez cinq molécules d'eau en utilisant leurs formules développées et en indiquant les charges partielles. Expliquez aussi comment elles peuvent établir des liaisons hydrogène entre elles.*

particulière. La charge partielle positive portée par un atome d'hydrogène déjà lié par covalence à un atome électronégatif permet à cet hydrogène de subir l'attraction d'un autre atome électronégatif. On appelle **liaison hydrogène** cette attraction non covalente entre un hydrogène et un atome électronégatif. Dans les cellules, les atomes électronégatifs susceptibles de donner lieu à des liaisons hydrogène sont habituellement l'oxygène et l'azote. La **figure 2.16** illustre le cas simple de la liaison hydrogène entre l'eau (H_2O) et l'ammoniac (NH_3).

Les forces de Van der Waals

Même une molécule avec des liaisons covalentes non polaires peut présenter des régions chargées positivement, et d'autres, négativement. Les électrons ne sont pas toujours répartis de façon symétrique dans une telle molécule. Ils peuvent à tout moment se retrouver rassemblés par hasard dans l'une ou l'autre de ses parties. Par conséquent, les régions chargées positivement et négativement changent constamment, ce qui permet à tous les atomes et à toutes les molécules de s'attirer mutuellement. Ces **forces** (ou **interactions**) **de Van der Waals** sont faibles individuellement et apparaissent seulement quand les atomes et les molécules sont très proches les uns des autres. Lorsque de telles interactions se produisent simultanément, elles peuvent cependant être puissantes: les forces de Van der Waals expliquent ainsi la facilité avec laquelle le lézard gecko (*Gekko gecko*) (à droite) escalade les murs. Chaque doigt de ce lézard est recouvert de centaines de milliers de poils minuscules. L'extrémité des poils est subdivisée en une multitude de projections qui en augmentent la surface.

Il semble que les forces de Van der Waals qui s'établissent entre les molécules à l'extrémité des poils et les molécules à la surface d'un mur sont tellement nombreuses que, malgré la faiblesse de chacune de ces forces, l'animal arrive à supporter son propre poids et adhère au mur.

Les forces de Van der Waals, les liaisons hydrogène et les liaisons ioniques en milieu aqueux, ainsi que d'autres sortes de liaisons faibles, peuvent se former non seulement entre des molécules, mais aussi entre des parties d'une molécule volumineuse, comme une protéine. L'effet cumulatif des liaisons faibles renforce la forme tridimensionnelle des grosses molécules. Vous en apprendrez davantage sur les rôles biologiques des liaisons chimiques faibles au chapitre 5.

La forme moléculaire et la fonction biologique

Une molécule possède une taille et une forme tridimensionnelle caractéristiques. Habituellement, la forme tridimensionnelle particulière d'une molécule contribue grandement à la fonction de la molécule dans la cellule.

Les molécules constituées de deux atomes, comme H_2 ou O_2, sont toujours linéaires. Celles qui comportent plus de deux atomes ont des formes plus complexes, déterminées par la position des orbitales des atomes. Quand un atome établit des liaisons covalentes avec un autre atome, les orbitales de son dernier niveau énergétique subissent un réarrangement. S'il possède des électrons de valence dans les orbitales *s* et *p* (revoir la figure 2.10), l'unique orbitale *s* et les trois orbitales *p* forment quatre nouvelles orbitales, dites hybrides. Celles-ci ont la forme de gouttes d'eau identiques émergeant du noyau atomique (**figure 2.17a**). Si on relie les grosses extrémités des gouttes d'eau par des droites, on obtient un tétraèdre (une pyramide à base triangulaire).

Dans la molécule d'eau (H_2O), l'atome d'oxygène met en commun deux des orbitales hybrides de son dernier niveau énergétique avec les atomes d'hydrogène (**figure 2.17b**). La molécule qui en résulte ressemble grossièrement à un V (inversé dans la figure 2.17b), ses deux liaisons covalentes formant un angle de 104,5°.

La molécule de méthane (CH_4) a la forme d'un tétraèdre parce que les quatre orbitales hybrides de l'atome de carbone sont mises en commun avec les atomes d'hydrogène (voir la figure 2.17b). Le noyau de l'atome de carbone se trouve au centre, et ses quatre liaisons covalentes pointent vers les noyaux d'hydrogène situés aux sommets du tétraèdre. Les molécules plus volumineuses contenant plusieurs atomes de carbone (dont de nombreuses molécules composant la matière organique) ont des formes tridimensionnelles plus complexes. Cependant, la forme tétraédrique que prend un atome de carbone uni à quatre autres atomes est un motif courant.

La géométrie moléculaire suscite beaucoup d'intérêt en biologie, car elle détermine la façon dont la plupart des molécules se reconnaissent et établissent entre elles des interactions spécifiques. Les molécules biologiques peuvent se lier entre elles temporairement en établissant des liaisons faibles, mais seulement si elles possèdent des formes complémentaires. Le cas des opiacés, des drogues dérivées de l'opium, illustre bien cette spécificité. Ces substances, comme la morphine et l'héroïne, soulagent la douleur et modifient l'humeur en se fixant faiblement à des molécules spécifiques, appelées récepteurs, sur la surface des cellules du système nerveux. Pourquoi les cellules du système nerveux portent-elles des récepteurs pour les opiacés, des composés que notre organisme ne synthétise pas? C'est la découverte des endorphines, en 1975, qui a permis de répondre à cette question. Les endorphines sont des molécules messagères synthétisées par l'hypophyse qui se fixent à des récepteurs pour soulager la douleur et procurer à l'individu un sentiment d'euphorie durant des périodes de stress, comme un exercice intense. Or, il s'avère que les opiacés ont des formes semblables à celles des endorphines et les imitent en se fixant aux récepteurs des endorphines dans le système nerveux. C'est la raison pour laquelle les opiacés (comme la morphine) et les endorphines exercent des effets semblables (**figure 2.18**). Le rôle de la géométrie moléculaire dans la chimie du système nerveux illustre la relation entre structure et fonction, l'un des fils conducteurs de la biologie.

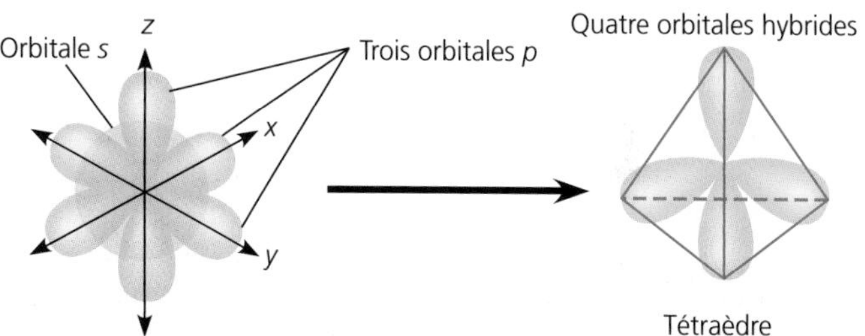

(a) Hybridation des orbitales. Dans une liaison covalente, l'unique orbitale *s* et les trois orbitales *p* du dernier niveau énergétique se combinent pour former quatre orbitales hybrides ayant la forme de gouttes d'eau. Ces orbitales pointent vers les quatre sommets d'un tétraèdre imaginaire (tracé en rose).

(b) Modèles représentant la géométrie moléculaire. Trois modèles représentent la géométrie moléculaire de l'eau et du méthane. L'orientation des orbitales hybrides détermine les formes des molécules.

▲ **Figure 2.17 Les formes moléculaires tridimensionnelles découlant des orbitales hybrides.**

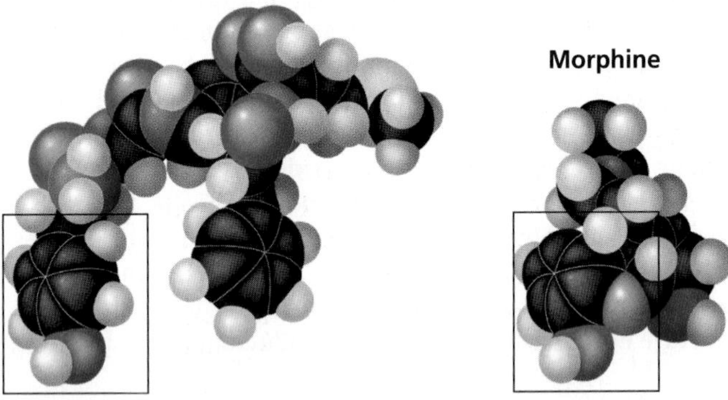

(a) Structures de l'endorphine et de la morphine. La partie encadrée de la molécule d'endorphine (à gauche) se fixe sur les molécules réceptrices situées sur des récepteurs spécifiques dans le cerveau. Remarquez la ressemblance avec la partie encadrée de la molécule de morphine (à droite).

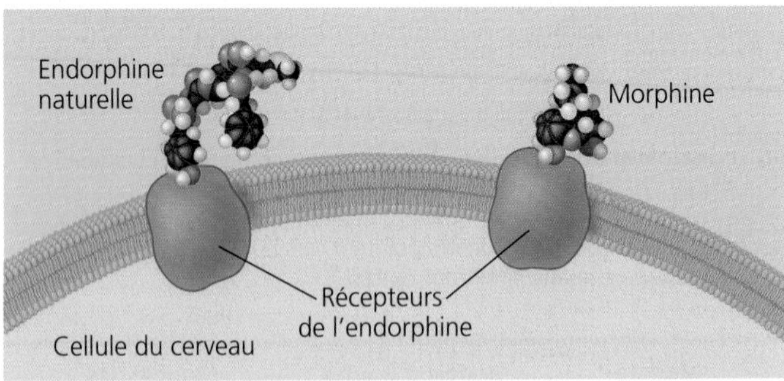

(b) Fixation sur les récepteurs de l'endorphine. L'endorphine et la morphine peuvent toutes les deux se fixer aux récepteurs de l'endorphine présents à la surface des cellules du cerveau.

▲ **Figure 2.18 Le mimétisme moléculaire.** La morphine modifie la perception de la douleur et l'état affectif en imitant les endorphines naturelles du système nerveux central.

RETOUR SUR LE CONCEPT 2.3

1. Pourquoi la formule chimique H—C=C—H n'a-t-elle pas de sens?
2. Qu'est-ce qui retient ensemble les atomes dans un cristal de chlorure de magnésium ($MgCl_2$)?
3. **ET SI?** Si vous étiez chercheur en pharmacologie, pourquoi voudriez-vous connaître les formes tridimensionnelles des molécules messagères naturelles?

Voir les réponses proposées à la fin du chapitre.

CONCEPT 2.4

Les réactions chimiques établissent et rompent des liaisons chimiques

La formation et la rupture de liaisons chimiques, qui provoquent des modifications dans la composition de la matière, constituent les **réactions chimiques**. La réaction qui se produit entre le dihydrogène et le dioxygène et qui aboutit à la formation d'eau en est un exemple:

$$2\,H_2 + O_2 \longrightarrow 2\,H_2O$$

Réactifs **Réaction** **Produits**

Cette réaction rompt les liaisons covalentes de H_2 et de O_2. De nouvelles liaisons sont établies, et des molécules de H_2O sont formées. Pour exprimer une réaction chimique, on utilise une flèche représentant la transformation des substances de départ, appelées **réactifs**, en une ou plusieurs nouvelles substances, les **produits**. Les coefficients indiquent le nombre de molécules participantes. Le coefficient 2 devant H_2 signifie que la réaction commence avec deux molécules de dihydrogène. Remarquez que tous les atomes des réactifs se retrouvent dans les produits. Dans toute réaction chimique, la matière est conservée: les réactions ne peuvent ni la créer ni la détruire; elles ne peuvent que la réorganiser.

La photosynthèse est un bon exemple de réactions chimiques qui réorganisent la matière. Grâce à ce processus qui se déroule chez les Végétaux, les Animaux (dont l'humain fait partie) trouvent les substances dont ils ont besoin pour se nourrir et pour respirer. La photosynthèse constitue la base de presque tous les écosystèmes. Voici une formule abrégée résumant la réaction de la photosynthèse:

$$6\,CO_2 + 6\,H_2O \rightarrow C_6H_{12}O_6 + 6\,O_2$$

Les matériaux bruts de la photosynthèse sont le dioxyde de carbone (CO_2) dans l'air et l'eau (H_2O) provenant du sol. La lumière du Soleil fournit aux cellules capables de photosynthèse l'énergie nécessaire à la transformation de ces ingrédients en un sucre appelé glucose ($C_6H_{12}O_6$) et en molécules de dioxygène (O_2), un produit secondaire libéré dans l'environnement (**figure 2.19**). Même si la photosynthèse est une suite de nombreuses réactions biochimiques, on retrouve en fin de compte le même nombre et les mêmes types d'atomes qu'au début du processus. Bref, les réactions réorganisent simplement la matière grâce à l'énergie fournie par le Soleil.

Toutes les réactions chimiques sont réversibles: les produits de la réaction directe deviennent les réactifs de la réaction inverse. Par exemple, les molécules de dihydrogène et de diazote peuvent se combiner pour former de l'ammoniac, et celui-ci peut se décomposer pour reformer du dihydrogène et du diazote:

$$3\,H_2 + N_2 \rightleftharpoons 2\,NH_3$$

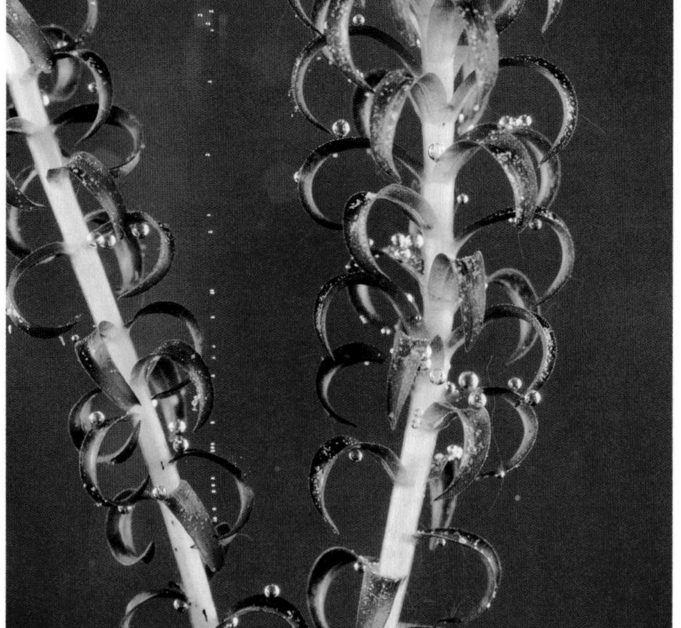

▲ **Figure 2.19 La photosynthèse : une réorganisation de la matière grâce à l'énergie lumineuse.** Cette élodée (*Elodea canadensis*), une plante d'eau douce, produit un sucre en combinant différemment les atomes de dioxyde de carbone et d'eau grâce à un processus biochimique appelé photosynthèse. La lumière du Soleil fournit l'énergie nécessaire à cette transformation chimique. Une grande partie du sucre produit est convertie par la suite en d'autres molécules nutritives. Le dioxygène gazeux (O_2) est un produit secondaire de la photosynthèse ; notez les bulles de dioxygène qui s'échappent des feuilles sur la photographie.

? *Expliquez le lien entre cette photo et les réactifs et les produits dans l'équation de la photosynthèse formulée dans le texte. (Vous en apprendrez davantage sur la photosynthèse au chapitre 10.)*

Les flèches superposées et pointant dans un sens opposé indiquent que la réaction est réversible.

La concentration des réactifs est l'un des facteurs qui déterminent la vitesse d'une réaction chimique. Plus les molécules des réactifs sont concentrées, plus elles se heurtent les unes aux autres et plus elles ont l'occasion de réagir et de former des produits. Le même principe vaut pour ces derniers : à mesure qu'ils s'accumulent, leurs collisions deviennent plus fréquentes, ce qui aboutit à la formation des réactifs de départ. En fin de compte, la réaction directe et la réaction inverse ont lieu à la même vitesse, et la concentration relative des produits et des réactifs demeure constante. On appelle **équilibre chimique** ce point précis où les réactions s'annulent. En fait, il s'agit d'un équilibre dynamique ; les réactions continuent toujours de se dérouler dans les deux sens, mais elles n'ont aucune influence sur les concentrations des réactifs et des produits. Notez que l'équilibre ne signifie pas que les concentrations des réactifs et des produits sont égales, mais seulement qu'elles sont arrivées à un certain rapport stable. La réaction de l'ammoniac dont nous avons parlé plus haut atteint l'équilibre quand ce composé se dissocie aussi rapidement qu'il se forme. Dans certaines réactions chimiques, le point d'équilibre se déplace tellement vers la droite (vers les produits) que ces réactions sont en pratique complètes ; c'est-à-dire que presque tous les réactifs sont transformés en produits.

Nous reverrons les réactions chimiques après avoir étudié en détail les différents types de molécules essentielles à la vie. Dans le chapitre suivant, nous nous concentrerons sur l'eau, une substance dans laquelle toutes les réactions chimiques ont lieu chez les êtres vivants.

RETOUR SUR LE CONCEPT 2.4

1. **FAITES DES LIENS** Reportez-vous à la réaction entre l'hydrogène et l'oxygène qui forme de l'eau, illustrée à la page 44 à l'aide du modèle à boules et bâtonnets. Étudiez la figure 2.12 et tracez les diagrammes de Lewis représentant cette réaction.
2. Quel type de réaction chimique se produit le plus rapidement à l'équilibre : la formation des produits à partir des réactifs ou celle des réactifs à partir des produits ?
3. **ET SI ?** Écrivez une réaction qui utilise les produits de la photosynthèse comme réactifs et les réactifs comme produits. Ajoutez l'énergie comme un autre produit. Cette nouvelle réaction décrit un processus qui se déroule dans nos cellules. Décrivez cette équation avec des mots. Comment cette réaction s'apparente-t-elle à la respiration ?

Voir les réponses proposées à la fin du chapitre.

RÉVISION DU CHAPITRE 2

RÉSUMÉ DES CONCEPTS CLÉS

CONCEPT 2.1

La matière est constituée d'éléments chimiques purs ou combinés ; les éléments combinés forment des composés (p. 32 à 34)

- Les **éléments** ne peuvent être décomposés chimiquement en des substances plus simples. Un **composé** comporte deux ou plusieurs éléments dans des proportions définies. Le carbone, l'oxygène, l'hydrogène et l'azote forment environ 96 % de la matière vivante.

? *En quoi nos besoins en iode et en fer dans notre régime alimentaire sont-ils différents de nos besoins en calcium et en phosphore ?*

CONCEPT 2.2

Les propriétés d'un élément sont déterminées par la structure de ses atomes (p. 34 à 38)

- L'**atome**, la plus petite unité d'un élément, possède les composantes suivantes :

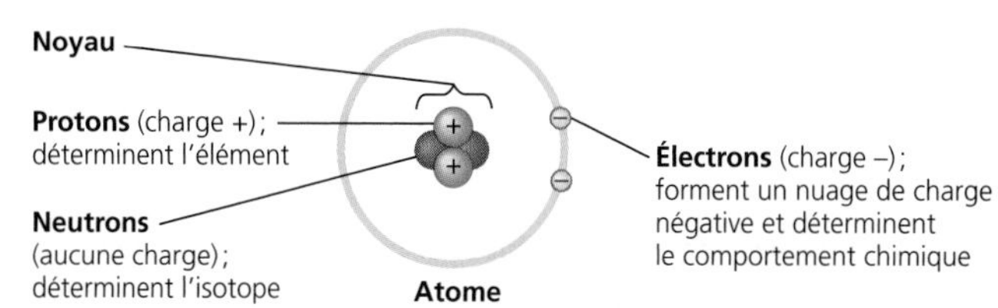

- Dans un atome électriquement neutre, le nombre d'électrons est égal au nombre de protons; le nombre de protons détermine le **numéro atomique**. La **masse atomique** est mesurée en **daltons** et est sensiblement égale à la somme des protons et des neutrons. Les **isotopes** d'un élément diffèrent par le nombre de leurs neutrons et par leur masse. Les isotopes instables émettent des particules et de l'énergie sous forme de radioactivité.
- Dans un atome, les électrons occupent des **couches électroniques** spécifiques; les électrons dans une couche possèdent un niveau d'énergie particulier. Le comportement chimique d'un atome dépend de la répartition électronique dans les couches. Un atome dont la dernière **couche de valence** est incomplète est réactif.
- Les électrons sont localisés dans des **orbitales**, soit des espaces tridimensionnels aux formes particulières qui sont des composantes des couches électroniques.

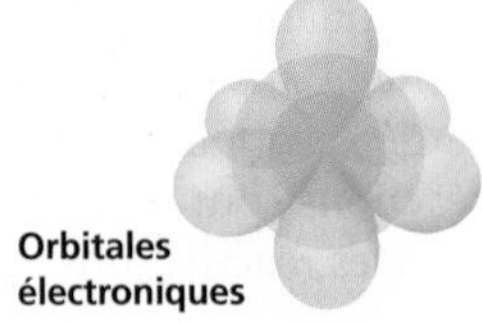
Orbitales électroniques

FAITES UN DESSIN *Faites les schémas représentant la répartition électronique pour le néon ($_{10}Ne$) et pour l'argon ($_{18}Ar$). À l'aide de ces schémas, expliquez pourquoi ces éléments sont inertes chimiquement.*

CONCEPT 2.3

La formation et la fonction des molécules dépendent des liaisons chimiques entre les atomes (p. 38 à 44)

- Quand des atomes interagissent, des **liaisons chimiques** se forment entre eux et leur permettent de combler leur dernier niveau énergétique. Une **liaison covalente** est la mise en commun de paires d'électrons de valence.

- Les **molécules** sont constituées de deux atomes ou plus unis par covalence. L'**électronégativité** d'un atome est son attraction pour les électrons d'une liaison covalente. Si les deux atomes sont identiques, ils possèdent la même électronégativité et partagent une **liaison covalente non polaire**. Les électrons engagés dans une **liaison covalente polaire** sont surtout attirés par l'atome le plus électronégatif.
- Un **ion** se forme quand un atome ou une molécule gagne ou cède un électron et devient chargé. Une **liaison ionique** est l'attraction entre deux ions de charges opposées.

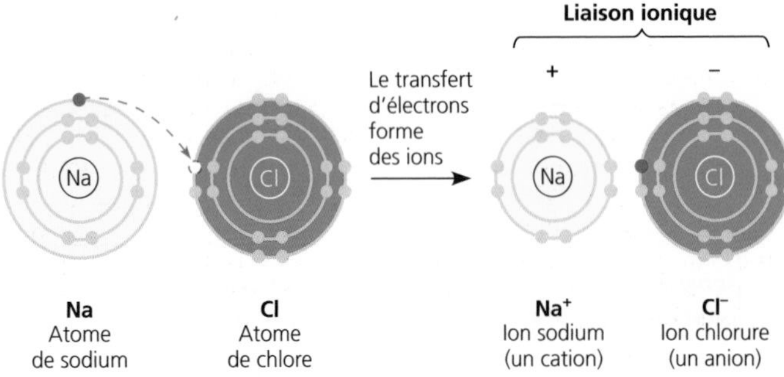

- Les liaisons faibles renforcent la forme tridimensionnelle des grosses molécules et permettent l'association des molécules. Une **liaison hydrogène** est une attraction entre un atome d'hydrogène portant une charge partielle positive ($\delta+$) et un atome électronégatif ($\delta-$). Les **forces de Van der Waals** apparaissent entre les régions provisoirement positives et négatives de deux molécules.
- La forme moléculaire est déterminée par la position des orbitales du dernier niveau énergétique des atomes qui composent la molécule.

Les liaisons covalentes forment des orbitales hybrides responsables de la forme tridimensionnelle des molécules d'H_2O, de CH_4 et de nombreuses molécules organiques complexes. La forme tridimensionnelle est habituellement la base de la reconnaissance d'une molécule biologique par une autre.

? *En ce qui concerne le partage d'électrons entre des atomes, comparez les liaisons covalentes non polaires, les liaisons polaires et la formation d'ions.*

CONCEPT 2.4

Les réactions chimiques établissent et rompent des liaisons chimiques (p. 44 et 45)

- Les **réactions chimiques** transforment les **réactifs** en **produits** tout en conservant la matière. Elles sont toutes réversibles théoriquement. L'**équilibre chimique** est atteint quand les réactions directe et inverse se produisent à la même vitesse.

? *Qu'arriverait-il à la concentration des produits si on ajoutait plus de réactifs à une réaction déjà à l'équilibre? Quelle serait l'influence de cette addition sur l'équilibre?*

ÉVALUATION

NIVEAU 1: CONNAISSANCES ET COMPRÉHENSION

1. Dans le terme *élément trace*, le qualificatif *trace* signifie que:
   a) l'organisme en a besoin en quantités infimes.
   b) cet élément peut servir de marqueur pour suivre le cheminement des atomes dans le métabolisme d'un organisme vivant.
   c) cet élément est très rare sur la Terre.
   d) cet élément améliore l'état de santé, mais n'est pas essentiel pour la survie à long terme d'un organisme.
   e) cet élément transite rapidement dans un organisme.

2. En comparaison du ^{31}P, le radio-isotope ^{32}P possède:
   a) un numéro atomique différent.
   b) une charge différente.
   c) un proton de plus.
   d) un électron de plus.
   e) un neutron de plus.

3. La réactivité d'un atome provient de:
   a) la distance moyenne entre son dernier niveau énergétique et son noyau.
   b) la présence d'électrons célibataires dans le dernier niveau énergétique.
   c) la somme des énergies potentielles de toutes les couches électroniques.
   d) l'énergie potentielle du dernier niveau énergétique.
   e) la différence d'énergie entre les orbitales *s* et *p*.

4. Parmi les affirmations suivantes, laquelle concerne tous les atomes qui sont des anions?
   a) L'atome possède plus d'électrons que de protons.
   b) L'atome possède plus de protons que d'électrons.
   c) L'atome possède moins de protons qu'un atome neutre du même élément.
   d) L'atome possède plus de neutrons que de protons.
   e) La charge nette d'un anion est de 1−.

5. Parmi les affirmations suivantes, laquelle décrit correctement toute réaction chimique au point d'équilibre?
   a) La concentration des produits est égale à la concentration des réactifs.
   b) La réaction est maintenant irréversible.
   c) Les réactions directe et inverse ont toutes les deux cessé.
   d) La vitesse de la réaction est égale dans les deux sens.
   e) Il ne reste plus de réactifs.

NIVEAU 2: APPLICATION ET ANALYSE

6. On peut représenter les atomes en précisant le nombre de leurs protons, de leurs neutrons et de leurs électrons; par exemple, $2p^+$; $2n^0$; $2e^-$ correspond à l'hélium. Parmi les expressions suivantes, laquelle représente l'isotope ^{18}O de l'oxygène?
a) $6p^+$; $8n^0$; $6e^-$
b) $8p^+$; $10n^0$; $8e^-$
c) $9p^+$; $9n^0$; $9e^-$
d) $7p^+$; $2n^0$; $9e^-$
e) $10p^+$; $8n^0$; $9e^-$

7. Le numéro atomique du soufre est 16. Le soufre se combine à l'hydrogène par une liaison covalente pour former un composé, le sulfure d'hydrogène. En vous basant sur le nombre d'électrons de valence du soufre, déterminez la formule moléculaire du composé.
a) HS b) HS_2 c) H_2S d) H_3S_2 e) H_4S

8. Quels coefficients faut-il placer devant les produits de cette réaction pour tenir compte de tous les atomes qui y participent?
$C_6H_{12}O_6 \rightarrow$ ____ C_2H_6O + ____ CO_2
a) 1; 2 b) 3; 1 c) 1; 3 d) 1; 1 e) 2; 2

9. **FAITES UN DESSIN** Dessinez des diagrammes de Lewis pour chacune des molécules hypothétiques ci-dessous. Pour chaque atome, utilisez le bon nombre d'électrons de valence. Déterminez quelle molécule est le plus susceptible d'exister parce que le dernier niveau énergétique de chaque atome est saturé et que chaque liaison possède le bon nombre d'électrons. Expliquez ce qui rend les autres molécules impossibles, considérant le nombre de liaisons que chaque atome peut établir.

a) O═C—H

b)
```
        H   H
        |   |
H—O—C—C═O
        |
        H
```

c)
```
     H      H
     |      |
H—C—H—C═O
     |
     H
```

d)
```
     O
     |
H—N═H
```

NIVEAU 3: SYNTHÈSE ET ÉVALUATION

10. LIEN AVEC L'ÉVOLUTION
Les éléments qui composent naturellement le corps humain (voir le tableau 2.1) se trouvent dans les mêmes pourcentages dans les autres organismes. Expliquez cette similitude entre les organismes.

11. INTÉGRATION
Chez le bombyx du mûrier (*Bombyx mori*), les femelles attirent les mâles en répandant des substances chimiques particulières dans l'air. Un mâle se trouvant à des centaines de mètres peut se diriger vers la source de ces molécules, qu'il détecte grâce à des antennes en forme de peignes (photographie ci-contre). Chaque filament des antennes est muni de milliers de cellules réceptrices qui détectent le messager chimique. En vous basant sur ce que vous avez appris dans ce chapitre, formulez des hypothèses qui vous amèneront à expliquer la capacité du papillon mâle à détecter la présence dans l'air d'une molécule spécifique parmi de nombreuses autres. Concevez une expérience permettant de vérifier une de ces hypothèses.

12. **ÉCRIVEZ UN TEXTE**
Un jour, un riche industriel s'est exclamé: «C'est faire preuve de paranoïa et d'ignorance que de s'inquiéter de la contamination de l'environnement par les déchets chimiques industriels ou agricoles. Après tout, ces substances sont composées des mêmes atomes que ceux qui sont déjà présents dans notre environnement!» En faisant appel aux connaissances que vous avez acquises sur la répartition des électrons, la liaison chimique et le thème des propriétés émergentes (p. 3 à 5), rédigez un court essai (de 100 à 150 mots) pour réfuter cet argument.

RÉPONSES DU CHAPITRE 2

Questions des figures

Figure 2.2 La différence la plus importante dans les résultats serait que les deux jeunes pousses de *Cedrela* à l'intérieur de chaque jardin présentent des quantités semblables de tissu foliaire nécrosé parce qu'un produit chimique toxique libéré des arbres de l'espèce *Duroia* atteindrait probablement les jeunes pousses par la voie des airs ou du sol et ne serait pas bloqué par la barrière insecticide. Les pousses de *Cedrela* plantées à l'extérieur des jardins ne présenteraient pas de dommages à moins que les arbres de l'espèce *Duroia* soient à proximité. De plus, on n'observerait probablement pas que des fourmis présentes sur les pousses de *Cedrela* non protégées injectent un produit dans les feuilles. Cependant, on trouverait probablement encore de l'acide formique dans les glandes des fourmis, comme chez la plupart des espèces de fourmis. **Figure 2.9** Numéro atomique = 12; 12 protons, 12 électrons; 3 couches électroniques; 2 électrons de valence.
Figure 2.16 Une des réponses possibles:

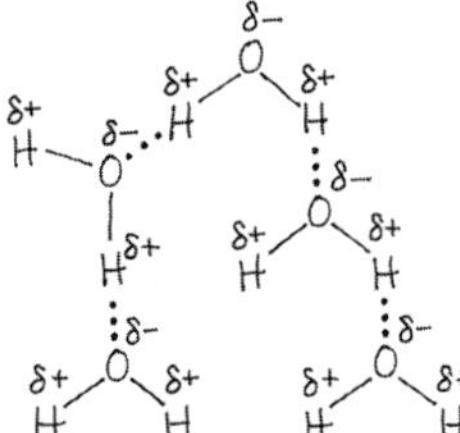

Figure 2.19 La plante est immergée dans l'eau (H_2O), dans laquelle le CO_2 est dissous. L'énergie du Soleil est utilisée pour fabriquer du sucre présent dans la plante, qui peut lui servir de nutriment ainsi qu'aux animaux qui se nourrissent de la plante. Le dioxygène (O_2) est présent dans les bulles.

Retour sur le concept 2.1

1. Le sel de table (chlorure de sodium) est composé de sodium et de chlore. Le composé est comestible, ce qui montre que ses propriétés sont différentes de celles d'un métal (sodium) et d'un gaz toxique (chlore). **2.** Oui, parce qu'un organisme a besoin des éléments trace, même s'ils sont présents seulement en infimes quantités. **3.** Une personne présentant une carence en fer souffrira probablement de fatigue et d'autres effets dus à un faible taux d'oxygène sanguin. (Cet état est appelé anémie et peut résulter également d'une quantité trop faible de globules rouges ou d'une hémoglobine anormale.) **4.** Les variantes ancestrales des plantes qui pourraient tolérer les éléments toxiques pourraient pousser et se reproduire sur des sols de serpentine. (On ne s'attendrait pas que les plantes bien adaptées aux sols sans serpentine survivent dans un tel environnement.) Les descendants des variantes présenteraient également un certain nombre de variations, qui favoriseraient leur capacité de se développer sur des sols de serpentine, de croître et de se reproduire plus facilement. Après de nombreuses générations, ce processus a probablement conduit aux espèces adaptées à la serpentine que nous observons aujourd'hui.

Retour sur le concept 2.2

1. 7. **2.** $^{15}_{7}N$ **3.** Neuf électrons; deux couches électroniques; 1*s*, 2*s* et trois orbitales 2*p*; un électron célibataire nécessaire pour combler le dernier niveau énergétique. **4.** Les éléments d'une rangée possèdent tous le même nombre de couches électroniques. Dans une colonne, tous les éléments ont le même nombre d'électrons dans leur dernier niveau énergétique.

Retour sur le concept 2.3

1. Chaque atome de carbone n'établit que trois liaisons covalentes au lieu des quatre requises. **2.** L'attraction entre des ions de charges opposées forme des liaisons ioniques. **3.** Si vous pouviez synthétiser des molécules possédant des structures tridimensionnelles analogues aux molécules messagères naturelles, vous seriez capable de traiter des personnes dont les maladies ou les états pathologiques résultent d'une incapacité de l'organisme de synthétiser lui-même ces molécules.

Retour sur le concept 2.4

1.

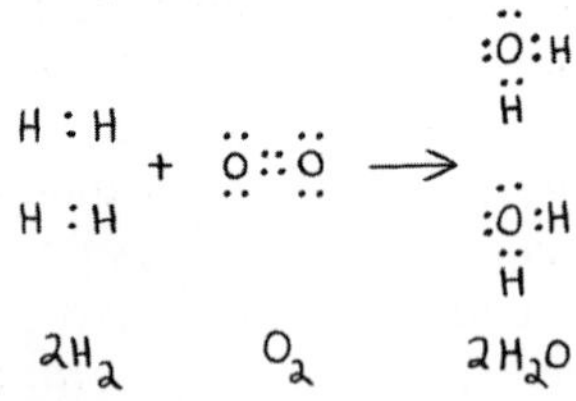

2. À l'équilibre, les réactions directe et inverse se produisent à la même vitesse.
3. $C_6H_{12}O_6 + 6\ O_2 \rightarrow 6\ CO_2 + 6\ H_2O$ + énergie. Le glucose et le dioxygène réagissent pour former le dioxyde de carbone et l'eau, libérant de l'énergie. Nous inspirons l'oxygène parce qu'il est nécessaire pour que cette réaction se produise, et nous exhalons du dioxyde de carbone parce que c'est un produit secondaire de cette réaction. (Cette réaction s'appelle respiration cellulaire, et nous en apprendrons davantage à ce sujet au chapitre 9.)

Questions du résumé des concepts clés

2.1 L'iode (composante de l'hormone thyroïdienne) et le fer (composante de l'hémoglobine dans le sang) sont tous les deux des éléments trace, requis en quantités minimes. Le calcium et le phosphore (composantes des os et des dents) sont nécessaires à l'organisme en beaucoup plus grandes quantités.
2.2

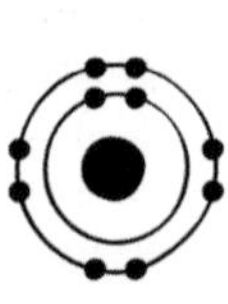

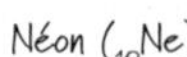

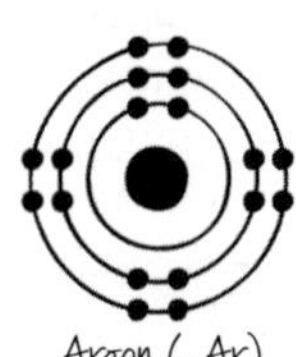

Le néon et l'argon ont tous les deux leurs derniers niveaux énergétiques saturés, contenant 8 électrons. Ils ne possèdent pas d'électrons célibataires qui pourraient participer à la formation de liaisons chimiques. **2.3** Dans une liaison covalente non polaire, les électrons sont partagés également entre les deux atomes. Dans une liaison covalente polaire, les électrons sont attirés à proximité de l'atome le plus électronégatif. Dans la formation d'ions, un électron est complètement transféré d'un atome à un autre beaucoup plus électronégatif. **2.4** La concentration des produits augmente à mesure que les réactifs ajoutés sont convertis en produits. À la fin, un nouvel équilibre s'établit dans lequel les réactions directe et inverse se déroulent à la même vitesse. Les concentrations des réactifs et des produits reviennent aux valeurs proportionnelles qu'elles avaient avant l'ajout de réactifs.

ÉVALUATION

1. a; **2.** e; **3.** b; **4.** a; **5.** d; **6.** b; **7.** c; **8.** e;

9. a) Ö::C:H — Cette structure est impossible parce que le dernier niveau énergétique du carbone est incomplet. Le carbone peut former quatre liaisons.

b) Cette structure est possible parce que tous les derniers niveaux énergétiques sont saturés, et toutes les liaisons ont le nombre correct d'électrons.

c) Cette structure est impossible parce que H n'a qu'un seul électron à partager de sorte qu'il ne peut pas former de liaisons avec 2 atomes.

d) Cette structure est impossible pour plusieurs raisons : la couche de valence de l'oxygène est incomplète ; l'oxygène peut former 2 liaisons ; H n'a qu'un électron à partager, de sorte qu'il ne peut pas former de liaison double.

L'azote ne forme généralement que trois liaisons. Il n'a pas assez d'électrons pour former 2 liaisons simples, former une liaison double et compléter son dernier niveau énergétique.

3

L'eau et la vie

▲ **Figure 3.1 En quoi l'habitat d'un ours polaire dépend-il de la chimie de l'eau ?**

CONCEPTS CLÉS

3.1 Les liaisons covalentes polaires dans les molécules d'eau permettent les liaisons hydrogène

3.2 Quatre propriétés émergentes de l'eau contribuent à maintenir l'environnement terrestre propice à la vie

3.3 Les conditions acides ou basiques influent sur les organismes vivants

INTRODUCTION

La molécule qui permet toute forme de vie

En étudiant les planètes nouvellement découvertes qui gravitent autour d'étoiles lointaines ainsi que les satellites* des planètes de notre système solaire, les astronomes espèrent trouver des indices révélant la présence d'eau sur ces corps célestes, car l'eau est la substance qui permet la vie telle que nous la connaissons sur Terre. Tous les organismes qui nous sont familiers sont principalement composés d'eau et vivent dans un environnement où elle est omniprésente. Sur Terre, et probablement sur d'autres corps célestes aussi, l'eau constitue le support biologique.

L'eau recouvre les trois quarts de la surface de la Terre. Bien qu'elle existe surtout sous forme liquide, on la trouve aussi sous forme solide (glace) et gazeuse (vapeur d'eau). Dans l'environnement naturel, c'est la seule substance courante qui existe dans les trois états physiques de la matière. De plus, l'eau à l'état solide flotte sur celle qui se trouve à l'état liquide, une propriété particulière qu'explique la chimie de la molécule d'eau et dont bénéficie l'ours polaire qui se sert de la glace comme plateforme de chasse (**figure 3.1**).

Si la Terre est habitable, c'est avant tout parce que l'eau y abonde. Dans son livre classique intitulé *The Fitness of the Environment*, l'écologiste Lawrence Henderson a mis en évidence l'importance de l'eau pour la vie. Tout en reconnaissant que la vie s'adapte à son environnement grâce à la sélection naturelle, Henderson fait valoir que, pour exister, la vie doit d'abord trouver un environnement accueillant.

La vie sur notre planète a débuté dans l'eau, et elle y a évolué pendant trois milliards d'années avant de gagner la terre ferme. Aujourd'hui encore, la vie, même terrestre, demeure dépendante de l'eau. Tous les organismes vivants ont besoin d'eau plus que de toute autre substance. Les humains, par exemple, peuvent survivre pendant plusieurs semaines sans nourriture, mais ils ne peuvent vivre sans eau guère plus d'une semaine. Les molécules d'eau participent à de nombreuses réactions chimiques nécessaires à la vie. La plupart des cellules baignent dans cette substance; en fait, la teneur en eau des cellules varie entre 70 % et 95 %.

Quelles propriétés rendent la simple molécule d'eau si indispensable à la vie sur Terre ? Dans ce chapitre, vous apprendrez comment la structure d'une molécule d'eau rend possible son interaction avec d'autres molécules, y compris d'autres molécules d'eau. Cette capacité est à l'origine des propriétés émergentes particulières qui contribuent à maintenir un environnement propice à la vie sur la Terre.

CONCEPT 3.1

Les liaisons covalentes polaires dans les molécules d'eau permettent les liaisons hydrogène

L'eau fait tellement partie de notre existence qu'on ne réalise pas toujours qu'il s'agit d'une substance exceptionnelle possédant des qualités extraordinaires. Le concept de l'émergence nous permet d'expliquer son comportement unique d'après la structure et les interactions de ses molécules.

La molécule d'eau est très simple. Elle a la forme d'un V évasé et est constituée de deux atomes d'hydrogène et d'un atome d'oxygène unis par des liaisons covalentes simples. L'oxygène étant plus électronégatif que l'hydrogène, les électrons mis en commun dans les liaisons covalentes passent plus de

* D'après des données recueillies par la sonde Galileo en 2000, Europa, un des satellites de Jupiter, contiendrait un océan d'eau salée liquide sous une épaisse couche de glace.

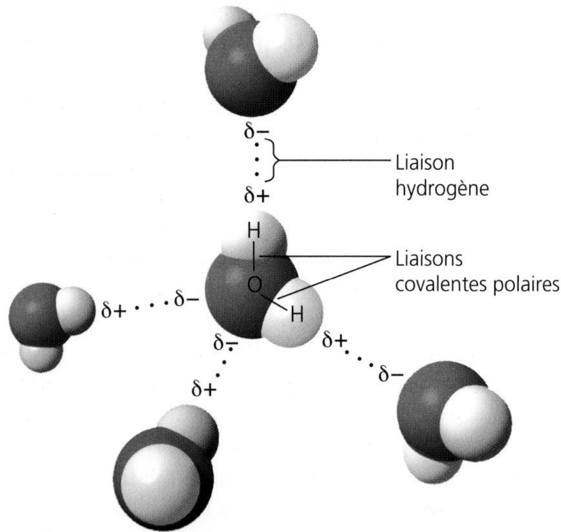

▲ **Figure 3.2 Des liaisons hydrogène entre des molécules d'eau.** Les régions chargées dans une molécule d'eau sont dues à ses liaisons covalentes polaires. Les régions de charge opposée des molécules voisines sont attirées les unes vers les autres et forment des liaisons hydrogène. Chaque molécule peut former des liaisons hydrogène avec plusieurs autres molécules, et ces associations changent constamment.

FAITES UN DESSIN *Dessinez les charges partielles de tous les atomes de la molécule d'eau située complètement à gauche, ci-dessus, et dessinez deux autres molécules d'eau qui y sont associées par des liaisons hydrogène.*

temps aux environs de l'atome d'oxygène que de l'hydrogène; ce sont des **liaisons covalentes polaires** (voir la figure 2.13). Ce partage inégal des électrons et sa forme en V évasé font de l'eau une **molécule polaire**, ce qui signifie que sa charge globale est inégalement distribuée: la région de la molécule occupée par l'oxygène possède une charge partielle négative (δ−), et les régions où se trouvent les atomes d'hydrogène ont une charge partielle positive (δ+).

Les propriétés de l'eau résultent des attractions entre des atomes de charges opposées de différentes molécules d'eau: l'atome d'hydrogène (de charge partielle positive) d'une molécule subit l'attraction de l'atome d'oxygène (de charge partielle négative) de la molécule voisine. Il se forme alors une liaison hydrogène entre les deux molécules (**figure 3.2**). Dans l'eau, les liaisons hydrogène bougent constamment. Elles se forment, se brisent et se reforment continuellement, chacune d'elles ne durant que quelques billionièmes de seconde (10^{-12} s). Ainsi, à tout moment, un bon pourcentage de toutes les molécules d'eau sont liées à leurs voisines par des liaisons hydrogène. Ces liaisons, qui agencent les molécules en une structure ordonnée, donnent à l'eau ses qualités extraordinaires.

RETOUR SUR LE CONCEPT 3.1

1. **FAITES DES LIENS** Qu'est-ce que l'électronégativité et comment influe-t-elle sur les interactions entre les molécules d'eau? Revoyez la figure 2.13 à la page 41.
2. Pourquoi est-il improbable que deux molécules d'eau voisines s'associent ainsi?

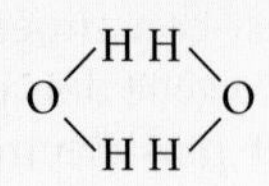

3. **ET SI?** Quel serait l'effet sur les propriétés de la molécule d'eau si l'électronégativité de l'oxygène et celle de l'hydrogène étaient égales?

Voir les réponses proposées à la fin du chapitre.

CONCEPT 3.2

Quatre propriétés émergentes de l'eau contribuent à maintenir l'environnement terrestre propice à la vie

Nous nous pencherons ici sur quatre propriétés émergentes de l'eau qui contribuent à rendre l'environnement terrestre propice à la vie: la cohésion, la capacité de stabiliser la température (ou d'en réduire les écarts), la dilatation sous l'effet du gel et la polyvalence en tant que solvant.

La cohésion des molécules d'eau

Les liaisons hydrogène font en sorte que les molécules d'eau se maintiennent à proximité les unes des autres. Dans l'eau, de nombreuses molécules sont à tout moment unies de cette façon, ce qui rend l'eau plus structurée que la plupart des autres liquides. Prises collectivement, les liaisons hydrogène maintiennent ensemble les molécules d'eau, un phénomène appelé **cohésion**.

Dans les plantes, la cohésion assurée par les liaisons hydrogène contribue au transport de l'eau et des nutriments en solution en contrant la force de gravitation (**figure 3.3**). Comme

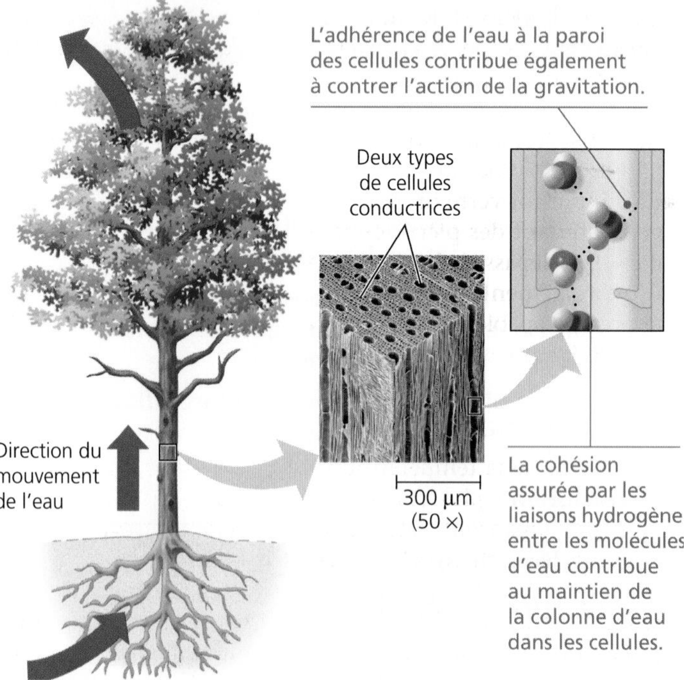

▲ **Figure 3.3 Le transport de l'eau dans les plantes.** L'évaporation qui se produit à la surface des feuilles fait monter l'eau des racines dans les cellules conductrices. Grâce aux propriétés de cohésion et d'adhérence, les grands arbres peuvent faire monter l'eau à plus de 100 mètres, ce qui correspond à peu près au tiers de la hauteur de la tour Eiffel.

▲ **Figure 3.4 Marcher sur l'eau.** La tension superficielle élevée de l'eau, une force résultant de la cohésion de l'eau (elle-même issue de l'ensemble des liaisons hydrogène établies entre les molécules), permet à la dolomède, ou araignée radeau (*Dolomedes fimbriatus*), de marcher sur un étang sans en briser la surface.

nous le verrons en détail au chapitre 36, l'eau atteint les feuilles en se déplaçant dans un réseau de cellules conductrices depuis les racines. L'eau qui s'évapore d'une feuille est remplacée par l'eau des nervures. Grâce à la force des liaisons hydrogène, les molécules d'eau sortant des nervures attirent les molécules d'eau situées plus bas. Cette traction vers le haut se transmet tout le long des cellules conductrices jusqu'à la racine. Quant à l'**adhérence**, issue de l'attraction mutuelle entre deux molécules polaires de substances différentes, elle joue aussi un rôle dans le transport de l'eau: celle-ci adhère à la paroi des cellules qui forment les vaisseaux conduisant la sève, ce qui lui permet de contrer la force de gravitation.

La **tension superficielle**, une force résultant de la cohésion, exprime la difficulté d'étirer ou de briser la surface d'un liquide. La tension superficielle est plus grande dans l'eau que dans la plupart des autres liquides; seul le mercure a une valeur plus élevée. À la surface de l'eau, les molécules sont attirées par les molécules situées en dessous et de chaque côté d'elles grâce aux liaisons hydrogène. Sous l'effet de cette attraction, il se forme une sorte de pellicule invisible qui occupe la plus petite surface possible. Pour s'en rendre compte, il suffit de remplir un verre un peu plus qu'à ras bord (par exemple, en y ajoutant des pièces de monnaie une à une): le volume d'eau qui dépasse le bord du verre prend la forme d'un dôme. C'est également la tension superficielle qui rend certains animaux capables de se déplacer sur l'eau sans en briser la surface (**figure 3.4**)... et sans se noyer.

La stabilisation de la température par l'eau

L'eau stabilise la température atmosphérique en absorbant la chaleur de l'air plus chaud et en libérant sa propre chaleur dans l'air plus froid. Elle forme un réservoir thermique efficace: un léger changement dans sa propre température s'accompagne de l'absorption ou de la libération d'une quantité relativement grande de chaleur. Pour comprendre cette propriété, nous devons d'abord étudier brièvement les notions de chaleur et de température.

La chaleur et la température

Tout ce qui se déplace possède de l'**énergie cinétique**, soit l'énergie du mouvement. Les atomes et les molécules ont également de l'énergie cinétique, parce qu'ils bougent continuellement, bien qu'ils ne suivent aucune direction particulière. Plus une molécule se déplace rapidement, plus son énergie cinétique est grande. La **chaleur** est une forme d'énergie. La quantité de chaleur est une mesure de l'énergie cinétique *totale* des molécules d'un corps en mouvement; par conséquent, la chaleur dépend en partie du volume de ce corps. La chaleur et la température sont liées, mais il s'agit de deux notions distinctes. La **température** mesure l'intensité de la chaleur qui représente l'énergie cinétique *moyenne* des molécules d'un corps, indépendamment de son volume. Lorsqu'on chauffe de l'eau dans une cafetière, la vitesse moyenne des molécules augmente et le thermomètre indiquera une hausse de la température du liquide. Dans ce cas, la quantité de chaleur augmente également. Notez toutefois que la température de l'eau de la cafetière est beaucoup plus élevée que celle, disons, d'une piscine, mais celle-ci contient beaucoup plus de chaleur en raison de son volume plus grand.

Chaque fois que deux corps de températures différentes s'approchent l'un de l'autre, la chaleur de celui qui est le plus chaud se transmet à celui qui est le plus froid, jusqu'à ce que les deux atteignent la même température. Les molécules du corps froid accélèrent donc leur mouvement au détriment de l'énergie cinétique du corps chaud. Ainsi, un glaçon refroidit une boisson non pas en lui donnant du froid, mais en absorbant la chaleur du liquide à mesure que la glace fond.

En général, nous utiliserons l'**échelle Celsius** (°C) pour indiquer la température. Au niveau de la mer, l'eau gèle à 0 °C et bout à 100 °C. La température du corps humain se situe autour de 37 °C; une température ambiante agréable varie de 20 à 25 °C.

L'unité de mesure servant à quantifier toute énergie est le **joule** (**J**). Mais, dans les domaines de la médecine et de la diététique, notamment, l'usage de la calorie prend encore beaucoup de place. La **calorie** (**cal**) est une unité de mesure qui correspond à la quantité de chaleur nécessaire pour élever de 1 °C la température de 1 g d'eau, et réciproquement, la quantité de chaleur libérée par 1 g d'eau quand sa température diminue de 1 °C. Une **kilocalorie** (**kcal**) (ou 1 000 cal) est la quantité de chaleur requise pour élever de 1 °C la température de 1 kg d'eau. (Les «calories» qu'on trouve sur les emballages d'aliments sont en fait des «kilocalories».) Un joule équivaut à 0,239 calorie et une calorie équivaut à 4,184 joules.

La chaleur spécifique élevée de l'eau

La capacité de l'eau à stabiliser la température ambiante découle de sa chaleur spécifique relativement élevée. La **chaleur spécifique** d'une substance représente la quantité de chaleur absorbée ou perdue par 1 g de cette substance pour changer sa température de 1 °C. Nous connaissons déjà la chaleur spécifique de l'eau puisque nous avons défini la calorie comme étant la quantité d'énergie nécessaire pour augmenter de 1 °C la température de 1 g d'eau. Alors, la chaleur spécifique de l'eau correspond à 1 calorie par gramme par degré Celsius; on écrit de façon abrégée 1 cal/g·°C. La chaleur spécifique varie selon les substances; ainsi, l'éthanol contenu dans les boissons alcoolisées a une chaleur spécifique de 0,6 cal/g·°C, c'est-à-dire qu'il faut seulement 0,6 calorie pour augmenter de 1 °C la température de 1 g d'éthanol.

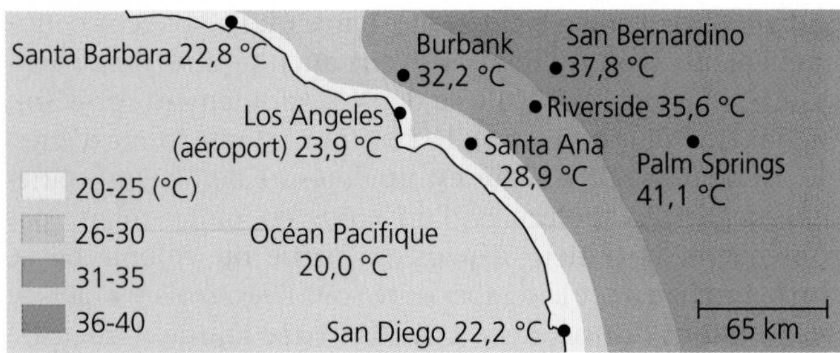

▲ **Figure 3.5 L'influence d'une grande étendue d'eau sur le climat.** En absorbant ou en libérant de la chaleur, les océans tempèrent les climats côtiers. Dans l'exemple ci-dessus d'une journée en août dans le sud de la Californie, l'océan relativement frais abaisse les températures côtières en absorbant de la chaleur.

L'eau ayant une chaleur spécifique plus élevée que la plupart des autres substances (l'ammoniaque liquide est la seule substance naturelle ayant une valeur plus élevée), sa température varie moins quand elle absorbe ou libère une certaine quantité de chaleur. Par exemple, la raison pour laquelle vous pouvez vous brûler les doigts sur la poignée métallique d'une casserole alors que l'eau dans le contenant est encore tiède, c'est que la chaleur spécifique de l'eau est dix fois plus élevée que celle du fer: cela signifie qu'il faut apporter seulement 0,1 calorie pour augmenter de 1 °C la température de 1 g de fer. Autrement dit, pour une même quantité de chaleur, la température de 1 g de fer s'élève beaucoup plus vite que celle de 1 g d'eau. On peut concevoir la chaleur spécifique d'une substance comme une mesure de sa résistance aux changements de température quand elle absorbe ou libère de la chaleur. L'eau résiste aux variations de température; quand sa température change, elle absorbe ou perd une quantité de chaleur relativement grande pour chaque degré de changement.

Comme pour bon nombre de ses propriétés, ce sont les liaisons hydrogène de l'eau qui lui confèrent sa chaleur spécifique élevée. En effet, pour que celles-ci se brisent, il faut apporter de la chaleur; inversement, il se produit un dégagement de chaleur lorsque ces liaisons se forment. Une quantité de chaleur de 1 calorie provoque une variation relativement petite de la température de l'eau. Ce phénomène s'explique par le fait qu'une bonne partie de cette énergie thermique sert à rompre les liaisons hydrogène avant que le reste fournisse aux molécules d'eau l'énergie nécessaire pour qu'elles se mettent en mouvement et s'agitent plus intensément. De plus, lorsque la température de l'eau baisse légèrement, beaucoup d'autres liaisons hydrogène se forment, libérant une quantité considérable d'énergie sous forme de chaleur.

Quelle est l'importance de la chaleur spécifique élevée de l'eau pour la vie sur la Terre? Une grande étendue d'eau peut absorber et emmagasiner une énorme quantité de chaleur solaire durant le jour et au cours de l'été, tout en se réchauffant de quelques degrés seulement. La nuit et au cours de l'hiver, elle se refroidit graduellement et peut réchauffer l'air. C'est pourquoi le climat des régions côtières est généralement plus doux qu'à l'intérieur des terres (**figure 3.5**). La chaleur spécifique élevée de l'eau tend également à stabiliser la température des océans, créant un environnement favorable à la vie marine. L'eau, qui recouvre la majeure partie de la surface de la Terre, permet en fait de maintenir la température des continents et des océans dans des limites compatibles avec la vie. De même, comme les organismes vivants se composent principalement d'eau, ils résistent plus facilement aux variations de température que s'ils étaient constitués d'un liquide possédant une chaleur spécifique plus faible.

Le refroidissement par évaporation

Dans tout liquide, les molécules demeurent groupées parce qu'elles s'attirent mutuellement. Celles qui se déplacent assez rapidement pour vaincre cette attraction peuvent s'échapper du liquide et se mélanger à l'air sous forme de gaz. Ce passage de l'état liquide à l'état gazeux s'appelle *évaporation*. Rappelez-vous que la vitesse du mouvement moléculaire varie et que la température constitue une mesure de l'énergie cinétique *moyenne* des molécules. Même à une basse température, les molécules les plus rapides peuvent s'échapper dans l'air. Il se produit donc une évaporation quelle que soit la température; par exemple, l'eau contenue dans un verre placé à la température ambiante finit par s'évaporer complètement. Si l'on chauffe un liquide, l'énergie cinétique moyenne des molécules augmente et il se vaporise plus rapidement.

La **chaleur d'évaporation** est la quantité de chaleur qu'il faut apporter, à une température constante, à 1 g de liquide pour passer de l'état liquide à l'état gazeux. L'eau possède une chaleur d'évaporation plus élevée que la plupart des autres liquides, pour les mêmes raisons qu'elle possède une chaleur spécifique élevée. La vaporisation d'un gramme d'eau à 25 °C exige 580 cal de chaleur, soit presque le double de la quantité nécessaire pour vaporiser un gramme d'alcool ou d'ammoniac. C'est la force des liaisons hydrogène qui donne à l'eau une chaleur de vaporisation élevée; celles-ci doivent être rompues avant que les molécules quittent le liquide.

La quantité élevée d'énergie nécessaire à l'évaporation de l'eau a des conséquences très variées. À l'échelle planétaire, cette chaleur d'évaporation élevée contribue à tempérer le climat de la Terre. Durant l'évaporation de l'eau de surface, une quantité considérable de la chaleur solaire absorbée par les mers tropicales est consommée et transférée à l'air. Puis, lors de son déplacement vers les pôles, l'air tropical humide libère cette chaleur en se condensant, et l'humidité retombe sous forme de pluie ou de neige. Chez les organismes, la chaleur d'évaporation élevée de l'eau explique la gravité des brûlures causées par la vapeur, car celle-ci libère beaucoup d'énergie calorifique quand elle se condense en liquide sur la peau.

Au cours de la vaporisation d'une substance, la surface du liquide résiduel refroidit. Ce **refroidissement par évaporation** se produit parce que les molécules les plus «chaudes», celles qui possèdent l'énergie cinétique la plus grande, sont les plus susceptibles de s'échapper sous forme de gaz. C'est comme si on envoyait les cent coureurs les plus rapides d'une école dans une autre; la vitesse moyenne des élèves qui restent diminuerait.

Le refroidissement par évaporation contribue à stabiliser la température des lacs et des étangs. Il empêche également la surchauffe des organismes terrestres. Par exemple, l'évaporation de l'eau des feuilles d'une plante empêche les tissus des feuilles de devenir trop chauds au soleil. De même, par une chaude journée ou lors d'un exercice intense, l'évaporation de la sueur sur la peau d'une personne rafraîchit la surface du corps et aide à prévenir l'hyperthermie. Lorsque le taux d'humidité est élevé au cours d'une journée chaude, nous avons l'impression d'avoir plus chaud, parce que la vapeur d'eau contenue dans l'air empêche l'évaporation de la sueur à la surface de la peau.

La glace flotte à la surface de l'eau liquide

L'eau est une des rares substances qui possèdent une masse volumique plus petite à l'état solide qu'à l'état liquide. En d'autres termes, la glace flotte à la surface de l'eau liquide. Alors que d'autres substances se contractent en se solidifiant, l'eau se dilate. Ce comportement singulier résulte, encore une fois, des liaisons hydrogène. À des températures supérieures à 4 °C, l'eau se comporte comme les autres liquides: elle se dilate quand elle se réchauffe et elle se contracte lorsqu'elle refroidit. Cependant, lorsque la température passe de 4 °C à 0 °C, l'eau commence à geler parce qu'un nombre croissant de ses molécules se déplacent trop lentement pour briser leurs liaisons hydrogène. À 0 °C, l'eau forme alors un réseau cristallin, chacune de ses molécules demeurant liée à quatre de ses voisines par des liaisons hydrogène (**figure 3.6**). Les liaisons hydrogène gardent les molécules assez éloignées les unes des autres pour que la masse volumique de la glace soit inférieure d'environ 10% (il y a 10% moins de molécules pour un même volume) à celle de l'eau liquide à 4 °C. Lorsque la glace absorbe suffisamment de chaleur pour que sa température grimpe au-dessus de 0 °C, les liaisons hydrogène entre les molécules se rompent. À mesure que le cristal s'affaisse, la glace fond, et les molécules se rapprochent les unes des autres. L'eau atteint sa masse volumique maximale à 4 °C et commence à se dilater de nouveau en raison de la vitesse accrue de ses molécules. Même dans l'eau liquide, nombre de molécules sont maintenues ensemble par des liaisons hydrogène. Rappelons que celles-ci sont transitoires: elles se brisent et se reforment constamment.

La flottabilité de la glace due à sa masse volumique plus faible contribue grandement à rendre l'environnement propice à la vie. Si la glace ne flottait pas, les étangs, les lacs et même les océans gèleraient complètement à partir du fond; la vie sur Terre telle que nous la connaissons n'existerait pas. En été, seuls quelques centimètres à la surface des océans dégèleraient, comme l'ont démontré des expériences effectuées sur des réservoirs d'eau. Au lieu de cela, quand une étendue d'eau profonde refroidit, la glace qui flotte isole l'eau liquide qui se trouve en dessous et l'empêche de geler, rendant possible l'existence de la vie sous la surface, comme le montre la photo de la figure 3.6. Si l'étendue d'eau était plutôt une étendue d'huile, elle finirait par geler entièrement, car l'huile n'a pas la flottabilité de l'eau à l'état solide. En plus d'isoler l'eau située en dessous, la glace fournit également un habitat solide pour certains animaux, comme les ours polaires et les phoques (voir la figure 3.1).

De nombreux scientifiques s'inquiètent du risque de disparition des grandes étendues glacées formées par les glaciers et les calottes polaires. Le réchauffement planétaire, causé par la présence dans l'atmosphère de dioxyde de carbone et d'autres gaz à effet de serre, influe profondément sur les environnements glacials autour de la Terre. Seulement depuis 1961, la température moyenne de l'air de l'Arctique a augmenté de 1,4 °C. Cet accroissement de la température a modifié l'équilibre saisonnier entre la glace de mer et l'eau liquide de l'Arctique: la glace se forme plus tard dans l'année, elle fond plus tôt et recouvre une plus petite surface. Le rythme alarmant auquel les glaciers et la glace de mer de l'Arctique disparaissent pose un défi extrême aux animaux dont la survie dépend de la glace.

L'eau: le solvant fondamental de la vie

Si l'on met un cube de saccharose dans un verre d'eau, il se dissout graduellement. Quand la dissolution est complète, on obtient un mélange homogène de saccharose et d'eau; la concentration du saccharose dissous est la même dans tout le verre. Un liquide formé d'un mélange homogène de deux ou de plusieurs substances s'appelle **solution**. L'agent dissolvant d'une solution est le **solvant**, et la substance dissoute, le **soluté**. Dans l'exemple ci-dessus, l'eau constitue le solvant, et le saccharose, le soluté. Une **solution aqueuse** est une solution dont l'eau est le solvant.

Au Moyen Âge, les alchimistes essayaient de trouver un solvant universel, qui pourrait tout dissoudre. Ils se sont rendu compte de l'efficacité sans égale de l'eau. Cependant,

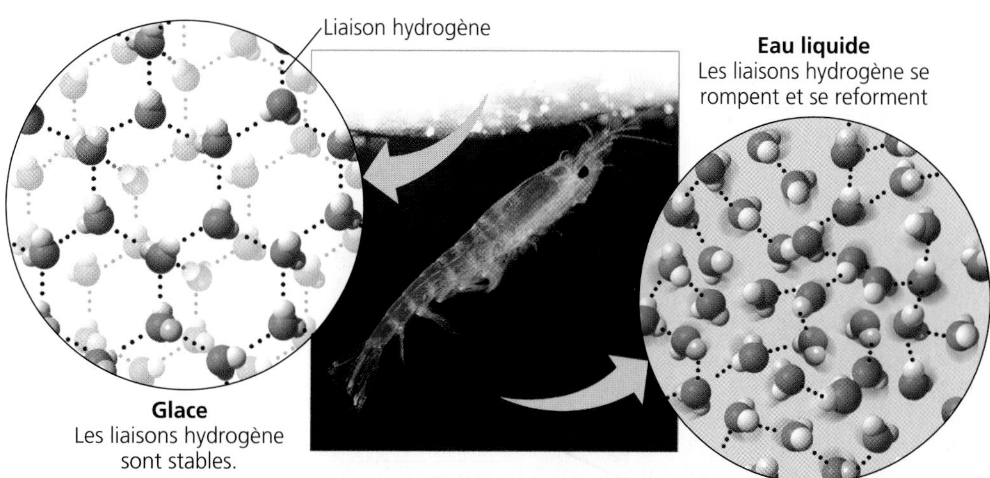

▲ **Figure 3.6 La glace: structure cristalline et barrière flottante.** Dans la glace, chaque molécule s'associe, par des liaisons hydrogène, à quatre molécules voisines, formant un cristal tridimensionnel poreux. Les molécules contenues dans un certain volume de glace sont moins nombreuses que celles qui se trouvent dans un volume égal d'eau liquide, parce que les liaisons hydrogène plutôt stables les tiennent éloignées les unes des autres. Les cristaux étant relativement volumineux, la masse volumique est inférieure à celle de l'eau liquide, et c'est pourquoi la glace flotte à la surface de l'eau. Ce faisant, l'eau qui se trouve en dessous se trouve isolée de l'air froid. Cet animal, photographié sous la glace flottante dans l'océan Austral près de l'Antarctique, est un type de crevette appelé krill.

ET SI? *Si l'eau ne formait pas de liaisons hydrogène, qu'arriverait-il à l'environnement de la crevette?*

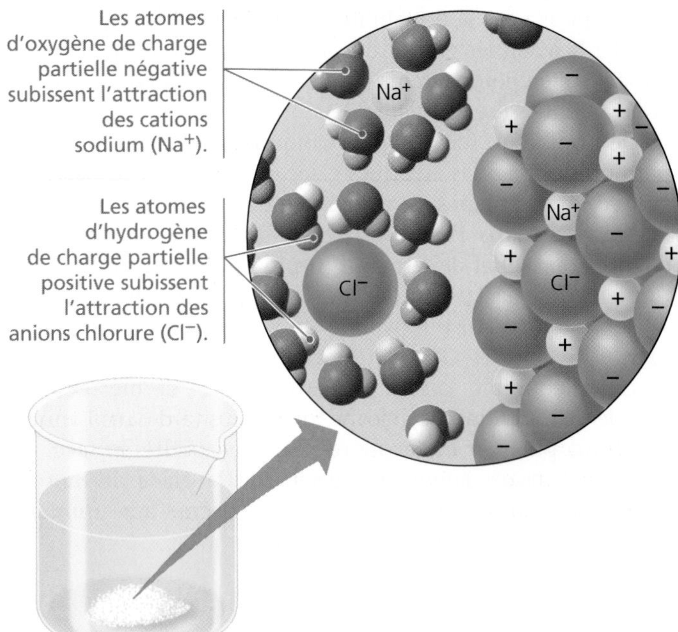

▲ **Figure 3.7 Des cristaux de sel se dissolvant dans l'eau.** Une enveloppe de molécules d'eau que l'on appelle couche d'hydratation entoure chaque ion du soluté.

ET SI? *Qu'arriverait-il si l'on chauffait cette solution pendant longtemps?*

l'eau n'est pas un solvant universel; autrement, nous ne pourrions l'entreposer dans aucun récipient, pas même dans nos cellules. Il reste que c'est un solvant très polyvalent grâce à la polarité de ses molécules.

Supposons, par exemple, que nous placions dans l'eau une cuillerée de sel de table, le chlorure de sodium (NaCl), un composé ionique (**figure 3.7**). Les ions sodium et chlorure qui se trouvent à la surface de chaque grain, ou cristal, sont exposés au solvant. Ces ions ainsi que les molécules d'eau ont une affinité mutuelle par suite de l'attraction entre des charges opposées. Le pôle négatif de l'atome d'oxygène des molécules d'eau s'associe aux cations sodium, tandis que le pôle positif des atomes d'hydrogène subit l'attraction des anions chlorure. Résultat: les molécules d'eau entourent chacun des ions sodium et chlorure, les séparant les uns des autres et formant un écran entre eux. L'enveloppe de molécules d'eau qui entoure chaque ion dissous s'appelle **couche d'hydratation**. L'eau pénètre petit à petit à l'intérieur de chaque cristal de sel et finit par dissoudre tous les ions. La solution qui en résulte est formée de deux solutés, les cations sodium et les anions chlorure, mélangés de façon homogène avec l'eau, le solvant. D'autres composés ioniques sont solubles dans l'eau. L'eau de mer, par exemple, contient une grande variété d'ions en solution, à l'instar des cellules vivantes.

Un composé n'a pas besoin d'être ionique pour se dissoudre dans l'eau; beaucoup de composés formés de molécules polaires, comme les glucides, sont aussi hydrosolubles. Ils se dissolvent quand les molécules d'eau entourent chacune de leurs molécules, en établissant avec elles des liaisons hydrogène. Même les grosses molécules, comme certaines protéines, peuvent se dissoudre dans l'eau si leur surface présente des régions ioniques et polaires (**figure 3.8**). De nombreux types de composés polaires se dissolvent (en même temps que des ions) dans l'eau contenue dans le sang, la sève ou le liquide intracellulaire, ce qui fait de l'eau un excellent agent de transport entre les différentes parties d'un organisme. L'eau est le solvant fondamental de la vie.

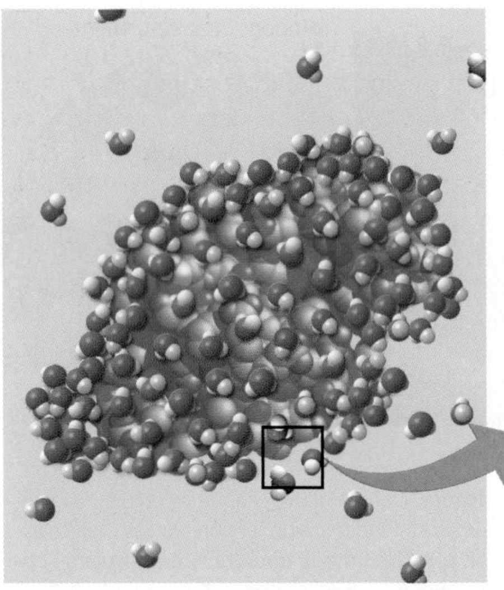

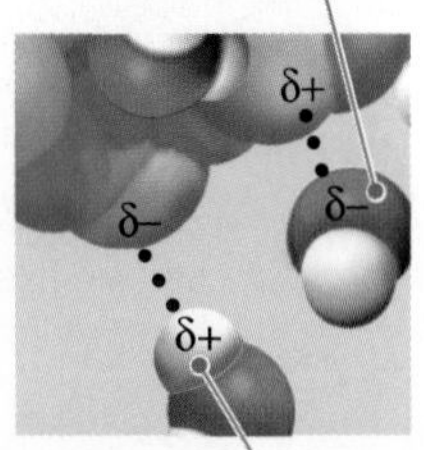

Une charge partielle positive sur la molécule de lysozyme attire cet oxygène.
δ+
δ–
δ–
δ+
Une charge partielle négative sur la molécule de lysozyme attire cet hydrogène.

▲ **Figure 3.8 Une protéine hydrosoluble.** Le lysozyme humain est une protéine présente dans les larmes et la salive et qui possède une activité antibactérienne. Ce modèle illustre une molécule de lysozyme (violet) dans un milieu aqueux. Les régions ioniques et polaires à la surface d'une protéine attirent les molécules d'eau.

Les substances hydrophiles et les substances hydrophobes

Toute substance ayant une affinité avec l'eau est dite **hydrophile** (du grec *hudôr*, «eau», et *philos*, «qui aime»). Certaines molécules sont hydrophiles sans pour autant se dissoudre. Par exemple, certaines molécules des cellules sont très volumineuses, de sorte qu'elles ne se dissolvent pas. Elles demeurent plutôt en suspension dans le liquide cellulaire aqueux. Un tel mélange constitue un exemple de **colloïde**, une suspension stable de fines particules dans un liquide. Le coton, un produit végétal, est également une substance hydrophile qui ne se dissout pas. Constitué de molécules géantes de cellulose, ce composé comporte de nombreuses régions de charges partielles positives et négatives qui peuvent former des liaisons hydrogène avec l'eau. L'eau adhère aux fibres de cellulose. C'est pourquoi une serviette de coton fait très bien l'affaire pour se sécher après la douche, sans pour autant se dissoudre dans la machine à laver. La cellulose est aussi un composant de la paroi des cellules conductrices des plantes où l'eau circule; nous avons vu au début du chapitre que l'eau adhère à ces parois hydrophiles et que cette propriété facilite son transport.

Évidemment, il existe des substances qui n'ont aucune affinité avec l'eau. En fait, celles qui ne sont ni ioniques ni polaires (ou encore qui ne peuvent pas former de liaisons hydrogène) semblent la repousser; elles sont dites **hydrophobes** (du grec *phobos*, «qui craint»). C'est le cas de l'huile, qu'il est impossible de mélanger à l'eau. Le comportement hydrophobe des molécules d'huile résulte de la prédominance des liaisons covalentes très peu polaires unissant le carbone et l'hydrogène, qui se répartissent les électrons presque également. Certaines molécules hydrophobes apparentées aux huiles sont des constituantes importantes des membranes cellulaires. (Imaginez ce qui arriverait à une cellule si sa membrane se dissolvait dans les milieux aqueux extracellulaires et intracellulaires !)

Les concentrations des solutés dans les solutions aqueuses

La plupart des réactions chimiques qui se produisent chez les êtres vivants mettent en jeu des solutés dissous dans de l'eau. Si l'on veut comprendre ces réactions, il faut connaître le nombre d'atomes et de molécules en question et apprendre à calculer les concentrations des solutés en solution aqueuse (le nombre de molécules de soluté dans un certain volume de solution).

Lorsqu'on réalise des expériences, on utilise la masse pour calculer le nombre de molécules. Comme on connaît la masse de chaque atome dans une molécule donnée, il est possible de calculer sa **masse moléculaire**, la somme des masses de tous les atomes dans une molécule. Par exemple, calculons la masse moléculaire d'un glucide granulé (saccharose), dont la formule moléculaire est $C_{12}H_{22}O_{11}$. Si on arrondit les nombres d'unités de masse atomique, la masse d'un atome de carbone est 12, celle d'un atome d'hydrogène est 1 et celle d'un atome d'oxygène est 16. Le saccharose a donc une masse moléculaire de $(12 \times 12) + (22 \times 1) + (11 \times 16) = 342$ daltons. Comme il est peu commode de peser de petits nombres de molécules, on mesure habituellement les substances en unités appelées moles. Tout comme une douzaine signifie 12 objets, une **mole** (**mol**) représente un nombre exact d'objets, soit $6{,}02 \times 10^{23}$, appelé nombre d'Avogadro. À cause de la façon dont le nombre d'Avogadro et les unités de masse atomique ont été définis au départ, il y a $6{,}02 \times 10^{23}$ daltons dans un gramme, ce qui est important parce qu'après avoir déterminé la masse moléculaire d'une molécule comme le saccharose, on peut utiliser le même nombre (342) mais l'exprimer en *grammes* pour représenter la masse de $6{,}02 \times 10^{23}$ molécules, ou une mole de saccharose. On appelle parfois ce nombre la *masse molaire*. Par conséquent, pour obtenir une mole de saccharose, on en pèse 342 g.

Le grand intérêt d'utiliser des moles pour mesurer des substances chimiques découle du fait qu'une mole d'une substance donnée possède exactement le même nombre de molécules qu'une mole d'une autre substance. Si la masse moléculaire d'une substance A est de 342 daltons et celle d'une substance B de 10 daltons, 342 g de A contiendront le même nombre de molécules que 10 g de B. Une mole d'éthanol (C_2H_6O) contient également $6{,}02 \times 10^{23}$ molécules, mais elle ne pèse que 46 g, parce que ses molécules sont plus petites que celles du saccharose. La mesure en moles permet également aux scientifiques travaillant dans des laboratoires de combiner des substances en respectant des proportions définies de molécules.

Comment préparer un litre (L) d'une solution formée de 1 mole de saccharose dissoute dans de l'eau ? Il faut d'abord peser 342 g de saccharose, puis ajouter graduellement de l'eau dans le contenant tout en agitant celui-ci jusqu'à dissolution complète du glucide. On verse par la suite suffisamment d'eau pour amener le volume total de la solution à un litre.

◄ **Figure 3.9 Glace souterraine et givre matinal sur Mars.** Cette photographie a été prise par le module martien *Phoenix* en 2008. La tranchée a été creusée par un bras robotisé qui a révélé de la glace (en blanc dans le rectangle au bas de l'image) sous le matériau de surface. Le givre apparaît également comme une couche blanche en plusieurs endroits dans la moitié supérieure de l'image. La NASA a ajouté des couleurs à la photographie pour mettre la glace en évidence.

À ce stade, on a une solution de saccharose de 1 mol/L. La **concentration molaire volumique** (**c**), soit le nombre de moles de soluté par litre de solution, est l'unité de concentration la plus couramment employée en biologie dans le cas de solutions aqueuses.

Apparition possible de la vie sur d'autres planètes en présence d'eau

ÉVOLUTION Les humains ont probablement toujours contemplé le ciel, se demandant si d'autres êtres vivants existent dans l'Univers. Et si la vie est apparue sur d'autres planètes, quelle forme (ou formes) prendrait-elle ? Les biologistes qui cherchent la présence de vie ailleurs dans l'Univers (appelés *exobiologistes*) ont concentré leurs recherches sur les planètes susceptibles de contenir de l'eau. À ce jour, on a découvert plus de 200 planètes hors de notre système solaire et démontré la présence d'eau sur une ou deux d'entre elles. Dans notre propre système solaire, les exobiologistes s'intéressent surtout à la planète Mars.

Comme la Terre, Mars possède une calotte glaciaire aux deux pôles. Et dans les décennies qui ont suivi le début de l'ère de l'exploration spatiale, les scientifiques ont découvert des signes intrigants indiquant que l'eau pouvait exister ailleurs sur Mars. Enfin, en 2008, la sonde *Phoenix* s'est posée sur Mars et a commencé à prélever des échantillons à sa surface. Les images renvoyées par *Phoenix* ont mis fin à des années de débat : la présence de glace juste sous la surface de Mars est prouvée, et l'atmosphère martienne contient suffisamment de vapeur d'eau pour qu'il se forme du givre (**figure 3.9**). Cette découverte passionnante a renforcé la quête de signes de vie, passée ou présente, sur Mars ou sur d'autres planètes. Si on y découvre des formes de vie ou des fossiles, leur étude éclairera le processus de l'évolution dans une perspective entièrement nouvelle.

RETOUR SUR LE CONCEPT 3.2

1. Décrivez comment les propriétés de l'eau contribuent à la faire monter dans un arbre.
2. Expliquez cette expression populaire : « Ce n'est pas la chaleur, c'est l'humidité qui est pénible à supporter ! »
3. Expliquez comment la roche peut se casser sous l'action du gel.

4. La concentration de la ghréline, une hormone qui stimule l'appétit, est d'environ $1{,}3 \times 10^{-10}$ mol/L chez une personne à jeun. Combien y a-t-il de molécules de ghréline dans 1 L de sang?

5. **ET SI?** Le gerris, plus connu sous le nom de patineur (*Gerris paludium*), se déplace rapidement à la surface de l'eau grâce à ses pattes recouvertes d'une substance hydrophobe. Quel en est l'avantage? Qu'arriverait-il si la substance était hydrophile?

Voir les réponses proposées à la fin du chapitre.

CONCEPT 3.3

Les conditions acides ou basiques influent sur les organismes vivants

Il arrive parfois qu'un atome d'hydrogène mis en commun par deux molécules d'eau (liaison hydrogène) se déplace d'une molécule à l'autre. Lorsque cela se produit, l'atome d'hydrogène abandonne son électron, et l'élément transféré est un seul proton portant une charge de 1+, ou **ion hydrogène** (H^+). La molécule d'eau qui perd un proton devient un **ion hydroxyde** (OH^-), dont la charge est de 1−. Le proton se lie à l'autre molécule d'eau, formant ainsi un **ion hydronium** (ou ion oxonium, H_3O^+). On peut représenter cette réaction chimique de la façon suivante:

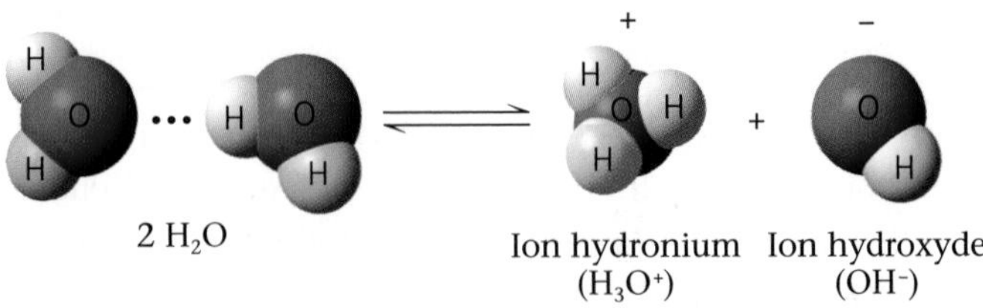

Dans ce manuel, nous suivons la convention selon laquelle H^+ (l'ion hydrogène) représente H_3O^+ (l'ion hydronium). Notez bien cependant que H^+ n'existe pas seul dans une solution aqueuse. Il est toujours associé avec une autre molécule d'eau sous la forme H_3O^+.

Comme l'indique la flèche double, il s'agit d'une réaction réversible. Celle-ci atteint un état d'équilibre dynamique lorsque l'eau se dissocie à la même vitesse qu'elle se reforme à partir de H^+ et de OH^-. Au point d'équilibre, la concentration des molécules d'eau excède énormément celles de H^+ et de OH^-. Dans l'eau pure, seulement une molécule d'eau sur 554 millions se dissocie; la concentration molaire volumique de chaque ion contenu dans de l'eau pure est de 10^{-7} mol/L (à 25 °C). Cela signifie qu'un litre d'eau pure contient un dix millionième de mole de protons et un nombre égal d'ions hydroxyde.

Bien qu'elle soit réversible et rare sur le plan statistique, la dissociation de l'eau joue un rôle crucial dans la chimie de la vie. H^+ et OH^- sont très réactifs. Une variation de leur concentration peut affecter dramatiquement les protéines et les autres molécules complexes d'une cellule. Comme nous l'avons vu, les concentrations de H^+ et de OH^- sont égales dans l'eau pure, mais l'ajout d'acides ou de bases perturbe cet équilibre. On utilise une échelle de pH pour décrire le degré d'acidité ou de basicité (alcalinité) d'une solution. Dans cette dernière partie du chapitre, vous en apprendrez davantage sur les acides, les bases et le pH; vous saurez également pourquoi une variation du pH peut porter atteinte aux organismes vivants.

Les acides et les bases

Qu'est-ce qui peut provoquer un déséquilibre dans les concentrations des ions H^+ et OH^- en solution aqueuse? Lorsqu'ils se dissolvent dans de l'eau, les acides augmentent le nombre des ions H^+. Un **acide** est une substance qui accroît la concentration des protons d'une solution. Par exemple, quand on met du chlorure d'hydrogène (HCl) dans de l'eau, les protons et les ions chlorure se dissocient:

$$HCl \rightarrow H^+ + Cl^-$$

Cette deuxième source de H^+ (la dissociation de l'eau en est la première) fournit un plus grand nombre d'ions H^+ que d'ions OH^-.

Inversement, une substance qui réduit la concentration des protons d'une solution est une **base**. Certaines bases réduisent la concentration des ions H^+ en les acceptant directement. Par exemple, l'ammoniac (NH_3) agit comme une base quand le doublet d'électrons libres du dernier niveau énergétique de l'azote attire un proton de la solution, ce qui donne un ion ammonium (NH_4^+):

$$NH_3 + H^+ \rightleftharpoons NH_4^+$$

D'autres bases réduisent indirectement la concentration des protons en se dissociant pour former des ions hydroxyde. Ces derniers se combinent avec les protons de la solution pour former de l'eau. L'hydroxyde de sodium (NaOH) est une base qui agit de cette façon; elle se dissocie en ions dans l'eau:

$$NaOH \rightarrow Na^+ + OH^-$$

Dans les deux cas, la base fait diminuer la concentration de H^+. Une solution dont la concentration de OH^- est plus élevée que celle de H^+ est dite basique. Une solution dont les concentrations molaires volumiques de H^+ et de OH^- s'équivalent est dite neutre.

Remarquez le type et le sens des flèches indiquant le sens dans lequel se déroulent les réactions. Les flèches simples dans les réactions où interviennent HCl et NaOH indiquent que ces composés se dissocient complètement quand on les mélange à de l'eau. Donc, le chlorure d'hydrogène est un acide *fort*, et l'hydroxyde de sodium, une base *forte*. Par contre, les flèches doubles de la réaction avec NH_3 indiquent que la liaison ou la libération du proton sont réversibles: l'ammoniac est une base relativement *faible*. En conséquence, à l'équilibre, le rapport entre NH_4^+ et NH_3 est constant.

Il existe également des acides faibles, qui libèrent puis acceptent à nouveau des protons. L'acide carbonique en est un exemple:

$$\underset{\text{Acide carbonique}}{H_2CO_3} \rightleftharpoons \underset{\text{Ion hydrogénocarbonate}}{HCO_3^-} + \underset{\text{Proton}}{H^+}$$

L'équilibre favorise tellement la réaction vers la gauche que, lorsqu'on ajoute de l'acide carbonique à de l'eau, seulement 1 % de ses molécules se dissocient. Cela suffit pourtant à déplacer l'équilibre des ions H^+ et OH^- du point de neutralité.

L'échelle de pH

Dans toute solution aqueuse à 25 °C, le *produit* des concentrations molaires volumiques de H^+ et de OH^- est toujours de 10^{-14}. Il peut s'écrire ainsi :

$$[H^+][OH^-] = 10^{-14}\ (\text{mol/L})^2.$$

Dans ce genre d'équation, les crochets indiquent la concentration molaire volumique. Dans une solution neutre à température ambiante (25 °C), $[H^+] = 10^{-7}$ mol/L et $[OH^-] = 10^{-7}$ mol/L, de telle sorte que le produit est $10^{-7} \times 10^{-7} = 10^{-14}\ (\text{mol/L})^2$. Si l'on ajoute suffisamment d'acide à la solution pour porter $[H^+]$ à 10^{-5} mol/L, $[OH^-]$ diminue d'une quantité équivalente, jusqu'à atteindre 10^{-9} mol/L ($10^{-5} \times 10^{-9} = 10^{-14}$). Cette relation constante explique le comportement des acides et des bases dans une solution aqueuse. Un acide ne fait pas qu'ajouter des protons à une solution ; il enlève également des ions hydroxyde en raison de la tendance de H^+ à se combiner avec OH^- pour former de l'eau. Une base produit l'effet opposé : elle augmente la concentration molaire volumique de OH^- tout en réduisant la concentration molaire volumique de H^+ par la formation d'eau. Si l'on ajoute assez de base à une solution pour porter la concentration molaire volumique de OH^- à 10^{-4} mol/L, il s'ensuit une diminution de celle de H^+ à 10^{-10} mol/L. Quand on connaît la concentration molaire volumique de H^+ dans une solution aqueuse, on peut déduire la concentration molaire volumique de OH^-, et inversement.

Étant donné que les concentrations molaires volumiques de H^+ et de OH^- peuvent varier d'un facteur pouvant atteindre 100 billions (10^{14}), les scientifiques ont conçu une échelle de pH (**figure 3.10**) beaucoup plus commode à manipuler que les moles par litre pour exprimer ce changement. Elle réduit la plage des concentrations molaires volumiques de H^+ et de OH^- au moyen de logarithmes. Le **pH** (« potentiel hydrogène ») d'une solution se définit comme le logarithme négatif, en base 10, de la concentration molaire volumique des protons :

$$\text{pH} = -\log [H^+]$$

Par ailleurs, on peut transformer le logarithme en exposant $[H^+] = 10^{-\text{pH}}$. Comme un exposant ne comporte jamais d'unité, toutes les valeurs de pH apparaissent sans unité. Une augmentation (ou une diminution) de « 1 » dans la valeur du pH correspond à des concentrations différentes de protons $[H^+]$ selon la valeur du pH de départ.

Dans le cas d'une solution neutre, $[H^+]$ égale 10^{-7} mol/L, ce qui donne :

$$\text{pH} = -\log 10^{-7} = -(-7) = 7$$

Remarquez que le pH *diminue* à mesure que la concentration molaire volumique de H^+ *augmente*. Notez également que, même si elle se base sur la concentration molaire volumique de H^+, l'échelle de pH reflète également celle de OH^-. Une solution dont le pH est 10 possède une concentration molaire volumique de protons de 10^{-10} mol/L et une concentration molaire volumique d'ions hydroxyde de 10^{-4} mol/L.

Le pH d'une solution neutre est 7 à 25 °C, ce qui correspond au milieu de l'échelle de pH. Une valeur inférieure à ce chiffre désigne une solution acide ; plus cette valeur est faible, plus la solution est acide. Le pH d'une solution basique est supérieur à 7. Le pH de la plupart des liquides biologiques se situe entre 6 et 8. Il existe toutefois quelques exceptions, comme le suc gastrique de l'estomac humain, fortement acide : son pH est d'environ 2.

Rappelez-vous qu'une variation d'une « unité » dans la valeur du pH représente une différence d'un facteur de 10 dans les concentrations molaires volumiques de H^+ et de OH^-. C'est cette propriété mathématique qui permet de condenser l'échelle de pH. Ainsi, une solution de pH 3 n'est pas 2 fois, mais 1 000 fois (10 × 10 × 10) plus acide qu'une autre de pH 6. Lorsque le pH d'une solution change légèrement, les concentrations molaires volumiques de H^+ et de OH^- varient de façon importante.

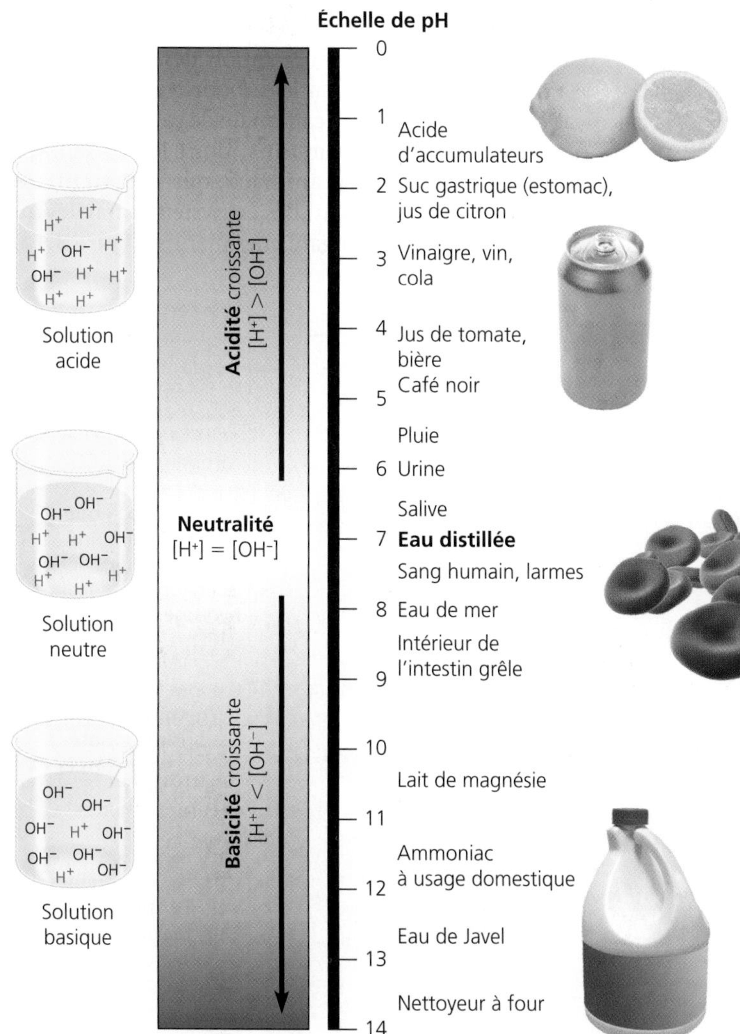

▲ **Figure 3.10 L'échelle de pH et les valeurs de pH de quelques solutions aqueuses.**

Les solutions tampons

Le pH de la plupart des cellules se situe autour de 7. Le moindre changement de leur pH peut s'avérer dommageable, parce que leurs processus chimiques sont très sensibles aux variations des concentrations des protons et des ions hydroxyde. Le pH du sang humain est très près de 7,4, ou légèrement basique. Une personne ne peut survivre plus de quelques minutes si le pH de son sang chute à 7 (neutre) ou grimpe à 7,8; c'est pourquoi il existe plusieurs systèmes chimiques chargés de maintenir constant le pH du sang. Si l'on ajoute 0,01 mole d'un acide fort dans un litre d'eau pure, le pH diminue de 7,0 à 2,0. Par contre, si on ajoute la même quantité d'acide à un litre de sang, le pH diminue seulement de 7,4 à 7,3. Pourquoi l'addition d'un acide a-t-elle un effet beaucoup plus faible sur le pH du sang que sur celui de l'eau?

C'est grâce à la présence de substances appelées tampons que le pH des liquides biologiques demeure à peu près constant malgré l'ajout d'un acide ou d'une base. Une **solution tampon** contient des solutés qui réduisent au minimum la variation des concentrations de H^+ et de OH^-. Les solutions tampons fonctionnent de la façon suivante: elles acceptent des protons quand la solution en renferme trop, et elles en donnent quand il n'y en a plus assez. La plupart d'entre elles se composent d'un acide faible et de son sel (une base), ce dernier se combinant de façon réversible aux protons.

Il existe plusieurs solutions tampons qui contribuent à stabiliser le pH du sang et de nombreux autres liquides biologiques. L'une d'elles est l'acide carbonique (H_2CO_3) qui se forme quand le CO_2 réagit avec l'eau dans le plasma sanguin. Comme nous l'avons mentionné, l'acide carbonique se dissocie pour produire un ion hydrogénocarbonate (ou ion bicarbonate, HCO_3^-) et un proton (H^+).

$$\underset{\text{Donneur de H}^+\text{ (acide)}}{H_2CO_3} \underset{\text{Réaction à une baisse du pH}}{\overset{\text{Réaction à une hausse du pH}}{\rightleftharpoons}} \underset{\text{Accepteur de H}^+\text{ (base)}}{HCO_3^-} + \underset{\text{Proton}}{H^+}$$

L'équilibre chimique entre l'acide carbonique et l'ion hydrogénocarbonate agit comme un régulateur de pH. La réaction se déplace vers la gauche ou la droite lorsque d'autres processus qui ont lieu dans la solution ajoutent ou enlèvent des protons. Si la concentration de H^+ dans le sang se met à baisser (c'est-à-dire si le pH augmente), la réaction se déplace vers la droite: l'acide carbonique se dissocie et libère des protons. Par contre, lorsque la concentration de H^+ dans le sang augmente (donc, quand le pH diminue), la réaction se déplace vers la gauche: HCO_3^- agit alors comme une base et enlève les protons dans la solution pour former H_2CO_3. En fait, la solution tampon acide carbonique-hydrogénocarbonate se compose d'un acide et d'une base à l'état d'équilibre. La plupart des autres solutions tampons sont aussi des paires acide-base.

L'acidification: une menace pour la qualité de l'eau

L'utilisation des combustibles fossiles qui libèrent des composés gazeux dans l'atmosphère constitue une des nombreuses menaces que l'activité humaine fait peser sur la qualité de l'eau. Lorsque certains de ces composés réagissent avec l'eau, celle-ci devient acide, altérant l'équilibre délicat des conditions de vie sur la Terre.

Le dioxyde de carbone est le principal produit de la combustion des énergies fossiles. Les océans absorbent environ 25% du CO_2 attribuable à l'activité humaine. Malgré l'énorme volume d'eau des océans, les scientifiques s'inquiètent des conséquences de cette absorption massive de CO_2 sur les écosystèmes marins.

Des données récentes ont montré que ces craintes sont bien fondées. Lorsque le CO_2 se dissout dans les océans, il réagit avec l'eau de mer pour former l'acide carbonique, ce qui diminue le pH des océans, un processus appelé **acidification des océans**. En se basant sur des mesures de taux de CO_2 dans des bulles d'air emprisonnées dans la glace depuis des milliers d'années, les scientifiques ont calculé que le pH des océans est aujourd'hui inférieur de 0,1 unité de pH, une variation d'une ampleur jamais subie depuis 420 000 ans. Selon des études récentes, le pH diminuera encore de 0,3 à 0,5 unité d'ici la fin du siècle. Quand l'eau de mer s'acidifie, les ions hydrogène supplémentaires se combinent avec les ions carbonate (CO_3^{2-}) pour former des ions hydrogénocarbonate (HCO_3^-), ce qui réduit la concentration des ions carbonate (**figure 3.11**).

Les scientifiques estiment que, vers l'année 2100, l'acidification des océans réduira la concentration des carbonates de 40%. C'est un grave problème, car le carbonate est nécessaire à la calcification, la production de carbonate de calcium ($CaCO_3$) par de nombreux organismes marins, dont les coraux qui construisent des récifs et les animaux qui élaborent des coquilles. Les récifs coralliens sont des écosystèmes fragiles qui abritent une grande variété d'organismes marins (**figure 3.12**).

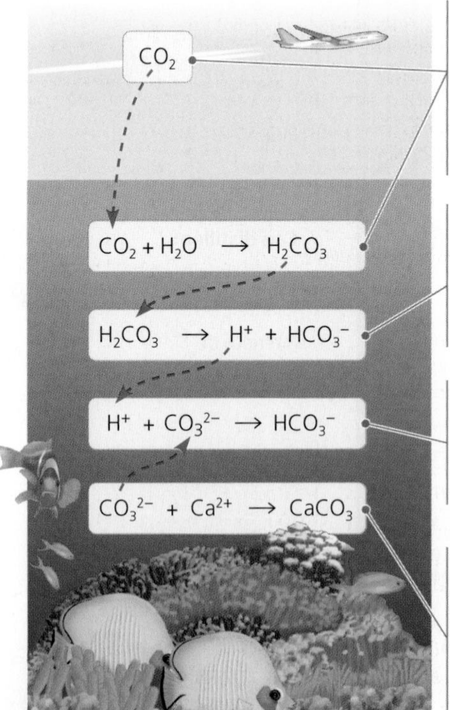

CO_2
$CO_2 + H_2O \rightarrow H_2CO_3$
$H_2CO_3 \rightarrow H^+ + HCO_3^-$
$H^+ + CO_3^{2-} \rightarrow HCO_3^-$
$CO_3^{2-} + Ca^{2+} \rightarrow CaCO_3$
Une certaine quantité de dioxyde de carbone (CO_2) atmosphérique se dissout dans l'océan, où il réagit avec l'eau pour former de l'acide carbonique (H_2CO_3).
L'acide carbonique se dissocie en ions hydrogène (H^+) et en ions hydrogénocarbonate (HCO_3^-).
Les ions H^+ ajoutés se combinent avec les ions carbonate (CO_3^{2-}) pour former plus de HCO_3^-.
Il y a réduction du CO_3^{2-} disponible pour la calcification, la formation de carbonate de calcium ($CaCO_3$), par les organismes marins comme les coraux.

▲ **Figure 3.11 Le CO_2 atmosphérique attribuable à l'activité humaine et son devenir dans l'océan.**

▼ Figure 3.12

IMPACT

La menace que représente l'acidification des océans pour les écosystèmes de récifs coralliens

Récemment, les scientifiques ont sonné l'alarme au sujet des effets de l'acidification des océans, le processus par lequel les océans deviennent plus acides en raison de l'augmentation des niveaux de dioxyde de carbone atmosphérique (voir la figure 3.11). Ils estiment que la concentration des ions carbonate (CO_3^{2-}) diminuera, ce qui perturbera sérieusement la calcification des récifs coralliens. Un groupe de scientifiques s'est appuyé sur de nombreuses études, y compris celles tenant compte des effets du réchauffement des océans, pour simuler trois scénarios concernant les récifs coralliens au cours du siècle, selon que la concentration du CO_2 atmosphérique (a) reste stable, (b) augmente au rythme actuel ou (c) augmente plus rapidement. Les photographies ci-dessous montrent des récifs coralliens qui ressemblent à ceux prédits par chaque scénario.

(a)

(b)

(c)

Le récif corallien sain en (a) abrite une grande variété d'espèces et n'offre aucune ressemblance avec le récif corallien endommagé en (c).

POURQUOI C'EST IMPORTANT La disparition des écosystèmes de récifs coralliens constituerait une lourde perte pour la biodiversité. De plus, les récifs coralliens protègent le littoral, offrent une aire d'alimentation pour de nombreuses espèces associées à la pêche commerciale et constituent une attraction touristique populaire. Pour les communautés côtières, leur perte entraînerait une aggravation des dommages causés par les vagues, l'effondrement des pêches et la diminution du tourisme.

POUR EN SAVOIR PLUS O. Hoegh-Guldberg *et al.*, Coral reefs under rapid climate change and ocean acidification, *Science* 318:1737-1742 (2007); S. C. Doney, L'acidification des océans: l'écosystème menacé, *Pour la Science* 343, mai 2006.

ET SI ? La diminution de la concentration de carbonate des océans aurait-elle un effet, même indirect, sur les organismes qui ne forment pas de $CaCO_3$? Expliquez votre réponse.

L'utilisation des combustibles fossiles est également une source importante d'oxydes de soufre et d'oxydes d'azote. Ces composés gazeux réagissent avec l'humidité de l'air pour former des solutions d'acide sulfurique et d'acide nitrique entraînées jusqu'au sol par les précipitations. Le terme **précipitations acides** s'applique à la pluie, à la grêle, à la neige ou au brouillard dont le pH est inférieur (plus acide) à 5,2. La pluie non contaminée possède un pH de 5,6 environ; elle est donc légèrement acide, et ce, en raison de la formation d'acide carbonique à partir du dioxyde de carbone de l'air et de l'eau. Les précipitations acides sont nocives pour les lacs et les rivières et elles peuvent nuire aux plantes des écosystèmes terrestres en modifiant la chimie des sols. Pour s'attaquer à ce problème, le Congrès des États-Unis a amendé le *Clean Air Act* (Loi sur la lutte contre la pollution atmosphérique) en 1990, et les aménagements prescrits dans les technologies industrielles ont été en grande partie responsables de l'amélioration de la santé des lacs et des forêts d'Amérique du Nord. Mais 19 ans plus tard, le rapport de la Conférence de Copenhague 2009 fait seulement état d'engagements purement politiques sans objectifs ni moyens légalement contraignants en vue de réduire l'émission des gaz à effet de serre.

S'il y a lieu d'être optimiste au sujet de la qualité future des ressources aquifères de notre planète, c'est grâce aux progrès réalisés dans la connaissance des équilibres chimiques fragiles dans les océans, les lacs et les rivières. Un progrès soutenu ne peut venir que des personnes bien renseignées, comme vous, qui se préoccupent de la qualité de l'environnement. Une partie essentielle de l'éducation devrait porter sur la compréhension du rôle crucial qu'une eau saine joue dans le maintien de la vie sur Terre.

RETOUR SUR LE CONCEPT 3.3

1. Une solution acide dont le pH est 4 possède ___ fois plus de protons (H^+) qu'une solution ayant le même volume et dont le pH est 9.
2. HCl est un acide fort qui se dissocie dans l'eau: $HCl \rightarrow H^+ + Cl^-$. Quel est le pH d'une solution de HCl à 0,01 mol/L?
3. L'acide acétique (CH_3COOH) peut former une solution tampon, de la même façon que l'acide carbonique. Écrivez la réaction de dissociation et identifiez l'acide, la base, l'accepteur de H^+ et le donneur de H^+.
4. **ET SI ?** Que deviendrait le pH d'un litre d'eau pure et d'un litre d'une solution d'acide acétique si on ajoutait dans chacun des récipients 0,01 mole d'un acide fort? Utilisez l'équation de la réaction de la question 3 pour expliquer le résultat.

Voir les réponses proposées à la fin du chapitre.

RÉVISION DU CHAPITRE 3

RÉSUMÉ DES CONCEPTS CLÉS

CONCEPT 3.1

Les liaisons covalentes polaires dans les molécules d'eau permettent les liaisons hydrogène (p. 49 et 50)

- Il se forme une liaison hydrogène quand l'atome d'oxygène de charge partielle négative d'une molécule d'eau subit l'attraction d'un des atomes d'hydrogène de charge partielle positive d'une molécule voisine. L'eau tient ses propriétés des liaisons hydrogène qui s'établissent entre ses molécules.

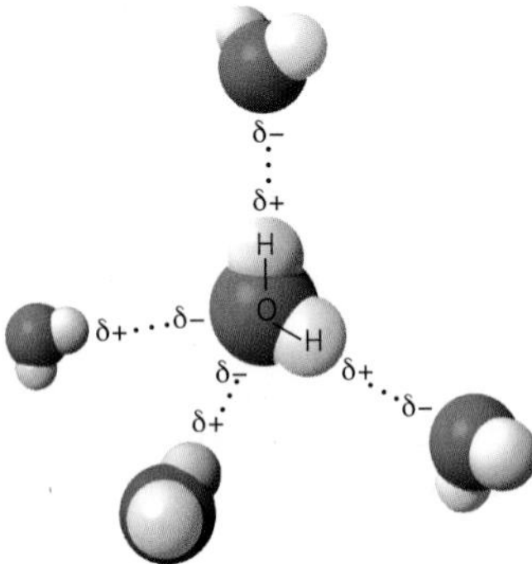

FAITES UN DESSIN *Sur cette figure, identifiez une liaison hydrogène et une liaison covalente polaire. Combien de liaisons hydrogène chaque molécule d'eau peut-elle établir ?*

CONCEPT 3.2

Quatre propriétés émergentes de l'eau contribuent à maintenir l'environnement terrestre propice à la vie (p. 50 à 56)

- Les molécules d'eau sont maintenues ensemble grâce à des liaisons hydrogène ; cette **cohésion** permet à l'eau de monter dans les cellules conductrices des plantes. Les liaisons hydrogène expliquent également le fait que l'eau ait une **tension superficielle** élevée.
- L'eau a une **chaleur spécifique** élevée : elle absorbe de la chaleur lorsque les liaisons hydrogène se brisent, et en libère lorsqu'elles se forment. Ce phénomène maintient les températures relativement stables, dans des limites compatibles avec la vie. Le **refroidissement par évaporation** se fait grâce à la **chaleur d'évaporation** élevée de l'eau. La perte d'énergie liée à l'évaporation des molécules d'eau refroidit la surface où se déroule le phénomène.
- La glace flotte parce que sa masse volumique est inférieure à celle de l'eau. La flottabilité de la glace permet à la vie d'exister sous les surfaces gelées des lacs et des eaux polaires.

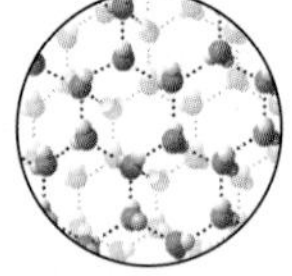
Glace : liaisons hydrogène stables

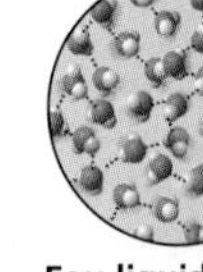
Eau liquide : liaisons hydrogène éphémères

- L'eau est un **solvant** polyvalent, ses molécules polaires subissant l'attraction des substances chargées ou polaires, capables de former des liaisons hydrogène. Les substances **hydrophiles** attirent l'eau, alors que les substances **hydrophobes** la repoussent. On utilise habituellement la **concentration molaire volumique**, soit le nombre de moles de **soluté** par litre de **solution**, comme mesure de concentration. Une **mole** correspond à un nombre constant de molécules, quelle que soit la nature de la molécule. La masse d'une mole d'une substance en grammes est la même que sa **masse moléculaire** en unités de masse atomique (daltons).
- Les propriétés émergentes de l'eau permettent la vie sur la Terre et pourraient rendre possibles d'éventuelles formes de vie sur d'autres planètes.

? *Décrivez de quelle façon différents types de solutés se dissolvent dans l'eau. Expliquez la différence entre une solution et un colloïde.*

CONCEPT 3.3

Les conditions acides ou basiques influent sur les organismes vivants (p. 56 à 59)

- Une molécule d'eau peut transférer un H^+ à une autre molécule d'eau pour former H_3O^+ (symbolisé simplement par H^+) et OH^-.
- Le **pH** exprime la concentration de H^+ ; pH = −log $[H^+]$. Les **solutions tampons** permettent aux liquides biologiques de résister aux variations de pH. Une solution tampon est constituée d'une paire acide-base qui se combine de façon réversible avec les protons.
- L'utilisation des combustibles fossiles augmente la quantité de CO_2 dans l'atmosphère. Une partie du CO_2 se dissout dans les océans, ce qui provoque l'**acidification des océans**, laquelle risque d'endommager gravement les récifs coralliens. La combustion du pétrole et de ses dérivés libère également des oxydes de soufre et des oxydes d'azote, causant les **précipitations acides**.

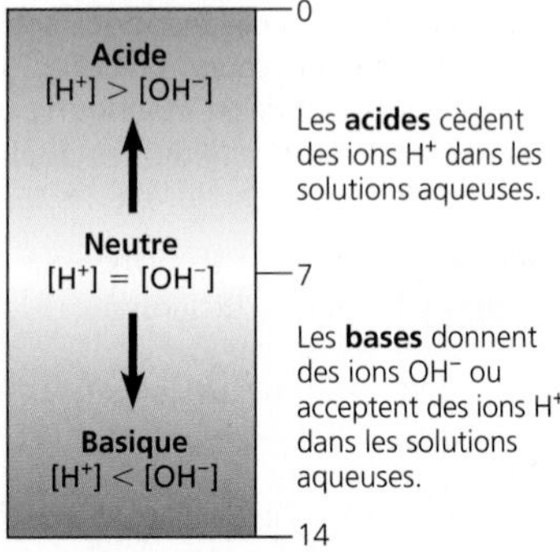

0
Acide
$[H^+] > [OH^-]$
Les **acides** cèdent des ions H^+ dans les solutions aqueuses.
Neutre
$[H^+] = [OH^-]$
7
Les **bases** donnent des ions OH^- ou acceptent des ions H^+ dans les solutions aqueuses.
Basique
$[H^+] < [OH^-]$
14

? *Expliquez comment des quantités croissantes de CO_2 qui se dissolvent dans les océans provoquent leur acidification. Comment cette variation de pH influe-t-elle sur la concentration des carbonates et sur la vitesse de calcification ?*

ÉVALUATION

NIVEAU 1 : CONNAISSANCES ET COMPRÉHENSION

1. De nombreux Mammifères régulent leur température corporelle par sudation. Quelle propriété de l'eau explique le plus directement la capacité de la sueur à diminuer la température corporelle ?
a) La diminution constante de la masse volumique de l'eau lorsqu'elle se condense.
b) La capacité de l'eau à dissoudre ses molécules dans l'air.
c) La libération de chaleur par formation de liaisons hydrogène.
d) L'absorption de chaleur par rupture de liaisons hydrogène.
e) La tension superficielle élevée de l'eau.

2. Lorsque l'eau s'évapore, les liaisons qui se rompent sont :
a) des liaisons ioniques.
b) des liaisons hydrogène entre les molécules d'eau.
c) des liaisons covalentes entre des atomes dans des molécules d'eau (intramoléculaires).
d) des liaisons covalentes polaires.
e) des liaisons covalentes non polaires.

3. Laquelle des substances suivantes est hydrophobe ?
a) Le papier.
b) Le sel de table.
c) La cire.
d) Le saccharose.
e) Les pâtes alimentaires.

4. Nous savons avec certitude qu'une mole de saccharose et une mole de vitamine C ont :
a) la même masse molaire.
b) la même masse en grammes.
c) le même volume.
d) le même nombre d'atomes.
e) le même nombre de molécules.

5. Des mesures montrent que le pH d'un lac est 4,0. Quelle est la concentration molaire volumique des protons dans ce lac?
a) 4,0 mol/L. b) 10^{-10} mol/L. c) 10^{-4} mol/L.
d) 10^{4} mol/L. e) 4 %.

6. Quelle est la concentration molaire volumique des ions hydroxyde dans le lac de la question précédente?
a) 10^{-10} mol/L. b) 10^{-4} mol/L. c) 10^{-7} mol/L.
d) 10^{-14} mol/L. e) 10 mol/L.

NIVEAU 2: APPLICATION ET ANALYSE

7. Une pointe de pizza renferme 500 kcal. Si on brûlait la pizza et utilisait toute la chaleur pour chauffer un récipient d'eau de 50 L, quelle serait l'augmentation approximative de la température de l'eau? (*Remarque:* 1 L d'eau froide pèse environ 1 kg.)
a) 50 °C. b) 5 °C. c) 1 °C. d) 100 °C. e) 10 °C.

8. Combien de grammes d'acide acétique ($C_2H_4O_2$) vous faudrait-il pour préparer 10 L d'une solution aqueuse à 0,1 mol/L? (*Remarque:* les masses molaires atomiques sont approximativement de 12 g pour le carbone, de 1 g pour l'hydrogène et de 16 g pour l'oxygène.)
a) 10 g. b) 0,1 g. c) 6,0 g. d) 60 g. e) 0,6 g.

9. **FAITES UN DESSIN** Dessinez les couches d'hydratation qui se forment autour de l'ion potassium et de l'ion chlorure lorsque le chlorure de potassium (KCl) se dissout dans l'eau. Identifiez les charges positives, négatives et partielles sur les atomes.

10. **FAITES DES LIENS** Qu'est-ce que le réchauffement climatique (voir le chapitre 1, p. 6 et 7) et l'acidification des océans ont en commun?

NIVEAU 3: SYNTHÈSE ET ÉVALUATION

11. Les agriculteurs suivent attentivement les prévisions météorologiques. Quand on prévoit qu'il va geler pendant la nuit, ils arrosent d'eau leurs cultures pour protéger les plants. À partir des propriétés de l'eau, expliquez le bien-fondé de cette pratique. Prenez soin de mentionner le rôle des liaisons hydrogène dans ce phénomène.

12. **LIEN AVEC L'ÉVOLUTION**
Ce chapitre explique comment les propriétés émergentes de l'eau contribuent à maintenir l'environnement terrestre propice à la vie. Jusqu'à très récemment, les scientifiques ont admis que le maintien de la vie suppose d'autres exigences physiques: des écarts modérés de température, de pH, de pression atmosphérique et de salinité, ainsi que de faibles niveaux de substances chimiques toxiques. Toutefois, cette vision a changé avec la découverte d'organismes extrémophiles capables de se développer dans des sources chaudes sulfureuses, autour de cheminées hydrothermales sous-marines et dans des sols renfermant des teneurs élevées de métaux toxiques. Pourquoi les exobiologistes désirent-ils étudier les extrémophiles? Qu'est-ce que l'existence de la vie dans ces environnements aussi extrêmes nous apprend sur la possibilité de vie sur d'autres planètes?

13. **INTÉGRATION**
Concevez une expérience contrôlée pour tester l'hypothèse voulant que les précipitations acides inhibent la croissance de l'élodée, une plante aquatique répandue (voir la figure 2.19, p. 45).

14. **INTÉGRATION**
Dans une étude publiée en 2000, C. Langdon et ses collaborateurs se sont servi d'un système artificiel de récifs coralliens pour vérifier l'effet de la concentration de carbonate sur le taux de calcification des organismes des récifs. Le graphique à droite présente une série de leurs résultats. Décrivez ce que montrent ces données. Quel est le lien entre ces résultats et l'acidification des océans qui est associée à l'augmentation de la concentration de CO_2 atmosphérique?

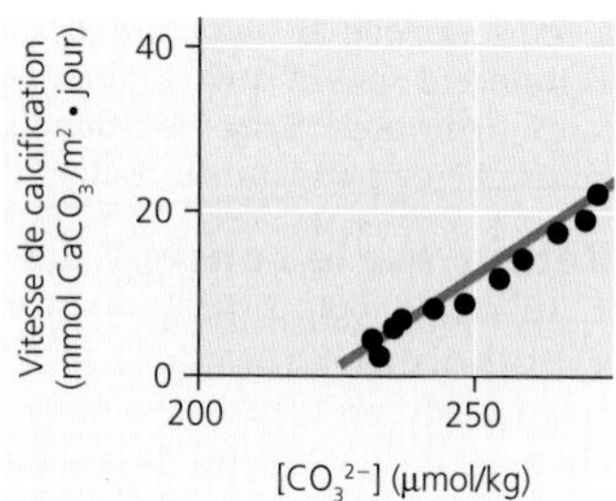

15. **SCIENCE, TECHNOLOGIE ET SOCIÉTÉ**
Les agriculteurs, les industriels et les populations urbaines croissantes se disputent de plus en plus les ressources d'eau en usant de leurs influences politiques. Si vous étiez responsable des ressources d'eau dans une région aride, selon quelles priorités distribueriez-vous cette denrée limitée? Comment défendriez-vous votre position auprès des différents groupes?

16. **ÉCRIVEZ UN TEXTE**
Les propriétés émergentes Plusieurs propriétés émergentes de l'eau contribuent à maintenir l'environnement terrestre propice à la vie. Dans un court essai (de 100 à 150 mots), décrivez comment la structure des molécules d'eau lui donne la capacité de fonctionner comme un solvant polyvalent.

RÉPONSES DU CHAPITRE 

Questions des figures

Figure 3.2 Une réponse possible:

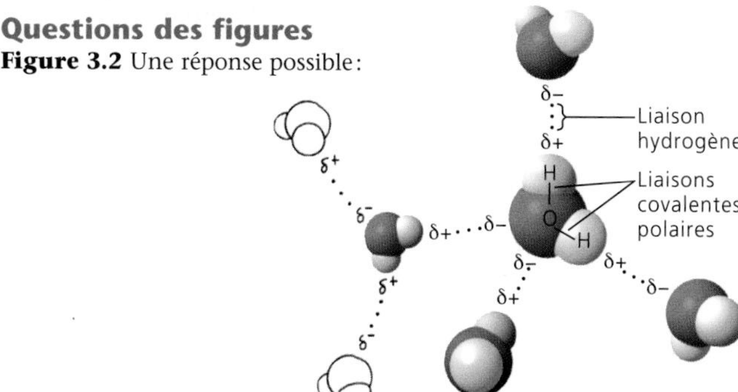

Figure 3.6 Sans liaisons hydrogène, l'eau se comporterait comme d'autres petites molécules, et la phase solide (glace) aurait une masse volumique supérieure à celle de l'eau liquide. La glace coulerait au fond et ne protégerait plus entièrement l'étendue d'eau, qui finirait par geler sur toute sa profondeur parce que la température annuelle moyenne au pôle Sud est de −50 °C. Le krill ne survivrait pas. **Figure 3.7** Chauffer la solution ferait évaporer l'eau plus vite que si on la laissait s'évaporer à température ambiante. Au bout d'un certain temps, il n'y aurait plus assez de molécules d'eau pour dissoudre les ions du sel. Le sel commencerait à précipiter de la solution et à reformer les cristaux. Toute l'eau finirait par s'évaporer, laissant un amas de sel comme avant la dissolution. **Figure 3.12** En causant la perte des récifs coralliens, une diminution de la concentration de carbonate des océans aurait un effet d'entraînement sur les organismes non coralliens. Certains de ces organismes dépendent de la structure des récifs pour leur protection tandis que d'autres se nourrissent d'espèces associées aux récifs.

Retour sur le concept 3.1

1. L'électronégativité est l'attraction qu'un atome exerce sur les électrons qu'il partage avec un autre atome dans une liaison covalente. En raison de son électronégativité plus grande que celle de l'hydrogène, un atome d'oxygène de l'eau attire les électrons vers lui, créant ainsi une charge partielle négative sur l'oxygène et des charges partielles positives sur les atomes d'hydrogène. Les atomes dans les molécules d'eau avoisinantes portant des charges partielles opposées s'attirent mutuellement pour former une liaison hydrogène. **2.** En raison de leur charge positive, les atomes d'hydrogène d'une molécule d'eau repoussent les atomes d'hydrogène de la molécule d'eau adjacente. **3.** Les liaisons covalentes des molécules d'eau seraient non polaires, et les molécules d'eau ne formeraient pas de liaisons hydrogène entre elles.

Retour sur le concept 3.2

1. Des liaisons hydrogène maintiennent ensemble les molécules d'eau voisines. Cette cohésion permet à la chaîne de molécules d'eau de contrer la gravité et de monter dans les cellules conductrices à mesure que l'eau s'évapore des feuilles. L'adhérence entre les molécules d'eau et les parois des cellules conductrices contribue également à contrer la force de gravitation. **2.** L'humidité élevée empêche le refroidissement d'un corps en ralentissant ou en arrêtant l'évaporation de la sueur. **3.** Lorsque l'eau gèle, elle se dilate parce que ses molécules s'éloignent les unes des autres. S'il y a de l'eau dans la fissure d'une roche, les cristaux de glace exercent une pression qui agrandit la fissure et finit par faire éclater la roche. **4.** Un litre de sang contiendrait $7,8 \times 10^{13}$ molécules de ghréline ($1,3 \times 10^{-10}$ moles par litre $\times$ $6,02 \times 10^{23}$ molécules par mole). **5.** La substance hydrophobe repousse l'eau, ce qui contribue probablement à empêcher que les extrémités des pattes deviennent couvertes d'eau et s'enfoncent sous la surface. Si les pattes étaient recouvertes d'une substance hydrophile, l'eau les attirerait, rendant probablement plus difficile la marche du patineur sur l'eau.

Retour sur le concept 3.3

1. 10^5 ou 100 000. **2.** $[H^+] = 0,01$ mol/L $= 10^{-2}$ mol/L, donc pH = 2.

3. $CH_3COOH \rightarrow CH_3COO^- + H^+$. CH_3COOH est l'acide (donneur de H^+) et CH_3COO^- est la base (accepteur de H^+). **4.** Le pH de l'eau devrait diminuer de 7 à 2; le pH de la solution d'acide acétique diminuerait faiblement, parce que la réaction illustrée pour la question 3 se déplacerait vers la gauche, CH_3COO^- acceptant l'apport supplémentaire de H^+ et se transformant en CH_3COOH.

Questions du résumé des concepts clés

3.1

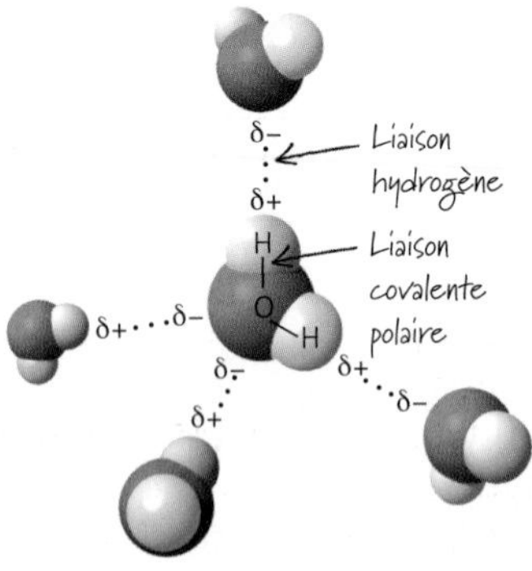

Chaque molécule d'eau peut établir quatre liaisons hydrogène avec les molécules voisines. **3.2** Les ions se dissolvent dans l'eau lorsque les molécules d'eau polaires forment une couche d'hydratation autour d'elles. Les molécules polaires se dissolvent à mesure que les molécules d'eau forment des liaisons hydrogène avec elles et les entourent. Les solutions sont des mélanges homogènes de soluté et de solvant. Les colloïdes se forment quand les particules qui sont trop grosses pour se dissoudre restent en suspension dans un liquide. **3.3** CO_2 réagit avec H_2O pour former l'acide carbonique (H_2CO_3), qui se dissocie en H^+ et en ions hydrogénocarbonate (HCO_3^-). Bien que la réaction acide carbonique-hydrogénocarbonate soit un système tampon, l'addition de CO_2 déplace la réaction vers la droite, libérant plus de H^+ et diminuant le pH. L'excès de protons se combine avec CO_3^{2-} pour former l'hydrogénocarbonate, ce qui diminue la concentration des carbonates disponibles pour la formation du carbonate de calcium (calcification) par les coraux.

ÉVALUATION

1. d; **2.** b; **3.** c; **4.** e; **5.** c; **6.** a; **7.** e; **8.** d;
9.

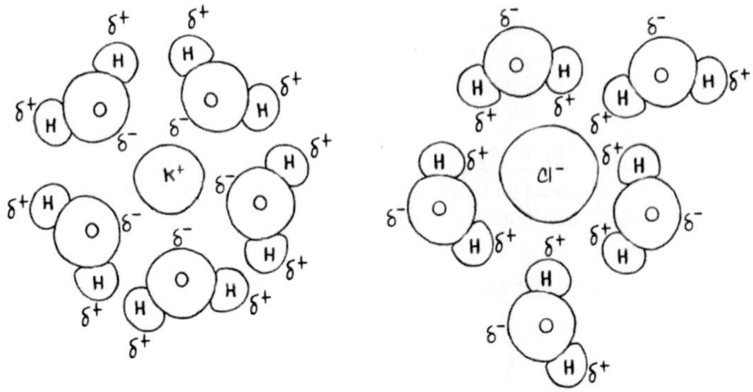

10. Le réchauffement climatique et l'acidification des océans sont causés par des taux croissants de dioxyde de carbone dans l'atmosphère, une conséquence de l'utilisation des combustibles fossiles. **11.** La présence de liaisons hydrogène intermoléculaires confère à l'eau une chaleur spécifique élevée (la quantité de chaleur requise pour augmenter la température de l'eau de 1 °C). Lorsqu'on chauffe de l'eau, une grande partie de la chaleur est absorbée lors de la rupture des liaisons hydrogène. Après quoi, les molécules d'eau augmentent leur vitesse de mouvement et la température s'élève. Réciproquement, lorsqu'on refroidit de l'eau, il se forme beaucoup de liaisons hydrogène, ce qui libère une quantité importante de chaleur. C'est ce dégagement de chaleur qui procure une certaine protection contre le gel. Sinon, le contenu des cellules gèlerait et celles-ci éclateraient. (Tant que de l'eau continue de geler, la température se maintient aux alentours de 0 °C.)

4

Le carbone et la diversité moléculaire de la vie

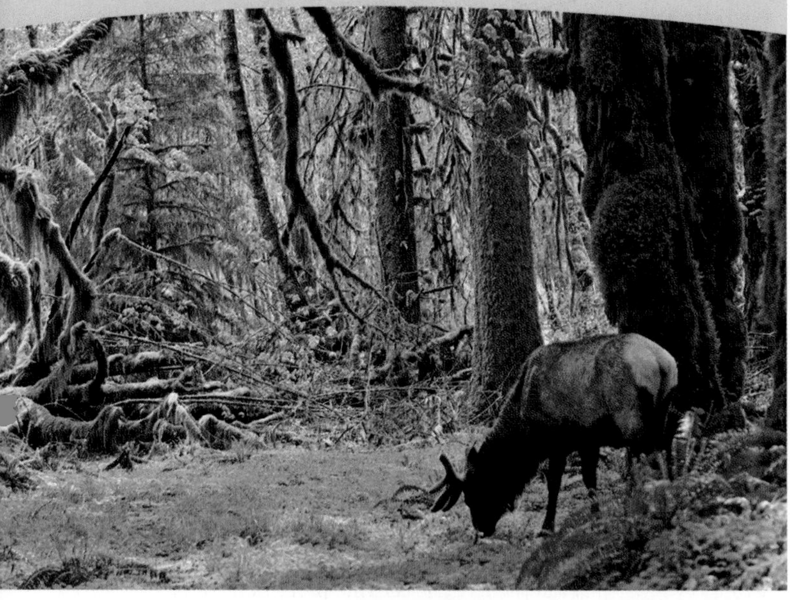

▲ **Figure 4.1 Quelles propriétés font du carbone l'élément fondamental de tous les êtres vivants?**

CONCEPTS CLÉS

4.1 **La chimie organique étudie les composés du carbone**

4.2 **Les atomes de carbone peuvent former une grande variété de molécules en se liant à quatre autres atomes**

4.3 **Le fonctionnement des molécules biologiques repose sur quelques groupements chimiques**

INTRODUCTION

Le carbone: l'élément fondamental des êtres vivants

L'eau est le milieu universel de la vie sur Terre, mais c'est le carbone qui constitue l'élément fondamental de la plupart des substances chimiques qui composent les êtres vivants, comme les plantes et le cerf de Roosevelt illustrés à la **figure 4.1**. Le carbone entre dans la biosphère grâce à l'action des Végétaux qui captent l'énergie solaire pour convertir le CO_2 atmosphérique en molécules de la vie. Ces molécules sont ensuite absorbées par les Animaux qui consomment des Végétaux.

De tous les éléments chimiques, le carbone n'a pas son pareil pour former des molécules volumineuses, complexes et variées. Cette diversité moléculaire a rendu possible la diversité des organismes qui ont évolué sur Terre. Les protéines, l'ADN, les glucides et les autres molécules qui caractérisent la matière vivante contiennent tous des atomes de carbone. Ceux-ci sont liés les uns aux autres et à des atomes d'autres éléments. Bien que les molécules complexes renferment d'autres éléments, tels que l'hydrogène (H), l'oxygène (O), l'azote (N) et parfois du soufre (S) ou du phosphore (P), c'est au carbone (C) que nous devons l'infinie variété des molécules organiques.

Le chapitre 5 portera tout particulièrement sur les molécules biologiques volumineuses comme les protéines. Dans le présent chapitre, nous étudierons les propriétés de molécules plus petites. Nous les utiliserons pour illustrer des concepts d'architecture moléculaire qui aideront à expliquer l'importance que le carbone revêt pour la vie et qui mettront en lumière une fois de plus le thème de l'émergence: l'organisation de la matière vivante fait apparaître des propriétés que chacune de ses composantes prise isolément ne possède pas.

CONCEPT **4.1**

La chimie organique étudie les composés du carbone

Pour des raisons historiques, les substances qui contiennent du carbone s'appellent composés organiques, et la branche de la chimie qui les étudie se nomme **chimie organique**. Les composés organiques varient des molécules simples, telles que le méthane (CH_4), aux molécules gigantesques, comme les protéines, qui possèdent chacune des milliers d'atomes. En plus des atomes de carbone, la plupart des composés organiques possèdent des atomes d'hydrogène.

Les principaux éléments de la vie (C, H, O, N, S et P) se retrouvent à peu près dans les mêmes pourcentages d'un être vivant à l'autre. Cependant, en raison de la polyvalence du carbone, cet ensemble limité d'éléments constitutifs est agencé de si nombreuses façons qu'il forme une variété inépuisable de molécules organiques. Les diverses espèces ainsi que les différents individus d'une même espèce se distinguent par les variations de leurs molécules organiques.

Depuis des millénaires, l'humain tire profit des êtres vivants qui peuvent lui fournir des substances précieuses. Pensons, par exemple, à la nourriture, aux médicaments et aux fibres textiles. La chimie organique tire son origine des tentatives de purification et d'amélioration de ces produits. Au début des années 1800, les chimistes ont appris à fabriquer en laboratoire de nombreux composés simples en combinant des éléments dans les bonnes conditions. La synthèse artificielle de molécules complexes, comme celles que l'on peut extraire de la matière vivante, semblait alors impossible. À cette époque, le chimiste suédois Jöns Jakob Berzelius fit une distinction importante. Il différencia les composés organiques, que seuls les êtres vivants pouvaient vraisemblablement fabriquer, et les composés inorganiques du monde inanimé. Le *vitalisme*, une doctrine soutenant que les phénomènes de la vie témoignent d'une force vitale et ne se réduisent pas aux lois physicochimiques, constitua le fondement sur lequel s'appuyait la nouvelle discipline de la chimie organique.

Les chimistes commencèrent à discréditer le vitalisme lorsqu'ils apprirent enfin à synthétiser des composés organiques en laboratoire. En 1828, Friedrich Wöhler, un chimiste allemand qui avait reçu l'enseignement de Berzelius, essaya de fabriquer un sel « inorganique », le cyanate d'ammonium, en mélangeant des solutions d'ions ammonium (NH_4^+) et d'ions cyanate (CNO^-). Il s'aperçut avec stupéfaction qu'il avait fabriqué de l'urée, un composé organique présent dans le plasma et l'urine des Animaux. Il remit en question le vitalisme lorsqu'il écrivit: «Je dois vous dire que je suis capable de faire de l'urée sans le secours d'un rein ni d'aucun animal, pas plus d'un homme que d'un chien.» Cependant, un des ingrédients qu'il avait utilisés dans la synthèse de l'urée, le cyanate, provenait du sang d'un animal. Les vitalistes ne tinrent donc pas compte de sa découverte. Quelques années plus tard, Hermann Kolbe, un étudiant de Wöhler, synthétisa l'acide acétique (un composé organique) à partir de substances inorganiques préparées directement à partir d'éléments purs. Les bases du vitalisme s'écroulèrent complètement quelques décennies plus tard, après que les chimistes eurent réussi à synthétiser en laboratoire des composés organiques de plus en plus complexes.

Les molécules organiques et l'origine de la vie sur Terre

ÉVOLUTION En 1953, Stanley Miller, qui faisait des études supérieures sous la direction de Harold Urey à la University of Chicago, fit avancer les choses. Il contribua à situer la synthèse abiotique (qui n'exige pas de recourir aux êtres vivants) des composés organiques dans le contexte de l'évolution. Étudiez la **figure 4.2** pour prendre connaissance de son expérience classique. À partir de ses résultats, Miller tira la conclusion qu'il était possible de synthétiser spontanément des molécules organiques complexes dans ce qu'il croyait être les conditions environnementales de la Terre primitive. Miller effectua également des expériences au cours desquelles il recréa en laboratoire des conditions volcaniques et il obtint sensiblement les mêmes résultats. En 2008, un ancien étudiant de Miller découvrit quelques échantillons de cette expérience. Il les analysa de nouveau à l'aide d'appareils plus perfectionnés, ce qui lui permit d'identifier des composés organiques additionnels que Miller n'avait pu détecter. Bien que la question ne soit pas définitivement tranchée, ces expériences montrent que la synthèse abiotique de composés organiques, peut-être près des volcans, pourrait constituer une des premières étapes de l'origine de la vie (voir le chapitre 25).

Les travaux des pionniers de la chimie organique eurent notamment pour conséquence l'abandon du vitalisme et l'émergence du *mécanisme*. Le mécanisme est une théorie philosophique affirmant que tous les phénomènes naturels, y compris les processus de la vie, sont gouvernés par des lois physiques et chimiques. La définition de la chimie organique fut étendue à l'étude de tous les composés du carbone, quelle que soit leur origine. Les êtres vivants produisent la plupart

▼ **Figure 4.2** **INVESTIGATION**

Des molécules organiques peuvent-elles se former dans des conditions censées simuler celles de la Terre primitive?

EXPÉRIENCE En 1953, Stanley Miller met au point un système fermé pour imiter en laboratoire ce qu'il croyait être les conditions environnementales de la Terre primitive. Un ballon d'eau simule la mer primitive. Miller chauffe alors le ballon jusqu'à ébullition du mélange. Les vapeurs passent alors dans un second ballon situé plus haut contenant un mélange de gaz (l'« atmosphère »). Des décharges électriques dans l'atmosphère synthétique simulent les éclairs.

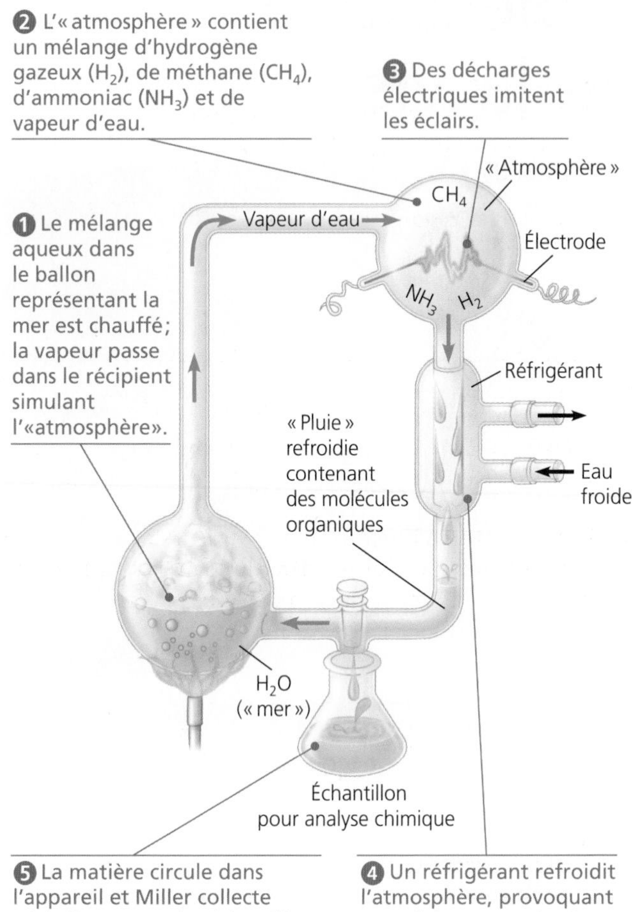

❷ L'« atmosphère » contient un mélange d'hydrogène gazeux (H_2), de méthane (CH_4), d'ammoniac (NH_3) et de vapeur d'eau.
❸ Des décharges électriques imitent les éclairs.
« Atmosphère »
CH_4
Vapeur d'eau
Électrode
NH_3
H_2
❶ Le mélange aqueux dans le ballon représentant la mer est chauffé; la vapeur passe dans le récipient simulant l'«atmosphère».
Réfrigérant
« Pluie » refroidie contenant des molécules organiques
Eau froide
H_2O (« mer »)
Échantillon pour analyse chimique
❺ La matière circule dans l'appareil et Miller collecte périodiquement des échantillons pour l'analyse.
❹ Un réfrigérant refroidit l'atmosphère, provoquant une pluie composée d'eau et de molécules qui tombent dans le ballon représentant la mer.

RÉSULTATS Miller identifia diverses molécules organiques communément présentes chez les êtres vivants. Il isola des composés simples, comme le formaldéhyde (CH_2O) et le cyanure d'hydrogène (HCN), et diverses molécules plus complexes, comme les acides aminés et de longues chaînes de carbone et d'hydrogène appelées hydrocarbures.

CONCLUSION Il est bien possible que les conditions régnant sur la Terre primitive aient permis la synthèse abiotique de molécules organiques, une première étape dans l'origine de la vie. (Nous étudierons cette hypothèse plus en détail au chapitre 25.)

SOURCE S. L. Miller, A production of amino acids under possible primitive Earth conditions, *Science* 117 : 528-529 (1953).

ET SI? Si Miller avait augmenté la concentration de NH_3 dans son expérience, comment les quantités relatives des produits HCN et CH_2O auraient-elles varié ?

des composés organiques qui existent dans la nature. Ces molécules présentent une diversité et une complexité largement supérieures à celles des composés inorganiques. Cependant, toutes les molécules obéissent aux mêmes lois chimiques. La chimie organique ne repose pas sur une quelconque force vitale intangible, mais sur la polyvalence chimique unique du carbone.

RETOUR SUR LE CONCEPT 4.1

1. Pourquoi Wöhler était-il étonné de constater qu'il avait produit de l'urée?
2. **ET SI?** Lorsque Miller a essayé son expérience sans décharge électrique, il ne trouva aucun composé organique. Qu'est-ce qui pourrait expliquer ce résultat?

Voir les réponses proposées à la fin du chapitre.

CONCEPT 4.2

Les atomes de carbone peuvent former une grande variété de molécules en se liant à quatre autres atomes

La clé des propriétés chimiques d'un atome réside dans sa configuration électronique. Celle-ci détermine le type et le nombre de liaisons que l'atome forme avec d'autres atomes.

La formation de liaisons avec le carbone

Le carbone possède au total six électrons: deux dans sa première couche électronique et quatre dans sa seconde; il a donc quatre électrons de valence dans une couche qui peut en contenir 8. Afin de combler son dernier niveau énergétique, il partage ses quatre électrons avec d'autres atomes, obtenant ainsi huit électrons dans ce niveau. Chaque paire d'électrons mis en commun constitue une liaison covalente (voir la figure 2.12b, p. 40). Dans les molécules organiques, le carbone forme généralement des liaisons covalentes simples ou doubles. En fait, chaque atome de carbone se comporte comme un point d'intersection à partir duquel une molécule peut se ramifier dans quatre directions. Le carbone doit en partie sa polyvalence à sa capacité de former quatre liaisons, ce qui rend possible l'existence de molécules complexes.

Si un atome de carbone forme quatre liaisons covalentes simples, celles-ci pointent vers les sommets d'un tétraèdre imaginaire en raison de la position des quatre orbitales hybrides (voir la figure 2.17b, p. 43). Dans le méthane (CH_4), les angles des liaisons sont de 109,5° (**figure 4.3a**), et ils devraient être sensiblement les mêmes dans toutes les molécules où le carbone établit quatre liaisons simples. Par exemple, l'éthane (C_2H_6) prend la forme de deux tétraèdres réunis par un de leurs sommets (**figure 4.3b**). Dans les molécules contenant plusieurs atomes de carbone engagés dans des liaisons simples, chaque groupement constitué d'un atome de carbone lié à quatre autres atomes forme un tétraèdre. Cependant, lorsque deux atomes de carbone sont réunis par une liaison double, comme dans l'éthène (C_2H_4), tous les atomes réunis à ces carbones se trouvent dans un même plan (**figure 4.3c**). Bien qu'on écrive leur formule développée comme si elles étaient planes, la plupart des molécules organiques contiennent au

Nom et commentaire	Formule moléculaire	Formule développée	Modèle à boules et bâtonnets (géométrie moléculaire en rose)	Modèle compact
(a) Méthane. Si un atome de carbone forme quatre liaisons simples, la molécule est tétraédrique.	CH_4	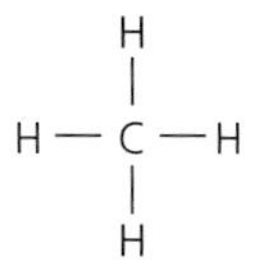 H H — C — H H	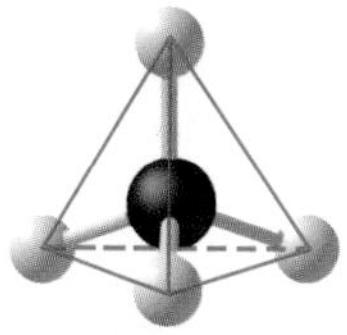	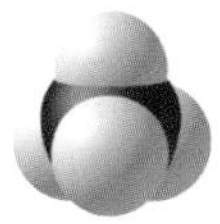
(b) Éthane. Une molécule peut posséder plus d'un regroupement tétraédrique d'atomes unis par des liaisons simples. (L'éthane est constitué de deux regroupements de ce type.)	C_2H_6	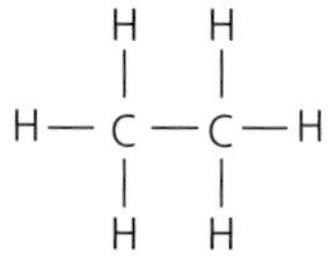 H H H — C — C — H H H	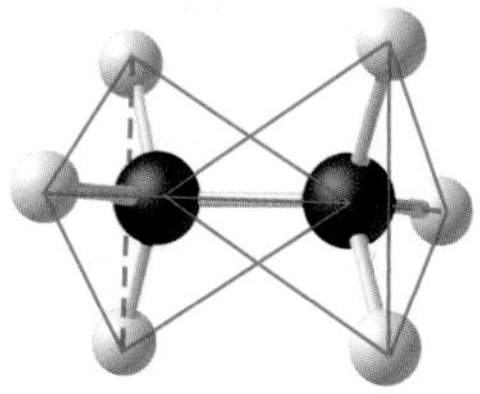	
(c) Éthène (éthylène). Si deux atomes de carbone s'unissent par une liaison double, toutes les liaisons qui se trouvent autour d'eux se situent dans un même plan, de sorte que la molécule est plane.	C_2H_4	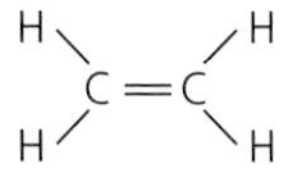 H H C = C H H	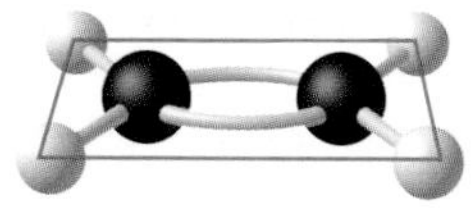	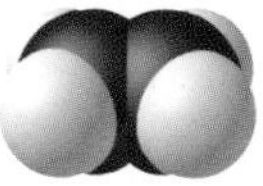

▲ **Figure 4.3 La géométrie de trois molécules organiques simples.**

moins quelques groupes d'atomes qui leur donnent une forme tridimensionnelle, et c'est la géométrie de ces molécules en trois dimensions qui détermine souvent leur fonction dans une cellule.

L'atome de carbone a une configuration électronique qui lui permet de former des liaisons covalentes avec d'autres atomes de carbone ou avec les atomes de plusieurs éléments différents. La **figure 4.4** présente les nombres d'oxydation du carbone et de ses partenaires les plus fréquents : l'oxygène, l'hydrogène et l'azote. Ces quatre atomes sont les principaux composants des molécules organiques. Ces nombres d'oxydation déterminent la formation des liaisons covalentes et sont, d'une certaine façon, les codes de construction qui régissent l'architecture des molécules organiques.

Considérons maintenant comment s'appliquent les règles de formation des liaisons covalentes entre les atomes de carbone et des partenaires autres que l'hydrogène. Nous examinerons deux exemples : les molécules simples de dioxyde de carbone et d'urée.

Dans une molécule de dioxyde de carbone (CO_2), un seul atome de carbone est uni à deux atomes d'oxygène par des liaisons covalentes doubles. La formule développée du CO_2 est donc :

$$O=C=O$$

Chaque trait représente une paire d'électrons mis en commun. Par conséquent, les deux liaisons doubles dans CO_2 possèdent le même nombre d'électrons partagés que quatre liaisons simples. Cet agencement permet à tous les atomes de la molécule de combler leur dernier niveau énergétique. Étant donné qu'il est une molécule très simple qui ne renferme pas d'hydrogène, on considère généralement le dioxyde de carbone comme inorganique, même s'il contient du carbone. Qu'on le qualifie d'organique ou d'inorganique, toutefois, le CO_2 est essentiel pour le monde vivant, car il constitue la source de carbone de toutes les molécules organiques qui composent les êtres vivants.

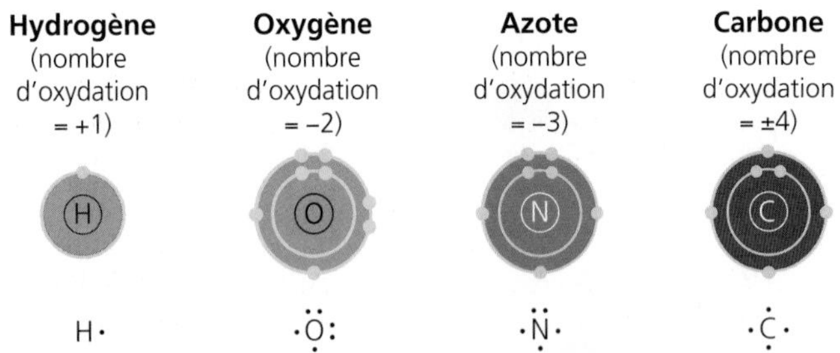

▲ **Figure 4.4 Schémas des couches électroniques montrant les nombres d'oxydation des principaux éléments qui composent les molécules organiques.** Le nombre d'oxydation d'un atome détermine sa capacité de liaison. Il représente le nombre d'électrons qu'un atome doit perdre (signe +), gagner (signe −) ou partager (signe ±) pour combler son dernier niveau énergétique (voir la figure 2.9). Pour chaque atome, tous les électrons sont illustrés dans les schémas de répartition électronique (en haut). Par contre, les diagrammes de Lewis (en bas) ne mettent en évidence que les électrons du dernier niveau énergétique. Notez que le carbone peut former quatre liaisons.

FAITES DES LIENS *Reportez-vous à la figure 2.9 (p. 38) et tracez les diagrammes de Lewis pour le sodium, le phosphore, le soufre et le chlore.*

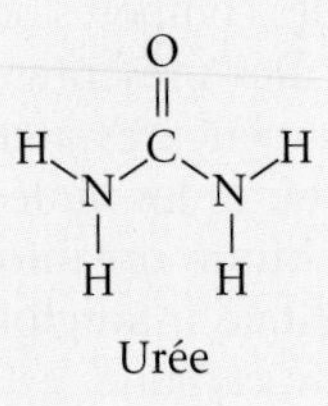

L'urée, $CO(NH_2)_2$, est le composé organique que l'on trouve dans le plasma et l'urine, et que Wöhler a synthétisé au début des années 1800. Encore une fois, chaque atome possède le bon nombre de liaisons covalentes. Ici, l'atome de carbone participe à deux liaisons simples et à une liaison double.

Les molécules d'urée et de dioxyde de carbone ne comportent qu'un seul atome de carbone. Cependant, comme le montre la figure 4.3, un atome de carbone peut également utiliser un ou plusieurs électrons de valence pour former des liaisons covalentes avec d'autres atomes de carbone. Ceux-ci peuvent former des chaînes d'une variété presque illimitée.

La diversité des molécules organiques découle des variations dans les squelettes carbonés

Les chaînes carbonées forment le squelette de la plupart des molécules organiques. Elles varient en longueur et peuvent être linéaires, ramifiées ou cycliques (**figure 4.5**). Certaines portent des liaisons doubles, dont le nombre et la position varient. De telles différences contribuent de façon importante à la complexité et à la diversité moléculaires qui caractérisent la matière vivante. De plus, les atomes d'autres éléments peuvent se lier aux chaînes, isolément ou par groupes d'atomes, là où il y a des sites libres.

Les hydrocarbures

Toutes les molécules illustrées aux figures 4.3 et 4.5 sont des **hydrocarbures**, soit des molécules organiques formées uniquement de carbone et d'hydrogène. Les atomes d'hydrogène se lient aux chaînes carbonées partout où des électrons sont disponibles pour former des liaisons covalentes. Les hydrocarbures sont les principales composantes du pétrole, que l'on appelle combustible fossile parce qu'il provient des restes partiellement décomposés d'organismes ayant vécu il y a des millions d'années.

Bien que les hydrocarbures soient peu abondants dans la plupart des êtres vivants, certaines parties des molécules organiques qui se trouvent dans les cellules comportent principalement du carbone et de l'hydrogène. Par exemple, les molécules que l'on appelle graisses possèdent de longues chaînes d'hydrocarbures, appelées acides gras, liées à une composante qui n'est pas un hydrocarbure (**figure 4.6**). Ni le pétrole ni les graisses ne sont solubles dans l'eau. Ce sont des composés hydrophobes, parce que la grande majorité de leurs liaisons sont des liaisons carbone-hydrogène relativement peu polaires. Les hydrocarbures se caractérisent également par leur capacité à réagir en libérant une quantité d'énergie relativement élevée. Ainsi, l'essence que nous utilisons comme carburant dans les autos est composée d'hydrocarbures ; chez les Animaux, les réserves des molécules de graisse contenant des chaînes d'hydrocarbures leur servent de source d'énergie.

Les isomères

Les **isomères** sont des composés ayant la même formule moléculaire, mais des propriétés différentes, parce qu'ils n'ont pas la même configuration. Ils illustrent bien les variations qui existent dans l'architecture des molécules organiques.

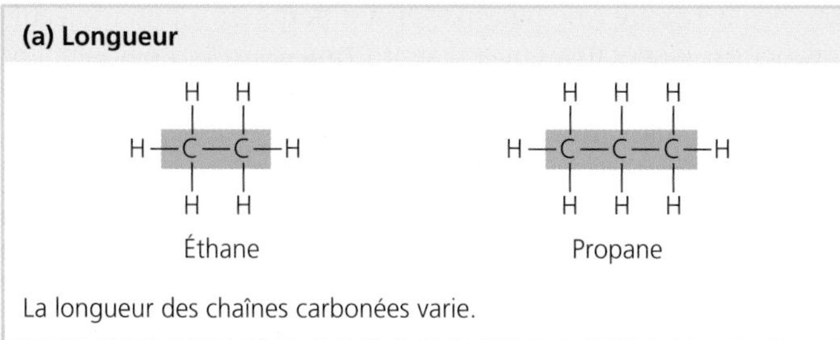

(a) Longueur
Éthane
Propane
La longueur des chaînes carbonées varie.

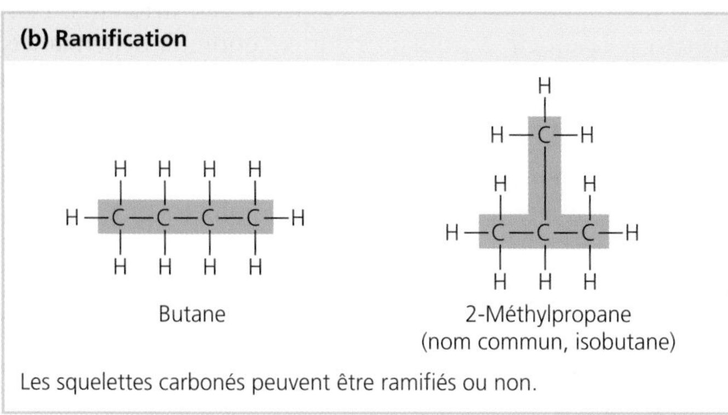

(b) Ramification
Butane
2-Méthylpropane
(nom commun, isobutane)
Les squelettes carbonés peuvent être ramifiés ou non.

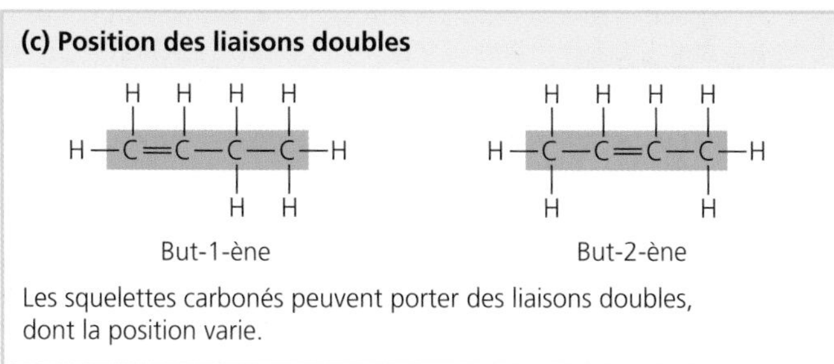

(c) Position des liaisons doubles
But-1-ène
But-2-ène
Les squelettes carbonés peuvent porter des liaisons doubles, dont la position varie.

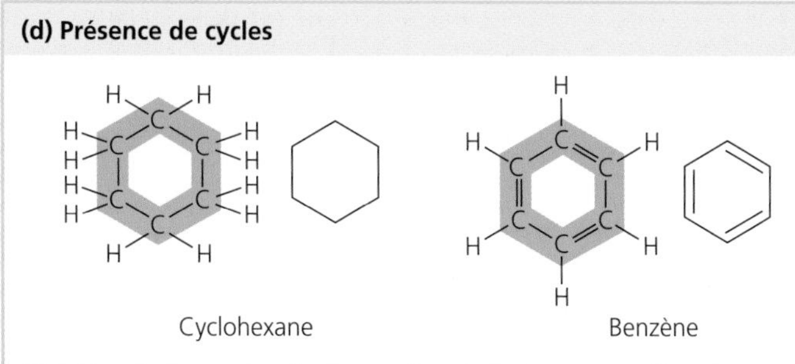

▲ **Figure 4.5 Quatre variations possibles dans les chaînes carbonées.**

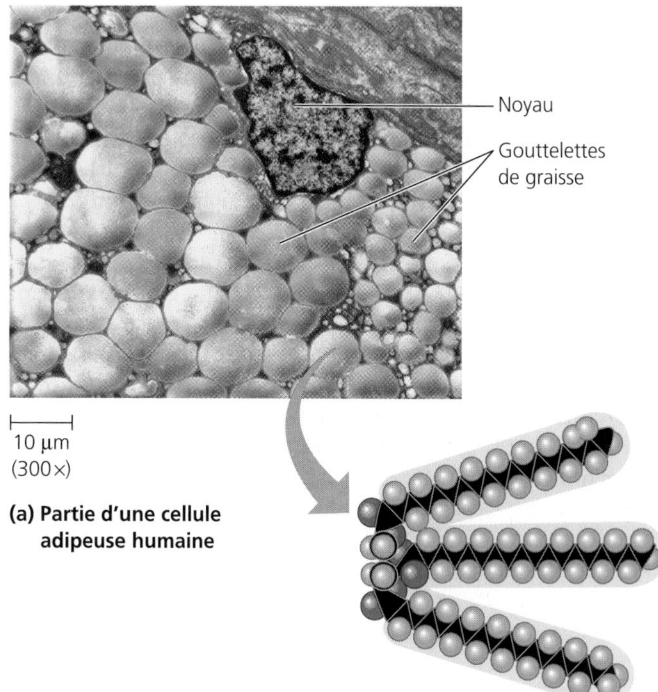

▲ **Figure 4.6 Le rôle des hydrocarbures dans les graisses.** **(a)** Les cellules adipeuses des Mammifères accumulent les molécules de graisse pour mettre de l'énergie en réserve. Cette micrographie prise au microscope électronique à transmission (MET) a été colorisée pour mettre en évidence les nombreuses gouttelettes de graisse contenues dans un fragment d'une cellule adipeuse humaine. Chaque gouttelette accumule une énorme quantité de molécules de graisse. **(b)** Une molécule de graisse est constituée d'une petite composante, qui n'est pas un hydrocarbure, rattachée à trois chaînes d'hydrocarbures responsables du comportement hydrophobe des graisses. En se décomposant, les chaînes d'hydrocarbures fournissent de l'énergie. (Noir = carbone ; gris = hydrogène ; rouge = oxygène.)

FAITES DES LIENS *Comment les chaînes hydrocarbonées sont-elles à l'origine de la nature hydrophobe des graisses? (Voir le concept 3.2.)*

Nous examinerons trois types d'isomères : les isomères de structure, les isomères *cis-trans* et les énantiomères.

Les **isomères de structure** diffèrent par la disposition de leurs liaisons covalentes. Comparez, par exemple, les deux molécules à cinq atomes de carbone de la **figure 4.7a**. Toutes les deux ont la formule moléculaire C_5H_{12}, mais elles diffèrent dans l'agencement de leur squelette carboné. Un des composés est linéaire, alors que l'autre est ramifié. Le nombre d'isomères possibles augmente considérablement à mesure que les chaînes carbonées s'allongent. Le composé C_5H_{12} a trois isomères de structure (dont deux sont illustrés à la figure 4.7a), mais C_8H_{18} en a 18 et $C_{20}H_{42}$ en compte 366 319. Les isomères de structure peuvent également différer par la position de leurs liaisons doubles.

Dans les ***isomères cis-trans*** (anciennement *isomères géométriques*), les carbones forment des liaisons covalentes avec les mêmes atomes, mais l'arrangement spatial de ces derniers diffère en raison de la rigidité de la liaison double. Contrairement aux liaisons simples qui permettent aux atomes qu'elles relient d'effectuer des rotations libres autour de l'axe de liaison sans changer le composé, les liaisons doubles ne le permettent pas. Cependant, pour qu'il existe deux isomères *cis-trans* différents, il faut, en plus d'une liaison double, que les carbones de la liaison double portent deux atomes (ou groupes d'atomes) différents. Examinez une molécule simple avec deux carbones liés par des liaisons doubles dont chacun est attaché à un H et à un atome X (**figure 4.7b**). Lorsque les atomes (ou groupes d'atomes) X se trouvent du même côté de la double liaison, l'isomère prend la forme *cis*. Lorsqu'ils se situent à l'opposé, l'isomère prend la forme *trans*. Cette légère différence de conformation peut influencer de façon importante l'activité biologique des molécules organiques. Par exemple, le processus complexe de la vision fonctionne grâce à la conversion, sous l'effet de la lumière, de l'isomère *cis* en isomère *trans* du rétinal, un composé synthétisé à partir de la vitamine A. Les gras *trans*, qui sont traités au chapitre 5, en sont un autre exemple.

Les **énantiomères** sont des molécules qui forment une image inversée l'une de l'autre (comme dans un miroir) et dont la structure est différente en raison de la présence d'un *carbone asymétrique* qui porte quatre atomes ou groupes d'atomes différents. (Voir le carbone central dans les modèles à boules et bâtonnets illustrés à la **figure 4.7c**.) Les quatre groupes peuvent s'agencer de deux façons différentes dans l'espace entourant l'atome de carbone asymétrique. Chacune de ces dispositions donne une image inversée de l'autre, comme dans un miroir. Les énantiomères sont un peu comme nos deux mains, l'une gauche et l'autre droite. Tout comme nous ne pouvons faire entrer notre main droite dans le gant de la main gauche, une molécule « droite » ne peut pas être superposée à une molécule « gauche ». Généralement, un seul isomère est biologiquement actif, car seulement cette forme peut se lier à des molécules spécifiques dans un être vivant.

Cette caractéristique revêt une grande importance dans l'industrie pharmaceutique, car les énantiomères d'un médicament peuvent posséder des propriétés différentes, comme c'est le cas pour l'ibuprofène et pour l'albutérol, un médicament pour l'asthme (**figure 4.8**). Les deux énantiomères de la méthamphétamine ont des effets très différents. L'un d'eux est la drogue stimulante qui engendre la dépendance, aussi appelée « crystal meth » dans le commerce illicite de la drogue, tandis que l'autre possède un effet beaucoup plus faible; on le trouve même comme ingrédient d'une préparation médicamenteuse par inhalation en vente libre pour le traitement de la congestion nasale ! Les énantiomères ont donc des

(a) Isomères de structure

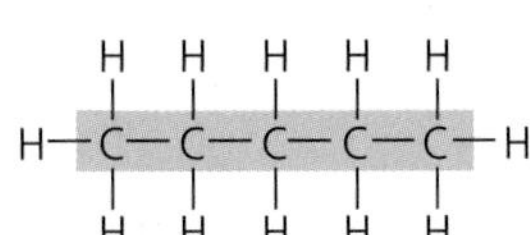

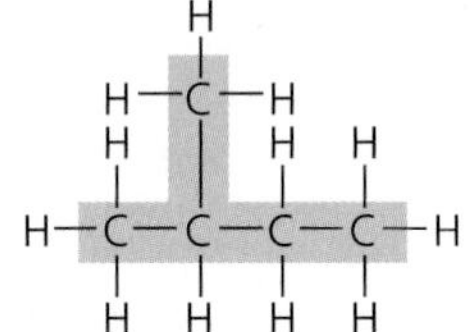

Les isomères de structure sont des composés qui diffèrent par l'ordre d'enchaînement de leurs atomes, comme ces deux isomères de C_5H_{12} : le pentane (à gauche) et le 2-méthylbutane (à droite).

(b) Isomères *cis-trans*

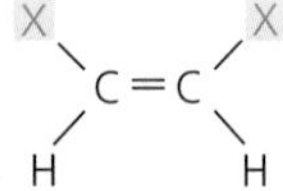

Isomère ***cis*** : les deux X se situent du même côté.

Isomère ***trans*** : les deux X se situent à l'opposé.

Les isomères *cis-trans* diffèrent par la disposition dans l'espace des H et des X autour de la liaison double. Dans ces diagrammes, X représente un atome ou un groupe d'atomes liés au carbone porteur de la liaison double.

(c) Énantiomères

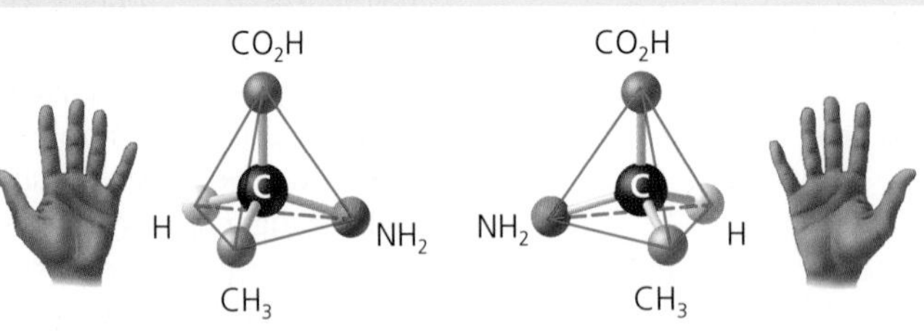

Les énantiomères diffèrent par leur arrangement autour d'un carbone asymétrique. Il en résulte des molécules qui sont l'image inversée l'une de l'autre, comme dans un miroir, telles la main gauche et la main droite. On les appelle isomères L et D (du latin *laevus* et *dexter* pour gauche et droite). Les énantiomères ne peuvent pas se superposer.

▲ **Figure 4.7 Les trois types d'isomères : des composés de formules moléculaires identiques, mais de structures différentes.**

FAITES UN DESSIN *Il existe trois isomères de structure de C_5H_{12}; dessinez celui qui n'est pas illustré en (a).*

Médicament	Affection	Énantiomère efficace	Énantiomère inefficace
Ibuprofène	Douleur, inflammation	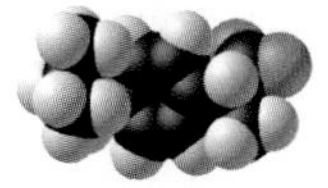 *S*-ibuprofène	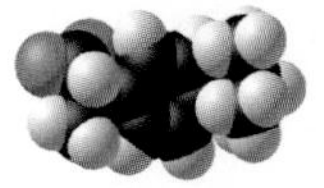 *R*-ibuprofène
Albutérol	Asthme	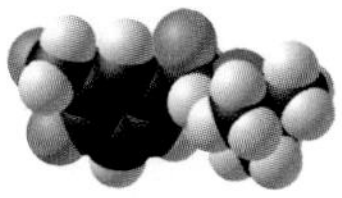 *R*-albutérol	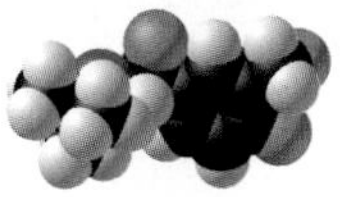 *S*-albutérol

▲ **Figure 4.8 L'importance des énantiomères dans l'industrie pharmaceutique.** L'ibuprofène et l'albutérol sont des exemples de médicaments dont les énantiomères exercent des effets différents. (Les lettres *S* et *R* sont utilisées dans un système qui permet de distinguer les énantiomères.) L'ibuprofène réduit l'inflammation et la douleur. Il est couramment vendu sous forme de mélange des deux énantiomères, mais l'énantiomère *S* est 100 fois plus efficace que l'autre. L'albutérol est utilisé pour détendre les muscles bronchiaux, ce qui améliore l'écoulement de l'air chez les patients asthmatiques. Seul le *R*-albutérol est synthétisé et vendu comme médicament; la forme *S* neutralise la forme active *R*.

effets différents sur l'organisme. Cela montre à quel point ce dernier est sensible aux plus petites variations de l'architecture moléculaire. Une fois encore, nous constatons que les molécules acquièrent leurs propriétés émergentes en fonction de l'arrangement particulier de leurs atomes.

RETOUR SUR LE CONCEPT **4.2**

1. **FAITES UN DESSIN** Écrivez la formule développée de C_2H_4.
2. Dans la figure 4.5, quelles molécules sont des isomères? Pour chaque paire, dites de quel type d'isomères il s'agit.
3. Qu'ont en commun l'essence et les graisses?
4. **ET SI?** Le propane (C_3H_8) peut-il former des isomères?

Voir les réponses proposées à la fin du chapitre.

CONCEPT **4.3**

Le fonctionnement des molécules biologiques repose sur quelques groupements chimiques

Les propriétés particulières d'une molécule organique reposent non seulement sur l'arrangement de son squelette carboné, mais aussi sur les groupements chimiques qui s'y rattachent. On peut considérer les hydrocarbures, les molécules organiques les plus simples, comme la structure de base de molécules organiques plus complexes. Un certain nombre de groupements chimiques viennent alors remplacer un ou plusieurs atomes d'hydrogène liés au squelette carboné de l'hydrocarbure. (Certains groupements incluent des atomes du squelette carboné, comme nous le verrons plus loin.) Ces groupements participent à des réactions chimiques ou exercent une influence indirecte sur la fonction d'une molécule en affectant la géométrie moléculaire. C'est le nombre et l'agencement des groupements d'une molécule qui confèrent à celle-ci ses propriétés caractéristiques.

Les groupements chimiques les plus importants dans les processus de la vie

Examinons la différence entre l'œstradiol (un type d'œstrogène) et la testostérone. Ces composés sont les hormones sexuelles femelle et mâle, respectivement, chez les humains et les autres Vertébrés. Il s'agit de stéroïdes, c'est-à-dire de molécules organiques dont le squelette carboné est formé de quatre cycles (anneaux) accolés. Ces hormones diffèrent seulement par les groupements chimiques rattachés aux cycles (représentés ici dans leur forme simplifiée); les distinctions dans l'architecture moléculaire sont en bleu:

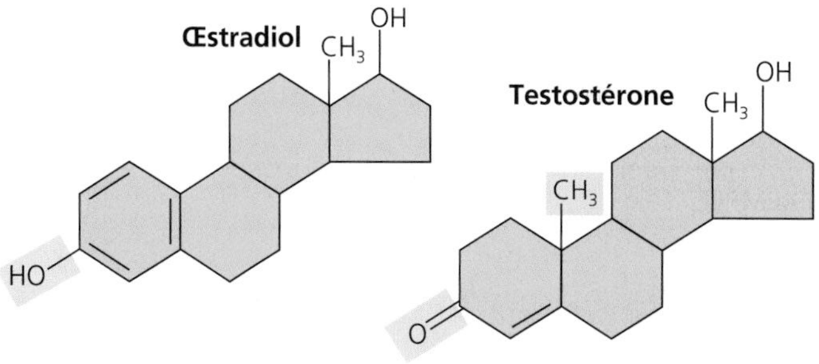

Œstradiol

Testostérone

Les différentes actions que ces deux molécules exercent sur de nombreuses cellules de l'organisme provoquent l'apparition des caractères anatomiques et physiologiques des femelles et des mâles chez les Vertébrés. Ainsi, même les fondements biologiques de notre sexualité reposent sur des différences de structure moléculaire.

Dans l'exemple des hormones sexuelles, différents groupements chimiques contribuent à la fonction en affectant la géométrie de la molécule. Dans d'autres cas, les groupements chimiques influent sur la fonction moléculaire en participant directement à des réactions chimiques; ces groupements chimiques importants sont appelés **groupements fonctionnels**. Chaque groupement fonctionnel participe à des réactions chimiques de la même façon d'une molécule organique à l'autre.

Les sept groupements chimiques les plus importants dans les processus biologiques sont les groupements hydroxyle, carbonyle, carboxyle, amine, thiol, phosphate et méthyle. Les six premiers groupements agissent en tant que groupements fonctionnels; ils sont également hydrophiles et augmentent donc la solubilité des composés organiques dans l'eau. Le groupement méthyle n'est pas réactif, mais se comporte souvent comme un marqueur reconnaissable sur des molécules biologiques. Avant de continuer votre étude, prenez le temps de vous familiariser avec les groupements chimiques importants biologiquement de la **figure 4.9** aux deux pages suivantes.

▼ **Figure 4.9**

PANORAMA Quelques groupements chimiques importants en biologie

GROUPEMENT CHIMIQUE	Hydroxyle	Carbonyle	Carboxyle
STRUCTURE	 —OH (peut s'écrire HO—) Dans un **groupement hydroxyle** (—OH), un atome d'hydrogène se lie à un atome d'oxygène lui-même fixé à la chaîne carbonée de la molécule organique. Il ne faut pas confondre ce groupement fonctionnel avec l'ion hydroxyde, OH^-.	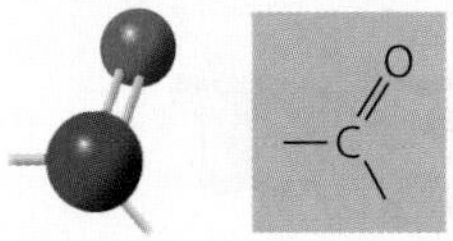 Le **groupement carbonyle** (>C=O) se compose d'un atome de carbone associé à un atome d'oxygène par une liaison double.	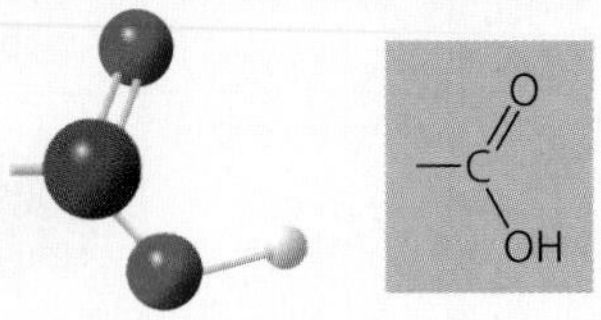 Le **groupement carboxyle** (—COOH) est l'ensemble formé par un atome d'oxygène uni par une liaison double à un atome de carbone lui-même lié à un groupement —OH.
NOM DES COMPOSÉS	**Alcools** (leurs noms se terminent habituellement en *-ol*)	**Cétones** lorsque le groupement se trouve à l'intérieur d'une chaîne carbonée. **Aldéhydes** lorsque le groupement se trouve à l'extrémité d'une chaîne carbonée.	**Acides carboxyliques** ou acides organiques
EXEMPLE	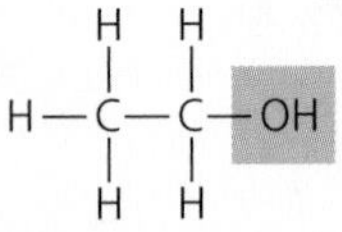 **Éthanol**, un alcool présent dans les boissons alcoolisées.	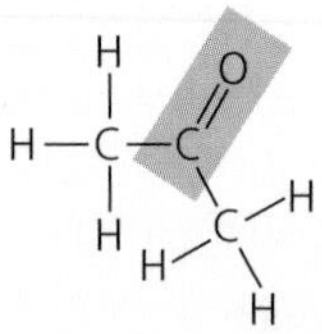 **Acétone** (propanone), la cétone la plus simple. 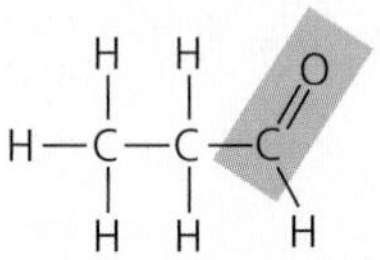 **Propanal**, un aldéhyde.	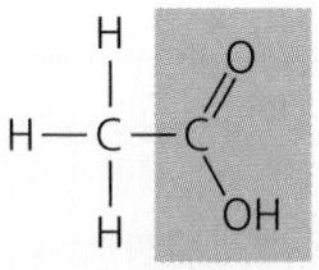 **Acide acétique** (acide éthanoïque), qui donne au vinaigre un goût aigre.
PROPRIÉTÉS	• Il est polaire, à cause des électrons qui passent plus de temps près de l'atome d'oxygène électronégatif. • Il peut former des liaisons hydrogène avec les molécules d'eau. Cela facilite la dissolution des composés organiques comme les glucides (les glucides sont illustrés à la figure 5.3).	• Une cétone et un aldéhyde peuvent être des isomères de structure dont les propriétés sont différentes, comme dans le cas de l'acétone et du propanal. • Les groupements cétone et aldéhyde sont également présents dans les glucides, donnant ainsi naissance à deux classes principales de glucides : les cétoses (comportant des groupements cétone) et les aldoses (comportant des groupements aldéhyde).	• Se comporte comme un acide ; peut donner un H^+ parce que la liaison covalente entre l'oxygène et l'hydrogène est fortement polaire 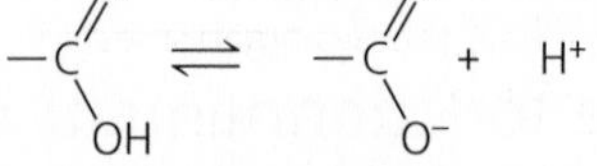 : $-COOH \rightleftharpoons -COO^- + H^+$ Non ionisé — Ionisé • Présent dans les cellules sous la forme ionisée de charge 1– (appelée carboxylate).

Amine

—N(H)(H)

Le **groupement amine** (—NH_2) est formé d'un atome d'azote lié à deux atomes d'hydrogène et à une chaîne carbonée.

Amines

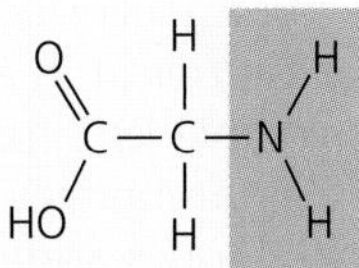

Glycine, qui est à la fois une amine et un acide carboxylique parce qu'elle porte également un groupement carboxyle; elle fait donc partie de cette catégorie de substances qu'on appelle **acides aminés**.

- Le groupement amine se comporte comme une base; l'atome d'azote peut accepter un H^+ de la solution dans laquelle la réaction se produit (l'eau, chez les organismes vivants):

$$H^+ + —NH_2 \rightleftharpoons —^{+}NH_3$$

Non ionisée — Ionisée

- Présent dans les cellules sous la forme ionisée de charge 1+.

Thiol

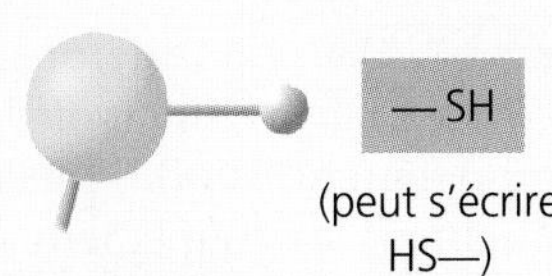

—SH

(peut s'écrire HS—)

Le **groupement thiol** (—SH) est constitué d'un atome de soufre lié à un atome d'hydrogène. Il ressemble par sa forme au groupement hydroxyle.

Thiols

Cystéine, un acide aminé important contenant du soufre.

- Deux groupements thiols peuvent réagir pour former une liaison covalente. Ces liaisons croisées contribuent ensemble à stabiliser la structure des protéines (voir la figure 5.20, structure tertiaire).
- Les liaisons croisées des cystéines dans les protéines des cheveux maintiennent les cheveux bouclés ou raides. On peut friser les cheveux raides de façon «permanente» en leur donnant une forme autour de rouleaux, puis en rompant et en reformant les liaisons croisées.

Phosphate

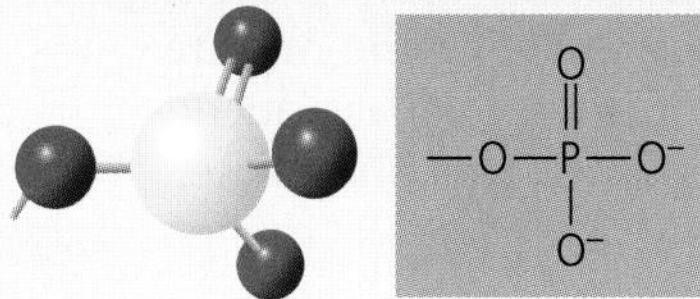

—O—P(=O)(—O⁻)—O⁻

Dans le **groupement phosphate** illustré ici, un atome de phosphore est lié à quatre atomes d'oxygène; un des atomes d'oxygène est attaché à la chaîne carbonée; deux atomes d'oxygène portent des charges négatives (—OPO_3^{2-}). Dans le manuel, le symbole Ⓟ représente un groupement phosphate lié.

Phosphates organiques

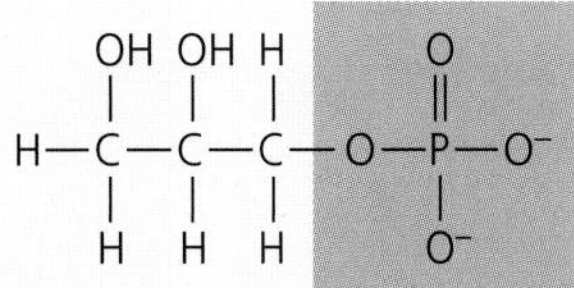

Glycérophosphate, qui participe à de nombreuses réactions chimiques importantes dans les cellules; le glycérophosphate constitue également le squelette pour les phospholipides, les molécules prédominantes dans les membranes cellulaires.

- Contribue à donner une charge négative à la molécule dont il fait partie (2– lorsqu'il est à l'extrémité d'une molécule, comme ci-dessus; 1– quand il est situé à l'intérieur d'une chaîne de phosphates).
- Les molécules qui comportent des groupements phosphate ont la capacité de réagir avec l'eau, en libérant de l'énergie.

Méthyle

—C(H)(H)—H

Un **groupement méthyle** (—CH_3) est formé d'un atome de carbone lié à trois atomes d'hydrogène. Le carbone d'un groupement méthyle peut être lié à un carbone ou à un atome différent.

Composés méthylés

5-méthylcytidine, une composante de l'ADN qui a été modifiée par l'addition d'un groupement méthyle.

- L'addition d'un groupement méthyle à l'ADN, ou à des molécules liées à l'ADN, affecte l'expression des gènes.
- L'arrangement des groupements méthyle dans les hormones sexuelles mâles et femelles affecte leur forme et leur fonction (voir p. 69).

FAITES DES LIENS *À l'aide des informations dans cette figure et d'après vos connaissances sur l'électronégativité de l'oxygène (voir le concept 2.3, p. 40), prédisez laquelle des molécules suivantes serait l'acide le plus fort (voir le concept 3.3, p. 56). Expliquez votre réponse.*

a. $CH_3—CH_2—COOH$

b. $CH_3—CO—COOH$

L'ATP: une importante source d'énergie pour les processus cellulaires

Dans la figure 4.9, la colonne du groupement phosphate présente un exemple simple d'une molécule de phosphate organique. Un autre exemple plus complexe, l'**adénosine triphosphate**, ou **ATP**, mérite que l'on s'y attarde, car sa fonction dans la cellule est particulièrement importante. L'ATP est constituée d'une molécule organique appelée adénosine attachée à une chaîne de trois groupements phosphate.

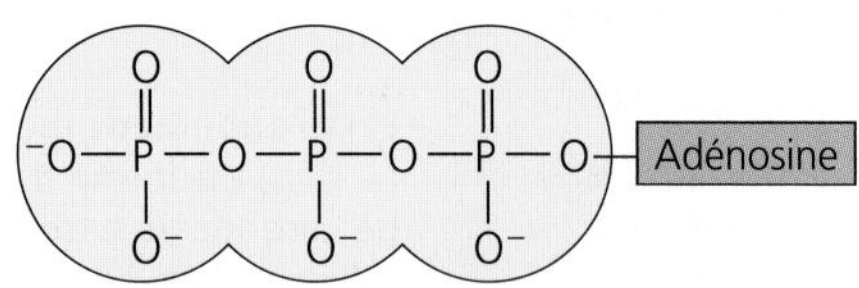

Dans une molécule, comme l'ATP, qui comporte une série de trois groupements phosphate, l'un d'eux peut se séparer à l'issue d'une réaction avec l'eau. Dans ce livre, nous représenterons souvent par le symbole Ⓟ$_i$ cet ion inorganique phosphate, $HOPO_3^{2-}$. En perdant un groupement phosphate, l'ATP devient l'adénosine *di*phosphate, ou ADP. Bien qu'on dise parfois que l'ATP emmagasine de l'énergie, il est plus précis de considérer qu'elle emmagasine le potentiel de réagir avec l'eau. Cette réaction libère de l'énergie que la cellule peut utiliser, comme vous le verrez en détail au chapitre 8.

Ⓟ-Ⓟ-Ⓟ-Adénosine (ATP) —Réaction avec l'eau→ Ⓟ$_i$ (Phosphate inorganique) + Ⓟ-Ⓟ-Adénosine (ADP) + Énergie

RETOUR SUR LE CONCEPT 4.3

1. Quels renseignements le terme *acide aminé* donne-t-il sur la structure de cette molécule?
2. Quel changement chimique se produit dans l'ATP lorsqu'elle réagit avec l'eau et libère de l'énergie?
3. **ET SI?** Considérons une molécule organique comme la cystéine (voir la figure 4.9, l'exemple d'un groupement thiol). Vous décidez d'enlever chimiquement le groupement $-NH_2$ et de le remplacer par $-COOH$. Écrivez la formule structurale de cette molécule et réfléchissez à ses propriétés chimiques. Le carbone central est-il asymétrique avant le changement? Après le changement?

Voir les réponses proposées à la fin du chapitre.

Les éléments chimiques de la vie: *une révision*

Vous savez maintenant que la matière vivante se compose principalement de carbone, d'oxygène, d'hydrogène et d'azote, et, en plus petites quantités, de soufre et de phosphore. Ces éléments forment tous des liaisons covalentes fortes, une caractéristique essentielle à l'architecture des molécules organiques complexes. Parmi tous ces éléments, le carbone est le maître de la liaison covalente. Son comportement chimique en fait un élément constitutif irremplaçable des molécules organiques. Il est doté de propriétés exceptionnelles: il peut établir quatre liaisons covalentes, s'unir à d'autres atomes de carbone de façon à former des molécules complexes et se lier à plusieurs éléments différents. Grâce aux innombrables possibilités de cet élément, les molécules organiques sont très diversifiées et possèdent des propriétés spéciales associées à l'arrangement unique de leur squelette carboné et de leurs groupements fonctionnels. Toute la diversité des organismes repose sur cette variation moléculaire.

RÉVISION DU CHAPITRE

RÉSUMÉ DES CONCEPTS CLÉS

CONCEPT 4.1

La chimie organique étudie les composés du carbone (p. 63 à 65)

- La matière vivante se compose principalement de carbone, d'oxygène, d'hydrogène et d'azote, ainsi que d'une petite quantité de soufre et de phosphore. À l'échelle moléculaire, la diversité biologique réside dans la capacité du carbone à produire une myriade de molécules aux formes et aux propriétés chimiques particulières.
- On a déjà cru que les composés organiques ne pouvaient provenir que des êtres vivants (vitalisme), mais les chimistes ont remis en question cette doctrine quand ils ont réussi à synthétiser des composés organiques en laboratoire.

? *Comment les expériences de Stanley Miller étendent-elles la théorie mécaniste à l'origine de la vie?*

CONCEPT 4.2

Les atomes de carbone peuvent former une grande variété de molécules en se liant à quatre autres atomes (p. 65 à 69)

- Grâce à sa capacité d'établir quatre liaisons covalentes, le carbone peut former des molécules très variées. Il peut se lier à différents atomes, dont O, H et N. Les atomes de carbone peuvent également s'unir entre eux et former des chaînes; c'est le cas dans les molécules organiques, dont ils forment le squelette.
- Le squelette carboné des molécules organiques varie par sa longueur et par sa structure; ses atomes de carbone peuvent former des liaisons avec des atomes d'autres éléments. Les **hydrocarbures** se composent uniquement de carbone et d'hydrogène.
- Les **isomères** sont des composés possédant la même formule moléculaire, mais présentant une architecture différente et des propriétés distinctes. Il existe trois types d'isomères: les **isomères de structure**, les **isomères *cis-trans*** et les **énantiomères**.

? *Reportez-vous à la figure 4.9. Quel type d'isomères sont l'acétone (propanone) et le propanal ? Combien de carbones asymétriques l'acide acétique, la glycine et le glycérophosphate contiennent-ils ? Ces trois molécules peuvent-elles exister sous forme d'énantiomères ?*

CONCEPT 4.3

Le fonctionnement des molécules biologiques repose sur quelques groupements chimiques (p. 69 à 72)

- Les groupements chimiques attachés aux chaînes de carbone des molécules organiques participent aux réactions chimiques (**groupements fonctionnels**) ou déterminent leurs fonctions en affectant la géométrie moléculaire (voir la figure 4.9).
- L'**ATP** (**adénosine triphosphate**) est constituée de l'adénosine attachée à trois groupements phosphate. L'ATP peut réagir avec l'eau et former un phosphate inorganique et l'ADP (adénosine diphosphate). Cette réaction libère de l'énergie qui peut être utilisée par les cellules.

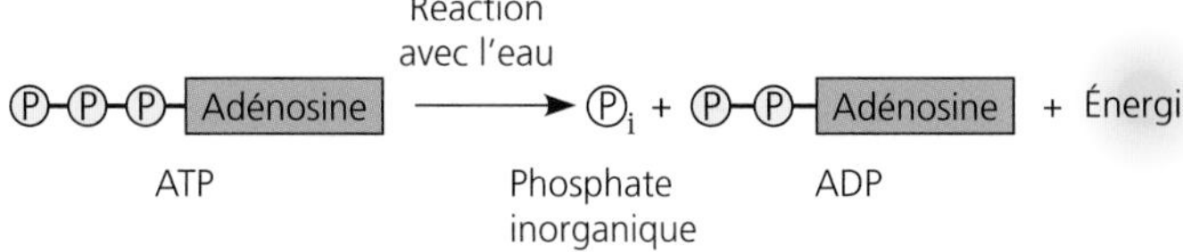

? *En quoi un groupement méthyle diffère-t-il chimiquement des six autres groupements chimiques importants illustrés à la figure 4.9 ?*

ÉVALUATION

NIVEAU 1 : CONNAISSANCES ET COMPRÉHENSION

1. Quelle est la définition moderne de la chimie organique ?
a) C'est l'étude des composés qui ne peuvent être élaborés que par des cellules.
b) C'est l'étude des composés du carbone.
c) C'est l'étude des forces vitales.
d) C'est l'étude des composés naturels (par opposition aux composés synthétiques).
e) C'est l'étude des hydrocarbures.

2. Quel groupement fonctionnel est absent dans cette molécule ?
a) Carboxyle.
b) Thiol.
c) Hydroxyle.
d) Amine.

```
HO    O
  \  //
   C    H
   |    |
H—C—C—OH
   |    |
   N    H
  / \
 H   H
```

3. FAITES DES LIENS À quel groupement fonctionnel doit-on principalement le comportement basique d'une molécule organique (voir le concept 3.3, p. 56) ?
a) À un hydroxyle. c) À un carboxyle. e) À un phosphate.
b) À un carbonyle. d) À une amine.

NIVEAU 2 : APPLICATION ET ANALYSE

4. Lequel de ces hydrocarbures porte une liaison double dans sa chaîne carbonée ?
a) C_3H_8 b) C_2H_6 c) CH_4 d) C_2H_4 e) C_2H_2

5. Choisissez l'expression qui décrit correctement ces deux molécules de glucide.
a) Isomères de structure.
b) Isomères *cis-trans*.
c) Énantiomères.
d) Isotopes du carbone.

```
     H
     |              H    O
H—C—OH               \  //
     |                 C
     C=O               |
     |             H—C—OH
H—C—OH                 |
     |             H—C—OH
     H                 |
                       H
```

6. Repérez l'atome de carbone asymétrique dans cette molécule.

```
O      OH H  H  H
 \\ a  |b |c |d |e
  C—C—C—C—C—H
 /   |  |  |  |
H    H  H  H  H
```

7. Pour obtenir un groupement carbonyle, il faut :
a) remplacer le —OH par un hydrogène dans un groupement carboxyle.
b) ajouter un thiol à un hydroxyle.
c) ajouter un hydroxyle à un phosphate.
d) remplacer l'azote par l'oxygène dans une amine.
e) ajouter un thiol à un carboxyle.

8. Quelle molécule illustrée à la question 5 possède un carbone asymétrique ? Quel atome de carbone est asymétrique ?

NIVEAU 3 : SYNTHÈSE ET ÉVALUATION

9. LIEN AVEC L'ÉVOLUTION

FAITES UN DESSIN Des scientifiques pensent que, si la vie extraterrestre existait, elle pourrait être fondée sur le silicium plutôt que sur le carbone comme sur Terre. Examinez le schéma de la répartition électronique pour le silicium à la figure 2.9 et dessinez son diagramme de Lewis. Quelle propriété de cet élément, partagée avec le carbone, rendrait plus vraisemblable la vie basée sur le silicium plutôt que, disons, sur le néon ou l'aluminium ?

10. INTÉGRATION

Il y a 50 ans, la thalidomide est devenue tristement célèbre lorsque de nombreuses femmes qui avaient pris ce médicament pendant leur grossesse pour soulager leurs nausées matinales donnèrent naissance à des enfants souffrant de malformations congénitales. La thalidomide est un mélange d'énantiomères ; l'un réduit les nausées matinales, mais l'autre cause de graves malformations congénitales. (Bien que l'isomère bénéfique puisse être synthétisé et donné aux patients, il est converti dans l'organisme en énantiomère nocif.) C'est pourquoi la Food and Drug Administration (FDA), l'organisme de contrôle des médicaments aux États-Unis, a refusé d'approuver l'usage de la thalidomide en 1960. Le Canada, qui l'avait d'abord approuvé, est revenu sur sa décision en 1961 et en a interdit la vente. Il y a quelques années, la FDA a approuvé de nouveau l'usage de ce médicament dans le traitement de certaines affections associées à la maladie de Hansen (lèpre) et du myélome multiple nouvellement diagnostiqué, un cancer du sang et de la moelle épinière. D'autres essais cliniques ont également montré l'efficacité de la thalidomide dans le traitement du sida, de la tuberculose, de plusieurs maladies inflammatoires et de certains types de cancer. En supposant qu'il soit possible de synthétiser en laboratoire des molécules dérivées de la thalidomide, décrivez dans ses grandes lignes le type d'expériences que vous pourriez effectuer afin d'améliorer les bienfaits de ce médicament et de limiter ses effets nocifs.

11. ÉCRIVEZ UN TEXTE

Structure et fonction En 1918, une épidémie de la maladie du sommeil a causé chez certains survivants un type de paralysie se manifestant par une forme rare de rigidité musculaire. Les symptômes présentés rappelaient la maladie de Parkinson à un stade avancé. Des années plus tard, on a administré à certains de ces patients de la lévodopa (L-dopa, en bas, à gauche), un médicament servant au traitement de la maladie de Parkinson. Comme dans le film *L'Éveil* (*Awakenings*), mettant en vedette Robin Williams, la lévodopa a contribué à éliminer leur paralysie, du moins temporairement. On a par la suite démontré que son énantiomère, la D-dopa (en bas, à droite), n'était d'aucune aide, comme on l'avait observé dans le cas du traitement de la maladie de Parkinson. Dans un court essai (de 100 à 150 mots), dites en quoi le fait que seul un des énantiomères de ce précurseur de la dopamine est efficace et illustre le lien entre structure et fonction.

L-dopa

D-dopa

RÉPONSES DU CHAPITRE 4

Questions des figures

Figure 4.2 Parce que la concentration des réactifs influe sur l'équilibre (voir le chapitre 2), il aurait pu y avoir plus de HCN par rapport à CH_2O, étant donné que la concentration du gaz réagissant contenant l'azote aurait été plus élevée.

Figure 4.4

```
        ..     ..     ..
Na•    •P•    •S:    •Cl:
        •      •      ..
```

Figure 4.6 Les chaînes hydrocarbonées des graisses ne comportent que des liaisons carbone-hydrogène dont la polarité est relativement faible. Comme les chaînes hydrocarbonées constituent la majeure partie d'une molécule de graisse, elles rendent la molécule globalement non polaire et, par conséquent, incapable de former des liaisons hydrogène avec l'eau.

Figure 4.7

```
        H
        |
      H-C-H
    H   |   H
    |   |   |
  H-C---C---C-H
    |   |   |
    H   |   H
      H-C-H
        |
        H
```

Figure 4.9 La molécule b, parce qu'elle comporte non seulement les deux atomes d'oxygène électronégatifs du groupement carboxyle, mais également un atome d'oxygène sur le carbone voisin (carbonyle). Tous ces atomes d'oxygène aident à effectuer la liaison entre le O et le H du groupement —OH plus polaire, donc rendent plus probable la dissociation de H^+.

Retour sur le concept 4.1

1. Avant l'expérience de Wöhler, l'opinion couramment admise était que seuls les êtres vivants pouvaient synthétiser des composés « organiques ». Wöhler a fabriqué de l'urée, un composé organique, sans l'intervention d'organismes vivants. **2.** L'étincelle a fourni l'énergie nécessaire à la réaction des molécules inorganiques de l'atmosphère. (Vous en apprendrez davantage sur l'énergie et les réactions chimiques au chapitre 8.)

Retour sur le concept 4.2

1.

```
H       H
 \     /
  C = C
 /     \
H       H
```

2. Les butanes en (b) sont des isomères de structure, de même que les butènes en (c). **3.** Les deux substances sont constituées principalement de chaînes d'hydrocarbures. **4.** Non. Il n'y a pas assez de diversité dans les atomes. Le propane ne peut pas former d'isomères de structure parce qu'il n'existe qu'une seule façon d'attacher les trois atomes de carbone l'un à l'autre (en ligne). Il n'y a pas de liaisons doubles, de sorte que l'isomérie *cis-trans* est impossible. Chaque atome de carbone est attaché à au moins deux atomes d'hydrogène, de sorte que la molécule est symétrique et ne peut pas avoir d'énantiomères.

Retour sur le concept 4.3

1. Il contient à la fois un groupement carboxyle (−COOH), d'où son appellation d'*acide*, et un groupement amine ($-NH_2$), d'où le terme *aminé*. **2.** La molécule d'ATP perd un groupement phosphate et devient de l'ADP. **3.** Un groupement chimique qui peut agir comme un acide a remplacé un groupement chimique qui peut agir comme une base, ce qui augmente les propriétés acides de la molécule. La configuration de la molécule changerait également, modifiant vraisemblablement les molécules avec lesquelles elle pourrait interagir. Le carbone central de la molécule originale de cystéine est asymétrique. Après le remplacement du groupement amine par un groupement carboxylique, ce carbone n'est plus asymétrique.

```
 O       H       O
  \\     |     //
    C -- C -- C
   /     |     \
 HO     CH2     OH
         |
         SH
```

Questions du résumé des concepts clés

4.1 Miller a démontré que les molécules organiques pouvaient se former dans des conditions physicochimiques qu'il croyait présentes sur la Terre primitive. La synthèse abiotique des molécules organiques aurait été une première étape dans l'origine de la vie. **4.2** L'acétone et le propanal sont des isomères de structure. L'acide acétique et la glycine n'ont pas de carbone asymétrique, alors que le glycérophosphate en a un. Par conséquent, le glycérophosphate peut exister sous forme d'énantiomères, mais pas l'acide acétique ni la glycine. **4.3** Le groupement méthyle est non polaire et n'est pas réactif. Les six autres groupes sont appelés groupements fonctionnels. Ils sont tous hydrophiles, ce qui augmente la solubilité des composés organiques dans l'eau, et ils peuvent participer à des réactions chimiques.

ÉVALUATION

1. b; **2.** b; **3.** d; **4.** d; **5.** a; **6.** b; **7.** a; **8.** La molécule à droite; le carbone central est asymétrique.

9.

```
  •
• Si •
  •
```

L'élément Si a quatre électrons de valence comme le carbone. Par conséquent, le silicium pourrait former de longues chaînes, comportant des ramifications, qui pourraient jouer le rôle de squelette pour de grosses molécules. Il serait capable de le faire beaucoup mieux que le néon (qui n'a aucun électron de valence) ou l'aluminium (qui en a trois).

5

Structure et fonction des molécules organiques complexes

▲ **Figure 5.1** **Pourquoi les scientifiques étudient-ils les structures des macromolécules ?**

CONCEPTS CLÉS

5.1 Les macromolécules sont des polymères synthétisés à partir de monomères
5.2 Les glucides servent de sources d'énergie et de matériaux de structure
5.3 Les lipides forment un groupe de molécules hydrophobes d'aspect varié
5.4 Les protéines possèdent plusieurs niveaux de structure, ce qui leur confère des fonctions très diversifiées
5.5 Les acides nucléiques emmagasinent et transmettent l'information génétique, et contribuent à son expression

INTRODUCTION

Les molécules de la vie

Étant donné la richesse et la complexité de la vie sur Terre, on s'attendrait à ce que les organismes soient constitués d'une extraordinaire variété de molécules. Toutefois, on constate avec étonnement que les molécules complexes d'importance déterminante pour tous les êtres vivants (des bactéries aux éléphants) appartiennent à seulement quatre classes principales : les glucides, les lipides, les protéines et les acides nucléiques. Les molécules de glucides, de protéines et d'acides nucléiques étant extrêmement volumineuses, on les appelle **macromolécules**. Par exemple, les protéines peuvent comporter des milliers d'atomes et constituer de véritables colosses moléculaires dont la masse peut largement dépasser 100 000 Da (daltons). Étant donné que les macromolécules sont d'une taille considérable et d'une incroyable complexité, il est remarquable que les biochimistes aient réussi à déterminer la structure détaillée d'un si grand nombre d'entre elles. La scientifique à l'avant-plan de la **figure 5.1** porte des lunettes stéréoscopiques pour visualiser la structure spatiale de la protéine affichée sur son écran.

Il est plus facile de saisir la fonction d'une macromolécule lorsqu'on comprend son architecture. Comme l'eau et les molécules organiques simples, les molécules biologiques complexes présentent des propriétés émergentes uniques dues à l'arrangement ordonné de leurs atomes. Dans ce chapitre, nous étudierons d'abord comment sont synthétisées les macromolécules. Puis, nous examinerons la structure et la fonction des molécules organiques complexes appartenant aux quatre classes, les glucides, les lipides, les protéines et les acides nucléiques.

CONCEPT **5.1**

Les macromolécules sont des polymères synthétisés à partir de monomères

Les macromolécules appartenant à trois des quatre classes de composés organiques, soit les glucides, les protéines et les acides nucléiques, sont des **polymères** (du grec *polus*, « plusieurs », et *meros*, « partie »). Un polymère est une molécule constituée d'un grand nombre d'unités structurales identiques ou semblables rattachées par des liaisons covalentes, comme un train formé d'une chaîne de wagons. Chacune des petites unités structurales formant un polymère s'appelle **monomère** (du grec *monos*, « un seul »). Certaines des molécules qui servent de monomères remplissent une fonction qui leur est propre.

La synthèse et la dégradation des polymères

Chaque classe de polymères est constituée d'un type différent de monomères, mais les mécanismes chimiques par lesquels les cellules synthétisent ou dégradent les macromolécules sont toujours les mêmes. Dans les cellules, ces processus font intervenir des **enzymes**, des macromolécules spécialisées qui accroissent la vitesse des réactions chimiques (**figure 5.2**). Les monomères se lient au cours d'une réaction dans laquelle deux molécules s'associent par une liaison covalente en même temps qu'il se forme une molécule d'eau. Il s'agit d'une **réaction de déshydratation** (**figure 5.2a**). Chaque fois que deux monomères s'unissent, chacun fournit une partie de la molécule d'eau éliminée au cours de la réaction : l'un d'eux perd un groupement hydroxyle (—OH), l'autre, un atome d'hydrogène (—H). Cette réaction se répète chaque fois qu'un

▼ **Figure 5.2** La synthèse et la dégradation des polymères.

(a) Réaction de déshydratation : la synthèse d'un polymère

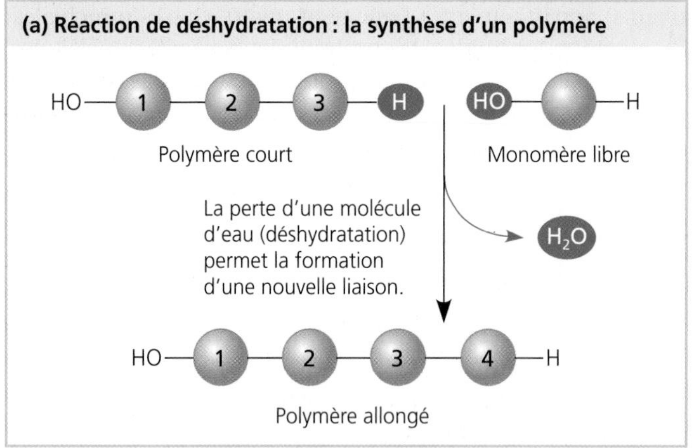

(b) Hydrolyse : dégradation d'un polymère

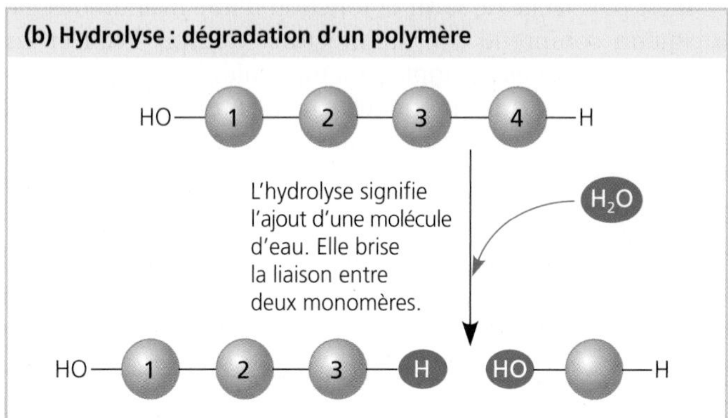

monomère est ajouté à la chaîne et aboutit à la formation du polymère.

Inversement, les polymères se scindent en monomères par hydrolyse, le processus inverse de la réaction de déshydratation (**figure 5.2b**). Le terme **hydrolyse** signifie «briser à l'aide de l'eau» (du grec *hudôr*, «eau», et *lusis*, «briser»). L'addition de molécules d'eau rompt la liaison entre les monomères; l'atome d'hydrogène provenant de l'eau s'attache à un monomère tandis que le groupement hydroxyle s'attache au monomère adjacent. Le processus de la digestion constitue un exemple d'hydrolyse. La majeure partie de la matière organique présente dans nos aliments se compose de polymères beaucoup trop volumineux pour entrer dans nos cellules. Dans le tube digestif, diverses enzymes accélèrent l'hydrolyse des polymères. Les monomères ainsi libérés traversent la paroi du tube digestif et passent dans la circulation sanguine, qui les distribue à toutes les cellules de l'organisme. Les cellules peuvent alors faire appel aux réactions de déshydratation pour assembler les monomères en nouveaux polymères différents qui répondent à leurs besoins particuliers.

La diversité des polymères

Chaque cellule d'un organisme contient des milliers de macromolécules différentes, dont un grand nombre varie d'un tissu à l'autre. Les différences qui existent entre les frères et sœurs, par exemple, témoignent de légères variations dans les polymères, notamment dans l'ADN et les protéines. Les différences moléculaires sont plus importantes entre les individus sans liens de parenté, et encore plus entre les espèces. La diversité des macromolécules dans le monde vivant est considérable; son potentiel tend vers l'infini.

D'où provient la pluralité des polymères? Ceux-ci ne s'élaborent qu'à partir de 40 à 50 monomères communs et de quelques autres plus rares. Créer une énorme variété de polymères à partir d'un nombre aussi limité de monomères, c'est comme former des centaines de milliers de mots à partir des 26 lettres de l'alphabet français. Tout réside dans l'arrangement, c'est-à-dire dans la façon particulière de combiner en séquence linéaire les unités structurales de base. Toutefois, l'analogie avec les mots du français ne rend pas bien compte de la grande diversité des macromolécules, car la plupart des polymères biologiques comportent beaucoup plus de monomères que le nombre de lettres dans le mot le plus long. Les protéines, par exemple, sont fabriquées à partir de 20 acides aminés différents arrangés en chaînes qui peuvent compter plusieurs centaines d'acides aminés. La vie s'articule autour de cette logique moléculaire simple, mais efficace: de petites molécules communes à tous les organismes s'agencent en macromolécules distinctes.

Malgré cette immense diversité, les structures moléculaires et les fonctions peuvent être regroupées de façon générale en classes. Examinons chacune des quatre classes principales de macromolécules biologiques. Nous verrons que les molécules complexes de chacune de ces classes ont des propriétés que leurs monomères ne possèdent pas, une autre manifestation de l'émergence.

RETOUR SUR LE CONCEPT 5.1

1. Nommez les quatre principales classes de macromolécules biologiques. Quelle classe n'est pas constituée de polymères?
2. Combien de molécules d'eau faut-il pour hydrolyser complètement un polymère formé de dix monomères?
3. **ET SI?** Supposons que vous mangez une portion de poisson. Quelles réactions doivent se produire pour convertir les acides aminés (monomères) contenus dans les protéines de poisson en nouvelles protéines de votre organisme?

Voir les réponses proposées à la fin du chapitre.

CONCEPT 5.2

Les glucides servent de sources d'énergie et de matériaux de structure

La classe des **glucides** comprend aussi bien des glucides que des polymères de glucides. Les glucides les plus simples sont les monosaccharides ou glucides simples; ce sont des monomères à partir desquels sont synthétisés les glucides plus complexes. Les disaccharides sont des glucides doubles qui résultent de l'union de deux monosaccharides unis par une liaison covalente. Les glucides comprennent également des macromolécules appelées polysaccharides, c'est-à-dire des polymères formés de nombreux monosaccharides (monomères).

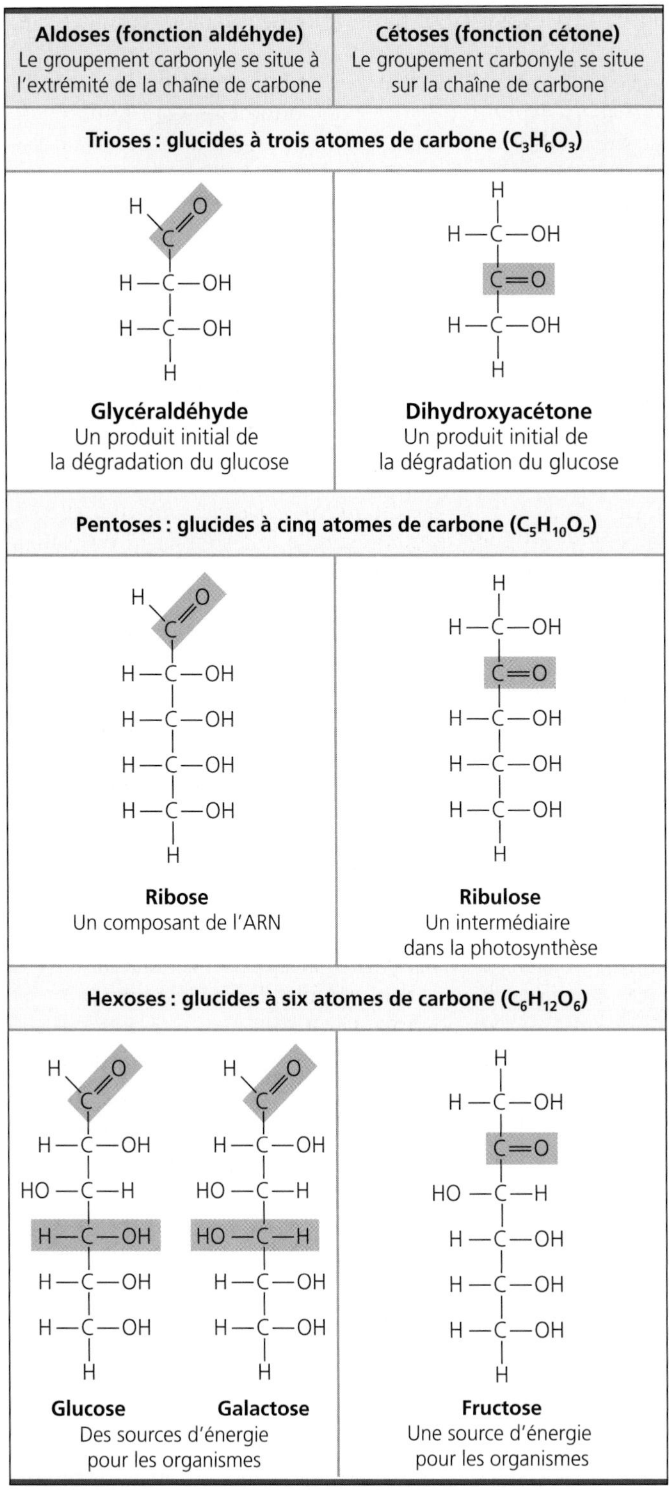

Aldoses (fonction aldéhyde) Le groupement carbonyle se situe à l'extrémité de la chaîne de carbone	Cétoses (fonction cétone) Le groupement carbonyle se situe sur la chaîne de carbone
Trioses : glucides à trois atomes de carbone ($C_3H_6O_3$)	
Glycéraldéhyde Un produit initial de la dégradation du glucose	**Dihydroxyacétone** Un produit initial de la dégradation du glucose
Pentoses : glucides à cinq atomes de carbone ($C_5H_{10}O_5$)	
Ribose Un composant de l'ARN	**Ribulose** Un intermédiaire dans la photosynthèse
Hexoses : glucides à six atomes de carbone ($C_6H_{12}O_6$)	
Glucose **Galactose** Des sources d'énergie pour les organismes	**Fructose** Une source d'énergie pour les organismes

▲ **Figure 5.3 Structure et classification de quelques monosaccharides.** Les monosaccharides se distinguent selon la position de leur groupement carbonyle (orange), la longueur de leur chaîne carbonée et l'arrangement spatial autour d'un atome de carbone asymétrique (comparez, par exemple, les parties en violet dans le glucose et le galactose).

FAITES DES LIENS *Dans les années 1970, on a mis au point un procédé permettant de convertir le glucose contenu dans le sirop de maïs en fructose, un isomère au pouvoir sucrant plus puissant. Le sirop de maïs à haute teneur en fructose, un ingrédient courant dans les boissons gazeuses et les aliments transformés, est un mélange de glucose et de fructose. Quel type d'isomères représentent le glucose et le fructose? Voir la figure 4.7 (p. 68).*

Les monosaccharides et les disaccharides

Les **monosaccharides** (du grec *monos*, «un seul», et *sakkharon*, «sucre») ont habituellement des formules moléculaires qui sont des multiples de CH_2O. Le glucose ($C_6H_{12}O_6$), le monosaccharide le plus courant, joue un rôle capital dans la chimie des êtres vivants. Sa structure révèle qu'il s'agit d'un glucide: la molécule possède un groupement carbonyle (C═O) et de nombreux groupements hydroxyle (—OH) (**figure 5.3**). Selon la position du groupement carbonyle, un monosaccharide est soit un aldose (le carbonyle fait partie de la classe fonctionnelle des aldéhydes), soit un cétose (le carbonyle fait partie des cétones). Par exemple, le glucose est un aldose, alors que le fructose, un isomère du glucose, est un cétose. (La plupart des noms de glucides se terminent en *-ose*.) La longueur des chaînes carbonées est un autre facteur de classification des monosaccharides; celles-ci sont constituées de trois à sept atomes de carbone. Le glucose, le fructose et les autres monosaccharides qui possèdent six atomes de carbone se nomment hexoses. Les trioses (qui ont trois atomes de carbone) et les pentoses (qui en ont cinq) sont également répandus dans la nature.

L'arrangement spatial autour d'un atome de carbone, parfois asymétrique, contribue à la diversité des monosaccharides, qui forment de nombreux isomères. (Nous avons vu qu'un atome de carbone asymétrique est lié à quatre atomes ou groupes d'atomes différents.) Le glucose et le galactose, par exemple, diffèrent seulement par la disposition de leurs groupements hydroxyle autour d'un carbone asymétrique (voir les sections violettes dans la figure 5.3). Cette différence peut sembler minime, mais elle suffit à donner à ces deux monosaccharides une forme et un comportement distincts.

Bien qu'il soit commode de représenter le glucose sous forme de chaîne carbonée linéaire, cette schématisation n'est pas tout à fait exacte. En effet, dans une solution aqueuse, les molécules de glucose se présentent surtout sous une forme cyclique, comme la majorité des autres monosaccharides à cinq ou à six carbones (**figure 5.4**).

Les monosaccharides, particulièrement le glucose, sont des nutriments essentiels aux cellules. Au cours des processus appelés respiration cellulaire et fermentation, les cellules récupèrent l'énergie dans une série de réactions dont les produits de départ sont des molécules de glucose. Les monosaccharides ne constituent pas seulement une source d'énergie importante pour le travail cellulaire; leur squelette carboné sert également de matière première à la synthèse d'autres petites molécules organiques, comme les acides aminés et les acides gras. Lorsque leur énergie ou leurs atomes de carbone ne sont pas immédiatement utilisés pour le travail cellulaire, ils s'incorporent à titre de monomères à des disaccharides ou à des polysaccharides.

Un **disaccharide** se compose de deux monosaccharides unis par une liaison covalente, appelée **liaison glycosidique**, qui se forme lors d'une réaction de déshydratation. Par exemple, le maltose est un disaccharide formé par la liaison de deux molécules de glucose (**figure 5.5a**). Il est également appelé sucre de malt, et il constitue un ingrédient important dans la fabrication de la bière. Le disaccharide le plus répandu est le saccharose, plus connu sous le nom de sucre granulé. Ses deux monomères sont le glucose et le fructose (**figure 5.5b**).

(a) **Représentations linéaire et cyclique.** L'équilibre chimique entre les structures linéaire et cyclique favorise grandement la formation cyclique (en forme de polygone). Les carbones du monosaccharide sont numérotés de 1 à 6, tel qu'illustré. Lorsque le carbone 1 de la chaîne linéaire se lie à l'oxygène attaché au carbone 5, un cycle est formé.

(b) **Représentation cyclique abrégée.** Chaque sommet représente un atome de carbone. Le côté du cycle qui apparaît en gras est orienté vers vous ; ainsi, les composantes attachées à l'anneau se situent au-dessus et au-dessous du plan du cycle.

▲ **Figure 5.4 Les représentations linéaire et cyclique du glucose.**

FAITES UN DESSIN *À partir de la structure linéaire du fructose que vous aurez préalablement tracée (voir la figure 5.3), dessinez la formation du cycle du fructose en procédant en deux étapes. Commencez par numéroter les atomes de carbone en partant du sommet de la structure linéaire, puis reliez le carbone 5 par l'intermédiaire de son atome d'oxygène au carbone 2. Comparez le nombre d'atomes de carbone dans les cycles de fructose et de glucose.*

(a) **Synthèse du maltose par une réaction de déshydratation.** La combinaison de deux molécules de glucose donne une molécule de maltose. Une liaison glycosidique s'établit entre le carbone 1 d'un glucose et le carbone 4 de l'autre glucose. L'union de ces deux monomères à un autre emplacement aboutirait à la formation d'un disaccharide différent.

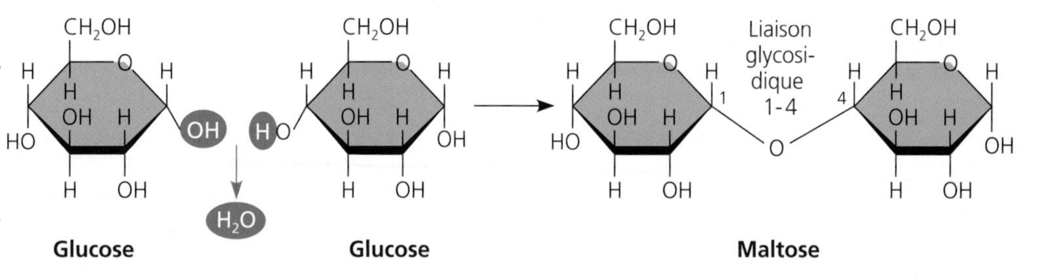

(b) **Synthèse du saccharose par une réaction de déshydratation.** Le saccharose est un disaccharide formé d'une molécule de glucose et d'une molécule de fructose. Remarquez que le fructose, bien qu'il soit un hexose comme le glucose, forme un cycle à cinq côtés plutôt qu'à six.

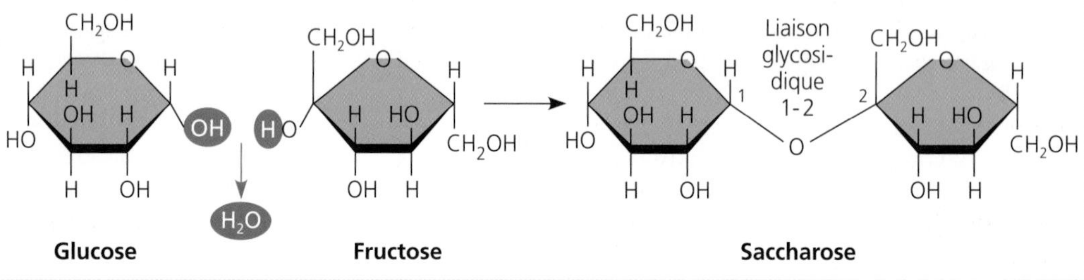

▲ **Figure 5.5 Exemples de la synthèse de disaccharides.**

FAITES UN DESSIN *En vous reportant à la figure 5.4, numérotez les carbones sur chaque glucide dans la présente figure. Montrez comment la numérotation est conforme au nom de la liaison glycosidique dans chaque disaccharide.*

C'est sous forme de saccharose que les glucides élaborés dans les feuilles des plantes se rendent jusqu'aux aux racines et aux autres organes non photosynthétiques. Le glucide présent dans le lait, le lactose, est aussi un disaccharide; mais celui-ci est formé d'une molécule de glucose liée à une molécule de galactose.

Les polysaccharides

Les **polysaccharides** sont des macromolécules, soit des polymères composés de quelques centaines à quelques milliers de monosaccharides unis par des liaisons glycosidiques. Certains polysaccharides jouent le rôle de substances de réserve et sont hydrolysés en fonction des besoins de la cellule en monosaccharides. D'autres polysaccharides servent de matière première destinée à l'édification des structures protégeant la cellule ou l'organisme entier. L'architecture et la fonction d'un polysaccharide sont déterminées par la nature de ses monomères et par la position des liaisons glycosidiques.

Les polysaccharides de réserve

Les Végétaux et les Animaux emmagasinent des monosaccharides sous forme de polysaccharides de réserve pour un usage ultérieur. Les Végétaux emmagasinent l'**amidon**, un

(a) Amidon : un polysaccharide des Végétaux. Cette micrographie montre un fragment de cellule végétale avec un chloroplaste, l'organite cellulaire où le glucose est synthétisé puis emmagasiné sous forme de granules d'amidon. L'amylose (chaîne non ramifiée) et l'amylopectine (chaîne ramifiée) composent l'amidon.

(b) Glycogène : un polysaccharide des Animaux. Les Animaux emmagasinent le glycogène sous forme de granules dans leurs cellules hépatiques et musculaires, comme le montre la micrographie d'une partie d'une cellule hépatique contenant des amas denses bien visibles. Les mitochondries sont des organites cellulaires qui contribuent à fragmenter le glucose libéré par le glycogène. Notez que le glycogène est plus ramifié que l'amylopectine.

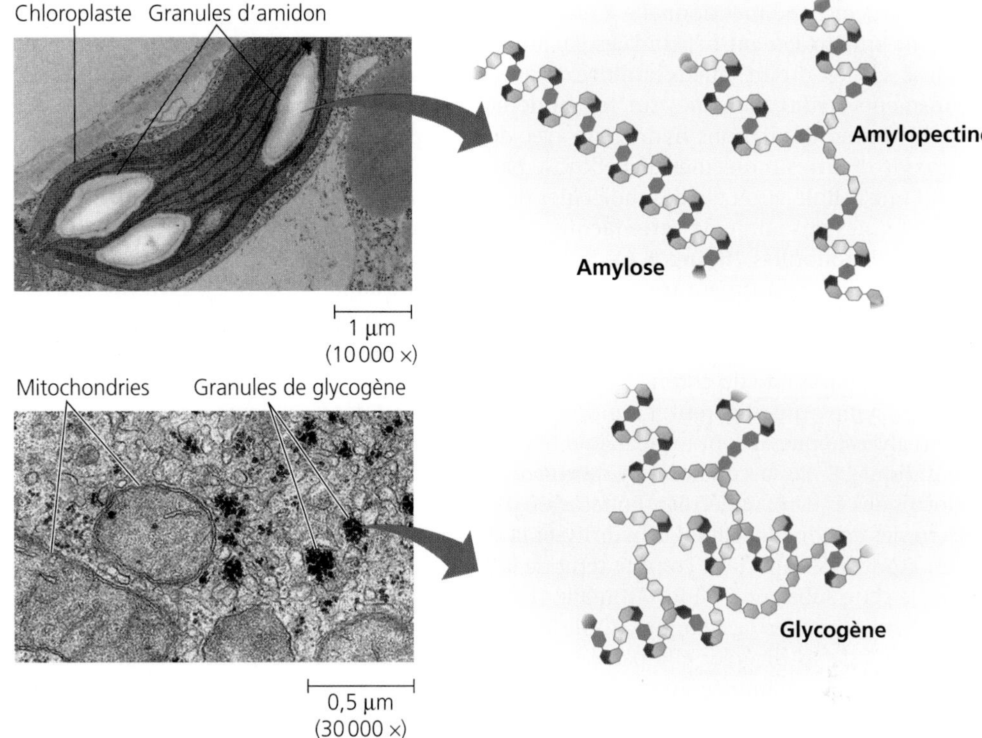

▲ **Figure 5.6 Les polysaccharides de réserve des Végétaux et des Animaux.** Les exemples ci-dessus montrent des molécules d'amidon et de glycogène. Celles-ci sont entièrement constituées de molécules de glucose, représentées ici par des hexagones. L'angle des liaisons 1-4 confère à ces chaînes polymériques une forme hélicoïdale dans les parties non ramifiées.

polymère formé de glucose, sous forme de granules dans des structures cellulaires appelées plastes, tels que les chloroplastes. En synthétisant l'amidon, les Végétaux constituent des réserves de glucose, une source d'énergie cellulaire importante. Par la suite, la cellule peut puiser dans ces réserves en faisant appel à des réactions d'hydrolyse qui rompent les liaisons entre les monomères de glucose. La plupart des Animaux, y compris les êtres humains, possèdent également des enzymes qui hydrolysent l'amidon des nutriments et libèrent du glucose, qui servira de nutriment aux cellules. La pomme de terre et les céréales (comme le blé, le maïs, le riz et les autres graminées) sont les principales sources d'amidon du régime alimentaire des humains.

La plupart des monomères de glucose qui composent l'amidon sont unis par des liaisons glycosidiques 1-4 (entre le carbone 1 d'une molécule de glucose et le carbone 4 de la suivante), comme les unités de glucose dans le maltose (voir la figure 5.5a). L'amidon a deux composantes : la plus simple, l'amylose, est constituée d'une chaîne non ramifiée ; la plus complexe, l'amylopectine, est faite d'une chaîne ramifiée comportant des liaisons glycosidiques 1-6 aux embranchements. Ces deux formes d'amidon sont illustrées à la **figure 5.6a**.

Les Animaux emmagasinent un polysaccharide appelé **glycogène**, un polymère du glucose semblable à l'amylopectine, mais plus ramifié (**figure 5.6b**) : les ramifications se rencontrent à tous les 30 monomères dans le cas de l'amylopectine et à tous les 10 à 12 monomères dans le cas du glycogène. Les êtres humains et les autres Vertébrés emmagasinent du glycogène principalement dans les cellules du foie et dans les muscles. L'hydrolyse de ce polysaccharide libère du glucose dans ces cellules lorsque les besoins en monosaccharides augmentent. Cependant, cette énergie de réserve ne soutient pas un animal bien longtemps. La réserve de glycogène des êtres humains, par exemple, s'épuise en un jour environ si aucun aliment ne vient la réapprovisionner. C'est un sujet de préoccupation dans les régimes pauvres en glucides.

Les polysaccharides structuraux

Certains organismes fabriquent des matériaux solides à partir de polysaccharides structuraux. Par exemple, le polysaccharide appelé **cellulose** est un constituant important, car il est à l'origine de la grande résistance de la paroi des cellules végétales. Pris dans leur ensemble, les Végétaux de la biosphère produisent environ 10^{14} kg de cellulose par année, soit 100 milliards de tonnes ; il s'agit du composé organique le plus abondant sur la Terre. Comme l'amidon, la cellulose est un polymère de glucose ; toutefois, les liaisons glycosidiques de ces deux polymères ne sont pas identiques. En effet, le cycle du glucose existe sous deux formes (**figure 5.7a**) : le groupement hydroxyle lié au carbone 1 peut se situer soit au-dessous, soit au-dessus du plan de l'anneau. Ces deux formes cycliques du glucose se nomment respectivement alpha (α) et bêta (β). Dans l'amidon, tous les monomères de glucose présentent la configuration α (**figure 5.7b**), l'arrangement que nous avons vu aux figures 5.4 et 5.5. Dans la cellulose, par contre, tous les monomères prennent la configuration β, de sorte que chaque monomère de glucose est inversé par rapport aux monomères adjacents (**figure 5.7c**).

Étant donné que les molécules d'amidon et de cellulose ont des liaisons glycosidiques différentes, elles diffèrent aussi par leur structure tridimensionnelle. Certaines molécules d'amidon sont principalement hélicoïdales. Quant à la molécule de cellulose, elle est droite, jamais ramifiée, et quelques-uns de ses groupements hydroxyle situés sur les monomères de glucose peuvent former des liaisons hydrogène avec des groupements hydroxyle d'autres molécules de cellulose parallèles. Dans la paroi d'une cellule végétale, des molécules de cellulose parallèles, retenues ensemble de cette façon, s'associent en unités appelées microfibrilles (**figure 5.8**). Semblables à des câbles, ces microfibrilles constituent un matériau de soutien résistant pour les Végétaux et une substance importante pour les êtres humains, car la cellulose est le principal constituant du papier et la seule composante du coton.

Les enzymes qui digèrent l'amidon en hydrolysant les liaisons glycosidiques α sont incapables d'hydrolyser les liaisons glycosidiques β de la cellulose en raison des configurations distinctes de ces deux molécules. En fait, peu d'organismes produisent des enzymes capables d'hydrolyser la cellulose, ce qui est un atout très important compte tenu de la fonction structurale de cette substance. Ni les Animaux ni les êtres humains ne peuvent dégrader la cellulose. Celle que contiennent les aliments n'est pas digérée: elle passe tout droit dans le tube digestif et elle est éliminée avec les matières fécales. En érodant les parois du tube digestif, la cellulose stimule la sécrétion de mucus, lequel facilite le passage des aliments. Donc, même si la cellulose ne constitue pas un nutriment pour les humains, elle fait partie de tout régime alimentaire sain. On en trouve en grande quantité dans la plupart des fruits, dans les légumes et dans les céréales. Le terme *fibres insolubles* qui figure sur les emballages des produits alimentaires désigne surtout la cellulose.

Certains microorganismes digèrent la cellulose en la décomposant en monomères de glucose. Par exemple, les premiers compartiments de l'estomac d'une vache abritent une grande variété de microorganismes capables d'en assurer la digestion. Dans ces compartiments appelés panse et bonnet, ces microorganismes hydrolysent la cellulose du foin et de l'herbe et transforment le glucose en d'autres composés qui deviennent des nutriments pour la vache. De même, les termites ne peuvent digérer la cellulose provenant du bois dont ils se nourrissent, mais cette tâche est réalisée par des microorganismes qui colonisent leur intestin. Certaines moisissures (champignons microscopiques) hydrolysent la cellulose; elles accomplissent ainsi une fonction essentielle à la circulation de la matière dans les écosystèmes.

La **chitine** est un autre polysaccharide structural important. Les Arthropodes, parmi lesquels figurent les Insectes, les Araignées et les Crustacés, synthétisent de la chitine pour construire leur exosquelette (**figure 5.9**). Un exosquelette est une enveloppe rigide qui recouvre les parties molles d'un animal, telle la carapace d'un homard. La chitine pure est flexible et ressemble à du cuir, mais elle durcit lorsqu'elle est imprégnée de carbonate de calcium. On trouve également de la chitine chez les Champignons (Eumycètes), où ce polysaccharide remplace la cellulose comme matériau de construction de leur paroi cellulaire. Avec ses liaisons β, la chitine ressemble à la cellulose, sauf pour ce qui est de son monomère de glucose, qui possède une chaîne latérale contenant de l'azote (voir la figure 5.9, en haut à droite).

RETOUR SUR LE CONCEPT 5.2

1. Écrivez la formule d'un monosaccharide à trois carbones.
2. Une réaction de déshydratation unit deux molécules de glucose pour former le maltose. Si la formule du glucose est $C_6H_{12}O_6$, quelle est celle du maltose?

(*suite p. 82*)

(a) Structures cycliques α et β du glucose. Ces deux formes interchangeables de glucose diffèrent par la position du groupement hydroxyle (en bleu) attaché au carbone 1.

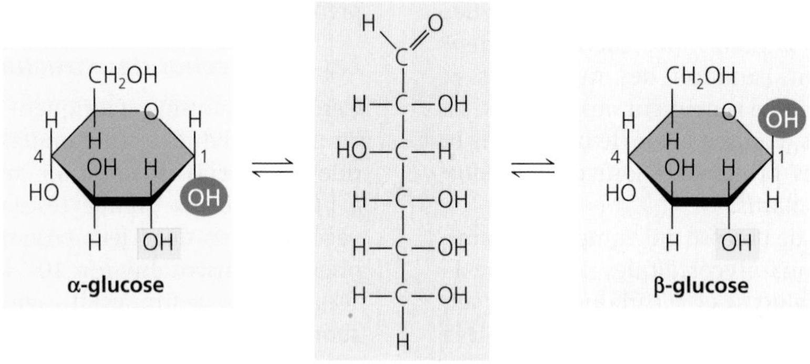

α-glucose ⇌ ⇌ β-glucose

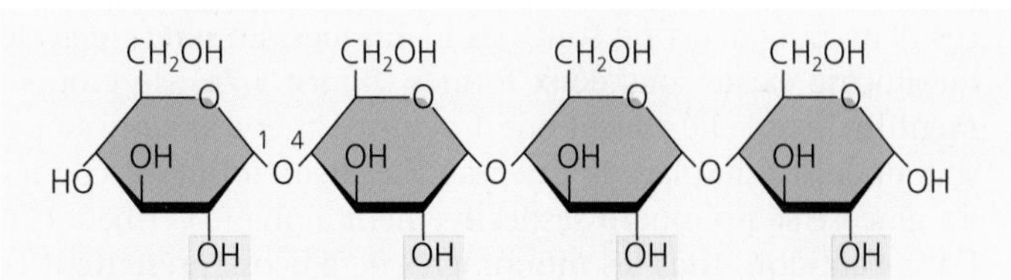

(b) Amidon : liaison glycosidique 1-4 entre les monomères de glucose α. Tous les monomères possèdent la même orientation. Comparez les positions des groupements –OH mis en évidence en jaune avec ceux de la cellulose (c).

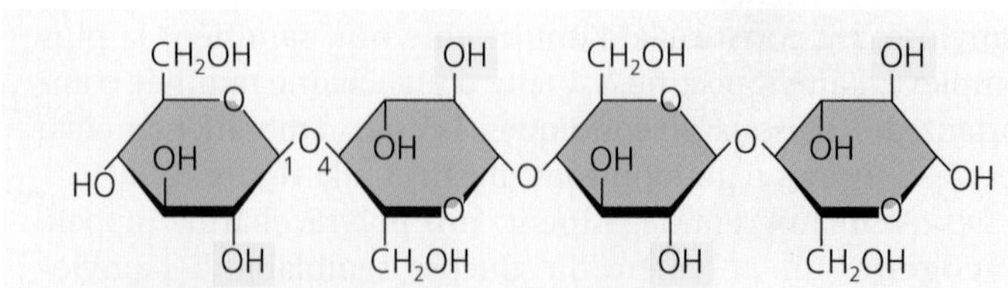

(c) Cellulose : liaison glycosidique 1-4 entre les monomères de glucose β. Dans la cellulose, chaque monomère de glucose β est inversé par rapport aux monomères adjacents.

▲ **Figure 5.7 Les structures de l'amidon et de la cellulose.**

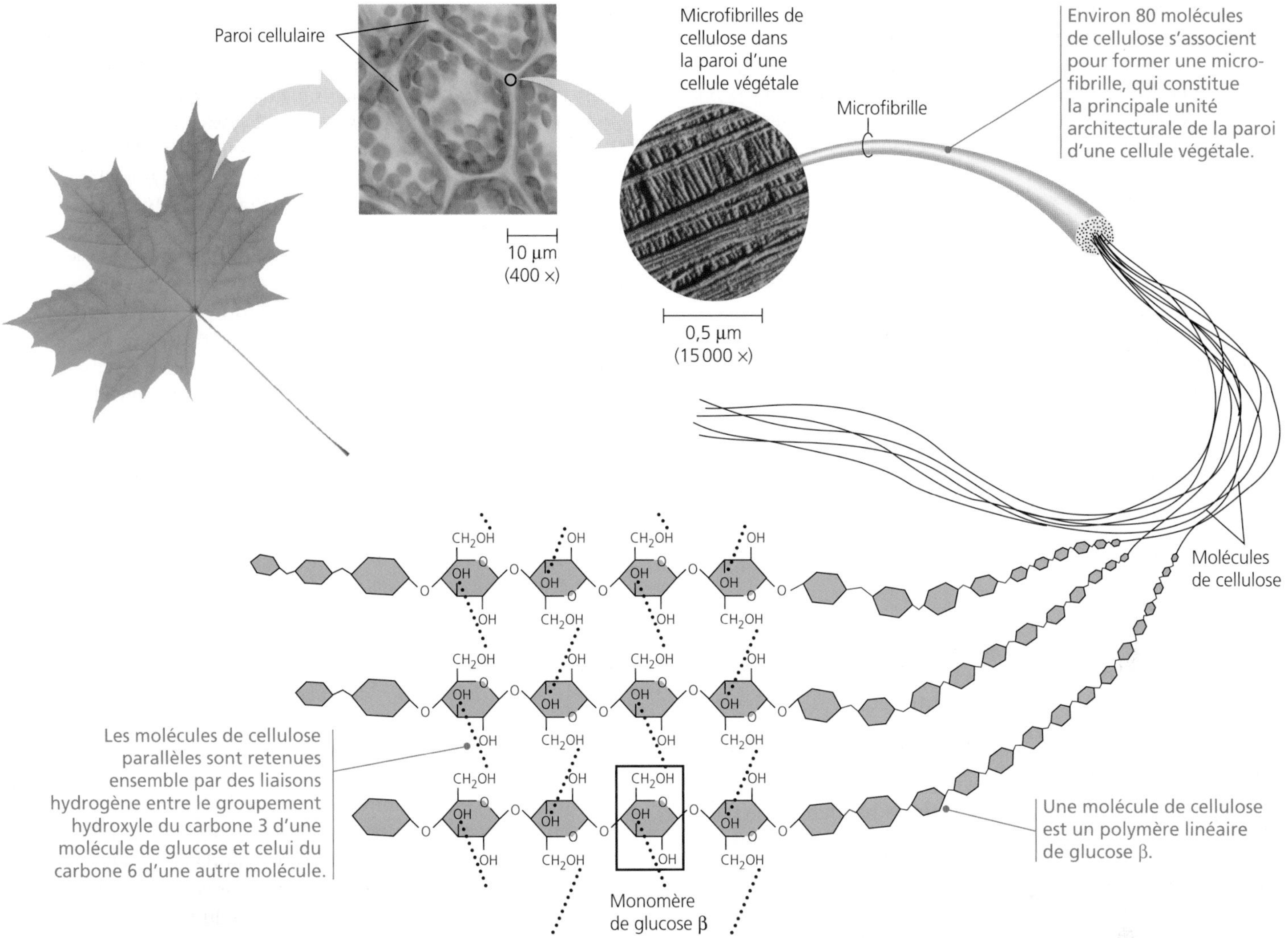

Paroi cellulaire

Microfibrilles de cellulose dans la paroi d'une cellule végétale

Microfibrille

Environ 80 molécules de cellulose s'associent pour former une microfibrille, qui constitue la principale unité architecturale de la paroi d'une cellule végétale.

10 μm (400 ×)

0,5 μm (15 000 ×)

Molécules de cellulose

Les molécules de cellulose parallèles sont retenues ensemble par des liaisons hydrogène entre le groupement hydroxyle du carbone 3 d'une molécule de glucose et celui du carbone 6 d'une autre molécule.

Une molécule de cellulose est un polymère linéaire de glucose β.

Monomère de glucose β

▲ **Figure 5.8 L'arrangement de la cellulose dans la paroi des cellules végétales.**

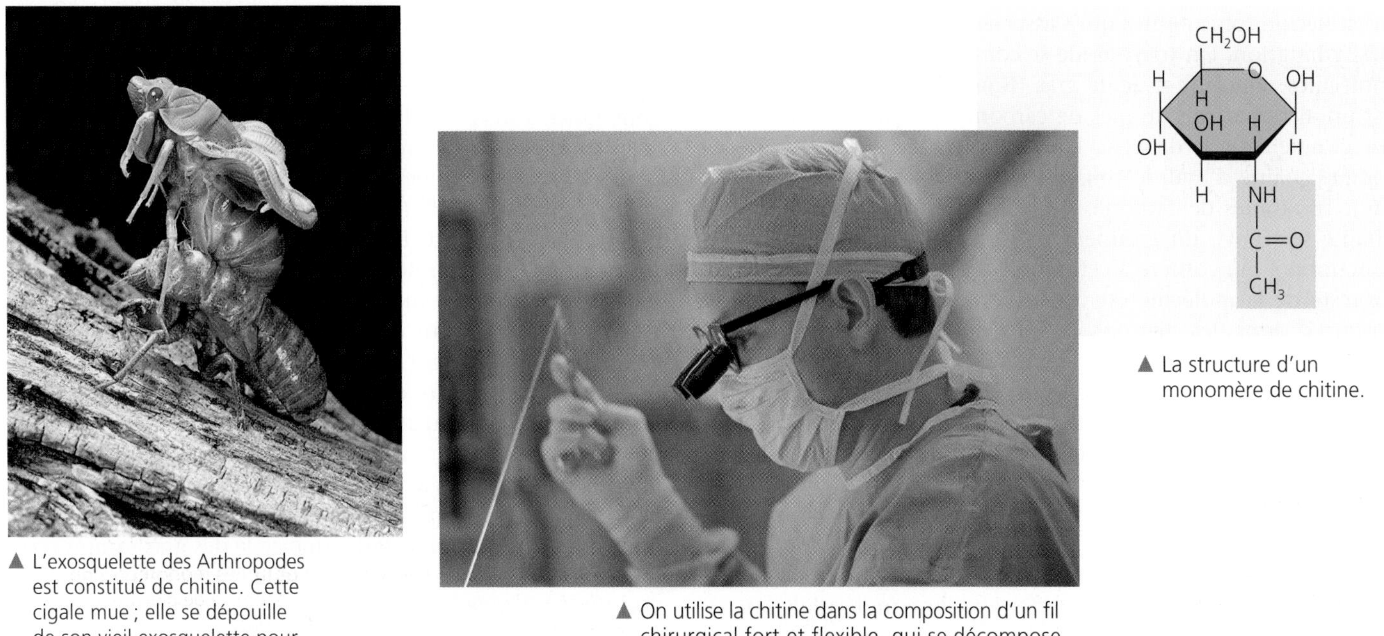

▲ La structure d'un monomère de chitine.

▲ L'exosquelette des Arthropodes est constitué de chitine. Cette cigale mue ; elle se dépouille de son vieil exosquelette pour apparaître dans sa forme adulte.

▲ On utilise la chitine dans la composition d'un fil chirurgical fort et flexible, qui se décompose après la guérison de la plaie ou de l'incision.

▲ **Figure 5.9 La chitine, un polysaccharide structural.**

3. **ET SI ?** Après avoir traité une vache par des antibiotiques pour une infection, un vétérinaire lui fait prendre un breuvage contenant diverses espèces microbiennes intestinales. Pourquoi ce traitement est-il nécessaire ?

Voir les réponses proposées à la fin du chapitre.

CONCEPT 5.3

Les lipides forment un groupe de molécules hydrophobes d'aspect varié

La classe des lipides est formée de molécules biologiques plus ou moins complexes qui ne sont pas de vrais polymères et ne sont pas assez grosses pour être considérées comme des macromolécules. Les **lipides** sont des composés regroupés en fonction d'une caractéristique commune importante : ils ne se mélangent pas, sinon très peu, avec l'eau. Leur comportement hydrophobe repose sur leur structure moléculaire. Bien qu'ils contiennent quelques liaisons polaires associées à l'oxygène, ils sont en majeure partie constitués d'hydrocarbures. Ils forment un groupe très hétérogène, dont les éléments varient par leur structure et leur fonction. Les lipides comprennent notamment les cires (qui imperméabilisent les feuilles des plantes) ainsi que certains pigments végétaux ou animaux, mais nous ne nous attarderons ici que sur les familles les plus importantes : les triglycérides, les phosphoglycérolipides et les stéroïdes.

Les triglycérides

Les triglycérides sont de grosses molécules construites à partir de molécules plus petites qui s'associent par des réactions de déshydratation. Un triglycéride se compose de deux types de molécules : glycérol et acide gras (**figure 5.10a**). Le glycérol est un alcool à trois atomes de carbone, qui portent chacun un groupement hydroxyle. L'**acide gras**, lui, possède une longue chaîne d'hydrocarbures comptant habituellement de 16 à 18 atomes de carbone. À l'une des extrémités de cette chaîne se trouve un groupement carboxyle, le groupement fonctionnel qui confère à cette molécule le nom d'*acide gras*. Le reste de la molécule est constitué d'une chaîne d'hydrocarbures dont les liaisons C—H sont relativement non polaires, ce qui explique le caractère hydrophobe des triglycérides. Ces chaînes ne se dissolvent pas dans l'eau, parce que les molécules d'eau établissent des liaisons hydrogène entre elles, repoussant ainsi les triglycérides. C'est la raison pour laquelle, dans une vinaigrette, l'huile végétale (un triglycéride liquide à la température ambiante) se sépare de la solution aqueuse de vinaigre.

Un triglycéride se forme lorsque trois molécules d'acides gras s'unissent par des liaisons ester avec une molécule commune de glycérol. (Une liaison ester est une liaison entre un groupement hydroxyle et un groupement carboxyle.) Le triglycéride produit est aussi appelé **triacylglycérol**. On trouve souvent le terme *triglycéride* dans la liste des ingrédients figurant sur les emballages alimentaires. Dans une molécule de triglycéride, les acides gras peuvent être identiques ou ils peuvent être différents, comme dans la **figure 5.10b**.

En nutrition, on utilise souvent les expressions *gras saturés* et *gras insaturés* (**figure 5.11**). Celles-ci font référence à la structure de la chaîne hydrocarbonée des acides gras. S'il n'y a pas de liaisons doubles entre des atomes du squelette carboné, un maximum d'atomes d'hydrogène est lié à l'acide gras. Une telle structure est dite *saturée* d'hydrogène et forme ainsi un **acide gras saturé** (**figure 5.11a**). Un **acide gras insaturé**, par contre, comporte une ou plusieurs liaisons doubles, et il y a un atome d'hydrogène en moins sur chaque carbone engagé dans une telle liaison ; on parlera alors d'acide gras *monoinsaturé* (une seule liaison double) ou *polyinsaturé* (deux liaisons doubles ou plus). Presque toutes les liaisons doubles dans les acides gras d'origine naturelle prennent une configuration *cis*, ce qui crée un angle dans la chaîne d'hydrocarbures partout où elles s'établissent (**figure 5.11b**). (Voir la figure 4.7, p. 68, pour vous rappeler les notions de liaisons doubles *cis* et *trans*.)

Un triglycéride composé d'acides gras saturés est dit saturé. C'est le cas de la plupart des triglycérides animaux : leurs chaînes carbonées (les « queues » des molécules de triglycéride) ne portent aucune liaison double, et leur flexibilité permet aux molécules de triglycérides de s'agglomérer fermement. C'est pourquoi les triglycérides animaux saturés, comme le saindoux et le beurre, sont solides à la température ambiante ; on les appelle communément graisses. Par contre, les triglycérides végétaux (extraits des graines des plantes) et ceux des poissons sont généralement insaturés : ils comportent un ou plusieurs types d'acides gras insaturés. Ils sont habituellement liquides à la température ambiante, et on les appelle huiles (on dit, par exemple, huile d'olive et huile de foie de morue). Dans une huile, les liaisons doubles *cis* forment des angles prononcés qui empêchent les molécules de s'agglomérer de façon à former un solide à la température ambiante. L'expression « huile végétale hydrogénée », souvent mentionnée sur les étiquettes des aliments, signifie que des triglycérides insaturés ont été convertis en triglycérides plus ou moins saturés par l'addition d'hydrogène grâce à un procédé industriel. Le beurre d'arachide, la margarine et de nombreux autres produits sont hydrogénés pour empêcher les lipides de se séparer et de se liquéfier.

Un régime alimentaire riche en triglycérides saturés est un des facteurs qui contribuent à l'apparition de l'athérosclérose, une maladie cardiovasculaire. Dans cette affection, des dépôts appelés athéromes se forment sur les parois des vaisseaux sanguins, créant des saillies internes qui entravent la circulation et réduisent l'élasticité des vaisseaux. Des études récentes ont démontré que l'hydrogénation des triglycérides végétaux produit non seulement des gras saturés, mais aussi des gras insaturés comportant des liaisons doubles *trans*, liaisons rares dans les acides gras naturels (voir la figure 4.7b). La contribution des ***gras trans*** à l'athérosclérose et à d'autres problèmes est plus importante que celle des gras saturés (voir le chapitre 42). Santé Canada limite la teneur totale en acides gras *trans* à 2 % de la teneur totale en graisses pour les huiles végétales et les margarines molles et tartinables, et à 5 % de la teneur totale en graisses pour tous les autres aliments, y compris ceux vendus dans les restaurants. Quelques villes des

Acide gras
(dans le cas présent, l'acide palmitique ou hexadécanoïque)

Glycérol

(a) Une des trois réactions de déshydratation dans la synthèse d'un triglycéride

Liaison ester

(b) Molécule de triglycéride (triacylglycérol)

▲ **Figure 5.10 La synthèse et la structure d'un triglycéride, ou triacylglycérol.** Le triglycéride se compose d'une molécule de glycérol et de trois molécules d'acides gras. **(a)** Il y a libération d'une molécule d'eau chaque fois qu'un acide gras, se lie au glycérol. **(b)** Cette molécule de triglycéride possède trois acides gras, dont deux sont identiques. Les atomes de carbone des chaînes d'acides gras sont disposés en zigzag, ce qui indique les orientations réelles des quatre liaisons simples qui émergent de chacun d'eux (voir la figure 4.3a, p. 65).

États-Unis et au moins un pays, le Danemark, ont même banni l'utilisation des gras *trans* dans les restaurants.

Certains acides gras insaturés doivent faire partie du régime alimentaire des êtres humains, car l'organisme est incapable de les synthétiser. Ces acides gras essentiels comprennent les acides gras oméga-3 (qui portent ce nom à cause de la liaison double sur la troisième liaison carbone-carbone à partir de l'extrémité de la chaîne carbonée). Ils sont requis pour le développement normal des enfants et contribueraient, en outre, à prévenir les maladies cardiovasculaires chez les adultes. Les poissons gras et certains triglycérides végétaux ou de palmiste sont riches en acides gras oméga-3.

La fonction principale des triglycérides consiste à emmagasiner de l'énergie. Les hydrocarbures qu'ils contiennent ressemblent aux molécules d'essence et sont aussi riches en énergie. Un gramme de triglycéride emmagasine plus de deux fois la quantité d'énergie contenue dans un gramme de polysaccharide comme l'amidon. En raison de leur relative immobilité, les Végétaux peuvent très bien fonctionner avec des réserves énergétiques volumineuses sous forme d'amidon. (Les triglycérides végétaux sont généralement obtenus des graines, dont les réserves moins volumineuses constituent un atout pour la plante sur le plan de la reproduction.) Les Animaux, par contre, doivent transporter leur bagage d'énergie avec eux, de sorte qu'il est avantageux pour eux d'avoir une réserve d'énergie plus compacte: les triglycérides solides. Les êtres humains et les autres Mammifères accumulent leurs réserves d'énergie à long terme dans leurs cellules adipeuses (voir la figure 4.6a, p. 67), qui s'emplissent ou se vident selon que le triglycéride y est emmagasiné ou en est retiré. Le tissu adipeux sert aussi d'amortisseur protégeant les organes vitaux (les reins, par exemple). Le tissu adipeux sous-cutané assure également une isolation thermique; il est particulièrement épais chez les baleines, les phoques et la plupart des autres Mammifères marins, afin de les protéger des eaux froides de la mer.

▼ **Figure 5.11 Les triglycérides et les acides gras saturés et insaturés.**

(a) Triglycéride saturé

À la température ambiante, les molécules d'un triglycéride saturé, comme le beurre, sont étroitement agglomérées et forment un solide appelé **graisse**.

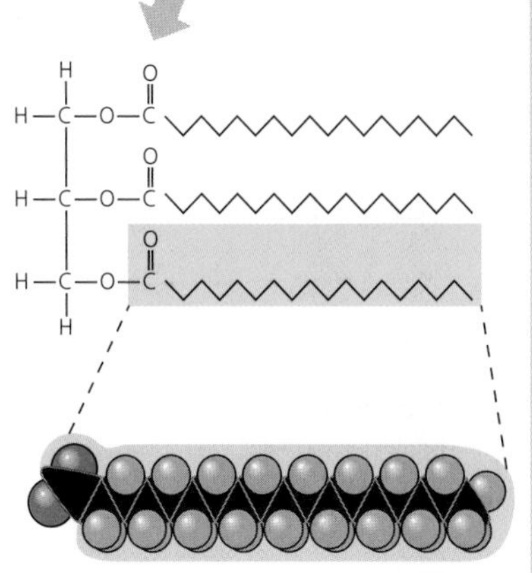

Formule développée d'une molécule de triglycéride saturé. (Chaque chaîne d'hydrocarbures est illustrée par une ligne en zigzag où chaque sommet représente un atome de carbone ; les hydrogènes ne sont pas montrés.)

Modèle compact de l'acide stéarique, un acide gras saturé (rouge = oxygène, noir = carbone, gris = hydrogène)

(b) Triglycéride insaturé (huile)

À la température ambiante, les molécules d'un triglycéride insaturé, comme l'huile d'olive, ne peuvent s'agglomérer suffisamment pour se solidifier en raison des angles dans certaines chaînes d'hydrocarbures de leurs acides gras.

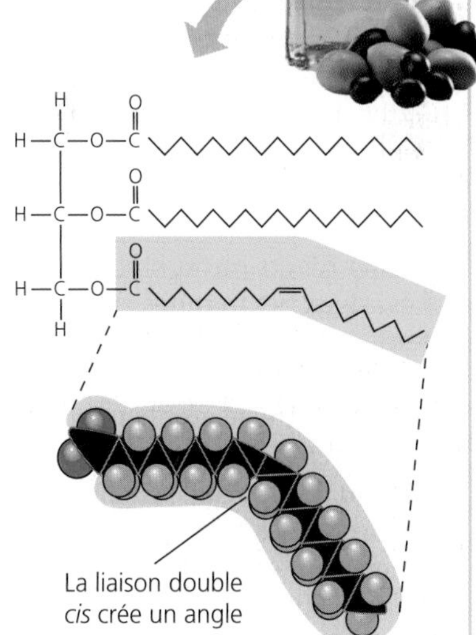

Formule développée d'une molécule de triglycéride insaturé

Modèle compact de l'acide oléique, un acide gras insaturé

La liaison double *cis* crée un angle

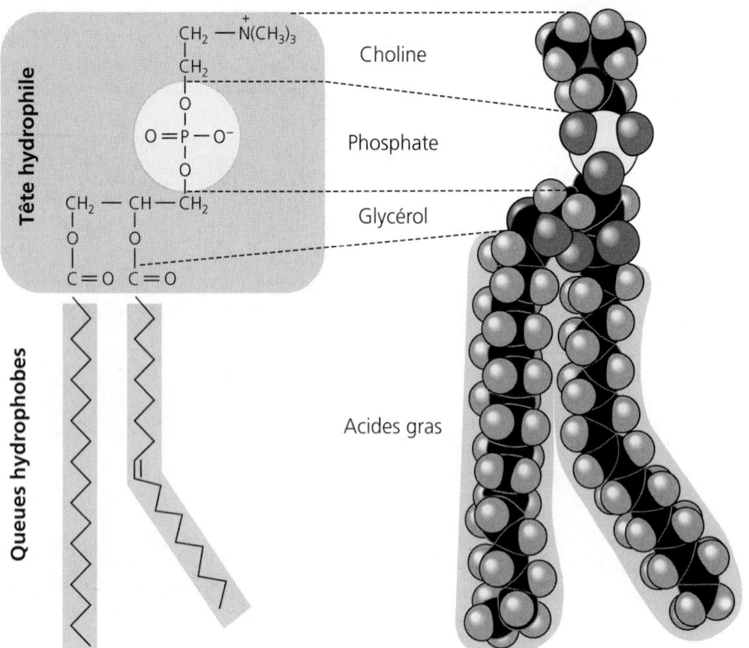

◄ **Figure 5.12 La structure d'un phosphoglycérolipide.** Un phosphoglycérolipide se compose d'une tête hydrophile (polaire) et de deux queues hydrophobes (non polaires). La diversité des phosphoglycérolipides vient de différences dans les deux acides gras de la queue et dans les groupements liés au phosphate de la tête. Ce phosphoglycérolipide particulier, nommé couramment lécithine (phosphatidylcholine), porte une composante choline associée au phosphate de la tête. L'angle formé par l'une de ses queues résulte d'une liaison double *cis* entre deux carbones de la chaîne. **(a)** Formule développée. **(b)** Modèle compact (jaune = phosphore, bleu = azote). **(c)** Nous utiliserons ce symbole pour représenter les phosphoglycérolipides tout au long du manuel. (Dans la plupart des figures, ce symbole représentera un phosphoglycérolipide dont les queues sont soit saturées, soit insaturées.)

FAITES UN DESSIN *Tracez un ovale autour de la tête hydrophile du modèle compact.*

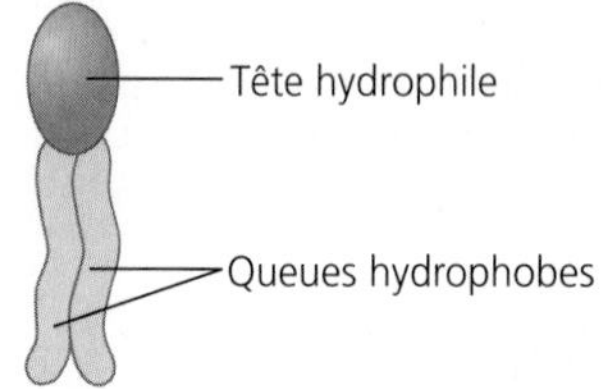

(c) Symbole des phosphoglycérolipides

Les phosphoglycérolipides

Un autre type de lipides est essentiel à l'existence des cellules: les **phosphoglycérolipides*** (**figure 5.12**). En effet, ils constituent la composante principale des membranes cellulaires. Leur structure présente un exemple classique de la relation entre structure et fonction. Comme le montre la figure 5.12, un phosphoglycérolipide ressemble aux triglycérides, mais il ne possède que deux acides gras au lieu de trois. En effet, le troisième groupement hydroxyle du glycérol est lié à un groupement phosphate porteur de charges négatives. De petites molécules additionnelles, habituellement chargées ou polaires, peuvent se lier à ce groupement phosphate et former divers phosphoglycérolipides.

Les deux extrémités des phosphoglycérolipides manifestent un comportement différent à l'égard de l'eau. Les queues hydrocarbonées sont hydrophobes et sont isolées de l'eau. Par contre, le groupement phosphate et les molécules qui s'y rattachent forment une tête hydrophile, qui a une affinité pour l'eau. Dans l'eau, les phosphoglycérolipides s'agglomèrent pour former des structures en doubles couches, appelées «bicouches», qui cachent leurs parties hydrophobes (**figure 5.13**).

Les phosphoglycérolipides à la surface d'une cellule sont disposés de telle sorte qu'ils constituent une bicouche. Leurs queues, hydrophobes, se font face et pointent vers l'intérieur de la membrane, ce qui leur permet de s'éloigner de l'eau, alors que leurs têtes, hydrophiles, se trouvent complètement à l'opposé et sont en contact avec les solutions aqueuses de part et d'autre de la membrane cellulaire. La bicouche de phosphoglycérolipides forme une frontière entre la cellule et son environnement externe; en fait, les cellules ne pourraient pas exister sans les phosphoglycérolipides.

Les stéroïdes

Les **stéroïdes** sont classés parmi les lipides en raison de leur faible affinité pour l'eau et non à cause de leur structure; ces molécules se différencient des graisses et des huiles par leur squelette carboné formé de quatre cycles accolés. Différents stéroïdes, comme le cholestérol et les hormones sexuelles des Vertébrés, se distinguent par les groupements fonctionnels particuliers attachés à l'ensemble des cycles (**figure 5.14**). Le

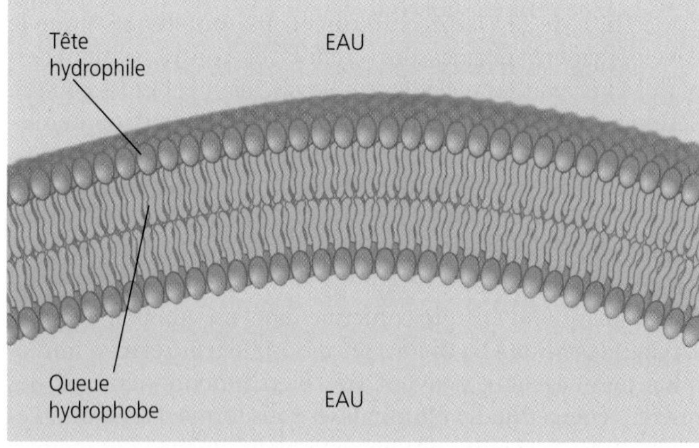

▲ **Figure 5.13 La structure en bicouche formée par l'agglomération de phosphoglycérolipides en milieu aqueux.** Cette bicouche est la composante principale des membranes biologiques. Notez que, dans cette structure, les têtes hydrophiles des phosphoglycérolipides entrent en contact avec l'eau; les queues hydrophobes adjacentes sont mutuellement en contact et isolées de l'eau.

* Nous avons choisi le terme *phosphoglycérolipides* dans le but de maintenir une certaine cohérence dans la nomenclature et par souci de précision. Certains auteurs préfèrent utiliser les termes *glycérophospholipides*, *phosphoglycérides* ou, tout simplement, *phospholipides*. Les phospholipides membranaires englobent notamment les phosphoglycérolipides et les sphingomyélines, qui exercent des fonctions différentes.

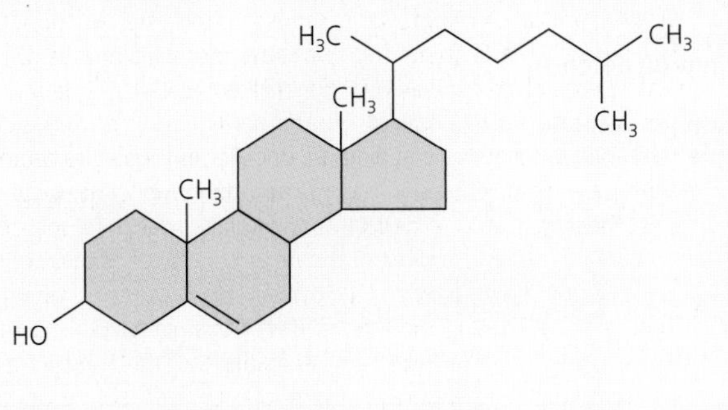

H$_3$C CH$_3$ CH$_3$ CH$_3$ CH$_3$ HO

▲ **Figure 5.14 Le cholestérol : un stéroïde.** Le cholestérol est le précurseur d'autres stéroïdes, comme les hormones sexuelles. Les stéroïdes diffèrent par les groupements chimiques qui se fixent à leurs quatre cycles accolés (illustrés en doré).

FAITES DES LIENS *Comparez le cholestérol avec les hormones sexuelles illustrées au concept 4.3 à la page 69. Encerclez les groupements chimiques communs au cholestérol et à l'estradiol ; tracez un carré autour des groupements chimiques communs au cholestérol et à la testostérone.*

cholestérol est une molécule essentielle chez les Animaux. Il est présent dans les membranes cellulaires animales et il constitue également le précurseur d'autres stéroïdes. Chez les Vertébrés, une partie du cholestérol est synthétisée dans le foie et l'autre provient du régime alimentaire. Un taux sanguin élevé de cette molécule peut causer de l'athérosclérose. En fait, les gras saturés et les gras *trans* exercent un effet négatif sur la santé en influant sur les taux de cholestérol.

RETOUR SUR LE CONCEPT 5.3

1. Comparez la structure d'une graisse (triglycéride) avec celle d'un phosphoglycérolipide.
2. Pourquoi les hormones sexuelles des êtres humains sont-elles considérées comme des lipides ?
3. **ET SI ?** Supposons qu'une membrane entoure une gouttelette d'huile, comme c'est le cas dans les cellules des graines de Végétaux. Décrivez et expliquez la forme qu'elle pourrait prendre.

Voir les réponses proposées à la fin du chapitre.

CONCEPT 5.4

Les protéines possèdent plusieurs niveaux de structure, ce qui leur confère des fonctions très diversifiées

Chez les êtres vivants, la quasi-totalité des fonctions dynamiques dépend des protéines. En fait, le terme *protéines* exprime en lui-même l'importance de ces molécules ; il vient du grec *prôtos,* qui signifie « premier », « essentiel ». Les protéines représentent plus de 50 % de la masse sèche de la plupart des cellules et interviennent dans presque toutes les activités cellulaires. Certaines accélèrent la vitesse des réactions chimiques, alors que d'autres jouent un rôle de défense, emmagasinent et transportent des substances, interviennent dans les communications cellulaires, permettent de produire le mouvement et soutiennent les tissus. La **figure 5.15** montre des exemples de protéines qui possèdent ces fonctions ; vous en apprendrez davantage à ce sujet dans des chapitres subséquents.

Sans les enzymes, qui sont pour la plupart des protéines, la vie serait impossible. Les enzymes constituent la classe de protéines la plus importante. Elles régulent le métabolisme en agissant comme **catalyseurs**, c'est-à-dire comme agents chimiques qui accélèrent la vitesse des réactions tout en restant inchangés. Comme les enzymes peuvent remplir leur fonction de façon répétée, on les considère comme le moteur qui permet aux cellules d'effectuer les processus de la vie.

L'humain possède des dizaines de milliers de protéines différentes, chacune ayant une structure et une fonction spécifiques ; en fait, sur le plan de la structure, les protéines sont les molécules les plus complexes que l'on connaisse. Tout comme leurs fonctions, leurs structures varient considérablement : chaque type de protéine possède une forme tridimensionnelle unique.

Les polypeptides

Pour diversifiées qu'elles soient, les protéines sont toutes des polymères non ramifiés élaborés à partir de la même série d'acides aminés (20 acides aminés différents suffisent à former la presque totalité des protéines d'un organisme). Les polymères d'acides aminés se nomment **polypeptides**. Une **protéine** est une molécule biologique fonctionnelle constituée d'un ou de plusieurs polypeptides, chacun étant replié et enroulé dans une structure tridimensionnelle spécifique.

Les monomères d'acides aminés

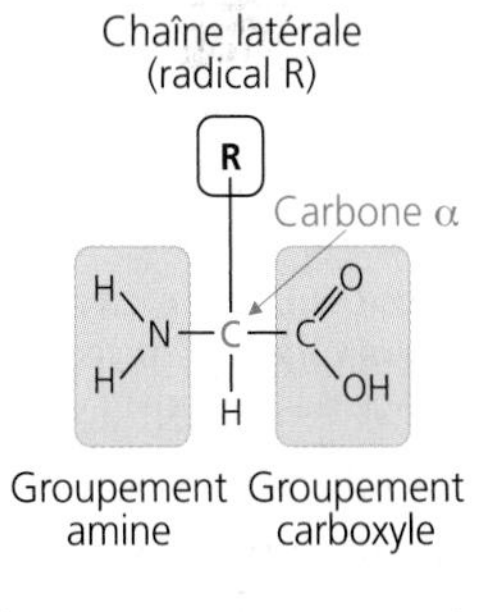

Chaîne latérale (radical R)
R
Carbone α
H N H C H C O OH
Groupement amine
Groupement carboxyle

Tous les acides aminés partagent une structure commune. Un **acide aminé** est une molécule organique qui possède des groupements carboxyle et amine (voir la figure 4.9, p. 70). La figure ci-contre montre sa formule générale. Excepté pour la glycine, au centre de l'acide aminé se trouve un atome de carbone asymétrique, appelé *carbone alpha* (α). Sur cet atome se fixent quatre atomes ou groupes d'atomes différents : un groupement amine, un groupement carboxyle, un atome d'hydrogène et un radical variable symbolisé par la lettre R. Celui-ci est également appelé chaîne latérale et il varie d'un acide aminé à l'autre.

La **figure 5.16** (page 87) présente les 20 acides aminés que les cellules utilisent pour fabriquer des milliers de protéines. Les groupements amine et carboxyle y sont illustrés sous leur forme ionisée, l'état dans lequel ils existent habituellement au pH qui règne à l'intérieur d'une cellule. La chaîne latérale (le radical R) peut aussi bien être un simple atome d'hydrogène, comme dans la glycine, qu'une chaîne carbonée portant divers groupements fonctionnels, comme dans la glutamine.

Les propriétés physiques et chimiques de la chaîne latérale déterminent les caractéristiques particulières d'un acide aminé, influant ainsi sur son rôle dans un polypeptide. La figure 5.16

▼ Figure 5.15 Résumé des fonctions des protéines.

Protéines enzymatiques

Fonction : Accélération sélective de la vitesse des réactions chimiques
Exemple : Les enzymes digestives catalysent l'hydrolyse des liaisons dans les aliments.

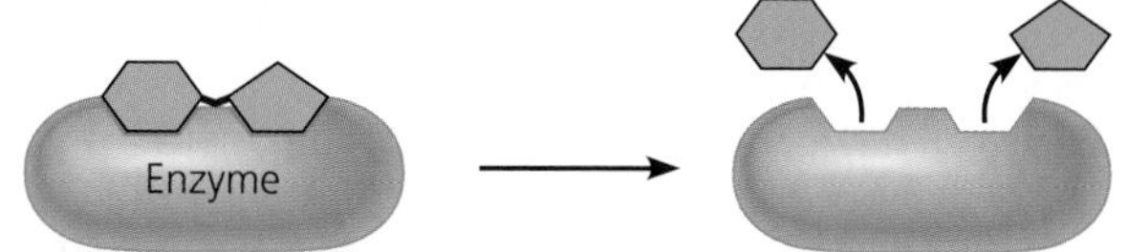

Protéines de défense

Fonction : Protection contre la maladie
Exemple : Les anticorps inactivent et aident à détruire les virus et les bactéries.

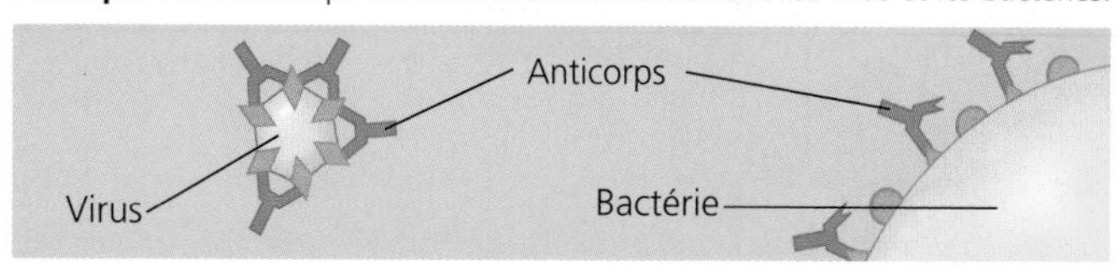

Protéines d'entreposage

Fonction : Mise en réserve d'acides aminés
Exemples : La caséine, une protéine du lait, constitue la principale source d'acides aminés des petits des Mammifères avant leur sevrage. Les Végétaux emmagasinent des protéines dans les graines. L'ovalbumine est la protéine du blanc d'œuf ; elle est employée comme source d'acides aminés par l'embryon de l'oiseau en développement.

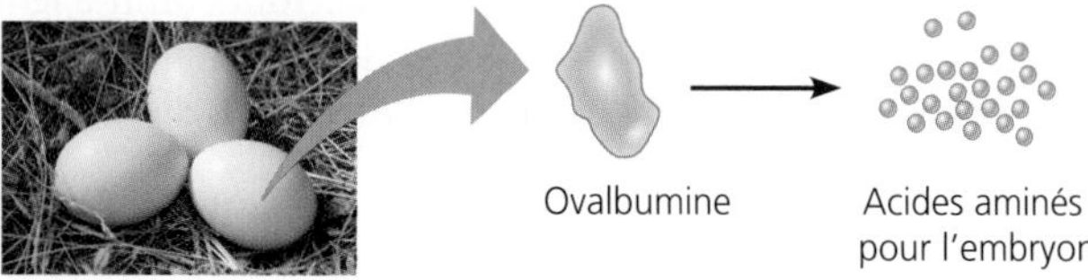

Protéines de transport

Fonction : Transport de substances
Exemples : Chez les Vertébrés, l'hémoglobine, une protéine sanguine contenant du fer, transporte le dioxygène des poumons vers les différentes parties de l'organisme.

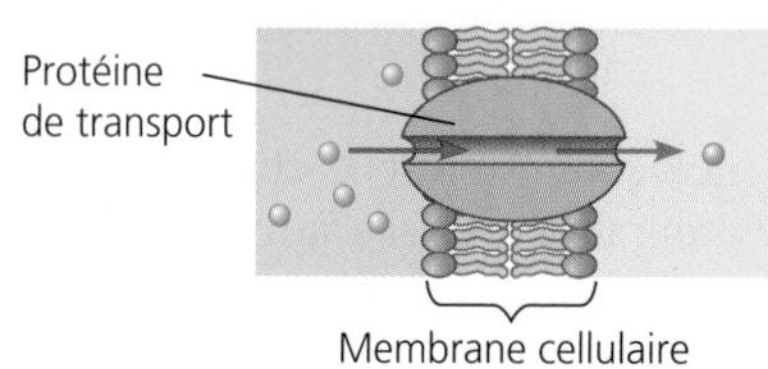

Protéines hormonales

Fonction : Coordination des activités d'un organisme
Exemple : L'insuline, une hormone sécrétée par le pancréas, provoque l'absorption de glucose par d'autres tissus, contribuant ainsi à la régulation de la concentration de glucose dans le sang.

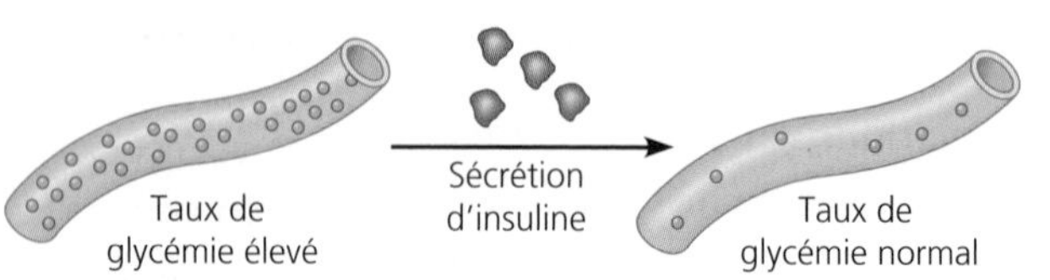

Protéines réceptrices

Fonction : Réaction des cellules à des stimulus chimiques
Exemple : Les protéines réceptrices intégrées à la membrane d'une cellule nerveuse détectent les molécules messagères émises par d'autres cellules nerveuses.

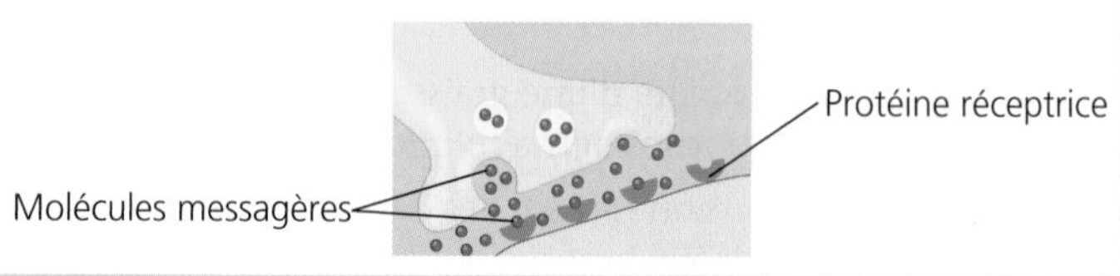

Protéines contractiles et motrices

Fonction : Mouvement
Exemples : Les protéines motrices permettent de faire onduler les cils et les flagelles propulsant de nombreuses cellules. L'actine et la myosine sont des protéines servant à la contraction des muscles.

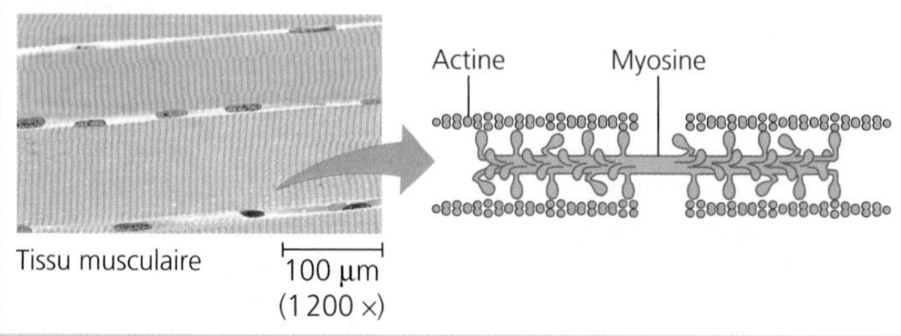

Protéines structurales

Fonction : Soutien
Exemples : La kératine est la protéine des cheveux, des cornes, des plumes, des griffes, des écailles, etc. Certains insectes et la plupart des araignées utilisent des fibres de soie pour construire leur cocon et leur toile. Le collagène et l'élastine composent la structure fibreuse des tissus conjonctifs des Animaux.

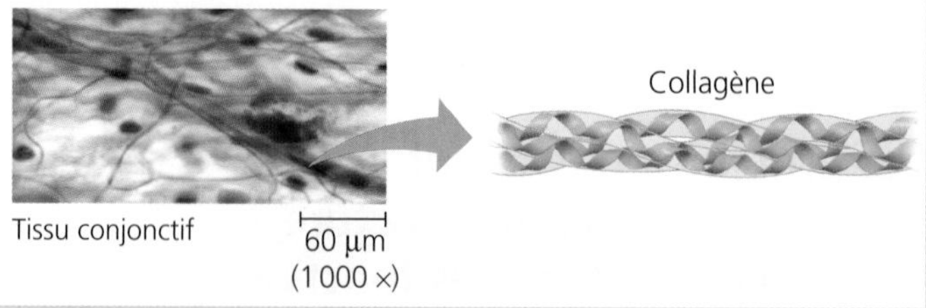

classe les acides aminés selon les propriétés de leur chaîne latérale. Le premier groupe est constitué de ceux qui portent une chaîne latérale non polaire et hydrophobe. Le deuxième groupe réunit ceux qui ont une chaîne latérale polaire, donc hydrophile. Dans le troisième groupe figurent les acides aminés dits acides et ceux dits basiques. Les premiers, qui sont les deux seuls acides aminés dont l'appellation débute par le mot « acide », portent une chaîne latérale ayant un groupement carboxyle qui a tendance (quoique plus faiblement que celui du carbone α) à se dissocier (s'ioniser) dans un milieu intracellulaire, qui a un pH de 7 environ ; en conséquence, la charge de la chaîne est généralement négative. Les deuxièmes (les acides aminés basiques) ont une chaîne latérale de charge généralement positive, un atome d'azote ayant accepté un

▼ Figure 5.16 Les 20 acides aminés qui servent à la synthèse des protéines. Les acides aminés sont regroupés ici en fonction des propriétés de leur chaîne latérale (radical R), et illustrés dans leur forme ionisée dominante au pH intracellulaire de 7,2. Vous trouverez entre parenthèses leur abréviation en trois lettres suivie de leur symbole en une lettre. Tous les acides aminés qui participent à la synthèse des protéines se présentent sous la forme L de leurs isomères optiques, celle qui est illustrée dans la figure, ce qui constitue encore une énigme pour les biologistes (voir la figure 4.7, p. 68).

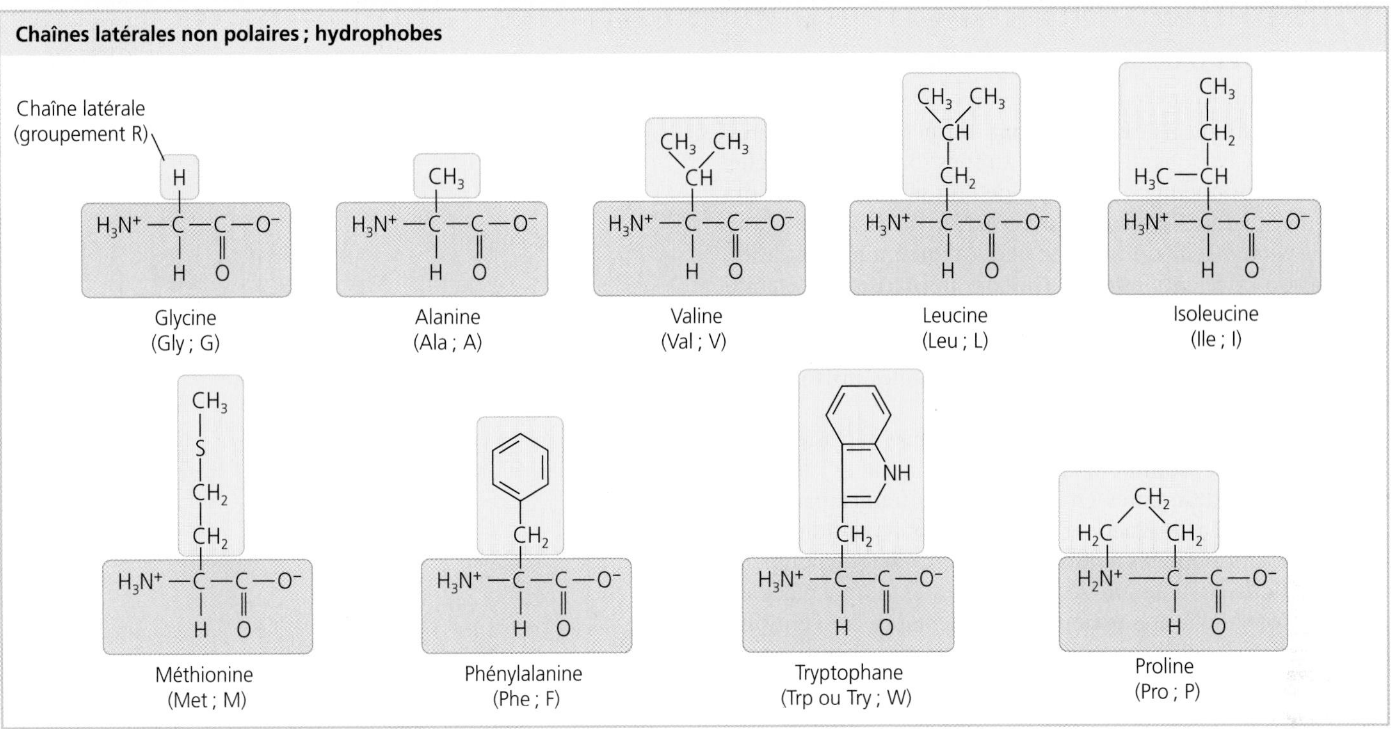

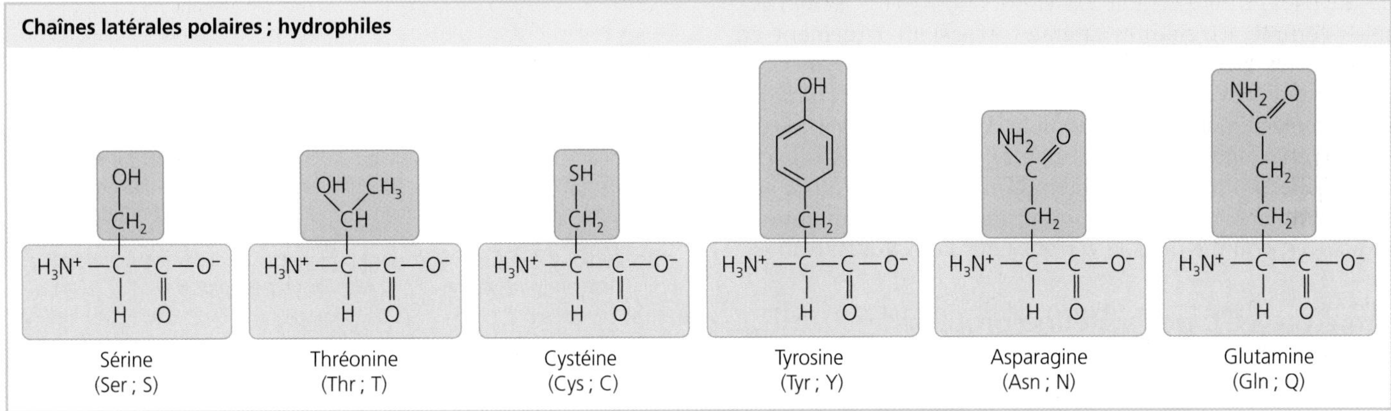

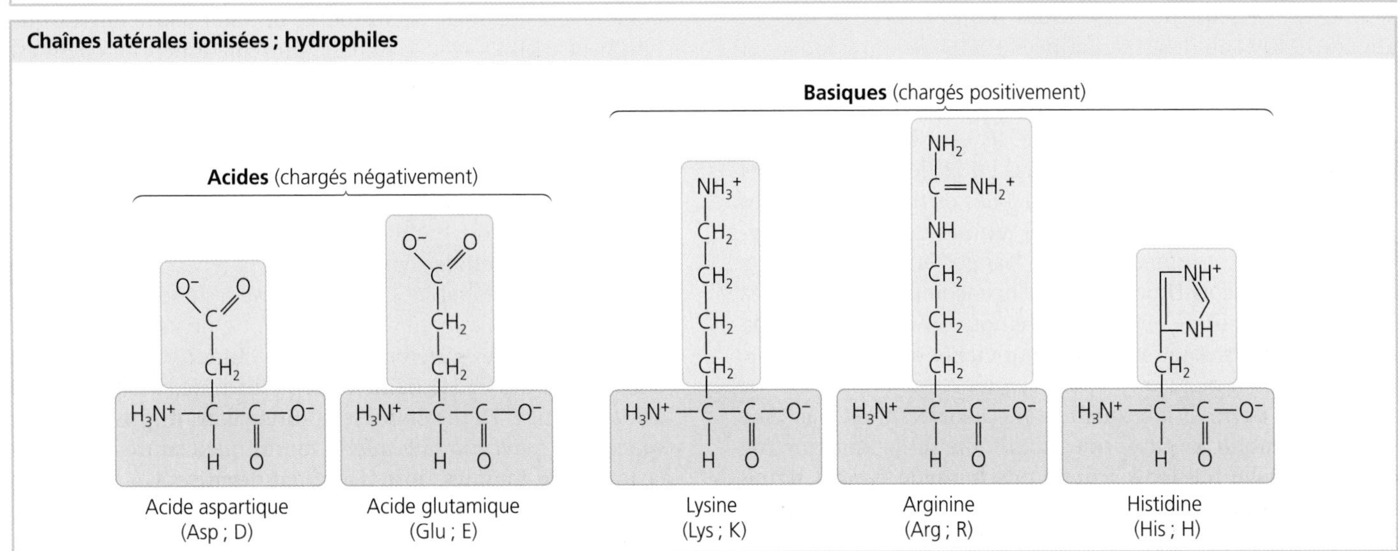

proton. (*Remarque: tous* les acides aminés possèdent des groupements carboxyle et amine; les termes *acide* et *basique* font ici uniquement référence à la nature des chaînes latérales.) Les chaînes latérales acides et basiques sont hydrophiles en raison de leur caractère ionique.

Les polymères d'acides aminés

Maintenant que nous avons passé en revue les acides aminés, voyons comment ils se lient pour former des polymères (**figure 5.17**). Lorsque deux acides aminés sont placés de telle sorte que le groupement carboxyle de l'un se trouve à côté du groupement amine de l'autre, une réaction de déshydratation peut provoquer leur union avec perte d'une molécule d'eau. Une liaison covalente appelée **liaison peptidique** s'établit ainsi entre eux. Lorsque cette réaction se répète un certain nombre de fois, il se forme un polypeptide: il s'agit d'un polymère constitué de nombreux acides aminés unis par des liaisons peptidiques.

La structure répétitive des atomes, encadrée de violet dans la figure 5.17, se nomme chaîne polypeptidique. Cette dernière porte les différentes chaînes latérales (radicaux R) des acides aminés. La longueur d'une chaîne polypeptidique va de quelques monomères à plus d'un millier. Chaque polypeptide spécifique possède une séquence linéaire unique d'acides aminés. Notez qu'à une extrémité (à gauche par convention) se trouve un groupement amine libre, alors qu'à l'autre extrémité figure un groupement carboxyle libre. Donc un polypeptide de n'importe quelle longueur possède une extrémité amine (N-terminale) et une extrémité carboxyle (C-terminale), mais comme les chaînes latérales dépassent largement en nombre les groupements terminaux, ce sont le type et la séquence de ces chaînes qui déterminent la nature chimique de la molécule dans son ensemble. L'immense diversité des polypeptides présents dans la nature provient de la capacité des cellules à utiliser un nombre limité d'acides aminés et à les assembler en polymères selon une variété étonnante de séquences, comme nous le verrons dans la section suivante.

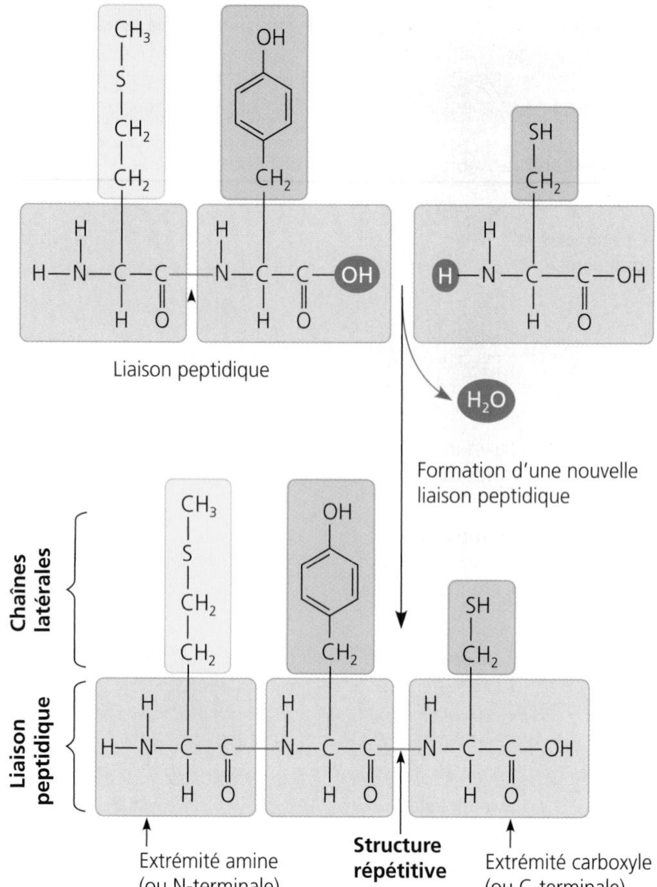

▲ **Figure 5.17 La formation d'une chaîne polypeptidique.** La liaison peptidique formée au cours d'une réaction de déshydratation unit le groupement carboxyle d'un acide aminé au groupement amine d'un autre acide aminé. Les liaisons peptidiques s'établissent une à une, en commençant par l'acide aminé de l'extrémité amine (N-terminale). Le polypeptide possède une structure répétitive (en violet) à laquelle les chaînes latérales des acides aminés (en jaune et en vert) sont attachées.

FAITES UN DESSIN *Encerclez et désignez les groupements carboxyle et amine qui vont former la nouvelle liaison peptidique.*

Structure et fonction d'une protéine

Les activités spécifiques des protéines découlent de leur architecture tridimensionnelle complexe, dont le niveau le plus simple est la séquence des acides aminés. Vers la fin des années 1940 et au début des années 1950, Frederick Sanger et ses collègues de la University of Cambridge, en Angleterre, furent les premiers à déterminer la séquence des acides aminés d'une hormone, l'insuline. Ils utilisèrent des agents capables de scinder les polypeptides entre des acides aminés connus; par la suite, ils firent appel à des méthodes chimiques pour établir la séquence des acides aminés de ces petits fragments. Après des années d'effort, Sanger et ses coéquipiers réussirent à reconstituer la séquence complète des acides aminés de l'insuline. Depuis ce temps, on a automatisé la plupart des techniques utilisées pour établir la séquence d'un polypeptide.

Une fois connue la séquence des acides aminés dans un polypeptide, que peut-elle nous apprendre sur la structure tridimensionnelle (désignée couramment par le simple terme «structure») d'une protéine et sur sa fonction? Le terme *polypeptide* n'est pas synonyme de *protéine*. Même dans le cas d'une protéine composée d'un seul polypeptide, la relation entre ces termes est analogue à celle qui existe entre un long fil de laine et un chandail de forme et de taille particulières que l'on peut tricoter avec le fil. Une protéine fonctionnelle n'est pas *seulement* une chaîne polypeptidique, mais un ou plusieurs polypeptides entortillés, pliés et enroulés de façon à créer une molécule de forme unique (**figure 5.18**). C'est la séquence des acides aminés de chaque polypeptide qui détermine la structure tridimensionnelle que la protéine prendra dans des conditions cellulaires normales.

Lorsqu'une cellule synthétise un polypeptide, la chaîne polypeptidique se replie spontanément et adopte la structure fonctionnelle convenant à la protéine. Ce processus est assuré et renforcé par les différentes liaisons chimiques s'établissant entre les parties de la chaîne et dépendant de la séquence des acides aminés. De nombreuses protéines sont grossièrement sphériques (*protéines globulaires*), tandis que d'autres prennent la forme de longues fibres (*protéines fibreuses*). À l'intérieur de ces deux vastes catégories, les variations possibles sont innombrables.

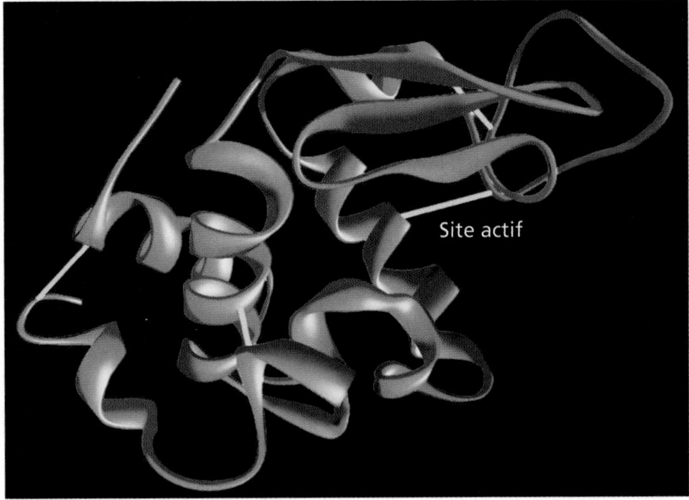

(a) Un **modèle en ruban** montre comment la chaîne polypeptidique simple se replie et s'enroule pour former une protéine fonctionnelle. (Les traits jaunes représentent un type de liaison chimique intramoléculaire qui stabilise la forme de la protéine ; voir la figure 5.20.)

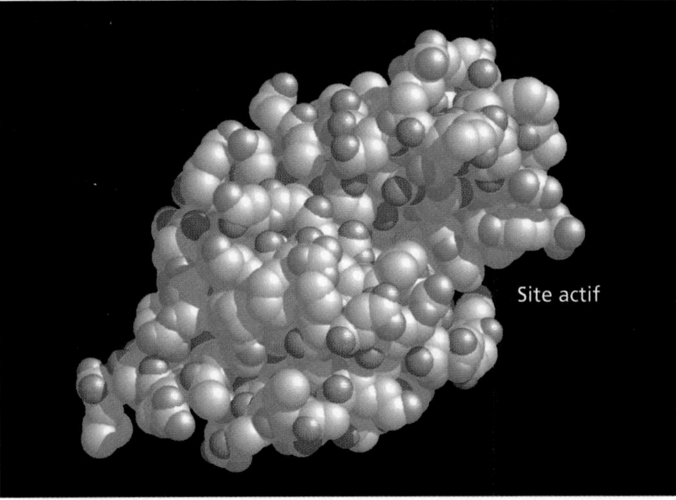

(b) Un **modèle compact** illustre plus fidèlement la forme globulaire de nombreuses protéines, ainsi que la structure tridimensionnelle unique du lysozyme.

▲ **Figure 5.18 La structure du lysozyme, une protéine enzymatique.** Le lysozyme est une protéine enzymatique comptant 130 acides aminés. Il est présent dans notre sueur, nos larmes et notre salive. Il aide à prévenir les infections en se liant à des molécules spécifiques présentes à la surface de nombreuses bactéries pour les détruire. Le site actif de cette protéine est le segment qui reconnaît la molécule cible à la surface des bactéries et qui s'y lie.

La fonction d'une protéine dépend de sa structure particulière et, dans presque tous les cas, de sa capacité à reconnaître une autre molécule et à se lier à elle. La **figure 5.19** illustre un exemple particulièrement frappant de la relation étroite entre la forme et la fonction: elle révèle en effet l'adéquation parfaite de la forme entre un anticorps (une protéine intervenant dans l'organisme) et une substance étrangère particulière du virus de la grippe. L'anticorps s'y attache et enclenche le processus qui conduira à sa destruction. Au chapitre 43, vous étudierez en détail comment le système immunitaire génère des anticorps qui adaptent aussi précisément leur forme à celle de molécules étrangères spécifiques. Rappelez-vous aussi, comme nous l'avons vu au chapitre 2, que des molécules messagères naturelles appelées endorphines se lient à des protéines réceptrices spécifiques à la surface des cellules nerveuses chez les êtres humains, ce qui provoque l'euphorie et apaise la douleur. La morphine, l'héroïne et d'autres opiacés peuvent imiter les endorphines parce que ces drogues ont une forme semblable, ce qui leur permet de s'ajuster et de se fixer aux récepteurs spécifiques des endorphines. Ce processus est très spécifique, comme une clé qui est adaptée à une serrure (voir la figure 2.18, p. 44). En conséquence, la fonction d'une protéine (par exemple, la capacité d'une protéine réceptrice à reconnaître une molécule messagère analgésique particulière et à s'y lier) résulte d'une organisation moléculaire précise. Il s'agit d'une autre manifestation de l'émergence.

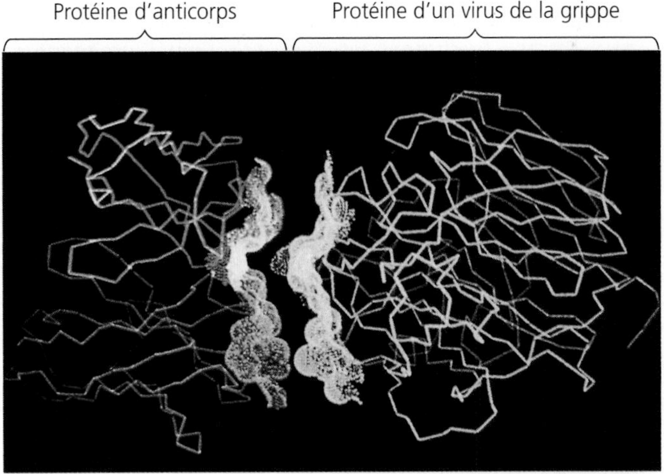

▲ **Figure 5.19 Un anticorps se lie à une protéine d'un virus de la grippe.** Une technique appelée cristallographie par diffraction des rayons X a été utilisée pour générer un modèle informatique d'une protéine d'anticorps (en bleu et en orange, à gauche) liée à la protéine d'un virus de la grippe (en vert et en jaune, à droite). À l'aide d'un logiciel, les images sont écartées l'une de l'autre, révélant ainsi la parfaite complémentarité de forme entre les deux surfaces des protéines.

Les quatre niveaux de l'organisation structurale des protéines

On peut vraiment comprendre la fonction d'une protéine sans en étudier la structure. En dépit de leur grande diversité, toutes les protéines partagent trois niveaux d'organisation structurale intégrés: un niveau primaire, un niveau secondaire et un niveau tertiaire. Un quatrième niveau, la structure quaternaire, apparaît quand une protéine se compose de deux ou de plusieurs chaînes polypeptidiques. Dans les deux pages suivantes, la **figure 5.20** décrit ces quatre niveaux d'organisation structurale des protéines. Étudiez bien cette figure avant de passer à la section suivante.

▼ **Figure 5.20**

PANORAMA Les niveaux de l'organisation structurale des protéines

Structure primaire

Chaîne linéaire d'acides aminés

Acides aminés

^+H_3N — Extrémité amine

1 Gly Pro Thr Gly 5 Thr Gly Glu Ser Lys Cys 10 Pro Leu Met Val Lys 15 Val Leu Asp Ala Val Arg 20 Gly Ser Pro Ala Ile 25 Asn Val Ala Val His 30 Val Phe Arg Lys Ala 35 Ala Asp Asp Thr Trp 40 Glu Pro Phe Ala Ser 45 Gly Lys Thr Ser Glu 50 Ser Gly Glu Leu His 55 Gly Leu Thr Thr Glu 60 Glu Glu Phe Val Glu 65 Gly Ile Tyr Lys Val 70 Glu Ile Asp Thr Lys 75 Ser Tyr Trp Lys Ala 80 Leu Gly Ile Ser Pro 85 Phe His Glu His Ala 90 Glu Val Val Phe Thr 95 Ala Asn Asp Ser Gly 100 Pro Arg Arg Tyr Thr 105 Ile Ala Ala Leu Leu 110 Ser Pro Tyr Ser Tyr 115 Ser Thr Thr Ala Val 120 Val Thr Asn Pro Lys 125 Glu — COO^- Extrémité carboxyle

Structure primaire de la transthyrétine

La **structure primaire** d'une protéine correspond à une chaîne d'acides aminés liés entre eux selon une séquence unique. À titre d'exemple, examinons la transthyrétine, une protéine sanguine globulaire assurant le transport dans l'organisme de la vitamine A et d'une hormone thyroïdienne. La transthyrétine est constituée de quatre chaînes polypeptidiques identiques, chacune comportant 127 acides aminés. Le schéma ci-dessus montre l'une d'elles alors qu'elle est déroulée, ce qui facilite l'observation de la structure primaire. Chacune des 127 positions de la chaîne est occupée par un des 20 acides aminés, indiqués ici par l'abréviation de trois lettres correspondant à leur nom.

La structure primaire fait penser à l'ordre des lettres dans un mot. S'il était laissé au hasard, l'arrangement des 127 acides aminés d'une telle chaîne pourrait se faire de 20^{127} façons. Cependant, la structure primaire d'une protéine n'est pas déterminée par l'association aléatoire des acides aminés, mais par l'information génétique. La structure primaire elle-même dicte les structures secondaire et tertiaire, qui sont déterminées par la nature chimique de la chaîne polypeptidique et des chaînes latérales (radicaux R) des acides aminés positionnés le long de la chaîne.

Structure secondaire

Régions stabilisées par des liaisons hydrogène établies entre les atomes de la chaîne polypeptidique

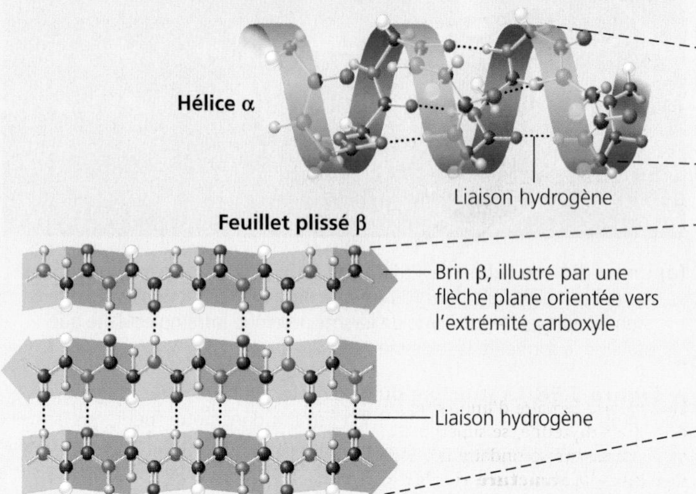

Dans la plupart des protéines, certains segments de la chaîne polypeptidique sont enroulés ou pliés de façon répétitive, ce qui détermine des motifs qui contribuent à la forme globale de la protéine. L'ensemble de ces motifs constitue la **structure secondaire** de la macromolécule et provient de liaisons hydrogène qui se forment le long de la chaîne polypeptidique. Seuls les atomes d'hydrogène ou d'oxygène fixés à la structure répétitive du polypeptide participent à ces liaisons. Les atomes d'oxygène de la chaîne polypeptidique portent une charge partielle négative et l'atome d'hydrogène qui est attaché à l'atome d'azote, une charge partielle positive (voir la figure 2.16, p. 42); des liaisons hydrogène peuvent donc s'établir entre ces atomes. Individuellement, ces liaisons hydrogène sont faibles, mais comme elles se forment en grand nombre sur une section relativement longue de la chaîne polypeptidique, elles peuvent ensemble conférer une forme particulière à cette section de la protéine.

L'**hélice alpha** (**α**), un enroulement délicat maintenu en place par des liaisons hydrogène tous les quatre acides aminés, est un exemple de structure secondaire, illustré ci-dessus dans le cas de la transthyrétine. Dans cette molécule, seule une région de chaque chaîne polypeptidique forme une hélice α (voir la structure tertiaire à la page suivante), mais d'autres protéines globulaires présentent plusieurs parties en hélice α séparées par des régions complètement déployées (voir l'hémoglobine à la page suivante). Certaines protéines fibreuses comme la kératine α, une protéine structurale des cheveux, présentent des hélices α sur la majeure partie de leur longueur.

Le **feuillet plissé bêta** (**β**) représente un autre des principaux types de structure secondaire où, comme on le voit ci-dessus, deux ou plusieurs brins (appelés brins β) de la même chaîne polypeptidique repliée se déploient côte à côte, dans le même plan, grâce à la formation de liaisons hydrogène entre les deux structures répétitives parallèles; les chaînes peuvent aussi être antiparallèles, c'est-à-dire disposées en sens opposé, ce qui augmente la stabilité de la molécule. Les feuillets plissés β constituent la partie dense de nombreuses protéines globulaires, comme la transthyrétine (voir la structure tertiaire à la page suivante). Cet agencement prédomine aussi dans certaines protéines fibreuses, comme la fibroïne, qui compose la soie des fils d'araignée. C'est le travail d'équipe de tant de liaisons hydrogène qui rend chaque fibre de soie plus forte qu'un fil d'acier de même masse.

▼ Les araignées sécrètent des fibres de soie formées d'une protéine structurale constituée de feuillets plissés β, ce qui permet à la toile de s'étirer et de s'enrouler.

Structure tertiaire

Forme tridimensionnelle stabilisée par les interactions entre les chaînes latérales

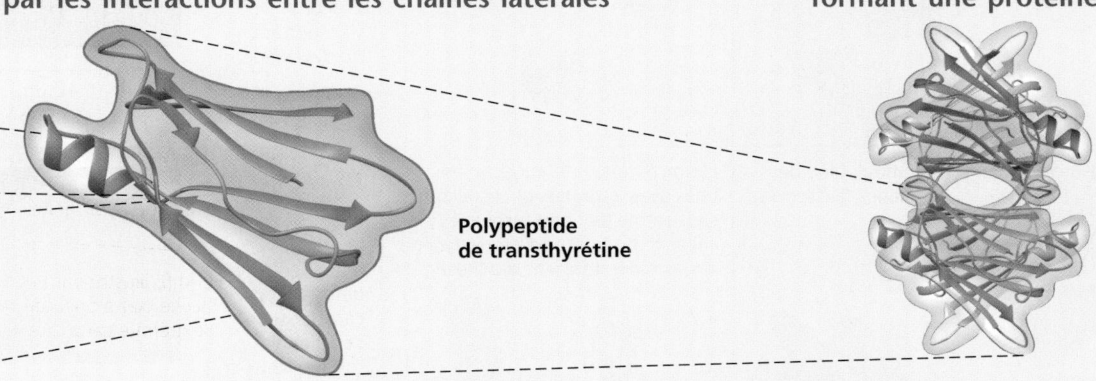

La structure tertiaire d'une protéine, illustrée ci-dessus par le modèle en ruban de la transthyrétine, se superpose aux motifs de la structure secondaire. Alors que la structure secondaire fait intervenir les interactions entre les structures répétitives, la **structure tertiaire** correspond à la forme globale découlant des interactions entre les chaînes latérales (radicaux R) d'acides aminés différents. Les **interactions hydrophobes** (une appellation un peu trompeuse) aident à la fixer. Les acides aminés et les chaînes latérales hydrophobes (non polaires) d'une protéine se rassemblent au cœur de celle-ci; ils sont donc isolés de l'eau. En conséquence, une «interaction hydrophobe» est, en fait, causée par l'exclusion des substances non polaires par les molécules d'eau. Une fois que les chaînes latérales non polaires des acides aminés se font face, les forces de Van der Waals (voir le chapitre 2) contribuent à les maintenir ensemble. Les liaisons hydrogène entre les chaînes latérales polaires, ainsi que les liaisons ioniques entre les chaînes latérales chargées positivement et négativement, aident également à stabiliser la structure tertiaire. Malgré leur faiblesse relative, ces interactions dans le milieu cellulaire aqueux contribuent à doter la protéine d'une forme particulière, étant donné leur très grand nombre.

La forme d'une protéine peut se stabiliser davantage sous l'action de liaisons covalentes fortes appelées ponts disulfure. Un **pont disulfure** se forme quand deux monomères de cystéine, un acide aminé portant un groupement thiol (—SH) dans sa chaîne latérale (voir la figure 4.9), se rapprochent l'un de l'autre lors du repliement de la protéine. Le soufre d'un monomère de cystéine se lie alors au soufre de l'autre, et ce pont disulfure (—S—S—) assure la cohésion de certaines parties de la protéine (voir les lignes jaunes dans la figure 5.18a). Remarquez que tous ces types d'interactions peuvent contribuer à la structure tertiaire d'une protéine, ainsi que le montre l'exemple ci-dessous d'une petite section d'une protéine hypothétique.

Liaison hydrogène

Interactions hydrophobes et forces de Van der Waals

Pont disulfure

Liaison ionique

Chaîne polypeptidique

Structure quaternaire

Association de multiples polypeptides, formant une protéine fonctionnelle

Beaucoup de protéines se composent de deux ou de plusieurs chaînes polypeptidiques assemblées de façon à former une macromolécule fonctionnelle. (La plupart n'ont que deux ou quatre chaînes, mais certaines en possèdent plusieurs dizaines.) Chaque chaîne polypeptidique constitue une sous-unité. La **structure quaternaire** est la structure générale d'une protéine; elle résulte des interactions (liaisons hydrogène, forces de Van der Waals) entre les sous-unités. Par exemple, la figure ci-dessus illustre la forme complète de la transthyrétine, une protéine globulaire composée de quatre polypeptides.

Le collagène, illustré ci-dessous, est un autre exemple; c'est une protéine fibreuse qui possède trois polypeptides hélicoïdaux identiques enroulés en une triple «superhélice» qui confère à ses longues fibres une résistance exceptionnelle. Cela permet aux fibres de collagène de remplir leur fonction, qui consiste à soutenir le tissu conjonctif de la peau, des os, des tendons, des ligaments et d'autres parties du corps (le collagène représente 40% des protéines du corps humain).

L'hémoglobine (illustrée ci-dessous), qui fixe le dioxygène dans les globules rouges, constitue un exemple de protéine globulaire à structure quaternaire. Elle comporte quatre sous-unités polypeptidiques de deux sortes: deux chaînes α identiques et deux chaînes β identiques. Celles-ci se caractérisent principalement par une structure secondaire en hélice α. Chaque sous-unité a une composante non polypeptidique, appelée hème, portant un ion fer qui se lie au dioxygène.

Collagène

Hème

Fer

Sous-unité β

Sous-unité α

Sous-unité α

Sous-unité β

Hémoglobine

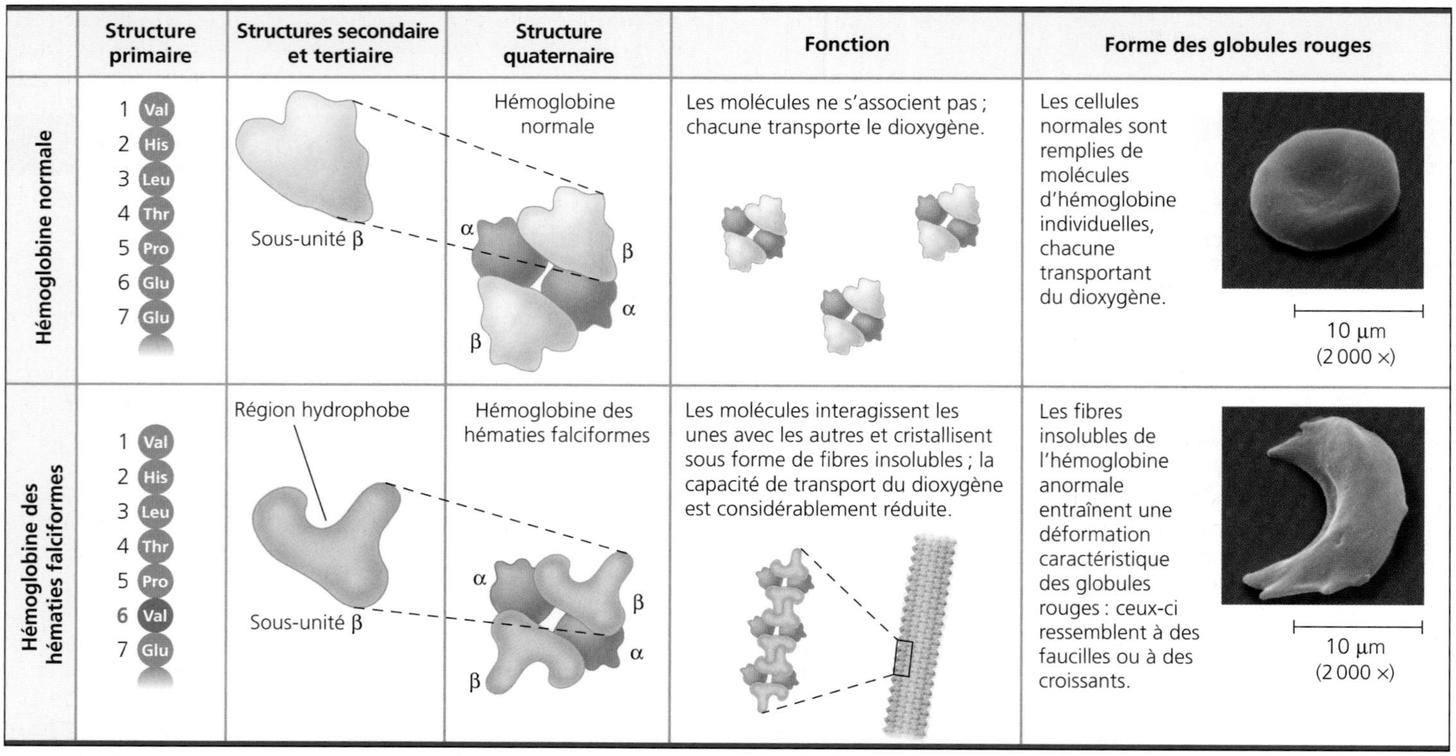

	Structure primaire	Structures secondaire et tertiaire	Structure quaternaire	Fonction	Forme des globules rouges
Hémoglobine normale	1 Val 2 His 3 Leu 4 Thr 5 Pro 6 Glu 7 Glu	Sous-unité β	Hémoglobine normale α β β α	Les molécules ne s'associent pas ; chacune transporte le dioxygène.	Les cellules normales sont remplies de molécules d'hémoglobine individuelles, chacune transportant du dioxygène. 10 µm (2 000 ×)
Hémoglobine des hématies falciformes	1 Val 2 His 3 Leu 4 Thr 5 Pro 6 Val 7 Glu	Région hydrophobe Sous-unité β	Hémoglobine des hématies falciformes α β β α	Les molécules interagissent les unes avec les autres et cristallisent sous forme de fibres insolubles ; la capacité de transport du dioxygène est considérablement réduite.	Les fibres insolubles de l'hémoglobine anormale entraînent une déformation caractéristique des globules rouges : ceux-ci ressemblent à des faucilles ou à des croissants. 10 µm (2 000 ×)

▲ **Figure 5.21 La substitution dans une protéine d'un seul acide aminé par un autre acide aminé provoque l'anémie à hématies falciformes.**

FAITES DES LIENS *Étant donné les caractéristiques chimiques des acides aminés valine et acide glutamique (voir la figure 5.16), proposez une explication concernant l'effet important qu'entraîne la substitution de l'acide glutamique par la valine sur la fonction d'une protéine.*

L'anémie à hématies falciformes : un changement dans la structure primaire

Bien que certains acides aminés d'un polypeptide puissent être remplacés par d'autres sans affecter sa fonction, un petit changement dans la structure primaire d'une protéine peut aussi avoir des effets désastreux: la protéine peut voir sa structure modifiée et sa capacité de fonctionner entravée. Par exemple, l'**anémie à hématies falciformes** (ou drépanocytose) est une maladie sanguine héréditaire causée par la substitution, à la sixième position dans la structure primaire de la chaîne β de l'hémoglobine normale, d'un seul acide aminé (l'acide glutamique, qui est assez fortement hydrophile) par un autre (la valine, qui est très hydrophobe). L'hémoglobine est la protéine des globules rouges (ou hématies, érythrocytes) qui transporte le dioxygène. Les globules rouges normaux ont la forme d'un disque biconcave (un peu à l'image d'une chambre à air bien gonflée) dont le centre est occupé par une fine membrane. Dans l'anémie à hématies falciformes, l'hémoglobine anormale, moins soluble, a tendance à se cristalliser lorsque la concentration d'oxygène est faible, ce qui entraîne une déformation caractéristique des globules rouges, qui ressemblent à des faucilles (d'où l'appellation de falciforme) ou à des croissants (**figure 5.21**). Des crises douloureuses se produisent chez la personne atteinte lorsque les cellules anguleuses s'agglomèrent dans les petits vaisseaux sanguins, obstruant par le fait même la circulation. Les ravages de la maladie constituent un exemple remarquable de l'effet dévastateur que peut entraîner un simple changement dans la structure primaire sur la fonction d'une protéine.

Les facteurs déterminant la structure d'une protéine

Nous avons appris que la forme unique de chaque protéine confère à celle-ci une fonction spécifique; mais quels sont les facteurs qui déterminent cette structure? Nous connaissons déjà une bonne partie de la réponse: une chaîne polypeptidique comportant une séquence particulière d'acides aminés prend spontanément une forme tridimensionnelle. Cette dernière résulte des interactions attractives qui ont lieu entre les atomes et qui sont à la base des structures secondaire et tertiaire de la protéine. Ce repliement apparaît normalement de manière spontanée lors de la synthèse de la protéine dans un environnement cellulaire encombré, avec l'aide d'autres protéines. Cependant, il dépend également des conditions physiques et chimiques dans lesquelles baigne la protéine: si le pH, la concentration en sels, la température ou d'autres facteurs changent, les liaisons chimiques faibles et les interactions au sein d'une protéine risquent de se rompre. La protéine se déroule et perd sa forme originelle. Elle subit alors une **dénaturation** (**figure 5.22**) et devient biologiquement inactive.

La plupart des protéines se dénaturent si on les transfère d'un milieu aqueux à un solvant non polaire, tels l'éther ou le chloroforme; la chaîne polypeptidique se replie de façon à orienter ses régions hydrophobes à l'extérieur vers le solvant.

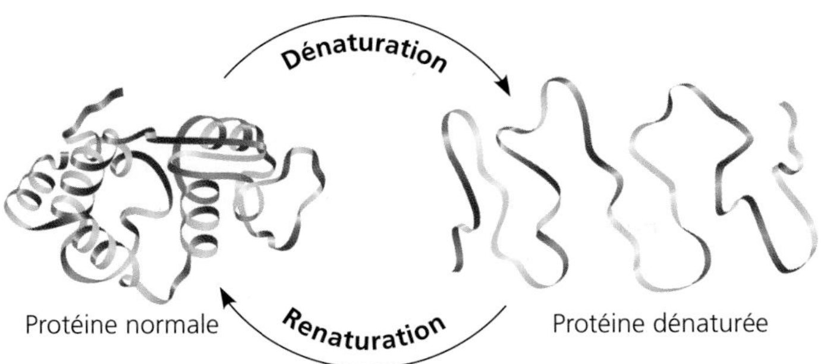

▲ **Figure 5.22 Dénaturation et renaturation d'une protéine.** Des températures élevées ou divers traitements chimiques dénaturent la protéine. Ils lui font perdre sa forme, donc sa capacité de fonctionner. Si elle reste dissoute, la protéine dénaturée peut retrouver sa forme originelle lorsque le milieu revient à la normale.

Parmi les autres agents de dénaturation figurent les substances chimiques qui brisent les liaisons hydrogène, les liaisons ioniques et les ponts disulfure, dont dépend la forme d'une protéine. La dénaturation peut également résulter d'une chaleur excessive ; celle-ci agite les chaînes polypeptidiques suffisamment pour vaincre les interactions faibles qui stabilisent la structure d'une protéine. Ainsi, le blanc d'œuf devient opaque pendant la cuisson, car les protéines qui le composent sont dénaturées par la chaleur : elles deviennent insolubles et coagulent. Ce facteur explique également pourquoi une très forte fièvre peut être fatale : les températures élevées dénaturent les protéines du sang.

Une protéine dénaturée dans une éprouvette, que ce soit par des produits chimiques ou par la chaleur, peut parfois reprendre sa forme fonctionnelle quand l'agent dénaturant disparaît. On peut en conclure que l'information conduisant à l'adoption d'une forme spécifique est liée à la structure primaire. C'est donc la séquence des acides aminés qui détermine la forme d'une protéine, c'est-à-dire les endroits où se formeront des hélices α, des feuillets plissés β, des ponts disulfure, des liaisons ioniques, etc. Mais comment le repliement d'une protéine se produit-il dans la cellule ?

Le repliement des protéines dans la cellule

Les biochimistes connaissent maintenant la séquence des acides aminés de plus de 10 millions de protéines et la forme tridimensionnelle de plus de 20 000 protéines. Les chercheurs ont essayé d'établir une corrélation entre la structure primaire de nombreuses protéines et la structure tridimensionnelle afin de déterminer les règles régissant le repliement de ces macromolécules. Malheureusement, le processus n'est pas aussi simple. La plupart des protéines passent probablement par plusieurs étapes intermédiaires avant d'adopter une forme stable. L'étude de cette structure ne révèle pas ces étapes. Cependant, les biochimistes ont élaboré des méthodes pour suivre les étapes intermédiaires de la formation d'une protéine.

Les **chaperonines** (aussi appelées chaperons moléculaires) sont des molécules protéiques qui favorisent le repliement adéquat des autres protéines (**figure 5.23**). Les chaperonines ne dictent pas la structure finale d'un polypeptide ; elles empêchent plutôt le nouveau polypeptide de céder, pendant son repliement spontané, aux « mauvaises influences » qui se manifestent dans l'environnement cytoplasmique. La bactérie *E. coli* abrite une chaperonine illustrée à la figure 5.23 ; il s'agit d'une multiprotéine complexe ressemblant à un cylindre creux dont la cavité sert d'abri à différents polypeptides en processus de repliement. Par ailleurs, au cours de la dernière décennie, les chercheurs ont découvert des systèmes moléculaires qui interagissent avec les chaperonines et vérifient qu'un repliement correct a eu lieu. Ces systèmes replient correctement les protéines mal repliées ou les marquent afin qu'elles soient détruites.

Le mauvais repliement des polypeptides constitue un problème sérieux dans les cellules. De nombreuses maladies comme la maladie d'Alzheimer, la maladie de Parkinson et l'encéphalopathie spongiforme bovine (maladie de la vache folle) sont associées à une accumulation de protéines anormalement repliées. En fait, des versions mal repliées de la transthyrétine, la protéine représentée à la figure 5.20, ont été mises en cause dans plusieurs maladies, dont une forme de démence sénile.

Même lorsqu'ils sont en présence d'une protéine repliée correctement, il n'est pas facile pour les scientifiques de déterminer sa structure tridimensionnelle exacte, étant donné qu'elle est composée de milliers d'atomes. Les premières structures tridimensionnelles ont été établies en 1959 dans le cas de l'hémoglobine et d'une protéine apparentée, à partir d'analyses effectuées en **cristallographie par diffraction**

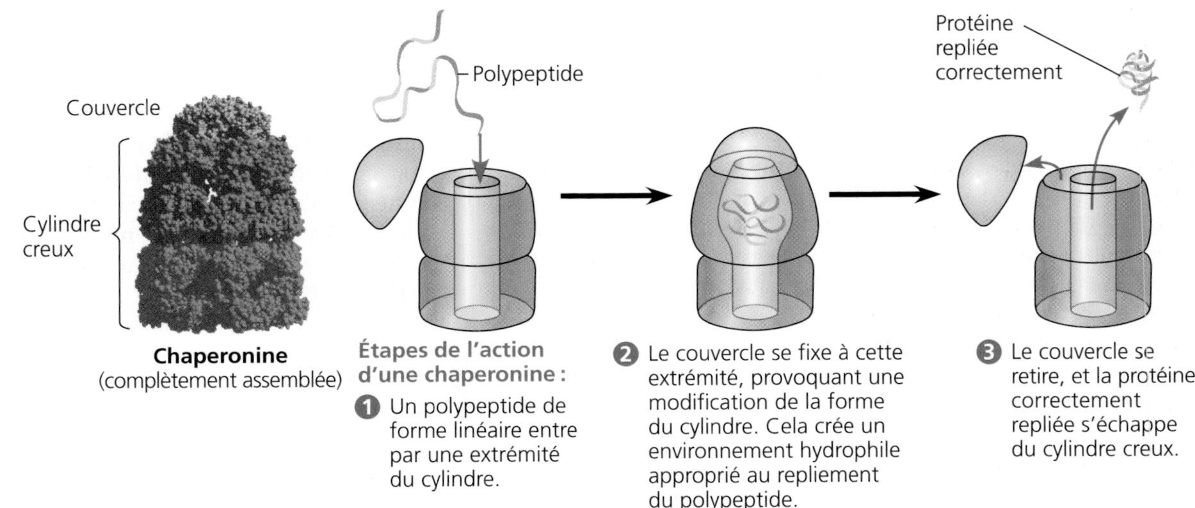

Couvercle
Cylindre creux
Chaperonine
(complètement assemblée)
Polypeptide
Protéine repliée correctement
Étapes de l'action d'une chaperonine :
1 Un polypeptide de forme linéaire entre par une extrémité du cylindre.
2 Le couvercle se fixe à cette extrémité, provoquant une modification de la forme du cylindre. Cela crée un environnement hydrophile approprié au repliement du polypeptide.
3 Le couvercle se retire, et la protéine correctement repliée s'échappe du cylindre creux.

► **Figure 5.23 La chaperonine en action.** L'illustration réalisée par ordinateur (à gauche) montre un complexe de chaperonines provenant de la bactérie *E. coli*. Son espace interne permet à des polypeptides nouvellement formés de se plier correctement. Ce complexe est formé de deux protéines. L'une des protéines forme un cylindre creux à l'extrémité duquel l'autre protéine, en forme de couvercle, peut se fixer.

▼ **Figure 5.24** INVESTIGATION

Qu'est-ce que la structure tridimensionnelle de l'enzyme ARN polymérase II nous révèle sur sa fonction ?

EXPÉRIENCE En 2006, Robert Kornberg obtient le prix Nobel de chimie pour l'utilisation de la cristallographie par diffraction aux rayons X dans la détermination de la structure tridimensionnelle de l'ARN polymérase II, une enzyme qui se lie à la double hélice de l'ADN et synthétise l'ARN. Après avoir cristallisé un complexe des trois composants, Kornberg et ses collègues ont dirigé un faisceau de rayons X à travers le cristal. Les atomes du cristal ont diffracté (dévié) les rayons X selon une disposition ordonnée qu'un détecteur numérique a enregistrée sous forme d'un ensemble de points appelé figure de diffraction des rayons X.

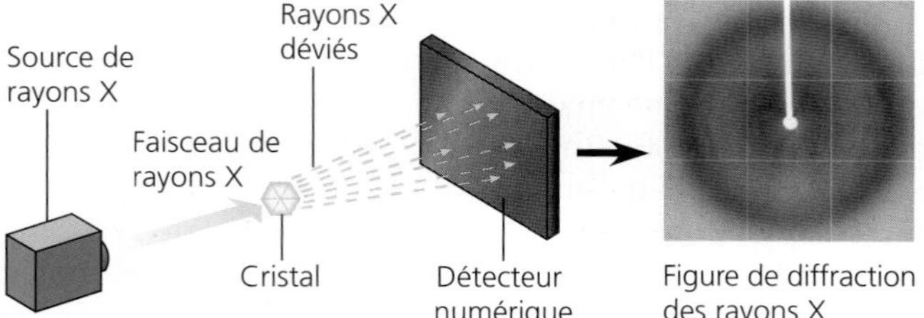

RÉSULTATS À l'aide des données provenant des différentes figures de diffraction des rayons X, ainsi que de la séquence des acides aminés déterminée par des méthodes chimiques, Kornberg et ses collègues ont élaboré un modèle informatique tridimensionnel du complexe avec l'aide d'un logiciel.

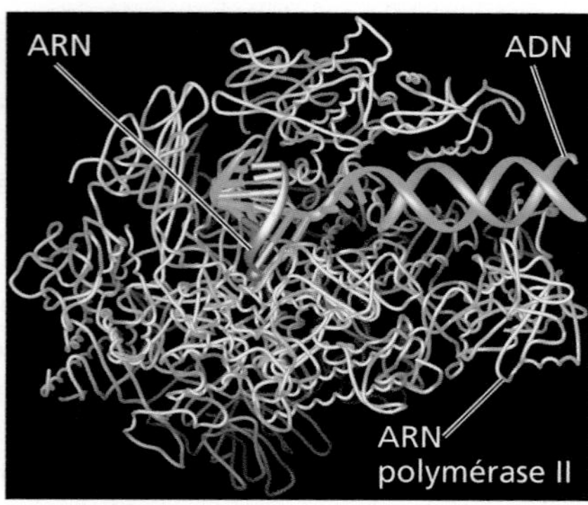

CONCLUSION En analysant leur modèle, les chercheurs ont formulé une hypothèse concernant les fonctions de différentes sections de l'ARN polymérase II. Par exemple, la section au-dessus de l'ADN pourrait agir comme une pince qui maintient les acides nucléiques en place. (Vous étudierez en détail cette enzyme au chapitre 17.)

SOURCE A. L. Gnatt *et al.*, Structural basis of transcription : an RNA polymerase II elongation complex at 3.3 Å, *Science* 292 :1876-1882 (2001).

ET SI ? Si vous étiez un des auteurs de la publication et que vous vouliez décrire le modèle, à quel type de structure de protéine feriez-vous appel pour qualifier les petites spirales du polypeptide dans l'ARN polymérase II ?

aux rayons X. Depuis, cette méthode a permis de déterminer la structure de nombreuses autres protéines, par exemple celle de l'ARN polymérase, réalisée par Robert Kornberg et ses collègues de la Stanford University, une enzyme qui joue un rôle particulièrement important dans l'expression des gènes (**figure 5.24**). Parmi les autres méthodes d'analyse, mentionnons la spectroscopie par résonance magnétique nucléaire (RMN), une technique qui ne nécessite pas la cristallisation d'une protéine, de même que la bio-informatique (voir le chapitre 1), une approche toute nouvelle qui permet de prédire la structure tridimensionnelle des polypeptides à partir de la séquence de leurs acides aminés. La cristallographie par diffraction aux rayons X, la spectroscopie par RMN et la bio-informatique constituent des approches complémentaires à la compréhension de la structure et de la fonction des protéines.

RETOUR SUR LE CONCEPT 5.4

1. Pourquoi une protéine dénaturée ne fonctionne-t-elle plus normalement ?
2. Quelles parties d'une chaîne polypeptidique participent aux liaisons contribuant à fixer la structure secondaire ? La structure tertiaire ?
3. **ET SI ?** À quel endroit devrait-on s'attendre à trouver une section d'un polypeptide riche en acides aminés valine, leucine et isoleucine dans le polypeptide replié ? Expliquez votre réponse.

Voir les réponses proposées à la fin du chapitre.

CONCEPT **5.5**

Les acides nucléiques emmagasinent et transmettent l'information génétique, et contribuent à son expression

Nous avons vu que la structure primaire des polypeptides détermine la forme d'une protéine, mais qu'est-ce qui détermine la structure primaire ? En fait, la séquence d'acides aminés est programmée par une unité d'information génétique appelée **gène**. Les gènes se composent d'ADN, appartenant à la classe de composés appelés acides nucléiques. Les **acides nucléiques** sont des polymères composés de monomères appelés *nucléotides*.

Les rôles des acides nucléiques

Les deux types d'acides nucléiques, l'**acide désoxyribonucléique** (**ADN**) et l'**acide ribonucléique** (**ARN**), permettent aux organismes de reproduire leurs composantes complexes d'une génération à l'autre. Unique en son genre, l'ADN fournit les directives de sa propre réplication. Il dirige également la synthèse de l'ARN et, ce faisant, il contrôle la synthèse des protéines (**figure 5.25**).

L'ADN constitue le matériel génétique que les parents lèguent à leur progéniture. Chaque chromosome contient une longue molécule d'ADN qui porte habituellement des centaines ou plus de gènes. Lorsqu'une cellule se reproduit en se divisant, ses molécules d'ADN sont copiées et transmises à la génération suivante. Les instructions qui programment toutes les activités de la cellule sont encodées dans la structure de l'ADN. Cependant, l'ADN ne participe pas directement aux opérations de la cellule, pas plus qu'un logiciel ne peut imprimer un texte scientifique ou lire un code à barres sur une boîte de céréales. Tout comme il faut une imprimante pour imprimer un texte ou un lecteur pour lire un code à barres, il faut des protéines pour exécuter les programmes génétiques. Les protéines sont à la cellule ce que le matériel informatique est à l'ordinateur. Par exemple, c'est l'hémoglobine, une protéine, et non l'ADN qui transporte le dioxygène dans les globules rouges du sang; l'ADN, lui, spécifie la structure de l'hémoglobine.

Comment l'ARN, l'autre sorte d'acide nucléique, sert-il d'intermédiaire dans l'expression génique, la circulation de l'information génétique de l'ADN aux protéines? Chaque gène présent sur la molécule d'ADN dirige la synthèse d'un type d'ARN appelé *ARN messager* (*ARNm*). La molécule d'ARNm interagit avec le mécanisme de la synthèse protéique pour diriger la production d'un polypeptide qui se replie pour former une protéine complète ou une partie de protéine. Nous pouvons résumer cette circulation de l'information génétique de la manière suivante: ADN → ARN → protéine (voir la figure 5.25). Les sites de la synthèse protéique sont de petites structures appelées ribosomes. Dans une cellule eucaryote, les ribosomes baignent dans le cytoplasme, alors que l'ADN se trouve dans le noyau. C'est donc du noyau au cytoplasme que l'ARN messager transmet les instructions génétiques relatives à l'élaboration des protéines. Les cellules procaryotes, qui sont dépourvues de noyau, utilisent également l'ARNm pour transmettre un message de l'ADN aux ribosomes et à d'autres éléments de la cellule; ceux-ci traduisent l'information codée en séquences d'acides aminés. Au cours des dernières années, on a découvert plusieurs autres types d'ARN qui jouent de nombreux autres rôles dans la cellule. Comme c'est souvent le cas en biologie, l'histoire est encore en train de s'écrire! Vous en apprendrez davantage sur les fonctions nouvellement découvertes des molécules d'ARN au chapitre 18.

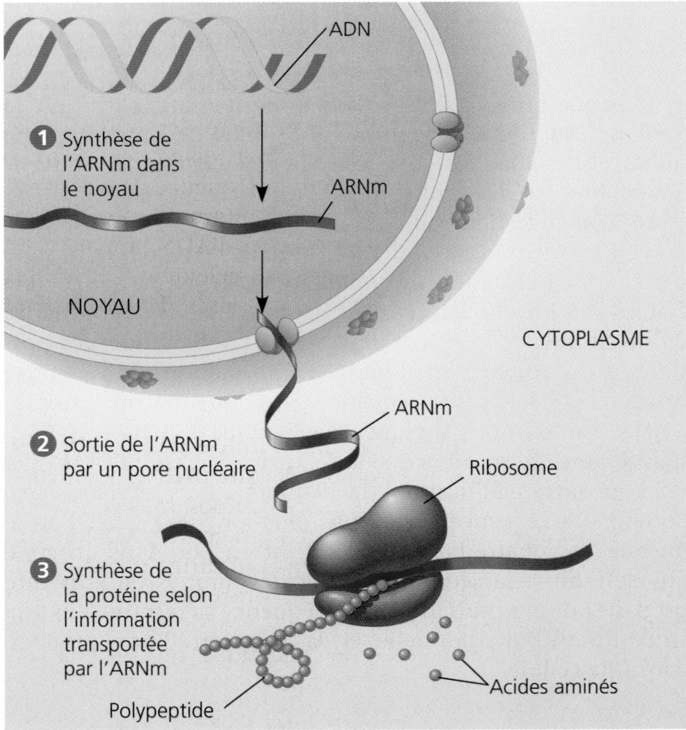

▲ **Figure 5.25 ADN → ARN → protéine.** Dans une cellule eucaryote, l'ADN nucléaire programme la production de protéines en dictant la synthèse de l'ARN messager (ARNm). (En réalité, le noyau de la cellule est beaucoup plus gros par rapport aux autres éléments dans cette figure.)

Les composantes des acides nucléiques

Les acides nucléiques sont des macromolécules qui existent sous forme de polymères appelés **polynucléotides** (**figure 5.26a**). Comme son nom l'indique, chaque polynucléotide se compose de monomères appelés **nucléotides**. Un nucléotide est généralement constitué de trois parties: une base contenant de l'azote (base azotée), un monosaccharide à cinq atomes de carbone (un pentose) et un ou plusieurs groupements phosphate (**figure 5.26b**). Dans un polynucléotide, chaque monomère ne comporte qu'un seul groupement phosphate. Lorsque cette unité est dépourvue de groupement phosphate, on l'appelle *nucléoside*.

Pour construire un nucléotide, commençons par examiner les bases azotées (**figure 5.26c**). Chaque base azotée possède un ou deux cycles contenant des atomes d'azote. (Les atomes d'azote tendent à capter des ions H^+ de la solution et agissent ainsi comme des bases, ce qui explique l'appellation *base azotée*.) Il existe deux familles de bases azotées: les pyrimidines et les purines. Une **pyrimidine** possède un seul cycle contenant quatre atomes de carbone et deux d'azote. Les membres de la famille des pyrimidines sont la cytosine (C), la thymine (T) et l'uracile (U). Quant aux **purines**, elles ont une masse moléculaire plus importante, puisqu'elles se composent d'un cycle de six atomes accolé à un autre de cinq atomes. Les purines sont l'adénine (A) et la guanine (G). Comme les pyrimidines, elles se distinguent par les groupements fonctionnels attachés aux cycles. L'adénine, la guanine et la cytosine entrent dans la composition des deux types d'acides nucléiques, l'ADN et l'ARN; on trouve la thymine seulement dans l'ADN et l'uracile seulement dans l'ARN.

Ajoutons maintenant un monosaccharide à la base azotée. Celui qui est lié à la base azotée des nucléotides de l'ADN est le **désoxyribose**; celui qui est lié à la base azotée des nucléotides de l'ARN est le **ribose** (voir la figure 5.26c). Il n'existe qu'une seule différence entre ces deux monosaccharides: il n'y a pas d'oxygène uni au deuxième atome de carbone du cycle du désoxyribose, d'où son nom *désoxy*ribose. Le groupement —OH étant un groupement réactif, le désoxyribose est donc plus stable que le ribose. Afin de distinguer la numérotation des atomes de carbone du monosaccharide de celle des atomes du cycle de la base azotée qui lui est attachée, on ajoute un signe prime (′) après le numéro désignant les atomes du monosaccharide d'un nucléoside ou d'un nucléotide. Ainsi, le deuxième atome de carbone dans le cycle du monosaccharide est le carbone 2′ («2 prime»), et le carbone qui se situe au-dessus du cycle est numéroté 5′; de même, le pentose de l'ADN est le 2′-désoxyribose et la base azotée est liée au carbone 1′ du pentose.

Jusqu'ici, nous avons construit un nucléoside, c'est-à-dire une molécule contenant une base azotée associée à un pentose.

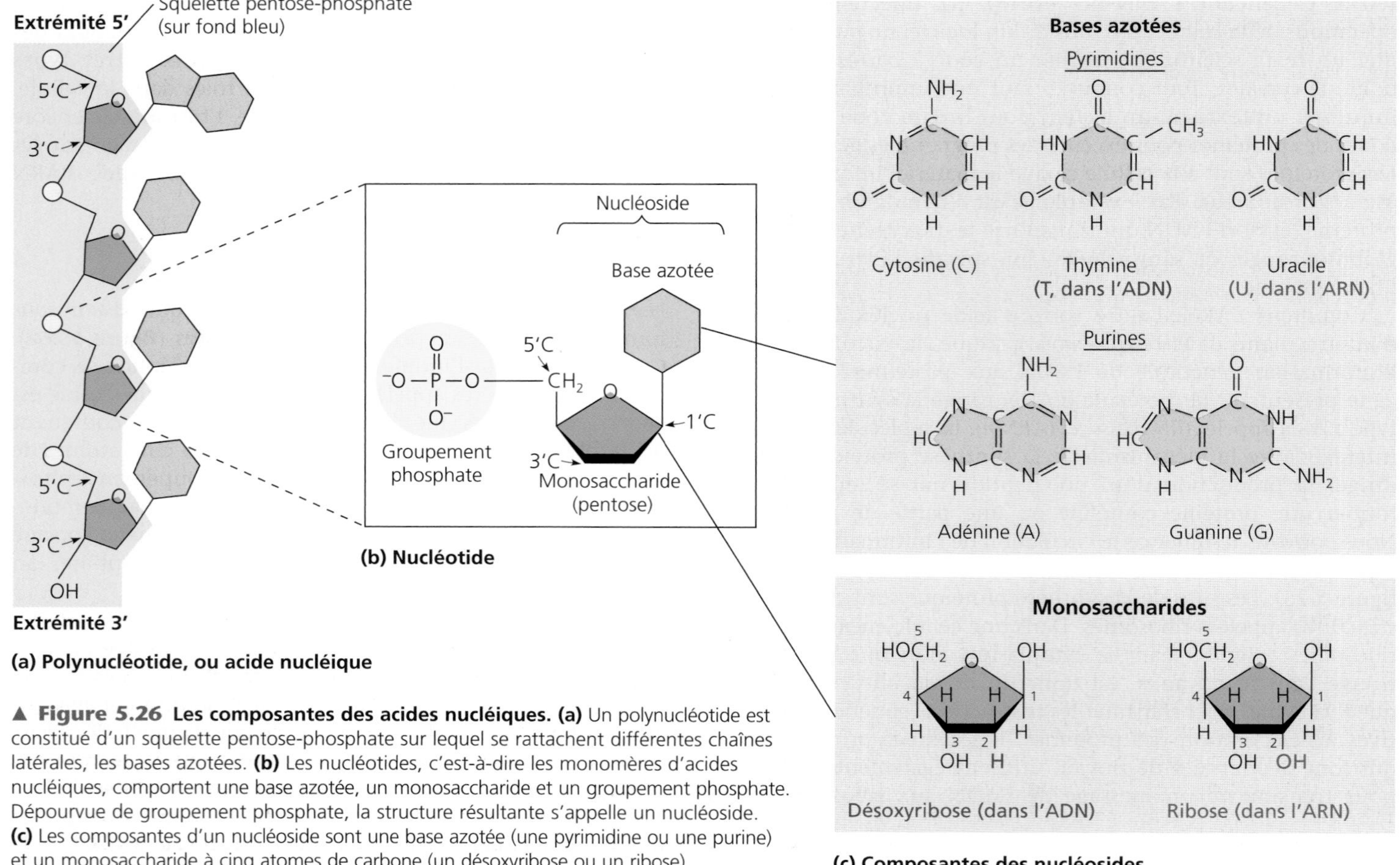

▲ **Figure 5.26 Les composantes des acides nucléiques. (a)** Un polynucléotide est constitué d'un squelette pentose-phosphate sur lequel se rattachent différentes chaînes latérales, les bases azotées. **(b)** Les nucléotides, c'est-à-dire les monomères d'acides nucléiques, comportent une base azotée, un monosaccharide et un groupement phosphate. Dépourvue de groupement phosphate, la structure résultante s'appelle un nucléoside. **(c)** Les composantes d'un nucléoside sont une base azotée (une pyrimidine ou une purine) et un monosaccharide à cinq atomes de carbone (un désoxyribose ou un ribose).

Pour faire un nucléotide, nous devons attacher un groupement phosphate au cinquième atome de carbone (5′) du pentose (voir la figure 5.26b). La molécule devient alors un nucléoside monophosphate: celui-ci est plus connu sous le nom de nucléotide. Notez qu'il existe plusieurs types de nucléotides qui n'entrent pas dans la composition des acides nucléiques: nous avons déjà parlé au chapitre 4 de l'ATP, molécule importante permettant les transferts d'énergie, et nous en verrons d'autres (transporteurs d'électrons et messagers intracellulaires) lorsque nous étudierons la cellule et le métabolisme.

Les polymères des nucléotides

Nous pouvons maintenant examiner comment les nucléotides sont liés entre eux pour élaborer un polynucléotide. Dans cette macromolécule, les monomères sont unis par une liaison phosphodiester, qui consiste en un groupement phosphate attaché aux monosaccharides de deux nucléotides. Cette liaison contribue à former un squelette dont la séquence d'unités pentose-phosphate se répète (voir la figure 5.26a). (Notez que les bases azotées ne font pas partie du squelette.) Les deux extrémités libres du polymère sont différentes l'une de l'autre: l'une se termine par un groupement phosphate attaché à un carbone 5′, tandis que l'autre porte un groupement hydroxyle sur un carbone 3′. On les appelle respectivement l'extrémité 5′ et l'extrémité 3′. On peut donc affirmer que chaque brin d'ADN possède une orientation intégrée le long de son squelette pentose-phosphate, semblable à une rue à sens unique. Tout le long de ce squelette se trouvent des chaînes latérales constituées d'une base azotée.

La séquence des bases azotées du polymère d'ADN (ou d'ARNm) constitue sa structure primaire, typique de chaque gène, et elle fournit une information très spécifique à la cellule. Comme les gènes comprennent habituellement des centaines ou des milliers de nucléotides, le nombre de séquences possibles est pratiquement illimité. L'information d'un gène se trouve encodée dans la séquence spécifique des quatre bases d'ADN. Par exemple, la séquence génétique 5′-AGGTAACTT-3′ signifie une chose, alors que la séquence 5′-CGCTTTAAC-3′ a une tout autre signification. (Évidemment, tous les gènes comportent des séquences beaucoup plus longues.) C'est l'ordre linéaire des quatre bases tel qu'il est encodé dans un gène qui détermine la séquence des acides aminés (la structure primaire) d'une protéine. Cette séquence détermine aussi la structure tridimensionnelle et la fonction d'une protéine dans une cellule.

La structure des molécules d'ADN et d'ARN

Les molécules d'ARN des cellules se composent généralement d'une seule chaîne de polynucléotides semblable à celle qui est illustrée à la figure 5.26a. Par contre, les molécules d'ADN

▶ **Figure 5.27 La structure des molécules d'ADN et d'ARNt. (a)** La molécule d'ADN est généralement une double hélice. Les squelettes désoxyribose-phosphate des brins antiparallèles du polynucléotide forment les bordures extérieures de la double hélice (les parties en bleu). Les paires de bases azotées se trouvent à l'intérieur de celle-ci. Elles maintiennent les deux brins ensemble par des liaisons hydrogène. Comme on le voit dans la figure, l'adénine (A) s'apparie seulement avec la thymine (T), et la guanine (G), avec la cytosine (C). Chaque brin d'ADN illustré ici est l'équivalent structural du polynucléotide dessiné à la figure 5.26a. **(b)** L'appariement de bases complémentaires de régions antiparallèles confère à la molécule d'ARNt une structure qui ressemble vaguement à un L. Dans l'ARN, A forme des paires avec U.

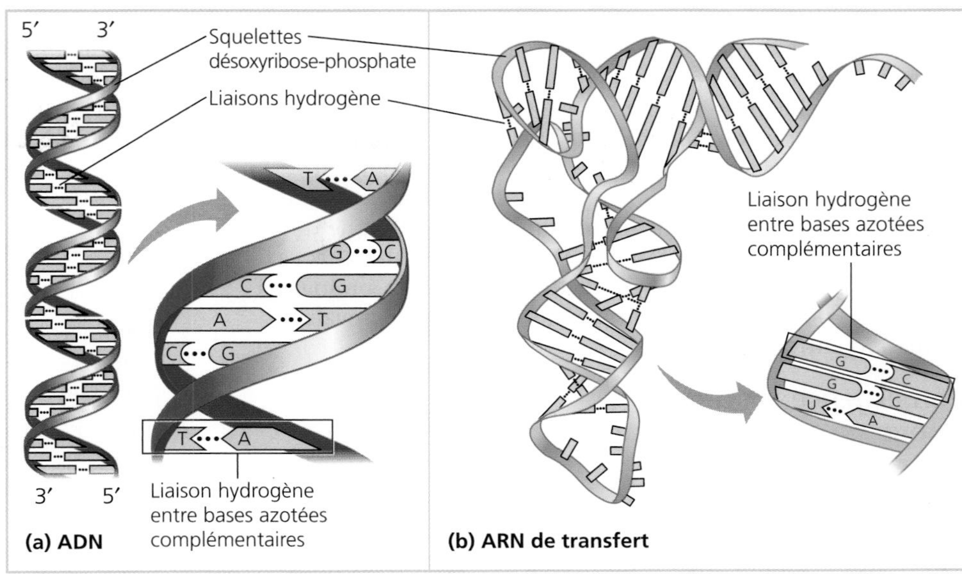

se composent de deux chaînes de nucléotides, ou «brins», enroulées en spirale autour d'un axe imaginaire de façon à former une **double hélice** (**figure 5.27a**). Les deux chaînes hélicoïdales s'enroulent dans des directions opposées 5′ → 3′; on qualifie cet arrangement d'**antiparallèle**, un peu comme une route à chaussées séparées. Les deux squelettes désoxyribose-phosphate se trouvent sur les bordures extérieures de l'hélice, alors que les bases azotées s'apparient à l'intérieur de l'hélice. Les deux brins demeurent attachés ensemble grâce aux liaisons hydrogène qui unissent les bases azotées appariées (deux ou trois liaisons, selon les bases azotées) (voir la figure 5.27a). La majorité des molécules d'ADN sont très longues; elles possèdent des milliers, voire des millions, de paires de bases reliant les deux chaînes. Une double hélice d'ADN compte un grand nombre de gènes, dont chacun occupe un segment particulier de la molécule.

Dans la double hélice, chacune des bases azotées a un complément exclusif, une purine étant toujours unie à une pyrimidine: l'adénine (A) forme toujours une paire avec la thymine (T), et la guanine (G), avec la cytosine (C). Ainsi, quand nous lisons la séquence des bases d'un brin de la double hélice, nous pouvons déduire la séquence des bases de l'autre brin. Par exemple, si un bout de brin possède la séquence de bases 5′-AGGTCCG-3′, la règle d'appariement des bases nous dit que le bout de brin opposé doit avoir la séquence 3′-TCCAGGC-5′. Les deux brins de la double hélice sont *complémentaires,* chacun représentant la contrepartie prévisible de l'autre. Par ailleurs, la complémentarité des deux brins de l'ADN permet de produire deux copies identiques de chaque molécule d'ADN dans une cellule qui s'apprête à se diviser. Au moment de la division, les copies sont distribuées dans les cellules filles, les rendant génétiquement identiques à la cellule mère. Ainsi, la structure de l'ADN explique sa fonction de transmission de l'information génétique quand une cellule se reproduit: il s'agit d'un autre exemple de la corrélation entre la structure et la fonction à l'échelle moléculaire.

L'appariement de bases complémentaires peut également se produire entre des parties de deux molécules d'ARN ou même entre deux segments de nucléotides dans la *même* molécule d'ARN. En fait, l'appariement des bases dans une molécule d'ARN lui permet d'adopter la forme tridimensionnelle particulière nécessaire à sa fonction. Examinons, par exemple, le type d'ARN appelé *ARN de transfert* (*ARNt*), qui achemine les acides aminés au ribosome durant la synthèse d'un polypeptide. Une molécule d'ARNt a une longueur d'environ 80 nucléotides. Sa forme fonctionnelle résulte de l'appariement de bases entre des nucléotides où les segments complémentaires de la molécule sont disposés de façon antiparallèle l'un par rapport à l'autre (**figure 5.27b**).

Notez que dans l'ARN l'adénine (A) forme une paire avec l'uracile (U); la thymine (T) n'est pas présente dans l'ARN. Il existe une autre différence entre l'ADN et l'ARN: l'ADN se trouve presque toujours sous forme de double hélice alors que les molécules d'ARN prennent diverses formes. Cette diversité est due au fait que l'étendue et l'endroit de l'appariement des bases complémentaires dans une molécule d'ARN varient selon les types d'ARN, comme vous le verrez au chapitre 17.

L'ADN et les protéines: reflets de l'évolution

ÉVOLUTION Nous sommes habitués à considérer les caractères communs, par exemple les poils et la production de lait chez les Mammifères, comme une preuve de l'existence d'ancêtres communs. Étant donné que nous comprenons maintenant que l'ADN transmet les informations héréditaires sous la forme de gènes, nous pouvons considérer que les gènes (ADN) et leurs produits (protéines) nous documentent sur le bagage héréditaire d'un organisme. Les séquences linéaires de nucléotides dans les molécules d'ADN se transmettent des parents à leurs descendants, et l'ADN détermine les séquences d'acides aminés des protéines. L'ADN et les protéines des enfants issus des mêmes parents se ressemblent davantage que ceux des individus sans lien de parenté. Si la notion évolutionniste de la vie est valide, on devrait pouvoir appliquer ce concept de «généalogie moléculaire» aux relations qui existent entre les espèces. Donc, si deux espèces semblent apparentées en raison de leur anatomie similaire et de données fournies par des fossiles, a-t-on raison de s'attendre à ce que leur ADN et leurs protéines se ressemblent davantage que ceux de deux espèces plus éloignées? La réponse est oui. La comparaison de la chaîne polypeptidique β de l'hémoglobine humaine avec le polypeptide de l'hémoglobine correspondant chez d'autres Vertébrés en constitue un exemple. Dans cette chaîne de 146 acides aminés, les êtres humains et les gorilles ne diffèrent que par 1 seul acide aminé, tandis que les humains et les grenouilles diffèrent par 67 acides aminés. La biologie moléculaire offre aux chercheurs un nouvel outil pour évaluer la filiation entre les espèces.

L'émergence en rappel: retour sur les fondements chimiques de la biologie

Rappelez-vous que la vie s'organise en une hiérarchie de niveaux structuraux (voir la figure 1.4, p. 4). À mesure qu'on monte dans celle-ci et qu'on atteint un niveau supérieur d'organisation, de nouvelles propriétés apparaissent. Dans les chapitres 2 à 5, nous avons analysé la chimie des êtres vivants. Mais nous avons également donné une vision plus intégrée de la vie en examinant l'émergence associée à l'accroissement de l'ordre.

Nous avons vu que le comportement de l'eau résulte des interactions entre les molécules qui la composent, ces dernières étant elles-mêmes constituées par un assemblage ordonné d'atomes d'hydrogène et d'oxygène. Nous avons abordé le sujet des composés organiques: nous avons réduit leur complexité et leur diversité à leur squelette carboné et aux groupements fonctionnels qui y sont attachés. Nous avons appris que les petites molécules organiques peuvent s'unir de façon à former des molécules complexes qui acquièrent de nouvelles propriétés. En terminant notre vue d'ensemble par une introduction aux macromolécules et aux lipides, nous avons établi un lien avec la deuxième partie du manuel, dans laquelle nous étudierons la structure et les fonctions des cellules. Nous maintiendrons l'équilibre entre le besoin de réduire la vie à un ensemble de processus simples et l'ultime satisfaction d'aborder ces processus dans un contexte intégré.

RETOUR SUR LE CONCEPT 5.5

1. **FAITES UN DESSIN** Reportez-vous à la figure 5.26a. Numérotez tous les carbones dans les monosaccharides des trois nucléotides du haut; encerclez les bases azotées et marquez d'un astérisque les groupements phosphate.
2. **FAITES UN DESSIN** Dans la double hélice d'ADN, une région dans un des brins possède la séquence de bases azotées suivante: 5′-TAGGCCT-3′. Copiez cette séquence et écrivez son brin complémentaire, en indiquant clairement les extrémités 5′ et 3′ de ce brin.
3. **ET SI?** (a) Supposons qu'une substitution s'est produite dans un brin d'ADN de la double hélice de la question 2, qui a eu pour résultat:

   5′-TAAGCCT-3′

   3′-ATCCGGA-5′

   Copiez ces deux brins et encerclez les bases mal appariées en nommant cet arrangement incorrect. (b) Si le brin modifié indiqué en premier est utilisé par la cellule pour élaborer un brin complémentaire, quel serait ce brin apparié?

Voir les réponses proposées à la fin du chapitre.

RÉVISION DU CHAPITRE 5

RÉSUMÉ DES CONCEPTS CLÉS

CONCEPT 5.1

Les macromolécules sont des polymères synthétisés à partir de monomères (p. 75 et 76)

- Les glucides, les protéines et les acides nucléiques sont des **polymères**, c'est-à-dire des chaînes de **monomères**. Les composantes des lipides varient. Les monomères forment des molécules plus complexes grâce à des **réactions de déshydratation**, au cours desquelles des molécules d'eau sont libérées. Les polymères peuvent se dissocier au moyen de la réaction inverse, l'**hydrolyse**. On peut construire une infinité de polymères à partir d'un petit ensemble de monomères.

? *Quelle est la base fondamentale des différences entre les glucides, les protéines et les acides nucléiques?*

Molécules organiques complexes	Composantes	Exemples	Fonctions
CONCEPT 5.2 **Les glucides servent de sources d'énergie et de matériaux de structure (p. 76 à 82)** ? *Comparez la composition, la structure et la fonction de l'amidon et de la cellulose. Quels rôles jouent l'amidon et la cellulose dans l'organisme humain?*	CH_2OH, H, O, H, H, OH, H, HO, OH, H, OH Monomère de monosaccharide	**Monosaccharides:** glucose, fructose **Disaccharides:** lactose, saccharose	Énergie; sources de carbone qui peuvent être converties en d'autres types de molécules ou servir de monomères inclus dans des polymères
		Polysaccharides: • Cellulose (Végétaux) • Amidon (Végétaux) • Glycogène (Animaux) • Chitine (Animaux et Champignons)	• Renforce les parois des cellules végétales • Réserve de glucose pour l'énergie • Réserve de glucose pour l'énergie • Renforce les exosquelettes et les parois cellulaires des Champignons
CONCEPT 5.3 **Les lipides forment un groupe de molécules hydrophobes d'aspect varié (p. 82 à 85)** ? *Pourquoi les lipides ne sont-ils pas considérés comme des macromolécules ou polymères?*	Glycérol 3 acides gras	**Triacylglycérols** (graisses ou huiles): glycérol + 3 acides gras	Importante source d'énergie
	Tête avec Ⓟ 2 acides gras	**Phosphoglycérolipides:** groupement phosphate + glycérol + 2 acides gras	Bicouches lipidiques des membranes Queues hydrophobes Têtes hydrophiles
	Représentation schématisée d'un stéroïde	**Stéroïdes:** quatre cycles accolés avec des groupements chimiques attachés	• Constituants des membranes cellulaires (cholestérol) • Molécules messagères circulant dans l'organisme (hormones)
CONCEPT 5.4 **Les protéines possèdent plusieurs niveaux de structure, ce qui leur confère des fonctions très diversifiées (p. 85 à 94)** ? *Les protéines constituent la classe de molécules organiques qui présentent la plus grande diversité de structure et de fonction. Expliquez le principe fondamental de cette diversité.*	R, H, N, C, C, O, H, H, OH Monomère d'acide aminé (20 types)	• Enzymes • Protéines structurales • Protéines d'entreposage • Protéines de transport • Hormones • Protéines réceptrices • Protéines motrices • Protéines de défense	• Catalysent les réactions chimiques • Fournissent un soutien structural • Mettent en réserve les acides aminés • Assurent la circulation des substances • Coordonnent les activités de l'organisme • Reçoivent les signaux des cellules externes • Interviennent dans le mouvement des cellules • Protègent contre les maladies
CONCEPT 5.5 **Les acides nucléiques emmagasinent et transmettent l'information génétique, et contribuent à son expression (p. 94 à 98)** ? *Quel rôle joue la formation des paires de bases complémentaires dans les fonctions des acides nucléiques?*	Base azotée Groupement phosphate Ⓟ—CH_2 O Monosaccharide	**ADN:** • Monosaccharide = désoxyribose • Bases azotées = C, G, A, T • Généralement à double brin	Emmagasine les informations héréditaires
		ARN: • Monosaccharide = ribose • Bases azotées: C, G, A, U • Généralement à simple brin	Diverses fonctions au cours de l'expression génique, incluant le transport des instructions de l'ADN aux ribosomes

ÉVALUATION

NIVEAU 1 : CONNAISSANCES ET COMPRÉHENSION

1. Parmi les catégories suivantes, laquelle inclut toutes les autres ?
a) Monosaccharide.
b) Disaccharide.
c) Amidon.
d) Glucide.
e) Polysaccharide.

2. L'amylase est une enzyme qui peut rompre les liaisons glycosidiques entre les molécules de glucose seulement si ces monomères sont de la forme α. Parmi les molécules suivantes, lesquelles l'amylase peut-elle décomposer ?
a) Le glycogène, l'amidon et l'amylopectine.
b) Le glycogène et la cellulose.
c) La cellulose et la chitine.
d) L'amidon et la chitine.
e) L'amidon, l'amylopectine et la cellulose.

3. Parmi les énoncés ci-dessous au sujet des triglycérides *insaturés*, lequel est correct ?
a) Ils sont plus répandus chez les Animaux que chez les Végétaux.
b) Les chaînes carbonées de leurs acides gras possèdent des liaisons doubles.
c) Ils se solidifient généralement à la température ambiante.
d) Ils contiennent plus d'hydrogène que les triglycérides saturés portant le même nombre d'atomes de carbone.
e) Ils possèdent moins de molécules d'acides gras par molécule de triglycéride.

4. Le niveau de structure d'une protéine le *moins* affecté par le bris de liaisons hydrogène est :
a) la structure primaire.
b) la structure secondaire
c) la structure tertiaire.
d) la structure quaternaire.
e) Tous les niveaux de structure sont également affectés.

5. Les enzymes qui dissocient l'ADN catalysent l'hydrolyse des liaisons entre les nucléotides. Qu'arrive-t-il aux molécules d'ADN traitées avec ces enzymes ?
a) Les deux brins de la double hélice se séparent.
b) Les liaisons phosphodiester de la chaîne de polypeptide se rompent.
c) Les purines se séparent des molécules de désoxyribose.
d) Les pyrimidines se séparent des molécules de désoxyribose.
e) Toutes les bases se séparent des molécules de désoxyribose.

NIVEAU 2 : APPLICATION ET ANALYSE

6. La formule moléculaire du glucose est $C_6H_{12}O_6$. Quelle serait la formule moléculaire d'un polymère de 10 molécules de glucose obtenu par des réactions de déshydratation ?
a) $C_{60}H_{120}O_{60}$
b) $C_6H_{12}O_6$
c) $C_{60}H_{102}O_{51}$
d) $C_{60}H_{100}O_{50}$
e) $C_{60}H_{111}O_{51}$

7. Quelles paires de séquences de bases peuvent s'apparier pour former une petite séquence d'une double hélice normale d'ADN ?
a) 5′-purine-pyrimidine-purine-pyrimidine-5′ avec 3′-purine-pyrimidine-purine-pyrimidine-5′.
b) 5′-AGCT-3′ avec 5′-TCGA-3′.
c) 5′-GCGC-3′ avec 5′-TATA-3′.
d) 5′-ATGC-3′ avec 5′-GCAT-3′.
e) Toutes ces paires sont correctes.

8. Construisez un tableau qui organise les termes suivants et nommez les colonnes et les rangées.

Liaisons phosphodiester	Polypeptides	Monosaccharides
Liaisons peptidiques	Triacylglycérols	Nucléotides
Liaisons glycosidiques	Polynucléotides	Acides aminés
Liaisons ester	Polysaccharides	Acides gras

9. **FAITES UN DESSIN** Copiez le brin de nucléotide de la figure 5.26a et placez-y les bases G, T, C et A, en commençant par l'extrémité 5′. En supposant qu'il s'agit d'un polynucléotide d'ADN, dessinez le brin complémentaire, en utilisant les mêmes symboles pour les groupements phosphate (cercles), les monosaccharides (pentagones) et les bases. Identifiez les bases. Tracez des flèches indiquant la direction 5′ → 3′ de chaque brin. Utilisez les flèches pour bien indiquer que le deuxième brin est antiparallèle au premier. *Suggestion :* Après avoir dessiné le premier brin verticalement, tournez le papier à 180° (le haut vers le bas) ; il est plus facile de dessiner le deuxième brin dans la direction 5′ → 3′ en allant de haut en bas.

NIVEAU 3 : SYNTHÈSE ET ÉVALUATION

10. LIEN AVEC L'ÉVOLUTION
La comparaison des séquences des acides aminés apporte un nouvel éclairage sur les différences entre les organismes apparentés. Si vous comparez deux espèces vivantes, pensez-vous que toutes les protéines devraient montrer le même degré de différences ? Pourquoi ?

11. INTÉGRATION
Supposons que vous êtes assistant de recherche dans un laboratoire où l'on étudie des protéines qui se lient à l'ADN. On vous a fourni les séquences d'acides aminés de toutes les protéines encodées par le génome d'une certaine espèce et on vous a demandé de trouver des protéines candidates qui pourraient se lier à l'ADN. Quels types d'acides aminés vous attendez-vous à voir dans de telles protéines ? Pourquoi ?

12. SCIENCE, TECHNOLOGIE ET SOCIÉTÉ
Certains athlètes amateurs et professionnels prennent des stéroïdes anabolisants pour accroître leur volume musculaire et acquérir de la force. Les risques que cette pratique comporte pour la santé ont été largement démontrés. Ces considérations mises à part, quelle est votre opinion sur l'usage de substances chimiques visant à améliorer la performance des athlètes ? Un athlète qui prend des stéroïdes anabolisants triche-t-il, ou cette habitude fait-elle simplement partie de la préparation requise pour réussir dans un sport de compétition ? Expliquez votre réponse.

13. **ÉCRIVEZ UN TEXTE**
Structure et fonction Les protéines, qui possèdent diverses fonctions dans une cellule, sont toutes des polymères constitués des mêmes sous-unités, les acides aminés. Rédigez un court essai (de 100 à 150 mots) dans lequel vous expliquez comment la structure des acides aminés permet à ce type de polymère de remplir de si nombreuses fonctions.

RÉPONSES DU CHAPITRE 5

Questions des figures

Figure 5.3 Le glucose et le fructose sont des isomères de structure.

Figure 5.4

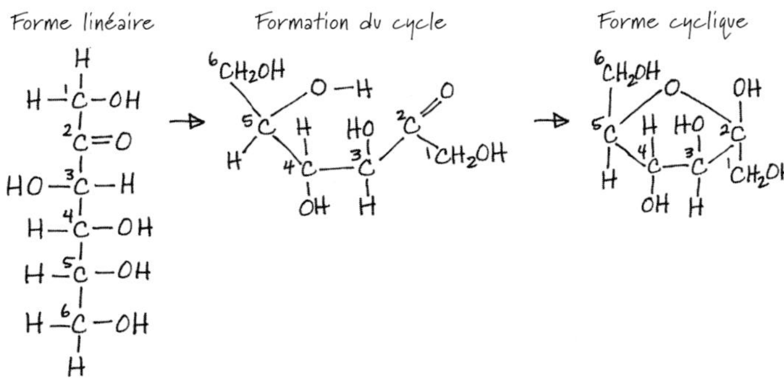

Notez que l'oxygène fixé sur le carbone 5 a perdu son proton et que l'oxygène sur le carbone 2, qui appartenait au groupement carbonyle, a gagné un proton. Quatre carbones font partie du cycle du fructose et deux n'en font pas partie. (Ces deux derniers sont attachés aux carbones 2 et 5 qui sont dans le cycle.) Le cycle du fructose diffère de celui du glucose, qui comporte cinq atomes de carbone dans son cycle et un à l'extérieur. (Notez que l'orientation de cette molécule de fructose est inversée par rapport à celle de la figure 5.5b.)

Figure 5.5

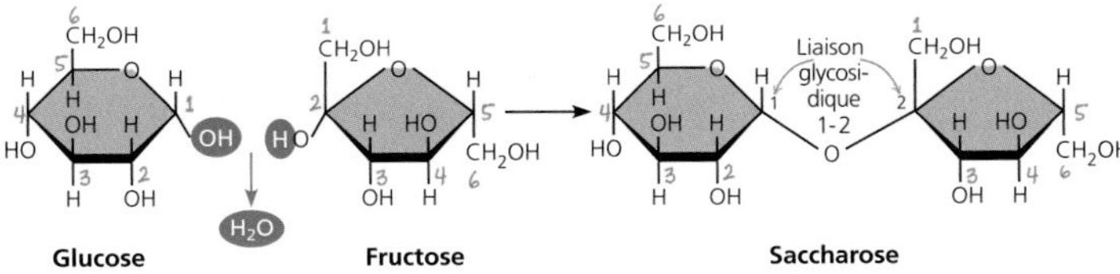

Figure 5.12

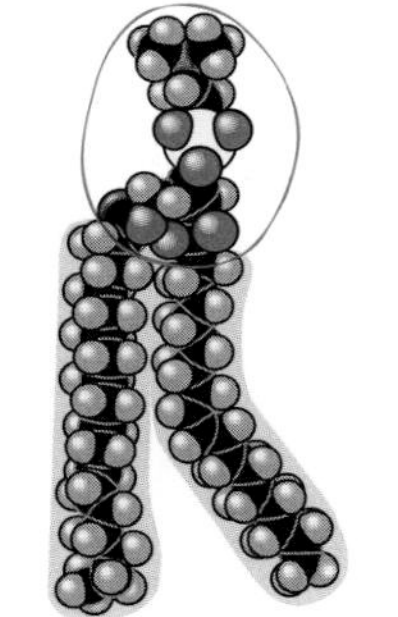

Figure 5.14

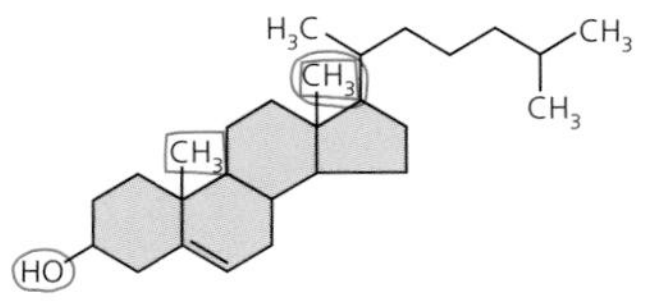

Figure 5.17

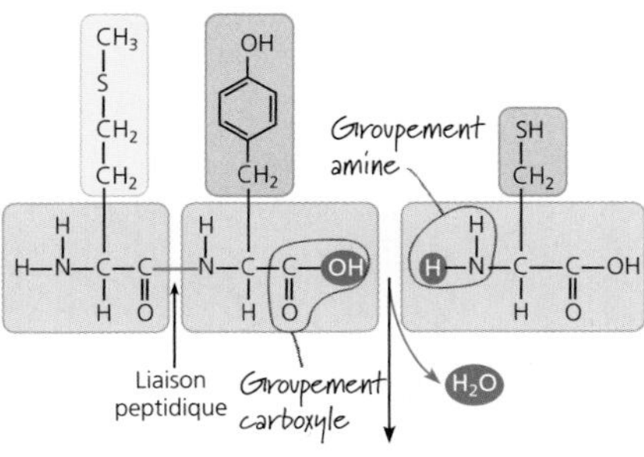

Figure 5.21 Le radical R porté par l'acide glutamique est acide et hydrophile, alors que celui de la valine est non polaire et hydrophobe. Il est donc peu probable que la valine puisse participer aux mêmes interactions intramoléculaires que l'acide glutamique. Un changement dans ces interactions provoque le bris de la structure moléculaire.

Figure 5.24 Les spirales sont des hélices α.

Retour sur le concept 5.1

1. Les quatre classes principales: les protéines, les glucides, les lipides et les acides nucléiques. Les lipides ne sont pas des polymères. **2.** Neuf. Il faut une molécule d'eau pour hydrolyser chaque paire de monomères liés. **3.** Des réactions d'hydrolyse libèrent les acides aminés des protéines de poisson et des réactions de déshydratation les incorporent dans les protéines de votre organisme.

Retour sur le concept 5.2

1. $C_3H_6O_3$ ou $C_3(H_2O)_3$. **2.** $C_{12}H_{22}O_{11}$. **3.** Le traitement aux antibiotiques a probablement tué les procaryotes qui digèrent la cellulose dans l'estomac de la vache. L'absence de ces procaryotes peut gêner la capacité de l'animal à obtenir de l'énergie de ses aliments et entraîner une perte de poids, voire la mort. Les espèces procaryotes sont donc réintroduites, en combinaisons appropriées, dans la culture intestinale donnée aux vaches traitées.

Retour sur le concept 5.3

1. Les deux sont composés d'une molécule de glycérol liée à des acides gras. Le glycérol d'une graisse est lié à trois acides gras, tandis que celui d'un phosphoglycérolipide est lié à deux acides gras et à un groupement phosphate. **2.** Les hormones sexuelles des êtres humains sont des stéroïdes, un type de composés hydrophobes. **3.** La membrane de la gouttelette d'huile peut consister en une seule couche de phosphoglycérolipides au lieu d'une bicouche, parce qu'un arrangement dans lequel les queues hydrophobes des phosphoglycérolipides de la membrane sont en contact avec les régions hydrocarbonées des molécules d'huile serait plus stable.

Retour sur le concept 5.4

1. La fonction d'une protéine découle de sa structure tridimensionnelle spécifique. Celle-ci disparaît lorsque la protéine est dénaturée.
2. La structure secondaire fait intervenir des liaisons hydrogène entre les atomes de la chaîne polypeptidique. La structure tertiaire met en jeu des liaisons entre les atomes des chaînes latérales des acides aminés.
3. Ce sont tous des acides aminés non polaires; on s'attend donc à ce que cette région soit située à l'intérieur du polypeptide replié, où elle n'entrerait pas en contact avec le milieu aqueux dans la cellule.

Retour sur le concept 5.5

1.

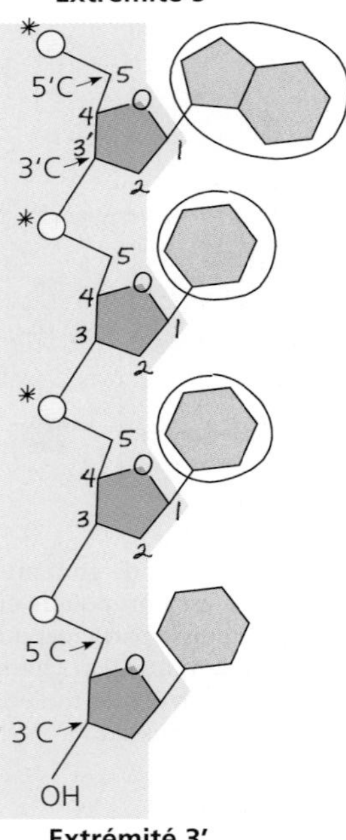

2. 5'-TAGGCCT-3'
3'-ATCCGGA-5'

3. a. Mauvais appariement
5'-TAAGCCT-3'
3'-ATCCGGA-5'

b. 3'-ATTCGGA-5'

Questions du résumé des concepts clés

Concept 5.1 Les polymères des glucides, des protéines et des acides nucléiques sont élaborés à partir de trois types différents de monomères: monosaccharides, acides aminés et nucléotides, respectivement. **Concept 5.2** L'amidon et la cellulose sont tous les deux des polymères du glucose, mais, dans l'amidon, ces derniers prennent la configuration α, tandis que dans la cellulose ils présentent la configuration β. Les liaisons glycosidiques adoptent donc des géométries différentes, donnant aux polymères des formes différentes et, par conséquent, des fonctions différentes. L'amidon est un composé de réserve d'énergie pour les Végétaux alors que la cellulose est une composante structurale de leurs parois cellulaires. Les êtres humains hydrolysent l'amidon pour obtenir de l'énergie, mais ils sont incapables d'hydrolyser la cellulose. La cellulose aide au passage des aliments dans le système digestif. **Concept 5.3** Les lipides ne sont pas des polymères, car ils n'existent pas sous forme de chaînes de monomères. Ils ne sont pas considérés comme des macromolécules parce qu'ils n'atteignent pas la taille considérable de nombreux polysaccharides, des protéines et des acides nucléiques. **Concept 5.4** Un polypeptide, qui peut être constitué de centaines d'acides aminés arrangés dans une séquence spécifique (structure primaire), possède des régions hélicoïdales et plissées (structure secondaire) qui sont repliées en contorsions irrégulières (structure tertiaire) et peut être associé par des liaisons non covalentes avec d'autres polypeptides (structure quaternaire). L'enchaînement des acides aminés, dont les propriétés des chaînes latérales (radicaux R) sont différentes, détermine la forme que prendront les structures secondaires et tertiaires pour produire une protéine. Les formes tridimensionnelles uniques que prennent les protéines sont la clé de leurs fonctions spécifiques et diverses. **Concept 5.5** La formation de paires de bases complémentaires des deux brins d'ADN rend possible la réplication précise de l'ADN chaque fois qu'une cellule se divise, permettant que l'information génétique soit fidèlement transmise aux descendants. Dans certains types d'ARN, la formation de paires de bases complémentaires rend les molécules d'ARN capables d'adopter des formes tridimensionnelles spécifiques qui leur permettent de remplir diverses fonctions.

ÉVALUATION

1. d; **2.** a; **3.** b; **4.** a; **5.** b; **6.** c; **7.** d;

8.

	Monomères ou composés	Polymère ou molécule complexe	Type de liaison
Glucides	Monosaccharides	Polysaccharides	Liaisons glycosidiques
Lipides	Acides gras	Triacylglycérols	Liaisons ester
Protéines	Acides aminés	Polypeptides	Liaisons peptidiques
Acides nucléiques	Nucléotides	Polynucléotides	Liaisons phosphodiester

9.

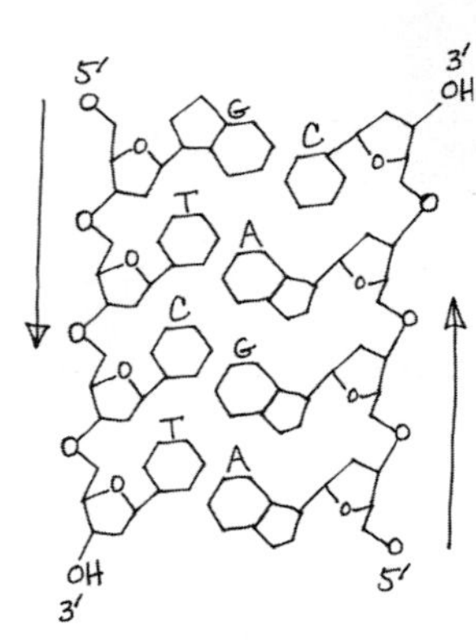

6

Exploration de la cellule

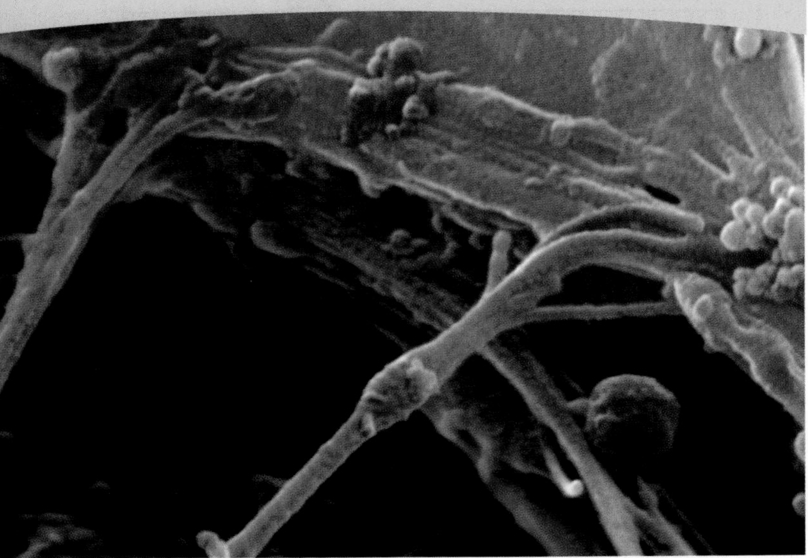

▲ **Figure 6.1** Comment les cellules de votre cerveau vous aident-elles à apprendre la biologie ?

CONCEPTS CLÉS

6.1 Les biologistes étudient les cellules à l'aide de microscopes et de diverses techniques biochimiques

6.2 Chez les Eucaryotes, la compartimentation de l'espace cellulaire contribue au fonctionnement biochimique

6.3 Le noyau de la cellule eucaryote renferme les instructions génétiques que les ribosomes utilisent pour fabriquer les protéines

6.4 Le réseau intracellulaire de membranes dirige la circulation des protéines et remplit des fonctions métaboliques

6.5 Les mitochondries et les chloroplastes convertissent l'énergie d'une forme à une autre

6.6 Le cytosquelette est un réseau de fibres qui organise les structures et les activités de la cellule

6.7 Les constituants extracellulaires et les jonctions intercellulaires contribuent à la coordination des activités de la cellule

INTRODUCTION

Les unités fondamentales de la vie

Considérant l'ampleur du champ d'étude de la biologie, vous vous demandez peut-être comment vous parviendrez à assimiler toute la matière de ce cours. La réponse passe par l'étude des cellules, aussi essentielles aux systèmes vivants de la biologie que les atomes le sont à la chimie. La contraction des cellules des muscles oculaires déplace vos yeux pendant que vous lisez cette phrase. Les mots de cette page sont traduits en signaux que des cellules nerveuses transmettent à votre cerveau. La **figure 6.1** montre les extensions d'une cellule nerveuse (en mauve) qui se connectent à une autre cellule nerveuse (en orange) dans le cerveau. Lorsque vous étudiez, votre objectif consiste à établir des connexions comme celles-ci pour consolider les souvenirs et permettre l'apprentissage.

Tous les organismes se composent de cellules. Dans la hiérarchie de l'organisation biologique, la cellule est le premier ensemble de matière capable de vie. D'ailleurs, bien des êtres vivants ne sont constitués que d'une seule cellule. Les organismes supérieurs, dont les Végétaux et les Animaux, sont multicellulaires et comportent plusieurs sortes de cellules spécialisées incapables de survivre par elles-mêmes. Cependant, même lorsqu'elles s'unissent à d'autres pour constituer un niveau d'organisation supérieur, comme dans les tissus et les organes, les cellules demeurent les unités fondamentales de la structure et du fonctionnement des organismes.

Bien qu'elles proviennent de cellules ancestrales et soient dans une certaine mesure apparentées, toutes les cellules ont subi diverses modifications au cours de la longue histoire de la vie sur Terre.

Elles peuvent différer considérablement les unes des autres, mais elles ont aussi de nombreux points en commun. Dans le présent chapitre, nous nous familiariserons avec les instruments et les techniques expérimentales qui ont permis de comprendre les cellules, puis nous explorerons la cellule et ses constituants.

CONCEPT 6.1

Les biologistes étudient les cellules à l'aide de microscopes et de diverses techniques biochimiques

Comment les cytologistes réussissent-ils à étudier le fonctionnement d'une entité comme la cellule, généralement invisible à l'œil nu ? Avant d'explorer la cellule, penchons-nous sur les techniques qui permettent de l'observer.

La microscopie

Les avancées scientifiques sont souvent tributaires de la mise au point d'instruments qui permettent à l'être humain de dépasser les limites de ses sens. Ainsi, c'est l'invention du microscope en 1590 et son perfectionnement au 17e siècle qui ont rendu possibles la découverte et l'étude de la cellule. Robert Hooke a été le premier, en 1665, à distinguer les parois d'une cellule lorsqu'il a regardé au microscope les cellules mortes de l'écorce d'un chêne. Mais il lui a fallu attendre les merveilleuses lentilles fabriquées par Antoni van Leeuwenhoek pour observer des cellules vivantes. Imaginez son émerveillement lorsqu'il rendit visite à van Leeuwenhoek en 1674 et que le monde des microorganismes – des animalcules, comme les appelait son hôte – se révéla à lui!

Les microscopes qu'utilisaient les scientifiques de la Renaissance tout comme ceux de votre laboratoire sont des **microscopes photoniques** (**MP**). Dans ces instruments, la lumière traverse la préparation (l'échantillon), puis des lentilles de verre qui la réfractent (dévient), de façon à grossir l'image projetée dans l'œil ou dans un appareil photo (voir l'appendice A).

Le grossissement, la résolution et le contraste sont trois paramètres importants en microscopie. Le *grossissement* est le rapport entre les dimensions de l'image obtenue et celles de l'objet réel. Les microscopes photoniques (MP) peuvent grossir environ 1 000 fois la taille réelle du spécimen. La *résolution* est une mesure de la netteté de l'image ou, plus précisément, de la distance minimale séparant deux points pour que ceux-ci restent distincts (pour l'œil humain, cette distance est de 100 µm). Par exemple, là où l'œil nu voit une seule étoile dans le ciel, le télescope, qui a un plus grand pouvoir de résolution, permet d'apercevoir des étoiles jumelles. De même, en utilisant les techniques classiques, le microscope photonique peut grossir les objets tant qu'on veut, mais son pouvoir de résolution s'arrêtera toujours à 0,2 µm, soit 200 nm (nanomètres), ce qui représente la taille d'une petite bactérie ou d'une mitochondrie (**figure 6.2**). Le troisième paramètre, le *contraste*, accentue les différences entre les parties de l'échantillon. La plupart des perfectionnements apportés au microscope photonique depuis le début du 20e siècle ont amélioré le contraste, faisant mieux ressortir des détails déjà distinguables par la coloration des composantes cellulaires. La **figure 6.3**, à la page suivante, montre différents types de microscopie; référez-vous-y pendant que vous lirez le reste de cette section.

Jusqu'à récemment, l'obstacle de la résolution empêchait les biologistes cellulaires d'utiliser la microscopie photonique classique pour étudier les **organites**, c'est-à-dire les diverses structures des cellules eucaryotes contenues dans une membrane (noyau, chloroplastes, mitochondries, etc.). Pour observer les détails de ces structures, il fallait toutefois mettre au point un instrument plus puissant, le **microscope électronique** (**ME**). Inventé dans les années 1950, le ME n'utilise pas la lumière, mais plutôt un faisceau d'électrons qui traverse la préparation ou en balaie la surface (voir l'appendice A). Le pouvoir de résolution est inversement proportionnel à la longueur d'onde du rayonnement utilisé, et la longueur d'onde des faisceaux d'électrons est de beaucoup inférieure à celle de la lumière visible. Théoriquement, les microscopes électroniques modernes peuvent atteindre une résolution d'environ 0,002 nm, mais en pratique leur limite est généralement de 2 nm, ce qui représente tout de même une résolution 100 fois plus grande que celle du microscope photonique.

Le **microscope électronique à balayage** (**MEB**) est particulièrement utile pour étudier la surface d'un échantillon (figure 6.3). On commence par recouvrir l'échantillon d'une mince pellicule d'or ou de platine, puis un faisceau d'électrons balaie la surface. Le faisceau excite les électrons de la pellicule, laquelle émet des électrons secondaires. Ces derniers sont détectés par un instrument qui convertit la disposition des électrons en signal électronique visible sur un écran. Le microscope électronique à balayage se distingue par sa grande profondeur de champ, grâce à laquelle il produit des images qui semblent tridimensionnelles.

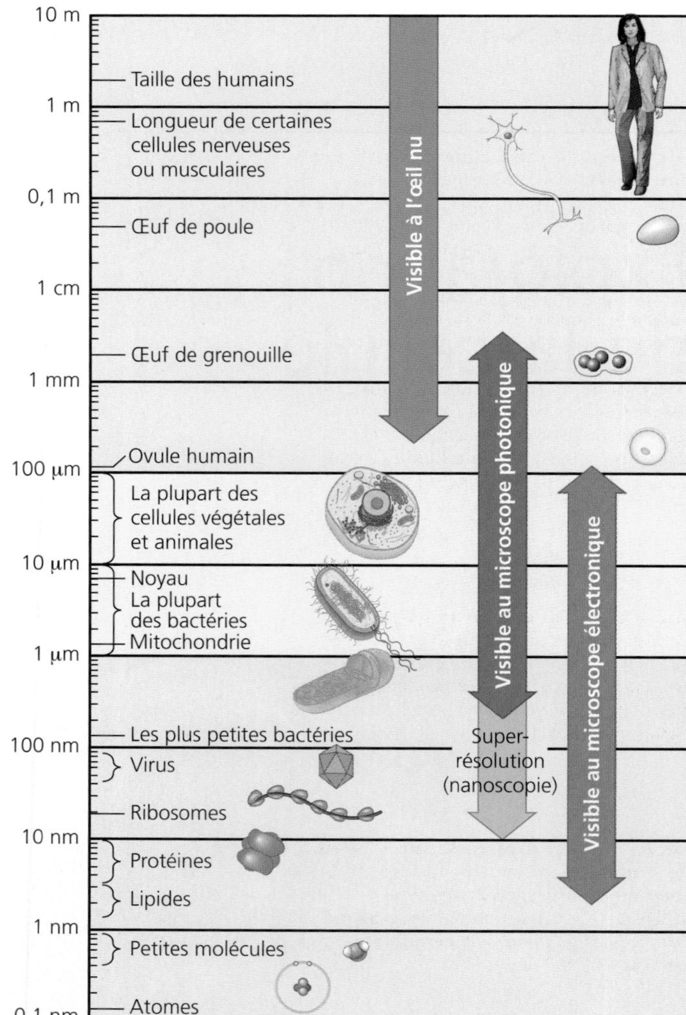

▲ **Figure 6.2 Dimensions comparées des cellules.** La plupart des cellules (zones en jaune) mesurent entre 1 et 100 µm de diamètre; par conséquent, elles ne sont visibles qu'au microscope. Étant donné l'écart entre les dimensions représentées, nous avons opté pour une échelle logarithmique: chaque mesure indiquée à gauche de la graduation est 10 fois inférieure à celle qui est inscrite au-dessus d'elle.

Le **microscope électronique à transmission** (**MET**) sert à étudier la structure interne d'une cellule (figure 6.3). Le MET envoie un faisceau d'électrons à travers une coupe très mince de l'échantillon, un peu comme le microscope photonique fait passer la lumière à travers une lame. Le spécimen a été coloré au moyen d'atomes de métaux lourds qui se fixent à certaines structures cellulaires, accentuant ainsi la densité électronique de certaines parties de la cellule par rapport à d'autres.

▼ **Figure 6.3**

PANORAMA Les techniques de microscopie

La microscopie photonique (MP)

Microscopie à fond clair (échantillon non coloré). La lumière passe directement à travers l'échantillon; si la cellule n'est ni naturellement pigmentée ni artificiellement colorée, le contraste est faible. (Les quatre premières micrographies photoniques montrent une cellule épithéliale de joue humaine; l'échelle est la même pour les quatre.)

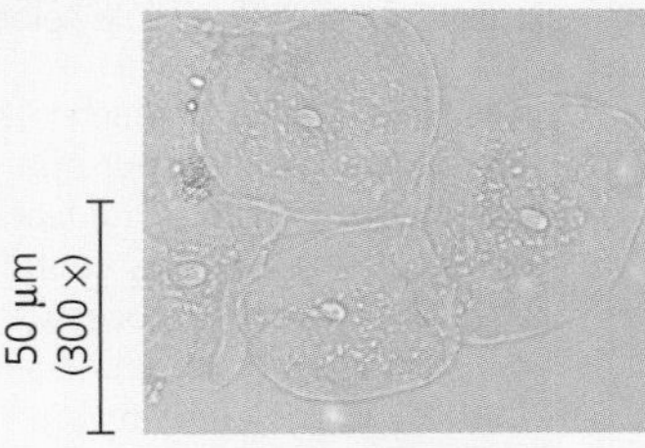

Microscopie à fond clair (échantillon coloré). Divers colorants accentuent le contraste. La plupart des techniques de coloration exigent que la cellule soit fixée (rendue inerte par un fixateur).

Microscopie en contraste de phase. Cette technique amplifie les variations de masse volumique et accentue le contraste dans des cellules non colorées, ce qui est particulièrement utile pour l'examen des cellules vivantes dépourvues de pigments.

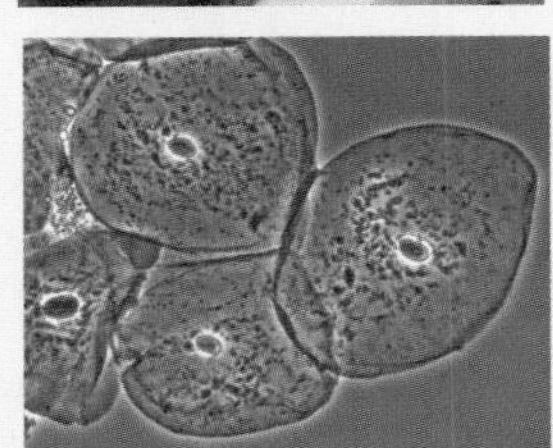

Microscopie en contraste interférentiel de Nomarski. Comme la microscopie à contraste de phase, cette technique amplifie les différences de masse volumique en tirant parti des propriétés optiques de l'échantillon, produisant un effet proche du 3-D.

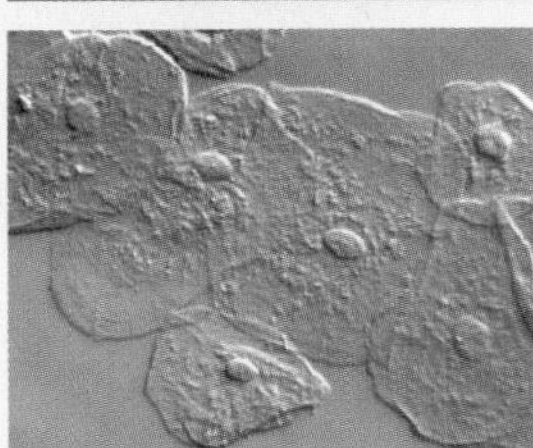

Microscopie à fluorescence. Cette technique fait ressortir certaines molécules de la cellule en les colorant avec des substances fluorescentes ou avec des anticorps fluorescents (on parle alors d'immunofluorescence). Ces substances absorbent les rayons ultraviolets et émettent de la lumière visible. Dans cette micrographie à fluorescence d'une cellule utérine, le contenu du noyau est bleu, les organites (qu'on appelle mitochondries) sont orangés, et le «squelette» de la cellule apparaît en vert.

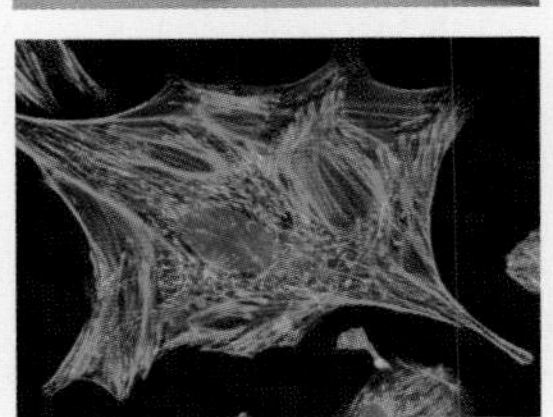

Microscopie confocale. La photo du haut est une micrographie à fluorescence traditionnelle de tissu nerveux coloré (les cellules nerveuses sont vertes, les cellules de soutien, rouges, et les régions communes, jaunes). La photo du dessous montre une image confocale du même tissu. Réalisée avec un laser, cette technique de «coupe optique» élimine les zones lumineuses hors foyer d'un échantillon relativement épais, créant un seul plan de fluorescence dans l'image. La captation d'images nettes de divers plans permet de procéder à une reconstruction en 3-D. L'image traditionnelle (en haut) est floue parce qu'on n'en a pas éliminé les zones lumineuses hors foyer.

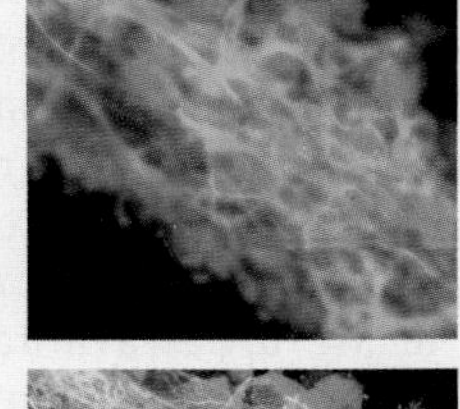

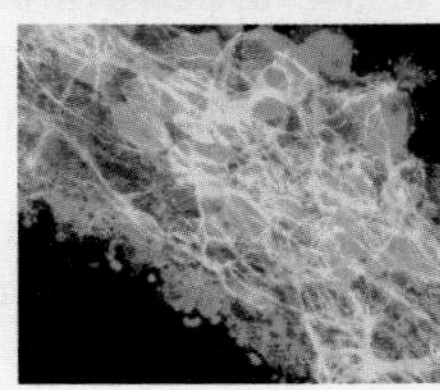

Microscopie avec déconvolution. Dans cette image divisée, la partie supérieure représente une image reconstituée à partir de la superposition de micrographies à fluorescence traditionnelles dans l'épaisseur d'un globule blanc du sang. La partie inférieure montre la même cellule reconstituée à partir de plusieurs images floues de différents plans, traitées une à une avec un logiciel de déconvolution. Ce processus numérique élimine la lumière hors foyer, créant ainsi une image 3-D beaucoup plus nette.

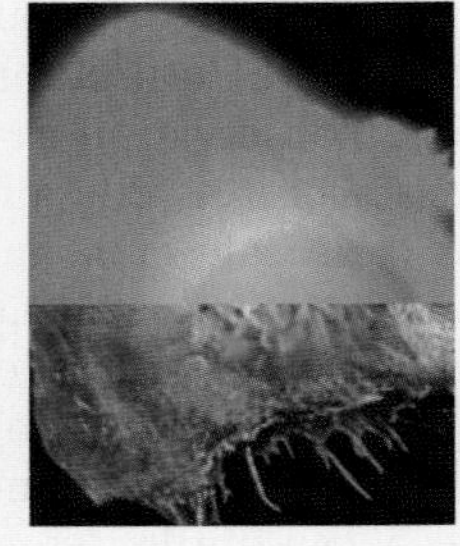

Microscopie de superrésolution ou nanoscopie. En haut, on voit une image confocale d'une partie d'une cellule nerveuse réalisée à l'aide d'une substance fluorescente qui se lie à des molécules agglomérées dans des vésicules (petits sacs) de 40 nm de diamètre. Les taches jaune vert sont floues parce que ces 40 nm sont en deçà du pouvoir de résolution de la microscopie photonique traditionnelle (200 nm). La photo du bas représente une image de la même partie de la cellule, mais réalisée au moyen d'une nouvelle technique de superrésolution. Un dispositif complexe permet d'illuminer des molécules fluorescentes individuelles et d'enregistrer leur position. La combinaison de nombreuses molécules dans différentes positions permet de dépasser la limite du pouvoir de résolution, produisant les points jaune vert très nets qu'on voit ici. (Chaque point correspond à une vésicule de 40 nm.)

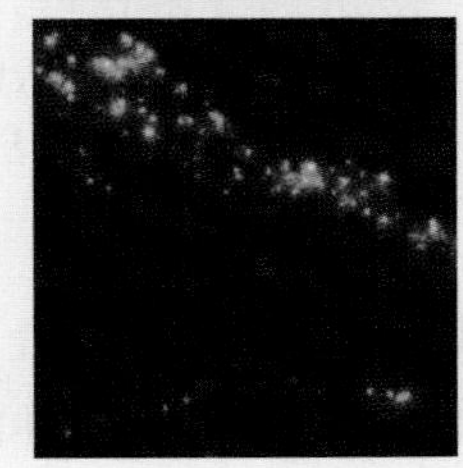

La microscopie électronique (ME)

Microscopie électronique à balayage (MEB). Les micrographies obtenues avec un microscope électronique à balayage produisent une image tridimensionnelle de la surface d'un échantillon. La MEB que l'on voit ici montre la surface d'une cellule de trachée (gorge) couverte de cils. Le battement des cils qui tapissent la trachée propulse les débris inhalés jusque dans la gorge.
La MEB et la MET qu'on voit ici ont été colorées artificiellement. (Les micrographies électroniques sont en noir et blanc, mais on les colore souvent pour rendre certaines structures plus apparentes.)

Abréviations utilisées dans cet ouvrage:
MP = micrographie photonique
MEB = micrographie électronique à balayage
MET = micrographie électronique à transmission

Cils

2 µm
(4 000 ×)

Coupe longitudinale d'un cil

Coupe transversale d'un cil

2 µm
(6 000 ×)

Microscopie électronique à transmission (MET). Une MET permet d'examiner une coupe fine d'un échantillon. On voit ici une coupe de cellule trachéale qui révèle sa structure interne. Lors de la préparation de la MET, quelques cils ont été coupés dans le sens de la longueur (coupes longitudinales), et d'autres dans le sens de la largeur (coupes transversales).

Les électrons qui traversent l'échantillon sont plutôt dispersés dans les régions plus denses, de sorte que moins d'électrons sont transmis (ces régions paraissent plus sombres). L'image révèle la disposition des électrons transmis. Au lieu de comporter des lentilles de verre, le microscope électronique à transmission fonctionne au moyen d'électroaimants qui mettent l'image au point et la grossissent en déviant la trajectoire des électrons. L'image est finalement projetée sur un écran.

Les microscopes électroniques ont permis de découvrir un grand nombre d'organites et une quantité d'autres structures subcellulaires invisibles au microscope photonique. Toutefois, le MP a des avantages, notamment celui de permettre l'étude des cellules vivantes, alors que la microscopie électronique exige une fixation préalable des cellules, une opération qui les tue. De plus, la préparation des échantillons risque d'introduire des artéfacts, c'est-à-dire des altérations ou des anomalies structurales inexistantes dans les cellules intactes (ce qui est vrai de toutes les techniques de microscopie).

Ces dernières décennies, des percées techniques majeures ont donné un second souffle au microscope photonique (voir la figure 6.3). L'utilisation de marqueurs fluorescents a rendu possible l'observation de plus en plus détaillée des molécules et des structures cellulaires individuelles. De plus, la microscopie confocale et la microscopie avec déconvolution ont donné des images en 3-D beaucoup plus nettes des cellules et des tissus. Finalement, les dix dernières années ont été marquées par l'introduction d'un ensemble de nouvelles techniques et de nouvelles méthodes de marquage des molécules. Grâce à ces outils, les chercheurs ont réussi à dépasser la limite de la résolution et à distinguer des structures subcellulaires dont la taille est d'environ 10 à 20 nm. Avec la propagation de cette « microscopie de super-résolution », ou nanoscopie, les images de cellules vivantes que nous verrons pourraient bien nous impressionner autant que celles de van Leeuwenhoek ont émerveillé Robert Hooke il y a 350 ans.

Les microscopes de tous genres sont les principaux outils de la *cytologie*, soit l'étude des structures de la cellule. Cependant, pour comprendre le fonctionnement des structures, il a fallu intégrer la cytologie et la *biochimie*, c'est-à-dire l'étude des molécules et des processus chimiques (métabolisme) des cellules.

Le fractionnement cellulaire

La technique biochimique du **fractionnement cellulaire** consiste à décomposer les cellules et à en isoler les principaux organites et autres structures subcellulaires (**figure 6.4**). Cette technique est particulièrement utile pour étudier la structure et le fonctionnement des cellules. Le fractionnement se fait à l'aide d'une centrifugeuse, un instrument capable de faire tourner à des vitesses de plus en plus élevées des éprouvettes contenant des cellules préalablement dissociées dans un mélangeur. À chacune de ces vitesses, la force centrifuge produite isole des constituants de la cellule qui se déposent au fond du tube, formant un culot. Aux vitesses les plus basses, le précipité est formé des composants les plus gros, et aux vitesses les plus hautes, des plus petits.

Il est souvent nécessaire de faire suivre la *centrifugation différentielle* d'une autre centrifugation qui, elle, sépare des constituants différents contenus dans un même culot, selon

▼ Figure 6.4 MÉTHODE DE RECHERCHE

Le fractionnement cellulaire

APPLICATION Le fractionnement cellulaire sert à isoler (fractionner) les constituants de la cellule selon leur taille et leur masse volumique.

TECHNIQUE La première étape du fractionnement est l'homogénéisation dans un mélangeur afin de désintégrer les cellules. L'homogénat est centrifugé, puis le surnageant (liquide) est ensuite versé dans une autre éprouvette. Il est alors centrifugé plus longtemps à une vitesse plus élevée. On répète le processus à plusieurs reprises. Cette « centrifugation différentielle » produit une série de culots, chacun contenant un composant cellulaire différent.

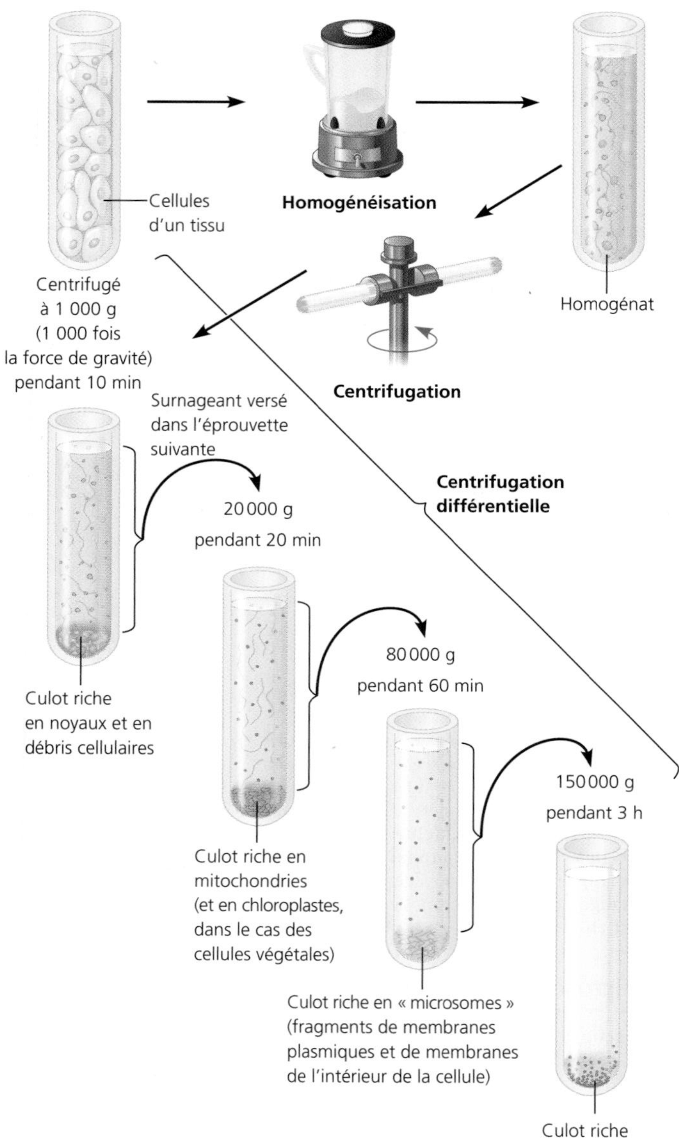

RÉSULTATS Dans les premières expérimentations, les chercheurs ont utilisé la microscopie pour identifier les organites de chaque culot et des techniques biochimiques pour déterminer les fonctions métaboliques de chaque organite. Ces travaux ont établi des valeurs de référence pour les expériences subséquentes, ce qui a permis aux générations suivantes de chercheurs de savoir quelle fraction cellulaire ils devaient recueillir pour isoler et étudier tels ou tels organites.

leur masse volumique. Le fractionnement cellulaire permet alors d'isoler (sans les détruire) des constituants cellulaires en grande quantité pour étudier leur fonctionnement, ce qui est généralement impossible avec des cellules intactes. Ainsi, ayant recueilli par centrifugation une fraction cellulaire contenant des enzymes de la respiration cellulaire et ayant constaté que cette même fraction cellulaire contenait aussi beaucoup de mitochondries, un type d'organite mis en évidence par microscopie électronique, les cytologistes ont pu déterminer que la mitochondrie est le site de la respiration cellulaire. La cytologie et la biochimie se complètent avantageusement, car elles concourent toutes les deux à préciser le lien entre la structure et la fonction cellulaires.

RETOUR SUR LE CONCEPT 6.1

1. Comparez l'utilisation de la coloration en microscopie photonique et en microscopie électronique.
2. ET SI? Quel type de microscope utiliseriez-vous pour étudier (a) les changements de forme d'un leucocyte vivant et (b) les détails de la surface d'un cheveu?

Voir les réponses proposées à la fin du chapitre.

CONCEPT 6.2

Chez les Eucaryotes, la compartimentation de l'espace cellulaire contribue au fonctionnement biochimique

Unités structurales et fonctionnelles de base de tout organisme, les cellules sont soit de type procaryote, soit de type eucaryote. Seuls les organismes appartenant aux domaines des Bactéries et des Archées sont constitués de cellules procaryotes. En revanche, les Protistes, les Végétaux, les Eumycètes et les Animaux sont constitués de cellules eucaryotes.

Cellules procaryotes et cellules eucaryotes: ressemblances et différences

Toutes les cellules présentent certaines caractéristiques communes. Elles sont toutes entourées d'une barrière sélective, la *membrane plasmique*, qui circonscrit leurs organites, lesquels baignent dans une substance semi-liquide semblable à de la gelée, le **cytosol**. Toutes les cellules contiennent des *chromosomes* qui portent des gènes constitués d'ADN. De même, toutes les cellules possèdent des *ribosomes*, minuscules complexes qui synthétisent les protéines en suivant les instructions inscrites dans les gènes. Enfin, les grands mécanismes biochimiques qui entretiennent la vie s'effectuent selon un plan de base similaire dans toutes les cellules.

L'une des grandes différences entre les *cellules procaryotes* et les *cellules eucaryotes* réside dans la localisation de leur ADN. Dans une **cellule eucaryote**, la majeure partie du matériel génétique se trouve dans le *noyau*, un organite entouré d'une double membrane (voir la figure 6.9, p. 112), tandis que, dans une **cellule procaryote**, il est concentré dans une région appelée **nucléoïde** (**figure 6.5**) qu'aucune membrane ne

▼ **Figure 6.5 La cellule procaryote.** Dépourvue de véritable noyau et d'organites membraneux, la cellule procaryote est beaucoup plus simple que la cellule eucaryote. Les Procaryotes comprennent les Bactéries et les Archées; la structure cellulaire générale des deux domaines est essentiellement la même.

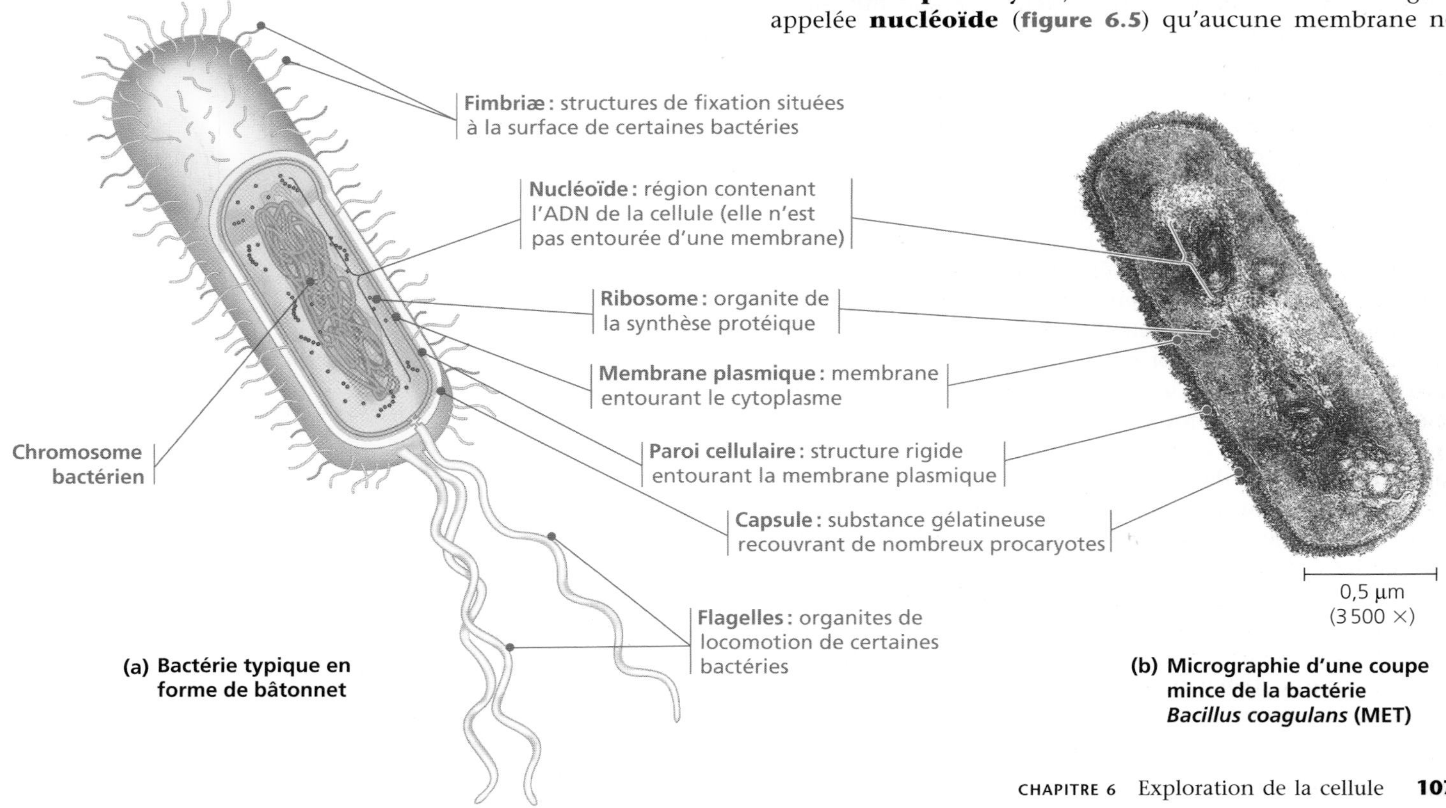

sépare du reste de la cellule. Comme l'indiquent leurs racines, le terme *eucaryote* (du grec *eu*, « vrai », et *karuon*, « noyau ») signifie « vrai noyau » et le terme *procaryote* (du grec *pro*, « avant ») veut dire « prénoyau » – les cellules procaryotes ayant précédé les cellules eucaryotes dans l'évolution.

L'intérieur des deux types de cellules s'appelle **cytoplasme**; pour les cellules eucaryotes, ce terme ne s'applique qu'à la région située entre le noyau et la membrane plasmique. Le cytoplasme de la cellule eucaryote contient divers organites spécialisés qui diffèrent par leurs formes et leurs fonctions. Les cellules procaryotes sont dépourvues de la plupart des structures séparées par des membranes qu'on trouve dans les cellules eucaryotes. La présence ou l'absence de noyau véritable n'est donc qu'une des nombreuses différences structurales entre les deux types de cellules.

En général, la cellule eucaryote est beaucoup plus imposante que la cellule procaryote (voir la figure 6.2). Or, comme d'autres caractéristiques générales de la structure cellulaire, la taille est liée à la fonction. Pour remplir ses fonctions métaboliques, la cellule ne doit être ni trop petite ni trop grande. Les plus petites cellules connues appartiennent au domaine des Bactéries et se nomment mycoplasmes; leur diamètre mesure entre 0,1 et 1 µm. Il s'agit peut-être là du volume minimal pouvant renfermer suffisamment d'ADN pour programmer le métabolisme, et assez d'enzymes et d'équipement cellulaire pour accomplir les activités nécessaires au maintien de la vie et à la reproduction. Les bactéries mesurent généralement de 1 à 5 µm de diamètre; elles sont donc une dizaine de fois plus grosses que les mycoplasmes. Les cellules eucaryotes, quant à elles, mesurent habituellement de 10 à 100 µm de diamètre.

Les exigences du métabolisme cellulaire imposent également une limite aux dimensions que peut atteindre la cellule, en raison de la vitesse à laquelle les molécules peuvent se déplacer à l'intérieur de la cellule, mais surtout à cause des échanges nécessaires entre la cellule et son milieu. La **membrane plasmique**, qui délimite la périphérie de chaque cellule, tient lieu de barrière sélective assurant le passage d'une quantité suffisante d'oxygène, de nutriments et de déchets pour desservir la totalité de la cellule (**figure 6.6**). Toutefois, il y a des limites à la capacité d'une surface membranaire à laisser diffuser ou à faire passer une substance donnée en un temps donné (disons un micromètre carré de membrane par seconde). C'est pourquoi le rapport surface/volume est crucial. Lorsqu'une cellule (ou tout autre objet) grandit, son volume augmente davantage que sa surface. (L'aire est proportionnelle au carré de la dimension linéaire, tandis que le volume est proportionnel au cube de la dimension linéaire.) Par conséquent, plus un objet est petit, plus le rapport surface/volume est élevé (**figure 6.7**).

Plus la surface de la membrane plasmique est grande par rapport au volume de la cellule, plus les échanges satisfont les besoins cellulaires, ce qui explique la taille microscopique de la plupart des cellules et la forme allongée des autres, comme les cellules nerveuses. Généralement, les cellules des organismes les plus grands ne sont pas *plus grandes* que celles des petits organismes, elles sont seulement *plus nombreuses* (voir la figure 6.7). Un rapport surface/volume suffisamment élevé est particulièrement important dans les cellules qui échangent beaucoup de matières avec leur milieu, par exemple

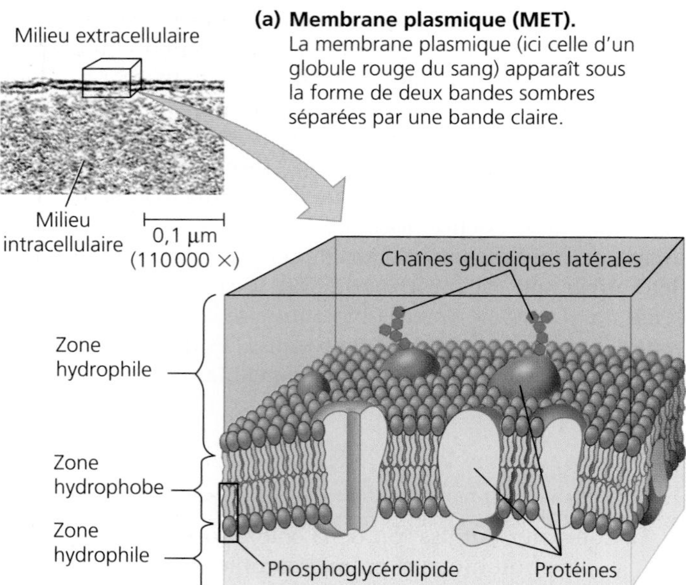

▲ **Figure 6.6 La membrane plasmique.** La membrane plasmique et les membranes des organites de la cellule renferment diverses protéines spécialisées incorporées dans une double couche de phosphoglycérolipides. En raison de leurs propriétés hydrophiles et hydrophobes, ces molécules contribuent à l'organisation des membranes cellulaires. En effet, les parties hydrophobes – les queues des phosphoglycérolipides et les portions intérieures des protéines membranaires –, se regroupent pour constituer l'intérieur de la membrane. Quant aux parties hydrophiles – la tête des phosphoglycérolipides, les portions externes des protéines et les canaux hydrophiles –, elles sont en contact avec la solution aqueuse. Des chaînes glucidiques latérales peuvent être attachées à des protéines ou à des lipides sur la surface externe de la membrane plasmique.

FAITES DES LIENS *Consultez la figure 5.12 (p. 84) et décrivez les propriétés permettant à un phosphoglycérolipide d'exercer un rôle majeur dans la constitution de la membrane plasmique.*

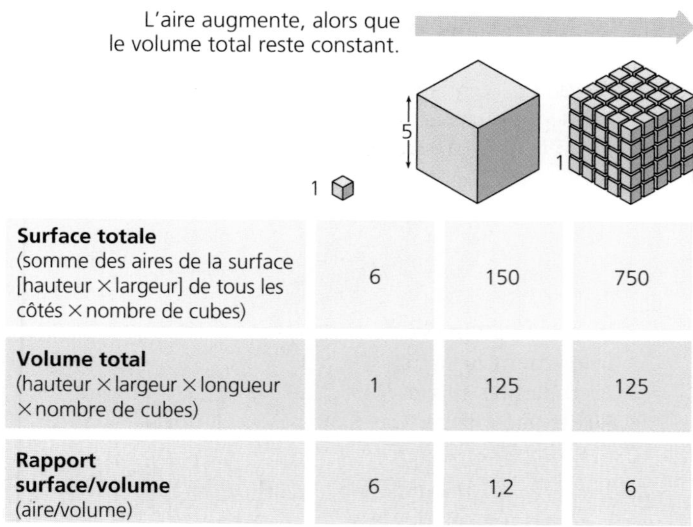

Surface totale (somme des aires de la surface [hauteur × largeur] de tous les côtés × nombre de cubes)	6	150	750
Volume total (hauteur × largeur × longueur × nombre de cubes)	1	125	125
Rapport surface/volume (aire/volume)	6	1,2	6

▲ **Figure 6.7 La géométrie du rapport surface/volume.** Dans ce schéma, les cellules sont représentées par des cubes. À l'aide d'unités de longueur arbitraires, on peut calculer leur surface (en unités carrées, ou unités^2), leur volume (en unités cubes, ou unités^3) ainsi que leur rapport surface/volume. Un rapport surface/volume élevé favorise les échanges entre la cellule et son environnement.

les cellules intestinales. La surface de ce genre de cellule est parfois pourvue de longs et fins prolongements, les microvillosités, qui augmentent la surface d'échange de la cellule sans accroître significativement son volume.

Plus loin dans ce chapitre, nous décrirons les relations qu'ont entretenues les cellules procaryotes et les cellules eucaryotes au fil de l'évolution. La majeure partie du texte qui suit concerne les cellules eucaryotes; nous décrirons la cellule procaryote en détail au chapitre 27 (voir le tableau 27.2, p. 654, dans lequel on compare les Bactéries, les Archées et les Eucaryotes).

Vue d'ensemble de la cellule eucaryote

En plus de sa membrane plasmique, la cellule eucaryote possède un réseau étendu et élaboré de membranes internes (les organites membraneux déjà mentionnés) qui la compartimentent.

Les compartiments cellulaires constituent des microenvironnements propices à certaines fonctions métaboliques spécialisées, ce qui permet à des processus incompatibles de se dérouler simultanément dans une même cellule. En outre, la membrane plasmique et les membranes des organites participent directement au métabolisme cellulaire, puisque de nombreuses enzymes y sont incorporées.

Comme les membranes jouent un rôle fondamental dans l'organisation de la cellule, nous en traiterons au chapitre 7. La plupart des membranes biologiques se composent d'une double couche de phosphoglycérolipides et d'autres lipides. Diverses protéines associées à ces lipides sont incorporées à la double couche ou fixées à sa surface (voir la figure 6.6). Toutefois, chacune présente une composition lipidique et protéique conforme à ses fonctions spécifiques. Par exemple, plusieurs enzymes de la respiration cellulaire sont insérées dans la membrane interne des mitochondries.

Avant de poursuivre, examinez la **figure 6.8** (voir les p. 110 et 111). Ces représentations schématiques de cellules animales et végétales montrent les divers organites de la cellule eucaryote et font ressortir les principales différences entre ces deux grands types de cellules. Les micrographies au bas des pages vous donnent un aperçu des cellules de divers organismes eucaryotes.

RETOUR SUR LE CONCEPT 6.2

1. Examinez attentivement la figure 6.8, puis décrivez brièvement la structure et la fonction de chacun des organites suivants: noyau, mitochondrie, chloroplaste, vacuole centrale, réticulum endoplasmique et appareil de Golgi.
2. **ET SI?** Imaginez une cellule de forme allongée (comme une cellule nerveuse) qui mesure $125 \times 1 \times 1$ unités arbitraires. Selon vous, comment son rapport surface/volume se compare-t-il à ceux de la figure 6.7? Vérifiez votre prédiction en calculant ce rapport.

Voir les réponses proposées à la fin du chapitre.

CONCEPT 6.3

Le noyau de la cellule eucaryote renferme les instructions génétiques que les ribosomes utilisent pour fabriquer les protéines

Nous commencerons notre exploration approfondie de la cellule par deux des composants cellulaires intervenant dans l'expression des gènes: le noyau, qui héberge la plus grande partie de l'ADN cellulaire, et les ribosomes, qui fabriquent les protéines à partir de l'information codée dans l'ADN.

Le noyau: porteur de l'information génétique de la cellule

Il y a habituellement un seul noyau par cellule, mais il existe plusieurs exceptions dont, chez les Mammifères, les globules rouges qui n'en possèdent pas et les cellules hépatiques qui en ont souvent deux. Cet organite contient la plupart des gènes qui régissent la cellule eucaryote (les autres se trouvent dans les mitochondries et dans les chloroplastes). Son diamètre moyen étant de 5 µm, il constitue généralement l'organite le plus visible d'une cellule eucaryote. Il est entouré d'une membrane *double*, appelée **enveloppe nucléaire** (**figure 6.9**), qui sépare son contenu du cytoplasme.

Les deux membranes de l'enveloppe nucléaire, formées chacune d'une double couche de lipides associée à des protéines, sont séparées par un espace de 20 à 40 nm environ. L'enveloppe nucléaire est percée de milliers de pores. Les membranes interne et externe de l'enveloppe nucléaire se rejoignent à l'embouchure de ces pores. Chacun d'eux renferme une structure constituée de quelques dizaines de protéines, le *complexe du pore nucléaire*, ressemblant à un bouchon sur le pore et mesurant environ 100 nm de diamètre. Ce complexe régule le passage de certaines macromolécules et particules. La **lamina nucléaire** tapisse la face interne de l'enveloppe nucléaire, sauf au niveau des pores; elle consiste en un entrelacement de filaments protéiques qui soutient mécaniquement l'enveloppe du noyau, lui donne sa forme et la maintient. Des données incontestables indiquent la présence d'une *matrice nucléaire,* un réseau de fibres protéiques qui s'étend dans le noyau. La lamina et la matrice nucléaires contribueraient à organiser le matériel génétique de manière à assurer son bon fonctionnement.

À l'intérieur du noyau, l'ADN est réparti dans des structures distinctes, les **chromosomes**, qui portent l'information génétique. Chaque chromosome contient une longue molécule d'ADN associée à de nombreuses protéines. Certaines de ces protéines facilitent l'enroulement de la molécule d'ADN de chaque chromosome pour lui permettre de se loger dans le noyau. Le complexe d'ADN et de protéines qui forme les chromosomes s'appelle **chromatine**. Lorsque la cellule n'est pas en train de se diviser, la chromatine colorée apparaît comme un amas diffus, tant au microscope photonique qu'au microscope électronique. Même en présence de chromosomes séparés, il est impossible de les distinguer les uns des autres. Cependant, au moment où la cellule s'apprête à se diviser, les chromosomes se resserrent (deviennent plus condensés) et s'épaississent suffisamment pour qu'on puisse distinguer leur

▼ **Figure 6.8**

PANORAMA Les cellules eucaryotes

Cellule animale (coupe d'une cellule théorique)

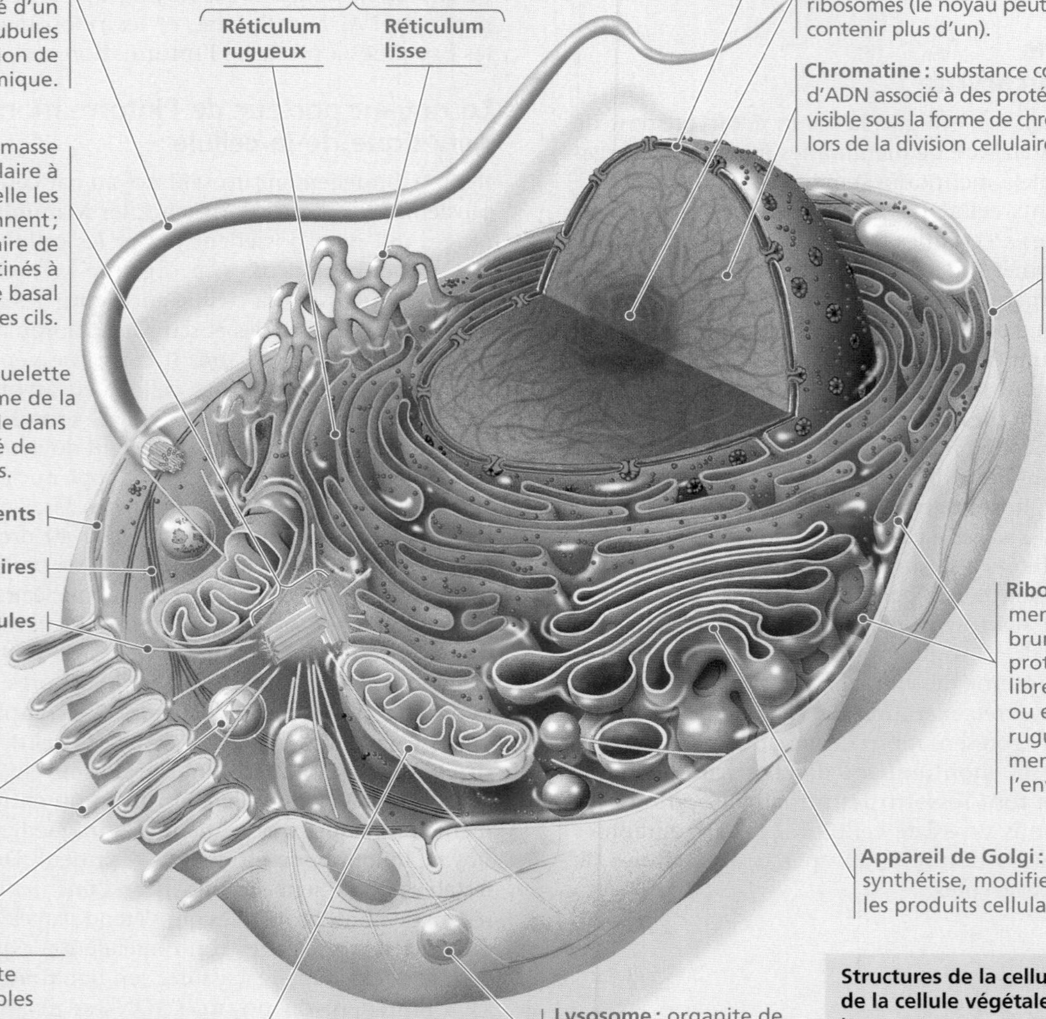

Flagelle : organite de locomotion présent dans certains types de cellules animales et composé d'un amas de microtubules formant une extension de la membrane plasmique.

Centrosome : masse finement granulaire à partir de laquelle les microtubules rayonnent ; contient une paire de centrioles destinés à former le corpuscule basal du flagelle et des cils.

CYTOSQUELETTE : squelette qui maintient la forme de la cellule et joue un rôle dans la motilité ; constitué de structures protéiques.

- **Microfilaments**
- **Filaments intermédiaires**
- **Microtubules**

Microvillosités : projections augmentant la surface de la cellule.

Peroxysome : organite spécialisé, aux multiples fonctions métaboliques ; produit du peroxyde d'hydrogène, qu'il convertit ensuite en eau.

RÉTICULUM ENDOPLASMIQUE (RE) : labyrinthe de sacs et de tubules membraneux qui joue un rôle dans la fabrication des membranes ainsi que dans d'autres réactions synthétiques et métaboliques ; présente des zones rugueuses (parsemées de ribosomes) et des zones lisses.

- **Réticulum rugueux**
- **Réticulum lisse**

Mitochondrie : organite assurant la respiration cellulaire et la production d'ATP.

Lysosome : organite de digestion dans lequel les macromolécules sont hydrolysées, et des organites, décomposés.

NOYAU

- **Enveloppe nucléaire :** membrane double entourant le noyau, perforée de pores et contiguë au RE.
- **Nucléole :** organite sans membrane qui participe à la production des ribosomes (le noyau peut en contenir plus d'un).
- **Chromatine :** substance constituée d'ADN associé à des protéines et visible sous la forme de chromosomes lors de la division cellulaire.

Membrane plasmique : membrane qui délimite la cellule.

Ribosomes : organites sans membrane (petits points bruns) qui fabriquent les protéines ; existent à l'état libre dans le cytoplasme, ou encore sont fixés au RE rugueux ou à la membrane externe de l'enveloppe nucléaire.

Appareil de Golgi : organite qui synthétise, modifie, trie et sécrète les produits cellulaires.

Structures de la cellule animale absentes de la cellule végétale :
Lysosomes
Centrosomes avec centrioles
Flagelles (présentes dans les spermatozoïdes de certains végétaux)

Cellules animales

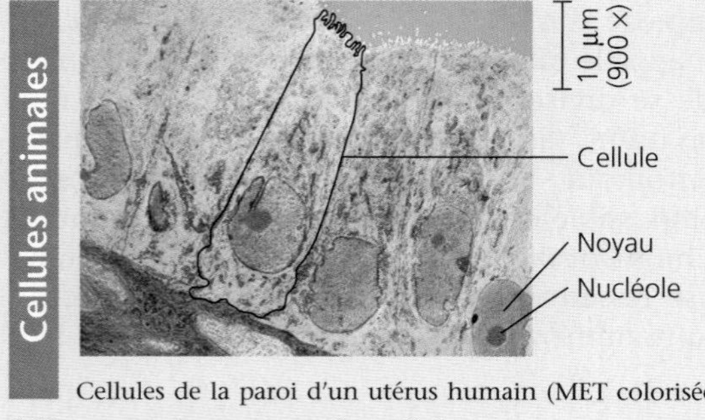

Cellules de la paroi d'un utérus humain (MET colorisée)

Cellules d'Eumycètes

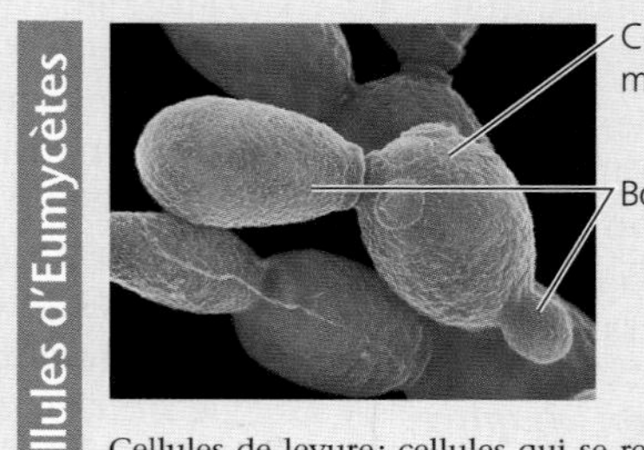

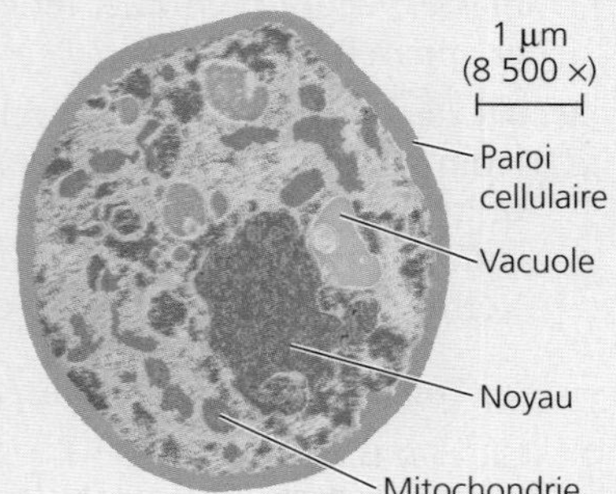

Cellules de levure : cellules qui se reproduisent par bourgeonnement (ci-dessus, MEB colorisée) et cellule seule (à droite, MET colorisée)

Cellule végétale (coupe d'une cellule théorique)

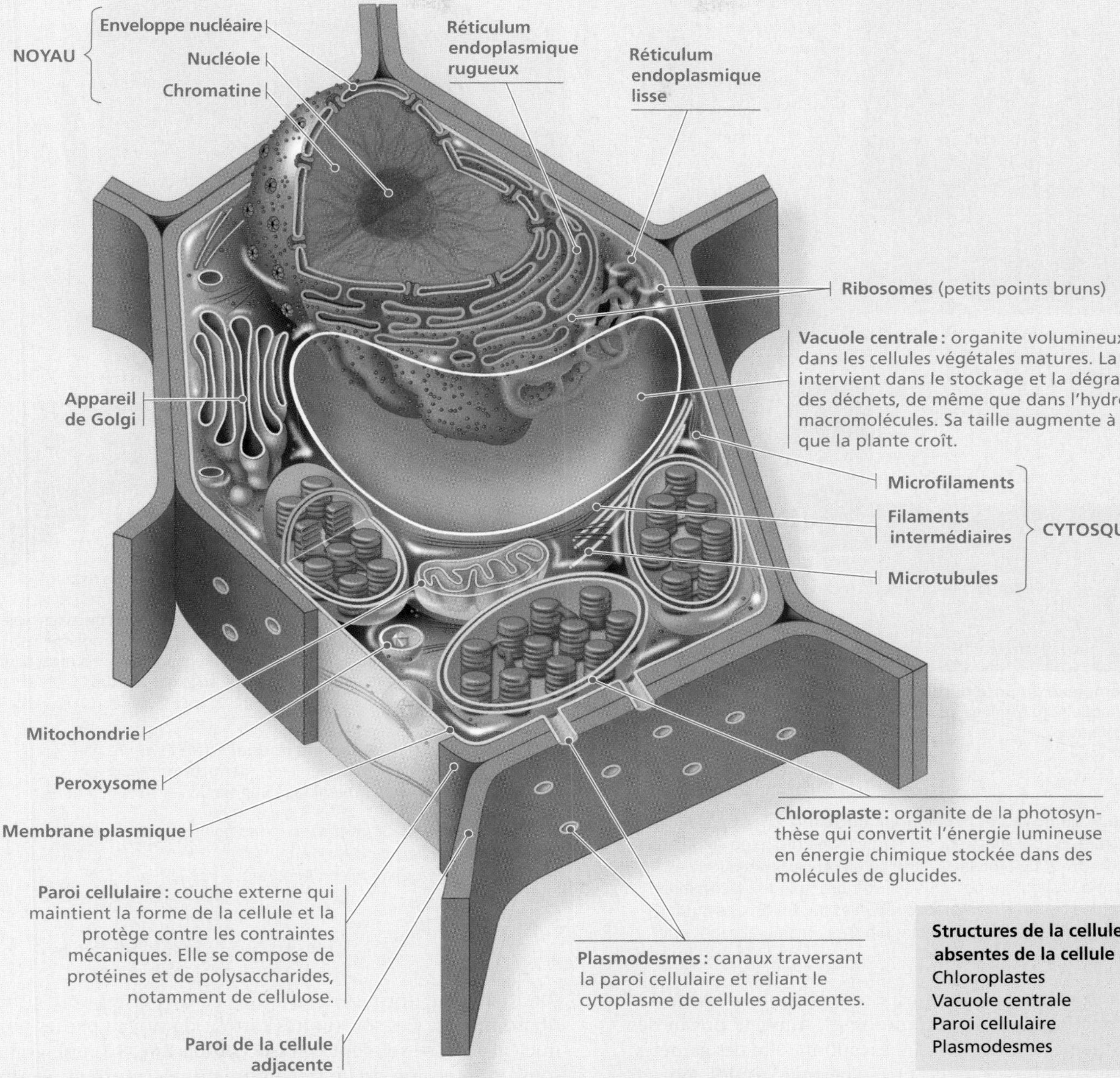

NOYAU
- Enveloppe nucléaire
- Nucléole
- Chromatine

Réticulum endoplasmique rugueux

Réticulum endoplasmique lisse

Ribosomes (petits points bruns)

Vacuole centrale : organite volumineux présent dans les cellules végétales matures. La vacuole intervient dans le stockage et la dégradation des déchets, de même que dans l'hydrolyse des macromolécules. Sa taille augmente à mesure que la plante croît.

CYTOSQUELETTE
- Microfilaments
- Filaments intermédiaires
- Microtubules

Appareil de Golgi

Mitochondrie

Peroxysome

Membrane plasmique

Chloroplaste : organite de la photosynthèse qui convertit l'énergie lumineuse en énergie chimique stockée dans des molécules de glucides.

Paroi cellulaire : couche externe qui maintient la forme de la cellule et la protège contre les contraintes mécaniques. Elle se compose de protéines et de polysaccharides, notamment de cellulose.

Paroi de la cellule adjacente

Plasmodesmes : canaux traversant la paroi cellulaire et reliant le cytoplasme de cellules adjacentes.

Structures de la cellule végétale absentes de la cellule animale :
Chloroplastes
Vacuole centrale
Paroi cellulaire
Plasmodesmes

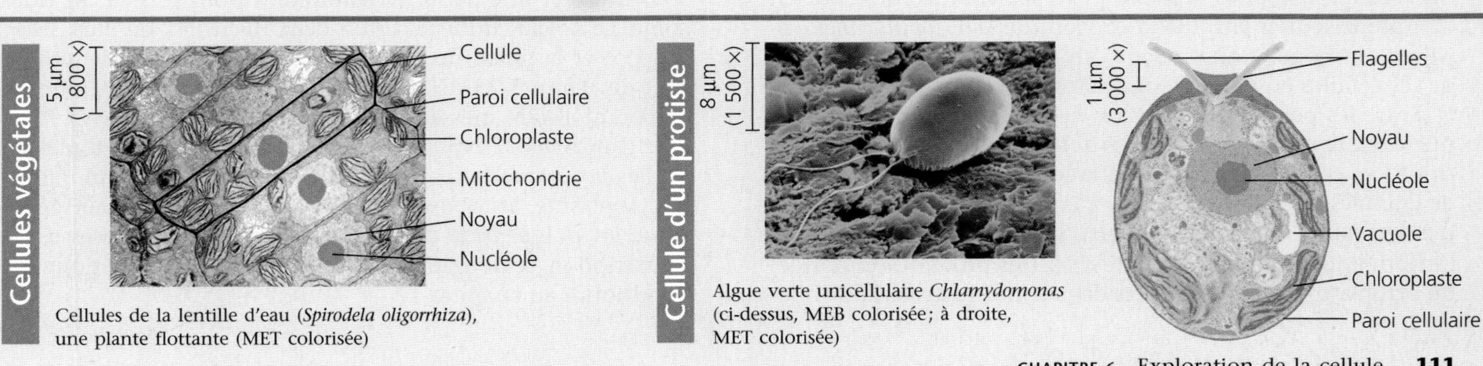

Cellules de la lentille d'eau (*Spirodela oligorrhiza*), une plante flottante (MET colorisée)

Algue verte unicellulaire *Chlamydomonas* (ci-dessus, MEB colorisée; à droite, MET colorisée)

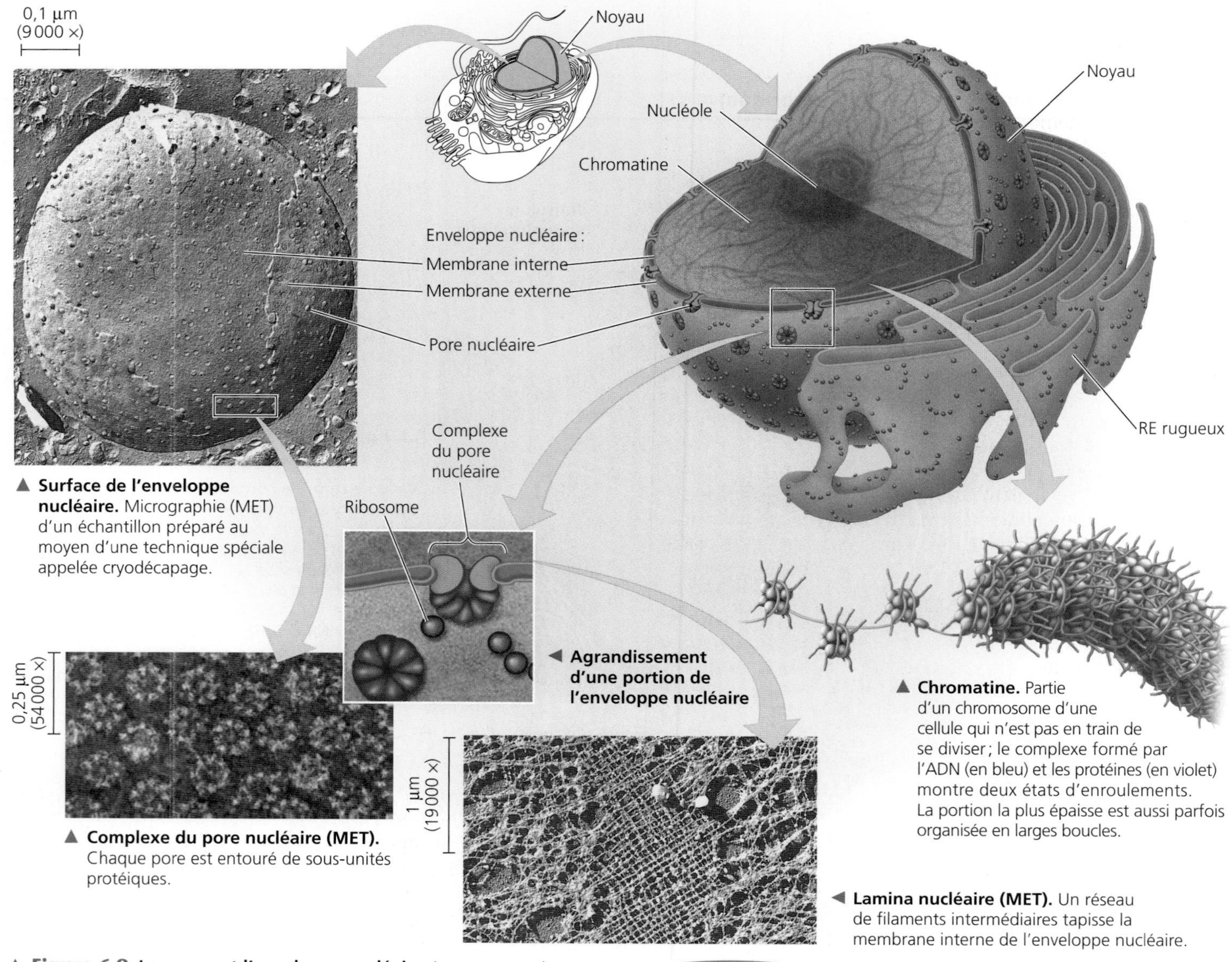

▲ **Surface de l'enveloppe nucléaire.** Micrographie (MET) d'un échantillon préparé au moyen d'une technique spéciale appelée cryodécapage.

◄ **Agrandissement d'une portion de l'enveloppe nucléaire**

▲ **Chromatine.** Partie d'un chromosome d'une cellule qui n'est pas en train de se diviser ; le complexe formé par l'ADN (en bleu) et les protéines (en violet) montre deux états d'enroulements. La portion la plus épaisse est aussi parfois organisée en larges boucles.

▲ **Complexe du pore nucléaire (MET).** Chaque pore est entouré de sous-unités protéiques.

◄ **Lamina nucléaire (MET).** Un réseau de filaments intermédiaires tapisse la membrane interne de l'enveloppe nucléaire.

▲ **Figure 6.9 Le noyau et l'enveloppe nucléaire.** Le noyau contient les chromosomes, qu'on voit ici sous la forme d'une masse de chromatine (association d'ADN et de protéines), ainsi qu'un ou plusieurs nucléoles, qui participent à la synthèse des sous-unités ribosomiques. L'enveloppe nucléaire, formée de deux membranes séparées par un espace étroit, est percée de pores ; la lamina nucléaire tapisse la membrance interne.

FAITES DES LIENS *Si les chromosomes contiennent le matériel génétique et résident dans le noyau, comment le reste de la cellule a-t-il accès aux informations qu'ils portent ? Voir la figure 5.25, p. 95.*

structure respective. Chaque espèce eucaryote possède un nombre caractéristique de chromosomes. Ainsi, le noyau des cellules humaines en contient 46, exception faite des gamètes, ou cellules sexuelles (l'ovule et le spermatozoïde), qui en comptent seulement 23 ; la drosophile (*Drosophila melanogaster*, ou mouche du vinaigre) en possède 8 dans la plupart de ses cellules et 4 dans ses gamètes.

Entre les périodes de division cellulaire, la structure intranucléaire la plus visible est le **nucléole**. Au microscope électronique, celui-ci apparaît sous la forme d'une masse opaque de granules et de fibres associée à la chromatine. Un ARN particulier, l'*ARN ribosomique* (ARNr), y est synthétisé à partir de l'information contenue dans l'ADN. Des protéines importées du cytoplasme sont assemblées dans le noyau avec l'ARN ribosomique pour former de grandes et de petites sous-unités ribosomiques. Ces sous-unités sortent du noyau par les pores nucléaires et se rendent dans le cytoplasme. Là, une grande sous-unité et une petite se combinent pour former un ribosome. Le noyau contient parfois deux nucléoles, ou plus, selon l'espèce et la phase du cycle reproductif de la cellule. On l'a vu à la figure 5.25, le noyau régit la synthèse protéique en élaborant l'ARN messager (ARNm) selon les directives fournies par l'ADN. Il expédie ensuite l'ARNm dans le cytoplasme par les pores nucléaires. Lorsqu'une molécule d'ARNm rejoint le cytoplasme, les ribosomes convertissent son message génétique en polypeptide de structure primaire. Ce processus de transcription et de traduction de l'information génétique est approfondi au chapitre 17.

Les ribosomes: des usines de protéines

Les **ribosomes**, des complexes constitués d'ARN ribosomique et de protéines, sont les composants cellulaires qui synthétisent les protéines (**figure 6.10**). Les cellules qui synthétisent beaucoup de protéines se démarquent par leur grand nombre de ribosomes. Ainsi, une cellule pancréatique humaine possède quelques millions de ribosomes. Il n'est donc pas étonnant que les cellules qui s'activent dans la synthèse protéique soient dotées d'un nucléole volumineux.

Dans le cytoplasme, les protéines sont assemblées par deux types de ribosomes. À tout moment, des *ribosomes libres* sont suspendus dans le cytosol et des *ribosomes liés* sont fixés à la surface externe du réticulum endoplasmique ou de l'enveloppe nucléaire (voir la figure 6.10). Qu'ils soient liés ou libres, les ribosomes sont structuralement identiques, et un même ribosome peut être tantôt libre, tantôt lié. La plupart des protéines fabriquées sur des ribosomes libres interviennent dans le cytosol; c'est le cas des enzymes qui catalysent les premières étapes du métabolisme des glucides. Quant aux ribosomes liés, ils synthétisent généralement des protéines destinées à être insérées dans les membranes ou dans certains organites comme les lysosomes (voir la figure 6.8), ou qui seront exportées (sécrétion). Les cellules spécialisées dans la sécrétion de protéines – comme les cellules du pancréas qui sécrètent des enzymes digestives –, présentent pour la plupart une forte proportion de ribosomes liés. Vous approfondirez vos connaissances sur la structure et la fonction des ribosomes au chapitre 17.

RETOUR SUR LE CONCEPT 6.3

1. Quel est le rôle des ribosomes dans l'expression des instructions génétiques fournies par l'ADN?
2. Décrivez la composition moléculaire des nucléoles et expliquez leur fonction.
3. **ET SI?** Lorsqu'une cellule entame son processus de division, sa chromatine se comprime de plus en plus. Le nombre de chromosomes varie-t-il durant ce processus? Expliquez votre réponse.

Voir les réponses proposées à la fin du chapitre.

CONCEPT 6.4

Le réseau intracellulaire de membranes dirige la circulation des protéines et remplit des fonctions métaboliques

Beaucoup de membranes d'une cellule eucaryote font partie intégrante d'un **réseau intracellulaire de membranes** composé de l'enveloppe nucléaire, du réticulum endoplasmique, de l'appareil de Golgi, des lysosomes, de divers types de vésicules et de vacuoles ainsi que de la membrane plasmique. Ce système accomplit diverses tâches dans la cellule, dont la synthèse des protéines et leur transport vers des membranes et des organites ou vers l'extérieur de la cellule, le métabolisme et le mouvement des lipides, ainsi que la détoxication des poisons. Les membranes du réseau intracellulaire sont liées de deux façons: ou bien elles se prolongent les unes les autres, ou bien elles échangent des portions d'elles-mêmes par l'intermédiaire de minuscules **vésicules** (sacs membraneux). Toutes n'ont pas pour autant la même structure ni la même fonction. L'épaisseur de ces membranes, leur composition moléculaire et le type de réactions chimiques auxquelles participent les protéines dans une membrane donnée peuvent changer à plusieurs reprises au cours de la vie de la membrane. Comme nous avons déjà décrit l'enveloppe nucléaire, nous nous concentrerons ici sur le réticulum endoplasmique et sur les autres membranes internes auxquelles il donne naissance.

Le réticulum endoplasmique: une usine biosynthétique

Le réticulum endoplasmique (RE) forme un labyrinthe membraneux si étendu que, dans beaucoup de cellules eucaryotes, il représente plus de la moitié de la substance membraneuse. (Le terme *endoplasmique* signifie «à l'intérieur» du cytoplasme et le terme *réticulum* vient d'un mot latin qui signifie «réseau».) Le réticulum endoplasmique comprend un réseau de tubules et de sacs membraneux appelés citernes (du latin *cisterna*, «réservoir»). Sa membrane isole du cytosol le contenu des citernes. Et comme elle est en continuité avec l'enveloppe nucléaire, le contenu des citernes communique avec l'espace situé entre les deux membranes de l'enveloppe nucléaire (**figure 6.11**).

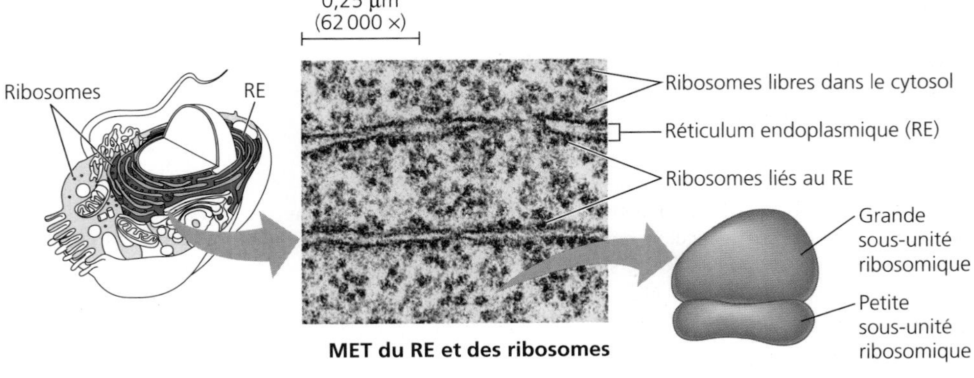

▶ **Figure 6.10 Les ribosomes.** Cette micrographie électronique d'une cellule pancréatique montre de nombreux ribosomes libres (dans le cytosol) ou liés (au réticulum endoplasmique). Le schéma simplifié d'un ribosome illustre les deux types de sous-unités qui le constituent.

FAITES UN DESSIN *Après avoir lu la section sur les ribosomes, encerclez sur la micrographie un ribosome qui pourrait être en train de fabriquer une protéine qui sera sécrétée.*

Le réticulum endoplasmique se divise en deux régions présentant certaines différences moléculaires et fonctionnelles: le réticulum endoplasmique rugueux et le réticulum endoplasmique lisse. Le **réticulum endoplasmique lisse** est ainsi qualifié parce qu'il ne porte pas de ribosomes sur sa face cytoplasmique. Quant au **réticulum endoplasmique rugueux**, il a un aspect granulaire lorsqu'il est observé au microscope électronique. Il est parsemé de ribosomes sur sa face cytoplasmique. On trouve aussi des ribosomes sur la face externe cytoplasmique de l'enveloppe nucléaire, que prolonge le réticulum endoplasmique rugueux.

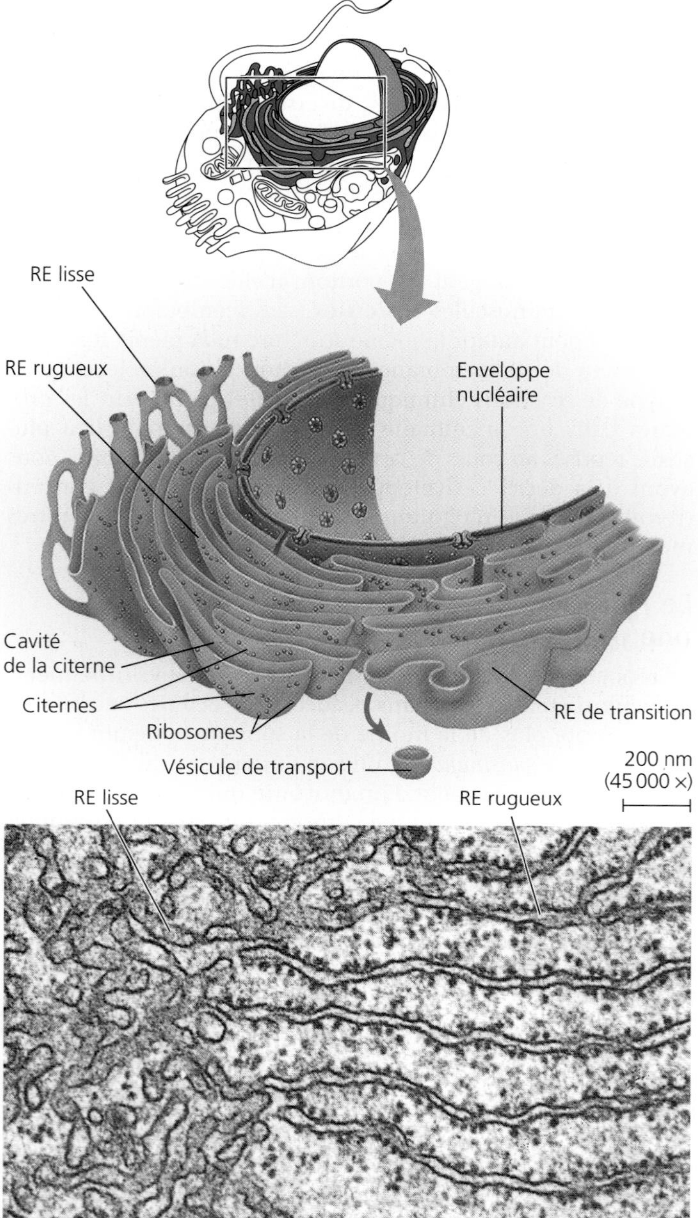

▲ **Figure 6.11 Le réticulum endoplasmique (RE).** Le réticulum endoplasmique (RE) est un réseau membraneux de tubules et de sacs aplatis appelés citernes. Celles-ci délimitent une cavité remplie de solutions diverses. La membrane du réticulum endoplasmique prolonge l'enveloppe nucléaire. Cette micrographie électronique illustrant une coupe du RE permet de distinguer le réticulum endoplasmique rugueux (ou granulaire), parsemé de ribosomes sur sa face cytoplasmique, du réticulum endoplasmique lisse (MET). Les vésicules de transport se détachent d'une région du réticulum endoplasmique rugueux appelée réticulum endoplasmique de transition, puis se dirigent vers l'appareil de Golgi ou ailleurs.

Les fonctions du réticulum endoplasmique lisse

Le réticulum endoplasmique lisse participe à divers processus métaboliques, dont la synthèse des lipides, le métabolisme des glucides, la détoxication des médicaments, des drogues et des poisons, ainsi que le stockage des ions calcium.

Les enzymes du réticulum endoplasmique lisse jouent un rôle important dans la synthèse des lipides, notamment des graisses, des phosphoglycérolipides et des stéroïdes. Parmi les stéroïdes produits par le réticulum endoplasmique lisse des cellules animales, on compte les hormones sexuelles des Vertébrés et les diverses hormones stéroïdes sécrétées par les glandes surrénales. Les cellules spécialisées qui synthétisent et sécrètent ces hormones, celles des testicules et des ovaires, par exemple, sont riches en réticulum endoplasmique lisse, une caractéristique structurale conforme à leur fonction.

Dans le réticulum endoplasmique lisse, d'autres enzymes contribuent à détoxiquer les médicaments, les drogues et les poisons, particulièrement dans les cellules hépatiques. La détoxication se fait habituellement par l'ajout de groupements hydroxyles, qui augmentent la solubilité des produits nocifs et facilitent leur élimination. Par exemple, le phénobarbital, un sédatif, et d'autres barbituriques comme les amphétamines font partie des substances métabolisées de cette façon par le réticulum endoplasmique lisse des cellules hépatiques. En fait, la consommation de barbituriques, d'alcool et de bien d'autres substances entraîne une prolifération du réticulum endoplasmique lisse et de ses enzymes de détoxication, augmentant du même coup le taux de détoxication. À cause de cela, l'organisme acquiert une plus grande tolérance aux produits en question; autrement dit, le sujet doit ingérer des doses croissantes pour ressentir les mêmes effets. Et comme certaines enzymes de détoxication ont un spectre d'action relativement étendu, la prolifération du réticulum endoplasmique lisse consécutive à l'usage d'une substance peut accroître la tolérance à d'autres substances. La prise excessive de barbituriques, par exemple, peut diminuer l'efficacité de certains antibiotiques et d'autres médicaments.

Le réticulum endoplasmique lisse emmagasine également des ions calcium. Dans les cellules musculaires, par exemple, une membrane spécialisée du réticulum endoplasmique lisse extrait des ions calcium du cytosol et les accumule dans les citernes. Quand un influx nerveux atteint une cellule musculaire, le calcium retraverse la membrane du réticulum endoplasmique, pénètre dans le cytosol et déclenche la contraction musculaire. Dans d'autres types de cellules, la libération d'ions calcium du réticulum endoplasmique lisse déclenche des réactions différentes, comme la sécrétion de vésicules portant des protéines nouvellement synthétisées.

Les fonctions du réticulum endoplasmique rugueux

Plusieurs types de cellules spécialisées sécrètent les protéines produites par les ribosomes liés au réticulum endoplasmique rugueux. Par exemple, certaines cellules pancréatiques synthétisent la protéine insuline dans le RE et sécrètent cette hormone dans la circulation sanguine. Lorsqu'un ribosome lié synthétise une chaîne polypeptidique, celle-ci traverse la membrane du RE, vraisemblablement par un pore. En entrant dans la lumière du RE, le nouveau polypeptide se replie et prend sa forme native. La plupart des protéines de sécrétion sont des **glycoprotéines**, c'est-à-dire des protéines auxquelles sont fixés des glucides par des liaisons covalentes. Les glucides sont liés aux protéines par des enzymes incorporées dans la membrane du RE.

Une fois les protéines de sécrétion formées, la membrane du RE les isole des protéines produites par les ribosomes libres qui, elles, resteront dans le cytosol. Les protéines de sécrétion quittent le RE emballées dans des **vésicules de transport**; celles-ci se détachent d'une région spécialisée appelée *réticulum endoplasmique de transition* (voir la figure 6.11). Nous verrons dans la prochaine section ce qu'il advient des vésicules de transport.

En plus de fabriquer des protéines de sécrétion, le RE rugueux fait croître sa propre membrane en y ajoutant des protéines et des phosphoglycérolipides. Certains polypeptides nouvellement formés par les ribosomes et destinés à devenir des protéines membranaires s'insèrent dans sa membrane et s'y ancrent à l'aide de leurs parties hydrophobes. Comme le RE lisse, le RE rugueux produit également ses propres phosphoglycérolipides membranaires, que des enzymes incorporées à sa membrane assemblent à partir de précurseurs venant du cytosol. Ainsi, grâce à l'agencement de protéines adéquates et de phosphoglycérolipides, le RE étend sa membrane; le nouveau matériel peut aussi être transféré sous la forme de vésicules de transport à d'autres composantes du système des membranes internes.

L'appareil de Golgi: un centre d'expédition et de réception

À leur sortie du réticulum endoplasmique, beaucoup de vésicules de transport se dirigent vers l'**appareil de Golgi** (ou complexe de Golgi). On peut comparer ce dernier à un centre de réception, d'entreposage, de triage, d'expédition et même, dans une certaine mesure, de fabrication. Les produits du réticulum endoplasmique y sont modifiés, entreposés, puis expédiés vers d'autres destinations. Comme on pouvait s'y attendre, l'appareil de Golgi est particulièrement étendu dans les cellules sécrétrices.

Un appareil de Golgi, situé généralement près du noyau, est constitué d'un certain nombre d'ensembles de saccules membraneux aplatis, chacun de ces ensembles ressemblant à une pile de pains pitas (**figure 6.12**). Une cellule peut contenir jusqu'à plusieurs centaines de ces empilements, appelés *dictyosomes* chez les Végétaux. La membrane des saccules sépare le contenu de ceux-ci du cytosol. Les *vésicules de sécrétion*, concentrées au voisinage de l'appareil de Golgi, véhiculent des matières entre ce dernier et d'autres structures cellulaires.

L'appareil de Golgi présente une nette polarité structurale: les membranes des citernes situées aux extrémités opposées d'un empilement n'ont ni la même épaisseur ni la même composition moléculaire. Les deux pôles d'un empilement s'appellent face ***cis*** et face ***trans***; ils ont respectivement pour fonction de recevoir et d'expédier les matières. La face *cis* convexe est située près du RE et reçoit ses vésicules de transport. Une fois que celles-ci se sont détachées du RE, elles incorporent leur membrane et leur contenu à la face *cis* d'un

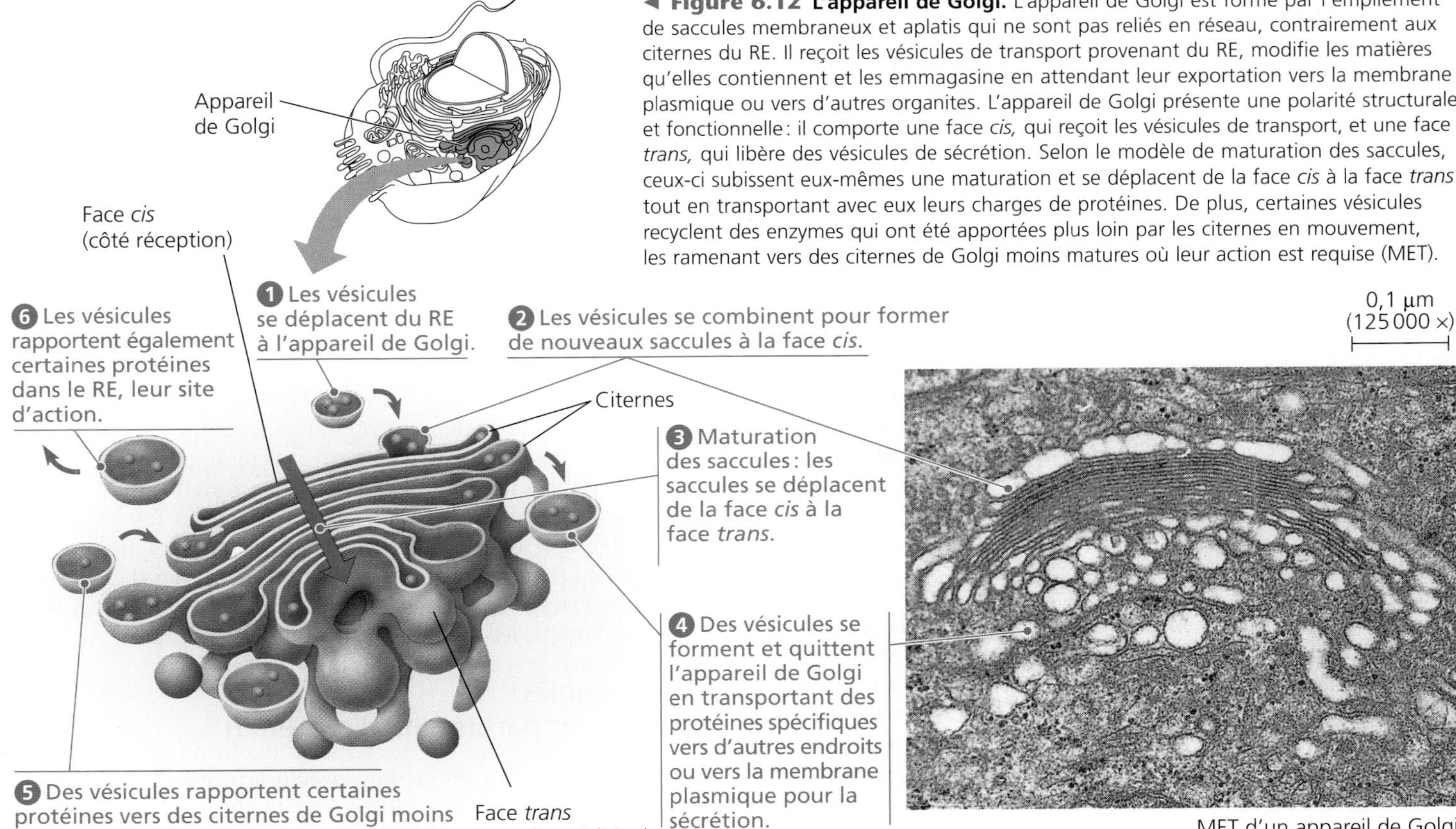

Appareil de Golgi
Face *cis* (côté réception)
❶ Les vésicules se déplacent du RE à l'appareil de Golgi.
❷ Les vésicules se combinent pour former de nouveaux saccules à la face *cis*.
❻ Les vésicules rapportent également certaines protéines dans le RE, leur site d'action.
Citernes
❸ Maturation des saccules: les saccules se déplacent de la face *cis* à la face *trans*.
❹ Des vésicules se forment et quittent l'appareil de Golgi en transportant des protéines spécifiques vers d'autres endroits ou vers la membrane plasmique pour la sécrétion.
❺ Des vésicules rapportent certaines protéines vers des citernes de Golgi moins matures où leur action est requise (MET).
Face *trans* (pour l'expédition)
0,1 µm (125 000 ×)
MET d'un appareil de Golgi

◄ **Figure 6.12 L'appareil de Golgi.** L'appareil de Golgi est formé par l'empilement de saccules membraneux et aplatis qui ne sont pas reliés en réseau, contrairement aux citernes du RE. Il reçoit les vésicules de transport provenant du RE, modifie les matières qu'elles contiennent et les emmagasine en attendant leur exportation vers la membrane plasmique ou vers d'autres organites. L'appareil de Golgi présente une polarité structurale et fonctionnelle: il comporte une face *cis*, qui reçoit les vésicules de transport, et une face *trans*, qui libère des vésicules de sécrétion. Selon le modèle de maturation des saccules, ceux-ci subissent eux-mêmes une maturation et se déplacent de la face *cis* à la face *trans* tout en transportant avec eux leurs charges de protéines. De plus, certaines vésicules recyclent des enzymes qui ont été apportées plus loin par les citernes en mouvement, les ramenant vers des citernes de Golgi moins matures où leur action est requise (MET).

empilement en fusionnant avec la membrane du saccule supérieur. La face *trans* concave donne naissance à des vésicules de sécrétion qui s'acheminent vers d'autres sites.

En général, les produits du réticulum endoplasmique subissent une modification au cours de leur transit entre la face *cis* et la face *trans* de l'appareil de Golgi. Par exemple, la partie glucidique des glycoprotéines formées dans le RE est modifiée lors du passage de ces dernières dans le reste du RE et dans l'appareil de Golgi. Ce dernier déloge certains monomères des polysaccharides et les remplace par d'autres; il produit ainsi des glucides différents de ce qu'ils étaient à l'origine. Les phosphoglycérolipides membranaires peuvent aussi être modifiés dans l'appareil Golgi.

En plus d'accomplir ce travail de finition, l'appareil de Golgi fabrique certaines macromolécules, notamment de nombreux polysaccharides sécrétés par les cellules. Par exemple, les pectines et certains autres polysaccharides non cellulosiques sont fabriqués dans l'appareil de Golgi, puis incorporés avec la cellulose dans les parois des cellules végétales. Les produits de l'appareil de Golgi destinés à la sécrétion quittent la face *trans* dans des vésicules de sécrétion qui fusionneront ultérieurement avec la membrane plasmique.

L'appareil de Golgi élabore et affine ses produits par étapes; celles-ci correspondent aux différents saccules compris entre la face *cis* et la face *trans* d'un empilement, qui renferment chacun des enzymes particulières. Jusqu'à récemment, on considérait l'appareil de Golgi comme une structure statique dont les produits, à différentes étapes de traitement, passaient d'un saccule à l'autre, par l'intermédiaire de vésicules de transport. Bien que cette conception (appelée *modèle du transport vésiculaire*) puisse être correcte, les travaux de recherche récents proposent de revenir au modèle qui avait cours avant celui du transport vésiculaire, appelé *modèle de maturation des saccules*. Selon ce modèle, l'appareil de Golgi est une structure dynamique dont les saccules, constamment produits, se déplacent de la face *cis* à la face *trans*, transportant et modifiant leur cargaison de protéines au fil de leur déplacement. La figure 6.12 illustre les détails de ce modèle.

Avant d'émettre des vésicules de sécrétion par sa face *trans*, l'appareil de Golgi doit trier ses produits et déterminer leur destination. Cette opération est facilitée par une sorte d'apposition d'étiquettes moléculaires, comme des groupements phosphate, qui jouent un peu le même rôle qu'un code postal dans une adresse. On croit que les vésicules de sécrétion provenant de l'appareil de Golgi portent des molécules externes qui reconnaissent les sites récepteurs spécifiques à la surface des organites ou sur la membrane plasmique, ce qui permet de les cibler.

Les lysosomes: des compartiments destinés à la digestion

Un **lysosome** est un sac membraneux rempli d'une cinquantaine d'enzymes hydrolytiques qui digèrent (hydrolysent) toutes sortes de macromolécules. Les enzymes lysosomiales ont une efficacité maximale dans le milieu acide des lysosomes, à un pH de 5 environ. Si un lysosome fuit ou se désagrège, ses enzymes deviennent inactives dans le milieu neutre du cytosol. Néanmoins, un écoulement excessif d'enzymes dû à la fuite de plusieurs lysosomes à la fois peut détruire une cellule.

Les enzymes hydrolytiques et la membrane du lysosome sont produites par le RE rugueux, puis transférées séparément dans l'appareil de Golgi, où leur traitement se poursuit. Il semble que certains lysosomes se forment par bourgeonnement de la face *trans* de l'appareil de Golgi (voir la figure 6.12). Comment les protéines de la face interne de la membrane du lysosome et les enzymes digestives échappent-elles à l'autodestruction? Apparemment, leur forme tridimensionnelle protège leurs liaisons vulnérables contre l'activité enzymatique.

La fonction de digestion intracellulaire des lysosomes entre en jeu dans diverses circonstances. Certaines cellules se nourrissent par **endocytose**, un processus au cours duquel elles ingèrent des nutriments et que nous verrons plus en détail au chapitre 7. En fait, la membrane plasmique laisse passer les particules nutritives en formant des vacuoles. Chacune de celles-ci se détache de la membrane, puis fusionne avec un lysosome, qui en digère le contenu grâce à ses enzymes. Les produits de la digestion, dont les glucides simples, les acides aminés et d'autres monomères, retournent dans le cytosol et fournissent à nouveau de la matière et de l'énergie à la cellule. Certaines cellules humaines, notamment les macrophages, des cellules du système immunitaire, détruisent des bactéries, des virus et des substances étrangères par **phagocytose** (du grec *phagein*, qui signifie «manger», et *kytos*, «récipient», qui renvoie à la cellule). Il s'agit d'un processus par lequel une cellule se déforme en tout ou en partie afin d'entourer complètement un corps étranger. Ce dernier se trouve ainsi emprisonné dans une vacuole digestive (**figure 6.13a**, en haut, et figure 6.33).

Le lysosome a aussi pour fonction de recycler la matière organique intracellulaire, un processus appelé *autophagie*. Au cours de ce processus, un organite défectueux ou endommagé ou une petite quantité de cytosol s'entourent d'une double membrane (d'origine inconnue) et forment une vésicule, appelée *autophagosome*, qui fusionne avec un lysosome. Ce dernier, à l'aide de ses enzymes, décompose la matière organique ingérée en monomères (**figure 6.13b**), lesquels peuvent retourner dans le cytosol et être réutilisés. Grâce à l'autophagie, la cellule se renouvelle sans cesse. Une cellule hépatique humaine, par exemple, recycle la moitié de ses macromolécules chaque semaine. L'autophagie peut aussi constituer une façon pour la cellule de se procurer des nutriments et de l'énergie lorsque ceux-ci font défaut.

Les maladies de surcharge comprennent un groupe de troubles héréditaires qui perturbent le métabolisme lysosomial. Elles se caractérisent par l'absence d'une des enzymes hydrolytiques actives normalement présentes dans les lysosomes. Les lysosomes des personnes atteintes s'engorgent de substrats non utilisables, ce qui nuit aux autres fonctions cellulaires. Chez les personnes souffrant de la maladie de Tay-Sachs, par exemple, une lipase (une enzyme digérant les lipides) est absente ou inactive, et l'accumulation de lipides dans les cellules nerveuses entrave le fonctionnement de l'encéphale. Heureusement, les maladies de surcharge sont rares.

Les vacuoles: divers compartiments d'entretien

Les **vacuoles** sont de grosses vésicules provenant du réticulum endoplasmique et de l'appareil de Golgi; elles font donc partie intégrante du réseau intracellulaire de membranes.

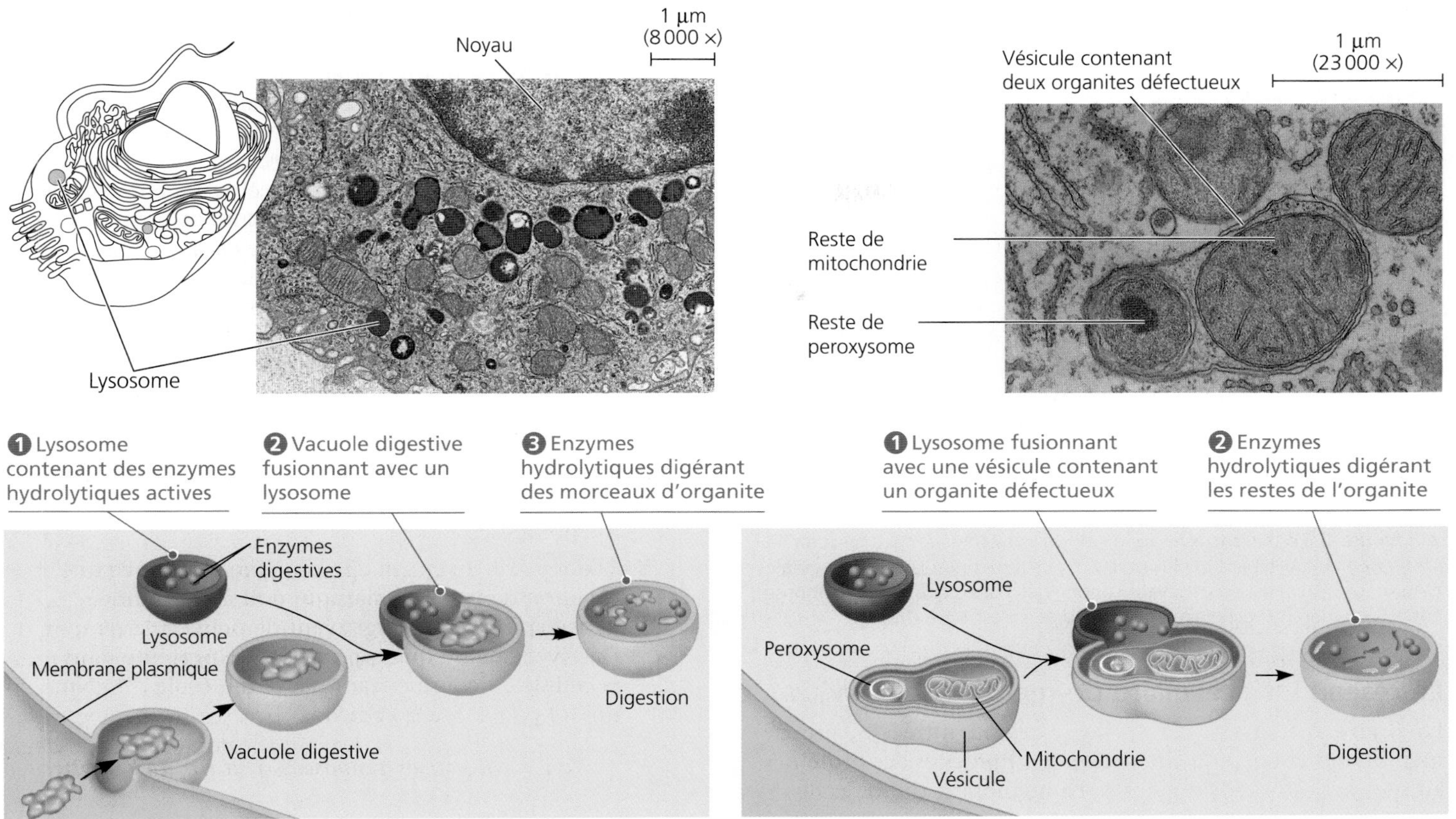

(a) Phagocytose : lysosome en train d'effectuer son travail de digestion

(b) Autophagie : lysosome dégradant un organite défectueux

▲ **Figure 6.13 Les lysosomes.** Les lysosomes digèrent (hydrolysent) les matières absorbées par la cellule et recyclent les déchets intracellulaires. **(a)** *En haut* Les lysosomes de ce globule blanc de rat sont très sombres, parce que le colorant utilisé réagit avec l'un des produits de la digestion qu'ils contiennent (MET). Les macrophages ingèrent les agresseurs bactériens ou viraux et les détruisent dans leurs lysosomes. *En bas* Ce schéma illustre un lysosome fusionnant avec une vacuole digestive durant le processus de phagocytose. **(b)** *En haut* Dans le cytoplasme de cette cellule hépatique de rat, on peut voir une vésicule contenant deux organites défectueux ; la vésicule fusionnera avec un lysosome au cours du processus d'autophagie (MET). *En bas* Ce diagramme illustre la fusion. Ce type de vésicule est doté d'une double membrane d'origine inconnue. La membrane externe fusionne avec le lysosome et la membrane interne est détruite avec les organites défectueux.

Comme toutes les membranes cellulaires, la membrane vacuolaire transporte les ions de manière sélective, ce qui explique que la composition de la solution contenue dans la vacuole diffère de celle du cytosol.

Les vacuoles remplissent diverses fonctions dans différents types de cellules. Nous avons déjà parlé des **vacuoles digestives**, formées lors de la phagocytose (voir la figure 6.13a). Beaucoup de Protistes d'eau douce expulsent l'excès d'eau de leur unique cellule pour maintenir une concentration appropriée de sels et d'autres molécules grâce à des **vacuoles pulsatiles** (voir la figure 7.16, p. 149). Chez les Végétaux et les Eumycètes, certaines vacuoles procèdent à l'hydrolyse enzymatique, une fonction remplie par les lysosomes dans les cellules animales. (Certains biologistes considèrent d'ailleurs ces vacuoles hydrolytiques comme un type de lysosome.) Chez les Végétaux, les plus petites vacuoles peuvent emmagasiner d'importants composés organiques, comme les réserves de protéines accumulées dans les cellules nutritives des graines produites par une plante. Les vacuoles protègent certaines plantes contre les herbivores ou les champignons en stockant des composés désagréables au goût ou des substances toxiques. Par ailleurs, certaines vacuoles végétales contiennent des pigments (comme les pigments rouges et bleus qui attirent les insectes pollinisateurs vers les pétales des fleurs).

Les cellules végétales matures contiennent généralement une grande **vacuole centrale** (**figure 6.14**) qui se développe par la coalescence de vacuoles plus petites. Dans une cellule végétale, la solution contenue dans la vacuole centrale, la sève cellulaire, est le principal dépôt d'ions inorganiques, comme les ions potassium et chlorure, et de substances organiques telles que les protéines ou les polysaccharides. La vacuole centrale joue aussi un rôle primordial dans la croissance de la cellule végétale, laquelle grossit à mesure que la vacuole absorbe de l'eau, et ce avec un investissement minimal en nouveau cytoplasme. Le rapport entre la surface membranaire et le volume cytoplasmique reste élevé, même dans une cellule végétale de grande dimension, pour deux raisons : la cellule tend à se dilater sous l'effet de la pression intravacuolaire et le cytosol se résume à une fine couche entre la vacuole centrale et la membrane plasmique.

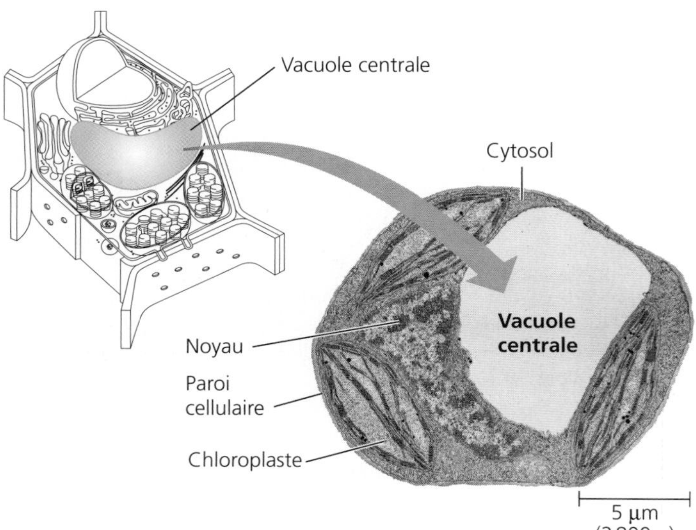

▲ **Figure 6.14 La vacuole de la cellule végétale.** La vacuole centrale constitue habituellement le plus grand compartiment de la cellule végétale mature. Le cytoplasme est souvent confiné dans une zone étroite comprise entre la membrane vacuolaire et la membrane plasmique (MET).

Le réseau intracellulaire de membranes: *révision*

La **figure 6.15** passe en revue le réseau intracellulaire de membranes et décrit la circulation des lipides et des protéines au sein des différents organites. La membrane du RE, celle de l'appareil de Golgi et celle des autres organites diffèrent par leur composition moléculaire, leurs fonctions métaboliques et leur contenu. Le réseau intracellulaire de membranes joue donc un rôle dynamique complexe dans la compartimentation de la cellule.

Nous poursuivrons notre exploration de la cellule en étudiant certains organites qui, sans être étroitement associés au réseau intracellulaire de membranes, jouent un rôle crucial dans les conversions d'énergie réalisées par la cellule.

RETOUR SUR LE CONCEPT 6.4

1. Expliquez les différences structurales et fonctionnelles entre le RE rugueux et le RE lisse.
2. Comment les vésicules de transport contribuent-elles à l'intégration du réseau intracellulaire de membranes?
3. ET SI? Imaginez une protéine qui exerce une fonction dans le RE, mais qui doit être modifiée dans l'appareil de Golgi avant de pouvoir la remplir. Décrivez la voie qu'emprunte cette protéine dans la cellule en commençant par la molécule d'ARNm qui lui confère sa spécificité.

Voir les réponses proposées à la fin du chapitre.

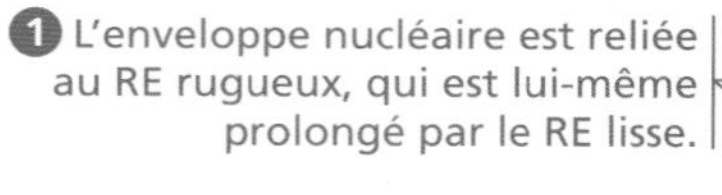

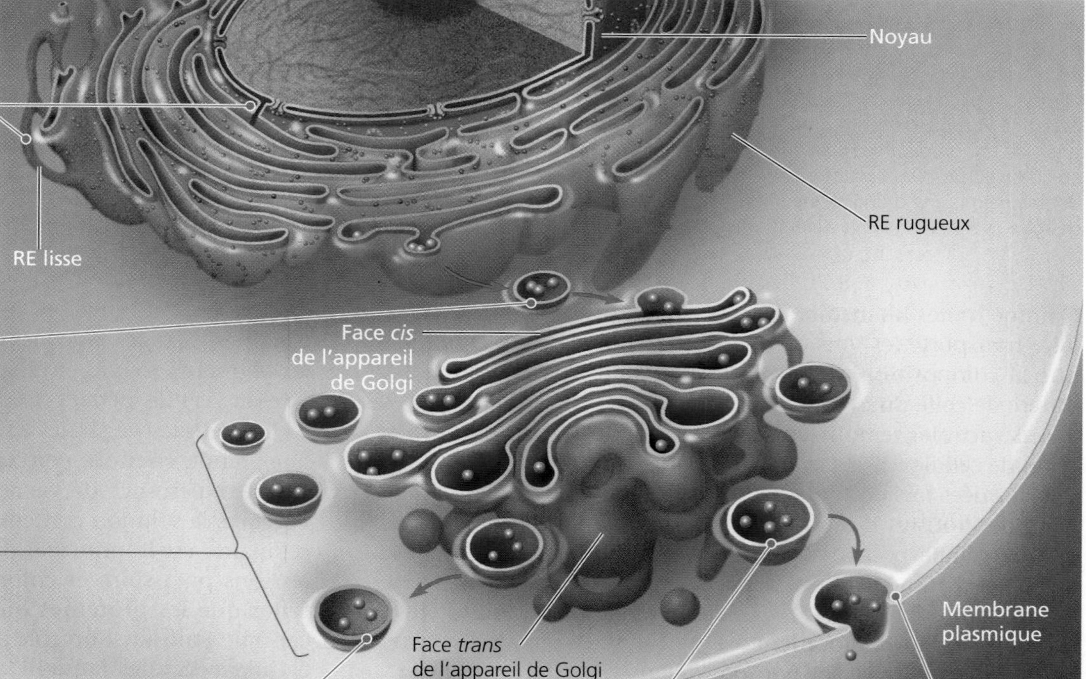

1 L'enveloppe nucléaire est reliée au RE rugueux, qui est lui-même prolongé par le RE lisse.
Noyau
RE rugueux
RE lisse
2 Des vésicules de transport se forment à partir de la membrane du RE et de ses protéines, puis elles s'en détachent pour aller fusionner avec l'appareil de Golgi.
Face *cis* de l'appareil de Golgi
3 L'appareil de Golgi produit, par bourgeonnement, des vésicules de transport ainsi que d'autres vésicules qui donnent naissance aux lysosomes, à d'autres vésicules spécialisées et à des vacuoles.
Face *trans* de l'appareil de Golgi
Membrane plasmique
4 Un lysosome est prêt à fusionner avec une autre vésicule pour effectuer sa fonction de digestion.
5 La vésicule de sécrétion transporte des protéines vers la membrane plasmique, où elles sont sécrétées.
6 La membrane plasmique s'agrandit grâce à sa fusion avec des vésicules dérivées du RE et de l'appareil de Golgi; des protéines et d'autres produits sont sécrétés à l'extérieur de la cellule.

▲ **Figure 6.15 Relations entre les organites du réseau intracellulaire de membranes.** Les flèches rouges indiquent quelques-unes des voies de migration des membranes et des matières qu'elles renferment.

CONCEPT 6.5

Les mitochondries et les chloroplastes convertissent l'énergie d'une forme à une autre

Les organismes transforment l'énergie puisée dans leur environnement par l'intermédiaire des mitochondries et des chloroplastes. Ce sont, en effet, ces organites des cellules eucaryotes qui convertissent l'énergie captée en formes utilisables par la cellule. Les **mitochondries** sont le site de la respiration cellulaire aérobie, un processus métabolique qui utilise de l'oxygène pour produire de l'ATP en extrayant l'énergie des glucides, des lipides et d'autres substances. Les **chloroplastes**, des organites propres aux Végétaux et aux Algues, sont le site de la photosynthèse. Ils convertissent l'énergie solaire en énergie chimique en absorbant la lumière et en l'utilisant pour procéder à la synthèse de composés organiques comme les glucides à partir de dioxyde de carbone et d'eau.

En plus de remplir des fonctions apparentées, les mitochondries et les chloroplastes ont une origine évolutive commune; nous en discuterons brièvement avant d'aborder leur structure. Nous traiterons également, dans cette section, des peroxysomes, organites oxydatifs dont l'origine évolutive et les relations avec les autres organites font encore l'objet de débats.

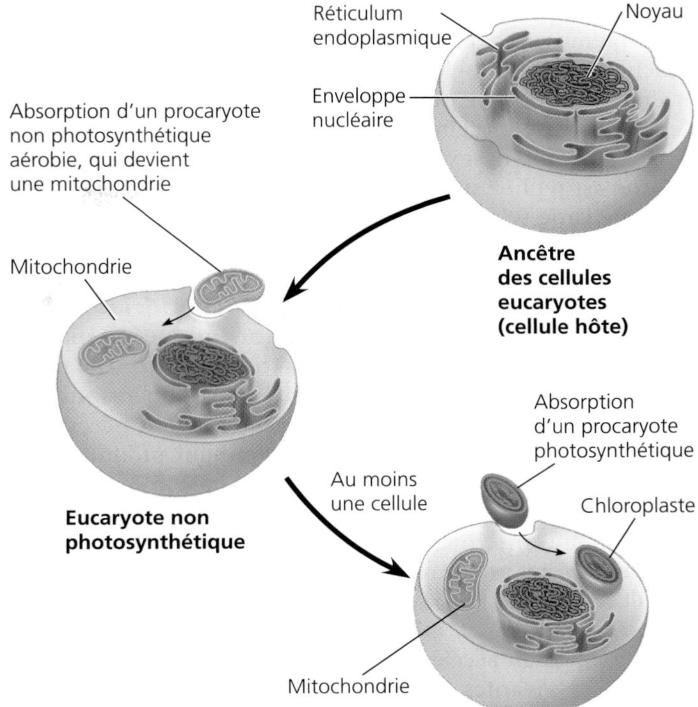

▲ **Figure 6.16 La théorie endosymbiotique de l'origine des mitochondries et des chloroplastes dans les cellules eucaryotes.** Selon cette théorie, les ancêtres des mitochondries étaient des procaryotes non photosynthétiques aérobies, et les ancêtres des chloroplastes, des procaryotes photosynthétiques. Les grandes flèches indiquent le changement au fil de l'évolution; les petites flèches dans les cellules montrent le processus par lequel l'endosymbionte est devenu un organite.

Les origines évolutionnaires des mitochondries et des chloroplastes

ÉVOLUTION Les similarités que les mitochondries et les chloroplastes présentent avec les bactéries sont à l'origine de la **théorie de l'endosymbiose** (**figure 6.16**). Selon cette théorie, un ancêtre lointain des cellules eucaryotes a absorbé une cellule procaryote non photosynthétique aérobie. Avec le temps, la cellule absorbée a établi une relation avec la cellule hôte, devenant ainsi un endosymbionte (une cellule qui vit dans une autre cellule). Au fil de l'évolution, la cellule hôte et son endosymbionte ont fusionné pour ne former qu'un seul organisme, soit une cellule eucaryote renfermant une mitochondrie. Au moins l'une de ces cellules a acquis un procaryote photosynthétique, devenant ainsi l'ancêtre des cellules procaryotes contenant des chloroplastes.

Nous discuterons la théorie de l'endosymbiose (maintenant largement acceptée) plus en profondeur au chapitre 25, mais mentionnons ici que le modèle qu'elle propose concorde avec plusieurs caractéristiques des mitochondries et des chloroplastes. Premièrement, plutôt que d'être entourés d'une seule membrane, comme le sont les organites du réseau intracellulaire de membranes, les mitochondries et les chloroplastes typiques sont recouverts de deux membranes. (Les chloroplastes ont également un système interne de sacs membraneux.) Or, tout indique que les procaryotes ancestraux qui ont été absorbés possédaient deux membranes externes, et que ces dernières sont devenues les doubles membranes des mitochondries et des chloroplastes. Deuxièmement, comme les Procaryotes, les mitochondries et les chloroplastes recèlent des ribosomes de même que des molécules d'ADN circulaire attachées à leurs membranes internes. L'ADN contenu dans ces organites programme la synthèse de plusieurs de leurs propres protéines, lesquelles sont fabriquées sur les ribosomes contenus dans ces organites. Troisièmement, les mitochondries et les chloroplastes sont des organites autonomes (relativement indépendants) qui croissent et se reproduisent dans la cellule, ce qui concorde également avec une origine cellulaire.

Aux chapitres 9 et 10, nous expliquerons les processus par lesquels les mitochondries et les chloroplastes transforment l'énergie. Ici, nous traiterons surtout de leur structure et de leurs rôles.

Les mitochondries: des convertisseurs d'énergie chimique

On trouve des mitochondries dans presque toutes les cellules eucaryotes, dont celles des Végétaux, des Animaux, des Eumycètes et des Protistes. Certaines cellules n'en contiennent qu'une seule, qui est volumineuse, mais la plupart en comportent des centaines, voire des milliers. Leur nombre dépend généralement de l'activité métabolique de la cellule. Par exemple, les cellules mobiles et les cellules contractiles ont proportionnellement plus de mitochondries par volume que les cellules moins actives.

L'enveloppe qui entoure une mitochondrie est formée de deux membranes. Elles possèdent toutes deux une double couche de phosphoglycérolipides dans laquelle s'insère un assemblage de protéines (**figure 6.17**), mais les proportions de lipides et de protéines varient pour chacune des membranes. La membrane externe est lisse, alors que la membrane interne est repliée sur elle-même et dessine des **crêtes** dont la forme varie selon le type de cellule. La membrane interne divise la mitochondrie en deux compartiments: un espace intermembranaire, situé entre la membrane interne et la membrane externe, et une **matrice mitochondriale**, située dans l'espace délimité par la membrane interne. La matrice contient plusieurs sortes d'enzymes ainsi que de l'ADN mitochondrial et des ribosomes de plus petites dimensions que les ribosomes cytoplasmiques. D'autres protéines nécessaires à la respiration cellulaire, dont l'enzyme qui produit l'ATP, sont intégrées à la membrane interne. Grâce à leur surface très plissée, les crêtes augmentent jusqu'à cinq fois l'aire de la membrane interne, soit l'aire consacrée à la respiration cellulaire. Voici un autre exemple de corrélation entre structure et fonction.

Les mitochondries mesurent de 1 à 10 µm de long environ. Projetées en accéléré, des prises de vue image par image de cellules vivantes ont révélé que les mitochondries se déplacent, modifient leur forme, fusionnent ou se divisent en deux. Elles sont donc loin d'être les cylindres statiques que montrent les micrographies électroniques de cellules mortes. Ces observations ont aidé les biologistes cellulaires à comprendre que les mitochondries d'une cellule vivante peuvent former un réseau tubulaire ramifié, comme on le voit à la figure 6.17.

Les chloroplastes: des capteurs d'énergie lumineuse

Les chloroplastes contiennent plusieurs pigments, dont la chlorophylle, ainsi que les enzymes et les molécules nécessaires à la production de glucides lors de la photosynthèse. Les chloroplastes sont biconvexes; ce sont de très gros organites qui mesurent environ 2 µm sur 5 à 10 µm. Ils se trouvent dans les feuilles et dans les autres organes verts des Végétaux, de même que chez les Algues (**figure 6.18** et figure 6.27c).

Le contenu d'un chloroplaste est isolé du cytosol par deux membranes séparées par un espace intermembranaire très mince. À l'intérieur du chloroplaste se trouve un autre réseau membraneux organisé en sacs aplatis, les **thylakoïdes**. Dans certaines régions du chloroplaste, les thylakoïdes (jusqu'à plusieurs dizaines) s'empilent comme des jetons de poker et forment des structures appelées **grana** (granum au singulier). C'est dans la membrane des thylakoïdes que se trouvent les molécules de chlorophylle. Le liquide, appelé **stroma**, où baignent les thylakoïdes contient de l'ADN circulaire et des ribosomes, de même que de nombreuses enzymes. Les membranes du chloroplaste divisent l'intérieur de celui-ci en trois compartiments: l'espace intermembranaire, l'espace intrathylakoïdien et le stroma. Au chapitre 10, nous verrons comment cette compartimentation permet au chloroplaste de convertir l'énergie lumineuse en énergie chimique pendant la photosynthèse.

Comme pour les mitochondries et d'autres organites, les chloroplastes que montrent les micrographies et les illustrations schématiques présentent une apparence statique et rigide que contredit leur comportement réel dans les cellules

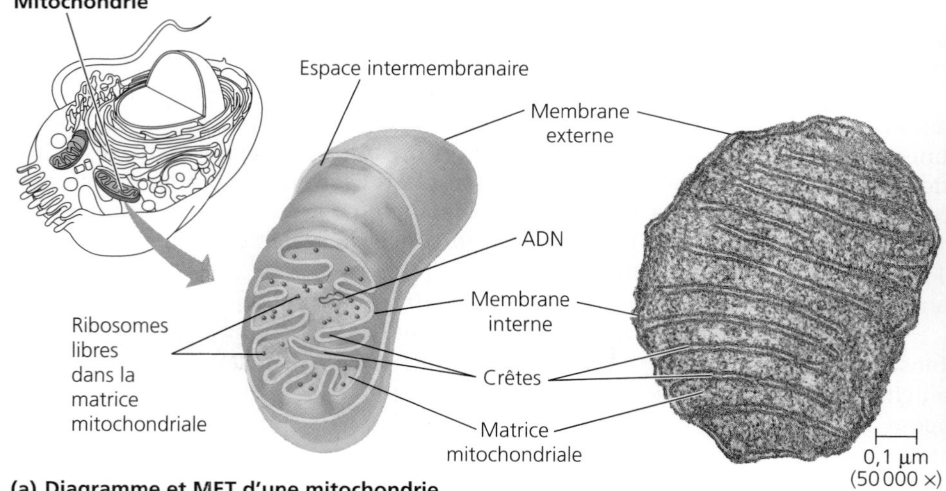

(a) Diagramme et MET d'une mitochondrie

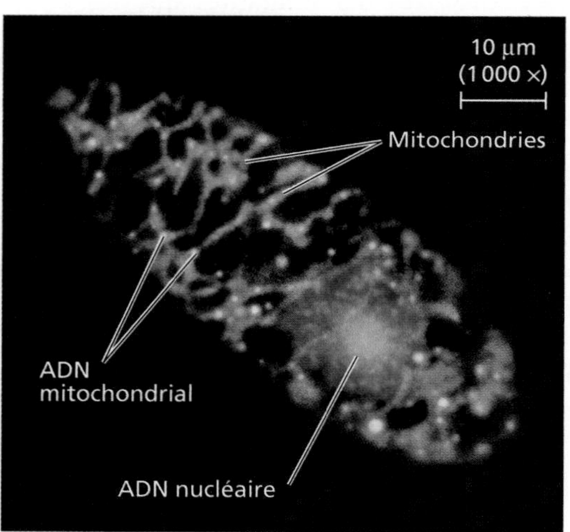

(b) Réseau de mitochondries chez un protiste unicellulaire (MP)

▲ **Figure 6.17 La mitochondrie, site de la respiration cellulaire. (a)** La membrane interne et la membrane externe de la mitochondrie apparaissent clairement sur cette illustration et sur cette micrographie électronique (MET). Des crêtes sont formées par les replis de la membrane interne. Celle-ci délimite deux compartiments, comme le fait ressortir le schéma en trois dimensions: l'espace intermembranaire et la matrice mitochondriale. On trouve de nombreuses enzymes respiratoires dans la membrane interne et dans la matrice mitochondriale. Habituellement circulaires (comme chez les Bactéries), les molécules d'ADN sont attachées à la membrane interne de la mitochondrie. **(b)** Cette micrographie photonique montre un protiste unicellulaire entier (*Euglena gracilis*), à un grossissement beaucoup plus faible que la MET. La matrice mitochondriale est colorée en vert. Les mitochondries forment un réseau tubulaire ramifié. L'ADN nucléaire est coloré en rouge; les molécules d'ADN mitochondrial correspondent aux taches jaune brillant.

▼ **Figure 6.18 Le chloroplaste, site de la photosynthèse. (a)** Plusieurs plantes possèdent des chloroplastes en forme de disque, comme ceux de cette figure. Un chloroplaste présente habituellement trois compartiments : l'espace intermembranaire, le stroma et l'espace intrathylakoïdien. Le stroma contient des ribosomes libres et des copies des molécules d'ADN du chloroplaste. **(b)** Cette micrographie à fluorescence montre une cellule de l'algue verte *Spirogyra crassa*, ainsi nommée en raison de ses chloroplastes spiralés. Sous la lumière naturelle, les chloroplastes semblent verts, mais sous la lumière ultraviolette ils émettent naturellement une fluorescence rouge, comme on le voit ici.

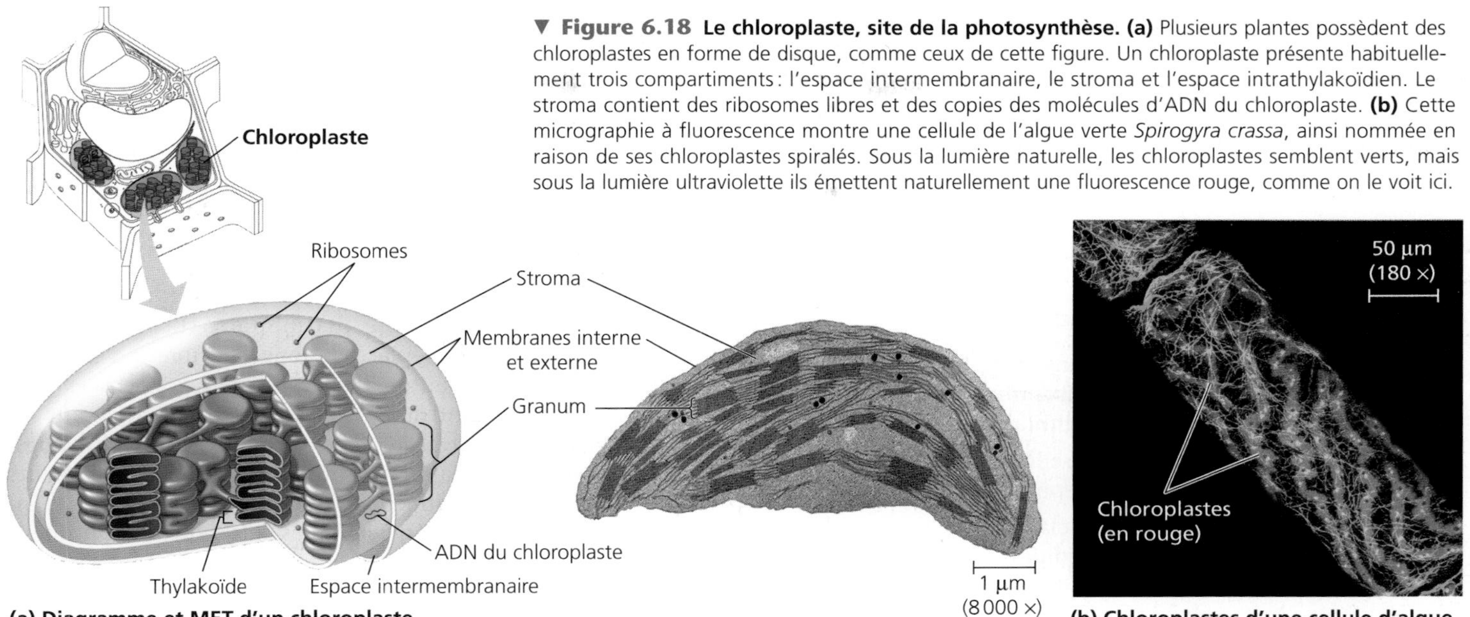

(a) Diagramme et MET d'un chloroplaste

(b) Chloroplastes d'une cellule d'algue

vivantes. En effet, en plus d'avoir une forme malléable, ils croissent et se divisent parfois en deux pour se reproduire. De plus, ils se déplacent d'un endroit à l'autre le long des « voies » du cytosquelette, un réseau structural que nous examinerons plus loin dans ce chapitre.

Le chloroplaste est un membre spécialisé de la famille des **plastes**, des organites végétaux étroitement apparentés. Ainsi, l'*amyloplaste* (aussi appelé leucoplaste) est un organite incolore qui stocke de l'amidon, particulièrement dans les racines et les tubercules. Quant aux *chromoplastes*, ils renferment des pigments qui donnent aux fruits et aux fleurs leurs teintes orangées et jaunes.

Les peroxysomes : des organites oxydatifs

Les **peroxysomes** sont des compartiments métaboliques spécialisés délimités par une membrane simple (**figure 6.19**). Ils contiennent plus d'une cinquantaine d'enzymes qui transfèrent l'hydrogène de divers substrats à du dioxygène. Ils doivent leur nom au sous-produit de ce transfert, le peroxyde d'hydrogène (ou dioxyde de dihydrogène, H_2O_2). Ils exercent diverses fonctions. Certains utilisent le dioxygène pour décomposer les acides gras des lipides en petites molécules qui serviront de sources d'énergie pour la respiration cellulaire dans les mitochondries. Les peroxysomes des cellules hépatiques détoxiquent l'alcool et d'autres composés nocifs en transférant l'hydrogène de ces substances à du dioxygène. Le peroxyde d'hydrogène formé par le métabolisme des peroxysomes est toxique, mais ce composé est rapidement converti en eau par une enzyme, la catalase. Voilà un autre exemple éloquent de la relation entre la structure (ici la compartimentation de la cellule) et la fonction. Les enzymes qui produisent du peroxyde d'hydrogène et celles qui en disposent sont séquestrées loin des autres composantes cellulaires, qui pourraient être endommagées par ce composé très actif.

Les tissus riches en lipides des graines de végétaux contiennent des peroxysomes spécialisés appelés *glyoxysomes*. Ces organites renferment des enzymes qui déclenchent la conversion des acides gras en glucides, ce qui constitue la source d'énergie et de carbone du jeune plant, jusqu'à ce qu'il soit en mesure de produire lui-même ses glucides par photosynthèse.

La façon dont les peroxysomes sont reliés aux autres organites reste à élucider. Ils croissent en taille en incorporant des protéines produites surtout dans le cytosol, des lipides synthétisés dans le RE ou dans le peroxysome lui-même. Les peroxysomes et les glyoxysomes peuvent se multiplier par scissiparité (division en deux parties égales) quand ils atteignent une certaine taille, ce qui pourrait constituer un argument en

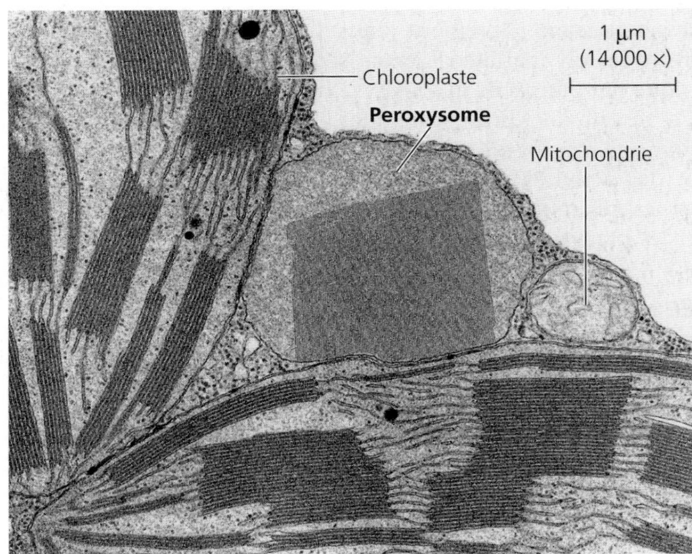

▲ **Figure 6.19 Les peroxysomes.** Les peroxysomes ont une forme plutôt sphérique. Ils présentent souvent une matrice granulaire ou cristalline constituée vraisemblablement d'un amas d'enzymes. Ce peroxysome appartient à une cellule de feuille (MET). Notez qu'il est étroitement associé à des mitochondries et à des chloroplastes avec lesquels il coopère pour accomplir certaines fonctions métaboliques.

faveur d'une origine endosymbiotique, mais cet argument ne convainc pas tous les biologistes. Le débat reste ouvert. L'importance des peroxysomes pour le bon fonctionnement cellulaire est un fait acquis, comme en témoignent les effets nocifs de leur mauvais fonctionnement (problèmes neurologiques, hépatiques, endocriniens, etc.).

RETOUR SUR LE CONCEPT **6.5**

1. Décrivez deux points communs entre les chloroplastes et les mitochondries. Examinez à la fois la fonction et la structure membranaires.
2. Les cellules végétales recèlent-elles des mitochondries ? Expliquez votre réponse.
3. **ET SI ?** Un camarade de classe soutient que les mitochondries et les chloroplastes doivent être considérés comme des organites du réseau intracellulaire de membranes. Vous n'êtes pas d'accord. Quels sont vos arguments ?

Voir les réponses proposées à la fin du chapitre.

CONCEPT **6.6**

Le cytosquelette est un réseau de fibres qui organise les structures et les activités de la cellule

Au moment de l'invention du microscope électronique, les biologistes imaginaient que les organites des cellules eucaryotes baignaient librement dans le cytosol. Cependant, les avancées en matière de microscopie photonique et électronique ont permis de découvrir le **cytosquelette** (**figure 6.20**). Ce réseau de fibres protéiques qui parcourt le cytoplasme joue un rôle fondamental dans l'organisation des structures et des activités cellulaires. Il se compose de trois types de structures moléculaires : les microtubules, les microfilaments et les filaments intermédiaires.

Les rôles du cytosquelette : soutien et mobilité

La fonction la plus évidente du cytosquelette consiste à assurer le soutien mécanique et le maintien de la forme de la cellule. Cette fonction est particulièrement importante dans les cellules animales, qui sont dépourvues de paroi. Le cytosquelette doit sa résistance remarquable et son élasticité à son architecture. Comme une tente en forme de dôme, il se stabilise en équilibrant les forces opposées exercées par ses éléments structuraux. De la même façon que le squelette d'un animal aide à fixer la position des parties du corps, le cytosquelette fournit des points d'ancrage à de nombreux organites et même à des enzymes du cytosol. Il joue cependant un rôle beaucoup plus actif qu'un squelette, car il peut être démonté puis remonté ailleurs ; il modifie ainsi la forme de la cellule.

Plusieurs types de motilité cellulaire font appel au cytosquelette. Le terme *motilité cellulaire* s'applique autant à la cellule entière qu'aux organites qu'elle contient. La motilité cellulaire nécessite habituellement l'interaction du cytosquelette et des **protéines motrices** – des molécules particulières dont font partie la dynéine, la myosine et la kinésine. Les exemples de motilité cellulaire abondent. Les éléments du cytosquelette et les protéines motrices collaborent avec les molécules de la membrane plasmique pour permettre à certaines cellules de se déplacer le long des fibres à l'extérieur de la cellule. Dans d'autres cas, les protéines motrices produisent le mouvement des cils et des flagelles en forçant les microtubules de ces organites à glisser les uns contre les autres. Un mécanisme similaire faisant appel aux microfilaments intervient lors de la contraction des cellules musculaires. À l'intérieur de la cellule, les vésicules et les autres organites utilisent souvent les « pieds » des protéines motrices pour « marcher » le long de la voie fournie par le cytosquelette. À titre d'exemple, les vésicules porteuses de neurotransmetteurs utilisent ce moyen pour migrer vers les extrémités d'un axone, le prolongement principal des cellules nerveuses (**figure 6.21**). Les vésicules qui naissent par bourgeonnement du RE se rendent à l'appareil de Golgi par les voies formées d'éléments du cytosquelette. C'est aussi le cytosquelette qui entraîne l'invagination de la membrane plasmique et la formation de vacuoles digestives. Enfin, c'est lui qui provoque le mouvement du cytoplasme (cyclose), lequel assure la circulation des matériaux dans de nombreuses cellules végétales.

Les constituants du cytosquelette

Le cytosquelette comprend principalement trois types de fibres, d'épaisseur variable, que nous allons examiner plus en détail. Les plus épaisses sont les *microtubules* ; les plus fines sont les **microfilaments** (aussi appelés filaments d'actine) ; quant aux **filaments intermédiaires**, ils sont d'épaisseur moyenne (**tableau 6.1**).

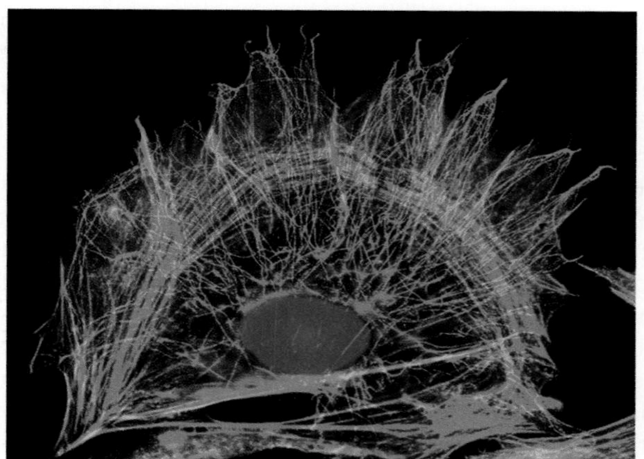

▲ **Figure 6.20 Le cytosquelette.** Comme on le voit sur cette micrographie à fluorescence, le cytosquelette s'étend à toute la cellule. Les élments cytosquelettiques ont été mis en évidence à l'aide de diverses molécules fluorescentes : vertes pour les microtubules et rouges pour les microfilaments. Un troisième composant du cytosquelette, les filaments intermédiaires, ne sont pas visibles ici. (L'ADN contenu dans le noyau est bleu.)

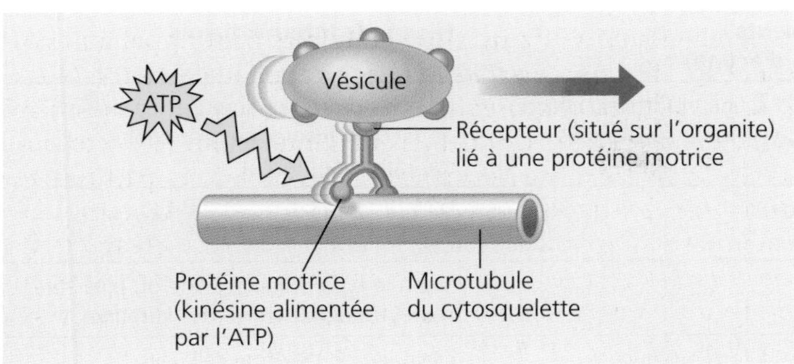

(a) Les protéines motrices fixées aux récepteurs des organites font glisser ces derniers le long de microtubules ou, parfois, de microfilaments.

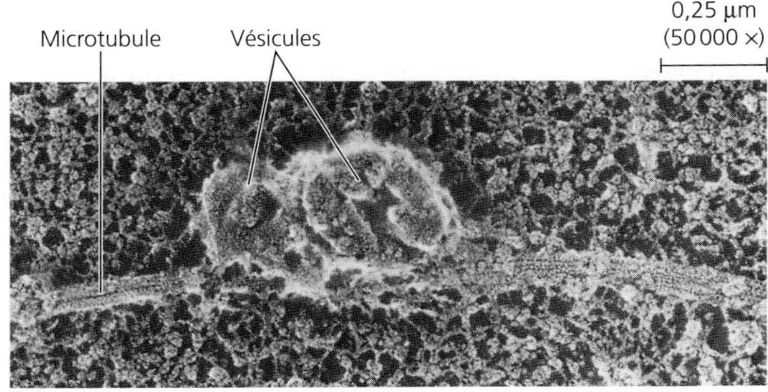

(b) Les vésicules porteuses de neurotransmetteurs utilisent le moyen décrit en (a) pour migrer vers les extrémités d'un axone. Dans cette MEB d'un axone géant de calmar, on voit deux vésicules qui se déplacent le long d'un microtubule. (Une autre partie de l'expérience avait établi que les vésicules se déplaçaient bel et bien.)

▲ **Figure 6.21 Les protéines motrices et le cytosquelette.**

Les microtubules

On trouve des **microtubules** dans le cytoplasme de toutes les cellules eucaryotes. Ce sont des cylindres creux dont le diamètre est d'environ 25 nm, et dont la longueur varie de 200 nm à 25 µm, soit la longueur totale de la cellule. Leur paroi se compose d'une protéine globulaire, la tubuline, qui existe sous deux formes légèrement différentes, la tubuline α et la tubuline β. Chaque molécule de tubuline est un dimère constitué d'une sous-unité de tubuline α et d'une autre de tubuline β. Les microtubules s'allongent par l'ajout de dimères de tubuline à une de leurs extrémités. Ils peuvent aussi se démonter; la tubuline libre sert alors à former un autre microtubule ailleurs dans la cellule. À cause de l'agencement de leurs composants, des dimères de tubuline, les deux extrémités du microtubule diffèrent légèrement. On observe en effet que l'une de ces extrémités peut accumuler (polymérisation) ou libérer (dépolymérisation) des dimères de tubuline beaucoup plus rapidement que l'autre, de sorte qu'elle grandit et rapetisse de manière évidente au cours des activités cellulaires. (On l'appelle «extrémité plus», non pas parce qu'elle ne peut qu'ajouter des protéines tubulines, mais parce que les ajouts et retraits s'y produisent plus rapidement [de trois à quatre fois] qu'à «l'extrémité moins».)

En plus de façonner et de soutenir la cellule, les microtubules servent de «voies» de circulation pour les organites associés à des protéines motrices. En plus de l'exemple donné à la figure 6.21, ils guident les vésicules de sécrétion de l'appareil de Golgi vers la membrane plasmique. Ils participent en outre à la séparation des chromosomes pendant la division cellulaire, un sujet dont nous traiterons au chapitre 12.

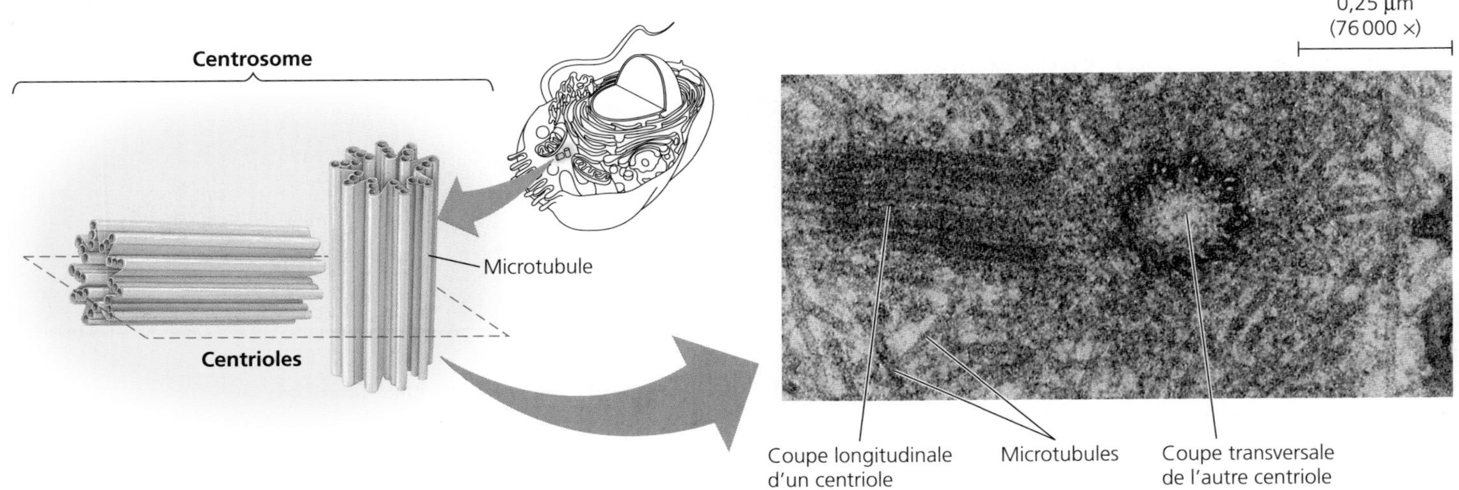

▲ **Figure 6.22 Le centrosome et sa paire de centrioles.** La plupart des cellules animales possèdent un centrosome, une zone près du noyau où se forment les microtubules. Ce centrosome contient une paire de centrioles, chacun d'un diamètre d'environ 250 nm (0,25 µm), disposés à angle droit l'un par rapport à l'autre et se composant chacun de neuf triplets de microtubules. Les parties bleues du schéma représentent les protéines autres que la tubuline qui relient les triplets (MET).

? *Combien de microtubules un centrosome contient-il? Dans le schéma, encerclez et pointez un microtubule, puis décrivez-en la nature. Ensuite, encerclez un triplet de microtubules.*

Tableau 6.1 Structure et fonction du cytosquelette

Propriétés	Microtubules (polymères de tubuline)	Microfilaments (filaments d'actine)	Filaments intermédiaires
Structure	Cylindres creux; paroi formée de 13 colonnes (protofilaments) de molécules de tubuline	Deux brins d'actine entortillés, chacun étant un polymère de sous-unités d'actine.	Diverses protéines fibreuses enroulées de façon à former un gros câble (ou une superhélice)
Diamètre	25 nm hors tout; lumière de 15 nm de diamètre	7 nm environ	De 8 à 12 nm
Sous-unités protéiques	Tubuline, un dimère constitué de tubuline α et de tubuline β	Actine	Selon le type cellulaire, une ou plusieurs protéines de la famille des kératines
Fonctions principales	Maintien de la forme cellulaire (charpente résistant à la compression) Motilité cellulaire (ils sont l'une des composantes des cils et des flagelles) Mouvements des chromosomes lors de la division cellulaire Mouvements des organites	Maintien de la forme cellulaire (éléments supportant la tension) Modification de la forme cellulaire Contraction musculaire Cyclose Motilité cellulaire (au moment de la formation des pseudopodes, des microfilaments d'actine aidés de filaments de myosine poussent le cytoplasme contre la membrane plasmique et déplacent ainsi la cellule) Formation du sillon de division cellulaire	Maintien de la forme cellulaire (éléments supportant la tension) Fixation du noyau et de certains organites Formation de la lamina nucléaire
Micrographies de fibroblastes, un type de cellules du tissu conjonctif souvent utilisé en cytologie. Chaque fibroblaste a été coloré avec une substance fluorescente pour faire ressortir la structure étudiée. Dans la première et la troisième micrographie, l'ADN du noyau a aussi été coloré (en bleu ou en orange)	10 μm (900 ×) Colonne de dimères de tubuline 25 nm α β Dimère de tubuline	10 μm (400 ×) Sous-unité d'actine 7 nm	5 μm (1 800 ×) Protéines (kératines) Sous-unité fibreuse (kératines enroulées) 8-12 nm

Centrosomes et centrioles Dans les cellules animales, c'est autour d'un **centrosome** (aussi appelé « centre organisateur des microtubules »), une masse finement granulaire située près du noyau, que s'organise la disposition rayonnante des microtubules. Ces derniers servent alors de poutres dans la charpente cellulaire qu'est le cytosquelette. Le centrosome d'une cellule animale contient une paire de centrioles. Chacun d'eux comprend neuf triplets de microtubules formant un cercle (**figure 6.22**). Lorsqu'une cellule se divise, les centrioles se dédoublent. Bien qu'ils concourent probablement à l'assemblage des microtubules, les centrosomes renfermant des centrioles ne sont pas essentiels à cette fonction chez tous les Eucaryotes. Par exemple, le centrosome des cellules végétales ne possède pas de centrosomes contenant des centrioles, mais il est doté de microtubules bien structurés; d'autres centres organisateurs des microtubules semblent donc jouer le rôle des centrosomes dans ces cellules.

Cils et flagelles La disposition particulière des microtubules permet les battements des **flagelles** et des **cils**, ces prolongements émis par les cellules eucaryotes (le flagelle bactérien présenté à la figure 6.5 a une structure complètement différente). Beaucoup d'organismes unicellulaires eucaryotes (appartenant au règne des Protistes) se propulsent dans l'eau au moyen de cils ou de flagelles; de même, les gamètes mâles des Animaux (les spermatozoïdes), des Algues et de certains Végétaux sont flagellés. Mais les cils et les flagelles ne servent pas seulement au déplacement cellulaire. Ils créent un courant dans la mince couche de liquide qui recouvre la surface des tissus comportant des cellules ciliées ou flagellées, lesquels ne se déplacent pas. Par exemple, les cils des cellules qui tapissent la trachée expulsent des poumons le mucus chargé de débris (voir la figure 6.3). De même, dans les voies génitales de la femme, les cils recouvrant les trompes utérines aident à propulser l'ovule vers l'utérus. Chez les Invertébrés, le battement des cils sert à capter des particules de nourriture.

Lorsqu'une cellule est dotée de cils, ceux-ci sont généralement très abondants; ils mesurent environ 0,25 μm de diamètre et de 2 à 20 μm de long. Les flagelles sont moins nombreux que les cils: une cellule n'en porte généralement qu'un seul ou que quelques-uns. Leur diamètre est identique, mais leur longueur va de 10 à 200 μm.

Les flagelles et les cils ne battent pas de la même façon (**figure 6.23**). Le flagelle produit un mouvement ondulatoire et propulse la cellule dans son axe, comme le fait la queue d'un poisson. Le mouvement ciliaire, en revanche, fait alterner un battement de propulsion et un battement de récupération. Les battements de propulsion génèrent une force de propulsion orientée perpendiculairement par rapport à l'axe du cil, comme les rames d'une embarcation s'étendent à angle droit par rapport à la direction de cette embarcation. Un cil peut aussi agir comme une antenne qui reçoit les signaux de la cellule. Les cils qui remplissent cette fonction n'ont généralement aucune mobilité et on n'en compte qu'un seul par cellule. (Chez les Vertébrés, presque toutes les cellules semblent dotées d'un tel cil, qu'on appelle «cil primaire».) Les protéines membranaires de ce type de cil transmettent des signaux moléculaires de l'extérieur de la cellule jusqu'à l'intérieur, déclenchant des mécanismes moléculaires qui modifient les activités cellulaires selon les informations captées. La signalisation moléculaire semble cruciale dans le fonctionnement cérébral et le développement embryonnaire.

Bien qu'ils diffèrent par leur longueur, leur nombre et leurs battements, les cils et les flagelles mobiles présentent la même structure. Ils se composent d'un groupe de microtubules recouverts par un prolongement de la membrane plasmique (**figure 6.24**). Neuf doublets de microtubules forment un anneau autour de deux microtubules non jumelés. Les microtubules de chaque doublet adhèrent l'un à l'autre. Cette disposition de type «9 + 2» s'observe dans presque tous les cils mobiles et les flagelles des cellules eucaryotes. (Les cils primaires non mobiles présentent une disposition de «9 + 0» et sont dépourvus de la paire de microtubules centraux.) L'assemblage de microtubules d'un cil ou d'un flagelle est ancré à la cellule par un **corpuscule basal** structuralement très semblable à un centriole, avec une disposition «9 + 0». En fait, chez de nombreux animaux et chez l'être humain, le corpuscule basal du flagelle du spermatozoïde pénètre dans l'ovule et devient un centriole.

Un dispositif composé de protéines particulières réparties régulièrement le long du cil ou du flagelle permet le mouvement. Ce dispositif flexible comporte des ponts de nexine (une protéine de liaison) qui joignent les doublets périphériques les uns aux autres (comme une jante de roue). Des ponts radiaires relient ces doublets à la gaine protéique qui entoure les deux microtubules centraux (comme les rayons d'une roue). Chaque doublet périphérique porte, sur un de ses côtés, une paire de protéines latérales saillantes orientées vers le doublet adjacent. Chacune de ces grosses protéines qu'on appelle **dynéines** est composée de plusieurs polypeptides.

▶ **Figure 6.23 Comparaison entre le battement des flagelles et celui des cils.**

(a) Mouvement du flagelle. Habituellement, le flagelle ondule à la manière d'un serpent, poussant la cellule dans son axe. La propulsion du spermatozoïde humain illustre bien la locomotion flagellaire (MEB).

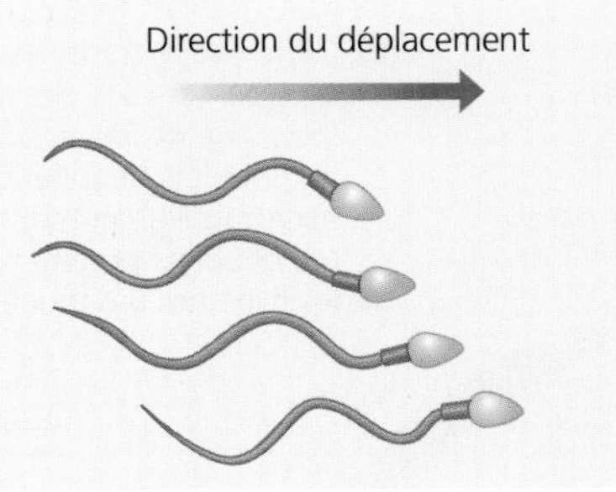

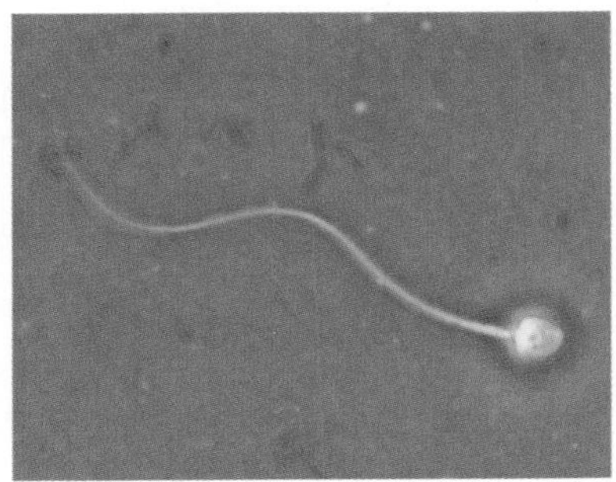

(b) Mouvement du cil. Le cil bat d'avant en arrière, propulsant rapidement la cellule dans une direction perpendiculaire à l'axe ciliaire. Durant la phase de récupération, plus lente que la phase de propulsion, le cil se replie et glisse sur les côtés, se rapprochant de la surface de la cellule. D'innombrables cils recouvrent ce *Colpidium*, un protozoaire d'eau douce, et se meuvent au rythme de 40 à 60 battements par seconde (MEB).

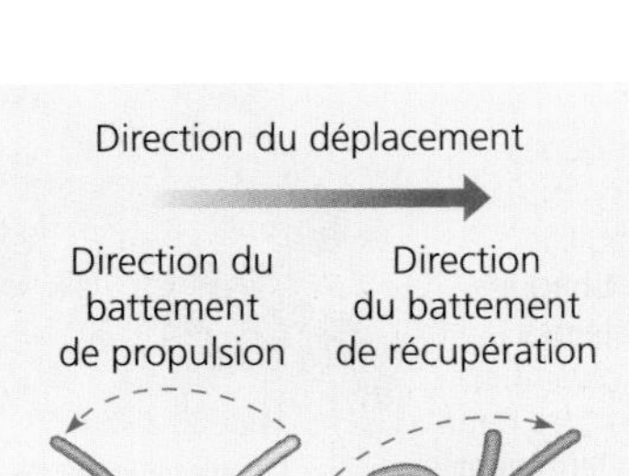

Les dynéines assurent les mouvements de flexion de l'organite. Une molécule de dynéine effectue un cycle de mouvements complexes causé par les changements de forme de la dynéine, l'ATP fournissant l'énergie que requièrent ces changements (**figure 6.25**).

Le mécanisme de la flexion basé sur les dynéines suppose un processus semblable à la marche. En effet, la molécule de dynéine typique comporte deux renflements semblables à des «pieds» qui lui permettent de «marcher» le long du microtubule du doublet adjacent, un pied restant en contact avec elle, tandis que l'autre s'en détache pour y reprendre appui un pas plus loin. S'ils n'étaient pas retenus par ces entraves, les doublets continueraient à glisser les uns contre les autres, ce qui aurait pour effet d'allonger le cil ou le flagelle au lieu de le fléchir (voir la figure 6.25a). Pour que le cil ou le flagelle puisse accomplir un mouvement latéral, la «marche» de la dynéine doit pouvoir s'agripper sur quelque chose et tirer, comme les muscles de la jambe s'agrippent aux os et tirent sur eux pour faire fléchir votre genou. Chaque doublet de microtubules semble être maintenu en place par des protéines de liaison que nous avons déjà mentionnées: les ponts de nexine situés entre les doublets adjacents et les ponts radiaires reliant les doublets périphériques aux deux microtubules centraux. C'est la raison pour laquelle les doublets adjacents ne peuvent glisser l'un contre l'autre sur de grandes distances. Les forces exercées par les bras de dynéine provoquent alors la flexion des doublets et donc celle du cil ou du flagelle (figures 6.25b et 6.25c).

Les microfilaments (filaments d'actine)

Les microfilaments ont une forme cylindrique et leur diamètre est d'environ 7 nm. Ils sont rigides. Ils se composent de molécules d'**actine**, une protéine globulaire, unies les unes aux autres. Chaque microfilament est formé de deux chaînes torsadées de sous-unités d'actine (voir le tableau 6.1). Les microfilaments peuvent être de simples filaments linéaires, mais ils peuvent aussi former des réseaux structuraux en raison de la présence de protéines qui se lient le long d'un filament d'actine et permettent à un nouveau filament de former une ramification. On trouve des microfilaments, semble-t-il, dans toutes les cellules eucaryotes.

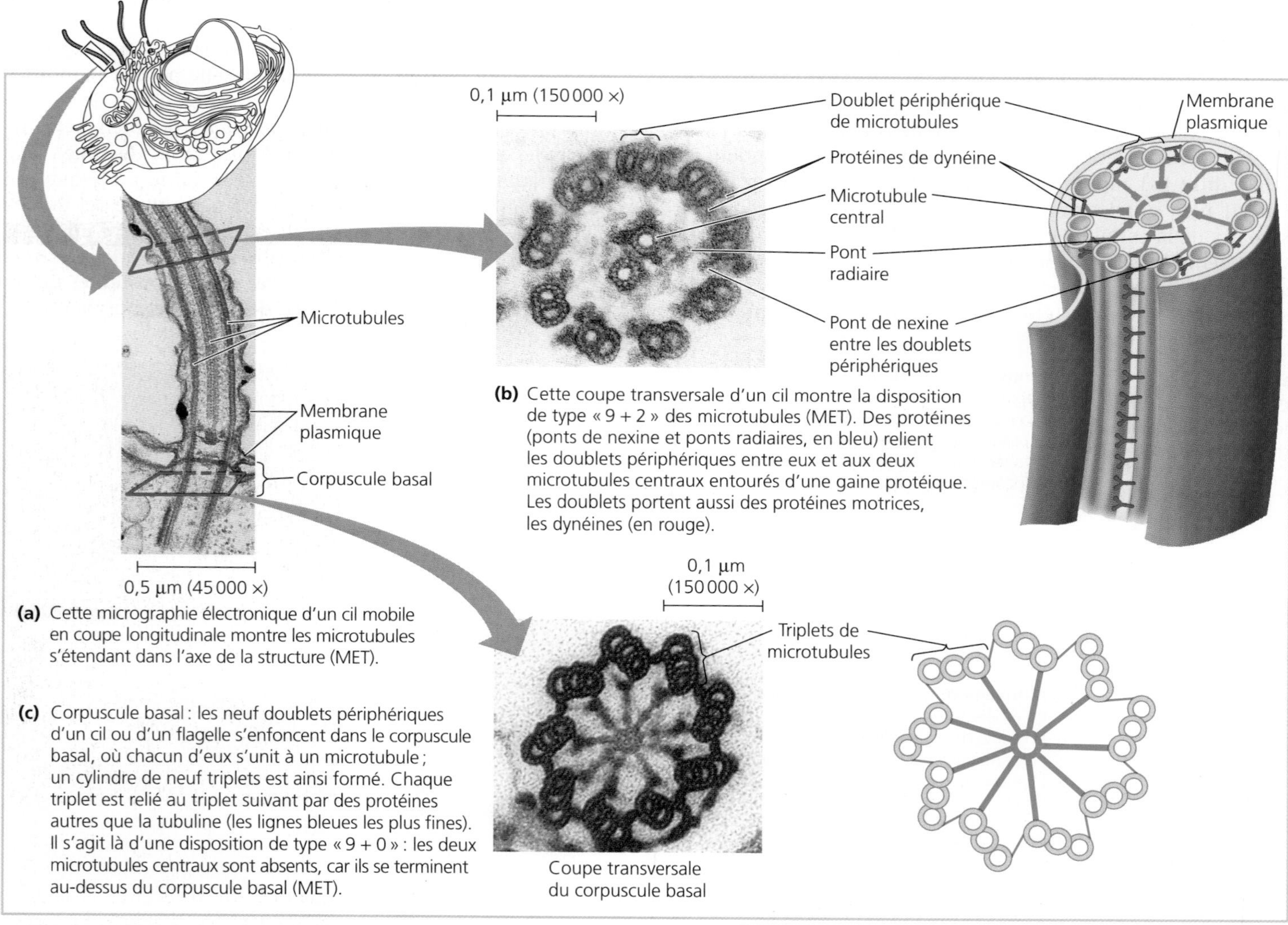

(a) Cette micrographie électronique d'un cil mobile en coupe longitudinale montre les microtubules s'étendant dans l'axe de la structure (MET).

(b) Cette coupe transversale d'un cil montre la disposition de type « 9 + 2 » des microtubules (MET). Des protéines (ponts de nexine et ponts radiaires, en bleu) relient les doublets périphériques entre eux et aux deux microtubules centraux entourés d'une gaine protéique. Les doublets portent aussi des protéines motrices, les dynéines (en rouge).

(c) Corpuscule basal : les neuf doublets périphériques d'un cil ou d'un flagelle s'enfoncent dans le corpuscule basal, où chacun d'eux s'unit à un microtubule ; un cylindre de neuf triplets est ainsi formé. Chaque triplet est relié au triplet suivant par des protéines autres que la tubuline (les lignes bleues les plus fines). Il s'agit là d'une disposition de type « 9 + 0 » : les deux microtubules centraux sont absents, car ils se terminent au-dessus du corpuscule basal (MET).

▲ **Figure 6.24 La structure du flagelle et du cil mobile.**

FAITES UN DESSIN *Dans la partie (a), encerclez la paire de microtubules centraux, montrez où ils se terminent et expliquez pourquoi on ne les voit pas dans la coupe transversale du corpuscule basal en (c).*

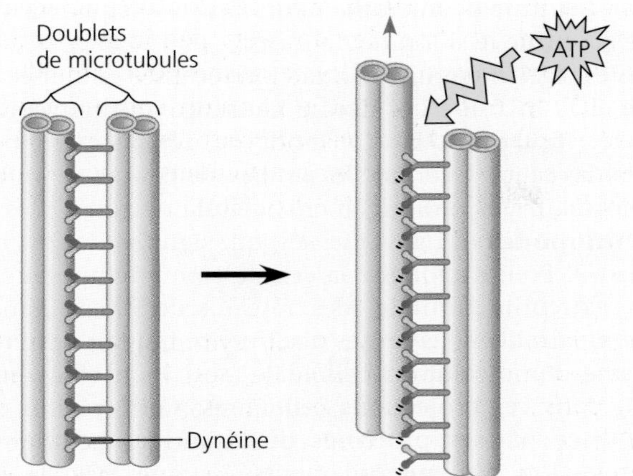

(a) Effet qu'aurait le mouvement non restreint des dynéines. Si un cil ou un flagelle était dépourvu de protéines de liaison, les deux « pieds » de dynéine d'un doublet (alimentés par de l'ATP) tireraient et relâcheraient en alternance le doublet adjacent, et ce mouvement de marche pousserait ce doublet vers le haut. Au lieu de fléchir, les doublets glisseraient l'un par rapport à l'autre.

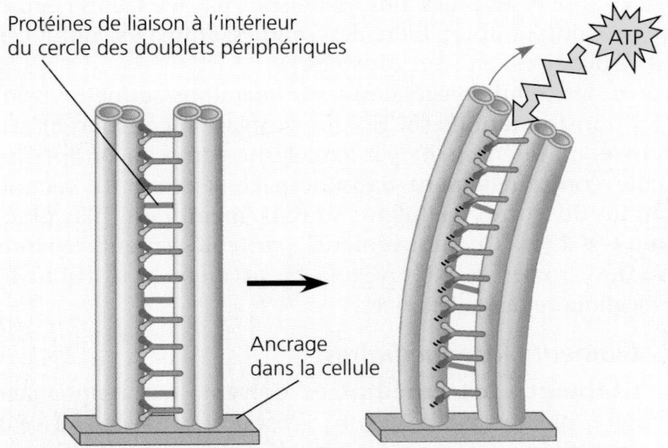

(b) Effet des protéines de liaison. Dans un cil ou un flagelle, le déplacement linéaire de deux doublets adjacents est limité par la présence de ponts de nexine et de ponts radiaires. Au lieu de s'allonger, le cil ou le flagelle fléchit. Seuls deux des neuf doublets périphériques de la figure 6.24b sont illustrés ici.

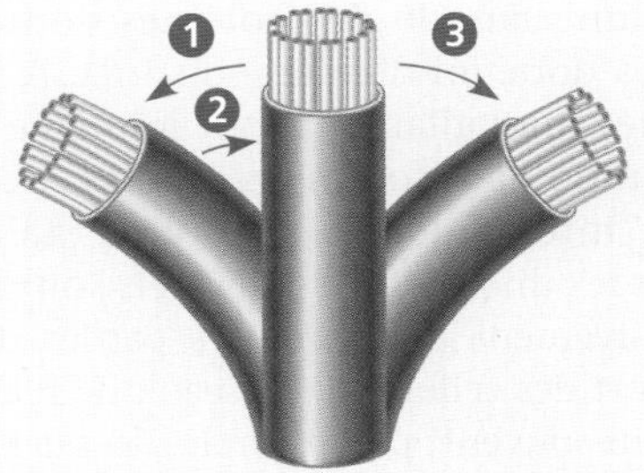

(c) Mouvement ondulatoire. Les cycles de mouvement synchronisés de nombreuses dynéines entraînent vraisemblablement une flexion qui commence à la base du cil ou du flagelle, puis se propage vers son extrémité. Les flexions successives, comme celles qui sont illustrées ici à gauche et à droite, engendrent un mouvement ondulatoire. Le diagramme ci-dessus ne montre pas les deux microtubules centraux ni les protéines de liaison.

▲ **Figure 6.25 Le rôle de la dynéine dans le mouvement des cils et des flagelles.**

Alors que les microtubules aident le cytosquelette à résister à la compression (écrasement), les microfilaments, eux, l'aident à supporter la tension (étirement) à laquelle il est soumis. Un réseau fibreux tridimensionnel à l'intérieur de la membrane plasmique (*les microfilaments corticaux*) aide la cellule à maintenir sa forme (voir la figure 6.8). C'est ce réseau fibreux qui donne au **cortex** cellulaire (la couche périphérique du cytoplasme) sa consistance gélatineuse (*gel*), tandis que l'intérieur du cytoplasme (*sol*) est plus liquide. Dans les cellules animales spécialisées qui transportent des matières à travers la membrane plasmique, comme les cellules intestinales, des faisceaux de microfilaments remplissent les fins prolongements cytoplasmiques, ou microvillosités, qui augmentent la surface d'échange (**figure 6.26**).

Les microfilaments (d'actine) sont surtout connus pour leur rôle dans la contraction musculaire. Des milliers d'entre eux sont disposés parallèlement les uns aux autres le long de la cellule musculaire; ils alternent avec des filaments plus épais composés de molécules d'une protéine appelée **myosine** (**figure 6.27a**). Comme la dynéine qui interagit avec les microtubules, les molécules de myosine sont des protéines motrices dotées de prolongements qui « marchent » le long des microfilaments d'actine. La contraction d'une cellule musculaire résulte du mouvement le long des microfilaments et des filaments de myosine, lequel a pour effet de raccourcir

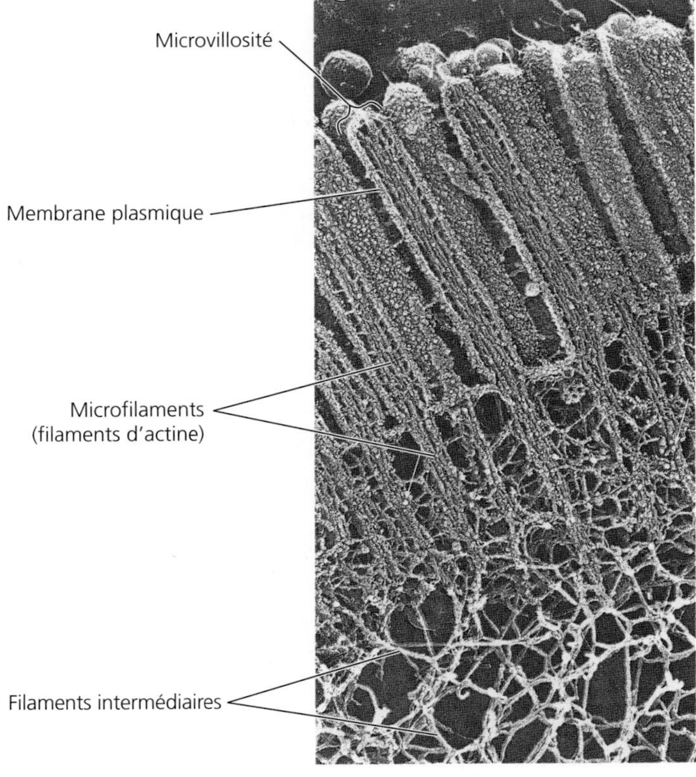

▲ **Figure 6.26 Le rôle structural des microfilaments.** La présence de prolongements cytoplasmiques, ou microvillosités, à la surface de cette cellule intestinale en augmente la surface d'échange. Ces prolongements sont renforcés par des faisceaux de microfilaments, eux-mêmes ancrés à un réseau de filaments intermédiaires (MET).

la cellule. Dans d'autres types de cellules également, des microfilaments s'associent à la myosine : ils reproduisent en miniature, mais de façon plus rudimentaire, leur disposition dans les cellules musculaires. Ces agrégats d'actine et de myosine sont à l'origine des contractions cellulaires localisées. Quand une cellule animale se divise, par exemple, la contraction d'une ceinture de microfilaments située à l'équateur de la cellule accentue le sillon de division.

Cellule musculaire

0,5 µm (16 000 ×)

Microfilament d'actine

Filament de myosine

Tête de myosine

(a) Rôle de la myosine dans la contraction des cellules musculaires. Le déplacement des projections de myosine fait glisser les microfilaments d'actine le long des filaments de myosine, de sorte que les filaments d'actine se rapprochent les uns des autres vers le milieu (flèches rouges). Cela raccourcit la cellule musculaire. La contraction musculaire nécessite la contraction simultanée de nombreuses cellules musculaires (MET).

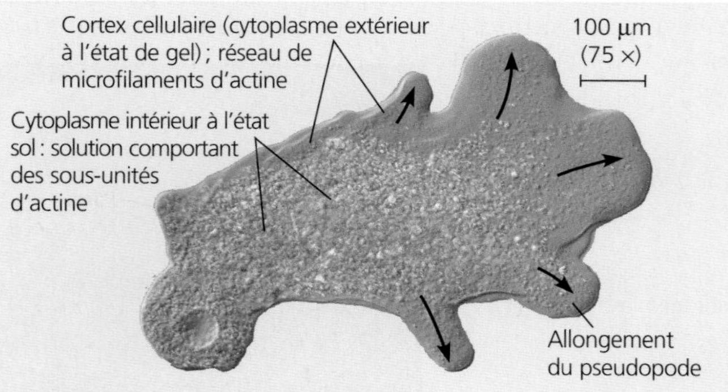

(b) Mouvement amiboïde. L'interaction des microfilaments d'actine et des filaments de myosine entraîne la contraction de la cellule, attirant la « queue » de la cellule (à gauche) vers l'avant (à droite) (MP).

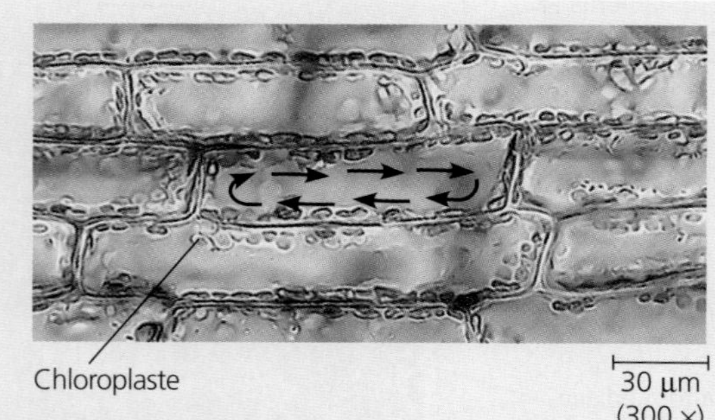

(c) Mouvement de cyclose dans les cellules végétales. Une couche de cytoplasme tourne autour de la vacuole centrale. Elle se déplace au-dessus d'un lit de microfilaments d'actine parallèles. Les molécules motrices formées de myosine et fixées à des organites du cytosol peuvent provoquer ce mouvement de cyclose lorsqu'elles interagissent avec l'actine (MP).

▲ **Figure 6.27 Les microfilaments et la mobilité.** Dans les trois exemples de cette figure, les interactions entre les microfilaments d'actine et les protéines motrices permettent le mouvement.

C'est également une contraction localisée entraînée par l'actine et la myosine qui donne naissance au mouvement amiboïde (**figure 6.27b**). Ce mode de déplacement permet à certaines cellules, comme les amibes, de ramper sur une surface en formant des prolongements cellulaires rétractiles appelés **pseudopodes** (du grec *pseudês*, qui signifie « faux », et *podos*, « pied »). Pour s'allonger, la cellule forme temporairement, à son extrémité frontale, des réseaux de microfilaments en assemblant des sous-unités d'actine, ce qui fait passer le cytoplasme d'une solution colloïdale (sol) à un état semi-solide (gel) dans ces projections cellulaires. Cette région est alors stabilisée par les protéines de la surface cellulaire. Puis, l'interaction des microfilaments d'actine avec la myosine près de l'extrémité caudale de la cellule entraîne la contraction de cette région. Il s'ensuit une diminution de l'adhérence cellulaire de cette région et son contenu est alors attiré vers le prolongement cellulaire nouvellement formé. Les amibes dépourvues de myosine peuvent néanmoins former des pseudopodes, mais leur mouvement vers l'avant est beaucoup plus lent. Les amibes ne sont pas les seules cellules qui peuvent ramper ; bien des cellules animales, dont certains leucocytes, en sont capables.

Dans les cellules végétales, les interactions actine-myosine et les transformations sol-gel du cytoplasme concourent à la **cyclose**, un phénomène par lequel une partie du cytoplasme circule continuellement dans l'espace séparant la vacuole centrale du cortex cellulaire sous la membrane plasmique (**figure 6.27c**). Ce mouvement, particulièrement répandu dans les grosses cellules végétales, accélère la distribution intracellulaire des substances.

Les filaments intermédiaires

Les **filaments intermédiaires** doivent leur nom à leur diamètre, qui va de 8 à 12 nm ; il est donc supérieur à celui des microfilaments, mais inférieur à celui des microtubules (voir le tableau 6.1, p. 124). Les filaments intermédiaires, capables de résister à la tension (comme les microfilaments), sont des éléments constitutifs du cytosquelette des Eucaryotes multicellulaires. Chaque type de filament intermédiaire est formé par l'assemblage de sous-unités protéiques particulières – appartenant à une famille de protéines dont font partie les kératines – et a donc un diamètre distinct. À l'opposé, les microtubules et les microfilaments ont le même diamètre et la même composition dans toutes les cellules eucaryotes.

Les filaments intermédiaires sont plus stables que les microfilaments et les microtubules, lesquels sont assemblés et démontés successivement dans diverses parties de la cellule. Même après la mort des cellules, les réseaux de filaments intermédiaires persistent souvent ; par exemple, la couche externe de notre peau est formée de cellules cutanées mortes, mais pleines de kératine. Les traitements chimiques qui séparent les microfilaments et les microtubules du cytoplasme des cellules vivantes laissent intact le réseau de filaments intermédiaires ; ces expériences semblent indiquer que ces derniers sont particulièrement robustes et qu'ils jouent un rôle important dans le maintien de la forme de la cellule et dans l'ancrage de certains organites. Par exemple, le noyau réside généralement dans une cage formée de filaments intermédiaires et maintenue en place par les ramifications de filaments qui s'étendent jusque dans le cytoplasme. Des filaments intermédiaires constitués de lamines composent la lamina nucléaire, une structure qui tapisse l'intérieur de l'enveloppe nucléaire, et participent à son démantèlement lors de la division cellulaire (voir la figure 6.9). En maintenant la forme de la cellule, les filaments intermédiaires aident celle-ci à remplir ses fonctions. Ainsi, l'axone (le long prolongement du neurone qui conduit l'influx nerveux) est renforcé par un type de filaments intermédiaires, les *neurofilaments*. Par conséquent, il se pourrait que les divers types de filaments intermédiaires constituent l'armature permanente de la cellule entière.

RETOUR SUR LE CONCEPT 6.6

1. Décrivez les caractéristiques communes du mouvement des flagelles, basé sur les microtubules, et des contractions musculaires, basées sur les microfilaments.
2. Comment la flexion des cils et des flagelles se fait-elle?
3. **ET SI?** Les hommes atteints du syndrome de Kartagener – un trouble d'origine génétique – sont stériles en raison du fait que leurs spermatozoïdes sont incapables de se mouvoir. De plus, ils sont sujets aux infections pulmonaires. Quelle pourrait être la défectuosité sous-jacente à ce syndrome?

Voir les réponses proposées à la fin du chapitre.

CONCEPT 6.7

Les constituants extracellulaires et les jonctions intercellulaires contribuent à la coordination des activités de la cellule

Après avoir fait le tour des composants cellulaires internes, nous terminerons notre exploration de la cellule par les importantes structures disposées à sa surface. La membrane plasmique est généralement considérée comme la frontière de la cellule vivante, mais la plupart des cellules synthétisent et sécrètent des matières extracellulaires. Même si les matières et les structures extracellulaires sont extérieures à la cellule, elles participent à plusieurs de ses fonctions, ce qui explique pourquoi leur étude est essentielle en biologie cellulaire.

La paroi cellulaire des cellules végétales

La **paroi cellulaire** fait partie des structures extracellulaires qui distinguent la cellule végétale de la cellule animale (voir la figure 6.8). Elle maintient sa forme, prévient l'absorption excessive d'eau et la protège contre les agresseurs. La paroi résistante formée par les cellules spécialisées d'une plante permet à celle-ci de lutter contre la gravitation et de rester érigée. Les Procaryotes, les Champignons et certains Protistes possèdent également une paroi cellulaire, comme le montrent les figures 6.5 et 6.8, mais nous n'en traiterons que dans la cinquième partie de ce manuel.

La largeur de la paroi cellulaire végétale varie de 0,1 à plusieurs micromètres; elle est donc beaucoup plus épaisse que la membrane plasmique. Sa composition chimique précise varie (d'une espèce à l'autre ou même d'un type de cellule à l'autre dans une même plante), mais son architecture de base présente une composition assez uniforme. Les microfibrilles de 10 à 25 nm de diamètre qui la composent sont constituées d'un polysaccharide, la cellulose (voir la figure 5.8); elles sont synthétisées par une enzyme située dans la membrane plasmique, appelée cellulose synthase, puis sécrétées dans l'espace extracellulaire. À cet endroit, elles s'associent pour former des macrofibrilles dont le diamètre peut atteindre 0,5 µm et qui s'insèrent dans une matrice constituée d'autres polysaccharides et de protéines. Cette combinaison de matériaux – des fibres résistantes dans une «substance fondamentale» (matrice) – est similaire à la configuration architecturale qu'on trouve dans le béton armé et la fibre de verre.

Les cellules végétales immatures commencent par sécréter une paroi relativement mince et flexible, appelée **paroi primaire** (**figure 6.28**). Dans les cellules en croissance rapide, les fibrilles de cellulose sont orientées à angle droit par rapport à la direction de l'expansion cellulaire. Des chercheurs ont étudié le rôle des microtubules dans l'orientation des fibrilles de cellulose (**figure 6.29**). Il semble acquis que les microtubules

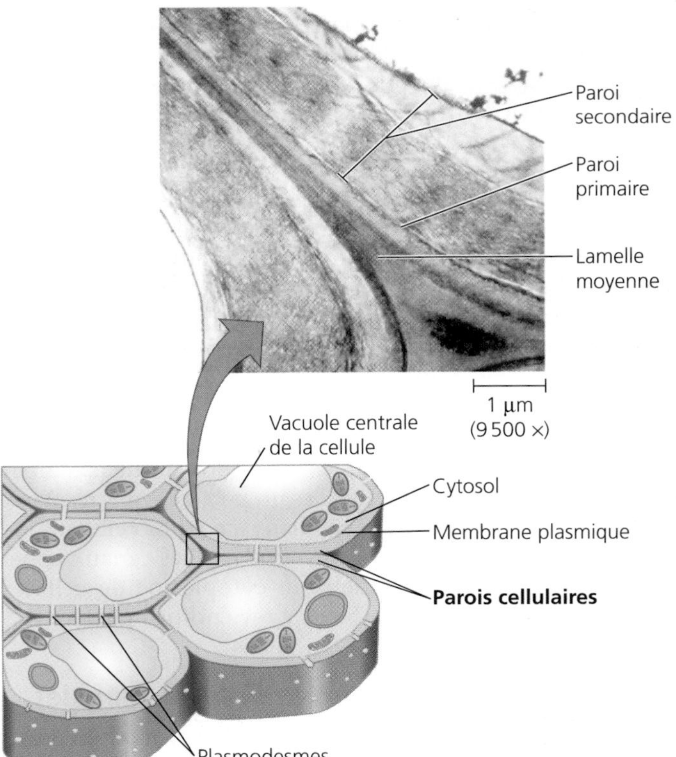

▲ **Figure 6.28 La paroi cellulaire végétale.** Le schéma illustre plusieurs cellules, chacune possédant une grande vacuole, un noyau et quelques chloroplastes et mitochondries. La micrographie (MET) montre les parois cellulaires de deux cellules voisines; chacune des deux cellules adjacentes a sécrété les différentes couches de sa propre paroi. Les parois cellulaires ne sont pas étanches: des canaux appelés plasmodesmes les traversent et établissent un lien entre les cytoplasmes des cellules voisines (MET).

▼ **Figure 6.29** INVESTIGATION

Quel rôle les microtubules jouent-ils dans l'orientation des dépôts de cellulose à l'intérieur des parois cellulaires ?

EXPÉRIENCE Des expériences antérieures sur des tissus végétaux préservés avaient révélé l'alignement des microtubules et des fibrilles de cellulose dans la paroi cellulaire du cortex de la cellule. De plus, on avait constaté que certains médicaments qui perturbent les microtubules désorientaient les fibrilles de cellulose. Pour mieux comprendre le rôle possible des microtubules corticaux dans l'orientation des dépôts de fibrilles de cellulose, David Ehrhardt et ses collègues de la Stanford University ont étudié les dépôts présents dans la paroi des cellules vivantes à l'aide d'une technique de microscopie confocale. Ils ont coloré la cellulose synthase et les microtubules de ces cellules avec des marqueurs fluorescents et ont observé leur comportement durant une certaine période.

RÉSULTATS Chacune des deux micrographies à fluorescence ci-dessous est constituée de 30 images prises sur une période de 5 minutes pour détecter les mouvements de la cellulose synthase et des microtubules. Comme on peut le constater, ces deux mouvements coïncident étroitement. Les molécules de marqueurs ont donné à la cellulose synthase une fluorescence verte et aux microtubules une fluorescence rouge. Les flèches indiquent les zones où leur alignement s'observe le mieux.

10 μm
(1 200 ×)

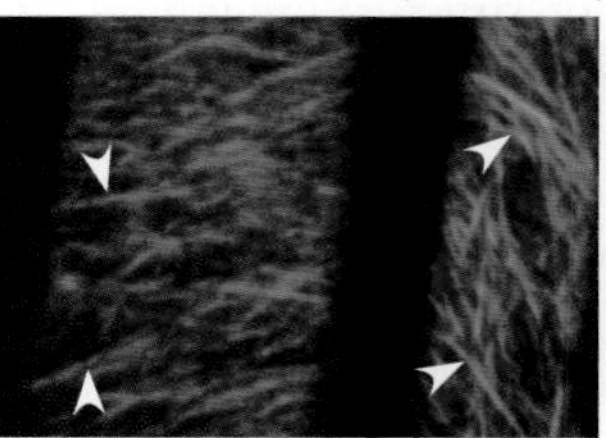

Distribution de la cellulose synthase en cinq minutes

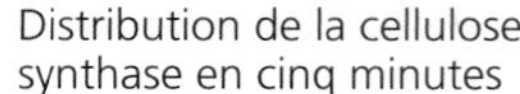

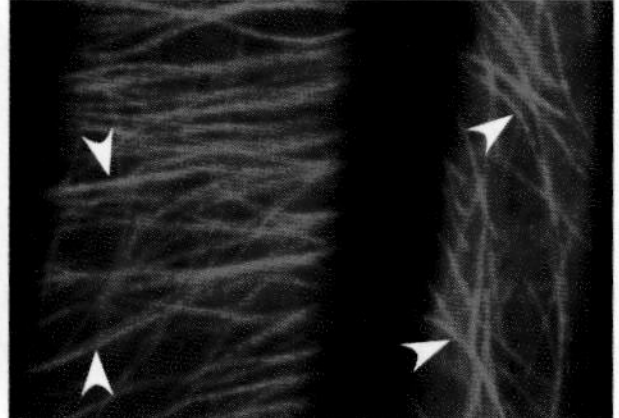

Distribution des microtubules en cinq minutes

CONCLUSION L'organisation des microtubules semble guider directement le cheminement de la cellulose synthase pendant que celle-ci dépose la cellulose, déterminant ainsi l'orientation des fibrilles de cellulose.

SOURCE A. R. Paradez *et al.*, Visualization of cellulose synthase demonstrates functional association with microtubules, *Science* 312 : 1491-1495 (2006).

ET SI ? Dans une deuxième expérience, les chercheurs ont exposé les cellules végétales à une lumière bleue dont on avait montré qu'elle entraînait une réorientation des microtubules. Selon vous, quels événements se sont produits à la suite de cette exposition à la lumière bleue ?

du cortex cellulaire guident la cellulose synthase au cours de la synthèse et du dépôt des fibrilles de cellulose. En orientant ainsi les dépôts de cellulose, les microtubules influent donc sur le mode de croissance des cellules.

Entre les parois primaires des cellules adjacentes se trouve la **lamelle moyenne**, une couche mince, riche en polysaccharides hydrophiles et adhésifs ; appelés pectines, ils sont capables d'absorber beaucoup d'eau. La lamelle moyenne colle les cellules les unes aux autres. (D'ailleurs, on utilise de la pectine pour épaissir les confitures et les gelées.) Quand les cellules arrivent à maturité, leur paroi devient rigide. Pour ce faire, certaines sécrètent simplement des substances raffermissantes dans la paroi primaire. D'autres élaborent une **paroi secondaire** entre la membrane plasmique et la paroi primaire. Souvent construite par l'apposition de couches successives, la paroi secondaire se compose d'une matrice durable qui protège et soutient la cellule ; elle peut devenir très épaisse. Le bois, par exemple, se compose principalement de parois secondaires dans lesquelles un polymère très résistant, la lignine, vient s'ajouter à la cellulose. La paroi cellulaire de la cellule végétale est souvent traversée par des canaux appelés plasmodesmes qui la relient au cytoplasme de cellules voisines (voir la figure 6.28). Nous y reviendrons plus loin.

La matrice extracellulaire des cellules animales

Les cellules animales possèdent une **matrice extracellulaire** élaborée qu'elles sécrètent. Cette matrice est composée de protéines fibreuses, principalement des glycoprotéines. (Rappelez-vous que les glycoprotéines sont des protéines liées de façon covalente à des glucides courts.) Le **collagène**, dont il existe une vingtaine de types différents, est la glycoprotéine la plus abondante de la matrice. Il compte en fait pour environ 40 % des protéines humaines. Il forme des fibres solides à l'extérieur de la cellule (voir la figure 5.20, p. 90). Les fibres de collagène traversent un réseau tissé de **protéoglycanes**, un autre type de glycoprotéines sécrétées par les cellules. Un protéoglycane se compose d'une molécule de protéine centrale comportant plusieurs longues chaînes de polysaccharides liées par covalence, de sorte qu'il peut renfermer plus de 95 % de glucides. Ces glucides sont des *glycosaminoglycanes*, d'où le nom de protéoglycanes. D'imposants complexes peuvent se former quand des centaines de protéoglycanes se lient à une longue molécule de polysaccharide, comme le montre la **figure 6.30**. On trouve des complexes de ce genre dans le cartilage, par exemple. D'autres protéines de la matrice extracellulaire – dont les **fibronectines** – concourent à fixer les cellules à la matrice extracellulaire. Dans les cellules des Animaux, les fibronectines et d'autres protéines de la matrice se lient à des récepteurs appelés *intégrines* enchâssés dans la membrane plasmique. Les intégrines traversent cette membrane et, du côté du cytoplasme, s'attachent à des protéines associées qui sont liées à des microfilaments du cytosquelette. Le terme *intégrine* vient du mot *intégrer* : de fait, les intégrines peuvent passer d'une forme inactive à une forme active sous l'effet d'un signal. Elles sont bien placées pour « informer » le cytosquelette des modifications subies par la matrice extracellulaire et, donc, pour intégrer les changements qui se produisent à l'extérieur et à l'intérieur de la cellule.

La recherche sur les fibronectines, les autres molécules de la matrice extracellulaire et les intégrines a mis en évidence le rôle déterminant joué par la matrice extracellulaire. En communiquant avec le cytoplasme au moyen des intégrines, cette matrice peut influer sur le comportement de la cellule. Par exemple, certaines cellules embryonnaires migrent vers une destination précise en faisant concorder l'orientation de leurs microfilaments avec celle des fibres de la matrice extracellulaire. Les chercheurs constatent aussi que la matrice

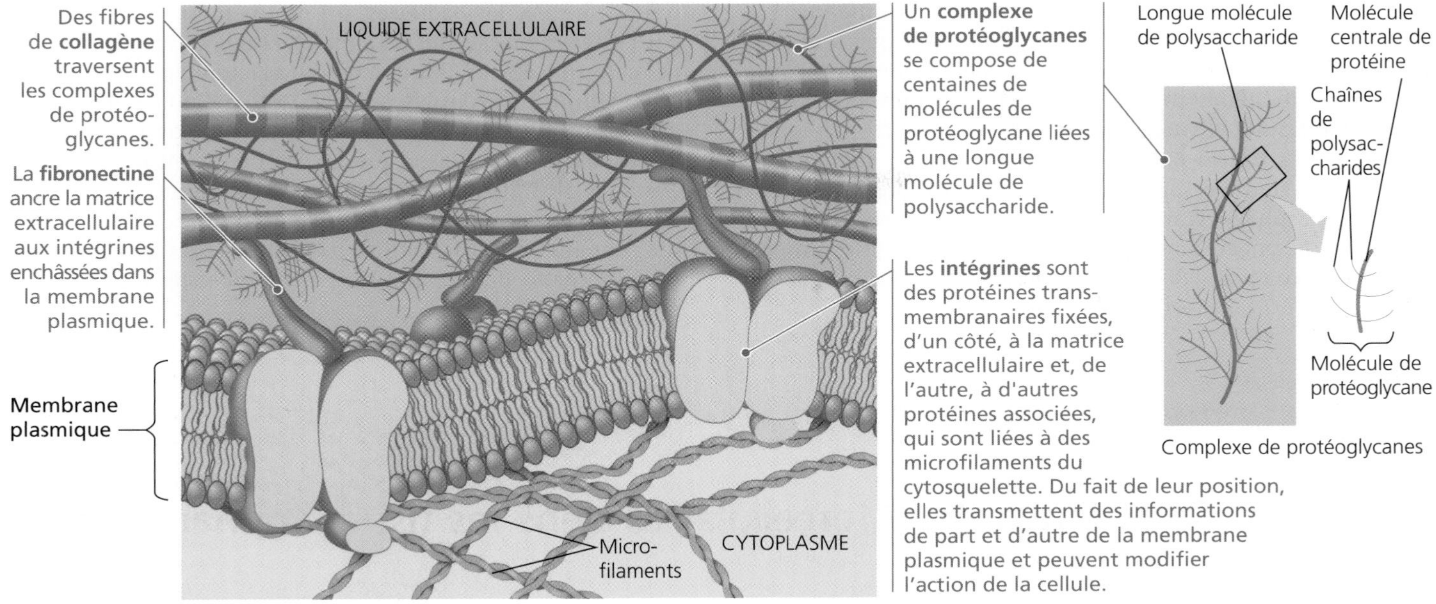

Des fibres de collagène traversent les complexes de protéoglycanes.
La fibronectine ancre la matrice extracellulaire aux intégrines enchâssées dans la membrane plasmique.
Membrane plasmique
LIQUIDE EXTRACELLULAIRE
Micro-filaments
CYTOPLASME
Un complexe de protéoglycanes se compose de centaines de molécules de protéoglycane liées à une longue molécule de polysaccharide.
Les intégrines sont des protéines transmembranaires fixées, d'un côté, à la matrice extracellulaire et, de l'autre, à d'autres protéines associées, qui sont liées à des microfilaments du cytosquelette. Du fait de leur position, elles transmettent des informations de part et d'autre de la membrane plasmique et peuvent modifier l'action de la cellule.
Longue molécule de polysaccharide
Molécule centrale de protéine
Chaînes de polysaccharides
Molécule de protéoglycane
Complexe de protéoglycanes

▲ **Figure 6.30 La matrice extracellulaire d'une cellule animale.** La structure et la composition de la matrice extracellulaire varient selon le type de cellule. Dans cet exemple, trois sortes de glycoprotéines sont illustrées : les protéoglycanes, les fibres de collagène et les fibronectines.

extracellulaire autour d'une cellule peut modifier l'activité des gènes de son noyau. Des changements d'ordre mécanique se transmettent successivement aux fibronectines, aux intégrines et aux filaments du cytosquelette. Une modification dans la disposition du cytosquelette peut à son tour déclencher une cascade de réactions chimiques. Ces réactions peuvent entraîner des changements dans l'ensemble de protéines synthétisé par la cellule et, donc, dans le fonctionnement de la cellule. Ainsi, la matrice extracellulaire d'un tissu particulier pourrait favoriser la coordination de toutes les cellules de ce tissu. Cette coordination s'effectue également au moyen d'un lien direct, comme nous le verrons dans la section qui suit.

Les jonctions cellulaires

Les cellules d'un organisme multicellulaire forment des tissus variés. Généralement, les cellules adjacentes adhèrent les unes aux autres, interagissent et communiquent directement entre elles par des zones de contact.

Chez les Végétaux : les plasmodesmes

On pourrait penser que la paroi cellulaire végétale isole les cellules les unes des autres. En fait, de très nombreux canaux appelés **plasmodesmes** (du grec *desmos*, qui signifie « se lier ») traversent cette paroi et font communiquer les milieux chimiques des cellules voisines (**figure 6.31**). Ainsi, la plante en entier forme un continuum : les membranes plasmiques et celles du RE des cellules adjacentes se prolongent à travers le plasmodesme et en tapissent le canal ; l'eau et les petits solutés diffusent librement d'une cellule à l'autre ; des protéines spécifiques et des molécules d'ARN transitent également par ces canaux dont l'ouverture peut se dilater dans des circonstances particulières (voir le concept 36.6). Certaines macromolécules destinées à des cellules voisines atteignent les plasmodesmes en se déplaçant le long des fibres du cytosquelette.

Chez les Animaux : les jonctions serrées, les desmosomes et les jonctions ouvertes

Dans le règne animal, on trouve trois types principaux de jonctions intercellulaires : les *jonctions serrées*, les *desmosomes* et les *jonctions ouvertes* (qui ressemblent aux plasmodesmes des plantes). Le tissu épithélial, qui tapisse les cavités internes de l'organisme, regorge particulièrement de ces trois sortes de jonctions. La **figure 6.32** illustre celles qu'on trouve dans les cellules de l'épithélium intestinal. Il serait souhaitable que vous regardiez attentivement cette figure avant de passer à la prochaine section.

La cellule : une entité vivante supérieure à la somme de ses parties

De la compartimentation cellulaire à la structure des organites, l'exploration de la cellule nous a fourni de nombreuses occasions de souligner la relation entre structure et fonction. La figure 6.8 présente un résumé des structures et des fonctions

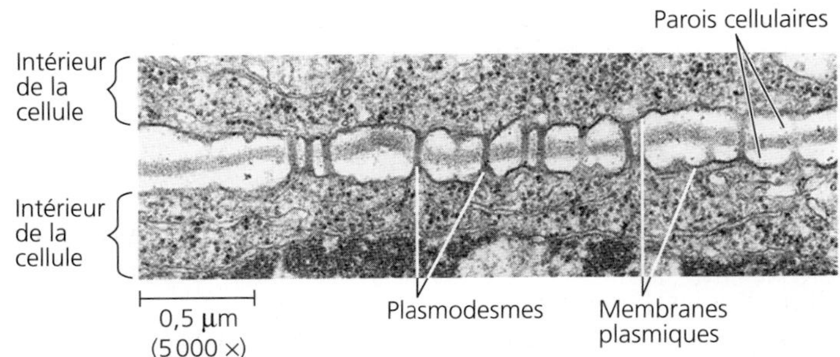

Parois cellulaires
Intérieur de la cellule
Intérieur de la cellule
0,5 µm
(5 000 ×)
Plasmodesmes
Membranes plasmiques

▲ **Figure 6.31 Les plasmodesmes entre les cellules végétales.** Le cytoplasme d'une cellule végétale communique avec le cytoplasme des cellules voisines par les plasmodesmes, des canaux qui traversent la paroi cellulaire (MET).

cellulaires. Toutefois, même si l'on doit compartimenter la cellule dans le but de l'étudier, il faut se rappeler que tous les organites travaillent en coopération avec un ou plusieurs autres organites. Pour mieux comprendre la profondeur de cette intégration cellulaire, examinez la scène microscopique reproduite à la **figure 6.33**. La grosse cellule est un macrophage (voir la figure 6.13a). Elle défend l'organisme contre les infections en phagocytant des bactéries (les petites cellules) au moyen de phagosomes (vacuoles digestives). Elle rampe sur une surface et se sert de prolongements appelés filopodes pour atteindre les bactéries, un mouvement rendu possible par l'interaction des microfilaments et des autres composantes du cytosquelette. À l'intérieur du macrophage, les bactéries sont détruites par des lysosomes. Ceux-ci sont produits par le réseau intracellulaire de membranes, plus précisément par le réticulum endoplasmique et par l'appareil de Golgi. Les enzymes digestives des lysosomes et les protéines du cytosquelette, elles, sont fabriquées par des ribosomes. Et la synthèse des protéines est programmée par les messages génétiques que l'ADN envoie du noyau. Tous ces processus requièrent de

▼ Figure 6.32

PANORAMA Les jonctions intercellulaires dans les tissus animaux

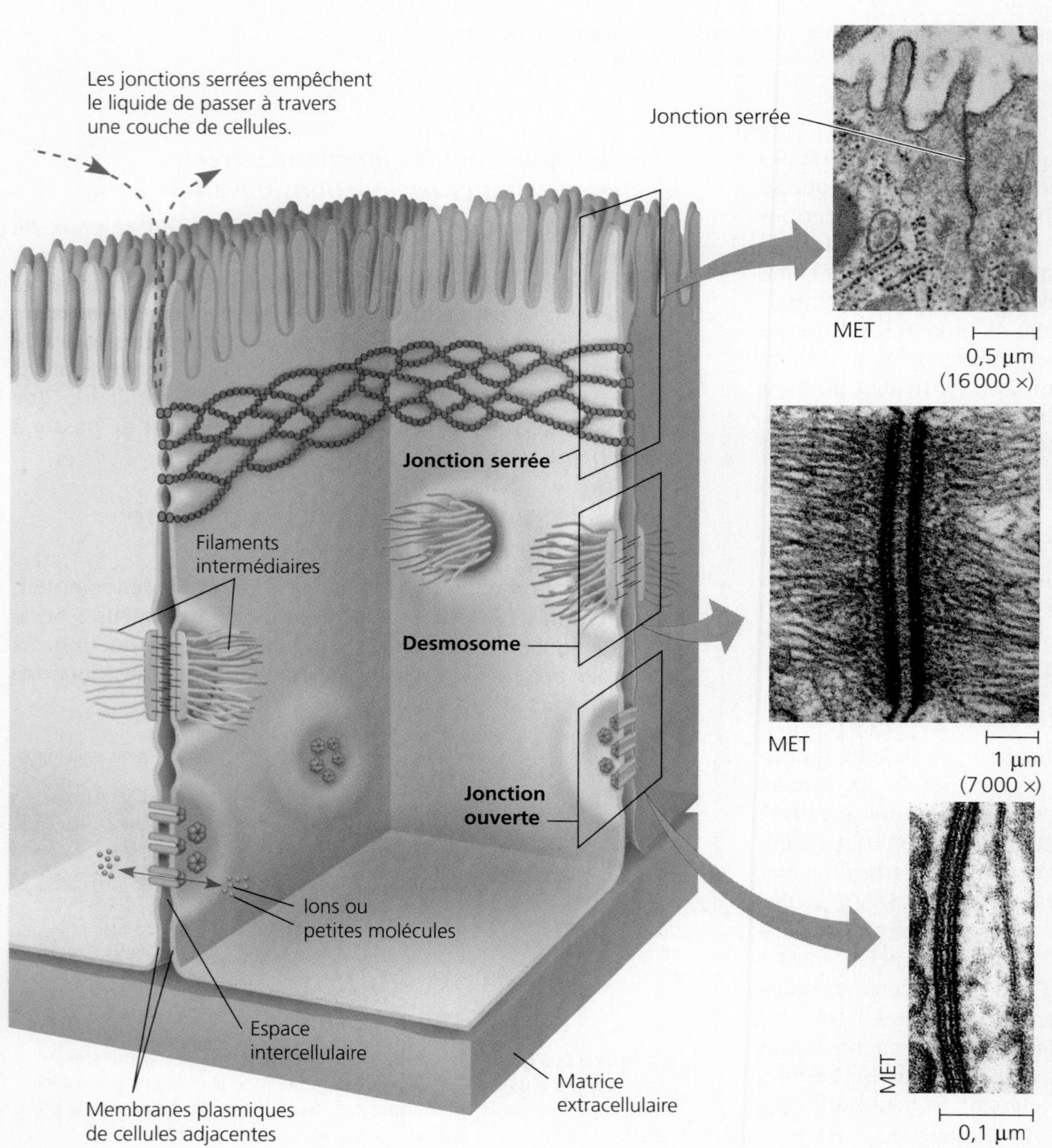

Jonctions serrées

Aux **jonctions serrées,** aussi appelées *jonctions étanches*, les membranes des cellules voisines sont accolées les unes contre les autres et liées ensemble par des protéines spécifiques (en violet). En formant des ceintures continues autour des cellules, du côté de la cellule exposé au milieu extérieur, ces jonctions empêchent le liquide extracellulaire de s'infiltrer entre les cellules épithéliales. Par exemple, les jonctions serrées entre les cellules qui tapissent l'intestin empêchent le contenu intestinal d'entrer dans les vaisseaux sanguins en passant entre les cellules.

Desmosomes

Les **desmosomes,** aussi appelés *jonctions d'ancrage*, fonctionnent à la manière de rivets: ils retiennent les cellules solidement entre elles de façon qu'elles forment des tissus résistant à la compression et à l'étirement. Des filaments intermédiaires constitués de kératine, une protéine résistante, ancrent les desmosomes au cytoplasme. Les desmosomes attachent les cellules musculaires les unes aux autres dans le muscle. Certaines «déchirures musculaires» supposent une rupture des desmosomes.

Jonctions ouvertes

Les **jonctions ouvertes**, aussi appelées *jonctions communicantes*, sont des canaux reliant le cytoplasme de cellules animales adjacentes. Les jonctions ouvertes se composent de protéines membranaires (les *connexines*) entourant un canal dont le diamètre est assez grand pour permettre le passage des ions, des glucides, des acides aminés et d'autres petites molécules. Les jonctions ouvertes sont nécessaires à la communication entre les cellules de plusieurs types de tissus, dont le muscle cardiaque et les embryons animaux.

l'énergie, que les mitochondries fournissent sous forme d'ATP. Les fonctions cellulaires naissent de l'ordre cellulaire : la cellule est une entité supérieure à la somme de ses parties.

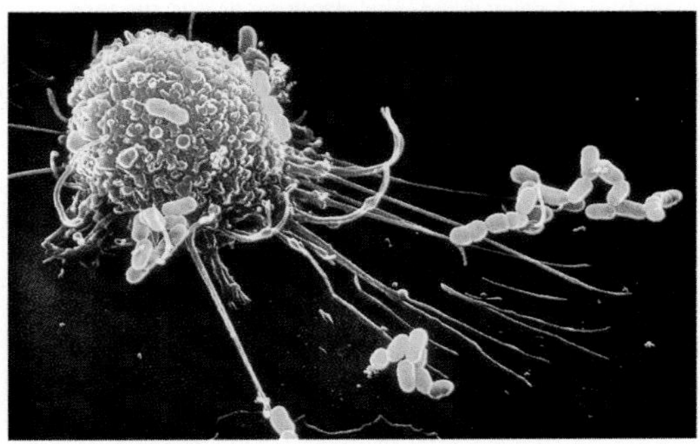

5 µm (20 000 ×)

▲ **Figure 6.33 Les fonctions cellulaires résultent de la coopération entre les organites.** La capacité de ce macrophage (en brun) de reconnaître, d'emprisonner et de détruire les bactéries (en jaune) est le fruit de la coordination entre toutes les parties de la cellule. Le cytosquelette, les lysosomes et la membrane plasmique font partie des constituants cellulaires qui interviennent dans la phagocytose (MEB, colorisée).

RETOUR SUR LE CONCEPT 6.7

1. Du point de vue de la structure, qu'est-ce qui différencie les cellules des Animaux et des Végétaux de celles des eucaryotes unicellulaires ?
2. **ET SI ?** Si la paroi de la cellule végétale ou la matrice extracellulaire de la cellule animale étaient imperméables, quel effet cela aurait-il sur la fonction cellulaire ?
3. **FAITES DES LIENS** La chaîne polypeptidique qui constitue une jonction serrée est formée de quatre hélices transmembranaires ; elle présente deux boucles à l'extérieur de la cellule et une boucle dans le cytoplasme, cette dernière portant les extrémités C-terminale et N-terminale. En observant la figure 5.16 (p. 87), que pouvez-vous prédire quant à la séquence d'acides aminés de la protéine de la jonction serrée ?

Voir les réponses proposées à la fin du chapitre.

RÉVISION DU CHAPITRE 

RÉSUMÉ DES CONCEPTS CLÉS

CONCEPT 6.1

Les biologistes étudient les cellules à l'aide de microscopes et de diverses techniques biochimiques (p. 103 à 107)

- Les avancées techniques qui ont amélioré les principaux paramètres de la microscopie – le grossissement, la résolution et le contraste – ont permis d'importants progrès dans l'étude de la structure de la cellule. Les diverses techniques de **microscopie photonique** (MP) et de **microscopie électronique** (ME) en constituent les principaux instruments.
- Les biologistes cellulaires peuvent obtenir des culots riches en tel ou tel composant cellulaire par **fractionnement cellulaire**, un procédé qui consiste à centrifuger à diverses vitesses des cellules préalablement dissociées. Aux vitesses les plus basses, le culot concentre les plus gros composants cellulaires ; aux vitesses les plus hautes, il concentre les plus petits.

? *Comment la microscopie et la biochimie se complètent-elles dans l'étude de la structure de la cellule et des fonctions cellulaires ?*

CONCEPT 6.2

Chez les Eucaryotes, la compartimentation de l'espace cellulaire contribue au fonctionnement biochimique (p. 107 à 109)

- Toutes les cellules sont entourées d'une barrière sélective, la **membrane plasmique**.
- Les **cellules procaryotes** sont dépourvues de vrai noyau et de la plupart des **organites** séparés par des membranes qu'on trouve dans les **cellules eucaryotes**. Dans ces dernières, des membranes internes compartimentent les fonctions cellulaires.
- Le rapport surface/volume est un paramètre important dans la détermination de la taille et de la forme de la cellule.
- Les cellules végétales et animales comportent essentiellement les mêmes organites – un noyau, un réticulum endoplasmique, un appareil de Golgi et des mitochondries –, mais certains organites se trouvent exclusivement dans les cellules végétales ou dans les cellules animales. Les chloroplastes ne sont présents que dans les cellules eucaryotes photosynthétiques.

? *Expliquez comment la compartimentation de la cellule eucaryote contribue à son fonctionnement biochimique.*

	Composant cellulaire	Structure	Fonction
CONCEPT 6.3 **Le noyau de la cellule eucaryote renferme les instructions génétiques que les ribosomes utilisent pour fabriquer les protéines (p. 109 à 113)**	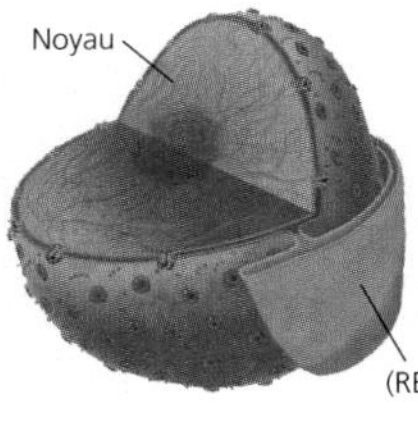 Noyau (RE)	Entouré de l'enveloppe nucléaire (double membrane) ; percée de milliers de pores nucléaires celle-ci est en continuité avec le réticulum endoplasmique (RE)	Contient les chromosomes, qui sont faits de chromatine (combinaison d'ADN et de protéines), ainsi qu'un ou plusieurs nucléoles participant à la synthèse des sous-unités ribosomiques ; l'entrée et la sortie des matières qui traversent l'enveloppe nucléaire sont régulées par les pores nucléaires
? *Décrivez la relation entre le noyau et les ribosomes.*	Ribosome 	Deux sous-unités composées d'ARN ribosomique et de protéines ; peut être libre dans le cytosol ou lié au réticulum endoplasmique	Synthèse protéinique

CONCEPT 6.4 **Le réseau intracellulaire de membranes dirige la circulation des protéines et remplit des fonctions métaboliques (p. 113 à 118)** ? *Décrivez le rôle clé que jouent les vésicules de transport et/ou de sécrétion dans le réseau intracellulaire de membranes.*	Réticulum endoplasmique (Enveloppe nucléaire)	Labyrinthe de sacs (citernes) et de tubules membraneux ; leur lumière est isolée du cytosol par une membrane en continuité avec l'enveloppe nucléaire	*RE lisse :* synthèse des lipides, métabolisme des glucides ; stockage des ions calcium, ainsi que détoxication des médicaments, des drogues et des poisons *RE rugueux :* participe à la synthèse des protéines de sécrétion et d'autres protéines liées aux ribosomes ; incorpore des glucides aux protéines pour produire des glycoprotéines ; assure la croissance de sa propre membrane
	Appareil de Golgi	Piles de saccules membraneux et aplatis ; comporte une polarité (face *cis* et face *trans*)	Modification des protéines, des glucides protéiniques, des phosphoglycérolipides ; synthèse de nombreux polysaccharides ; triage des produits de l'appareil de Golgi, qui sont ensuite libérés dans les vésicules
	Lysosome	Sac membraneux rempli de dizaines d'enzymes hydrolytiques (dans les cellules animales)	Dégradation des substances ingérées, des macromolécules cellulaires et des organites endommagés, afin de les recycler
	Vacuole	Grosse vésicule liée provenant du réticulum endoplasmique et de l'appareil de Golgi ; les vacuoles font partie intégrante du réseau intracellulaire de membranes	Digestion, stockage et évacuation des déchets, équilibre hydrique, croissance et protection de la cellule
CONCEPT 6.5 **Les mitochondries et les chloroplastes convertissent l'énergie d'une forme à une autre (p. 119 à 122)** ? *Que propose la théorie de l'endosymbiose ?*	Mitochondrie	Entourée d'une double membrane ; la membrane interne présente des crêtes	Respiration cellulaire
	Chloroplaste	Organite généralement isolé du cytosol par deux membranes ; contient des thylakoïdes empilés qui forment des grana (dans les cellules des eucaryotes photosynthétiques, y compris chez les Végétaux)	Photosynthèse
	Peroxysome	Compartiments métaboliques spécialisés délimités par une membrane simple	Contient des enzymes qui transfèrent les atomes d'hydrogène de divers substrats à du dioxygène, ce qui donne comme sous-produit du peroxyde d'hydrogène (H_2O_2), lequel est converti en eau par une autre enzyme

CONCEPT 6.6

Le cytosquelette est un réseau de fibres qui organise les structures et les activités de la cellule (p. 122 à 129)

- Le **cytosquelette** assure le soutien structural, la motilité de la cellule et la transmission des signaux.
- Les **microtubules** soutiennent la cellule et maintiennent sa forme, guident les mouvements des organites et participent à la séparation des chromosomes au cours de la division cellulaire. Les **cils** et les **flagelles** sont des appendices mobiles formés de microtubules. Les cils primaires jouent aussi un rôle sensoriel et un rôle dans la transmission des signaux. Les **microfilaments** sont de fins cylindres qui interviennent dans la contraction musculaire, le mouvement amiboïde, la cyclose et le soutien des microvillosités. Les **filaments intermédiaires** concourent à maintenir la forme de la cellule et à ancrer les organites.

? *Décrivez le rôle joué par les protéines motrices à l'intérieur de la cellule eucaryote et dans le mouvement de la cellule entière.*

CONCEPT 6.7

Les constituants extracellulaires et les jonctions intercellulaires contribuent à la coordination des activités de la cellule (p. 129 à 133)

- La **paroi cellulaire** de la cellule végétale est constituée de fibres de cellulose mêlées à d'autres polysaccharides et protéines.

- Les cellules animales sécrètent des glycoprotéines qui constituent la **matrice extracellulaire**, laquelle contribue au soutien, à l'adhésion, au mouvement et à la régulation cellulaires.
- Chez les Végétaux et les Animaux, des jonctions cellulaires relient les cellules adjacentes. Les Végétaux possèdent des **plasmodesmes** qui traversent les parois cellulaires voisines. Chez les Animaux, le contact entre les cellules se fait au moyen de **jonctions serrées**, de **desmosomes** et de **jonctions ouvertes**.

? *Comparez la composition et les fonctions de la paroi cellulaire végétale avec celles de la matrice extracellulaire de la cellule animale.*

ÉVALUATION

NIVEAU 1: CONNAISSANCES ET COMPRÉHENSION

1. Parmi les organites suivants, lequel ne fait pas partie du réseau intracellulaire de membranes?
a) L'enveloppe nucléaire.
b) Le chloroplaste.
c) L'appareil de Golgi.
d) La membrane plasmique.
e) Le réticulum endoplasmique.

2. Parmi les structures suivantes, laquelle se trouve à la fois dans les cellules végétales *et* dans les cellules animales?
a) Le chloroplaste.
b) La paroi cellulaire composée de cellulose.
c) La vacuole centrale.
d) La mitochondrie.
e) Le centriole.

3. Parmi les composants cellulaires suivants, lequel se trouve dans les cellules procaryotes?
a) La mitochondrie.
b) Le ribosome.
c) L'enveloppe nucléaire.
d) Le chloroplaste.
e) Le réticulum endoplasmique.

4. Laquelle des associations suivantes est erronée?
a) Nucléole – production des ribosomes.
b) Lysosome – digestion intracellulaire.
c) Ribosome – synthèse des protéines.
d) Appareil de Golgi – circulation des protéines.
e) Microtubules – contraction musculaire.

NIVEAU 2: APPLICATION ET ANALYSE

5. Le cyanure se lie avec au moins une des molécules qui jouent un rôle dans la production d'ATP. Si l'on expose des cellules à du cyanure, la plus grande partie de cette substance devrait se trouver dans:
a) les mitochondries.
b) les ribosomes.
c) les peroxysomes.
d) les lysosomes.
e) le réticulum endoplasmique.

6. Quel est le cheminement le plus probable d'une protéine nouvellement synthétisée lorsqu'elle est sécrétée?
a) Réticulum endoplasmique → appareil de Golgi → noyau.
b) Appareil de Golgi → réticulum endoplasmique → lysosome.
c) Noyau → réticulum endoplasmique → appareil de Golgi.
d) Réticulum endoplasmique → appareil de Golgi → vésicules qui fusionnent avec la membrane plasmique.
e) Réticulum endoplasmique → lysosomes → vésicules de sécrétion qui fusionnent avec la membrane plasmique.

7. Laquelle des cellules suivantes convient le mieux à l'étude des lysosomes?
a) La cellule musculaire.
b) Le neurone.
c) Le globule blanc.
d) La cellule d'une feuille.
e) La bactérie.

8. **FAITES UN DESSIN** De mémoire, dessinez deux cellules eucaryotes, nommez et pointez les structures suivantes et montrez tous les liens entre les structures internes de chaque cellule: noyau, réticulum endoplasmique rugueux, réticulum endoplasmique lisse, mitochondrie, centrosome, chloroplaste, vacuole, lysosome, microtubule, paroi cellulaire, matrice extracellulaire, microfilament, appareil de Golgi, filament intermédiaire, membrane plasmique, peroxysome, ribosome, nucléole, pore nucléaire, vésicule, flagelle, microvillosité, plasmodesme.

NIVEAU 3: SYNTHÈSE ET ÉVALUATION

9. LIEN AVEC L'ÉVOLUTION
Quels aspects de la structure cellulaire révèlent le mieux l'unité dans l'évolution de la cellule? Donnez quelques exemples de modifications cellulaires ayant donné naissance à des fonctions spécialisées.

10. INTÉGRATION
Imaginez la protéine X, qui devra traverser la membrane plasmique. Supposez que l'ARN messager (ARNm) de cette protéine a déjà été traduit par les ribosomes dans une culture cellulaire. Si vous fractionnez les cellules (voir la figure 6.4), dans quelle fraction trouverez-vous la protéine X? Expliquez votre réponse en décrivant le cheminement de la protéine dans la cellule.

11. ÉCRIVEZ UN TEXTE
Les propriétés émergentes En réfléchissant à certaines des caractéristiques qui définissent la vie et en faisant appel aux connaissances nouvellement acquises au sujet des structures et des fonctions cellulaires, rédigez un court texte (de 100 à 150 mots) sur l'énoncé suivant: *La vie est une propriété émergente qui apparaît au niveau de la cellule.* (Relisez les pages 3 à 5, dans le chapitre 1.)

RÉPONSES DU CHAPITRE 

Questions des figures

Figure 6.6 Un phosphoglycérolipide est un lipide composé d'une molécule de glycérol unie à deux acides gras et à un groupement phosphate. Le glycérol et le phosphate forment la «tête» hydrophile, et les chaînes hydrocarbonées des acides gras, les «queues» hydrophobes. La présence dans une seule molécule de zones hydrophiles et de zones hydrophobes fait du phosphoglycérolipide la molécule idéale pour constituer le principal composant d'une membrane. **Figure 6.9** L'ADN contenu dans un chromosome donne les directives pour la synthèse d'une molécule d'ARN messager (ARNm), laquelle est ensuite expédiée dans le cytoplasme, où cette information sert à la production sur le ribosome des protéines qui remplissent les fonctions cellulaires. **Figure 6.10** On peut encercler n'importe lequel des ribosomes liés (attachés au réticulum endoplasmique), puisqu'ils peuvent tous être en train de fabriquer une protéine qui sera sécrétée. **Figure 6.22** Chaque centriole possède 9 ensembles de 3 microtubules (triplets), de sorte que le centrosome entier (deux centrioles) en a 54. Chaque microtubule consiste en une colonne hélicoïdale de dimères de tubuline (comme on le voit au tableau 6.1).

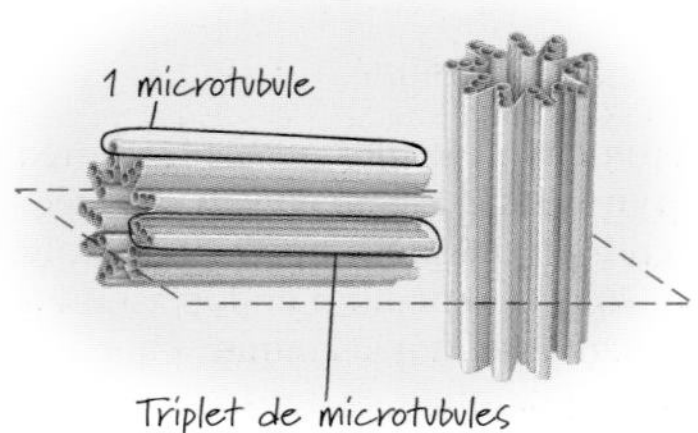

Figure 6.24

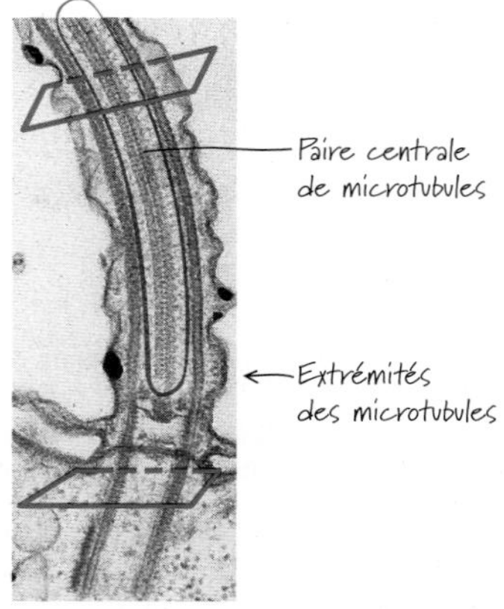

Les deux microtubules centraux se terminent au-dessus du corpuscule basal, de sorte qu'on ne les voit pas dans la coupe transversale du corpuscule basal (rectangle rouge au bas de la figure 6.24a).

Figure 6.29 Les microtubules se réorienteraient et, si l'on se fie aux résultats décrits précédemment, les protéines de cellulose synthase changeraient également de direction pour s'aligner sur les microtubules repositionnés. (En fait, c'est exactement ce qui a été observé.)

Retour sur le concept 6.1

1. En microscopie photonique, on emploie des molécules colorées qui s'attachent aux composants cellulaires et modifient la façon dont la lumière les traverse. En microscopie électronique, on utilise des métaux lourds qui se fixent à certaines structures cellulaires et modifient la façon dont les faisceaux d'électrons traversent l'échantillon.
2. (a) Un microscope photonique, (b) un microscope électronique à balayage.

Retour sur le concept 6.2

1. Voir la figure 6.8.
2.

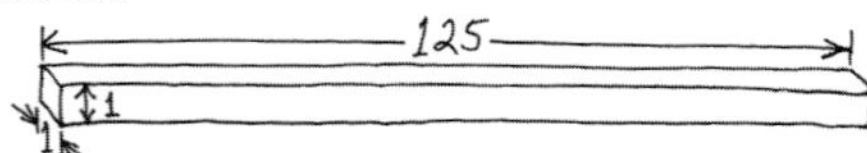

Cette cellule aurait le même volume que les cellules de la deuxième et de la troisième colonne, mais une surface proportionnellement plus grande que la cellule de la deuxième colonne et plus petite que celle de la troisième colonne. Par conséquent, le rapport surface/volume serait supérieur à 1,2, mais inférieur à 6. Pour calculer l'aire totale de la cellule, il faut additionner les aires de ses six faces (le haut, le bas, les côtés et les extrémités: 125 + 125 + 125 + 125 + 1 + 1 = 502). Le rapport surface/volume est donc égal à 502 divisé par un volume de 125, soit 4,0.

Retour sur le concept 6.3

1. Lorsqu'une molécule d'ARNm rejoint le cytoplasme, les ribosomes traduisent le message génétique qu'elle porte en chaîne polypeptidique.
2. Les nucléoles sont constitués d'ADN et d'ARN ribosomique (ARNr), fabriqué selon ses instructions. Ils contiennent aussi des protéines importées du cytoplasme. L'ARNr et les protéines sont assemblés pour former de grandes et de petites sous-unités ribosomiques. Ces sous-unités quittent le noyau par les pores nucléaires et se rendent dans le cytoplasme où elles participent à la synthèse polypeptidique. **3.** Non. Chaque chromosome demeure présent, que sa chromatine soit plutôt diffuse (quand la cellule n'est pas en train de se diviser) ou plutôt compactée (quand la cellule est en train de se diviser).

Retour sur le concept 6.4

1. Fondamentalement, le RE rugueux se distingue du RE lisse par la présence de ribosomes liés à sa surface. Les deux types de RE synthétisent des phosphoglycérolipides, mais toutes les protéines membranaires et les protéines destinées à la sécrétion sont produites sur les ribosomes du RE rugueux. Le RE lisse contribue à la détoxication, au métabolisme des glucides et au stockage d'ions calcium. **2.** Les vésicules de transport déplacent les membranes et les matières qu'elles renferment entre les divers constituants du réseau intracellulaire de membranes. **3.** L'ARNm est synthétisé dans le noyau, puis il traverse un pore nucléaire pour se rendre sur un ribosome lié à la surface du RE rugueux où il est traduit. La protéine synthétisée passe dans la lumière du RE où elle peut subir des modifications. Une vésicule de transport achemine la protéine jusqu'à l'appareil de Golgi. La protéine y est encore modifiée, puis une autre vésicule de transport la ramène au RE, où elle remplira sa fonction cellulaire.

Retour sur le concept 6.5

1. Les deux organites participent à la conversion de l'énergie: les mitochondries dans la respiration cellulaire et les chloroplastes dans la photosynthèse. Chacun de ces organites comprend plusieurs membranes internes qui le compartimentent. Ces membranes – les crêtes ou les replis de la membrane interne chez les mitochondries et les membranes thylakoïdiennes chez les chloroplastes – forment de grandes surfaces sur lesquelles se trouvent des enzymes qui remplissent les principales fonctions de ces organites. **2.** Oui. Les cellules végétales peuvent produire leurs propres glucides par photosynthèse, mais dans ces cellules eucaryotes les mitochondries sont les organites capables de générer de l'énergie à partir des sucres, une fonction essentielle dans toutes les cellules. **3.** Les mitochondries et les chloroplastes ne viennent pas du RE, pas plus qu'ils ne sont liés physiquement ou par des vésicules de transport à des organites du réseau intracellulaire de membranes. Les mitochondries et les chloroplastes sont structuralement assez différents des vésicules entourées d'une membrane simple qui proviennent du RE.

Retour sur le concept 6.6

1. Les deux types de mouvement reposent sur de longs filaments que des protéines motrices déplacent les uns par rapport aux autres. Ces protéines s'accrochent aux polymères adjacents, les relâchent, puis s'y accrochent de nouveau un peu plus loin, et ainsi de suite. **2.** Alimentés par de l'ATP, les prolongements des molécules de dynéine d'un doublet de microtubules s'accrochent au doublet voisin, exercent une traction, se détachent un peu plus loin, puis recommencent. Comme ils sont ancrés dans l'organite ainsi que les uns par rapport aux autres, les doublets se courbent au lieu de glisser l'un sur l'autre. La flexion synchronisée des neuf doublets de microtubules entraîne la flexion des cils et des flagelles. **3.** Les sujets atteints de ce syndrome souffrent d'une défectuosité du mouvement généré par les microtubules des cils et des flagelles. Ces personnes sont stériles, car les déficiences touchant les flagelles, voire l'absence de tout flagelle, empêchent les spermatozoïdes de se mouvoir. Leurs voies respiratoires s'infectent souvent parce que les cils qui tapissent normalement la trachée sont déficients ou inexistants; ils ne peuvent donc pas évacuer le mucus des poumons.

Retour sur le concept 6.7

1. La principale différence réside dans la communication directe du cytoplasme d'une cellule avec le cytoplasme d'une autre cellule. Cette communication est assurée par les plasmodesmes, dans le cas des cellules végétales, et par les jonctions ouvertes, dans le cas des cellules animales; ces canaux assurent la continuité entre le cytoplasme des cellules voisines.
2. La cellule serait incapable de fonctionner adéquatement et ne tarderait probablement pas à mourir. En effet, la paroi cellulaire et la matrice extracellulaire doivent être perméables pour permettre les échanges de matières entre l'intérieur et l'extérieur de la cellule. Les molécules qui participent à la production et à l'utilisation de l'énergie ainsi que les molécules porteuses d'information sur l'environnement cellulaire doivent pouvoir pénétrer dans la cellule. De même, les produits synthétisés par la cellule et destinés à l'exportation ainsi que les sous-produits de la respiration cellulaire doivent pouvoir en sortir. **3.** Les parties de la protéine exposées à des zones aqueuses contiendront des acides aminés chargés, ou polarisés (hydrophiles), tandis que les parties qui traversent la membrane renfermeront des acides aminés non polarisés (hydrophobes). On peut donc prédire que les acides aminés polarisés se trouveront

à chacune des extrémités de la chaîne polypeptidique, soit dans les zones de la boucle cytoplasmique et des deux boucles extracellulaires. Quant aux acides aminés non polarisés, ils se trouveront dans les quatre hélices transmembranaires.

Questions du résumé des concepts clés

6.1 La microscopie photonique et la microscopie électronique permettent toutes deux d'étudier les cellules visuellement, ce qui aide à comprendre la structure cellulaire interne et la disposition de ses principaux composants. Le fractionnement cellulaire permet d'isoler divers types de constituants cellulaires et d'en faire l'analyse biochimique pour déterminer leurs fonctions. Examiner au microscope la même fraction cellulaire favorise l'établissement d'une corrélation entre une fonction biochimique de la cellule et le composant cellulaire qui l'effectue. **6.2** La séparation entre les différentes fonctions des divers organites comporte plusieurs avantages : les réactants et les enzymes peuvent être concentrés dans une seule zone au lieu d'être dispersés dans toute la cellule ; les réactions qui exigent des conditions particulières – un pH peu élevé, par exemple – peuvent se dérouler localement, dans les conditions adéquates ; et les enzymes nécessaires à telle ou telle réaction sont souvent incorporées aux membranes qui entourent ou séparent un organite. **6.3** Le noyau contient le matériel génétique de la cellule sous la forme de l'ADN qui encode l'ARN messager (ARNm). À son tour, celui-ci fournit les instructions indispensables pour réaliser la synthèse des protéines (y compris des protéines qui constituent une partie des ribosomes). L'ADN encode également l'ARN ribosomique qui est assemblé avec des protéines dans le nucléole pour former des sous-unités ribosomiques. Lorsqu'une molécule d'ARNm rejoint le cytoplasme, les ribosomes traduisent le message génétique en chaîne polypeptidique grâce à l'information génétique contenue dans l'ARNm. **6.4** Les vésicules de transport et de sécrétion déplacent les protéines et les membranes synthétisées par le RE lisse vers l'appareil de Golgi. Dans cet organite, elles sont encore modifiées, puis les vésicules les emportent vers la membrane plasmique, vers les lysosomes ou vers d'autres endroits dans la cellule, ou encore les rapportent au RE. **6.5** Selon la théorie de l'endosymbiose, un ancêtre lointain des cellules eucaryotes a absorbé une cellule procaryote aérobie. Au fil de l'évolution, la cellule hôte et son endosymbionte ont fusionné pour ne former qu'un organisme, une cellule eucaryote renfermant une mitochondrie. Avec le temps, au moins l'une de ces cellules a acquis un procaryote photosynthétique et est devenue l'ancêtre des cellules procaryotes contenant des chloroplastes. **6.6** À l'intérieur de la cellule, les protéines motrices interagissent avec des composants du cytosquelette pour déplacer des composants cellulaires. Les protéines motrices peuvent déplacer les vésicules en se déplaçant le long des microtubules. Le mouvement du cytoplasme dans une cellule repose sur l'interaction de la protéine motrice myosine et des microfilaments (filaments d'actine). Des cellules entières peuvent se mouvoir par de rapides flexions successives (ondulations) des flagelles ou des cils ; ces flexions sont rendues possibles par le glissement des microtubules créé par les protéines motrices dans ces structures. Un mouvement cellulaire peut aussi se produire lorsque des pseudopodes se forment (à cause de la polymérisation de l'actine en réseaux filamenteux) à l'une des extrémités de la cellule. Cette région se contracte sous l'effet de l'interaction des microfilaments d'actine avec la myosine à proximité de la partie postérieure de la cellule. Les interactions des protéines motrices et des microfilaments dans les cellules musculaires peuvent propulser des organismes entiers. **6.7** La paroi cellulaire des cellules végétales se compose principalement de microfibrilles de cellulose insérées dans une matrice renfermant d'autres polysaccharides et des protéines. La matrice extracellulaire (MEC) des cellules animales se compose principalement de collagène et d'autres fibres de glycoprotéines, comme les fibronectines. Ces fibres traversent un réseau tissé de protéoglycanes riches en glucides. La paroi cellulaire végétale assure le soutien structural de chaque cellule et, plus globalement, du corps du végétal. Outre le fait qu'elle assure un soutien structural, la MEC d'une cellule animale « informe » le cytosquelette des changements qui se produisent dans son environnement externe et permet l'intégration des changements qui se produisent à l'extérieur et à l'intérieur de la cellule.

ÉVALUATION

1. b ; **2.** d ; **3.** b ; **4.** e ; **5.** a ; **6.** d ; **7.** c ; **8.** Voir la figure 6.8.

7

Structure et fonction des membranes

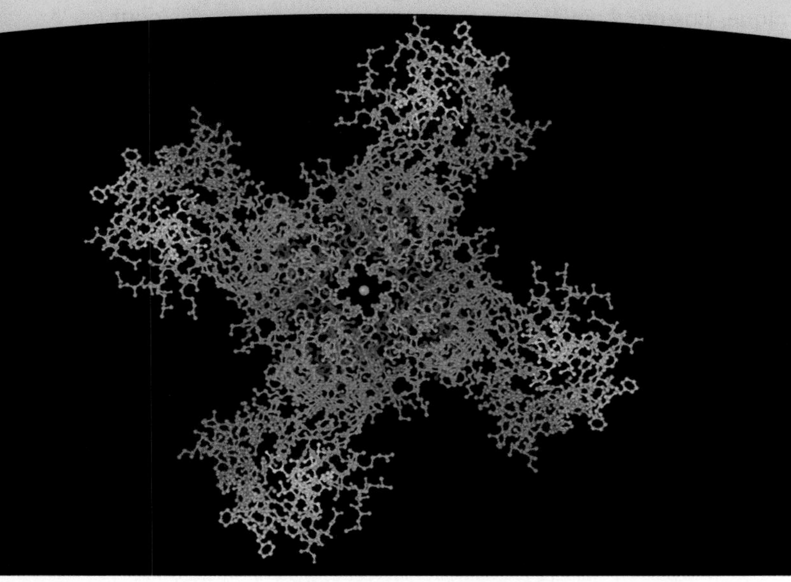

▲ **Figure 7.1 Comment les protéines de la membrane cellulaire aident-elles à réguler la circulation des substances chimiques?**

CONCEPTS CLÉS

7.1 Les membranes cellulaires sont des mosaïques fluides de lipides et de protéines

7.2 La perméabilité sélective des membranes résulte de leur structure

7.3 Le transport passif est la diffusion à travers une membrane sans dépense d'énergie

7.4 Le transport actif est le déplacement de solutés à l'encontre de leur gradient de concentration

7.5 Les macromolécules et les particules traversent la membrane plasmique par exocytose et endocytose

INTRODUCTION

La frontière de la vie

La membrane plasmique est la frontière de la vie, la ligne de démarcation entre la cellule et son environnement. Ce mince film qui fait à peine 8 nm d'épais – il faudrait 8 000 membranes pour atteindre l'épaisseur de cette page – détermine ce qui entre dans la cellule et ce qui en sort. En effet, comme toutes les membranes biologiques, la membrane plasmique présente une **perméabilité sélective**; autrement dit, elle se laisse traverser plus facilement par certaines substances que par d'autres. La vie telle que nous la connaissons aurait sans doute été impossible sans la formation des membranes à l'ère prébiotique. En effet, grâce à leurs constituants, ces membranes pouvaient délimiter une solution différente de la solution environnante, tout en leur permettant d'absorber sélectivement des nutriments et d'éliminer des déchets.

Ce chapitre porte sur les membranes cellulaires et sur leur capacité à régir le passage des substances. La **figure 7.1** montre l'élégante structure d'une protéine de la membrane plasmique d'un eucaryote qui joue un rôle crucial dans la transmission des signaux de la cellule nerveuse. Cette protéine fournit aux ions potassium (K^+) un canal pour sortir de la cellule nerveuse à un moment déterminé après une stimulation nerveuse, restaurant ainsi la capacité de la cellule de déclencher un nouvel influx nerveux. (La boule orangée au centre est un ion potassium en train de franchir ce canal.) La membrane plasmique et ses protéines ne servent donc pas seulement à séparer la cellule du milieu externe; elles lui permettent de remplir ses fonctions. Cette constatation s'applique également aux divers types de membranes qui divisent l'intérieur de la cellule eucaryote: l'arrangement moléculaire particulier de chacune d'elles permet la spécialisation des compartiments cellulaires. Pour comprendre le fonctionnement des membranes, commençons par examiner leur architecture.

CONCEPT 7.1

Les membranes cellulaires sont des mosaïques fluides de lipides et de protéines

Les membranes se composent principalement de lipides et de protéines et, accessoirement, de glucides. Les phosphoglycérolipides sont les lipides les plus abondants dans la plupart des membranes à cause de leur structure moléculaire même. Un phosphoglycérolipide est une **molécule amphipathique**, qui se caractérise par la présence de deux régions particulières. L'une est hydrophile; elle est constituée d'un phosphate et d'un autre groupement et elle forme la «tête» de la molécule. L'autre est hydrophobe et se compose de deux chaînes hydrocarbonées semblables à des queues (voir la figure 5.12, p. 84). D'autres types de lipides membranaires (par exemple, les galactolipides, les glycolipides et les gangliosides) et la majorité des protéines membranaires sont également amphipathiques.

Comment les phosphoglycérolipides et les protéines sont-ils disposés dans la membrane? Selon le **modèle de la mosaïque fluide**, la membrane est une structure fluide constituée d'une «mosaïque» de protéines diverses incorporées à sa bicouche de phosphoglycérolipides ou fixées sur elle. (Voir la figure 5.13, p. 84.) On sait que les scientifiques proposent, à titre d'hypothèses, des modèles servant à organiser et à expliquer les données dont ils disposent. Voyons comment ils en sont venus à ce modèle de la mosaïque fluide.

Les modèles de membranes: *recherche scientifique*

Les scientifiques ont commencé à élaborer des modèles moléculaires de la membrane bien avant que le microscope électronique permette d'en observer l'organisation (dans les années 1950). En 1915, l'analyse chimique de membranes isolées à partir de globules rouges avait déjà révélé qu'elles se composaient de lipides et de protéines. Dix ans plus tard, E. Gorter et F. Grendel, deux scientifiques néerlandais qui travaillaient eux aussi sur les membranes des globules rouges, ont émis l'hypothèse que les membranes cellulaires étaient formées d'une bicouche de phosphoglycérolipides. Selon eux, une bicouche de ce genre pouvait constituer une barrière stable entre deux compartiments aqueux, car ses molécules étaient disposées de telle façon que les queues hydrophobes étaient abritées de l'eau, alors que les têtes hydrophiles y étaient exposées (**figure 7.2**).

Mais si la bicouche de phosphoglycérolipides formait la trame de la membrane, où pouvaient bien se trouver les protéines? Bien que la tête des phosphoglycérolipides soit hydrophile, la surface d'une membrane artificielle composée uniquement d'une bicouche de phosphoglycérolipides absorbe moins l'eau que la surface d'une membrane biologique. Se fondant sur cette différence, H. Davson et J. Danielli ont avancé en 1935 que les deux faces de la membrane pouvaient être tapissées de protéines hydrophiles et ils ont proposé le modèle d'une bicouche de phosphoglycérolipides prise en sandwich entre deux couches de protéines.

Si les premières micrographies électroniques de membranes effectuées dans les années 1950 semblaient étayer le modèle du «sandwich» de Davson et Danielli, à la fin des années 1960, de nombreux cytologistes y voyaient deux failles. D'abord, l'observation de divers types de membranes révélait que des membranes remplissant des fonctions différentes se distinguaient aussi par leur structure et par leur composition chimique. Ensuite, l'amélioration des techniques employées pour caractériser les protéines membranaires a renforcé les doutes à l'égard de ce modèle. Il est apparu, en effet, que ces protéines, contrairement à celles qui sont dissoutes dans le cytosol, n'étaient pas très solubles dans l'eau parce qu'elles étaient amphipathiques. Or, si des protéines de ce genre avaient recouvert la surface de la membrane, comme le supposaient Davson et Danielli, leurs parties hydrophobes se seraient retrouvées en milieu aqueux.

▼ **Figure 7.2 Coupe transversale d'une bicouche de phosphoglycérolipides.**

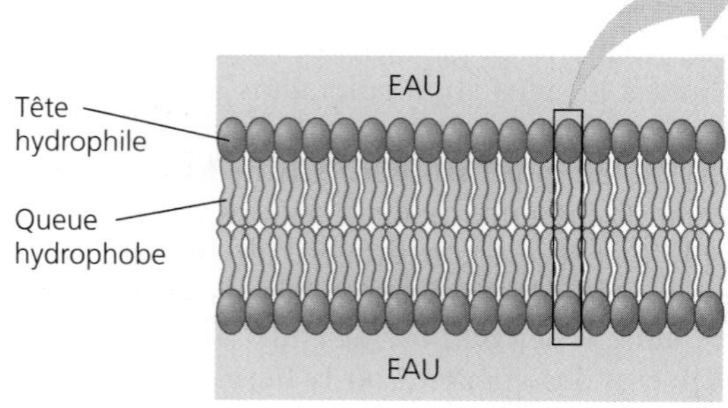

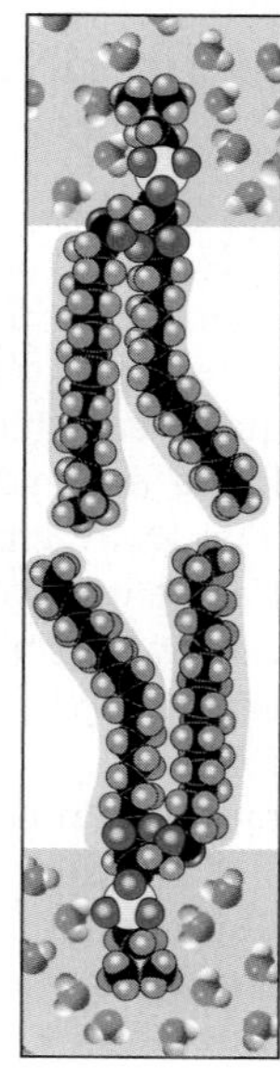

FAITES DES LIENS *Après avoir consulté la figure 5.12 (p. 84), encerclez la partie hydrophile et la partie hydrophobe des phosphoglycérolipides agrandis à droite. Expliquez avec quel milieu chaque partie est en contact lorsque ces phosphoglycérolipides forment une membrane plasmique.*

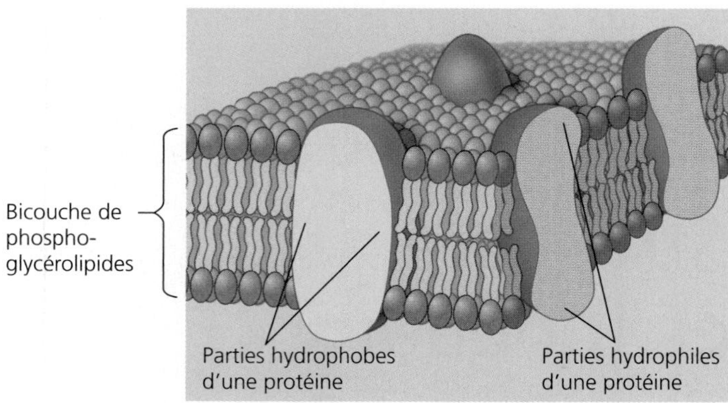

▲ **Figure 7.3 Le modèle original de la mosaïque fluide.**

▼ **Figure 7.4** **MÉTHODE DE RECHERCHE**

Le cryodécapage

APPLICATION Cette technique permet de séparer les deux couches de la membrane plasmique. Le microscope électronique révèle la structure interne de chacune des couches.

TECHNIQUE On plonge la cellule dans l'azote liquide pour la congeler, puis on la «casse» à l'aide d'une lame réfrigérée. Le plan de fracture suit souvent l'intérieur hydrophobe d'une membrane, ce qui divise la bicouche de phosphoglycérolipides en deux couches distinctes. Les protéines membranaires demeurent entières dans l'une ou l'autre des couches.

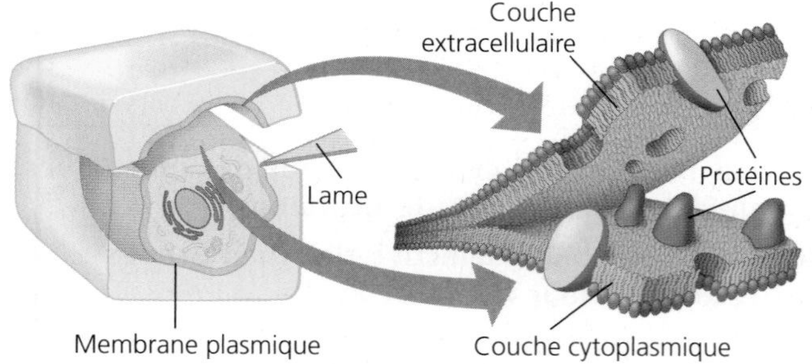

RÉSULTATS Ces moulages des membranes montrent les protéines membranaires (les «bosses») dans les deux couches, ce qui prouve que ces protéines sont enchâssées dans la bicouche de phosphoglycérolipides.

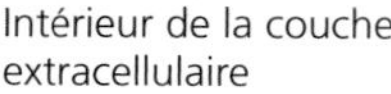

Intérieur de la couche extracellulaire

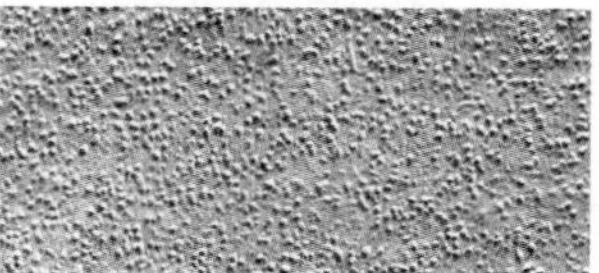

Intérieur de la couche cytoplasmique

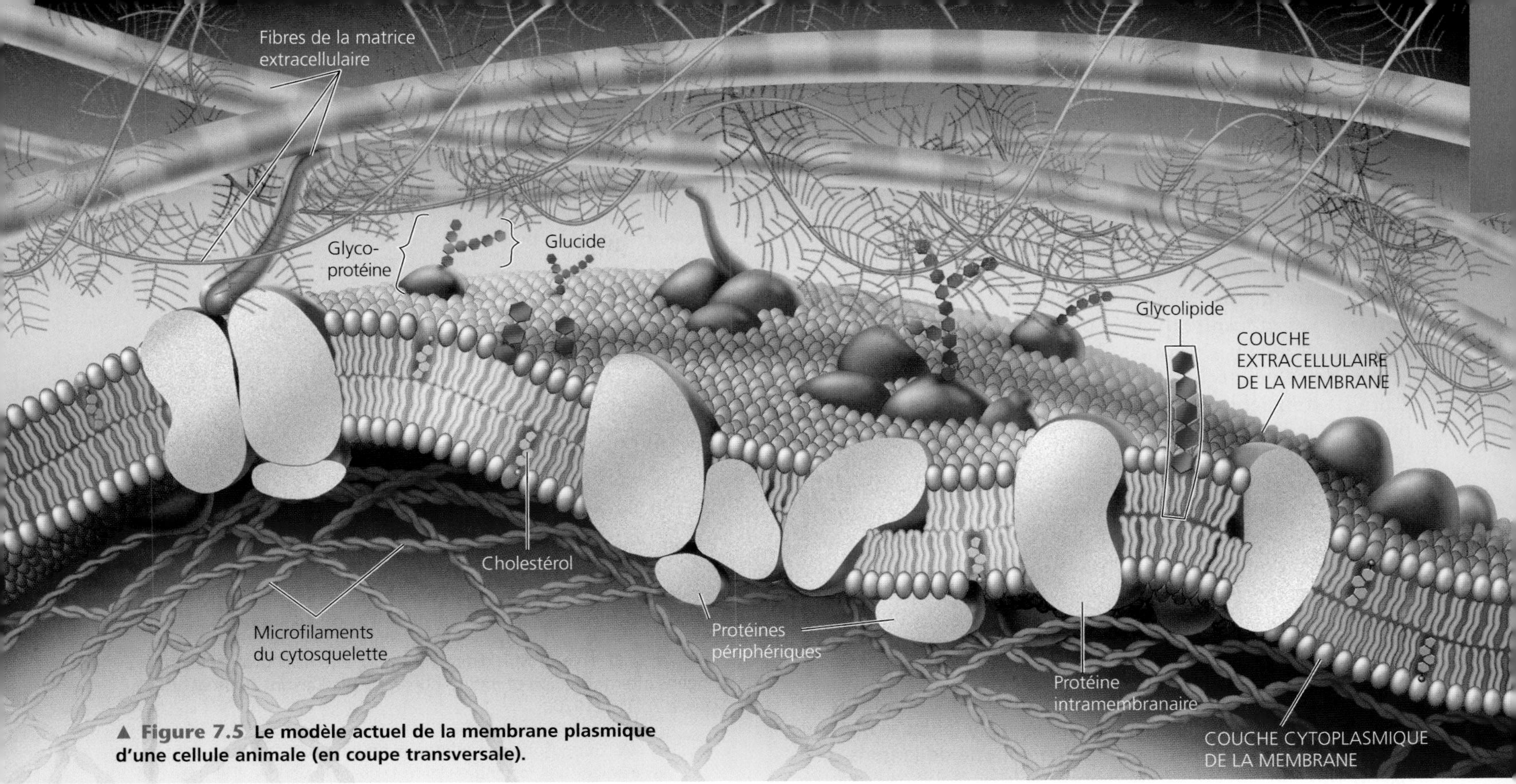

Fibres de la matrice extracellulaire
Glycoprotéine
Glucide
Glycolipide
COUCHE EXTRACELLULAIRE DE LA MEMBRANE
Cholestérol
Microfilaments du cytosquelette
Protéines périphériques
Protéine intramembranaire
COUCHE CYTOPLASMIQUE DE LA MEMBRANE

▲ **Figure 7.5 Le modèle actuel de la membrane plasmique d'une cellule animale (en coupe transversale).**

Après avoir examiné ces faits, S. J. Singer et G. Nicolson ont émis l'hypothèse, en 1972, que les protéines membranaires se situaient à l'intérieur de la bicouche de phosphoglycérolipides et que seules leurs parties hydrophiles en émergeaient (**figure 7.3**). Un tel arrangement moléculaire maximiserait le contact des parties hydrophiles des protéines et des phosphoglycérolipides avec l'eau du cytosol et du liquide extracellulaire, tout en fournissant aux parties hydrophobes un milieu non aqueux. D'après ce modèle, la membrane est une mosaïque de molécules de protéines baignant dans une bicouche fluide de phosphoglycérolipides.

Une technique de préparation des cellules, le cryodécapage, a fini par convaincre les chercheurs que les protéines se trouvaient bel et bien insérées dans la bicouche de phosphoglycérolipides (**figure 7.4**). Le cryodécapage sépare la double couche de la membrane en son milieu – un peu comme si on ouvrait un sandwich au beurre d'arachide croquant. Lorsqu'on l'examine au microscope électronique, l'intérieur de la bicouche a un aspect granuleux dû aux protéines qui, conformément au modèle de la mosaïque fluide, sont éparpillées au sein d'une matrice lisse et s'accrochent à l'une ou l'autre des couches, comme le feraient les morceaux d'arachides du sandwich.

Puisque les modèles sont des hypothèses, le remplacement d'un modèle de structure membranaire par un autre ne signifie pas que le précédent n'avait aucune valeur. L'acceptation ou le rejet d'un modèle dépend de sa capacité à correspondre aux faits observés et à expliquer les résultats expérimentaux. De nouvelles données peuvent rendre caduc un modèle largement accepté auparavant, mais là encore il ne sera pas nécessairement abandonné tout à fait; on pourra le réviser pour y intégrer ces découvertes. Le modèle de la mosaïque fluide se raffine continuellement. Par exemple, on observe régulièrement que des protéines se regroupent de façon durable pour déterminer dans la membrane des zones spécialisées (des microdomaines) où s'accomplissent des fonctions communes. Les lipides eux-mêmes semblent former des zones définies, comme les *radeaux lipidiques* riches en cholestérol et en lipides particuliers. De plus, la membrane peut contenir une population de protéines beaucoup plus dense que le supposait le modèle classique de la mosaïque fluide. C'est ce que l'on constate en comparant le modèle original de la figure 7.3 et le modèle mis à jour de la **figure 7.5**. Examinons maintenant de plus près la structure membranaire.

La fluidité des membranes

Les membranes ne sont pas des couches statiques de molécules maintenues rigidement en place. Leurs constituants sont stabilisés par des attractions hydrophobes, plus faibles que les liaisons covalentes (voir la figure 5.20, p. 90). La plupart des lipides et certaines protéines peuvent dériver latéralement dans le plan de la membrane (**figure 7.6**). De temps en temps,

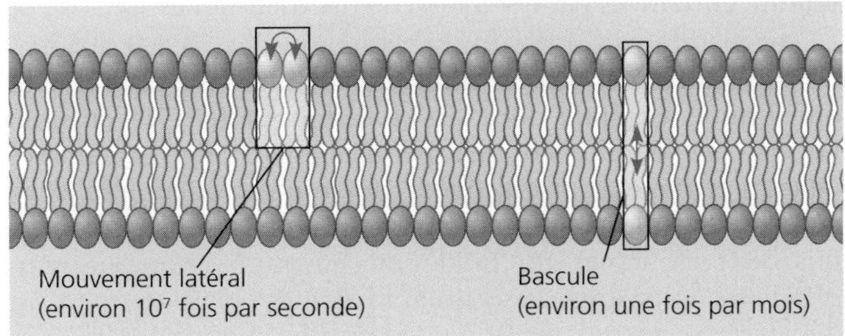

▲ **Figure 7.6 Le mouvement des phosphoglycérolipides.**

une molécule culbute et passe d'une couche de phosphoglycérolipides à l'autre, mais ce déplacement exige un apport d'énergie (parce que la partie hydrophile de la molécule doit traverser le centre hydrophobe de la membrane) et la participation d'enzymes intramembranaires, les flippases (de l'expression anglaise *flip-flop,* qui signifie «basculer»). Un phosphoglycérolipide met 100 fois plus de temps à franchir une distance donnée lorsqu'il bascule que lorsqu'il se déplace latéralement.

Les mouvements latéraux des phosphoglycérolipides sont rapides. Les phosphoglycérolipides changent de position environ 10^7 fois par seconde, ce qui signifie qu'un phosphoglycérolipide peut se déplacer à la vitesse moyenne d'environ 2 µm (la longueur de nombreuses bactéries) par seconde. Les protéines membranaires, elles, sont beaucoup plus grosses que les lipides et se déplacent plus lentement; certaines dérivent latéralement (**figure 7.7**), alors que d'autres bougent de manière organisée, vraisemblablement en glissant le long des filaments du cytosquelette. Ce mouvement nécessite l'aide des protéines motrices cytoplasmiques, elles-mêmes associées aux protéines de la couche cytoplasmique (feuillet interne) de la membrane. Toutefois, la majorité des protéines semblent immobiles, parce qu'elles sont rattachées au cytosquelette ou à la matrice extracellulaire (voir la figure 7.5).

Même lorsque la température baisse, la membrane reste fluide. Cependant, lorsque ses phosphoglycérolipides se mettent à former des agrégats, elle se solidifie comme de la graisse de bacon qui refroidit. La température à laquelle se produit ce phénomène varie selon la composition lipidique de la membrane. Celle-ci résiste mieux à la solidification si elle comporte beaucoup de phosphoglycérolipides portant des queues hydrocarbonées insaturées (voir les figures 5.11, p. 83, et 5.12, p. 84). Les inflexions marquent l'emplacement des liaisons doubles; les queues hydrocarbonées insaturées ne peuvent pas s'entasser autant que les queues hydrocarbonées saturées et l'espace créé entre ces dernières diminue les interactions hydrophobes, ce qui rend la membrane plus fluide (**figure 7.8a**).

Le cholestérol, un stéroïde dont le noyau hydrophobe s'insère entre les queues hydrocarbonées des molécules de phosphoglycérolipides de la membrane plasmique des cellules animales, exerce des effets complexes sur la fluidité membranaire (**figure 7.8b**). À des températures relativement élevées (par exemple, à 37° C, soit la température corporelle moyenne des humains), il limite partiellement le mouvement des phosphoglycérolipides et diminue donc la fluidité membranaire. Mais, comme il entrave aussi l'entassement des phosphoglycérolipides, il abaisse le point de fusion des membranes. Par conséquent, le cholestérol peut être vu comme un «tampon thermique» de la membrane; il résiste aux variations de fluidité entraînées par les changements thermiques.

Les membranes doivent rester fluides pour exercer adéquatement leurs fonctions; habituellement, elles sont aussi fluides que l'huile végétale dont on se sert pour faire la cuisine. Lorsqu'elles se solidifient, leur perméabilité change et certaines de leurs enzymes sont inactivées (notamment si leur rôle exige qu'elles se déplacent latéralement dans la membrane). Toutefois, des membranes trop fluides ne peuvent pas non plus remplir leurs fonctions. Les climats extrêmes posent donc un défi à la vie, ce qui, au fil de l'évolution, a donné lieu à des adaptations dans la composition lipidique membranaire.

▼ **Figure 7.7** INVESTIGATION

Les protéines membranaires se déplacent-elles?

EXPÉRIENCE Les chercheurs ont coloré les protéines de la membrane plasmique d'une cellule de souris et d'une cellule humaine avec deux marqueurs différents, puis ils ont fusionné les cellules. À l'aide d'un microscope, ils ont ensuite observé le comportement des marqueurs sur la cellule hybride.

RÉSULTATS

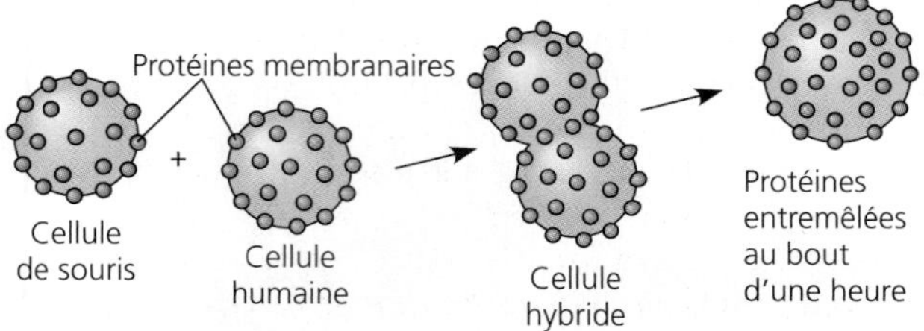

CONCLUSION La fusion des protéines membranaires d'une souris et d'un humain indique qu'au moins quelques protéines membranaires se déplacent latéralement dans le plan de la membrane plasmique.

SOURCE L. D. Frye et M. Edidin, The rapid intermixing of cell surface antigens after formation of mouse-human heterokaryons, *Journal of Cell Science* 7 : 319 (1970).

ET SI ? Supposons que, plusieurs heures après la fusion, les protéines ne se soient pas mélangées dans la cellule hybride. Pourriez-vous en conclure que les protéines ne se déplacent pas à l'intérieur de la membrane ? Quelle autre explication pourrait-on donner ?

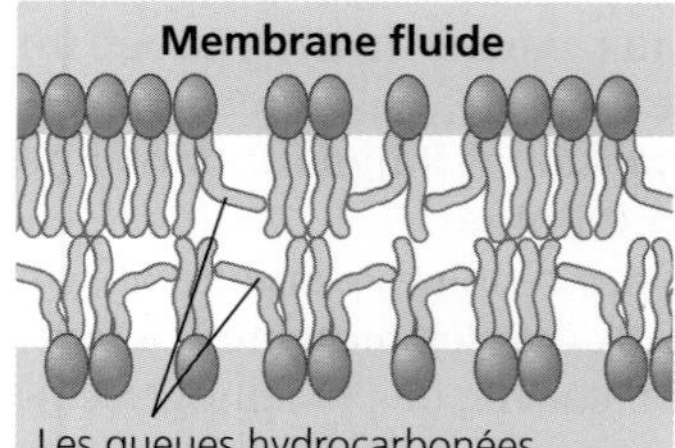

Membrane fluide
Les queues hydrocarbonées insaturées présentent des inflexions qui empêchent les molécules de s'entasser, d'où l'augmentation de la fluidité membranaire.

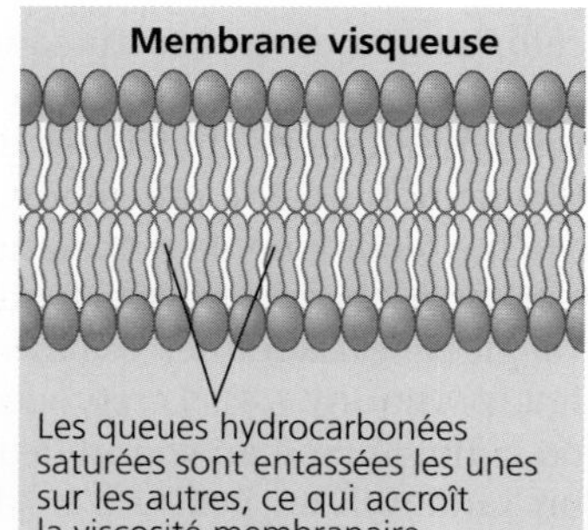

Membrane visqueuse
Les queues hydrocarbonées saturées sont entassées les unes sur les autres, ce qui accroît la viscosité membranaire.

(a) Queues hydrocarbonées insaturées et saturées

(b) Rôle du cholestérol dans la membrane de la cellule animale. À une température relativement élevée, le cholestérol réduit la fluidité membranaire en restreignant les mouvements des phosphoglycérolipides. Cependant, à basse température, il prévient la solidification de la membrane en empêchant les phosphoglycérolipides de s'entasser.

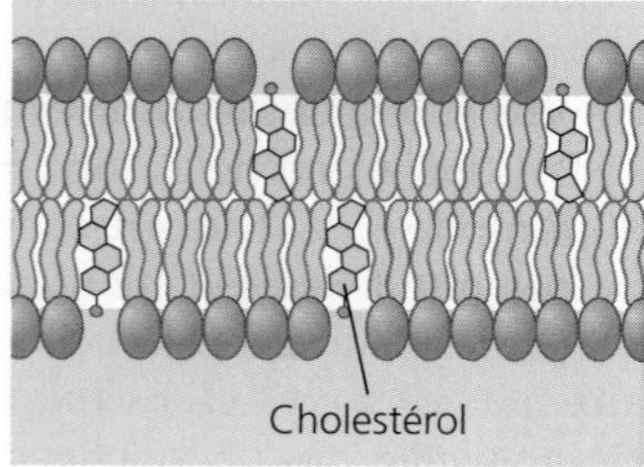

▲ **Figure 7.8 Les facteurs influant sur la fluidité des membranes cellulaires.**

L'évolution des différences dans la composition lipidique membranaire

ÉVOLUTION Les différences de composition lipidique de la membrane cellulaire de nombreuses espèces semblent être le fruit de l'évolution – des adaptations qui maintiennent la fluidité membranaire requise par telles ou telles conditions environnementales. Ainsi, les poissons qui vivent dans des eaux très froides sont dotés de membranes comportant une forte proportion de queues hydrocarbonées insaturées qui préservent la fluidité membranaire (voir la figure 7.8a). Par contre, les Bactéries et les Archées vivant dans des sources thermales et des geysers, dont la température dépasse parfois les 90 °C, possèdent des membranes comportant des lipides inhabituels, capables d'éviter la fluidité excessive qu'entraînerait normalement une telle chaleur.

Qui plus est, les organismes exposés à des variations de température ont acquis au fil de l'évolution la capacité de modifier la composition lipidique de leurs membranes cellulaires. Ainsi, chez les Végétaux qui tolèrent les grands froids, comme le blé d'hiver (*Triticum æstivum*), le pourcentage de phosphoglycérolipides insaturés augmente à l'automne, ce qui empêche les membranes cellulaires de se solidifier durant l'hiver. Dans les régions côtières du Québec, les Crustacés vivant dans des eaux traversées par le courant froid du Labrador concentrent davantage de cholestérol dans leurs membranes cellulaires afin d'en préserver la souplesse. Certaines Bactéries et Archées peuvent également modifier le pourcentage de phosphoglycérolipides insaturés de leurs membranes cellulaires selon la température à laquelle elles sont exposées durant leur croissance. Dans l'ensemble, la sélection naturelle semble avoir favorisé les organismes dont les membranes contiennent une combinaison de lipides qui assure la fluidité membranaire requise par leur environnement.

Les protéines membranaires et leurs fonctions

Nous arrivons maintenant à la notion de *mosaïque* telle qu'elle s'entend dans le modèle de la mosaïque fluide. Comme une mosaïque, une membrane est un assemblage de diverses protéines insérées dans la matrice fluide d'une bicouche de phosphoglycérolipides (voir la figure 7.5). La membrane plasmique et les membranes des différents organites possèdent chacune leur propre ensemble de protéines et celui-ci varie selon le type de cellule. Par exemple, la membrane plasmique des globules rouges contient plus de 50 types de protéines et il en reste sans doute bien d'autres à répertorier. Les phosphoglycérolipides forment la trame de la membrane, mais ce sont les protéines qui en déterminent la plupart des fonctions spécifiques.

La figure 7.5 montre qu'il existe deux grandes populations de protéines membranaires : les *protéines intramembranaires* et les *protéines périphériques*. Les **protéines intramembranaires** sont insérées dans la membrane ; elles s'y enfoncent assez profondément pour que leurs parties hydrophobes soient entourées par les parties hydrocarbonées des lipides. Beaucoup de protéines intramembranaires sont dites *transmembranaires* parce qu'elles traversent la membrane de part en part, mais ce n'est pas le cas de toutes. La partie hydrophobe des protéines intramembranaires contient au moins une séquence d'acides aminés non polaires (voir la figure 5.16, p. 87) qui peut adopter une forme en hélice α (**figure 7.9**) ou en feuillet plissé β. Ces protéines comportent aussi une partie hydrophile en contact avec les solutions aqueuses de part et d'autre de la membrane. Certaines protéines sont également traversées par un canal hydrophile qui permet le passage de substances hydrophiles (voir le point orangé au centre de la protéine à la figure 7.1). Les **protéines périphériques**, quant à elles, ne pénètrent pas du tout dans la membrane ; ce sont des appendices attachés à la surface membranaire. Ils sont arrimés aux parties émergentes des protéines intramembranaires (par l'intermédiaire de liaisons non covalentes) ou à des lipides membranaires (par des liaisons covalentes) comme on le voit à la figure 7.5. La distribution de certaines protéines membranaires le long de la membrane dépend des besoins particuliers de la cellule et peut varier au cours de sa vie.

Sur le feuillet interne (couche cytoplasmique) de la membrane plasmique, des microfilaments du cytosquelette aident à maintenir certaines protéines en place. Sur le feuillet externe (couche extracellulaire), ce sont les diverses fibres de la matrice extracellulaire qui fixent bon nombre de protéines (voir la figure 6.30, p. 131 ; les *intégrines* sont un type de protéine intramembranaire). Ces dispositifs contribuent à renforcer la membrane plasmique des cellules animales et, par conséquent, leur charpente.

La **figure 7.10** énumère les six fonctions remplies par les protéines de la membrane plasmique. Il faut savoir que les protéines membranaires d'une seule cellule peuvent remplir plusieurs fonctions et qu'une seule protéine peut jouer plusieurs rôles. En ce sens, les membranes sont des mosaïques fonctionnelles autant que structurales.

Les protéines de surface d'une cellule sont importantes en médecine parce que certains agents extérieurs les utilisent pour envahir les cellules. Par exemple, certaines protéines de surface aident le virus de l'immunodéficience humaine (VIH) à infecter les cellules du système immunitaire humain, ce qui peut causer le syndrome d'immunodéficience humaine (sida). (Nous y reviendrons au chapitre 19.) Les progrès de nos connaissances sur les protéines qui se lient au VIH à la surface des cellules du système immunitaire ont été d'une importance cruciale dans la mise au point d'un traitement contre l'infection au VIH (**figure 7.11**).

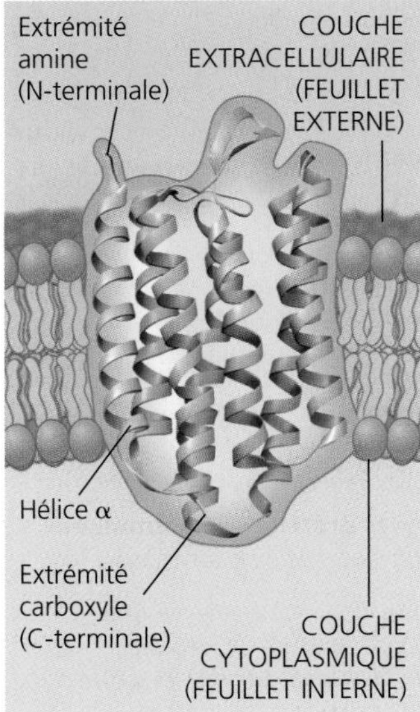

◄ **Figure 7.9 La structure d'une protéine transmembranaire.** La protéine qu'on voit ici est une bactériorhodopsine (une protéine de transport bactérienne) qui traverse la membrane cellulaire avec une orientation particulière : son extrémité amine (N-terminale) est tournée vers l'extérieur de la cellule, tandis que son extrémité carboxyle (C-terminale) baigne dans le cytoplasme à l'intérieur de la cellule. Cette représentation en ruban met en évidence la structure secondaire en hélice α des parties hydrophobes d'une protéine, qui se trouvent généralement dans la portion hydrophobe de la bicouche membranaire. La bactériorhodopsine possède sept hélices. De part et d'autre de la membrane, les parties hydrophiles non hélicoïdales sont en contact avec les solutions aqueuses.

(a) Transport. *À gauche* Une protéine qui traverse la membrane de part en part peut constituer un canal hydrophile dans lequel s'écoule un seul type de soluté. *À droite* D'autres protéines de transport déplacent des substances d'un côté à l'autre de la membrane en changeant de forme (voir la figure 7.17). Certaines protéines de transport hydrolysent l'ATP afin d'en tirer l'énergie nécessaire pour pomper des substances à travers la membrane.

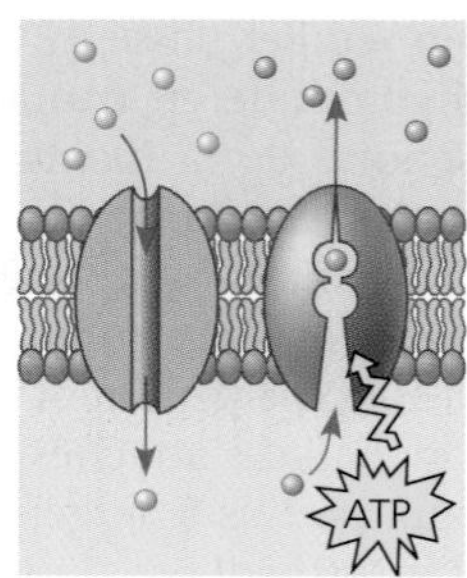

(b) Activité enzymatique. Une protéine intramembranaire peut être une enzyme dont le site actif se trouve exposé aux substances de la solution adjacente. Dans certains cas, la membrane comporte un alignement ordonné d'enzymes qui accomplissent les étapes d'un processus métabolique, selon une séquence déterminée.

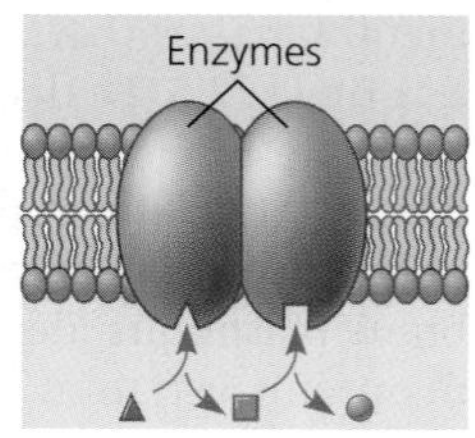

(c) Transduction des signaux. Une protéine membranaire (réceptrice) peut porter un site de liaison dont la forme épouse celle d'un messager chimique, comme une hormone. Le messager externe (la molécule porteuse du message) amène la protéine à changer de forme, lui permettant ainsi de transmettre le message à l'intérieur de la cellule, généralement en s'attachant à une protéine cytoplasmique (voir la figure 11.6, p. 237).

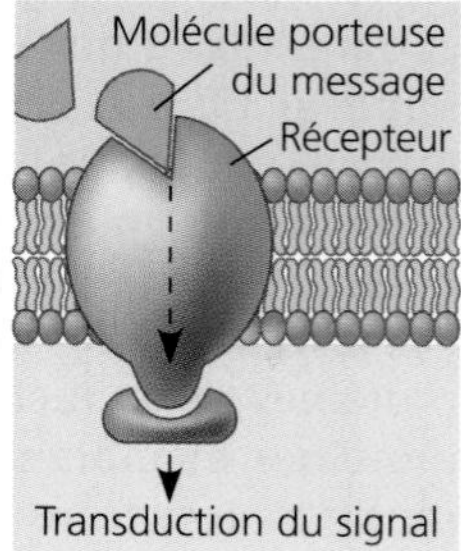

(d) Reconnaissance intercellulaire. Certaines glycoprotéines servent à identifier les cellules et sont spécifiquement reconnues par les autres cellules. Ce type de lien intercellulaire est habituellement de plus courte durée que celui décrit en (e).

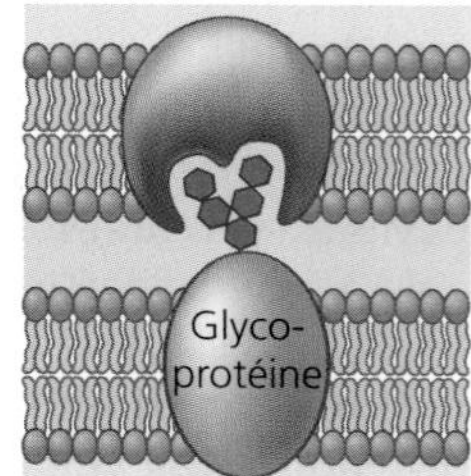

(e) Adhérence intercellulaire. Les protéines intramembranaires des cellules adjacentes se lient et s'associent par l'intermédiaire de plusieurs types de jonctions, comme les jonctions ouvertes ou les jonctions serrées (voir la figure 6.32, p. 132). Cette propriété permet la formation de tissus. Ce type de lien intercellulaire est plus durable que celui décrit en (d).

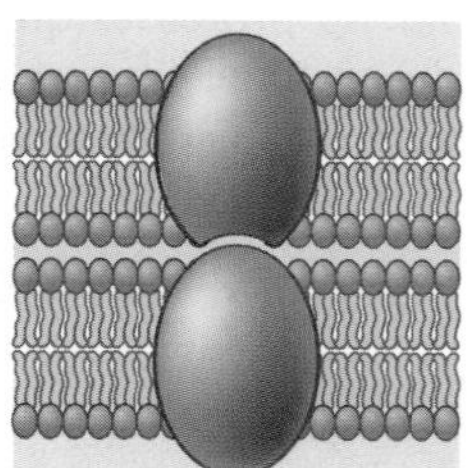

(f) Fixation au cytosquelette et à la matrice extracellulaire. Des microfilaments ou d'autres éléments du cytosquelette s'unissent en établissant des liens non covalents avec les protéines membranaires. Cette fonction joue un rôle important dans le maintien de la forme cellulaire et dans la stabilité de certaines protéines intramembranaires. Les protéines qui adhèrent à la matrice extracellulaire peuvent coordonner des changements extracellulaires ou intracellulaires (voir la figure 6.30, p. 131).

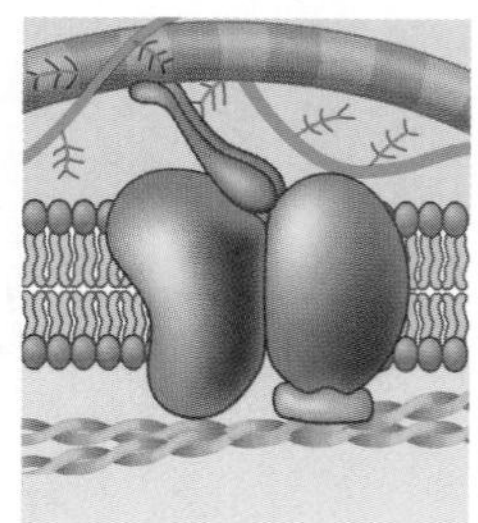

▲ **Figure 7.10 Quelques fonctions des protéines membranaires.** Les protéines membranaires cumulent souvent plusieurs fonctions.

? *Certaines protéines transmembranaires peuvent se fixer à une molécule particulière de la matrice extracellulaire et, ensuite, transmettre un signal à l'intérieur de la cellule. Utilisez les protéines montrées ici pour expliquer comment se déroule ce processus.*

Le rôle des glucides membranaires dans la reconnaissance intercellulaire

La reconnaissance intercellulaire, c'est-à-dire la capacité d'une cellule à distinguer les types de cellules de l'organisme dont elle fait partie, revêt une importance capitale dans le fonctionnement d'un organisme. Chez l'embryon animal, par exemple, cette fonction permet aux cellules de même type de se regrouper en tissus. Elle détermine aussi le rejet des cellules étrangères par le système immunitaire, un mécanisme de défense important chez les Vertébrés (voir le chapitre 43). Les cellules se reconnaissent entre elles en se liant aux molécules – généralement des glucides – qui se trouvent à la surface de la couche extracellulaire de leur membrane plasmique (voir la figure 7.5).

Les glucides membranaires sont souvent de courtes chaînes ramifiées comptant moins de 15 monomères. Certains s'unissent aux lipides (**glycolipides**) par des liaisons covalentes, mais la plupart se lient à des protéines (**glycoprotéines**), également par covalence (voir la figure 7.5).

Les petits glucides associés au feuillet externe de la membrane plasmique varient selon les espèces d'organismes, selon les individus d'une même espèce, voire selon les types de cellules d'un même organisme. Étant donné leur diversité et leurs différentes positions, on les considère comme des marqueurs qui permettent de distinguer les cellules, notamment celles des différents groupes sanguins.

La synthèse et la structure asymétrique des membranes

Les faces extracellulaire et cytoplasmique des membranes cellulaires se distinguent par leur organisation asymétrique. La composition lipidique particulière de ces deux couches de lipides peut différer et chaque protéine a une orientation particulière dans la membrane (voir la figure 7.9). La **figure 7.12** montre comment s'installe cette asymétrie. La disposition asymétrique des protéines, des lipides et de leurs glucides dans la membrane plasmique est déterminée au cours de la synthèse de la membrane par le réticulum endoplasmique (RE) et l'appareil de Golgi.

RETOUR SUR LE CONCEPT 7.1

1. Les glucides liés à certaines protéines et à certains lipides de la membrane plasmique s'ajoutent à la membrane pendant sa synthèse et sont modifiés dans le RE et l'appareil de Golgi ; la nouvelle membrane forme alors des vésicules de sécrétion qui se déplacent jusqu'à la surface de la cellule. De quel côté de la membrane de la vésicule les glucides se trouvent-ils ?
2. **ET SI ?** Le sol qui entoure les sources thermales est beaucoup plus chaud que le sol d'une autre région. Deux sortes d'herbes indigènes génétiquement très proches vivent l'une dans la région la plus chaude et l'autre dans la région la plus froide. Si vous analysiez la composition lipidique de leur membrane cellulaire, que vous attendriez-vous à trouver ? Expliquez votre réponse.

Voir les réponses proposées à la fin du chapitre.

CONCEPT 7.2

La perméabilité sélective des membranes résulte de leur structure

Une membrane biologique est un exemple merveilleux de structure supramoléculaire: ses propriétés dépassent celles des molécules qui la constituent. Il s'agit d'un bel exemple d'émergence. Tout le reste de ce chapitre traite de l'une des propriétés les plus importantes d'une membrane biologique: sa perméabilité sélective. Vous aurez encore une fois l'occasion de constater la corrélation entre structure et fonction. Le modèle de la mosaïque fluide vous aidera à comprendre le passage des substances à travers les membranes biologiques. Les notions concernant le transport membranaire revêtent une importance primordiale pour la compréhension du fonctionnement des êtres vivants.

De petites molécules et des ions traversent régulièrement la membrane plasmique dans les deux sens. Une cellule musculaire, par exemple, procède à de nombreux échanges chimiques avec le liquide extracellulaire. Elle laisse entrer les monosaccharides, les acides aminés et les autres nutriments, alors qu'elle fait sortir les sous-produits du métabolisme. Elle laisse pénétrer le dioxygène (O_2) nécessaire à sa respiration et expulse du dioxyde de carbone. Enfin, elle régularise ses concentrations en ions inorganiques monoatomiques (tels que H^+, Na^+, K^+, Ca^{2+}, et Cl^-) et en ions inorganiques polyatomiques (tels que NH_4^+, OH^-, HCO_3^-) en leur faisant traverser la membrane plasmique dans un sens ou dans l'autre. Si la circulation est intense, la membrane n'en forme pas moins une barrière à la perméabilité sélective: les substances ne la traversent pas toutes sans discrimination. La cellule a la capacité d'admettre certains ions et petites molécules, et de refuser l'accès à d'autres. De plus, toutes les substances ne traversent pas la membrane à la même vitesse, comme nous le verrons un peu plus loin.

La perméabilité de la bicouche phospholipidique

Les molécules hydrophobes (non polaires) comme les hydrocarbures, le dioxyde de carbone et l'oxygène se dissolvent dans la bicouche de la membrane et la traversent lentement mais aisément, sans l'aide de protéines membranaires. Toutefois, la partie interne, hydrophobe, de la membrane empêche les ions et les molécules polaires, qui sont hydrophiles, de passer directement à travers la membrane. Les molécules polaires comme le glucose et d'autres sucres ne traversent que très lentement la bicouche phospholipidique; même l'eau ne franchit pas facilement la bicouche. Un certain passage, toujours marginal, est toutefois possible en raison de la très petite taille de ces molécules, malgré leur polarité. L'eau arrive alors à se faufiler lentement entre les phosphoglycérolipides d'une membrane très fluide (possédant peu de cholestérol). Avec leur revêtement aqueux (voir la figure 3.7, p. 54), les ions et les molécules chargées (certains acides aminés, par exemple) ont encore plus de mal à franchir la partie interne, hydrophobe, de la membrane. De plus, le mécanisme de perméabilité sélective de la membrane cellulaire ne repose pas strictement sur la bicouche phospholipidique. La membrane plasmique renferme également des protéines qui jouent un rôle clé dans la régulation des transports.

▼ **Figure 7.11**

IMPACT

Traiter les infections au VIH en bloquant l'entrée du virus dans la cellule

Malgré de multiples expositions au VIH, un petit nombre de gens ne contractent pas le sida et leurs cellules ne présentent aucun signe d'infection au VIH. Des travaux ont montré que le VIH se lie à la principale protéine réceptrice (CD4) sur une cellule immunitaire; cependant, presque tous les types de VIH doivent pour pénétrer dans la cellule se lier à une autre protéine, dite CCR5, qui agit comme « corécepteur » (ci-dessous, à gauche). Or, en comparant les gènes des personnes résistantes à ceux des personnes contaminées, les chercheurs ont découvert que les sujets résistants possédaient une forme rare d'un gène altéré, incapable de coder pour le CCR5. L'absence de ce corécepteur sur les cellules des sujets résistants empêche le virus de pénétrer dans les cellules (ci-dessous, à droite).

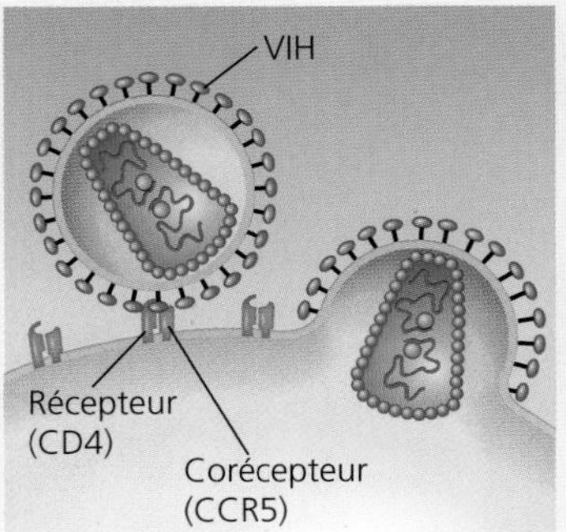

Le VIH peut infecter une cellule qui a le CCR5 sur sa surface membranaire, ce qui est le cas chez la plupart des gens.

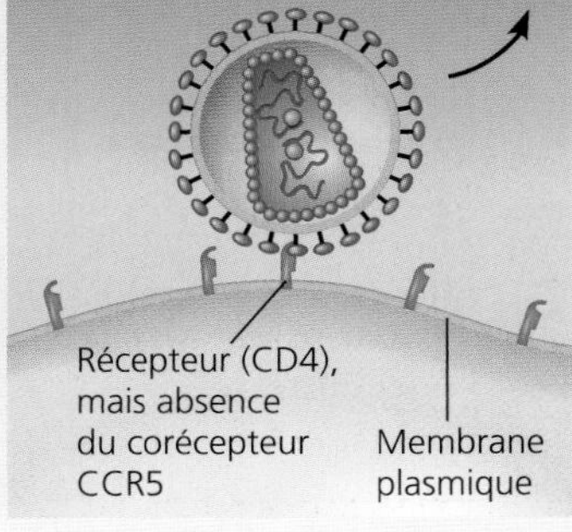

Le VIH ne peut pas infecter une cellule qui ne porte pas le corécepteur CCR5 sur sa surface membranaire, ce qui est le cas chez les sujets résistants.

POURQUOI C'EST IMPORTANT Les chercheurs ont tenté de trouver des médicaments pour bloquer les récepteurs des protéines de surface utilisés par le VIH pour infecter les cellules immunitaires. Toutefois, comme la principale protéine réceptrice, la CD4, remplit plusieurs fonctions importantes dans les cellules, il n'est pas souhaitable d'en bloquer le fonctionnement en raison d'éventuels effets secondaires dangereux. C'est pourquoi la découverte du corécepteur CCR5 a fourni aux chercheurs une cible plus sûre et leur a permis de mettre au point des médicaments qui inhibent cette protéine et empêchent le VIH d'entrer. L'un de ces médicaments, le maraviroc (commercialisé sous le nom de Celsentri), a été approuvé pour le traitement de l'infection au VIH en 2008.

POUR EN SAVOIR PLUS T. Kenakin, New bull's-eyes for drugs, *Scientific American* 293 (4): 50-57 (2005); S. O'Brien et M. Dean, Pourquoi certaines personnes résistent au sida, *Pour la Science* 240: 82-89 (1997).

FAITES DES LIENS Étudiez les figures 2.18 (p. 44) et 5.19 (p. 89), qui montrent toutes deux des paires de molécules en train de se lier. Quelle(s) caractéristique(s) du CCR5 pourraient permettre au VIH de s'y lier? Comment une molécule médicamenteuse pourrait-elle empêcher cette liaison?

▼ **Figure 7.12 Synthèse des constituants membranaires et détermination de leur orientation particulière dans la membrane.** La couche cytoplasmique de la membrane plasmique diffère de sa couche extracellulaire. Celle-ci naît de la couche cytoplasmique (interne) du RE, de l'appareil de Golgi et des membranes vésiculaires.

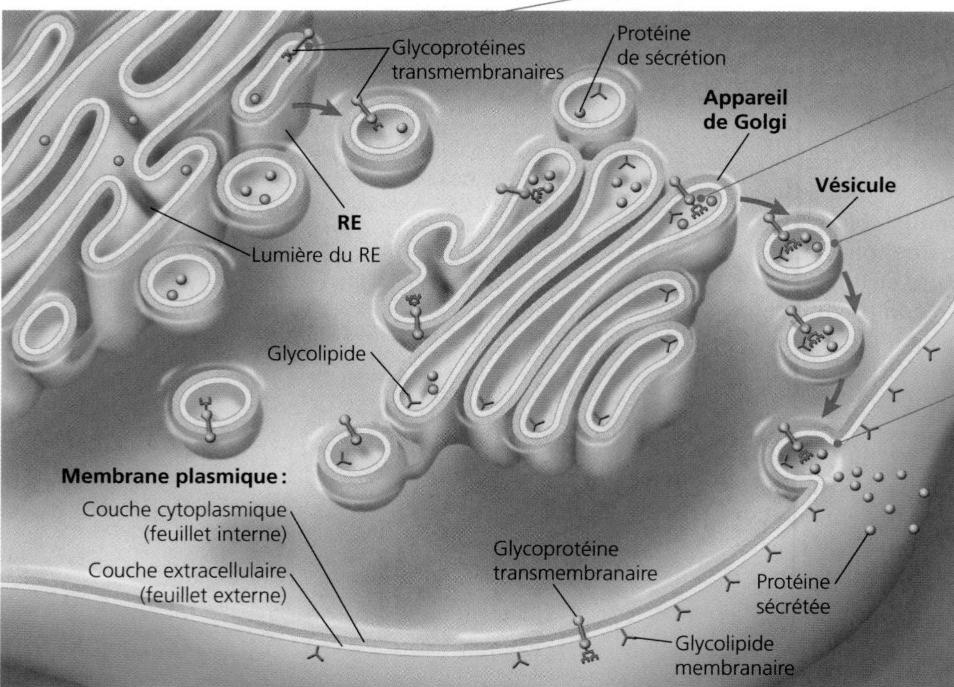

1 La synthèse des protéines et des lipides membranaires se déroule dans le réticulum endoplasmique (RE). Des glucides (en vert) s'ajoutent aux protéines transmembranaires (en violet), ce qui les transforme en glycoprotéines. Les portions glucidiques peuvent alors être modifiées.

2 À l'intérieur de l'appareil de Golgi, les glycoprotéines subissent d'autres modifications ; les lipides s'associent avec des glucides, devenant des glycolipides.

3 Les glycoprotéines, les glycolipides membranaires et les protéines de sécrétion (sphères violettes) sont transportés dans des vésicules jusqu'à la membrane plasmique.

4 À mesure que les vésicules fusionnent avec la membrane plasmique, une continuité s'établit entre leur couche externe et la couche cytoplasmique (interne) de la membrane plasmique, ce qui libère les protéines de sécrétion de la cellule (processus appelé exocytose) et place les glucides des glycoprotéines et des glycolipides sur la couche extracellulaire (externe) de la membrane plasmique.

FAITES UN DESSIN *Dessinez une protéine intramembranaire qui s'étend de la membrane du RE jusqu'à la lumière du RE. Placez ensuite la protéine là où elle devrait être localisée dans une série d'étapes numérotées se terminant à la membrane plasmique. La protéine serait-elle en contact avec le cytoplasme ou avec le liquide extracellulaire ?*

Les protéines de transport

Les membranes biologiques laissent passer certains ions et certaines molécules polaires. Ces substances hydrophiles évitent le contact avec la bicouche en traversant les membranes au niveau de leurs **protéines de transport**.

Certaines protéines de transport, les *protéines-canaux,* remplissent leur fonction en servant de canal à différentes substances (voir la figure 7.10a, à gauche). Par exemple, le passage de molécules d'eau à travers la membrane de certaines cellules est grandement facilité par des protéines-canaux appelées **aquaporines**. Chaque aquaporine permet à plus de *3 milliards* de molécules d'eau par seconde de passer à la queue leu leu dans son canal protéique, qui peut en contenir 10 à la fois. Sans les aquaporines qui accélèrent considérablement le processus, seule une petite partie de ces molécules d'eau traverseraient cette même zone de la membrane cellulaire en une seconde. D'autres protéines, les *perméases* (ou *protéines porteuses*), se lient faiblement à leurs passagers et changent de forme de façon à les faire passer de l'autre côté de la membrane (voir la figure 7.10a, à droite). Ces protéines peuvent transporter des molécules de plus grande taille que celles qui empruntent les protéines-canaux ; de plus, les perméases sont généralement très sélectives et ne permettent qu'à une seule substance (ou à un petit groupe de substances) de traverser la membrane. Par exemple, une perméase de la membrane plasmique des globules rouges transporte le glucose à travers la membrane 50 000 fois plus rapidement qu'elle le ferait en l'absence de mécanisme. Ce « véhicule à glucose » est si spécifique qu'il ne transporte même pas le fructose, qui est pourtant un isomère structural du glucose.

La perméabilité sélective de la membrane repose donc à la fois sur les protéines de transport spécifiques qui y sont insérées et sur les propriétés chimiques de la bicouche phospholipidique. Mais qu'est-ce qui détermine la *direction* des déplacements à travers la membrane ? Qu'est-ce qui fait qu'à un moment donné une substance entre dans la cellule ou en sort ? Quels sont les mécanismes assurant le passage des molécules de part et d'autre de la membrane ? Dans la section suivante, nous répondrons à ces questions en étudiant deux modes de transport : le transport passif et le transport actif.

RETOUR SUR LE CONCEPT 7.2

1. Les molécules de O_2 et de CO_2 peuvent toutes deux traverser une bicouche de phosphoglycérolipides sans l'aide des protéines membranaires. Quelle propriété leur permet de le faire ?
2. Pourquoi les molécules d'eau ont-elles besoin d'une protéine de transport (l'aquaporine) pour traverser une membrane rapidement et en masse ?

3. **FAITES DES LIENS** Les aquaporines bloquent le passage des ions hydronium (H_3O^+; voir la p. 56). Or, la recherche récente sur le métabolisme lipidique montre que certaines aquaporines permettent le passage du glycérol, un trialcool à trois atomes de carbone (voir la figure 5.10, p. 83), et de l'eau. Sachant que la taille de l'ion hydronium est beaucoup plus proche de celle d'une molécule d'eau que de celle d'une molécule de glycérol, comment pourriez-vous expliquer cette sélectivité?

Voir les réponses proposées à la fin du chapitre.

CONCEPT 7.3

Le transport passif est la diffusion à travers une membrane sans dépense d'énergie

Les molécules possèdent un type d'énergie appelée énergie thermique (chaleur) provenant de leur mouvement perpétuel. La **diffusion**, soit la tendance que les substances ont à se répartir uniformément dans un milieu, découle de cette propriété. Le déplacement de chaque molécule se fait de façon aléatoire, mais la diffusion d'une population de molécules peut s'orienter dans une direction précise. Pour comprendre ce processus, imaginez qu'une membrane synthétique sépare de l'eau distillée d'une solution aqueuse de colorant. Étudiez attentivement la **figure 7.13a** pour saisir comment la diffusion amènerait les molécules de colorant à se répartir de part et d'autre de la membrane en concentration égale dans les deux solutions. Il s'ensuivrait alors un équilibre dynamique: le nombre de molécules de colorant traversant à chaque seconde la membrane vers la gauche serait égal au nombre de molécules de colorant qui la franchiraient en se dirigeant vers la droite.

Nous pouvons maintenant énoncer une règle de base de la diffusion: dans des conditions normales, une substance diffuse de l'endroit où elle est le plus concentrée vers l'endroit où elle l'est le moins. En d'autres termes, toute substance diffuse suivant son **gradient de concentration** – la zone le long de laquelle la densité d'une substance chimique augmente ou diminue (comme c'est le cas ici). Ce phénomène ne nécessite aucune autre énergie que celle des molécules en mouvement: la diffusion se produit spontanément. Remarquez que chaque substance se répand suivant son *propre* gradient de concentration, sans égard aux différences de concentration des autres substances (**figure 7.13b**).

Une bonne partie des échanges transmembranaires se fait par diffusion. Chaque fois qu'elle se trouve plus concentrée d'un côté de la membrane que de l'autre, une substance tend à diffuser, suivant son gradient de concentration, à travers la membrane (à condition que celle-ci lui soit perméable). L'absorption d'oxygène en vue de la respiration cellulaire constitue un excellent exemple de diffusion simple. Le dioxygène dissous diffuse vers l'intérieur de la cellule. Cela se poursuit tant que la respiration cellulaire le consomme, car le gradient de concentration favorise le mouvement dans cette direction.

Ce processus est efficace en raison des dimensions microscopiques de la cellule: si elle était plus volumineuse, les distances à franchir seraient trop grandes et la vitesse avec laquelle se produit la diffusion ne pourrait répondre adéquatement aux besoins cellulaires (il a été démontré que le temps de diffusion est proportionnel au carré de la distance à franchir).

La diffusion d'une substance à travers une membrane biologique est un mode de **transport passif**, car elle ne requiert aucune dépense d'énergie de la cellule. (Le gradient de concentration lui-même représente de l'énergie potentielle [voir le chapitre 2, p. 35] et alimente la diffusion.) Rappelez-vous, cependant, que la perméabilité sélective influe sur la vitesse de diffusion des différentes molécules. Dans le cas de l'eau, les aquaporines lui permettent de diffuser très rapidement à travers la membrane de certaines cellules. Le passage de l'eau à travers la membrane plasmique a des conséquences importantes pour les cellules.

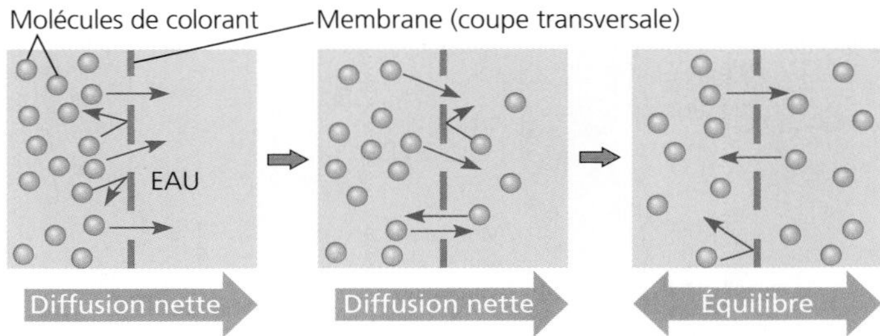

(a) Diffusion d'un soluté en milieu aqueux. Les pores de la membrane sont assez grands pour laisser passer l'eau et les molécules de colorant dissoutes. Le mouvement aléatoire des molécules de colorant fait passer quelques molécules par les pores; cela se produit plus souvent du côté où il y a davantage de molécules de colorant. Le colorant diffuse de la zone où il est le plus concentré vers la zone où il est le moins concentré, c'est-à-dire suivant son gradient de concentration, et ce jusqu'à l'équilibre. Les molécules de soluté continuent de traverser la membrane, mais à vitesse égale dans les deux directions.

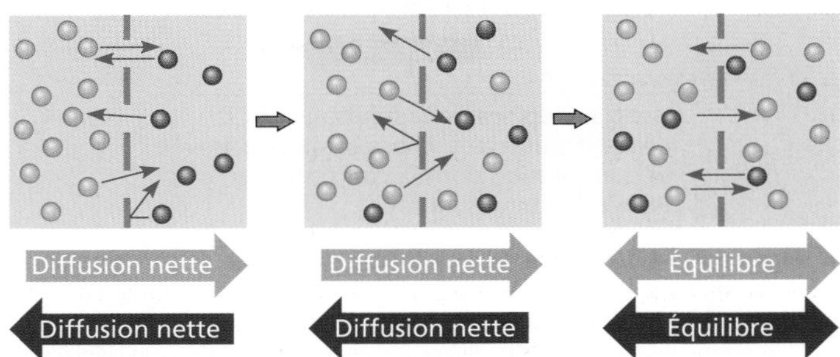

(b) Diffusion simultanée de deux solutés en milieu aqueux. Deux solutions de couleurs différentes sont séparées par une membrane perméable aux deux colorants. Les molécules de chaque colorant diffusent suivant leur propre gradient de concentration. Le colorant violet diffuse vers la gauche, même si la concentration totale des solutés était initialement plus forte à gauche qu'à droite.

▲ **Figure 7.13 La diffusion de solutés à travers une membrane.** Les flèches de couleur sous les diagrammes montrent la diffusion nette des molécules de colorant de cette couleur.

Les effets de l'osmose sur l'équilibre hydrique

Pour voir comment interagissent deux solutions présentant des concentrations différentes de solutés, imaginez un récipient en forme de U dans lequel une membrane synthétique, dont la perméabilité est sélective, sépare deux solutions de glucose (**figure 7.14**). La membrane est perméable à l'eau parce que ses pores sont assez grands pour laisser traverser les molécules d'eau, mais imperméable au glucose parce que ses pores sont trop petits pour laisser passer les molécules de glucose. Comment cela influe-t-il sur la concentration d'*eau*? Il serait logique de penser que la solution dont la concentration de soluté est la plus élevée possède une concentration en eau plus faible et que, pour cette raison, l'eau diffusera à travers la membrane de la solution moins concentrée vers la solution plus concentrée. Cependant, dans le cas des solutions diluées comme le sont la plupart des liquides organiques, les solutés ont peu d'effet sur la concentration d'eau. En fait, l'agglomération des molécules d'eau autour des molécules de soluté hydrophiles fait en sorte que certaines molécules d'eau sont incapables de traverser la membrane; d'une certaine façon, elles sont accaparées par les molécules de soluté. L'important, c'est la différence dans la concentration d'eau *libre*. L'effet s'avère toutefois le même: l'eau diffuse à travers la membrane de la solution dont la concentration de soluté est la plus faible vers la solution dont la concentration de soluté est la plus élevée jusqu'à ce que les concentrations soient égales de part et d'autre de la membrane. On appelle **osmose** la diffusion de l'eau libre à travers une membrane (artificielle ou cellulaire) à la perméabilité sélective. La diffusion de l'eau à travers les membranes cellulaires ainsi que l'équilibre hydrique entre la cellule et son milieu sont essentiels aux organismes. Appliquons maintenant aux cellules ce que nous venons d'apprendre à propos de l'osmose.

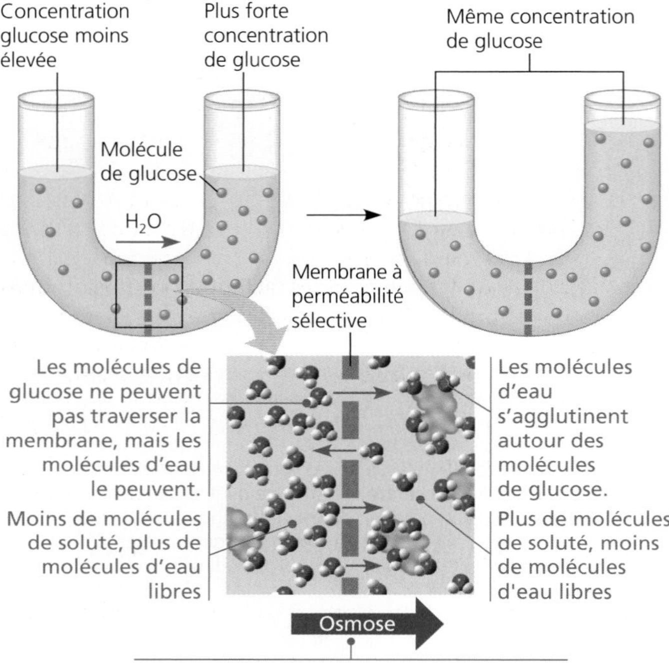

Concentration glucose moins élevée
Plus forte concentration de glucose
Même concentration de glucose
Molécule de glucose
H_2O
Membrane à perméabilité sélective
Les molécules de glucose ne peuvent pas traverser la membrane, mais les molécules d'eau le peuvent.
Les molécules d'eau s'agglutinent autour des molécules de glucose.
Moins de molécules de soluté, plus de molécules d'eau libres
Plus de molécules de soluté, moins de molécules d'eau libres
Osmose
L'eau se déplace de la solution dont la concentration d'eau libre est la plus élevée vers la solution dont la concentration d'eau libre est la moins élevée.

▲ **Figure 7.14 L'osmose.** Deux solutions de glucose de concentrations molaires volumiques différentes sont séparées par une membrane dont la perméabilité est sélective. La membrane est perméable au solvant (l'eau), mais imperméable au soluté (le glucose). Les molécules d'eau se déplacent de manière aléatoire et peuvent traverser la membrane dans l'une ou l'autre direction, mais dans l'ensemble l'eau diffuse de la solution la moins concentrée en soluté (hypotonique) vers la solution la plus concentrée (hypertonique). Le transport de l'eau, ou osmose, finit par égaliser les concentrations des solutions de glucose de chaque côté de la membrane.

ET SI? *Si on ajoutait un colorant orangé capable de traverser la membrane dans le côté gauche du tube, comment serait-il distribué à la fin de l'expérience (voir la figure 7.13). Le niveau des solutions contenues dans le tube serait-il modifié?*

L'équilibre hydrique dans les cellules dépourvues de paroi cellulaire

Pour expliquer le comportement d'une cellule dans une solution, il faut tenir compte à la fois de la concentration de soluté et de la perméabilité de la membrane. Ces deux facteurs renvoient au concept de **tonicité**. La tonicité fait référence à la capacité d'une solution de permettre à l'eau d'entrer dans une cellule ou d'en sortir, ou encore de l'en empêcher. La tonicité d'une solution dépend en partie de sa concentration de solutés incapables de traverser la membrane (solutés non pénétrants) par rapport à la concentration de ces solutés dans la cellule elle-même. S'il y a plus de solutés non pénétrants dans la solution, l'eau aura tendance à sortir de la cellule, et vice versa.

Si l'on immerge une cellule dépourvue de paroi cellulaire, par exemple une cellule animale, dans un milieu **isotonique** (*iso* signifie «même»), il n'y a pas de diffusion nette d'eau à travers la membrane plasmique. De l'eau traverse bien celle-ci, mais elle le fait autant dans un sens que dans l'autre. Bref, dans un milieu isotonique, le volume d'une cellule animale reste stable (**figure 7.15a**).

Par contre, dans une solution **hypertonique** (*hyper* signifie «plus», en l'occurrence plus de solutés non pénétrants), la cellule animale perd de l'eau, prend un aspect crénelé (ratatiné) et meurt. C'est l'une des façons par lesquelles l'augmentation de la salinité d'un lac (causée par des déversements de neige usée, par exemple) peut tuer les animaux qui y vivent (si l'eau du lac devient hypertonique par rapport aux cellules des animaux, celles-ci se ratatinent et meurent). Précisons ici qu'une entrée d'eau excessive s'avère aussi dommageable pour une cellule animale qu'une importante perte d'eau. Si l'on place une cellule dans une solution **hypotonique** (*hypo* signifie «moins»), l'eau entre plus vite dans la cellule qu'elle n'en sort: la cellule enfle et se lyse (éclate) comme un ballon trop gonflé.

Une cellule dépourvue de paroi rigide ne peut tolérer les entrées ou les sorties d'eau excessives. Le problème de l'équilibre hydrique ne se pose pas si elle vit dans un milieu isotonique. Ainsi, beaucoup d'Invertébrés marins sont isotoniques par rapport à l'eau de mer et les cellules de la plupart des animaux terrestres baignent dans un liquide isotonique (par rapport à ces cellules). Dans un milieu hypertonique ou hypotonique, les organismes dépourvus de paroi cellulaire doivent avoir acquis des adaptations qui leur permettent d'effectuer une **osmorégulation**, c'est-à-dire de réguler l'équilibre hydrique entre leur milieu et eux. Par exemple, le protiste appelé paramécie (*Paramecium caudatum*), un être vivant unicellulaire, vit dans des eaux stagnantes hypotoniques. L'eau a tendance à entrer continuellement dans cette

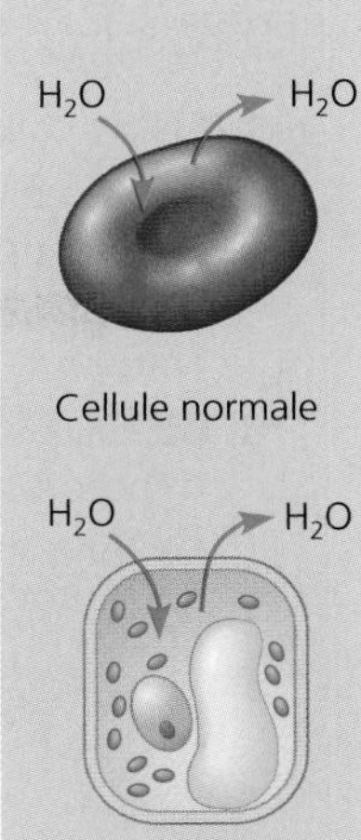
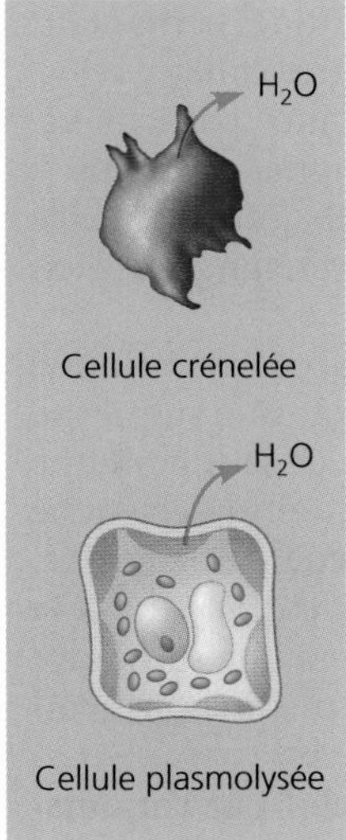

(a) Cellule animale. À moins de posséder des adaptations spéciales qui lui permettent de compenser son gain ou sa perte d'eau par osmose, la cellule animale se porte mieux dans un milieu isotonique.

(b) Cellule végétale. La cellule végétale est turgescente (ferme) et, en règle générale, en meilleure santé dans un milieu hypotonique. L'entrée de l'eau est contrebalancée par la pression de la paroi élastique qui s'exerce sur la membrane plasmique et sur le cytoplasme.

▲ **Figure 7.15 Équilibre hydrique dans les cellules.** Suivant qu'elles possèdent ou non une paroi cellulaire, les cellules réagissent différemment aux variations de concentration des solutés de leur milieu. **(a)** La cellule animale, comme ce globule rouge, est dépourvue de paroi cellulaire. **(b)** La cellule végétale possède une paroi cellulaire. (Les flèches indiquent la diffusion *nette* de l'eau depuis l'immersion des cellules dans les solutions.)

cellule. Cependant, la membrane plasmique de la paramécie est beaucoup moins perméable à l'eau que celle de la plupart des autres cellules. Notons que cette adaptation ne fait que ralentir l'entrée d'eau, qui est continue. Si la paramécie n'éclate pas, c'est parce qu'elle possède une vacuole pulsatile, un organite qui expulse l'eau à mesure qu'elle entre par osmose (**figure 7.16**). Nous étudierons d'autres mécanismes d'osmorégulation au chapitre 44.

L'équilibre hydrique dans les cellules pourvues d'une paroi cellulaire

Les cellules des Végétaux, des Procaryotes, des Champignons et de quelques Protistes sont entourées d'une paroi cellulaire (voir la figure 6.28, p. 129). Lorsqu'elles se trouvent dans une solution hypotonique (dans de l'eau de pluie, par exemple), leur paroi cellulaire concourt à l'équilibre hydrique. Comme la cellule animale, la cellule végétale gagne de l'eau par osmose et enfle (**figure 7.15b**). Cependant, la paroi relativement inélastique ne se distend que jusqu'à un certain point, après quoi elle exerce sur la cellule une pression qui empêche l'eau d'entrer; c'est la *pression de turgescence*. La cellule est alors **turgescente** (très ferme). La turgescence est l'état idéal pour la plupart des Végétaux; elle apporte d'ailleurs un soutien mécanique essentiel aux plantes non ligneuses qui ornent nos intérieurs. Si les cellules végétales baignent dans un milieu isotonique, il n'y a pas de diffusion nette de l'eau vers l'intérieur et elles deviennent **flasques**.

Par contre, si une cellule végétale baigne dans un milieu hypertonique, sa paroi n'est pas d'une grande utilité: la cellule perd de l'eau et rétrécit, comme le ferait une cellule animale dans les mêmes conditions. À mesure qu'elle se ratatine, sa membrane plasmique s'écarte de la paroi cellulaire. Ce phénomène, appelé **plasmolyse**, fait flétrir la plante et peut être fatal. Les Bactéries, les Archées et les Eumycètes subissent le même sort dans un milieu hypertonique.

La diffusion facilitée: un mode de transport passif facilité par des protéines

Examinons en détail comment l'eau et certains solutés hydrophiles traversent une membrane. Comme nous l'avons mentionné précédemment, beaucoup de molécules polaires ou plus ou moins polaires et les ions refoulés par la bicouche arrivent à diffuser à l'intérieur de la cellule à l'aide des protéines de transport disséminées dans la membrane. On appelle ce phénomène **diffusion facilitée**. Les cytologistes ne savent pas encore exactement comment les protéines de transport facilitent la diffusion. La plupart de ces protéines transportent seulement certaines substances et pas d'autres. Contrairement à la diffusion simple, la diffusion facilitée est un mouvement dont la vitesse atteint une limite; quand toutes les protéines de transport sont occupées, l'augmentation du gradient de concentration ne fera pas accélérer le processus.

On l'a vu, les deux types de protéines de transport sont les protéines-canaux et les perméases. Les protéines-canaux sont des tunnels, de véritables couloirs hydrophiles, qui permettent aux molécules d'eau ou à des petits ions spécifiques de traverser très rapidement la membrane (**figure 7.17a**). Spécialisées dans le transport de l'eau, les aquaporines facilitent la diffusion massive d'eau qui se produit dans les cellules végétales et dans certaines cellules animales, comme les globules rouges (voir la figure 7.15). Certaines cellules rénales possèdent également un grand nombre d'aquaporines, ce qui leur permet de réabsorber de l'eau de l'urine avant de l'excréter. Si les reins ne remplissaient pas cette fonction, vous élimineriez environ 180 L d'urine par jour et vous devriez boire la même quantité d'eau!

D'autres protéines-canaux, appelées canaux ioniques, assurent le transport des ions. De nombreux canaux ioniques fonctionnent comme des **canaux sélectifs**, qui s'ouvrent ou se ferment en réponse à un signal de nature électrique,

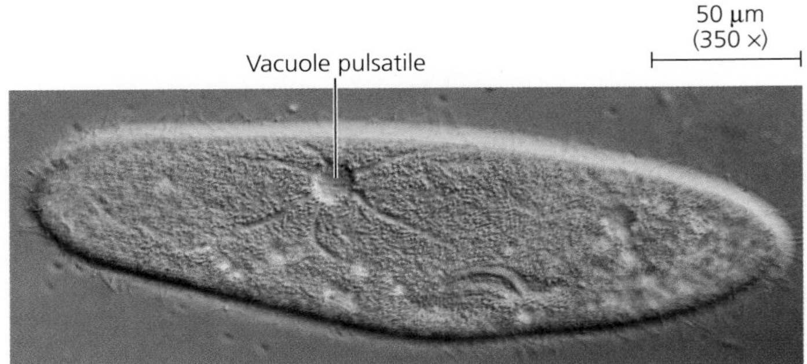

▲ **Figure 7.16 La vacuole pulsatile chez la paramécie (*Paramecium caudatum*).** La vacuole pulsatile recueille l'eau provenant d'un système de canaux dans le cytoplasme. Lorsqu'elle est remplie, la vacuole et les canaux se contractent et expulsent l'eau à l'extérieur de la cellule (MP).

chimique ou mécanique. Ainsi, le canal ionique qu'on voit à la figure 7.1 s'ouvre en réponse à un signal électrique, permettant aux ions potassium de quitter la cellule. D'autres canaux sélectifs s'ouvrent ou se ferment lorsqu'une substance particulière, autre que celle qui doit être transportée (signal chimique), se lie à eux. Ces deux types de canaux sélectifs jouent un rôle important dans le fonctionnement du système nerveux, comme vous le verrez au chapitre 48.

Les perméases (comme le véhicule à glucose mentionné plus haut) semblent subir un changement de forme subtil qui transfère le site de liaison d'un côté à l'autre de la membrane (**figure 7.17b**). Ce changement de forme peut être déclenché par la liaison et la libération de la molécule transportée. Comme les canaux ioniques, les perméases participant à la diffusion facilitée entraînent la diffusion nette d'une substance suivant son gradient de concentration. Aucune énergie n'est requise; il s'agit d'un transport passif.

Certaines maladies héréditaires se traduisent par l'anomalie d'un mécanisme de transport ou par l'absence de transporteur spécifique. La cystinurie, par exemple, est une maladie humaine héréditaire, de transmission autosomique récessive (tous les chromosomes non sexuels sont autosomes), caractérisée par l'absence de perméases transportant certains acides aminés (la lysine, l'arginine et la cystine, soit la forme oxydée de la cystéine) à travers la membrane des cellules rénales. En temps normal, les cellules rénales réabsorbent ces acides aminés perdus par le sang et les y renvoient. Chez une personne atteinte de cystinurie, les acides aminés s'accumulent dans les reins, se cristallisent et forment des calculs douloureux.

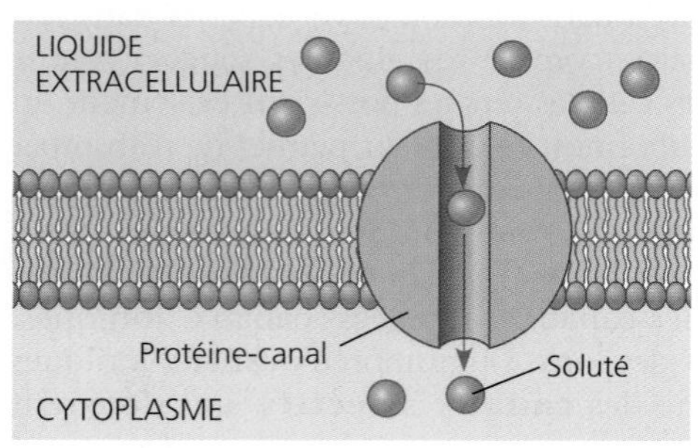

(a) Une protéine-canal (en violet) comporte un tunnel par lequel diffusent les molécules d'eau ou celles d'un soluté spécifique.

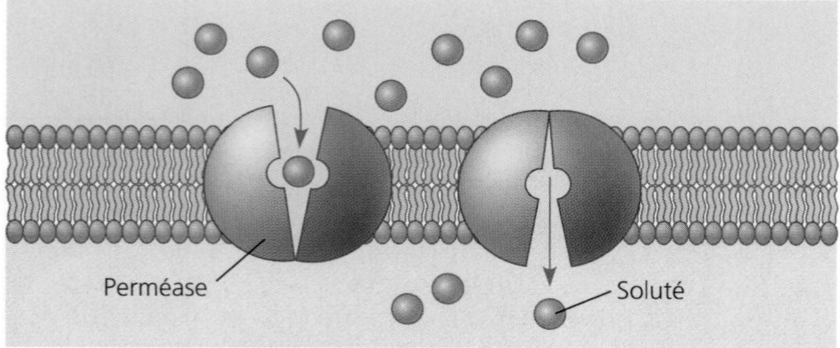

(b) Une perméase oscille entre deux conformations; en changeant de forme, elle déplace un soluté à travers la membrane.

▲ **Figure 7.17 La diffusion facilitée est effectuée par deux types de protéines de transport.** Dans les deux cas, la protéine de transport peut déplacer le soluté dans une direction ou dans l'autre, la diffusion nette s'effectuant toujours suivant le gradient de concentration du soluté.

RETOUR SUR LE CONCEPT **7.3**

1. Selon vous, comment la cellule se débarrasse-t-elle du CO_2 produit par la respiration cellulaire?
2. Dans les supermarchés, on vaporise de l'eau sur les végétaux. Pourquoi cela les fait-il paraître plus craquants?
3. ET SI? Si une paramécie passe d'un milieu hypotonique à un milieu isotonique, l'activité de sa vacuole pulsatile va-t-elle augmenter ou diminuer? Pourquoi?

Voir les réponses proposées à la fin du chapitre.

CONCEPT **7.4**

Le transport actif est le déplacement de solutés à l'encontre de leur gradient de concentration

Malgré l'intervention d'une protéine de transport, on considère la diffusion facilitée comme un mode de transport passif, car le soluté transporté suit son gradient de concentration, ce qui n'exige aucune énergie. La diffusion facilitée accélère le transport d'un soluté en ouvrant un corridor spécifique dans la membrane, mais elle ne modifie pas la direction du déplacement. Il existe cependant des protéines de transport qui peuvent aller à l'encontre du gradient de concentration du soluté et acheminer celui-ci du côté de la membrane où il est le moins concentré (que ce soit le côté interne ou le côté externe) vers le côté où il est le plus concentré.

L'énergie nécessaire au transport actif

Pour faire passer une substance à travers une membrane à l'encontre du gradient de concentration, la cellule doit dépenser de l'énergie, c'est-à-dire de l'ATP. Par conséquent, cette forme de transport membranaire s'appelle **transport actif**. Les protéines de transport qui déplacent des solutés à l'encontre d'un gradient de concentration sont toutes des perméases et non des protéines-canaux. Cela est compréhensible: quand ils sont ouverts, les canaux protéiques ne font que diffuser les solutés selon leur gradient de concentration, et non en sens inverse.

Le transport actif permet à la cellule de maintenir des concentrations intracellulaires différentes des concentrations extracellulaires. Par exemple, la cellule animale possède une concentration d'ions potassium beaucoup plus élevée que celle du milieu environnant, alors que sa concentration d'ions sodium est beaucoup plus faible. La membrane plasmique maintient ces fortes différences de gradients en expulsant le sodium de la cellule et en y pompant du potassium.

Comme dans le cas d'autres formes de travail cellulaire, c'est l'ATP qui fournit l'énergie nécessaire au processus en cédant son groupement phosphate terminal à la protéine de transport. Ce transfert entraîne un changement dans la conformation de la protéine. Grâce à ce phénomène, le soluté faiblement lié à la protéine est transporté de l'autre côté de la membrane. Il semble que la **pompe à sodium et à potassium**, qui échange du sodium (Na^+) contre du potassium (K^+) en faisant passer ceux-ci à travers les membranes des cellules animales, fonctionne de cette façon (**figure 7.18**). Cette pompe consiste en une protéine constituée de sept hélices transmembranaires, soit une structure analogue à celle de la bactériorhodopsine présentée plus haut. Son fonctionnement, d'une importance capitale pour les cellules, consomme environ le tiers de leur puissance énergétique totale. Outre la pompe à sodium et à potassium, on trouve dans les membranes des pompes à H^+, à H^+-K^+, à Ca^{2+}, à Cl^-, et d'autres encore. La **figure 7.19** compare les transports passif et actif.

Le maintien du potentiel de membrane par les pompes ioniques

Toutes les membranes déterminent une différence de potentiel électrique (ou tension) entre le milieu externe et le milieu interne. En fait, elles jouent le rôle d'un condensateur, c'est-à-dire d'un dispositif qui emmagasine les charges et qui génère un potentiel électrique. Cette tension représente l'énergie potentielle électrique qui naît de la séparation de charges opposées (gradient électrique). La couche cytoplasmique (interne) porte une charge négative par rapport au liquide extracellulaire, car les anions et les cations sont inégalement répartis entre les deux couches de la membrane. La différence de potentiel électrique existant de part et d'autre d'une membrane, appelée **potentiel de membrane**, varie de −50 à −200 mV (millivolts). (Le signe moins indique que l'intérieur de la cellule est négatif par rapport à l'extérieur.)

Le potentiel de membrane se comporte comme une pile et il influe sur le passage de toutes les substances chargées à travers la membrane: il favorise l'entrée des cations et la sortie des anions. Les cations pénètrent plus facilement dans la cellule parce que l'intérieur de celle-ci est négatif, contrairement au milieu extracellulaire. En résumé, deux forces président au transport passif (diffusion) des ions à travers les membranes: l'énergie associée au gradient de concentration des ions et le potentiel électrique, qui produit une attraction des cations vers l'intérieur de la cellule et une attraction des anions vers l'extérieur. Cette combinaison de forces influant sur les ions est appelée **gradient électrochimique**.

Dans le cas des ions, on ne devrait pas dire qu'ils diffusent toujours suivant leur gradient de concentration, mais plutôt qu'ils *se déplacent* suivant leur gradient *électrochimique* (certains auteurs considèrent même que le terme *diffusion* ne devrait pas s'appliquer aux mouvements des ions). La concentration intracellulaire des ions sodium (Na^+) d'un neurone au repos, par exemple, est beaucoup moins élevée que la concentration extracellulaire des ions sodium. Lorsque le neurone est stimulé, les canaux ioniques qui facilitent la diffusion de Na^+ s'ouvrent. Ces ions se déplacent suivant leur gradient électrochimique. Ce déplacement est influencé à fois par le gradient de concentration de Na^+ et par le gradient électrique qui attire les cations vers le côté de la membrane chargé négativement, c'est-à-dire vers l'intérieur du neurone. Dans cet exemple, les apports électriques et chimiques au gradient électrochimique agissent dans la même direction à travers la membrane, mais ce n'est pas toujours le cas. Lorsque les forces électriques du potentiel de membrane s'opposent à la simple diffusion d'un ion suivant son gradient de concentration, le transport actif peut devenir nécessaire. Nous reviendrons sur le rôle des gradients électrochimiques et des potentiels de membrane dans la transmission des influx nerveux au chapitre 48.

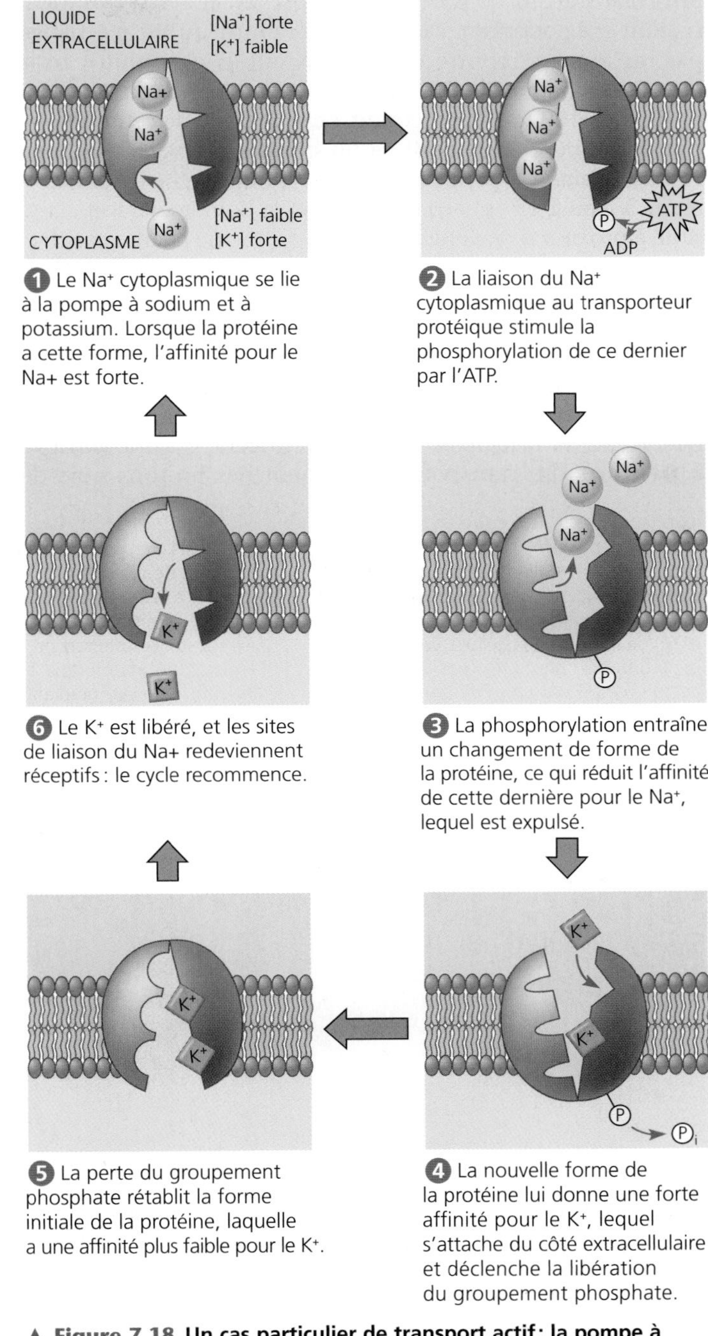

LIQUIDE EXTRACELLULAIRE
[Na+] forte
[K+] faible
CYTOPLASME
[Na+] faible
[K+] forte
Na+
ATP
ADP
P
K+
Pi
1 Le Na+ cytoplasmique se lie à la pompe à sodium et à potassium. Lorsque la protéine a cette forme, l'affinité pour le Na+ est forte.
2 La liaison du Na+ cytoplasmique au transporteur protéique stimule la phosphorylation de ce dernier par l'ATP.
3 La phosphorylation entraîne un changement de forme de la protéine, ce qui réduit l'affinité de cette dernière pour le Na+, lequel est expulsé.
4 La nouvelle forme de la protéine lui donne une forte affinité pour le K+, lequel s'attache du côté extracellulaire et déclenche la libération du groupement phosphate.
5 La perte du groupement phosphate rétablit la forme initiale de la protéine, laquelle a une affinité plus faible pour le K+.
6 Le K+ est libéré, et les sites de liaison du Na+ redeviennent réceptifs : le cycle recommence.

▲ **Figure 7.18 Un cas particulier de transport actif: la pompe à sodium et à potassium.** La pompe à sodium et à potassium transporte des ions à l'encontre de leur gradient de concentration. La concentration d'ions sodium (représentée par $[Na^+]$) est élevée à l'extérieur de la cellule et faible à l'intérieur, tandis que la concentration d'ions potassium ($[K^+]$) est faible à l'extérieur de la cellule et élevée à l'intérieur. Oscillant entre deux formes au cours de son cycle, la pompe protéique (soit la protéine de transport) expulse trois ions Na^+ chaque fois qu'elle fait entrer deux ions K^+. L'ATP alimente les changements de forme de cette protéine de transport en la phosphorylant, c'est-à-dire en lui cédant un groupement phosphate.

Plusieurs facteurs contribuent au potentiel de membrane d'une cellule. Au pH cellulaire, les protéines et d'autres macromolécules portent une charge négative. Ces gros anions se trouvent emprisonnés dans la cellule et contribuent faiblement à son potentiel de membrane. Quant aux protéines membranaires qui transportent activement des ions, elles ont un effet plus marqué sur ce potentiel. Tel est le cas de la pompe à sodium et à potassium. La figure 7.18 montre qu'elle n'échange pas un ion Na^+ contre un ion K^+: elle rejette plutôt trois ions Na^+ chaque fois qu'elle fait entrer deux ions K^+. Au rythme de 100 fois par seconde, chaque cycle de cette pompe transfère une charge positive du cytoplasme vers le liquide extracellulaire. Ce pompage aide le cytosol proche de la membrane à garder une charge négative, et le liquide extracellulaire situé à proximité de la membrane à garder une charge positive. Ce processus emmagasine l'énergie sous forme de potentiel électrique. Une protéine de transport qui engendre un potentiel électrique de part et d'autre d'une membrane se nomme **pompe électrogène**. Il semble que la pompe à sodium et à potassium soit la principale pompe électrogène des cellules animales. Chez les Végétaux, les Bactéries, les Archées et les Eumycètes, la principale pompe électrogène est une **pompe à protons** qui transporte activement des protons hors de la cellule. Son action transfère des charges positives du cytoplasme vers la solution extracellulaire (**figure 7.20**). En générant un potentiel électrique de part et d'autre des membranes, les pompes électrogènes créent une réserve d'énergie pouvant servir au travail cellulaire. Une application importante du gradient de protons dans une cellule est la formation d'ATP lors de la respiration cellulaire, comme nous le verrons au chapitre 9. Une autre forme de transport membranaire appelée *cotransport* dépend aussi du gradient de protons.

Le cotransport: un transport couplé par une protéine membranaire

Une pompe alimentée par l'ATP (appelée ATPase) et transportant activement un certain soluté peut amorcer indirectement le transport d'un autre soluté. Ce mécanisme fait intervenir une protéine de transport spécialisée, une perméase, distincte de la pompe, et ce grâce à un mécanisme appelé **cotransport**. On peut alors considérer le transport actif du premier soluté, alimenté directement par l'ATP, comme du *transport actif primaire* et le transport de l'autre soluté profitant indirectement de l'énergie provenant de l'ATP, comme du *transport actif secondaire*. Le principe du cotransport peut se résumer dans les termes suivants: une substance (il s'agit très souvent d'ions sodium) qui a été transportée activement à travers une membrane peut produire du travail en diffusant en sens inverse, tout comme l'eau pompée vers le haut d'une pente peut produire du travail en descendant celle-ci. Une perméase (un cotransporteur) couple la diffusion «descendante» de cette substance au transport «ascendant» d'une seconde substance qui se déplace contre la force de son gradient de concentration (ou potentiel électrochimique). Par exemple, chez la cellule végétale, le gradient électrochimique engendré par sa pompe à protons participe au transport des acides aminés, de certains glucides et d'autres nutriments vers l'intérieur de la cellule. Une perméase spécifique, qui possède deux sites récepteurs (un site pour un proton et un autre pour le saccharose), couple le retour des protons dans la cellule au transport du saccharose. Elle déplace donc simultanément (cotransport) deux solutés différents (**figure 7.21**). Le saccharose est importé dans la cellule à l'encontre de son gradient de concentration,

Transport passif. Les substances diffusent spontanément suivant leur gradient de concentration. Leur transport ne nécessite aucune dépense d'énergie métabolique (ATP) de la part de la cellule. La vitesse de la diffusion peut être considérablement accrue par les protéines de transport se trouvant dans la membrane.

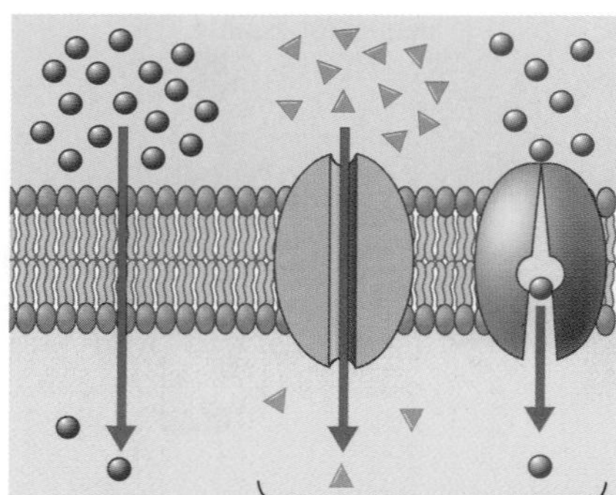

Diffusion simple. Les molécules hydrophobes ainsi que de très petites molécules polaires non ionisées (par exemple, l'eau, mais à une vitesse moindre) diffusent à travers la bicouche.

Diffusion facilitée. De nombreuses substances hydrophiles diffusent rapidement à travers la membrane avec l'aide des protéines-canaux (à gauche) ou des protéines de transport (à droite).

Transport actif. Certaines protéines de transport agissent à la manière d'une pompe: elles transfèrent des substances de part et d'autre de la membrane à l'encontre de leur gradient de concentration (ou gradient électrochimique). L'ATP alimente habituellement ce processus.

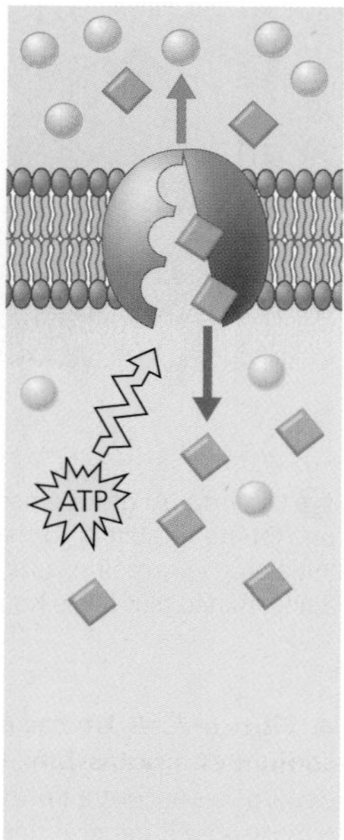

▲ **Figure 7.19 Révision: comparaison entre les modes de transport actif et passif.**

? *Décrivez la direction du mouvement de chacun des solutés de l'image de droite, et dites s'il suit son gradient de concentration ou s'il va contre lui.*

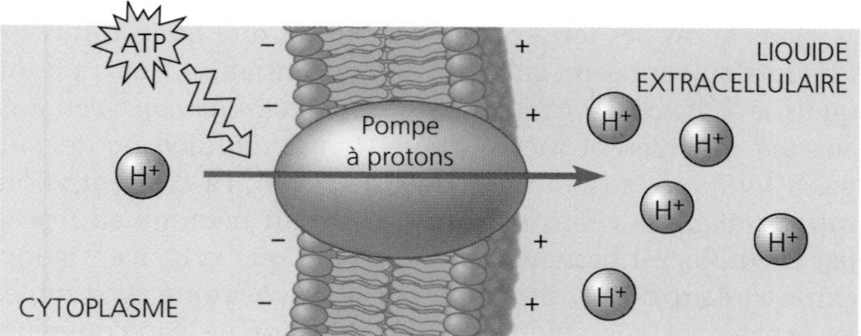

▲ **Figure 7.20 La pompe électrogène.** La pompe à protons, la principale pompe électrogène des Végétaux, des Eumycètes, des Archées et des Bactéries, est un exemple de protéine membranaire qui crée une réserve d'énergie en engendrant un potentiel électrique (à la suite d'une séparation des charges) de part et d'autre de la membrane. Alimentée par l'ATP, la pompe véhicule des charges positives sous forme de protons (H^+). Le potentiel électrique et le gradient d'H^+ constituent une double source d'énergie que la cellule utilise pour alimenter d'autres processus, tels que le transport de certains nutriments.

à condition qu'il se déplace en compagnie d'un proton qui suit, lui, son gradient électrochimique. Ce mécanisme permet aux Végétaux d'acheminer le saccharose produit par photosynthèse vers des cellules spécialisées situées dans les nervures des feuilles. Un tissu conducteur le distribue ensuite aux organes non photosynthétiques de la plante, tels que les fruits et les racines. Dans cet exemple, le cotransport est de type *symport*, car le transport des deux substances (proton et saccharose) se fait dans la même direction. Dans d'autres types de cotransport, les deux substances transportées se déplacent en direction opposée : on parle alors de transport *antiport*. C'est le cas, par exemple, des ions bicarbonate et des ions chlorure à travers la membrane d'un globule rouge.

Ce que nous savons sur les protéines de cotransport, l'osmose et l'équilibre hydrique dans les cellules animales a permis d'améliorer le traitement de la déshydratation due à la diarrhée, un problème grave, très répandu dans les pays en voie de développement. Normalement, le sodium du contenu intestinal est réabsorbé dans le côlon pour maintenir constant son taux dans l'organisme, mais l'expulsion trop rapide du contenu intestinal empêche cette réabsorption et le taux de sodium chute rapidement. Le traitement consiste à faire boire au malade une solution à forte concentration en glucose et en sel. Les cotransporteurs sodium-glucose qui se trouvent à la surface des cellules intestinales captent les solutés et les acheminent dans le sang. Si simple soit-il, ce traitement a diminué de beaucoup la mortalité infantile dans le monde.

RETOUR SUR LE CONCEPT 7.4

1. Les pompes à sodium et à potassium aident les cellules nerveuses à créer une différence de potentiel électrique dans leur membrane. Ces pompes utilisent-elles de l'ATP ou en produisent-elles ? Pourquoi ?
2. Expliquez pourquoi la pompe à sodium et à potassium de la figure 7.18 n'est pas considérée comme un cotransporteur.
3. **FAITES DES LIENS** Revoyez les caractéristiques du lysosome (voir le concept 6.4, p. 113 à 118). Compte tenu de la nature du milieu interne d'un lysosome, quelle protéine de transport peut-on s'attendre à voir dans sa membrane ?

Voir les réponses proposées à la fin du chapitre.

CONCEPT 7.5

Les macromolécules et les particules traversent la membrane plasmique par exocytose et endocytose

Comme nous venons de le voir, l'eau et les petits solutés diffusent vers l'intérieur ou vers l'extérieur de la cellule en traversant directement la bicouche de la membrane, pompés ou déplacés par les protéines de transport. Les macromolécules (comme les protéines et les polysaccharides) et les plus grosses particules traversent généralement la membrane emballées dans des vésicules. Comme le transport actif, ces processus exigent de l'énergie.

L'exocytose

Comme nous l'avons expliqué au chapitre 6, la cellule sécrète des macromolécules en fusionnant des vésicules de sécrétion avec la membrane plasmique au cours d'un processus appelé **exocytose**. Durant l'exocytose, le cytosquelette transporte vers la membrane plasmique une vésicule de sécrétion qui s'est détachée de l'appareil de Golgi. Lorsque la membrane de la vésicule et la membrane plasmique entrent en contact, des protéines spécifiques réarrangent les molécules phospholipidiques des deux bicouches. Les membranes fusionnent et deviennent continues, et le contenu de la vésicule se déverse à l'extérieur de la cellule (voir la figure 7.12, étape 4).

Beaucoup de cellules de sécrétion exportent leurs produits par exocytose. Ainsi, les cellules pancréatiques productrices d'insuline et les cellules de la paroi intestinale qui produisent du mucus utilisent ce processus pour déverser leurs sécrétions dans le liquide extracellulaire et dans la lumière de l'intestin. De même, les neurones recourent à l'exocytose pour libérer les neurotransmetteurs qui stimulent d'autres neurones ou des cellules musculaires. Les cellules végétales font également appel à ce mécanisme lorsqu'elles élaborent leur paroi : des vésicules de Golgi transportent des protéines et des glucides vers l'extérieur de la membrane plasmique.

L'endocytose

Dans l'**endocytose**, la cellule fait entrer des macromolécules et des particules en formant de nouvelles vésicules à même sa membrane plasmique. L'endocytose est un processus qui

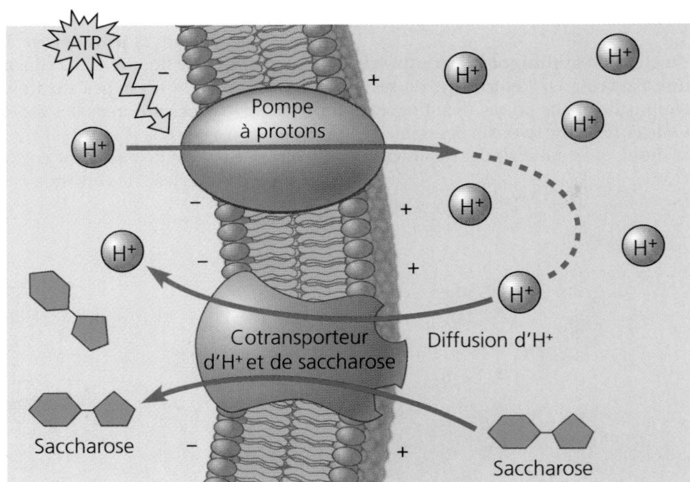

▲ **Figure 7.21 Le cotransport : un mode de transport actif alimenté par le gradient de concentration.** Une perméase spéciale, comme ce cotransporteur d'H^+ et de saccharose, est capable d'utiliser la diffusion d'H^+ suivant son gradient électrochimique dans la cellule pour alimenter le transport de saccharose. Le gradient d'H^+ est maintenu par une pompe à protons, fonctionnant grâce à l'énergie provenant de l'ATP, qui concentre les protons à l'extérieur de la cellule. L'énergie ainsi emmagasinée pourra servir au transport actif d'une substance, dans ce cas-ci le saccharose. Par conséquent, l'ATP fournit indirectement l'énergie nécessaire au cotransport. (La paroi cellulaire n'est pas illustrée.)

▼ **Figure 7.22**

PANORAMA L'endocytose dans la cellule animale

Phagocytose

LIQUIDE EXTRACELLULAIRE
Solutés
Pseudopode
« Nourriture » ou autre particule
Vacuole digestive
CYTOPLASME

Au cours de la **phagocytose**, une cellule laisse entrer une particule en l'entourant de ses pseudopodes et l'« emballe » dans un sac membraneux appelé *vacuole*. Celle-ci fusionne avec un lysosome rempli d'enzymes hydrolytiques qui digèrent la particule.

Pinocytose

Membrane plasmique
Vésicule

Dans la **pinocytose**, la cellule absorbe des gouttelettes de liquide extracellulaire dans de minuscules vésicules. Ce n'est pas du liquide lui-même que la cellule a besoin, mais des molécules dissoutes dans les gouttelettes. Comme tous les solutés présents dans les gouttelettes sont englobés sans discrimination, la pinocytose ne constitue pas une forme de transport sélectif.

Endocytose par récepteur interposé

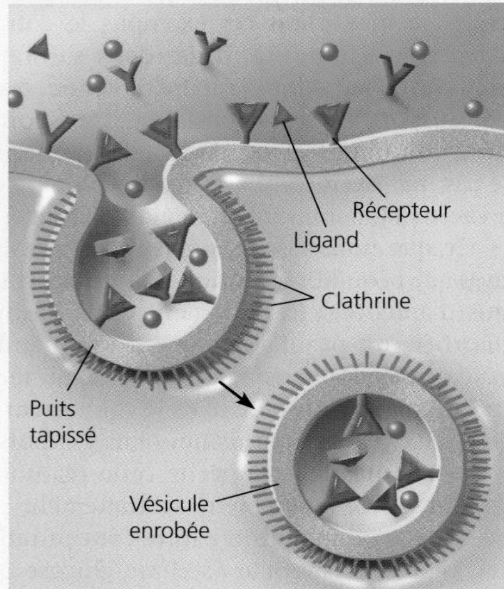

L'**endocytose par récepteur interposé** permet à la cellule de faire entrer rapidement de grandes quantités de substances spécifiques, même si ces dernières ne sont pas très concentrées dans le liquide extracellulaire. Des protéines s'enfoncent dans la membrane; leurs sites récepteurs spécifiques sont exposés au liquide extracellulaire et des substances extracellulaires appelées *ligands* s'y lient. Les protéines réceptrices viennent s'agglomérer dans des zones de la membrane appelées *puits tapissés* dont la couche cytoplasmique (interne) est recouverte de clathrines. Chaque puits tapissé se referme ensuite sur lui-même pour former une vésicule contenant des molécules de ligands. Notez que les molécules liées (en violet) sont relativement plus abondantes dans les vésicules que les autres molécules provenant du milieu extracellulaire (en vert). Une fois les substances libérées des vésicules, les récepteurs retournent à la membrane plasmique par les mêmes vésicules.

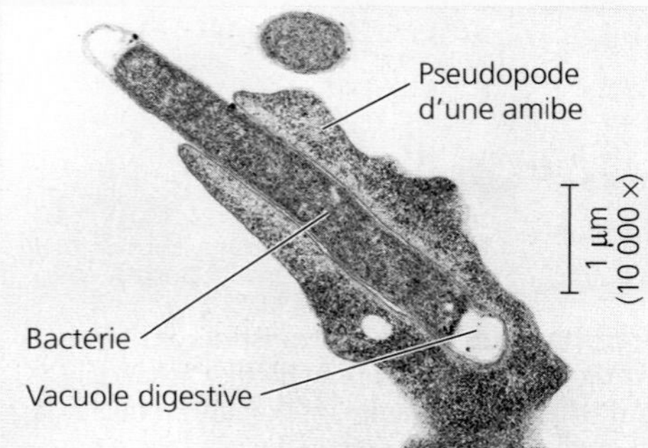

Amibe ingérant une bactérie par phagocytose (MET)

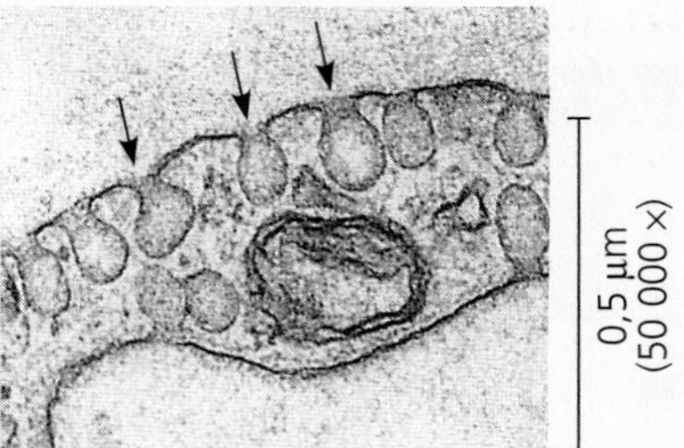

La micrographie électronique montre des vésicules (flèches) en cours de formation dans une cellule de l'épithélium d'un capillaire, un petit vaisseau sanguin (MET).

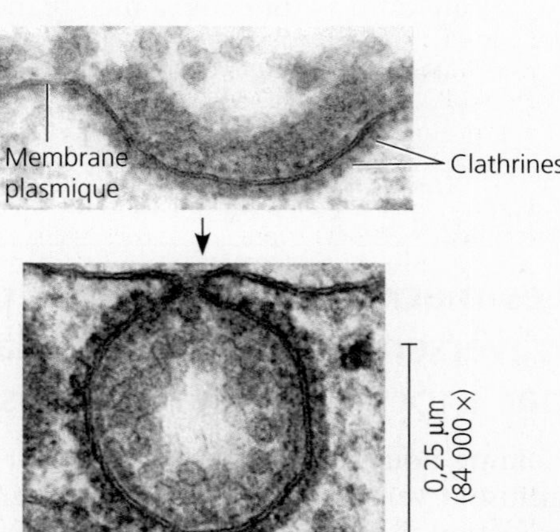

En haut: Puits tapissé *En bas*: Vésicule enrobée en formation durant l'endocytose par récepteur interposé (MET)

semble l'inverse de l'exocytose, bien que les protéines participant à l'endocytose soient différentes de celles qui interviennent dans l'exocytose. Dans l'endocytose, une portion de la membrane plasmique s'invagine et forme une poche. Cette invagination s'approfondit, se détache de la membrane plasmique, puis forme dans le cytoplasme une vésicule remplie de matière provenant de l'extérieur de la cellule. Étudiez la **figure 7.22** pour bien comprendre chacune des trois formes d'endocytose : la phagocytose (du grec *phagein,* « manger », et *cytos,* « cellule »), la pinocytose (du grec *pinein,* boire) et l'endocytose par récepteur interposé.

Les cellules humaines utilisent le processus de l'endocytose par récepteur interposé pour absorber du cholestérol et synthétiser leurs membranes et d'autres stéroïdes. Le sang transporte le cholestérol sous forme de complexes moléculaires de lipides et de protéines appelés lipoprotéines de basse densité, ou LDL. Ces particules agissent comme **ligands**, un terme générique désignant toute molécule qui se lie spécifiquement à un site récepteur situé sur une autre molécule. Ces particules se lient aux récepteurs membranaires des LDL, puis pénètrent dans les cellules par endocytose. Chez les humains atteints d'hypercholestérolémie familiale, une maladie héréditaire caractérisée par une très forte concentration de cholestérol dans le sang, les récepteurs auxquels devraient se lier les lipoprotéines de basse densité sont défectueux, empêchant toute fixation à la membrane au niveau du puits. Ne pouvant pénétrer dans les cellules, le cholestérol s'accumule dans le sang, ce qui contribue à l'athérosclérose, autrement dit à la formation de dépôts lipidiques sur la paroi des vaisseaux sanguins. Ces dépôts rendent les vaisseaux plus étroits et, par le fait même, entravent la circulation du sang.

Les vésicules ne servent pas seulement à transporter des substances de la cellule à son milieu et inversement : elles fournissent également à la membrane plasmique un moyen de se renouveler. L'endocytose et l'exocytose s'effectuent continuellement dans la plupart des cellules eucaryotes, même si la quantité de membrane plasmique des cellules matures varie peu à long terme. Il semble bien que l'ajout de membrane consécutif à l'exocytose compense la perte résultant de l'endocytose. Notre étude des membranes a révélé le caractère indispensable du travail cellulaire et de l'énergie. Nous avons vu, par exemple, que le transport actif est alimenté par l'ATP. Dans les trois chapitres qui suivent, nous montrerons de manière plus approfondie comment les cellules obtiennent l'énergie chimique nécessaire à leur fonctionnement.

RETOUR SUR LE CONCEPT 7.5

1. Lorsqu'une cellule grossit, sa membrane plasmique croît également. Ce processus relève-t-il de l'endocytose ou de l'exocytose ? Expliquez.
2. **FAITES UN DESSIN** Reportez-vous à la figure 7.12 et encerclez une zone de la membrane plasmique qui provient d'une vésicule ayant participé à l'exocytose.
3. **FAITES DES LIENS** Dans le concept 6.7 (p. 129 à 133), vous avez appris que les cellules animales fabriquent une matrice extracellulaire. Décrivez le processus cellulaire de synthèse et de dépôt d'une glycoprotéine de matrice extracellulaire.

Voir les réponses proposées à la fin du chapitre.

RÉVISION DU CHAPITRE

RÉSUMÉ DES CONCEPTS CLÉS

CONCEPT 7.1

Les membranes cellulaires sont des mosaïques fluides de lipides et de protéines (p. 139 à 144)

- Le **modèle de la mosaïque fluide**, selon lequel des **protéines amphipathiques** sont enchâssées dans une bicouche de phosphoglycérolipides, a remplacé le modèle du sandwich proposé par Davson et Danielli. Les protéines ayant des fonctions reliées sont souvent regroupées.
- Les phosphoglycérolipides et certaines protéines se déplacent latéralement dans les membranes. Les queues hydrocarbonées insaturées de certains phosphoglycérolipides préservent la fluidité des membranes à basse température, tandis que le cholestérol aide les membranes à résister aux changements de fluidité causés par les variations de température. Les différences dans la composition lipidique membranaire et la capacité de modifier la composition lipidique des membranes sont des adaptations qui résultent de l'évolution et préservent la fluidité membranaire.
- Les protéines sont soit insérées dans la bicouche (**protéines intramembranaires**), soit rattachées à sa surface (**protéines périphériques**). Les protéines membranaires interviennent dans le transport des substances, dans l'activité enzymatique, la réception des signaux chimiques, l'adhérence intercellulaire, la reconnaissance intercellulaire et la fixation au cytosquelette et à la matrice extracellulaire. Sur son feuillet externe, la membrane plasmique comporte des protéines (**glycoprotéines**) et des lipides auxquels sont liés des polysaccharides courts (**glycolipides**). Ces glucides interagissent avec les molécules situées à la surface des autres cellules.
- Les protéines et les lipides membranaires sont synthétisés dans le RE et modifiés dans le RE et l'appareil de Golgi. Les couches cytoplasmiques et extracellulaires des membranes se distinguent par leur composition.

? *En quoi les membranes cellulaires sont-elles indispensables à la vie ?*

CONCEPT 7.2

La perméabilité sélective des membranes résulte de leur structure (p. 145 à 147)

- La cellule échange de petites molécules et des ions avec son milieu. Le passage de ces substances est régi par la **perméabilité sélective** de la membrane plasmique. Les substances hydrophobes traversent rapidement la membrane plasmique, car elles se dissolvent dans la bicouche de phosphoglycérolipides, tandis que les molécules polaires et les ions passent à travers la membrane grâce à des **protéines de transport** spécifiques.

? *Quel est le rôle des aquaporines dans la perméabilité de la membrane cellulaire ?*

CONCEPT 7.3

Le transport passif est la diffusion à travers une membrane sans dépense d'énergie (p. 147 à 150)

- La **diffusion** est le mouvement spontané d'une substance qui suit son **gradient de concentration**. L'eau traverse la membrane perméable d'une cellule (**osmose**) en passant de la région où les solutés sont le moins concentrés (**solution hypotonique**) à la région où ils le sont le plus (**solution hypertonique**). Si les concentrations sont égales des deux côtés (**solutions isotoniques**), il n'y a pas d'osmose nette. La survie de la cellule dépend de l'équilibre entre l'entrée d'eau et sa sortie. Les cellules dépourvues de paroi (celles des Animaux et de certains Protistes) sont isotoniques par rapport à leur milieu; quand ce n'est pas le cas, des adaptations les rendent aptes à l'**osmorégulation**. Les cellules des Végétaux, des Procaryotes, des Champignons, des Eumycètes ainsi que des autres Protistes sont entourées d'une paroi relativement élastique qui les empêche d'éclater dans un milieu hypotonique.
- Dans un type de **transport passif** appelé **diffusion facilitée**, des protéines de transport accélèrent le mouvement de l'eau ou du soluté qui traverse une membrane suivant son gradient de concentration. Les **canaux ioniques**, dont certains sont des **canaux sélectifs**, facilitent la diffusion des ions à travers une membrane. Les perméases peuvent connaître des changements de forme subtils qui transfèrent le site de liaison (et le soluté qui y est lié) d'un côté à l'autre de la membrane.

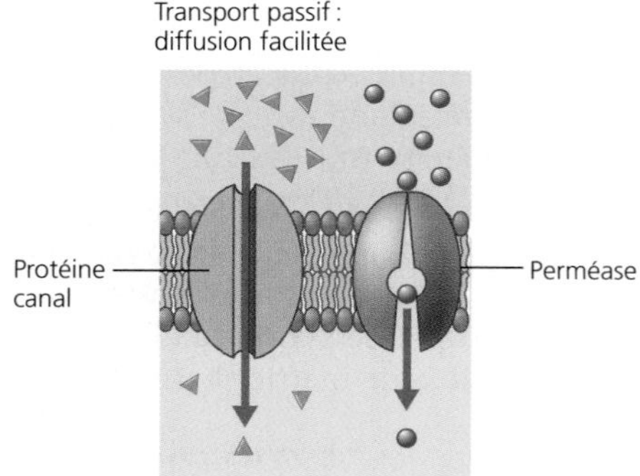

> ? *Qu'advient-il d'une cellule placée dans une solution hypertonique? Décrivez la concentration d'eau libre à l'intérieur et à l'extérieur de la cellule.*

CONCEPT 7.4

Le transport actif est le déplacement de solutés à l'encontre de leur gradient de concentration (p. 150 à 153)

- Des protéines de transport spécifiques utilisent de l'énergie, généralement sous forme d'ATP, pour effectuer le **transport actif.** La **pompe à sodium et à potassium** en est un exemple.
- Les ions ont à la fois un gradient de concentration (chimique) et un gradient électrique (potentiel électrique). Ces deux gradients constituent le **gradient électrochimique**, qui détermine la direction nette de la diffusion des ions. Les **pompes électrogènes**, comme la pompe à sodium et à potassium ou la **pompe à protons**, sont des protéines de transport qui contribuent au gradient électrochimique.
- Il y a **cotransport** de deux solutés lorsqu'une protéine membranaire permet à la diffusion «descendante» de l'un d'entraîner le transport «ascendant» de l'autre.

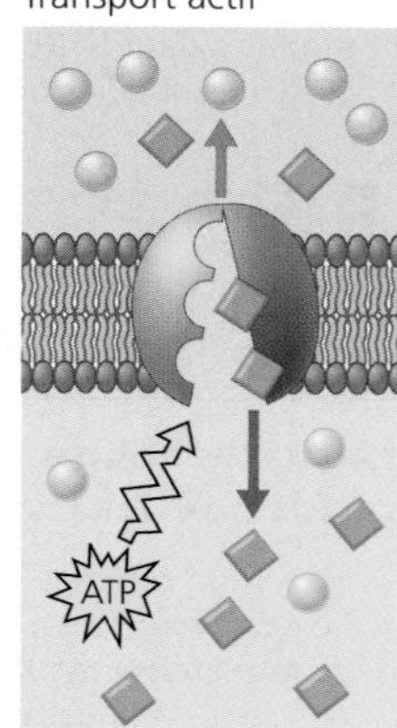

> ? *L'ATP ne participe pas directement au fonctionnement d'un cotransporteur, alors pourquoi le cotransport est-il considéré comme un transport actif?*

CONCEPT 7.5

Les macromolécules et les particules traversent la membrane plasmique par exocytose et endocytose (p. 153 à 155)

- Dans l'**exocytose**, des vésicules intracellulaires migrent vers la membrane plasmique, fusionnent avec elle et libèrent leur contenu à l'extérieur de la cellule. Dans l'**endocytose**, des macromolécules pénètrent dans la cellule au moyen de vésicules qui se forment par invagination de la membrane plasmique. Il existe trois types d'endocytose: la **phagocytose**, la **pinocytose** et **l'endocytose par récepteur interposé.**

> ? *Quel type d'endocytose suppose des liaisons avec des ligands? Qu'est-ce que ce type de transport permet à la cellule d'accomplir?*

ÉVALUATION

NIVEAU 1: CONNAISSANCES ET COMPRÉHENSION

1. Qu'est-ce qui distingue les diverses membranes d'une cellule eucaryote?
a) Elles ne contiennent pas toutes des phosphoglycérolipides.
b) Elles ne contiennent pas toutes les mêmes protéines.
c) Elles n'ont pas toutes une perméabilité sélective.
d) Elles ne se composent pas toutes de molécules amphipathiques.
e) Leur couche interne porte soit des constituants hydrophobes, soit des constituants hydrophiles.

2. Selon le modèle de la mosaïque fluide, les protéines membranaires sont:
a) répandues en une couche ininterrompue sur les faces interne et externe de la membrane.
b) restreintes au centre hydrophobe de la membrane.
c) insérées dans une bicouche de phosphoglycérolipides.
d) orientées au hasard dans la membrane, sans polarité précise.
e) libres de se détacher de la membrane fluide et de se dissoudre dans la solution extracellulaire.

3. Parmi les facteurs suivants, lequel tend à augmenter la fluidité membranaire?
a) Une forte proportion de phosphoglycérolipides insaturés.
b) Une forte proportion de phosphoglycérolipides saturés.
c) Une faible température.
d) Une teneur en protéines relativement élevée dans la membrane.
e) Un potentiel membranaire élevé.

NIVEAU 2: APPLICATION ET ANALYSE

4. Quel processus englobe tous les autres?
a) L'osmose.
b) La diffusion d'un soluté à travers la membrane.
c) La diffusion facilitée.
d) Le transport passif.
e) Le transport d'un ion suivant son gradient électrochimique.

5. En vous appuyant sur la figure 7.21, dites lequel des traitements suivants augmenterait la vitesse du transport de cette molécule vers le cytoplasme.
a) Une diminution de la concentration extracellulaire de saccharose.
b) Une baisse du pH extracellulaire.
c) Une baisse du pH cytoplasmique.
d) L'ajout d'un inhibiteur bloquant la régénération de l'ATP.
e) L'ajout d'une substance rendant la membrane plus perméable aux protons.

6. **FAITES UN DESSIN** Une cellule artificielle consistant en une solution aqueuse enveloppée par une membrane à perméabilité sélective est immergée dans un bécher contenant une solution différente (le «milieu extracellulaire»). La membrane est perméable à l'eau ainsi qu'au glucose et au fructose (des monosaccharides), mais complètement imperméable au saccharose (un disaccharide).

a) Dessinez des flèches pleines indiquant le mouvement net des solutés qui entrent dans la cellule ou qui en sortent.
b) La solution extracellulaire est-elle isotonique, hypotonique ou hypertonique?

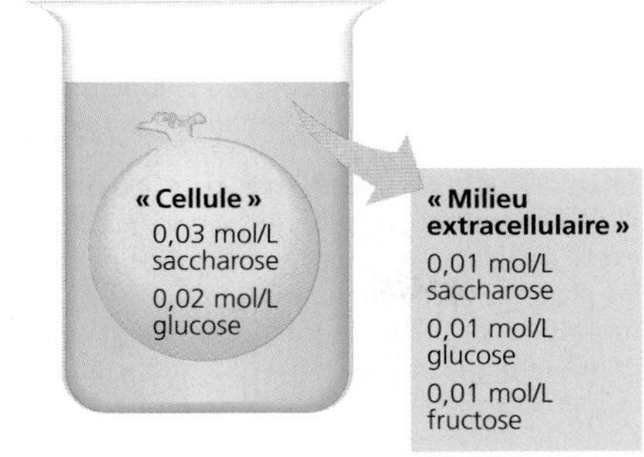

c) Dessinez une flèche pointillée pour indiquer l'osmose nette, s'il y en a une.
d) La cellule artificielle deviendra-t-elle plus flasque ou plus turgescente, ou restera-t-elle inchangée?
e) Les deux solutions finiront-elles par atteindre la même concentration?

NIVEAU 3: SYNTHÈSE ET ÉVALUATION

7. LIEN AVEC L'ÉVOLUTION
La paramécie et les autres Protistes qui vivent dans des milieux hypotoniques ont une membrane plasmique qui ralentit leur absorption d'eau par osmose, alors que ceux qui vivent dans des milieux isotoniques ont une membrane plasmique plus perméable à l'eau. À quelles adaptations relatives à la régulation hydrique peut-on s'attendre de la part des Protistes vivant dans des habitats hypertoniques comme le Grand Lac Salé? Et de la part de ceux qui vivent dans des milieux où la concentration saline varie?

8. INTÉGRATION
Votre équipe de laboratoire doit concevoir et réaliser une expérience quantitative d'osmose. Vous devez ensuite présenter oralement en classe le phénomène de l'osmose et les diverses étapes de votre démarche expérimentale. Vous disposez des instruments de laboratoire habituels (balance, pH-mètre, pied à coulisse, toute la verrerie nécessaire, etc.). Vous recevez des pommes de terre comme matériel vivant et on vous fournit des bases et des acides forts ou faibles, du saccharose et des sels de différentes natures. N'oubliez pas de préciser quels sont les acquis d'autres disciplines scientifiques qui vous auront permis d'accomplir votre recherche.

9. SCIENCE, TECHNOLOGIE ET SOCIÉTÉ
L'irrigation excessive des terres arides cause l'accumulation de sels dans le sol. L'eau contient des concentrations de sels peu élevées; toutefois, après évaporation, les sels demeurent dans le sol et de se concentrent avec le temps. Servez-vous de vos connaissances de l'équilibre hydrique des cellules végétales pour expliquer pourquoi une augmentation de la salinité du sol (salinisation) nuit à l'agriculture. Proposez des moyens permettant de réduire les dommages au minimum.

10. ÉCRIVEZ UN TEXTE
Les interactions environnementales Une cellule pancréatique humaine tire de son environnement de l'O_2, un carburant (comme le glucose) et des matériaux de construction (comme des acides aminés et du cholestérol) et y rejette le CO_2 produit par la respiration cellulaire. En réponse aux signaux hormonaux, la cellule sécrète des enzymes digestives. De plus, elle régule ses concentrations ioniques par des échanges avec son environnement. En faisant appel à vos nouvelles connaissances portant sur les structures et les fonctions des membranes cellulaires, rédigez un court essai (de 100 à 150 mots) qui décrit les interactions que cette cellule entretient avec son environnement.

RÉPONSES DU CHAPITRE 7

Questions des figures

Figure 7.2

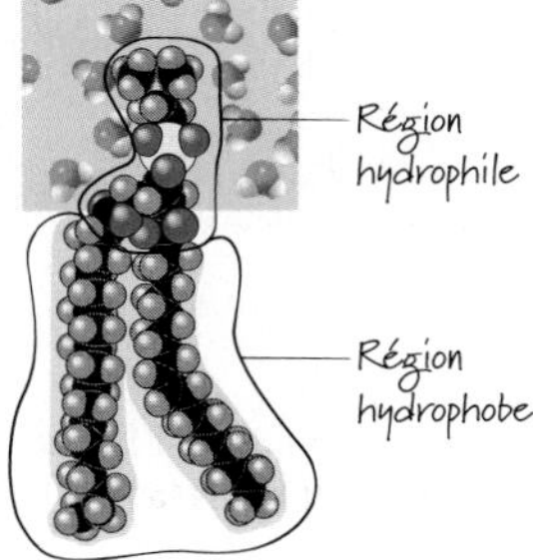

La partie hydrophile est en contact avec un milieu aqueux (cytosol ou liquide extracellulaire), et la partie hydrophobe, avec les parties hydrophobes des autres phosphoglycérolipides à l'intérieur de la bicouche. **Figure 7.7** Vous ne pourriez pas exclure le mouvement des protéines à l'intérieur des membranes d'une même espèce. Vous pourriez proposer comme explication que les lipides et les protéines membranaires d'une espèce n'ont pas pu se mélanger avec ceux de l'autre espèce à cause d'une quelconque incompatibilité. **Figure 7.10** Une protéine transmembranaire comme le dimère en (f) pourrait modifier sa forme en se fixant à une molécule particulière de la matrice extracellulaire. La nouvelle forme de la protéine pourrait permettre à sa partie interne de se fixer à une autre protéine, cytoplasmique celle-là, qui relaierait le message à l'intérieur de la cellule, comme on le voit en (c). **Figure 7.11** La forme d'une protéine à la surface du VIH pourrait être complémentaire de la forme du récepteur (CD4), de même que de celle du corécepteur (CCR5). Une molécule de forme similaire à celle de la protéine de surface du VIH pourrait se fixer au CCR5, empêchant le VIH de s'y attacher. (On pourrait aussi envisager de trouver ou de créer une molécule qui se fixerait au CCR5 et en changerait la forme, de sorte qu'elle ne pourrait plus se lier au VIH.)

Figure 7.12

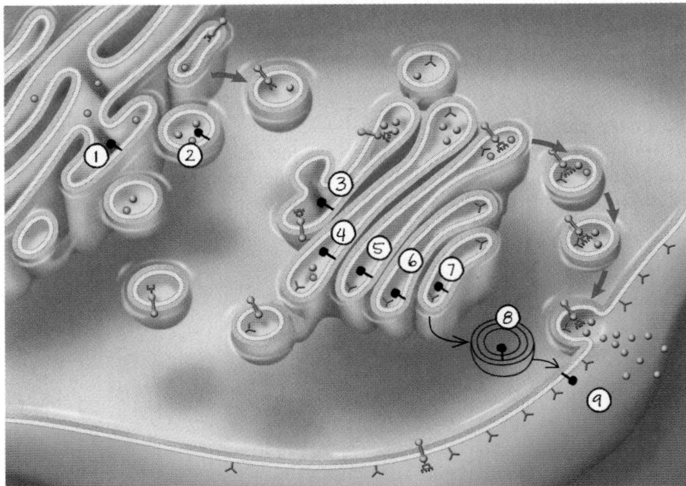

La protéine devrait être en contact avec le liquide extracellulaire. **Figure 7.14** À la fin de l'expérience, le colorant orangé serait distribué également dans la solution des deux côtés de la membrane. Le niveau des solutions contenues dans le tube ne serait pas modifié parce que le colorant orangé peut se diffuser à travers la membrane et égaliser sa concentration. Par conséquent, il n'y aurait pas d'osmose additionnelle, ni dans un sens ni dans l'autre. **Figure 7.19** Les solutés en forme de losanges entrent dans la cellule (vers le bas), et les solutés en forme de rond sortent de la cellule (vers le haut); dans les deux cas, ils vont à l'encontre de leur gradient de concentration.

Retour sur le concept 7.1

1.Les glucides sont sur la couche interne de la membrane de la vésicule de sécrétion. **2.** Les plantes adaptées à la région la plus froide devraient renfermer plus d'acides gras insaturés dans leur membrane cellulaire, car ces acides gras restent liquides aux températures plus basses. Les plantes adaptées à la région la plus chaude devraient avoir plus d'acides gras saturés, ce qui permettrait aux acides gras de se tasser plus étroitement, rendant ainsi les membranes moins liquides et les aidant par le fait même à rester intactes à haute température. (Les Végétaux ne comportant pas de cholestérol, celui-ci ne peut contribuer à modérer les effets de la température sur la fluidité membranaire.)

Retour sur le concept 7.2

1.Les molécules de O_2 et de CO_2 traversent facilement l'intérieur hydrophobe d'une membrane parce qu'elles ne sont pas chargées. **2.** L'eau étant une molécule chargée (polaire), elle ne peut pas traverser très rapidement le centre hydrophobe de la bicouche de phosphoglycérolipides. **3.** L'ion hydronium est chargé, tandis que le glycérol ne l'est pas. La charge est probablement un critère d'exclusion plus important que la taille pour le canal protéique de l'aquaporine.

Retour sur le concept 7.3

1. Le CO_2 est une molécule non polaire qui peut diffuser à travers la membrane plasmique. Tant qu'il diffuse assez loin pour que la concentration reste faible à l'extérieur de la cellule, il continuera à sortir de la cellule de cette façon (le contraire de ce qui se passe dans le cas de l'O_2 décrit dans cette section). **2.** Comme l'eau est hypotonique vis-à-vis des cellules végétales, ces dernières l'absorbent, de sorte qu'elles restent turgescentes plutôt que plasmolysées. Les légumes comme la laitue ou les épinards restent donc craquants. **3.** L'activité de la vacuole pulsatile de la paramécie diminuera. La vacuole expulse le surplus d'eau qui s'accumule dans sa cellule; cette accumulation ne se produit que dans un milieu hypotonique.

Retour sur le concept 7.4

1. La pompe utilise de l'ATP. Pour établir une différence de potentiel électrique, les ions doivent traverser d'un côté à l'autre de la membrane à l'encontre de leur gradient électrochimique, ce qui nécessite de l'énergie. **2.** Chaque ion est transporté contre son gradient électrochimique. Si un des ions traversait suivant son gradient électrochimique, on pourrait dire qu'il s'agit de cotransport. **3.** L'intérieur d'un lysosome est acide et présente donc une concentration plus forte d'H^+ que le cytoplasme. C'est pourquoi on peut s'attendre à ce que la membrane du lysosome soit dotée d'une pompe à protons, comme celle qu'on voit à la figure 7.20, pour transporter les H^+ à l'intérieur du lysosome.

Retour sur le concept 7.5

1. Ce processus relève de l'exocytose. Quand une vésicule de sécrétion fusionne avec la membrane plasmique, la membrane de la vésicule présente une continuité avec la membrane plasmique.

2.

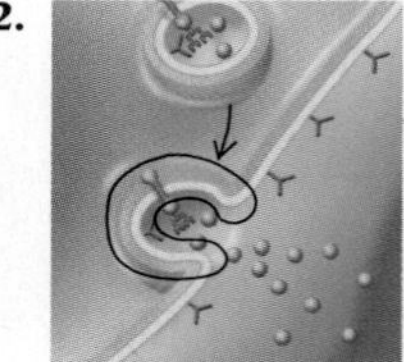

3. La glycoprotéine serait synthétisée dans la lumière du réticulum endoplasmique, passerait dans l'appareil de Golgi, puis serait transportée dans des vésicules de sécrétion jusqu'à la membrane plasmique, où elle subirait une exocytose pour s'intégrer à la matrice extracellulaire.

Questions du résumé des concepts clés

7.1 La membrane plasmique sépare les composants cellulaires du milieu extracellulaire. De ce fait, les conditions internes sont déterminées par les protéines membranaires, lesquelles régulent l'entrée et la sortie des molécules, et même le fonctionnement cellulaire (voir la figure 7.10). La membrane plasmique est d'une importance cruciale, puisqu'elle permet aux processus vitaux de se dérouler dans le milieu contrôlé de la cellule. Chez les Eucaryotes, les membranes ont également pour fonction de diviser le cytoplasme en compartiments distincts où des processus différents peuvent avoir lieu même dans des conditions différentes – des pH différents, par exemple. **7.2** Les aquaporines sont des protéines-canaux qui augmentent considérablement la perméabilité d'une membrane aux molécules d'eau. En effet, celles-ci sont polaires et ne traverseraient pas facilement la couche interne hydrophobe de la membrane sans les aquaporines. **7.3** Il y aura une diffusion nette d'eau hors de la cellule. La concentration d'eau libre est plus élevée à l'intérieur de la cellule que dans la solution (où un certain nombre de molécules d'eau ne sont pas libres, mais agglomérées autour de particules de soluté en plus forte concentration qu'à l'intérieur de la cellule). **7.4** L'un des solutés déplacés par le cotransporteur est transporté activement à l'encontre de son gradient de concentration. L'énergie requise pour ce transport vient du gradient de concentration de l'autre soluté, lequel a été établi par une pompe électrogène qui a utilisé l'énergie pour le transporter à travers la membrane. **7.5** Dans l'endocytose par récepteur interposé, des molécules spécifiques agissent comme ligands lorsqu'elles se fixent aux récepteurs de la membrane plasmique. La cellule peut acquérir de très grandes quantités de ces molécules de ligands lorsqu'un puits tapissé forme une vésicule qui en contient et les transporte dans la cellule.

ÉVALUATION

1. b; **2.** c; **3.** a; **4.** d; **5.** b;

6. (a)

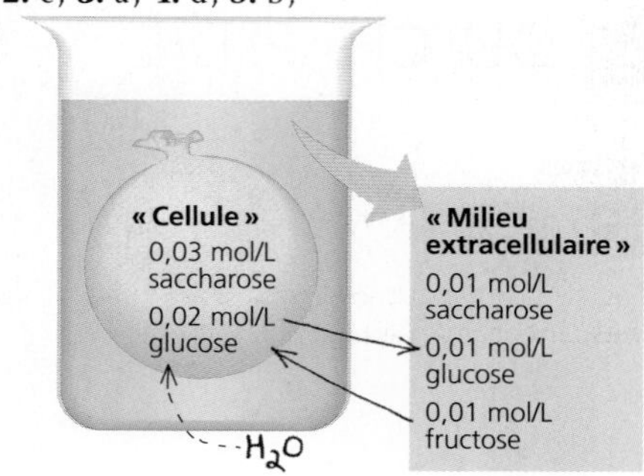

(b) La solution du milieu extracellulaire est hypotonique. Elle contient moins de saccharose, un soluté non pénétrant. (c) Voir la réponse fournie en (a). (d) La cellule artificielle deviendra plus turgescente. (e) Les deux solutions finiront par avoir la même concentration en solutés. Même si le saccharose ne peut pas atteindre la même concentration de part et d'autre de la membrane, le passage de l'eau (osmose) rendra les conditions isotoniques.

8

Introduction au métabolisme

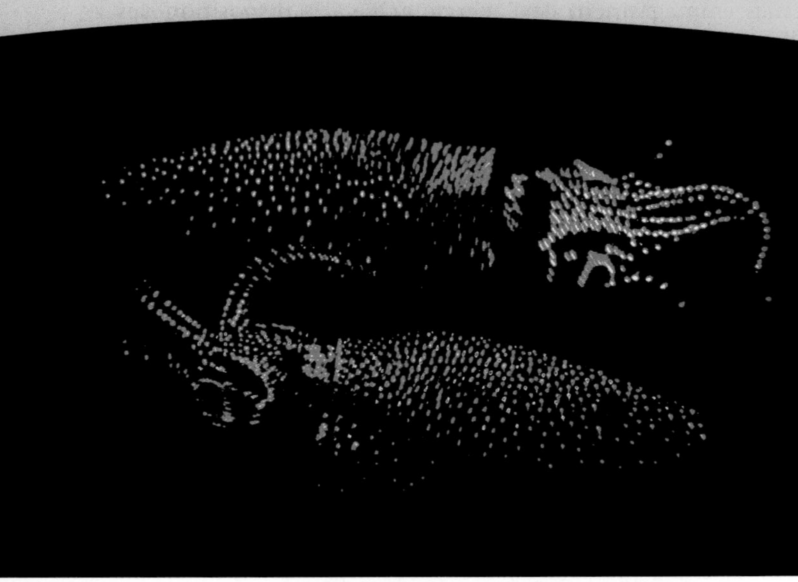

▲ **Figure 8.1 Pourquoi ces deux calmars luminescents scintillent-ils dans le noir?**

CONCEPTS CLÉS

8.1 Le métabolisme d'un organisme transforme la matière et l'énergie selon les principes de la thermodynamique

8.2 Les variations de l'énergie libre dans une réaction indiquent si la réaction a lieu spontanément

8.3 L'ATP permet le travail cellulaire en couplant les réactions exergoniques aux réactions endergoniques

8.4 Les enzymes accélèrent les réactions métaboliques en abaissant les barrières énergétiques

8.5 La régulation de l'activité enzymatique contribue à la régulation du métabolisme

INTRODUCTION

L'énergie vitale

La cellule est une usine chimique miniature où se produisent des milliers de réactions dans un espace microscopique. Les glucides peuvent être convertis en acides aminés qui se lient pour former des protéines; inversement, durant la digestion, les protéines sont décomposées en acides aminés qui pourront à leur tour être convertis en glucides. Les petites molécules se combinent pour former des polymères que la cellule peut ensuite hydrolyser selon ses besoins. Chez les organismes multicellulaires, de nombreuses cellules exportent des produits chimiques d'une partie de l'organisme vers d'autres parties. Le processus chimique appelé respiration cellulaire assure le fonctionnement de la cellule en utilisant l'énergie emmagasinée dans les monosaccharides et d'autres sources d'énergie. La cellule se sert de cette énergie pour accomplir ses différentes fonctions, comme le transport de solutés à travers la membrane plasmique dont nous avons parlé au chapitre 7. Certaines fonctions sont spectaculaires; par exemple, les cellules du calmar luminescent (*Watasenia scintillans*) de la **figure 8.1** convertissent en lumière l'énergie stockée dans certaines de leurs molécules organiques, un processus appelé *bioluminescence*. (La lumière favorise la reconnaissance du partenaire sexuel et offre une protection contre les prédateurs.) La bioluminescence et les réactions qui ont lieu dans une cellule sont coordonnées et régulées avec précision. Par sa complexité, son efficacité, son intégration et sa sensibilité aux moindres changements, la cellule présente une activité chimique sans égale. Les concepts portant sur le métabolisme que vous apprendrez dans ce chapitre vous aideront à mieux comprendre comment la matière et l'énergie circulent au cours des processus vitaux, et comment est régie cette circulation de matière et d'énergie.

CONCEPT 8.1

Le métabolisme d'un organisme transforme la matière et l'énergie selon les principes de la thermodynamique

Le **métabolisme** (du grec *metabolê*, «changement») correspond à l'ensemble des réactions biochimiques d'un organisme. La vie émerge du métabolisme, autrement dit elle découle des interactions entre les molécules qui se trouvent dans l'environnement ordonné d'une cellule.

L'organisation de la chimie de la vie en voies métaboliques

Nous pouvons imaginer le métabolisme d'une cellule comme une carte routière complexe montrant les voies suivies par les milliers de réactions qui se produisent dans la cellule. Une **voie métabolique** est une séquence d'étapes au cours desquelles une même molécule est modifiée jusqu'à l'obtention d'un produit donné. Chaque étape de la voie est catalysée par une enzyme spécifique:

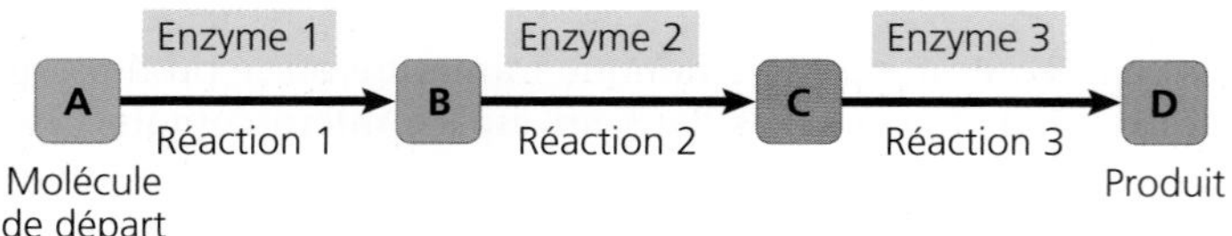

Un peu comme les feux de circulation règlent le déplacement des automobiles, les mécanismes de la régulation enzymatique équilibrent les besoins et les apports métaboliques.

Dans l'ensemble, le rôle du métabolisme consiste à gérer les ressources énergétiques et matérielles de la cellule. Certaines voies métaboliques libèrent de l'énergie en décomposant des molécules complexes en composés plus simples. Ces processus de dégradation s'appellent **voies cataboliques**, ou voies de dégradation. La respiration cellulaire est une des principales voies cataboliques (voir les figures 9.9, p. 190, et 9.12, p. 192); en présence de dioxygène, la respiration cellulaire décompose le glucose et d'autres molécules organiques en dioxyde de carbone et en eau. (Il peut y avoir plus d'une molécule au départ d'une voie ou plus d'un produit à son terme.) L'énergie ainsi libérée peut alors contribuer au travail effectué dans la cellule, comme le battement ciliaire ou le passage d'une substance à travers une membrane. Inversement, les **voies anaboliques** consomment de l'énergie et permettent d'élaborer des molécules complexes à partir de molécules plus simples. La synthèse d'un acide aminé à partir de molécules plus simples et la synthèse d'une protéine à partir d'acides aminés sont des exemples d'anabolisme. Les voies cataboliques et anaboliques constituent les avenues qui «montent» et qui «descendent» dans le réseau métabolique. L'énergie libérée par les réactions cataboliques peut être emmagasinée, puis servir aux réactions anaboliques.

Dans ce chapitre, nous nous intéresserons aux mécanismes communs aux voies métaboliques. Comme l'énergie joue un rôle fondamental dans tous les processus métaboliques, il est essentiel de bien cerner ce concept pour comprendre le fonctionnement de la cellule. Pour ce faire, nous utiliserons plusieurs exemples empruntés au domaine de la physique, sachant que les principes illustrés par ces exemples s'appliquent aussi à la **bioénergétique**, c'est-à-dire à l'étude de la gestion de l'énergie dans les cellules.

Les formes d'énergie

L'**énergie** est la capacité de causer un changement. Dans la vie de tous les jours, l'énergie est importante parce que ses diverses formes peuvent produire un travail, c'est-à-dire imprimer un mouvement à la matière pour vaincre les forces opposées qui s'exercent sur elle, comme la gravitation et la friction. Autrement dit, l'énergie c'est le pouvoir de changer la disposition d'une portion de matière. Par exemple, vous dépensez de l'énergie pour tourner les pages de ce manuel, au même titre que vos cellules dépensent de l'énergie pour transporter certaines substances à travers des membranes. L'énergie existe sous différentes formes, et la vie dépend de la capacité des cellules à la transformer d'un type en un autre.

L'énergie peut être associée au mouvement relatif des objets; cette énergie est appelée **énergie cinétique**. Un objet qui se déplace effectue un travail en faisant bouger un autre objet: ainsi, l'eau qui coule dans un barrage actionne des turbines; la contraction des muscles des jambes permet de faire tourner les pédales d'une bicyclette. La **chaleur**, ou **énergie thermique**, est une énergie cinétique qui résulte du mouvement aléatoire d'atomes ou de molécules entrant en collision. La lumière est également un type d'énergie cinétique pouvant servir à effectuer un travail comme la photosynthèse que réalisent les plantes vertes.

Un objet qui n'est pas en mouvement peut posséder lui aussi de l'énergie. Cette énergie non cinétique est appelée **énergie potentielle**, une forme d'énergie que la matière possède en raison de sa position ou de sa structure. Par exemple, l'eau en amont d'un barrage possède une réserve d'énergie en raison de son élévation au-dessus du niveau de la mer. Les molécules emmagasinent de l'énergie grâce à la disposition des électrons dans les liaisons entre leurs atomes. (Nous avons vu, au chapitre 2, que les électrons situés sur la couche externe d'un atome disposent d'une énergie potentielle plus grande que ceux qui sont situés sur les couches internes, plus près du noyau.) Les biologistes appellent **énergie chimique** l'énergie potentielle qui peut être libérée au cours d'une réaction chimique. Rappelez-vous que les voies cataboliques libèrent de l'énergie en dégradant des molécules complexes. Les biologistes disent que ces molécules complexes (le glucose, par exemple) sont riches en énergie chimique. Au cours d'une réaction catabolique, certaines liaisons sont brisées et d'autres se forment, ce qui libère de l'énergie et génère des produits de dégradation moins riches en énergie. Cette transformation a également lieu dans le moteur d'une voiture quand les hydrocarbures de l'essence réagissent de manière explosive avec l'oxygène et libèrent une énergie qui pousse les pistons et produit des gaz d'échappement. Bien que moins explosive, une réaction similaire se produit dans les cellules entre les molécules provenant des aliments et l'oxygène. Cette réaction leur fournit l'énergie chimique et libère des déchets sous forme de dioxyde de carbone et d'eau. C'est grâce à ses structures et à ses voies biochimiques que la cellule peut récupérer l'énergie chimique des aliments et l'utiliser pour effectuer les processus vitaux.

Comment l'énergie passe-t-elle d'une forme à une autre? Examinons les plongeurs de la **figure 8.2**. La jeune femme qui monte l'échelle libère l'énergie chimique des aliments ingérés au repas précédent et utilise une partie de cette énergie pour exécuter le travail de la montée vers le tremplin. L'énergie cinétique des mouvements musculaires est donc transformée en énergie potentielle parce que la plongeuse s'élève de plus en plus haut au-dessus du niveau de la mer. Le jeune homme qui plonge convertit son énergie potentielle en énergie cinétique, qui est alors transférée à l'eau au moment où il y entre. Une petite quantité de cette énergie est perdue en chaleur à cause de la friction.

Maintenant, revenons en arrière et demandons-nous d'où viennent les molécules organiques des aliments qui ont fourni aux plongeurs l'énergie chimique dont ils ont besoin pour monter les marches jusqu'au tremplin. Cette énergie chimique provient de l'énergie lumineuse transformée par les Végétaux au cours de la photosynthèse. En somme, les organismes transforment l'énergie.

Un plongeur a plus d'énergie potentielle sur le tremplin que dans l'eau.
La plongée convertit l'énergie potentielle en énergie cinétique.
La remontée sur le tremplin convertit l'énergie cinétique des mouvements musculaires en énergie potentielle.
Un plongeur a moins d'énergie potentielle dans l'eau que sur le tremplin.

▲ **Figure 8.2 Les transformations de l'énergie potentielle en énergie cinétique, et vice versa.**

Les principes de la transformation d'énergie

L'étude des transformations d'énergie qui se produisent dans une portion de matière se nomme **thermodynamique**. Les scientifiques emploient le terme *système* pour désigner la portion de matière étudiée, et *environnement* pour faire référence à ce qui est extérieur à celle-ci, soit au reste de l'Univers. Un *système isolé*, qu'on peut imaginer comme un liquide dans un thermos, ne peut pas réaliser d'échanges énergétiques avec son environnement. Inversement, dans un *système ouvert*, il y a des échanges d'énergie (et souvent de matière) entre le système et son environnement. Les organismes sont des systèmes ouverts à l'intérieur d'un système isolé plus vaste, le système solaire. Ils absorbent de l'énergie (par exemple, de l'énergie lumineuse ou de l'énergie chimique sous la forme de molécules organiques), dégagent de la chaleur et rejettent dans leur environnement des déchets métaboliques tels que le dioxyde de carbone. La transformation d'énergie dans les organismes et dans toute portion de matière obéit à deux principes de la thermodynamique.

Le premier principe de la thermodynamique

Selon le **premier principe de la thermodynamique**, la quantité d'énergie dans l'Univers ou dans tout système isolé demeure constante. L'énergie peut être transférée et transformée, mais elle ne peut être ni détruite ni créée. Ce principe porte aussi le nom de *principe de la conservation de l'énergie*. Les centrales électriques ne fabriquent pas de l'énergie; elles ne font que la transformer en une forme utilisable. De même, la plante qui change l'énergie lumineuse en énergie chimique joue le rôle de convertisseur d'énergie, non de producteur.

En courant, l'ours brun (*Ursus arctos*) de la **figure 8.3a** convertit l'énergie chimique des aliments ingérés en énergie cinétique et en d'autres formes d'énergie. Qu'advient-il de cette énergie une fois qu'elle a mené à bien différents processus biologiques? Le second principe de la thermodynamique répond à cette question.

Le deuxième principe de la thermodynamique

Si l'énergie ne peut pas être détruite, alors pourquoi les organismes ne recyclent-ils pas simplement leur énergie au fur et à mesure? En fait, à chaque transfert ou transformation d'énergie, une certaine quantité d'énergie devient inutilisable, non disponible pour effectuer du travail. Autrement dit, aucun processus énergétique n'est efficace à 100%. Dans la plupart des transformations d'énergie, les formes d'énergie utilisable sont converties au moins partiellement en chaleur, laquelle est l'énergie causée par le mouvement aléatoire des atomes ou des molécules. Seule une petite fraction de l'énergie chimique

(a) Premier principe de la thermodynamique. L'énergie ne peut être ni créée ni détruite, seulement transférée ou transformée. Par exemple, l'énergie chimique (potentielle) des aliments sera convertie en énergie cinétique durant la course de l'ours brun, en (b).

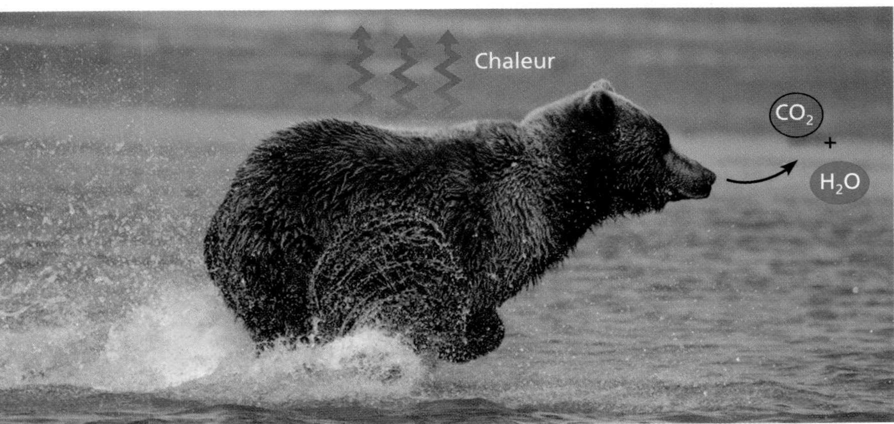

(b) Deuxième principe de la thermodynamique. Chaque transfert ou transformation d'énergie accroît le désordre (l'entropie) de l'Univers. Ainsi, quand cet ours court, la libération de chaleur et de petites molécules (sous-produits métaboliques) augmente le désordre autour de lui. (Un ours brun peut atteindre une vitesse de plus de 56 km/h, soit celle d'un cheval de course.)

▲ **Figure 8.3 Les deux principes de la thermodynamique.**

contenue dans les aliments que mange l'ours brun (figure 8.3a) est transformée en énergie cinétique qui lui permet de courir (**figure 8.3b**); le reste se perd sous forme de chaleur, laquelle se disperse rapidement dans l'environnement.

Lorsque des réactions chimiques effectuent diverses formes de travail, les cellules vivantes convertissent inévitablement en chaleur d'autres formes organisées d'énergie. Un système peut utiliser de la chaleur pour accomplir un travail seulement si une différence de température provoque la diffusion de la chaleur d'un endroit plus chaud vers un endroit plus froid. Si la température est uniforme, comme à l'intérieur d'une cellule (trop petite pour qu'il y ait des variations thermiques significatives), l'énergie thermique sert uniquement à réchauffer une portion de matière, comme un organisme. (La chaleur ainsi produite peut rendre inconfortable une pièce bondée, car une multitude de réactions chimiques se déroulent dans le corps de chaque personne.)

Cette perte d'énergie utilisable lors d'un transfert ou d'une transformation d'énergie a une conséquence logique: chacun de ces événements rend l'Univers plus désordonné. Les scientifiques utilisent une fonction appelée **entropie** pour mesurer ce désordre. Plus un système tend vers le désordre, plus son entropie est élevée. Nous pouvons donc formuler ainsi le **deuxième principe de la thermodynamique**: *tout échange d'énergie augmente l'entropie de l'Univers*. Bien que l'ordre puisse croître localement, l'Univers entier tend irrémédiablement vers un désordre accru.

Dans de nombreux cas, l'augmentation de l'entropie est évidente: il suffit d'observer la dégradation physique de la structure organisée d'un système, par exemple un immeuble abandonné ou une chambre qu'on ne range jamais. Cependant, une grande partie de l'entropie croissante de l'Univers est moins apparente, parce qu'elle prend la forme d'une augmentation de la quantité de chaleur et d'une désorganisation accrue de la matière. En convertissant l'énergie chimique en énergie cinétique, l'ours brun de la figure 8.3b accroît le désordre de son environnement sous forme de chaleur et de petites molécules, qui sont les produits de la dégradation des aliments ingérés.

Le concept d'entropie nous aide à comprendre pourquoi certains processus se réalisent sans apport énergétique. Dans les explications qui vont suivre, le terme **processus spontané** décrit un processus qui peut se produire sans apport énergétique extérieur. Notez qu'ici le qualificatif *spontané* ne signifie pas qu'il se produira rapidement, mais plutôt qu'il sera *thermodynamiquement favorisé*. (En fait, vous comprendrez mieux ce qui suit si vous prenez le terme *spontané* dans le sens de *processus qui se produit de lui-même*, sans cause extérieure, et si vous le remplacez par *thermodynamiquement favorisé*.) Certains processus spontanés sont pratiquement instantanés, comme une explosion, mais d'autres sont beaucoup plus lents, comme la rouille d'une vieille voiture au fil du temps. Un processus qui ne peut pas se produire de lui-même est dit non spontané. Ce type de processus a lieu seulement si de l'énergie s'ajoute au système. Nous savons par expérience que certains événements surviennent spontanément, et d'autres non. Par exemple, l'eau coule spontanément vers le bas, tandis qu'elle a besoin d'énergie pour monter (une machine devra la pousser, par exemple, contre la force gravitationnelle).

▲ **Figure 8.4 L'ordre en tant que caractéristique de la vie.** L'ordre saute aux yeux lorsqu'on regarde ce squelette d'oursin ou cette plante grasse. En tant que systèmes ouverts, les organismes peuvent accroître leur ordre, pourvu que l'ordre de leur environnement diminue.

Autrement dit, on pourrait reformuler le deuxième principe de la thermodynamique de la façon suivante: *pour se produire spontanément, un processus doit augmenter l'entropie de l'Univers*.

Ordre et désordre biologiques

Les systèmes vivants accroissent l'entropie de leur environnement, comme le prévoit le deuxième principe de la thermodynamique. Il est vrai que les cellules créent des structures complexes à partir de matériaux de départ simples. Ainsi, les molécules les plus simples sont agencées de manière à former une structure plus complexe, un acide aminé par exemple, et à leur tour les acides aminés s'associent pour former des chaînes polypeptidiques. De même, à l'échelle des organismes, les structures complexes et magnifiquement ordonnées comme celles qu'on voit à la **figure 8.4** résultent de processus biologiques qui utilisent des matériaux de départ plus simples. Cependant, un organisme peut également puiser dans son environnement des formes organisées de matière et d'énergie et les remplacer par des formes moins ordonnées. Ainsi, en consommant des aliments, un animal obtient de l'amidon, des protéines et d'autres molécules complexes. En les dégradant, il libère du dioxyde de carbone et de l'eau, de petites molécules simples qui emmagasinent moins d'énergie que les aliments de départ. C'est la chaleur générée par les réactions de dégradation qui explique cette réduction de l'énergie chimique. À une plus vaste échelle, l'énergie pénètre dans un écosystème sous forme de lumière et le quitte sous forme de chaleur (voir la figure 1.6, p. 7).

Lorsque la vie est apparue, des organismes complexes ont évolué à partir d'ancêtres plus simples. Par exemple, il est possible de remonter la lignée du règne végétal jusqu'aux algues vertes, des êtres vivants très simples. L'accroissement de l'organisation des organismes avec le temps ne va pas à l'encontre du deuxième principe de la thermodynamique. En effet, l'entropie d'un système donné peut diminuer, pourvu que l'entropie totale de l'Univers (soit le système et son environnement) augmente. En conséquence, les organismes sont des îlots de faible entropie dans un Univers de plus en plus désordonné. L'évolution du caractère ordonné des êtres vivants est donc parfaitement en harmonie avec les principes de la thermodynamique.

RETOUR SUR LE CONCEPT **8.1**

1. **FAITES DES LIENS** En quoi le deuxième principe de la thermodynamique contribue-t-il à expliquer la diffusion d'une substance à travers une membrane (voir la figure 7.13, p. 147)?
2. Décrivez les formes d'énergie qui se trouvent dans une pomme lorsqu'elle pousse dans l'arbre, puis lorsqu'elle tombe et enfin lorsqu'elle est digérée par quelqu'un qui l'a mangée.
3. **ET SI?** Si vous mettez une cuillerée à café de sucre dans un verre d'eau, le sucre finira par se dissoudre complètement. Ensuite, avec le temps, l'eau finira par disparaître et les cristaux de sucre réapparaîtront. Expliquez ces phénomènes du point de vue de l'entropie.

Voir les réponses proposées à la fin du chapitre.

CONCEPT **8.2**

Les variations de l'énergie libre dans une réaction indiquent si la réaction a lieu spontanément

Les principes de la thermodynamique que nous venons de voir s'appliquent à l'Univers dans son ensemble. Les biologistes aspirent à comprendre les réactions chimiques de la vie: par exemple, quelles réactions surviennent spontanément et lesquelles nécessitent de l'énergie. Mais comment y arriver sans examiner les variations de l'énergie et de l'entropie dans tout l'Univers pour chacune de ces réactions?

La variation de l'énergie libre, ΔG

Rappelez-vous que l'Univers a deux constituants: «le système» et «l'environnement». En 1878, J. Willard Gibbs, un physicien américain, a défini une fonction très utile appelée *énergie libre* d'un système (sans tenir compte de son environnement), symbolisée par la lettre G (en l'honneur de Gibbs). L'**énergie libre** d'un système est la portion maximale de l'énergie de ce système qui peut produire du travail à une température et à une pression constantes, comme c'est le cas dans une cellule. L'énergie totale (H), l'énergie libre, ou utilisable (G), et l'énergie non utilisable (S) sont liées de la façon suivante:

$$H = G + TS$$

où T est la température absolue en degrés Kelvin (K = °C + 273).

Voyons maintenant comment on détermine les variations de l'énergie libre lorsqu'un système change, par exemple au cours d'une réaction chimique. Dans toute réaction chimique, la variation de l'énergie libre, ΔG, se calcule à l'aide de la formule suivante, qu'on peut déduire de celle que nous venons tout juste de présenter:

$$\Delta G = \Delta H - T\Delta S$$

Cette formule ne tient compte que des propriétés du système lui-même (la réaction): ΔH symbolise le changement qui se produit dans l'*enthalpie* du système (dans un système biologique, les variations de l'enthalpie sont approximativement égales aux variations de l'énergie totale); ΔS est le changement qui se produit dans l'entropie du système. Notez que, par convention, le symbole Δ (la lettre grecque delta) désigne la variation d'une valeur.

Quand on connaît la valeur de ΔG dans un processus, on peut s'en servir pour déterminer si le processus sera spontané (s'il se produira sans apport d'énergie). À partir des deux principes de la thermodynamique, les physiciens peuvent démontrer que seuls les processus où la valeur de ΔG est négative surviennent spontanément. Cette prédiction a été confirmée par plus d'un siècle d'expérimentation.

Pour que la valeur de ΔG soit négative, la valeur de ΔH doit être négative (le système subit une perte d'enthalpie et H diminue) ou celle de $T\Delta S$ doit être positive (le système subit un accroissement de son désordre et S augmente), ou les deux simultanément. Une fois les valeurs de ΔH et de $T\Delta S$ calculées, ΔG a une valeur négative ($\Delta G < 0$) dans tous les processus spontanés. En d'autres termes, tout processus spontané réduit l'énergie libre du système, et les processus où la valeur de ΔG est positive ou égale à 0 ne sont jamais spontanés.

Ces données intéressent les biologistes au plus haut point, car elles leur permettent de dire quel type de variation peut se produire sans influence extérieure. De telles variations spontanées peuvent servir à effectuer un travail. Ce principe est très important dans l'étude du métabolisme, dont le but premier est de déterminer les réactions qui peuvent fournir l'énergie nécessaire à l'exécution d'un travail dans la cellule vivante.

Énergie libre, stabilité et équilibre

Comme nous venons de le voir, lorsqu'un processus survient spontanément dans un système, c'est que la valeur de ΔG est négative. Pour mieux comprendre la signification de ΔG, vous pouvez aussi vous dire qu'il représente la différence entre l'énergie libre des produits et l'énergie libre des réactifs:

$$\Delta G = G_{\text{produits}} - G_{\text{réactifs}}$$

Donc, la valeur de ΔG ne peut être négative que lorsque le processus comporte une perte d'énergie libre en passant des réactifs aux produits. Étant donné qu'il a moins d'énergie libre, le système, à l'étape des produits, a moins tendance à changer et est donc plus stable qu'il ne l'était.

On peut considérer l'énergie libre comme la mesure de l'instabilité d'un système, c'est-à-dire de sa tendance à évoluer vers un état plus stable. Les systèmes instables (valeur de G élevée) tendent en effet à évoluer vers un état plus stable (valeur de G faible). Par exemple, une goutte de colorant concentré est moins stable (plus susceptible de se disperser) que si le colorant est dispersé au hasard dans le liquide. De même, une molécule de glucose est moins stable (plus susceptible de se dégrader) que les molécules plus simples qui peuvent résulter de sa dégradation et, par analogie, un plongeur sur un tremplin est moins stable (plus susceptible de tomber) qu'un nageur qui flotte sur l'eau (**figure 8.5**). À moins qu'il y ait un obstacle, chacun de ces systèmes aura tendance à évoluer vers un état plus stable: le plongeur sautera à l'eau, la solution se colorera uniformément, la molécule de glucose sera dégradée.

Le terme *équilibre* exprime un état de stabilité maximale, comme nous l'avons vu au chapitre 2 en ce qui a trait aux

• Énergie libre accrue (*G* plus élevée)
• Stabilité réduite
• Capacité de travail accrue

Lors d'un **changement spontané** :
• L'énergie libre du système diminue ($\Delta G < 0$).
• Le système devient plus stable.
• La portion de l'énergie libre qui correspond à la diminution de l'énergie libre du système peut servir à effectuer un travail.

• Énergie libre réduite (*G* plus faible)
• Stabilité accrue
• Capacité de travail réduite

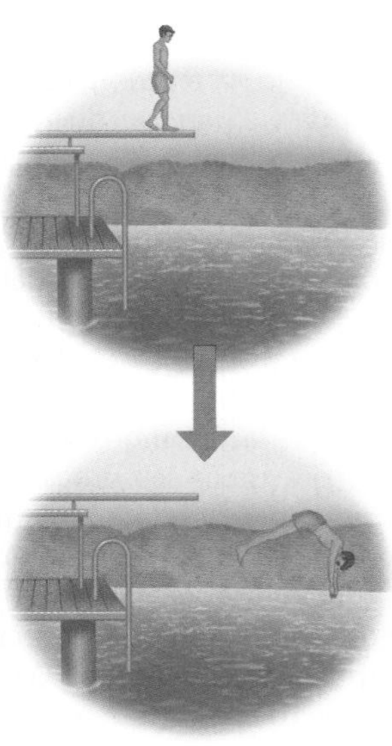

(a) Mouvement gravitationnel. Les objets se déplacent spontanément du haut vers le bas.

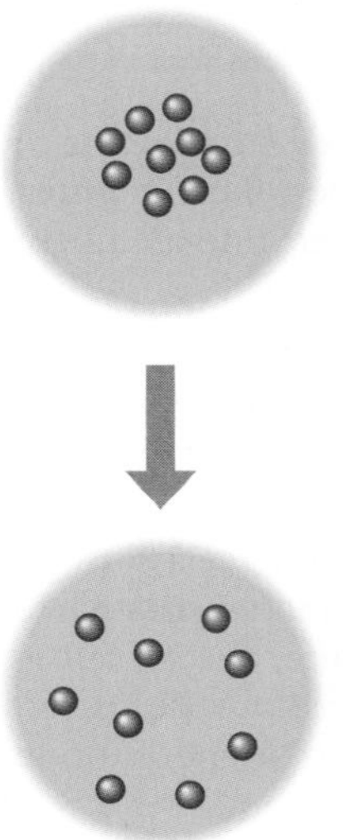

(b) Diffusion. Les molécules d'une goutte de colorant diffusent jusqu'à ce qu'elles soient dispersées au hasard.

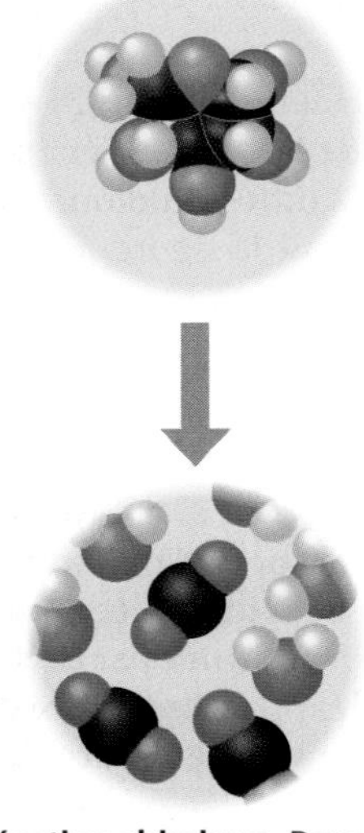

(c) Réaction chimique. Dans une cellule, une molécule de glucose est dégradée en molécules plus simples.

▲ **Figure 8.5 Les rapports entre énergie libre, stabilité, changement spontané et travail.** Les systèmes instables (illustrations du haut) possèdent beaucoup d'énergie libre. Ils ont tendance à changer spontanément pour atteindre un état plus stable (illustrations du bas). Il est possible d'utiliser cette diminution d'énergie pour produire du travail.

réactions chimiques. Il existe une relation importante entre l'énergie libre et l'équilibre, y compris l'équilibre chimique. Nous avons vu que la plupart des réactions chimiques sont réversibles et qu'elles s'effectuent jusqu'à ce que les réactions directe et inverse se produisent à la même vitesse. On dit alors qu'elles ont atteint l'équilibre chimique. Lorsque c'est le cas, les réactifs et les produits demeurent toujours dans les mêmes proportions.

L'énergie libre du mélange de réactifs et de produits diminue lorsque la réaction tend vers l'équilibre. Inversement, elle augmente lorsque la réaction s'éloigne de son point d'équilibre, comme ce sera le cas si on enlève une partie des produits (ce qui change leur concentration par rapport à celle des réactifs). Dans une réaction en équilibre, la valeur de ΔG est à son minimum pour le système. Le moindre changement par rapport à l'équilibre correspond à une valeur de *G* positive et à un changement non spontané. C'est pourquoi les systèmes ne s'éloignent jamais spontanément de leur point d'équilibre. Comme il ne peut pas changer spontanément, un système en équilibre ne peut pas produire de travail. *Seul un processus qui se dirige vers son point d'équilibre est spontané et peut effectuer du travail.*

Énergie libre et métabolisme

Nous pouvons maintenant appliquer le concept d'énergie libre à la chimie de la vie.

Les réactions exergoniques et endergoniques dans le métabolisme

Selon les variations d'énergie libre qu'elles entraînent, les réactions chimiques sont soit exergoniques (« énergie vers l'extérieur »), soit endergoniques (« énergie vers l'intérieur »). Une **réaction exergonique** s'accompagne d'un dégagement net d'énergie libre (**figure 8.6a**). Comme le mélange chimique

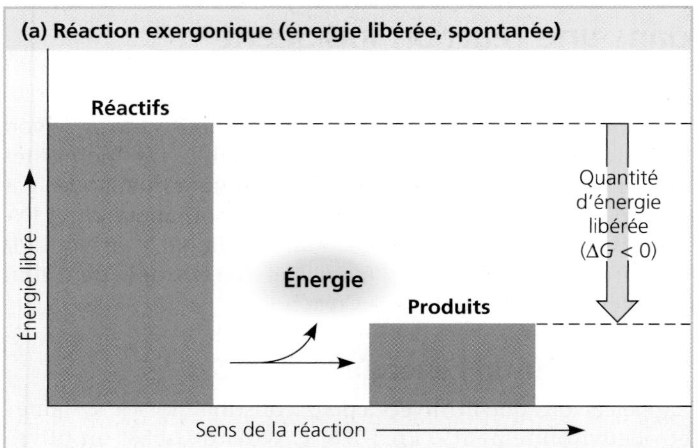

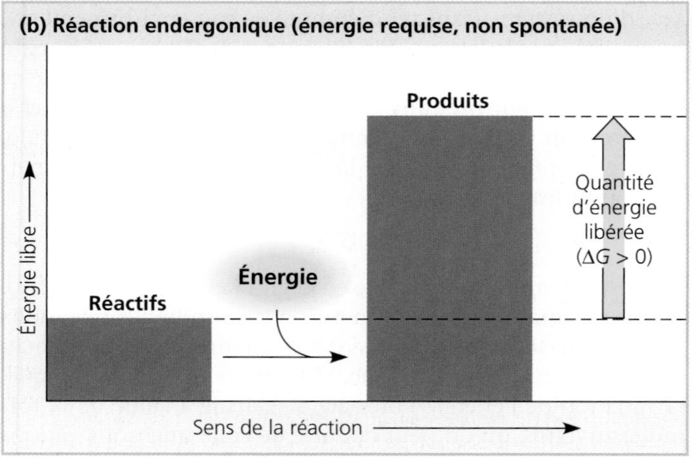

▲ **Figure 8.6 Les variations de l'énergie libre dans les réactions exergoniques et endergoniques.**

perd de l'énergie libre (G diminue), la valeur de ΔG est négative. La valeur de ΔG nous indique que les réactions exergoniques se produisent spontanément. (Rappelez-vous que le mot *spontané* n'est pas synonyme d'*instantané*, ni même de *rapide*.) La valeur de ΔG correspond à la quantité maximale de travail que la réaction peut produire*. Plus la perte d'énergie libre est forte, plus la quantité de travail possible est élevée.

Prenons comme exemple la respiration cellulaire:

$$C_6H_{12}O_6 + 6\ O_2 \rightarrow 6\ CO_2 + 6\ H_2O$$

$$\Delta G = -2\ 870\ \text{kJ/mol}$$

Remarquez d'abord la valeur négative de ΔG dans cette réaction où, pour chaque mole de glucose (180 g) décomposée par la respiration dans des conditions dites « normales » (1 mole de chaque réactif et de chaque produit, 25 °C, pH 7), 2 870 kJ d'énergie sont libérés pour produire du travail. Comme l'énergie se conserve et que les produits de la respiration ($6\ CO_2 + 6\ H_2O$) ont 2 870 kJ d'énergie libre de moins que les réactifs ($C_6H_{12}O_6 + 6\ O_2$), nous savons que la différence d'énergie libre a servi à produire du travail, qu'elle a participé à une autre réaction**.

La **réaction endergonique**, elle, absorbe l'énergie libre de son environnement (**figure 8.6b**). Étant donné qu'elle *emmagasine* plus d'énergie libre qu'elle n'en libère, ΔG est positif. Elle n'est pas spontanée et la valeur de ΔG correspond à la quantité minimale d'énergie requise par la réaction. Si elle est exergonique dans un sens, la réaction chimique est obligatoirement endergonique dans le sens inverse. Une réaction réversible ne peut libérer de l'énergie dans les deux directions. Par exemple, si $\Delta G = -2\ 870$ kJ/mol dans le cas de la respiration cellulaire, qui convertit le glucose en dioxyde de carbone et en eau, alors le processus inverse, c'est-à-dire la conversion du dioxyde de carbone et de l'eau en glucose, doit être fortement endergonique: $\Delta G = +2\ 870$ kJ/mol. Une réaction de ce genre n'aurait jamais lieu spontanément (autrement dit sans apport d'énergie).

Comment, alors, les plantes produisent-elles le glucose dont les organismes ont besoin pour vivre? L'énergie nécessaire pour produire du glucose (2 870 kJ/mol pour 1 mole de glucose) leur provient de l'environnement; elles captent l'énergie lumineuse qu'elles convertissent en énergie chimique. Ensuite, en une longue série d'étapes exergoniques, les plantes dépensent graduellement cette énergie chimique pour assembler des molécules de glucose.

Équilibre et métabolisme

Les réactions qui se produisent dans un système isolé finissent par atteindre l'équilibre et sont alors incapables de produire du travail, comme l'illustre le système hydroélectrique de la **figure 8.7a**. Les réactions chimiques du métabolisme sont réversibles; elles atteindraient l'équilibre si elles se produisaient de manière isolée dans une éprouvette (système isolé). Comme les systèmes à l'état d'équilibre sont au minimum de G et ne peuvent produire aucun travail, une cellule qui atteindrait l'équilibre métabolique mourrait! Le fait que le métabolisme dans son ensemble ne soit jamais en équilibre est l'une des caractéristiques de la vie.

Comme la plupart des systèmes, les cellules de notre corps ne sont pas en état d'équilibre, même si l'organisme dans son ensemble est, lui, à la recherche constante de l'équilibre (comme nous le verrons au concept 40.2, p. 990). La fuite et l'apport constants de matière empêchent ses voies métaboliques d'atteindre l'équilibre, lui permettant ainsi de produire du travail sa vie durant. Le système hydroélectrique ouvert (plus réaliste que le premier) de la **figure 8.7b** illustre bien ce principe, à la différence que la voie catabolique d'une cellule

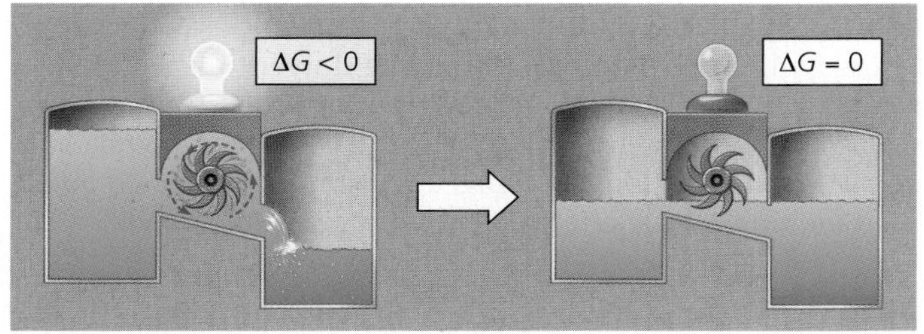

(a) Système hydroélectrique isolé. L'écoulement de l'eau vers le bas actionne la génératrice qui alimente une ampoule électrique, mais seulement jusqu'à ce que le système atteigne l'équilibre.

(b) Système hydroélectrique ouvert. L'écoulement de l'eau ne cesse jamais d'actionner la génératrice, parce que l'apport et l'évacuation de l'eau empêchent le système d'atteindre l'équilibre.

(c) Système hydroélectrique ouvert multiniveaux. La respiration cellulaire ressemble à ce mécanisme : le glucose se dégrade selon une série de réactions exergoniques qui fournissent l'énergie nécessaire au fonctionnement de la cellule. Le produit de chaque réaction devient le réactif de la suivante, de sorte qu'aucune réaction n'atteint l'équilibre.

▲ **Figure 8.7 Équilibre et travail dans les systèmes isolés et ouverts.**

* On emploie ici le mot *maximale* pour qualifier la quantité de travail, parce qu'une partie de l'énergie libre est libérée sous forme de chaleur et ne peut effectuer aucun travail. Donc, ΔG représente une limite supérieure théorique pour l'énergie disponible.

** *Il importe de comprendre que le bris des liaisons ne libère pas nécessairement de l'énergie; au contraire, comme nous le verrons plus loin, il en exige. L'expression « l'énergie stockée dans les liaisons » est un raccourci: il s'agit en fait de l'énergie potentielle qui peut être libérée lorsque de nouvelles liaisons se forment* après *le bris des liaisons, et cela à condition que l'énergie libre des produits soit moins élevée que celle des réactifs.* (La dernière partie du texte en italique mérite d'être relue au besoin, car elle contient des principes essentiels à la bonne compréhension des notions présentées dans ce chapitre.)

libère l'énergie libre selon une suite de réactions. Prenons par exemple la respiration cellulaire, que le système de la **figure 8.7c** illustre par analogie. Certaines de ses réactions réversibles doivent s'effectuer dans un seul sens : elles ne peuvent donc jamais atteindre le point d'équilibre. Pour prolonger cette absence d'équilibre, la cellule doit faire en sorte que les produits d'une réaction ne s'accumulent pas ; alors, elle fait d'eux les réactifs de la réaction suivante. Au terme du processus, les déchets sont expulsés de la cellule. Le processus global de la respiration cellulaire a lieu grâce à l'énorme différence d'énergie libre entre le glucose, au sommet de la pente énergétique, et le dioxyde de carbone et l'eau, au terme du processus. Tant qu'elle reçoit un apport constant de glucose ou d'autres sources d'énergie et qu'elle peut rejeter les déchets dans son environnement, la cellule n'atteint jamais l'équilibre métabolique et elle continue à accomplir son travail, essentiel à la vie.

Nous constatons encore une fois à quel point il est important de considérer l'être vivant comme un système ouvert. La lumière du Soleil assure un apport quotidien d'énergie libre aux Végétaux et aux autres organismes photosynthétiques d'un écosystème. Les Animaux et les autres organismes non photosynthétiques de cet écosystème doivent disposer d'une source d'énergie libre, en l'occurrence les produits organiques de la photosynthèse. Ayant appliqué le concept d'énergie libre au métabolisme, nous pouvons à présent examiner de quelle manière une cellule effectue le travail essentiel à la vie.

RETOUR SUR LE CONCEPT 8.2

1. La respiration cellulaire consomme du glucose, riche en énergie libre, et libère du CO_2 et de l'eau, pauvres en énergie libre. La respiration cellulaire est-elle un processus spontané ou non ? Est-elle exergonique ou endergaonique ? Qu'arrive-t-il à l'énergie libérée par le glucose ?
2. **FAITES DES LIENS** Nous l'avons vu à la figure 7.20 (p. 152), l'un des principaux processus du métabolisme est le transport des ions hydrogène (H^+) à travers une membrane afin d'établir un gradient de concentration. D'autres processus peuvent mener à des concentrations d'ions hydrogène égales de chaque côté. Quelles situations permettent aux ions hydrogène de réaliser du travail dans le système ? En quoi cette réponse est-elle cohérente avec ce que la figure 7.20 révèle quant à l'énergie ?
2. **ET SI ?** C'est la nuit de la Saint-Jean et des fêtards portent des colliers phosphorescents. Ces colliers s'illuminent une fois qu'on les a activés, ce qui se fait généralement en attachant les extrémités du collier de manière à mettre deux produits chimiques en contact, et produire ainsi une réaction et une émission de chimiluminescence. Un ami vous demande si cette réaction chimique est exergonique ou endergonique ; que lui répondez-vous ? Expliquez votre réponse.

Voir les réponses proposées à la fin du chapitre.

CONCEPT 8.3

L'ATP permet le travail cellulaire en couplant les réactions exergoniques aux réactions endergoniques

Une cellule produit principalement trois types de travail :

- un *travail chimique*, soit le déclenchement de réactions endergoniques qui ne se produiraient pas spontanément, comme la synthèse de polymères à partir de monomères (sujet du présent chapitre ainsi que des chapitres 9 et 10) ;
- un *travail de transport*, comme le passage transmembranaire de substances dans le sens inverse du mouvement spontané (voir le chapitre 7) ;
- un *travail mécanique*, comme le changement de forme d'une cellule, le battement des cils (voir le chapitre 6), la contraction des cellules musculaires ou le mouvement des chromosomes au cours de la reproduction cellulaire.

Le **couplage d'énergie** est un processus clé de la bioénergétique. Il consiste à employer l'énergie dégagée par une réaction exergonique pour déclencher une réaction endergonique, en grande partie grâce à l'ATP. Dans la majorité des cas, l'ATP est la source d'énergie directe qui permet à la cellule de produire du travail.

La structure et l'hydrolyse de l'ATP

Nous avons déjà parlé de l'**ATP** (**adénosine triphosphate**) au chapitre 4, lorsque nous avons expliqué que le groupement phosphate était un groupement fonctionnel. Examinons de plus près la structure de la molécule d'ATP. Celle-ci se compose du ribose, auquel sont liées la base azotée adénine et une chaîne de trois groupements phosphate (**figure 8.8a**). En plus de son rôle dans le couplage d'énergie, l'ATP est l'un des nucléosides triphosphates utilisés pour produire l'ARN (voir la figure 5.26, p. 96).

Les liaisons entre les groupements phosphate de l'ATP peuvent être rompues par une réaction d'hydrolyse. Lorsque l'ajout d'une molécule d'eau brise la liaison du phosphate terminal, il y a libération d'une molécule de phosphate inorganique ($HOPO_3^{2-}$, que nous exprimerons dorénavant par le symbole Ⓟ$_i$). L'ATP devient alors l'adénosine diphosphate, ou ADP (**figure 8.8b**). Il s'agit d'une réaction exergonique ; dans des conditions normales, elle dégage 30,5 kJ d'énergie par mole d'ATP hydrolysée :

$$\text{ATP} + H_2O \rightarrow \text{ADP} + \text{Ⓟ}_i$$

$$\Delta G = -30{,}5 \text{ kJ/mol (conditions normales)}$$

Il s'agit là de la variation d'énergie libre mesurée en laboratoire dans des conditions normales. Cependant, dans la cellule, les conditions ne sont pas normales, principalement parce que la concentration du produit et du réactif diffère de 1 mole. Par exemple, quand l'hydrolyse de l'ATP se déroule dans les conditions du milieu cellulaire, la valeur réelle de ΔG est d'environ −54,4 kJ/mol, soit 78 % de plus que l'énergie libérée par l'hydrolyse de l'ATP dans des conditions normales.

Étant donné que l'hydrolyse des liaisons phosphate de l'ATP libère de l'énergie, on dit parfois que ces liaisons possèdent une énergie élevée, mais cette expression est trompeuse, car elles ne sont pas exceptionnellement fortes. En fait, si les réactifs (l'ATP et l'eau) ont beaucoup d'énergie, c'est par rapport aux produits (ADP et Ⓟi). Le dégagement d'énergie au cours de l'hydrolyse de l'ATP ne provient pas des liaisons phosphate elles-mêmes, mais d'un réarrangement des électrons sur les orbitales qui aboutit à une baisse d'énergie libre.

L'ATP est utile à la cellule parce que l'énergie qu'il libère lors de l'hydrolyse d'un groupement phosphate est légèrement supérieure à l'énergie que la plupart des autres molécules pourraient dégager. Mais pourquoi cette hydrolyse libère-t-elle tant d'énergie ? Si nous examinons de nouveau la molécule d'ATP à la figure 8.8, nous pouvons voir que les trois groupements phosphate portent une charge négative. Comme ces trois charges de même signe sont rapprochées les unes des autres, il se produit une répulsion mutuelle entre les groupements phosphate. Celle-ci contribue à l'instabilité de ce segment de la molécule d'ATP. La queue triphosphate de la molécule d'ATP est l'équivalent chimique d'un ressort comprimé.

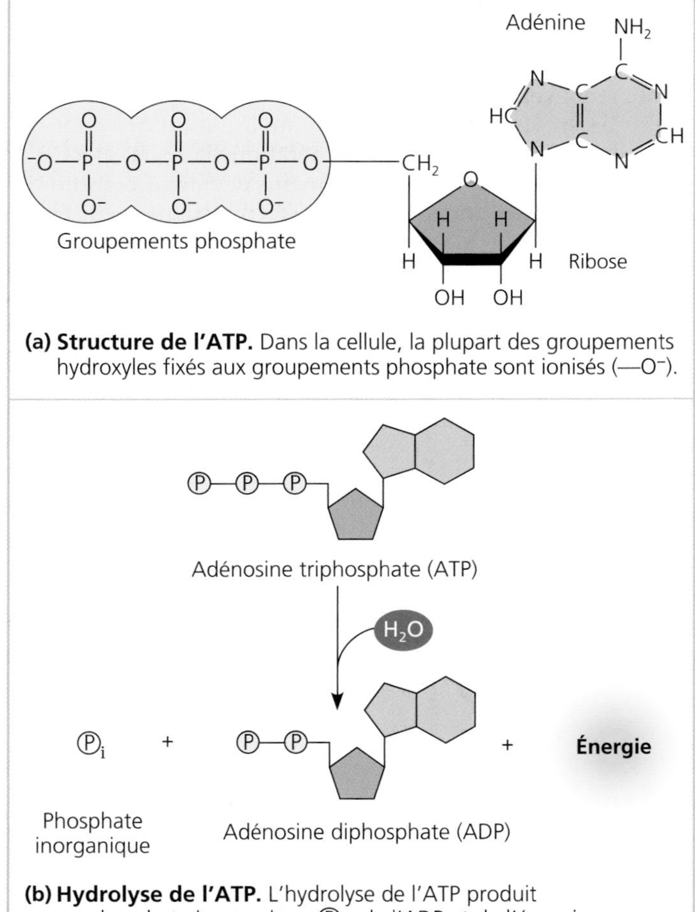

(a) Structure de l'ATP. Dans la cellule, la plupart des groupements hydroxyles fixés aux groupements phosphate sont ionisés ($—O^-$).

(b) Hydrolyse de l'ATP. L'hydrolyse de l'ATP produit un phosphate inorganique Ⓟi, de l'ADP et de l'énergie.

▲ **Figure 8.8 La structure et l'hydrolyse de l'adénosine triphosphate (ATP).**

Comment l'hydrolyse de l'ATP produit du travail

Quand on hydrolyse de l'ATP dans une éprouvette, le dégagement d'énergie libre qui en résulte ne fait que réchauffer l'eau du contenant. Dans un organisme, il arrive que la même production de chaleur soit bénéfique. Par exemple, le frisson utilise l'hydrolyse de l'ATP durant la contraction musculaire pour générer de la chaleur et réchauffer le corps. Cependant, dans la cellule, la production de chaleur employée seule reviendrait le plus souvent à utiliser inefficacement (et même dangereusement) une source d'énergie précieuse.

Au lieu de cela, les protéines de la cellule utilisent l'énergie dégagée durant l'hydrolyse de l'ATP de plusieurs manières pour accomplir trois types de travail cellulaire – le travail chimique, le travail de transport et le travail mécanique. Ainsi, avec l'aide d'enzymes spécifiques, la cellule peut utiliser directement l'énergie dégagée par l'hydrolyse de l'ATP pour réaliser des réactions chimiques qui, en elles-mêmes, sont endergoniques. Si la valeur de ΔG d'une réaction endergonique est inférieure à la quantité d'énergie dégagée par l'hydrolyse de l'ATP, les deux réactions pourront alors être couplées, de sorte qu'au total les réactions couplées sont exergoniques (**figure 8.9**). Ce couplage suppose habituellement le transfert d'un groupement phosphate de l'ATP à une autre molécule, comme le réactif. Le composé qui reçoit le groupement phosphate lié à lui par covalence s'appelle alors **intermédiaire phosphorylé**. La formation de cet intermédiaire particulier, plus réactif (moins stable) que la molécule originale non phosphorylée, est la clé du couplage des réactions exergoniques et endergoniques.

De même, le travail de transport et le travail mécanique dans la cellule sont presque toujours mis en œuvre par l'hydrolyse de l'ATP. Dans ces deux cas, l'hydrolyse de l'ATP modifie la forme de la protéine et, souvent, sa capacité de se lier à une autre molécule. Parfois, l'action se produit grâce à un intermédiaire phosphorylé, comme c'est le cas pour la protéine de transport de la **figure 8.10a**. En général, quand le travail mécanique suppose que des protéines motrices « circulent » le long des structures cytosquelettiques (**figure 8.10b**), l'action se déroule de façon cyclique. D'abord, l'ATP se lie de façon non covalente à la protéine motrice. Puis, l'ATP est hydrolysée, libérant ADP et Ⓟi. Une autre molécule d'ATP peut alors se lier. À chaque étape, la protéine motrice change de forme et modifie sa capacité à se lier au cytosquelette, ce qui permet le mouvement de la protéine le long de la voie cytosquelettique.

La régénération de l'ATP

Un organisme au travail utilise continuellement de l'ATP. Heureusement, celui-ci constitue une ressource renouvelable qui peut être régénérée par l'ajout d'un phosphate à de l'ADP (**figure 8.11**). Ce sont les réactions exergoniques de dégradation (catabolisme) qui fournissent l'énergie libre nécessaire à la phosphorylation de l'ADP. Ce va-et-vient entre le phosphate inorganique et l'énergie se nomme cycle de l'ATP. Dans la cellule, les processus consommateurs d'énergie (endergoniques) sont couplés aux processus producteurs d'énergie (exergoniques). Le cycle de l'ATP fonctionne à un rythme extrêmement intense. Par exemple, une cellule musculaire au

(a) Conversion de l'acide glutamique en glutamine. En elle-même, la synthèse de la glutamine à partir d'acide glutamique (Glu) est endergonique (la valeur de ΔG est positive), de sorte qu'elle n'est pas spontanée.

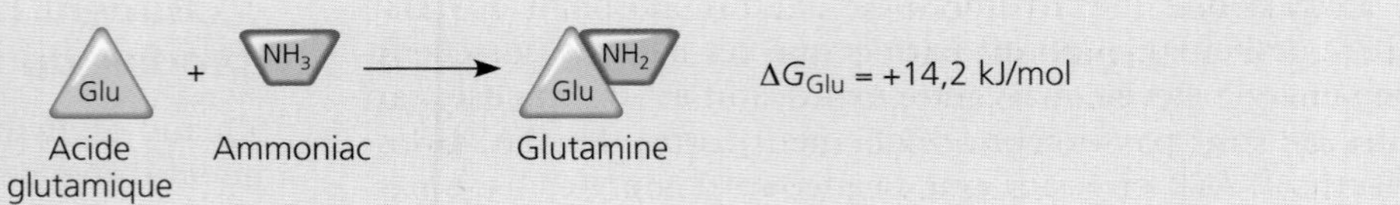

(b) Réaction de conversion couplée avec l'hydrolyse de l'ATP. Dans la cellule, la synthèse de la glutamine se déroule en deux étapes, couplée par un intermédiaire phosphorylé. ❶ L'ATP phosphoryle l'acide glutamique, le rendant moins stable. ❷ L'ammoniac déplace le groupement phosphate, formant la glutamine.

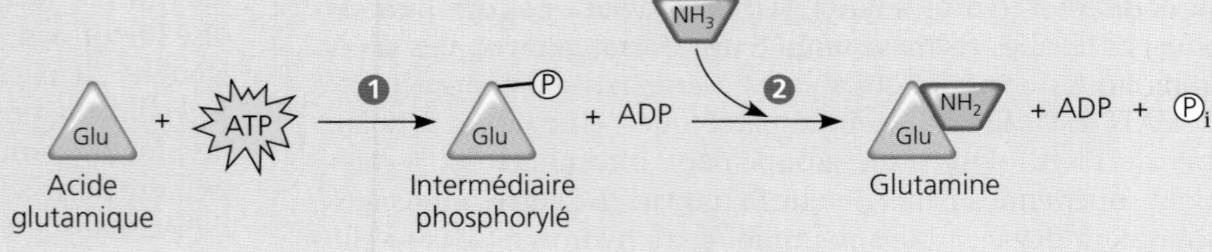

(c) Variation de l'énergie libre pour une réaction couplée. L'addition de ΔG pour la conversion de l'acide glutamique en glutamine (+14,2 kJ/mol) et de ΔG pour l'hydrolyse de l'ATP (–30,5 kJ/mol) donne la variation d'énergie pour la réaction totale (–16,3 kJ/mol). L'ensemble du processus étant exergonique (la variation nette de G est négative), il se produit spontanément.

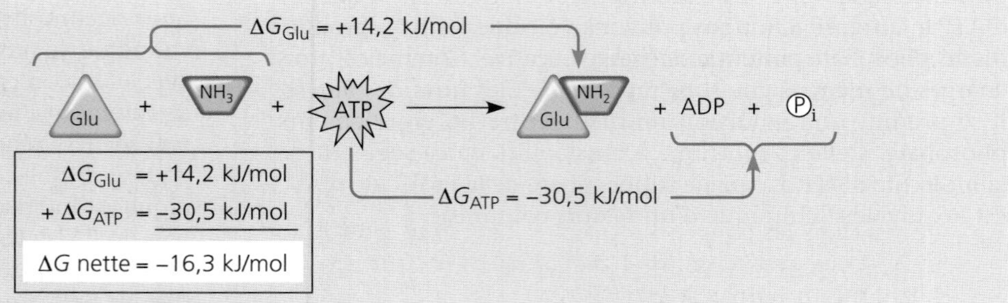

▲ **Figure 8.9 Comment l'ATP effectue du travail chimique: le couplage de l'énergie au moyen de l'hydrolyse de l'ATP.** Dans cet exemple, le processus exergonique qu'est l'hydrolyse de l'ATP fournit l'énergie nécessaire à un processus endergonique: la synthèse cellulaire de la glutamine (un acide aminé) à partir d'acide glutamique (un autre acide aminé) et d'ammoniac.

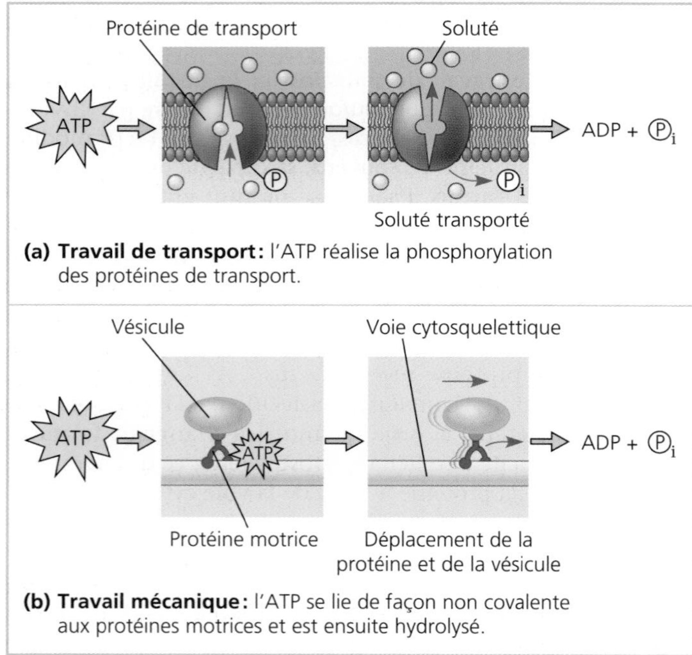

(a) Travail de transport: l'ATP réalise la phosphorylation des protéines de transport.

(b) Travail mécanique: l'ATP se lie de façon non covalente aux protéines motrices et est ensuite hydrolysé.

▲ **Figure 8.10 Comment l'ATP fournit l'énergie nécessaire au travail de transport et au travail mécanique de la cellule.** L'hydrolyse de l'ATP modifie la forme et les affinités de liaisons des protéines. Cet apport d'énergie peut se produire soit **(a)** directement, par phosphorylation, comme dans le cas d'une protéine membranaire qui réalise le transport actif d'un soluté (voir aussi la figure 7.18, p. 151), ou **(b)** indirectement, par la liaison non covalente de l'ATP et de ses produits hydrolytiques, comme dans le cas des protéines motrices qui déplacent des vésicules (et d'autres organites) le long des « voies » cytosquelettiques dans la cellule (voir aussi la figure 6.21, p. 123).

travail renouvelle la totalité de son ATP en moins d'une minute: toutes les secondes, 10 millions de molécules d'ATP sont utilisées et régénérées. Sans la régénération de l'ATP grâce à la phosphorylation de l'ADP, les humains devraient consommer quotidiennement une quantité d'ATP équivalant à leur masse corporelle.

Puisqu'un processus réversible ne peut libérer de l'énergie dans les deux sens, la régénération de l'ATP à partir de l'ADP est nécessairement endergonique:

$$\text{ADP} + \text{Ⓟ}_i \rightarrow \text{ATP} + H_2O$$

$$\Delta G = +30{,}5 \text{ kJ/mol (dans des conditions normales)}$$

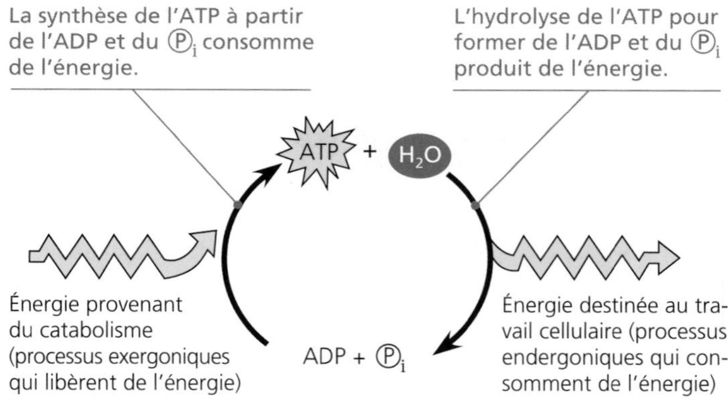

▲ **Figure 8.11 Le cycle de l'ATP.** Dans les cellules, l'énergie dégagée par les réactions de dégradation (catabolisme) sert à la phosphorylation de l'ADP, c'est-à-dire à la régénération de l'ATP. L'énergie chimique potentielle emmagasinée dans l'ATP assure la majeure partie du travail cellulaire.

Comme elle n'est pas spontanée, la formation d'ATP à partir d'ADP et de Ⓟᵢ nécessite une dépense d'énergie libre. Ce sont les voies cataboliques (exergoniques), notamment la respiration cellulaire, qui fournissent l'énergie nécessaire à la fabrication de l'ATP, un processus endergonique. Les Végétaux, eux, utilisent l'énergie lumineuse pour produire l'ATP. Le cycle de l'ATP est donc une sorte de tourniquet que l'énergie traverse lors de son passage des voies cataboliques aux voies anaboliques.

RETOUR SUR LE CONCEPT 8.3

1. Dans la plupart des cas, comment l'ATP transfère-t-il de l'énergie d'un processus exergonique à un processus endergonique dans la cellule ?
2. Lequel des groupes suivants a le plus d'énergie libre : acide glutamique + ammoniac + ATP, ou glutamine + ADP + Ⓟᵢ ? Expliquez votre réponse.
3. **FAITES DES LIENS** Compte tenu de ce que vous avez appris dans les concepts 7.3 et 7.4 (p. 147 à 153), diriez-vous que la figure 8.10a montre un transport passif ou un transport actif ? Pourquoi ?

Voir les réponses proposées à la fin du chapitre.

CONCEPT 8.4

Les enzymes accélèrent les réactions métaboliques en abaissant les barrières énergétiques

Les principes de la thermodynamique nous renseignent sur la spontanéité des réactions chimiques dans certaines conditions, mais pas sur leur vitesse. Une réaction spontanée se produit sans l'apport d'énergie extérieure, mais elle peut se produire lentement, au point d'être imperceptible. Par exemple, l'hydrolyse du saccharose en glucose et en fructose est exergonique ; elle a lieu spontanément et s'accompagne d'un dégagement d'énergie libre ($\Delta G = -29{,}3$ kJ/mol). Cependant, il peut se passer des années avant qu'une solution de saccharose ajoutée à de l'eau stérile et placée à la température ambiante ne soit hydrolysée de façon appréciable. Par contre, si nous versons dans la solution une petite quantité de catalyseur, par exemple l'enzyme appelée *saccharase*, tout le saccharose s'hydrolysera en quelques secondes, selon la réaction suivante :

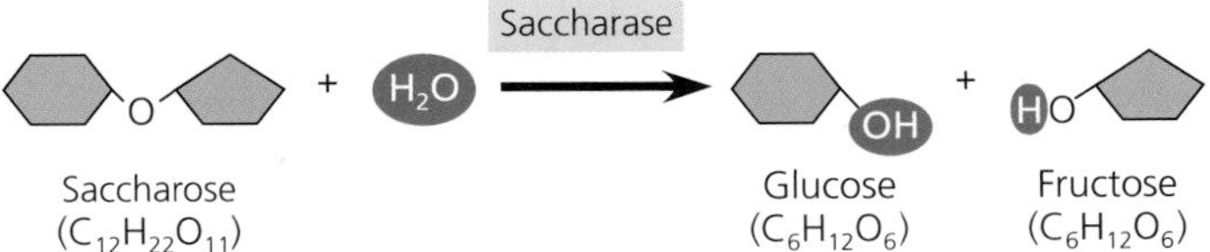

Comment l'enzyme parvient-elle à agir de la sorte ?

Une **enzyme** est une macromolécule qui agit comme un **catalyseur**, soit un agent chimique qui augmente la vitesse d'une réaction (la multipliant par un facteur pouvant atteindre 10^{12} fois) sans être lui-même modifié au cours de cette réaction. (Dans ce chapitre, nous nous concentrerons sur les catalyseurs protéiniques ; aux chapitres 17 et 25, nous étudierons une autre classe de catalyseurs biologiques, les ribozymes, qui sont constitués d'ARN.) Sans la régulation enzymatique, la circulation chimique sur les voies métaboliques serait désespérément congestionnée, car bien des réactions chimiques se dérouleraient beaucoup trop lentement. Dans les deux sections suivantes, nous verrons ce qui empêche les réactions spontanées de se produire plus rapidement et comment les enzymes remédient à la situation.

La barrière de l'énergie d'activation

Toute réaction chimique entre des molécules suppose la rupture des liaisons existant dans les réactifs et la formation de nouvelles liaisons (qui donneront les produits). Par exemple, lors de l'hydrolyse du saccharose, la liaison entre les deux monomères ainsi que l'une des liaisons d'une molécule d'eau sont brisées, puis deux nouvelles liaisons sont établies, comme on le voit ci-dessus. Pour qu'une molécule se transforme en une autre molécule, il faut habituellement que la molécule de départ se déforme de manière à devenir très instable. On peut comparer cette déformation à l'état de l'anneau de métal d'un porte-clés qu'on force à s'entrouvrir pour y faire passer une nouvelle clé. L'anneau est très instable dans sa forme entrouverte, mais il reprend un état stable dès que la clé est complètement passée dans l'anneau. Pour atteindre cet état déformé où les liaisons peuvent changer, les molécules de réactifs doivent absorber de l'énergie de leur environnement. Quand les nouvelles liaisons des molécules de produits se forment, l'énergie est libérée sous forme de chaleur, et les molécules reprennent une forme stable, moins riche en énergie que dans l'état déformé.

L'énergie requise pour déclencher une réaction, c'est-à-dire pour déformer les molécules de réactifs de façon que les liaisons changent, s'appelle *énergie libre d'activation*, ou **énergie d'activation** (E_A dans ce manuel). On peut comparer l'énergie d'activation à la quantité d'énergie nécessaire pour pousser un objet posé au sommet d'une colline afin qu'il dévale la pente. Il s'agit, en fait, de l'énergie requise pour amener les réactifs au-delà d'une barrière, ou seuil énergétique, à partir de laquelle la réaction pourra démarrer. Dans l'environnement, l'énergie d'activation se présente souvent sous forme d'énergie thermique (chaleur) que les molécules de réactifs absorbent. L'absorption d'énergie thermique augmente la vitesse moléculaire des réactifs, de sorte que les collisions deviennent plus fréquentes et plus fortes. De plus, l'agitation thermique des atomes dans les molécules facilite la rupture des liaisons. Quand les molécules ont absorbé assez d'énergie pour que les liaisons se brisent, les réactifs atteignent ce qu'on appelle *état de transition*.

La **figure 8.12** illustre les variations d'énergie d'une réaction exergonique hypothétique qui troque certaines parties de deux molécules de réactifs :

$$AB + CD \rightarrow AC + BD$$

L'activation des réactifs est représentée par la partie supérieure du graphique, qui correspond à l'augmentation de l'énergie libre des molécules de réactifs. Au sommet, lorsque l'énergie équivalant à E_A a été absorbée, les réactifs sont en

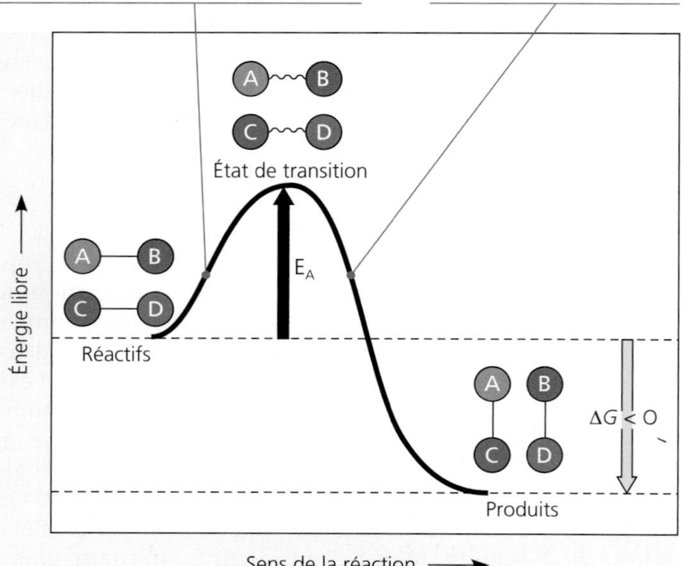
Les réactifs AB et CD doivent absorber suffisamment d'énergie de l'environnement pour atteindre l'état de transition instable où des liaisons peuvent se rompre.
Des liaisons se rompent, et d'autres se forment. Ce processus dégage de l'énergie dans l'environnement.
A
B
C
D
État de transition
E_A
Réactifs
ΔG < O
Produits
Énergie libre
Sens de la réaction

▲ **Figure 8.12 Le profil énergétique d'une réaction exergonique.** Dans cette réaction hypothétique, A, B, C et D représentent des *portions* de molécules. Sur le plan thermodynamique, il s'agit d'une réaction exergonique, la valeur de ΔG est négative et la réaction se produit spontanément. Cependant, l'énergie d'activation (E_A) représente une barrière qui détermine la vitesse de la réaction.

FAITES UN DESSIN *Représentez graphiquement le progrès d'une réaction endergonique où EF et GH forment les produits EG et FH, en tenant compte du fait que les réactifs doivent passer par un état de transition.*

état de transition: ils sont activés, et leurs liaisons peuvent se rompre. Puis, pendant que les atomes s'installent dans leur nouvel état plus stable, de l'énergie se dégage dans leur environnement. Ce dégagement correspond à la partie inférieure de la courbe, qui illustre la perte d'énergie libre des molécules. La diminution totale de l'énergie libre signifie que E_A est remboursée avec intérêt, puisque la formation de nouvelles liaisons dégage plus d'énergie que ce qui a été investi dans la rupture des anciennes liaisons.

La réaction illustrée à la figure 8.12 est exergonique et se produit spontanément. Cependant, l'énergie d'activation crée une barrière qui détermine la vitesse de la réaction. Les réactifs doivent absorber suffisamment d'énergie pour franchir cette barrière d'activation avant que la réaction ne démarre. Dans certaines réactions, E_A est si peu élevée (la barrière est si basse) que l'énergie thermique qui existe à la température ambiante suffit à mener les réactifs à l'état de transition. Cependant, dans la plupart des cas, la barrière de E_A est tellement élevée, et l'état de transition si rarement atteint, que la réaction ne peut s'amorcer. Les réactifs ont besoin de chaleur pour que la réaction se produise à une vitesse perceptible. Ainsi, la réaction de l'essence et de l'oxygène est exergonique et se produit spontanément, mais il faut fournir de l'énergie aux molécules pour qu'elles atteignent l'état de transition requis et réagissent. C'est seulement lorsque les bougies d'allumage produisent une étincelle dans le moteur d'une automobile que se déclenche la réaction explosive libérant l'énergie qui pousse les pistons. Sans étincelle, le mélange composé des hydrocarbures de l'essence et d'oxygène ne réagit pas parce que la barrière de E_A est trop élevée.

Les enzymes et l'énergie d'activation

Sans la barrière créée par l'énergie d'activation, les protéines, l'ADN et les autres molécules complexes d'une cellule, qui sont riches en énergie libre, pourraient se décomposer spontanément. En effet, les principes de la thermodynamique favorisent leur dégradation. Heureusement, la plupart de ces molécules sont incapables de franchir l'état de transition aux températures habituelles des cellules. Il faut toutefois que certaines réactions puissent avoir lieu pour que la cellule assure le bon fonctionnemenr de ses processus vitaux. La chaleur accélère une réaction en permettant aux réactifs d'atteindre l'état de transition plus souvent, mais cette solution n'est pas appropriée aux systèmes biologiques. Tout d'abord, les températures élevées dénaturent les protéines et tuent les cellules. Deuxièmement, la chaleur accélère *toutes* les réactions, même celles qui ne sont pas nécessaires. L'organisme doit donc faire appel à une solution de rechange: un catalyseur.

Une enzyme catalyse une réaction en abaissant l'énergie d'activation (**figure 8.13**). Ce faisant, les molécules de réactifs peuvent absorber suffisamment d'énergie pour atteindre l'état de transition, même aux températures habituelles. Une enzyme ne change pas le ΔG d'une réaction; elle ne peut rendre exergonique une réaction endergonique. Elle ne fait qu'accélérer un processus qui, de toute façon, finirait par se produire. Elle permet seulement à la cellule d'avoir un métabolisme dynamique, une circulation chimique «fluide». Et, comme les enzymes sélectionnent les réactions qu'elles catalysent, elles déterminent les processus chimiques qui se déroulent en tout temps dans la cellule.

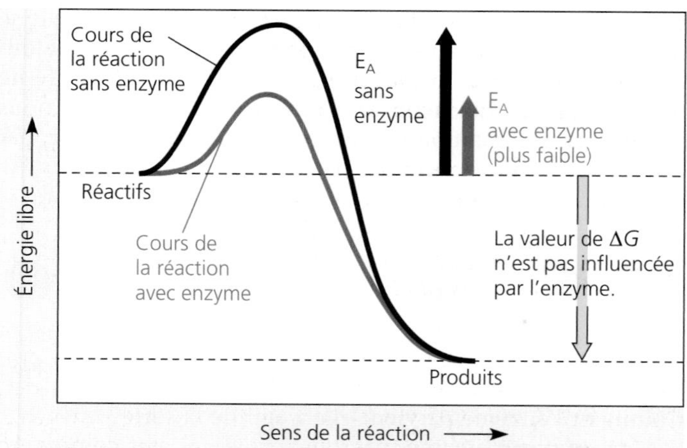
Cours de la réaction sans enzyme
E_A sans enzyme
E_A avec enzyme (plus faible)
Réactifs
Cours de la réaction avec enzyme
La valeur de ΔG n'est pas influencée par l'enzyme.
Produits
Énergie libre
Sens de la réaction

▲ **Figure 8.13 L'effet d'une enzyme sur l'énergie d'activation.** Une enzyme augmente la vitesse d'une réaction en réduisant son énergie d'activation (EA), sans en changer le ΔG.

La spécificité des enzymes pour leurs substrats

On appelle **substrat** le réactif sur lequel une enzyme agit. L'enzyme se lie à son substrat (ou à ses substrats, lorsqu'il y a deux ou plusieurs réactifs), et cette liaison forme un **complexe enzyme-substrat**. Pendant que les deux sont réunis, l'action catalytique de l'enzyme convertit le substrat en produit (ou en produits) de la réaction. Nous pouvons résumer ce processus de la façon suivante :

Enzyme + Substrat(s) ⇌ Complexe enzyme-substrat ⇌ Enzyme + Produit(s)

Par exemple, l'enzyme appelée saccharase (la plupart des noms d'enzyme se terminent par *-ase*) catalyse l'hydrolyse du saccharose (un disaccharide) en ses deux monosaccharides, le glucose et le fructose (voir p. 000) :

Saccharase + Saccharose + H_2O ⇌ Complexe saccharase-saccharose-H_2O ⇌ Saccharase + Glucose + Fructose

Contrairement à ce qui se produit dans le cas des catalyseurs non biologiques, la réaction catalysée par une enzyme est très spécifique. Une enzyme peut reconnaître son substrat, même parmi des composés très apparentés. Par exemple, la saccharase n'agit que sur le saccharose et ne se lie pas à d'autres disaccharides, comme le maltose. Comment expliquer cette reconnaissance moléculaire ? Rappelez-vous que les enzymes sont pour la plupart des protéines, et que ces dernières sont des macromolécules possédant une forme tridimensionnelle unique. C'est cette forme dictée par leur séquence d'acides aminés qui détermine leur spécificité.

En fait, seule une petite partie de la molécule d'enzyme se lie au substrat. Cette partie, appelée **site actif**, se trouve habituellement dans une poche ou un sillon à la surface de la protéine (**figure 8.14a**). En général, le site actif n'est constitué que de quelques-uns des acides aminés qui composent l'enzyme (une dizaine tout au plus) ; le reste forme une charpente qui détermine la configuration du site actif. La spécificité d'une enzyme réside d'abord dans le fait que la forme de son site actif correspond exactement à la forme de son substrat.

Une enzyme n'est pas une structure rigide confinée à une forme donnée. En fait, les travaux récents des biochimistes démontrent clairement que les enzymes (comme les autres protéines) prennent des formes subtilement différentes dans un équilibre dynamique, avec de légères différences d'énergie libre pour chaque état. La forme qui convient le mieux au substrat n'est pas nécessairement celle qui exige le moins d'énergie, mais durant le très court moment où les enzymes prennent cette forme, son site actif peut se lier au substrat. On sait depuis plus de 50 ans que le site actif lui-même n'est pas un réceptacle rigide pour le substrat. Lorsque le substrat entre dans le site actif, l'enzyme change légèrement de forme en raison des interactions entre les groupements chimiques du substrat et les groupements chimiques des chaînes latérales des acides aminés qui forment le site actif. Le site actif épouse alors encore mieux le contour du substrat (**figure 8.14b**). Cet **ajustement induit** se compare à une poignée de main. Il positionne les groupements fonctionnels du site actif de manière à favoriser leur capacité à catalyser la réaction chimique.

La catalyse dans le site actif d'une enzyme

Dans la plupart des réactions enzymatiques, le substrat est maintenu dans le site actif de l'enzyme par des *liaisons non covalentes*, comme des liaisons hydrogène et des liaisons ioniques. Les chaînes latérales (radicaux R) de quelques-uns des acides aminés qui constituent le site actif catalysent la transformation du substrat en produit. Une fois celle-ci terminée, le produit quitte le site actif. Ce dernier est donc libre d'accepter une autre molécule de substrat. Le cycle entier se produit tellement vite qu'une seule molécule d'enzyme transforme habituellement un millier de molécules de substrat par seconde. Certaines enzymes sont encore plus rapides. Par ailleurs, comme nous l'avons expliqué plus haut, les enzymes demeurent inchangées après une réaction, à l'instar des autres catalyseurs, et sont réutilisables, comme le sont des outils. Bref, le cycle se répétant encore et encore, de très petites quantités d'enzymes peuvent avoir d'énormes répercussions sur le métabolisme. La **figure 8.15** montre un cycle catalytique comportant deux substrats et deux produits.

La plupart des réactions métaboliques sont réversibles. Certaines exigent la participation de deux enzymes différentes : une pour la réaction directe et une autre pour la réaction inverse. Il arrive cependant qu'une même enzyme catalyse

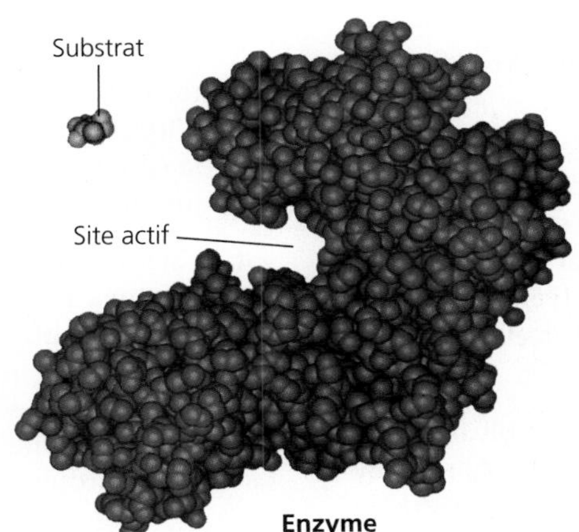

(a) Dans ce modèle informatique, le site actif de cette enzyme (l'hexokinase, en bleu) forme un sillon à la surface. Son substrat est le glucose (en rouge).

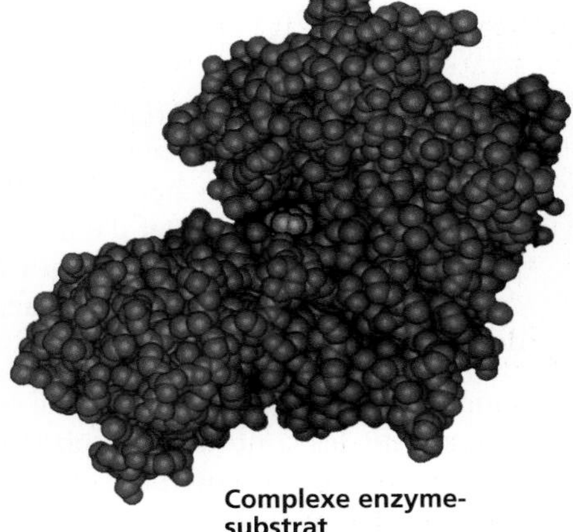

(b) Lorsqu'il pénètre dans le site actif, le substrat forme des liaisons faibles avec l'enzyme, laquelle change légèrement de forme. Cette modification favorise la formation d'autres liaisons faibles; le site actif s'ajuste alors au substrat et le maintient en place.

▲ **Figure 8.14 L'ajustement induit entre une enzyme et son substrat.**

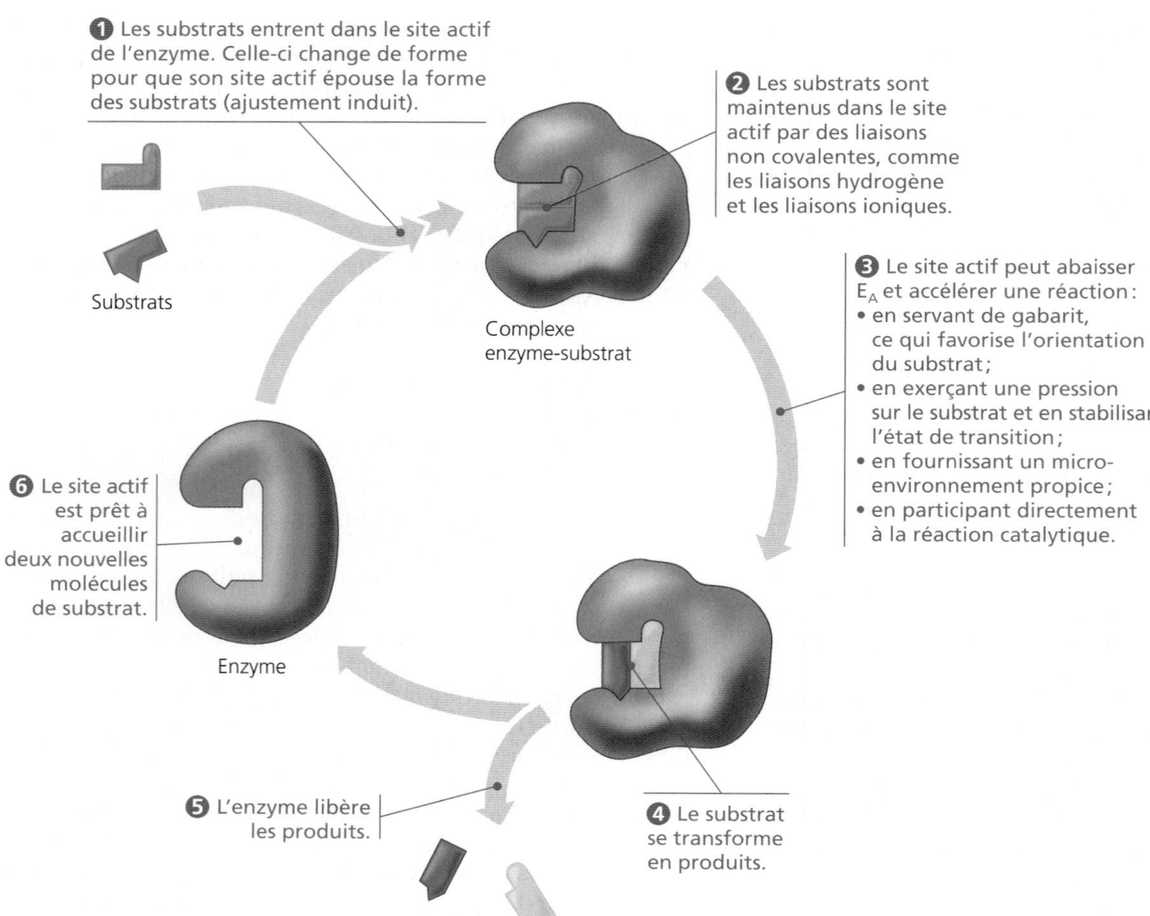

❶ Les substrats entrent dans le site actif de l'enzyme. Celle-ci change de forme pour que son site actif épouse la forme des substrats (ajustement induit).
❷ Les substrats sont maintenus dans le site actif par des liaisons non covalentes, comme les liaisons hydrogène et les liaisons ioniques.
Substrats
Complexe enzyme-substrat
❸ Le site actif peut abaisser E_A et accélérer une réaction:
• en servant de gabarit, ce qui favorise l'orientation du substrat;
• en exerçant une pression sur le substrat et en stabilisant l'état de transition;
• en fournissant un micro-environnement propice;
• en participant directement à la réaction catalytique.
❻ Le site actif est prêt à accueillir deux nouvelles molécules de substrat.
Enzyme
❺ L'enzyme libère les produits.
❹ Le substrat se transforme en produits.
Produits

◄ **Figure 8.15 Le site actif et le cycle catalytique d'une enzyme.** Une enzyme peut convertir une ou plusieurs molécules de réactif en une ou en plusieurs molécules de produit. L'enzyme illustrée ici transforme deux molécules de substrat en deux molécules de produit.

les réactions directe et inverse selon la direction qui présente un ΔG négatif, facteur qui lui-même dépend surtout des concentrations relatives des réactifs et des produits. Le résultat net tend toujours vers l'équilibre.

Les enzymes utilisent différents mécanismes pour abaisser l'énergie d'activation d'une réaction et accélérer celle-ci (voir la figure 8.15, étape ❸).

1. Dans les réactions où interviennent deux ou plusieurs réactifs, le site actif d'une enzyme sert de gabarit, ce qui aide les substrats à se rapprocher l'un de l'autre et à adopter une orientation qui leur permet d'entrer en réaction. (Il faut se rappeler que les électrons chargés négativement sur les couches externes des atomes des réactifs exercent une force de répulsion entre ces derniers.)

2. Tandis que le site actif de l'enzyme épouse de plus en plus étroitement les contours des substrats liés, l'enzyme étire les molécules de réactifs pour qu'elles s'approchent de la forme correspondant à leur état de transition: elle exerce une pression et déforme les liaisons chimiques qui doivent être rompues pour que la réaction se produise. Étant donné que E_A est proportionnelle au degré de difficulté de la rupture des liaisons, la torsion des substrats les rapproche de leur état de transition et, par le fait même, réduit la quantité d'énergie libre qui doit être absorbée pour atteindre l'état de transition.

3. Le site actif peut également fournir un microenvironnement plus propice à un type particulier de réaction que la solution sans enzyme à elle seule. Par exemple, s'il se compose d'acides aminés portant une chaîne latérale (radical R) acide, le site actif constitue un sillon de faible pH dans une cellule qui, par ailleurs, est neutre. Dans un tel cas, un acide aminé acide peut faciliter le transfert d'ions H^+ au substrat, ce qui constitue une étape clé dans la catalyse de la réaction. De même, le site actif peut créer une région polaire dans un environnement non polaire.

4. Un autre mécanisme de catalyse est la participation directe du site actif à la réaction chimique. Parfois, il arrive même que des liaisons covalentes de courte durée se forment entre le substrat et le radical d'un acide aminé de l'enzyme. Toutefois, les étapes subséquentes de la réaction redonnent leur forme initiale aux chaînes latérales, de sorte que le site actif retrouve son état original après la réaction.

La vitesse à laquelle une quantité donnée d'enzyme convertit les molécules de substrat en produits dépend en partie de la concentration initiale du substrat: plus il y a de molécules de substrat, plus elles occupent les sites actifs des molécules d'enzyme. Toutefois, on ne peut augmenter indéfiniment la vitesse d'une réaction en ajoutant du substrat à une concentration fixe d'enzyme. À un moment donné, la concentration du substrat sera suffisamment élevée pour que tous les sites actifs des molécules d'enzyme soient occupés. On dit alors que l'enzyme est *saturée*. Dès que le produit quitte son site actif, une molécule de substrat s'y attache. La vitesse de la réaction correspond alors à la vitesse à laquelle le site actif peut convertir le substrat en produit. En cas de saturation enzymatique, la seule façon d'augmenter la vitesse de conversion est d'accroître le nombre de molécules d'enzyme, ce que la cellule fait parfois.

Les effets des conditions locales sur l'activité d'une enzyme

Les facteurs environnementaux, comme la température et le pH, influent sur l'activité d'une enzyme, c'est-à-dire sur l'efficacité de son fonctionnement. Certaines substances chimiques influent également sur l'activité des enzymes. En fait, les chercheurs ont beaucoup appris sur le fonctionnement des enzymes en utilisant diverses substances chimiques.

Les effets de la température et du pH

Comme nous l'avons vu au chapitre 5, la structure tridimensionnelle des protéines est sensible à l'environnement. En conséquence, chaque enzyme fonctionne mieux dans certaines conditions que dans d'autres, car ces *conditions optimales* favorisent la forme la plus active de la molécule d'enzyme. Un organisme peut toutefois s'adapter à son environnement en synthétisant des enzymes sous plusieurs formes légèrement différentes (appelées *isoenzymes*); chacune de ces isoenzymes possède ses conditions optimales particulières. Différents organes ou différents tissus d'un même organisme peuvent posséder différentes isoenzymes.

La température et le pH constituent des facteurs environnementaux importants qui influent sur l'activité d'une enzyme. Jusqu'à un certain point, la vitesse d'une réaction enzymatique augmente avec la température, en partie parce que les substrats heurtent les sites actifs plus fréquemment lorsque les molécules se déplacent plus vite. Cependant, au-delà d'une certaine température, la vitesse de la réaction chute brusquement. C'est que la molécule d'enzyme devient si agitée thermiquement que les liaisons hydrogène, les liaisons ioniques et les autres interactions qui stabilisent sa forme active se rompent. La protéine finit par se dénaturer. Par ailleurs, la chaleur peut altérer la structure des chaînes polypeptidiques de l'enzyme. Comme le site actif est souvent constitué d'acides aminés non adjacents dans la structure primaire mais regroupés par suite du repliement des chaînes polypeptidiques, la structure tertiaire peut donc être modifiée sous l'effet de la chaleur. Si l'altération structurale est importante, le site actif risque de ne plus pouvoir jouer son rôle. À chaque type d'enzyme correspond une température optimale à laquelle la vitesse de réaction est maximale. C'est également à cette température que la conversion des réactifs en molécules de produit est la plus rapide et que peut avoir lieu le plus grand nombre possible de collisions moléculaires sans dénaturer l'enzyme. Les températures optimales de la plupart des enzymes humaines se situent entre 35 °C et 40 °C, ce qui correspond aux températures du corps. Les bactéries thermophiles qui vivent dans les sources hydrothermales possèdent des enzymes dont la température optimale est de 70° C, voire plus (**figure 8.16a**). À l'autre extrémité du spectre, certaines bactéries, dites psychrophiles, possèdent des enzymes aux propriétés particulières, ce qui leur permet de vivre dans des milieux froids comme ceux de l'Antarctique et d'avoir des températures optimales se situant aux alentours de 12 °C.

Il existe aussi un pH optimal qui assure à chaque enzyme une activité maximale. C'est que la structure d'une enzyme dépend notamment des interactions entre les acides aminés portant des charges opposées; ces interactions sont elles-mêmes influencées par la concentration en protons (pH) du milieu dans lequel l'enzyme agit. Le pH optimal de la majorité des enzymes se situe entre 6 et 8, mais il y a des exceptions. Par exemple, la pepsine, une enzyme digestive de l'estomac, fonctionne le mieux lorsque le pH est de 2. Un environnement aussi acide dénature la plupart des protéines, mais la forme active de la pepsine est adaptée: elle maintient sa structure tridimensionnelle dans l'environnement acide de l'estomac. En revanche, la trypsine, une enzyme digestive agissant dans l'environnement alcalin de l'intestin, a le meilleur rendement à un pH de 8 et serait dénaturée dans l'estomac (**figure 8.16b**).

Les cofacteurs

Pour accomplir leur fonction catalytique, bien des enzymes ont besoin de l'aide de substances non protéiques. Ces auxiliaires, appelés **cofacteurs**, peuvent se lier fortement et de façon permanente à l'enzyme, ou ils peuvent se lier à celle-ci

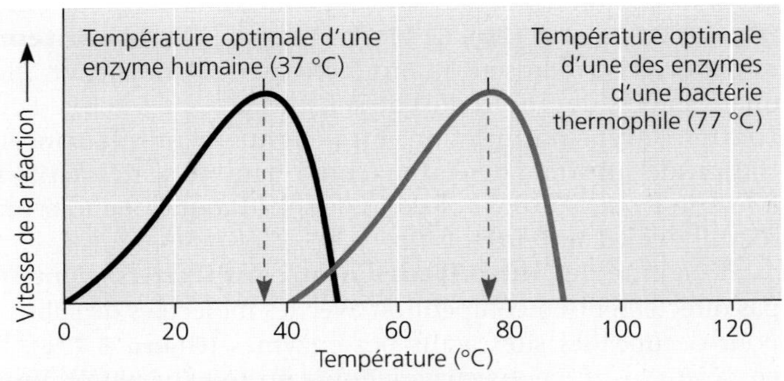

(a) Température optimale de deux enzymes

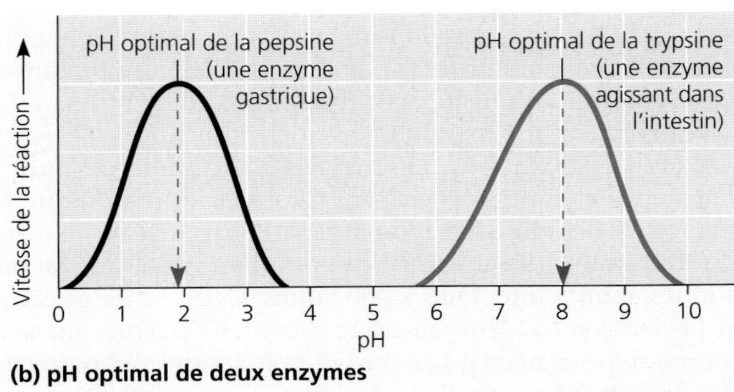

(b) pH optimal de deux enzymes

▲ **Figure 8.16 Facteurs environnementaux exerçant une influence sur l'activité enzymatique.** Chaque enzyme possède **(a)** une température optimale et **(b)** un pH optimal, lesquels favorisent sa forme active.

FAITES UN DESSIN *Sachant qu'un lysosome mature a un pH interne d'environ 4,5, tracez dans le graphique (b) une courbe représentant le pH optimal que devrait avoir une enzyme lysosomale.*

faiblement et de façon réversible, en même temps que le substrat. Les cofacteurs de certaines enzymes sont inorganiques: c'est le cas des atomes de minéraux tels que le zinc, le fer, le magnésium, le cuivre et le calcium liés, sous une forme ionique, à l'enzyme. Quand le cofacteur est une molécule organique (autre qu'une protéine) qui se lie temporairement à l'enzyme, on l'appelle plus spécifiquement **coenzyme**; l'enzyme complète est alors constituée de la partie protéinique, l'**apoenzyme**, et de la partie non protéinique (la coenzyme). La plupart des vitamines jouent le rôle de coenzymes ou sont des précurseurs de coenzymes. Les cofacteurs fonctionnent de diverses façons, mais ils jouent tous un rôle crucial dans la catalyse: les coenzymes, par exemple, servent souvent d'accepteurs d'électrons ou de transporteurs de divers radicaux dans les réactions métaboliques. Vous verrez plus loin quelques exemples de cofacteurs.

Les inhibiteurs enzymatiques

Certaines substances chimiques bloquent de façon sélective l'action d'enzymes spécifiques. En fait, l'étude des effets de ces substances chimiques a permis d'en apprendre beaucoup sur la fonction des enzymes. Si un inhibiteur se lie à une enzyme au moyen de liaisons covalentes, l'inhibition est habituellement irréversible.

Cependant, dans de nombreux cas, l'inhibiteur se lie à l'enzyme par des liaisons faibles, auquel cas l'inactivation est réversible. Certains inhibiteurs réversibles ressemblent aux molécules normales de substrat et entrent en compétition avec elles pour occuper les sites actifs de l'enzyme appropriée (**figures 8.17a** et **8.17b**). Ces imitateurs, appelés **inhibiteurs compétitifs**, réduisent la productivité de l'enzyme en bloquant l'accès des molécules de substrat aux sites actifs. Pour contrer ce type d'inhibition, on peut augmenter la concentration de substrat; de cette façon, quand des sites actifs se libèrent, il y a plus de molécules de substrat que de molécules d'inhibiteur dans leur voisinage.

Par contre, les **inhibiteurs non compétitifs** n'entrent pas directement en compétition avec les molécules de substrat pour occuper les sites actifs des enzymes (**figure 8.17c**). Ils entravent les réactions enzymatiques en se liant plutôt à une partie de l'enzyme qui est éloignée du site actif. Cette interaction déforme la molécule enzymatique de telle manière que le site actif catalyse la réaction moins efficacement. L'inhibition enzymatique peut aussi être mixte, c'est-à-dire se produire à la fois au niveau du site actif (inhibition compétitive) et au niveau d'un autre site (inhibition non compétitive).

Plusieurs toxines et poisons agissent comme des inhibiteurs enzymatiques irréversibles. C'est le cas du sarin, un gaz neurotoxique utilisé lors d'un attentat terroriste dans le métro de Tokyo en 1995; il a causé la mort d'une douzaine de personnes et en a intoxiqué 5 000 autres. Cette petite molécule se lie de façon covalente au groupement R de la sérine, un acide aminé se trouvant dans le site actif de l'acétylcholinestérase, une enzyme détruisant l'acétylcholine. (Cette substance permet la propagation de l'influx nerveux et la contraction musculaire.) En l'absence d'acétylcholinestérase, la contraction devient permanente. Des pesticides comme le DDT et le parathion sont aussi des inhibiteurs d'enzymes importantes du système nerveux. De même, un grand nombre d'antibiotiques inhibent des enzymes spécifiques chez les Bactéries. La pénicilline, par exemple, bloque le site actif d'une enzyme que de nombreuses bactéries utilisent pour fabriquer leur paroi cellulaire.

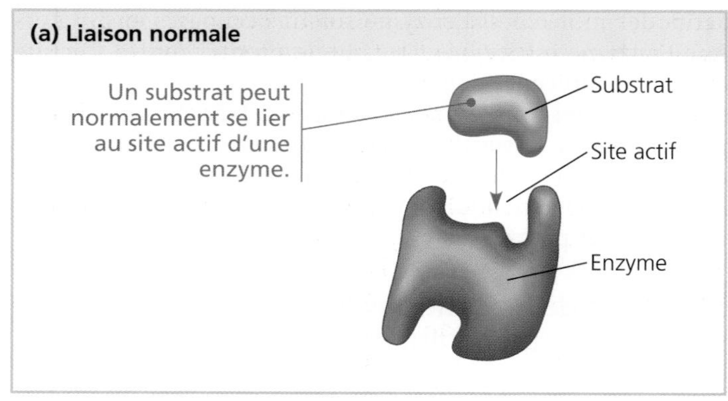

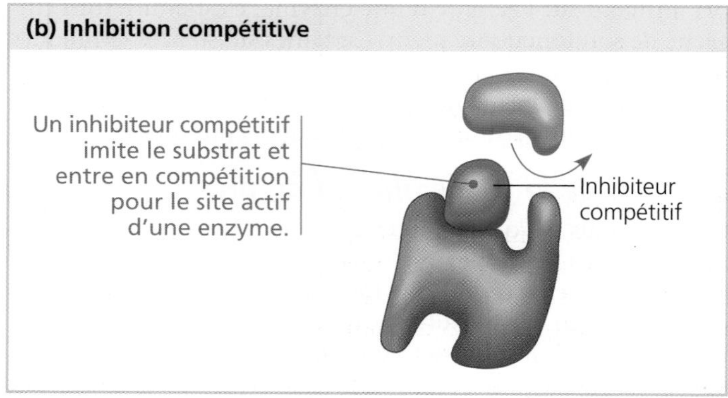

(b) Inhibition compétitive
Un inhibiteur compétitif imite le substrat et entre en compétition pour le site actif d'une enzyme.
Inhibiteur compétitif

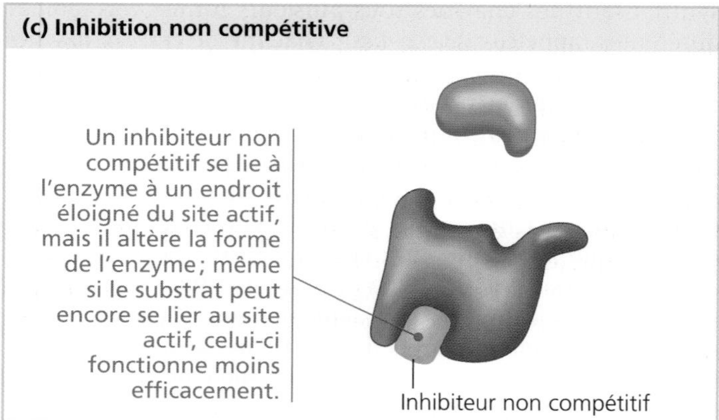

(c) Inhibition non compétitive
Un inhibiteur non compétitif se lie à l'enzyme à un endroit éloigné du site actif, mais il altère la forme de l'enzyme; même si le substrat peut encore se lier au site actif, celui-ci fonctionne moins efficacement.
Inhibiteur non compétitif

▲ **Figure 8.17 L'inhibition de l'activité enzymatique.**

Ces exemples de «poisons» métaboliques peuvent donner l'impression que l'inhibition enzymatique est généralement anormale et dommageable. En fait, certaines molécules naturellement présentes dans une cellule ont une fonction inhibitrice qui permet de moduler l'activité enzymatique. Cette inhibition sélective constitue un mécanisme essentiel de régulation métabolique, comme nous le verrons ci-dessous.

L'évolution des enzymes

ÉVOLUTION À ce jour, les biochimistes ont découvert et nommé plus de 4 000 enzymes différentes, et ce n'est probablement là que la pointe du proverbial iceberg. Comment expliquer cette profusion? Souvenez-vous que la plupart des enzymes sont des protéines et que les protéines sont codées par des gènes. Une *mutation*, c'est-à-dire un changement permanent dans un gène, peut entraîner la production d'une protéine dont un ou plusieurs acides aminés ont été modifiés. Dans le cas d'une enzyme, si les acides aminés modifiés se trouvent dans le site actif ou dans une autre zone cruciale, l'enzyme peut exercer une activité différente ou se lier à un autre substrat. Dans des conditions environnementales où les nouvelles fonctions sont avantageuses pour l'organisme, la sélection naturelle tend à favoriser la forme mutée du gène, de sorte qu'il persiste dans la population. C'est de cette façon qu'on explique généralement l'apparition d'une multitude d'enzymes au cours des quelques milliards d'années de l'histoire de la vie.

Des chercheurs ont recueilli des données à l'appui de ce modèle en utilisant une technique de laboratoire qui imite l'évolution dans les populations naturelles. Un groupe de chercheurs a tenté de vérifier si le fonctionnement de la β-galactosidase, une enzyme, pouvait changer avec le temps dans des populations de bactéries *Escherichia coli* (*E. coli*). La β-galactosidase dégrade le disaccharide lactose en sucres simples: le glucose et le galactose. Les chercheurs ont eu recours à des techniques moléculaires pour introduire des mutations aléatoires dans les gènes des bactéries *E. coli*. Ensuite, ils ont testé la capacité de ces bactéries de dégrader un disaccharide légèrement différent (contenant du fucose plutôt que du galactose). Ils ont ensuite sélectionné les bactéries mutantes qui y parvenaient le mieux et les ont exposées à une autre phase de mutation et de sélection. Après sept phases successives, l'enzyme «évoluée» s'est liée 100 fois plus fortement au nouveau substrat et l'a dégradé de 10 à 20 fois plus rapidement que l'enzyme originale.

Les chercheurs qui ont mené cette expérience ont découvert que l'enzyme transformée comportait six acides aminés modifiés. Deux de ces acides aminés se trouvaient dans le site actif, deux autres à proximité du site actif et les deux derniers à la surface de la protéine (**figure 8.18**). Cette expérience et d'autres de ce type ont conforté l'idée que quelques changements peuvent effectivement modifier le fonctionnement enzymatique.

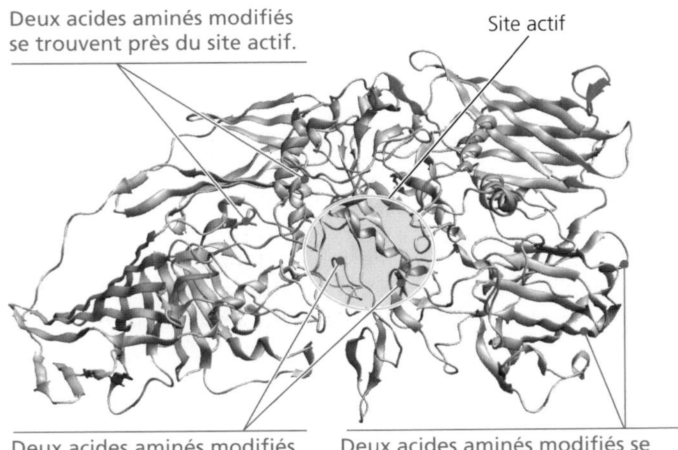
Deux acides aminés modifiés se trouvent près du site actif.
Site actif
Deux acides aminés modifiés se trouvent dans le site actif.
Deux acides aminés modifiés se trouvent à la surface de la protéine.

▲ **Figure 8.18 Expérience imitant l'évolution d'une enzyme.** Après sept phases de mutations et de sélection en laboratoire, la β-galactosidase s'est transformée en enzyme spécialisée dans la dégradation d'un sucre différent du lactose. Ce modèle en ruban montre une des sous-unités de l'enzyme modifiée; on y trouve six acides aminés modifiés.

RETOUR SUR LE CONCEPT 8.4

1. De nombreuses réactions spontanées se produisent très lentement. Pourquoi les réactions spontanées ne sont-elles pas toutes instantanées?
2. Pourquoi les enzymes agissent-elles seulement sur des substrats très spécifiques?
3. **ET SI?** Le malonate est un inhibiteur de l'enzyme succinate-déshydrogénase. Comment détermineriez-vous si le malonate est un inhibiteur compétitif ou non compétitif?
4. **FAITES DES LIENS** Dans la nature, quelles conditions pourraient faire en sorte que la sélection naturelle favorise des bactéries dotées d'enzymes capables de dégrader les disaccharides contenant du fucose, comme celles que nous venons de mentionner. (Voir le texte sur la sélection naturelle, concept 1.2, p. 15 et 16.)

Voir les réponses proposées à la fin du chapitre.

CONCEPT 8.5

La régulation de l'activité enzymatique contribue à la régulation du métabolisme

Lorsqu'une série de réactions métaboliques aboutit à un carrefour, la cellule doit être en mesure de «décider» quelle voie emprunter. Si toutes les voies métaboliques d'une cellule fonctionnaient simultanément, il en résulterait un chaos chimique indescriptible. La capacité de la cellule de régler rigoureusement le fonctionnement de toutes ses voies métaboliques est essentielle à la vie. La cellule détermine le moment et l'endroit où ses différentes enzymes sont actives. Par exemple, certaines enzymes comme la pepsine sont sécrétées sous une forme inactive par les cellules gastriques, qui se protègent ainsi de leur action potentiellement destructrice, la pepsine ne devenant active que dans la lumière de l'estomac. Mais la cellule coordonne l'activité enzymatique principalement en activant ou en inhibant les gènes qui codent pour des enzymes spécifiques (comme nous le verrons dans la troisième partie du manuel), ou en régulant l'activité des enzymes existantes; le deuxième type de régulation étant, chez les Eucaryotes, beaucoup plus rapide que le premier.

La régulation allostérique des enzymes

Dans de nombreux cas, les molécules qui régulent naturellement l'activité enzymatique dans une cellule agissent comme des inhibiteurs non compétitifs réversibles (voir la figure 8.17c). Elles modifient la forme et le fonctionnement du site actif d'une enzyme en se liant de façon non covalente à un site se trouvant ailleurs sur la molécule d'enzyme. Dans la **régulation allostérique**, la fonction d'un des sites d'une protéine est modifiée par la liaison d'une molécule régulatrice à un autre site (*allo* signifie « autre »). La régulation allostérique peut aboutir à l'inhibition ou à la stimulation de l'activité enzymatique et constitue un moyen de gérer le métabolisme avec précision et rapidité.

L'activation et l'inhibition allostériques

La plupart des enzymes qu'on sait régulées par allostérie ont une structure quaternaire constituée de deux ou de plusieurs sous-unités, chacune composée d'une chaîne polypeptidique qui possède son propre site actif. Le complexe entier oscille entre deux formes: l'une est active du point de vue catalytique, l'autre inactive (**figure 8.19a**). Dans la régulation allostérique la plus simple, un effecteur, c'est-à-dire une molécule activatrice ou inhibitrice, se lie à un site de régulation (parfois appelé site allostérique) souvent situé à l'endroit où les sous-unités se joignent. Lorsqu'il se lie à un site de régulation, un *activateur* stabilise la configuration qui a des sites actifs fonctionnels. Par contre, quand un *inhibiteur* s'unit à un site de régulation, il stabilise la forme inactive de l'enzyme. Les sous-unités d'une enzyme allostérique s'articulent de telle sorte qu'un changement qui se produit dans la forme d'une sous-unité se transmet à toutes les autres sous-unités. Grâce à cette interaction, la fixation d'une seule molécule d'activateur ou d'inhibiteur à un site de régulation modifie tous les sites actifs de l'enzyme.

Les fluctuations de la concentration de régulateurs peuvent entraîner un enchaînement complexe dans l'activité des enzymes cellulaires. Par exemple, les produits de l'hydrolyse de l'ATP (ADP et Ⓟ$_i$) contribuent, par leurs effets sur des enzymes clés, à la bonne circulation sur les voies anaboliques et cataboliques. La liaison allostérique de l'ATP à certaines enzymes cataboliques réduit l'affinité de ces enzymes avec le substrat et, par le fait même, inhibe leur activité. L'ADP, cependant, agit comme activateur de ces mêmes enzymes. Ce phénomène est logique, car les fonctions du catabolisme consistent à régénérer l'ATP. Si la production d'ATP est trop lente par rapport à son utilisation, l'ADP s'accumule et active les enzymes clés qui accélèrent le catabolisme. Par contre, si la formation d'ATP excède la demande, le catabolisme ralentit à mesure que l'ATP s'accumule; la liaison de l'ATP aux enzymes du catabolisme les inhibe. (Nous verrons des exemples plus précis de ce type de régulation lorsque nous étudierons la respiration cellulaire au chapitre suivant.) L'ATP, l'ADP et d'autres molécules associées ont également des effets sur les enzymes clés des voies anaboliques. Ainsi, les enzymes allostériques régulent la vitesse des réactions clés dans les deux types de voies métaboliques.

Il existe un autre mécanisme d'activation allostérique dans lequel une molécule de substrat (plutôt qu'une molécule activatrice) liée à un des sites actifs d'une enzyme possédant plusieurs sous-unités peut stimuler le pouvoir catalytique de cette enzyme en influant sur les autres sites actifs (**figure 8.19b**). Si une enzyme possède deux ou plusieurs sous-unités, l'ajustement induit qu'une molécule de substrat entraîne dans une de celles-ci déclenche un ajustement dans toutes les autres. En d'autres termes, la présence d'une molécule de substrat fait en sorte que l'enzyme accepte plus facilement d'autres molécules de substrat. Ce mécanisme, appelé **coopérativité**, accroît donc la réponse de l'enzyme au substrat. La coopérativité est considérée comme une régulation allostérique parce que la liaison du substrat à un site actif influe sur la catalyse dans un autre site actif.

Même si l'hémoglobine – la protéine de transport de l'oxygène chez les vertébrés – n'est pas une enzyme, ce sont des études devenues classiques sur la liaison coopérative dans

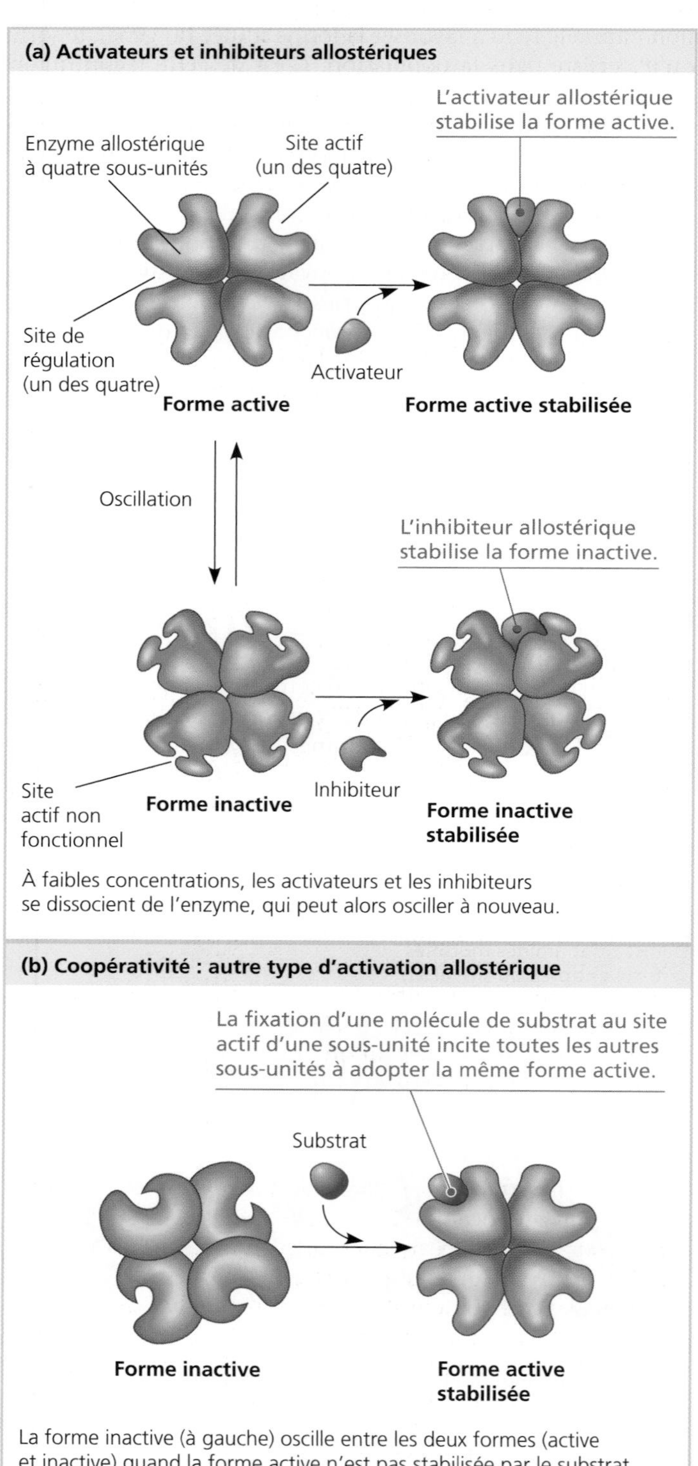
(a) Activateurs et inhibiteurs allostériques
L'activateur allostérique stabilise la forme active.
Enzyme allostérique à quatre sous-unités
Site actif (un des quatre)
Site de régulation (un des quatre)
Activateur
Forme active
Forme active stabilisée
Oscillation
L'inhibiteur allostérique stabilise la forme inactive.
Site actif non fonctionnel
Forme inactive
Inhibiteur
Forme inactive stabilisée
À faibles concentrations, les activateurs et les inhibiteurs se dissocient de l'enzyme, qui peut alors osciller à nouveau.
(b) Coopérativité : autre type d'activation allostérique
La fixation d'une molécule de substrat au site actif d'une sous-unité incite toutes les autres sous-unités à adopter la même forme active.
Substrat
Forme inactive
Forme active stabilisée
La forme inactive (à gauche) oscille entre les deux formes (active et inactive) quand la forme active n'est pas stabilisée par le substrat.

▲ **Figure 8.19** **La régulation allostérique de l'activité enzymatique.**

cette protéine qui ont permis d'élucider le principe de la coopérativité. L'hémoglobine se compose de quatre sous-unités, chacune possédant un site de liaison de l'oxygène (voir la figure 5.20, p. 90). La liaison d'une molécule d'oxygène à l'un de ces sites accroît l'affinité avec l'oxygène des autres sites de liaison. Par conséquent, là où l'oxygène est présent en grande quantité, comme dans les poumons ou les branchies, plus les sites de liaison sont saturés, plus l'affinité de l'hémoglobine avec l'oxygène est forte. Inversement, dans les tissus où l'oxygène se trouve en faible quantité, la libération de chaque molécule d'oxygène réduit l'affinité des autres sites de liaison avec l'oxygène, de sorte que l'oxygène est libéré là où il est le plus nécessaire. La coopérativité fonctionne de la même manière dans ces structures multi-sous-unitaires que sont les enzymes étudiées jusqu'ici.

Les régulateurs allostériques

Bien qu'elle soit probablement assez répandue, la régulation allostérique n'a été démontrée que chez un certain nombre d'enzymes métaboliques connues. À vrai dire, les molécules régulatrices allostériques sont difficiles à caractériser, notamment parce qu'elles ont tendance à se lier à l'enzyme présentant une faible affinité, ce qui les rend difficiles à isoler. Toutefois, les sociétés pharmaceutiques se sont intéressées récemment aux régulateurs allostériques. Ces molécules sont en effet de meilleures candidates pour la mise au point de médicaments régulateurs de l'activité enzymatique, car elles ont une plus grande spécificité à l'égard de telle ou telle enzyme et sont, de ce fait, plus intéressantes que les inhibiteurs, qui se lient au site actif. (Un site actif peut être similaire au site actif d'une autre enzyme reliée, tandis que les sites régulateurs allostériques semblent assez différents d'une enzyme à l'autre.)

La **figure 8.20** décrit une recherche sur les régulateurs allostériques menée en collaboration par des chercheurs de la University of California à San Francisco et des chercheurs de la société Sunesis Pharmaceuticals. L'étude a été conçue pour trouver des inhibiteurs allostériques des *caspases*, des protéases (enzymes qui digèrent les protéines) qui jouent un rôle actif dans l'inflammation et la mort cellulaire (ou apoptose). (Vous en apprendrez plus long sur les caspases et sur la mort cellulaire au chapitre 11.) La régulation des caspases permettrait de mieux gérer les réactions inflammatoires inappropriées, comme celles qu'on observe dans les maladies vasculaires et neurodégénératives.

La rétro-inhibition

Lorsque l'ATP inhibe une enzyme de manière allostérique dans une voie productrice d'ATP, il se produit une rétro-inhibition, un des principaux mécanismes de la régulation métabolique. La **rétro-inhibition**, qui peut être compétitive ou non compétitive, consiste à ralentir ou à fermer une voie métabolique grâce à l'intervention de son produit final, qui inhibe une enzyme de cette voie. La **figure 8.21** illustre ce type de régulation. Elle montre une voie anabolique composée de cinq étapes. Certaines cellules utilisent cette voie pour synthétiser l'isoleucine, un acide aminé, à partir de la thréonine, un autre acide aminé. En s'accumulant, l'isoleucine, qui représente le produit final, ralentit sa propre synthèse. Cela est possible parce qu'elle constitue un inhibiteur allostérique de l'enzyme

▼ Figure 8.20 **INVESTIGATION**

Existe-t-il des inhibiteurs allostériques des caspases ?

EXPÉRIENCE Afin de trouver des inhibiteurs allostériques des caspases, Justin Scheer et ses collaborateurs ont testé la capacité de plus de 8 000 composés de se lier à un éventuel site de liaison allostérique de la caspase-1 et d'inhiber l'activité de cette enzyme. Chaque composé était conçu de manière à constituer un pont disulfure (lien S-S) avec une cystéine (un acide aminé) située près du site de liaison allostérique en vue de stabiliser l'interaction à faible affinité attendue d'un inhibiteur allostérique. Sachant que les caspases existent tant sous forme active que sous forme inactive, les chercheurs avaient formulé l'hypothèse que ce lien pourrait stabiliser l'enzyme dans sa forme inactive.

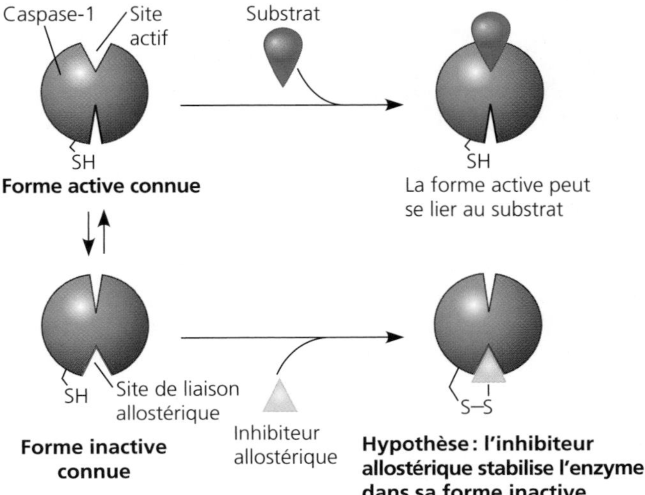

Les chercheurs ont testé ce modèle en recourant à la diffractométrie de rayons X afin de déterminer la structure de la caspase-1 lorsqu'elle est liée à l'un des inhibiteurs et de la comparer avec les structures active et inactive.

RÉSULTATS On a découvert quatorze composés pouvant se lier au site allostérique (en rouge) de la caspase-1 proposé et inhiber alors l'activité enzymatique. Lorsqu'elle se lie à l'un de ces inhibiteurs, la forme de l'enzyme ressemble davantage à celle de la caspase-1 inactive qu'à celle de la forme active.

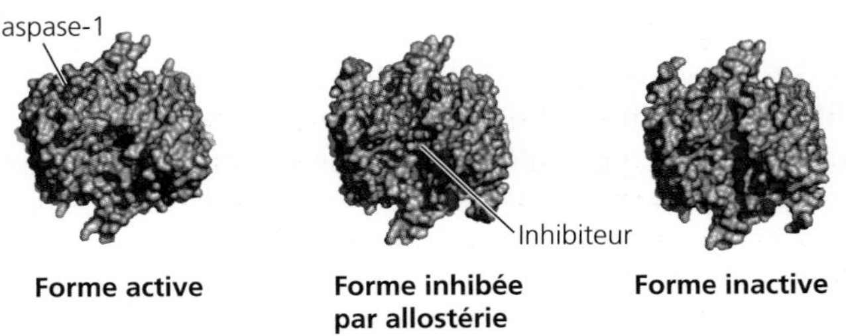

CONCLUSION Ce composé inhibiteur particulier semble stabiliser l'enzyme dans sa forme inactive, comme on peut s'y attendre de la part d'un véritable régulateur allostérique. Les données confirment donc l'existence sur la caspase-1 d'un site inhibiteur allostérique qui peut être utilisé pour réguler l'activité enzymatique.

SOURCE J. M. Scheer *et al.*, A common allosteric site and mechanism in caspases, *Proceedings of the National Academy of Sciences* 103 : 7595-7600 (2006).

ET SI ? Imaginez qu'en guise de vérification les chercheurs brisent le pont disulfure entre un inhibiteur et la caspase. En supposant que la solution expérimentale ne contient pas d'autres inhibiteurs, quel serait l'effet de ce bris sur l'activité de la caspase-1 ?

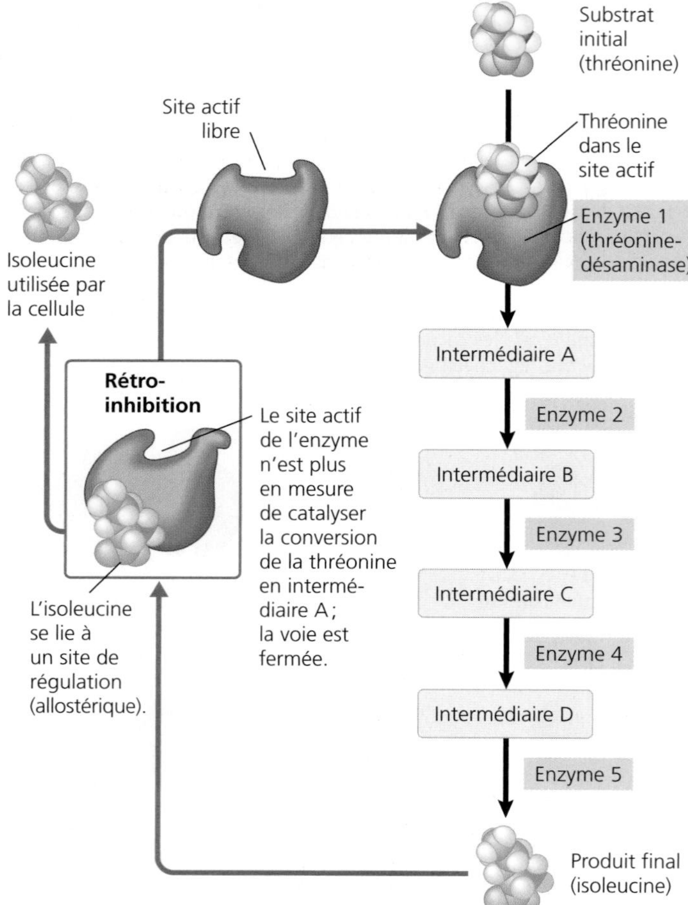

▲ **Figure 8.21 La rétro-inhibition de la synthèse de l'isoleucine.**

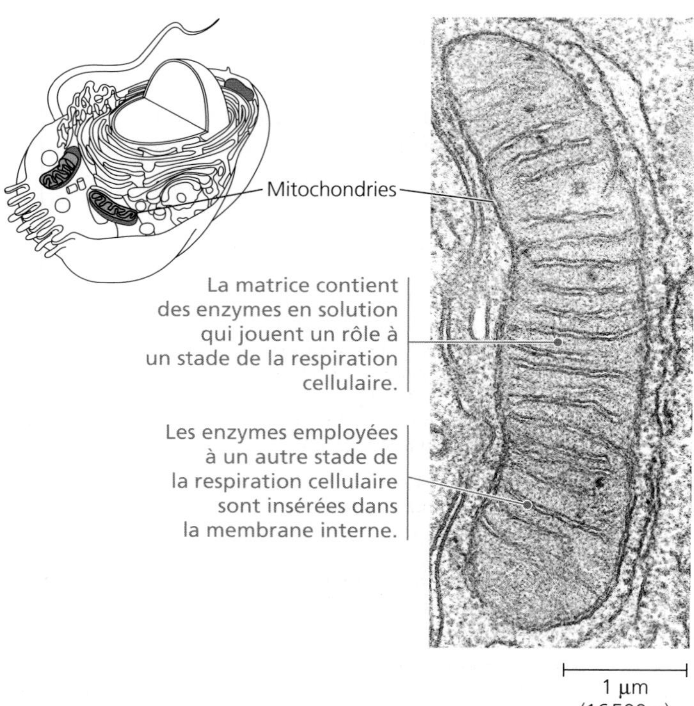

▲ **Figure 8.22 Le rôle de la compartimentation dans le métabolisme.** Des organites comme ces mitochondries (MET) contiennent des enzymes qui remplissent des fonctions bien définies, ici la respiration cellulaire.

qui catalyse la toute première étape de la voie. Ainsi, la rétro-inhibition empêche la cellule de gaspiller ses ressources chimiques et son énergie en synthétisant plus d'isoleucine que nécessaire.

L'organisation spécifique des enzymes dans la cellule

La cellule n'est pas qu'une masse de substances chimiques, d'enzymes diverses et de substrats se mélangeant au hasard. Elle possède des structures qui assurent l'organisation des voies métaboliques. Dans certains cas, diverses enzymes régulant plusieurs étapes d'une voie métabolique peuvent s'associer et former un complexe multienzymatique. Cet assemblage régule et accélère la séquence des réactions : le produit de la première enzyme devient le substrat de l'enzyme adjacente du complexe, et ainsi de suite jusqu'à l'obtention du produit final. Certaines enzymes et certains complexes d'enzymes se trouvent à des endroits fixes dans la cellule et servent de composantes structurales à certaines membranes. D'autres se trouvent en solution à l'intérieur d'organites eucaryotes délimités par des membranes ; chacun d'entre eux possède son propre environnement chimique interne. Par exemple, dans les cellules eucaryotes, les enzymes de la respiration cellulaire aérobie logent dans les mitochondries (**figure 8.22**).

Dans ce chapitre, nous avons vu que le métabolisme, ce réseau de voies chimiques caractéristique de la vie, repose sur l'interaction concertée de milliers de molécules de nature différente dans une cellule organisée. Au chapitre suivant, nous explorerons la respiration cellulaire, la principale voie catabolique qui dégrade les molécules organiques en vue de libérer l'énergie nécessaire aux processus vitaux.

RETOUR SUR LE CONCEPT 8.5

1. En quoi l'effet d'un activateur et l'effet d'un inhibiteur diffèrent-ils dans une enzyme régulée par allostérie ?
2. **ET SI ?** Vous êtes chercheur en pharmacologie et vous voulez mettre au point un médicament qui inhibe une enzyme en particulier. En dépouillant la documentation scientifique, vous découvrez que le site actif de cette enzyme est similaire à celui de plusieurs autres enzymes. Quelle méthode pourriez-vous adopter pour mettre au point votre médicament inhibiteur ?

Voir les réponses proposées à la fin du chapitre.

RÉVISION DU CHAPITRE 

RÉSUMÉ DES CONCEPTS CLÉS

CONCEPT 8.1

Le métabolisme d'un organisme transforme la matière et l'énergie selon les principes de la thermodynamique (p. 159 à 163)

- On appelle **métabolisme** l'ensemble des réactions chimiques qui se produisent dans un organisme. Les **enzymes** catalysent les réactions en suivant des **voies métaboliques** qui se croisent; celles-ci peuvent être **cataboliques** (dégradation de molécules, dégagement d'énergie) ou **anaboliques** (construction de molécules, consommation d'énergie).
- L'**énergie** est la capacité d'engendrer un changement; certaines formes d'énergie agissent en mettant la matière en mouvement. L'**énergie cinétique** est associée au mouvement et inclut l'**énergie thermique** (la **chaleur**) associée au déplacement aléatoire des atomes ou des molécules. L'**énergie potentielle** est reliée à la position ou à la structure de la matière; elle comprend l'**énergie chimique** emmagasinée dans la structure moléculaire.
- Selon le **premier principe de la thermodynamique**, l'énergie ne peut être ni créée ni détruite; elle peut uniquement être transférée ou transformée. Le **deuxième principe de la thermodynamique** stipule que les **changements spontanés**, c'est-à-dire ceux qui ne nécessitent aucune énergie extérieure, augmentent l'**entropie** (le désordre) de l'Univers.

? *Expliquez pourquoi la structure très ordonnée d'une cellule ne contredit pas le deuxième principe de la thermodynamique.*

CONCEPT 8.2

Les variations de l'énergie libre dans une réaction indiquent si la réaction a lieu spontanément (p. 163 à 166)

- L'**énergie libre** d'un système vivant est l'énergie qui peut produire un travail au sein de la cellule. La variation de l'énergie libre (ΔG) au cours d'un processus biologique est directement reliée à la variation de l'énergie totale, ou enthalpie (ΔH), et à la variation de l'entropie (ΔS): $\Delta G = \Delta H - T\Delta S$. Les organismes vivants fonctionnent aux dépens de l'énergie libre. Durant un changement spontané, l'énergie libre diminue et la stabilité d'un système augmente. Au point de stabilité maximale, le système est en équilibre et ne peut faire aucun travail.
- Dans une réaction chimique **exergonique** (spontanée), les produits possèdent moins d'énergie libre que les réactifs ($-\Delta G$). Les réactions **endergoniques** (non spontanées), elles, requièrent un apport d'énergie ($+\Delta G$). L'apport des substances de départ et le retrait des produits finaux empêchent le métabolisme d'atteindre l'état d'équilibre.

? *Expliquez la signification de chaque composant de l'équation du changement de l'énergie libre dans une réaction chimique spontanée. Pourquoi les réactions spontanées sont-elles importantes dans le métabolisme d'une cellule?*

CONCEPT 8.3

L'ATP permet le travail cellulaire en couplant les réactions exergoniques aux réactions endergoniques (p. 166 à 169)

- L'**ATP** est le transporteur d'énergie dans les cellules. L'hydrolyse de son groupement phosphate terminal produit de l'ADP et un phosphate inorganique; il dégage aussi de l'énergie libre.
- Grâce au **couplage d'énergie**, le processus exergonique de l'hydrolyse de l'ATP active les réactions endergoniques par phosphorylation, c'est-à-dire par le transfert d'un groupement phosphate à des réactifs spécifiques, formant ainsi un **intermédiaire phosphorylé** plus réactif. L'hydrolyse de l'ATP (parfois avec phosphorylation protéinique) entraîne aussi des changements de forme et des affinités de liaison dans les protéines de transport et les protéines motrices.
- Les voies cataboliques assurent la régénération de l'ATP à partir de l'ADP et du phosphate.

? *Décrivez le cycle de l'ATP. Comment l'ATP est-elle utilisée et régénérée dans une cellule?*

CONCEPT 8.4

Les enzymes accélèrent les réactions métaboliques en abaissant les barrières énergétiques (p. 169 à 175)

- Dans une réaction chimique, l'énergie nécessaire à la rupture des liaisons des réactifs est l'**énergie d'activation** (E_A).
- Les **enzymes** abaissent la barrière E_A:

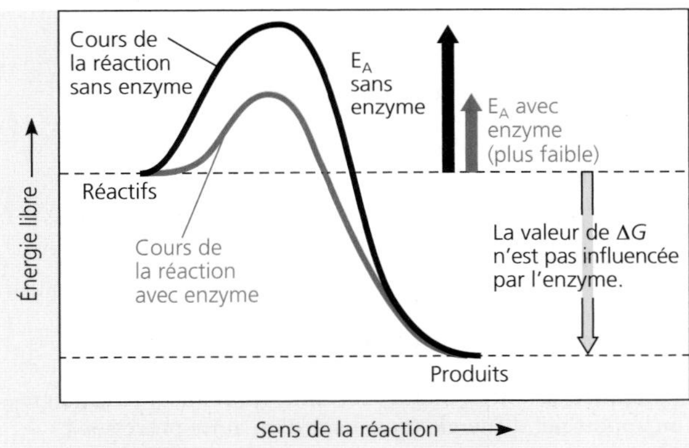

- Chaque type d'enzyme possède un **site actif** unique qui se combine exclusivement avec son **substrat**, une molécule de réactif sur lequel elle agit. L'enzyme change légèrement de forme quand elle se lie au substrat (**ajustement induit**).
- Le site actif peut abaisser l'énergie d'activation d'une réaction en orientant correctement les substrats, en déformant leurs liaisons, en fournissant un microenvironnement propice à la réaction et même en se liant temporairement par covalence au substrat.
- Chaque enzyme a des conditions optimales de température et de pH qui lui sont propres. Les inhibiteurs réduisent l'activité de l'enzyme. Un **inhibiteur compétitif** se lie au site actif de l'enzyme, alors qu'un **inhibiteur non compétitif** se lie à un site différent, situé sur l'enzyme.
- La sélection naturelle, qui agit sur les organismes possédant des gènes mutés codant pour des enzymes modifiées, est le principal facteur de l'évolution pouvant expliquer la multiplicité des enzymes présentes dans les organismes.

? *Comment les barrières énergétiques d'activation et les enzymes contribuent-t-elles au maintien de l'ordre métabolique et structurel de la vie?*

CONCEPT 8.5

La régulation de l'activité enzymatique contribue à la régulation du métabolisme (p. 175 à 178)

- De nombreuses enzymes se conforment à la **régulation allostérique**: elles changent de forme quand des molécules de régulation (activation ou inhibition) se lient aux sites de régulation spécifiques qu'elles possèdent. Cette liaison influe sur la fonction enzymatique. Dans la **coopérativité**, la liaison d'une molécule de substrat à un site actif peut stimuler la liaison ou l'activité des autres sites actifs de l'enzyme. Dans la **rétro-inhibition**, le produit final d'une voie métabolique inhibe l'enzyme d'une étape précédente de la voie.
- Certaines enzymes se regroupent en complexes; certaines sont incorporées dans des membranes; d'autres se trouvent à l'intérieur de certains organites.

? *Quels rôles la régulation allostérique et la rétro-inhibition jouent-elles dans le métabolisme d'une cellule?*

ÉVALUATION

NIVEAU 1: CONNAISSANCES ET COMPRÉHENSION

1. Le catabolisme est à l'anabolisme ce que ______ est à ______.
a) la réaction exergonique; la réaction spontanée
b) la réaction exergonique; la réaction endergonique
c) l'énergie libre; l'entropie
d) le travail; l'énergie
e) l'entropie; l'enthalpie

2. La plupart des cellules ne peuvent pas utiliser la chaleur pour produire du travail:
a) parce que la chaleur n'est pas une forme d'énergie.
b) parce que les cellules ne possèdent pas beaucoup de chaleur; elles sont relativement froides.
c) parce que la température est habituellement uniforme dans toute la cellule.
d) parce qu'il n'existe pas de mécanisme capable d'utiliser la chaleur pour produire du travail.
e) parce que la chaleur doit rester constante durant le travail.

3. Parmi les processus métaboliques suivants, lequel peut se produire sans un apport net d'énergie provenant d'un autre processus?
a) ADP + Ⓟ$_i$ → ATP + H_2O.
b) $C_6H_{12}O_6 + 6\ O_2 \rightarrow 6\ CO_2 + 6\ H_2O$.
c) $6\ CO_2 + 6\ H_2O \rightarrow C_6H_{12}O_6 + 6\ O_2$.
d) acides aminés → protéine.
e) glucose + fructose → saccharose.

4. Si une solution enzymatique est saturée de substrat, la façon la plus efficace d'augmenter le rendement de la réaction serait:
a) d'ajouter davantage d'enzyme.
b) de chauffer la solution à 90 °C.
c) d'ajouter du substrat.
d) d'ajouter un inhibiteur allostérique.
e) d'ajouter un inhibiteur non compétitif.

5. Certaines bactéries ont un métabolisme actif dans les sources hydrothermales:
a) parce qu'elles sont capables de maintenir une température interne plus basse que celle de l'eau environnante.
b) parce que la température élevée rend inutile la catalyse.
c) parce que leurs enzymes possèdent des températures optimales élevées.
d) parce que leurs enzymes sont complètement insensibles aux variations de température.
e) parce qu'elles utilisent d'autres molécules que les protéines comme catalyseurs principaux.

NIVEAU 2: APPLICATION ET ANALYSE

6. Si on ajoute une enzyme à une solution dans laquelle son substrat et ses produits sont en équilibre, que se passera-t-il?
a) Une quantité additionnelle de produit se formera.
b) Une quantité additionnelle de substrat se formera.
c) La réaction endergonique deviendra exergonique.
d) L'énergie libre du système changera.
e) Il ne se passera rien: la réaction restera en équilibre.

NIVEAU 3: SYNTHÈSE ET ÉVALUATION

7. **FAITES UN DESSIN** À l'aide d'une série de flèches, dessinez la voie ramifiée de la réaction métabolique décrite par les énoncés ci-dessous, puis répondez à la question qui suit ces énoncés. Utilisez des flèches rouges et des signes moins (−) pour indiquer une inhibition.
L peut former M ou N.
M peut former O.
O peut former P ou R.
P peut former Q.
R peut former S.
O inhibe la réaction de L pour former M.
Q inhibe la réaction de O pour former P.
S inhibe la réaction de O pour former R.
Quelle réaction l'emporterait si de fortes concentrations de Q *et* de S se trouvaient dans la cellule?

a) L → M b) M → O c) L → N d) O → P e) R → S

8. **LIEN AVEC L'ÉVOLUTION**
Récemment, les antiévolutionnistes qui défendent la thèse du «dessein intelligent» ont soutenu que les voies biochimiques sont trop complexes pour avoir évolué d'elles-mêmes, puisqu'il faut que toutes les étapes intermédiaires d'une voie donnée se réalisent pour arriver au produit final. Réfutez cet argument. Comment pourriez-vous utiliser la diversité des voies métaboliques qui fabriquent les mêmes produits ou des produits similaires pour étayer votre point de vue?

9. **INTÉGRATION**
FAITES UN DESSIN Une chercheuse a élaboré un test visant à mesurer l'activité d'une importante enzyme présente dans des cellules hépatiques cultivées en laboratoire. Elle a ajouté le substrat de la réaction enzymatique à l'échantillon de cellules, puis elle a mesuré l'apparition des produits de la réaction. Après avoir reporté les résultats sur un graphique, en inscrivant la quantité de produits sur l'axe des y et le temps sur l'axe des x, elle a remarqué que la courbe se divisait en quatre parties. Pendant une courte période, aucun produit ne s'est formé (partie A). Puis (partie B), la vitesse de la réaction s'est accélérée, la pente de la courbe étant prononcée. Ensuite (partie C), la réaction a ralenti graduellement. Enfin (partie D), la courbe est devenue plate. Tracez ce graphique, accompagnez-le d'une légende, puis proposez un modèle pouvant expliquer les événements moléculaires qui se produisent à chaque stade de cette réaction.

10. **SCIENCE, TECHNOLOGIE ET SOCIÉTÉ**
Les organophosphates (des composés organiques contenant des groupements phosphate) sont couramment utilisés comme insecticides pour améliorer le rendement des récoltes. Ces insecticides agissent généralement sur la transmission nerveuse: ils inhibent les enzymes qui dégradent les molécules acheminant l'information d'un neurone à l'autre. Or, ils n'agissent pas que sur les insectes nuisibles: ils peuvent également toucher les humains et les autres Vertébrés. L'utilisation d'insecticides organophosphorés comporte donc des risques pour la santé et même pour le développement intellectuel, selon une étude canadienne et américaine récente. Par contre, ces molécules se dégradent rapidement lorsqu'elles sont exposées à l'air et au soleil. En tant que consommateur, quel degré de risque êtes-vous prêt à tolérer en échange d'une nourriture abondante et abordable?

11. **ÉCRIVEZ UN TEXTE**

Les transfert d'énergie La vie exige de l'énergie. Rédigez un court texte (de 100 à 150 mots) décrivant les principes fondamentaux de la bioénergétique dans une cellule animale. En quoi le flux et la transformation de l'énergie diffèrent-ils dans une cellule photosynthétique? Incluez le rôle de l'ATP et des enzymes dans votre explication.

RÉPONSES DU CHAPITRE 8

Questions des figures

Figure 8.12

Figure 8.16

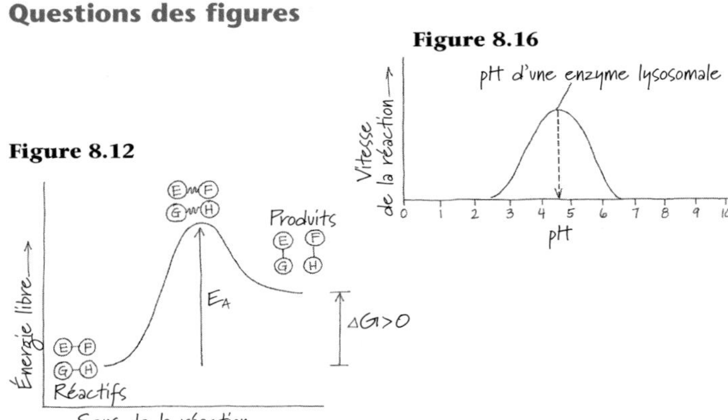

Figure 8.20 L'affinité de la caspase avec l'inhibiteur est très faible (comme on peut s'y attendre d'une enzyme inhibée par allostérie), de sorte que l'inhibiteur diffuserait probablement loin du site de liaison. Comme il n'existe aucune autre source du composé inhibiteur et que sa concentration est faible, il est peu probable que l'inhibiteur se lierait de nouveau au site de liaison allostérique, une fois la liaison covalente brisée. Par conséquent, l'activité de l'enzyme serait très probablement normale. (Dans les faits, c'est exactement ce que les chercheurs ont observé quand ils ont brisé le pont disulfure.)

Retour sur le concept 8.1

1. Le deuxième principe de la thermodynamique stipule que le désordre tend à augmenter. Par exemple, si les concentrations d'une substance sont égales de part et d'autre d'une membrane, la distribution est plus désordonnée que lorsque les concentrations sont inégales. La diffusion d'une substance vers une zone où la substance est moins concentrée augmente l'entropie, ce qui en fait un processus thermodynamiquement favorisé sur le plan énergétique (spontané), conformément au deuxième principe de la thermodynamique. Cela explique le processus illustré à la figure 7.13. **2.** Dans l'arbre, la pomme possède de l'énergie potentielle; les sucres et les autres nutriments qu'elle contient possèdent de l'énergie chimique. Lorsqu'elle tombe de l'arbre, elle a de l'énergie cinétique. Enfin, une fois que la pomme est digérée et que ses molécules ont été dégradées, une partie de l'énergie chimique est utilisée et le reste se perd sous forme de chaleur (énergie thermique). **3.** Les cristaux de sucre deviennent moins ordonnés (l'entropie augmente) à mesure qu'ils se dissolvent et se distribuent de manière aléatoire dans l'eau. Avec le temps, l'eau s'évapore et les cristaux se reforment, car le volume d'eau est insuffisant pour les garder en solution. La réapparition des cristaux de sucre peut représenter une augmentation « spontanée » de l'ordre (diminution de l'entropie), mais elle est compensée par la diminution de l'ordre (augmentation de l'entropie) des molécules d'eau. En effet, ces molécules passent de la disposition relativement compacte et ordonnée qu'elles avaient dans l'eau liquide à celle, beaucoup plus dispersée et désordonnée, qu'elles ont dans la vapeur d'eau.

Retour sur le concept 8.2

1. La respiration cellulaire est un processus spontané et exergonique. L'énergie libérée par le glucose sert à effectuer du travail dans la cellule ou se perd sous forme de chaleur. **2.** Lorsque les concentrations d'ions H^+ sont les mêmes, le système est en équilibre et ne peut produire aucun travail. Les ions H^+ ne peuvent effectuer du travail que si leurs concentrations diffèrent de chaque côté de la membrane, autrement dit s'il y a un gradient de concentration. Cela est cohérent avec la figure 7.20, p. 152, qui montre qu'un apport énergétique (fourni par l'hydrolyse de l'ATP) est nécessaire pour établir le gradient de concentration (le gradient H^+) qui pourra à son tour produire du travail. **3.** La réaction est exergonique parce qu'elle dégage de l'énergie, ici sous forme de lumière. (Il s'agit de la version non biologique de la bioluminescence illustrée à la figure 8.1.)

Retour sur le concept 8.3

1. L'ATP transfère l'énergie aux processus endergoniques par la phosphorylation (ajout de groupements phosphate) d'autres molécules. (Les processus exergoniques permettent la phosphorylation de l'ADP pour régénérer l'ATP.) **2.** En une série de réactions couplées, le premier groupe (réactifs) peut se transformer et devenir le deuxième (produits). Comme il s'agit, dans l'ensemble, d'un processus exergonique, la valeur de ΔG est négative et le premier groupe a davantage d'énergie libre (voir la figure 8.9). **3.** Un transport actif. Le soluté est transporté à l'encontre de son gradient de concentration, ce qui exige de l'énergie, laquelle est fournie par l'hydrolyse de l'ATP.

Retour sur le concept 8.4

1. Une réaction spontanée est une réaction exergonique. Cependant, si son énergie d'activation est élevée, donc rarement atteinte, la réaction sera plutôt lente. **2.** Seuls les substrats spécifiques peuvent entrer dans le site actif d'une enzyme, la partie de l'enzyme qui effectue la catalyse. **3.** En présence de malonate, on peut augmenter la concentration du substrat normal (le succinate) et déterminer si la vitesse de la réaction augmente. Le cas échéant, le malonate est un inhibiteur compétitif. **4.** S'il n'y avait pas de lactose dans l'environnement, comme source de nourriture, et qu'un disaccharide contenant du fucose était disponible, les bactéries aptes à digérer ce dernier disaccharide seraient plus à même de croître et de se multiplier que celles qui en sont incapables.

Retour sur le concept 8.5

1. La liaison de l'activateur est telle qu'elle stabilise la forme active d'une enzyme, tandis que la liaison de l'inhibiteur stabilise sa forme inactive. **2.** Un inhibiteur qui se lie au site actif de l'enzyme que vous voulez inhiber pourrait aussi se lier à des enzymes possédant des structures similaires et les inhiber, ce qui causerait d'importants effets secondaires. Il serait donc préférable de chercher des composés chimiques qui se lient par allostérie à l'enzyme en question, car les sites régulateurs allostériques sont plus spécifiques, c'est-à-dire moins susceptibles de présenter des similitudes avec d'autres enzymes.

Questions du résumé des concepts clés

8.1 Le processus d'organisation de la structure d'une cellule s'accompagne d'une augmentation de l'entropie (désordre) de l'Univers. Ainsi, une cellule animale utilise des molécules organiques très organisées comme source de matière et d'énergie pour construire et préserver ses structures. Cependant, au cours de ce même processus, la cellule libère dans l'environnement de la chaleur ainsi que des molécules simples de dioxyde de carbone et d'eau. L'augmentation de l'entropie qui résulte de ce dernier processus annule la diminution de l'entropie qui résultait du premier. **8.2** Une réaction spontanée a un ΔG négatif et est exergonique. Pour qu'une réaction chimique se déroule en produisant une libération nette d'énergie libre ($-\Delta G$), l'enthalpie (énergie totale) du système doit diminuer ($-\Delta H$) et/ou son entropie (désordre) doit augmenter (ce qui donnera un terme $-T\Delta S$ encore plus négatif). Les réactions spontanées sont importantes, car elles fournissent l'énergie nécessaire pour produire du travail cellulaire. **8.3** L'énergie libre dégagée par l'hydrolyse de l'ATP peut déclencher des réactions endergoniques par le transfert d'un groupement phosphate à une molécule de réactif, ce qui procure un intermédiaire phosphorylé plus réactif. L'hydrolyse de l'ATP est aussi à l'origine du travail mécanique et du travail de transport d'une cellule, souvent en modifiant la forme de la protéine motrice en cause. La respiration cellulaire (ou dégradation catabolique de glucose) fournit l'énergie utilisée dans la régénération endergonique de l'ATP à partir de l'ADP et du Ⓟ$_i$. **8.4** Les barrières de l'énergie d'activation (E_A) empêchent les molécules complexes de la cellule, riches en énergie libre, de se décomposer spontanément en molécules moins ordonnées et plus stables. Les enzymes permettent la régulation du métabolisme en se liant à des substrats spécifiques et en formant des complexes enzyme-substrat qui abaissent de manière sélective l'énergie d'activation des réactions chimiques dans la cellule. **8.5** Une cellule régule étroitement ses voies métaboliques afin de répondre à ses besoins fluctuants d'énergie et de matériaux. La liaison d'activateurs ou d'inhibiteurs à des sites régulateurs sur des enzymes allostériques stabilise soit la forme active, soit la forme inactive des sous-unités. Par exemple, la liaison de l'ATP avec une enzyme catabolique dans une cellule où il y a trop d'ATP inhibe cette voie. Ce type de rétro-inhibition préserve les ressources chimiques de la cellule. Si les réserves d'ATP sont épuisées, la liaison de l'ADP au site régulateur des enzymes cataboliques active cette voie.

ÉVALUATION

1. b; **2.** c; **3.** b; **4.** a; **5.** c; **6.** e; **7.** c;

9.

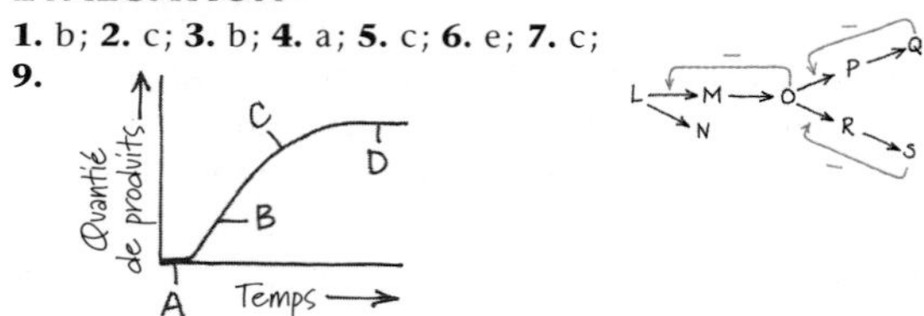

A. Les molécules de substrat pénètrent dans les cellules, de sorte qu'aucun produit ne s'est encore formé.
B. Comme il y a suffisamment de substrat, la réaction se déroule à sa vitesse optimale.
C. Le substrat s'épuise et la vitesse de la réaction ralentit (la pente de la courbe est moins prononcée).
D. La courbe est complètement plate parce qu'il ne reste plus de nouveau substrat, de sorte qu'aucun nouveau produit n'apparaît.

9

La respiration cellulaire et la fermentation

▲ **Figure 9.1 Comment ces feuilles fournissent-elles à ce chimpanzé les éléments nécessaires au travail de la vie ?**

CONCEPTS CLÉS

9.1 Les voies cataboliques génèrent de l'énergie en oxydant des molécules organiques
9.2 La glycolyse libère de l'énergie chimique en oxydant le glucose en pyruvate
9.3 Une fois le pyruvate oxydé, le cycle de l'acide citrique achève l'oxydation, génératrice d'énergie, des molécules organiques
9.4 Durant la phosphorylation oxydative, la chimiosmose couple le transport d'électrons à la synthèse d'ATP
9.5 La fermentation permet à certaines cellules de produire de l'ATP en l'absence de dioxygène
9.6 La glycolyse et le cycle de l'acide citrique sont liés à de nombreuses autres voies métaboliques

INTRODUCTION

Vivre, c'est travailler

Pour exécuter les nombreuses tâches essentielles à la vie, les cellules doivent recevoir de l'énergie de sources extérieures, sinon, elles ne pourraient assembler des polymères, transporter des substances à travers leurs membranes, se déplacer ou se reproduire. Le chimpanzé de la **figure 9.1** puise l'énergie nécessaire à ses cellules dans les plantes qu'il ingère. D'autres animaux se nourrissent d'organismes eux-mêmes herbivores. L'énergie emmagasinée dans les molécules organiques des aliments vient, en fin de compte, du Soleil. L'énergie entre dans l'écosystème sous forme de lumière solaire et en sort sous forme de chaleur. En revanche, les substances chimiques essentielles à la vie sont recyclées (**figure 9.2**). La photosynthèse génère de l'oxygène et des molécules organiques, qui servent de combustible pour la respiration cellulaire effectuée dans les mitochondries chez les Eucaryotes (y compris chez les organismes photosynthétiques). La respiration cellulaire décompose ces molécules pour produire de l'ATP. Les déchets de la respiration, soit le dioxyde de carbone et l'eau, sont la matière première de la photosynthèse. Dans ce chapitre, nous verrons comment la respiration cellulaire extrait l'énergie emmagasinée dans les combustibles organiques pour produire de l'ATP, la substance qui alimente la majeure partie du travail cellulaire. Après avoir décrit les mécanismes généraux de la respiration cellulaire, nous nous concentrerons sur ses trois principales voies : la glycolyse, le cycle de l'acide citrique et la phosphorylation oxydative. Nous nous pencherons aussi sur la fermentation, une voie métabolique un peu plus simple ; couplée à la glycolyse, elle a des origines très anciennes, du point de vue de l'évolution.

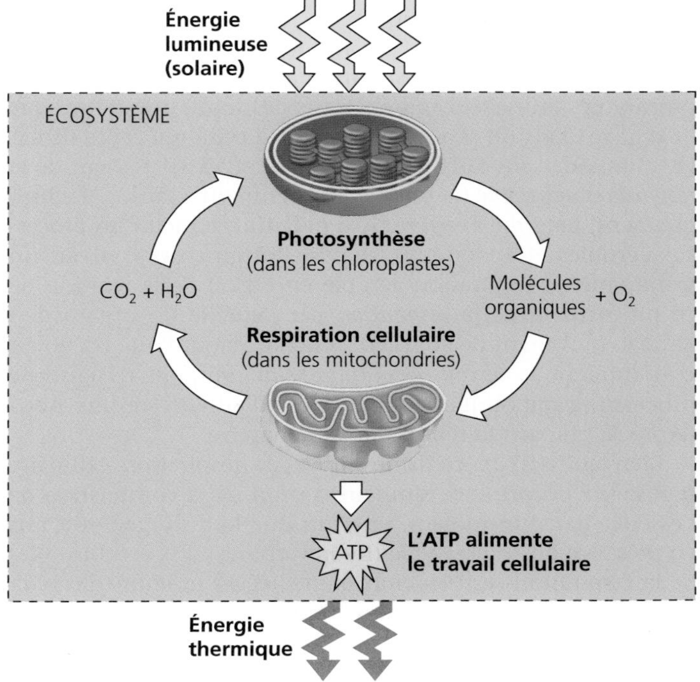

▲ **Figure 9.2 Le flux de l'énergie et le recyclage chimique dans les écosystèmes.** L'énergie entre dans un écosystème sous forme de lumière solaire et en sort sous forme de chaleur, tandis que les substances chimiques nécessaires à la vie sont recyclées.

CONCEPT **9.1**

Les voies cataboliques génèrent de l'énergie en oxydant des molécules organiques

Comme on l'a vu au chapitre 8, les voies cataboliques sont des voies métaboliques qui libèrent l'énergie emmagasinée en dégradant des molécules complexes; le transfert d'électrons joue à cet égard un rôle clé. Dans cette section, nous examinerons ces processus essentiels à la respiration cellulaire.

Les voies cataboliques et la production d'ATP

Les composés organiques possèdent une énergie potentielle qui résulte de la disposition des électrons dans les liaisons entre leurs atomes. Les composés qui participent aux réactions exergoniques peuvent agir comme combustibles. Toute substance organique contient de l'énergie qui peut être libérée à différentes fins. À l'aide d'enzymes, la cellule dégrade des molécules organiques complexes, riches en énergie potentielle, et les transforme en produits résiduels plus simples et renfermant moins d'énergie. Une partie de l'énergie tirée des réserves chimiques sert à accomplir du travail et le reste se dissipe sous forme de chaleur.

L'un de ces processus cataboliques, la **fermentation**, dégrade le glucose ou d'autres combustibles biologiques, en l'absence de dioxygène (ou oxygène moléculaire). Cependant, la voie catabolique la plus répandue et la plus efficace est la **respiration cellulaire aérobie** (le terme *aérobie* vient du grec *aer*, «air», et *bios*, «vie»). Ses réactifs sont le dioxygène et les combustibles organiques. Les cellules de la plupart des organismes eucaryotes et de nombreux organismes procaryotes sont capables de respiration aérobie. Certaines cellules procaryotes utilisent comme réactifs des substances autres que l'oxygène, dans un processus similaire à celui qui capte l'énergie chimique sans faire intervenir le dioxygène; il s'agit de la *respiration anaérobie* (le préfixe *an-* signifiant «sans»). Techniquement, le terme **respiration cellulaire** inclut les processus aérobies et anaérobies, mais à l'origine on y voyait un synonyme de respiration aérobie en raison de la relation de ce processus avec la *respiration* par laquelle les organismes animaux inspirent de l'oxygène. Encore aujourd'hui, on utilise couramment le terme *respiration cellulaire* pour désigner le processus catabolique aérobie; c'est d'ailleurs ce que nous ferons la plupart du temps dans ce chapitre.

Bien que son mécanisme diffère, la respiration cellulaire repose sur un principe similaire à celui de la combustion de l'essence dans un moteur, une fois que le dioxygène est mis en présence du combustible (hydrocarbures). Les combustibles de la respiration sont les nutriments, et les produits d'échappement sont le dioxyde de carbone et l'eau. Le processus peut se résumer comme suit:

$$\text{Composés organiques} + \text{Dioxygène} \rightarrow \text{Dioxyde de carbone} + \text{Eau} + \text{Énergie}$$

Bien que les glucides, les lipides et les protéines puissent tous servir de combustibles après avoir été transformés, il est d'usage de présenter les étapes de la respiration cellulaire en décrivant la dégradation du glucose ($C_6H_{12}O_6$):

$$C_6H_{12}O_6 + 6\,O_2 \rightarrow 6\,CO_2 + 6\,H_2O + \text{Énergie (ATP et chaleur)}$$

En effet, le glucose est le combustible le plus fréquemment utilisé par les cellules; plus loin dans ce chapitre, nous étudierons d'autres molécules organiques contenues dans les aliments.

La dégradation du glucose est exergonique: elle correspond à une variation de l'énergie libre de 2 870 kJ par mole de glucose dégradée ($\Delta G = -2\,870$ kJ/mol) dans des conditions normales. Rappelez-vous qu'une valeur négative de ΔG indique que les produits de la réaction chimique renferment moins d'énergie que les réactifs et que la réaction peut se produire spontanément, sans énergie extérieure.

Les voies cataboliques ne prennent pas directement part au mouvement des flagelles, au transport actif des solutés, à la polymérisation des monomères et à la contraction musculaire, bref, aux processus vitaux. Le catabolisme est lié au travail cellulaire par un intermédiaire chimique, l'ATP, que nous avons décrite au chapitre 8. Pour survivre, la cellule doit refaire ses réserves d'ATP à partir d'ADP et de phosphate inorganique (voir la figure 8.11, p. 168). Pour comprendre comment la respiration cellulaire alimente la synthèse de l'ATP, examinons deux processus chimiques fondamentaux: l'oxydation et la réduction.

Les réactions d'oxydoréduction: oxydation et réduction

Comment les voies cataboliques de dégradation du glucose et d'autres combustibles organiques fournissent-elles de l'énergie? La réponse à cette question réside dans le transfert d'électrons qui survient pendant les réactions chimiques appelées oxydation et réduction: ce transfert d'électrons libère l'énergie emmagasinée dans les molécules organiques et cette énergie sert à synthétiser de l'ATP.

Les principes de l'oxydoréduction

Dans beaucoup de réactions chimiques, un ou plusieurs électrons (e^-) passent d'un réactif à un autre. Ces transferts sont appelés **réactions d'oxydoréduction**, ou réactions rédox, en abrégé: la perte d'électrons correspond à l'**oxydation** et le gain d'électrons, à la **réduction**. (Remarquez que l'*ajout* d'électrons s'appelle *réduction*; quand ils s'ajoutent à un cation, les électrons [charge négative] réduisent la quantité de charges positives du cation.) Examinons, par exemple, la réaction dans laquelle du sel de table se forme à partir de deux éléments, le sodium et le chlore:

Est oxydé (perd un électron): Na → Na^+

$$Na + Cl \longrightarrow Na^+ + Cl^-$$

Est réduit (gagne un électron): Cl → Cl^-

Nous pouvons généraliser comme suit les réactions d'oxydoréduction:

Est oxydé: Xe^- → X

$$Xe^- + Y \longrightarrow X + Ye^-$$

Est réduit: Y → Ye^-

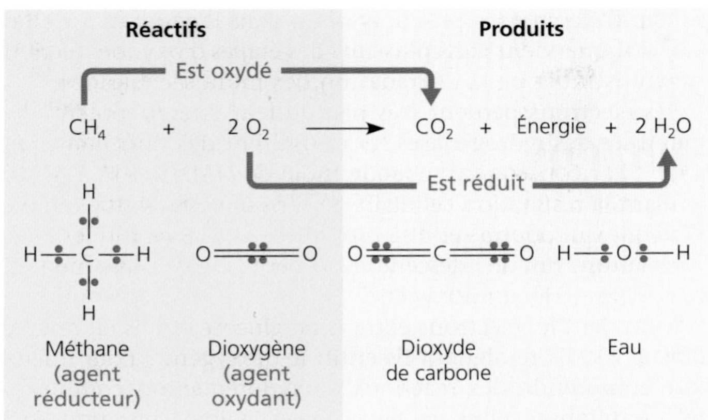

▲ **Figure 9.3 Exemple de réaction d'oxydoréduction: la combustion du méthane.** Cette réaction libère de l'énergie, car les électrons perdent de l'énergie potentielle lorsqu'ils sont partagés inégalement et qu'ils passent plus de temps à proximité d'atomes électronégatifs comme l'oxygène.

Dans la réaction hypothétique ci-dessus, la substance Xe^-, qui est le donneur d'électrons, s'appelle **agent réducteur**: celui-ci réduit Y, qui accepte l'électron donné. La substance Y, qui est l'accepteur d'électrons, est l'**agent oxydant**: il oxyde X en lui enlevant son électron. Comme un transfert d'électrons exige qu'il y ait à la fois un donneur et un accepteur, l'oxydation et la réduction vont toujours de pair.

Les réactions d'oxydoréduction ne supposent pas nécessairement un transfert complet des électrons d'une substance à une autre; certaines ne font que modifier le *degré* de la mise en commun des électrons dans les liaisons covalentes. La réaction par laquelle le méthane (CH_4) et le dioxygène produisent du dioxyde de carbone et de l'eau, représentée à la **figure 9.3**, en est un exemple. Comme nous l'expliquions au chapitre 2, les électrons covalents du méthane sont mis en commun presque également par les atomes liés, parce que le carbone et l'hydrogène ont une affinité presque égale pour les électrons de valence. Ils possèdent tous deux à peu près la même électronégativité. Toutefois, quand le carbone du méthane réagit avec le dioxygène et forme du dioxyde de carbone, les électrons s'éloignent de l'atome de carbone pour se rapprocher de ses nouveaux partenaires covalents, les atomes d'oxygène, qui possèdent une forte électronégativité. En effet, l'atome de carbone a partiellement «perdu» ses électrons mis en commun; le méthane est alors oxydé.

Maintenant, examinons ce qu'il advient du réactif O_2 dans cette dernière réaction. Les deux atomes de la molécule de dioxygène, eux, partagent également leurs électrons. Par ailleurs, quand le dioxygène réagit avec l'hydrogène du méthane pour former de l'eau, les électrons des liaisons covalentes restent plus longtemps à proximité de l'oxygène (voir la figure 9.3). En effet, chaque atome d'oxygène ayant partiellement «gagné» des électrons, le dioxygène est réduit. Étant donné sa forte électronégativité, le dioxygène figure parmi les agents oxydants les plus puissants.

Il faut de l'énergie pour séparer un électron d'un atome, tout comme il faut de l'énergie pour pousser un ballon vers le haut d'une pente. Plus un atome est électronégatif (plus il attire les électrons), plus il faut d'énergie pour en éloigner un électron, tout comme il faut un surcroît d'énergie pour pousser un ballon vers le haut d'une pente abrupte. Un électron *perd* de l'énergie potentielle quand il va d'un atome faiblement électronégatif *vers* un atome fortement électronégatif, tout comme un ballon perd de l'énergie potentielle quand il roule vers le bas d'une pente. Par conséquent, une réaction d'oxydoréduction qui rapproche les électrons des atomes d'oxygène, telle que la combustion (l'oxydation) du méthane, libère de l'énergie chimique pouvant servir à produire du travail.

L'oxydation des molécules organiques au cours de la respiration cellulaire

L'oxydation du propane (C_3H_8) par le dioxygène (suivant les mêmes principes que ceux que nous venons d'illustrer pour le méthane) constitue la principale réaction de combustion qui se produit dans les brûleurs d'une cuisinière à gaz. La combustion de l'essence dans un moteur d'automobile représente aussi une réaction d'oxydoréduction, et l'énergie qu'elle libère actionne les pistons. Mais la réaction d'oxydoréduction qui nous intéresse ici est la respiration cellulaire, c'est-à-dire l'oxydation du glucose et d'autres molécules provenant des aliments. Analysons de nouveau l'équation de la respiration cellulaire, cette fois sous l'angle de l'oxydoréduction:

Est oxydé

$$C_6H_{12}O_6 + 6\,O_2 \longrightarrow 6\,CO_2 + 6\,H_2O + \text{Énergie}$$

Est réduit

Comme dans la combustion du propane et de l'essence, il y a oxydation du combustible (le glucose) et réduction du dioxygène; par la même occasion, les électrons perdent de l'énergie potentielle, et de l'énergie est libérée.

En général, les molécules organiques riches en hydrogène sont d'excellents combustibles, car leurs liaisons renferment des électrons à forte énergie potentielle, susceptibles de se rapprocher des atomes d'oxygène et de libérer de l'énergie. L'équation de la respiration cellulaire indique que l'hydrogène du glucose est transféré au dioxygène. Cependant, elle ne rend pas compte d'un fait important: l'état énergétique des électrons change quand l'hydrogène (avec ses électrons) est transféré au dioxygène (la valeur de ΔG est négative). Dans la respiration cellulaire, l'oxydation aérobie du glucose transfère des électrons vers un état énergétique plus faible, libérant l'énergie qui y était emmagasinée et la rendant disponible pour la synthèse de l'ATP.

Les principaux nutriments énergétiques, soit les glucides et les lipides, sont des réservoirs d'électrons associés à de l'hydrogène. Seule la barrière formée par l'énergie d'activation empêche qu'il y ait un raz-de-marée d'électrons tendant à adopter l'état énergétique le plus bas (voir la figure 8.12, p. 170). Sans elle, une substance nutritive comme le glucose se combinerait spontanément au dioxygène. Si on fournit l'énergie d'activation en déclenchant la combustion – c'est-à-dire l'oxydation rapide d'un combustible et la libération d'une énorme quantité d'énergie sous forme de chaleur –, chaque mole de glucose (environ 180 g) brûle dans l'air en libérant 2 870 kJ de chaleur. Évidemment, la température corporelle n'est pas assez élevée pour amorcer seule la combustion du glucose. Par contre, si vous ingérez du glucose, les enzymes présentes dans vos cellules se chargeront d'abaisser la barrière de l'énergie d'activation et le glucose sera oxydé lentement, en une série d'étapes.

Le transfert des électrons en une série d'étapes par l'entremise du NAD⁺ et de la chaîne de transport des électrons

Il est difficile d'exploiter l'énergie de façon efficace et productive quand elle se libère en bloc d'un combustible. L'explosion d'un réservoir d'essence, par exemple, ne ferait guère avancer une voiture. De même, il ne servirait à rien que la respiration cellulaire oxyde le glucose en une seule étape explosive. La respiration cellulaire se produit autrement: le glucose et les autres combustibles organiques sont dégradés en une série d'étapes, toutes catalysées par une enzyme. Aux étapes clés, des électrons sont arrachés au glucose. Comme c'est souvent le cas dans les réactions d'oxydation, chaque électron se déplace avec un proton, autrement dit sous forme d'atome d'hydrogène. Les atomes d'hydrogène ne joignent pas directement le dioxygène. Généralement, ils doivent d'abord passer par une coenzyme appelée nicotinamide adénine dinucléotide, ou **NAD**$^+$, un dérivé de la niacine (vitamine B_3). Le NAD^+ est un bon transporteur d'électrons, car il peut facilement passer de l'état oxydé (NAD^+) à l'état réduit ($NADH + H^+$) et vice-versa. En tant qu'accepteur d'électrons, le NAD^+ joue le rôle d'agent oxydant dans la respiration.

Comment le NAD^+ capte-t-il les électrons du glucose et des autres molécules combustibles? Des enzymes appelées déshydrogénases retirent une paire d'atomes d'hydrogène (deux électrons et deux protons) du substrat (un monosaccharide, par exemple), l'oxydant du même coup. Elles apportent ensuite les *deux* électrons et *un* proton (H^+) au NAD^+ (**figure 9.4**). Quant au proton restant, il est libéré dans la solution environnante:

$$\text{H}-\overset{|}{\underset{|}{\text{C}}}-\text{OH} + \text{NAD}^+ \xrightarrow{\text{Déshydrogénase}} \overset{|}{\underset{|}{\text{C}}}=\text{O} + \text{NADH} + \text{H}^+$$

Lorsqu'il reçoit les deux électrons (de charge négative) mais un seul proton (de charge positive), le NAD^+ est neutralisé et réduit en NADH. L'appellation NADH indique le gain d'un atome d'hydrogène au cours de la réaction. Le NAD^+ est l'accepteur d'électrons le plus polyvalent dans la respiration cellulaire et il intervient dans plusieurs des étapes d'oxydoréduction caractéristiques de la dégradation des monosaccharides.

Les électrons perdent très peu de leur énergie potentielle quand les déshydrogénases les transfèrent des nutriments au NAD^+. Par conséquent, chaque mole de $NADH + H^+$ formée pendant la respiration cellulaire aérobie représente une réserve d'énergie qui pourra servir à produire de l'ATP quand les électrons auront fini de «descendre» la pente énergétique menant du $NADH + H^+$ au dioxygène.

Comment les électrons extraits du glucose et mis en réserve dans le NADH rejoignent-ils enfin le dioxygène? Pour mieux faire comprendre les réactions d'oxydoréduction complexes de la respiration cellulaire, faisons une analogie avec une réaction beaucoup plus simple, celle qui produit de l'eau à partir de dihydrogène et de dioxygène (**figure 9.5a**). Mélangez ces deux gaz et fournissez-leur l'énergie d'activation requise sous la forme d'une étincelle: ils se combineront de manière explosive. D'ailleurs, on a utilisé la combustion de H_2 liquide et de O_2 pour faire fonctionner les principaux moteurs projetant les navettes spatiales en orbite après le décollage. L'explosion produite correspond à la libération d'énergie qui survient quand les électrons de l'hydrogène se rapprochent des atomes d'oxygène électronégatifs. La respiration cellulaire rapproche elle aussi de l'hydrogène et de l'oxygène en formant de l'eau, mais à deux importantes différences près. Premièrement, l'hydrogène qui réagit avec le dioxygène dérive de molécules organiques plutôt que du dihydrogène. Deuxièmement, au lieu de se produire dans une réaction explosive, la respiration cellulaire utilise une *chaîne de transport d'électrons* pour échelonner la «descente» des électrons vers le dioxygène en une série d'étapes libératrices d'énergie (**figure 9.5b**). Une **chaîne de transport d'électrons** se compose de plusieurs molécules (des protéines pour la plupart) insérées dans la membrane interne des mitochondries des cellules eucaryotes et dans la membrane plasmique des cellules procaryotes qui pratiquent la respiration aérobie. Le NADH apporte au «sommet» de la chaîne, où le niveau énergétique est le plus élevé, les électrons

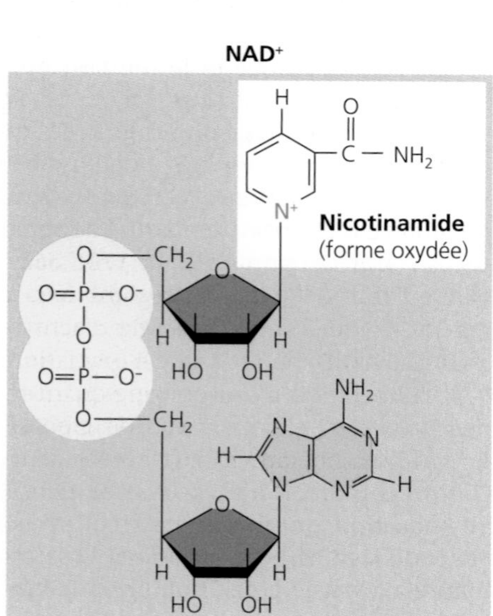

▲ **Figure 9.4 Le NAD⁺: un transporteur d'électrons.** Son nom, «nicotinamide adénine dinucléotide», décrit la structure de cette molécule: elle est constituée de deux nucléotides reliés par leurs groupements phosphate (en jaune). (Le nicotinamide est une base azotée différente de celle qui est contenue dans l'ADN ou dans l'ARN; voir la figure 5.26, p. 96.) Le transfert enzymatique au NAD^+ de deux électrons et d'un proton issus d'une molécule organique réduit le NAD^+ en NADH; le second proton (H^+) est libéré. La plupart des électrons retirés des nutriments sont d'abord transférés au NAD^+.

retirés des nutriments. Au « bas » de la chaîne, où le niveau énergétique est le moins élevé, le dioxygène capture ces électrons en même temps que les protons et de l'eau se forme.

Le transfert d'électrons du NADH + H^+ au dioxygène est exergonique, puisqu'il entraîne une variation de l'énergie libre de −222 kJ/mol environ. Mais cette énergie ne se libère pas d'un coup : les électrons descendent progressivement la chaîne en passant d'un transporteur à l'autre par une série d'étapes, perdant chaque fois une petite quantité d'énergie jusqu'à ce qu'ils atteignent le dioxygène, le dernier accepteur d'électrons tout au bas de la chaîne et qui a une très grande affinité pour les électrons. Chaque transporteur est plus électronégatif que le suivant situé en amont, le dioxygène se trouvant au bas de la pente. Les électrons retirés des nutriments par le NAD^+ descendent donc graduellement la pente énergétique de la chaîne de transport jusqu'à ce qu'ils atteignent une position stable dans l'atome d'oxygène électronégatif. En d'autres termes, le dioxygène attire à lui les électrons de la chaîne de transport dans une cascade énergétique, de la même manière qu'un corps subissant la loi de la gravitation est attiré vers le bas.

En résumé, au cours de la respiration cellulaire, la majorité des électrons descendent la pente suivante : nutriment → NADH + H^+ → chaîne de transport d'électrons → dioxygène. Plus loin dans ce chapitre, vous en apprendrez davantage sur la synthèse de l'ATP à partir de l'énergie libérée par la « descente » exergonique des électrons. À présent que nous avons exposé les mécanismes de base de l'oxydoréduction appliqués à la respiration cellulaire, étudions dans son ensemble le processus par lequel l'énergie est récupérée des combustibles organiques.

Les étapes de la respiration cellulaire : *aperçu*

L'extraction de l'énergie du glucose par la respiration cellulaire suppose trois stades métaboliques :

1. la glycolyse (représentée en bleu-vert tout au long du chapitre) ;
2. le cycle de l'acide citrique (représenté en saumon) ;
3. la phosphorylation oxydative : transport des électrons et chimiosmose (représentés en violet).

Les biochimistes réservent habituellement le terme *respiration cellulaire* aux stades 2 et 3. Nous y incluons aussi la glycolyse, car la plupart des cellules aérobies qui tirent leur énergie du glucose utilisent ce processus pour obtenir le matériel nécessaire à l'amorce du cycle de l'acide citrique.

Comme le montre la **figure 9.6**, les deux premiers stades, la glycolyse et le cycle de l'acide citrique, sont les voies cataboliques qui dégradent le glucose et les autres combustibles organiques. La **glycolyse**, qui a lieu dans le cytosol (car c'est là que se trouvent les enzymes nécessaires), marque le début de la dégradation du glucose : elle scinde une mole de glucose en deux moles d'un composé appelé pyruvate. Dans les cellules eucaryotes, le pyruvate pénètre dans les mitochondries où il est oxydé, ce qui donne un composé appelé acétyl-CoA, ou acétyl-coenzyme A, qui entre dans le **cycle de l'acide citrique** où s'achève la dégradation du glucose en dioxyde de carbone. (Chez les Procaryotes, tous ces processus se déroulent dans le cytosol.) Le dioxyde de carbone expiré par la respiration représente donc des fragments de molécules organiques oxydées.

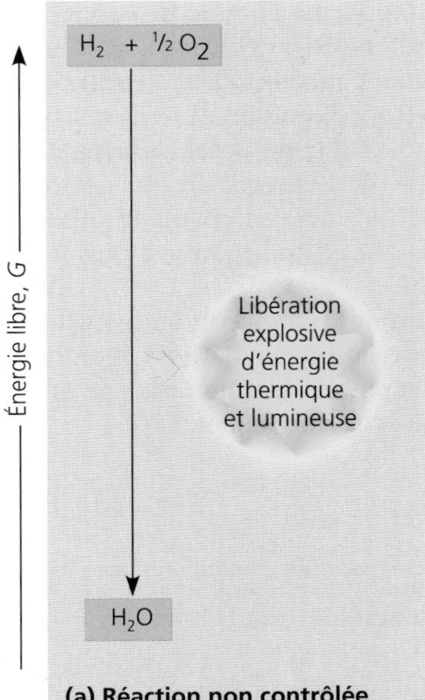

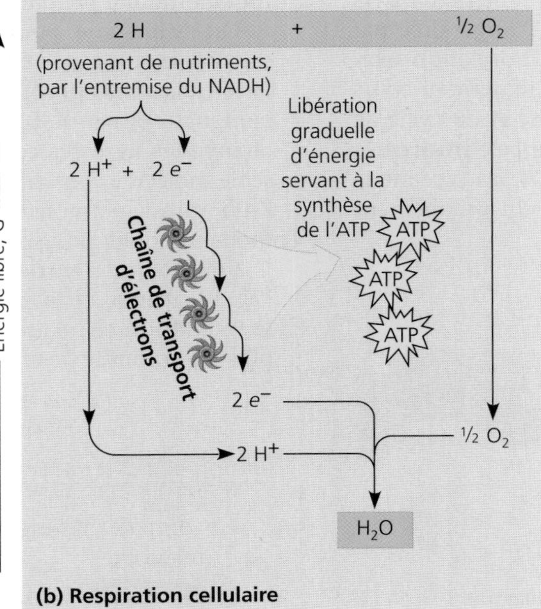

▲ **Figure 9.5 Aperçu de la chaîne de transport d'électrons. (a)** La réaction exergonique en une seule étape par laquelle le dihydrogène et le dioxygène forment de l'eau libère une grande quantité d'énergie sous forme de chaleur et de lumière, autrement dit sous forme d'explosion. **(b)** Dans la respiration cellulaire, une chaîne de transport d'électrons échelonne la « descente » des électrons en une série d'étapes et stocke une partie de l'énergie libérée sous une forme qui peut servir à produire de l'ATP. (Le reste de l'énergie est libéré sous forme de chaleur.)

Quelques-unes des étapes de la glycolyse et du cycle de l'acide citrique sont des réactions d'oxydoréduction dans lesquelles les déshydrogénases transfèrent des électrons du substrat au NAD^+, en formant du NADH + H^+. La chaîne de transport d'électrons, qui représente le troisième stade de la respiration cellulaire, accepte les électrons provenant des produits des deux premiers stades (le plus souvent par l'entremise du NADH + H^+) et elle les transmet d'une molécule à une autre. À la fin de la chaîne, les électrons se combinent à des protons (H^+) et à du dioxygène, et ils forment de l'eau (voir la figure 9.5b). L'énergie libérée à chaque maillon de la chaîne est emmagasinée sous une forme que la mitochondrie peut utiliser pour produire de l'ATP. Ce mode de synthèse de l'ATP s'appelle **phosphorylation oxydative**, car il est alimenté par les réactions d'oxydoréduction de la chaîne de transport d'électrons ; le mot *phosphorylation* renvoie au fait que le phosphate transféré est le radical « phosphoryle ».

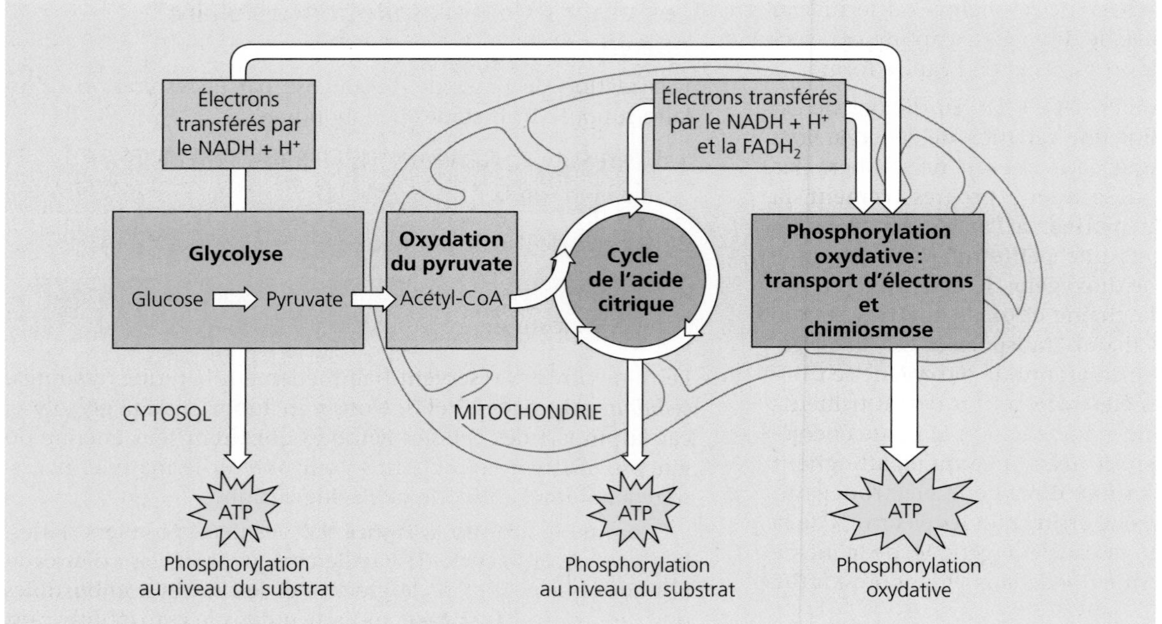

▲ **Figure 9.6 Aperçu de la respiration cellulaire.** Pendant la glycolyse, chaque mole de glucose est transformée en deux moles d'un composé appelé pyruvate. Chez les cellules eucaryotes, le pyruvate entre dans les mitochondries, où il est oxydé en dioxyde de carbone au cours du cycle de l'acide citrique. Le NADH et une coenzyme similaire appelée $FADH_2$ transfèrent les électrons provenant du glucose à des chaînes de transport d'électrons qui sont insérées dans la membrane mitochondriale interne. Durant la phosphorylation oxydative, les chaînes de transport d'électrons convertissent l'énergie chimique en une forme d'énergie qui sert à la synthèse de l'ATP au cours d'un processus appelé chimiosmose.

Chez les cellules eucaryotes, le transport des électrons et la chimiosmose qui produisent la phosphorylation oxydative ont lieu dans la membrane interne des mitochondries. (Chez les cellules procaryotes, ces processus se déroulent dans la membrane plasmique.) Près de 90 % de l'ATP engendrée par la respiration cellulaire provient de la phosphorylation oxydative. Une quantité moindre se forme directement au cours d'un petit nombre de réactions de la glycolyse et du cycle de l'acide citrique, et ce grâce à un mécanisme appelé **phosphorylation au niveau du substrat** (**figure 9.7**). Dans ce mode de synthèse de l'ATP, une enzyme transfère un groupement phosphate d'un substrat à de l'ADP au lieu d'ajouter un phosphate inorganique à l'ADP comme lors de la phosphorylation oxydative. (Le substrat fait ici référence à une molécule organique produite pendant le catabolisme du glucose.)

On estime que, pour chaque mole de glucose dégradée en dioxyde de carbone et en eau au cours de la respiration cellulaire, la cellule produit environ 32 moles d'ATP, chacune contenant environ 30,5 kJ/mol d'énergie libre. La respiration change les « grosses coupures » de l'énergie du glucose (une seule molécule contenant 2 870 kJ/mol) en « petite monnaie », l'ATP (plusieurs molécules de 30,5 kJ/mol), qui est plus commode à écouler pour la cellule.

Vous venez d'entrevoir comment la glycolyse, le cycle de l'acide citrique et la phosphorylation oxydative engendrent la respiration cellulaire. Entreprenons maintenant une étude plus approfondie de chacun de ces trois stades.

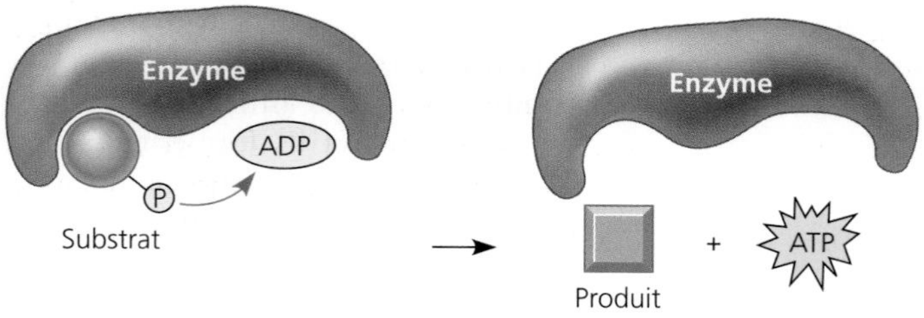

Enzyme

Enzyme

ADP

P

Substrat

Produit

ATP

▲ **Figure 9.7 La phosphorylation au niveau du substrat.** Une partie de l'ATP est produite grâce au transfert enzymatique direct d'un groupement phosphate provenant d'un substrat organique à de l'ADP. (Pour des exemples en relation avec la glycolyse, voir la figure 9.9, étapes 7 et 10.)

FAITES DES LIENS *Étudiez la figure 8.8b à la page 167. Dans la réaction ci-dessus, l'énergie potentielle est-elle plus élevée chez les réactifs ou chez les produits ? Expliquez votre réponse.*

RETOUR SUR LE CONCEPT 9.1

1. Comparez la respiration aérobie et la respiration anaérobie.
2. **ET SI ?** Dans la réaction d'oxydoréduction suivante, quel élément est oxydé et lequel est réduit ?

$$C_4H_6O_5 + NAD^+ \rightarrow C_4H_4O_5 + NADH + H^+$$

Voir les réponses proposées à la fin du chapitre.

CONCEPT 9.2

La glycolyse libère de l'énergie chimique en oxydant le glucose en pyruvate

Le mot *glycolyse* signifie «dégradation du glucose». Le long de cette voie catabolique, le glucose, un monosaccharide possédant six atomes de carbone, se scinde en deux monosaccharides ayant chacun trois atomes de carbone. Ces petits monosaccharides sont ensuite oxydés, et les atomes restants se réarrangent en deux molécules de pyruvate. (Le pyruvate est la forme ionisée d'un acide possédant trois atomes de carbone, l'acide pyruvique.)

Comme le montre la **figure 9.8**, on peut diviser la glycolyse en deux phases; l'investissement d'énergie et la libération d'énergie. Pendant la phase de l'investissement d'énergie, la cellule doit dépenser de l'ATP, mais elle récolte les dividendes de son investissement durant la phase de la libération d'énergie, lorsque la phosphorylation au niveau du substrat produit de l'ATP et que l'oxydation de la molécule organique (le glucose dans cet exemple) réduit le NAD^+ en $NADH + H^+$. Le rendement net de la glycolyse est de deux moles d'ATP et de deux moles de $NADH + H^+$ par mole de glucose. La **figure 9.9** résume les 10 étapes de la voie glycolytique.

Tout le carbone contenu à l'origine dans le glucose se retrouve dans les deux moles de pyruvate; il n'y a donc pas de libération de dioxyde de carbone pendant la glycolyse. Notez aussi que cette série de réactions se produit en présence ou en l'absence de dioxygène. *En présence de dioxygène*, l'énergie chimique emmagasinée dans le pyruvate et le $NADH + H^+$ peut toutefois être extraite au cours de l'oxydation du pyruvate, du cycle de l'acide citrique et de la phosphorylation oxydative.

RETOUR SUR LE CONCEPT 9.2

1. Dans la réaction d'oxydoréduction de la glycolyse (l'étape 6 de la figure 9.9), quelle molécule est l'agent oxydant? Laquelle est l'agent réducteur?
2. FAITES DES LIENS L'étape 3 de la figure 9.9 est d'une importance cruciale dans la régulation de la glycolyse. L'ATP et les molécules reliées régulent par allostérie l'enzyme phosphofructokinase (voir le concept 8.5, p. 164). Compte tenu du résultat global de la glycolyse, diriez-vous que l'ATP inhibe l'activité de cette enzyme ou qu'elle la stimule? (Considérez l'ATP dans sa fonction de régulateur allostérique et non comme un substrat de l'enzyme.)

Voir les réponses proposées à la fin du chapitre.

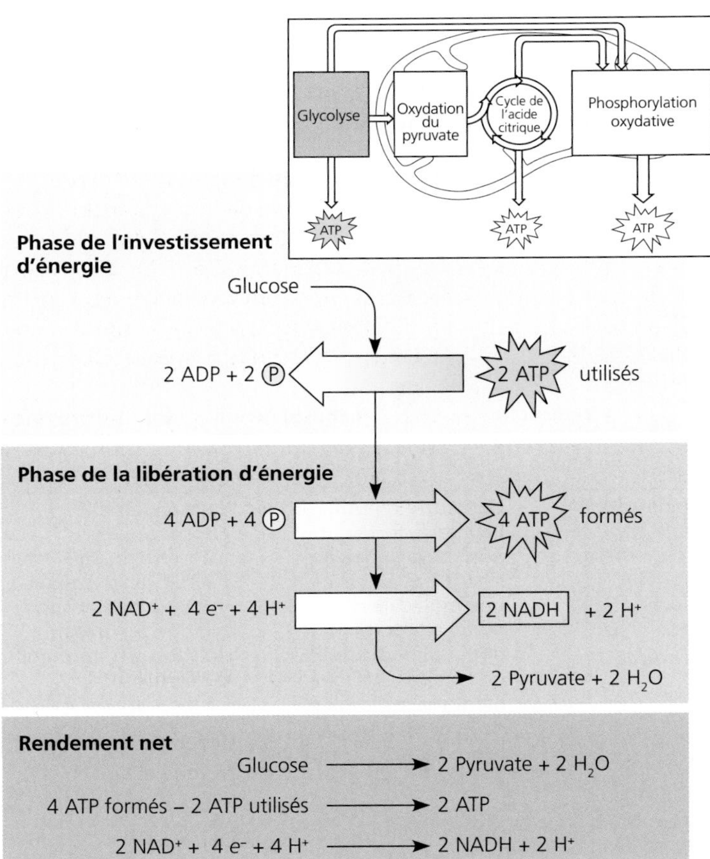

▲ **Figure 9.8 La glycolyse: investissement et rendement énergétique.**

CONCEPT 9.3

Une fois le pyruvate oxydé, le cycle de l'acide citrique achève l'oxydation, génératrice d'énergie, des molécules organiques

La glycolyse libère moins du quart de l'énergie chimique emmagasinée dans le glucose; tout le reste est stocké dans les deux moles de pyruvate. Dans la respiration cellulaire (chez les cellules eucaryotes), le pyruvate entre dans la mitochondrie grâce à un mécanisme de cotransport de protons et de pyruvate. Les enzymes du cycle de l'acide citrique sont synthétisées dans la mitochondrie et sont libres dans la matrice, sauf une qui est liée à la membrane interne. C'est donc là que se termine l'oxydation des deux moles de pyruvate. (Chez les cellules procaryotes, ce processus s'effectue dans le cytosol). Nous verrons comment le couplage de ce cycle, de la chaîne de transport d'électrons et de la phosphorylation oxydative produit une grande quantité d'énergie.

La conversion du pyruvate en acétyl-CoA

Après son entrée dans la mitochondrie par transport actif, le pyruvate est d'abord converti en un composé appelé **acétyl-CoA** (**figure 9.10**). Cette étape charnière entre la glycolyse et le cycle de l'acide citrique est catalysée par un très gros complexe multienzymatique, formé de trois enzymes (le substrat

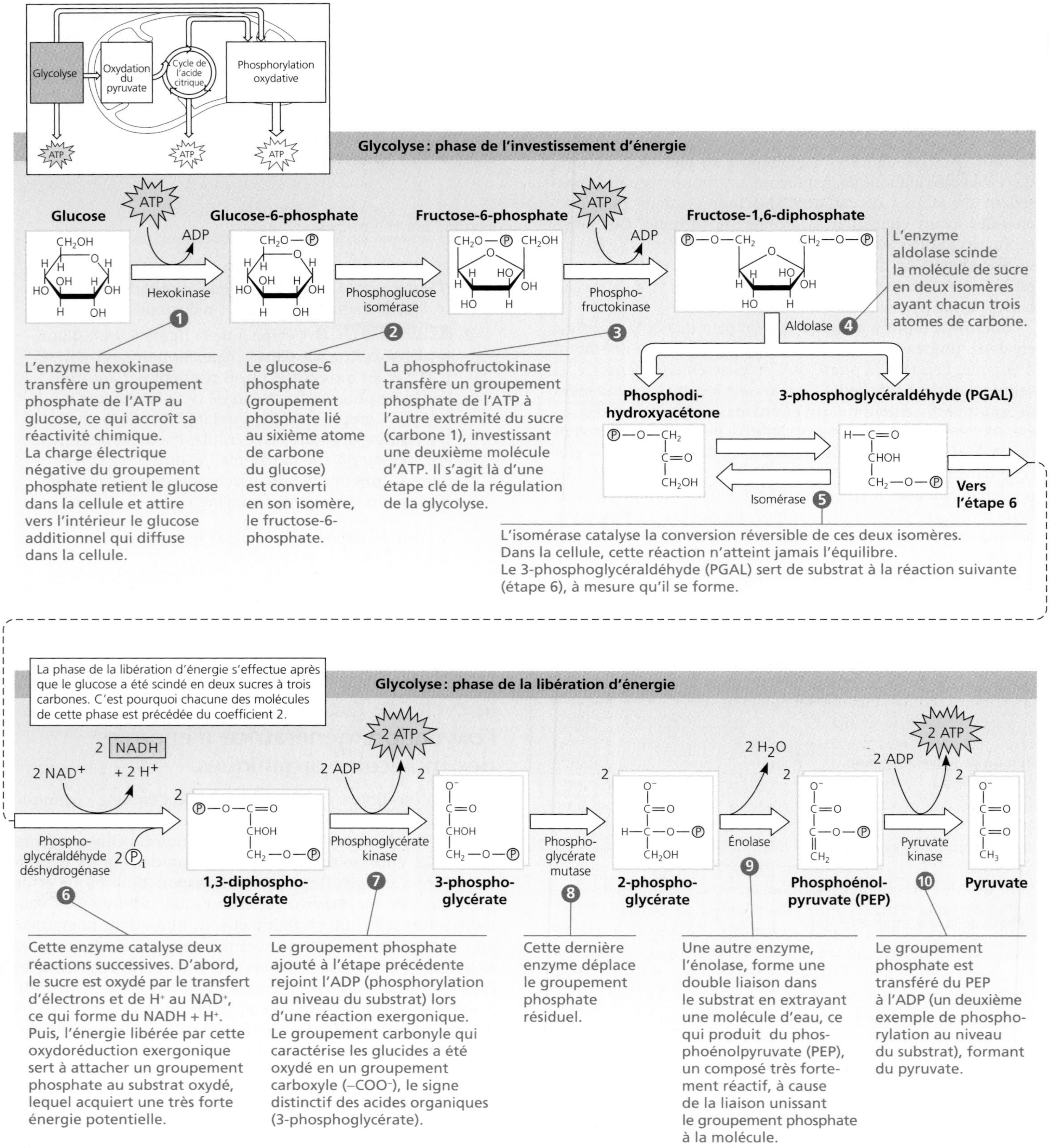

Glycolyse | Oxydation du pyruvate | Cycle de l'acide citrique | Phosphorylation oxydative

ATP | ATP | ATP

Glycolyse : phase de l'investissement d'énergie

Glucose → (ATP → ADP ; Hexokinase ❶) → **Glucose-6-phosphate** → (Phosphoglucose isomérase ❷) → **Fructose-6-phosphate** → (ATP → ADP ; Phosphofructokinase ❸) → **Fructose-1,6-diphosphate** → (Aldolase ❹) → **Phosphodihydroxyacétone** ⇄ (Isomérase ❺) **3-phosphoglycéraldéhyde (PGAL)** → **Vers l'étape 6**

❶ L'enzyme hexokinase transfère un groupement phosphate de l'ATP au glucose, ce qui accroît sa réactivité chimique. La charge électrique négative du groupement phosphate retient le glucose dans la cellule et attire vers l'intérieur le glucose additionnel qui diffuse dans la cellule.

❷ Le glucose-6 phosphate (groupement phosphate lié au sixième atome de carbone du glucose) est converti en son isomère, le fructose-6-phosphate.

❸ La phosphofructokinase transfère un groupement phosphate de l'ATP à l'autre extrémité du sucre (carbone 1), investissant une deuxième molécule d'ATP. Il s'agit là d'une étape clé de la régulation de la glycolyse.

❹ L'enzyme aldolase scinde la molécule de sucre en deux isomères ayant chacun trois atomes de carbone.

❺ L'isomérase catalyse la conversion réversible de ces deux isomères. Dans la cellule, cette réaction n'atteint jamais l'équilibre. Le 3-phosphoglycéraldéhyde (PGAL) sert de substrat à la réaction suivante (étape 6), à mesure qu'il se forme.

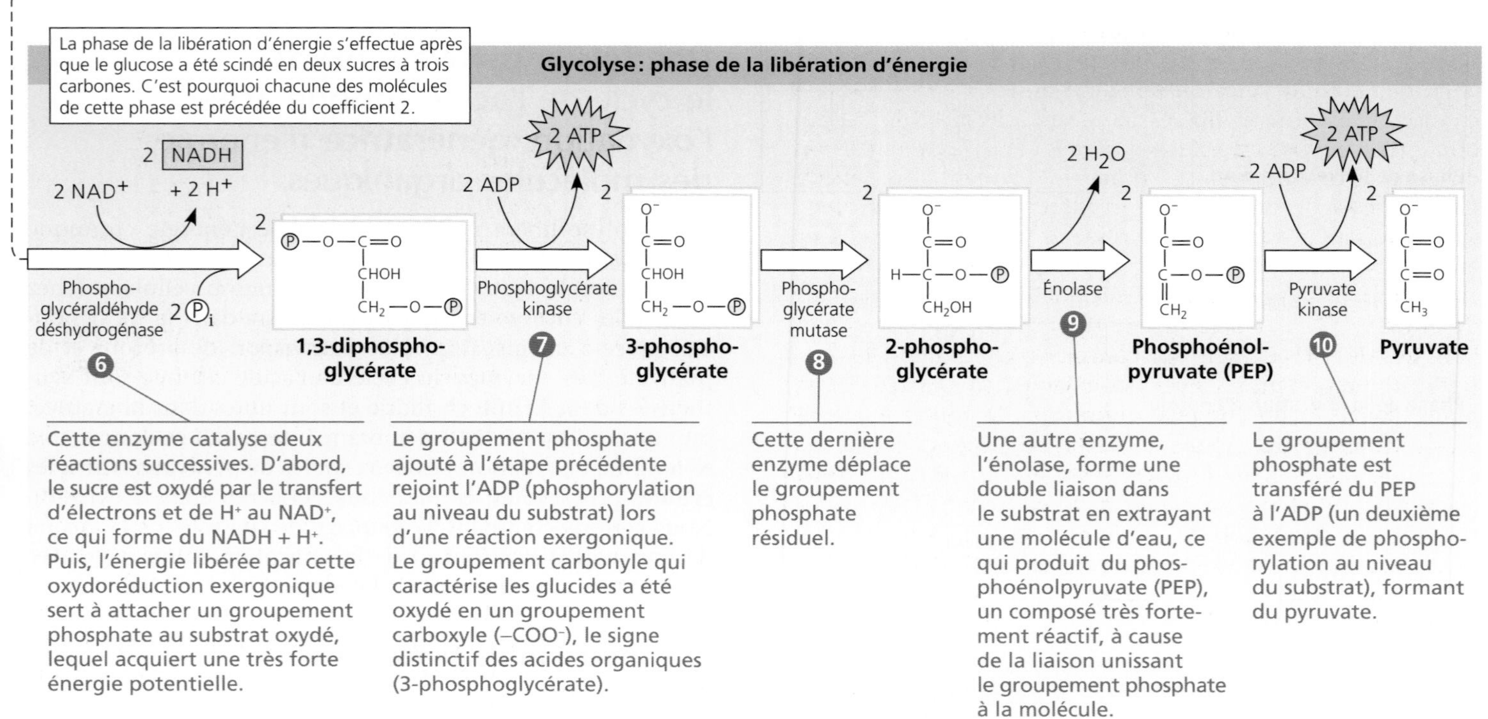

La phase de la libération d'énergie s'effectue après que le glucose a été scindé en deux sucres à trois carbones. C'est pourquoi chacune des molécules de cette phase est précédée du coefficient 2.
Glycolyse : phase de la libération d'énergie
2 NAD+
2 NADH
+ 2 H+
Phospho-glycéraldéhyde déshydrogénase
2 Pi
1,3-diphospho-glycérate
2 ADP
2 ATP
Phosphoglycérate kinase
3-phospho-glycérate
Phospho-glycérate mutase
2-phospho-glycérate
2 H2O
Énolase
Phosphoénol-pyruvate (PEP)
Pyruvate kinase
Pyruvate
6 Cette enzyme catalyse deux réactions successives. D'abord, le sucre est oxydé par le transfert d'électrons et de H+ au NAD+, ce qui forme du NADH + H+. Puis, l'énergie libérée par cette oxydoréduction exergonique sert à attacher un groupement phosphate au substrat oxydé, lequel acquiert une très forte énergie potentielle.
7 Le groupement phosphate ajouté à l'étape précédente rejoint l'ADP (phosphorylation au niveau du substrat) lors d'une réaction exergonique. Le groupement carbonyle qui caractérise les glucides a été oxydé en un groupement carboxyle (–COO-), le signe distinctif des acides organiques (3-phosphoglycérate).
8 Cette dernière enzyme déplace le groupement phosphate résiduel.
9 Une autre enzyme, l'énolase, forme une double liaison dans le substrat en extrayant une molécule d'eau, ce qui produit du phosphoénolpyruvate (PEP), un composé très fortement réactif, à cause de la liaison unissant le groupement phosphate à la molécule.
10 Le groupement phosphate est transféré du PEP à l'ADP (un deuxième exemple de phosphorylation au niveau du substrat), formant du pyruvate.

▲ **Figure 9.9 Les 10 étapes de la glycolyse.** Le diagramme (à gauche) situe la glycolyse dans le processus de la respiration cellulaire. Ne perdez pas de vue la fonction de la glycolyse : fournir de l'ATP et du NADH + H^+.

ET SI ? *Qu'arriverait-il si on retirait le phosphodihydroxyacétone généré à l'étape 4 au fur et à mesure qu'il est produit ?*

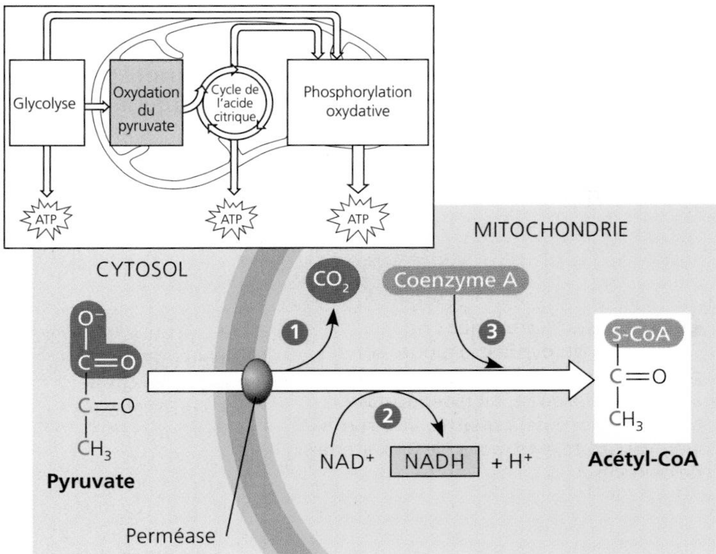

▲ **Figure 9.10 La conversion du pyruvate en acétyl-CoA, l'étape charnière qui précède le cycle de l'acide citrique.** Le pyruvate est une molécule chargée, de sorte que dans le cas des cellules eucaryotes il doit entrer dans la mitochondrie par transport actif, avec l'aide d'une perméase. Ensuite, un complexe de trois enzymes (le complexe pyruvate déshydrogénase) catalyse les étapes numérotées, également décrites dans l'exposé. Le groupement acétyle de l'acétyl-CoA entre dans le cycle de l'acide citrique. Le CO_2 diffuse simplement hors de la mitochondrie, puis de la cellule. Par convention, lorsque la coenzyme est attachée à une molécule, on la désigne par l'abréviation S-CoA pour mettre l'accent sur l'atome de soufre (S).

passe d'une enzyme à l'autre sans être libéré) et de cinq cofacteurs. Trois réactions s'ensuivent: ❶ Le groupement carboxyle ($-COO^-$) du pyruvate, qui possède peu d'énergie chimique compte tenu du fait qu'il est déjà complètement oxydé, est éliminé et libéré sous forme de dioxyde de carbone. (La respiration cellulaire dégage pour la première fois du dioxyde de carbone.) ❷ Le fragment restant, qui possède deux atomes de carbone, est oxydé et forme un composé appelé acétate (c'est la forme ionisée de l'acide acétique). Une enzyme transfère au NAD^+ les électrons et les H^+ arrachés au cours de ce processus, ce qui emmagasine l'énergie sous forme de NADH + H^+. (Notez que la figure 9.10 ne montre pas l'origine des H^+ extraits, car ceux-ci proviennent de réactions, non représentées, avec des cofacteurs.) ❸ Finalement, la coenzyme A, un composé contenant du soufre et dérivé d'une vitamine du groupe B, s'attache à l'acétate par son atome de soufre pour former l'acétyl-CoA, qui a une forte énergie potentielle; autrement dit, la réaction de l'acétyl-CoA menant à la formation de produits résiduels moins énergétiques est fortement exergonique. Cette molécule fait alors entrer son groupement acétyle dans le cycle de l'acide citrique, où son oxydation se poursuivra.

Le cycle de l'acide citrique

Le cycle de l'acide citrique est également appelé cycle des acides tricarboxyliques (car un certain nombre d'acides formés dans ce cycle possèdent trois groupements carboxyles). Il est aussi appelé cycle de Krebs, en l'honneur de Hans Adolf Krebs, un biochimiste d'origine allemande, qui a décrit cette voie

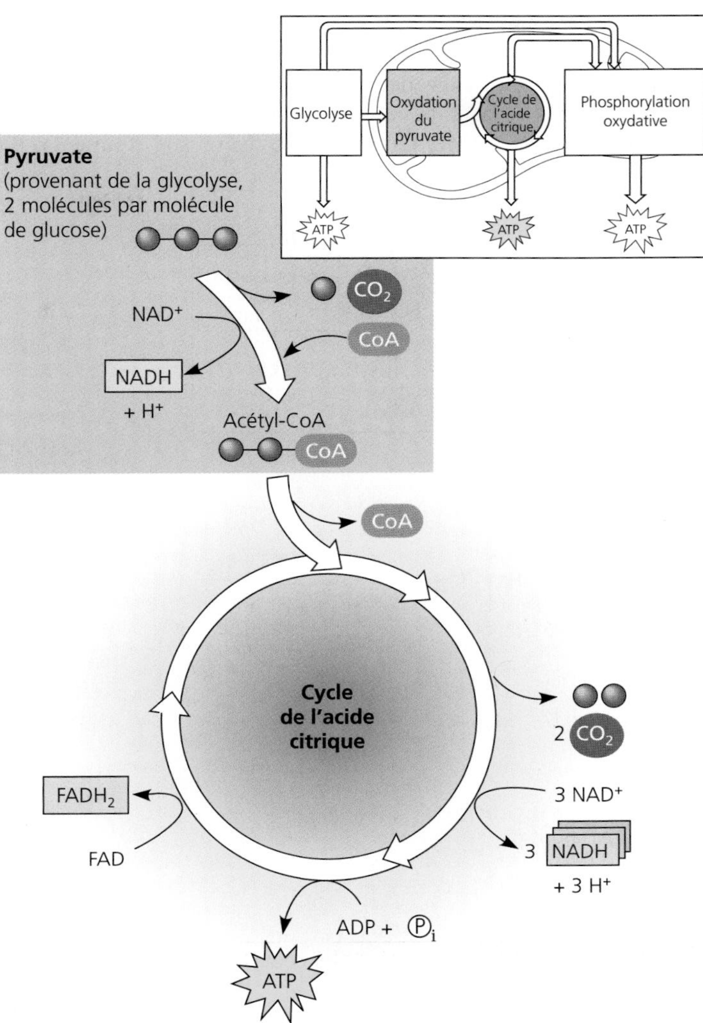

▲ **Figure 9.11 Vue d'ensemble de l'oxydation du pyruvate et du cycle de l'acide citrique.** Cette figure montre les intrants et les extrants par molécule de pyruvate. Pour calculer les apports et les acquisitions par molécule de glucose, il faut multiplier par deux, car chaque molécule de glucose est scindée en deux molécules de pyruvate au cours de la glycolyse.

métabolique dans les années 1930, ce qui lui a valu un prix Nobel en 1953. Le cycle de l'acide citrique fonctionne comme une fournaise métabolique qui oxyde le combustible organique dérivé du pyruvate. La **figure 9.11** présente le sommaire des entrées (intrants) et des sorties (extrants) pour ce cycle, alors que le pyruvate est dégradé en trois molécules de CO_2, dont celle qui est libérée au cours de la conversion du pyruvate en acétyl-CoA. La phosphorylation au niveau du substrat produit une molécule d'ATP par cycle, mais une grande partie de l'énergie chimique est transférée au NAD^+ et à la coenzyme FAD durant les réactions d'oxydoréduction. Une fois réduites, les coenzymes NADH et $FADH_2$ acheminent leur chargement d'électrons très riches en énergie vers la chaîne de transport d'électrons.

Maintenant, examinons de plus près le cycle de l'acide citrique. Il comprend huit étapes, qui sont toutes catalysées par une enzyme spécifique. Comme vous pouvez le voir dans le schéma de la **figure 9.12**, à chaque tour du cycle de l'acide citrique, deux atomes de carbone (en rouge) entrent sous la forme relativement réduite de l'acétate (étape 1), et deux autres atomes de carbone (en bleu) sortent sous la forme complètement oxydée de molécules de dioxyde de carbone (étapes 3 et 4). L'acétate entre dans le cycle lorsqu'une enzyme le lie à l'oxaloacétate, ce qui forme du citrate (étape 1). (Le citrate est la forme ionisée de l'acide citrique, d'où le nom du cycle.) Durant les sept étapes subséquentes, le citrate est dégradé et, de nouveau, de l'oxaloacétate est formé. C'est la régénération de l'oxaloacétate qui explique pourquoi tout ce processus forme un *cycle*.

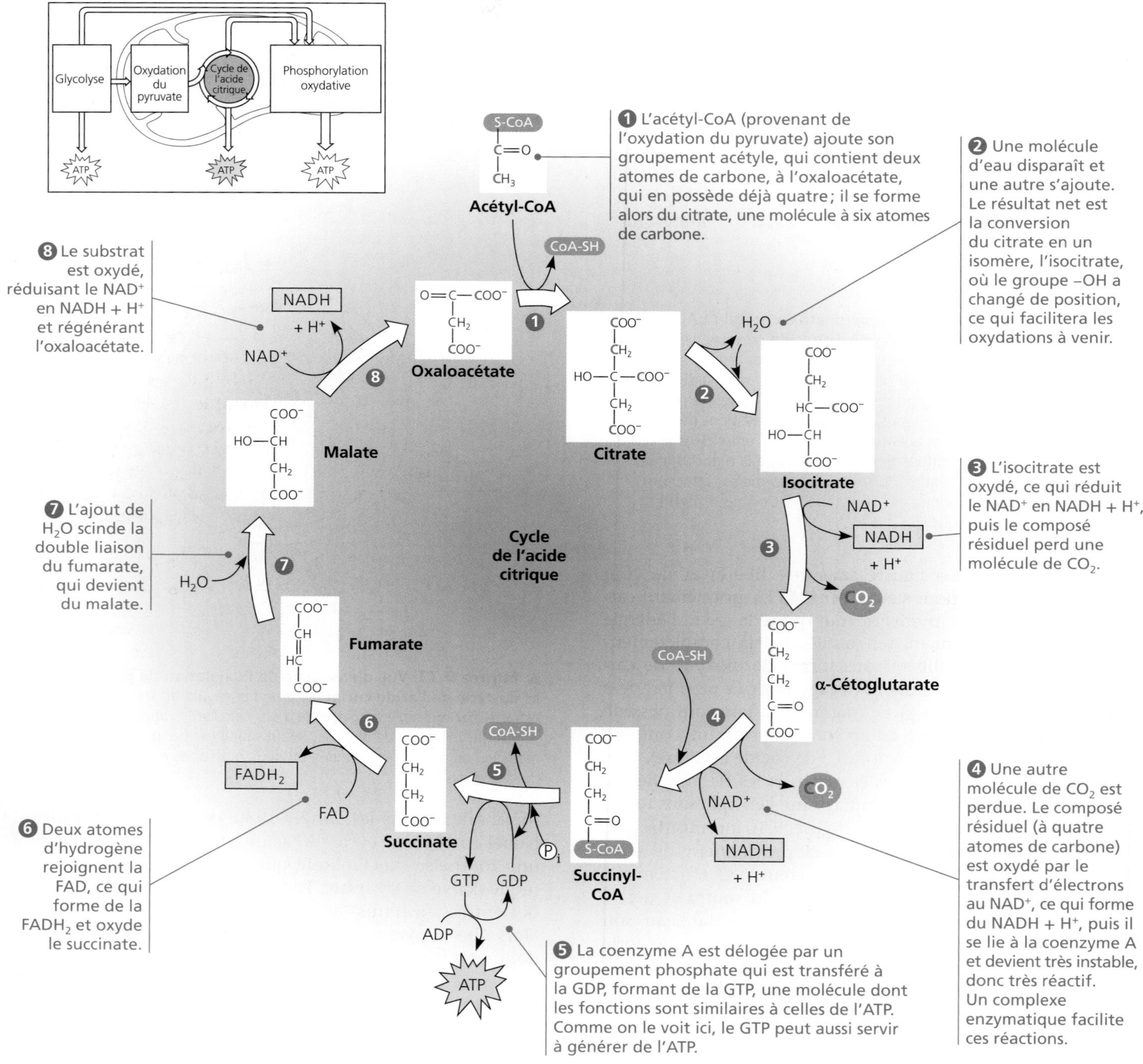

Glycolyse
Oxydation du pyruvate
Cycle de l'acide citrique
Phosphorylation oxydative
ATP
ATP
ATP
S-CoA
C=O
CH3
Acétyl-CoA
❶ L'acétyl-CoA (provenant de l'oxydation du pyruvate) ajoute son groupement acétyle, qui contient deux atomes de carbone, à l'oxaloacétate, qui en possède déjà quatre; il se forme alors du citrate, une molécule à six atomes de carbone.
❷ Une molécule d'eau disparaît et une autre s'ajoute. Le résultat net est la conversion du citrate en un isomère, l'isocitrate, où le groupe –OH a changé de position, ce qui facilitera les oxydations à venir.
CoA-SH
❽ Le substrat est oxydé, réduisant le NAD+ en NADH + H+ et régénérant l'oxaloacétate.
NADH
+ H+
NAD+
Oxaloacétate
H2O
Citrate
Isocitrate
Malate
Cycle de l'acide citrique
❸ L'isocitrate est oxydé, ce qui réduit le NAD+ en NADH + H+, puis le composé résiduel perd une molécule de CO2.
❼ L'ajout de H2O scinde la double liaison du fumarate, qui devient du malate.
H2O
NAD+
NADH
+ H+
CO2
Fumarate
CoA-SH
α-Cétoglutarate
CoA-SH
FADH2
FAD
Succinate
Pi
S-CoA
Succinyl-CoA
NAD+
NADH
+ H+
CO2
GTP
GDP
ADP
ATP
❹ Une autre molécule de CO2 est perdue. Le composé résiduel (à quatre atomes de carbone) est oxydé par le transfert d'électrons au NAD+, ce qui forme du NADH + H+, puis il se lie à la coenzyme A et devient très instable, donc très réactif. Un complexe enzymatique facilite ces réactions.
❻ Deux atomes d'hydrogène rejoignent la FAD, ce qui forme de la FADH2 et oxyde le succinate.
❺ La coenzyme A est délogée par un groupement phosphate qui est transféré à la GDP, formant de la GTP, une molécule dont les fonctions sont similaires à celles de l'ATP. Comme on le voit ici, le GTP peut aussi servir à générer de l'ATP.

▲ **Figure 9.12 Les huit étapes du cycle de l'acide citrique.** La couleur rouge représente le cheminement des deux atomes de carbone qui entrent dans le cycle par l'intermédiaire de l'acétyl-CoA (étape 1). Les deux atomes de carbone libérés sous forme de dioxyde de carbone aux étapes 3 et 4 sont en bleu. (La couleur rouge disparaît après l'étape 5 parce que, la molécule de succinate étant symétrique, il est impossible de distinguer ses deux extrémités l'une de l'autre.) Notez que les atomes de carbone qui entrent dans le cycle par l'intermédiaire de l'acétyl-CoA ne quittent pas le cycle au cours du même tour. Ils demeurent dans le cycle et occupent un emplacement différent lorsque l'étape 1 repasse et qu'un autre groupement acétyle s'ajoute. L'oxaloacétate régénéré à l'étape 8 est donc composé d'atomes de carbone différents à chaque tour de cycle. Dans les cellules eucaryotes, toutes les enzymes intervenant dans le cycle de l'acide citrique logent dans la matrice mitochondriale, sauf la succinate déshydrogénase, qui catalyse l'étape 6; cette enzyme se trouve dans la membrane interne de la mitochondrie. Les acides carboxyliques figurent sous leur forme ionisée, $-COO^-$, parce que les formes ionisées prévalent au pH qui existe dans les mitochondries. Par exemple, le citrate est la forme ionisée de l'acide citrique.

Voyons maintenant ce qu'il advient des molécules hautement énergétiques produites par le cycle de l'acide citrique. Pour chaque groupement acétyle qui entre dans le cycle, trois moles de NAD^+ sont réduites en NADH + H^+ (étapes 3, 4 et 8). Au cours de l'étape 6, les électrons ne sont pas transférés au NAD, mais à la FAD (flavine adénine dinucléotide, dérivée de la riboflavine, une vitamine du groupe B), qui accepte deux électrons et deux protons, devenant de la $FADH_2$. Dans bien des cellules des tissus animaux, l'étape 5 produit une molécule de guanosine triphosphate (GTP) par phosphorylation au niveau du substrat, comme le montre la figure 9.12. Similaire à l'ATP par sa structure et ses fonctions cellulaires, cette molécule de GTP peut être employée pour former une molécule d'ATP (tel qu'illustré) ou pour produire directement du travail dans la cellule. Dans les cellules des végétaux, des bactéries et de certains tissus animaux, l'étape 5 aboutit directement à la formation d'une molécule d'ATP par phosphorylation au niveau du substrat. L'ATP qui résulte de l'étape 5 est la seule ATP directement produite par le cycle de l'acide citrique.

La majeure partie de l'ATP produite par la respiration cellulaire résulte de la phosphorylation oxydative, lorsque le NADH + H^+ et la $FADH_2$ engendrés par le cycle de l'acide citrique transmettent les électrons extraits des nutriments à la chaîne de transport d'électrons. Ce faisant, ils fournissent l'énergie nécessaire à la phosphorylation de l'ADP en ATP. Nous explorerons ce processus dans la section suivante.

RETOUR SUR LE CONCEPT **9.3**

1. Dans quelles molécules la majeure partie de l'énergie provenant des réactions d'oxydoréduction du cycle de l'acide citrique est-elle conservée ? Comment ces molécules convertissent-elles leur énergie en une forme qui peut être utilisée pour synthétiser de l'ATP ?
2. Quels processus cellulaires produisent le dioxyde de carbone que vous expirez ?
3. **ET SI ?** Chacune des conversions observées à la figure 9.10 et à l'étape 4 de la figure 9.12 est catalysée par un gros complexe multienzymatique. Quelles sont les similitudes entre ces deux réactions ?

Voir les réponses proposées à la fin du chapitre.

CONCEPT **9.4**

Durant la phosphorylation oxydative, la chimiosmose couple le transport d'électrons à la synthèse d'ATP

L'objectif principal de ce chapitre est d'expliquer comment les cellules extraient l'énergie du glucose et d'autres nutriments provenant des aliments pour former de l'ATP. Or, chacun des stades de la respiration cellulaire que nous avons étudiés jusqu'à maintenant, soit la glycolyse et le cycle de l'acide citrique, ne produit directement que deux molécules d'ATP par molécule de glucose grâce à la phosphorylation au niveau du substrat. Il revient donc au NADH + H^+ et à la $FADH_2$ de libérer la plus grande partie de l'énergie extraite du glucose. Ces transmetteurs d'électrons relient la glycolyse et le cycle de l'acide citrique au mécanisme de la phosphorylation oxydative, lequel alimente la synthèse de l'ATP en se servant de l'énergie libérée par la chaîne de transport d'électrons. Dans cette section, nous étudierons d'abord le fonctionnement de la chaîne de transport d'électrons, puis nous verrons comment la mitochondrie couple la descente énergétique des électrons le long de la chaîne à la synthèse de l'ATP.

La chaîne de transport d'électrons

La chaîne de transport d'électrons est un ensemble de molécules enchâssées dans la membrane interne de la mitochondrie des cellules eucaryotes (dans le cas des cellules procaryotes, ces molécules se trouvent dans la membrane plasmique). Grâce à ses crêtes, cette membrane a une grande superficie, ce qui permet à chaque mitochondrie de contenir des milliers d'exemplaires de la chaîne. Par exemple, il y en aurait 20 000 dans une mitochondrie de cellule cardiaque. (Une fois de plus, nous assistons à un exemple de corrélation entre structure et fonction.) La chaîne de transport d'électrons comprend surtout des protéines, qui se trouvent dans des complexes multiprotéiques numérotés de I à IV. Ces protéines sont étroitement liées à des *groupements prosthétiques* (c'est-à-dire à des composantes non protéiques) essentiels aux fonctions catalytiques de certaines enzymes.

La **figure 9.13** illustre la succession des transporteurs d'électrons dans la chaîne et la baisse de l'énergie libre qui accompagne le transfert des électrons. Durant le transport des électrons dans la chaîne, les transporteurs d'électrons oscillent entre l'état réduit et l'état oxydé. Chaque élément de la chaîne adapte la forme réduite lorsqu'il accepte des électrons de son voisin d'amont (qui a moins d'affinité pour les électrons), puis il retrouve sa forme oxydée en cédant des électrons à son voisin d'aval (qui a plus d'affinité pour les électrons). L'utilisation des rayons ultraviolets (les différents transporteurs ont différents types d'absorption) et l'emploi de poisons (différents poisons bloquent la chaîne de transport à différents endroits) ont permis de déterminer l'ordre dans lequel les transporteurs interviennent.

Examinons de plus près la chaîne de transport d'électrons représentée à la figure 9.13. Nous commencerons par décrire de manière assez détaillée le passage des électrons dans le complexe I pour illustrer les principes généraux du transport d'électrons. Les électrons extraits du glucose par le NAD^+ au cours de la glycolyse et du cycle de l'acide citrique sont transférés par le NADH + H^+ à la première molécule de la chaîne dans le complexe I (appelée aussi NADH déshydrogénase). Cette molécule est une flavoprotéine, ainsi nommée parce qu'elle possède un groupement prosthétique appelé flavine mononucléotide (FMN). Au cours de la réaction d'oxydoréduction suivante, la flavoprotéine retrouve sa forme oxydée en donnant des électrons à une protéine contenant du soufre et du fer fermement liés (Fe·S dans le complexe I). À son tour, celle-ci transmet les électrons à un lipide appelé ubiquinone (Q dans la figure 9.13). Ce transporteur d'électrons est une

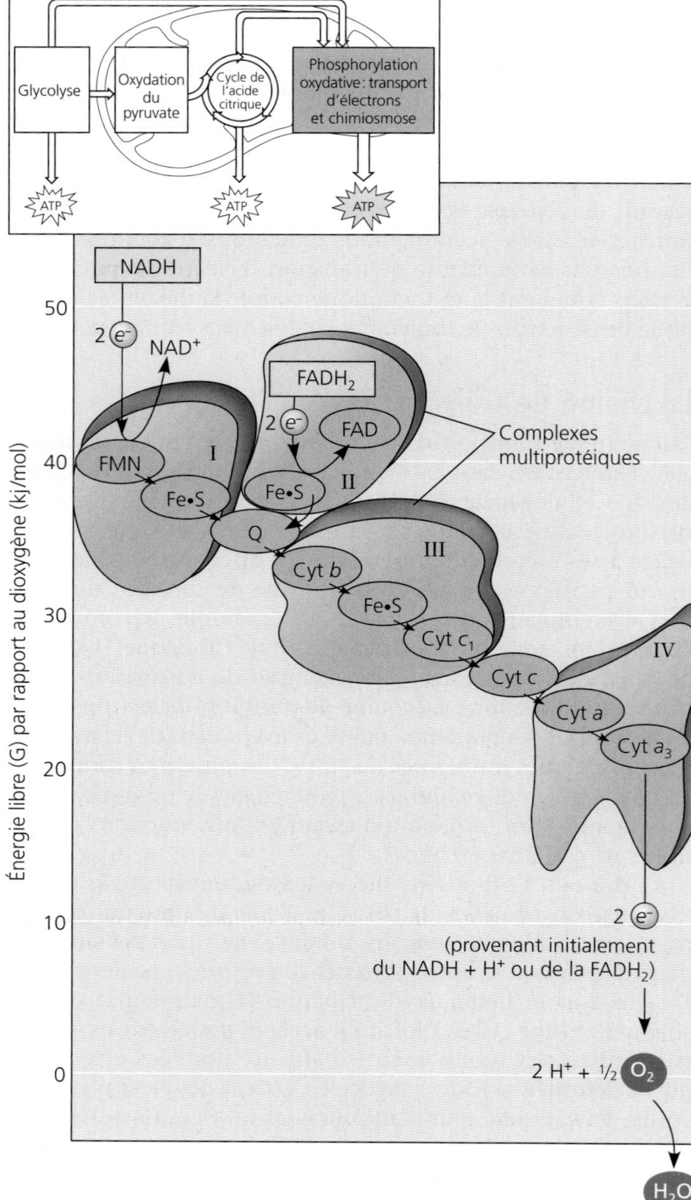

▲ **Figure 9.13 La variation de l'énergie libre pendant le transport d'électrons.** Du NADH + H^+ au dioxygène, la diminution globale de l'énergie (ΔG) est d'environ 220 kJ/mol, mais cette « chute » s'effectue graduellement, en une série d'étapes. (Le « ½ O_2 » désigne un atome d'oxygène ; on veut ainsi souligner que la chaîne de transport d'électrons réduit le dioxygène, O_2, et non les atomes d'oxygène pris individuellement.)

petite molécule hydrophobe, le seul élément de la chaîne qui ne soit pas une protéine. L'ubiquinone, par suite de sa queue hydrophobe et donc soluble dans les lipides, est mobile dans (ou sur) la membrane ; elle ne loge pas dans un des complexes. (L'autre nom de l'ubiquinone est coenzyme Q, ou CoQ ; on en vend comme supplément alimentaire.)

La plupart des transporteurs d'électrons entre l'ubiquinone (Q) et le dioxygène sont des protéines appelées **cytochromes** (Cyt). Leur groupement prosthétique, nommé **groupement hème**, possède un atome de fer qui accepte les électrons et les cède, un à la fois. (Il ressemble au groupement hème de l'hémoglobine, la protéine des globules rouges des Vertébrés, sauf que le fer de l'hémoglobine transporte du dioxygène et non des électrons.) La chaîne de transport d'électrons comprend divers cytochromes portant tous un groupement hème (transporteur d'électrons) légèrement différent. Le dernier cytochrome de la chaîne, le cytochrome a_3, cède ses électrons au dioxygène, qui est *très* électronégatif. Chaque atome de dioxygène recueille également une paire de protons dans le milieu aqueux, ce qui forme de l'eau.

La $FADH_2$, l'autre coenzyme réduite du cycle de l'acide citrique, fournit elle aussi des électrons à la chaîne de transport. La figure 9.13 montre que le niveau d'énergie auquel la $FADH_2$ donne ses électrons à la chaîne, celui du complexe II (ou succinate déshydrogénase), est inférieur à celui du NADH + H^+. Par conséquent, même si le NADH + H et la $FADH_2$ donnent un nombre d'électrons équivalent (deux chacun) pour l'oxydoréduction, la chaîne de transport d'électrons procure environ 33 % d'énergie en moins à la synthèse de l'ATP quand le donneur d'électrons est la $FADH_2$ plutôt que le NADH + H^+. Nous verrons pourquoi il en est ainsi dans la section suivante.

La chaîne de transport d'électrons ne produit pas d'ATP directement. Sa fonction consiste à faire passer les électrons des nutriments au dioxygène en une série d'étapes qui libèrent l'énergie de manière régulée. Alors, comment la mitochondrie (ou la membrane plasmique pour la cellule procaryote) couple-t-elle ce processus à la synthèse de l'ATP ? Par un mécanisme appelé chimiosmose.

La chimiosmose: un mécanisme de couplage de l'énergie

La membrane interne de la mitochondrie ou la membrane plasmique procaryote renferme de nombreux exemplaires d'un complexe protéique appelé **ATP synthase**, l'enzyme qui fabrique réellement l'ATP à partir de l'ADP et du phosphate inorganique. L'ATP synthase ressemble à une pompe ionique qui fonctionne à rebours. Au chapitre 7, nous avons vu que les pompes ioniques utilisent l'ATP comme source d'énergie pour transporter des ions contre leur gradient de concentration.

En fait, la pompe à protons illustrée à la figure 7.20 (p. 152) est une ATP synthase. Comme on l'a vu au chapitre 8, les enzymes peuvent catalyser une réaction dans une direction ou dans l'autre, selon la ΔG de la réaction, sur laquelle influent les concentrations locales des réactifs et des produits. Dans la respiration cellulaire, l'ATP synthase n'hydrolyse pas l'ATP pour pomper des protons contre leur gradient de concentration, elle utilise l'énergie d'un gradient ionique existant pour activer la synthèse de l'ATP. C'est la différence de concentration des H^+ de part et d'autre de la membrane mitochondriale interne qui constitue la source d'énergie nécessaire au travail de l'ATP synthase. (On peut aussi considérer ce gradient comme une différence de pH, puisque le pH est une mesure de la concentration des H^+.) On appelle **chimiosmose** (du grec *osmos*, qui signifie « pousser ») le processus au cours duquel l'énergie emmagasinée sous forme de gradient électrochimique de part et d'autre d'une membrane est utilisée pour effectuer du travail cellulaire. Nous avons employé précédemment le terme *osmose* pour désigner la pression osmotique (la poussée de l'eau) ; le terme *chimiosmose*, quant à lui, désigne le déplacement des ions H^+ à travers une membrane.

En étudiant la structure de l'ATP synthase, les scientifiques ont découvert comment la circulation des H^+ alimente la synthèse de l'ATP au moyen de cette enzyme plutôt volumineuse. L'ATP synthase est un complexe formé de sous-unités regroupées en quatre parties, chacune constituée de plusieurs polypeptides. Les protons se rendent un à un à leur site de liaison sur l'une des quatre parties (le rotor), déclenchant une rotation qui catalyse la production d'ATP à partir de l'ADP et du phosphate inorganique, un peu comme l'eau entraîne la rotation d'une roue à aubes (**figure 9.14**). On peut considérer l'ATP synthase comme le plus petit moteur moléculaire naturel.

Alors, comment la membrane mitochondriale interne ou la membrane plasmique procaryote crée-t-elle et maintient-elle le gradient de H^+ qui entraîne la synthèse d'ATP dans le complexe protéique de l'ATP synthase ? Par la chaîne de transport d'électrons, que la **figure 9.15** situe dans sa localisation mitochondriale. En effet, la chaîne est un convertisseur d'énergie qui utilise le flux exergonique d'électrons du NADH + H^+ et de la $FADH_2$ pour déplacer les H^+ à travers la membrane, de la matrice vers l'espace intermembranaire. Les H^+ ont ensuite tendance à refluer à travers la membrane, suivant le gradient électrochimique. Or, les ATP synthases sont pratiquement les seuls sites membranaires perméables aux H^+. (On a cependant montré que la membrane interne pouvait laisser passer un certain nombre de protons.) Comme nous l'avons vu, le passage des H^+ dans une ATP synthase utilise le flux exergonique des H^+ pour phosphoryler l'ADP. Bref, l'énergie emmagasinée dans un gradient électrochimique de H^+ couple les réactions d'oxydoréduction de la chaîne de transport d'électrons à la synthèse de l'ATP, un exemple de chimiosmose.

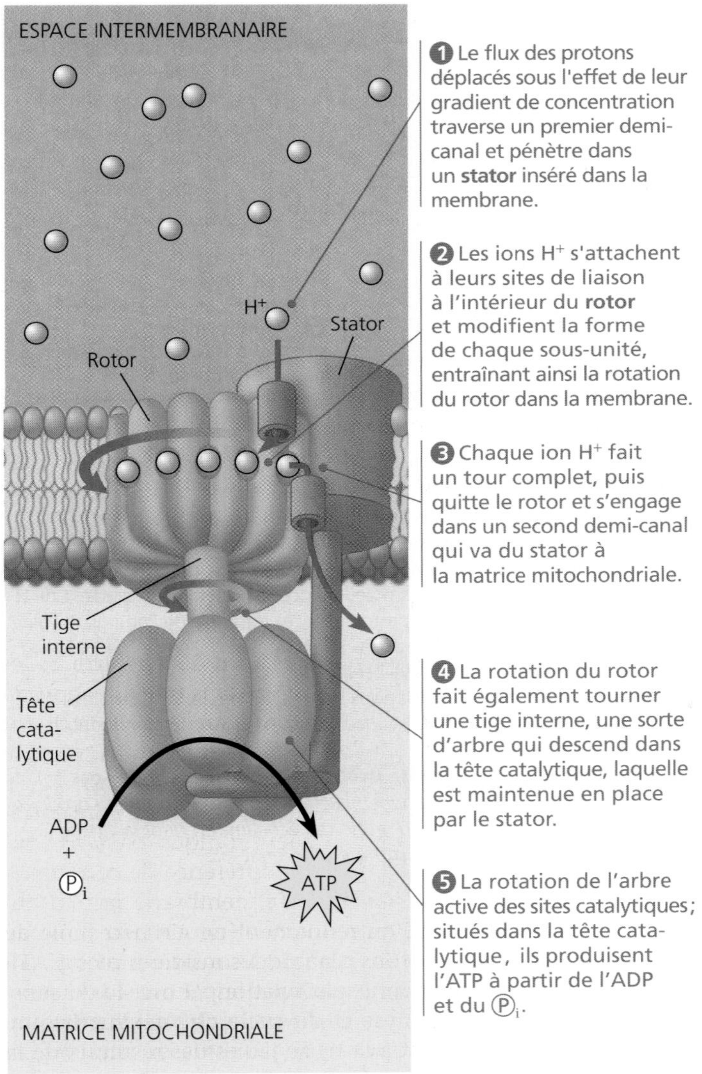

ESPACE INTERMEMBRANAIRE

H+ Stator Rotor Tige interne Tête catalytique ADP + Ⓟi ATP

MATRICE MITOCHONDRIALE

1. Le flux des protons déplacés sous l'effet de leur gradient de concentration traverse un premier demi-canal et pénètre dans un **stator** inséré dans la membrane.
2. Les ions H^+ s'attachent à leurs sites de liaison à l'intérieur du **rotor** et modifient la forme de chaque sous-unité, entraînant ainsi la rotation du rotor dans la membrane.
3. Chaque ion H^+ fait un tour complet, puis quitte le rotor et s'engage dans un second demi-canal qui va du stator à la matrice mitochondriale.
4. La rotation du rotor fait également tourner une tige interne, une sorte d'arbre qui descend dans la tête catalytique, laquelle est maintenue en place par le stator.
5. La rotation de l'arbre active des sites catalytiques ; situés dans la tête catalytique, ils produisent l'ATP à partir de l'ADP et du Ⓟi.

▲ **Figure 9.14 L'ATP synthase, une turbine moléculaire.** Le complexe protéique formé par l'ATP synthase fonctionne à la manière d'une turbine alimentée par un flux de protons. Cette enzyme est enchâssée dans la membrane des mitochondries et des chloroplastes eucaryotes, ainsi que dans la membrane plasmique des Procaryotes. Chacune des quatre parties de l'ATP synthase est constituée de plusieurs sous-unités polypeptidiques.

Vous vous demandez peut-être comment la chaîne de transport d'électrons véhicule les protons. Les chercheurs ont découvert que certaines composantes de la chaîne de transport captent et libèrent des protons (H^+) en même temps que les électrons. (La solution aqueuse qui se trouve autour et à l'intérieur de la cellule est une source toute prête de H^+.) Par conséquent, à certaines étapes de la chaîne, les transporteurs, des pompes protéiques, captent les H^+ d'un côté de la membrane et, en changeant de forme, les libèrent de l'autre côté. Dans la cellule eucaryote, les transporteurs d'électrons sont disposés dans la membrane de manière à ce que les H^+ soient prélevés dans la matrice mitochondriale, puis déposés dans l'espace intermembranaire (voir la figure 9.15). Le gradient électrochimique de H^+ ainsi créé est qualifié de **force protonmotrice**, une expression qui souligne la capacité du gradient électrochimique à produire du travail. Cette force renvoie les H^+ à travers la membrane au moyen des canaux spécifiques fournis par les ATP synthases.

En résumé, *la chimiosmose constitue un mécanisme de couplage de l'énergie qui utilise l'énergie emmagasinée sous la forme d'un gradient de H^+ de part et d'autre d'une membrane pour alimenter le travail cellulaire.* Dans la mitochondrie, l'énergie du gradient provient de réactions chimiques exergoniques et la synthèse de l'ATP représente le travail effectué. Des variantes de la chimiosmose ont également lieu dans d'autres organites. Les chloroplastes font appel à ce mécanisme pour produire de l'ATP pendant la photosynthèse. Cependant, dans ces organites, c'est l'énergie lumineuse et non l'énergie chimique qui permet l'entrée des électrons dans la chaîne de transport et la formation du gradient de H^+. On l'a dit, les Procaryotes, qui ne possèdent ni mitochondries ni chloroplastes, créent des gradients électrochimiques de H^+ à travers leur membrane plasmique. Ils utilisent ensuite la force protonmotrice pour produire de l'ATP à l'intérieur de la cellule, mais aussi pour agiter leurs flagelles et pour transporter des nutriments et des déchets à travers leur membrane. En raison de son importance capitale pour les conversions d'énergie chez les Procaryotes et les Eucaryotes, la chimiosmose a contribué à unifier l'étude de la bioénergétique. Peter Mitchell a reçu le prix Nobel de chimie, en 1978, pour récompenser la présentation inédite du modèle de la chimiosmose qu'il avait proposé en 1961.

Bilan de la production d'ATP par la respiration cellulaire

Dans les sections précédentes, nous avons examiné d'assez près les processus clés de la respiration cellulaire. Revenons

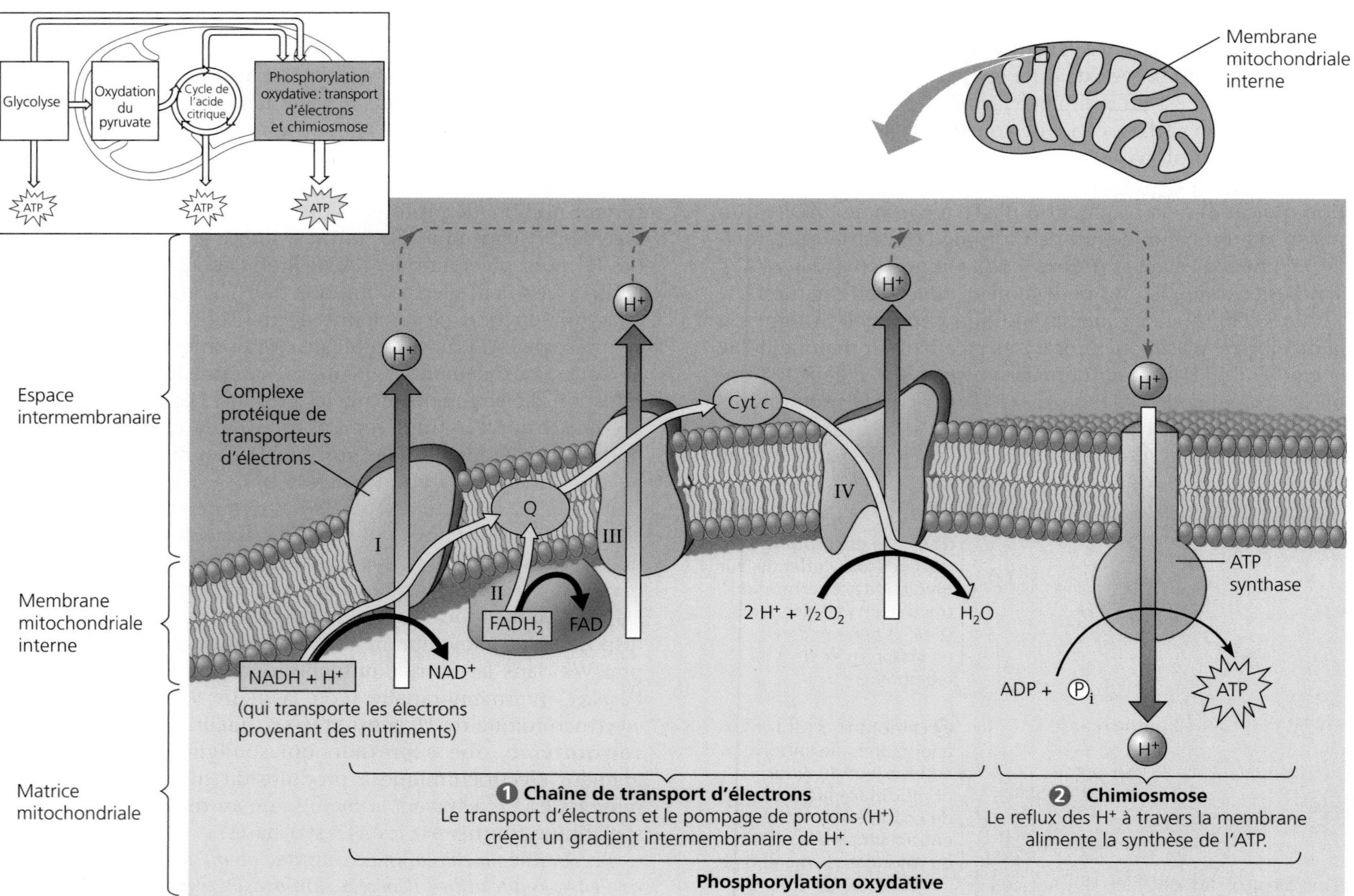

▲ Figure 9.15 Le couplage de la chaîne de transport d'électrons à la synthèse de l'ATP par la chimiosmose. ➊ La $FADH_2$ et le NADH + H^+ véhiculent les électrons de haute énergie extraits des nutriments pendant la glycolyse et le cycle de l'acide citrique vers la chaîne de transport d'électrons située dans la membrane mitochondriale interne. Les flèches dorées indiquent le trajet des électrons qui aboutissent au dioxygène, le dernier élément de la descente énergétique. Il se forme de l'eau à cette étape. Comme le montre la figure 9.13, la plupart des transporteurs d'électrons de la chaîne se trouvent réunis en quatre complexes. Les électrons sont relayés entre ces complexes par deux transporteurs mobiles, l'ubiquinone (Q) et le cytochrome *c* (Cyt *c*), qui se déplacent rapidement dans le plan de la membrane. Chaque fois que les complexes I, III et IV acceptent, puis cèdent, des électrons, des protons sont prélevés dans la matrice et transportés dans l'espace intermembranaire (chez les Procaryotes, les protons sont pompés à l'extérieur de la membrane plasmique); le nombre total de moles de protons ainsi prélevées est de 10 pour chaque mole de NADH + H^+. Remarquez que la $FADH_2$ dépose ses électrons par l'intermédiaire du complexe II, de sorte qu'un moins grand nombre de protons sont pompés dans l'espace entre les membranes qu'avec le NADH. L'énergie chimique provenant initialement des nutriments est donc transformée en force protonmotrice sous la forme d'un gradient de H^+ à de part et d'autre de la membrane. ➋ Tout en suivant leur gradient électrochimique, les protons refluent dans un canal formé dans l'ATP synthase, un autre complexe protéique situé dans la membrane. L'ATP synthase exploite la force protonmotrice pour phosphoryler l'ADP, ce qui produit de l'ATP. On appelle chimiosmose le procédé par lequel un gradient de H^+ (force protonmotrice) transfère de l'énergie à l'aide de réactions d'oxydoréduction afin de produire du travail cellulaire (la synthèse de l'ATP, dans le cas qui nous occupe). Avec le transport des électrons, il concourt à la phosphorylation oxydative.

ET SI ? *Si le complexe IV n'était pas fonctionnel, la chimiosmose pourrait-elle produire de l'ATP et, le cas échéant, en quoi la vitesse de la synthèse différerait-elle ?*

maintenant à sa fonction principale: extraire l'énergie du glucose pour alimenter la synthèse de l'ATP.

Pendant la respiration cellulaire, la majeure partie de l'énergie suit cette séquence: glucose → NADH + H^+ → chaîne de transport d'électrons → force protonmotrice → ATP. Faisons un bilan du profit net en ATP réalisé chaque fois qu'une mole de glucose est oxydée en six moles de dioxyde de carbone. Les trois principaux services de l'entreprise métabolique qu'est la respiration cellulaire sont la glycolyse, le cycle de l'acide citrique et la chaîne de transport d'électrons, qui alimente la phosphorylation oxydative. La **figure 9.16** présente un bilan détaillé du rendement en ATP par mole de glucose oxydée. Dénombrons d'abord les quatre moles d'ATP produites directement par phosphorylation au niveau du substrat, au cours de la glycolyse et du cycle de l'acide citrique. (Ces chiffres apparaissent à la ligne jaune des résultats de la figure 9.16.) À ce nombre ajoutons les moles d'ATP engendrées par la phosphorylation oxydative. Chaque mole de NADH + H^+ qui transfère des électrons des nutriments à la chaîne de transport d'électrons contribue suffisamment à la force protonmotrice pour produire environ trois moles d'ATP, au maximum.

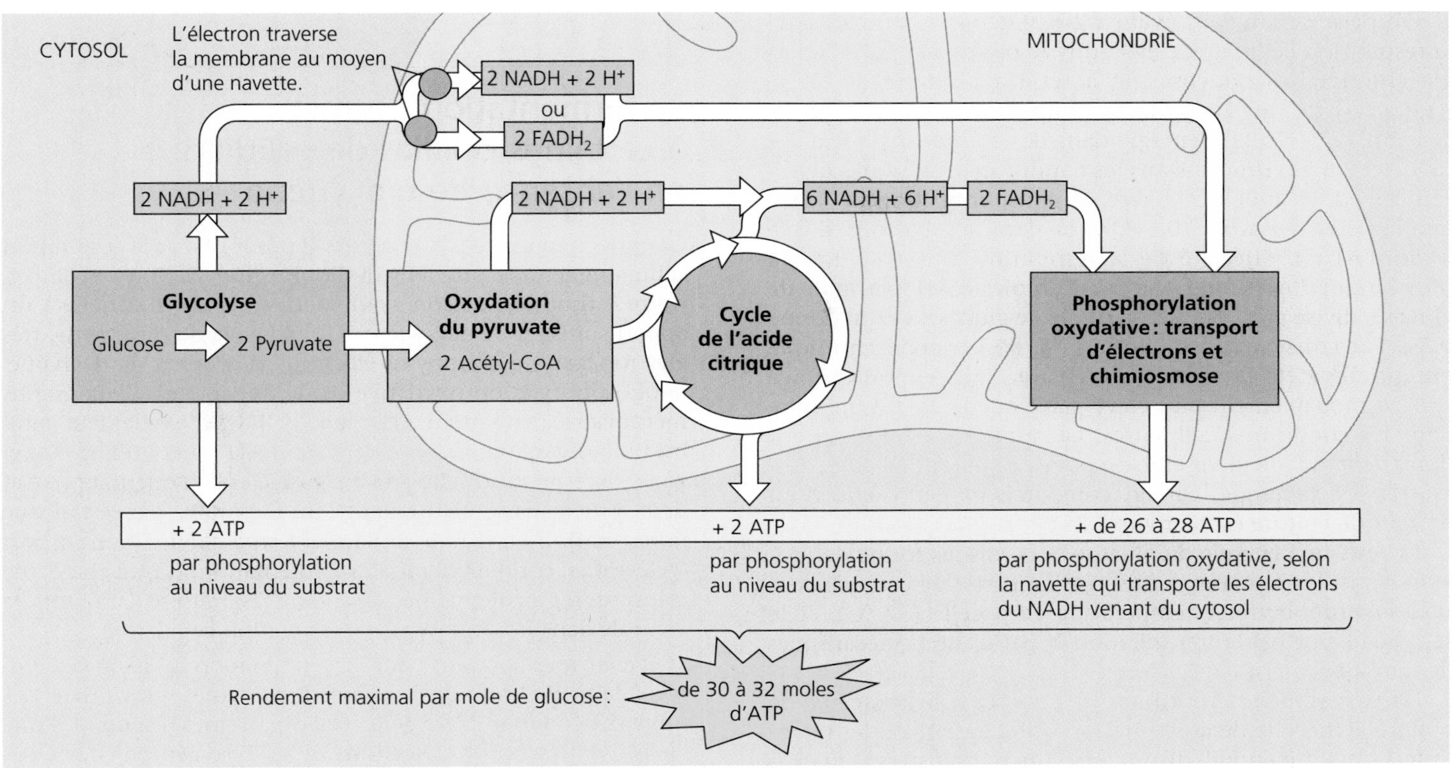

▲ **Figure 9.16 Le rendement en ATP de chaque mole de glucose oxydée pendant la respiration cellulaire.**

? *Expliquez avec précision le calcul qui a mené aux chiffres «de 26 à 28».*

Pourquoi les chiffres de la figure 9.16 sont-ils approximatifs? Trois raisons permettent d'expliquer pourquoi il est impossible d'indiquer le nombre exact de moles d'ATP générées par la dégradation d'une mole de glucose.

Premièrement, la phosphorylation et les réactions d'oxydoréduction ne sont pas couplées directement, de sorte que le rapport entre le nombre de moles de NADH et le nombre de moles d'ATP n'est pas un nombre entier. On sait que, avec 1 NADH, 10 H^+ sont transportés à travers la membrane mitochondriale interne, mais le nombre exact de H^+ qui doivent retourner dans la matrice mitochondriale par l'intermédiaire de l'ATP synthase pour générer 1 ATP a fait l'objet d'un long débat. Cependant, les données expérimentales ont convaincu la plupart des biochimistes que le nombre le plus précis était de 4 H^+. Par conséquent, 1 NADH génère assez de force protonmotrice pour synthétiser 2,5 ATP. Le cycle de l'acide citrique fournit également des électrons à la chaîne de transport d'électrons par l'intermédiaire de la $FADH_2$; cependant, comme celle-ci arrive plus tard dans la chaîne, chaque mole assure le transport d'un nombre de H^+ tout juste suffisant pour synthétiser 1,5 mole d'ATP. Ces chiffres tiennent également compte du léger coût énergétique du déplacement de l'ATP formée dans la mitochondrie jusqu'au cytosol, où elle sera utilisée.

Deuxièmement, le rendement en ATP dépend en partie du type de navette utilisé pour transporter les électrons du cytosol à la mitochondrie. La membrane interne de la mitochondrie étant imperméable à un grand nombre de molécules, dont le NADH, le NADH du cytosol se trouve isolé de la machinerie de la phosphorylation oxydative. Les deux électrons du NADH captés dans la glycolyse doivent être transportés vers la mitochondrie par un des nombreux systèmes de navette. Selon le type de navette utilisé par la cellule, les électrons sont transférés au NAD^+ ou à la FAD dans la matrice mitochondriale (voir la figure 9.16). Si les électrons sont captés par la FAD, comme c'est le cas dans les cellules du cerveau, chaque $FADH_2$ ne produit qu'environ 1,5 mole d'ATP à partir d'un NADH initialement produit dans le cytosol. En revanche, s'ils sont transférés au NAD^+ mitochondrial, comme c'est le cas dans les cellules du foie et dans celles du cœur, ce rendement se rapproche de 2,5 moles.

Enfin, une troisième variable peut réduire le rendement en ATP: la force protonmotrice générée par les réactions d'oxydoréduction de la respiration cellulaire peut être utilisée à d'autres fins. Elle peut, par exemple, servir au transport du pyruvate à partir du cytosol à travers la membrane interne de la mitochondrie ou au transport du calcium dans la mitochondrie, ce qui réduit le rendement en ATP. Donc, si toute la force protonmotrice générée par la chaîne de transport d'électrons servait à alimenter la synthèse de l'ATP, une seule mole de glucose pourrait produire un maximum de 28 moles d'ATP par phosphorylation oxydative, en plus des 4 moles dérivant de la phosphorylation au niveau du substrat. Au total, nous obtenons donc 32 moles d'ATP (ou seulement 30 dans le cas où intervient la navette la moins efficace).

On peut maintenant évaluer grossièrement l'efficacité de la respiration cellulaire, c'est-à-dire le pourcentage de l'énergie chimique du glucose qui a servi à produire de l'ATP. Rappelez-vous que l'oxydation complète d'une mole de glucose libère 2 870 kJ d'énergie dans des conditions normales ($\Delta G = -2\,870$ kJ/mol). Dans les conditions chimiques déterminées par le milieu cellulaire, la phosphorylation de l'ADP emmagasine environ 30,5 kJ/mol dans les liaisons d'une mole d'ATP. L'efficacité de la respiration équivaut donc à 30,5 kJ/mol d'ATP, multiplié par 32 moles d'ATP par mole de glucose, divisé par 2 870 kJ par mole de glucose, ce qui donne 0,34. Par conséquent, environ 34 % de l'énergie chimique potentielle a été transférée à l'ATP ; en fait, le pourcentage réel est probablement plus élevé parce que le ΔG est moindre dans les conditions cellulaires. La respiration cellulaire est donc remarquablement efficace pour ce qui est de la transformation de l'énergie, car en comparaison l'efficacité d'un moteur de voiture est d'environ 25 %.

Le reste de l'énergie du glucose se perd sous forme de chaleur. Nous, les humains, utilisons une partie de cette chaleur pour maintenir notre température corporelle (37 °C), et le reste se dissipe par la transpiration et par d'autres mécanismes de refroidissement.

Dans certaines conditions, il peut être avantageux de réduire l'efficacité de la respiration cellulaire. Ainsi, les mammifères qui hibernent disposent d'un mécanisme d'adaptation remarquable ; ils ralentissent leur métabolisme et passent l'hiver dans un état d'inactivité relative. Bien que plus basse que la normale, leur température corporelle doit être maintenue nettement au-dessus de la température ambiante. Le tissu adipeux brun est un type de tissu constitué de cellules bourrées de mitochondries. La membrane mitochondriale interne contient un canal protéique, appelé protéine découplante, qui permet aux protons de se déplacer contre leur gradient de concentration sans générer d'ATP. Chez les mammifères qui hibernent, l'activation de ces protéines se traduit par une oxydation continuelle des réserves de combustibles (graisses), générant ainsi de la chaleur sans aucune production d'ATP. Sans ce mécanisme d'adaptation, le niveau d'ATP augmenterait à tel point que la respiration cellulaire serait stoppée par les mécanismes de régulation que nous étudierons bientôt.

RETOUR SUR LE CONCEPT 9.4

1. Quel effet l'absence d'oxygène aurait-elle sur le processus illustré à la figure 9.15 ?
2. **ET SI ?** En l'absence d'oxygène, comme à la question précédente, qu'arriverait-il selon vous si vous abaissiez le pH de l'espace intermembranaire de la mitochondrie ? Expliquez votre réponse.
3. **FAITES DES LIENS** Dans le concept 7.1 (p. 139), vous avez appris que les membranes doivent être fluides pour fonctionner adéquatement. Comment le mécanisme de la chaîne de transport d'électrons renforce-t-il cette affirmation ?

Voir les réponses proposées à la fin du chapitre.

CONCEPT 9.5

La fermentation permet à certaines cellules de produire de l'ATP en l'absence de dioxygène

Comme la majeure partie de l'ATP produite par la respiration cellulaire aérobie provient de la phosphorylation oxydative, notre estimation de son rendement est conditionnelle à un apport suffisant de dioxygène. En l'absence du dioxygène, très électronégatif, qui attire les électrons vers le bas de la chaîne, la phosphorylation oxydative cesse. Cependant, deux grands mécanismes permettent à certaines cellules d'oxyder leur combustible organique et de générer de l'ATP sans utiliser d'oxygène : la respiration cellulaire anaérobie et la fermentation. Ces deux processus se distinguent l'un de l'autre par le fait que la respiration anaérobie fait appel à une chaîne de transport d'électrons, contrairement à la fermentation. (Cette chaîne de transport est aussi qualifiée de chaîne respiratoire, en raison de son rôle dans les deux types de respiration cellulaire.)

Il a été question plus haut de la respiration cellulaire anaérobie, à laquelle font appel certains Procaryotes vivant dans des milieux dépourvus d'oxygène. Ces organismes disposent d'une chaîne de transport d'électrons, mais l'oxygène n'en est pas le dernier accepteur. L'oxygène remplit très bien cette fonction parce qu'il est extrêmement électronégatif, mais d'autres substances moins électronégatives peuvent aussi servir de dernier accepteur d'électrons. Ainsi, certaines bactéries marines réductrices de sulfates utilisent l'ion sulfate (SO_4^{2-}) à la fin de leur chaîne respiratoire. Le travail de la chaîne accumule une force protonmotrice qui sert à produire de l'ATP, mais le sous-produit de l'opération est le sulfure de dihydrogène (H_2S) plutôt que l'eau. L'odeur d'œufs pourris qui se dégage de certaines zones marécageuses ou de certains bancs de vase dénote la présence d'une bactérie qui réduit le sulfate. D'autres bactéries utilisent le dioxyde de carbone comme accepteur final d'électrons et produisent du méthane (CH_4).

La fermentation, quant à elle, permet d'extraire de l'énergie chimique en l'absence d'oxygène et de chaîne de transport d'électrons – autrement dit, en l'absence de respiration cellulaire. Comment les aliments peuvent-ils être oxydés sans respiration cellulaire ? Rappelez-vous qu'*oxydation* signifie simplement perte d'électrons, sans présumer de la nature de l'accepteur susceptible de les capter : n'importe quel accepteur d'électrons peut faire l'affaire, pas seulement le dioxygène. La glycolyse oxyde une mole de glucose en deux moles de pyruvate ; l'agent oxydant est le NAD^+ (et *non* le dioxygène), et il n'y a ni oxygène ni chaîne de transport d'électrons. Dans l'ensemble, la glycolyse est exergonique, et une partie de l'énergie libérée est utilisée pour produire deux moles d'ATP (net) par phosphorylation au niveau du substrat. En présence de dioxygène, il y a production de moles d'ATP additionnelles par phosphorylation oxydative quand le $NADH + H^+$ transfère les électrons du glucose à la chaîne de transport d'électrons. Cependant, que le dioxygène soit présent ou non, c'est-à-dire que les conditions soient aérobies ou anaérobies, la glycolyse à elle seule, autrement dit sans la contribution d'une chaîne de transport d'électrons, génère toujours deux moles d'ATP.

Le catabolisme anaérobie des nutriments organiques peut emprunter la voie de la fermentation plutôt que celle de l'oxydation respiratoire. La fermentation est un prolongement de la glycolyse; elle engendre de l'ATP par phosphorylation au niveau du substrat tant qu'il y a suffisamment de NAD^+ pour accepter les électrons pendant la phase d'oxydation de la glycolyse. Sans mécanisme de recyclage du NADH + H^+ en NAD^+, la glycolyse épuiserait vite la réserve cellulaire de NAD^+ en la réduisant entièrement en NADH, puis elle s'arrêterait, faute d'agent oxydant. Chez les organismes aérobies, le NADH + H^+ est recyclé en NAD^+ par le transfert des électrons à la chaîne de transport, tandis que, chez les organismes anaérobies, les électrons peuvent être transférés du NADH au pyruvate, le produit terminal de la glycolyse.

Les types de fermentation

La fermentation consiste en une glycolyse à laquelle s'ajoutent des réactions qui régénèrent le NAD^+ en transférant les électrons du NADH + H^+ au pyruvate ou à des dérivés du pyruvate. Le NAD^+ peut alors servir de nouveau pour l'oxydation du glucose dans la glycolyse et produire deux moles d'ATP grâce à la phosphorylation au niveau du substrat. Il existe plusieurs types de fermentation, notamment la fermentation alcoolique et la fermentation lactique. Ils se distinguent par les sous-produits formés à partir du pyruvate.

Dans la **fermentation alcoolique** (**figure 9.17a**), le pyruvate est converti en éthanol, en deux étapes. Dans la première, du dioxyde de carbone est enlevé au pyruvate; celui-ci devient de l'acétaldéhyde, un composé à deux atomes de carbone. Au cours de la seconde étape, le NADH + H^+ réduit l'acétaldéhyde en éthanol, régénérant ainsi le NAD^+ nécessaire à la glycolyse. Beaucoup de bactéries réalisent la fermentation alcoolique dans des conditions anaérobies. Les levures (qui appartiennent au règne des Eumycètes) peuvent également réaliser la fermentation alcoolique. Depuis des milliers d'années, les humains utilisent des levures pour fabriquer de la bière, du vin et du pain. Outre l'alcool, les levures produisent du CO_2, sous forme de bulles qui s'accumulent dans la pâte et font lever le pain, ou qui engendrent l'effervescence de vins comme le champagne.

Au cours de la **fermentation lactique** (**figure 9.17b**), le pyruvate se fait réduire directement par le NADH + H^+: du lactate est ainsi formé sans libération de dioxyde de carbone. (Le lactate est la forme ionisée de l'acide lactique.) Dans l'industrie laitière, la fermentation lactique due à des levures et à des bactéries donne des fromages et du yogourt.

Les cellules musculaires humaines produisent de l'ATP par fermentation lactique lorsque le dioxygène vient à manquer. Cela arrive notamment pendant les premières minutes d'un exercice exigeant, quand la dégradation du glucose se fait plus rapide que l'apport du dioxygène nécessaire aux muscles. Les cellules passent alors de la respiration cellulaire aérobie à la fermentation. On croyait que l'accumulation de lactate dans les muscles était à l'origine de la fatigue et de la douleur ressenties après un effort physique, mais des recherches récentes indiquent que ces symptômes résulteraient plutôt de l'augmentation des ions potassium (K^+) et que le lactate améliorerait toujours la performance musculaire. Quoi qu'il en soit, le sang transporte graduellement le surplus de lactate jusqu'au foie, où les cellules hépatiques le reconvertissent en pyruvate. Comme du dioxygène est disponible, ce pyruvate peut alors pénétrer dans les mitochondries des cellules hépatiques et y poursuivre sa dégradation au cours de la respiration cellulaire.

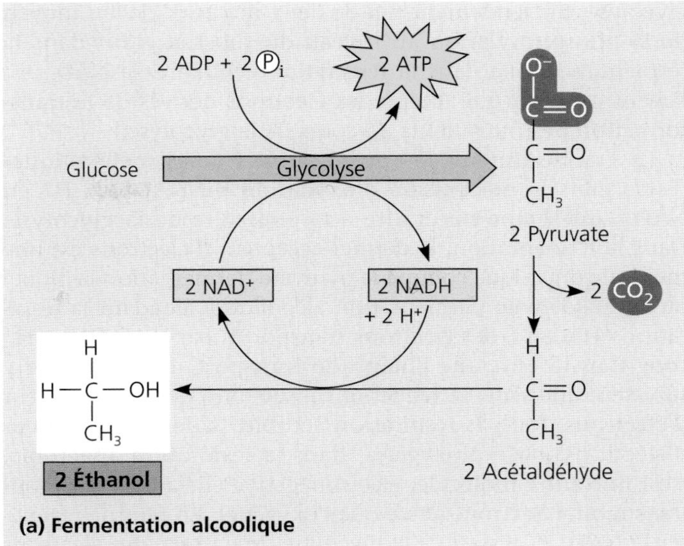

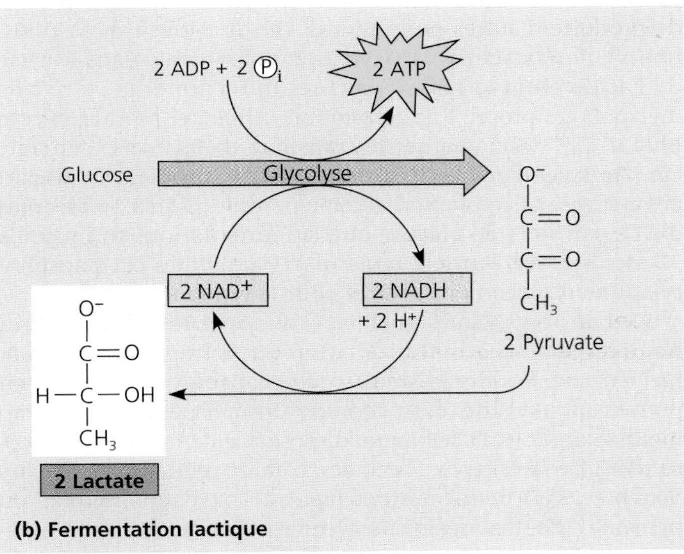

▲ **Figure 9.17 La fermentation.** En l'absence de dioxygène, plusieurs types de cellules font appel à la fermentation pour produire de l'ATP par phosphorylation au niveau du substrat. L'acétaldéhyde (fermentation alcoolique) et le pyruvate (fermentation lactique) servent d'accepteurs d'électrons dans l'oxydation du NADH + H^+ en NAD^+. Le NAD^+ peut être employé de nouveau pendant la glycolyse. **(a)** L'éthanol et **(b)** le lactate, la forme ionisée de l'acide lactique, sont deux des principaux produits de la fermentation.

Comparaison entre la fermentation et la respiration cellulaire aérobie et anaérobie

La fermentation, la respiration anaérobie et la respiration aérobie sont trois façons de produire de l'ATP à partir de l'énergie chimique des aliments. Ces trois voies métaboliques passent toutes par la glycolyse pour oxyder le glucose et d'autres combustibles organiques en pyruvate. Elles fournissent, pendant la glycolyse, un rendement net de deux moles d'ATP au moyen de la phosphorylation au niveau du substrat. Tant dans la fermentation que dans la respiration cellulaire, le NAD^+ est l'agent oxydant qui accepte les électrons dérivés de la transformation des nutriments au cours de la glycolyse.

La grande différence entre ces trois voies métaboliques réside dans le mécanisme d'oxydation du $NADH + H^+$ en NAD^+, une étape nécessaire à la poursuite de la glycolyse. Dans la fermentation, le dernier accepteur d'électrons est une molécule organique comme le pyruvate (fermentation lactique) ou l'acétaldéhyde (fermentation alcoolique). Pendant la respiration cellulaire, des électrons transportés par le $NADH + H^+$ sont transférés à une chaîne de transport d'électrons et y subissent une série de réductions jusqu'à un dernier accepteur d'électrons. Dans la respiration aérobie, le dernier accepteur d'électrons est le dioxygène; dans la respiration anaérobie, c'est une autre molécule, électronégative elle aussi (mais toujours moins électronégative que l'oxygène). En plus de régénérer le NAD^+ nécessaire à la glycolyse, le passage des électrons du $NADH + H^+$ à la chaîne de transport des électrons permet de produire d'autres molécules d'ATP au moyen de la phosphorylation oxydative. L'oxydation du pyruvate dans le cycle de l'acide citrique réalisé dans les mitochondries, un stade métabolique propre à la respiration cellulaire, produit encore plus d'ATP. Sans chaîne de transport d'électrons, l'énergie emmagasinée dans le pyruvate reste inaccessible à la plupart des cellules. La respiration aérobie produit jusqu'à 16 fois plus d'ATP par mole de glucose que la fermentation, soit jusqu'à 32 moles d'ATP contre 2 moles d'ATP produites par phosphorylation au niveau du substrat pour la fermentation.

Certains organismes qualifiés d'**anaérobies obligatoires** ne pratiquent que la fermentation ou la respiration anaérobie. En fait, ces organismes sont incapables de survivre en présence d'oxygène, dont certaines formes peuvent être vraiment toxiques si la cellule ne dispose pas de mécanismes protecteurs. De rares types de cellules, comme celles du cerveau des Vertébrés, s'en tiennent strictement à l'oxydation aérobie du pyruvate. D'autres organismes, comme les levures et de nombreuses bactéries, peuvent produire assez d'ATP pour survivre en utilisant la fermentation ou la respiration; on les appelle **anaérobies facultatifs**. C'est aussi le cas de nos cellules musculaires dans lesquelles le pyruvate représente un carrefour qui mène à deux voies cataboliques distinctes (**figure 9.18**). En aérobiose, il est converti en acétyl-CoA, et l'oxydation prend la voie du cycle de l'acide citrique; en anaérobiose, il n'entre pas dans le cycle de l'acide citrique et sert plutôt d'accepteur d'électrons pour le recyclage du NAD^+, et l'oxydation prend alors la voie de la fermentation. Pour produire la même quantité d'ATP, un organisme anaérobie facultatif doit donc métaboliser le glucose beaucoup plus rapidement lors de la fermentation que lors de la respiration cellulaire aérobie.

L'importance de la glycolyse dans l'évolution

ÉVOLUTION La glycolyse est commune à la fermentation et à la respiration cellulaire, et cette similitude s'explique par l'évolution. Les Procaryotes primitifs se servaient probablement des étapes de la deuxième phase de la glycolyse pour produire leur ATP bien avant que l'atmosphère terrestre ne renferme du dioxygène. Les fossiles de Bactéries les plus anciens datent de 3,5 milliards d'années environ, mais le dioxygène ne s'est probablement accumulé en quantités appréciables dans l'atmosphère terrestre qu'il y a 2,7 milliards d'années. Les Cyanobactéries ont commencé à produire ce dioxygène lorsqu'elles ont fait appel à la photosynthèse. Par conséquent, les premiers Procaryotes ont dû produire leur ATP uniquement par fermentation. En outre, la glycolyse constitue la voie métabolique la plus répandue, ce qui laisse croire qu'elle est apparue très tôt dans l'histoire de la vie. Le fait qu'elle se déroule dans le cytosol donne également à penser qu'elle date d'il y a très longtemps; elle ne nécessite aucun des organites membraneux de la cellule eucaryote, qui est apparue près de un milliard d'années après la cellule procaryote. Héritage métabolique des premières cellules, la glycolyse existe encore chez tous les organismes modernes, aussi bien dans la fermentation que comme étape de la dégradation des molécules organiques par la respiration.

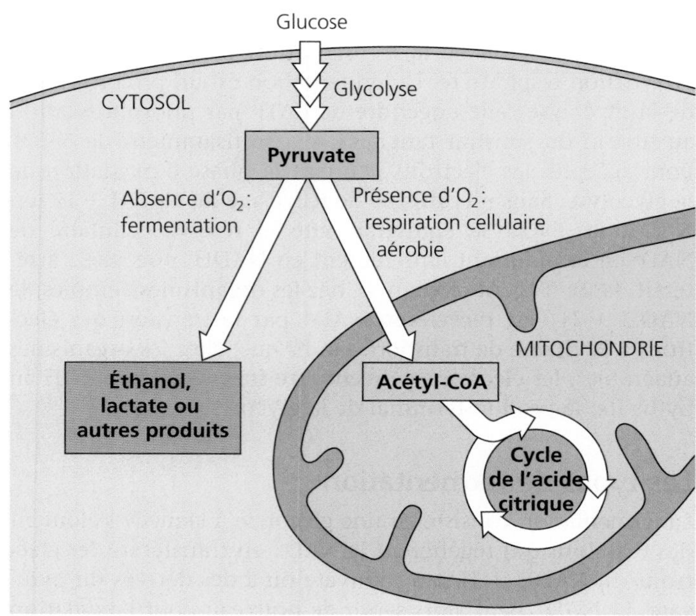

▲ **Figure 9.18 Le pyruvate au carrefour de deux voies cataboliques.** La glycolyse est un processus commun à la fermentation et à la respiration cellulaire. Le pyruvate, qui en est le produit final, représente un carrefour dans l'oxydation du glucose. Dans une cellule capable de pratiquer la respiration cellulaire aérobie et la fermentation, le pyruvate prend une voie ou l'autre, en fonction de la présence ou de l'absence de dioxygène.

RETOUR SUR LE CONCEPT 9.5

1. La glycolyse conduit à la formation de NADH. Quel est le dernier accepteur d'électrons durant la fermentation ? Quel est le dernier accepteur d'électrons durant la respiration cellulaire aérobie ?
2. **ET SI ?** Une cellule de levure nourrie de glucose est transférée d'un milieu aérobie à un milieu anaérobie. Pour que la cellule continue de produire de l'ATP à la même vitesse, de quelle façon son taux de consommation de glucose doit-il être modifié ?

Voir les réponses proposées à la fin du chapitre.

CONCEPT 9.6

La glycolyse et le cycle de l'acide citrique sont liés à de nombreuses autres voies métaboliques

Jusqu'à maintenant, nous avons traité du catabolisme du glucose sans tenir compte des autres voies métaboliques de la cellule. Dans cette section, nous apprendrons que la glycolyse et le cycle de l'acide citrique sont au carrefour de plusieurs voies cataboliques et anaboliques (de biosynthèse).

La polyvalence du catabolisme

Jusqu'ici, le seul combustible de la respiration cellulaire et de la fermentation que nous avons étudié est le glucose. Pourtant, les molécules libres de glucose ne représentent pas une portion abondante du régime alimentaire animal. L'humain, en particulier, tire la majeure partie de son énergie des lipides, des protéines, du saccharose et d'autres disaccharides, ainsi que de l'amidon et du glycogène, deux polysaccharides. Nous allons voir que la respiration cellulaire peut produire de l'ATP à partir de toutes ces molécules (**figure 9.19**).

La glycolyse s'effectue à partir d'une grande variété de glucides. Dans le système digestif, l'amidon est hydrolysé et transformé en glucose, que les cellules dégradent ensuite au cours de la glycolyse et du cycle de l'acide citrique. Le glycogène, le polysaccharide emmagasiné dans les cellules hépatiques et musculaires animales, peut aussi être hydrolysé en glucose entre les repas. La digestion des disaccharides, dont le saccharose, fournit du glucose ainsi que d'autres monosaccharides, que les enzymes peuvent convertir. On voit donc que, dans le catabolisme, le glucose soumis à la glycolyse peut provenir de divers glucides.

Les protéines peuvent aussi servir de combustible pour la respiration cellulaire. Elles doivent d'abord être dégradées en leurs acides aminés constituants. Parmi ceux-ci, un bon nombre servent, bien entendu, à fabriquer de nouvelles protéines. Cependant, des enzymes convertissent l'excédent en divers produits intermédiaires (ou métabolites) de la glycolyse et du cycle de l'acide citrique. Avant d'entrer dans la glycolyse ou dans le cycle de l'acide citrique, ils doivent perdre leur groupement amine, un processus appelé *désamination*. Il en résulte un acide organique, qui sera utilisé, et un résidu azoté, qui est excrété sous forme d'ammoniac (NH_3), d'urée (CH_4N_2O) ou d'autres substances.

Enfin, le catabolisme peut extraire l'énergie stockée dans les lipides provenant des aliments ou mis en réserve dans les cellules adipeuses des organismes multicellulaires. Une fois les lipides digérés et transformés en glycérol et en acides gras, le glycérol est converti en 3-phosphoglycéraldéhyde (PGAL), un produit intermédiaire de la glycolyse. Mais l'essentiel de l'énergie d'un lipide se trouve dans ses acides gras. Ceux-ci sont dégradés en fragments contenant deux atomes de carbone (groupements acétyle) au cours de la **bêta-oxydation** (ainsi appelée car l'oxydation survient au niveau du carbone 3, ou carbone bêta [β], de l'acide gras). Cette séquence métabolique s'élabore dans la matrice des mitochondries. Ces fragments d'acides gras entrent dans le cycle de l'acide citrique sous forme d'acétyl-CoA. Une molécule de NADH + H^+ et une molécule de $FADH_2$ sont également produites au cours de chaque séquence de bêta-oxydation et peuvent entrer dans la chaîne de transport d'électrons, entraînant une production additionnelle d'ATP. Les lipides font d'excellents combustibles, en bonne partie grâce à leur structure et au niveau d'énergie élevé de leurs électrons (partagés également entre le carbone et l'hydrogène), comparativement au niveau d'énergie des électrons des glucides. Un gramme de lipides oxydés par la respiration cellulaire produit deux fois plus d'ATP qu'un gramme de glucides. Malheureusement, cela signifie aussi qu'une personne suivant un régime doit s'armer de patience : comme les lipides contiennent énormément de kilojoules par gramme, la graisse corporelle met du temps à disparaître.

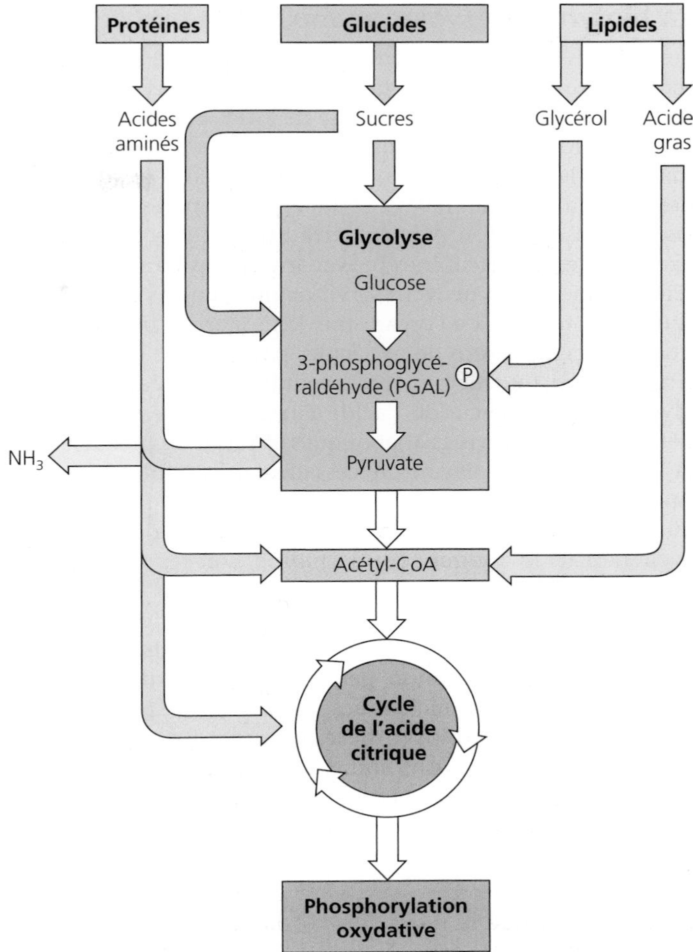

▲ **Figure 9.19 Le catabolisme de divers nutriments.** Les glucides, les lipides et les protéines peuvent servir de combustibles pour la respiration cellulaire. Leurs monomères entrent dans la glycolyse ou dans le cycle de l'acide citrique en divers points. La glycolyse et le cycle de l'acide citrique représentent des entonnoirs cataboliques à travers lesquels les électrons provenant de tous les nutriments amorcent leur descente exergonique vers le dernier accepteur d'électrons.

La biosynthèse (voies anaboliques)

Les cellules ont besoin d'énergie, mais aussi de matière. Les molécules organiques de la nourriture ne sont pas toutes destinées à l'oxydation et à la synthèse de l'ATP. En effet, la nourriture doit fournir aux cellules non seulement des kilojoules, mais aussi les chaînes carbonées indispensables à la fabrication des molécules structurales. Certains monomères organiques issus de la digestion peuvent être utilisés directement. Par exemple, les acides aminés provenant de l'hydrolyse des protéines alimentaires peuvent servir de monomères dans la synthèse des protéines de l'organisme. Mais il arrive fréquemment que celui-ci ait besoin de molécules particulières que la nourriture ne lui fournit pas. Les produits intermédiaires de la glycolyse et du cycle de l'acide citrique peuvent alors être détournés vers les voies anaboliques et servir de précurseurs à la synthèse des molécules nécessaires aux cellules. Le corps humain, par exemple, peut synthétiser environ la moitié des 20 acides aminés en modifiant des composés détournés du cycle de l'acide citrique; l'autre moitié, soit les «acides aminés essentiels», doit provenir de l'alimentation. De même, il peut fabriquer du glucose à partir du pyruvate et des acides gras à partir de l'acétyl-CoA. En outre, les produits des premières étapes de la glycolyse peuvent servir d'intermédiaires dans la synthèse des nucléotides. Il va sans dire que ces voies anaboliques, ou de biosynthèse, ne produisent pas d'ATP: au contraire, elles en consomment. Il faut aussi noter qu'une voie anabolique n'est pas toujours identique à la même voie catabolique inversée. Il arrive en effet que certaines réactions d'une voie anabolique diffèrent de la voie catabolique et fassent intervenir d'autres enzymes.

Enfin, la glycolyse et le cycle de l'acide citrique permettent à nos cellules de convertir certaines molécules selon les besoins et les circonstances. Par exemple, le dihydroxyacétone phosphate, un produit intermédiaire de la glycolyse (voir la figure 9.9, étape 5), peut être converti en un des principaux précurseurs des lipides. Si notre apport alimentaire dépasse nos besoins, nous engraissons, même si notre régime ne comporte pas de matières grasses. Le métabolisme est un processus complexe, polyvalent et adaptable. Mais il faut bien comprendre que tout, dans le métabolisme, est d'abord une affaire d'enzymes. Si l'enzyme indispensable à une réaction n'est pas présente, la réaction ne se produira pas. C'est pourquoi, si les acides gras ne peuvent être convertis en glucose ni chez l'humain ni chez la plupart des animaux, c'est en raison de l'absence de l'enzyme qui permettrait de transformer l'acétyl-CoA en acide pyruvique.

La régulation de la respiration cellulaire par des mécanismes de rétro-inhibition

L'économie métabolique obéit aux lois fondamentales de l'offre et de la demande. La cellule ne gaspille pas d'énergie à produire davantage d'une substance qu'il ne lui en faut. Par exemple, s'il y a un surplus d'un acide aminé donné, la voie anabolique qui en assure la synthèse à partir d'un produit intermédiaire du cycle de l'acide citrique se ferme. Cette régulation repose principalement sur un mécanisme de rétro-inhibition: le produit terminal de la voie anabolique inhibe l'enzyme qui catalyse la première étape de cette voie (voir la figure 8.21, p. 178). L'organisme évite ainsi de consacrer des produits intermédiaires à des usages non essentiels.

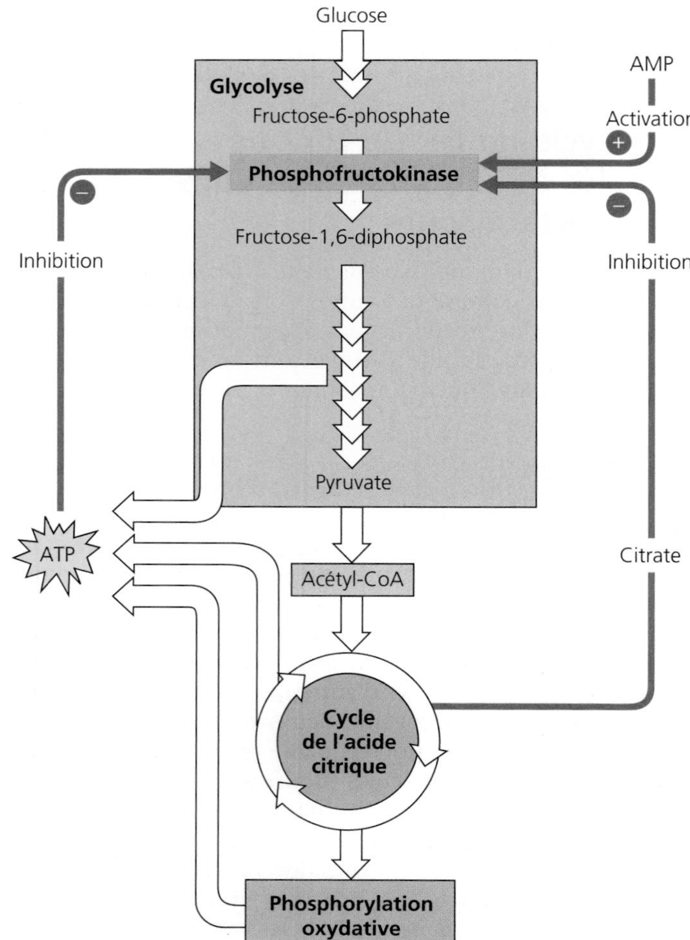

▲ **Figure 9.20 La régulation de la respiration cellulaire.** Des enzymes allostériques interviennent en certains points de la voie catabolique. Elles réagissent à des inhibiteurs et à des activateurs. Elles déterminent ainsi la vitesse de la glycolyse et du cycle de l'acide citrique. La phosphofructokinase, qui catalyse l'étape 3 de la glycolyse (voir la figure 9.9), est l'une de ces enzymes clés. L'AMP (qui dérive de l'ADP) l'active, mais l'ATP et le citrate l'inhibent. Ce mécanisme de rétro-inhibition ajuste la vitesse de la respiration cellulaire aux variations des besoins cataboliques et anaboliques de la cellule.

La cellule gère aussi son catabolisme. Si elle travaille dur et que sa concentration en ATP commence à diminuer, la respiration cellulaire s'accélère. Quand il y a suffisamment d'ATP pour satisfaire à la demande, la respiration cellulaire ralentit, ce qui permet à la cellule d'économiser de précieuses molécules organiques en vue d'autres fonctions. Ici encore, la régulation porte principalement sur l'activité d'enzymes intervenant en des points stratégiques de la voie catabolique. L'une d'entre elles est la phosphofructokinase, qui catalyse l'étape 3 de la glycolyse (**figure 9.20**). C'est la première étape durant laquelle un substrat est irréversiblement dirigé vers la voie glycolytique. En régulant le débit de cette étape, la cellule peut accélérer ou ralentir le processus catabolique tout entier. La phosphofructokinase détermine donc la vitesse de la respiration cellulaire.

La phosphofructokinase est une enzyme allostérique. Elle possède un site actif qui reçoit l'ATP, l'hydrolyse en ADP et en Ⓟi, et lie le phosphate inorganique au fructose 6-phosphate. De plus, elle a des sites récepteurs destinés à des inhibiteurs et à des activateurs spécifiques. L'ATP l'inhibe, alors que l'AMP (l'adénosine monophosphate, un dérivé de l'ADP) l'active. L'ATP peut donc s'unir soit au site actif, soit au site de régulation allostérique. Donc, lorsque l'ATP s'accumule, l'inhibition de la phosphofructokinase ralentit la glycolyse. Inversement, quand la cellule consomme davantage d'ATP qu'elle n'en produit, l'enzyme est réactivée. En outre, la phosphofructokinase est sensible au citrate, le premier produit du cycle de l'acide citrique. S'il augmente beaucoup dans les mitochondries, une certaine quantité passe dans le cytosol à l'aide d'une perméase et inhibe la phosphofructokinase. Ce mécanisme contribue à synchroniser la glycolyse et le cycle de l'acide citrique. À mesure que le citrate s'accumule, la glycolyse ralentit et l'apport d'acétate au cycle de l'acide citrique diminue. Si, au contraire, la consommation de citrate augmente, à la suite d'un accroissement de la demande d'ATP ou à cause de l'utilisation de produits intermédiaires du cycle de l'acide citrique à des fins anaboliques, la glycolyse s'accélère et s'adapte à la demande. D'autres enzymes interviennent aussi en des points clés de la glycolyse et du cycle de l'acide citrique. Elles sont régulées par des mécanismes qui favorisent l'équilibre métabolique. Le métabolisme cellulaire est un processus économique, efficace et adaptable.

La respiration cellulaire et les voies cataboliques jouent un rôle central dans la vie des organismes. Examinons la figure 9.2 une fois de plus pour inscrire la respiration cellulaire dans les processus énergétiques et chimiques des écosystèmes. L'énergie qui nous maintient en vie est *libérée* et non pas *produite* par la respiration cellulaire. Nos cellules extraient l'énergie que la photosynthèse a préalablement stockée dans notre nourriture. Dans le chapitre suivant, nous verrons comment la photosynthèse capte la lumière et la convertit en énergie chimique.

RETOUR SUR LE CONCEPT 9.6

1. **FAITES DES LIENS** Comparez la structure d'un lipide (voir la figure 5.10, p. 83) avec celle d'un glucide (voir la figure 5.3, p. 77). En raison de quelles caractéristiques structurales les lipides sont-ils de meilleurs combustibles ?
2. Dans quelles circonstances votre organisme synthétise-t-il des molécules de lipides ?
3. **FAITES DES LIENS** Revenez à la figure 5.6b (p. 79) et examinez la disposition du glycogène et des mitochondries dans cette micrographie. Quel lien faites-vous entre le glycogène et les mitochondries ?
4. **ET SI ?** Qu'arrive-t-il à une cellule musculaire qui a épuisé toutes ses réserves d'oxygène et d'ATP ? (Voir les figures 9.18 et 9.20.)
5. **ET SI ?** Lors d'un exercice *intense*, une cellule musculaire peut-elle utiliser la graisse comme source d'énergie chimique concentrée ? Pourquoi ? (Revoyez les figures 9.18 et 9.19.)

Voir les réponses proposées à la fin du chapitre.

RÉVISION DU CHAPITRE 

RÉSUMÉ DES CONCEPTS CLÉS

CONCEPT 9.1

Les voies cataboliques génèrent de l'énergie en oxydant des molécules organiques (p. 184 à 188)

- Les cellules dégradent le glucose et les autres combustibles organiques pour récupérer de l'énergie chimique sous forme d'ATP. La **fermentation** est une dégradation partielle du glucose sans utilisation d'oxygène. La **respiration cellulaire** est une dégradation plus complète du glucose ; dans la **respiration cellulaire aérobie**, l'oxygène sert de réactif. La cellule extrait l'énergie emmagasinée dans les molécules des nutriments par des **réactions d'oxydoréduction** au cours desquelles une substance cède à une autre substance quelques-uns ou la totalité de ses électrons. La substance qui reçoit les électrons subit une **réduction** et celle qui les perd, une **oxydation**.
- Durant la respiration cellulaire aérobie, le glucose ($C_6H_{12}O_6$) est oxydé en CO_2 et le dioxygène (O_2) est réduit en H_2O. Au cours de leur transfert du glucose ou des autres composés organiques au dioxygène, les électrons perdent leur énergie potentielle. Habituellement, les électrons sont d'abord captés par le $\mathbf{NAD^+}$, qui est ensuite réduit en NADH + H^+. Après quoi, ces électrons parcourent la **chaîne de transport d'électrons** jusqu'au dioxygène en une série d'étapes qui libèrent chacune une petite quantité d'énergie. Cette énergie sert à produire de l'ATP.
- La respiration aérobie se fait en trois étapes : (1) la **glycolyse** ; (2) l'oxydation du pyruvate et le **cycle de l'acide citrique** ; et (3) la **phosphorylation oxydative** (transport des électrons et chimiosmose).

? *Qu'est-ce qui permet de différencier les deux processus de respiration cellulaire qui produisent de l'ATP, la phosphorylation oxydative et la phosphorylation au niveau du substrat ?*

CONCEPT 9.2

La glycolyse libère de l'énergie chimique en oxydant le glucose en pyruvate (p. 189)

Intrants		Extrants
Glucose	Glycolyse →	2 Pyruvate + 2 ATP + 2 NADH + H^+

? *Dans la glycolyse, quelle est la source d'énergie qui permet la formation d'ATP et de NADH + H^+ ?*

CONCEPT 9.3

Une fois le pyruvate oxydé, le cycle de l'acide citrique achève l'oxydation, génératrice d'énergie, des molécules organiques (p. 189 à 193)

- Chez les cellules eucaryotes, le pyruvate pénètre dans la mitochondrie et est oxydé en **acétyl-CoA**, qui sera oxydé dans le cycle de l'acide citrique.

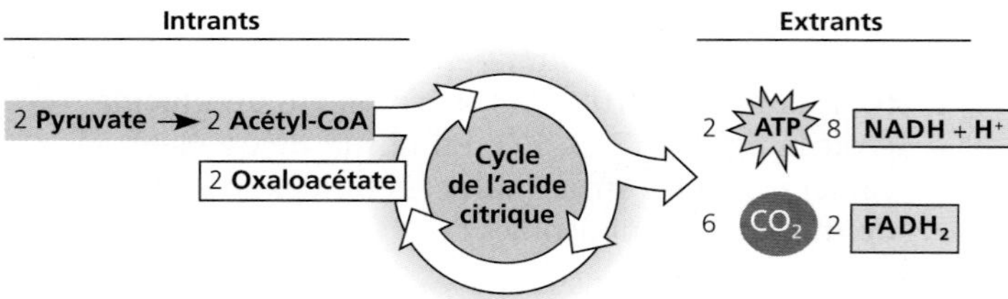

? Quels produits moléculaires indiquent une oxydation complète du glucose au cours de la respiration cellulaire?

CONCEPT 9.4

Durant la phosphorylation oxydative, la chimiosmose couple le transport d'électrons à la synthèse d'ATP (p. 193 à 198)

- Dans la chaîne de transport d'électrons, les électrons du NADH et de la $FADH_2$ perdent graduellement de l'énergie, en plusieurs étapes. Au bout de la chaîne, les électrons sont transférés au dioxygène (O_2), qu'ils réduisent en eau (H_2O).

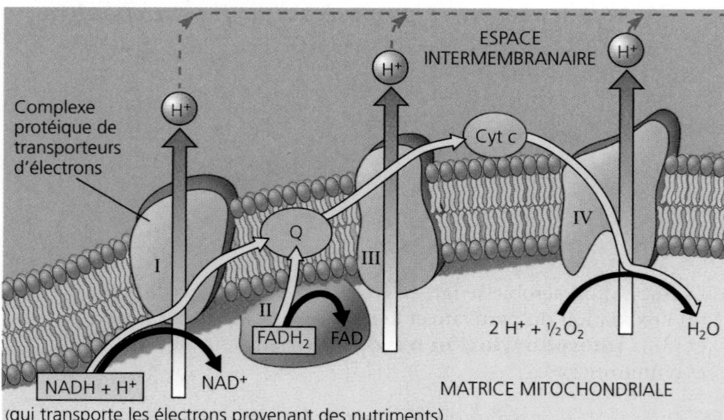

- Lors de certains des transferts de la chaîne, des complexes protéiques transporteurs d'électrons font passer des H^+ de la matrice mitochondriale (chez les Eucaryotes) à l'espace intermembranaire. L'énergie se trouve ainsi emmagasinée dans un gradient électrochimique appelé **force protonmotrice**. Les protons rentrent dans la matrice grâce à l'**ATP synthase**; ce passage exergonique alimente la phosphorylation endergonique de l'ADP, un processus appelé **chimiosmose**.

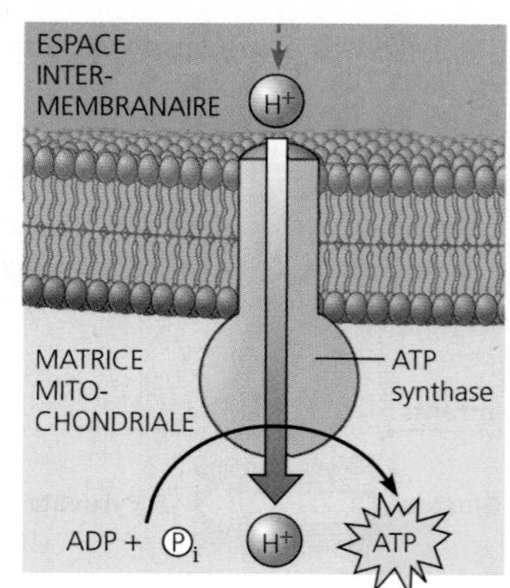

- Environ 34 % de l'énergie emmagasinée dans une mole de glucose est transférée à l'ATP durant la respiration cellulaire, ce qui produit 32 moles d'ATP au maximum.

? *Expliquez brièvement les mécanismes par lesquels l'ATP synthase produit de l'ATP. Énumérez trois endroits où l'on trouve de l'ATP synthase.*

CONCEPT 9.5

La fermentation permet à certaines cellules de produire de l'ATP en l'absence de dioxygène (p. 198 à 200)

- La glycolyse fournit deux moles d'ATP par phosphorylation au niveau du substrat, en présence ou en l'absence de dioxygène. En l'absence d'oxygène, il peut y avoir respiration anaérobie ou fermentation. La respiration anaérobie fait appel à une chaîne de transport d'électrons, mais le dernier accepteur d'électrons n'est pas l'oxygène. Dans la fermentation, les électrons du NADH + H^+ sont transférés au pyruvate ou à un dérivé du pyruvate, ce qui régénère le NAD^+ nécessaire à l'oxydation d'autres molécules de glucose. La **fermentation alcoolique** et la **fermentation lactique** sont deux types de fermentation courants.
- La respiration cellulaire et la fermentation utilisent toutes deux la glycolyse pour oxyder le glucose, mais elles diffèrent par leurs derniers accepteurs d'électrons et par la présence d'une chaîne de transport d'électrons (dans le cas de la respiration) ou son absence (dans le cas de la fermentation). De plus, la respiration génère davantage d'ATP; ainsi, la respiration aérobie, dont l'O_2 est le dernier accepteur d'électrons, produit environ 16 fois plus d'ATP que la fermentation.
- La glycolyse a lieu dans presque tous les organismes et remonte probablement aux premiers Procaryotes, à l'époque où il n'y avait pas encore de dioxygène dans l'atmosphère.

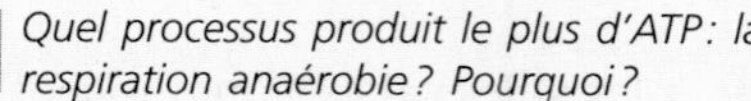

? *Quel processus produit le plus d'ATP: la fermentation ou la respiration anaérobie? Pourquoi?*

CONCEPT 9.6

La glycolyse et le cycle de l'acide citrique sont liés à de nombreuses autres voies métaboliques (p. 201 à 203)

- Les voies cataboliques font converger les électrons provenant de divers types de molécules organiques vers la respiration cellulaire. La glycolyse peut s'effectuer à partir de nombreux glucides, le plus souvent après leur conversion en glucose. Les acides aminés des protéines doivent être désaminés avant d'être oxydés. Les acides gras des lipides sont dégradés par **bêta-oxydation** en acétyl-CoA. Ces fragments contenant deux atomes de carbone entrent dans le cycle de l'acide citrique. Les voies anaboliques peuvent utiliser directement les petites molécules des aliments ingérés ou synthétiser d'autres substances en utilisant les produits intermédiaires de la glycolyse ou du cycle de l'acide citrique.
- La respiration cellulaire est régie par des enzymes allostériques qui interviennent en des points clés de la glycolyse et du cycle de l'acide citrique.

? *Décrivez comment les voies cataboliques de la glycolyse et du cycle de l'acide citrique croisent plusieurs voies anaboliques dans le métabolisme de la cellule.*

ÉVALUATION

NIVEAU 1 : CONNAISSANCES ET COMPRÉHENSION

1. La source d'énergie qui alimente *directement* la synthèse de l'ATP par l'intermédiaire de l'ATP synthase pendant la phosphorylation oxydative est:
   a) l'oxydation du glucose et d'autres composés organiques.
   b) le flux endergonique des électrons dans la chaîne de transport d'électrons.

c) l'affinité du dioxygène pour les électrons.
d) le gradient de concentration de H^+ de part et d'autre de la membrane abritant l'ATP synthase.
e) le transfert du phosphate à l'ADP.

2. Pour une molécule de glucose, quelle est la voie métabolique commune à la fermentation et à la respiration cellulaire aérobie?
a) Le cycle de l'acide citrique.
b) La chaîne de transport d'électrons.
c) La glycolyse.
d) La synthèse de l'acétyl-CoA à partir du pyruvate.
e) La réduction du pyruvate en lactate.

3. Dans les mitochondries, les réactions d'oxydoréduction exergoniques:
a) sont une source d'énergie qui alimente la synthèse de l'ATP chez les Procaryotes.
b) sont directement couplées à la phosphorylation au niveau du substrat.
c) fournissent l'énergie nécessaire à l'établissement d'un gradient de H^+.
d) réduisent les atomes de carbone en dioxyde de carbone.
e) sont couplées à des processus endergoniques par l'entremise de produits intermédiaires phosphorylés.

4. Quel est le dernier accepteur d'électrons de la chaîne de transport d'électrons dans la phosphorylation oxydative aérobie?
a) L'oxygène.
b) L'eau.
c) Le NAD^+.
d) Le pyruvate.
e) L'ADP.

NIVEAU 2: APPLICATION ET ANALYSE

5. Dans la réaction suivante, quel est l'agent oxydant?
Pyruvate + (NADH + H^+) $\rightarrow$ Lactate + NAD^+
a) L'oxygène.
b) Le NADH.
c) Le NAD^+.
d) Le lactate.
e) Le pyruvate.

6. Parmi les changements suivants, lequel se produit lorsque les électrons descendent dans la chaîne de transport d'électrons à l'intérieur des mitochondries?
a) Le pH de la matrice augmente.
b) L'ATP synthase transporte des protons.
c) Les électrons gagnent de l'énergie libre.
d) Les cytochromes phosphorylent l'ADP en ATP.
e) Le NAD^+ est oxydé.

7. Lors du catabolisme aérobie, la plus grande partie du CO_2 est libérée pendant:
a) la glycolyse.
b) le cycle de l'acide citrique.
c) la fermentation lactique.
d) le transport des électrons.
e) la phosphorylation oxydative.

NIVEAU 3: SYNTHÈSE ET ÉVALUATION

8. **FAITES UN DESSIN** Le graphique ci-contre montre l'évolution de la différence de pH de part et d'autre de la membrane mitochondriale interne dans une cellule qui respire activement. Au moment indiqué par la flèche verticale, on ajoute un poison métabolique qui inhibe spécifiquement et totalement le fonctionnement de l'ATP synthase mitochondriale. Tracez le reste de la ligne rouge pour illustrer ce que vous vous attendez à constater.

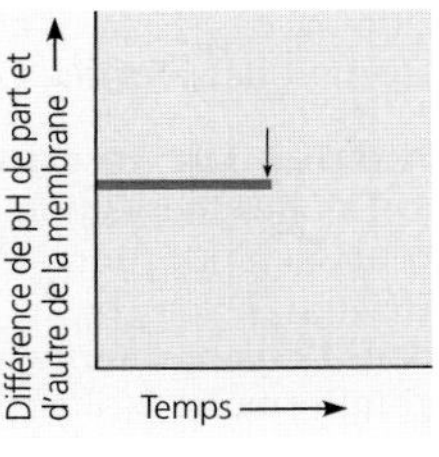

9. **LIEN AVEC L'ÉVOLUTION**
On trouve de l'ATP synthase dans la membrane plasmique des cellules procaryotes, ainsi que dans les mitochondries et les chloroplastes. Qu'est-ce que cela donne à penser quant à la relation entre ces organites eucaryotes et les Procaryotes? Comment les séquences d'acides aminés de l'ATP synthase de diverses sources pourraient-elles confirmer ou réfuter votre hypothèse?

10. **INTÉGRATION**
Dans les années 1930, certains médecins prescrivaient à leurs patients de faibles doses d'une substance chimique appelée dinitrophénol (DNP) en vue de leur faire perdre du poids. Après le décès d'un certain nombre de personnes, cette pratique a été abandonnée. Le DNP découple les processus liés à la chimiosmose cellulaire et rend la membrane mitochondriale interne perméable aux H^+. Expliquez comment cela a pu entraîner à la fois des pertes de poids et des décès.

11. **ÉCRIVEZ UN TEXTE**
Les propriétés émergentes Rédigez un court texte (de 100 à 150 mots) pour expliquer comment la phosphorylation oxydative illustre l'émergence de nouvelles propriétés à chaque échelon de la hiérarchie biologique. (Rappelez-vous que la phosphorylation oxydative se caractérise par la production d'ATP grâce à l'énergie provenant des réactions d'oxydoréduction d'une chaîne de transport d'électrons organisée dans l'espace; ces réactions sont suivies d'une chimiosmose.)

RÉPONSES DU CHAPITRE 

Questions des figures

Figure 9.7 Comme cette réaction ne dispose pas d'une source d'énergie externe, elle doit être exergonique et les réactifs doivent avoir une énergie potentielle supérieure à celle des produits. **Figure 9.9** Le retrait du phosphodihydroxyacétone stopperait probablement la glycolyse, ou du moins la ralentirait, puisqu'il pousserait l'équilibre de l'étape 5 vers la gauche. S'il y avait moins de 3-phosphoglycéraldéhyde (PGAL) disponible (ou s'il n'y en avait pas), l'étape 6 se déroulerait plus lentement (ou ne se produirait pas). **Figure 9.15** Au début, de l'ATP pourrait être produite, puisque le transport des électrons pourrait continuer jusqu'au complexe III et qu'il pourrait s'établir un faible gradient de H^+. Très rapidement, néanmoins, la situation serait telle qu'aucun électron ne pourrait plus parvenir au complexe III parce que celui-ci serait incapable de se réoxyder en passant ses électrons au complexe IV. **Figure 9.16** Premièrement, on compte 2 NADH résultant de l'oxydation du pyruvate, plus 6 NADH provenant du cycle de l'acide citrique (CAC), d'où 8 NADH $\times$ 2,5 ATP/NADH, soit 20 ATP. Deuxièmement, on ajoute 2 $FADH_2$ provenant du CAC, ce qui donne 2 $FADH_2 \times$ 1,5 ATP/$FADH_2$, soit 3 ATP. Troisièmement, les 2 NADH résultant de la glycolyse entrent dans la mitochondrie en empruntant deux types de navette. Ils passent leurs électrons soit aux 2 FAD, qui deviennent $FADH_2$ et donnent 3 ATP, soit aux 2 NAD^+, qui se transforment en NADH + H^+ et donnent 5 ATP. Par conséquent, 20 + 3 + 3 = 26 ATP, ou 20 + 3 + 5 = 28 ATP à partir de l'ensemble des NADH et des $FADH_2$.

Retour sur le concept 9.1

1. Les deux processus reposent sur la glycolyse, le cycle de l'acide citrique et la phosphorylation oxydative. Dans la respiration aérobie, le dernier accepteur d'électrons est le dioxygène (O_2); dans la respiration anaérobie, le dernier accepteur d'électrons est une autre substance. **2.** Le $C_4H_6O_5$ est oxydé et le NAD^+ est réduit.

Retour sur le concept 9.2

1. Le NAD^+ sert d'agent oxydant à l'étape 6; il accepte les électrons du 3-phosphoglycéraldéhyde (PGAL), qui est donc l'agent réducteur. **2.** Comme l'ensemble du processus de la glycolyse a pour résultat net une production d'ATP, il serait logique que le processus ralentisse lorsque le niveau de l'ATP augmente de manière importante. On peut donc s'attendre à ce que l'ATP entraîne une inhibition allostérique de la phosphofructokinase.

Retour sur le concept 9.3

1. Le NADH et la $FADH_2$; ils céderont des électrons à la chaîne de transport d'électrons. **2.** Le CO_2 est extrait du pyruvate, le produit terminal de la glycolyse, et il est aussi engendré par le cycle de l'acide citrique. **3.** Dans les deux cas, la molécule du précurseur a perdu une molécule de CO_2, puis a donné des électrons à un transporteur d'électrons à l'étape de l'oxydation. De plus, dans les deux cas, le produit a été activé par liaison à une CoA.

Retour sur le concept 9.4

1. La phosphorylation oxydative cesserait complètement et, du même coup, la production d'ATP. Sans oxygène pour « faire descendre » les électrons le long de la chaîne de transport, les ions H^+ ne sont pas pompés dans l'espace intermembranaire des mitochondries et il n'y a pas de chimiosmose. **2.** Étant donné que l'addition d'ions H^+ (diminution du pH) établirait un gradient même si la chaîne de transport d'électrons ne fonctionnait pas, on peut prévoir que l'ATP synthase fonctionnerait et synthétiserait de l'ATP. (En fait, ce sont des expériences comme celle-ci qui ont permis aux scientifiques de confirmer que la chimiosmose était un mécanisme de couplage de l'énergie.) **3.** L'un des composants de la chaîne de transport d'électrons, l'ubiquinone (Q), doit pouvoir diffuser dans la membrane, ce qui serait impossible si la membrane était rigide et immobile.

Retour sur le concept 9.5

1. Durant la fermentation alcoolique, le dernier accepteur est un dérivé du pyruvate, soit l'acétaldéhyde ; durant la fermentation lactique, c'est le pyruvate lui-même qui agit comme dernier accepteur d'électrons ; durant la respiration aérobie, le dernier accepteur est le dioxygène. **2.** La cellule devra consommer du glucose à une vitesse 16 fois plus élevée environ que dans un milieu aérobie (la fermentation produit 2 ATP, comparativement à 32 dans la respiration cellulaire).

Retour sur le concept 9.6

1. Le lipide est beaucoup plus réduit ; il possède de nombreuses unités (CH_2) et dans les liaisons C–H les électrons sont également partagés. Les électrons présents dans une molécule de glucide sont déjà quelque peu oxydés (les électrons sont inégalement partagés), étant donné que certains d'entre eux sont liés à l'oxygène. **2.** Lorsque notre consommation d'aliments dépasse nos besoins métaboliques, notre organisme synthétise des lipides pour constituer des réserves. **3.** Le glycogène est un polysaccharide stocké dans les cellules hépatiques et musculaires. Lorsque l'organisme a besoin d'énergie, des unités de glucose sont libérées par hydrolyse du glycogène. La glycolyse qui se déroule dans le cytosol dégrade le glucose en deux molécules de pyruvate, qui sont transportées dans la mitochondrie, où elles sont encore oxydées et finissent par produire l'ATP requise. **4.** L'AMP s'accumulera. Cette accumulation stimulera la phosphofructokinase, ce qui augmentera la vitesse de la glycolyse. Comme il n'y a pas d'oxygène, la cellule convertira le pyruvate en lactate au cours de la fermentation lactique, ce qui produira de l'ATP. **5.** En présence d'oxygène, les chaînes d'acides gras qui recèlent la majeure partie de l'énergie d'un lipide sont oxydées et alimentent le cycle de l'acide citrique et la chaîne de transport d'électrons. Cependant, lors d'un exercice *intense*, l'oxygène se raréfie dans les cellules musculaires, de sorte que l'ATP doit être générée par la seule glycolyse. Or, seule une très petite partie de la molécule lipidique, l'« épine dorsale » du glycérol, peut être oxydée par la glycolyse. Il s'ensuit que la quantité d'énergie ainsi libérée est infime, par comparaison à celle que libèrent les chaînes d'acide gras (ainsi, l'exercice *modéré* – en deçà de 70 % de la fréquence cardiaque maximale – brûle davantage de graisse que l'exercice *intense*, parce que les muscles disposent de suffisamment d'oxygène.)

Questions du résumé des concepts clés

9.1 La majeure partie de l'ATP produite dans la respiration cellulaire vient de la phosphorylation oxydative, dans laquelle l'énergie libérée par des réactions d'oxydoréduction dans une chaîne de transport d'électrons sert à produire de l'ATP. Dans la phosphorylation au niveau du substrat, une enzyme transfère directement à l'ADP un groupement phosphate d'un substrat intermédiaire. Toute production d'ATP par glycolyse se fait par phosphorylation au niveau du substrat ; cette forme de production d'ATP a aussi lieu lors d'une étape du cycle de l'acide citrique (voir l'étape 5 de la figure 9.12). **9.2** L'oxydation du sucre à trois atomes de carbone, le 3-phosphoglycéraldéhyde (PGAL), produit de l'énergie. Dans cette oxydation, électrons et H^+ sont transférés au NAD^+ ; il se forme du NADH + H^+ et un groupement phosphate est attaché au substrat oxydé. L'ATP est ensuite formée par phosphorylation au niveau du substrat lorsque le groupement phosphate est transféré à l'ADP. **9.3** La libération de six molécules de CO_2 indique une oxydation complète du glucose. Au cours du processus de conversion des deux pyruvates en acétyl-CoA, le groupement carboxyle ($-COO^-$) pleinement oxydé est libéré sous forme de CO_2. Les quatre carbones restants seront libérés sous forme de CO_2 dans le cycle de l'acide citrique à mesure que le citrate est oxydé et reconverti en oxaloacétate. **9.4** Le flux de H^+ dans le complexe de l'ATP synthase entraîne la rotation du rotor et de la tige (arbre) qui y est attachée, exposant les sites catalytiques dans la « tête » qui produit de l'ATP à partir de l'ADP et du phosphate inorganique P_i. On trouve l'ATP synthase dans la membrane mitochondriale interne, dans la membrane plasmique des Procaryotes et dans les membranes des chloroplastes. **9.5** La respiration anaérobie produit davantage d'ATP. Les 2 ATP produites par phosphorylation au niveau du substrat durant la glycolyse correspondent à l'énergie totale de la fermentation. Les NADH + H^+ transfèrent leurs électrons hautement énergétiques au pyruvate ou à un dérivé du pyruvate, ce qui recycle les NAD^+ et permet à la glycolyse de se poursuivre. De son côté, la respiration anaérobie utilise une chaîne de transport d'électrons pour capter l'énergie des électrons dans le NADH + H^+ par une série de réactions d'oxydoréduction ; au bout de la chaîne, les électrons sont transférés à une molécule électronégative autre que l'oxygène. De plus, des molécules de NADH sont produites par la respiration anaérobie à mesure que le pyruvate est oxydé. **9.6** L'ATP produite par les voies cataboliques sert à faire fonctionner les voies anaboliques. En outre, de nombreux intermédiaires de la glycolyse et du cycle de l'acide citrique sont utilisés dans la biosynthèse des molécules de la cellule ;

ÉVALUATION

1. d ; **2.** c ; **3.** c ; **4.** a ; **5.** e ; **6.** a ; **7.** b.

8.

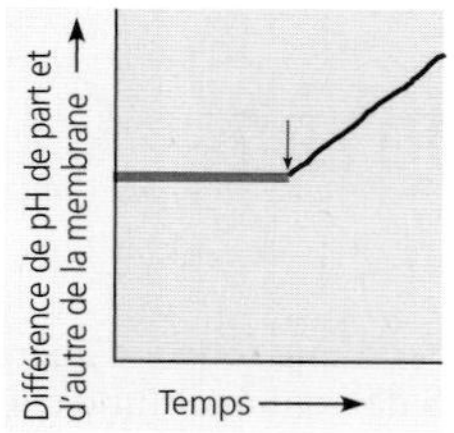

Différence de pH de part et d'autre de la membrane →

Temps →

10

La photosynthèse

▲ **Figure 10.1 Comment la lumière du Soleil, matérialisée par ce spectre de couleurs d'un arc-en-ciel, permet-elle la synthèse des substances organiques ?**

CONCEPTS CLÉS

10.1 La photosynthèse convertit l'énergie lumineuse en énergie chimique

10.2 L'énergie chimique de l'ATP et du NADPH + H^+ provient de l'énergie solaire transformée par les réactions photochimiques

10.3 Le cycle de Calvin convertit le CO_2 en glucides à l'aide de l'énergie chimique de l'ATP et du NADPH + H^+

10.4 Les climats chauds et arides ont favorisé l'apparition de nouveaux modes de fixation du carbone

INTRODUCTION

Le processus qui alimente la biosphère

La vie sur Terre existe grâce à l'énergie solaire. Les chloroplastes des Végétaux captent l'énergie lumineuse qui a parcouru les 150 millions de kilomètres environ qui nous séparent du Soleil. Ensuite, ils la convertissent en énergie chimique, et ils l'emmagasinent dans des glucides et dans d'autres molécules organiques. Ce processus s'appelle **photosynthèse**. Pour commencer ce chapitre, situons la photosynthèse dans le contexte de l'écologie.

La photosynthèse nourrit presque tous les êtres vivants, directement ou indirectement. Un organisme se procure les composés organiques nécessaires à la production de l'ATP et des chaînes carbonées soit par autotrophie, soit par hétérotrophie. Les **autotrophes** ne sont autosuffisants que dans la mesure où ils ne doivent manger ni les autres organismes ni les substances qui en sont dérivées. Ils élaborent leurs molécules organiques à partir du dioxyde de carbone et d'autres matières premières inorganiques tirées de leur milieu. Pour les organismes hétérotrophes, par contre, ce sont les autotrophes qui représentent l'ultime source de matière organique. C'est pourquoi les biologistes désignent les autotrophes comme les *producteurs* de la biosphère (l'ensemble des écosystèmes) et les hétérotrophes, comme les *consommateurs*.

Presque tous les Végétaux sont autotrophes : les seuls « nutriments » dont ils ont besoin sont le dioxyde de carbone de l'air ainsi que l'eau et les minéraux du sol. Plus précisément, ils sont **photoautotrophes**, c'est-à-dire qu'ils utilisent la lumière comme source d'énergie pour synthétiser les matières organiques (**figure 10.1**). La photosynthèse s'observe aussi chez les Algues et certains autres Protistes, ainsi que chez quelques Bactéries (**figure 10.2**, à la page suivante). Dans le présent chapitre, nous mentionnerons ces groupes en passant, mais nous nous intéresserons surtout à la photosynthèse chez les Végétaux. (Nous traiterons des particularités de l'autotrophie chez les Algues et les Procaryotes aux chapitres 27 et 28.)

Incapables de produire eux-mêmes leur nourriture, les **hétérotrophes** se nourrissent de composés synthétisés par d'autres organismes (le préfixe grec *heteros* signifie « autre »). Ce sont les *consommateurs* de la biosphère. Les Animaux représentent l'exemple le plus manifeste de ce type de nutrition, puisqu'ils consomment des plantes ou d'autres animaux. Mais la nutrition hétérotrophe peut prendre des formes plus subtiles. Ainsi, certains hétérotrophes ingèrent et décomposent des résidus organiques : les carcasses, les matières fécales, les feuilles mortes, etc. On les appelle décomposeurs. La plupart des Eumycètes et de nombreuses Bactéries font partie de ce groupe. Toujours est-il que presque tous les hétérotrophes, l'humain y compris, ont absolument besoin des photoautotrophes, non seulement pour se nourrir, mais également pour respirer, le dioxygène étant un sous-produit de la photosynthèse.

Les réserves de combustibles fossiles de la Terre sont constituées des restes d'organismes morts il y a des millions d'années. D'une certaine manière, les combustibles fossiles stockent l'énergie solaire d'un lointain passé. Comme nous utilisons ces ressources beaucoup plus rapidement qu'elles ne se renouvellent, les chercheurs explorent des moyens de

(a) Plantes

(b) Algue multicellulaire

(c) Protiste unicellulaire

10 μm
(650 ×)

(d) Cyanobactéries

40 μm
(225 ×)

(e) Bactéries pourpres sulfureuses

1 μm
(7 000 ×)

▲ **Figure 10.2 Les photoautotrophes.** Les organismes photoautotrophes utilisent l'énergie lumineuse pour synthétiser des molécules organiques à partir de dioxyde de carbone et (généralement) d'eau. Ils assurent ainsi leur nutrition et celle de la très grande majorité des êtres vivants. **(a)** Dans le milieu terrestre, les Végétaux sont les principaux producteurs de nourriture. Dans les milieux aquatiques, les photoautotrophes sont : **(b)** des algues multicellulaires, comme cette algue brune ; **(c)** certains protistes unicellulaires non algaux, comme les Euglènes ; **(d)** les Procaryotes appelés Cyanobactéries ; et **(e)** d'autres Procaryotes photosynthétiques, comme ces bactéries pourpres sulfureuses qui produisent du soufre, ce dont témoignent les petites sphères jaunes dans les cellules (c, d et e : MP).

▼ **Figure 10.3**

IMPACT

Combustibles tirés des végétaux et des algues

En guise de complément des combustibles fossiles, voire de leur remplacement, on pourrait recourir à des biocarburants obtenus à partir de céréales comme le maïs, le soya et le manioc. L'amidon que produisent naturellement ces végétaux est converti en glucose, puis fermenté par des microorganismes pour donner du « bioéthanol ». Il est également possible d'obtenir du biodiésel en transformant des huiles végétales par des procédés chimiques simples. Le bioéthanol et le biodiesel peuvent être mélangés à de l'essence ou utilisés seuls pour faire fonctionner les véhicules. Certaines espèces d'algues unicellulaires sont des productrices d'huiles particulièrement généreuses ; elles se cultivent facilement dans des contenants comme les sacs de plastique tubulaires qu'on voit ci-dessous.

POURQUOI C'EST IMPORTANT La vitesse à laquelle nous utilisons les combustibles fossiles est infiniment plus élevée que la vitesse à laquelle ils se forment dans la croûte terrestre. Les combustibles fossiles sont une source d'énergie non renouvelable. Miser sur l'énergie solaire en utilisant les produits de la photosynthèse pour générer de l'énergie est une solution de rechange durable si l'on met au point des techniques rentables. On s'entend généralement sur le fait que la culture des algues à cette fin est préférable à celle des céréales parce que cet usage des terres fertiles diminue les réserves alimentaires et fait grimper le prix des aliments.

POUR EN SAVOIR PLUS Rouler vert avec du biocarburant extrait des algues, *Dimensions* 4, Conseil national de recherche du Canada (2010) ; http ://www.nrc-cnrc.gc.ca/fra/dimensions/numero4/algues.html

O. Bernard, Les carburants extraits de micro-algues, *Pour la Science* 375 : 18-19 (2009) ; A. Regalado, De l'énergie issue de feuilles artificielles, *Pour la Science* 405 : 36-39 (2011).

ET SI ? Le principal produit de la combustion d'un combustible fossile est le CO_2 ; on attribue cette combustion à l'augmentation de la concentration de CO_2 dans l'atmosphère. Les scientifiques ont proposé de placer des contenants remplis de ces algues à des endroits stratégiques, près des usines comme ci-dessus ou près des voies urbaines les plus congestionnées. Cette proposition vous semble-t-elle judicieuse ? Pourquoi ?

domestiquer le processus photosynthétique pour obtenir d'autres types de combustibles (**figure 10.3**).

Le présent chapitre traite du mécanisme de la photosynthèse. Pour commencer, nous en examinerons les principes généraux. Ensuite, nous étudierons les deux étapes de la photosynthèse : les réactions photochimiques, lors desquelles l'énergie solaire est captée et transformée en énergie chimique; et le cycle de Calvin, au cours duquel l'énergie chimique est utilisée pour fabriquer des molécules organiques. Pour terminer, nous examinerons la photosynthèse du point de vue de l'évolution. Notez que, dans ce chapitre, nous n'aborderons l'action de la lumière solaire sur les plantes qu'au regard de son rôle dans la photosynthèse. Le photopériodisme, une autre fonction importante de la lumière dans la vie des plantes, est abordé au chapitre 39.

CONCEPT **10.1**

La photosynthèse convertit l'énergie lumineuse en énergie chimique

L'organisation structurelle de la cellule est à l'origine de la formidable capacité d'un organisme à capter l'énergie lumineuse et à l'utiliser pour synthétiser des composés organiques. En effet, les enzymes et les autres molécules photosynthétiques sont regroupées dans une membrane biologique, ce qui permet à la série de réactions chimiques requises de se dérouler efficacement. Le processus de la photosynthèse a probablement pris naissance dans un groupe de Bactéries dont les replis de la membrane plasmique abritent des amas de ces molécules. Chez ces bactéries photosynthétiques, les membranes photosynthétiques plissées fonctionnent comme les membranes internes du chloroplaste, un organite typique des Eucaryotes. Selon la théorie de l'endosymbiose (dont il a été question au chapitre 6 et que nous décrirons plus en détail au chapitre 25), le chloroplaste était à l'origine un procaryote photosynthétique qui vivait à l'intérieur d'une cellule eucaryote ancestrale. Divers groupes d'organismes capables de photosynthèse contiennent des chloroplastes (voir la figure 10.2), mais nous nous en tiendrons ici aux Végétaux.

Les chloroplastes: les sites de la photosynthèse chez les Végétaux

Toutes les parties vertes d'une plante, y compris les tiges vertes et les fruits qui ne sont pas mûrs, contiennent des chloroplastes, mais chez la plupart des plantes les feuilles sont les principaux sites de la photosynthèse (**figure 10.4**): on compte environ un demi-million de chloroplastes par millimètre carré de feuille. Les chloroplastes abondent tout particulièrement dans le **mésophylle**, le tissu interne de la feuille. Des pores microscopiques appelés **stomates** (du mot grec *stroma*, qui signifie «bouche») permettent au dioxyde de carbone d'entrer dans la feuille et à l'oxygène d'en sortir. L'eau absorbée par les racines, elle, se rend aux feuilles en passant par les tissus conducteurs regroupés dans les nervures. Ces tissus servent également à transporter le sucre des feuilles jusqu'aux racines et aux autres parties non photosynthétiques de la plante.

Les cellules du mésophylle contiennent en général de 30 à 40 chloroplastes mesurant de 4 à 7 µm de longueur et de

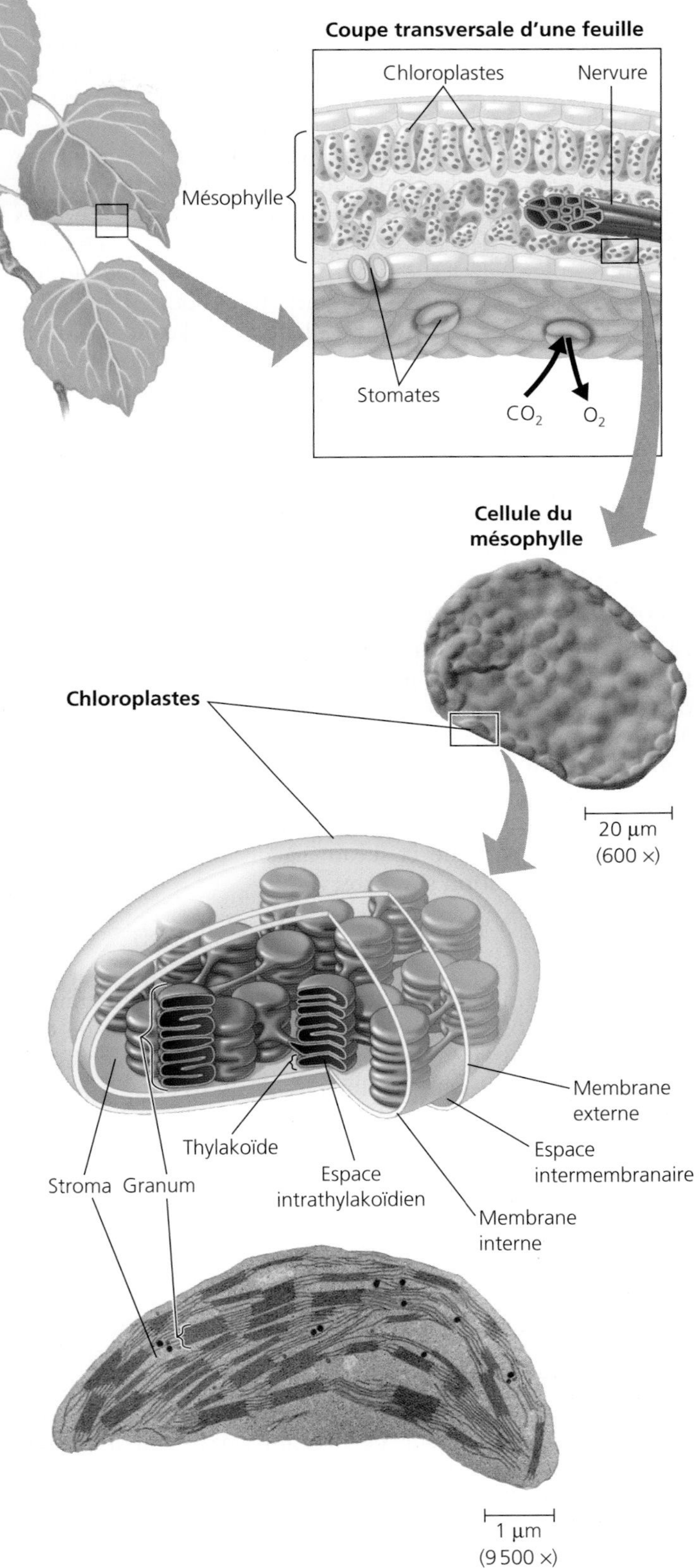

▲ **Figure 10.4 Le site de la photosynthèse dans une plante.** Les feuilles sont les principaux organes de la photosynthèse chez les Végétaux. Ces illustrations montrent des agrandissements successifs, allant de la feuille à la cellule, puis à un chloroplaste, site de la photosynthèse (au milieu: MP; en bas: MET).

2 à 4 μm d'épaisseur. L'enveloppe extérieure de ces organites se compose de deux membranes entourant un liquide dense, le **stroma**, qui renferme des molécules d'ADN circulaires, des ribosomes et un système membraneux constitué de sacs aplatis communicants, les **thylakoïdes**. La membrane de chaque thylakoïde délimite un compartiment appelé *espace intrathylakoïdien*, ce qualificatif signifiant «à l'intérieur du thylakoïde». Ici et là, les thylakoïdes forment des empilements denses appelés grana (granum au singulier). Les membranes des thylakoïdes des chloroplastes renferment la **chlorophylle**, ce pigment vert qui donne leur couleur aux feuilles. (Les membranes internes photosynthétiques de certains organismes procaryotes s'appellent également thylakoïdes; voir la figure 27.7b, p. 646.) C'est l'énergie lumineuse absorbée par la chlorophylle qui alimente la synthèse des molécules organiques dans le chloroplaste. Puisque nous avons vu où se situent les sites de la photosynthèse chez les Végétaux, nous sommes prêts à examiner le processus même de la photosynthèse.

Le parcours des atomes pendant la photosynthèse: *recherche scientifique*

Durant des siècles, les scientifiques ont cherché à comprendre le processus par lequel les Végétaux fabriquent la matière organique. Bien que certaines étapes de la photosynthèse échappent encore aux explications de la science, on connaît depuis le début du 19e siècle l'équation générale de la photosynthèse: en présence de lumière, les parties vertes des plantes produisent des molécules organiques et du dioxygène à partir de dioxyde de carbone et d'eau. La photosynthèse peut se résumer par l'équation suivante:

$$6\ CO_2 + 12\ H_2O + \underset{\text{lumineuse}}{\text{Énergie}} \rightarrow C_6H_{12}O_6 + 6\ O_2 + 6\ H_2O$$

La formule $C_6H_{12}O_6$ est celle du glucose, mais le résultat immédiat de la photosynthèse est un sucre à trois atomes de carbone, lequel peut être utilisé pour synthétiser du glucose (ici, on prend le glucose pour simplifier les relations entre la photosynthèse et la respiration cellulaire aérobie). On trouve de l'eau des deux côtés de l'équation parce que la photosynthèse consomme 12 moles d'eau et en produit 6. Simplifions l'équation en nous en tenant à la consommation nette d'eau:

$$6\ CO_2 + 6\ H_2O + \text{Énergie lumineuse} \rightarrow C_6H_{12}O_6 + 6\ O_2$$

Cette équation simplifiée révèle que le changement chimique réalisé pendant la photosynthèse est l'inverse de celui qui a lieu pendant la respiration cellulaire aérobie. La cellule végétale est le siège de ces deux processus métaboliques. Toutefois, nous verrons bientôt que la synthèse des sucres par les chloroplastes ne se résume pas à une inversion des étapes de la respiration cellulaire aérobie.

Écrivons maintenant l'équation sous sa forme la plus simple:

$$CO_2 + H_2O \rightarrow [CH_2O] + O_2$$

Ici, les crochets indiquent que CH_2O ne désigne pas un glucide en particulier, et qu'il s'agit plutôt de la formule générale des glucides. Cette équation réduite à sa plus simple expression est celle de la synthèse d'une molécule de glucose lorsqu'on prend un carbone à la fois. Théoriquement, si on la répète six fois, on obtient une molécule de glucose complète. Cette formule simplifiée nous aidera à voir comment les chercheurs ont suivi le trajet des éléments chimiques de la photosynthèse (C, H et O), des réactifs jusqu'aux produits.

La scission de la molécule d'eau

Le mécanisme de la photosynthèse a commencé à livrer ses secrets lorsque les scientifiques ont découvert que le dioxygène libéré par les stomates des Végétaux dérive de l'eau et non du dioxyde de carbone. En effet, les chloroplastes scindent les molécules d'eau en protons (H^+) et en oxygène. Avant cette découverte, l'hypothèse la plus répandue voulait que la photosynthèse scinde la molécule de dioxyde de carbone ($CO_2 \rightarrow C + O_2$), puis ajoute de l'eau au carbone ($C + H_2O \rightarrow [CH_2O]$); on pensait donc que le dioxygène libéré provenait du dioxyde de carbone. Dans les années 1930, C. B. Van Niel, de la Stanford University, a remis en question ce modèle en étudiant la photosynthèse chez certaines bactéries qui produisent leurs glucides à partir de dioxyde de carbone, sans libération de dioxygène. Il a avancé que ces organismes, à tout le moins, ne scindent pas la molécule de dioxyde de carbone en carbone et en dioxygène. Sa démonstration repose sur des observations effectuées sur des bactéries qui utilisent du sulfure de dihydrogène (H_2S) à la place de l'eau et qui rejettent du soufre sous forme de petites sphères jaunes (comme le montre la figure 10.2e), selon l'équation suivante:

$$CO_2 + 2\ H_2S \rightarrow [CH_2O] + H_2O + 2\ S$$

Van Niel en a déduit que les bactéries scindent le sulfure de dihydrogène et forment un glucide à partir du dihydrogène. Il a conclu que tous les organismes photosynthétiques ont besoin d'une source d'hydrogène jouant le rôle de réducteur, mais que cette source varie:

Bactéries sulfureuses:	$CO_2 + 2\ H_2S \rightarrow [CH_2O] + H_2O + 2\ S$
Plantes:	$CO_2 + 2\ H_2O \rightarrow [CH_2O] + H_2O + O_2$
En général:	$CO_2 + 2\ H_2X \rightarrow [CH_2O] + H_2O + 2\ X$

Sur sa lancée, Van Niel a supposé que les Végétaux scindent les molécules d'eau pour se procurer du dihydrogène, ce qui les amène à rejeter de l'oxygène, et donc que la photosynthèse peut être *oxygénique*, comme chez les plantes, ou *non oxygénique*, comme chez les bactéries sulfureuses.

Près de 20 ans plus tard, des scientifiques ont confirmé l'hypothèse de Van Niel. Ils ont commencé par fournir à des plantes de l'eau marquée à l'oxygène 18 (^{18}O), un isotope lourd qui permettrait de suivre le cheminement des atomes d'oxygène durant la photosynthèse; le dioxyde de carbone fourni, lui, était non marqué (expérience 1). Les plantes ont émis du dioxygène 18, qui ne pouvait provenir que de l'eau marquée. Dans un deuxième temps, ils ont fourni aux plantes de l'eau naturelle ($H_2{}^{16}O$) et du dioxyde de carbone marqué ($C^{18}O_2$). Cette fois, elles ont libéré du dioxygène non marqué (^{16}O) (expérience 2). Dans les équations suivantes, les atomes d'oxygène marqués (^{18}O) apparaissent en rouge:

$$\text{Expérience 1: } CO_2 + 2\ H_2O \rightarrow [CH_2O] + H_2O + O_2$$

$$\text{Expérience 2: } CO_2 + 2\ H_2O \rightarrow [CH_2O] + H_2O + O_2$$

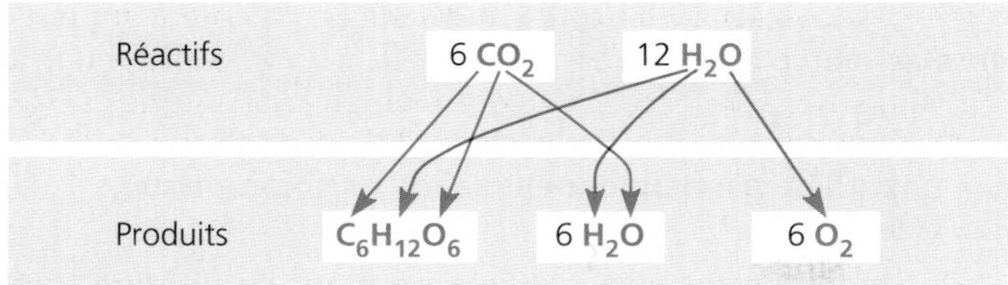

▲ **Figure 10.5 La localisation des atomes de réactifs dans les produits de la photosynthèse.** Les atomes du CO_2 sont en rouge et les atomes de H_2O, en bleu.

Un des principaux résultats du brassage d'atomes réalisé pendant la photosynthèse est l'extraction du dihydrogène de l'eau et son incorporation au glucide. Le résidu de la photosynthèse, soit le dioxygène, est libéré dans l'atmosphère. La **figure 10.5** illustre le trajet de tous les atomes pendant la photosynthèse.

Photosynthèse et oxydoréduction

Comparons brièvement la photosynthèse avec la respiration cellulaire aérobie. Les deux processus comportent des réactions d'oxydoréduction. Pendant la respiration cellulaire, l'énergie est libérée du glucose quand les transporteurs acheminent vers le dioxygène les électrons associés à l'hydrogène. Cela libère de l'eau comme sous-produit. Les électrons perdent de l'énergie potentielle à mesure que le dioxygène électronégatif les attire vers le bas de la chaîne de transport et les mitochondries utilisent cette énergie pour synthétiser de l'ATP (voir la figure 9.15, p. 196). La photosynthèse inverse le flux d'électrons, c'est-à-dire qu'elle puise ses électrons dans l'eau et, à l'aide de la lumière, leur redonne une grande énergie potentielle. La molécule d'eau se scinde et les électrons sont transférés, de même que les protons, de l'eau au dioxyde de carbone, ce qui réduit ce dernier en glucide.

$$\text{Énergie} + 6\,CO_2 + 6\,H_2O \longrightarrow C_6H_{12}O_6 + 6\,O_2$$

(Est réduit : $CO_2 \rightarrow C_6H_{12}O_6$; Est oxydé : $H_2O \rightarrow O_2$)

Comme les électrons doivent gagner de l'énergie potentielle en passant de l'eau au glucide, ce processus est endergonique: il nécessite un apport d'énergie, qui vient de la lumière.

Les deux étapes de la photosynthèse: *aperçu*

L'équation de la photosynthèse, en apparence assez simple, représente un processus fort complexe. Les travaux du physiologiste anglais F. F. Blackman, effectués en 1905, ont révélé que la photosynthèse était influencée par la température autant que par la lumière. On sait à présent que celle-ci comprend deux phases, elles-mêmes divisées en de nombreuses étapes. Les deux phases sont les **réactions photochimiques** et le **cycle de Calvin**, aussi nommé phase de la fixation du carbone (**figure 10.6**).

Les réactions photochimiques incluent les étapes de la photosynthèse qui conduisent à la conversion de l'énergie solaire en énergie chimique. La molécule d'eau est scindée; elle devient une source d'électrons et de protons et rejette du

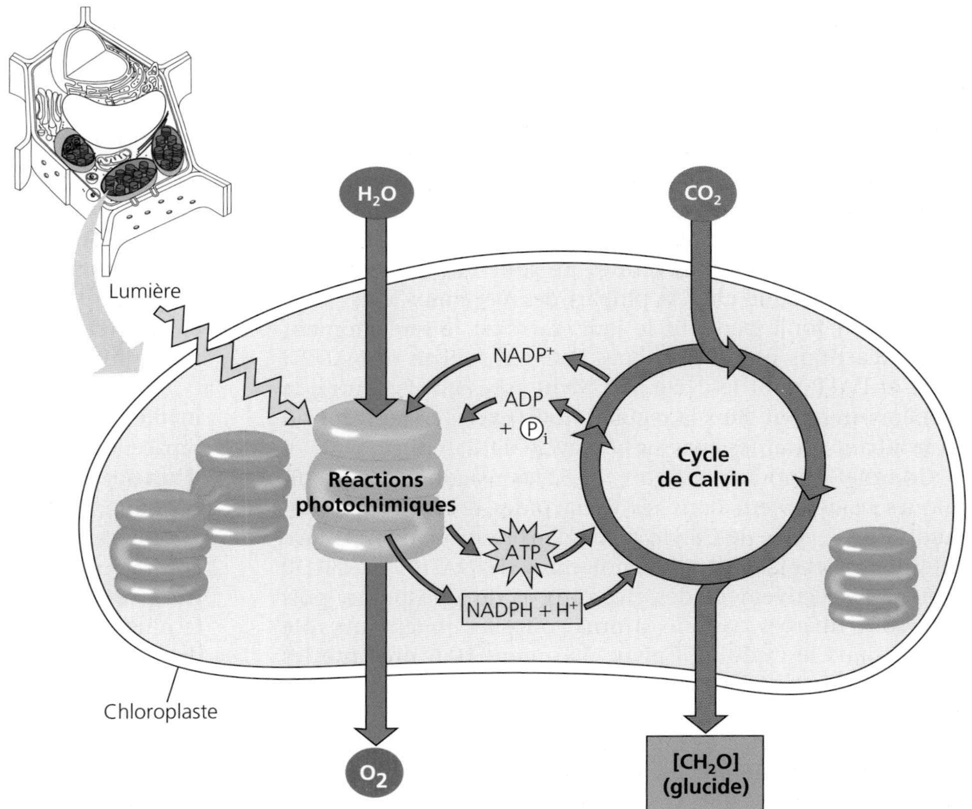

► **Figure 10.6 Vue d'ensemble de la photosynthèse: intégration des réactions photochimiques et des réactions du cycle de Calvin.** Les réactions photochimiques se déroulent dans la membrane des thylakoïdes, formant les grana, tandis que le cycle de Calvin a lieu dans le stroma. Les réactions photochimiques utilisent l'énergie solaire pour produire de l'ATP et du NADPH + H^+, qui servent respectivement de source d'énergie chimique et de potentiel réducteur dans le cycle de Calvin. Au cours de celui-ci, le dioxyde de carbone sert à produire des molécules organiques qui seront ultérieurement transformées en glucides. (Souvenez-vous que la formule de la majorité des sucres simples est un multiple de [CH_2O].)

dioxygène. La lumière absorbée par la chlorophylle déclenche le transfert des électrons et des protons de l'eau vers un accepteur appelé **NADP$^+$** (nicotinamide adénine dinucléotide phosphate), qui les stocke temporairement. Cet accepteur d'électrons des réactions photochimiques, le NADP$^+$, est apparenté au NAD$^+$, un transporteur d'électrons de la respiration cellulaire. En fait, la molécule de NADP$^+$ ne se distingue de la molécule de NAD$^+$ que par un groupement phosphate supplémentaire. En bref, les réactions photochimiques utilisent l'énergie solaire pour réduire le NADP$^+$ en NADPH + H$^+$ en lui ajoutant une paire d'électrons et deux protons (H$^+$). De plus, elles produisent de l'ATP par **photophosphorylation**, un processus utilisant la chimiosmose pour permettre l'ajout d'un groupement phosphate à l'ADP. Par conséquent, la conversion initiale de l'énergie lumineuse en énergie chimique donne deux composés : le NADPH + H$^+$, une source d'électrons riches en énergie (le potentiel réducteur) qui peuvent être transférés à un accepteur d'électrons, et l'ATP, la devise énergétique des cellules. Soulignons que le glucide n'est produit qu'au cours de la deuxième phase de la photosynthèse, le cycle de Calvin.

Le cycle de Calvin a été décrit par Melvin Calvin et ses collègues (A. Benson et J. Bassham) à la fin des années 1940 (ce chimiste américain et ses collaborateurs ont reçu en 1961 le prix Nobel pour leurs travaux). Ce cycle commence par l'incorporation de dioxyde de carbone atmosphérique dans les molécules organiques présentes dans le chloroplaste. On appelle cette étape **fixation du carbone**. Le carbone fixé est ensuite réduit en glucide par l'ajout d'électrons. Le potentiel réducteur provient du NADPH + H$^+$, qui a acquis des électrons hautement énergétiques pendant les réactions photochimiques. Pour que le dioxyde de carbone soit converti en glucide, le cycle de Calvin a aussi besoin d'énergie chimique sous forme d'ATP. Celle-ci provient également des réactions photochimiques. Bref, c'est le cycle de Calvin qui élabore le glucide, mais seulement avec l'aide du NADPH + H$^+$ et de l'ATP produits au cours des réactions photochimiques. Le chloroplaste produit des glucides à l'aide de l'énergie lumineuse en coordonnant les deux phases de la photosynthèse. Les étapes métaboliques du cycle de Calvin sont parfois appelées phase obscure (ou sombre), car aucune ne nécessite *directement* de la lumière. Ces termes ne sont toutefois pas très appropriés, puisque chez la plupart des Végétaux le cycle de Calvin se déroule pendant le jour, car c'est le seul moment où les réactions photochimiques peuvent fournir le NADPH + H$^+$ et l'ATP dont le cycle de Calvin a besoin. En outre, la lumière intervient dans la régulation du cycle, en activant ou en inhibant certaines enzymes du cycle de Calvin.

Comme le montre la figure 10.6, les réactions photochimiques se déroulent dans les thylakoïdes des chloroplastes, tandis que le cycle de Calvin a lieu dans le stroma. Sur la face externe des thylakoïdes, les molécules de NADP$^+$ et d'ADP captent respectivement des électrons et du phosphate, puis elles sont libérées dans le stroma, où elles jouent un rôle crucial dans le cycle de Calvin. La figure 10.6 présente les deux phases de la photosynthèse comme des engrenages métaboliques qui captent des réactifs et libèrent des produits. Dans les deux sections suivantes, nous décrirons ces deux phases en détail, en commençant par les réactions photochimiques.

RETOUR SUR LE CONCEPT **10.1**

1. Comment les molécules de réactifs de la photosynthèse parviennent-elles dans les chloroplastes des feuilles ?
2. Comment une expérience comportant l'utilisation d'un isotope d'oxygène a-t-elle permis d'élucider la chimie de la photosynthèse ?
3. ET SI ? Le cycle de Calvin requiert de l'ATP et du NADPH + H$^+$, des produits issus des réactions photochimiques. Si quelqu'un soutenait devant vous que ces réactions photochimiques ne dépendent pas du cycle de Calvin et que, si la lumière était continue, elles pourraient poursuivre leur production d'ATP et de NADPH + H$^+$, que lui répondriez-vous ?

Voir les réponses proposées à la fin du chapitre.

CONCEPT **10.2**

L'énergie chimique de l'ATP et du NADPH + H$^+$ provient de l'énergie solaire transformée par les réactions photochimiques

Les chloroplastes sont des usines chimiques qui fonctionnent à l'énergie solaire. Dans les thylakoïdes, l'énergie lumineuse captée (avec une efficacité supérieure à celle des panneaux solaires) est transformée en énergie chimique de l'ATP et du NADPH + H$^+$. Pour mieux comprendre cette conversion, il faut connaître quelques propriétés importantes de la lumière.

La nature de la lumière solaire

La lumière constitue une forme d'énergie appelée **énergie électromagnétique**, ou rayonnement. Cette énergie se propage en ondes rythmiques semblables à celles qu'un caillou crée en tombant dans une mare. Toutefois, les ondes électromagnétiques sont des perturbations des champs électriques et magnétiques, et non des perturbations d'un milieu matériel comme l'eau.

Toutes les ondes électromagnétiques se déplacent à la même vitesse dans le vide, soit à 300 000 km/s. La distance qui sépare les crêtes de ces ondes, correspondant à la **longueur d'onde**, est cependant variable : elle peut aller de moins de un nanomètre (dans le cas des rayons gamma) à plus de un kilomètre (dans le cas de certaines ondes radio). Considérées comme un tout, on leur donne le nom de **spectre électromagnétique** (**figure 10.7**). Pour les êtres vivants, le segment le plus important de ce spectre correspond à l'étroite bande des longueurs d'onde comprises entre 380 et 750 nm. Ce rayonnement forme la **lumière visible**, que l'œil humain perçoit comme des couleurs.

La lumière se comporte parfois comme une onde, parfois comme un flot de particules possédant de l'énergie ; ces particules sont appelées **photons**. Les photons ne sont pas des

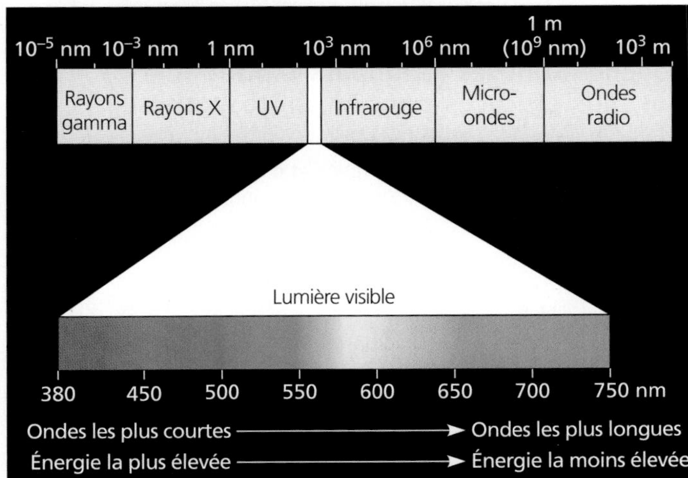

▲ **Figure 10.7 Le spectre électromagnétique.** La lumière blanche est une combinaison de toutes les longueurs d'onde de la lumière visible. Un prisme peut décomposer la lumière blanche en ses couleurs constituantes en déviant la lumière de différentes longueurs d'onde. (Des gouttes d'eau dans l'atmosphère peuvent former un prisme et produire un arc-en-ciel, comme celui qu'on voit à la figure 10.1.) La lumière visible alimente la photosynthèse.

objets tangibles, toutefois ils agissent comme s'ils l'étaient puisque chacun d'entre eux possède une quantité déterminée d'énergie. La quantité d'énergie est inversement proportionnelle à la longueur d'onde de la lumière: plus la longueur d'onde est courte, plus les photons possèdent de l'énergie. Par conséquent, un photon de lumière violette renferme près de deux fois plus d'énergie qu'un photon de lumière rouge.

Le Soleil émet le spectre complet de l'énergie électromagnétique, mais l'atmosphère se comporte comme un filtre: elle laisse passer la lumière visible et bloque une fraction substantielle des autres rayons. La lumière visible correspond justement au rayonnement qui alimente la photosynthèse. Le fait que les longueurs d'onde essentielles pour les vivants sont celles que nous avons mentionnées plus haut s'explique par la constatation suivante: les ondes ayant une longueur inférieure à 380 nm seraient néfastes pour la structure des molécules organiques (comme les acides nucléiques), tandis que les ondes ayant une longueur supérieure à 750 nm seraient absorbées par l'eau, substance abondante chez les vivants.

Les pigments photosynthétiques: des capteurs de lumière

Lorsque la lumière rencontre la matière, celle-ci peut la diffuser ou l'absorber. Les substances qui absorbent la lumière visible chez les organismes photoautotrophes s'appellent **pigments**. Chaque pigment absorbe surtout des longueurs d'onde déterminées de la lumière et les fait ainsi disparaître. Si on illumine un pigment avec de la lumière blanche, la couleur que nos yeux perçoivent (grâce aussi aux pigments présents dans la rétine) est celle que le pigment illuminé diffuse le plus, que ce soit par réflexion ou par transmission. Si un pigment absorbe toutes les longueurs d'onde, il paraît noir. Heureusement, ce n'est pas le cas de la chlorophylle. Et ne serait-il pas désolant, en effet, d'imaginer l'herbe et le feuillage des arbres tout en noir? Les feuilles nous semblent vertes parce que la chlorophylle absorbe, entre autres choses, la lumière rouge et la lumière bleue en même temps qu'elle diffuse la lumière verte (**figure 10.8**). Les algues rouges, au contraire, nous paraissent rouges parce que leurs pigments absorbent surtout la lumière verte. On peut mesurer la capacité d'un pigment à absorber diverses longueurs d'onde en utilisant un **spectrophotomètre**. Cet appareil dirige un faisceau lumineux de plusieurs longueurs d'onde à travers une solution du pigment en question et mesure la proportion de lumière transmise selon chaque longueur d'onde. Le graphique qui représente la capacité d'absorption du pigment en fonction de la longueur d'onde s'appelle **spectre d'absorption** (**figure 10.9**).

Le spectre d'absorption des pigments du chloroplaste montre que différentes longueurs d'onde activent la photosynthèse. Rappelez-vous que la lumière exerce un effet qui dépend de son absorption par cet organite. La **figure 10.10a** montre les spectres d'absorption de trois types de pigments présents dans les chloroplastes: la **chlorophylle *a***, qui participe directement aux réactions photochimiques, la *chlorophylle b*, un pigment accessoire, et une famille de pigments considérés comme secondaires, les *caroténoïdes*. Le spectre de la chlorophylle *a* donne à penser que la lumière bleu-violet et la lumière rouge sont les plus favorables à la photosynthèse chez les plantes, parce qu'elles sont absorbées, tandis que la lumière verte est la moins favorable. Cette observation est confirmée par le **spectre d'action** de la photosynthèse, qui indique l'efficacité des différentes longueurs d'onde de la radiation alimentant le processus (**figure 10.10b**). Pour établir le spectre d'action de la photosynthèse, on illumine des chloroplastes avec de la lumière de différentes couleurs et on porte sur un graphique la mesure du rendement de la photosynthèse – par exemple, la quantité libérée de dioxygène ou la consommation de dioxyde de carbone – en fonction de la

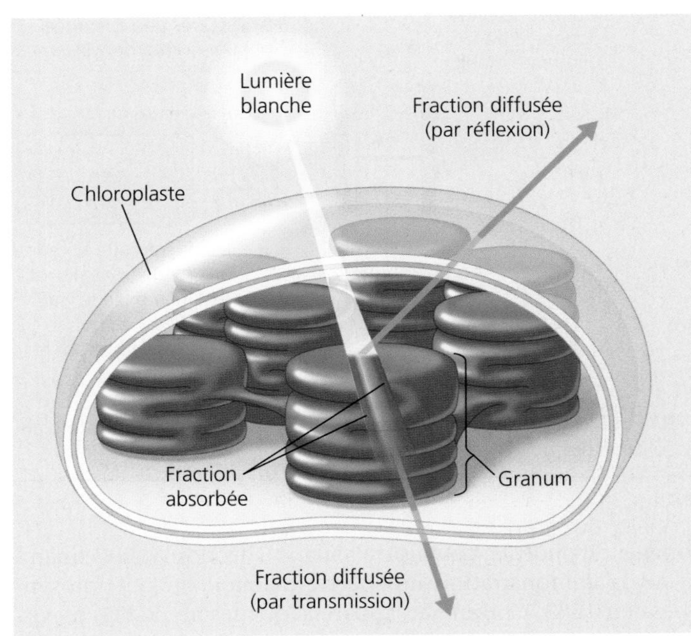

▲ **Figure 10.8 La couleur verte des feuilles: le résultat de l'interaction entre la lumière et les chloroplastes.** Les molécules de chlorophylle des chloroplastes absorbent la lumière bleu-violet et rouge (les couleurs les plus favorables à la photosynthèse), et reflètent ou transmettent la lumière verte, d'où la couleur des feuilles.

▼ **Figure 10.9** MÉTHODE DE RECHERCHE

La détermination d'un spectre d'absorption

APPLICATION Un spectre d'absorption est une représentation visuelle de la façon dont un pigment donné absorbe les différentes longueurs d'onde de la lumière visible. Les spectres d'absorption des divers pigments des chloroplastes aident les scientifiques à cerner le rôle de chaque pigment dans une plante.

TECHNIQUE Un spectrophotomètre mesure les proportions de lumière de différentes longueurs d'onde absorbées et diffusées par une solution d'un pigment donné.

1. Un prisme logé à l'intérieur de l'instrument décompose la lumière blanche en différentes couleurs (longueurs d'onde).
2. On dirige celles-ci une à une à travers la solution (dans ce cas-ci, une solution de chlorophylle). La lumière verte et la lumière bleue sont montrées ici.
3. La lumière transmise par la solution frappe un tube photoélectrique, qui convertit l'énergie lumineuse en électricité.
4. Un ampèremètre mesure l'intensité du courant électrique. L'instrument indique la proportion de lumière transmise par la solution, ce qui permet de déduire la quantité de lumière absorbée.

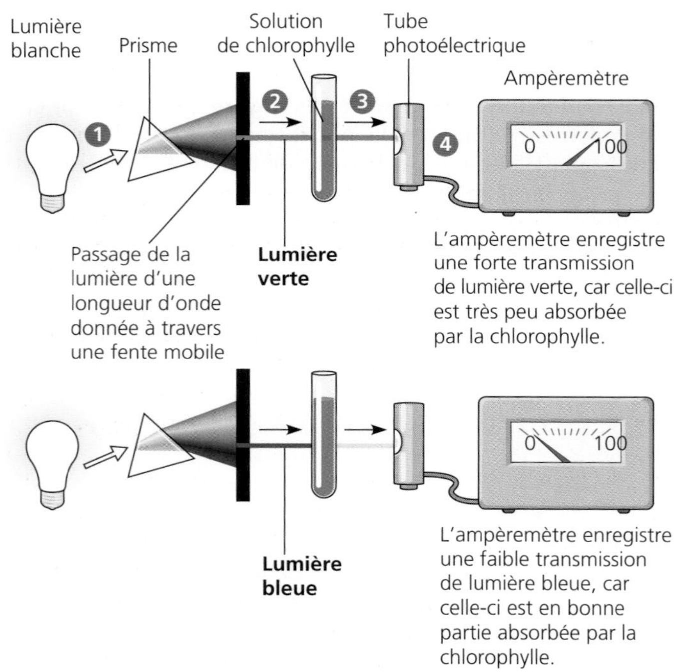

RÉSULTATS Consultez la figure 10.10a pour connaître le spectre d'absorption des trois types de pigments des chloroplastes.

▼ **Figure 10.10** INVESTIGATION

Quelles sont les longueurs d'onde les plus efficaces pour la photosynthèse?

EXPÉRIENCE Les spectres d'absorption et d'action, ainsi que l'expérience désormais classique de Theodor W. Engelmann, révèlent les longueurs d'onde les plus favorables à la photosynthèse.

RÉSULTATS

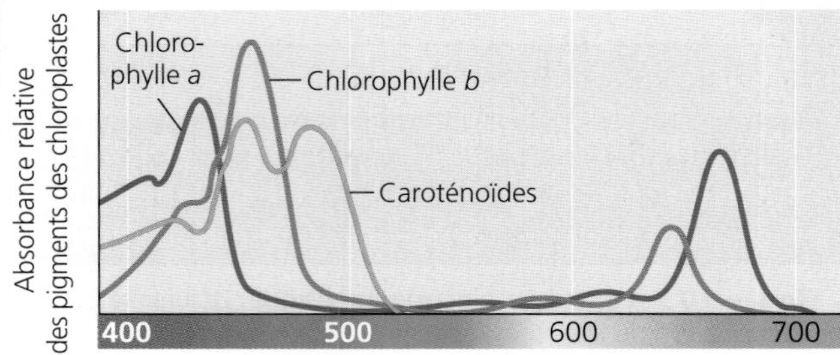

(a) Spectre d'absorption. Les trois courbes correspondent aux longueurs d'onde absorbées par trois types de pigments extraits des chloroplastes.

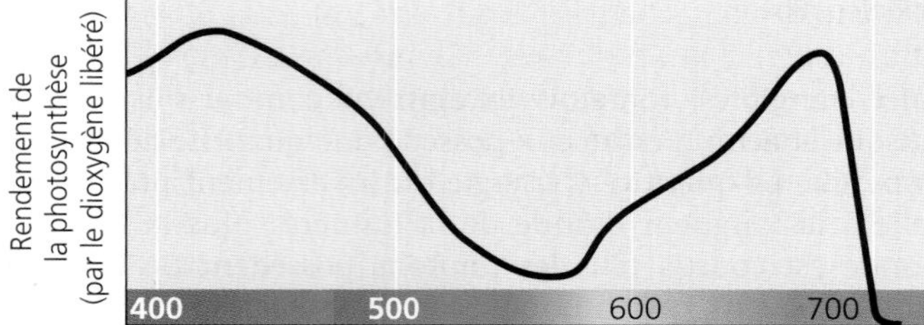

(b) Spectre d'action. Ce graphique indique la vitesse de la photosynthèse par rapport à la longueur d'onde. Le spectre d'action qui en résulte ressemble au spectre d'absorption de la chlorophylle *a*, mais il est différent (voir la partie a). Cela s'explique entre autres par le fait que la chlorophylle *b* et les caroténoïdes absorbent aussi la lumière.

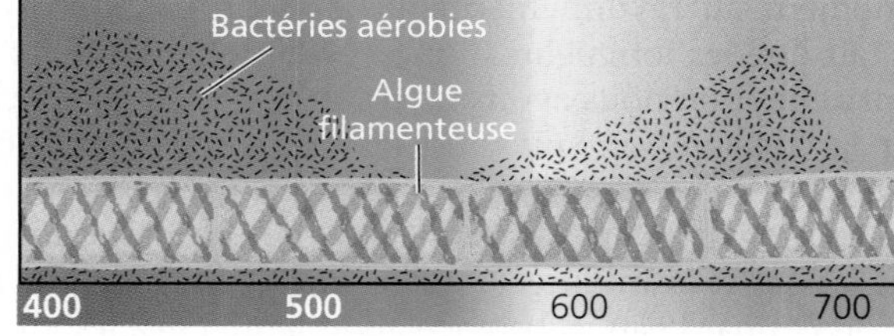

(c) Expérience de Engelmann. En 1883, le botaniste allemand Theodor W. Engelmann a dirigé sur une algue filamenteuse de la lumière qu'il avait préalablement fait passer à travers un prisme. Il a ainsi exposé des segments distincts de l'algue à des longueurs d'onde différentes. Il a utilisé des bactéries aérobies (qui ont besoin de dioxygène et qui, par aérotactisme, sont attirées vers lui) pour repérer les segments libérant le plus de dioxygène, ce qui permet de savoir à quels endroits la photosynthèse est la plus productive. Les bactéries se sont agglutinées plus densément autour des parties de l'algue exposées à la lumière rouge et à la lumière bleu-violet.

CONCLUSION La lumière des fractions bleu-violet et rouge du spectre est la plus favorable à la photosynthèse.

SOURCE T. W. Engelmann, *Bacterium photometricum.* Ein Betrag zur vergleichenden Physiologie des Licht- und farbensinnes, *Archiv. für Physiologie* 30 : 95-124 (1883).

ET SI ? Si Engelmann avait utilisé un filtre ne laissant passer que la lumière rouge, en quoi les résultats de son expérience auraient-ils été différents ?

longueur d'onde. Le botaniste allemand Theodor W. Engelmann a fait la démonstration du spectre d'action de la photosynthèse en 1883. Comme les appareils de mesure de l'O_2 n'existaient pas encore à cette époque, il a réalisé une expérience ingénieuse dans laquelle il s'est servi de bactéries pour mesurer le rendement photosynthétique d'algues filamenteuses (**figure 10.10c**). Ses résultats concordent de manière frappante avec le spectre d'action moderne, présenté à la figure 10.10b.

En comparant les figures 10.10a et 10.10b, vous pouvez constater que le spectre d'action de la photosynthèse ne coïncide pas exactement avec le spectre d'absorption de la chlorophylle *a*. Il faut savoir que celui-ci sous-estime le rôle de certaines longueurs d'onde dans la photosynthèse. Les pigments accessoires ayant différents spectres d'absorption sont également importants pour la photosynthèse dans les chloroplastes: même s'ils ne peuvent eux-mêmes transformer l'énergie de la lumière en énergie chimique, ils élargissent le spectre des longueurs d'onde pouvant alimenter la photosynthèse. La **figure 10.11** compare la structure de la chlorophylle *a* et de la **chlorophylle *b***: une légère variation de la composition chimique suffit à leur donner des spectres d'absorption différents dans les portions rouge et bleue du spectre (voir les figures 10.10a et 10.10b). Par le fait même, leur couleur diffère: la chlorophylle *a* est bleu-vert, tandis que la chlorophylle *b* est jaune-vert.

Le chloroplaste renferme aussi une famille de pigments accessoires appelés **caroténoïdes** (comprenant les carotènes et les xanthophylles), dont la couleur varie du jaune (pour ce qui est des xanthophylles, comme le maïs) à l'orangé (pour ce qui est des carotènes, comme la tomate ou la carotte); les caroténoïdes absorbent la lumière violet et bleu-vert (voir la figure 10.9a). Dans les feuilles des arbres, la couleur des caroténoïdes est, en été, masquée par celle de la chlorophylle, mais à l'automne, dans les forêts de l'hémisphère Nord et dans les érablières québécoises en particulier, elle devient magnifiquement visible lorsque la chlorophylle disparaît. Les caroténoïdes élargissent le spectre des longueurs d'onde de la lumière visible capables d'alimenter la photosynthèse. En outre, certains d'entre eux semblent jouer un rôle encore plus important: la *photoprotection*. Ces caroténoïdes absorbent et dissipent le surplus d'énergie qui, autrement, endommagerait le pigment ou interagirait avec l'oxygène, ce qui formerait des molécules oxydantes dangereuses pour la cellule. Il est intéressant de préciser que certains caroténoïdes apparentés aux pigments photoprotecteurs du chloroplaste protègent également l'œil humain. Les étiquettes des aliments santé portent parfois le terme *phytochimique* (du grec *phyton*, «plante»); ce terme fait référence aux caroténoïdes ou à d'autres molécules apparentées ayant des vertus antioxydantes. Les plantes peuvent synthétiser tous les antioxydants dont elles ont besoin, tandis que les humains et les autres animaux doivent puiser certains d'entre eux dans leur alimentation. Il faut savoir aussi que le pigment qui permet la vision chez les vertébrés (y compris chez l'humain) est dérivé d'un caroténoïde (voir la figure 50.17, p. 1270).

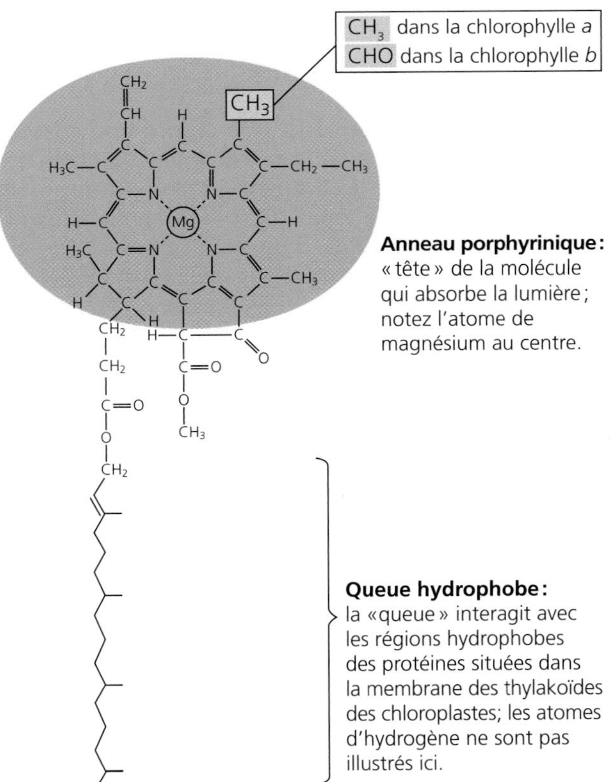

CH_3 dans la chlorophylle *a*
CHO dans la chlorophylle *b*
Anneau porphyrinique: «tête» de la molécule qui absorbe la lumière; notez l'atome de magnésium au centre.
Queue hydrophobe: la «queue» interagit avec les régions hydrophobes des protéines situées dans la membrane des thylakoïdes des chloroplastes; les atomes d'hydrogène ne sont pas illustrés ici.

▲ **Figure 10.11 La structure des molécules de chlorophylle dans les chloroplastes des plantes.** La chlorophylle *b* ne se distingue de la chlorophylle *a* que par un des groupements fonctionnels liés à l'anneau porphyrinique. (Voir aussi le modèle de chlorophylle produit par infographie moléculaire, à la figure 1.4, p. 5.)

La photooxydation de la chlorophylle

Les amas de pigments situés dans la membrane des thylakoïdes absorbent des photons (voir la figure 10.9). Qu'arrive-t-il alors? Les couleurs correspondant aux longueurs d'onde absorbées par la chlorophylle ou par d'autres pigments disparaissent du spectre de la lumière diffusée, mais pas leur énergie. En effet, quand une molécule de chlorophylle absorbe un photon, un de ses électrons passe à une orbitale où il possède davantage d'énergie potentielle. La molécule de pigment se trouve alors à l'état excité. (Inversement, lorsque l'électron se trouve dans son orbitale normale, la molécule de pigment est à l'état fondamental.) Notez que sont absorbés uniquement les photons dont l'énergie équivaut *exactement* à la différence d'énergie entre son état fondamental et son état excité. Cette différence varie d'un atome et d'une molécule à l'autre. Par conséquent, un composé donné absorbe seulement les photons correspondant à des longueurs d'onde précises; chaque pigment a son propre spectre d'absorption. La chlorophylle n'absorbe pas la lumière verte parce que la différence énergétique entre les deux états des électrons ne correspond pas exactement à la quantité d'énergie apportée par un photon de lumière verte.

Lorsqu'une molécule de pigment absorbe l'énergie d'un photon, un de ses électrons passe de l'état fondamental à l'état excité; ce changement d'état représente de l'énergie potentielle. Mais l'électron ne peut rester longtemps à l'état excité, parce que c'est un état instable, comme tous les états fortement énergétiques. Il revient généralement à l'état fondamental en 10^{-9} seconde et libère son excédent d'énergie sous forme de chaleur. Certains pigments pris isolément, dont la chlorophylle, émettent de la lumière en plus de la chaleur après avoir absorbé des photons. Lors de leur retour à l'état fondamental, les électrons excités émettent chacun un photon. On appelle *fluorescence* cette émission de lumière. Si on illumine une solution pure de chlorophylle, elle dégage de la chaleur et émet de la fluorescence dans la partie rouge-orangé du spectre (la longueur d'onde de la lumière émise est plus longue que celle de la lumière absorbée et son contenu énergétique est donc plus faible), comme le montre la **figure 10.12**.

▶ **Figure 10.12 L'excitation de la chlorophylle pure, isolée *in vitro*.** **(a)** L'absorption d'un photon fait passer un électron de la molécule de chlorophylle de l'état fondamental à l'état excité. Le photon propulse l'électron vers une orbitale où il possède davantage d'énergie potentielle. Si on illumine de la chlorophylle pure, isolée *in vitro,* son électron excité retourne immédiatement à l'état fondamental ; il libère son excédent d'énergie sous forme de chaleur et de fluorescence (lumière). **(b)** Une solution de chlorophylle illuminée à la lumière ultraviolette émet une fluorescence orangée.

ET SI ? *Si on exposait à la même lumière ultraviolette une feuille contenant une concentration de chlorophylle similaire à celle de la solution, on n'observerait aucune fluorescence. Pourquoi y a-t-il une différence d'émission de fluorescence entre la solution et la feuille ?*

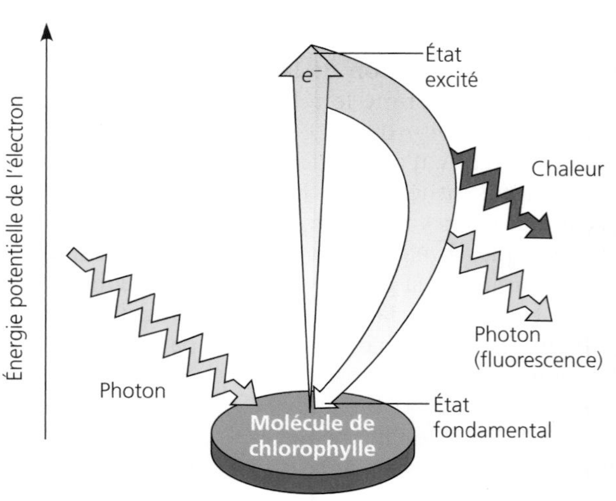

(a) Excitation d'une molécule de chlorophylle isolée

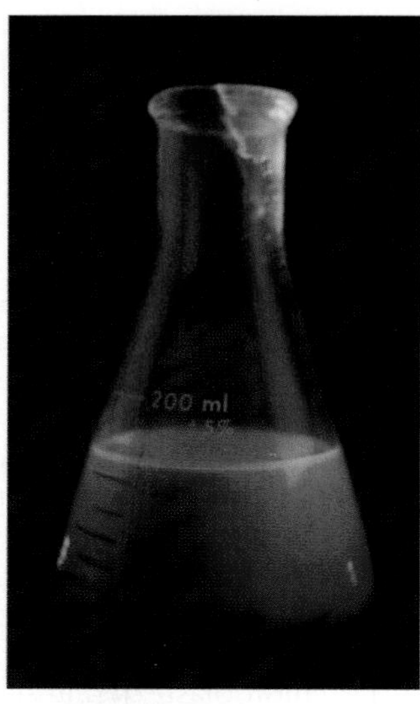

(b) Fluorescence

Le photosystème : un complexe du centre réactionnel associé à des complexes moléculaires collecteurs de lumière

L'illumination de la chlorophylle pure, isolée *in vitro,* ne donne pas les mêmes résultats que l'illumination de la chlorophylle à l'intérieur d'un chloroplaste intact (voir la figure 10.12). Dans la membrane des thylakoïdes, la chlorophylle s'associe à des protéines et à d'autres petites molécules organiques pour former des photosystèmes.

Un **photosystème** se compose d'un **complexe du centre réactionnel**, entouré d'un certain nombre de complexes collecteurs de lumière (**figure 10.13**). Le complexe du centre réactionnel est une association de protéines possédant une paire particulière de molécules de chlorophylle *a*. Chaque **complexe collecteur de lumière** réunit diverses molécules de pigments (qui peuvent être de la chlorophylle *a*, de la chlorophylle *b* ou des caroténoïdes) liées à des protéines particulières. (On estime qu'un photosystème peut contenir de 200 à 300 molécules de pigments.) Le grand nombre et la variété des molécules de pigments qu'il contient lui permettent d'élargir le spectre et la surface d'absorption. Agissant ensemble, ces complexes collecteurs de lumière se comportent comme des antennes pour le complexe du centre réactionnel. Quand une molécule de pigment absorbe un photon, l'énergie se transmet d'un pigment à un autre au sein d'un complexe collecteur de lumière jusqu'à un centre réactionnel, un peu comme une vague humaine se propageant sur les gradins d'un centre sportif. Le complexe du centre réactionnel contient également une molécule particulière, l'**accepteur primaire d'électrons**, qui peut accepter des électrons et être réduite. (Il s'agit d'une molécule de chlorophylle *a* dépourvue de son atome de magnésium). Les deux molécules de chlorophylle *a* du complexe du centre réactionnel se distinguent des autres par leur environnement moléculaire (leur position et les molécules qui leur sont associées). En effet, cet agencement leur permet d'utiliser l'énergie de la lumière non seulement pour faire accéder un de leurs électrons à un niveau énergétique supérieur, mais aussi pour le transférer à une autre molécule : l'accepteur primaire d'électrons.

La lumière solaire déclenche le transfert d'un électron de la paire de molécules de chlorophylle *a* du centre réactionnel à l'accepteur primaire d'électrons ; ce transfert marque la première étape des réactions photochimiques. Dès que l'électron de la chlorophylle accède à un niveau énergétique supérieur, l'accepteur primaire d'électrons le capte ; il s'agit là d'une réaction d'oxydoréduction.

Dans le bécher de la figure 10.12, la chlorophylle isolée est fluorescente parce qu'en l'absence d'accepteur primaire les électrons excités par la lumière de la chlorophylle retournent spontanément à l'état fondamental. Cependant, dans l'environnement structuré d'un chloroplaste, l'énergie potentielle de l'électron excité ne se dissipe pas en lumière et en chaleur, car un accepteur d'électrons est disponible au sein du photosystème. Ainsi, chaque photosystème (constitué du complexe du centre réactionnel, entouré de complexes collecteurs de lumière) fonctionne comme une unité dans le chloroplaste. Il convertit l'énergie lumineuse en énergie chimique qui finira par servir à la synthèse du sucre.

La membrane des thylakoïdes abrite deux types de photosystèmes qui participent aux réactions photochimiques de la photosynthèse : le **photosystème II** (**PS II**) et le **photosystème I** (**PS I**). (Ils sont numérotés selon l'ordre de leur découverte, mais ils fonctionnent l'un après l'autre, le PS II fonctionnant en premier.) Chacun possède un centre réactionnel spécifique ; un accepteur primaire d'électrons particulier côtoie une paire de molécules de chlorophylle *a* associées à une vingtaine de protéines. La chlorophylle *a* située dans le centre réactionnel du photosystème II est appelée P680 (P pour « pigment »), parce qu'elle absorbe mieux que les autres pigments la lumière ayant une longueur d'onde de 680 nm (dans la partie rouge du spectre). La chlorophylle *a* située dans le centre réactionnel du photosystème I, elle, est appelée P700 ; ce pigment doit son appellation au fait qu'il absorbe mieux que les autres pigments la lumière dont la longueur d'onde

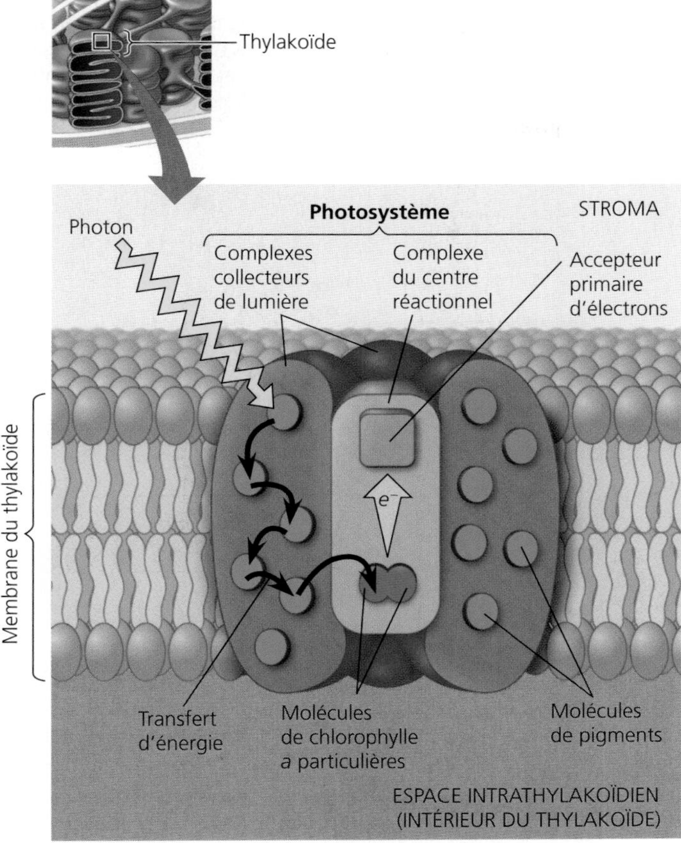

(a) Réception de la lumière par un photosystème. Quand un photon frappe une molécule de pigment dans un complexe collecteur de lumière, l'énergie passe de molécule en molécule jusqu'à ce qu'elle atteigne le complexe du centre réactionnel. Là, une des deux molécules de chlorophylle *a* particulières transmet l'électron excité à un accepteur primaire d'électrons, une autre molécule organique spécialisée située dans le complexe du centre réactionnel.

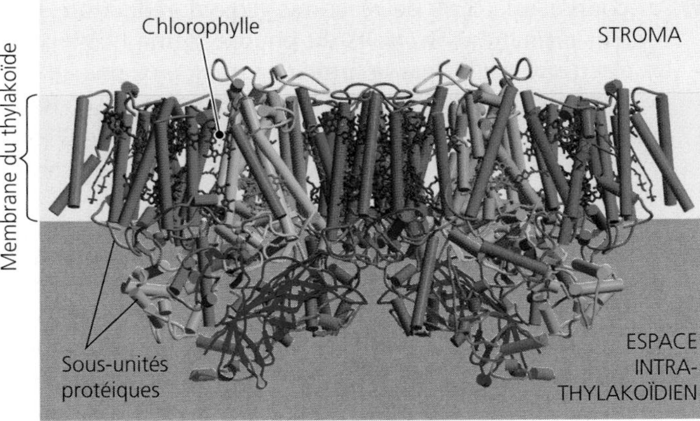

(b) Structure du photosystème II. Basée sur une cristallographie aux rayons X, cette modélisation informatique du photosystème II montre deux de ses complexes côte à côte. Les molécules de chlorophylle (petits ensembles constitués de balles et bâtons verts) s'entremêlent aux sous-unités protéiques (cylindres et rubans). Pour simplifier, le photosystème II sera représenté comme un complexe formant un tout dans le reste du chapitre.

▲ **Figure 10.13 La structure et le fonctionnement d'un photosystème.**

est de 700 nm (dans la partie rouge du spectre également). En fait, les pigments P700 et P680 sont des molécules de chlorophylle *a* presque identiques, mais associées à des protéines différentes dans les deux pigments, ce qui explique la légère différence que présentent leurs spectres d'absorption respectifs. Voyons maintenant comment les deux photosystèmes travaillent de concert et utilisent l'énergie lumineuse pour fabriquer de l'ATP et du NADPH + H^+, les deux principaux produits des réactions photochimiques.

Le transport non cyclique d'électrons

La lumière alimente la synthèse du NADPH + H^+ et de l'ATP en fournissant de l'énergie aux deux photosystèmes enchâssés dans la membrane des thylakoïdes. Le flux d'électrons qui traverse les photosystèmes et d'autres composantes moléculaires insérées dans la membrane des thylakoïdes constitue l'élément clé de la conversion de l'énergie. Ce **transport non cyclique d'électrons** se produit durant les réactions photochimiques de la photosynthèse, comme le montre la **figure 10.14**. Les chiffres qui précèdent les six étapes décrites dans les paragraphes qui suivent correspondent aux étapes illustrées dans cette figure.

❶ Un photon frappe une molécule de pigment dans un complexe collecteur de lumière du PS II, faisant accéder un de ses électrons à un niveau énergétique supérieur. Lorsque cet électron retourne à son état fondamental, un électron d'une molécule de pigment voisine passe simultanément à l'état excité. Le processus se poursuit, l'énergie passant ainsi d'une molécule de pigment à l'autre jusqu'à ce qu'elle atteigne la paire de molécules de chlorophylle *a* P680 du complexe du centre réactionnel PS II; cette énergie amène un électron de la paire de molécules de chlorophylle *a* à un état énergétique supérieur.

❷ Cet électron est transféré du P680 à l'accepteur primaire d'électrons; le P680 qui vient de perdre cet électron est appelé $P680^+$. C'est à ce moment précis que l'énergie lumineuse est transformée en énergie chimique.

❸ Une enzyme (un complexe protéique associé à des ions manganèse) catalyse la scission d'une molécule d'eau en deux électrons, deux protons et un atome d'oxygène. Ces électrons sont transmis un à un aux molécules de $P680^+$, chaque électron remplaçant celui qui vient d'être cédé à l'accepteur primaire d'électrons. (Comme il manque un électron à la molécule $P680^+$, celle-ci est un agent oxydant; en fait, il s'agit de l'agent oxydant biologique le plus puissant: le « vide » doit absolument être comblé. Cela facilite grandement le transfert d'électrons de la molécule d'eau scindée.) Les H^+ sont libérés dans la lumière du thylakoïde (ou espace intrathylakoïdien). L'atome d'oxygène se combine immédiatement avec un atome d'oxygène généré par la scission d'une autre molécule d'eau; cette combinaison forme du dioxygène (O_2).

❹ Chaque électron excité par la lumière passe de l'accepteur primaire du photosystème II au photosystème I par l'intermédiaire d'une chaîne de transport d'électrons située dans le chloroplaste; les composantes de cette chaîne ressemblent

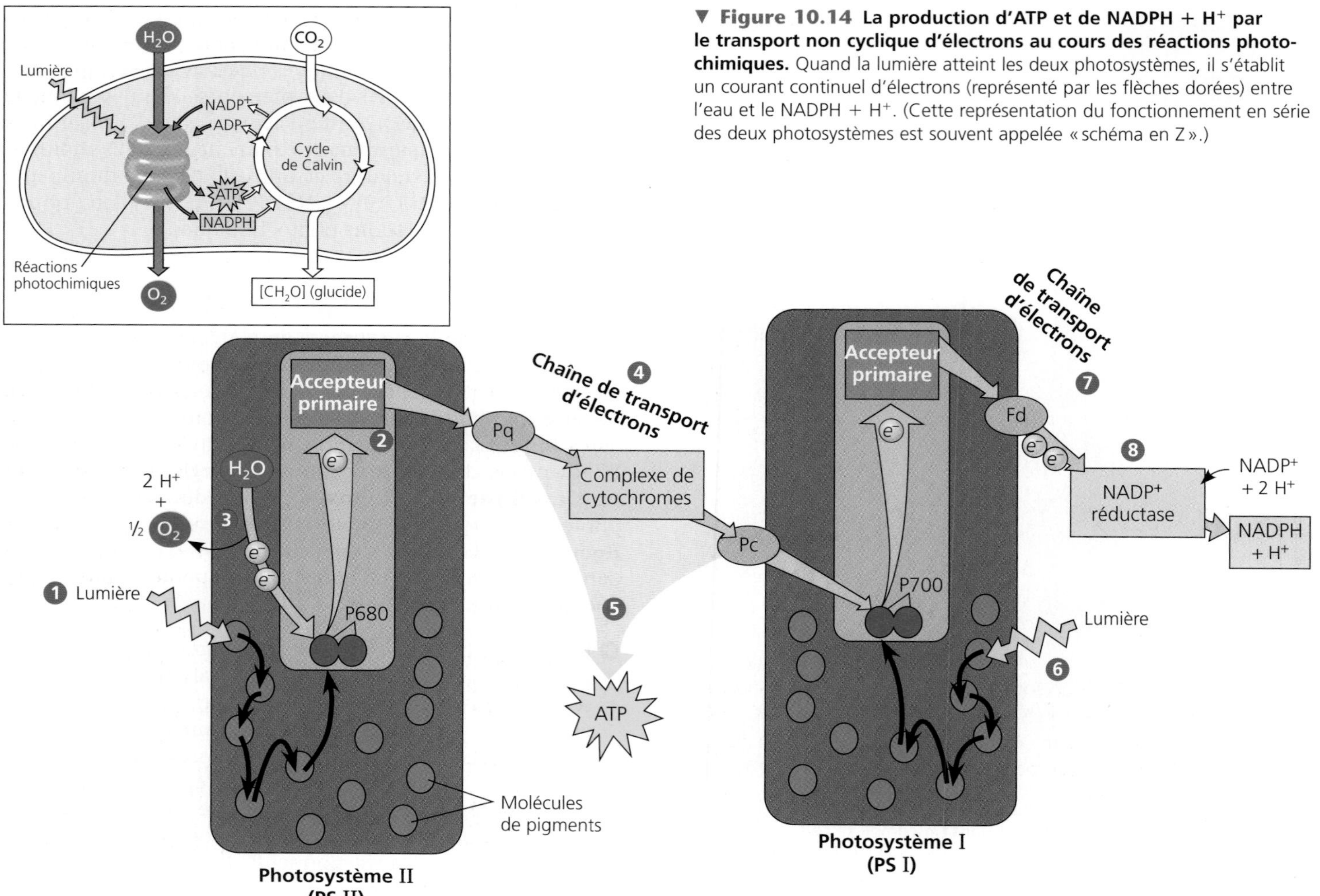

▼ **Figure 10.14 La production d'ATP et de NADPH + H^+ par le transport non cyclique d'électrons au cours des réactions photochimiques.** Quand la lumière atteint les deux photosystèmes, il s'établit un courant continuel d'électrons (représenté par les flèches dorées) entre l'eau et le NADPH + H^+. (Cette représentation du fonctionnement en série des deux photosystèmes est souvent appelée « schéma en Z ».)

beaucoup à celles de la chaîne de transport de la respiration cellulaire. La chaîne de transport d'électrons située entre le PS II et le PS I est constituée du transporteur d'électrons appelé plastoquinone (Pq), une petite molécule hydrophobe mobile dans la membrane du thylakoïde, d'un complexe de cytochromes et d'une protéine appelée plastocyanine (Pc).

❺ Les électrons dévalent la chaîne. Leur descente vers un niveau énergétique inférieur est exergonique et alimente la production d'ATP (par photophosphorylation non cyclique). Lorsque les électrons traversent le complexe cytochrome, les H^+ sont pompés dans la lumière du thylakoïde, contribuant au gradient de protons qui servira à la chimiosmose.

❻ Entre-temps, de l'énergie lumineuse a été transférée au centre réactionnel du PS I par l'intermédiaire d'un complexe collecteur de lumière et ce transfert a excité un électron de la paire de molécules de chlorophylle *a* P700 qui s'y trouvait. L'électron excité par la lumière a alors été capté par l'accepteur primaire d'électrons du PS I, ce qui a créé un « vide » dans le P700, qu'on peut maintenant appeler P700$^+$. Autrement dit, le P700$^+$ qui peut maintenant agir comme accepteur d'électrons, en récupère un qui atteint le bas de la chaîne de transport du PS II.

❼ Au cours d'une série de réactions d'oxydoréduction, l'accepteur primaire d'électrons du photosystème I cède alors les électrons excités par la lumière à une deuxième chaîne de transport d'électrons par l'intermédiaire de la ferrédoxine (Fd), une protéine contenant du fer. (Cette chaîne ne crée pas de gradient de protons et ne produit donc pas d'ATP.)

❽ L'enzyme NADP$^+$ réductase transfère alors les électrons de la Fd au NADP$^+$. Il faut deux électrons pour réduire celui-ci en NADPH + H^+ dont le niveau énergétique est supérieur à celui de l'eau : ces électrons sont donc plus facilement disponibles pour les réactions du cycle de Calvin que ceux de l'eau. Ce processus retire également un H^+ du stroma.

Les réactions photochimiques sont très complexes, mais ne perdez pas de vue leur fonction première : utiliser l'énergie solaire pour générer de l'ATP et du NADPH + H^+, et ainsi fournir de l'énergie chimique et offrir un potentiel réducteur aux réactions du cycle de Calvin à l'issue duquel des glucides sont produits. La variation d'énergie subie par les électrons au cours des réactions photochimiques s'apparente à celle qui est illustrée à la **figure 10.15**.

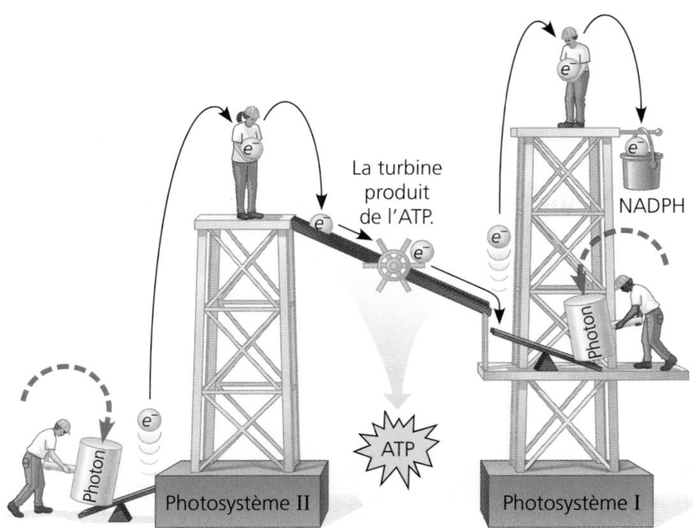

▲ **Figure 10.15 La variation d'énergie des électrons pendant les réactions photochimiques: une analogie inspirée de la mécanique.**

Le transport cyclique d'électrons

Dans certains cas, les électrons excités par la lumière suivent la voie du **transport cyclique d'électrons**, laquelle fait intervenir le photosystème I et non le photosystème II. Le transport cyclique est un petit circuit fermé (**figure 10.16**) qui a été découvert en 1961: les électrons quittent la ferrédoxine (Fd), s'acheminent vers le complexe de cytochromes (plutôt que vers le $NADP^+$), puis vers la chlorophylle P700 dans le centre réactionnel du PS I, avant de retourner à la ferrédoxine. Le cycle ne produit donc pas de NADPH + H^+, pas plus qu'il ne libère de dioxygène, puisque la molécule d'eau n'est pas scindée. Il génère cependant de l'ATP.

Les deux types de transport d'électrons (cyclique et non cyclique) produisent donc de l'ATP. Cette fonction est vitale pour la plante. Les herbicides les plus répandus sont d'ailleurs des molécules naturelles ou synthétiques qui interfèrent avec le transport des électrons permettant la photophosphorylation.

Plusieurs groupes de bactéries photosynthétiques qui existent aujourd'hui sont dotés d'un photosystème I, mais dépourvus de photosystème II; pour ces espèces, qui incluent notamment la bactérie pourpre sulfureuse (voir la figure 10.2e), le transport cyclique d'électrons est le seul à générer de l'ATP dans la photosynthèse. Pour les biologistes de l'évolution, ces groupes de Bactéries descendraient de la bactérie chez qui la photosynthèse est apparue sous une forme similaire à celle du transport cyclique d'électrons.

Le transport cyclique d'électrons s'observe aussi chez les espèces photosynthétiques dotées des deux photosystèmes, ce qui inclut certains Procaryotes comme les Cyanobactéries (voir la figure 10.2d) ainsi que toutes les espèces photosynthétiques eucaryotes testées jusqu'ici. Bien qu'il s'agisse probablement d'un vestige de l'évolution, ce processus joue encore un rôle bénéfique chez ces organismes. En effet, les plantes mutantes dépourvues de transport cyclique d'électrons poussent très bien sous une lumière faible, mais dépérissent sous une lumière intense, ce qui étaye l'idée que le transport cyclique d'électrons a un rôle photoprotecteur. Plus loin dans ce chapitre («Les plantes de type C_4», voir le concept 10.4), vous en apprendrez davantage sur le transport cyclique d'électrons en relation avec une adaptation particulière à la photosynthèse.

Que la synthèse d'ATP soit alimentée par un transport d'électrons non cyclique ou cyclique, le mécanisme demeure le même: il fait intervenir la chimiosmose. Avant de passer à l'étude du cycle de Calvin, revenons sur ce processus qui couple les réactions d'oxydoréduction à la synthèse d'ATP dans les membranes. Nous avons approfondi l'étude de ce mécanisme au chapitre 9. Au besoin, reportez-vous-y.

Comparaison de la chimiosmose dans les chloroplastes et dans les mitochondries

Les chloroplastes et les mitochondries produisent de l'ATP par le même mécanisme: la chimiosmose. Une chaîne de transport

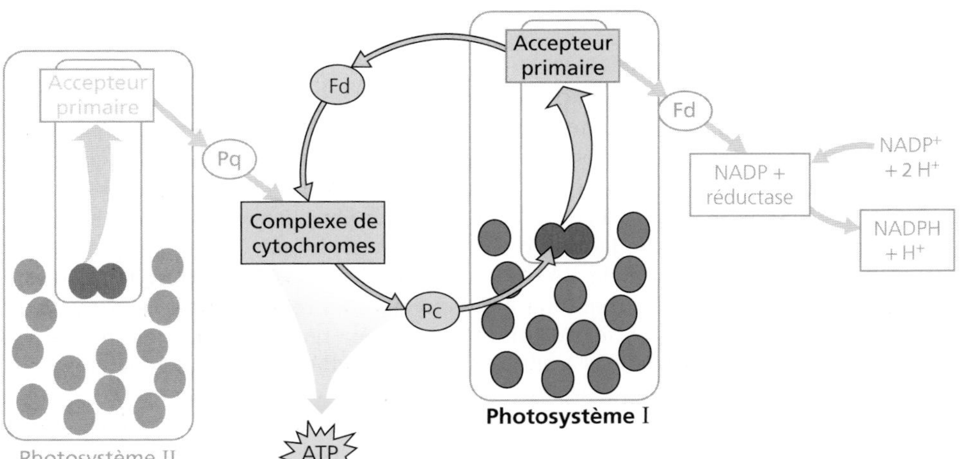

◄ **Figure 10.16 Le transport cyclique d'électrons.** En quittant la ferrédoxine, les électrons du photosystème I excités par la lumière retournent parfois à la chlorophylle en passant par le complexe de cytochromes et la plastocyanine (Pc). Ce détournement d'électrons fournit un surplus d'ATP (par la chimiosmose), mais il ne produit pas de NADPH + H^+. La partie ombrée, qui correspond au transport non cyclique d'électrons, est incluse dans le diagramme à des fins de repérage. Les deux molécules de ferrédoxine illustrées sont en fait une seule et même molécule, soit le dernier transporteur de la chaîne de transport d'électrons du photosystème I.

? *Étudiez la figure 10.15 et expliquez comment vous la modifieriez pour illustrer une analogie mécanique avec le transport cyclique d'électrons.*

d'électrons située dans une membrane achemine des protons à travers celle-ci à mesure que des électrons sont transférés à des transporteurs de plus en plus électronégatifs. C'est ainsi que la chaîne de transport d'électrons convertit l'énergie des réactions d'oxydoréduction en force protonmotrice, c'est-à-dire en énergie potentielle emmagasinée sous la forme d'un gradient de H^+ dans la membrane. Cette dernière renferme une ATP synthase qui couple la diffusion des protons à la phosphorylation de l'ADP. Certains des transporteurs d'électrons (dont les protéines contenant du fer et appelées cytochromes) qui se trouvent dans les chloroplastes et dans les mitochondries sont similaires. Les ATP synthases de ces deux organites se ressemblent également beaucoup. Il existe cependant des différences importantes entre la phosphorylation oxydative, qui a lieu dans les mitochondries, et la photophosphorylation, qui se produit dans les chloroplastes. Dans les mitochondries, les électrons riches en énergie véhiculés par la chaîne de transport proviennent de l'oxydation de molécules organiques, tandis que dans les chloroplastes la source d'électrons est l'eau. Les chloroplastes, eux, n'ont pas à oxyder des molécules provenant de nutriments pour produire de l'ATP; leurs photosystèmes captent l'énergie lumineuse et l'utilisent pour acheminer des électrons au sommet de la chaîne de transport. Autrement dit, les mitochondries transfèrent à l'ATP l'énergie chimique des molécules nutritives, tandis que les chloroplastes transforment l'énergie lumineuse en énergie chimique dans l'ATP. Il s'agit là d'une distinction importante.

Même si l'organisation spatiale de la chimiosmose diffère légèrement entre les chloroplastes et les mitochondries, leurs similarités sautent aux yeux (**figure 10.17**). La membrane interne d'une mitochondrie achemine les protons de la matrice vers l'espace intermembranaire, qui sert alors de réservoir de protons en vue de la synthèse de l'ATP. Par contre, dans un chloroplaste, la membrane des thylakoïdes achemine les protons du stroma vers l'espace intrathylakoïdien, qui sert de réservoir de protons.

Si vous imaginez les crêtes de la mitochondrie comme des replis de la membrane interne, vous comprendrez mieux comment l'espace intrathylakoïdien et l'espace intermembranaire sont des espaces similaires dans les deux organites, tandis que la matrice mitochondriale est analogue au stroma du chloroplaste. Dans la mitochondrie, les protons diffusent suivant leur gradient de concentration de l'espace intermembranaire à la matrice, en passant par les complexes ATP synthases, procédant ainsi à la synthèse de l'ATP. Dans le chloroplaste, l'ATP est synthétisée à mesure que les ions hydrogène diffusent de l'espace intrathylakoïdien vers le stroma en passant par les complexes ATP synthases, dont la tête catalytique se trouve du côté du stroma. Par conséquent, l'ATP se forme dans le stroma, où il intervient dans la synthèse des glucides pendant le cycle de Calvin (**figure 10.18**).

Le gradient de protons (H^+), ou gradient de pH, établi à travers la membrane des thylakoïdes est élevé. Dans des conditions expérimentales, lorsque les chloroplastes reçoivent de la lumière, le pH dans l'espace intrathylakoïdien tombe à 5 environ (augmentation de la concentration de H^+), alors qu'il atteint 8 environ dans le stroma (diminution de la concentration de H^+). Autrement dit, les protons sont 1 000 fois moins concentrés dans le stroma que dans l'espace intrathylakoïdien. En laboratoire, on abolit le gradient de pH en faisant l'obscurité, mais on peut le rétablir rapidement en allumant des lumières. Voilà un puissant argument en faveur du modèle chimiosmotique (voir le chapitre 9).

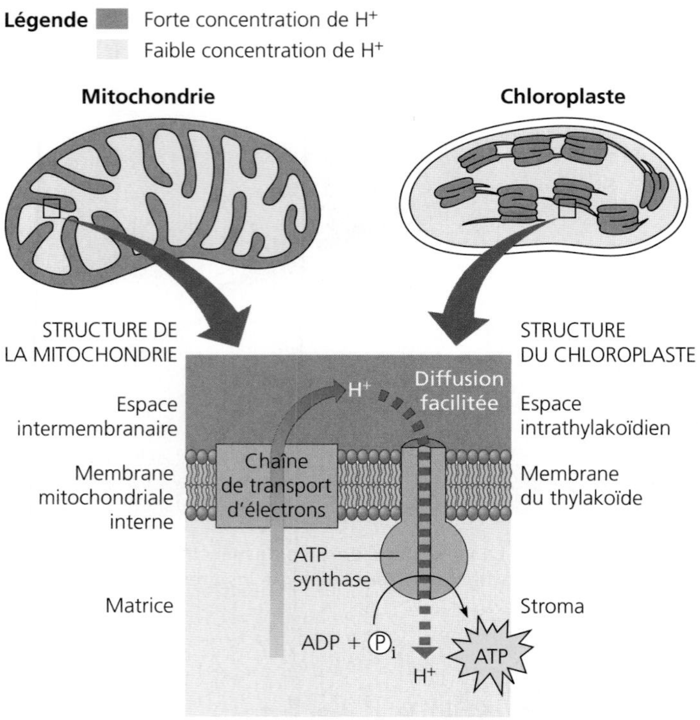

▲ **Figure 10.17 Comparaison entre la chimiosmose dans une mitochondrie et la chimiosmose dans un chloroplaste.** Dans les deux organites, la chaîne de transport d'électrons transfère les protons (H^+) à travers la membrane de la région où ils sont le moins concentrés (en gris clair) à la région où ils sont le plus concentrés (en gris foncé). Les protons retournent à leur site initial en diffusant à travers les ATP synthases. Ce passage alimente la synthèse de l'ATP.

La figure 10.18 présente un modèle hypothétique de l'organisation de la membrane d'un thylakoïde. Ce modèle repose sur des études réalisées dans plusieurs laboratoires. En fait, chaque thylakoïde renferme un très grand nombre d'exemplaires des molécules de pigments et des complexes moléculaires représentés dans cette figure. Remarquez aussi que le NADPH + H^+, comme l'ATP, est produit du côté du stroma, là où le cycle de Calvin synthétise les glucides.

Résumons maintenant les réactions photochimiques. Le transport non cyclique d'électrons entraîne les électrons hors de l'eau, où ils possèdent peu d'énergie potentielle, vers le NADPH + H^+, où ils renferment beaucoup d'énergie potentielle. Le flux d'électrons engendré par la lumière produit en outre de l'ATP. Par conséquent, l'organisation moléculaire de la membrane des thylakoïdes rend possible la conversion de l'énergie lumineuse en énergie chimique emmagasinée dans le NADPH + H^+ et dans l'ATP. Le dioxygène constitue un sous-produit des réactions photochimiques.

À présent, voyons comment les produits des réactions photochimiques servent, au cours du cycle de Calvin, à synthétiser des glucides à partir de CO_2.

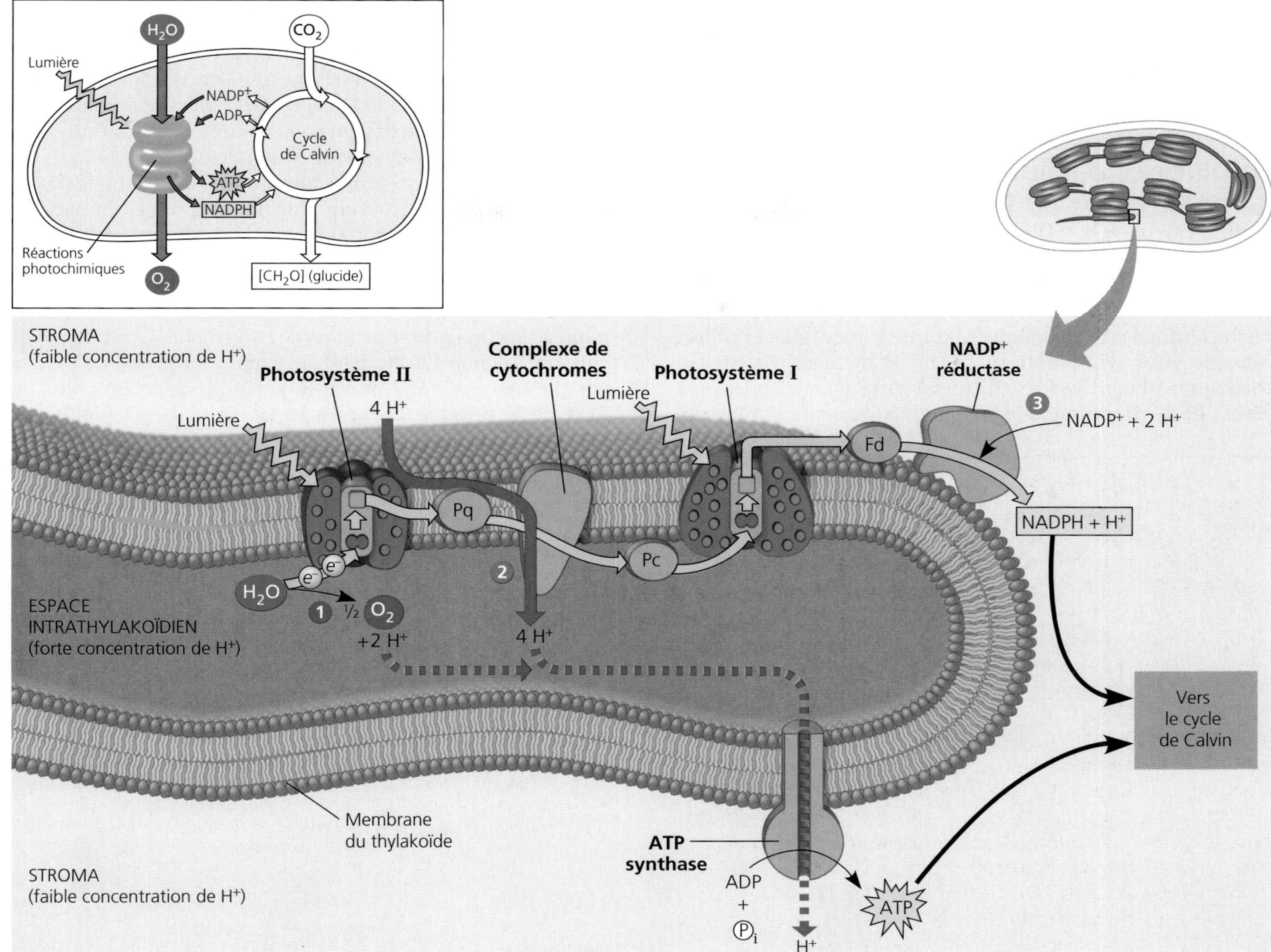

▲ **Figure 10.18 Les réactions photochimiques et la chimiosmose : l'organisation de la membrane des thylakoïdes.** Ce schéma illustre le modèle de la membrane des thylakoïdes qui s'impose à l'heure actuelle. Les flèches dorées représentent le trajet des électrons du transport non cyclique d'électrons esquissé à la figure 10.14. À mesure que les électrons passent d'un transporteur à l'autre dans les réactions d'oxydoréduction, les protons extraits du stroma sont déposés dans l'espace intrathylakoïdien. L'énergie est alors emmagasinée sous forme de force protonmotrice (gradient de H^+). Au moins trois étapes de réactions photochimiques contribuent au gradient de protons. ❶ Le photosystème II entraîne la scission d'une molécule d'eau dans l'espace intrathylakoïdien grâce à une déshydrogénase. ❷ Quand la plastoquinone (Pq), un transporteur mobile, transfère les électrons au complexe de cytochromes, quatre protons sont importés dans l'espace intrathylakoïdien. ❸ Le $NADP^+$ capte deux protons dans le stroma lors de sa réduction en NADPH + H^+. Notez qu'à l'étape 2 les ions hydrogène sont extraits du stroma et acheminés vers l'espace intrathylakoïdien (comme à la figure 10.17). Le retour des protons, qui diffusent de l'espace intrathylakoïdien vers le stroma (suivant le gradient de concentration), alimente l'ATP synthase. Ces réactions déclenchées par la lumière emmagasinent de l'énergie chimique dans le NADPH + H^+ et dans l'ATP, qui transfèrent cette énergie au cycle de Calvin, producteur de glucides.

RETOUR SUR LE CONCEPT 10.2

1. Parmi les couleurs de la lumière, laquelle est la moins favorable à la photosynthèse ? Expliquez.
2. Comparativement à une solution de chlorophylle pure, pourquoi les chloroplastes intacts libèrent-ils moins de chaleur et de fluorescence lorsqu'ils sont exposés à la lumière ?
3. Dans les réactions photochimiques, quel est le donneur d'électrons ? Où les électrons se retrouvent-ils à la fin de ces réactions ?
4. **ET SI ?** Lors d'une expérience, des chloroplastes isolés peuvent synthétiser de l'ATP quand ils sont placés dans une solution exposée à la lumière et contenant les substances chimiques appropriées. Si l'on ajoute à la solution un composé qui rend les membranes complètement perméables aux ions hydrogène, à quelle vitesse la synthèse de l'ATP s'effectuera-t-elle ?

Voir les réponses proposées à la fin du chapitre.

CONCEPT 10.3

Le cycle de Calvin convertit le CO_2 en glucides à l'aide de l'énergie chimique de l'ATP et du NADPH + H^+

Le cycle de Calvin et le cycle de l'acide citrique ont un point commun: l'un et l'autre régénèrent une molécule initiale. Mais les ressemblances s'arrêtent là: alors que le cycle de l'acide citrique est catabolique (il oxyde l'acétyl-CoA et utilise l'énergie pour synthétiser de l'ATP), le cycle de Calvin est anabolique (il fabrique des glucides à partir de molécules plus petites et il consomme de l'énergie). Du carbone entre dans le cycle de Calvin sous forme de dioxyde de carbone et en sort sous forme de glucide. L'ATP fournit l'énergie nécessaire au déroulement du cycle; le NADPH + H^+ procure des électrons riches en énergie et des protons à l'une des molécules du cycle de Calvin afin de produire un glucide.

Comme on l'a vu, le glucide produit directement par le cycle de Calvin n'est pas du glucose, mais un monosaccharide à trois atomes de carbone appelé **3-phosphoglycéraldéhyde** (**PGAL**). Pour en synthétiser une mole, le cycle doit fixer trois moles de dioxyde de carbone, donc se dérouler trois fois. (Rappelez-vous que la fixation du carbone correspond à l'incorporation de dioxyde de carbone dans une molécule organique.) En étudiant les étapes du cycle, ne perdez pas de vue que vous suivez le parcours de trois moles de dioxyde de carbone. La **figure 10.19** divise le cycle de Calvin

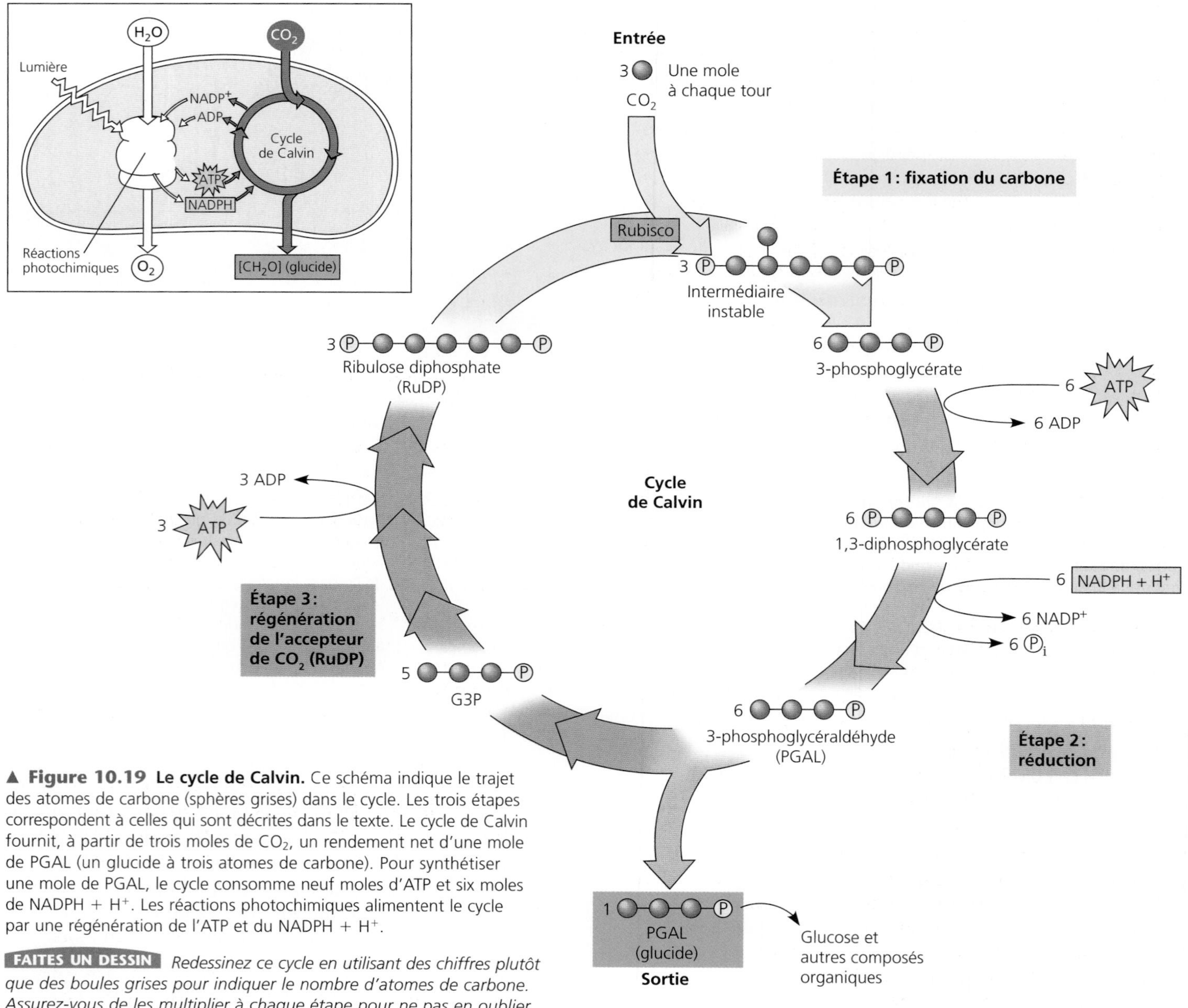

▲ **Figure 10.19 Le cycle de Calvin.** Ce schéma indique le trajet des atomes de carbone (sphères grises) dans le cycle. Les trois étapes correspondent à celles qui sont décrites dans le texte. Le cycle de Calvin fournit, à partir de trois moles de CO_2, un rendement net d'une mole de PGAL (un glucide à trois atomes de carbone). Pour synthétiser une mole de PGAL, le cycle consomme neuf moles d'ATP et six moles de NADPH + H^+. Les réactions photochimiques alimentent le cycle par une régénération de l'ATP et du NADPH + H^+.

FAITES UN DESSIN *Redessinez ce cycle en utilisant des chiffres plutôt que des boules grises pour indiquer le nombre d'atomes de carbone. Assurez-vous de les multiplier à chaque étape pour ne pas en oublier. Sous quelle forme les atomes de carbone entrent-ils dans le cycle et sous quelle forme en sortent-ils?*

en trois étapes: fixation du carbone, réduction et régénération de l'accepteur de CO_2.

Étape 1: fixation du carbone. Le cycle de Calvin attache une à une chaque mole de dioxyde de carbone à une mole de ribulose diphosphate (en abrégé RuDP), un glucide à cinq atomes de carbone. L'enzyme qui catalyse cette première étape est la **RuDP carboxylase/oxygénase**; c'est la protéine la plus abondante dans les chloroplastes et probablement sur Terre. (Cette enzyme est souvent appelée **Rubisco**: «ru»pour ribulose, «bis» pour bisphosphate, «c» pour carboxylase et «o» pour oxygénase. Le terme *oxygénase* associé au nom de l'enzyme provient du fait que celle-ci peut aussi oxygéner le RuDP lors de la photorespiration, que nous verrons plus loin.) La réaction donne un intermédiaire à six atomes de carbone qui est si instable qu'il se scinde aussitôt en deux moles de 3-phosphoglycérate.

Étape 2: réduction. Chaque molécule de 3-phosphoglycérate reçoit un groupement phosphate provenant de l'ATP; du 1,3-diphosphoglycérate est ainsi formé. Ensuite, une paire d'électrons donnée par le NADPH + H^+ réduit le 1,3-diphosphoglycérate, qui perd aussi un groupement phosphate, en PGAL. Par l'intermédiaire du 1,3 diphosphoglycérate, c'est donc le groupement carboxyle du 3-phosphoglycérate que les électrons du NADPH + H^+ ont réduit en groupement aldéhyde du PGAL (plus riche en énergie potentielle). Le PGAL est un glucide: le même glucide à trois atomes de carbone qui est formé dans la glycolyse par la scission du glucose (voir la figure 9.9, p. 190). La figure 10.19 montre que l'on obtient *six* moles de PGAL pour *trois* moles de dioxyde de carbone qui entrent dans le cycle. Le cycle a commencé avec un capital glucidique valant 15 moles de carbone, c'est-à-dire avec trois moles de ribulose diphosphate à cinq atomes de carbone. Maintenant, on compte 18 moles de carbone sous la forme de six moles de PGAL. Cependant, une seule mole de PGAL compte pour un gain net en glucides. En effet, une mole sort du cycle pour être utilisée par la cellule végétale, alors que les cinq autres doivent aller régénérer les trois moles de ribulose diphosphate.

Étape 3: régénération de l'accepteur de CO_2 (RuDP). Au cours d'une série complexe de réactions, les dernières étapes du cycle réarrangent les chaînes de carbone des cinq moles de PGAL qui demeurent dans le cycle en trois moles de ribulose diphosphate. Pour que cela soit possible, trois autres moles d'ATP doivent être utilisées. Le ribulose diphosphate est alors de nouveau prêt à recevoir du dioxyde de carbone. Le cycle recommence.

Pour synthétiser une mole nette de PGAL, le cycle de Calvin consomme neuf moles d'ATP et six moles de NADPH + H^+. Les réactions photochimiques régénèrent l'ATP et le NADPH + H^+. Le PGAL issu du cycle de Calvin devient la matière première des voies métaboliques qui synthétisent d'autres composés organiques, dont différents glucides. Ni les réactions photochimiques ni le cycle de Calvin pris séparément ne fabriquent des glucides à partir du CO_2. C'est en intégrant ces deux phases que les chloroplastes en viennent à réaliser la photosynthèse.

RETOUR SUR LE CONCEPT 10.3

1. Pour fabriquer une mole de glucose, le cycle de Calvin utilise _____ moles de CO_2, _____ moles d'ATP et _____ moles de NADPH.
2. Expliquez pourquoi le grand nombre de molécules d'ATP et de NADPH employées au cours du cycle de Calvin concorde avec la valeur énergétique élevée du glucose.
3. ET SI? Expliquez pourquoi un poison qui inhibe une enzyme du cycle de Calvin inhibera aussi les réactions photochimiques.
4. FAITES DES LIENS Réexaminez les figures 9.9 (p. 190) et 10.19, puis décrivez le rôle d'intermédiaire et de produit que joue le 3-phosphoglycéraldéhyde (PGAL) dans les deux processus qu'illustrent ces figures.

Voir les réponses proposées à la fin du chapitre.

CONCEPT 10.4

Les climats chauds et arides ont favorisé l'apparition de nouveaux modes de fixation du carbone

Depuis leur implantation sur la terre ferme, il y environ 425 millions d'années, les Végétaux se sont adaptés aux problèmes inhérents à la vie terrestre, en particulier à la déshydratation. Aux chapitres 29 et 36, nous examinerons les adaptations anatomiques qui favorisent la conservation de l'eau chez les Végétaux. Pour le moment, concentrons-nous sur leurs adaptations métaboliques. On remarque que, souvent, la recherche d'une solution à un problème aboutit à un compromis. Un bel exemple de cela est le compromis entre la photosynthèse et la prévention de la déshydratation de la plante. Le CO_2 nécessaire à la photosynthèse entre dans les feuilles par les stomates, les pores situés sur toute la surface des feuilles (voir la figure 10.4). Or, ces orifices servent aussi à la transpiration et les plantes perdent donc de l'eau par vaporisation. Par une journée chaude et sèche, la plupart des plantes ferment leurs stomates, ce qui les aide à conserver leur eau. Cependant, cette réaction à la chaleur ralentit aussi la photosynthèse, car l'accès au CO_2 se trouve réduit. En raison de la fermeture partielle des stomates, la concentration de CO_2 décroît dans les lacunes des feuilles, alors que la concentration de O_2 libéré par les réactions photochimiques augmente. Tous ces facteurs favorisent la mise en œuvre d'un processus qui ressemble à du gaspillage: la photorespiration.

La photorespiration: un vestige de l'évolution?

Dans la majorité des Végétaux, la Rubisco, l'enzyme qui ajoute un CO_2 au ribulose diphosphate, fixe le carbone au cours de la première étape du cycle de Calvin. Les plantes qui font appel à ce processus sont appelées **plantes de type C_3**, car le premier produit formé par la fixation du carbone est le 3-phosphoglycérate, un composé à trois carbones (voir la figure 10.19). Les plantes de ce type, comme le riz, le blé et le soja (soya), ont une grande importance en agriculture. Par temps chaud et sec, lorsque leurs stomates se ferment partiellement, ces plantes produisent moins de nutriments, car la baisse de la concentration de CO_2 dans leurs feuilles ralentit le cycle de Calvin. Qui plus est, la Rubisco est une enzyme capable de catalyser la fixation du dioxygène plutôt que celle du dioxyde de carbone: les deux substances se lient au même site actif de l'enzyme (voir le concept 8.4, p. 162). Or, si la concentration de CO_2 baisse dans les lacunes (espaces intercellulaires dont la taille est supérieure à celle des cellules environnantes) des feuilles, l'enzyme fournit du dioxygène au cycle de Calvin. Le ribulose diphosphate (possédant cinq carbones) est alors scindé en deux: un composé à trois carbones (le phosphoglycérate) et un autre à deux carbones (le phosphoglycolate). Ce dernier est exporté par les chloroplastes vers les mitochondries et les peroxysomes, où il est réarrangé et scindé de nouveau, ce qui libère du dioxyde de carbone. Ce processus, qui n'est vraiment connu que depuis 1969, est appelé **photorespiration**, parce qu'il nécessite de la lumière (dans l'obscurité, le processus s'arrête au bout de quelques minutes) et qu'il consomme du dioxygène tout en produisant du CO_2 (*respiration*). Toutefois, à l'inverse de la respiration, la photorespiration ne génère pas d'ATP, mais elle en consomme. Et, contrairement à la photosynthèse, elle ne conduit pas à la production de glucides. En somme, la photorespiration peut réduire de 50% le rendement de la photosynthèse en soutirant de la matière au cycle de Calvin. Elle n'a toutefois pas la même intensité chez toutes les espèces végétales, comme nous le verrons plus loin.

Comment expliquer l'existence d'un processus métabolique qui semble nuisible aux plantes? Certains croient que la photorespiration est un vestige métabolique des temps reculés où l'atmosphère contenait moins de dioxygène et plus de dioxyde de carbone qu'aujourd'hui. Selon cette hypothèse, quand la Rubisco est apparue, l'atmosphère était encore primitive et il importait peu que le site actif de cette enzyme distingue le dioxyde de carbone du dioxygène. Les tenants de cette hypothèse supposent que la Rubisco moderne a gardé un peu de son affinité ancestrale pour le dioxygène, qui est si concentré dans l'atmosphère actuelle qu'une certaine part de photorespiration demeure inévitable. Nous savons maintenant que la photorespiration protège les Végétaux, du moins dans certains cas. On constate, en effet, que les Végétaux dont la capacité photorespiratoire est amoindrie (à cause de gènes défectueux) sont plus vulnérables aux dommages causés par une lumière excessive. Les chercheurs y voient la preuve que la photorespiration atténue les effets nocifs des produits de réactions photochimiques qui s'accumulent lorsqu'une faible concentration de CO_2 limite la progression du cycle de Calvin. On ignore si la photorespiration comporte d'autres avantages. On sait en revanche que, chez les Végétaux de grande culture, ce processus rejette jusqu'à 50% du carbone fixé par le cycle de Calvin. En tant qu'hétérotrophes dépendants de la fixation du carbone dans les chloroplastes pour nous nourrir, nous sommes naturellement portés à considérer la photorespiration comme du gaspillage. De fait, si nous pouvions la réduire chez certaines espèces végétales sans influer sur la productivité de la photosynthèse, les rendements agricoles et les ressources alimentaires augmenteraient.

Certaines espèces de plantes ont acquis des modes de fixation du carbone qui réduisent la photorespiration au minimum et optimisent le cycle de Calvin, même dans les climats arides. Parmi les adaptations de ce type, les deux plus importantes sont la photosynthèse en C_4 et le métabolisme acide crassulacéen (CAM).

Les plantes de type C_4

Les **plantes de type C_4** sont ainsi nommées parce qu'elles font précéder le cycle de Calvin d'un autre mode de fixation du carbone. Les réactions forment un premier produit, composé de quatre atomes de carbone. Plusieurs milliers d'espèces végétales réparties en une vingtaine de familles font appel à ce mécanisme de photosynthèse. C'est le cas, notamment, de la canne à sucre (*Saccharum officinarum*), du maïs (*Zea mays*), et du sorgho (*Sorghum bicolor*) qui appartiennent à la famille des Graminées.

Le mécanisme de la photosynthèse en C_4 s'explique par l'anatomie particulière des feuilles où il s'effectue (**figure 10.20**; comparez-la avec la figure 10.4). On trouve deux types de cellules photosynthétiques dans les plantes de type C_4: les cellules de la gaine fasciculaire et les cellules du mésophylle. Les **cellules de la gaine fasciculaire** (inexistantes ou réduites chez les plantes de type C_3) sont grandes et entassées autour de nervures souvent proéminentes, tandis que les **cellules du mésophylle** forment une assise entre la surface foliaire et les cellules de la gaine fasciculaire. La disposition régulière des cellules du mésophylle distingue les plantes de type C_4 des plantes de type C_3, car chez ces dernières la disposition est irrégulière, les cellules du mésophylle étant tantôt espacées, tantôt serrées les unes contre les autres. Le cycle de Calvin se déroule seulement dans les chloroplastes des cellules de la gaine fasciculaire. Toutefois, il est précédé par l'incorporation, dans le cytosol des cellules du mésophylle, de dioxyde de carbone à des composés organiques. Notez que la numérotation des étapes illustrées à la figure 10.20 correspond à celle des trois paragraphes qui suivent.

❶ Une enzyme appelée **PEP carboxylase** qu'on ne trouve que dans les cellules du mésophylle se charge de la première étape: du CO_2 est incorporé au phosphoénolpyruvate (PEP) afin de former de l'oxaloacétate, un composé à quatre atomes de carbone. L'affinité de la PEP carboxylase pour le CO_2 est une dizaine de fois supérieure à celle de la Rubisco et la PEP carboxylase n'a aucune affinité pour l'O_2. Par conséquent, la PEP carboxylase fixe efficacement le carbone lorsque la Rubisco en est incapable, c'est-à-dire par temps chaud et sec, alors que les stomates se ferment partiellement, entraînant la chute de la concentration du CO_2 et l'augmentation de celle de l'O_2 dans les feuilles.

❷ Une fois le carbone du CO_2 fixé, les cellules du mésophylle exportent leurs produits à quatre atomes de carbone (le malate dans l'exemple de la figure 10.20) vers les cellules de la gaine fasciculaire en passant par les plasmodesmes (voir la figure 6.31, p. 131).

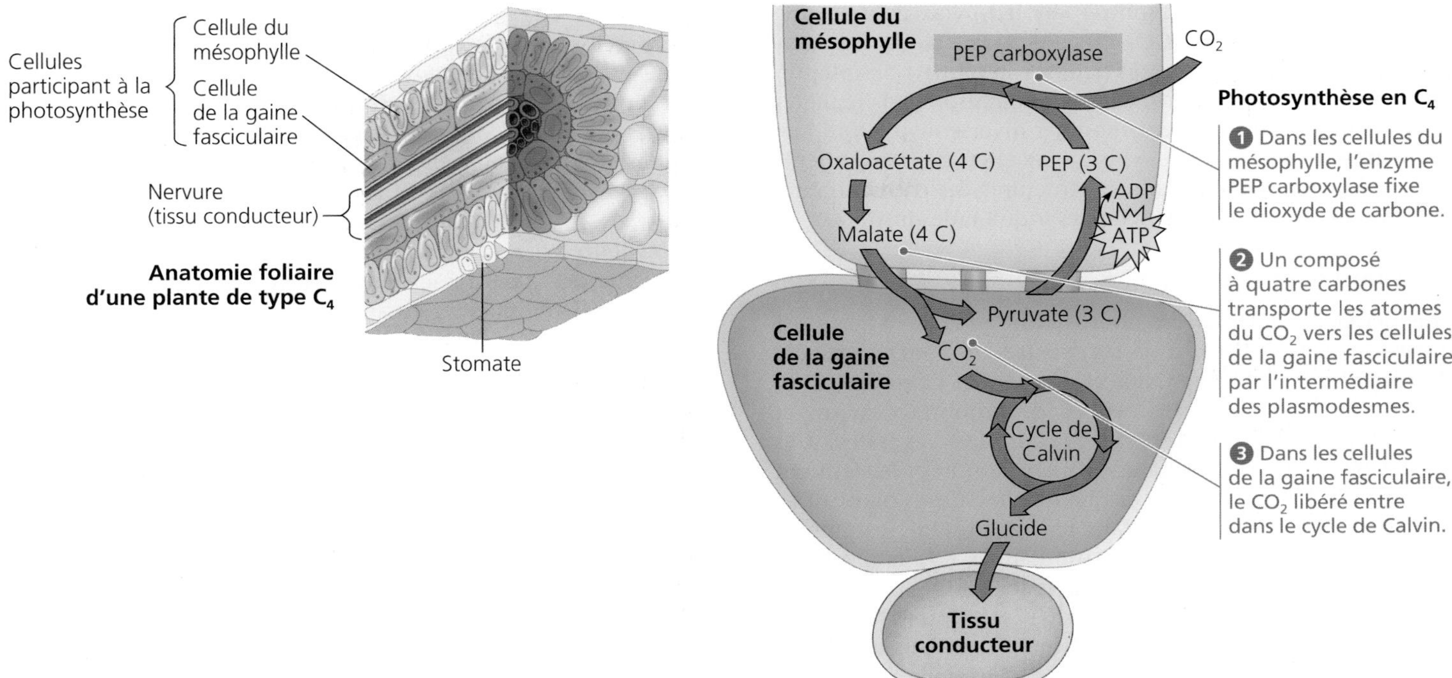

▲ **Figure 10.20 L'anatomie des plantes de type C_4 et les particularités de la photosynthèse.** La structure et les fonctions biochimiques des feuilles des plantes de type C_4 découlent de leur adaptation à un climat chaud et sec. Cette adaptation, apparue au cours de l'évolution, permet le maintien, dans la gaine fasciculaire, d'une concentration de dioxyde de carbone qui favorise la photosynthèse au détriment de la photorespiration.

❸ Dans les cellules de la gaine fasciculaire, les composés à quatre atomes de carbone libèrent le CO_2 et ce dernier s'y accumule jusqu'à ce que la Rubisco et le cycle de Calvin l'incorporent à de la matière organique, comme dans les plantes en C_3. (La Rubisco agit dans ces cellules comme une carboxylase, puisque la concentration de CO_2 y est élevée.) Cette même réaction régénère le pyruvate qui est transporté jusqu'aux cellules du mésophylle, où il est reconverti en PEP par une réaction nécessitant de l'ATP, ce qui permet à la réaction de se poursuivre. Ces ATP utilisées sont en quelque sorte le «prix» de la concentration du carbone dans les cellules de la gaine fasciculaire; pour le générer, ces dernières misent sur le transport cyclique d'électrons, processus que nous avons décrit précédemment dans ce chapitre (voir la figure 10.16). En fait, ces cellules fasciculaires contiennent un PS I, mais pas de PS II, de sorte que le transport cyclique d'électrons est leur seul mode photosynthétique de production d'ATP.

Ainsi, les cellules du mésophylle fournissent du dioxyde de carbone aux cellules de la gaine fasciculaire; la concentration est donc suffisamment élevée pour permettre à la Rubisco de capter le CO_2 plutôt que le O_2. Le cycle de réactions faisant intervenir la PEP carboxylase et la régénération du PEP peut être considéré comme une pompe servant à concentrer du CO_2 et alimentée par de l'ATP. De cette manière, la photosynthèse en C_4 réduit au minimum la photorespiration et favorise la production de glucides. Voilà pourquoi le rendement de la photosynthèse peut être jusqu'à trois fois plus élevé chez les plantes de type C_4 que chez les plantes de type C_3. Cette adaptation est particulièrement avantageuse dans les régions chaudes et très ensoleillées où les stomates se ferment partiellement durant la journée; c'est d'ailleurs dans ces milieux que les plantes de type C_4 sont apparues et qu'elles prospèrent de nos jours.

Depuis le début de la révolution industrielle, dans les années 1800, les activités humaines, notamment l'utilisation des combustibles fossiles, ont accru grandement la concentration de CO_2 dans l'atmosphère. Les changements climatiques, comme l'augmentation de la température moyenne dans toute la planète, risquent d'avoir des effets considérables sur les espèces végétales. Les scientifiques craignent que la concentration accrue de dioxyde de carbone et le réchauffement de la température planétaire agissent différemment sur les plantes de type C_3 et de type C_4, et que les quantités relatives de ces espèces dans des communautés végétales données en soient modifiées.

À quel type de plantes une concentration accrue de CO_2 profiterait-elle le plus? Souvenez-vous que, chez les plantes de type C_3, la liaison de la Rubisco avec le O_2 plutôt qu'avec le CO_2 mène à la photorespiration, laquelle réduit l'efficacité de la photosynthèse. Les plantes de type C_4 surmontent ce problème en concentrant le CO_2 dans les cellules de la gaine fasciculaire, ce qui a un coût en ce qui a trait aux ATP (la photosynthèse exige beaucoup plus d'ATP chez les plantes en C_4 que chez les plantes en C_3). Une plus forte concentration de CO_2 devrait profiter aux plantes C_3, car elle entraînerait une réduction de la photorespiration. Simultanément, les hausses de température ont l'effet contraire: elles augmentent la photorespiration (et d'autres facteurs, comme la disponibilité de l'eau, peuvent également entrer en jeu.) Par contre, une concentration accrue de CO_2 ou une hausse de la température n'influeraient pas, ou très peu, sur la plupart des plantes de type C_4. Selon les régions, des combinaisons particulières de ces deux facteurs peuvent modifier diversement l'équilibre des plantes de type C_3 et de type C_4. Les effets de changements si variables et si répandus sur les structures des communautés sont imprévisibles, ce qui suscite des inquiétudes justifiées.

Les plantes de type CAM

Une deuxième adaptation photosynthétique à l'aridité est apparue chez bien des plantes succulentes (qui ont de grandes réserves d'eau dans leurs tissus et des feuilles charnues) dont font partie les ananas, les orpins, de nombreux cactus et les membres d'une vingtaine de familles végétales. Ces plantes ouvrent leurs stomates pendant la nuit et les ferment durant le jour, à l'inverse de ce que font les autres plantes. La fermeture des stomates pendant le jour protège les plantes désertiques contre la déshydratation, mais elle empêche le dioxyde de carbone de pénétrer dans les feuilles. C'est donc pendant la nuit, quand les stomates sont ouverts, que le dioxyde de carbone doit être absorbé et utilisé dans la production d'une variété d'acides organiques. Ce mode de fixation du carbone a été qualifié de **métabolisme acide crassulacéen** (*crassulacean acid metabolism*, ou **CAM**), par suite de sa découverte chez des plantes de la famille des Crassulacées. Ce processus s'effectue, comme dans le cas des plantes de type C_4, grâce à l'enzyme PEP carboxylase. Les cellules du mésophylle des **plantes de type CAM** emmagasinent les acides organiques dans des vacuoles jusqu'au matin, moment où les stomates se ferment. Durant le jour, lorsque les réactions photochimiques fournissent de l'ATP et du NADPH + H^+ au cycle de Calvin, les acides organiques élaborés la nuit précédente libèrent du dioxyde de carbone, qui sert à former des glucides dans les chloroplastes; les acides organiques synthétisés remplissent aussi d'autres fonctions chez ce type de plantes.

Les plantes de type CAM et les plantes de type C_4 ont ceci de commun qu'elles se servent du dioxyde de carbone pour élaborer des intermédiaires organiques avant le début du cycle de Calvin (cette similitude est mise en évidence à la **figure 10.21**). La différence est que, dans les plantes de type C_4, la fixation du carbone est séparée physiquement du cycle de Calvin (les deux étapes ne se déroulent pas dans la même cellule), tandis que, dans les plantes de type CAM, les deux étapes se produisent dans la même cellule, mais elles n'ont pas lieu simultanément. (Rappelez-vous que les plantes de type CAM, de type C_4 et de type C_3 finissent toutes par utiliser le cycle de Calvin pour produire des glucides à partir de dioxyde de carbone.)

▶ **Figure 10.21 Comparaison entre la photosynthèse chez les plantes de type C_4 et le métabolisme acide crassulacéen (CAM).** Les deux adaptations se caractérisent par la fixation du CO_2 dans des acides organiques ❶ suivie d'un transfert du CO_2 au cycle de Calvin ❷. La photosynthèse en C_4 et le CAM représentent deux solutions au problème posé, en milieu aride, par la poursuite de la photosynthèse alors que les stomates sont partiellement ou complètement fermés.

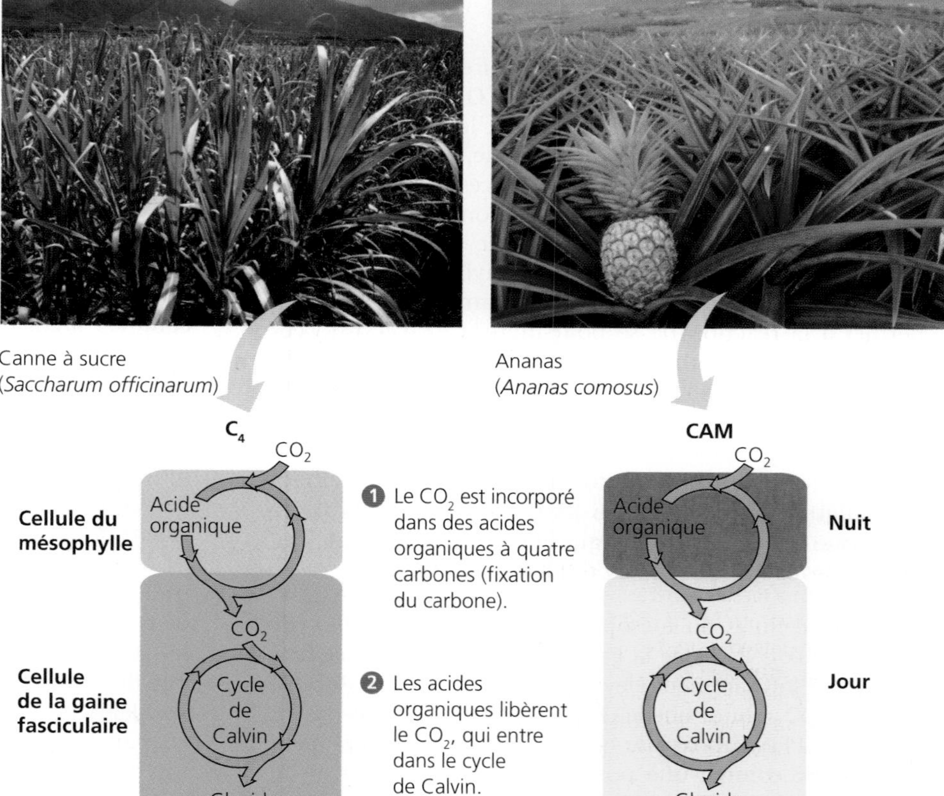
Canne à sucre
(*Saccharum officinarum*)
Ananas
(*Ananas comosus*)
C_4
CAM
CO_2
Acide organique
Cellule du mésophylle
Cellule de la gaine fasciculaire
CO_2
Cycle de Calvin
Glucide
❶ Le CO_2 est incorporé dans des acides organiques à quatre carbones (fixation du carbone).
❷ Les acides organiques libèrent le CO_2, qui entre dans le cycle de Calvin.
Nuit
Jour
(a) **Séparation physique des étapes.** Chez les plantes de type C_4, la fixation du carbone et le cycle de Calvin se déroulent dans des cellules différentes.
(b) **Séparation temporelle des étapes.** Dans les plantes de type CAM, la fixation du carbone et le cycle de Calvin se déroulent dans les mêmes cellules, mais à des moments différents.

RETOUR SUR LE CONCEPT **10.4**

1. Expliquez pourquoi la photorespiration ralentit la photosynthèse.
2. La présence de PS I, et non de PS II, dans les cellules de la gaine fasciculaire des plantes de type C_4 a un effet sur la concentration de dioxygène. Quel est cet effet et comment peut-il être avantageux pour la plante ?
3. FAITES DES LIENS Revenez à ce que vous avez appris sur l'acidification des océans (concept 3.3, p. 50). On pourrait penser que ce phénomène et les modifications dans la distribution des plantes de type C_3 et des plantes de type C_4 sont des problèmes très différents, mais qu'ont-ils en commun ? Expliquez votre réponse.
4. ET SI ? À votre avis, qu'arriverait-il à l'abondance relative des plantes de type C_3 par rapport aux plantes de type C_4 et de type CAM dans une région où le climat deviendrait beaucoup plus chaud et beaucoup plus sec (et cela sans variation du CO_2) ?

Voir les réponses proposées à la fin du chapitre.

L'importance de la photosynthèse : *révision*

Dans ce chapitre, nous avons expliqué le déroulement de la photosynthèse, de l'étape de l'absorption des photons à celle de la synthèse des glucides. Les réactions photochimiques captent l'énergie solaire et l'exploitent pour produire de l'ATP et pour transférer des électrons de l'eau au $NADP^+$ et ainsi former du NADPH + H^+. Le cycle de Calvin utilise l'ATP et le NADPH + H^+ pour élaborer un glucide à trois carbones (le 3-phosphoglycéraldéhyde) à partir de dioxyde de carbone. L'énergie incorporée dans les chloroplastes sous forme de lumière solaire se trouve emmagasinée sous forme d'énergie chimique dans des composés organiques. (Voir la **figure 10.22** pour une révision.)

Les glucides formés dans les chloroplastes fournissent à la plante entière l'énergie chimique et les chaînes carbonées nécessaires à la synthèse des principales molécules organiques des cellules végétales. Environ 50 % de la matière organique issue de la photosynthèse sert de combustible à la respiration cellulaire, au sein des mitochondries. Dans certains cas, la photorespiration « gaspille » les produits de la photosynthèse.

Techniquement, les cellules vertes sont les seules parties autotrophes d'une plante. Les autres parties se nourrissent des molécules organiques qui leur parviennent des feuilles par les nervures. Chez la plupart des Végétaux, les glucides formés

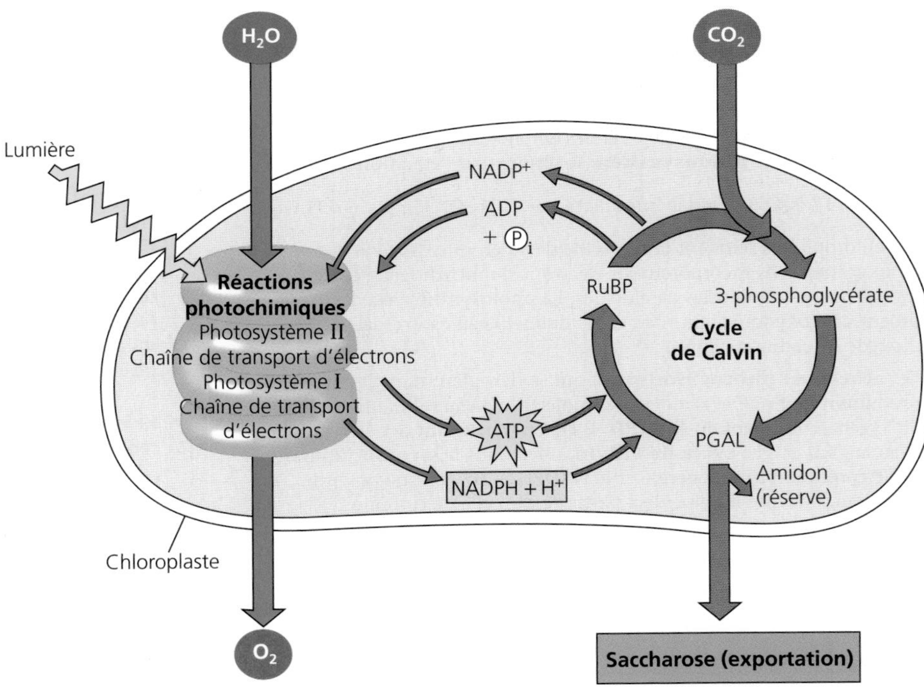

Les réactions photochimiques :
- sont réalisées par des molécules situées dans la membrane des thylakoïdes
- convertissent l'énergie lumineuse en l'énergie chimique de l'ATP et du NADPH + H^+
- scindent l'eau et libèrent le dioxygène dans l'atmosphère

Les réactions du cycle de Calvin :
- se déroulent dans le stroma
- utilisent l'ATP et le NADPH + H^+ pour convertir le CO_2 en PGAL
- renvoient l'ADP, le phosphate inorganique et le $NADP^+$ vers les réactions photochimiques

▶ **Figure 10.22 Résumé de la photosynthèse.** Ce diagramme présente les réactifs et les principaux produits des réactions photochimiques et de celles du cycle de Calvin à mesure qu'elles se déroulent dans les chloroplastes. La bonne marche de l'opération repose sur l'intégrité structurale des chloroplastes et de leurs membranes. Les enzymes situées dans les chloroplastes et dans le cytosol convertissent le 3-phosphoglycéraldéhyde (PGAL), le produit direct du cycle de Calvin, en plusieurs autres composés organiques.

FAITES DES LIENS *Revenez à la micrographie de la figure 5.6a (p. 79). Indiquez où se produisent les réactions photochimiques et le cycle de Calvin, et décrivez-les. Expliquez également d'où venaient les granules d'amidon de la micrographie.*

lors de la photosynthèse quittent les feuilles sous forme de saccharose, un disaccharide. Une fois que celui-ci a atteint les cellules non photosynthétiques, il est utilisé dans la respiration cellulaire et dans une multitude de voies anaboliques synthétisant des protéines, des lipides et d'autres produits. Une quantité considérable de molécules de saccharose se lient pour former un polysaccharide appelé cellulose, particulièrement dans les cellules en cours de croissance et de maturation. La cellulose, le principal composant de la paroi cellulaire, est la molécule organique la plus abondante dans les plantes, et sans doute sur la planète.

En 24 heures, la plupart des plantes fabriquent plus de matière organique qu'il ne leur en faut pour la respiration et la biosynthèse. Elles emmagasinent le surplus en synthétisant de l'amidon et en le stockant dans les chloroplastes eux-mêmes, ainsi que dans les racines, les tubercules, les graines et les fruits. N'oublions pas que les molécules organiques produites par la photosynthèse nourrissent non seulement les plantes elles-mêmes, mais aussi les hétérotrophes, comme nous, qui dévorent les feuilles, les racines, les tiges, les fruits, voire les plantes entières.

À l'échelle planétaire, c'est grâce à la photosynthèse que notre atmosphère renferme de l'oxygène. Si la photosynthèse venait à s'arrêter complètement, la respiration des organismes viderait l'atmosphère de son oxygène en quelques milliers d'années. En outre, pour ce qui est de la production de nourriture, la productivité des organites minuscules que sont les chloroplastes défie l'imagination; on estime qu'un gramme de matière végétale (masse en matière sèche) fixe de 20 à 40 mg de CO_2 à l'heure et que le processus de la photosynthèse qu'effectuent plus de 400 000 espèces vivantes à l'échelle de la planète produit environ 160 milliards de tonnes de glucides par année, soit l'équivalent de la masse d'environ 60 trillions de copies de ce manuel! Aucun autre processus chimique se déroulant sur la Terre n'a un rendement équivalent ni ne contribue autant à la vie.

RÉVISION DU CHAPITRE 10

RÉSUMÉ DES CONCEPTS CLÉS

CONCEPT 10.1

La photosynthèse convertit l'énergie lumineuse en énergie chimique **(p. 209 à 212)**

- Chez les Eucaryotes **autotrophes**, la photosynthèse a lieu dans les **chloroplastes**. Ces organites contiennent des **thylakoïdes**, des sacs membraneux qui forment ici et là des empilements appelés grana. Le processus de la **photosynthèse** se résume par l'équation suivante:

  $$6\ CO_2 + 12\ H_2O + \text{Énergie lumineuse} \rightarrow C_6H_{12}O_6 + 6\ O_2 + 6\ H_2O$$

  Les chloroplastes scindent la molécule d'eau en dihydrogène et en oxygène, et ils incorporent les électrons du dihydrogène dans les liaisons des molécules de glucides. La photosynthèse est donc un processus d'oxydoréduction au cours duquel l'eau est oxydée et le dioxyde de carbone, réduit.

  Les **réactions photochimiques**, qui se déroulent dans les grana, produisent de l'ATP et scindent les molécules d'eau; elles libèrent du dioxygène et forment du **NADPH + H⁺** en transférant des électrons de l'eau au $NADP^+$. Le **cycle de Calvin** a lieu dans le **stroma**; utilisant l'ATP comme source d'énergie et le NADPH + H^+ comme potentiel réducteur, il forme un glucide à partir de dioxyde de carbone.

? *Décrivez et comparez le rôle du dioxyde de carbone et celui de l'eau dans la respiration cellulaire et la photosynthèse.*

CONCEPT 10.2

L'énergie chimique de l'ATP et du NADPH + H^+ provient de l'énergie solaire transformée par les réactions photochimiques **(p. 212 à 221)**

- La lumière est une énergie électromagnétique qui se propage sous forme d'ondes. Les couleurs de la **lumière visible** – celles que nous percevons – comprennent les **longueurs d'onde** qui alimentent la photosynthèse.
- Un pigment est une substance qui absorbe des longueurs d'onde précises de la lumière. La **chlorophylle *a*** est le principal pigment des Végétaux. Des pigments accessoires absorbent des longueurs d'onde différentes et transmettent leur énergie à la chlorophylle *a*.
- Une molécule de pigment passe de l'état fondamental à l'état excité lorsqu'un **photon** propulse un de ses électrons à un niveau énergétique supérieur. Cet état est instable. Les électrons de pigments isolés ont tendance à retourner à l'état fondamental en libérant de la chaleur et (ou) de la lumière.
- Un **photosystème** se compose d'un **complexe du centre réactionnel**, entouré de **complexes collecteurs de lumière** qui canalisent l'énergie des photons vers le centre réactionnel. Quand une paire de molécules de chlorophylle *a* du centre réactionnel absorbe de l'énergie, un de ses électrons est capté par l'**accepteur primaire d'électrons**. Le **photosystème II** contient les molécules P680 dans le complexe du centre réactionnel; le **photosystème I** renferme les molécules de chlorophylle *a* P700.
- Le **transport non cyclique d'électrons** utilise les deux photosystèmes et produit du NADPH + H^+ et du dioxygène, outre l'ATP.

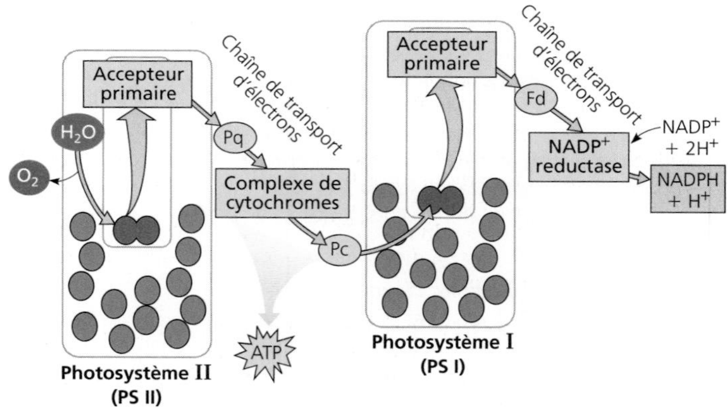

- Pour synthétiser l'ATP, le **transport cyclique d'électrons** ne fait appel qu'au photosystème I; il ne produit ni NADPH + H^+ ni O_2.
- Au cours de la chimiosmose, tant dans les mitochondries que dans les chloroplastes, la chaîne de transport d'électrons engendre un gradient de H^+ à travers une membrane. L'ATP synthase se sert de cette force protonmotrice pour former de l'ATP.

? *Le spectre d'absorption de la chlorophylle a diffère du spectre d'action de la photosynthèse. Expliquez le sens de cette observation.*

CONCEPT 10.3

Le cycle de Calvin convertit le CO_2 en glucides à l'aide de l'énergie chimique de l'ATP et du NADPH + H^+ (p. 222 et 223)

- Le cycle de Calvin se déroule dans le stroma; il utilise les électrons du NADPH + H^+ et l'énergie fournie par l'ATP. Une molécule de **PGAL** sort du cycle pour trois molécules de CO_2 fixées et elle est convertie en molécules de glucose et en d'autres molécules organiques essentielles.

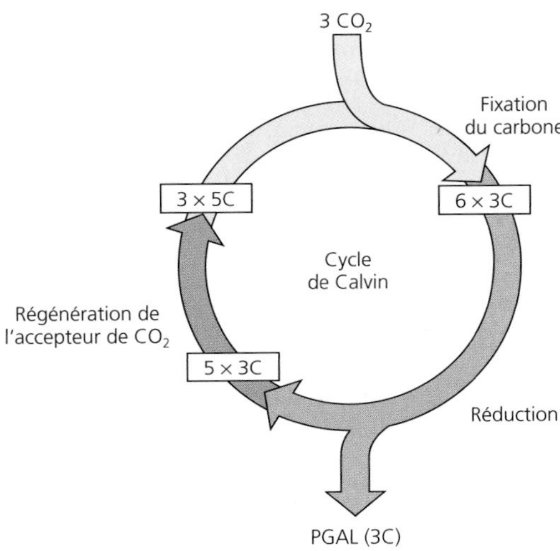

FAITES UN DESSIN *Dans la figure ci-dessus, indiquez où l'ATP et le NADPH + H^+ sont utilisés et où la Rubisco intervient. Décrivez ces étapes.*

CONCEPT 10.4

Les climats chauds et arides ont favorisé l'apparition de nouveaux modes de fixation du carbone (p. 223 à 227)

- Par temps chaud et sec, les **plantes de type C_3** ferment leurs stomates afin de prévenir les pertes d'eau. Le dioxygène provenant des réactions photochimiques s'accumule. Lors de la **photorespiration**, il se substitue au dioxyde de carbone dans le site actif de la Rubisco. Le processus de la photorespiration consomme du combustible organique et libère du CO_2 sans produire d'ATP ni de glucide. Même s'il s'agit probablement d'un vestige de l'évolution, la photorespiration joue un rôle photoprotecteur.
- Les **plantes de type C_4** réduisent le coût de la photorespiration en fixant le dioxyde de carbone dans un composé à quatre atomes de carbone. Ce processus se déroule dans des cellules spécialisées du mésophylle qui contiennent une enzyme possédant une affinité pour le CO_2 bien supérieure à celle de la Rubisco et aucune affinité pour l'O_2. Le composé à quatre atomes de carbone est exporté vers les **cellules de la gaine fasciculaire**, où il libère du dioxyde de carbone qui sera utilisé pour le cycle de Calvin.
- Les **plantes de type CAM** ouvrent leurs stomates durant la nuit et fixent le dioxyde de carbone dans des acides organiques qu'elles emmagasinent dans les cellules du mésophylle. Pendant la journée, les stomates se ferment et le dioxyde de carbone est libéré des acides organiques qui seront métabolisés dans le cycle de Calvin.
- Les composés organiques dérivés de la photosynthèse fournissent de l'énergie et des matériaux aux écosystèmes.

? *Pourquoi la photosynthèse est-elle plus coûteuse en énergie pour les plantes de type C_4 et de type CAM que la photosynthèse des plantes de type C_3? Quelles conditions climatiques favoriseraient les plantes de type C_4 et de type CAM?*

ÉVALUATION

NIVEAU 1 : CONNAISSANCES ET COMPRÉHENSION

1. Les réactions photochimiques de la photosynthèse fournissent au cycle de Calvin :
a) de l'énergie lumineuse.
b) du CO_2 et de l'ATP.
c) de la H_2O et du NADPH + H^+.
d) de l'ATP et du NADPH + H^+.
e) un glucide et du O_2.

2. Dans quel ordre le transport des électrons pendant la photosynthèse s'effectue-t-il?
a) NADPH + H^+ → O_2 → CO_2.
b) H_2O → NADPH + H^+ → Cycle de Calvin.
c) NADPH + H^+ → Chlorophylle → Cycle de Calvin.
d) H_2O → Photosystème I → Photosystème II.
e) NADPH + H^+ → Chaîne de transport d'électrons → O_2.

3. Quelle est la ressemblance entre les adaptations photosynthétiques des plantes de type C_4 et celles des plantes de type CAM?
a) Dans les deux cas, seul le photosystème I est utilisé.
b) Les deux types de plantes produisent des glucides en dehors du cycle de Calvin.
c) Chez les deux types de plantes, une enzyme autre que la Rubisco catalyse la première étape de la fixation du carbone.
d) Les deux types de plantes produisent la majeure partie de leurs glucides dans l'obscurité.
e) Ni les plantes de type C_4 ni les plantes de type CAM n'ont de thylakoïdes.

4. Lequel des énoncés suivants exprime une véritable distinction entre les autotrophes et les hétérotrophes?
a) Seuls les hétérotrophes ont besoin des composés chimiques présents dans leur milieu.
b) La respiration cellulaire est propre aux hétérotrophes.
c) Seuls les hétérotrophes ont des mitochondries.
d) Les autotrophes, contrairement aux hétérotrophes, se nourrissent à partir de dioxyde de carbone et d'autres substances inorganiques.
e) Seuls les hétérotrophes ont besoin de dioxygène.

5. Quel processus *n'a pas* lieu durant le cycle de Calvin?
a) La fixation du carbone.
b) L'oxydation du NADPH.
c) La libération d'oxygène.
d) La régénération de l'accepteur de CO_2.
e) La consommation d'ATP.

NIVEAU 2: APPLICATION ET ANALYSE

6. Du point de vue de son mécanisme, la photophosphorylation ressemble:
   a) à la phosphorylation au niveau du substrat pendant la glycolyse.
   b) à la phosphorylation oxydative pendant la respiration cellulaire.
   c) au cycle de Calvin.
   d) à la fixation du carbone.
   e) à la réduction du $NADP^+$.

7. Lequel de ces processus est alimenté *directement* par l'énergie lumineuse?
   a) L'établissement d'un gradient de pH par un transfert de protons à travers la membrane des thylakoïdes.
   b) La fixation du carbone dans le stroma.
   c) La réduction des molécules de $NADP^+$.
   d) La perte des électrons par les molécules de chlorophylle associées à la membrane.
   e) La synthèse d'ATP.

NIVEAU 3: SYNTHÈSE ET ÉVALUATION

8. **LIEN AVEC L'ÉVOLUTION**
   La photorespiration peut réduire d'environ 50% la production photosynthétique de la graine de soya. Selon vous, cette réduction est-elle plus importante, ou moins importante, pour les variétés sauvages de la plante? Pourquoi?

9. **INTÉGRATION**
   FAITES DES LIENS **FAITES UN DESSIN** Le diagramme ci-dessous représente une expérience réalisée avec des thylakoïdes isolés. On commence par rendre ces organites acides en les plongeant dans une solution dont le pH est de 4. Une fois que le pH de leur espace intrathylakoïdien a atteint 4, on les transfère dans une solution basique dont le pH est de 8. Lorsqu'ils sont placés dans le noir, les thylakoïdes produisent alors de l'ATP. (Voir le concept 3.3, p. 56 à 59, pour réviser la notion de pH.)

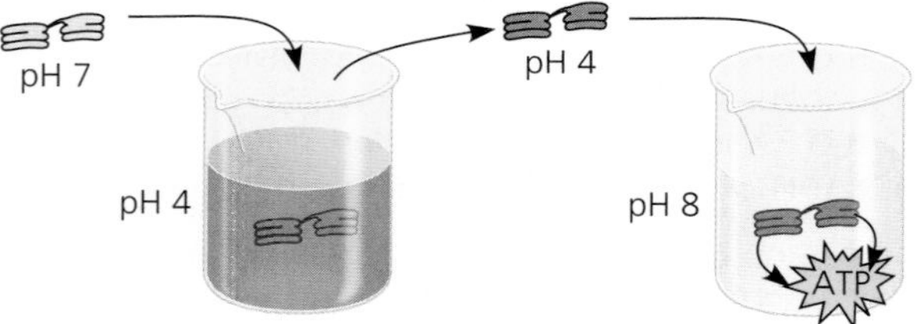

   Dessinez un agrandissement d'une partie de la membrane d'un thylakoïde dans le bécher qui contient la solution de pH 8. Dessinez l'ATP synthase. Marquez les zones à forte et à faible concentration de H^+. Indiquez la direction du flux de protons à travers l'enzyme et montrez la réaction conduisant à la synthèse de l'ATP. Cette synthèse s'achève-t-elle dans le thylakoïde ou hors de lui? Expliquez pourquoi les thylakoïdes de cette expérience ont pu fabriquer de l'ATP dans le noir.

10. **SCIENCE, TECHNOLOGIE ET SOCIÉTÉ**
    La recherche scientifique a établi que le dioxyde de carbone libéré par la combustion du bois et des combustibles fossiles contribue à réchauffer la planète (effet de serre). On estime que les forêts tropicales humides sont à l'origine de plus de 20% de la photosynthèse globale. Il semble logique de croire que ces forêts produisent de grandes quantités de dioxygène et réduisent l'effet de serre en consommant du dioxyde de carbone. Or, de nombreux experts pensent aujourd'hui que la contribution *nette* des forêts tropicales humides à la production de dioxygène ou au ralentissement du réchauffement planétaire est faible, voire nulle. Comment cela serait-il possible? (*Piste:* quel processus produit du CO_2 dans les arbres vivants ou morts?)

11. **ÉCRIVEZ UN TEXTE**
    Le transfert d'énergie La vie sur Terre existe grâce à l'énergie solaire. Presque tous les organismes producteurs de la biosphère en dépendent pour synthétiser les molécules organiques qui procurent l'énergie et fournissent les squelettes carbonés nécessaires à la vie. Rédigez un court texte (de 100 à 150 mots) pour expliquer comment le processus de la photosynthèse qui s'effectue dans les chloroplastes des Végétaux transforme énergie solaire en énergie chimique dans les molécules de sucre.

RÉPONSES DU CHAPITRE 10

Questions des figures

Figure 10.3 Placer des contenants d'algues à proximité de sources d'émission de CO_2 est une bonne idée parce que ces algues ont besoin de CO_2 pour la photosynthèse. Plus leur taux de photosynthèse est élevé, plus elles produiront d'huile végétale. Entre-temps, les algues absorberont les émissions de CO_2 des usines et des moteurs des automobiles, réduisant d'autant la quantité de CO_2 qui entre dans l'atmosphère. **Figure 10.10** La lumière rouge aurait traversé le filtre (mais pas la lumière bleu-violet). Les bactéries ne se seraient donc pas agglutinées à l'endroit où passe normalement la lumière bleu-violet. Par conséquent, l'aggloméra bactérien de gauche ne se serait pas formé, mais celui de droite y serait parce que la lumière rouge traversant le filtre serait utilisée pour la photosynthèse. **Figure 10.12** Dans la feuille, la plupart des électrons de la chlorophylle excités par l'absorption des photons sont utilisés pour activer les réactions de la photosynthèse. **Figure 10.16** La personne au sommet de la tour du photosystème I ne jetterait pas son électron dans le seau, mais plutôt au sommet de la rampe posée sur la tour du photosystème II. L'électron dévalerait alors jusqu'en bas de la rampe, serait énergisé par un photon et reviendrait entre ses mains. Ce cycle continuerait tant qu'il y aurait de la lumière (d'où son appellation: transport cyclique d'électrons). **Figure 10.19** Trois atomes de carbone entrent dans le cycle, un à un, en tant que molécules individuelles de CO_2 et quittent le cycle sous la forme d'une molécule à trois atomes de carbone (PGAL) après trois cycles.

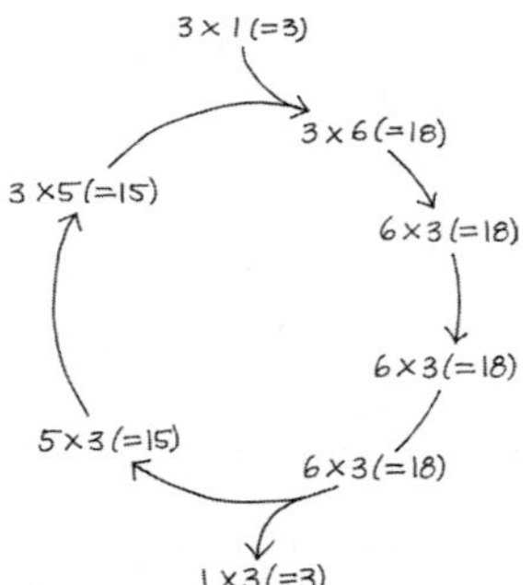

Figure 10.22

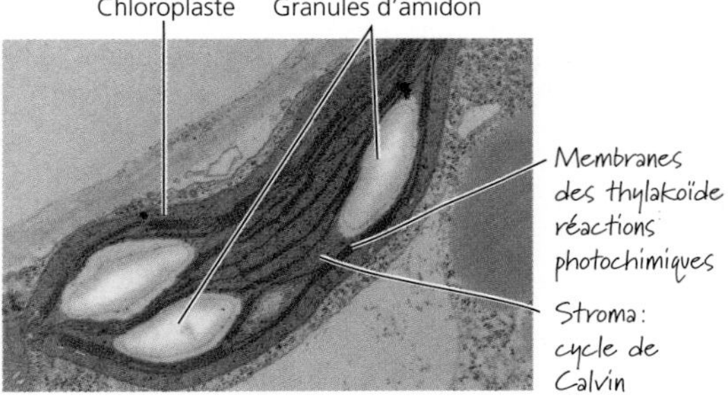

Les photosystèmes qui effectuent les réactions photochimiques se trouvent dans la membrane des thylakoïdes ; quant à l'ATP et au NADPH + H^+, une fois formés, ils sont libérés dans le stroma, où ils alimentent les réactions du cycle de Calvin, lesquelles produisent du PGAL. Les molécules de sucre qui ne sont pas utilisées peuvent être converties en glucose, puis stockées sous forme d'amidon.

Retour sur le concept 10.1

1. Le CO_2 entre dans les feuilles par les stomates, tandis que l'eau y parvient en pénétrant dans les racines pour ensuite monter dans les nervures. **2.** En employant comme marqueur du ^{18}O, un isotope lourd de l'oxygène, les chercheurs ont pu confirmer l'hypothèse de Van Niel, selon laquelle l'oxygène produit au cours de la photosynthèse vient de l'eau et non du dioxyde de carbone. **3.** Les réactions photochimiques dépendent du $NADP^+$, de l'ADP et du Ⓟ$_i$ que le cycle de Calvin génère. Les deux cycles sont interdépendants.

Retour sur le concept 10.2

1. La lumière verte, parce qu'elle est en grande partie transmise et réfléchie (et non absorbée) par les pigments photosynthétiques. **2.** Dans les chloroplastes, les électrons excités par la lumière sont captés par un accepteur primaire d'électrons, ce qui les empêche de retourner à l'état fondamental. Comme la chlorophylle pure ne contient pas d'accepteur d'électrons, les électrons excités par la lumière retournent immédiatement à l'état fondamental en libérant de la lumière et de la chaleur. **3.** L'eau (H_2O) est le donneur d'électrons ; le $NADP^+$ accepte des électrons à la fin de la chaîne de transport d'électrons, ce qui le réduit en NADPH + H^+. **4.** Dans cette expérience, la synthèse de l'ATP ralentirait et finirait par cesser. Comme le composé ajouté ne permettrait pas la formation d'un gradient de protons à travers la membrane, l'ATP synthase ne pourrait pas catalyser la production d'ATP.

Retour sur le concept 10.3

1. 6, 18, 12. **2.** Plus une molécule emmagasine de l'énergie potentielle, plus sa formation nécessite d'énergie et de potentiel réducteur. Le glucose est une excellente source d'énergie parce qu'il est fortement réduit et emmagasine de grandes quantités d'énergie potentielle dans ses électrons. Pour réduire le CO_2 en glucose, il faut beaucoup d'énergie et de potentiel réducteur, soit un grand nombre de molécules d'ATP et de NADPH + H^+, respectivement. **3.** Les réactions photochimiques requièrent de l'ADP et du $NADP^+$, lesquels ne seraient pas produits à partir de l'ATP et du NADPH + H^+ si le cycle de Calvin s'arrêtait. **4.** Dans la glycolyse, le PGAL agit comme intermédiaire. Le fructose 1,6-disphosphate à six atomes de carbone est scindé en deux sucres à trois atomes de carbone, dont l'un est le PGAL. L'autre est un isomère appelé phosphodihydroxyacétone, qui peut être converti en PGAL par une isomérase. Comme le PGAL est le substrat de l'enzyme suivante, il est constamment retiré et l'équilibre de la réaction tend vers la conversion du phosphodihydroxyacétone en PGAL supplémentaire. Dans le cycle de Calvin, le PGAL est à la fois intermédiaire et produit. Pour chaque trois molécules de CO_2 qui entrent dans le cycle, il se forme six molécules de PGAL, dont cinq doivent rester dans le cycle et se réarranger pour générer trois molécules de RuBP à cinq atomes de carbone. Le sixième PGAL est un produit qu'on peut considérer comme le résultat de la « réduction » des trois molécules de CO_2 qui sont entrées dans le cycle en monosaccharide à trois atomes de carbone ; ce PGAL pourra être réutilisé pour générer de l'énergie.

Retour sur le concept 10.4

1. La photorespiration ralentit la photosynthèse en ajoutant au cycle de Calvin de l'oxygène plutôt que du CO_2. Aucun sucre n'est donc produit (aucun carbone n'est fixé), et le processus consomme du O_2 au lieu d'en libérer. **2.** Sans PS II, aucun dioxygène n'est généré dans les cellules de la gaine fasciculaire, ce qui permet d'éviter le problème de la compétition de l'O_2 avec le CO_2 pour la liaison avec la Rubisco dans ces cellules. **3.** Les deux problèmes sont causés par le changement radical de l'atmosphère terrestre résultant de l'utilisation des combustibles fossiles. L'augmentation de la concentration de CO_2 perturbe la chimie des océans en diminuant leur pH, ce qui nuit à la calcification des organismes marins. Sur la terre ferme, les Végétaux se sont adaptés à la concentration accrue de CO_2 et au réchauffement de la planète, mais ces variations se traduisent par des répercussions importantes sur leur photosynthèse. Si la concentration de CO_2 et la température continuent à changer, cela pourrait avoir des effets cruciaux sur les organismes vivant dans tous les habitats de la planète. **4.** Les plantes de types C_4 et CAM prendraient la place d'un grand nombre de plantes de type C_3.

Questions du résumé des concepts clés

10.1 Le dioxyde de carbone et l'eau sont des produits dans la respiration et des réactifs dans la photosynthèse. Dans la respiration, le glucose est oxydé en CO_2 à mesure que les électrons sont transférés du glucose au dioxygène par la chaîne de transport d'électrons, ce qui produit de l'eau. Dans la photosynthèse, l'eau est la source d'électrons, lesquels sont énergisés par la lumière, temporairement stockés dans le NADPH + H^+, puis utilisés pour réduire le dioxyde de carbone en glucides.
10.2 Le spectre d'action de la photosynthèse montre que certaines longueurs d'onde qui ne sont pas absorbées par la chlorophylle *a* peuvent néanmoins favoriser la photosynthèse. Les complexes collecteurs de lumière des photosystèmes contiennent des pigments accessoires, comme la chlorophylle *b* et les caroténoïdes, qui absorbent diverses longueurs d'onde et transfèrent l'énergie à la chlorophylle *a*, élargissant ainsi le spectre de la lumière utile pour la photosynthèse.
10.3

3 CO_2
La Rubisco agit ici.
Fixation du carbone
L'ATP est utilisée ici.
L'ATP est utilisée ici.
3 × 5C
6 × 3C
Cycle de Calvin
Régénération de l'accepteur de CO_2
5 × 3C
Le NADPH + H^+ est utilisé ici.
Réduction
PGAL (3C)

Dans la phase de réduction du cycle de Calvin, l'ATP phosphoryle les composés à trois atomes de carbone et le NADPH + H^+ les réduit en PGAL. L'ATP sert également durant la phase de régénération, lorsque cinq molécules de PGAL sont converties en trois molécules du composé à cinq atomes de carbone, le RuDP. La Rubisco catalyse la première étape de la fixation du carbone : l'ajout de CO_2 au RuDP. **10.4** La photosynthèse en C_4 et le métabolisme acide crassulacéen (CAM) supposent la fixation de CO_2 pour produire un composé à quatre carbones (dans les cellules du mésophylle chez les plantes de type C_4 et la nuit chez les plantes de type CAM). Ces composés sont ensuite dégradés pour libérer du CO_2 (dans les cellules de la gaine fasciculaire chez les plantes de type C_4 et durant le jour chez les plantes de type CAM). Il faut de l'ATP pour recycler la molécule utilisée initialement pour se combiner au CO_2. Ces adaptations évitent le recours à la photorespiration consommatrice d'ATP et réduisent la production de phosphoglycolate chez les plantes de type C_3 lorsqu'elles referment leurs stomates sous le soleil par temps chaud et sec. Les climats chauds et arides favorisent donc les plantes de type C_4 et de type CAM.

ÉVALUATION

1. d; **2.** b; **3.** c; **4.** d; **5.** c; **6.** b; **7.** d;

9.

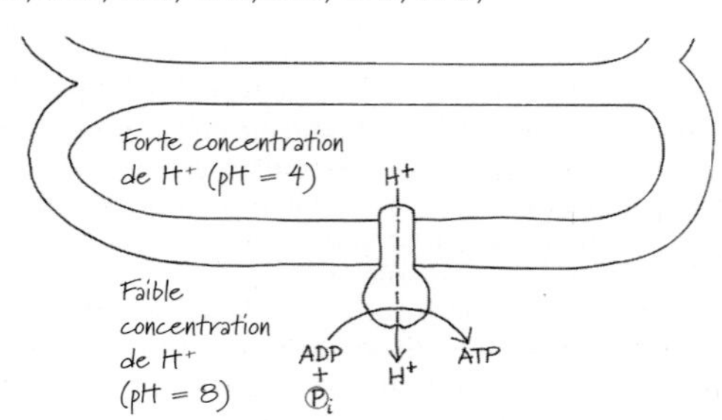

La synthèse de l'ATP se terminerait hors du thylakoïde. Les thylakoïdes ont pu synthétiser de l'ATP dans le noir parce que les chercheurs ont créé un gradient de concentration de protons artificiel à travers leur membrane; les réactions photochimiques n'étaient donc plus nécessaires pour établir le gradient de H^+ requis pour la synthèse de l'ATP par l'ATP synthase.

11

La communication cellulaire

▲ **Figure 11.1 Comment la communication cellulaire déclenche-t-elle la fuite désespérée de cette gazelle ?**

CONCEPTS CLÉS

11.1 Les signaux externes sont convertis en réponses à l'intérieur de la cellule
11.2 La réception : une molécule de signalisation se lie à un récepteur protéique et en modifie la forme
11.3 La transduction : des cascades d'interactions moléculaires transmettent les signaux des récepteurs aux molécules cibles intracellulaires
11.4 La réponse : la communication cellulaire aboutit à la régulation des fonctions cytoplasmiques ou de la transcription
11.5 L'apoptose intègre de nombreuses voies de communication

INTRODUCTION

L'Internet cellulaire

La gazelle de Thomson (*Gazella thomsoni*) que l'on voit à la **figure 11.1** fuit dans une tentative désespérée d'échapper au guépard qui l'a prise en chasse. Son cœur bat plus rapidement, sa respiration s'accélère et ses muscles fonctionnent à plein régime. Ces modifications physiologiques font partie d'une réaction « de lutte ou de fuite » régulée par les hormones que libèrent les surrénales dans les moments de stress, comme celui où la gazelle a décelé l'odeur du guépard. La communication hormonale ainsi que la réaction cellulaire et tissulaire qui s'ensuit dans tout le corps de l'animal illustrent la façon dont la communication de cellule à cellule permet aux billions de cellules d'un organisme multicellulaire de se « parler » et de coordonner leurs activités. La communication intercellulaire est essentielle non seulement aux organismes multicellulaires comme les gazelles ou les chênes, mais aussi à de nombreux organismes unicellulaires.

En étudiant la façon dont les cellules émettent, captent et interprètent les signaux, les biologistes ont découvert certains mécanismes universels de régulation cellulaire qui constituent autant de preuves que toutes les formes de vie terrestre sont reliées et découlent d'une évolution. En effet, le même petit ensemble de mécanismes de communication cellulaire s'observe encore et encore chez les diverses espèces, dans des processus biologiques allant de l'action des hormones au développement embryonnaire en passant par le cancer. Qu'ils proviennent d'autres cellules ou de changements dans l'environnement physique, les signaux que reçoivent les cellules prennent diverses formes, y compris celles de signaux lumineux ou tactiles. Cependant, les cellules communiquent entre elles essentiellement par des signaux chimiques. Ainsi, la réaction de lutte ou de fuite de la gazelle de la figure 11.1 est déclenchée par l'adrénaline, une molécule de signalisation. Dans le présent chapitre, nous nous concentrerons sur les mécanismes principaux par lesquels les cellules reçoivent et traitent les signaux chimiques envoyés par d'autres cellules, et sur la façon dont elles y répondent. Nous jetterons aussi un coup d'œil sur l'*apoptose*, une forme de mort cellulaire programmée qui intègre de nombreuses voies de communication.

CONCEPT 11.1

Les signaux externes sont convertis en réponses à l'intérieur de la cellule

Que dit une cellule qui « parle » à une cellule qui « écoute » ? Comment cette dernière répond-elle au message ? Nous aborderons ces questions en nous penchant sur les microorganismes, car ceux-ci nous donnent un aperçu du rôle joué par la communication cellulaire au cours de l'évolution de la vie sur Terre.

L'évolution de la communication cellulaire

ÉVOLUTION L'un des sujets de la « conversation » cellulaire concerne l'activité sexuelle, du moins chez *Saccharomyces cerevisiae*, une levure qui entre dans la fabrication du pain, du vin et de la bière depuis des millénaires. Les chercheurs ont découvert que ce microorganisme reconnaît son partenaire sexuel grâce à des signaux (ou stimulus) chimiques, en l'occurrence des phéromones. Ces substances chimiques sont libérées par un organisme dans le but d'influencer le comportement d'un autre individu de la même espèce (aux chapitres 46 et 51, nous traiterons de ces questions plus en détail). Chez cette levure, il existe deux types sexuels, que l'on appelle **a** et **α** (**figure 11.2**). Dans les deux cas, il s'agit de cellules haploïdes, c'est-à-dire contenant un seul assortiment de chromosomes, *n* (nous approfondirons cette notion au chapitre 13). Lorsque la nourriture abonde, des cellules de type sexuel opposé fusionnent et forment des cellules diploïdes (possédant un double assortiment de chromosomes semblables, soit 2*n*), de type **a/α**. Au contraire, en cas de pénurie de nourriture, les cellules diploïdes subissent la méiose et produisent chacune quatre cellules filles haploïdes.

Voici comment les choses se passent. Une levure de type **a** sécrète une phéromone, le facteur **a**, qui se lie à des récepteurs protéiques spécifiques d'une levure de type **α** située à proximité. Simultanément, la levure de type **α** sécrète le facteur **α** (une autre phéromone), et celui-ci se fixe à des récepteurs particuliers de la levure de type **a**. Ces deux facteurs de reconnaissance sexuelle ne pénètrent pas à l'intérieur des cellules auxquelles ils se lient, mais ils provoquent leur expansion l'une vers l'autre, ainsi que certaines modifications. Il en résulte une fusion ou un accouplement des deux cellules de type sexuel opposé. La cellule **a/α** ainsi formée contient tous les gènes des deux cellules originelles, et sa combinaison génétique constituera une source de variation génétique chez les descendants qui naîtront des divisions cellulaires subséquentes.

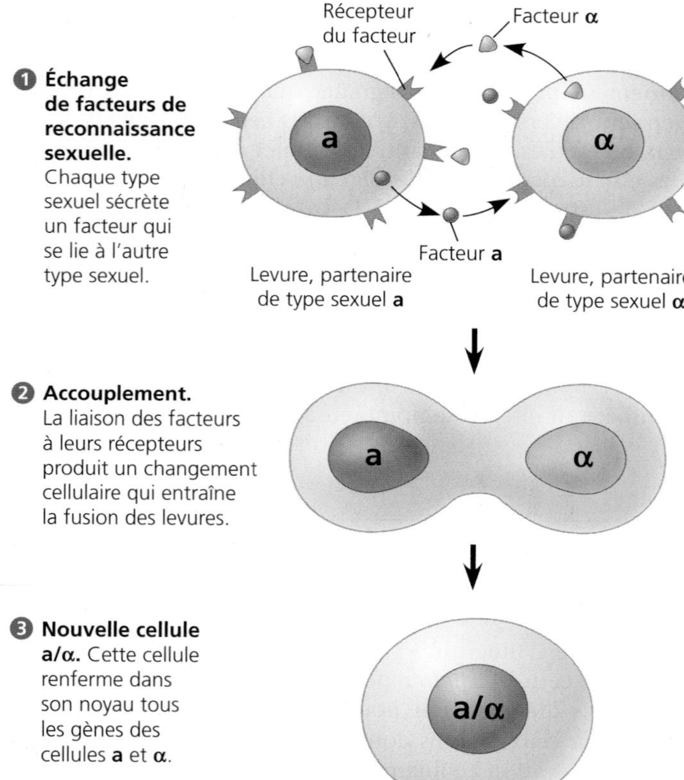

❶ **Échange de facteurs de reconnaissance sexuelle.** Chaque type sexuel sécrète un facteur qui se lie à l'autre type sexuel.
Récepteur du facteur
Facteur α
a
α
Facteur a
Levure, partenaire de type sexuel a
Levure, partenaire de type sexuel α
❷ **Accouplement.** La liaison des facteurs à leurs récepteurs produit un changement cellulaire qui entraîne la fusion des levures.
a
α
❸ **Nouvelle cellule a/α.** Cette cellule renferme dans son noyau tous les gènes des cellules a et α.
a/α

▲ **Figure 11.2 La communication préalable à la fusion de deux cellules de levure.** C'est au moyen d'un signal chimique que les cellules de la levure *Saccharomyces cerevisiae* identifient le type sexuel de leur partenaire éventuelle et qu'elles amorcent leur fusion. Les deux types sexuels et les signaux chimiques qui leur correspondent, soit les facteurs de reconnaissance sexuelle, sont nommés **a** et **α**.

Une fois reçu à la surface de la cellule de levure, comment le signal est-il transformé de manière à provoquer une réponse cellulaire comme l'accouplement ? Le processus par lequel un signal est converti en une réponse cellulaire particulière se nomme **transduction**. Il a lieu en une série d'étapes appelée **voie de transduction**. Parfois, cette voie ne comporte qu'une série d'étapes de conversion du signal en une substance chimique particulière. Mais, le plus souvent, à la phase de conversion s'ajoute une phase d'amplification. Il s'agit d'une cascade de réactions amorcée par une seule molécule et produisant des millions de molécules différentes de la première. De telles voies ont été étudiées en profondeur chez les levures et les Animaux. Étonnamment, du point de vue moléculaire, la transduction d'un signal chez ces deux types d'organismes est très similaire, bien que leur ancêtre commun le plus proche remonte à il y a plus d'un milliard d'années. Ces similarités, ainsi que celles qui ont été récemment mises en évidence entre les Bactéries, les Archées et les Végétaux, laissent croire que les premiers mécanismes de communication cellulaire sont apparus sur la Terre bien avant l'apparition du premier organisme multicellulaire.

Selon certains scientifiques, les mécanismes de communication sont apparus chez de très anciens procaryotes et eucaryotes unicellulaires, puis ils ont été adoptés et utilisés à de nouvelles fins par leurs descendants multicellulaires au fil de l'évolution. La communication cellulaire est d'une importance cruciale dans le monde microbien ; la **figure 11.3** en montre un exemple classique chez une espèce bactérienne. Les cellules bactériennes sécrètent de petites molécules de communication que d'autres cellules bactériennes peuvent détecter, ce qui leur permet d'évaluer la densité locale des cellules avoisinantes, un phénomène appelé la *détection du quorum*. Grâce à ces renseignements, les populations bactériennes peuvent coordonner leurs comportements et rendre possibles des activités qui ne sont productives que si un nombre donné de cellules s'y livrent en synchronie. La formation d'un *biofilm*, agrégation de cellules bactériennes adhérant à une surface, en est un exemple ; les cellules du biofilm tirent généralement leur nourriture de la surface où elles se trouvent. Vous avez souvent rencontré des biofilms, qu'il s'agisse de la fine couche qui se dépose sur les branches et les feuilles tombées au sol en forêt… ou de celle que vous sentez sur vos dents le matin. Les biofilms sont responsables des caries, d'où la nécessité de se brosser les dents et d'utiliser de la soie dentaire pour s'en débarrasser !

La communication à proximité et à distance

Comme les levures, les cellules d'un organisme multicellulaire communiquent généralement en libérant des médiateurs chimiques, lesquels ciblent des cellules adjacentes ou non. Comme on l'a vu aux chapitres 6 et 7, les cellules eucaryotes

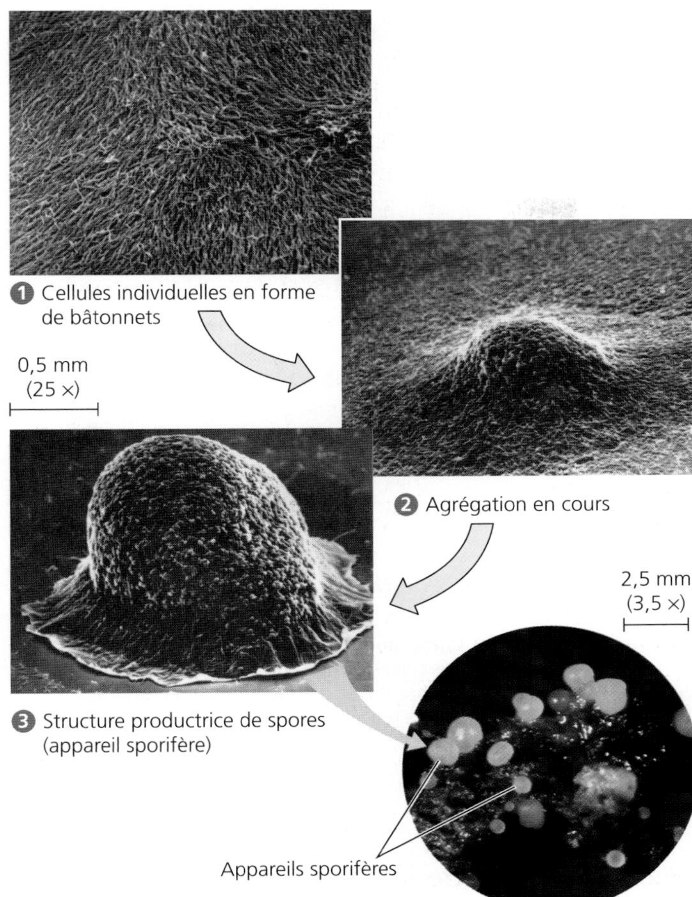

▲ **Figure 11.3 La communication entre bactéries.** Les Myxobactéries, un ordre de bactéries vivant dans le sol, utilisent des signaux chimiques pour échanger de l'information sur la disponibilité des nutriments. Lorsque les aliments sont rares, les cellules affamées sécrètent une molécule qui pousse les bactéries adjacentes à s'agréger, formant ainsi une structure appelée appareil sporifère qui produit des spores à paroi épaisse capables de survivre jusqu'à ce que les conditions de l'environnement s'améliorent. Les bactéries qu'on voit ici sont des *Myxococcus xanthus* (étapes 1 à 3, MEB ; photo du bas, micrographie à fluorescence).

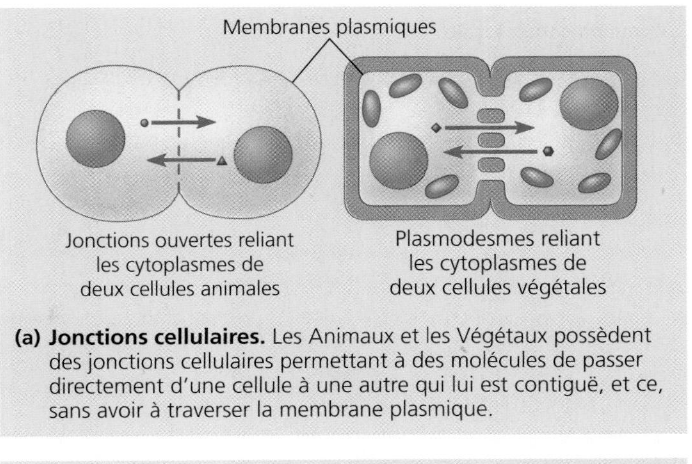

(a) Jonctions cellulaires. Les Animaux et les Végétaux possèdent des jonctions cellulaires permettant à des molécules de passer directement d'une cellule à une autre qui lui est contiguë, et ce, sans avoir à traverser la membrane plasmique.

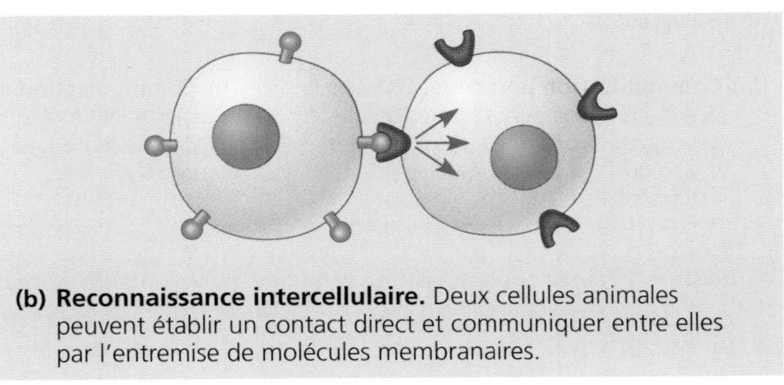

(b) Reconnaissance intercellulaire. Deux cellules animales peuvent établir un contact direct et communiquer entre elles par l'entremise de molécules membranaires.

▲ **Figure 11.4 La communication intercellulaire par contact direct.**

peuvent communiquer par contact direct (**figure 11.4**), l'une des formes de la communication locale. Ainsi, un contact direct entre les cytoplasmes de cellules adjacentes est assuré par les jonctions ouvertes des cellules animales et par les plasmodesmes des cellules végétales (**figure 11.4a**) ; les substances de communication dissoutes dans le cytosol peuvent ainsi se propager librement d'une cellule à l'autre. De plus, les cellules animales peuvent établir un contact entre elles par l'entremise de molécules situées à leur surface (**figure 11.4b**). Appelée reconnaissance intercellulaire, ce type de communication joue un rôle crucial dans des processus comme le développement embryonnaire et la réponse immunitaire.

Dans de nombreux cas, la cellule qui doit émettre un message sécrète des molécules messagères. Certaines de ces molécules parcourent seulement de courtes distances ; il s'agit de régulateurs locaux qui agissent sur les cellules avoisinantes. Les facteurs de croissance, une catégorie de régulateurs locaux que l'on trouve chez les Animaux, sont des composés qui incitent des cellules cibles adjacentes à croître et à se diviser. De nombreuses cellules peuvent recevoir des facteurs de croissance libérés par une seule cellule située dans le voisinage et y répondre. Chez les Animaux, cette sorte de communication locale et généralement de courte durée est appelée *communication paracrine* (**figure 11.5a**). Dans certaines situations (des cellules tumorales, par exemple), il arrive même que les molécules influent sur la cellule qui les a émises : on parle alors de *communication autocrine*. Le système nerveux des Animaux est le siège d'un autre type de communication locale spécialisée, appelée *communication synaptique* (**figure 11.5b**). Un potentiel électrique (signal électrique) propagé le long du neurone déclenche la sécrétion de molécules de neurotransmetteurs (un type de signal chimique) dans la fente synaptique – l'espace étroit séparant le neurone et la cellule cible (habituellement un autre neurone) – et provoque une réaction dans la cellule cible. Chez les Végétaux, certaines facettes de la communication locale demeurent mystérieuses. À cause de la paroi cellulaire, les mécanismes de communication locale sont quelque peu distincts de ceux des Animaux.

Les Animaux, comme les Végétaux, font appel à des **hormones** pour communiquer à distance. Au cours de la communication hormonale animale, aussi connue sous le nom de *communication endocrine*, des cellules spécialisées libèrent des hormones dans les vaisseaux du système cardiovasculaire, qui les acheminent vers les cellules cibles (**figure 11.5c**). Chez les Végétaux, les hormones (souvent appelées *régulateurs de croissance*) empruntent parfois les tissus conducteurs de sève, mais, la plupart du temps, elles atteignent leur destination en

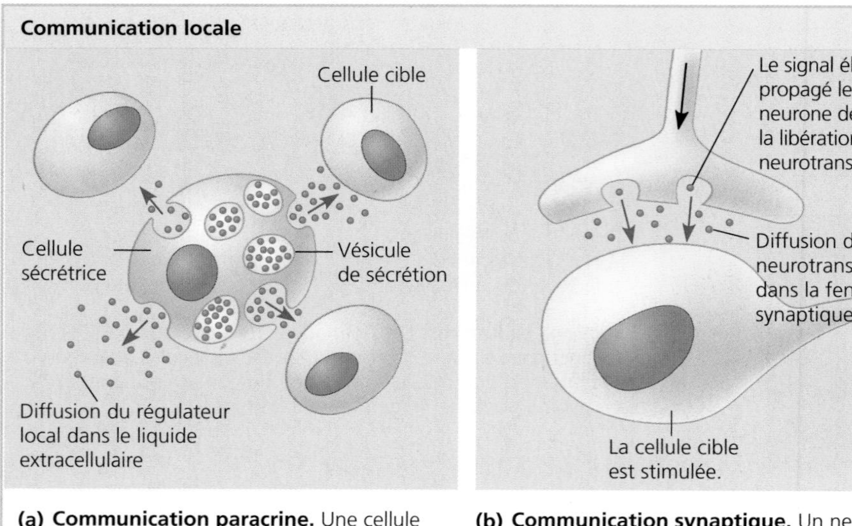

(a) Communication paracrine. Une cellule visant à interagir avec d'autres cellules situées à proximité libère des molécules d'un régulateur local dans le liquide extracellulaire.

(b) Communication synaptique. Un neurone sécrète des molécules d'un neurotransmetteur dans la fente synaptique, ce qui stimule la cellule cible.

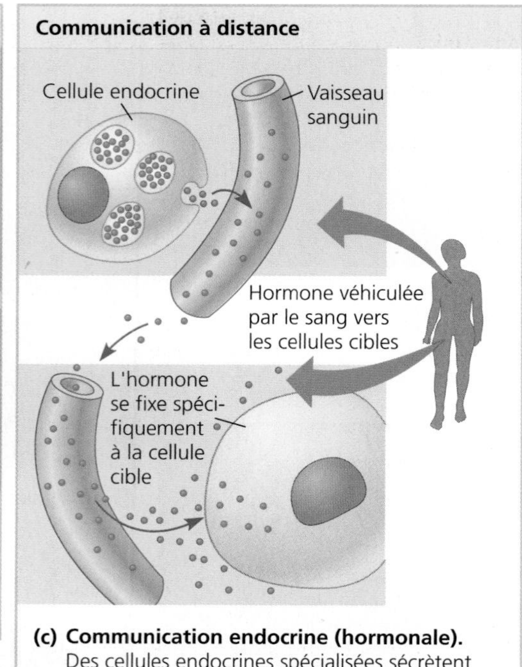

(c) Communication endocrine (hormonale). Des cellules endocrines spécialisées sécrètent des hormones dans les liquides corporels, généralement dans le sang. Les hormones ciblent des cellules situées ailleurs dans l'organisme.

▲ **Figure 11.5 La communication cellulaire locale ou à distance chez les Animaux.** Dans la communication à proximité ou à distance, seules les cellules cibles reconnaissent le signal chimique et y répondent.

passant de cellule en cellule (voir le chapitre 39) ou diffusent sous forme de gaz dans l'atmosphère. La taille et la nature des hormones varient, tout comme celles des régulateurs locaux. Par exemple, l'hormone végétale appelée éthylène, le gaz produit lors du mûrissement des fruits, est un hydrocarbure qui contient seulement six atomes (C_2H_4) assez petits pour traverser les parois cellulaires. En comparaison, l'insuline, l'hormone animale qui régule la concentration de glucose sanguin, est une protéine formée de 51 acides aminés et donc de plusieurs centaines d'atomes.

La transmission d'un signal dans le système nerveux est un autre exemple de communication à distance. Comme nous l'avons expliqué plus haut, le signal électrique qui se propage le long d'un neurone est converti en un signal chimique lorsqu'une molécule de signalisation traverse la synapse d'un autre neurone, puis il est converti de nouveau en signal électrique. Un signal nerveux peut ainsi se propager le long d'une série de neurones. Comme certains sont plutôt longs, le signal nerveux peut franchir rapidement de grandes distances – de votre cerveau jusqu'à votre gros orteil, par exemple. Nous reviendrons plus en détail sur ce genre de communication à distance au chapitre 48.

Que se passe-t-il quand une cellule reçoit un signal? En fait, la capacité d'une cellule de répondre dépend de la présence ou de l'absence d'une molécule réceptrice spécifique qui peut se lier à la molécule de signalisation. L'information véhiculée par cette liaison, le signal, doit être convertie sous une autre forme – c'est ce qu'on appelle la transduction – à l'intérieur de la cellule pour que cette dernière puisse répondre. Le reste de ce chapitre traite de ce processus, en s'attardant surtout aux cellules animales.

Les trois phases de la communication cellulaire: *aperçu*

Nous devons nos connaissances sur les médiateurs chimiques des voies de transduction aux travaux pionniers d'Earl W. Sutherland, qui a d'ailleurs reçu un prix Nobel en 1971. Ses collègues de l'université Vanderbilt et lui ont étudié, dans les années 1950, le mode d'action de l'adrénaline, une hormone animale, sur l'hydrolyse du glycogène stocké dans les cellules hépatiques ou musculaires. L'hydrolyse du glycogène libère du glucose-1-phosphate, que la cellule transforme en glucose-6-phosphate. Ce dernier, qui constitue le réactif initial de la glycolyse, peut servir à produire de l'énergie dans les cellules du foie et des muscles; il peut aussi se faire enlever son phosphate et sortir des cellules hépatiques pour se retrouver dans le sang sous forme de glucose destiné à d'autres cellules. Ainsi, en période de stress physique ou émotionnel, l'adrénaline sécrétée par les glandes surrénales mobilise les réserves de combustible, que l'animal peut utiliser soit pour s'échapper (fuite) ou pour se défendre (lutte). (De toute évidence, la gazelle de la figure 11.1 a choisi de fuir.)

L'équipe de Sutherland a découvert que l'adrénaline stimule la dégradation du glycogène en activant indirectement une enzyme cytoplasmique, la glycogène phosphorylase (pendant que l'enzyme qui permet la formation du glycogène, elle, est inhibée). Toutefois, l'ajout *in vitro* d'adrénaline à un mélange de l'enzyme phosphorylase et de son substrat, le glycogène, ne conduit pas à l'hydrolyse. Cette observation s'explique par le fait que l'hormone active la glycogène phosphorylase seulement lorsqu'elle est ajoutée à une solution physiologique contenant des cellules *intactes*. En se fondant sur ce

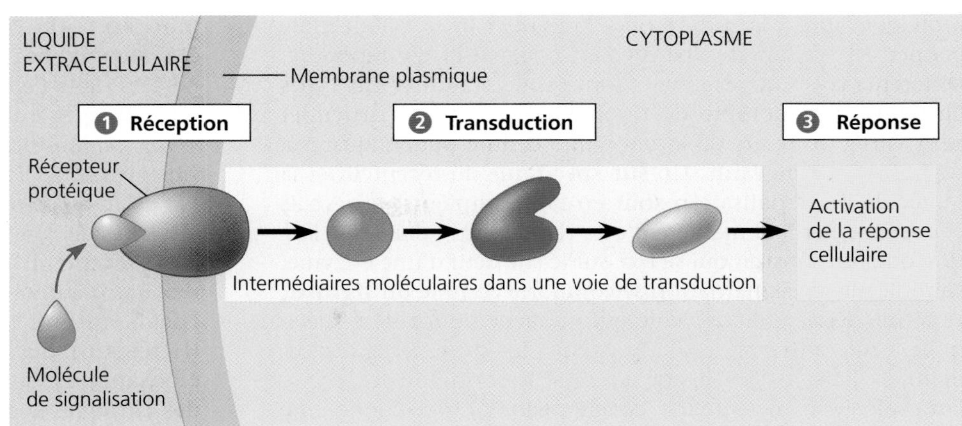

► **Figure 11.6 Vue d'ensemble de la communication cellulaire.** Du point de vue de la cellule qui reçoit un « message », la communication se divise en trois phases : la réception du signal par la membrane plasmique, la transduction du signal et la réponse de la cellule. La phase de transduction comprend habituellement une série de modifications successives impliquant plusieurs molécules. C'est la dernière molécule de la voie de transduction qui déclenche la réponse cellulaire.

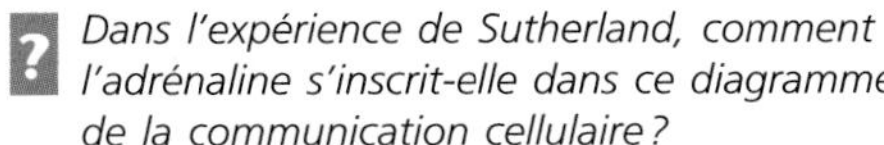
Dans l'expérience de Sutherland, comment l'adrénaline s'inscrit-elle dans ce diagramme de la communication cellulaire ?

résultat, Sutherland a tiré deux conclusions : premièrement, l'adrénaline n'interagit pas directement avec l'enzyme de dégradation du glycogène, ce qui semble indiquer l'existence d'une ou de plusieurs étapes intermédiaires ; deuxièmement, la membrane plasmique semble intervenir dans la transmission du signal.

Les premiers travaux de Sutherland indiquent que la communication cellulaire comporte trois phases : la réception du signal, la transduction du signal et la réponse (**figure 11.6**).

❶ **Réception**. La réception consiste pour une cellule cible à détecter un signal externe. Un médiateur chimique est « détecté » lorsqu'il se lie à un récepteur protéique, situé à la surface ou à l'intérieur de la cellule cible.

❷ **Transduction**. Lorsqu'il se lie au récepteur protéique, le médiateur chimique modifie celui-ci de façon à amorcer la phase de transduction. Pendant cette phase, le signal est converti en une forme capable d'engendrer une ou plusieurs réponses cellulaires. Dans le système étudié par Sutherland, l'union de l'adrénaline au récepteur protéique membranaire des cellules hépatiques mène à l'activation de la glycogène phosphorylase. Parfois, la phase de transduction du signal s'effectue en une seule étape ; la plupart du temps, elle requiert des modifications successives de plusieurs molécules – ce que l'on appelle une *voie de transduction*.

❸ **Réponse**. Dans la troisième phase, le signal transformé et parfois amplifié déclenche une réponse cellulaire particulière. Celle-ci peut prendre la forme de n'importe quelle activité au sein d'une cellule, notamment la catalyse par une enzyme (comme la glycogène phosphorylase), le réarrangement du cytosquelette ou l'activation de certains gènes du noyau. Grâce à la communication intercellulaire, des fonctions cruciales se produisent dans les cellules appropriées au moment opportun, ce qui garantit la coordination des activités des cellules de l'organisme.

Approfondissons maintenant les mécanismes de la communication cellulaire, y compris les mécanismes de mise au point et de cessation de la réponse.

RETOUR SUR LE CONCEPT 11.1

1. Expliquez comment la communication fait en sorte que les cellules de levure ne fusionnent qu'avec des cellules du type sexuel opposé.
2. Expliquez en quoi les neurones illustrent à la fois la communication locale et la communication à distance.
3. **ET SI?** Lorsqu'on mélange de l'adrénaline avec de la glycogène phosphorylase et du glycogène dans une éprouvette, obtient-on du glucose-1-phosphate ? Pourquoi ?
4. À l'intérieur des cellules du foie, la glycogène phosphorylase intervient dans une phase de la communication associée à un signal déclenché par l'adrénaline. Laquelle ?

Voir les réponses proposées à la fin du chapitre.

CONCEPT **11.2**

La réception : une molécule de signalisation se lie à un récepteur protéique et en modifie la forme

Une station de radio diffuse son signal dans toutes les directions et atteint tous les appareils de radio, mais seuls les appareils qui syntonisent la bonne longueur d'onde peuvent le capter : la réception du signal dépend du récepteur. De même, les signaux émis par une cellule de levure de type **a** ne sont « entendus » que par ses partenaires sexuelles éventuelles, les cellules **α**. Dans le cas de l'adrénaline, l'hormone rencontre plusieurs sortes de cellules à mesure qu'elle est véhiculée par le sang, mais elle n'est reconnue que par des cellules bien précises, chez qui elle provoque une réponse. Un récepteur protéique situé à la surface ou à l'intérieur de la cellule cible permet à la cellule de «percevoir» le signal et d'y répondre. Différents types de récepteurs sont associés à différents types de tissus et le nombre de récepteurs d'un type particulier peut varier au cours de la vie d'une cellule pour s'ajuster à ses besoins changeants. Un site spécifique du récepteur et la molécule de signalisation sont en fait complémentaires: ils peuvent se lier à la manière d'une clé qui entre dans une serrure ou d'un substrat qui se fixe sur le site actif d'une enzyme. La molécule de signalisation se comporte comme un **ligand**; ce terme décrit une molécule qui s'attache de manière spécifique à une autre molécule, souvent plus grosse. Habituellement, la liaison d'un ligand modifie la forme du récepteur. Pour plusieurs récepteurs, ce changement déclenche une interaction avec d'autres molécules cellulaires. Cependant, pour d'autres types de récepteurs, la liaison d'un ligand a pour effet immédiat d'aboutir à l'agrégation de deux récepteurs ou plus, ce qui provoque d'autres changements moléculaires dans la cellule.

La majorité des récepteurs sont des protéines (glycoprotéines) membranaires. Leurs ligands sont hydrosolubles et habituellement trop gros pour traverser librement la membrane plasmique. Toutefois, d'autres récepteurs sont situés à l'intérieur de la cellule. La section suivante porte sur ces deux types de récepteurs.

Les récepteurs situés dans la membrane plasmique

La plupart des molécules de signalisation hydrosolubles se lient à des sites particuliers sur des récepteurs membranaires qui traversent la membrane cytoplasmique. C'est en changeant de forme ou en s'agrégeant après la liaison d'un ligand spécifique que ces récepteurs transmettent l'information de l'extérieur de la cellule vers l'intérieur. Nous pouvons maintenant examiner le fonctionnement des récepteurs membranaires en nous penchant sur trois types de récepteurs importants: les récepteurs couplés à une protéine G, les récepteurs à activité tyrosine kinase et les récepteurs couplés à un canal ionique. Ces trois types de récepteurs sont décrits et illustrés à la **figure 11.7** qui occupe les trois prochaines pages. Prenez le temps d'étudier ces pages avant de poursuivre l'étude de ce chapitre.

Les molécules constituant les récepteurs de surface cellulaire jouent un rôle crucial dans les systèmes biologiques des animaux et il n'est pas étonnant que leurs dysfonctions soient associées à de nombreuses maladies humaines, notamment le cancer, les maladies cardiaques et l'asthme. Étudier la structure et la fonction de ces récepteurs permettra de mieux comprendre et de mieux traiter ces maladies. C'est pourquoi les équipes de recherche des universités et des entreprises pharmaceutiques y ont consacré beaucoup de ressources. Pourtant, malgré cet effort, et même s'ils représentent 30% de toutes les protéines humaines, les récepteurs de surface cellulaire ne représentent que 1% des protéines dont on a réussi à établir la structure grâce à la radiocristallographie (voir la figure 5.24, p. 94). C'est donc dire à quel point il est difficile de déterminer leur structure.

La plus grande famille de récepteurs de surface cellulaire humains est celle des quelque 2 000 récepteurs couplés à une protéine G (RCPG). Les efforts acharnés des chercheurs ont été récompensés ces dernières années par d'importantes percées dans l'élucidation de la structure de plusieurs récepteurs couplés à une protéine G (**figure 11.8**).

Le fonctionnement anormal des récepteurs à activité tyrosine kinase (RTK) est associé à de nombreux types de cancers. Par exemple, le pronostic est plus pessimiste chez les patientes atteintes de cancer du sein qui présentent des taux excessifs d'un récepteur à activité tyrosine kinase appelé HER2. En recourant à des techniques de biologie moléculaire, les chercheurs ont mis au point une protéine appelée trastuzumab (Herceptin), qui se lie au HER2 sur les cellules et inhibe leur croissance, ce qui enraie le développement tumoral. Des études cliniques indiquent que le taux de survie des patientes traitées à l'Herceptin s'est amélioré de plus de 30%. L'un des objectifs des recherches en cours sur ces récepteurs de surface et autres protéines de communication cellulaire est la mise au point de nouveaux traitements plus efficaces.

Les récepteurs intracellulaires

Les récepteurs protéiques intracellulaires logent soit dans le cytoplasme, soit dans le noyau des cellules cibles. Pour les atteindre, les signaux chimiques doivent traverser la membrane plasmique de la cellule cible. Beaucoup de molécules de signalisation importantes y parviennent parce qu'elles sont suffisamment hydrophobes (liposolubles) ou suffisamment petites pour glisser à travers les phosphoglycérolipides. Parmi les médiateurs chimiques hydrophobes, citons les hormones stéroïdes et thyroïdiennes animales et la vitamine D. Le monoxyde d'azote (NO) est un autre signal chimique reconnu par un récepteur intracellulaire; les molécules de ce gaz sont très petites et passent aisément entre les phosphoglycérolipides membranaires. Le NO intervient notamment dans la dilatation des vaisseaux sanguins, la contraction des parois de l'intestin et l'érection.

La testostérone a un comportement typique des hormones stéroïdes: principalement sécrétée par les cellules interstitielles des testicules, elle circule dans le sang et pénètre dans toutes les cellules du corps, mais elle n'agit que dans les cellules cibles, c'est-à-dire les cellules qui portent des molécules réceptrices de testostérone pour l'hormone. Une fois là, la testostérone s'attache à un récepteur protéique spécifique et l'active (**figure 11.9**). Le complexe formé de l'hormone et du récepteur activé se rend alors dans le noyau, où il active les gènes responsables des caractères sexuels secondaires masculins.

Comment ce complexe active-t-il les gènes en question? Rappelez-vous que les gènes, ces portions d'ADN d'une cellule, sont transcrits en ARN messager (ARNm). Celui-ci quitte le noyau pour être traduit en une protéine spécifique par les ribosomes cytoplasmiques (voir la figure 5.25, p. 95). Des protéines spécialisées appelées *facteurs de transcription* déterminent les gènes à activer, c'est-à-dire qui seront transcrits en ARNm à un moment précis, dans une cellule donnée. Une fois activé, le récepteur de la testostérone se comporte comme un facteur de transcription stimulant des gènes précis.

En agissant comme un facteur de transcription, le récepteur de la testostérone assure à lui seul toute la transduction

▲ **Figure 11.7**

PANORAMA Les récepteurs de surface transmembranaires

Les récepteurs couplés à une protéine G

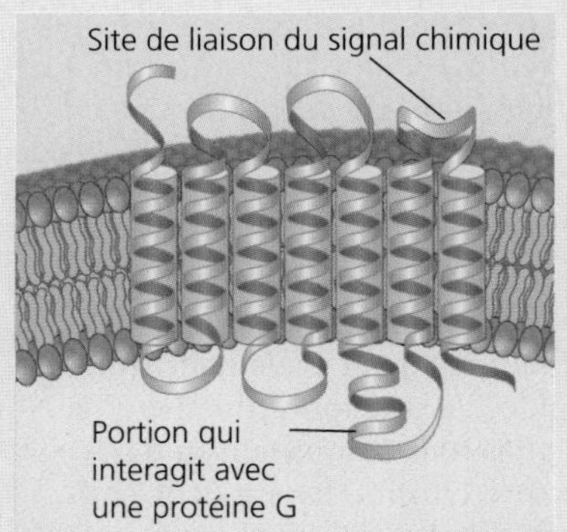

Récepteur couplé à une protéine G

Un **récepteur couplé à une protéine G** est un récepteur de surface transmembranaire qui fonctionne à l'aide de la **protéine G**, laquelle se lie à la molécule GTP riche en énergie. Beaucoup de molécules de signalisation se lient aux récepteurs couplés à une protéine G, notamment les facteurs de reconnaissance sexuelle des levures, de nombreuses hormones (dont l'adrénaline) et des neurotransmetteurs. Bien que la similarité de leur structure soit frappante, ces récepteurs diffèrent par leurs ligands et par leur capacité à reconnaître différentes protéines G internes.

Ils constituent une grande famille de récepteurs des cellules eucaryotes et se caractérisent par leur structure secondaire composée d'un polypeptide (le ruban) replié en sept hélices **α** transmembranaires, représentées ici par des cylindres et disposées côte à côte par souci de clarté. Les boucles forment les sites de fixation des molécules de signalisation extracellulaires ou des protéines G intracellulaires.

Les récepteurs couplés à une protéine G sont très répandus et remplissent des fonctions très variées. Ils jouent notamment un rôle important dans le développement de l'embryon, l'immunité et la réception des sensations. Chez les humains, par exemple, le fonctionnement des sens (comme la vue, l'odorat et le goût) dépend de telles protéines. Les diverses protéines G ainsi que les récepteurs qui y sont couplés ont une structure apparentée qui laisse croire qu'ils sont apparus très tôt dans l'évolution.

Beaucoup de maladies humaines impliquent des protéines G. Par exemple, les bactéries responsables du choléra (*Vibrio cholerae*) sécrètent des toxines qui nuisent au bon fonctionnement des protéines G. L'efficacité de plus de 60 % de tous les médicaments découle de leur action sur les voies où les protéines G interviennent.

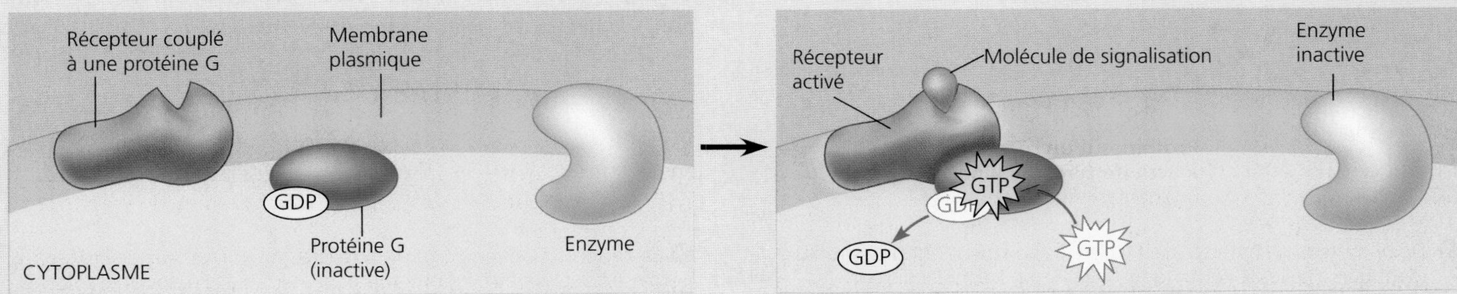

❶ Retenue par des liaisons faibles au récepteur sur le côté cytoplasmique de la membrane, la protéine G fonctionne comme un interrupteur qui est activé ou inactivé selon le nucléotide qui y est attaché : elle est inactivée par le GDP (guanosine diphosphate, un nucléoside), mais activée par le GTP (guanosine triphosphate). (C'est la **g**uanosine qui a donné son nom à la « protéine G ».) Le récepteur et la protéine G agissent conjointement avec une autre protéine, habituellement une enzyme.

❷ Lorsque la molécule de signalisation se lie à la partie extracellulaire du récepteur, celui-ci est activé et change de forme. La protéine G change aussi de forme et se lie à une molécule de GTP (celle-ci prend la place d'une molécule de GDP). La protéine G se trouve ainsi activée. (Cette étape fait intervenir une dissociation des trois sous-unités de la protéine G [non représentées].)

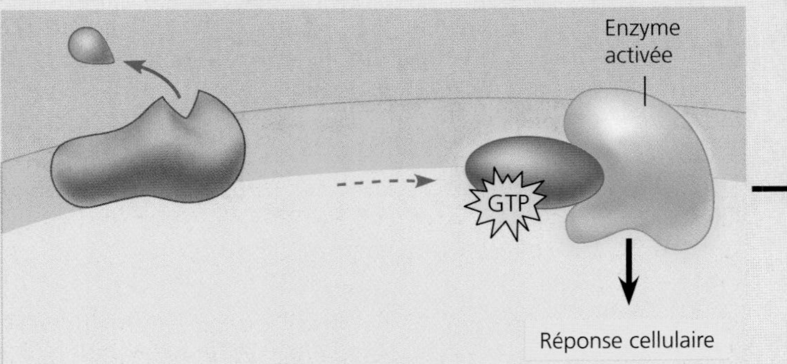

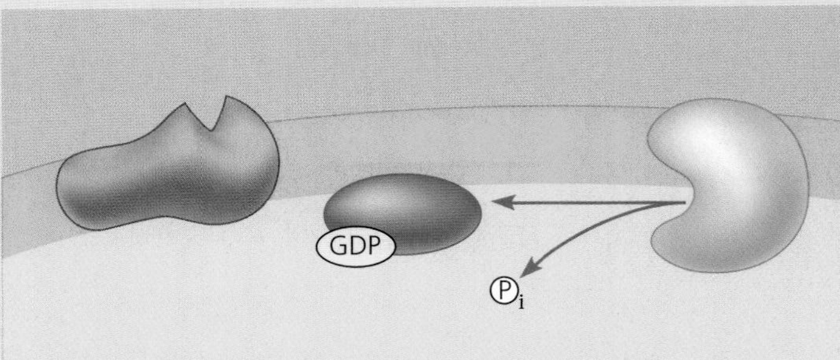

❸ La protéine G activée se détache du récepteur, diffuse le long de la membrane, puis se lie à une enzyme dont elle modifie la forme et l'activité. Une fois activée, l'enzyme peut déclencher l'étape suivante, entraînant une réponse cellulaire. Les molécules de signalisation se lient de manière réversible : comme les autres ligands, elles se lient et se dissocient plusieurs fois. La concentration du ligand à l'extérieur de la cellule détermine combien de fois ce ligand se lie et communique un signal.

❹ Une des sous-unités de la protéine G agit également comme une GTPase (une enzyme) : elle hydrolyse le GTP qui lui est fixé en GDP. Elle se trouve ainsi neutralisée, et elle se libère de l'enzyme. Les sous-unités de la protéine G se réassocient et celle-ci est à nouveau disponible. La GTPase permet d'arrêter rapidement la transduction à l'arrêt du signal.

PANORAMA Les récepteurs de surface transmembranaires

Les récepteurs à activité tyrosine kinase

Le **récepteur à activité tyrosine kinase** appartient à l'une des principales familles de récepteurs membranaires : les récepteurs enzymatiques. Une *kinase* est une enzyme qui catalyse le transfert de groupements phosphate. Le domaine (région d'une protéine) du récepteur donnant sur le cytoplasme agit comme une tyrosine kinase, une enzyme qui catalyse le transfert d'un groupement phosphate de l'ATP à l'acide aminé tyrosine d'une protéine. Bref, les récepteurs à activité tyrosine kinase sont des récepteurs membranaires enzymatiques qui attachent du phosphate aux molécules de tyrosine.

Un seul récepteur à activité tyrosine kinase peut activer simultanément plus de 10 protéines intracellulaires différentes et déclencher autant de voies de transduction et de réponses cellulaires. Souvent, deux ou plusieurs voies de transduction du signal peuvent se déclencher en même temps, ce qui aide la cellule à réguler et à coordonner de nombreux aspects de la croissance et de la reproduction cellulaire. La distinction fondamentale entre les récepteurs couplés à une protéine G et les récepteurs à activité tyrosine kinase repose sur la capacité de ces derniers à déclencher différentes voies. Ainsi, l'insuline, qui se fixe à un récepteur de ce type, agit sur le glucose en amenant les molécules de transport du glucose vers la membrane plasmique ; elle peut également stimuler la synthèse de protéines ou de lipides, la division cellulaire et la transcription de gènes particuliers. Certains cancers résultent de la présence de récepteurs à activité tyrosine kinase déficients qui fonctionnent même en l'absence de ligand.

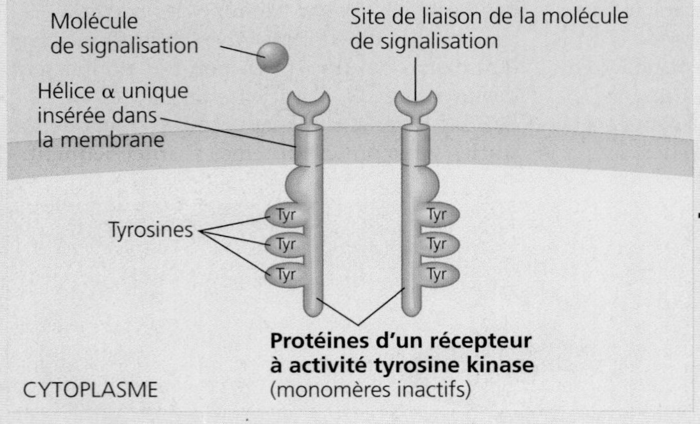

❶ De nombreux récepteurs à activité tyrosine kinase ont une structure identique à celle de cette figure. Avant que les molécules de signalisation se lient à eux, les récepteurs à activité tyrosine kinase existent sous la forme de polypeptides individuels (monomères). Chacun possède un site de liaison extracellulaire, une seule hélice α traversant la membrane et une queue intracellulaire constituée de plusieurs molécules de tyrosine.

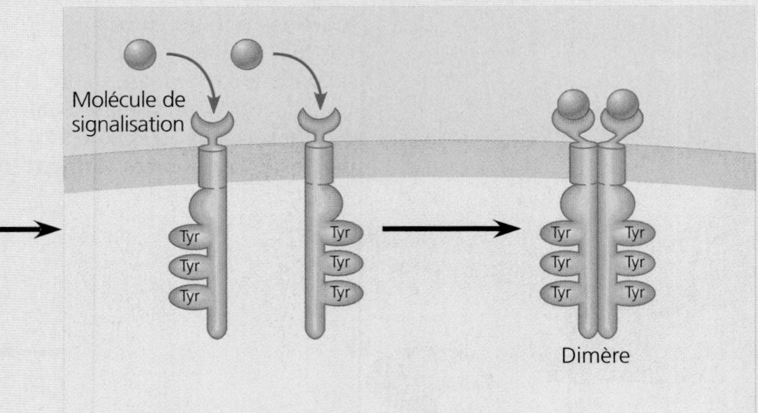

❷ La liaison d'une molécule de signalisation (un facteur de croissance, par exemple) entraîne un rapprochement puis l'association étroite de deux polypeptides récepteurs, ce qui forme un dimère (dimérisation).

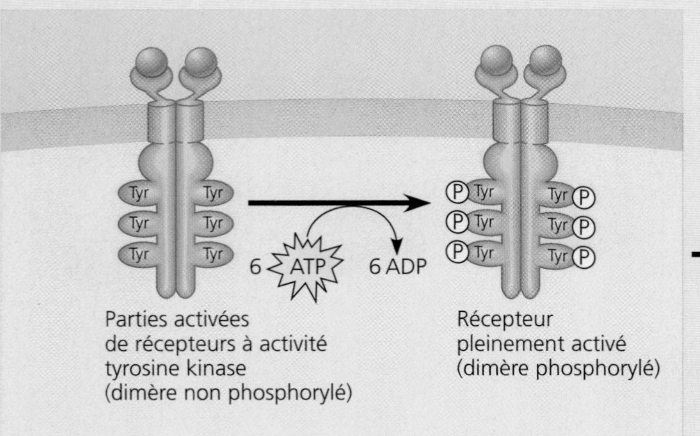

❸ La dimérisation active la tyrosine kinase de chaque polypeptide. Chacune de ces enzymes ajoute alors un groupement phosphate provenant d'une molécule d'ATP aux tyrosines de la queue de l'autre polypeptide, ce qui produit une réaction d'autophosphorylation.

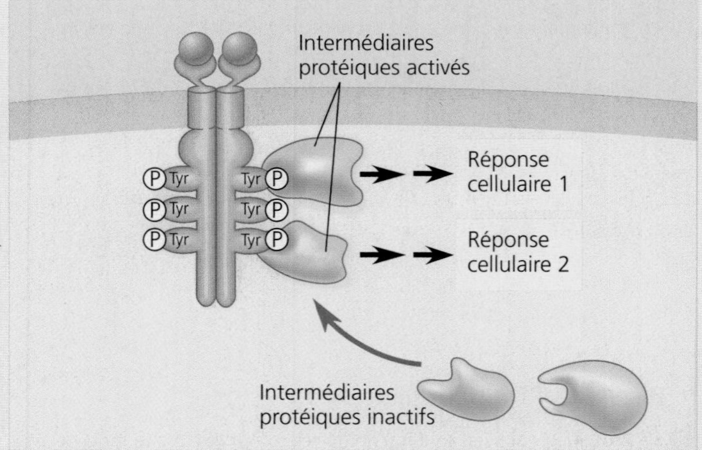

❹ Maintenant qu'il est activé, le récepteur est reconnu par des intermédiaires protéiques intracellulaires. Chacun de ceux-ci se fixe à une tyrosine phosphorylée particulière, change de forme et est ainsi activé. Chaque protéine activée amorce une voie de transduction qui aboutit à une réponse cellulaire.

Les récepteurs couplés à un canal ionique

Un **canal ionique à ouverture régulée par un ligand** est un type de récepteur membranaire qui possède un canal protéique servant «d'écluse» quand le récepteur change de forme. Lorsqu'un ligand se lie à ce type de récepteur, le canal protéique s'ouvre ou se ferme de manière sélective pour faire pénétrer ou non des ions tels que Na^+, K^+ ou Ca^{2+}. Comme les autres récepteurs que nous venons d'étudier, les récepteurs couplés à un canal ionique fixent leur ligand sur un site particulier de leur domaine extracellulaire.

1. Ici, on voit un récepteur couplé à un canal ionique qui demeure fermé jusqu'à ce qu'un ligand se lie à lui.

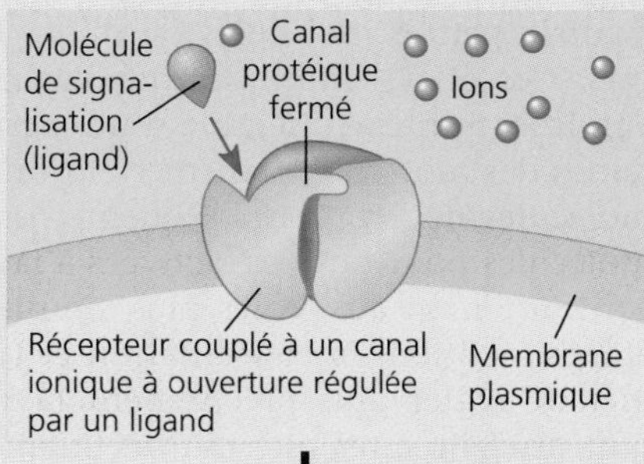

2. Quand le ligand se fixe au récepteur, le canal s'ouvre à un ion particulier. Ce passage provoque une modification immédiate de la concentration de cet ion dans la cellule. Ce changement peut influer directement sur certaines fonctions cellulaires.

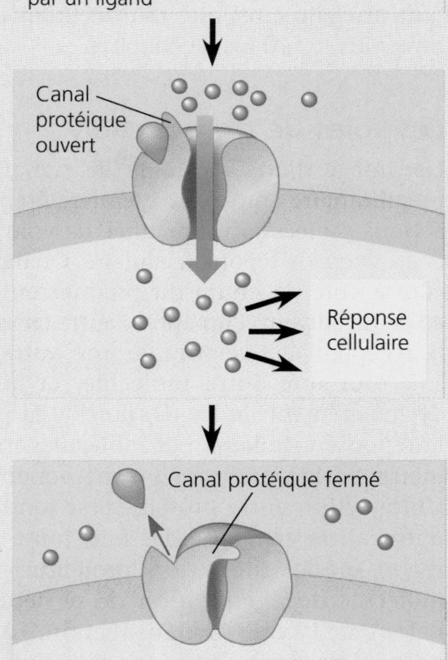

3. Quand le ligand se dissocie du récepteur, le canal protéique se referme et bloque le passage aux ions.

Les canaux ioniques à ouverture régulée jouent un rôle crucial dans le système nerveux. Par exemple, les neurotransmetteurs agissant comme ligands et libérés à la synapse reliant deux neurones (voir la figure 11.5b) se lient aux canaux ioniques de la cellule réceptrice, ce qui fait ouvrir ces canaux. Les ions entrent alors (ou parfois sortent) et déclenchent un signal électrique qui se propage sur toute la longueur de la cellule réceptrice. L'ouverture de certains canaux ioniques est régulée par un potentiel électrique plutôt que par un ligand; ces canaux ioniques dits tensiodépendants jouent également un rôle crucial dans le fonctionnement du système nerveux, comme nous le verrons au chapitre 48.

FAITES DES LIENS *Examinez la protéine à canal ionique que montre la figure 7.1 (p. 139) et lisez le passage qui en traite à la page 150. Quel type de signal ouvre ce canal ionique? Selon l'information fournie ci-dessus, de quel type de canal ionique s'agit-il?*

▼ **Figure 11.8**

IMPACT

Détermination de la structure d'un récepteur couplé à une protéine G (RCPG)

Les RCPG sont flexibles et instables, de sorte qu'on a eu du mal à les cristalliser, une étape essentielle pour déterminer leur structure par radiocristallographie. C'est pourtant ce que viennent de réussir les chercheurs pour le récepteur β2-adrénergique humain en présence d'un ligand (en vert dans la modélisation ci-dessous) similaire au ligand naturel et de cholestérol (en orangé), qui stabilise suffisamment le récepteur pour qu'on puisse en déterminer la structure. Cette modélisation montre deux molécules réceptrices (en bleu) en forme de ruban dans une membrane plasmique (en coupe transversale).

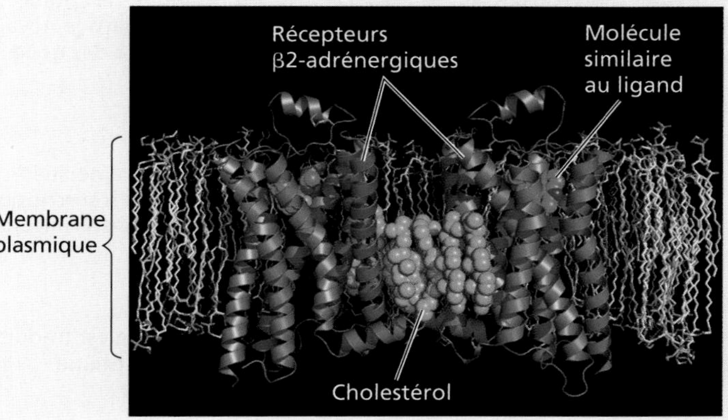

POURQUOI C'EST IMPORTANT On trouve le récepteur β2-adrénergique dans les cellules des muscles lisses du corps, et ses formes anormales sont associées à des maladies comme l'asthme, l'hypertension et l'insuffisance cardiaque. Les médicaments qu'on utilise actuellement pour traiter ces maladies ont des effets indésirables, et les progrès de la recherche pourraient mener à la mise au point de meilleurs traitements pharmaceutiques. De plus, comme les RCPG présentent des similarités structurelles, ces travaux sur le récepteur β_2-adrénergique contribueront à la mise au point de traitements pour des maladies associées à d'autres RCPG.

POUR EN SAVOIR PLUS R. Ranganathan, Signaling across the cell membrane, *Science* 318: 1253-1254 (2007).

ET SI? Dans le modèle ci-dessus, le récepteur est inactivé; il n'est pas lié à une protéine G. Comment pourrait-on obtenir une cristallisation de protéine qui révélerait la structure du récepteur pendant qu'il communique activement avec l'intérieur de la cellule?

du signal. D'autres récepteurs intracellulaires jouent leur rôle en activant des enzymes, mais la majorité fonctionne de la même manière que le récepteur de la testostérone, à la différence que beaucoup d'entre eux logent déjà dans le noyau (comme les récepteurs des hormones thyroïdiennes). Il est intéressant de noter la similarité de structure de plusieurs récepteurs intracellulaires. Cette similitude évoque une origine commune au regard de l'évolution. Au chapitre 45, nous examinerons en détail les hormones qui se fixent aux récepteurs intracellulaires.

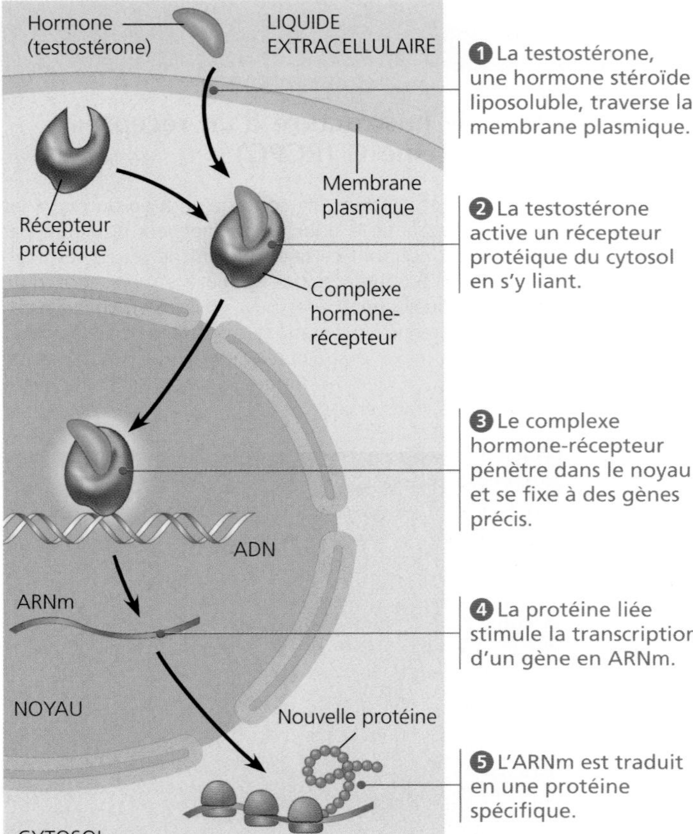

Hormone (testostérone)
LIQUIDE EXTRACELLULAIRE
Récepteur protéique
Membrane plasmique
Complexe hormone-récepteur
ADN
ARNm
NOYAU
Nouvelle protéine
CYTOSOL
1 La testostérone, une hormone stéroïde liposoluble, traverse la membrane plasmique.
2 La testostérone active un récepteur protéique du cytosol en s'y liant.
3 Le complexe hormone-récepteur pénètre dans le noyau et se fixe à des gènes précis.
4 La protéine liée stimule la transcription d'un gène en ARNm.
5 L'ARNm est traduit en une protéine spécifique.

▲ **Figure 11.9 L'interaction entre une hormone stéroïde et un récepteur intracellulaire.**

? *Pourquoi l'hormone testostérone pénètre-t-elle dans la cellule sans l'intervention d'une protéine réceptrice de surface ?*

RETOUR SUR LE CONCEPT 11.2

1. Le facteur de croissance neuronal (*nerve growth factor*, ou NGF) est une molécule de signalisation hydrosoluble. À votre avis, le récepteur du NGF est-il intracellulaire ou situé dans la membrane plasmique ? Pourquoi ?
2. **ET SI ?** Que se passerait-il si une cellule fabriquait des protéines réceptrices à activité tyrosine kinase incapables de dimérisation ?
3. **FAITES DES LIENS** En quoi la liaison avec un ligand est-elle similaire au processus de régulation allostérique des enzymes ? (Reportez-vous à la figure 8.19, p. 176).

Voir les réponses proposées à la fin du chapitre.

CONCEPT 11.3

La transduction : des cascades d'interactions moléculaires transmettent les signaux des récepteurs aux molécules cibles intracellulaires

Quand les récepteurs des molécules de signalisation sont des protéines membranaires, comme c'est le cas de la plupart des récepteurs que nous avons étudiés, la transduction du signal comporte une série d'étapes, lesquelles incluent souvent l'activation de protéines. Ces protéines sont activées par l'ajout ou le retrait de groupements phosphate ou par la libération d'autres petites molécules ou d'ions agissant comme messagers. Ces étapes multiples ont l'avantage de permettre une amplification considérable d'un signal. Par exemple, si certaines des molécules transmettent un signal à de nombreuses molécules de l'étape subséquente, un très grand nombre de molécules pourront être activées à la fin de la voie. En outre, contrairement aux voies plus simples, les voies à multiples étapes facilitent la coordination et la régulation, ce qui permet de régler plus précisément la réponse des organismes tant unicellulaires que multicellulaires, comme nous le verrons plus loin dans ce chapitre.

Les voies de transduction

L'arrimage d'une molécule de signalisation à un récepteur membranaire amorce la première étape d'une chaîne d'interactions moléculaires qualifiée de voie de transduction. Celle-ci provoque la réponse cellulaire. Quand on dresse des dominos côte à côte, la chute du premier entraîne la chute de tous ceux qui suivent, l'un après l'autre (effet en cascade) ; de même, le récepteur activé stimule une autre protéine, qui active à son tour une autre molécule, et ainsi de suite, jusqu'au déclenchement de l'activation de la protéine responsable de la réponse cellulaire. Les molécules intermédiaires qui transmettent « l'information » sont généralement des protéines. L'interaction entre protéines est fondamentale dans la communication cellulaire. De fait, toute la régulation cellulaire repose sur des interactions protéiques. Gardez à l'esprit que la molécule de signalisation ne se déplace pas physiquement le long de la voie de transduction. La plupart du temps, elle ne pénètre même pas dans la cellule. Les intermédiaires se transmettent l'information et non la molécule captée par le récepteur. À chaque étape de la voie, les produits prennent une forme différente de celle des réactifs. Souvent, ce changement de forme est dû à une phosphorylation.

La phosphorylation et la déphosphorylation des protéines

Dans les chapitres précédents, nous avons vu qu'une protéine peut être activée par l'ajout d'un ou de plusieurs groupements phosphate (voir la figure 8.10a, p. 168). À la figure 11.7, nous avons exposé le rôle de la phosphorylation dans l'activation des récepteurs à activité tyrosine kinase. La phosphorylation et la déphosphorylation des protéines sont des mécanismes cellulaires régulateurs de l'activité protéique très répandus. On appelle généralement **protéine kinase** une enzyme qui transfère des groupements phosphate de l'ATP. Rappelez-vous qu'un récepteur à activité tyrosine kinase (monomère) phosphoryle les tyrosines de l'autre récepteur à activité tyrosine kinase pour former un dimère. Cependant, la majorité des protéines kinases cytoplasmiques agissent sur des protéines différentes d'elles-mêmes. Autre particularité, la plupart de ces enzymes phosphorylent leurs substrats sur des sérines ou des thréonines, deux types d'acides aminés, plutôt que sur des tyrosines. Ces sérines ou thréonines kinases interviennent largement dans les voies de transduction dans les cellules animales et végétales, ainsi que chez les Eumycètes.

De nombreux intermédiaires des différentes voies sont des protéines kinases, qui agissent souvent sur d'autres protéines se trouvant sur la même voie. La **figure 11.10** décrit une voie hypothétique constituée de trois protéines kinases différentes créant une « cascade » de phosphorylations. La séquence illustrée ressemble à beaucoup de voies connues, notamment à celles que les facteurs de reconnaissance sexuelle déclenchent chez les cellules de levures et à celles que de nombreux facteurs de croissance stimulent dans les cellules animales. L'activation engendrée par un signal se transmet par une « cascade » de phosphorylations protéiques ; chaque phosphorylation entraîne un changement de forme résultant de l'interaction entre le groupement phosphate chargé et des acides aminés polaires ou chargés (voir la figure 5.16, p. 87). L'ajout de phosphate active souvent une protéine (mais il arrive parfois qu'elle diminue son activité). Par ailleurs, des chercheurs ont récemment montré que la phosphorylation ne produit pas toujours que deux états de la substance phosphorylée, comme un interrupteur qui ne pourrait être qu'à la position OUVERT (forme activée) ou à la position FERMÉ (forme inhibée). En effet, on a découvert qu'une protéine pouvait comporter un nombre variable de sites phosphorylés, ce qui lui permet d'agir à la manière d'un rhéostat qui module une activité cellulaire par le biais de phosphorylations graduelles.

L'importance des protéines kinases n'est pas surestimée. Près de 2 % de nos gènes codent pour des protéines kinases. Nous en posséderions entre 1 000 et 3 000. Une seule cellule

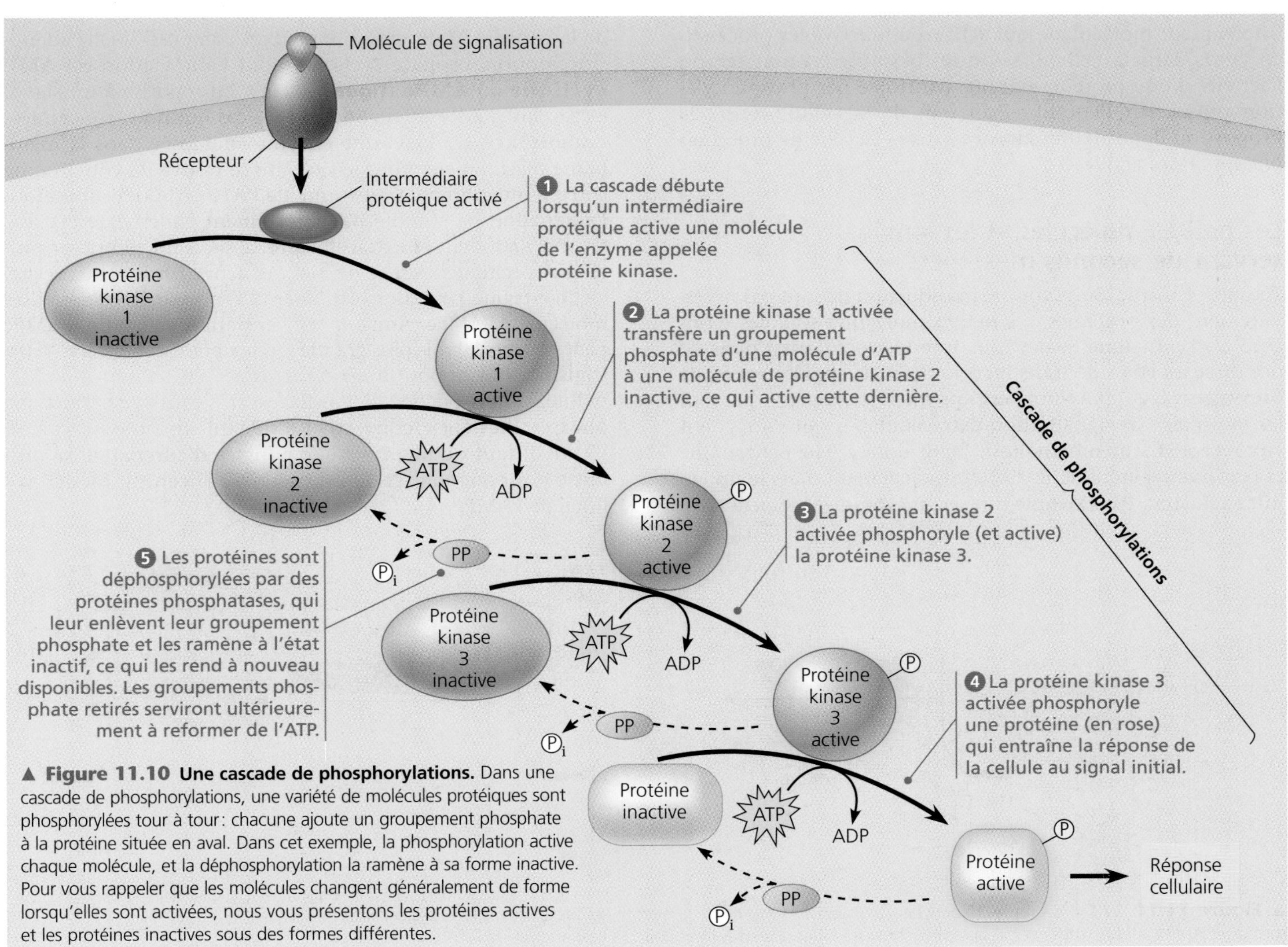

▲ **Figure 11.10 Une cascade de phosphorylations.** Dans une cascade de phosphorylations, une variété de molécules protéiques sont phosphorylées tour à tour : chacune ajoute un groupement phosphate à la protéine située en aval. Dans cet exemple, la phosphorylation active chaque molécule, et la déphosphorylation la ramène à sa forme inactive. Pour vous rappeler que les molécules changent généralement de forme lorsqu'elles sont activées, nous vous présentons les protéines actives et les protéines inactives sous des formes différentes.

? *Quelle protéine est responsable de l'activation d'une protéine kinase 3 ?*

peut en contenir plusieurs centaines de types différents dans son cytoplasme ou dans sa membrane plasmique, chacune phosphorylant un substrat protéique particulier. Ensemble, elles contrôlent probablement une proportion élevée des milliers de protéines renfermées dans une cellule. Parmi celles-ci figurent les protéines qui régissent la reproduction cellulaire. Le mauvais fonctionnement de telles kinases cause souvent une croissance cellulaire anormale et favorise la cancérisation.

Les **protéines phosphatases** jouent également un rôle important dans la cascade de phosphorylations. On a identifié plus d'une centaine de phosphatases différentes chez l'humain. Ces enzymes retirent rapidement les groupements phosphate des protéines, un processus appelé déphosphorylation ; certaines phosphatases sont très spécifiques quant à leur substrat, alors que d'autres déphosphorylent plusieurs protéines différentes. Lorsqu'elles inactivent des protéines kinases en les déphosphorylant, les phosphatases désactivent la voie de transduction quand le signal initial disparaît. Les phosphatases rendent également les protéines kinases disponibles à nouveau, ce qui permet à la cellule de répondre une nouvelle fois à un signal extracellulaire. Le système de phosphorylation-déphosphorylation agit donc comme un interrupteur moléculaire qui active ou inactive les processus en cours dans la cellule, selon les besoins. En tout temps, l'activité d'une protéine donnée contrôlée par phosphorylation repose sur l'équilibre, au sein de la cellule, entre la proportion de protéines kinases actives et celle de protéines phosphatases actives.

Les petites molécules et les ions servant de seconds messagers

Tous les éléments d'une voie de transduction ne sont pas nécessairement des protéines. De petites molécules solubles d'origine non protéique et des ions interviennent aussi dans de nombreuses voies de transduction. Ils sont appelés **seconds messagers** (par opposition aux « premiers messagers » que sont les molécules de signalisation extracellulaires qui s'attachent aux récepteurs membranaires). Étant donné leur petite taille et leur hydrosolubilité, ils diffusent facilement dans le milieu intracellulaire. Par exemple, un second messager appelé AMP cyclique transmet l'information du signal généré par l'adrénaline à travers la membrane plasmique d'une cellule hépatique ou musculaire jusqu'à son cytoplasme. Cette opération déclenche la dégradation du glycogène à l'intérieur de la cellule cible. Les seconds messagers prennent part aux voies amorcées par les récepteurs couplés à une protéine G et à celles amorcées par les récepteurs à activité tyrosine kinase. Les deux seconds messagers les plus courants sont l'AMP cyclique et les ions calcium (Ca^{2+}). La concentration cytosolique de ces substances influe sur une grande variété d'intermédiaires protéiques.

L'AMP cyclique

Comme on l'a vu à la page 236, après avoir établi que l'adrénaline cause la dégradation du glycogène à l'intérieur d'une cellule, et ce, sans traverser la membrane plasmique, Earl Sutherland s'est mis à chercher un « second messager » (l'expression est de lui) responsable de la transmission de l'information entre la membrane plasmique et les voies métaboliques du cytoplasme.

Il a compris que la fixation de l'adrénaline à la membrane plasmique des cellules hépatiques provoque l'augmentation de la concentration cytosolique d'un composé appelé adénosine monophosphate cyclique, dont l'abréviation est **AMP cyclique** ou **AMPc** (**figure 11.11**). En réponse à un signal extracellulaire – l'adrénaline dans le cas qui nous concerne –, l'**adénylate cyclase**, une enzyme enchâssée dans la membrane plasmique et dont le site actif se trouve du côté interne de cette membrane, transforme de l'ATP en AMPc. Toutefois, l'adrénaline ne stimule pas directement l'adénylate cyclase. Quand l'adrénaline extracellulaire se lie à un récepteur protéique spécifique, c'est ce dernier qui active l'adénylate cyclase. Cette enzyme peut alors catalyser la synthèse de nombreuses molécules d'AMPc. Ainsi, la concentration cellulaire d'AMPc peut devenir 20 fois plus grande en quelques secondes. L'AMPc transmet l'information au cytoplasme. En l'absence d'adrénaline, la durée de vie de l'AMPc est très courte, car l'enzyme phosphodiestérase convertit l'AMPc en un produit inactif, l'AMP. Il faut qu'une nouvelle poussée d'adrénaline se produise pour augmenter de nouveau la concentration cytosolique de l'AMPc.

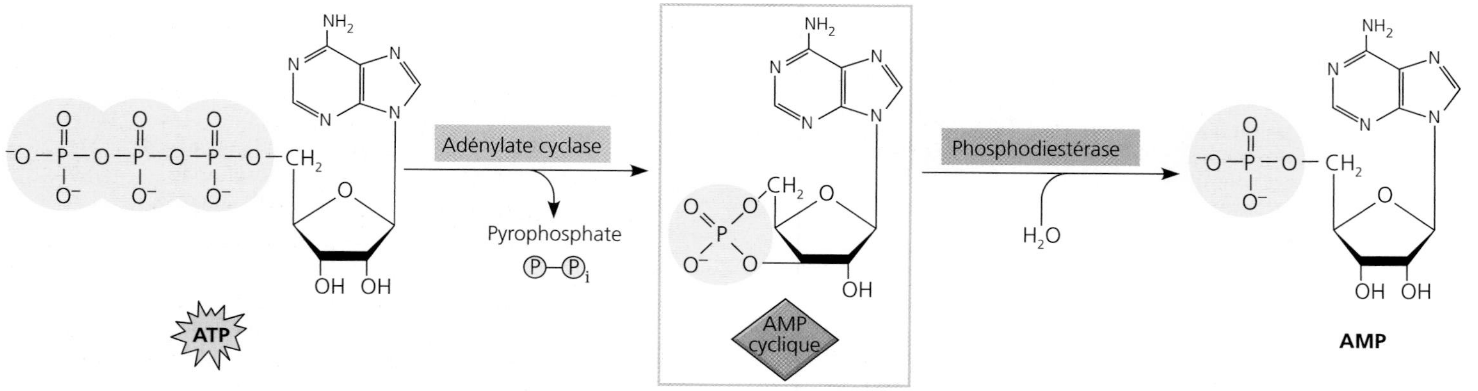

▲ **Figure 11.11 L'AMP cyclique.** L'adénylate cyclase, une enzyme de la membrane plasmique, produit le second messager AMP cyclique (AMPc) et le pyrophosphate (deux phosphates inorganiques liés) à partir de l'ATP. La molécule d'AMP cyclique est inactivée par la phosphodiestérase, une enzyme qui la transforme en AMP.

ET SI ? *Que se passerait-il si on introduisait dans la cellule une molécule qui inactive la phosphodiestérase ?*

Des recherches ultérieures ont montré que l'adrénaline n'est ni la seule hormone ni la seule molécule de signalisation qui déclenche la production d'AMPc. Elles ont aussi révélé les autres intermédiaires des voies faisant intervenir l'AMPc, notamment les protéines G, les récepteurs couplés à une protéine G et les protéines kinases (**figure 11.12**). L'effet immédiat habituel de l'AMPc est l'activation d'une sérine-thréonine kinase appelée *protéine kinase A* (PKA). L'AMPc se fixe à un site allostérique d'une sous-unité de régulation de la PKA (voir le concept 8.5). Celle-ci phosphoryle alors d'autres protéines, dont la nature dépend de la cellule. Les protéines phosphorylées peuvent donc varier selon le type de cellule, de sorte que les réponses produites seront différentes: c'est ce qui explique qu'une même hormone puisse induire des réponses différentes selon le type de tissu sur lequel elle agit. (La voie conduisant à la dégradation de glycogène en réponse à une stimulation provoquée par l'adrénaline dans les cellules hépatiques est illustrée à la figure 11.16.)

Des mécanismes mettant en jeu des protéines G *inhibant* l'adénylate cyclase permettent de réguler plus finement le métabolisme cellulaire. Dans ces systèmes, une molécule de signalisation spécifique active un récepteur qui active à son tour une protéine G *inhibitrice*.

Maintenant que nous connaissons le rôle de l'AMPc dans les voies de transduction faisant intervenir des protéines G, nous pouvons expliquer, sur le plan moléculaire, l'étiologie de certaines maladies d'origine bactérienne. Prenons l'exemple du choléra, une maladie contagieuse qu'on attrape lorsqu'on boit de l'eau contaminée par des matières fécales de personnes contaminées. La maladie est causée par le vibrion cholérique, *Vibrio cholerae*, une bactérie qui sécrète une toxine et qui colonise les cellules épithéliales de l'intestin grêle (en y formant un biofilm). La toxine cholérique est constituée d'une enzyme qui modifie chimiquement une protéine G régulant la sécrétion d'eau et de sels dans la lumière intestinale. Incapable d'hydrolyser le GTP en GDP, la protéine G modifiée demeure active et stimule continuellement l'adénylate cyclase, qui ne cesse de produire de l'AMPc. Sous l'effet de ces concentrations élevées d'AMPc, les intestins se mettent à sécréter d'énormes quantités de sels qui entraînent l'eau par osmose. Cette eau se retrouve dans les selles, causant rapidement une diarrhée intense qui peut être mortelle si elle n'est pas traitée.

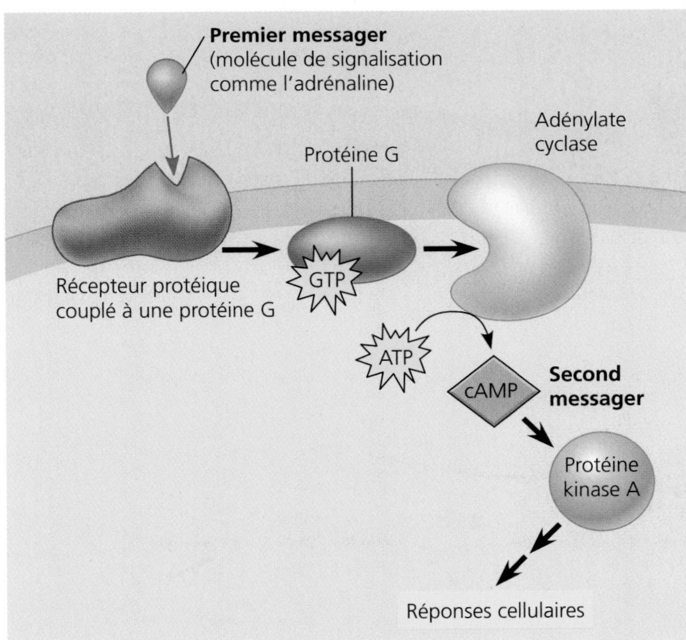

▲ **Figure 11.12 L'AMPc, un second messager dans une voie où les protéines interviennent.** Une molécule de signalisation (soit le « premier messager ») active le récepteur couplé à la protéine G, lequel active une protéine G spécifique. À son tour, celle-ci active l'adénylate cyclase, qui catalyse la conversion de l'ATP en AMPc. Cette dernière agit alors comme second messager et active une autre protéine, habituellement la protéine kinase A.

La recherche sur les voies de transduction faisant intervenir l'AMP cyclique ou des messagers apparentés a permis de mettre au point des traitements pour certaines maladies humaines. Une de ces voies de transduction utilise le *GMP cyclique*, ou *GMPc*, une molécule de communication qui favorise notamment la relaxation des cellules musculaires lisses des parois artérielles. Un composé issu de cette recherche inhibe l'enzyme qui catalyse l'hydrolyse du GMPc en GMP, ce qui a pour effet de maintenir une concentration élevée de GMPc et de prolonger le signal. À l'origine, on prescrivait ce produit aux personnes atteintes de douleurs thoraciques parce qu'il augmentait la circulation sanguine vers le cœur. Commercialisé sous le nom de Viagra, ce composé est maintenant un traitement très connu de la dysfonction érectile. Le Viagra, ainsi que d'autres médicaments du même genre, provoque une dilatation des vaisseaux sanguins, ce qui accroît l'apport sanguin vers le pénis, créant de ce fait des conditions physiologiques favorables à l'érection.

Les ions calcium et l'inositol triphosphate

Chez les Animaux, un grand nombre de molécules de signalisation, notamment les neurotransmetteurs, les facteurs de croissance et certaines hormones, suscitent des réponses cellulaires grâce à des voies de transduction qui augmentent la concentration cytosolique d'ions calcium (Ca^{2+}). Bien que l'AMPc ait été découvert en premier, les recherches ont montré que le calcium est un second messager beaucoup plus commun que l'AMPc. L'augmentation de la concentration d'ions Ca^{2+} peut déclencher plusieurs types de réponses chez les cellules animales, notamment la contraction, la sécrétion de certaines substances ou la division cellulaire. Chez les cellules végétales, toutes sortes de signaux hormonaux et environnementaux provoquent de brèves augmentations de la concentration de Ca^{2+} dans le cytosol, ce qui amorce diverses voies de transduction, par exemple celle du verdissement en réaction à la lumière (voir la figure 39.4, p. 957). Que ce soit dans les cellules animales ou végétales, le calcium réalise ses différentes fonctions en s'unissant d'abord à une protéine comme la calmoduline. En se liant à quatre ions calcium, la molécule de calmoduline change sa forme, ce qui la rend apte à activer d'autres protéines cellulaires. Les cellules utilisent ce second messager à la fois dans les voies où les protéines G interviennent et dans celles qui mettent en jeu des tyrosines kinases.

Bien que les cellules contiennent toujours du calcium, celui-ci peut agir en tant que second messager parce que, en temps normal, sa concentration dans le cytosol est beaucoup plus faible que sa concentration extracellulaire (**figure 11.13**).

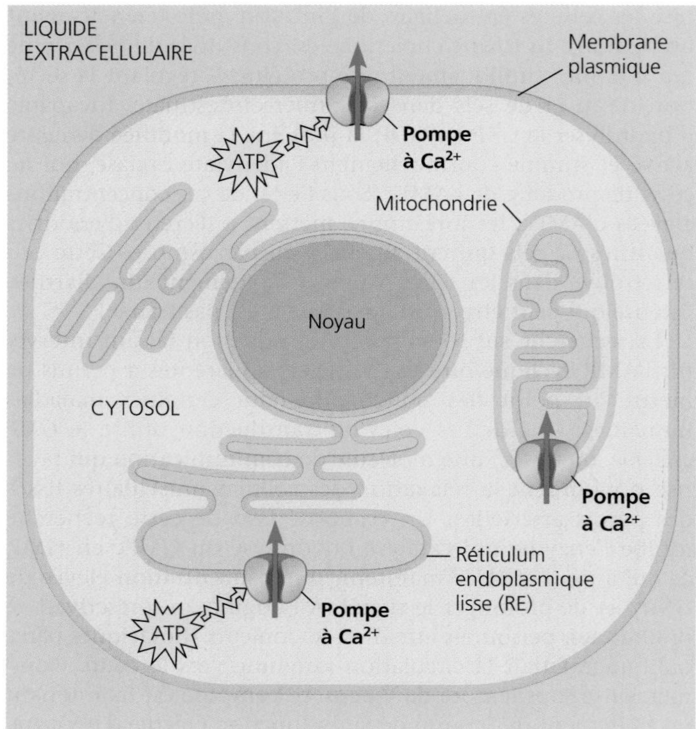
LIQUIDE
EXTRACELLULAIRE
Membrane
plasmique
ATP
Pompe
à Ca2+
Mitochondrie
Noyau
CYTOSOL
Pompe
à Ca2+
Réticulum
endoplasmique
lisse (RE)
ATP
Pompe
à Ca2+
Légende
Concentration de Ca2+ élevée
Concentration de Ca2+ faible

▲ **Figure 11.13 La régulation de la concentration de calcium dans le cytosol des cellules eucaryotes.** La concentration de calcium dans le cytosol est habituellement beaucoup plus faible (partie en orangé clair) que la concentration de calcium dans le liquide extracellulaire ou dans le RE (en bleu). En effet, des pompes protéiques insérées dans la membrane plasmique transportent le calcium du cytosol à l'extérieur de la cellule; d'autres pompes, qui se trouvent dans la membrane du RE lisse (alimentées par l'ATP), l'acheminent du cytosol à la lumière du RE. Quant aux pompes mitochondriales, elles fonctionnent grâce à la chimiosmose (voir le chapitre 9). Elles transfèrent les ions Ca^{2+} à l'intérieur des mitochondries quand la concentration cytosolique augmente sensiblement.

De fait, la quantité de Ca^{2+} dans le sang et à l'extérieur des cellules est souvent 10 000 fois supérieure à celle du cytosol. Des pompes protéiques transportent activement les ions calcium hors de la cellule, ou encore du cytosol au réticulum endoplasmique (et, dans certaines conditions, aux mitochondries et aux chloroplastes). Par conséquent, la concentration de calcium dans le RE est habituellement bien supérieure à celle du cytosol. Comme ce dernier contient une faible concentration de calcium, une toute petite augmentation ou une diminution infime du nombre de ses ions calcium modifie de manière significative la concentration de cet élément.

En réponse à un signal et grâce à un mécanisme libérant des ions Ca^{2+} du RE lisse, la concentration de calcium peut augmenter dans le cytosol. Une des voies qui conduisent à cet état fait intervenir deux autres seconds messagers, l'**inositol triphosphate** (**IP_3**) et le **diacylglycérol** (**DAG**). Ceux-ci dérivent de l'hydrolyse d'un phosphoglycérolipide particulier de la bicouche lipidique de la membrane plasmique, le PIP_2 (phosphatidylinositol 4,5-diphosphate). La **figure 11.14** illustre la production de ces messagers et la libération de calcium stimulée par l'IP_3. Puisque l'IP_3 agit avant le calcium dans cette voie, ce dernier pourrait être considéré comme un *troisième*

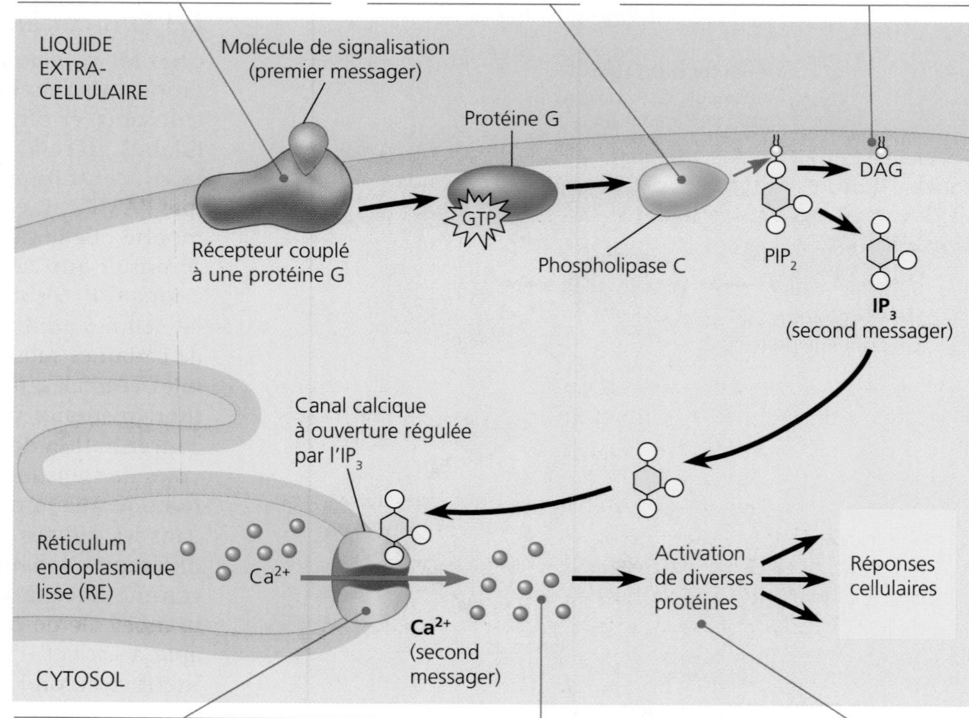
1 Une molécule de signalisation se lie à un récepteur, ce qui active la phospholipase C, du côté interne de la membrane.
2 La phospholipase C scinde un phosphoglycérolipide de la membrane plasmique appelé PIP2 en DAG et en IP3.
3 Le DAG, molécule hydrophobe, reste près de la membrane et y joue un rôle de second messager; il active la protéine kinase C dans d'autres voies de transduction intervenant dans le contrôle de la croissance et de la différenciation cellulaire.
LIQUIDE
EXTRA-
CELLULAIRE
Molécule de signalisation
(premier messager)
Protéine G
DAG
GTP
Récepteur couplé
à une protéine G
Phospholipase C
PIP2
IP3
(second messager)
Canal calcique
à ouverture régulée
par l'IP3
Réticulum
endoplasmique
lisse (RE)
Ca2+
Activation
de diverses
protéines
Réponses
cellulaires
Ca2+
(second
messager)
CYTOSOL
4 L'IP3 diffuse rapidement dans le cytosol, où il se lie à un canal protéique spécifique inséré dans la membrane du RE lisse et réservé au déplacement du calcium. Cette liaison déclenche l'ouverture du canal.
5 Les ions calcium quittent le RE lisse dans le sens de leur gradient de concentration; celle-ci augmente alors dans le cytosol.
6 Les ions calcium activent la protéine de l'étape subséquente d'une ou de plusieurs voies de transduction.

► **Figure 11.14 Le rôle du calcium et de l'inositol triphosphate dans les voies de transduction.** Les ions calcium (Ca^{2+}) et l'inositol triphosphate (IP_3) sont des seconds messagers dans beaucoup de voies de transduction. Dans cette figure, la transmission de l'information est amorcée par l'arrimage d'une molécule de signalisation sur un récepteur couplé à une protéine G. Un récepteur à activité tyrosine kinase (non illustré) peut également amorcer cette voie en activant la phospholipase C.

messager. Cependant, les scientifiques utilisent le terme *second messager* pour décrire tout élément non protéique de petite taille qui joue un rôle dans les voies de transduction.

RETOUR SUR LE CONCEPT 11.3

1. Qu'est-ce qu'une protéine kinase et quel est son rôle dans une voie de transduction?
2. Lorsqu'une voie de transduction fait intervenir une cascade de phosphorylations, comment la réponse cellulaire prend-elle fin?
3. En quoi consiste le véritable «signal» qui subit une transduction dans toutes les voies, comme celles que montrent les figures 11.6 et 11.10? De quelle manière cette information est-elle transmise de l'extérieur à l'intérieur de la cellule?
4. **ET SI?** Lors de l'activation de la phospholipase C par la liaison d'un ligand à un récepteur, quel est effet du canal calcique à ouverture régulée par l'IP_3 sur la concentration de Ca^{2+} dans le cytosol?

Voir les réponses proposées à la fin du chapitre.

CONCEPT 11.4

La réponse: la communication cellulaire aboutit à la régulation des fonctions cytoplasmiques ou de la transcription

Examinons maintenant la réponse de la cellule au signal extracellulaire transporté par la molécule de signalisation. Quelle est la nature de la dernière phase de la communication cellulaire?

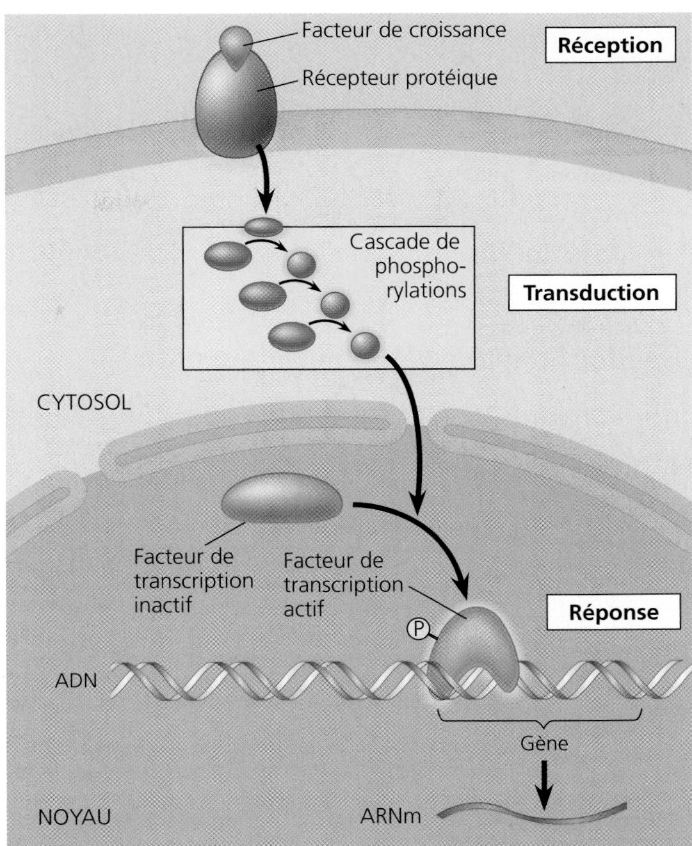

▲ **Figure 11.15 La réponse du noyau à un signal extracellulaire: l'activation d'un gène précis par un facteur de croissance.** Ce schéma est une représentation simplifiée d'une voie de transduction typique menant à la régulation d'un gène dans le noyau. La molécule de signalisation, un régulateur local appelé facteur de croissance, déclenche une cascade de phosphorylations, comme dans la figure 11.10. (Les molécules d'ATP qui fournissent le phosphate ne sont pas illustrées.) Une fois phosphorylée, la dernière kinase de la séquence pénètre dans le noyau et active une protéine régulant l'expression d'un gène, soit un facteur de transcription. Cette protéine stimule la transcription d'un gène en particulier, ce qui donne lieu à la synthèse d'un ARNm. Cet ARNm dirige ensuite la synthèse d'une protéine bien précise dans le cytoplasme.

Les réponses cytoplasmiques et nucléaires

De nombreuses voies de transduction aboutissent à la régulation d'une ou de plusieurs fonctions cellulaires. À la fin de la voie, la réponse peut avoir lieu dans le noyau ou dans le cytoplasme de la cellule.

Un grand nombre de voies de transduction aboutissent à la régulation de la *synthèse* de protéines, habituellement par l'activation ou la désactivation de gènes particuliers dans le noyau. À l'instar d'un récepteur de stéroïdes activé (voir la figure 11.9), la dernière molécule activée d'une voie de transduction peut servir de facteur de transcription. La **figure 11.15** illustre l'exemple d'une voie de transduction qui active un facteur de transcription, lequel active à son tour un gène. La réponse au signal du facteur de transcription est la synthèse d'ARNm, lequel sera traduit dans le cytoplasme en une protéine spécifique. Dans d'autres cas, le facteur de transcription peut réguler un gène en le désactivant. Souvent, le facteur de transcription régule plusieurs gènes différents.

Parfois, une voie de transduction régule l'activité de protéines plutôt que leur synthèse, influant directement sur des protéines qui agissent à l'extérieur du noyau. Ainsi, un signal peut déclencher l'ouverture ou la fermeture d'un canal ionique membranaire dans la membrane plasmique ou entraîner la modification du métabolisme cellulaire. Comme on l'a vu, l'adrénaline contribue à la régulation du métabolisme énergétique des cellules hépatiques. En se liant à un récepteur protéique membranaire, cette hormone déclenche une voie de transduction dont la dernière étape active une enzyme catalysant la dégradation du glycogène. La **figure 11.16** schématise toute la voie qui mène à la production de glucose-1-phosphate à partir de glycogène. Notez que chaque étape de la réponse est amplifiée; nous y reviendrons plus loin.

En plus de réguler des enzymes, les mécanismes de communication peuvent contrôler d'autres propriétés cellulaires, voire des activités de la cellule entière. Les mécanismes menant à l'accouplement des levures en donnent un exemple (voir la

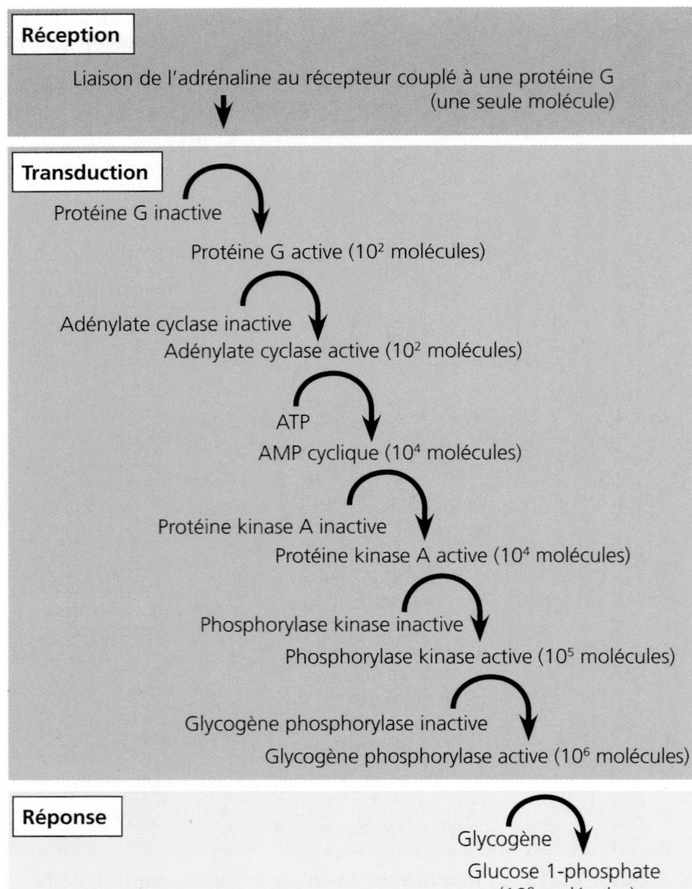

▲ **Figure 11.16 L'activation de la dégradation de glycogène par l'adrénaline: la réponse cellulaire à un signal.** Dans cette voie de communication, l'adrénaline se fixe à un récepteur couplé à une protéine G, ce qui entraîne l'activation d'une série d'intermédiaires, dont l'AMPc et deux protéines kinases (voir aussi la figure 11.12). La dernière protéine qui est activée est la glycogène phosphorylase, une enzyme qui utilise du phosphate inorganique pour libérer des monomères de glucose du glycogène sous forme de molécules de glucose-1-phosphate. Cette voie amplifie un signal hormonal, parce que le récepteur protéique peut activer une centaine de molécules de protéine G et que chaque enzyme de la voie peut transformer un très grand nombre de molécules de substrat en des produits qui deviennent les réactifs suivants de la cascade. Nous avons estimé le nombre de molécules activées à chaque étape.

figure 11.2). Les levures n'étant pas mobiles, leur accouplement est rendu possible par le développement sur la cellule de levure d'une sorte de bourgeon qui s'allonge vers le partenaire de type sexuel opposé. Comme le montre la **figure 11.17**, cette croissance directionnelle résulte de la liaison du facteur de reconnaissance sexuelle. En se liant, le facteur de reconnaissance sexuelle active une voie de transduction de kinases qui influe sur la croissance et l'orientation des microfilaments du cytosquelette. Du fait du couplage de l'activation des kinases de communication et de la dynamique cytosquelettique, les bourgeons cellulaires émergent des zones de la membrane plasmique exposées à la plus forte concentration du facteur de reconnaissance sexuelle. Ces bourgeons sont donc orientés vers la cellule de type sexuel opposé, d'où provient la molécule de signalisation.

Tous les récepteurs, molécules intermédiaires et seconds messagers présentés dans ce chapitre participent à diverses voies et déclenchent des réponses tant nucléaires que cytoplasmiques. Certaines de ces voies se rapportent à la division cellulaire. Les médiateurs moléculaires qui permettent la division cellulaire comprennent les facteurs de croissance ainsi que certaines hormones végétales et animales. Le dysfonctionnement d'une voie amorcée par un facteur de croissance, comme celle de la figure 11.15, peut favoriser l'apparition d'un cancer. Nous y reviendrons au chapitre 18.

Le réglage fin de la réponse cellulaire

Qu'elle se produise dans le noyau ou dans le cytoplasme, la réponse n'est pas seulement activée ou inactivée; elle fait l'objet d'un réglage fin à plusieurs endroits. Nous examinerons ici quatre aspects de ce réglage. Premièrement, on l'a vu, une voie de transduction à étapes multiples amplifie l'effet du signal et, par conséquent, de la réponse cellulaire. Deuxièmement, ce type de voie à étapes multiples permet de régler la réponse cellulaire en divers points, ce qui la rend plus spécifique et permet de la coordonner avec d'autres voies de transduction. Troisièmement, la présence de protéines appelées *protéines adaptatrices* augmente l'efficacité de la réponse. Enfin, la cessation du signal est une étape cruciale du réglage de la réponse cellulaire.

L'amplification du signal

Une cascade enzymatique élaborée amplifie la réponse de la cellule à un signal, car le nombre de produits activés augmente à chaque étape catalysée. Par exemple, dans la voie déclenchée par l'adrénaline à la figure 11.16, chaque molécule d'adénylate cyclase catalyse la formation de nombreuses molécules d'AMPc; chaque molécule de protéine kinase A phosphoryle beaucoup de kinases qui agiront à l'étape subséquente, et ainsi de suite. L'amplification découle du fait que ces protéines restent assez longtemps sous une forme active pour stimuler de nombreuses molécules de substrat, avant de redevenir inactives. L'amplification des signaux résultant de la liaison d'un petit nombre de molécules d'adrénaline aux récepteurs membranaires d'une cellule hépatique ou musculaire se traduit donc par la libération de centaines de millions de molécules de glucose produites à partir de glycogène. C'est ce phénomène qui explique pourquoi les hormones en général peuvent agir à des doses très faibles.

La spécificité de la communication cellulaire et la coordination de la réponse

Prenons deux cellules différentes de l'organisme: une cellule hépatique et une cellule musculaire cardiaque. Les deux sont irriguées par le sang et sont, par conséquent, toujours exposées aux effets d'hormones diverses, de même qu'aux régulateurs locaux sécrétés par les cellules voisines. Pourtant, la cellule hépatique, tout comme la cellule cardiaque, répond uniquement à certains signaux. Par ailleurs, les mêmes signaux peuvent entraîner des réponses distinctes chez des cellules différentes. Par exemple, l'adrénaline pousse les cellules hépatiques à dégrader le glycogène, alors qu'elle stimule la contraction des cellules musculaires cardiaques, ce qui augmente le pouls.

▼ **Figure 11.17** **INVESTIGATION**

Comment les signaux déclenchent-ils une croissance cellulaire directionnelle lors de l'accouplement des levures ?

EXPÉRIENCE Lorsqu'un facteur de reconnaissance sexuelle d'une levure se lie à une levure de type sexuel opposé, une voie de transduction l'amène à produire un bourgeon orienté vers ce partenaire éventuel. On appelle « shmoo » la cellule sur laquelle pousse le bourgeon parce qu'elle évoque la forme du personnage ainsi nommé dans la bande dessinée créée par Al Capp (1909-1979). Dina Matheos et ses collègues du laboratoire Mark Rose à la Princeton University ont voulu savoir comment les signaux du facteur de reconnaissance sexuelle déclenchaient cette croissance *asymétrique*. Des travaux précédents avaient démontré que l'activation de Fus3, l'une des kinases de la cascade de signaux, l'amenait à se déplacer vers la membrane près de l'endroit où le facteur se lie. Des expériences préliminaires de Dina Matheos et ses collègues avaient révélé que la formine, une protéine qui dirige la construction de microfilaments, était la cible de la phosphorylation de la kinase Fus3. Pour examiner le rôle de cette kinase et de la formine dans la formation de shmoos, les chercheurs ont généré deux souches de cellules mutantes : l'une dépourvue de kinase (cette souche s'appelle ΔFus3), et l'autre, de formine (Δformine). Pour observer les effets de ces mutations sur la croissance cellulaire déclenchée par le facteur de reconnaissance sexuelle, les chercheurs ont d'abord imprégné de vert fluorescent les parois cellulaires de chacune des souches. Ils ont ensuite exposé au facteur de reconnaissance sexuelle ces cellules colorées en vert, après quoi ils ont teint la nouvelle paroi cellulaire en croissance avec un colorant rouge fluorescent. Ils ont alors comparé des images des cellules après cette dernière teinture avec une souche traitée de la même façon mais possédant la Fus3 et la formine (le type sauvage).

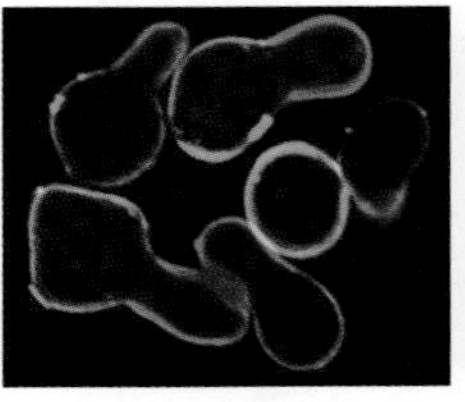

Type sauvage (avec shmoos)

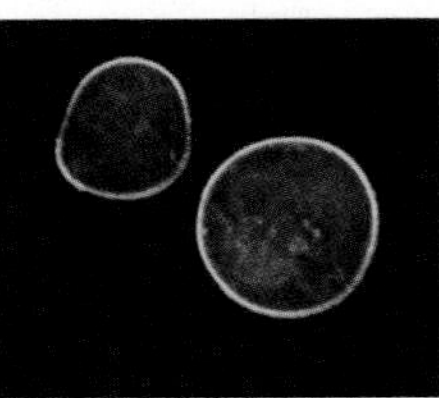

ΔFus3

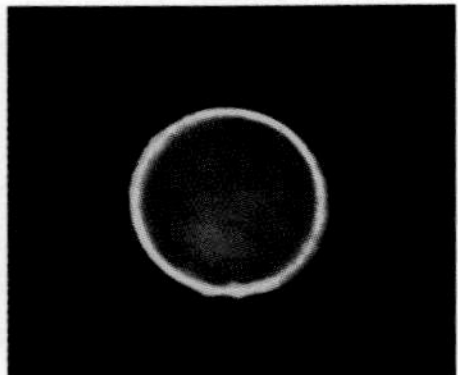

Δformine

RÉSULTATS Les cellules de la souche sauvage présentaient des shmoos avec des bourgeons dont la paroi était teinte en rouge, tandis que le reste de la paroi cellulaire était verte, ce qui indiquait une croissance asymétrique. Ni les cellules de la souche ΔFus3 ni celles de la souche Δformine ne présentaient de bourgeons, et leur paroi cellulaire était presque uniformément jaune. Cette couleur résultait de la combinaison des teintures verte et rouge, et révélait une croissance *symétrique* caractéristique des cellules qui n'ont pas été exposées au facteur de reconnaissance sexuelle.

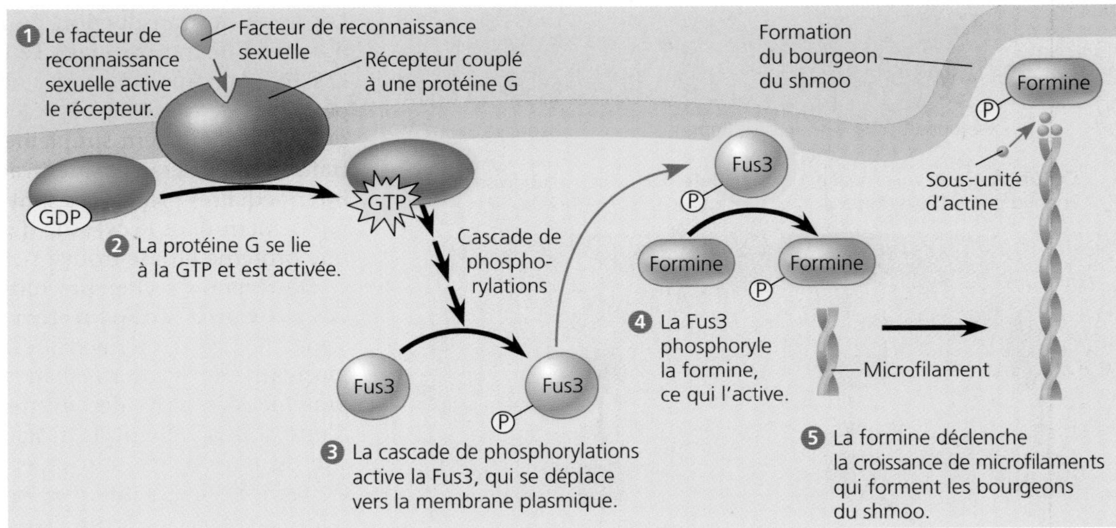

❶ Le facteur de reconnaissance sexuelle active le récepteur.
Facteur de reconnaissance sexuelle
Récepteur couplé à une protéine G
Formation du bourgeon du shmoo
Formine
P
GDP
GTP
❷ La protéine G se lie à la GTP et est activée.
Cascade de phospho-rylations
Fus3
Sous-unité d'actine
Formine
Formine
❹ La Fus3 phosphoryle la formine, ce qui l'active.
Microfilament
Fus3
Fus3
❸ La cascade de phosphorylations active la Fus3, qui se déplace vers la membrane plasmique.
❺ La formine déclenche la croissance de microfilaments qui forment les bourgeons du shmoo.

CONCLUSION La défectuosité – l'incapacité de former des shmoos – des souches auxquelles il manque soit de la Fus3 soit de la formine semble indiquer que ces deux protéines sont essentielles à la formation de shmoos. Ces résultats ont convaincu les chercheurs de proposer le modèle illustré ci-dessus pour expliquer que la croissance asymétrique de la cellule réceptrice est dirigée vers la cellule du type sexuel opposé.

SOURCE D. Matheos *et al.*, Pheromone-induced polarization is dependent on the Fus3p MAPK acting through the formin Bni1, *Journal of Cell Biology* 165 : 99-109 (2004).

ET SI ? Selon ces résultats et le modèle proposé par ces chercheurs, qu'arriverait-il à une cellule si sa kinase Fus3 était incapable de fusionner avec la membrane après activation ?

Comment cela est-il possible ? En fait, la spécificité que montrent les réponses cellulaires aux signaux s'explique de la même façon que la plupart des autres différences entre les cellules : parce que différents types de cellules activent différents types de gènes, *les différents types de cellules ont chacun un ensemble unique de protéines* (**figure 11.18**). Une cellule répond à un signal en fonction de ses récepteurs protéiques, de ses intermédiaires protéiques et de ses protéines cytoplasmiques. Une cellule hépatique, par exemple, est prête à répondre à l'adrénaline parce qu'elle produit toutes les protéines énumérées à la figure 11.16, ainsi que celles qui servent à fabriquer le glycogène.

Deux cellules qui répondent différemment au même signal se distinguent par une ou plusieurs protéines convertissant le signal ou y répondant. Remarquez à la figure 11.18 que des voies dissemblables peuvent faire intervenir un certain nombre de molécules semblables. Par exemple, les cellules A, B et C utilisent toutes le même récepteur protéique pour lier la molécule de signalisation orangée. Cependant, leur réponse au signal diffère, car elles ne possèdent pas toutes les mêmes protéines. Dans la cellule D, un récepteur protéique différent sert pour la même molécule de signalisation, ce qui provoque une nouvelle réponse. Dans la cellule B, un seul signal déclenche une bifurcation de la voie, ce qui entraîne deux réponses. Les voies qui se ramifient mettent souvent en jeu des récepteurs à activité tyrosine kinase (activant plusieurs intermédiaires protéiques) ou des seconds messagers (régulant un grand nombre de protéines). Dans la cellule C, deux signaux distincts amorcent deux voies convergentes qui modulent une seule réponse. Ce type de processus joue un rôle important dans la régulation et la coordination de la réponse cellulaire consécutive à la réception d'une information provenant de divers endroits de l'organisme. (Vous en apprendrez davantage sur cette coordination dans le concept 11.5.) En outre, l'utilisation des mêmes protéines dans plusieurs voies permet à la cellule de diminuer le nombre de protéines à synthétiser.

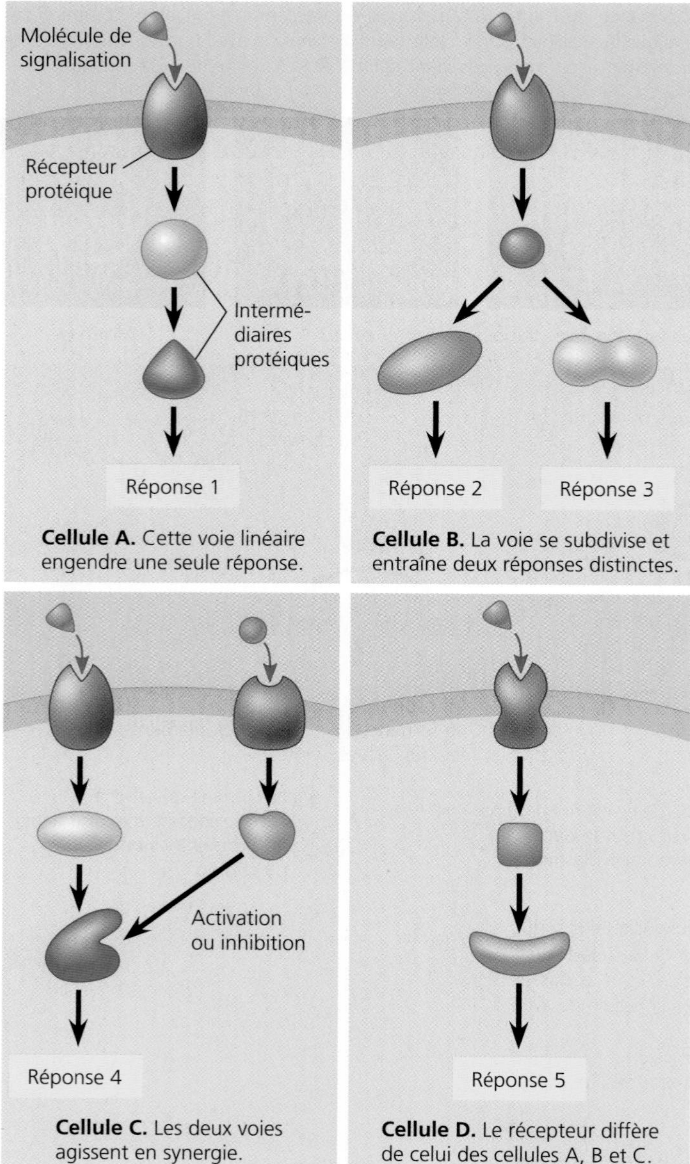

▲ **Figure 11.18 La spécificité de la communication cellulaire.** Les protéines que possède une cellule déterminent le type de signaux auxquels elle répondra et la façon dont elle le fera. Les quatre cellules illustrées dans ces schémas sont stimulées par la même sorte de molécule de signalisation (triangle orangé), mais elles ne réagissent pas de la même manière, parce que chacune possède un ensemble unique de protéines (en vert et en violet). Remarquez que certaines protéines peuvent intervenir dans plus d'une voie.

FAITES DES LIENS *Étudiez la voie de transduction illustrée à la figure 11.14 (p. 246) et expliquez comment la situation décrite ci-dessus pour la cellule B pourrait s'appliquer à cette voie.*

L'efficacité de la communication cellulaire : les protéines adaptatrices et les complexes de communication

Les voies de transduction de la figure 11.18 (de même que d'autres illustrations dans ce chapitre) sont très simplifiées. Les schémas montrent peu d'intermédiaires protéiques et, pour plus de clarté, les représentent dans le cytosol. Or, si ces protéines baignaient simplement dans le cytosol, les voies de transduction seraient inefficaces, parce que la plupart des intermédiaires protéiques sont trop volumineux pour diffuser rapidement dans le cytosol, qui est visqueux. Alors, comment une protéine kinase trouve-t-elle son substrat ?

De récentes recherches indiquent que, dans bien des cas, des **protéines adaptatrices** facilitent la transduction d'un signal. Il s'agit d'intermédiaires de grande taille qui rassemblent plusieurs autres intermédiaires protéiques. Par exemple, une protéine adaptatrice découverte dans des cellules de l'encéphale d'une souris transporte trois protéines kinases jusqu'à son site de liaison avec un récepteur membranaire spécifique. Ce faisant, elle facilite une cascade particulière de phosphorylations (**figure 11.19**). Des chercheurs ont trouvé dans des

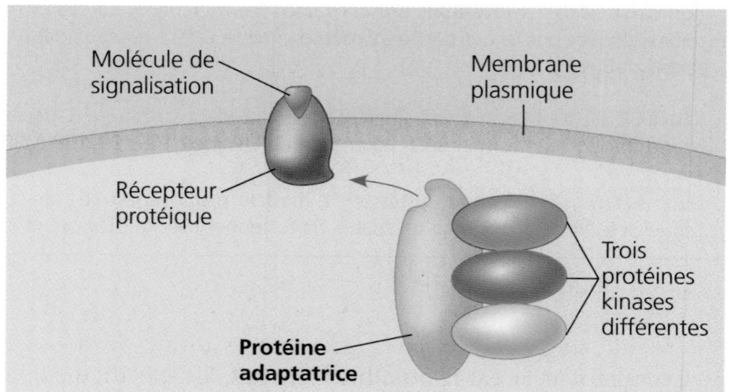

▲ **Figure 11.19 Une protéine adaptatrice.** La protéine adaptatrice illustrée ici (en rose) se lie simultanément à un récepteur membranaire précis activé et à trois protéines kinases distinctes. Cet arrangement favorise la transduction du signal par ces molécules et, dans certains cas, active les molécules intermédiaires.

cellules encéphaliques des protéines adaptatrices qui maintiennent ensemble de manière *permanente* des réseaux de protéines de communication dans les synapses. Ce «câblage» des protéines augmente la vitesse et la précision de la transmission de l'information entre les cellules parce que la vitesse de l'interaction protéine-protéine n'est pas limitée par le temps de diffusion. Outre ce rôle indirect dans l'activation des intermédiaires protéiques, les protéines adaptatrices elles-mêmes peuvent activer plus directement certains des autres intermédiaires protéiques.

Lorsqu'on a découvert les voies de transduction, on croyait qu'elles étaient linéaires et indépendantes. Maintenant que l'on comprend mieux les mécanismes de communication cellulaire, on se rend compte que les choses ne sont pas aussi simples. En fait, comme le montre la figure 11.18, certaines protéines peuvent intervenir dans plus d'une voie, soit dans différents types de cellules, soit dans la même cellule à des moments précis ou dans des conditions particulières. Différentes voies peuvent donc converger: par exemple, une voie ayant comme point de départ un récepteur couplé à une protéine G peut aboutir au même intermédiaire protéique qu'une autre voie dont l'origine est un récepteur à activité tyrosine kinase. Il arrive également que d'autres voies divergent ou interagissent. Ces observations mettent en évidence le rôle important des complexes protéiques permanents ou transitoires dans le fonctionnement de la cellule.

Le rôle crucial joué par les intermédiaires protéiques au carrefour des voies de transduction est mis en évidence par les problèmes résultant de leur carence ou de leur déficience. Par exemple, la maladie héréditaire appelée syndrome de Wiskott-Aldrich (ou WAS), qui se caractérise par l'absence d'un intermédiaire protéique particulier, conduit à diverses manifestations cliniques, comme des saignements anormaux, de l'eczéma, une prédisposition aux infections et à la leucémie, etc. On soupçonne que ces symptômes découlent principalement de l'absence de cet intermédiaire protéique dans les cellules du système immunitaire. Dans les cellules normales, la protéine WAS est située juste en dessous de la membrane plasmique. Elle interagit avec les microfilaments du cytosquelette et avec plusieurs éléments des voies de transduction qui transmettent l'activation à partir de la membrane (notamment les voies régulant la prolifération des cellules immunitaires). Cet intermédiaire protéique aux multiples fonctions est donc au cœur d'un réseau complexe de voies de transduction qui régit le comportement des cellules immunitaires. En son absence, le cytosquelette présente un défaut de structure, et les voies de transduction sont altérées, ce qui explique les symptômes de la maladie de Wiskott-Aldrich.

La cessation du signal

Pour simplifier la figure 11.18, nous n'avons pas indiqué les mécanismes d'*inactivation*, même s'ils sont essentiels à la communication. Mais rappelez-vous que, pour que les cellules d'un organisme multicellulaire restent alertes et capables de répondre à des signaux, chaque modification moléculaire qui survient dans une voie de communication doit être brève. Comme vous l'avez vu dans l'exemple du choléra, si un intermédiaire protéique reste bloqué dans un état – que celui-ci soit actif ou inactif –, l'organisme peut en pâtir.

La capacité d'une cellule à recevoir de nouveaux signaux dépend de la réversibilité des changements qu'ont entraînés les signaux précédents. Ainsi, l'association des molécules de signalisation et des récepteurs est réversible. Lorsque la concentration externe des molécules de signalisation diminue, moins de récepteurs sont liés à tout moment, et les récepteurs qui ne sont pas liés reviennent à leur forme inactive. La réponse cellulaire ne se produit que lorsque la concentration des récepteurs portant des molécules de signalisation dépasse un certain seuil. Lorsque le nombre de récepteurs actifs tombe sous ce seuil, la réponse cellulaire cesse. Puis, par différents moyens, les intermédiaires protéiques reprennent leur forme inactive: l'activité GTPase inhérente à la protéine G hydrolyse le GTP lié; l'enzyme phosphodiestérase transforme l'AMPc en AMP; les protéines phosphatases inactivent les protéines kinases phosphorylées ainsi que d'autres protéines, et ainsi de suite. Il s'ensuit que la cellule est rapidement prête à répondre à un autre signal.

Dans cette section, nous avons exploré la complexité du début et de la fin de la communication cellulaire dans une seule voie de transduction, et nous avons vu que les voies de transduction peuvent se croiser. Dans la prochaine section, nous nous pencherons sur un réseau de voies particulièrement important dans la cellule.

RETOUR SUR LE CONCEPT 11.4

1. Comment la réponse d'une cellule cible à une seule molécule d'hormone peut-elle être amplifiée de telle sorte qu'elle affecte un million d'autres molécules?
2. **ET SI?** Supposons deux cellules dont les protéines adaptatrices sont différentes. Expliquez comment elles pourraient réagir différemment à la même molécule de signalisation.
3. **FAITES DES LIENS** Relisez le passage sur les protéines phosphatases (p. 244) et revoyez la figure 11.10. Certaines maladies humaines sont associées au dysfonctionnement des protéines phosphatases. Comment de telles protéines influent-elles sur les voies de communication?

Voir les réponses proposées à la fin du chapitre.

CONCEPT 11.5

L'apoptose intègre de nombreuses voies de communication

Être ou ne pas être? L'un des réseaux de voies de communication les plus élaborés dans la cellule semble poser cette question d'Hamlet et fournir la réponse. En effet, les cellules infectées, endommagées ou arrivées à la fin de leur vie utile subissent souvent une mort cellulaire programmée. Le type de suicide cellulaire programmé que nous comprenons le mieux est l'**apoptose**. Ce terme vient du grec *apo-* («distant, éloigné») et *ptôsis* («chute»); en grec ancien, le mot *apoptosis* désignait la chute des feuilles des arbres en automne. Durant

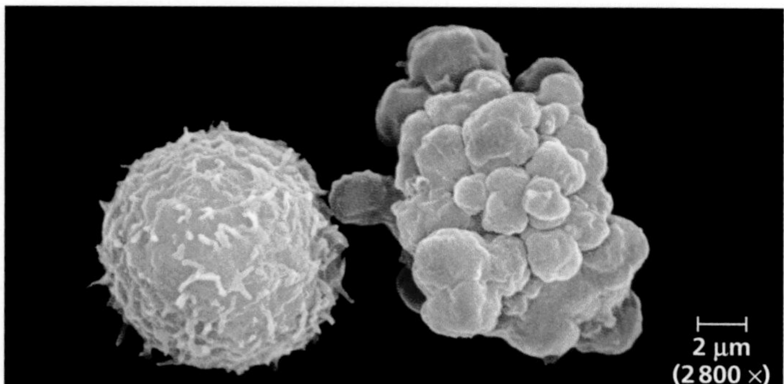

▲ **Figure 11.20 L'apoptose de leucocytes humains.** On voit ici un leucocyte normal (à gauche) comparé à un leucocyte subissant l'apoptose (à droite). La cellule apoptotique rétrécit et forme des protubérances qui finissent par se séparer sous forme de fragments cellulaires liés à la membrane (MEB colorée).

l'apoptose, des agents cellulaires coupent l'ADN et fragmentent les organites et autres composants cytoplasmiques. La cellule rétrécit et forme des lobes (appelés *protubérances*, voir la **figure 11.20**), et les diverses parties de la cellule sont emballées dans des vésicules, puis avalées et digérées par des cellules phagocytes voisines, qui n'en laissent aucune trace. L'apoptose protège les cellules avoisinantes des dommages qu'elles subiraient si une cellule à l'agonie se vidait de son contenu, notamment de ses nombreuses enzymes digestives.

L'apoptose chez le ver *Caenorhabditis elegans*

L'apoptose est très fréquente et joue un rôle crucial dans le développement embryonnaire. Les mécanismes moléculaires sous-jacents de l'apoptose ont été examinés en détail par des chercheurs qui étudiaient le développement embryonnaire d'un petit ver vivant dans le sol, un nématode appelé *Caenorhabditis elegans*. Comme le ver adulte ne possède qu'un millier de cellules, les chercheurs ont pu étudier toute la lignée cellulaire dérivant de chacune des cellules. Le suicide cellulaire programmé survient précisément 131 fois au cours du développement normal de *C. elegans* (soit dans un peu plus de 10% des cellules), et ce, toujours à la même génération dans la lignée cellulaire de chaque nouvel individu. Chez les Vers et d'autres espèces, des signaux déclenchent l'activation d'une cascade de protéines de «suicide» dans les cellules destinées à mourir.

Le criblage génétique de *C. elegans* a mené à la découverte de deux gènes clés de l'apoptose: *ced-3* et *ced-4* (*ced*, pour *cell death*, «mort cellulaire»). Ceux-ci codent pour les protéines essentielles à l'apoptose, qui portent respectivement les noms de Ced-3 et de Ced-4. Celles-ci, de même que la plupart des autres protéines intervenant dans l'apoptose, sont continuellement présentes dans les cellules, mais sous une forme inactive. C'est donc l'*activité* des protéines qui est régulée dans ce cas et non la transcription ou la traduction. Chez *C. elegans*, une protéine de la membrane mitochondriale externe, la protéine Ced-9 (produit du gène *ced-9*) est le régulateur principal de l'apoptose. Elle agit comme un frein en l'absence d'un signal favorisant la mort des cellules (**figure 11.21**). Si une cellule reçoit le signal de son autodestruction, la voie de l'apoptose active des protéases et des nucléases, des enzymes découpant respectivement les protéines et l'ADN de la cellule. Les protéases principales de l'apoptose sont appelées *caspases*. Chez les Nématodes, la caspase principale est Ced-3.

Les voies apoptotiques et les signaux qui les activent

Chez les humains et les autres Mammifères, plusieurs voies différentes, qui font intervenir environ 15 caspases, peuvent

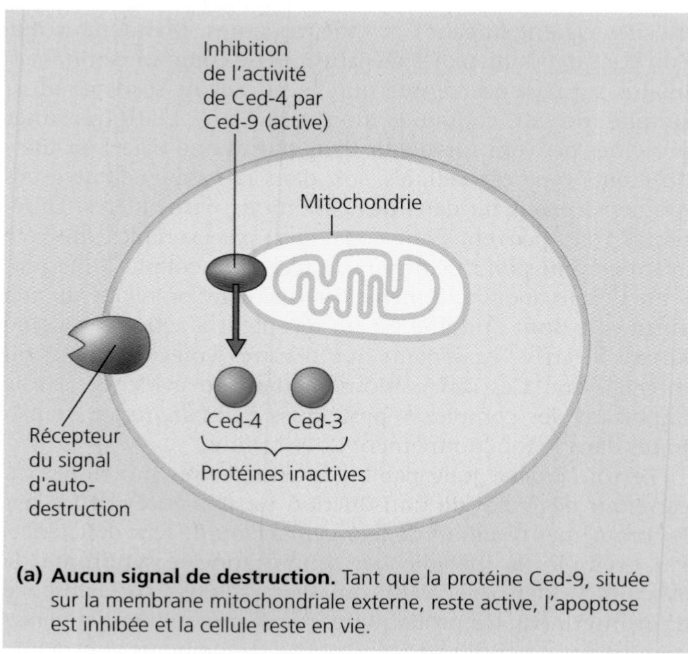

(a) Aucun signal de destruction. Tant que la protéine Ced-9, située sur la membrane mitochondriale externe, reste active, l'apoptose est inhibée et la cellule reste en vie.

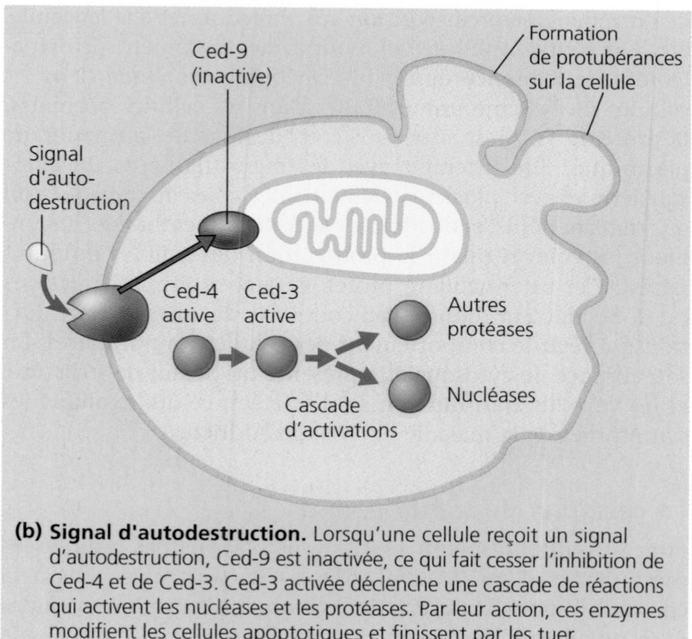

(b) Signal d'autodestruction. Lorsqu'une cellule reçoit un signal d'autodestruction, Ced-9 est inactivée, ce qui fait cesser l'inhibition de Ced-4 et de Ced-3. Ced-3 activée déclenche une cascade de réactions qui activent les nucléases et les protéases. Par leur action, ces enzymes modifient les cellules apoptotiques et finissent par les tuer.

▲ **Figure 11.21 Le fondement moléculaire de l'apoptose chez *C. elegans*.** Trois protéines (Ced-3, Ced-4 et Ced-9) sont essentielles à l'apoptose et à sa régulation chez le Nématode. L'apoptose est plus complexe chez les Mammifères, mais elle fait intervenir des protéines semblables à celles du Nématode.

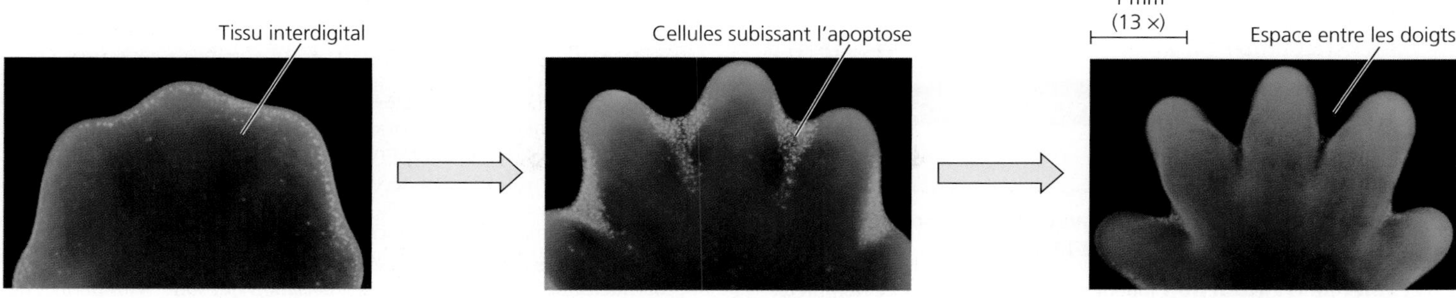

▲ **Figure 11.22 L'effet de l'apoptose pendant le développement des pattes chez la souris.** Chez la souris, l'humain et d'autres Mammifères, de même que chez les oiseaux terrestres, la région de l'embryon qui se développe pour former des pieds ou des mains présente à l'origine une structure solide en forme de plaque. L'apoptose élimine les cellules dans les régions interdigitales, formant ainsi les doigts. Les pattes de la souris embryonnaire illustrées ici sont colorées de sorte que les cellules qui subissent l'apoptose apparaissent en vert brillant. L'apoptose des cellules commence à la limite de chaque région interdigitale (à gauche), atteint un maximum quand le tissu de ces régions est en voie de destruction (au centre) et n'est plus visible une fois le tissu interdigital éliminé (à droite).

mener à l'apoptose. La voie empruntée dépend du type de cellule et du signal particulier qui déclenche l'apoptose. Une voie importante met en jeu des protéines mitochondriales. Les protéines des voies de l'apoptose ou d'autres signaux connexes provoquent des fuites de la membrane externe des mitochondries et libèrent d'autres protéines apoptotiques. Étonnamment, ces dernières incluent le cytochrome *c* qui assure le transport d'électrons dans les cellules saines (voir la figure 9.15, p. 196), mais qui agit comme facteur de destruction cellulaire lorsqu'il est libéré par les mitochondries. L'apoptose mitochondriale des Mammifères fait intervenir des protéines homologues à celles qui sont présentes chez les Vers : Ced-3, Ced-4 et Ced-9. On peut concevoir ces dernières comme des intermédiaires protéiques capables d'effectuer la transduction du signal de destruction.

À certains points clés du programme apoptotique, des intermédiaires protéiques intègrent les signaux provenant de diverses sources et peuvent aiguiller une cellule vers l'apoptose. Souvent, le signal provient de l'*extérieur* de la cellule ; ainsi, la molécule porteuse du signal d'autodestruction décrite à la figure 11.21b a probablement été libérée par une cellule voisine. Lorsqu'un ligand apoptotique occupe un récepteur de surface, cette liaison active les caspases et d'autres enzymes apoptotiques sans faire intervenir la voie mitochondriale. Ce processus de réception du signal, de sa transduction et de la réponse cellulaire qu'il induit, ressemble à celui que nous avons déjà décrit dans ce chapitre. Dans une variation du scénario classique, deux autres types de signal d'alarme pouvant commander l'apoptose proviennent de *l'intérieur* de la cellule plutôt que d'un récepteur de surface. Le premier type de signal vient du noyau et il est généré lorsque l'ADN a subi une lésion irréparable ; le deuxième vient du réticulum endoplasmique et se manifeste lorsqu'il y a trop de mauvais repliements de protéines. Les cellules des Mammifères prennent des « décisions » de vie ou de mort en intégrant les signaux de vie et les signaux de destruction qu'ils reçoivent de ces sources externes et internes.

Le mécanisme intégré du suicide cellulaire est essentiel au développement et à l'entretien de tous les Animaux. Les ressemblances entre les gènes de l'apoptose chez les Nématodes et chez les Mammifères, ainsi que le constat que l'apoptose a lieu chez les Eumycètes multicellulaires et les levures unicellulaires, montrent que ce mécanisme fondamental est apparu au début de l'évolution des Eucaryotes. L'apoptose est essentielle au développement normal du système nerveux des Vertébrés, au bon fonctionnement de leur système immunitaire et à la morphogenèse des mains et des pieds des humains, et des pattes chez d'autres Mammifères (**figure 11.22**). Un niveau inférieur d'apoptose dans les membres en voie de développement explique les pattes palmées des canards et d'autres oiseaux aquatiques, contrairement aux poulets et aux autres oiseaux terrestres qui n'ont pas ce type de pattes. Dans le cas des humains, l'absence d'apoptose normale peut entraîner la formation de doigts et d'orteils palmés.

Des résultats de recherche indiquent que l'apoptose pourrait être en cause dans certaines maladies dégénératives du système nerveux comme la maladie de Parkinson et la maladie d'Alzheimer. Le cancer pourrait résulter d'un échec du suicide cellulaire ; ainsi, il y aurait un lien entre certains cas de mélanome humain et des formes défectueuses de la version humaine de la protéine Ced-4 du *C. elegans*. Il n'est donc pas surprenant que les voies qui mènent à l'apoptose soient assez élaborées. Après tout, la question de la vie ou de la mort est la plus fondamentale pour une cellule.

Ce chapitre vous a permis de découvrir plusieurs mécanismes généraux de la communication, comme la liaison des ligands, les interactions protéine-protéine ainsi que les changements de forme, les cascades d'interactions et la phosphorylation des protéines. Vous trouverez de nombreux exemples de communication cellulaire dans le reste de cet ouvrage.

RETOUR SUR LE CONCEPT 11.5

1. Donnez un exemple d'apoptose au cours du développement embryonnaire et expliquez sa fonction chez l'embryon en développement.
2. **ET SI ?** Quel type de défectuosité protéique pourrait entraîner une apoptose qui n'a pas lieu d'être ? Inversement, quel type pourrait entraîner l'absence d'une apoptose qui devrait avoir lieu ?

Voir les réponses proposées à la fin du chapitre.

RÉVISION DU CHAPITRE 11

RÉSUMÉ DES CONCEPTS CLÉS

CONCEPT 11.1

Les signaux externes sont convertis en réponses à l'intérieur de la cellule (p. 233 à 237)

- Les **voies de transduction** jouent un rôle crucial dans de nombreux processus de communication cellulaire, notamment dans la reproduction sexuée des levures. La communication chez les organismes unicellulaires ressemble beaucoup à celle qui a lieu dans les organismes multicellulaires, ce qui donne à penser que la communication cellulaire est apparue très tôt dans l'histoire de la vie. Les cellules bactériennes sécrètent de petites molécules que d'autres cellules bactériennes peuvent détecter. Ces molécules de communication pouvant être perçues par des bactéries permettent à ces dernières d'évaluer la densité locale des cellules (*détection du quorum*). Dans certains cas, de tels signaux entraînent la formation d'un biofilm.
- Chez les Animaux, les cellules voisines communiquent entre elles par contact direct ou par l'entremise de **régulateurs locaux** comme les facteurs de croissance ou les neurotransmetteurs. Lorsqu'elles doivent communiquer à distance, les cellules tant animales que végétales transmettent des signaux chimiques sous forme d'**hormones**; les cellules animales propagent également des signaux électriques le long des neurones.
- Earl Sutherland a découvert comment l'adrénaline influe sur les cellules: comme d'autres hormones qui se lient à des récepteurs de surface, elle déclenche un processus de communication en trois étapes: la réception, la transduction et la réponse.

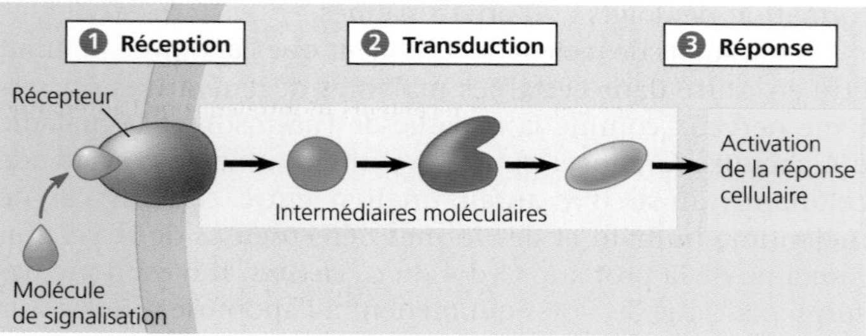

? *Qu'est-ce qui détermine si une cellule répond ou non à une hormone comme l'adrénaline, et qu'est-ce qui détermine la manière dont elle y répond?*

CONCEPT 11.2

La réception: une molécule de signalisation se lie à un récepteur protéique et en modifie la forme (p. 237 à 242)

- La liaison entre une molécule de signalisation (**ligand**) et le récepteur est très spécifique. Un changement spécifique dans la forme d'un récepteur constitue souvent la transduction initiale du signal.
- Il existe trois grands types de récepteurs de surface transmembranaires. (1) Les **récepteurs couplés à une protéine G** (**RCPG**) fonctionnent avec l'aide de protéines G cytoplasmiques. La liaison à un ligand active le récepteur, ce qui active une protéine G spécifique, laquelle active à son tour une autre protéine, propageant le signal dans la voie de transduction. (2) Les **récepteurs à activité tyrosine kinase** (**RTK**) réagissent à la liaison de molécules de signalisation en formant des dimères, puis en ajoutant des groupements phosphate aux tyrosines de la portion cytoplasmique de l'autre monomère. Les tyrosines phosphorylées activent des intermédiaires protéiques en s'y liant. C'est ainsi que ce type de récepteur déclenche simultanément plusieurs voies. (3) Certaines **molécules de signalisation** provoquent l'ouverture et la fermeture de **canaux ioniques à ouverture régulée**, ce qui contrôle le flux d'un ion spécifique.
- L'activité des trois types de récepteurs est essentielle au bon fonctionnement de la cellule; les RCPG et les RTK anormaux sont associés à de nombreuses maladies humaines.
- Les récepteurs intracellulaires sont des protéines cytoplasmiques ou nucléaires. Les molécules de signalisation qui sont hydrophobes ou suffisamment petites pour traverser la membrane plasmique se lient à ces récepteurs à l'intérieur de la cellule.

? *En quoi les structures d'un récepteur couplé à une protéine G et celles d'un récepteur à activité tyrosine kinase se ressemblent-elles? Quelle est la différence clé entre ces deux types de récepteurs quant au déclenchement des voies de transduction du signal?*

CONCEPT 11.3

La transduction: des cascades d'interactions moléculaires transmettent les signaux des récepteurs aux molécules cibles intracellulaires (p. 242 à 247)

- À chacune des multiples étapes d'une voie de transduction, le signal prend une forme différente, qui, le plus souvent, suppose un changement de forme d'une protéine. Beaucoup de voies de transduction comprennent des phosphorylations en cascade, au cours desquelles de nombreuses **protéines kinases** ajoutent tour à tour un groupement phosphate à la protéine kinase en aval afin de l'activer. Des enzymes appelées **protéines phosphatases** éliminent rapidement les phosphates. L'équilibre entre la phosphorylation et la déphosphorylation régule l'activité des protéines qui interviennent dans les étapes successives de la voie de transduction.
- Les **seconds messagers**, tels que l'**AMP cyclique** (**AMPc**) et le Ca^{2+}, diffusent rapidement dans le cytosol; par conséquent, ils accélèrent la transmission de l'information. De nombreuses protéines G activent l'**adénylate cyclase**, l'enzyme qui fabrique de l'AMPc à partir d'ATP. Les cellules utilisent les ions Ca^{2+} comme seconds messagers dans les voies qui font intervenir tant la protéine G que la tyrosine kinase. Ces dernières peuvent également comporter deux autres seconds messagers, le, **diacylglycérol** (DAG) et l'**inositol trisphosphate** (**IP_3**). L'IP_3 peut entraîner une augmentation de la concentration intracellulaire de Ca^{2+}.

? *Quelle est la différence entre une protéine kinase et un second messager? Ces deux types de molécules peuvent-elles agir dans la même voie de transduction?*

CONCEPT 11.4

La réponse: la communication cellulaire aboutit à la régulation des fonctions cytoplasmiques ou de la transcription (p. 247 à 251)

- Certaines voies de signalisation aboutissent à une réponse nucléaire: elles régulent des gènes en activant des facteurs de transcription, c'est-à-dire les protéines qui activent ou inhibent certains gènes. D'autres voies assurent une régulation cytoplasmique, régulant par exemple l'activité enzymatique et le réarrangement du cytosquelette (qui peut modifier la forme de la cellule).
- Les réponses cellulaires ne sont pas simplement activées ou inactivées, elles sont finement réglées par les multiples étapes du processus. Chaque protéine catalytique d'une voie de transduction amplifie le signal reçu en activant plusieurs copies de la protéine qui lui succède dans la voie. Dans le cas de voies plus complexes, l'amplification peut se traduire par la libération de plusieurs millions de molécules.

Par ailleurs, une cellule a une combinaison unique de protéines qui lui confère une grande spécificité sur les plans de la réception d'un signal et de la réponse. Des **protéines adaptatrices** rassemblent plusieurs éléments d'une voie et peuvent ainsi accroître l'efficacité de la transduction. Les embranchements et les intersections des voies favorisent aussi la coordination des signaux et des réponses. L'association des molécules de signalisation et des récepteurs est réversible; lorsque le ligand est libéré, le signal cesse rapidement.

? *Quels mécanismes intracellulaires mettent fin à la réponse de la cellule et maintiennent sa capacité de répondre à de nouveaux signaux?*

CONCEPT **11.5**

L'apoptose intègre de nombreuses voies de communication (p. 251 à 253)

- L'apoptose est un type d'autodestruction cellulaire programmée au cours de laquelle les composants cellulaires sont éliminés de manière coordonnée, et ce, sans endommager les cellules voisines. Les études sur le ver de terre *Caenorhabditis elegans* ont montré que l'apoptose se produit à des moments prédéterminés au cours du développement embryonnaire; elles ont aussi éclairé certains aspects moléculaires de ce mécanisme. Une protéine (Ced-9) de la membrane mitochondriale agit comme un régulateur; une fois inactivé par un signal de destruction, le Ced-9 ne joue plus son rôle inhibiteur, ce qui permet l'activation des caspases, les principales protéases de l'apoptose, et des nucléases.
- Les cellules des humains et d'autres Mammifères comportent plusieurs voies apoptotiques et il existe plusieurs façons de les déclencher. L'une des plus importantes repose sur la formation de pores dans la membrane mitochondriale extérieure, ce qui entraîne la libération de facteurs qui activent les caspases. Les signaux responsables de cette réponse peuvent provenir de l'extérieur ou de l'intérieur de la cellule.

? *Comment peut-on expliquer les similarités entre les gènes qui régulent l'apoptose chez les levures, les Nématodes et les Mammifères?*

ÉVALUATION

NIVEAU 1: CONNAISSANCES ET COMPRÉHENSION

1. Les cascades de phosphorylations dans lesquelles plusieurs protéines kinases interviennent sont utiles à la phase de transduction du signal, car:
a) elles ne sont propres qu'à certaines espèces.
b) elles mènent toujours à la même réponse cellulaire.
c) elles amplifient plusieurs fois le signal.
d) elles renversent les effets néfastes des phosphatases.
e) le nombre de molécules auxquelles elles font appel est petit et fixe.

2. Quel type de récepteur modifie la répartition des ions de part et d'autre de la membrane quand une molécule de signalisation s'y lie?
a) Les récepteurs à activité tyrosine kinase.
b) Les récepteurs couplés à une protéine G.
c) Les dimères de tyrosine kinase phosphorylés.
d) Les canaux ioniques à ouverture régulée par un ligand.
e) Les récepteurs protéiques intracellulaires.

3. L'activation d'un récepteur à activité tyrosine kinase se caractérise par:
a) une dimérisation et une phosphorylation.
b) une dimérisation et la liaison d'IP_3.
c) une cascade de phosphorylations.
d) l'hydrolyse de GTP.
e) un changement de forme du canal protéique.

4. Les molécules de signalisation liposolubles, comme la testostérone, traversent les membranes cellulaires de toutes les cellules; pourtant, elles n'exercent des effets que sur les cellules cibles. Pourquoi?
a) Parce que seules les cellules cibles contiennent les portions d'ADN nécessaires.
b) Parce que les récepteurs intracellulaires ne se trouvent que dans les cellules cibles.
c) Parce que la plupart des cellules ne possèdent pas de récepteurs à activité tyrosine kinase.
d) Parce que seules les cellules cibles possèdent les enzymes cytosoliques qui transmettent l'information de ces molécules de signalisation.
e) Parce que ce n'est que dans les cellules cibles qu'elles amorcent la cascade de phosphorylations aboutissant à l'activation du facteur de transcription.

5. Dans la voie suivante: adrénaline → récepteur couplé à une protéine G → protéine G → adénylate cyclase → AMPc, quel est le second messager?
a) L'AMPc.
b) La protéine G.
c) Le GTP.
d) L'adénylate cyclase.
e) Le récepteur couplé à la protéine G.

6. L'apoptose comporte tous ces mécanismes sauf un. Lequel?
a) La fragmentation de l'ADN.
b) Des voies de communication cellulaire.
c) L'activation d'enzymes cellulaires.
d) La lyse de la cellule.
e) La digestion du contenu cellulaire par des cellules phagocytes.

NIVEAU 2: APPLICATION ET ANALYSE

7. Quelle observation a conduit Sutherland à conclure que la stimulation des cellules hépatiques par l'adrénaline faisait intervenir un second messager?
a) L'activité enzymatique était proportionnelle à la quantité de calcium ajoutée à un extrait sans cellules.
b) Les études portant sur les récepteurs montraient que l'adrénaline était un ligand.
c) Quand de l'adrénaline était ajoutée à des cellules intactes, du glycogène était hydrolysé.
d) Une dégradation du glycogène résultait de la combinaison de l'adrénaline et de la glycogène phosphorylase.
e) L'adrénaline était connue pour les effets qu'elle exerce sur différentes cellules.

8. La phosphorylation des protéines s'observe dans tous les événements cellulaires suivants, sauf un; lequel?
a) La régulation de la transcription par des molécules de signalisation extracellulaires.
b) L'activation enzymatique.
c) L'activation de récepteurs couplés à une protéine G.
d) L'activation de récepteurs à activité tyrosine kinase.
e) L'activation de protéines kinases.

NIVEAU 3: SYNTHÈSE ET ÉVALUATION

9. **FAITES UN DESSIN** Dessinez la voie apoptotique suivante, que l'on observe dans les cellules immunitaires humaines. Lorsqu'une molécule appelée Fas se lie à son récepteur de surface, la cellule reçoit un signal de destruction. La liaison de nombreuses molécules Fas à leurs récepteurs cause une agglomération de récepteurs. Une fois réunies, les régions intracellulaires des récepteurs s'attachent à des protéines adaptatrices. À leur tour, ces protéines se lient à des molécules de caspase-8 inactives; celles-ci sont alors activées; l'activation des caspases-8 provoque celle des caspases-3. Ces dernières déclenchent l'apoptose.

10. **LIEN AVEC L'ÉVOLUTION**
Quels mécanismes de l'évolution pourraient expliquer l'origine et la persistance de la communication de cellule à cellule chez les Procaryotes unicellulaires?

11. **INTÉGRATION**
L'adrénaline amorce une voie de transduction qui donne lieu à une production d'AMP cyclique (AMPc) et qui aboutit à la dégradation du glycogène en glucose, une importante source d'énergie pour les cellules. Toutefois, la dégradation du glycogène n'est en réalité qu'une partie de la réponse de « lutte ou fuite » que l'adrénaline déclenche. Les effets sur l'ensemble du corps sont une augmentation de la fréquence cardiaque et de la vigilance, ainsi qu'un accroissement de l'énergie. Étant donné que la caféine bloque l'activité de l'AMPc phosphodiestérase, expliquez comment l'ingestion de caféine peut entraîner une vigilance accrue et de l'insomnie.

12. **SCIENCE, TECHNOLOGIE ET SOCIÉTÉ**
Le vieillissement est un processus qui semble s'amorcer au niveau cellulaire. En effet, certaines modifications apparaissent après un nombre donné de divisions cellulaires. Les cellules perdent notamment leur capacité à répondre aux facteurs de croissance et à d'autres signaux chimiques. La plupart des travaux menés sur le vieillissement visent à comprendre pourquoi elles ne répondent plus à ces signaux, et leur but ultime est de rallonger de manière significative la durée de la vie humaine. Mais est-ce vraiment souhaitable ? Si nous vivions beaucoup plus vieux, quelles en seraient les conséquences sur l'écologie et la société ? Comment pourrions-nous faire face à cette nouvelle situation ?

13. **ÉCRIVEZ UN TEXTE**
Les propriétés émergentes La vie est une propriété émergente résultant de l'organisation cellulaire. Le processus très bien réglé de l'apoptose n'est pas seulement une destruction de la cellule ; c'est aussi une propriété émergente. Rédigez un court texte (de 100 à 150 mots) qui décrit le rôle de l'apoptose dans le développement et le bon fonctionnement d'un organisme animal, et qui explique comment cette forme de mort cellulaire programmée résulte d'une intégration ordonnée des voies de communication.

RÉPONSES DU CHAPITRE 11

Questions des figures

Figure 11.6 L'adrénaline est une molécule de signalisation ; vraisemblablement, elle se lie à un récepteur protéique de surface. **Figure 11.7** La figure 7.1 montre un canal à ions potassium qui, selon la description de la p. 150, s'ouvre en réponse à un signal électrique, permettant aux ions potassium de quitter la cellule. Il s'agit donc d'un canal ionique tensiodépendant. **Figure 11.8** Quand il communique activement avec l'intérieur de la cellule, le récepteur est lié à une protéine G. Pour déterminer la structure correspondant à cet état, on pourrait essayer de cristalliser le récepteur en présence de plusieurs exemplaires de la protéine G. (L'équipe de chercheurs avait prévu essayer cette approche la prochaine fois. L'année suivante, une autre équipe de chercheurs l'a utilisée avec succès avec un RCPG apparenté au récepteur β2-adrénergique humain.)
Figure 11.9 La molécule de testostérone est hydrophobe (liposoluble) et peut donc passer directement à travers la bicouche lipidique de la membrane plasmique pour entrer dans la cellule (ce que ne pourraient faire des molécules hydrophiles). **Figure 11.10** La forme active de la protéine kinase 2. **Figure 11.11** La molécule de signalisation (AMPc) garderait sa forme active et continuerait à produire son signal.
Figure 11.17 Dans ce modèle, la direction de la croissance est déterminée par l'association de Fus3 avec la membrane près du site d'activation du récepteur. Par conséquent, le développement de shmoos serait gravement compromis, et la cellule défectueuse ressemblerait probablement aux cellules ΔFus3 et Δformine. **Figure 11.18** La voie de transduction que montre la figure 11.14 mène à la scission de PIP_2 en DAG et IP_3, des seconds messages qui induisent des réponses différentes. (La réponse à DAG est mentionnée, mais elle n'est pas illustrée.) La voie montrée pour la cellule B est similaire, car elle aussi est scindée et peut produire deux réponses.

Retour sur le concept 11.1

1. Les deux cellules de type sexuel opposé (**a** and **α**) sécrètent chacune une molécule de signalisation qui ne peut se lier qu'à des récepteurs portés par des cellules du type sexuel opposé. Un facteur de reconnaissance sexuelle **a** ne peut donc pas se lier à une autre cellule **a** et l'inciter à se développer en direction de la première cellule **a**. Seule une cellule **α** peut « recevoir » la molécule de signalisation et y répondre par une croissance orientée (voir la figure 11.17 pour plus d'information).
2. La libération des neurotransmetteurs dans la synapse est un exemple de communication locale. La propagation d'un signal électrique le long d'un neurone et la transmission de ce signal au neurone suivant peuvent être considérés comme une communication à distance. Notez, cependant, qu'une communication locale entre deux cellules à la synapse est nécessaire pour que le signal passe d'un neurone à l'autre (communication à distance). **3.** Aucun glucose-1-phosphate n'est produit, car l'enzyme est activée seulement si la membrane plasmique et les récepteurs membranaires sont intacts. L'enzyme ne peut pas être activée directement par interaction avec la molécule de signalisation dans l'éprouvette.
4. La glycogène phosphorylase agit à la troisième étape, celle de la réponse au signal de l'adrénaline.

Retour sur le concept 11.2

1. Contrairement aux hormones stéroïdes hydrophobes, cette molécule hydrosoluble (hydrophile) ne peut pas traverser la membrane lipidique pour atteindre des récepteurs intracellulaires. On peut donc en déduire que le récepteur NGF se trouve dans la membrane plasmique. **2.** La cellule porteuse du récepteur défectueux ne pourrait pas répondre de manière appropriée à la présence de la molécule de signalisation. Les conséquences seraient très graves pour cette cellule, car elle serait incapable de réguler normalement les activités cellulaires. **3.** La liaison d'un ligand avec un récepteur modifie la forme du récepteur et, par conséquent, sa capacité à transmettre un signal. La liaison d'un régulateur allostérique à une enzyme modifie la forme de cette dernière, favorisant ou inhibant son activité.

Retour sur le concept 11.3

1. Une protéine kinase est une enzyme qui transfère un groupement phosphate de l'ATP à une protéine, qu'elle active habituellement (et qui est souvent un second type de protéine kinase). De nombreuses voies de transduction font intervenir une série d'interactions de ce genre, durant lesquelles chaque protéine kinase phosphorylée phosphoryle à son tour la protéine kinase suivante. Une telle cascade de phosphorylations transmet un signal de l'extérieur de la cellule vers les protéines cellulaires responsables de la réponse. **2.** Les protéines phosphatases ont des effets inverses à ceux des kinases. **3.** Le signal qui subit une transduction est l'information apportée par une molécule de signalisation qui vient de se fixer au récepteur de surface. Cette information est convertie au cours d'interactions séquentielles de protéine à protéine. Ces interactions provoquent des modifications de la forme de ces protéines et les rendent capables de transmettre le signal. **4.** Les canaux à ouverture régulée par l'IP_3 s'ouvrent et laissent sortir les ions calcium du RE lisse vers le cytosol, ce qui augmente la concentration de Ca^{2+} cytosolique.

Retour sur le concept 11.4

1. À chaque étape dans une cascade d'activations successives, une seule molécule ou un seul ion peut activer de nombreuses molécules agissant sur l'étape suivante. **2.** Les protéines adaptatrices rassemblent des composants moléculaires de voies de transduction pour former des complexes protéiques. Différentes protéines adaptatrices pourraient alors assembler des ensembles différents de protéines, ce qui entraînerait des réponses cellulaires différentes dans les deux cellules. **3.** Une protéine phosphatase dysfonctionnelle aurait été incapable de déphosphoryler un récepteur ou une molécule intermédiaire en particulier, de sorte qu'une fois activée, la voie de transduction n'aurait pas pu s'arrêter. (De fait, une étude a révélé la présence de protéines phosphatases dysfonctionnelles dans les cellules de 25 % des tumeurs colorectales.)

Retour sur le concept 11.5

1. Lors de la formation de la main ou de la patte chez les Mammifères, les cellules des espaces interdigitaux sont programmées pour mourir (apoptose) afin de façonner les doigts et les orteils, et d'éviter qu'ils soient palmés. **2.** Si le récepteur protéique d'une molécule porteuse d'un signal d'autodestruction était défectueux et s'activait en l'absence de ce signal, il en résulterait une apoptose inopportune. Il en serait de même d'un dysfonctionnement similaire de n'importe quelle des protéines de la voie de transduction qui activerait ces protéines intermédiaires ou protéines de réponse en l'absence d'interaction avec la protéine en amont ou le second messager de la voie. Inversement, si n'importe quelle des protéines de la voie de transduction était incapable de réagir à une interaction avec une protéine en amont ou une autre molécule ou ion, l'apoptose ne pourrait se produire. Par exemple, le récepteur protéique d'un ligand porteur d'un signal d'autodestruction pourrait ne pas être activé même s'il se liait avec ce ligand, ce qui empêcherait la transduction du signal dans la cellule.

Questions du résumé des concepts clés

11.1 Une cellule ne peut réagir à une hormone que si elle est dotée d'un récepteur protéique intracellulaire ou de surface capable de se lier à cette hormone. La réponse à une hormone dépend de l'activité cellulaire spécifique que la voie de transduction déclenche dans la cellule. Cette réponse peut varier selon le type de la cellule. **11.2** Les RCPG et les RTK sont dotés d'un site de liaison extracellulaire destiné à une molécule de signalisation (ligand) ainsi que d'un polypeptide (ruban) replié en sept hélices α transmembranaires. Les RCPG déclenchent habituellement une seule voie de transduction, tandis que les multiples tyrosines activées sur un dimère de RTK peuvent déclencher simultanément plusieurs voies de transduction. **11.3** Une protéine kinase est une enzyme qui permet l'incorporation d'un groupement phosphate sur une autre protéine. Les protéines kinases participent souvent à une cascade de phosphorylations qui provoque la conversion d'un signal dans la voie de transduction. Un second messager est une petite molécule non protéique ou un ion qui diffuse rapidement et transmet un signal à l'intérieur d'une cellule. Les protéines kinases et les seconds messagers peuvent intervenir simultanément dans la même voie. Ainsi, le second messager AMPc active souvent la protéine kinase A, qui phosphoryle ensuite d'autres protéines. **11.4** Dans les voies couplées avec une protéine G, la sous-unité GTPase d'une protéine G convertit le GTP en GDP et inactive la protéine G. Les protéines phosphatases retirent les groupements phosphate des protéines activées, ce qui stoppe une cascade de phosphorylations de protéines kinases. Les phosphodiestérases transforment l'AMPc en AMP, réduisant ainsi l'effet de l'AMPc dans une voie de transduction. **11.5** Le mécanisme de base du suicide cellulaire programmé remonte très loin dans l'évolution des Eucaryotes, et la base génétique des voies apoptotiques a été préservée au cours de l'évolution des Animaux. Ce mécanisme est essentiel au développement et à l'entretien de tous les Animaux.

ÉVALUATION

1. c; **2.** d; **3.** a; **4.** b; **5.** a; **6.** d; **7.** c; **8.** c; **9.** Voici un schéma possible de cette voie (des schémas similaires peuvent aussi être adéquats).

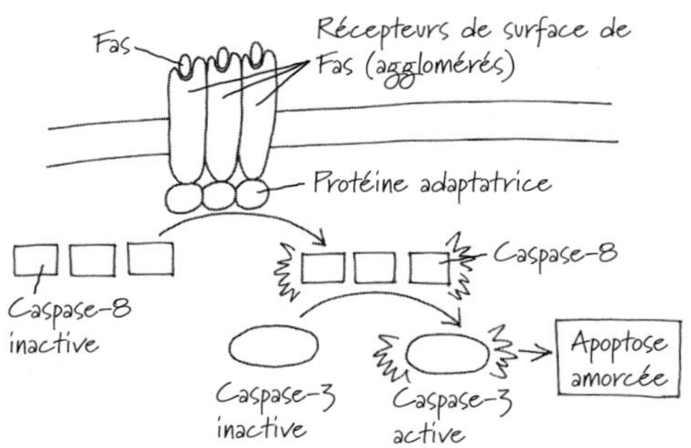

12

Le cycle cellulaire

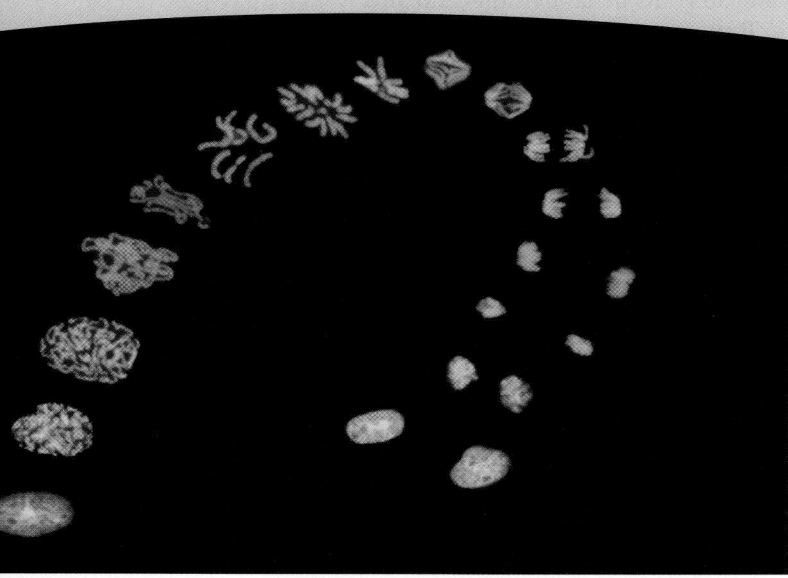

▲ **Figure 12.1 Comment l'aspect des chromosomes évolue-t-il au cours de la division cellulaire ?**

CONCEPTS CLÉS

12.1 **La plupart des divisions cellulaires donnent des cellules filles génétiquement identiques**

12.2 **La phase mitotique alterne avec l'interphase au cours du cycle cellulaire**

12.3 **Un mécanisme de régulation moléculaire gouverne le cycle cellulaire des Eucaryotes**

INTRODUCTION

Les rôles clés de la division cellulaire

La capacité de se reproduire est l'une des caractéristiques qui distinguent les êtres vivants du monde inanimé; comme toutes les fonctions biologiques, elle a des fondements cellulaires. En 1855, Rudolf Virchow, un médecin allemand, a formulé cette idée comme suit: « L'existence d'une cellule suppose obligatoirement la préexistence d'une autre cellule, de la même manière que l'animal ne peut naître que d'un animal, et la plante, d'une plante. » Il a résumé sa pensée en un axiome, *Omnis cellula e cellula*, qui signifie: « Chaque cellule naît d'une cellule. » La perpétuation de la vie repose sur la reproduction des cellules, ou la **division cellulaire**. Les micrographies par fluorescence de la **figure 12.1** mettent en relief, en partant du coin inférieur gauche, les chromosomes au cours des différentes étapes de la division d'une cellule animale.

La division cellulaire joue plusieurs rôles importants dans la vie d'un organisme. La division d'une cellule procaryote reproduit un organisme entier, et cela est également vrai d'un Eucaryote unicellulaire (**figure 12.2a**). La division cellulaire permet aussi aux Eucaryotes multicellulaires de se développer à partir d'une seule cellule, comme l'ovule fécondé (zygote), qui engendre un embryon à deux cellules (**figure 12.2b**). Enfin, une fois que l'organisme multicellulaire a atteint la maturité, la division cellulaire remplace les cellules détruites par l'usure normale et par les lésions. Ainsi, la division des cellules de la moelle osseuse produit sans cesse de nouvelles cellules sanguines (**figure 12.2c**).

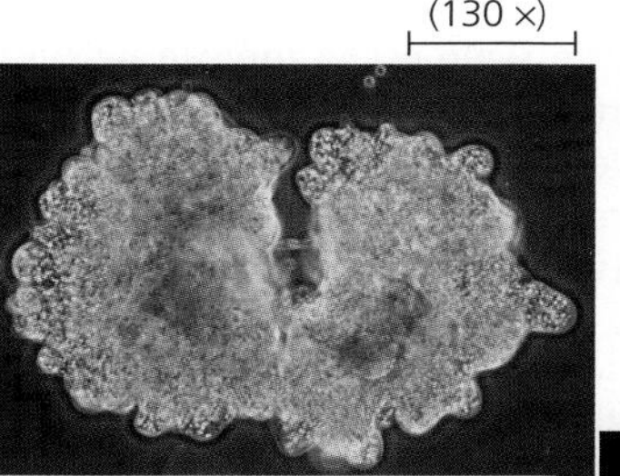

◀ **(a) Reproduction.** L'amibe, un organisme eucaryote unicellulaire, se divise en deux cellules, chacune formant un individu complet (MP).

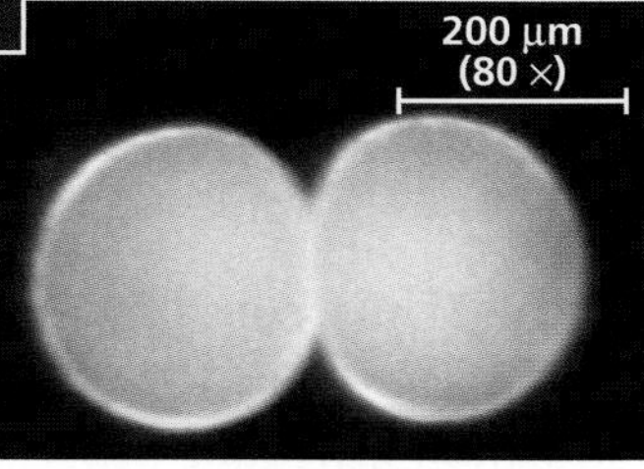

▶ **(b) Croissance et développement.** Cette micrographie montre un embryon de dollar des sables (embranchement des Échinodermes) peu après la division de l'œuf fécondé, ou zygote, en deux cellules (MP).

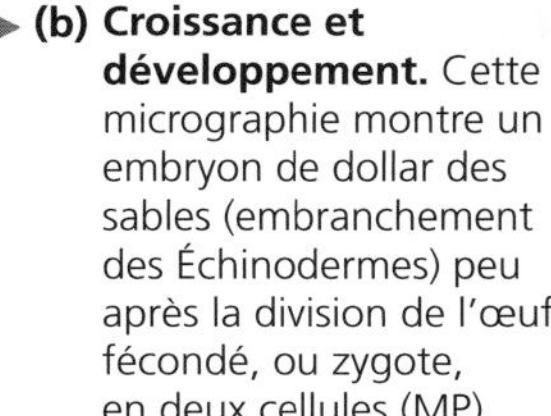

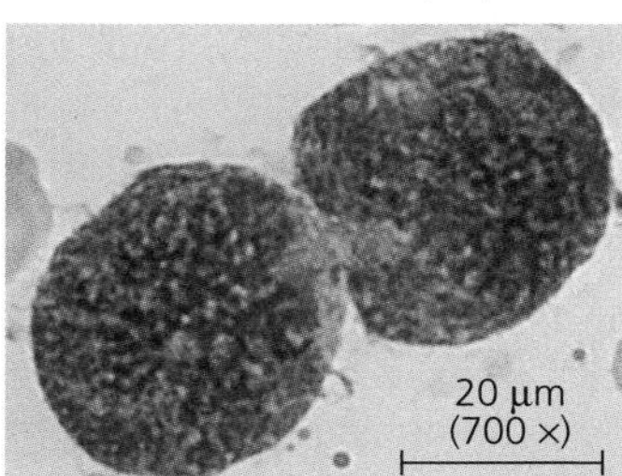

◀ **(c) Régénération des tissus.** Ces cellules de moelle osseuse, issues de la division d'une cellule mère, donneront naissance à de nouvelles cellules sanguines (MP).

▲ **Figure 12.2 Les fonctions de la division cellulaire.**

Le processus de division cellulaire fait partie intégrante du **cycle cellulaire**, qui se définit comme la suite ordonnée d'événements qui marquent la vie d'une cellule depuis le moment où elle est formée à partir de la cellule mère jusqu'à sa propre division en deux cellules filles. (Ici, les qualificatifs *mère* et *fille* décrivent la relation qu'entretiennent les cellules et n'ont aucune connotation de genre.) Une des fonctions capitales de la division cellulaire est de transmettre un matériel génétique identique aux cellules filles. Dans ce chapitre, vous apprendrez comment la division cellulaire permet de distribuer du matériel génétique identique aux deux cellules issues de la division. Après l'étude détaillée de la division cellulaire chez les Eucaryotes et les Bactéries, vous examinerez le mécanisme de régulation moléculaire qui gouverne le cycle cellulaire et vous verrez ce qui peut arriver quand ce mécanisme se dérègle. Comme le dysfonctionnement du cycle cellulaire joue un rôle important dans l'apparition du cancer, ce domaine de la biologie cellulaire occupe de nombreux chercheurs.

CONCEPT 12.1

La plupart des divisions cellulaires donnent des cellules filles génétiquement identiques

Une entité aussi complexe que la cellule ne se reproduit pas par simple segmentation; ce n'est pas une bulle de savon qui grossit et se scinde en deux. Chez les Eucaryotes comme chez les Procaryotes, la division cellulaire par mitose distribue un matériel génétique identique (soit le même ADN) aux deux cellules filles. (L'exception à cette règle est la méiose, le type particulier de division cellulaire eucaryote qui peut produire des spermatozoïdes et des ovules.) Sa propriété la plus remarquable est la fidélité de la transmission du génome d'une génération de cellules à la suivante. Une cellule en voie de division copie tous ses gènes, les répartit également à ses deux extrémités, puis se divise en deux cellules filles. Nous allons maintenant décrire la distribution de l'ADN au cours de la division cellulaire des cellules animales et végétales; nous étudierons ensuite ce processus chez d'autres Eucaryotes et chez les Bactéries.

L'organisation cellulaire du matériel génétique

L'information génétique (ADN) dont une cellule hérite est le **génome**. Alors que celui des cellules procaryotes est souvent constitué d'une longue et unique molécule d'ADN, celui des cellules eucaryotes se compose d'un grand nombre de molécules. La longueur de tout l'ADN d'une cellule eucaryote est considérable. Par exemple, l'ADN d'une cellule humaine typique mesure environ 2 m, ce qui équivaut à 250 000 fois le diamètre de la cellule. Cependant, pour que la cellule puisse se diviser pour former des cellules filles, tout cet ADN doit être répliqué (copié), et les deux exemplaires qui en résultent doivent être distribués de façon que chacune des cellules filles reçoive un génome complet.

Si la réplication et la distribution d'une si grande quantité d'ADN sont possibles, c'est parce que les molécules d'ADN forment des **chromosomes**. Ceux-ci doivent leur nom au fait qu'ils retiennent certains colorants en microscopie (du grec *khrôma*, « couleur », et *sôma*, « corps ») (**figure 12.3**). Chaque chromosome eucaryote consiste en une très longue molécule d'ADN associée à de nombreuses protéines (voir la figure 6.9) et divisée en des centaines ou des milliers de gènes – les unités d'information qui déterminent les caractères d'un organisme. Les diverses protéines associées à l'ADN maintiennent la structure des chromosomes ou concourent à la régulation de l'activité des gènes. On appelle **chromatine** ce complexe d'ADN et de protéines qui constitue le matériau de base du chromosome eucaryote. Comme vous le verrez bientôt, le degré de condensation de la chromatine d'un chromosome varie au cours de la division cellulaire.

Toute espèce eucaryote possède dans le noyau de ses cellules un nombre caractéristique de chromosomes. Ainsi, chez l'humain, les **cellules somatiques** (toutes les cellules de l'organisme, sauf les cellules reproductrices matures) contiennent 46 chromosomes répartis en deux jeux de 23, chacun provenant d'un des deux parents, alors que les **gamètes** matures (les spermatozoïdes et les ovules) en contiennent deux fois moins, soit un seul jeu de 23. Le nombre de chromosomes dans les cellules somatiques varie considérablement selon les espèces; les chats (*Felis domesticus*) en ont 38; les chimpanzés (*Pan troglodytes*), 48; les chiens (*Canis familiaris*), 78 et les nénuphars (*Nymphea alba*), 160. Deux espèces différentes peuvent évidemment avoir le même nombre de chromosomes, mais les gènes portés par ces chromosomes sont différents. Nous allons maintenant nous pencher sur le comportement des chromosomes durant la division cellulaire.

La distribution des chromosomes durant la division cellulaire eucaryote

Sauf durant la division cellulaire et même pendant la réplication de l'ADN qui prépare à la division, chaque chromosome a la forme d'une longue et fine fibre de chromatine. Après la

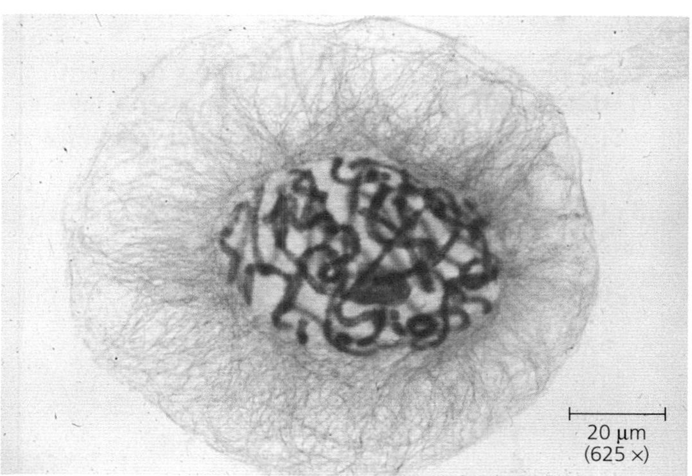

▲ **Figure 12.3 Les chromosomes d'une cellule eucaryote.** Les chromosomes (en violet) sont bien visibles dans le noyau de cette cellule d'une plante de la famille des Amaryllidacées (*Scadoxus multiflorus*). Les fins filaments rouges qu'on voit dans le cytoplasme entourant le noyau appartiennent au cytosquelette. Cette cellule se prépare à se diviser.

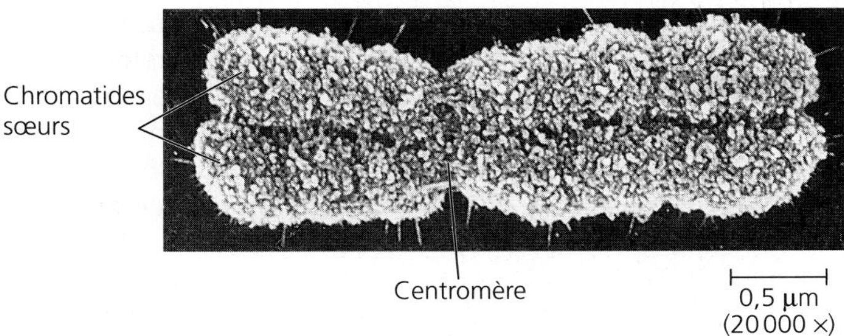

▲ **Figure 12.4 Un chromosome humain répliqué et très condensé (MEB).**

FAITES UN DESSIN *Encerclez une chromatide sœur du chromosome qu'on voit sur cette micrographie.*

réplication, cependant, les chromosomes se condensent. Comme nous le verrons au chapitre 16, chaque fibre de chromatine s'enroule alors sur elle-même et se replie de manière très serrée, ce qui raccourcit environ un millier de fois les chromosomes et les épaissit à un point tel qu'on peut les voir au microscope photonique.

Chaque chromosome dédoublé se compose de deux **chromatides sœurs**, qui sont les copies exactes du chromosome initial (**figure 12.4**). Les deux chromatides, chacune contenant une molécule d'ADN identique, sont d'abord unies sur toute leur longueur par des complexes protéiques, les *cohésines*; c'est ce qu'on appelle la *cohésion des chromatides sœurs*. Chaque chromatide sœur possède un **centromère**, c'est-à-dire une zone spécialisée qui porte des séquences spécifiques d'ADN et où les deux chromatides sont attachées plus étroitement. Ce lien étroit qui s'établit par l'intermédiaire de la liaison de protéines aux séquences d'ADN du centromère donne au chromosome condensé et répliqué sa «taille fine». Les parties d'une chromatide situées de part et d'autre du centromère s'appellent les bras du chromosome (un chromosome non condensé et non répliqué possède un centromère et deux bras: le bras le plus court est appelé, par convention, le *bras p*, et le plus long, le *bras q*).

Plus tard dans le processus de la division cellulaire, les deux chromatides sœurs de chaque chromosome répliqué se séparent et se déplacent vers les deux nouveaux noyaux qui se forment, un à chaque extrémité de la cellule. Après leur séparation, chacune des chromatides sœurs devient un chromosome à part entière. Chaque nouveau noyau reçoit donc un jeu de chromosomes identiques à ceux du jeu de la cellule mère (**figure 12.5**). Généralement, la **mitose** – la division du noyau – est immédiatement suivie de la **cytocinèse**, la division du cytoplasme. Là où il n'y avait qu'une cellule, il s'en trouve désormais deux, chacune étant l'équivalent génétique de la cellule mère.

Suivons le cycle de développement humain pour analyser ce qu'il advient du nombre de chromosomes. Vous avez hérité de 46 chromosomes: 23 viennent de votre père, et 23, de votre mère. Voici comment les choses se sont passées. Un spermatozoïde de votre père (une cellule reproductrice) contenant 23 chromosomes a fusionné avec un ovule de votre mère (une autre cellule reproductrice) contenant aussi 23 chromosomes. Ils ont formé un ovule fécondé, ou zygote, contenant 46 chromosomes. Ces derniers se sont assemblés dans le noyau d'une cellule unique, somatique. Grâce à la mitose et à la cytocinèse, cette cellule s'est multipliée, et les cellules filles aussi, et ainsi de suite. Voilà pourquoi votre organisme se compose aujourd'hui de milliards de cellules somatiques. Le même processus continue d'engendrer de nouvelles cellules pour remplacer celles qui sont mortes ou endommagées. Quant à vos cellules reproductrices matures (l'opposé des cellules somatiques), c'est-à-dire vos ovules ou vos spermatozoïdes, elles sont produites par une variante de la division cellulaire, la *méiose*. Celle-ci produit des cellules filles non identiques contenant deux fois moins de chromosomes que la cellule mère. La méiose se produit uniquement dans les organes reproducteurs (ou gonades, soit les ovaires et les testicules). Chez l'humain, à la puberté, elle fait passer le nombre de chromosomes de 46 à 23. (Attention! les cellules somatiques, toujours issues de la mitose, contiennent 46 chromosomes;

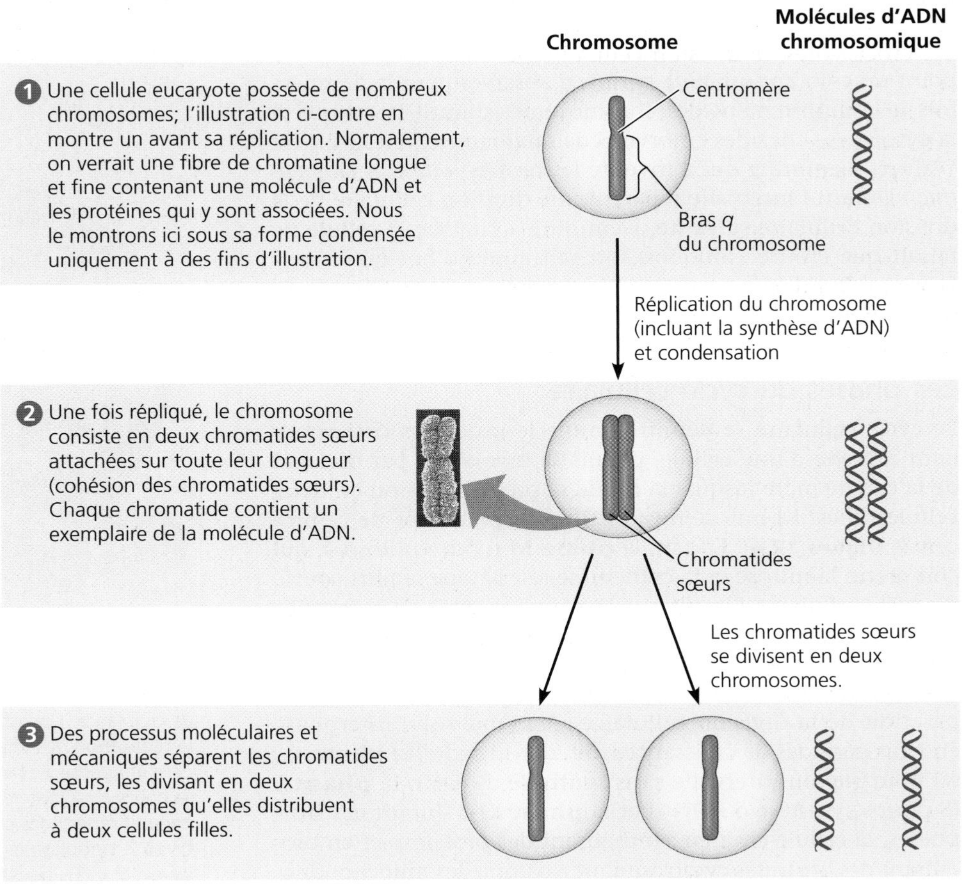

Chromosome
Molécules d'ADN chromosomique
1 Une cellule eucaryote possède de nombreux chromosomes; l'illustration ci-contre en montre un avant sa réplication. Normalement, on verrait une fibre de chromatine longue et fine contenant une molécule d'ADN et les protéines qui y sont associées. Nous le montrons ici sous sa forme condensée uniquement à des fins d'illustration.
Centromère
Bras q du chromosome
Réplication du chromosome (incluant la synthèse d'ADN) et condensation
2 Une fois répliqué, le chromosome consiste en deux chromatides sœurs attachées sur toute leur longueur (cohésion des chromatides sœurs). Chaque chromatide contient un exemplaire de la molécule d'ADN.
Chromatides sœurs
Les chromatides sœurs se divisent en deux chromosomes.
3 Des processus moléculaires et mécaniques séparent les chromatides sœurs, les divisant en deux chromosomes qu'elles distribuent à deux cellules filles.

► **Figure 12.5 La réplication et la répartition des chromosomes pendant la mitose.**

? *Combien de bras possède le chromosome au numéro* **2** *?*

ce sont les cellules reproductrices, issues de la méiose, qui en contiennent 23.) La fécondation ramène le nombre de chromosomes à 46. Au chapitre 13, nous examinerons de plus près le rôle de la méiose dans la reproduction et l'hérédité. Pour l'instant, penchons-nous sur la mitose et sur l'ensemble du cycle cellulaire chez les Eucaryotes.

RETOUR SUR LE CONCEPT 12.1

1. Combien y a-t-il de chromatides dans un chromosome dédoublé?
2. **ET SI?** Les cellules somatiques du poulet possèdent 78 chromosomes. Combien de chromosomes le poulet hérite-t-il de chaque parent? Combien de chromosomes y a-t-il dans chaque gamète de poulet? Combien de chromosomes y a-t-il dans chaque cellule somatique de la progéniture du poulet?

Voir les réponses proposées à la fin du chapitre.

CONCEPT 12.2

La phase mitotique alterne avec l'interphase au cours du cycle cellulaire

En 1882, l'anatomiste allemand Walther Flemming a mis au point un colorant qui lui a permis d'observer pour la première fois le comportement des chromosomes durant la mitose et la cytocinèse chez des embryons de salamandre. (En fait, c'est Walther Flemming qui a inventé les termes *mitose* et *chromatine*.) Durant l'intervalle séparant une division cellulaire de la division cellulaire suivante, Flemming a cru que la cellule ne faisait que croître. Toutefois, on sait aujourd'hui qu'un certain nombre d'événements critiques ont lieu durant ce stade de développement de la cellule.

Les phases du cycle cellulaire

Le cycle cellulaire se définit comme le processus correspondant à la vie d'une cellule, depuis sa formation par division de la cellule mère jusqu'à la fin de sa propre division en deux cellules filles. La mitose ne constitue qu'une étape de ce processus (**figure 12.6**). En fait, la **phase M** (pour «mitose»), qui comprend la mitose et la cytocinèse, est l'étape la plus courte du cycle cellulaire. Elle alterne avec une période de croissance cellulaire appelée **interphase**, une étape beaucoup plus longue représentant généralement 90% de la durée du cycle. Pendant l'interphase, la cellule croît et copie ses chromosomes en préparation de la division cellulaire. On subdivise l'interphase en trois périodes de croissance, soit, dans l'ordre, la **phase G_1** (G pour *gap* ou intervalle sans synthèse d'ADN), la **phase S** (S pour «synthèse d'ADN») et la **phase G_2**. Durant ces trois phases, la cellule croît en synthétisant des protéines et en produisant des organites cytoplasmiques, comme les mitochondries et le réticulum endoplasmique. La réplication des chromosomes n'a toutefois lieu que pendant la phase S (nous reviendrons sur la synthèse de l'ADN au chapitre 16). En somme, la cellule croît (G_1), copie ses chromosomes tout en continuant de croître (S), finit de se préparer pour la division cellulaire sans cesser de croître (G_2) et, enfin, se divise (M). Les cellules filles peuvent ensuite répéter le cycle.

Une cellule humaine type peut se diviser une fois en 24 heures. La phase M dure moins d'une heure, tandis que la phase S prend environ de 10 à 12 heures, c'est-à-dire presque la moitié du cycle. Les phases G_1 et G_2 occupent le reste du temps. La phase G_2 prend habituellement de 4 à 6 heures; dans notre exemple, G_1 dure environ de 5 à 6 heures. La phase G_1 a la durée la plus variable dans les différents types de cellules. La durée du cycle cellulaire et la localisation relative des différentes phases dans le cycle varient considérablement d'une espèce à l'autre et d'un type de cellules à l'autre (embryonnaires ou adultes par exemple). Certaines cellules d'un organisme multicellulaire se divisent rarement ou ne se divisent pas du tout; elles restent en phase G_1 (ou dans une phase reliée appelée phase G_0) pour accomplir leur travail dans l'organisme – par exemple, transmettre des signaux dans le cas d'une cellule nerveuse.

Les films en accéléré montrant des cellules en cours de division révèlent que la mitose et la cytocinèse représentent un ensemble de changements ininterrompus. Pour les besoins de la description, toutefois, on subdivise la mitose en cinq phases: la **prophase**, la **prométaphase**, la **métaphase**, l'**anaphase** et la **télophase**. La cytocinèse chevauche les dernières étapes de la mitose et la termine. La **figure 12.7**, aux deux pages suivantes, montre les détails de ces phases dans une cellule

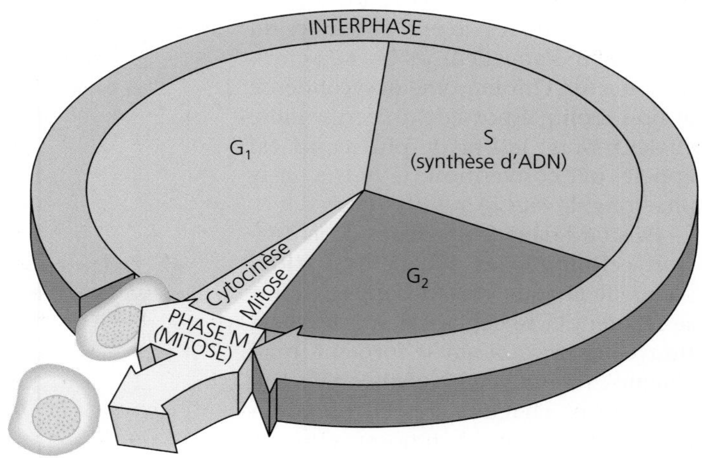

▲ **Figure 12.6 Le cycle cellulaire.** Dans une cellule en voie de division, la phase mitotique (M) alterne avec l'interphase, ou période de croissance. La première partie de l'interphase s'appelle G_1. Elle correspond à une phase de croissance. Elle est suivie de la phase S, au cours de laquelle se produisent la réplication des chromosomes et une croissance cellulaire. Puis vient la dernière partie de l'interphase, la phase G_2. Pendant celle-ci, la croissance se poursuit. À l'interphase succède la mitose, qui divise le noyau de la cellule mère et répartit les chromosomes entre les noyaux fils. Enfin, la cytocinèse divise le cytoplasme, produisant deux cellules filles. Les durées relatives de G_1, S, et G_2 peuvent varier.

animale. Nous vous recommandons d'examiner cette figure attentivement avant d'aborder les deux prochaines sections, qui traiteront en détail de la mitose et de la cytocinèse.

Le fuseau de division: *une étude détaillée*

Plusieurs événements de la mitose reposent sur une structure appelée **fuseau de division**, qui commence à se former dans le cytoplasme pendant la prophase. Le fuseau de division est un ensemble de fibres constituées de microtubules assemblés en faisceaux et associés à des protéines. Comme ils se désorganisent pendant la formation du fuseau de division, on croit que les autres microtubules du cytosquelette fournissent ses matériaux au fuseau de division. Les microtubules du fuseau de division allongent (se polymérisent) en incorporant des sous-unités de tubuline (voir le tableau 6.1, p. 124) et raccourcissent en perdant des sous-unités (en se dépolymérisant).

Dans les cellules animales, l'assemblage des microtubules du fuseau de division commence dans le **centrosome**, un organite non membraneux qui organise les microtubules tout au long du cycle cellulaire (on le nomme également *centre organisateur des microtubules*). On trouve une paire de centrioles au cœur du centrosome, mais ces structures ne sont toutefois pas essentielles à la division cellulaire: si l'on détruit les centrioles de cellules animales au moyen d'un faisceau laser, on n'empêche ni la formation ni le fonctionnement du fuseau de division pendant la mitose. D'ailleurs, on ne trouve pas le moindre centriole dans les cellules végétales, ce qui n'empêche pas ces dernières de former des fuseaux de division.

Pendant l'interphase, dans les cellules animales, le centrosome se réplique et forme deux centrosomes situés à côté du noyau (voir la figure 12.6). Ceux-ci s'éloignent l'un de l'autre pendant la prophase et la prométaphase, et c'est à partir de ces deux centrosomes que les microtubules du fuseau de division rayonnent. À la fin de la prométaphase, les deux centrosomes se trouvent aux pôles de la cellule et deviennent les pôles du fuseau. Un **aster**, un ensemble de fins filaments qui irradient autour du centrosome, apparaît. Le fuseau de division comprend les centrosomes, les microtubules du fuseau et les asters.

Chacune des deux chromatides sœurs d'un chromosome répliqué possède un **kinétochore**, une structure en forme de disque composée de trois plaques et constituée de protéines associées à certaines portions d'ADN du centromère. Les deux kinétochores d'un chromosome font face aux extrémités opposées de la cellule. Durant la prométaphase, certains microtubules du fuseau de division s'attachent à eux; on les appelle microtubules kinétochoriens. (Le nombre de microtubules attachés au kinétochore varie selon les espèces. Ainsi, on en trouve un seul dans les cellules de levure et une quarantaine dans certaines cellules des mammifères.) Quand un microtubule en «capture» un, le chromosome commence à migrer vers le pôle d'origine de la fibre. Toutefois, ce mouvement est contré dès qu'un microtubule provenant de l'autre pôle s'attache au second kinétochore du chromosome. Il se produit alors une partie de souque-à-la-corde. Le chromosome se déplace dans une direction, puis dans l'autre, et ce, pendant un moment. Il s'arrête finalement à l'équateur de la cellule. Lors de la métaphase, les centromères de tous les chromosomes dédoublés s'alignent sur un plan imaginaire appelé **plaque équatoriale** (**figure 12.8**). Entre-temps, les microtubules qui ne s'attachent pas aux kinétochores interagissent: ceux qui sont issus d'un pôle du fuseau de division chevauchent ceux qui sont issus du pôle opposé. Ces microtubules non reliés aux kinétochores sont appelés microtubules polaires. À la métaphase, les microtubules des asters se sont également développés et touchent la membrane plasmique. Le fuseau de division est alors complet.

Étudions maintenant la corrélation entre la structure et la fonction du fuseau de division pendant l'anaphase. L'anaphase débute quand les cohésines retenant les chromatides sœurs sont clivées par une enzyme appelée *séparase*; jusque-là, cette enzyme était maintenue à l'état inactif par une protéine, la *sécurine*. Les chromatides sœurs sont désormais indépendantes et forment des chromosomes à part entière, qui se déplacent vers les pôles de la cellule.

Quel rôle jouent les microtubules kinétochoriens dans cette migration? Apparemment, deux mécanismes entrent en jeu. (Pour une révision du mouvement des protéines motrices le long des microtubules, voir la figure 6.21, p. 123.) Une expérience ingénieuse menée en 1987 semblait indiquer que les kinétochores possèdent des protéines motrices qui font «marcher» les chromosomes le long des microtubules, lesquelles raccourcissent en se dépolymérisant du côté de leur extrémité kinétochorienne après le passage des protéines motrices (**figure 12.9**). (On décrit ce phénomène comme le mécanisme du Pacman à cause de sa ressemblance avec un jeu d'arcade dont le personnage se déplace en mangeant tous les points sur son chemin.) Cependant, les études effectuées par certains chercheurs sur d'autres cellules ou d'autres espèces ont montré que les chromosomes sont «rembobinés» par des protéines motrices aux pôles du fuseau et que les microtubules se dépolymérisent après le passage de ces protéines motrices. À l'heure actuelle, on s'accorde pour dire que les deux mécanismes entrent en jeu et que leur contribution relative varie selon les types de cellules.

À quoi servent les microtubules polaires? Dans une cellule animale en division, ils font allonger la cellule entière dans l'axe polaire durant l'anaphase. Les microtubules polaires des pôles opposés se chevauchent considérablement les uns les autres pendant la métaphase (voir la figure 12.8). Durant l'anaphase, la région du chevauchement est de moins en moins grande, car des protéines motrices liées aux microtubules polaires font glisser ceux-ci les uns sur les autres grâce à l'énergie fournie par de l'ATP (le fuseau contient une ATPase). À mesure que les microtubules s'éloignent les uns des autres, les pôles de leur fuseau s'éloignent également, ce qui contribue à l'étirement de la cellule. Simultanément, les microtubules s'allongent au fur et à mesure que des sous-unités de tubuline s'ajoutent à leurs extrémités qui se chevauchent. Par conséquent, ils continuent de se chevaucher.

À la fin de l'anaphase, deux jeux de chromosomes identiques se trouvent aux extrémités opposées de la cellule mère, qui s'est allongée dans l'axe de ses pôles. Les noyaux apparaissent pendant la télophase, la dernière phase de la mitose. C'est généralement à ce moment que la cytocinèse s'amorce, et le fuseau de division finit par se défaire, par dépolymérisation des microtubules.

▼ **Figure 12.7**

PANORAMA Les phases de la mitose dans une cellule animale

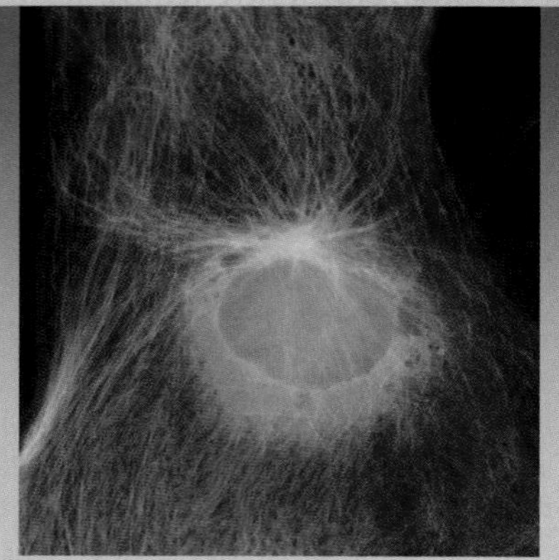

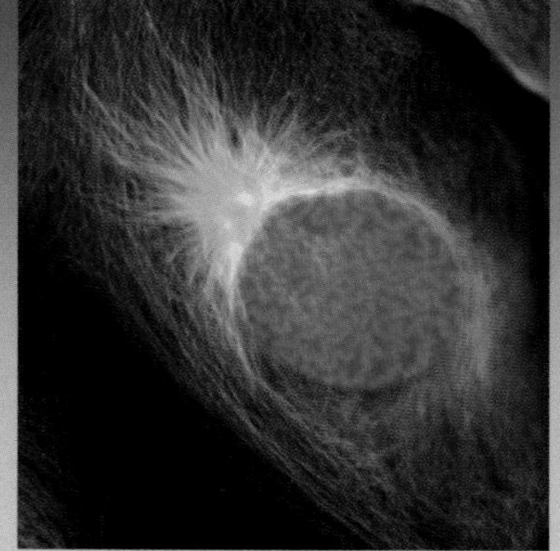

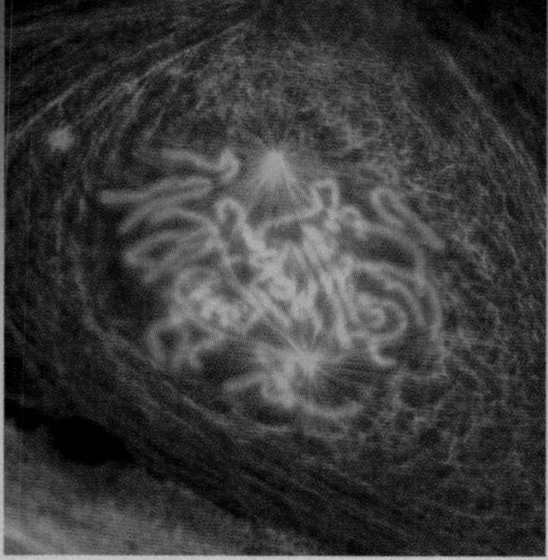

Phase G_2 de l'interphase

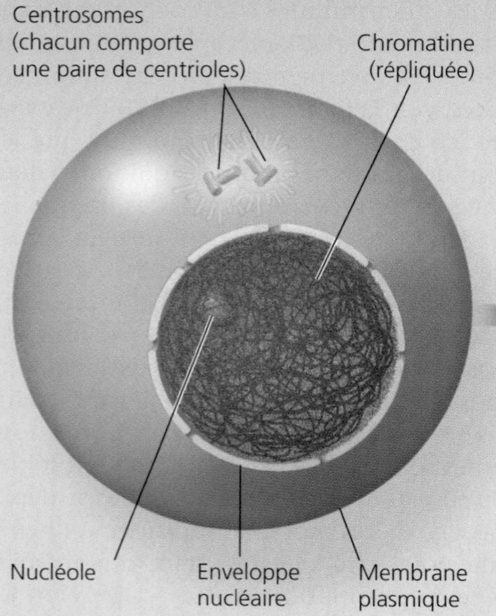

Prophase

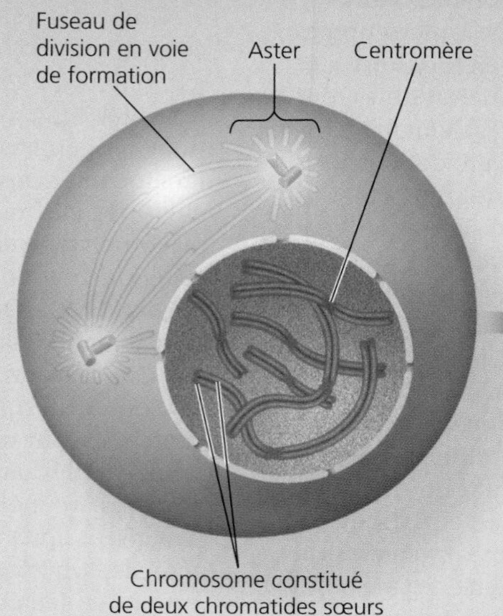

Prométaphase

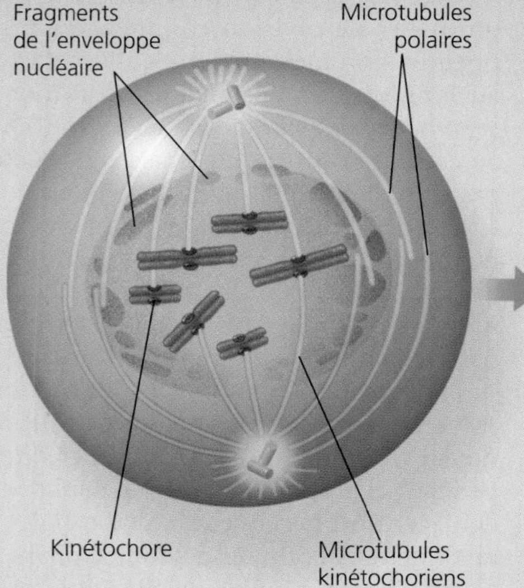

Phase G_2 de l'interphase

- Le noyau est entouré de l'enveloppe nucléaire.
- Le noyau contient un ou plusieurs nucléoles.
- Deux centrosomes se forment à la suite de la réplication d'un centrosome unique. Les centrosomes sont les zones des cellules animales qui organisent les microtubules du fuseau. Chaque centrosome contient une paire de centrioles.
- La réplication des chromosomes a déjà eu lieu durant la phase S, mais on ne peut les distinguer : ils ne se présentent pas encore sous la forme condensée.

Les micrographies montrent un pneumocyte (une cellule pulmonaire) du triton de l'Oregon (*Taricha granulosa*) en train de se diviser. Les cellules somatiques de cette espèce possèdent chacune 22 chromosomes. (Les chromosomes apparaissent en bleu, les microtubules en vert et les filaments intermédiaires en rouge.) Pour simplifier les diagrammes, on ne montre que six chromosomes.

Prophase

- Les fibres de chromatine s'enroulent et se replient formant alors des chromosomes visibles au microscope photonique.
- Dans le noyau, les nucléoles s'estompent et disparaissent.
- Chaque chromosome répliqué prend la forme de deux chromatides sœurs identiques réunies dans la région du centromère, et sur toute leur longueur chez certaines espèces, par les cohésines (cohésion des chromatides sœurs).
- Dans le cytoplasme, le fuseau de division (ainsi nommé en raison de sa forme) se constitue. Il se compose d'un assemblage de fibres du cytosquelette, les microtubules, qui se prolongent entre les deux centrosomes. Les microtubules rayonnent des centrosomes en une formation étoilée appelée aster (du latin *aster*, « étoile »).
- Les centrosomes s'éloignent l'un de l'autre, propulsés en partie par l'allongement des microtubules qui les relient (les fibres du fuseau de division).

Prométaphase

- L'enveloppe nucléaire achève sa fragmentation, qui avait débuté en prophase.
- Les microtubules qui prolongent chaque centrosome peuvent maintenant envahir la région du noyau.
- Les chromosomes continuent de se condenser.
- Chacune des deux chromatides du chromosome possède maintenant une structure spécialisée appelée kinétochore, située dans la région du centromère.
- Certains des microtubules s'attachent aux kinétochores et deviennent des « microtubules kinétochoriens ». Les microtubules kinétochoriens amorcent le mouvement saccadé des chromosomes.
- Les microtubules polaires (ou non kinétochoriens) interagissent avec leur vis-à-vis du pôle opposé.

? *Combien de molécules d'ADN y a-t-il dans l'illustration de la prométaphase ? Combien y a-t-il de molécules par chromosome ? Combien de doubles hélices y a-t-il par chromosome ? Par chromatide ?*

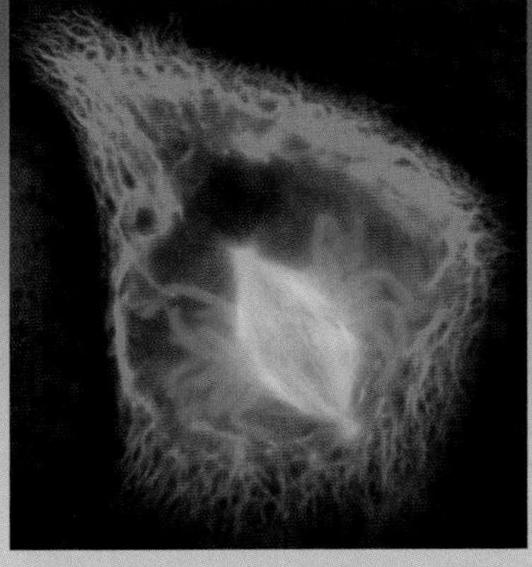

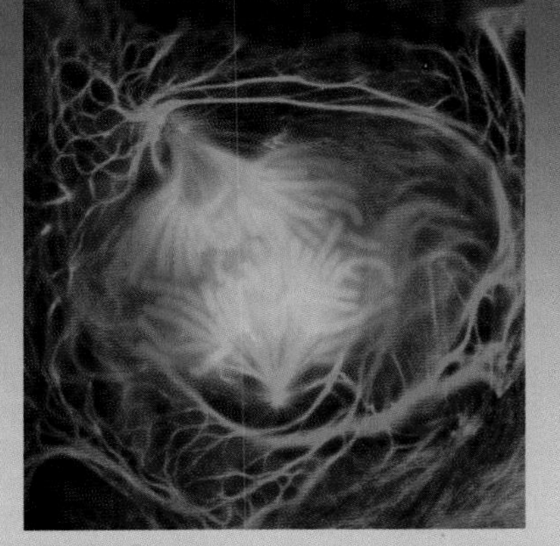

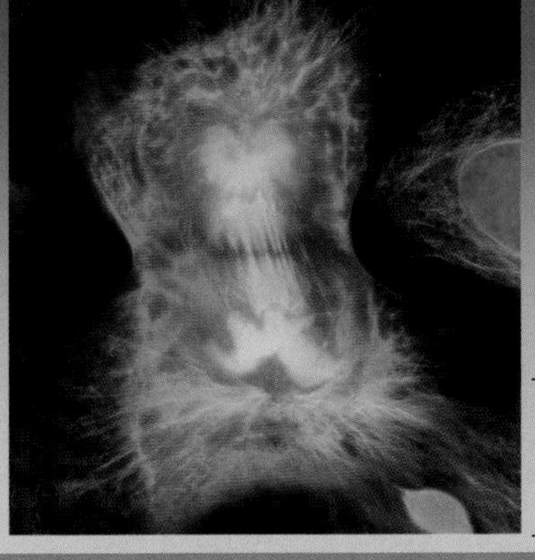

Métaphase

Anaphase

Télophase et cytocinèse

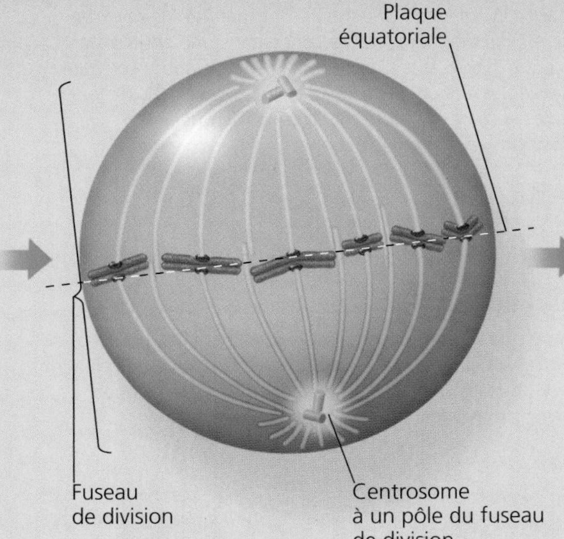

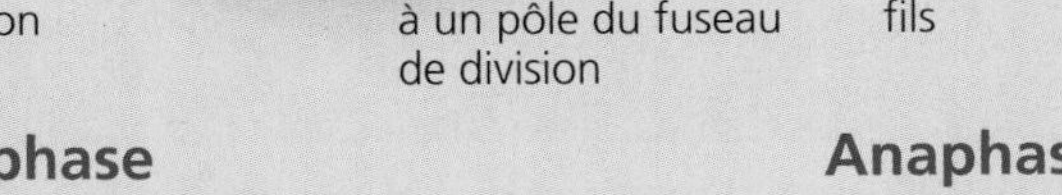

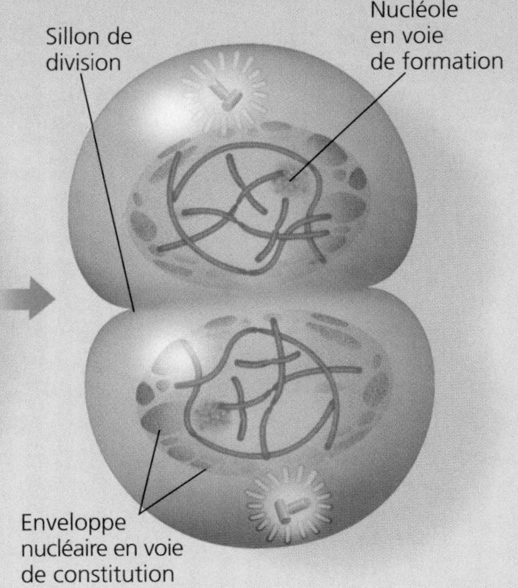

Métaphase

- Les centrosomes se trouvent maintenant aux extrémités opposées de la cellule.
- Les chromosomes s'alignent sur la plaque équatoriale, un plan imaginaire situé à égale distance des deux pôles du fuseau de division et sur lequel tous les centromères sont alignés.
- Pour chaque chromosome, les kinétochores des chromatides sœurs font face à un pôle différent.

Anaphase

- L'anaphase est la phase la plus courte de la mitose; elle ne dure que quelques minutes.
- L'anaphase commence quand le centromère dédoublé de chaque chromosome se sépare en deux, libérant les chromatides sœurs. Ce phénomène se produit simultanément pour tous les chromosomes.
- Les chromatides sœurs deviennent des chromosomes à part entière qui se dirigent vers des pôles opposés, à mesure que les microtubules kinétochoriens raccourcissent. Ce mouvement des chromosomes est parfois appelé «anaphase A».
- Les microtubules kinétochoriens exercent une traction sur les centromères, qui prennent les devants et traînent le reste du chromosome vers les pôles (à une vitesse d'environ 1 µm/min, ce qui est considéré comme très lent par rapport à l'ensemble des mouvements cellulaires).
- L'allongement des microtubules polaires éloigne les pôles l'un de l'autre. Cet allongement du fuseau est parfois appelé «anaphase B».
- À la fin de l'anaphase, les deux pôles de la cellule possèdent des jeux équivalents et complets de chromosomes.

Télophase

- Des noyaux fils commencent à se former aux pôles de la cellule; l'enveloppe nucléaire se reforme autour de chacun.
- Les nucléoles réapparaissent.
- Les chromosomes commencent à perdre leur organisation spatiale compacte.
- Tous les microtubules de fuseau qui restent se sont dépolymérisés.
- La mitose, c'est-à-dire la division d'un noyau en deux noyaux génétiquement identiques, vient de se terminer.

Cytocinèse

- En général, la division du cytoplasme est déjà bien amorcée vers la fin de la télophase, de sorte que deux cellules filles distinctes apparaissent peu de temps après la mitose.
- Dans les cellules animales, la cytocinèse est associée à la formation d'un sillon de division, qui étrangle la cellule mère et la sépare en deux cellules filles.

La cytocinèse: *une étude détaillée*

Dans les cellules animales, la cytocinèse fait partie d'un processus appelé **segmentation**. Elle débute par l'apparition du **sillon de division**, une invagination de la surface cellulaire qui se produit à l'endroit qui était occupé par la plaque équatoriale (**figure 12.10a**); les asters semblent jouer un rôle dans la détermination de l'emplacement et de l'orientation du sillon de division. Sur la face cytoplasmique du sillon, on trouve un anneau contractile fait de microfilaments (d'actine) associés

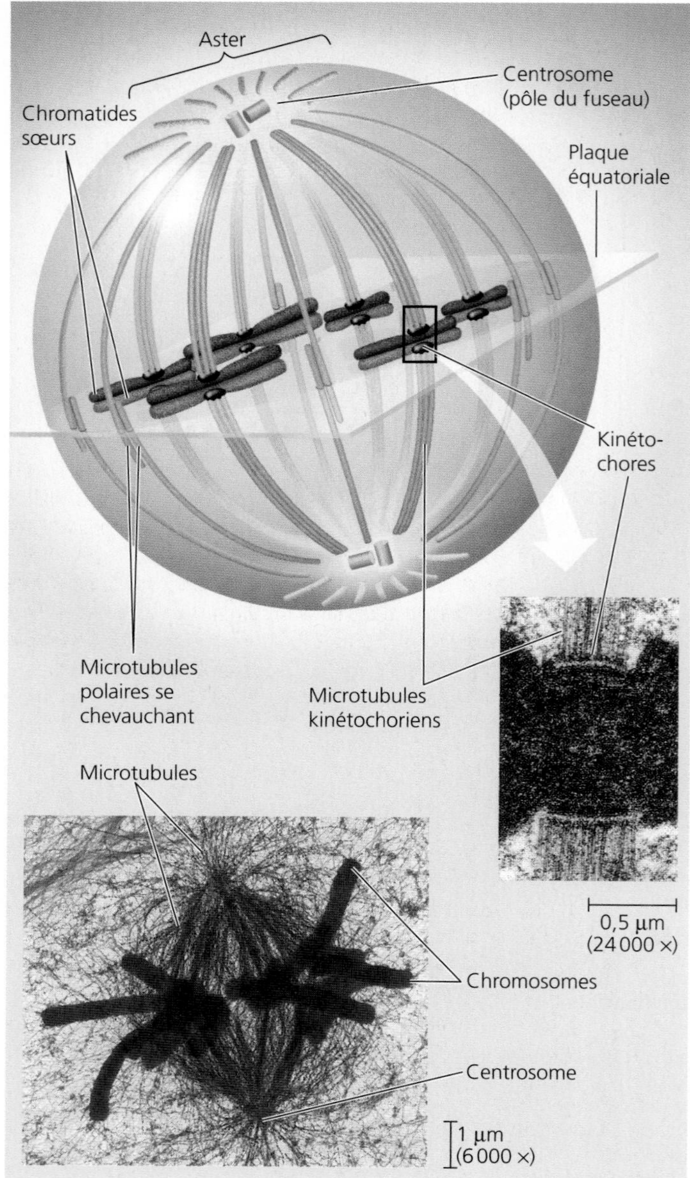

▲ **Figure 12.8 Le fuseau de division pendant la métaphase.** Les kinétochores des deux chromatides sœurs d'un chromosome font face aux extrémités opposées de la cellule. Ici, chaque kinétochore est attaché à plusieurs microtubules kinétochoriens issus du centrosome le plus rapproché. Les microtubules polaires se chevauchent sur la plaque équatoriale (MET).

FAITES UN DESSIN *Sur la micrographie du bas, tracez une ligne indiquant la position de la plaque équatoriale. Encerclez un aster. Tracez des flèches qui indiquent les directions du mouvement d'un chromosome lorsque l'anaphase commence.*

▼ **Figure 12.9** INVESTIGATION

Durant l'anaphase, les microtubules kinétochoriens raccourcissent-ils aux pôles de leur fuseau de division ou aux pôles des kinétochores?

EXPÉRIENCE Gary Borisy et ses collègues de la University of Wisconsin ont voulu savoir si les microtubules kinétochoriens se dépolymérisent du côté de leur extrémité kinétochorienne ou du côté de leur extrémité polaire lorsque les chromosomes se déplacent vers les pôles durant la mitose. Pour commencer, ils ont teint en jaune fluorescent les microtubules d'une cellule rénale de porc en début d'anaphase (voir ci-dessous).

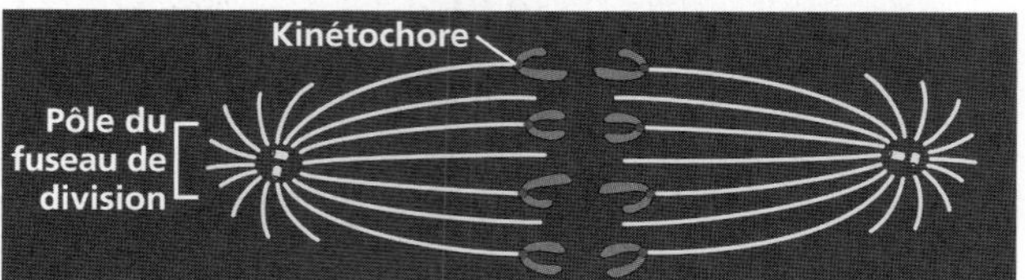

Puis, à l'aide d'un faisceau laser, les chercheurs ont marqué les microtubules kinétochoriens en éliminant leur fluorescence dans une zone située à mi-chemin environ entre le pôle et le kinétochore (voir ci-dessous). Lorsque l'anaphase a commencé, les chercheurs ont surveillé les variations de longueur des microtubules de part et d'autre de la zone marquée.

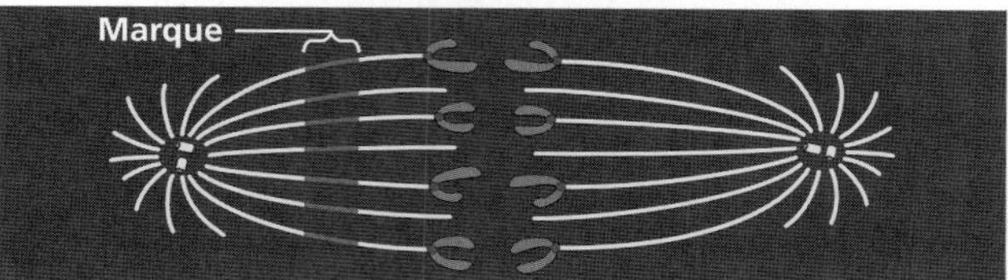

RÉSULTATS À mesure que les chromosomes se rapprochent des pôles, les segments de microtubules situés du côté des kinétochores raccourcissent, alors que les segments situés du côté du centrosome gardent la même longueur.

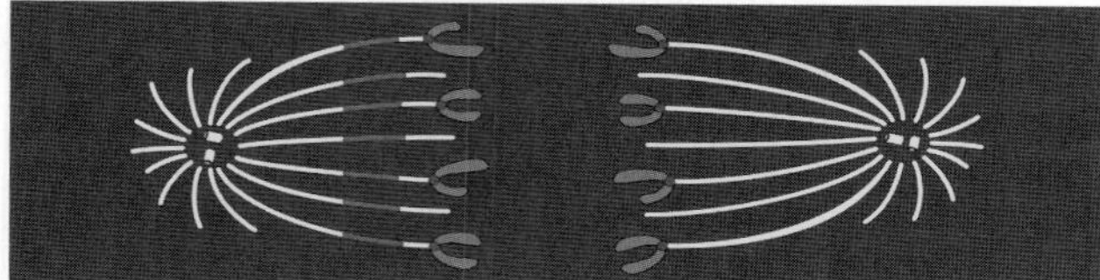

CONCLUSION Durant l'anaphase, chez ce type de cellule, il y a corrélation entre le mouvement des chromosomes et le raccourcissement des microtubules kinétochoriens du côté de leur extrémité kinétochorienne et non du côté de l'extrémité du fuseau. Cette expérience s'ajoute à plusieurs autres qui soutiennent l'hypothèse selon laquelle les microtubules se dépolymérisent du côté de leur extrémité kinétochorienne en libérant des sous-unités de tubuline.

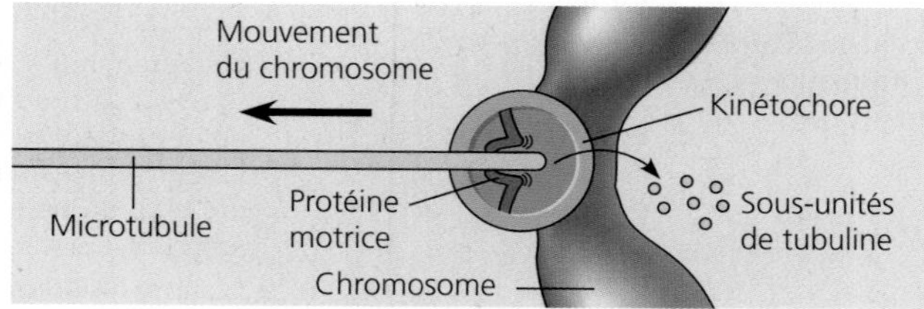

SOURCE G. J. Gorbsky, P. J. Sammak et G. G. Borisy, Chromosomes move poleward in anaphase along stationary microtubules that coordinately disassemble from their kinetochore ends, *Journal of Cell Biology* 104: 9-18 (1987).

ET SI? Si cette expérience avait été réalisée sur un type de cellules dans lesquelles le rembobinage aux pôles est la principale cause du mouvement des chromosomes, comment la marque se serait-elle déplacée par rapport aux pôles? Comment la longueur des microtubules aurait-elle varié?

▼ Figure 12.10 La cytocinèse dans la cellule animale et dans la cellule végétale.

(a) Segmentation d'une cellule animale (zygote d'oursin) (MEB)

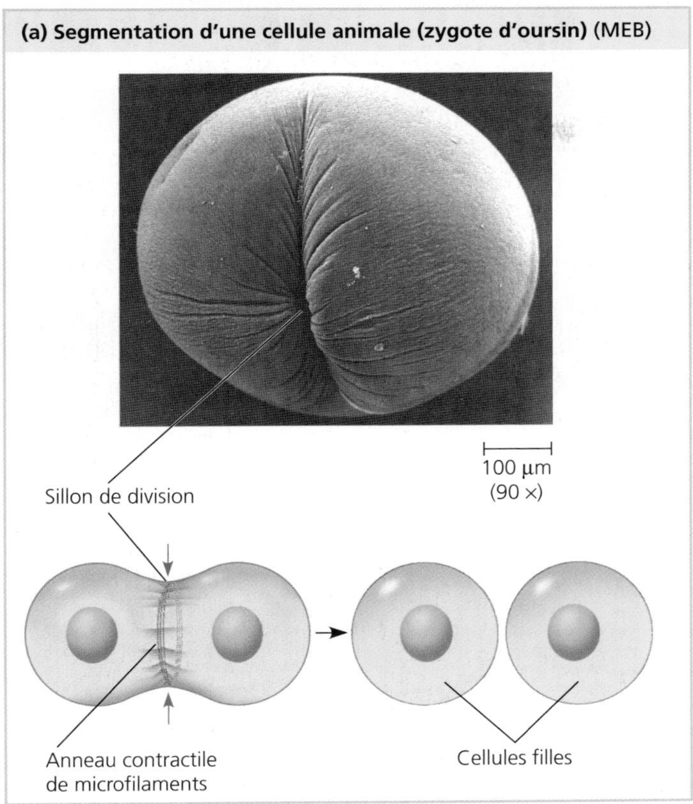

(b) Formation de la plaque cellulaire dans une cellule végétale (MET)

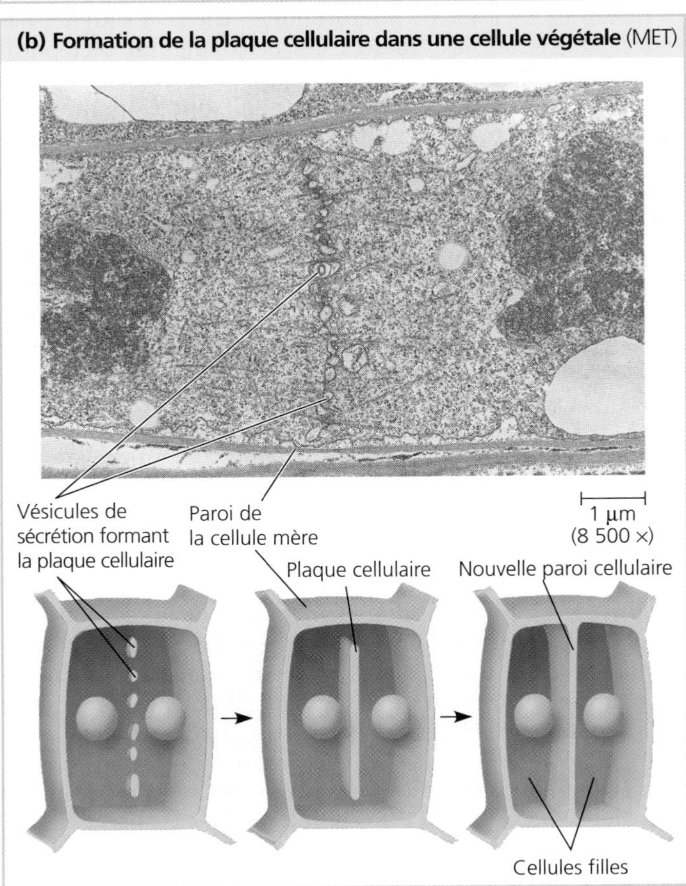

à des molécules de myosine. (L'actine et la myosine sont les protéines responsables de la contraction musculaire et de bien d'autres types de mouvements cellulaires.) Les microfilaments d'actine interagissent avec les molécules de myosine; le glissement des microfilaments d'actine pendant la division cellulaire provoque la contraction de l'anneau, dont le diamètre diminue progressivement. Le sillon de division se creuse jusqu'à ce que la cellule mère se segmente, donnant deux nouvelles cellules complètes et séparées, chacune possédant son propre noyau et sa propre part de cytosol et d'organites. Ces derniers se sont soit divisés en deux (mitochondries et chloroplastes), soit formés par synthèse à partir de molécules de protéines et de lipides présentes dans le cytoplasme.

Des chercheurs ayant récemment filmé la division de cellules mammaliennes après avoir rendu les centrioles fluorescents ont constaté qu'un des deux centrioles (le centriole père) de l'un ou des deux centrosomes quitte son poste, au pôle de la cellule, et vient se placer près du mince pont reliant encore les deux cellules avant que le sillon de division ne les ait complètement séparées. Tout se passe comme s'il venait vérifier que la division se déroule correctement. Il regagne ensuite sa position polaire et, là seulement, la séparation des deux cellules peut se compléter.

Dans les cellules végétales, qui ont une paroi épaisse et rigide, la cytocinèse prend une tout autre tournure. Au lieu qu'un sillon de division apparaisse, c'est une structure appelée **plaque cellulaire** qui se constitue à l'équateur de la cellule mère pendant la télophase (**figure 12.10b**). La plaque cellulaire se forme quand des vésicules de sécrétion issues de l'appareil de Golgi avancent sur des microtubules jusqu'au milieu de la cellule, où elles fusionnent (ces microtubules forment un organite particulier, le *phragmoplaste*). Leur contenu fournit les matériaux nécessaires à la formation de la nouvelle membrane de séparation. La fusion des vésicules concourt à étendre la plaque cellulaire qui finit par s'unir latéralement avec la membrane plasmique. Le résultat: deux cellules filles possédant chacune leur membrane plasmique. Dans l'intervalle, la plaque cellulaire a produit une nouvelle paroi entre les cellules filles, en laissant des ouvertures, les plasmodesmes, par lesquelles le réticulum endoplasmique passe d'une cellule à l'autre.

La **figure 12.11** montre des micrographies d'une cellule végétale en train de se diviser. Observez-les; cela vous permettra de réviser les processus de la mitose et de la cytocinèse.

Chez certains organismes, la division du noyau (appelée aussi *caryocinèse*) n'est pas suivie de la cytocinèse: cela peut mener, chez les Eumycètes par exemple, à la formation de *coenocytes*, ou masses cytoplasmiques contenant plusieurs centaines de noyaux (voir le chapitre 31, p. 741). Parfois même, l'ADN se réplique un certain nombre de fois dans un noyau sans qu'il y ait ni caryocinèse, ni cytocinèse: c'est le cas des cellules des glandes salivaires de la drosophile (petite mouche du vinaigre ou mouche à fruit), où les chromosomes subissent une dizaine de réplications de l'ADN sans séparation des chromatides et forment ce qu'on appelle des chromosomes géants, très utiles en recherche dans le domaine de la génétique.

La scissiparité chez les Bactéries

Les Procaryotes (Bactéries et Archées) peuvent recourir à un mode de reproduction où la cellule double de taille puis se

Noyau
Nucléole
Chromatine condensée

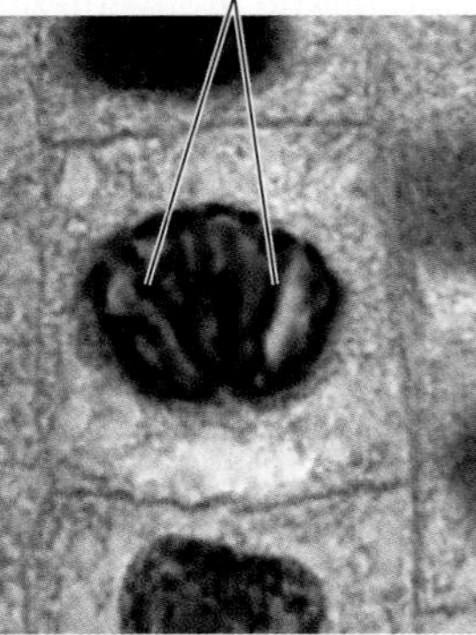

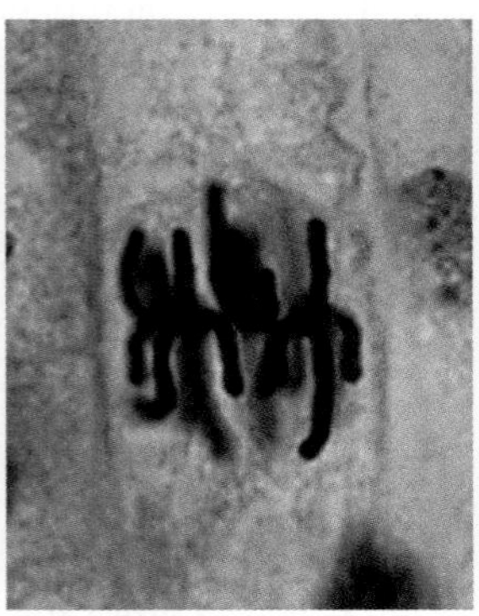

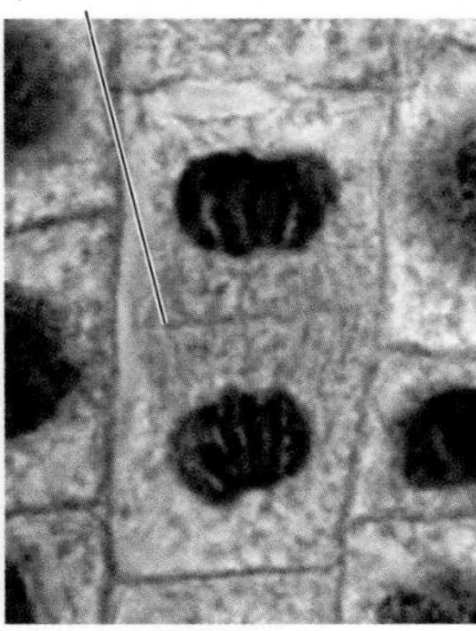

❶ **Prophase.** La chromatine se condense. Le nucléole commence à disparaître. Le fuseau de division se forme progressivement (il n'est pas visible sur cette micrographie).

❷ **Prométaphase.** Les chromosomes distincts sont maintenant bien visibles; chacun est constitué de deux chromatides sœurs identiques. Plus tard durant la prométaphase, l'enveloppe nucléaire se fragmente.

❸ **Métaphase.** Le fuseau de division est complet; les chromosomes, qui sont attachés aux microtubules par leurs kinétochores, se retrouvent tous sur la plaque équatoriale.

❹ **Anaphase.** Les chromatides sœurs de chacun des chromosomes sont séparées et deviennent des chromosomes à part entière. Ces derniers se déplacent vers les pôles de la cellule à mesure que les microtubules kinétochoriens raccourcissent.

❺ **Télophase.** Le noyau des cellules filles se forme. Entre-temps, la cytocinèse a débuté : la plaque cellulaire, qui divise le cytoplasme en deux, croît en direction de la membrane plasmique et de la paroi de la cellule mère.

▲ **Figure 12.11 La mitose dans une cellule végétale.** Ces micrographies photoniques montrent une cellule de racine d'oignon (*Allium cepa*) durant la mitose.

divise en deux. Le terme **scissiparité** (ou fissiparité) désigne ce processus ainsi que la reproduction asexuée d'Eucaryotes unicellulaires comme l'amibe de la figure 12.2a. Cependant, chez les Eucaryotes, ce processus suppose une mitose, ce qui n'est pas le cas chez les Procaryotes.

Chez les Bactéries, la plupart des gènes sont portés par un chromosome unique composé d'une molécule circulaire d'ADN associée à des protéines. Bien que les Bactéries et les Archées soient plus petites et plus simples que les cellules eucaryotes, le problème que pose la réplication fidèle de leur génome et la distribution équitable des génomes aux deux cellules filles demeure colossal. Considérons, par exemple, le chromosome de la bactérie *Escherichia coli*. Une fois étalé complètement, il est quelque 500 fois plus long que la cellule elle-même. On devine qu'il doit être replié plusieurs fois pour tenir dans la cellule.

Chez *E. coli*, le processus de la division cellulaire se met en branle quand l'ADN du chromosome bactérien commence à se répliquer dans une zone particulière du chromosome appelée **origine de réplication**, ce qui produit deux origines. À mesure que le chromosome se dédouble, une des origines se déplace rapidement vers l'extrémité opposée de la cellule (**figure 12.12**). Pendant la réplication du chromosome bactérien, la cellule s'allonge. Une fois que la réplication est achevée et que la taille initiale de la bactérie a doublé, la membrane plasmique s'invagine et divise la cellule mère en deux cellules filles. Chacune reçoit un génome complet.

En faisant appel à des techniques récentes de préparation d'ADN permettant de marquer les origines de réplication avec des molécules qui se colorent en vert quand elles sont observées au microscope à fluorescence (voir la figure 6.3, p. 105), les chercheurs ont pu observer directement le mouvement de chromosomes bactériens. Celui-ci rappelle le déplacement des centromères des chromosomes eucaryotes vers les pôles durant l'anaphase, mais chez les Bactéries, il n'y a ni fuseau de division ni microtubules. Chez la plupart des espèces bactériennes étudiées, les deux origines de réplication se retrouvent aux extrémités opposées de la cellule ou dans une zone très spécifique, où elles sont vraisemblablement ancrées par une ou plusieurs protéines. Nous commençons à comprendre le mouvement des chromosomes bactériens ainsi que l'établissement et le maintien de leur emplacement, mais cette compréhension demeure partielle. Ce que nous savons, c'est que plusieurs protéines jouent des rôles importants. L'une, similaire à l'actine des Eucaryotes, semble intervenir dans le mouvement du chromosome bactérien durant la division cellulaire; quant à l'autre, similaire à la tubuline, elle semble favoriser l'invagination de la membrane plasmique, et donc la séparation des deux cellules filles bactériennes.

L'évolution de la mitose

ÉVOLUTION Comme les cellules procaryotes sont apparues sur la Terre deux milliards d'années avant les cellules eucaryotes, on peut émettre l'hypothèse que la mitose trouve son origine dans les mécanismes élémentaires de la reproduction cellulaire bactérienne. Cette hypothèse est d'ailleurs soutenue par le fait que certaines des protéines intervenant dans la scissiparité bactérienne présentent quelques similitudes avec des protéines eucaryotes qui participent à la mitose.

Au fur et à mesure que les Eucaryotes se sont transformés, leur génome et leur enveloppe nucléaire devenant toujours plus volumineux, le processus primitif de la scissiparité, qu'on observe aujourd'hui chez les Bactéries, a évolué vers la mitose. La **figure 12.13** montre certaines variations dans la division

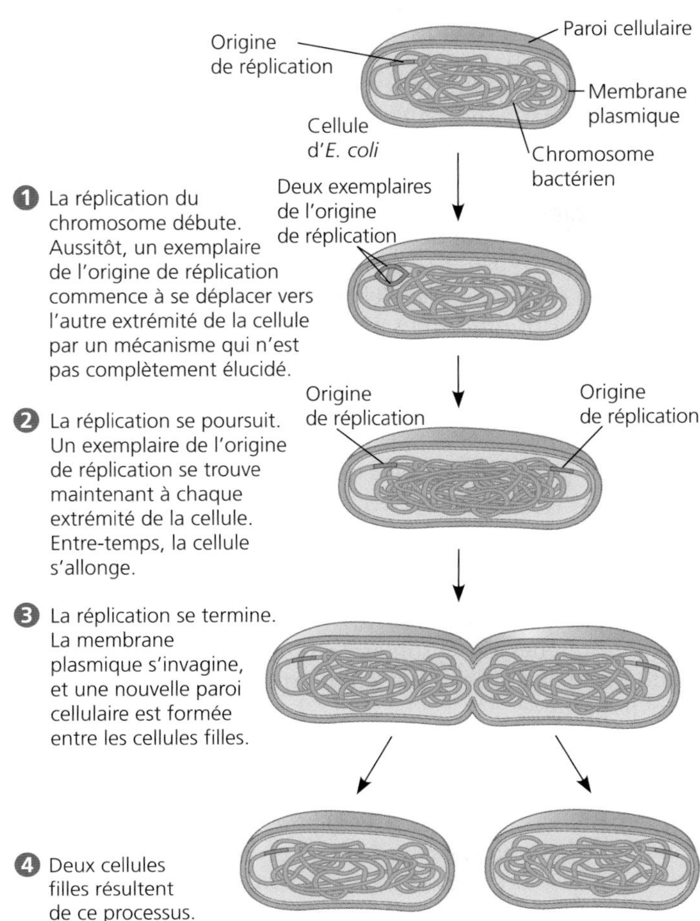
Origine
de réplication
Paroi cellulaire
Membrane
plasmique
Cellule
d'E. coli
Chromosome
bactérien
Deux exemplaires
de l'origine
de réplication
❶ La réplication du chromosome débute. Aussitôt, un exemplaire de l'origine de réplication commence à se déplacer vers l'autre extrémité de la cellule par un mécanisme qui n'est pas complètement élucidé.
Origine
de réplication
Origine
de réplication
❷ La réplication se poursuit. Un exemplaire de l'origine de réplication se trouve maintenant à chaque extrémité de la cellule. Entre-temps, la cellule s'allonge.
❸ La réplication se termine. La membrane plasmique s'invagine, et une nouvelle paroi cellulaire est formée entre les cellules filles.
❹ Deux cellules filles résultent de ce processus.

▲ **Figure 12 12 La division de la cellule bactérienne: la scissiparité.** La bactérie *Escherichia coli* qu'on voit ici est dotée d'un unique chromosome circulaire.

cellulaire chez différents types d'organismes. Ces processus pourraient être similaires à ceux des espèces primitives et donc correspondre à des étapes de l'évolution vers la mitose à partir du processus similaire à la scissiparité qu'utilisaient vraisemblablement toutes les Bactéries primitives. On observe aujourd'hui chez certains eucaryotes unicellulaires – les Dinoflagellés, les Diatomées et les Eumycètes – deux types inhabituels de division nucléaire qui font croire à l'existence de possibles étapes intermédiaires dans cette évolution. Dans ces deux modes de division nucléaire, les mécanismes ancestraux n'auraient pratiquement pas subi de changements au cours de l'évolution. Dans les deux cas, l'enveloppe nucléaire reste intacte, contrairement à ce qui se passe dans la plupart des cellules eucaryotes.

RETOUR SUR LE CONCEPT 12.2

1. Combien de chromosomes la figure 12.8 représente-t-elle? Combien sont répliqués? Combien de chromatides peut-on observer?
2. Comparez la cytocinèse des cellules animales avec celle des cellules végétales.

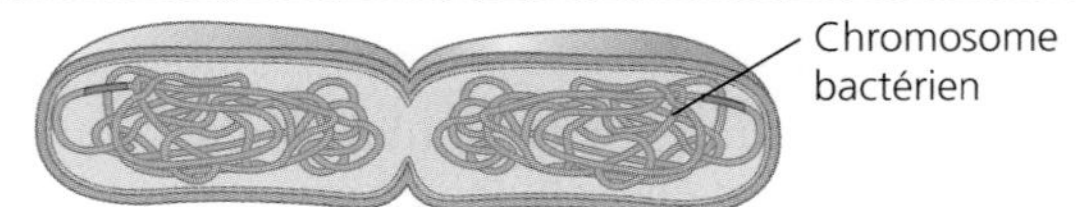
Chromosome
bactérien

(a) Les Procaryotes. Chez les Bactéries et les Archées, les origines des chromosomes fils se séparent au cours de la scissiparité et se déplacent vers des extrémités opposées de la cellule. On ne comprend pas encore parfaitement le mécanisme dans tous ses détails, mais on pense que des protéines ancrent les chromosomes fils à des sites spécifiques de la membrane plasmique.

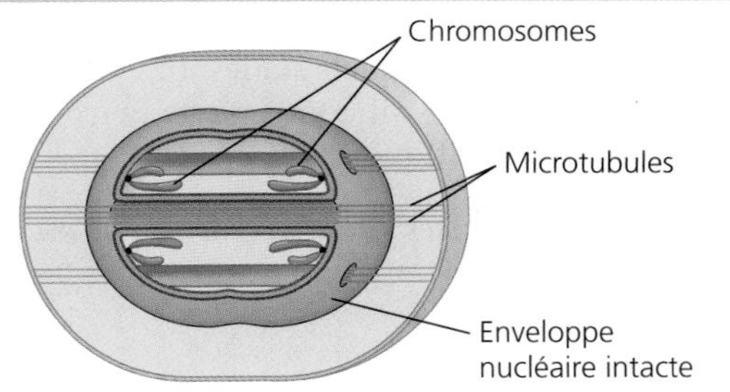
Chromosomes
Microtubules
Enveloppe
nucléaire intacte

(b) Les Dinoflagellés. Chez les Dinoflagellés, des protistes unicellulaires, les chromosomes s'attachent à l'enveloppe nucléaire, et celle-ci reste intacte durant la division cellulaire. Chez ces organismes, les microtubules empruntent des canaux cytoplasmiques qui traversent le noyau de part en part. La disposition des faisceaux de microtubules détermine le plan de fission du noyau, qui se divise selon un processus rappelant la scissiparité bactérienne.

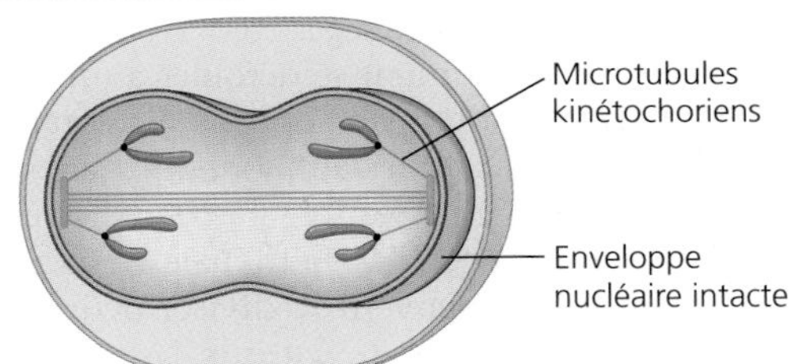
Microtubules
kinétochoriens
Enveloppe
nucléaire intacte

(c) Les Diatomées et les Eumycètes. Chez deux autres groupes de protistes unicellulaires, les Diatomées et certaines levures, l'enveloppe nucléaire reste aussi intacte pendant la division cellulaire. Chez ces organismes, les microtubules forment un fuseau de division à *l'intérieur* du noyau; ils séparent les chromosomes, et le noyau se divise en deux noyaux fils.

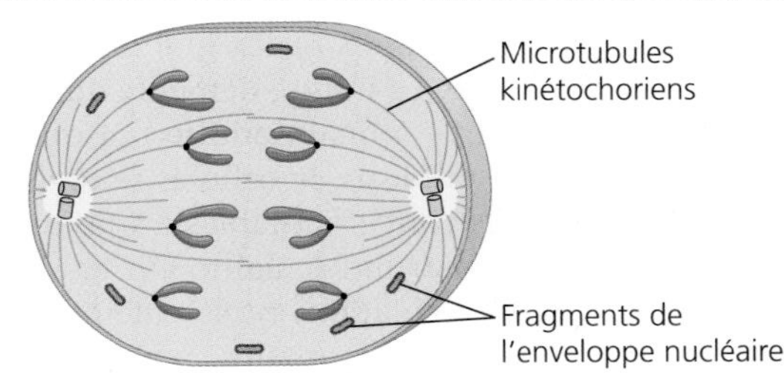
Microtubules
kinétochoriens
Fragments de
l'enveloppe nucléaire

(d) La plupart des Eucaryotes. Chez la plupart des Eucaryotes, dont les Végétaux et les Animaux, le fuseau de division se forme à l'extérieur du noyau, et l'enveloppe nucléaire se rompt durant la mitose. Les microtubules séparent les chromatides sœurs, et l'enveloppe nucléaire se reconstitue par la suite.

▲ **Figure 12.13 Les mécanismes de division cellulaire chez plusieurs groupes d'organismes.** Certains Eucaryotes unicellulaires modernes utilisent des mécanismes de division cellulaire rappelant des stades intermédiaires de l'évolution vers la mitose. Sauf pour **(a)**, ces schémas ne montrent pas la paroi cellulaire.

3. Décrivez une des fonctions des microtubules polaires.
4. Comparez les rôles de la tubuline et de l'actine dans la division des cellules eucaryotes avec les rôles des protéines similaires à la tubuline et à l'actine lors de la fission binaire chez les Bactéries.
5. FAITES DES LIENS Quelles autres fonctions l'actine et la tubuline remplissent-elles? Nommez les protéines avec lesquelles elles interagissent pour remplir ces fonctions. (Revoyez les figures 6.21a, p. 123, et 6.27a, p. 128.)
6. ET SI? Durant quels stades du cycle cellulaire un chromosome est-il composé de deux chromatides identiques?

Voir les réponses proposées à la fin du chapitre.

CONCEPT 12.3

Un mécanisme de régulation moléculaire gouverne le cycle cellulaire des Eucaryotes

Pour que les différentes parties d'une plante ou d'un animal croissent, se développent et se régénèrent normalement, la division cellulaire doit absolument se dérouler au moment opportun et à un rythme approprié. Ses modalités varient suivant le type de cellules. Les cellules aux extrémités des rameaux et à la pointe des racines chez les Végétaux se divisent fréquemment, de même que les cellules épithéliales humaines, comme celles de l'intestin (qui peuvent se diviser deux fois par jour) ou de la peau. Les cellules hépatiques humaines, elles, se divisent à un rythme rapide (une division par jour) seulement si les circonstances l'exigent, en cas de lésion ou lors de l'ablation chirurgicale d'une partie de l'organe. Autrement, il se peut qu'elles ne se divisent qu'une seule fois par année. Il en va de même pour les cellules immunitaires (lymphocytes) qui prolifèrent après être entrées en contact avec une substance étrangère. Enfin, certaines cellules, telles que les neurones, les cellules musculaires et les globules rouges, ne se divisent pas chez l'adulte. La mitose demeure quand même un processus très actif chez l'humain adulte puisque, selon certaines estimations, 25 millions de cellules se divisent chaque seconde. Ces disparités sont imputables à une régulation du cycle cellulaire sur le plan moléculaire. On étudie les mécanismes régissant cette régulation, non seulement pour comprendre le cycle de cellules normales, mais également pour découvrir comment les cellules tumorales y échappent.

Les signaux cytoplasmiques

Qu'est-ce qui régit le cycle cellulaire? Une hypothèse plausible serait que chacun de ses événements déclenche le prochain, formant ainsi une cascade d'événements comme dans une voie métabolique simple. Ainsi, la réplication des chromosomes à la phase S provoquerait la croissance de la cellule à la phase G_2, ce qui constituerait un signal pour mettre en route la mitose directement. Cependant, si logique soit-elle, cette hypothèse d'une voie échappant à une régulation interne ou externe s'est révélée inexacte.

Au début des années 1970, les chercheurs ont formulé une tout autre hypothèse fondée sur une vaste gamme d'expériences: le cycle cellulaire serait plutôt régi par des signaux chimiques précis présents dans le cytoplasme. Certains indices convaincants à l'appui de cette hypothèse proviennent d'expériences réalisées sur des cellules mammaliennes mises en culture. Au cours de l'une d'elles, on a fusionné deux cellules se trouvant dans différentes phases du cycle de façon à former une seule cellule munie de deux noyaux. On a observé que, quand l'une des cellules initiales est en phase S, et l'autre, en phase G_1, le noyau en phase G_1 entre immédiatement en phase S, comme si la cellule était activée par des substances chimiques présentes dans le cytoplasme de la cellule initiale. De la même manière, si une cellule en voie de mitose (phase M) fusionne avec une cellule dans une autre phase de son cycle (y compris la phase G_1), le second noyau entre immédiatement en mitose: sa chromatine se condense, et le fuseau de division se forme (**figure 12.14**). D'autres expériences au cours desquelles du cytoplasme d'une cellule en phase M était injecté dans une cellule en interphase ont aussi confirmé cette hypothèse.

Le mécanisme de régulation du cycle cellulaire

Les expériences illustrées à la figure 12.14, ainsi que bien d'autres effectuées chez les levures et les embryons de grenouilles, ont montré que l'enchaînement des phases du cycle cellulaire est commandé par un **mécanisme de régulation du cycle cellulaire** particulier et que ce mécanisme fait intervenir des molécules qui déclenchent et coordonnent périodiquement les événements clés du cycle. À l'instar du système de contrôle d'une machine à laver (**figure 12.15**), le mécanisme de régulation du cycle cellulaire fonctionne par lui-même, gouverné par une horloge interne. Cependant, tout comme le cycle d'une machine à laver peut faire l'objet d'un contrôle interne (les capteurs détectent le remplissage de la cuve) et externe (par exemple, l'activation du mécanisme de démarrage), le cycle cellulaire est régulé par des mécanismes internes et externes à des points de contrôle bien précis.

Un **point de contrôle** du cycle cellulaire représente un moment critique où un signal dicte l'arrêt ou la poursuite du cycle. (Les signaux sont transmis à l'intérieur de la cellule par des voies de transduction similaires à celles qui ont été étudiées au chapitre 11.) Généralement, les cellules animales obéissent à des signaux intrinsèques qui bloquent le cycle cellulaire aux points de contrôle, et ce, jusqu'à l'émission de signaux commandant la reprise du cycle. La plupart des signaux qui sont captés aux points de contrôle proviennent de mécanismes de veille cellulaire; ils indiquent si les processus cellulaires cruciaux (la réplication de l'ADN, par exemple) ont été réalisés correctement et décident en conséquence de la progression du cycle. Les points de contrôle captent également des signaux externes (nous en discuterons plus loin). Les trois points de contrôle principaux se situent vers la fin de la phase G_1, à la toute fin de la phase G_2 et au point de transition entre la métaphase et l'anaphase à la phase M (voir la figure 12.15).

▼ **Figure 12.14** INVESTIGATION

Le cycle cellulaire est-il régulé par des signaux moléculaires ?

EXPÉRIENCE Des chercheurs de la University of Colorado ont voulu savoir si la progression du cycle cellulaire était régulée par des molécules cytoplasmiques. Pour répondre à cette question, ils ont sélectionné des cellules mammaliennes cultivées à différentes phases du cycle cellulaire et ont provoqué leur fusion, comme on le voit ci-dessous.

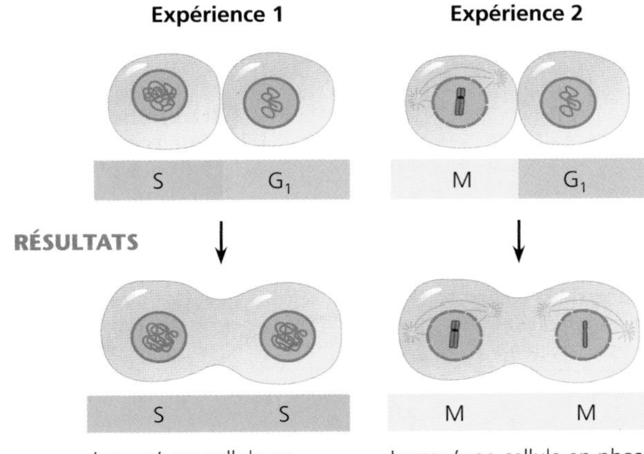

Lorsqu'une cellule en phase S fusionne avec une cellule en phase G_1, le noyau de la cellule en G_1 entre immédiatement en phase S; il y a synthèse d'ADN.

Lorsqu'une cellule en phase M fusionne avec une cellule en phase G_1, le noyau de la cellule en G_1 entre immédiatement en phase M (mitose); un fuseau de division se forme, et la chromatine se condense même si le chromosome ne s'est pas répliqué.

CONCLUSION Les résultats de la fusion d'une cellule en phase G_1 avec une cellule en phase S ou M laissent supposer que les molécules présentes dans le cytoplasme des cellules en phase S ou M déclenchent ces phases.

SOURCE R. T. Johnson et P. N. Rao, Mammalian cell fusion: Induction of premature chromosome condensation in interphase nuclei, *Nature* 226: 717-722 (1970).

ET SI ? Si l'évolution des phases du cycle cellulaire ne dépendait pas de molécules cytoplasmiques et que chaque phase s'amorçait à la fin de la phase précédente, quels auraient été les résultats de ces expériences ?

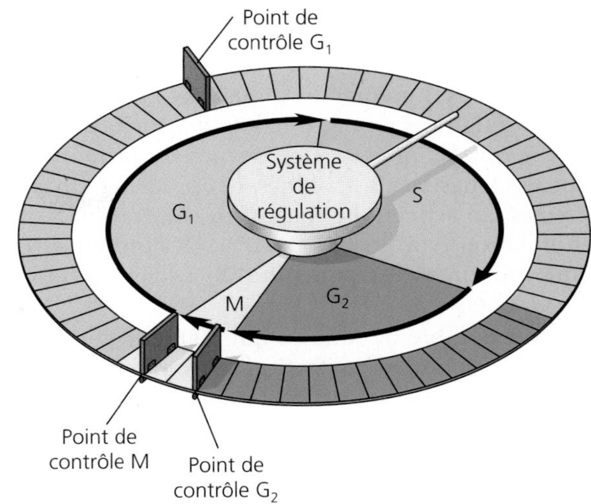

▲ **Figure 12.15 La régulation du cycle cellulaire: une analogie.** Dans ce diagramme, les différentes sections représentent les étapes du cycle cellulaire. À l'instar du système de réglage d'une machine à laver automatique, le mécanisme de régulation du cycle cellulaire fonctionne par lui-même, gouverné par une horloge interne. Toutefois, il peut subir une régulation à différents points de contrôle (dont trois ont été représentés, en rouge).

Pour de nombreuses cellules animales, le point de contrôle G_1, couramment appelé « point de restriction », joue le rôle le plus important. C'est à ce moment qu'est décelée toute anomalie (ADN mal répliqué, taille de la cellule insuffisante, absence de facteurs chimiques essentiels, etc.), ce qui empêche la cellule de poursuivre le cycle. Lorsque l'ADN est endommagé, une protéine (la protéine p53 codée par un gène dont l'altération est très souvent mise en cause dans la formation de tumeurs) peut déclencher les opérations nécessaires pour le réparer ou enclencher le processus d'autodestruction de la cellule (apoptose). Si elle reçoit un signal de poursuite du cycle au point de contrôle G_1, une cellule complète les phases S, G_2 et M, puis se divise. Au point de contrôle G_1, une cellule peut également entrer dans un état de « repos » appelé **phase G_0**. La majorité des cellules humaines se trouvent en phase G_0 (**figure 12.16**). Comme nous l'avons déjà mentionné, les neurones matures et les cellules musculaires atteignent un stade où elles ne sont plus censées se diviser. Chez d'autres cellules, comme les cellules hépatiques, des signaux environnementaux peuvent réenclencher le cycle cellulaire, notamment la libération de facteurs de croissance à la suite d'une lésion.

Pour comprendre la régulation aux points de contrôle, penchons-nous d'abord sur les molécules qui gouvernent le cycle cellulaire (le fondement moléculaire de l'horloge du cycle cellulaire) et sur la façon dont une cellule change au cours de ce cycle. Ensuite, nous examinerons les signaux internes et externes qui commandent le fonctionnement de l'horloge.

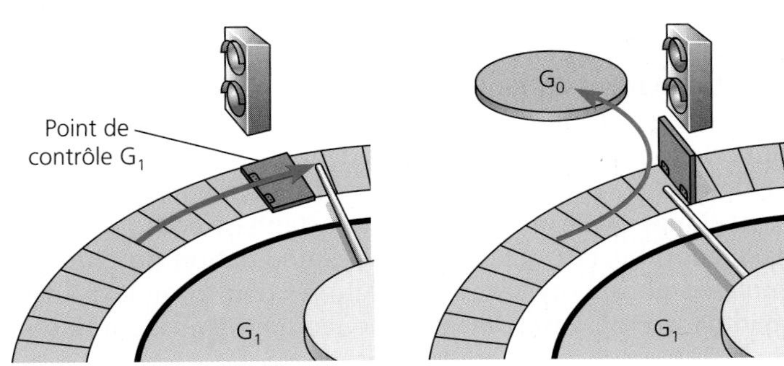

(a) Si la cellule reçoit un message d'autorisation au point de contrôle G_1, le cycle cellulaire se poursuit.

(b) Si la cellule ne reçoit pas de message d'autorisation au point de contrôle G_1, le cycle cellulaire s'interrompt et la cellule entre en phase G_0, un état de non-division.

▲ **Figure 12.16 Le point de contrôle G_1.**

ET SI ? Que serait-il arrivé si la cellule avait ignoré le point de contrôle G_1 et avait poursuivi son cycle ?

L'horloge du cycle cellulaire : les cyclines et les kinases cycline-dépendantes

Les fluctuations rythmiques de la quantité et de l'activité des molécules régulatrices du cycle cellulaire contrôlent la vitesse de progression des phases. Deux types de protéines interviennent : les kinases et les cyclines. Les protéines kinases sont des enzymes qui activent ou inactivent d'autres protéines par phosphorylation (voir le chapitre 11). Des protéines kinases spécifiques amorcent la poursuite du cycle aux points de contrôle G_1 et G_2.

Un grand nombre de kinases qui régulent le cycle cellulaire se trouvent en concentration constante dans une cellule en croissance. La plupart du temps, elles sont inactives. Pour sortir de cet état d'inactivité, elles doivent se lier à une **cycline** (cette protéine doit son nom à la fluctuation cyclique de sa concentration dans la cellule). Ces kinases sont appelées **kinases cycline-dépendantes**, ou **Cdk**. Leur activité varie suivant l'augmentation ou la diminution de la concentration de leur cycline associée. (On a aussi découvert que les Cdk sont elles mêmes phosphorylées et que le site moléculaire où se fixe le groupement phosphate déterminerait si la Cdk est activée ou inhibée.) Il existe plusieurs types de cyclines et de Cdk, et certains types participent à d'autres fonctions que le cycle cellulaire. Les cyclines et les Cdk intervenant dans le cycle cellulaire peuvent s'associer pour former différents complexes. Le passage d'une phase à l'autre du cycle dépend d'associations spécifiques. La **figure 12.17a** illustre l'activité cyclique du premier complexe cycline-Cdk découvert, le **MPF** (*maturation-promoting factor* ou *M-phase-promoting factor*). Remarquez que les pics d'activité de ce facteur concordent avec les pics de concentration de la cycline. La quantité de cycline augmente très rapidement durant les phases S et G_2, et elle chute brutalement pendant la mitose (phase M).

Comme un de ses noms l'indique, le MPF est un facteur qui favorise la maturation (des ovules de grenouille notamment). Mais il peut aussi être considéré comme un facteur qui amorce la phase M (d'où son second nom), puisqu'il déclenche cette phase au point de contrôle en G_2 (**figure 12.17b**). Quand la cycline accumulée durant la phase G_2 s'associe avec des molécules de Cdk, le complexe MPF qui en résulte active la mitose en phosphorylant une variété de protéines. Le MPF agit directement en tant que kinase et indirectement en tant qu'activateur d'autres kinases. Par exemple, il amorce la phosphorylation de diverses protéines de la lamina nucléaire (voir la figure 6.9, p. 112), ce qui favorise la fragmentation de l'enveloppe nucléaire durant la prométaphase de la mitose. Le MPF contribuerait également à la condensation du chromosome en phosphorylant des sous-unités d'un complexe enzymatique appelé *condensine* et interviendrait dans la formation du fuseau de division durant la prophase.

Durant l'anaphase, le MPF s'inactive lui-même en activant un complexe enzymatique qui dégrade sa cycline. Quant à la partie Cdk du MPF, elle demeure dans la cellule sous une forme inactive, et ce, jusqu'à sa prochaine liaison avec des molécules de cycline nouvellement synthétisées (durant les phases S et G_2). La Cdk étant inactive, des phosphatases effectuent la déphosphorylation des molécules qui avaient été phosphorylées par elle (voir le chapitre 11, p. 244).

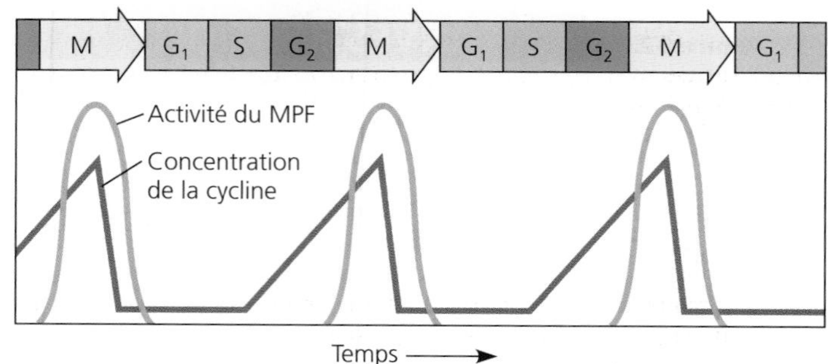
M
G1
S
G2
M
G1
S
G2
M
G1
Activité du MPF
Concentration de la cycline
Temps

(a) Fluctuation de l'activité du MPF et de la concentration de la cycline pendant le cycle cellulaire

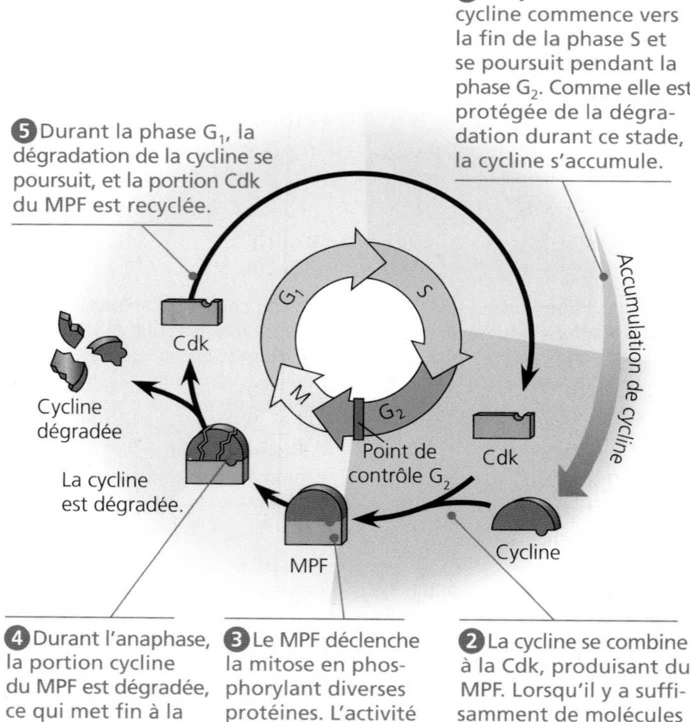
1 La synthèse de la cycline commence vers la fin de la phase S et se poursuit pendant la phase G2. Comme elle est protégée de la dégradation durant ce stade, la cycline s'accumule.
5 Durant la phase G1, la dégradation de la cycline se poursuit, et la portion Cdk du MPF est recyclée.
Accumulation de cycline
G1
S
M
G2
Cdk
Cycline dégradée
La cycline est dégradée.
Point de contrôle G2
Cdk
MPF
Cycline
4 Durant l'anaphase, la portion cycline du MPF est dégradée, ce qui met fin à la phase M. La cellule entre en phase G1.
3 Le MPF déclenche la mitose en phosphorylant diverses protéines. L'activité du MPF atteint son maximum durant la métaphase.
2 La cycline se combine à la Cdk, produisant du MPF. Lorsqu'il y a suffisamment de molécules de MPF, la cellule passe le point de contrôle G2 et amorce la mitose.

(b) Mécanismes moléculaires de régulation du cycle cellulaire

▲ **Figure 12.17 Le mécanisme de régulation moléculaire du cycle cellulaire au point de contrôle de la phase G_2.** Les étapes du cycle cellulaire fluctuent en fonction des variations rythmiques de l'activité de protéines kinases cycline-dépendantes (Cdk). Dans ce schéma, nous examinons le complexe cycline-Cdk appelé MPF, dont le rôle est de déclencher la mitose au point de contrôle G_2. Bien que la figure ne le montre pas, l'activité du MPF au point de contrôle G_2 dépend d'un équilibre entre des kinases et des phosphatases qui peuvent toutes deux activer ou inhiber le MPF selon les signaux reçus.

? *Expliquez comment les événements du diagramme (b) sont reliés à l'axe du temps dans le graphique (a).*

Le comportement de la cellule au point de contrôle G_1 est également régulé par les activités cycliques de divers complexes cycline-Cdk. Les cellules animales semblent disposer d'au moins trois kinases cycline-dépendantes, et plusieurs cyclines jouent un rôle à ce point de contrôle. Les activités cycliques des divers complexes cycline-Cdk prennent une importance majeure dans la régulation de toutes les phases du cycle cellulaire.

Les signaux internes et externes aux points de contrôle: des messages d'arrêt et de démarrage

Les chercheurs sont en train d'élucider les voies de transduction reliant les signaux intracellulaires et extracellulaires aux réponses des kinases cycline-dépendantes et autres protéines. Ainsi, il existe un signal interne au troisième point de contrôle, celui de la phase M. L'anaphase, l'étape de la séparation des chromatides sœurs, ne débute pas avant que tous les chromosomes ne soient retenus par les fibres du fuseau de division et adéquatement alignés sur la plaque équatoriale. Des recherches ont révélé que tant que certains kinétochores ne sont pas encore attachés à des microtubules du fuseau, les chromatides sœurs restent ensemble, ce qui retarde l'anaphase. Ce n'est que lorsque les kinétochores de tous les chromosomes sont bien attachés au fuseau de division que le complexe protéique régulateur s'active. Dans ce cas, la molécule régulatrice est un complexe multiprotéique nommé APC (*anaphase promoting complex*), qui a lui-même été activé par un complexe kinase cycline-dépendante. Une fois activé, l'APC déclenche une chaîne d'événements moléculaires, dont la lyse de la sécurine, une protéine déjà mentionnée. Cette lyse active l'enzyme séparase, laquelle dissocie les cohésines, permettant aux chromatides sœurs de se désunir. Ce mécanisme fait en sorte que les cellules filles n'ont pas de chromosomes manquants ou surnuméraires.

Des études sur des cellules animales ont permis de découvrir bon nombre de facteurs externes physicochimiques susceptibles d'influer sur la division cellulaire. Par exemple, les cellules ne se divisent pas s'il manque un nutriment essentiel dans leur milieu de culture. (C'est comme essayer de faire fonctionner une machine à laver automatique sans avoir branché l'entrée d'eau; un capteur interne empêchera le cycle de se poursuivre au-delà du moment où il faut de l'eau.) Et même quand toutes les autres conditions sont favorables, certaines cellules mammaliennes en culture ne se divisent qu'en présence de facteurs de croissance bien précis. Comme nous l'avons expliqué au chapitre 11, un **facteur de croissance** est une protéine libérée par certaines cellules afin de stimuler la division d'autres cellules. Les chercheurs ont découvert plus de 50 facteurs de croissance. Certains sont très spécifiques et n'agissent que sur un type de cellules, les cellules nerveuses par exemple, alors que d'autres peuvent agir sur plusieurs types de cellules, comme le PDGF.

Le *facteur de croissance dérivé des plaquettes* (PDGF) est produit par les cellules sanguines appelées plaquettes. L'expérience illustrée à la **figure 12.18** montre que les fibroblastes (un type de cellules du tissu conjonctif) mis en culture ont besoin de ce facteur de croissance pour se diviser. Leur membrane plasmique possède des récepteurs à activité tyrosine kinase (voir le chapitre 11) qui servent à cette fin. Lorsqu'elles se lient à ces récepteurs, des molécules du PDGF activent une voie de transduction qui permet aux cellules de franchir le point de contrôle G_1 et de se diviser. Ce contrôle se réalise non seulement dans des conditions artificielles, mais aussi *in vivo*. Ainsi, les plaquettes sanguines se fragmentent et libèrent le facteur de croissance aux environs d'une lésion. La division cellulaire des fibroblastes se trouve ainsi stimulée dans la région, ce qui favorise la cicatrisation.

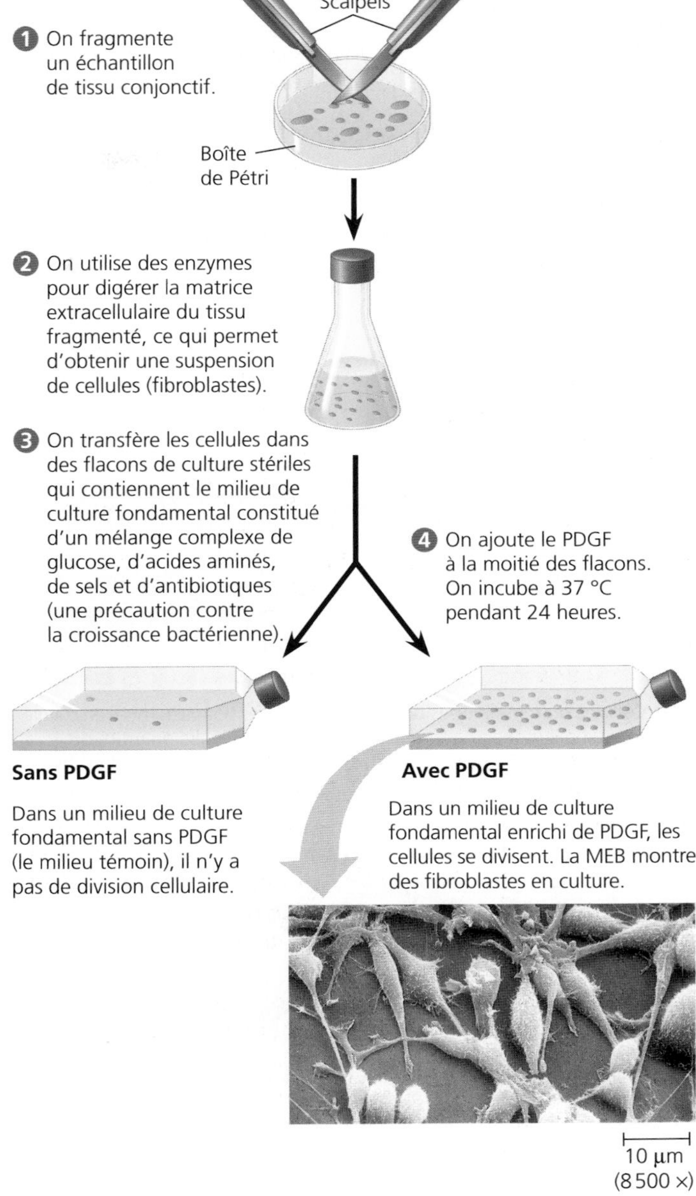

Scalpels
1 On fragmente un échantillon de tissu conjonctif.
Boîte de Pétri
2 On utilise des enzymes pour digérer la matrice extracellulaire du tissu fragmenté, ce qui permet d'obtenir une suspension de cellules (fibroblastes).
3 On transfère les cellules dans des flacons de culture stériles qui contiennent le milieu de culture fondamental constitué d'un mélange complexe de glucose, d'acides aminés, de sels et d'antibiotiques (une précaution contre la croissance bactérienne).
4 On ajoute le PDGF à la moitié des flacons. On incube à 37 °C pendant 24 heures.
Sans PDGF
Dans un milieu de culture fondamental sans PDGF (le milieu témoin), il n'y a pas de division cellulaire.
Avec PDGF
Dans un milieu de culture fondamental enrichi de PDGF, les cellules se divisent. La MEB montre des fibroblastes en culture.
10 µm
(8 500 ×)

▲ **Figure 12.18 L'effet du facteur de croissance dérivé des plaquettes (PDGF) sur la division cellulaire.**

FAITES DES LIENS Le PDGF communique avec les cellules en se liant à un récepteur de surface à activité tyrosine kinase. Si vous ajoutiez un produit chimique qui bloque la phosphorylation, en quoi les résultats de l'expérience différeraient-ils? (Voir la figure 11.7, p. 239 à 241.)

L'effet d'un facteur physique externe sur la division cellulaire est très évident dans l'**inhibition de contact**, le phénomène par lequel des cellules entassées les unes sur les autres arrêtent de se diviser (**figure 12.19a**). Il y a de nombreuses années déjà, on a remarqué que les cellules mises en culture se divisent jusqu'à former une couche simple dans le récipient où elles se trouvent, après quoi elles cessent de se

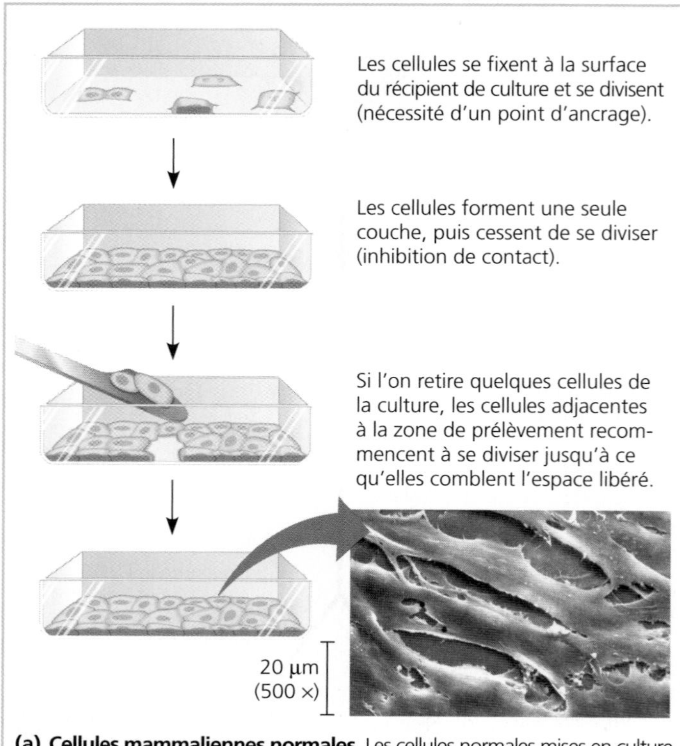

Les cellules se fixent à la surface du récipient de culture et se divisent (nécessité d'un point d'ancrage).
Les cellules forment une seule couche, puis cessent de se diviser (inhibition de contact).
Si l'on retire quelques cellules de la culture, les cellules adjacentes à la zone de prélèvement recommencent à se diviser jusqu'à ce qu'elles comblent l'espace libéré.
20 µm
(500 ×)

(a) Cellules mammaliennes normales. Les cellules normales mises en culture se multiplient jusqu'à former une couche simple. La quantité de nutriments et de facteurs de croissance ainsi que l'étendue du substrat disponible pour l'ancrage limitent la densité de la population cellulaire.

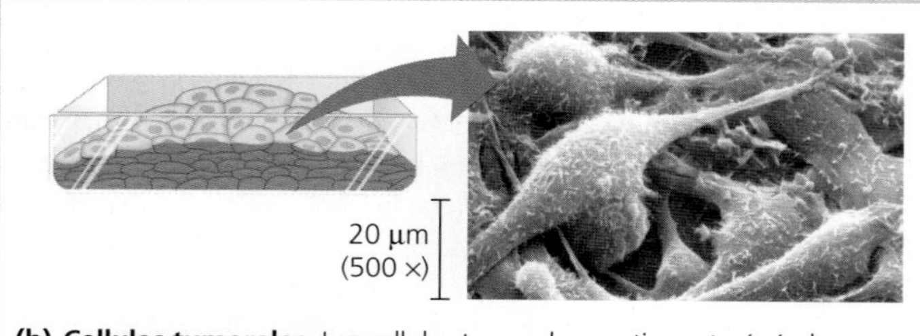

(b) Cellules tumorales. Les cellules tumorales continuent généralement de se diviser, même après avoir formé une couche complète. Il en résulte des amas de cellules superposées. Les cellules tumorales ne s'ancrent pas à une surface et échappent à l'inhibition de contact.

▲ **Figure 12.19 L'inhibition de contact et le point d'ancrage.** La taille des cellules apparaissant dans cette figure est exagérée.

diviser. Cependant, si l'on en retire quelques-unes, celles qui bordent l'espace vide recommencent à se diviser, jusqu'à combler de nouveau l'espace. Des études subséquentes ont révélé que la liaison d'une protéine de surface avec sa contrepartie sur une cellule adjacente transmet aux deux cellules un message inhibiteur qui les empêche d'aller plus loin dans le cycle cellulaire, même en présence de facteurs de croissance.

La plupart des cellules animales en division ont également besoin d'avoir un **point d'ancrage** (voir la figure 12.19a). Pour se diviser, elles doivent adhérer à un substrat, qu'il s'agisse de l'intérieur d'un récipient de culture ou de la matrice extracellulaire d'un tissu. Des expériences indiquent que, comme dans le cas de la densité cellulaire, le mécanisme de régulation du cycle cellulaire reçoit l'information de l'ancrage de la cellule grâce à des voies qui font intervenir des protéines membranaires et des éléments du cytosquelette.

Ce mécanisme de régulation, de même que l'inhibition de contact, se réalise probablement dans les tissus autant que dans les cultures. Ce faisant, les populations cellulaires sont maintenues à une densité optimale au meilleur point d'ancrage possible. Les cellules tumorales, dont nous traiterons plus loin, ne subissent pas l'inhibition de contact et n'ont plus besoin d'avoir un point d'ancrage (**figure 12.9b**).

Les cellules tumorales échappent à la régulation du cycle cellulaire

Les cellules tumorales n'obéissent pas aux mécanismes de régulation du cycle cellulaire. Elles se divisent d'une manière excessive et anarchique, et elles envahissent d'autres tissus. Si on ne les détruit pas, elles peuvent tuer l'organisme.

Les cellules cancéreuses mises en culture continuent de se diviser lorsque les facteurs de croissance sont épuisés. Logiquement, cela signifie que de telles cellules ne requièrent pas de facteurs de croissance dans leur milieu de culture pour croître et se diviser. Il est possible qu'elles produisent elles-mêmes le facteur de croissance dont elles ont besoin ou qu'elles présentent une défaillance dans la voie de transduction, de sorte que celle-ci transmet le signal du facteur de croissance au mécanisme de régulation du cycle cellulaire, même en l'absence de ce facteur. Il est possible également que le mécanisme de régulation du cycle cellulaire soit tout simplement déficient. Dans tous ces scénarios, l'anomalie repose presque toujours sur la mutation d'un ou de plusieurs gènes qui dérègle le fonctionnement de leurs produits protéiques, et par le fait même, le cycle cellulaire. Vous en apprendrez davantage sur les bases génétiques de ces mutations et sur la façon dont elles peuvent aboutir au cancer au chapitre 18.

Il existe d'autres différences notoires entre les cellules normales et les cellules tumorales qui reflètent une perturbation du cycle cellulaire. Ainsi, quand elles arrêtent de se diviser, les cellules tumorales le font de manière aléatoire, à n'importe quel moment du cycle, et non aux points de contrôle habituels. En outre, dans les milieux de culture, elles peuvent continuer à se multiplier indéfiniment si elles reçoivent continuellement des nutriments. En ce sens, elles sont « immortelles ». À preuve, il en existe une lignée dans les grands laboratoires de recherche, un peu partout dans le monde, qui se reproduit en culture depuis 1951 (ces cellules ont notamment été utilisées pour les fusions cellulaires dont il est question à la figure 12.14). Les cellules issues de cette lignée sont appelées HeLa, car elles dérivent d'une tumeur retirée de l'utérus d'une jeune femme, une Noire américaine du nom d'Henrietta Lacks. En comparaison, presque toutes les cellules mammaliennes normales « élevées » en culture se divisent pendant 20 à 50 générations; après quoi, le tissu vieillit et meurt. (Nous étudierons une des causes de ce phénomène lorsque nous traiterons de la réplication de l'ADN, au chapitre 16.) Finalement, les cellules cancéreuses échappent à la régulation normale qui pousse une cellule à l'apoptose lorsqu'elle est défectueuse – par exemple, lorsqu'une erreur irréparable s'est produite durant la réplication de l'ADN qui précède la mitose.

Le comportement des cellules tumorales peut avoir des conséquences catastrophiques. Le problème commence par la **transformation** d'une première cellule, c'est-à-dire par son

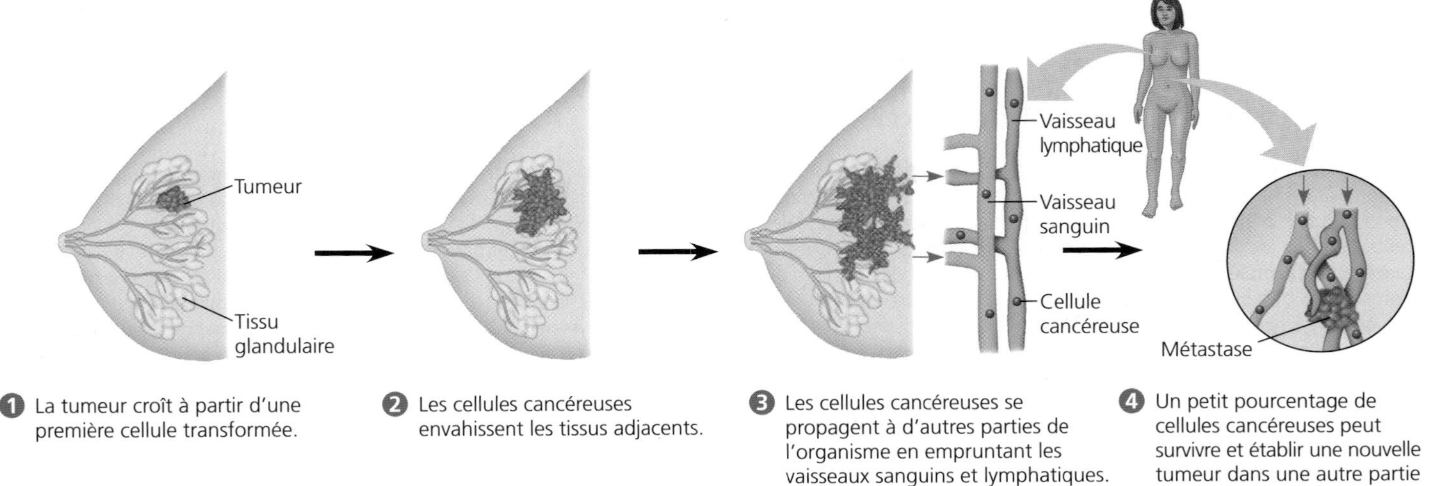

Tumeur
Tissu glandulaire
Vaisseau lymphatique
Vaisseau sanguin
Cellule cancéreuse
Métastase
1 La tumeur croît à partir d'une première cellule transformée.
2 Les cellules cancéreuses envahissent les tissus adjacents.
3 Les cellules cancéreuses se propagent à d'autres parties de l'organisme en empruntant les vaisseaux sanguins et lymphatiques.
4 Un petit pourcentage de cellules cancéreuses peut survivre et établir une nouvelle tumeur dans une autre partie de l'organisme.

▲ **Figure 12.20 Croissance et métastases d'une tumeur maligne du sein.** Les cellules d'une tumeur maligne (cancéreuse) croissent anarchiquement. Elles peuvent se propager et atteindre les tissus adjacents. Elles peuvent aussi toucher d'autres parties de l'organisme par l'intermédiaire des vaisseaux sanguins et lymphatiques. Elles forment alors ce qu'on appelle des métastases.

passage de l'état normal à l'état prolifératif, qui conduit à la formation d'une masse anormale (ou néoplasme). Normalement, le système de défense de l'organisme, soit le système immunitaire, détruit la cellule rebelle. Mais si celle-ci réussit de quelque manière que ce soit à lui échapper, elle peut proliférer au point de former une **tumeur bénigne**, une masse de cellules transformées logées à l'intérieur d'un tissu. Les cellules anormales peuvent demeurer en leur lieu d'origine si elles n'ont pas suffisamment de modifications cellulaires et génétiques pour pouvoir survivre ailleurs. Les tumeurs bénignes se présentent sous une forme compacte souvent encapsulée, et elles se développent plutôt lentement. Généralement, elles ne causent pas de problèmes graves, et on peut en faire l'ablation complète au cours d'une intervention chirurgicale. Par contre, une **tumeur maligne** (ou néoplasme malin) comporte des cellules qui, à cause de leurs modifications génétiques et cellulaires, peuvent envahir de nouveaux tissus et nuire ainsi au fonctionnement d'un ou de plusieurs organes. On dit d'une personne qui a une tumeur maligne qu'elle est atteinte de cancer. La **figure 12.20** illustre le développement d'un cancer du sein.

Les mutations qui se produisent dans les cellules des tumeurs malignes sont loin de se limiter à une prolifération excessive. Par exemple, les cellules peuvent contenir un nombre anormal de chromosomes. Les scientifiques ne s'entendent pas encore pour dire si cette anomalie est une cause ou un effet de la mutation. Le métabolisme des cellules malignes peut être altéré, de sorte que leur fonctionnement devient totalement désordonné. Leur surface présente des changements atypiques, et elles perdent ou détruisent les liens qui les unissent aux cellules adjacentes et au substrat extracellulaire. Les cellules cancéreuses sécrètent également des molécules signal qui incitent les vaisseaux sanguins à croître en direction de la tumeur. Si des cellules cancéreuses se séparent de la tumeur primitive, elles peuvent pénétrer dans les vaisseaux sanguins et lymphatiques et être transportées dans d'autres parties de l'organisme où elles proliféreront et formeront une nouvelle tumeur. Le nouveau foyer où se multiplient des cellules cancéreuses, un tissu ou un organe situé à distance de la tumeur primitive, est appelé **métastase** (voir la figure 12.20).

On utilise la radiothérapie pour traiter une tumeur qui semble localisée. La radiothérapie endommage l'ADN des cellules cancéreuses beaucoup plus que l'ADN des cellules normales, probablement parce que les cellules cancéreuses ont perdu la capacité de réparer ce genre de dommages. Pour traiter des tumeurs ayant produit ou pouvant avoir produit des métastases, on a recours à la chimiothérapie, qui consiste à introduire dans le système circulatoire des médicaments toxiques pour les cellules en division active. Comme on pourrait s'en douter, les médicaments employés en chimiothérapie interfèrent avec certaines étapes du cycle cellulaire. Par exemple, le Taxol immobilise le fuseau de division en inhibant la dépolymérisation des microtubules, ce qui empêche les cellules en division active d'aller plus loin que la métaphase. Les effets secondaires sont dus aux effets des médicaments sur les cellules normales. Par exemple, la nausée est causée par les effets de la chimiothérapie sur les cellules intestinales, la perte de cheveux provient de ses effets sur les cellules des follicules pileux, et la sensibilité aux infections, de ses effets sur les cellules du système immunitaire.

Ces dernières décennies, les chercheurs ont découvert une masse d'informations utiles à propos des voies de transduction cellulaires et de la façon dont leur dysfonctionnement contribue à la cancérisation par ses effets sur le cycle cellulaire. Grâce à ces nouvelles connaissances et à de nouvelles techniques moléculaires comme le séquençage rapide de l'ADN des cellules d'une tumeur particulière, les traitements médicaux du cancer deviennent de plus en plus personnalisés. Le cancer du sein en est un bon exemple. La recherche fondamentale sur les processus décrits dans le chapitre 11 et dans le présent chapitre nous aide à mieux comprendre les événements moléculaires qui sous-tendent le développement du cancer du sein. Ainsi, on a constaté que les protéines intervenant dans les voies de communication cellulaire qui influent sur le

▼ Figure 12.21

IMPACT

Les progrès dans le traitement du cancer du sein

Les cellules cancéreuses, comme la cellule de cancer du sein qu'on voit ici, sont analysées par séquençage de leur ADN. Cette technique moléculaire et d'autres méthodes permettent de déceler des modifications des concentrations ou de la séquence de protéines spécifiquement associées au cancer. Par exemple, les cellules d'environ 20 à 25 % des cancers du sein présentent des quantités anormalement élevées d'un récepteur de surface à activité tyrosine kinase appelé HER2, et beaucoup de ces cellules présentent un nombre accru de molécules de récepteurs des œstrogènes (RE), des molécules intracellulaires qui peuvent déclencher la division cellulaire. En se basant sur les résultats des analyses de laboratoire, le médecin peut prescrire une chimiothérapie avec une molécule qui inhibe le fonctionnement de la protéine en cause (le trastuzumab pour les HER2 et le tamoxifène pour les RE). Les traitements appropriés au moyen de ces agents chimiothérapeutiques ont amélioré le taux de survie et réduit le nombre de récidives.

POURQUOI C'EST IMPORTANT Environ une femme sur huit aura un cancer du sein, ce qui en fait le cancer féminin le plus commun. Dans le monde, l'incidence du cancer du sein augmente d'année en année. Cependant, en Amérique du Nord et dans d'autre pays, le taux de mortalité associé à cette maladie (1 femme sur 28, au Canada, en 2010) a baissé, probablement grâce à une détection précoce et à de meilleurs traitements. De plus, ce que nous apprend la recherche sur le cancer du sein nous permet de mieux comprendre et de mieux traiter d'autres types de cancer.

POUR EN SAVOIR PLUS F. J. Esteva et G. N. Hortobagyi, Gaining ground on breast cancer, *Scientific American* 298 : 58-65 (2008) ; S. Coisne et M. Nowak, Le cancer : la révolution 2. Bloquer la prolifération des cellules, *La Recherche* 440 : 46-47 (2010).

FAITES DES LIENS Révisez le contenu du chapitre 11 qui porte sur les récepteurs à activité tyrosine kinase et sur les récepteurs intracellulaires (figures 11.7, p. 240, et 11.9, p. 242), puis expliquez de manière générale comment ces récepteurs pourraient déclencher la division cellulaire.

cycle cellulaire sont souvent altérées dans les cellules cancéreuses. L'analyse des concentrations et des séquences de telles protéines a permis aux médecins de personnaliser davantage le traitement de certains cancers (**figure 12.21**). Cela dit, l'une des grandes leçons que nous avons apprises sur le développement du cancer est qu'il s'agit d'un processus très complexe, dont nous ignorons encore beaucoup de choses.

RETOUR SUR LE CONCEPT 12.3

1. Dans la figure 12.14, pourquoi les noyaux provenant de l'expérience 2 contiennent-ils des quantités différentes d'ADN ?
2. Comment le MPF permet-il à une cellule de passer le point de contrôle de la phase G_2 et d'entrer en mitose ? (Voir la figure 12.17.)
3. Dans quelle phase du cycle cellulaire la plupart des cellules de votre organisme sont-elles ?
4. Comparez une tumeur bénigne avec une tumeur maligne.
5. **ET SI ?** Qu'arriverait-il si vous répétiez l'expérience de la figure 12.18 avec des cellules cancéreuses ?

Voir les réponses proposées à la fin du chapitre.

RÉVISION DU CHAPITRE 12

RÉSUMÉ DES CONCEPTS CLÉS

Les organismes unicellulaires se reproduisent par **division cellulaire** ; les organismes multicellulaires dépendent de la division cellulaire pour leur développement à partir d'un œuf fécondé, pour leur croissance et pour la réparation de leurs tissus. La division cellulaire fait partie du **cycle cellulaire**, c'est-à-dire de la suite ordonnée d'événements qui marquent la vie d'une cellule, de sa formation à sa division en deux cellules filles.

CONCEPT 12.1

La plupart des divisions cellulaires donnent des cellules filles génétiquement identiques (p. 260 à 262)

- Le matériel génétique (l'ADN) d'une cellule – son génome – est distribué entre ses chromosomes. Chaque chromosome eucaryote consiste en une molécule d'ADN associée à de nombreuses protéines qui maintiennent sa structure et contribuent à la régulation de l'activité des gènes. L'ensemble du complexe ADN et des protéines associées s'appelle la chromatine. Le degré de condensation de la chromatine d'un chromosome varie au cours du cycle cellulaire. Chez les animaux, les gamètes n'ont qu'un jeu de chromosomes tandis que les cellules somatiques en ont deux.
- Les cellules répliquent leur matériel génétique avant de se diviser, de sorte que chaque cellule fille reçoit une copie exacte de l'ADN. En préparation à la division cellulaire, les chromosomes se répliquent et forment ainsi deux chromatides sœurs identiques reliées sur toute leur longueur par la cohésion des chromatides sœurs et attachées plus étroitement à leurs **centromères**. Lorsque cette cohésion est brisée, les chromatides se séparent pendant la division cellulaire et deviennent les chromosomes des nouvelles cellules filles. La division d'une cellule eucaryote inclut deux processus: la **mitose** (division du noyau) et la **cytocinèse** (division du cytoplasme).

Expliquez la différence entre chromosome, chromatine et chromatide.

CONCEPT 12.2

La phase mitotique alterne avec l'interphase au cours du cycle cellulaire (p. 262 à 269)

- Entre les divisions mitotiques, la cellule connaît une période de croissance active, l'**interphase**, qui se subdivise elle-même en trois phases: G_1, **S** et G_2. La réplication de l'ADN n'a lieu que pendant la phase S (synthèse). Quant à la **phase M** du cycle cellulaire, elle comprend la **mitose** et la **cytocinèse**.

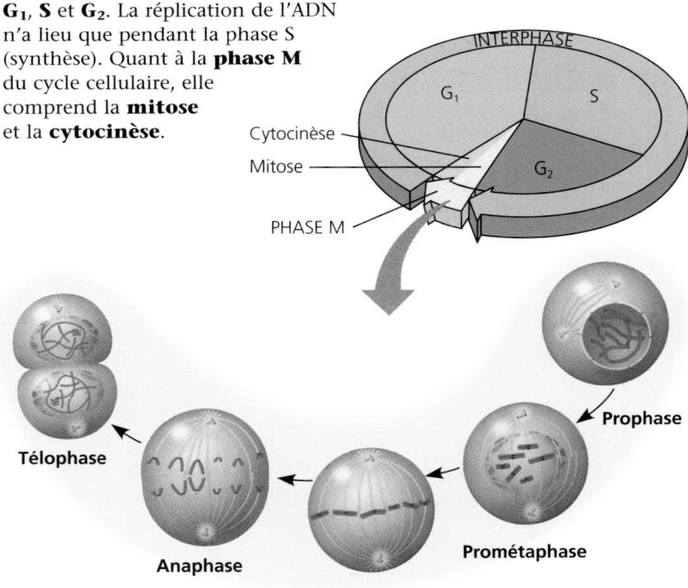

- Le **fuseau de division** est un complexe de microtubules qui orchestre le mouvement des chromosomes pendant la mitose. Chez les Animaux, le fuseau de division commence à se former à partir des **centrosomes** et comprend les microtubules kinétochoriens et les **asters**. Certains des microtubules s'attachent aux **kinétochores** des chromosomes et les déplacent jusque sur la **plaque équatoriale** de la cellule. Pendant l'anaphase, les chromatides sœurs se séparent et les protéines motrices les déplacent le long des microtubules kinétochoriens. Entre-temps, le glissement des microtubules polaires les uns sur les autres allonge la cellule entière dans l'axe des pôles. Pendant la télophase, des noyaux fils identiques se forment aux extrémités opposées de la cellule en voie de division.
- Dans la plupart des cas, la mitose est suivie de la cytocinèse; celle-ci comporte la formation d'un **sillon de division** dans les cellules animales et la formation d'une **plaque cellulaire** dans les cellules végétales.
- Au cours de la **scissiparité**, le chromosome bactérien se réplique et les deux chromosomes fils se séparent de manière active. Certaines des protéines intervenant dans la scissiparité bactérienne sont similaires à l'actine et à la tubuline eucaryotes.
- Comme les Procaryotes ont précédé les Eucaryotes de deux milliards d'années, il est possible que la mitose ait évolué à partir de la division cellulaire procaryote. Certains Eucaryotes unicellulaires présentent des mécanismes de division cellulaire similaires à ceux des ancêtres des Eucaryotes actuels. Ces mécanismes ressemblent à des étapes intermédiaires entre la scissiparité bactérienne et le processus de mitose tel qu'il se déroule dans la plupart des cellules eucaryotes.

Dans lesquelles des trois sous-phases de l'interphase et des phases de la mitose les chromosomes existent-ils à l'état de molécules d'ADN non répliquées (simples)?

CONCEPT 12.3

Un mécanisme de régulation moléculaire gouverne le cycle cellulaire des Eucaryotes (p. 270 à 276)

- Les molécules de communication présentes dans le cytoplasme régissent le déroulement du cycle cellulaire.
- Le **mécanisme de régulation du cycle cellulaire** repose sur des phénomènes moléculaires. Les modifications cycliques des protéines régulatrices font office d'horloge mitotique. Les régulateurs clés sont les **cyclines** et les **kinases cycline-dépendantes** (**Cdk**). L'horloge dispose de **points de contrôle** où le cycle cellulaire s'arrête jusqu'à ce qu'un message d'autorisation le remette en marche. Des signaux internes et externes régulent le cycle cellulaire par l'intermédiaire de voies de transduction. La plupart des cellules ont besoin d'un **point d'ancrage** pour se diviser et subissent une **inhibition de contact** qui met fin à la division.
- Les cellules cancéreuses échappent aux mécanismes normaux de régulation du cycle cellulaire. Elles se divisent anarchiquement et forment des **tumeurs**. Les **tumeurs malignes** envahissent les tissus environnants ou se disséminent à distance et exportent des cellules cancéreuses vers d'autres parties du corps par l'intermédiaire des vaisseaux sanguins ou lymphatiques – autrement dit, elles forment des **métastases**. Des percées récentes dans la compréhension du cycle cellulaire et de la communication cellulaire ainsi que de nouvelles techniques de séquençage de l'ADN ont permis d'améliorer le traitement médical du cancer.

Expliquez le rôle des points de contrôle G_1, G_2, et M ainsi que les messages d'autorisation dans le mécanisme de régulation du cycle cellulaire.

ÉVALUATION

NIVEAU 1: CONNAISSANCES ET COMPRÉHENSION

1. Vous observez au microscope la formation d'une plaque cellulaire à l'équateur d'une cellule; vous voyez aussi des noyaux qui se reconstituent de chaque côté de la plaque cellulaire. Il s'agit vraisemblablement d'une cellule:
   a) animale pendant la cytocinèse.
   b) végétale pendant la cytocinèse.
   c) animale pendant la phase S.
   d) bactérienne en voie de division.
   e) végétale pendant la métaphase.

2. La vinblastine est un médicament d'usage courant en chimiothérapie contre le cancer. Comme elle perturbe l'assemblage des microtubules et bloque la mitose en métaphase, son effet s'explique vraisemblablement par:
   a) une altération du fuseau de division pendant sa formation.
   b) une inhibition de la phosphorylation de protéines régulatrices.
   c) une répression de la production de cycline.
   d) une dénaturation de la myosine et une inhibition de la formation du sillon de division.
   e) une inhibition de la synthèse d'ADN.

3. Parmi les caractéristiques suivantes, laquelle distingue les cellules cancéreuses des cellules normales? Les cellules cancéreuses:
   a) ne synthétisent pas d'ADN.
   b) ont un cycle cellulaire bloqué à la phase S.
   c) continuent de se diviser même si elles sont entassées.
   d) fonctionnent mal, parce qu'elles subissent une inhibition de contact.
   e) sont toujours en phase M.

4. Parmi les événements suivants, lequel cause la diminution de la concentration de MPF actif à la fin de la mitose?
   a) La dégradation de la protéine kinase (Cdk).
   b) La diminution de la synthèse de cycline.
   c) La dégradation de la cycline.
   d) La synthèse de l'ADN.
   e) L'augmentation du rapport cytoplasme/génome.

5. Dans certains organismes, la mitose survient sans cytocinèse. Dans ce cas particulier:
   a) les cellules possèdent plus d'un noyau.
   b) les cellules sont exceptionnellement petites.
   c) les cellules ne possèdent pas de noyau.
   d) les chromosomes sont détruits.
   e) la phase S n'a pas lieu au cours du cycle cellulaire.

6. Lequel de ces événements *ne se produit pas* durant la mitose?
   a) La condensation des chromosomes.
   b) La réplication de l'ADN.
   c) La séparation des chromatides sœurs.
   d) La formation du fuseau de division.
   e) La séparation des centrosomes.

NIVEAU 2: APPLICATION ET ANALYSE

7. La micrographie photonique ci-dessous montre des cellules en voie de division, situées dans une région voisine de l'extrémité d'une racine d'oignon (*Allium cepa*). Trouvez une cellule en prophase, une autre en prométaphase, une autre en métaphase, une autre en anaphase et une en télophase. Décrivez les principaux événements qui surviennent à chacune de ces étapes.

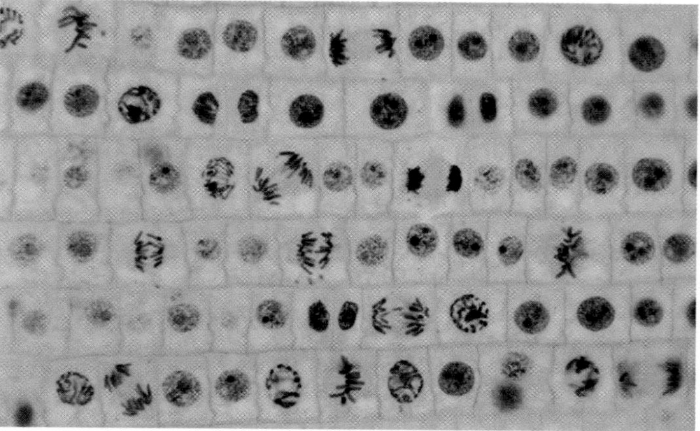

8. Une cellule qui contient deux fois moins d'ADN qu'une autre cellule en phase mitotique active se trouve en:
   a) phase G_1.
   b) phase G_2.
   c) prophase.
   d) métaphase.
   e) anaphase.

9. La cytochalasine B est un médicament qui inhibe la fonction de l'actine. Lequel des aspects suivants du cycle cellulaire la cytochalasine B perturbera-t-elle le plus?
   a) La formation du fuseau de division.
   b) L'attachement du fuseau aux kinétochores.
   c) La synthèse d'ADN.
   d) L'allongement de la cellule durant l'anaphase.
   e) La formation d'un sillon de division et la cytocinèse.

10. **FAITES UN DESSIN** Dessinez un chromosome eucaryote comme il apparaîtrait au cours de l'interphase, durant chacun des stades de la mitose et durant la cytocinèse. Dessinez et nommez aussi l'enveloppe nucléaire et tous les microtubules attachés au(x) chromosome(s).

NIVEAU 3: SYNTHÈSE ET ÉVALUATION

11. **LIEN AVEC L'ÉVOLUTION**
À l'issue de la mitose, chaque cellule fille contient le même nombre de chromosomes que la cellule mère. Une autre façon de maintenir le nombre de chromosomes serait de réaliser d'abord une division cellulaire, puis de répliquer les chromosomes dans chaque cellule fille. Ce processus serait-il une façon aussi efficace d'organiser le cycle cellulaire? Selon vous, pourquoi l'évolution n'a-t-elle pas privilégié ce deuxième processus?

12. **INTÉGRATION**
Bien que les deux extrémités d'un microtubule puissent gagner ou perdre des sous-unités, l'une (appelée l'extrémité +) se polymérise et se dépolymérise plus rapidement que l'autre (extrémité –). Pour ce qui est des microtubules du fuseau, les extrémités + se trouvent au centre du fuseau de division, et les extrémités – aux pôles. Les protéines motrices qui se déplacent le long des microtubules se spécialisent dans le déplacement vers l'extrémité + ou vers l'extrémité –; on les appelle respectivement protéines motrices orientées vers l'extrémité + et protéines motrices orientées vers l'extrémité –. Compte tenu de ce que vous savez sur le déplacement des chromosomes et les modifications du fuseau de division au cours de l'anaphase, essayez de prédire quelles protéines motrices se retrouvent (a) sur les microtubules kinétochoriens et (b) sur les microtubules polaires.

13. **ÉCRIVEZ UN TEXTE**
Le fondement génétique de la vie La continuité de la vie repose sur de l'information héréditaire qui se présente sous forme d'ADN. Rédigez un court texte (de100 à 150 mots) pour expliquer comment le processus de la mitose distribue des copies fidèles de cette information héréditaire lors de la production de cellules filles génétiquement identiques.

RÉPONSES DU CHAPITRE 12

Questions des figures

Figure 12.4

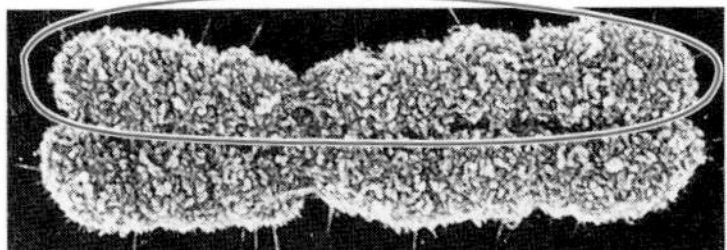

On aurait aussi pu encercler l'autre chromatide. **Figure 12.5** Le chromosome a quatre bras (deux bras p et deux bras q). **Figure 12.7** 12; 2; 2; 1. **Figure 12.8**

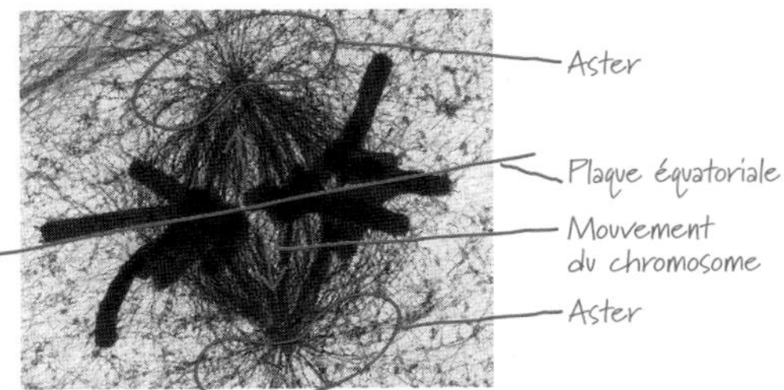

Figure 12.9 La marque se serait déplacée vers le pôle le plus proche. La longueur des microtubules fluorescents entre ce pôle et la marque aurait diminué, tandis que leur longueur entre les chromosomes et la marque serait restée la même. **Figure 12.14** Dans les deux cas, le noyau en phase G_1 serait resté en phase G_1 jusqu'au moment où il serait normalement entré en phase S. La condensation chromosomique et la formation du fuseau de division ne se seraient pas produites avant la fin des phases S et G_2. **Figure 12.16** La cellule se serait divisée dans des conditions peu favorables. Si les cellules filles et leurs descendantes avaient elles aussi ignoré le point de contrôle et s'étaient divisées, il y aurait bientôt eu une masse anormale de cellules. (Ce type de division cellulaire inappropriée peut contribuer au développement du cancer.) **Figure 12.17** Le passage du point de contrôle G_2 dans le diagramme correspond au début de l'axe «Temps» du graphique, et l'entrée dans la phase mitotique (la section jaune du diagramme) correspond au pic de l'activité du MPF et de la concentration de cycline dans le graphique (voir les M jaunes au-dessus des pics). Durant les phases G_1 et S, la Cdk est présente en l'absence de cycline dans le diagramme, de sorte que la concentration de cycline et l'activité du MPF sont faibles dans le graphique. Dans le diagramme, la flèche violette indique une concentration accrue de cycline à la fin de la phase S et durant toute la phase G_2 dans le graphique. Après quoi, le cycle cellulaire recommence. **Figure 12.18** Les cellules du récipient avec PDGF seraient incapables de répondre au signal du facteur de croissance et ne se diviseraient donc pas. La culture ressemblerait à celle du flacon dépourvu de PDGF. **Figure 12.21** Une fois activé, le récepteur intracellulaire des œstrogènes pourrait agir comme un facteur de transcription dans le noyau, activant les gènes qui pourraient amener la cellule à passer le point de contrôle et à se diviser. Une fois activé par un ligand, le récepteur HER2 formerait un dimère, et chaque sous-unité du dimère phosphorylerait l'autre, ce qui entraînerait une série d'étapes de transduction du signal, lesquelles activeraient finalement les gènes dans le noyau. Comme dans le cas du récepteur des œstrogènes, les gènes coderaient les protéines nécessaires pour amener la cellule à se diviser.

Retour sur le concept 12.1

1. 2; **2.** 39; 39; 78.

Retour sur le concept 12.2

1. 6 chromosomes, répliqués; 12 chromatides. **2.** Après la mitose, la cytocinèse donne deux cellules filles génétiquement identiques tant chez les Animaux que chez les Végétaux, mais le mécanisme de division du cytoplasme n'est pas le même dans les cellules végétales et dans les cellules animales. Dans une cellule animale, la cytocinèse a lieu par segmentation, un processus au cours duquel un anneau contractile de filaments d'actine divise la cellule en deux. Dans une cellule végétale, une plaque se forme au milieu de la cellule et grossit jusqu'à ce que sa membrane fusionne avec la membrane plasmique de la cellule mère. Une nouvelle paroi cellulaire est également produite à partir de cette plaque. **3.** Ils allongent la cellule durant l'anaphase. **4.** Au cours de la division cellulaire eucaryote, la tubuline participe à la formation du fuseau de division et au déplacement des chromosomes, alors que l'actine intervient durant la cytocinèse. Dans la scissiparité bactérienne, c'est apparemment le contraire: des molécules similaires à la tubuline semblent intervenir dans la séparation des cellules filles, et des molécules similaires à l'actine déplacent les chromosomes bactériens fils aux extrémités opposées de la cellule. **5.** Dans la cellule, les microtubules constitués de tubuline servent de voies le long desquelles les vésicules et autres organites peuvent se déplacer grâce aux interactions des protéines motrices et de la tubuline des microtubules. Dans les cellules musculaires, l'actine des microfilaments interagit avec les filaments de myosine pour produire la contraction musculaire. **6.** De la fin de la phase S de l'interphase jusqu'à la fin de la métaphase de la mitose.

Retour sur le concept 12.3

1. Initialement, le noyau à droite était dans la phase G_1; son chromosome n'était donc pas encore répliqué. Le noyau à gauche était dans la phase M, ce qui signifie qu'il avait déjà répliqué son chromosome. **2.** Une quantité suffisante de MPF doit s'accumuler pour que la cellule franchisse le point de contrôle G_2; cela se produit grâce à l'accumulation des protéines cyclines qui se combinent au Cdk pour former du MPF. **3.** La plupart des cellules de l'organisme sont dans un état de non-division appelé G_0. **4.** Les deux types de tumeurs sont constitués de cellules anormales, mais leurs caractéristiques diffèrent. Une tumeur bénigne n'envahit pas les tissus voisins et peut habituellement être retirée chirurgicalement. Ses cellules portent certaines modifications génétiques et cellulaires. Les cellules cancéreuses d'une tumeur maligne présentent des modifications génétiques et cellulaires plus importantes, se propagent à distance de la tumeur primitive en formant des métastases et peuvent perturber le fonctionnement de l'organe ou des organes touchés. **5.** Les cellules pourraient se diviser même en l'absence de PDGF, auquel cas elles continueraient de se diviser lorsque la surface serait couverte; la division se poursuivrait et elles s'entasseraient les unes sur les autres.

Questions du résumé des concepts clés

12.1 L'ADN d'une cellule eucaryote est emballé dans des structures appelées *chromosomes*. Chaque chromosome est une longue molécule d'ADN qui contient des centaines ou des milliers de gènes, et à laquelle sont associées des protéines qui maintiennent la structure chromosomique et contribuent à la régulation de l'activité des gènes. Ce complexe ADN-protéines s'appelle la *chromatine*. La chromatine de chaque chromosome est longue et fine lorsque la cellule n'est pas en train de se diviser. Avant la division cellulaire, chaque chromosome est répliqué, et les *chromatides* sœurs qui résultent de la réplication sont retenues par des protéines à leurs centromères et, pour de nombreuses espèces, sur toute leur longueur (cohésion des chromatides sœurs). **12.2** Les chromosomes existent à l'état de molécules d'ADN non répliquées durant la phase G_1 de l'interphase, ainsi que durant l'anaphase et la télophase de la mitose. Au cours de la phase S, la réplication de l'ADN produit des chromatides sœurs qui traversent la phase G_2 de l'interphase ainsi que la prophase, la prométaphase et la métaphase de la mitose. **12.3** Les points de contrôle permettent aux mécanismes de surveillance cellulaire de déterminer si la cellule est prête à passer au stade suivant. Les signaux internes et externes amènent la cellule au-delà de ces points de contrôle. Dans les cellules mammaliennes, le point de contrôle G_1 ou «point de restriction» détermine si une cellule peut poursuivre le cycle cellulaire et se diviser ou si elle peut passer à la phase G_0. Les signaux incitant à passer ce point de contrôle sont souvent des signaux externes comme des facteurs de croissance. Le passage du point de contrôle G_2 exige un nombre suffisant de complexes MPF actifs, lesquels orchestrent à leur tour plusieurs événements mitotiques. Le MPF amorce également la dégradation de sa composante cycline, mettant ainsi fin à la phase M. La phase M ne recommencera pas avant qu'une quantité suffisante de cycline soit produite durant les prochaines phases S et G_2. Le message autorisant le point de contrôle de la phase M n'est pas activé tant que tous les chromosomes ne seront pas attachés aux fibres kinétochoriennes et alignés sur la plaque équatoriale. Ce n'est qu'alors que la séparation des chromatides sœurs a lieu.

ÉVALUATION

1. b; **2.** a; **3.** c; **4.** c; **5.** a; **6.** b;

7. Voir la figure 12.7 pour une description des principaux événements.

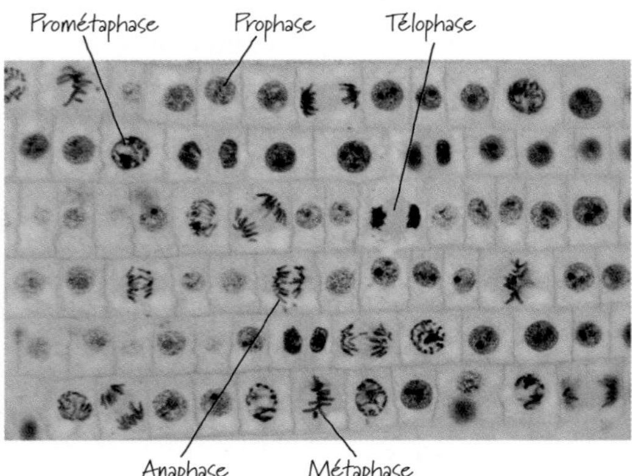

8. a; **9.** e;

10.

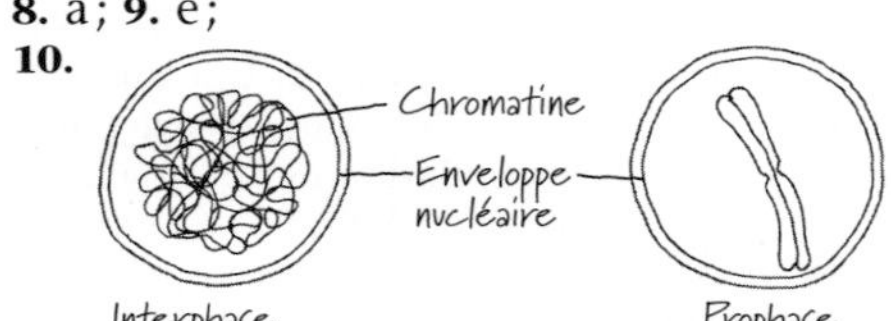

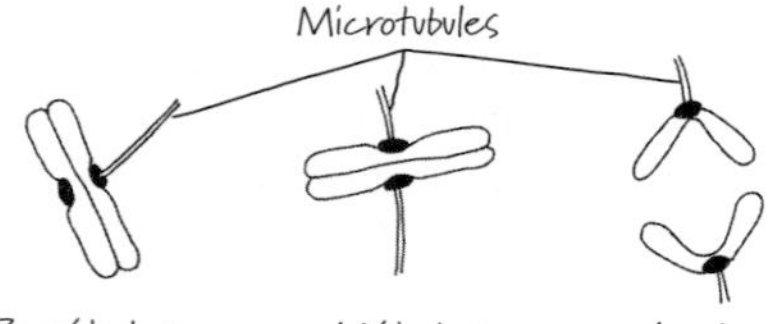

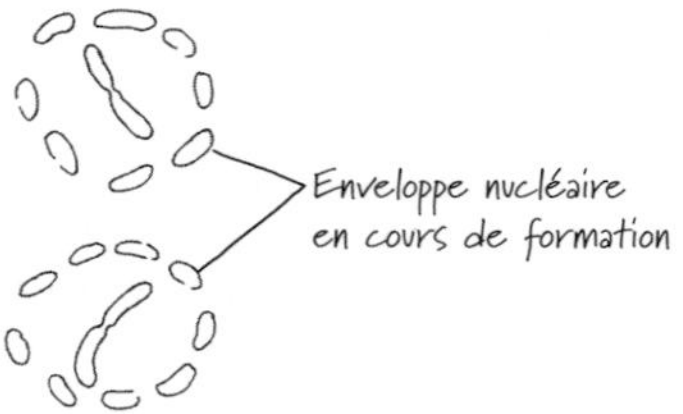

13

La méiose et les cycles de développement sexués

▲ **Figure 13.1 Comment expliquer les ressemblances entre les membres d'une même famille ?**

CONCEPTS CLÉS

13.1 Les gènes des parents sont transmis à leurs enfants par l'intermédiaire des chromosomes

13.2 La fécondation et la méiose alternent dans la reproduction sexuée

13.3 La méiose est la réduction de moitié du nombre de jeux de chromosomes et le passage du stade diploïde au stade haploïde

13.4 L'évolution résulte de la variation génétique qui prend sa source dans la reproduction sexuée

INTRODUCTION

Variations sur un thème

La majorité des parents qui envoient des faire-part à l'occasion d'une naissance mentionnent le sexe du bébé, mais ils n'ont pas besoin de préciser que leur enfant est un être humain ! Les êtres vivants se caractérisent avant tout par leur capacité à produire des individus présentant les caractéristiques de l'espèce : les éléphants donnent naissance à des éléphanteaux et les chênes produisent de jeunes pousses de chêne. Les seules exceptions à cette règle n'existent que dans les nouvelles à sensation controversées de journaux populaires.

Selon une autre loi, souvent perçue comme un fait acquis, chaque individu ressemble plus à ses propres parents qu'aux autres représentants de son espèce avec lesquels il a moins de liens de parenté. Observez les membres de la famille Tardif à la **figure 13.1** et vous pourrez distinguer certaines ressemblances entre ces personnes. La transmission des caractères d'une génération à la suivante est appelée **hérédité** (du latin *heres*, « héritier »). Toutefois, les fils et les filles ne sont pas des copies exactes de leurs parents, ni de leurs frères et sœurs. Bien qu'elle entraîne des ressemblances, l'hérédité produit également une certaine **variation**. Les agriculteurs ont mis à profit les principes de l'hérédité et de la variation depuis des millénaires, c'est-à-dire depuis qu'on cultive des plantes et qu'on élève des animaux afin d'obtenir ou d'améliorer certains caractères recherchés. Mais quels sont les mécanismes biologiques qui donnent naissance aux variations et aux similarités génétiques qu'on appelle les « ressemblances familiales » ? Les réponses à cette question ont échappé aux biologistes jusqu'aux découvertes de la génétique, au 20e siècle.

La **génétique** est l'étude scientifique de l'hérédité et de la variation chez les individus. Dans cette partie du manuel, nous aborderons cette branche de la biologie aux niveaux de l'organisme, de la cellule et de la molécule. D'un point de vue plus pratique, vous verrez que la génétique continue de repousser les limites de la médecine et de l'agriculture, et vous aborderez certaines questions sociales ou éthiques soulevées par les possibilités de manipulation du matériel génétique qu'est l'ADN. Après avoir étudié ces différents sujets, vous pourrez prendre du recul et vous représenter l'ensemble du matériel génétique qu'un organisme porte dans son ADN, autrement dit son génome. L'acquisition et l'analyse rapides des séquences du génome de nombreuses espèces, dont la nôtre, nous ont appris énormément sur l'évolution à l'échelle moléculaire, autrement dit, sur l'évolution du génome lui-même. En fait, les méthodes et les découvertes de la génétique ouvrent la voie à des progrès dans toutes les autres branches de la biologie, que ce soit la biologie cellulaire, la physiologie, la biologie de l'évolution, l'étude du comportement ou même l'écologie.

Dans le présent chapitre, nous commencerons par étudier le mode de transmission des chromosomes des parents à leurs descendants chez les organismes qui se reproduisent par voie sexuée. Les processus de la méiose (un type particulier de division cellulaire) et de la fécondation (la fusion du spermatozoïde et de l'œuf) permettent de conserver le nombre de chromosomes de l'espèce dans la reproduction sexuée. Nous décrirons le mécanisme cellulaire de la méiose et nous expliquerons en quoi elle diffère de la mitose. Enfin, nous verrons comment la méiose et la fécondation contribuent à la variation génétique, qui paraît évidente entre les membres de la famille représentée dans la figure 13.1.

CONCEPT 13.1

Les gènes des parents sont transmis à leurs enfants par l'intermédiaire des chromosomes

Les amis de votre famille vous disent peut-être que vous avez les taches de rousseur de votre mère ou les yeux de votre père. Au sens strict, bien sûr, les parents ne « donnent » pas à leur progéniture leurs taches de rousseur, leurs yeux, leurs cheveux ou d'autres traits. Alors, que transmettent-ils effectivement?

La transmission héréditaire des gènes

En fait, les enfants reçoivent de leurs parents une information codée contenue dans des unités héréditaires appelées **gènes**. Les gènes apportés par notre mère et notre père constituent notre lien génétique avec nos parents; c'est ce qui explique la ressemblance entre les membres d'une même famille, telles la couleur des yeux ou les taches de rousseur. Ce sont les gènes qui déterminent l'apparition des caractères de chaque individu au cours de son développement, de la conception à l'âge adulte.

Le programme génétique est écrit dans le langage de l'ADN, le polymère constitué de quatre nucléotides différents décrit aux chapitres 1 et 5. L'information héréditaire est contenue dans les séquences de nucléotides de l'ADN propres à chaque gène, tout comme l'information écrite est contenue dans les séquences de lettres qui forment des mots. Dans les deux cas, le langage est abstrait. Tout comme notre cerveau traduit le mot *pomme* en une image mentale du fruit, les cellules traduisent les gènes en taches de rousseur et en d'autres caractères. La plupart des gènes programment les cellules pour qu'elles synthétisent des enzymes ou d'autres protéines, dont l'effet cumulatif produit les caractères héréditaires d'un organisme donné. Cette programmation héréditaire inscrite dans l'ADN est l'un des fils conducteurs de la biologie.

Les fondements moléculaires de la transmission héréditaire résident dans la réplication exacte de l'ADN, c'est-à-dire dans le recopiage des gènes qui passent d'une génération à la suivante. Chez les Animaux et les Végétaux, les gènes sont transmis d'une génération à l'autre par des cellules reproductrices appelées **gamètes**. Au cours de la fécondation, les gamètes mâle et femelle (spermatozoïde et œuf) s'unissent et les gènes des deux parents sont transmis à leurs descendants.

Dans une cellule eucaryote, l'ADN est presque entièrement contenu dans les chromosomes situés à l'intérieur du noyau, à l'exception de quelques petites quantités d'ADN qui sont situées dans les mitochondries et les chloroplastes. Chaque espèce possède un nombre de chromosomes qui lui est propre. Par exemple, les humains ont 46 chromosomes dans leurs **cellules somatiques**. (On nomme ainsi toute cellule de l'organisme qui n'est pas un gamète ou un de ses précurseurs.) Un chromosome est constitué d'une seule molécule d'ADN enroulée de façon complexe et associée à diverses protéines. Chaque chromosome contient plusieurs centaines de gènes, voire quelques milliers, et chacun de ces gènes est formé d'une séquence bien précise de nucléotides dans la molécule d'ADN. L'emplacement exact d'un gène sur un chromosome est appelé **locus** (pluriel: *loci*, du latin « lieu »). Notre bagage génétique est l'ensemble des gènes qui font partie des chromosomes que nous ont transmis nos parents.

(a) Hydre

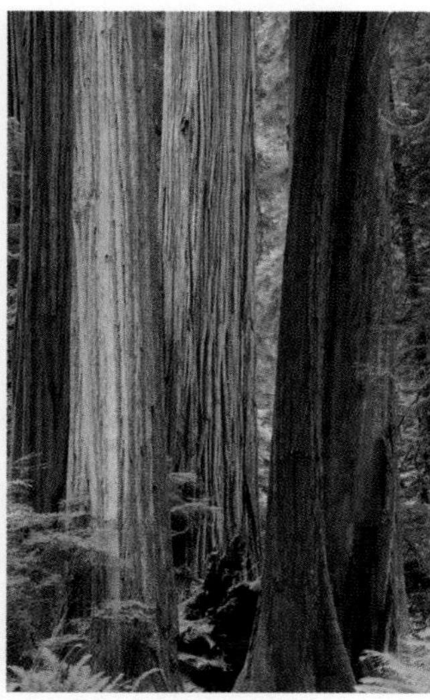

(b) Séquoias

▲ **Figure 13.2 La reproduction asexuée chez deux organismes multicellulaires. (a)** Cet animal relativement simple, l'hydre, se reproduit par bourgeonnement. Le bourgeon (masse compacte de cellules qui se divisent par mitose) se transforme en une petite hydre qui finit par se détacher du parent (MP). **(b)** Tous les arbres dans ce groupe de séquoias sont apparus par voie asexuée à partir d'un seul parent dont on voit la souche au centre du cercle.

Comparaison entre la reproduction sexuée et la reproduction asexuée

Seuls les organismes qui se reproduisent par voie asexuée ont des descendants qui sont des copies génétiques identiques à leurs parents. Dans la **reproduction asexuée**, un seul individu joue le rôle de parent et transmet une copie de tous ses gènes à chacun de ses descendants sans fusion de gamètes. Par exemple, les organismes eucaryotes unicellulaires peuvent se reproduire de façon asexuée grâce au processus de division cellulaire appelé mitose: l'ADN de la cellule d'origine commence par se répliquer; puis il est réparti également entre deux cellules filles. Les génomes de ces dernières sont donc virtuellement identiques à ceux de la cellule mère (ou cellule d'origine). Certains organismes multicellulaires peuvent aussi se reproduire par voie asexuée (**figure 13.2**). Parce que les cellules d'un descendant résultent de mitoses qui ont eu lieu à partir de l'organisme parental, le « morceau » du parent est d'ordinaire génétiquement identique à ce dernier. De nombreux Végétaux supérieurs se reproduisent par des stolons (tiges rampantes sur le sol, comme le fraisier) ou par des rhizomes (tiges rampantes dans le sol, comme les iris, les bambous ou le chiendent), ce qui constitue également une forme de reproduction asexuée. Un organisme qui se reproduit par voie asexuée donne naissance à un **clone**, c'est-à-dire à un groupe d'organismes génétiquement identiques. Il arrive que des différences génétiques apparaissent chez des organismes à reproduction asexuée: elles seraient dues à des mutations, soit des modifications de l'ADN; nous en reparlerons au chapitre 17.

Dans la **reproduction sexuée**, chaque individu reçoit une combinaison unique de gènes provenant de ses deux parents. Contrairement à ce qui se passe dans un clone, les individus nés de la reproduction sexuée sont génétiquement différents de leurs frères et sœurs et aussi de leurs parents: ce ne sont pas des répliques exactes, mais des variations sur un thème commun de ressemblances familiales. La variation génétique illustrée à la figure 13.1 est l'une des conséquences principales de la reproduction sexuée. Quel est son mécanisme? Pour le découvrir, il faut examiner le comportement des chromosomes pendant le cycle de la reproduction sexuée.

RETOUR SUR LE CONCEPT **13.1**

1. Comment les caractères des parents (comme la couleur des cheveux) sont-ils transmis à leurs enfants?
2. Comment les organismes se reproduisant par voie asexuée donnent-ils naissance à des rejetons génétiquement identiques entre eux et à leurs parents?
3. ET SI? Une horticultrice cultive des orchidées en espérant obtenir une plante qui possédera une combinaison particulière de caractères. Après de nombreuses années, elle réussit enfin. Pour produire d'autres plantes comme celle qu'elle vient d'obtenir, doit-elle la croiser avec une autre plante ou la cloner? Expliquez votre réponse.

Voir les réponses proposées à la fin du chapitre.

CONCEPT **13.2**

La fécondation et la méiose alternent dans la reproduction sexuée

On appelle **cycle de développement** la suite d'étapes qui se déroulent à partir du moment où un organisme est conçu jusqu'au moment où il produit ses propres descendants – soit la suite d'étapes constituant l'histoire reproductive d'un organisme. Dans cette section, nous suivrons le comportement des chromosomes en prenant un exemple bien connu, celui du cycle de développement humain. Nous nous pencherons d'abord sur le nombre de chromosomes dans les cellules somatiques et les gamètes chez l'humain. Nous verrons ensuite comment le comportement des chromosomes se rattache au cycle de développement humain et à d'autres types de cycles de développement.

Les jeux de chromosomes dans les cellules humaines

Chez l'humain, chaque cellule somatique renferme 46 chromosomes. Pendant la mitose, les chromosomes deviennent suffisamment condensés pour être observés à l'aide d'un microscope photonique. On peut alors distinguer les différents chromosomes par leur taille, par les positions de leurs centromères et par le motif des bandes qui apparaissent lorsqu'on leur ajoute certains colorants.

Si on observe attentivement une micrographie des 46 chromosomes humains d'une seule cellule pendant la mitose, on constate qu'il y a deux exemplaires de chacun des 23 types. Cela devient évident lorsqu'on les regroupe par paires et par ordre décroissant de taille. La représentation ordonnée obtenue est appelée **caryotype** (**figure 13.3**). Les deux chromosomes qui forment une paire présentent la même longueur, des centromères situés au même endroit et les mêmes bandes de couleur: ce sont des **chromosomes homologues** et ils portent les gènes qui déterminent les mêmes caractères héréditaires. Par exemple, si un gène déterminant la couleur des yeux occupe un certain locus sur un chromosome donné, il y aura aussi une version du même gène de la couleur des yeux à un locus équivalent sur le chromosome homologue.

Dans les cellules somatiques humaines, les chromosomes X et Y constituent une importante exception à la règle des chromosomes homologues. La femelle de l'espèce humaine possède une paire de chromosomes X homologues (XX), tandis que le mâle a un chromosome X et un chromosome Y (XY). Seules de petites portions des X et des Y sont homologues. La plupart des gènes portés par le chromosome X n'ont pas d'équivalent sur le chromosome Y. Ce dernier est de taille très réduite et porte également des gènes absents du chromosome X. Parce qu'ils déterminent le sexe de l'individu, les chromosomes X et Y sont appelés **chromosomes sexuels** (ou hétérochromosomes). Les autres sont appelés **autosomes**.

La présence de paires de chromosomes homologues dans chaque cellule somatique humaine découle de notre origine sexuée. Chacun de nos parents nous transmet un chromosome de chaque paire, de sorte que les 46 chromosomes de nos cellules somatiques proviennent en fait de deux jeux de 23 chromosomes, l'un d'origine maternelle et l'autre, paternelle. On représente le nombre de chromosomes dans un jeu par n. Les cellules qui ont deux jeux de chromosomes sont des **cellules diploïdes**, et le nombre diploïde est abrégé en $2n$. Chez l'être humain, le nombre diploïde est de 46 ($2n = 46$), soit le nombre de chromosomes dans nos cellules somatiques. Dans une cellule, après la synthèse de l'ADN, tous les chromosomes sont répliqués et chacun est donc constitué de deux chromatides sœurs reliées étroitement au niveau du centromère et le long des bras. La **figure 13.4** nous aide à clarifier les différents termes utilisés pour décrire les chromosomes répliqués dans une cellule diploïde. Étudiez attentivement cette figure afin de bien comprendre les différences entre chromosomes homologues, chromatides sœurs, chromatides non sœurs et jeux de chromosomes.

Contrairement aux cellules somatiques, les gamètes n'ont qu'un seul jeu de chromosomes. De telles cellules sont des **cellules haploïdes**, et chacune possède un nombre haploïde de chromosomes; ces cellules sont dites n (on ne met pas de « 1 » devant le « n »). Chez l'humain, le nombre haploïde est de 23 ($n = 23$). Le jeu de 23 comprend 22 autosomes et un seul chromosome sexuel. Chez l'œuf non fécondé, ce chromosome sexuel est un chromosome X, mais chez le spermatozoïde, il peut s'agir d'un chromosome X ou d'un chromosome Y.

Notez que chaque espèce à reproduction sexuée a un nombre haploïde et un nombre diploïde caractéristiques. Par exemple, la drosophile (*Drosophila melanogaster*) a un nombre diploïde ($2n$) de 8 et un nombre haploïde (n) de 4, alors que

▼ **Figure 13.3** MÉTHODE DE RECHERCHE

La préparation d'un caryotype

APPLICATION Le caryotype est une représentation de chromosomes condensés, classifiés en paires. Le caryotype permet de déceler des anomalies de la structure ou du nombre de chromosomes. Certaines anomalies chromosomiques sont à l'origine de plusieurs affections congénitales, tel le syndrome de Down (trisomie 21).

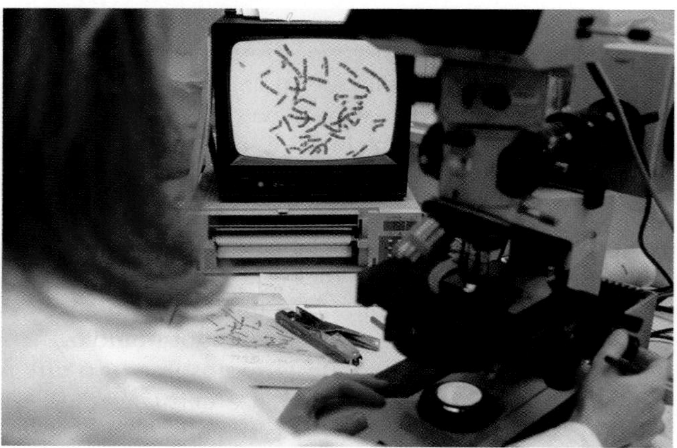

TECHNIQUE On prépare les caryotypes à partir de cellules somatiques préalablement isolées puis traitées avec une substance stimulant la mitose. Après plusieurs jours de culture, on colore les cellules dont la mitose est arrêtée à la métaphase, au cours de laquelle les chromosomes sont le plus condensés. On les examine ensuite à l'aide d'un microscope muni d'un appareil photo numérique. On affiche une photographie des chromosomes sur un écran d'ordinateur et les images des chromosomes sont regroupées par paires selon leur apparence.

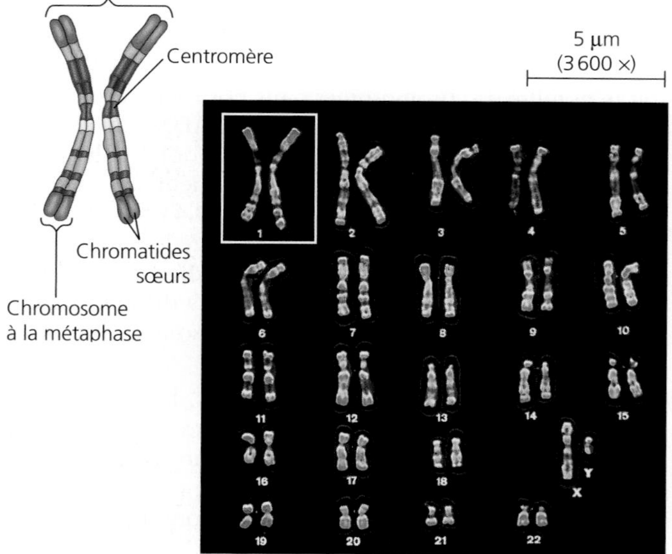

RÉSULTATS Le caryotype ci-dessus montre les chromosomes provenant d'un homme en bonne santé. La taille du chromosome, la position du centromère et les motifs de bandes colorées permettent de reconnaître les chromosomes spécifiques. Bien qu'il soit difficile de l'observer sur un caryotype, chaque chromosome à la métaphase est formé de deux chromatides sœurs étroitement liées par le centromère (voir le schéma d'une paire de chromosomes homologues répliqués).

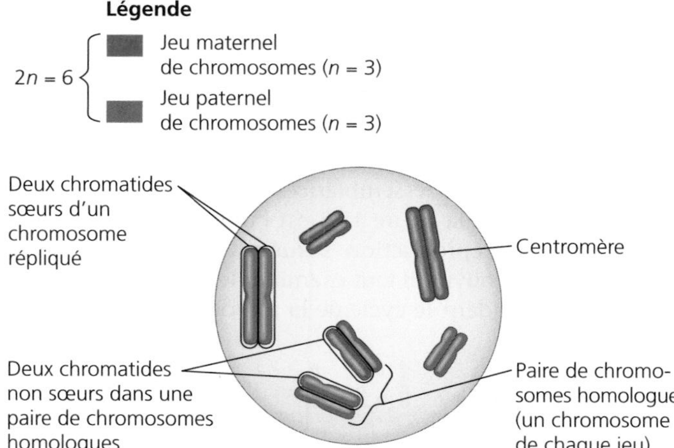

▲ **Figure 13.4 Les chromosomes: terminologie.** La cellule représentée ici est celle d'un organisme de nombre diploïde 6 ($2n = 6$) à la suite de la réplication et de la condensation des chromosomes. Chacun des six chromosomes dédoublés se compose de deux chromatides sœurs reliées étroitement sur leur longueur. Chaque paire de chromosomes homologues est formée d'un chromosome provenant du jeu maternel (rouge) et d'un chromosome du jeu paternel (bleu). Dans cet exemple, chaque jeu est constitué de trois chromosomes. Les chromatides non sœurs sont deux chromatides dans une paire de chromosomes homologues qui ne sont pas des chromatides sœurs, autrement dit, l'une est maternelle et l'autre est paternelle.

? *Quel est le nombre haploïde de cette cellule? Un «jeu» de chromosomes est-il haploïde ou diploïde?*

les chiens (*Canis lupus familiaris*) ont un nombre diploïde de 78 et un nombre haploïde de 39.

Maintenant que vous avez appris les concepts de nombres haploïde et diploïde, considérons le comportement des chromosomes au cours d'un cycle de développement. Nous utiliserons en exemple le cycle de développement humain.

Le comportement des jeux de chromosomes pendant le cycle de développement humain

Le cycle de développement humain commence quand un spermatozoïde haploïde venant du père fusionne avec un ovule haploïde de la mère. Cette union des gamètes, qui aboutit à la fusion des noyaux, se nomme **fécondation**. L'œuf fécondé qui en résulte, le **zygote**, est diploïde parce qu'il contient deux jeux haploïdes de chromosomes, dont les gènes représentent les lignées paternelle et maternelle. Tout au long du développement de l'être humain jusqu'à la maturité sexuelle et l'âge adulte, la mitose du zygote et de ses descendants génère toutes les cellules somatiques de l'organisme. Les deux jeux de chromosomes du zygote et tous leurs gènes sont transmis avec précision à nos cellules somatiques.

Les seules cellules de l'organisme humain qui ne sont pas produites par mitose sont les gamètes: ces derniers se développent à partir de cellules spécialisées, les *cellules germinales*, présentes dans les gonades (soit les ovaires, chez les femelles, et les testicules, chez les mâles) (**figure 13.5**). Imaginez ce qui se passerait si les gamètes humains se formaient par mitose! Ils seraient diploïdes, comme les cellules somatiques. À la

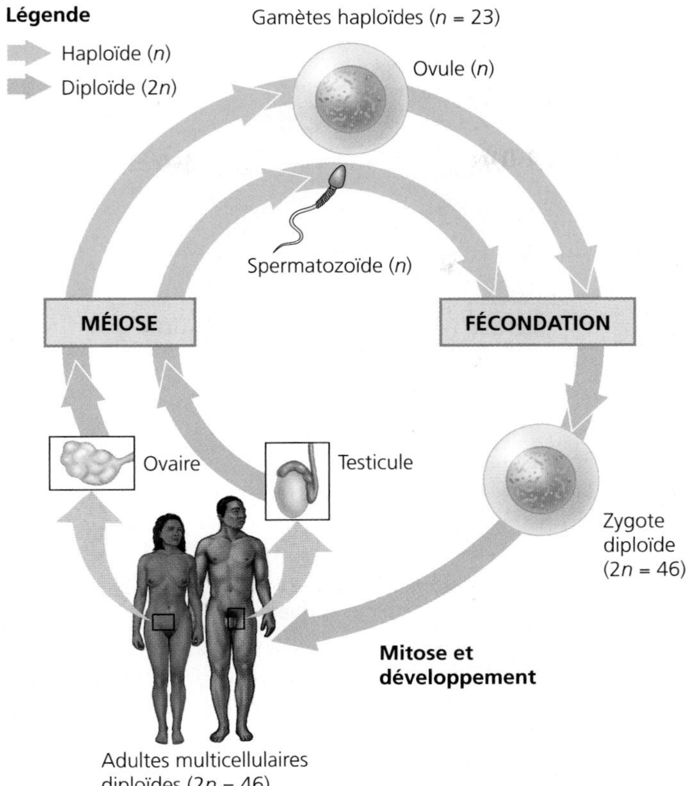

▲ **Figure 13.5 Le cycle de développement humain.** À chaque génération, le nombre de jeux de chromosomes double à la fécondation, mais il est réduit de moitié durant la méiose. Chez l'humain, chaque cellule haploïde renferme 23 chromosomes, soit un jeu ($n = 23$) ; quant au zygote diploïde et à toutes les cellules somatiques qui en sont issues (par mitose), ils en ont 46 ($2n = 46$).

Cette figure est illustrée à l'aide d'un « code de couleurs » que nous emploierons pour tous les cycles de développement présentés dans ce manuel : les flèches bleu-vert représentent les phases haploïdes et les flèches beiges, les phases diploïdes.

fécondation suivante, le nombre de chromosomes doublerait, passant alors de 46 à 92. En fait, il doublerait à chaque génération. Ce n'est pas ce qui se produit, cependant, parce que chez les organismes à reproduction sexuée la formation des gamètes fait intervenir une forme particulière de division cellulaire appelée **méiose**. Ce processus réduit de deux à un le nombre de jeux de chromosomes des gamètes, ce qui compense le doublement qui a lieu à la fécondation. Chez les Animaux, la méiose se déroule seulement dans les cellules germinales présentes dans les ovaires et les testicules. Chaque spermatozoïde et chaque ovule humains sont haploïdes ($n = 23$), parce qu'ils résultent de la méiose. Au cours de la fécondation, les deux jeux haploïdes se rassemblent, et le nombre de chromosomes redevient diploïde. Le cycle de développement de l'humain peut ainsi se poursuivre d'une génération à l'autre (voir la figure 13.5). Vous en apprendrez davantage sur la production de spermatozoïdes et d'ovules chez les Animaux au chapitre 46 et chez les Végétaux au chapitre 38.

D'une manière générale, on trouve les mêmes phases du cycle de développement chez de nombreux Animaux à reproduction sexuée : la méiose et la fécondation caractérisent la reproduction sexuée des Végétaux, des Eumycètes et des Protistes, ainsi que celle des Animaux. La fécondation et la méiose alternent au cours du cycle de développement sexué : elles exercent ainsi un effet opposé sur le nombre de chromosomes d'une espèce donnée, assurant ainsi le maintien d'un nombre constant de chromosomes d'une génération à l'autre, et ce, dans chaque espèce.

La diversité des cycles de développement sexués

Bien que l'alternance de la méiose et de la fécondation s'observe chez tous les organismes à reproduction sexuée, le moment où elles ont lieu dans le cycle de développement diffère d'une espèce à l'autre. Ces variantes permettent de distinguer trois principaux types de cycles de développement. Dans celui qu'on observe chez l'humain et la plupart des Animaux, de même que chez plusieurs Protistes, les gamètes sont les seules cellules haploïdes. La méiose se déroule dans les cellules germinales lors de la formation des gamètes, qui ne se divisent plus avant la fécondation. Après la fécondation, le zygote diploïde se divise par mitose et donne naissance à un organisme multicellulaire également diploïde (**figure 13.6a**).

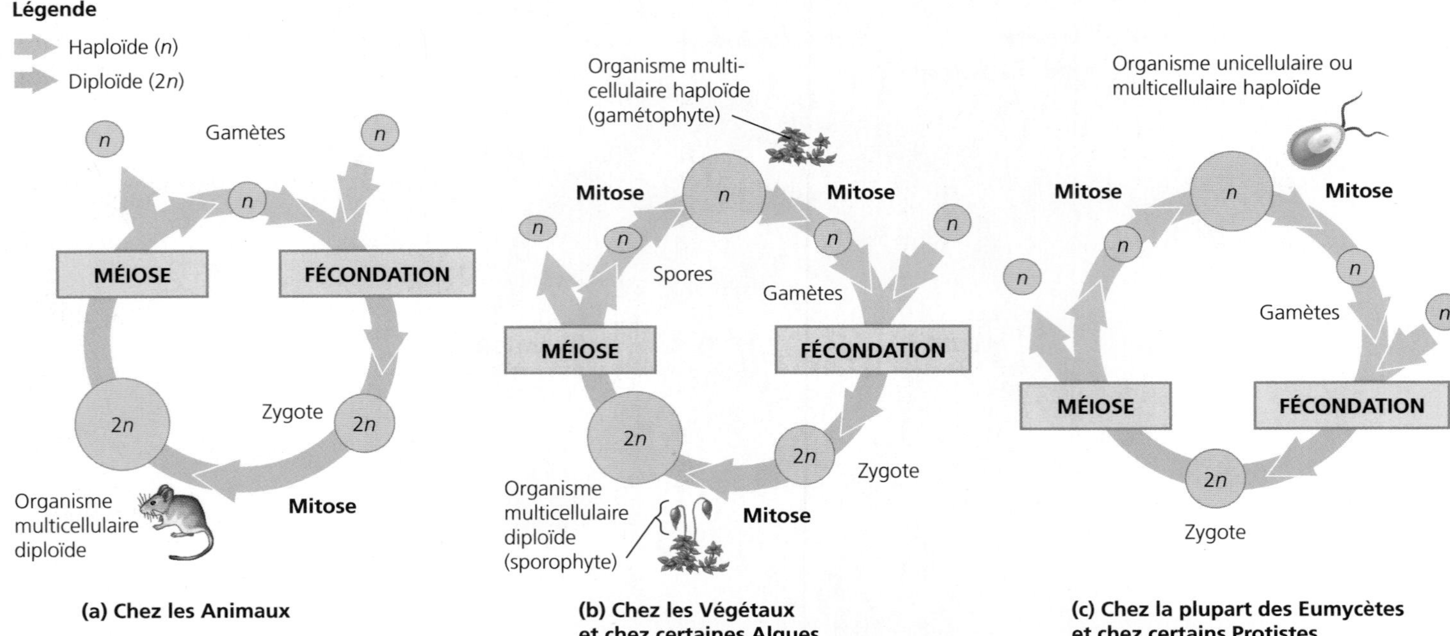

▲ **Figure 13.6 Trois types de cycles de développement sexués.** La caractéristique commune à ces trois cycles est l'alternance de la méiose et de la fécondation, qui contribuent toutes deux à la variation génétique des descendants. Mais le moment où elles ont lieu dans le cycle diffère.

Chez les Végétaux et certaines espèces d'Algues, il existe un deuxième type de cycle de développement, appelé **alternance de générations**. Celle-ci comprend deux phases multicellulaires : l'une est diploïde et l'autre, haploïde. La phase multicellulaire diploïde se nomme *sporophyte*. Chez le sporophyte, la méiose produit des cellules haploïdes appelées *spores*. Contrairement au gamète, une spore haploïde ne fusionne pas avec une autre cellule. Elle se divise plutôt par mitose et devient une phase haploïde multicellulaire appelée *gamétophyte*. Cet organisme peut être soit entièrement inclus dans le sporophyte, soit autonome et indépendant de ce dernier. Les cellules du gamétophyte forment des gamètes par mitose. La fusion de deux gamètes haploïdes à la fécondation produit ensuite un zygote diploïde, qui devient le sporophyte de la génération suivante. Par conséquent, dans ce genre de cycle de développement, la génération du sporophyte engendre un gamétophyte comme descendant, et la génération du gamétophyte engendre la génération suivante du sporophyte (**figure 13.6b**). Manifestement, le terme alternance de générations convient bien à ce type de cycle de développement. Une des deux générations l'emporte cependant habituellement sur l'autre sur le plan de la taille : le gamétophyte d'un érable argenté (*Acer saccharinum*), par exemple, n'est composé que de quelques cellules, alors que le sporophyte est l'arbre lui-même.

Le troisième type de cycle de développement s'observe chez de nombreux Eumycètes (telles les moisissures) et quelques Protistes, y compris certaines Algues. Après la fusion des gamètes et la formation d'un zygote diploïde, la méiose a lieu sans qu'il y ait développement d'un individu multicellulaire diploïde. La méiose donne non pas des gamètes, mais des cellules haploïdes, qui se divisent ensuite par mitose et donnent naissance à des descendants unicellulaires ou à un organisme adulte multicellulaire haploïde. Plus tard, l'organisme haploïde effectue d'autres mitoses, produisant les cellules qui se transforment en gamètes. Chez ces espèces, le zygote unicellulaire représente donc la seule phase diploïde (**figure 13.6c**).

Notez que, selon le cycle de développement considéré, la division par mitose peut se dérouler chez les cellules haploïdes *ou* chez les cellules diploïdes, mais que la méiose survient uniquement chez des cellules diploïdes. En effet, les cellules haploïdes ont un seul jeu de chromosomes qui ne peut pas être davantage réduit. Dans ces trois types de cycles de développement, la méiose et la fécondation interviennent à des moments différents. Toutefois, le processus fondamental reste le même : une variation génétique dans la génération suivante. Examinons de plus près le mécanisme de la méiose pour comprendre comment cette variation s'accomplit.

RETOUR SUR LE CONCEPT 13.2

1. **FAITES DES LIENS** Dans la figure 13.4, combien comptez-vous de molécules d'ADN (doubles hélices) (voir la figure 12.5, p. 261) ?
2. De quelle façon l'alternance de la méiose et de la fécondation dans les cycles de développement des organismes à reproduction sexuée permet-elle le maintien du nombre de chromosomes pour chaque espèce ?

3. Les spermatozoïdes d'un plant de pois contiennent sept chromosomes. Quel est le nombre haploïde et le nombre diploïde chez cette espèce?

4. **ET SI?** Un Eucaryote vit comme un organisme unicellulaire, mais sous l'effet d'un stress environnemental, il produit des gamètes. Après la fusion des gamètes, il se forme un zygote qui subit la méiose, donnant naissance à de nouvelles cellules uniques. De quel type d'organisme peut-il s'agir?

Voir les réponses proposées à la fin du chapitre.

CONCEPT **13.3**

La méiose est la réduction de moitié du nombre de jeux de chromosomes et le passage du stade diploïde au stade haploïde

Certaines étapes de la méiose ressemblent beaucoup aux étapes correspondantes de la mitose. Avant la méiose, comme avant la mitose, les chromosomes se répliquent. Dans le cas de la méiose, cependant, cette duplication est suivie non pas d'une, mais de deux divisions cellulaires consécutives, appelées **méiose I** et **méiose II**, qui produisent quatre cellules filles différentes (au lieu des deux cellules filles identiques dans le cas de la mitose). Chacune de ces cellules porte la moitié du nombre de chromosomes de la cellule mère.

Les phases de la méiose

La présentation générale de la méiose à la **figure 13.7** montre que, dans une cellule diploïde, les deux membres d'une même paire de chromosomes homologues se sont répliqués et que les copies sont réparties en quatre cellules filles haploïdes. Rappelez-vous que les chromatides sœurs sont deux copies d'*un même* chromosome, étroitement liées sur toute leur longueur par des complexes de *cohésine*; cette association est appelée *cohésion des chromatides sœurs*. Ensemble, elles forment un chromosome répliqué (voir la figure 13.4). Par contre, les deux chromosomes homologues d'une même paire sont différents, parce que chacun provient d'un des parents. Ils ont la même apparence lorsqu'on les observe au microscope, mais ils portent des versions différentes de gènes sur certains de leurs loci, chacune des versions étant appelée un *allèle* (par exemple, un allèle pour des taches de rousseur sur un chromosome et un allèle pour l'absence de taches de rousseur sur le même locus du chromosome homologue). Les chromosomes homologues ne sont pas liés les uns aux autres de façon évidente, sauf au cours de la méiose, comme vous le verrez bientôt.

La **figure 13.8**, aux deux pages suivantes, montre de façon détaillée les phases des deux divisions issues de la méiose d'une cellule animale, dont le nombre diploïde est de 6. La méiose réduit de moitié le nombre total de chromosomes de façon bien spécifique, en faisant passer le nombre de jeux de deux à un; chaque cellule fille reçoit un jeu de chromosomes. Étudiez bien la figure 13.8 avant de passer à la section suivante.

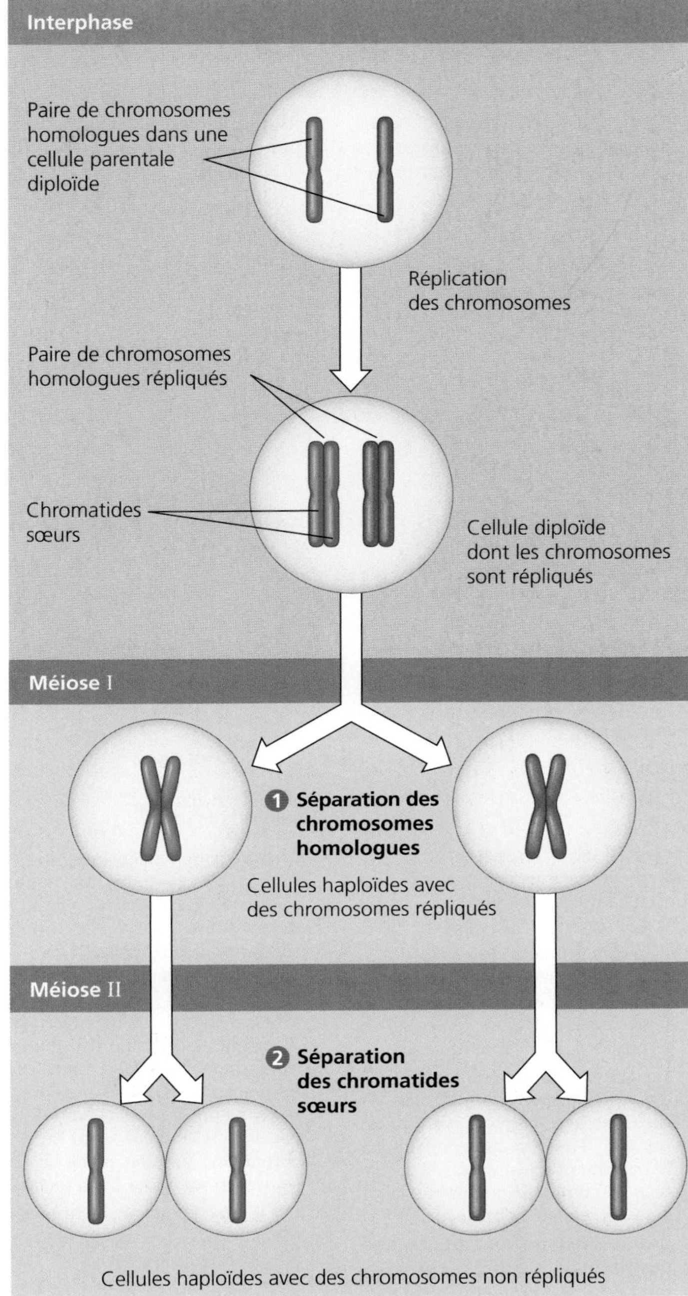

▲ **Figure 13.7 Vue d'ensemble de la méiose: comment la méiose réduit de moitié le nombre de chromosomes.** Après la réplication des chromosomes pendant l'interphase, la cellule diploïde se divise *deux fois*, produisant ainsi quatre cellules filles haploïdes. Cette représentation schématique montre le cheminement d'une seule paire de chromosomes homologues. Pour faciliter votre compréhension, nous les avons dessinés à l'état condensé à toutes les étapes (normalement, ils ne sont pas condensés pendant l'interphase). Le chromosome en rouge vient de la mère et le chromosome en bleu vient du père.

FAITES UN DESSIN *Redessinez les cellules de cette figure en représentant chaque molécule d'ADN par une seule double hélice.*

▼ **Figure 13.8**

PANORAMA La méiose dans une cellule animale

MÉIOSE I : séparation des chromosomes homologues

PROPHASE I

Réplication des paires de chromosomes homologues (rouges et bleus) et échange de segments entre eux; dans cet exemple, 2*n* = 6.

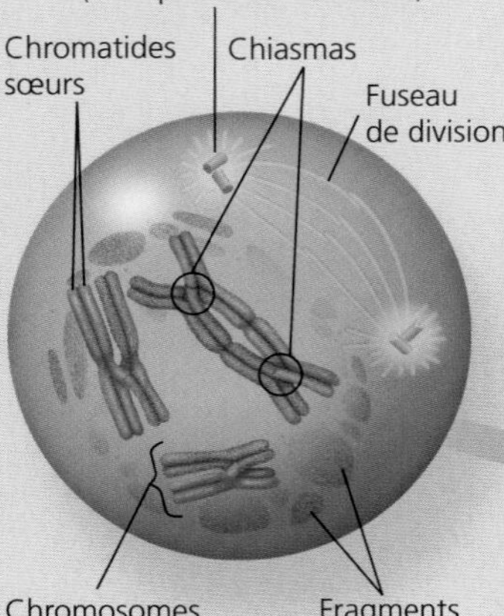

MÉTAPHASE I

Alignement des chromosomes par paires homologues.

Centromère
(avec kinétochore)
Plaque équatoriale
Microtubule fixé au kinétochore

ANAPHASE I

Séparation de chaque paire de chromosomes homologues

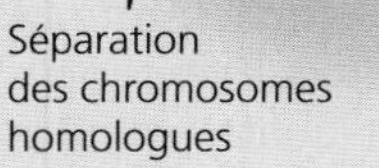

TÉLOPHASE I ET CYTOCINÈSE

Formation de deux cellules haploïdes; chaque chromosome contient encore les deux chromatides sœurs.

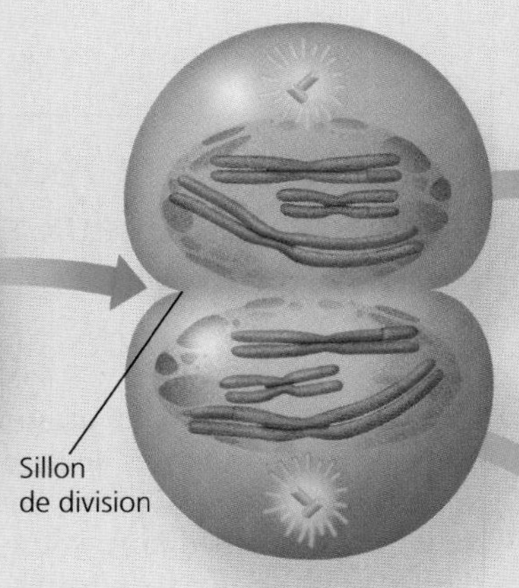

Prophase I

Au stade initial de la prophase I, avant les étapes illustrées ci-dessus :

- Les chromosomes commencent à se condenser. Les chromosomes homologues s'apparient grossièrement sur toute leur longueur; les gènes correspondants sont alignés face à face.
- Les chromosomes homologues appariés s'amarrent l'un à l'autre sur toute leur longueur par l'intermédiaire d'une structure protéinique, le *complexe synaptonémal*, qui agit telle une fermeture à glissière; cette étape est appelée **synapsis**.
- L'**enjambement** est le réarrangement génétique entre les chromatides non sœurs qui entraîne l'échange de segments correspondants de molécules d'ADN. Ce processus s'enclenche au cours de l'appariement et de la formation du complexe synaptonémal et se termine pendant que les chromosomes homologues sont en synapsis.

Au cours de l'étape illustrée ci-dessus :

- Au milieu de la prophase, quand la synapsis s'achève, le complexe synaptonémal se détache et chaque paire de chromosomes se sépare légèrement.
- Chaque paire de chromosomes homologues comporte un ou plusieurs points d'entrecroisement faisant penser à des X; ces régions sont appelées **chiasmas**. Un chiasma se forme aux endroits où les chromatides s'enjambent. Il se présente sous forme de croisement parce que la cohésion des chromatides sœurs retient encore ensemble les deux chromatides sœurs originales, même dans les régions distales par rapport au chiasma où une chromatide fait alors partie de l'autre chromosome homologue.
- Il y a mouvement des centrosomes, formation des fuseaux de division et effacement de l'enveloppe du noyau, comme pendant la mitose.

Vers la fin de la prophase I, après l'étape illustrée ci-dessus :

- Les microtubules de l'un des pôles s'attachent aux deux kinétochores, des structures protéiniques situées aux centromères des deux chromosomes homologues. Les paires de chromosomes homologues migrent ensuite vers la plaque équatoriale.

Métaphase I

- Les paires de chromosomes homologues sont maintenant alignées sur la plaque équatoriale, un chromosome de chaque paire faisant face à chaque pôle.
- Les deux chromatides d'un chromosome homologue sont fixées aux microtubules des kinétochores de l'un des pôles; celles de l'autre chromosome homologue sont attachées aux microtubules du pôle opposé.

Anaphase I

- Les chromosomes homologues se séparent par suite de la dégradation des protéines responsables de la cohésion des chromatides sœurs.
- Les chromosomes migrent vers les pôles opposés, guidés par le fuseau de division.
- La cohésion des chromatides sœurs persiste à leur centromère; elles se dirigent donc ensemble vers le même pôle.

Télophase I et cytocinèse

- Au début de la télophase I, chaque moitié de cellule contient un jeu haploïde complet de chromosomes répliqués. Chacun de ces jeux est encore formé de deux chromatides sœurs; une chromatide, ou les deux, comportent des régions de l'ADN de chromatides non sœurs.
- Généralement, la cytocinèse (division du cytoplasme) a lieu en même temps que la télophase I : elle aboutit à la formation de deux cellules filles haploïdes.
- Un sillon de division apparaît dans les cellules animales comme celles-ci. (Dans les cellules végétales, il se forme une plaque cellulaire.)
- Chez certaines espèces, les chromosomes quittent leur état condensé et les membranes nucléaires se forment.
- Entre la méiose I et la méiose II, il ne se produit aucune nouvelle réplication de chromosomes.

MÉIOSE II : séparation des chromatides sœurs

PROPHASE II	MÉTAPHASE II	ANAPHASE II	TÉLOPHASE II ET CYTOCINÈSE

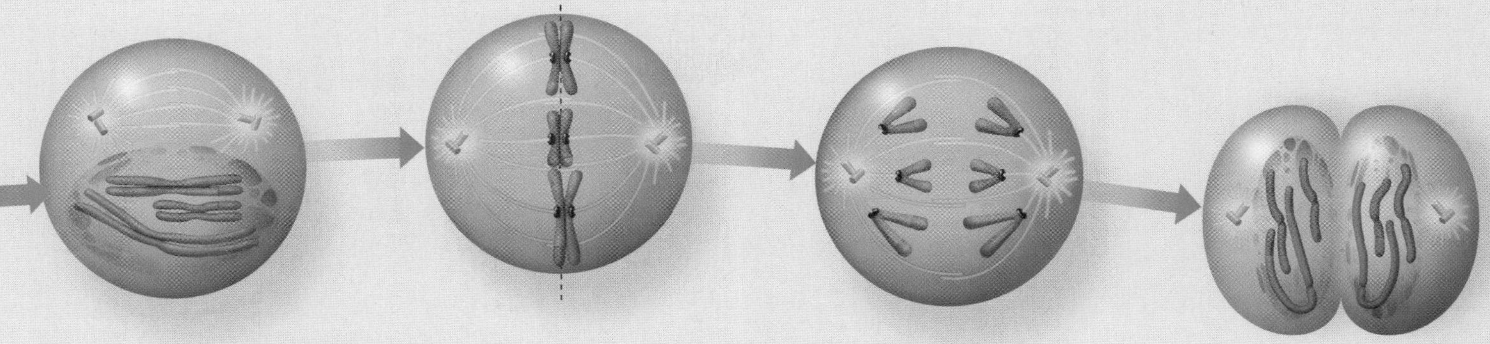

La seconde division cellulaire est marquée par la séparation des chromatides sœurs et par la formation de quatre cellules filles haploïdes contenant des chromosomes non dédoublés.

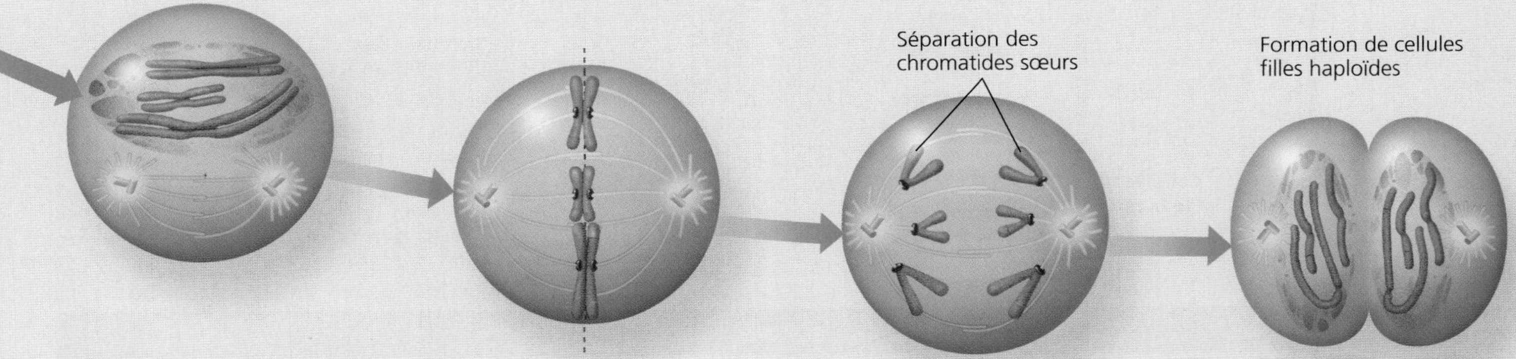

Prophase II

- Un nouveau fuseau de division se forme.
- À la fin de la prophase II (cela n'est pas illustré ici), tous les chromosomes se déplacent vers la plaque équatoriale de la métaphase II. (À ce moment, chaque chromosome est toujours composé de deux chromatides liées par leur centromère.)

Métaphase II

- Les chromosomes s'alignent sur la plaque équatoriale, comme pendant la mitose.
- À cause de l'enjambement survenu pendant la méiose I, les deux chromatides sœurs de chaque chromosome *ne* sont *pas* génétiquement identiques.
- Les kinétochores des chromatides sœurs sont fixés aux microtubules qui se prolongent à partir de pôles opposés.

Anaphase II

- Les chromatides se séparent par suite de la dégradation des protéines qui les retenaient ensemble par leur centromère. Les chromatides sœurs de chaque chromosome deviennent chacune un chromosome indépendant et se dirigent maintenant vers les pôles opposés de la cellule.

Télophase II et cytocinèse

- Les noyaux se reconstituent, les chromosomes commencent à sortir de leur état condensé, et la cytocinèse se produit.
- La division méiotique d'une cellule mère produit quatre cellules filles qui ont chacune un jeu haploïde de chromosomes non répliqués.
- Les quatre cellules filles sont génétiquement différentes les unes des autres et de la cellule mère.

FAITES DES LIENS *Examinez la figure 12.7 (p. 264) et imaginez que les deux cellules filles subissent une seconde mitose produisant quatre cellules. Comparez le nombre de chromosomes dans chacune des quatre cellules, après la mitose, avec celui dans chaque cellule de la figure 13.8, après la méiose. Comment expliqueriez-vous cette différence même si la méiose comporte également deux divisions cellulaires ?*

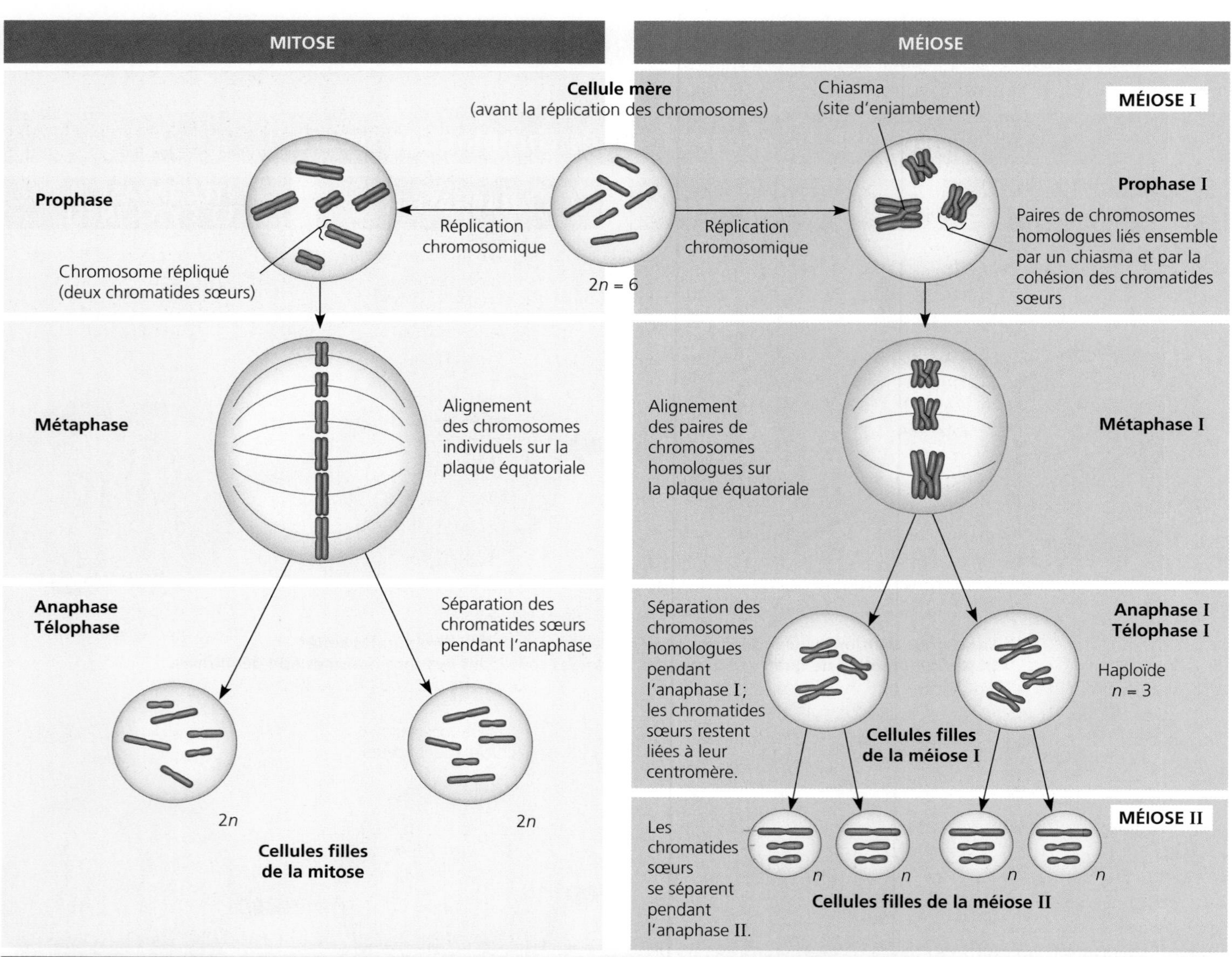

RÉSUMÉ

Propriété	Mitose	Méiose
Réplication de l'ADN	Se produit pendant l'interphase, avant le début de la mitose.	Se produit pendant l'interphase, avant le début de la méiose I.
Nombre de divisions	Une seule, comprenant une prophase, une métaphase, une anaphase et une télophase.	Deux divisions, chacune comprenant une prophase, une métaphase, une anaphase et une télophase.
Synapsis des chromosomes homologues	Absente.	Se produit pendant la prophase I; s'accompagne d'un enjambement entre les chromatides non sœurs. Les chiasmas ainsi formés maintiennent les paires ensemble en raison de la cohésion des chromatides sœurs.
Nombre de cellules filles et composition génétique	Deux cellules diploïdes (2*n*) génétiquement identiques à la cellule mère.	Quatre cellules haploïdes (*n*) qui contiennent la moitié du nombre de chromosomes de la cellule mère et qui sont génétiquement différentes les unes des autres et de la cellule mère.
Rôle dans l'organisme animal	Développement d'un adulte multicellulaire à partir d'un zygote; production de cellules servant à la croissance et à la réparation des tissus, et, chez certaines espèces, à la reproduction asexuée.	Production de gamètes; réduction du nombre de chromosomes de moitié et réalisation d'une variabilité génétique des gamètes.

▲ **Figure 13.9 Comparaison des étapes correspondantes de la mitose et de la méiose.**

FAITES UN DESSIN *Est-il possible de créer d'autres combinaisons de chromosomes durant la méiose II à partir des cellules illustrées ci-dessus à la télophase I? Expliquez votre réponse. (Indice: dessinez les cellules telles qu'elles apparaîtraient dans la métaphase II.)*

Comparaison entre la mitose et la méiose

La **figure 13.9** résume les différences essentielles entre la méiose et la mitose dans les cellules diploïdes. Fondamentalement, la méiose réduit le nombre de jeux de chromosomes de deux (diploïde) à un (haploïde). Pendant la mitose, par contre, le nombre de chromosomes reste le même. Par conséquent, la méiose donne des cellules génétiquement différentes de la cellule mère et aussi entre elles, tandis que la mitose produit des cellules filles génétiquement identiques à leur cellule mère et aussi entre elles.

Trois événements caractéristiques de la méiose surviennent pendant la méiose I :

1. **La synapsis et l'enjambement.** Pendant la prophase I de la méiose, les chromosomes homologues répliqués s'apparient et la formation du complexe synaptonémal entre eux les retient pendant la synapsis. L'enjambement se déroule également durant la prophase I. Pendant la mitose, il ne se produit normalement ni synapsis ni enjambement.
2. **Les paires de chromosomes homologues sur la plaque équatoriale.** À la métaphase I de la méiose, ce sont les paires de chromosomes homologues qui se placent sur la plaque équatoriale et non les chromosomes individuels, comme lors de la métaphase de la mitose.
3. **La séparation des chromosomes homologues.** À l'anaphase I de la méiose, les chromosomes répliqués de chaque paire homologue migrent vers des pôles opposés, mais les chromatides sœurs de chaque chromosome répliqué restent liées. À l'anaphase de la mitose, au contraire, les chromatides sœurs se séparent.

Comment les chromatides sœurs restent-elles liées durant la méiose I, tandis qu'elles se séparent l'une de l'autre au cours de la méiose II et de la mitose ? Les chromatides sœurs sont liées sur toute leur longueur par des complexes protéiniques appelés *cohésines*. Dans la mitose, cet attachement cesse à la fin de la métaphase, lorsque des enzymes coupent les cohésines. Les chromatides sœurs deviennent alors libres de se déplacer vers les pôles opposés de la cellule. Dans la méiose, la disparition de la cohésion des chromatides sœurs se produit en deux étapes : elle commence au début de l'anaphase I et reprend à l'anaphase II. Dans la métaphase I, les chromosomes homologues sont retenus ensemble par la cohésion entre les bras des chromatides sœurs dans les régions distales par rapport au chiasma, là où des segments de chromatides sœurs appartiennent alors à des chromosomes différents. Comme le montre la figure 13.8, la formation d'un chiasma résulte de la combinaison de l'enjambement et de la cohésion des chromatides sœurs le long de leurs bras. Les chiasmas retiennent les chromosomes homologues ensemble pendant que le fuseau de division se forme pour la première division méiotique. Au début de l'anaphase I, la disparition de la cohésion le long des bras des chromatides sœurs permet aux chromosomes homologues de s'éloigner. À l'anaphase II, la disparition de la cohésion au niveau des centromères permet aux chromatides de se séparer complètement. Par conséquent, la cohésion des chromatides sœurs et l'enjambement jouent conjointement un rôle essentiel dans l'alignement des chromosomes par paires homologues à la métaphase I.

La méiose I est appelée *division réductionnelle* parce qu'elle diminue de moitié le nombre de jeux de chromosomes par cellule, soit une réduction de deux jeux (l'état diploïde) à un jeu (l'état haploïde). Au cours de la seconde division méiotique, la méiose II (parfois nommée *division équationnelle*), les chromatides sœurs se séparent et donnent des cellules filles haploïdes. Le mécanisme de séparation des chromatides sœurs durant la méiose II est pratiquement identique à celui de la mitose. Le fondement moléculaire du comportement des chromosomes au cours de la méiose continue d'être l'objet de recherches intensives. Nous verrons, au chapitre 15, que certaines anomalies dans la séparation des chromosomes peuvent avoir des conséquences sur le nombre de chromosomes dans les gamètes.

RETOUR SUR LE CONCEPT 13.3

1. FAITES DES LIENS En quoi les chromosomes dans une cellule à la métaphase de la mitose sont-ils semblables et différents des chromosomes dans une cellule à la métaphase de la méiose II ? (Comparez les figures 12.7, p. 264, et 13.8.)
2. ET SI ? Sachant que le complexe synaptonémal disparaît à la fin de la prophase I, comment les deux chromosomes homologues seraient-ils liés si l'enjambement ne se produisait pas ? Quel en serait ultimement l'effet sur la formation des gamètes ?

Voir les réponses proposées à la fin du chapitre.

CONCEPT 13.4

L'évolution résulte de la variation génétique qui prend sa source dans la reproduction sexuée

Comment peut-on expliquer la variation génétique illustrée à la figure 13.1 ? Comme vous l'apprendrez plus loin, les mutations constituent la source première de la diversité génétique. Ces modifications de l'ADN d'un organisme créent différentes versions des gènes appelés allèles. Une fois ces différences apparues, la redistribution des allèles pendant la reproduction sexuée produit la variation responsable de la combinaison unique de caractères que possède chaque membre d'une population à reproduction sexuée.

L'origine de la variation génétique chez les descendants

Les mutations surviennent à une fréquence beaucoup trop faible pour pouvoir constituer l'unique source de la diversité génétique. Chez les espèces à reproduction sexuée, la variation génétique qui apparaît à chaque génération résulte principalement du comportement des chromosomes pendant la méiose et la fécondation. Examinons trois phénomènes qui contribuent à la diversité génétique des organismes sexués : l'assortiment indépendant des chromosomes, l'enjambement et la fécondation aléatoire.

L'assortiment indépendant des chromosomes

Chez les organismes à reproduction sexuée, un des mécanismes qui créent une variation génétique est l'orientation aléatoire des paires de chromosomes homologues à la métaphase de la méiose I. Au cours de cette étape, toutes les paires de chromosomes homologues (qui comportent chacune un chromosome maternel dédoublé et un chromosome paternel dédoublé) sont regroupées sur la plaque équatoriale. (Notez que les termes *maternel* et *paternel* font référence, respectivement, à la mère et au père de l'individu dont les cellules subissent la méiose.) Chaque paire peut s'orienter de telle sorte que son homologue maternel ou son homologue paternel se trouve le plus près d'un pôle donné: son orientation est donc aléatoire (comme si sa place était jouée à pile ou face). Il y a donc 50% de chances qu'une cellule fille de la méiose I reçoive le chromosome maternel d'une paire de chromosomes homologues donnée, et 50% de chances qu'elle reçoive le chromosome paternel de la même paire.

Étant donné que chaque paire de chromosomes se positionne indépendamment des autres paires lors de la métaphase I, la première division méiotique produit un *assortiment indépendant* des chromosomes maternels et paternels dans les cellules filles. Chaque cellule fille contient une des combinaisons possibles des chromosomes maternels et paternels. Ainsi que le montre la **figure 13.10**, dans le cas de cellules filles formées par la méiose d'une cellule diploïde ayant deux paires de chromosomes homologues ($n = 2$), le nombre de combinaisons possibles est de quatre: deux arrangements possibles pour la première paire *fois deux* arrangements possibles pour la deuxième paire. Notez que seulement deux des quatre combinaisons de cellules filles illustrées dans la figure pourraient provenir de la méiose d'*une* cellule mère diploïde donnée, car cette cellule mère aurait l'un ou l'autre arrangement possible de chromosomes à la métaphase I, mais pas les deux. Cependant, la population de cellules filles résultant de la méiose d'un grand nombre de cellules diploïdes contient les quatre types en nombres à peu près égaux. Pour $n = 3$, il existe huit combinaisons chromosomiques possibles pour les cellules filles. D'une manière plus générale, lorsque la méiose assortit au hasard des chromosomes, le nombre de combinaisons possibles est de 2^n, n étant le nombre haploïde de l'organisme.

Chez l'humain ($n = 23$), le nombre de combinaisons possibles des chromosomes maternels et paternels dans les gamètes qui en résultent est donc de 2^{23}, ou environ 8,4 millions. Chaque gamète que vous pouvez produire au cours de votre vie contient l'une des quelque 8,4 millions de combinaisons possibles des chromosomes hérités de votre mère et de votre père.

L'enjambement

Parce que l'assortiment des chromosomes se fait de façon aléatoire pendant la méiose, chacun de nous possède des gamètes qui contiennent des combinaisons différentes des chromosomes hérités de nos deux parents. En observant la figure 13.10, vous pourriez penser que chaque chromosome pris individuellement dans un gamète a une origine exclusivement paternelle ou maternelle. En fait, cela n'est pas le cas parce que le mécanisme appelé enjambement produit des **chromosomes recombinés**, c'est-à-dire qui portent des gènes (ADN) provenant de chacun des deux parents (**figure 13.11**). Chez l'humain, à la méiose, on compte en moyenne de un à trois enjambements par paire de chromosomes, selon leur taille et la position de leur centromère.

L'enjambement commence très tôt au cours de la prophase I. À ce moment-là, les chromosomes homologues s'apparient grossièrement sur leur longueur. Les gènes correspondants sur chaque homologue sont alignés face à face d'une manière précise. Au cours d'un enjambement, des protéines spécifiques rompent l'ADN de deux chromatides *non sœurs* (une chromatide maternelle et une chromatide paternelle d'une paire de chromosomes homologues) en des points correspondants déterminés, et les deux segments distaux par rapport au chiasma se recollent sur l'autre chromatide. (En fait, ce ne sont pas des morceaux entiers de chromatides qui sont échangés, mais une partie de l'ADN qui les compose.) Par conséquent, une chromatide paternelle est réunie à un morceau de chromatide maternelle à partir du point de croisement vers l'extrémité du chromosome, et vice versa. Ainsi, l'enjambement produit des chromosomes contenant de nouvelles combinaisons d'allèles maternels et paternels (voir la figure 13.11).

À la métaphase II, les chromosomes qui contiennent chacun une ou même deux chromatides recombinées peuvent prendre deux orientations différentes de celle des autres chromosomes, parce que leurs chromatides sœurs ne sont plus identiques. Au cours de la méiose II, les différents arrangements possibles des chromatides sœurs non identiques accroissent encore le nombre de types génétiques possibles dans les cellules filles issues de la méiose.

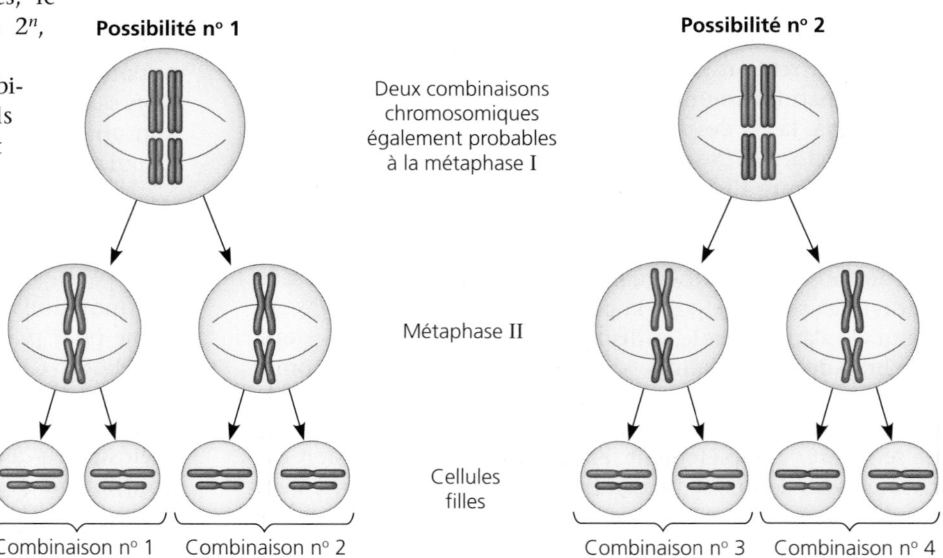

▶ **Figure 13.10 L'assortiment indépendant des chromosomes homologues à la méiose.**

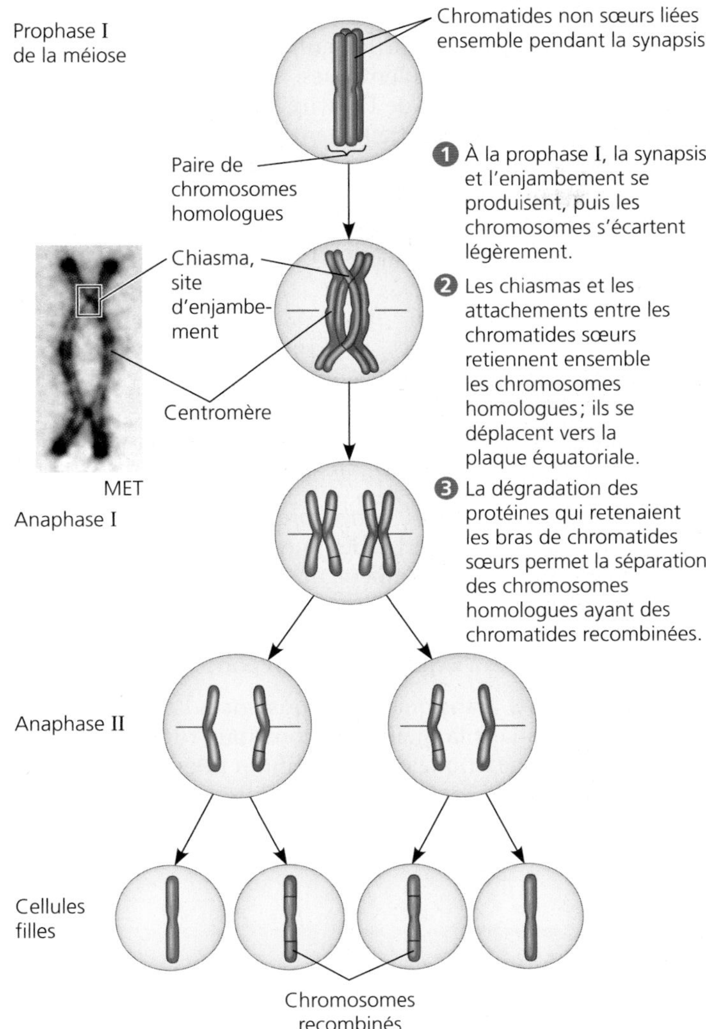

Prophase I
de la méiose
Chromatides non sœurs liées ensemble pendant la synapsis
Paire de chromosomes homologues
1 À la prophase I, la synapsis et l'enjambement se produisent, puis les chromosomes s'écartent légèrement.
Chiasma, site d'enjambement
Centromère
MET
2 Les chiasmas et les attachements entre les chromatides sœurs retiennent ensemble les chromosomes homologues; ils se déplacent vers la plaque équatoriale.
Anaphase I
3 La dégradation des protéines qui retenaient les bras de chromatides sœurs permet la séparation des chromosomes homologues ayant des chromatides recombinées.
Anaphase II
Cellules filles
Chromosomes recombinés

▲ **Figure 13.11 Les résultats de l'enjambement pendant la méiose.**

Nous parlerons de nouveau de l'enjambement au chapitre 15. Pour l'instant, il faut retenir que ce processus représente un moyen de recombiner dans un même chromosome l'ADN provenant des deux parents. Il constitue donc une source importante de variation génétique chez les organismes à reproduction sexuée.

La fécondation aléatoire

La nature aléatoire de la fécondation ajoute encore à la variation génétique résultant de la méiose. Chez l'humain, par exemple, comme nous l'avons déjà mentionné, chaque gamète mâle et femelle représente une seule des quelque 8,4 millions (2^{23}) de combinaisons chromosomiques possibles en raison de l'assortiment indépendant. La fusion d'un gamète mâle avec un gamète femelle pendant la fécondation engendrera un zygote qui possédera une seule combinaison chromosomique diploïde sur environ 70 billions ($2^{23} \times 2^{23}$) de combinaisons possibles! Si on tient compte de la variation résultant de l'enjambement, le nombre de résultats possibles est encore plus astronomique. Vous *êtes* vraiment un être unique, différent de tous les humains vivant actuellement sur Terre et différent même de tous ceux qui y sont déjà passés.

La signification de la variation génétique dans l'évolution

ÉVOLUTION Maintenant que vous avez appris comment de nouvelles combinaisons de gènes apparaissent chez les descendants dans une population à reproduction sexuée, nous pouvons établir le lien entre la variation génétique et l'évolution. Darwin reconnaissait qu'une population évolue en fonction des différences influant sur le succès reproductif des individus qui la composent. Ainsi, en moyenne, ce sont les individus les mieux adaptés à leur milieu qui ont le plus de descendants et qui parviennent le plus à perpétuer leurs gènes. L'accumulation des variations héréditaires favorisées par le milieu est rendue possible par la sélection naturelle. Une population occupant un milieu de vie changeant ne peut survivre que si chaque génération comprend au moins quelques individus capables de faire face efficacement aux nouvelles conditions ambiantes. Les mutations sont la source première des différents allèles, qui sont alors mélangés et appariés au cours de la méiose. Il arrive que des combinaisons d'allèles récentes et différentes s'avèrent plus avantageuses que celles qui existaient auparavant. La capacité de la reproduction sexuée à générer la diversité génétique est un des arguments les plus fréquemment proposés pour expliquer la persistance évolutive de ce type de reproduction.

D'un autre côté, dans un milieu stable, la reproduction asexuée semblerait plus avantageuse parce qu'elle perpétue des combinaisons d'allèles favorables. Qui plus est, la reproduction sexuée ne crée pas nécessairement des recombinaisons de gènes avantageuses pour un individu donné. En outre, la reproduction asexuée est moins coûteuse: les dépenses énergétiques des organismes pour la reproduction asexuée sont inférieures à celles nécessaires à la reproduction sexuée pour des raisons que nous aborderons au chapitre 46. De fait, un grand nombre d'espèces de plantes à fleurs, dont le pissenlit, sont capables de produire des graines sans méiose ni fécondation.

Malgré ces inconvénients qui paraissent somme toute bien relatifs, la reproduction sexuée est presque universelle chez les Animaux, du moins d'après ce que l'on en sait. Dans des conditions particulières, quelques espèces (chez les Poissons et les Amphibiens notamment) sont capables de se reproduire par voie asexuée, mais celles qui font uniquement appel à ce mode de reproduction sont très rares. Le meilleur exemple reconnu à ce jour est un groupe d'animaux microscopiques appelés rotifères bdelloïdes, illustrés à la **figure 13.12**. Ce groupe comporte environ 400 espèces qui peuplent une grande variété d'écosystèmes répartis dans le monde entier. Elles habitent les ruisseaux, le fond des lacs, les mares, les lichens, l'écorce des arbres et les matières végétales en putréfaction. Des études récentes ont démontré que ces animaux se reproduisent

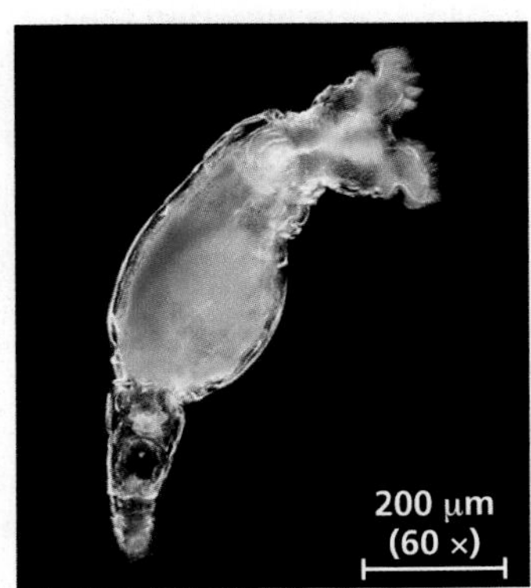

▲ **Figure 13.12 Un rotifère bdelloïde, un animal qui ne se reproduit que par voie asexuée.**

seulement par voie asexuée et qu'ils se passent probablement de rapports sexuels depuis leur origine évolutive il y a 40 millions d'années!

Ce succès reproducteur des rotifères bdelloïdes durant l'évolution en se reproduisant par voie asexuée jette-t-il un doute sur les avantages de la variation génétique résultant de la reproduction sexuée? Au contraire, ce groupe peut être considéré comme l'exception qui confirme la règle. Dans leurs études sur les rotifères bdelloïdes, les biologistes ont découvert que, chez ces organismes, des mécanismes autres que la reproduction sexuée accroissent la diversité génétique. Par exemple, ils sont capables de vivre pendant des années dans un état de déshydratation totale, au cours duquel ils suspendent toute activité. Dans cet état, les membranes de leurs cellules se fracturent, laissant pénétrer l'ADN d'autres rotifères, voire celui d'autres espèces. Des indices laissent croire que le rotifère bdelloïde incorporerait cet ADN dans son génome, ce qui entraînerait l'accroissement de la diversité biologique. (Vous en apprendrez davantage au sujet de ce processus appelé *transfert horizontal de gènes* au chapitre 26.) Dans leur ensemble, ces études confortent l'idée selon laquelle la variation génétique est avantageuse durant l'évolution et qu'un mécanisme différent permettant de la générer est apparu chez les rotifères bdelloïdes.

Dans ce chapitre, nous avons vu comment la reproduction sexuée accroît considérablement la variation génétique dans une population. Darwin (1809-1882) a compris que l'évolution est le résultat de la variation héréditaire, mais il n'a pu expliquer pourquoi les enfants ressemblent à leurs parents sans leur être identiques. Gregor Mendel (1822-1884), un contemporain de Darwin, a publié une théorie de l'hérédité expliquant partiellement la variation génétique, mais, ironie du sort, ses découvertes n'ont eu aucune influence sur les biologistes avant 1900, soit plus de 15 ans après sa mort et celle de Darwin. Au prochain chapitre, nous verrons comment Mendel a découvert les principales lois de l'hérédité.

RETOUR SUR LE CONCEPT 13.4

1. Quelle est la source première de variation parmi les différents allèles d'un gène?
2. Chez les drosophiles, le nombre diploïde est de 8, alors qu'il est de 46 chez les sauterelles. En supposant qu'il n'y a pas d'enjambement, la variation génétique chez les descendants d'une paire donnée de parents sera-t-elle plus grande chez les drosophiles ou chez les sauterelles? Expliquez votre réponse.
3. **ET SI?** Dans quelles circonstances l'enjambement pendant la méiose ne contribue-t-il pas à la variation génétique chez les cellules filles?

RÉVISION DU CHAPITRE 13

RÉSUMÉ DES CONCEPTS CLÉS

CONCEPT 13.1

Les gènes des parents sont transmis à leurs enfants par l'intermédiaire des chromosomes (p. 282 et 283)

- Dans l'ADN d'un organisme, chaque **gène** existe à un **locus** précis sur un chromosome donné. Un jeu de chromosomes est transmis par notre mère et un jeu par notre père.
- Dans la **reproduction asexuée**, un seul parent engendre par mitose une descendance qui lui est génétiquement identique. Dans la **reproduction sexuée**, les gènes provenant de deux parents différents se combinent pour produire des descendants génétiquement différents.

? *Expliquez pourquoi les descendants des humains ressemblent à leurs parents, mais ne leur sont pas identiques.*

CONCEPT 13.2

La fécondation et la méiose alternent dans la reproduction sexuée (p. 283 à 287)

- Dans un **caryotype**, les **cellules somatiques** humaines normales sont **diploïdes**. Elles contiennent 46 chromosomes formant deux jeux; un jeu de 23 chromosomes provient de chaque parent. Dans les cellules diploïdes humaines, chacune des 22 paires **homologues d'autosomes** du jeu de chromosomes maternel a un homologue dans le jeu de chromosomes paternel. Les chromosomes de la 23e paire, ou **chromosomes sexuels**, déterminent si l'individu est de sexe féminin (XX) ou de sexe masculin (XY).
- À la maturité sexuelle dans le **cycle de développement** humain, les ovaires et les testicules (gonades) produisent des **gamètes haploïdes** par **méiose**, chaque gamète contenant un jeu unique de 23 chromosomes (n = 23). Pendant la **fécondation**, un ovule et un spermatozoïde se combinent pour donner un **zygote** unicellulaire diploïde ($2n$ = 46), qui devient un individu multicellulaire par mitose.
- On distingue les cycles de développement sexués selon le moment où s'effectue la méiose par rapport à la fécondation et selon le(s) point(s) du cycle où un organisme multicellulaire est produit par mitose.

? *Comparez les cycles de développement des Animaux et des Végétaux, en mentionnant leurs similarités et leurs différences.*

CONCEPT 13.3

La méiose est la réduction de moitié du nombre de jeux de chromosomes et le passage du stade diploïde au stade haploïde (p. 287 à 291)

- Les deux divisions cellulaires de la méiose, la **méiose I** et la **méiose II**, produisent quatre cellules filles haploïdes. Le nombre de jeux de chromosomes est réduit de deux (diploïde) à un (haploïde) pendant la méiose I, appelée division réductionnelle.

- Trois événements de la méiose I permettent de distinguer la méiose de la mitose:

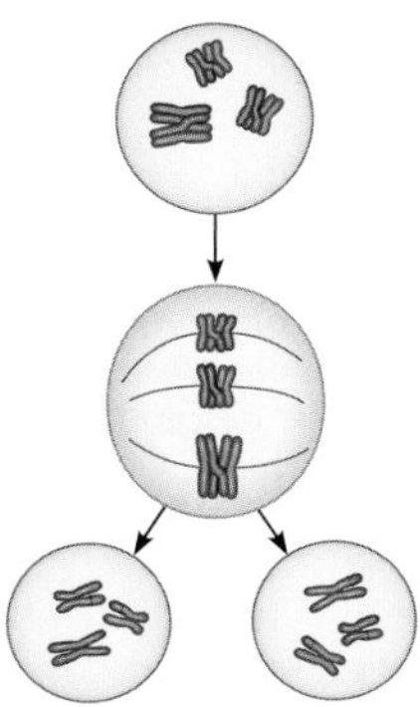

Prophase I: Chaque paire de chromosomes homologues subit la **synapsis** et l'**enjambement** entre les chromatides non sœurs avec l'apparition subséquente des **chiasmas**.

Métaphase I: Les chromosomes s'alignent en paires homologues sur la plaque équatoriale.

Anaphase I: Les chromosomes homologues se séparent les uns des autres; les chromatides sœurs restent liées au centromère.

Les chromatides sœurs se séparent pendant la méiose II.

- Les chiasmas qui maintiennent les chromosomes homologues ensemble jusqu'à l'anaphase I résultent de la combinaison de la cohésion des chromatides sœurs et de l'enjambement. Les cohésines sont dégradées le long des bras des chromatides à l'anaphase I, permettant la séparation des chromosomes homologues, et aux centromères à l'anaphase II, permettant la séparation des chromatides sœurs.

 *Pendant la prophase I, les chromosomes homologues s'apparient et subissent la sysnapsis et l'enjambement. Expliquez pourquoi ce processus ne peut se dérouler également pendant la prophase II.*

CONCEPT 13.4

L'évolution résulte de la variation génétique qui prend sa source dans la reproduction sexuée (p. 291 à 294)

- Dans la reproduction sexuée, les trois événements qui contribuent à la variation génétique d'une population sont l'assortiment indépendant des chromosomes pendant la méiose, l'enjambement pendant la méiose I et la fécondation aléatoire d'un ovule par un spermatozoïde. L'enjambement fait intervenir la rupture et la recombinaison de l'ADN des chromatides non sœurs dans une paire de chromosomes homologues. Il a pour résultat la production de chromatides recombinées qui deviendront des **chromosomes recombinés**.
- La variation génétique entre les individus d'une population constitue le fondement de l'évolution par sélection naturelle. Les mutations sont la source première de cette variation; la production de nouvelles combinaisons de gènes variants dans la reproduction sexuée crée une diversité héréditaire additionnelle. Les Animaux qui se reproduisent seulement par voie asexuée sont très rares, soulignant l'avantage apparemment grand de la diversité génétique.

? *Expliquez comment trois processus propres à la méiose sont à l'origine d'une grande variation génétique.*

ÉVALUATION

NIVEAU 1: CONNAISSANCES ET COMPRÉHENSION

1. Une cellule humaine qui contient 22 autosomes et un chromosome Y est:
a) un spermatozoïde.
b) un ovule.
c) un zygote.
d) une cellule somatique mâle.
e) une cellule somatique femelle.

2. Quelle phase du cycle de développement observe-t-on chez les Végétaux, mais pas chez les Animaux?
a) Le gamète.
b) Le zygote.
c) L'organisme multicellulaire diploïde.
d) L'organisme multicellulaire haploïde.
e) L'organisme unicellulaire diploïde.

3. Les chromosomes homologues migrent vers les pôles opposés d'une cellule qui se divise pendant:
a) la mitose.
b) la méiose I.
c) la méiose II.
d) la fécondation.
e) la fission binaire.

NIVEAU 2: APPLICATION ET ANALYSE

4. En quoi la méiose II ressemble-t-elle à la mitose?
a) Les chromatides sœurs se séparent pendant l'anaphase.
b) L'ADN subit une réplication avant la division.
c) Les cellules filles sont diploïdes.
d) Les chromosomes homologues s'unissent par synapsis.
e) Le nombre de chromosomes est réduit.

5. On mesure la quantité d'ADN présente dans une cellule diploïde à la phase G_1 du cycle cellulaire. Si cette quantité est de x, quelle est la quantité d'ADN présente dans la même cellule à la métaphase de la méiose I?
a) $0{,}25x$.
b) $0{,}5x$.
c) x.
d) $2x$.
e) $4x$.

6. Si on poursuivait la lignée cellulaire de la question 5, quelle serait la quantité d'ADN présente à la métaphase de la méiose II?
a) $0{,}25x$.
b) $0{,}5x$.
c) x.
d) $2x$.
e) $4x$.

7. Combien de combinaisons différentes de chromosomes paternels et maternels les gamètes d'un organisme dont le nombre diploïde est de 8 ($2n = 8$) peuvent-ils renfermer?
a) 2.
b) 4.
c) 8.
d) 16.
e) 32.

8. **FAITES UN DESSIN**
Le diagramme ci-contre illustre une cellule à la méiose.

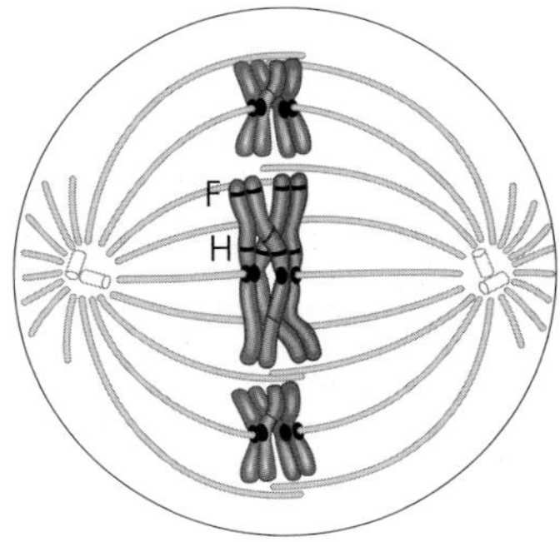

a) Copiez le dessin sur une autre feuille de papier et annotez les structures appropriées avec les termes suivants en traçant des lignes ou des crochets: chromosome (précisez s'il est *dupliqué* ou *non dupliqué*), centromère, kinétochore, chromatides sœurs, chromatides non sœurs, paire de chromosomes homologues, chromosomes homologues, chiasma, cohésion des chromatides sœurs.
b) Décrivez la formation d'un jeu haploïde et d'un jeu diploïde.
c) Déterminez la phase de la méiose illustrée.

NIVEAU 3: SYNTHÈSE ET ÉVALUATION

9. Quel argument vous permet d'affirmer que la cellule de la question 8 subit la méiose et non la mitose?

10. **LIEN AVEC L'ÉVOLUTION**
De nombreuses espèces peuvent se reproduire soit par voie sexuée, soit par voie asexuée. Du point de vue de l'évolution, quelle pourrait être la signification de ce passage de la reproduction asexuée à la

reproduction sexuée qui se produit chez certains organismes quand les conditions environnementales deviennent défavorables ?

11. **INTÉGRATION**
Le diagramme de la question 8 représente une cellule en cours de méiose chez un individu donné. Une étude antérieure a démontré que le gène des taches de rousseur est situé à un locus marqué F, et que le gène de la couleur des cheveux est situé à un locus marqué H, les deux étant situés sur le chromosome long. L'individu à qui appartient cette cellule a hérité d'allèles différents pour chaque gène (« tache de rousseur » et « cheveux noirs » d'un parent, et « pas de taches de rousseur » et « cheveux blonds » de l'autre). Prédisez les combinaisons d'allèles dans les gamètes résultant de cette division méiotique. (Pour vous aider, vous pouvez dessiner les autres étapes de la méiose, en nommant les allèles par leur nom.) Énumérez d'autres combinaisons possibles de ces allèles dans les gamètes de cet individu.

12. **ÉCRIVEZ UN TEXTE**
Le fondement génétique de la vie La continuité de la vie est basée sur l'information héritée sous forme d'ADN. Dans un court essai (de 100 à 150 mots), expliquez comment le comportement des chromosomes pendant la reproduction sexuée chez les Animaux assure la perpétuation des caractères chez les descendants, tout en permettant la variation génétique de ces derniers.

RÉPONSES DU CHAPITRE 13

Questions des figures

Figure 13.4 Le nombre haploïde, *n*, est 3. Un jeu de chromosomes est toujours haploïde.
Figure 13.7

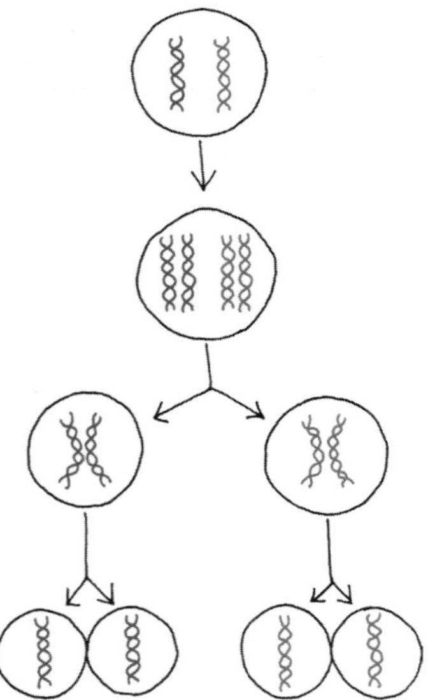

(Un court brin d'ADN est illustré ici dans un but de simplification, mais chaque chromosome ou chromatide contient une très longue molécule d'ADN enroulée et repliée.) **Figure 13.8** Si les deux cellules de la figure 12.7 subissaient une seconde mitose, chacune des quatre cellules résultantes aurait six chromosomes alors que les quatre cellules résultant de la méiose dans la figure 13.8 auraient chacune trois chromosomes. À la mitose, la réplication de l'ADN (et par conséquent la duplication des chromosomes) assurant un nombre égal de chromosomes chez les cellules filles et chez la cellule mère précède chaque prophase. À la méiose, au contraire, la réplication de l'ADN a lieu seulement avant la prophase I (pas avant la prophase II). Donc, au cours de deux mitoses, les chromosomes se répliquent deux fois et se divisent deux fois, alors qu'à la méiose les chromosomes se répliquent une fois et se divisent deux fois. **Figure 13.9** Oui. Chacun des six chromosomes (trois par cellule) illustrés à la télophase I a une chromatide non recombinée et une chromatide recombinée. Par conséquent, huit jeux possibles de chromosomes peuvent être créés pour la cellule à gauche et huit pour la cellule à droite.

Retour sur le concept 13.1

1. Les parents transmettent à leurs enfants des gènes qui programment les cellules pour qu'elles synthétisent des enzymes spécifiques et d'autres protéines, dont l'effet cumulatif produit les caractères héréditaires d'un individu. **2.** De tels organismes se reproduisent par mitose, qui donne des descendants dont les génomes sont des copies virtuellement exactes du génome des parents (en l'absence de mutations). **3.** Elle devrait la cloner. Le croisement avec une autre plante créerait des descendants qui auraient une variation additionnelle qu'elle ne désire plus alors qu'elle a obtenu l'orchidée recherchée.

Retour sur le concept 13.2

1. Chacun des six chromosomes est répliqué, de sorte que chacun contient deux doubles hélices d'ADN. Par conséquent, il y a 12 molécules d'ADN dans la cellule. **2.** Dans la méiose, le nombre de chromosomes est réduit lorsqu'ils passent du stade diploïde au stade haploïde ; l'union de deux gamètes haploïdes dans la fécondation rétablit le nombre diploïde de chromosomes. **3.** Le nombre haploïde (*n*) est de 7 ; le nombre diploïde (*2n*) est de 14. **4.** Cet organisme possède le cycle de développement illustré à la figure 13.6c. Par conséquent, il doit s'agir d'un Eumycète ou d'un Protiste, peut-être une Algue.

Retour sur le concept 13.3

1. Les chromosomes sont semblables dans la mesure où chacun est composé de deux chromatides sœurs, et les chromosomes individuels sont placés de façon identique sur la plaque équatoriale. Les chromosomes diffèrent dans la mesure où, dans une cellule qui se divise par mitose, les chromatides sœurs de chaque chromosome sont génétiquement identiques. Par contre, dans une cellule qui se divise par méiose, les chromatides sœurs sont génétiquement distinctes à cause de l'enjambement dans la méiose I. En outre, les chromosomes dans la métaphase de la méiose II sont toujours constitués d'un jeu haploïde. **2.** En l'absence d'enjambement, les deux chromosomes homologues ne seraient liés d'aucune façon. Cela pourrait entraîner un arrangement incorrect des chromosomes homologues pendant la métaphase I et ultimement dans la formation de gamètes, qui contiendraient un nombre anormal de chromosomes.

Retour sur le concept 13.4

1. Les mutations dans un gène conduisent à différentes versions de ce gène, appelées allèles. **2.** Même en l'absence d'enjambement, l'assortiment indépendant des chromosomes pendant la méiose I peut théoriquement générer 2^n gamètes haploïdes possibles, et la fécondation aléatoire peut produire $2^n \times 2^n$ zygotes diploïdes possibles. Étant donné que le nombre haploïde (*n*) des sauterelles est de 23 et que celui des drosophiles est de 4, on peut s'attendre à ce que deux sauterelles produisent une plus grande variété de zygotes que deux drosophiles. **3.** Si les segments des chromatides maternelles et paternelles qui subissent un enjambement étaient génétiquement identiques et avaient donc les mêmes deux allèles pour chaque gène, alors les chromosomes recombinés seraient génétiquement équivalents aux chromosomes parentaux. L'enjambement contribue à la variation génétique seulement quand il met en jeu le réarrangement de différents allèles.

Questions du résumé des concepts clés

13.1 Les gènes programment des caractères spécifiques et les enfants héritent des gènes de chacun de leurs parents, ce qui explique les ressemblances physiques qu'ils peuvent avoir avec l'un ou l'autre de leurs parents. Les humains se reproduisent par voie sexuée, ce qui permet de nouvelles combinaisons de gènes (donc de caractères) chez les descendants. En conséquence, les descendants ne sont pas des clones de leurs parents (ce qui serait le cas si les humains se reproduisaient par voie asexuée). **13.2** Les Animaux et les Végétaux se reproduisent par voie sexuée, alternant la méiose avec la fécondation. Les deux ont des gamètes haploïdes qui s'unissent pour former un zygote diploïde; celui-ci se divise alors par mitose et forme un organisme multicellulaire diploïde. Chez les Animaux, les cellules haploïdes deviennent des gamètes et ne subissent pas de mitose, alors que chez les Végétaux les cellules haploïdes résultant de la méiose subissent la mitose pour former un organisme multicellulaire haploïde, le gamétophyte. Cet organisme crée alors des gamètes haploïdes. (Chez les Végétaux comme les arbres, le gamétophyte est de taille très réduite et il n'est pas facile à voir pour l'observateur occasionnel.) **13.3** À la fin de la méiose I, les deux membres d'une paire de chromosomes homologues se retrouvent dans des cellules différentes, de sorte qu'ils ne peuvent pas s'apparier et subir un enjambement. **13.4** Premièrement, pendant l'assortiment indépendant dans la métaphase I, chaque paire de chromosomes homologues s'aligne indépendamment de chaque autre paire à la plaque équatoriale, de sorte qu'une cellule fille de la méiose I hérite au hasard soit d'un chromosome maternel, soit d'un chromosome paternel. Deuxièmement, à cause de l'enjambement, chaque chromosome n'est pas exclusivement maternel ou paternel, mais comporte des régions aux extrémités des chromatides provenant d'une chromatide non sœur (une chromatide d'un autre chromosome homologue). (Le segment non sœur peut également être une région interne de la chromatide si un deuxième enjambement se déroule loin du premier avant l'extrémité de la chromatide.) Cela apporte beaucoup de diversité additionnelle sous la forme de nouvelles combinaisons d'allèles. Troisièmement, la fécondation aléatoire permet encore plus de variation. En effet, un spermatozoïde parmi un grand nombre comportant de nombreuses combinaisons génétiques possibles peut féconder un ovule ayant également un grand nombre de combinaisons possibles.

ÉVALUATION

1. a; **2.** d; **3.** b; **4.** a; **5.** d; **6.** c; **7.** d; **8.** a)

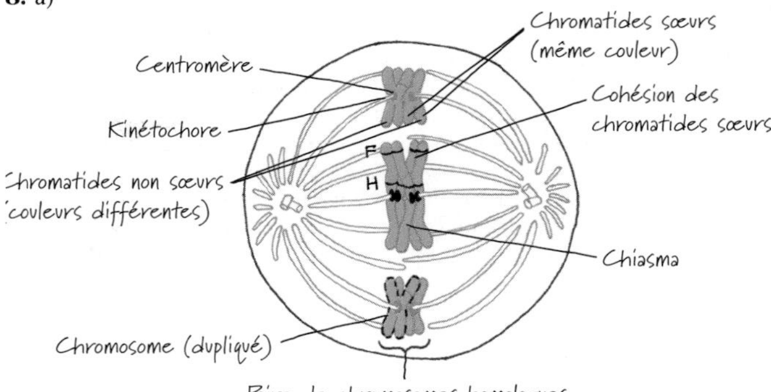

b) Les chromosomes d'une couleur forment un jeu haploïde. (Dans les cas où des enjambements se sont produits, un jeu haploïde d'une couleur peut inclure des segments de chromatides de l'autre couleur.) Tous les chromosomes rouges et bleus ensemble forment un jeu diploïde. c) Métaphase I. **9.** Cette cellule doit subir la méiose parce que les chromosomes homologues sont associés les uns avec les autres sur la plaque équatoriale; cela ne se produit pas dans la mitose.

14

Mendel et le concept de gène

▲ **Figure 14.1 Quels principes de l'hérédité Gregor Mendel a-t-il découverts en travaillant sur la reproduction des plants de pois ?**

CONCEPTS CLÉS

14.1 **Mendel a découvert les deux lois de l'hérédité en utilisant l'approche scientifique**

14.2 **Les règles des probabilités régissent les lois de l'hérédité de Mendel**

14.3 **Les modèles d'hérédité sont souvent plus complexes que ceux qui sont prévus par la génétique de Mendel**

14.4 **De nombreux caractères humains suivent les modèles mendéliens de l'hérédité**

INTRODUCTION

Les gènes sont tirés au hasard comme les cartes d'un jeu

S'il vous arrive de croiser une femme marchant dans la rue, qui arbore fièrement une splendide chevelure violette, vous en déduirez probablement que cette couleur excentrique ne vient pas de l'un de ses parents. Tout au long de votre vie, vos observations sur la couleur des cheveux, entre autres, vous ont appris à reconnaître, consciemment ou non, un certain nombre de variations naturelles et de les distinguer de celles qui ne le sont pas. Certains individus ont les yeux bleus, d'autres ont les yeux verts, d'autres encore ont les yeux gris... Certains ont les cheveux noirs, d'autres sont bruns, d'autres encore sont blonds ou roux... Ce ne sont là que quelques exemples des variations héréditaires que l'on peut relever dans une population donnée. Quelles lois génétiques régissent la transmission de ces caractères des parents aux enfants chez les humains et les autres êtres vivants ?

Au cours des années 1800, la théorie la plus en vogue pour expliquer ce phénomène de l'hérédité était l'hypothèse du « mélange » des caractères. Selon cette idée qui a eu cours dès l'époque d'Aristote (384-322 av. J.-C.), le matériel génétique provenant des deux parents se mêle de la même façon qu'une peinture bleue se mélange avec une peinture jaune pour donner de la peinture verte. Au fil des générations, une population qui s'accouplerait librement tendrait à devenir uniforme. Cependant, l'observation quotidienne et les résultats d'expériences effectuées sur la reproduction d'animaux contredisent cette prédiction. En outre, l'hérédité par mélange ne permet pas d'expliquer certains phénomènes génétiques, tel le fait que des caractères peuvent réapparaître après avoir sauté une génération.

Le modèle de l'hérédité « particulaire », qui mène au concept de gène, est une solution de rechange à l'hypothèse du mélange. Selon ce modèle, les parents transmettent à leurs descendants des unités héréditaires discontinues – les gènes – qui restent distinctes. Dans cette perspective, l'ensemble des gènes d'un organisme ressemble plus à un jeu de cartes qu'à un pot de peinture. Tout comme des cartes, les gènes peuvent être mélangés et transmis d'une génération à l'autre sans être atténués.

La génétique moderne est née dans le jardin d'une abbaye où un moine nommé Gregor Mendel a mis en évidence une forme d'hérédité particulaire. Sur la **figure 14.1**, on voit Mendel (à l'arrière, tenant une pousse de fuchsia) en compagnie de ses confrères. Il a élaboré sa théorie de l'hérédité plusieurs décennies avant qu'on puisse observer des chromosomes au microscope et comprendre l'importance de leur comportement. Dans ce chapitre, nous entrerons dans le jardin de Mendel pour recréer ses expériences et expliquer comment il a conçu sa théorie de l'hérédité. Puis nous examinerons des modèles plus complexes que le modèle mendélien observé chez le pois. Enfin, nous verrons en quoi le modèle de Mendel s'applique à l'hérédité des caractères humains, y compris les maladies héréditaires telles que l'anémie à hématies falciformes.

CONCEPT 14.1

Mendel a découvert les deux lois de l'hérédité en utilisant l'approche scientifique

Mendel a découvert les principes fondamentaux de l'hérédité en faisant se reproduire des plants de pois (*Pisum sativum*). Il planifiait soigneusement les expériences qu'il effectuait. Au fur et à mesure que nous suivrons ses travaux, vous reconnaîtrez les éléments clés de la démarche scientifique exposés au chapitre 1.

L'approche expérimentale et quantitative de Mendel

Mendel a grandi dans la petite ferme de ses parents, dans une région agricole qui appartenait autrefois à l'Autriche et qui fait aujourd'hui partie de la République tchèque. Dans cette région agricole, à l'instar des autres enfants, il a reçu à l'école une formation générale ainsi qu'une formation en agriculture. À l'adolescence, en dépit de sa santé délicate et de ses difficultés financières, il a fait des études brillantes à l'école secondaire et à l'Institut de philosophie d'Olmütz.

Mendel est entré au monastère des Augustins en 1843, à l'âge de 21 ans, un choix rationnel à l'époque pour quelqu'un qui valorisait la vie intellectuelle. Après avoir échoué à l'examen qui lui aurait permis de devenir enseignant, il quitte le monastère pour poursuivre deux années d'études en physique et en chimie à l'Université de Vienne. Ces années se sont révélées décisives: elles ont marqué son avenir en tant que scientifique, en grande partie grâce une très forte influence de deux professeurs. L'un d'eux, Christian Doppler, ce physicien qui a découvert l'effet qui porte son nom, encourageait ses élèves à apprendre les sciences par l'expérimentation, et c'est lui qui a montré à Mendel comment expliquer les phénomènes naturels à l'aide des mathématiques. L'autre, Franz Unger, un botaniste, a suscité l'intérêt de Mendel pour les causes des variations chez les plantes. L'enseignement reçu de ces deux mentors a joué plus tard un rôle déterminant dans ses expériences sur le pois.

Après ses études universitaires, Mendel est retourné au monastère et a été nommé professeur dans une école locale où se trouvaient déjà plusieurs autres enseignants passionnés pour la recherche scientifique. En outre, ses confrères moines partageaient son intérêt pour la culture des plantes, une tradition au monastère. Cet endroit a donc constitué à plus d'un titre un terreau fertile pour les travaux scientifiques de Mendel. Vers 1857, Mendel commence à faire se reproduire des pois dans le jardin de l'abbaye pour étudier l'hérédité. La question de l'hérédité était depuis longtemps un sujet d'intérêt au monastère, mais c'est l'approche tout à fait inédite qu'il a adoptée qui lui a permis de déduire les principes jusque-là demeurés insaisissables pour les autres.

L'existence de nombreuses variétés de pois a probablement influencé Mendel dans le choix de son matériel de travail: par exemple, une variété possède des fleurs violettes et une autre, des fleurs blanches. Une propriété héréditaire qui varie d'un individu à l'autre, telle la couleur des fleurs, est appelée **caractère**. (On emploie souvent le terme *traits* pour désigner les différentes variétés ou formes d'un même caractère.)

Le choix du pois était également excellent pour d'autres raisons: le cycle de reproduction court et le nombre élevé d'individus à chaque croisement. En outre, Mendel était en mesure de contrôler de façon absolue l'identité des plantes qu'il croisait. Il faut savoir que les organes reproducteurs du pois se trouvent dans la fleur, qui contient à la fois les organes producteurs du pollen (les étamines) et l'organe producteur d'ovules (l'ovaire du pistil)*. Dans la nature, cette plante s'autoféconde, c'est-à-dire que les grains de pollen des étamines d'une fleur tombent sur le pistil de la même fleur, et un gamète mâle (spermatozoïde) issu des grains de pollen féconde alors un gamète femelle (oosphère) situé dans le carpelle du pistil (voir le glossaire). Pour effectuer une pollinisation croisée – soit une fécondation entre des plantes différentes –, Mendel retirait les étamines immatures d'une plante avant qu'elles produisent du pollen, puis il saupoudrait du pollen provenant d'une autre plante sur la fleur ainsi castrée (**figure 14.2**). Chaque zygote obtenu de cette manière se développait pour donner un embryon enfermé dans une graine (pois). Mendel était donc toujours sûr de connaître les parents des nouvelles semences.

En outre, Mendel a pris soin de limiter son étude de l'hérédité à des caractères qui s'expriment sous deux formes alternatives distinctes. Par exemple, ses plantes possédaient soit des fleurs violettes, soit des fleurs blanches: il n'existait pas de couleur intermédiaire entre ces deux variantes. Si, au contraire, Mendel avait examiné des caractères variant de façon continue d'un individu à l'autre – telle la masse des graines –, il n'aurait pas découvert la nature particulaire de l'hérédité (vous saurez pourquoi plus loin).

Mendel a également veillé à effectuer ses expériences sur des **lignées pures**, c'est-à-dire sur des variétés qui, au fil des générations, ne produisent après autofécondation que des descendants identiques à la plante parent. Par exemple, une plante à fleurs violettes provient d'une lignée pure si les graines qu'elle engendre par autofécondation sur des générations successives donnent toutes des plantes à fleurs violettes.

D'ordinaire, dans une expérience de croisement, Mendel effectuait une pollinisation croisée entre deux variétés clairement distinctes de pois de lignée pure – par exemple, des plantes à fleurs violettes et des plantes à fleurs blanches – (voir la figure 14.2). Ce type de croisement de deux variétés de lignée pure est appelé **hybridation**. On nomme **génération P** (parentale) la génération des parents de lignée pure et **génération F_1** (première génération filiale), celle des hybrides qui en sont issus. En permettant l'autofécondation des hybrides F_1 (ou une pollinisation croisée avec d'autres hybrides F_1), on obtient une **génération F_2** (deuxième génération filiale). En général, Mendel suivait les caractères sur trois générations au moins (P, F_1 et F_2). S'il avait mis fin à ses expériences à la génération F_1, comme

* Comme vous l'avez appris à la figure 13.6b (p. 286), chez les Végétaux, la méiose ne produit pas de gamètes, mais des spores. Dans les plantes à fleurs comme le pois, chaque spore se développe en un gamétophyte haploïde microscopique qui ne contient que quelques cellules et est situé sur le parent. Le gamétophyte produit des spermatozoïdes dans les grains de pollen et des oosphères dans le carpelle. Pour simplifier, nous n'inclurons pas la phase du gamétophyte dans notre discussion de la fécondation chez les Végétaux.

▼ **Figure 14.2** MÉTHODE DE RECHERCHE

Le croisement de plants de pois

APPLICATION En croisant deux variétés d'un organisme appartenant chacune à une lignée pure, les scientifiques peuvent étudier les modèles de l'hérédité. Dans cet exemple, Mendel croisait des plants de pois dont la couleur des fleurs variait.

TECHNIQUE

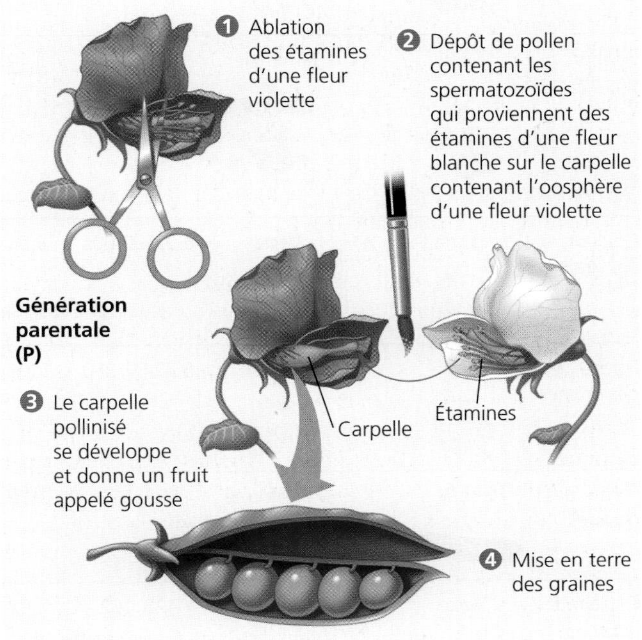

❶ Ablation des étamines d'une fleur violette
❷ Dépôt de pollen contenant les spermatozoïdes qui proviennent des étamines d'une fleur blanche sur le carpelle contenant l'oosphère d'une fleur violette
Génération parentale (P)
❸ Le carpelle pollinisé se développe et donne un fruit appelé gousse
Carpelle
Étamines
❹ Mise en terre des graines

RÉSULTATS Lorsqu'une fleur violette est fécondée avec le pollen d'une fleur blanche, les hybrides de première génération ont tous des fleurs violettes. On obtient le même résultat si on effectue un croisement réciproque, c'est-à-dire si on place le pollen de fleurs violettes dans des fleurs blanches.

Première génération filiale (F_1)
❺ Observation des descendants : ils possèdent tous des fleurs violettes.

d'autres chercheurs l'avaient fait jusque-là, le mécanisme de base de l'hérédité lui aurait échappé. C'est principalement l'analyse de plantes de la génération F_2 issues de milliers de croisements génétiques comme ceux-ci qui lui a permis de déduire les deux principes fondamentaux de l'hérédité, devenus loi de la ségrégation et loi de l'assortiment indépendant des caractères.

La loi de la ségrégation

Si le modèle de l'hérédité par mélange avait été exact, les hybrides de la génération F_1 issus d'un croisement entre un pois à fleurs violettes et un pois à fleurs blanches auraient eu des fleurs d'un violet pâle, un caractère intermédiaire entre ceux de la génération P. Notez que l'expérience de la figure 14.2 donne un résultat tout à fait différent : la génération F_1 possède des fleurs de la même couleur que le parent à fleurs violettes. Qu'est-il donc advenu de la contribution génétique du pois à fleurs blanches chez les hybrides ? Si ce caractère avait été perdu, les plantes de la génération F_1 auraient uniquement produit des descendants à fleurs violettes à la génération suivante (génération F_2). Or, quand Mendel laissait les plantes hybrides de la génération F_1 s'autoféconder, puis semait les graines qu'il avait récoltées, le caractère des fleurs blanches réapparaissait à la génération F_2.

Précisons ici que Mendel travaillait sur de très grands échantillons et qu'il notait minutieusement ses résultats, en *comptant* soigneusement le nombre d'individus dans chaque groupe de plantes. En cela, il se distinguait de ses prédécesseurs dont certains avaient fait, au siècle précédent, des recherches sur la même espèce que celle qu'il avait choisie, mais sans quantifier leurs résultats. Ainsi, dans la génération F_2, Mendel avait obtenu 705 plantes à fleurs violettes et 224 plantes à fleurs blanches. Vous remarquerez qu'il y a trois plantes à fleurs violettes pour une plante à fleurs blanches (**figure 14.3**). Mendel en a déduit que le facteur héréditaire des fleurs blanches ne disparaissait pas chez les plantes de la génération F_1, mais qu'il était en quelque sorte caché, ou masqué, en présence du facteur des fleurs violettes. Selon la terminologie de Mendel, les fleurs violettes sont un caractère *dominant* et les fleurs blanches, un caractère *récessif*. L'apparition de plantes à fleurs blanches à la génération F_2 prouvait que le facteur héréditaire déterminant les fleurs blanches n'avait pas été dilué ou détruit par sa coexistence avec le facteur des fleurs violettes chez les hybrides de la génération F_1.

Mendel a observé le même schéma d'hérédité dans le cas de six autres caractères du pois présentant chacun deux variations (**tableau 14.1**). Par exemple, lorsqu'il a effectué le croisement d'une variété de lignée pure qui produisait des graines rondes (lisses) avec une autre qui produisait des graines ridées, tous les hybrides de la génération F_1 formaient des graines rondes ; il s'agissait donc du caractère dominant de la forme des graines. À la génération F_2, 75 % des plantes produisaient des graines rondes et 25 %, des graines ridées, ce qui correspond à la proportion de trois pour un de la figure 14.3. Voyons maintenant comment ses résultats expérimentaux ont permis à Mendel de formuler la loi de la ségrégation. Dans notre discussion, nous utiliserons des expressions modernes à la place de certains termes employés par Mendel (par exemple, nous parlerons de « gène » plutôt que de « facteur héréditaire »).

Le modèle de Mendel

Mendel a élaboré un modèle pour expliquer la proportion de trois contre un dans le schéma de l'hérédité, qu'il observait chez les descendants de la génération F_2 dans chacune de ses expériences avec les plants de pois. Nous décrivons quatre notions interdépendantes qui constituent le modèle ; la quatrième est la loi de la ségrégation.

Premièrement : *les variations des caractères génétiques s'expliquent par les formes différentes que les gènes peuvent avoir.* Par exemple, il existe deux formes du gène de la couleur des fleurs du pois : l'une pour les fleurs violettes, l'autre pour les

▼ Figure 14.3 INVESTIGATION

Lorsqu'on permet l'autofécondation ou la pollinisation croisée de plants de pois hybrides de la génération F_1, quel caractère apparaît à la génération F_2?

EXPÉRIENCE Vers 1860, dans le jardin d'un monastère à Brünn, en Autriche, Gregor Mendel a utilisé la couleur des fleurs de plants de pois pour suivre la transmission des caractères sur deux générations. Il a effectué un croisement (désigné par le symbole ×) entre des plants de pois de lignée pure, les uns à fleurs violettes et les autres à fleurs blanches. Une partie des hybrides obtenus à la génération F_1 a été autofécondée et l'autre a fait l'objet d'une pollinisation croisée avec d'autres hybrides de cette génération. Mendel a ensuite observé la couleur des fleurs de la génération F_2.

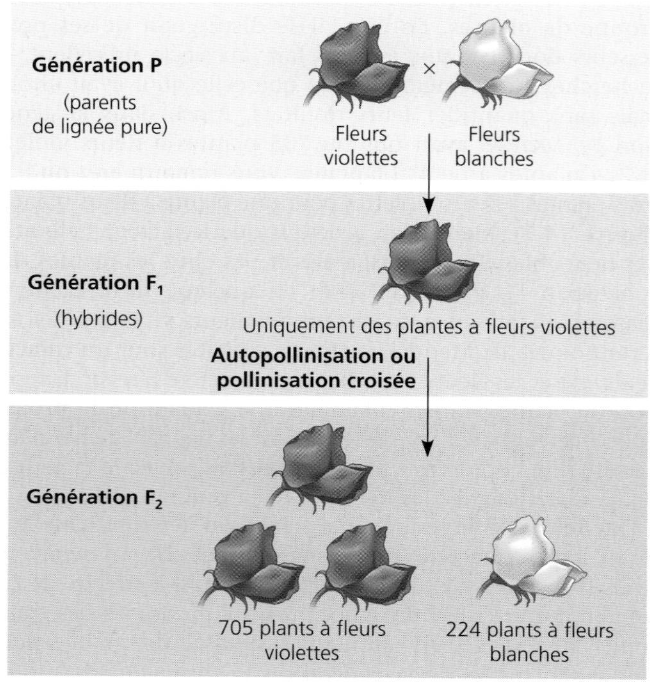

RÉSULTATS La génération F_2 obtenue présente des plants à fleurs violettes et des plants à fleurs blanches dans une proportion d'environ 3 pour 1.

CONCLUSION Le « facteur héréditaire » du caractère récessif (fleurs blanches) n'a pas été détruit, supprimé ou « mélangé » dans la génération F_1. Il était seulement masqué par le caractère dominant (fleurs violettes).

SOURCE G. Mendel, Recherches sur des hybrides végétaux. Traduction d'Albert Chappelier parue en 1907 dans le *Bulletin scientifique de la France et de la Belgique* 41 : 371-419 (1866).

ET SI ? Si vous croisez deux plants à fleurs violettes de la génération P, quelle proportion de caractères vous attendez-vous à observer chez les descendants ? Expliquez votre réponse.

Tableau 14.1 **Les résultats des croisements de la génération F_1 effectués par Mendel portant sur sept caractères du pois**

Caractère	Allèle dominant	×	Allèle récessif	Génération F_2 Dominants : récessifs	Proportion
Couleur des fleurs	Violette	×	Blanche	705 : 224	3,15 : 1
Position des fleurs	Axiale	×	Terminale	651 : 207	3,14 : 1
Couleur des graines	Jaune	×	Verte	6 022 : 2 001	3,01 : 1
Forme des graines	Ronde	×	Ridée	5 474 : 1 850	2,96 : 1
Forme des gousses	Gonflée	×	Moniliforme	882 : 299	2,95 : 1
Couleur des gousses	Verte	×	Jaune	428 : 152	2,82 : 1
Longueur de la tige	Longue	×	Naine	787 : 277	2,84 : 1

fleurs blanches. Ces deux formes possibles d'un même gène sont maintenant appelées **allèles** (**figure 14.4**). De nos jours, on peut relier cette notion aux chromosomes et à l'ADN. Comme vous l'avez vu au chapitre 13, chaque gène est une séquence de nucléotides qui occupe un endroit précis, ou locus, sur un chromosome donné. Cependant, la séquence des nucléotides de l'ADN située sur ce locus présente parfois certaines variations; par conséquent, l'information qu'elle représente se trouve modifiée. Les allèles de la couleur violette et de la couleur blanche des fleurs sont deux variantes possibles de la séquence de nucléotides d'ADN située sur le locus du gène de la couleur des fleurs sur l'un des chromosomes du pois.

Deuxièmement : *tout organisme hérite de deux copies d'un gène (identiques ou différentes) de chaque caractère, soit une du « père » et l'autre de la « mère »*. (Ces copies sont également appelées allèles de ce gène.) Ce qui est remarquable, c'est que Mendel a tiré cette conclusion sans connaître le rôle ou l'existence même des chromosomes. Il faut se rappeler (voir le chapitre 13) que toute cellule somatique d'un organisme diploïde possède deux jeux de chromosomes et que chaque membre d'un jeu provient de l'un des parents. Dès lors, dans une cellule diploïde, un locus génétique est représenté deux fois, une fois sur chaque homologue d'une paire donnée de

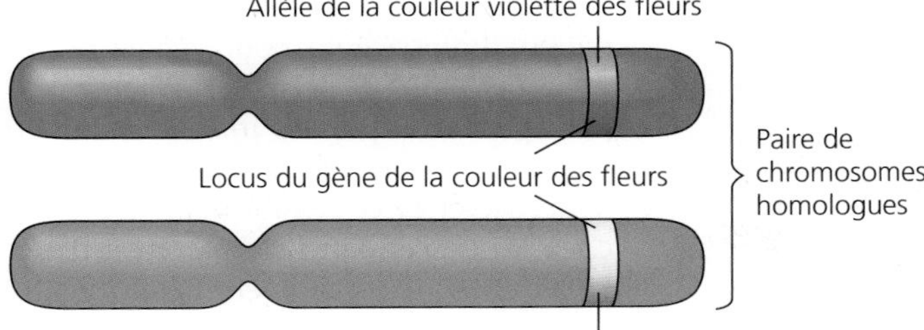

▲ **Figure 14.4 Les allèles, formes différentes d'un gène.** Une cellule somatique possède deux copies de chaque chromosome (formant une paire homologue) et, par conséquent, deux copies de chaque gène, qui peuvent être identiques ou différentes. Cette figure représente une paire de chromosomes homologues dans un hybride de la génération F_1 du pois. Le chromosome reçu du « père » (bleu), porté par le spermatozoïde situé dans le grain de pollen, possède l'allèle des fleurs violettes, et le chromosome reçu de la « mère » (rouge), qui était présent dans une oosphère située dans le carpelle, possède l'allèle des fleurs blanches.

chromosomes. Les deux allèles présents sur un locus particulier peuvent être identiques, comme dans le cas des plantes de lignée pure de la génération P de Mendel, ou bien ils peuvent être différents, comme chez les hybrides de la génération F_1 (voir la figure 14.4).

Troisièmement: *si les deux allèles d'un locus sont différents, l'un d'eux, l'****allèle dominant****, détermine l'apparence de l'organisme, alors que l'autre, l'****allèle récessif****, n'a pas d'effet notable sur cette dernière.* Ainsi, les plantes de la génération F_1 de Mendel présentent des fleurs violettes parce que l'allèle correspondant à cette variation est dominant et que l'allèle de la couleur blanche des fleurs est récessif.

La quatrième et dernière partie du modèle de Mendel porte le nom de **loi mendélienne de la ségrégation**. Elle stipule qu'*il y a ségrégation (séparation l'un de l'autre) des deux allèles de chaque caractère héréditaire au cours de la formation des gamètes et qu'ils se retrouvent dans des gamètes différents*. Par conséquent, pour un gène donné, le gamète mâle et le gamète femelle d'un organisme reçoivent chacun un seul des deux allèles présents dans les cellules somatiques. Cette ségrégation correspond à la distribution des deux membres d'une paire de chromosomes homologues à différents gamètes pendant la méiose (voir la figure 13.7, p. 287). Notez que, si un organisme possède deux allèles identiques d'un caractère donné – s'il est de lignée pure pour ce caractère –, tous les gamètes qu'il produira posséderont l'allèle pour ce caractère. Mais s'il a deux allèles différents du caractère en question, comme dans le cas des hybrides F_1, alors 50% de ses gamètes recevront l'allèle dominant et 50%, l'allèle récessif.

Le modèle de la ségrégation formulé par Mendel permet-il d'expliquer la proportion de 3:1 observée à la génération F_2 de ses nombreux croisements? Pour le caractère déterminant la couleur des fleurs, le modèle prévoit que, au moment de la séparation des deux allèles différents présents dans la génération F_1 d'un individu, la moitié des gamètes devrait recevoir un allèle de la couleur violette des fleurs et l'autre moitié, un allèle de la couleur blanche des fleurs. Puis, pendant l'autofécondation, les gamètes de chaque catégorie devraient s'unir au hasard. Un gamète femelle possédant l'allèle de la couleur violette des fleurs – tout comme un gamète femelle possédant celui de la couleur blanche des fleurs – a autant de chances d'être fécondé par un gamète mâle ayant l'allèle de la couleur violette des fleurs que par un gamète mâle ayant l'allèle de la couleur blanche des fleurs. Lorsqu'ils s'unissent, les gamètes mâle et femelle forment un zygote qui contient une combinaison d'allèles parmi quatre combinaisons, toutes aussi possibles les unes que les autres. Nous avons représenté ces combinaisons à la **figure 14.5** à l'aide d'une **grille de Punnett** (nom d'un généticien anglais), tableau qui permet de prédire facilement la constitution allélique (ou génotype) de la génération issue de croisements génétiques entre individus de génotype connu. Notez que les lettres majuscules désignent les allèles dominants et les lettres minuscules, les allèles récessifs. Dans cet exemple, *V* est l'allèle de la couleur violette des fleurs et *v*, celui de la couleur blanche des fleurs; le gène lui-même est parfois désigné gène *V/v*.

Quelle sera la couleur des fleurs chez les plantes de la génération F_2? Un quart d'entre elles possédera deux allèles correspondant à des fleurs violettes (*VV*) et, de toute évidence, aura des fleurs violettes. La moitié aura hérité d'un allèle de la couleur violette et d'un allèle de la couleur blanche (le génotype sera donc *Vv*), et aura des fleurs violettes, à l'instar des plantes de la génération F_1 (l'allèle de la couleur violette étant dominant). Enfin, un quart aura hérité de deux allèles de la couleur blanche des fleurs (*vv*) et exprimera ce caractère récessif. Le modèle de Mendel explique donc exactement la proportion de 3:1 observée à la génération F_2.

Les termes utiles en génétique

Si un organisme possède une paire d'allèles identiques d'un caractère donné, on dit qu'il est **homozygote** pour le gène déterminant ce caractère. Dans la génération parentale de la figure 14.5, la plante à fleurs violettes est homozygote pour l'allèle dominant (*VV*), alors que la plante à fleurs blanches est homozygote pour l'allèle récessif (*vv*). Les plantes homozygotes produisent une lignée pure parce que tous leurs gamètes contiennent le même allèle – soit *V* ou *v* dans cet exemple. Si on croise des homozygotes dominants avec des homozygotes récessifs, tous les individus de la génération suivante auront deux allèles différents – les hybrides de la génération F_1 dans notre expérience sur la couleur des fleurs ont tous un génotype *Vv* (voir la figure 14.5). Un organisme qui possède deux allèles différents d'un caractère donné est dit **hétérozygote** pour ce gène. Contrairement aux homozygotes, les hétérozygotes produisent des gamètes qui ont des allèles différents; ils ne représentent donc pas une lignée pure. Par exemple, les gamètes contenant les allèles *V* et *v* sont produits par les hybrides de la génération F_1. Par conséquent, l'autofécondation des hybrides de la génération F_1 produit à la fois des descendants à fleurs violettes et des descendants à fleurs blanches.

Étant donné qu'un allèle récessif peut être présent sans manifester d'effets, un organisme comporte des caractères qui ne reflètent pas nécessairement sa combinaison allélique. On établit donc une distinction entre l'apparence, ou les caractères observables, d'un organisme, appelée son **phénotype**, et sa constitution allélique, nommée **génotype**. Dans le cas de la couleur des fleurs du pois, les plantes *VV* et *Vv* ont le même phénotype (leurs fleurs sont violettes), mais pas le même

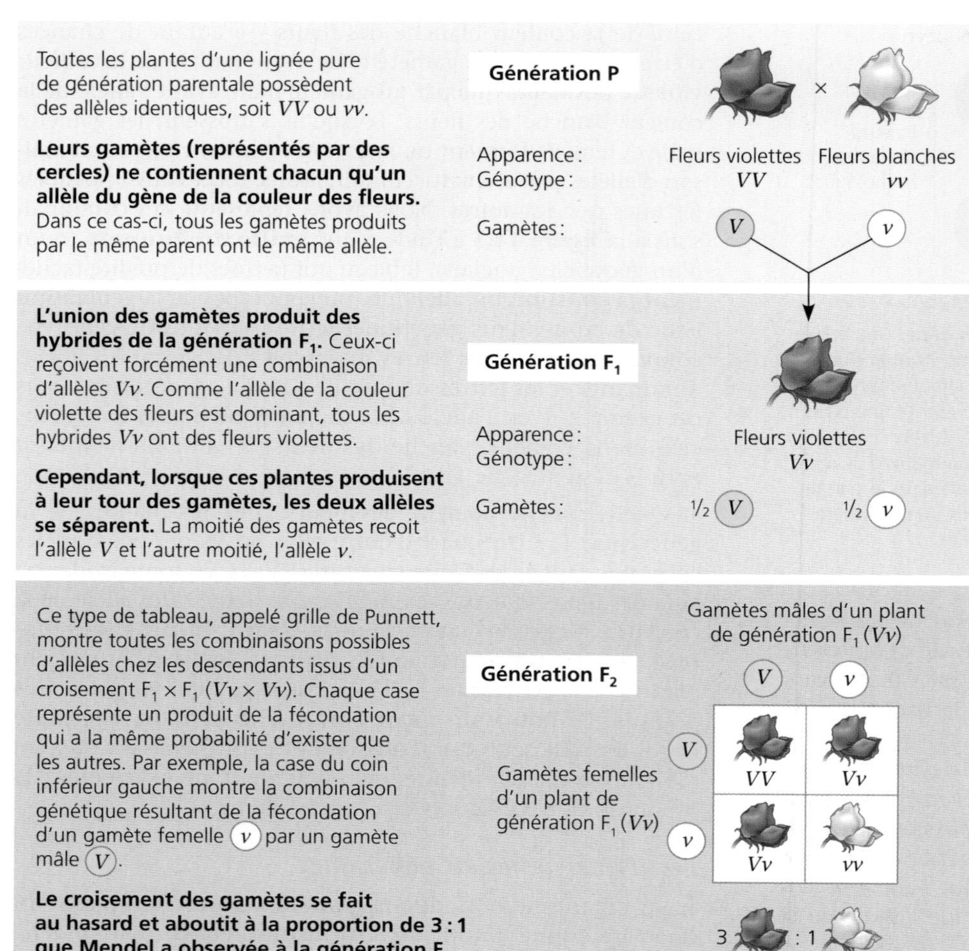

Toutes les plantes d'une lignée pure de génération parentale possèdent des allèles identiques, soit VV ou vv.
Leurs gamètes (représentés par des cercles) ne contiennent chacun qu'un allèle du gène de la couleur des fleurs. Dans ce cas-ci, tous les gamètes produits par le même parent ont le même allèle.
Génération P
Apparence : Fleurs violettes Fleurs blanches
Génotype : VV vv
Gamètes : V v
L'union des gamètes produit des hybrides de la génération F1. Ceux-ci reçoivent forcément une combinaison d'allèles Vv. Comme l'allèle de la couleur violette des fleurs est dominant, tous les hybrides Vv ont des fleurs violettes.
Cependant, lorsque ces plantes produisent à leur tour des gamètes, les deux allèles se séparent. La moitié des gamètes reçoit l'allèle V et l'autre moitié, l'allèle v.
Génération F1
Apparence : Fleurs violettes
Génotype : Vv
Gamètes : 1/2 V 1/2 v
Ce type de tableau, appelé grille de Punnett, montre toutes les combinaisons possibles d'allèles chez les descendants issus d'un croisement F1 × F1 (Vv × Vv). Chaque case représente un produit de la fécondation qui a la même probabilité d'exister que les autres. Par exemple, la case du coin inférieur gauche montre la combinaison génétique résultant de la fécondation d'un gamète femelle v par un gamète mâle V.
Le croisement des gamètes se fait au hasard et aboutit à la proportion de 3 : 1 que Mendel a observée à la génération F2.
Génération F2
Gamètes mâles d'un plant de génération F1 (Vv)
Gamètes femelles d'un plant de génération F1 (Vv)
V v
VV Vv
Vv vv
3 : 1

▲ **Figure 14.5 La loi mendélienne de la ségrégation.** Ce diagramme présente le génotype des générations de la figure 14.3. Il montre le modèle de l'hérédité des allèles d'un même gène selon Mendel. Chaque plante porte deux allèles du gène de la couleur des fleurs : l'un provient du « père » et l'autre, de la « mère ». Pour élaborer une grille de Punnett qui prédit les descendants de la génération F_2, on dresse la liste de tous les gamètes possibles d'un parent (ici, les femelles de la génération F_1) le long du côté gauche du carré et de tous les gamètes possibles de l'autre parent (ici, les mâles de la génération F_1) en haut de la grille. Les cases représentent les descendants résultant de toutes les unions possibles des gamètes mâles et femelles.

génotype. Nous illustrons ces notions à la **figure 14.6**. Notez que le « phénotype » désigne tant les caractères physiologiques que ceux qui sont directement liés à l'apparence. Par exemple, il existe une variété de pois auxquels il manque la capacité normale de s'autoféconder. Cette variation physiologique (la non-autofécondation) est un phénotype.

Le croisement de contrôle

Supposons que nous ayons un pois à fleurs violettes de génotype inconnu. Comment pouvons-nous savoir s'il est homozygote (*VV*) ou hétérozygote (*Vv*), puisque les deux génotypes produisent le même phénotype à fleurs violettes ? Pour déterminer le génotype, on peut croiser ce plant avec un plant de pois à fleurs blanches (*vv*), qui ne produira que des gamètes contenant l'allèle récessif (*v*). L'allèle dans le gamète reçu du plant de génotype inconnu déterminera donc l'apparence des descendants (**figure 14.7**). Si tous les individus issus du croisement ont des fleurs violettes (et pourvu que le nombre de descendants soit suffisamment grand), on peut en déduire que le plant à fleurs violettes est nécessairement homozygote pour l'allèle dominant, parce qu'un croisement *VV* × *vv* ne peut produire que des individus *Vv*. Si, par contre, on trouve le phénotype à fleurs violettes et celui à fleurs blanches chez les descendants, le parent à fleurs violettes est nécessairement hétérozygote. En effet, les descendants issus d'un croisement *Vv* × *vv* présentent les phénotypes *Vv* et *vv* dans une proportion de 1 : 1. On appelle croisement de contrôle (« **testcross** ») le croisement d'un individu de génotype inconnu et d'un homozygote récessif parce qu'il peut révéler le génotype de cet organisme. Ce type de croisement a été inventé par Mendel et il demeure un outil essentiel pour les généticiens.

La loi de l'assortiment indépendant

Mendel a découvert la loi de la ségrégation à partir d'expériences portant sur un *seul* caractère, comme la couleur des fleurs. Tous les descendants de la génération F_1 obtenus par ses croisements de parents de lignée pure sont dits **monohybrides**, ce qui signifie qu'ils sont tous hétérozygotes pour ce caractère particulier (un seul caractère) suivi dans le croisement. Un croisement entre des hétérozygotes de ce type est un **croisement monohybride**.

Mendel a découvert sa deuxième loi de l'hérédité en observant deux caractères à la fois : la couleur et la forme des graines. Chez le pois, les graines peuvent être jaunes ou vertes, mais aussi rondes ou ridées. Des croisements monohybrides ont permis à Mendel de constater que l'allèle des graines jaunes est dominant (*J*), alors que celui des graines vertes (*j*) est récessif. Pour ce qui est de la forme des graines, l'allèle des graines rondes est dominant (*R*) et celui des graines ridées, récessif (*r*).

Que se passe-t-il si on hybride deux variétés de pois qui diffèrent par ces deux caractères à la fois, c'est-à-dire si on croise un parent à graines jaunes et rondes (*JJRR*) avec un parent à graines vertes et ridées (*jjrr*) ? On sait que les plantes de la génération F_1 seront des individus **dihybrides**, hétérozygotes pour les deux caractères suivis dans le croisement (*JjRr*). Mais ces derniers – la couleur et la forme des graines – sont-ils transmis ensemble des parents aux descendants ? Autrement dit, les allèles *J* et *R* restent-ils toujours associés d'une génération à l'autre ou bien sont-ils transmis indépendamment l'un de l'autre ? La **figure 14.8** (page 306) montre comment un **croisement dihybride**, c'est-à-dire un croisement entre des dihybrides de la génération F_1, permet de déterminer laquelle de ces deux hypothèses est la bonne.

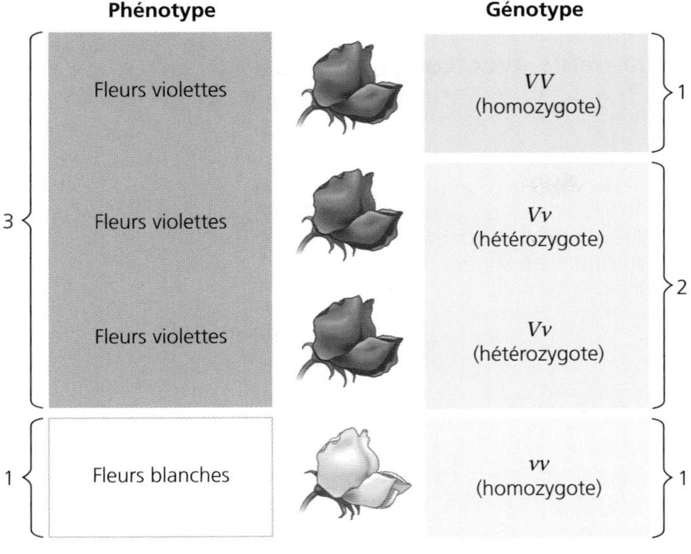

▲ **Figure 14.6 Génotypes et phénotypes.** En regroupant les individus de la génération F_2 résultant d'un croisement pour étudier la couleur des fleurs selon le phénotype, on obtient un rapport phénotypique de 3 : 1. Par rapport au génotype, toutefois, il y a en fait deux catégories de plantes à fleurs violettes, *VV* (homozygote) et *Vv* (hétérozygote), ce qui donne un rapport génotypique de 1 : 2 : 1.

Quelle que soit l'hypothèse qui est juste, les plantes de la génération F_1 auront le génotype *JjRr* et les deux phénotypes dominants (graines jaunes et rondes). L'étape clé de cette expérience consiste à observer ce qui se passe lorsque les plantes de la génération F_1 s'autofécondent et produisent la génération F_2. Si les hybrides transmettent une combinaison d'allèles identique à celle qu'ils ont reçue de la génération P, les hybrides de la génération F_1 ne produiront alors que deux catégories de gamètes, *JR* et *jr*. Selon cette hypothèse de l'« assortiment dépendant », la proportion des phénotypes de la génération F_2 sera de 3 : 1, comme dans un croisement monohybride (voir la partie gauche de la figure 14.8).

Selon l'autre hypothèse, les deux paires d'allèles subissent une ségrégation indépendante. Autrement dit, les gènes peuvent se trouver regroupés dans les gamètes selon n'importe quelle combinaison allélique, tant que chaque gamète reçoit un gène de chaque caractère. Dans cet exemple, il devrait y avoir quatre catégories de gamètes produites en quantités égales par une plante de la génération F_1 : *JR, Jr, jR* et *jr*. Si des gamètes mâles des quatre catégories fécondent des gamètes femelles des quatre catégories, les allèles formeront 16 combinaisons (soit 4 × 4) dont les probabilités de se réaliser à la génération F_2 sont égales, comme le montre la grille de Punnett, à droite dans la figure 14.8. Ces combinaisons donneront quatre catégories de phénotypes selon une proportion de 9 : 3 : 3 : 1 (9⁄16 de graines jaunes et rondes, 3⁄16 de graines vertes et rondes, 3⁄16 de graines jaunes et ridées, et 1⁄16 de graines vertes et ridées). Lorsqu'il a effectué cette expérience et classé les individus de la génération F_2, Mendel a obtenu des résultats proches de la proportion phénotypique prévue de 9 : 3 : 3 : 1. Ces résultats expérimentaux confirment l'hypothèse selon laquelle les allèles d'un gène – déterminant la couleur ou la forme des graines dans cet exemple – se répartissent dans les gamètes indépendamment des allèles des autres gènes.

▼ **Figure 14.7** MÉTHODE DE RECHERCHE

Le croisement de contrôle

APPLICATION Un organisme qui présente un phénotype dominant (comme les fleurs violettes chez le pois) peut être soit hétérozygote, soit homozygote pour l'allèle dominant. Pour connaître son génotype, les généticiens peuvent effectuer un croisement de contrôle.

TECHNIQUE Dans un croisement de contrôle, on croise l'individu de génotype inconnu avec un organisme exprimant le phénotype récessif (comme les fleurs blanches chez le pois), et donc nécessairement homozygote. Ensuite, on prédit les résultats possibles à l'aide d'une grille de Punnett.

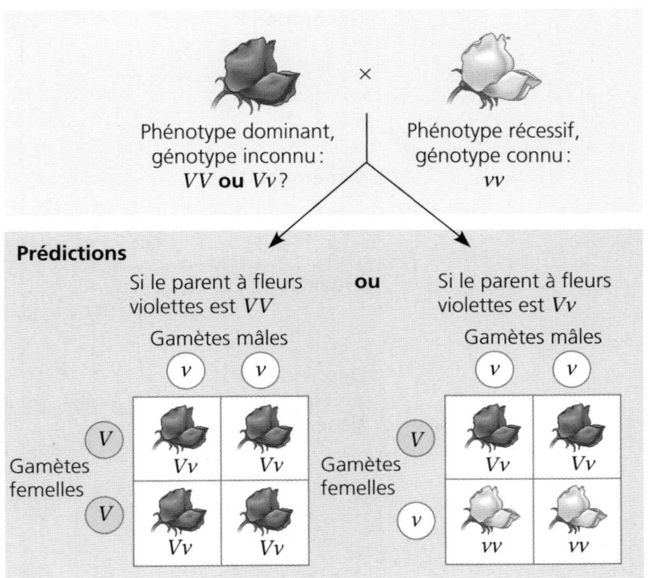

RÉSULTATS En mettant en correspondance les résultats avec l'une ou l'autre des prédictions, on peut identifier le génotype parental inconnu (soit *VV* ou *Vv* dans cet exemple). Dans ce croisement de contrôle, on a déposé du pollen d'un plant à fleurs blanches sur les carpelles d'un plant à fleurs violettes ; le croisement réciproque aurait conduit aux mêmes résultats.

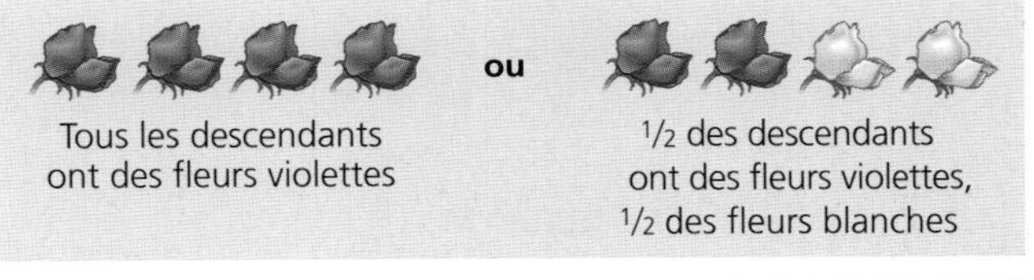

Tous les descendants ont des fleurs violettes
ou
1/2 des descendants ont des fleurs violettes, 1/2 des fleurs blanches

Mendel est allé plus loin encore : il a effectué divers croisements dihybrides en combinant deux des sept caractères qu'il étudiait chez le pois, et il a observé chaque fois une proportion phénotypique de 9 : 3 : 3 : 1 à la génération F_2. Cependant, vous pouvez remarquer à la figure 14.8 que chaque caractère pris séparément présente une proportion phénotypique de 3 : 1 (3⁄4 de graines jaunes pour 1⁄4 de graines vertes ; 3⁄4 de graines rondes pour 1⁄4 de graines ridées). Pour chaque caractère pris individuellement, la ségrégation se réalise comme dans un croisement monohybride. Les résultats des expériences de Mendel sur les croisements dihybrides constituent le fondement de ce qu'on appelle aujourd'hui la **loi de l'assortiment indépendant** des caractères, qui s'énonce ainsi : *chacune des paires d'allèles se sépare indépendamment des autres paires au moment de la formation des gamètes.*

▼ **Figure 14.8** INVESTIGATION

Les allèles pour un caractère se répartissent-ils dans les gamètes avec ceux de l'autre caractère ou indépendamment de ces derniers?

EXPÉRIENCE Gregor Mendel a suivi les caractères de la couleur et de la forme des graines jusqu'à la génération F_2. Il a effectué un croisement entre deux plants de pois de lignée pure – l'un à graines jaunes et rondes et l'autre à graines vertes et ridées –, ce qui produit des individus dihybrides de génération F_1. L'autofécondation de ces derniers produit la génération F_2. Les deux hypothèses (assortiment dépendant et assortiment indépendant) prédisent des rapports phénotypiques différents.

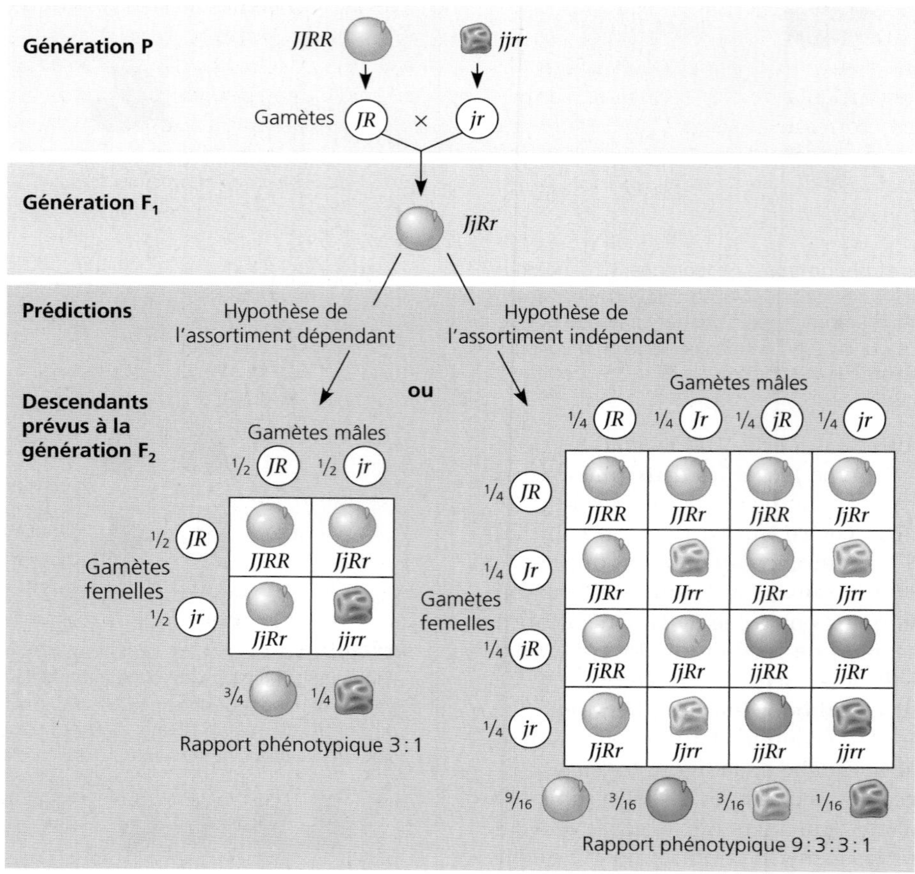

RÉSULTATS

CONCLUSION Seule l'hypothèse de l'assortiment indépendant prévoit l'apparition de deux des phénotypes observés: les graines vertes et rondes et les graines jaunes et ridées (voir la grille de Punnett de droite). Les allèles de la couleur et de la forme des graines se répartissent dans les gamètes indépendamment l'un de l'autre.

SOURCE G. Mendel, Recherches sur des hybrides végétaux. Traduction d'Albert Chappelier parue en 1907 dans le *Bulletin scientifique de la France et de la Belgique* 41 : 371-419 (1866).

ET SI? Supposons que Mendel ait transféré du pollen d'une plante de la génération F_1 au carpelle d'une plante qui était homozygote récessive pour les deux gènes. Effectuez le croisement et dessinez des grilles de Punnett pour prédire les descendants selon les deux hypothèses. Ce croisement confirme-t-il également l'hypothèse de l'assortiment indépendant?

Cette loi ne s'applique qu'aux gènes (paires d'allèles) situés sur des chromosomes distincts – c'est-à-dire sur des chromosomes qui ne sont pas homologues – ou sur un même chromosome, mais à des distances très éloignées l'un de l'autre. Ce dernier cas sera expliqué au chapitre 15, en même temps que les modes de transmission héréditaire plus complexes de gènes situés l'un près de l'autre qui sont habituellement transmis ensemble. Le pois possède sept paires de chromosomes ($2n = 14$). Or, les sept caractères du pois que Mendel a choisi d'analyser sont soit régis par des gènes situés chacun sur un chromosome différent, soit situés sur le même chromosome, mais en étant éloignés les uns des autres. (Par exemple, le gène qui contrôle la taille de la plante est situé sur le chromosome 4 de même que le gène contrôlant la forme des gousses.) Cette particularité a grandement simplifié l'interprétation de ses croisements de pois différant par plusieurs caractères. Tous les exemples que nous étudierons dans la suite du présent chapitre mettent en jeu des gènes situés sur des chromosomes différents.

RETOUR SUR LE CONCEPT 14.1

1. **FAITES UN DESSIN** On laisse s'autoféconder des plants de pois hétérozygotes pour la position des fleurs et la longueur de la tige (*AaTt*), et on plante 400 des graines produites. Dessinez une grille de Punnett pour ce croisement. Combien peut-on prévoir de descendants à fleurs terminales et à tige naine? (Voir le tableau 14.1.)
2. **ET SI?** Établissez la liste de tous les gamètes que pourrait produire un plant de pois hétérozygote pour la couleur des graines, pour la forme des graines, et pour la forme des gousses (*JjRrGg*; voir le tableau 14.1). Quelle serait la grandeur de la grille de Punnett qu'il faudrait dessiner pour prédire les descendants de l'autofécondation de ce «trihybride»?
3. **FAITES DES LIENS** Dans certains croisements de pois, les plants s'autofécondent. Reportez-vous au concept 13.1 (p. 282 et 283) et expliquez si l'autofécondation est considérée comme une reproduction asexuée ou sexuée.

Voir les réponses proposées à la fin du chapitre.

CONCEPT 14.2

Les règles des probabilités régissent les lois de l'hérédité de Mendel

Les hypothèses de la ségrégation et de l'assortiment indépendant de Mendel reflètent des lois de probabilité identiques à celles qui s'appliquent lorsqu'on joue à pile ou face, lorsqu'on tire une carte d'un jeu ou lorsqu'on lance des dés. L'échelle des probabilités va de 0 à 1. Un événement qui se produit à coup sûr a une probabilité de 1, alors qu'un autre qui ne se produit *jamais* a une probabilité de 0. Si on lance une pièce qui a deux côtés face, la probabilité qu'elle tombe sur le côté face est de 1, et la probabilité qu'elle tombe sur le côté pile (inexistant) est de 0. Si on lance une pièce normale, la probabilité d'obtenir le côté face est de ½, et celle d'obtenir le côté pile est aussi de ½. La probabilité de tirer l'as de pique d'un jeu de 52 cartes est de $1/52$. La somme des probabilités de tous les résultats possibles d'un événement donné est obligatoirement de 1. Lorsqu'on tire une carte, la probabilité d'obtenir une autre carte que l'as de pique est de $51/52$.

Le lancer d'une pièce de monnaie nous permet de bien comprendre les lois des probabilités. À chaque lancer, la probabilité d'obtenir le côté face est de ½. Le résultat d'un lancer particulier n'est aucunement influencé par les résultats des lancers précédents. De tels phénomènes sont appelés événements indépendants. Les lancers, qu'ils soient successifs d'une même pièce ou simultanés de plusieurs pièces, sont indépendants de chacun des autres lancers. À l'instar du lancer de deux pièces de monnaie, les allèles d'un gène se séparent en gamètes indépendamment des allèles des autres gènes (loi de l'assortiment indépendant). Deux règles de probabilité élémentaires peuvent nous aider à prévoir les résultats de la fusion de tels gamètes dans des croisements monohybrides simples et des croisements plus complexes.

La règle de la multiplication et la règle de l'addition appliquées aux croisements monohybrides

Comment calcule-t-on la probabilité que deux événements indépendants se produisent ensemble selon une combinaison donnée? Par exemple, si on lance deux pièces de monnaie en même temps, quelle est la probabilité d'obtenir deux côtés face? Selon la **règle de la multiplication**, on calcule cette probabilité en multipliant la probabilité d'un événement (une pièce tombe du côté face) par la probabilité de l'autre événement (l'autre pièce tombe du côté face). Selon cette règle, la probabilité que les deux pièces tombent en même temps du côté face est de $\frac{1}{2} \times \frac{1}{2} = \frac{1}{4}$.

Le même raisonnement s'applique à un croisement monohybride de deux individus de la génération F_1. Prenons la forme des graines comme caractère héréditaire chez des plants de pois: le génotype des plants de la génération F_1 est *Rr*. Or, chez une plante hétérozygote, la ségrégation est analogue au lancer d'une seule pièce de monnaie pour ce qui est du calcul de la probabilité de chacun des résultats: la probabilité qu'un gamète femelle ait l'allèle dominant (*R*) est de ½, et la probabilité qu'il ait l'allèle récessif (*r*) est également de ½. Les mêmes probabilités s'appliquent pour chacun des gamètes mâles produits. Pour qu'une plante donnée de génération F_2 ait des graines ridées – soit le caractère récessif –, il faut que le gamète femelle et le gamète mâle qui s'unissent portent l'allèle *r*. La probabilité qu'un allèle *r* se trouve dans les deux gamètes au moment de la fécondation est de ½ (la probabilité qu'un gamète femelle ait un allèle *r*) × ½ (la probabilité qu'un gamète mâle ait un allèle *r*). Par conséquent, la règle de la multiplication nous indique que la probabilité qu'une plante de génération F_2 ait des graines ridées (*rr*) est de ¼ (**figure 14.9**). De même, la probabilité qu'une plante de génération F_2 porte les deux allèles dominants de la forme des graines (*RR*) est de ¼.

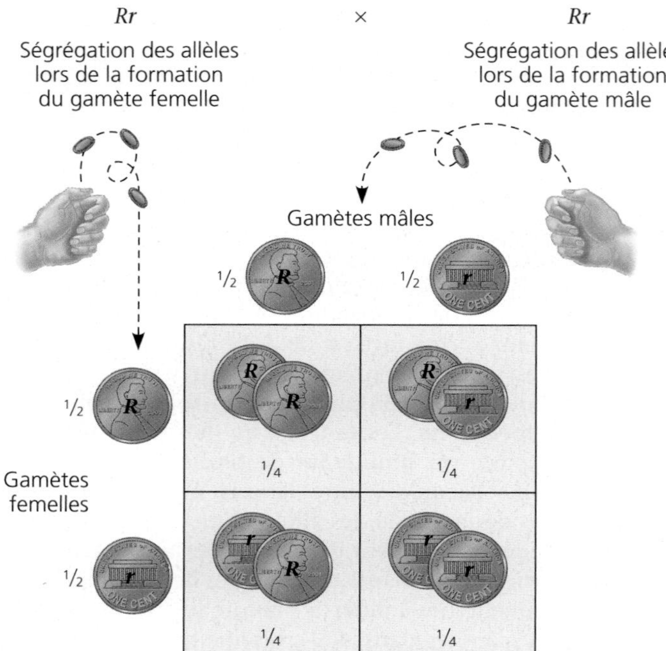

▲ **Figure 14.9 La ségrégation des allèles et la fécondation, deux événements aléatoires.** Lorsqu'un individu hétérozygote (*Rr*) produit des gamètes, le fait qu'un gamète particulier possède un allèle *R* ou un allèle *r* obéit aux mêmes règles que le lancer d'une pièce de monnaie. Il est donc possible de calculer la probabilité que les descendants de deux hétérozygotes aient un génotype donné, en multipliant les probabilités individuelles qu'un gamète femelle et un gamète mâle aient un allèle particulier (*R* ou *r* dans cet exemple).

Pour calculer la probabilité qu'une plante de la génération F_2 issue d'un croisement monohybride soit hétérozygote plutôt qu'homozygote, nous devons recourir à une seconde règle. À la figure 14.9, notez que l'allèle dominant peut venir du gamète femelle et l'allèle récessif, du gamète mâle, ou vice versa. En d'autres termes, les gamètes de génération F_1 peuvent se combiner de deux façons s'excluant mutuellement pour produire un individu *Rr*. Pour une plante donnée hétérozygote de génération F_2, l'allèle dominant peut provenir *soit* du gamète femelle, *soit* du gamète mâle, mais pas des deux. Selon la **règle de l'addition**, on calcule la probabilité que l'un de deux ou de plusieurs événements mutuellement exclusifs puisse avoir lieu en additionnant leurs probabilités individuelles. Comme on vient de le voir, la règle de la multiplication nous donne les probabilités individuelles qu'il faut additionner ensemble. La probabilité d'une façon possible d'obtenir un hétérozygote de génération F_2 – l'allèle dominant issu du gamète femelle et l'allèle récessif issu du gamète mâle – est de ¼. La probabilité de l'autre façon possible – l'allèle récessif issu du gamète femelle et l'allèle dominant issu du gamète mâle – est aussi de ¼ (voir la figure 14.9). Cette règle de l'addition permet donc de calculer la probabilité qu'un individu de la génération F_2 soit hétérozygote : ¼ + ¼ = ½.

La résolution de problèmes de génétique complexes à l'aide des règles de probabilité

On peut également appliquer les règles de probabilité pour prévoir les résultats de croisements mettant en jeu de multiples caractères. Rappelez-vous que chaque paire allélique se répartit indépendamment au cours de la formation des gamètes (loi de l'assortiment indépendant). Par conséquent, un croisement dihybride ou entre des parents différant par plusieurs caractères équivaut à au moins deux croisements monohybrides indépendants qui se produisent simultanément. En appliquant ce que nous avons appris sur les croisements monohybrides, on peut calculer la probabilité que des génotypes spécifiques apparaissent à la génération F_2 d'un croisement dihybride sans avoir à recourir à une grille de Punnett trop compliquée ; ce raisonnement s'applique à plus forte raison aux croisements mettant en jeu trois caractères et plus. (Par exemple, dans un croisement trihybride, il faudrait une grille de 64 cases pour représenter toutes les rencontres possibles entre huit gamètes mâles et huit gamètes femelles différents.)

Examinons le croisement dihybride entre les hétérozygotes *JjRr* illustrés à la figure 14.8. Commençons par un premier caractère, la couleur des graines. Pour un croisement monohybride de plantes *Jj*, on peut calculer les probabilités d'apparition des génotypes de la génération suivante à l'aide d'une grille de Punnett simple : ¼ pour *JJ*, ½ pour *Jj* et ¼ pour *jj*. En utilisant une seconde grille de Punnett, on peut déterminer que les mêmes probabilités s'appliquent aux génotypes de la forme des graines : ¼ *RR*, ½ *Rr* et ¼ *rr*. Ces probabilités étant connues, nous pouvons simplement utiliser la règle de la multiplication pour calculer la probabilité de chacun des génotypes dans la génération F_2. Dans les deux exemples ci-dessous, nous montrons les calculs pour trouver les probabilités de deux des génotypes possibles de la génération F_2 (*JJRR* et *JjRR*) :

Probabilité de *JJRR* = ¼ (probabilité de *JJ*) × ¼ (*RR*) = 1/16

Probabilité de *JjRR* = ½ (*Jj*) × ¼ (*RR*) = 1/8

Le génotype *JJRR* correspond à la case en haut à gauche de la plus grande grille de Punnett dans la figure 14.8 (1 case sur 16 ou probabilité de 1/16). Si vous examinez attentivement cette grille, vous verrez que 2 des 16 cases (1/8) correspondent au génotype *JjRR*.

Examinons maintenant comment on peut combiner les règles de la multiplication et de l'addition pour résoudre des problèmes encore plus complexes de génétique mendélienne. On peut imaginer un croisement de deux variétés de pois dans lesquelles on suit l'hérédité de trois caractères. Croisons un trihybride à fleurs violettes et à graines jaunes et rondes (qui est hétérozygote pour les trois gènes) avec une plante à fleurs violettes et à graines vertes et ridées (qui est hétérozygote pour la couleur des fleurs, mais homozygote récessive pour les deux autres caractères). Les symboles mendéliens nous permettent d'écrire ce croisement ainsi : *VvJjRr* × *Vvjjrr*. Quelle fraction des descendants aura des phénotypes récessifs dans le cas d'*au moins deux* caractères sur les trois ?

Pour répondre à cette question, on peut commencer par énumérer tous les génotypes satisfaisant à cette condition : *vvjjRr*, *vvJjrr*, *Vvjjrr*, *VVjjrr* et *vvjjrr*. (Parce que la condition est d'avoir *au moins deux* caractères récessifs, il faut tenir compte du dernier génotype cité, qui produit les trois phénotypes en question.) Ensuite, on applique la règle de la multiplication pour calculer la probabilité d'apparition de chacun des génotypes résultant du croisement *VvJjRr* × *Vvjjrr* – c'est-à-dire qu'on multiplie entre elles les probabilités individuelles correspondant à chaque paire d'allèles, tout comme nous l'avons fait dans notre exemple sur les dihybrides. Notez que, dans un croisement mettant en jeu des paires d'allèles hétérozygote et homozygote (par exemple, *Jj* × *jj*), la probabilité que la génération suivante soit hétérozygote est de ½ et celle qu'elle soit homozygote est de ½. Enfin, on applique la règle de l'addition pour faire la somme des probabilités d'apparition de tous les génotypes différents qui remplissent la condition de présenter au moins deux caractères récessifs, ainsi qu'on peut le voir dans le tableau qui suit :

vvjjRr	¼ (probabilité de *vv*) × ½ (*jj*) × ½ (*Rr*)	= 1/16
vvJjrr	¼ × ½ × ½	= 1/16
Vvjjrr	½ × ½ × ½	= ⅛ ou 2/16
VVjjrr	¼ × ½ × ½	= 1/16
vvjjrr	¼ × ½ × ½	= 1/16
Probabilité d'apparition d'*au moins deux* phénotypes récessifs		= 6/16 ou ⅜

Avec le temps, vous parviendrez à résoudre plus vite les problèmes de génétique en vous servant des règles de probabilité plutôt qu'en recourant à la grille de Punnett.

On ne peut pas prédire avec certitude le nombre exact de descendants de différents génotypes issus d'un croisement génétique. Mais les règles de probabilité nous permettent de déterminer quelles sont les *chances* pour que les divers résultats se produisent. Généralement, plus un échantillon est grand, plus les résultats se rapprochent de ce qu'on a prévu. Le fait que Mendel ait recensé un si grand nombre de descendants issus de ses croisements montre bien qu'il comprenait la nature statistique de l'hérédité et qu'il avait une bonne notion des règles de probabilité.

RETOUR SUR LE CONCEPT 14.2

1. Pour un gène ayant l'allèle dominant *A* et l'allèle récessif *a*, dans quelle proportion les descendants issus d'un croisement *AA* × *Aa* seront-ils homozygotes dominants, homozygotes récessifs et hétérozygotes ?

2. On accouple deux organismes ayant les génotypes *BbDD* et *BBDd*. En supposant que les gènes *B/b* et *D/d* présentent un assortiment indépendant, écrivez les génotypes de tous les descendants possibles issus de ce croisement et, à l'aide des règles de probabilité, calculez la probabilité que chaque génotype soit produit.

3. ET SI ? On considère trois caractères (couleur des fleurs, couleur des graines et forme de la gousse) dans un croisement entre deux plants de pois (*VvJjGg* × *vvJjgg*). Quelle fraction des descendants sera homozygote récessive pour au moins deux des trois caractères ?

Voir les réponses proposées à la fin du chapitre.

CONCEPT 14.3

Les modèles d'hérédité sont souvent plus complexes que ceux qui sont prévus par la génétique de Mendel

Au cours du 20e siècle, les généticiens ont étendu les principes mendéliens à d'autres organismes que les pois ainsi qu'à des modèles d'hérédité plus complexes que ceux qui ont été décrits par Mendel. Pour le travail qui a conduit à ses deux lois de l'hérédité, Mendel avait choisi des caractères des plants de pois dont la transmission génétique obéit à des lois relativement simples : chacun des caractères est déterminé par un seul gène pour lequel il n'existe que deux allèles, l'un étant complètement dominant et l'autre complètement récessif (sauf pour le caractère de la forme des gousses, qui est en réalité déterminé par deux gènes). En réalité, tous les caractères héréditaires ne sont pas déterminés aussi simplement, et il est rare que la relation entre le génotype et le phénotype soit aussi directe. Mendel lui-même s'est rendu compte qu'il ne pouvait pas expliquer les modes de transmission plus complexes qu'il a observés dans des croisements mettant en jeu d'autres caractères des pois ou d'autres espèces de végétaux. Malgré tout, la génétique mendélienne (quelquefois appelée mendélisme) est incontournable, car les principes fondamentaux de la ségrégation et de l'assortiment indépendant s'appliquent également aux modèles d'hérédité plus complexes. Dans la présente section, nous étendrons la génétique mendélienne aux modèles d'hérédité qui n'ont pas été décrits par Mendel.

La généralisation des lois de la génétique mendélienne appliquées à un seul gène

L'hérédité des caractères déterminés par un seul gène s'écarte des modèles mendéliens simples lorsque les allèles ne sont pas complètement dominants ou récessifs, si un gène donné a plus de deux allèles ou si un seul gène produit de multiples phénotypes. Dans cette section, nous décrirons un exemple de chacune de ces situations.

La gamme des relations de dominance et de récessivité

Les allèles peuvent présenter divers degrés de dominance et de récessivité en relation les uns avec les autres. Dans les croisements mendéliens classiques effectués entre des pois, les descendants de la génération F_1 ressemblaient toujours à l'une des deux variétés parentales, en raison de la **dominance complète** de l'un des allèles par rapport à l'autre. Dans de tels cas, il est impossible de distinguer le phénotype d'un hétérozygote de celui d'un homozygote dominant.

Pour certains gènes, cependant, aucun des allèles n'est complètement dominant, et les hybrides de la génération F_1 ont un phénotype intermédiaire, situé entre les phénotypes des deux variétés parentales. Ce phénomène, appelé **dominance incomplète**, se manifeste par exemple si on croise des gueules-de-loup (*Antirrhinum majus*) à fleurs rouges avec des gueules-de-loup à fleurs blanches : tous les hybrides de la génération F_1 auront des fleurs roses (**figure 14.10**). Ce troisième phénotype intermédiaire apparaît chez les individus hétérozygotes, parce qu'ils produisent moins de pigment rouge que les homozygotes rouges. (Cette situation est différente du cas des pois de Mendel, dont les hétérozygotes *Vv* produisent assez de pigment violet pour que leurs fleurs soient identiques à celles des plantes *VV*).

De prime abord, la dominance incomplète de l'un ou l'autre allèle semble apporter une preuve à l'appui de la théorie de l'hérédité par mélange: cette dernière prédit qu'on ne pourra jamais retrouver les caractères rouge ou blanc à partir d'hybrides roses. En fait, dans le cas des gueules-de-loup, un croisement effectué entre des hybrides de la génération F_1 donne à la génération F_2 une proportion phénotypique d'un individu rouge contre deux roses et un blanc. (Parce que les hétérozygotes ont un phénotype qui leur est propre, les proportions génotypiques et phénotypiques de la génération F_2 sont identiques, soit de 1:2:1.) La ségrégation des allèles de fleurs rouges et des allèles de fleurs blanches dans les gamètes issus des plantes à fleurs roses confirme le fait que les gènes de la couleur des fleurs sont des facteurs héréditaires conservant leur identité chez les hybrides; en d'autres termes, l'hérédité est de nature particulaire.

Une autre variation de la relation de dominance entre les allèles est appelée **codominance**, dans laquelle les deux allèles d'un gène se manifestent entièrement et de manière indépendante dans le phénotype. Prenons par exemple les groupes sanguins. Chez l'humain, le système MN se caractérise par la présence d'allèles codominants pour deux molécules spécifiques situées à la surface des globules rouges, les molécules M et N. Les phénotypes de ce groupe sanguin sont déterminés par un seul gène situé sur un locus précis et ayant deux variations possibles. Les personnes homozygotes pour un allèle *M* (*MM*) possèdent seulement des molécules M sur leurs globules rouges et celles qui sont homozygotes pour l'allèle *N* (*NN*) possèdent seulement des molécules N sur leurs globules rouges. En ce qui concerne les hétérozygotes pour les allèles *M* et *N* (*MN*), les *deux* molécules M et N sont présentes sur les globules rouges. Notez que le phénotype MN *n'*est absolument *pas* intermédiaire entre les phénotypes M et N, ce qui distingue la codominance de la dominance incomplète, mais que les hétérozygotes ont ces *deux* derniers phénotypes puisque les deux molécules sont présentes.

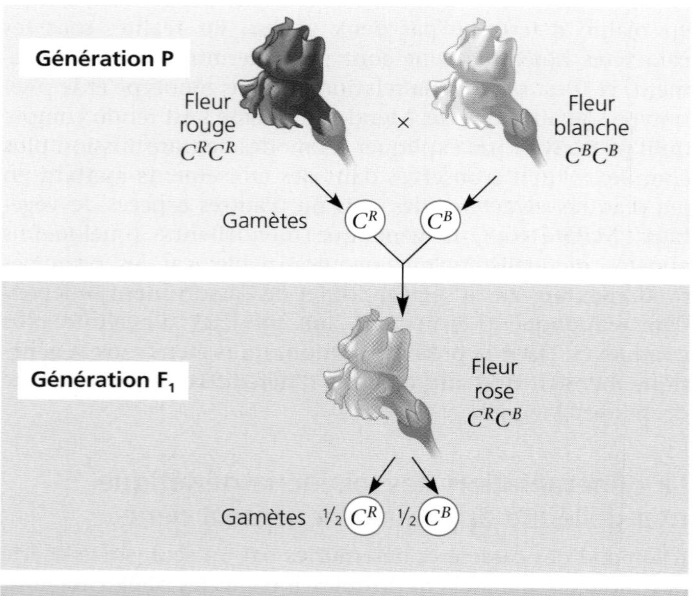

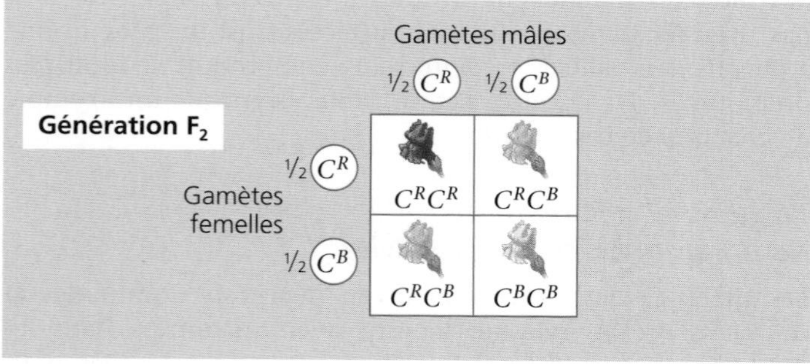

▲ **Figure 14.10 Un exemple de dominance incomplète: la couleur des fleurs de gueules-de-loup.** Lorsqu'on croise des gueules-de-loup rouges avec des gueules-de-loup blanches, tous les hybrides de la génération F_1 possèdent des fleurs roses. La ségrégation des allèles dans les gamètes des plantes de la génération F_1 produit une génération F_2 dans laquelle la proportion des génotypes et des phénotypes est de 1:2:1. Aucun des allèles n'est dominant; c'est pourquoi, au lieu d'utiliser des lettres majuscules et minuscules, nous utilisons la lettre *C* avec un exposant pour indiquer un allèle de la couleur des fleurs: C^R = allèle des fleurs rouges et C^B = allèle des fleurs blanches.

? *Supposez qu'un compagnon de classe soutient que cette figure confirme l'hypothèse du mélange pour expliquer l'hérédité. Quel serait son argument et que pourriez-vous lui répondre?*

La relation entre la dominance et le phénotype Nous avons vu que l'influence de deux allèles varie de la dominance complète de l'un des allèles à la codominance des deux allèles, en passant par la dominance incomplète de l'un ou l'autre allèle. Il importe de comprendre que, si on qualifie un allèle de *dominant*, ce n'est pas parce qu'il atténue ou empêche l'expression d'un allèle récessif, mais parce qu'il est présent dans le phénotype. Les allèles sont de simples variations de la séquence nucléotidique d'un gène. Lorsqu'un allèle dominant et un allèle récessif se trouvent ensemble dans un génotype hétérozygote, il n'existe en fait aucune interaction entre eux. C'est dans la transposition du génotype en phénotype que la dominance et la récessivité entrent en jeu.

Pour illustrer la relation entre la dominance et le phénotype, considérons l'un des caractères étudiés par Mendel: la forme ronde ou la forme ridée des graines de pois. L'allèle dominant (graine ronde) code pour la synthèse d'une enzyme qui permet de transformer une forme linéaire de l'amidon en amidon ramifié dans la graine. L'allèle récessif (graine ridée) code pour une forme défectueuse de cette enzyme causant une accumulation d'amidon non ramifié, ce qui entraîne l'absorption d'un excès d'eau par osmose. Puis, lorsque la graine sèche, elle se ride. Si un allèle dominant est présent, la graine n'absorbe pas cet excès d'eau et elle ne se ride pas en séchant. Un seul allèle dominant permet de produire l'enzyme en question, et ce, en quantité suffisante pour synthétiser des quantités adéquates d'amidon ramifié; donc, le phénotype des homozygotes dominants et celui des hétérozygotes sont identiques: les graines sont rondes dans les deux cas.

Un examen attentif de la relation entre la dominance et le phénotype révèle un fait étrange : au regard d'un caractère donné, la relation entre la dominance et la récessivité dépend du niveau auquel on examine le phénotype. Prenons l'exemple de la **maladie de Tay-Sachs** dont nous reparlerons plus loin dans ce chapitre. Cette maladie neurodégénérative est héréditaire chez l'être humain. Les cellules du cerveau d'un enfant atteint de cette maladie ne peuvent pas métaboliser certains lipides, parce qu'une de leurs enzymes ne fonctionne pas de manière adéquate. L'accumulation des lipides dans les cellules du cerveau de l'enfant entraîne progressivement des crises d'épilepsie, la cécité et la dégénérescence du fonctionnement moteur et mental. La mort survient en quelques années.

Seuls les enfants qui reçoivent deux copies de l'allèle de Tay-Sachs (homozygotes) souffrent de cette maladie. On pourrait donc considérer l'allèle de Tay-Sachs comme récessif par rapport à l'allèle normal au niveau de l'*organisme*. Cependant, chez les individus hétérozygotes, le taux d'activité de l'enzyme du métabolisme des lipides se situe entre celui des individus homozygotes pour l'allèle normal et celui des individus atteints de la maladie. Au niveau *biochimique*, le phénotype observé reflète donc une dominance incomplète de l'un ou l'autre allèle. Si les hétérozygotes ne présentent heureusement pas les symptômes de la maladie, c'est apparemment parce que la moitié de l'activité normale de l'enzyme suffit à empêcher l'accumulation de lipides dans le cerveau. Si nous portons notre analyse à un autre niveau, nous constatons que les personnes hétérozygotes produisent en quantité égale l'enzyme normale et l'enzyme déficiente. Par conséquent, au niveau *moléculaire*, l'allèle normal et l'allèle de la maladie de Tay-Sachs sont codominants. Comme on le voit, le fait que les allèles apparaissent complètement dominants, incomplètement dominants ou codominants dépend du niveau auquel le phénotype est analysé.

La fréquence des allèles dominants On pourrait supposer que l'allèle dominant d'un caractère donné est plus répandu dans une population que l'allèle récessif du même caractère, mais ce n'est pas nécessairement le cas. Par exemple, on estime que 2 enfants sur 1 000 environ dans le monde présentent des doigts ou des orteils surnuméraires (malformation appelée polydactylie). Parfois, le « doigt » surnuméraire (le plus souvent du côté du cinquième doigt ou orteil) peut n'être que partiellement développé, l'anomalie ne touchant que quelques tissus. Certains cas sont causés par la présence d'un allèle dominant. La faible fréquence de polydactylie indique que, dans la population, l'allèle récessif qui entraîne la présence de cinq doigts par membre est beaucoup plus commun que l'allèle dominant. Au chapitre 23, nous verrons que, dans une population donnée, les fréquences relatives des allèles sont influencées par la sélection naturelle.

Les allèles multiples

Les caractères du pois étudiés par Mendel sont déterminés par deux allèles, mais il s'agit d'un cas un peu particulier. En effet, la plupart des gènes présentent plus de deux formes alléliques. Par exemple, chez l'humain, en plus des groupes sanguins du système MN dont nous avons déjà parlé et qui ne comportent que deux allèles, les quatre groupes sanguins du système ABO sont déterminés par trois allèles d'un seul gène : I^A, I^B et i. Dans ce système, un individu peut être d'un des quatre groupes (phénotypes) A, B, AB ou O. Les lettres A et B désignent deux glucides qui peuvent se trouver à la surface des globules rouges : le N-acétylglucosamine, ou substance A, et le galactose, ou substance B, qui peuvent être situés à la surface des globules rouges en liaison avec l'extrémité N-terminale d'une protéine membranaire. Les globules rouges d'une personne donnée peuvent porter le glucide A (groupe A), le glucide B (groupe B), les deux glucides (groupe AB) ou aucun d'entre eux (groupe O), comme vous pouvez le voir à la **figure 14.11**. Pour effectuer des transfusions, il est essentiel d'avoir des groupes sanguins compatibles (voir le chapitre 43).

La pléiotropie

Jusqu'ici, nous avons parlé de l'hérédité mendélienne comme si chaque gène influait sur un seul caractère phénotypique à la fois. Cependant, la plupart des gènes ont des effets phénotypiques multiples, propriété appelée **pléiotropie** (du grec *pleion*, « plus »). Par exemple, chez l'humain, des allèles pléiotropiques sont responsables de symptômes associés à certaines maladies héréditaires, dont la fibrose kystique et l'anémie à hématies falciformes, que nous aborderons plus loin dans le présent chapitre. Chez le pois, le gène qui détermine la couleur des fleurs influe également sur la couleur de la pellicule à la surface externe des grains, qui peut être grise ou blanche. Compte tenu de la complexité des interactions moléculaires et cellulaires intervenant dans le développement et la physiologie d'un organisme, il n'est pas surprenant qu'un seul gène puisse influer sur un grand nombre de caractéristiques.

(a) Les trois allèles pour les groupes sanguins du système ABO et leurs glucides. Chaque allèle code pour une enzyme qui peut ajouter un glucide spécifique (désigné par un exposant sur le symbole de l'allèle et illustré par un triangle ou un cercle) à la surface des globules rouges.

Allèle	I^A	I^B	i
Glucide	A △	B ○	aucun

(b) Les génotypes et les phénotypes des groupes sanguins. Quatre phénotypes différents résultent de six génotypes possibles.

Génotype	I^AI^A ou I^Ai	I^BI^B ou I^Bi	I^AI^B	ii
Apparence des globules rouges		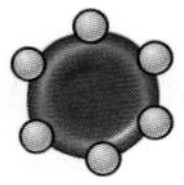	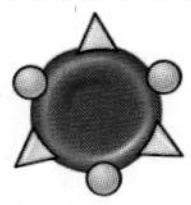	
Phénotype (groupe sanguin)	A	B	AB	O

▲ **Figure 14.11 Les allèles multiples pour les groupes sanguins du système ABO.** Les quatre groupes sanguins sont dus à différentes combinaisons de trois allèles.

? *À partir du phénotype du glucide de surface en (b), déterminez les relations de dominance parmi les allèles.*

La généralisation des lois de la génétique mendélienne appliquées à deux ou à plusieurs gènes

La dominance, les allèles multiples et la pléiotropie concernent les effets des allèles d'un seul gène. Nous allons étudier maintenant deux cas où deux ou plusieurs gènes interviennent dans la détermination d'un phénotype particulier.

L'épistasie

Dans l'**épistasie** (du grec *epi*, «au-dessus de», et *stasis*, «action de se tenir»), l'expression phénotypique d'un gène occupant un locus donné peut agir sur celle d'un autre gène situé sur un autre locus. Prenons un exemple. Chez les retrievers du Labrador (appelés couramment «labradors»), le pelage noir est dominant par rapport au pelage brun. (Nous appellerons *N* et *n* les deux allèles de ce caractère.) Pour qu'un labrador ait un pelage brun, il faut que son génotype soit homozygote récessif, *nn*; on appelle ces chiens des labradors chocolat. Cependant, c'est un second gène situé sur un autre locus qui détermine si le pigment se déposera dans le poil ou non. Son allèle dominant, *E*, permet au pigment noir ou au pigment brun de se déposer, selon le génotype du premier locus. Donc, si le labrador est homozygote récessif pour le second locus (*ee*), son pelage sera jaune, quel que soit le génotype du premier locus (brun ou noir). Dans ce cas, le gène pour le dépôt du pigment (*E/e*) est épistatique par rapport au gène qui code pour le pigment noir ou le pigment brun (*N/n*).

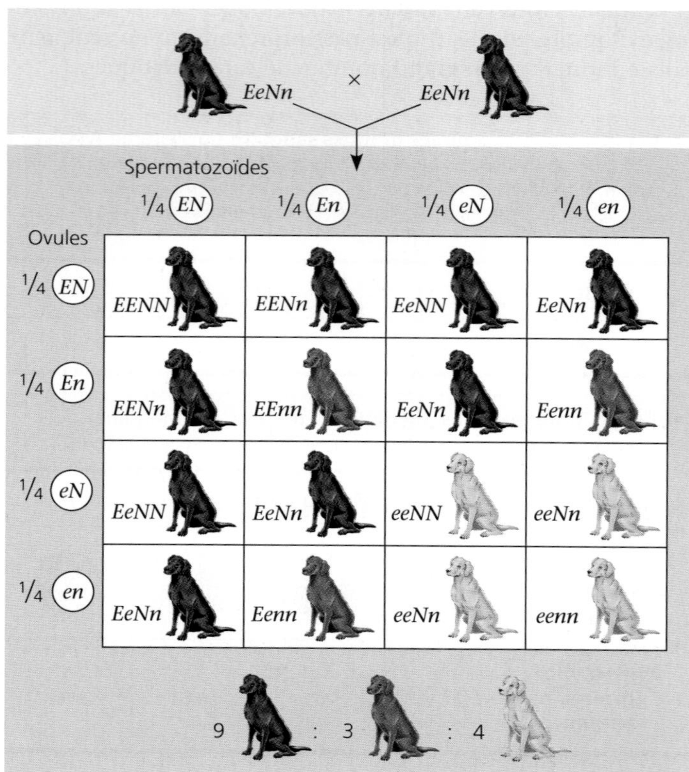

▲ **Figure 14.12 Un exemple d'épistasie.** Cette grille de Punnett illustre les génotypes et les phénotypes des individus issus d'accouplements entre deux labradors noirs de génotype *EeNn*. Le gène *E/e*, épistatique par rapport au gène *N/n*, détermine si un pigment, quelle que soit sa couleur, se déposera dans le poil.

Que se passe-t-il si on croise des labradors noirs hétérozygotes pour les deux gènes (*EeNn*)? Bien qu'ils déterminent le même caractère phénotypique (la couleur du pelage), les deux gènes suivent la loi de l'assortiment indépendant (ils sont transmis indépendamment l'un de l'autre). Il s'agit donc d'un croisement dihybride d'individus de la génération F_1, comme celui qui a donné une proportion de 9:3:3:1 dans les expériences de Mendel. On peut utiliser une grille de Punnett pour représenter les génotypes des descendants de la génération F_2 (**figure 14.12**). L'épistasie entraîne donc le rapport phénotypique suivant des individus de la génération F_2: $^9/_{16}$ noirs; $^3/_{16}$ chocolat (bruns); $^4/_{16}$ jaunes. Il existe d'autres types d'épistasie produisant des rapports différents, mais tous sont des versions modifiées du rapport 9:3:3:1.

L'hérédité polygénique

Mendel a étudié des caractères qu'on pourrait qualifier de dichotomiques, parce qu'ils revêtent des attributs distincts, tels que des fleurs violettes ou des fleurs blanches. Cependant, de nombreux caractères, tels que la couleur de la peau ou la taille chez l'humain, ne répondent pas à cette définition, car la population présente une variation continue. Il s'agit de **caractères quantitatifs**. Les variations quantitatives – de même que certaines variations qualitatives présentant un large spectre, telle la couleur des yeux chez la drosophile – sont habituellement le signe d'une **hérédité polygénique**, où deux gènes ou plus exercent un effet cumulatif sur un même phénotype (c'est l'inverse de la pléiotropie, où un seul gène influe sur plusieurs phénotypes).

Par exemple, certaines données permettent de penser que la pigmentation de la peau chez l'humain est régie par trois gènes au moins (probablement plus, mais nous simplifions), qui sont transmis de manière indépendante. Supposons qu'il existe seulement trois gènes de la pigmentation. Chacun d'eux a un allèle de la peau foncée (*A*, *B* ou *C*) qui apporte une «unité» de couleur foncée (également une simplification) au phénotype et qui exerce une dominance incomplète sur les autres allèles (*a*, *b* ou *c*). La peau d'une personne de génotype *AABBCC* serait très foncée, celle d'une personne de génotype *aabbcc* serait très claire, et celle d'un individu *AaBbCc* serait d'une teinte intermédiaire. Parce que les allèles ont un effet cumulatif, les génotypes *AaBbCc* et *AABbcc* représentent le même apport génétique (soit trois unités) relativement à la couleur foncée de la peau. La **figure 14.13** montre que sept phénotypes de la couleur de la peau peuvent résulter d'accouplements entre des hétérozygotes *AaBbCc*. Si on considère un grand nombre de ces accouplements, la majorité des descendants devrait posséder des phénotypes intermédiaires (couleur de peau moyenne). Les facteurs environnementaux, tels que l'exposition au soleil, influent également sur le phénotype de la couleur de la peau.

Hérédité et environnement: l'influence du milieu sur le phénotype

Le phénotype qui dépend à la fois du milieu et du génotype constitue une autre exception à la génétique mendélienne simple. Ainsi, un arbre donné qui a hérité d'un certain génotype produit des feuilles dont la dimension, la forme et la couleur sont influencées par son exposition au vent et au soleil, et un même plant de pissenlit (*Taraxacum officinale*) n'aura pas du tout le même aspect s'il croît sur une montagne élevée plutôt qu'en plaine. Chez l'humain, l'alimentation a un effet notable sur la taille ; l'exercice physique modifie, entre autres choses, la silhouette ; les rayons du soleil rendent la peau plus foncée ; le milieu de vie influe sur la longévité ; et l'expérience améliore les résultats obtenus aux tests d'intelligence. Même chez les jumeaux monozygotes, qui possèdent pourtant le même patrimoine génétique, on observe des différences phénotypiques résultant de leurs expériences propres.

Est-ce que ce sont les gènes ou le milieu – l'hérédité ou l'environnement – qui influent le plus sur les caractéristiques de l'être humain ? Cette question prête à polémique depuis longtemps, et elle suscite encore des débats orageux. Nous ne tenterons donc pas de trancher ici. Nous pouvons néanmoins affirmer que, en général, le résultat d'un génotype n'est pas un phénotype absolument prédéterminé, mais plutôt une gamme de phénotypes possibles due aux influences du milieu. Cette gamme est appelée **norme de réaction** du génotype (**figure 14.14**). Pour certains caractères, tel le groupe sanguin du système ABO, la norme de réaction n'a aucune étendue, c'est-à-dire qu'un certain génotype commande un phénotype précis. D'autres caractéristiques, comme le nombre de globules blancs et rouges de notre organisme, varient en fonction de divers facteurs tels que l'altitude où nous vivons, notre pratique d'une activité physique et les agents infectieux auxquels nous sommes exposés.

En général, la norme de réaction est plus étendue dans le cas des caractères polygéniques. L'environnement influe sur l'aspect quantitatif de ces derniers, comme nous l'avons vu en ce qui concerne la couleur de la peau, dont la variation est continue. Selon les généticiens, les caractères polygéniques sont **multifactoriels** ; en d'autres termes, le phénotype est influencé simultanément par de nombreux facteurs, qui sont à la fois génétiques et environnementaux.

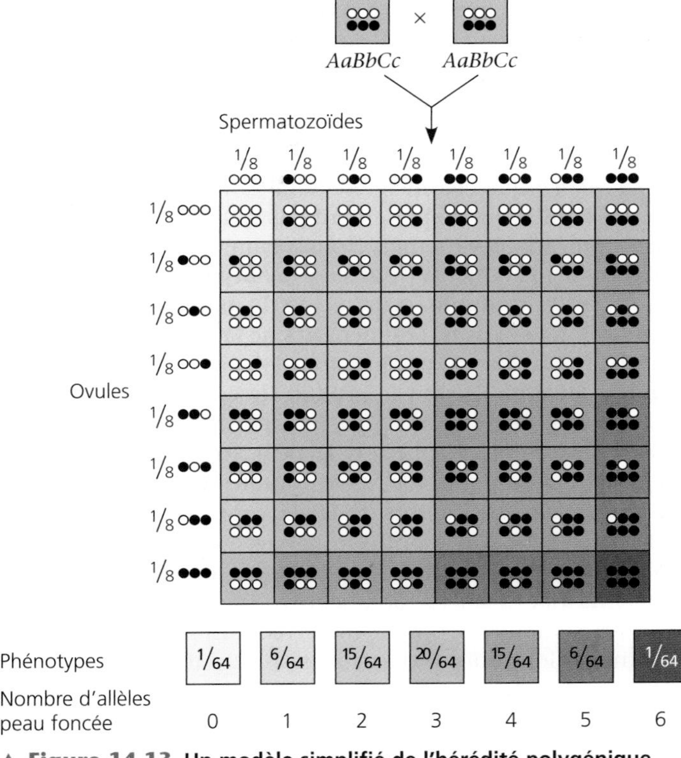

▲ **Figure 14.13 Un modèle simplifié de l'hérédité polygénique de la couleur de la peau.** Selon ce modèle, la couleur de la peau dépend de trois gènes transmis de façon indépendante. Les personnes hétérozygotes (*AaBbCc*) représentées par les deux carrés du haut ont hérité chacune de trois allèles de la teinte foncée (les points noirs, qui représentent *A*, *B* ou *C*) et de trois allèles de la teinte claire (les points blancs, qui représentent *a*, *b* ou *c*). La grille de Punnett montre toutes les combinaisons génétiques dans les gamètes et chez les descendants de ces hétérozygotes après un grand nombre d'accouplements hypothétiques. Les proportions phénotypiques sous la grille de Punnett résument les résultats.

FAITES UN DESSIN *Représentez les résultats par un diagramme à barres en portant sur l'axe des x la couleur de la peau (nombre d'allèles de la peau foncée) et le long de l'axe des y la proportion de descendants. Tracez une courbe approximative correspondant aux résultats et discutez ce qu'elle montre au sujet des proportions relatives de différents phénotypes chez les descendants.*

L'intégration d'une perspective mendélienne de l'hérédité et de la variation

Nous avons jusqu'à présent élargi notre vision de l'hérédité mendélienne grâce à l'étude des degrés de dominance et de récessivité, mais aussi des allèles multiples, de la pléiotropie, de l'épistasie, de l'hérédité polygénique et de l'effet de l'environnement sur le phénotype. Comment pouvons-nous élaborer une théorie globale de la génétique mendélienne en intégrant ces notions complexes ? Pour ce faire, nous devons passer d'une vision réductionniste, fondée sur des gènes pris individuellement et sur un phénotype unique, aux propriétés émergentes de l'organisme considéré dans son ensemble. Cette perspective constitue d'ailleurs l'un des thèmes de ce manuel.

Le terme *phénotype* ne désigne pas seulement un caractère très précis, tel que la couleur d'une fleur ou un groupe sanguin ; il renvoie également à la *totalité* de l'organisme, c'est-à-dire à l'ensemble de son apparence physique, de son anatomie interne, de sa physiologie et de son comportement. Le terme *génotype* a aussi un sens restreint et un autre, plus large. Il peut désigner les allèles qui se trouvent sur un locus donné ou l'ensemble du patrimoine génétique d'un organisme (son génome). Disons que, dans la plupart des cas, l'effet d'un gène

▲ **Figure 14.14 L'effet du milieu sur le phénotype.** Le résultat d'un génotype se situe dans les limites de sa norme de réaction. La norme de réaction est une gamme de phénotypes qui dépend du milieu dans lequel s'exprime le génotype. Par exemple, la couleur des fleurs d'hortensias (ou hydrangées, *Hydrangea macrophylla*) d'une même variété génétique va du bleu-violet (dans un sol acide) au rose (dans un sol alcalin) ; la teneur en aluminium du sol peut aussi influer sur la couleur.

sur le phénotype est influencé par d'autres gènes et par le milieu. Dans cette perspective globale de l'hérédité et de la variation, un organisme donné a un phénotype qui résulte à la fois de son génotype et de l'influence particulière de son milieu.

Étant donné le nombre de facteurs susceptibles d'intervenir sur le chemin menant du génotype au phénotype, on ne peut que s'émerveiller du fait que Mendel ait découvert les principes fondamentaux régissant la transmission héréditaire des gènes individuels des parents à leurs descendants. Les deux lois de Mendel, celle de la ségrégation et celle de l'assortiment indépendant, expliquent les variations héréditaires en fonction de variations des formes de gènes («particules» héréditaires, appelées aujourd'hui allèles des gènes) qui sont transmis, d'une génération à l'autre, selon les lois simples de probabilité. Cette théorie de l'hérédité est également valable pour les pois, les mouches, les Poissons, les Oiseaux et les humains – en fait, pour tout organisme ayant un cycle de développement sexué. De plus, lorsqu'on élargit les principes de la ségrégation et de l'assortiment indépendant pour expliquer des phénomènes génétiques comme l'épistasie et les caractères quantitatifs, on commence à percevoir toute la portée de la génétique mendélienne. Dans le jardin de l'abbaye où vivait le moine Mendel est née la théorie de l'hérédité particulaire, qui est devenue le fondement de la génétique moderne. Dans la dernière section de ce chapitre, nous verrons de quelle façon cette théorie s'applique à la génétique humaine et plus particulièrement aux maladies héréditaires.

RETOUR SUR LE CONCEPT **14.3**

1. La *dominance incomplète* et l'*épistasie* sont deux termes qui définissent des relations génétiques. Quelle est la différence la plus fondamentale entre les deux?
2. Si un homme de groupe sanguin AB se marie avec une femme de type O, quels groupes sanguins devraient avoir leurs enfants? Quelle proportion s'attend-on à trouver pour chaque groupe?
3. ET SI? Un coq à plumes grises s'accouple avec une poule possédant le même phénotype que lui. Ils produisent la descendance suivante: 15 poussins gris, 6 noirs et 8 blancs. Déterminez le mode de transmission de ces couleurs. Quels phénotypes auront les descendants issus de l'accouplement d'un coq gris avec une poule noire?

Voir les réponses proposées à la fin du chapitre.

CONCEPT **14.4**

De nombreux caractères humains suivent les modèles mendéliens de l'hérédité

Le pois se prête facilement à la recherche en génétique, mais ce n'est pas le cas de l'être humain. Une génération humaine est longue – elle s'étend sur une vingtaine d'années – et produit une descendance beaucoup moins nombreuse par comparaison avec le pois ou la plupart des autres espèces. De surcroît, il ne serait pas conforme à l'éthique de demander à un couple d'humains de se reproduire dans le but d'analyser les phénotypes de leurs descendants! En dépit de toutes ces contraintes, l'étude de la génétique humaine ne cesse de progresser. Elle est motivée par notre désir de comprendre les mécanismes de l'hérédité. De nouvelles techniques de biologie moléculaire ont permis d'effectuer de nombreuses percées, ainsi que nous le verrons au chapitre 20, mais la théorie de Mendel constitue encore la base de la génétique humaine.

L'étude des lignages

Comme il est impensable de planifier des croisements entre humains, les généticiens analysent les résultats d'unions qui ont déjà eu lieu. On recueille des informations aussi exhaustives que possible sur l'histoire d'un caractère particulier dans une famille. On reporte ensuite ces données sur un arbre généalogique qui décrit les caractères des parents et des enfants d'une génération à l'autre. Il s'agit du **lignage** de la famille.

La **figure 14.15a** montre un lignage qui permet de suivre, au fil de trois générations, les occurrences d'une implantation particulière de cheveux, en forme de V, qui prend racine sur le front. Ce caractère est dû à la présence d'un allèle dominant *P*. Parce que cet allèle est dominant, tous les membres de cette famille qui ne présentent pas cette implantation sont homozygotes récessifs (*pp*). Nous savons également que les deux grands-parents qui ont ce phénotype doivent avoir le génotype *Pp*, puisque certains de leurs descendants sont homozygotes récessifs. Les membres de la seconde génération qui ont le phénotype en question doivent aussi être hétérozygotes parce qu'ils sont le produit de croisements $Pp \times pp$. La troisième génération de ce lignage compte deux sœurs. Celle qui présente le phénotype peut être soit homozygote (*PP*), soit hétérozygote (*Pp*), étant donné ce que nous savons du génotype de ses parents (tous deux sont *Pp*).

La **figure 14.15b** montre le lignage de la même famille, mais cette fois au regard du phénotype des lobes d'oreilles adhérents (fixés à la tête), un phénotype récessif. Nous emploierons les symboles *l* pour l'allèle récessif et *L* pour l'allèle dominant (lobes libres ou détachés de la tête). En étudiant le lignage, notez que vous pouvez indiquer les génotypes de la plupart des membres de la famille en vous servant de la génétique mendélienne.

Le lignage joue un rôle important dans la mesure où il nous permet de calculer la probabilité qu'un enfant ait un génotype et un phénotype particuliers. Supposons que le couple de la deuxième génération de la figure 14.15 décide d'avoir un autre enfant. Quelle est la probabilité que ce dernier hérite du phénotype de la pousse de cheveux en V sur le front? Il s'agit ici d'un croisement monohybride de la génération F_1 ($Pp \times Pp$); par conséquent, la probabilité que l'enfant qui en est issu hérite d'un allèle dominant et possède une pousse de cheveux en V sur le front est de ¾ (¼ *PP* + ½ *Pp*). Quelle est la probabilité qu'un enfant de ce même couple ait des lobes d'oreilles adhérents? Il s'agit, là encore, d'un croisement monohybride ($Ll \times Ll$). Cependant, cette fois-ci, nous voulons connaître la probabilité que l'enfant

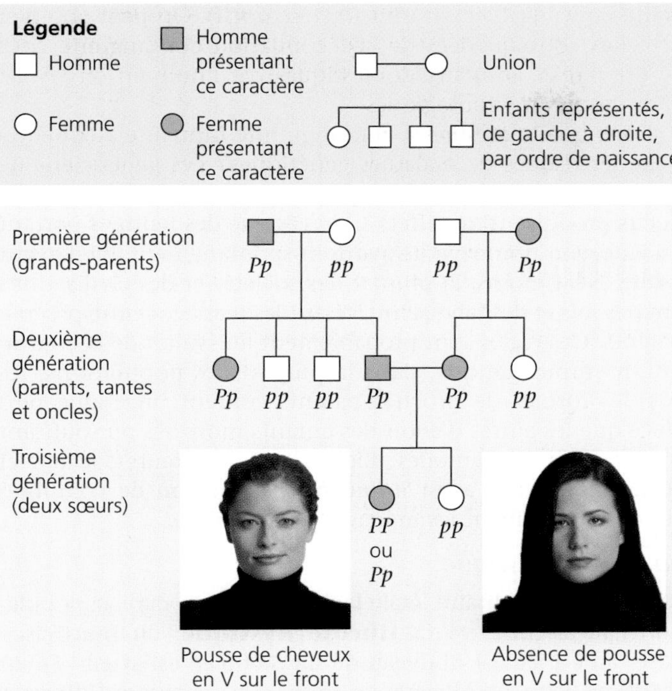

(a) La pousse en V sur le front est-elle un caractère dominant ou récessif? Indices pour l'analyse d'un lignage: Notez que la cadette de la troisième génération ne présente pas ce caractère, contrairement à ses deux parents. Un tel modèle d'hérédité semble indiquer que le caractère est dû à un allèle dominant (*P*). S'il avait été le produit d'un allèle *récessif* (*p*) et s'il avait été présent chez les deux parents, il aurait dû être présent chez *tous* leurs enfants.

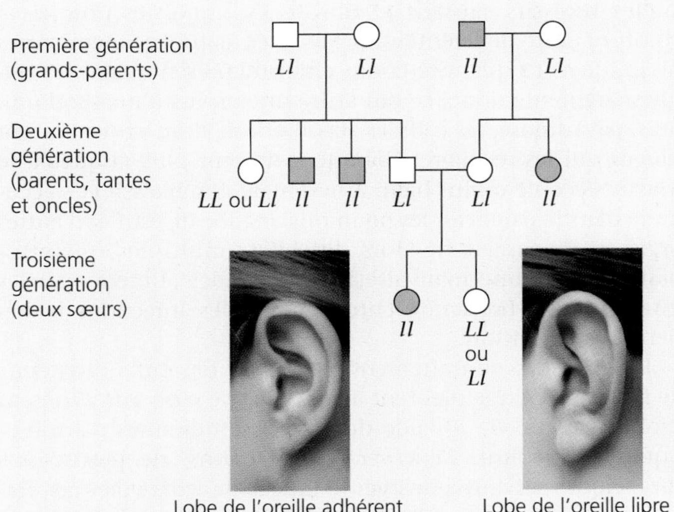

(b) Le lobe de l'oreille adhérent est-il un caractère dominant ou récessif? Indices pour l'analyse d'un lignage: Notez que l'aînée des filles de la troisième génération a des lobes adhérents, mais qu'aucun de ses parents ne présente ce caractère (leurs lobes sont libres, c'est-à-dire non fixés à leur tête). Cela s'explique facilement si on suppose que le phénotype du lobe adhérent est dû à un allèle récessif. S'il était le produit d'un allèle *dominant*, il aurait été présent chez au moins un des parents.

▲ **Figure 14.15 L'analyse d'un lignage.** Chacun de ces lignages d'une même famille montre les occurrences d'un caractère pendant trois générations. Les deux caractères ont des modèles d'hérédité différents, comme on l'observe à l'analyse des lignages.

soit homozygote récessif (*ll*). Cette probabilité est de $\frac{1}{4}$. Enfin, quelle est la probabilité qu'un enfant de ce couple ait à la fois des cheveux qui poussent en V sur le front *et* des lobes d'oreilles adhérents? Si on suppose que les gènes de ces deux caractères sont situés sur des chromosomes différents, l'assortiment des deux paires d'allèles sera indépendant dans ce croisement dihybride (*PpLl* × *PpLl*). Par conséquent, nous pouvons appliquer la règle de la multiplication pour répondre à la question: $\frac{3}{4}$ (soit la probabilité que les cheveux poussent en V sur le front) × $\frac{1}{4}$ (la probabilité que les lobes soient adhérents) = $\frac{3}{16}$ (la probabilité d'avoir des cheveux poussant en V sur le front *et* des lobes adhérents).

L'examen de lignages peut servir à des fins beaucoup plus sérieuses lorsque les allèles analysés sont à l'origine de maladies héréditaires incapacitantes ou mortelles, plutôt que des variantes sans gravité telles que la configuration de la ligne d'implantation de la chevelure ou l'adhérence des lobes d'oreilles. Cependant, les mêmes techniques d'analyse de lignages s'appliquent dans le cas des maladies transmises comme caractéristiques mendéliennes simples.

Les maladies héréditaires récessives

On connaît plusieurs milliers de maladies héréditaires récessives. Certaines sont relativement peu dangereuses, comme l'albinisme (absence de pigmentation cutanée; elle s'accompagne d'une susceptibilité aux cancers de la peau et de problèmes de vision), alors que d'autres sont mortelles à plus ou moins brève échéance, comme la fibrose kystique.

Le comportement des allèles récessifs

Comment explique-t-on que les allèles responsables de ces affections soient récessifs? Souvenez-vous que les gènes codent pour des protéines aux fonctions spécifiques. Un allèle (appelons-le allèle *a*) à la source d'une affection génétique code pour une protéine défectueuse, ou encore ne code pour aucune protéine. Dans le cas des maladies récessives, les hétérozygotes (*Aa*) ont un phénotype généralement normal, parce qu'une seule copie de leur allèle normal (*A*) produit la protéine en question en quantité suffisante pour qu'ils ne soient pas malades. Par conséquent, ce type d'affection n'apparaît que chez les individus homozygotes (*aa*), qui ont reçu un allèle récessif de chacun de leurs parents. Bien que leur phénotype soit normal, les hétérozygotes peuvent transmettre l'allèle récessif à leurs enfants sans souffrir eux-mêmes de la maladie: c'est pourquoi ils sont appelés **porteurs sains** de la maladie. La **figure 14.16** illustre ce phénomène en prenant l'exemple de l'albinisme.

La majorité des personnes atteintes d'une maladie récessive sont nées de parents qui sont tous deux des porteurs sains, mais qui ont un phénotype normal, comme dans le cas illustré par la grille de Punnett à la figure 14.16. L'union entre deux porteurs sains correspond à un croisement homozygote mendélien de génération F_1, de sorte que la proportion des génotypes des enfants de cette génération est de 1 *AA* : 2 *Aa* : 1 *aa*. Par conséquent, la probabilité que chaque enfant reçoive deux exemplaires de l'allèle récessif est de $\frac{1}{4}$; dans le cas de l'albinisme, cet enfant sera albinos. D'après cette proportion génotypique, on peut également constater que deux bébés sur trois ayant un phénotype *normal* (un *AA* plus deux

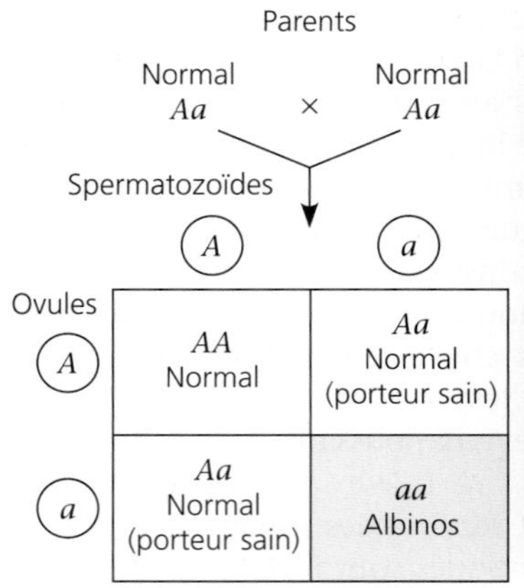

▲ **Figure 14.16 L'albinisme: un caractère récessif.** L'une des deux sœurs présente une coloration normale; l'autre est albinos. La plupart des homozygotes récessifs sont issus de parents qui sont porteurs sains de la maladie, mais qui ont eux-mêmes un phénotype normal, comme le cas illustré ici dans la grille de Punnett.

? *Quelle est la probabilité que la sœur qui présente une coloration normale soit porteuse saine de l'allèle de l'albinisme?*

Aa) risquent d'être des porteurs sains hétérozygotes, soit une probabilité de ⅔. Des homozygotes récessifs pourraient aussi naître de croisements *Aa* × *aa* ou *aa* × *aa*. Cependant, si la maladie en question est létale – c'est-à-dire si elle entraîne la mort – avant l'âge de la maturité sexuelle ou si elle provoque la stérilité (ce qui n'est pas vrai dans les deux cas pour l'albinisme), aucun individu *aa* n'aura de descendants. De toute manière, même s'ils sont en mesure de se reproduire, les individus homozygotes récessifs constituent un pourcentage beaucoup plus faible de la population que les porteurs sains hétérozygotes (nous verrons pour quelles raisons au chapitre 23).

Généralement, une maladie génétique n'est pas répartie uniformément entre les populations humaines. Par exemple, l'incidence de la maladie de Tay-Sachs, dont nous avons déjà décrit les effets dans ce chapitre, est proportionnellement très élevée chez les Juifs ashkénazes, dont les ancêtres vivaient en Europe centrale. Dans cette population, la fréquence de la maladie est de 1 sur 3 600 naissances, rapport qui est environ 100 fois plus élevé que chez les non-Juifs et les Juifs des pays méditerranéens (séfarades). Cet écart s'explique par les différences qui ont marqué l'histoire génétique des peuples avant l'ère technologique, à des époques où les populations étaient géographiquement, donc génétiquement, plus isolées.

Il y a peu de chances que deux porteurs sains du même allèle récessif rare et nocif se rencontrent et s'unissent. Cependant, la probabilité de transmission de caractères récessifs augmente fortement si deux parents proches (par exemple, un frère et une sœur ou des cousins germains) forment un couple. On qualifie de telles unions de consanguines («même sang»), mais il serait plus juste de parler d'*unions entre sujets apparentés*, car ce n'est pas le sang qui est en cause; on les représente par des traits doubles dans les lignages. Parce qu'il est plus probable de retrouver les mêmes allèles récessifs chez des individus ayant des ancêtres récents communs que chez des individus n'ayant aucun lien de parenté, la probabilité que des enfants issus d'une union entre sujets apparentés soient homozygotes pour un caractère récessif est donc plus grande (y compris pour un caractère nocif). On peut observer de telles conséquences de la fécondation consanguine chez de nombreux animaux domestiqués par l'humain ou vivant dans des jardins zoologiques.

Dans quelle mesure la consanguinité humaine augmente-t-elle les risques de maladies génétiques? Les généticiens ne s'entendent pas sur cette question. De nombreux allèles nocifs produisent des effets si graves que des femmes portant un embryon homozygote avortent spontanément, bien avant terme. Néanmoins, la plupart des sociétés et des civilisations ont des lois et des tabous interdisant les mariages entre proches parents. Ces règles sont probablement le résultat de la constatation empirique que, dans la plupart des populations, les couples formés de proches parents courent un risque plus élevé que les autres d'avoir des enfants mort-nés ou souffrant d'anomalies congénitales. Bien sûr, des facteurs sociaux et économiques ont aussi influé sur l'apparition de coutumes et de lois prohibant les mariages consanguins.

La fibrose kystique

La maladie héréditaire létale la plus répandue dans la population caucasienne est la **fibrose kystique**, ou mucoviscidose: au Canada, 1 nouveau-né sur 3 600 en est atteint (1 sur 4 500 en France). Elle frappe surtout les personnes d'ascendance européenne (1 sur 2 600), mais elle est beaucoup plus rare chez les autres groupes. Parmi les personnes d'ascendance européenne, 1 sur 25 (4%) est un porteur sain de l'allèle de cette maladie. L'allèle normal du gène en cause, qui est localisé sur le chromosome 7, code pour une protéine membranaire qui assure le transport des ions chlorure vers l'extérieur des cellules. Or, chez les enfants qui ont reçu deux allèles récessifs causant la fibrose kystique, les pompes à chlorure sont déficientes ou absentes dans les membranes plasmiques. La quantité d'ions chlorure présente dans les cellules augmente donc, ce qui attire un surplus d'ions sodium. Puis, par osmose, les cellules absorbent de l'eau provenant du mucus qui les recouvre. Comme il devient plus visqueux, le mucus s'écoule moins bien. À la longue, il s'épaissit et s'accumule dans le pancréas, les poumons, le tube digestif et d'autres organes. Apparaissent alors des effets multiples (pléiotropiques), dont une mauvaise absorption des aliments par les intestins, une bronchite chronique et des infections bactériennes à répétition.

En l'absence de traitement, la plupart des enfants atteints de fibrose kystique meurent avant l'âge de cinq ans. On peut prolonger leur vie à l'aide de doses quotidiennes d'antibiotiques permettant d'enrayer les infections, de percussions thoraciques servant à déloger le mucus de leurs voies respiratoires et aussi d'autres mesures préventives. Actuellement, en Amérique du Nord et en Europe, plus de la moitié des personnes atteintes de fibrose kystique atteignent ou dépassent la fin de la vingtaine, voire de la trentaine.

L'anémie à hématies falciformes: une maladie génétique avec des répercussions évolutives

ÉVOLUTION L'**anémie à hématies falciformes**, ou drépanocytose, est de loin la maladie héréditaire la plus répandue chez les personnes d'ascendance africaine. Elle touche 1 Afro-Américain sur 400. Elle est due à la substitution d'un seul acide aminé sur les 574 que contient l'hémoglobine (protéine des globules rouges); chez les individus homozygotes, toutes les molécules d'hémoglobine sont de la variété falciforme (anormale). Chez une personne atteinte, lorsque la teneur du sang en dioxygène est faible (à haute altitude ou en cas d'effort physique, par exemple), les molécules d'hémoglobine se regroupent et se cristallisent sous forme de longs bâtonnets. Ces cristaux déforment les globules rouges, qui ressemblent alors à des faucilles – d'où le qualificatif falciforme – (voir la figure 5.21, p. 92). Les globules falciformes peuvent s'agglomérer et obstruer de petits vaisseaux sanguins, déclenchant ainsi une avalanche de symptômes dans tout l'organisme: faiblesse physique, douleurs, dommages aux organes et même paralysie. Chez les enfants victimes d'anémie à hématies falciformes, on effectue des transfusions sanguines à intervalles réguliers afin de prévenir les lésions cérébrales. Certains nouveaux médicaments permettent de soulager ou de prévenir en partie d'autres problèmes. Malheureusement, aucune guérison n'est actuellement possible.

Bien que deux allèles d'hématies falciformes soient nécessaires pour qu'un individu présente une forme complète de la maladie, la présence d'un allèle peut influer sur le phénotype. Par conséquent, l'allèle normal qui est la contrepartie de l'allèle de l'anémie à hématies falciformes ne domine pas complètement ce dernier au niveau de l'organisme. Les hétérozygotes (porteurs du caractère de l'anémie à hématies falciformes) sont habituellement sains, mais certains présentent plusieurs symptômes typiques de la maladie lorsque la quantité de dioxygène véhiculée dans leur sang diminue durant une longue période. Au niveau moléculaire, les deux allèles sont codominants, c'est-à-dire qu'il y a à la fois production d'hémoglobine normale et production d'hémoglobine anormale (hématies falciformes).

Environ 1 Afro-Américain sur 10 est porteur de l'anémie à hématies falciformes. Il s'agit d'un taux exceptionnellement élevé d'hétérozygotes pour un caractère qui a des effets aussi graves chez les homozygotes. Pourquoi les processus de l'évolution n'ont-ils pas réussi à faire disparaître cet allèle chez cette population? En fait, la présence d'un seul allèle de la maladie constituerait un avantage pour le porteur, dans la mesure où elle réduit la fréquence et la gravité du paludisme (malaria), notamment chez les jeunes enfants. Le parasite du paludisme passe une partie de son cycle de développement dans les globules rouges (voir la figure 28.10, p. 676). Or, ces derniers sont fragilisés par la présence du type d'hémoglobine propre à l'anémie à hématies falciformes, même à l'état hétérozygote. Cette situation contribue à interrompre le cycle de vie du parasite. Dans les régions tropicales d'Afrique où le paludisme est répandu, l'allèle des hématies falciformes confère donc un avantage aux hétérozygotes, même s'il est nocif à l'état homozygote. (L'équilibre entre ces deux effets sera traité au chapitre 23, p. 559.) La fréquence relativement élevée de l'allèle des hématies falciformes chez les Afro-Américains est un vestige de l'origine africaine de ces derniers.

Les maladies héréditaires dominantes

Bien que la plupart des allèles nocifs soient récessifs, de nombreuses maladies humaines sont dues à des allèles dominants; c'est le cas, par exemple, de l'*achondroplasie*, une forme de nanisme qui affecte 1 personne sur 15 000 dans le monde. Les individus hétérozygotes présentent donc un phénotype de nain (**figure 14.17**). Inversement, tous ceux qui ne sont pas des nains achondroplasiques – soit 99,99 % de la population – sont homozygotes pour l'allèle récessif. (Le génotype homozygote dominant, quant à lui, semble létal.) À l'instar de la présence de doigts ou d'orteils surnuméraires, que nous avons mentionnée plus haut, l'achondroplasie est un caractère pour lequel l'allèle récessif est beaucoup plus répandu que l'allèle dominant correspondant.

Les allèles dominants létaux sont beaucoup moins répandus que les allèles récessifs létaux. Tous les allèles létaux sont le résultat de mutations (modifications de l'ADN) dans les cellules qui produisent les spermatozoïdes ou les ovules; on peut supposer que ces mutations ont autant de chances d'être récessives que dominantes. Un allèle récessif létal peut être transmis de génération en génération par des porteurs sains hétérozygotes, parce que ces porteurs ont des phénotypes normaux. Cependant, un allèle dominant létal cause la mort de l'individu qui le porte avant même que celui-ci atteigne la maturité sexuelle et puisse procréer, de sorte que cet allèle n'est pas transmis aux générations suivantes.

La maladie de Huntington : une maladie létale à manifestation tardive

Le moment où survient une maladie peut influer fortement sur sa transmission. Ainsi, un allèle dominant létal peut être transmis s'il n'entraîne la mort qu'à un âge relativement avancé. Avant même l'apparition des symptômes, l'individu possédant l'allèle peut l'avoir transmis à ses enfants. C'est le cas de la **maladie de Huntington** (ou **chorée de Huntington**),

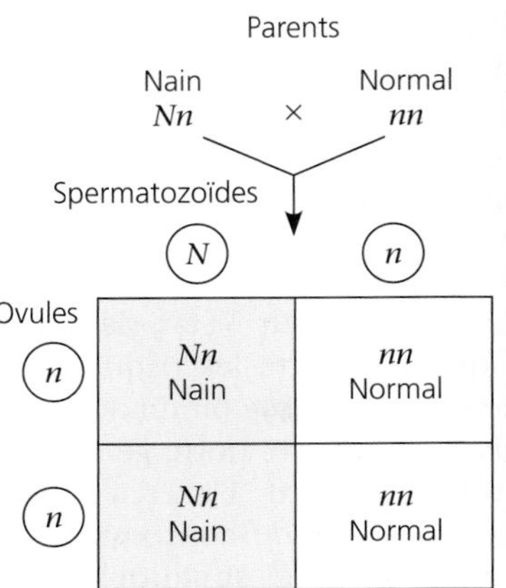

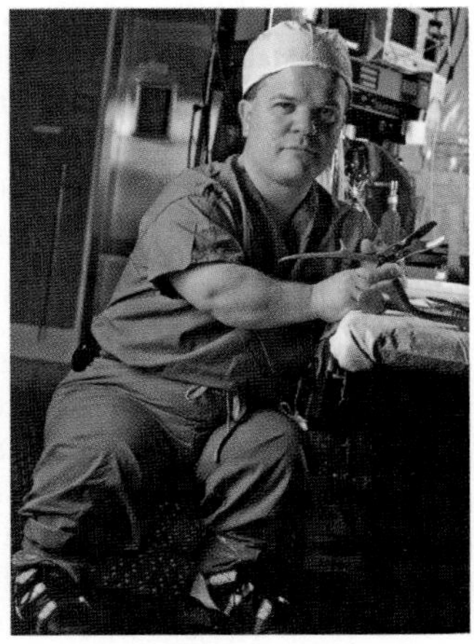

▲ **Figure 14.17 L'achondroplasie : un caractère dominant.** Le Dr Michael C. Ain est atteint d'achondroplasie, une forme de nanisme causée par un allèle dominant. Cette maladie l'a influencé dans son travail : il est spécialiste de la réparation des déficits osseux causés par l'achondroplasie et d'autres maladies. L'allèle dominant (*N*) a pu être le résultat d'une mutation dans l'ovule ou le spermatozoïde d'un parent (dans le cas de l'achondroplasie, le taux de mutation dans les gamètes parentaux est très élevé, soit de l'ordre de 80 %) ou être transmis par un parent souffrant de la maladie, comme on le voit pour un père atteint de la maladie dans la grille de Punnett.

qui touche 1 individu sur 10 000 dans le monde. Cette maladie dégénérative du système nerveux est due à un allèle dominant létal dont les effets phénotypiques ne se manifestent pas de façon évidente avant l'âge de 35 à 45 ans. Lorsqu'elle débute, la détérioration du système nerveux est malheureusement irréversible, et la mort est inéluctable. Comme pour les autres caractères dominants, la probabilité qu'un individu né d'un père ou d'une mère portant l'allèle de la maladie de Huntington présente lui-même cet allèle est de ½ (voir la grille de Punnett à la figure 14.17).

Auparavant, il fallait attendre l'apparition des premiers symptômes pour savoir si une personne avait effectivement reçu l'allèle de la maladie de Huntington. Tel n'est plus le cas depuis que l'analyse d'échantillons d'ADN provenant des membres d'une tribu comptant plusieurs familles apparentées, et dans lesquelles la maladie présentait une forte incidence, a permis de déceler l'allèle de la maladie de Huntington. On sait désormais que cet allèle est situé sur un locus près de l'extrémité du chromosome 4, et le gène a été séquencé en 1993. Cette découverte a permis de mettre au point des tests pour détecter la présence de cet allèle dans le génome d'un individu. (Nous verrons au chapitre 20 les techniques sur lesquelles reposent ces tests.) L'existence de ces tests pose toutefois un terrible dilemme aux personnes dont la famille a déjà été touchée par cette maladie. Certaines personnes voudront en subir un avant de décider d'avoir des enfants, alors que d'autres trouveront trop angoissante l'idée de se savoir atteintes. Il s'agit manifestement d'une décision tout à fait personnelle.

Les maladies multifactorielles

On qualifie parfois les maladies héréditaires dont nous avons parlé jusqu'ici de maladies mendéliennes simples, parce qu'elles sont dues à l'anormalité de l'un ou des deux allèles sur un seul locus. Il existe un bien plus grand nombre d'affections dont les causes sont multifactorielles; il s'agit, en d'autres termes, de maladies résultant à la fois de la présence d'une composante génétique et d'une influence significative du milieu. Les maladies multifactorielles comprennent notamment les troubles cardiaques, le diabète, le cancer, l'alcoolisme et certaines formes de maladies mentales, telles que la schizophrénie et les troubles bipolaires. Dans beaucoup de cas, la composante héréditaire est polygénique. Par exemple, de nombreux gènes influent sur l'état de notre système cardiovasculaire, ce qui augmente les risques que certains d'entre nous aient une crise cardiaque ou un accident vasculaire cérébral (AVC). Mais, peu importe notre génotype, notre mode de vie joue un rôle important. L'exercice physique, une alimentation saine, l'absence de consommation de tabac et la capacité de composer avec les situations stressantes sont autant de facteurs qui diminuent les risques de souffrir d'une maladie cardiaque ou de certains types de cancer, par exemple.

À l'heure actuelle, on sait si peu de choses sur le rôle joué par les facteurs génétiques dans la plupart des maladies multifactorielles que la meilleure stratégie en matière de santé publique consiste à donner aux gens le plus d'informations possible sur l'importance des facteurs environnementaux et à les encourager à adopter des habitudes de vie saines.

Les outils de dépistage et de conseil génétique

Il est possible d'éviter certaines maladies génétiques avant même de concevoir un bébé ou au cours des premiers stades de la grossesse. De nombreux hôpitaux proposent aux futurs parents les services de conseillers génétiques capables de les renseigner au cas où une maladie présente dans leur famille leur inspirerait des inquiétudes.

La génétique mendélienne et les règles de probabilité sont le fondement du conseil génétique

Prenons l'exemple de Jean et Carole, un couple imaginaire: ils ont chacun un frère qui est mort de la même maladie héréditaire récessive. Avant de concevoir un premier enfant, ils souhaitent consulter un conseiller génétique, afin de déterminer les risques que leur enfant soit atteint de la maladie. À partir des renseignements concernant leurs frères, nous pouvons déduire que les deux parents de Carole et les deux parents de Jean sont des porteurs sains de l'allèle récessif. Carole et Jean sont donc issus de croisements de *Aa* et *Aa*, où *a* représente l'allèle de la maladie en question. Nous savons également qu'aucun des deux n'est un homozygote récessif (*aa*), puisqu'ils ne présentent aucun symptôme. Leurs génotypes sont donc soit *AA*, soit *Aa*.

La proportion des génotypes des descendants d'un croisement *Aa* × *Aa* étant de 1 *AA* : 2 *Aa* : 1 *aa*, la probabilité que Jean et Carole soient tous deux des porteurs sains (*Aa*) est de ⅔. Selon la règle de la multiplication, la probabilité que leur premier enfant soit atteint de la maladie est de ⅔ (la probabilité que Jean soit un porteur sain) × ⅔ (la probabilité que Carole soit une porteuse saine) × ¼ (la probabilité que l'enfant de deux porteurs sains soit un homozygote récessif) = ⅑. Supposons que Carole et Jean décident d'avoir un enfant – après tout, il y a huit chances sur neuf qu'il soit normal. Si, en dépit des probabilités, celui-ci souffre de la maladie en question, nous savons désormais que Jean et Carole sont *tous deux* des porteurs sains, et nous connaissons leur génotype (*Aa*). Puisqu'ils sont des porteurs sains, Jean et Carole savent que, s'ils décident d'avoir un autre bébé, la probabilité que ce dernier soit atteint de la maladie est de ¼. La probabilité est plus élevée pour un enfant subséquent parce que le diagnostic de la maladie chez le premier enfant permet d'établir que les deux parents sont des porteurs sains, et non pas parce que le génotype du premier enfant influe d'une façon quelconque sur celui d'un autre enfant à venir.

Lorsqu'on se sert des lois de Mendel pour prévoir les résultats possibles d'une union, il ne faut pas oublier que chaque enfant est le résultat d'un événement indépendant, c'est-à-dire que son génotype ne subit pas l'influence des génotypes de ses frères et sœurs plus âgés. Supposons que Jean et Carole donnent naissance à trois autres enfants, et que *tous* aient la maladie héréditaire hypothétique. La probabilité d'un tel résultat est de 1 sur 64 (soit ¼ × ¼ × ¼). Malgré cette malchance persistante, la probabilité qu'un cinquième bébé soit atteint sera encore de ¼.

Les tests de dépistage des porteurs sains

La plupart des enfants souffrant de maladies récessives naissent de parents au phénotype normal. Il est donc possible d'évaluer avec plus de précision le risque génétique lié à une affection donnée en déterminant si de futurs parents sont des porteurs sains d'un allèle récessif. On dispose désormais de tests permettant de déterminer si un individu au phénotype normal est homozygote dominant ou porteur sain hétérozygote pour un nombre croissant de maladies héréditaires (**figure 14.18**). À titre d'exemple, citons ceux qui permettent de dépister les porteurs sains des allèles de la maladie de Tay-Sachs, de l'anémie à hématies falciformes et de la forme la plus répandue de la fibrose kystique.

Ces tests permettent aux individus ayant des antécédents familiaux de maladies génétiques de prendre des décisions éclairées s'ils désirent procréer. Malheureusement, ces nouvelles méthodes de dépistage génétique soulèvent d'autres problèmes. Les porteurs sains se verront-ils refuser une assurance maladie ou une assurance vie, ou perdront-ils leur emploi qui leur procure ces avantages, bien qu'ils soient eux-mêmes en bonne santé? La législation sur le transfert des renseignements génétiques, dans les pays où elle existe, peut dissiper ces inquiétudes en défendant la discrimination dans l'emploi ou la couverture d'assurance sur la base de résultats de tests génétiques. Une question demeure: y aura-t-il assez de conseillers génétiques pour aider les nombreux individus qui se soumettent à des tests à en comprendre les résultats? Et même si les résultats sont bien compris, les individus atteints risquent de faire face à des décisions difficiles. Les progrès en biotechnologie permettront peut-être de réduire la souffrance humaine, mais il est impératif d'apporter en premier des réponses à des questions fondamentales d'ordre éthique.

Le diagnostic prénatal

Supposons qu'un homme et une femme en attente d'un enfant apprennent qu'ils sont tous deux des porteurs sains de la maladie de Tay-Sachs. De la 14e à la 16e semaine de grossesse, des tests réalisés à la suite de l'**amniocentèse** permettent de déterminer si le fœtus est atteint de la maladie (**figure 14.19a**). Cette technique consiste à insérer une aiguille dans la cavité utérine et à franchir l'amnios (la membrane extraembryonnaire la plus externe). Le médecin qui effectue le test extrait ensuite de la cavité amniotique environ 10 mL du liquide dans lequel baigne le fœtus. Il est possible de détecter certaines maladies génétiques grâce à la présence de molécules dans le liquide amniotique. Des tests pour détecter d'autres maladies, y compris la maladie de Tay-Sachs, sont effectués sur l'ADN de cellules fœtales contenues dans le liquide amniotique et mises en culture en laboratoire. Ces cellules permettent d'établir le caryotype et de déterminer certaines anomalies chromosomiques (voir les figures 13.3, p. 284 [caryotype normal], et 15.15, p. 344 [caryotype anormal]).

Une autre technique appelée **biopsie des villosités choriales** consiste à insérer un tube mince dans l'utérus par le col utérin et à aspirer une petite quantité de tissu fœtal en provenance du placenta, cet organe qui assure le transport des nutriments et des déchets entre le fœtus et la mère (**figure 14.19b**). Les cellules des villosités choriales, où l'échantillon a été prélevé, proviennent du fœtus; elles ont donc le même génotype et les mêmes séquences d'ADN que celui-ci. Ces cellules prolifèrent assez rapidement pour permettre d'établir immédiatement un caryotype. Cette méthode rapide présente l'avantage de donner des résultats plus tôt que l'amniocentèse (celle-ci nécessite de cultiver les cellules pendant plusieurs semaines avant de pouvoir dresser un caryotype). Par ailleurs, on peut réaliser une biopsie des villosités choriales dès la huitième semaine de grossesse.

Récemment, des scientifiques ont mis au point des méthodes d'isolement des cellules fœtales qui se sont échappées dans le sang de la mère. Bien que ces cellules soient peu nombreuses, il est possible de les cultiver pour effectuer des tests, et d'analyser l'ADN fœtal.

Les techniques d'imagerie médicale permettent au médecin d'examiner directement le fœtus pour détecter la présence d'anomalies graves qui pourraient ne pas être mises en évidence par les tests génétiques. L'*échographie* consiste à utiliser des ultrasons. Ce procédé simple et non effractif sert à produire une image du fœtus à partir de la réflexion des ondes sonores. Une autre technique, la *fœtoscopie*, consiste à insérer dans l'utérus un tube aussi fin qu'une aiguille comportant un objectif et des fibres optiques (qui transmettent la lumière).

Les ultrasons et l'isolation de cellules ou d'ADN fœtaux du sang de la mère ne comportent aucun risque connu pour la mère et le fœtus; les autres méthodes entraînent parfois des

▼ Figure 14.18

IMPACT

Les tests génétiques

Depuis que la séquence complète du génome humain a été terminée en 2003, le nombre et le type de tests génétiques basés sur l'ADN ont littéralement explosé. Depuis 2010, il est possible d'effectuer des tests génétiques pour plus de 2000 différents allèles responsables de maladies.

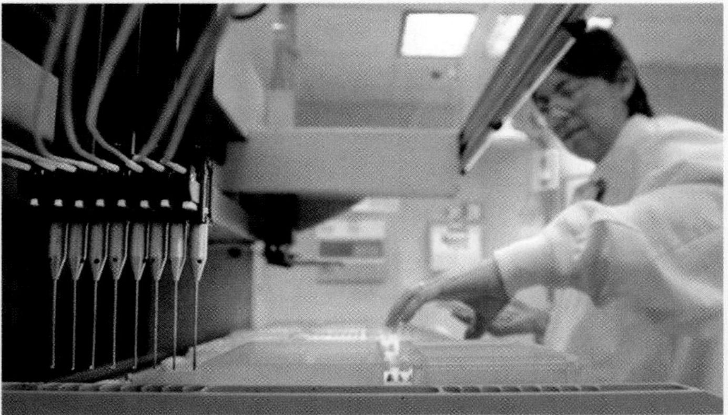

POURQUOI C'EST IMPORTANT Pour de futurs parents avec une histoire familiale de maladies récessives ou dominantes à manifestation tardive, la décision d'avoir un enfant est parfois difficile. Les tests génétiques peuvent éliminer une partie de l'incertitude et permettre de meilleures prédictions des probabilités et des risques en jeu.

POUR EN SAVOIR PLUS Tests génétiques: quels sont les enjeux du libre accès?, *Pour la science* 379 (mai 2009).

ET SI? Si un des parents répond positivement et l'autre négativement au test de dépistage d'un allèle récessif associé à une maladie donnée, quelle est la probabilité que leur premier enfant en soit atteint? Que leur premier enfant soit porteur sain? Si leur premier enfant est porteur sain, quelle est la probabilité que leur deuxième enfant le soit aussi?

▼ **Figure 14.19 Les tests de dépistage de maladies héréditaires chez un fœtus.** Des tests biochimiques permettent de détecter la présence de substances associées à des maladies particulières, et les tests génétiques sont utiles pour déceler de nombreuses anomalies. Le caryotype permet de voir si l'apparence des chromosomes et leur nombre sont normaux.

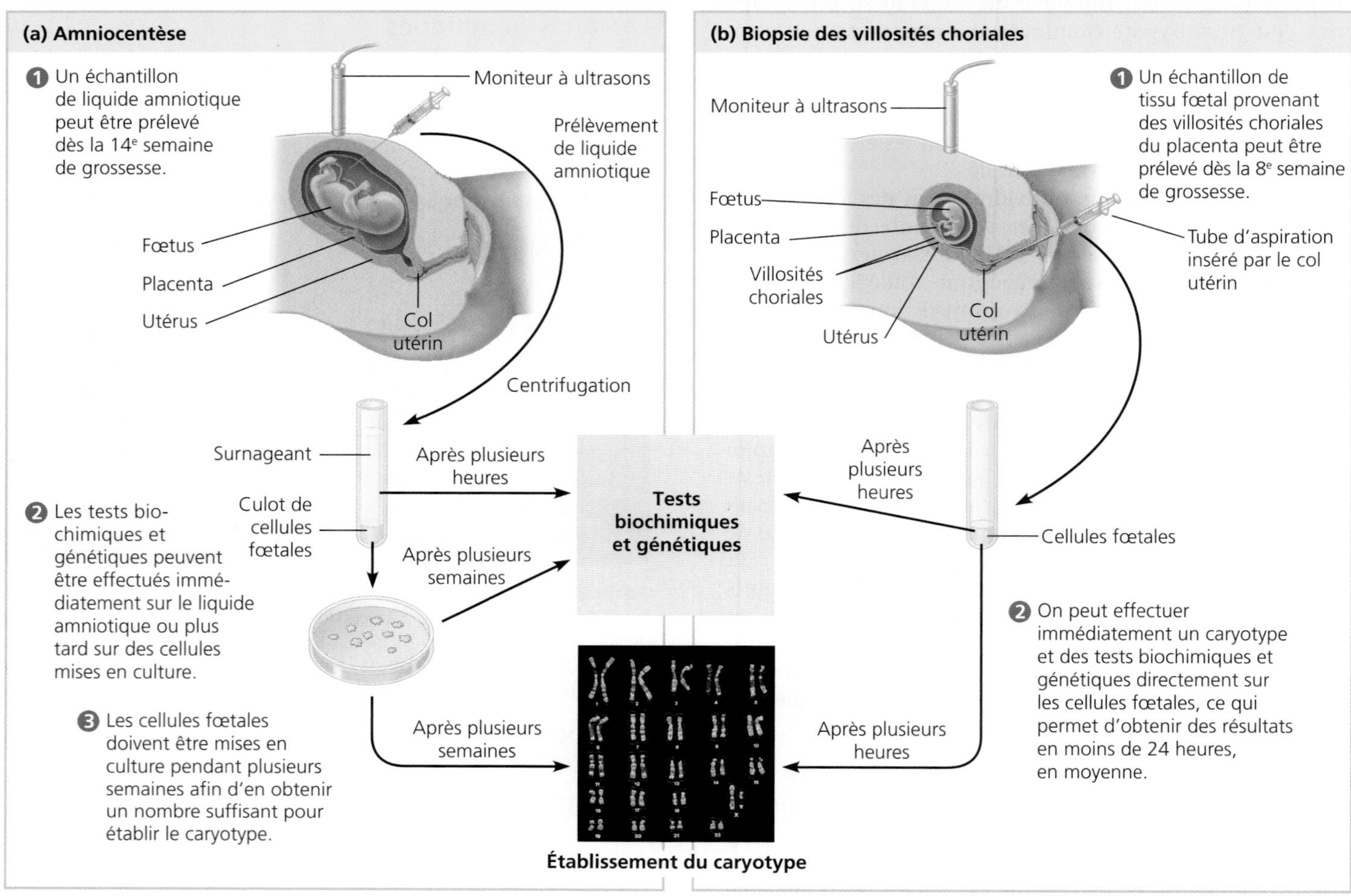

(a) Amniocentèse
1 Un échantillon de liquide amniotique peut être prélevé dès la 14e semaine de grossesse.
Moniteur à ultrasons
Prélèvement de liquide amniotique
Fœtus
Placenta
Utérus
Col utérin
Centrifugation
Surnageant
Culot de cellules fœtales
Après plusieurs heures
Après plusieurs semaines
2 Les tests biochimiques et génétiques peuvent être effectués immédiatement sur le liquide amniotique ou plus tard sur des cellules mises en culture.
3 Les cellules fœtales doivent être mises en culture pendant plusieurs semaines afin d'en obtenir un nombre suffisant pour établir le caryotype.
Après plusieurs semaines
Tests biochimiques et génétiques
Établissement du caryotype
(b) Biopsie des villosités choriales
Moniteur à ultrasons
1 Un échantillon de tissu fœtal provenant des villosités choriales du placenta peut être prélevé dès la 8e semaine de grossesse.
Fœtus
Placenta
Villosités choriales
Utérus
Col utérin
Tube d'aspiration inséré par le col utérin
Après plusieurs heures
Cellules fœtales
2 On peut effectuer immédiatement un caryotype et des tests biochimiques et génétiques directement sur les cellules fœtales, ce qui permet d'obtenir des résultats en moins de 24 heures, en moyenne.
Après plusieurs heures

complications, mais dans un faible pourcentage de cas (telles une hémorragie chez la mère ou la mort du fœtus, dans environ 0,5% des cas pour l'amniocentèse, 1% des cas pour la biopsie des villosités choriales et jusqu'à 5% des cas pour la fœtoscopie). Les tests de dépistage par amniocentèse ou biopsie des villosités choriales ne sont généralement offerts qu'aux femmes âgées de plus de 35 ans en raison du risque accru pour elles de donner naissance à un enfant atteint du syndrome de Down (trisomie 21). Ces tests peuvent également être proposés à des femmes plus jeunes s'il existe des problèmes connus. Quand un diagnostic prénatal révèle une maladie grave, les parents doivent prendre une décision difficile: soit mettre fin à la grossesse, soit se préparer à prendre soin d'un enfant atteint d'une maladie génétique.

Le dépistage chez les nouveau-nés

Il est possible de détecter certaines maladies génétiques dès la naissance au moyen de tests simples effectués régulièrement dans les hôpitaux. L'un des programmes de dépistage concerne la phénylcétonurie (PCU), une maladie héréditaire récessive qui frappe environ 1 nouveau-né sur 12 000 en Amérique du Nord et 1 sur 17 000 en France. La phénylalanine est un acide aminé essentiel (l'organisme ne peut le produire lui-même et doit l'absorber dans l'alimentation) que les enfants atteints de phénylcétonurie ne peuvent dégrader en tyrosine. S'ils ne sont pas dégradés, la phénylalanine et son dérivé, l'acide phénylpyruvique, peuvent s'accumuler au point d'atteindre des concentrations toxiques dans le sang et d'entraîner une déficience intellectuelle grave (retard mental). Toutefois, le dépistage de cette affection chez le nouveau-né permet de prévenir les conséquences de la maladie. Il s'agira de soumettre l'enfant à un régime spécial à faible teneur en phénylalanine pendant les premières années de son développement. (Parmi de nombreuses autres substances, ce régime exclut l'aspartame, un édulcorant artificiel qui contient de la phénylalanine.) Malheureusement, à l'heure actuelle, on ne sait traiter qu'un petit nombre de maladies génétiques.

Le dépistage de maladies héréditaires graves chez les fœtus et les nouveau-nés, les tests pour le dépistage des porteurs sains et les services de conseillers génétiques reposent tous sur le modèle mendélien de l'hérédité. La notion de gène (le concept de facteurs héréditaires particulaires transmis selon les règles simples du hasard) nous vient des expériences remarquables de Gregor Mendel. La plupart des biologistes n'ont apparemment compris l'importance de ses découvertes qu'au début du 20e siècle, des décennies après la publication des résultats de ses expériences. Dans le chapitre suivant, nous verrons que les lois de Mendel s'expliquent par le comportement physique des chromosomes dans les cycles de développement sexués, et nous apprendrons comment la synthèse du mendélisme et de la théorie chromosomique de l'hérédité a catalysé les progrès de la génétique.

RETOUR SUR LE CONCEPT 14.4

1. Élisabeth et Thomas ont chacun un frère ou une sœur atteint de fibrose kystique, mais ni l'un ni l'autre, ni aucun de leurs parents, ne souffrent de la maladie. Si le couple donne naissance à un enfant, calculez la probabilité qu'il soit atteint de fibrose kystique. Quelle serait cette probabilité si un test révélait que Thomas est un porteur sain, mais qu'Élisabeth ne l'est pas? Expliquez vos réponses.
2. **FAITES DES LIENS** Reportez-vous aux figures 5.16, 5.20 et 5.21 (p. 87 et 90 à 92). Expliquez comment le remplacement d'un seul acide aminé dans l'hémoglobine provoque le regroupement des molécules d'hémoglobine sous forme de longs bâtonnets.
3. À sa naissance, Johanne avait six orteils à chaque pied; ce caractère dominant est appelé polydactylie. Deux de ses cinq frères et sœurs et sa mère, mais pas son père, ont également des doigts surnuméraires. Quel est le génotype de Johanne pour le caractère déterminant le nombre de doigts ou d'orteils? Expliquez votre réponse. Utilisez les lettres *D* et *d* comme symboles des allèles de ce caractère.
4. **FAITES DES LIENS** Dans le tableau 14.1, notez la proportion phénotypique du caractère dominant par rapport au caractère récessif dans la génération F_2 pour le croisement monohybride mettant en jeu la couleur des fleurs. Ensuite, déterminez la proportion phénotypique pour les descendants du couple de la deuxième génération dans la figure 14.15b. Comment expliquez-vous la différence entre les deux proportions?

Voir les réponses proposées à la fin du chapitre.

RÉVISION DU CHAPITRE 14

RÉSUMÉ DES CONCEPTS CLÉS

CONCEPT 14.1

Mendel a découvert les deux lois de l'hérédité en utilisant l'approche scientifique (p. 300 à 307)

- Au cours des années 1860, Gregor Mendel a formulé une théorie de l'hérédité fondée sur les résultats d'expériences effectuées sur des pois. Il a proposé que les parents transmettent à leurs descendants des unités héréditaires discontinues, les gènes, qui conservent leur identité d'une génération à l'autre. Cette théorie comporte deux «lois».
- La **loi de la ségrégation** stipule que les gènes possèdent deux formes, ou **allèles**. Dans un organisme diploïde, les deux allèles d'un gène se séparent (ségrégation) durant la méiose et lors de la formation des gamètes; chaque gamète mâle ou femelle ne porte qu'un allèle de chaque paire. Mendel a proposé cette loi pour expliquer la proportion 3:1 des phénotypes de la génération F_2 qu'il a observée lors de l'autofécondation de **monohybrides**. Un organisme reçoit de son père un des deux allèles de chaque gène, et de sa mère, l'autre allèle. Chez les **hétérozygotes**, les deux allèles sont différents, et l'expression de l'un (l'**allèle dominant**) masque l'effet de l'autre (l'**allèle récessif**). Les individus **homozygotes** possèdent deux allèles identiques d'un gène donné et sont de **lignée pure**.
- La **loi de l'assortiment indépendant** stipule que les allèles d'une paire pour un gène donné se répartissent dans les gamètes indépendamment des allèles d'une paire pour un autre gène. Les descendants d'un croisement **dihybride** (individus hétérozygotes pour deux gènes) présentent quatre phénotypes dans une proportion de 9:3:3:1.

? *Lorsque Mendel a effectué le croisement de pois de lignée pure à fleurs violettes et à fleurs blanches, le caractère des fleurs blanches a disparu de la génération F_1, mais est réapparu à la génération F_2. Expliquez ce qui s'est produit à l'aide de termes de génétique.*

CONCEPT 14.2

Les règles des probabilités régissent les lois de l'hérédité de Mendel (p. 307 à 309)

- La **règle de la multiplication** stipule que la probabilité de voir deux événements ou plus se manifester ensemble est égale au produit des probabilités de chacun des événements indépendants. La **règle de l'addition** stipule que la probabilité que se réalise un événement susceptible de se produire de deux façons indépendantes ou plus est égale à la somme des probabilités associées à chaque façon.
- On peut appliquer les règles de probabilité pour résoudre des problèmes de génétique complexes. Un croisement dihybride ou entre des parents différant par plusieurs caractères équivaut à au moins deux croisements monohybrides indépendants survenant simultanément. Lorsqu'on calcule les probabilités des divers génotypes de descendants issus de ces croisements, on étudie d'abord chaque caractère séparément, puis on multiplie les probabilités individuelles l'une par l'autre.

FAITES UN DESSIN *Redessinez la grille de Punnett du côté droit de la figure 14.8 en deux grilles de Punnett monohybrides plus petites, une pour chaque gène. Sous chaque grille, énumérez les proportions de chaque phénotype produit. À l'aide de la règle de la multiplication, calculez la proportion globale de chaque phénotype dihybride possible. Quel est le rapport phénotypique global?*

CONCEPT 14.3

Les modèles d'hérédité sont souvent plus complexes que ceux qui sont prévus par la génétique de Mendel (p. 309 à 314)

- La généralisation des lois de la génétique mendélienne appliquées à un seul gène:

Relation entre les allèles d'un seul gène	Description	Exemple
Dominance complète d'un allèle	Le phénotype de l'hétérozygote est le même que celui de l'homozygote dominant	*VV* *Vv*
Dominance incomplète de l'un ou l'autre allèle	Le phénotype hétérozygote est intermédiaire entre les deux phénotypes homozygotess	C^RC^R C^RC^B C^BC^B
Codominance	Les deux phénotypes s'expriment chez les hétérozygotes	I^AI^B
Allèles multiples	Dans la population entière, certains gènes ont plus de deux allèles	Allèles des groupes sanguins du système ABO I^A, I^B, i
Pléiotropie	L'effet d'un seul gène sur de nombreux caractères phénotypiques	Anémie à hématies falciformes

- La généralisation des lois de la génétique mendélienne appliquées à deux ou à plusieurs gènes:

Relation entre deux gènes ou plus	Description	Exemple
Épistasie	L'expression phénotypique d'un gène influe sur celle d'un autre	*EeNn* × *EeNn*; *EN*, *En*, *eN*, *en*; 9 : 3 : 4
Hérédité polygénique	L'effet additif de deux gènes ou plus sur un même caractère phénotypique	*AaBbCc* × *AaBbCc*

- Hérédité et environnement: le milieu peut influencer l'expression d'un génotype. La gamme phénotypique d'un génotype particulier est appelée **norme de réaction**. Les caractères polygéniques également influencés par le milieu sont dits **multifactoriels**.
- Le phénotype de l'ensemble d'un organisme – c'est-à-dire son apparence physique, son anatomie interne, sa physiologie et son comportement – résulte de l'ensemble de son génotype et de l'influence particulière de son milieu. Même dans des modèles d'hérédité plus complexes, les lois fondamentales de Mendel sur la ségrégation et l'assortiment indépendant s'appliquent toujours.

? *Parmi les relations suivantes, lesquelles sont démontrées par les modes de transmission héréditaire des allèles des groupes sanguins du système ABO: dominance complète, dominance incomplète, codominance, allèles multiples, pléiotropie, épistasie ou hérédité polygénique? Justifiez chacune de vos réponses.*

CONCEPT 14.4

De nombreux caractères humains suivent les modèles mendéliens de l'hérédité (p. 314 à 321)

- On peut étudier les **lignages** de familles humaines pour déterminer les génotypes possibles de certaines personnes et prédire ceux de leur descendance. Ces prévisions se présentent habituellement sous la forme de probabilités statistiques, et non de certitudes.
- De nombreuses maladies génétiques se perpétuent par l'intermédiaire d'un allèle récessif. La plupart des individus touchés (possédant un génotype homozygote récessif) sont les enfants de **porteurs sains** hétérozygotes, dont le phénotype est normal.
- Les allèles dominants létaux sont éliminés d'une population si les individus atteints meurent avant d'atteindre la maturité sexuelle. Les allèles dominants non létaux et les allèles dominants létaux qui n'entraînent la mort qu'à un âge relativement avancé sont transmis selon un modèle mendélien.
- De nombreuses maladies humaines sont multifactorielles, c'est-à-dire qu'elles possèdent des composantes génétiques et environnementales. Ces dernières ne suivent pas des modèles mendéliens simples.
- Les conseillers génétiques s'appuient sur l'histoire familiale des couples pour aider ceux-ci à calculer les probabilités que leurs enfants soient atteints d'une maladie génétique. Des tests génétiques permettant aux futurs parents de savoir s'ils sont porteurs sains d'allèles récessifs associés à des maladies spécifiques sont devenus largement disponibles. L'**amniocentèse** et la **biopsie des villosités choriales** permettent de déterminer si une maladie génétique est présente chez un fœtus. D'autres tests génétiques peuvent être effectués après la naissance de l'enfant.

? *Les deux membres d'un couple savent qu'ils sont porteurs sains de l'allèle de la fibrose kystique. Aucun de leurs trois enfants n'est atteint de la maladie, mais chacun peut en être porteur sain. Les parents voudraient avoir un quatrième enfant, mais le risque qu'il soit atteint de la maladie les inquiète, étant donné que les trois premiers en sont exempts. Que diriez-vous au couple? La suggestion de passer des tests génétiques afin de savoir si les trois enfants sont des porteurs sains pourrait-elle soulager leurs inquiétudes?*

CONSEILS POUR LA RÉSOLUTION DE PROBLÈMES DE GÉNÉTIQUE

1. Écrivez les symboles pour les allèles et le caractère associé à chacun. (Ceux-ci peuvent être fournis dans les données du problème.) Lorsqu'ils sont représentés par une seule lettre, l'allèle dominant s'écrit avec la majuscule, et le récessif, avec la minuscule.
2. Écrivez les génotypes possibles, tels qu'ils sont déterminés par le phénotype.
   a) Si le phénotype est celui d'un caractère dominant (par exemple des fleurs violettes), alors le génotype est soit homozygote dominant, soit hétérozygote (*VV* ou *Vv*, dans cet exemple).
   b) Si le phénotype est celui d'un caractère récessif, le génotype doit être homozygote récessif (par exemple, *vv*).
   c) Si le problème précise «lignée pure», le génotype est homozygote.
3. Déterminez ce qui est demandé dans le problème. Si on vous demande un croisement, écrivez-le dans la forme [Génotype] × [Génotype], en utilisant les allèles que vous avez choisis.
4. Pour arriver à comprendre le résultat d'un croisement, établissez une grille de Punnett.
   a) Mettez les gamètes d'un des parents en haut et ceux de l'autre à la gauche. Pour déterminer l'allèle (ou les allèles) dans chacun des gamètes pour un génotype donné, établissez une façon systématique de dresser la liste de toutes les possibilités. (Rappelez-vous que chaque gamète a un allèle de chaque gène.) Notez qu'il y a 2^n types possibles de gamètes, où n est le nombre de locus de gènes qui sont hétérozygotes. Par exemple, un individu avec le génotype *AaBbCc* produirait $2^3 = 8$ types de gamètes. Écrivez les génotypes des gamètes dans des cercles au-dessus des colonnes et à gauche des rangées.
   b) Remplissez la grille de Punnett comme si chaque gamète mâle possible fécondait chaque gamète femelle, produisant tous les descendants possibles. Dans un croisement de *AaBbCc* × *AaBbCc*, par exemple, la grille de Punnett aurait 8 colonnes et 8 rangées, de sorte qu'il y aurait 64 descendants différents; vous connaîtriez le génotype de chacun et, par conséquent, leur phénotype. Comptez les génotypes et les phénotypes pour obtenir les proportions génotypiques et phénotypiques. Étant donné que la grille de Punnett est assez grande, cette méthode n'est pas la plus efficace. Voyez plutôt le conseil 5.
5. Si la grille de Punnett est trop grande, utilisez les règles de probabilité. (Par exemple, voir la question à la fin du résumé du concept 14.2 et la question 7 de la section suivante.) Vous pouvez considérer chaque gène séparément (voir p. 308 et 309).
6. Si l'énoncé du problème vous donne les proportions phénotypiques des descendants, mais pas les génotypes des parents dans un croisement donné, les phénotypes peuvent vous aider à déduire les génotypes inconnus des parents.
   a) Par exemple, si une moitié des descendants a le phénotype récessif et l'autre moitié, le dominant, vous savez que le croisement a eu lieu entre un hétérozygote et un homozygote récessif.
   b) Si la proportion est de 3:1, le croisement a eu lieu entre deux hétérozygotes.
   c) Si deux gènes sont en jeu et que vous observez une proportion de 9:3:3:1 chez les descendants, vous savez que chaque parent est hétérozygote pour les deux gènes. Attention: Ne supposez pas que les nombres rapportés seront exactement égaux aux proportions prédites. Par exemple, s'il y a 13 descendants avec un caractère dominant et 11 avec un récessif, considérez que la proportion est de un dominant à un récessif.
7. Pour les problèmes de lignages, suivez les conseils donnés dans la figure 14.15 et ci-dessous pour déterminer quelle sorte de caractère est en jeu.
   a) Si les parents dépourvus du caractère ont des descendants ayant le caractère, le caractère doit être récessif et les parents sont tous les deux porteurs sains.
   b) Si le caractère est présent dans chaque génération, il est fort probable qu'il soit dominant (cependant, voir la possibilité suivante).
   c) Si les deux parents possèdent le caractère, alors pour qu'il soit récessif tous les descendants doivent présenter ce caractère.
   d) Pour déterminer le génotype probable de certains individus dans un lignage, écrivez d'abord les génotypes de tous les membres de la famille que vous pouvez. Même si certains des génotypes sont incomplets, notez ce que vous en connaissez. Par exemple, si un individu a le phénotype dominant, le génotype doit être *AA* ou *Aa*, ce que vous pouvez écrire *A_*. Essayez différentes possibilités pour voir laquelle est conforme aux résultats. Utilisez les règles de probabilité pour calculer la probabilité que chaque génotype possible soit le bon.

ÉVALUATION

NIVEAU 1: CONNAISSANCES ET COMPRÉHENSION

1. Associez chaque terme à gauche avec l'énoncé à droite.

Terme	Énoncé
___ Gène	a) N'a aucun effet sur le phénotype chez un hétérozygote
___ Allèle	b) A deux allèles identiques pour un gène
___ Caractère	c) Un croisement entre des individus hétérozygotes pour un seul caractère
___ Allèle dominant	d) Une version alternative d'un gène
___ Allèle récessif	e) A deux allèles différents pour un gène
___ Génotype	f) Une caractéristique héréditaire qui varie parmi les individus
___ Phénotype	g) L'apparence ou les caractères observables d'un organisme
___ Homozygote	h) Un croisement entre un individu avec un génotype inconnu et un individu homozygote récessif
___ Hétérozygote	i) Détermine le phénotype chez un hétérozygote
___ Croisement de contrôle	j) La constitution génétique d'un individu
___ Croisement monohybride	k) Une unité héréditaire qui détermine un caractère; peut exister sous différentes formes

2. **FAITES UN DESSIN** On croise deux plants de pois hétérozygotes pour les caractères de la couleur et de la forme des gousses. Dessinez une grille de Punnett pour déterminer les proportions phénotypiques des descendants.

3. Chez certaines plantes, une souche de lignée pure à fleurs rouges ne donne que des descendants à fleurs roses si on la croise avec une souche de lignée pure à fleurs blanches: C^RC^R (rouge) × C^BC^B (blanc) → C^RC^B (rose). Si le mode de transmission de la position des fleurs (axiale ou terminale) s'effectue comme chez le pois (voir le tableau 14.1), quelles seront les proportions des génotypes et des phénotypes de la génération F_1 issue du croisement suivant: axiale-rouge (lignée pure) × terminale-blanche (lignée pure)? Quelles seront les proportions des génotypes et des phénotypes de la génération F_2?

4. Un homme du groupe sanguin A épouse une femme du groupe B. Ils ont un enfant du groupe O. Quels sont les génotypes de ces trois personnes? Quels autres génotypes s'attendrait-on à trouver chez les autres enfants issus de cette union, et selon quelle fréquence?

5. Un homme a six doigts à chaque main et six orteils à chaque pied (une anomalie congénitale appelée polydactylie). Sa femme et leur fille ont un nombre normal de doigts et d'orteils. La présence de doigts surnuméraires est un caractère dominant (*P*). Selon quelle proportion les enfants de ce couple devraient-ils avoir des doigts et des orteils surnuméraires?

6. **FAITES UN DESSIN** Un plant de pois hétérozygote pour les gousses gonflées (*Gg*) est croisé avec un plant homozygote pour les gousses moniliformes (*gg*). Dessinez une grille de Punnett pour ce croisement. Supposez que le pollen provient d'un plant *gg*.

NIVEAU 2: APPLICATION ET ANALYSE

7. Mendel avait choisi d'étudier plusieurs caractères chez le pois, notamment la position des fleurs, la longueur de la tige et la forme des graines. Ces trois caractères sont régis par des gènes dont l'assortiment est indépendant et dont les relations de dominance-récessivité sont les suivantes:

Caractère	Dominant	Récessif
Position des fleurs	Axiale (*A*)	Terminale (*a*)
Longueur de la tige	Longue (*L*)	Naine (*l*)
Forme des graines	Ronde (*R*)	Ridée (*r*)

Si on laisse s'autoféconder une plante qui est hétérozygote pour les trois caractères, quelle proportion des descendants devrait-on retrouver dans chacune des catégories suivantes? (*Remarque:* servez-vous des règles de probabilité plutôt que de dessiner une immense grille de Punnett.)
a) Homozygotes pour les trois caractères dominants.
b) Homozygotes pour les trois caractères récessifs.
c) Hétérozygotes pour les trois caractères.
d) Homozygotes dominants pour la position des fleurs et la longueur de la tige, hétérozygotes pour la forme des graines.

8. On croise deux cobayes (*Cavia Porcellus*), un mâle noir et une femelle albinos. Ils produisent 12 petits de couleur noire. Lorsqu'on croise la même femelle albinos avec un autre mâle noir, on obtient 7 petits de couleur noire et 5 albinos. Déterminez le mode de transmission du caractère en question. Dans les deux croisements, précisez le génotype des parents, des gamètes et des petits.

9. Chez le sésame (*Sesamum indicum*), le caractère gousse simple (*S*) est dominant par rapport au caractère gousse multiple (*s*), et le caractère feuille lisse (*L*) est dominant par rapport au caractère feuille plissée (*l*). La transmission de ces deux caractères s'effectue selon la loi de l'assortiment indépendant des caractères. Déterminez les génotypes des deux parents dans le cas de tous les croisements produisant les descendances suivantes:
a) 318 gousse simple-feuille lisse; 98 gousse simple-feuille plissée.
b) 323 gousse multiple-feuille lisse; 106 gousse multiple-feuille plissée.
c) 401 gousse simple-feuille lisse.
d) 150 gousse simple-feuille lisse; 147 gousse simple-feuille plissée; 51 gousse multiple-feuille lisse; 48 gousse multiple-feuille plissée.
e) 223 gousse simple-feuille lisse; 72 gousse simple-feuille plissée; 76 gousse multiple-feuille lisse; 27 gousse multiple-feuille plissée.

10. La phénylcétonurie est une maladie héréditaire due à un allèle récessif. Si une femme et son mari, tous les deux des porteurs sains de la maladie, ont trois enfants, quelle est la probabilité de chacune des situations suivantes?
a) Les trois enfants ont tous un phénotype normal.
b) Au moins un des enfants souffre de la maladie.
c) Les trois enfants souffrent de la maladie.
d) Au moins un enfant a un phénotype normal.
(*Remarque:* Rappelez-vous que la somme des probabilités pour tous les événements possibles est toujours de 1.)

11. Le génotype des individus de la génération F_1 dans un croisement tétrahybride est *AaBbCcDd*. Si on suppose que les quatre gènes obéissent à la loi de l'assortiment indépendant, quelles sont les probabilités que les descendants de la génération F_2 aient les génotypes suivants?
a) *aabbccdd*.
b) *AaBbCcDd*.
c) *AABBCCDD*.
d) *AaBBccDd*.
e) *AaBBCCdd*.

12. Quelle est la probabilité que chacun des couples suivants produise la descendance indiquée? (Supposez que toutes les paires d'allèles obéissent à la loi de l'assortiment indépendant.)
a) *AABBCC* × *aabbcc* → *AaBbCc*.
b) *AABbCc* × *AaBbCc* → *AAbbCC*.
c) *AaBbCc* × *AaBbCc* → *AaBbCc*.
d) *aaBbCC* × *AABbcc* → *AaBbCc*.

13. Martine et Philippe ont tous les deux une sœur ou un frère atteint d'anémie à hématies falciformes. Cependant, ni Martine, ni Philippe, ni aucun de leurs parents n'ont souffert de cette maladie, et aucun test n'a révélé que l'un d'eux en était un porteur sain. À partir de ces renseignements, calculez la probabilité qu'un enfant issu de ce couple soit atteint d'anémie à hématies falciformes.

14. Vous découvrez et adoptez un chat noir errant, qui a d'étranges oreilles arrondies et courbées vers l'intérieur. Vous décidez de créer une variété de lignée pure à partir de cet individu exceptionnel. Comment pourriez-vous déterminer si l'allèle des oreilles courbées vers l'intérieur est dominant ou récessif? Comment pourriez-vous obtenir des chatons aux oreilles courbées vers l'intérieur appartenant à une lignée pure? Comment vérifieriez-vous que les chatons aux oreilles courbées vers l'intérieur appartiennent à une lignée pure?

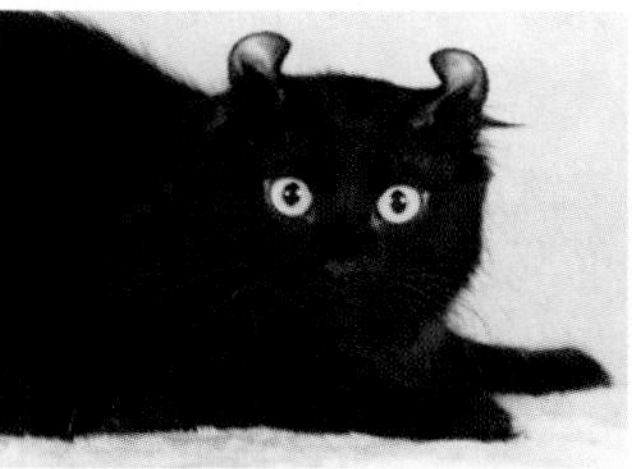

15. Supposez qu'une maladie héréditaire récessive récemment découverte n'est exprimée que chez les individus du groupe sanguin O, bien que la maladie et le groupe sanguin soient transmis indépendamment. Un homme normal du groupe sanguin A et une femme normale du groupe sanguin B ont déjà un enfant qui souffre de la maladie. La femme est de nouveau enceinte. Quelle est la probabilité que le deuxième enfant souffre aussi de la maladie? Supposez que les deux parents sont hétérozygotes pour le gène qui cause la maladie.

16. Chez le tigre (*Panthera tigris*), un même allèle récessif produit une fourrure blanche rayée («tigre blanc») et du strabisme (le fait de loucher). Si deux tigres de phénotype normal qui sont hétérozygotes pour ce locus s'accouplent, quel pourcentage de leur progéniture sera strabique? Quel pourcentage des tigres atteints de strabisme auront une fourrure blanche? Comment pourrait-on qualifier ce type d'hérédité?

17. Chez le maïs (*Zea mays*), l'allèle dominant *I* inhibe la coloration des graines, alors que l'allèle récessif *i*, à l'état homozygote, permet la coloration. Sur un autre locus, l'allèle dominant *P* produit des graines pourpres, alors que l'allèle récessif à l'état homozygote *pp* produit des graines rouges. Si on croise des plantes hétérozygotes pour les deux caractères, quelles seront les proportions phénotypiques des individus de la génération F_1?

18. Le lignage ci-dessous montre la transmission héréditaire de l'alcaptonurie, une maladie métabolique dont la manifestation clinique la plus frappante se traduit par une urine qui noircit au contact de l'air. Les individus touchés, représentés ici par des cercles et des carrés violets, sont incapables de métaboliser l'homogentisate (autrefois nommé alcaptone), qui colore l'urine et teinte les tissus conjonctifs de l'organisme. L'alcaptonurie semble-t-elle due à un allèle dominant ou à un allèle récessif? Indiquez les génotypes des individus pour lesquels vous pouvez

faire une déduction. Quels sont les génotypes possibles pour chacune des autres personnes de ce lignage?

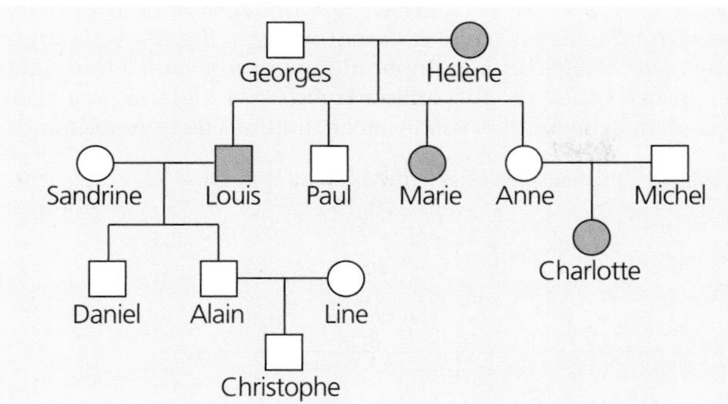

19. Vous êtes conseiller génétique et un couple souhaitant fonder une famille vient vous consulter. Charles a déjà été marié et un enfant atteint de fibrose kystique est né de cette union. Le frère de sa conjointe actuelle, Hélène, est mort des suites de cette maladie. Calculez la probabilité que Charles et Hélène donnent naissance à un enfant atteint de fibrose kystique. (Aucun des deux ne souffre de cette maladie, ni leurs parents.)

20. Chez la souris commune (*Mus musculus*), la couleur brun ocre (*B*) est un caractère dominant par rapport à la couleur blanche (*b*). Un allèle dominant (*J*) situé sur un autre locus produit une bande de couleur jaune près de la pointe de chaque poil, chez les souris de couleur brun ocre, ce qui donne au pelage une apparence mouchetée, appelée agouti. L'allèle récessif (*j*) produit un pelage uniforme. Si on croise des souris hétérozygotes pour ces deux loci, quelles devraient être les proportions phénotypiques de leurs petits?

NIVEAU 3: SYNTHÈSE ET ÉVALUATION

21. LIEN AVEC L'ÉVOLUTION
Depuis la Révolution tranquille au Québec, c'est-à-dire le début des années 1960, les gens tendent à fonder une famille à un âge plus avancé que ne le faisaient leurs parents et leurs grands-parents. Quels effets cette tendance pourrait-elle avoir sur la fréquence des allèles dominants létaux dans la population?

22. INTÉGRATION
On vous remet un plant de pois à longues tiges et à fleurs axiales (voir le tableau 14.1) et on vous demande de déterminer son génotype le plus rapidement possible. Vous savez que l'allèle des longues tiges (*T*) est dominant par rapport à celui des tiges naines (*t*), tandis que l'allèle pour les fleurs axiales (*A*) est dominant par rapport à celui des fleurs terminales (*a*).

a) Trouvez *tous* les génotypes possibles de ce plant.
b) Décrivez *le* croisement que vous devriez effectuer et qui vous permettrait de déterminer le génotype exact de cette plante.
c) En attendant les résultats de ce croisement, faites des prévisions distinctes pour chacun des génotypes trouvés à la partie a. Expliquez votre procédure. Pourquoi cela ne s'appelle-t-il pas «effectuer un croisement»?
d) Expliquez comment les résultats de votre croisement et vos prévisions vous aideront à connaître le génotype de ce plant.

23. SCIENCE, TECHNOLOGIE ET SOCIÉTÉ
L'un de vos parents souffre de la maladie de Huntington. Quelle est la probabilité que vous aussi soyez un jour atteint de cette maladie? Il n'existe actuellement aucun traitement permettant de guérir cette affection. Souhaiteriez-vous subir le test de détection de l'allèle de la maladie de Huntington? Pourquoi?

24. ÉCRIVEZ UN TEXTE
Le fondement génétique de la vie La continuité de la vie est basée sur les informations transmises sous la forme d'ADN. Dans un court essai (de 100 à 150 mots), expliquez comment le transfert des gènes des parents aux descendants, sous la forme d'allèles particuliers, assure la transmission des caractères parentaux chez les descendants et, en même temps, la variation génétique chez ceux-ci. Utilisez le vocabulaire de la génétique dans vos explications.

RÉPONSES DU CHAPITRE 14

Questions des figures

Figure 14.3 Tous les descendants auront des fleurs violettes. (La proportion serait une violette par rapport à zéro blanche.) Les plants de la génération P sont de lignée pure, de sorte que le croisement de plants à fleurs violettes produit le même résultat que l'autofécondation: tous les descendants ont le même caractère.

Figure 14.8

Si assortiment dépendant:
Parents
JjRr × jjrr
Gamètes mâles d'un plant JjRr
1/2 JR 1/2 jr
Gamètes femelles d'un plant jjrr: jr → JjRr | jjrr
1/2 jaune-rond : 1/2 vert-plissé
1 jaune-rond : 1 vert-plissé
Proportion phénotypique

Si assortiment indépendant:
Parents
JjRr × jjrr
Gamètes mâles d'un plant JjRr
1/4 JR 1/4 Jr 1/4 jR 1/4 jr
Gamètes femelles d'un plant JJRR: jr → JjRr | Jjrr | jjRr | jjrr
1/4 jaune-rond : 1/4 jaune-plissé
1/4 vert-rond : 1/4 vert-plissé
1 jaune-rond : 1 jaune-plissé : 1 vert-rond : 1 vert-plissé
Proportion phénotypique

Oui, ce croisement aurait permis à Mendel de faire différentes prévisions pour les deux hypothèses, ce qui lui aurait ainsi permis de distinguer laquelle est la bonne.

Figure 14.10 Votre compagnon affirmerait probablement que les hybrides de la génération F_1 présentent un phénotype intermédiaire entre ceux des parents homozygotes, ce qui corrobore l'hypothèse du mélange. Vous pourriez lui répondre que le croisement des hybrides de la génération F_1 produit la réapparition du phénotype blanc plutôt que des descendants roses identiques, ce qui ne supporte pas l'idée du mélange de caractères dans l'hérédité. **Figure 14.11** Les allèles I^A et I^B sont dominants par rapport à l'allèle *i*, ce qui a pour effet qu'aucun glucide ne se fixe à la surface des globules rouges du groupe O. Les allèles I^A et I^B sont codominants; les deux sont exprimés dans le phénotype des hétérozygotes I^AI^B, qui sont du groupe sanguin AB.

Figure 14.13

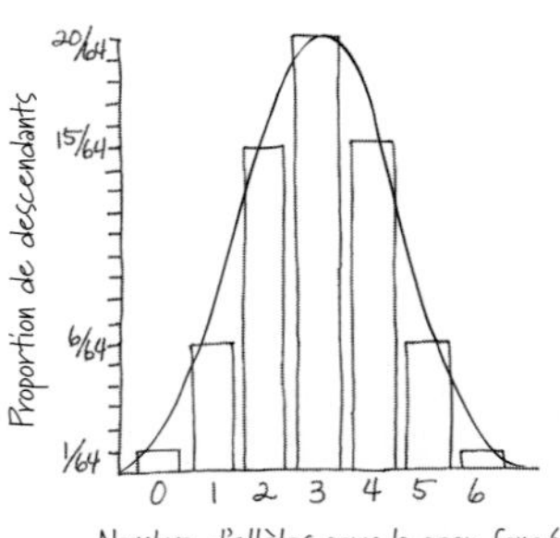

La majorité des individus se trouvent au centre du diagramme, ce qui correspond à des phénotypes intermédiaires (couleur de la peau dans la moyenne) et un petit nombre d'individus se répartissent aux extrémités du diagramme, avec des phénotypes montrant soit une peau très foncée, soit très pâle. (Comme vous le savez peut-être, il s'agit d'une «courbe en cloche» et elle représente une «distribution normale».) **Figure 14.16** Dans la grille de Punnett, deux des trois individus avec une coloration normale sont des porteurs sains, de sorte que la probabilité est ⅔. (Notez que vous devez prendre en compte tout ce que vous savez quand vous calculez une probabilité: vous savez qu'elle n'est pas *aa*, donc il ne reste que trois génotypes possibles à considérer.) **Figure 14.18** Si le test de l'un des parents pour l'allèle récessif est négatif, la probabilité que l'enfant ait la maladie est alors de zéro et celle qu'il soit un porteur sain est de ½. Si le premier enfant est porteur sain, la probabilité que le prochain enfant soit porteur sain est encore de ½ parce que les deux naissances sont des événements indépendants.

Retour sur le concept 14.1

1. Selon la loi de l'assortiment indépendant, on peut prédire que 25 plantes (1/16 des descendants) seront *aatt*, ou récessives pour les deux caractères. Le résultat réel est susceptible de différer quelque peu de cette valeur.

Parents
AaTt × AaTt

Gamètes femelles de la plante AaTt — Gamètes mâles de la plante AaTt

	AT	At	aT	at
AT	AATT	AATt	AaTT	AaTt
At	AATt	AAtt	AaTt	Aatt
aT	AaTT	AaTt	aaTT	aaTt
at	AaTt	Aatt	aaTt	aatt

2. La plante peut produire huit gamètes différents (*JRG, JRg, JrG, Jrg, jRG, jRg, jrG* et *jrg*). Pour mettre en évidence tous les gamètes possibles dans une autofécondation, une grille de Punnett devrait avoir huit rangées et huit colonnes. La grille aurait 64 cases pour les 64 unions possibles de gamètes chez les descendants. **3**. L'autofécondation est une reproduction sexuée parce que la méiose intervient dans la formation des gamètes qui s'unissent au cours de la fécondation. C'est pourquoi, dans l'autofécondation, les descendants sont génétiquement différents du parent. (Comme nous l'avons mentionné dans la note du bas de la page 300, nous avons simplifié l'explication en faisant référence à un seul plant de pois comme parent. Techniquement, les gamétophytes dans la fleur sont les deux «parents».)

Retour sur le concept 14.2

1. ½ homozygote dominant (*AA*), 0 homozygote récessif (*aa*) et ½ hétérozygote (*Aa*). **2**. ¼ *BBDD*; ¼ *BbDD*; ¼ *BBDd*; ¼ *BbDd*. **3**. Les génotypes qui peuvent remplir cette condition sont *vvjjGg, vvJjgg, Vvjjgg, vvJJgg* et *vvjjgg*. Appliquez la règle de la multiplication pour trouver la probabilité d'obtenir chaque génotype, puis utilisez la règle de l'addition pour trouver la probabilité globale de satisfaire aux conditions de ce problème:

vvjjGg ½ (probabilité de vv) × ¼ (jj) × ½ (gg) = 1/16
vvJjgg ½ (vv) × ½ (Jj) × ½ (gg) = 2/16
Vvjjgg ½ (Vv) × ¼ (jj) × ½ (gg) = 1/16
vvJJgg ½ (vv) × ¼ (JJ) × ½ (gg) = 1/16
vvjjgg ½ (vv) × ¼ (jj) × ½ (gg) = 1/16

Probabilité d'avoir au moins deux caractères récessifs = 6/16 ou 3/8

Retour sur le concept 14.3

1. La dominance incomplète décrit la relation entre deux allèles d'un seul gène, alors que l'épistasie a trait à la relation génétique entre deux gènes (et les allèles respectifs de chacun). **2**. On s'attendrait à ce que la moitié des enfants soient du groupe sanguin A et l'autre moitié du groupe sanguin B. **3**. Dominance incomplète, les hétérozygotes étant de couleur grise. Le croisement d'un coq gris avec une poule noire devrait produire des poussins gris et des poussins noirs en nombre à peu près égal.

Retour sur le concept 14.4

1. ⅑; étant donné que la fibrose kystique est causée par un allèle récessif, les frères et sœurs d'Élisabeth et de Thomas qui ont la maladie doivent être homozygotes récessifs. Par conséquent, chacun de leur parent doit être un porteur sain de l'allèle récessif. Ni Élisabeth ni Thomas ne souffrent de la maladie, ce qui signifie que la probabilité qu'ils soient tous deux porteurs sains est de ⅔. Si tous les deux sont des porteurs sains, la probabilité qu'ils donnent naissance à un enfant atteint de fibrose kystique est de ¼ (⅔× ⅔× ¼ = ⅑). La probabilité est de 0; pour donner naissance à un enfant atteint de la maladie, Élisabeth et Thomas doivent être tous les deux des porteurs sains. **2**. Dans l'hémoglobine normale, le sixième acide aminé est l'acide glutamique (Glu), qui est acide (possède une charge négative sur sa chaîne latérale). Dans l'hémoglobine de l'anémie à hématies falciformes, Glu est remplacé par la valine (Val), un acide aminé non polaire très différent de Glu. La structure primaire de la protéine (sa séquence d'acides aminés) détermine ultimement la forme de la protéine et, par conséquent, sa fonction. Les acides aminés non polaires ayant tendance à s'agglutiner, la substitution de Glu par Val favorise les interactions entre les molécules d'hémoglobine et la formation de longues fibres plus ou moins rigides. Ce changement cause la fonction déficiente de la protéine et la déformation des globules rouges. **3**. Le génotype de Johanne est *Dd*. Parce que l'allèle de la polydactylie (*D*) est dominant par rapport à l'allèle des cinq doigts par membre (*d*), les personnes de génotype *DD* ou *Dd* expriment ce caractère. Mais le père de Johanne n'ayant pas la polydactylie, il doit avoir le génotype *dd*, ce qui signifie que Johanne a hérité d'un allèle *d* de lui. Par conséquent, Johanne, qui a le caractère, doit être hétérozygote. **4**. Dans le croisement monohybride mettant en jeu la couleur des fleurs, la proportion est de 3,15 violette pour 1 blanche, alors que dans le lignage de la famille, la proportion à la troisième génération est de 1 lobe de l'oreille libre pour 1 lobe de l'oreille adhérent. La différence est due au petit échantillonnage (deux enfants) dans la famille humaine. Si le couple de la deuxième génération dans le lignage pouvait avoir 929 descendants, comme dans le croisement de plants de pois, la proportion serait vraisemblablement plus près de 3:1. (Remarquez qu'aucun des croisements des plants de pois dans le tableau 14.1 ne donne exactement une proportion de 3:1.)

Questions du résumé des concepts clés

14.1 Au cours de la reproduction sexuée, des versions alternatives de gènes, appelées allèles, sont transmises des parents aux descendants. Dans un croisement entre des parents homozygotes à fleurs violettes et à fleurs blanches, les descendants de la génération F_1 sont tous hétérozygotes, chacun recevant un allèle violet d'un parent et un allèle blanc de l'autre. Puisqu'il est dominant, l'allèle violet détermine le phénotype des descendants de la génération F_1, qui sont tous violets, et masque l'expression de l'allèle blanc. C'est seulement à la génération F_2 que l'allèle blanc se retrouvera à l'état homozygote, ce qui cause l'expression du caractère blanc.

14.2

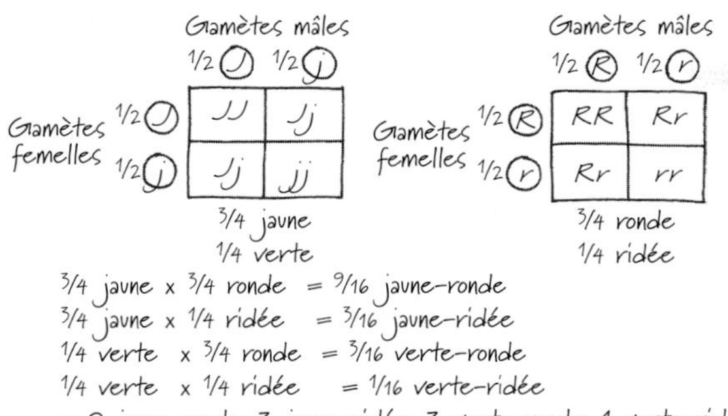

14.3 Les groupes sanguins du système ABO sont un exemple d'allèles multiples parce que ce gène unique a plus de deux allèles (I^A, I^B et i). Deux des allèles, I^A et I^B, sont codominants, étant donné que les deux glucides (A et B) sont présents quand ces deux allèles existent ensemble dans un génotype. Par ailleurs, I^A et I^B présentent chacun une dominance complète par rapport à l'allèle i. Cette situation n'est pas un exemple de dominance incomplète parce que chaque allèle influe sur le phénotype d'une façon distincte, de sorte que le résultat n'est pas intermédiaire entre les deux phénotypes. Parce que la situation met en jeu un gène unique, ce n'est pas un exemple d'épistasie ou d'hérédité polygénique. **14.4** Le risque que le quatrième enfant souffre de fibrose kystique est de ¼, comme ce l'était pour chacun des autres enfants, parce que chaque naissance est un événement indépendant. Nous savons déjà que les deux parents sont porteurs sains; de ce fait, cela n'influe d'aucune manière sur la probabilité que leur prochain enfant soit atteint de la maladie, que leurs trois premiers enfants soient eux-mêmes porteurs sains ou non. Le génotype des parents fournit la seule information pertinente.

ÉVALUATION

1. Gène, k. Allèle, d. Caractère, f. Allèle dominant, i. Allèle récessif, a. Génotype, j. Phénotype, g. Homozygote, b. Hétérozygote, e. Croisement de contrôle, h. Croisement monohybride, c.

2.

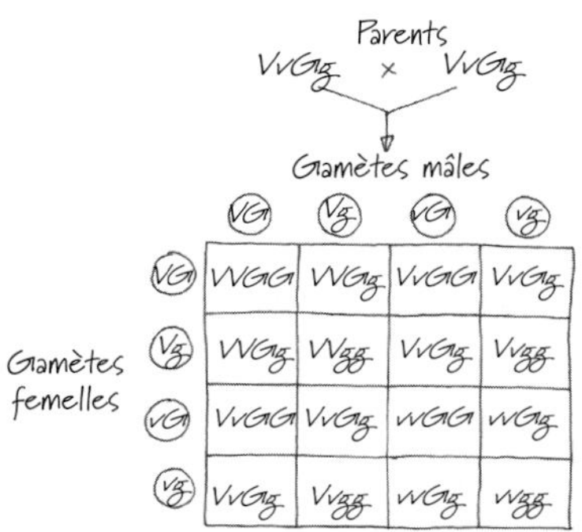

3. Le croisement de la génération parentale est $AAC^RC^R \times aaC^BC^B$. Le génotype de la génération F_1 est AaC^RC^B, le phénotype est une fleur axiale-rose. Les génotypes de la génération F_2 sont: 1 AAC^RC^R : 2 AAC^RC^B : 1 AAC^BC^B : 2 AaC^RC^R : 4 AaC^RC^B : 2 AaC^BC^B : 1 aaC^RC^R : 2 aaC^RC^B : 1 aaC^BC^B. Les phénotypes sont 3 axiale-rouge : 6 axiale-rose : 3 axiale-blanche : 1 terminale-rouge : 2 terminale-rose : 1 terminale-blanche. **4**. Homme I^Ai; femme I^Bi; enfant ii. Les génotypes des autres enfants sont ¼ I^AI^B, ¼ I^Ai, ¼ I^Bi, ¼ ii. **5**. ½. **6**. Un croisement $Gg \times gg$ donnerait des descendants avec une proportion génotypique de 1 Gg : 1 gg (2 : 2 est une réponse équivalente) et une proportion phénotypique de 1 gonflée : 1 moniliforme (2 : 2 est équivalent).

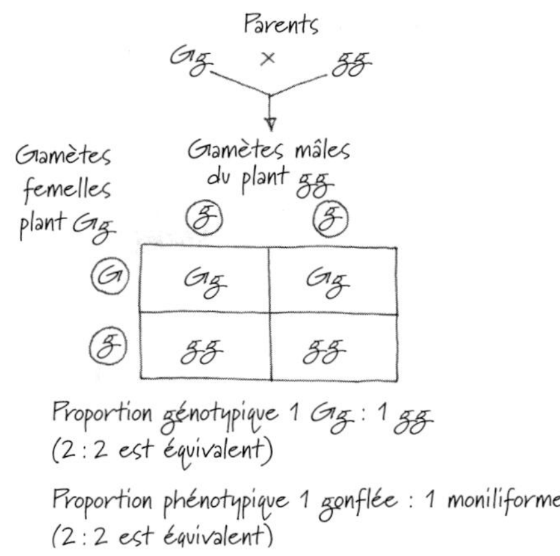

7. a) 1⁄64. b) 1⁄64. c) ⅛. d) 1⁄32. **8**. Le caractère albinos (n) est récessif; le caractère noir (N) est dominant. Premier croisement: parents $NN \times nn$; gamètes N et n; tous les descendants (F_1) sont Nn (couleur noire). Dans le deuxième croisement, le cobaye noir est un hétérozygote. Deuxième croisement: parents $Nn \times nn$; gamètes ½ N, ½ n (parent hétérozygote) et n; descendants (F_1): ½ Nn, ½ nn. **9**. a) $SSLl \times SSLl$ ou $SSLl \times SsLl$ ou $SSLl \times ssLl$. b) $ssLl \times ssLl$. c) $SSLL \times$ n'importe lequel des 9 génotypes possibles ou $SSll \times ssLL$. d) $SsLl \times Ssll$. e) $SsLl \times SsLl$. **10**. a) ¾ × ¾ × ¾ = 27⁄64. b) 1 − 27⁄64 = 37⁄64. c) ¼ × ¼ × ¼ = 1⁄64. d) 1 − 1⁄64 = 63⁄64. **11**. a) 1⁄256. b) 1⁄16. c) 1⁄256. d) 1⁄64. e) 1⁄128. **12**. a) 1. b) 1⁄32. c) ⅛. d) ½. **13**. 1⁄9 (soit ⅔ × ⅔ × ¼). **14**. Il s'agit de croiser le chat aux oreilles courbées avec un autre aux oreilles droites et de lignée pure. Si le caractère oreilles courbées est dominant, il apparaîtra dans la progéniture. Si le caractère est récessif, aucun chaton n'aura les oreilles courbées. On pourrait obtenir des chats homozygotes (lignée pure) pour l'allèle «oreilles courbées vers l'intérieur» dans la génération F_2 issue du croisement décrit précédemment, que le caractère oreilles courbées soit dominant ou récessif. On sait que ces chats appartiennent à une lignée pure lorsque des croisements oreilles courbées × oreilles courbées ne produisent que des individus aux oreilles courbées. En fait, l'allèle à l'origine des oreilles courbées est dominant. **15**. Les génotypes des parents sont MmI^Ai et MmI^Bi puisqu'ils ont un enfant atteint de la maladie, celui-ci étant nécessairement du groupe O; la réponse est 1⁄16 (¼ pour le groupe O × ¼ pour la maladie). **16**. Le strabisme touchera 25% des descendants (¼) et tous les tigres strabiques (100%) auront également une fourrure blanche. Il s'agit d'un exemple de pléiotropie.**17**. L'allèle dominant I est épistasique par rapport au locus P/p et, par conséquent, les proportions génotypiques pour la génération F_1 seront: 9 $I\_P\_$ (incolore) : 3 I_pp (incolore) : 3 $iiP\_$ (pourpre) : 1 $iipp$ (rouge). Les proportions phénotypiques seront donc: 12 graines incolores : 3 graines pourpres : 1 graine rouge. **18**. Récessif; tous les individus touchés (Hélène, Louis, Marie et Charlotte) sont homozygotes récessifs (aa). Georges est Aa puisque certains des enfants qu'il a eus avec Hélène (aa) sont atteints. Paul, Anne, Daniel et Alain sont tous Aa: aucun d'eux n'est touché par la maladie, alors qu'un des parents en est atteint. Michel est également Aa, étant donné qu'il a eu un enfant atteint (Charlotte) avec son épouse Anne, qui est hétérozygote. Sandrine, Line et Christophe peuvent avoir le génotype AA ou Aa. **19**. Charles est nécessairement un porteur sain et Hélène a deux chances sur trois d'être une porteuse saine; la réponse est 1⁄6 (soit 1 × ⅔ × ¼). **20**. 9 $B\_J\_$ (agouti) : 3 B_jj (brun) : 3 $bbJ\_$ (blanc) : 1 $bbjj$ (blanc); ce qui donne 9 agouti : 3 bruns : 4 blancs.

15

Les bases chromosomiques de l'hérédité

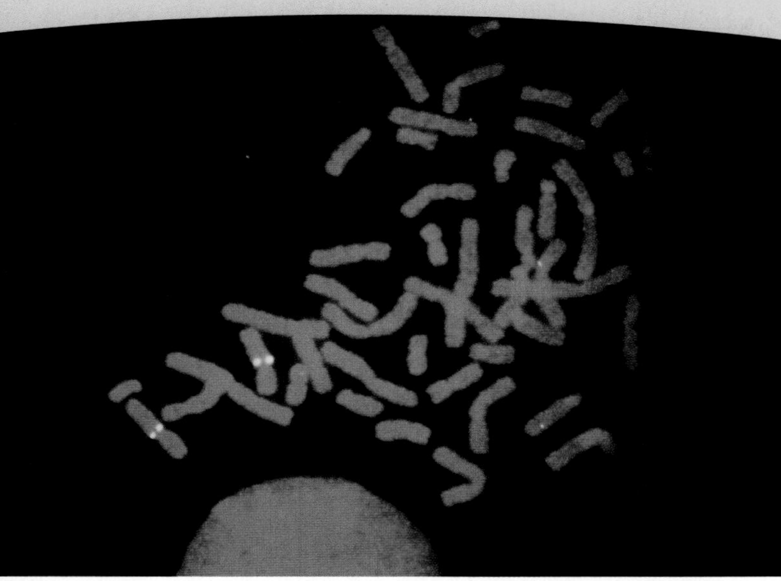

▲ **Figure 15.1 Où sont situés les facteurs héréditaires de Mendel dans la cellule ?**

CONCEPTS CLÉS

15.1 Le fondement physique de l'hérédité mendélienne réside dans le comportement des chromosomes

15.2 Les gènes liés au sexe ont un mode de transmission héréditaire qui leur est propre

15.3 Les gènes liés sont souvent transmis ensemble, parce qu'ils se trouvent près les uns des autres sur le même chromosome

15.4 Les anomalies du nombre ou de la structure des chromosomes causent certaines maladies génétiques

15.5 Certains modes de transmission héréditaire font exception à la théorie classique de l'hérédité mendélienne

INTRODUCTION

La localisation des gènes sur les chromosomes

Quand Gregor Mendel a proposé l'existence des « facteurs héréditaires », il s'agissait d'un concept purement abstrait. En 1860, on ne connaissait aucune structure cellulaire capable d'héberger ces unités imaginaires. Même après les premières observations des chromosomes, les lois de Mendel sur la ségrégation et l'assortiment indépendant des caractères laissaient de nombreux biologistes sceptiques. Ce doute se perpétua jusqu'à ce que l'on réussisse à démontrer que le comportement des chromosomes confirmait le fondement physique des lois de l'hérédité.

De nos jours, nous savons que les gènes (les facteurs héréditaires de Mendel) sont situés sur les chromosomes. Il est même tout à fait possible de localiser un gène particulier en marquant des chromosomes isolés au moyen d'un colorant fluorescent qui met en évidence ce gène. Par exemple, dans la **figure 15.1**, les quatre points jaunes marquent le locus d'un gène particulier sur les chromatides sœurs d'une paire de chromosomes homologues humains qui viennent de se répliquer. Dans ce chapitre, nous approfondirons le contenu des deux chapitres précédents : nous présenterons les fondements chromosomiques de l'hérédité, ainsi que quelques exceptions importantes à la théorie classique de l'hérédité.

CONCEPT 15.1

Le fondement physique de l'hérédité mendélienne réside dans le comportement des chromosomes

Grâce aux progrès de la microscopie, les cytologistes ont pu décrire le mécanisme de la mitose en 1875 et celui de la méiose au cours des années 1890. La cytologie et la génétique ont commencé à converger quand les biologistes ont remarqué des similitudes entre le comportement des chromosomes et celui des facteurs héréditaires proposés par Mendel au cours des cycles de développement sexués. Par exemple, dans les cellules diploïdes, les chromosomes forment des paires, tout comme les gènes. Pendant la méiose, les chromosomes homologues se séparent, et les allèles subissent la ségrégation. Enfin, lors de la fécondation, les paires de chromosomes ainsi que les paires de gènes se reconstituent. Vers 1902, chacun de leur côté, Walter S. Sutton, Theodor Boveri et d'autres chercheurs ont souligné ces similitudes ; c'est ainsi que la **théorie chromosomique de l'hérédité** a progressivement pris forme. Selon cette théorie, les gènes mendéliens occupent des loci (emplacements) sur les chromosomes, et ce sont les chromosomes qui subissent les phénomènes de la ségrégation et de l'assortiment indépendant.

La **figure 15.2** montre que le comportement des chromosomes homologues au cours de la méiose explique la ségrégation des allèles de chaque locus dans des gamètes différents. La figure montre également que le comportement des chromosomes non homologues explique l'assortiment indépendant des allèles pour deux gènes (ou plus) situés sur des

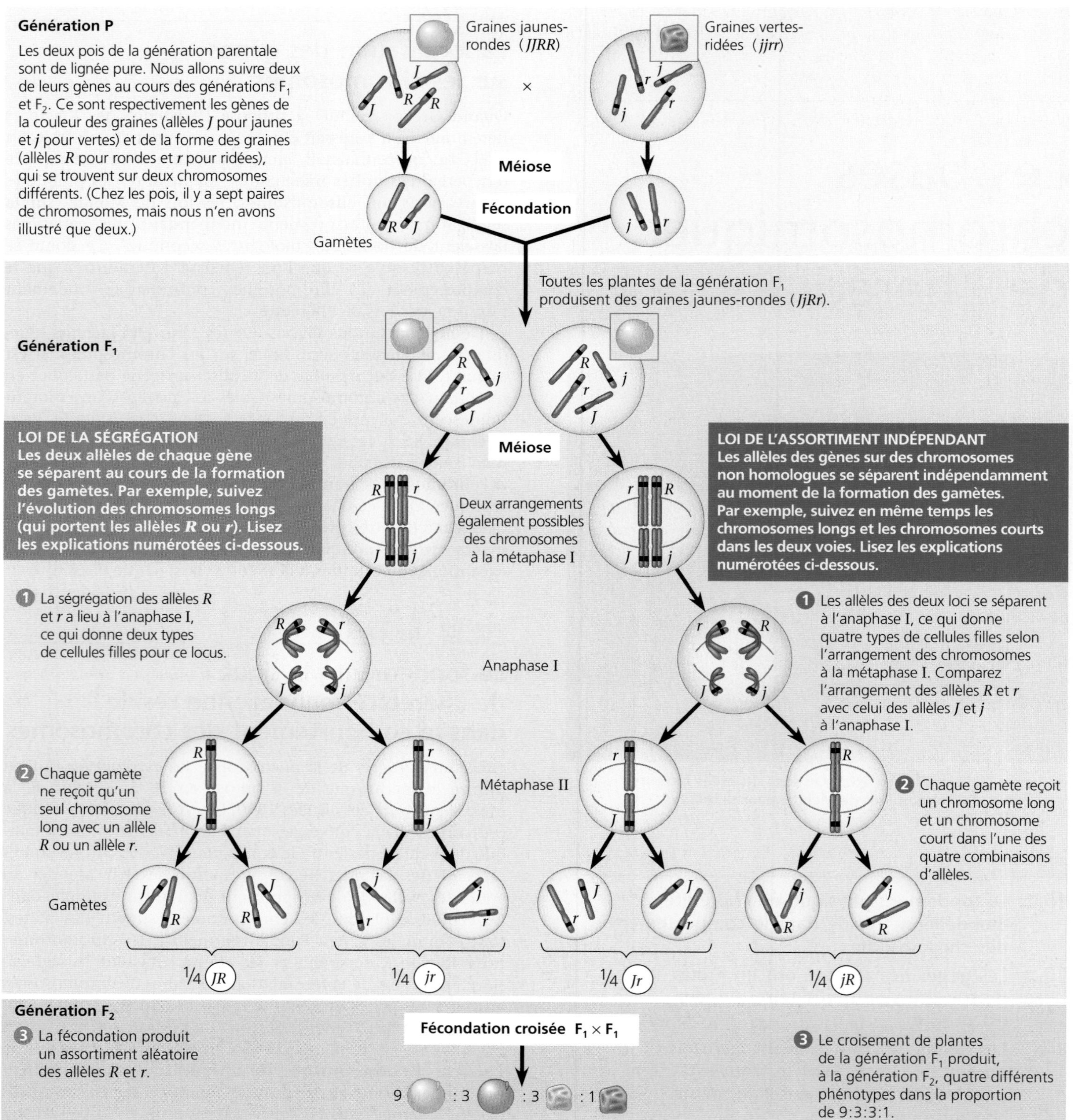

Génération P
Les deux pois de la génération parentale sont de lignée pure. Nous allons suivre deux de leurs gènes au cours des générations F_1 et F_2. Ce sont respectivement les gènes de la couleur des graines (allèles *J* pour jaunes et *j* pour vertes) et de la forme des graines (allèles *R* pour rondes et *r* pour ridées), qui se trouvent sur deux chromosomes différents. (Chez les pois, il y a sept paires de chromosomes, mais nous n'en avons illustré que deux.)
Graines jaunes-rondes (*JJRR*)
Graines vertes-ridées (*jjrr*)
×
Méiose
Fécondation
Gamètes
Toutes les plantes de la génération F_1 produisent des graines jaunes-rondes (*JjRr*).
Génération F_1
LOI DE LA SÉGRÉGATION
Les deux allèles de chaque gène se séparent au cours de la formation des gamètes. Par exemple, suivez l'évolution des chromosomes longs (qui portent les allèles *R* ou *r*). Lisez les explications numérotées ci-dessous.
Méiose
LOI DE L'ASSORTIMENT INDÉPENDANT
Les allèles des gènes sur des chromosomes non homologues se séparent indépendamment au moment de la formation des gamètes. Par exemple, suivez en même temps les chromosomes longs et les chromosomes courts dans les deux voies. Lisez les explications numérotées ci-dessous.
Deux arrangements également possibles des chromosomes à la métaphase I
1 La ségrégation des allèles *R* et *r* a lieu à l'anaphase I, ce qui donne deux types de cellules filles pour ce locus.
Anaphase I
1 Les allèles des deux loci se séparent à l'anaphase I, ce qui donne quatre types de cellules filles selon l'arrangement des chromosomes à la métaphase I. Comparez l'arrangement des allèles *R* et *r* avec celui des allèles *J* et *j* à l'anaphase I.
2 Chaque gamète ne reçoit qu'un seul chromosome long avec un allèle *R* ou un allèle *r*.
Métaphase II
2 Chaque gamète reçoit un chromosome long et un chromosome court dans l'une des quatre combinaisons d'allèles.
Gamètes
1/4 *JR*
1/4 *jr*
1/4 *Jr*
1/4 *jR*
Génération F_2
3 La fécondation produit un assortiment aléatoire des allèles *R* et *r*.
Fécondation croisée $F_1 \times F_1$
9 : 3 : 3 : 1
3 Le croisement de plantes de la génération F_1 produit, à la génération F_2, quatre différents phénotypes dans la proportion de 9:3:3:1.

▲ **Figure 15.2 Les fondements chromosomiques des lois de Mendel.** Nous montrons ici l'analogie entre les résultats de l'un des croisements dihybrides de Mendel (voir la figure 14.8, p. 306) et le comportement des chromosomes au cours de la méiose (voir la figure 13.8, p. 288). Leur position à la métaphase I de la méiose et leur déplacement pendant l'anaphase I expliquent la ségrégation et l'assortiment indépendant des allèles de la couleur et de la forme des graines. Chaque cellule qui subit la méiose dans une plante de la génération F_1 produit deux types de gamètes. Si l'on compte les résultats pour toutes les cellules, toutefois, chaque plante de la génération F_1 produit les quatre types de gamètes en nombre égal, étant donné que les arrangements possibles des chromosomes de la métaphase I ont les mêmes chances de survenir.

? *Si vous croisez une plante de la génération F_1 avec une plante homozygote récessive pour les deux gènes (jjrr), comment se comparerait la proportion phénotypique des descendants avec la proportion de 9:3:3:1 observée ici ?*

chromosomes différents. En étudiant attentivement cette figure, qui suit le même croisement dihybride de pois que celui de la figure 14.8 (p. 306), vous pourrez constater comment le comportement des chromosomes au cours de la méiose de la génération F_1 et de la fécondation aléatoire subséquente donne à la génération F_2 la proportion de phénotypes observée par Mendel.

La preuve expérimentale de Morgan: *recherche scientifique*

C'est Thomas Hunt Morgan, un embryologiste expérimental de la Columbia University, qui a apporté au début du 20e siècle la première preuve convaincante permettant d'associer un gène à un chromosome. Bien qu'il ait éprouvé un certain scepticisme à l'égard de l'hérédité mendélienne et de la théorie chromosomique, ses premières expériences lui ont fourni la preuve que les facteurs héréditaires de Mendel se trouvaient bel et bien sur les chromosomes.

Le choix des organismes expérimentaux de Morgan

L'histoire de la biologie est jalonnée de découvertes majeures faites par des personnes assez perspicaces ou chanceuses pour choisir un organisme convenant parfaitement au type de recherche envisagé. Mendel a opté pour le pois, parce qu'il en existe plusieurs variétés bien distinctes. Pour ses travaux, Morgan a choisi un insecte commun, la mouche du vinaigre, ou drosophile (*Drosophila melanogaster*), qui se nourrit des moisissures poussant sur les fruits. La drosophile est prolifique: un seul accouplement produit des centaines de descendants, et il est possible d'obtenir une nouvelle génération tous les 15 jours. Sa petite taille permet aussi d'en élever un très grand nombre. Le laboratoire de Morgan commença à utiliser cet insecte particulièrement commode pour les recherches en génétique en 1907 et ce local fut rapidement surnommé *the fly room* («la pièce des mouches»).

La drosophile présente aussi l'avantage de posséder seulement quatre paires de chromosomes, que l'on peut aisément distinguer au microscope photonique: ils comprennent trois paires d'autosomes et une paire de chromosomes sexuels. La femelle possède une paire de chromosomes X homologues, et le mâle, un chromosome X et un autre, Y.

Contrairement à Mendel, qui n'éprouvait aucune difficulté à trouver auprès des fournisseurs les variétés du pois dont il avait besoin, Morgan était probablement le premier à vouloir se procurer différentes variétés de drosophiles. Il a donc été contraint d'effectuer de nombreux accouplements, une tâche fastidieuse, et d'examiner au microscope un grand nombre de descendants à la recherche de mutants. Au terme de nombreux mois consacrés à cette besogne, il manifesta sa déception: «Deux années de travail perdues. Pendant tout ce temps, j'ai croisé ces mouches et je n'ai rien obtenu.» Morgan ne s'est pas découragé pour autant et il finit par découvrir un mâle particulier: au lieu d'avoir les yeux rouges normalement présents chez l'espèce, il avait des yeux blancs. (Depuis lors, on a trouvé un grand nombre de mutants différents ou on en a provoqué l'apparition chez la drosophile.) Le phénotype le plus commun d'un caractère donné dans les populations naturelles, comme les yeux rouges de la drosophile, est appelé **phénotype sauvage** (**figure 15.3**). Les phénotypes qui remplacent

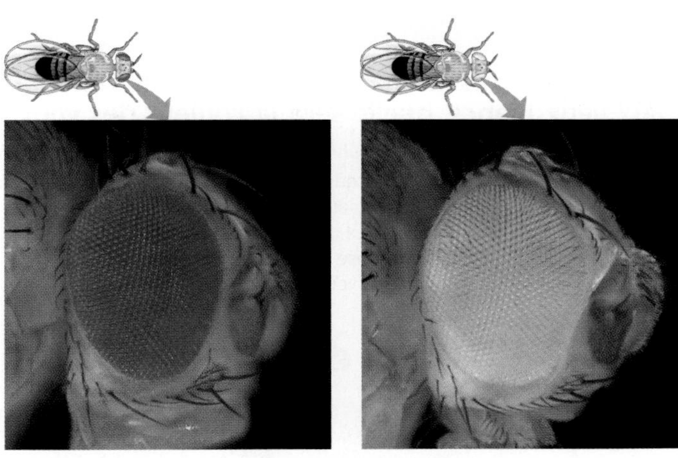

▲ **Figure 15.3 Le premier mutant découvert par Morgan.** Les drosophiles du type sauvage ont les yeux rouges (à gauche). Dans son échantillon, Morgan a découvert un mâle mutant aux yeux blancs (à droite), ce qui lui permit d'associer le gène de la couleur des yeux à un chromosome spécifique (MP).

parfois le phénotype sauvage, comme les yeux blancs de la drosophile en question, sont appelés *phénotypes mutants*, parce qu'on suppose que les allèles correspondants résultent d'une modification (ou mutation) de l'allèle sauvage.

Pour représenter les allèles, Morgan et ses étudiants ont établi une convention toujours en usage de nos jours dans le cas de la génétique de la drosophile. Chez cette mouche, le gène correspondant à un caractère donné est désigné par un symbole choisi en fonction du nom du premier mutant découvert. Ainsi, le symbole de l'allèle des yeux blancs chez la drosophile est *w* (*w* pour *white*, soit blanc, en anglais; nous utilisons ici la nomenclature internationale, qui conserve les symboles adoptés par Morgan). Quant à l'exposant $^+$, il désigne l'allèle du caractère sauvage: on écrira ainsi w^+ pour les yeux rouges, par exemple. Toutefois, ce système de notation n'est pas universel; il en existe d'autres, créés au fil des ans pour les divers organismes qui ont fait l'objet d'études génétiques, même si cela complique un peu les choses pour les élèves qui essaient d'en comprendre la logique.

La corrélation du comportement des allèles d'un gène avec celui d'une paire de chromosomes

Morgan a accouplé le mâle aux yeux blancs qu'il a découvert à une femelle aux yeux rouges. Tous les individus de la génération F_1 ont eu les yeux rouges, ce qui lui a permis de penser que le type sauvage est dominant. Lorsqu'il a croisé entre elles les drosophiles de la génération F_1, il a retrouvé la proportion phénotypique classique de 3:1 à la génération F_2. Cependant, une surprise de taille l'attendait: le caractère des yeux blancs n'était présent que chez les mâles. Toutes les femelles avaient les yeux rouges, alors que la moitié des mâles avait les yeux rouges, et l'autre moitié, les yeux blancs. Morgan en tira donc la conclusion que la couleur des yeux de la drosophile devait être en quelque sorte liée au sexe. (Si le gène de la couleur des yeux n'était pas lié au sexe, il se serait attendu à ce que la moitié des drosophiles aux yeux blancs soit des mâles et l'autre moitié, des femelles.)

Rappelez-vous qu'une femelle a deux chromosomes X (XX), tandis qu'un mâle a un X et un Y (XY). La corrélation

▼ **Figure 15.4** **INVESTIGATION**

Lors d'un croisement d'une drosophile femelle du type sauvage avec un mâle mutant aux yeux blancs, quelle sera la couleur des yeux des individus des générations F_1 et F_2?

EXPÉRIENCE Thomas Hunt Morgan a voulu analyser le comportement de deux allèles du gène de la couleur des yeux chez la drosophile. Dans des croisements semblables à ceux que Mendel a effectués avec le pois, Morgan et ses collègues ont croisé une femelle du type sauvage (yeux rouges) avec un mâle mutant aux yeux blancs.

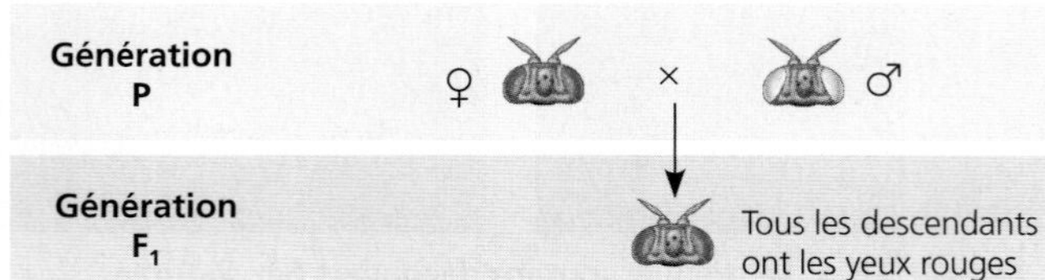

Puis, Morgan a croisé une femelle aux yeux rouges de la génération F_1 avec un mâle aux yeux rouges de la génération F_1 pour produire la génération F_2.

RÉSULTATS À la génération F_2, il a obtenu la proportion phénotypique mendélienne classique de trois mouches aux yeux rouges pour une mouche aux yeux blancs. Cependant, aucune femelle n'avait le phénotype des yeux blancs; toutes les mouches aux yeux blancs étaient des mâles.

CONCLUSION Tous les individus de la génération F_1 ont les yeux rouges, de sorte que le phénotype mutant des yeux blancs (*w*) doit être récessif par rapport au phénotype sauvage des yeux rouges (w^+). Comme le phénotype récessif (yeux blancs) ne s'exprimait que chez les mâles de la génération F_2, Morgan en a déduit que le gène correspondant à la couleur des yeux était situé sur le chromosome X et qu'il n'y avait pas de locus équivalent sur le chromosome Y.

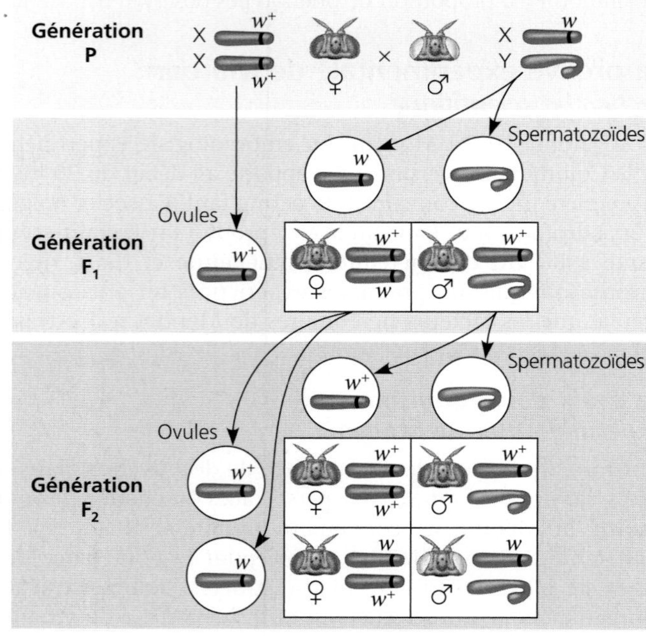

SOURCE T. H. Morgan, Sex-limited inheritance in *Drosophila*, *Science* 32:120-122 (1910).

ET SI? Supposez que ce gène de la couleur des yeux est situé sur un autosome. Prédisez le phénotype (et le sexe) des individus de la génération F_2 issus de ce croisement hypothétique. (Indice: Dessinez une grille de Punnett.)

entre le caractère des yeux blancs et le sexe mâle des drosophiles de la génération F_2 permit à Morgan de déduire que, chez un mutant aux yeux blancs, le gène en question est situé exclusivement sur le chromosome X; il n'existe pas d'allèle correspondant sur le chromosome Y (qui ne possède que très peu de gènes fonctionnels chez la drosophile). On peut suivre son raisonnement à la **figure 15.4**. Il suffit qu'un mâle reçoive un exemplaire de l'allèle mutant pour qu'il ait les yeux blancs; comme il n'a qu'un seul chromosome X, il ne peut avoir un deuxième allèle, du type sauvage (w^+), qui masquerait l'effet de l'allèle récessif. Par contre, la femelle ne peut avoir des yeux blancs que si elle porte un exemplaire de cet allèle mutant récessif (*w*) sur chacun de ses chromosomes X, ce qui est impossible dans le cas des femelles de la génération F_2 de l'expérience de Morgan. En effet, tous les pères de la génération F_1 ayant les yeux rouges, tous les descendants femelles de ces pères possédaient donc l'allèle des yeux rouges sur leur chromosome X.

La découverte de Morgan sur la corrélation entre un caractère particulier et le sexe d'un individu a donné de la crédibilité à la théorie chromosomique de l'hérédité selon laquelle un gène donné est porté par un chromosome spécifique (ici, le gène de la couleur des yeux sur le chromosome X). De plus, les recherches de Morgan ont indiqué que les gènes situés sur un chromosome sexuel présentent des modes de transmission héréditaire uniques, que nous aborderons à la section suivante. Reconnaissant alors l'importance des travaux réalisés par Morgan, de nombreux étudiants brillants commencèrent à fréquenter la *pièce des mouches*.

RETOUR SUR LE CONCEPT 15.1

1. Laquelle des lois de Mendel se rapporte à la transmission des allèles d'un seul caractère? Laquelle se rapporte à la transmission des allèles de deux caractères dans un croisement dihybride?
2. **FAITES DES LIENS** Revoyez la description de la méiose à la figure 13.8 (p. 288 et 289) et les deux lois de Mendel dans le concept 14.1 (p. 300 à 307). Quel est le fondement physique de chacune des lois de Mendel?
3. **ET SI?** Proposez une raison qui permettrait d'expliquer que l'apparition du premier mutant de Morgan faisait intervenir un gène situé sur un chromosome sexuel.

Voir les réponses proposées à la fin du chapitre.

CONCEPT **15.2**

Les gènes liés au sexe ont un mode de transmission héréditaire qui leur est propre

Comme vous venez de l'apprendre, la découverte par Morgan d'un caractère (yeux blancs) lié au sexe des drosophiles a constitué une étape cruciale dans l'élaboration de la théorie chromosomique de l'hérédité. Étant donné qu'il est possible de déduire l'identité des chromosomes sexuels chez un individu en observant le sexe de la mouche, le comportement des deux membres de la paire de chromosomes sexuels peut être corrélé avec celui des deux allèles du gène de la couleur des yeux. Dans cette section, nous approfondirons l'étude du rôle des chromosomes sexuels dans l'hérédité. Nous commencerons par examiner la base chromosomique de la détermination du sexe chez les humains et chez certains autres Animaux.

Les bases chromosomiques du sexe

Chez l'humain, le sexe d'un individu constitue l'un de ses ensembles de caractères phénotypiques les plus évidents. Bien qu'il existe de nombreuses différences anatomiques et physiologiques entre l'homme et la femme, les bases chromosomiques de la détermination du sexe sont relativement simples. L'humain et les autres Mammifères présentent deux types de chromosomes sexuels, appelés X et Y. Le chromosome Y est beaucoup plus petit que le chromosome X (**figure 15.5**). Une personne qui hérite de deux chromosomes X (un de sa mère et l'autre de son père) devient habituellement une femme. Quant à l'homme, il se développe à partir d'un zygote contenant un chromosome X et un chromosome Y (**figure 15.6a**). De courts segments à chaque extrémité du chromosome Y, ne représentant que 5 % de sa longueur, sont les seules régions homologues aux régions correspondantes du chromosome X. Dans un testicule, pendant la méiose, ces régions homologues permettent aux chromosomes X et Y de se comporter comme des chromosomes homologues.

Les deux chromosomes sexuels subissent une ségrégation au cours de la méiose, qui a lieu dans les testicules ou les ovaires, et chaque gamète reçoit l'un d'eux. Un ovule (gamète femelle) contient nécessairement un chromosome X. Par contre, il y a deux catégories de spermatozoïdes (gamètes mâles) : la moitié d'entre eux porte un chromosome X, et l'autre moitié, un chromosome Y. Le sexe de tout individu est donc déterminé au moment de la conception : si un spermatozoïde porteur d'un chromosome X féconde l'ovule, le zygote sera XX, une femelle. Si le spermatozoïde

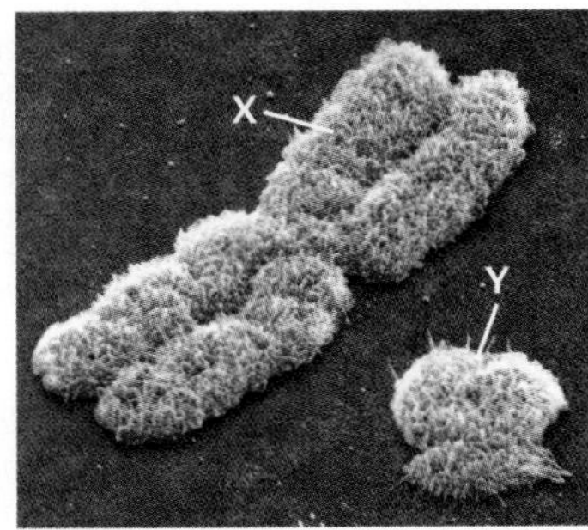

▲ **Figure 15.5 Les chromosomes sexuels humains.**

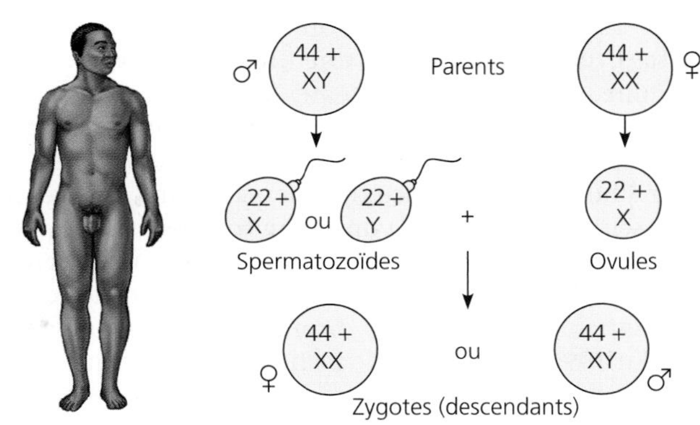

(a) Système X-Y. Chez les Mammifères, le sexe d'un individu dépend du chromosome sexuel (X ou Y) porté par le spermatozoïde (c'est le mâle qui est *hétérogamétique*).

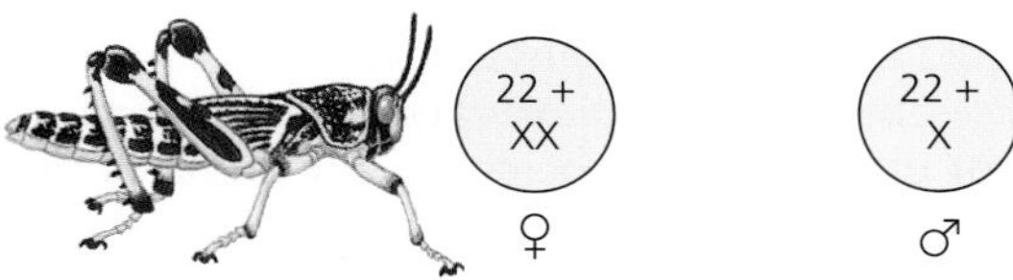

(b) Système X-0. Chez les sauterelles, les coquerelles (ou cafards) et plusieurs autres Insectes, il n'y a qu'un type de chromosome sexuel, le chromosome X. Les femelles sont XX, et les mâles n'ont qu'un seul chromosome sexuel (X0). Le sexe d'un descendant est donc conditionné par la présence ou l'absence, dans le spermatozoïde, d'un chromosome X.

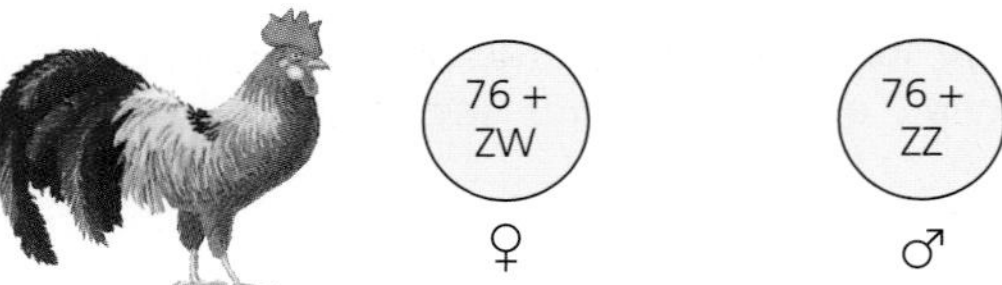

(c) Système Z-W. Chez les Oiseaux, certains Poissons, Reptiles, Amphibiens et Insectes, le sexe est déterminé par le chromosome présent dans l'ovule (c'est la femelle qui est *hétérogamétique*). Les chromosomes sexuels sont désignés par les lettres Z et W. Les femelles sont donc ZW, et les mâles, ZZ.

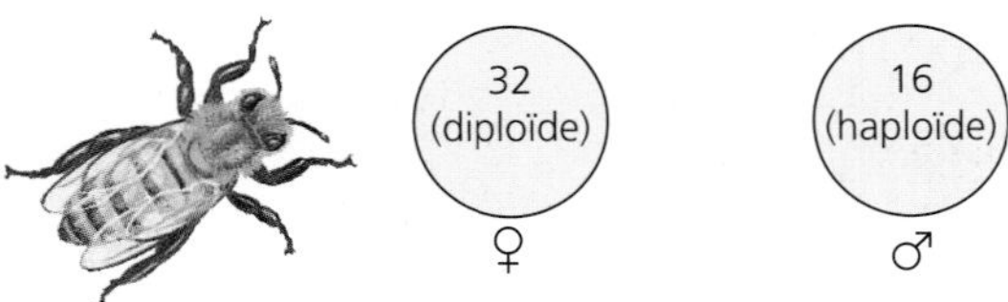

(d) Système haplo-diploïde. La plupart des espèces d'abeilles et de fourmis n'ont pas de chromosomes sexuels. Les femelles se développent à partir d'ovules fécondés et sont donc diploïdes. Les mâles se développent à partir d'ovules non fécondés et sont haploïdes ; ils n'ont pas de père.

▲ **Figure 15.6 Quelques systèmes de détermination chromosomique du sexe.** Les chiffres indiquent le nombre d'autosomes chez les espèces illustrées. Chez la drosophile, les mâles possèdent les chromosomes sexuels XY. Cependant, chez cette mouche, c'est le rapport entre le nombre de chromosomes X et le nombre de jeux d'autosomes qui détermine le sexe ; il ne dépend pas de la présence du chromosome Y : si ce rapport est de ½, la drosophile sera du sexe mâle. Toutefois, le chromosome Y semble jouer un rôle dans la fertilité du mâle.

contient un chromosome Y, le zygote sera XY, un mâle (voir la figure 15.6a). La détermination du sexe est donc le fruit du hasard, chaque résultat ayant une chance sur deux de se produire. Notez que le système X et Y des Mammifères n'est pas le seul système de détermination chromosomique du sexe. La **figure 15.6b-d** montre trois autres systèmes.

Chez l'humain, les caractéristiques anatomiques du sexe apparaissent lorsque l'embryon a environ deux mois. Avant cela, les rudiments des gonades (organes qui produisent les gamètes) sont indifférenciés: ils peuvent devenir des ovaires ou des testicules selon qu'un chromosome Y est présent ou absent. En 1990, une équipe de recherche britannique a identifié sur le chromosome Y un gène indispensable au développement des testicules. Elle l'a appelé *SRY*, pour *sexdetermining region of Y* (soit «région du Y déterminant le sexe»). En l'absence de *SRY*, les gonades deviennent des ovaires. On connaît quelques hommes qui possèdent deux chromosomes X et pas de Y et sont de sexe masculin, car le gène *SRY* est quand même présent mais alors associé à un chromosome X. Les caractéristiques biochimiques, physiologiques et anatomiques associées au sexe sont complexes, et de nombreux gènes interviennent dans le développement sexuel. En fait, le rôle du gène *SRY* consiste à coder pour une protéine qui exerce une fonction régulatrice sur d'autres gènes.

Lors du séquençage du chromosome Y humain, les chercheurs ont identifié 78 gènes codant pour environ 25 protéines (la plupart des gènes sont dédoublés). Environ la moitié de ces gènes ne s'expriment que dans les testicules, et certains assurent le fonctionnement normal des testicules et la production de spermatozoïdes normaux. Certains gènes n'ont aucun rapport avec la détermination du sexe ou la fertilité. Un gène situé sur un chromosome sexuel est appelé **gène lié au sexe**; ceux qui sont situés sur le chromosome Y sont appelés *gènes liés au chromosome Y*. Le chromosome Y est transmis presque intact par le père à tous ses fils. Étant donné qu'il y a tellement peu de gènes liés au chromosome Y, le père transmet très peu d'anomalies à ses fils par l'intermédiaire du chromosome Y. Un des rares exemples que l'on peut citer est celui de l'individu chez lequel certains gènes liés au chromosome Y sont absents: l'individu XY est de sexe masculin, mais il ne produit pas de spermatozoïdes normaux.

Chez l'humain, le chromosome X contient environ 1 100 gènes, appelés **gènes liés au chromosome X**. Le fait que les hommes et les femmes ne reçoivent pas le même nombre de chromosomes X entraîne un mode de transmission héréditaire différent de celui produit par les gènes situés sur les autosomes.

La transmission des gènes liés au chromosome X

Alors que la majorité des gènes liés au chromosome Y jouent un rôle dans la détermination du sexe, les chromosomes X portent les gènes de nombreux caractères qui ne sont pas proprement sexuels. Chez les humains, la transmission héréditaire des gènes liés au chromosome X suit le même modèle que celui décrit par Morgan dans le cas du locus de la couleur des yeux qu'il a étudié chez la drosophile (voir la figure 15.4). Les pères transmettent les allèles liés au chromosome X à toutes leurs filles, mais pas à leurs fils, puisque le chromosome sexuel qu'ils transmettent à leurs fils est le chromosome Y; par contre, les mères peuvent transmettre les allèles liés au chromosome X à leurs filles et à leurs fils (**figure 15.7**).

Si un caractère lié au chromosome X est dû à un allèle récessif, une femme aura le phénotype correspondant seulement

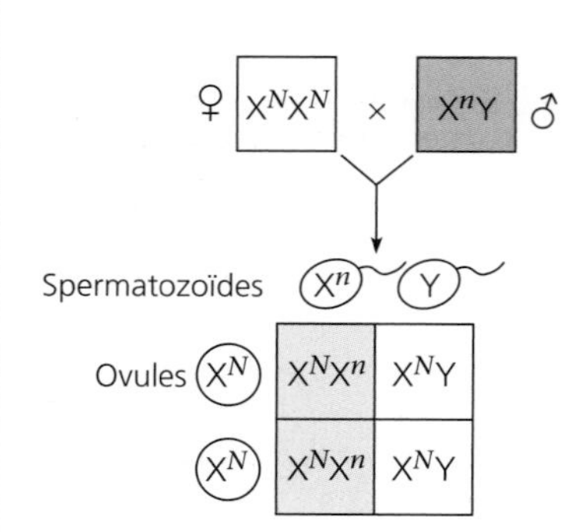

(a) Un père daltonien donnera l'allèle mutant à toutes ses filles, mais à aucun de ses fils. Si sa femme est homozygote dominante, leurs filles présenteront un phénotype normal, mais elles seront des porteuses saines de la mutation.

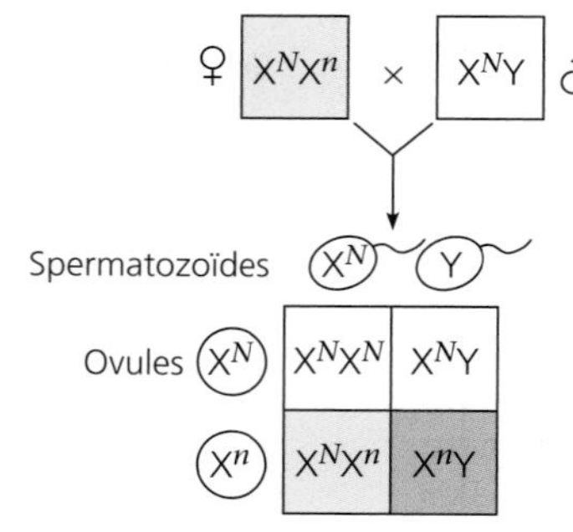

(b) Si une porteuse saine s'unit à un homme qui a une vision normale des couleurs, chacune de leurs filles aura une chance sur deux d'être une porteuse saine comme sa mère, et chaque garçon aura une chance sur deux d'être atteint de la maladie.

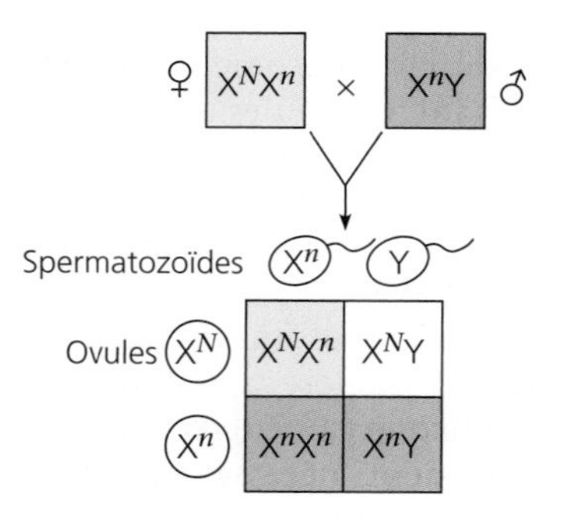

(c) Si une porteuse saine s'unit à un homme daltonien, chacun de leurs enfants aura une chance sur deux d'être atteint, quel que soit son sexe. Les filles qui ont une vision normale des couleurs seront des porteuses saines, tandis qu'aucun des garçons ayant une vision normale des couleurs ne sera porteur de l'allèle récessif nocif.

▲ **Figure 15.7 La transmission de caractères récessifs liés au chromosome X.** Dans ce diagramme, nous prenons l'exemple du daltonisme. L'exposant *N* désigne un allèle dominant de la vision normale porté par le chromosome X, alors que l'exposant *n* correspond à un allèle récessif qui résulte d'une mutation provoquant le daltonisme. Les cases blanches représentent les individus normaux, les cases orange clair, les porteurs sains, et les cases orange foncé, les personnes qui sont atteintes de l'anomalie.

? *Si une femme daltonienne se marie avec un homme qui a une vision normale des couleurs, quels seraient les phénotypes probables de leurs enfants?*

si elle est homozygote pour cet allèle. On ne peut dire que les hommes sont *homozygotes* ou *hétérozygotes* puisqu'ils n'ont qu'un seul locus de gènes liés au chromosome X. On dit plutôt qu'ils sont *hémizygotes*. Tout mâle ayant reçu de sa mère l'allèle récessif exprime le caractère correspondant. Ce phénomène explique pourquoi le chromosome X a été relativement facile à cartographier et pourquoi les hommes sont beaucoup plus nombreux que les femmes à souffrir d'une maladie héréditaire récessive liée au chromosome X. Il arrive, évidemment, que des femmes soient atteintes d'une maladie héréditaire liée au sexe: seulement, la probabilité qu'elles héritent de deux exemplaires de l'allèle mutant est beaucoup plus faible que la probabilité qu'un homme en reçoive un seul. Prenons le cas du daltonisme, une anomalie héréditaire de la vue caractérisée par l'absence de perception de certaines couleurs ou par la confusion de certaines couleurs. La première description de cette affection a été donnée en 1794 par John Dalton, célèbre chimiste anglais, et lui-même daltonien, qui a donné ses yeux à la science lors de son décès afin que l'on en trouve les causes. La forme de daltonisme la plus fréquente porte sur la perception du rouge et du vert, et c'est cette forme de daltonisme (deutéranopie) de même que la forme entraînant une cécité pour le rouge (protanopie) qui sont liées au chromosome X. (Une troisième forme, plus rare, qui entraîne une cécité partielle pour le bleu, est causée par un gène situé sur le chromosome 7.) Un père daltonien et une mère porteuse saine peuvent avoir une fille daltonienne (voir la figure 15.7c). Cependant, la probabilité est très faible, parce que l'allèle du daltonisme est relativement rare (seulement 0,4 % des femmes sont daltoniennes).

Chez l'humain, certaines maladies liées au chromosome X sont beaucoup plus graves que le daltonisme; c'est le cas, notamment, de la **myopathie de Duchenne**, qui touche environ un garçon sur 3 500. Cette affection se caractérise par un affaiblissement progressif des muscles et par une perte graduelle de la coordination. Les personnes qui en sont atteintes dépassent rarement le début de la vingtaine. Les chercheurs ont lié cette maladie à l'absence d'une protéine essentielle des muscles appelée *dystrophine* (la maladie est aussi appelée *dystrophie musculaire de Duchenne*). Ils ont cartographié le gène codant pour cette protéine sur un locus spécifique du chromosome X.

L'**hémophilie** est une maladie récessive liée au chromosome X. Cette affection résulte de l'absence d'une ou de plusieurs protéines assurant la coagulation sanguine. Lorsqu'une personne hémophile se blesse, son saignement se prolonge, parce que le caillot est lent à se former. Les petites éraflures sont habituellement sans gravité, mais les saignements qui surviennent dans les muscles ou les articulations peuvent être douloureux et entraîner des séquelles graves. Dans les années 1800, l'hémophilie était très répandue dans les familles royales d'Europe. Ainsi, la reine Victoria a transmis l'allèle à plusieurs de ses descendants. Par la suite, les mariages consanguins avec les membres de familles royales d'autres nations, comme l'Espagne et la Russie, ont propagé ce caractère lié au chromosome X, et son incidence est bien documentée dans les lignages royaux. À notre époque, on traite les hémophiles au besoin en leur injectant la protéine manquante par voie intraveineuse.

L'inactivation d'un chromosome X chez les Mammifères femelles

Les Mammifères femelles (ce qui inclut les êtres humains) reçoivent deux chromosomes X (le double du nombre reçu par les mâles), de sorte qu'on peut se demander si les femelles fabriquent deux fois plus de protéines codées par les gènes liés au chromosome X que les mâles. En fait, dans chacune des cellules des Mammifères femelles, un des deux chromosomes X est presque complètement inactivé au cours du développement embryonnaire. Par conséquent, les cellules somatiques des femelles et des mâles ont quasiment la même proportion effective (un exemplaire) de la plupart des gènes liés au chromosome X. Chez la femelle, le chromosome X inactif de chaque cellule se condense et forme une masse compacte appelée **corpuscule de Barr** (découvert par l'anatomiste canadien Murray Barr en 1948). Celui-ci se place contre la face interne de l'enveloppe nucléaire. La plupart de ses gènes ne s'expriment pas. (Entre 15 et 25 % des gènes échappent cependant à l'inactivation.) Dans les ovaires, les chromosomes du corpuscule de Barr sont réactivés dans les cellules qui forment les ovules, de sorte que chaque gamète d'une femelle porte un chromosome X actif.

La généticienne britannique Mary Lyon a démontré que, dans chacune des cellules embryonnaires présentes au moment de l'inactivation, le choix du chromosome X qui formera le corpuscule de Barr se fait au hasard et de façon indépendante. Par conséquent, la femelle est une *mosaïque* de deux types de cellules: dans certaines, le X actif provient du père, et dans d'autres, il provient de la mère. Une fois qu'un chromosome X est inactivé dans une cellule donnée, il le reste dans toutes les cellules qui descendent de celle-ci par mitose. Par conséquent, si une femelle est hétérozygote pour un caractère lié au sexe, la moitié de ses cellules environ exprimera un allèle, et l'autre moitié, l'autre allèle. La **figure 15.8** montre comment ce mosaïcisme produit un pelage tacheté chez la chatte écaille de tortue (calico). Chez l'humain, une mutation récessive particulière liée au chromosome X cause une maladie appelée *dysplasie ectodermique anidrotique*, qui se caractérise par des problèmes d'adaptation à la chaleur par suite de l'absence de glandes sudoripares et de poils. Une femme hétérozygote pour ce caractère présente des régions de la peau normales et des régions dépourvues de glandes sudoripares et de poils, et ces régions ne seront pas les mêmes d'une femme hétérozygote à l'autre. Une femme homozygote ne présentera pas ce phénotype, toutes ses cellules possédant et exprimant le même allèle.

L'inactivation d'un chromosome X sous-tend une modification de l'ADN et des histones (protéines) qui y sont liées, comme l'ajout de groupements méthyle (—CH_3) à la cytosine, l'une des bases azotées des nucléotides d'ADN. (Le rôle régulateur de la méthylation de l'ADN est traité plus en détail au chapitre 18.) Une région particulière de chaque chromosome X porte plusieurs gènes qui jouent un rôle dans le processus d'inactivation. Les deux régions, une sur chaque chromosome X, s'associent brièvement l'une avec l'autre dans chacune des cellules lors d'une phase initiale du développement embryonnaire. Alors, un des gènes nommé Xist (*X-inactive specific transcript* ou « transcription spécifique du X inactif ») devient actif seulement sur le chromosome du corpuscule de Barr. Des copies multiples de l'ARN produit par la

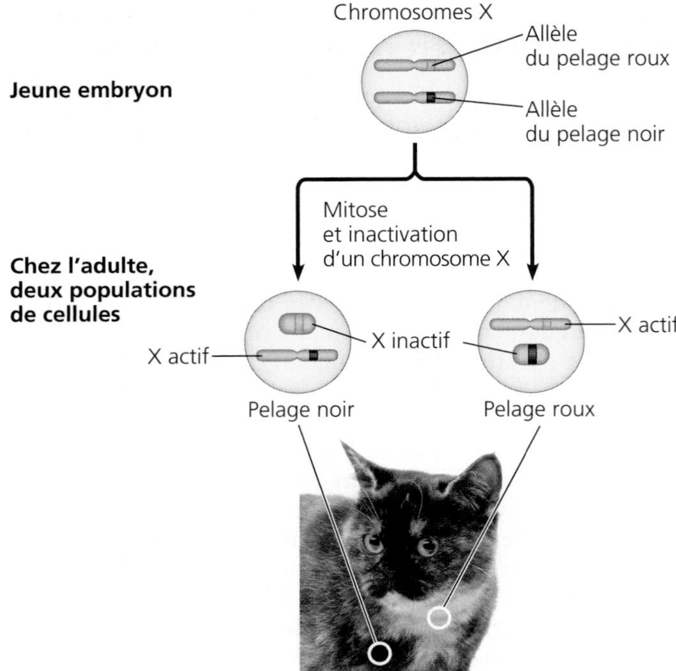

▲ **Figure 15.8 L'inactivation du chromosome X chez la chatte écaille de tortue.** Le gène du pelage écaille de tortue (de couleur noire mêlée de roux) se trouve sur le chromosome X. Ce phénotype ne s'exprime qu'en présence de deux allèles différents, l'un pour le pelage roux, l'autre pour le pelage noir. Normalement, seules les femelles peuvent recevoir les deux allèles parce qu'elles seules ont deux chromosomes X. Si elle est hétérozygote pour le caractère de la couleur du pelage, une femelle présente le phénotype écaille de tortue. Les taches rousses sont formées par les populations de cellules dont le chromosome X actif porte l'allèle du pelage roux ; les taches noires sont formées par les cellules dont le chromosome X actif porte l'allèle du pelage noir. La grandeur des taches dépend du moment où l'inactivation du chromosome X est survenue : plus elle apparaît tôt, plus la mitose pourra produire de cellules filles avec le phénotype. (La chatte d'Espagne ou calico présente également des taches blanches qui sont déterminées par un autre gène.)

transcription de ce gène semblent se lier au chromosome X en question au fur et à mesure qu'elles sont produites, jusqu'à le recouvrir presque entièrement. Apparemment, c'est cette interaction qui amorce l'inactivation de ce chromosome, et les produits de l'ARN d'autres gènes voisins sur le chromosome X assurent la régulation du processus.

RETOUR SUR LE CONCEPT 15.2

1. Une drosophile femelle aux yeux blancs est accouplée à un mâle aux yeux rouges (type sauvage), soit l'inverse du croisement illustré à la figure 15.4. Quels phénotypes et quels génotypes prédisez-vous chez les descendants ?
2. Ni Thomas ni Zoé ne souffrent de la myopathie de Duchenne, mais leur fils premier-né en est atteint. Quelle est la probabilité que leur deuxième enfant ait la maladie ? Quelle est la probabilité si le deuxième enfant est un garçon ? Une fille ?
3. **FAITES DES LIENS** Considérez ce que vous avez appris concernant les allèles dominants et récessifs dans le concept 14.1 (p. 303). Si une maladie est causée par un allèle dominant lié au chromosome X, comment le mode de transmission héréditaire se distingue-t-il de ce que nous avons vu pour les maladies récessives liées au chromosome X ?

Voir les réponses proposées à la fin du chapitre.

CONCEPT **15.3**

Les gènes liés sont souvent transmis ensemble, parce qu'ils se trouvent près les uns des autres sur le même chromosome

Dans une cellule, les chromosomes sont beaucoup moins nombreux que les gènes ; en fait, chaque chromosome porte des centaines, voire des milliers de gènes. (Le chromosome Y est une exception.) Lors des croisements, les gènes qui se trouvent à proximité les uns des autres sur le même chromosome sont généralement transmis ensemble ; on dit que ces gènes sont liés génétiquement et on les appelle **gènes liés**. (Notez la distinction entre les termes *gène lié au sexe*, désignant un seul gène sur un chromosome sexuel, et *gènes liés*, désignant deux ou plusieurs gènes sur le même chromosome et transmis ensemble.) Lorsque les généticiens suivent les gènes liés au cours d'expériences de croisement, les résultats qu'ils obtiennent n'obéissent pas à la loi mendélienne de l'assortiment indépendant des caractères.

Le mode d'action des liaisons génétiques sur la transmission héréditaire

Pour comprendre comment les liaisons génétiques influent sur la transmission héréditaire de deux caractères distincts, examinons une autre expérience réalisée par Morgan sur les drosophiles. Les caractères étudiés ici sont ceux de la couleur du corps et de la taille des ailes, chacun ayant deux phénotypes différents. Les drosophiles du type sauvage ont le corps gris et des ailes normales. En plus de ces drosophiles, Morgan avait réussi à obtenir, par accouplement, des mutants pour ces deux caractères : certaines de ses drosophiles avaient le corps noir et des ailes beaucoup plus petites que la normale et qualifiées de *vestigiales*. Ces allèles mutants sont récessifs. Aucun des gènes concernés n'est lié au sexe. Pour étudier ces deux gènes, Morgan a effectué les croisements représentés dans la **figure 15.9**. Il a d'abord croisé des drosophiles de la génération P pour générer des dihybrides de la génération F_1, puis il a effectué un croisement de contrôle.

Chez les drosophiles descendant de ces croisements, la proportion des combinaisons de caractères observées chez les individus de la génération P (combinaisons de caractères appelées phénotypes parentaux) était beaucoup plus élevée que si les deux gènes avaient subi un assortiment indépendant.

Morgan en a conclu que le caractère de la couleur du corps et celui de la forme des ailes étaient habituellement transmis ensemble, dans des combinaisons spécifiques (combinaisons parentales), en raison de la proximité des gènes correspondants sur le même chromosome.

Cependant, comme le montre la figure 15.9, Morgan a obtenu au cours de ses expériences les deux combinaisons de caractères qui n'ont pas été observées dans la génération P (combinaisons appelées phénotypes non parentaux), ce qui indique que les allèles de la couleur du corps et de la taille

▼ **Figure 15.9** INVESTIGATION

Comment la liaison entre deux gènes influe-t-elle sur la transmission des caractères?

EXPÉRIENCE Morgan voulait savoir si les gènes de la couleur du corps et de la taille des ailes étaient génétiquement liés, et si oui, comment cela influait sur leur transmission. Les allèles de la couleur du corps sont b^+ (gris) et b (noir), et ceux de la taille des ailes sont vg^+ (normales) et vg (vestigiales).

Morgan a croisé des drosophiles de lignée pure de la génération P (parentale), de type sauvage, avec des individus au corps noir et aux ailes vestigiales. Il a obtenu à la génération F_1 des dihybrides (b^+ b vg^+ vg) hétérozygotes ayant tous le phénotype sauvage.

Il accoupla ensuite des femelles dihybrides de type sauvage de la génération F_1 avec des mâles ayant le corps noir et des ailes vestigiales. Le croisement de contrôle révélera le génotype des ovules produits par la femelle dihybride.

Les spermatozoïdes du mâle ne portent que des allèles récessifs, de sorte que le phénotype des descendants est relié au génotype des ovules de la femelle.

Note : Seules les femelles (abdomens pointus) sont illustrées, mais la moitié des descendants dans chaque classe sera des mâles (avec l'abdomen arrondi).

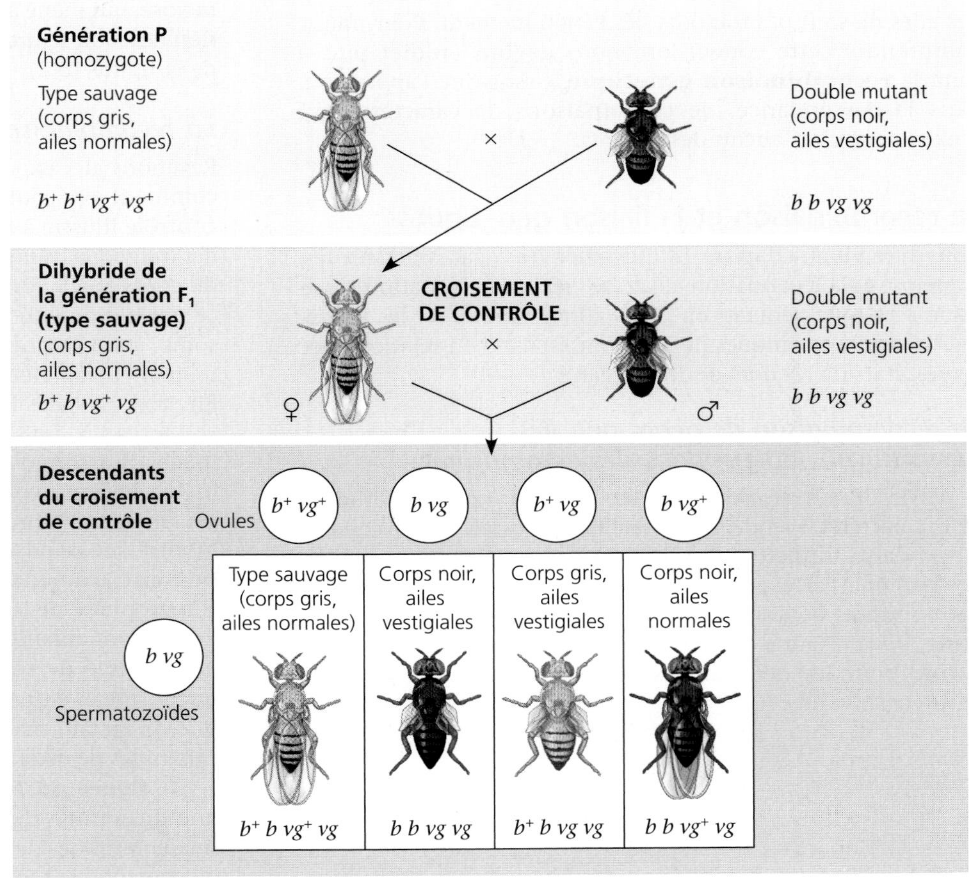

PROPORTIONS PRÉDITES

Si les gènes sont situés sur des chromosomes différents :	1 :	1 :	1 :	1
Si les gènes sont situés sur un même chromosome *et* que les allèles parentaux sont toujours transmis ensemble :	1 :	1 :	0 :	0
RÉSULTATS	965 :	944 :	206 :	185

CONCLUSION Étant donné que la plupart des individus avaient un phénotype parental (génération P), Morgan a conclu que les gènes correspondant à la couleur du corps et à la taille des ailes étaient liés génétiquement sur le même chromosome. Cependant, l'apparition d'un nombre relativement petit d'individus ayant des phénotypes non parentaux indique qu'un certain mécanisme brise quelquefois la liaison existant entre des allèles spécifiques des gènes situés sur un même chromosome.

SOURCE T. H. Morgan et C. J. Lynch, The linkage of two factors in *Drosophila* that are not sex-linked, *Biological Bulletin* 23:174-182 (1912).

ET SI ? Si les drosophiles parentales (génération P) avaient été de lignée pure pour un corps gris avec des ailes vestigiales et pour un corps noir avec des ailes normales, quelles classes phénotypiques seraient les plus grandes parmi les descendants du croisement de contrôle ?

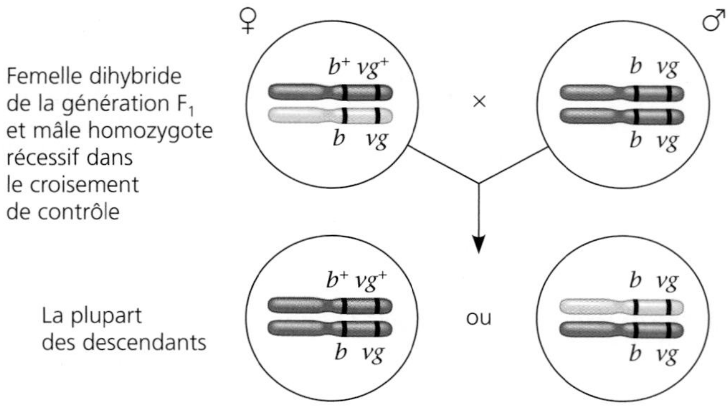

des ailes ne sont pas toujours liés génétiquement. Pour mieux comprendre cette conclusion, nous devons étudier plus à fond la **recombinaison génétique**, c'est-à-dire l'apparition, dans la descendance, de combinaisons de caractères qui n'existaient chez aucun des parents.

La recombinaison et la liaison génétiques

Vous avez vu au chapitre 13 que, chez les organismes sexués, la méiose et la fécondation aléatoire créent une variation génétique à chaque génération. Nous allons étudier ici les fondements chromosomiques de la recombinaison en relation avec les résultats de Mendel et de Morgan.

La recombinaison de gènes non liés : l'assortiment indépendant des chromosomes

À partir de ses croisements, au cours desquels il étudiait deux caractères, Mendel a constaté que les caractères de certains descendants formaient des combinaisons différentes de celles des parents. Par exemple, on peut représenter le croisement entre un pois hétérozygote à graines jaunes-rondes (un dihybride, *JjRr*) et une plante à graines vertes-ridées (homozygote pour les deux allèles récessifs, *jjrr*) par la grille de Punnett suivante :

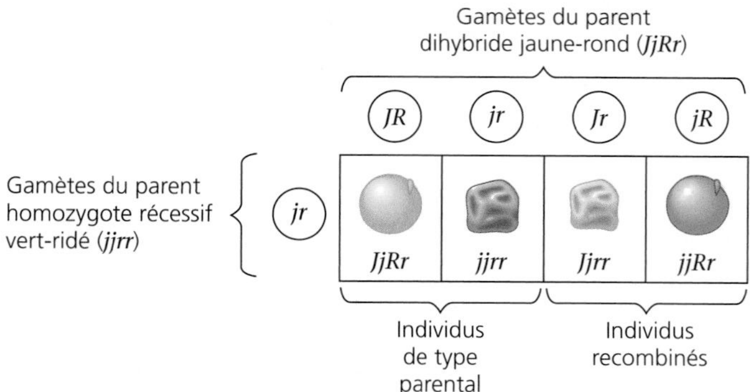

Remarquez que cette grille de Punnett permet de prévoir que la moitié des individus aura l'un des deux phénotypes parentaux (génération P). On parle alors de **types parentaux**. Mais deux autres phénotypes non parentaux seront également présents. Comme ces individus présenteront de nouvelles combinaisons d'allèles (relatives à la forme et à la couleur des graines), on dit qu'ils sont de **types recombinants** ou **recombinés**. Lorsque la moitié des descendants (appartenant à la même génération) est constituée d'individus recombinés, comme dans cet exemple, les généticiens disent que la fréquence de recombinaison est de 50 %. Les proportions phénotypiques prévues parmi les descendants sont semblables à celles que Mendel avait observées dans des croisements *JjRr* × *jjrr* (un type de croisement de contrôle parce qu'il révèle le génotype des gamètes produits par la plante dihybride *JjRr*).

Dans ces croisements de contrôle, on observe une fréquence de recombinaison de 50 % dans le cas de deux gènes situés sur des chromosomes différents et qui, par conséquent, ne peuvent pas être liés. Du point de vue physique, la recombinaison de gènes non liés s'explique par l'agencement aléatoire des chromosomes homologues à la métaphase I de la méiose, qui mène à un assortiment indépendant de deux gènes non liés (voir figure 13.10, p. 292, et la question dans la légende de la figure 15.2).

La recombinaison de gènes liés : l'enjambement

Revenons aux expérimentations de Morgan pour comprendre comment on peut expliquer les résultats du croisement de contrôle illustré à la figure 15.9. Rappelez-vous que la plupart des individus issus du croisement de contrôle relatif à la couleur du corps et à la forme des ailes ont des phénotypes parentaux, ce qui indique que les deux gènes sont sur le même chromosome, étant donné que la présence des types parentaux à une fréquence supérieure à 50 % indique que les gènes sont liés. Environ 17 % des individus, toutefois, sont recombinés.

Morgan a émis une hypothèse pour expliquer ce phénomène : il a supposé qu'un certain processus brisait quelquefois la liaison existant entre les allèles spécifiques des gènes sur un même chromosome. Des expériences ultérieures ont montré que ce processus, que l'on appelle maintenant **enjambement**, expliquait la recombinaison des gènes liés. En effet, à la prophase de la méiose I, lorsque les chromosomes homologues sont appariés, il arrive qu'un jeu de protéines orchestre un échange de segments correspondants d'une chromatide maternelle et d'une chromatide paternelle (voir la figure 13.11, p. 293). En fait, chaque fois qu'il se produit un enjambement, les extrémités de deux chromatides non sœurs changent de place.

La **figure 15.10** montre comment l'enjambement chez une drosophile dihybride produit des ovules recombinés et, finalement, des descendants recombinés dans les croisements de contrôle de Morgan. La plupart des ovules possédaient un chromosome ayant un génotype parental de la couleur du corps et de la taille des ailes b^+ vg^+ ou b vg, mais certains ovules possédaient un chromosome recombinant (b^+ vg ou b vg^+). La fécondation de ces divers types d'ovules par des spermatozoïdes homozygotes récessifs (b vg) a produit une population dont 17 % des individus avaient un phénotype recombiné non parental, correspondant aux combinaisons d'allèles non observées auparavant chez l'un ou l'autre des parents de la génération P.

Les nouvelles combinaisons d'allèles : une variation pour la sélection naturelle

ÉVOLUTION Au chapitre 13, vous avez appris comment le comportement physique des chromosomes au cours de la méiose contribue à la génération de variations chez les

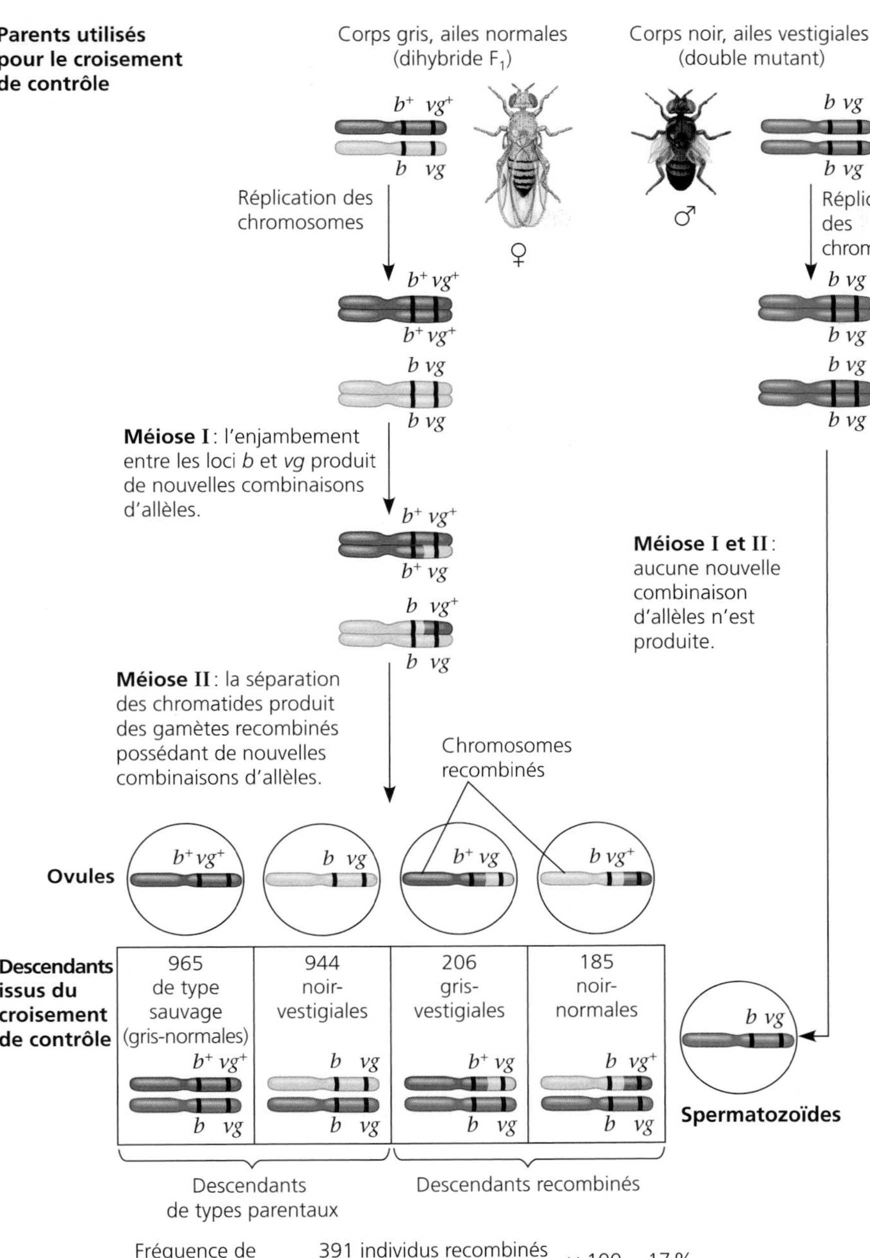

◄ **Figure 15.10 Les bases chromosomiques de la recombinaison des gènes liés.** Ces diagrammes reproduisent le croisement de contrôle présenté à la figure 15.9; nous pouvons suivre ici et les chromosomes et les gènes. Nous avons utilisé deux couleurs (rouge et rose) pour les chromosomes maternels afin de mieux différencier les deux homologues avant qu'un enjambement méiotique se produise. Parce qu'un enjambement entre les loci *b* et *vg* se produit seulement dans certaines cellules produisant les ovules, plus d'ovules ayant des chromosomes de types parentaux que de types recombinés sont produits chez les femelles accouplées. La fécondation des ovules par des spermatozoïdes de génotype *b vg* donne un certain nombre de descendants recombinés. La fréquence de recombinaison est le pourcentage d'individus recombinés parmi l'ensemble des individus de la même génération.

FAITES UN DESSIN *Supposez, comme dans la question au bas de la figure 15.9, que les individus de type parental (génération P) sont de lignée pure pour un corps gris avec des ailes vestigiales et pour un corps noir avec des ailes normales. Dessinez les chromosomes dans chacun des quatre types d'ovules possibles issus d'une femelle de la génération F_1, et indiquez pour chaque chromosome s'il est de type «parental» ou de type «recombiné».*

descendants. Chaque paire de chromosomes homologues s'aligne indépendamment des autres paires durant la métaphase I; après un enjambement, au cours de la prophase I, les chromosomes peuvent assortir des parties des homologues maternels et paternels. Le chapitre 14 décrit les expériences pointues de Mendel démontrant que le comportement des entités abstraites appelées gènes (ou, plus concrètement, les allèles des gènes) est également la source de variations chez les descendants. Si vous rassemblez ces différentes idées, vous en déduirez deux faits importants. Premièrement, les chromosomes recombinés issus d'un enjambement peuvent rapprocher les allèles dans de nouvelles combinaisons. Deuxièmement, les événements ultérieurs de la méiose distribuent aux gamètes les chromosomes recombinés dans une multitude de combinaisons, comme les nouvelles variantes génétiques illustrées aux figures 15.9 et 15.10. La fécondation aléatoire augmente alors encore davantage le nombre de combinaisons variantes d'allèles qui peuvent être créées.

Cette abondance de variations génétiques fournit la matière brute sur laquelle la sélection naturelle travaille. Si les caractères conférés par des combinaisons particulières d'allèles sont mieux adaptés pour un milieu donné, on s'attend à ce que les organismes qui possèdent ces génotypes survivent et se reproduisent davantage, assurant ainsi le maintien de leur complément génétique. À la prochaine génération, évidemment, les allèles créeront de nouvelles combinaisons. Par la suite, l'action réciproque entre environnement et génotype déterminera quelles combinaisons génétiques persistent avec le temps.

L'établissement d'une carte des distances entre les gènes à partir des données obtenues grâce à la recombinaison

À partir de la découverte des gènes liés et de la recombinaison par enjambement, l'un des étudiants de Morgan, Alfred H. Sturtevant, a mis au point une méthode permettant d'établir une **carte génétique**, c'est-à-dire une liste ordonnée des loci tout le long d'un chromosome.

Sturtevant a émis l'hypothèse selon laquelle le pourcentage d'individus recombinés, autrement dit la *fréquence de recombinaison,* calculé à partir d'expériences semblables à celle qui est illustrée aux figures 15.9 et 15.10, est proportionnel aux distances entre les gènes le long d'un chromosome. Il a supposé qu'un enjambement était un événement aléatoire et que sa probabilité était à peu près la même en tout point du chromosome. À partir de cette hypothèse, il a prédit que *plus les gènes sont éloignés l'un de l'autre, plus il y a des chances qu'un enjambement survienne entre eux, et, par conséquent, plus la probabilité qu'une recombinaison se produise est élevée.* Son raisonnement est simple: plus l'intervalle entre les gènes est grand, plus ceux-ci sont séparés par un grand nombre de points pouvant être le siège d'un enjambement. Sturtevant a entrepris d'attribuer aux gènes des positions relatives sur les chromosomes, c'est-à-dire de *cartographier* les gènes à partir des fréquences de recombinaison obtenues à l'aide de croisements de drosophiles.

On appelle **carte de liaison génétique** une carte des gènes dressée à partir des fréquences de recombinaison. La **figure 15.11** montre une carte de liaison génétique établie par Sturtevant. Elle représente les positions relatives de trois gènes situés sur le même chromosome: celui de la couleur du corps (*b*) et celui de la taille des ailes (*vg*), que vous avez vus à la figure 15.10, et enfin celui de la couleur vermillon, symbolisé par *cn* (pour cinabre). Ce dernier est l'un des nombreux gènes déterminant la couleur des yeux de la drosophile. Les yeux vermillon (un phénotype mutant) sont d'un rouge plus vif que celui du type sauvage. La fréquence de recombinaison entre *cn* et *b* est de 9%, celle entre *cn* et *vg* est de 9,5%, tandis que celle entre *b* et *vg* est de 17%. Autrement dit, la fréquence des enjambements entre *cn* et *b* et entre *cn* et *vg* est environ deux fois moins élevée qu'entre *b* et *vg*. Pour représenter ces chiffres de façon logique, il faut dessiner une carte génétique où *cn* se trouve à peu près à mi-chemin entre *b* et *vg* (on peut le vérifier en établissant les autres cartes de liaison génétique possibles). Sturtevant a exprimé la distance entre les gènes en **unités cartographiques**: une unité cartographique est définie comme équivalant à une fréquence de recombinaison de 1%.

En pratique, l'interprétation des données de recombinaison est plus complexe que ne le laisse croire le présent exemple. À cause des enjambements multiples qui peuvent survenir entre gènes éloignés, il n'est pas toujours possible de détecter les recombinants, de sorte que la distance entre les gènes éloignés est habituellement plus grande que les résultats de croisement ne le laissent croire. En outre, certains gènes d'un même chromosome sont parfois si éloignés l'un de l'autre que l'apparition d'un enjambement entre eux est presque sûre. La fréquence de recombinaison entre ces deux gènes peut atteindre une valeur maximale de 50%. Il est impossible de distinguer un tel résultat de la valeur obtenue dans le cas de gènes situés sur des chromosomes différents. Bien qu'ils soient sur le même chromosome et par conséquent *physiquement liés*, les gènes sont *génétiquement non liés*; les allèles de ces gènes subissent un assortiment indépendant comme s'ils étaient situés sur des chromosomes différents. En fait, on sait maintenant que les gènes de deux des caractères du pois étudiés par Mendel (le gène de la couleur des graines et celui de la couleur des fleurs) se trouvent tous deux sur le même chromosome. Cependant, ils sont si éloignés l'un de l'autre que les croisements génétiques ne permettent pas de remarquer qu'ils sont liés. Par conséquent, dans les expériences de Mendel, les deux gènes se comportent comme s'ils étaient situés sur des chromosomes différents. Pour cartographier les gènes localisés sur un même chromosome, mais distants l'un de l'autre, on additionne les fréquences de

▼ **Figure 15.11** MÉTHODE DE RECHERCHE

L'établissement d'une carte de liaison génétique

APPLICATION Une carte de liaison génétique indique les emplacements relatifs des gènes le long d'un chromosome.

TECHNIQUE Pour obtenir ce type de carte, on suppose que la probabilité qu'un enjambement se produise entre deux loci est proportionnelle à la distance qui les sépare. On obtient les fréquences de recombinaison permettant d'établir la carte de liaison génétique d'un chromosome quelconque en effectuant des croisements expérimentaux, comme celui qui est illustré aux figures 15.9 et 15.10. Ces croisements, appelés *croisements-tests à trois points*, s'effectuent entre des individus hétérozygotes pour trois paires de gènes. On exprime les distances entre les gènes en unités cartographiques; une unité cartographique est définie comme équivalant à une fréquence de recombinaison de 1%. Les gènes sont disposés sur le chromosome selon la séquence qui représente le mieux les fréquences obtenues.

RÉSULTATS Dans le présent exemple, les fréquences de recombinaison observées entre trois paires de gènes de la drosophile (*b-cn,* 9%; *cn-vg,* 9,5%; *b-vg,* 17%) représentent le mieux une séquence linéaire dans laquelle *cn* se trouve à peu près à mi-chemin entre les deux autres gènes:

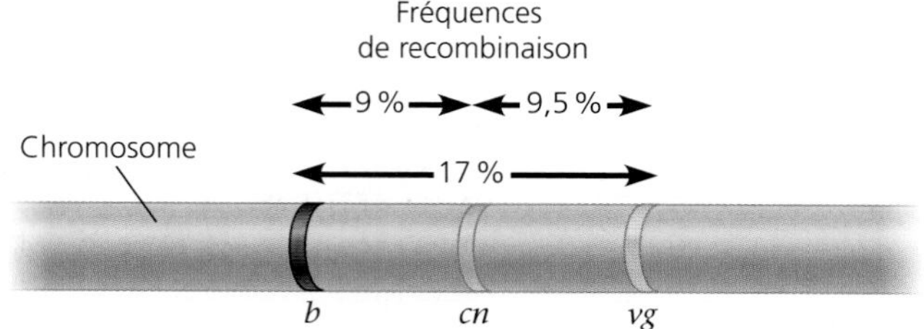

La fréquence de recombinaison observée entre *b* et *vg* (17%) est légèrement inférieure à la somme de celles qui ont lieu entre *b* et *cn* et entre *cn* et *vg* (9 + 9,5 = 18,5%) à cause du petit nombre de fois qu'un enjambement se produit entre *b* et *cn* et un autre entre *cn* et *vg*. Un deuxième enjambement pourrait «annuler» le premier, réduisant la fréquence de recombinaison observée entre *b* et *vg* tout en contribuant à la fréquence entre chacune des paires de gènes les plus rapprochées. La valeur de 18,5% (18,5 unités cartographiques) est plus proche de la distance réelle entre les gènes, de sorte que les généticiens additionneraient les distances les plus courtes en construisant une carte.

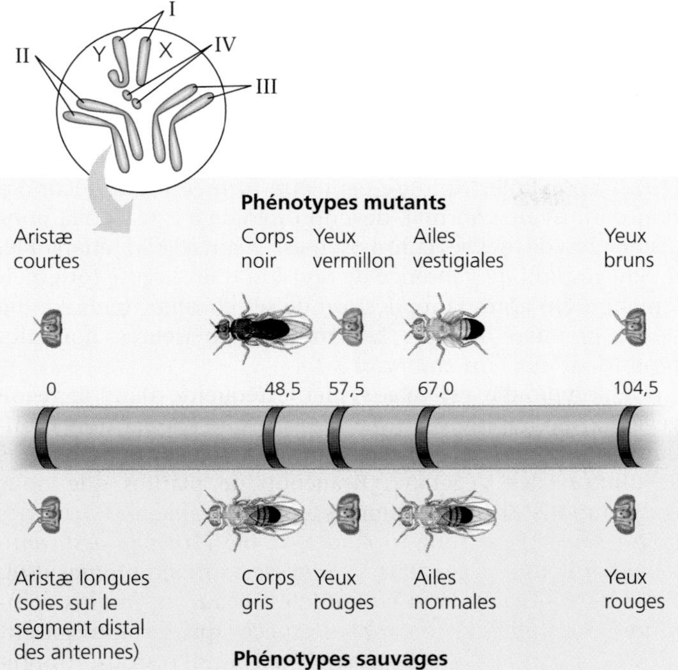

▲ **Figure 15.12 La carte de liaison génétique partielle d'un chromosome de la drosophile.** Cette carte de liaison génétique simplifiée montre quelques-uns des gènes qui ont été repérés sur le chromosome II de la drosophile. Le nombre inscrit à chaque locus d'un gène indique le nombre d'unités cartographiques entre ce locus et celui de la longueur des aristæ (à gauche). Remarquez qu'un caractère phénotypique donné, comme la couleur des yeux, peut être influencé par plusieurs gènes. Remarquez également que, contrairement aux autosomes homologues (II à IV), les chromosomes sexuels (I) X et Y ont des formes différentes.

recombinaison des croisements faisant intervenir des paires de gènes plus rapprochées situées entre les deux gènes distants.

À l'aide des résultats de divers croisements, Sturtevant et ses collaborateurs ont réussi à cartographier de nombreux gènes de la drosophile. Ils ont découvert l'existence de quatre groupes de gènes liés (*groupes de liaison*). Par microscopie photonique, les biologistes avaient identifié auparavant quatre paires de chromosomes chez la drosophile; la carte de liaison est donc venue confirmer que les gènes se situent bel et bien sur les chromosomes. Les gènes portés par chaque chromosome sont alignés, chaque gène occupant son propre locus (**figure 15.12**).

Comme la carte de liaison génétique représente strictement des fréquences de recombinaison, elle ne donne qu'une image approximative d'un chromosome. La fréquence des enjambements n'est pas la même tout le long du chromosome, comme le supposait Sturtevant; les unités cartographiques ne correspondent donc pas à des distances physiques réelles (en nanomètres, par exemple). Une carte de liaison génétique indique la séquence des gènes le long d'un chromosome, mais elle ne montre pas leur emplacement exact. Les généticiens se servent d'autres méthodes pour dresser des **cartes chromosomiques** (ou *cartes cytogénétiques*), indiquant la position précise des gènes par rapport à certaines portions chromosomiques révélées par des bandes colorées visibles au microscope. Les cartes les plus perfectionnées (cartes physiques) montrent les distances entre les loci des gènes en termes de nombre de nucléotides d'ADN (nous en parlerons au chapitre 21). Lorsqu'on compare une carte de liaison génétique d'un chromosome donné avec une carte de ce type ou même avec une carte chromosomique, on constate que la séquence linéaire des gènes reste identique, mais que les espaces qui les séparent ne sont pas les mêmes.

RETOUR SUR LE CONCEPT 15.3

1. Lorsque deux gènes sont situés sur le même chromosome, quel est le fondement physique de la production d'individus recombinés dans un croisement de contrôle entre un parent dihybride et un parent double mutant (récessif)?

2. Pour chacun des types de descendants représentés à la figure 15.9, expliquez la relation entre son phénotype et les allèles parentaux fournis par la femelle.

3. ET SI? Les gènes *A*, *B* et *C* sont situés sur le même chromosome. Des croisements de contrôle montrent que la fréquence de recombinaison entre *A* et *B* est de 28% et celle entre *A* et *C* est de 12%. Pouvez-vous déterminer la séquence linéaire de ces gènes? Expliquez votre réponse.

Voir les réponses proposées à la fin du chapitre.

CONCEPT 15.4

Les anomalies du nombre ou de la structure des chromosomes causent certaines maladies génétiques

Comme vous l'avez appris jusqu'à maintenant dans le présent chapitre, le phénotype d'un organisme peut être influencé par des modifications mineures mettant en jeu des gènes individuels. Des mutations aléatoires sont la source de tous les nouveaux allèles, ce qui peut entraîner de nouveaux caractères phénotypiques.

Les modifications chromosomiques de grande ampleur peuvent également influer sur le phénotype d'un organisme. Des facteurs physiques et chimiques, de même que des erreurs qui surviennent pendant la méiose, peuvent endommager gravement les chromosomes d'une cellule ou encore modifier leur nombre. Chez les humains et d'autres Mammifères, les aberrations (ou mutations) chromosomiques de grande ampleur provoquent souvent l'avortement spontané du fœtus, et les individus qui naissent avec ce type de défauts génétiques présentent souvent divers troubles du développement. Les Végétaux tolèrent généralement mieux que les Animaux de telles anomalies génétiques.

Le nombre anormal de chromosomes

Normalement, le fuseau mitotique répartit les chromosomes sans erreur dans les cellules filles. Mais il se produit parfois un accident appelé **non-disjonction**: les chromosomes homologues ne se séparent pas comme ils le devraient pendant la méiose I ou encore les chromatides sœurs ne se séparent pas pendant la méiose II (**figure 15.13**). Dans ces cas, l'un des gamètes reçoit deux chromosomes de la même paire, alors qu'un autre n'en reçoit aucun. Habituellement, les autres chromosomes sont transmis de façon normale.

S'il se produit une union entre un gamète normal et l'un des gamètes anormaux (ce qui serait le cas de 20 % des gamètes femelles chez l'humain), le zygote qui en résultera possédera un nombre anormal d'un chromosome donné, un état appelé **aneuploïdie**. (L'aneuploïdie peut faire intervenir plus d'un chromosome.) La fécondation mettant en jeu un gamète qui ne possède pas de copie d'un chromosome donné peut entraîner l'absence d'un chromosome dans un zygote (de sorte que la cellule possède $2n - 1$ chromosomes) ; on dit que le zygote aneuploïde est **monosomique** pour ce chromosome. Quand il y a trois exemplaires du même chromosome dans le zygote (soit $2n + 1$ chromosomes au total), on dit que cette cellule aneuploïde est **trisomique** pour ce chromosome. L'anomalie se transmet ensuite à toutes les cellules de l'embryon par mitose. Si l'organisme survit, il présente habituellement un ensemble de caractères liés au nombre anormal de gènes dû au chromosome surnuméraire ou à l'absence d'un chromosome. Chez l'humain, le syndrome de Down constitue un exemple de trisomie que nous décrirons plus loin. La non-disjonction peut également survenir pendant la mitose. Si elle se produit au début du développement embryonnaire, alors l'état aneuploïde se transmettra par mitose à un grand nombre de cellules. Cette situation aura probablement des effets importants sur l'organisme.

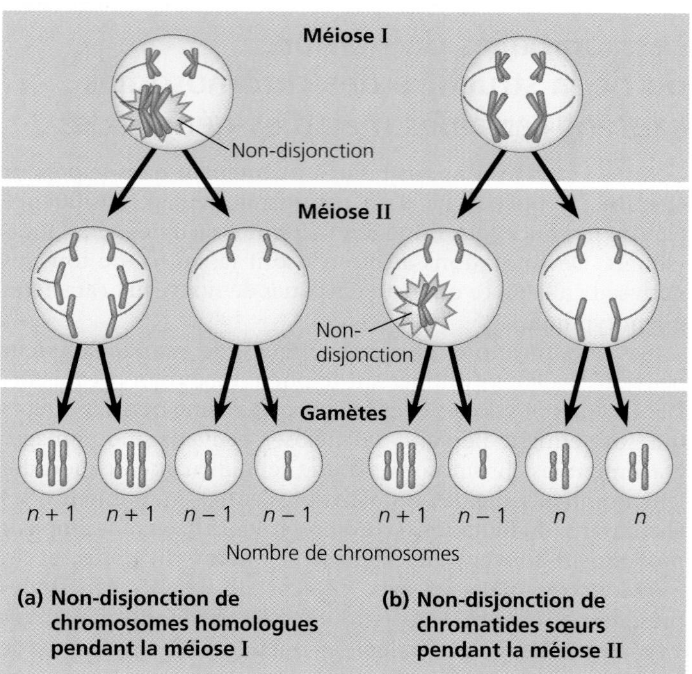

▲ **Figure 15.13 La non-disjonction méiotique.** Pendant la méiose I ou la méiose II, il y a des étapes durant lesquelles une non-disjonction peut survenir ; il en résulte des gamètes avec un nombre anormal de chromosomes. Pour simplifier, la figure ne montre pas les spores formées par la méiose chez les Végétaux. Par la suite, les spores forment des gamètes qui possèdent les anomalies illustrées (voir la figure 13.6b, p. 286).

Certains organismes possèdent plus de deux jeux complets de chromosomes dans toutes leurs cellules somatiques. Ce type d'anomalie chromosomique porte le nom générique de **polyploïdie** ; les termes spécifiques de *triploïdie* et de *tétraploïdie* désignent respectivement un nombre de trois jeux chromosomiques ($3n$) et de quatre jeux chromosomiques ($4n$). Une cellule triploïde peut être formée par la fécondation d'un ovule anormal, devenu diploïde à cause de la non-disjonction de tous ses chromosomes. Quant à l'état tétraploïde, il peut résulter de l'absence de division d'un zygote (originellement à $2n$) après la réplication de ses chromosomes en vue de la première mitose. Les mitoses ultérieures normales produisent alors un embryon à $4n$.

La polyploïdie est relativement fréquente dans le règne végétal. Au chapitre 24, nous verrons que l'apparition spontanée d'individus polyploïdes joue un rôle important dans l'évolution des Végétaux. Beaucoup de plantes que nous consommons sont polyploïdes ; par exemple, les bananes (*Musa paradisiaca*) sont triploïdes, le blé (*Triticum aestivum*), hexaploïde ($6n$) et les fraises (*Fragaria sp.*), octoploïdes ($8n$). Chez les Animaux, la polyploïdie est beaucoup moins commune, mais elle existe chez les espèces qui se reproduisent sans fécondation et chez certains Vertébrés (Poissons, Amphibiens et Reptiles). Chez l'humain, on estime que les fœtus triploïdes représentent un peu plus de 15 % des fausses couches. D'une manière générale, les individus polyploïdes ont une apparence plus normale que les aneuploïdes. L'absence d'un chromosome ou, au contraire, la présence d'un chromosome surnuméraire semblent rompre l'équilibre génétique plus gravement que la présence d'un jeu complet de chromosomes supplémentaires ; de toutes ces anomalies, l'absence d'un chromosome semble celle qui a les conséquences les plus graves.

Les modifications de la structure chromosomique

Les erreurs pendant la méiose ou les agents endommageant les chromosomes (comme les radiations) peuvent causer leur rupture, ce qui crée quatre types de modifications possibles de leur structure (**figure 15.14**). La **délétion** suppose une cassure du chromosome en un ou deux points et une perte, lors de la division cellulaire, du fragment terminal du chromosome ou du fragment qui se trouvait entre les deux points de cassure. Il manque alors certains gènes au chromosome en question. (Si le centromère est supprimé, tout le chromosome sera perdu.) Le fragment peut s'attacher à une chromatide sœur et former un segment supplémentaire, entraînant une **duplication**. Il se peut également qu'un fragment détaché se joigne à une chromatide non sœur d'un chromosome homologue. Dans ce cas, cependant, les segments « dédoublés » du chromosome ne sont pas nécessairement identiques, parce que les chromosomes homologues peuvent porter des allèles différents de certains gènes. Le fragment chromosomique peut aussi s'attacher de nouveau à son chromosome d'origine, mais à l'envers, ce qui constitue une **inversion**. Enfin, le segment détaché peut se joindre à un chromosome non homologue, entraînant ainsi une **translocation**.

C'est pendant la méiose, lors d'un enjambement, que les délétions et les duplications risquent le plus de se produire. Des fragments de chromatides non sœurs échangent parfois

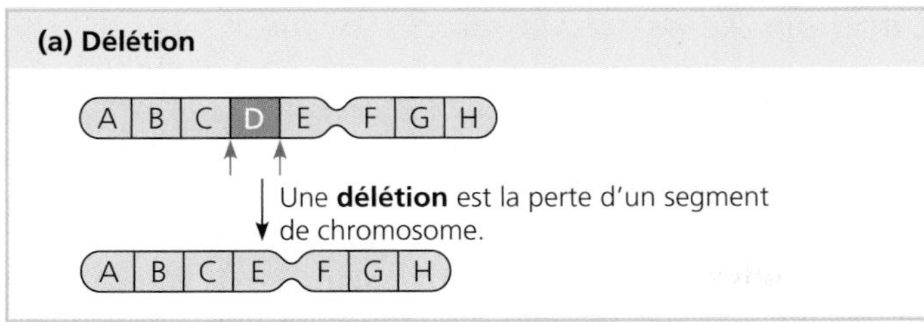
(a) Délétion
A B C D E F G H
Une délétion est la perte d'un segment de chromosome.
A B C E F G H

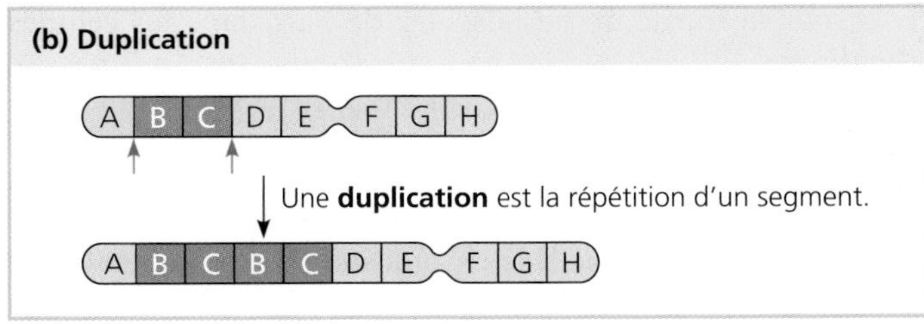
(b) Duplication
A B C D E F G H
Une duplication est la répétition d'un segment.
A B C B C D E F G H

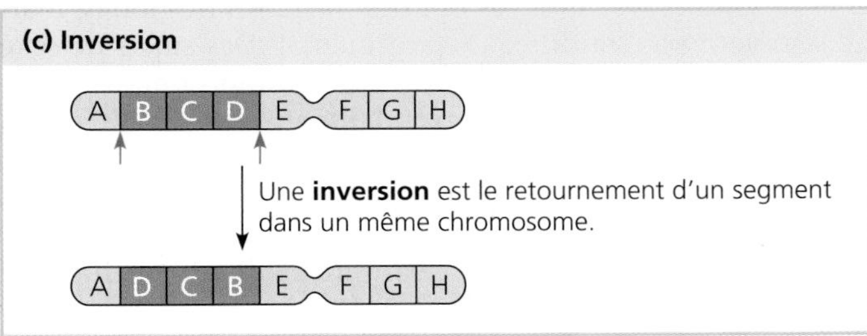
(c) Inversion
A B C D E F G H
Une inversion est le retournement d'un segment dans un même chromosome.
A D C B E F G H

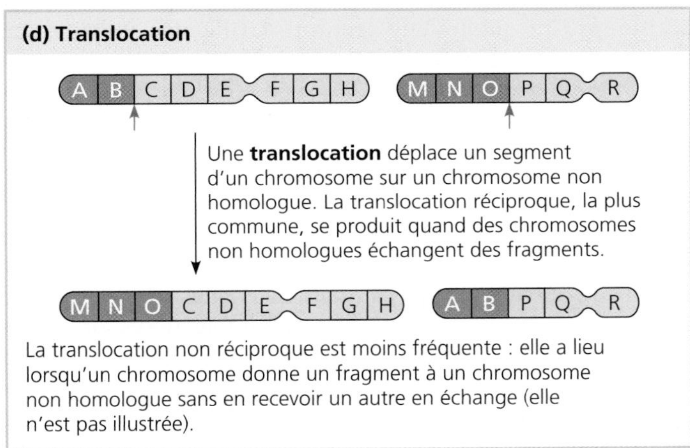
(d) Translocation
A B C D E F G H
M N O P Q R
Une translocation déplace un segment d'un chromosome sur un chromosome non homologue. La translocation réciproque, la plus commune, se produit quand des chromosomes non homologues échangent des fragments.
M N O C D E F G H
A B P Q R
La translocation non réciproque est moins fréquente : elle a lieu lorsqu'un chromosome donne un fragment à un chromosome non homologue sans en recevoir un autre en échange (elle n'est pas illustrée).

▲ **Figure 15.14 Les altérations de la structure chromosomique.** Les flèches rouges indiquent les endroits où les chromosomes se brisent. Les parties colorées en violet foncé représentent les morceaux de chromosome affectés par les remaniements.

des segments d'ADN de tailles inégales, de sorte que l'une des chromatides perd des gènes, alors que l'autre en reçoit en trop. Le résultat final d'un tel enjambement non réciproque donne un chromosome avec une délétion, et un autre avec une duplication.

Chez un embryon diploïde dont deux chromosomes homologues ont subi une délétion (ou chez un mâle dont l'unique chromosome X a perdu un fragment), il peut manquer une partie d'un seul gène si la délétion est courte ou un certain nombre de gènes essentiels dans le cas de délétions plus importantes. Ce dernier état est généralement létal. Les duplications et les translocations ont aussi souvent des effets nocifs. Dans le cas des translocations réciproques (échanges de segments entre chromosomes non homologues) et des inversions, tous les gènes sont présents en nombre normal chez l'individu qui porte ces anomalies chromosomiques, et l'équilibre n'est pas rompu (à moins que la rupture du chromosome se soit produite à l'intérieur même d'un gène et ne perturbe son expression). Il reste que les translocations et les inversions risquent de se répercuter sur le phénotype, un gène pouvant s'exprimer en fonction de son emplacement sur le chromosome, soit de sa position par rapport aux autres gènes. De tels événements ont parfois des effets dévastateurs : le lymphome de Burkitt, par exemple, un cancer de cellules immunitaires, est le plus souvent associé à une translocation réciproque des chromosomes 8 et 14. On connaît aussi des cas d'inversion entraînant de graves conséquences, par exemple lorsqu'il se forme des gamètes portant des délétions ou des duplications de gènes résultant d'enjambements qui se sont produits entre le chromosome portant une inversion et le chromosome normal.

Les maladies humaines résultant d'aberrations chromosomiques

Les modifications du nombre et de la structure des chromosomes sont associées à certaines maladies graves chez l'être humain. Comme nous l'avons décrit précédemment, lorsqu'une non-disjonction survient au cours de la méiose, les gamètes qui en sont issus et les zygotes produits sont aneuploïdes. La fréquence des zygotes aneuploïdes peut être assez élevée chez l'humain. Toutefois, la plupart des aberrations chromosomiques de cette nature ont des conséquences si désastreuses sur le développement que les embryons atteints sont expulsés spontanément bien avant la naissance. Certains types d'aneuploïdie perturbent moins l'équilibre génétique que les autres, de sorte que les grossesses sont menées à terme et que les individus atteints de l'anomalie vivent un certain temps. Chaque type d'aneuploïdie (il y en aurait une dizaine chez l'humain) s'accompagne d'un ensemble de symptômes (un *syndrome*) caractéristiques, mais ils ont presque toujours un effet sur le développement de l'encéphale. Les maladies génétiques causées par l'aneuploïdie peuvent être diagnostiquées chez les fœtus avant la naissance (voir la figure 14.19, p. 320).

Le syndrome de Down (trisomie 21)

L'état aneuploïde appelé **syndrome de Down** survient à une fréquence qui se situe entre 1 sur 700 et 1 sur 1000 naissances, mais la fréquence réelle, tenant compte des avortements spontanés, est probablement beaucoup plus élevée (**figure 15.15**). Ce syndrome porte le nom du médecin britannique John Langdon Down, qui l'a décrit en 1866. La maladie est habituellement due à la présence surnuméraire du plus petit des chromosomes humains, ne portant que 225 gènes, le chromosome 21 : chaque cellule a donc 47 chromosomes au total au lieu de 46. Par convention, on désigne ce syndrome de la façon suivante : 47, +21. Comme la cellule est trisomique pour le chromosome 21, le syndrome de Down est souvent appelé trisomie 21 (il s'agit de la première trisomie humaine découverte et de la mutation chromosomique la plus fréquente). Les personnes atteintes ont des traits faciaux caractéristiques, une petite taille, des malformations cardiaques soignables, et un retard de développement. Elles ont un risque

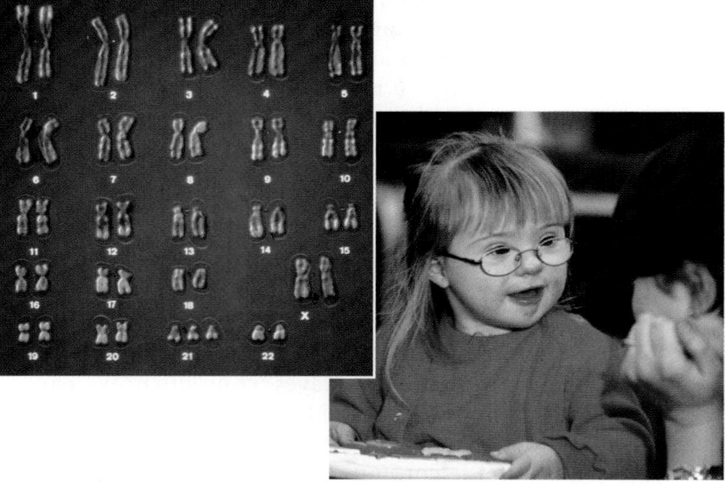

▲ **Figure 15.15 Le syndrome de Down (trisomie 21).** Le caryotype montre la trisomie 21, la cause la plus fréquente du syndrome de Down. L'enfant présente le faciès caractéristique de cette anomalie.

accru de souffrir de la leucémie (20 fois plus élevé) et de la maladie d'Alzheimer (4 fois plus élevé), mais un taux inférieur d'hypertension artérielle, d'athérosclérose (durcissement des artères), d'accident vasculaire cérébral et de nombreux types de tumeurs solides. Bien que la durée de vie moyenne des personnes souffrant du syndrome de Down soit inférieure à la normale, la plupart d'entre elles, avec un traitement médical approprié, atteignent un âge assez avancé (plus de 60 ans). Beaucoup vivent seules ou à la maison avec leur famille, ont un emploi et sont de précieuses intervenantes pour leur communauté. Presque tous les hommes et environ la moitié des femmes atteintes de la maladie ne se développent pas complètement sur le plan sexuel et sont stériles.

La fréquence du syndrome de Down augmente avec l'âge de la mère (et de façon moins marquée avec l'âge du père). Cette anomalie apparaît chez seulement 0,04 % des enfants issus de mères ayant moins de 30 ans. La proportion passe à 0,92 % chez les femmes de 40 ans et elle s'élève encore plus chez celles qui sont plus âgées. La corrélation entre la fréquence de cette anomalie et l'âge de la mère reste inexpliquée. Environ 75 % des cas de syndrome de Down résultent d'une non-disjonction lors de l'anaphase de la méiose I et dans 95 % des cas, il s'agit de la méiose chez la mère. Des recherches permettent de penser qu'une anomalie liée à l'âge affecte le fonctionnement du fuseau : l'anaphase commence avant même que tous les kinétochores soient fixés aux microtubules du fuseau, à cause d'une anomalie concernant un point de contrôle (comme le point de contrôle M de la phase mitotique ; voir le chapitre 12). L'incidence des trisomies des autres chromosomes s'accroît aussi avec l'âge de la mère, mais les nouveau-nés souffrant des deux autres trisomies autosomiques les plus répandues survivent rarement bien longtemps : quelques mois pour la trisomie 13 (47, +13, syndrome de Patau, 1 naissance sur 5 000) et quelques semaines pour la trisomie 18 (47, +18, syndrome d'Edwards, 1 naissance sur 3 000). En raison du faible risque qu'il pose et des informations utiles qu'il fournit, le diagnostic prénatal pour les trisomies chez l'embryon est maintenant offert à toutes les femmes enceintes.

L'aneuploïdie des chromosomes sexuels

La non-disjonction des chromosomes sexuels entraîne divers types d'états aneuploïdes chez l'être humain. Le plus souvent, il semble que le déséquilibre génétique ainsi créé soit moins grave que dans les formes d'aneuploïdie touchant les autosomes. Cette moindre gravité pourrait être due au fait que le chromosome Y porte relativement peu de gènes et que les exemplaires surnuméraires du chromosome X sont inactivés sous la forme de corpuscules de Barr dans les cellules somatiques.

Un garçon sur environ 500 à 1 000 porte, à la naissance, un chromosome X surnuméraire (47, XXY). Cette anomalie est appelée *syndrome de Klinefelter*. Les hommes touchés ont des organes sexuels masculins, mais leurs testicules sont atrophiés et ils sont stériles. Même si le chromosome X surnuméraire est inactif, ils ont souvent des seins développés et d'autres caractères physiques féminins. Ils ont des membres très longs, mais ne semblent pas souffrir de retard mental. Des sujets de sexe masculin (1 sur 1 000) naissent avec un chromosome Y surnuméraire (47, XYY), qui n'est cependant jamais transmis à leurs descendants ; ces individus bénéficient d'un développement sexuel normal et ils ne présentent aucun syndrome bien défini, mais leur taille est supérieure à la moyenne (au-dessus de 1,80 m). Ce chromosome Y surnuméraire a longtemps été associé à tort à un comportement antisocial.

Les sujets de sexe féminin atteints de trisomie X (47, XXX), une anomalie qui touche environ 1 fille née vivante sur 1 000, ont une santé normale et ne présentent aucune caractéristique physique inhabituelle, si ce n'est leur taille légèrement supérieure à la moyenne. Les femmes atteintes du syndrome du triple X sont exposées à des troubles d'apprentissage, mais sont fertiles. La monosomie X (45, X ou X0), appelée *syndrome de Turner*, touche 1 fille sur 2 500 environ. C'est la seule monosomie viable chez l'humain. Bien que les personnes atteintes aient un phénotype féminin, leurs organes sexuels ne parviennent pas à maturité et elles sont stériles (la présence des deux chromosomes X semble nécessaire pour permettre le développement normal des organes sexuels). Cependant, elles acquièrent des caractères sexuels secondaires si elles reçoivent une thérapie de remplacement aux œstrogènes. La plupart ont une intelligence normale, sont de petite taille (inférieure à 1,50 m), présentent certains problèmes auditifs et possèdent un pli caractéristique de la peau au niveau du cou. N'ayant qu'un seul chromosome X, elles risquent davantage d'être touchées par les maladies transmises par des gènes liés au sexe.

Les maladies causées par des modifications de la structure chromosomique

Beaucoup de délétions affectant des chromosomes, même à l'état hétérozygote, provoquent des déficiences graves. L'un de ces syndromes, appelé *cri du chat*, est dû à une délétion de l'extrémité d'un des chromosomes de la paire 5. Un enfant atteint de cette anomalie à la naissance (1 sur 50 000) accuse un retard mental important, possède une petite tête et des traits faciaux inhabituels, et, par suite d'une anomalie au niveau du larynx, ses pleurs ressemblent au miaulement d'un chat en détresse. La longueur du segment de chromosome manquant étant variable, le syndrome aura des effets plus ou

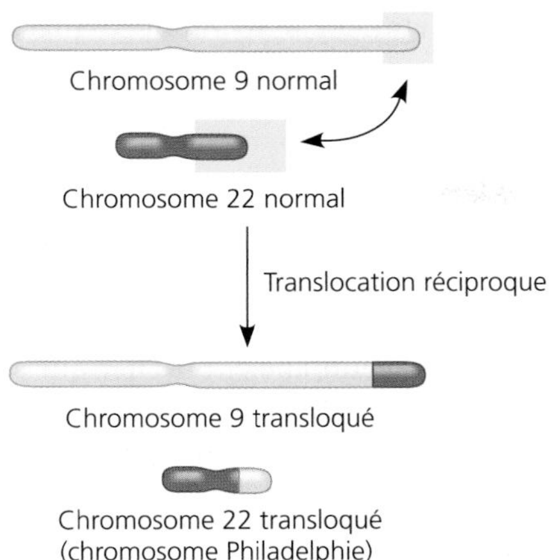

▲ **Figure 15.16 Translocation et leucémie myéloïde chronique (LMC).** Les cellules cancéreuses chez presque tous les patients atteints de LMC comportent un chromosome 22 anormalement court, le chromosome Philadelphie, et un chromosome 9 anormalement long. Ces chromosomes modifiés sont dus à une translocation réciproque, illustrée ici, qui est probablement survenue dans un seul précurseur de globule blanc du sang pendant la mitose; ils sont par la suite transmis à toutes les cellules descendantes.

moins sévères. La mort survient cependant habituellement peu après la naissance ou au début de l'enfance.

La translocation chromosomique est une modification associée à des maladies humaines; on l'a reliée à certains cancers, y compris la *leucémie myéloïde chronique* (LMC). Cette maladie survient lorsqu'une translocation réciproque se produit durant la mitose des cellules qui deviendront des globules blancs du sang. Dans ces cellules, une grande partie du chromosome 22 a été échangée contre un petit fragment de l'extrémité du chromosome 9 pour donner un chromosome 22 beaucoup plus petit et facile à reconnaître, appelé *chromosome Philadelphie* (c'est dans cette ville qu'on l'a découvert, en 1960) (**figure 15.16**). Un tel échange cause le cancer en activant un gène qui provoque une progression incontrôlée du cycle cellulaire. Le mécanisme de l'activation des gènes sera traité au chapitre 18.

RETOUR SUR LE CONCEPT 15.4

1. Une translocation chromosomique, dans laquelle un troisième exemplaire du chromosome 21 est rattaché au chromosome 14 (le plus souvent), est décelée chez environ 5 % des individus atteints du syndrome de Down. Si cette translocation se produit dans les gonades d'un parent, comment peut-elle entraîner le syndrome de Down chez un enfant?
2. **ET SI?** On a établi que le locus du groupe sanguin ABO se trouve sur le chromosome 9. Un père AB et une mère O ont un enfant A, qui est atteint de trisomie 9. À partir de cette information, pouvez-vous déterminer lequel des parents a subi la non-disjonction? Expliquez votre réponse.
3. **FAITES DES LIENS** Le gène qui est activé sur le chromosome Philadelphie code pour une tyrosine kinase intracellulaire. Revoyez la présentation sur la régulation du cycle cellulaire et sur le cancer dans le concept 12.3 (p. 270 à 276) et expliquez comment l'activation de ce gène peut contribuer à l'apparition du cancer.

Voir les réponses proposées à la fin du chapitre.

CONCEPT 15.5

Certains modes de transmission héréditaire font exception à la théorie classique de l'hérédité mendélienne

Dans la section précédente, vous avez appris l'existence d'anomalies des modes de transmission chromosomique habituels résultant d'événements anormaux au cours de la méiose et de la mitose. Nous concluons le présent chapitre par la description de deux exceptions *normales* à la génétique mendélienne, l'une mettant en jeu des gènes situés dans le noyau et l'autre, des gènes situés à l'extérieur du noyau. Dans les deux cas, le sexe du parent qui donne un allèle est un facteur dans le mode de transmission.

L'empreinte génomique

Tout au long de notre présentation de la génétique mendélienne et des bases chromosomiques de l'hérédité, nous avons supposé qu'un allèle donné exerçait un effet donné, qu'il soit transmis par la mère ou par le père. C'est probablement vrai dans la plupart des cas. Par exemple, lorsque Mendel croisait des plants de pois à fleurs violettes avec d'autres plants de pois à fleurs blanches, il obtenait des résultats identiques, que le parent à fleurs violettes ait fourni le gamète mâle ou le gamète femelle. Cependant, les généticiens ont identifié récemment chez les Mammifères de deux à trois dizaines de caractères dont l'expression dépend de l'identité du parent qui transmet l'allèle correspondant; ce type de variation dans le phénotype est appelé **empreinte génomique** (ou empreinte parentale). (Remarquez que contrairement aux gènes liés au sexe, la plupart des gènes ayant reçu une empreinte sont situés sur des autosomes.)

L'empreinte génomique se produit au cours de la formation des gamètes et inactive un allèle donné de certains gènes. Étant donné que ces gènes reçoivent une empreinte différente dans le spermatozoïde et dans l'ovule, un zygote n'exprime qu'un seul allèle des gènes ayant reçu l'empreinte, soit l'allèle transmis par la mère, soit l'allèle transmis par le père. Les empreintes sont transmises à toutes les cellules de l'organisme au cours de la croissance. À chaque génération, les vieilles empreintes sont « effacées » dans les cellules productrices de gamètes, et les chromosomes des gamètes reçoivent une nouvelle empreinte selon le sexe de l'individu chez qui ils se trouvent. Les empreintes génomiques se transmettent donc d'une cellule à l'autre par la mitose, mais non par la méiose.

Chez une espèce donnée, la façon dont les gènes reçoivent leur empreinte est toujours la même. Par exemple, un gène qui a reçu une empreinte pour l'expression d'un allèle maternel reçoit toujours une empreinte pour l'expression d'un allèle maternel, une génération après l'autre.

Considérons, par exemple, le gène de la souris pour le facteur de croissance insulinoïde-2 (*Igf2*), un des premiers gènes subissant une empreinte qu'on a identifiés. Bien que ce facteur de croissance soit requis pour un développement prénatal normal, seul l'allèle paternel s'exprime (**figure 15.17a**). Des croisements entre des souris de taille normale (type sauvage) et des souris génétiquement naines homozygotes pour une mutation récessive dans le gène *Igf2* ont constitué une preuve que ce gène reçoit initialement une empreinte. Les phénotypes des descendants hétérozygotes (avec un allèle normal et un allèle mutant) diffèrent selon que l'allèle mutant provenait du père ou de la mère (**figure 15.17b**).

L'empreinte génomique devient manifeste quand un individu porte un gène ayant un allèle avec empreinte, tandis que l'autre allèle est absent par suite d'une délétion. Chez l'humain, c'est le cas de deux syndromes affectant le développement neurologique (celui de Prader-Willi et celui d'Angelman) et mettant en cause une même région (plusieurs gènes) du chromosome 15. Lorsque les gènes du père sont absents (à cause d'une délétion), l'individu souffre du syndrome de Prader-Willi (petite taille et obésité notamment), tandis que l'absence des gènes maternels entraîne le syndrome d'Angelman (caractérisé notamment par un retard mental important). Dans les deux cas, l'individu n'a aucun allèle actif pour ce gène puisqu'un des deux allèles a été inactivé par empreinte génomique et que l'autre allèle est absent à cause de la délétion.

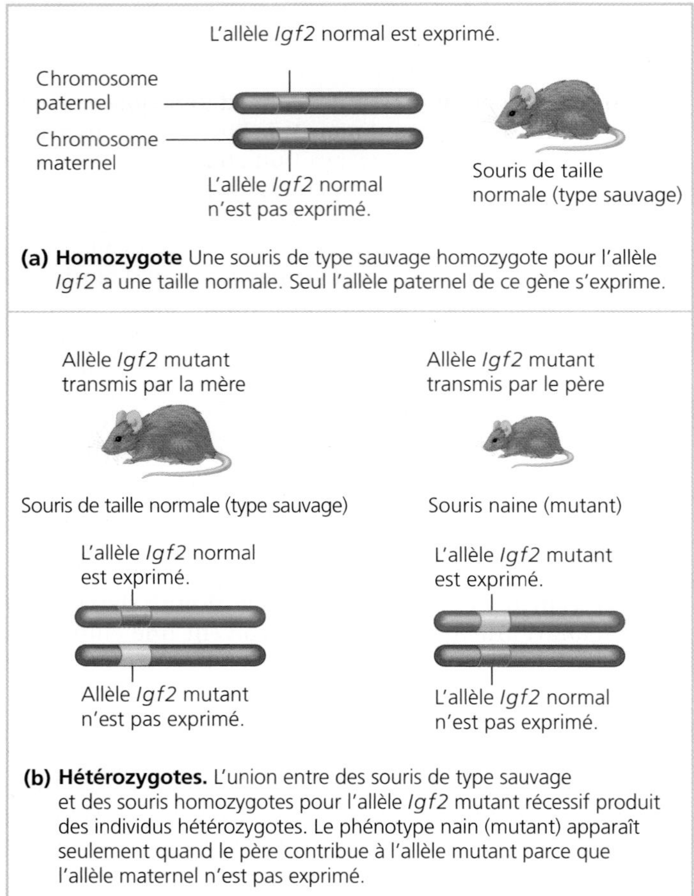
L'allèle *Igf2* normal est exprimé.
Chromosome paternel
Chromosome maternel
L'allèle *Igf2* normal n'est pas exprimé.
Souris de taille normale (type sauvage)
Allèle *Igf2* mutant transmis par la mère
Allèle *Igf2* mutant transmis par le père
Souris de taille normale (type sauvage)
Souris naine (mutant)
L'allèle *Igf2* normal est exprimé.
Allèle *Igf2* mutant n'est pas exprimé.
L'allèle *Igf2* mutant est exprimé.
L'allèle *Igf2* normal n'est pas exprimé.

(a) Homozygote Une souris de type sauvage homozygote pour l'allèle *Igf2* a une taille normale. Seul l'allèle paternel de ce gène s'exprime.

(b) Hétérozygotes. L'union entre des souris de type sauvage et des souris homozygotes pour l'allèle *Igf2* mutant récessif produit des individus hétérozygotes. Le phénotype nain (mutant) apparaît seulement quand le père contribue à l'allèle mutant parce que l'allèle maternel n'est pas exprimé.

▲ **Figure 15.17 L'empreinte génomique du gène *Igf2* de la souris.**

Par quel mécanisme une cellule produit-elle l'empreinte génomique? Dans de nombreux cas, elle ferait intervenir la méthylation des nucléotides de cytosine de l'un des allèles. Cet ajout de groupements méthyle (—CH_3) sur cette base azotée neutraliserait un allèle, un effet qui concorde avec le fait que les gènes très méthylés sont habituellement inactifs (voir le chapitre 18). Cependant, pour quelques gènes, il a été démontré que la méthylation *active* l'expression de l'allèle. C'est ce qui arrive dans le cas du gène *Igf2*: la méthylation de certaines cytosines sur le chromosome paternel entraîne l'expression de l'allèle *Igf2* paternel. L'apparente contradiction à savoir si la méthylation active ou neutralise les allèles a été résolue partiellement lorsque les chercheurs ont découvert que la méthylation de l'ADN agit indirectement en recrutant des enzymes qui modifient les protéines associées à l'ADN (histones), ce qui produit la condensation de l'ADN local. En fait, selon la fonction originelle de l'ADN condensé au regard de la régulation de l'expression des allèles, un allèle donné serait soit activé, soit neutralisé.

On pense que l'empreinte génomique n'influe que sur une petite fraction des gènes dans les génomes des Mammifères, mais la plupart des gènes touchés par l'empreinte génomique connus jusqu'à maintenant ont une fonction critique dans le développement embryonnaire. Des expériences menées sur des souris appuient cette idée. Ainsi, on a manipulé des embryons de souris afin de leur donner deux exemplaires de certains chromosomes d'un même parent; chez ces animaux, aucune gestation n'a été menée à terme, quel qu'ait été le sexe du parent en question. Il y a quelques années, cependant, des scientifiques japonais ont combiné le matériel génétique issu de deux gamètes femelles dans un zygote en permettant l'expression du gène *Igf2* d'un seul des deux noyaux gamétiques. Le zygote s'est développé en une souris apparemment saine. Il semble que le développement ne peut se dérouler normalement que s'il y a un (et un seul) exemplaire actif de certains gènes (et non zéro ou deux). Le lien entre une empreinte aberrante et un développement anormal, ou l'apparition de certains cancers, suscite de nombreuses recherches sur la façon dont divers gènes reçoivent une empreinte.

La transmission des gènes des organites

Bien que ce chapitre ait porté essentiellement sur les bases chromosomiques de l'hérédité, nous allons le conclure par une mise au point importante: les gènes des cellules eucaryotes ne sont pas tous situés sur les chromosomes du noyau ni même dans le noyau; il existe des gènes localisés dans des organites contenus dans le cytoplasme. Parce qu'ils sont situés à l'extérieur du noyau, ces gènes sont parfois appelés *gènes extranucléaires* ou *gènes cytoplasmiques*. Les mitochondries, de même que les chloroplastes et d'autres plastes des Végétaux, contiennent de petites molécules d'ADN circulaires (appelées ADNmt chez la mitochondrie et ADNcp chez le chloroplaste) qui portent un certain nombre de gènes. Ces organites se reproduisent et transmettent leurs gènes à des organites fils.

Les gènes d'organites sont peu nombreux (la mitochondrie chez l'humain ne porte que 37 gènes, alors que le noyau en contient environ 30 000); ils ne suivent pas le modèle mendélien de l'hérédité, parce qu'ils ne sont pas transmis aux descendants selon les mêmes lois que les chromosomes nucléaires pendant la méiose.

Les premières indications de l'existence des gènes extranucléaires ont été fournies par Karl Correns, un scientifique allemand, alors qu'il étudiait la transmission héréditaire des panachures jaunes ou blanches parsemant les feuilles d'une plante dont les autres parties étaient vertes. En 1909, il a observé que la coloration des descendants dépendait seulement du parent femelle ayant fourni les ovules, et non du parent mâle ayant fourni le pollen. Des recherches ultérieures ont permis de montrer que les motifs de couleur, ou le feuillage panaché, sont dus aux mutations (beaucoup plus fréquentes dans l'ADN des organites que dans l'ADN nucléaire) dans les gènes des plastes déterminant la pigmentation (**figure 15.18**). Chez la plupart des Végétaux, tous les plastes du zygote proviennent du cytoplasme du gamète femelle et non du gamète mâle, celui-ci n'apportant qu'un jeu haploïde de chromosomes. Un gamète femelle peut contenir des plastes avec différents allèles du gène de la pigmentation. Lors du développement du zygote, des cellules filles reçoivent au hasard les plastes renfermant des gènes déterminant la pigmentation, de type sauvage ou mutant. Le motif de la coloration des feuilles dépend du rapport entre les plastes de type sauvage et ceux de type mutant dans divers tissus.

Chez la plupart des Animaux et des Végétaux, les gènes des mitochondries sont aussi transmis par hérédité maternelle: presque toutes les mitochondries transmises à un zygote proviennent du cytoplasme de l'ovule; en effet, celles qui proviennent en petit nombre du spermatozoïde sont rapidement détruites. Les produits de la plupart des gènes mitochondriaux contribuent (avec ceux des gènes nucléaires) à la constitution des complexes protéiques de la chaîne de transport des électrons et de l'ATP synthase (voir le chapitre 9). Par conséquent, si une ou plusieurs de ces protéines sont endommagées, la cellule ne peut pas synthétiser tout l'ATP nécessaire. Chez les êtres humains, cette déficience causerait certaines maladies rares, qui touchent surtout le système nerveux et les muscles (les systèmes les plus exposés aux déficits énergétiques). Par exemple, les personnes atteintes de *myopathie mitochondriale* souffrent de faiblesse, d'intolérance à l'exercice et de dégénérescence musculaire. Une autre maladie mitochondriale, l'*atrophie optique de Leber*, peut provoquer une cécité soudaine chez de jeunes personnes dans la vingtaine ou la trentaine. La maladie n'apparait pas à la naissance, car cela prend un certain temps pour que les mitochondries portant les allèles anormaux s'accumulent dans les cellules au fil des mitoses successives. Les quatre mutations découvertes jusqu'ici qui sont responsables de cette maladie influent sur la phosphorylation oxydative durant la respiration cellulaire, une fonction essentielle pour la cellule.

Les défauts de l'ADN mitochondrial ne sont pas seulement responsables de maladies rares. En effet, des mutations mitochondriales transmises par la mère contribuent à certaines formes de diabète et à des maladies cardiaques, ainsi qu'à d'autres troubles communs chez les personnes âgées, comme la maladie d'Alzheimer. Au cours de la vie, de nouvelles mutations s'accumulent peu à peu dans l'ADN mitochondrial (car la mitochondrie, contrairement au noyau, ne possède pas d'enzymes de réparation de l'ADN), et certains chercheurs pensent qu'elles jouent un rôle dans le processus de vieillissement normal.

▶ **Figure 15.18 Le houx commun à feuilles panachées (*Ilex aquifolium*).** Les feuilles panachées (rayées ou tachetées) sont dues à des mutations des gènes de la pigmentation situés dans les plastes, qui proviennent généralement du gamète femelle.

Quel que soit l'endroit où les gènes sont situés (dans le noyau ou dans les organites contenus dans le cytoplasme), leur transmission héréditaire dépend de la réplication précise de l'ADN, qui constitue le matériel génétique. Dans le prochain chapitre, nous étudierons le mécanisme de cette reproduction moléculaire.

RETOUR SUR LE CONCEPT 15.5

1. Le dosage génique, c'est-à-dire le nombre d'exemplaires actifs d'un gène, est important pour un développement approprié. Nommez et décrivez deux processus qui permettent d'établir le dosage approprié de certains gènes.
2. Des croisements réciproques entre deux variétés de primevères (*Primula sp.*), A et B, ont donné les résultats suivants: femelle A × mâle B → individus à feuilles toutes vertes (non panachées). Femelle B × mâle A → individus à feuilles tachetées (panachées). Expliquez ces résultats.
3. **ET SI?** Les gènes des mitochondries jouent un rôle déterminant dans le métabolisme énergétique des cellules, mais les maladies mitochondriales causées par les mutations de ces gènes ne sont généralement pas létales. Expliquez pourquoi.

Voir les réponses proposées à la fin du chapitre.

RÉVISION DU CHAPITRE 15

RÉSUMÉ DES CONCEPTS CLÉS

CONCEPT 15.1

Le fondement physique de l'hérédité mendélienne réside dans le comportement des chromosomes (p. 329 à 332)

- La **théorie chromosomique de l'hérédité** stipule que les gènes se trouvent sur les chromosomes et que les lois de Mendel sur la ségrégation et l'assortiment indépendant s'expliquent par le comportement des chromosomes pendant la méiose.
- La découverte de Morgan selon laquelle la transmission du chromosome X chez la drosophile concorde avec l'hérédité du caractère de la couleur des yeux constitue la première preuve solide permettant d'associer un gène à un chromosome.

? *Quelle caractéristique des chromosomes sexuels a permis à Morgan d'établir une corrélation entre leur comportement et celui des allèles du gène de la couleur des yeux?*

CONCEPT 15.2

Les gènes liés au sexe ont un mode de transmission héréditaire qui leur est propre (p. 333 à 336)

- Le sexe est un caractère phénotypique héréditaire habituellement déterminé par la présence de chromosomes particuliers. Les humains et les autres Mammifères ont un système X-Y, dans lequel le sexe est normalement déterminé par la présence ou l'absence d'un chromosome Y. Il existe d'autres systèmes de détermination du sexe chez les Oiseaux, les Poissons et les Insectes.
- Les chromosomes sexuels portent les **gènes liés au sexe** de certains caractères sans aucun rapport avec les caractères sexuels. Par exemple, des allèles récessifs responsables du daltonisme sont **liés au chromosome X** (portés par le chromosome X). Les pères transmettent cet allèle, ainsi que d'autres liés au chromosome X, à toutes leurs filles, mais pas à leurs fils. Tout mâle ayant reçu de sa mère un tel allèle exprime le caractère correspondant.
- Chez les Mammifères femelles, un des deux chromosomes X dans chaque cellule est inactivé de façon aléatoire au cours du développement embryonnaire; ce chromosome se condense fortement et forme un **corpuscule de Barr**. Il est ensuite transmis aux cellules descendantes. Si elle est hétérozygote pour un gène situé sur un chromosome X, une femelle sera une mosaïque pour ce caractère et la moitié de ses cellules environ exprimera l'allèle maternel, et l'autre moitié, l'allèle paternel.

? *Pourquoi les hommes sont-ils beaucoup plus nombreux que les femmes à souffrir d'une maladie héréditaire récessive liée au chromosome X?*

CONCEPT 15.3

Les gènes liés sont souvent transmis ensemble, parce qu'ils se trouvent près les uns des autres sur le même chromosome (p. 336 à 341)

- Parmi les descendants d'un test de contrôle de la génération F_1, les **types parentaux** présentent la même combinaison de caractères que les parents de la génération P. Les **types recombinants** (ou **recombinés**) présentent de nouvelles combinaisons de caractéristiques qui n'apparaissent chez aucun des parents de la génération P. À cause de l'assortiment indépendant des chromosomes, les gènes non liés présentent une fréquence de recombinaison de 50% dans les gamètes.

Pour les **gènes liés** génétiquement, l'**enjambement** entre des chromatides non sœurs pendant la méiose I explique les recombinés observés, toujours inférieurs à 50% du total.

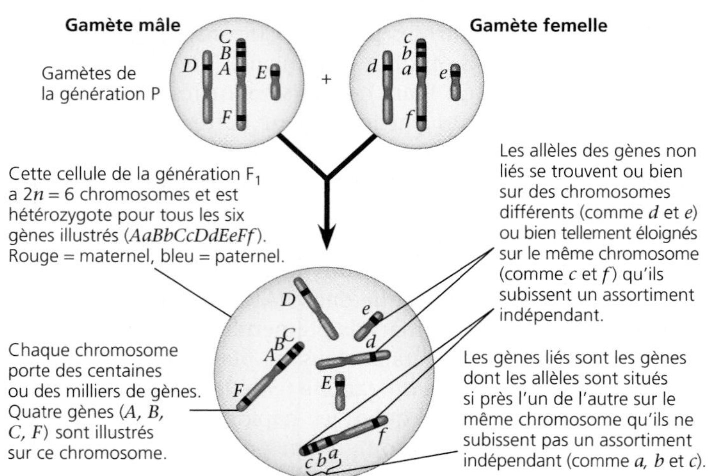

Gamète mâle
Gamète femelle
Gamètes de la génération P
Cette cellule de la génération F_1 a $2n$ = 6 chromosomes et est hétérozygote pour tous les six gènes illustrés (*AaBbCcDdEeFf*). Rouge = maternel, bleu = paternel.
Les allèles des gènes non liés se trouvent ou bien sur des chromosomes différents (comme *d* et *e*) ou bien tellement éloignés sur le même chromosome (comme *c* et *f*) qu'ils subissent un assortiment indépendant.
Chaque chromosome porte des centaines ou des milliers de gènes. Quatre gènes (*A*, *B*, *C*, *F*) sont illustrés sur ce chromosome.
Les gènes liés sont les gènes dont les allèles sont situés si près l'un de l'autre sur le même chromosome qu'ils ne subissent pas un assortiment indépendant (comme *a*, *b* et *c*).

- On peut déduire la séquence des gènes sur un chromosome et les distances relatives entre eux à partir des fréquences de recombinaison observées dans des croisements génétiques. Ces données permettent de construire une **carte de liaison** (un type de **carte génétique**). Plus les gènes sont éloignés l'un de l'autre sur un chromosome, plus la probabilité est grande que leurs allèles se recombinent au cours de l'enjambement.

Pourquoi les allèles spécifiques de deux gènes éloignés l'un de l'autre ont-ils plus de chances d'être recombinés que ceux de deux gènes plus proches l'un de l'autre?

CONCEPT 15.4

Les anomalies du nombre ou de la structure des chromosomes causent certaines maladies génétiques (p. 341 à 345)

- L'**aneuploïdie**, un nombre anormal de chromosomes, peut apparaître à la suite d'une **non-disjonction** survenue pendant la méiose. Lorsqu'un gamète normal s'unit à un gamète contenant deux exemplaires ou, au contraire, ne contenant aucun exemplaire d'un chromosome particulier, le zygote formé et les cellules qu'il produira auront soit un exemplaire supplémentaire de ce chromosome (**trisomie, $2n + 1$**), soit un exemplaire en moins (**monosomie, $2n - 1$**). La **polyploïdie** (plus de deux jeux complets de chromosomes) peut résulter d'une non-disjonction complète lors de la formation des gamètes.
- Le bris d'un chromosome peut mener à divers types de modifications de la structure d'un chromosome: **délétion**, **duplication**, **inversion** et **translocation**. Les translocations peuvent être réciproques ou non réciproques.
- Des modifications du nombre de chromosomes par cellule ou de la structure des chromosomes individuels peuvent se répercuter sur le phénotype et, dans certains cas, être la cause de maladies humaines. Les aberrations de ce type sont la cause du **syndrome de Down** (généralement dû à la trisomie du chromosome 21), de certains cancers associés aux translocations chromosomiques et de diverses autres maladies humaines.

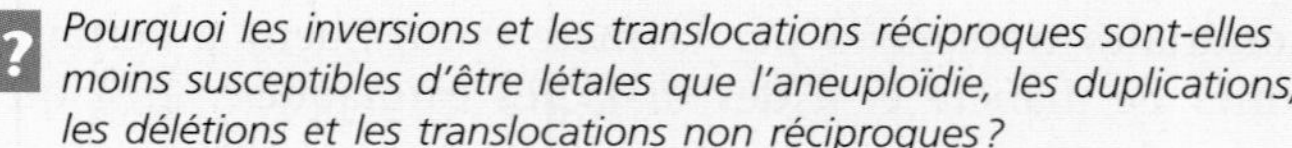
? *Pourquoi les inversions et les translocations réciproques sont-elles moins susceptibles d'être létales que l'aneuploïdie, les duplications, les délétions et les translocations non réciproques?*

CONCEPT 15.5

Certains modes de transmission héréditaire font exception à la théorie classique de l'hérédité mendélienne (p. 345 à 347)

- Chez les Mammifères, les effets phénotypiques d'un petit nombre de gènes particuliers dépendent de l'identité du parent qui transmet l'allèle (le père ou la mère). Ce phénomène est appelé **empreinte génomique**. Les empreintes se produisent au cours de la formation des gamètes et elles empêchent un allèle de s'exprimer chez les descendants (soit l'allèle maternel, soit l'allèle paternel).
- L'hérédité des caractères régis par les gènes présents dans les mitochondries et les chloroplastes ou d'autres plastes végétaux dépend seulement de la mère parce que le cytoplasme du zygote contenant ces organites provient de l'ovule. Certaines maladies touchant le système nerveux et les muscles sont causées par des défauts des gènes mitochondriaux qui empêchent les cellules de synthétiser suffisamment d'ATP.

? *Expliquez en quoi l'empreinte génomique et l'hérédité de l'ADN présent dans les mitochondries et les chloroplastes sont des exceptions à l'hérédité mendélienne classique.*

ÉVALUATION

NIVEAU 1: CONNAISSANCES ET COMPRÉHENSION

1. Un homme souffrant d'hémophilie (une maladie héréditaire récessive liée au sexe) a une fille au phénotype normal. Elle épouse un homme qui est normal pour ce caractère. Quelle est la probabilité qu'une fille issue de cette union soit hémophile? Qu'un fils issu de cette union soit hémophile? Calculez la probabilité que le couple ait un fils et que celui-ci soit normal. Si le couple a quatre fils, quelle est la probabilité que tous soient hémophiles?

2. La myopathie de Duchenne est une maladie héréditaire qui provoque une dégénérescence progressive des muscles. Elle frappe presque exclusivement des garçons nés de parents apparemment normaux. Elle aboutit habituellement à la mort au début de l'adolescence. Est-elle causée par un allèle dominant ou récessif? Son mode de transmission héréditaire est-il lié aux chromosomes sexuels ou aux autosomes? Comment le sait-on? Expliquez pourquoi cette maladie ne touche presque jamais les filles.

3. Une drosophile de phénotype sauvage (hétérozygote pour un corps gris et des ailes normales) est accouplée à un mâle noir à ailes vestigiales. Leurs descendants ont la distribution suivante: phénotype sauvage, 778; corps noir-ailes vestigiales, 785; corps noir-ailes normales, 158; corps gris-ailes vestigiales, 162. Quelle est la fréquence de recombinaison entre les gènes de la couleur du corps et de la taille des ailes?

4. Quel mode de transmission héréditaire conduirait un généticien à soupçonner qu'une maladie héréditaire du métabolisme cellulaire est due à un gène mitochondrial défectueux?

5. Une sonde spatiale a découvert une planète habitée par des êtres qui se reproduisent selon les mêmes lois génétiques que les humains. Trois de leurs caractères phénotypiques sont la taille (G = grand, g = nain), la présence d'appendices sur la tête (A = à antennes, a = sans antennes) et la forme du museau (R = retroussé, r = tourné vers le bas). Comme ces créatures ne sont pas «intelligentes», les scientifiques terriens procèdent à quelques croisements de contrôle impliquant divers hétérozygotes. Les descendants d'un hétérozygote grand à antennes se répartissent comme suit: 46 grands à antennes; 7 nains à antennes; 42 nains sans antennes; 5 grands sans antennes. Les descendants d'un hétérozygote avec des antennes et un museau retroussé se répartissent comme suit: 47 à antennes et museau retroussé; 2 à antennes et museau vers le bas; 48 sans antennes et à museau vers le bas; 3 sans antennes et à museau retroussé. Calculez les fréquences des recombinaisons obtenues dans les deux expériences.

NIVEAU 2: APPLICATION ET ANALYSE

6. En tenant compte des données de l'énoncé du problème 5, les scientifiques procèdent à un autre croisement de contrôle avec un hétérozygote pour la taille et pour la morphologie du museau. Les descendants se répartissent comme suit: 40 grands et à museau retroussé; 9 nains et à museau retroussé; 42 nains et à museau vers le bas; 9 grands et à museau vers le bas. Calculez la fréquence de recombinaison à partir de ces données, puis utilisez votre réponse au problème 5 pour déterminer la bonne séquence des trois gènes liés.

7. Le daltonisme est causé par un allèle récessif lié au sexe. Un homme daltonien épouse une femme dont la vue est normale, mais dont le père est daltonien. Calculez la probabilité qu'ils aient une fille daltonienne. Quelle est la probabilité que leur premier fils soit daltonien? (Notez la formulation différente des deux questions.)

8. On croise une drosophile de type sauvage (hétérozygote pour un corps gris et des yeux rouges) avec une drosophile au corps noir et aux yeux pourpres. Leurs descendants ont les phénotypes suivants: type sauvage, 721; corps noir-yeux pourpres, 751; corps gris-yeux pourpres, 49; corps noir-yeux rouges, 45. Quelle est la fréquence de recombinaison entre les gènes de la couleur du corps et de la couleur des yeux? Si vous tenez compte des données du problème 3, quelles drosophiles (précisez les génotypes et les phénotypes) croiseriez-vous pour connaître la séquence des gènes de la couleur du corps, de la taille des ailes et de la couleur des yeux sur un chromosome?

9. **FAITES UN DESSIN** On effectue un croisement entre une drosophile de lignée pure ayant un corps gris et des ailes vestigiales ($b^+ \ b^+ \ vg \ vg$) et une drosophile de lignée pure ayant un corps noir et des ailes normales ($b \ b \ vg^+ \ vg^+$).
   a) Dessinez les chromosomes des drosophiles de la génération P; utilisez la couleur rouge pour la drosophile au corps gris et le rose pour celle au corps noir. Indiquez la position de chaque allèle.
   b) Dessinez les chromosomes et identifiez les allèles d'une drosophile de la génération F_1.
   c) Supposez qu'on effectue un croisement de contrôle avec une femelle de la génération F_1. Dessinez les chromosomes des descendants issus de ce croisement dans une grille de Punnett.
   d) Sachant que la distance entre ces deux gènes est de 17 unités cartographiques, prévoyez les proportions phénotypiques que vous obtiendrez à la suite d'un tel croisement.

10. Les femmes qui naissent avec un chromosome X surnuméraire (XXX) sont en bonne santé et leur apparence ne permet pas de les distinguer des femmes normales (XX). Quelle est l'explication la plus plausible de cette constatation? Comment pourriez-vous vérifier cette explication?

11. Déterminez la séquence des gènes sur un chromosome à partir des fréquences de recombinaison suivantes: *A-B*, 8 unités cartographiques; *A-C*, 28 unités cartographiques; *A-D*, 25 unités cartographiques; *B-C*, 20 unités cartographiques; *B-D*, 33 unités cartographiques.

12. Supposez que les gènes A et B soient situés sur le même chromosome et qu'ils se trouvent à 50 unités cartographiques de distance. On croise un animal hétérozygote pour les deux loci avec un autre qui est homozygote récessif pour les deux loci. Quel pourcentage des descendants aura les phénotypes recombinés résultant d'un enjambement? Si vous ne saviez pas que ces gènes sont situés sur le même chromosome, comment pourriez-vous interpréter les résultats de ce croisement?

13. Chez une plante, un gène détermine la couleur des pétales – ils sont bleus (B) ou blancs (b) –, et l'autre, la forme des étamines – elles sont rondes (R) ou ovales (r). Les deux gènes sont liés et se situent à une distance de 10 unités cartographiques. Vous croisez une plante homozygote pétales bleus-étamines ovales avec une plante homozygote pétales blancs-étamines rondes. Vous croisez des individus de la génération F_1 avec des plantes homozygotes pétales blancs-étamines ovales. Vous obtenez 1 000 descendants de la génération F_2. Combien de plantes (génération F_2) de chacun des quatre phénotypes vous attendez-vous à trouver?

14. Vous effectuez des croisements de drosophiles pour obtenir des données de recombinaisons pour le gène *a*, qui est situé sur le chromosome illustré à la figure 15.12. Le gène *a* possède des fréquences de recombinaison de 14 % avec le locus des ailes vestigiales et de 26 % avec le locus des yeux bruns. Localisez approximativement le gène *a* sur le chromosome.

NIVEAU 3 : SYNTHÈSE ET ÉVALUATION

15. Les bananes, qui sont triploïdes, ne produisent pas de graines et sont stériles. Proposez une explication possible.

16. Quel phénomène génétique peut mener à la formation d'un individu XYY (47, XYY) ? Expliquez.

17. Chez les humains, la trisomie 21 est la seule trisomie dont l'espérance de vie s'étend jusqu'à l'âge adulte. Celle des trisomies 18 et 13 est de l'ordre de quelques mois, et on ne connaît à peu près pas de trisomie affectant les chromosomes 1 à 12. Quelle corrélation semble exister entre la gravité d'une trisomie et les chromosomes en cause ? (*Indice* : observez le caryotype de la figure 13.3, p. 284.)

18. LIEN AVEC L'ÉVOLUTION
Comme vous l'avez vu, l'enjambement (ou recombinaison) constituerait un avantage du point de vue de l'évolution, parce qu'il a pour effet de créer sans cesse de nouvelles combinaisons d'allèles, permettant la production de processus évolutifs. Jusqu'à une époque récente, on croyait que les gènes sur le chromosome Y risquaient de dégénérer à cause de l'absence de gènes homologues sur le chromosome X avec lesquels ils peuvent se recombiner. Cependant, le séquençage du chromosome Y a permis de découvrir huit grandes régions homologues entre elles, et un bon nombre des 78 gènes représentent des gènes dédoublés. (David Page, un chercheur spécialiste du chromosome Y, a appelé ce phénomène la « galerie des glaces ».) Quel avantage représente l'existence de ces régions ?

19. INTÉGRATION
Les papillons possèdent un système de détermination du sexe X et Y différent de celui des drosophiles ou des humains. Les femelles peuvent être XY ou X0, tandis que les papillons avec deux chromosomes X ou plus sont des mâles. Cette photographie illustre un papillon tigré *gynandromorphe*, un individu présentant un mélange de caractères mâles (côté gauche) et femelles (côté droit). Sachant que la première division du zygote divise l'embryon en futures moitiés droite et gauche du papillon, proposez une hypothèse qui explique comment une non-disjonction pendant la première mitose pourrait avoir produit ce papillon à l'apparence inusitée.

20. ÉCRIVEZ UN TEXTE
Le fondement génétique de la vie La continuité de la vie est basée sur les informations transmises sous forme d'ADN. Dans un court essai (de 100 à 150 mots), faites le lien entre la structure et le comportement des chromosomes et l'hérédité chez les espèces à reproduction asexuée et sexuée.

RÉPONSES DU CHAPITRE 15

Questions des figures

Figure 15.2 La proportion serait 1 jaune-ronde : 1 verte-ronde : 1 jaune-plissée : 1 verte-plissée. **Figure 15.4** Les ¾ environ des descendants de la génération F_2 auraient des yeux rouges et environ ¼ auraient des yeux blancs. Environ la moitié des drosophiles aux yeux blancs seraient des femelles et l'autre moitié, des mâles ; de même, environ la moitié des drosophiles aux yeux rouges seraient des femelles et l'autre moitié, des mâles. **Figure 15.7** Tous les hommes seraient daltoniens et toutes les femmes seraient des porteuses saines. **Figure 15.9** Les deux classes les plus grandes seraient encore celles des descendants de type parental (descendants avec les phénotypes des drosophiles de lignée pure de la génération P), mais ce serait maintenant des individus au corps gris et aux ailes vestigiales et au corps noir et aux ailes normales parce que c'était les combinaisons d'allèles spécifiques dans la génération P. **Figure 15.10** Les deux chromosomes à gauche ci-dessous sont comme les deux chromosomes transmis à la femelle de la génération F_1, un de chaque drosophile de la génération P. Ils sont transmis intacts par la femelle de la génération F_1 aux descendants et peuvent donc être appelés chromosomes « parentaux ». Les deux autres chromosomes résultent d'un enjambement durant la méiose chez une femelle de la génération F_1. Parce qu'ils ont des combinaisons d'allèles qui n'apparaissent dans aucun des chromosomes des femelles de la génération F_1, on peut les appeler chromosomes « recombinés ». (Notez que, dans cet exemple, les allèles des chromosomes recombinés, $b^+ \; vg^+$ et $b \; vg$, sont les combinaisons d'allèles qui étaient sur les chromosomes parentaux dans les croisements illustrés aux figures 15.9 et 15.10. Le fondement pour les appeler chromosomes parentaux est la combinaison d'allèles qui était présente sur les chromosomes de la génération P.)

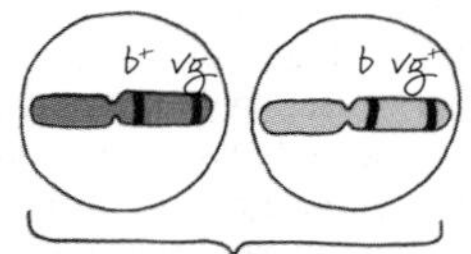

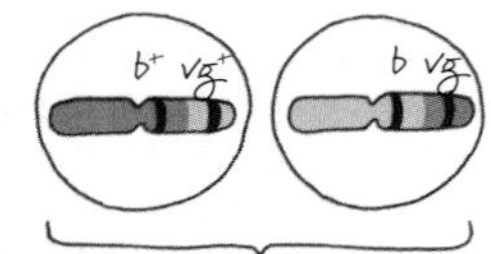

Retour sur le concept 15.1

1. La loi de la ségrégation se rapporte à la transmission des allèles d'un seul caractère. La loi de l'assortiment indépendant des allèles se rapporte à la transmission des allèles de deux caractères. **2.** Le fondement physique de la loi de la ségrégation est la séparation des homologues lors de l'anaphase I. Le fondement physique de la loi de l'assortiment indépendant est l'arrangement différent des paires de chromosomes homologues à la métaphase I. **3.** Pour présenter le phénotype mutant, un mâle ne doit posséder qu'un seul allèle mutant. Si ce gène avait été situé sur une paire d'autosomes, il aurait fallu que deux allèles mutants soient présents pour qu'un individu présente le phénotype mutant récessif, une situation beaucoup moins probable.

Retour sur le concept 15.2

1. Étant donné que le gène de ce caractère de la couleur des yeux se trouve sur le chromosome X, toutes les femelles de la descendance auront les yeux rouges et seront hétérozygotes ($X^{w+}X^{w}$) ; tous les descendants mâles recevront un chromosome Y du père et auront les yeux blancs ($X^{w}Y$). **2.** ¼, soit la probabilité de ½ que l'enfant hérite d'un chromosome Y du père et soit un mâle × la probabilité de ½ qu'il hérite de sa mère du chromosome X portant l'allèle de la maladie ; si l'enfant est un garçon, la probabilité qu'il ait la maladie est de ½ ; dans le cas d'une fille, la probabilité est de 0 (mais la probabilité qu'elle soit une porteuse saine est de ½). **3.** Avec une maladie causée par un allèle dominant, il n'y a pas de porteur sain, car les individus qui possèdent l'allèle sont atteints de la maladie. Parce que l'allèle est dominant, les femelles perdent tout « avantage » à avoir deux chromosomes X, étant donné qu'un allèle associé à une maladie suffit pour causer la maladie. Tous les pères porteurs de l'allèle dominant le transmettent à *toutes* leurs filles et celles-ci seront toutes atteintes de la maladie. Une mère qui a l'allèle (et par conséquent la maladie) la transmet à la moitié de ses fils et à la moitié de ses filles.

Retour sur le concept 15.3

1. Un enjambement pendant la méiose I chez le parent hétérozygote produit des gamètes ayant des génotypes de type recombinant pour les deux gènes. Des descendants présentant un phénotype de type recombinant sont issus de la fécondation des gamètes recombinés par des gamètes homozygotes récessifs du parent double mutant. **2.** Dans chaque cas, les allèles parentaux fournis par la femelle déterminent le phénotype des descendants parce que le mâle ne contribue que par des allèles récessifs lors de ce croisement. **3.** Non. La séquence pourrait être *A-C-B* ou *C-A-B*. Pour déterminer quelle possibilité est la bonne, il faut connaître la fréquence de recombinaison entre *B* et *C*.

Retour sur le concept 15.4

1. À la méiose, un chromosome combiné 14-21 se comporte comme un seul chromosome. Si un gamète reçoit le chromosome 14-21 et une copie normale du chromosome 21 (ce qui constitue une des six combinaisons possibles), la trisomie 21 apparaîtra lorsque ce gamète se combinera avec un gamète normal au cours de la fécondation. **2.** Non; l'enfant peut être soit I^AI^Ai, soit I^Aii. Un spermatozoïde ayant le génotype I^AI^A proviendrait d'une non-disjonction pendant la méiose II chez le père, alors qu'un ovule ayant le génotype *ii* résulterait d'une non-disjonction survenue pendant la méiose I ou II chez la mère. **3.** L'activation de ce gène peut provoquer la production d'une trop grande quantité de cette kinase. Si elle intervient dans une voie de communication cellulaire qui déclenche la division cellulaire, une trop grande concentration de kinase peut déclencher une division cellulaire anarchique. Par ricochet, celle-ci pourrait contribuer au développement d'un cancer (dans le cas présent, un cancer d'un type de globules blancs).

Retour sur le concept 15.5

1. L'inactivation d'un chromosome X chez les femelles et l'empreinte génomique. À cause de l'inactivation des chromosomes X, la dose effective de gènes sur le chromosome X est la même chez les mâles que chez les femelles. À la suite de l'empreinte génomique, un seul allèle de certains gènes s'exprime dans un phénotype. **2.** Les gènes de la coloration des feuilles sont situés dans des plastes contenus dans le cytoplasme. Normalement, seule la mère transmet les gènes des plastes aux descendants. Étant donné que les individus panachés ne sont produits que lorsque la mère est de la variété B, on peut conclure que la variété B contient à la fois les allèles mutants et de type sauvage des gènes de la pigmentation, ce qui donne des feuilles panachées. (La variété A ne contient que l'allèle de type sauvage des gènes de la pigmentation.) **3.** La situation est semblable à celle des chloroplastes. Chaque cellule contient de nombreuses mitochondries et, chez les individus atteints, la plupart des cellules contiennent un mélange variable de mitochondries normales et anormales. Les mitochondries normales effectuent assez de respiration cellulaire pour assurer la survie.

Questions du résumé des concepts clés

15.1 Parce que les chromosomes sexuels sont différents l'un de l'autre et parce qu'ils déterminent le sexe des descendants, Morgan a été capable d'utiliser le sexe des descendants comme un caractère phénotypique pour suivre les chromosomes parentaux. (Il aurait pu également les suivre au microscope étant donné que les chromosomes X et Y ont une apparence différente.) En même temps, il a pu enregistrer la couleur des yeux pour suivre les allèles de la couleur des yeux. **15.2** Les hommes n'ont qu'un seul chromosome X, accompagné d'un chromosome Y, alors que les femmes ont deux chromosomes X. Le chromosome Y porte très peu de gènes (78), alors que le chromosome X en porte environ 1 000. Lorsqu'un allèle récessif lié au chromosome X responsable d'une maladie est transmis à un homme par l'intermédiaire du chromosome X provenant de sa mère, l'absence d'un second allèle sur le Y (les hommes sont hémizygotes) fait que l'homme est atteint de la maladie. Parce que les femmes possèdent deux chromosomes X, elles doivent recevoir deux allèles récessifs pour avoir la maladie, une occurrence plus rare. **15.3** L'enjambement donne naissance à de nouvelles combinaisons d'allèles. L'enjambement est une occurrence aléatoire, et plus la distance est grande entre deux gènes, plus la probabilité qu'un enjambement se produise entre eux augmente, conduisant à une nouvelle combinaison d'allèles. **15.4** Dans les inversions et les translocations réciproques, le même matériel génétique est présent dans les mêmes quantités relatives, mais organisé différemment. L'aneuploïdie, les duplications, les délétions et les translocations non réciproques s'accompagnent d'une rupture de l'équilibre du matériel génétique, car de grands segments de chromosomes sont soit absents, soit présents en plus d'une copie. Apparemment, ce type de déséquilibre est très dommageable pour l'organisme. (Bien qu'elle ne soit pas létale chez l'embryon en croissance, la translocation réciproque qui produit le chromosome Philadelphie peut conduire à un état pathologique grave, le cancer, en modifiant l'expression de gènes importants.) **15.5** Dans ces cas, le sexe du parent qui contribue à un allèle influe sur le mode de transmission héréditaire. Pour les gènes ayant reçu une empreinte, l'allèle soit paternel, soit maternel est exprimé, selon l'empreinte. Pour les gènes présents dans les mitochondries et les chloroplastes, seule la contribution maternelle influera sur le phénotype des descendants parce que les descendants reçoivent ces organites de la mère, par l'intermédiaire du cytoplasme de l'ovule.

ÉVALUATION

1. 0; ½; ¼ (il y a deux événements indépendants à considérer simultanément; il faut d'abord calculer la probabilité d'avoir un fils [½] puis la probabilité que ce fils soit normal [½]; ensuite, on applique la règle de la multiplication); 1/16. **2.** Récessif; si la maladie était un caractère dominant, elle toucherait au moins l'un des parents d'un enfant né avec le caractère. Hérédité liée au sexe; cette maladie affecte les garçons. Une fille ne peut être touchée que si elle reçoit les allèles récessifs de ses deux parents, ce qui est très peu probable, d'autant plus que les garçons nés avec cet allèle meurent au début de leur adolescence. **3.** 17 % (soit 320 recombinants/1 883 descendants au total ×100). **4.** La maladie serait toujours transmise par la mère. **5.** Entre *G* et *A*, 12 %; entre *A* et *R*, 5 %. **6.** Entre *G* et *R*, 18 %. La séquence des gènes est *G-A-R*. **7.** ¼ (½ que l'enfant soit une fille × ½ que son génotype soit homozygote récessif); ½ pour leur premier fils. **8.** 6 %. Type sauvage (hétérozygote pour ailes normales et yeux rouges) × homozygote récessif avec ailes vestigiales et yeux pourpres.

9.

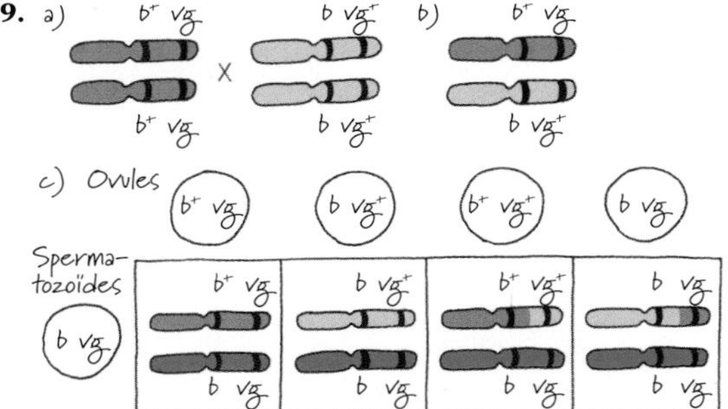

d) 41,5 % corps gris, ailes vestigiales
41,5 % corps noir, ailes normales
8,5 % corps gris, ailes normales
8,5 % corps noir, ailes vestigiales

10. L'inactivation de deux chromosomes X chez des femmes XXX leur laisserait un X génétiquement actif, comme chez les femmes ayant le nombre normal de chromosomes. La microscopie devrait révéler deux corpuscules de Barr. **11.** *D-A-B-C*. **12.** 50 % des descendants auraient des phénotypes résultant d'un enjambement. Les résultats seraient identiques à ceux d'un croisement où *A* et *B* ne seraient pas liés. On pourrait démontrer l'existence de la liaison et cartographier les gènes après avoir effectué des croisements faisant intervenir d'autres gènes situés sur le même chromosome. **13.** 450 pétales bleus-étamines ovales, 450 pétales blancs-étamines rondes (phénotypes parentaux), 5 pétales bleus-étamines rondes et 50 pétales blancs-étamines ovales (phénotypes recombinés). **14.** Entre le locus des ailes vestigiales et le locus des yeux bruns, à environ le tiers de la distance entre ces deux loci. **15.** Parce que les bananes sont triploïdes, les paires homologues ne peuvent pas s'aligner pendant la méiose. Par conséquent, il n'est pas possible de générer des gamètes qui peuvent fusionner pour produire un zygote avec un nombre triploïde de chromosomes. **16.** Le syndrome 47, XYY pourrait être causé par une non-disjonction à la méiose I ou II lors de la formation des spermatozoïdes, ce qui aurait produit des gamètes mâles avec deux chromosomes Y. Si un de ces gamètes féconde un ovule normal (portant un chromosome X), le zygote possédera alors les chromosomes XYY. **17.** Dans le caryotype, on voit que les chromosomes sont classés par taille, des plus grands aux plus petits. On peut supposer que plus les chromosomes sont grands, plus ils portent de gènes, et plus les gènes surnuméraires peuvent amener de malformations ou de malfonctionnements. Une trisomie affectant les petits chromosomes (désignés par les numéros les plus élevés), soit ceux qui portent relativement peu de gènes, est moins grave qu'une trisomie affectant les grands chromosomes.

16

Les bases moléculaires de l'hérédité

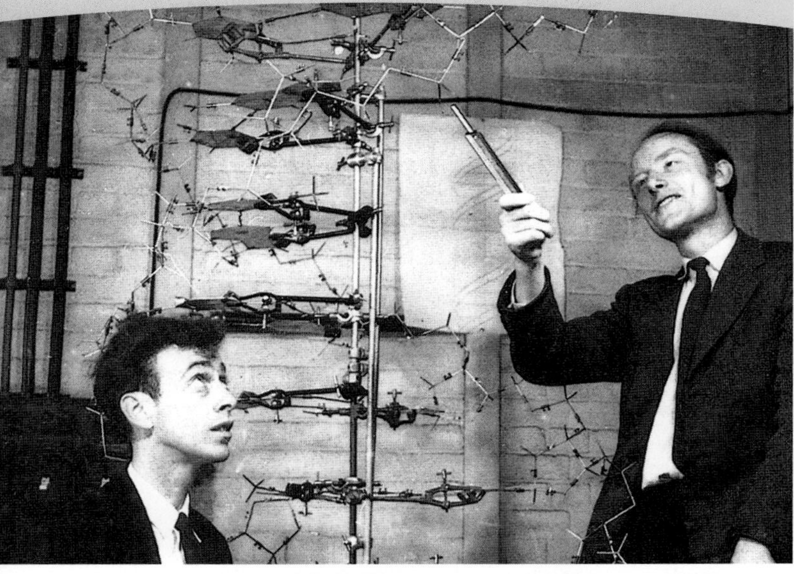

▲ **Figure 16.1 Comment la structure de l'ADN a-t-elle été déterminée ?**

CONCEPTS CLÉS

16.1 L'ADN constitue le matériel génétique

16.2 De nombreuses protéines travaillent de concert pour la réplication et la réparation de l'ADN

16.3 Un chromosome est constitué d'ADN et de protéines regroupés en un complexe nucléoprotéique

INTRODUCTION

Le manuel d'instructions des processus de la vie

En avril 1953, James Watson et Francis Crick ont fait sensation dans le monde scientifique en dévoilant un modèle élégant, en forme de double hélice, représentant la structure de l'acide désoxyribonucléique, ou ADN. Sur la photo de la **figure 16.1**, on voit Watson (à gauche) et Crick (à droite) devant leur modèle constitué de fils métalliques. Au cours des 60 dernières années, ce modèle, au départ une hypothèse novatrice, est devenu un véritable symbole de la biologie contemporaine. Les facteurs héréditaires de Mendel et les gènes que Morgan a localisés sur les chromosomes sont composés d'ADN. Du point de vue chimique, votre génome est formé de l'ADN que vous avez reçu de vos parents. L'ADN, le fondement matériel de l'hérédité, est la molécule la plus célèbre de l'époque moderne.

De toutes les molécules présentes dans la nature, seuls les acides nucléiques peuvent diriger leur propre réplication à partir de monomères. Les enfants ressemblent à leurs parents, parce que l'ADN de ces derniers se réplique d'une manière précise avant d'être transmis d'une génération à l'autre. L'information héréditaire est codée dans la langue chimique de l'ADN et recopiée dans toutes nos cellules. C'est ce programme qui détermine la nature de nos caractéristiques biochimiques, anatomiques et physiologiques, et aussi, dans une certaine mesure, la portion innée de notre comportement. Dans ce chapitre, vous découvrirez comment les biologistes ont établi que l'ADN constitue le fondement concret de la génétique et comment Watson et Crick ont trouvé sa structure. Vous étudierez également la **réplication de l'ADN**, le processus par lequel une molécule d'ADN est copiée, et comment les cellules effectuent la réparation de leur ADN. Enfin, vous examinerez comment une molécule d'ADN est emballée avec des protéines dans un chromosome.

CONCEPT 16.1

L'ADN constitue le matériel génétique

Aujourd'hui, même les écoliers ont entendu parler de l'ADN, et les scientifiques manipulent régulièrement cette substance au laboratoire, souvent pour modifier les caractères héréditaires de cellules au cours de leurs expériences. Au début du 20e siècle, cependant, l'identification des molécules de l'hérédité apparaissait aux biologistes comme un défi de taille.

La recherche du matériel génétique : *recherche scientifique*

À partir du moment où le groupe de T. H. Morgan a démontré que les gènes faisaient partie des chromosomes (voir le chapitre 15), on a su que le matériel génétique devait être formé d'ADN, ou de protéines, qui sont les composantes chimiques des chromosomes. Jusqu'aux années 1940, on semblait pencher pour les protéines, car on savait qu'elles formaient une catégorie de macromolécules dotées d'une grande hétérogénéité et d'une spécificité fonctionnelle, des qualités essentielles qui devaient être celles du matériel génétique. En outre, les protéines sont très abondantes dans toutes les cellules. Par ailleurs, on ignorait à peu près tout des acides nucléiques (même si la découverte de l'ADN, par l'Allemand Friedrich Miescher, datait de 1869), si ce n'est que l'uniformité de leurs propriétés physiques et chimiques ne permettait pas d'expliquer la multitude des caractères héréditaires exprimés par tout organisme. Mais ce point de vue a changé quand des expériences menées sur des microorganismes ont donné des résultats inattendus. La découverte de l'identité du matériel génétique a été déterminée dans une large mesure par le choix d'organismes expérimentaux appropriés, comme elle l'a été pour Mendel et pour Morgan. Dans ce cas, ce sont les Bactéries et les Virus, beaucoup plus simples que le pois, la drosophile ou l'être humain, qui ont permis de comprendre le rôle de l'ADN dans l'hérédité. Dans la présente section, nous décrirons de façon assez détaillée les recherches qui ont mené à l'identification du matériel génétique. Cette démarche constituera également une étude de cas portant sur la recherche scientifique.

La preuve de la transformation de bactéries par l'ADN

La découverte du rôle génétique de l'ADN remonte à 1928. Un officier britannique du nom de Frederick Griffith, à la fois médecin et microbiologiste, étudiait *Streptococcus pneumoniae*, une bactérie qui cause la pneumonie ainsi que plusieurs autres maladies chez les Mammifères. Il tentait de mettre au point un vaccin contre la pneumonie en travaillant sur deux souches (variétés): une variété pathogène (qui peut causer la maladie) et une variété non pathogène (inoffensive). Même si son travail n'a pas donné le vaccin qu'il espérait, il a quand même fait une découverte très importante. En effet, il a eu la surprise de constater que, lorsqu'il tuait des bactéries pathogènes par l'action de la chaleur et qu'il mélangeait leurs résidus avec des bactéries vivantes de la souche non pathogène, certaines de celles-ci devenaient pathogènes et provoquaient la pneumonie quand on les inoculait à des souris (**figure 16.2**). De plus, ce caractère nouvellement acquis était transmis héréditairement à tous les descendants des bactéries transformées. Cette modification héréditaire était donc certainement causée par une substance chimique provenant des bactéries pathogènes mortes et lysées. On a montré, quelques années plus tard, que cette modification ne dépendait pas des souris, car on obtenait le même phénomène *in vitro*. Cependant, la nature de la substance responsable était encore inconnue. Griffith a donné à ce phénomène le nom de **transformation**, que l'on définit actuellement comme une modification du génotype et du phénotype à l'issue de l'assimilation par une cellule d'un ADN qui lui est étranger. On sait aujourd'hui que la transformation en ce qui concerne le phénotype était, dans ce cas-ci, l'apparition d'une capsule de polysaccharides autour des bactéries de la souche non pathogène, ce qui les protégeait contre les attaques des cellules immunitaires de la souris. (Il ne faut pas confondre le sens du mot *transformation* employé ici avec la conversion d'une cellule animale normale en une cellule cancéreuse, déjà traitée vers la fin du concept 12.3, p. 274.)

Les travaux de Griffith ont ouvert la voie à de nouvelles études. Ainsi, le microbiologiste américain Oswald Avery a cherché pendant 14 ans la nature de la substance causant cette transformation. Avery a porté son attention sur trois molécules: l'ADN, l'ARN (l'autre acide nucléique dans les cellules) et les protéines. Après avoir broyé des bactéries pathogènes tuées par la chaleur, il en a extrait le contenu cellulaire. Il a traité chacun des trois échantillons avec un agent qui inactivait un type de molécules, puis il les a testés pour déterminer leur capacité à transformer des bactéries vivantes non pathogènes. La transformation ne se produisait que lorsque

▼ **Figure 16.2** **INVESTIGATION**

Un caractère génétique peut-il se transmettre héréditairement entre différentes souches de bactéries?

EXPÉRIENCE Frederick Griffith a étudié deux souches de la bactérie *Streptococcus pneumoniae*. Les bactéries de la souche « S » (pour *smooth* ou lisses) causent la pneumonie chez les souris; elles sont pathogènes parce qu'une capsule les protège contre le système immunitaire des Animaux. Les bactéries de la souche « R » (pour *rough* ou rugueuses) sont dépourvues de capsule et ne sont pas pathogènes. Afin de vérifier le pouvoir pathogène de ces deux souches, Frederick Griffith les a inoculées à des souris:

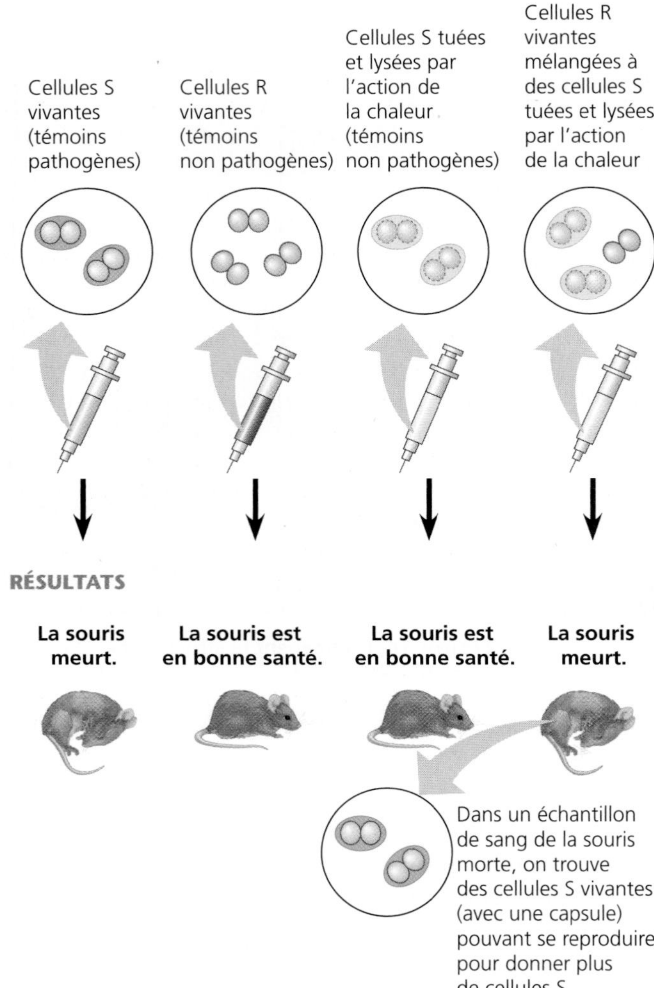

Cellules S vivantes (témoins pathogènes)
Cellules R vivantes (témoins non pathogènes)
Cellules S tuées et lysées par l'action de la chaleur (témoins non pathogènes)
Cellules R vivantes mélangées à des cellules S tuées et lysées par l'action de la chaleur
RÉSULTATS
La souris meurt.
La souris est en bonne santé.
La souris est en bonne santé.
La souris meurt.
Dans un échantillon de sang de la souris morte, on trouve des cellules S vivantes (avec une capsule) pouvant se reproduire pour donner plus de cellules S.

CONCLUSION Griffith en a conclu que les bactéries vivantes de la souche R ont été transformées en bactéries pathogènes de la souche S par une substance inconnue provenant des cellules mortes de la souche S. Cette substance a permis aux cellules de la souche R de fabriquer des capsules.

SOURCE F. Griffith, The significance of pneumococcal types, *Journal of Hygiene* 27 : 113-159 (1928).

ET SI? Comment cette expérience exclut-elle la possibilité que les cellules de la souche R puissent avoir simplement utilisé les capsules des cellules mortes de la souche S pour devenir pathogènes?

l'ADN demeurait intact. En 1944, Avery et ses collaborateurs Maclyn McCarty et Colin MacLeod annoncèrent que l'agent de la transformation était l'ADN. Leur découverte a été accueillie avec intérêt, mais aussi avec beaucoup de scepticisme. D'une part, on continuait de croire que les protéines étaient plus à même de constituer le matériel génétique (on prétendait que les molécules utilisées pour la transformation n'étaient pas parfaitement pures et contenaient encore des protéines); d'autre part, de nombreux biologistes n'étaient pas convaincus que la composition et la fonction des gènes bactériens étaient identiques à celles des organismes plus complexes. Mais la principale raison, c'est qu'on ne savait encore pratiquement rien sur l'ADN.

La preuve de la programmation de cellules par l'ADN viral

Des études portant sur un virus qui infecte des bactéries ont fourni d'autres preuves que le matériel génétique est constitué d'ADN (**figure 16.3**). On appelle ces virus **bactériophages** («mangeurs de bactéries») ou, tout simplement, **phages**. L'organisation des Virus est beaucoup plus simple que celle des cellules. Un **virus** est essentiellement constitué d'ADN (ou parfois d'ARN) enfermé dans une enveloppe protectrice (la capside) qui n'est souvent formée que de protéines. Pour se reproduire, un virus doit infecter une cellule et détourner à son profit le métabolisme de celle-ci.

Les phages ont été largement utilisés comme outils de recherche par les chercheurs en génétique moléculaire. En 1952, Alfred Hershey et Martha Chase ont découvert que le matériel génétique d'un phage appelé T2 est constitué d'ADN. Il s'agit de l'un des nombreux phages qui infectent *Escherichia coli* (*E. coli*), une bactérie vivant normalement dans l'intestin des Mammifères et qui est un organisme modèle pour les biologistes moléculaires. À cette époque, les biologistes savaient déjà que, à l'instar de nombreux autres virus, T2 est presque entièrement composé d'ADN et de protéines. Ils savaient également que ce phage peut rapidement faire d'une cellule d'*E. coli* une machine à produire des phages T2, qu'elle libère en éclatant. Ce phage pouvait donc reprogrammer la cellule hôte et lui faire produire des virus, mais à laquelle de ses composantes ce mécanisme était-il dû: à la protéine ou à l'ADN?

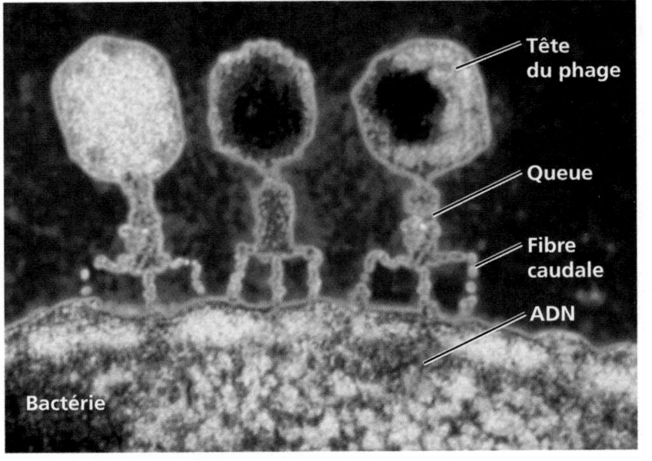

▲ **Figure 16.3 Des virus infectant une cellule bactérienne.** Les phages appelés T2 se fixent aux cellules hôtes et leur injectent leur matériel génétique à travers la membrane plasmique tandis que les parties de la tête et de la queue restent à l'extérieur sur la surface bactérienne (MET).

Pour répondre à cette question, Hershey et Chase ont conçu une expérience pour démontrer qu'une seule des deux composantes de T2 pénètre dans la cellule d'*E. coli* au moment de l'infection (**figure 16.4**). Dans leur expérience, ils ont utilisé un isotope radioactif du soufre pour marquer la protéine dans une culture de T2 et, dans une deuxième culture, un isotope radioactif du phosphore pour marquer l'ADN. Comme les protéines, au contraire de l'ADN, renferment du soufre (deux acides aminés en possèdent; voir la figure 5.17, p. 88), les atomes de soufre radioactif se sont incorporés seulement dans les protéines des phages. De la même manière, étant donné que presque tout le phosphore contenu dans un phage se trouve dans son ADN, cette procédure permet de ne pas marquer les protéines des phages. L'expérience consistait à laisser les phages T2 de chaque lot infecter des échantillons distincts de bactéries *E. coli* normales (non marquées). Peu après le début de l'infection, les chercheurs ont testé les deux échantillons pour voir quel type de molécules, protéines ou ADN, a pénétré à l'intérieur des cellules bactériennes et serait par conséquent capable de les reprogrammer.

Hershey et Chase ont découvert que l'ADN des phages pénétrait dans les cellules hôtes, contrairement à leurs protéines. De plus, lorsque les bactéries étaient remises en culture, l'infection se poursuivait, et les cellules d'*E. coli* libéraient des phages contenant de petites quantités de phosphore radioactif, ce qui démontre que l'ADN à l'intérieur de la cellule continue à jouer un rôle au cours du processus d'infection.

Hershey et Chase en ont conclu que l'ADN du virus injecté par le phage devait être la molécule transmettant l'information génétique qui force la cellule bactérienne à produire des protéines et de l'ADN viraux qui s'assemblent ensuite pour former de nouveaux virus. L'expérience de Hershey et Chase a constitué un jalon parce que cette étude a montré de façon convaincante que le matériel héréditaire se compose d'acides nucléiques et non de protéines, tout au moins chez les Virus.

Des preuves supplémentaires que l'ADN constitue le matériel génétique

Une autre preuve que le matériel génétique est formé d'ADN a été apportée par le biochimiste Erwin Chargaff. Depuis les années 1920, on savait que l'ADN est un polymère de nucléotides et que chaque nucléotide regroupe trois composantes: une base azotée, un pentose (un glucide) appelé désoxyribose et un groupement phosphate (**figure 16.5**, page 357). On savait aussi que la base azotée pouvait être l'adénine (A), la thymine (T), la guanine (G) ou la cytosine (C). Mais on croyait alors que l'ADN portait des séquences constituées de différents arrangements des quatre nucléotides (par exemple, ATGC, TAGC, ATCG) et on ne voyait pas comment une telle structure (*modèle des tétranucléotides*) pouvait porter toute l'information génétique. Chargaff a analysé la proportion des bases azotées présentes dans l'ADN de plusieurs organismes différents. En 1950, il a établi que la composition de l'ADN varie d'une espèce à l'autre. Par exemple, 30,3% des nucléotides de l'ADN humain contiennent la base A, alors que les nucléotides de l'ADN de la bactérie *E. coli* en contiennent seulement 26,0%. Cette preuve de la diversité moléculaire des espèces,

▼ **Figure 16.4** INVESTIGATION

Le matériel génétique du phage T2 est-il constitué de protéines ou d'ADN?

EXPÉRIENCE Alfred Hershey et Martha Chase ont utilisé du soufre et du phosphore radioactifs pour marquer, respectivement, des protéines et de l'ADN de phages T2 qui infectaient des cellules bactériennes. Ils voulaient déterminer laquelle de ces molécules pénètre à l'intérieur des cellules et peut les reprogrammer pour produire d'autres phages.

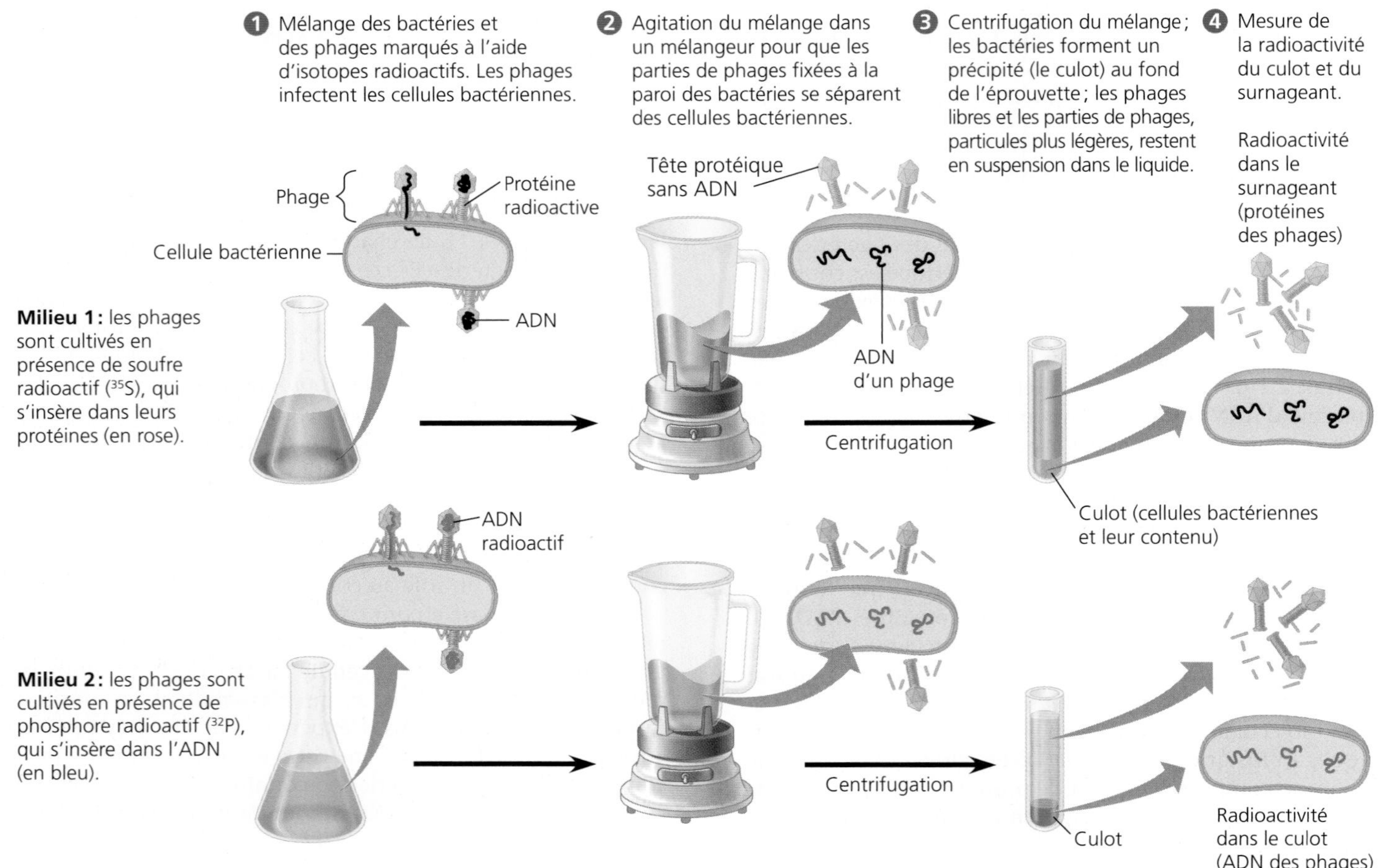

1 Mélange des bactéries et des phages marqués à l'aide d'isotopes radioactifs. Les phages infectent les cellules bactériennes.
2 Agitation du mélange dans un mélangeur pour que les parties de phages fixées à la paroi des bactéries se séparent des cellules bactériennes.
3 Centrifugation du mélange; les bactéries forment un précipité (le culot) au fond de l'éprouvette; les phages libres et les parties de phages, particules plus légères, restent en suspension dans le liquide.
4 Mesure de la radioactivité du culot et du surnageant.
Phage
Protéine radioactive
Cellule bactérienne
ADN
Tête protéique sans ADN
ADN d'un phage
Centrifugation
Radioactivité dans le surnageant (protéines des phages)
Culot (cellules bactériennes et leur contenu)
Milieu 1: les phages sont cultivés en présence de soufre radioactif (^{35}S), qui s'insère dans leurs protéines (en rose).
ADN radioactif
Milieu 2: les phages sont cultivés en présence de phosphore radioactif (^{32}P), qui s'insère dans l'ADN (en bleu).
Centrifugation
Culot
Radioactivité dans le culot (ADN des phages)

RÉSULTATS Lorsque les protéines sont marquées (milieu 1), la radioactivité reste à l'extérieur des cellules; mais lorsque l'ADN est marqué (milieu 2), l'intérieur des cellules devient radioactif. Les cellules bactériennes cultivées contenant de l'ADN des phages radioactifs libèrent de nouveaux phages contenant un peu de phosphore radioactif.

CONCLUSION L'ADN des phages a pénétré à l'intérieur des cellules bactériennes, mais les protéines des phages sont restées à l'extérieur. Hershey et Chase ont conclu que le matériel génétique des phages est constitué d'ADN et non de protéines.

SOURCE A. D. Hershey et M. Chase, Independent functions of viral protein and nucleic acid in growth of bacteriophage, *Journal of General Physiology* 36: 39-56 (1952).

ET SI? Quels résultats Hershey et Chase auraient-ils obtenus si les protéines contenaient les informations génétiques?

que l'on ne supposait pas être une propriété de l'ADN, a permis de penser plus sérieusement que l'ADN constituait le matériel génétique.

Chargaff a aussi observé une certaine régularité dans les proportions des bases. Dans l'ADN de toutes les espèces étudiées, le nombre d'adénines était approximativement égal au nombre de thymines, et le nombre de guanines était à peu près égal au nombre de cytosines. Dans l'ADN humain, par exemple, les quatre bases sont présentes selon les rapports suivants: A = 30,3% et T = 30,3%; G = 19,5% et C = 19,9%.

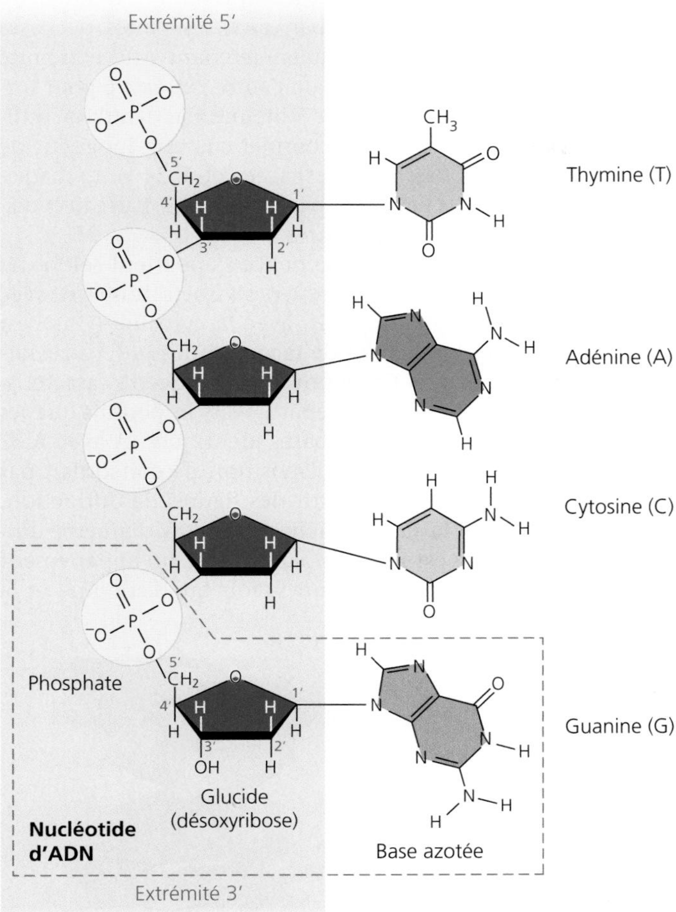

▲ **Figure 16.5 La structure d'un brin d'ADN.** Chaque nucléotide (monomère) d'ADN comporte une base azotée (T, A, C ou G), un glucide (désoxyribose, en bleu) et un groupement phosphate (en jaune). Le phosphate de chaque nucléotide est lié au glucide du nucléotide suivant. Le tout forme un « squelette » dans lequel alternent le phosphate et le désoxyribose et à partir duquel chacune des bases azotées fait saillie. Le brin du polynucléotide a un sens, à partir de l'extrémité 5′ (qui porte le groupement phosphate) vers l'extrémité 3′ (qui porte le groupement –OH du désoxyribose). Les numéros 5′ et 3′ désignent les atomes de carbone du glucide.

Ces deux découvertes ont prouvé que l'ADN n'était pas formé selon le modèle des tétranucléotides, duquel aurait dû découler un rapport de 1:1:1:1 entre les quatre bases. Elles ont par la suite été appelées *règles de Chargaff*: (1) la composition des bases varie d'une espèce à l'autre; (2) pour une espèce donnée, le nombre de bases A est égal au nombre de bases T, d'une part, et le nombre de bases G est égal au nombre de bases C, d'autre part. Les fondements de ces règles sont restés inexpliqués jusqu'à la découverte de la double hélice.

La modélisation structurale de l'ADN: *recherche scientifique*

Une fois que les biologistes eurent compris que l'ADN constituait bel et bien le matériel génétique, il leur a fallu déterminer de quelle manière sa structure pouvait expliquer son rôle dans l'hérédité. Au début des années 1950, on connaissait les constituants de base de l'ADN, la disposition des liaisons covalentes dans un polymère d'acide nucléique était bien définie (voir la figure 16.5), et les chercheurs s'efforçaient de découvrir la structure tridimensionnelle de l'ADN. De nombreux scientifiques étudiaient cette question, notamment Linus Pauling (un chimiste), au California Institute of Technology, ainsi que Maurice Wilkins (un biophysicien) et Rosalind Franklin (une chimiste), au King's College, à Londres. Cependant, les premiers qui ont trouvé la réponse sont deux chercheurs qui étaient relativement inconnus à l'époque, l'Américain James Watson (un biologiste et un médecin) et l'Anglais Francis Crick (un biochimiste).

La collaboration célèbre, quoique de courte durée, qui a permis de résoudre l'énigme de l'ADN a commencé peu après l'arrivée de Watson à la Cambridge University, où Crick étudiait la structure des protéines au moyen d'une technique appelée cristallographie par diffraction de rayons X (voir la figure 5.24, p. 94). En visitant le laboratoire de Maurice Wilkins au King's College de Londres, Watson a eu l'occasion d'observer une radiographie d'ADN par diffraction de rayons X prise par Rosalind Franklin, la collaboratrice douée de Wilkins (**figure 16.6a**). La cristallographie par diffraction de rayons X ne permet pas de produire de véritables « images » des molécules. Les taches et les points que l'on voit à la **figure 16.6b** ont été produits par des rayons X diffractés (déviés) au cours de leur passage à travers des fibres alignées d'ADN purifié. Watson connaissait déjà les motifs de diffraction de rayons X produits par les molécules hélicoïdales, et l'examen de la photo que lui a montrée Wilkins lui permit de confirmer que la forme de l'ADN était hélicoïdale. Ces données s'ajoutaient également aux premiers résultats obtenus par Franklin et d'autres chercheurs mettant en évidence la largeur de l'hélice ainsi que la distance entre les bases azotées alignées sur l'hélice. D'après le schéma de cette radiographie, on pouvait penser que l'hélice était constituée de deux brins, contrairement au modèle à trois brins proposé peu avant par Linus Pauling. Effectivement, l'ADN est constitué de deux brins, ce qui explique l'emploi de l'expression **double hélice** (**figure 16.7**), maintenant bien connue.

En se basant sur les données obtenues grâce à la radiographie et sur ce que l'on connaissait de la chimie de l'ADN, dont la règle de Chargaff sur les équivalences des bases, Watson et Crick ont commencé à construire des modèles de double hélice. Grâce à la lecture d'un rapport annuel non publié résumant les travaux de Franklin, ils ont su à quelle conclusion elle en était arrivée: elle plaçait les squelettes désoxyribose-phosphate à l'extérieur de la double hélice, contrairement à leur maquette. La disposition proposée par Franklin était particulièrement intéressante, parce que les bases azotées, plus hydrophobes, étaient situées à l'intérieur de la molécule, et donc plus loin du milieu aqueux environnant; de plus, les groupements phosphate de charges négatives n'étaient pas orientés vers l'intérieur, réduisant ainsi les répulsions. Dans le modèle qu'il édifia, Watson plaça donc les bases azotées en les orientant vers l'intérieur de la double hélice. Quant aux deux squelettes désoxyribose-phosphate, il les disposa de façon **antiparallèle**, ce qui signifie que leurs sous-unités étaient orientées en sens opposé (voir la figure 16.7). Essayez d'imaginer la disposition

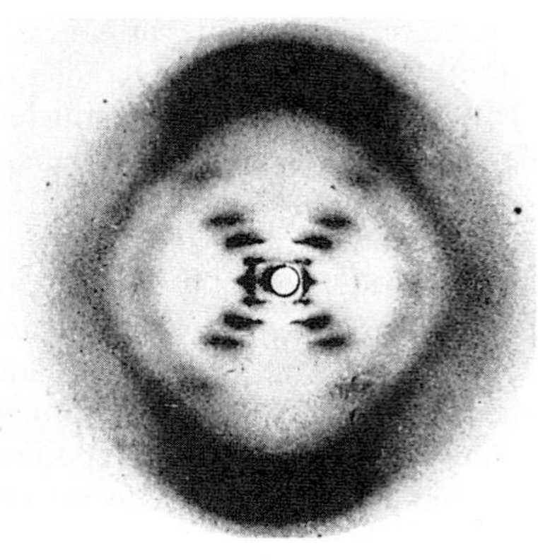

(a) Rosalind Franklin **(b) Radiographie de l'ADN par diffraction de rayons X produite par Rosalind Franklin**

▲ **Figure 16.6 Rosalind Franklin et sa radiographie de l'ADN par diffraction de rayons X.** Franklin, une spécialiste très douée en cristallographie par diffraction de rayons X, a effectué des expériences remarquables et produit la radiographie grâce à laquelle Watson et Crick ont pu découvrir la structure en double hélice de l'ADN.

de l'ensemble comme une échelle de corde pourvue de barreaux transversaux rigides. Les cordes représentent le squelette désoxyribose-phosphate, et les barreaux, les paires de bases azotées. Imaginez maintenant qu'en retenant une extrémité de l'échelle, on fasse une torsion de l'autre extrémité pour former une spirale. La radiographie obtenue par Franklin indiquait que l'hélice fait un tour complet sur une longueur de 3,4 nm. Comme les bases sont espacées de 0,34 nm, chaque tour d'hélice porte 10 paires de bases (donc 10 barreaux) disposées les unes au-dessus des autres.

Les bases azotées de la double hélice s'apparient selon des combinaisons précises: l'adénine (A) s'associe toujours avec la thymine (T), et la guanine (G), avec la cytosine (C). C'est en grande partie en procédant de façon empirique (par essais et erreurs) que Watson et Crick ont découvert cette caractéristique essentielle de l'ADN. Au départ, Watson pensait que les appariements se faisaient entre bases identiques (A avec A, C avec C, etc.). Cependant, cette disposition ne concordait pas avec les données obtenues à partir des figures de diffraction, qui montraient que la double hélice avait un diamètre uniforme. Pourquoi cela est-il incompatible avec un appariement entre des bases identiques? Il faut savoir que l'adénine et la

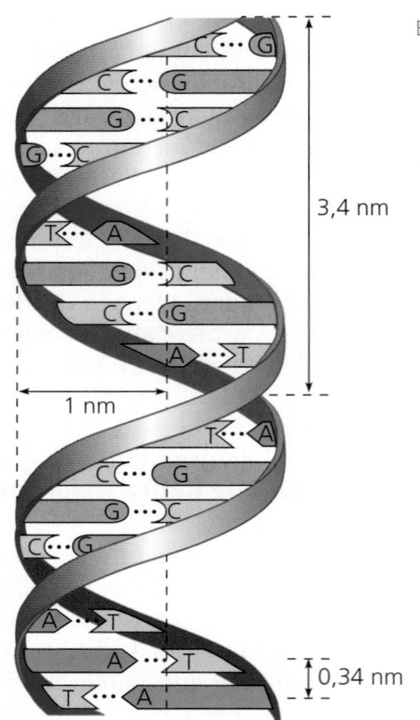

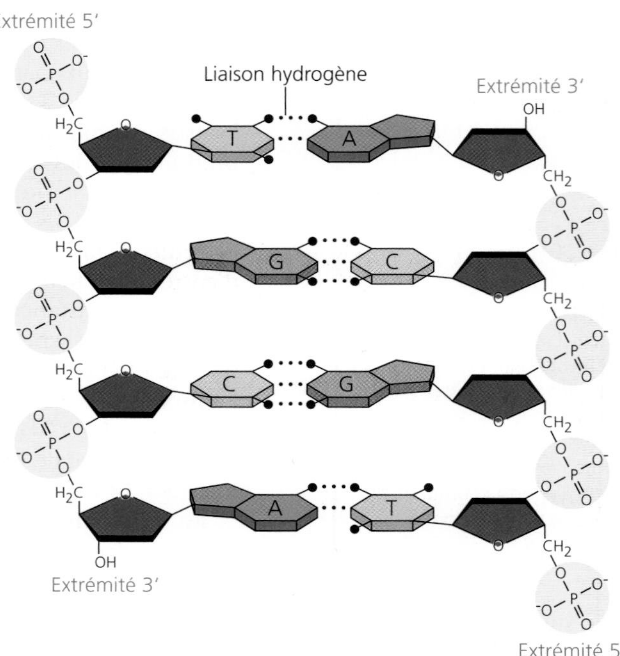

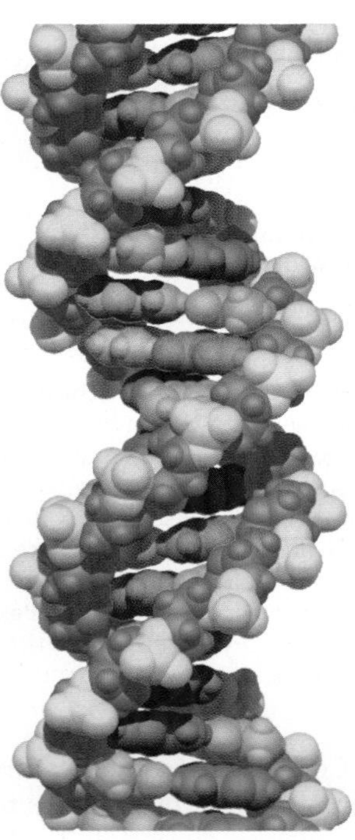

(a) Principales caractéristiques tridimensionnelles de la structure de l'ADN. Les « rubans » de ce schéma représentent le squelette désoxyribose-phosphate des deux brins d'ADN. La forme la plus courante de l'ADN est une hélice *dextrogyre*, c'est-à-dire une spirale tournant vers la droite comme le pas d'une vis, bien qu'il existe une forme rare (la forme Z découverte en 1979) qui tourne vers la gauche. Les deux brins sont reliés l'un à l'autre par des liaisons hydrogène (en pointillé) établies entre les bases azotées. Celles-ci sont appariées à l'intérieur de la double hélice.

(b) Composition chimique fondamentale. Pour plus de clarté, dans ce schéma partiel de la structure chimique de l'ADN, on a représenté les deux brins déroulés. Les unités de chaque brin sont liées l'une à l'autre par des liaisons covalentes fortes alors que les deux brins demeurent attachés ensemble grâce à des liaisons hydrogène plus faibles. Remarquez qu'ils sont antiparallèles, ce qui signifie qu'ils sont orientés en sens opposé.

(c) Modèle compact de l'ADN. Ce modèle informatisé montre bien l'empilement serré des paires de bases. Les forces de Van der Waals qui s'exercent entre les paires contribuent grandement à maintenir la forme de la molécule (voir le chapitre 2).

▲ **Figure 16.7 La double hélice.**

guanine sont des purines, c'est-à-dire des bases azotées constituées de deux cycles (anneaux) organiques, alors que la cytosine et la thymine sont des pyrimidines, soit des bases azotées ayant un seul cycle. Les purines (A et G) sont donc environ deux fois plus larges que les pyrimidines (C et T). Une paire purine-purine serait trop large, et une paire pyrimidine-pyrimidine, trop étroite, pour correspondre au diamètre de la double hélice, qui est de 2 nm. L'appariement doit donc toujours se faire entre une purine et une pyrimidine, ce qui donne un diamètre uniforme:

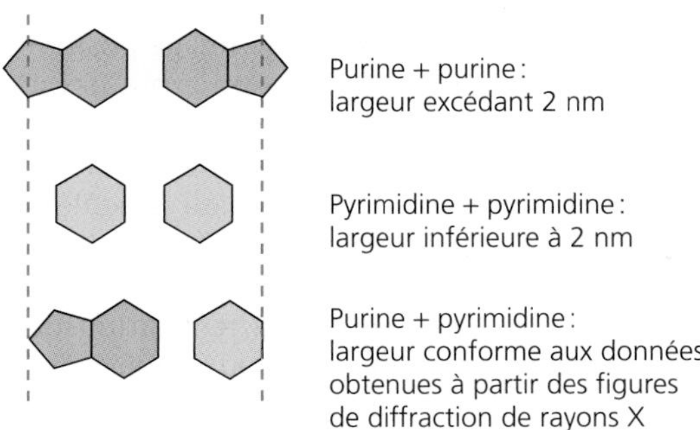

Par ailleurs, Watson et Crick ont compris que le pairage devait se faire en tenant compte d'une spécificité supplémentaire dictée par la structure des bases. Ainsi, chaque base comporte des atomes périphériques capables de former des liaisons hydrogène avec un atome complémentaire: l'adénine peut former deux liaisons hydrogène avec la thymine seulement; quant à la guanine, elle forme trois liaisons hydrogène avec la cytosine uniquement. Autrement dit, A s'apparie avec T, et G s'apparie avec C (**figure 16.8**).

Le modèle de Watson et Crick prenait en compte les règles de Chargaff et, en définitive, permettait de les expliquer. Partout où un brin de la molécule d'ADN porte un A, l'autre brin porte un T; et là où il y a un G sur un brin, il y a un C sur le brin complémentaire. Par conséquent, dans l'ADN de tout organisme, la quantité d'adénine est égale à celle de la thymine, et la quantité de guanine est égale à celle de la cytosine. Par ailleurs, si elles définissent les combinaisons entre les bases azotées formant les «barreaux» de la double hélice, les règles d'appariement des bases ne limitent en rien la séquence nucléotidique *le long* de chaque brin d'ADN. Les quatre bases peuvent donc former une infinité de séquences linéaires, et chaque gène a un ordre, ou une séquence de bases, qui lui est propre.

En avril 1953, Watson (24 ans) et Crick (35 ans) ont fait sensation dans le monde scientifique en publiant, dans la revue britannique *Nature**, un article d'une seule page présentant un modèle moléculaire de l'ADN: une double hélice, qui est devenue depuis le symbole même de la biologie moléculaire. Watson et Crick ont reçu le prix Nobel en 1962, en même temps que Maurice Wilkins. (Malheureusement, Rosalind Franklin est morte à 38 ans, en 1958, et n'était donc pas admissible pour le prix.) Le modèle de la double hélice était d'autant plus convaincant que sa structure laissait entrevoir le mécanisme général de réplication de l'ADN.

* J. D. Watson et F. H. C. Crick, Molecular structure of nucleic acids: a structure for deoxynucleic acids, *Nature* 171: 737-738 (1953).

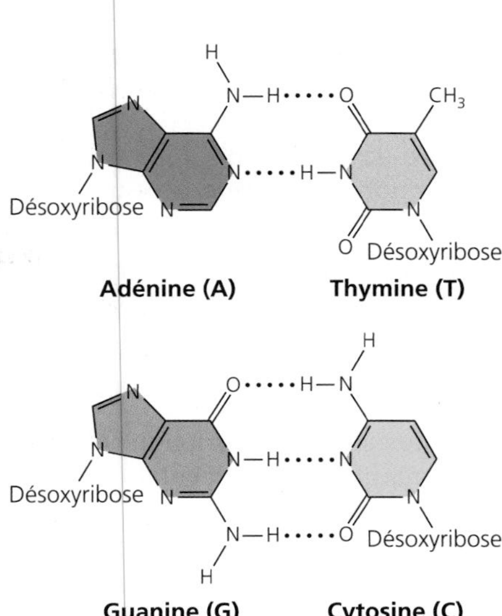

▲ **Figure 16.8 L'appariement des bases dans l'ADN.** Dans la double hélice d'ADN, les paires de bases azotées sont retenues ensemble par des liaisons hydrogène, comme le montrent ici les lignes pointillées noires.

RETOUR SUR LE CONCEPT 16.1

1. Les pourcentages de nucléotides dans l'ADN d'une mouche sont les suivants: 27,3 % de A, 27,6 % de T, 22,5 % de G et 22,5 % de C. En quoi ces valeurs démontrent-elles les règles de Chargaff sur les rapports entre les bases?
2. Sachant que la séquence d'un polynucléotide est GAATTC, pouvez-vous dire quelle est l'extrémité 5′? Sinon, de quelle information supplémentaire avez-vous besoin pour identifier les extrémités? (Voir la figure 16.5.)
3. Griffith ne s'attendait pas à ce qu'une transformation se produise au cours de son expérience. Quel résultat pensait-il obtenir? Expliquez votre réponse.

Voir les réponses proposées à la fin du chapitre.

CONCEPT 16.2

De nombreuses protéines travaillent de concert pour la réplication et la réparation de l'ADN

La relation entre la structure et la fonction apparaît clairement dans la double hélice. L'idée de la formation d'appariements spécifiques entre les bases azotées a amené Watson et Crick à découvrir la structure de la double hélice. Du même coup, ils ont compris la signification fonctionnelle de la règle d'appariement des bases. Ils ont conclu leur article, devenu un classique, par cette affirmation audacieuse: «Nous avons aussi remarqué que les appariements spécifiques que nous avons postulés permettent d'entrevoir directement un mécanisme possible de recopiage du matériel génétique*. »

Dans la section qui suit, nous allons voir le principe général de la réplication de l'ADN, puis nous nous pencherons sur certains aspects importants de ce processus.

Le principe fondamental: l'appariement des bases azotées à un brin matrice

Dans un deuxième article, Watson et Crick ont résumé leur hypothèse concernant la réplication de l'ADN:

> Notre modèle de l'acide désoxyribonucléique est un assemblage de deux matrices complémentaires. Selon nous, avant la réplication, les liaisons hydrogène sont rompues. Les deux chaînes se déroulent alors et se séparent. Chacune agit comme une matrice: il se forme le long d'elle une nouvelle chaîne qui lui est associée, de sorte qu'on se retrouve avec deux paires de chaînes là où, au départ, il n'y en avait qu'une. De plus, la séquence des paires de bases est ainsi reproduite de façon exacte**.

La **figure 16.9** illustre le concept de base mis de l'avant par Watson et Crick. Pour plus de clarté, nous n'avons représenté qu'une toute petite portion de la double hélice déroulée. Remarquez que, si l'on couvre l'un des deux brins d'ADN de la figure 16.9a, il est possible de déduire sa séquence linéaire de nucléotides en se référant à l'autre brin et en appliquant la règle de l'appariement. Les deux brins sont complémentaires, et chacun d'eux contient l'information qui permet de reconstruire l'autre. Lorsqu'une cellule copie une molécule d'ADN, chaque brin agit comme une matrice sur laquelle viennent se placer des nucléotides déjà synthétisés sous forme de nucléosides triphosphates (nous en reparlerons plus loin) et présents en abondance dans le milieu. Ces nucléosides s'alignent un par un, en suivant la règle de l'appariement; ils sont ensuite liés, et le brin complémentaire est achevé. Alors qu'au début du processus il y avait une seule molécule formée de deux brins d'ADN, il y en a maintenant deux, qui sont des répliques exactes l'une de l'autre et de la molécule de départ. Le mécanisme de copie est analogue à l'utilisation d'un négatif photographique pour former une image positive, qui peut à son tour permettre de reproduire un autre négatif, et ainsi de suite.

Ce modèle de la réplication de l'ADN n'a été testé que plusieurs années après la publication du modèle de la structure de l'ADN. Les expériences à réaliser étaient simples à concevoir, mais difficiles à mettre en œuvre. Selon le modèle de Watson et Crick, une fois que la réplication de la double hélice est terminée, chacune des deux molécules filles doit être formée d'un ancien brin (provenant de la molécule de départ) et d'un nouveau brin. On peut opposer ce **modèle semi-conservateur** au modèle conservateur de réplication, qui précise que les deux brins parentaux s'apparient de nouveau après le processus (donc que la molécule de départ est conservée). D'après un troisième modèle appelé modèle dispersif, les quatre brins d'ADN issus de la réplication de la double hélice sont formés d'un mélange de nouveau et d'ancien ADN. Ces trois modèles sont illustrés à la **figure 16.10**. Bien qu'il ait été difficile de concevoir le fonctionnement des modèles conservateur ou dispersif de réplication de l'ADN, ces deux dernières hypothèses sont longtemps demeurées plausibles. Ce n'est qu'après deux ans de travaux préliminaires à la fin des années 1950 que Matthew Meselson et Franklin Stahl,

* Notre traduction.

** F. H. C. Crick et J. D. Watson, The complementary structure of deoxyribonucleic acid, *Proceedings of the Royal Society of London A* 223: 80 (1954) (notre traduction).

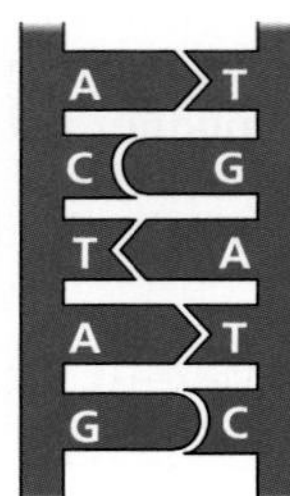

(a) La molécule de départ comporte deux brins d'ADN complémentaires. Chaque base s'associe par des liaisons hydrogène à la base correspondante: A va avec T, et G va avec C (règle de l'appariement).

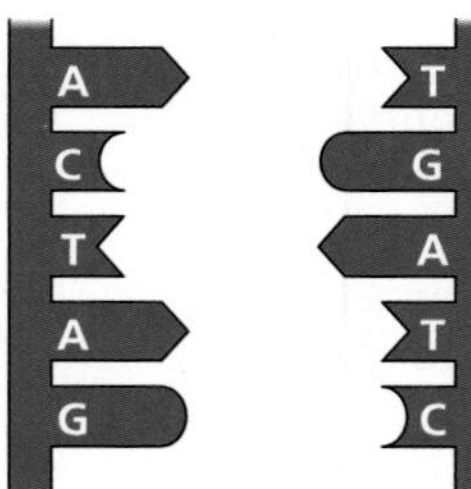

(b) La première étape de la réplication est la séparation des deux brins d'ADN. Chacun des deux brins forme une matrice qui détermine l'ordre des nucléotides des deux nouveaux brins complémentaires en voie de formation.

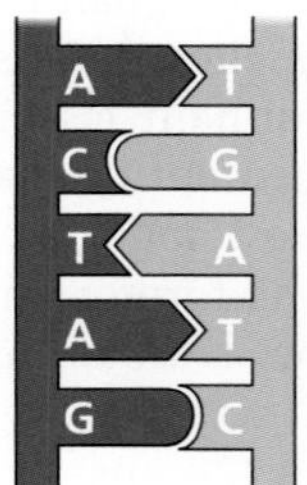

(c) Les nucléotides complémentaires s'alignent et les liens entre le désoxyribose de l'un et le phosphate de l'autre forment le squelette (montant) des nouveaux brins. Chacune des molécules « filles » d'ADN se compose d'un brin parental (bleu foncé) et d'un nouveau brin (bleu clair).

▲ **Figure 16.9 Le modèle de réplication de l'ADN, concept de base.** Cette illustration simplifiée montre un court segment d'ADN déroulé, qui a la forme d'une échelle: les montants représentent le squelette désoxyribose-phosphate des deux brins d'ADN, et les barreaux transversaux correspondent aux paires de bases azotées. Les quatre bases sont représentées symboliquement par des formes géométriques simples. Les brins colorés en bleu foncé appartiennent à la molécule mère; l'ADN nouvellement synthétisé est en bleu clair.

alors au California Institute of Technology, ont conçu une expérience ingénieuse permettant de distinguer les trois modèles, décrits en détail à la **figure 16.11**. Cette expérience est largement reconnue parmi les biologistes comme un exemple classique de conception expérimentale élégante. Elle a confirmé l'exactitude du modèle semi-conservateur de Watson et Crick chez les Procaryotes (on a prouvé que ce modèle s'appliquait aussi aux Eucaryotes en 1960).

Le principe de base de la réplication de l'ADN semble plutôt simple. Cependant, ce mécanisme fait intervenir des processus biochimiques complexes, comme nous allons le voir.

La réplication de l'ADN: une étude détaillée

La bactérie *E. coli* possède un seul chromosome d'environ 4,6 millions de paires de nucléotides. Dans un milieu favorable, une cellule d'*E. coli* peut copier tout son ADN, se diviser et former deux cellules filles génétiquement identiques en moins d'une heure. Chacune de *vos* cellules somatiques

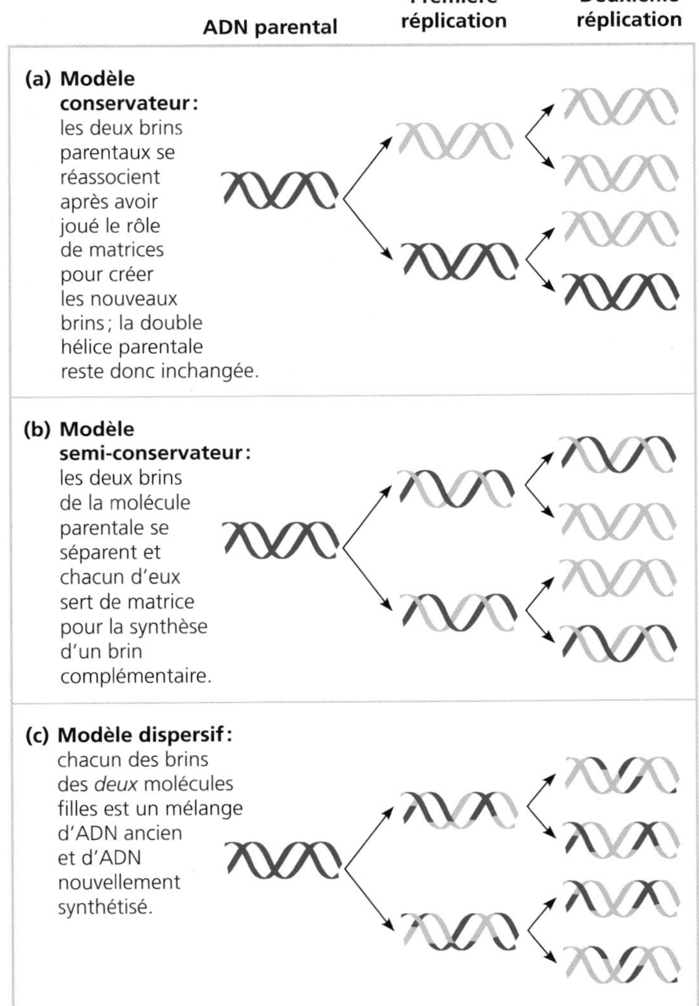

▲ **Figure 16.10 Les trois modèles de réplication de l'ADN.** Chaque court segment de double hélice que nous montrons ici représente l'ADN dans une cellule. À partir d'une cellule mère, on suit l'ADN parental durant deux générations cellulaires, soit deux réplications du matériel génétique. L'ADN nouvellement synthétisé est coloré en bleu clair.

▼ **Figure 16.11** INVESTIGATION

La réplication de l'ADN suit-elle le modèle conservateur, semi-conservateur ou dispersif?

EXPÉRIENCE Matthew Meselson et Franklin Stahl ont cultivé plusieurs générations de bactéries *E. coli* dans un milieu contenant des nucléotides précurseurs marqués à l'aide d'un isotope lourd de l'azote, ^{15}N. Puis ils ont placé les bactéries, dont les bases azotées avaient incorporé l'azote ^{15}N, dans un milieu contenant un isotope plus léger de l'azote, ^{14}N. Après la première réplication de l'ADN, les chercheurs ont prélevé un échantillon; puis, après une deuxième réplication, ils en ont prélevé un autre. Ils ont ensuite extrait l'ADN des bactéries dans les échantillons et ont mis les deux échantillons ainsi obtenus dans des solutions de sel dense (chlorure de césium), puis les ont centrifugés pour séparer l'ADN de différentes masses volumiques.

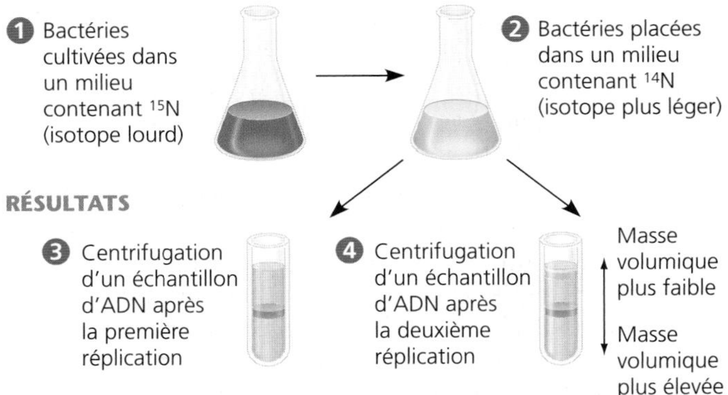

CONCLUSION Meselson et Stahl ont comparé leur résultat aux résultats prévus selon chacun des trois modèles de la figure 16.10, comme nous le montrons ci-dessous. La première réplication effectuée dans le milieu ^{14}N a produit une bande d'ADN hybride (^{15}N-^{14}N), ce qui a permis d'éliminer le modèle conservateur. La deuxième réplication a produit à la fois un ADN léger et un ADN hybride, ce qui a permis de réfuter le modèle dispersif et a confirmé l'exactitude du modèle semi-conservateur. Ils ont alors conclu que la réplication de l'ADN suit le modèle semi-conservateur.

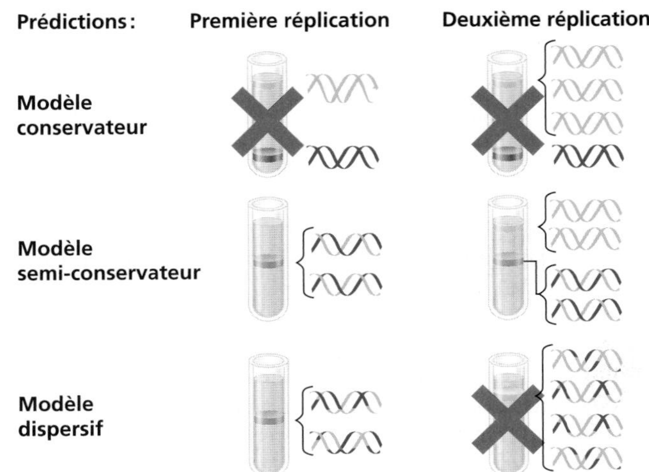

SOURCE M. Meselson et F. W. Stahl, The replication of DNA in *Escherichia coli, Proceedings of the National Academy of Sciences USA* 44: 671-682 (1958).

ET SI? Quels résultats Meselson et Stahl auraient-ils obtenus s'ils avaient d'abord cultivé les cellules dans un milieu contenant l'isotope ^{14}N puis avaient placé ces cellules dans un milieu contenant ^{15}N avant de prélever des échantillons?

comprend 46 molécules d'ADN, soit une longue molécule hélicoïdale à double brin par chromosome. En tout, on estime que le génome humain comporte environ six milliards de paires de nucléotides, ce qui équivaut à peu près à 1 000 fois plus d'ADN que dans une cellule bactérienne. Si l'on voulait représenter toutes les paires de bases d'une seule cellule humaine par des lettres (A, G, C et T) de la taille des caractères que vous lisez en ce moment, il faudrait imprimer environ 1 200 manuels comme celui-ci. Il suffit pourtant de quelques heures à l'une de nos cellules pour recopier tout son ADN. La réplication de cette énorme quantité d'information génétique se fait avec très peu d'erreurs (environ une par dix milliards de nucléotides). La réplication de l'ADN s'effectue donc avec une rapidité et une précision remarquables.

Plus d'une douzaine d'enzymes et d'autres protéines interviennent dans la réplication de l'ADN. Le fonctionnement de cette « machine à répliquer » est mieux connu chez les Bactéries (comme *E. coli*) que chez les Eucaryotes. Sauf indications contraires, nous décrirons les principales étapes de ce processus chez *E. coli*. Cependant, d'après ce que les scientifiques ont appris sur la réplication de l'ADN chez les Eucaryotes, il semble que ce processus soit essentiellement le même chez les Procaryotes et chez les Eucaryotes.

Le point de départ

La réplication d'une molécule d'ADN commence sur des sites particuliers, appelés **origines de réplication**; il s'agit de courts segments d'ADN ayant une séquence nucléotidique spécifique. Comme de nombreux autres chromosomes bactériens, celui d'*E. coli* est circulaire et a une seule origine de réplication, soit une séquence particulière de 245 paires de nucléotides, appelée *oriC*, et comportant de nombreuses paires A-T. Des *protéines de réplication* reconnaissent cette séquence et amorcent la duplication de l'ADN. Elles s'attachent à celui-ci et séparent les deux brins en formant un « œil » de réplication. La réplication se poursuit alors dans les deux sens, jusqu'à ce que toute la molécule ait été recopiée (**figure 16.12a**). Contrairement au chromosome bactérien, un chromosome d'Eucaryote, qui est linéaire, peut avoir des centaines, voire des milliers d'origines de réplication (jusqu'à 100 000 dans une cellule humaine): la réplication d'un chromosome eucaryote ne débute donc pas à une de ses extrémités comme on pourrait l'imaginer. L'origine de réplication ainsi que le segment d'ADN qui est répliqué à partir de ce point forment une unité appelée **réplicon** (chez la bactérie, il n'y en a qu'un seul). Tout œil de réplication finit par fusionner avec un autre, ce qui accélère le recopiage des molécules d'ADN qui sont très longues (**figure 16.12b**). Comme chez les Bactéries, la réplication de l'ADN chez les Eucaryotes se poursuit dans les deux sens à partir de chaque origine.

Chaque extrémité d'un œil de réplication prend la forme d'une **fourche de réplication**, c'est-à-dire d'une région en forme de Y où les deux brins d'ADN sont déroulés. Plusieurs types de protéines participent au déroulement (**figure 16.13**, page 364). C'est dans l'angle de la fourche de réplication qu'agissent les **hélicases**: ces enzymes déroulent la double hélice, rompant les liaisons hydrogène entre les bases azotées à l'aide de l'énergie fournie par l'hydrolyse de l'ATP, et séparent les deux brins parentaux, ce qui les rend disponibles pour servir de brins matrices. Après la séparation des deux brins parentaux par l'hélicase, les **protéines fixatrices d'ADN monocaténaire** (ou protéines SSB, *single-strand binding proteins*) s'attachent aux brins d'ADN non appariés et les empêchent de s'enrouler à nouveau jusqu'à ce qu'ils servent de matrices pour la synthèse de nouveaux brins complémentaires. Ce déroulement de la double hélice cause des torsions importantes et une tension en amont de la fourche de réplication, comme si on déroulait une corde à deux brins dont l'une des extrémités serait fixée, en écartant les deux bouts libres. C'est l'*ADN gyrase*, une **topoisomérase** (« topo », car elle agit sur la topologie de l'ADN), qui fait diminuer cette tension: elle effectue des coupures, fait pivoter les brins d'ADN puis répare les coupures.

Les sections déroulées des brins d'ADN parentaux peuvent alors servir de matrices pour la synthèse de nouveaux brins d'ADN complémentaires. Cependant, les enzymes qui synthétisent l'ADN sont incapables d'*amorcer* la synthèse d'un polynucléotide. Elles ne peuvent qu'ajouter des nucléotides à l'extrémité 3′ d'une chaîne préexistante déjà appariée avec les bases du brin matrice. Lors de l'initiation de la réplication de l'ADN cellulaire, l'amorce est en fait un court segment d'ARN, et non d'ADN. Cette chaîne d'ARN appelée **amorce** est synthétisée par une enzyme appelée **primase** (de l'anglais *primer* qui signifie « amorce ») (voir la figure 16.13). Cette enzyme, qui ne nécessite pas la présence d'une extrémité 3′ libre, peut entamer la synthèse d'une chaîne d'ARN complémentaire à partir d'un seul nucléotide d'ARN; elle unit les nucléotides de l'ARN un par un, en se servant du brin d'ADN parental comme matrice. L'amorce complétée, généralement d'une longueur de 5 à 10 nucléotides, est donc appariée avec les bases du brin matrice. L'initiation d'un nouveau brin d'ADN va se produire à l'extrémité 3′ de l'amorce.

La synthèse d'un nouveau brin

Des enzymes appelées **ADN polymérases** catalysent la synthèse du nouveau brin d'ADN en ajoutant des nucléotides à la chaîne préexistante. Chez *E. coli*, il existe plusieurs ADN polymérases différentes, mais deux d'entre elles semblent jouer des rôles importants dans la réplication de l'ADN: l'ADN polymérase III, présente en faible quantité, et l'ADN polymérase I, très abondante. (La découverte de l'ADN polymérase I est l'œuvre d'Arthur Kornberg en 1958, ce qui lui valut un prix Nobel en 1959.) La situation est plus complexe chez les Eucaryotes, car ils possèdent plusieurs types de polymérases et au moins quatre types seraient nécessaires à la réplication de l'ADN. Les principes généraux sont toutefois les mêmes.

La plupart des ADN polymérases nécessitent une amorce et un brin matrice le long duquel les nucléotides de l'ADN complémentaire s'alignent. Chez *E. coli*, l'ADN polymérase III (ADN pol III) ajoute alors un nucléotide de l'ADN à l'extrémité de l'amorce et continue d'incorporer des nucléotides complémentaires du brin matrice de l'ADN parental au nouveau brin d'ADN en croissance. La vitesse d'élongation est d'environ 500 nucléotides par seconde chez les Bactéries et de 50 par seconde dans les cellules humaines.

Chaque nucléotide ajouté à un brin d'ADN en voie de formation est en fait un nucléoside triphosphate, c'est-à-dire un nucléoside (un glucide et une base azotée) portant trois groupements phosphate déjà formé et présent dans le milieu. Ces

▼ **Figure 16.12 Les origines de réplication chez *E. coli* et chez les Eucaryotes.** Les flèches rouges (dans le schéma et dans la micrographie) montrent le mouvement des fourches de réplication, ce qui indique le sens de la réplication de l'ADN à l'intérieur de chaque œil de réplication.

(a) Origine de réplication dans une cellule d'*E. coli*

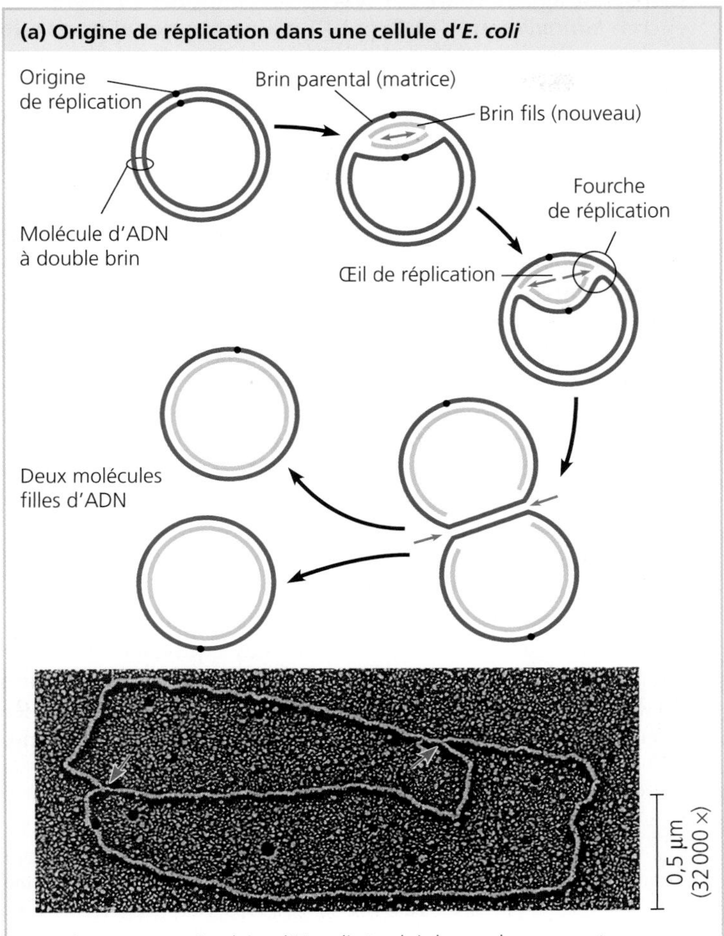

Le chromosome circulaire d'*E. coli* et celui de nombreuses autres bactéries contiennent une seule origine de réplication. Les brins parentaux se séparent à l'origine en formant un œil de réplication avec deux fourches. La réplication progresse dans les deux sens jusqu'à ce que les fourches se rejoignent de l'autre côté, ce qui donne deux molécules filles d'ADN. La MET montre un chromosome bactérien avec un œil de réplication, mais elle ne permet pas d'observer individuellement les brins nouveaux et anciens.

(b) Origines de réplication dans une cellule chez les Eucaryotes

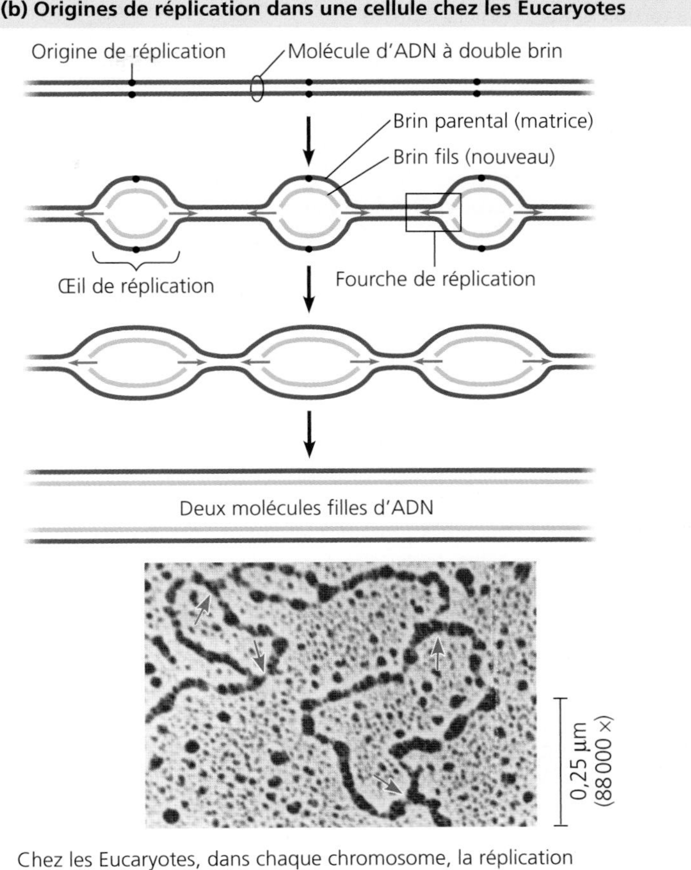

Chez les Eucaryotes, dans chaque chromosome, la réplication de l'ADN commence quand un œil de réplication se forme sur de nombreux sites le long de la molécule géante d'ADN. La réplication progresse dans les deux sens en étirant l'œil de réplication. Un œil de réplication finit par fusionner avec le suivant, et ainsi de suite, ce qui met fin à la synthèse des nouveaux brins. Sur cette micrographie de l'ADN de cellules de hamster chinois (*Cricetulus griseus*), on peut voir trois exemplaires d'un œil de réplication.

FAITES UN DESSIN *Dans la micrographie (MET) de la partie (b), ajoutez des flèches pour indiquer le troisième œil de réplication.*

molécules ressemblent à l'ATP (adénosine triphosphate; voir la figure 8.8, p. 167). En fait, l'ATP (qui alimente le métabolisme énergétique) ne diffère du dATP (désoxynucléoside triphosphate qui fournit le nucléotide adénine à l'ADN) que par son glucide. L'ATP renferme du ribose, alors que l'ADN contient du désoxyribose. Comme l'ATP, les nucléosides triphosphates intervenant dans la synthèse de l'ADN sont chimiquement actifs, en partie parce que leur queue triphosphate contient un regroupement instable de charges négatives. En se fixant à l'extrémité du brin d'ADN en cours de synthèse, chaque monomère perd deux groupements phosphate sous la forme d'une molécule de pyrophosphate (Ⓟ—Ⓟ$_i$). L'hydrolyse subséquente du pyrophosphate en deux molécules de phosphate inorganique (Ⓟ$_i$) constitue une réaction exergonique couplée. Celle-ci fournit l'énergie nécessaire à la polymérisation des nucléotides menant à la formation de l'ADN (**figure 16.14**).

L'élongation antiparallèle

Nous avons déjà signalé que les deux extrémités d'un brin d'ADN sont différentes, donnant à chaque brin une directionnalité, comme une rue à sens unique (voir la figure 16.5). De plus, les deux brins dans la double hélice d'ADN sont antiparallèles, ce qui signifie qu'ils ont des directions opposées, comme une route à chaussées séparées (voir la figure 16.14). Manifestement, les deux nouveaux brins formés durant la réplication doivent aussi être antiparallèles à leur brin complémentaire.

De quelle façon l'arrangement antiparallèle de la double hélice influe-t-il sur la réplication? À cause de leur structure, les ADN polymérases peuvent ajouter des nucléotides seulement à l'extrémité libre 3′ d'une amorce ou d'un brin d'ADN en croissance, jamais à l'extrémité 5′ (voir la figure 16.14).

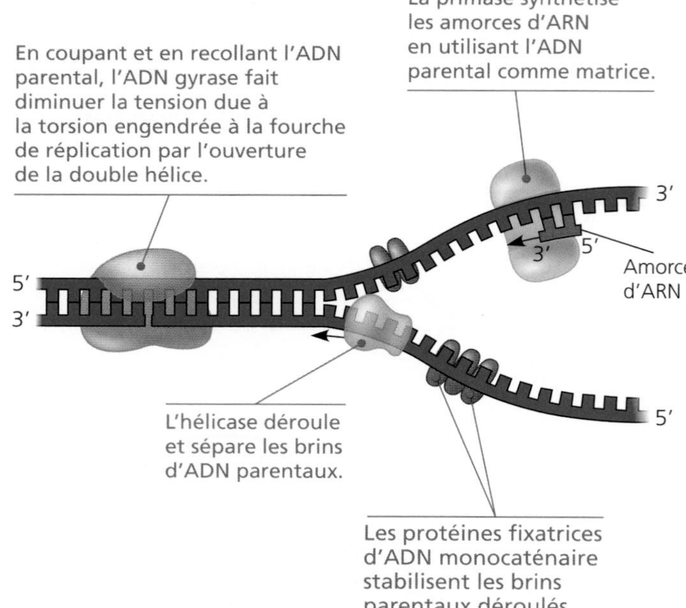

La primase synthétise
les amorces d'ARN
en utilisant l'ADN
parental comme matrice.
En coupant et en recollant l'ADN
parental, l'ADN gyrase fait
diminuer la tension due à
la torsion engendrée à la fourche
de réplication par l'ouverture
de la double hélice.
3′
5′
3′
5′
3′
Amorce
d'ARN
L'hélicase déroule
et sépare les brins
d'ADN parentaux.
5′
Les protéines fixatrices
d'ADN monocaténaire
stabilisent les brins
parentaux déroulés.

▲ **Figure 16.13 Quelques protéines jouant un rôle dans la réplication de l'ADN.** Les mêmes protéines (il y en a une trentaine chez *E.coli*) fonctionnent aux deux fourches de réplication dans un œil de réplication. Afin de simplifier le schéma, nous ne représentons ici que la fourche de gauche, et les bases de l'ADN qui figurent dans l'illustration sont beaucoup plus grandes qu'en réalité par rapport aux protéines.

Par conséquent, le nouveau brin ne peut s'allonger que dans le sens 5′ → 3′. Revenons maintenant à l'une des deux fourches de réplication dans un œil de réplication (**figure 16.15**). L'ADN polymérase III peut synthétiser un brin complémentaire continu à partir d'une origine de réplication et le long du brin matrice. L'élongation du nouvel ADN se fait nécessairement dans le sens 5′ → 3′. L'ADN pol III reste dans la fourche de réplication, sur le brin qui sert de matrice, et elle continue d'ajouter un nucléotide après l'autre au brin complémentaire à mesure que la fourche se déplace. Le brin d'ADN ainsi synthétisé est appelé **brin directeur** (ou parfois *brin avancé* ou encore *brin précoce*). L'ADN pol III n'a besoin que d'une seule amorce pour synthétiser le brin directeur (voir la figure 16.15).

L'élongation de l'autre brin d'ADN en croissance, dans le sens 5′ → 3′, se fait différemment. L'ADN pol III doit suivre la matrice en *s'éloignant* de la fourche de réplication. Le brin d'ADN ainsi formé est appelé **brin discontinu*** (ou parfois *brin tardif* ou encore *brin retardé*). Contrairement au brin directeur, son élongation ne se réalise pas de manière continue : de courts segments sont synthétisés, avant d'être reliés par une enzyme. On appelle ces segments **fragments d'Okazaki**, du nom du scientifique japonais, Reiji Okazaki, qui les a découverts. Chacun a une longueur de 1 000 à 2 000 nucléotides chez *E. coli*, et de 100 à 200 nucléotides chez les Eucaryotes.

La **figure 16.16** illustre les étapes de la synthèse du brin discontinu à une fourche. Il suffit d'une seule amorce pour que l'ADN pol III puisse commencer la synthèse d'un nouveau brin directeur. Par contre, dans le cas des brins discontinus, il faut une amorce pour chaque fragment d'Okazaki (étapes ❶ et ❹). Après la formation d'un fragment d'Okazaki par l'ADN pol III (étapes ❷ à ❹), une autre polymérase, l'ADN polymérase I (ADN pol I), remplace ensuite les nucléotides d'ARN de chaque amorce par leur équivalent en ADN (étape ❺). Mais l'ADN pol I est incapable de lier le nucléotide final de ce fragment d'ADN de remplacement au premier nucléotide d'ADN du fragment d'Okazaki. Une autre enzyme,

* La synthèse du brin directeur et celle du brin discontinu se produisent simultanément et à la même vitesse. Cependant, la synthèse du brin discontinu est légèrement décalée par rapport à celle du brin directeur ; la formation d'un nouveau fragment du brin discontinu ne peut commencer que lorsqu'une longueur suffisante de matrice a été exposée à la fourche de réplication.

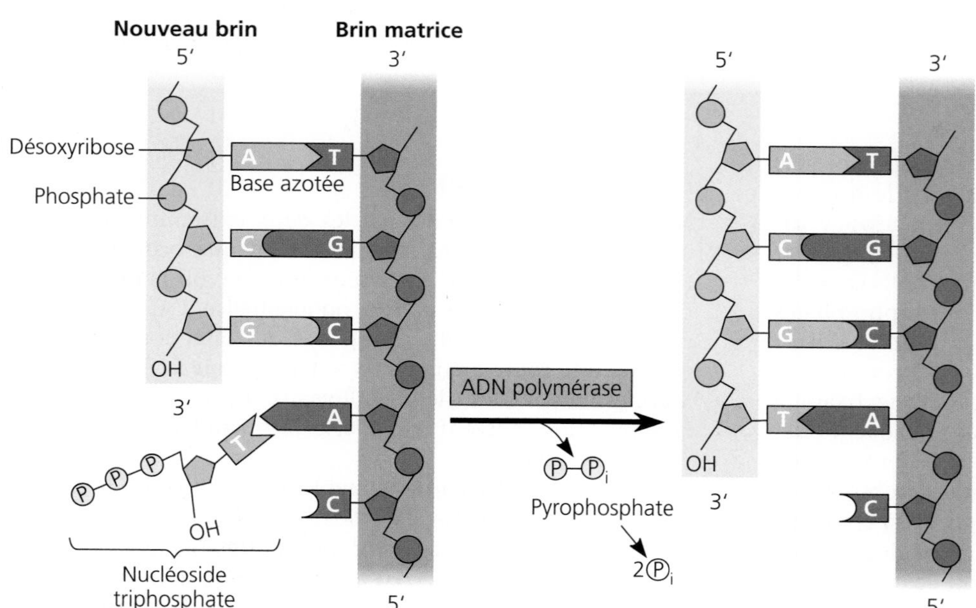

◄ **Figure 16.14 À l'ajout d'un nucléotide à un brin d'ADN.** L'ADN polymérase catalyse l'addition d'un nucléoside triphosphate qui se lie à l'extrémité 3′ d'un brin d'ADN en cours de synthèse avec libération de deux groupements phosphate.

? *Utilisez ce diagramme pour expliquer ce que l'on veut dire quand on affirme que chaque brin d'ADN possède une directionnalité.*

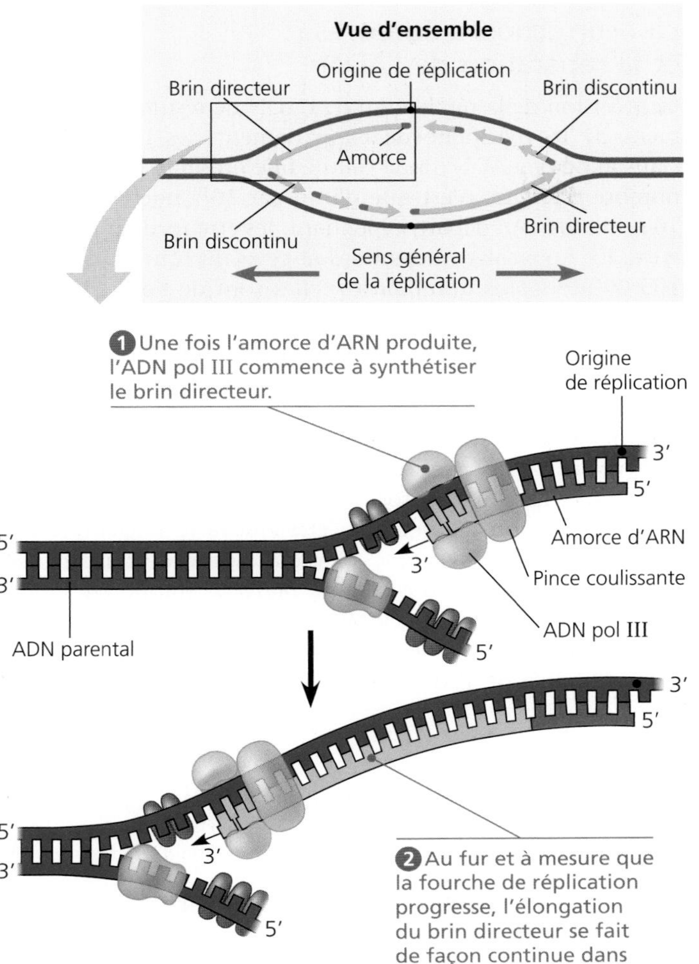

▲ **Figure 16.15 La synthèse du brin directeur pendant la réplication de l'ADN.** Le diagramme met l'accent sur la fourche de réplication de gauche illustrée dans la vue d'ensemble au haut de la figure. L'ADN polymérase III (ADN pol III), qui a la forme du creux de la main, est montrée étroitement liée à une protéine appelée « pince coulissante » (*sliding clamp* en anglais) qui encercle comme un beigne la double hélice nouvellement synthétisée. La pince coulissante semble déplacer l'ADN pol III le long de la matrice d'ADN. En maintenant l'enzyme sur l'ADN, cette pince augmente la longueur de l'ADN pouvant être synthétisé de façon continue.

l'**ADN ligase**, accomplit la tâche qui consiste à relier les squelettes désoxyribose-phosphate de tous les fragments d'Okazaki en un brin d'ADN continu (étape ➏).

La **figure 16.17** résume la réplication de l'ADN. Étudiez-la attentivement avant de continuer.

Le complexe de réplication de l'ADN

On représente souvent les molécules d'ADN polymérase comme des locomotives avançant sur une « voie ferrée » formée d'ADN (ce qui est commode), mais ce modèle est inexact pour deux raisons principales. Premièrement, les différentes protéines regroupées en 10 sous-unités qui assurent la réplication de l'ADN forment un seul grand complexe (appelé *réplisome*), qui est en quelque sorte une « machine à reproduire l'ADN » qualifiée parfois d'« organite de réplication ». De nombreuses

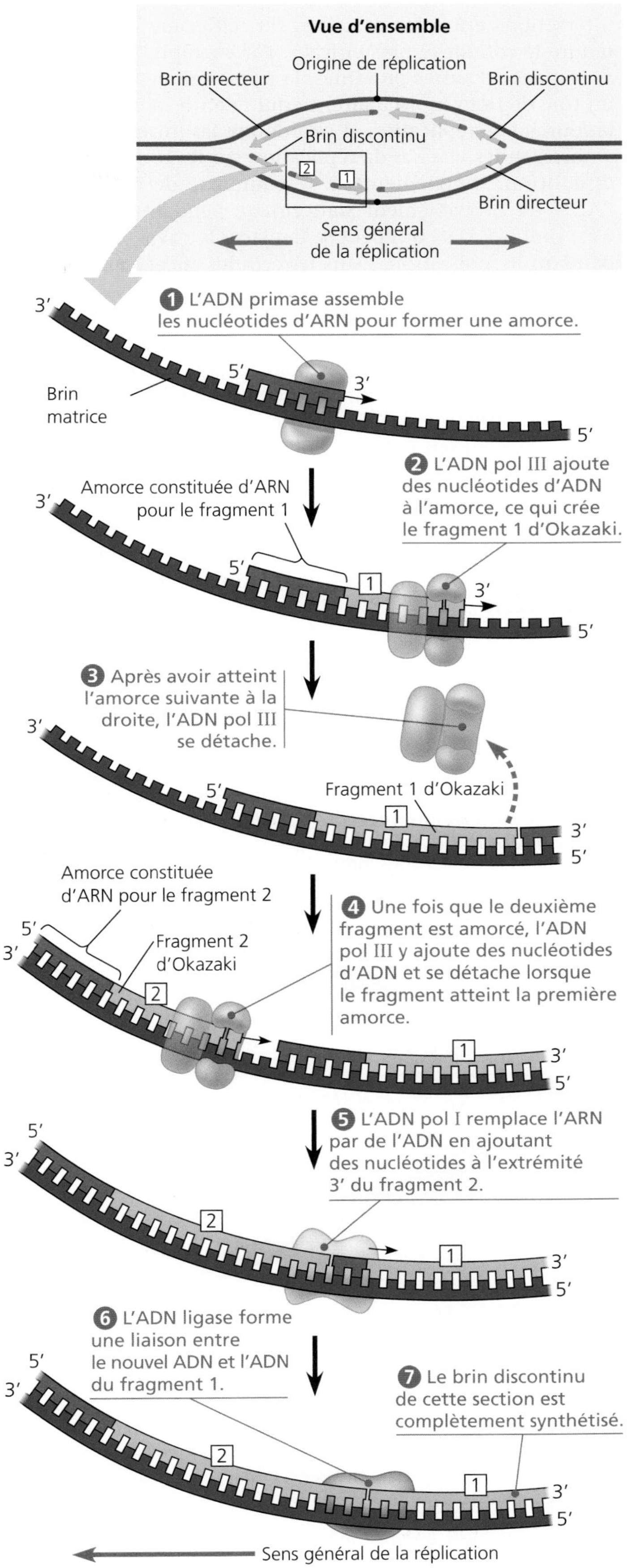

Vue d'ensemble
Origine de réplication
Brin directeur
Brin discontinu
Brin discontinu
Brin directeur
Sens général
de la réplication

➊ L'ADN primase assemble les nucléotides d'ARN pour former une amorce.
Brin matrice

➋ L'ADN pol III ajoute des nucléotides d'ADN à l'amorce, ce qui crée le fragment 1 d'Okazaki.
Amorce constituée d'ARN pour le fragment 1

➌ Après avoir atteint l'amorce suivante à la droite, l'ADN pol III se détache.
Fragment 1 d'Okazaki

Amorce constituée d'ARN pour le fragment 2
Fragment 2 d'Okazaki
➍ Une fois que le deuxième fragment est amorcé, l'ADN pol III y ajoute des nucléotides d'ADN et se détache lorsque le fragment atteint la première amorce.

➎ L'ADN pol I remplace l'ARN par de l'ADN en ajoutant des nucléotides à l'extrémité 3' du fragment 2.

➏ L'ADN ligase forme une liaison entre le nouvel ADN et l'ADN du fragment 1.

➐ Le brin discontinu de cette section est complètement synthétisé.

Sens général de la réplication

▲ **Figure 16.16 La synthèse du brin discontinu.**

interactions entre les protéines du réplisome contribuent à rendre le complexe plus efficace. Par exemple, par son interaction avec d'autres protéines, la primase joue apparemment un rôle de frein moléculaire, ce qui ralentit la progression de la fourche de réplication et coordonne les mises en place des amorces et les vitesses de réplication sur les brins directeur et discontinu. Deuxièmement, le complexe de réplication de l'ADN est probablement stationnaire pendant le processus; c'est plutôt l'ADN qui peut se déplacer à travers le complexe pendant la réplication. Dans les cellules eucaryotes, on croit que de multiples exemplaires de ce complexe regroupés en «usines» (ou *foyers de réplication*) pourraient se fixer à la matrice nucléaire (un réseau de fibres occupant l'intérieur du noyau). Des études récentes soutiennent l'hypothèse d'un modèle dans lequel un dimère de polymérase, une molécule sur chaque brin matrice, «remonte» l'ADN parental et expulse simultanément les molécules filles d'ADN nouvellement produites (celle du brin directeur et celle du brin discontinu). Des preuves additionnelles donnent à penser que la matrice du brin discontinu s'enroule en boucle à travers le complexe, ce qui permet d'inverser son orientation, faisant en sorte que les deux brins matrices aient alors la même orientation (**figure 16.18**).

La «correction d'épreuves» et la réparation de l'ADN

La précision de la réplication de l'ADN ne résulte pas uniquement de la spécificité de l'appariement des bases azotées. Dans le nouvel ADN d'une cellule fille produite par mitose, le nombre d'erreurs n'est que d'une par 10^{10} nucléotides (soit 10 milliards). Au départ, cependant, les erreurs d'appariement entre les nouveaux nucléotides et ceux du brin matrice sont 100 000 fois plus nombreuses: elles sont de l'ordre de 1 sur 10^5 (100 000) nucléotides, ce qui est quand même très peu si on considère la vitesse à laquelle se déroule le processus de réplication (de l'ordre de 500 nucléotides à la seconde, chez les Bactéries). Pendant la réplication, l'ADN polymérase fait elle-même la relecture de chacun des nucléotides ajoutés et le compare à la matrice aussitôt qu'il est intégré au brin en croissance. Lorsqu'elle trouve une paire erronée au cours de cette «correction d'épreuves», elle enlève le nucléotide inadéquat et refait la synthèse. (Cette correction est analogue à celle qui consiste à corriger une faute de frappe en supprimant la lettre erronée et en tapant ensuite la bonne lettre.)

Il arrive parfois que les nucléotides mal appariés échappent à la vigilance de l'ADN polymérase durant la «correction

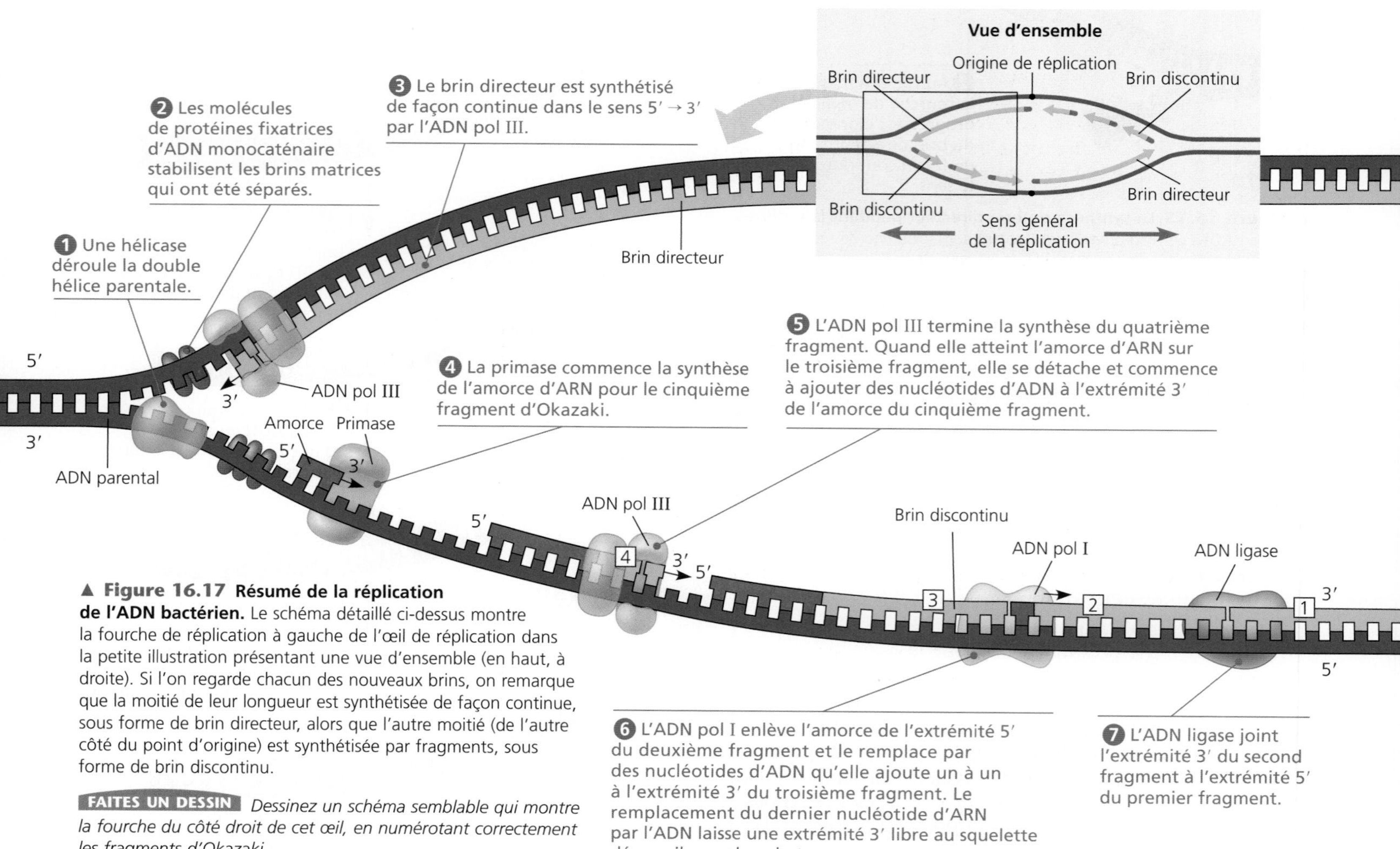

Vue d'ensemble
Origine de réplication
Brin directeur
Brin discontinu
Brin discontinu
Brin directeur
Sens général de la réplication
1 Une hélicase déroule la double hélice parentale.
2 Les molécules de protéines fixatrices d'ADN monocaténaire stabilisent les brins matrices qui ont été séparés.
3 Le brin directeur est synthétisé de façon continue dans le sens 5′ → 3′ par l'ADN pol III.
Brin directeur
4 La primase commence la synthèse de l'amorce d'ARN pour le cinquième fragment d'Okazaki.
5 L'ADN pol III termine la synthèse du quatrième fragment. Quand elle atteint l'amorce d'ARN sur le troisième fragment, elle se détache et commence à ajouter des nucléotides d'ADN à l'extrémité 3′ de l'amorce du cinquième fragment.
5′
3′
ADN pol III
3′
Amorce
Primase
ADN parental
ADN pol III
Brin discontinu
ADN pol I
ADN ligase
6 L'ADN pol I enlève l'amorce de l'extrémité 5′ du deuxième fragment et le remplace par des nucléotides d'ADN qu'elle ajoute un à un à l'extrémité 3′ du troisième fragment. Le remplacement du dernier nucléotide d'ARN par l'ADN laisse une extrémité 3′ libre au squelette désoxyribose-phosphate.
7 L'ADN ligase joint l'extrémité 3′ du second fragment à l'extrémité 5′ du premier fragment.

▲ **Figure 16.17 Résumé de la réplication de l'ADN bactérien.** Le schéma détaillé ci-dessus montre la fourche de réplication à gauche de l'œil de réplication dans la petite illustration présentant une vue d'ensemble (en haut, à droite). Si l'on regarde chacun des nouveaux brins, on remarque que la moitié de leur longueur est synthétisée de façon continue, sous forme de brin directeur, alors que l'autre moitié (de l'autre côté du point d'origine) est synthétisée par fragments, sous forme de brin discontinu.

FAITES UN DESSIN *Dessinez un schéma semblable qui montre la fourche du côté droit de cet œil, en numérotant correctement les fragments d'Okazaki.*

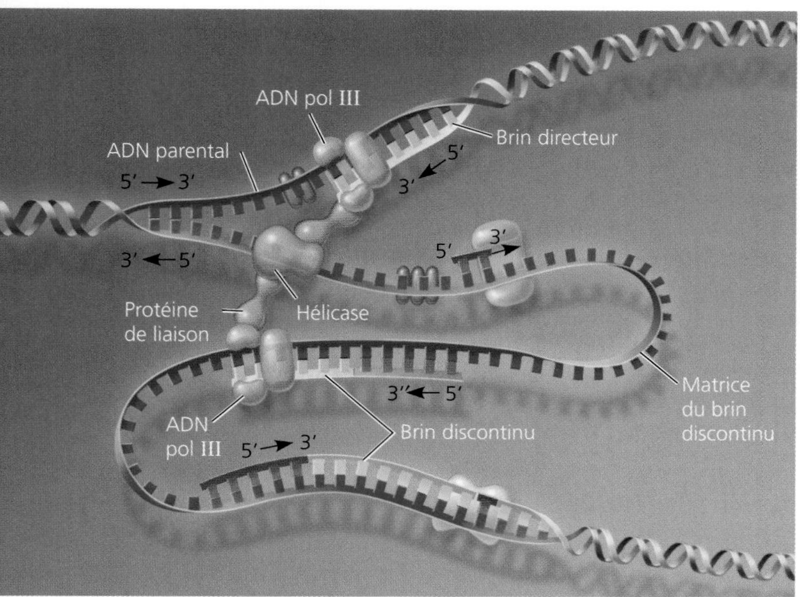

▲ **Figure 16.18 Un modèle courant de complexe de réplication de l'ADN.** Deux ADN polymérases III travaillent de concert dans un complexe, une sur chaque brin matrice. La matrice du brin discontinu forme une boucle à travers le complexe.

d'épreuves» dont nous venons de parler. Lors de la **réparation des mésappariements des bases**, d'autres enzymes enlèvent les paires de nucléotides mal appariées à la suite d'erreurs de réplication et les remplacent. Les chercheurs ont commencé à comprendre le rôle de ces enzymes de réparation lorsqu'ils ont découvert qu'une anomalie héréditaire touchant l'une d'entre elles est liée à une forme de cancer du côlon. Il semble que cette anomalie permette aux erreurs cancérogènes de s'accumuler dans l'ADN à une vitesse supérieure à la normale.

Des nucléotides mal appariés ou modifiés peuvent également apparaître après la réplication. En fait, l'information génétique ainsi codée doit être entretenue. Elle exige de fréquentes réparations, parce que l'ADN subit divers types de lésions. Les molécules d'ADN sont constamment exposées à des agents physiques et chimiques nocifs, tels que la fumée de cigarette et les rayons X, comme nous le verrons au chapitre 17. De plus, les bases de l'ADN subissent souvent des modifications chimiques spontanées dans les conditions qui existent normalement dans la cellule. Toutefois, tous ces changements dans l'ADN sont généralement corrigés avant qu'ils ne constituent des modifications permanentes (des *mutations*) qui se reproduisent au cours des réplications successives. Chaque cellule surveille et répare son matériel génétique en permanence. La réparation de l'ADN endommagé est essentielle à la survie de l'organisme. Il n'est donc pas surprenant que les enzymes de réparation de l'ADN soient apparues en si grand nombre au cours de l'évolution. On en connaît près de 100 chez *E. coli* et, à ce jour, on en a identifié 130 chez les humains.

La plupart des systèmes cellulaires de réparation des nucléotides mal appariés, que ce soit à cause de dommages subis par l'ADN ou par suite d'erreurs de réplication, utilisent des processus qui reposent sur le mécanisme de l'appariement des bases. Dans de nombreux cas, un segment du brin endommagé comportant une trentaine de nucléotides chez les eucaryotes est enlevé (excisé) par une enzyme de découpage de l'ADN (une **endonucléase**) et la brèche est comblée avec des nucléotides en utilisant le brin intact comme matrice. Les enzymes qui effectuent ce remplacement sont l'ADN polymérase et l'ADN ligase. Ce type d'intervention est appelé **réparation par excision de nucléotides** (**figure 16.19**).

Dans les cellules de notre peau, les enzymes de réparation de l'ADN corrigent les dommages infligés à notre matériel génétique par les rayons ultraviolets du Soleil. La figure 16.19 illustre un type de lésion ainsi causé: la liaison covalente de bases de thymine adjacentes sur un brin d'ADN. Les *dimères de thymine* de ce type déforment l'ADN et entravent sa réplication. La maladie appelée mélanose lenticulaire progressive (ou xeroderma pigmentosum) permet de comprendre à quel point la réparation de tels dommages est capitale. Dans la plupart des cas, il s'agit d'une maladie héréditaire autosomique récessive impliquant un des sept gènes responsables du mécanisme de réparation par excision de nucléotides. Les personnes atteintes sont extrêmement sensibles à la lumière du Soleil et voient, entre autres choses, apparaître des plaques pigmentées et des ulcères sur les régions cutanées exposées à la lumière. Dans les cellules de ces plaques, les mutations produites par les rayons ultraviolets ne sont pas corrigées. Elles entraînent des risques élevés de provoquer un cancer de la peau. Les personnes atteintes de cette maladie peuvent s'appliquer sur la peau des crèmes contenant des enzymes de réparation.

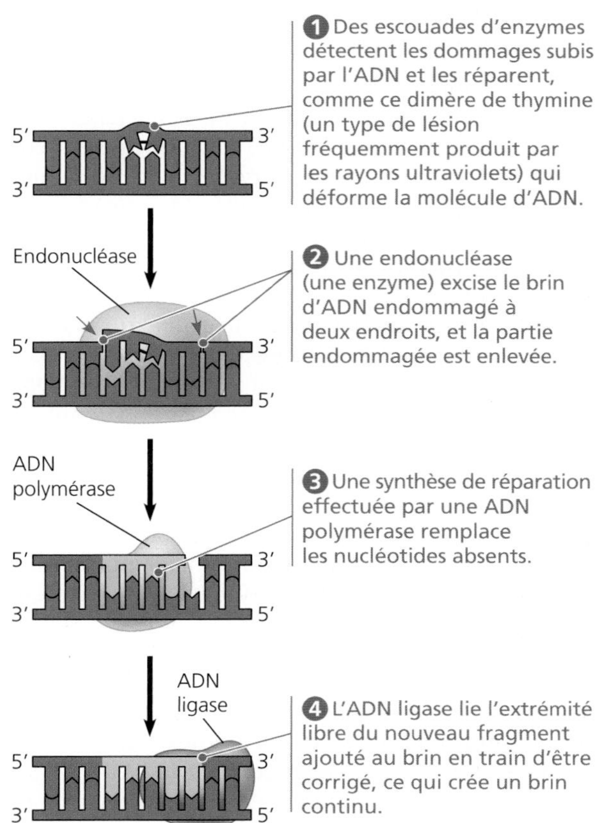

5′ 3′
3′ 5′
❶ Des escouades d'enzymes détectent les dommages subis par l'ADN et les réparent, comme ce dimère de thymine (un type de lésion fréquemment produit par les rayons ultraviolets) qui déforme la molécule d'ADN.
Endonucléase
❷ Une endonucléase (une enzyme) excise le brin d'ADN endommagé à deux endroits, et la partie endommagée est enlevée.
ADN polymérase
❸ Une synthèse de réparation effectuée par une ADN polymérase remplace les nucléotides absents.
ADN ligase
❹ L'ADN ligase lie l'extrémité libre du nouveau fragment ajouté au brin en train d'être corrigé, ce qui crée un brin continu.

▲ **Figure 16.19 La réparation de l'ADN par excision de nucléotides.**

Les nucléotides de l'ADN modifiés et l'évolution

ÉVOLUTION La réplication fidèle du génome et la réparation de l'ADN sont importantes pour le fonctionnement des organismes et pour la transmission à la génération suivante d'un génome complet et exact. Le taux d'erreur après la «correction d'épreuves» et la réparation est négligeable, mais quelques rares erreurs demeurent. Quand la réplication d'une paire de nucléotides mal appariés est terminée, la modification de la séquence est permanente dans la molécule fille qui porte le nucléotide incorrect, de même que dans toutes les copies subséquentes. Comme nous l'avons mentionné précédemment, un changement permanent de la séquence d'ADN est appelé *mutation*.

Comme vous le verrez au chapitre 17, les mutations peuvent modifier le phénotype d'un organisme. Et si elles se produisent dans les cellules reproductrices (qui donnent naissance aux gamètes), les mutations peuvent être transmises de génération en génération. La grande majorité de ces changements sont néfastes, mais un très petit pourcentage peut être bénéfique. Dans un cas comme dans l'autre, les mutations sont la source de variations sur lesquelles la sélection naturelle agit pendant l'évolution et sont en définitive responsables de l'apparition de nouvelles espèces. (Vous en apprendrez davantage sur ce processus dans la quatrième partie de ce volume.) L'équilibre entre la fidélité complète de la réplication ou de la réparation de l'ADN et un taux faible de mutations a permis, au fil de longues périodes de temps, l'évolution d'une riche diversité d'espèces qui peuplent la Terre aujourd'hui.

La réplication des extrémités des molécules d'ADN

Malgré les possibilités impressionnantes des ADN polymérases, elles sont incapables de répliquer ou de réparer certaines régions de l'ADN cellulaire. Lorsque l'ADN est linéaire, comme dans le cas des chromosomes eucaryotes, le fait qu'une ADN polymérase ne puisse ajouter des nucléotides qu'à l'extrémité 3′ d'un polynucléotide préexistant pose ce qui semble être un problème. Le mécanisme normal de réplication ne permet pas de compléter l'extrémité 5′ des brins d'ADN nouvellement formés. Même si une amorce d'ARN liée à l'extrémité du brin matrice peut commencer la synthèse d'un fragment d'Okazaki, cette amorce ne peut pas être remplacée par de l'ADN une fois qu'elle est enlevée. En effet, il n'y a pas d'extrémité 3′ sur laquelle l'ADN polymérase peut ajouter des nucléotides (**figure 16.20**). Au fil des réplications successives, les molécules d'ADN deviennent de plus en plus courtes et leurs extrémités sont inégales («décalées»). En l'absence de mécanisme correcteur, il se perdrait une dizaine de nucléotides par cycle de réplication chez les Eucaryotes, ce qui deviendrait rapidement catastrophique.

La majorité des Procaryotes ont un ADN circulaire, donc sans extrémités, de sorte qu'il ne se produit pas de raccourcissement de l'ADN. Mais qu'est-ce qui protège les gènes des chromosomes linéaires chez les Eucaryotes contre une disparition pendant les réplications successives de l'ADN? Il s'avère que l'extrémité des molécules d'ADN chromosomique des Eucaryotes porte des séquences nucléotidiques particulières nommées **télomères** (**figure 16.21**), qui ne correspondent pas à un gène. Il s'agit en fait d'une même séquence nucléotidique courte, mais répétée un grand nombre de fois. Dans chaque télomère humain, par exemple, la séquence constituée de six nucléotides, TTAGGG, est répétée entre 500 et 5 000 fois. L'ADN des télomères agit comme une sorte de tampon qui remplit deux fonctions: il protège les gènes d'un organisme, situés aux extrémités d'un chromosome, et il empêche les chromosomes de fusionner les uns avec les autres. De plus, certaines protéines spécifiques qui lui sont associées empêchent les extrémités d'une molécule fille d'activer le système d'alarme cellulaire. (Les extrémités décalées d'une molécule d'ADN, qui résultent souvent de cassures du double brin, peuvent déclencher les mécanismes de transduction du signal conduisant à l'arrêt du cycle cellulaire ou à la mort de la cellule.)

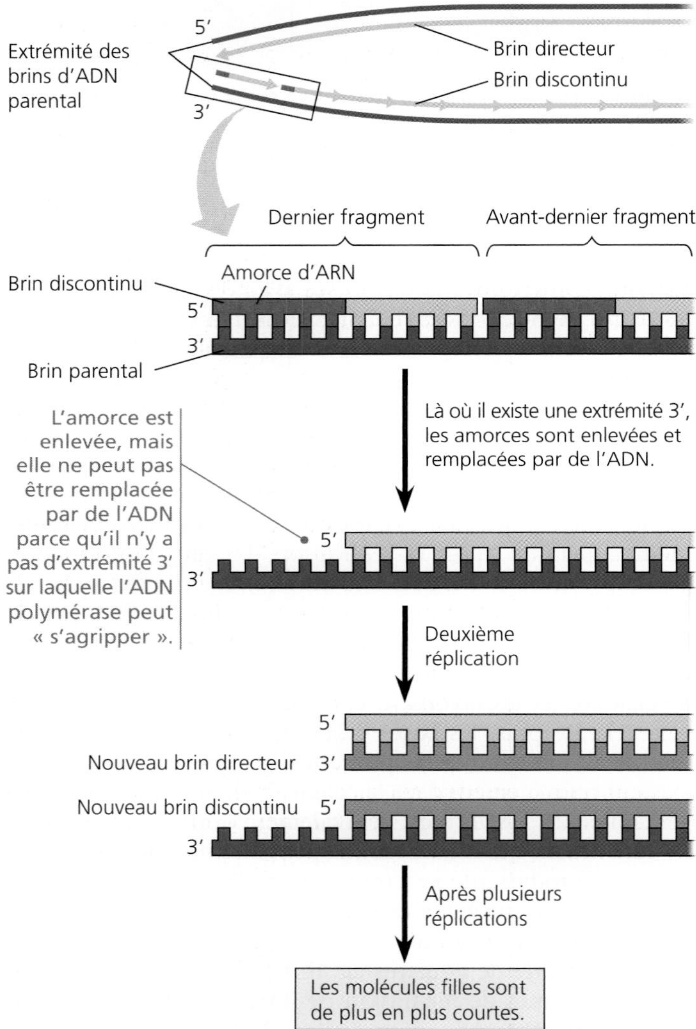

▲ **Figure 16.20 Le raccourcissement des extrémités de molécules d'ADN linéaires.** Nous suivons ici le comportement de l'extrémité d'un brin d'une molécule d'ADN qui subit deux réplications. Après la première réplication, le nouveau brin discontinu est plus court que sa matrice. Après la deuxième réplication, le brin directeur et le brin discontinu sont tous les deux raccourcis par rapport à l'ADN parental de départ. Les autres extrémités de ces ADN, qui ne sont pas représentées dans cette illustration, sont également raccourcies.

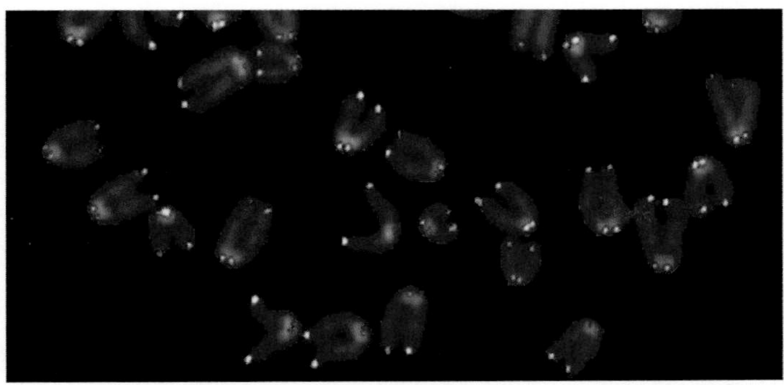

▲ **Figure 16.21 Les télomères.** Les extrémités de l'ADN des Eucaryotes comportent des séquences répétitives non codantes, appelées télomères. Le colorant orange marque les télomères de ces chromosomes de souris (MP).

Les télomères exécutent leur fonction de protection en retardant l'érosion des gènes situés près des extrémités des molécules d'ADN. Comme l'illustre la figure 16.20, les télomères raccourcissent à l'issue de chaque réplication ; ils perdraient une centaine de paires de bases chaque fois. L'ADN télomérique, on s'y attend, est généralement plus court dans les cellules somatiques qui se sont divisées un grand nombre de fois, par exemple chez les individus âgés et dans les cellules cultivées. Certains pensent que les télomères raccourcis seraient en quelque sorte reliés au processus de vieillissement de plusieurs tissus, voire de l'organisme lui-même.

Mais qu'en est-il des cellules dont les génomes doivent demeurer pratiquement inchangés quand ils passent d'un individu à ses descendants pendant de nombreuses générations ? Si les chromosomes des cellules reproductrices se raccourcissaient à chaque cycle cellulaire, des gènes essentiels finiraient par être absents des gamètes des générations suivantes. Toutefois, ce n'est pas ce qui se produit, car la **télomérase**, une enzyme particulière possédant sa propre matrice d'ARN, catalyse l'élongation des télomères dans les cellules reproductrices eucaryotes. Elle restaure ainsi leur longueur originale et compense les raccourcissements successifs que les chaînes d'ADN subissent au cours de leur réplication. Dans la plupart des cellules somatiques humaines, la télomérase est inactive, mais son activité dans les cellules reproductrices produit des télomères de longueur maximale dans le zygote.

Le raccourcissement normal des télomères protégerait du cancer en empêchant les cellules somatiques de dépasser un certain nombre de divisions (de 50 à 80). Les cellules provenant de grosses tumeurs présentent souvent des télomères anormalement petits, comme on s'y attend dans le cas de cellules ayant subi un grand nombre de divisions. Ce raccourcissement progressif pourrait mener à l'autodestruction des cellules tumorales. Point intéressant, les chercheurs ont également montré que la plupart des cellules somatiques cancéreuses contiennent de la télomérase. Cette découverte semble indiquer que la capacité de cette enzyme à stabiliser la longueur des télomères permettrait à ces cellules cancéreuses de survivre. Une capacité de division cellulaire illimitée serait une caractéristique de nombreuses cellules cancéreuses, tout comme les souches immortelles de cellules cultivées (voir le chapitre 12). Si la télomérase joue un rôle aussi important qu'on le croit dans de nombreux cancers, cette enzyme pourrait servir de cible pour le diagnostic du cancer et pour la chimiothérapie.

Jusqu'ici, dans le présent chapitre, vous avez étudié la structure et la réplication d'une molécule d'ADN. Dans la prochaine section, nous effectuons un retour en arrière pour examiner comment l'ADN est emballé dans les chromosomes qui transmettent l'information génétique.

RETOUR SUR LE CONCEPT 16.2

1. Quel rôle l'appariement des bases complémentaires joue-t-il dans la réplication de l'ADN ?
2. Établissez une liste sous forme de tableau des fonctions de sept protéines intervenant dans la réplication de l'ADN chez *E. coli*.
3. **FAITES DES LIENS** Quelle est la relation entre la réplication de l'ADN et la phase S du cycle cellulaire ? Voir la figure 12.6 (p. 262).
4. **ET SI ?** Si l'ADN pol I dans une cellule donnée était non fonctionnelle, comment cela influerait-il sur la synthèse d'un brin directeur ? Sur la petite illustration présentant une vue d'ensemble dans la figure 16.17, indiquez l'endroit où l'ADN pol I agirait normalement sur le brin directeur du haut.

Voir les réponses proposées à la fin du chapitre.

CONCEPT 16.3

Un chromosome est constitué d'ADN et de protéines regroupés en un complexe nucléoprotéique

La composante principale du génome dans la plupart des Bactéries est une molécule d'ADN bicaténaire de forme circulaire associée à une petite quantité de protéines. Nous appelons cette structure *chromosome bactérien*, bien qu'elle soit très différente des chromosomes eucaryotes. Ces derniers sont en effet constitués de molécules d'ADN linéaire associées à de grandes quantités de protéines. Le chromosome d'*E. coli* comprend environ 4,6 millions de paires de nucléotides dont une partie compose quelque 4 400 gènes. Il contient donc 100 fois plus d'ADN qu'un virus ordinaire, mais 1 000 fois moins qu'une cellule somatique humaine. Il reste que cela représente beaucoup d'ADN à emballer dans un récipient aussi petit.

L'ADN déployé d'une cellule d'*E. coli* mesurerait environ un millimètre de longueur, ce qui est 500 fois plus grand que la taille de la cellule elle-même. Cependant, à l'intérieur de la bactérie, certaines protéines forcent le chromosome à s'enrouler en hélice, puis en superhélice, pour se condenser au point de n'occuper finalement qu'une partie du volume de la bactérie. Contrairement au noyau d'une cellule eucaryote, cette région dense où se trouve l'ADN dans une bactérie, et que l'on appelle **nucléoïde**, n'est pas délimitée par une enveloppe membraneuse (voir la figure 6.5, p. 107).

Les chromosomes des Eucaryotes sont constitués chacun d'une double hélice d'ADN linéaire qui contient, chez l'humain, une moyenne de $1{,}5 \times 10^8$ paires de nucléotides. Il s'agit d'une énorme quantité d'ADN, compte tenu de la longueur d'un chromosome condensé. Si on déroulait complètement cette molécule d'ADN, elle mesurerait 4 cm de long, soit des milliers de fois le diamètre d'un noyau. Et il ne s'agit que d'un seul chromosome sur les 46 que possède une cellule somatique humaine! Dans tout son génome, l'être humain possède 3,4 milliards de paires de bases, ce qui représenterait une molécule d'ADN de près de deux mètres de long dans un noyau de 5 µm! Ce complexe d'ADN et de protéines, appelé **chromatine**, arrive à tenir à l'intérieur du noyau grâce à un système complexe de compactage comprenant plusieurs niveaux et capable de raccourcir la longueur initiale d'environ 10 000 fois. La **figure 16.22** résume notre conception actuelle

▼ **Figure 16.22**

PANORAMA La condensation de la chromatine dans un chromosome eucaryote

Cette série de schémas et de photographies prises au microscope électronique à transmission montre ce que l'on sait aujourd'hui des niveaux d'enroulement et de repliement de l'ADN. L'illustration passe d'une simple molécule d'ADN jusqu'à un chromosome métaphasique assez gros pour être vu au microscope photonique.

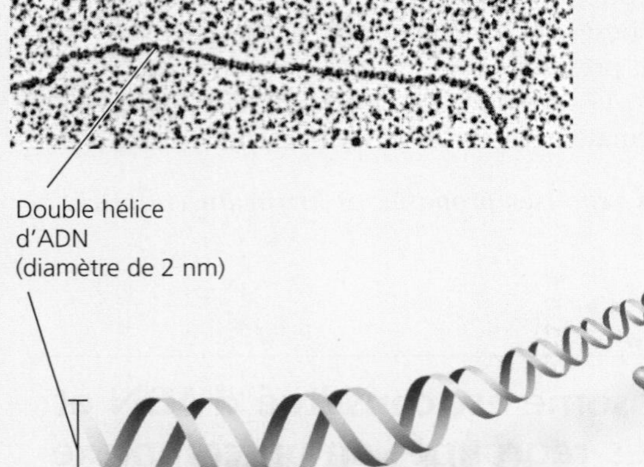

L'ADN, la double hélice

Le modèle en forme de ruban de l'ADN est illustré ici, chaque ruban représentant un des squelettes désoxyribose-phosphate. Souvenez-vous de la figure 16.7, où nous avons vu que les groupements phosphate le long du squelette confèrent une charge négative sur toute la partie extérieure de chaque brin. La MET montre une molécule d'ADN nue; la double hélice seule mesure 2 nm de largeur.

Les histones

Dans la chromatine, des protéines appelées **histones** assurent le premier niveau de condensation de l'ADN. Bien que chaque histone soit relativement petite (elle ne contient qu'une centaine d'acides aminés), leur masse totale au sein de la chromatine équivaut à peu près à celle de l'ADN. Plus du cinquième des histones renferme des acides aminés basiques (lysine et arginine) chargés positivement. Par conséquent, ces histones se lient solidement à l'ADN, qui porte des charges négatives.

Dans la chromatine, on trouve plus fréquemment quatre types d'histones: H2A, H2B, H3 et H4. Les histones sont très semblables d'une espèce eucaryote à l'autre; par exemple, la H4 de la vache contient tous les acides aminés que l'on trouve dans la H4 du pois, sauf deux. La conservation apparente des gènes à l'origine des histones au cours de l'évolution reflète peut-être le rôle clé que jouent ces protéines dans la structure de l'ADN à l'intérieur des cellules. Mais cette conservation des gènes pourrait tout aussi bien être liée au fait que les histones s'associent au squelette de l'ADN qui, lui, est invariable.

Les quatre principaux types d'histones interviennent de façon déterminante au cours de l'étape suivante de la condensation de l'ADN. (Un cinquième type d'histone, appelé H1, intervient dans un stade supérieur de condensation.)

Les nucléosomes ou «collier de perles» (fibre de 10 nm)

Sur les micrographies électroniques, la chromatine déroulée a un diamètre de 10 nm; elle est appelée *fibre de 10 nm*. Elle ressemble à un collier de perles (voir la MET). Chacune des «perles» forme un **nucléosome**, l'unité fondamentale de la condensation de l'ADN; le «fil» entre les perles porte le nom d'*ADN internucléosomique* (ou *ADN de liaison*).

Un nucléosome contient environ 150 paires de bases azotées d'ADN enroulées un peu moins de deux fois autour d'un noyau protéique (le *cœur du nucléosome*) constitué de deux molécules de chacun des quatre types d'histones. L'extrémité amine (N-terminale) de chaque protéine (la *queue de l'histone*) pointe à l'extérieur du nucléosome.

Dans le cycle cellulaire, les histones ne quittent que brièvement l'ADN pendant la réplication. En général, elles se comportent de la même façon pendant la transcription, un autre processus qui exige l'accès à l'ADN par la machinerie moléculaire de la cellule. Au chapitre 18, nous reviendrons sur quelques découvertes récentes sur le rôle des queues des histones et des nucléosomes dans la régulation de l'expression génétique.

des niveaux successifs de condensation dans un chromosome. Étudiez-la attentivement avant de continuer.

Le degré de condensation de la chromatine est soumis à des changements radicaux au cours du cycle cellulaire (voir la figure 12.7, p. 264). Dans des cellules en interphase que l'on a colorées pour la microscopie photonique, la chromatine apparaît habituellement sous forme d'une masse diffuse au sein du noyau, ce qui donne à penser qu'elle est très étendue. Lorsque la cellule se prépare pour la mitose, sa chromatine s'enroule et se replie (se condense), pour finir par former un nombre caractéristique de chromosomes métaphasiques épais et courts, qu'il est possible de différencier les uns des autres au moyen d'un microscope photonique.

Pendant l'interphase, la chromatine est généralement beaucoup moins condensée que pendant la mitose. On peut tout de même y observer certains niveaux de condensation d'ordre

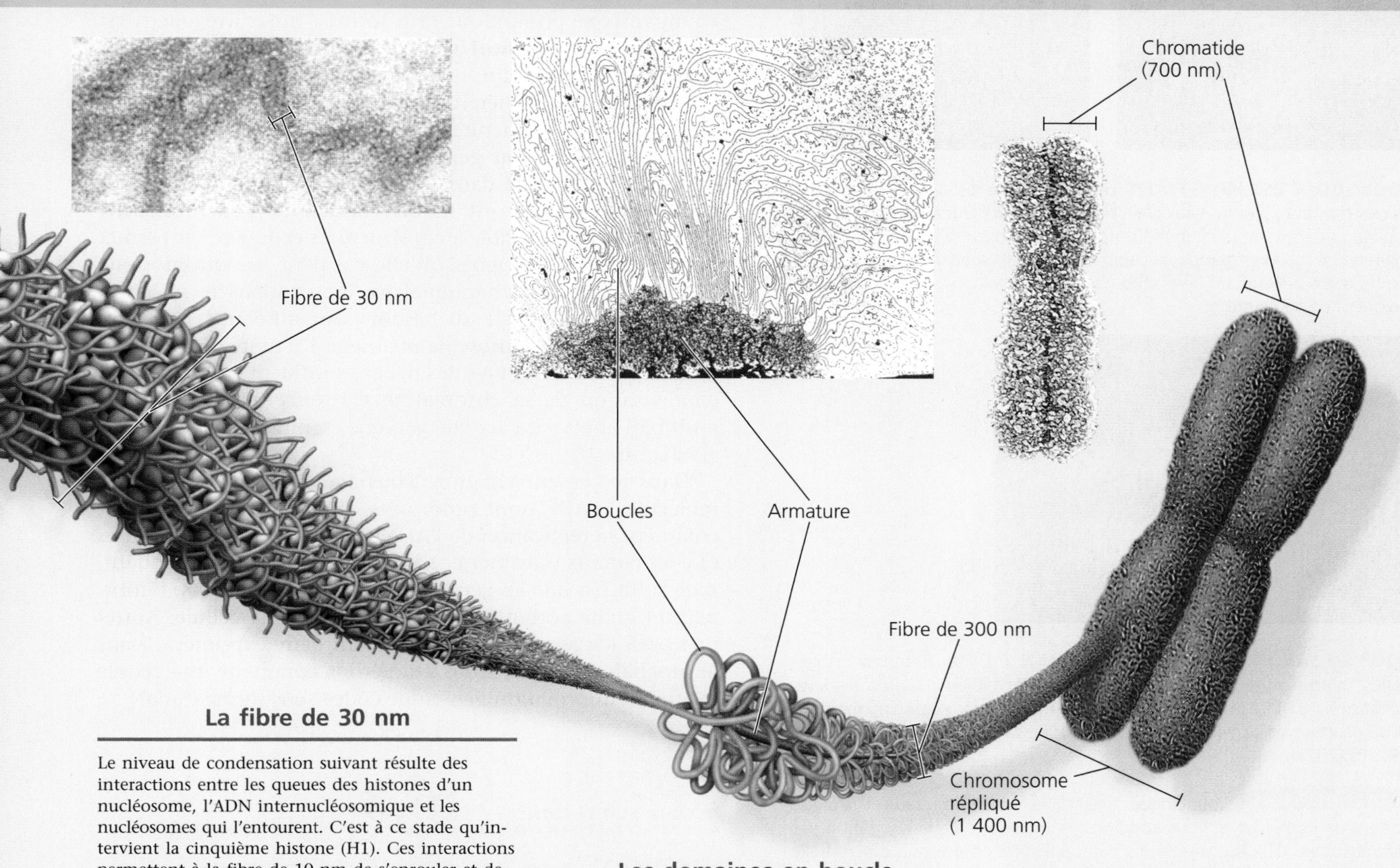

La fibre de 30 nm

Le niveau de condensation suivant résulte des interactions entre les queues des histones d'un nucléosome, l'ADN internucléosomique et les nucléosomes qui l'entourent. C'est à ce stade qu'intervient la cinquième histone (H1). Ces interactions permettent à la fibre de 10 nm de s'enrouler et de former une fibre de chromatine d'environ 30 nm d'épaisseur, appelée *fibre de 30 nm.* Bien que la fibre de 30 nm soit très courante dans le noyau interphasique, l'arrangement de la condensation des nucléosomes dans cette forme de chromatine est toujours un sujet de débat.

Les domaines en boucle (fibre de 300 nm)

À son tour, la fibre de 30 nm forme des boucles, les *domaines en boucle,* qui sont liées à l'armature chromosomique, une structure constituée de protéines. Il se forme donc une *fibre de 300 nm.* Cette charpente est riche en un type de topoisomérase, et les molécules H1 semblent également présentes.

Le chromosome métaphasique

Dans un chromosome en cours de mitose, les domaines en boucle s'enroulent et se replient, eux aussi, d'une manière qui n'est pas encore totalement comprise. Sous l'effet de cet enroulement, la chromatine devient plus compacte et donne au chromosome métaphasique son aspect caractéristique, illustré dans la micrographie ci-dessus. La largeur d'une chromatide est de 700 nm. Certains gènes se retrouvent toujours au même endroit sur les chromosomes pendant la métaphase, ce qui indique que les étapes de la condensation sont extrêmement rigoureuses et précises.

▼ **Figure 16.23**

IMPACT

La coloration des chromosomes

Au moyen de techniques que nous étudierons au chapitre 20, les chercheurs ont réussi à traiter des chromosomes humains avec plusieurs marqueurs moléculaires fluorescents, ce qui permet de distinguer chaque paire de chromosomes colorée différemment. Ci-dessous, à gauche, une distribution de chromosomes traités de cette façon ; à droite, les chromosomes sont organisés en caryotype.

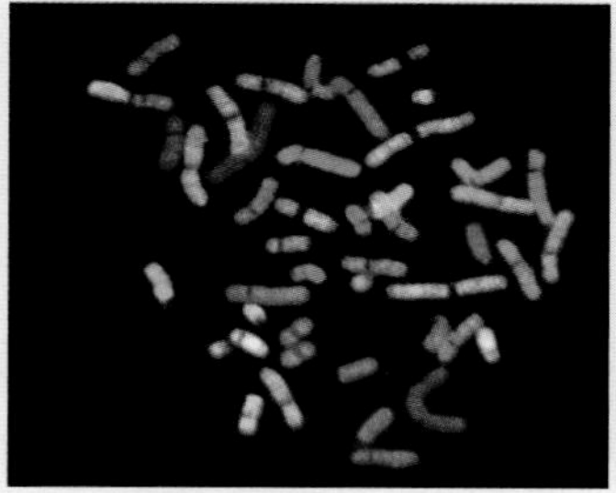

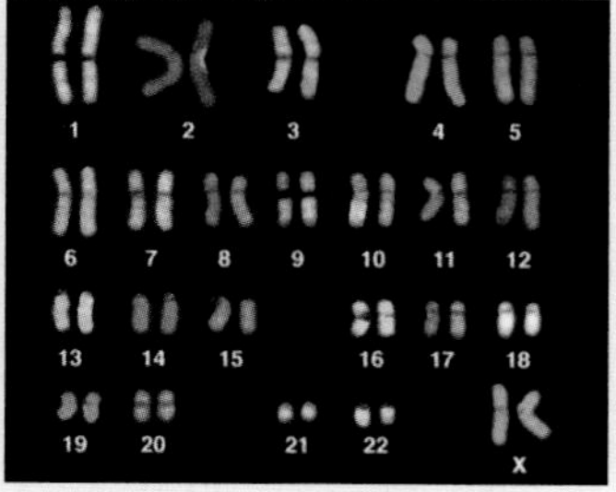

POURQUOI C'EST IMPORTANT La possibilité de distinguer visuellement les chromosomes a permis aux chercheurs d'observer leur arrangement dans le noyau interphasique. Comme on peut le voir dans la figure ci-dessous, chaque chromosome semble occuper un territoire spécifique pendant l'interphase. En général, les deux chromosomes homologues d'une paire sont éloignés l'un de l'autre.

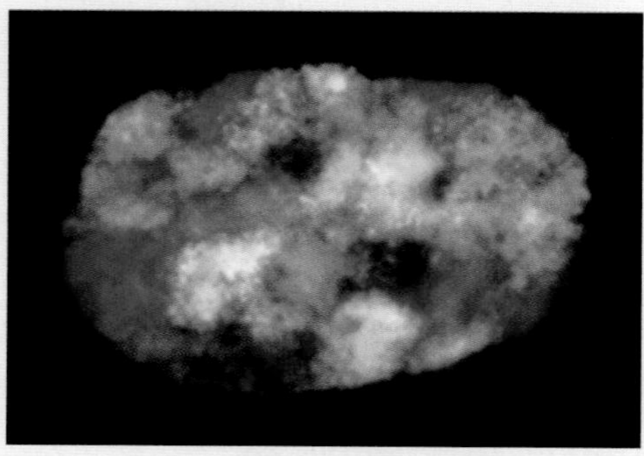

5 µm (2400 ×)

POUR EN SAVOIR PLUS M. R. Speicher et N. P. Carter, The new cytogenetics : blurring the boundaries with molecular biology, *Nature Reviews Genetics* 6 : 782-792 (2005) ; J. L. Marx, New methods for expanding the chromosomal paint kit, *Science* 273 : 430 (1996) ; Paysage nucléaire, *La Recherche* 388 : 15 (2005).

FAITES DES LIENS Vous bloquez une cellule humaine au stade de la métaphase I de la méiose et vous appliquez la technique de la coloration des chromosomes. Qu'observerez-vous ? En quoi votre observation diffère-t-elle de ce que vous verriez s'il s'agissait de la métaphase de la mitose ? Revoyez la figure 13.8 (p. 288 et 289) et la figure 12.7 (p. 264 et 265).

supérieur. Une partie de la chromatine correspondant à un chromosome semble présente sous la forme d'une fibre de 10 nm, mais la majeure partie est groupée sous la forme d'une fibre de 30 nm, elle-même repliée en domaines en boucle dans certaines régions. Auparavant, les biologistes pensaient que la chromatine interphasique formait une masse enchevêtrée dans le noyau, comme un plat de spaghettis, mais c'est loin d'être le cas. Bien que le chromosome interphasique n'ait pas de charpente protéique évidente, ses domaines en boucle semblent être liés à la lamina nucléaire située sur la face interne de l'enveloppe nucléaire, et peut-être aux fibres de la matrice nucléaire. Ces liens contribuent probablement à stabiliser des régions où les gènes sont actifs. Pendant l'interphase, la chromatine de chaque chromosome occupe un secteur étroit et bien délimité à l'intérieur du noyau, et les fibres de chromatine des différents chromosomes ne s'emmêlent pas (**figure 16.23**).

Même au cours de l'interphase, les centromères et les télomères des chromosomes, les corpuscules de Barr des cellules de mammifères femelles et une partie du chromosome Y chez les mammifères (soit, au total, environ 10 % du matériel chromosomique) se trouvent dans un état hautement condensé semblable à celui que l'on observe dans un chromosome métaphasique. Ce type de chromatine interphasique, visible au microscope photonique sous forme d'amas irréguliers, est appelé **hétérochromatine**, par opposition à l'**euchromatine** (« vraie chromatine »), moins compacte. En raison de sa compaction, l'ADN hétérochromatique est en grande partie inaccessible aux structures cellulaires assurant la transcription de l'information génétique codée sous forme d'ADN, une étape essentielle dans l'expression génique. Par contre, étant donné qu'elle est moins condensée, l'euchromatine rend son ADN accessible à ces structures cellulaires et permet la transcription des gènes qu'elle contient. Le chromosome est une structure dynamique qui est condensée, relâchée, modifiée et remodelée au besoin pour différents processus cellulaires, dont la mitose, la méiose et l'activité génique. Les modifications chimiques des histones influent sur l'état de la condensation de la chromatine et exercent également de multiples effets sur l'activité génique, comme nous le verrons au chapitre 18.

Dans le présent chapitre, vous avez appris comment les molécules d'ADN sont ordonnées dans les chromosomes et comment la réplication de l'ADN fournit les copies des gènes que les parents transmettent à leurs descendants. Cependant, il ne suffit pas que les gènes soient copiés et transmis ; l'information qu'ils portent doit être utilisée par la cellule. Autrement dit, les gènes doivent également « être exprimés ». Dans le prochain chapitre, nous étudierons comment une cellule exprime l'information génétique codée sous forme d'ADN.

RETOUR SUR LE CONCEPT 16.3

1. Décrivez la structure d'un nucléosome, l'unité fondamentale de condensation de l'ADN dans les cellules eucaryotes.
2. Quelles sont les deux propriétés, l'une structurale et l'autre fonctionnelle, qui distinguent l'hétérochromatine de l'euchromatine ?
3. **FAITES DES LIENS** Les chromosomes interphasiques semblent liés à la lamina nucléaire et peut-être également à la matrice nucléaire. Décrivez ces deux structures. Voir la page 109 et la figure 6.9 à la page 112.

Voir les réponses proposées à la fin du chapitre.

RÉVISION DU CHAPITRE 16

RÉSUMÉ DES CONCEPTS CLÉS

CONCEPT 16.1

L'ADN constitue le matériel génétique (p. 353 à 359)

- Des expériences menées sur des bactéries et sur des **phages** ont fourni les premières preuves convaincantes que l'ADN consitue bel et bien le matériel génétique.
- Watson et Crick ont démontré que l'ADN a la forme d'une **double hélice** et ont construit un modèle structural. Deux chaînes **antiparallèles** de désoxyribose-phosphate s'enroulent et délimitent l'extérieur de la molécule. Les bases azotées pointent vers l'intérieur, où elles forment des liaisons hydrogène en s'appariant de façon précise: A va avec T, et G avec C.

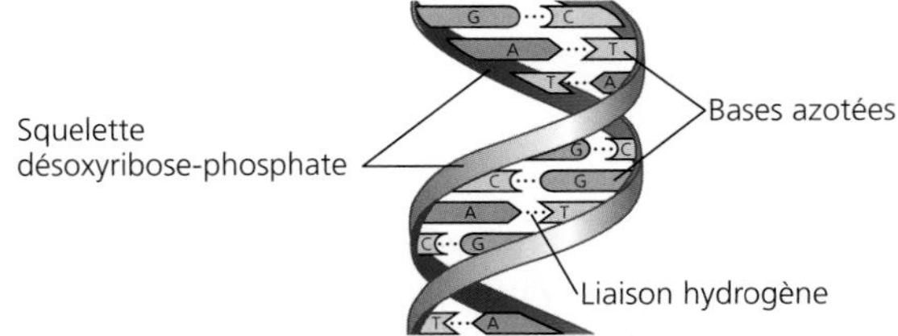
Squelette désoxyribose-phosphate
Bases azotées
Liaison hydrogène
G
C
A
T

Que veut dire l'affirmation selon laquelle les deux brins de l'ADN dans la double hélice sont antiparallèles? À quoi ressemblerait l'extrémité de la double hélice si les brins étaient parallèles?

CONCEPT 16.2

De nombreuses protéines travaillent de concert pour la réplication et la réparation de l'ADN (p. 359 à 369)

- L'expérience de Meselson-Stahl a démontré que la **réplication de l'ADN** est **semi-conservatrice**: la molécule mère se déroule, et chaque brin sert de matrice pour la synthèse d'un nouveau brin, conformément aux règles d'appariement des bases azotées.
- La réplication de l'ADN à une **fourche de réplication** est résumée ci-dessous:

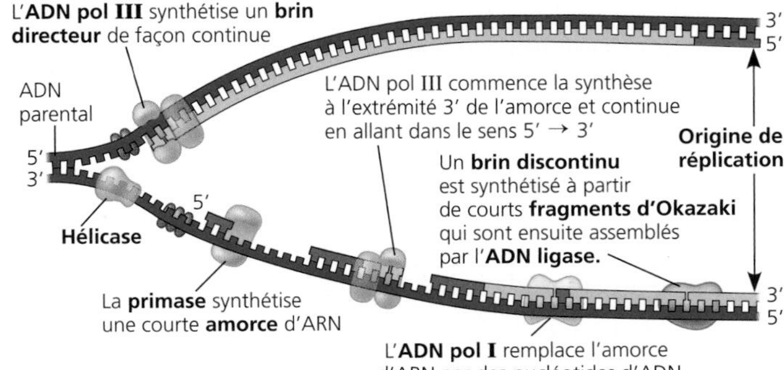
L'**ADN pol III** synthétise un **brin directeur** de façon continue
ADN parental
L'ADN pol III commence la synthèse à l'extrémité 3' de l'amorce et continue en allant dans le sens 5' → 3'
Origine de réplication
Un **brin discontinu** est synthétisé à partir de courts **fragments d'Okazaki** qui sont ensuite assemblés par l'**ADN ligase.**
Hélicase
La **primase** synthétise une courte **amorce** d'ARN
L'**ADN pol I** remplace l'amorce d'ARN par des nucléotides d'ADN
3'
5'

- Des ADN polymérases vérifient que l'ADN nouvellement synthétisé est conforme à ce qu'il devrait être et remplacent les nucléotides erronés. Dans le cas de la **réparation des mésappariements**, d'autres enzymes corrigent les erreurs qui restent. La **réparation par excision de nucléotides** est un processus général par lequel des **nucléases** découpent et remplacent les segments d'ADN qui sont endommagés.
- Chez les Eucaryotes, les extrémités (télomères) des molécules d'ADN linéaires (chromosomes) deviennent de plus en plus courtes à chaque réplication. La présence des **télomères**, des séquences répétitives aux extrémités des molécules d'ADN linéaires, retarde l'érosion des gènes. La **télomérase**, une enzyme présente dans les cellules reproductrices, catalyse leur allongement.

Comparez la réplication de l'ADN sur les brins directeur et discontinu, en distinguant les ressemblances et les différences.

CONCEPT 16.3

Un chromosome est constitué d'ADN et de protéines regroupés en un complexe nucléoprotéique (p. 369 à 372)

- Le chromosome bactérien forme habituellement une molécule de forme circulaire associée avec des protéines, qui constituent le **nucléoïde** de la cellule. Chez les Eucaryotes, la **chromatine** qui constitue un chromosome se compose d'ADN, d'**histones** et d'autres protéines. Les histones se lient les unes aux autres et à l'ADN pour former les **nucléosomes**, la plus petite unité fondamentale du compactage de l'ADN. Les queues des histones font saillie vers l'extérieur de chaque particule cœur des nucléosomes en forme de perles. D'autres formes d'enroulement et de repliement aboutissent à la formation d'une chromatine hautement condensée d'un chromosome métaphasique. Dans les cellules en interphase, la plus grande partie de la chromatine se trouve sous une forme moins compacte (**euchromatine**), mais une partie reste hautement condensée (**hétérochromatine**). L'euchromatine est généralement accessible pour la transcription des gènes, mais pas l'hétérochromatine.

Décrivez les niveaux de condensation de la chromatine qu'on s'attendrait à voir dans un noyau à l'interphase.

ÉVALUATION

NIVEAU 1: CONNAISSANCES ET COMPRÉHENSION

1. En étudiant des bactéries causant une pneumonie chez des souris, Griffith a découvert que:
a) la capsule de protéines provenant de cellules lisses pathogènes peut transformer des cellules rugueuses inoffensives.
b) les cellules lisses pathogènes tuées par la chaleur peuvent causer une pneumonie seulement lorsqu'elles sont transformées par l'ADN des cellules rugueuses.
c) une certaine substance chimique provenant des cellules lisses pathogènes est transmise aux cellules rugueuses inoffensives et les rend pathogènes.
d) la capsule de polysaccharides des cellules rugueuses cause la pneumonie.
e) les bactériophages injectent l'ADN des cellules lisses pathogènes dans les cellules rugueuses inoffensives.

2. Parmi les affirmations suivantes, laquelle explique la différence entre la synthèse d'un brin directeur et celle d'un brin discontinu dans les molécules d'ADN?
a) Les origines de réplication ne se trouvent qu'à l'extrémité 5' de la molécule.
b) Les hélicases et les protéines fixatrices d'ADN monocaténaire agissent à l'extrémité 5'.
c) Les ADN polymérases ne peuvent ajouter de nouveaux nucléotides qu'à l'extrémité 3' d'un brin en cours de synthèse.
d) L'ADN ligase ne fonctionne que dans le sens 3' → 5'.
e) Les ADN polymérases ne peuvent fonctionner que sur un brin à la fois.

3. Si l'on comptait le nombre de bases de chaque type contenues dans un échantillon d'ADN, quel résultat serait en accord avec les règles d'appariement des bases?
a) A = G.
b) A + G = C + T.

c) A + T = G + T.
d) A = C.
e) G = T.

4. Durant la synthèse de l'ADN, l'élongation du brin directeur:
a) se poursuit en s'éloignant de la fourche de réplication.
b) se déroule dans le sens 3′ → 5′.
c) produit des fragments d'Okazaki.
d) dépend de l'action de l'ADN polymérase.
e) s'effectue sans brin matrice.

5. Dans un nucléosome, l'ADN est enroulé autour:
a) de molécules de polymérase.
b) de ribosomes.
c) d'histones.
d) d'un dimère de thymine.
e) d'ADN satellite.

NIVEAU 2: APPLICATION ET ANALYSE

6. Des bactéries *E. coli* cultivées dans un milieu contenant du ^{15}N sont transférées dans un milieu contenant du ^{14}N, où on les laisse croître pendant deux générations (l'ADN se réplique deux fois). On centrifuge ensuite l'ADN extrait de ces bactéries. Quelle devrait être la distribution de la masse volumique de l'ADN à la suite de cette expérience? On devrait obtenir:
a) une bande d'ADN lourd et une bande d'ADN léger.
b) une bande de masse volumique intermédiaire.
c) une bande d'ADN lourd et une bande d'ADN de masse volumique intermédiaire.
d) une bande d'ADN léger et une bande d'ADN de masse volumique intermédiaire.
e) une bande d'ADN léger.

7. Une biochimiste a isolé, purifié et mélangé dans une éprouvette diverses molécules nécessaires à la réplication de l'ADN. Lorsqu'elle a ajouté un peu d'ADN au mélange, une réplication s'est produite, mais chaque molécule d'ADN qui s'est formée se compose d'un brin d'ADN normal apparié à un grand nombre de segments d'ADN d'une longueur de quelques centaines de nucléotides. Quel élément a-t-elle probablement oublié d'incorporer dans le mélange?
a) L'ADN polymérase.
b) L'ADN ligase.
c) Les nucléotides.
d) Les fragments d'Okazaki.
e) La primase.

8. La perte spontanée de groupements amine par l'adénine dans l'ADN produit de l'hypoxanthine, une base azotée peu commune qui s'apparie à la thymine. Quelle combinaison de protéines peut réparer ce type de dommage?
a) Endonucléase, ADN polymérase et ADN ligase.
b) Télomérase, ADN primase et ADN polymérase.
c) Télomérase, hélicase et protéines fixatrices d'ADN monocaténaire.
d) ADN ligase, protéines de réplication et adénylcyclase.
e) Endonucléase, télomérase et ADN primase.

9. **FAITES DES LIENS** Les protéines responsables de l'enroulement du chromosome d'*E. coli* ne sont pas des histones; quelle propriété doit-on s'attendre à ce que ces protéines partagent avec les histones, compte tenu de leur capacité à se lier à l'ADN (voir la figure 5.16, p. 87)?

NIVEAU 3: SYNTHÈSE ET ÉVALUATION

10. Le tableau ci-dessous montre la composition des bases de l'ADN chez différentes espèces. Expliquez comment ces données démontrent les règles de Chargaff.

Source	Adénine	Guanine	Cytosine	Thymine
E. coli	24,7 %	26,0 %	25,7 %	23,6 %
Blé	28,1	21,8	22,7	27,4
Oursin	32,8	17,7	17,3	32,1
Saumon	29,7	20,8	20,4	29,1
Humain	30,4	19,6	19,9	30,1
Bœuf	29,0	21,2	21,2	28,7

11. **LIEN AVEC L'ÉVOLUTION**
Certaines bactéries répondent au stress environnemental en accélérant la fréquence des mutations au cours de la division cellulaire. Comment ce phénomène peut-il se produire? Pourrait-il y avoir un avantage à cette aptitude sur le plan de l'évolution? Expliquez votre réponse.

12. **INTÉGRATION**

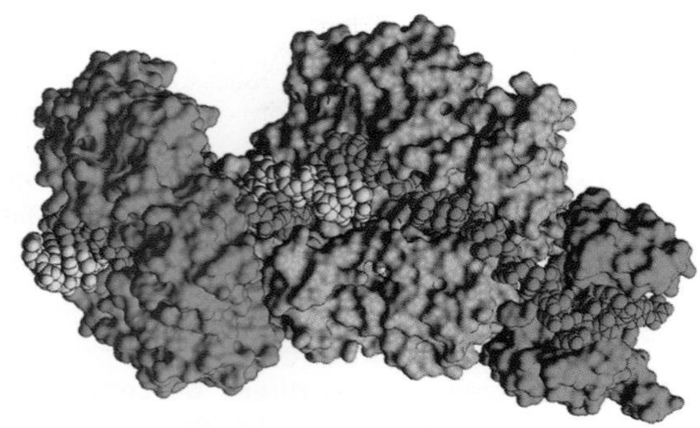

FAITES UN DESSIN La construction de modèles peut s'avérer une étape importante de la démarche scientifique. L'illustration ci-dessus est un modèle généré par ordinateur du complexe de réplication de l'ADN. Les brins d'ADN parental et nouvellement synthétisé sont identifiés par un code de couleurs différentes, tout comme le sont les trois protéines suivantes: ADN pol III, la pince coulissante et la protéine fixatrice d'ADN monocaténaire. À l'aide de ce que vous avez appris dans le présent chapitre, clarifiez ce modèle en identifiant chaque brin d'ADN et chaque protéine et en indiquant le sens général de la réplication de l'ADN.

13. **ÉCRIVEZ UN TEXTE**
Le fondement génétique de la vie; structure et fonction
Les informations héréditaires sous forme d'ADN assurent la continuité de la vie, et la structure et la fonction sont en corrélation à tous les niveaux de l'organisation biologique. Dans un court essai (de 100 à 150 mots), décrivez comment la structure de l'ADN est en corrélation avec son rôle comme fondement moléculaire de l'hérédité.

RÉPONSES DU CHAPITRE 16

Questions des figures

Figure 16.2 Les cellules S vivantes trouvées dans l'échantillon de sang ont été capables de se reproduire pour donner d'autres cellules S, ce qui indique que le caractère S est un changement héréditaire permanent et non une utilisation unique des capsules des cellules mortes de la souche S. **Figure 16.4** Une fois les protéines marquées à l'aide d'isotopes radioactifs (milieu 1), la radioactivité aurait dû être détectée dans le culot des cellules bactériennes parce qu'il aurait fallu que les protéines entrent dans les cellules bactériennes pour les programmer avec les instructions génétiques. Il est difficile pour nous d'imaginer cela aujourd'hui, mais l'ADN aurait pu jouer un rôle structural qui aurait permis à certaines des protéines de pénétrer à l'intérieur de la cellule bactérienne pendant qu'il restait à l'extérieur (on n'aurait donc pas détecté de radioactivité dans le culot du le milieu 2). **Figure 16.11** Le tube provenant de la première réplication aurait la même apparence, avec une bande d'ADN hybride (^{15}N-^{14}N) au milieu, mais le deuxième tube ne présenterait pas la bande du haut avec les deux brins bleu clair. On observerait plutôt une bande inférieure de deux brins bleu foncé, comme la bande inférieure dans le résultat prédit après une réplication dans le modèle conservateur. **Figure 16.12** Dans l'œil tout à fait en haut de la micrographie en (b), les flèches doivent être dessinées en pointant à gauche et à droite pour indiquer les deux fourches de réplication. **Figure 16.14** En regardant n'importe quel brin d'ADN, on voit qu'une extrémité est appelée extrémité 5', et l'autre, extrémité 3'. Si l'on se déplace de l'extrémité 5' vers l'extrémité 3' sur le brin le plus à gauche, par exemple, on énumère les composantes dans l'ordre suivant : groupement phosphate → C 5' du désoxyribose → C 3' → phosphate → C 5' → C 3'. En allant dans le sens contraire sur le même brin, les composantes sont orientées dans l'ordre inverse : C 3' → C 5' → phosphate. Donc, les deux sens sont différents : voilà pourquoi on dit que les brins ont une directionnalité. (Revoyez la figure 16.5, si nécessaire.)

Figure 16.17

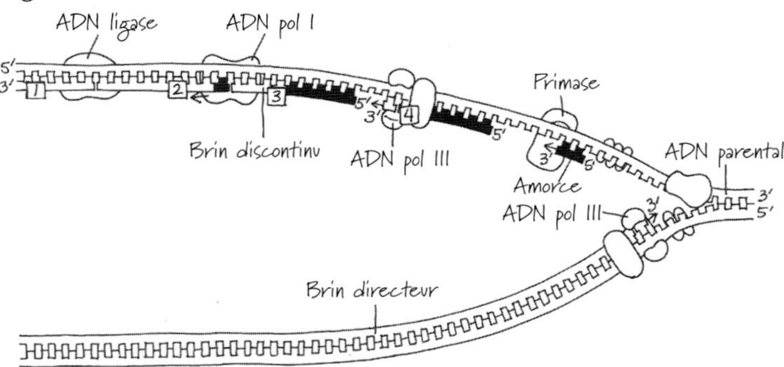

Figure 16.23 Les deux membres de la paire de chromosomes homologues (qui seraient de la même couleur) seraient étroitement associés au niveau de la plaque équatoriale. Cependant, à la métaphase de la mitose, chaque chromosome s'alignerait indépendamment de son homologue, de sorte que les deux chromosomes de la même couleur se retrouveraient à des endroits différents sur la plaque équatoriale.

Retour sur le concept 16.1

1. Selon les règles de Chargaff, les pourcentages de A et T et de G et C présents dans l'ADN sont à peu près égaux, et les données sur les mouches sont conformes à ces règles. (De légères variations proviennent des limites des techniques d'analyse.) **2.** On ne peut pas dire laquelle est l'extrémité 5'. Il faut savoir quelle extrémité porte un groupement phosphate sur le carbone 5' (extrémité 5') ou quelle extrémité porte un groupement —OH sur le carbone 3' (extrémité 3'). **3.** Il s'attendait à ce que la souris qu'il avait inoculée avec le mélange de cellules R vivantes et de cellules S tuées et lysées par l'action de la chaleur survive, étant donné que ni l'un ni l'autre type de cellules seules ne sont pathogènes.

Retour sur le concept 16.2

1. L'appariement des bases complémentaires fait en sorte que les deux molécules filles sont des copies exactes de la molécule mère. Lorsque les deux brins de la molécule mère se séparent, chacun d'eux devient une matrice sur laquelle des nucléotides peuvent être ordonnés par appariement des bases et former un nouveau brin complémentaire.

2.

Protéine	Fonction
Hélicase	Déroule la double hélice parentale aux fourches de réplication.
Protéines fixatrices d'ADN monocaténaire	Se lient à l'ADN monocaténaire et le stabilisent jusqu'à ce qu'il puisse servir de matrice.
ADN gyrase	Allège les tensions dues au surenroulement en amont des fourches de réplication en coupant les brins d'ADN, puis en les faisant pivoter et en les recollant.
Primase	Synthétise une amorce d'ARN à l'extrémité 5' du brin directeur et à l'extrémité 5' de chaque fragment d'Okazaki.
ADN pol III	En utilisant l'ADN parental comme matrice, synthétise un nouveau brin d'ADN par addition de nucléotides liées par des liaisons covalentes à l'extrémité 3' d'un brin d'ADN préexistant ou d'une amorce d'ARN.
ADN pol I	Enlève les nucléotides d'ARN de l'amorce, à partir de son extrémité 5' et les remplace avec des nucléotides d'ADN.
ADN ligase	Lie l'extrémité 3' de l'ADN qui remplace l'amorce au reste du brin directeur et lie les fragments d'Okazaki du brin discontinu.

3. Dans le cycle cellulaire, la synthèse de l'ADN se produit pendant la phase S, entre les phases G_1 et G_2 de l'interphase. La réplication de l'ADN est donc terminée avant que la phase mitotique ne commence. **4.** La synthèse du brin directeur est entreprise par une amorce d'ARN, qui doit être enlevée et remplacée par de l'ADN; cette tâche ne peut pas être accomplie si l'ADN pol I de la cellule n'est pas fonctionnelle. Dans la petite illustration de la figure 16.17, juste à gauche de l'origine de réplication du haut, une ADN pol I fonctionnelle remplacerait l'amorce d'ARN du brin directeur (en rouge) par des nucléotides d'ADN (en bleu).

Retour sur le concept 16.3

1. Un nucléosome est constitué de huit protéines histones, deux molécules de chacun des quatre types différents, autour desquelles l'ADN est enroulé. L'ADN internucléosomique relie les nucléosomes entre eux. **2.** L'euchromatine est la chromatine qui devient moins compacte pendant l'interphase et est accessible aux structures cellulaires assurant l'activité génique. L'hétérochromatine, au contraire, reste très condensée pendant l'interphase et contient des gènes qui sont largement inaccessibles à ces structures. **3.** La lamina nucléaire est un réseau protéique fibreux qui fournit un soutien mécanique à la membrane interne de l'enveloppe nucléaire et maintient donc la forme du noyau. L'existence d'une matrice nucléaire, une structure de fibres protéiques qui s'étend à travers tout l'intérieur du noyau, est également largement prouvée.

Questions du résumé des concepts clés

16.1 Chaque brin dans la double hélice a une polarité, l'extrémité avec un groupement phosphate sur le carbone 5' du désoxyribose étant appelée extrémité 5′, et l'extrémité avec un groupement —OH sur le carbone 3′ du désoxyribose étant appelée extrémité 3′. Les deux brins sont orientés en sens opposés, de sorte que chaque extrémité de la molécule a une extrémité 5′ et une extrémité 3′. Cet arrangement est appelé « antiparallèle ». Si les brins étaient parallèles, ils seraient tous les deux orientés dans la même direction 5′ → 3′, de sorte qu'une extrémité de la molécule aurait soit deux extrémités 5′, soit deux extrémités 3′. **16.2** Sur les brins directeur et discontinu, l'ADN polymérase III se fixe à l'extrémité 3′ d'une amorce d'ARN produite par la primase, synthétisant l'ADN dans le sens 5′ → 3′. Cependant, comme les brins parentaux sont antiparallèles, la synthèse se produit de façon continue dans la fourche de réplication seulement sur le brin directeur. Le brin discontinu est synthétisé à rebours morceau par morceau en une série de fragments plus courts d'Okazaki. Ceux-ci sont ensuite reliés ensemble par l'ADN ligase. Chaque fragment est ébauché par la synthèse d'une amorce d'ARN par la primase aussitôt qu'un segment donné d'un brin matrice monocaténaire est rendu disponible comme matrice à la fourche de réplication. Bien que les deux brins soient synthétisés à la même vitesse, la synthèse du brin discontinu est décalée parce que l'amorce de chaque fragment commence seulement lorsqu'une longueur suffisante du brin matrice est disponible. **16.3** La majeure partie de la chromatine dans un noyau interphasique n'est pas condensée. On la trouve surtout sous forme de fibre de 30 nm, avec une certaine quantité sous forme d'une fibre de 10 nm et sous forme de domaines en boucle de la fibre de 30 nm. (Ces différents niveaux de compactage de la chromatine peuvent refléter les différences dans l'expression génique qui a lieu dans ces régions). Par ailleurs, un faible pourcentage de la chromatine, comme celle des centromères et des télomères, est de l'hétérochromatine hautement condensée.

ÉVALUATION

1. c; **2.** c; **3.** b; **4.** d; **5.** c; **6.** d; **7.** b; **8.** a;
9. Comme pour les histones, on s'attendrait à ce que les protéines d'*E. coli* contiennent beaucoup d'acides aminés basiques (chargés positivement), comme la lysine et l'arginine, qui peuvent former des liaisons faibles avec les groupements phosphate de charge négative sur le squelette désoxyribose-phosphate de la molécule d'ADN. **10.** L'ADN de chaque espèce possède un pourcentage légèrement différent d'une base donnée. Par exemple, le pourcentage de A varie de 24,7 % pour *E. coli* à 32,8 % pour l'oursin. Ces valeurs illustrent la règle de Chargaff, selon laquelle la composition des bases de l'ADN varie d'une espèce à l'autre. L'autre règle de Chargaff stipule que dans une espèce donnée le pourcentage de A est approximativement égal à celui de T, et que le pourcentage de C est approximativement égal à celui de G. Par exemple, l'oursin possède environ 32 à 33 % de A et de T chacun et environ 17 % de G et de C. (Dans votre réponse, vous pouvez utiliser des exemples semblables à partir du tableau.)
12.

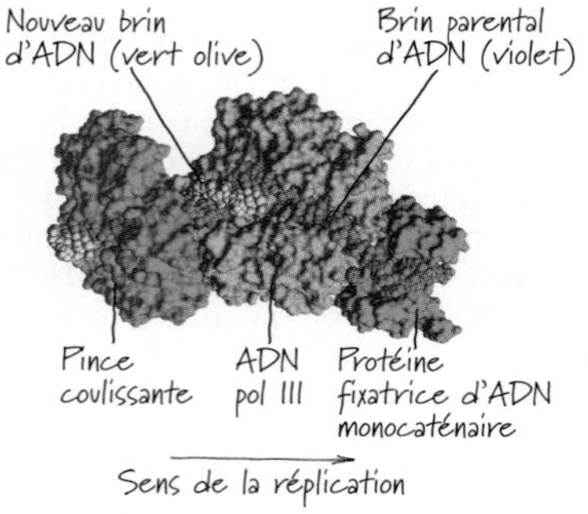

17

Du gène à la protéine

▲ **Figure 17.1 Comment un simple gène défectueux peut-il causer l'aspect étonnant de ce cerf albinos ?**

CONCEPTS CLÉS

17.1 Les gènes codent pour les protéines par l'intermédiaire de la transcription et de la traduction

17.2 La transcription est la synthèse de l'ARN à partir de l'ADN : *une étude détaillée*

17.3 Dans les cellules eucaryotes, l'ARN est modifié après avoir été transcrit

17.4 La traduction est la synthèse d'un polypeptide à partir de l'ARN messager : *une étude détaillée*

17.5 Les mutations d'un ou de quelques nucléotides peuvent modifier la structure et la fonction des protéines

17.6 L'expression génique se manifeste selon des modes différents au sein du monde vivant, mais le concept de gène est universel

INTRODUCTION

La transmission de l'information génétique

En 2006, dans le massif montagneux de l'est de l'Allemagne, un jeune cerf albinos qui a été aperçu gambadant en compagnie de plusieurs cerfs bruns a provoqué un tollé (**figure 17.1**). Une association de chasse locale a annoncé que le cerf albinos souffrait d'un « problème génétique » et devait être abattu. Certaines personnes ont fait valoir qu'il suffirait de l'empêcher de s'accoupler avec d'autres cerfs pour protéger le patrimoine génétique de la population. D'autres encore favorisaient le déplacement du cerf albinos dans une réserve naturelle, craignant qu'il soit trop visible pour les prédateurs s'il était laissé en liberté dans la nature. Une vedette du rock allemande a même tenu un concert-bénéfice afin d'amasser des fonds pour son déplacement. Quelle est la cause du phénotype étonnant de ce cerf, responsable de ce vif débat ?

Au chapitre 14, vous avez appris que les caractères transmis sont déterminés par les gènes et que le caractère de l'albinisme est produit par un allèle récessif du gène de la pigmentation. L'information contenue dans les gènes se présente sous la forme de séquences nucléotidiques précises, alignées sur les brins d'ADN, c'est-à-dire le matériel génétique. Mais comment s'opère le lien entre cette information et les caractères d'un organisme donné ? En d'autres termes, que dit vraiment le gène, et comment les cellules traduisent-elles son message en caractères précis, tels que la couleur des cheveux, le groupe sanguin, ou, dans le cas de ce cerf albinos, l'absence totale de pigmentation ? L'animal possède une version défectueuse d'une protéine essentielle, une enzyme requise pour la synthèse des pigments, et cette protéine est défectueuse parce que le gène qui code pour elle contient des informations erronées.

Cet exemple illustre le thème principal de ce chapitre : c'est en dictant la synthèse de certaines protéines que l'ADN d'un organisme produit des caractères spécifiques. Autrement dit, les protéines représentent le lien entre le génotype et le phénotype. L'**expression génique** est le processus par lequel l'ADN régit la synthèse des protéines (ou, dans certains cas, seulement des ARN). L'expression des gènes qui codent pour les protéines comporte deux étapes : la transcription et la traduction. Le présent chapitre décrit en détail la transmission de l'information des gènes aux protéines et explique comment les mutations génétiques influent sur les organismes en modifiant leurs protéines. À la fin de ce chapitre, quand vous aurez compris le processus des mutations génétiques – qui sont semblables dans les trois domaines du vivant –, nous étudierons en détail le concept de gène.

CONCEPT 17.1

Les gènes codent pour les protéines par l'intermédiaire de la transcription et de la traduction

Avant d'étudier en détail la façon dont les gènes dirigent la synthèse des protéines, prenons le temps d'examiner comment fut découverte la relation fondamentale entre gènes et protéines.

Une preuve à partir de l'étude de maladies métaboliques

En 1902, le médecin britannique Archibald Garrod a émis l'hypothèse selon laquelle les gènes déterminent les phénotypes par l'intermédiaire d'enzymes catalysant certaines réactions chimiques précises dans la cellule. Il a posé comme postulat que les maladies héréditaires reflètent une incapacité à produire une enzyme particulière. Il a qualifié celles-ci d'« erreurs innées du métabolisme ». Il a pris comme exemple une maladie héréditaire appelée alcaptonurie. Les personnes atteintes de cette affection produisent une urine qui paraît noire parce qu'elle contient de l'homogentisate (un sel autrefois appelé alcaptone), qui devient foncé au contact de l'air. Garrod a supposé que les individus normaux produisent une enzyme qui métabolise l'homogentisate, tandis que les personnes alcaptonuriques ont hérité d'une incapacité à fabriquer cette enzyme.

Garrod a probablement été le premier à reconnaître que les principes d'hérédité de Mendel s'appliquent tant aux humains qu'aux pois. En formulant une telle hypothèse, Garrod était en avance sur son temps. Des recherches effectuées plusieurs décennies plus tard ont permis de confirmer que la fonction d'un gène est bel et bien de dicter la production d'une enzyme spécifique. Les biochimistes ont apporté de nombreux éléments de preuve pour expliquer comment les cellules synthétisent et dégradent la plupart des molécules organiques : elles empruntent des voies métaboliques dans lesquelles chacune des réactions chimiques d'une séquence particulière est catalysée par une enzyme spécifique (voir p. 160). Ce sont ces voies métaboliques qui mènent, par exemple, à la synthèse des pigments qui confèrent une couleur donnée au pelage des cerfs bruns de la figure 17.1 ou aux yeux des drosophiles (voir la figure 15.3, p. 331). Dans les années 1930, George Beadle, un biochimiste et généticien américain, et Boris Ephrussi, son collègue français, ont avancé que chacune des diverses mutations affectant la couleur des yeux des drosophiles bloque la synthèse d'un pigment particulier. Ce blocage survient à un stade spécifique et empêche la production de l'enzyme catalysant l'étape correspondante. Mais on ignorait alors tout des réactions chimiques en question et des enzymes qui les catalysent.

Les mutants auxotrophes de* Neurospora

Quelques années plus tard, à la Stanford University, George Beadle et Edward Tatum ont fait une découverte décisive touchant la relation entre gènes et enzymes. Ils ont effectué leurs recherches sur la moisissure rouge du pain, *Neurospora crassa*, un organisme qui passe la majeure partie de son cycle de développement, d'ailleurs très court, à l'état haploïde, ce qui empêche les mutations d'être masquées par l'allèle dominant. (Le cycle de développement de *Neurospora* sera vu au chapitre 31.) Beadle et Tatum ont bombardé cet organisme avec des rayons X (il avait été démontré dans les années 1920 que les rayons X causent des modifications génétiques) et cherché, parmi les survivants, des mutants n'ayant pas les mêmes besoins nutritionnels que les individus du type sauvage. Précisons ici que ces derniers ont des besoins en nutriments limités. En laboratoire, *Neurospora* peut se développer sur une simple solution composée d'un mélange de sels inorganiques, de glucose et de biotine (une vitamine hydrosoluble) incorporée à un milieu de culture solidifié par de l'agar. À partir de ce *milieu minimal*, les cellules de la moisissure en question produisent toutes les molécules (y compris les acides aminés) dont elles ont besoin par l'intermédiaire de leurs activités métaboliques. Mais Beadle et Tatum ont identifié des mutants incapables de survivre dans le milieu minimal : ils ne pouvaient apparemment pas synthétiser certaines molécules essentielles à partir des ingrédients disponibles. Pour permettre à ces mutants de survivre, Beadle et Tatum les ont laissés se développer dans un *milieu de culture complet*, c'est-à-dire dans un milieu minimal auquel avaient été ajoutés les 20 acides aminés et quelques autres nutriments. Le milieu de culture complet pouvait assurer la survie de tout mutant qui ne pouvait pas synthétiser l'un des suppléments.

Déterminés à mettre en évidence l'anomalie métabolique présente chez les mutants, Beadle et Tatum ont prélevé des échantillons de chaque type de mutant survivant dans le milieu complet. Ils les ont répartis dans plusieurs récipients. Chacun de ceux-ci renfermait le milieu minimal ainsi qu'un seul nutriment supplémentaire. Les deux chercheurs ont pu établir la nature de l'anomalie métabolique en notant quel supplément permettait la croissance des organismes. Par exemple, si un mutant ne se développait que dans le récipient contenant un supplément d'arginine, c'est qu'il devait être atteint d'une déficience de la voie métabolique permettant la synthèse de cet acide aminé.

En fait, les mutants qui ont besoin d'arginine ont été obtenus et étudiés par deux collègues de Beadle et Tatum, Adrian Srb et Norman Horowitz, qui voulaient effectuer des recherches sur la voie biochimique de la synthèse de l'arginine chez *Neurospora* (**figure 17.2**). Srb et Horowitz ont entrepris de caractériser la déficience de chacun des mutants avec plus de précision, en effectuant d'autres tests afin d'identifier les trois catégories de mutants pour l'arginine. Les mutants de chaque catégorie avaient besoin d'un ensemble différent de composés dans la voie de synthèse de l'arginine, qui comporte trois étapes. Ces résultats, ainsi que ceux de nombreuses expériences semblables effectuées par Beadle et Tatum, semblaient indiquer que ces trois catégories de mutants présentaient un blocage à différentes étapes de la voie de synthèse de l'arginine et qu'il leur manquait l'enzyme catalysant l'étape correspondante.

Comme un seul gène était déficient dans chaque cas, Beadle et Tatum ont vu que, dans leur ensemble, les résultats obtenus constituaient un argument de taille en faveur de l'hypothèse de travail qu'ils avaient formulée. Selon cette hypothèse, appelée *un gène, une enzyme*, chaque gène a pour fonction de diriger la production d'une enzyme particulière. Des expériences biochimiques ultérieures ont permis d'identifier les enzymes dont les mutants étaient dépourvus, ce qui permit de confirmer encore un peu plus cette hypothèse. Beadle et Tatum ont reçu conjointement un prix Nobel en 1958 pour « leur découverte que les gènes agissent en régulant des événements chimiques définis » (selon la formulation du comité Nobel).

* *Auxotrophe* se dit d'un mutant dont la croissance nécessite l'apport extérieur d'un nutriment, ce mutant étant devenu incapable de le synthétiser par lui-même.

▼ **Figure 17.2** **INVESTIGATION**

Des gènes individuels codent-ils pour la production d'enzymes qui participent à une voie biochimique ?

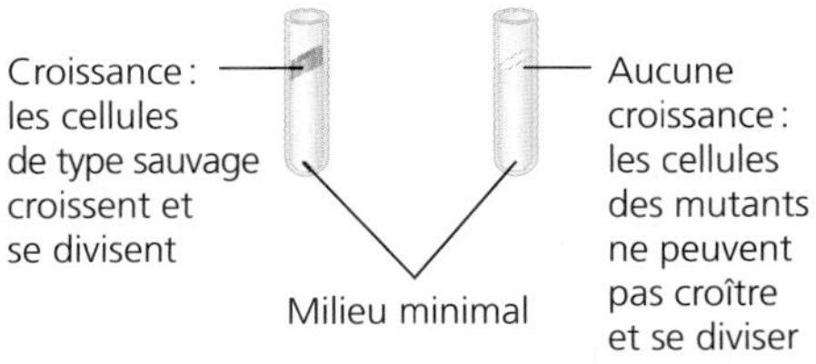

EXPÉRIENCE Au cours de leurs travaux sur la moisissure rouge du pain, *Neurospora crassa*, Adrian Srb et Norman Horowitz ont utilisé l'approche expérimentale de Beadle et Tatum pour isoler des mutants nécessitant de l'arginine dans leur milieu de culture. Les chercheurs ont établi que leurs mutants se regroupaient en trois catégories, chacune de celles-ci portant une mutation sur un gène différent. D'autres études leur ont permis de supposer que la voie métabolique de la biosynthèse de l'arginine comportait un nutriment précurseur ainsi que l'ornithine et la citrulline comme molécules intermédiaires. Dans leur expérience la plus célèbre, que nous illustrons ci-dessous, ils ont mis à l'épreuve leur hypothèse un gène, une enzyme et leur postulat sur la voie de synthèse de l'arginine. Dans cette expérience, ils ont placé leurs trois classes de mutants et la souche de type sauvage dans quatre milieux de croissance différents, illustrés dans le tableau ci-contre. Ils ont inclus le milieu minimal (MM) comme témoin parce qu'ils savaient que les cellules de type sauvage pouvaient croître sur le MM, mais que les cellules des mutants ne le pouvaient pas. (Voir les éprouvettes en haut à droite.)

Croissance : les cellules de type sauvage croissent et se divisent
Aucune croissance : les cellules des mutants ne peuvent pas croître et se diviser
Milieu minimal

RÉSULTATS La souche de type sauvage peut croître dans n'importe quelles conditions expérimentales n'exigeant qu'un milieu de croissance minimal. Les trois types de mutants avaient chacun leur propre ensemble d'exigences de croissance. Par exemple, les mutants de la catégorie II étaient incapables de croître en présence d'ornithine seulement, mais ils arrivaient à se développer quand on ajoutait de la citrulline ou de l'arginine.

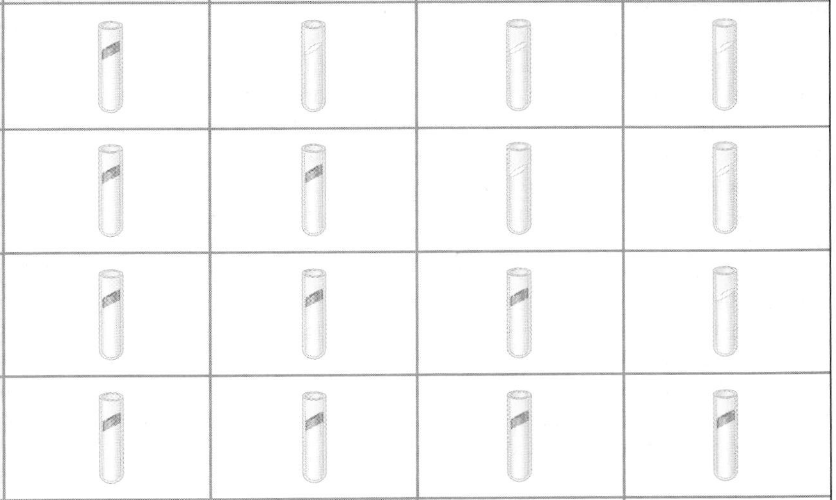

Condition	Types de *Neurospora crassa*			
	Type sauvage	**Mutants, catégorie I**	**Mutants, catégorie II**	**Mutants, catégorie III**
Milieu minimal (MM) (témoin)	croissance	aucune croissance	aucune croissance	aucune croissance
MM + ornithine	croissance	croissance	aucune croissance	aucune croissance
MM + citrulline	croissance	croissance	croissance	aucune croissance
MM + arginine (témoinl)	croissance	croissance	croissance	croissance
Résumé des résultats	Croissance avec ou sans suppléments	Croissance sur l'ornithine, la citrulline ou l'arginine	Croissance seulement sur la citrulline ou l'arginine	Croissance impossible sans arginine

CONCLUSION À partir des résultats de l'expérience de croissance, Srb et Horowitz ont conclu qu'il manquait à chaque catégorie de mutants l'une des étapes de la voie de synthèse de l'arginine, probablement parce que les mutants ne produisaient pas l'enzyme correspondante. Étant donné que chacun des mutants portait une mutation sur un seul gène, ils en ont conclu que chaque gène mutant devait normalement coder pour la production d'une enzyme. Leurs résultats constituaient un argument en faveur de l'hypothèse un gène, une enzyme proposée par Beadle et Tatum et confirmaient également que la voie métabolique de l'arginine dans le foie des Mammifères fonctionne également chez *Neurospora*. (Notez dans la section Résultats qu'un mutant se développe seulement si on lui fournit un composé synthétisé *après* l'étape défectueuse, ce qui permet de contourner l'anomalie.)

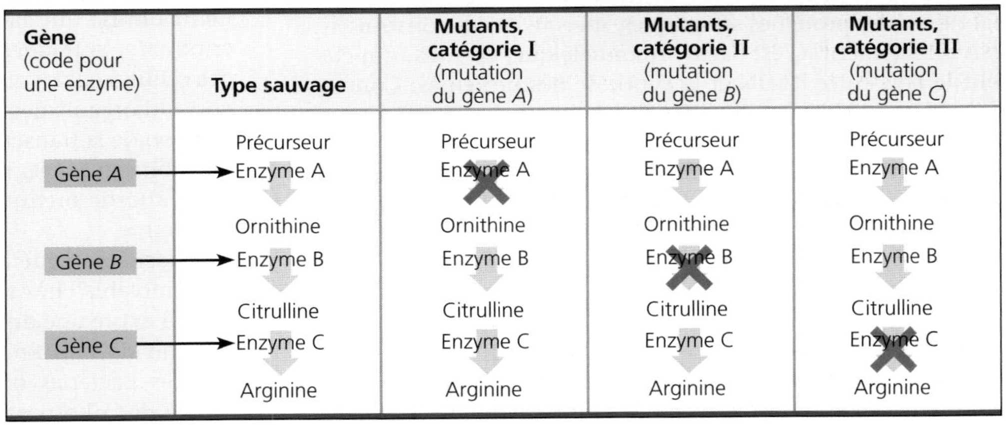

Gène (code pour une enzyme)	**Type sauvage**	**Mutants, catégorie I** (mutation du gène *A*)	**Mutants, catégorie II** (mutation du gène *B*)	**Mutants, catégorie III** (mutation du gène *C*)
	Précurseur	Précurseur	Précurseur	Précurseur
Gène *A* →	Enzyme A	Enzyme A (X)	Enzyme A	Enzyme A
	Ornithine	Ornithine	Ornithine	Ornithine
Gène *B* →	Enzyme B	Enzyme B	Enzyme B (X)	Enzyme B
	Citrulline	Citrulline	Citrulline	Citrulline
Gène *C* →	Enzyme C	Enzyme C	Enzyme C	Enzyme C (X)
	Arginine	Arginine	Arginine	Arginine

SOURCE A. M. Srb et N. H. Horowitz, The ornithine cycle in *Neurospora* and its genetic control, *Journal of Biological Chemistry* 154:129-139 (1944).

ET SI ? Supposons que l'expérience a démontré que les mutants de la catégorie I ne peuvent croître que dans un MM auquel on a ajouté de l'ornithine ou de l'arginine et que ceux de la catégorie II peuvent croître dans un MM enrichi de citrulline, d'ornithine ou d'arginine. Quelles conclusions les chercheurs auraient-ils dû tirer de ces résultats concernant la voie biochimique et l'anomalie chez les mutants de la catégorie I et de la catégorie II ?

Les produits de l'expression génique: une histoire à suivre

Au fur et à mesure que des connaissances plus précises sur les protéines se sont accumulées, il a fallu modifier l'hypothèse un gène, une enzyme. Tout d'abord, toutes les protéines ne sont pas des enzymes. Ainsi, la kératine, qui est la protéine structurale du poil des Mammifères, et l'insuline, une hormone, sont deux protéines non enzymatiques. Comme certains gènes commandent la synthèse de protéines qui ne sont pas des enzymes, les biologistes moléculaires ont supposé qu'un gène correspondait à une protéine. Cependant, de nombreuses protéines sont construites à partir de deux ou de plusieurs chaînes polypeptidiques différentes, chacune ayant son propre gène. Par exemple, l'hémoglobine (une protéine des globules rouges des Vertébrés qui a pour fonction de transporter le dioxygène) contient deux types de polypeptides et est produite à partir de deux gènes (voir la figure 5.20, p. 90). Il a donc fallu reformuler l'hypothèse de Beadle et Tatum sous la forme *un gène, un polypeptide*. Toutefois, même sous cette forme, cette description n'est pas tout à fait exacte. Premièrement, de nombreux gènes eucaryotes codent chacun pour un ensemble de polypeptides étroitement apparentés par l'intermédiaire d'un processus appelé épissage alternatif, que vous étudierez plus loin dans le présent chapitre. Deuxièmement, un bon nombre de gènes codent pour des molécules d'ARN qui exercent des fonctions importantes dans les cellules, même s'ils ne sont jamais traduits en protéines. Pour l'instant, nous nous limiterons aux gènes qui codent pour des polypeptides. Notons ici que l'on mentionne souvent les protéines plutôt que les polypeptides, ce qui serait plus précis, comme produits des gènes (c'est la pratique qui a été adoptée dans le présent ouvrage).

Les principes généraux de la transcription et de la traduction

Les gènes contiennent les instructions qui permettent de fabriquer des protéines spécifiques, mais ils ne les construisent pas directement. C'est l'acide ribonucléique, ou ARN, qui établit le lien entre l'ADN et la synthèse des protéines. Comme vous l'avez appris au chapitre 5, l'ARN est semblable chimiquement à l'ADN. Cependant, dans l'ARN, un ribose (un glucide) remplace le désoxyribose, et l'uracile (une base azotée) remplace la thymine (voir la figure 5.26, p. 96). Autrement dit, le long d'un brin d'ADN, chaque nucléotide est composé d'une base azotée qui peut être A, G, C ou T. Par contre, le long d'un brin d'ARN, chaque nucléotide est constitué d'une base azotée qui peut être A, G, C ou U. Par ailleurs, la molécule d'ARN est généralement formée d'un seul brin.

La description du passage de l'information du gène à la protéine se rapporte souvent à la linguistique: les acides nucléiques et les protéines contiennent des séquences spécifiques de monomères qui véhiculent une information, tout comme certaines séquences précises de lettres permettent de transmettre une information dans une langue donnée. Dans l'ADN et l'ARN, les quatre types de nucléotides constituent les monomères en question: ils diffèrent par leur base azotée. Les gènes se composent généralement de centaines ou de milliers de nucléotides, et chaque gène comporte une séquence de nucléotides qui lui est spécifique. Dans les protéines aussi, chaque polypeptide présente des monomères alignés dans un ordre précis (la structure primaire des protéines), mais chacun de ceux-ci est un acide aminé. Les acides nucléiques et les protéines contiennent donc une information écrite dans deux langages chimiques différents. Le passage de l'un à l'autre se fait en deux étapes principales, appelées transcription et traduction.

La **transcription** est la synthèse d'ARN à partir de l'information contenue dans l'ADN. Les deux acides nucléiques présentent des formes différentes du même langage, et l'information est simplement transcrite, ou transposée, de l'ADN à l'ARN. La séquence de nucléotides d'ADN constitue une matrice servant à l'assemblage d'une séquence de nucléotides d'ARN, de la même façon qu'elle constitue une matrice pour la synthèse d'un brin complémentaire pendant la réplication de l'ADN. Pour une protéine codée par un gène, la molécule d'ARN qui en résulte est donc une transcription fidèle des instructions fournies par un gène en vue de la construction d'une protéine. Ce type de molécule d'ARN est appelé **ARN messager** (**ARNm**), parce qu'il joue le rôle de messager génétique entre l'ADN et le dispositif de synthèse protéique de la cellule. (D'une manière générale, on nomme transcription la synthèse de *tout type* d'ARN à partir d'une matrice d'ADN. Plus loin dans ce chapitre, vous verrez que l'ARNm n'est pas le seul type d'ARN produit par transcription.)

La **traduction** est la synthèse d'un polypeptide à partir des informations contenues dans l'ARNm. À cette étape, il y a passage d'un langage à l'autre: la cellule doit traduire la séquence de nucléotides d'une molécule d'ARNm en une séquence d'acides aminés appartenant à un polypeptide. La traduction se déroule dans les **ribosomes**, des organites complexes qui participent à la formation de chaînes polypeptidiques en permettant l'assemblage ordonné des acides aminés.

La transcription et la traduction se déroulent dans tous les organismes, qu'ils possèdent des noyaux entourés d'une membrane (Eucaryotes) ou non (les Bactéries et les Archées). Étant donné que la plupart des études portant sur la transcription et la traduction ont été effectuées sur des bactéries et des cellules eucaryotes, nous nous attarderons à ces deux catégories d'organismes dans le présent chapitre. Notre compréhension de la transcription et de la traduction chez les Archées est moins avancée, mais dans la dernière section du chapitre nous aborderons quelques aspects de l'expression génique archéenne.

Le schéma général de la transcription et de la traduction est semblable chez les Bactéries et les organismes eucaryotes, mais il existe une différence importante sur le plan de la transmission de l'information au sein des cellules. Étant donné que les Bactéries n'ont pas de noyau, leur ADN n'est pas séparé des ribosomes et des autres outils essentiels à la synthèse protéique par une membrane nucléaire (**figure 17.3a**). Comme vous le verrez plus loin, cette absence de cloisonnement permet à la traduction d'un ARNm de commencer pendant que sa transcription est en cours. Par contre, dans la cellule eucaryote, la présence de l'enveloppe nucléaire empêche la transcription et la traduction de se dérouler au même endroit et au même moment (**figure 17.3b**). La transcription a lieu dans le noyau, puis l'ARNm est transporté dans le cytoplasme, où s'effectue la traduction. Cependant, avant de pouvoir quitter le noyau, les transcrits d'ARN eucaryotes produits par les gènes codant pour une protéine subissent diverses transformations. Ce n'est qu'après ces modifications qu'ils deviennent des ARNm définitifs et fonctionnels. La transcription du gène eucaryote codant pour une protéine produit de l'*ARN prémessager*; ensuite, la maturation de l'ARN donne la version définitive de l'ARNm. De façon plus générale, on appelle **transcrit primaire** la première version d'ARN qui résulte de la transcription d'un gène, y compris ceux qui codent pour un ARN qui n'est pas traduit en protéine.

Résumons donc: les gènes programment la synthèse des protéines par l'intermédiaire de messages génétiques qui se présentent sous la forme d'ARN messagers. Autrement dit, les cellules sont régies par une chaîne de commandement de nature moléculaire avec un flux d'information génétique directionnel, illustré ici par des flèches:

Cette chaîne de commandement a été baptisée *dogme central* par Francis Crick, en 1956. Comment ce concept a-t-il tenu la route avec le temps? En 1970, les scientifiques ont découvert avec surprise que certaines molécules d'ARN pouvaient servir de matrices pour la synthèse de l'ADN, un processus que nous décrirons au chapitre 19. Cependant, ces exceptions n'invalident nullement l'idée selon laquelle, en règle générale, l'information génétique passe de l'ADN à l'ARN, puis de l'ARN à la protéine. Dans la prochaine section, nous verrons comment les acides nucléiques encodent l'ordre d'assemblage des acides aminés.

Le code génétique

Lorsque les biologistes ont commencé à se douter que l'ADN contenait les instructions pour la synthèse des protéines, ils se sont posé la question suivante: comment quatre nucléotides seulement peuvent-ils détenir le message génétique correspondant à 20 acides aminés différents? Le code génétique ne peut constituer un langage analogue au chinois, langue dans laquelle chaque symbole d'écriture représente un mot unique. Combien de nucléotides, alors, correspondent à un acide aminé?

Les codons: des triplets de nucléotides

Si chaque base nucléotidique était traduite en un acide aminé, il ne pourrait y avoir que quatre acides aminés codés au lieu de 20. Alors, un langage avec des mots de deux lettres suffirait-il? Par exemple, la séquence de deux nucléotides AG désignerait un acide aminé, et GT, un autre acide aminé, etc. Étant donné qu'il y a quatre bases nucléotidiques possibles dans chaque position, cela donnerait 16 (4^2) combinaisons possibles. Or, ce nombre ne suffit toujours pas à détenir le message génétique correspondant aux 20 acides aminés existants.

Les plus courtes séquences de longueur égale permettant de coder pour tous les acides aminés comprennent en fait trois bases azotées. En effet, si chaque combinaison de trois bases nucléotidiques consécutives représente un acide aminé, il est possible d'écrire 64 mots de code (4^3); c'est plus qu'il n'en faut pour représenter les 20 acides aminés. Des expériences ont permis de confirmer que le flux d'information allant du gène à la protéine repose sur un **code à triplets**. Les instructions pour la synthèse d'une chaîne polypeptidique se présentent sous la forme d'une série de

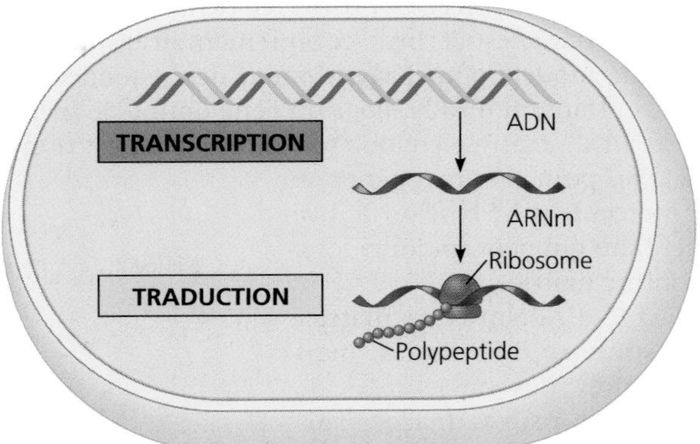

(a) Cellule bactérienne. Dans une cellule bactérienne, qui n'a pas de noyau, l'ARNm produit par la transcription est immédiatement traduit, sans aucune maturation.

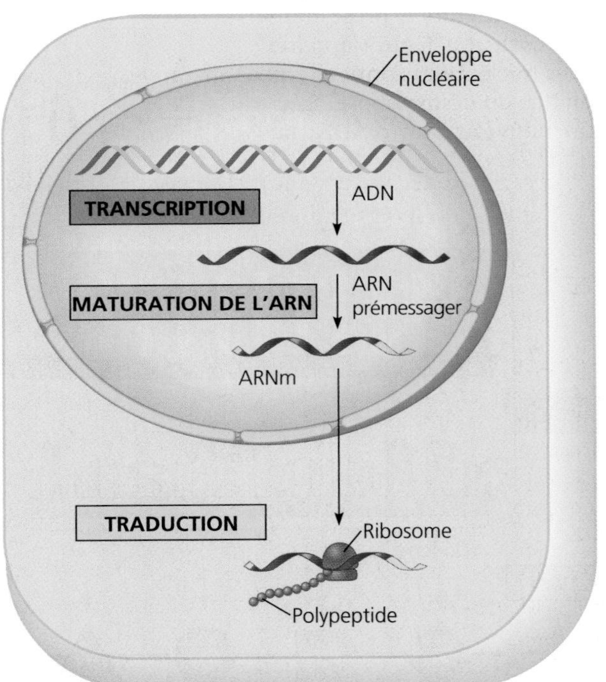

(b) Cellule eucaryote. Le noyau constitue un compartiment distinct dans lequel se déroule la transcription. Le premier transcrit d'ARN, appelé ARN prémessager, subit une maturation en plusieurs étapes, puis il quitte le noyau sous forme d'ARNm.

▲ **Figure 17.3 Vue d'ensemble: le rôle de la transcription et de la traduction dans la transmission de l'information génétique.** Dans la cellule, l'information génétique passe de l'ADN à l'ARN, puis de l'ARN à la protéine. Les deux étapes principales de la transmission de l'information sont la transcription et la traduction. Plusieurs figures apparaissant plus loin dans ce chapitre sont accompagnées d'une image réduite de la partie (a) ou de la partie (b); vous pourrez ainsi situer ces figures dans le processus global.

mots composés chacun de trois nucléotides d'ADN qui ne se chevauchent pas. La série de mots dans un gène est transcrite en une série complémentaire de mots composés chacun de trois nucléotides dans l'ARNm, qui est ensuite traduite en une chaîne d'acides aminés (**figure 17.4**).

Au cours de la transcription, le gène détermine la séquence des bases nucléotidiques de la molécule d'ARN qui est synthétisée. Un seul des deux brins d'ADN de chaque gène est transcrit. Nous l'appellerons **brin matrice** (le brin non transcrit, ou brin codant, est le brin complémentaire). Ce brin matrice sert de modèle pour l'agencement des séquences de nucléotides du transcrit d'ARN. Pour un gène donné, le même brin peut servir de matrice chaque fois que le gène est transcrit, alors que, pour d'autres gènes sur la même molécule d'ADN, c'est le brin complémentaire qui peut toujours fonctionner comme matrice.

La molécule d'ARNm et sa matrice d'ADN ne sont pas identiques, mais complémentaires: les nucléotides de l'ARN s'assemblent sur la matrice suivant les règles de l'appariement des bases (voir la figure 17.4). Les paires de bases sont identiques à celles qui se forment pendant la réplication de l'ADN, à une différence près: dans l'ARN, c'est U et non T qui s'apparie avec A, et les nucléotides contiennent le ribose au lieu du désoxyribose. Tout comme un nouveau brin d'ADN, la molécule d'ARN est synthétisée dans le sens antiparallèle du brin matrice de l'ADN. (Pour revoir ce que signifie «antiparallèle» et ce que sont les extrémités 5′ et 3′ d'une chaîne d'acides nucléiques, consultez la figure 16.7, p. 358.) Dans l'exemple de la figure 17.4, le triplet ACC de l'ADN (écrit sous la forme 3′-ACC-5′) constitue la matrice pour 5′-UGG-3′ dans la molécule d'ARNm. Les triplets de l'ARNm sont appelés **codons**, et sont habituellement écrits dans le sens 5′ → 3′. Dans notre exemple, UGG est le codon de l'acide aminé appelé tryptophane (dont l'abréviation est Trp). Notons ici que le terme *codon* désigne parfois aussi les triplets de l'ADN sur le brin *non transcrit*. Ces codons sont complémentaires au brin matrice et par conséquent de séquence identique à l'ARNm, à la différence près qu'ils comportent T et non U; nous préférons appeler **génons** ces triplets d'ADN afin d'éviter toute confusion.

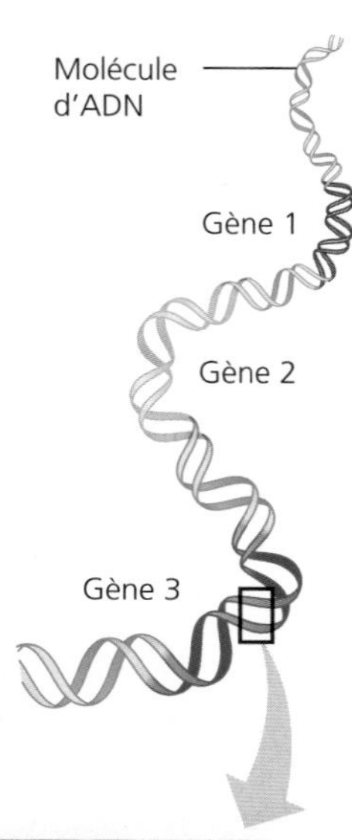

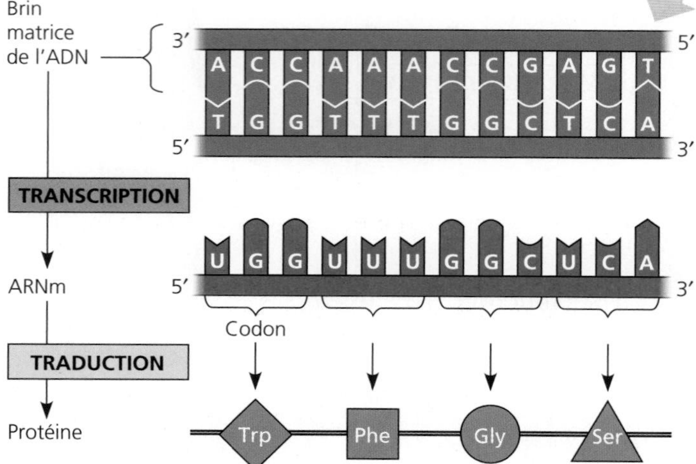

▲ **Figure 17.4 Le code à triplets.** Pour chaque gène, un seul brin d'ADN sert de matrice pour la transcription des ARN, tels que l'ARNm. Les règles de l'appariement des bases qui régissent la synthèse de l'ADN s'appliquent également à la transcription, mis à part le fait que l'uracile (U) remplace la thymine (T) dans l'ARN. Pendant la traduction, l'ARNm est lu comme une séquence de triplets de nucléotides appelés codons. Chaque codon représente un acide aminé qui doit être ajouté au bout de la chaîne polypeptidique en cours de synthèse. L'ARNm est lu dans le sens 5′ → 3′.

? *Comparez la séquence de l'ARNm à celle du brin d'ADN codant, non transcrit, dans les deux cas en lisant dans le sens 5′ → 3′. Qu'observez-vous?*

Au cours de la traduction, la séquence de codons alignés sur la molécule d'ARNm est décodée, ou traduite, en une séquence d'acides aminés constituant une chaîne polypeptidique. Le dispositif de traduction lit les codons dans le sens 5′ → 3′ le long de l'ARNm. Chaque codon présent sur la molécule d'ARNm détermine lequel des 20 acides aminés sera inséré à la position correspondante dans le polypeptide. Comme les codons sont des triplets de bases azotées, le nombre de nucléotides constituant le message génétique doit être trois fois plus élevé que le nombre d'acides aminés dans la protéine finale. Par exemple, il faut une séquence codante de 300 nucléotides sur un brin d'ARNm pour coder les acides aminés dans un polypeptide long de 100 acides aminés.

Le décryptage du code

Les biologistes moléculaires ont décrypté le code de la vie au début des années 1960. À cette époque, une série d'expériences remarquables ont permis de connaître la traduction de chaque codon d'ARNm en un acide aminé. Marshall Nirenberg et Heinrich Matthaei, des National Institutes of Health, aux États-Unis, ont déchiffré le premier codon en 1961. Ils ont synthétisé un ARNm artificiel en reliant des nucléotides d'ARN identiques, dont la base était toujours l'uracile. Ainsi, peu importait où le message commençait ou finissait: il ne contenait qu'un seul codon, UUU, répété plusieurs fois. Dans une éprouvette, Nirenberg a ajouté ce «poly-U» à un mélange contenant des acides aminés, des ribosomes et les autres molécules nécessaires à la synthèse des protéines chez *E. coli*. Son système artificiel a traduit le poly-U en un polypeptide formé d'une longue chaîne de phénylalanine (Phe); Nirenberg a ainsi déterminé que le codon d'ARNm UUU représentait donc le code de la phénylalanine. Peu de temps après, on a trouvé les acides aminés correspondant aux codons AAA, GGG et CCC.

Il a fallu employer des techniques plus élaborées pour décoder des triplets mixtes, tels que AUA et CGA. Toutefois, vers le milieu des années 1960, les 64 codons étaient déchiffrés. Comme vous pouvez le voir à la **figure 17.5**, sur les 64 triplets, 61 codent pour les acides aminés. Les trois codons qui ne désignent pas des acides aminés (UAA, UAG et UGA) codent pour des signaux d'«arrêt» marquant la fin de la traduction. Remarquez que le triplet AUG a une double fonction: il détient le message génétique correspondant à un acide aminé, la méthionine (Met), et il sert aussi de signal de «départ». Les messages génétiques commencent généralement par le codon AUG. Celui-ci indique où le dispositif de synthèse protéique doit entreprendre la traduction de l'ARNm. (Étant donné que AUG code également pour la méthionine, toutes les chaînes peptidiques nouvellement synthétisées débutent par cet acide aminé. Plus tard, une enzyme peut détacher celui-ci du polypeptide.)

En consultant la figure 17.5, vous pouvez remarquer que le code génétique est redondant; il n'est cependant jamais ambigu. Le tryptophane et la méthionine sont les deux seuls acides aminés désignés par un unique codon. Tous les autres acides aminés sont désignés par au moins deux codons et certains par six (redondance). Par exemple, GAA et GAG donnent tous deux l'acide glutamique. Toutefois, aucun codon ne code pour plus d'un acide aminé (il n'y a pas d'ambiguïté). La redondance du code n'est pas seulement l'effet du hasard. Dans de nombreux cas, les codons «synonymes» ne diffèrent que par la troisième base nucléotidique du triplet. Plus loin dans ce chapitre, nous verrons un des avantages de cette redondance.

Un message écrit ne peut être compris que si les symboles sont lus dans le bon ordre et selon les bons groupements; c'est ce que l'on appelle le **cadre de lecture**. Prenons, par exemple, la phrase suivante: «Ils ont élu roi mon ami qui fut ému.» Si l'on forme des groupements erronés en commençant au mauvais endroit, le message devient incompréhensible: «lso nté lur oim ona miq uif uté mu.» Le cadre de lecture revêt une importance cruciale dans le langage moléculaire de la cellule. La synthèse du court segment polypeptidique représenté à la figure 17.4 ne se déroule correctement que si la lecture des nucléotides d'ARNm se fait de gauche à droite (5′→ 3′) et selon les groupements suivants: UGG UUU GGC UCA. Bien qu'aucun espace ne sépare les différents codons dans le message génétique, celui-ci est lu comme une série de mots de seulement trois lettres par les enzymes de la synthèse protéique de la cellule. En d'autres termes, les codons ne se chevauchent pas. Ils sont lus successivement et non comme une série de triplets qui se recouvrent (UGGUUU, etc.), ce qui produirait un message totalement différent.

Deuxième base de l'ARNm

Première base de l'ARNm (extrémité 5′ du codon)	U	C	A	G	Troisième base de l'ARNm (extrémité 3′ du codon)
U	UUU Phe	UCU Ser	UAU Tyr	UGU Cys	U
	UUC	UCC	UAC	UGC	C
	UUA Leu	UCA	UAA Arrêt	UGA Arrêt	A
	UUG	UCG	UAG Arrêt	UGG Trp	G
C	CUU Leu	CCU Pro	CAU His	CGU Arg	U
	CUC	CCC	CAC	CGC	C
	CUA	CCA	CAA Gln	CGA	A
	CUG	CCG	CAG	CGG	G
A	AUU Ile	ACU Thr	AAU Asn	AGU Ser	U
	AUC	ACC	AAC	AGC	C
	AUA	ACA	AAA Lys	AGA Arg	A
	AUG Met ou départ	ACG	AAG	AGG	G
G	GUU Val	GCU Ala	GAU Asp	GGU Gly	U
	GUC	GCC	GAC	GGC	C
	GUA	GCA	GAA Glu	GGA	A
	GUG	GCG	GAG	GGG	G

▲ **Figure 17.5 Le tableau des codons pour l'ARNm.** Dans ce tableau, on désigne les trois bases d'un codon d'ARNm par *première*, *deuxième* et *troisième* base. Elles sont lues dans le sens 5′→ 3′ de l'ARNm. (Exercez-vous à vous servir de ce tableau en trouvant les codons de la figure 17.4.) Le codon AUG code pour l'acide aminé méthionine (Met); il constitue aussi un signal de «départ» montrant l'endroit où les ribosomes doivent commencer à traduire l'ARNm. Trois des 64 codons sont des signaux d'«arrêt» indiquant où les ribosomes terminent la traduction. Voir la figure 5.16 (p. 87) pour une liste des noms complets des acides aminés.

L'évolution du code génétique

ÉVOLUTION Le code génétique est presque universel; il est le même chez des organismes aussi différents que la plus simple des Bactéries aux Animaux et aux Végétaux les plus complexes. Par exemple, la traduction du codon CCG de l'ARNm donne l'acide aminé proline chez tous les organismes dont on a examiné le code génétique. Au cours d'expériences de laboratoire, on a réussi à traduire des ARNm et à transcrire et traduire des gènes d'une espèce après les avoir transplantés chez une autre, parfois avec des résultats très étonnants, comme le montre la **figure 17.6**! Par exemple, il est possible de programmer des bactéries en y insérant un gène humain pour leur faire produire certaines protéines utiles sur le plan médical, comme l'insuline humaine. Dans le domaine de la biotechnologie, des applications de cette nature ont abouti

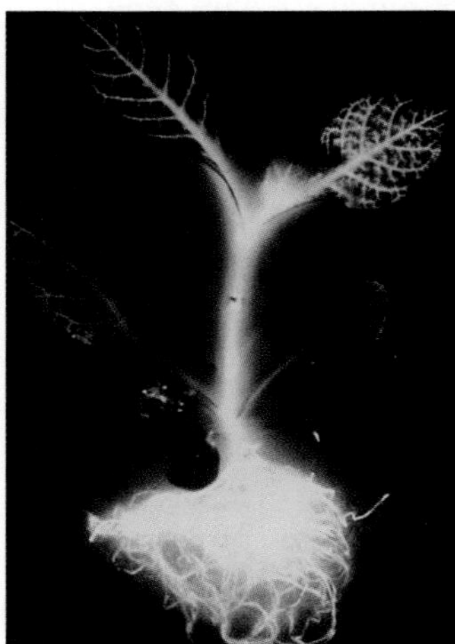

(a) Plant de tabac exprimant un gène de luciole. La luminescence jaune est produite par une réaction chimique catalysée par une protéine produite par un gène de luciole.

(b) Porc exprimant un gène de méduse. Des chercheurs ont injecté le gène d'une protéine fluorescente dans des ovules de porc fécondés. Un des œufs s'est développé pour donner ce porc fluorescent.

▲ **Figure 17.6 L'expression des gènes de différentes espèces.** Comme les diverses formes de vie possèdent un code génétique commun, il est possible de programmer une espèce afin qu'elle produise des protéines propres à une autre espèce; pour ce faire, on y introduit de l'ADN provenant de cette dernière.

à de nombreux développements très intéressants, dont nous parlerons au chapitre 20.

Le code génétique n'est pas absolument universel: il existe des systèmes de traduction dans lesquels certains codons diffèrent de ceux de la majorité des organismes. On trouve de légères variations dans le code génétique des gènes du noyau de certains Eucaryotes unicellulaires (paramécies, par exemple) et dans les gènes des organites (mitochondries et chloroplastes) de certaines espèces. Malgré ces exceptions, la signification évolutive de la *quasi*-universalité du code génétique est claire. Ce langage a dû apparaître assez tôt dans l'histoire de la vie pour se retrouver chez les ancêtres communs à tous les organismes actuels. L'existence d'un vocabulaire génétique commun nous rappelle les liens de parenté qui unissent toutes les formes de vie présentes sur Terre.

RETOUR SUR LE CONCEPT 17.1

1. FAITES DES LIENS Dans un rapport de recherche portant sur l'alcaptonurie publié en 1902, Garrod affirmait que les humains recevaient deux «caractères» (allèles) pour une enzyme particulière et que les deux parents devaient contribuer à une version erronée pour que la maladie apparaisse chez le descendant. De nos jours, ce désordre serait-il appelé dominant ou récessif? Voir le concept 14.4, pages 314 à 321.
2. Combien d'acides aminés le polypeptide produit par un ARNm poly-G long de 30 nucléotides contiendra-t-il et de quelle nature seront ces acides aminés?
3. FAITES UN DESSIN Soit un brin matrice d'un gène contenant la séquence 3'-TTCAGTCGT-5'. Dessinez la séquence non codante et la séquence de l'ARNm en indiquant les extrémités 5' et 3' de chacun. Comparez les deux séquences.
4. ET SI? FAITES UN DESSIN Imaginez que le brin non transcrit de la question 3 a été transcrit à la place de la séquence de la matrice. Dessinez la séquence de l'ARNm et traduisez-la à l'aide de la figure 17.5. (Faites attention aux extrémités 5' et 3'.) Dites si la protéine synthétisée à partir du brin non transcrit sera fonctionnelle, pour autant qu'elle soit synthétisée.

Voir les réponses proposées à la fin du chapitre.

CONCEPT 17.2

La transcription est la synthèse de l'ARN à partir de l'ADN: *une étude détaillée*

Après ces considérations sur l'aspect linguistique et la signification du code génétique du point de vue de l'évolution, abordons plus en détail la transcription, la première étape de l'expression génique.

Les composantes moléculaires de la transcription

L'ARN messager est transcrit à partir du brin matrice d'un gène. Il transmet l'information de l'ADN aux structures cellulaires assurant la synthèse des protéines. Une enzyme appelée **ARN polymérase** écarte les deux brins d'ADN et assemble les nucléotides complémentaires de l'ARN au brin matrice de l'ADN (**figure 17.7**). À l'instar des ADN polymérases, qui assurent la réplication de l'ADN, les ARN polymérases ne peuvent assembler un polynucléotide que dans le sens 5' → 3'. Par contre, contrairement aux ADN polymérases, les ARN polymérases peuvent commencer la synthèse d'une chaîne sans l'aide d'une amorce.

Des séquences particulières de nucléotides dans l'ADN marquent le début et la fin de la transcription du gène. La séquence d'ADN à laquelle l'ARN polymérase se lie pour commencer la transcription est appelée **promoteur**. Celui-ci agit comme un guide qui oriente le travail de l'ARN polymérase. Chez les Bactéries, la séquence qui marque la fin de la transcription est appelée **terminateur**. (Le mécanisme de la terminaison chez les Eucaryotes est différent; nous le décrirons plus loin.) En biologie moléculaire, on nomme «aval» le sens dans lequel s'effectue la transcription et «amont» le sens opposé. Ces termes désignent également les positions relatives des séquences de nucléotides de l'ADN et de l'ARN. Par conséquent, la séquence du promoteur dans l'ADN se situe en amont du terminateur. L'**unité de transcription** est le segment d'ADN transcrit en molécule d'ARN.

Chez les Bactéries, il n'existe qu'un seul type d'ARN polymérase, et cette enzyme synthétise l'ARNm et d'autres sortes d'ARN intervenant dans la synthèse des protéines, comme l'ARN ribosomal. Par contre, les noyaux des Eucaryotes renferment au moins trois types d'ARN polymérase. C'est l'ARN polymérase II qui effectue la synthèse de l'ARNm. Les autres ARN polymérases transcrivent les molécules d'ARN qui ne sont pas traduites en protéines. Dans cette section, consacrée à la transcription, nous commencerons par les aspects de la synthèse de l'ARNm qui sont communs aux Bactéries et aux organismes eucaryotes. Ensuite, nous verrons quelques-unes des différences principales entre ces deux groupes.

La synthèse d'un transcrit d'ARN

Les trois étapes de la transcription illustrées à la figure 17.7 et dont il est question plus loin sont l'initiation, l'élongation et la terminaison de la chaîne d'ARN. À l'aide de la figure 17.7, apprenez à les reconnaître et familiarisez-vous avec les termes qui s'y rapportent.

La liaison de l'ARN polymérase et l'initiation de la transcription

Le promoteur d'un gène inclut le **point de départ** de la transcription (le nucléotide à partir duquel la synthèse de l'ARN commence). Il couvre habituellement plusieurs douzaines de paires de nucléotides, voire plus, en amont du point de départ. L'ARN polymérase se lie au promoteur à un endroit et dans un sens précis, marquant ainsi le début de la transcription et déterminant lequel des deux brins de l'hélice d'ADN sera transcrit.

Certaines parties du promoteur jouent un rôle particulièrement important dans la liaison de l'ARN polymérase. Chez les Bactéries, c'est l'ARN polymérase elle-même qui reconnaît le promoteur et qui s'y lie. Chez les Eucaryotes, un ensemble de protéines appelées **facteurs de transcription** servent d'intermédiaires : ce sont elles qui permettent la liaison de l'ARN polymérase et le début de la transcription. Ce n'est que lorsque les facteurs de transcription ont été fixés au promoteur que l'ARN polymérase II se lie à celui-ci. L'ensemble constitué par l'ARN polymérase II et les facteurs de transcription liés au promoteur est appelé **complexe d'initiation de la transcription**. La **figure 17.8** montre la fonction des

Promoteur

Unité de transcription

5′ 3′ 3′ 5′

ADN

Point de départ

ARN polymérase

1 Initiation. Lorsque l'ARN polymérase se lie au promoteur, les brins d'ADN se déroulent. La polymérase commence alors la synthèse de l'ARN à partir du point de départ, situé sur le brin matrice.

Brin non transcrit d'ADN

Brin matrice d'ADN

ADN déroulé

Transcrit d'ARN

2 Élongation. La polymérase se déplace vers l'aval, tout en déroulant l'ADN et en allongeant le transcrit d'ARN dans le sens 5′→ 3′. En amont de la transcription, les brins d'ADN reprennent leur forme initiale, en double hélice.

ADN réenroulé

Transcrit d'ARN

3 Terminaison. À la fin du processus, le transcrit d'ARN est libéré, et la polymérase se détache de l'ADN.

Transcrit d'ARN terminé

Sens de la transcription (vers l'aval)

▲ **Figure 17.7 Les étapes de la transcription : initiation, élongation et terminaison.** Cette description générale de la transcription s'applique aussi bien aux Bactéries qu'aux organismes eucaryotes ; cependant, les détails de la terminaison diffèrent, comme nous le décrivons dans le texte. De plus, chez une Bactérie, l'ARN ainsi transcrit est aussitôt utilisé comme ARNm ; chez un Eucaryote, par contre, il doit d'abord passer par l'étape de la maturation.

FAITES DES LIENS *Comparez l'utilisation d'un brin matrice pendant la transcription et lors de la réplication.* *Voir la figure 16.17 à la page 366.*

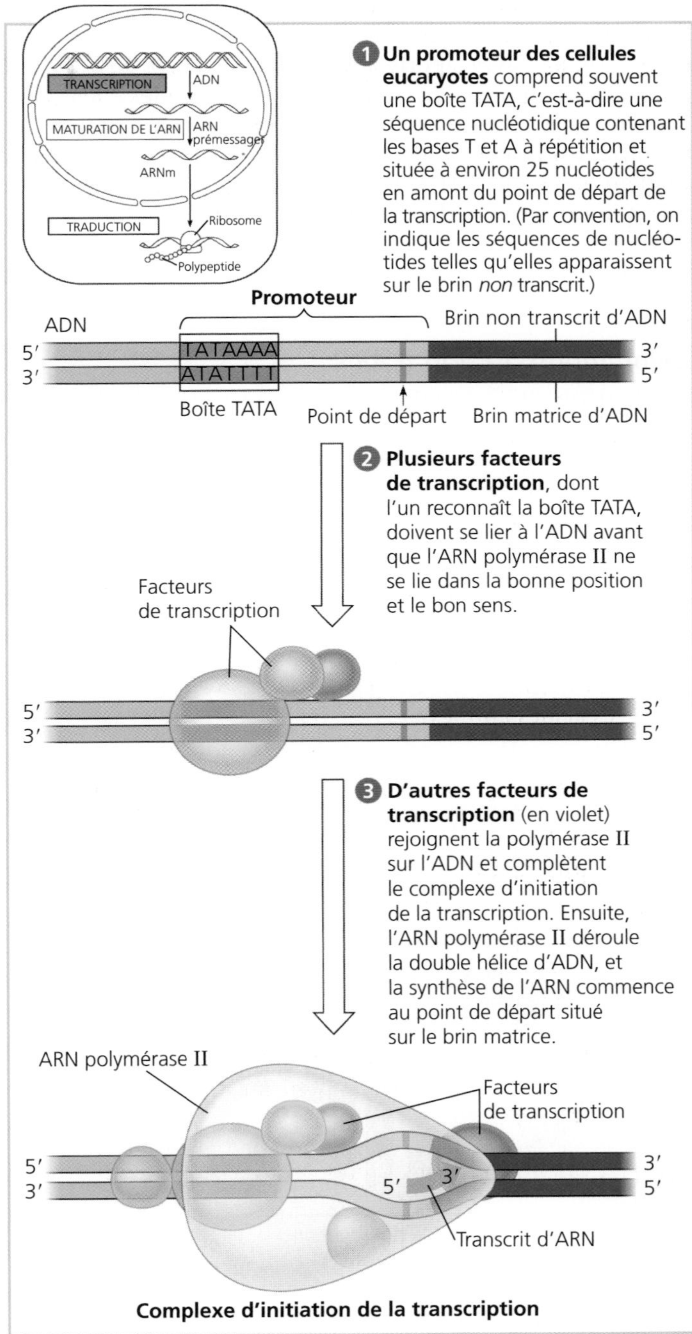

TRANSCRIPTION
ADN
MATURATION DE L'ARN
ARN prémessager
ARNm
TRADUCTION
Ribosome
Polypeptide
1 Un promoteur des cellules eucaryotes comprend souvent une boîte TATA, c'est-à-dire une séquence nucléotidique contenant les bases T et A à répétition et située à environ 25 nucléotides en amont du point de départ de la transcription. (Par convention, on indique les séquences de nucléotides telles qu'elles apparaissent sur le brin *non* transcrit.)
Promoteur
ADN
Brin non transcrit d'ADN
5′ TATAAAA 3′
3′ ATATTTT 5′
Boîte TATA
Point de départ
Brin matrice d'ADN
2 Plusieurs facteurs de transcription, dont l'un reconnaît la boîte TATA, doivent se lier à l'ADN avant que l'ARN polymérase II ne se lie dans la bonne position et le bon sens.
Facteurs de transcription
3 D'autres facteurs de transcription (en violet) rejoignent la polymérase II sur l'ADN et complètent le complexe d'initiation de la transcription. Ensuite, l'ARN polymérase II déroule la double hélice d'ADN, et la synthèse de l'ARN commence au point de départ situé sur le brin matrice.
ARN polymérase II
Facteurs de transcription
Transcrit d'ARN
Complexe d'initiation de la transcription

▲ **Figure 17.8 L'initiation de la transcription sur un promoteur d'Eucaryote.** Dans les cellules eucaryotes, des protéines appelées facteurs de transcription jouent un rôle d'intermédiaire lors de l'initiation de la transcription par l'ARN polymérase II.

? *Expliquez en quoi l'interaction de l'ARN polymérase avec le promoteur serait différente si l'initiation de la transcription chez les Bactéries était représentée dans la figure.*

facteurs de transcription et d'une séquence essentielle de l'ADN du promoteur, appelée **boîte TATA** – parce qu'elle présente une forte concentration de thymine (T) et d'adénine (A) –, lors de la formation du complexe d'initiation sur un promoteur chez les Eucaryotes.

L'interaction entre l'ARN polymérase II d'un Eucaryote et les facteurs de transcription illustre bien l'importance particulière que revêtent les interactions protéine-protéine dans le contrôle de la transcription chez les Eucaryotes. (De plus, comme vous l'avez appris à la figure 16.22, p. 370, l'ADN d'un chromosome eucaryote forme un complexe avec des histones et d'autres protéines sous forme de chromatine. Au chapitre 18, nous aborderons les rôles de ces protéines qui rendent accessible l'ADN aux facteurs de transcription.) Une fois que les facteurs de transcription appropriés sont fermement liés au promoteur de l'ADN et que la polymérase est dans le bon sens, l'enzyme déroule les deux brins d'ADN et commence à transcrire le brin matrice.

L'élongation du brin d'ARN

Pendant qu'elle se déplace le long de l'ADN, l'ARN polymérase continue de dérouler la double hélice; elle expose de 10 à 20 nucléotides environ à la fois. Elle permet ainsi leur appariement avec les nouveaux nucléotides d'ARN présents dans le milieu sous la forme de ribonucléosides triphosphates (**figure 17.9**). Précisons qu'elle ajoute ceux-ci à l'extrémité 3′ de la molécule d'ARN en cours de synthèse, tout en avançant le long de la double hélice. Notons aussi que l'ARN polymérase n'effectue pas de « correction d'épreuves » comme le fait l'ADN polymérase si des erreurs surviennent au cours de l'appariement des paires de bases. Dans le prolongement de la synthèse du polypeptide qui progresse, la nouvelle molécule d'ARN se détache progressivement du brin matrice d'ADN et la double hélice d'ADN se reconstitue. Chez les Eucaryotes, la vitesse de progression de la transcription est d'environ 40 nucléotides par seconde.

Un même gène peut être transcrit simultanément par plusieurs molécules d'ARN polymérase, qui se suivent tel un convoi de camions. De chaque molécule émerge un nouveau filament d'ARN en formation : sa longueur reflète la distance parcourue par l'enzyme sur le brin matrice depuis le point de départ (voir les molécules d'ARNm à la figure 17.25). La transcription simultanée d'un même gène par un grand nombre de molécules de polymérase accroît le nombre d'ARNm fabriqués; cela permet à la cellule de produire la protéine correspondante en grande quantité.

La terminaison de la transcription

Il existe des différences dans le mécanisme de la terminaison chez les Bactéries et les organismes eucaryotes. Chez les Bactéries, la transcription se poursuit jusqu'au terminateur dans l'ADN. Le terminateur transcrit (une séquence d'ARN) joue le rôle de signal de terminaison : lorsqu'elle atteint cet endroit, l'ARN polymérase se détache de l'ADN et libère le transcrit, qui ne requiert pas d'autres modifications avant la traduction. Par contre, dans la cellule eucaryote, l'ARN polymérase II transcrit une séquence sur l'ADN, appelée séquence de polyadénylation, qui code pour un signal de polyadénylation (AAUAAA) dans l'ARN prémessager. Ensuite, en un point situé de 10 à 35 nucléotides en aval de cette séquence, des protéines associées au transcrit d'ARN en croissance séparent celui-ci de la polymérase, libérant l'ARN prémessager. L'ARN prémessager subit alors la maturation, un sujet que nous aborderons dans la prochaine section.

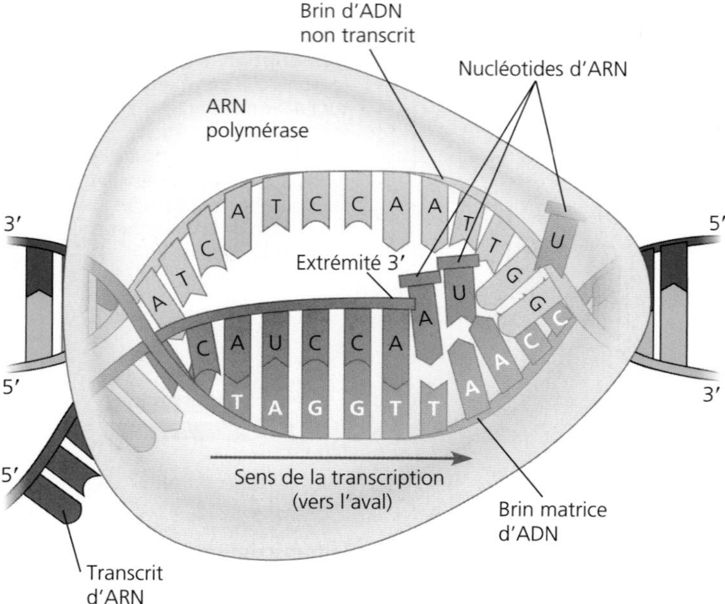

▲ **Figure 17.9 L'élongation de la transcription.** L'ARN polymérase se déplace le long du brin matrice de l'ADN, liant les nucléotides complémentaires de l'ARN à l'extrémité 3′ du transcrit d'ARN en formation. Dans le prolongement de la polymérase, la nouvelle molécule d'ARN se détache progressivement du brin matrice, qui reconstitue la double hélice avec le brin non transcrit.

RETOUR SUR LE CONCEPT 17.2

1. **FAITES DES LIENS** Comparez le fonctionnement de l'ADN polymérase et de l'ARN polymérase en tenant compte de la nécessité d'une matrice et d'une amorce, du sens de la synthèse et du type de nucléotides utilisés. Voir la figure 16.17 à la page 366.
2. Qu'est-ce qu'un promoteur? Où est-il situé : en amont ou en aval de l'unité de transcription?
3. Qu'est-ce qui permet à l'ARN polymérase de commencer à transcrire un gène au bon site sur l'ADN, dans une cellule bactérienne? Dans une cellule eucaryote?
4. **ET SI?** Supposons que des rayons X modifient la séquence dans la boîte TATA du promoteur d'un gène particulier. Comment cela influera-t-il sur la transcription du gène? (Voir la figure 17.8.)

Voir les réponses proposées à la fin du chapitre.

CONCEPT 17.3

Dans les cellules eucaryotes, l'ARN est modifié après avoir été transcrit

Dans le noyau de la cellule eucaryote, des enzymes apportent des modifications spécifiques à l'ARN prémessager avant que l'information génétique ne soit envoyée vers le cytoplasme. Pendant cette **maturation de l'ARN**, les deux extrémités du transcrit primaire subissent des modifications. Ensuite, dans la plupart des cas, certaines parties de l'intérieur de la molécule d'ARN sont excisées, et les parties restantes sont réunies par épissage. Ces transformations produisent une molécule d'ARNm prête pour la traduction.

La modification des extrémités de l'ARN prémessager

Chaque extrémité de la molécule d'ARN prémessager subit une transformation (**figure 17.10**). L'extrémité 5′ est synthétisée en premier; elle reçoit une **coiffe 5′**, une forme modifiée d'un nucléotide de guanine (G) ajoutée à l'extrémité 5′ après la transcription des 20 à 40 premiers nucléotides. Quant à l'extrémité 3′ de la molécule d'ARN prémessager, elle est elle aussi modifiée avant que l'ARNm quitte le noyau. Rappelez-vous que l'ARN prémessager est libéré peu après la transcription du signal de polyadénylation, AAUAAA. À l'extrémité 3′, une enzyme, la *poly-A polymérase*, produit une **queue poly-A** formée de 50 à 250 nucléotides d'adénine (A). La coiffe 5′ et la queue poly-A partagent plusieurs fonctions importantes: premièrement, elles semblent faciliter le transport de l'ARNm mature vers l'extérieur du noyau; deuxièmement, elles contribuent à protéger l'ARNm de la dégradation par les enzymes hydrolytiques; et troisièmement, elles aident à la fixation des ribosomes à l'extrémité 5′ de l'ARNm lorsque celui-ci parvient dans le cytosol. La figure 17.10 montre une molécule d'ARNm eucaryote pourvue de sa coiffe 5′ et de sa queue poly-A. Cette figure illustre également les séquences non traduites (UTR: *UnTranslated Region*, en anglais) aux extrémités 5′ et 3′ de l'ARNm (on les désigne par 5′ UTR et 3′ UTR). Ces séquences sont des parties de l'ARNm qui ne seront pas traduites en protéines; par contre, elles remplissent d'autres fonctions, comme la liaison aux ribosomes.

Les gènes discontinus et l'épissage de l'ARN

Dans le noyau de la cellule eucaryote, une étape étonnante de la maturation de l'ARN consiste à éliminer une grande partie de la molécule d'ARN nouvellement synthétisée. Cette opération se déroule grâce à un processus d'excision et de recollage appelé **épissage de l'ARN**, semblable au montage d'une bande vidéo (**figure 17.11**). La longueur moyenne d'une unité de transcription d'une molécule d'ADN d'humain est d'environ 27 000 nucléotides, comme celle du transcrit primaire d'ARN. Cependant, environ 1 200 nucléotides dans l'ARN suffisent à coder pour une protéine de taille moyenne de 400 acides aminés (souvenez-vous que chaque acide aminé est codé par un *triplet* de nucléotides). La plupart des gènes d'Eucaryotes et leurs transcrits d'ARN ont donc de longues séquences nucléotidiques non codantes qui échappent à la traduction. Ce qui est encore plus surprenant, c'est que la plupart de ces séquences sont dispersées entre les segments codants d'un gène, donc entre les segments codants de l'ARN prémessager. Autrement dit, chez les Eucaryotes, la séquence de nucléotides d'ADN qui détient le message génétique correspondant à un polypeptide n'est généralement pas continue; elle est séparée en segments. Les segments d'acide nucléique qui se trouvent entre les régions codantes sont appelés **introns**; ils peuvent contenir quelques milliers de nucléotides et il y aurait une dizaine d'introns par gène. Quant aux autres régions, elles sont appelées **exons**, parce qu'elles sont destinées à être *ex*primées: habituellement, elles sont traduites en des séquences d'acides aminés. (Les UTR des exons, situées aux extrémités de l'ARN, font exception; elles font partie de l'ARNm mais ne sont pas traduites en protéines. Par conséquent, il est utile de se souvenir que les exons sont les séquences de l'ARN qui parviennent à l'*extérieur* du noyau.) Les termes *intron* et *exon* s'appliquent à la fois aux séquences de l'ARN et à celles de l'ADN qui les encodent.

Lors de la synthèse du transcrit primaire à partir d'un gène, l'ARN polymérase II transcrit les introns et les exons de l'ADN. Toutefois, la molécule d'ARNm ne parvient dans le cytoplasme qu'après avoir été tronquée. Les introns sont

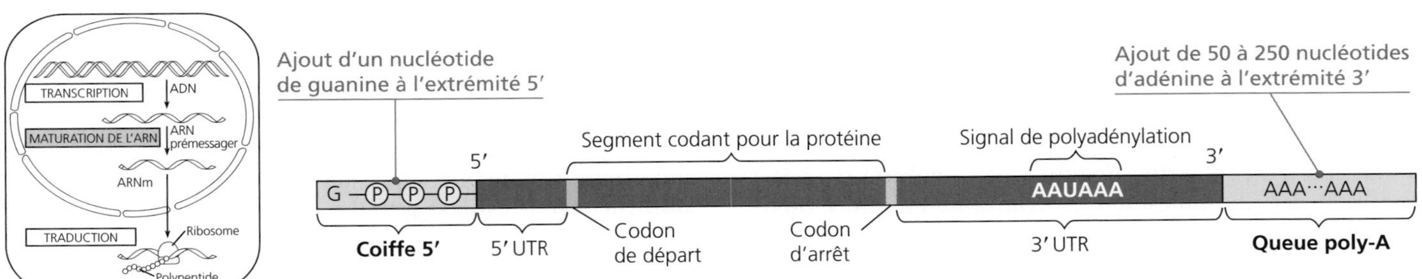

▲ **Figure 17.10 La maturation de l'ARN: l'ajout de la coiffe 5′ et de la queue poly-A.** Dans la cellule eucaryote, les enzymes modifient les deux extrémités de la molécule d'ARN prémessager. Les extrémités ainsi modifiées interviennent dans la sortie de l'ARNm du noyau et contribuent à protéger l'ARN de la dégradation. Lorsque l'ARNm parvient dans le cytoplasme, les extrémités modifiées, conjointement avec certaines protéines cytosoliques, facilitent la liaison aux ribosomes. La coiffe 5′ et la queue poly-A ne sont pas traduites en protéines, ni les séquences appelées séquence 5′ non traduite (5′ UTR) et séquence 3′ non traduite (3′ UTR).

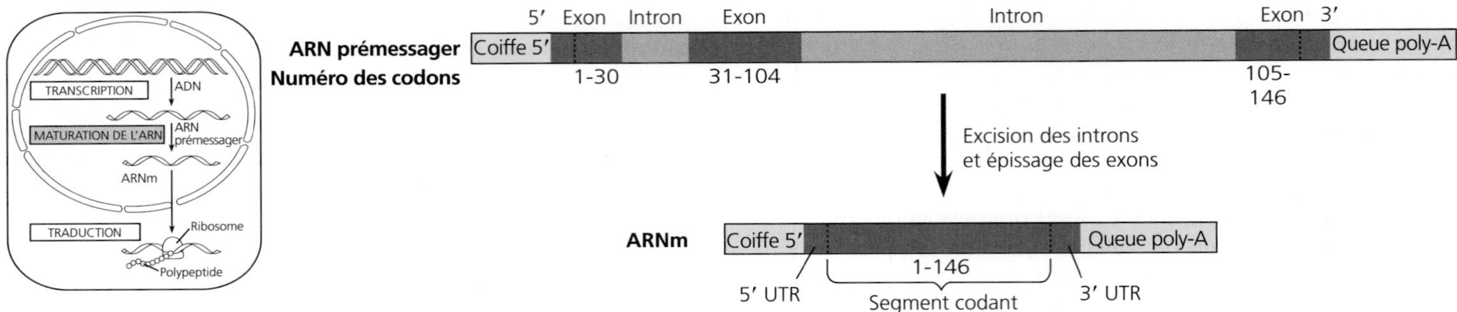

▲ **Figure 17.11 La maturation de l'ARN: l'épissage.** La molécule d'ARN illustrée ici code pour la β-globine, un des polypeptides de l'hémoglobine. Les nombres qui figurent sous l'ARN correspondent à des codons. La β-globine a une longueur de 146 acides aminés. Le gène et son transcrit d'ARN prémessager possèdent trois exons, correspondant à des séquences qui vont quitter le noyau sous forme d'ARNm. (La 5′ UTR et la 3′ UTR font partie des exons parce qu'elles sont incluses dans l'ARNm; cependant, elles ne codent pas pour des protéines.) Pendant la maturation de l'ARN, les introns sont excisés, et les exons sont réunis par épissage. Dans de nombreux gènes, les introns sont beaucoup plus volumineux que les exons.

séparés de la molécule, et les exons sont réunis par épissage, de sorte que la molécule d'ARNm ne comporte plus qu'une seule séquence codante continue. C'est en cela que consiste l'épissage de l'ARN prémessager.

Comment l'épissage de l'ARN prémessager se déroule-t-il? Les chercheurs ont découvert que les sites d'épissage sont constitués d'une courte séquence nucléotidique située à l'extrémité d'un intron et reconnue par des particules appelées *petites ribonucléoprotéines nucléaires*, ou *pRNPn*. Comme leur nom l'indique, celles-ci se trouvent dans le noyau de la cellule et elles sont constituées d'ARN et de protéines. L'ARN situé dans une pRNPn est appelé *petit ARN nucléaire* (pARNn). Chacune des molécules de pARNn a une longueur de 150 nucléotides environ. Plusieurs pRNPn s'ajoutent à d'autres protéines afin de former un ensemble encore plus volumineux, appelé **complexe d'épissage** (ou *splicéosome*). Ce dernier a presque la taille d'un ribosome. Il interagit avec certains sites d'épissage situés sur un intron. Il libère l'intron, qui est rapidement dégradé, puis il réunit les deux exons qui l'encadraient (**figure 17.12**). Il s'avère que le petit ARN nucléaire catalyse ces processus et participe à l'assemblage du complexe d'épissage et à la reconnaissance du site d'épissage.

Les ribozymes

L'idée selon laquelle le petit ARN nucléaire a une fonction catalytique est née de la découverte des **ribozymes**, des molécules d'ARN agissant comme des enzymes. Chez certains organismes, il arrive que l'épissage de l'ARN prémessager se déroule en l'absence de toute protéine et même de toute autre molécule d'ARN, parce que l'ARN de l'intron joue le rôle de ribozyme et catalyse sa propre excision! Par exemple, chez le protiste cilié *Tetrahymena*, il y a autoépissage lors de la production d'un ARN ribosomique (ARNr) entrant dans la composition des ribosomes de cet organisme. En fait, l'ARN préribosomique libère ses propres introns. La découverte des ribozymes a donc rendu caduc le principe voulant que tous les catalyseurs biologiques soient des protéines.

Grâce à trois propriétés de l'ARN, certaines molécules d'ARN ont la capacité de jouer le rôle d'enzymes. Premièrement, la structure monocaténaire (à simple brin) de l'ARN permet aux bases d'une région de la molécule d'ARN de s'apparier avec celles d'une région complémentaire située ailleurs dans la même molécule, ce qui confère une structure tridimensionnelle particulière à la molécule d'ARN. Une structure spécifique est essentielle au rôle de catalyseur des ribozymes, tout comme pour les protéines enzymatiques. Deuxièmement, à l'instar de certains acides aminés dans une protéine enzymatique, certaines bases dans l'ARN comportent des groupements fonctionnels qui peuvent participer à la catalyse. Troisièmement, la capacité de l'ARN à former des liaisons hydrogène avec d'autres molécules d'acides nucléiques (soit l'ARN, soit l'ADN) ajoute de la spécificité à son activité catalytique. Par exemple, l'association par appariement de bases complémentaires entre l'ARN du complexe d'épissage et l'ARN d'un transcrit d'ARN primaire permet une localisation précise de la région où le ribozyme catalyse l'épissage. Plus loin dans le présent chapitre, vous apprendrez comment ces propriétés particulières confèrent également à l'ARN la capacité de jouer des rôles non catalytiques importants dans la cellule, comme la reconnaissance des codons à trois nucléotides sur l'ARNm.

L'importance des introns du point de vue de la fonction et de l'évolution

ÉVOLUTION L'épissage de l'ARN et la présence des introns constituent-ils ou non des avantages de sélection pendant l'histoire évolutive? Cette question est toujours matière à débat. Quoi qu'il en soit, il est instructif de considérer leurs possibles avantages adaptatifs. La plupart des introns ne semblent pas exercer de fonctions spécifiques, mais au moins certains d'entre eux contiennent des séquences qui assurent la régulation de l'expression génique, et la plupart influent sur les produits des gènes.

La présence des introns dans les gènes a une conséquence importante: ils permettent à un même gène de coder pour plusieurs types de polypeptides. On sait que de nombreux gènes, que l'on nomme parfois *gènes en mosaïque*, mènent à la synthèse de deux polypeptides différents ou plus, selon les segments traités comme des exons pendant la maturation de l'ARN. Ce phénomène est appelé **épissage différentiel de l'ARN** (voir la figure 18.13, p. 420). Par exemple, la différenciation sexuelle des drosophiles dépend dans une large mesure de différences dans la façon dont les mâles et les femelles procèdent à l'épissage de l'ARN transcrit à partir de certains gènes. Grâce à ce processus d'épissage différentiel, des cellules peuvent produire des protéines légèrement différentes selon le type de tissu où le gène est présent et selon le stade de développement de l'organisme. Les résultats du Projet génome humain (dont il est question au chapitre 21) permettent de penser que l'épissage différentiel de l'ARN est l'une des raisons qui font que les humains possèdent à peu près le même nombre de gènes qu'un nématode (ver rond). L'épissage différentiel de l'ARN explique également pourquoi un organisme produit un nombre de protéines différentes beaucoup plus élevé que le nombre de ses gènes.

Les protéines ont souvent une architecture modulaire comportant des régions structurales et fonctionnelles discontinues, appelées **domaines**. Par exemple, un des domaines d'une protéine enzymatique peut comprendre le site actif de celle-ci, alors qu'un autre permet à l'enzyme de se fixer à une

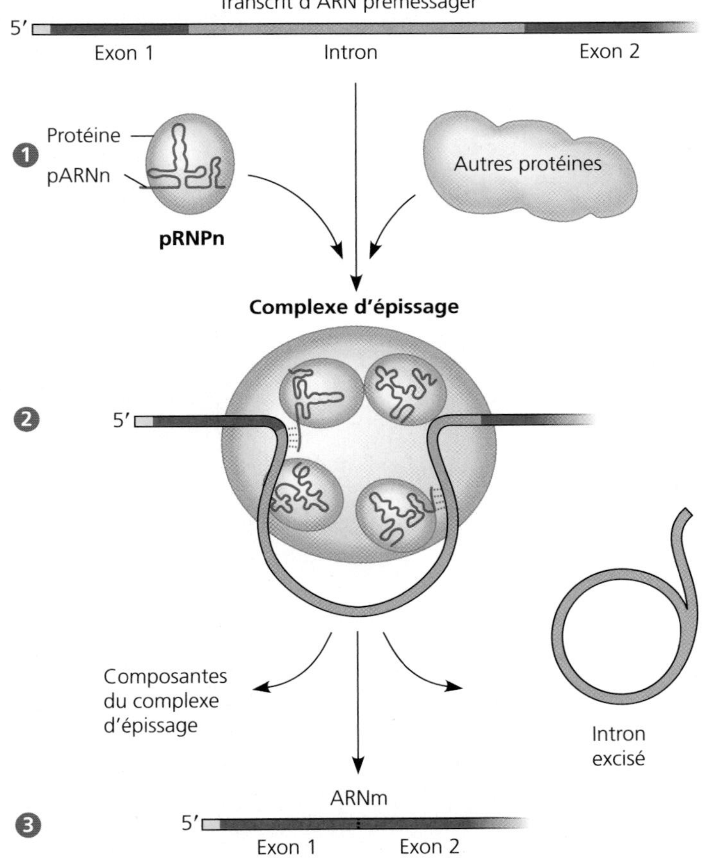

▲ **Figure 17.12 Les rôles des complexes d'épissage et des pRNPn dans l'épissage de l'ARN prémessager.** Ce schéma ne montre qu'une partie du transcrit d'ARN prémessager; d'autres introns et exons se trouvent en aval de ceux qui sont représentés ici. ❶ De petites ribonucléoprotéines nucléaires (pRNPn) et d'autres protéines forment une association moléculaire appelée complexe d'épissage. Ce complexe se fixe sur un ARN prémessager contenant des exons et des introns. ❷ À l'intérieur du complexe d'épissage, les bases azotées du petit ARN nucléaire (pARNn) et des nucléotides situés sur des sites spécifiques le long de l'intron s'apparient. ❸ Le complexe d'épissage découpe l'ARN prémessager, ce qui libère l'intron rapidement dégradé et, en même temps, réunit les exons par épissage. Puis, le complexe d'épissage se dissocie et libère l'ARNm, qui ne contient plus que des exons.

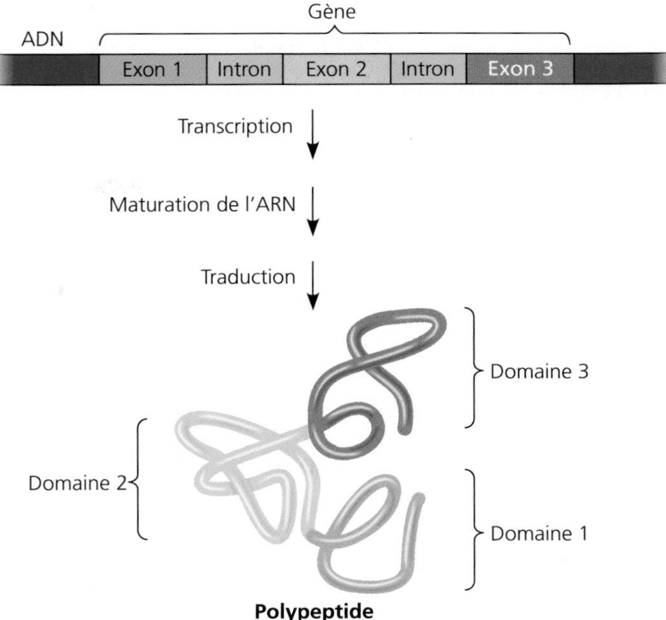

▲ **Figure 17.13 La correspondance entre les exons et les domaines des protéines.**

membrane cellulaire. Dans bon nombre de cas, des exons différents codent pour les multiples domaines d'une protéine donnée (**figure 17.13**).

Par ailleurs, il se pourrait que la présence des introns dans un gène favorise l'apparition de nouvelles protéines utiles grâce à un processus appelé *échange ou brassage d'exons*. Les introns rendraient plus probables les enjambements entre les exons des allèles d'un gène (par la simple création de nouveaux sites possibles d'enjambement et sans interrompre les séquences codantes). Il en résulterait de nouvelles combinaisons d'exons et de protéines présentant des modifications de leur structure et de leur fonction. On peut également imaginer que des exons puissent se mélanger sur un même gène ou s'intégrer à des gènes complètement différents. Ces deux sortes d'échanges peuvent mener à l'apparition de protéines ayant des fonctions nouvelles. Alors que la plupart des échanges ou brassages n'aboutissent pas à des changements positifs, il arrive qu'une variante génétique bénéfique apparaisse.

RETOUR SUR LE CONCEPT 17.3

1. Comment les cellules humaines peuvent-elles produire de 75 000 à 100 000 protéines différentes, alors qu'il y a environ 20 000 gènes humains?
2. En quoi l'épissage de l'ARN ressemble-t-il au montage d'une bande vidéo? Dans cette analogie, à quoi pourraient correspondre les introns?
3. **ET SI?** Si on traitait des cellules avec un agent qui enlève la coiffe des ARNm, quelles seraient les conséquences?

Voir les réponses proposées à la fin du chapitre.

CONCEPT 17.4

La traduction est la synthèse d'un polypeptide à partir de l'ARN messager: *une étude détaillée*

Nous allons étudier maintenant plus en détail la traduction, c'est-à-dire le mode de transmission de l'information génétique de l'ARNm à la protéine. Comme nous l'avons fait pour la transcription, nous nous intéresserons avant tout aux principales étapes de la traduction chez les Bactéries et les organismes eucaryotes, tout en soulignant les différences essentielles qui existent entre ces deux groupes.

Les composantes moléculaires de la traduction

Au cours de la traduction, la cellule construit une protéine à partir des instructions qu'elle «lit» dans le message génétique. Ce message consiste en une série de codons alignés sur une molécule d'ARNm, et le traducteur est une molécule d'ARN d'un autre type, qui porte le nom d'**ARN de transfert** (**ARNt**). Cet ARN a pour fonction d'acheminer des molécules d'acides aminés présentes dans le cytosol vers un polypeptide en cours de synthèse dans un ribosome. Il faut savoir que la cellule garde en réserve les 20 acides aminés dans son cytosol, soit en les synthétisant à partir d'autres composés, soit en les prélevant dans la solution environnante. Le ribosome, une structure constituée de protéines et d'ARN, ajoute chacun des acides aminés que l'ARNt lui apporte à l'extrémité de la chaîne de polypeptides en cours de synthèse (**figure 17.14**).

Dans son principe, la traduction est simple; en réalité, elle repose sur des phénomènes biochimiques et des mécanismes complexes, notamment chez les cellules eucaryotes. Nous allons l'analyser plus en détail, en nous intéressant avant tout à ce qui se produit chez les Bactéries, où le mécanisme est un peu plus simple. Nous verrons d'abord quels sont les principaux acteurs dans ce processus cellulaire, et ensuite comment ils agissent conjointement pour fabriquer un polypeptide.

La structure et la fonction de l'ARN de transfert

Le fait que les molécules d'ARNt ne sont pas toutes identiques constitue la clé de la traduction du message génétique en une séquence d'acides aminés. Chacune d'elles traduit un certain codon d'ARNm en acide aminé particulier. Lorsqu'elle atteint un ribosome, la molécule d'ARNt porte un acide aminé donné à l'une de ses extrémités; à l'autre extrémité se trouve un triplet de nucléotides appelé **anticodon**, qui se lie au codon complémentaire de l'ARNm conformément aux règles de l'appariement des bases. Prenons, par exemple, le codon d'ARNm GGC, qui commande l'acide aminé glycine. L'ARNt qui se lie à ce codon par des liaisons hydrogène porte l'anticodon CCG à une de ses extrémités et la glycine à l'autre (voir l'ARNt qui s'approche du ribosome dans la figure 17.14). À mesure que la molécule d'ARNm avance à travers le ribosome, la glycine est ajoutée à l'extrémité de la chaîne polypeptidique chaque fois que le codon GGC se présente au site de traduction. Notons que les ARNt traduisent le message génétique un codon à la fois: ils déposent les acides aminés dans l'ordre voulu, et le ribosome unit les acides aminés en chaîne. La molécule d'ARNt est un traducteur au sens où elle lit un mot (le codon) sur l'ARNm et l'interprète en termes d'acide aminé.

À l'instar de l'ARNm et des autres types d'ARN de la cellule, les molécules d'ARNt sont transcrites à partir de matrices d'ADN. Dans la cellule eucaryote, l'ARNt, tout comme l'ARNm, est produit dans le noyau et doit passer de celui-ci au cytoplasme, où la traduction se déroule. Dans les cellules bactériennes ou eucaryotes, chaque molécule d'ARNt sert de nombreuses fois: elle se lie d'abord à l'acide aminé qui lui correspond dans le cytosol; elle le cède ensuite à une chaîne polypeptidique au ribosome, puis elle quitte ce dernier pour aller chercher un nouvel acide aminé identique dans le cytosol.

La molécule d'ARNt est formée d'un seul brin d'ARN dont la longueur ne dépasse pas 80 nucléotides environ. (Par comparaison, la plupart des molécules d'ARNm contiennent des centaines de nucléotides). À cause de la présence de séquences de bases nucléotidiques complémentaires qui peuvent s'associer les unes aux autres par des liaisons hydrogène, ce brin

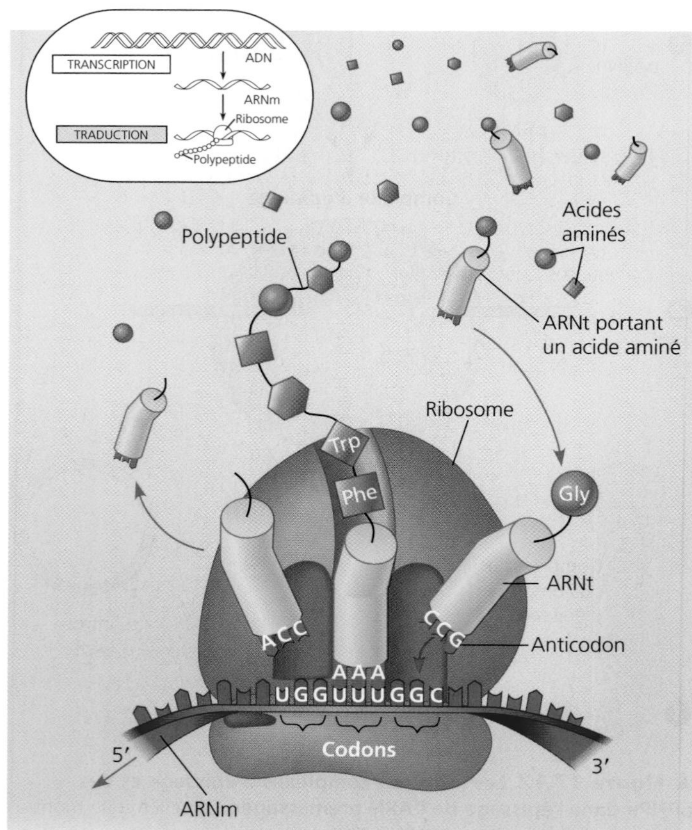

▲ **Figure 17.14 Le concept de base de la traduction.** Les codons sont traduits en acides aminés un par un, au fur et à mesure que la molécule d'ARNm traverse le ribosome. Ce sont des molécules d'ARNt qui les interprètent. Chaque type d'ARNt porte un anticodon donné à une de ses extrémités et un acide aminé correspondant à l'autre extrémité. Lorsque son anticodon se lie à un codon complémentaire situé sur l'ARNm, l'ARNt ajoute son acide aminé à l'extrémité de la chaîne polypeptidique en cours de synthèse. Il y a une relation de spécificité entre l'anticodon et l'acide aminé que l'ARNt transporte. Les figures qui suivent montrent certains détails de la traduction qui a lieu dans la cellule bactérienne.

d'ARN se replie sur lui-même et forme une molécule dont la structure est tridimensionnelle. Si l'on représente la molécule d'ARNt à plat pour montrer l'emplacement des zones d'appariement des bases, on voit qu'elle prend la forme d'une feuille de trèfle (**figure 17.15a**). Cependant, en réalité, l'ARNt se tord et se replie de façon à former une structure tridimensionnelle compacte, qui ressemble vaguement à un L inversé (**figure 17.15b**). La boucle qui dépasse à l'extrémité de la partie longue du L inversé porte l'anticodon (soit le triplet de bases spécialisé qui se lie à un codon d'ARNm spécifique). L'extrémité 3′, qui est le site de liaison de l'acide aminé et qui porte toujours le triplet CCA, se trouve à l'extrémité de la partie courte du L inversé. La structure de l'ARNt reflète donc sa fonction.

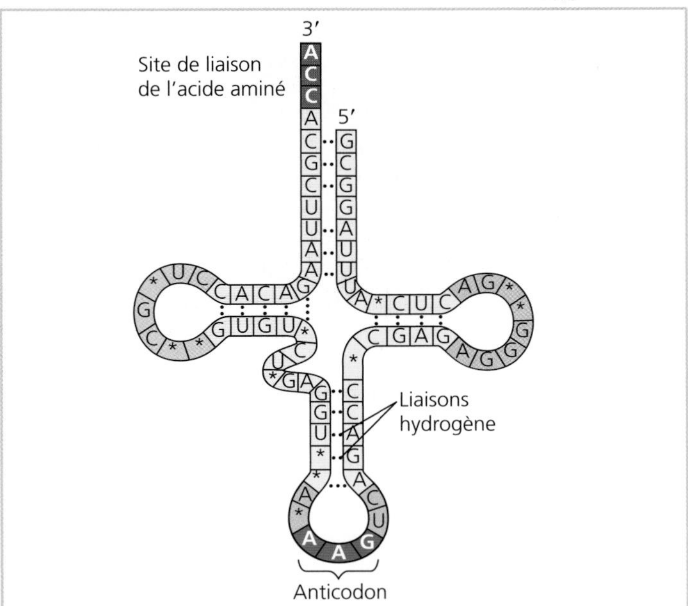

(a) Structure bidimensionnelle. Tous les ARNt possèdent la même structure composée de quatre bras comportant des bases appariées, qui déterminent trois boucles, et d'une même séquence de bases au site de liaison de l'acide aminé à l'extrémité 3′. Le triplet de l'anticodon varie selon le type d'ARN, tout comme certaines séquences dans les deux autres boucles. (Les astérisques désignent des bases ayant subi une modification chimique qui les a rendues différentes de A, C, G ou U [pseudo-uracile, inosine, etc.] ; il s'agit d'une caractéristique propre aux ARNt. Les bases modifiées contribuent à la fonction de l'ARNt d'une manière qui n'est pas encore comprise.)

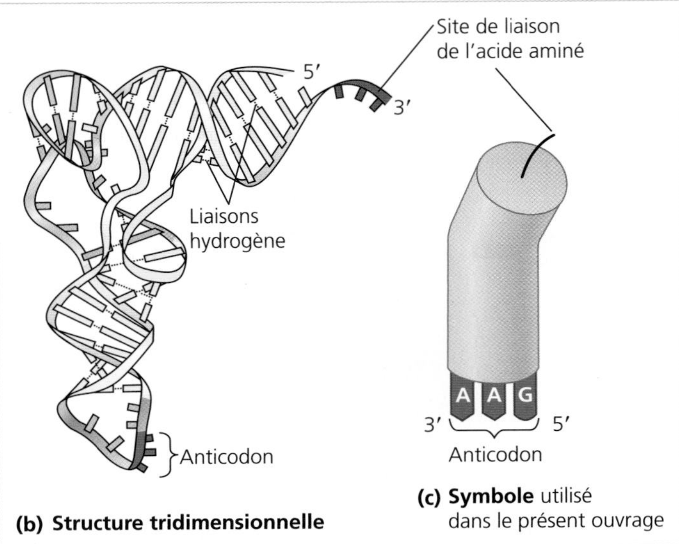

(b) Structure tridimensionnelle

(c) Symbole utilisé dans le présent ouvrage

▲ **Figure 17.15 La structure de l'ARN de transfert (ARNt).** Par convention, on écrit les anticodons dans le sens 3′ → 5′ pour pouvoir les aligner avec les codons, qui sont écrits dans le sens 5′ → 3′ (voir la figure 17.14). Pour que les bases azotées puissent s'apparier, il faut que les brins d'ARN soient antiparallèles, comme dans le cas de l'ADN. Par exemple, l'anticodon 3′-AAG-5′ s'apparie avec le codon d'ARNm 5′-UUC-3′.

La traduction exacte du message génétique nécessite une double reconnaissance moléculaire. Premièrement, un ARNt qui s'associe à un codon d'ARNm commandant un acide aminé précis ne doit pouvoir apporter que cet acide aminé au ribosome, et aucun autre. L'appariement correct de l'ARNt et de l'acide aminé est effectué par une famille d'enzymes apparentées appelée **aminoacyl-ARNt synthétase** (**figure 17.16**). Le site actif de chaque type d'enzyme ne peut former qu'une seule combinaison d'acide aminé et d'ARNt. (Les régions de l'extrémité de liaison de l'acide aminé et de l'extrémité anticodon de l'ARNt sont garantes de la spécificité de la combinaison.) Il existe 20 types d'aminoacyl-ARNt synthétase dans la cellule, soit une par sorte d'acide aminé. L'aminoacyl-ARNt synthétase catalyse la liaison covalente de l'acide aminé et de son ARNt suivant un processus alimenté par l'hydrolyse d'ATP. Le complexe acide aminé-ARNt ainsi formé (aussi appelé ARNt chargé) se détache ensuite de l'enzyme et est alors prêt à ajouter son acide aminé au bout d'une chaîne polypeptidique en cours de formation sur un ribosome.

Deuxièmement, l'anticodon d'un ARNt doit s'apparier avec le codon approprié d'un ARNm. Des expériences ont montré que même si on modifie l'acide aminé porté par un ARNt, cela ne change pas l'appariement de l'ARNt et de l'ARNm : l'ARNt se placera toujours sur l'ARNm à l'endroit où devrait se lier l'acide aminé original, car c'est l'anticodon que porte l'ARNt et non son acide aminé qui dicte l'appariement.

Si un ARNt différent correspondait à chaque codon d'ARNm commandant un acide aminé, il y aurait 61 ARNt (voir la figure 17.5). En réalité, il n'y en a que 45 environ, ce qui signifie que certains ARNt pourraient se lier à plus d'un codon. Une telle souplesse est rendue possible parce que les règles qui dictent l'appariement de la troisième base nucléotidique d'un codon et de la base correspondante de l'anticodon d'ARNt sont plus souples que celles qui régissent d'autres positions de codons. Par exemple, la base nucléotidique U à l'extrémité 5′ d'un anticodon d'ARNt peut s'associer soit à la base A, soit à la base G en troisième position (à l'extrémité 3′) d'un codon d'ARNm. Cet appariement flexible des bases à cette position des codons est appelé **oscillation**. Le phénomène d'oscillation permet d'expliquer pourquoi les codons synonymes, codant pour un même acide aminé, doivent souvent différer par leur troisième base nucléotidique et non par les deux autres. Par exemple, un ARNt avec l'anticodon 3′-UCU-5′ peut s'apparier aussi bien avec le codon 5′-AGA-3′ que 5′-AGG-3′ de l'ARNm, les deux codant pour l'arginine (voir la figure 17.5).

Les ribosomes

Les ribosomes permettent l'appariement des anticodons d'ARNt avec les codons d'ARNm au cours de la synthèse des protéines. Un ribosome est formé d'une grande sous-unité et

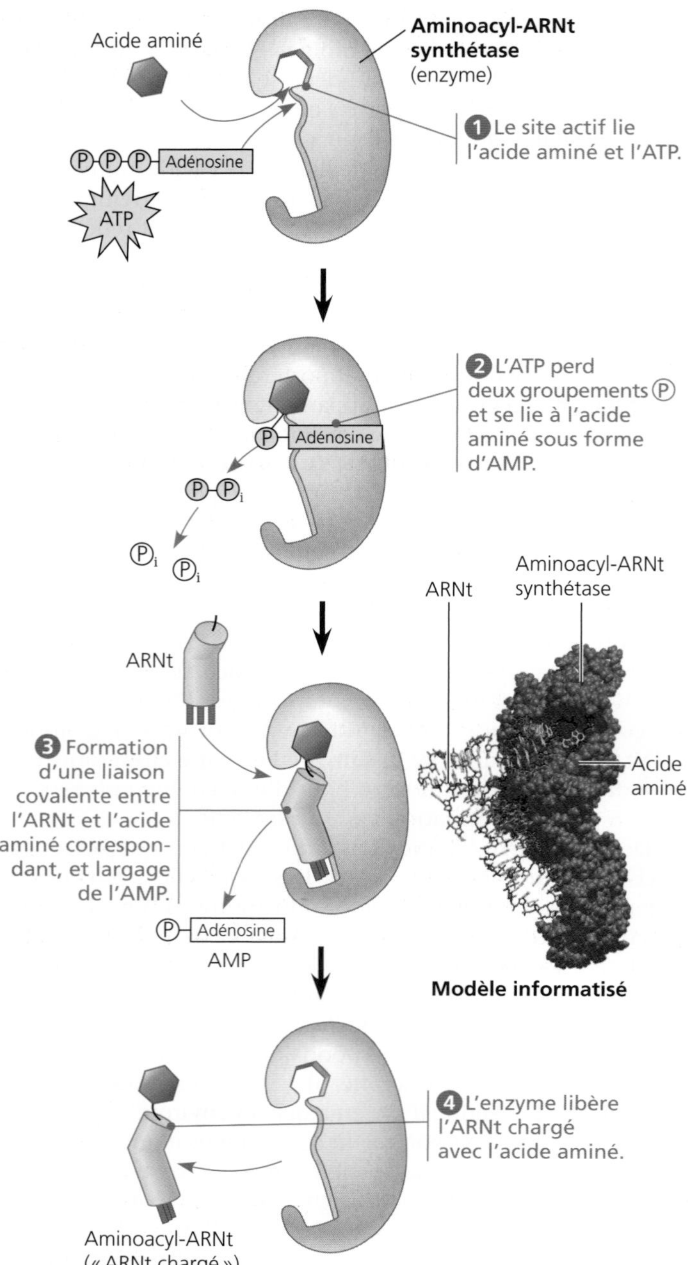

▲ **Figure 17.16 L'appariement d'un acide aminé et d'un ARNt par une aminoacyl-ARNt synthétase.** La liaison de l'ARNt et de l'acide aminé est endergonique. Au cours de la réaction, l'ATP perd deux groupements phosphate et se transforme en AMP (adénosine monophosphate).

d'une petite sous-unité. Chacune d'elle est constituée de protéines et d'un ou de plusieurs **ARN ribosomiques (ARNr)** (**figure 17.17**). Chez les Eucaryotes, les sous-unités sont produites dans le nucléole. Les gènes de l'ARN ribosomique sont transcrits, puis suivent la maturation et l'assemblage de l'ARN avec des protéines importées du cytosol. Les sous-unités ribosomiques ainsi fabriquées sont ensuite exportées dans le cytosol par les pores nucléaires. Chez tous les organismes, la petite et la grande sous-unité ne s'unissent pour former un ribosome fonctionnel qu'au moment où elles se fixent à une

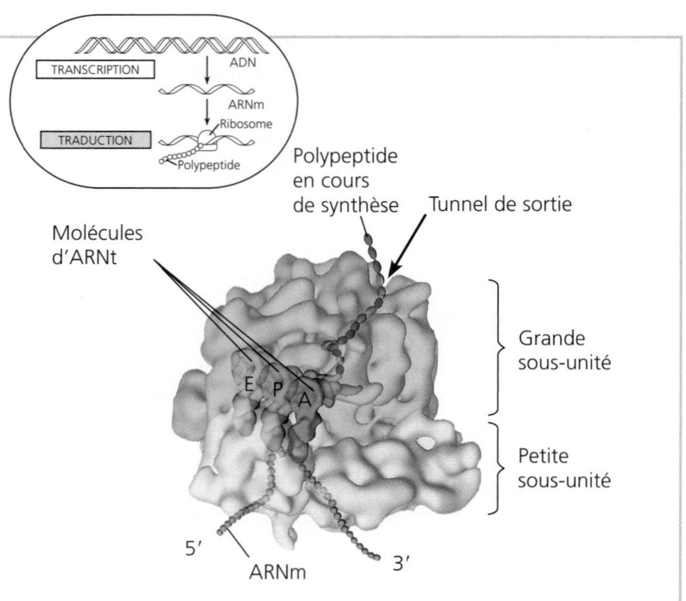

(a) Modèle informatisé d'un ribosome fonctionnel. Ce modèle montre la forme générale d'un ribosome bactérien. Les ribosomes des Eucaryotes sont à peu près semblables. Chaque sous-unité est un complexe de molécules d'ARN ribosomique et de protéines.

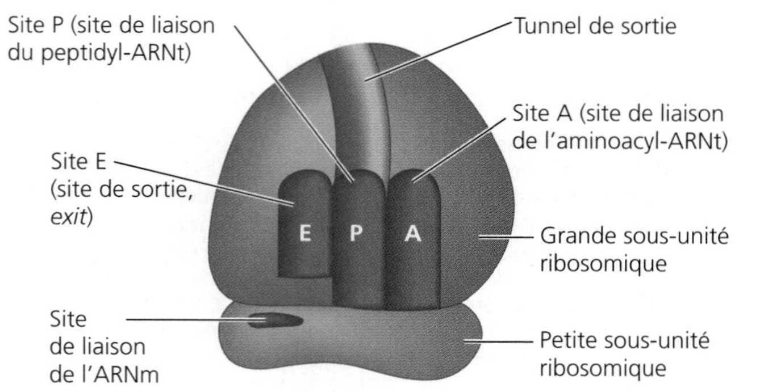

(b) Schéma montrant les sites de liaison. Un ribosome comprend un site de liaison de l'ARNm ainsi que trois sites de liaison de l'ARNt, appelés A, P et E. Nous reverrons ce schéma dans d'autres illustrations.

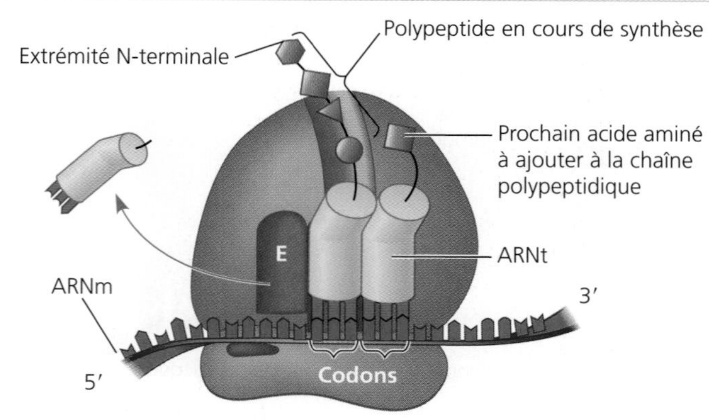

(c) Schéma montrant l'ARNm et l'ARNt en interaction. Un ARNt s'unit à un site de liaison lorsque les bases de son anticodon s'apparient avec celles d'un codon d'ARNm. Le site P retient l'ARNt attaché au polypeptide en cours de synthèse. Le site A retient l'ARNt portant le prochain acide aminé qui s'ajoutera à la chaîne polypeptidique. L'ARNt libéré se détache du ribosome par le site E.

▲ **Figure 17.17 L'anatomie d'un ribosome fonctionnel.**

molécule d'ARNm. Près du tiers de la masse d'un ribosome est constitué de protéines ; le reste se compose d'ARNr, ce qui représente trois molécules chez les Bactéries et quatre chez les Eucaryotes. Comme la plupart des cellules contiennent des milliers de ribosomes, l'ARNr est le type d'ARN cellulaire le plus abondant.

Si les ribosomes des cellules bactériennes et eucaryotes ont une structure et des fonctions très semblables, ceux des Eucaryotes sont un peu plus gros, et leur composition moléculaire est quelque peu différente. Cette différence est importante pour lutter contre les infections causées par les bactéries, car certains antibiotiques, dont la tétracycline et la streptomycine, ne se lient qu'aux protéines des ribosomes bactériens. Il est donc possible de paralyser les ribosomes des cellules bactériennes, et donc de bloquer leur multiplication, sans entraver la synthèse de protéines chez les Eucaryotes.

La structure d'un ribosome reflète sa fonction, qui est de rapprocher les ARNm et les ARNt porteurs d'acides aminés. Chaque ribosome comprend, outre un site de liaison à l'ARNm, trois sites de liaison à l'ARNt, comme le montre la figure 17.17. Le **site P** (site de liaison du **p**eptidyl-ARNt) retient l'ARNt qui porte la chaîne polypeptidique en cours de synthèse. Le **site A** (site de liaison de l'**a**minoacyl-ARNt) retient l'ARNt portant le prochain acide aminé qui viendra se joindre à la chaîne. C'est à partir du **site E** (site de sortie, ***e****xit*) que l'ARNt quitte le ribosome. L'ensemble des sites du ribosome permet de rapprocher l'ARNt et l'ARNm, de placer le nouvel acide aminé de façon à l'ajouter à l'extrémité carboxyle du polypeptide en cours de synthèse et de catalyser ensuite la formation de la liaison peptidique. Le polypeptide, qui continue de s'allonger, émerge alors par un *tunnel de sortie* dans la grande sous-unité ribosomique. Une fois sa synthèse terminée, c'est par cet orifice que le polypeptide passe dans le cytosol.

Un grand nombre de preuves confirment de façon convaincante l'hypothèse selon laquelle la structure et les fonctions de cet organite sont le fait de l'ARNr et non celui des protéines. Les protéines, principalement localisées en périphérie du ribosome, prennent part aux modifications de la structure des molécules d'ARNr lorsque celles-ci effectuent la catalyse au cours de la traduction. L'ARN ribosomique est la principale composante de l'interface entre les deux sous-unités ainsi que des sites A et P, et c'est lui qui catalyse la formation de la liaison peptidique. On peut donc considérer le ribosome comme un énorme ribozyme !

La synthèse d'un polypeptide

La traduction, ou synthèse d'un polypeptide, comprend trois étapes principales, qui rappellent celles de la transcription : il s'agit de l'initiation, de l'élongation et de la terminaison. Celles-ci ne peuvent se dérouler qu'en présence de « facteurs » protéiques qui les assistent pendant la traduction. Certains aspects de l'initiation et de l'élongation de la chaîne nécessitent également un apport énergétique fourni par l'hydrolyse de la guanosine triphosphate (GTP), une molécule étroitement apparentée à l'ATP.

La liaison au ribosome et l'initiation de la traduction

L'étape d'initiation (ou de démarrage) est l'étape la plus lente de la synthèse d'un polypeptide. Elle met en jeu l'ARNm, un ARNt portant le premier acide aminé du polypeptide dont la formation va débuter et les deux sous-unités d'un ribosome (**figure 17.18**). En premier lieu, la petite sous-unité s'attache à la fois à un ARNm et à un ARNt spécifique d'initiation qui porte un acide aminé méthionine. Chez les Bactéries, la petite sous-unité peut se lier à ces deux acides ribonucléiques dans n'importe quel ordre ; elle se fixe à l'ARNm sur une séquence spécifique de l'ARN, juste en amont du codon AUG de départ. Chez les Eucaryotes, la petite sous-unité déjà associée à l'ARNt d'initiation se fixe à la coiffe 5′ de l'ARNm et se déplace ensuite sur l'ARNm vers l'aval – elle effectue un *balayage* –, jusqu'à ce qu'elle atteigne le codon d'initiation ; l'ARNt d'initiation établit alors des liaisons hydrogène avec le codon AUG de départ. Dans un cas comme dans l'autre, le codon de départ précise le point de départ de la traduction ; cette étape est déterminante, car elle sert d'assise à la phase de lecture de l'ARNm.

L'union de l'ARNm, de l'ARNt d'initiation et de la petite sous-unité ribosomique est suivie de l'arrivée de la grande sous-unité ribosomique, ce qui achève la constitution du *complexe d'initiation de la traduction*. L'assemblage de toutes ces composantes ne peut se faire qu'en présence de protéines appelées *facteurs d'initiation*. Pour former un complexe d'initiation,

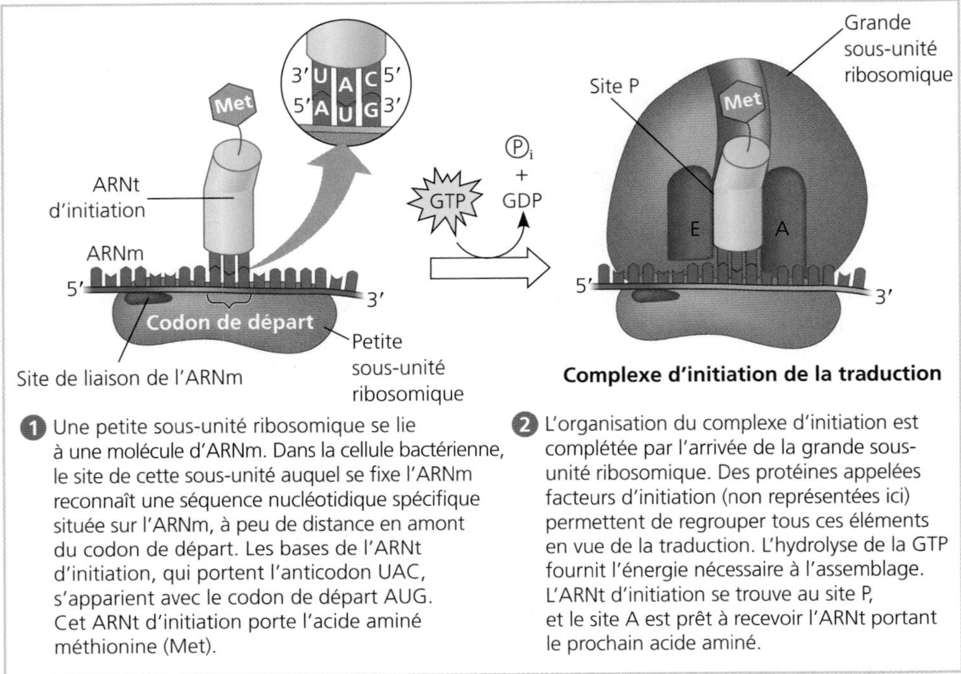
Met
3′ U A C 5′
5′ A U G 3′
ARNt d'initiation
ARNm
5′
3′
Codon de départ
Site de liaison de l'ARNm
Petite sous-unité ribosomique
GTP
P_i
+
GDP
Grande sous-unité ribosomique
Site P
Met
E
A
5′
3′
Complexe d'initiation de la traduction
1 Une petite sous-unité ribosomique se lie à une molécule d'ARNm. Dans la cellule bactérienne, le site de cette sous-unité auquel se fixe l'ARNm reconnaît une séquence nucléotidique spécifique située sur l'ARNm, à peu de distance en amont du codon de départ. Les bases de l'ARNt d'initiation, qui portent l'anticodon UAC, s'apparient avec le codon de départ AUG. Cet ARNt d'initiation porte l'acide aminé méthionine (Met).
2 L'organisation du complexe d'initiation est complétée par l'arrivée de la grande sous-unité ribosomique. Des protéines appelées facteurs d'initiation (non représentées ici) permettent de regrouper tous ces éléments en vue de la traduction. L'hydrolyse de la GTP fournit l'énergie nécessaire à l'assemblage. L'ARNt d'initiation se trouve au site P, et le site A est prêt à recevoir l'ARNt portant le prochain acide aminé.

▲ **Figure 17.18 L'initiation de la traduction.**

la cellule obtient de l'énergie grâce à l'hydrolyse de la molécule de GTP. À la fin du processus d'initiation, l'ARNt d'initiation se retrouve sur le site P du ribosome, et le site A, vacant, est prêt à recevoir le prochain aminoacyl-ARNt. Notez qu'un polypeptide est toujours synthétisé dans le même sens, à partir de la méthionine à l'extrémité N-terminale, vers l'acide aminé final à l'extrémité carboxyle, ou C-terminale (voir la figure 5.17, p. 88).

L'élongation de la chaîne polypeptidique

L'élongation est l'étape de la traduction au cours de laquelle les acides aminés sont ajoutés un par un à l'extrémité C-terminale de la chaîne en cours de synthèse. Chaque ajout suppose la participation de plusieurs protéines appelées *facteurs d'élongation* et se déroule selon un cycle comptant trois phases, décrites à la **figure 17.19**. La dépense énergétique s'effectue à la première et à la troisième étape. La reconnaissance du codon nécessite l'hydrolyse d'une molécule de GTP, ce qui renforce l'exactitude et l'efficacité de cette étape. Une autre molécule de GTP est hydrolysée à l'étape de la translocation.

L'ARNm traverse toujours le ribosome dans la même direction, c'est-à-dire en commençant par l'extrémité 5′. Cela revient à dire que le ribosome se déplace dans le sens 5′ → 3′ sur l'ARNm. Il suffit de se souvenir que le ribosome et l'ARNm bougent l'un par rapport à l'autre, en sens inverse et codon par codon. Le cycle d'élongation dure moins d'un dixième de seconde chez les Bactéries et se répète chaque fois qu'un acide aminé est ajouté à la chaîne polypeptidique, et ce, jusqu'à ce que celle-ci soit complète.

La terminaison de la traduction

La dernière étape de la traduction est la terminaison (**figure 17.20**). L'élongation se poursuit jusqu'à ce que l'un des codons d'arrêt de l'ARNm atteigne le site A du ribosome. Les triplets de bases azotées UAG, UAA et UGA de l'ARNm ne codent pas pour des acides aminés (ces codons n'ont pas

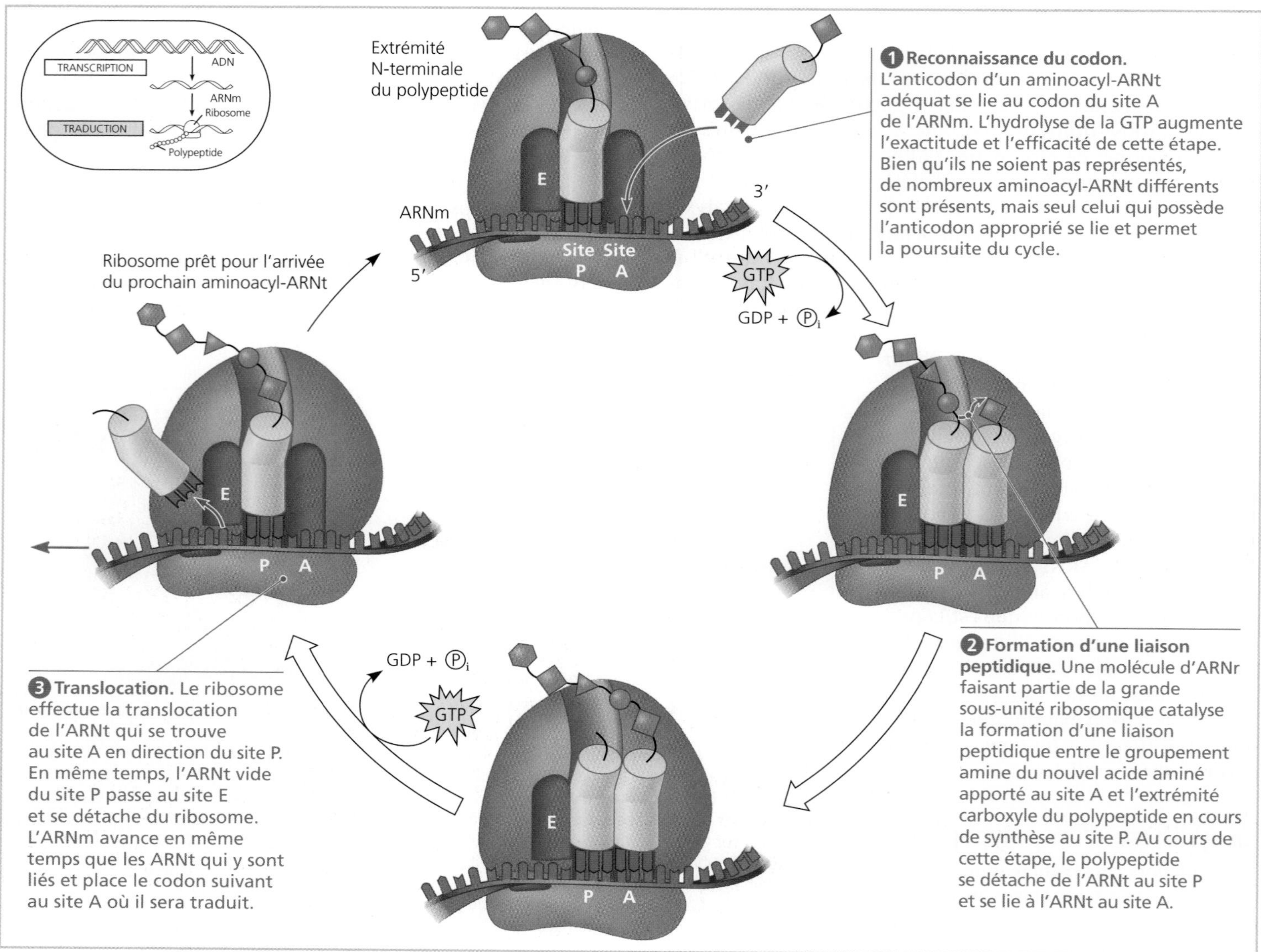

▲ **Figure 17.19 Le cycle d'élongation de la traduction.** L'hydrolyse de la GTP joue un rôle important dans le processus d'élongation. Ces schémas ne montrent pas les protéines appelées facteurs d'élongation.

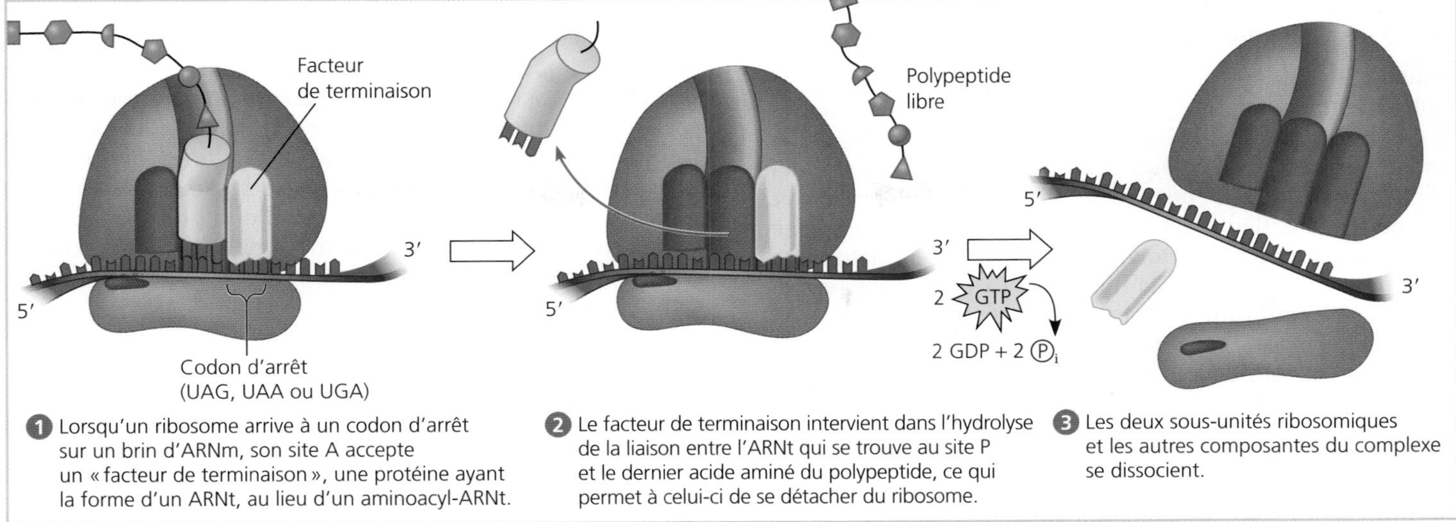

Facteur
de terminaison
Polypeptide
libre
3′
5′
5′
3′
5′
3′
2 GTP
2 GDP + 2 Ⓟi
Codon d'arrêt
(UAG, UAA ou UGA)
❶ Lorsqu'un ribosome arrive à un codon d'arrêt sur un brin d'ARNm, son site A accepte un « facteur de terminaison », une protéine ayant la forme d'un ARNt, au lieu d'un aminoacyl-ARNt.
❷ Le facteur de terminaison intervient dans l'hydrolyse de la liaison entre l'ARNt qui se trouve au site P et le dernier acide aminé du polypeptide, ce qui permet à celui-ci de se détacher du ribosome.
❸ Les deux sous-unités ribosomiques et les autres composantes du complexe se dissocient.

▲ **Figure 17.20 La terminaison de la traduction.**

d'anticodons complémentaires), mais servent de signal de fin de la traduction. Un *facteur de terminaison*, une protéine ayant la forme d'un aminoacyl-ARNt, se lie alors directement au codon de terminaison du site A et ajoute une molécule d'eau au lieu d'un acide aminé à la chaîne polypeptidique enfin terminée. (Beaucoup de molécules d'eau sont présentes dans le milieu aqueux de la cellule.) La liaison entre la chaîne polypeptidique et l'ARNt qui se trouve au site P est ainsi rompue (hydrolysée), et le polypeptide se détache de la grande sous-unité ribosomique en passant par le tunnel de sortie. Le reste du complexe de traduction se dissocie alors dans un processus en plusieurs étapes, assisté par d'autres facteurs protéiques. La dissociation du complexe de traduction nécessite l'hydrolyse de deux autres molécules de GTP.

Les polyribosomes

Un ribosome peut synthétiser à lui seul un polypeptide de taille moyenne en moins d'une minute. Cependant, plusieurs ribosomes s'associent et traduisent un ARNm en même temps; autrement dit, une même molécule d'ARNm sert en général à synthétiser simultanément un grand nombre de copies d'un polypeptide donné. En effet, dès qu'un ribosome dépasse suffisamment le codon de départ, un autre peut se lier à l'ARNm à son tour, et ainsi de suite. Le résultat est que de nombreux ribosomes forment une file le long d'une même molécule d'ARNm. Un tel chapelet de ribosomes, appelé **polyribosome** (ou parfois **polysome**), est visible au microscope électronique (**figure 17.21**). Les cellules bactériennes et eucaryotes contiennent des polyribosomes, mais ceux-ci sont en général plus longs chez les premières. Grâce à eux, une cellule a la capacité de synthétiser de nombreuses copies d'un polypeptide très rapidement.

L'achèvement et l'acheminement de la protéine fonctionnelle

Souvent, le processus de traduction ne peut synthétiser une protéine fonctionnelle sans aide. Dans la présente section, vous étudierez les modifications que les chaînes de polypeptides subissent après le processus de traduction ainsi que quelques mécanismes utilisés pour acheminer la protéine achevée vers des sites spécifiques dans la cellule.

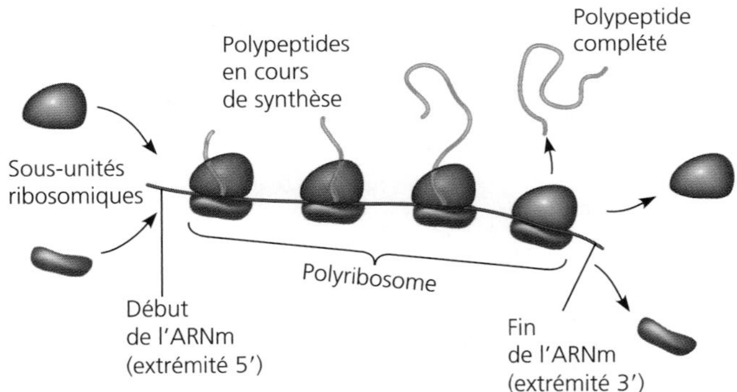

(a) Une molécule d'ARNm est généralement traduite simultanément par plusieurs ribosomes. L'ensemble de ceux-ci est appelé polyribosome.

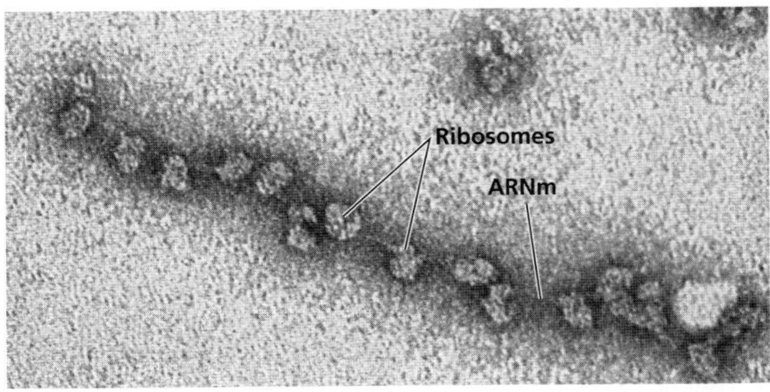

(b) Cette micrographie montre un polyribosome dans une cellule bactérienne. Les polypeptides en cours de synthèse ne sont pas visibles ici (MET).

▲ **Figure 17.21 Les polyribosomes.**

Le repliement des protéines et les modifications post-traductionnelles

Pendant la synthèse, la chaîne polypeptidique s'enroule et se replie spontanément à cause de sa séquence d'acides aminés (structure primaire), en formant une protéine dotée d'une structure spécifique. En d'autres termes, elle devient une molécule tridimensionnelle possédant une structure secondaire et tertiaire (voir la figure 5.20, p. 90). Par conséquent, un gène détermine la structure primaire, et cette dernière détermine à son tour la structure de la molécule. La plupart du temps, une chaperonine (une protéine jouant le rôle de chaperon moléculaire) contribue à plier correctement le polypeptide nouvellement formé (voir la figure 5.23, p. 93).

Avant de pouvoir remplir sa fonction dans la cellule, la protéine doit parfois subir des *modifications post-traductionnelles*, c'est-à-dire des modifications qui s'effectuent après la traduction proprement dite. Certains acides aminés sont modifiés chimiquement par l'ajout de glucides, de lipides, de groupements phosphate ou d'autres substances. Des enzymes peuvent détacher un ou plusieurs acides aminés de l'extrémité N-terminale de la chaîne polypeptidique. Dans certains cas, une chaîne polypeptidique est découpée en plusieurs fragments par voie enzymatique. Par exemple, l'insuline (une protéine) est d'abord synthétisée sous la forme d'une chaîne polypeptidique unique; toutefois, elle ne devient active que lorsqu'une enzyme enlève un segment situé au centre de la chaîne. La protéine résultante est formée de deux chaînes polypeptidiques reliées par des ponts disulfure. Dans d'autres cas, plusieurs polypeptides synthétisés séparément s'unissent de façon à constituer les sous-unités d'une protéine pourvue d'une structure quaternaire. L'hémoglobine en est un exemple familier (voir la figure 5.20, p. 90).

L'acheminement des polypeptides vers des cibles spécifiques

L'observation au microscope électronique de cellules eucaryotes synthétisant des protéines permet de mettre en évidence deux populations de ribosomes (et de polyribosomes): des ribosomes libres et d'autres qui sont liés (voir la figure 6.10, p. 113). Les premiers sont en suspension dans le cytosol et synthétisent surtout des protéines qui restent dans le cytosol, où elles remplissent leurs fonctions. Les seconds sont fixés à la face cytoplasmique du réticulum endoplasmique (RE) rugueux, ou à celle de l'enveloppe nucléaire; ils

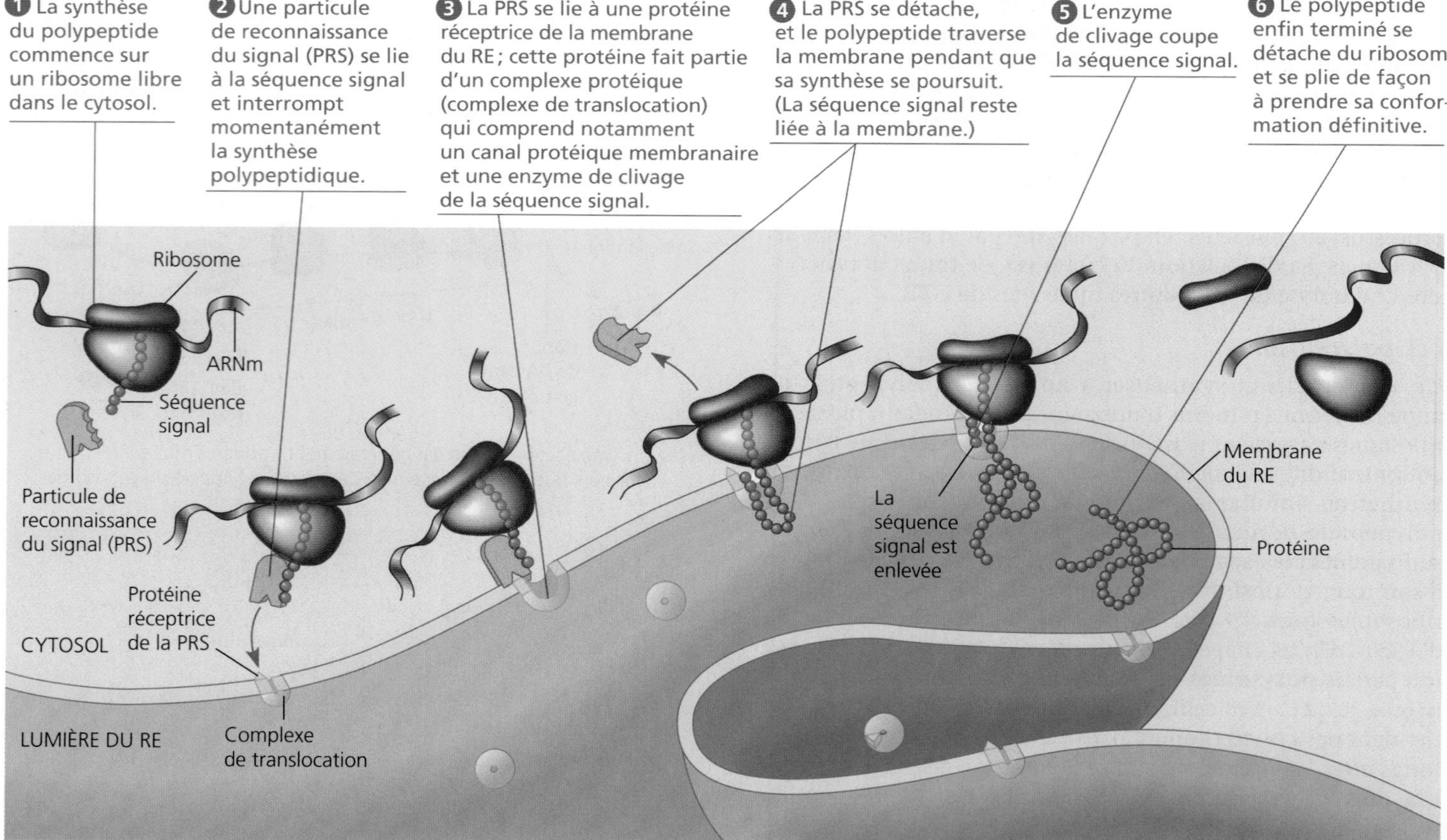

1 La synthèse du polypeptide commence sur un ribosome libre dans le cytosol.
2 Une particule de reconnaissance du signal (PRS) se lie à la séquence signal et interrompt momentanément la synthèse polypeptidique.
3 La PRS se lie à une protéine réceptrice de la membrane du RE; cette protéine fait partie d'un complexe protéique (complexe de translocation) qui comprend notamment un canal protéique membranaire et une enzyme de clivage de la séquence signal.
4 La PRS se détache, et le polypeptide traverse la membrane pendant que sa synthèse se poursuit. (La séquence signal reste liée à la membrane.)
5 L'enzyme de clivage coupe la séquence signal.
6 Le polypeptide enfin terminé se détache du ribosome et se plie de façon à prendre sa conformation définitive.
Ribosome
ARNm
Séquence signal
Particule de reconnaissance du signal (PRS)
Protéine réceptrice de la PRS
CYTOSOL
LUMIÈRE DU RE
Complexe de translocation
La séquence signal est enlevée
Membrane du RE
Protéine

▲ **Figure 17.22 Le mécanisme de signalisation pour l'acheminement des protéines au RE.** Les polypeptides affectés au réseau intracellulaire de membranes ou sécrétés à l'extérieur de la cellule commencent par une séquence signal, c'est-à-dire par une série d'acides aminés qui leur assigne une destination précise, le RE. Ce schéma montre successivement le début de la synthèse d'une protéine destinée à la sécrétion et son arrivée dans le RE. Sa maturation se poursuit dans le RE, puis dans l'appareil de Golgi. Enfin, une vésicule de sécrétion l'achemine vers la membrane plasmique. C'est de là qu'elle sera sécrétée à l'extérieur de la cellule (voir la figure 7.12, p. 146).

synthétisent les protéines du réseau de membranes intracellulaires (l'enveloppe nucléaire, le RE, l'appareil de Golgi, les lysosomes, les vacuoles et la membrane plasmique) ainsi que celles qui doivent être sécrétées à l'extérieur de la cellule (comme l'insuline). Il est important de noter que tous les ribosomes sont identiques et qu'ils peuvent passer de l'état libre à l'état lié.

Quel est le facteur qui détermine si un ribosome se trouve libre dans le cytosol ou lié au réticulum endoplasmique? Il faut savoir que la synthèse de tout polypeptide commence dans le cytosol lorsqu'un ribosome libre entame la traduction d'une molécule d'ARNm. Le processus se poursuit entièrement dans ce milieu *sauf* si le polypeptide en cours de synthèse incite le ribosome, par une séquence particulière d'acides aminés, à se fixer au RE. Par exemple, les protéines destinées au réseau de membranes intracellulaires ou devant être sécrétées portent une **séquence signal de peptides** qui les oriente vers le RE (**figure 17.22**). Cette séquence compte environ 20 acides aminés et se situe à l'extrémité N-terminale du polypeptide ou près de celle-ci. Au moment où la séquence signal émerge du ribosome, elle est reconnue par un complexe appelé **particule de reconnaissance du signal** (**PRS**). Celle-ci est constituée de six protéines et d'un petit ARN. Elle agit alternativement comme un interrupteur de la synthèse protéique et elle escorte le ribosome jusqu'à une protéine réceptrice dans la membrane du RE. Cette protéine réceptrice fait partie d'un complexe de translocation multiprotéique. La synthèse du polypeptide se poursuit à cet endroit, et la molécule en voie de formation commence à passer dans la lumière du RE en se faufilant à travers un canal protéique de la membrane. Sa séquence signal est habituellement enlevée par une peptidase. S'il est destiné à devenir une protéine de sécrétion, le polypeptide enfin complété est libéré dans la solution qui remplit la lumière du RE (voir la figure 17.22). S'il doit devenir une protéine membranaire, il reste partiellement enchâssé dans la membrane du RE.

D'autres types de séquences signal dirigent les polypeptides vers les mitochondries, les chloroplastes, l'intérieur du noyau et d'autres organites qui ne font pas partie du réseau intracellulaire de membranes. Dans ces cas, la principale particularité est que la traduction prend fin dans le cytosol, avant que le polypeptide soit exporté vers l'organite auquel il est destiné. Les mécanismes de translocation sont également variables; mais, dans tous les cas qui ont été étudiés jusqu'à aujourd'hui, on a mis en évidence divers types de séquence signal qui font office de «codes postaux» chargés d'acheminer les protéines vers un endroit particulier de la cellule ou qui les destinent à devenir des protéines de sécrétion. Les Bactéries emploient également des séquences signal pour acheminer les protéines destinées à devenir des protéines de sécrétion vers la membrane plasmique.

RETOUR SUR LE CONCEPT **17.4**

1. Quels sont les deux processus qui garantissent que l'acide aminé approprié est ajouté à une chaîne polypeptidique en cours de synthèse?
2. Comment la structure de l'ARNr contribue-t-elle probablement à la fonction ribosomale?
3. Expliquez comment un polypeptide destiné à être sécrété à l'extérieur de la cellule est transporté au réseau intracellulaire de membranes.
4. ET SI? FAITES UN DESSIN Si un ARNt possède l'anticodon 3'-CGU-5', quels sont les deux codons différents auxquels il peut se lier? Dessinez chacun d'eux sur un ARNm, en identifiant toutes les extrémités 5' et 3'. Ajoutez l'acide aminé transporté par l'ARNt.

Voir les réponses proposées à la fin du chapitre.

CONCEPT **17.5**

Les mutations d'un ou de quelques nucléotides peuvent modifier la structure et la fonction des protéines

Après avoir étudié le processus de l'expression génique, vous êtes maintenant prêt à comprendre les effets des modifications sur l'information génétique d'une cellule (ou d'un virus). Ces modifications, appelées **mutations**, sont à l'origine de l'immense diversité des gènes présents parmi les organismes parce que les mutations sont la source première de nouveaux gènes. À la figure 15.14, (p. 343), nous avons parlé des remaniements chromosomiques touchant de longs segments d'ADN qu'on peut considérer comme des mutations à grande échelle. Maintenant, nous abordons les mutations à petite échelle d'une ou de quelques paires de nucléotides, notamment les **mutations ponctuelles**. Il s'agit de modifications chimiques touchant une seule paire de bases nucléotidiques d'un gène.

Si elle apparaît dans un gamète ou dans une cellule productrice de gamètes, une mutation ponctuelle peut être transmise à la descendance immédiate et aux générations suivantes. Quand elle a des effets nocifs sur le phénotype d'un organisme, on parle d'anomalie génétique ou de maladie héréditaire. Par exemple, on a trouvé la cause génétique de l'anémie à hématies falciformes: cette maladie est due à la mutation touchant une seule paire de nucléotides du gène qui code pour la β-globine, l'un des polypeptides de l'hémoglobine. Cette modification d'un seul nucléotide de la matrice d'ADN entraîne la production d'une protéine anormale (**figure 17.23**; voir aussi la figure 5.21, p. 92). L'hémoglobine ainsi transformée des personnes homozygotes pour le gène mutant donne aux hématies (globules rouges) une forme de faucille qui réduit substantiellement la fixation du dioxygène. Cela fait apparaître les nombreux symptômes de l'anémie à hématies falciformes (voir le chapitre 14). La myocardiopathie familiale, un trouble cardiaque, est une autre anomalie causée par une mutation ponctuelle; cette maladie est responsable de mort subite chez de jeunes athlètes. On a découvert plusieurs mutations ponctuelles susceptibles de provoquer cette affection.

▼ Figure 17.23 L'origine moléculaire de l'anémie à hématies falciformes, une mutation ponctuelle. La différence entre l'allèle qui entraîne l'anémie à hématies falciformes et l'allèle normal consiste en une modification d'une seule paire de nucléotides de l'ADN.

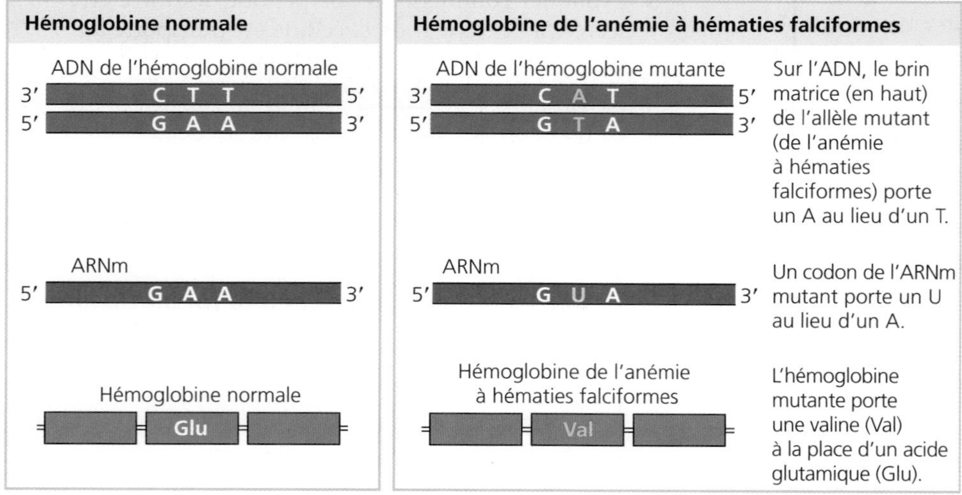

Les catégories de mutations à petite échelle

Voyons maintenant de quelle façon les mutations à petite échelle modifient les protéines. On peut classer les mutations ponctuelles survenant à l'intérieur d'un gène en deux grandes catégories: (1) les substitutions d'une seule paire de nucléotides; (2) les insertions ou les délétions de paires de nucléotides. Les insertions et les délétions peuvent faire intervenir une ou plusieurs paires de nucléotides.

Les substitutions

La **substitution d'une paire de bases** est le remplacement d'un nucléotide et de son vis-à-vis par une paire de nucléotides différente (**figure 17.24a**). Certaines substitutions n'ont aucun effet sur la protéine synthétisée à cause de la redondance du code génétique. Par exemple, si 3′-CCG-5′ sur le brin matrice devient 3′-CCA-5′ à la suite d'une mutation, le codon d'ARNm GGC devient GGU; or, ces deux derniers commandent l'ajout d'une glycine à l'endroit voulu de la protéine (voir la figure 17.5). Autrement dit, la modification d'une paire de nucléotides peut résulter en un codon dont la traduction donne le même acide aminé que celui pour lequel le codon initial aurait codé. Une telle modification est un exemple de **mutation silencieuse**, qui n'a aucun effet observable sur le phénotype. (Les mutations silencieuses peuvent se produire également à l'extérieur du gène.) Les substitutions qui aboutissent au remplacement d'un acide aminé par un autre sont appelées **mutations faux-sens**. Il arrive qu'elles n'aient pas d'effets notables sur la protéine synthétisée, parce que le nouvel acide aminé a des propriétés semblables à celles de l'ancien ou encore parce que la séquence exacte des acides aminés d'une certaine région de la protéine n'est pas essentielle aux fonctions de celle-ci.

Bien plus intéressantes pour les généticiens sont les substitutions de paires de nucléotides qui occasionnent un changement important dans la composition de la protéine. L'altération d'un seul acide aminé dans une région essentielle de la protéine a des répercussions importantes sur l'activité de cette dernière (voir par exemple la partie de l'hémoglobine illustrée à la figure 17.23 ou l'effet sur le site actif d'une enzyme tel qu'il est présenté à la figure 8.18, p. 175). De temps à autre, une telle mutation crée une protéine améliorée ou ayant de nouvelles propriétés. Cependant, la plupart du temps, les mutations sont néfastes, parce qu'elles engendrent une protéine inutile ou moins active qui entrave le fonctionnement de la cellule.

Les substitutions provoquent le plus souvent des mutations faux-sens; les codons touchés codent encore pour des acides aminés et ont donc un sens, mais celui-ci est *erroné*. Toutefois, une mutation ponctuelle peut transformer un codon correspondant à un acide aminé en un codon d'arrêt; ces altérations sont appelées **mutations non-sens**, et elles conduisent à la fin prématurée de la traduction; le polypeptide synthétisé est plus court que celui qui est encodé par le gène normal. Une mutation non-sens conduit presque toujours à la synthèse de protéines non fonctionnelles.

Les insertions et les délétions

Les **insertions** et les **délétions** correspondent à l'ajout ou à la perte d'une ou de plusieurs paires de nucléotides dans un gène (**figure 17.24b**). Elles ont généralement des conséquences plus désastreuses que les substitutions. En effet, l'insertion ou la délétion de nucléotides peut modifier le cadre de lecture du message génétique formé par le regroupement des triplets de nucléotides sur l'ARNm qui est lu pendant la traduction. Ce type de mutation, appelé **décalage du cadre de lecture**, apparaît chaque fois que le nombre de nucléotides insérés ou enlevés n'est pas un multiple de trois. Tous les nucléotides situés en aval de la modification sont alors regroupés en des codons erronés. Il en résulte un long faux-sens qui aboutit tôt ou tard à un non-sens et à une terminaison prématurée. À moins que le décalage du cadre de lecture survienne très près de la fin du gène, il est presque certain que la protéine ne sera pas fonctionnelle.

Les mutagènes

Les mutations peuvent avoir des causes diverses. Les erreurs survenues lors de la réplication ou de la recombinaison de l'ADN peuvent engendrer des substitutions de paires de nucléotides, des insertions, des délétions ou des mutations touchant des parties plus longues de l'ADN. Si un nucléotide incorrect est ajouté à la chaîne en cours de formation pendant la réplication, par exemple, la base sur ce nucléotide sera désappariée avec la base du nucléotide de l'autre brin. Dans de nombreux cas, l'erreur sera corrigée par les systèmes de réparation que vous avez étudiés au chapitre 16. Sinon, la base incorrecte sera utilisée comme matrice dans la réplication suivante, causant une mutation. Les mutations résultant de ce genre d'erreurs sont appelées *mutations spontanées*, et il est difficile d'en calculer le taux d'occurrence. Des estimations approximatives effectuées sur le taux de mutation au cours de la réplication de l'ADN chez *E. coli* et chez les Eucaryotes ont donné des valeurs similaires: environ 1 nucléotide sur 10^{10} est modifié, et le changement est transmis à la génération suivante de cellules.

Certains agents physiques ou chimiques appelés **mutagènes** interagissent avec l'ADN et provoquent des changements. Dans les années 1920, Hermann Muller, un étudiant de T. H. Morgan et prix Nobel de médecine en 1946, a découvert que les rayons X causaient des modifications génétiques chez les drosophiles. En exposant des mouches à ces rayonnements, il a obtenu des drosophiles mutantes, qu'il a ensuite utilisées au cours de ses recherches. Mais il s'est rendu compte des conséquences inquiétantes de sa découverte: les rayons X et les autres formes de radiations à haute énergie sont dangereux, tant pour le génome humain que pour celui des organismes de laboratoire. Le rayonnement ultraviolet fait partie des mutagènes physiques; il contribue à la formation de dimères de thymine dans l'un ou l'autre des brins d'ADN (voir la figure 16.19, p. 367).

Il existe plusieurs catégories de mutagènes chimiques. Les analogues des nucléotides (comme la 5-bromo-uracile analogue

▼ Figure 17.24 Les catégories de mutations à petite échelle qui modifient la séquence de l'ARNm.
Toutes les catégories illustrées ici, à l'exception d'une seule, modifient la séquence des acides aminés du polypeptide encodé.

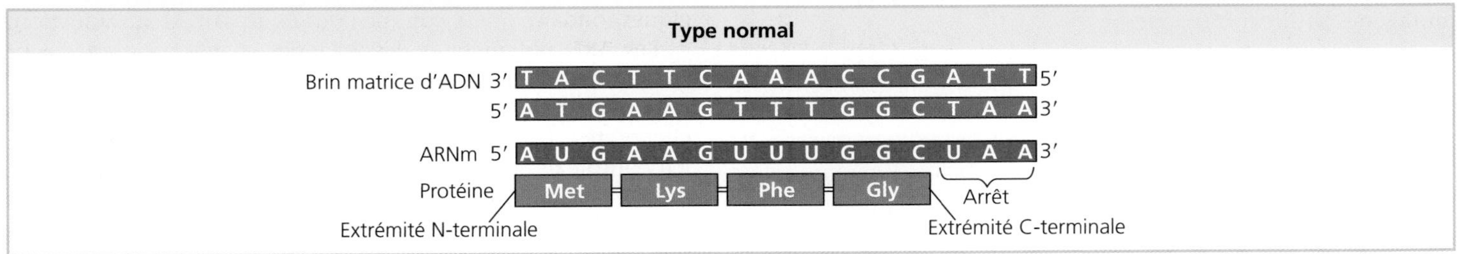

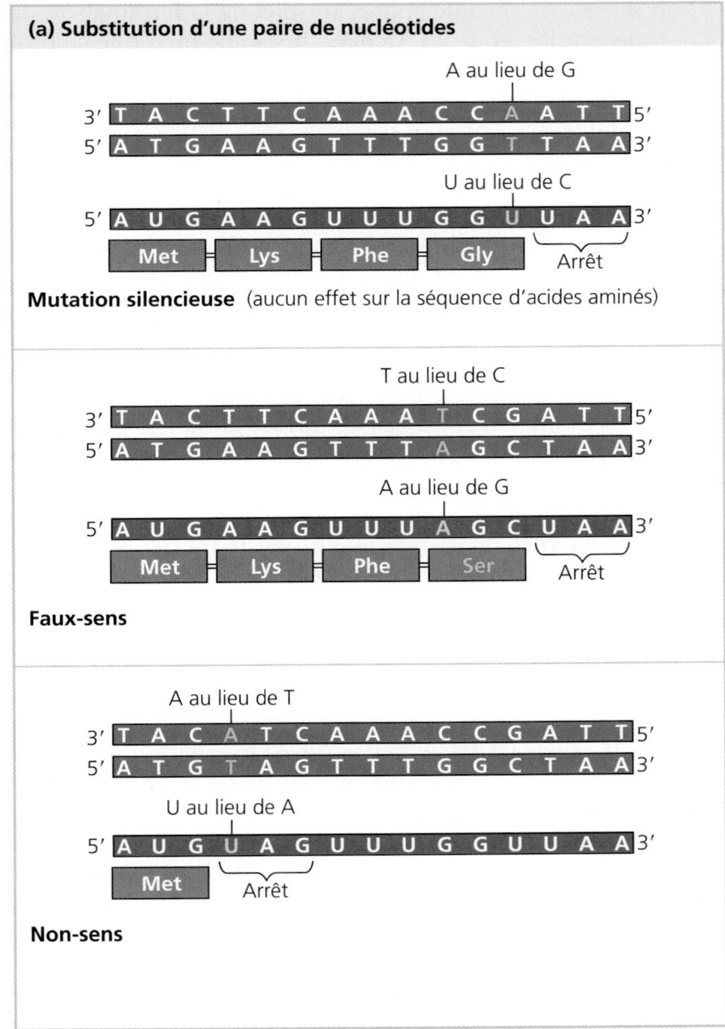

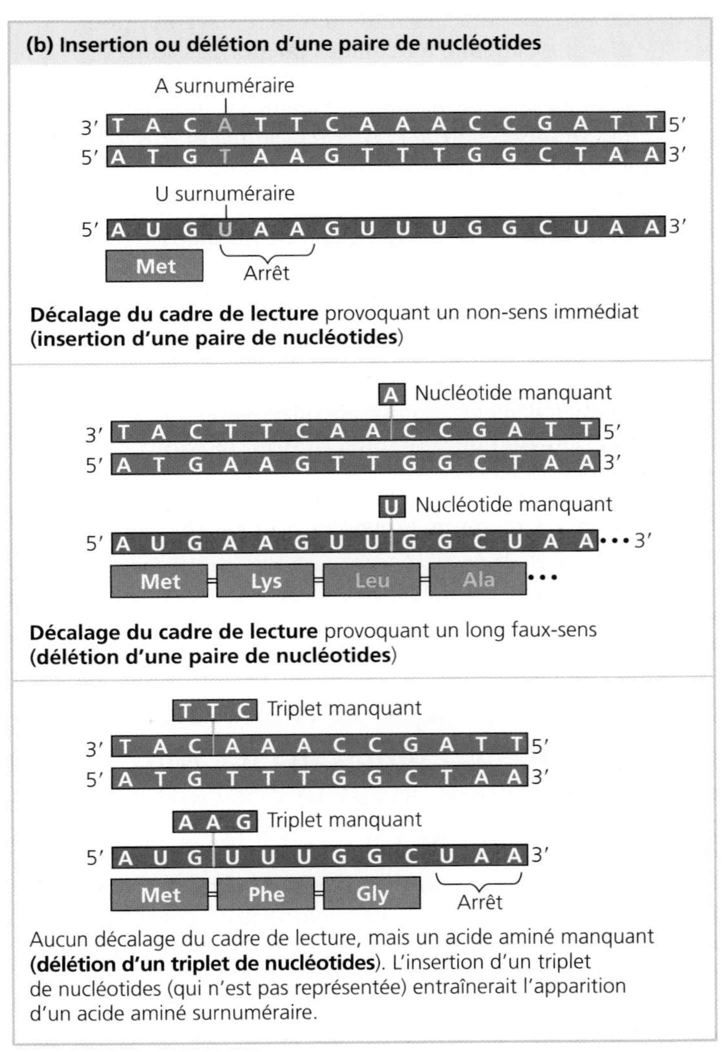

de la thymine) sont des substances qui ressemblent aux nucléotides normaux de l'ADN et qui s'insèrent dans celui-ci pendant sa réplication. Ils modifient ponctuellement l'information génétique, car ils sont plus susceptibles d'entraîner de mauvais appariements que les nucléotides normaux. D'autres mutagènes chimiques entravent la réplication en s'insérant dans l'ADN et en déformant la double hélice. Enfin, certains mutagènes modifient chimiquement les bases en altérant aussi leur capacité d'appariement.

Des chercheurs ont mis au point plusieurs méthodes pour tester *in vitro* l'activité mutagène de diverses substances chimiques. Le principal domaine d'application de ces tests est le dépistage préliminaire des substances chimiques susceptibles de causer le cancer. Cette approche est valable parce que la plupart des agents cancérogènes (qui provoquent le cancer) sont des mutagènes, et, inversement, la plupart des mutagènes sont cancérogènes.

RETOUR SUR LE CONCEPT 17.5

1. Que se passe-t-il lorsqu'une paire de nucléotides est enlevée au milieu de la séquence codante d'un gène ?
2. **FAITES DES LIENS** Les individus hétérozygotes pour l'allèle de l'anémie à hématies falciformes sont généralement en bonne santé, mais ils présentent des effets phénotypiques de l'allèle dans certaines circonstances; voir le concept 14.4, pages 316 à 318. Expliquez cette observation en termes d'expression génique.
3. **ET SI ?** **FAITES UN DESSIN** Le brin matrice d'un gène contient la séquence nucléotidique suivante : 3'-TACTTGTCCGATATC-5'. À la suite d'une mutation, il est modifié en 3'-TACTTGTCCAATATC-5'. Dessinez le double brin de l'ADN pour les deux séquences (normale et mutante) ainsi que la séquence d'acides aminés encodée par chacune. Quel est l'effet de cette mutation sur la séquence des acides aminés ?

Voir les réponses proposées à la fin du chapitre.

CONCEPT 17.6

L'expression génique se manifeste selon des modes différents au sein du monde vivant, mais le concept de gène est universel

La transcription et la traduction se déroulent de façon très semblable chez les cellules bactériennes et chez les organismes eucaryotes, mais nous avons relevé certaines différences sur le plan des structures cellulaires et des détails du processus dans ces deux domaines. La classification des organismes en trois domaines a été établie il y a environ 40 ans, lorsque la distinction entre les Archées et les Bactéries a été reconnue. Tout comme les Bactéries, les Archées sont des Procaryotes. Cependant, ces dernières partagent de nombreux aspects des mécanismes de l'expression génique avec les Eucaryotes, de même que quelques-uns avec les Bactéries.

La comparaison de l'expression génique chez les Bactéries, les Archées et les Eucaryotes

De récents progrès en biologie moléculaire ont permis aux chercheurs de déterminer les séquences nucléotidiques complètes de centaines de génomes provenant de chaque domaine. Cette richesse de données nous permet de comparer en parallèle la séquence des gènes et des protéines des trois domaines. Les plus en vue parmi les gènes qui présentent un intérêt sont ceux qui codent pour des composantes de processus biologiques fondamentaux comme la transcription et la traduction.

Les ARN polymérases des Bactéries et des Eucaryotes sont très différentes les unes des autres, alors que l'unique ARN polymérase des Archées ressemble aux trois polymérases eucaryotes. Les Archées et les Eucaryotes font intervenir un jeu complexe de facteurs de transcription, contrairement au nombre moins important de protéines accessoires chez les Bactéries. Chez les cellules eucaryotes et bactériennes, la transcription ne se termine pas de la même façon. Même si l'on sait encore peu de choses au sujet de la terminaison de la transcription chez les Archées, il semble bien que ce processus soit semblable à celui des Eucaryotes.

Quant à la traduction, les ribosomes des Archées sont de la même taille que ceux des Bactéries, mais leur sensibilité aux inhibiteurs chimiques ressemblent plus à celle des ribosomes eucaryotes. Comme nous l'avons mentionné, l'initiation de la traduction n'est pas tout à fait identique chez les Bactéries et les Eucaryotes. À cet égard, les processus mis en œuvre par les Archées ressemblent plutôt à ceux des Bactéries.

Les différences principales entre les Bactéries et les Eucaryotes concernant l'expression génique sont dues à l'absence de compartiments dans les cellules bactériennes. Ainsi, dans la cellule bactérienne, le processus se déroule de façon ininterrompue. Comme il n'y a pas de noyau, la transcription et la traduction du même gène peuvent se dérouler simultanément (**figure 17.25**), et la protéine qui vient d'être synthétisée peut atteindre rapidement son site fonctionnel par diffusion. La plupart des chercheurs présument que la transcription et la traduction sont couplées de la même façon dans les cellules des Archées puisqu'elles sont dépourvues d'enveloppe nucléaire. Par contre, dans la cellule eucaryote, l'enveloppe du noyau délimite deux compartiments, à l'intérieur desquels se déroulent respectivement la transcription et la traduction. L'un de ces compartiments est également le siège d'une maturation très élaborée de l'ARN. Le processus de maturation inclut des étapes supplémentaires, dont la régulation permet de coordonner les activités complexes de la cellule eucaryote (voir le chapitre 18).

Une étude plus poussée des protéines et des ARN qui interviennent dans la transcription et la traduction chez les Archées nous en apprendra davantage sur l'évolution de ces processus dans les trois domaines. En dépit des différences dans l'expression génique répertoriées ici, toutefois, la notion de gène est en soi un concept unificateur parmi toutes les formes de vie.

Qu'est-ce qu'un gène? *Reconsidérons la question*

Au cours des derniers chapitres, notre définition du gène a progressé. Nous avons commencé par le concept mendélien, selon lequel le gène est une unité héréditaire discontinue définissant un caractère phénotypique (chapitre 14). Puis, nous avons vu que Morgan et ses collaborateurs ont associé les gènes à des loci spécifiques situés sur les chromosomes (chapitre 15). Ensuite, nous avons montré qu'un gène est une région d'une molécule d'ADN d'un chromosome portant une séquence nucléotidique précise (chapitre 16). Enfin, dans le présent chapitre, nous avons examiné une définition fonctionnelle du gène: il s'agit d'une séquence d'ADN qui code pour une chaîne polypeptidique spécifique. (La **figure 17.26**, à la page suivante, résume le processus qui va du gène, selon la définition moderne, au polypeptide dans une cellule eucaryote.) Toutes ces définitions peuvent être utiles selon le contexte dans lequel on étudie les gènes.

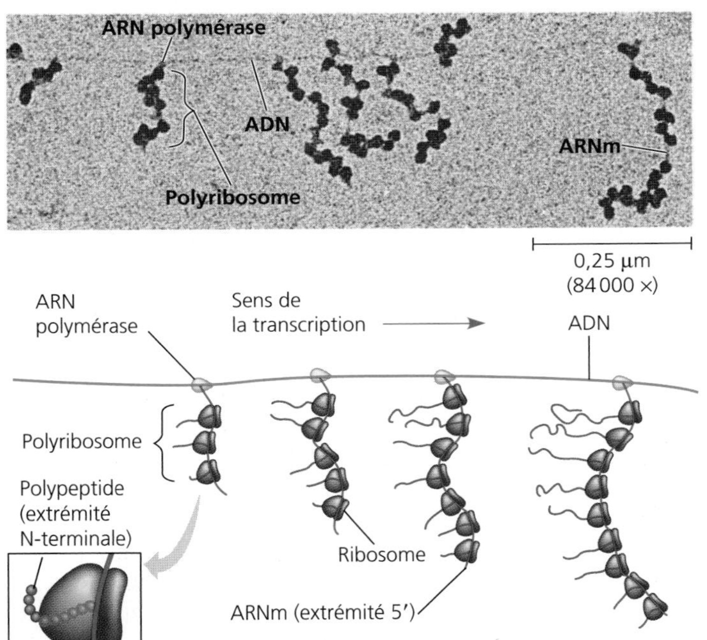

▲ **Figure 17.25 Le couplage de la transcription et de la traduction chez les Bactéries.** Dans les cellules bactériennes, la traduction de l'ARNm peut commencer dès que la première extrémité (5') de la molécule d'ARNm se détache de la matrice d'ADN. La micrographie (MET) montre la transcription d'un brin d'ADN d'*E. coli* par des molécules d'ARN polymérase. Chacune de celles-ci engendre un brin d'ARNm déjà en cours de traduction par les ribosomes. Les polypeptides nouvellement synthétisés ne sont pas visibles dans la micrographie, mais sont illustrés dans le schéma.

? *Laquelle des molécules d'ARNm a commencé la transcription en premier? Sur cet ARNm, quel ribosome a commencé la traduction en premier?*

Manifestement, le principe selon lequel un gène code pour un polypeptide est trop simple. Ainsi, chez les Eucaryotes, la plupart des gènes comportent des segments non codants (comme les introns), de sorte qu'une grande partie de la chaîne d'ADN ne correspond à aucun segment au niveau des polypeptides. Les spécialistes de la biologie moléculaire considèrent souvent que les promoteurs et certaines régions régulatrices de l'ADN font partie du gène même s'ils ne sont pas transcrits. Ces séquences d'ADN ne sont pas transcrites, mais il est possible de considérer qu'elles font partie du gène fonctionnel puisqu'elles sont nécessaires à la transcription. Notre définition du gène doit aussi être assez large pour englober les segments d'ADN qui sont transcrits en ARNr, en ARNt et en d'autres types d'ARN qui ne sont pas traduits. Ces gènes ne produisent aucun polypeptide, mais jouent des rôles essentiels dans la cellule. On en arrive à la définition suivante: *un gène est une région de l'ADN qui peut être exprimée pour produire un produit final fonctionnel, soit un polypeptide, soit une molécule d'ARN.*

Cependant, quand on considère les phénotypes, il est souvent utile de commencer par s'intéresser aux gènes qui codent pour des polypeptides. Dans le présent chapitre, nous avons appris comment un gène ordinaire est exprimé au niveau moléculaire, à savoir par transcription en ARNm, puis par traduction en un polypeptide qui forme une protéine dotée d'une structure et d'une fonction spécifiques. Les protéines, pour leur part, expriment le phénotype observable de l'organisme.

Un type donné de cellule n'exprime qu'un sous-ensemble de ses gènes. C'est là une caractéristique essentielle chez les organismes multicellulaires: vous auriez des ennuis si les cellules du cristallin de vos yeux se mettaient à exprimer les gènes des protéines des cheveux, qui sont normalement exprimés seulement dans les cellules des follicules pileux! L'expression génique est donc soumise à une régulation précise. Dans le prochain chapitre, nous aborderons l'étude de la régulation génique en commençant par celle des Bactéries, qui est relativement simple, et nous continuerons ensuite avec les Eucaryotes.

RETOUR SUR LE CONCEPT 17.6

1. Le couplage des processus illustré à la figure 17.25 pourrait-il se retrouver dans une cellule eucaryote? Expliquez votre réponse.
2. **ET SI?** Dans les cellules eucaryotes, on a trouvé que les ARNm ont un arrangement circulaire dans lequel des protéines retiennent une queue poly-A près d'une coiffe 5'. Comment cet arrangement peut-il accroître l'efficacité de la traduction?

Voir les réponses proposées à la fin du chapitre.

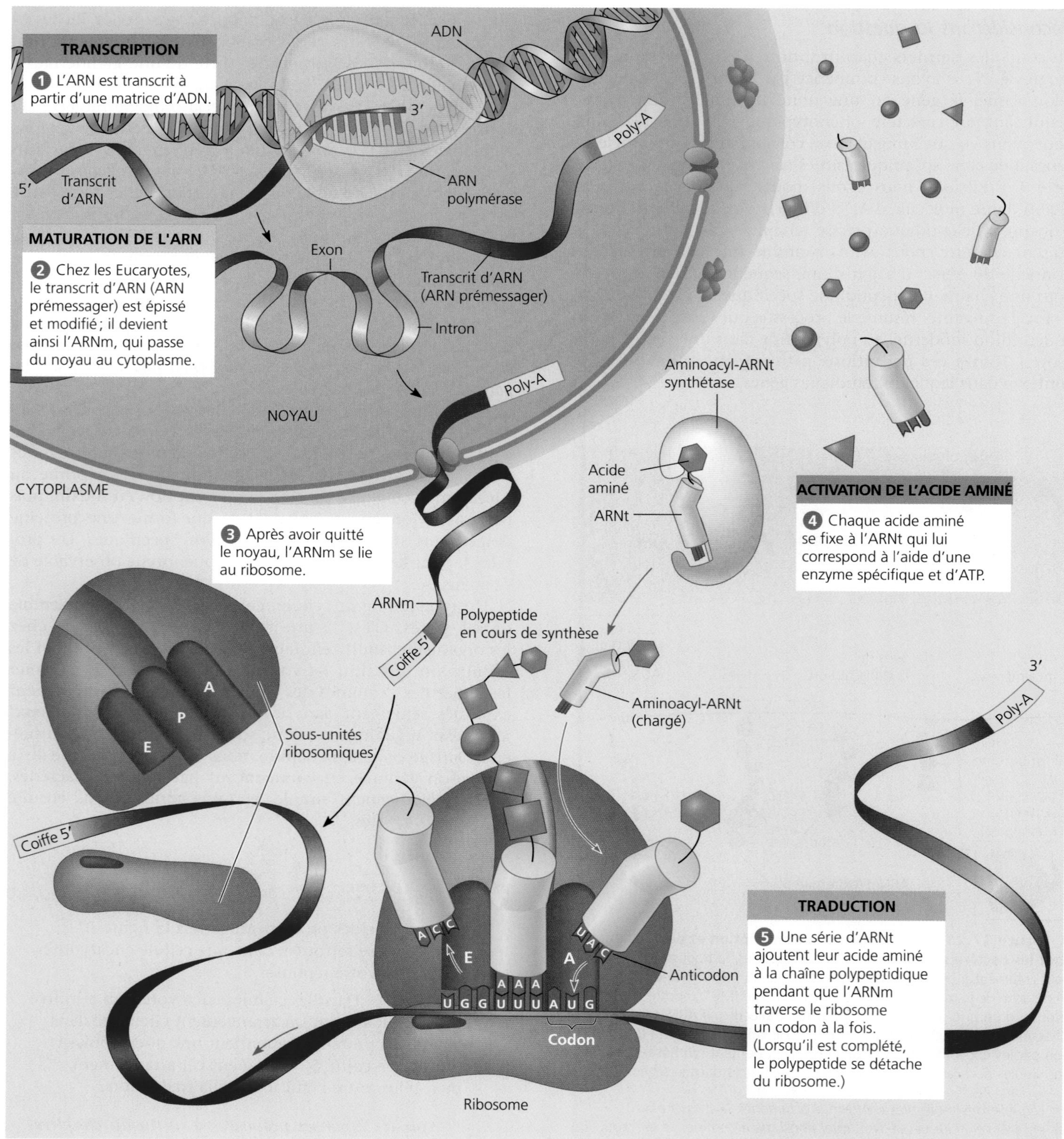
TRANSCRIPTION
1 L'ARN est transcrit à partir d'une matrice d'ADN.
ADN
3'
5'
Transcrit d'ARN
ARN polymérase
Poly-A
MATURATION DE L'ARN
2 Chez les Eucaryotes, le transcrit d'ARN (ARN prémessager) est épissé et modifié ; il devient ainsi l'ARNm, qui passe du noyau au cytoplasme.
Exon
Transcrit d'ARN (ARN prémessager)
Intron
Poly-A
NOYAU
CYTOPLASME
Aminoacyl-ARNt synthétase
Acide aminé
ARNt
ACTIVATION DE L'ACIDE AMINÉ
4 Chaque acide aminé se fixe à l'ARNt qui lui correspond à l'aide d'une enzyme spécifique et d'ATP.
3 Après avoir quitté le noyau, l'ARNm se lie au ribosome.
ARNm
Polypeptide en cours de synthèse
Coiffe 5'
Aminoacyl-ARNt (chargé)
3'
Poly-A
A
P
E
Sous-unités ribosomiques
Coiffe 5'
E
A
Anticodon
A A A
U G G U U U A U G
Codon
Ribosome
TRADUCTION
5 Une série d'ARNt ajoutent leur acide aminé à la chaîne polypeptidique pendant que l'ARNm traverse le ribosome un codon à la fois. (Lorsqu'il est complété, le polypeptide se détache du ribosome.)

▲ **Figure 17.26 Résumé de la transcription et de la traduction dans une cellule eucaryote.** Ce schéma illustre le processus de synthèse d'un polypeptide à partir du gène qui détient le message génétique correspondant. Souvenez-vous que chaque gène peut être transcrit à maintes reprises en molécules d'ARNm identiques et que chaque ARNm peut être traduit en polypeptides identiques de nombreuses fois. (Souvenez-vous également que le produit final de certains gènes n'est pas un polypeptide, mais une molécule d'ARN qui peut être un ARNt ou un ARNr.) De façon générale, les étapes de la transcription et de la traduction sont semblables dans les cellules bactérienne, archéenne et eucaryote. La différence principale est l'étape de la maturation de l'ARNm, qui se déroule dans le noyau de la cellule eucaryote. Les autres différences importantes concernent les étapes de l'initiation de la transcription et de la traduction ainsi que la terminaison de la transcription.

RÉVISION DU CHAPITRE 17

RÉSUMÉ DES CONCEPTS CLÉS

CONCEPT 17.1

Les gènes codent pour les protéines par l'intermédiaire de la transcription et de la traduction (p. 377 à 384)

- L'ADN régit le métabolisme en ordonnant aux cellules de fabriquer des enzymes spécifiques et d'autres protéines par l'intermédiaire du processus de l'**expression génique**. Les études de Beadle et Tatum de souches mutantes de *Neurospora* ont abouti à l'hypothèse appelée un gène, un polypeptide. Les gènes codent pour les chaînes polypeptidiques ou pour les molécules d'ARN.
- La **transcription** est la synthèse d'ARN complémentaire à un **brin matrice** de l'ADN permettant le passage de l'information de désoxyribonucléotides à des ribonucléotides. La **traduction** est la synthèse d'un polypeptide dont la séquence d'acides aminés est codée par la séquence de nucléotides dans l'**ARNm**; ce transfert de l'information implique donc un passage du langage des nucléotides à celui des acides aminés.
- L'information génétique dans l'ADN est encodée sous forme de séquence de triplets de nucléotides qui ne se chevauchent pas, ou **génons**. Un codon est un triplet de nucléotides qui, dans l'ARNm, peut coder pour un acide aminé (61 des 64 codons codent pour les acides aminés) ou servir de signal d'arrêt (3 codons). Les codons doivent être lus dans le bon **cadre de lecture** (dans le bon sens).

? *Décrivez le processus de l'expression génique par lequel un gène modifie le phénotype d'un organisme.*

CONCEPT 17.2

La transcription est la synthèse de l'ARN à partir de l'ADN: *une étude détaillée* (p. 384 à 386)

- La synthèse de l'ARN est catalysée par l'**ARN polymérase**, qui assemble les nucléotides complémentaires de l'ARN au brin matrice de l'ADN. Ce processus obéit aux mêmes règles d'appariement des bases que la réplication de l'ADN. Toutefois, dans l'ARN, l'uracile remplace la thymine.

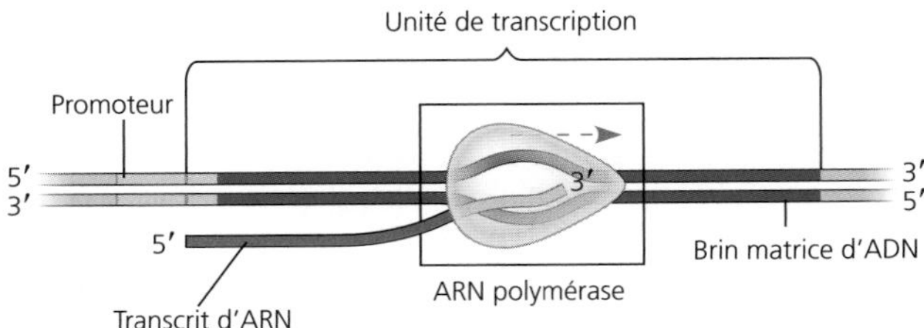

- Les trois étapes de la transcription sont l'initiation, l'élongation et la terminaison. Des **promoteurs**, comportant souvent une **boîte TATA** chez les Eucaryotes, déterminent l'endroit de l'initiation de la synthèse de l'ARN. Chez les Eucaryotes, les **facteurs de transcription** aident l'ARN polymérase à reconnaître les séquences du promoteur, en formant un **complexe d'initiation de la transcription**. Les mécanismes de terminaison sont différents chez les Bactéries et les Eucaryotes.

? *Quelles sont les similitudes et les différences dans l'initiation de la transcription des gènes chez les Bactéries et les Eucaryotes?*

CONCEPT 17.3

Dans les cellules eucaryotes, l'ARN est modifié après avoir été transcrit (p. 387 à 389)

- Chez les Eucaryotes, les molécules d'ARN prémessager subissent une **maturation de l'ARN** avant de quitter le noyau. Cette maturation comprend l'épissage de l'ARN, l'ajout à l'extrémité 5′ d'une **coiffe 5′** et l'ajout à l'extrémité 3′ d'une **queue poly-A**.

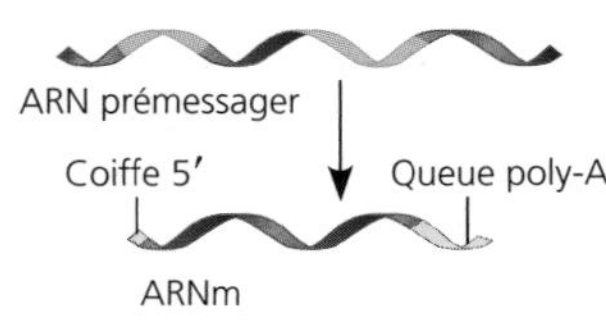

- La plupart des gènes d'Eucaryotes sont séparés en segments: ils contiennent des **introns** intercalés entre les **exons** (régions contenues dans l'ARNm). Pendant l'**épissage de l'ARN**, les introns sont enlevés et les exons sont réunis. L'épissage de l'ARN est catalysé par le **complexe d'épissage**. Dans certains cas, l'ARN catalyse seul son propre épissage. La capacité catalytique de certaines molécules d'ARN, appelées **ribozymes**, provient de propriétés inhérentes à l'ARN. La présence d'introns permet l'**épissage différentiel de l'ARN**.

? *Quelle est la fonction de la coiffe 5′ et de la queue poly-A dans l'ARNm des Eucaryotes?*

CONCEPT 17.4

La traduction est la synthèse d'un polypeptide à partir de l'ARN messager: *une étude détaillée* (p. 390 à 397)

- Une cellule traduit le message de l'ARNm en polypeptides avec l'aide de l'**ARN de transfert** (**ARNt**). Après avoir été fixée à l'acide aminé qui lui correspond par une **aminoacyl-ARNt synthétase**, chaque molécule d'ARN de transfert s'aligne sur le codon complémentaire de l'ARNm par l'intermédiaire de son **anticodon**. Un **ribosome**, constitué d'**ARN ribosomique** (**ARNr**) et de protéines, facilite cet appariement grâce à son site de liaison pour l'ARNm et à son site de liaison pour l'ARNt.
- Les ribosomes coordonnent les trois étapes de la traduction, qui sont l'initiation, l'élongation et la terminaison. L'ARNr catalyse la formation des liaisons polypeptidiques entre les acides aminés pendant que les ARNt se déplacent à travers les **sites A** et **P** et sortent au **site E**.
- Plusieurs ribosomes peuvent traduire une même molécule d'ARNm simultanément; ils forment alors un **polyribosome**.
- Après la traduction, la protéine peut subir des modifications qui influent sur sa structure tridimensionnelle. Les ribosomes libres dans le cytosol amorcent la synthèse de toutes les protéines; cependant, celles qui sont destinées au réseau intracellulaire de membranes ou devant être sécrétées doivent être transportées dans le RE. Dans ce dernier cas, les protéines sont dotées d'une **séquence signal** à laquelle se lie une **particule de reconnaissance du signal** (**PRS**), ce qui permet au ribosome de se lier au RE.

? *Quelle fonction remplissent les ARNt dans le processus de la traduction?*

CONCEPT 17.5

Les mutations d'un ou de quelques nucléotides peuvent modifier la structure et la fonction des protéines (p. 397 à 400)

- Les **mutations** à petite échelle comprennent les **mutations ponctuelles** consistant en des modifications d'une paire de nucléotides de l'ADN, ce qui peut entraîner la production d'une protéine non fonctionnelle. Les **substitutions de paires de nucléotides** peuvent provoquer une **mutation faux-sens** ou une **mutation non-sens**. L'**insertion** et la **délétion** de paires de nucléotides peuvent provoquer le **décalage du cadre de lecture**.
- Des mutations spontanées peuvent apparaître pendant la réplication, la recombinaison ou la réparation de l'ADN. Des **mutagènes** chimiques ou physiques causent des dommages à l'ADN qui peuvent modifier les gènes.

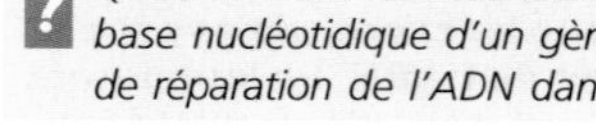

? *Quels seraient les résultats de la modification chimique d'une base nucléotidique d'un gène? Quel rôle jouent les systèmes de réparation de l'ADN dans la cellule?*

CONCEPT 17.6

L'expression génique se manifeste selon des modes différents au sein du monde vivant, mais le concept de gène est universel (p. 400 à 402)

- Il existe certaines différences dans l'expression génique chez les Bactéries, les Archées et les Eucaryotes. Étant donné que les cellules bactériennes sont dépourvues d'enveloppe nucléaire, la traduction peut commencer alors même que la transcription est en cours. Les cellules archéennes présentent des similitudes avec les cellules eucaryotes et les cellules bactériennes dans leur processus d'expression génique. Dans la cellule eucaryote, l'enveloppe nucléaire sépare les sites de transcription et de traduction; l'ARN subit une maturation importante dans le noyau.
- Un gène est une région de l'ADN dont le produit final fonctionnel est soit un polypeptide, soit une molécule d'ARN.

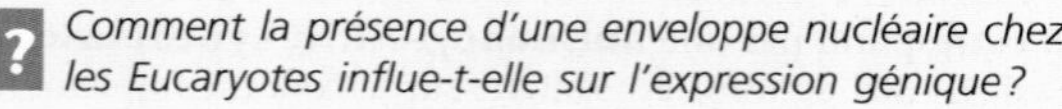

? *Comment la présence d'une enveloppe nucléaire chez les Eucaryotes influe-t-elle sur l'expression génique?*

ÉVALUATION

NIVEAU 1: CONNAISSANCES ET COMPRÉHENSION

1. Dans les cellules eucaryotes, la transcription ne peut commencer tant que:
a) les deux brins d'ADN ne se sont pas complètement séparés pour exposer le promoteur.
b) plusieurs facteurs de transcription ne sont pas liés au promoteur.
c) la coiffe 5′ n'a pas été enlevée de l'ARNm.
d) les introns d'ADN n'ont pas été enlevés de la matrice.
e) les endonucléases d'ADN n'ont pas isolé l'unité de transcription.

2. Parmi les affirmations suivantes concernant le codon, laquelle est *fausse*?
a) Il est formé de trois nucléotides.
b) Il peut coder pour le même acide aminé qu'un autre codon.
c) Il ne code jamais pour plus d'un acide aminé.
d) Il s'allonge à partir de l'une des extrémités de la molécule d'ARNt.
e) C'est l'unité fondamentale du code génétique.

3. L'anticodon d'une molécule d'ARNt:
a) et le codon correspondant sur l'ARNm sont complémentaires.
b) et le triplet correspondant sur l'ARNr sont complémentaires.
c) est la partie de l'ARNt qui se lie à un acide aminé spécifique.
d) peut être modifié, selon l'acide aminé qui se lie à l'ARNt.
e) est un catalyseur, ce qui fait de l'ARNt un ribozyme.

4. Parmi les affirmations suivantes concernant la maturation de l'ARN, laquelle est *fausse*?
a) Les exons sont coupés et hydrolysés avant que l'ARNm ne quitte le noyau.
b) Les nucléotides peuvent être ajoutés aux deux extrémités de l'ARN.
c) Les ribozymes peuvent jouer un rôle dans l'épissage de l'ARN.
d) L'épissage de l'ARN peut être catalysé par les complexes d'épissage.
e) Le transcrit primaire est souvent beaucoup plus long que la molécule d'ARNm qui finit par sortir du noyau.

5. Quelle est la composante qui *n'intervient pas directement* dans le mécanisme appelé traduction?
a) L'ARNm. b) L'ADN. c) L'ARNt. d) Les ribosomes. e) La GTP.

NIVEAU 2: APPLICATION ET ANALYSE

6. À l'aide de la figure 17.5, désignez une séquence possible de nucléotides (que vous lirez dans le sens 5′ → 3′) de la matrice d'ADN qui produit un ARNm codant pour la séquence de polypeptides Phe-Pro-Lys.
a) 5′-UUUGGGAAA-3′ b) 5′-GAACCCCTT-3′
c) 5′-AAAACCTTT-3′ d) 5′-CTTCGGGAA-3′
e) 5′-AAACCCUUU-3′

7. Parmi les mutations suivantes, laquelle risque *le plus* d'avoir un effet nocif sur l'organisme touché?
a) La substitution d'une paire de nucléotides.
b) La délétion de trois nucléotides près du milieu d'un gène.
c) La délétion d'un seul nucléotide au milieu d'un intron.
d) La délétion d'un seul nucléotide près de la fin de la séquence codante.
e) L'insertion d'un seul nucléotide en aval et près du début d'une séquence codante.

8. **FAITES UN DESSIN** Remplissez le tableau suivant:

Type d'ARN	Fonctions
ARN messager (ARNm)	
ARN de transfert (ARNt)	
	Joue un rôle catalytique (ribozyme) et un rôle structural dans les ribosomes
Transcrit primaire	
Petit ARN nucléaire (pARNn)	

NIVEAU 3: SYNTHÈSE ET ÉVALUATION

9. **LIEN AVEC L'ÉVOLUTION** La plupart des acides aminés sont codés par un groupe de codons qui se ressemblent (voir la figure 17.5). Quelle explication relative à l'évolution pouvez-vous donner à ce phénomène? (*Indice:* il existe une explication liée aux lignées ancestrales et d'autres explications moins évidentes, du type «la structure reflète la fonction».)

10. **INTÉGRATION**
Sachant que le code génétique est presque universel, un scientifique utilise des méthodes de la biologie moléculaire pour insérer le gène humain de la β-globine (illustré à la figure 17.11) dans des cellules bactériennes, en espérant qu'elles l'exprimeront et synthétiseront une protéine β-globine fonctionnelle. Contrairement à ses attentes, il constate que la protéine obtenue est non fonctionnelle et contient beaucoup plus d'acides aminés que celle qui est produite par la cellule eucaryote. Expliquez pourquoi.

11. **ÉCRIVEZ UN TEXTE**
L'évolution et le fondement génétique de la vie
L'évolution rend compte de l'unité et de la diversité de la vie, et la continuité de la vie est basée sur l'information héréditaire sous la forme d'ADN. Dans un court essai (de 100 à 150 mots), expliquez dans quelle mesure la fidélité avec laquelle l'ADN est transmis est liée aux processus de l'évolution. (Revoyez la section sur la «correction d'épreuves» et la réparation de l'ADN dans le concept 16.2, p. 366 et 367.)

RÉPONSES DU CHAPITRE 17

Questions des figures

Figure 17.2 La voie présumée auparavant aurait été fausse. Les nouveaux résultats confirmeraient la voie suivante : précurseur → citrulline → ornithine → arginine. Ils indiqueraient également que les mutants de la catégorie I ont une anomalie à la deuxième étape et que les mutants de la catégorie II ont une anomalie à la première étape.
Figure 17.4 La séquence de l'ARNm (5′-UGGUUUGGCUCA-3′) est la même que le brin d'ADN non transcrit (5′-TGGTTTGGCTCA-3′). Toutefois, l'ARNm comporte la base U et l'ADN comporte la base T.
Figure 17.7 Les processus sont semblables : les polymérases forment des polynucléotides complémentaires à un brin matrice d'ADN antiparallèle. Dans la réplication, toutefois, les deux brins agissent comme matrices, alors que dans la transcription seul un brin d'ADN intervient.
Figure 17.8 L'ARN polymérase se fixerait directement au promoteur au lieu de dépendre de la liaison préalable d'autres facteurs.
Figure 17.25 L'ARNm à droite (le plus long) a commencé la transcription en premier. Le ribosome en haut, le plus près de l'ADN, a commencé la traduction en premier et possède donc le polypeptide le plus long.

Retour sur le concept 17.1

1. Récessif. **2.** Un polypeptide composé de 10 acides aminés Gly (glycine).

3.

Séquence de la matrice (dans le problème) :	3′-TTCAGTCGT-5′
Séquence non transcrite :	5′-AAGTCAGCA-3′
Séquence de l'ARNm :	5′-AAGUCAGCA-3′

La séquence des nucléotides non transcrite est la même que pour l'ARNm excepté que le brin non transcrit d'ADN porte T partout où l'ARNm porte U.

4.

« Séquence de la matrice » (d'après la séquence non transcrite dans le problème, écrite dans le sens 3′ → 5′) :	3′-ACGACTGAA-5′
Séquence de l'ARNm :	5′-UGCUGACUU-3′
Protéine traduite :	Cys-ARRÊT-Leu

(Rappelez-vous que l'ARNm est antiparallèle au brin d'ADN.) La séquence d'acides aminés d'une protéine traduite à partir de la séquence normalement non transcrite serait complètement différente et fort probablement non fonctionnelle. (Elle serait également plus courte à cause du signal d'arrêt illustré dans la séquence d'ARNm ci-dessus – et peut-être à cause d'autres signaux d'arrêt qui précèdent dans la séquence d'ARNm.)

Retour sur le concept 17.2

1. Les deux polymérases catalysent la formation d'une chaîne d'acides nucléiques à partir de nucléotides monomères dont l'ordre est déterminé par l'appariement de bases complémentaires sur un brin matrice. Les deux enzymes effectuent la synthèse dans le sens 5′ → 3′, antiparallèle à la matrice. L'ADN polymérase nécessite la présence d'une amorce, tandis que l'ARN polymérase n'en a pas besoin. L'ADN polymérase utilise des nucléotides comportant le désoxyribose et la base T, tandis que l'ARN polymérase utilise des nucléotides comportant le ribose et la base U.
2. Le promoteur est la région de l'ADN à laquelle l'ARN polymérase se lie pour commencer la transcription ; il est situé à l'extrémité en amont du gène (unité de transcription). **3.** Dans une cellule bactérienne, l'ARN polymérase reconnaît le promoteur d'un gène et s'y fixe. Dans une cellule eucaryote, les facteurs de transcription interviennent dans la liaison de l'ARN polymérase avec le promoteur. Dans les deux cas, les séquences dans le promoteur se fixent précisément sur l'ARN polymérase, de sorte que l'enzyme est au bon endroit et placée dans le bon sens. **4.** Le facteur de transcription qui reconnaît la séquence TATA serait incapable de se lier, de sorte que l'ARN polymérase ne pourrait pas se fixer et la transcription de ce gène ne se produirait probablement pas.

Retour sur le concept 17.3

1. À cause de l'épissage différentiel des exons, chaque gène peut produire de multiples ARNm différents et peut donc diriger la synthèse de multiples protéines différentes. **2.** Dans le montage d'une bande vidéo, des segments sont coupés et sont éliminés (comme les introns) ; les segments conservés sont rassemblés (comme les exons), de sorte que les régions de liaison (« épissage ») sont indécelables. **3.** Une fois que l'ARNm est sorti du noyau, la coiffe l'empêche d'être dégradé par les enzymes hydrolytiques et facilite son rattachement aux ribosomes. Si la coiffe de tous les ARNm était enlevée, la cellule ne pourrait plus synthétiser des protéines et mourrait probablement.

Retour sur le concept 17.4

1. Premièrement, chaque aminoacyl-ARNt synthétase reconnaît spécifiquement un seul acide aminé et ne l'apparie qu'à un ARNt approprié. Deuxièmement, un ARNt chargé de son propre acide aminé ne se lie qu'à un codon de l'ARNm spécifique à cet acide aminé. **2.** La structure et la fonction du ribosome semblent dépendre plus des ARNr que des protéines ribosomiques. Parce qu'elle est à simple brin, une molécule d'ARN peut former des liaisons hydrogène au sein de sa propre structure et en établir avec d'autres molécules d'ARN. Les molécules d'ARN constituent l'interface entre deux sous-unités ribosomiques, de sorte que les liaisons ARN-ARN contribuent à maintenir l'intégrité du ribosome. Le site de liaison pour l'ARN dans le ribosome inclut l'ARNr sur lequel peut se fixer l'ARNm. De plus, l'établissement de liaisons complémentaires au sein d'une molécule d'ARN rend possible la formation d'une structure tridimensionnelle particulière. Ces propriétés ainsi que la présence des groupements fonctionnels des ARN confèrent probablement à l'ARNr la capacité de catalyser la formation de la liaison peptidique pendant la traduction.
3. La particule de reconnaissance du signal reconnaît une séquence signal sur la première extrémité du polypeptide en voie de formation et transporte le ribosome à la membrane du RE. Le ribosome se fixe à cette membrane et poursuit la synthèse du polypeptide, puis le dépose dans la lumière du RE. **4.** À cause de l'oscillation, l'ARNt peut se lier soit à 5′-GCA-3′, soit à 5′-GCG-3′, les deux codant pour l'alanine (Ala). L'alanine serait attachée à l'ARNt.

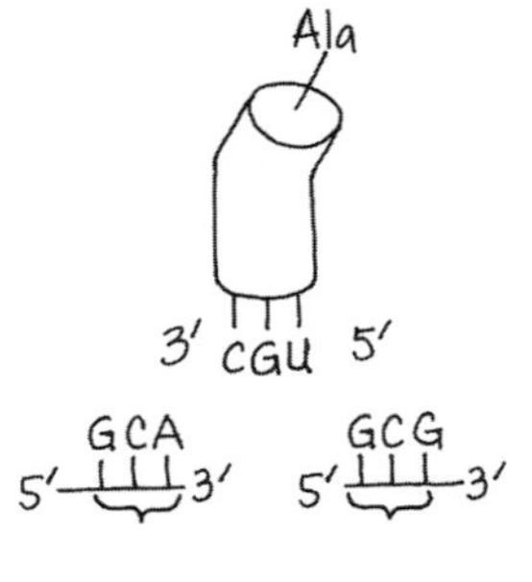

Ala
3′ CGU 5′
GCA 5′—3′
GCG 5′—3′

Retour sur le concept 17.5

1. Dans l'ARNm, il y a décalage du cadre de lecture en aval de la délétion, ce qui entraîne la synthèse d'une longue chaîne d'acides aminés erronés dans le polypeptide (mutation faux sens) ; dans la plupart des cas, la terminaison est prématurée (mutation non-sens) et le polypeptide n'est fort probablement pas fonctionnel. **2.** Les individus hétérozygotes considérés comme porteurs du caractère de l'anémie à hématies falciformes possèdent une copie de l'allèle de type normal et de l'allèle de l'anémie à hématies falciformes. Les deux allèles seront exprimés, de sorte que ces individus auront à la fois les molécules d'hémoglobine normales et celles de l'anémie à hématies falciformes. Il semble que la présence d'un mélange des deux formes de la β-globine soit sans effet la plupart du temps. Toutefois, ces personnes peuvent présenter certains signes de l'anémie à hématies falciformes si elles sont exposées à de faibles concentrations d'oxygène pendant de longues périodes (comme en haute altitude).

3. Séquence normale de l'ADN (brin matrice du haut): 3'-TACTTGTCCGATATC-5'
Brin non transcrit: 5'-ATGAACAGGCTATAG-3'
Séquence de l'ARNm: 5'-AUGAACAGGCUAUAG-3'
Séquence d'acides aminés: Met-Asn-Arg-Leu-Arrêt

Séquence de l'ADN mutant (le brin matrice est en haut): 3'-TACTTGTCCAATATC-5'
Brin non transcrit: 5'-ATGAACAGGTTATAG-3'
Séquence de l'ARNm: 5'-AUGAACAGGUUAUAG-3'
Séquence d'acides aminés: Met-Asn-Arg-Leu-Arrêt

Aucun effet: la séquence d'acides aminés est Met-Asn-Arg-Leu avant et après la mutation parce que les codons de l'ARNm 5′-CUA-3′ et 5′-UUA-3′ codent tous les deux pour Leu. (Le cinquième codon est un codon de terminaison.)

Retour sur le concept 17.6

1. Non. Dans une cellule eucaryote, la transcription et la traduction sont séparées dans l'espace et le temps; cette différence est la conséquence de la division de la cellule eucaryote en compartiments. **2.** Lorsqu'un ribosome termine la traduction et se dissocie, les deux sous-unités seraient situées très près de la coiffe. Cela pourrait faciliter leur réassemblage et l'initiation de la synthèse d'un nouveau polypeptide, ce qui augmenterait l'efficacité de la traduction.

Questions du résumé des concepts clés

17.1 Un gène contient l'information génétique sous la forme d'une séquence de nucléotides. Le gène est d'abord transcrit en une molécule d'ARN, et une molécule d'ARN messager est par la suite traduite en polypeptide. Le polypeptide constitue une partie ou l'ensemble d'une protéine, qui remplit une fonction dans la cellule et contribue au phénotype de l'organisme. **17.2** Les gènes bactériens et eucaryotes ont des promoteurs, des régions où l'ARN polymérase se fixe et commence la transcription. Chez les Bactéries, l'ARN polymérase se fixe directement au promoteur; chez les Eucaryotes, les facteurs de transcription se lient d'abord au promoteur, puis l'ARN polymérase se fixe en même temps aux facteurs de transcription et au promoteur. **17.3** La coiffe 5′ et la queue poly-A aident l'ARNm à sortir du noyau, contribuent à le stabiliser une fois rendu dans le cytosol et facilitent sa fixation aux ribosomes. **17.4** Les ARNt agissent comme traducteurs du langage des bases des nucléotides de l'ARNm à celui des acides aminés des polypeptides. Un ARNt achemine un acide aminé spécifique, et l'anticodon sur l'ARNt est complémentaire au codon sur l'ARNm qui code pour cet acide aminé. Dans le ribosome, l'ARNt se lie au site A, où le nouvel acide aminé est attaché au polypeptide en cours de synthèse; ce nouvel acide aminé devient la nouvelle extrémité (C-terminale) du polypeptide. Ensuite, l'ARNt se déplace vers le site P. Lorsque l'acide aminé suivant est ajouté par l'intermédiaire du transfert du polypeptide au nouvel ARNt, l'ARNt maintenant vide se déplace vers le site E, où il sort du ribosome. **17.5** Lorsqu'une base nucléotidique est modifiée chimiquement, ses caractéristiques d'appariement des bases peuvent changer. Dans ce cas, un nucléotide incorrect sera probablement incorporé dans le brin complémentaire lors de la réplication suivante de l'ADN; cette mutation se perpétuera par l'intermédiaire des autres processus de réplication. Une fois que le gène est transcrit, le codon muté peut coder pour un acide aminé différent qui inhibe ou modifie la fonction d'une protéine. Si la modification chimique de la base est détectée et réparée par le système de réparation de l'ADN avant la réplication suivante, il n'en résulte aucune mutation. **17.6** Chez les Eucaryotes, la présence d'une enveloppe nucléaire signifie que la transcription et la traduction sont séparées dans l'espace et, par conséquent, dans le temps. Cette séparation permet à d'autres processus (spécifiquement, la maturation de l'ARN) de se produire et fournit d'autres étapes auxquelles l'expression génique peut être régulée.

ÉVALUATION

1. b; **2.** d; **3.** a; **4.** a; **5.** b; **6.** d; **7.** e;

8.

Type d'ARN	Fonctions
ARN messager (ARNm)	Transmet aux ribosomes l'information de l'ADN définissant les séquences d'acides aminés des protéines.
ARN de transfert (ARNt)	Sert de traducteur lors de la synthèse des protéines; traduit les codons d'ARNm en acides aminés.
ARN ribosomique (ARNr)	Joue un rôle catalytique (ribozyme) et un rôle structural dans les ribosomes.
Transcrit primaire	Précurseur de l'ARNm, de l'ARNr ou de l'ARNt, avant de subir une maturation. Certaines molécules d'ARN provenant des introns agissent comme des ribozymes et catalysent leur propre épissage.
Petit ARN nucléaire (pARNn)	Joue un rôle structural et catalytique (pARNn) dans les complexes d'épissage (formés de protéines et d'ARN) qui effectuent l'épissage de l'ARN prémessager.

18

La régulation de l'expression génique

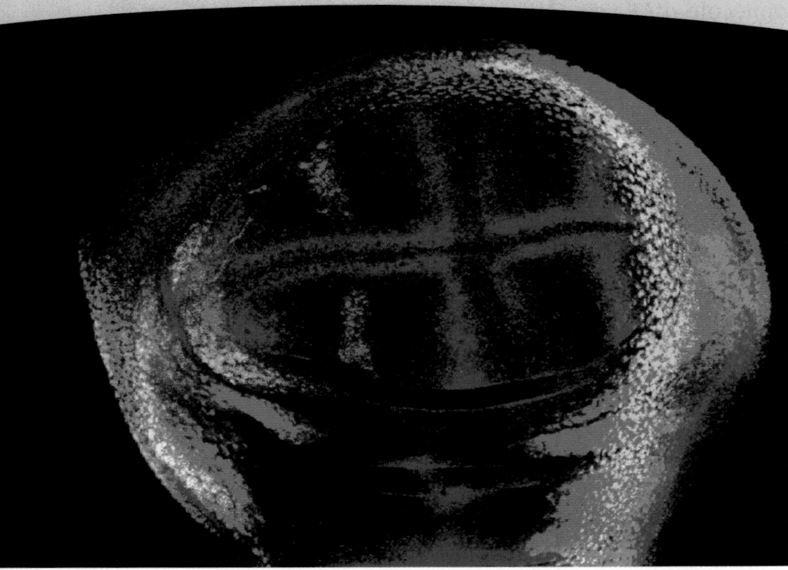

▲ **Figure 18.1 Quel mécanisme assure la régulation du mode précis d'expression génique dans l'aile en développement d'un embryon de mouche?**

CONCEPTS CLÉS

18.1 **Les Bactéries s'adaptent souvent aux fluctuations de leur milieu en régulant la transcription**

18.2 **Chez les Eucaryotes, la régulation de l'expression génique s'exerce à de nombreux stades**

18.3 **Les ARN non traduits exercent plusieurs fonctions dans la régulation de l'expression génique**

18.4 **Les différents types de cellules dans un organisme multicellulaire résultent d'un programme d'expression génique différentielle**

18.5 **Le cancer est la conséquence de modifications génétiques qui altèrent la régulation du cycle cellulaire**

INTRODUCTION

La direction de l'orchestre génétique

L'heure du concert approche! C'est la cacophonie dans l'orchestre alors que chaque musicien accorde son instrument. Puis, après un bref silence, le chef d'orchestre lève sa baguette, marque un temps d'arrêt et amorce une série de mouvements complexes; un geste, et certains instruments attaquent la partition tandis que d'autres, à des moments bien précis, augmentent ou diminuent la puissance des sons qu'ils tirent de leurs instruments. La mesure et le tempo transforment alors les sons discordants de la répétition en une magnifique symphonie qui ravit l'auditoire.

C'est un peu de cette façon que les cellules dirigent leur expression génique par des processus complexes et précis. Les Eucaryotes comme les Procaryotes doivent modifier leur mode d'expression génique en réaction aux fluctuations des conditions de leur milieu. Les Eucaryotes multicellulaires doivent, de plus, développer différents types de cellules et en assurer le fonctionnement. Chaque type cellulaire contient le même génome, mais il exprime un sous-ensemble de gènes distinct, faisant en sorte que la régulation de l'expression génique constitue un défi de taille.

Une drosophile adulte, par exemple, se développe à partir d'une cellule unique – un ovule fécondé –, en formant une larve multicellulaire d'aspect vermiforme. À chaque stade du développement, l'expression génique est régulée avec soin, faisant en sorte que les bons gènes s'expriment seulement au bon moment et à l'endroit voulu. La **figure 18.1** illustre la structure larvaire au cours de laquelle l'aile d'un adulte se forme dans une poche en forme de disque contenant plusieurs milliers de cellules. Cette micrographie montre des tissus traités de manière à révéler les ARNm codés par trois gènes (marqués en rouge, en bleu et en vert) à l'aide de techniques que nous décrirons au chapitre 20. (Le rouge et le vert combinés donnent le jaune.) D'une larve à l'autre, le mode d'expression compliqué de chaque gène est le même pour ce stade de développement et il illustre la précision de la régulation génique. Mais quel est le fondement moléculaire de ce mode de régulation? Pourquoi et comment un gène particulier est-il exprimé seulement dans les quelques centaines de cellules qui apparaissent en bleu dans cette image et pas dans les autres cellules?

Dans le présent chapitre, nous commencerons par étudier la régulation de l'expression des gènes chez les Bactéries en réponse à des conditions différentes du milieu. Ensuite, nous examinerons comment les Eucaryotes régulent leur expression génique pour perpétuer différents types de cellules. Chez les Eucaryotes comme chez les Bactéries, la régulation de l'expression génique s'effectue souvent à l'étape de la transcription, mais elle survient aussi à d'autres moments. Récemment, des chercheurs ont découvert avec étonnement les nombreux rôles que jouent les molécules d'ARN dans la régulation génique chez les Eucaryotes, un sujet que nous aborderons plus loin. Puis nous étudierons ce qui se passe quand un programme complexe de régulation génique fonctionne correctement pendant le développement embryonnaire: une seule cellule – l'ovule fécondé – devient un organisme complètement fonctionnel constitué de nombreux types de cellules différentes. Pour terminer, nous verrons comment une régulation génique incohérente peut mener au cancer. Orchestrer toutes les cellules pour que leur expression génique se déroule correctement est essentiel à la vie.

CONCEPT 18.1

Les Bactéries s'adaptent souvent aux fluctuations de leur milieu en régulant la transcription

Les cellules bactériennes qui peuvent conserver ressources et énergie possèdent un avantage sélectif sur les cellules qui sont incapables de le faire. Par conséquent, la sélection naturelle a favorisé les Bactéries qui n'expriment que les gènes dont les produits sont nécessaires à la cellule.

Prenons l'exemple d'une bactérie *E. coli* vivant dans un intestin humain. Son milieu est extrêmement variable, et son approvisionnement en nutriments dépend des caprices alimentaires de son hôte. Si le tryptophane, un acide aminé dont elle a besoin pour survivre, est absent du milieu, la bactérie réagit en activant une voie métabolique qui lui permet de synthétiser cette substance à partir d'un autre composé. Plus tard, si son hôte absorbe un repas riche en tryptophane, elle cesse d'en produire elle-même, évitant ainsi de gaspiller ses ressources pour fabriquer une substance déjà toute prête dans la solution environnante. Cet exemple illustre le mode d'adaptation du métabolisme bactérien aux variations du milieu.

La régulation métabolique s'exerce à deux niveaux, comme l'illustre la **figure 18.2** pour la synthèse du tryptophane. Premièrement, les cellules peuvent agir sur l'activité des enzymes déjà présentes. Ce mode de régulation, immédiat, est rendu possible par la sensibilité d'un grand nombre d'enzymes à des stimulus chimiques qui renforcent ou réduisent l'activité catalytique (voir le chapitre 8). L'activité de la première enzyme de la voie de synthèse du tryptophane est inhibée lorsque le produit final de la voie est présent en grande quantité (**figure 18.2a**). Par conséquent, s'il s'accumule dans la cellule, le tryptophane met fin à sa propre synthèse en inhibant l'activité de l'enzyme. Grâce à ce type de *rétro-inhibition* caractéristique des voies anaboliques (de biosynthèse), la cellule peut s'adapter aux fluctuations à court terme de l'approvisionnement d'une substance dont elle a besoin.

Deuxièmement, les cellules peuvent adapter le niveau de production de certaines enzymes qu'elles synthétisent; c'est-à-dire qu'elles peuvent réguler l'expression des gènes qui codent pour ces enzymes. Si, dans notre exemple, le milieu fournit des quantités suffisantes de tryptophane, la cellule arrête de produire les enzymes qui en catalysent la synthèse (**figure 18.2b**). Dans ce cas, la régulation de la production enzymatique s'exerce au niveau de la transcription, soit de la synthèse de l'ARN messager codant pour ces enzymes. D'une manière plus générale, les fluctuations de l'état métabolique de la cellule activent et inactivent de nombreux gènes du génome bactérien. Un mécanisme fondamental de ce mode de régulation de l'expression génique, appelé *modèle de l'opéron*, a été découvert en 1961 par François Jacob et Jacques Monod, de l'Institut Pasteur de Paris. À partir de l'exemple de la régulation de la synthèse du tryptophane, voyons en quoi consiste un opéron et comment il fonctionne.

Les opérons: concept de base

E. coli synthétise un acide aminé, le tryptophane, à partir d'un substrat initial et en passant par les multiples étapes de la voie illustrée à la figure 18.2. Chaque réaction est catalysée par une enzyme spécifique et les cinq gènes qui codent pour les sous-unités de ces enzymes sont regroupés sur le chromosome bactérien. Un seul promoteur commande les cinq gènes, qui forment une unité de transcription. (Nous avons vu au chapitre 17 qu'un promoteur est un site de l'ADN auquel l'ARN polymérase se lie avant de commencer la transcription.) La transcription produit donc une longue molécule d'ARNm. Celle-ci code pour les cinq polypeptides qui composent les enzymes de la voie du tryptophane. La bactérie traduit cet unique ARNm en cinq polypeptides distincts, parce que l'ARNm porte des codons de départ et d'arrêt qui marquent le début et la fin de la séquence de codage de chaque polypeptide.

Le fait que les gènes ayant des fonctions connexes soient regroupés dans une même unité de transcription représente un avantage important: ils forment un ensemble sous la commande d'un seul «interrupteur»; autrement dit, la régulation

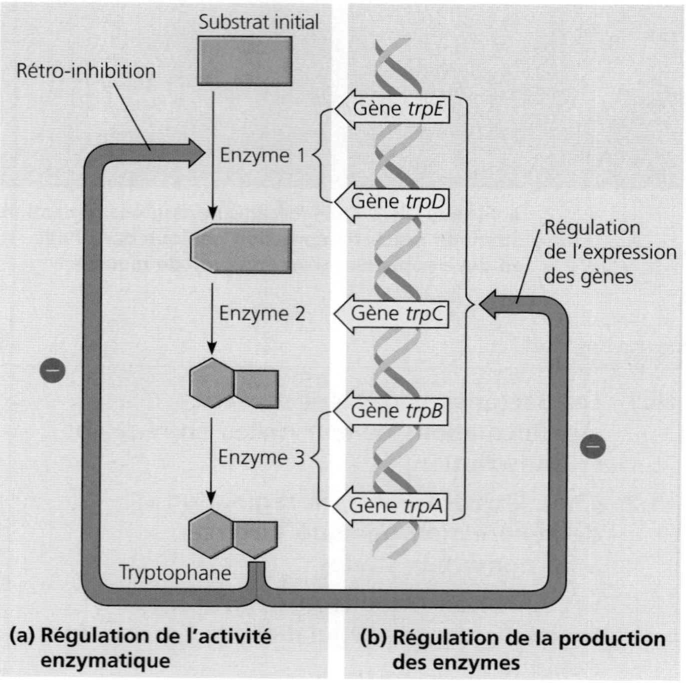

▲ **Figure 18.2 La régulation d'une voie métabolique.** Dans la voie de synthèse du tryptophane, une forte concentration de cet acide aminé peut avoir pour effets **(a)** d'inhiber l'activité de la première enzyme de la voie (rétro-inhibition), une réaction rapide, et **(b)** de réprimer l'expression des gènes qui codent pour toutes les sous-unités des enzymes de la voie de synthèse, une réaction à plus long terme. Les gènes *trpE* et *trpD* codent pour les deux sous-unités de l'enzyme 3. (Les gènes ont été nommés avant la détermination de l'ordre dans lequel ils fonctionnent dans la voie.) Le symbole ⊖ désigne une inhibition.

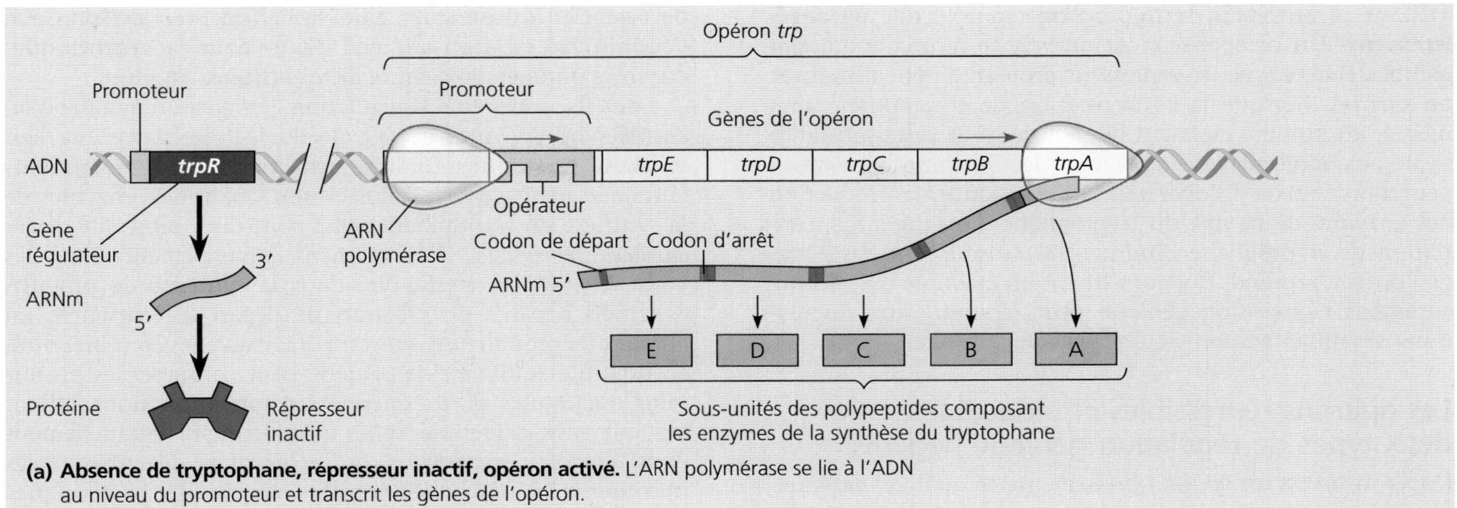

(a) Absence de tryptophane, répresseur inactif, opéron activé. L'ARN polymérase se lie à l'ADN au niveau du promoteur et transcrit les gènes de l'opéron.

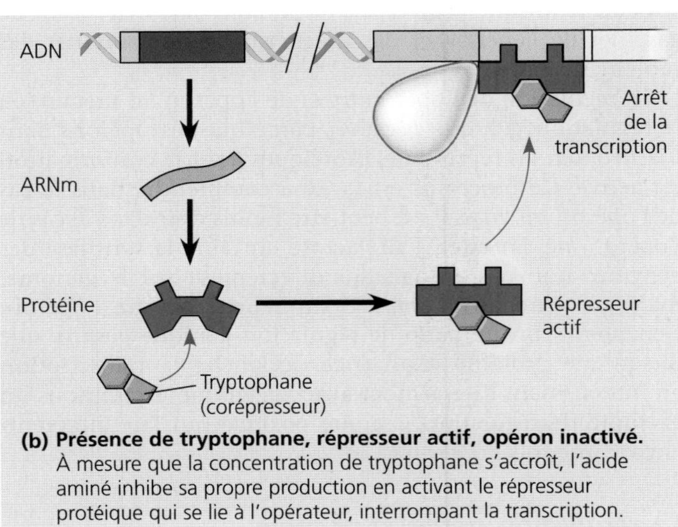

(b) Présence de tryptophane, répresseur actif, opéron inactivé. À mesure que la concentration de tryptophane s'accroît, l'acide aminé inhibe sa propre production en activant le répresseur protéique qui se lie à l'opérateur, interrompant la transcription.

▲ **Figure 18.3 L'opéron *trp* d'*E. coli*: régulation de la synthèse des enzymes répressibles.** Le tryptophane est un acide aminé produit par l'intermédiaire d'une voie métabolique catalysée par des enzymes répressibles. **(a)** Les cinq gènes codant pour les sous-unités polypeptidiques constituant les enzymes de cette voie de synthèse (voir la figure 18.2) sont regroupés en un opéron *trp*; cet opéron contient aussi un promoteur. L'opérateur *trp* (le site de liaison du répresseur) se situe à l'intérieur du promoteur (le site de liaison de l'ARN polymérase). **(b)** L'accumulation de tryptophane (le produit final de cette voie de synthèse) a pour effet de réprimer la transcription de l'opéron *trp*, ce qui bloque la synthèse de toutes les enzymes de cette voie et arrête la production du tryptophane.

? *Décrivez ce qui arrive à l'opéron* trp *à mesure que la cellule épuise sa réserve de tryptophane.*

de ces gènes est *coordonnée*. Lorsque le tryptophane est absent du milieu nutritif et qu'elle doit le fabriquer elle-même, la bactérie *E. coli* synthétise toutes les enzymes de la voie métabolique en même temps. L'interrupteur en question est un segment d'ADN appelé **opérateur**. Son emplacement et son nom reflètent bien sa fonction: il est situé à l'intérieur du promoteur ou, dans certains cas, entre le promoteur et les gènes codant pour les enzymes nécessaires; cela lui permet de réguler l'accès de l'ARN polymérase à ces gènes. L'ensemble formé par les gènes, l'opérateur et le promoteur (tout le tronçon d'ADN nécessaire à la production des enzymes de la voie du tryptophane) constitue un **opéron**. L'opéron *trp* (*trp* pour tryptophane) est l'un des nombreux opérons découverts dans le génome d'*E. coli* (**figure 18.3**).

Si l'opérateur est l'interrupteur de l'opéron responsable de la régulation de la transcription, comment cet interrupteur fonctionne-t-il? En fait, l'opéron *trp* se trouve naturellement à l'état activé, ce qui permet à l'ARN polymérase de se lier au promoteur et de transcrire les gènes de l'opéron. Toutefois, l'opéron peut être inactivé par une protéine appelée **répresseur** de *trp*. En se liant à l'opérateur, le répresseur empêche l'ARN polymérase de se fixer au promoteur, interrompant ainsi la transcription des gènes. Les répresseurs protéiques sont spécifiques de l'opérateur d'un certain opéron. Par exemple, le répresseur qui inactive l'opéron *trp* en se liant à l'opérateur *trp* n'a aucun effet sur les autres opérons présents dans le génome d'*E. coli*.

Le répresseur de *trp* est le produit protéique d'un **gène régulateur** appelé *trpR*, qui se trouve à une certaine distance de l'opéron *trp* et qui possède son propre promoteur. Les gènes régulateurs sont exprimés de façon continue, mais à un rythme lent, et il y a toujours quelques molécules de répresseur de *trp* dans la cellule d'*E. coli*. Mais si tel est le cas, pourquoi l'opéron *trp* n'est-il pas inactivé en permanence? Premièrement, la liaison entre un répresseur et un opérateur est réversible. L'opérateur oscille entre les deux états: un état où le répresseur est lié et un autre où il ne l'est pas. La durée relative de chacun de ces états dépend du nombre de molécules de répresseur actives qui sont présentes dans la cellule. Deuxièmement, à l'instar de la plupart des protéines régulatrices, le répresseur de *trp* est une protéine allostérique, qui est capable de revêtir deux formes: active ou inactive (voir la figure 8.20, p. 177). Le répresseur de *trp* est synthétisé sous sa forme inactive, qui a peu d'affinité pour l'opérateur *trp*. Il n'adopte sa configuration active que si le tryptophane se lie à lui sur un site allostérique; il peut alors se lier à l'opérateur et inactiver l'opéron.

Dans ce processus, le tryptophane joue le rôle de **corépresseur**. Un corépresseur est une petite molécule qui agit conjointement avec un répresseur protéique pour désactiver un opéron. Lorsque la concentration de tryptophane augmente, un nombre croissant de molécules de cette substance se lie aux molécules de répresseur de *trp*; l'une de celles-ci peut alors se fixer à l'opérateur *trp* et inactiver la production des enzymes de la voie du tryptophane. Lorsque la concentration de tryptophane diminue, la transcription des gènes de l'opéron reprend. L'opéron *trp* est un exemple qui montre comment l'expression génique peut répondre aux fluctuations des milieux interne et externe de la cellule.

Les opérons répressibles et inductibles: deux types de régulation génique négative

L'opéron *trp* est un *opéron répressible*, parce qu'il est habituellement actif (en état de transcrire), mais il peut être *inhibé* (répression) à tout moment par la liaison allostérique d'une petite molécule spécifique (dans le cas présent, le tryptophane) et d'une protéine régulatrice. À l'inverse, un *opéron inductible* est habituellement inactif, mais il peut être *stimulé* (induction) par l'interaction entre une petite molécule spécifique et une protéine régulatrice. L'exemple classique d'un opéron inductible est l'opéron *lac* (*lac* pour lactose), qui a été le sujet des recherches innovatrices de Jacob et Monod.

La bactérie *E. coli* dispose du disaccharide nommé lactose (sucre du lait) dans le côlon de son hôte humain lorsqu'il boit du lait. Le métabolisme du lactose commence par l'hydrolyse de ce disaccharide en deux composantes, le glucose et le galactose (des monosaccharides). L'enzyme qui catalyse cette réaction est appelée β-galactosidase. Quand une bactérie *E. coli* vit dans un milieu dépourvu de lactose, il n'y a que quelques molécules de cette enzyme. Cependant, si l'on ajoute du lactose dans le milieu nutritif de la bactérie, il suffit de 15 minutes environ pour que le nombre de molécules de β-galactosidase soit multiplié par mille.

Le gène de la β-galactosidase fait partie de l'opéron *lac*, qui comprend également deux autres gènes codant pour des enzymes intervenant dans l'utilisation du lactose. L'ensemble de cette unité de transcription est régulé par un opérateur et un promoteur principaux. Le gène régulateur *lacI*, situé à l'extérieur de l'opéron, code pour un répresseur allostérique capable d'inactiver l'opéron *lac* en se liant à l'opérateur. Jusqu'ici, ce mécanisme ressemble beaucoup à celui de la régulation de l'opéron *trp*. Il y a néanmoins une différence importante. Souvenez-vous que le répresseur de *trp* est par nature inactif et qu'il a besoin du tryptophane comme corépresseur pour se lier à l'opérateur. À l'inverse, le répresseur de *lac* est par nature actif: il se lie à l'opérateur et inactive l'opéron *lac*. Ici, le répresseur peut être *inactivé* par une petite molécule spécifique appelée **inducteur**.

Pour ce qui est de l'opéron *lac*, l'inducteur est l'allolactose, un isomère du lactose. Il est formé en petite quantité à partir du lactose qui pénètre dans la cellule. En l'absence de lactose (et donc d'allolactose), le répresseur de *lac* adopte sa conformation active, et les gènes de l'opéron *lac* ne sont pas transcrits (**figure 18.4a**). Si l'on ajoute du lactose dans le milieu de la cellule, l'allolactose se lie au répresseur de *lac* et modifie sa conformation; le répresseur est désormais incapable de s'associer à l'opérateur. Sans la liaison avec le répresseur, l'opéron *lac* est transcrit en ARNm pour la synthèse des enzymes qui métabolisent le lactose (**figure 18.4b**).

Dans le contexte de la régulation génique, on qualifie d'*inductibles* les enzymes de la voie du lactose, parce que leur synthèse est stimulée (induite) par la présence d'un stimulus chimique (dans ce cas, l'allolactose). Quant aux enzymes de la synthèse du tryptophane, elles sont dites répressibles. Les *enzymes répressibles* interviennent généralement dans les voies *anaboliques*, c'est-à-dire dans la synthèse de produits essentiels à partir de substrats de départ (précurseurs). En arrêtant de produire ces substances lorsqu'elles sont présentes en quantité suffisante, la bactérie peut consacrer les précurseurs organiques et son énergie à d'autres fonctions. Quant aux enzymes inductibles, elles interviennent habituellement dans les voies *cataboliques*, qui assurent la dégradation des nutriments en des molécules plus simples. La bactérie produit les enzymes appropriées à la dégradation d'un nutriment seulement lorsque celui-ci est disponible. Elle évite ainsi de gaspiller de l'énergie et des précurseurs pour fabriquer des protéines inutiles.

La régulation de l'opéron *trp* et de l'opéron *lac* met en jeu la régulation génique *négative*, parce que les opérons sont *inactivés* par les répresseurs protéiques dont la conformation est active. Ce processus est facile à comprendre dans le cas de l'opéron *trp*, mais il est peut-être moins clair dans le cas de l'opéron *lac*. En effet, l'allolactose entraîne la synthèse des enzymes non pas en agissant directement sur le génome, mais en relâchant l'emprise du répresseur sur l'opéron. Cependant, on ne parle de régulation génique *positive* que lorsqu'une protéine régulatrice déclenche la transcription en interagissant directement avec le génome. Examinons un exemple de régulation génique positive qui fait intervenir encore une fois l'opéron *lac*.

La régulation génique positive

Lorsque le glucose et le lactose sont tous les deux présents dans son milieu, *E. coli* consomme en priorité du glucose. Les enzymes de dégradation du glucose dans la glycolyse (voir la figure 9.9, p. 190) sont toujours présentes. En fait, la bactérie utilise le lactose comme source énergétique seulement quand il est présent *et* qu'il y a peu de glucose, et c'est seulement à ce moment qu'elle synthétise des quantités appréciables d'enzymes de dégradation du lactose.

Comment *E. coli* perçoit-il la concentration de glucose et relaie-t-il cette information au génome? Là encore, le mécanisme en question repose sur l'interaction entre une protéine régulatrice allostérique et une petite molécule organique, dans le cas présent l'adénosine monophosphate cyclique, ou **AMP cyclique** (**AMPc**); sa concentration augmente lorsque le glucose est présent en toute petite quantité (voir la structure de l'AMPc à la figure 11.11, p. 244). La protéine régulatrice, appelée *protéine activatrice du catabolisme* ou *protéine CAP* (pour *catabolite activator protein*), est un **activateur**, une protéine qui se lie à l'ADN et stimule la transcription d'un gène. Lorsque l'AMPc se lie à cette protéine régulatrice CAP, elle retrouve sa conformation active et peut se fixer à son tour à un site spécifique situé en amont du promoteur *lac* (**figure 18.5a**). La fixation augmente l'affinité de l'ARN polymérase pour le promoteur, présent en faible quantité, même quand aucun répresseur n'est lié à l'opérateur. En favorisant la liaison de l'ARN polymérase au promoteur, augmentant ainsi la vitesse de la transcription, la fixation de la protéine CAP au promoteur stimule directement l'expression génique. Dans ce cas, on peut parler de mécanisme de régulation positive.

Si la concentration de glucose augmente dans la cellule, la concentration d'AMPc diminue et, sans elle, la protéine CAP quitte l'opéron. Quand la protéine CAP devient inactive, l'ARN polymérase se lie moins efficacement au promoteur, et la transcription de l'opéron *lac* se poursuit au ralenti, même en présence de lactose (**figure 18.5b**). L'opéron *lac* subit donc une double régulation: une régulation négative par le répresseur de *lac*, et une régulation positive par la protéine CAP. L'état dans lequel se trouve le répresseur de *lac* (avec ou sans allolactose) détermine si la transcription des gènes de l'opéron *lac* aura lieu. Quant à l'état de la protéine CAP (avec ou sans AMPc), il fixe la *vitesse* de transcription si l'opéron est exempt de répresseur. Tout se passe comme si l'opéron était muni à la fois d'un interrupteur et d'un bouton de réglage du volume.

La protéine CAP contribue à la régulation de l'opéron *lac*, mais aussi à celle de plusieurs autres opérons codant pour les enzymes de diverses voies cataboliques. En tout, elle peut influer sur l'expression de plus de 100 gènes chez *E. coli*. Lorsque le milieu contient du glucose et que la protéine CAP est inactive, on observe un ralentissement général de la synthèse des enzymes nécessaires au catabolisme de substances autres que le glucose. La possibilité de cataboliser d'autres composés, tels que le lactose, permet à la cellule de survivre en l'absence de glucose. La nature des composés présents à un moment donné détermine l'identité des opérons activés – c'est le résultat de simples interactions de protéines activatrices et répressives avec les promoteurs des gènes en question.

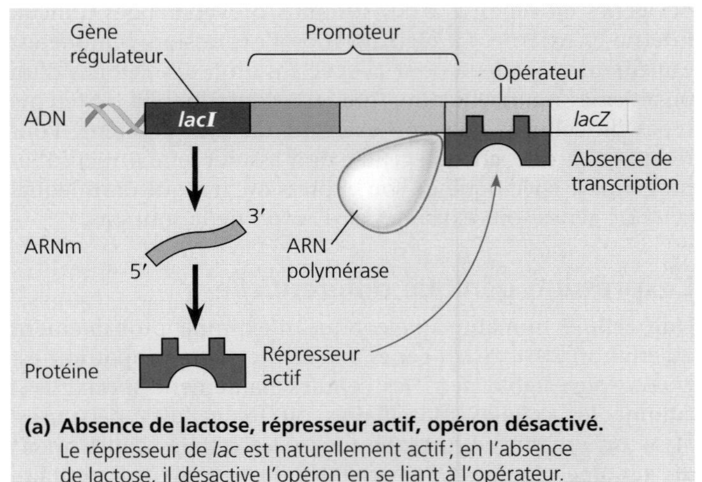

(a) Absence de lactose, répresseur actif, opéron désactivé. Le répresseur de *lac* est naturellement actif; en l'absence de lactose, il désactive l'opéron en se liant à l'opérateur.

◄ **Figure 18.4 L'opéron *lac* d'*E. coli*: régulation de la synthèse des enzymes inductibles.** Chez *E. coli*, l'assimilation et le métabolisme du lactose nécessitent l'intervention de trois enzymes, dont les gènes sont regroupés dans l'opéron *lac*. L'un d'entre eux, *lacZ*, code pour la β-galactosidase, qui hydrolyse le lactose en glucose et en galactose. Un autre gène, *lacY*, code pour une perméase, la protéine membranaire qui assure le transport du lactose vers l'intérieur de la cellule. Le troisième gène, *lacA*, code pour une enzyme appelée transacétylase, dont la fonction dans le métabolisme du lactose reste incertaine. Le gène du répresseur de *lac*, *lacI*, est adjacent à l'opéron *lac*, ce qui est inhabituel. La fonction de l'extrémité amont du promoteur (en bleu-vert), à gauche sur ces diagrammes, est illustrée à la figure 18.5.

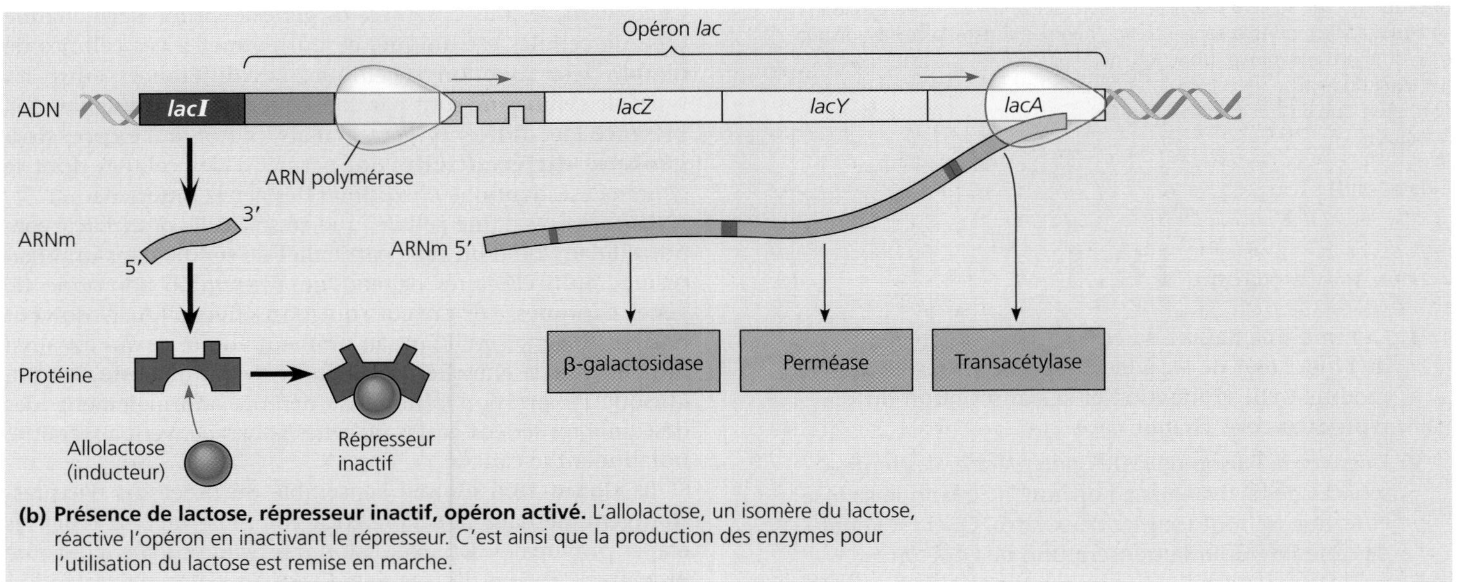

(b) Présence de lactose, répresseur inactif, opéron activé. L'allolactose, un isomère du lactose, réactive l'opéron en inactivant le répresseur. C'est ainsi que la production des enzymes pour l'utilisation du lactose est remise en marche.

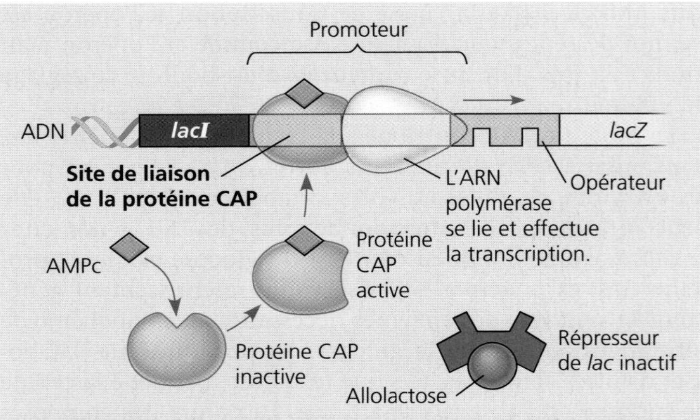

(a) Présence de lactose, peu de glucose (concentration d'AMPc élevée) : synthèse de grandes quantités d'ARNm *lac*. Si le glucose est rare, la concentration élevée d'AMPc active la protéine CAP, et l'opéron *lac* produit de grandes quantités d'ARNm qui code pour les enzymes de la voie du lactose.

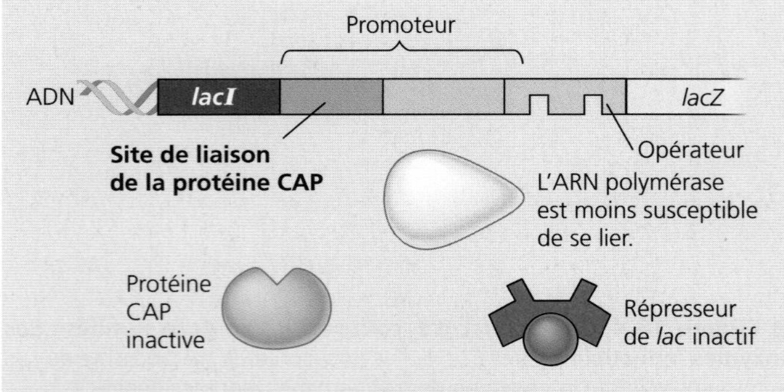

(b) Présence de lactose et de glucose (concentration d'AMPc faible) : synthèse de faibles quantités d'ARNm *lac*. Lorsque le glucose est présent, l'AMPc se fait rare, et la protéine CAP n'est pas en mesure de stimuler la transcription à une vitesse importante, bien qu'il n'y ait aucun répresseur lié.

▲ **Figure 18.5 La régulation positive de l'opéron *lac* par la protéine activatrice du catabolisme (CAP).** L'ARN polymérase a une forte affinité pour le promoteur de *lac* seulement lorsque la protéine activatrice du catabolisme (CAP) s'unit à l'ADN à l'extrémité amont du promoteur. La protéine CAP se lie à l'ADN seulement si elle est associée à l'AMP cyclique (AMPc), dont la concentration augmente dans la cellule lorsque celle du glucose diminue. Donc, quand le glucose est présent, même s'il y a aussi du lactose, la cellule catabolise en priorité le glucose et ne synthétise que de très petites quantités d'enzymes qui métabolisent le lactose.

RETOUR SUR LE CONCEPT 18.1

1. Comment la liaison du corépresseur de *trp* et de l'inducteur de *lac* à leurs répresseurs respectifs modifie-t-elle la fonction et la transcription du répresseur dans chaque cas ?

2. Décrivez la liaison de l'ARN polymérase, des répresseurs et des activateurs à l'opéron *lac* quand le lactose et le glucose sont tous les deux rares. Quel est l'effet de cette rareté sur la transcription de l'opéron *lac* ?

3. ET SI ? Une certaine mutation survenue chez *E. coli* modifie l'opérateur *lac*, ce qui rend impossible sa liaison avec le répresseur actif. Expliquez les conséquences de ce changement sur la production de β-galactosidase par la bactérie.

Voir les réponses proposées à la fin du chapitre.

CONCEPT 18.2

Chez les Eucaryotes, la régulation de l'expression génique s'exerce à de nombreux stades

Tous les organismes, Procaryotes ou Eucaryotes, doivent assurer en tout temps la régulation des gènes exprimés. À l'instar des organismes unicellulaires, les cellules des organismes multicellulaires doivent continuellement activer et désactiver des gènes en réponse à des stimulus provenant des milieux interne et externe. La régulation de l'expression génique est également essentielle pour la spécialisation des cellules d'un organisme multicellulaire, qui est constitué de différents types de cellules, chacune exerçant un rôle différent. Pour remplir son rôle, chaque cellule doit assurer le maintien d'un programme spécifique de son expression génique dans lequel certains gènes sont exprimés et d'autres ne le sont pas.

L'expression génique différentielle

Une cellule humaine quelconque n'exprime probablement qu'environ 20 % de ses gènes à la fois, et cette proportion est encore plus faible dans les cellules hautement spécialisées, comme les cellules musculaires ou les cellules nerveuses. Dans un organisme, presque toutes les cellules contiennent un génome identique. (Les cellules du système immunitaire font exception, comme nous le verrons au chapitre 43.) Cependant, le sous-ensemble de gènes exprimé dans chaque type de cellules est unique, ce qui permet à ces cellules de remplir leur fonction spécifique. Les différences entre les types de cellules ne sont par conséquent pas attribuables à la présence de différents gènes, mais plutôt à l'**expression génique différentielle**, qui permet à des cellules dont le génome est identique d'exprimer des gènes différents.

La fonction d'une cellule, que ce soit celle d'un Eucaryote unicellulaire ou d'un type particulier de cellule dans un organisme multicellulaire, dépend de l'ensemble approprié de gènes exprimés. Les facteurs qui transcrivent l'ADN doivent repérer les gènes qu'il faut au moment voulu, ce qui est aussi difficile que de chercher une aiguille dans une botte de foin. Lorsque l'expression génique se déroule anormalement, des déséquilibres sérieux et des maladies graves peuvent apparaître, notamment le cancer.

La **figure 18.6** résume l'ensemble du processus d'expression génique dans la cellule eucaryote. Elle met en relief les étapes principales de l'expression d'un gène codant pour une protéine. Chacune de ces étapes est un point de régulation

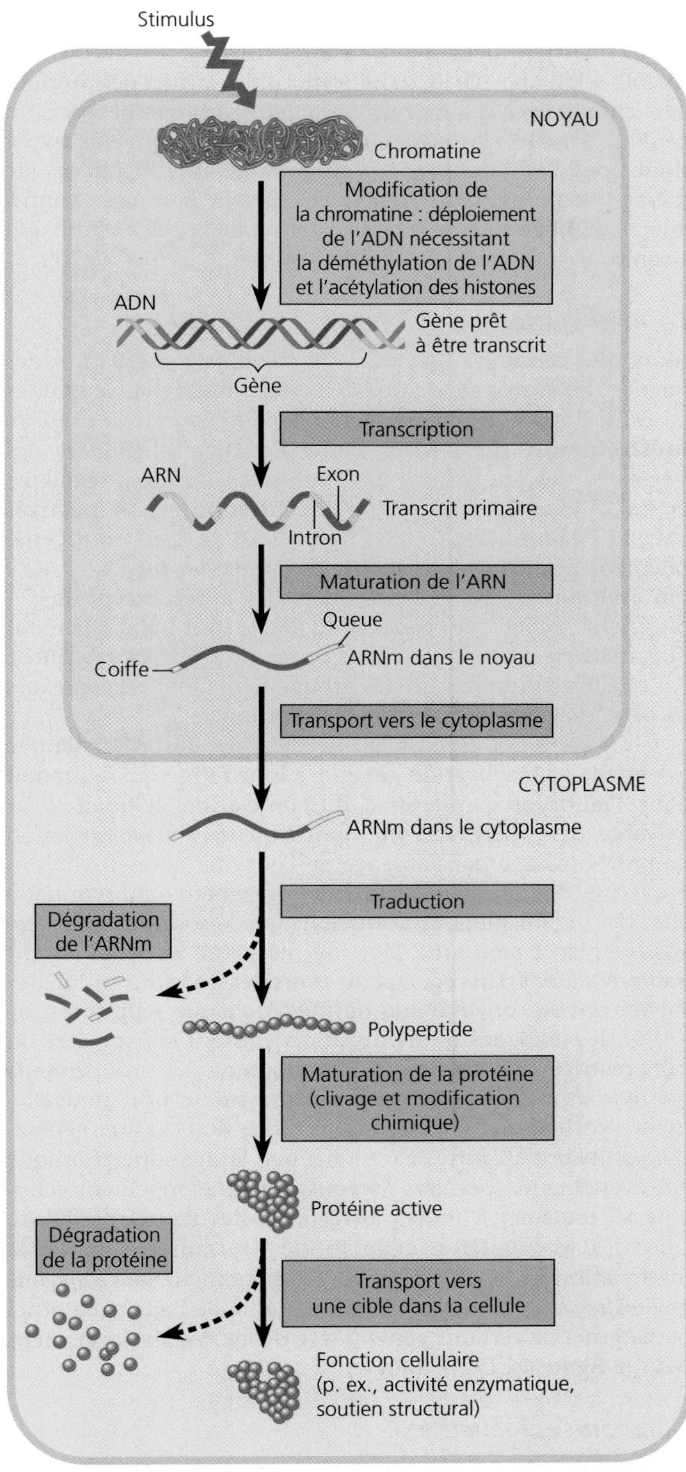

▲ **Figure 18.6 Les étapes de la régulation de l'expression génique dans la cellule eucaryote.** Dans ce diagramme, les rectangles en couleurs indiquent les processus les plus souvent soumis à la régulation ; chaque couleur indique le type de molécule qui subit une modification (bleu = ADN, orangé = ARN, violet = protéine). Contrairement à la cellule procaryote, la cellule eucaryote possède une enveloppe nucléaire qui sépare le lieu de la transcription de celui de la traduction. Cette barrière lui permet d'assurer une régulation après la transcription, à l'étape de la maturation de l'ARN (processus absent chez les Procaryotes). De plus, la cellule eucaryote dispose d'un plus grand nombre de mécanismes de contrôle avant la transcription et après la traduction. Cependant, l'expression d'un gène donné ne passe pas nécessairement par toutes les étapes illustrées ici ; par exemple, tous les polypeptides ne subissent pas le clivage.

possible, où l'expression génique peut être activée ou désactivée, accélérée ou ralentie.

Il y a seulement 50 ans, il semblait qu'on ne parviendrait jamais à comprendre les mécanismes de régulation de l'expression génique chez les Eucaryotes. Grâce à de nouvelles méthodes de recherche, notamment les méthodes d'analyse de l'ADN (voir le chapitre 20), des spécialistes de la biologie moléculaire ont pu élucider une foule de détails concernant la régulation génique chez les Eucaryotes. Chez tous les organismes, une étape de régulation commune de l'expression génique se situe à la transcription. À cette étape, la régulation s'exerce souvent en réaction à des stimulus extérieurs comme les hormones ou d'autres stimulus moléculaires. C'est pour cette raison qu'on emploie fréquemment le terme *expression génique* dans le sens de transcription autant chez les cellules bactériennes qu'eucaryotes. Alors que c'est plus souvent le cas chez les Bactéries, la plus grande complexité structurale et fonctionnelle des Eucaryotes permet à la régulation de l'expression de s'exercer à de nombreux autres niveaux (voir la figure 18.6). Dans le reste de cette section, nous étudierons certaines des étapes importantes de la régulation chez les Eucaryotes.

La régulation de la structure de la chromatine

Souvenez-vous que l'ADN des cellules eucaryotes s'associe à des protéines pour former un complexe appelé chromatine, l'unité fondamentale dont fait partie le nucléosome (voir la figure 16.22, p. 370). En plus de permettre à l'ADN d'adopter une forme compacte de façon qu'il puisse être contenu dans le noyau de la cellule, la structure de la chromatine contribue de plusieurs façons à la régulation de l'expression génique. L'emplacement d'un promoteur par rapport aux nucléosomes et les sites où l'ADN s'attache à l'armature chromosomique ou à la lamina nucléaire influent sur la transcription d'un gène. En outre, les gènes de l'hétérochromatine, hautement condensée, ne sont généralement pas exprimés. Enfin, certaines modifications chimiques des histones et de l'ADN de la chromatine peuvent jouer un rôle dans la structure de la chromatine et dans l'expression génique. Nous examinons ici les effets de ces modifications qui sont catalysées par des enzymes spécifiques.

Les modifications des histones

Des preuves abondantes tendent à montrer que les modifications chimiques des histones, les protéines autour desquelles l'ADN est enroulé dans les nucléosomes, jouent un rôle direct dans la régulation de la transcription génique. L'extrémité N-terminale de chaque molécule d'histone fait saillie à la surface d'un nucléosome et forme une queue (**figure 18.7a**). Les queues des histones peuvent subir des modifications sous l'action de diverses enzymes, qui catalysent l'addition ou l'élimination de groupements chimiques spécifiques.

L'**acétylation des histones** est l'ajout d'un groupement acétyle (—$COCH_3$) à des lysines situées dans les queues des histones ; inversement, la désacétylation se traduit par l'élimination de groupements acétyle. Lorsque les molécules de lysine sont acétylées, leurs charges positives sont neutralisées et les queues des histones ne se lient plus aux nucléosomes voisins (**figure 18.7b**). Ces liaisons favorisent le repliement

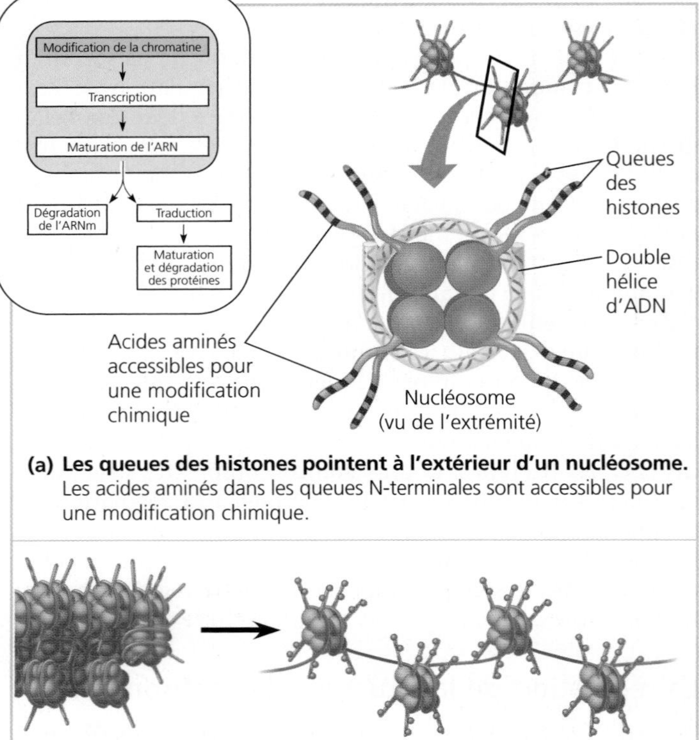

(a) Les queues des histones pointent à l'extérieur d'un nucléosome. Les acides aminés dans les queues N-terminales sont accessibles pour une modification chimique.

(b) L'acétylation des queues des histones favorise un relâchement de la structure de la chromatine, ce qui permet la transcription. Dans une région de la chromatine où les nucléosomes ne sont pas acétylés, il se forme une structure compacte (à gauche); l'ADN n'y est pas transcrit. Lorsque les nucléosomes sont très acétylés (à droite), la chromatine devient moins compacte et l'ADN est accessible pour la transcription.

▲ **Figure 18.7 Représentation schématique des queues des histones et effet de l'acétylation des histones.** En plus de l'acétylation, les histones peuvent subir plusieurs autres types de modifications qui contribuent également à déterminer la configuration de la chromatine dans une région.

de la chromatine en une structure plus compacte; quand ces liaisons disparaissent, la chromatine a une structure plus lâche, ce qui permet aux facteurs de transcription d'accéder plus facilement aux gènes de la région acétylée. Des chercheurs ont démontré que certaines enzymes d'acétylation ou de désacétylation des histones sont étroitement associées aux facteurs de transcription qui se lient aux promoteurs, ou qu'elles en sont des composantes (voir la figure 17.8, p. 385). Ces observations révèlent que les enzymes de l'acétylation des histones peuvent favoriser l'initiation de la transcription non seulement en remodelant la structure de la chromatine, mais également en se liant aux composantes des mécanismes de transcription et donc en les «recrutant».

Dans les queues des histones, d'autres groupements chimiques, comme les groupements méthyle et phosphate, peuvent se lier de façon réversible aux acides aminés. L'addition de groupements méthyle (—CH_3) aux queues des histones (la méthylation des histones) peut faciliter la condensation de la chromatine, tandis que l'addition d'un groupement phosphate (phosphorylation) à un acide aminé voisin d'un acide aminé méthylé peut avoir l'effet contraire. La découverte récente selon laquelle les modifications des queues des histones peuvent changer la structure de la chromatine et l'expression génique a mené à l'*hypothèse du code histone*. Selon cette hypothèse, des combinaisons spécifiques de modifications, de même que l'ordre dans lequel elles se sont produites, contribueraient à déterminer la configuration de la chromatine qui, à son tour, influerait sur la transcription.

La méthylation de l'ADN

Alors que certaines enzymes effectuent la méthylation des queues des histones, d'autres enzymes méthylent certaines bases de l'ADN lui-même, généralement la cytosine. Cette **méthylation de l'ADN** s'effectue chez la plupart des Végétaux, des Animaux et des Eumycètes. De longs segments de l'ADN inactif, comme celui des chromosomes X inactivés chez les Mammifères (voir la figure 15.8, p. 336), sont généralement beaucoup plus méthylés que les régions de l'ADN qui est transcrit activement; mais il y a des exceptions. À plus petite échelle, les gènes individuels sont habituellement plus méthylés dans les cellules où ils ne sont pas exprimés. Par ailleurs, l'élimination des groupements méthyle en excès de certains gènes entraîne leur activation.

Chez certaines espèces, la méthylation de l'ADN semble essentielle à l'inactivation génique à long terme qui se produit dans l'embryon pendant la différenciation cellulaire. Par exemple, des expériences ont montré qu'une sous-méthylation de l'ADN (causée par l'absence de l'enzyme de méthylation) provoque des anomalies du développement embryonnaire chez des organismes aussi différents que la souris et *Arabidopsis*, une plante moutarde. Une fois méthylés, les gènes restent habituellement dans cet état au cours des divisions cellulaires suivantes chez un individu donné. À chaque réplication de l'ADN, les enzymes de méthylation agissent sur les sites du brin matrice déjà méthylé: elles ajoutent des groupements méthyle aux endroits correspondants sur le brin nouvellement synthétisé. La méthylation passe donc d'une génération cellulaire à l'autre; c'est ainsi que la mémoire chimique des événements survenus au cours du développement cellulaire se transmet à toutes les cellules des tissus spécialisés. Chez les Mammifères, cette forme de transmission de la méthylation explique également le phénomène de l'*empreinte génomique*, soit l'inactivation permanente de l'allèle maternel ou paternel de certains gènes dès le début du développement (voir la figure 15.17, p. 346).

L'hérédité épigénétique

Les modifications de la chromatine que nous venons d'examiner n'entraînent pas de changement dans la séquence de l'ADN, et pourtant elles peuvent être transmises d'une génération cellulaire à l'autre. L'hérédité des caractères transmis par des mécanismes qui n'impliquent pas directement la séquence nucléotidique est appelée **hérédité épigénétique**. Alors que les mutations dans l'ADN sont des changements permanents, les modifications de la chromatine pourraient être inversées par des processus que l'on ne comprend pas encore tout à fait. Les systèmes moléculaires responsables des modifications de la chromatine peuvent bien interagir les uns avec les autres d'une manière régulée. Chez *Drosophila* *melanogaster*, par exemple, des expériences ont révélé qu'une enzyme particulière de la modification des histones recrute une enzyme de méthylation de l'ADN au niveau d'une région particulière et que les deux enzymes s'associent pour inhiber la transcription d'un groupe particulier de gènes. On a également découvert des protéines qui effectuent le travail inverse : elles se lient d'abord à l'ADN méthylé et recrutent ensuite les enzymes de la désacétylation des histones. La répression de la transcription serait donc effectuée par un double mécanisme mettant en jeu la méthylation de l'ADN et la désacétylation des histones.

Les chercheurs accumulent de plus en plus de preuves confirmant l'importance de l'information épigénétique dans la régulation de l'expression génique. Ainsi, des chercheurs canadiens de l'Université McGill, à Montréal, ont montré que les caresses maternelles chez le rat déméthylent et activent certains gènes du cerveau intervenant dans la réaction au stress. Par ailleurs, les variations épigénétiques expliqueraient pourquoi un jumeau identique contracte une maladie transmise génétiquement, comme la schizophrénie, alors que l'autre en est exempt, bien qu'ils aient des génomes identiques. Certains cancers semblent s'accompagner de modifications des processus normaux de la méthylation de l'ADN, et ces modifications sont associées à une expression génique inappropriée. Manifestement, les enzymes qui agissent sur la structure de la chromatine font partie intégrante des mécanismes cellulaires de régulation de la transcription.

La régulation de l'initiation de la transcription

Les enzymes de modification de la chromatine assurent une régulation initiale de l'expression génique en rendant une région donnée de l'ADN plus ou moins capable de se lier aux outils de transcription. Une fois que la chromatine d'un gène est parfaitement modifiée pour l'expression, l'initiation de la transcription représente le point suivant le plus important de la régulation de l'expression génique. Comme chez les Bactéries, la régulation de l'initiation de la transcription chez les Eucaryotes fait intervenir des protéines qui se lient à l'ADN et facilitent ou inhibent la liaison de l'ARN polymérase. Le processus est plus compliqué chez les Eucaryotes, toutefois. Mais avant d'étudier comment les cellules eucaryotes assurent la régulation de leur transcription, revoyons la structure d'un gène typique des Eucaryotes et de son transcrit.

La structure d'un gène typique des Eucaryotes

Un gène d'Eucaryote et les éléments d'ADN (segments) qui assurent sa régulation ont habituellement une structure semblable à celle que montre la **figure 18.8**. Celle-ci complète ce que vous avez appris sur les gènes des Eucaryotes au chapitre 17. Souvenez-vous qu'un assemblage de protéines, appelé *complexe d'initiation de la transcription*, se forme sur le promoteur à l'extrémité « amont » du gène. Vous avez aussi appris

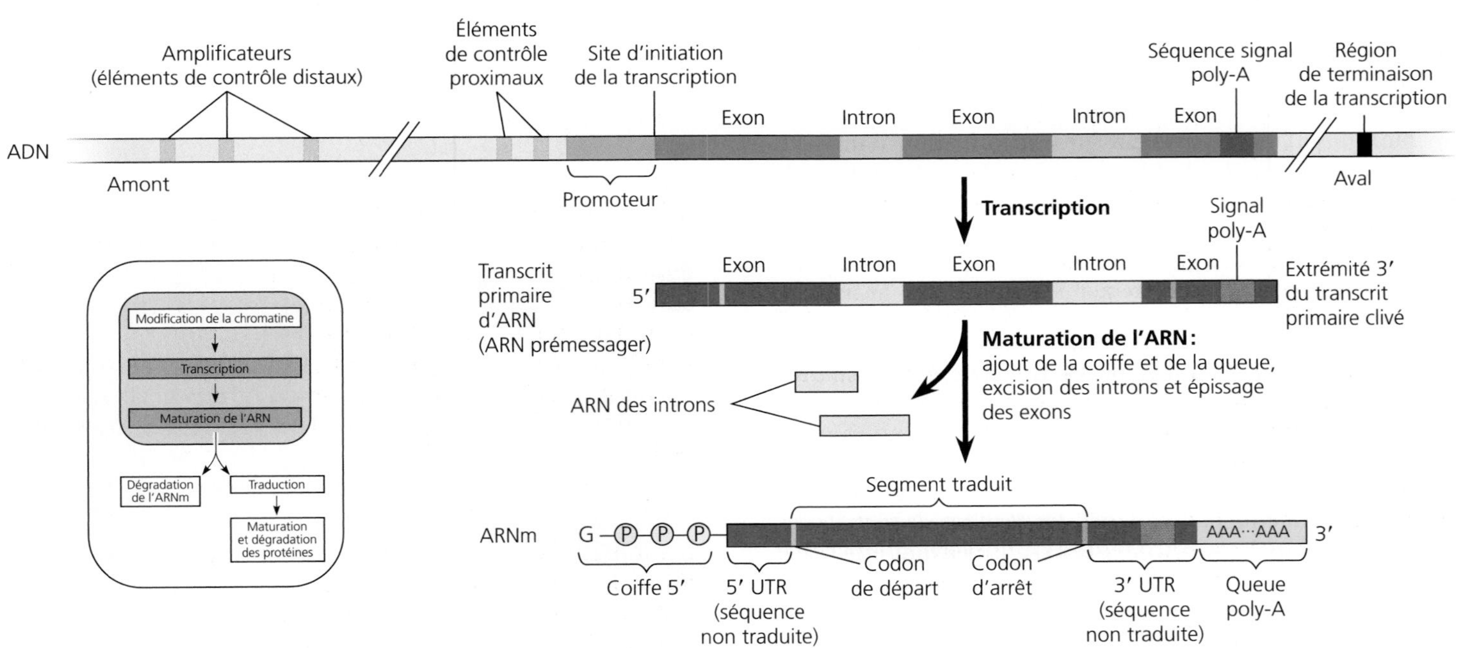

▲ **Figure 18.8 Un gène d'Eucaryote et son transcrit.** Chez les Eucaryotes, chaque gène comporte un promoteur, soit une séquence d'ADN à laquelle l'ARN polymérase se lie et où elle commence la transcription, en se dirigeant vers l'« aval ». Des éléments de contrôle (en jaune) jouent un rôle dans la régulation de l'initiation de la transcription ; ce sont des séquences d'ADN situées près (proximales) ou loin (distales) du promoteur. Les éléments de contrôle éloignés peuvent être groupés en tant qu'amplificateurs, dont l'un d'eux est illustré pour ce gène. Une séquence signal de polyadénylation, poly-A, dans le dernier exon du gène est transcrite en séquence d'ARN qui signale à quels endroits le transcrit doit être clivé et la queue poly-A ajoutée. La transcription peut continuer pour des centaines de nucléotides au-delà du signal poly-A avant de se terminer. La maturation de l'ARN du transcrit primaire en ARNm fonctionnel comporte trois étapes : l'addition d'une coiffe 5', l'addition de la queue poly-A et l'épissage. Dans la cellule, la coiffe 5' est ajoutée peu après l'initiation de la transcription ; l'épissage et l'addition de la queue poly-A peuvent également avoir lieu pendant que la transcription se poursuit (voir la figure 17.10, p. 387).

que l'une de ces protéines, l'ARN polymérase II, transcrit le gène; elle synthétise un transcrit primaire (ARN prémessager). La maturation de l'ARN comprend l'addition enzymatique d'une coiffe 5′ et d'une queue poly-A; les introns sont également enlevés du transcrit primaire pour donner un ARNm mature. Un nombre élevé d'**éléments de contrôle** sont associés à la plupart des gènes des Eucaryotes. Ce sont tout simplement des segments d'ADN non codants qui servent de sites de liaison pour les protéines appelées facteurs de transcription qui contribuent elles aussi à réguler la transcription. Ces éléments de contrôle et les facteurs de transcription qu'ils retiennent sont importants, car une régulation précise de l'expression génique qu'on observe dans différents types de cellules ne pourrait se dérouler sans eux.

Les rôles des facteurs de transcription

Chez les Eucaryotes, la transcription d'un gène ne peut être effectuée par l'ARN polymérase seule. Elle nécessite la présence de facteurs de transcription. Certains d'entre eux, comme ceux de la figure 17.8, (p. 385), sont essentiels à la transcription de *tous* les gènes codant pour des protéines; on les appelle donc souvent *facteurs de transcription généraux*. Seuls quelques facteurs de transcription généraux se lient indépendamment à une séquence d'ADN, comme la boîte TATA, située à l'intérieur du promoteur. Les autres s'unissent avant tout aux protéines, y compris les autres facteurs de transcription et l'ARN polymérase II. Les interactions protéine-protéine sont essentielles à l'initiation de la transcription chez les Eucaryotes. Ce n'est que lorsque le complexe d'initiation est entièrement assemblé que l'ARN polymérase commence à se déplacer le long du brin d'ADN servant de matrice et à produire un brin d'ARN complémentaire.

L'interaction entre les facteurs de transcription généraux, l'ARN polymérase II et le promoteur aboutit habituellement à un taux d'initiation peu élevé et à la formation d'un petit nombre de transcrits d'ARN. Pour que la transcription de gènes particuliers au moment et à l'endroit voulus atteigne un niveau élevé chez les Eucaryotes, il doit se produire des interactions entre des éléments de contrôle et d'autres protéines. On considère ces éléments comme des *facteurs de transcription spécifiques*.

Les amplificateurs et les facteurs de transcription spécifiques

Comme on le voit à la figure 18.8, des éléments de contrôle (ou éléments régulateurs), appelés *éléments de contrôle proximaux*, se trouvent près du promoteur. (Contrairement à certains biologistes, nous ne les englobons pas dans le promoteur.) Quant aux éléments plus éloignés, les *éléments de contrôle distaux*, ils sont appelés **amplificateurs**. Ils peuvent être situés à des milliers de nucléotides de distance (jusqu'à 100 000) en aval ou en amont d'un gène, ou à l'intérieur d'un intron. Un gène donné peut posséder de multiples amplificateurs, chacun étant actif à un moment donné ou dans un type de cellule ou un emplacement différents dans l'organisme. Cependant, chaque amplificateur est généralement associé à ce gène, et à aucun autre.

Chez les Eucaryotes, la vitesse de l'expression génique peut être fortement augmentée ou diminuée quand des facteurs de transcription spécifiques, soit des activateurs, soit des répresseurs, se lient aux éléments de contrôle des amplificateurs. On a découvert des centaines de facteurs de transcription chez les Eucaryotes; la **figure 18.9** en illustre un exemple. Un grand nombre d'activateurs se caractérisent par la présence de deux éléments de structure communs: un domaine de liaison à l'ADN, c'est-à-dire une partie de sa structure tridimensionnelle qui se lie à l'ADN, et un ou plusieurs domaines d'activation. Ceux-ci se lient aux autres protéines régulatrices ou composantes du mécanisme de transcription, ce qui permet une séquence d'interactions protéine-protéine qui aboutissent à la transcription d'un gène donné.

La **figure 18.10** illustre un modèle actuel qui montre comment la liaison des activateurs à un amplificateur situé loin du promoteur peut exercer une influence sur la transcription. La courbure de l'ADN résultant de l'intervention d'une protéine semble permettre aux activateurs déjà liés d'entrer en contact avec un groupe de *protéines médiatrices* qui, à leur tour, interagissent avec les protéines situées sur le promoteur. Ces multiples interactions protéine-protéine aident à assembler et à placer le complexe d'initiation sur le promoteur. Ce modèle s'appuie notamment sur une étude démontrant que les protéines régulant un gène de la globine de souris mettent en contact le promoteur du gène et un amplificateur situés à environ 50 000 nucléotides en amont. Manifestement, ces deux régions de l'ADN doivent s'approcher l'une de l'autre d'une manière bien spécifique pour que cette interaction se produise.

Des facteurs de transcription spécifiques faisant office de répresseurs inhibent l'expression génique de plusieurs façons. Certains répresseurs se lient directement à l'élément de contrôle de l'ADN (dans les amplificateurs ou ailleurs). Ils bloquent alors la liaison des activateurs ou, dans certains cas, désactivent la transcription même lorsque les activateurs sont liés. D'autres répresseurs bloquent la liaison des activateurs aux protéines qui permet aux activateurs de se lier à l'ADN.

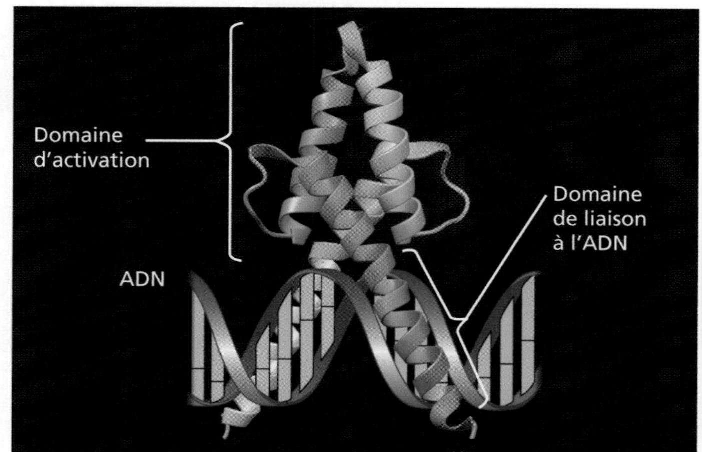

▲ **Figure 18.9 La structure de MyoD, un facteur de transcription spécifique qui agit comme un activateur.** La protéine MyoD se compose de deux sous-unités (en violet et en saumon) comportant d'importantes régions en forme d'hélice α. Chaque sous-unité possède un domaine de liaison à l'ADN et un domaine d'activation (indiqués par des accolades pour la sous-unité en violet). Le domaine d'activation comprend les sites de liaisons pour l'autre sous-unité, de même que pour les protéines. MyoD intervient dans le développement des muscles chez l'embryon des Vertébrés (nous l'étudierons plus loin, au concept 18.4).

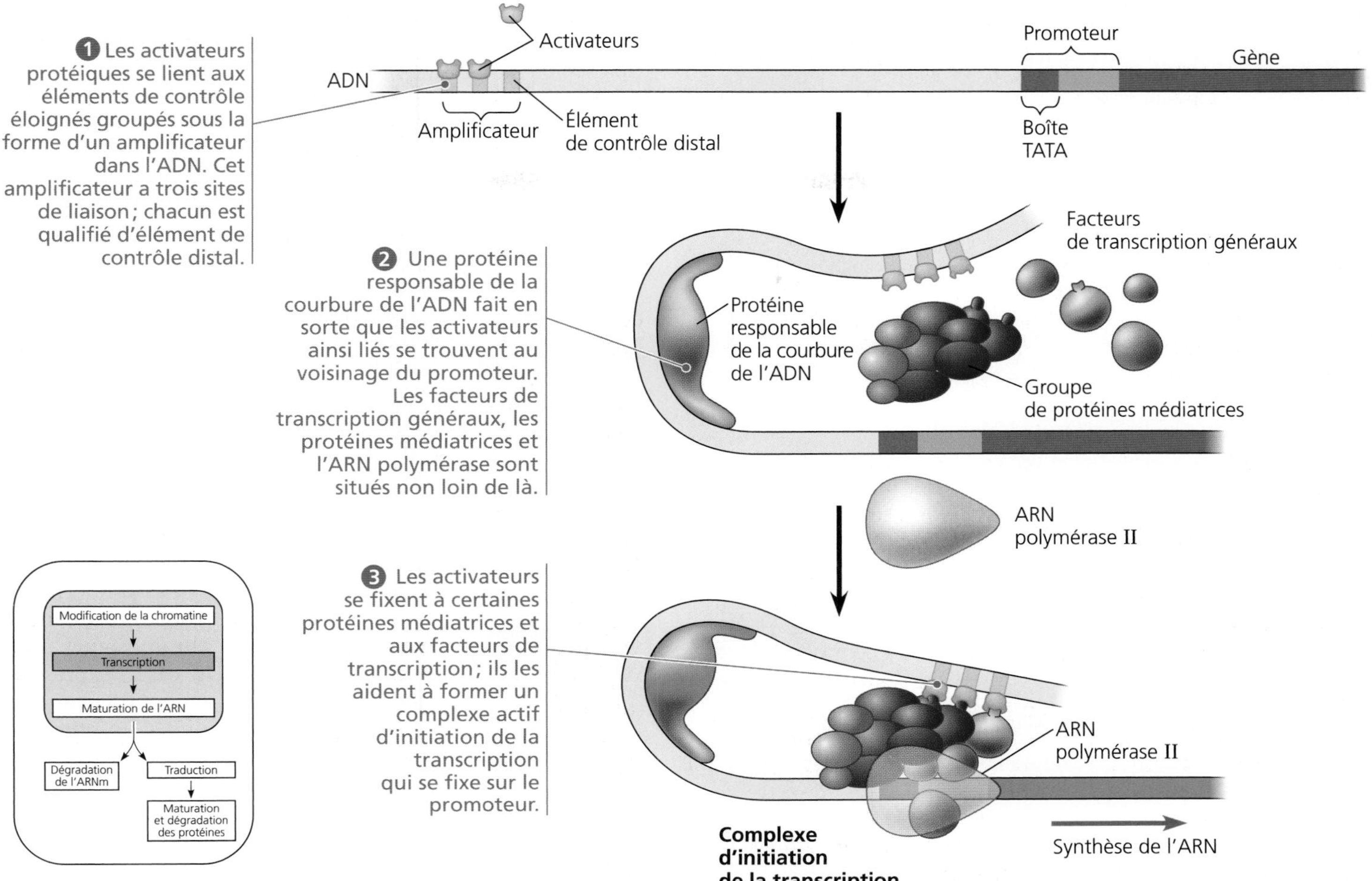

1 Les activateurs protéiques se lient aux éléments de contrôle éloignés groupés sous la forme d'un amplificateur dans l'ADN. Cet amplificateur a trois sites de liaison; chacun est qualifié d'élément de contrôle distal.
Activateurs
ADN
Amplificateur
Élément de contrôle distal
Promoteur
Gène
Boîte TATA
2 Une protéine responsable de la courbure de l'ADN fait en sorte que les activateurs ainsi liés se trouvent au voisinage du promoteur. Les facteurs de transcription généraux, les protéines médiatrices et l'ARN polymérase sont situés non loin de là.
Facteurs de transcription généraux
Protéine responsable de la courbure de l'ADN
Groupe de protéines médiatrices
ARN polymérase II
3 Les activateurs se fixent à certaines protéines médiatrices et aux facteurs de transcription; ils les aident à former un complexe actif d'initiation de la transcription qui se fixe sur le promoteur.
ARN polymérase II
Complexe d'initiation de la transcription
Synthèse de l'ARN
Modification de la chromatine
Transcription
Maturation de l'ARN
Dégradation de l'ARNm
Traduction
Maturation et dégradation des protéines

▲ **Figure 18.10 Modèle d'action d'un amplificateur et des activateurs de transcription.** En courbant l'ADN, une protéine permet à un amplificateur d'exercer une influence sur un promoteur situé à des centaines ou même à des milliers de nucléotides de distance. Les facteurs de transcription spécifiques (appelés *activateurs*) se lient aux séquences d'ADN de l'amplificateur, puis à un groupe de protéines médiatrices, qui à leur tour s'unissent aux facteurs de transcription généraux formant le complexe d'initiation de la transcription. Ces interactions protéine-protéine facilitent le positionnement du complexe sur le promoteur et l'initiation de la synthèse de l'ARN. Un seul amplificateur (avec trois éléments de contrôle en orangé) est illustré ici, mais un gène peut en avoir plusieurs qui agissent à des moments différents et dans divers types de cellules.

Outre le fait qu'ils influent directement sur la transcription, certains activateurs et répresseurs agissent indirectement sur le plan de la structure de la chromatine. Des études sur les levures et les Mammifères démontrent que certains activateurs recrutent des protéines qui acétylent les histones près des promoteurs de gènes spécifiques, ce qui facilite la transcription (voir la figure 18.7). De la même façon, d'autres répresseurs recrutent des protéines qui désacétylent les histones, ce qui se traduit par une diminution de la transcription, phénomène appelé *silençage*. En effet, le recrutement de protéines modificatrices de la chromatine semble être le mécanisme de répression le plus courant chez les Eucaryotes.

Le contrôle combinatoire de l'activation des gènes Chez les Eucaryotes, la régulation de la transcription dépend en grande partie de la liaison des activateurs aux éléments de contrôle de l'ADN. Vu la complexité de la régulation du grand nombre de gènes d'une cellule animale ou végétale, il est surprenant de constater que les éléments de contrôle comprennent un si petit nombre de séquences nucléotidiques entièrement différentes. Une douzaine de courtes séquences réapparaissent à de nombreux endroits dans les éléments de contrôle de différents gènes. En moyenne, chaque amplificateur est composé d'environ dix éléments de contrôle, chacun pouvant se lier à seulement un ou deux facteurs de transcription spécifiques. C'est la *combinaison* particulière des éléments de contrôle dans un amplificateur associés au gène plutôt que la présence d'un seul élément de contrôle qui s'avère importante pour la régulation de sa transcription.

Même avec seulement une douzaine de séquences d'éléments de contrôle disponibles, il est possible d'obtenir un grand nombre de combinaisons. Une combinaison particulière d'éléments de contrôle aura la capacité d'activer la transcription seulement si les protéines des activateurs appropriées sont présentes, ce qui peut se produire à un moment précis pendant le développement ou dans un type de cellules en particulier. La **figure 18.11** illustre comment l'utilisation

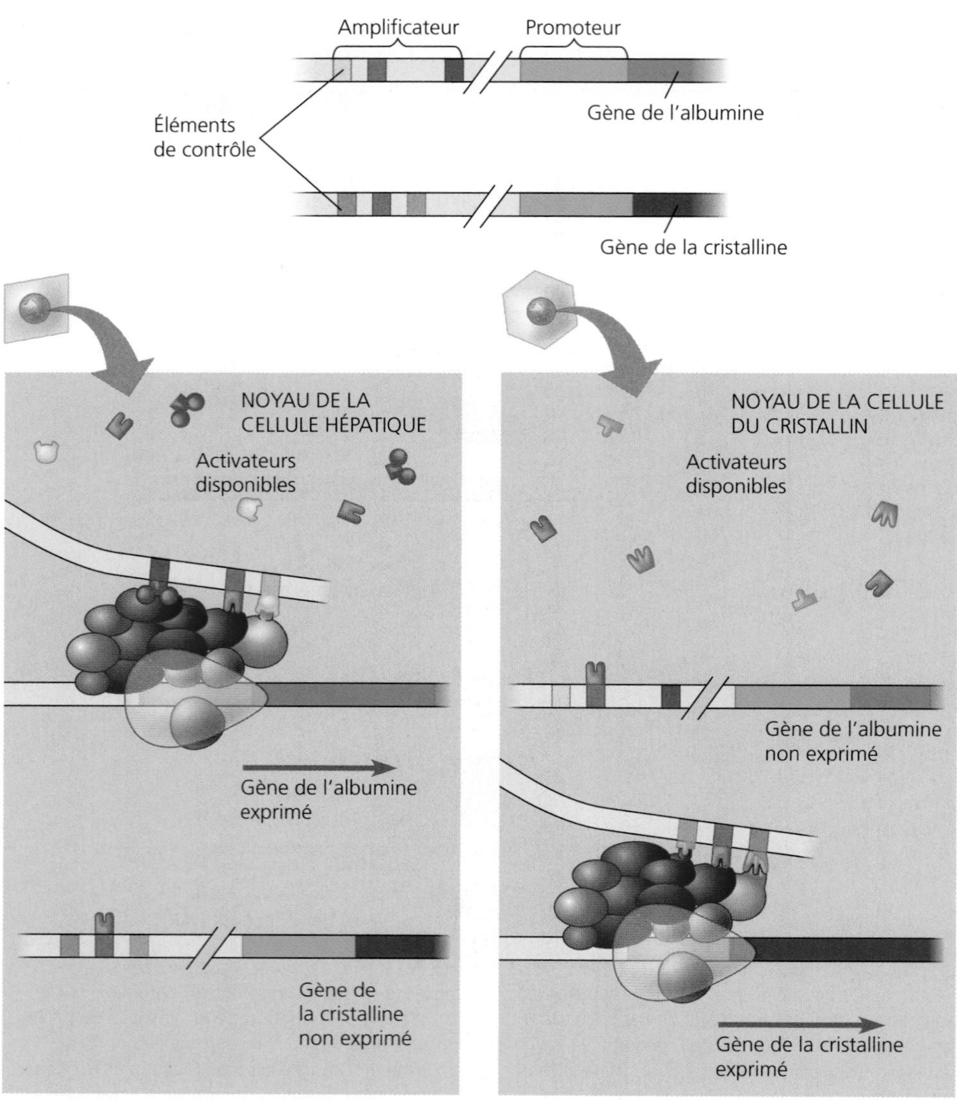

(a) Cellule hépatique. Le gène de l'albumine est exprimé ; le gène de la cristalline ne l'est pas.

(b) Cellule du cristallin. Le gène de la cristalline est exprimé ; le gène de l'albumine ne l'est pas.

▲ **Figure 18.11 La transcription spécifique au type de cellules.** Les cellules hépatiques et les cellules du cristallin possèdent les gènes capables de synthétiser la protéine albumine et la protéine cristalline, mais seules les cellules hépatiques fabriquent l'albumine (protéine du sang) et seules les cellules du cristallin fabriquent la cristalline (composante principale du cristallin de l'œil). Les facteurs de transcription spécifiques synthétisés dans une cellule déterminent quels gènes sont exprimés. Ici, les gènes de l'albumine et ceux de la cristalline sont illustrés en haut, chacun ayant un amplificateur composé de trois éléments de contrôle différents. Bien que les amplificateurs pour les deux gènes partagent un élément de contrôle (en gris), chacun possède une combinaison d'éléments unique. Tous les activateurs nécessaires à une expression à haut niveau du gène de l'albumine ne sont présents que dans les cellules hépatiques (en a), alors que les activateurs nécessaires à l'expression du gène de la cristalline ne se trouvent que dans les cellules du cristallin (en b). Pour plus de simplicité, nous n'examinons ici que le rôle des activateurs, bien que la présence ou l'absence de répresseurs puisse aussi influer sur la transcription dans certains types de cellules.

? *Décrivez l'amplificateur pour le gène de l'albumine dans chaque cellule. Comparez la séquence de nucléotides de cet amplificateur dans la cellule hépatique avec celle dans la cellule du cristallin.*

de différentes combinaisons comportant seulement quelques éléments de contrôle suffit pour assurer la régulation différentielle de la transcription dans deux types de cellules. Cette situation peut se produire parce que chaque type de cellules contient un groupe différent de protéines activatrices. Au concept 18.4, nous verrons comment ces groupes ont pu arriver à être différents.

Les gènes à régulation coordonnée chez les Eucaryotes

Comment la cellule eucaryote régule-t-elle les gènes aux fonctions apparentées qu'il est nécessaire d'activer ou de désactiver simultanément? Plus haut dans ce chapitre, vous avez vu que, chez les Bactéries, les gènes à régulation coordonnée sont souvent groupés en un opéron; la régulation est assurée par un seul promoteur et la transcription s'effectue en une seule molécule d'ARNm. Les gènes sont donc exprimés ensemble, et les protéines codées sont produites simultanément. On *n*'a *pas* découvert d'opéron fonctionnant ainsi dans les cellules eucaryotes, à quelques exceptions mineures près.

Les gènes d'Eucaryotes exprimés simultanément, tels que les gènes qui codent pour les enzymes d'une même voie métabolique, sont généralement disséminés sur des chromosomes différents. Dans de tels cas, l'expression coordonnée des gènes d'Eucaryotes dépend de l'association d'un ensemble spécifique d'éléments de contrôle et de chacun des gènes d'un groupement disséminé. On pourrait comparer la présence de ces éléments aux drapeaux levés sur certaines boîtes aux lettres parmi les autres, signalant au facteur qu'il doit vérifier ces boîtes. Des exemplaires des activateurs reconnaissent les éléments de contrôle et se lient à eux, facilitant la transcription simultanée de gènes, peu importe où ils sont situés sur le génome.

La régulation coordonnée de gènes dispersés dans une cellule d'Eucaryote se produit souvent en réaction à des stimulus moléculaires provenant de l'extérieur de la cellule. Par exemple, une hormone stéroïde pénètre dans la cellule et se lie à un récepteur protéique spécifique intracellulaire, formant un complexe hormone-récepteur qui sert d'activateur de la transcription (voir la figure 11.9, p. 242). Chaque gène dont la transcription est stimulée par une hormone stéroïde particulière, quel que soit son emplacement sur un chromosome, porte un élément de contrôle reconnu par le complexe hormone-récepteur. C'est de cette façon que l'œstrogène active un groupe de gènes qui stimulent la division cellulaire dans les cellules de l'utérus, le préparant pour la grossesse.

De nombreux stimulus moléculaires, tels que les hormones non stéroïdiennes et les facteurs de croissance, se lient à des récepteurs situés à la surface de la cellule. Ils ne pénètrent jamais dans celle-ci. Ces molécules peuvent assurer la régulation génique indirectement en mettant en marche des voies de transduction menant à l'activation de facteurs de transcription spécifiques (activateurs ou répresseurs) (voir la figure 11.15, p. 419). La régulation coordonnée de ces voies est la même que dans le cas des hormones stéroïdes: les gènes qui ont les mêmes éléments de contrôle sont activés par les mêmes stimulus chimiques. Les systèmes de coordination de la régulation génique sont probablement apparus tôt dans l'histoire de l'évolution.

L'architecture nucléaire et l'expression génique

À la figure 16.23 (p. 372) vous avez vu que chaque chromosome dans le noyau à l'interphase occupe un territoire distinct. Les chromosomes ne sont pas complètement isolés, cependant. On a récemment mis au point des techniques de pontage (*cross link*) (formation de liens particuliers au niveau de certains sites de l'ADN) qui permettent aux chercheurs de déterminer quelles régions de ces chromosomes s'associent l'une à l'autre pendant l'interphase. Ces études révèlent que des boucles de chromatine s'étendent des territoires chromosomiques individuels vers des sites particuliers du noyau (**figure 18.12**). Différentes boucles du même chromosome et des boucles d'autres chromosomes peuvent se rassembler sur ces sites, dont certains sont riches en ARN polymérases et en d'autres protéines associées à la transcription. À l'instar d'un centre récréatif qui attire des membres provenant de nombreux quartiers différents, ces *usines à transcription* constitueraient des aires spécialisées qui rempliraient une fonction commune.

L'ancienne notion selon laquelle le contenu du noyau ressemble à un bol de spaghetti chromosomique amorphe cède la place à un nouveau modèle de noyau avec une architecture définie et dans lequel les mouvements de la chromatine sont régulés. Le transfert de gènes particulier de leurs territoires chromosomiques vers des usines à transcription pourrait faire partie du processus au cours duquel les gènes se préparent à être transcrits. Ce domaine de recherche actuelle passionnant soulève de nombreuses questions fascinantes pour des études futures.

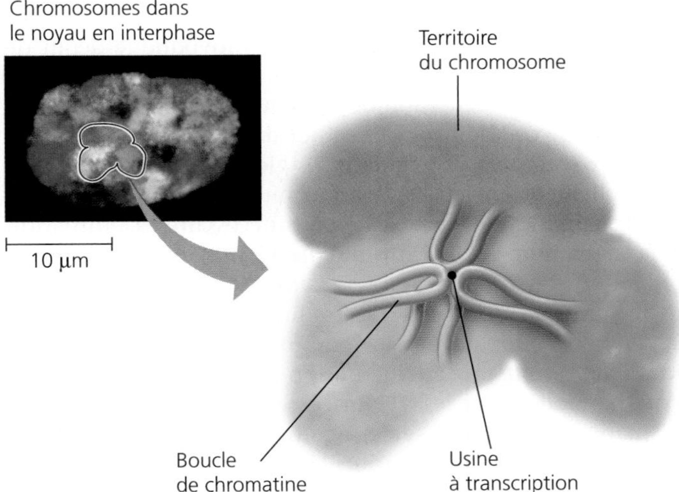

▲ **Figure 18.12 Les interactions chromosomiques dans le noyau en interphase.** Bien que chaque chromosome possède son propre territoire (voir la figure 16.23, p. 372), des boucles de chromatine peuvent s'étendre dans d'autres sites du noyau. Certains de ces sites sont des usines à transcription auxquelles viennent s'amarrer de multiples boucles de chromatine appartenant au même chromosome (boucles en bleu) ou à d'autres chromosomes (boucles en rouge et en vert).

Les mécanismes de la régulation post-transcriptionnelle

À elle seule, la transcription n'équivaut pas à l'expression génique. L'expression des gènes codant pour des protéines dépend en fin de compte de la quantité de protéines fonctionnelles produites par la cellule. De nombreux événements surviennent entre la synthèse du transcrit d'ARN et l'activité d'une protéine donnée dans la cellule. D'ailleurs, les chercheurs découvrent un nombre croissant de mécanismes de régulation qui fonctionnent à diverses étapes après la transcription (voir la figure 18.6). Lorsqu'un changement survient dans son environnement, la cellule peut rapidement assurer la régulation fine de l'expression génique sans modifier son mode de transcription: il lui suffit de faire intervenir les mécanismes régulateurs post-transcriptionnels. Nous examinons ici comment les cellules peuvent réguler l'expression génique après la transcription d'un gène.

La maturation de l'ARN

La maturation de l'ARN dans le noyau puis son exportation vers le cytoplasme constituent des étapes soumises à une régulation de l'expression génique (elles n'existent pas chez les cellules procaryotes). Prenons, par exemple, l'**épissage différentiel de l'ARN**, qui a lieu à l'étape de la maturation: des molécules d'ARNm différentes sont produites à partir d'un même transcrit primaire, selon les segments d'ARN qui sont traités comme des exons ou comme des introns. Les protéines régulatrices caractéristiques d'un type donné de cellules déterminent le choix des introns et des exons en se liant aux séquences régulatrices du transcrit primaire.

La **figure 18.13** illustre un exemple simple d'épissage différentiel de l'ARN pour le gène de la troponine T qui code pour deux protéines différentes (mais tout de même apparentées). D'autres gènes offrent des possibilités pour de bien plus grands nombres de produits. Par exemple, les chercheurs ont trouvé un gène de *Drosophila melanogaster* contenant suffisamment d'exons épissés alternativement pour générer environ 19 000 protéines membranaires qui possèdent des domaines extracellulaires différents. Au moins 17 500 (94 %) des ARNm alternatifs sont réellement synthétisés. Il s'avère que chaque cellule nerveuse en développement dans la mouche synthétise une forme unique de protéine, qui agit comme un badge d'identification à la surface de la cellule.

Il est évident que l'épissage différentiel de l'ARN peut augmenter de manière importante le répertoire d'un génome eucaryote. En fait, l'épissage différentiel permettrait de comprendre pourquoi on a trouvé un si petit nombre de gènes humains recensés quand on a séquencé le génome humain il y a environ dix ans. À ce moment-là, on a constaté que le nombre de gènes humains équivalait à celui d'un ver de terre (nématode), d'une plante moutarde ou d'une anémone de

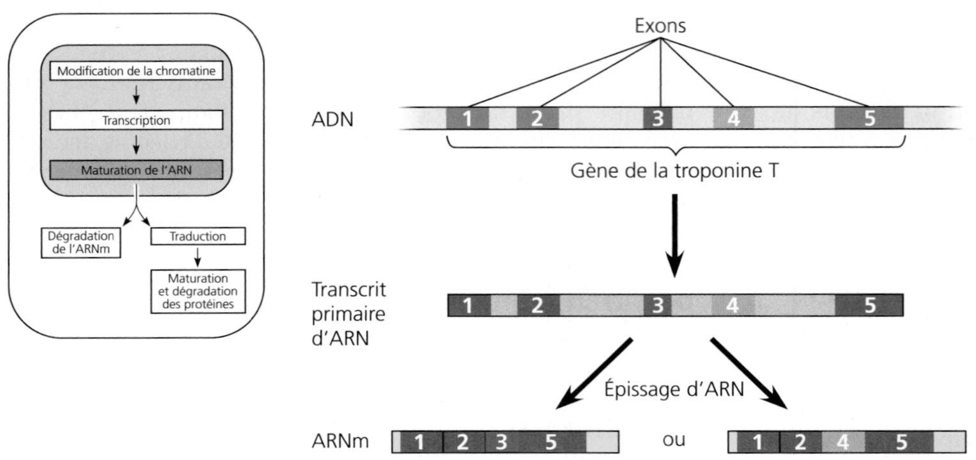

◄ **Figure 18.13 L'épissage différentiel de l'ARN du gène de la troponine T.** Le transcrit primaire de ce gène peut être épissé de plusieurs façons, ce qui mène à la création de molécules d'ARNm différentes. Notez qu'une molécule d'ARNm se retrouve avec l'exon 3 (vert), et l'autre, avec l'exon 4 (violet). Ces deux ARNm sont traduits en protéines musculaires différentes mais apparentées.

mer. Après cette découverte, on s'est demandé ce qui peut bien expliquer la morphologie (forme externe) plus complexe des humains, si ce n'est pas le nombre de gènes. Or, les trois quarts des gènes humains, voire la totalité, ont de multiples exons qui subissent probablement un épissage différentiel. Par conséquent, l'importance de l'épissage différentiel multiplie grandement le nombre de protéines humaines qu'il est possible de synthétiser, ce qui rend mieux compte de la complexité de la forme.

La dégradation de l'ARNm

La durée de vie des molécules d'ARNm dans le cytoplasme constitue un facteur important de la détermination du mode de synthèse protéique au sein d'une cellule. Les enzymes dégradent généralement les molécules d'ARNm des Bactéries quelques minutes seulement après leur synthèse. Cette courte durée de vie des ARNm est l'une des raisons pour lesquelles les Bactéries adaptent si rapidement leur synthèse protéique aux conditions de leur milieu. Pour leur part, les molécules d'ARNm des Eucaryotes multicellulaires survivent des heures ou des jours, voire des semaines. Par exemple, l'ARNm des polypeptides de l'hémoglobine (α-globine et β-globine) dans les globules rouges en voie de formation a une stabilité peu commune et est traduit un grand nombre de fois.

Les séquences nucléotidiques qui influent sur la durée pendant laquelle l'ARNm demeure intact se situent souvent dans la séquence non traduite (UTR), à l'extrémité 3′ de la molécule (voir la figure 18.8). Pour appuyer cette observation, des chercheurs ont prélevé une séquence non traduite provenant d'un ARNm ayant une courte durée de vie (il était destiné à la synthèse d'un facteur de croissance) et l'ont insérée à l'extrémité 3′ d'un ARNm de globine normalement stable. Celui-ci a été rapidement dégradé.

Au cours des dernières années, on a découvert d'autres mécanismes assurant la dégradation des molécules d'ARNm spécifiques ou le blocage de leur expression. Ces mécanismes mettent en jeu un important groupe de molécules d'ARN nouvellement découvertes qui régulent l'expression génique à plusieurs niveaux; nous les étudierons plus loin dans le présent chapitre.

L'initiation de la traduction

La traduction présente une autre possibilité de régulation de l'expression génique; cette régulation se produit plus généralement au stade de l'initiation (voir la figure 17.18, p. 393). L'initiation de la traduction de certains ARNm peut être suspendue par des protéines régulatrices, qui se lient à des segments ou à des structures spécifiques de la séquence non traduite située aux extrémités 5′ ou 3′ (5′ ou 3′ UTR). Cette liaison empêche les ribosomes de se fixer à l'ARNm. (Vous avez vu au chapitre 17 que la coiffe 5′ et la queue poly-A d'une molécule d'ARNm interviennent de façon déterminante lors de la liaison des ribosomes.) Un mécanisme différent bloque la traduction dans une variété d'ARNm présents dans les ovules de nombreux organismes: initialement, ces ARN entreposés n'ont pas de queues poly-A d'une longueur suffisante pour permettre l'initiation de la traduction. Toutefois, au moment voulu au cours du développement embryonnaire, une enzyme cytoplasmique incorpore un certain nombre de nucléotides d'adénine (A) supplémentaires, ce qui provoque le début de la traduction.

Autrement, la régulation de la traduction de l'*ensemble* des ARNm d'une cellule peut s'effectuer simultanément. Chez les cellules eucaryotes, la régulation «globale» de ce type met habituellement en jeu l'activation ou l'inactivation d'un ou de plusieurs des facteurs protéiques nécessaires à l'initiation de la traduction. Ce mécanisme intervient dans le début de la traduction des ARN entreposés dans les ovules. Immédiatement après la fécondation, la traduction est déclenchée par l'activation soudaine des facteurs d'initiation de la traduction. Il en résulte une augmentation brutale de la synthèse de protéines codées par les ARNm entreposés. Quelques espèces de plantes supérieures et d'algues entreposent les ARNm durant les périodes d'obscurité; la lumière déclenche alors la réactivation du mécanisme de traduction.

La maturation et la dégradation des protéines

La traduction est la dernière étape au cours de laquelle la régulation de l'expression génique peut s'exercer. Chez les Eucaryotes, les polypeptides doivent souvent subir une étape de maturation avant de devenir des protéines fonctionnelles. Par exemple, c'est le clivage du polypeptide initial de l'insuline (proinsuline) qui aboutit à la formation d'une hormone active. Dans d'autres cas, c'est le repliement de la protéine qui lui confère ses propriétés fonctionnelles. Les protéines peuvent aussi subir un mécanisme d'épissage: ce phénomène était connu chez les Végétaux et les Procaryotes, mais on l'observe également dans des cellules de Mammifères. De plus, de nombreuses protéines ne deviennent fonctionnelles que si elles subissent certaines modifications chimiques. Ainsi, les protéines régulatrices sont souvent activées ou inactivées par l'ajout réversible de groupements phosphate; de même, des glucides doivent être ajoutés aux protéines destinées à la face externe des membranes plasmiques animales. Ces dernières (et de nombreuses autres) ne peuvent être fonctionnelles que si elles sont transportées vers des sites précis de la cellule. La régulation peut s'exercer à n'importe quelle étape de la modification ou du transport des protéines.

Enfin, la durée de vie des protéines normales dans la cellule est strictement limitée par une dégradation sélective. De nombreuses protéines, comme les cyclines régulant le cycle cellulaire, doivent avoir une durée de vie relativement courte pour permettre à la cellule de fonctionner de façon adéquate (voir la figure 12.17, p. 272). La cellule marque souvent les molécules à détruire en leur ajoutant des molécules d'ubiquitine (une petite protéine). Des complexes protéiques géants appelés **protéasomes** reconnaissent cette dernière et dégradent la protéine ainsi marquée (**figure 18.14**). On a mieux compris l'importance des protéasomes quand on a découvert que les mutations qui rendaient les protéines spécifiques du cycle cellulaire insensibles à cette forme de dégradation pouvaient déclencher le cancer. Le prix Nobel de chimie 2004 a été attribué à trois scientifiques (deux Israéliens et un Américain) pour leur découverte du processus régulé de la dégradation des protéines.

RETOUR SUR LE CONCEPT 18.2

1. En général, quelle influence l'acétylation des histones et la méthylation de l'ADN exercent-elles sur l'expression génique?
2. Comparez les rôles des facteurs de transcription généraux et spécifiques dans la régulation de l'expression génique.
3. Supposons que vous compariez les séquences nucléotidiques des éléments de contrôle distaux dans les amplificateurs de trois gènes qui ne sont exprimés que dans le tissu musculaire. À quels résultats devriez-vous vous attendre? Pourquoi?
4. Lorsqu'un ARNm codant pour une protéine donnée atteint le cytoplasme, quatre mécanismes permettent de réguler la quantité de protéines actives dans la cellule. Quels sont-ils?
5. **ET SI?** Examinez la figure 18.11 et proposez un mécanisme par lequel la protéine activatrice en jaune vient à être présente dans la cellule hépatique, mais pas dans la cellule du cristallin.

Voir les réponses proposées à la fin du chapitre.

CONCEPT 18.3

Les ARN non traduits exercent plusieurs fonctions dans la régulation de l'expression génique

Le séquençage du génome a révélé que l'ADN transcrit pour les protéines représente seulement 1,5 % du génome humain,

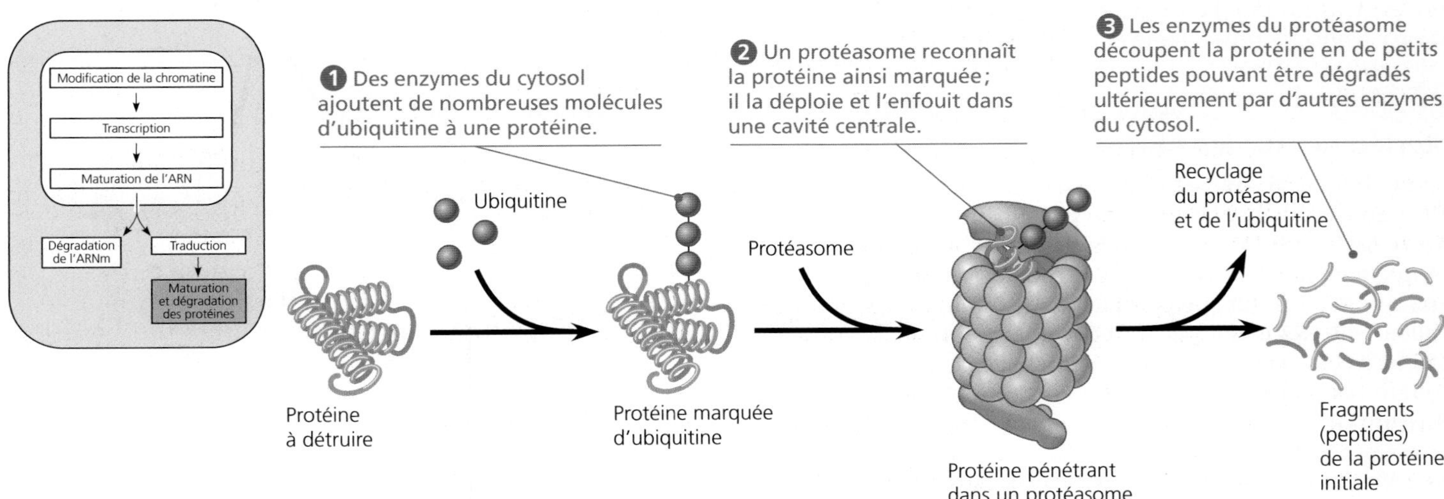

Modification de la chromatine
Transcription
Maturation de l'ARN
Dégradation de l'ARNm
Traduction
Maturation et dégradation des protéines
1 Des enzymes du cytosol ajoutent de nombreuses molécules d'ubiquitine à une protéine.
2 Un protéasome reconnaît la protéine ainsi marquée; il la déploie et l'enfouit dans une cavité centrale.
3 Les enzymes du protéasome découpent la protéine en de petits peptides pouvant être dégradés ultérieurement par d'autres enzymes du cytosol.
Ubiquitine
Protéasome
Recyclage du protéasome et de l'ubiquitine
Protéine à détruire
Protéine marquée d'ubiquitine
Protéine pénétrant dans un protéasome
Fragments (peptides) de la protéine initiale

▲ **Figure 18.14 La dégradation d'une protéine par un protéasome.** Un protéasome est un énorme complexe protéique de forme cylindrique. Sa fonction est de découper les protéines inutiles présentes dans la cellule. Dans la plupart des cas, il attaque les protéines marquées de courtes chaînes d'ubiquitine (petite protéine). Les étapes 1 et 3 nécessitent la présence d'ATP. Les protéasomes des cellules eucaryotes sont aussi massifs que les sous-unités ribosomiques et ils sont dispersés dans l'ensemble de la cellule. Leur forme rappelle quelque peu celle des chaperonines, ces complexes protéiques qui protègent la structure de la protéine au lieu de la détruire (voir la figure 5.23, p. 93).

ce qui correspond d'ailleurs aux génomes d'autres organismes eucaryotes multicellulaires. Une très petite fraction de l'ADN non transcrit pour les protéines est constituée de gènes codant pour les ARN tels que l'ARN ribosomique et l'ARN de transfert. Jusqu'à récemment, on supposait que la majeure partie du restant de l'ADN n'était pas transcrit. Puisqu'il ne codait pas pour des protéines ou quelques types connus d'ARN, on pensait que cet ADN ne contenait pas d'information génétique importante. Cependant, un déluge de données récentes a infirmé cette idée. Par exemple, une étude approfondie d'une région comprenant 1% du génome humain a démontré que plus de 90% de cette région était transcrite. Les introns ne rendent compte que d'une fraction de cet ARN transcrit, non traduit. Ces résultats ainsi que d'autres révèlent qu'une partie importante du génome peut être transcrite en ARN non codants pour des protéines (appelés également *ARN non codants*, ou *ARNnc*), dont une variété de petits ARN. Alors que de nombreuses questions portant sur les fonctions de ces ARN demeurent sans réponses, les chercheurs découvrent chaque jour davantage de preuves de leurs rôles biologiques.

Ces récentes découvertes sont fascinantes, car elles révèlent l'existence, dans la cellule, d'une grande variété de molécules d'ARN qui exerceraient des rôles essentiels dans la régulation de l'expression génique; ces ARN étaient largement passés inaperçus jusqu'à maintenant. Il faut manifestement revoir notre conception selon laquelle les ARN les plus importants dans la cellule sont les ARNm parce qu'ils codent pour les protéines. Il s'agit d'un tournant majeur dans la pensée des biologistes, et vous en êtes témoin comme étudiant en abordant ce domaine d'étude. C'est comme si notre admiration pour une vedette rock célèbre nous avait empêchés de voir les nombreux musiciens et compositeurs qui travaillent derrière la scène.

On sait que la régulation par les petits et les gros ARNnc se produit en plusieurs points dans la voie de l'expression génique, dont la traduction de l'ARNm et la modification de la chromatine. Nous nous pencherons surtout sur deux types de petits ARNnc largement étudiés au cours des dernières années; leur importance a été reconnue lors de l'attribution du prix Nobel de physiologie et de médecine 2006.

Les effets des microARN et des petits ARN interférents sur les ARNm

Depuis 1993, à la suite de nombreuses études, des chercheurs ont découvert de petites molécules d'ARN monocaténaire, les **microARN** (**miARN**), capables de se lier à des séquences complémentaires de molécules d'ARNm. Les miARN sont produits à partir de précurseurs d'ARN plus longs qui se replient sur eux-mêmes et forment une ou plusieurs courtes structures bicaténaires en épingle à cheveux, chacune étant retenue par des liaisons hydrogène (**figure 18.15**). Chaque structure en épingle à cheveux est séparée du précurseur, puis est coupée par une enzyme (appelée avec justesse *Dicer, to dice* signifiant en anglais «couper en cubes») en courts fragments bicaténaires d'environ 22 paires de nucléotides. Un des deux brins est dégradé, et l'autre brin forme le miARN. Celui-ci s'associe avec une ou plusieurs protéines pour constituer un volumineux complexe. Par l'intermédiaire du miARN, ce complexe peut se lier à n'importe quelle molécule d'ARNm

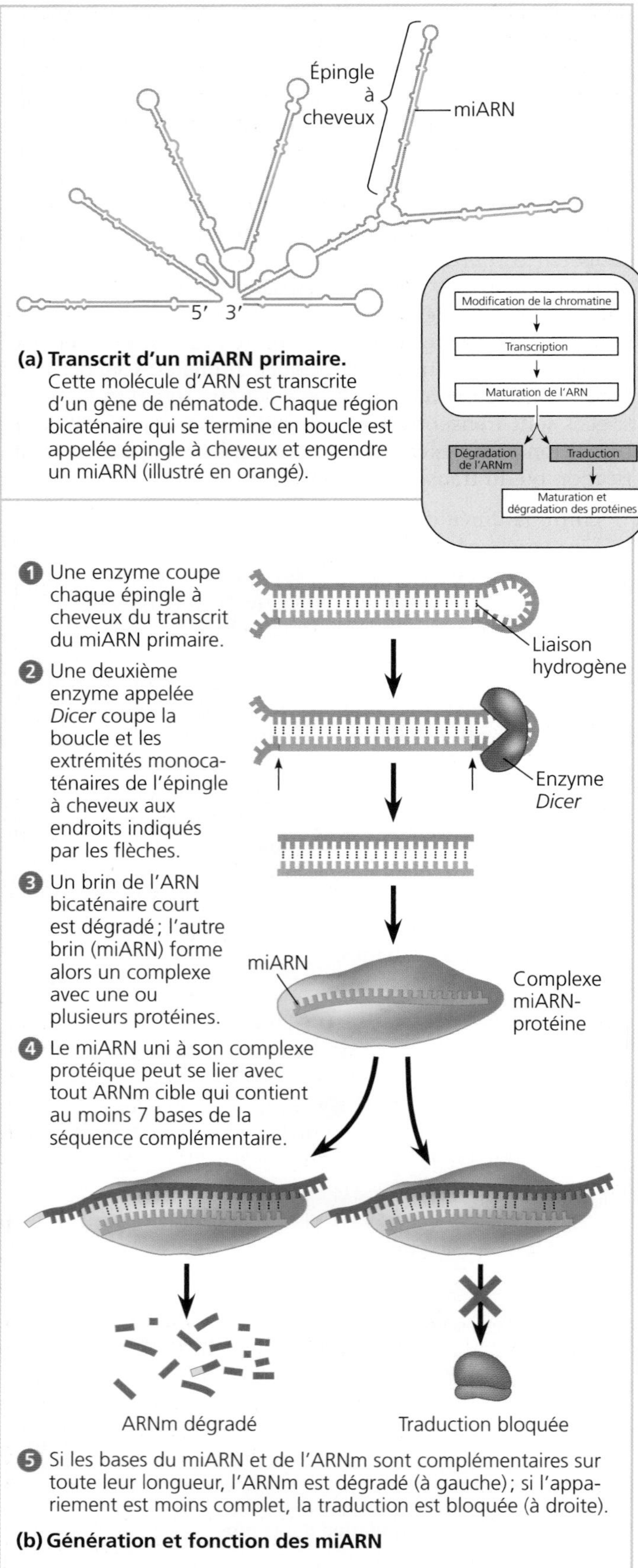

Épingle à cheveux
miARN
5′ 3′
(a) Transcrit d'un miARN primaire. Cette molécule d'ARN est transcrite d'un gène de nématode. Chaque région bicaténaire qui se termine en boucle est appelée épingle à cheveux et engendre un miARN (illustré en orangé).
Modification de la chromatine
Transcription
Maturation de l'ARN
Dégradation de l'ARNm
Traduction
Maturation et dégradation des protéines
1 Une enzyme coupe chaque épingle à cheveux du transcrit du miARN primaire.
Liaison hydrogène
2 Une deuxième enzyme appelée *Dicer* coupe la boucle et les extrémités monocaténaires de l'épingle à cheveux aux endroits indiqués par les flèches.
Enzyme *Dicer*
3 Un brin de l'ARN bicaténaire court est dégradé; l'autre brin (miARN) forme alors un complexe avec une ou plusieurs protéines.
miARN
Complexe miARN-protéine
4 Le miARN uni à son complexe protéique peut se lier avec tout ARNm cible qui contient au moins 7 bases de la séquence complémentaire.
ARNm dégradé
Traduction bloquée
5 Si les bases du miARN et de l'ARNm sont complémentaires sur toute leur longueur, l'ARNm est dégradé (à gauche); si l'appariement est moins complet, la traduction est bloquée (à droite).
(b) Génération et fonction des miARN

▲ **Figure 18.15 La régulation de l'expression génique par les microARN.**

portant 7 à 8 nucléotides d'une séquence complémentaire. Le complexe miARN-protéine dégrade alors l'ARNm cible ou bloque sa traduction. On a évalué que l'expression d'au moins la moitié de tous les gènes humains serait régulée par des miARN, ce qui représente un nombre remarquable étant donné que l'existence des miARN était inconnue il y a à peine deux décennies.

Une meilleure compréhension de la voie des miARN a permis d'obtenir une explication à une observation intrigante: des chercheurs ont observé que l'injection de molécules d'ARN bicaténaire dans une cellule désactivait d'une façon ou d'une autre un gène ayant la même séquence. Ce phénomène obtenu expérimentalement a été appelé **ARN interférence** (ou **ARNi**) et les responsables en sont les **petits ARN interférents** (**pARNi**), des acides nucléiques dont la taille et la fonction sont semblables à celles des miARN. En fait, d'autres recherches ont prouvé que le même mécanisme cellulaire engendre les miARN et les pARNi et que les deux peuvent s'associer avec les mêmes protéines, produisant les mêmes résultats. La distinction entre les miARN et les pARNi repose sur la nature de la molécule du précurseur de chacun. Alors qu'un miARN est généralement formé d'une seule structure en épingle à cheveux dans un ARN précurseur (voir la figure 18.15), de multiples pARNi sont formés d'une molécule d'ARN bicaténaire linéaire beaucoup plus longue.

Nous avons mentionné que des chercheurs avaient fait des expériences consistant à injecter des ARN bicaténaires dans des cellules, et vous vous demandez peut-être si ces molécules existent naturellement. Comme vous l'apprendrez au chapitre 19, certains virus possèdent des génomes d'ARN bicaténaire. Étant donné que la voie de l'ARNi cellulaire peut entraîner la destruction des ARN dont les séquences sont complémentaires à celles des molécules d'ARN bicaténaire, on croit généralement que ce phénomène constituerait une défense naturelle contre l'infection par des virus à ARN. Cependant, le fait que la voie de l'ARNi puisse également influer sur l'expression des gènes cellulaires non viraux indiquerait une origine évolutive différente. De plus, de nombreuses espèces, dont les Mammifères, produisent apparemment leurs propres précurseurs aux petits ARN comme les pARNi; ces précurseurs sont de longs ARN bicaténaires. Une fois produits, ces ARN peuvent interférer avec l'expression génique à des étapes autres que la traduction, ce que nous examinerons à l'instant.

Le remodelage de la chromatine et ses effets sur la transcription par les ARNnc

En plus d'influer sur les ARNm, les petits ARN provoquent le remodelage de la structure de la chromatine. Chez certaines levures, l'hétérochromatine aux centromères des chromosomes ne peut se former sans la participation des pARNi produits par les cellules elles-mêmes. Selon un modèle, un transcrit d'ARN produit à partir de l'ADN dans la région du centromère du chromosome est copié en un ARN bicaténaire par une enzyme de la levure pour donner ensuite des pARNi matures. Ceux-ci s'associent avec un complexe protéique (différent de celui qui est illustré à la figure 18.15) et agissent comme têtes chercheuses, dirigeant avec précision le complexe vers les transcrits d'ARN en voie de formation à partir des séquences d'ADN centromérique. Une fois arrivées sur ce site, les protéines du complexe recrutent des enzymes qui modifient la chromatine, la transformant en hétérochromatine hautement condensée observée dans le centromère.

Une classe de petits ARNnc nouvellement découverts appelés *ARN interagissant avec Piwi* (*ARNpi*) induisent également la formation d'hétérochromatine, bloquant l'expression de certains éléments d'ADN parasites dans le génome appelés transposons. (Nous étudierons les transposons au chapitre 21.) Des précurseurs d'ARN monocaténaire effectuent probablement la maturation des ARNpi dont la longueur est généralement de l'ordre de 24 à 31 nucléotides. Ces ARN jouent un rôle indispensable dans les cellules germinales de nombreuses espèces animales, où ils semblent aider au rétablissement de modes de méthylation appropriés dans le génome pendant la formation des gamètes.

Les cas que nous venons de décrire mettent en jeu le remodelage de la chromatine qui bloque l'expression de régions étendues du chromosome. Plusieurs expériences récentes ont démontré que des mécanismes apparentés, basés sur des ARN, peuvent également bloquer la transcription de gènes spécifiques. Par exemple, certains pARNi de Végétaux comportent des séquences qui lient les promoteurs du gène et répriment la transcription, et que les ARNpi bloquent l'expression de gènes spécifiques. De plus, pour une variation sur un même thème, mentionnons que l'on a rapporté certains cas d'*activation* de l'expression génique par des pARNi et des ARNpi.

La signification des petits ARNnc au regard de l'évolution

ÉVOLUTION Les petits ARNnc peuvent réguler l'expression génique à de multiples étapes et de nombreuses façons. En général, des niveaux supplémentaires de régulation génique permettraient l'évolution de la complexité de la forme à un degré supérieur. Par conséquent, la polyvalence de la régulation par les miARN a conduit certains biologistes à avancer l'hypothèse qu'une augmentation du nombre de miARN codés par le génome d'une espèce donnée a entraîné une augmentation de la complexité morphologique au cours de l'évolution. Cette hypothèse ne faisant pas l'unanimité pour le moment, il est logique d'étendre la discussion afin d'inclure tous les petits ARNnc. Grâce à de nouvelles techniques de séquençage rapide des génomes, les biologistes sont en mesure de chercher combien le génome d'une espèce donnée contient de gènes codant pour les ARNnc. Selon une étude portant sur différentes espèces, les pARNi seraient apparus en premier, suivis par les miARN et plus tard par les ARNpi, qui ne sont présents que chez les Animaux. De plus, bien qu'il y ait des centaines de types de miARN, il semble qu'il y ait plusieurs milliers de types d'ARNpi, ce qui laisse penser que les ARNpi seraient à l'origine d'une régulation génique très sophistiquée.

Étant donné les fonctions étendues des ARNnc, il n'est pas surprenant que nombre des ARNnc décrits jusqu'ici jouent des rôles importants dans le développement embryonnaire, le sujet abordé à la section suivante. Le développement embryonnaire est peut-être l'exemple ultime de l'expression génique régulée avec précision.

RETOUR SUR LE CONCEPT 18.3

1. Comparez et différenciez les miARN et les pARNi.
2. **ET SI ?** Imaginez que l'ARN messager codant pour une protéine qui favorise la division cellulaire dans un organisme multicellulaire est dégradé comme l'illustre la figure 18.15. Qu'arriverait-il si une mutation rendait inefficace le gène qui code pour le miARN à l'origine de cette dégradation ?
3. **FAITES DES LIENS** Le concept 15.2 (p. 335 et 336) traite de l'inactivation d'un des chromosomes X chez les Mammifères femelles. Relisez ces pages et proposez un modèle qui explique comment l'ARN *Xist* non traduit est à l'origine de la formation du corpuscule de Barr.

Voir les réponses proposées à la fin du chapitre.

CONCEPT 18.4

Les différents types de cellules dans un organisme multicellulaire résultent d'un programme d'expression génique différentielle

Chez les organismes multicellulaires, le développement embryonnaire se fait à partir d'un zygote (ovule fécondé) ; celui-ci donne naissance à de nombreux types de cellules qui ont toutes une structure et une fonction propres. Généralement, les cellules sont groupées en tissus, les tissus en organes, et les organes en systèmes ; ces derniers constituent l'ensemble de l'organisme lui-même. Le programme de développement doit donc produire différents types de cellules qui forment des structures d'ordre supérieur dotées d'une configuration tridimensionnelle. Les mécanismes qui se déroulent pendant le développement chez les Végétaux et les Animaux sont présentés en détail aux chapitres 35 et 47, respectivement. Dans le présent chapitre, nous nous penchons plutôt sur le programme de régulation de l'expression génique qui orchestre le développement, en utilisant comme exemples quelques espèces animales.

Un programme génétique pour le développement embryonnaire

Les photos de la **figure 18.16** illustrent la différence impressionnante entre un zygote et l'organisme qu'il devient. La division cellulaire, la différenciation cellulaire et la morphogenèse sont les trois processus interdépendants responsables de cette transformation remarquable. Le zygote passe par une série de divisions mitotiques successives qui créent une multitude de cellules. Cependant, à elle seule, la division cellulaire ne produirait qu'une grosse boule de cellules identiques, et non un animal ou une plante. Au cours du développement embryonnaire, les cellules, tout en se multipliant, subissent une **différenciation cellulaire** ; c'est le processus par lequel elles acquièrent des structures et des fonctions spécialisées. Les cellules de différents types ne sont pas distribuées au hasard : elles sont groupées en tissus et en organes possédant une configuration tridimensionnelle particulière. La **morphogenèse** (terme signifiant « création de la forme ») est l'ensemble des mécanismes physiques déterminant la forme de l'organisme.

Ces trois processus trouvent leur fondement dans le comportement cellulaire. Même la morphogenèse, la mise en forme d'un organisme, peut être attribuée aux changements dans la forme, à la motilité et à d'autres caractéristiques des cellules formant les diverses régions de l'embryon. Comme vous l'avez vu, les activités d'une cellule dépendent des gènes qu'elle exprime et des protéines qu'elle produit. Presque toutes les cellules d'un organisme ont le même génome ; par conséquent, l'expression génique différentielle est due à une régulation des gènes qui varie selon le type de cellule.

Revenons un instant à la figure 18.11, qui montre de façon simplifiée comment l'expression génique différentielle se produit dans deux types de cellules, une cellule hépatique et une cellule du cristallin. Chacune de ces cellules entièrement différenciées renferme un mélange particulier d'activateurs spécifiques qui stimulent la série de gènes dont les produits sont requis dans la cellule. Le fait que les deux cellules soient apparues à la suite d'une série de mitoses à partir d'un ovule fécondé commun soulève inévitablement la question suivante : comment des ensembles différents d'activateurs peuvent-ils en arriver à être présents dans les ceux cellules ?

Il s'avère que les matériaux placés dans l'ovule par la mère établissent un programme séquentiel de régulation génique qui est assuré pendant la division cellulaire, et ce programme rend les cellules différentes l'une de l'autre de façon coordonnée. Pour comprendre le fonctionnement de ce processus, nous examinerons deux mécanismes de développement de base : premièrement, nous découvrirons comment les cellules formées lors des mitoses embryonnaires initiales amorcent les différences qui lanceront chaque cellule dans le chemin de sa propre différenciation. Deuxièmement, en prenant comme exemple le développement des cellules musculaires, nous verrons comment la différenciation cellulaire conduit à un type particulier de cellule.

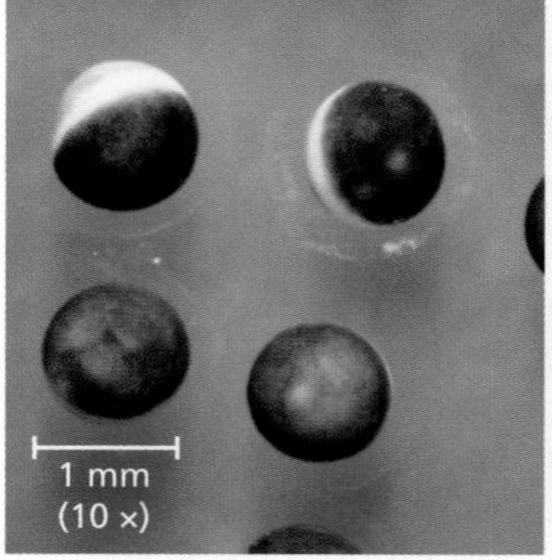

(a) Zygote de grenouille

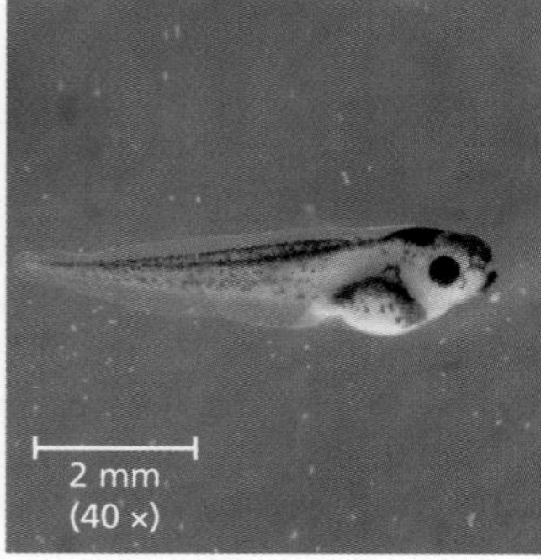

(b) Un têtard nouvellement éclos

▲ **Figure 18.16 D'un zygote à un animal : quel changement en quatre jours !** En quatre jours seulement, la division cellulaire, la différenciation et la morphogenèse ont transformé chacun des zygotes de grenouille **(a)** en un têtard **(b)**.

Les déterminants cytoplasmiques et les stimulus d'induction

Comment expliquer l'apparition des *premières* divergences entre les cellules d'un jeune embryon? Et qu'est-ce qui détermine la différenciation des divers types de cellules pendant le développement de l'embryon? À ce stade-ci du chapitre, vous pouvez probablement déduire la réponse: la différenciation de toute cellule particulière d'un organisme en développement dépend des gènes spécifiques qu'elle exprime. Deux sources d'information (utilisées à divers degrés dans des espèces différentes) «indiquent» à la cellule quels gènes elle doit exprimer à un moment donné pendant le développement embryonnaire.

Le cytoplasme de l'ovocyte de deuxième ordre, qui contient des molécules d'ARN et de protéines codées par l'ADN de la mère, constitue la première source d'information importante exerçant son influence au début du développement embryonnaire. Le cytoplasme d'un ovocyte de deuxième ordre non fécondé n'est pas un milieu homogène. L'ARN messager, les protéines et d'autres substances, ainsi que les organites, sont distribués inégalement à l'intérieur de l'ovocyte. Chez de nombreuses espèces, cette répartition inégale influe fortement sur le développement du futur embryon. On appelle **déterminants cytoplasmiques** (**figure 18.17a**) les substances maternelles présentes dans l'ovocyte de deuxième ordre qui agissent sur le déroulement du début du développement. Après la fécondation, les premières divisions mitotiques répartissent le cytoplasme du zygote dans des cellules séparées. Les noyaux de ces cellules sont donc exposés à différents déterminants cytoplasmiques, selon les portions du cytoplasme zygotique reçues. La combinaison des déterminants cytoplasmiques dans une cellule assure la destinée de celle-ci par la régulation de l'expression de ses gènes au cours de la différenciation cellulaire.

L'environnement d'une cellule embryonnaire constitue l'autre source d'information concernant le développement embryonnaire. Ce facteur gagne en importance au fur et à mesure que le nombre de cellules embryonnaires s'accroît. Une cellule embryonnaire est principalement influencée par les stimulus provenant des cellules embryonnaires situées dans son voisinage. Ces stimulus comprennent le contact avec des molécules de la surface cellulaire situées sur les cellules voisines et la liaison de facteurs de croissance sécrétés par les cellules voisines. Les stimulus moléculaires provoquent des changements dans les cellules cibles sous l'effet d'un mécanisme appelé **induction** (**figure 18.17b**). Les molécules qui acheminent ces stimulus au sein de la cellule cible sont des récepteurs de la surface cellulaire et d'autres protéines exprimées par les gènes de l'embryon lui-même. D'une façon générale, les stimulus moléculaires obligent une cellule à emprunter une voie de développement spécifique en changeant son expression génique, ce qui se traduit par des modifications cellulaires observables. Les interactions entre les cellules de l'embryon finissent donc par provoquer la différenciation des nombreux types de cellules spécialisées constituant le nouvel organisme.

La régulation séquentielle de l'expression génique au cours de la différenciation cellulaire

À mesure que les tissus et les organes d'un embryon se développent et que la différenciation cellulaire se poursuit, les

▼ Figure 18.17 Les sources d'information régissant le développement du jeune embryon.

(a) Déterminants cytoplasmiques de l'ovocyte de deuxième ordre

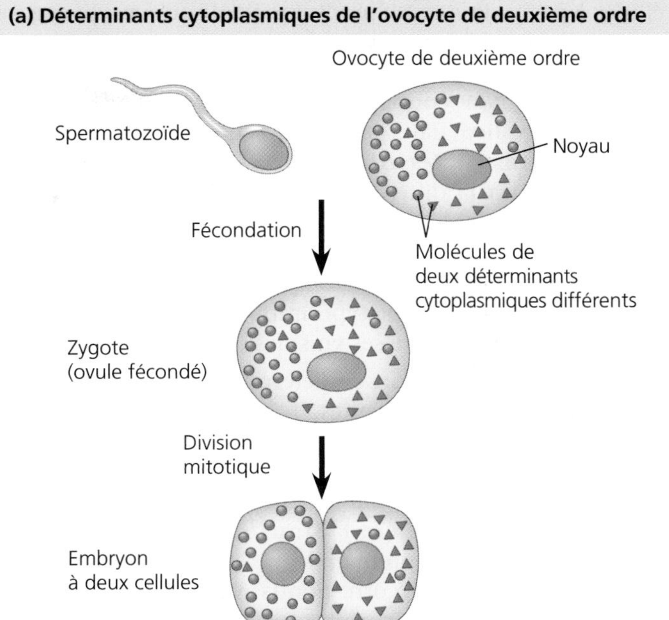

Le cytoplasme de l'ovocyte de deuxième ordre contient des molécules codées par les gènes maternels; ces molécules influent sur le développement du futur embryon. La plupart de ces déterminants cytoplasmiques, comme les deux qui sont illustrés ici, ne sont pas distribués également dans l'ovocyte. Après la fécondation et la division mitotique, les noyaux cellulaires de l'embryon sont exposés à des jeux différents de déterminants cytoplasmiques, ce qui les amène à exprimer des gènes différents.

(b) Induction par les cellules voisines

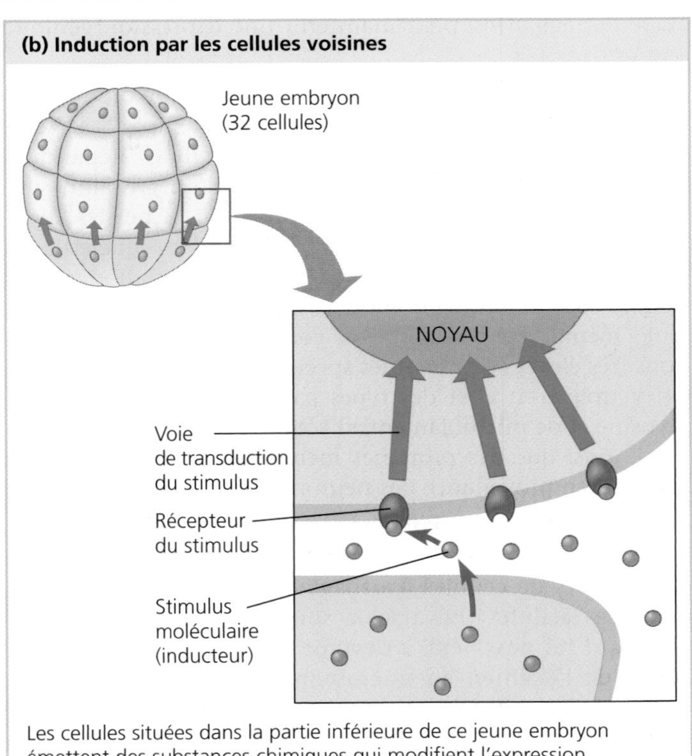

Les cellules situées dans la partie inférieure de ce jeune embryon émettent des substances chimiques qui modifient l'expression des gènes des cellules voisines.

cellules acquièrent de toute évidence des structures et des fonctions différentes. Comme on vient de le voir, ces modifications observables résultent en fait du développement des cellules à partir des premières divisions mitotiques du zygote. Les premières modifications qui annoncent leur spécialisation sont subtiles et ne se manifestent qu'au niveau moléculaire. À une époque où ils connaissaient mal les phénomènes moléculaires ayant lieu dans les embryons, les biologistes ont inventé le terme **détermination** pour désigner les événements menant à la différenciation observable d'une cellule. Après avoir subi la détermination, celle-ci atteint le stade où sa destinée est fixée de façon irréversible. Si on la déplaçait dans un autre endroit dans l'embryon, une telle cellule se différencierait en cellules du type initialement fixé et n'aurait pas les caractéristiques de ses voisines.

Actuellement, la notion de détermination fait référence à des modifications moléculaires. La détermination, la différenciation cellulaire observable, se manifeste par l'expression des gènes codant pour les *protéines spécifiques aux tissus*. Ces protéines n'existent que dans certains types de cellules en particulier et leur confèrent la structure et les fonctions qui leur sont propres. Le premier signe de différenciation est l'apparition de l'ARNm correspondant à ces protéines. Plus tard, cette différenciation s'observe au microscope sous la forme de modifications de la structure cellulaire. À l'échelle moléculaire, différents groupes de gènes sont exprimés séquentiellement d'une manière régulée alors que de nouvelles cellules sont formées par division de leurs précurseurs. Un certain nombre d'étapes de l'expression génique peuvent être régulées au cours de la différenciation, la transcription figurant parmi les plus importantes. Dans la cellule entièrement différenciée, la transcription demeure la principale étape de régulation pour maintenir une expression génique appropriée.

Les cellules différenciées ont pour fonction de produire les protéines spécifiques à chaque tissu. Par exemple, à la suite de la régulation transcriptionnelle, les cellules hépatiques fabriquent de l'albumine, et les cellules d'un cristallin synthétisent des cristallines (voir la figure 18.11). Chez les Vertébrés, la différenciation des cellules des muscles squelettiques est un autre exemple intéressant. De forme très allongée, ces cellules comportent de nombreux noyaux enfermés dans une seule membrane plasmique et contiennent des concentrations très élevées de protéines spécifiques au tissu musculaire. On y trouve en effet des types particuliers de filaments de myosine et de microfilaments d'actine (des protéines contractiles), ainsi que des protéines membranaires réceptrices des stimulus en provenance des neurones.

Les cellules musculaires se développent à partir de cellules précurseurs embryonnaires ayant le potentiel de donner divers types de cellules (cartilagineuses, adipeuses). Cependant, ces cellules précurseurs sont soumises à des conditions qui les destinent à devenir des cellules musculaires. Bien que l'examen au microscope ne le révèle pas, elles ont subi une détermination qui en fait des *myoblastes*. Au bout d'un certain temps, ces myoblastes commencent à produire de grandes quantités de protéines spécifiques aux muscles. Ensuite, ils fusionnent et se transforment en cellules musculaires squelettiques matures, multinucléées et allongées (**figure 18.18**).

Pour élucider ce qui se passe à l'échelle moléculaire au moment de la détermination des cellules musculaires, des chercheurs ont cultivé des myoblastes et les ont analysés à l'aide de techniques de biologie moléculaire (voir le chapitre 20). Après avoir isolé différents gènes, ils ont provoqué leur expression dans une cellule précurseur embryonnaire distincte. Ces cellules se sont différenciées en myoblastes et en cellules musculaires dans lesquelles les chercheurs ont mis en évidence plusieurs « gènes maîtres régulateurs » dont les protéines destinent les cellules à devenir des cellules musculaires squelettiques. Par conséquent, dans le cas des cellules musculaires, les fondements moléculaires de la détermination résident dans l'expression d'un ou de plusieurs gènes maîtres régulateurs.

Pour mieux comprendre le déroulement de la détermination au cours de la différenciation des cellules musculaires, nous étudierons le gène maître régulateur appelé *myoD* (pour *myoblast determination*) (voir la figure 18.18). Ce gène code pour la protéine MyoD, un facteur de transcription qui se lie aux éléments de contrôle spécifiques (amplificateurs) de divers gènes cibles et qui stimule leur expression (voir la figure 18.9). Certains de ces gènes codent à leur tour pour d'autres facteurs de transcription spécifiques aux muscles. La protéine MyoD stimule également l'expression du gène *myoD* lui-même, ce qui lui permet de continuer à exercer son influence en maintenant la cellule dans son état différencié. On peut supposer que tous ces gènes cibles comportent des éléments de contrôle dans les amplificateurs reconnus par la protéine MyoD ; ils sont donc soumis à une régulation coordonnée. Enfin, les facteurs de transcription secondaires activent les gènes des protéines, tels que la myosine et l'actine, qui confèrent aux cellules musculaires squelettiques leurs propriétés caractéristiques.

La protéine MyoD mérite sa désignation de gène maître régulateur. Les chercheurs ont montré qu'elle est même capable de transformer certains types de cellules entièrement différenciées et autres que musculaires (adipeuses et hépatiques) en cellules musculaires. Mais pourquoi cette protéine n'agit-elle pas sur *tous* les types de cellules ? Une explication plausible est que l'activation des gènes spécifiques des muscles ne dépend pas uniquement de l'action de MyoD ; elle nécessite une certaine *combinaison* de protéines régulatrices, lesquelles seraient absentes des cellules qui ne répondent pas à MyoD. Il est possible que la détermination et la différenciation des autres types de tissus se déroulent d'une façon similaire.

Nous avons maintenant vu comment différents programmes d'expression génique qui sont activés dans l'ovule fécondé peuvent produire des cellules et des tissus différenciés. Mais, pour que les tissus fonctionnent efficacement dans l'organisme dans son ensemble, le *plan d'organisation corporelle*, c'est-à-dire la *structure* générale tridimensionnelle de l'organisme, doit s'établir et se superposer au mécanisme de différenciation. Nous allons maintenant étudier le fondement moléculaire de l'établissement du plan d'organisation corporelle, en utilisant comme exemple un organisme amplement étudié, *Drosophila melanogaster*.

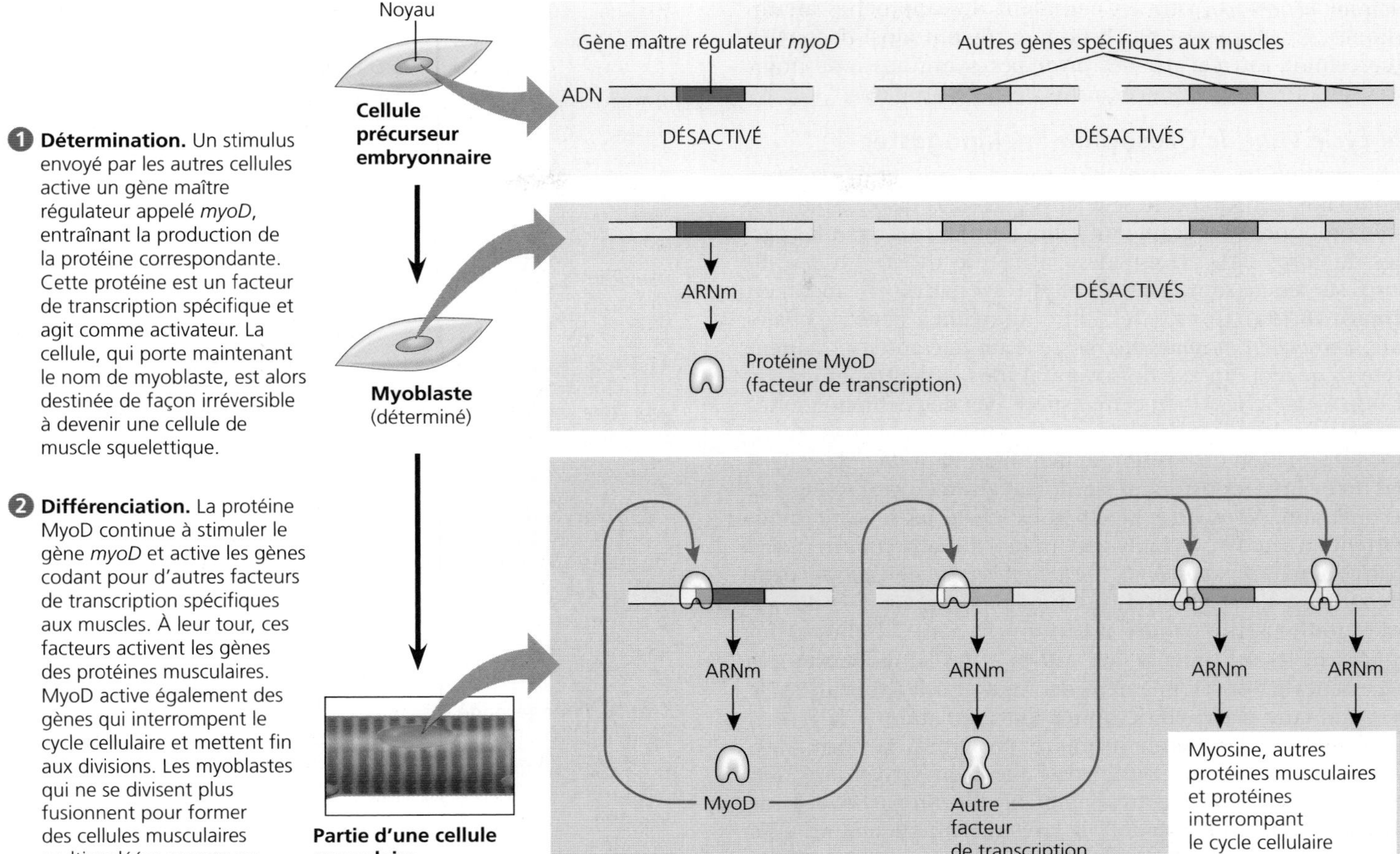

1 Détermination. Un stimulus envoyé par les autres cellules active un gène maître régulateur appelé *myoD*, entraînant la production de la protéine correspondante. Cette protéine est un facteur de transcription spécifique et agit comme activateur. La cellule, qui porte maintenant le nom de myoblaste, est alors destinée de façon irréversible à devenir une cellule de muscle squelettique.

2 Différenciation. La protéine MyoD continue à stimuler le gène *myoD* et active les gènes codant pour d'autres facteurs de transcription spécifiques aux muscles. À leur tour, ces facteurs activent les gènes des protéines musculaires. MyoD active également des gènes qui interrompent le cycle cellulaire et mettent fin aux divisions. Les myoblastes qui ne se divisent plus fusionnent pour former des cellules musculaires multinucléées parvenues à maturité, qu'on nomme également fibres musculaires.

▲ **Figure 18.18 La détermination et la différenciation des cellules musculaires.** Les cellules des muscles squelettiques se forment à partir de cellules embryonnaires à la suite de modifications dans l'expression génique. (Dans cette représentation, le processus d'activation génique est grandement simplifié.)

ET SI ? *Qu'arriverait-il si une mutation dans le gène* myoD *produisait une protéine MyoD incapable d'activer le gène* myoD *?*

Les plans d'organisation : l'établissement du plan d'organisation corporelle

Les déterminants cytoplasmiques et les stimulus d'induction contribuent au développement d'une organisation spatiale dans laquelle les tissus et les organes occupent un emplacement caractéristique. Ce processus est appelé **plan d'organisation**.

Chez les espèces animales, les plans d'organisation apparaissent au stade du jeune embryon lorsque les axes principaux de l'organisme animal sont définis. Avant la construction d'un nouvel édifice, on détermine la position de la façade, de l'arrière et des côtés. De la même façon, la position relative de la tête et de la queue, des côtés gauche et droit, de même que de l'avant et de l'arrière, est fixée avant même que les organes et les tissus d'un animal à symétrie bilatérale soient formés, ce qui détermine les trois axes principaux de l'organisme. Les indices moléculaires déterminant les plans d'organisation et groupés sous le nom générique d'**information de positionnement** sont fournis par les déterminants cytoplasmiques et les stimulus d'induction (voir la figure 18.17). Ces indices indiquent à la cellule son emplacement par rapport aux axes de l'organisme et aux cellules voisines. Ce sont eux qui conditionnent la réponse de chaque cellule et de ses cellules filles aux stimulus moléculaires ultérieurs.

Pendant la première moitié du 20e siècle, des biologistes ont effectué des observations anatomiques détaillées du développement embryonnaire de plusieurs espèces. Ils ont également manipulé des tissus embryonnaires au cours d'expériences. Leurs recherches ont permis de jeter les bases de l'étude des mécanismes du développement embryonnaire. Cependant, elles n'ont pas permis d'identifier les molécules guidant le développement ou établissant les plans d'organisation.

Puis, en 1940, les scientifiques ont commencé à analyser le développement de *Drosophila melanogaster* en suivant une approche génétique, par l'examen des mutants. Les méthodes de recherche employées en génétique ont donné des résultats impressionnants. On a montré que les gènes commandent le développement et on a élucidé les rôles clés joués par des molécules spécifiques dans le positionnement et la différenciation. Les chercheurs ont compris le développement de

Drosophila melanogaster en cumulant des approches anatomiques, génétiques et biochimiques. Ils ont ainsi découvert que celui-ci est régi par des principes communs à de nombreuses autres espèces, y compris l'espèce humaine.

Le cycle vital de Drosophila melanogaster

Les drosophiles et autres Arthropodes ont une structure modulaire, constituée de segments corporels disposés en une série ordonnée. Ces segments délimitent les trois grandes parties du corps des Arthropodes : la tête, le thorax (milieu du corps sur lequel sont fixées les ailes et les pattes) et l'abdomen (**figure 18.19a**). Comme les autres Animaux à symétrie bilatérale, *Drosophila melanogaster* possède un axe antéropostérieur (tête → queue), un axe dorsoventral (dos → ventre) et un axe droite → gauche. Chez cette espèce, les déterminants cytoplasmiques localisés dans l'ovocyte non fécondé constituent une information de positionnement marquant l'emplacement des axes antéropostérieur et dorsoventral avant même la fécondation. Nous nous pencherons ici sur les molécules qui entrent en jeu dans l'établissement de l'axe antéropostérieur.

L'ovocyte de *Drosophila melanogaster* se développe dans l'ovaire, où il est entouré de cellules nourricières et de cellules folliculaires (**figure 18.19b**, en haut). Celles-ci lui apportent les nutriments, des ARNm et les autres substances nécessaires au développement de l'œuf et à la fabrication de la membrane périvitelline. Après la fécondation et la ponte, le développement embryonnaire provoque la formation d'une larve segmentée, qui passe par trois stades larvaires. Puis, dans un processus très semblable à celui par lequel une chenille devient un papillon, la larve de la mouche forme un cocon dans lequel elle se métamorphose en mouche adulte comme l'illustre la figure 18.19a.

L'analyse génétique du début du développement : recherche scientifique

Un biologiste visionnaire, l'Américain Edward B. Lewis, a montré, dans les années 1940, la valeur d'une approche génétique pour étudier le développement embryonnaire chez *Drosophila melanogaster*. Lewis a étudié des mutants étranges présentant des anomalies de développement, notamment des ailes ou des pattes excédentaires (**figure 18.20**). Il a repéré les mutations correspondantes sur la carte génétique de l'animal et a ainsi établi des liens entre des anomalies du développement et des gènes spécifiques. Pour la première fois, ces recherches ont prouvé concrètement que des gènes guident les mécanismes du développement étudiés par les embryologistes. Les gènes découverts par Lewis, appelés **gènes homéotiques**, commandent le plan d'organisation de l'embryon à un stade avancé, de la larve et de l'adulte.

Il a fallu attendre une trentaine d'années et les travaux de Christiane Nüsslein-Volhard et Eric Wieschaus pour mieux comprendre les plans d'organisation *au début* du développement. Ces deux chercheurs allemands ont entrepris d'identifier l'*ensemble* des gènes déterminant les plans d'organisation chez *Drosophila melanogaster*. Leur projet était monumental pour trois raisons. Premièrement, cette espèce compte environ 13 700 gènes. Ceux qui dirigent la segmentation pouvaient donc représenter quelques aiguilles à chercher dans une botte de foin, ou encore être si nombreux et variés qu'il serait impossible de les comprendre. Deuxièmement, les mutations

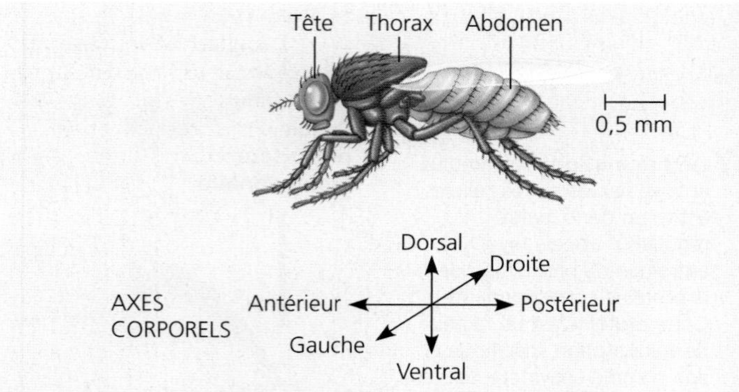

(a) Adulte. La drosophile adulte est segmentée, et de multiples segments constituent chacune des trois principales parties du corps (tête, thorax et abdomen). Les flèches indiquent les axes corporels.

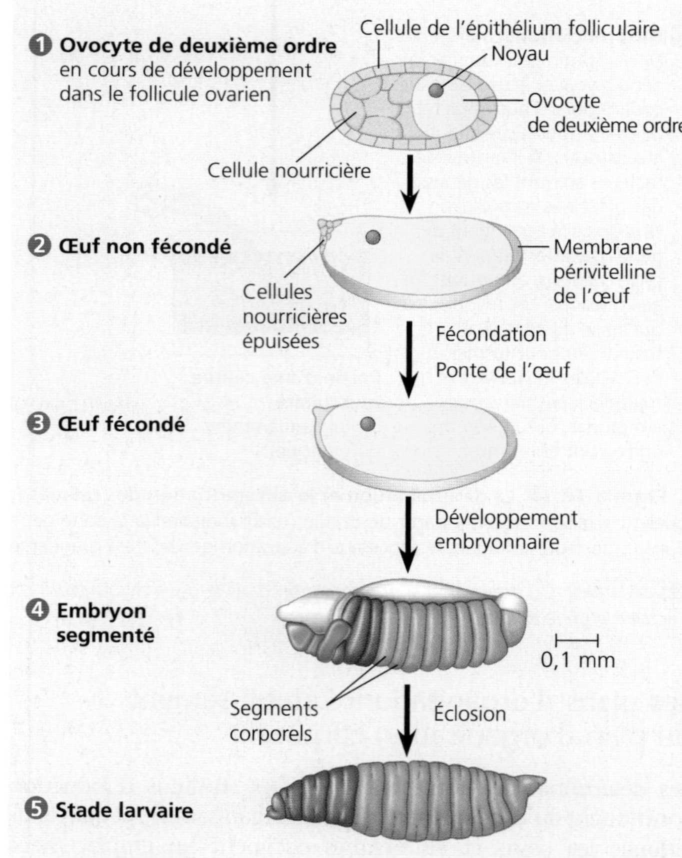

(b) Développement d'une larve à partir d'un ovocyte de deuxième ordre. ❶ L'ovocyte de deuxième ordre (en jaune) est entouré de cellules formant l'épithélium folliculaire. Les follicules se trouvent dans les ovaires. ❷ Les cellules nourricières rapetissent à mesure qu'elles fournissent les nutriments et les ARNm à l'ovocyte de deuxième ordre qui se développe. Ce dernier finit par remplir l'espace délimité par la membrane périvitelline de l'œuf. Cette dernière est sécrétée par les cellules de l'épithélium folliculaire. ❸ L'œuf est fécondé dans l'organisme maternel, puis pondu. ❹ Le développement embryonnaire forme ❺ une larve qui passe par trois stades. Le troisième stade forme un cocon (non illustré) dans lequel la larve se métamorphose en une drosophile adulte illustrée en (a).

▲ **Figure 18.19 Les étapes principales du cycle de développement de *Drosophila melanogaster*.**

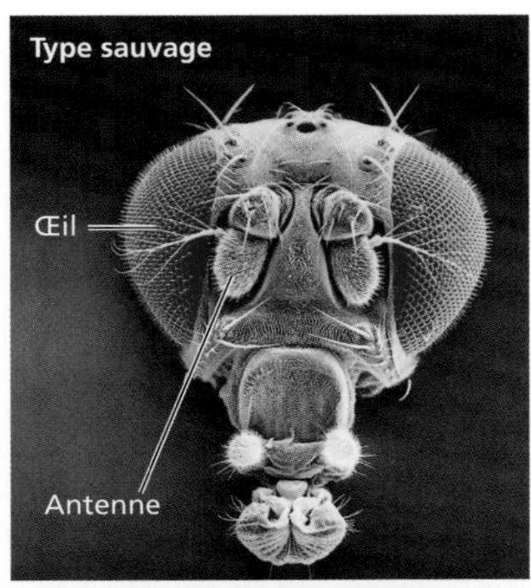

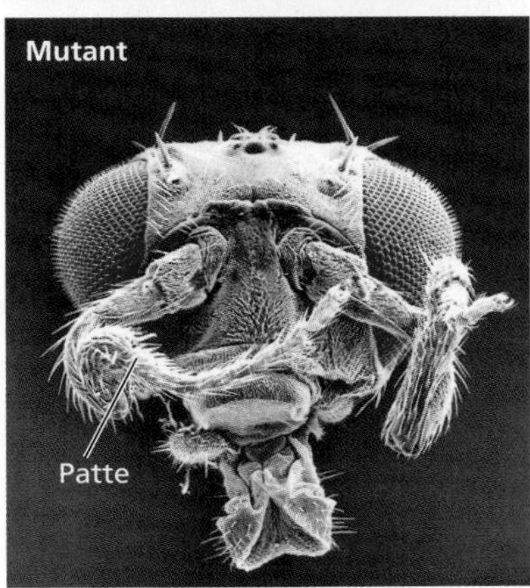

◄ **Figure 18.20 Des plans d'organisation anormaux chez *Drosophila melanogaster*.** Les mutations de certains gènes de régulation, appelés gènes homéotiques, provoquent l'apparition de structures à des endroits inhabituels chez l'animal. Ces micrographies électroniques à balayage montrent la tête d'une drosophile de type sauvage portant une paire de courtes antennes et celle d'un individu dont un gène homéotique a subi une mutation (dans un seul gène), qui a entraîné l'apparition d'une paire de pattes au lieu des courtes antennes.

affectant un processus aussi fondamental que la segmentation devaient être **létales au stade embryonnaire**, c'est-à-dire produire des phénotypes conduisant à la mort des embryons ou des larves. Étant donné que de tels organismes ne se reproduisent jamais, il serait impossible de les étudier génétiquement. Les chercheurs ont réglé ce problème en orientant leur recherche vers les mutations récessives transmissibles par des individus hétérozygotes qui agissent comme porteurs génétiques. Troisièmement, on sait que les déterminants cytoplasmiques présents dans l'ovocyte jouent un rôle dans la détermination des axes; il fallait donc étudier les gènes de la mère en plus de ceux de l'embryon. Nous allons poursuivre l'étude des gènes de la mère alors que nous examinerons plus précisément la façon dont l'axe corporel antéropostérieur est établi dans l'ovocyte en cours de développement.

Nüsslein-Volhard et Wieschaus ont commencé leurs recherches sur les gènes de segmentation en exposant les drosophiles à une substance chimique mutagène afin de provoquer la mutation de leurs gamètes. Ils accouplaient les drosophiles mutagénisées puis ils recherchaient parmi leurs descendants les embryons morts (ou les larves) portant une segmentation anormale ou d'autres anomalies. Par exemple, pour trouver des gènes qui pouvaient fixer l'axe antéropostérieur, ils cherchaient des embryons ou des larves avec des extrémités anormales telles que deux têtes ou deux queues, prédisant que de telles anomalies seraient le résultat de mutations dans les gènes maternels ayant pour fonction d'établir correctement la position de la tête ou de la queue des descendants.

Par cette approche, Nüsslein-Volhard et Wieschaus ont réussi à isoler environ 1 200 gènes nécessaires au plan d'organisation pendant le développement embryonnaire. Parmi ceux-ci, 120 sont essentiels à une segmentation normale. Au bout de plusieurs années, les deux chercheurs ont été en mesure de grouper ces gènes de segmentation selon leurs fonctions générales, de les cartographier et d'en cloner un grand nombre afin de continuer leur étude en laboratoire. Grâce à leurs études, on connaît maintenant en détail les aspects moléculaires des premières étapes des plans d'organisation de *Drosophila melanogaster*.

Leurs travaux ainsi que ceux de Lewis ont permis de tracer une image cohérente du développement embryonnaire de *Drosophila melanogaster*. Cela a valu aux trois chercheurs un prix Nobel en 1995.

Poursuivons notre étude des gènes que Nüsslein-Volhard, Wieschaus et leurs collaborateurs ont trouvés pour les déterminants cytoplasmiques déposés dans l'ovocyte par l'organisme maternel. Ces gènes fixent le plan initial de l'embryon en commandant l'expression génique dans de larges régions du jeune embryon.

La fixation de l'orientation des axes

Comme nous l'avons déjà vu, les déterminants cytoplasmiques dans l'ovocyte sont les substances conduisant, au début, à la mise en place des axes corporels de *Drosophila melanogaster*. Ces substances sont codées par des gènes maternels nommés, avec à-propos, **gènes à effet maternel**. Dans le cas d'une mutation récessive, lorsqu'ils sont présents chez la mère à l'état homozygote, ces gènes produisent un phénotype mutant chez tous les descendants, et ce, quel que soit leur génotype (et celui du père); ces gènes particuliers se distinguent donc des autres gènes (gènes à effet zygotique) par leur comportement. En ce qui a trait au développement de la drosophile, les protéines ou l'ARNm produits par les gènes à effet maternel sont introduits dans l'ovocyte pendant qu'il se trouve encore dans l'ovaire. Si l'un de ces gènes est mutant chez la mère, son produit est défectueux (ou inexistant). Les ovocytes sont anormaux et ne se développent pas adéquatement après avoir été fécondés.

Comme ils commandent l'orientation (polarité) de l'œuf et, par conséquent, celle de l'embryon, les gènes à effet maternel sont aussi appelés **gènes de polarité de l'œuf**. Un groupe de gènes de ce type détermine l'orientation de l'axe antéropostérieur de l'embryon, et un autre groupe établit l'axe dorsoventral. Généralement, les mutations de ces gènes sont, à l'instar des mutations des gènes de la segmentation, létales au stade embryonnaire.

Le gène *bicoïd*: un morphogène déterminant les structures de la tête Afin d'illustrer comment les gènes à effet maternel déterminent l'orientation des axes de l'organisme en train de se former, prenons un de ces gènes, le gène ***bicoïd*** (mot anglais signifiant «à deux queues»), et voyons comment il agit. Lorsque la mère porte deux allèles mutants de ce gène, la moitié antérieure de l'embryon manque, et celui-ci possède des structures postérieures à ses deux extrémités (**figure 18.21**). Ce phénotype a permis à Nüsslein-Volhard et à ses collègues d'émettre l'hypothèse selon laquelle le produit du gène *bicoïd* de la mère est essentiel à l'établissement de l'extrémité antérieure de l'embryon et qu'il est concentré là où doit se trouver cette extrémité. C'est un exemple particulier de l'*hypothèse des gradients de morphogènes* formulée par les embryologistes il y a un siècle, et affirmant que ce sont les gradients de substances appelées **morphogènes** qui fixent l'orientation des axes de l'embryon et d'autres caractéristiques de sa forme.

Grâce à la biotechnologie et à des techniques biochimiques récentes, les chercheurs ont pu confirmer l'hypothèse selon laquelle le produit du gène *bicoïd,* une protéine appelée Bicoïd, est en fait un morphogène déterminant la position de l'extrémité antérieure de la drosophile. La première question qu'ils ont posée a été de savoir si l'ARNm et les protéines produites par ces gènes étaient situés dans l'ovocyte dans une position conforme à l'hypothèse.

Effectivement, l'ARNm *bicoïd* est fortement concentré à l'extrémité antérieure de l'ovocyte mature (**figure 18.22**). Après la fécondation, l'ARNm est traduit en une protéine Bicoïd; cette dernière diffuse de l'extrémité antérieure vers l'extrémité postérieure en créant un gradient de concentration à l'intérieur du jeune embryon, la concentration la plus élevée se situant à la partie antérieure. Ces résultats sont conformes à l'hypothèse voulant que c'est la protéine Bicoïd qui détermine la position de l'extrémité antérieure de la drosophile. Pour valider cette hypothèse de façon plus précise, les chercheurs ont injecté de l'ARNm *bicoïd* pur dans diverses parties de jeunes embryons dépourvus du gène *bicoïd* (par suite de son absence chez la mère). Comme attendu, la protéine issue de sa traduction a provoqué la formation de structures antérieures sur les sites d'injection.

La recherche effectuée sur le gène *bicoïd* est révolutionnaire pour plusieurs raisons. Premièrement, elle a mené à l'identification d'une protéine spécifique nécessaire au bon déroulement de certaines des premières étapes des plans d'organisation. Elle a donc aidé à comprendre comment différentes régions dans l'ovocyte peuvent donner naissance à des cellules qui empruntent différentes voies de développement. Deuxièmement, elle a permis d'élucider en partie le rôle maternel essentiel dans les étapes initiales du développement de l'embryon. Troisièmement, on a démontré qu'un gradient de morphogènes peut déterminer la polarité de l'ovocyte et la position des extrémités chez un grand nombre d'espèces, comme les premiers embryologistes l'avaient pensé.

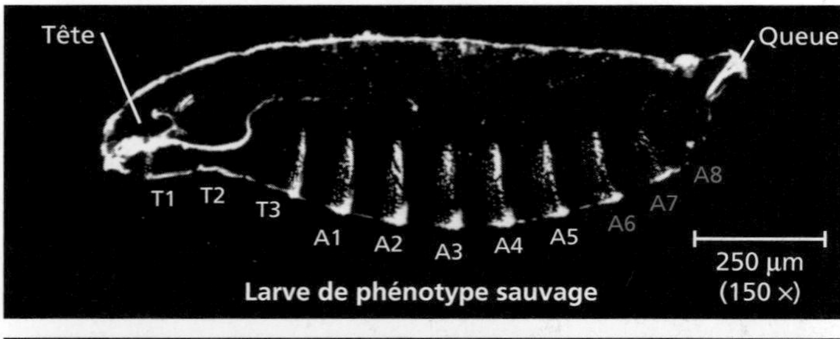

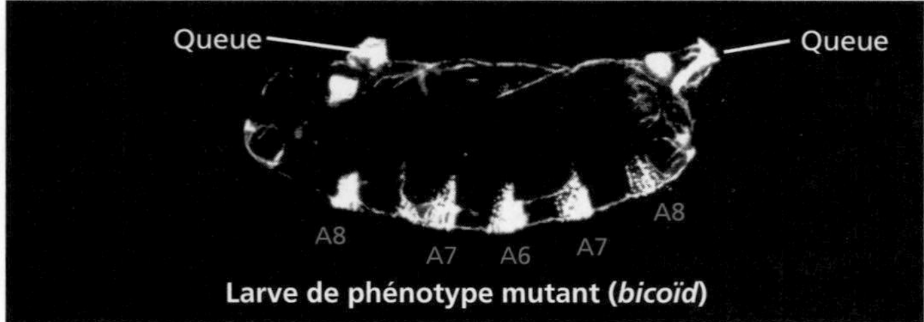

▲ **Figure 18.21 L'effet du gène *bicoïd* sur le développement de *Drosophila melanogaster*.** Une larve de drosophile de type sauvage a une tête, trois segments thoraciques (T), huit segments abdominaux (A) et une queue. Une larve dont la mère a deux allèles de phénotype mutant du gène *bicoïd* a deux queues et il lui manque les structures de l'extrémité antérieure (MP).

▼ **Figure 18.22** INVESTIGATION

Bicoïd est-il un morphogène qui détermine l'extrémité antérieure de la drosophile?

EXPÉRIENCE En suivant une approche génétique pour étudier *Drosophila melanogaster*, Christiane Nüsslein-Volhard et ses collègues du Laboratoire européen de biologie moléculaire à Heidelberg, en Allemagne, ont analysé l'expression du gène *bicoïd*. Les chercheurs ont émis l'hypothèse selon laquelle le gène *bicoïd* code normalement pour un morphogène qui spécifie l'extrémité antérieure (tête) de l'embryon. Pour confirmer cette hypothèse, ils ont utilisé des techniques d'analyse moléculaire pour localiser l'ARNm et la protéine codée par ce gène dans l'œuf fécondé et le jeune embryon des drosophiles de phénotype sauvage.

RÉSULTATS L'ARNm *bicoïd* (en bleu foncé) est confiné à l'extrémité antérieure de l'ovocyte de deuxième ordre. Plus tard dans le développement, les cellules à l'extrémité antérieure de l'embryon contiennent une concentration élevée de la protéine Bicoïd (en orangé foncé).

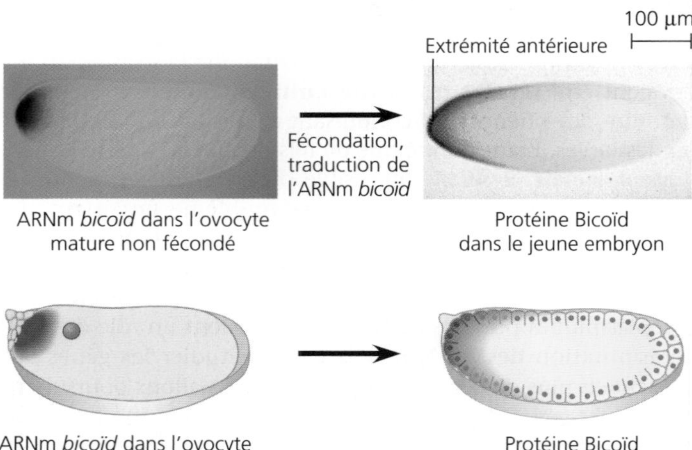

CONCLUSION La localisation de l'ARNm *bicoïd* et le gradient diffus de la protéine Bicoïd observés plus tard confirment l'hypothèse selon laquelle la protéine Bicoïd est un morphogène qui code pour la formation des structures spécifiques à la tête.

SOURCES C. Nüsslein-Volhard *et al.*, Determination of anteroposterior polarity in *Drosophila*, *Science* 238:1675-1681 (1987); W. Driever et C. Nüsslein-Volhard, A gradient of *bicoid* protein in *Drosophila* embryos, *Cell* 54: 83-93 (1988); T. Berleth *et al.*, The role of localization of *bicoid* RNA in organizing the anterior pattern of the *Drosophila* embryo, *EMBO Journal* 7:1749-1756 (1988).

ET SI? *Supposez que l'hypothèse formulée ci-dessus est valable. Qu'arriverait-il si vous injectiez de l'ARNm* bicoïd *dans l'extrémité antérieure d'un ovocyte de deuxième ordre provenant d'une femelle ayant subi une mutation rendant inefficace le gène* bicoïd*?*

Les ARNm maternels sont essentiels au cours du développement de nombreuses espèces. Chez *Drosophila melanogaster*, des gradients de concentration de protéines codées par des ARN maternels commandent la position des extrémités postérieure et antérieure ainsi que l'orientation de l'axe dorsoventral. Au fur et à mesure que l'embryon croît, il atteint un point où le programme embryonnaire de l'expression génique prend la commande, et les ARNm maternels doivent être détruits. (Ce processus fait intervenir des miARN chez *Drosophila melanogaster* et d'autres espèces.) Plus tard, les gènes de l'embryon fournissent l'information de positionnement qui détermine un nombre spécifique de segments correctement orientés et déclenche la formation des structures propres à chaque segment avec une précision croissante. Lorsque les gènes mis en marche à cette étape finale sont anormaux, les plans d'organisation de l'adulte sont anormaux, comme vous l'avez vu à la figure 18.20.

Dans la présente section, nous avons vu comment un programme de régulation génique séquentielle orchestré avec soin commande la transformation d'un œuf fécondé en un organisme multicellulaire. L'activation des gènes pour la différenciation à l'endroit approprié et la désactivation d'autres gènes suivent un programme soigneusement équilibré. Même quand un organisme est entièrement développé, l'expression génique est régulée d'une manière aussi précise. Dans la dernière section du chapitre, nous étudierons à quel point cette précision est grande en examinant comment l'apparition du cancer peut résulter de modifications spécifiques dans l'expression d'un ou de quelques gènes.

RETOUR SUR LE CONCEPT 18.4

1. Comme vous l'avez appris au chapitre 12, la mitose donne naissance à deux cellules filles qui sont génétiquement identiques à la cellule mère. Pourtant, les humains ne sont pas constitués de cellules identiques bien qu'ils soient le produit de nombreuses divisions mitotiques. Expliquez pourquoi.
2. FAITES DES LIENS Expliquez comment les stimulus moléculaires libérés par une cellule embryonnaire peuvent induire des modifications dans une cellule voisine sans y pénétrer. (Voir les figures 11.15, p. 247, et 11.16, p. 248.)
3. Pourquoi les gènes à effet maternel de *Drosophila melanogaster* sont-ils également appelés *gènes de polarité de l'œuf*?
4. ET SI? Dans la partie agrandie de la figure 18.17b, la cellule située en bas synthétise des stimulus moléculaires, alors que la cellule du haut exprime des récepteurs pour ces molécules. En termes de régulation génique, expliquez comment ces cellules en sont venues à synthétiser des molécules différentes.

Voir les réponses proposées à la fin du chapitre.

CONCEPT 18.5

Le cancer est la conséquence de modifications génétiques qui altèrent la régulation du cycle cellulaire

Au chapitre 12, vous avez vu que le terme *cancer* fait référence à un ensemble de maladies dans lesquelles les cellules échappent aux mécanismes de régulation limitant normalement leur croissance. Maintenant que vous connaissez les fondements moléculaires de l'expression génique et de sa régulation, vous êtes prêt à étudier le cancer plus en détail. Les systèmes de régulation du gène qui tombent en panne pendant un cancer sont les mêmes qui jouent des rôles importants dans le développement de l'embryon, la réponse immunitaire et une foule d'autres processus biologiques. Par conséquent, les recherches portant sur les fondements moléculaires du cancer ont tiré profit de nombreux autres domaines de la biologie et les ont documentés.

Les types de gènes associés au cancer

En temps normal, les gènes régulateurs de la croissance et de la division de la cellule (le cycle cellulaire) comprennent les gènes associés aux facteurs de croissance, leurs récepteurs et les molécules intracellulaires des voies de communication cellulaire. (Pour réviser le cycle cellulaire, reportez-vous au chapitre 12.) Les mutations qui altèrent ces gènes dans les cellules somatiques peuvent mener au cancer. C'est le cas, notamment, des mutations aléatoires spontanées. Il est aussi probable que de nombreuses mutations causant le cancer sont attribuables à des facteurs environnementaux, tels que les produits chimiques cancérogènes, les rayons X et autres rayonnements à grande énergie, et certains Virus.

Les recherches sur le cancer ont mené à la découverte de gènes cancérogènes, les **oncogènes** (du grec *onkos*, « grosseur », « tumeur »), chez certains types de rétrovirus (voir le chapitre 19). Plus tard, on a trouvé des parents proches de ces oncogènes viraux dans le génome des humains et des autres Animaux. Les versions normales des gènes cellulaires, appelés **proto-oncogènes**, codent pour des protéines stimulant une croissance et une division normales de la cellule.

Comment un proto-oncogène (un gène qui a une fonction essentielle dans la cellule normale) peut-il devenir un oncogène, c'est-à-dire un gène provoquant le cancer? D'une manière générale, un oncogène apparaît sous l'effet d'une modification génétique menant à l'accroissement de la quantité de protéines codées par le proto-oncogène ou de l'activité intrinsèque de chaque protéine. Il existe trois modes principaux de transformation d'un proto-oncogène en oncogène: le déplacement d'ADN dans le génome, l'amplification d'un proto-oncogène et la mutation ponctuelle d'un élément de contrôle ou du proto-oncogène lui-même (**figure 18.23**).

En ce qui a trait au premier mode, on constate souvent que les cellules cancéreuses ont subi des translocations: certains de leurs chromosomes se sont brisés et reconstitués de façon erronée, entraînant le transfert des fragments des chromosomes cassés sur d'autres chromosomes (voir la figure 15.14, p. 343, et l'exemple du chromosome de Philadelphie à la figure 15.16, p. 345). Maintenant que vous avez appris comment l'expression génique est régulée, vous pouvez comprendre les conséquences possibles de ces translocations. Si un proto-oncogène qui a subi une translocation se retrouve dans une position adjacente à un promoteur (ou à un autre élément de contrôle) particulièrement actif, il augmente sa vitesse de transcription, ce qui en fait un oncogène. Le deuxième mode de transformation génétique, l'amplification génique, mène à l'accroissement du nombre de copies du proto-oncogène dans la cellule par duplication répétée du gène (sujet abordé au chapitre 21). Le troisième mode est la mutation ponctuelle soit dans le promoteur ou dans un amplificateur qui contrôle un proto-oncogène, ce qui cause une augmentation de son expression, soit dans la séquence codante, ce qui implique la transformation de la protéine produite par le gène en une substance plus active ou plus résistante à la dégradation. Ces trois mécanismes risquent de provoquer une stimulation anormale du cycle cellulaire et de prédisposer la cellule en question à devenir cancéreuse.

Les gènes suppresseurs de tumeurs

Les cellules ne contiennent pas uniquement les gènes dont les produits favorisent normalement la division cellulaire. Elles contiennent aussi des gènes dont les produits normaux *inhibent* la division cellulaire. Ces gènes sont appelés **gènes suppresseurs de tumeurs**, parce que les protéines pour lesquelles ils codent contribuent à empêcher une croissance cellulaire anarchique. Toute mutation entraînant la diminution de l'activité normale d'une protéine de suppression des tumeurs risque de déclencher un cancer, du fait que la croissance cellulaire est stimulée par l'absence de contrôle.

Les protéines produites par les gènes suppresseurs de tumeurs ont diverses fonctions. Certaines servent à réparer l'ADN endommagé, une fonction qui empêche la cellule d'accumuler des mutations cancérogènes. D'autres régulent la liaison des cellules entre elles ou leur fixation à une matrice extracellulaire. (L'ancrage cellulaire joue un rôle crucial dans la plupart des tissus et il est souvent absent dans les cancers.) D'autres enfin interviennent dans les voies de transduction des stimulus inhibant le cycle cellulaire.

Le dérèglement du fonctionnement des voies normales de transduction des stimulus cellulaires

Les protéines codées par de nombreux proto-oncogènes et les gènes de suppression des tumeurs sont des composantes des voies de transduction des stimulus cellulaires. Regardons plus en détail le mode de fonctionnement de ces protéines dans les cellules normales et examinons ce qui leur fait défaut dans les cellules cancéreuses. Considérons plus précisément deux gènes clés, le proto-oncogène *Ras* et le gène suppresseur de tumeurs *p53*. Les mutations de *Ras* surviennent dans environ 30 % des cas de cancers humains; celles de *p53* dans plus de 50 %.

Ras est une protéine G, codée par le **gène *Ras*** (en anglais, *rat sarcoma*, un cancer du tissu conjonctif), qui transmet un stimulus d'un récepteur de facteurs de croissance situé sur la membrane plasmique à une cascade de protéines kinases (voir la figure 11.7, p. 239). La réponse cellulaire déclenchée par cette voie est la synthèse d'une protéine stimulant le cycle cellulaire (**figure 18.24a**). Normalement, une voie de cette nature ne peut être mise en marche que par le facteur de croissance approprié. Cependant, certaines mutations dans le gène *Ras* mènent à la production d'une protéine Ras hyperactive qui déclenche la cascade de kinases même en l'absence de tout facteur de croissance; il en résulte une augmentation du rythme de la division cellulaire. En fait, que la cellule comporte des protéines devenues hyperactives ou des quantités excessives de n'importe quelle composante de cette voie, le résultat est le même: les divisions cellulaires se produisent à un rythme accéléré.

La **figure 18.24b** illustre une voie dans laquelle le stimulus mène à la synthèse d'une protéine stoppant le cycle cellulaire. Dans ce cas, le stimulus est le dommage causé à l'ADN de la cellule, peut-être à la suite d'une exposition au rayonnement ultraviolet. La mise en marche de cette voie bloque le cycle

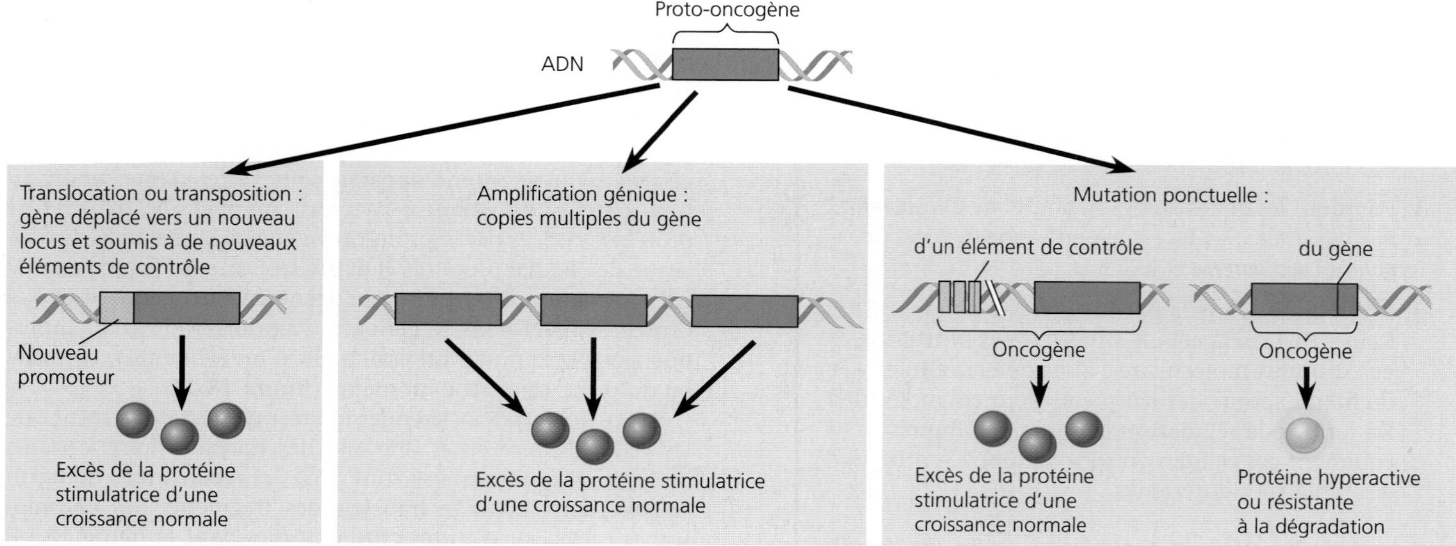

▲ **Figure 18.23 Les modifications génétiques pouvant transformer un proto-oncogène en oncogène.**

(a) Voie d'activation du cycle cellulaire. Cette voie est déclenchée par un facteur de croissance ❶ qui se lie à son récepteur dans la membrane plasmique ❷. Le stimulus est transmis à une protéine G appelée Ras ❸. Comme toutes les protéines G, la protéine Ras est active lorsqu'elle est liée à une molécule de GTP. Ras transmet l'information à une série de protéines kinases ❹. La dernière kinase active un facteur de transcription ❺, qui agit à son tour sur un ou plusieurs gènes codant pour des protéines. Celles-ci stimulent le cycle cellulaire. Si Ras (ou toute autre composante de la voie) devient anormalement active après une mutation, une division cellulaire excessive risque de survenir et entraîner la formation d'une tumeur.

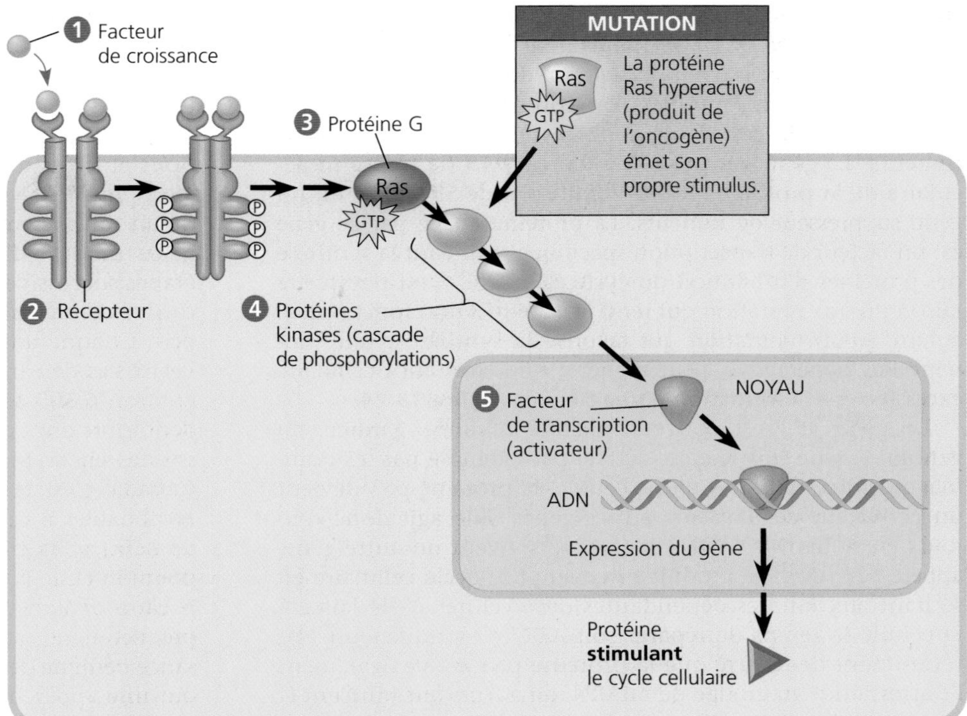

(b) Voie d'inhibition du cycle cellulaire. Dans cette voie, un dommage causé à l'ADN est un stimulus intracellulaire ❶ qui passe par l'intermédiaire de protéines kinases ❷ et mène à l'activation de p53 ❸. La protéine p53 activée facilite la transcription du gène pour une protéine qui inhibe le cycle cellulaire. La suppression de la division cellulaire qui en résulte empêche l'ADN endommagé de se répliquer. Si le dommage causé à l'ADN est irréparable, le stimulus de p53 enclenche la destruction cellulaire par apoptose. Les mutations aboutissant à l'anomalie d'une des composantes de cette voie peuvent mener au cancer.

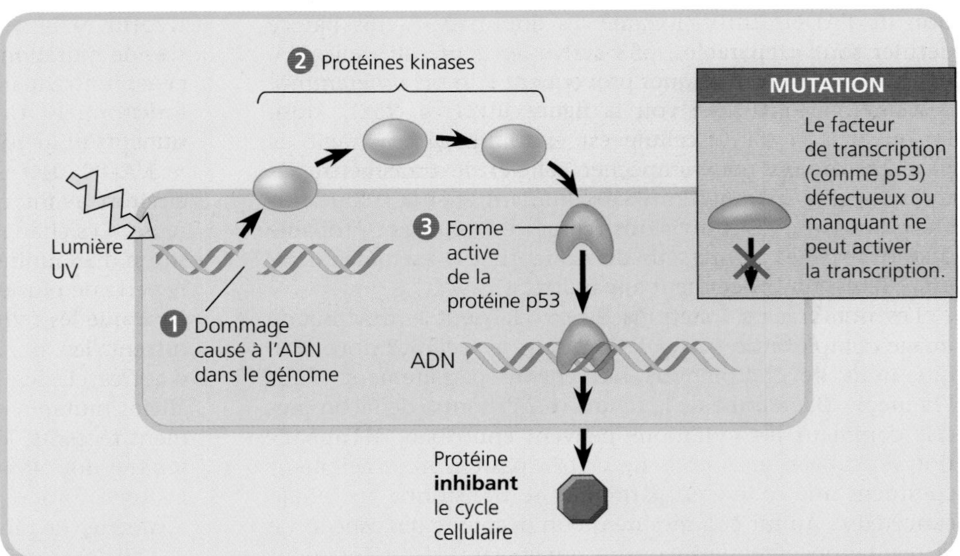

(c) Effets des mutations. Si le cycle cellulaire subit une stimulation excessive (comme en a), ou s'il n'est pas inhibé alors qu'il devrait l'être (comme en b), le résultat est le même : les divisions cellulaires se produisent à un rythme accéléré, ce qui risque de mener au cancer.

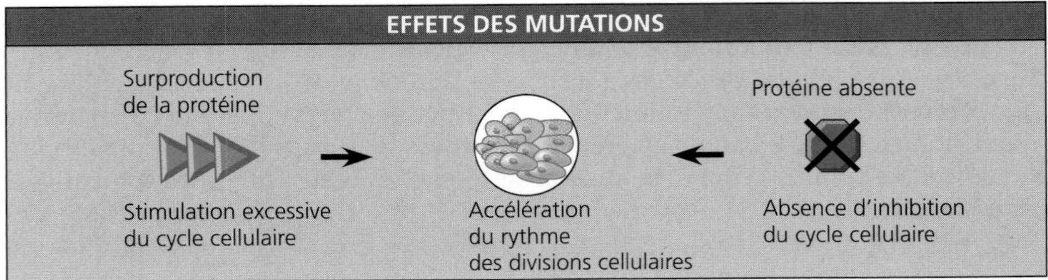

▲ **Figure 18.24 Les voies régulatrices de la transcription lors de la division cellulaire.** Le cycle cellulaire est contrôlé par des voies d'activation aussi bien que par des voies d'inhibition. Ces voies agissent souvent à l'étape de la transcription. Les anomalies qui les touchent peuvent entraîner l'apparition d'un cancer par suite des mutations apparues spontanément ou sous l'influence de certains facteurs environnementaux.

? *En examinant la voie représentée en (b), expliquez si une mutation causant le cancer dans un gène suppresseur de tumeurs, comme p53, est plus susceptible d'être une mutation récessive ou dominante.*

cellulaire jusqu'à ce que l'ADN endommagé soit réparé. Autrement, les dommages pourraient contribuer à la formation de tumeurs en provoquant des mutations ou des anomalies chromosomiques. Par conséquent, les gènes des composantes de cette voie sont des gènes suppresseurs de tumeurs. Le gène qui porte le nom de ***p53*** (la masse moléculaire de la protéine qu'il produit étant de 53 000 u) est un gène suppresseur de tumeurs. La protéine codée par ce gène est un facteur de transcription spécifique stimulant la synthèse des protéines d'inhibition du cycle cellulaire. C'est pour cette raison qu'une mutation qui rend le gène *p53* non fonctionnel, autant qu'une mutation qui favorise la synthèse d'une protéine Ras hyperactive, peut mener à une croissance cellulaire excessive et à la formation d'une tumeur (**figure 18.24c**).

Le gène *p53* est souvent qualifié d'« ange gardien du génome ». Une fois le gène activé, par exemple par les dommages infligés à l'ADN d'une cellule, la protéine p53 devient un activateur de plusieurs autres gènes. Elle agit donc toujours en se liant à l'ADN. Elle active souvent un autre gène, appelé *p21*, dont le produit interrompt le cycle cellulaire en se liant aux kinases dépendantes des cyclines. Cela laisse à la cellule le temps de réparer son ADN. Les chercheurs ont récemment démontré que la protéine p53 active également l'expression d'un groupe de miARN qui à leur tour inhibent le cycle cellulaire. De plus, la protéine p53 peut également activer des gènes qui contribuent directement à la réparation de l'ADN. Enfin, lorsque les dommages subis par ce dernier sont irréparables, p53 active les gènes de « suicide », dont les produits protéiques provoquent la mort programmée de la cellule (*apoptose*; voir la figure 11.21, p. 252). Ainsi, lorsque l'ADN d'une cellule est endommagé, p53 agit de plusieurs façons pour empêcher celle-ci de transmettre les mutations. Si les mutations s'accumulent et si la cellule survit à de nombreuses divisions (ce qui est plus que probable quand le gène suppresseur de tumeurs *p53* est défectueux ou absent), un cancer peut apparaître.

Les nombreuses fonctions de *p53* laissent entrevoir une image complexe de la régulation dans les cellules normales, que nous ne comprenons pas encore parfaitement. Pour l'heure, le diagramme de la figure 18.24 montre de façon précise comment les mutations peuvent contribuer à l'apparition du cancer, mais nous ne savons pas encore exactement comment une cellule en particulier se transforme en cellule cancéreuse. Au fur et à mesure qu'on découvre des aspects de la régulation génique inconnus auparavant, il est instructif d'étudier leur rôle dans l'apparition du cancer. Des études ont montré, par exemple, que la méthylation de l'ADN et les plans de modification des histones diffèrent dans les cellules normales et les cellules cancéreuses et que les miARN participent probablement à l'apparition du cancer. Nous en avons appris beaucoup sur le cancer en étudiant les voies de transduction des stimulus cellulaires, mais il reste encore beaucoup à apprendre.

Le modèle d'apparition du cancer suivant des étapes multiples

L'apparition d'un cancer nécessite l'intervention de plusieurs facteurs de différente nature. Sur le plan strictement génétique, il faut généralement qu'un certain nombre de mutations somatiques se produisent pour que s'enclenchent tous les changements caractéristiques d'une véritable cellule cancéreuse. Cela pourrait expliquer en partie la raison pour laquelle l'incidence du cancer s'accroît beaucoup avec l'âge. Si cette maladie est le résultat d'une accumulation de mutations et si ces dernières apparaissent au cours de l'existence, alors plus nous vivons longtemps, plus nous courons le risque qu'un cancer se manifeste.

Le modèle d'apparition de cette maladie évoluant par étapes successives est corroboré par des études portant sur le cancer colorectal, l'un des cancers humains les mieux compris. Chaque année, on diagnostique environ 17 000 nouveaux cas de cancers de ce type au Canada, et on enregistre environ 6 500 décès dans le même intervalle; en France, on dénombre annuellement 35 000 nouveaux cas et 16 000 personnes en meurent. Selon l'Institut national du cancer du Canada, c'est la deuxième cause la plus fréquente de décès attribuables à cette maladie chez la femme (après le cancer du sein) et la troisième chez l'homme (après le cancer du poumon et de la prostate). À l'instar de la plupart des cancers, le cancer colorectal apparaît graduellement (**figure 18.25**). Le premier signe est souvent un polype, soit une petite excroissance bénigne de l'épithélium du côlon. Les cellules du polype ont une apparence normale, mais elles se divisent à une fréquence inhabituelle. La tumeur grossit et peut finir par devenir maligne et envahir d'autres tissus. L'apparition d'une tumeur maligne s'accompagne d'une accumulation progressive de mutations transformant les proto-oncogènes en oncogènes et rendant les gènes suppresseurs de tumeurs non fonctionnels. Un oncogène *Ras* et un gène suppresseur de tumeurs muté *p53* entrent souvent en jeu.

L'ADN doit subir une demi-douzaine de changements environ avant que la cellule devienne entièrement cancéreuse. Ces changements comprennent habituellement l'apparition d'au moins un oncogène actif ainsi que la mutation ou la perte de plusieurs gènes suppresseurs de tumeurs. En outre, pour que les cellules tumorales deviennent malignes et envahissent les tissus environnants, des gènes appartenant à d'autres classes doivent aussi intervenir. Enfin, comme les allèles mutants des suppresseurs de tumeurs sont habituellement récessifs, les mutations doivent dans la plupart des cas rendre non fonctionnels les *deux allèles* présents dans le génome afin de bloquer la suppression des tumeurs. (En revanche, la plupart des oncogènes se comportent comme des allèles dominants.) L'ordre dans lequel ces changements doivent survenir fait toujours l'objet de recherches, ainsi que l'importance relative des différentes mutations.

Récemment, des progrès techniques dans le séquençage de l'ADN et de l'ARNm ont permis aux chercheurs en médecine de comparer les gènes exprimés par différents types de tumeurs et par le même type chez des individus différents. Ces comparaisons ont mené à des traitements du cancer personnalisés basés sur les caractéristiques moléculaires de la tumeur d'un individu (voir la figure 12.21, p. 276).

La prédisposition héréditaire au cancer et les autres facteurs favorisants

Le fait que plusieurs modifications génétiques doivent se produire avant qu'un cancer apparaisse permet d'expliquer en

▼ **Figure 18.25 Le modèle de l'apparition progressive du cancer colorectal.** Ce cancer, qui touche le côlon, le rectum ou ces deux parties du gros intestin, est l'un des mieux compris. L'apparition d'une tumeur s'accompagne d'une série de modifications génétiques, dont des mutations touchant plusieurs gènes suppresseurs de tumeurs (tels que *p53*) ainsi que le proto-oncogène *Ras*. Les mutations qui touchent des gènes suppresseurs de tumeurs entraînent souvent la perte (délétion) de ces gènes. Le sigle *PAC*, qui figure à l'étape 1, signifie « polypose adénomateuse colique » ; le sigle *DOCC*, qui figure à l'étape 3, signifie « délétion à l'origine du cancer colorectal ». D'autres séquences de mutations peuvent également mener au cancer colorectal.

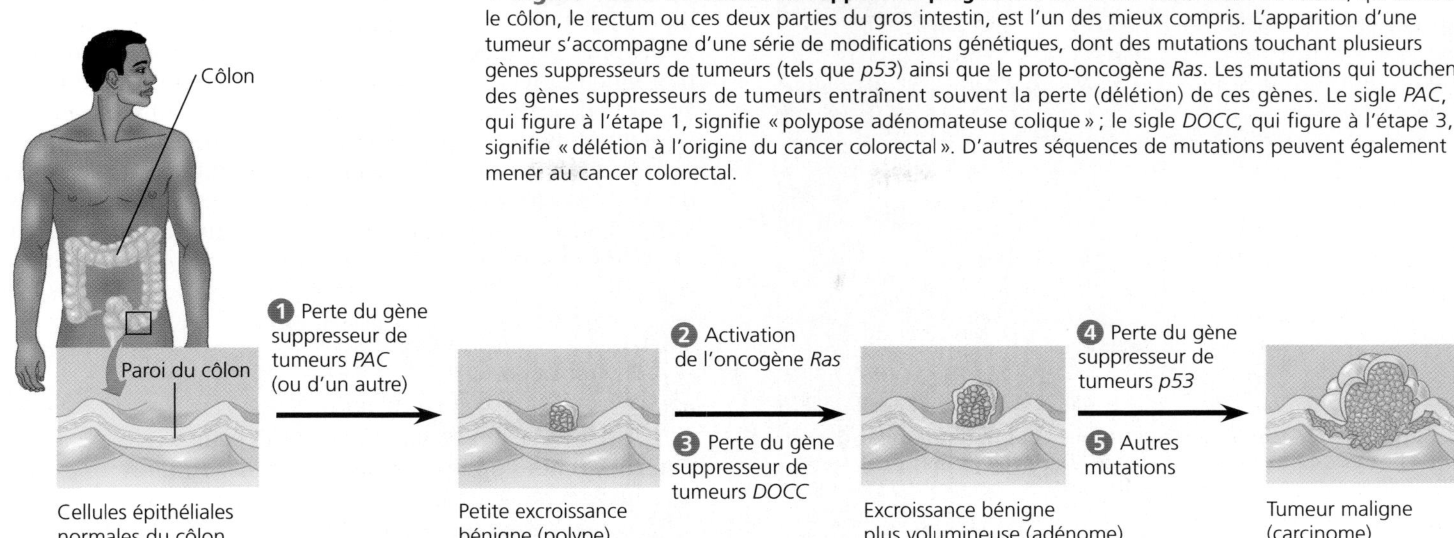

partie l'observation selon laquelle certaines familles sont prédisposées à cette maladie. Les probabilités qu'un individu qui hérite d'un oncogène ou de l'allèle mutant d'un gène suppresseur de tumeurs accumule les mutations nécessaires à l'apparition d'un cancer sont plus grandes que chez celui qui ne présente pas de telles mutations ; le premier a, en quelque sorte, déjà franchi une ou plusieurs étapes du processus.

Les généticiens font actuellement beaucoup d'efforts pour déterminer les allèles héréditaires du cancer ; une détection précoce de ces gènes permettrait de reconnaître plus tôt les personnes prédisposées à certains cancers. Environ 15 % des cancers colorectaux, par exemple, font intervenir des mutations héréditaires. Un grand nombre de ces mutations touchent les gènes de réparation de l'ADN. Beaucoup d'autres affectent un gène suppresseur de tumeurs appelé *polypose adénomateuse colique*, ou *PAC* (voir la figure 18.25). Ce gène exerce des fonctions multiples dans la cellule, notamment la régulation de la migration et de l'adhérence cellulaires. Même chez les sujets sans antécédents familiaux, le gène *PAC* subit une mutation dans 60 % des cancers colorectaux. Chez ces personnes, de nouvelles mutations doivent se produire dans les deux allèles du gène *PAC* avant que sa fonction soit perdue. Étant donné le faible pourcentage (15 %) des cancers colorectaux associés à des mutations héréditaires connues, les chercheurs poursuivent leurs efforts pour repérer des « marqueurs » permettant de prédire le risque d'apparition de ce type de cancer.

Chez les femmes atteintes d'un cancer du sein, on note une forte prédisposition héréditaire chez 5 à 10 % d'entre elles. C'est le premier type de cancer le plus souvent diagnostiqué chez les femmes au Canada. En 2005, on estime qu'il a touché environ 21 600 femmes (et 150 hommes), et qu'environ 5 300 en mourront. En 1990, après 16 années de recherche, la généticienne Mary-Claire King a démontré de façon convaincante que des mutations touchant un gène (*BRCA1*) étaient associées à une susceptibilité au cancer du sein, une découverte qui allait à l'encontre de l'opinion médicale à l'époque. (*BRCA* signifie *BReast CAncer* ou « cancer du sein ».) Dans environ la moitié des cancers héréditaires du sein, on observe des mutations de ce gène ou du gène *BRCA2* apparenté ; de plus, des tests faisant appel au séquençage de l'ADN permettent de détecter ces mutations (**figure 18.26**). La probabilité d'apparition du cancer du sein avant l'âge de 50 ans est de 60 % chez la femme qui a hérité d'un allèle mutant de *BRCA1* ; en comparaison, cette probabilité n'est que de 2 % chez une femme homozygote pour l'allèle normal. Ces deux gènes (*BRCA1* et *BRCA2*) sont considérés comme des suppresseurs de tumeurs, car leurs allèles de type sauvage protègent contre le cancer du sein et leurs allèles mutants sont récessifs. Les protéines BRCA1 et BRCA2 participent toutes les deux à la voie de réparation des dommages causés à l'ADN de la cellule. On en connaît plus sur BRCA2 qui, en association avec une autre protéine, contribue à réparer des dommages touchant les deux brins de l'ADN ; cette action est cruciale au maintien d'un ADN intact dans le noyau de la cellule.

Étant donné que des dommages causés à l'ADN contribuent à l'apparition du cancer, il est logique de penser qu'il est possible de réduire le risque de souffrir d'un cancer en minimisant l'exposition à des agents susceptibles d'endommager l'ADN, comme les rayonnements ultraviolets du soleil et les substances chimiques présentes dans la fumée de cigarette. On a mis au point de nouvelles méthodes de diagnostic précoce et de traitement pour lutter contre certaines formes particulières de cancer. Elles sont fondées sur de nouvelles techniques d'analyse qui pourraient déboucher sur des traitements qui contrecarreraient l'expression génique dans les tumeurs. En définitive, ces approches peuvent diminuer le taux de mortalité due au cancer.

L'étude des gènes associés au cancer dont la prédisposition est héréditaire ou non nous aide à comprendre un peu plus comment la perturbation de la régulation génique normale peut causer cette maladie. En plus des mutations et d'autres modifications génétiques décrites dans cette section, de nombreux *Virus oncogènes* sont capables de provoquer l'apparition d'un cancer chez divers Animaux et chez les êtres humains. En fait, l'une des premières percées dans le domaine du cancer a été réalisée en 1911, lorsque Peyton Rous, un pathologiste

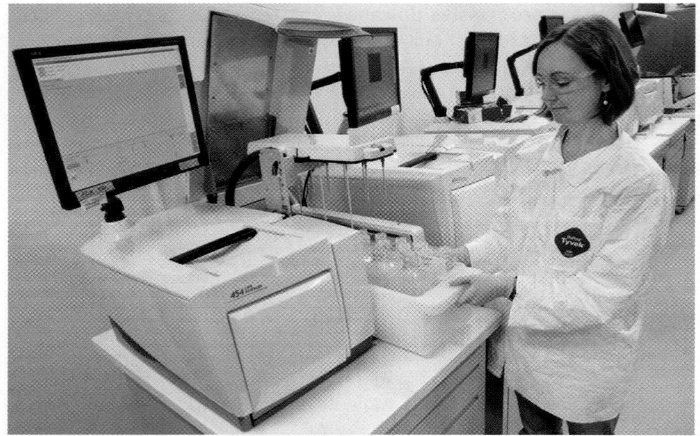

▲ **Figure 18.26 Les tests diagnostiques des mutations des gènes *BRCA1* et *BRCA2*.** Des tests génétiques pour déterminer la présence de mutations qui amplifient le risque de cancer du sein sont à la disposition des personnes présentant des antécédents familiaux de ce type de cancer. De nouvelles techniques de séquençage de « haut débit » permettent de séquencer sans délai de nombreux échantillons d'ADN, tel qu'il est illustré ici.

américain, a découvert un Virus qui cause le cancer chez le poulet. Le virus Epstein-Barr, responsable de la mononucléose infectieuse, a été relié à plusieurs types de cancer chez les humains, notamment au lymphome de Burkitt. Les virus du papillome sont associés au cancer du col de l'utérus, et un rétrovirus appelé HTLV-1 (virus du lymphome humain à cellules T de type 1) entraîne une sorte de leucémie chez l'adulte. Les Virus semblent jouer un rôle dans environ 15 % des cancers humains dans le monde.

De prime abord, les Virus semblent être des causes du cancer très différentes des mutations. Cependant, nous savons aujourd'hui que les Virus peuvent interférer avec la régulation génique de plusieurs façons s'ils insèrent leur matériel génétique dans l'ADN d'une cellule. L'intégration d'un Virus dans le génome cellulaire peut introduire un oncogène, rendre non fonctionnel un gène suppresseur de tumeurs ou transformer un proto-oncogène en oncogène. En outre, certains Virus produisent des protéines qui inactivent p53 et d'autres protéines des gènes suppresseurs, ce qui renforce la prédisposition de la cellule à devenir cancéreuse. Les Virus sont des agents biologiques redoutables; vous en apprendrez plus au sujet de leur fonctionnement au chapitre 19.

RETOUR SUR LE CONCEPT 18.5

1. **FAITES DES LIENS** La protéine p53 peut activer des gènes impliqués dans l'apoptose, ou mort programmée d'une cellule. Reportez-vous au concept 11.5 (p. 251 à 253) et expliquez comment les mutations dans le codage des gènes pour les protéines qui interviennent dans l'apoptose peuvent contribuer au cancer.
2. Dans quelles circonstances peut-on considérer qu'un cancer possède une composante héréditaire?
3. **ET SI?** Expliquez la différence entre les types de mutations qui aboutissent à l'apparition d'un cancer selon qu'elles surviennent dans un proto-oncogène ou dans un gène suppresseur de tumeurs, en prenant en compte l'effet de la mutation sur l'activité du produit du gène.

Voir les réponses proposées à la fin du chapitre.

RÉVISION DU CHAPITRE 18

RÉSUMÉ DES CONCEPTS CLÉS

CONCEPT 18.1

Les Bactéries s'adaptent souvent aux fluctuations de leur milieu en régulant la transcription (p. 408 à 412)

- Les cellules adaptent leur métabolisme en assurant la régulation de l'activité enzymatique ou de l'expression des gènes qui codent pour les enzymes. Chez les Bactéries, les gènes sont souvent regroupés en **opérons**. Un même promoteur dessert plusieurs gènes contigus situés sur le même opéron. Un **opérateur** situé sur l'ADN active ou inactive l'opéron correspondant, ce qui a pour effet d'assurer une régulation coordonnée des gènes.

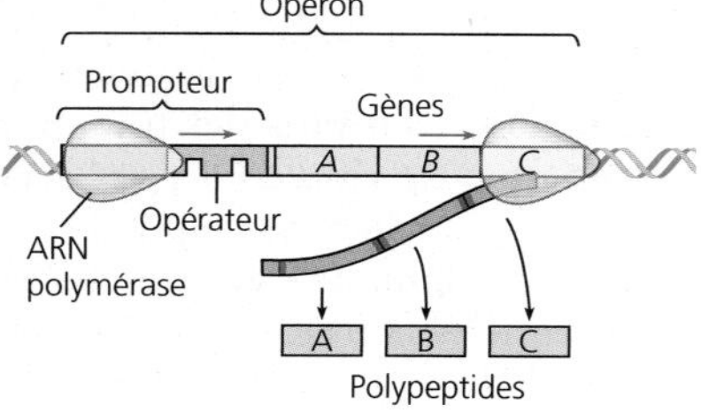

- Les opérons répressibles et les opérons inductibles sont des exemples de répression génique négative. Dans les deux types d'opérons, la liaison d'un **répresseur** protéique à l'opéron a pour effet d'inactiver la transcription. (Le répresseur est codé par un **gène régulateur** distinct.) Dans l'opéron répresseur, le répresseur est lui-même activé lorsqu'il se lie à un **corépresseur**, qui est généralement le produit final d'une voie anabolique.

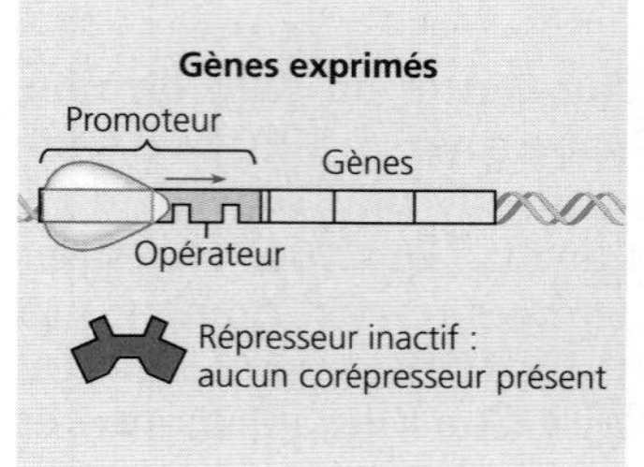

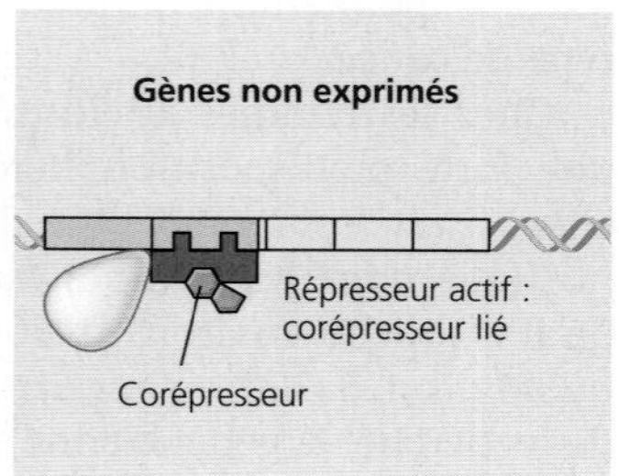

Dans le cas d'un opéron inductible, la liaison d'un **inducteur** à un répresseur naturellement actif inactive le répresseur et active la transcription. Les enzymes inductibles jouent habituellement un rôle dans les voies cataboliques.

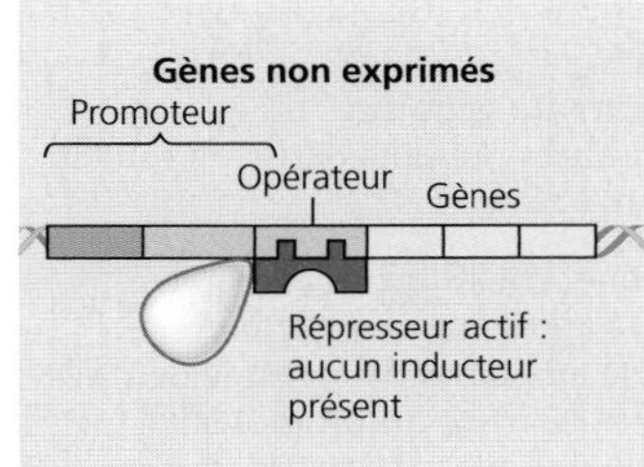
Gènes non exprimés
Promoteur
Opérateur
Gènes
Répresseur actif : aucun inducteur présent

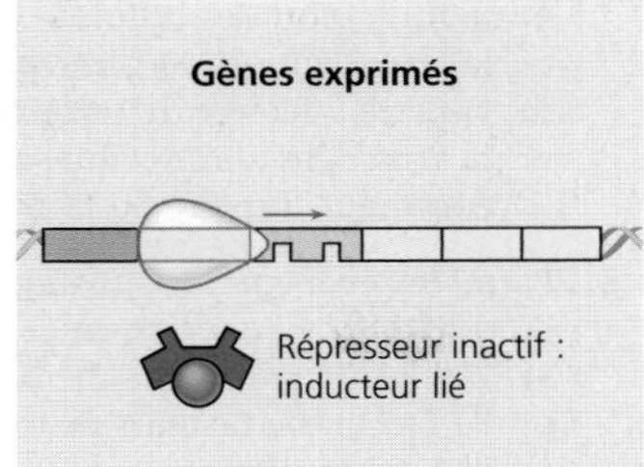
Gènes exprimés
Répresseur inactif : inducteur lié

- Certains opérons peuvent également faire l'objet d'une régulation génique positive par l'intermédiaire d'une protéine **activatrice** stimulatrice. C'est le cas de la protéine activatrice du catabolisme (protéine CAP) dont l'activation par l'**AMP cyclique** déclenche la liaison à un site du promoteur et provoque la transcription.

? *Comparez les rôles du corépresseur et de l'inducteur dans la régulation négative d'un opéron.*

CONCEPT 18.2

Chez les Eucaryotes, la régulation de l'expression génique s'exerce à de nombreux stades (p. 412 à 421)

Modification de la chromatine

- Les gènes de l'hétérochromatine, qui est hautement condensée, ne sont généralement pas transcrits.
- L'**acétylation des histones** semble avoir pour effet de relâcher la structure de la chromatine, ce qui facilite la transcription.
- La **méthylation de l'ADN** réduit généralement la transcription.

Modification de la chromatine → Transcription → Maturation de l'ARN → Dégradation de l'ARNm / Traduction → Maturation et dégradation des protéines

Transcription

- La régulation de l'initiation de la transcription : les **éléments de contrôle** dans les **amplificateurs** se lient à des facteurs de transcription spécifiques.

La courbure de l'ADN permet aux **activateurs** d'entrer en contact avec les protéines présentes sur le promoteur, ce qui initie la transcription.

- La régulation coordonnée :

amplificateur pour les gènes spécifiques au foie — Amplificateur pour les gènes spécifiques au cristallin

Maturation de l'ARN

- **Épissage différentiel de l'ARN**

Transcrit primaire de l'ARN

ARNm ou

Traduction

- L'initiation de la traduction peut être régulée par le contrôle des facteurs d'initiation.

Dégradation de l'ARNm

- Chaque molécule d'ARNm a une durée de vie caractéristique, en partie déterminée par les séquences non traduites (5' UTR et 3' UTR).

Maturation et dégradation des protéines

- La maturation et la dégradation des protéines par les **protéasomes** sont assujetties à une régulation.

? *Décrivez ce qui doit se produire pour qu'un gène spécifique d'un type de cellule soit transcrit dans une cellule de ce type.*

CONCEPT 18.3

Les ARN non traduits exercent plusieurs fonctions dans la régulation de l'expression génique (p. 421 à 424)

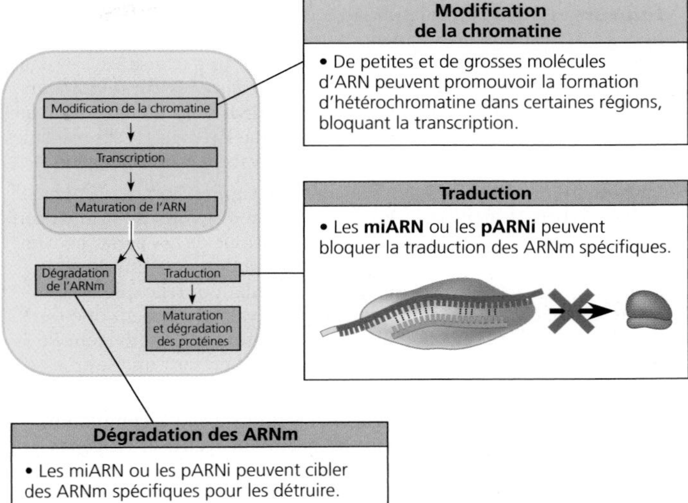
Modification de la chromatine
Transcription
Maturation de l'ARN
Dégradation de l'ARNm
Traduction
Maturation et dégradation des protéines
Modification de la chromatine
• De petites et de grosses molécules d'ARN peuvent promouvoir la formation d'hétérochromatine dans certaines régions, bloquant la transcription.
Traduction
• Les miARN ou les pARNi peuvent bloquer la traduction des ARNm spécifiques.
Dégradation des ARNm
• Les miARN ou les pARNi peuvent cibler des ARNm spécifiques pour les détruire.

? *Pourquoi dit-on des miARN qu'ils sont des ARN non traduits ? Expliquez comment ils participent à la régulation génique.*

CONCEPT 18.4

Les différents types de cellules dans un organisme multicellulaire résultent d'un programme d'expression génique différentielle (p. 424 à 431)

- Les cellules embryonnaires subissent une **différenciation**, et elles acquièrent des structures et des fonctions spécialisées. La **morphogenèse** englobe les processus donnant forme à l'organisme et à ses diverses parties. Les cellules diffèrent par leurs structures et leurs fonctions non pas parce qu'elles contiennent des gènes différents, mais parce qu'elles expriment des parties différentes d'un génome commun.
- Les **déterminants cytoplasmiques** présents dans les ovocytes non fécondés assurent la régulation de l'expression des gènes dans le zygote, ce qui contrôle la destinée des cellules au cours du développement embryonnaire. L'**induction** est la production par les cellules embryonnaires de stimulus moléculaires modifiant la transcription dans des cellules cibles voisines.
- La différenciation se manifeste par la présence de protéines spécifiques aux tissus qui permettent aux cellules différenciées d'assurer leurs fonctions spécialisées.
- Chez les Animaux, la réalisation des **plans d'organisation** (soit la mise en place de tissus et d'organes selon une certaine configuration spatiale) commence chez le jeune embryon. L'**information de positionnement** (indices moléculaires commandant la réalisation des plans d'organisation) indique à la cellule son emplacement par rapport aux axes de l'organisme et aux autres cellules. Chez *Drosophila melanogaster*, les gradients des **morphogènes** codés par les **gènes à effet maternel** déterminent les axes corporels. Par exemple, le gradient de la protéine **Bicoïd** détermine l'axe antéropostérieur.

? *Décrivez les deux principaux processus qui obligent les cellules embryonnaires à passer par des voies différentes vers leur destinée finale.*

CONCEPT 18.5

Le cancer est la conséquence de modifications génétiques qui altèrent la régulation du cycle cellulaire (p. 431 à 436)

- Les produits des **proto-oncogènes** et des **gènes suppresseurs de tumeurs** assurent la régulation de la division cellulaire. Une modification qui intensifie démesurément l'activité d'un proto-oncogène le transforme en un **oncogène** capable de déclencher une croissance cellulaire excessive et de provoquer le cancer. Un gène suppresseur de tumeurs code pour une protéine qui empêche toute division cellulaire anormale. Une mutation de ce type de gène qui diminue l'activité de ses protéines exerce des effets semblables à ceux de l'activation d'un oncogène.
- De nombreux proto-oncogènes et gènes de suppression des tumeurs codent respectivement pour les composantes des voies de stimulation et d'inhibition de la croissance, et les mutations de ces gènes peuvent interférer avec les voies normales de transduction des stimulus cellulaires. Si une protéine d'une voie de stimulation, telle que **Ras** (protéine G), existe sous une forme hyperactive, elle devient oncogène. Si une protéine d'une voie d'inhibition, comme **p53** (activateur de la transcription), est défectueuse, elle n'agit plus en tant que suppresseur de tumeurs.
- Dans le modèle d'apparition progressive du cancer, l'accumulation de mutations multiples touchant les proto-oncogènes et les gènes suppresseurs de tumeurs modifie les cellules normales en cellules cancéreuses. Des progrès techniques dans le séquençage de l'ADN et de l'ARNm permettent d'envisager des traitements personnalisés du cancer.
- Un individu qui hérite d'un oncogène ou de l'allèle mutant d'un gène suppresseur de tumeurs a une prédisposition plus élevée à souffrir de certains types de cancer. Certains Virus favorisent l'apparition du cancer par l'intégration de l'ADN viral dans le génome des cellules.

? *Comparez les fonctions habituelles des protéines codées par des proto-oncogènes avec celles des protéines codées par des gènes suppresseurs de tumeurs.*

ÉVALUATION

NIVEAU 1: CONNAISSANCES ET COMPRÉHENSION

1. Si un certain opéron produit des enzymes qui permettent la synthèse d'un acide aminé essentiel et si sa régulation se déroule comme celle de l'opéron *trp*:
a) l'acide aminé inactive le répresseur.
b) les enzymes produites sont appelées enzymes inductibles.
c) le répresseur est actif en l'absence de l'acide aminé.
d) l'acide aminé joue le rôle de corépresseur.
e) l'acide aminé active la transcription de l'opéron.

2. Nos cellules musculaires semblent différentes de nos cellules nerveuses, principalement:
a) parce qu'elles n'expriment pas les mêmes gènes.
b) parce qu'elles ne contiennent pas les mêmes gènes.
c) parce qu'elles utilisent un code génétique différent.
d) parce qu'elles ont des ribosomes qui leur sont propres.
e) parce qu'elles n'ont pas les mêmes chromosomes.

3. Le fonctionnement des amplificateurs est un exemple:
a) de régulation de l'expression génique au niveau de la transcription.
b) de mécanisme de régulation de l'ARNm après la transcription.
c) de stimulation de la traduction par les facteurs d'initiation.
d) de régulation postérieure à la traduction qui active certaines protéines.
e) d'un équivalent, chez les Eucaryotes, du fonctionnement du promoteur chez les cellules procaryotes.

4. La différenciation cellulaire comprend toujours:
a) la production de protéines typiques des tissus, comme l'actine des muscles.
b) la migration des cellules.
c) la transcription du gène *myoD*.
d) la perte sélective de certains gènes du génome.
e) la sensibilité de la cellule aux indices présents dans son milieu, comme la lumière ou la chaleur.

5. Parmi les événements suivants, lequel constitue un exemple de contrôle de l'expression génique après la transcription?
a) L'ajout de groupements méthyle aux bases de cytosine de l'ADN.
b) La liaison de facteurs de transcription sur un promoteur.
c) L'excision d'introns et l'épissage différentiel d'exons.
d) L'amplification génique contribuant au développement du cancer.
e) Le repliement de l'ADN pendant la formation d'hétérochromatine.

NIVEAU 2: APPLICATION ET ANALYSE

6. La mutation du répresseur d'un opéron inductible qui l'empêcherait de se lier à l'opérateur provoquerait:
a) la liaison irréversible du répresseur au promoteur.
b) le ralentissement de la transcription des gènes de l'opéron.
c) l'accumulation du substrat de la voie dont l'opéron assure la régulation.
d) la transcription continue des gènes de l'opéron.
e) la surproduction de la protéine activatrice du catabolisme (protéine CAP).

7. Dans l'œuf de *Drosophila melanogaster*, l'absence de l'ARNm *bicoïd* entraîne la formation d'une larve dépourvue de parties antérieures et un dédoublement en miroir de ses parties postérieures. C'est la preuve que le produit du gène *bicoïd*:
a) est transcrit dans le jeune embryon.
b) entraîne normalement la formation des structures postérieures.
c) entraîne normalement la formation des structures antérieures.
d) est une protéine présente dans toutes les structures antérieures.
e) aboutit à la mort cellulaire programmée.

8. Parmi les énoncés suivants concernant l'ADN de l'une des cellules de votre cerveau, lequel est *vrai*?
a) La plus grande partie de l'ADN code pour des protéines.
b) La majorité des gènes ont de bonnes chances d'être transcrits.
c) Chaque gène est adjacent à un amplificateur.
d) De nombreux gènes forment des groupements qui ressemblent à des opérons.
e) C'est le même que l'ADN dans une des cellules de votre cœur.

9. Dans une cellule, la quantité de protéine fabriquée à partir d'une molécule donnée d'ARNm dépend en partie:
a) du degré de méthylation de l'ADN.
b) du taux de dégradation de l'ARNm.
c) de la présence de certains facteurs de transcription.
d) du nombre d'introns présents dans l'ARNm.
e) des types de ribosomes présents dans le cytoplasme.

10. Les proto-oncogènes risquent de devenir des oncogènes capables de provoquer le cancer. Quelle est la meilleure explication de la présence de ces bombes à retardement dans les cellules eucaryotes?
a) Les proto-oncogènes sont apparus à la suite d'infections virales.
b) Normalement, les proto-oncogènes contribuent à la régulation de la division cellulaire.
c) Les proto-oncogènes sont des «débris» génétiques.
d) Les proto-oncogènes sont des gènes normaux ayant subi des mutations.
e) Les cellules produisent les proto-oncogènes en vieillissant.

NIVEAU 3: SYNTHÈSE ET ÉVALUATION

11. **FAITES UN DESSIN** Le schéma ci-dessous montre cinq gènes, accompagnés de leurs amplificateurs, provenant du génome d'une espèce quelconque. Imaginez que les protéines activatrices en orangé, en bleu, en vert, en noir, en rouge et en violet présentes peuvent se lier aux éléments de contrôle de la couleur appropriée dans les amplificateurs de ces gènes.

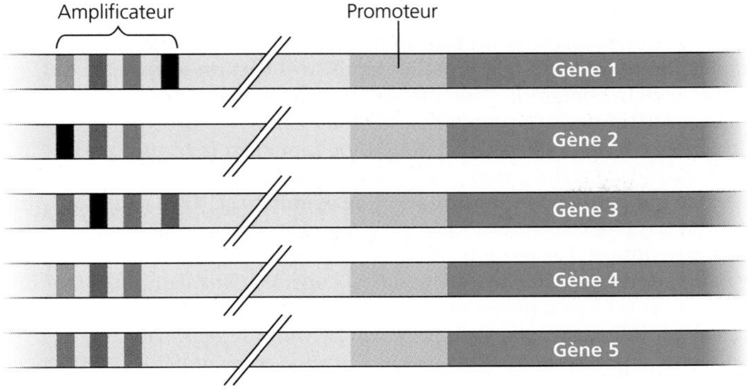

a) Faites un X au-dessus des éléments amplificateurs (de tous les gènes) qui comporteraient des activateurs liés dans une cellule dans laquelle seul le gène 5 serait transcrit. De quelle couleur seraient les activateurs présents?
b) Ajoutez un point au-dessus de tous les éléments amplificateurs qui auraient des activateurs liés dans une cellule dans laquelle les activateurs en vert, en bleu et en orangé seraient présents. Quel (ou quels) gène serait transcrit?
c) Imaginez que les gènes 1, 2 et 4 codent pour des protéines spécifiques des cellules nerveuses et que les gènes 3 et 5 sont spécifiques des cellules de la peau. Quels activateurs doivent être présents dans chaque type de cellules pour assurer la transcription des gènes appropriés?

12. LIEN AVEC L'ÉVOLUTION
L'ADN et les protéines sont le reflet de l'évolution (voir le chapitre 5). Lorsqu'ils ont analysé la séquence du génome humain, les scientifiques ont découvert avec étonnement que certaines régions du génome humain parmi les mieux conservées (semblables à des régions comparables chez d'autres espèces) ne codent pas pour des protéines. Proposez une explication possible pour cette observation.

13. INTÉGRATION
La testostérone et d'autres androgènes sont habituellement nécessaires à la survie des cellules prostatiques. Pourtant, certaines cellules cancéreuses de la prostate survivent en dépit des traitements visant à éliminer les androgènes. Pour expliquer cette propriété singulière, on a émis l'hypothèse que les gènes normalement contrôlés par les androgènes seraient activés par l'œstrogène (qu'on a longtemps considéré comme une hormone féminine) dans ces cellules cancéreuses. Décrivez une ou plusieurs expériences permettant d'apporter une preuve expérimentale confirmant cette hypothèse. (Pour réviser le mode d'action de ces hormones stéroïdes, reportez-vous à la figure 11.9, p. 242.)

14. SCIENCE, TECHNOLOGIE ET SOCIÉTÉ
L'agent orange, un défoliant épandu sur la végétation pendant la guerre du Vietnam, contenait des traces de dioxine. Des tests effectués sur des animaux permettent de penser que la dioxine provoque des anomalies congénitales, le cancer, des lésions au foie et au thymus, ainsi qu'une inhibition du système immunitaire; son action est parfois mortelle. Cependant, les résultats des tests effectués sur des animaux sont peu convaincants; par exemple, une dose létale pour un cobaye n'a aucun effet sur un hamster. La dioxine agit un peu comme une hormone stéroïde: elle pénètre dans la cellule et se lie à un récepteur protéique, qui se fixe ensuite sur l'ADN de la cellule. Comment ce mécanisme peut-il contribuer à expliquer la diversité des effets de la dioxine sur différents systèmes et sur différentes espèces animales? Comment feriez-vous pour déterminer si un type de maladie est en relation avec l'exposition à la dioxine? Ou encore si une personne en particulier est tombée malade à la suite d'une exposition à ce produit? Laquelle de ces deux démonstrations serait la plus difficile à faire? Pourquoi?

15. ÉCRIVEZ UN TEXTE
Les mécanismes de régulation rétroactive Dans un court essai (de 100 à 150 mots), justifiez en quoi les mécanismes présentés dans la figure 18.24a et b constituent des mécanismes de rétroaction assurant la régulation de systèmes biologiques.

RÉPONSES DU CHAPITRE 18

Questions des figures

Figure 18.3 Lorsque la concentration du tryptophane diminue dans la cellule, il finit par ne plus avoir de molécules de l'acide aminé liées aux molécules de répresseur. Ces dernières adoptent alors leurs structures inactives et se dissocient de l'opérateur, permettant la reprise de la transcription de l'opéron. La production des enzymes responsables de la synthèse du tryptophane recommencera et la cellule se remettra à synthétiser du tryptophane dans la cellule. **Figure 18.11** L'amplificateur du gène de l'albumine a les trois éléments de contrôle colorés en jaune, en gris et en rouge. Les séquences dans la cellule hépatique et dans celle du cristallin seraient identiques, étant donné que les cellules sont dans le même organisme. **Figure 18.18** Même si la protéine MyoD d'un génotype mutant était incapable d'activer le gène *myoD*, elle pourrait quand même activer les gènes d'autres protéines de la voie (d'autres facteurs de transcription, qui activeraient les gènes des protéines spécifiques aux muscles, par exemple). Par conséquent, une différenciation se produirait. Mais, à moins que d'autres activateurs puissent compenser la perte de l'activation de la protéine MyoD du gène *myoD*, la cellule serait capable de maintenir son état différencié. **Figure 18.22** La protéine Bicoïd normale serait produite à l'extrémité antérieure et compenserait la présence de l'ARNm mutant placé dans l'ovocyte par la mère. Le développement serait normal, avec la présence d'une tête. **Figure 18.24** Il y a de bonnes chances que la mutation soit récessive. Il est manifestement plus probable qu'elle exerce un effet si les deux copies du gène ont muté et codent pour des protéines non fonctionnelles. Si une copie normale du gène est présente, son produit pourrait inhiber le cycle cellulaire. (Cependant, il existe également des cas connus de mutations de *p53* dominant.)

Retour sur le concept 18.1

1. La liaison par le corépresseur de *trp* (tryptophane) active le répresseur de *trp*, interrompant la transcription de l'opéron *trp*; la liaison par l'inducteur de *lac* (allolactose) inactive le répresseur de *lac*, ce qui entraîne la transcription de l'opéron *lac*. **2.** Lorsque le glucose est rare, l'AMPc se lie à la protéine CAP, laquelle se fixe au promoteur, favorisant ainsi la liaison de l'ARN polymérase. Cependant, en l'absence de lactose, le répresseur est lié à l'opérateur, ce qui bloque la liaison de l'ARN polymérase au promoteur. Par conséquent, les gènes de l'opéron ne sont pas transcrits. **3.** La cellule produirait de la β-galactosidase et les deux autres enzymes sans interruption pour l'utilisation du lactose, même en l'absence de lactose, gaspillant ainsi les ressources de la cellule.

Retour sur le concept 18.2

1. L'acétylation des histones contribue généralement à l'expression génique, alors que la méthylation de l'ADN est la plupart du temps associée à l'absence d'expression. **2.** La fonction des facteurs de transcription généraux est l'assemblage du complexe d'initiation de la transcription sur le promoteur de tous les gènes. Les facteurs de transcription spécifiques se lient aux éléments de contrôle associés à un gène particulier et, une fois liés, soit ils augmentent (activateurs), soit ils diminuent (répresseurs) la transcription de ce gène. **3.** Les trois gènes doivent avoir quelques séquences similaires ou identiques dans les éléments de contrôle de leurs amplificateurs. En raison de cette similarité, les mêmes facteurs de transcription spécifiques dans les cellules musculaires pourraient se lier aux amplificateurs des trois gènes et stimuler leur expression de façon coordonnée. **4.** La dégradation de l'ARNm, la régulation de la traduction, l'activation de la protéine (par modification chimique, par exemple) et la dégradation de la protéine. **5.** L'expression du gène qui code pour l'activateur jaune (AJ) doit être régulée à une des étapes illustrées à la figure 18.6. Le gène AJ pourrait être transcrit seulement dans les cellules hépatiques parce que les activateurs nécessaires pour l'amplificateur du gène AJ ne sont présents que dans ce type de cellules.

Retour sur le concept 18.3

1. Les miARN et les pARNi sont de petits ARN monocaténaires qui s'associent à un complexe protéique. Ils peuvent alors se lier avec des ARNm portant une séquence complémentaire. Cette association par appariement de bases mène soit à la dégradation de l'ARNm ou au blocage de sa traduction. Certains pARNi, en association avec d'autres protéines, peuvent se lier de nouveau à la chromatine dans une certaine région, ce qui cause des modifications de la chromatine qui influent sur la transcription. Les miARN et les pARNi subissent une maturation à partir de précurseurs d'ARN bicaténaires par l'enzyme *Dicer*. Tous les miARN sont codés par des gènes dans le génome de la cellule, et l'unique transcrit se replie sur lui-même pour former une ou plusieurs épingles à cheveux bicaténaires, chacune d'entre elles subissant une maturation en ARNm. Par contre, les pARNi proviennent d'un segment plus long d'ARN bicaténaire linéaire, qui peut être introduit dans la cellule soit expérimentalement, soit par un Virus. Dans certains cas, il arrive aussi qu'un gène cellulaire code pour un brin d'ARN de la molécule de précurseur, et une enzyme synthétise alors le brin complémentaire. **2.** L'ARNm persisterait et serait traduit dans la protéine qui favorise la division cellulaire, et la cellule se diviserait probablement. Si un miARN intact est nécessaire pour inhiber la division cellulaire, alors la division de cette cellule pourrait être anormale. Une division cellulaire incontrôlée pourrait mener à la formation d'une masse de cellules (tumeur) qui nuirait au bon fonctionnement de l'organisme et pourrait contribuer à l'apparition du cancer. **3.** L'ARN de *Xist* est transcrit à partir du gène *Xist* sur le chromosome X qui sera inactivé. Il se lie alors au chromosome et induit la formation de l'hétérochromatine. Un modèle vraisemblable est que l'ARN de *Xist* recrute d'une certaine façon des enzymes de modification de la chromatine qui mènent à la formation d'hétérochromatine.

Retour sur le concept 18.4

1. Les cellules subissent la différenciation au cours du développement embryonnaire et deviennent différentes les unes des autres. L'organisme adulte est formé de nombreux types de cellules hautement spécialisées. **2.** Les molécules se lient à un récepteur situé à la surface de la cellule; elles déclenchent une voie de transduction du stimulus dans laquelle interviennent des molécules intracellulaires, par exemple des seconds messagers et des facteurs de transcription, qui influent sur l'expression génique. **3.** Parce que leurs produits, qui proviennent de l'organisme maternel, déterminent la position des extrémités antérieure et postérieure, de même que celle des extrémités dorsale et ventrale de l'embryon (et, par conséquent, de la drosophile adulte). **4.** La cellule du bas synthétise des stimulus moléculaires parce que le gène qui les code est activé. Cela signifie que les facteurs de transcription spécifiques appropriés se lient à l'amplificateur du gène. Les gènes codant pour ces facteurs de transcription spécifiques sont également exprimés dans cette cellule parce que les activateurs de transcription capables de les activer ont été exprimés dans le précurseur de cette cellule. Une explication similaire s'applique également aux cellules qui expriment les protéines réceptrices. Ce scénario a commencé avec des déterminants cytoplasmiques particuliers localisés dans des régions spécifiques de l'ovocyte. Ces déterminants cytoplasmiques ont été répartis inégalement dans les cellules filles, obligeant ainsi les cellules à passer par des voies différentes de développement.

Retour sur le concept 18.5

1. La protéine p53 joue le rôle de stimulus de l'apoptose des cellules dont l'ADN est fortement endommagé. L'apoptose joue donc un rôle protecteur en éliminant des cellules qui risqueraient de se transformer en cellules cancéreuses. Si les mutations des gènes de la voie de l'apoptose bloquent ce processus de destruction, une cellule endommagée peut continuer à se diviser et mener à la formation de tumeurs. **2.** Quand un individu a hérité d'un oncogène ou d'un allèle mutant d'un gène suppresseur de tumeurs. **3.** Généralement, une mutation causant le cancer dans un proto-oncogène rend le produit génique hyperactif, alors qu'une mutation causant le cancer dans un gène suppresseur de tumeurs rend le gène non fonctionnel.

Questions du résumé des concepts clés

18.1 Un corépresseur et un inducteur sont tous les deux de petites molécules qui se lient à la protéine répressive dans un opéron, ce qui cause le changement de structure du répresseur. Dans le cas d'un corépresseur (comme le tryptophane), la modification de structure permet au répresseur de se lier à l'opérateur, bloquant ainsi la transcription. Par contre, un inducteur provoque la dissociation du répresseur de l'opérateur, ce qui permet à la transcription de commencer. **18.2** La chromatine ne doit pas être fermement condensée afin de rester accessible aux facteurs de transcription. Les facteurs de transcription spécifiques appropriés (activateurs) doivent se lier aux éléments de contrôle dans l'amplificateur du gène, alors que les répresseurs ne doivent pas être liés. L'ADN doit être replié par une molécule responsable de la courbure de l'ADN afin de permettre aux activateurs d'entrer en contact avec les protéines médiatrices et de former un complexe avec des facteurs de transcription généraux sur le promoteur. L'ARN polymérase doit se lier et commencer la transcription. **18.3** Les miARN ne «codent» pas pour les acides aminés d'une protéine (ils ne sont jamais traduits). Chaque miARN est clivé de sa structure d'ARN en épingle à cheveux puis coupé par *Dicer*. Ensuite, un brin est dégradé alors que l'autre s'associe avec un groupe de protéines pour former un complexe. La liaison du complexe à un ARNm ayant une séquence complémentaire cause la dégradation de cet ARNm ou bloque sa traduction. Cela est considéré comme de la régulation génique parce que ce complexe contrôle la quantité d'un ARNm particulier qui peut être traduit en protéine fonctionnelle. **18.4** Le premier processus met en jeu les déterminants cytoplasmiques, incluant les ARNm et les protéines, placés dans des endroits spécifiques de l'œuf par la mère. Les cellules qui sont formées dans différentes régions de l'œuf au cours des premières divisions cellulaires contiendront des protéines différentes, lesquelles commanderont différents programmes d'expression génique. Le deuxième processus fait intervenir la cellule en question qui réagit à des molécules de stimulus sécrétées par des cellules voisines. La voie de communication cellulaire dans la cellule qui réagit conduit également à un mode différent d'expression génique. La coordination de ces deux processus permet à chaque cellule de suivre une voie particulière dans l'embryon en développement. **18.5** Le produit protéique d'un proto-oncogène intervient généralement dans une voie qui stimule la division cellulaire. Le produit protéique d'un gène suppresseur de tumeurs intervient généralement dans une voie qui inhibe la division cellulaire.

ÉVALUATION

1. d; **2.** a; **3.** a; **4.** a; **5.** c; **6.** d; **7.** c; **8.** c; **9.** b; **10.** b;

11. a)

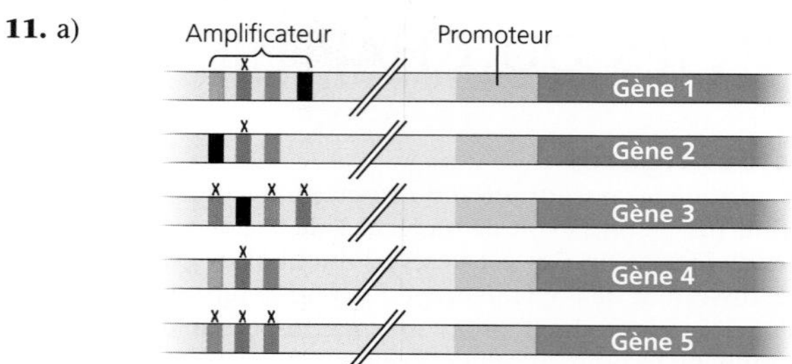

Les protéines activatrices en violet, en bleu et en rouge seraient présentes.

b)

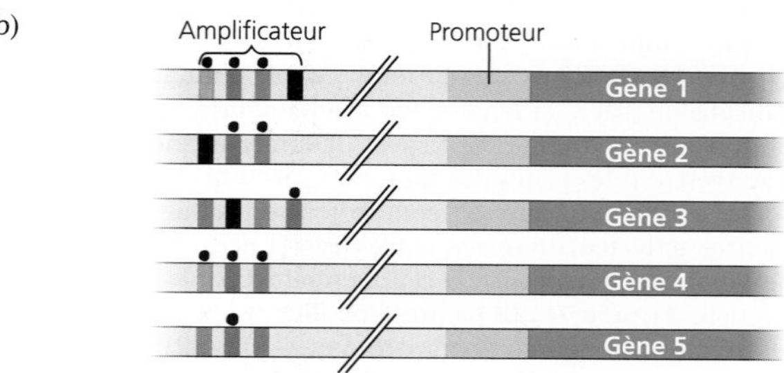

Seul le gène 4 serait transcrit.

c) Dans les cellules nerveuses, les activateurs en orangé, en bleu, en vert et en noir doivent être présents, activant alors la transcription des gènes 1, 2 et 4. Dans les cellules de la peau, les activateurs en rouge, en noir, en violet et en bleu doivent être présents, ce qui stimulerait alors les gènes 3 et 5.

19

Les Virus

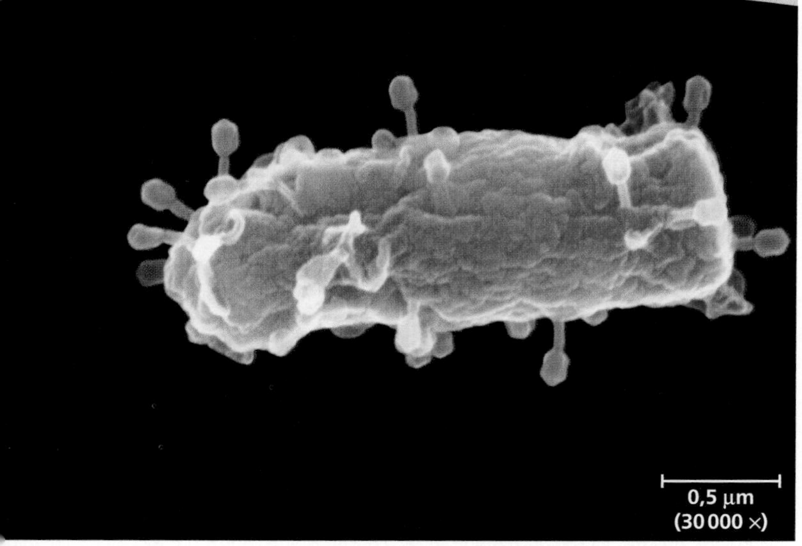

▲ **Figure 19.1** **Les minuscules virus qui infectent cette bactérie *E. coli* sont-ils vivants ?**

0,5 μm
(30 000 ×)

CONCEPTS CLÉS

19.1 **Un virus est constitué d'acide nucléique entouré d'une coque de protéines**

19.2 **Les Virus ne peuvent se répliquer qu'à l'intérieur de cellules hôtes**

19.3 **Les Virus, les viroïdes et les prions sont des agents pathogènes redoutables qui affectent les Animaux et les Végétaux**

INTRODUCTION

Une vie empruntée

La photographie de la **figure 19.1** montre un événement remarquable : l'attaque d'une cellule bactérienne par de nombreuses structures qui ressemblent à des sucettes miniatures, des bonbons fixés à l'extrémité d'un bâtonnet. Dans cette photographie prise à l'aide d'un microscope électronique à balayage (MEB) et artificiellement colorée, les structures que l'on voit sont celles d'un type de virus appelé bactériophage T4 (ou phage) en train d'infecter la bactérie *Escherichia coli*. En injectant son ADN à la cellule, le phage amorce la prise de contrôle des gènes de la bactérie, détournant les mécanismes cellulaires à son profit afin de lui faire produire une multitude de nouveaux virus.

Souvenez-vous que les Bactéries et les organismes procaryotes sont des cellules beaucoup plus petites et simples que les cellules eucaryotes des Végétaux et des Animaux. Quant aux Virus, ils sont encore plus petits et plus rudimentaires. Comme il lui manque les structures et les outils métaboliques qui existent dans les cellules, un **virus** n'est guère plus qu'un ensemble de quelques gènes emballés dans une coque de protéines.

Les Virus sont-ils des êtres vivants ? Lors de leur découverte, ils étaient considérés comme des substances chimiques biologiques ; en fait, la racine latine du mot *virus* signifie « poison ». Étant donné que les Virus peuvent causer une grande variété de maladies et se propager entre les organismes, les chercheurs ont établi à la fin du 19e siècle un parallèle avec les Bactéries et ont conclu que les Virus constituaient la forme de vie la plus rudimentaire. Cependant, les Virus sont incapables de se reproduire ou d'effectuer des activités métaboliques à l'extérieur d'une cellule hôte. La plupart des biologistes qui étudient les virus aujourd'hui seraient probablement d'accord pour affirmer qu'ils ne sont pas vivants, mais qu'ils se situent plutôt dans une zone d'ombre entre formes de vie et substances chimiques. La phrase la plus simple utilisée récemment par deux chercheurs les décrit assez bien : les virus mènent une « sorte de vie dérobée ».

Dans une large mesure, la biologie moléculaire est née dans les laboratoires de biologistes qui étudiaient des virus infectant des bactéries. Les expériences avec des virus ont fourni de nombreuses preuves montrant que les gènes sont formés d'acides nucléiques. Elles ont également aidé à mieux comprendre les mécanismes moléculaires des processus fondamentaux de la réplication de l'ADN, de la transcription et de la traduction.

Outre leur valeur en tant que modèles pour la recherche en biologie, les Virus possèdent des mécanismes génétiques particuliers qui sont intéressants en soi. De plus, leur étude a conduit les scientifiques à mettre au point des techniques qui leur ont permis de manipuler des gènes et de les transférer d'un organisme à l'autre. Ces techniques jouent un rôle important en recherche fondamentale, dans le domaine de la biotechnologie et dans les applications médicales. Par exemple, on utilise des virus comme vecteurs de gènes en thérapie génique (voir le chapitre 20).

Dans le présent chapitre, nous étudierons la biologie des Virus, les plus simples de tous les modèles génétiques. Nous commencerons par l'étude de leur structure, puis nous décrirons leurs cycles de réplication. Nous examinerons ensuite leur rôle en tant qu'agents pathogènes, c'est-à-dire susceptibles de causer une maladie, et nous terminerons par l'étude de certains agents infectieux encore plus simples que sont les viroïdes et les prions.

CONCEPT 19.1

Un virus est constitué d'acide nucléique entouré d'une coque de protéines

Les scientifiques savaient détecter les virus de façon indirecte longtemps avant d'être en mesure de les observer. En effet, la découverte des virus remonte à la fin du 19e siècle.

La découverte des virus: *recherche scientifique*

La maladie de la mosaïque du tabac entrave la croissance des plants de tabac (*Nicotiana tabacum*) et donne à leurs feuilles une coloration marbrée (d'où le nom *mosaïque*). En 1883, Adolf Mayer, un scientifique allemand, a découvert qu'il pouvait transmettre cette maladie à une plante saine en frottant celle-ci de sève extraite des feuilles d'une plante malade. Après avoir recherché vainement un microorganisme contagieux dans la sève, Mayer a conclu que la maladie était provoquée par une bactérie exceptionnellement petite et invisible au microscope. Cette hypothèse a été mise à l'épreuve une décennie plus tard par le Russe Dimitri Ivanowsky: celui-ci a fait passer la sève provenant de feuilles de tabac infectées à travers un filtre permettant d'éliminer les bactéries. Il a constaté que, bien qu'elle ait été ainsi filtrée, la sève déclenchait encore la maladie.

Mais Ivanowsky a continué de croire que la mosaïque du tabac était due à une bactérie pathogène. Selon lui, il se pouvait que cette dernière soit d'une taille assez petite pour passer à travers le filtre, ou encore qu'elle produise une toxine causant la maladie. Cette deuxième hypothèse a été éliminée par le botaniste hollandais Martinus Beijerinck, lorsqu'il a réalisé une série d'expériences classiques qui ont démontré que l'agent infectieux présent dans la sève filtrée pouvait se répliquer (**figure 19.2**).

En fait, Beijerinck a remarqué que le mystérieux agent pathogène de la mosaïque ne pouvait se répliquer qu'à l'intérieur de son hôte. Au cours d'expériences subséquentes réalisées vers 1898, il démontra que, contrairement aux bactéries utilisées en laboratoire à cette époque, il était impossible de cultiver cet agent dans des milieux nutritifs placés dans des éprouvettes ou dans des boîtes de Pétri. Beijerinck a donc imaginé une particule qui se répliquait et qui était beaucoup plus petite et plus simple qu'une bactérie. La communauté scientifique s'entend pour reconnaître qu'il fut le premier à définir le concept de virus. En 1935, Wendell Stanley, un scientifique américain, parvint à cristalliser la particule infectieuse aujourd'hui appelée virus de la mosaïque du tabac. Plus tard, grâce au microscope électronique, on a pu observer ce virus ainsi que de nombreux autres.

▼ **Figure 19.2** INVESTIGATION

Quelle est la cause de la maladie de la mosaïque du tabac?

EXPÉRIENCE À la fin du 19e siècle, Martinus Beijerinck, professeur à l'Institut polytechnique de Delft, aux Pays-Bas, a étudié les propriétés de l'agent responsable de la maladie de la mosaïque du tabac (alors appelée « maladie des taches »).

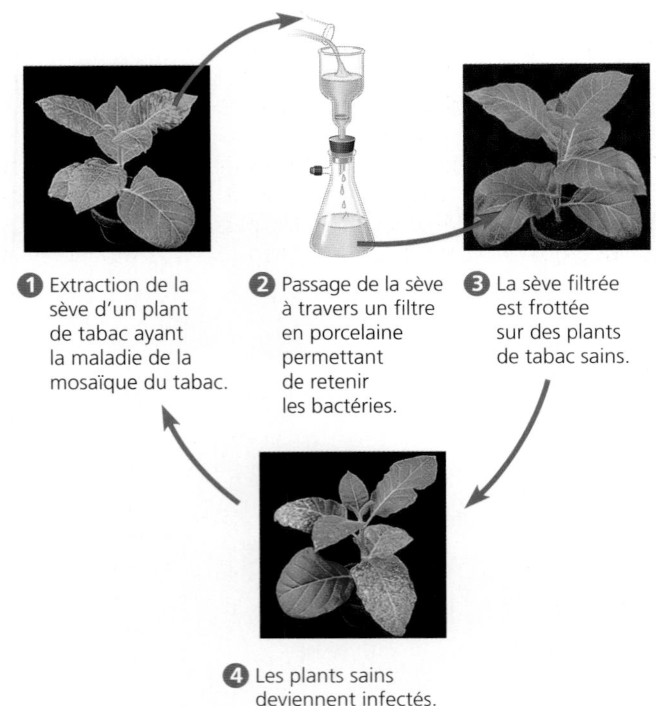

1 Extraction de la sève d'un plant de tabac ayant la maladie de la mosaïque du tabac.
2 Passage de la sève à travers un filtre en porcelaine permettant de retenir les bactéries.
3 La sève filtrée est frottée sur des plants de tabac sains.
4 Les plants sains deviennent infectés.

RÉSULTATS Lorsque des plants sains sont frottés avec la sève, ils deviennent infectés. La sève extraite et filtrée constitue une source d'infection pour un autre groupe de plants. Chaque groupe suivant de plants a été atteint de la maladie avec la même intensité que les premiers groupes.

CONCLUSION L'agent infectieux n'était apparemment pas une bactérie puisqu'il est capable de passer à travers un filtre qui retient habituellement ces microorganismes. Le pathogène doit s'être répliqué dans les plants parce que sa capacité à causer la maladie n'était pas atténuée après plusieurs transferts d'une plante à l'autre.

SOURCE M. J. Beijerinck, Concerning a *contagium vivum fluidum* as cause of the spot disease of tobacco leaves, *Verhandelingen der Koninkyke akademie Wettenschappen te Amsterdam* 65:3-21 (1898). Traduction publiée en anglais sous le titre Phytopathological Classics Number 7 (1942), American Phytopathological Society Press, St. Paul, MN.

ET SI? Qu'aurait conclu Beijerinck s'il avait observé que l'infection de chaque groupe était moins intense que celle du groupe précédent et que la sève finissait par ne plus pouvoir causer la maladie?

La structure des Virus

Le diamètre des plus petits Virus étant de l'ordre de 20 nm seulement (plus petits qu'un ribosome), on pourrait en faire tenir plusieurs millions sur la tête d'une épingle. Même le plus gros virus connu, d'un diamètre de plusieurs centaines de nanomètres, est à peine visible au microscope photonique. En étudiant les virus, Stanley a constaté que certains d'entre eux pouvaient cristalliser, en raison de leur structure chimique bien particulière; il s'agit là d'une découverte à la fois intéressante et étonnante. En effet, même les cellules les plus simples sont incapables de s'assembler en cristaux réguliers. Alors, s'ils ne sont pas des cellules, que sont les virus? Un examen plus détaillé nous dévoile que les virus sont en fait des particules infectieuses constituées d'acide nucléique enfermé dans une coque de protéines qui, dans certains cas, est recouverte d'une enveloppe membraneuse.

Les génomes viraux

On pense généralement que les gènes se composent d'ADN bicaténaire (c'est-à-dire de la double hélice classique), mais il existe de nombreuses exceptions à cette règle chez les diverses classes de Virus. En effet, leur génome peut se composer d'ADN bicaténaire, d'ADN monocaténaire (une seule chaîne de nucléotides), d'ARN bicaténaire ou d'ARN monocaténaire. On parle de virus à ADN ou de virus à ARN suivant le type d'acide nucléique qui constitue leur génome. Dans les deux cas, le génome viral contient généralement une seule molécule d'acide nucléique. Celle-ci est linéaire ou circulaire, bien que les génomes de certains virus soient constitués de multiples molécules d'acide nucléique. Les plus petits virus connus n'ont que quatre gènes dans leur génome, alors que les plus gros en contiennent plusieurs centaines, voire un millier. En guise de comparaison, les génomes des bactéries comptent entre 200 et plusieurs milliers de gènes.

Des capsides recouvertes d'une enveloppe

La coque de protéines qui entoure le génome viral porte le nom de **capside**. Selon le type de virus, elle peut avoir une forme hélicoïdale (qui ressemble à un bâtonnet), polyédrique ou plus complexe encore (comme le phage T4). Les capsides se composent d'un grand nombre de sous-unités protéiques appelées *capsomères*, mais la variété des *types* de protéines dans une capside est habituellement limitée. Ainsi, la capside du virus de la mosaïque du tabac, rigide et en forme de bâtonnet, est constituée de plus de mille molécules de la même protéine disposées en hélice. C'est pourquoi les virus en forme de bâtonnet sont appelés *virus hélicoïdaux* (**figure 19.3a**). La capside des adénovirus, qui infectent les voies respiratoires des Animaux, est formée de 252 molécules protéiques identiques déterminant

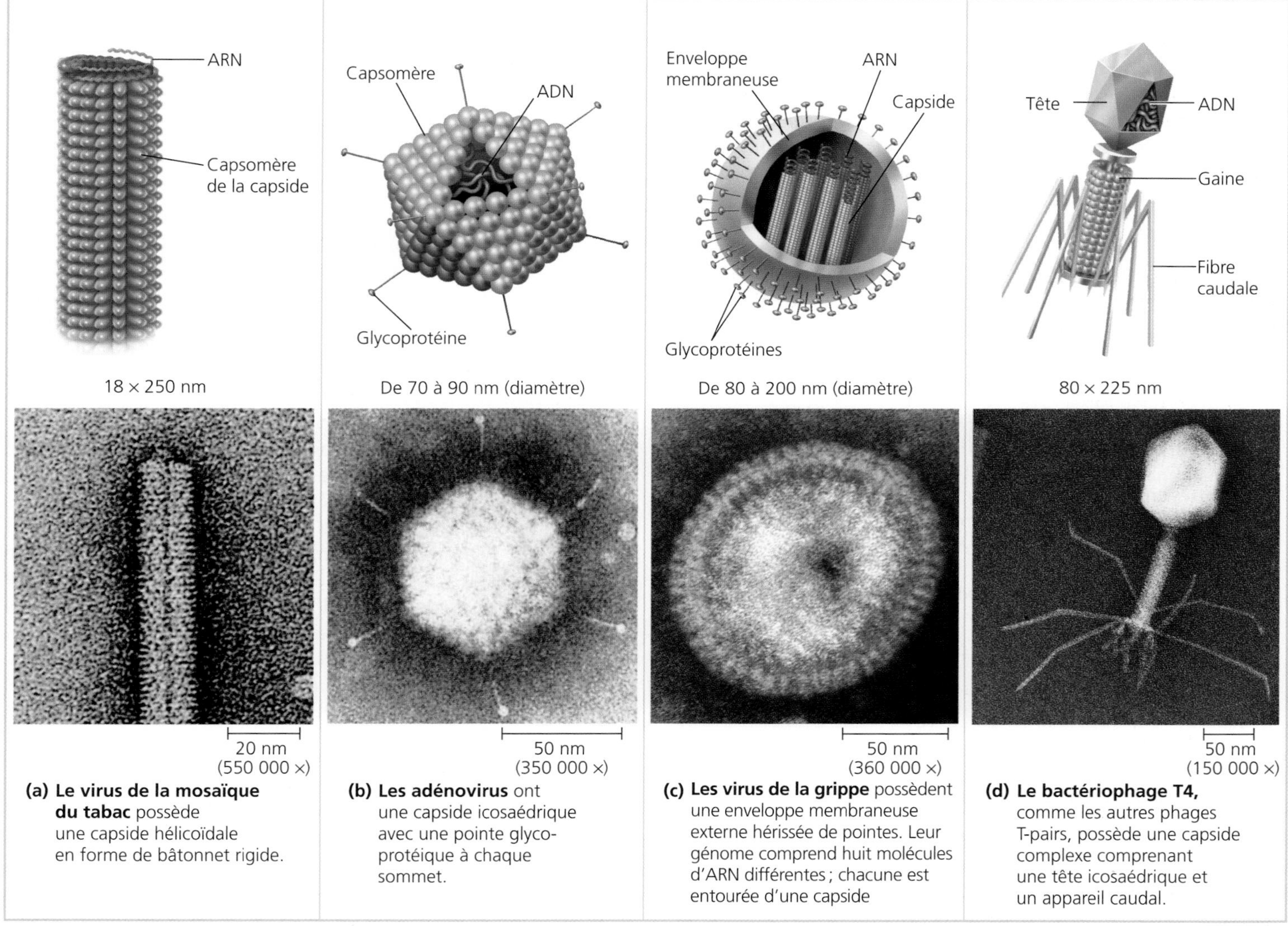

(a) Le virus de la mosaïque du tabac possède une capside hélicoïdale en forme de bâtonnet rigide.

(b) Les adénovirus ont une capside icosaédrique avec une pointe glycoprotéique à chaque sommet.

(c) Les virus de la grippe possèdent une enveloppe membraneuse externe hérissée de pointes. Leur génome comprend huit molécules d'ARN différentes ; chacune est entourée d'une capside

(d) Le bactériophage T4, comme les autres phages T-pairs, possède une capside complexe comprenant une tête icosaédrique et un appareil caudal.

▲ **Figure 19.3 La structure des Virus.** Les Virus sont constitués d'un acide nucléique (ADN ou ARN) enfermé dans une coque de protéines appelée capside, parfois recouverte d'une enveloppe membraneuse. Les sous-unités protéiques formant la capside sont appelées capsomères. Bien que de formes et de dimensions différentes, les Virus ont en commun certaines caractéristiques structurales. (Toutes les photographies sont des MET artificiellement colorées.)

un polyèdre à 20 faces triangulaires (un icosaèdre). Ces virus et d'autres ayant une forme semblable sont appelés *virus icosaédriques* (**figure 19.3b**).

Certains virus comportent des structures accessoires qui leur permettent d'infecter leur hôte. Par exemple, la capside du virus de la grippe et de nombreux autres virus d'Animaux est recouverte d'une enveloppe membraneuse (**figure 19.3c**). Cette **enveloppe virale** est constituée d'une partie de la membrane plasmique de la cellule hôte. Elle contient les phosphoglycérides et les protéines provenant de la membrane ainsi que des protéines et des glycoprotéines d'origine virale (les glycoprotéines sont des protéines ayant une liaison covalente avec un glucide). La capside de certains virus renferme aussi quelques enzymes virales.

La plupart des capsides les plus complexes sont celles des virus qui infectent les bactéries. Les virus bactériens sont appelés **bactériophages** ou, plus simplement, **phages**. Sept des premiers à avoir été étudiés infectent la bactérie *E. coli*, et ils ont été nommés type 1 (T1), type 2 (T2), etc., selon l'ordre de leur découverte. Il se trouve que la structure des trois phages T-pairs (soit T2, T4 et T6) est très semblable: leur capside est formée d'une tête icosaédrique allongée qui contient leur ADN. Une queue protéique munie de fibres caudales est attachée à leur tête. Ils se fixent aux bactéries à l'aide de ces fibres (**figure 19.3d**). À la section suivante, nous étudierons comment ces quelques constituants viraux fonctionnent en association avec les composantes cellulaires pour produire un grand nombre de descendants.

RETOUR SUR LE CONCEPT **19.1**

1. Comparez les structures du virus de la mosaïque du tabac et du virus de la grippe (voir la figure 19.3).
2. FAITES DES LIENS Dans la figure 16.4 (p. 356), vous avez appris que les bactériophages ont été utilisés comme outils de recherche pour démontrer que l'ADN transmet les informations génétiques. Décrivez brièvement l'expérience effectuée par Hershey et Chase; dans votre description, dites pourquoi les chercheurs ont choisi d'utiliser les phages.

Voir les réponses proposées à la fin du chapitre.

CONCEPT **19.2**

Les Virus ne peuvent se répliquer qu'à l'intérieur de cellules hôtes

Les Virus ne possèdent ni les enzymes nécessaires au métabolisme ni les autres structures essentielles à la production de leurs propres protéines, comme les ribosomes. Ce sont des parasites intracellulaires obligatoires: ils ne peuvent se multiplier qu'à l'intérieur d'une cellule hôte. Il est donc juste de dire que les virus isolés ne sont donc qu'un ensemble de gènes enveloppé dans des protéines qui passe d'une cellule hôte à une autre.

Chaque virus particulier ne peut infecter les cellules que d'un nombre limité d'espèces hôtes, appelé **spectre d'hôtes** du virus. Cette spécificité provient de l'apparition d'un processus particulier de reconnaissance chez les Virus. Ils reconnaissent en effet leurs cellules hôtes au moyen d'un mécanisme du type «clé et serrure» entre les protéines virales présentes sur leur surface et les molécules réceptrices correspondantes situées sur la face externe d'une cellule. (Selon un modèle, les molécules réceptrices avaient originalement des fonctions utiles à la cellule hôte, mais elles ont plus tard été reconnues par des virus comme portes d'entrée.) Le spectre d'hôtes de certains virus peut être large. Par exemple, le virus du Nil occidental et celui de l'encéphalite équine sont des virus différents qui peuvent infecter les moustiques, les oiseaux, le cheval et l'humain. D'autres virus ont un spectre d'hôtes si réduit qu'ils ne s'attaquent qu'à une seule espèce. Le virus de la rougeole, par exemple, ne peut infecter que l'être humain. De plus, les virus qui infectent des Eucaryotes multicellulaires n'attaquent qu'un certain type de tissu. Ainsi, chez l'humain, les virus du rhume n'infectent que les muqueuses des voies respiratoires supérieures et le virus de l'immunodéficience humaine (VIH), lui, se lie à un récepteur qui se trouve seulement sur certains types de globules blancs.

Les caractéristiques générales du cycle de réplication des Virus

L'infection virale commence lorsque le virus se lie à une cellule hôte et que le génome viral parvient à l'intérieur de celle-ci (**figure 19.4**). Le mécanisme d'entrée du génome dépend du type de virus et du type de cellule hôte. Par exemple, les phages T-pairs injectent leur ADN dans une bactérie à l'aide d'un appareil caudal complexe (voir la figure 19.3d). D'autres virus sont absorbés par endocytose ou, dans le cas des virus avec une enveloppe, par fusion de l'enveloppe virale avec la membrane plasmique. Une fois que le génome viral est entré dans une cellule hôte, les protéines qu'il code peuvent réquisitionner la cellule et la reprogrammer de sorte qu'elle recopie les gènes viraux. Elle fabrique par la suite les protéines virales. La synthèse des acides nucléiques viraux se fait à partir des nucléotides de la cellule hôte et celle des protéines virales fait intervenir l'ensemble de la machinerie cellulaire, c'est-à-dire les enzymes, les ribosomes, les ARNt, les acides aminés, l'ATP et d'autres composantes de l'hôte. Beaucoup de virus à ADN utilisent les ADN polymérases de la cellule hôte pour synthétiser de nouveaux génomes. C'est l'ADN viral qui sert de matrice. Par contre, les virus à ARN doivent se servir des ARN polymérases qu'ils possèdent et qui effectuent la réplication à partir de leur matrice d'ARN. (Les cellules non infectées n'ont généralement pas d'enzymes propres leur permettant d'effectuer cette opération.)

Une fois fabriqués, les molécules d'acide nucléique viral et les capsomères s'assemblent souvent de façon spontanée, par autoassemblage, pour former de nouveaux virus. Les chercheurs peuvent même séparer l'ARN et les capsomères du virus de la mosaïque du tabac, puis reconstituer des virus complets en mélangeant simplement les composantes dans les bonnes conditions. Le cycle de réplication le plus simple des Virus se termine lorsque des centaines de nouveaux virus, voire des milliers, sortent de la cellule hôte infectée, un

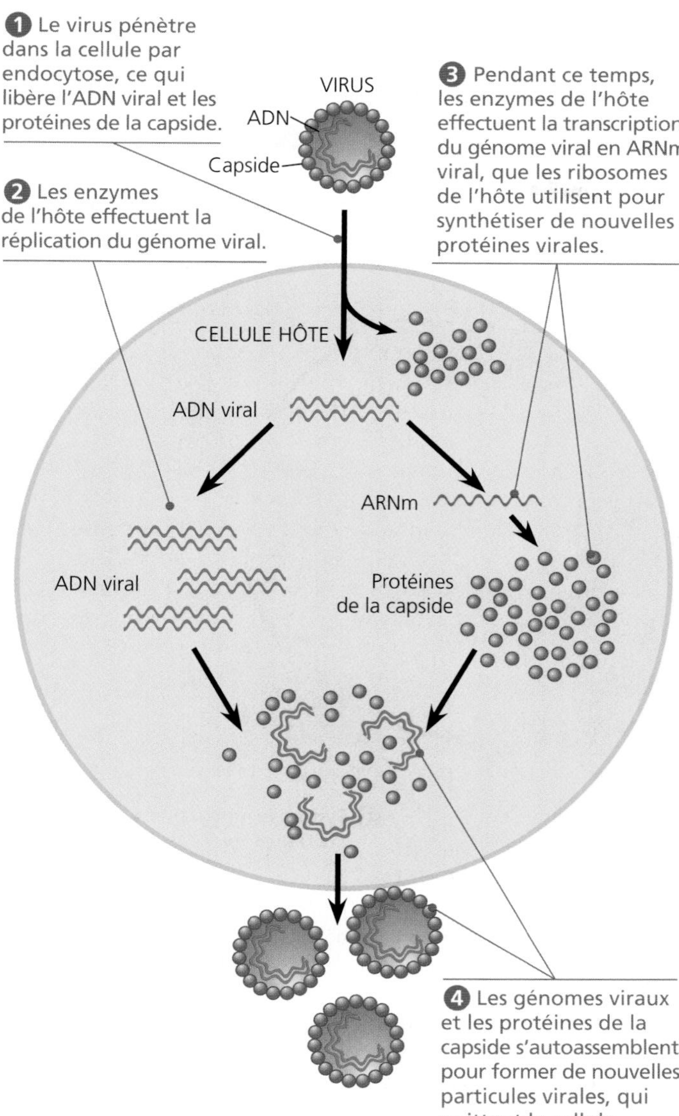

1 Le virus pénètre dans la cellule par endocytose, ce qui libère l'ADN viral et les protéines de la capside.
VIRUS
ADN
Capside
3 Pendant ce temps, les enzymes de l'hôte effectuent la transcription du génome viral en ARNm viral, que les ribosomes de l'hôte utilisent pour synthétiser de nouvelles protéines virales.
2 Les enzymes de l'hôte effectuent la réplication du génome viral.
CELLULE HÔTE
ADN viral
ARNm
ADN viral
Protéines de la capside
4 Les génomes viraux et les protéines de la capside s'autoassemblent pour former de nouvelles particules virales, qui quittent la cellule.

▲ **Figure 19.4 Représentation simplifiée du cycle de réplication d'un virus.** Un virus est un parasite intracellulaire obligatoire qui se multiplie grâce aux structures et aux petites molécules de la cellule hôte. Dans cet exemple de cycle de réplication d'un virus, le plus simple de tous, le parasite est un virus à ADN dont la capside ne comporte qu'une seule sorte de protéine.

FAITES DES LIENS *Identifiez chacune des flèches droites en noir avec un mot qui représente le nom du processus qui a lieu. Revoyez la figure 17.26 à la page 402.*

processus qui endommage souvent la cellule ou qui la tue. Certains symptômes des infections virales humaines, comme le rhume, sont dus aux dommages subis par des cellules et à la mort de celles-ci ainsi qu'aux réactions que ces phénomènes provoquent dans l'organisme. Les virus de la nouvelle génération qui sortent d'une cellule hôte peuvent parasiter de nouvelles cellules et propager l'infection.

Le cycle de réplication simplifié que nous avons décrit présente de nombreuses variantes. Nous en étudierons quelques-unes chez certains Virus affectant les Bactéries (Phages) et les Animaux; plus loin dans le chapitre, nous examinerons les Virus qui affectent les Végétaux.

Le cycle de réplication des phages

Les phages sont les mieux connus de tous les Virus, bien que certains d'entre eux comptent parmi les plus complexes. Les recherches sur des phages ont permis de découvrir que les virus à ADN bicaténaire peuvent se répliquer par deux mécanismes: le cycle lytique ou le cycle lysogénique.

Le cycle lytique

On nomme **cycle lytique** le processus de réplication virale qui aboutit à la mort de la cellule hôte. Ce terme fait référence au dernier stade de l'infection, qui est la lyse (éclatement) de la bactérie et la libération des phages qu'elle a fabriqués. Chacun de ceux-ci est alors prêt à infecter une autre cellule saine, de sorte que quelques cycles lytiques successifs suffisent à détruire toute une population bactérienne en quelques heures. On appelle **phage virulent** un phage qui se multiplie uniquement suivant un cycle lytique. La **figure 19.5** montre les principales étapes du cycle lytique du phage T4, un phage virulent caractéristique. Vous devriez l'étudier attentivement avant de poursuivre.

Après avoir lu ce qui précède, vous vous demandez sans doute pourquoi les phages n'ont pas exterminé les bactéries. En fait, dans certains pays (notamment en Russie), des traitements par les phages ont été utilisés en médecine pour contrôler les infections bactériennes chez l'humain. Mais les bactéries ne sont pas dépourvues de moyens de défense. En premier lieu, la sélection naturelle favorise les mutants bactériens dont les sites récepteurs ne sont plus reconnus par un type donné de phage. Deuxièmement, lorsqu'il parvient à pénétrer dans une bactérie, l'ADN d'un phage peut être identifié comme étranger et découpé par des enzymes cellulaires appelées **enzymes de restriction**; elles portent ce nom parce que leur activité *restreint* la capacité des phages à infecter la bactérie. Comme l'ADN des cellules bactériennes est méthylé, il échappe aux attaques de ses propres enzymes de restriction. Cependant, tout comme elle avantage les bactéries pourvues de récepteurs mutants ou d'enzymes de restriction efficaces, la sélection naturelle favorise les phages mutants capables de se lier aux récepteurs modifiés ou de résister à des enzymes de restriction particulières. La relation parasite-hôte évolue donc constamment.

Un troisième facteur explique la survie des bactéries: de nombreux phages peuvent coexister avec leurs cellules hôtes dans un état appelé lysogénie, que nous allons maintenant étudier.

Le cycle lysogénique

Contrairement au cycle lytique, qui aboutit à la mort de la cellule hôte, le **cycle lysogénique** permet la réplication du génome viral sans entraîner la destruction de l'hôte. Il existe des virus capables de suivre les deux modes de réplication dans une bactérie; ils sont appelés **virus tempérés**. Les chercheurs en biologie utilisent communément un virus tempéré appelé phage λ (il s'agit de la lettre grecque lambda). Le phage λ ressemble au phage T4, mais sa queue ne comporte qu'une seule fibre caudale, qui est courte.

L'infection d'une bactérie *E. coli* débute lorsqu'un phage λ se lie à la surface de la cellule et injecte son ADN génomique linéaire (**figure 19.6**). À l'intérieur de l'hôte, la molécule d'ADN du phage prend une forme circulaire. Ce qui se passe

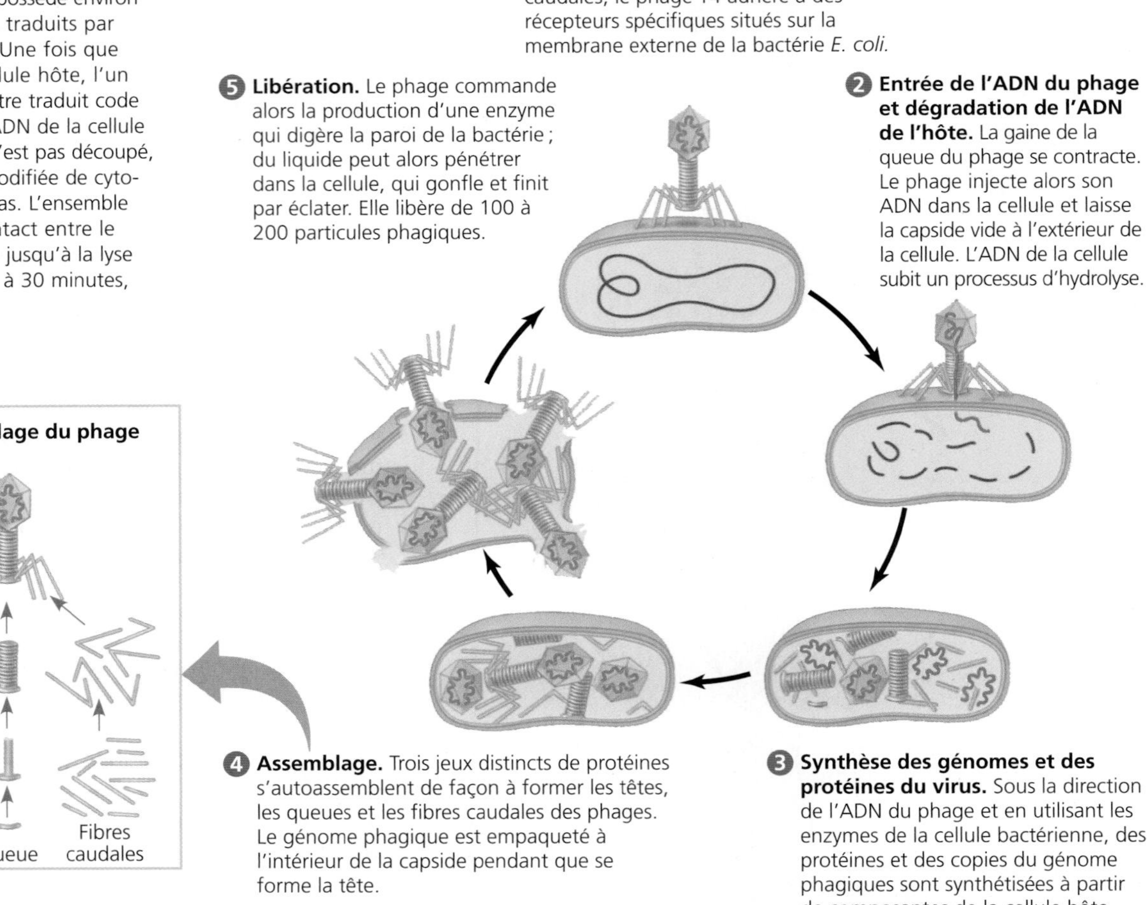

1 Attachement. À l'aide de ses fibres caudales, le phage T4 adhère à des récepteurs spécifiques situés sur la membrane externe de la bactérie E. coli.
2 Entrée de l'ADN du phage et dégradation de l'ADN de l'hôte. La gaine de la queue du phage se contracte. Le phage injecte alors son ADN dans la cellule et laisse la capside vide à l'extérieur de la cellule. L'ADN de la cellule subit un processus d'hydrolyse.
3 Synthèse des génomes et des protéines du virus. Sous la direction de l'ADN du phage et en utilisant les enzymes de la cellule bactérienne, des protéines et des copies du génome phagiques sont synthétisées à partir de composantes de la cellule hôte.
4 Assemblage. Trois jeux distincts de protéines s'autoassemblent de façon à former les têtes, les queues et les fibres caudales des phages. Le génome phagique est empaqueté à l'intérieur de la capside pendant que se forme la tête.
5 Libération. Le phage commande alors la production d'une enzyme qui digère la paroi de la bactérie ; du liquide peut alors pénétrer dans la cellule, qui gonfle et finit par éclater. Elle libère de 100 à 200 particules phagiques.
Assemblage du phage
Tête
Queue
Fibres caudales

▶ **Figure 19.5 Le cycle lytique du phage T4, un phage virulent.** Le phage T4 possède environ 300 gènes, qui sont transcrits et traduits par les structures de la cellule hôte. Une fois que l'ADN viral a pénétré dans la cellule hôte, l'un des premiers gènes du phage à être traduit code pour une enzyme qui dégrade l'ADN de la cellule hôte (étape 2). L'ADN du phage n'est pas découpé, parce qu'il contient une forme modifiée de cytosine que l'enzyme ne reconnaît pas. L'ensemble du cycle lytique – à partir du contact entre le phage et la surface de la bactérie jusqu'à la lyse de la cellule – ne dure que de 20 à 30 minutes, à 37 °C.

ensuite dépend du mode de réplication, selon qu'il entame un cycle lytique ou un cycle lysogénique. Si le virus entreprend un cycle lytique, les gènes viraux transforment immédiatement la cellule en usine de production de phages λ, et la cellule ne tarde pas à se lyser et à libérer les virus qu'elle a fabriqués. Par contre, si le phage λ amorce un cycle lysogénique, l'ADN phagique s'incorpore dans un site spécifique du chromosome d'*E. coli* sous l'action de protéines virales qui coupent les deux molécules d'ADN circulaire et les joint l'une à l'autre. Lorsqu'il est inséré dans le chromosome bactérien de cette façon, l'ADN viral est appelé **prophage**. L'un des gènes du prophage code pour une protéine qui réprime la transcription de la plupart des autres gènes du prophage. Presque tout le génome du phage reste donc silencieux à l'intérieur de la bactérie. Chaque fois qu'elle se prépare à se diviser, la bactérie *E. coli* réplique l'ADN du phage en même temps que le sien et en transmet les copies à ses cellules filles. En peu de temps, une seule cellule infectée peut donner naissance à une grande population de bactéries portant le virus sous forme de prophage. Ce mécanisme permet à certains virus de se multiplier sans détruire les cellules hôtes dont ils dépendent.

Le terme *lysogénique* indique que les prophages sont en mesure de donner naissance à des phages actifs qui lyseront les cellules hôtes. Ce phénomène se produit lorsque le génome d'un phage λ amorce un cycle lytique après avoir quitté le chromosome bactérien. Le passage de l'état latent au cycle lytique est généralement déclenché par un facteur environnemental, comme la présence de certains produits chimiques ou de radiations à haute énergie.

Pendant la lysogénie, outre le gène de la protéine qui empêche la transcription, quelques autres gènes du prophage sont exprimés. L'expression de ces gènes peut modifier le phénotype de la bactérie hôte, ce qui n'est pas sans conséquence en médecine infectieuse. Par exemple, les trois types de bactéries responsables chez les humains des maladies comme la diphtérie, le botulisme et la scarlatine ne seraient pas si nocifs sans certains gènes de prophages qui déclenchent chez les bactéries hôtes la production de toxines qu'elles ne fabriqueraient pas en temps normal. De plus, la distinction entre la souche d'*E. coli* qui réside dans notre intestin et la souche O157:H7 qui a causé plusieurs décès par empoisonnement alimentaire semble être la présence de prophages dans cette dernière souche.

Les cycles de réplication des virus qui infectent les Animaux

Nous avons tous été atteints d'infections virales, qu'il s'agisse de la varicelle, de la grippe ou d'un simple rhume. Tous les virus, notamment ceux qui causent des maladies chez les humains et les autres Animaux, se répliquent à l'intérieur de cellules hôtes. Chez les virus qui parasitent les Animaux, il

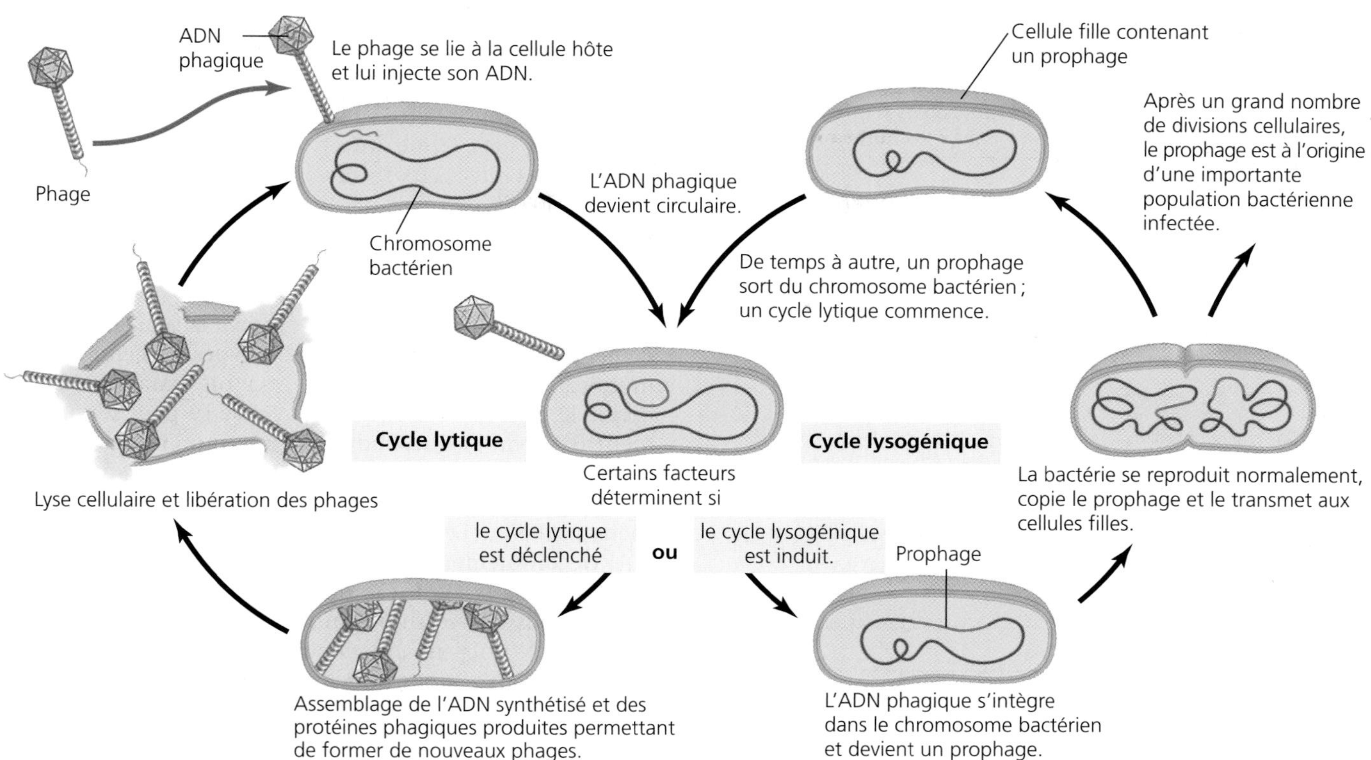
ADN phagique
Le phage se lie à la cellule hôte et lui injecte son ADN.
Phage
Chromosome bactérien
L'ADN phagique devient circulaire.
Cellule fille contenant un prophage
Après un grand nombre de divisions cellulaires, le prophage est à l'origine d'une importante population bactérienne infectée.
De temps à autre, un prophage sort du chromosome bactérien ; un cycle lytique commence.
Cycle lytique
Cycle lysogénique
Lyse cellulaire et libération des phages
Certains facteurs déterminent si
le cycle lytique est déclenché
ou
le cycle lysogénique est induit.
La bactérie se reproduit normalement, copie le prophage et le transmet aux cellules filles.
Prophage
Assemblage de l'ADN synthétisé et des protéines phagiques produites permettant de former de nouveaux phages.
L'ADN phagique s'intègre dans le chromosome bactérien et devient un prophage.

▲ **Figure 19.6 Le cycle lytique et le cycle lysogénique chez un phage tempéré, le phage λ.** Après avoir pénétré dans la cellule bactérienne, l'ADN d'un phage λ peut soit commander immédiatement la production d'un grand nombre de phages λ (cycle lytique), soit s'intégrer au chromosome bactérien (cycle lysogénique). Dans la plupart des cas, il suit le cycle lytique, qui est semblable à celui de la figure 19.5. Cependant, une fois le cycle lysogénique amorcé, le prophage peut demeurer dans le chromosome de la cellule hôte pendant de nombreuses générations. Le phage λ n'a qu'une seule fibre caudale, qui est courte.

existe de nombreuses variantes du modèle fondamental d'infection et de réplication. L'une des variables principales est la nature du génome viral : est-il constitué d'ADN ou d'ARN ? Est-il bicaténaire ou monocaténaire ? La nature du génome constitue la base de la classification commune des Virus présentée au **tableau 19.1**. Les virus à ARN monocaténaire sont subdivisés en trois classes (IV à VI) selon la fonction du génome d'ARN dans la cellule hôte.

Alors que peu de virus bactériophages possèdent une enveloppe ou un génome d'ARN, de nombreux virus parasites des Animaux présentent ces deux caractéristiques. En fait, presque tous les virus à génomes d'ARN qui parasitent les Animaux ont une enveloppe, tout comme certains virus à génomes d'ADN (voir le tableau 19.1). Au lieu d'examiner tous les mécanismes d'infection et de réplication virales, nous étudierons le rôle des enveloppes virales et la fonction de l'ARN en tant que matériel génétique chez de nombreux virus.

Les virus à enveloppe

Les virus parasites d'Animaux avec une enveloppe virale (c'est-à-dire une membrane externe) utilisent cette dernière pour pénétrer dans la cellule hôte. Des glycoprotéines protubérantes à la surface externe de cette enveloppe se lient à des molécules réceptrices spécifiques situées à la surface de la cellule hôte. La **figure 19.7** résume les étapes du cycle de réplication d'un virus à enveloppe dont le génome est constitué d'ARN. Les ribosomes liés au réticulum endoplasmique (RE) de la cellule hôte produisent les parties protéiques des glycoprotéines de l'enveloppe ; les enzymes cellulaires dans le RE et l'appareil de Golgi incorporent ensuite les glucides. Ces glycoprotéines, incluses dans la membrane provenant de la cellule hôte, sont transportées à la surface de la cellule. Les capsides des nouveaux virus sont enveloppées dans la membrane en sortant de la cellule par bourgeonnement (un mécanisme qui ressemble à l'exocytose). Autrement dit, l'enveloppe virale provient de la membrane plasmique de la cellule hôte. Cependant, celle-ci contient certaines molécules dont la synthèse a été commandée par des gènes viraux. Les virus ainsi pourvus d'une enveloppe et libérés sont prêts à infecter d'autres cellules. Contrairement au cycle lytique des phages, ce cycle de réplication ne tue pas nécessairement la cellule hôte.

D'autres virus possèdent une enveloppe qui ne provient pas de la membrane plasmique de la cellule hôte. Les *Herpesviridae,* par exemple, sont temporairement enveloppés dans une membrane provenant de l'enveloppe nucléaire de la cellule hôte. Par la suite, ils perdent cette membrane dans le cytoplasme et acquièrent une nouvelle enveloppe fabriquée à partir de la membrane de l'appareil de Golgi. Ces virus ont un génome constitué d'ADN bicaténaire et ils se répliquent dans le noyau de la cellule. La réplication et la transcription de cet ADN font intervenir diverses enzymes virales et cellulaires. Dans le cas de l'herpèsvirus, des copies de l'ADN viral peuvent demeurer dans le noyau de certaines cellules nerveuses sous la forme de minichromosomes. Elles y restent à l'état latent jusqu'à ce

Tableau 19.1 Classification des virus d'Animaux		
Classe, famille	**Enveloppe**	**Exemples de virus responsables d'infections chez les humains**
I. ADN bicaténaire (ADNdb)		
Adenoviridae (Mastadenovirus, aviadenovirus) (voir la figure 19.3b)	Non	Virus des voies respiratoires; virus oncogènes
Papovaviridae (Papovavirus)	Non	Papillomes (chez l'humain: verrues, cancer du col utérin); polyomes (tumeurs)
Herpesviridae (Simplexvirus, varicellovirus)	Oui	Herpès simplex I et II (herpès labial, herpès génital); virus varicelle-zona (zona, varicelle); virus d'Epstein-Barr (mononucléose, lymphome de Burkitt)
Poxviridae (Orthopoxvirus)	Oui	Variole; vaccine
II. ADN monocaténaire (ADNsb)		
Parvoviridae (Parvovirus)	Non	Parvovirus B19 (érythème bénin)
III. ARN bicaténaire (ARNdb)		
Reoviridae (Orthoreovirus)	Non	Rotavirus (diarrhée); virus de la fièvre à tiques du Colorado
IV. ARN monocaténaire (ARNsb); peut jouer le rôle d'ARNm		
Picornaviridae (Enterovirus, rhinovirus)	Non	Rhinovirus (rhume); poliovirus; virus de l'hépatite A et autres entérovirus (maladies intestinales)
Coronaviridae (Coronavirus)	Oui	Syndrome respiratoire aigu sévère (SRAS)
Flaviviridae (Flavivirus)	Oui	Virus de la fièvre jaune; virus du Nil occidental; virus de l'hépatite C
Togaviridae (Rubivirus, alphavirus)	Oui	Virus de la rubéole; virus de l'encéphalite équine
V. ARN monocaténaire (ARNsb); sert de matrice pour l'ARNm		
Filoviridae (Filovirus)	Oui	Virus Ebola (fièvre hémorragique)
Orthomyxoviridae (Orthomyxovirus) (voir les figures 19.3c et 19.9a)	Oui	Virus de la grippe
Paramyxoviridae (Morbillivirus, rubulavirus)	Oui	Virus de la rougeole (morbillivirus); virus des oreillons (rubulavirus)
Rhabdoviridae (Lyssavirus)	Oui	Virus rabique (rage)
VI. ARN monocaténaire (ARNsb); sert de matrice pour la synthèse de l'ADN		
Retroviridae (Lentivirus) (voir la figure 19.8)	Oui	Virus de l'immunodéficience humaine (VIH, sida); virus oncogènes à ARN (leucémie)

qu'un stress physique ou émotionnel déclenche une reprise de la production active de virus. L'infection d'autres cellules par ces nouveaux virus cause des vésicules qui caractérisent l'herpès, comme l'herpès labial ou l'herpès génital. Les personnes atteintes d'une infection herpétique sont sujettes à des épisodes infectieux récurrents tout au long de leur vie.

L'ARN en tant que matériel génétique viral

Certains phages et la plupart des virus qui parasitent les Végétaux sont des virus à ARN, mais c'est chez les virus qui infectent les Animaux que l'on observe la plus grande variété de génomes d'ARN. Parmi les trois types de génomes d'ARN monocaténaire présents dans les virus parasitant les Animaux, le génome des virus de la classe IV peut servir directement d'ARNm et être traduit en une protéine virale aussitôt après l'infection. La figure 19.7 illustre le cas d'un virus de la classe V dont le génome d'ARN sert de *matrice* pour la synthèse d'ARNm. Le génome d'ARN est transcrit en un brin d'ARN complémentaire, qui servira à la fois d'ARNm et de matrice pour la synthèse de nouvelles copies d'ARN génomique. Tous les virus qui synthétisent de l'ARNm par la voie ARN → ARN utilisent une enzyme virale capable d'assurer ce processus; il n'y a pas de telles enzymes dans la plupart des cellules. L'enzyme virale est emballée avec le génome viral à l'intérieur de la capside.

Parmi les virus à ARN qui parasitent les Animaux, les **rétrovirus** (*Retroviridae*, classe VI) ont les cycles de réplication les plus complexes. Ces virus possèdent en effet une enzyme spécifique, appelée **transcriptase inverse**, qui transcrit une matrice d'ARN en ADN (d'où l'inversion du mode de transmission de l'information génétique: ARN → ADN). Ce processus inusité est à l'origine du terme rétrovirus (en latin, *retro* signifie «en arrière»). Le **VIH** (**virus de l'immunodéficience humaine**), responsable du **sida** (**syndrome d'immunodéficience acquise**), est un rétrovirus qui revêt une importance particulière. Le VIH et d'autres rétrovirus sont des virus à enveloppe comportant deux molécules identiques d'ARN monocaténaire et deux molécules de transcriptase inverse.

La **figure 19.8** illustre le cycle de réplication du VIH, qui est semblable à celui de nombreux autres rétrovirus. Après avoir pénétré dans une cellule hôte, le VIH libère dans le cytoplasme ses molécules de transcriptase inverse où elles catalysent la synthèse de l'ADN viral. L'ADN viral nouvellement formé s'introduit alors dans le noyau de la cellule et s'insère dans l'ADN d'un chromosome. L'ADN viral inséré, appelé **provirus**, ne quitte jamais le génome de l'hôte et reste un résident permanent de la cellule. (Souvenez-vous qu'un prophage, au contraire, quitte le génome de la cellule hôte au début du cycle lytique.) L'ARN polymérase de la cellule hôte le transcrit alors en molécules d'ARN; il peut s'agir soit d'ARNm servant à la synthèse de protéines virales, soit du génome de nouveaux virus, qui seront assemblés et libérés par la cellule. Au chapitre 43, nous décrirons comment le VIH cause la déficience du système immunitaire qui caractérise le sida.

L'évolution des Virus

ÉVOLUTION En ouverture de chapitre, nous nous sommes demandé si les Virus sont des êtres vivants et, en étudiant leurs propriétés, nous venons de constater qu'ils ne se conforment

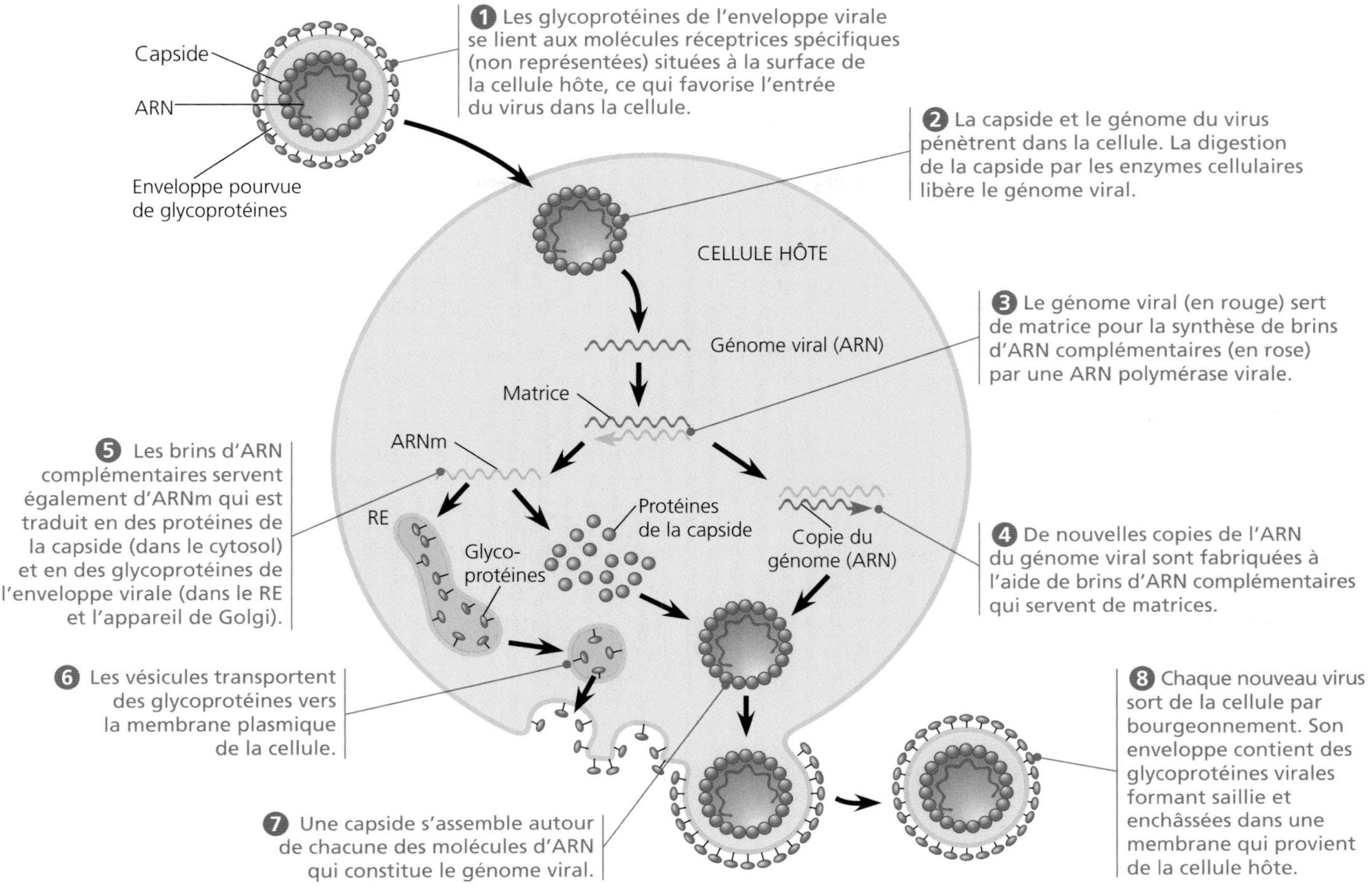

Capside
ARN
Enveloppe pourvue de glycoprotéines
1 Les glycoprotéines de l'enveloppe virale se lient aux molécules réceptrices spécifiques (non représentées) situées à la surface de la cellule hôte, ce qui favorise l'entrée du virus dans la cellule.
2 La capside et le génome du virus pénètrent dans la cellule. La digestion de la capside par les enzymes cellulaires libère le génome viral.
CELLULE HÔTE
Génome viral (ARN)
3 Le génome viral (en rouge) sert de matrice pour la synthèse de brins d'ARN complémentaires (en rose) par une ARN polymérase virale.
Matrice
ARNm
5 Les brins d'ARN complémentaires servent également d'ARNm qui est traduit en des protéines de la capside (dans le cytosol) et en des glycoprotéines de l'enveloppe virale (dans le RE et l'appareil de Golgi).
RE
Glyco-protéines
Protéines de la capside
Copie du génome (ARN)
4 De nouvelles copies de l'ARN du génome viral sont fabriquées à l'aide de brins d'ARN complémentaires qui servent de matrices.
6 Les vésicules transportent des glycoprotéines vers la membrane plasmique de la cellule.
8 Chaque nouveau virus sort de la cellule par bourgeonnement. Son enveloppe contient des glycoprotéines virales formant saillie et enchâssées dans une membrane qui provient de la cellule hôte.
7 Une capside s'assemble autour de chacune des molécules d'ARN qui constitue le génome viral.

▲ **Figure 19.7 Le cycle de réplication d'un virus enveloppé à ARN.** Le virus illustré ici est constitué d'un génome d'ARN monocaténaire qui sert de matrice pour la synthèse de l'ARNm. Certains virus enveloppés pénètrent dans la cellule hôte en fusionnant leur enveloppe avec la membrane plasmique de la cellule ; d'autres virus entrent par endocytose. Pour tous les virus à ARN pourvus d'une enveloppe, la formation de nouvelles enveloppes pour les virus de la génération suivante se produit selon le mécanisme illustré dans cette figure.

? *Nommez un virus qui vous a infecté et qui possède un cycle de réplication correspondant à celui illustré dans cette figure. (Voir le tableau 19.1.)*

pas tout à fait à notre définition des organismes vivants. Quand un virus est isolé, il est biologiquement inerte et il ne peut recopier ses gènes ni reconstituer sa réserve d'ATP. Cependant, son programme génétique est écrit dans le langage universel de la vie. Alors, devons-nous considérer les Virus comme les associations moléculaires naturelles les plus complexes ou comme les formes de vie les plus simples? Quoi qu'il en soit, ils nous forcent à revoir les définitions auxquelles nous sommes habitués. Bien que les Virus soient incapables de se répliquer ou d'effectuer des activités métaboliques de façon autonome, on ne peut nier, du point de vue de l'évolution, leur parenté avec le monde vivant.

Comment les Virus sont-ils apparus? On a trouvé des virus qui infectent toute forme de vie, non seulement les Bactéries, les Animaux et les Végétaux, mais également les Archées, les Eumycètes et les Algues ainsi que d'autres Protistes. Puisque leur réplication ne peut se faire en l'absence de cellules, il est probable qu'ils ne descendent pas de formes de vie précellulaires et qu'ils sont apparus *après* les premières cellules, peut-être à de nombreuses reprises. La plupart des spécialistes de la biologie moléculaire penchent pour l'hypothèse selon laquelle les Virus proviennent de morceaux d'acide nucléique nus qui passaient d'une cellule à l'autre en traversant les surfaces cellulaires endommagées. L'apparition de gènes codant pour les protéines de capsides a pu faciliter l'infection de cellules saines. Les précurseurs les plus probables des génomes viraux sont deux types d'éléments génétiques cellulaires nommés plasmides et transposons. Les *plasmides* sont de petites molécules d'ADN circulaires. On les trouve chez les Bactéries et chez les levures, des Eucaryotes unicellulaires. Distincts du génome cellulaire, les plasmides peuvent se répliquer indépendamment et, dans certains cas, passer d'une cellule à l'autre. Quant aux *transposons*, ce sont des segments d'ADN capables de se déplacer à l'intérieur du génome d'une même cellule. Les plasmides, les transposons et les Virus partagent donc une caractéristique importante : ce sont des *composantes génétiques mobiles*. Nous traiterons des plasmides plus en détail aux chapitres 20 et 27, et des transposons au chapitre 21.

Effectivement, cette vision de morceaux d'ADN faisant la navette d'une cellule à l'autre est compatible avec le fait que le génome d'un virus peut ressembler davantage à celui de sa cellule hôte qu'à celui de virus infectant d'autres hôtes. Certains

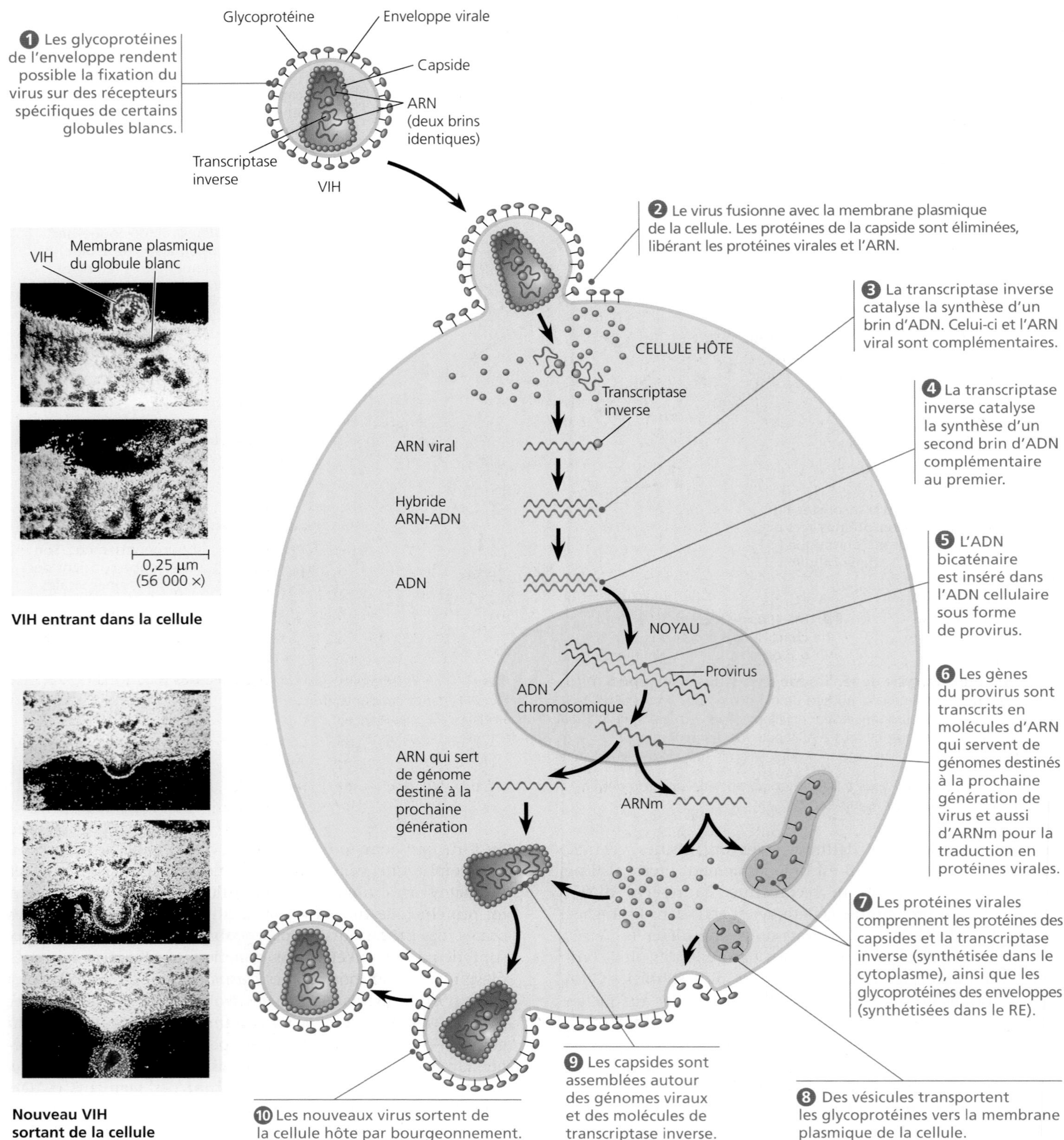

1 Les glycoprotéines de l'enveloppe rendent possible la fixation du virus sur des récepteurs spécifiques de certains globules blancs.
Glycoprotéine
Enveloppe virale
Capside
ARN (deux brins identiques)
Transcriptase inverse
VIH
2 Le virus fusionne avec la membrane plasmique de la cellule. Les protéines de la capside sont éliminées, libérant les protéines virales et l'ARN.
VIH
Membrane plasmique du globule blanc
0,25 µm (56 000 ×)
VIH entrant dans la cellule
CELLULE HÔTE
Transcriptase inverse
3 La transcriptase inverse catalyse la synthèse d'un brin d'ADN. Celui-ci et l'ARN viral sont complémentaires.
4 La transcriptase inverse catalyse la synthèse d'un second brin d'ADN complémentaire au premier.
ARN viral
Hybride ARN-ADN
ADN
5 L'ADN bicaténaire est inséré dans l'ADN cellulaire sous forme de provirus.
NOYAU
Provirus
ADN chromosomique
6 Les gènes du provirus sont transcrits en molécules d'ARN qui servent de génomes destinés à la prochaine génération de virus et aussi d'ARNm pour la traduction en protéines virales.
ARN qui sert de génome destiné à la prochaine génération
ARNm
7 Les protéines virales comprennent les protéines des capsides et la transcriptase inverse (synthétisée dans le cytoplasme), ainsi que les glycoprotéines des enveloppes (synthétisées dans le RE).
Nouveau VIH sortant de la cellule
10 Les nouveaux virus sortent de la cellule hôte par bourgeonnement.
9 Les capsides sont assemblées autour des génomes viraux et des molécules de transcriptase inverse.
8 Des vésicules transportent les glycoprotéines vers la membrane plasmique de la cellule.

▲ **Figure 19.8 Le cycle de réplication du VIH, le rétrovirus responsable du sida.** Notez à l'étape 5 que l'ADN synthétisé à partir du génome de l'ARN viral est inséré sous forme de provirus dans l'ADN chromosomique de la cellule hôte, une caractéristique unique aux rétrovirus. Pour faciliter la compréhension, les protéines de surface cellulaire, qui agissent comme récepteurs du VIH, ne sont pas illustrées. Les clichés à gauche (MET, colorés artificiellement) montrent le VIH entrant dans un globule blanc humain et en sortant.

FAITES DES LIENS *À la figure 7.11 (p. 145), vous avez appris comment le VIH se lie aux cellules. Décrivez ce que l'on sait au sujet de cette liaison et comment on l'a découvert.*

gènes viraux sont même pratiquement identiques à ceux de l'hôte. D'un autre côté, le séquençage récent de nombreux génomes viraux a montré que les séquences génétiques de certains virus sont tout à fait similaires à celles de virus semblant peu apparentés (tels qu'un virus parasitant un animal et un virus attaquant une plante). La similitude génétique pourrait être l'expression de la persistance de groupes de gènes viraux qui ont connu du succès au cours des débuts de l'évolution des Virus et des Eucaryotes qui leur servaient de cellules hôtes.

Le débat autour de l'origine des Virus a été relancé récemment par des observations effectuées sur le mimivirus, le virus le plus gros jamais découvert. Le mimivirus est un virus à ADN bicaténaire muni d'une capside icosaédrique; il mesure 400 nm de diamètre. (Le début de son nom est une contraction de *mimicking microbe* parce que le virus est de la taille d'une petite bactérie.) Son génome contient 1,2 million de bases (environ 100 fois le nombre du génome du virus de la grippe) et près de 1 000 gènes. Toutefois, l'aspect le plus surprenant du mimivirus est peut-être que certains de ses gènes semblent coder pour des produits qu'on croyait auparavant réservés aux génomes cellulaires. Ces produits comprennent des protéines qui participent à la traduction, à la réparation de l'ADN, au repliement des protéines et à la synthèse des polysaccharides. Les chercheurs qui ont décrit le mimivirus ont conclu qu'il est probablement apparu *avant* les premières cellules et qu'il a ensuite établi une relation exploitante avec celles-ci. D'autres scientifiques n'appuient pas cette hypothèse et soutiennent que le virus est apparu plus récemment que les cellules et qu'il a simplement «pillé» efficacement les gènes de ses hôtes. Est-ce que certains virus méritent d'avoir leur propre branche dans l'arbre de la vie? Pour quelque temps encore, il est impossible de répondre à cette question.

C'est parce que la relation continue entre les virus et le génome de leurs cellules hôtes est liée à l'évolution que les virus constituent des systèmes expérimentaux si utiles en biologie moléculaire. Les connaissances sur les virus permettent également de nombreuses applications pratiques, étant donné leur capacité à causer des maladies chez tous les organismes.

RETOUR SUR LE CONCEPT 19.2

1. Comparez l'effet d'un phage lytique (virulent) et d'un phage lysogénique (tempéré) sur une cellule hôte.
2. FAITES DES LIENS Le virus à ARN décrit à la figure 19.7 possède une ARN polymérase virale qui fonctionne à l'étape 3 du cycle de réplication des virus. Comparez cette ARN polymérase à celle de la figure 17.9 (p. 386) en termes de matrice et de fonction d'ensemble.
3. Pourquoi le VIH est-il qualifié de rétrovirus?
4. ET SI? Si vous étiez un chercheur qui essaie de combattre le virus de l'immunodéficience humaine (VIH), quels processus moléculaires tenteriez-vous de bloquer? (Voir la figure 19.8.)

Voir les réponses proposées à la fin du chapitre.

CONCEPT 19.3

Les Virus, les viroïdes et les prions sont des agents pathogènes redoutables qui affectent les Animaux et les Végétaux

Les maladies causées par les infections virales touchent les humains, les récoltes et le bétail partout dans le monde. D'autres entités, plus petites et moins complexes, appelées viroïdes et prions, provoquent également des maladies chez les Végétaux et les Animaux, respectivement.

Les maladies virales chez les Animaux

Une infection virale peut produire des symptômes par divers moyens. Les virus peuvent endommager ou tuer des cellules en provoquant la libération des enzymes hydrolytiques contenues dans les lysosomes. Certains forcent les cellules infectées à produire des toxines causant les symptômes de la maladie. D'autres encore possèdent des composantes moléculaires toxiques (telles que les protéines de l'enveloppe). L'étendue des dégâts suscités par un virus dépend en partie de la capacité du tissu infecté à se régénérer par division cellulaire. Habituellement, nous nous remettons complètement d'un rhume parce que l'épithélium des voies respiratoires se reconstitue facilement de lui-même après une infection virale. Par contre, les lésions infligées par le poliovirus (un entérovirus) à des cellules nerveuses sont irréversibles parce que ces cellules ne se divisent pas et ne peuvent donc pas être remplacées. De nombreux symptômes passagers qui accompagnent les infections virales (fièvre, douleurs) sont la conséquence des réactions de défense de l'organisme contre l'infection plutôt que de la mort des cellules causée par le virus.

Le système immunitaire est une composante complexe et essentielle des moyens de défense naturels de l'organisme (voir le chapitre 43). C'est sur l'intervention de ce système que repose le principe de la vaccination. (C'est l'un des principaux outils de prévention des maladies virales.) Les **vaccins** sont des variantes ou des dérivés inoffensifs d'un agent pathogène; ils stimulent le système immunitaire de façon à préparer sa défense contre l'agent pathogène nocif. La variole, une maladie qui a constitué pendant longtemps un terrible fléau dans de nombreuses régions du monde, a été éradiquée par un programme de vaccination mené par l'Organisation mondiale de la Santé (OMS). L'étroitesse du spectre d'hôtes du virus de la variole (il ne s'attaque qu'aux humains) s'est avérée importante dans cette entreprise fructueuse. Des campagnes de vaccination semblables sont actuellement en voie d'éradiquer la poliomyélite et la rougeole. Il existe des vaccins efficaces contre la rubéole, les oreillons, l'hépatite B et bon nombre d'autres maladies virales.

Si les vaccins permettent de prévenir certaines maladies virales, la médecine actuelle ne réussit généralement pas à guérir les infections virales une fois qu'elles se sont déclenchées. Les antibiotiques, qui nous permettent de lutter contre les infections bactériennes, n'ont aucun effet sur les Virus. Ces médicaments tuent les bactéries en inhibant les enzymes propres aux bactéries, mais ils ne peuvent bloquer les enzymes codées par un organisme eucaryote ou par un virus.

Cependant, les quelques enzymes virales placées sous le contrôle du génome des virus ont fourni des cibles pour d'autres médicaments. La plupart des médicaments antiviraux ressemblent à des nucléosides, de sorte qu'ils empêchent la synthèse des acides nucléiques viraux. L'un de ces produits est l'acyclovir, qui empêche la réplication de l'herpèsvirus en inhibant la polymérase virale qui synthétise l'ADN viral. De façon analogue, la zidovudine (ou azidothymidine, AZT) freine la réplication du VIH en entravant la synthèse de l'ADN par la transcriptase inverse. Au cours des deux dernières décennies, des efforts considérables ont été consacrés à la mise au point de médicaments contre le VIH. Actuellement, on constate que les multithérapies, parfois appelées cocktails, sont les plus efficaces. De tels traitements comprennent habituellement une combinaison de deux analogues de nucléosides et d'un inhibiteur de protéase qui interfère avec une enzyme requise pour l'assemblage de particules des virus.

Les nouveaux virus

On qualifie de *nouveaux virus* ceux qui semblent faire leur apparition soudainement. Le VIH, ou virus du sida, en est un exemple classique: ce virus, jusque-là inconnu, est apparu à San Francisco au début des années 1980, bien que des études postérieures aient permis de découvrir un cas au Congo belge, en 1959. Le virus Ebola, découvert en 1976, en Afrique centrale, est un nouveau virus qui cause une *fièvre hémorragique*, un syndrome (un ensemble de symptômes) souvent fatal qui se caractérise par de la fièvre, des vomissements, des hémorragies internes et externes et un collapsus cardiovasculaire. Certains nouveaux virus causent une encéphalite (une inflammation du cerveau). On peut citer l'exemple du virus du Nil occidental, qui est apparu pour la première fois en Amérique du Nord en 1999 et s'est propagé dans les 48 États limitrophes des États-Unis.

En avril 2009, une flambée générale, ou **épidémie**, d'une maladie semblable à la grippe est apparue au Mexique et aux États-Unis. L'agent infectieux a rapidement été identifié comme étant un virus de la grippe apparenté aux virus qui causent la grippe saisonnière (**figure 19.9a**). Ce virus particulier a été nommé H1N1 pour des raisons que nous expliquerons un peu plus loin. La maladie virale s'est propagée rapidement, forçant l'OMS à déclarer une épidémie à l'échelle mondiale, ou **pandémie**, en juin 2009. En novembre, la maladie avait atteint 207 pays, infectant plus de 600 000 personnes et en tuant près de 8 000. Les services de santé publique ont réagi rapidement en émettant des directives pour fermer les écoles et d'autres lieux publics afin de ralentir la propagation du virus; la mise au point d'un vaccin et les efforts de dépistage ont été accélérés (**figure 19.9b**).

Comment ces souches virales sont-elles apparues sur la scène humaine, engendrant des maladies graves autrefois rares ou inconnues? Trois phénomènes contribuent à l'émergence de maladies virales. Le premier, la mutation de virus existants, est peut-être le plus important. Les virus à ARN ont un taux de mutation exceptionnellement élevé, parce que les erreurs dans la réplication de leurs génomes d'ARN ne sont pas corrigées par les étapes de «correction d'épreuves». Certaines mutations modifient les virus existants en nouvelles variantes génétiques (souches) capables de rendre malades des individus immunisés contre le virus ancestral. Par exemple, les épidémies de grippe saisonnière sont dues à de nouvelles souches de virus génétiquement assez différentes des souches précédentes; c'est pourquoi l'immunité acquise lors d'infections grippales précédentes a peu d'effets sur les suivantes.

Un deuxième phénomène qui peut conduire à l'émergence de maladies virales est la propagation d'une maladie virale à partir d'une petite population isolée. Par exemple, le sida est passé pratiquement inaperçu pendant des décennies avant qu'on l'identifie et qu'il se propage dans le monde entier. Cette maladie, qui était rare chez les humains, est devenue un fléau mondial sous l'influence de facteurs technologiques et sociaux (le prix abordable des voyages internationaux, les transfusions sanguines, la promiscuité sexuelle et la consommation de drogues par voie intraveineuse).

Une troisième source de nouvelles maladies virales chez les humains est la propagation de virus provenant d'autres espèces animales. Les chercheurs estiment que près des trois quarts des nouvelles maladies humaines sont d'abord apparues chez d'autres animaux. On dit que les animaux qui hébergent et peuvent transmettre un virus particulier sans en souffrir eux-mêmes constituent un réservoir naturel pour ce virus. Par exemple, la pandémie de grippe de 2009 que nous venons

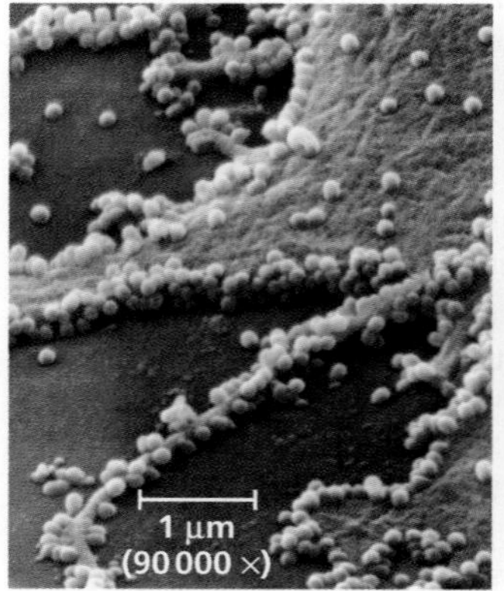

(a) Virus de la grippe A (H1N1) pandémique de 2009. On voit les virus (en bleu) sur une cellule infectée (en vert) dans cette MET colorée.

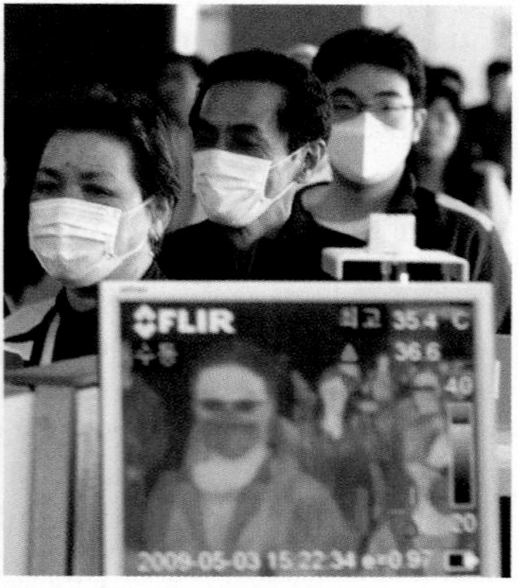

(b) Dépistage de la pandémie de 2009. Dans un aéroport de la Corée du Sud, des caméras thermiques à balayage ont été utilisées pour détecter les passagers fiévreux qui pourraient être atteints de la grippe H1N1.

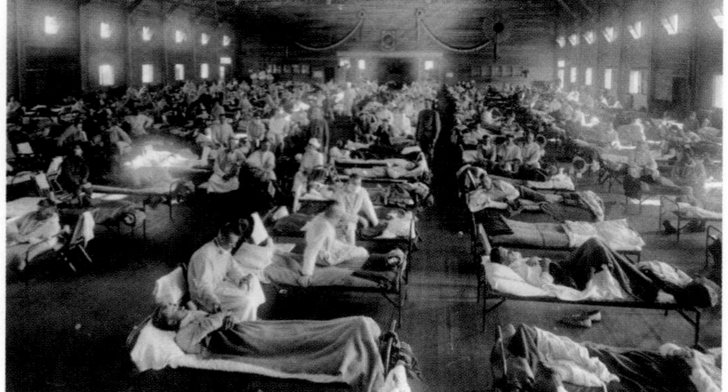

(c) Pandémie de grippe de 1918. Un grand nombre de ceux qui ont été infectés au cours de la pire épidémie de grippe dans les 100 dernières années ont été traités dans de grands hôpitaux improvisés, comme celui-ci.

▲ **Figure 19.9 La grippe chez les humains.**

d'évoquer a probablement été transmise aux humains par les porcs; c'est pour cette raison que cette maladie a d'abord été appelée «grippe porcine».

En général, les épidémies de grippe fournissent un exemple riche en enseignements sur les effets des virus qui effectuent des passages entre les espèces. Il existe trois types de virus de la grippe: les types B et C, qui infectent seulement les humains et n'ont jamais causé d'épidémie, et le type A, qui infecte une gamme étendue d'animaux, dont les oiseaux, les porcs, les chevaux et les humains. Les souches de grippe A ont causé quatre épidémies importantes de grippe chez les humains au cours des 100 dernières années. La première a été la pire; la pandémie de «grippe espagnole» de 1918-1919 a tué environ 40 millions de personnes, dont de nombreux soldats de la Première Guerre mondiale (**figure 19.9c**).

Différentes souches de grippe A ont reçu des noms officiels; par exemple, la souche qui a causé la grippe en 1918 et celle qui a causé la pandémie de 2009 ont été appelées H1N1. Cette dénomination permet de connaître les différents types d'hémagglutinine (H) et de neuraminidase (N), deux protéines que les virus de la grippe portent à leur surface. Il existe 16 différents types d'hémagglutinine, qui facilite l'attachement du virus aux cellules hôtes, et 9 types de neuraminidase, une enzyme qui aide à libérer de nouvelles particules virales des cellules infectées. On a trouvé des oiseaux aquatiques qui transportent des virus ayant toutes les combinaisons possibles de H et de N.

Selon un scénario plausible pour la pandémie de 1918 et pour celles qui ont suivi, le virus a subi une mutation en passant d'une espèce hôte à une autre. Lorsqu'un animal, tel un porc ou un oiseau, est infecté au même moment par plus d'une souche de virus de la grippe, les différentes souches peuvent subir une recombinaison génétique si les molécules d'ARN composant leurs génomes se combinent au cours de l'assemblage viral. Il semble que les porcs aient été le terrain propice au virus de la grippe de 2009, car son génome comporte des séquences provenant des virus de la grippe aviaire, porcine et humaine. Couplés à une mutation, ces réassortiments peuvent mener à l'émergence d'une souche virale qui est capable d'infecter les cellules humaines. Les humains qui n'ont jamais été exposés à cette souche particulière auparavant seront dépourvus d'immunité, et le virus recombinant possède un potentiel de pathogénicité élevé. Si un tel virus de la grippe se recombine avec des virus qui circulent librement parmi les humains, il peut acquérir la capacité de se propager facilement d'une personne à l'autre, augmentant de façon spectaculaire le potentiel d'une épidémie humaine majeure.

Bien que la grippe H1N1 de 2009 ait été déclarée une pandémie, le nombre de morts a été significativement plus faible que dans le cas de la grippe de 1918. Il faut noter, cependant, que 79% des cas confirmés de H1N1 en 2009 sont apparus chez les moins de 30 ans, et que les taux de mortalité les plus élevés sont survenus chez les personnes âgées de moins de 64 ans, contrairement à ce que l'on observe pour la grippe saisonnière. Certains scientifiques ont avancé l'hypothèse que le virus de la grippe de 1918 serait l'ancêtre de la plupart des virus responsables des épidémies subséquentes, incluant celui de la pandémie de 2009. Comme les personnes plus âgées ont probablement été exposées à des virus H1N1 plus anciens, il se peut qu'elles aient été immunisées lors des contacts précédents. Cela pourrait expliquer pourquoi les plus jeunes couraient plus de risques de contracter le virus H1N1 de 2009 et d'en mourir: ils étaient moins susceptibles d'avoir été exposés aux virus H1N1 et d'avoir acquis des défenses immunologiques.

La grippe aviaire causée par le virus H5N1 porté par des oiseaux sauvages et domestiques constitue une menace à long terme probablement encore plus grande. La première transmission aux humains que l'on ait documentée a été observée en 1997, lorsque 18 personnes à Hong Kong ont été infectées et que 6 en sont mortes. Alors que le virus de la grippe de 2009 s'est propagé facilement d'un humain à l'autre, les cas rapportés de transmission interhumaine de la grippe aviaire H5N1 sont très rares. Le taux de mortalité global du virus H5N1, qui est supérieur à 50%, est cependant plus inquiétant. De plus, le spectre d'hôtes de H5N1 est en expansion, augmentant par le fait même le nombre d'occasions favorisant le réassortiment du matériel génétique de différentes souches de virus et l'émergence de nouvelles souches. Si le virus de la grippe aviaire H5N1 évolue de façon à pouvoir se propager de personne à personne, il pourrait représenter une menace importante à la santé dans le monde qui s'apparenterait à celle de la pandémie de 1918.

Comme nous l'avons vu précédemment, les virus que nous qualifions de nouveaux ne sont pas véritablement «nouveaux». Ce sont plutôt des virus préexistants qui subissent des mutations, se disséminent plus largement chez les espèces hôtes déjà touchées ou affectent de nouvelles espèces. Les modifications de l'environnement et celles du comportement des hôtes peuvent faciliter leur propagation. Par exemple, les nouvelles routes qui conduisent à des régions reculées permettent parfois à des virus d'atteindre des populations humaines jusque-là isolées les unes des autres. En outre, la destruction des forêts au profit des terres agricoles peut mettre des humains en contact avec d'autres espèces animales pouvant héberger des virus susceptibles de les infecter, eux.

Les maladies virales chez les Végétaux

Plus de 2 000 types de maladies virales connues s'attaquent aux Végétaux; dans le monde entier, on leur attribue des pertes annuelles évaluées à 15 milliards de dollars, en agriculture et en horticulture. Les symptômes communs d'une infection virale se manifestent par la décoloration ou le brunissement des feuilles ou des fruits, par des ralentissements de croissance ou par des lésions aux racines; tous ces défauts finissent par diminuer le rendement et la qualité des récoltes (**figure 19.10**).

Les virus qui attaquent les Végétaux possèdent la même structure de base et le même mode de réplication que les virus des Animaux. La majorité d'entre eux, dont le virus de la mosaïque du tabac, possèdent un génome d'ARN. Beaucoup possèdent une capside hélicoïdale; c'est le cas, par exemple, du virus de la mosaïque du tabac. D'autres ont une capside icosaédrique (voir la figure 19.3).

Les maladies virales des Végétaux se propagent principalement par deux voies: la transmission horizontale et la transmission verticale. La *transmission horizontale* est l'infection d'une plante par une source externe. Le virus envahisseur doit traverser la couche de cellules protectrices externes (l'épiderme) de la plante; celle-ci est plus vulnérable aux infections

► Figure 19.10 L'infection virale de plantes. L'infection due à des virus spécifiques cause des plaques brunes irrégulières sur des tomates (à gauche), des marbrures noires sur cette courge d'été (au centre) et des traînées de couleurs sur une tulipe par suite de la redistribution de granules de pigments (photo de droite).

virales si elle a été endommagée par le vent, le froid, une blessure ou des herbivores. Les herbivores, notamment les insectes (comme les pucerons), représentent une menace en partie parce qu'ils agissent aussi comme des vecteurs et qu'ils propagent une maladie virale d'une plante à une autre. De plus, les agriculteurs et les jardiniers eux-mêmes peuvent transmettre des virus de plantes involontairement, par l'intermédiaire de leurs sécateurs ou d'autres outils. Quant à la *transmission verticale*, elle se caractérise par la transmission de l'infection virale d'une plante par une plante mère. Elle peut également se produire lors de la reproduction asexuée (par les boutures, par exemple) ou lors de la reproduction sexuée par l'intermédiaire de semences infectées.

Une fois qu'un virus a pénétré dans une cellule végétale et qu'il a commencé à se répliquer, les génomes viraux et leurs protéines associées se répandent dans l'ensemble de la plante en passant par les plasmodesmes (les canaux cytoplasmiques qui traversent les parois entre les cellules végétales voisines) (voir la figure 36.20, p. 908). Le passage de macromolécules virales d'une cellule à l'autre est facilité par les protéines codées par les gènes viraux qui provoquent l'élargissement de ces canaux. Les agronomes n'ont trouvé aucun remède contre la plupart des maladies virales touchant les Végétaux. Par conséquent, ils cherchent surtout à empêcher leur propagation et à produire des variétés génétiques de cultures relativement résistantes à certains virus.

Les viroïdes et les prions: les agents infectieux les plus simples

Bien qu'ils aient de très petites dimensions et une structure très simple, les Virus sont encore beaucoup plus gros que les **viroïdes**, une autre catégorie de pathogènes. Il s'agit de molécules d'ARN circulaire, d'une longueur de quelques centaines de nucléotides seulement, qui infectent certaines plantes. Les viroïdes ne codent pas pour des protéines, mais ils peuvent se répliquer dans les cellules des plantes hôtes, apparemment par l'intermédiaire des enzymes cellulaires. Ces petites molécules d'ARN semblent produire des erreurs dans le système régulateur de la croissance végétale. Les symptômes généralement associés aux maladies à viroïdes sont un développement anormal et un ralentissement de la croissance. Le cadang cadang, une maladie provoquée par un viroïde identifié en 1975, tue chaque année plusieurs dizaines de milliers de cocotiers (*Cocos nucifera*) aux Philippines (plus de 10 millions à ce jour).

Comme on le constate dans le cas des viroïdes, une simple molécule peut constituer un agent infectieux susceptible de propager une maladie. Il reste que les viroïdes sont des acides nucléiques, et que ceux-ci sont bien connus pour leur capacité de réplication. Les indices concernant l'existence des *protéines* infectieuses appelées **prions** sont encore plus étonnants. Les prions semblent causer diverses maladies dégénératives du cerveau chez différentes espèces animales, dont la tremblante du mouton, l'encéphalopathie spongiforme bovine (la «maladie de la vache folle», qui a ravagé le secteur de l'élevage bovin en Europe au cours des dernières années) et la maladie de Creutzfeldt-Jacob chez les humains, responsable de la mort de 150 Britanniques au cours de la dernière décennie. Les prions sont très probablement transmis par les aliments, par exemple lorsque des personnes consomment de la viande de bœuf provenant d'animaux atteints de la maladie de la vache folle. Le kuru, une autre maladie humaine causée par des prions, s'est manifesté au début du 20e siècle chez la peuplade des Fores de la Nouvelle-Guinée. Une épidémie de kuru a culminé dans les années 1960, laissant perplexes les scientifiques, qui ont d'abord cru à une susceptibilité génétique de la population. Cependant, des recherches anthropologiques ont finalement permis de découvrir le mode de transmission de la maladie, qui est relié aux rites anthropophagiques, une pratique répandue à cette époque chez les indigènes du sud Fore.

Deux caractéristiques des prions sont particulièrement inquiétantes. La première est leur action très lente; la période d'incubation avant l'apparition des symptômes s'élève à au moins dix ans. Cette longue période d'incubation empêche les sources d'infection d'être identifiées après l'apparition du premier cas, ce qui favorise pendant longtemps la transmission de l'infection et l'augmentation du nombre de cas. La deuxième caractéristique alarmante est le fait que les prions sont à peu près indestructibles; l'exposition à des températures normales de cuisson ne peut ni les détruire ni les désactiver. À ce jour, il n'existe aucun remède connu contre les maladies à prion; le seul espoir de trouver des traitements efficaces repose sur la compréhension du mécanisme de l'infection. Un espoir pointe toutefois à l'horizon: en 2005, des chercheurs ont mis au point une technique permettant l'étude des prions *in vitro* (en utilisant des cultures de cellules nerveuses) plutôt que *in vivo*, ce qui permet d'obtenir des résultats beaucoup plus rapidement.

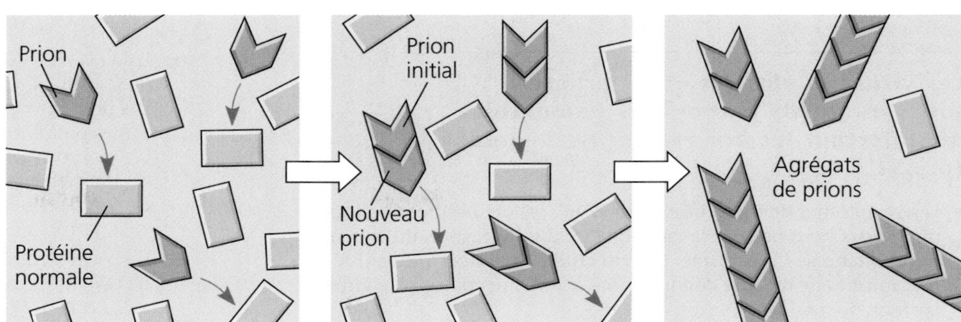

► **Figure 19.11 Le modèle du mode de propagation des prions.** Les prions sont des variantes mal configurées de protéines cérébrales normales. Lorsqu'il entre en contact avec une version normale de la même protéine, un prion la contraint à prendre la forme anormale qui le caractérise. Le nouveau prion transforme à son tour une autre protéine, et ainsi de suite. La réaction en chaîne ainsi amorcée peut se poursuivre jusqu'à ce que des taux élevés d'agrégation de prions entravent le fonctionnement des cellules et aboutissent à la dégénérescence du cerveau.

Comment une protéine incapable de se répliquer peut-elle devenir un agent pathogène transmissible? Selon le modèle le plus plausible, un prion est une variante mal configurée d'une protéine normalement présente dans les cellules du cerveau. Lorsqu'il pénètre dans une cellule contenant une protéine sous sa configuration normale, un prion transforme les molécules de cette protéine normale en prion. Plusieurs prions se regroupent alors en un complexe capable de transformer d'autres protéines normales en prions qui se joignent à la chaîne (**figure 19.11**). L'agrégation des prions interfère avec les fonctions cellulaires normales et cause les symptômes de la maladie. Ce modèle a été reçu avec beaucoup de scepticisme quand il a été proposé la première fois par Stanley Prusiner au début des années 1980, mais il est aujourd'hui largement accepté. Prusiner a reçu un prix Nobel en 1997 pour ses travaux sur les prions.

RETOUR SUR LE CONCEPT 19.3

1. Décrivez deux façons pour un virus préexistant de devenir un nouveau virus.
2. Comparez la transmission horizontale et la transmission verticale des virus chez les Végétaux.
3. **ET SI?** Le virus de la mosaïque du tabac a été retrouvé dans à peu près tous les produits commerciaux du tabac. Pourquoi, alors, ce virus n'est-il pas un danger supplémentaire pour les fumeurs?

Voir les réponses proposées à la fin du chapitre.

RÉVISION DU CHAPITRE 19

RÉSUMÉ DES CONCEPTS CLÉS

CONCEPT 19.1

Un virus est constitué d'acide nucléique entouré d'une coque de protéines (p. 442 à 444)

- Les chercheurs ont découvert les Virus à la fin du 19e siècle alors qu'ils étudiaient une maladie des plantes, la maladie de la mosaïque du tabac.
- Un **virus** est constitué d'un petit génome d'acide nucléique enfermé dans une **capside** de protéines et, parfois, recouvert d'une **enveloppe membraneuse** contenant des protéines virales qui facilitent l'entrée des virus dans les cellules. Le génome peut être formé d'ADN monocaténaire ou bicaténaire, ou encore d'ARN monocaténaire ou bicaténaire.

? *Les Virus sont-ils généralement considérés comme des organismes vivants ou non vivants? Expliquez votre réponse.*

CONCEPT 19.2

Les Virus ne peuvent se répliquer qu'à l'intérieur de cellules hôtes (p. 444 à 451)

- Les Virus se répliquent à l'aide des enzymes, des ribosomes et des petites molécules de leur cellule hôte. Chaque type de Virus a un **spectre d'hôtes** qui lui est propre.
- Les **phages** (virus qui infectent les bactéries) peuvent se répliquer par deux mécanismes possibles: le **cycle lytique** et le **cycle lysogénique**.

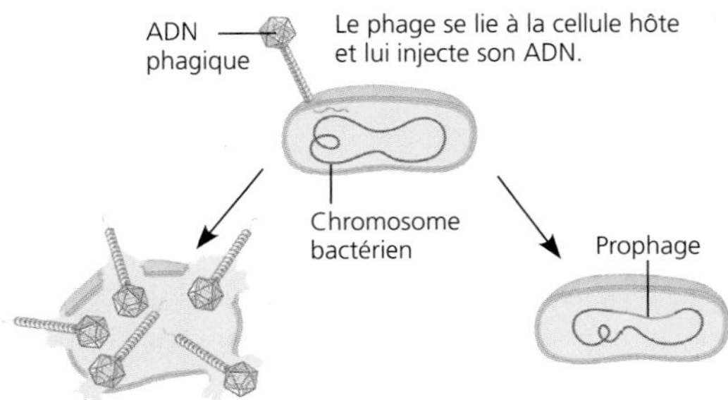

Cycle lytique
- **Phage virulent** ou **tempéré**
- Destruction de l'ADN de l'hôte
- Production de nouveaux phages
- La lyse de la cellule hôte cause la libération de phages descendants

Cycle lysogénique
- **Phage tempéré** seulement
- Le génome s'insère dans le chromosome bactérien comme **prophage**, qui (1) est répliqué et passe aux cellules filles et (2) peut être induit à quitter le chromosome et à amorcer le cycle lytique

- De nombreux virus parasites des Animaux sont pourvus d'une enveloppe. Les **rétrovirus** (comme le **VIH**) transcrivent leur génome d'ARN en ADN. Ils le font à l'aide de l'enzyme appelée **transcriptase inverse**. L'ADN peut ensuite s'insérer dans le génome de l'hôte sous forme de **provirus**.
- Étant donné qu'ils ne peuvent se répliquer qu'à l'intérieur de cellules, les Virus sont probablement apparus après les premières cellules, peut-être sous la forme de fragments d'acide nucléique cellulaire entourés d'une coque. L'origine des Virus fait encore l'objet de débats.

? *Décrivez les enzymes que l'on ne rencontre pas dans la plupart des cellules, mais qui sont nécessaires à la réplication de Virus de certains types.*

CONCEPT 19.3

Les Virus, les viroïdes et les prions sont des agents pathogènes redoutables qui affectent les Animaux et les Végétaux (p. 451 à 455)

- Les symptômes de l'infection virale d'une cellule résultent de l'action directe des virus ou sont la conséquence d'une réaction du système immunitaire de l'organisme. Les **vaccins** antiviraux stimulent les mécanismes de défense de l'hôte contre une infection par le virus correspondant.
- Les « nouveaux virus » qui provoquent des épidémies chez les humains sont généralement des virus préexistants qui ont étendu leur spectre d'hôtes. Le virus de la grippe H1N1 de 2009 était une combinaison nouvelle de gènes viraux porcins, humains et aviaires qui a causé une pandémie. Le virus de la grippe aviaire H5N1 a le potentiel de causer une pandémie de grippe hautement mortelle.
- Les virus pénètrent dans les cellules végétales par la paroi cellulaire endommagée (transmission horizontale) ou bien ils sont hérités d'un parent (transmission verticale).
- Les **viroïdes** sont des molécules d'ARN nues qui infectent les Végétaux et entravent leur croissance. Les **prions** sont des protéines infectieuses pratiquement indestructibles qui agissent lentement. Ils provoquent des maladies du cerveau chez les Mammifères.

? *Quelle caractéristique d'un virus à ARN le rend plus susceptible qu'un virus à ADN de devenir un nouveau virus?*

ÉVALUATION

NIVEAU 1: CONNAISSANCES ET COMPRÉHENSION

1. Quel composant ou quel mécanisme parmi les suivants est commun aux Bactéries et aux Virus?
a) Le métabolisme.
b) Les ribosomes.
c) Un matériel génétique constitué d'acide nucléique.
d) La division cellulaire.
e) Une existence indépendante.

2. Les « nouveaux » virus apparaissent par:
a) mutation des virus existants.
b) propagation des virus existants à de nouvelles espèces hôtes.
c) la propagation plus générale de virus existant dans l'espèce hôte.
d) Toutes les réponses ci-dessus.
e) Aucune des réponses ci-dessus.

3. Pour causer une pandémie humaine, le virus de la grippe aviaire H5N1 doit:
a) se propager aux Primates comme les chimpanzés.
b) se développer en virus avec un spectre d'hôtes différent.
c) devenir capable de transmission interhumaine.
d) apparaître indépendamment chez les poulets en Amérique du Nord et du Sud.
e) devenir beaucoup plus pathogène.

NIVEAU 2: APPLICATION ET ANALYSE

4. Une bactérie est infectée par un bactériophage assemblé à partir de la coque protéique d'un phage T2 et de l'ADN d'un phage T4. Les nouveaux phages produits dans la cellule hôte posséderaient:
a) les protéines de T2 et l'ADN de T4.
b) les protéines et l'ADN de T2.
c) un mélange de l'ADN et des protéines des deux phages.
d) les protéines et l'ADN de T4.
e) les protéines de T4 et l'ADN de T2.

5. Les virus à ARN ont besoin d'avoir leur propre provision de certaines enzymes, parce que:
a) la cellule hôte détruit rapidement les virus.
b) les cellules hôtes sont dépourvues des enzymes intervenant dans la réplication du génome viral.
c) ces enzymes traduisent l'ARNm viral en protéines.
d) ces enzymes traversent les membranes de la cellule hôte.
e) ces enzymes ne peuvent pas être produites dans la cellule hôte.

6. FAITES UN DESSIN Redessinez la figure 19.7 pour montrer le cycle de réplication d'un virus ayant un génome monocaténaire qui peut jouer le rôle d'ARNm (un virus de classe IV).

NIVEAU 3: SYNTHÈSE ET ÉVALUATION

7. LIEN AVEC L'ÉVOLUTION
Le succès de certains virus tient à leur capacité à évoluer rapidement à l'intérieur même de l'organisme infecté. Ces virus échappent aux défenses de l'hôte en mutant et en produisant des générations de virus qui changent d'aspect avant même que l'organisme puisse contre-attaquer. Les virus qui sont présents aux derniers stades de l'infection sont donc différents de ceux qui ont amorcé l'infection. Commentez ce phénomène en vous en servant comme d'un exemple d'évolution dans un microcosme. Quelles sont les lignées virales qui prédominent?

8. INTÉGRATION
Lorsque des bactéries infectent un animal, la quantité de bactéries présentes dans l'organisme de celui-ci s'accroît selon une courbe exponentielle (graphique A). Après l'infection d'un animal par un virus virulent présentant un cycle de réplication lytique, il n'y a aucun signe d'infection pendant un certain temps. Puis, le nombre de virus augmente brusquement et, par la suite, on observe une nouvelle augmentation sous la forme d'une série de plateaux (graphique B). Expliquez les différences entre les deux courbes.

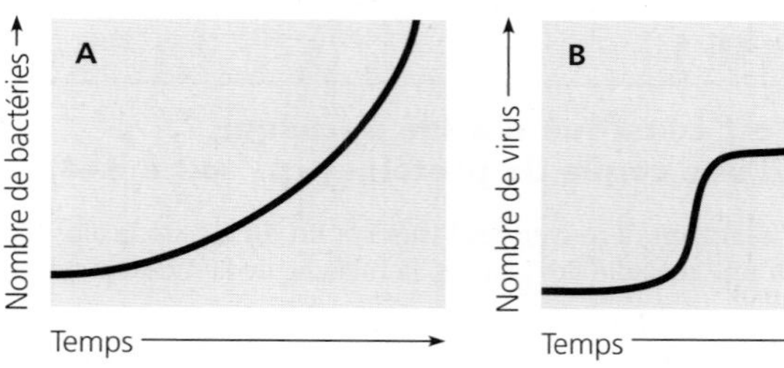

9. ÉCRIVEZ UN TEXTE
Structure et fonction Alors que la majorité des scientifiques considèrent les Virus comme des organismes non vivants, ceux-ci montrent certaines caractéristiques de la vie, dont la corrélation entre la structure et la fonction. Dans un court essai (de 100 à 150 mots), expliquez comment la structure d'un virus est en corrélation avec sa fonction.

RÉPONSES DU CHAPITRE 19

Questions des figures

Figure 19.2 Beijerinck aurait peut-être conclu que l'agent était une toxine produite par la plante, que cette toxine était capable de passer à travers un filtre, mais que celle-ci finissait par se diluer de plus en plus. Dans ce cas, il aurait conclu que l'agent infectieux ne pouvait pas se répliquer. **Figure 19.4** Flèche verticale du haut: Infection. Flèche en haut à gauche: Réplication. Flèche en haut à droite: Transcription. Flèche du milieu à droite: Traduction. Flèches en bas à droite et à gauche: Auto-assemblage. Flèche du milieu en bas: Sortie. **Figure 19.7** N'importe quel virus de classe V, incluant les virus qui causent la grippe, la rougeole et les oreillons. **Figure 19.8** La principale protéine à la surface cellulaire à laquelle se lie le VIH est appelée CD4. Cependant, le VIH nécessite également un « corécepteur » qui, dans de nombreux cas, est une protéine appelée CCR5. Le VIH se lie à ces deux protéines ensemble puis il est inséré dans la cellule. Les chercheurs ont découvert cette exigence en étudiant des individus qui semblaient résistants à l'infection par le VIH, malgré de multiples expositions. Il s'est avéré que chez ces individus, le gène qui code pour CCR5 a subi des mutations, de sorte que la protéine ne peut apparemment pas agir comme un corécepteur, ce qui empêche le VIH de pénétrer dans les cellules et de les infecter.

Retour sur le concept 19.1

1. Le virus de la mosaïque du tabac est constitué d'une molécule d'ARN entourée par des protéines disposées en hélice. Le virus de la grippe possède huit molécules d'ARN, chacune étant entourée de protéines disposées en hélice, comme dans l'arrangement d'une seule molécule d'ARN dans le virus de la mosaïque du tabac. Autre différence entre les virus : celui de la grippe possède une enveloppe et celui de la mosaïque du tabac n'en a pas. **2.** Les phages T2 étaient un excellent choix dans l'expérience de Hershey et Chase, car ils sont constitués seulement d'ADN protégé par une coque de protéines, et les deux macromolécules censées transmettre les informations génétiques sont l'ADN et les protéines. Hershey et Chase ont été capables de marquer par radioactivité chaque type de molécule seule et de la suivre au cours d'infections distinctes de cellules d'*E. coli* avec T2. Seul l'ADN pénétrait dans la cellule bactérienne au cours de l'infection, et seul l'ADN marqué apparaissait dans certains phages descendants. Hershey et Chase ont conclu que l'ADN devait transmettre les informations génétiques nécessaires pour que le phage reprogramme la cellule et produise des phages descendants.

Retour sur le concept 19.2

1. Les phages lytiques effectuent la lyse de la cellule hôte, alors que les phages lysogéniques peuvent soit lyser la cellule hôte, soit s'insérer dans le chromosome de l'hôte. Dans ce dernier cas, l'ADN viral (prophage) est simplement répliqué en même temps que le chromosome de l'hôte. Sous certaines conditions, un prophage peut quitter le chromosome bactérien et amorcer un cycle lytique. **2.** L'ARN polymérase virale et l'ARN polymérase dans la figure 17.9 synthétisent toutes les deux une molécule d'ARN complémentaire d'un brin matrice. Cependant, l'ARN polymérase de la figure 17.9 utilise un des brins de la double hélice d'ADN comme matrice, alors que l'ARN polymérase virale utilise l'ARN d'un génome viral comme matrice. **3.** Parce qu'il synthétise de l'ADN à partir de son génome d'ARN, ce qui est l'inverse (« rétro ») du flux d'information que l'on observe habituellement dans la synthèse ADN → ARN. **4.** Il y a de nombreuses étapes durant lesquelles l'interférence est possible : la liaison du virus à la cellule, la fonction de la transcriptase inverse, l'intégration dans le chromosome de la cellule hôte, la synthèse du génome (dans ce cas la transcription provenant de l'ARN du provirus inséré), l'assemblage du virus à l'intérieur de la cellule et le bourgeonnement du virus. (La plupart de ces étapes, sinon toutes, sont des cibles de stratégies médicales actuelles pour bloquer le progrès de l'infection chez les personnes infectées par le VIH.)

Retour sur le concept 19.3

1. Des mutations peuvent créer une nouvelle souche de virus que le système immunitaire est incapable de combattre efficacement, même si un animal a été exposé à la souche initiale ; un virus peut se propager d'une espèce à un nouvel hôte ; enfin, un virus rare peut se disséminer si une population devient moins isolée. **2.** Dans la transmission horizontale, une plante est infectée par une source externe de virus. Le virus peut pénétrer dans la plante par une blessure de l'épiderme causée par des herbivores ou des insectes. Dans la transmission verticale, une plante hérite d'un virus transmis par une plante mère, soit par des semences infectées (reproduction sexuée), soit par l'intermédiaire d'une bouture infectée (reproduction asexuée). **3.** Les humains ne font pas partie du spectre d'hôtes du virus de la mosaïque du tabac, de sorte qu'ils ne peuvent pas contracter la maladie.

Questions du résumé des concepts clés

19.1 Les Virus sont généralement considérés comme non vivants, parce qu'ils sont incapables de se répliquer à l'extérieur d'une cellule hôte. Pour se répliquer, ils dépendent totalement des enzymes et des ressources d'une cellule hôte. **19.2** Les virus à ARN monocaténaire nécessitent une ARN polymérase qui peut produire un ARN en utilisant une matrice d'ARN. (Les ARN polymérases cellulaires produisent un ARN en utilisant une matrice d'ADN.) Les rétrovirus ont besoin de transcriptases inverses pour produire l'ADN en utilisant une matrice d'ARN. (Une fois que le premier brin d'ADN est produit, la même enzyme peut favoriser la synthèse du deuxième brin d'ADN.) **19.3** La vitesse de mutation des virus à ARN est plus élevée que celle des virus à ADN parce que l'ARN polymérase n'a pas de fonction de « correction d'épreuves », de sorte que les erreurs dans la réplication ne sont pas corrigées. Le taux de mutation plus élevé signifie que les virus à ARN se modifient plus rapidement que les virus à ADN, ce qui les rend capables d'avoir un spectre d'hôtes modifié et d'esquiver les défenses immunitaires chez les hôtes possibles.

ÉVALUATION

1. c; **2.** d; **3.** c; **4.** d; **5.** b;

6. Tel qu'illustré ci-dessous, le génome viral serait traduit en protéines de capsides et en glycoprotéines d'enveloppe directement, plutôt qu'après la production d'une copie d'un ARN complémentaire. Un brin d'ARN complémentaire serait quand même produit ; toutefois, il pourrait être utilisé comme matrice pour de nombreuses copies du génome viral.

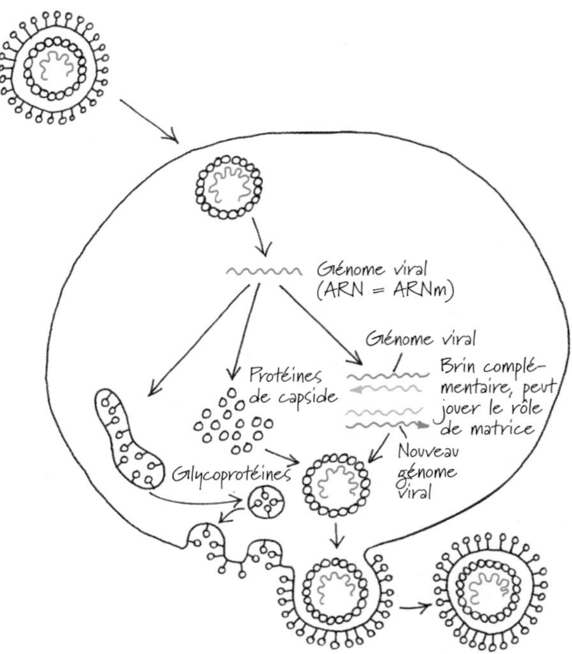

20

La biotechnologie

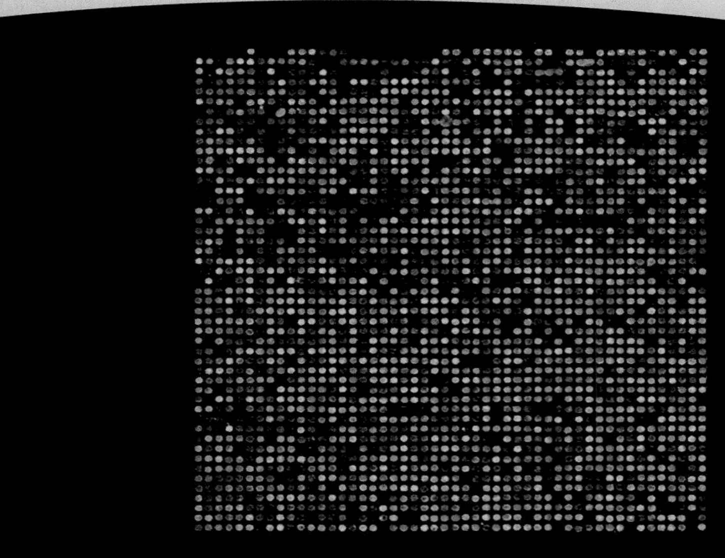

▲ **Figure 20.1 Comment ce réseau de points peut-il servir à comparer des tissus normaux et cancéreux ?**

CONCEPTS CLÉS

20.1 **Le clonage de l'ADN produit un grand nombre de copies d'un gène ou d'un autre segment d'ADN**

20.2 **La biotechnologie nous permet d'étudier la séquence, l'expression et la fonction d'un gène**

20.3 **Le clonage d'organismes peut mener à la production de cellules souches pour la recherche et d'autres applications**

20.4 **Les applications de la biotechnologie influent sur nos vies de multiples façons**

INTRODUCTION

La boîte à outils biotechnologiques

En 2001, des chercheurs ont créé une percée scientifique majeure en annonçant le déchiffrage de la séquence «brute» de l'ensemble des trois milliards de paires de bases du génome humain (il ne s'agissait que du quatrième génome eucaryote à être séquencé). Cette nouvelle a galvanisé la communauté scientifique. Pourtant, peu de chercheurs auraient imaginé que, seulement neuf ans plus tard, on serait en train de séquencer le génome de plus de 7 000 espèces. En 2010, on avait déjà réalisé le séquençage de plus de 1 000 génomes bactériens, 80 archéens et 100 eucaryotes, tout en travaillant sur un grand nombre d'autres génomes.

En fait, ces réalisations témoignent des progrès accomplis dans le domaine de la biotechnologie, notamment les méthodes de travail permettant la manipulation de l'ADN, qui virent le jour dans le courant des années 1970. L'invention de techniques de fabrication de l'**ADN recombiné** a constitué une étape déterminante, puisqu'elle a permis de fabriquer des molécules d'ADN en réunissant *in vitro* (dans une éprouvette) des segments d'ADN provenant de deux sources différentes (généralement des espèces différentes). Cette percée a donné naissance au développement de techniques puissantes pour analyser les gènes et leur expression. Dans le présent chapitre, les méthodes employées par les scientifiques pour préparer l'ADN recombiné et l'utilisation de ces techniques pour répondre à des questions fondamentales en biologie occupent une place prépondérante. Dans le chapitre suivant (chapitre 21), nous verrons comment ces techniques ont permis de séquencer des génomes entiers et nous examinerons ce que nous avons appris sur l'évolution des espèces et du génome lui-même à partir de ces séquences.

Ce chapitre explique aussi comment nos vies sont influencées par la **biotechnologie**, c'est-à-dire par l'application des méthodes et des techniques utilisant des organismes vivants ou leurs produits (sous leur forme naturelle ou modifiée) en vue d'en tirer divers avantages. La biotechnologie regroupe à la fois certaines anciennes pratiques, comme la reproduction sélective des animaux d'élevage et l'utilisation de microorganismes dans la fabrication du vin et du fromage, et des méthodes beaucoup plus récentes. C'est le cas du **génie génétique**, qui réunit les techniques portant sur la manipulation directe de gènes à des fins pratiques. Le génie génétique a lancé une révolution en biotechnologie, accroissant grandement le champ de ses applications potentielles. Aujourd'hui, les outils biotechnologiques font l'objet d'applications dans presque tous les domaines de l'activité humaine, de l'agriculture à la recherche médicale en passant par la criminologie. Par exemple, dans le microréseau à ADN de la **figure 20.1**, les points colorés représentent le niveau d'expression relative de 2 400 gènes humains dans un tissu normal et dans un autre, qui est cancéreux. Grâce à l'analyse de microréseaux, les chercheurs peuvent désormais comparer rapidement l'expression des gènes dans divers échantillons, comme ceux qui sont testés ici. Les connaissances acquises par de telles études d'expression génique apportent une contribution substantielle à l'étude du cancer et d'autres maladies.

Dans le présent chapitre, nous décrirons d'abord les principales techniques de manipulation de l'ADN et d'analyse de l'expression et de la fonction des gènes. Nous traiterons ensuite des progrès accomplis dans le domaine du clonage des organismes et de la production des cellules souches, et nous verrons comment ces deux techniques ont contribué à enrichir notre compréhension fondamentale de la biologie et à améliorer notre capacité à tirer parti de cette connaissance pour résoudre des problèmes globaux. Enfin, nous passerons en revue les applications pratiques de la biotechnologie et nous nous pencherons sur certaines questions sociales et éthiques découlant de la présence de plus en plus grande de la biotechnologie dans nos vies.

CONCEPT 20.1

Le clonage de l'ADN produit un grand nombre de copies d'un gène ou d'un autre segment d'ADN

Quand un biologiste moléculaire étudie un gène donné, la grande longueur des molécules naturelles d'ADN et la présence d'un grand nombre de gènes sur une même molécule compliquent son travail. En outre, dans de nombreux génomes eucaryotes, les gènes n'occupent parfois qu'une petite proportion de l'ADN du chromosome, le reste étant constitué de séquences nucléotidiques non transcrites. Un gène humain, par exemple, représente parfois seulement le 1/100 000e de la molécule d'ADN d'un chromosome. Pour compliquer les choses encore un peu plus, le gène lui-même et l'ADN voisin ne se distinguent que par de subtiles différences touchant les séquences nucléotidiques. Pour pouvoir travailler directement sur des gènes bien précis, les scientifiques ont mis au point des méthodes qui leur permettent d'obtenir un grand nombre de copies identiques de segments d'ADN spécifiques; ce processus est appelé *clonage de l'ADN*.

Le clonage de l'ADN et ses applications: *un aperçu*

La plupart des méthodes de clonage de segments d'ADN réalisées en laboratoire ont un certain nombre de caractéristiques communes. Une technique courante fait appel aux bactéries, le plus souvent *Escherichia coli* (*E. coli*). Comme nous l'avons vu à la figure 16.12, (p. 363), le chromosome d'*E. coli* se compose d'une grosse molécule d'ADN circulaire. De plus, *E. coli* et de nombreuses autres bactéries contiennent des **plasmides**, de petites molécules circulaires d'ADN qui se répliquent indépendamment du chromosome des bactéries. Un plasmide ne possède qu'un petit nombre de gènes. Même si ces gènes ne sont pas essentiels à sa survie ou à sa reproduction dans la plupart des conditions, ils peuvent être utiles à la bactérie quand celle-ci se trouve dans un milieu particulier.

Pour cloner des fragments d'ADN en laboratoire, les chercheurs commencent par récupérer un plasmide d'une cellule bactérienne et ils le modifient afin de le cloner efficacement. Ils insèrent ensuite un ADN «étranger», c'est-à-dire un ADN provenant d'une autre source (**figure 20.2**). Le plasmide devient ainsi une molécule d'ADN recombiné. Il est ensuite replacé dans une bactérie, donnant un *recombinant bactérien*. Cette

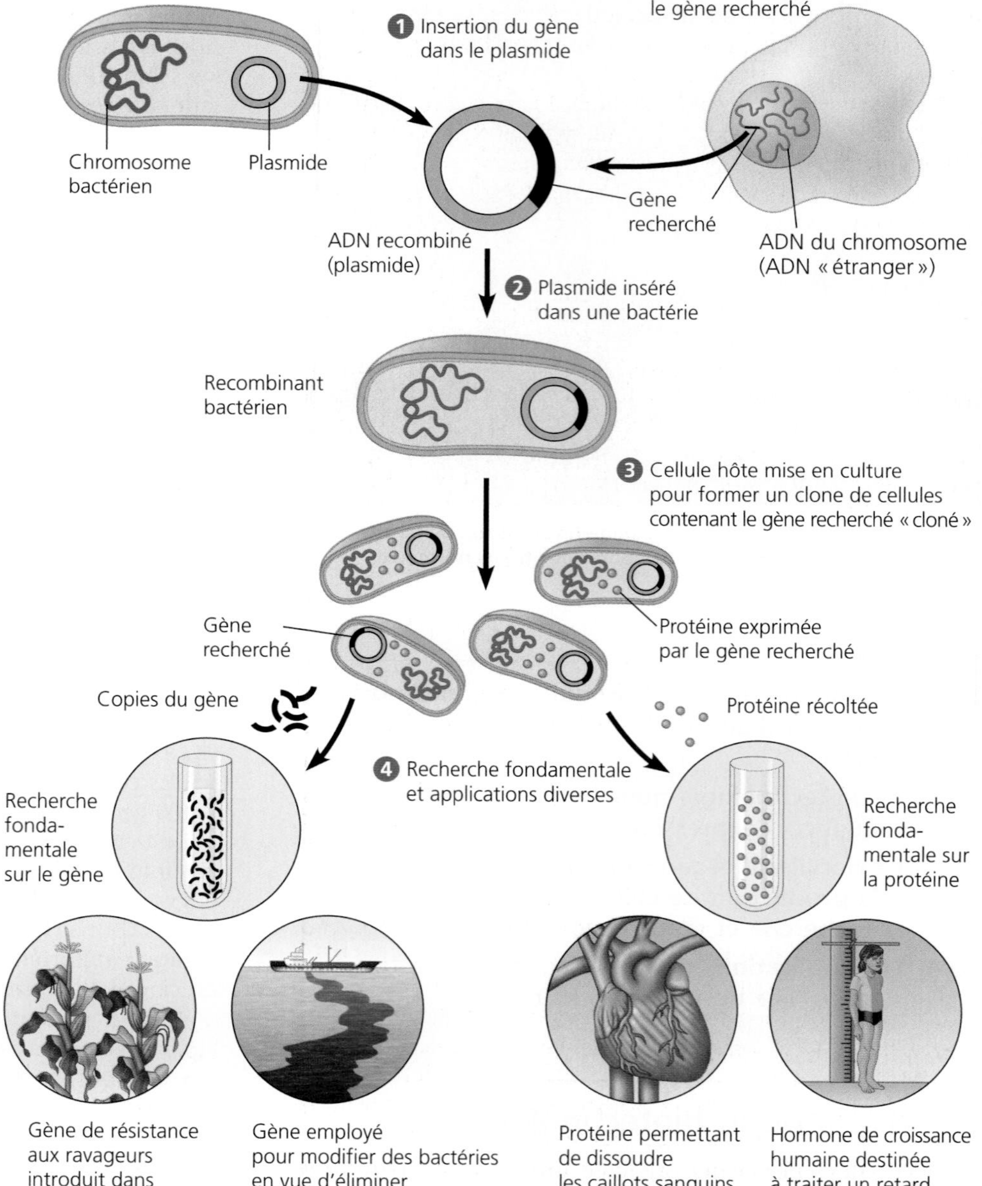

► **Figure 20.2 Un aperçu du clonage génique et de quelques usages des gènes clonés.** Dans ce schéma simplifié du clonage génique, on isole d'abord un plasmide (provenant d'une cellule bactérienne) et le gène recherché à partir d'un autre organisme. Dans le haut de la figure, on a représenté un seul plasmide et une seule copie du gène recherché, mais, en réalité, les produits de départ contiennent de nombreuses copies de chacun.

première cellule se multiplie grâce à des divisions cellulaires répétées pour former un **clone** de cellules, une population de cellules génétiquement identiques. L'ADN étranger et tous les gènes qu'il porte sont clonés simultanément, puisqu'en se divisant la bactérie réplique le plasmide recombiné et le transmet à ses descendants. La production d'un grand nombre de copies du gène est appelée **clonage génique**.

Le clonage génique sert à deux fins importantes: fabriquer un grand nombre de copies d'un gène particulier (*amplification*) et produire une protéine. À partir des bactéries, les chercheurs peuvent donc isoler des copies d'un gène cloné dont ils se serviront pour procéder à des recherches fondamentales. Ils pourront également tenter de doter un organisme de nouvelles capacités métaboliques, par exemple une résistance aux ravageurs. Ainsi, il est possible d'isoler un gène de résistance présent dans une plante donnée et de le transférer à une autre espèce. C'est aussi grâce à ce procédé que l'on a réussi à récolter de grandes quantités d'une protéine utile en médecine, l'hormone de croissance humaine, à partir de cultures bactériennes contenant le gène cloné pour cette protéine.

Un gène constitue généralement une très petite partie de l'ADN total contenu dans une cellule. Par exemple, dans une cellule humaine, un gène typique ne représente qu'environ un millionième de l'ADN. Il est donc crucial de pouvoir amplifier des fragments d'ADN peu abondants pour toute application mettant en jeu un gène unique.

L'utilisation d'enzymes de restriction dans la fabrication d'ADN recombiné

Le clonage génique et plusieurs techniques du génie génétique font appel à des enzymes qui découpent les molécules d'ADN en des sites cibles spécifiques, ce qui donne un nombre limité de segments bien précis. Ces enzymes, appelées **enzymes de restriction** ou endonucléases de restriction, ont été identifiées à la fin des années 1960 par des biologistes effectuant des recherches fondamentales sur des bactéries. Ils ont alors montré que ces enzymes particulières protégeaient la cellule bactérienne en coupant l'ADN étranger provenant d'autres organismes ou de phages (voir le chapitre 19). Avant cette découverte, il fallait s'en remettre aux ultrasons ou à l'agitation mécanique, des méthodes plus ou moins fiables.

À ce jour, on a trouvé et isolé des centaines d'enzymes de restriction. Chaque enzyme de restriction est très spécifique; elle reconnaît une courte séquence particulière d'ADN, appelée **site de restriction**, et coupe les deux brins d'ADN en des points précis dans ce site. L'ADN d'une cellule bactérienne est protégé de ses propres enzymes de restriction par l'ajout, au cours de la réplication de l'ADN, de groupements méthyle (—CH_3) aux adénines et aux cytosines des séquences pouvant être reconnues par les enzymes.

Le schéma du haut de la **figure 20.3** montre un site de restriction reconnu par une certaine enzyme de restriction isolée chez *E. coli*. Comme on peut le voir dans cet exemple, la plupart des sites de restriction sont symétriques et, dans ce cas-ci, donnent des palindromes (ou séquences pouvant être lues dans les deux sens, comme le mot *Laval*). Autrement dit, les deux brins portent la même séquence de nucléotides lue dans la direction 5′ → 3′. Les enzymes de restriction les plus couramment utilisées reconnaissent des séquences

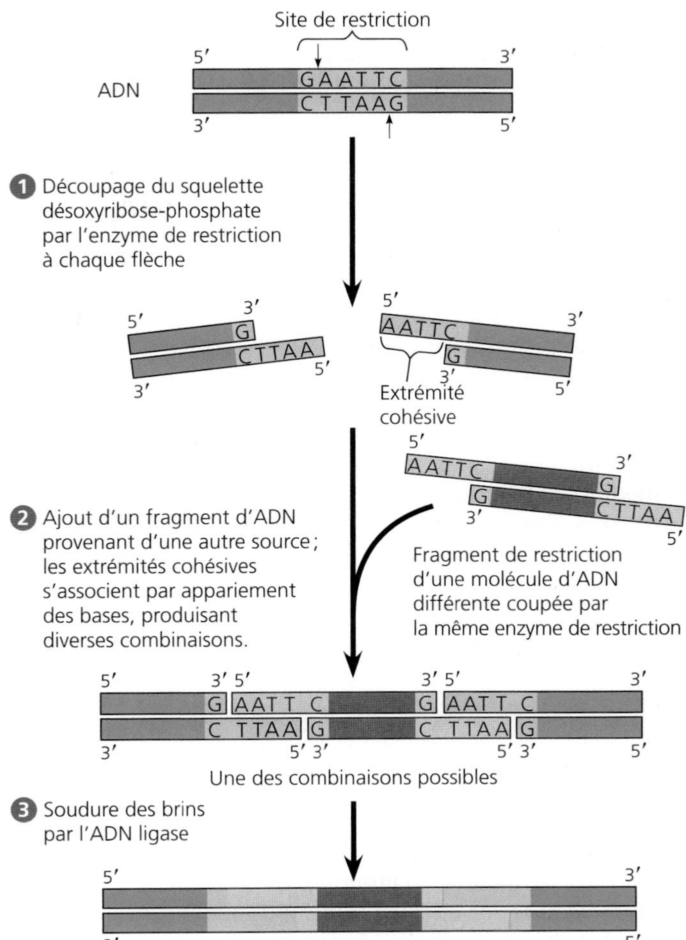

▲ **Figure 20.3 La production d'un ADN recombiné à l'aide d'une enzyme de restriction et d'ADN ligase.** Dans cet exemple, l'enzyme de restriction (appelée *Eco*R1 pour « *Escherichia coli* restriction 1 ») reconnaît une séquence de six paires de bases, qui constitue le site de restriction. *Eco*R1 effectue des coupures décalées dans le squelette désoxyribose-phosphate de la séquence et produit ainsi des fragments aux extrémités cohésives. Ces extrémités cohésives complémentaires établissent des liaisons entre les bases, incluant celles des deux fragments d'origine; si les fragments proviennent de sources différentes, le produit ligaturé qui en résulte est un ADN recombiné.

FAITES UN DESSIN *L'enzyme de restriction appelée* Hind *III reconnaît la séquence 5′-AAGCTT-3′, et coupe entre les deux adénines (A). Dessinez la séquence à double brin bicaténaire avant et après les coupures de l'enzyme.*

contenant de quatre à huit nucléotides. Étant donné qu'une séquence aussi courte se répète habituellement (par hasard) plusieurs fois sur une longue molécule d'ADN, l'enzyme coupe celle-ci en de nombreux endroits, produisant un ensemble de **fragments de restriction**; par exemple, l'enzyme *Eco*R1 reconnaît une séquence qui est présente toutes les 4 000 paires de bases environ. Le traitement des copies d'une molécule d'ADN par une enzyme donnée produit toujours le même ensemble de fragments de restriction. En d'autres mots, l'enzyme de restriction coupe la molécule d'ADN de façon reproductible. (Nous verrons plus loin comment ces différents fragments peuvent être séparés et distingués les uns des autres.)

Certaines enzymes de restriction coupent l'ADN au niveau de la même paire de bases (coupure franche), mais celles qui sont les plus utiles coupent les squelettes désoxyribose-phosphate dans les deux brins d'ADN de façon décalée, comme le montre la figure 20.3; les fragments de restriction bicaténaires ont alors au moins une extrémité monocaténaire, appelée **extrémité cohésive**. Les bases de ces courts prolongements forment des liaisons hydrogène avec les parties monocaténaires complémentaires portées par d'autres molécules d'ADN découpées par la même enzyme. Les ensembles ainsi constitués sont temporaires. Cependant, ces liaisons peuvent devenir permanentes sous l'effet d'une enzyme appelée **ADN ligase**. Comme vous l'avez vu à la figure 16.16, une ligase catalyse la formation de liaisons covalentes qui referment les squelettes désoxyribose-phosphate des brins d'ADN; par exemple, elle lie les fragments d'Okazaki au cours de la réplication. Comme on peut le voir au bas de la figure 20.3, l'association catalysée par la ligase de l'ADN provenant de deux sources distinctes produit une molécule d'ADN recombiné stable.

La procédure de clonage d'un gène d'Eucaryote dans un plasmide bactérien

Maintenant que vous connaissez les enzymes de restriction et l'ADN ligase, examinons comment les gènes sont clonés dans les plasmides. Le plasmide d'origine est appelé **vecteur de clonage**; sa molécule d'ADN servira à introduire un ADN étranger dans une cellule hôte et en permettra la réplication. Les plasmides bactériens sont largement utilisés en tant que vecteurs de clonage pour plusieurs raisons. On peut facilement les obtenir de fournisseurs commerciaux, les manipuler pour former des plasmides recombinés par insertion d'ADN étranger *in vitro* et ensuite les replacer dans des cellules bactériennes. En outre, les plasmides bactériens recombinés (et l'ADN étranger qu'ils transportent) se reproduisent rapidement grâce à la vitesse de reproduction élevée de leurs cellules hôtes.

La production de clones cellulaires contenant des plasmides recombinés

Supposons que nous soyons des chercheurs intéressés par l'étude du gène de la β-globine chez une espèce particulière de colibri. Il faut commencer par cloner tous les gènes du colibri et ensuite isoler le gène de la β-globine de tous les autres, une tâche ardue, qui équivaut à rechercher une aiguille dans une botte de foin. La **figure 20.4** montre en détail une technique de clonage des gènes du colibri en utilisant un plasmide bactérien comme vecteur de clonage.

❶ On commence par isoler l'ADN génomique du colibri à partir de cellules de colibri. On obtient également le plasmide bactérien choisi comme vecteur à partir de cellules d'*E. coli*; il est modifié pour contenir deux gènes qui seront utiles par la suite. L'un de ces gènes est amp^R, qui rend *E. coli* résistant à l'ampicilline (un antibiotique); l'autre gène, *lacZ*, code pour la β-galactosidase, l'enzyme qui hydrolyse le lactose (voir p. 411). Le *lacZ* hydrolyse aussi un analogue moléculaire de synthèse appelé X-gal, ce qui entraîne la formation d'un produit bleu. Le plasmide ne contient qu'une seule copie du site de restriction reconnu par l'enzyme de restriction utilisée à l'étape suivante, et ce site est situé à l'intérieur du gène *lacZ* (les plasmides n'ont qu'un seul site de restriction).

❷ La même enzyme de restriction coupe le plasmide et l'ADN du colibri. ❸ On mélange ensuite les fragments, ce qui permet à leurs extrémités cohésives complémentaires de s'associer par appariement des bases. Puis on ajoute de l'ADN ligase afin de lier les squelettes désoxyribose-phosphate. Il en résulte des plasmides recombinés dont un grand nombre contiennent des fragments d'ADN du colibri (comme les trois illustrés à la figure 20.4), et on s'attend à ce qu'au moins l'un d'eux contienne tout le gène de la β-globine ou une partie. À cette étape, il se formera également d'autres produits, tels qu'un plasmide contenant plusieurs fragments d'ADN du colibri, une combinaison de deux plasmides ou une version non recombinée du plasmide d'origine qui se reforme.

❹ On ajoute alors le mélange d'ADN à des bactéries dont le gène *lacZ* a muté sur leur propre chromosome, ce qui les empêche d'hydrolyser le lactose ou le X-gal. Dans des conditions expérimentales appropriées, les cellules absorbent l'ADN étranger par transformation (voir p. 354). Certaines cellules acquièrent un plasmide recombiné portant un gène, alors que d'autres cellules absorbent un plasmide non recombiné, un fragment d'ADN non codant de colibri ou rien du tout. Les gènes amp^R et *lacZ* sur le plasmide peuvent nous aider à distinguer ces possibilités.

❺ Premièrement, en ensemençant des bactéries sur une gélose contenant de l'ampicilline, on peut distinguer les cellules qui ont absorbé les plasmides, qu'ils soient recombinés ou non, provenant des autres cellules. En effet, seules les cellules possédant un plasmide sont capables de se reproduire parce qu'elles portent le gène amp^R de la résistance à l'ampicilline dans le milieu nutritif. Chaque bactérie viable donne alors naissance à un clone. Lorsqu'il contient entre 10^5 et 10^8 cellules, le clone est visible sur l'agar sous forme de masse, ou *colonie*. À mesure que les cellules se reproduisent, tout gène étranger porté par un plasmide recombiné est également copié (cloné).

Deuxièmement, la présence de X-gal dans le milieu permet de distinguer les colonies dont les bactéries possèdent des plasmides recombinés de celles qui ont des plasmides non recombinés. Ces dernières portent le gène *lacZ* dans son intégrité et produisent la β-galactosidase fonctionnelle. Ces colonies sont bleues parce que l'enzyme hydrolyse le X-gal dans le milieu en un produit bleu. En revanche, les colonies qui contiennent des plasmides recombinés portant un ADN étranger inséré dans le gène *lacZ* ne produisent pas de β-galactosidase fonctionnelle; par conséquent, ces colonies sont blanches.

Avec la méthode que nous venons de décrire, nous sommes arrivés à cloner un grand nombre de fragments différents d'ADN du colibri, mais pas seulement celui de la β-globine, qui nous intéresse. En fait, prises dans leur ensemble, les colonies blanches doivent représenter toutes les séquences d'ADN du génome du colibri, incluant aussi bien les régions non codantes que les gènes eux-mêmes. De plus, étant donné que les enzymes de restriction ne reconnaissent pas les limites des gènes, certains gènes sont découpés et répartis entre deux clones ou plus. Nous aborderons sous peu la procédure utilisée pour trouver la colonie (clone cellulaire) ou les colonies portant les séquences du gène de la β-globine parmi les nombreux clones contenant d'autres morceaux de l'ADN du colibri. Pour comprendre cette procédure, nous devons d'abord examiner comment les gènes sont entreposés.

L'entreposage de gènes clonés dans des banques d'ADN

La procédure de clonage génique illustrée à la figure 20.4, qui porte sur un mélange de fragments issus de l'ensemble du génome d'un organisme, est appelée *procédure «en aveugle»*, car elle ne cherche pas à obtenir un gène en particulier. L'étape 3 produit de nombreux plasmides recombinés différents. À l'étape 5, chaque colonie blanche correspond à un clone différent de cellules, chacun d'eux renfermant un type de plasmides qui contient une copie d'un segment particulier du génome initial. Chaque «clone de plasmides» de cette **banque génomique** renferme des informations spécifiques (**figure 20.5a**). Aujourd'hui, les scientifiques obtiennent souvent une banque génomique (ou même des gènes clonés particuliers) d'un autre chercheur, d'une source commerciale ou d'un centre de séquençage.

Historiquement, certains bactériophages ont également servi de vecteurs de clonage pour constituer des banques génomiques. Il est possible d'insérer des fragments d'ADN étranger dans une version réduite d'un génome phagique comme dans un plasmide, c'est-à-dire par épissage, à l'aide d'une enzyme de restriction et d'une ADN ligase. Le processus normal d'infection permet de produire de nombreuses particules phagiques nouvelles, portant toutes la séquence de l'ADN étranger. Aujourd'hui, les phages sont généralement utilisés pour constituer des banques génomiques seulement dans des cas spéciaux.

Un **chromosome bactérien artificiel** (CBA ou BAC, pour *bacterial artificial chromosome*) est un autre type de vecteur largement utilisé pour constituer des banques génomiques. Malgré son nom, il s'agit de gros plasmides dont on a éliminé un certain nombre de gènes pour ne conserver que les éléments nécessaires à la réplication. Un des intérêts de ces chromosomes artificiels bactériens comme vecteurs réside dans leur capacité de transporter une séquence d'ADN de 100 à 300 kb (1 kb équivalant à 1 000 paires de bases), alors qu'un plasmide normal ne peut

▼ **Figure 20.4** MÉTHODE DE RECHERCHE

Le clonage de gènes dans des plasmides bactériens

APPLICATION Le clonage de gènes est un processus qui produit de nombreuses copies d'un gène recherché. Ces copies peuvent servir à séquencer le gène, en produisant sa protéine encodée, ou être utilisées comme matériel en recherche fondamentale ou pour d'autres applications.

TECHNIQUE Dans cet exemple, les gènes du colibri sont insérés dans un plasmide provenant d'*E. coli*. Seulement trois plasmides et trois fragments d'ADN du colibri sont illustrés, mais, dans la réalité, les échantillons contiendraient des millions de copies du plasmide et un mélange hétérogène formé de plusieurs millions de fragments d'ADN du colibri.

❶ Obtention de l'ADN modifié du plasmide et de l'ADN du colibri à partir de cellules de colibri. L'ADN du colibri contient le gène recherché.

Plasmide bactérien (vecteur de clonage)

Gène *lacZ* (dégradation du lactose)

Gène amp^R (résistance à l'ampicilline)

Site de restriction

Cellule de colibri

❷ Découpage des deux échantillons d'ADN avec la même enzyme de restriction, qui ne coupe qu'à un seul site dans le gène *lacZ* et à de nombreux endroits dans l'ADN du colibri.

Extrémités cohésives

Gène recherché

Fragments d'ADN du colibri

❸ Mélange des morceaux de plasmides et des fragments d'ADN. Certains s'associent par appariement de leurs bases; l'ajout d'ADN ligase permet de les souder. Les produits sont des plasmides recombinés et de nombreux plasmides non recombinés.

Plasmides recombinés

Plasmide non recombiné

❹ Mélange de l'ADN avec les cellules bactériennes dont le gène *lacZ* a subi une mutation. Certaines cellules absorberont un plasmide recombinant ou une autre molécule d'ADN par transformation.

❺ Bactéries étalées sur une gélose nutritive contenant de l'ampicilline et du X-gal, une molécule qui ressemble au lactose. Incubation jusqu'à la croissance de colonies.

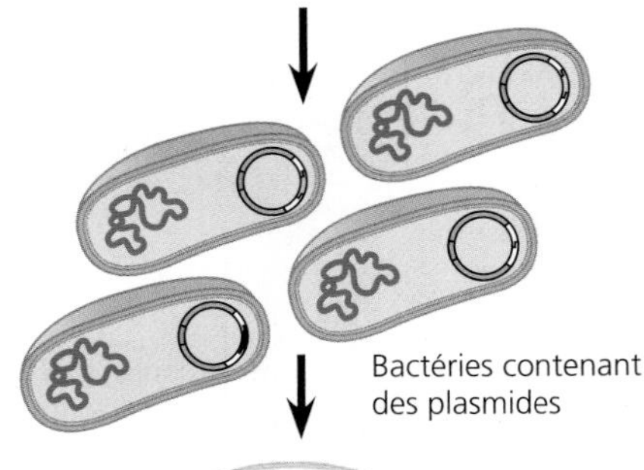

RÉSULTATS Seules les cellules qui ont absorbé un plasmide contenant le gène amp^R sont capables de se reproduire et de former une colonie. Les colonies renfermant des plasmides non recombinés sont bleues parce qu'elles peuvent hydrolyser le X-gal, pour donner un produit bleu. Les colonies contenant des plasmides recombinés, dans lesquels *lacZ* est interrompu, sont blanches, parce qu'elles ne peuvent pas hydrolyser le X-gal.

Colonie portant un plasmide non recombiné ayant un gène *lacZ* intact

Colonie portant un plasmide recombiné ayant un gène *lacZ* interrompu

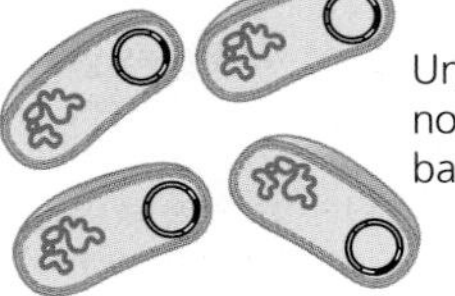

Un des nombreux clones bactériens

ET SI? Si le milieu utilisé à l'étape 5 ne contient pas d'ampicilline, quelles autres colonies pourraient se développer? De quelle couleur seraient-elles?

transférer que des séquences inférieures à 10 kb (**figure 20.5b**). La très grande taille des séquences diminue le nombre de clones nécessaires pour constituer la banque génomique, mais elle complique leur manipulation au laboratoire. C'est pourquoi il arrive que l'on coupe ensuite la séquence en plus petits morceaux qui sont «sous-clonés» en vecteurs plasmidiques.

Les clones sont généralement entreposés sur des plaques multipuits en plastique, chaque puits contenant un clone (**figure 20.5c**). Cet entreposage ordonné des clones, identifiés par leur situation sur la plaque, rend très efficace la sélection du gène recherché, comme nous allons le voir.

Dans une banque génomique, le gène cloné de la β-globine ne comporterait pas que les exons contenant la séquence codante, mais aussi le promoteur, les régions non traduites et les introns. Certains biologistes pourraient être intéressés par la protéine β-globine elle-même; ils pourraient se demander, par exemple, si cette protéine qui transporte l'oxygène est différente de sa contrepartie dans d'autres espèces au métabolisme moins actif. Ces chercheurs pourraient constituer un autre type de banque d'ADN à partir d'ARNm ayant subi une maturation extrait de cellules dans lesquelles le gène est exprimé (**figure 20.6**). Une enzyme, la transcriptase inverse (extraite d'un rétrovirus) est utilisée *in vitro* pour fabriquer un *transcrit inverse* d'ADN monocaténaire à partir de chaque molécule d'ARNm. Il faut se rappeler que l'extrémité 3′ de l'ARNm porte un segment de ribonucléotides d'adénine (A) appelé queue poly-A. Cette caractéristique permet d'utiliser un court brin de désoxythymidine (dT) comme amorce pour la transcriptase inverse. Après la dégradation enzymatique de l'ARNm, l'ADN polymérase synthétise un second brin d'ADN, complémentaire du premier. L'ADN bicaténaire qui en résulte est appelé **ADN complémentaire** (**ADNc**). Pour créer une banque génomique, les chercheurs doivent modifier l'ADNc en ajoutant, à chacune de ses extrémités, des séquences de reconnaissance de l'enzyme de restriction. L'ADNc est alors inséré dans l'ADN vecteur comme on le fait pour les fragments d'ADN génomique. L'ARNm isolé est en fait un mélange de toutes les molécules d'ARNm dans les cellules d'origine, transcrites à partir de divers gènes de la cellule. Par conséquent, les ADNc clonés constituent une **banque d'ADNc** renfermant une collection de gènes. Cependant, une banque d'ADNc ne représente qu'une partie du génome de l'organisme (elle ne contient que la portion des gènes transcrits dans les cellules à partir desquelles l'ARNm a été isolé).

Les banques génomiques et les banques d'ADNc présentent chacune leur avantage; tout dépend des objectifs poursuivis. Si on veut cloner un gène et qu'on ne sait pas dans quel type de cellules il est exprimé ou qu'on est incapable d'obtenir suffisamment de cellules du type approprié, il faut privilégier la banque génomique, car il est à peu près certain qu'elle contient le gène. Il en sera de même si l'on veut étudier les séquences régulatrices ou les introns associés à un gène, car ces séquences sont absentes des ARNm utilisés pour constituer une banque d'ADNc. Par contre, pour étudier une protéine spécifique (comme la β-globine), une banque d'ADNc produite à partir de cellules exprimant le gène (comme les globules rouges) est idéale. Une banque d'ADNc peut être tout aussi utile pour étudier des ensembles de gènes exprimés dans des types donnés de cellules, comme celles du cerveau ou du foie. Enfin, les chercheurs peuvent reconnaître les changements de l'expression génique au cours du développement en fabriquant de l'ADNc à partir de cellules du même type prélevées à différents stades de la vie d'un organisme.

En plus des banques d'ADN, les chercheurs peuvent aussi utiliser des gènes synthétiques, fabriqués en laboratoire. En effet, si on connaît la séquence des acides aminés de la protéine transcrite par un ADN, il est tout à fait possible d'assembler dans le bon ordre les nucléotides de cet ADN. Ainsi, à partir de la séquence connue des 51 acides aminés composant les deux chaînes de la molécule d'insuline humaine, on a réussi, en 1979, à synthétiser le gène

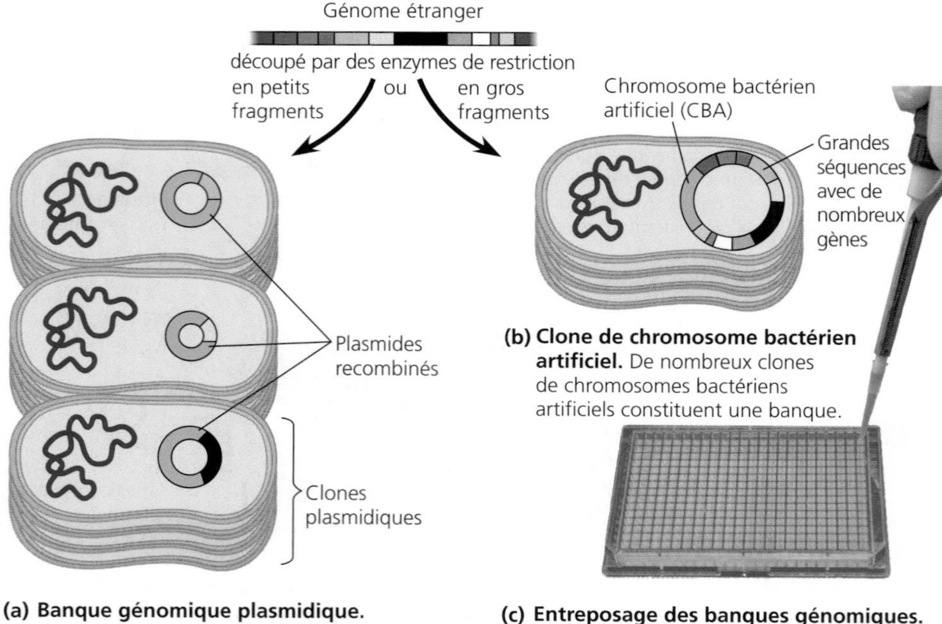

(a) Banque génomique plasmidique. On a représenté ici trois «échantillons» parmi les milliers qui constituent la banque génomique plasmidique. Chacun est un clone de cellules bactériennes contenant des copies d'un certain fragment du génome étranger (coloré en rose, en jaune ou en noir) dans son plasmide recombiné.

(b) Clone de chromosome bactérien artificiel. De nombreux clones de chromosomes bactériens artificiels constituent une banque.

(c) Entreposage des banques génomiques. Les banques génomiques plasmidiques et de chromosomes artificiels bactériens sont généralement entreposées sur une plaque multipuits en plastique (la plaque a 384 puits). Chaque clone occupe un puits. (La banque d'un génome complet nécessite un grand nombre de ces plaques.)

▲ **Figure 20.5 Les banques génomiques.** Une banque génomique comprend un grand nombre de clones. Chacun contient des copies d'un segment d'ADN issu d'un génome étranger, intégrées dans un vecteur d'ADN approprié, comme un plasmide ou un chromosome bactérien artificiel. Dans une banque génomique complète (banque d'ADN), les segments d'ADN étranger couvrent tout le génome d'un organisme. Notez que dans cette figure les chromosomes bactériens ne sont pas représentés à l'échelle; en réalité, ils sont environ 1 000 fois plus gros que les vecteurs.

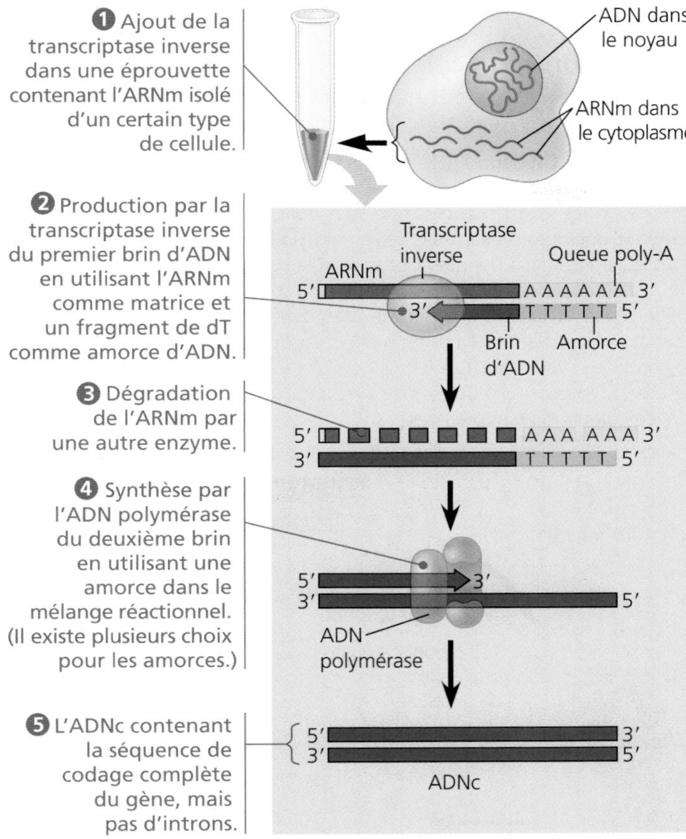

1 Ajout de la transcriptase inverse dans une éprouvette contenant l'ARNm isolé d'un certain type de cellule.
ADN dans le noyau
ARNm dans le cytoplasme
2 Production par la transcriptase inverse du premier brin d'ADN en utilisant l'ARNm comme matrice et un fragment de dT comme amorce d'ADN.
Transcriptase inverse
Queue poly-A
ARNm
5'
AAAAAA 3'
3'
TTTTT 5'
Brin d'ADN
Amorce
3 Dégradation de l'ARNm par une autre enzyme.
5'
AAA AAA 3'
3'
TTTTT 5'
4 Synthèse par l'ADN polymérase du deuxième brin en utilisant une amorce dans le mélange réactionnel. (Il existe plusieurs choix pour les amorces.)
5'
3'
3'
5'
ADN polymérase
5 L'ADNc contenant la séquence de codage complète du gène, mais pas d'introns.
5'
3'
3'
5'
ADNc

▲ **Figure 20.6 La fabrication d'ADN complémentaire (ADNc) à partir de gènes eucaryotes.** L'ADN complémentaire est l'ADN produit *in vitro* en utilisant l'ARNm comme matrice pour le premier brin. Puisque l'ARNm ne contient que des exons, l'ADNc bicaténaire contient alors la séquence de codage complète du gène, mais pas d'introns. Bien qu'un seul ARNm soit illustré ici, l'ensemble final des ADNc correspond à tous les ARNm qui étaient présents dans la cellule.

correspondant. C'est d'ailleurs ce gène qui est utilisé dans la fabrication d'insuline dont il sera question plus loin.

Le criblage d'une banque pour trouver des clones contenant un gène recherché

Revenons maintenant aux résultats de la figure 20.4; nous sommes maintenant prêts à cribler toutes les colonies contenant des plasmides recombinés (les colonies blanches) en vue de trouver un clone de cellules contenant le gène de la β-globine du colibri. On peut détecter l'ADN du gène par sa capacité à s'associer, par l'appariement des bases de ce dernier, à une séquence complémentaire portée par une autre molécule d'acide nucléique au moyen de l'**hybridation moléculaire**. La molécule complémentaire est un court acide nucléique monocaténaire (de l'ARN ou de l'ADN), appelé **sonde nucléique**. Si on connaît au moins une partie de la séquence nucléotidique du gène (à partir de la protéine qu'il code ou, comme dans notre cas, à partir de la séquence nucléotidique du gène d'une espèce apparentée, par exemple), il est possible de synthétiser une sonde qui lui est complémentaire. Ainsi, si une partie de la séquence d'un brin du gène recherché se présente comme suit:

5′ ···CTCATCACCGGC··· 3′

on synthétise alors cette sonde de la façon suivante:

3′ GAGTAGTGGCCG 5′

Ensuite, on fixe à chaque molécule de la sonde un isotope radioactif ou fluorescent ou encore une autre molécule. Ces différents marqueurs permettront de repérer les fragments de sonde qui se sont associés spécifiquement à un brin monocaténaire complémentaire porté par le gène recherché.

Il faut se rappeler que les clones dans notre banque génomique du colibri ont été entreposés sur une plaque multipuits (voir la figure 20.5c). Si on transfère quelques cellules de chaque puits et qu'on les dépose en un point précis sur une membrane de nylon ou de nitrocellulose, on peut sélectionner simultanément un grand nombre de clones pour détecter la présence de l'ADN complémentaire à notre sonde d'ADN (**figure 20.7**).

Après avoir trouvé l'emplacement d'un clone contenant le gène de la β-globine, on place quelques cellules de cette colonie dans un grand récipient contenant un milieu de culture liquide. Après quelques jours de culture, on isole facilement de nombreuses copies du gène pour des études. Le gène cloné peut lui-même servir de sonde pour l'identification de gènes semblables ou identiques contenus dans de l'ADN provenant d'autres sources (l'ADN d'autres espèces d'oiseaux, par exemple).

L'expression des gènes d'Eucaryotes clonés

Quand un gène particulier a été cloné dans des cellules hôtes, on peut synthétiser de grandes quantités de la protéine qu'il code en vue d'effectuer des recherches ou pour des applications intéressantes, ce que nous examinerons au concept 20.4. L'expression des gènes clonés en protéines s'effectue soit dans des cellules bactériennes, soit dans des cellules eucaryotes; chacun de ces choix présente des avantages et des inconvénients.

Les systèmes d'expression bactériens

L'expression d'un gène cloné d'un Eucaryote dans des cellules hôtes bactériennes risque de présenter certaines difficultés, car ces deux types de cellules ne possèdent pas le même mode d'expression génique. Pour remédier au problème que posent les différences touchant les promoteurs et les autres séquences de contrôle, on se sert habituellement d'un **vecteur d'expression**, c'est-à-dire un vecteur de clonage contenant un promoteur bactérien hautement actif situé juste en amont d'un site de restriction, à l'endroit où le gène eucaryote peut être inséré dans le bon cadre de lecture. La cellule hôte bactérienne reconnaît alors le promoteur et exprime le gène étranger qui lui est associé. De tels vecteurs d'expression permettent de synthétiser un grand nombre de protéines d'Eucaryotes par des cellules bactériennes.

Un autre obstacle à l'expression de gènes d'Eucaryotes clonés par des bactéries réside dans la présence de longues régions non codantes (introns) dans la plupart des gènes. En effet, les gènes eucaryotes contenant des introns sont souvent très longs et sont, de ce fait, difficiles à manipuler. De plus, comme

▼ **Figure 20.7** MÉTHODE DE RECHERCHE

La détection d'une séquence d'ADN spécifique par hybridation moléculaire avec une sonde nucléique

APPLICATION L'hybridation moléculaire à l'aide d'une sonde nucléique complémentaire permet de détecter une séquence d'ADN spécifique dans un mélange de molécules d'ADN. Dans cet exemple, on crible un ensemble de clones bactériens provenant d'une banque génomique de colibri afin de trouver les clones renfermant un plasmide recombiné porteur du gène recherché.

TECHNIQUE On dépose des cellules de chaque clone sur une membrane de nylon spéciale. Chaque membrane possède assez d'espace pour des milliers de clones (beaucoup plus que ceux qui sont illustrés ici), de sorte qu'il suffit de quelques membranes seulement pour analyser les échantillons de tous les clones de la banque. Cet ensemble de membranes est une *banque de clones disposés en grille* qui peut être criblée pour un gène donné à l'aide d'une sonde marquée. Ici, le marqueur est un nucléotide radioactif, mais on utilise d'autres types de marqueurs qui se fixent aux nucléotides de la sonde en établissant des liaisons covalentes. Il s'agit de composés fluorescents (émission de fluorescence) ou d'enzymes qui produisent une substance colorée ou luminescente.

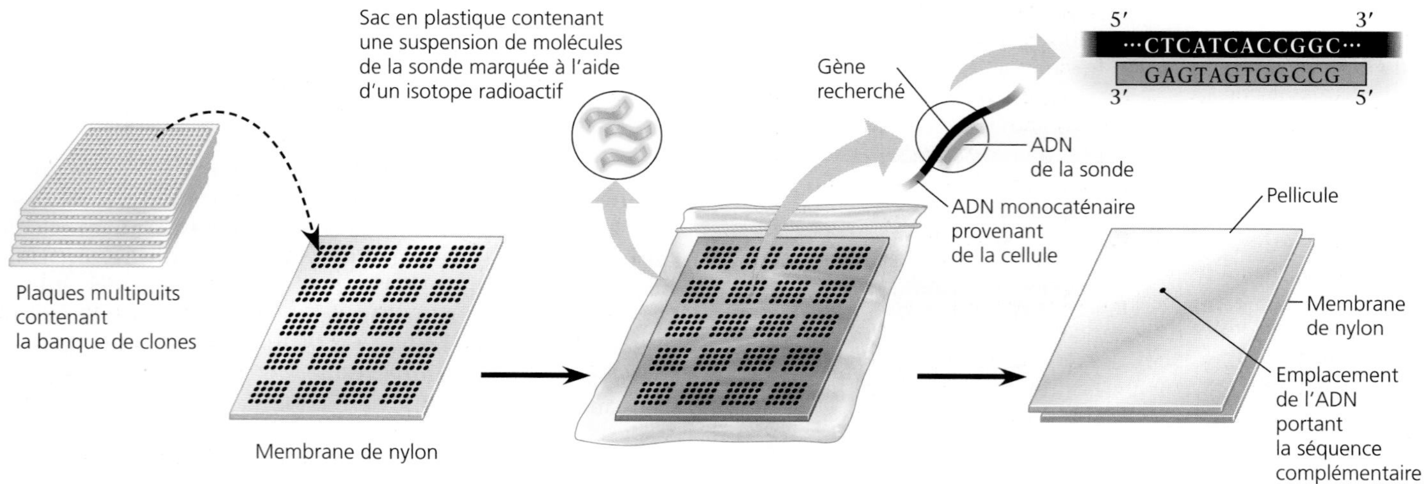

❶ Plaque par plaque, les cellules de chaque puits, représentant un clone, sont transférées en un point donné sur une membrane de nylon spéciale. Les échantillons placés sur la membrane de nylon sont traités afin d'ouvrir les cellules et de dénaturer leur ADN. Les brins d'ADN monocaténaire ainsi obtenus adhèrent à la membrane.

❷ On met alors à incuber la membrane dans une solution de molécules d'une sonde radioactive complémentaires au gène recherché. Comme l'ADN immobilisé sur la membrane est monocaténaire, la sonde monocaténaire que l'on vient d'ajouter s'associe par appariement de bases avec un ADN complémentaire présent sur la membrane. L'excès d'ADN est éliminé par rinçage. (Un point contenant des complexes hybrides de sonde radioactive-ADN a été coloré en orange, mais on ne peut encore distinguer la couleur à cette étape.)

❸ On place la membrane sous une pellicule photographique sensible aux rayons X qui enregistre la position de toutes les zones radioactives. Sur cette pellicule, les points noirs correspondent aux endroits sur la membrane où se trouve l'ADN qui s'est hybridé avec la sonde. Chaque point peut être relié au puits d'origine contenant le clone bactérien qui porte le gène recherché.

RÉSULTATS Pour une sonde radioactive, l'emplacement du point noir sur la plaque photographique révèle le clone contenant le gène recherché. (Les sondes marquées par d'autres moyens utilisent d'autres systèmes de détection.) L'utilisation de sondes ayant des séquences nucléotidiques différentes dans des expériences différentes permet aux chercheurs de cribler la collection de clones bactériens pour différents gènes.

les cellules bactériennes sont dépourvues d'outils d'épissage de l'ARN, elles sont incapables de traduire ces gènes correctement. On peut résoudre toutefois ce problème en utilisant une forme d'ADNc du gène qui ne contient que les exons.

Le clonage et les systèmes d'expression eucaryotes

Les biologistes moléculaires peuvent pallier l'incompatibilité entre Eucaryotes et Bactéries en remplaçant les bactéries par des cellules eucaryotes qui servent d'hôtes pour le clonage ou l'expression (ou les deux) de gènes d'Eucaryotes. Les levures (champignons unicellulaires) offrent plusieurs avantages à cet égard: elles sont aussi faciles à cultiver que les bactéries; elles se divisent rapidement (en quelques heures), et elles présentent un très grand nombre de formes phénotypiques distinctes. De plus, elles contiennent des plasmides, ce qui est rare chez les Eucaryotes. Les scientifiques ont même conçu des plasmides recombinés contenant à la fois de l'ADN de levure et de bactérie, et capables de se répliquer dans l'un ou l'autre de ces deux types de cellules.

Un autre facteur joue en faveur de l'emploi de cellules eucaryotes en tant qu'hôtes servant à l'expression de gènes clonés d'Eucaryotes. Rappelez-vous que, pour êtres fonctionnelles, de nombreuses protéines d'Eucaryotes doivent être modifiées après leur traduction, par exemple par l'incorporation d'un glucide (glycosylation) ou d'un lipide, ce que les Bactéries sont incapables de faire. Il arrive même que les levures ne puissent modifier correctement certaines protéines provenant d'un mammifère. Il est toutefois possible de faire effectuer ces modifications par plusieurs types de cellules hôtes mises en culture. Des résultats satisfaisants ont été obtenus avec certaines lignées cellulaires de mammifères et avec une lignée cellulaire d'insectes infectées par un virus particulier (baculovirus) contenant de l'ADN recombiné.

En plus des vecteurs, les scientifiques ont mis au point plusieurs autres méthodes permettant d'introduire de l'ADN recombiné dans les cellules eucaryotes. C'est le cas de l'**électroporation**, qui consiste à soumettre une solution contenant des cellules à une brève impulsion électrique de haut voltage. Le courant électrique crée dans la membrane plasmique des trous temporaires, par lesquels l'ADN peut pénétrer. (Aujourd'hui, on emploie couramment cette technique dans le cas de bactéries également.) Il est aussi possible d'injecter l'ADN directement dans les grosses cellules eucaryotes, comme les ovocytes, au moyen d'aiguilles microscopiques. Pour insérer l'ADN dans des cellules végétales, on peut utiliser *Agrobacterium*, une bactérie du sol, ou recourir à d'autres méthodes, comme nous le verrons plus loin. Si l'ADN inséré est incorporé dans le génome d'une cellule par recombinaison génétique, alors il peut être exprimé par la cellule. On peut aussi insérer l'ADN dans des vésicules lipidiques appelées *liposomes* qui fusionnent avec la membrane de la cellule et la traversent. Enfin, on peut introduire mécaniquement de l'ADN dans une cellule animale ou végétale à l'aide d'un «canon à gènes» qui permet de bombarder une cellule de particules de tungstène ou d'or recouvertes d'ADN.

L'expression génique interspécifique et l'ascendance évolutive

ÉVOLUTION La capacité à exprimer des protéines d'Eucaryotes dans des bactéries (même si les protéines ne sont pas correctement glycosylées) est une propriété absolument remarquable quand on considère à quel point les cellules eucaryotes et les cellules bactériennes sont différentes. Il existe de nombreux exemples de gènes issus d'une espèce donnée qui demeurent complètement fonctionnels après avoir été transférés dans une autre espèce très différente. Ces observations soulignent l'ascendance évolutive commune d'espèces vivant aujourd'hui.

Pour illustrer cette affirmation, prenons l'exemple du gène *Pax-6*, présent chez des animaux aussi divers que des vertébrés et des drosophiles. Chez les Vertébrés, le produit du gène *Pax-6* (la protéine Pax-6) déclenche un programme complexe d'expression génique qui aboutit à la formation d'un œil pourvu d'un seul cristallin. Par contre, chez la drosophile, le gène *Pax-6* provoque la formation d'un œil composé, qui est très différent de celui des Vertébrés. Lorsque les scientifiques ont cloné le gène *Pax-6* de souris et l'ont introduit dans un embryon de drosophile, ils ont constaté avec étonnement qu'il conduisait à la formation d'un œil composé présent chez la mouche (voir la figure 50.16, p. 1268). Inversement, le transfert du gène *Pax-6* de la drosophile dans un embryon de Vertébré (une grenouille, dans ce cas) entraînait la formation d'un œil de grenouille. Bien que les programmes génétiques déclenchés chez les Vertébrés et chez les drosophiles génèrent des types d'yeux très différents, les deux versions du gène *Pax-6* peuvent se substituer l'une à l'autre; c'est là une preuve de leur évolution à partir d'un gène présent chez un ancêtre commun.

La figure 17.6 (p. 383) présente des exemples plus simples: un gène de luciole est exprimé dans un plant de tabac, et on y voit un produit d'un gène de méduse exprimé chez un porc. Les mécanismes fondamentaux de l'expression génique ont des racines évolutives anciennes, qui sont la base des nombreuses techniques d'ADN recombiné décrites dans le présent chapitre.

L'amplification de l'ADN *in vitro*: l'amplification en chaîne par polymérase (ACP)

Le clonage d'ADN dans des cellules demeure à ce jour la meilleure méthode de production de grandes quantités d'un gène ou d'une autre séquence d'ADN. Cependant, lorsque la source d'ADN est peu abondante ou impure, la technique de l'**amplification en chaîne par polymérase** ou **ACP** (en anglais PCR, pour *polymerase chain reaction*) constitue une précieuse solution de rechange. Plus rapide et plus sélective, elle permet l'amplification (soit la production de nombreuses copies) *in vitro* de n'importe quel segment spécifique d'une ou de plusieurs molécules d'ADN. L'automatisation du processus permet désormais de produire des milliards de copies d'un segment donné en quelques heures, alors qu'il faut plusieurs jours pour obtenir le même nombre de copies en criblant une banque d'ADN afin d'isoler un clone portant le gène recherché et de le laisser se répliquer dans des cellules hôtes. Mise au point dans les années 1980 par le biochimiste américain Kary Mullis, qui a d'ailleurs reçu le prix Nobel de chimie en 1993, l'ACP est considérée par certains comme une percée aussi importante pour la biologie que l'invention du microscope. En fait, on a de plus en plus souvent recours à l'ACP pour produire de grandes quantités d'un fragment donné d'ADN afin de l'insérer directement dans un vecteur, permettant ainsi de sauter entièrement les étapes de constitution et de criblage d'une banque. Pour reprendre l'analogie littéraire, on pourrait dire que l'ACP consiste à photocopier quelques pages d'un livre plutôt que de le parcourir en entier dans une bibliothèque.

L'amplification en chaîne par polymérase repose sur la répétition cyclique d'une réaction en chaîne qui se déroule en trois étapes et qui accroît le nombre de molécules d'ADN de façon exponentielle. Au cours de chaque cycle, qui ne dure que quelques minutes, on chauffe le mélange réactionnel afin de dénaturer (séparer) les brins d'ADN. Ensuite, on refroidit pour permettre la renaturation (ou reformation) de liaisons hydrogène entre de courtes amorces d'ADN monocaténaire et leurs séquences complémentaires sur les brins opposés à chaque extrémité de la séquence visée. Enfin, une ADN polymérase résistante à la chaleur allonge les amorces dans le sens 5′ → 3′. Si on utilisait une ADN polymérase normale, la protéine qui constitue cette enzyme serait dénaturée en même temps que l'ADN au moment du chauffage de la première étape, et il faudrait la remplacer après chaque cycle. En fait, c'est la découverte d'une ADN polymérase peu commune, appelée Taq polymérase, qui a permis d'automatiser l'ACP. Le nom de cette enzyme est une abréviation de *Thermus aquaticus*, l'espèce bactérienne dont on l'a isolée pour la première fois. Cette bactérie vit dans des sources hydrothermales, de sorte que la sélection naturelle a généré

▼ **Figure 20.8** **MÉTHODE DE RECHERCHE**

L'amplification en chaîne par polymérase (ACP)

APPLICATION L'ACP permet de produire un grand nombre de fois des copies d'un segment donné d'ADN (la séquence visée). Elle se déroule entièrement *in vitro*.

TECHNIQUE L'ACP nécessite un ADN bicaténaire contenant la séquence visée, une ADN polymérase résistante à la chaleur, les quatre nucléotides ainsi que deux brins d'ADN de 15 à 20 nucléotides qui servent d'amorces. Une amorce est complémentaire à une extrémité de la séquence recherchée sur un brin; la seconde est complémentaire à l'autre extrémité de la séquence sur l'autre brin.

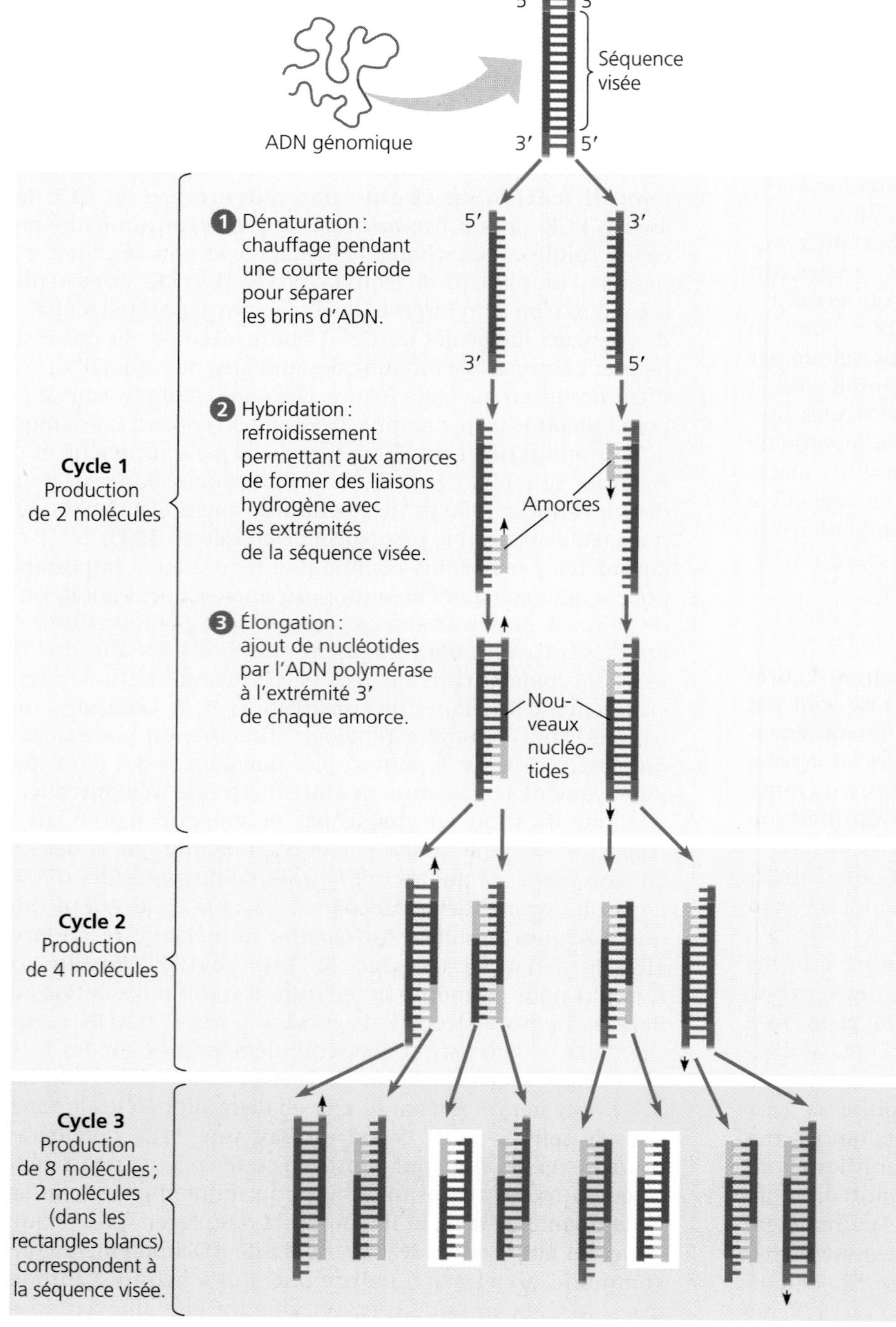

5′ 3′
Séquence visée
ADN génomique
3′ 5′
1 Dénaturation: chauffage pendant une courte période pour séparer les brins d'ADN.
5′ 3′
3′ 5′
2 Hybridation: refroidissement permettant aux amorces de former des liaisons hydrogène avec les extrémités de la séquence visée.
Amorces
3 Élongation: ajout de nucléotides par l'ADN polymérase à l'extrémité 3′ de chaque amorce.
Nouveaux nucléotides
Cycle 1 Production de 2 molécules
Cycle 2 Production de 4 molécules
Cycle 3 Production de 8 molécules; 2 molécules (dans les rectangles blancs) correspondent à la séquence visée.

RÉSULTATS Après trois cycles, deux molécules correspondent exactement à la séquence visée. Après 30 autres cycles, le nombre de molécules correspondant à la séquence visée dépasse le milliard (10^9).

une ADN polymérase qui a l'avantage de résister aux fortes températures (plus de 90 °C) au début de chaque cycle de l'ACP. La **figure 20.8** illustre les étapes de l'ACP.

La spécificité de l'ACP est tout aussi étonnante que sa rapidité. Il suffit de minuscules quantités d'ADN (même s'il n'est pas intact) dans le matériel de départ, pourvu que quelques molécules contiennent la séquence visée complète. La clé de cette grande spécificité réside dans les amorces qui forment des liaisons hydrogène *seulement* avec les séquences aux extrémités opposées du segment visé. (Pour une spécificité élevée, les amorces doivent avoir une longueur d'au moins 15 nucléotides environ.) À la fin du troisième cycle, le quart des molécules est identique au segment visé, les deux brins ayant la longueur appropriée. À l'issue de chaque cycle successif, on double le nombre de molécules du segment visé de la bonne longueur; celui-ci s'élève à 2^n, où n représente le nombre de cycles. Après 30 autres cycles, on obtient environ un milliard de copies de la séquence visée!

Malgré sa vitesse et sa spécificité, l'ACP ne peut pas remplacer le clonage d'un gène dans des cellules quand ce gène doit être produit en grande quantité. Des erreurs occasionnelles surviennent pendant la réplication, ce qui limite le nombre de copies exactes fournies grâce à cette technique. Lorsque l'ACP est utilisée pour fabriquer un fragment d'ADN spécifique afin de le cloner, il faut séquencer les clones produits afin d'éliminer tous ceux qui comportent des séquences erronées. Les erreurs de l'ACP imposent également des limites à la longueur des fragments d'ADN qui peuvent être copiés.

Conçue en 1985, l'amplification en chaîne par polymérase a eu de grandes répercussions sur les domaines de la recherche biologique et de la biotechnologie. On s'en sert pour amplifier de l'ADN de provenances très diverses: d'une momie découverte dans une pyramide, d'un mammouth laineux congelé depuis 40 000 ans, d'empreintes digitales ou de minuscules échantillons de sang, de tissu ou de sperme prélevés sur les lieux d'un crime, d'une cellule embryonnaire unique dans le but de poser un diagnostic prénatal rapide de maladies génétiques, de gènes viraux provenant de cellules infectées par des virus difficiles à détecter (comme le VIH), etc. Nous reparlerons des applications de l'ACP plus loin dans le chapitre.

RETOUR SUR LE CONCEPT 20.1

1. Le site de restriction pour une enzyme appelée *Pvu*I est la séquence suivante:

   5′-CGATCG-3′
   3′-GCTAGC-5′

   On effectue des coupures décalées entre T et C sur chaque brin. Quels types de liaisons ont été rompues?
2. **FAITES UN DESSIN** La séquence d'un brin d'ADN est la suivante: 5′-CCTTGACGATCGTTACCG-3′. Dessinez l'autre brin. L'enzyme *Pvu*I peut-elle couper cette molécule? Si oui, dessinez les produits.
3. Quelles sont les difficultés potentielles qu'entraîne l'utilisation de vecteurs plasmidiques et de cellules hôtes bactériennes pour produire de grandes quantités de protéines à partir de gènes d'Eucaryotes clonés?
4. **FAITES DES LIENS** Comparez les figures 20.8 et 16.20 (p. 368). Comment la réplication d'extrémités d'ADN au cours de l'ACP se déroule-t-elle sans que les fragments soient raccourcis chaque fois?

Voir les réponses proposées à la fin du chapitre.

CONCEPT 20.2

La biotechnologie nous permet d'étudier la séquence, l'expression et la fonction d'un gène

Grâce à l'obtention de grandes quantités de segments d'ADN spécifiques par clonage de l'ADN, nous pouvons maintenant aborder des questions intéressantes concernant un gène particulier et sa fonction. Par exemple, la séquence du gène de la β-globine de colibri révèle-t-elle une structure protéique permettant de transporter l'oxygène plus efficacement que sa contrepartie dans une espèce au métabolisme moins actif? Un gène particulier varie-t-il d'une personne à l'autre, et certains de ses allèles sont-ils liés à une maladie héréditaire? Où et quand est-il exprimé dans l'organisme? Et enfin, quel rôle un gène particulier joue-t-il dans l'organisme?

Avant de commencer à aborder ces questions fascinantes, il nous faut examiner quelques techniques courantes de laboratoire utilisées pour analyser l'ADN des gènes.

L'électrophorèse sur gel et le buvardage de Southern

De nombreuses approches pour étudier les molécules d'ADN s'appuient sur l'**électrophorèse sur gel**. Dans cette technique, on emploie un gel constitué d'un polymère, comme l'*agarose*, un polysaccharide. Ce gel agit comme un tamis moléculaire qui sépare les acides nucléiques ou les protéines en fonction de leur taille, de leur charge électrique et d'autres propriétés physiques (**figure 20.9**). Étant donné qu'elles portent des charges négatives sur leurs groupements phosphate,

▼ **Figure 20.9** MÉTHODE DE RECHERCHE

L'électrophorèse sur gel

APPLICATION L'électrophorèse sur gel permet de séparer les acides nucléiques ou les protéines selon leur taille, leur charge électrique ou d'autres propriétés physiques. Les molécules d'ADN sont séparées par l'électrophorèse sur gel dans l'analyse des fragments de restriction des gènes clonés (voir la figure 20.10) et de l'ADN génomique (voir la figure 20.11).

TECHNIQUE L'électrophorèse sur gel consiste à séparer les macromolécules en fonction de leur vitesse de déplacement dans un gel d'agarose sous l'effet d'un champ électrique: la distance parcourue par la molécule d'ADN est inversement proportionnelle à sa longueur. Le produit de départ est un mélange de molécules d'ADN, habituellement des fragments produits par la digestion (découpage) effectuée grâce à une enzyme de restriction ou à l'amplification en chaîne par polymérase. Durant l'électrophorèse, ce mélange est séparé en bandes successives. Chaque bande contient des milliers de molécules de la même longueur.

❶ Chaque échantillon, constitué d'un mélange de molécules d'ADN, est placé dans un puits situé à une des extrémités d'une fine plaque de gel d'agarose. Le gel est maintenu en place dans un petit support de plastique; il baigne dans une solution tampon aqueuse dans un plateau et à chaque extrémité du dispositif se trouvent des électrodes. Des fragments d'ADN de taille connue peuvent aussi être ajoutés dans un des puits pour servir de référence.

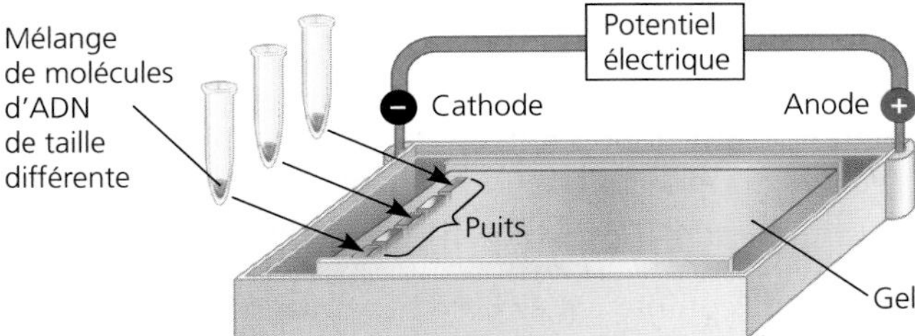

❷ Lorsque le courant est appliqué, les molécules d'ADN de charge négative se dirigent vers l'électrode positive; les molécules plus courtes se déplacent plus rapidement que les longues. Les bandes sont illustrées ici en bleu, mais, en réalité, elles ne sont pas encore visibles.

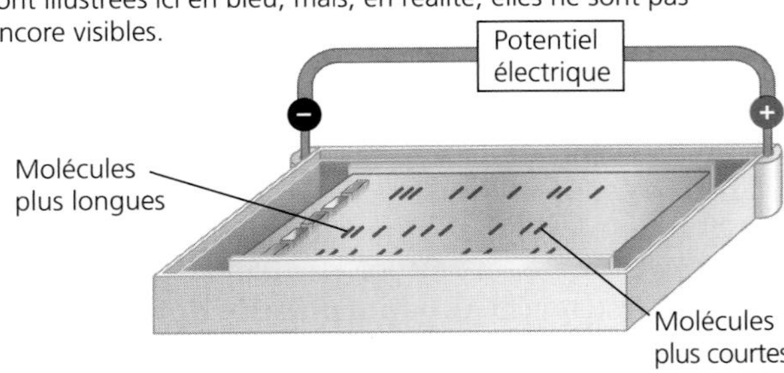

RÉSULTATS Après avoir coupé le courant, on ajoute un colorant (bromure d'éthidium) qui se lie à l'ADN. Les bandes émettent une lumière rose par fluorescence lorsqu'elles sont placées sous une lumière ultraviolette, ce qui permet de distinguer les bandes séparées auxquelles le colorant est lié. Sur le gel ci-dessous, les bandes roses correspondent aux fragments d'ADN de longueurs différentes séparés par électrophorèse. Si tous les échantillons sont au départ coupés par la même enzyme de restriction, les motifs de bandes différents indiquent alors qu'ils proviennent de différentes sources.

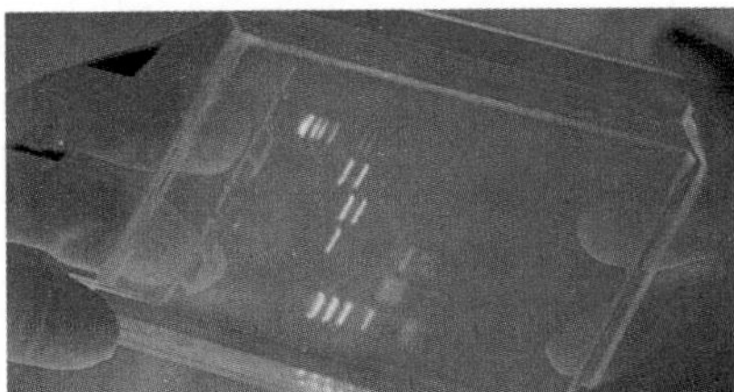

les molécules d'acides nucléiques se déplacent toutes vers le pôle positif quand elles sont soumises à un champ électrique. Pendant le déplacement des molécules, le réseau de fibres d'agarose du gel ralentit davantage les longs fragments que les courts, de sorte que les molécules se répartissent selon leur taille. Par conséquent, l'électrophorèse sur gel sépare un mélange de molécules d'ADN linéaires en bandes successives, chaque bande contenant plusieurs milliers de molécules d'ADN de la même longueur.

Une application historiquement utile de cette technique a été l'*analyse des fragments de restriction*, qui fournit rapidement des informations sur les séquences d'ADN. Avec les progrès réalisés dans la technologie du séquençage, l'approche favorisée dans les laboratoires modernes consiste souvent à séquencer simplement l'échantillon d'ADN en question. Cependant, l'analyse de fragments de restriction est encore effectuée dans certains cas, et la compréhension de cette méthode permet de mieux saisir en quoi consiste la technologie de l'ADN recombiné. Dans ce type d'analyse, on sépare les fragments résultant du découpage d'une molécule d'ADN à l'aide d'une enzyme de restriction en soumettant le mélange à une électrophorèse sur gel. Ce mélange produit alors un motif de bandes caractéristique de la molécule de départ et de l'enzyme de restriction employée. Il est même possible de reconnaître les molécules d'ADN relativement petites provenant de plasmides et de virus grâce aux motifs formés par leurs fragments de restriction. Étant donné que l'ADN peut être extrait des gels tout en restant intact, cette méthode permet de préparer des échantillons purs de fragments individuels, en supposant que les bandes sont clairement distinctes. (Les molécules d'ADN plus longues, comme celles des chromosomes d'Eucaryotes, produisent trop de fragments : les bandes sont diffuses et donc plus difficiles à distinguer.)

L'analyse de fragments de restriction peut également servir à comparer deux molécules distinctes d'ADN représentant, par exemple, deux allèles d'un gène, à condition toutefois que la différence des nucléotides influe sur un site de restriction. Une modification dans une seule paire de bases de cette séquence empêche une enzyme de restriction de couper à cet endroit. Les variations dans la séquence d'ADN au sein d'une population sont appelées *polymorphismes* (du grec *polus*, « nombreux », et *morphè*, « forme »), et ce type particulier de modifications de séquences est appelé **polymorphisme de taille des fragments de restriction** ou **PTFR** (en anglais RFLP, pour *restriction fragment length polymorphism*). Si un allèle contient un PTFR, la digestion à l'aide de l'enzyme qui reconnaît le site produira un mélange différent de fragments provenant de chaque allèle. Et dans l'électrophorèse, chaque mélange produit son propre motif de bandes.

Par exemple, l'anémie à hématies falciformes résulte d'une mutation dans un seul nucléotide situé dans une séquence de restriction (un PTFR) du gène de la β-globine humaine (voir les pages 316 et 317 et la figure 17.23, p. 398). Par conséquent, même si on a recours aujourd'hui à d'autres méthodes, l'analyse de fragments de restriction a permis pendant de nombreuses années de distinguer les allèles normaux et ceux de l'anémie à hématies falciformes du gène de la β-globine, comme l'illustre la **figure 20.10**.

Dans cette figure, les matériaux de départ sont des échantillons de gènes clonés et purifiés d'allèles de la β-globine. Mais comment pourrait-on effectuer ce test si l'on ne dispose pas d'allèles purifiés au départ ? Afin de déterminer si un individu est porteur hétérozygote de l'allèle mutant pour l'anémie à hématies falciformes, il faudrait comparer directement son ADN génomique avec celui d'une personne souffrant d'anémie à hématies falciformes (et hétérozygote pour l'allèle mutant) et celui d'un homozygote pour l'allèle normal. Comme nous l'avons déjà mentionné, l'électrophorèse

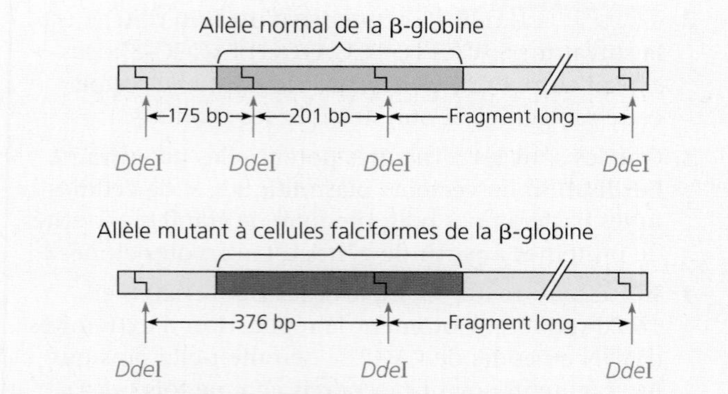

(a) Sites de restriction de *Dde*I dans les allèles normaux et dans les allèles des cellules falciformes du gène de la β-globine. Nous représentons ici les allèles clonés, séparés de l'ADN vecteur, mais incluant un peu d'ADN voisin de la séquence de codage. L'allèle normal contient deux sites dans la séquence de codage reconnus par l'enzyme de restriction *Dde*I. Il manque un de ces sites à l'allèle des cellules falciformes.

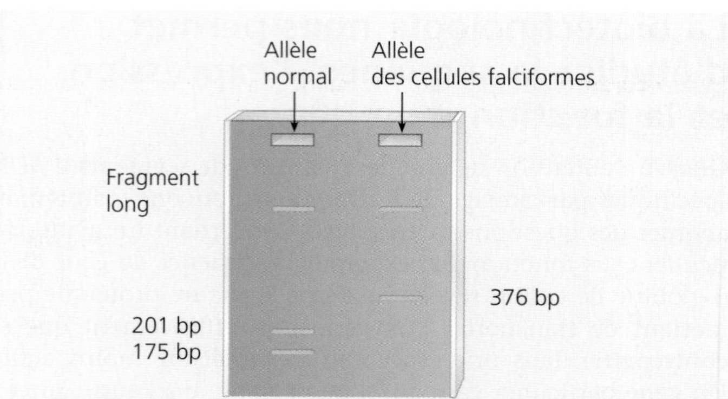

(b) Électrophorèse des fragments de restriction d'allèles normaux et d'allèles de cellules falciformes. Les échantillons de chaque allèle purifié ont été découpés par l'enzyme *Dde*I puis soumis à l'électrophorèse sur gel ; il en résulte trois bandes pour l'allèle normal et deux bandes pour l'allèle des cellules falciformes. (Les minuscules fragments aux extrémités des deux molécules d'ADN de départ sont identiques et ne sont pas visibles ici.)

▲ **Figure 20.10 La reconnaissance de l'ADN provenant d'allèles normaux et d'allèles de cellules falciformes du gène de la β-globine humaine au moyen de l'analyse des fragments de restriction.**

(a) La mutation portée par les cellules falciformes détruit un des sites de restriction de l'enzyme *Dde*I dans le gène. **(b)** Après cette étape, la digestion par l'enzyme *Dde*I produit une variété de fragments provenant des allèles normaux et des allèles de cellules falciformes.

ET SI ? *En supposant que des clones bactériens avec des plasmides recombinés contiennent chacun de ces allèles, comment pourriez-vous isoler les échantillons d'ADN pur appliqués sur le gel en (b) ? (Indice : étudiez les figures 20.4 et 20.9.)*

de l'ADN génomique digéré par une enzyme de restriction et révélé à l'aide d'un colorant produit trop de bandes pour qu'on soit capable de les reconnaître individuellement. Cependant, on peut détecter seulement les bandes qui contiennent des parties du gène de la β-globine en recourant à une méthode classique appelée **buvardage de Southern**, qui combine l'électrophorèse sur gel et l'hybridation moléculaire. (Cette méthode est aussi appelée *transfert de Southern*; elle a été mise au point en 1975 par le biochimiste britannique Edwin Southern.) Le principe est identique à celui de l'hybridation moléculaire utilisée pour sélectionner les clones bactériens (voir la figure 20.7). Dans le buvardage de Southern, la sonde est généralement une molécule d'ADN monocaténaire radioactive (ou marquée autrement) qui est complémentaire au gène recherché. La **figure 20.11** résume l'ensemble de la technique et montre comment on peut

▼ **Figure 20.11** MÉTHODE DE RECHERCHE

L'analyse de fragments d'ADN par la technique du buvardage de Southern

APPLICATION Cette méthode permet aux chercheurs de détecter des séquences nucléotidiques particulières dans un échantillon complexe d'ADN. Le buvardage de Southern peut servir notamment à comparer les fragments de restriction produits à partir de différents échantillons d'ADN génomique.

TECHNIQUE Dans cet exemple, nous comparons des échantillons d'ADN génomique provenant de trois individus : un homozygote pour l'allèle normal de la β-globine (I), un homozygote pour l'allèle mutant des cellules falciformes (II) et un hétérozygote (III). Comme à la figure 20.7, nous prenons l'exemple d'une sonde radioactive, mais on peut faire appel à d'autres méthodes de marquage et de détection.

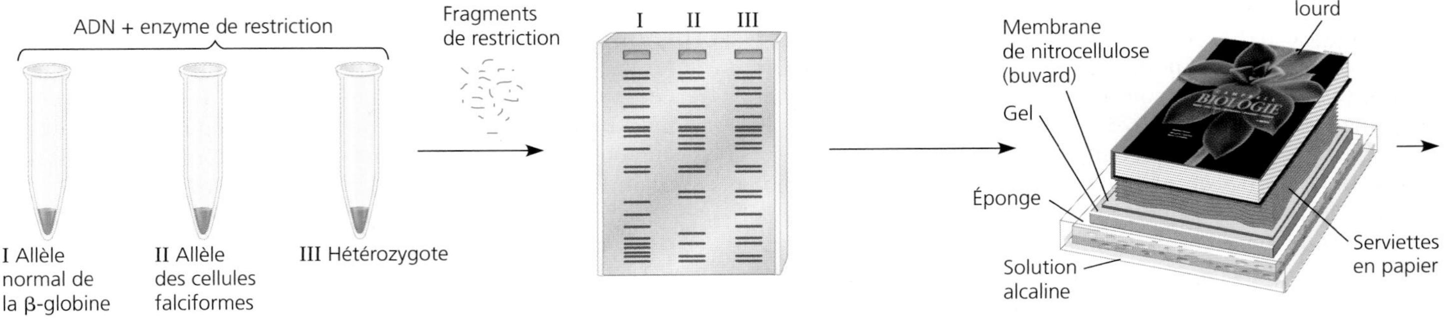

❶ **Préparation des fragments de restriction.** Chaque échantillon d'ADN est mélangé à la même enzyme de restriction (dans ce cas, *Dde*I. La digestion de chaque échantillon donne un mélange de milliers de fragments de restriction.

❷ **Électrophorèse sur gel.** Les fragments de restriction formés à partir de chaque échantillon sont séparés par électrophorèse. Chaque échantillon a un motif de bandes caractéristique. (En réalité, les bandes devraient être beaucoup plus nombreuses que celles qui sont illustrées, et elles seraient invisibles, à moins d'être colorées.)

❸ **Transfert d'ADN (buvardage).** Le gel étant disposé comme on le voit ci-dessus, une solution alcaline monte et passe à travers le gel sous l'effet de la capillarité ; l'ADN se trouve ainsi dénaturé et transféré sur une membrane de nitrocellulose. Cela produit un buvard avec un motif de bandes d'ADN identiques à celles qui sont présentes dans le gel.

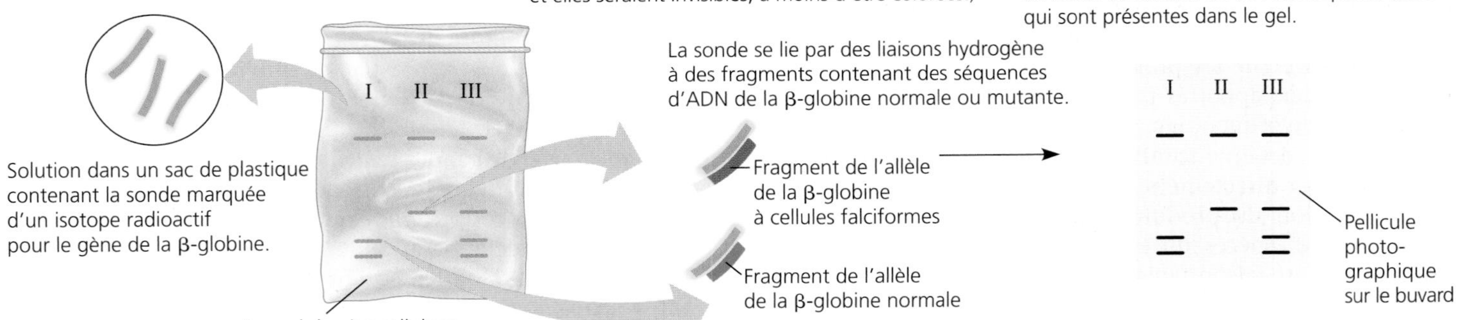

❹ **Hybridation à l'aide d'une sonde marquée.** La membrane de nitrocellulose est mise en présence d'une solution contenant une sonde marquée d'une façon quelconque. Dans cet exemple, la sonde est marquée d'un isotope radioactif, un ADN monocaténaire complémentaire au gène de la β-globine. Les molécules de la sonde se lient par appariement des bases avec les fragments de restriction contenant une partie du gène de la β-globine. (Les bandes ne seraient pas visibles encore.)

❺ **Détection de la sonde.** Une pellicule photographique est placée sur le buvard. La radioactivité de la sonde liée mène à la reproduction, sur la pellicule, de l'image des bandes contenant l'ADN dont les bases sont appariées avec la sonde.

RÉSULTATS Les motifs de bandes pour les trois échantillons sont tout à fait différents, de sorte qu'on peut utiliser cette méthode pour isoler les porteurs hétérozygotes de l'allèle des cellules falciformes (III), de même que ceux qui souffrent de la maladie, qui ont deux allèles mutants (II), et les individus qui ne sont pas touchés, qui possèdent deux allèles normaux (I). Les motifs de bandes pour les échantillons I et II ressemblent à ceux des allèles normal et mutant purifiés, respectivement, qu'on voit à la figure 20.10b. Le motif de bandes pour l'échantillon provenant de l'hétérozygote (III) est une combinaison des motifs pour les deux homozygotes (I et II).

s'en servir pour distinguer un hétérozygote (dans ce cas, pour l'allèle de cellules falciformes) d'un individu homozygote pour l'allèle normal.

L'identification de porteurs d'allèles mutants associés à des maladies génétiques n'est qu'une des applications du buvardage de Southern. En fait, pendant de nombreuses années, cette technique a constitué un élément fondamental des analyses de laboratoire. Récemment, toutefois, elle a été supplantée par des méthodes plus rapides faisant souvent appel à l'ACP que l'on effectue sur des parties spécifiques de génomes susceptibles de présenter des différences.

Le séquençage de l'ADN

Une fois qu'un gène est cloné, on peut en déterminer la séquence nucléotidique complète. Aujourd'hui, le séquençage est automatisé, effectué par des appareils spécialisés (voir la figure 1.12, p. 10). La première méthode automatisée était basée sur une technique appelée *méthode de terminaison de chaîne par un didésoxyribonucléotide* (*méthode didésoxy*, en abrégé), pour des raisons décrites à la figure **figure 20.12**. Cette technique a été mise au point par le Britannique Frederick Sanger, qui a reçu un prix Nobel en 1980 pour cette réalisation. (Sanger est l'une des quatre personnes à avoir reçu deux prix Nobel; il en avait également reçu un en 1975 pour la détermination de la séquence des acides aminés dans l'insuline.)

Au cours des dix dernières années, on a mis au point plusieurs techniques de séquençage dites «de la prochaine génération» qui ne reposent pas sur la méthode de terminaison de chaîne. Une autre solution consiste à immobiliser un seul brin matrice et à ajouter des réactifs qui permettent ce qu'on appelle communément le *séquençage par synthèse* d'un brin complémentaire, un nucléotide à la fois. Une astuce chimique rend des moniteurs électroniques capables de préciser lequel des quatre nucléotides est ajouté, permettant ainsi de déterminer la séquence. D'autres changements techniques ont donné naissance au «séquençage de troisième génération», chaque nouvelle technique s'avérant plus rapide et moins coûteuse que la précédente. Au chapitre 21, vous en apprendrez davantage sur les progrès de l'étude des gènes et des génomes entiers apportés par cette accélération rapide de la technologie du séquençage.

Connaître la séquence d'un gène permet aux chercheurs de le comparer directement aux gènes d'autres espèces, chez qui la fonction du produit du gène peut être connue. Si deux gènes d'espèces différentes ont des séquences assez similaires, il est raisonnable de supposer que leurs produits de gènes remplissent des fonctions similaires. De cette façon, les comparaisons entre les séquences fournissent des indices sur la fonction d'un gène, un sujet sur lequel nous reviendrons bientôt. Une autre série d'indices est fournie par des approches expérimentales qui analysent quand et où un gène est exprimé.

L'analyse de l'expression génique

Après avoir cloné un gène donné, les chercheurs peuvent fabriquer des sondes d'acides nucléiques marquées capables de s'hybrider avec les ARNm transcrits du gène. Ces sondes permettent d'obtenir des informations sur le site et le moment où le gène sera transcrit dans l'organisme. Les niveaux de transcription sont communément utilisés comme mesure de l'expression génétique.

L'étude de l'expression de gènes uniques

Supposons qu'on veuille trouver comment l'expression du gène de la β-globine change au cours du développement embryonnaire du colibri. Il existe au moins deux façons d'y arriver.

La première méthode est appelée **buvardage de Northern** (un jeu de mots basé sur la proche similitude avec le buvardage mis au point par Edwin Southern). Dans cette méthode, on effectue une électrophorèse sur gel des échantillons d'ARNm d'embryons de colibris à différentes étapes du développement; on transfère alors les échantillons sur une membrane de nitrocellulose, puis on laisse les ARNm sur la membrane afin qu'ils s'hybrident avec une sonde marquée qui reconnaît l'ARNm de la β-globine. Si on expose une pellicule photographique au contact de la membrane, l'image résultante ressemblera à celle du buvardage de Southern de la figure 20.11, avec une bande d'une taille donnée apparaissant dans chaque échantillon. Si la bande d'ARNm est observée à une étape particulière, on peut avancer l'hypothèse que la protéine fonctionne au cours d'événements qui ont lieu à cette étape. À l'instar du buvardage de Southern, le buvardage de Northern a constitué une technique incontournable au cours des ans, mais, dans de nombreux laboratoires, il est maintenant remplacé par d'autres procédés.

La technique appelée **transcription inverse suivie d'une amplification en chaîne par polymérase** ou **RT-PCR** (pour *reverse transcriptase-polymerase chain reaction*) (**figure 20.13**, page 474) est une méthode plus rapide et plus sensible que le buvardage de Northern (parce qu'elle requiert moins d'ARNm), ce qui explique son utilisation sans cesse croissante. L'analyse de l'expression du gène de la β-globine du colibri par la technique de RT-PCR commence de façon semblable au buvardage de Northern, c'est-à-dire par l'isolation des ARNm à différents stades de développement des embryons de colibris. On ajoute ensuite de la transcriptase inverse pour produire de l'ADNc qui sert alors de matrice pour l'amplification en chaîne par polymérase en utilisant des amorces du gène de la β-globine. Lorsque les produits sont déposés sur un gel, on observe des copies de la région amplifiée sous forme de bandes seulement dans les échantillons qui contenaient à l'origine l'ARNm de la β-globine. Dans le cas de la β-globine du colibri, par exemple, on pourrait s'attendre à voir une bande apparaître au stade où les globules rouges commencent à se former, et tous les stades de développement subséquents révéleraient la même bande. Il est également possible de réaliser une RT-PCR à partir d'ARNm prélevés de différents tissus à un moment donné pour découvrir lequel produit un ARNm spécifique.

Une autre méthode pour déterminer quels tissus ou quelles cellules expriment certains gènes consiste à repérer le site d'un ARNm spécifique à l'aide de sondes marquées *in situ*, ou sur place, dans l'organisme intact. Cette technique, appelée **hybridation *in situ***, est le plus souvent effectuée avec des sondes marquées par des molécules fluorescentes (voir le chapitre 6). Différentes sondes peuvent être marquées à l'aide de différents colorants, parfois présentant des résultats d'une beauté frappante (**figure 20.14**, page 474).

▼ **Figure 20.12** MÉTHODE DE RECHERCHE

Le séquençage de l'ADN par la méthode de terminaison de chaîne par un didésoxyribonucléotide

APPLICATION Grâce à des appareils spécialisés qui effectuent les réactions de séquençage et séparent les produits marqués selon la longueur, on peut déterminer rapidement la séquence des nucléotides dans un fragment d'ADN cloné pouvant comporter entre 800 et 1 000 paires de bases.

TECHNIQUE Cette méthode consiste à synthétiser un ensemble de brins d'ADN complémentaires au fragment d'ADN original. Chaque brin débute par la même amorce et se termine avec un didésoxyribonucléotide (ddNTP), c'est-à-dire un nucléotide modifié. L'incorporation d'un ddNTP met fin à un brin d'ADN en croissance, parce qu'il lui manque le groupement 3' —OH qui rendrait possible l'insertion du nucléotide suivant (voir la figure 16.14, p. 364). Dans l'ensemble de brins synthétisés, la position de chaque nucléotide sur la séquence initiale est représentée par des brins qui se terminent à ce point par le ddNTP complémentaire. Comme chaque type de ddNTP porte un marqueur fluorescent distinct, on peut déterminer l'identité des nucléotides de terminaison des nouveaux brins et, finalement, la séquence originale entière.

❶ Le fragment d'ADN à séquencer est dénaturé en brins simples et incubé dans une éprouvette avec les ingrédients nécessaires pour la synthèse de l'ADN : une amorce conçue pour se lier par des liaisons hydrogène à l'extrémité 3' connue du brin matrice, l'ADN polymérase, les quatre désoxyribonucléotides et les quatre didésoxyribonucléotides, chacun étant marqué avec une molécule fluorescente différente.

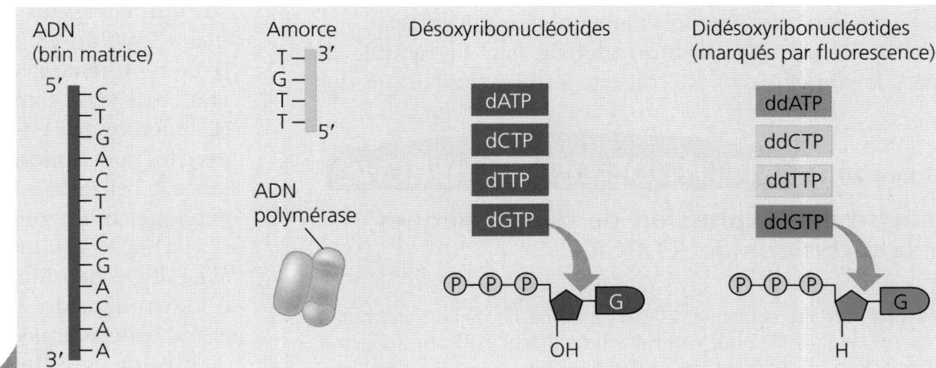

❷ La synthèse des nouveaux brins commence à l'extrémité 3' de l'amorce et se poursuit jusqu'à l'insertion du didésoxyribonucléotide, de façon aléatoire, à la place du nucléotide normal équivalent. L'insertion du didésoxyribonucléotide empêche la poursuite de l'élongation du brin, alors que celle du nucléotide normal la permet. Finalement, on obtient un ensemble de brins marqués, de longueurs différentes. La couleur du marqueur représente le dernier nucléotide dans la séquence.

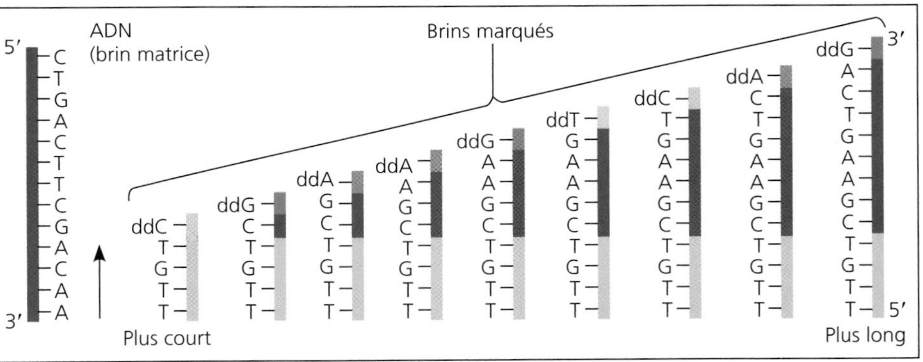

❸ Les brins d'ADN marqués dans le mélange sont séparés par passage sur un gel de polyacrylamide ; les brins plus courts se déplacent plus vite. Pour le séquençage de l'ADN, le gel est placé dans un tube capillaire plutôt que sur une plaque comme celle illustrée à la figure 20.9. La petite taille du tube permet à un détecteur de fluorescence de reconnaître la couleur de chaque marqueur fluorescent à mesure que les brins traversent le gel. On peut distinguer l'un de l'autre des brins dont la longueur ne diffère que d'un seul nucléotide.

RÉSULTATS La couleur du marqueur fluorescent sur chaque brin indique la nature du nucléotide à son extrémité. Il est possible d'imprimer les résultats sous forme de spectrogramme ; la séquence, qui est complémentaire au brin matrice, peut être lue de bas en haut (du brin le plus court vers le brin le plus long). (Remarquez que la séquence commence après l'amorce.)

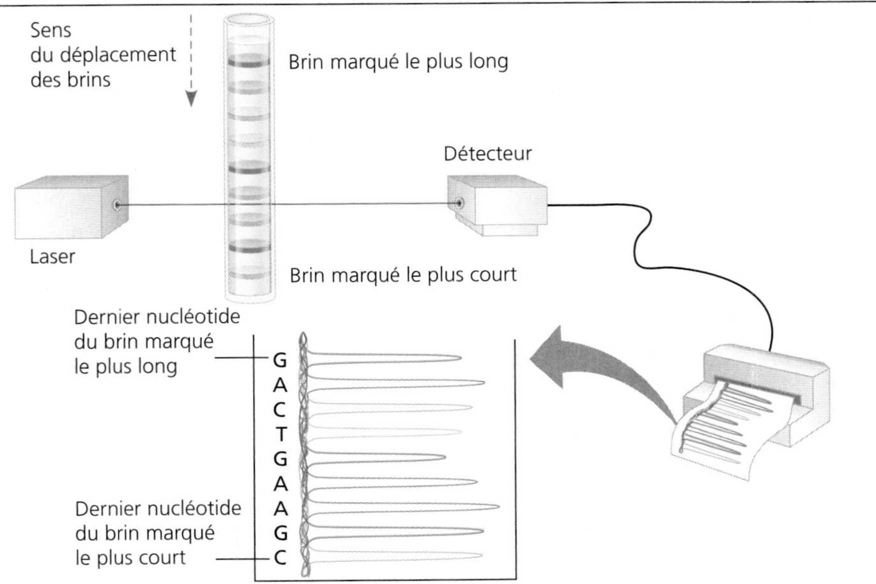

L'étude de l'expression des groupes de gènes en interaction

Un des principaux buts des biologistes consiste à comprendre comment les gènes interagissent afin de créer un organisme et d'assurer son fonctionnement. Maintenant que la détermination des séquences de génomes entiers de nombreux organismes est presque complète, on peut entreprendre l'étude de l'expression de grands groupes de gènes (une approche systémique). Des chercheurs ont commencé à utiliser ces séquences génomiques comme sondes afin de déterminer quels gènes sont transcrits dans différents tissus ou dans certaines circonstances, par exemple à divers stades de développement. Ils recherchent également des groupes de gènes qui sont exprimés d'une manière coordonnée, dans le but de déterminer les réseaux d'expression dans un génome entier.

Dans les études d'expression globale (sur l'ensemble du génome), la stratégie de base consiste à isoler l'ARNm produit par certaines cellules particulières, à fabriquer une banque d'ADNc par transcription inverse à partir de ces matrices, puis à hybrider les acides nucléiques pour comparer les ADNc en question avec d'autres fragments d'ADN représentant le génome en tout ou en partie. Les résultats permettent de déterminer quel sous-groupe de gènes du génome est exprimé à un moment donné ou dans certaines conditions. C'est la biotechnologie qui rend possible ce genre d'études sur l'expression des gènes. Quant à l'automatisation, elle permet d'en effectuer toutes les étapes facilement et à grande échelle. Les scientifiques peuvent aujourd'hui mesurer simultanément l'expression de milliers de gènes.

La principale approche sur laquelle reposent les études sur l'expression de l'ensemble du génome fait appel à des **tests sur microréseau à ADN**. Ce dispositif se compose d'infimes quantités d'un grand nombre de fragments d'ADN monocaténaire représentant différents gènes et que l'on a fixés sur une plaque de verre sous forme de réseau dense (voir la figure 20.1). (Le microréseau est également appelé *puce à ADN*, par analogie avec les puces informatiques.) Idéalement, ces fragments représentent l'ensemble des gènes d'un organisme. La **figure 20.15** explique comment on teste les fragments d'ADN sur un microréseau; la technique repose sur l'hybridation de ces fragments avec des échantillons de molécules d'ADNc préparés à partir d'ARNm dans des cellules particulières que l'on désire étudier et qui sont marquées par un colorant fluorescent.

À l'aide de cette technique, les chercheurs ont effectué des tests sur microréseaux à ADN sur plus de 90% des gènes du nématode *Caenorhabditis elegans* au cours de chacun des stades de son cycle de développement. Les résultats montrent que l'expression de près de 60% des gènes de *C. elegans* change considérablement au cours du développement et que beaucoup de gènes sont exprimés selon un mode spécifique au sexe. Cette étude apporte des preuves à l'appui du modèle soutenu par la majorité des biologistes du développement selon lequel le développement embryonnaire met en jeu un programme d'expression génique complexe et non l'expression d'un petit nombre de gènes essentiels. Cet exemple montre bien dans quelle mesure les microréseaux à ADN peuvent nous aider à établir les profils généraux de l'expression génique pendant la durée de vie d'un organisme.

En plus de contribuer à la découverte des interactions entre les gènes et de mieux connaître leur fonctionnement, les tests

▼ **Figure 20.13** MÉTHODE DE RECHERCHE

L'analyse de l'expression de gènes uniques par la technique de RT-PCR

APPLICATION La technique de RT-PCR utilise l'enzyme transcriptase inverse (en anglais RT, pour *reverse transcriptase*) en association avec l'ACP et l'électrophorèse sur gel. On peut utiliser la RT-PCR pour comparer l'expression génique entre des échantillons (par exemple, à divers stades embryonnaires, dans différents tissus ou dans le même type de cellules dans des conditions variées).

TECHNIQUE Dans cet exemple, les échantillons contenant des ARNm à six stades embryonnaires du colibri ont été traités tel qu'il est illustré ci-dessous. (On a représenté l'ARNm d'un seul stade.)

❶ **La synthèse de l'ADNc** est effectuée en incubant les ARNm avec la transcriptase inverse et d'autres composants nécessaires.

❷ **L'amplification (ACP)** de l'échantillon est réalisée à l'aide d'amorces spécifiques au gène de la β-globine du colibri.

❸ **L'électrophorèse sur gel** révèle les produits d'ADN seulement dans les échantillons qui contiennent de l'ARNm transcrit du gène de la β-globine.

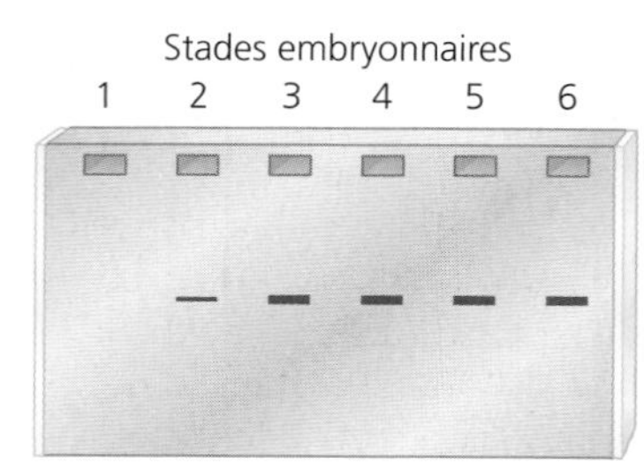

RÉSULTATS L'ARNm pour ce gène est d'abord exprimé au stade 2 et continue de l'être jusqu'au stade 6. La taille du fragment amplifié (illustré par sa position sur le gel) dépend de la distance entre les amorces qui ont été utilisées.

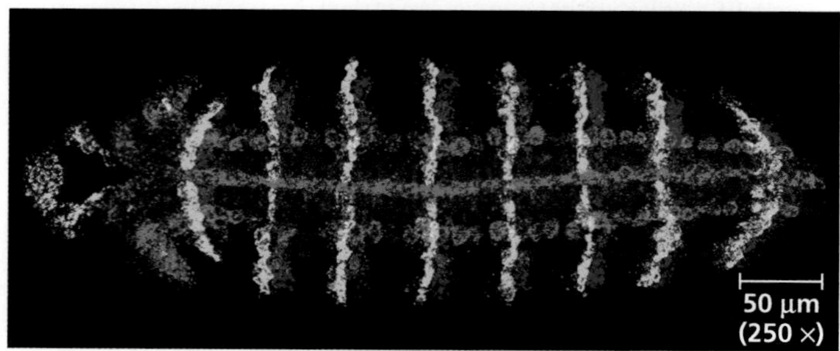

▲ **Figure 20.14 La localisation de l'expression des gènes au moyen de l'analyse par l'hybridation *in situ*.** Cet embryon de *Drosophila melanogaster* a été incubé dans une solution contenant des sondes pour cinq ARNm différents, chaque sonde étant marquée par un colorant fluorescent différent. L'embryon a alors été examiné sous microscopie à fluorescence. Chaque couleur indique l'endroit où un gène spécifique est exprimé sous forme d'ARNm.

▼ **Figure 20.15** **MÉTHODE DE RECHERCHE**

Le test de niveaux d'expression génique sur un microréseau à ADN

APPLICATION Grâce à cette méthode, les chercheurs peuvent tester des milliers de gènes simultanément pour déterminer lesquels sont exprimés dans un tissu dans différentes conditions environnementales, dans des états pathologiques variés ou à divers stades de développement. Ils peuvent également faire des recherches sur l'expression génique coordonnée.

TECHNIQUE

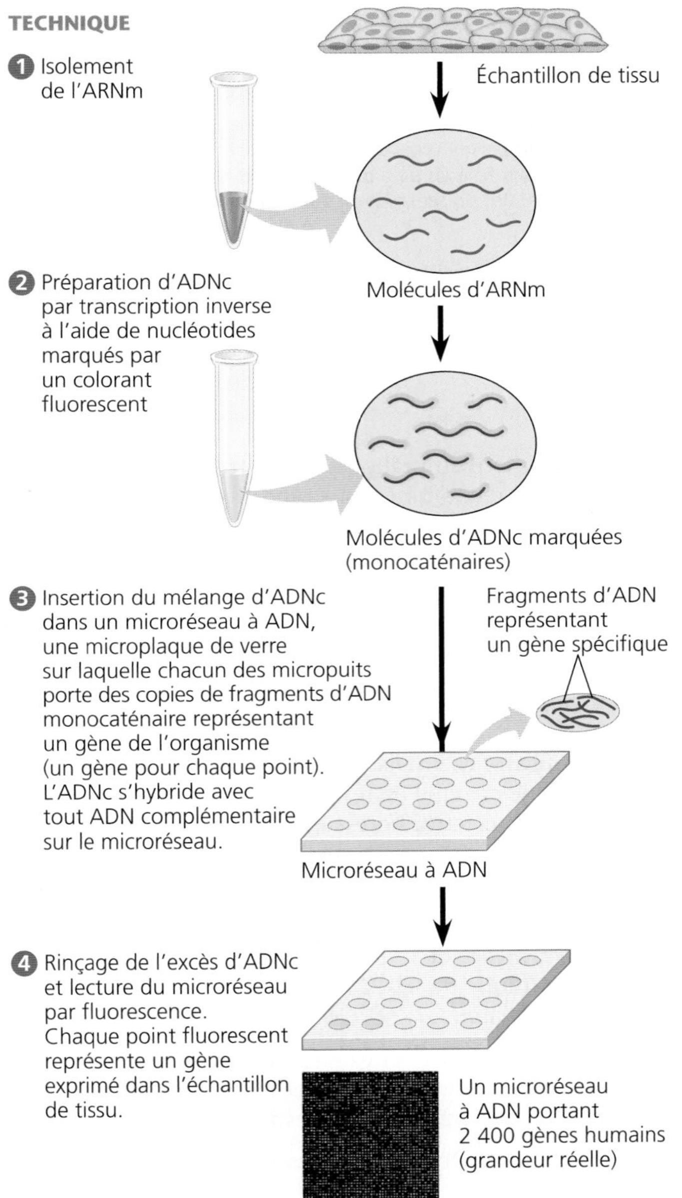

1 Isolement de l'ARNm
Échantillon de tissu
Molécules d'ARNm
2 Préparation d'ADNc par transcription inverse à l'aide de nucléotides marqués par un colorant fluorescent
Molécules d'ADNc marquées (monocaténaires)
3 Insertion du mélange d'ADNc dans un microréseau à ADN, une microplaque de verre sur laquelle chacun des micropuits porte des copies de fragments d'ADN monocaténaire représentant un gène de l'organisme (un gène pour chaque point). L'ADNc s'hybride avec tout ADN complémentaire sur le microréseau.
Fragments d'ADN représentant un gène spécifique
Microréseau à ADN
4 Rinçage de l'excès d'ADNc et lecture du microréseau par fluorescence. Chaque point fluorescent représente un gène exprimé dans l'échantillon de tissu.
Un microréseau à ADN portant 2 400 gènes humains (grandeur réelle)

RÉSULTATS L'intensité de la fluorescence à chaque point est une mesure de l'expression du gène représenté par ce point dans l'échantillon de tissu. Le plus souvent, on teste ensemble deux échantillons différents en marquant l'ADNc préparé à partir de chaque échantillon, en utilisant des marqueurs fluorescents de couleur différente, souvent le vert et le rouge. La couleur de chaque point révèle les niveaux relatifs d'expression d'un gène particulier dans deux échantillons. Le vert indique l'expression dans un échantillon, le rouge dans l'autre, le jaune dans les deux et le noir dans aucun échantillon. (Voir la figure 20.1 pour une image agrandie.)

sur microréseaux aident à mieux comprendre certaines maladies et pourraient mener à la mise en œuvre de nouvelles techniques de diagnostic ou de thérapies innovatrices. Par exemple, la comparaison des modes d'expression génique entre les tumeurs du cancer du sein et les tissus mammaires non cancéreux a déjà débouché sur des protocoles thérapeutiques plus détaillés et plus efficaces. Finalement, l'information obtenue grâce aux tests sur microréseaux nous permettra d'acquérir une meilleure vue d'ensemble et d'approfondir notre compréhension de la façon dont les gènes interagissent pour former un être vivant et maintenir ses systèmes vitaux en état de fonctionnement.

La détermination de la fonction des gènes

Comment les chercheurs s'y prennent-ils pour déterminer la fonction d'un gène découvert au moyen des techniques décrites jusqu'à maintenant dans ce chapitre? L'approche la plus courante est peut-être celle qui consiste à désactiver le gène, puis à observer ce qui se passe dans la cellule ou l'organisme. Dans une application de cette approche, appelée **mutagenèse *in vitro*** (ou *mutagenèse dirigée*), on effectue des mutations précises dans un gène cloné en substituant une base à une autre, en provoquant des délétions, etc. Après quoi, on réintroduit ce gène muté dans une cellule de façon à désactiver les copies cellulaires normales du même gène. Si les mutations provoquées altèrent ou neutralisent le fonctionnement de la protéine codée par le gène, le phénotype du mutant peut aider à déterminer la fonction de la protéine normale manquante. À l'aide de techniques moléculaires et génétiques mises au point au cours des années 1980, les chercheurs peuvent même produire des souris avec un gène désactivé afin d'étudier le rôle du gène en question dans le développement et chez l'adulte. Mario Capecchi, Martin Evans et Oliver Smithies ont reçu un prix Nobel en 2007 pour avoir accompli les premiers cet exploit.

Une méthode plus récente de blocage de l'expression de gènes sélectionnés repose sur l'**interférence par ARN**, un phénomène que nous avons décrit au chapitre 18. Dans cette approche expérimentale, on utilise des molécules d'ARN bicaténaire artificielles dont la séquence correspond à celle du gène visé pour amorcer la dégradation de l'ARN messager du gène ou pour bloquer sa traduction. Chez certains types d'organismes, comme les Nématodes et la drosophile, l'interférence par ARN avait déjà fait ses preuves dans l'analyse à grande échelle des fonctions des gènes. Dans une étude, des chercheurs mentionnent qu'avec cette méthode ils ont empêché l'expression de 86 % des gènes chez des embryons de Nématodes, un gène à la fois. L'analyse des phénotypes de vers qui se sont développés à partir de ces embryons a permis aux chercheurs de classer la plupart des gènes dans un petit nombre de groupes selon leur fonction. Il est clair que ce type d'analyse, dans lequel on considère dans une seule étude les fonctions de gènes multiples, prendra de l'ampleur à mesure que la recherche se concentrera sur l'importance des interactions entre les gènes au sein d'un système global; c'est le fondement de la biologie des systèmes (voir le chapitre 21).

Chez l'humain, des considérations éthiques empêchent l'inactivation des gènes pour déterminer leurs fonctions. Une autre stratégie consiste à analyser les génomes d'un grand nombre de personnes atteintes d'une anomalie ou d'une maladie phénotypique, comme une cardiopathie ou le diabète, pour essayer de repérer des particularités génétiques qu'elles ont en commun en comparant leur génome avec celui de personnes saines. Ces analyses à grande échelle, appelées **études d'association sur l'ensemble du génome**, n'exigent pas le séquençage complet de tous les génomes dans les deux groupes. Les chercheurs testent plutôt les *marqueurs génétiques*, c'est-à-dire des séquences d'ADN qui varient dans la population. Dans un gène, une telle variation de séquence est à l'origine des différences entre les allèles, comme nous l'avons vu dans le cas de l'anémie à hématies falciformes. Et tout comme dans le cas des séquences codantes, l'ADN non codant d'un locus spécifique sur un chromosome peut présenter de petites différences de nucléotides (polymorphisme) parmi les individus.

Les variations du génome ne touchant qu'une seule paire de bases dans la population humaine constituent l'un de ces marqueurs génétiques parmi les plus précieux. Un site d'une seule paire de bases présentant une variation chez au moins 1 % de la population est appelé **polymorphisme mononucléotidique** ou **SNP** (pour *single nucleotide polymorphism*). Quelques millions de SNP se produisent dans le génome humain, ce qui correspond environ à une paire de bases sur 100 à 300 séquences d'ADN transcrit et non transcrit. (Grosso modo, 98,5 % de notre génome ne code pas pour des protéines, comme nous le verrons au chapitre 21.) Il n'est pas nécessaire de séquencer l'ADN de nombreux individus pour déceler des polymorphismes mononucléotidiques; aujourd'hui, on peut les détecter par des analyses très sensibles de microréseaux ou par ACP.

Après avoir identifié une région dont le SNP caractérise exclusivement les personnes atteintes d'une maladie, les chercheurs examinent plus en détail cette région et cherchent sa séquence. Dans la grande majorité des cas, le SNP lui-même ne contribue pas à la maladie, et la plupart des SNP sont situés dans des régions non transcrites. Toutefois, si le SNP et un allèle responsable de la maladie sont suffisamment proches, les scientifiques peuvent tirer avantage de la très faible probabilité que l'enjambement entre le marqueur et le gène se produise au cours de la formation du gamète. Autrement dit, le marqueur et le gène seront presque toujours transmis ensemble, même si le marqueur ne fait pas partie du gène (**figure 20.16**). On a trouvé des SNP associés au diabète, à une cardiopathie et à plusieurs types de cancers. Des recherches se poursuivent afin d'identifier les gènes qui pourraient être en cause dans ces affections.

Les techniques et les stratégies expérimentales que vous avez étudiées jusqu'ici ont fourni beaucoup de renseignements sur les gènes et sur les fonctions de leurs produits. Aujourd'hui, la recherche bénéficie largement de la mise au point de techniques efficaces permettant de cloner des organismes multicellulaires entiers. Un objectif de ce travail consiste à obtenir des types spéciaux de cellules, appelées cellules souches, qui donnent naissance à tous les différents types de tissus. Dans le domaine de la recherche fondamentale, les cellules souches permettraient aux scientifiques d'appliquer les méthodes basées sur l'ADN que nous avons abordées précédemment pour étudier le processus de la différenciation

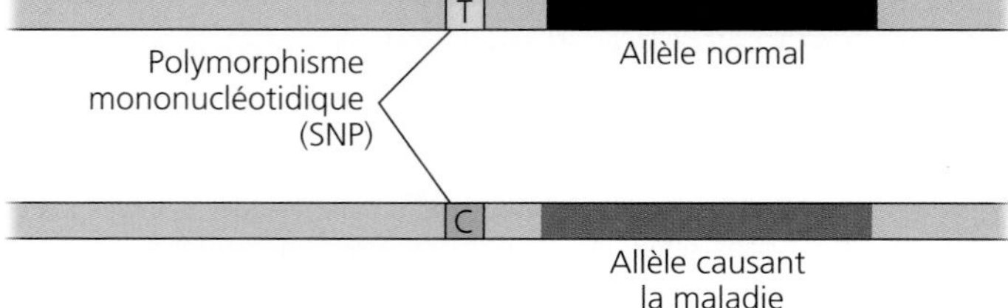

▲ **Figure 20.16 Les polymorphismes mononucléotidiques (SNP) comme marqueurs génétiques pour des allèles responsables de maladies.** Ce schéma montre des segments homologues d'ADN provenant de deux groupes d'individus; dans celui des personnes atteintes d'une anomalie ou d'une maladie génétique, on observe la présence d'un C à un locus particulier, alors que les personnes saines présentent un T à ce même locus. Un polymorphisme qui varie de cette façon est susceptible d'être étroitement lié à un ou à plusieurs allèles de gènes causant la maladie en question. (Ici, un seul brin est illustré pour chaque molécule d'ADN.)

FAITES DES LIENS *En ce qui concerne un polymorphisme mononucléotidique, que signifie le fait d'être « étroitement lié » à un allèle causant une maladie, et comment cela permet-il au polymorphisme d'être utilisé comme marqueur génétique? (Voir le concept 15.3, p. 340.)*

cellulaire. Sur le plan pratique, on pourrait recourir aux techniques d'ADN recombiné pour modifier les cellules souches en vue de traiter certaines maladies. Les méthodes qui font intervenir le clonage d'organismes et la production de cellules souches constituent le sujet de la prochaine section.

RETOUR SUR LE CONCEPT 20.2

1. Si vous isoliez l'ADN de cellules humaines, le traitiez avec une enzyme de restriction et analysiez l'échantillon par électrophorèse sur gel, que verriez-vous? Expliquez votre réponse.
2. Décrivez le rôle de l'appariement des bases complémentaires pendant le buvardage de Southern, le séquençage de l'ADN, le buvardage de Northern, la technique de RT-PCR et l'analyse de microréseaux.
3. Expliquez la différence entre le polymorphisme mononucléotidique (SNP) et le polymorphisme de taille des fragments de restriction (PTFR).
4. **ET SI?** Observez le microréseau de la figure 20.1, qui est une image agrandie de celui de la figure 20.15. Si on marque un échantillon provenant d'un tissu normal avec un colorant fluorescent vert, et un échantillon d'un tissu cancéreux avec un colorant rouge, que pouvez-vous conclure au sujet d'un point qui est vert? rouge? jaune? noir? Quels gènes souhaiteriez-vous examiner en détail pour étudier le cancer? Expliquez votre réponse.

Voir les réponses proposées à la fin du chapitre.

CONCEPT 20.3

Le clonage d'organismes peut mener à la production de cellules souches pour la recherche et d'autres applications

Parallèlement aux progrès réalisés en biotechnologie, les scientifiques ont mis au point et amélioré les méthodes de clonage d'organismes multicellulaires entiers à partir de cellules uniques. Dans ce contexte, le clonage produit un ou plusieurs organismes génétiquement identiques au «parent» qui a fourni la cellule unique. On qualifie souvent cette méthode de *clonage d'organisme* afin de la distinguer clairement du clonage moléculaire et, ce qui est encore plus important, du clonage cellulaire, qui se définit comme la division d'une cellule se reproduisant de façon asexuée en un ensemble de cellules génétiquement identiques. (Le thème commun pour tous les types de clonage est que le produit est génétiquement identique au parent. En fait, le mot *clone* vient du grec *klôn*, qui signifie «pousse».) L'intérêt actuel à l'égard du clonage d'organismes vient principalement de son potentiel à générer des cellules souches, qui peuvent à leur tour donner naissance à de nombreux types de tissus.

Le clonage de Végétaux et d'Animaux a été tenté la première fois il y a plus de 50 ans au cours d'expériences destinées à répondre à des questions biologiques fondamentales. Par exemple, les chercheurs se sont demandé si toutes les cellules d'un organisme contenaient les mêmes gènes (un concept appelé *équivalence génomique*) ou si les cellules perdent des gènes au cours du processus de la différenciation (voir le chapitre 18). Une façon de répondre à cette question consiste à vérifier si une cellule différenciée est en mesure de former un organisme entier ou, autrement dit, s'il est possible de cloner un organisme entier. Discutons de ces premières expériences avant d'examiner les progrès les plus récents dans le clonage d'organismes et les procédures pour produire des cellules souches.

Le clonage des Végétaux: les cultures monocellulaires

Au cours des années 1950, F. C. Steward et ses étudiants de la Cornell University ont réussi à cloner des Végétaux entiers à partir d'une cellule différenciée (**figure 20.17**). En travaillant sur la carotte (*Daucus carotta*), ils ont établi que des cellules différenciées extraites de la racine et incubées dans un milieu de culture peuvent donner des plantes adultes normales, génétiquement identiques à la plante «mère». Ces résultats ont montré que la différenciation n'entraîne pas toujours des modifications irréversibles de l'ADN. Chez les Végétaux du moins, une cellule adulte peut donc se «dédifférencier» et donner naissance à tous les types de cellules spécialisées d'un organisme adulte. Les cellules qui possèdent cette capacité sont dites **totipotentes**.

Le clonage des Végétaux est aujourd'hui abondamment utilisé en agriculture. Pour certains Végétaux, comme les orchidées, le clonage est le seul moyen commercialement pratique de reproduire les plantes. Dans d'autres cas, on se sert du clonage pour reproduire une plante ayant des caractéristiques intéressantes, comme la capacité à résister à un agent pathogène. En fait, vous avez probablement effectué vous-même du clonage de Végétaux si vous avez déjà fait pousser une nouvelle plante à partir d'une bouture!

Le clonage des Animaux: la transplantation de noyaux

Généralement, les cellules animales différenciées mises en culture ne se divisent pas, et elles ne produisent pas les nombreux types de cellules d'un nouvel organisme. Par conséquent, les chercheurs dans ce domaine ont abordé différemment la question de savoir si les cellules animales différenciées peuvent être totipotentes. Ils ont remplacé le noyau d'un ovocyte de deuxième ordre ou d'un zygote par le noyau d'une cellule différenciée en faisant appel à une méthode appelée *transplantation de noyaux*. S'il conserve sa pleine capacité génétique, un noyau tiré d'une cellule donneuse différenciée peut alors commander le développement de tous les tissus et organes d'un organisme à partir de la cellule receveuse, encore au stade indifférencié.

De telles expériences ont été effectuées sur des grenouilles par Robert Briggs et Thomas King pendant les années 1950. Elles ont été poursuivies sur une autre espèce (*Xenopus laevis*) par John Gurdon dans les années 1970. Ces chercheurs transplantaient un noyau d'une cellule d'embryon de têtard dans l'œuf énucléé (privé de son noyau) de la même espèce. Dans l'expérience de Gurdon, le noyau transplanté assurait le développement normal de l'œuf en têtard (**figure 20.18**), mais avec certaines limites. Il est apparu en effet que le

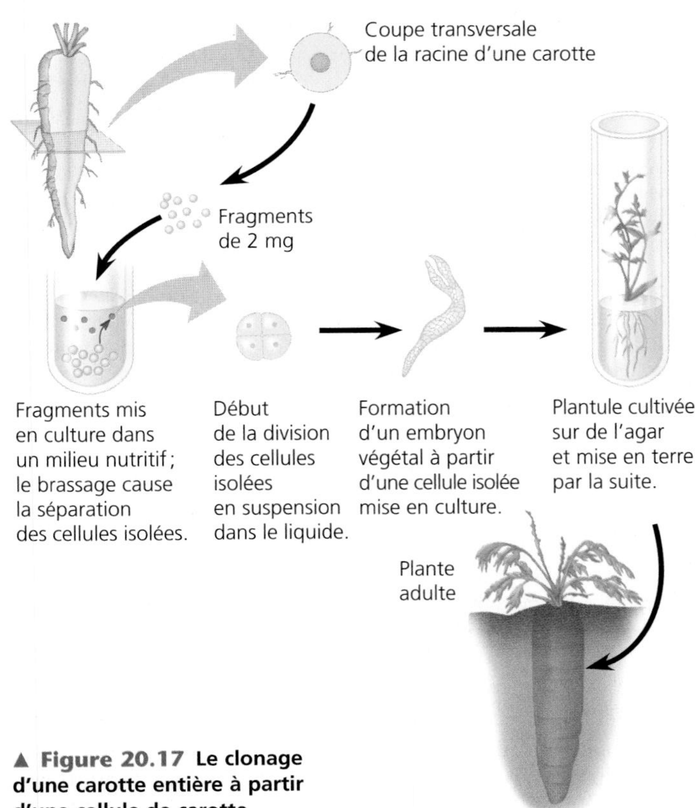

Coupe transversale de la racine d'une carotte
Fragments de 2 mg
Fragments mis en culture dans un milieu nutritif; le brassage cause la séparation des cellules isolées.
Début de la division des cellules isolées en suspension dans le liquide.
Formation d'un embryon végétal à partir d'une cellule isolée mise en culture.
Plantule cultivée sur de l'agar et mise en terre par la suite.
Plante adulte

▲ **Figure 20.17 Le clonage d'une carotte entière à partir d'une cellule de carotte.**

▼ **Figure 20.18** **INVESTIGATION**

Un noyau tiré d'une cellule animale différenciée peut-il commander le développement d'un organisme?

EXPÉRIENCE John Gurdon et ses collègues de l'Oxford University, en Angleterre, ont détruit des noyaux d'œufs de grenouille (*Xenopus laevis*) en les exposant à un rayonnement ultraviolet. Ils ont ensuite transplanté dans des œufs énucléés des noyaux provenant de cellules d'embryons de grenouille et de têtard.

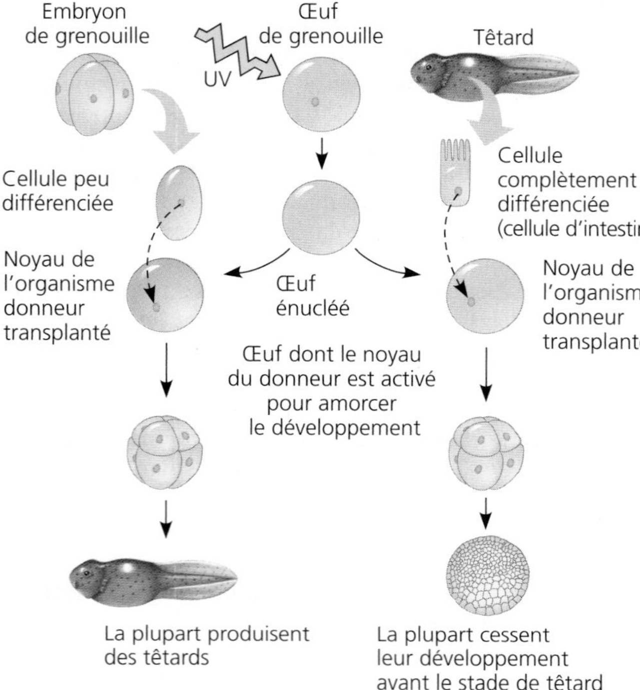

RÉSULTATS La plupart des œufs ayant reçu des noyaux transplantés issus de jeunes embryons, dont les cellules sont relativement non différenciées, produisent des têtards. À l'opposé, moins de 2 % de ceux qui ont reçu des noyaux de cellules d'intestin de grenouille complètement différenciées donnent des têtards normaux; de plus, dans ce dernier cas, la plupart des embryons cessent de se développer au cours des premières étapes.

CONCLUSION Le noyau provenant d'une cellule de grenouille différenciée peut commander le développement d'un têtard. Cependant, la capacité de ce noyau à assurer un développement normal diminue à mesure que la cellule de l'organisme donneur se différencie, probablement en raison des changements subis dans les noyaux.

SOURCE J. B. Gurdon *et al.*, The developmental capacity of nuclei transplanted from keratinized cells of adult frogs, *Journal of Embryology and Experimental Morphology* 34: 93-112 (1975).

ET SI? Si chaque cellule dans un embryon à quatre cellules était déjà tellement spécialisée qu'elle aurait perdu sa totipotence, quels résultats prédiriez-vous pour l'expérience à la gauche de la figure?

potentiel du noyau transplanté à régir un développement normal s'est avéré inversement lié à l'âge de l'organisme donneur: plus le noyau du donneur est vieux, plus le pourcentage de têtards qui se développent normalement est faible.

À partir de ces résultats, Gurdon a conclu que les noyaux *subissent effectivement* certains changements pendant la différenciation cellulaire. Chez les grenouilles et la plupart des autres Animaux, le potentiel du noyau semble disparaître progressivement au cours du développement embryonnaire et de la différenciation cellulaire.

Le clonage reproductif de Mammifères

En plus de cloner des grenouilles, les chercheurs savent depuis longtemps cloner des Mammifères en transplantant des cellules ou des noyaux issus de jeunes embryons de divers types. Mais on ignorait s'il était possible de reprogrammer un noyau issu d'une cellule complètement différenciée pour qu'il réussisse à agir comme un noyau donneur. En 1997, cependant, des chercheurs écossais du Roslin Institute ont fait sensation en annonçant la naissance de Dolly, une agnelle qu'ils avaient clonée à partir d'une brebis adulte de six ans au moyen de la transplantation d'un noyau provenant d'une cellule différenciée (**figure 20.19**). Ils ont obtenu la dédifférenciation cellulaire nécessaire du noyau donneur en cultivant des cellules mammaires sur un milieu pauvre en nutriments. Les chercheurs ont ensuite fusionné ces cellules avec des ovocytes de deuxième ordre de brebis dont les noyaux avaient été préalablement enlevés. Les cellules diploïdes ainsi créées se sont divisées, formant de jeunes embryons qui ont été implantés chez des mères porteuses. Sur plusieurs centaines d'embryons, un seul a connu un développement normal, et Dolly est née; celle-ci a pu avoir, à son tour, quatre rejetons de façon toute naturelle.

Plus tard, les analyses ont montré que l'ADN nucléaire de Dolly était effectivement identique à celui de l'individu ayant fourni le noyau. (Comme on s'y attendait, l'ADN mitochondrial de Dolly provenait de l'individu ayant fourni l'ovocyte de deuxième ordre.) Dolly a dû être euthanasiée en 2003, à l'âge de six ans (alors que la longévité moyenne de ces animaux est de l'ordre d'une douzaine d'années). Au cours de sa dernière année de vie, la brebis souffrait de troubles respiratoires, une maladie qui touche habituellement des brebis beaucoup plus âgées. La mort prématurée de Dolly de même que son état arthritique ont alimenté l'hypothèse selon laquelle ses cellules n'étaient pas aussi saines que celles d'une brebis normale, ce qui constituait l'expression probable d'une reprogrammation incomplète du noyau original transplanté.

Depuis 1997, les chercheurs ont cloné de nombreuses espèces de Mammifères, dont des souris, des chats, des vaches, des chevaux, des porcs, des chiens et des singes. Dans la plupart des cas, l'objectif visé était la production de nouveaux individus, ce qu'on appelle *clonage reproductif*. Ces expériences nous ont permis d'acquérir de nombreuses connaissances. Par exemple, l'apparence ou le comportement d'Animaux clonés de la même espèce *ne sont pas* toujours une copie conforme de l'original. Dans un troupeau de vaches clonées provenant de la même lignée de cellules cultivées, certaines ont un comportement dominant alors que d'autres sont plus soumises. Le premier chat cloné (en 2001), appelé CC (pour *Carbon Copy*, en anglais) (**figure 20.20**), constitue un autre exemple de non-identité chez les clones. Son pelage est calicot comme celui de sa mère, son unique parent, mais la couleur et les motifs sont différents en raison de

▼ Figure 20.19 MÉTHODE DE RECHERCHE

Le clonage reproductif d'un Mammifère par transplantation de noyaux

APPLICATION Cette technique permet d'obtenir des animaux clonés dont les gènes nucléaires sont identiques à ceux de l'animal qui fournit le noyau.

TECHNIQUE La procédure illustrée ici est celle qui a été utilisée pour produire Dolly, le premier Mammifère dont on a annoncé le clonage.

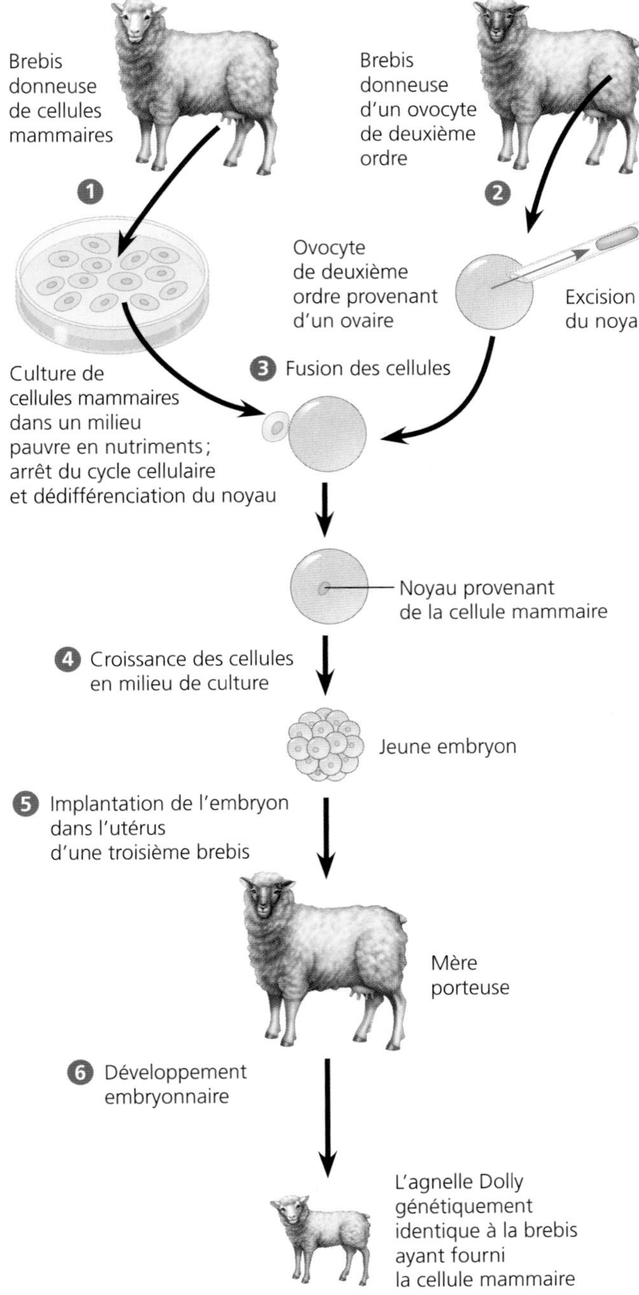

RÉSULTATS L'animal cloné a la même constitution génétique que l'animal qui a fourni le noyau, mais n'est pas identique à la donneuse de l'ovocyte ni à la mère porteuse. (Ces deux dernières sont des brebis « Scottish blackface » ; elles ont une tête noire.)

l'inactivation aléatoire du chromosome X, ce qui est un événement normal pendant le développement embryonnaire (voir la figure 15.8, p. 336). En outre, chez les humains, les vrais jumeaux, qui sont des « clones » naturels, sont toujours légèrement différents. Il est clair que certains effets relevant du milieu et des phénomènes aléatoires jouent un rôle important au cours du développement.

Le clonage réussi de divers Mammifères a donné lieu à de nombreuses conjectures au sujet de la reproduction exacte d'humains. Dans plusieurs laboratoires partout dans le monde, les scientifiques se sont attaqués aux premières étapes du clonage d'humains. La stratégie la plus courante consiste à retirer des noyaux de cellules humaines différenciées et à les transplanter dans des œufs non fécondés énucléés; les œufs sont ensuite stimulés de façon à ce qu'ils se divisent. En 2001, un groupe de recherche d'une compagnie de biotechnologie au Massachusetts a observé quelques divisions cellulaires précoces dans une telle expérience. Quelques années plus tard, des chercheurs sud-coréens de la Seoul National University ont annoncé qu'ils avaient accompli la première étape du clonage d'embryons, appelée stade du blastocyste, mais ils ont plus tard été reconnus coupables d'inconduite scientifique et de falsification de données. En 2007, les premiers embryons de Primate (macaque) ont été clonés par des chercheurs de l'Oregon National Primate Research Center; ces clones ont atteint le stade du blastocyste. Cette découverte nous rapproche incontestablement du clonage humain, dont la perspective soulève des questions éthiques sans précédent.

Les problèmes associés au clonage des Animaux

Dans la plupart des études sur la transplantation de noyaux entreprises jusqu'ici, seul un petit pourcentage des embryons clonés se développe normalement jusqu'à la naissance. À l'instar de Dolly, de nombreux animaux clonés présentent des anomalies: par exemple, des souris souffrent d'obésité,

▲ Figure 20.20 CC, le premier chat cloné, et son unique parent. Rainbow (à gauche) a fourni le noyau dans une procédure de clonage qui a donné CC (à droite). Cependant, les deux chats ne sont pas identiques: Rainbow est un chat calicot classique dont le pelage porte des taches orangées et il manifeste une « personnalité réservée », alors que CC a un pelage gris et blanc et est plus enjoué.

de pneumonie ou d'insuffisance hépatique, ou encore meurent prématurément. Les scientifiques font valoir que même les animaux clonés qui semblent normaux présentent probablement de légères anomalies.

Au cours des dernières années, nous avons commencé à découvrir quelques raisons qui expliquent la faible efficacité du clonage et la forte incidence des anomalies. Dans les noyaux des cellules complètement différenciées, un petit sous-groupe de gènes est activé et l'expression du reste est réprimée. Cette régulation est souvent attribuable à des changements épigénétiques de la chromatine tels que l'acétylation des histones ou la méthylation de l'ADN (voir la figure 18.7, p. 414). Au cours de la procédure de transfert du noyau, un grand nombre de ces changements doivent être inversés alors que le noyau issu d'un animal donneur est à maturité. C'est ce qui permettra aux gènes d'être exprimés ou réprimés d'une façon qui convienne aux premiers stades du développement embryonnaire. Les chercheurs ont remarqué que l'ADN des cellules embryonnaires issues d'embryons clonés, comme celui des cellules différenciées, renferme souvent plus de groupements méthyle que l'ADN des cellules équivalentes issues d'embryons non clonés de la même espèce. Cette découverte porte à croire que la reprogrammation des noyaux de l'organisme donneur exige la restructuration de la chromatine et que celle-ci serait incomplète au cours de la procédure de clonage. Étant donné que la méthylation de l'ADN intervient dans la régulation de l'expression génique, des groupements méthyle mal situés dans l'ADN des noyaux de l'organisme donneur pourraient entraver le mécanisme de l'expression génique essentielle à un développement embryonnaire normal. En fait, il se peut que le succès d'une tentative de clonage dépende dans une large mesure de la possibilité que la chromatine dans le noyau du donneur soit ou non artificiellement modifiée pour ressembler à celle de l'œuf nouvellement fécondé.

Les cellules souches animales

Le but principal du clonage d'embryons humains n'est pas la reproduction, mais la production de cellules souches à des fins thérapeutiques. Une **cellule souche** est une cellule relativement peu spécialisée qui continue à se diviser et, dans des conditions appropriées, se différencie en cellules spécialisées d'un ou de plusieurs types. Par conséquent, les cellules souches ont la capacité à la fois de reconstituer leur propre population et de produire des cellules qui empruntent des voies de différenciation spécifiques.

De nombreux jeunes embryons d'Animaux contiennent des cellules souches capables de donner naissance à des cellules embryonnaires différenciées de n'importe quel type. On peut isoler les cellules souches durant le stade de la blastula, chez les animaux, et durant celui du blastocyste, qui est son équivalent chez les humains (**figure 20.21**). En culture, ces *cellules souches embryonnaires* (*cellules SE*) se reproduisent indéfiniment; de plus, selon les conditions de culture, on peut les faire se différencier en une grande variété de cellules spécialisées, notamment des ovules et des spermatozoïdes.

L'organisme adulte contient plusieurs variétés de cellules souches qui remplacent au besoin les cellules spécialisées autres que celles de la lignée germinale. Contrairement aux cellules SE, les *cellules souches adultes* sont incapables de donner naissance à tous les types cellulaires dans les organismes, bien qu'elles puissent en générer plusieurs. Par exemple, un des types de cellules souches de la moelle osseuse rouge peut produire tous les différents types de globules sanguins (voir la figure 20.21) et un autre peut se différencier en os, en cartilage, en tissu adipeux, en muscle et en endothélium (paroi des vaisseaux sanguins). Une autre découverte qui a récemment surpris le monde scientifique concerne l'existence dans l'encéphale adulte de cellules souches continuant de produire certains types de neurones. Par ailleurs, des chercheurs ont fait état dernièrement de la découverte de cellules souches dans la peau, les cheveux, les yeux et la pulpe dentaire. Bien que les cellules souches se trouvent en très petit nombre

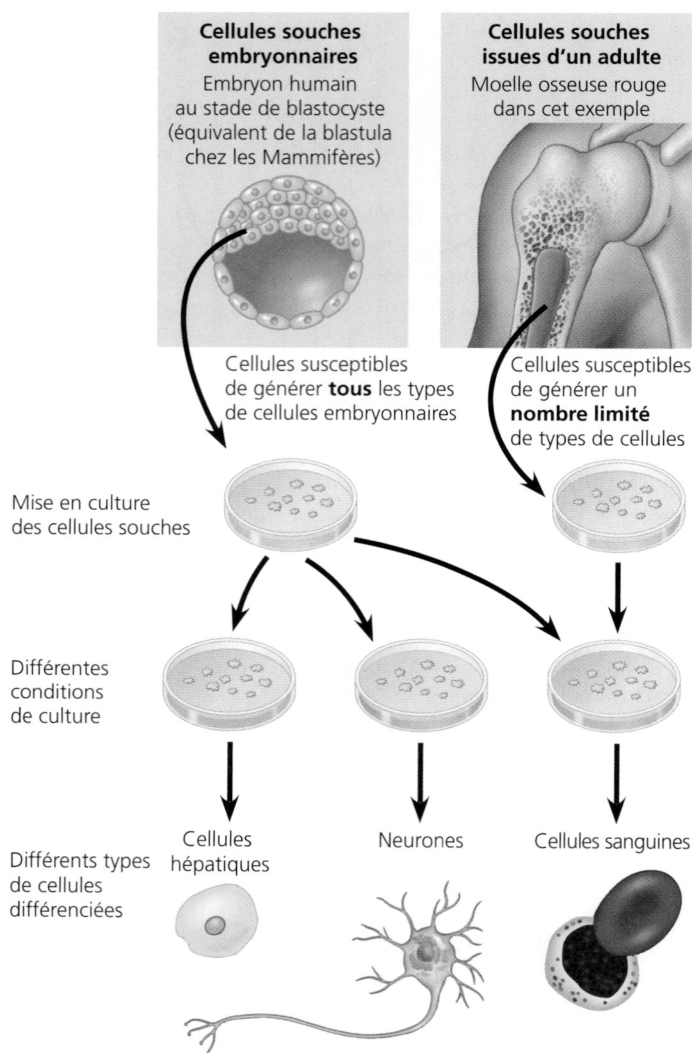

▲ **Figure 20.21 L'utilisation des cellules souches.** Les cellules souches animales qui peuvent être isolées à partir de jeunes embryons ou de tissus provenant d'un adulte, puis mises en culture, sont des cellules relativement non différenciées, qui se reproduisent naturellement. Les cellules souches embryonnaires sont plus faciles à mettre en culture que les cellules souches adultes et peuvent théoriquement donner *tous* les types de cellules d'un organisme. On ne comprend pas encore très bien l'assortiment de cellules que peuvent donner les cellules souches adultes.

chez les Animaux adultes, les scientifiques apprennent à les reconnaître, à les isoler à partir de divers tissus et, dans certains cas, à les mettre en culture. Quand les cellules souches provenant d'Animaux adultes sont placées dans des conditions de culture adéquates (par exemple, l'ajout de facteurs de croissance précis), elles peuvent être amenées à se différencier en plusieurs types de cellules spécialisées, bien qu'aucune ne soit aussi polyvalente que les cellules SE.

En plus de constituer une extraordinaire source de données sur la différenciation, la recherche sur les cellules embryonnaires ou les cellules souches adultes a un énorme potentiel dans le domaine médical. L'objectif majeur est d'obtenir des cellules dans le but de soigner des organes endommagés ou malades. Parmi les applications possibles, on peut penser aux cellules pancréatiques productrices d'insuline pour les diabétiques de type 1 ou à certains types de neurones pour les patients souffrant de la maladie de Parkinson ou de la chorée de Huntington. On utilise depuis longtemps les cellules souches adultes issues de la moelle osseuse comme source de cellules du système immunitaire chez les patients dont le propre système immunitaire n'est pas fonctionnel à cause d'anomalies génétiques ou d'une radiothérapie contre le cancer.

Le potentiel de développement des cellules souches adultes est limité à certains tissus. Pour la plupart des applications médicales, les cellules souches embryonnaires sont plus prometteuses que les cellules souches adultes parce qu'elles sont **pluripotentes**, c'est-à-dire capables de se différencier en de nombreux types de cellules. Cependant, jusqu'à maintenant, la seule façon d'obtenir ce type de cellules consiste à les extraire d'embryons humains, ce qui pose des difficultés d'ordre éthique et politique.

Actuellement, les cellules SE proviennent d'embryons donnés par des patientes suivant des traitements contre la stérilité ou de cultures cellulaires continues établies au départ avec des cellules isolées d'embryons donnés. S'ils ont été capables de cloner des embryons humains jusqu'au stade de blastocyste, les scientifiques pourraient à l'avenir utiliser ces copies comme sources de cellules souches embryonnaires. De plus, avec un noyau donneur provenant d'un individu atteint d'une maladie particulière, ils pourraient produire des cellules SE qui permettraient de préparer un traitement sur mesure, adapté au patient, et qui ne seraient pas rejetées par son système immunitaire. Lorsque le but principal du clonage est de produire des cellules SE pour traiter des maladies, le processus s'appelle *clonage thérapeutique*. Bien que la plupart des gens croient que le clonage reproductif d'humains est contraire à l'éthique, les opinions varient au sujet de la moralité du clonage thérapeutique.

Faire progresser le débat semble maintenant moins impératif puisque les chercheurs ont réussi à reprogrammer des cellules complètement différenciées pour qu'elles se comportent comme des cellules SE. La réalisation de cette percée, qui s'est heurtée à d'énormes obstacles, a été annoncée en 2007, d'abord par des laboratoires qui utilisaient des cellules de peau de souris, puis par d'autres groupes qui travaillaient sur des cellules de peau humaine et d'autres organes ou tissus. Dans tous les cas, les chercheurs ont transformé les cellules différenciées en cellules SE en utilisant des rétrovirus pour introduire des copies clonées supplémentaires de quatre gènes régulateurs maîtres de « cellules souches ». Tous les tests réalisés jusqu'ici indiquent que les cellules transformées, appelées *cellules souches pluripotentes induites* (*SPi*), peuvent faire tout ce que les cellules SE font habituellement. Plus récemment, toutefois, plusieurs groupes de recherche ont découvert des différences entre les cellules SPi et les cellules SE dans l'expression des gènes et d'autres fonctions cellulaires, comme la division cellulaire. Au moins jusqu'à ce que ces différences soient complètement comprises, l'étude des cellules SE continuera de contribuer largement au développement des thérapies par les cellules souches. (En fait, les cellules SE seront probablement toujours d'un grand intérêt pour la recherche fondamentale également.) Entre-temps, le travail continue avec les cellules SPi disponibles.

Les cellules SPi humaines pourraient faire l'objet de grands types d'applications. Premièrement, il est possible de reprogrammer en cellules SPi les cellules provenant de personnes malades; de telles cellules peuvent servir de modèles pour étudier la maladie et mettre au point de futurs traitements. On a déja créé des lignées de cellules SPi humaines à partir d'individus atteints de diabète de type 1, de la maladie de Parkinson et d'au moins une douzaine d'autres maladies. Deuxièmement, dans le domaine de la médecine régénérative, on envisage de reprogrammer les propres cellules du patient en cellules Spi, puis de les utiliser pour remplacer des tissus non fonctionnels (**figure 20.22**). D'intenses recherches sont en cours afin de concevoir des techniques permettant de forcer les cellules SPi à se transformer en divers types de cellules spécifiques répondant aux besoins thérapeutiques. Ces recherches ont déjà connu certains succès. Les cellules SPi créées de cette façon fournissent au bout d'un certain temps des cellules de « remplacement » sur mesure pour des patients sans qu'il soit besoin d'utiliser des ovules ou des embryons humains, éludant ainsi la plupart des objections d'ordre éthique.

RETOUR SUR LE CONCEPT 20.3

1. En vous appuyant sur les connaissances actuelles, comment expliqueriez-vous la différence dans le pourcentage de têtards obtenus à partir des deux sortes de noyaux donneurs de la figure 20.18 ?
2. Si vous clonez une carotte à l'aide de la technique illustrée à la figure 20.17, les plantes produites (« clones ») seront-elles identiques ? Pourquoi ?
3. **ET SI ?** Si vous étiez médecin et que vous vouliez utiliser des cellules SPi pour traiter un patient atteint d'un diabète de type 1 grave, quelles nouvelles techniques faudrait-il mettre au point ?
4. **FAITES DES LIENS** Comparez une cellule individuelle de carotte de la figure 20.17 avec la cellule musculaire complètement différenciée de la figure 18.18 (p. 427) au regard de leur capacité totipotente.

Voir les réponses proposées à la fin du chapitre.

▼ **Figure 20.22**

IMPACT

La contribution des cellules souches pluripotentes induites (SPi) en médecine régénérative

Les cellules souches embryonnaires (SE) peuvent générer toutes les cellules d'un organisme, mais l'utilisation d'embryons humains comme source de ces cellules est controversée. Plusieurs groupes de recherche ont élaboré des procédures similaires permettant de reprogrammer des cellules complètement différenciées pour qu'elles deviennent des cellules souches pluripotentes induites (SPi) qui se comportent comme des cellules SE. La technique est basée sur l'introduction de facteurs de transcription caractéristiques des cellules souches dans des cellules différenciées, comme les cellules de la peau.

POURQUOI C'EST IMPORTANT Il est possible de reprogrammer les cellules de peau prélevées chez des patients atteints de certaines maladies (cardiopathies, diabète, maladie d'Alzheimer, etc.) afin d'obtenir des cellules SPi. On pourrait utiliser les cellules SPi de chaque patient pour traiter leur maladie une fois mises au point les procédures permettant de convertir les cellules SPi en cellules cardiaques, pancréatiques ou nerveuses. Cette technique a déjà été utilisée avec succès pour traiter l'anémie à hématies falciformes chez une souris qui a été génétiquement modifiée pour souffrir de cette maladie. La figure ci-dessous explique comment cette thérapie pourrait fonctionner chez les humains, une fois que les chercheurs auront appris comment déclencher la différenciation des cellules SPi dans le sens désiré (étape 3).

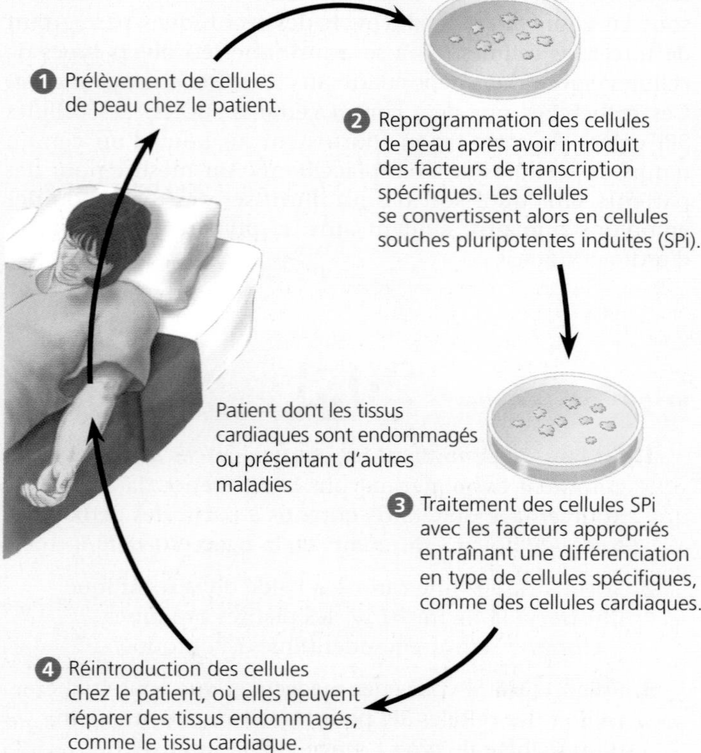

1 Prélèvement de cellules de peau chez le patient.
2 Reprogrammation des cellules de peau après avoir introduit des facteurs de transcription spécifiques. Les cellules se convertissent alors en cellules souches pluripotentes induites (SPi).
Patient dont les tissus cardiaques sont endommagés ou présentant d'autres maladies
3 Traitement des cellules SPi avec les facteurs appropriés entraînant une différenciation en type de cellules spécifiques, comme des cellules cardiaques.
4 Réintroduction des cellules chez le patient, où elles peuvent réparer des tissus endommagés, comme le tissu cardiaque.

POUR EN SAVOIR PLUS G. Vogel et C. Holden, Field leaps forward with new stem cell advances, *Science* 318:1224-1225 (2007); K. Hochedlinger, Des cellules thérapeutiques dans l'organisme, *Pour la science* 399 (2011).

ET SI? Lorsque les organes sont transplantés d'un donneur à un receveur malade, le système immunitaire du receveur risque de rejeter la greffe, entraînant des complications graves et souvent fatales. D'après vous, l'utilisation de cellules SPi modifiées s'accompagnerait-elle du même risque de rejet? Pourquoi?

CONCEPT **20.4**

Les applications de la biotechnologie influent sur nos vies de multiples façons

Il se passe rarement une journée sans qu'il soit question de biotechnologie dans l'actualité, en particulier de percées prometteuses dans le domaine de la médecine. Mais il ne s'agit que d'un exemple parmi les nombreux domaines qui profitent des contributions apportées par les techniques d'analyse de l'ADN et le génie génétique.

Les applications en médecine

À ce jour, l'identification de gènes humains dont les mutations sont à l'origine d'anomalies génétiques est une des applications importantes de la biotechnologie. En effet, de telles recherches pourraient mener à la mise au point de nouveaux modes de diagnostic, de traitements originaux, voire de nouvelles méthodes de prévention. La biotechnologie contribue également à améliorer notre connaissance des maladies «non génétiques», telles que l'arthrite ou le sida, puisque les gènes influent sur la susceptibilité d'un individu à contracter ces maladies. De plus, tous les types de maladies entraînent des modifications de l'expression génique dans les cellules affectées et, souvent, perturbent le fonctionnement du système immunitaire des personnes malades. Les chercheurs espèrent identifier le plus grand nombre de gènes activés ou inactivés par une maladie donnée; pour ce faire, ils pourraient recourir aux tests sur microréseau à ADN ou se tourner vers d'autres techniques permettant de comparer l'expression génique dans des tissus sains et malades. Ces gènes et leurs produits sont des cibles potentielles pour la prévention ou le traitement.

Le diagnostic et le traitement des maladies

La biotechnologie et, notamment, la recherche d'agents pathogènes à l'aide de l'amplification en chaîne par polymérase (ACP) et de sondes nucléiques ont ouvert de nouvelles perspectives dans le domaine du diagnostic des maladies infectieuses. Par exemple, comme la séquence du génome de l'ARN du VIH est connue, la RT-PCR permet d'amplifier et donc de déceler cet ARN dans des échantillons de sang ou de tissu (voir la figure 20.13). La technique de RT-PCR est souvent la meilleure façon de détecter un agent infectieux très discret.

Les spécialistes de la médecine peuvent aujourd'hui diagnostiquer des centaines d'anomalies génétiques chez l'humain grâce à l'ACP et aux amorces qui ciblent les gènes associés à de telles anomalies. Le produit de l'ADN amplifié est alors séquencé pour révéler la présence ou l'absence de la mutation responsable de la maladie. Parmi les gènes de maladies humaines déjà identifiés, on trouve ceux de l'anémie à hématies falciformes, de l'hémophilie, de la mucoviscidose (fibrose kystique), de la chorée de Huntington et de la myopathie de Duchenne. Il est possible de savoir quelles personnes seront atteintes de telles maladies avant l'apparition des symptômes, et même avant leur naissance. L'ACP sert également à repérer des porteurs asymptomatiques d'allèles récessifs risquant d'avoir des effets nocifs; cette technique a supplanté le buvardage de Southern employé auparavant.

Comme vous l'avez appris précédemment, les études d'association sur l'ensemble du génome ont permis de déceler les polymorphismes mononucléotidiques (SNP) qui sont liés aux allèles responsables de maladies. Il est possible de faire des analyses destinées à la recherche de SNP révélant la présence de l'allèle anormal. De tels SNP indiquent un risque accru de maladies comme les cardiopathies, la maladie d'Alzheimer et certains types de cancer. Les firmes qui proposent des tests génétiques pour les facteurs de risque de ce genre recherchent la présence de SNP liés déjà identifiés. Il peut être utile pour un individu de connaître les risques pour sa santé, mais il faut comprendre que de tels tests génétiques ne reflètent que des corrélations et ne permettent pas de faire des prédictions.

Les techniques décrites dans le présent chapitre ont également entraîné des améliorations dans le traitement des maladies. En entreprenant l'analyse de l'expression de nombreux gènes chez des femmes souffrant du cancer du sein, des chercheurs qui effectuaient une étude d'association sur l'ensemble du génome ont pu établir une corrélation entre la probabilité d'un cancer récurrent et le mode d'expression de 70 gènes. Étant donné que les femmes à faible risque ont un taux de survie de 96 % sur une période de 10 ans sans traitement, l'analyse de l'expression génique permet aux médecins et aux patientes de compter sur des informations valables quand vient le moment d'examiner les choix de traitements.

Beaucoup de personnes pensent que, dans le futur, une « médecine personnalisée » les renseignera sur leur état de santé génétique et leur permettra de connaître les maladies dont ils pourraient souffrir et de choisir les traitements appropriés. Pour le moment, le profil génétique se limite à identifier un ensemble de marqueurs génétiques comme les SNP. À l'avenir, on sera probablement en mesure d'établir la séquence complète de l'ADN de chaque individu (lorsque le séquençage sera moins coûteux).

La thérapie génique humaine

La **thérapie génique** consiste à traiter une personne malade en introduisant des gènes dans ses cellules. Cette approche semble très prometteuse dans le cas de maladies, en fait peu nombreuses, causées par un seul gène défectueux. Il est en effet théoriquement possible d'insérer un allèle normal dans les cellules somatiques des tissus atteints.

Pour que la thérapie génique des cellules somatiques soit permanente, les cellules recevant l'allèle normal doivent se multiplier pendant toute la vie du patient. C'est le cas des cellules de la moelle osseuse rouge, parmi lesquelles se trouvent les cellules souches donnant naissance à l'ensemble des cellules sanguines et à celles du système immunitaire. Ce sont donc des cibles de choix à cet égard. La **figure 20.23** décrit une procédure possible dans le cas d'une personne dont les cellules de la moelle osseuse rouge sont incapables de produire une enzyme vitale par suite de la présence d'un gène défectueux. Le traitement consiste à prélever quelques cellules de moelle osseuse rouge, à y insérer l'allèle normal au moyen d'un vecteur viral puis à injecter dans l'organisme les cellules modifiées. Le déficit immunitaire combiné sévère (DICS) est causé par cette sorte de défaut d'origine génétique. Si le traitement réussit, les cellules de la moelle osseuse rouge se mettront à produire la protéine manquante, et le patient sera guéri.

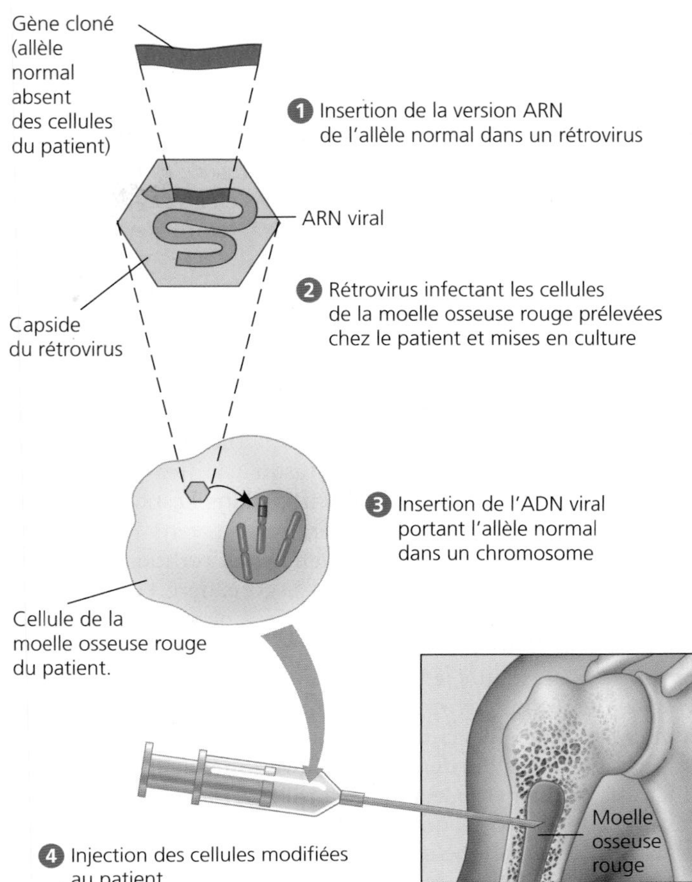

Gène cloné (allèle normal absent des cellules du patient)
1 Insertion de la version ARN de l'allèle normal dans un rétrovirus
ARN viral
Capside du rétrovirus
2 Rétrovirus infectant les cellules de la moelle osseuse rouge prélevées chez le patient et mises en culture
3 Insertion de l'ADN viral portant l'allèle normal dans un chromosome
Cellule de la moelle osseuse rouge du patient.
4 Injection des cellules modifiées au patient
Moelle osseuse rouge

▲ **Figure 20.23 Une thérapie génique utilisant un vecteur rétroviral.** Un rétrovirus rendu inoffensif sert de vecteur dans cette procédure qui repose sur le fait que le rétrovirus produit un transcrit d'ADN à partir de son génome d'ARN et qu'il l'insère dans l'ADN chromosomique de la cellule hôte (voir la figure 19.8, p. 450). Si le gène étranger porté par le vecteur rétroviral est exprimé, la cellule et ses descendantes sécréteront leproduit correspondant. Les cellules qui se reproduisent pendant toute la vie de la personne, comme celles de la moelle osseuse rouge, sont des cibles idéales pour ce type de traitement.

La technique illustrée à la figure 20.23 a été utilisée au cours d'une thérapie génique expérimentale du DICS. Dans une étude réalisée en France en 2000, 10 jeunes enfants atteints de DICS ont été traités selon cette procédure. Après deux ans, neuf d'entre eux présentaient une amélioration importante et définitive de leur état ; c'est le premier succès incontestable de thérapie génique. Cependant, trois des patients ont par la suite souffert de leucémie (cancer des cellules sanguines) et l'un d'eux est décédé. Deux facteurs peuvent avoir contribué à l'apparition de la leucémie : l'insertion du vecteur rétroviral près d'un gène intervenant dans la prolifération cellulaire et une fonction inconnue du gène de remplacement lui-même. Deux autres maladies génétiques ont récemment été traitées par thérapie génique avec un certain succès : l'une causant une cécité progressive (voir la figure 50.21, p. 1273) et l'autre provoquant une dégénérescence du système nerveux. Les expériences qui ont donné de bons résultats concernent très peu de patients, mais suscitent un optimisme prudent.

La thérapie génique soulève de nombreuses questions d'ordre technique. Par exemple, comment peut-on ajuster l'activité du gène transféré pour que les cellules synthétisent le produit correspondant en quantité adéquate, au bon moment et au bon endroit ? Comment peut-on être sûr que l'insertion du gène n'entrave pas d'autres fonctions cellulaires essentielles ? De nouvelles connaissances sur les éléments de contrôle et les interactions entre les gènes permettront peut-être aux chercheurs de répondre à ces questions.

En plus des défis techniques qu'elle pose, la thérapie génique soulève également des questions d'ordre éthique. Certains opposants estiment qu'il est immoral d'altérer des gènes humains de quelque façon que ce soit. D'autres ne voient aucune différence fondamentale entre la transplantation de gènes dans des cellules somatiques et la transplantation d'organes. Les scientifiques iront-ils jusqu'à tenter de modifier des cellules de la lignée reproductrice dans l'espoir de corriger une anomalie dans les générations à venir ? À l'heure actuelle, dans la communauté scientifique orthodoxe, aucun chercheur ne poursuit cet objectif, considéré comme trop risqué. Cependant, on pratique couramment ce genre d'expériences de génie génétique sur des souris de laboratoire et on finira par résoudre les difficultés techniques qui empêchent encore de réaliser avec succès une manipulation génétique semblable chez l'humain. Dans quelles circonstances, s'il en est, est-il souhaitable de modifier le génome de lignées reproductrices humaines ? Cela mènera-t-il inévitablement à l'eugénisme, une doctrine qui vise délibérément à influencer la constitution génétique des populations humaines ? Bien qu'il ne soit pas nécessaire de résoudre ces questions dans l'immédiat, il est intéressant de les prendre en considération parce qu'elles finiront probablement par se poser.

Les produits pharmaceutiques

L'industrie pharmaceutique tire d'importants bénéfices des progrès de la biotechnologie et de la recherche en génétique ; elle s'en sert pour mettre au point des médicaments utiles pour traiter les maladies. Les produits pharmaceutiques sont synthétisés à l'aide de méthodes issues de la chimie organique ou de la biotechnologie, selon la nature du produit.

La synthèse de petites molécules utilisées comme médicaments La détermination de la séquence et de la structure des protéines essentielles à la survie des cellules tumorales a débouché sur l'identification de petites molécules permettant de combattre certains cancers en bloquant la fonction de ces protéines. Un de ces médicaments, l'imatinib, est une petite molécule qui inhibe un récepteur spécifique d'une tyrosine kinase (voir la figure 11.7, p. 249). La surexpression de ce récepteur causée par une translocation chromosomique est déterminante dans la manifestation de la leucémie myéloïde chronique (LMC ; voir la figure 15.16, p. 345). Les patients traités avec l'imatinib durant les premiers stades de la LMC ont présenté une rémission presque complète et durable du cancer. Les médicaments qui agissent de cette façon ont également été utilisés avec succès pour traiter quelques types de cancers du poumon et du sein. Cette stratégie n'est malheureusement valable que pour les cancers dont la base moléculaire est assez bien comprise.

Les produits pharmaceutiques à base de protéines peuvent être synthétisés industriellement, à l'aide de cellules ou d'organismes entiers. À l'heure actuelle, on fait surtout appel aux cultures cellulaires.

La production de protéines dans des cultures cellulaires Dans ce chapitre, nous avons vu que le clonage d'ADN et les systèmes d'expression génique permettent la production à grande échelle d'une protéine qui n'est présente naturellement qu'en très petite quantité. Il est même possible de modifier les cellules hôtes utilisées dans ces systèmes d'expression de manière à ce qu'elles sécrètent la protéine en question au fur et à mesure qu'elle est produite. Cela simplifie l'étape de la purification par les méthodes biochimiques traditionnelles.

L'insuline et l'hormone de croissance humaine (HGH) ont été parmi les premières substances pharmaceutiques « fabriquées » par cette méthode. L'insuline ainsi produite pourra servir à traiter les 200 millions de diabétiques dans le monde ; diverses formes d'insuline, différant par leur rapidité ou leur durée d'action, sont maintenant offertes ou en voie de l'être. Quant à la synthèse de l'hormone de croissance humaine, c'est une bénédiction pour les enfants atteints à leur naissance d'une forme de nanisme causée par une production insuffisante de cette hormone. L'activateur tissulaire du plasminogène (tPA, ou *tissue plasminogen activator*) est une autre substance pharmaceutique importante issue du génie génétique. Cette substance remplace la streptokinase, une enzyme bactérienne, qui pouvait causer des réactions immunitaires dangereuses et entraîner d'autres problèmes. S'il est administré très peu de temps après une première crise cardiaque, le tPA permet de dissoudre les caillots sanguins et réduit le risque d'une rechute.

La production de protéines par les animaux « pharmaceutiques » Dans certains cas, au lieu d'utiliser des systèmes cellulaires pour produire de grandes quantités de produits protéiques, les spécialistes en sciences pharmaceutiques ont recours aux animaux eux-mêmes. Ils peuvent insérer un gène provenant d'un animal dans le génome d'un autre, souvent d'une espèce différente ; celui-ci devient alors un animal **transgénique**. Pour créer de tels animaux, on commence par prélever les ovocytes d'une femelle de l'espèce réceptrice que l'on féconde *in vitro*. (On a pendant ce temps cloné le gène recherché à partir d'un autre organisme.) Puis, on injecte l'ADN cloné directement dans le noyau des ovocytes fécondés. Certaines cellules insèrent l'ADN étranger, le *transgène,* dans leur génome et sont en mesure de l'exprimer. Ensuite, on implante chirurgicalement les ovocytes ainsi transformés dans une mère porteuse. Si l'embryon se développe comme prévu, il devient un animal transgénique qui exprime son nouveau gène « étranger ».

Si le gène inséré code pour une protéine que l'on cherche à produire en grandes quantités, ces animaux transgéniques peuvent agir comme de véritables « usines » pharmaceutiques. Par exemple, on a ajouté au génome d'une chèvre le transgène d'une protéine du sang humain, l'antithrombine, de sorte que l'animal sécrète la substance en question dans son lait (**figure 20.24**). La protéine est alors purifiée, selon un procédé généralement plus facile à réaliser que si elle provenait d'une culture cellulaire. Des chercheurs ont également modifié

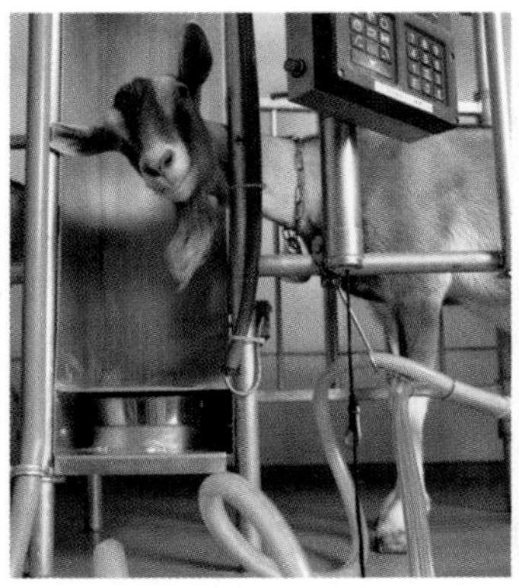

▲ **Figure 20.24 Des chèvres servant d'animaux « pharmaceutiques ».** Cette chèvre transgénique porte le gène d'une protéine du sang humain, l'antithrombine, qu'elle sécrète dans son lait. Les patients incapables de produire cette protéine sont atteints d'un trouble héréditaire qui se manifeste par la formation de caillots dans leurs vaisseaux sanguins. La protéine, qui est facilement purifiée à partir du lait de chèvre, a été approuvée aux États-Unis et en Europe pour traiter ces patients.

des poulets transgéniques qui expriment de grandes quantités du produit du transgène dans leurs œufs. Les sociétés de biotechnologie prennent en considération les caractéristiques des animaux ciblés lorsqu'elles décident lequel sera utilisé. Par exemple, les chèvres se reproduisent plus rapidement que les vaches, et elles produisent plus de protéines du lait que d'autres Mammifères connus pour se reproduire plus rapidement, comme les lapins.

Les protéines humaines produites par les animaux d'élevage transgéniques peuvent être de quelque façon différentes des protéines humaines produites naturellement, vraisemblablement à cause de différences mineures dans la modification des protéines. On doit donc les tester soigneusement pour s'assurer que les patients ne souffriront pas de réactions allergiques ou ne subiront pas d'effets néfastes par suite de l'administration de ces substances ou de la présence de contaminants provenant des animaux d'élevage.

Les preuves médicolégales et les profils génétiques

Lorsqu'un crime violent est commis, des liquides de l'organisme ou de petits échantillons de tissus humains peuvent rester sur les lieux du délit, sur les vêtements de la victime ou sur n'importe quel autre objet lui appartenant ou appartenant à son assaillant. Quand les quantités de sang, de tissu ou de sperme sont suffisantes, les laboratoires d'enquête peuvent déterminer le groupe sanguin ou le type tissulaire de l'individu concerné. Ils se servent d'anticorps pour chercher des protéines spécifiques peut-être présentes à la surface des cellules. Cependant, ces tests nécessitent une quantité relativement importante d'échantillons frais. De plus, comme de nombreux individus ont le même groupe sanguin ou le même type tissulaire, cette méthode permet seulement d'innocenter un suspect, pas de prouver sa culpabilité.

Les tests d'ADN, eux, permettent d'identifier un coupable avec beaucoup plus de certitude, parce que chaque personne possède une séquence d'ADN qui lui est propre (sauf dans le cas de vrais jumeaux). L'analyse des marqueurs génétiques qui varient dans la population permet de déterminer l'ensemble des marqueurs génétiques propres à un individu, c'est-à-dire son **profil génétique**. (Ce terme est préféré à celui d'« empreinte génétique » par les experts en criminalistique, qui veulent mettre l'accent sur l'héritabilité de ces marqueurs plutôt que sur le fait qu'ils produisent un motif sur gel, qui est, comme une empreinte digitale, visuellement reconnaissable.) Le FBI applique les techniques d'analyse de l'ADN en médecine légale depuis 1988. L'agence fédérale américaine a d'abord eu recours à l'analyse des polymorphismes de taille des fragments de restriction (PTFR) par la technique du buvardage de Southern pour détecter des ressemblances et des différences entre des échantillons d'ADN. Cette méthode nécessitait des échantillons de sang ou de tissu beaucoup plus petits que les anciennes méthodes (seulement 1 000 cellules environ).

Aujourd'hui, les experts en criminalistique utilisent une méthode encore plus sensible qui tire avantage des variations de longueur des marqueurs génétiques appelées **répétitions courtes en tandem** ou **STR** (pour *short tandem repeat*). Ce sont des unités de séquences de deux à cinq nucléotides répétées en tandem dans des régions spécifiques du génome. Le nombre de répétitions présentes dans ces régions est très variable d'une personne à l'autre (polymorphe) et, chez un individu, il arrive même que les deux allèles d'une répétition courte en tandem diffèrent l'un de l'autre. Par exemple, chez un individu donné, la séquence ACAT peut être répétée 30 fois à un locus du génome et 15 fois au même locus sur l'autre homologue, alors que chez une autre personne le nombre de répétitions pourrait être de 18 à ce locus sur chaque homologue. (On peut exprimer ces deux génotypes par les deux nombres de répétitions : 30,15 et 18,18.) On se sert souvent de l'amplification en chaîne par polymérase (ACP) pour multiplier sélectivement certaines répétitions courtes en tandem en utilisant des ensembles d'amorces portant des marqueurs fluorescents de couleur différente. Il est alors possible de déterminer par électrophorèse la longueur de la région, et par conséquent le nombre de répétitions. Comme on n'a pas besoin de recourir au buvardage de Southern, cette méthode est plus rapide que l'analyse des PTFR. De plus, l'étape de l'ACP permet d'utiliser cette méthode même lorsque l'ADN est en mauvais état ou qu'on n'en possède que de petites quantités. Elle peut porter sur un échantillon de tissu ne contenant que 20 cellules.

En cas de meurtre, par exemple, elle permet de comparer de petits échantillons de sang, prélevés sur les lieux du crime, avec l'ADN du suspect et celui de la victime. L'expert en criminalistique effectue des tests sur quelques portions sélectionnées de l'ADN (généralement 13 marqueurs de répétitions courtes en tandem). Même un ensemble aussi réduit de marqueurs suffit pour obtenir un profil génétique utile comme preuve médicolégale parce que la probabilité est infime que deux personnes (autres que de vrais jumeaux) aient exactement le même jeu de marqueurs de répétitions courtes en tandem. The Innocence Project, un organisme sans but lucratif dont l'objectif est de faire invalider des condamnations injustifiées, utilise l'analyse des répétitions courtes en tandem des échantillons archivés des scènes de crimes pour rouvrir d'anciens dossiers. En 2010, plus de 210 personnes innocentes avaient déjà été libérées de prison à la suite d'un travail médicolégal et légal effectué par ce groupe (**figure 20.25**).

L'emploi des profils génétiques peut également servir à d'autres buts. La comparaison de l'ADN d'une mère, de son enfant et du père putatif peut apporter une solution définitive à une affaire de paternité. Il arrive aussi parfois que la paternité revête un intérêt d'ordre historique : des profils génétiques ont permis de montrer de façon probante que le troisième président des États-Unis, Thomas Jefferson (1743-1826), ou l'un de ses proches parents était le père d'au moins un des enfants de son esclave Sally Hemings. Les profils génétiques peuvent également identifier les nombreuses victimes d'une catastrophe. Les plus gros travaux de ce genre ont eu lieu après la destruction du World Trade Center en 2001 ; plus de 10 000 échantillons de restes humains ont été comparés avec des échantillons d'ADN provenant d'objets personnels, comme des brosses à dents, fournis par les familles. En fin de compte, les experts en criminalistique ont réussi à identifier près de 3 000 victimes à l'aide de ces méthodes.

À quel point le profil génétique est-il fiable ? Plus le nombre de marqueurs examinés dans un échantillon d'ADN est grand, plus il est probable que le profil soit propre à un individu. Dans les affaires criminelles où on utilise l'analyse des STR avec 13 marqueurs, la probabilité que deux personnes aient des profils génétiques identiques se situe entre 1 sur 10 milliards et 1 sur plusieurs billions. (En guise de comparaison, la population mondiale en 2009 comptait environ 6,8 milliards d'individus.) La probabilité exacte dépend de la fréquence de ces marqueurs dans la population en général. Il est essentiel de disposer de données sur la fréquence, selon les groupes ethniques qui composent une population, parce que les fréquences de ces marqueurs peuvent varier considérablement entre les groupes ethniques de même qu'entre un groupe ethnique particulier et la population dans son ensemble. La disponibilité croissante de ces données permet aux experts en criminalistique d'effectuer des calculs statistiques extrêmement précis. Par conséquent, malgré les problèmes pouvant résulter de l'insuffisance des données statistiques, de l'erreur humaine ou de témoignages faussés, les experts juristes et les scientifiques considèrent désormais que le profil génétique constitue une preuve concluante.

(a) En 1984, Earl Washington a été déclaré coupable et condamné à mort pour le viol et le meurtre de Rebecca Williams survenu en 1982. En 1993, sa peine a été commuée en prison à vie en raison de nouveaux doutes concernant la preuve. En 2000, l'analyse des répétitions courtes en tandem par des experts en criminalistique associés à The Innocence Project a démontré de façon irréfutable son innocence. Cette photo montre Washington peu de temps avant sa libération en 2001, après 17 ans de prison.

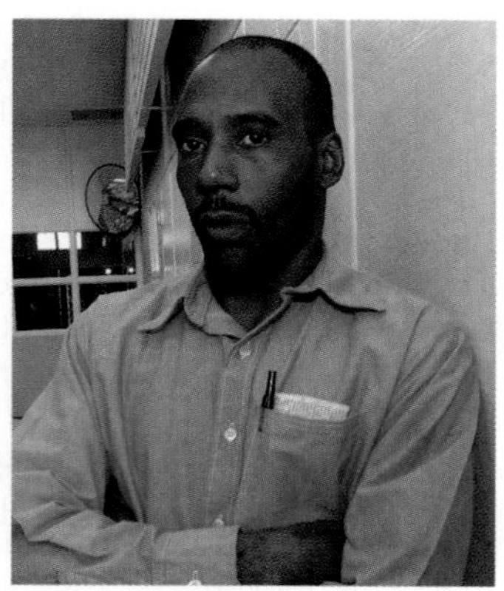

Source de l'échantillon	Marqueur 1 des STR	Marqueur 2 des STR	Marqueur 3 des STR
Sperme sur la victime	17,19	13,16	12,12
Earl Washington	16,18	14,15	11,12
Kenneth Tinsley	17,19	13,16	12,12

(b) Dans l'analyse des répétitions courtes en tandem, on a amplifié par ACP des marqueurs STR sélectionnés dans un échantillon d'ADN ; les produits des ACP sont séparés par électrophorèse. La procédure permet de déterminer le nombre de répétitions présentes pour chaque locus de STR dans l'échantillon. Un individu a deux allèles par locus de STR, chacun contenant un certain nombre de répétitions. Ce tableau montre le nombre de répétitions pour trois marqueurs STR dans trois sources d'échantillons : le sperme trouvé sur la victime, Washington et un autre homme appelé Kenneth Tinsley, emprisonné après une condamnation sans rapport avec le meurtre de Rebecca Williams. Les résultats des STR et d'autres données (non illustrées) ont exonéré Washington et incriminé Tinsley.

▲ **Figure 20.25 L'analyse des répétitions courtes en tandem en vue de libérer de prison un homme innocent.**

La dépollution de l'environnement

On exploite de plus en plus souvent la capacité des microorganismes à transformer les substances chimiques dans des opérations de dépollution de l'environnement. Si les besoins nutritifs de tels microbes ne permettent pas de les utiliser directement, les scientifiques sont actuellement capables de transférer chez d'autres microorganismes les gènes de capacités métaboliques intéressantes qui les transformeront en outils de protection de l'environnement. Par exemple, de nombreuses bactéries peuvent extraire des métaux lourds de leur milieu (cuivre, plomb, nickel) et les transformer en des composés comme le sulfate de cuivre ou le sulfate de plomb, dont l'extraction est facile. Les microorganismes génétiquement modifiés pourraient jouer un rôle important dans le domaine minier (particulièrement dans le cas où les réserves de minerai sont épuisées) et dans le traitement des déchets miniers hautement toxiques. Les biotechnologistes tentent de modifier des microorganismes de façon à leur permettre de dégrader les hydrocarbures chlorés et d'autres composés toxiques. Ces microorganismes seraient employés dans les stations de traitement des eaux usées ou par les industries avant de déverser leurs effluents dans l'environnement.

Les applications en agriculture

Le génome des plantes et des animaux les plus utilisés en agriculture fait également l'objet de recherches. Il y a des années que l'on se sert de la biotechnologie pour tenter d'améliorer la productivité agricole. La reproduction sélective des animaux d'élevage et des plantes cultivées a exploité les mutations et la recombinaison génétique d'origine naturelle pendant des milliers d'années.

Comme nous l'avons décrit plus tôt, grâce à la biotechnologie, les scientifiques ont produit des animaux transgéniques, ce qui accélère le processus de la reproduction sélective. La création d'animaux transgéniques poursuit souvent les mêmes objectifs que la sélection traditionnelle : elle vise, notamment, à produire un mouton donnant une laine de meilleure qualité, un porc dont la viande est plus maigre ou une vache qui atteindra l'âge adulte plus rapidement. Par exemple, les scientifiques peuvent isoler et cloner un gène qui améliore le développement musculaire (les muscles représentent la plus grande partie de la viande que nous consommons) dans une race de bovins et le transférer à d'autres bovins, voire à des moutons. Cependant, des problèmes, tels qu'une faible fécondité ou une augmentation de la susceptibilité à la maladie, ne sont pas rares chez les animaux d'élevage qui portent des gènes provenant d'autres espèces. La santé et le bien-être des animaux sont des questions importantes à prendre en compte lorsqu'on développe des animaux transgéniques.

Les spécialistes en agriculture ont déjà introduit chez de nombreuses plantes des gènes conférant des caractères recherchés comme la maturation plus tardive, la résistance à la détérioration ou à la maladie, etc. Les Végétaux sont beaucoup plus faciles à modifier que la plupart des Animaux. Chez de nombreuses espèces végétales, une seule cellule de tissu mise en culture peut donner une plante adulte (voir la figure 20.17). Par conséquent, il est possible d'effectuer des manipulations génétiques sur une cellule somatique ordinaire pour obtenir un organisme doté de nouveaux caractères.

Dans la plupart des cas, le vecteur employé pour introduire de nouveaux gènes dans les cellules végétales est un plasmide, le **plasmide Ti** (pour *tumor inducing*), provenant d'*Agrobacterium tumefaciens,* une bactérie du sol. Un segment de l'ADN (ADN-T) de son plasmide est inséré dans l'ADN chromosomique des cellules végétales hôtes. On se sert, comme vecteurs, de variantes du plasmide qui ne produisent pas de tumeur (galle du collet), contrairement au plasmide de la souche sauvage, et qui ont été modifiées pour porter les gènes ciblés dans l'ADN-T. La **figure 20.26** présente une méthode de production de plantes transgéniques à l'aide du plasmide Ti.

Le génie génétique remplace rapidement les programmes traditionnels de sélection des plantes, surtout dans les cas où un petit nombre de gènes détermine les caractères recherchés, comme la résistance aux ravageurs ou aux herbicides. Les cultures modifiées à l'aide d'un gène bactérien qui rend les plantes résistantes aux herbicides peuvent croître alors que les mauvaises herbes sont détruites. On peut également modifier génétiquement certaines espèces cultivées afin de les rendre résistantes aux insectes destructeurs, ce qui permet, du même coup, de réduire l'emploi des insecticides chimiques. En Inde, l'insertion dans les génomes de plusieurs variétés de riz d'un gène de la résistance à la salinité issu d'une plante de la mangrove côtière a produit des plants de riz capables de croître dans de l'eau trois fois plus salée que l'eau de mer. Le centre de recherche qui a accompli cet exploit de génie génétique estime qu'un tiers de toutes les terres irriguées a une salinité élevée en raison d'une irrigation excessive et d'un usage intensif d'engrais chimiques, ce qui menace sérieusement l'approvisionnement alimentaire. Par conséquent, les plantes cultivées résistantes à la salinité pourraient être d'un immense intérêt dans le monde entier.

▼ Figure 20.26 MÉTHODE DE RECHERCHE

L'utilisation du plasmide Ti pour produire des plantes transgéniques

APPLICATION On peut transférer des gènes qui confèrent des caractères recherchés (résistance aux ravageurs, résistance aux herbicides, maturation plus tardive, amélioration de la valeur nutritive) d'une variété de plante ou d'une espèce à une autre en utilisant le plasmide Ti comme vecteur.

TECHNIQUE

Agrobacterium tumefaciens

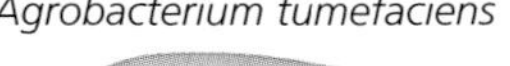

1 On isole le plasmide Ti à partir de la bactérie *Agrobacterium tumefaciens*. Le segment du plasmide qui s'insère dans le génome des cellules hôtes s'appelle ADN-T.

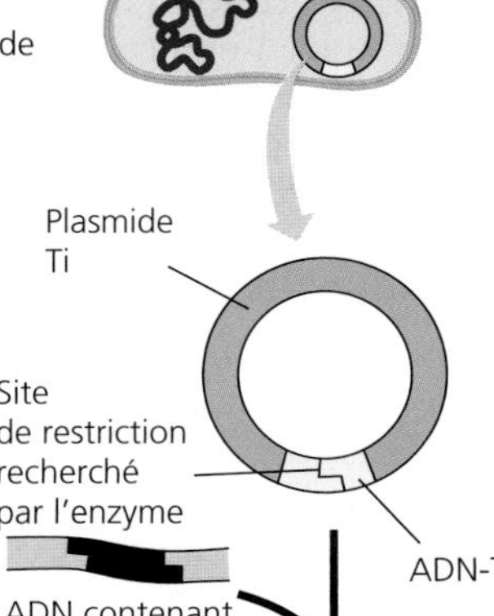

2 Le gène étranger ciblé est inséré au milieu de l'ADN-T à l'aide des méthodes illustrées à la figure 20.4.

3 Les plasmides recombinés peuvent être introduits dans des cellules de plantes cultivées par la technique d'électroporation. On peut aussi réinsérer les plasmides dans les cellules d'*Agrobacterium*, qu'on applique alors sous forme de suspension liquide sur les feuilles des plantes réceptives. Les bactéries infectent les plantes et pénètrent dans les cellules. Lorsque le plasmide est absorbé, l'ADN-T s'intègre dans l'ADN chromosomique de la plante.

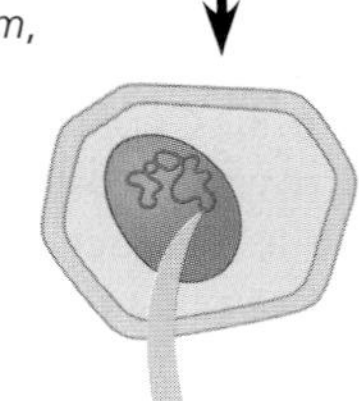

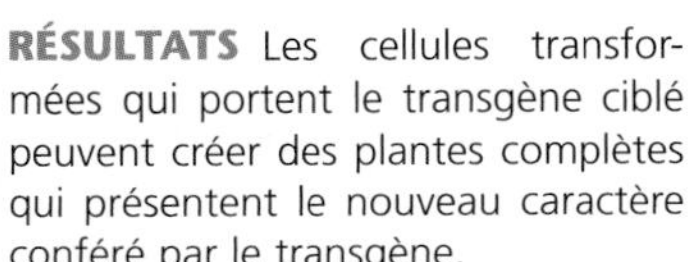

RÉSULTATS Les cellules transformées qui portent le transgène ciblé peuvent créer des plantes complètes qui présentent le nouveau caractère conféré par le transgène.

Les questions sur la sécurité et l'éthique soulevées par la biotechnologie

À propos des dangers potentiels associés à la technologie de recombinaison de l'ADN, on s'est d'abord préoccupé du risque de création d'agents pathogènes dangereux. Que se passerait-il, par exemple, si les gènes de cellules cancéreuses étaient introduits dans des bactéries ou des virus? Par mesure de précaution contre des microorganismes indésirables, les scientifiques ont adopté un ensemble de lignes directrices, devenues des règlements officiels dans plusieurs pays. Les mesures de sécurité comprennent notamment des procédures strictes de travail en laboratoire destinées à protéger les chercheurs contre l'infection par des microorganismes modifiés et aussi à empêcher que ceux-ci s'échappent accidentellement du laboratoire. De plus, les souches de microorganismes employées dans les expériences portant sur l'ADN recombiné sont modifiées génétiquement, de sorte qu'elles ne peuvent survivre hors du laboratoire. Enfin, on a interdit certains types d'expériences présentant un risque évident.

Aujourd'hui, le public s'inquiète surtout des risques liés non pas aux microorganismes recombinés, mais plutôt aux **organismes génétiquement modifiés (OGM)** dont on se sert à des fins alimentaires. Un OGM est un organisme auquel on a ajouté un ou plusieurs gènes par des moyens artificiels. Les gènes en question proviennent d'une autre espèce ou encore d'une autre variété de la même espèce. Certains saumons, par exemple, ont été génétiquement modifiés par l'ajout d'un gène de l'hormone de croissance plus actif. Cependant, la majorité des OGM qui assurent notre approvisionnement alimentaire ne sont pas des animaux, mais des plantes.

Les cultures génétiquement modifiées sont très répandues aux États-Unis, en Argentine et au Brésil; ensemble, ces pays comptent pour plus de 80% de la superficie mondiale consacrée à de telles cultures. Aux États-Unis, la majorité des cultures de maïs, de soja et de canola sont génétiquement modifiées, et il n'est pas obligatoire de l'indiquer sur l'étiquette des produits. Cependant, les mêmes aliments font l'objet d'une controverse continuelle en Europe, où la révolution génétique a fait face à une forte opposition. Les inquiétudes de nombreux Européens portaient sur la sécurité des aliments génétiquement modifiés et les conséquences environnementales possibles de la culture des plantes transgéniques. Au début de 2000, les négociateurs de 130 pays se sont entendus sur le Protocole de Cartagène concernant la prévention des risques biotechnologiques. Ce document stipule que les exportateurs sont tenus d'indiquer quels sont les organismes génétiquement modifiés présents dans leurs livraisons de denrées alimentaires en vrac. Le protocole, entré en vigueur en 2003, spécifie également que les pays importateurs sont libres de déterminer si ces denrées posent un risque pour l'environnement ou la santé. (Même si les États-Unis ont refusé de signer l'accord, il est quand même entré en vigueur parce que la majorité des pays étaient en faveur.) Depuis ce temps, des pays européens ont, à l'occasion, refusé des récoltes provenant des États-Unis et d'autres pays, ce qui a créé des différends commerciaux. Bien qu'un petit nombre de cultures génétiquement modifiées aient été pratiquées en sol européen, ces produits ont généralement été un échec sur les marchés locaux, et l'avenir de ce type de culture en Europe est incertain.

Ceux qui préconisent une approche prudente à l'égard des cultures génétiquement modifiées craignent que les plantes transgéniques puissent transmettre leurs nouveaux gènes à des espèces apparentées situées dans des zones voisines restées à l'état naturel. On sait que les Graminées des pelouses ou des cultures, par exemple, échangent souvent des gènes avec leurs parentes sauvages par l'intermédiaire du pollen. Si le pollen des plantes cultivées portant des gènes de résistance aux herbicides, aux maladies ou aux insectes ravageurs féconde des espèces sauvages, celles-ci pourraient devenir de «super-mauvaises herbes» très difficiles à éliminer. Quant aux risques pour la santé humaine que posent les aliments génétiquement modifiés, certaines personnes craignent que les protéines produites par les transgènes créent des réactions allergiques. Bien que des signes montrent que de telles allergies puissent survenir, les partisans des cultures génétiquement modifiées réclament que ces protéines soient testées pour déterminer leur capacité à causer des réactions allergiques.

Les gouvernements et les agences de réglementation du monde entier s'efforcent de favoriser l'emploi des biotechnologies dans l'agriculture, l'industrie et la médecine, tout en veillant à ce que les nouveaux produits et procédés ne posent aucun danger. Au Canada, la Direction générale de la protection de la santé (DGPS, Santé Canada), Agriculture Canada, l'Agence canadienne d'inspection des aliments et le Comité consultatif national sur la biotechnologie travaillent conjointement à l'établissement des principes directeurs et de la réglementation encadrant les nouvelles réalisations en biotechnologie. En France, le contrôle est exercé par la Commission du génie génétique et la Commission du génie biomoléculaire. Ces organismes subissent des pressions croissantes de la part de certains groupes de consommateurs. Ces mêmes organismes et le public doivent également examiner des questions éthiques en fonction des nouvelles biotechnologies.

Les progrès de la biotechnologie nous ont permis d'obtenir les séquences complètes des génomes humains et de ceux de nombreuses autres espèces, nous fournissant un vaste trésor d'informations sur les gènes. On peut se demander dans quelle mesure certains gènes diffèrent d'une espèce à l'autre, et comment les gènes, voire les génomes entiers, ont évolué. (Ces sujets sont abordés au chapitre 21.) En même temps, l'accélération du processus de séquençage des génomes d'individus et la réduction des coûts de cette opération nous forcent à aborder des questions éthiques importantes. Qui devrait avoir un droit de regard sur les informations génétiques d'une autre personne? Comment cette information devrait-elle être utilisée? Devrait-on prendre en compte le génome d'un individu pour déterminer s'il peut obtenir un emploi ou contracter une assurance? Il est probable que les considérations éthiques ainsi que les inquiétudes suscitées par les dangers pour la santé et l'environnement ralentiront la mise en œuvre de certaines applications de la biotechnologie. En même temps, une réglementation trop contraignante risque de nuire à la recherche fondamentale et à ses retombées bénéfiques. Cependant, la puissance de la biotechnologie, qui nous permet de modifier radicalement et rapidement des espèces qui évoluent depuis des millénaires, nous oblige à faire preuve d'humilité et de prudence.

RETOUR SUR LE CONCEPT 20.4

1. Quel avantage présenterait l'emploi de cellules souches dans la thérapie génique?
2. Énumérez au moins trois caractéristiques qui ont été transmises à des plantes cultivées grâce à la biotechnologie.
3. **ET SI?** Imaginez que vous êtes médecin et qu'un de vos patients présente des symptômes laissant croire qu'il est atteint d'une hépatite A. Toutefois, les analyses n'ont pas réussi à démontrer la présence de protéines virales dans le sang. Sachant que l'hépatite A est causée par un virus à ARN, quels tests de laboratoire pourriez-vous effectuer pour confirmer votre diagnostic? Expliquez la signification des résultats.

Voir les réponses proposées à la fin du chapitre.

RÉVISION DU CHAPITRE 20

RÉSUMÉ DES CONCEPTS CLÉS

CONCEPT 20.1

Le clonage de l'ADN produit un grand nombre de copies d'un gène ou d'un autre segment d'ADN (p. 460 à 469)

- La biotechnologie comprend le **clonage de gènes** et d'autres techniques qui permettent de manipuler et d'analyser l'ADN et de créer de nouveaux produits et organismes utiles.
- En **génie génétique**, des **enzymes de restriction** bactériennes coupent les molécules d'ADN en de courtes séquences nucléotidiques spécifiques (**sites de restriction**). Elles créent ainsi un ensemble de fragments d'ADN bicaténaire pourvus d'**extrémités cohésives** monocaténaires.

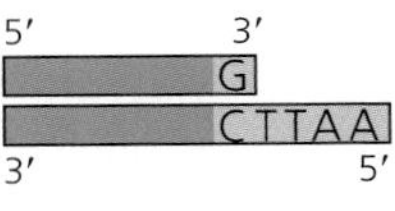

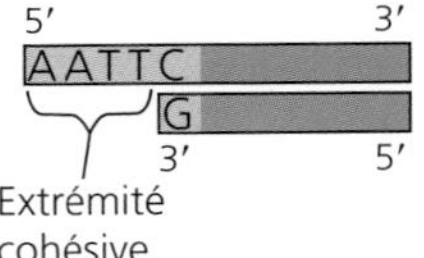

- Les bases des extrémités cohésives sur les **fragments de restriction** s'apparient facilement avec les segments monocaténaires complémentaires situés sur les autres molécules d'ADN. L'**ADN ligase**, une enzyme, peut lier ces fragments en produisant des molécules d'**ADN recombiné**.
- Le schéma ci-dessous rappelle la procédure de clonage d'un gène d'Eucaryote dans un plasmide bactérien:

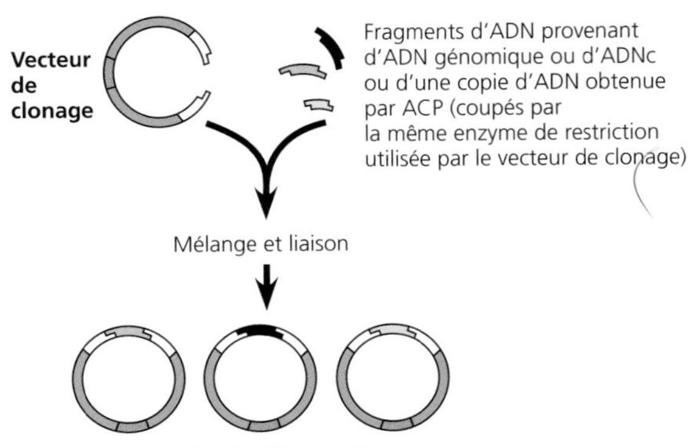

Les **vecteurs de clonage** comprennent les **plasmides** et les **chromosomes bactériens artificiels**. Les plasmides recombinés sont réinsérés dans les cellules hôtes; chacune d'entre elles se divise pour former un clone cellulaire. Les ensembles de clones sont entreposés dans des **banques d'ADN complémentaires** ou **banques génomiques**. Quand on recherche un gène particulier, on passe ces banques au crible à l'aide de l'**hybridation moléculaire** avec une **sonde nucléique**.

- Plusieurs difficultés techniques empêchent l'expression de gènes d'Eucaryotes clonés dans les cellules hôtes bactériennes. L'utilisation de cellules d'Eucaryotes (comme les levures, les cellules d'insectes ou les cellules de Mammifères) provenant de cultures comme cellules hôtes associées aux **vecteurs d'expression** appropriés permet de contourner ces problèmes.
- L'**amplification en chaîne par polymérase** (**ACP**) permet d'obtenir rapidement *in vitro* de nombreuses copies d'un certain segment cible d'ADN, parce qu'elle fait intervenir une ADN polymérase résistante à la chaleur et des amorces qui encadrent la séquence recherchée.

? *Décrivez comment le processus de clonage de gènes donne un clone cellulaire contenant un plasmide recombiné.*

CONCEPT 20.2

La biotechnologie nous permet d'étudier la séquence, l'expression et la fonction d'un gène (p. 469 à 476)

- L'**électrophorèse sur gel** permet de séparer les fragments de restriction d'ADN selon leur longueur. On peut détecter des fragments spécifiques par la technique du **buvardage de Southern**, un procédé qui utilise des sondes marquées qui s'hybrident avec l'ADN ayant adhéré à la copie «buvard» du gel. Initialement, les **polymorphismes de taille des fragments de restriction** (**PTFR**) ont été utilisés pour sélectionner des allèles qui causent des maladies, comme l'allèle de l'anémie à hématies falciformes.
- La méthode de terminaison de chaîne par un didésoxyribonucléotide permet de séquencer des fragments d'ADN relativement courts. Aujourd'hui, cette technique de séquençage est automatisée, et la mise au point de méthodes plus rapides et moins coûteuses se poursuit.
- On peut étudier l'expression d'un gène à l'aide de l'hybridation avec des sondes marquées pour chercher des ARNm spécifiques, soit sur un gel (**buvardage de Northern**), soit dans un organisme entier (**hybridation *in situ***). De plus, l'ARN peut être transcrit en ADNc par la transcriptase inverse et l'ADNc amplifié par ACP avec des amorces spécifiques (**RT-PCR**). Les **tests sur microréseau à ADN** permettent aux chercheurs de comparer en même temps l'expression de nombreux gènes de différents tissus, à divers moments ou dans des conditions variées.

- Quand la fonction d'un gène est inconnue, son inactivation expérimentale et l'observation des effets phénotypiques qui en résultent fournissent des indices sur son rôle. Chez l'humain, les **études d'association sur l'ensemble du génome** utilisent les **polymorphismes mononucléotidiques (SNP)** comme marqueurs génétiques pour les allèles qui sont associés à des maladies particulières.

? *Expliquez pourquoi la plupart des procédures utilisées pour analyser l'expression génique reposent sur l'appariement des paires de bases complémentaires.*

CONCEPT 20.3

Le clonage d'organismes peut mener à la production de cellules souches pour la recherche et d'autres applications (p. 477 à 482)

- Les études montrant l'équivalence génomique (toutes les cellules d'un organisme ont le même génome) ont fourni les premiers exemples de clonage d'organismes.
- Les cellules différenciées de plantes parvenues à maturité sont souvent **totipotentes**, c'est-à-dire qu'elles peuvent donner naissance à tous les tissus d'un nouvel individu complet.
- Le noyau d'une cellule animale différenciée peut parfois donner naissance à un nouvel individu s'il est transplanté dans un ovocyte énucléé.
- Certaines cellules souches embryonnaires (SE) ou **cellules souches** adultes provenant d'embryons d'animaux ou de tissus d'adultes ont la capacité de se reproduire et de se différencier *in vitro* comme *in vivo*, ce qui permet d'entrevoir des applications médicales. Les cellules SE sont **pluripotentes**, mais difficiles à obtenir. Les cellules souches pluripotentes induites (SPi) ressemblent aux cellules SE pour ce qui est de leur capacité à se différencier; on peut les produire en reprogrammant des cellules différenciées. Les cellules SPi sont un moyen prometteur pour la recherche médicale et la médecine régénérative.

? *Décrivez comment un chercheur pourrait réaliser un clonage d'organisme, la production de cellules SE et une génération de cellules SPi, en insistant sur la façon dont les cellules sont reprogrammées et en utilisant des souris comme exemple. (Les procédures sont fondamentalement les mêmes chez l'humain et chez la souris.)*

CONCEPT 20.4

Les applications de la biotechnologie influent sur nos vies de multiples façons (p. 482 à 489)

- La biotechnologie, notamment l'analyse des marqueurs génétiques comme les SNP, est de plus en plus utilisée pour diagnostiquer des maladies génétiques et d'autres affections; elle offre la possibilité de meilleurs traitements de certains troubles génétiques (ou même de guérisons au moyen de la **thérapie génique**) et des informations sur les traitements du cancer.
- La biotechnologie rend possible la production à grande échelle d'hormones protéiques et d'autres protéines à usage thérapeutique. Certaines protéines thérapeutiques sont produites par des animaux «pharmaceutiques» **transgéniques**.
- L'analyse des marqueurs génétiques tels que les **répétitions courtes en tandem (STR)** dans l'ADN obtenu des tissus ou des liquides de l'organisme trouvés sur les lieux de crimes permet d'obtenir un **profil génétique** susceptible de constituer une pièce à conviction qui sert à inculper ou à innocenter un suspect. On s'en sert également pour régler des litiges sur la paternité et pour identifier des restes humains lors de crimes ou d'accidents.
- Le génie génétique permet de modifier le métabolisme des microorganismes de manière à pouvoir les utiliser pour extraire des minéraux de l'environnement ou pour dégrader divers types de déchets toxiques.
- La création de plantes et d'animaux transgéniques a pour objectif d'améliorer la productivité agricole et la qualité des aliments.
- Les avantages potentiels de la biotechnologie doivent être soigneusement évalués à la lumière des dangers susceptibles de nuire aux humains ou à l'environnement.

? *Quels facteurs vous aideraient à déterminer si une maladie génétique constitue une bonne cible pour entreprendre et réussir une thérapie génique?*

ÉVALUATION

NIVEAU 1: CONNAISSANCES ET COMPRÉHENSION

1. Parmi les outils suivants issus de la biotechnologie, lequel *n'est pas* associé à son utilisation?
a) Enzyme de restriction – production de PTFR.
b) ADN ligase – découpage de l'ADN en créant des fragments de restriction à extrémités cohésives.
c) ADN polymérase – amplification en chaîne par polymérase de fragments d'ADN.
d) Transcriptase inverse – production d'ADNc à partir d'ARNm.
e) Électrophorèse – séparation de fragments d'ADN.

2. Il est plus facile de manipuler par biotechnologie des plantes que des animaux, car:
a) les gènes des cellules végétales ne contiennent pas d'introns.
b) il existe un plus grand nombre de vecteurs pour transférer l'ADN recombiné dans les cellules végétales.
c) une cellule somatique végétale peut souvent donner une plante complète.
d) les gènes peuvent être insérés dans les cellules végétales par micro-injection.
e) les cellules végétales ont de plus gros noyaux.

3. Un paléontologue a prélevé un morceau de la peau préservée d'un dodo (oiseau disparu) vieux de 400 ans en vue de comparer une région spécifique de l'ADN de cet échantillon avec celui d'oiseaux vivants. Parmi les techniques suivantes, laquelle permettrait le mieux d'accroître la quantité d'ADN de dodo disponible pour ces tests?
a) L'analyse des PTFR.
b) L'amplification en chaîne par polymérase (ACP).
c) L'électroporation.
d) L'électrophorèse sur gel.
e) Le buvardage de Southern.

4. La biotechnologie donne lieu à de nombreuses applications dans le domaine médical. Parmi les opérations suivantes, laquelle *n'est pas encore* effectuée de façon régulière?
a) La production d'hormones pour le traitement du diabète et du nanisme.
b) La production de microorganismes qui peuvent métaboliser les toxines.
c) L'introduction de gènes modifiés dans des gamètes humains.
d) La détection prénatale d'allèles de maladies génétiques.
e) Les tests génétiques sur les porteurs d'allèles nocifs.

5. Dans les méthodes de production de l'ADN recombiné, le terme *vecteur* peut désigner:
a) l'enzyme qui découpe l'ADN en fragments de restriction.
b) l'extrémité cohésive d'un fragment d'ADN.
c) un marqueur SNP.
d) un plasmide employé pour introduire de l'ADN dans une cellule vivante.
e) une sonde d'ADN servant à détecter un gène particulier.

NIVEAU 2: APPLICATION ET ANALYSE

6. Parmi les affirmations suivantes, laquelle *ne s'appliquerait pas* à un ADNc produit à partir d'un échantillon de tissu de cerveau humain?
a) Il peut être obtenu en un très grand nombre d'exemplaires au moyen de l'amplification en chaîne par polymérase.
b) Il peut servir à constituer une banque génomique.
c) Il est produit à partir d'ARNm et à l'aide de la transcriptase inverse.

d) Il peut servir de sonde nucléique pour repérer des gènes exprimés dans le cerveau.
e) Il ne contient pas les introns des gènes humains.

7. L'expression d'un gène eucaryote cloné par une cellule bactérienne soulève de nombreux défis. Parmi les problèmes suivants, lequel peut être résolu en ayant recours à de l'ARNm et de la transcriptase inverse?
a) La maturation après la transcription.
b) L'électroporation.
c) La maturation après la traduction.
d) L'hybridation des acides nucléiques.
e) La liaison des fragments de restriction.

8. Parmi les séquences suivantes d'ADN bicaténaire, laquelle a le plus de chances d'être reconnue et coupée par une enzyme de restriction?

a) AAGG	b) AGTC	c) GGCC	d) ACCA	e) AAAA
TTCC	TCAG	CCGG	TGGT	TTTT

9. **FAITES UN DESSIN** Vous élaborez une banque génomique pour l'oryctérope, en utilisant un plasmide bactérien comme vecteur. Le schéma en vert ci-dessous illustre le plasmide qui contient le site de restriction pour l'enzyme utilisée dans la figure 20.3. Au-dessus du plasmide, il y a un segment d'ADN linéaire d'oryctérope. Illustrez votre procédure de clonage par un schéma qui montre ce que deviennent ces deux molécules au cours de chaque étape. Utilisez une couleur pour l'ADN de l'oryctérope et ses bases et une autre pour ceux du plasmide. Annotez chaque étape et toutes les extrémités 5′ et 3′.

5′ TCCATGAATTCTAAAGCGCTTATGAATTCACGGC 3′
3′ AGGTACTTAAGATTTCGCGAATACTTAAGTGCCG 5′

ADN de l'oryctérope

Plasmide

NIVEAU 3: SYNTHÈSE ET ÉVALUATION

10. **ET SI?** Imaginez que vous voulez étudier une des cristallines humaines, les protéines présentes dans le cristallin de l'œil. Afin d'obtenir une quantité suffisante de la protéine recherchée, vous décidez de cloner le gène qui code pour celle-ci. Devriez-vous constituer une banque génomique ou une banque d'ADNc? Quel matériau devriez-vous utiliser comme source d'ADN ou d'ARN?

11. LIEN AVEC L'ÉVOLUTION
En mettant de côté les considérations éthiques, expliquez comment l'utilisation généralisée des technologies basées sur l'ADN risquerait de modifier le processus naturel de l'évolution qui se déroule depuis 4 milliards d'années.

12. INTÉGRATION
Vous tentez d'étudier un gène codant pour un neurotransmetteur protéique des neurones du cerveau humain, et vous connaissez la séquence d'acides aminés de cette protéine. Expliquez comment vous pouvez: a) identifier les gènes exprimés par un type spécifique de neurones; b) trouver le gène codant pour ce neurotransmetteur; c) produire un grand nombre de copies de ce gène à des fins de recherche; d) produire le neurotransmetteur en quantité suffisante pour pouvoir évaluer son emploi éventuel comme médicament.

13. SCIENCE, TECHNOLOGIE ET SOCIÉTÉ
Existe-t-il un risque de discrimination fondée sur les tests de détection de gènes «nocifs»? Quels principes éthiques proposeriez-vous d'adopter pour prévenir de tels abus?

14. SCIENCE, TECHNOLOGIE ET SOCIÉTÉ
Dans certains pays, le financement par l'État de la recherche sur les cellules souches d'origine embryonnaire a donné lieu à de nombreuses controverses sur la scène politique. Pourquoi ce débat suscite-t-il tant de passions? Résumez les arguments pour et contre la recherche sur les cellules souches embryonnaires, et donnez votre point de vue sur la question.

15. **ÉCRIVEZ UN TEXTE**
Le fondement génétique de la vie Dans un court texte (de 100 à 150 mots), expliquez dans quelle mesure la base génétique de la vie joue un rôle capital en biotechnologie.

RÉPONSES DU CHAPITRE 20

Questions des figures

Figure 20.3

5′ AAGCTT 3′ / 3′ TTCGAA 5′ → *Hind*III → 5′ A 3′ / 3′ TTCGA 5′ + 5′ AGCTT 3′ / 3′ A 5′

Figure 20.4 Les cellules qui ne contiennent aucun plasmide pourraient se développer; elles formeraient des colonies blanches, en raison de l'absence de gène *lacZ* fonctionnel. **Figure 20.10** Faites croître chaque clone de cellules en culture. Isolez les plasmides de chacun et découpez-les avec l'enzyme de restriction utilisée à l'origine pour fabriquer le clone (voir la figure 20.4). Appliquez chaque échantillon sur un gel électrophorétique et récupérez l'ADN de la séquence dans la bande du gel. **Figure 20.16** L'enjambement, qui cause la recombinaison, est un événement fortuit. La probabilité que l'enjambement se produise entre deux loci augmente avec la distance qui les sépare. Comme le SNP est situé très près d'un allèle responsable d'une maladie, l'enjambement se produit rarement entre le SNP et l'allèle. Le SNP est donc un marqueur génétique qui indique la présence de l'allèle particulier. **Figure 20.18** Aucun des œufs ayant les noyaux transplantés de l'embryon à quatre cellules dans le haut à gauche n'aurait donné un têtard. En outre, le résultat ne contiendrait que quelques tissus du têtard, qui différeraient selon le noyau transplanté. (Cela suppose qu'il existe un moyen de distinguer les quatre cellules, comme il est possible de le faire chez certaines espèces de grenouille.) **Figure 20.22** L'utilisation de cellules SPi converties ne comporterait pas le même risque, ce qui est son principal avantage. Étant donné que les cellules donneuses proviendraient du patient, elles correspondraient parfaitement. Le système immunitaire du patient les reconnaîtrait comme des cellules du «soi» et ne déclencherait pas de réaction (c'est ce qui provoque le rejet).

Retour sur le concept 20.1

1. Des liaisons covalentes désoxyribose-phosphate des brins d'ADN. **2.** Oui, *Pvu*I peut couper la molécule.

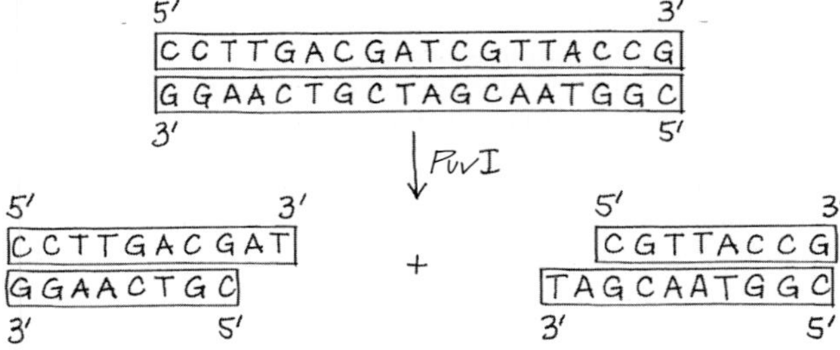

3. Certains gènes humains sont trop volumineux pour être insérés dans des plasmides bactériens. Les cellules bactériennes sont incapables de modifier les transcrits d'ARN en ARNm. Par ailleurs, même si on contourne l'étape de maturation de l'ARN en utilisant l'ADNc, les bactéries ne possèdent pas l'enzyme qui catalyse la maturation post-traductionnelle que subissent de nombreuses protéines humaines pour être fonctionnelles. **4.** Au cours de la réplication des extrémités des molécules linéaires d'ADN (voir la figure 16.20, p. 368), on utilise une amorce d'ARN à l'extrémité 5′ de chaque nouveau brin. L'ARN doit être remplacé par des nucléotides d'ADN, mais l'ADN polymérase est incapable de commencer la synthèse à l'extrémité 5′ du nouveau brin d'ADN. Au cours de l'ACP, comme les amorces sont constituées de nucléotides d'ADN, il n'est pas nécessaire de les remplacer; elles constituent seulement des parties de chaque nouveau brin. Par conséquent, au cours de l'ACP, la réplication des extrémités ne pose pas de problèmes et les fragments ne sont pas raccourcis à chaque réplication.

Retour sur le concept 20.2

1. Les enzymes de restriction découpent l'ADN génomique en de nombreux endroits, ce qui crée un grand nombre de fragments. À l'issue de l'électrophorèse, ces fragments apparaîtraient sous forme de bandes étalées plutôt que de zones distinctes après coloration. **2.** Dans le buvardage de Southern, le buvardage de Northern et l'analyse de microréseaux, la sonde marquée se lie exclusivement à la séquence cible spécifique en raison de l'hybridation des acides nucléiques supplémentaires (hybridation ADN-ADN dans le buvardage de Southern et l'analyse de microréseaux, hybridation ADN-ARN dans le buvardage de Northern). Dans le séquençage de l'ADN, les amorces se lient par appariement des bases complémentaires avec la matrice, ce qui permet de démarrer la synthèse de l'ADN. Dans la RT-PCR, les amorces doivent se lier par appariement des bases complémentaires avec leurs séquences cibles dans le mélange d'ADN. **3.** Un SNP est un seul nucléotide qui varie dans une population, existant en deux ou plusieurs variations. Un PTFR est un type de SNP qui se produit sur un site de restriction, menant à des fragments de restriction de longueur variable quand deux variantes sont coupées par une enzyme de restriction. **4.** Si un point est vert, le gène représenté sur ce point est exprimé seulement dans le tissu normal. S'il est rouge, le gène est exprimé seulement dans le tissu cancéreux. S'il est jaune, le gène est exprimé dans les deux tissus. Enfin, s'il est noir, le gène n'est exprimé dans aucun des deux types de tissus. En tant que chercheur intéressé par le développement du cancer, vous pourriez étudier les gènes représentés par les points en vert et en rouge parce que ce sont les gènes pour lesquels le niveau d'expression diffère entre les deux types de tissus. Quelques-uns de ces gènes peuvent être exprimés différemment à la suite d'un cancer, mais d'autres pourraient jouer un rôle dans la cause du cancer.

Retour sur le concept 20.3

1. La chromatine du noyau issu des cellules intestinales avait probablement subi plus de modifications que celle d'un noyau provenant d'un œuf fécondé. C'est pourquoi le nombre de noyaux reprogrammés est beaucoup plus faible. À l'opposé, la chromatine dans un noyau provenant d'une cellule au stade des quatre cellules aurait davantage ressemblé à celle d'un noyau dans un œuf fécondé. Par conséquent, il aurait été beaucoup plus facile de la programmer pour commander le développement. **2.** Non, surtout à cause de différences subtiles (et peut-être pas si subtiles) dans leur environnement. **3.** Il faudrait mettre au point une technique permettant de transformer une cellule SPi humaine en cellule pancréatique (probablement en provoquant l'expression des gènes régulateurs propres au pancréas). **4.** La cellule de carotte a beaucoup plus de potentiel. Les tentatives de clonage chez les Végétaux montrent qu'une cellule individuelle de carotte peut générer tous les tissus d'un plant adulte. Ce n'est pas le cas d'une cellule musculaire, qui restera toujours une cellule musculaire à cause de son programme génétique (elle exprime le gène *myoD*, qui assure une différenciation continue). La cellule musculaire se comporte comme les autres cellules animales complètement différenciées: elle reste en permanence dans cet état de différenciation complète, à moins d'être reprogrammée en cellule SPi à l'aide des nouvelles techniques décrites ici. (Ce qui, par ailleurs, serait très difficile à accomplir parce qu'une cellule musculaire possède de nombreux noyaux.)

Retour sur le concept 20.4

1. Les cellules souches continuent de se reproduire spontanément.
2. La résistance aux herbicides, la résistance aux ravageurs, la résistance à la maladie, la résistance à la salinité et le retard de la maturation.
3. L'hépatite A étant causée par un virus à ARN, vous pourriez isoler l'ARN du sang et essayer de détecter des copies de l'ARN de l'hépatite A par l'une des trois méthodes suivantes. Premièrement, vous pourriez appliquer l'ARN sur un gel puis faire un buvardage de Northern à l'aide de sondes complémentaires aux séquences du génome de l'hépatite A. Une deuxième stratégie consisterait à utiliser la transcriptase inverse pour produire l'ADNc à partir de l'ARN dans le sang, puis à appliquer l'ADNc sur un gel et faire un buvardage de Southern à l'aide de la même sonde. Cependant, ni l'une ni l'autre de ces méthode ne serait aussi sensible que la RT-PCR, grâce à laquelle vous pourriez effectuer la traduction inverse de l'ARN du sang en ADNc. Il faudrait ensuite utiliser l'ACP pour amplifier l'ADNc, à l'aide d'amorces spécifiques des séquences de l'hépatite A. Si vous appliquez alors les produits sur un gel d'électrophorèse, la présence d'une bande confirmerait votre hypothèse.

Questions du résumé des concepts clés

20.1 Pour obtenir un clone cellulaire contenant un plasmide recombiné, on commence par s'assurer que le vecteur plasmidique choisi et que la source d'ADN étranger à cloner sont tous les deux coupés par la même enzyme de restriction afin de générer des fragments de restriction avec des extrémités cohésives. Ces fragments sont mélangés, liés, puis réinsérés dans des cellules bactériennes qu'on laisse croître dans un milieu de culture contenant de l'ampicilline, un antibiotique. Comme le plasmide utilisé contient deux gènes, il est possible de sélectionner les clones recombinés. Le premier est un gène déterminant la résistance à l'ampicilline, qui permet seulement la croissance des cellules qui ont absorbé un plasmide. Le deuxième est un gène codant pour la β-galactosidase. Si le gène est intact, cette enzyme génère un produit bleu dans le milieu de culture. Comme le site de clonage est situé dans le gène, seules les colonies non recombinées seront bleues. Les plasmides recombinés se trouveront donc dans les cellules des colonies blanches. **20.2** De nombreuses techniques utilisées pour l'analyse des gènes et leur expression mettent en jeu l'hybridation des acides nucléiques: les buvardages de Southern et de Northern, le séquençage de l'ADN, l'ACP, l'hybridation *in situ* et l'analyse des microréseaux à ADN. L'appariement de bases entre les deux brins d'une molécule d'ADN ou entre un brin d'ADN et un brin d'ARN constitue la clé qui permet de trouver des séquences spécifiques d'acides nucléiques dans toutes ces techniques. **20.3** Le clonage d'une souris nécessite la transplantation d'un noyau d'une cellule différenciée de souris dans un ovocyte de deuxième ordre énucléé provenant d'une autre souris. Il faut ensuite féconder l'ovocyte de deuxième ordre et favoriser son développement en un embryon. Celui-ci est alors transplanté chez une mère porteuse. Le souriceau est génétiquement identique à la souris qui a donné le noyau. Dans ce cas, le noyau différencié a été reprogrammé sous l'influence de facteurs dans le cytoplasme de l'ovocyte. Les cellules SE de la souris étant générées par les cellules internes dans les blastocystes, les cellules sont «naturellement» reprogrammées par les processus de reproduction et de développement. (Les embryons de souris clonés peuvent également être utilisés comme sources de cellules SE.) On peut produire des cellules SPi sans utiliser d'embryons, car des cellules différenciées de souris adulte peuvent se transformer en cellules souches. Il faut toutefois ajouter certains facteurs de transcription dans la cellule afin de reprogrammer les cellules pour qu'elles acquièrent leur pluripotence. **20.4** Premièrement, la maladie doit être causée par un seul gène, et il faut posséder une bonne connaissance de la base moléculaire du problème. Deuxièmement, les cellules que l'on veut introduire chez le patient doivent être capables de s'insérer dans les tissus de l'organisme et de poursuivre leur multiplication une fois en place (et fournir le produit génique nécessaire). Troisièmement, il faut s'assurer que le gène sera inséré dans les cellules en question de façon sécuritaire, car certains patients ont souffert de cancers à l'issue de plusieurs essais de thérapie génique. (Notez que cela exige de tester la méthode chez des souris; de plus, on ne comprend pas encore très bien la nature des facteurs déterminant si un vecteur est sécuritaire ou non. Peut-être qu'un d'entre vous pourra résoudre ce problème!)

ÉVALUATION

1. b; **2.** c; **3.** b; **4.** c; **5.** d; **6.** b; **7.** a; **8.** c;
9.

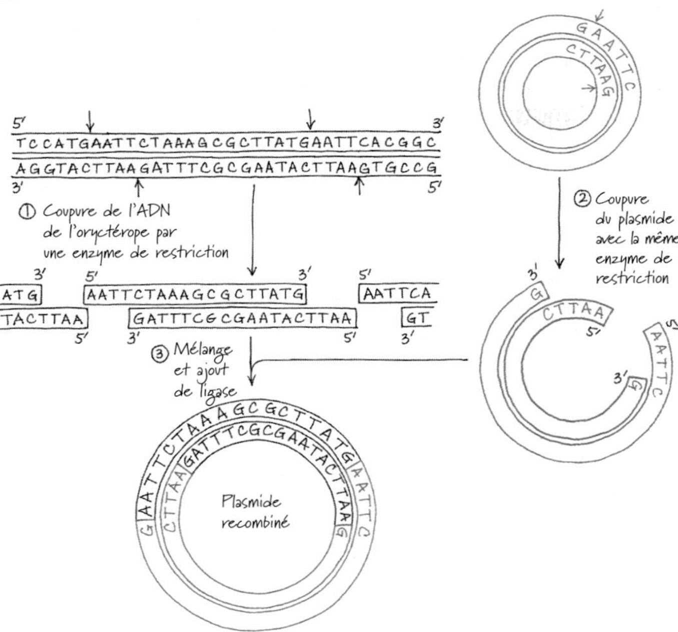

10. Il faut préparer une banque d'ADNc que l'on constituera à l'aide d'ARNm issu de cellules du cristallin humain; on s'attendrait à ce qu'elles contiennent de nombreuses copies d'ARNm pour la cristalline recherchée.

21

Les génomes et leur évolution

▲ **Figure 21.1** **Quelles informations génomiques distinguent l'être humain du chimpanzé ?**

CONCEPTS CLÉS

21.1 De nouvelles approches ont accéléré la cadence du séquençage des génomes

21.2 Les scientifiques utilisent la bio-informatique pour analyser les génomes et leurs fonctions

21.3 La taille, le nombre de gènes et la densité génique des génomes varient

21.4 Les Eucaryotes multicellulaires possèdent beaucoup d'ADN non codant et de nombreuses familles multigènes

21.5 Les duplications, les réarrangements et les mutations de l'ADN contribuent à l'évolution du génome

21.6 La comparaison des séquences génomiques fournit des indices sur l'évolution et le développement

INTRODUCTION

Lire dans les feuilles de l'arbre de la vie

Dans l'arbre de la vie, le chimpanzé (*Pan troglodytes*) est notre plus proche parent vivant. Le garçon à la **figure 21.1** et son compagnon, le chimpanzé, observent attentivement la même feuille, mais un seul des deux est en mesure d'en parler. Comment expliquer cette différence entre deux Primates qui partagent une si grande part de leur histoire évolutive ? Avec l'avènement des techniques récentes qui nous permettent de séquencer rapidement des génomes entiers, nous pouvons tenter de répondre à des questions aussi fascinantes que celle-ci sous l'angle de leurs fondements génétiques.

Le génome du chimpanzé a été séquencé en 2005, deux ans après la publication de la séquence largement complétée du génome humain. Maintenant qu'il est possible de comparer base par base notre génome avec celui du chimpanzé, il devient possible de s'attaquer à une question plus générale : quelles différences dans les informations génétiques rendent compte des caractéristiques distinctes de ces deux espèces de Primates ?

En plus d'avoir déterminé les séquences des génomes de l'humain et du chimpanzé, les chercheurs ont décodé les séquences génomiques complètes d'*E. coli* et celles d'un grand nombre d'autres Procaryotes, ainsi que de nombreux Eucaryotes, dont *Zea mays* (maïs), *Drosophila melanogaster* (mouche du vinaigre), *Mus musculus* (souris commune) et *Macaca mulatta* (macaque rhésus). En 2010, des chercheurs ont publié une séquence brute du génome d'*Homo neanderthalensis*, une espèce disparue étroitement liée aux humains modernes. En plus d'être intéressants en eux-mêmes, ces génomes entiers et partiels nous fournissent également des renseignements précieux sur l'évolution et sur d'autres processus biologiques. En étendant la comparaison humain-chimpanzé aux génomes d'autres Primates et d'Animaux plus éloignés, on arrivera sûrement à connaître les séries de gènes responsables des caractéristiques qui définissent un groupe donné. Au-delà de cet exercice, les comparaisons avec les génomes des Bactéries, des Archées, des Eumycètes, des Protistes et des Végétaux devraient nous éclairer sur la longue histoire évolutive de gènes anciens partagés et de leurs produits.

Maintenant que les séquences de génomes entiers sont connues, les scientifiques peuvent étudier des ensembles complets de gènes et leurs interactions grâce à la **génomique**. Les travaux de séquençage qui alimentent cette approche ont généré d'énormes volumes de données, et ils continuent aujourd'hui sur cette lancée. Le besoin de traiter ce déluge d'informations toujours croissant a donné le jour à la **bio-informatique**, un domaine de l'informatique qui met ses méthodes de calcul au service de l'organisation et de l'analyse de données biologiques.

Nous commencerons le présent chapitre en examinant deux approches de séquençage du génome et certains progrès accomplis en bio-informatique ainsi que les applications que permet cette discipline. Puis nous résumerons ce que nous ont appris les génomes séquencés jusqu'à maintenant. Ensuite, nous décrirons la composition du génome humain comme un génome représentatif d'un Eucaryote multicellulaire complexe.

Enfin, nous étudierons les hypothèses actuelles qui nous aident à saisir comment sont apparus les génomes et comment l'évolution des mécanismes de développement a pu engendrer la grande diversité de la vie sur Terre aujourd'hui.

CONCEPT **21.1**

De nouvelles approches ont accéléré la cadence du séquençage des génomes

Le séquençage du génome humain, connu sous le nom de **Projet génome humain**, est un ambitieux projet de recherche. Il a été lancé officiellement en 1990 sous l'égide d'un consortium international financé par le secteur public et réunissant des scientifiques œuvrant dans des universités et des instituts de recherche. Ce projet a entraîné la création de 20 grands centres de séquençage répartis dans 6 pays, en plus d'une quantité d'autres laboratoires travaillant sur de petits projets.

Alors que le séquençage du génome humain était presque terminé, en 2003, la séquence de chaque chromosome a été analysée avec soin et décrite dans une série de publications, dont la dernière, publiée en 2006, portait sur le chromosome 1. Forts de ces améliorations, les chercheurs ont qualifié le séquençage de «pratiquement terminé». Pour en arriver là, le projet a suivi trois étapes qui ont permis de recueillir de plus en plus de détails sur le génome humain: la cartographie de liaison génétique, la cartographie physique et le séquençage de l'ADN.

Une approche en trois étapes pour séquencer un génome

Même avant le début du Projet génome humain, les premières recherches avaient donné une image approximative de la structure des génomes d'un grand nombre d'organismes. Par exemple, le caryotype de nombreuses espèces a révélé les nombres de chromosomes et leurs motifs de bandes (voir la figure 13.3, p. 284). En outre, on avait déjà réussi à repérer quelques gènes sur une région particulière d'un chromosome au moyen de l'hybridation *in situ* en fluorescence (en anglais FISH, pour *fluorescence* in situ *hybridization*). Au cours de cette technique, des sondes d'acides nucléiques portant un marqueur fluorescent s'hybrident avec un réseau immobilisé de chromosomes entiers (voir la figure 15.1, p. 329). Les cartes chromosomiques fondées sur ce type d'information ont fourni le point de départ d'une cartographie plus détaillée du génome humain.

À partir de ces cartes chromosomiques, la première étape du séquençage du génome humain de grande taille a consisté à construire une **carte de liaison génétique** (un type de carte génétique; voir la figure 15.11, p. 340) de plusieurs milliers de marqueurs génétiques espacés sur les chromosomes (**figure 21.2**, étape ❶). Cette carte permet d'établir l'ordre des marqueurs et leurs distances relatives à partir des fréquences de recombinaison. Les marqueurs peuvent être des gènes ou toute autre séquence d'ADN identifiable, comme un PTFR ou les répétitions courtes en tandem (STR), dont il a été question au chapitre 20. Dès 1992, les chercheurs ont établi une carte de liaison génétique du génome humain comportant environ 5 000 marqueurs. Avec cette carte, ils ont pu repérer les

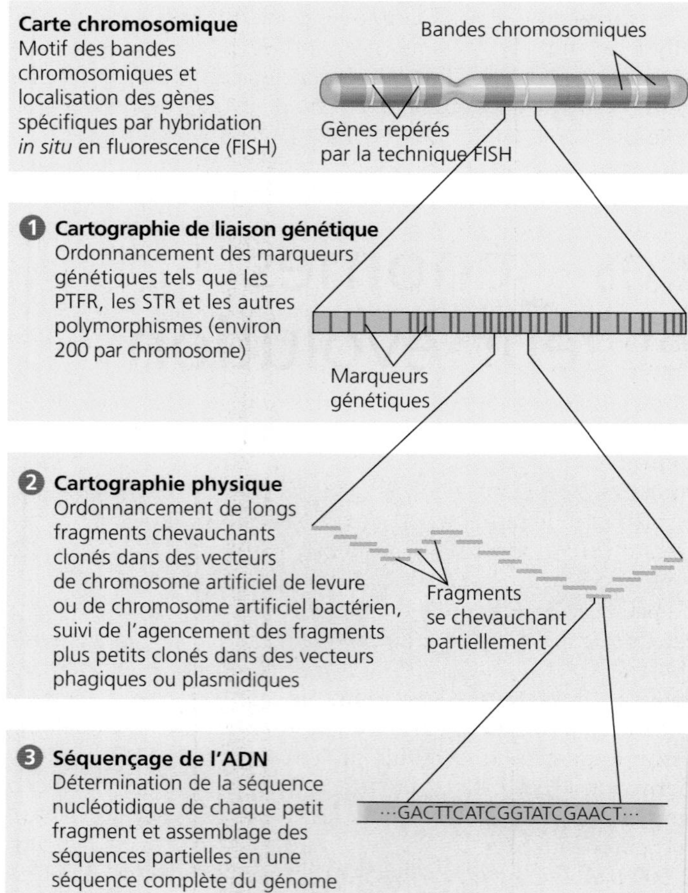

Carte chromosomique
Motif des bandes chromosomiques et localisation des gènes spécifiques par hybridation in situ en fluorescence (FISH)
Bandes chromosomiques
Gènes repérés par la technique FISH
❶ Cartographie de liaison génétique
Ordonnancement des marqueurs génétiques tels que les PTFR, les STR et les autres polymorphismes (environ 200 par chromosome)
Marqueurs génétiques
❷ Cartographie physique
Ordonnancement de longs fragments chevauchants clonés dans des vecteurs de chromosome artificiel de levure ou de chromosome artificiel bactérien, suivi de l'agencement des fragments plus petits clonés dans des vecteurs phagiques ou plasmidiques
Fragments se chevauchant partiellement
❸ Séquençage de l'ADN
Détermination de la séquence nucléotidique de chaque petit fragment et assemblage des séquences partielles en une séquence complète du génome
···GACTTCATCGGTATCGAACT···

▲ **Figure 21.2 L'approche en trois étapes pour séquencer un génome entier.** Les chercheurs du Projet génome humain ont commencé leur travail en s'aidant d'une carte chromosomique de chaque chromosome. Ils ont eu recours à une méthode en trois étapes qui leur a permis d'atteindre le but, c'est-à-dire obtenir la séquence nucléotidique presque complète de chaque chromosome.

autres marqueurs, y compris les gènes, en mesurant le degré de liaison génétique avec les marqueurs connus. La carte de liaison génétique constitue également un cadre de travail précieux pour la préparation de cartes plus détaillées de certaines régions. Nous avons déjà vu au chapitre 15, cependant, que les distances absolues entre les gènes ne peuvent être déterminées à l'aide de cette approche.

L'étape suivante a consisté à dresser la **carte physique** du génome humain. Sur ce type de carte, les distances entre les marqueurs sont exprimées en fonction d'une grandeur physique, généralement le nombre de paires de bases (pb) d'ADN. Pour cartographier l'ensemble du génome, on trace une carte physique en découpant l'ADN de chacun des chromosomes en un certain nombre de fragments de restriction, puis on détermine l'ordre dans lequel ceux-ci se trouvaient sur l'ADN du chromosome. Il est essentiel de produire des fragments qui se recouvrent partiellement, puis de trouver les zones de recouvrement à l'aide de sondes ou grâce au séquençage nucléotidique automatisé des extrémités (figure 21.2, étape ❷). De cette façon, on peut assigner des fragments à un ordre séquentiel qui correspond à cet ordre dans un chromosome.

Les fragments d'ADN employés pour établir la cartographie physique ont été préparés par clonage de l'ADN. Avec des génomes de grande taille, les chercheurs ont dû effectuer plusieurs cycles de découpage de l'ADN, de clonage et de cartographie physique. Le premier vecteur de clonage est souvent un chromosome artificiel de levure, dans lequel on peut insérer des fragments longs d'un million de paires de bases, ou encore un chromosome artificiel bactérien capable de contenir de 100 000 à 300 000 paires de bases. Après avoir déterminé l'ordre de ces longs fragments, on découpe chacun d'eux en des segments plus petits, que l'on clone dans un plasmide ou dans un phage; ensuite, on met ces petits fragments en ordre et on les séquence.

Le but ultime de la cartographie d'un génome est de déterminer la séquence nucléotidique complète de chaque chromosome (voir la figure 21.2, étape ❸). Pour le génome humain, cette étape a été réalisée grâce à des séquenceurs, par la méthode de terminaison de chaîne par un didésoxyribonucléotide (méthode didésoxy, en abrégé) décrite à la figure 20.12. Même lorsqu'il est automatisé, le séquençage des 3 milliards de paires de bases d'un jeu haploïde de chromosomes humains représente une tâche monumentale. Parmi les événements qui ont eu un effet décisif sur le Projet génome humain, la mise au point d'une technique de séquençage plus rapide constitue un fait marquant. Au cours des années, les améliorations apportées ont réduit la longueur de chaque étape, permettant d'accélérer la vitesse de séquençage de façon impressionnante. Alors qu'au cours des années 1990 un laboratoire productif arrivait à séquencer quotidiennement 1 000 paires de bases, en l'an 2000, chaque centre de recherche qui travaillait au Projet génome humain séquençait 1 000 paires de bases *à la seconde*, 24 heures par jour, 7 jours par semaine. De telles méthodes, qui peuvent analyser du matériel biologique très rapidement et produire d'énormes volumes de données, sont dites «à haut débit». Les séquenceurs sont un exemple d'appareils à haut débit.

Dans la pratique, les trois étapes illustrées à la figure 21.2 se recoupent, ce que le schéma ne montre pas; mais elles constituent encore la stratégie globale du consortium public de recherche. Au cours du projet, cependant, une autre stratégie de séquençage de génomes est apparue; elle était extrêmement efficace et elle a été largement adoptée.

Le séquençage en aveugle sur l'ensemble du génome

En 1992, encouragé par les progrès réalisés dans le domaine des séquenceurs et de l'informatique, le biologiste moléculaire J. Craig Venter a proposé une autre stratégie de séquençage de génomes entiers. Cette technique, appelée *approche de séquençage en aveugle sur l'ensemble du génome*, saute les étapes de la cartographie de liaison génétique et de la cartographie physique et passe directement au séquençage de fragments d'ADN pris au hasard. Ensuite, les très nombreuses courtes séquences déchiffrées, qui se recouvrent partiellement, sont analysées par de puissants programmes informatiques qui reconstituent la séquence complète (**figure 21.3**). En 1998, malgré le scepticisme de beaucoup de scientifiques, Venter fonde une société (Celera Genomics) et déclare qu'il a pour objectif d'établir le séquençage complet du génome humain. Cinq ans plus tard, et 13 ans après le début du Projet génome humain, Celera Genomics et le consortium public annoncent conjointement qu'ils sont sur le point d'achever le séquençage du génome humain.

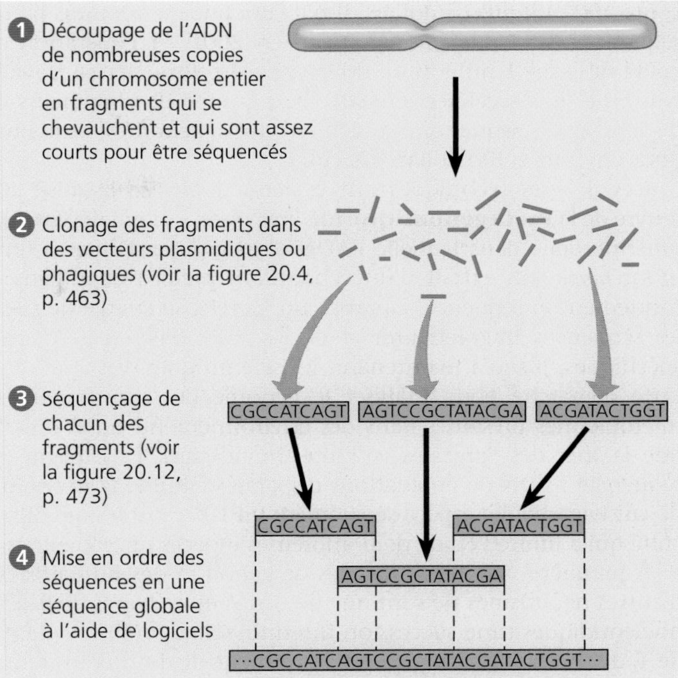

❶ Découpage de l'ADN de nombreuses copies d'un chromosome entier en fragments qui se chevauchent et qui sont assez courts pour être séquencés
❷ Clonage des fragments dans des vecteurs plasmidiques ou phagiques (voir la figure 20.4, p. 463)
❸ Séquençage de chacun des fragments (voir la figure 20.12, p. 473)
CGCCATCAGT
AGTCCGCTATACGA
ACGATACTGGT
❹ Mise en ordre des séquences en une séquence globale à l'aide de logiciels
CGCCATCAGT
ACGATACTGGT
AGTCCGCTATACGA
…CGCCATCAGTCCGCTATACGATACTGGT…

▲ **Figure 21.3 Le séquençage en aveugle sur l'ensemble du génome.** La technique conçue par Craig Venter et ses collègues de Celera Genomics consiste à séquencer des fragments d'ADN aléatoires et à les classer les uns par rapport aux autres. Comparez cette approche avec l'approche hiérarchisée en trois étapes illustrée à la figure 21.2.

? *Les fragments à l'étape 2 de la figure ci-haut semblent éparpillés, alors que ceux de l'étape 2 de la figure 21.2 sont placés de façon beaucoup plus ordonnée. Comment ces deux représentations correspondent-elles aux deux approches?*

Les porte-parole du consortium public ont souligné le fait que le projet réalisé par Celera Genomics avait largement bénéficié des cartes et des séquences mises au point par le consortium et que l'infrastructure établie par leur approche constituait une énorme contribution aux efforts de Celera. De son côté, Venter a fait valoir l'efficacité et l'économie des techniques de Celera et, bien sûr, que le consortium en avait fait usage. Manifestement, les deux approches ont donné des résultats d'une grande valeur.

Aujourd'hui, l'approche de séquençage en aveugle sur l'ensemble du génome est largement utilisée. En outre, la mise au point de nouvelles techniques de séquençage, généralement appelées *séquençage par synthèse* (voir le chapitre 20), a permis des gains massifs de vitesse et des diminutions de coût du séquençage de génomes entiers. Dans ces nouvelles techniques, un grand nombre de fragments minuscules (moins de 100 paires de bases) sont séquencés simultanément, et des logiciels assemblent rapidement la séquence complète. En raison de la précision de ces méthodes, il est possible de séquencer les fragments directement, c'est-à-dire sans passer par l'étape du clonage (étape ❷ de la figure 21.3). Alors que le séquençage du premier génome humain a pris 13 ans et a coûté 100 millions de dollars, il n'a fallu que quatre mois pour séquencer celui de James Watson, en 2007, et l'opération a coûté environ 1 million de dollars. Et le rythme de ce travail continue de s'accélérer: en 2010, un groupe de chercheurs a déclaré avoir séquencé rapidement trois génomes humains pour environ 4 400 dollars chacun !

Ces progrès techniques ont également facilité la mise en œuvre de la **métagénomique** (du grec *meta*, « ce qui dépasse »), une approche dans laquelle l'ADN d'un groupe d'espèces (un *métagénome*) est extrait d'un échantillon prélevé dans l'environnement et séquencé. Là aussi, un logiciel se charge de trier les séquences fragmentaires et de les assembler en génomes spécifiques. Jusqu'à maintenant, les scientifiques ont appliqué cette démarche pour analyser le génome des communautés microbiennes présentes dans des environnements aussi divers que la mer des Sargasses et l'intestin humain. La capacité à séquencer l'ADN de populations disparates élimine la nécessité de cultiver chaque espèce séparément en laboratoire, une difficulté qui a limité l'étude de nombreuses espèces microbiennes.

À première vue, les séquences de génomes des humains et d'autres organismes ne sont que des listes monotones de bases nucléotidiques (une succession interminable de millions de A, de T, de C et de G) auxquelles il est difficile de donner un sens. Heureusement, la mise au point de nouvelles méthodes d'analyse, que nous décrivons dans la prochaine section, permet de décrypter cette quantité phénoménale de données.

RETOUR SUR LE CONCEPT 21.1

1. Quelle est la principale différence entre une carte de liaison génétique et une carte physique d'un chromosome ?
2. En général, en quoi la stratégie appliquée par le Projet génome humain pour cartographier le génome se distingue-t-elle de celle de l'approche en aveugle ?

Voir les réponses proposées à la fin du chapitre.

CONCEPT 21.2

Les scientifiques utilisent la bio-informatique pour analyser les génomes et leurs fonctions

Jour après jour, chacun des quelque 20 centres de séquençage travaillant au Projet génome humain a produit quotidiennement un nombre considérable de séquences d'ADN. Devant cette accumulation de données, il est devenu rapidement nécessaire de coordonner les travaux afin d'être en mesure de suivre toutes les séquences. Aussi, les chercheurs et les responsables gouvernementaux engagés dans le Projet génome humain se sont-ils donné pour objectif d'établir des banques de données, ou bases de données, et de perfectionner des logiciels. Ces outils informatiques ont alors été centralisés et mis à la disposition des chercheurs par le biais d'Internet. Le fait que tous les chercheurs dans le monde puissent disposer de ces ressources bio-informatiques a permis une importante accélération de l'analyse des séquences d'ADN et une diffusion beaucoup plus rapide des informations.

La centralisation des ressources pour l'analyse des séquences génomiques

Les organismes financés par les fonds publics ont accompli leur mandat d'élaborer des bases de données et de fournir des logiciels avec lesquels les scientifiques peuvent analyser les données de séquences. Par exemple, aux États-Unis, des activités concertées entre la National Library of Medicine et les National Institutes of Health (NIH) ont créé le National Center for Biotechnology Information (NCBI), qui héberge un site Web (www.ncbi.nlm.nih.gov) comportant d'importantes ressources bio-informatiques. Ce site propose des liens vers des bases de données, des logiciels et quantité d'informations sur la génomique et des sujets connexes. Des sites Web semblables ont également été établis par le Laboratoire européen de biologie moléculaire, par la Banque de données génétiques du Japon et par le BGI (autrefois appelé Beijing Genome Institute) à Shenzhen, en Chine. Ces trois centres génomiques entretiennent des liens avec le NCBI. D'autres sites Web hébergés par des individus ou des petits groupes de laboratoires s'ajoutent à ces sites de très grande taille. Des sites plus petits fournissent souvent des bases de données et des logiciels conçus pour des fins plus restreintes, comme l'étude des modifications génétiques et génomiques dans un type particulier de cancer.

La base de données des séquences du NCBI est appelée GenBank. En mai 2010, elle comprenait les séquences de 119 millions de fragments d'ADN génomique, pour un total de 114 milliards de paires de bases ! GenBank est constamment mise à jour, et on estime que la quantité de données qu'elle contient double approximativement tous les 18 mois. Toute séquence dans la banque peut être extraite et analysée à l'aide de logiciels disponibles sur le site Web du NCBI ou ailleurs.

Un des programmes informatiques accessibles sur le site du NCBI, appelé BLAST, permet au visiteur de comparer une séquence d'ADN avec chaque séquence dans la GenBank, base par base, pour repérer des régions similaires. Un autre logiciel permet de comparer des séquences prédites de protéines. Et un troisième peut chercher n'importe quelle séquence de polypeptides afin de trouver des segments communs d'acides aminés (domaines) susceptibles de remplir une fonction particulière ; de plus, ce logiciel peut afficher un modèle tridimensionnel du domaine en question ainsi que d'autres informations pertinentes (**figure 21.4**). Il existe même un programme informatique capable de comparer une collection de séquences, soit d'acides nucléiques, soit de polypeptides, et de les schématiser sous la forme d'un arbre évolutif basé sur les relations entre les séquences. (La figure 21.16 présente un tel schéma.)

Deux instituts de recherche, l'University Rutgers et l'University of California à San Diego, hébergent pour leur part la Worlwide Protein Data Bank, une base de données renfermant toutes les structures tridimensionnelles des protéines qui ont été déterminées. On peut consulter cette base de données à l'adresse www.wwpdb.org. Il est possible de faire pivoter les structures afin d'observer une protéine sous tous les angles.

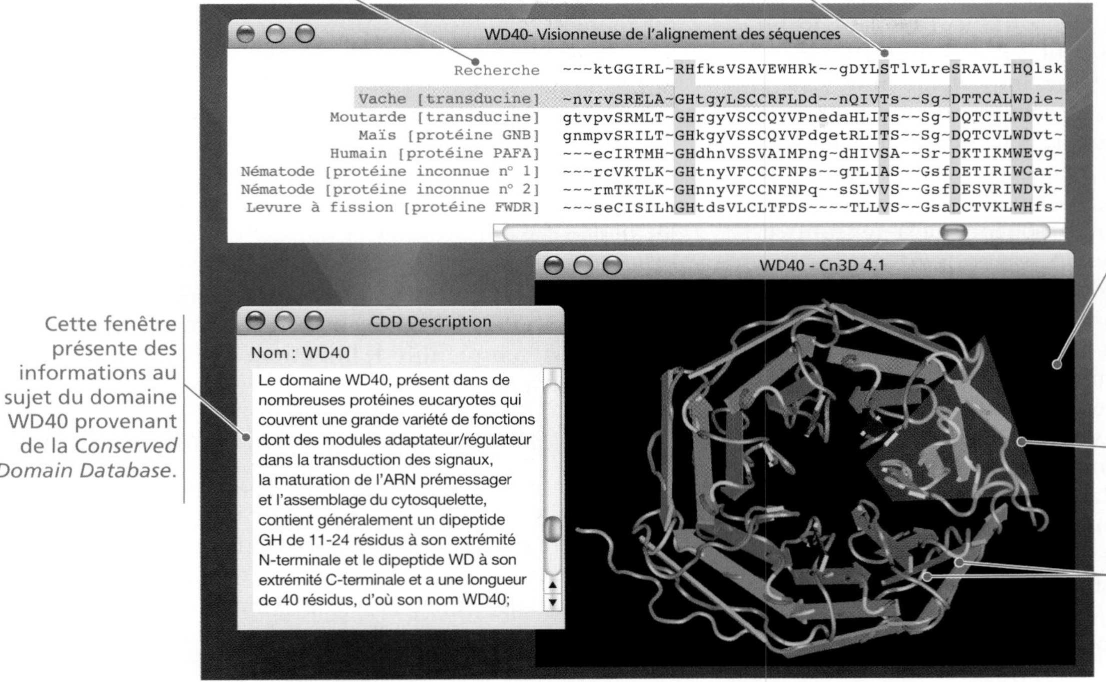
Dans cette fenêtre, une séquence partielle d'acides aminés provenant d'une protéine inconnue de melon brodé (« Recherche », « Query » en anglais) est mise en correspondance avec les séquences similaires d'autres protéines trouvées par le programme informatique. Chaque séquence représente un domaine appelé WD40.
Quatre empreintes caractéristiques du domaine WD40 sont mises en évidence en jaune. (La similarité des séquences est basée sur les aspects chimiques des acides aminés, de sorte que les acides aminés dans la région des empreintes caractéristiques ne sont pas toujours identiques.)
WD40- Visionneuse de l'alignement des séquences
Recherche ~~~ktGGIRL~RHfksVSAVEWHRk~~gDYLSTlvLreSRAVLIHQlsk
Vache [transducine] ~nvrvSRELA~GHtgyLSCCRFLDd~~nQIVTs~~Sg~DTTCALWDie~
Moutarde [transducine] gtvpvSRMLT~GHrgyVSCCQYVPnedaHLITs~~Sg~DQTCILWDvtt
Maïs [protéine GNB] gnmpvSRILT~GHkgyVSSCQYVPdgetRLITS~~Sg~DQTCVLWDvt~
Humain [protéine PAFA] ~~~ecIRTMH~GHdhnVSSVAIMPng~dHIVSA~~Sr~DKTIKMWEvg~
Nématode [protéine inconnue n° 1] ~~~rcVKTLK~GHtnyVFCCCFNPs~~gTLIAS~~GsfDETIRIWCar~
Nématode [protéine inconnue n° 2] ~~~rmTKTLK~GHnnyVFCCNFNPq~~sSLVVS~~GsfDESVRIWDvk~
Levure à fission [protéine FWDR] ~~~seCISILhGHtdsVLCLTFDS~~~~TLLVS~~GsaDCTVKLWHfs~
WD40 - Cn3D 4.1
CDD Description
Nom : WD40
Le domaine WD40, présent dans de nombreuses protéines eucaryotes qui couvrent une grande variété de fonctions dont des modules adaptateur/régulateur dans la transduction des signaux, la maturation de l'ARN prémessager et l'assemblage du cytosquelette, contient généralement un dipeptide GH de 11-24 résidus à son extrémité N-terminale et le dipeptide WD à son extrémité C-terminale et a une longueur de 40 résidus, d'où son nom WD40;
Cette fenêtre présente des informations au sujet du domaine WD40 provenant de la *Conserved Domain Database*.
Le programme Cn3D présente un modèle en ruban tridimensionnel de la transducine de vache (la protéine mise en évidence en violet dans la fenêtre « Visionneuse de l'alignement des séquences », « Sequence Alignment Viewer » en anglais). Cette protéine est la seule parmi celles qui sont illustrées dont la structure a été déterminée. La similarité des séquences des autres protéines et de celle de la transducine de vache semble indiquer que leurs structures sont probablement semblables.
La transducine de vache contient sept domaines WD40, dont l'un est mis en évidence en gris.
Les segments en jaune correspondent aux motifs caractéristiques de WD40 mis en évidence en jaune dans la fenêtre au-dessus.

▲ **Figure 21.4 Les outils bio-informatiques accessibles dans Internet.** Un site Web administré par le National Center for Biotechnology Information permet aux scientifiques et au public d'accéder aux séquences d'ADN et de protéines et à d'autres données stockées. Le site comprend un lien à une base de données sur les structures de protéines (Conserved Domain Database, CDD) qui peut trouver et décrire des domaines similaires dans des protéines apparentées ; il comprend également un logiciel (Cn3D, en anglais, *See in 3D*) qui présente des modèles tridimensionnels de domaines dont la structure a été déterminée. Cette figure montre certains résultats obtenus lors de la recherche de régions de protéines similaires à une séquence d'acides aminés présente dans une protéine de melon brodé, *Cucumis melo var reticulatus* (plus connu sous le nom de cantaloup).

Il existe une foule de ressources accessibles aux chercheurs dans le monde entier. Penchons-nous maintenant sur les types de questions que les scientifiques peuvent essayer de résoudre à l'aide de ces ressources.

L'identification des gènes codant pour des protéines et la compréhension de leurs fonctions

À l'aide des séquences d'ADN disponibles, les généticiens peuvent étudier les gènes directement sans avoir à inférer le génotype du phénotype, comme on doit le faire en génétique classique. Mais cette approche, appelée *génétique inverse*, pose un nouveau défi, car il faut déterminer le phénotype à partir du génotype. À partir d'une longue séquence d'ADN fournie par une base de données comme GenBank, l'objectif des scientifiques consiste à identifier tous les gènes qui codent pour des protéines dans la séquence et, finalement, à déterminer leurs fonctions. Ce processus est appelé **annotation d'un gène**.

Par le passé, l'annotation d'un gène était réalisée péniblement par des scientifiques qui s'intéressaient personnellement à des gènes particuliers, mais le processus est maintenant largement automatisé. La démarche habituelle consiste à se servir de logiciels pour parcourir les séquences stockées et rechercher celles qui sont associées aux signaux de départ et d'arrêt de la transcription et de la traduction, ainsi qu'aux sites d'épissage de l'ARN ; il est également possible de trouver d'autres indices de la présence de gènes codant pour des protéines. Ces logiciels permettent également de repérer certaines courtes séquences qui codent pour des ARNm connus. Des milliers de séquences de ce type, appelées *étiquettes de séquences exprimées* (ou EST, pour *expressed sequences tags*), ont été collectées à partir de séquences d'ADNc et sont actuellement répertoriées dans des bases de données informatisées. Ce type d'analyse détermine les séquences qui pourraient correspondre à des gènes codant pour des protéines auparavant inconnus.

Avant le début du Projet génome humain, on avait déjà identifié près de la moitié des gènes humains. Mais qu'en est-il de ceux qu'on ne connaissait pas encore et que l'analyse des séquences d'ADN a révélés ? On obtient des indices de leur identité et de leurs fonctions en comparant des séquences nucléotidiques susceptibles d'être des gènes avec des gènes connus provenant d'autres organismes, à l'aide du logiciel décrit précédemment. En raison des redondances du code génétique, la séquence de l'ADN elle-même peut varier plus que la séquence de la protéine. Par conséquent, les scientifiques qui analysent les protéines comparent souvent la séquence prédite des acides aminés d'une protéine avec celle d'autres protéines.

Parfois, une séquence nouvellement décodée correspond, du moins en partie, à la séquence d'un gène ou d'une protéine dont la fonction est déjà bien connue. Par exemple, un fragment d'un nouveau gène peut s'apparenter à un gène connu codant pour une protéine importante intervenant dans une voie de communication cellulaire, comme le fait la protéine kinase (voir le chapitre 11); les similitudes laissent alors supposer que le nouveau gène code aussi pour cette protéine. Il est également possible que la séquence du nouveau gène soit semblable à une séquence déjà rencontrée, mais dont la fonction est encore inconnue. Il arrive aussi que la séquence soit entièrement différente de tout ce qui a été vu auparavant. C'est ce qui s'est avéré pour près du tiers des gènes d'*E. coli* lorsque son génome a été séquencé. Dans le dernier cas, on déduit habituellement la fonction de la protéine par le biais d'une série d'études biochimiques et fonctionnelles. La biochimie vise à déterminer la structure tridimensionnelle de la protéine, de même que d'autres propriétés, comme les sites de liaison potentiels avec d'autres molécules. Les études fonctionnelles portent habituellement sur le blocage ou l'inhibition du gène, afin de déterminer comment le phénotype est affecté. L'interférence par ARN (ARNi) décrite au chapitre 20 est un exemple de technique expérimentale utilisée pour bloquer la fonction d'un gène.

Pour comprendre les gènes et l'expression génique au niveau des systèmes

La capacité de traitement impressionnante des outils de la bio-informatique permet l'étude de jeux complets de gènes et de leurs interactions, de même que la comparaison des génomes provenant d'espèces différentes. La génomique est une extraordinaire source de nouveaux éclairages sur des questions fondamentales concernant l'organisation du génome, la régulation de l'expression génique, la croissance et le développement, et l'évolution.

Un projet de recherche appelé ENCODE (Encyclopedia of DNA Elements), lancé en 2003, a fait appel à une stratégie informationnelle, qui permettrait de collecter le maximum d'informations. Les chercheurs ont d'abord analysé en profondeur 1% du génome humain et ont tenté d'apprendre tout ce qu'ils pouvaient sur les éléments fonctionnels importants dans cette séquence. Ils ont cherché les gènes codant pour des protéines, les gènes pour les ARN non transcrits, ainsi que les séquences participant à la régulation de la réplication de l'ADN, de l'expression génique (comme les amplificateurs et les promoteurs) et des modifications de la chromatine. Le projet pilote s'est terminé en 2007, livrant de nombreuses informations. Une des découvertes les plus étonnantes (nous l'avons abordée au concept 18.3) est que plus de 90% de la région était transcrite en ARN, même si moins de 2% de cette région code pour des protéines. Le succès de cette approche a ouvert la voie à deux études complémentaires, l'une étendant l'analyse à l'ensemble du génome humain et l'autre analysant d'une façon similaire les génomes des deux organismes modèles, le nématode *Caenorhabditis elegans* et la mouche du vinaigre, *Drosophila melanogaster*. Étant donné qu'il est possible de réaliser des expériences de génétique et de biologie moléculaire sur ces espèces, les tests effectués sur les activités d'éléments d'ADN potentiellement fonctionnels dans leurs génomes révéleront beaucoup d'informations sur le mode de fonctionnement du génome humain.

Les succès enregistrés dans le domaine du séquençage des génomes et de l'étude d'ensembles de gènes ont incité les scientifiques à se lancer dans l'étude systématique de jeux complets de protéines (*protéomes*) codés par un génome. Ce nouveau domaine de recherche porte le nom de **protéomique**. Les protéines, et non les gènes qui les codent, sont les molécules qui assurent la plupart des diverses fonctions cellulaires. Il faut donc découvrir à quel moment et dans quels lieux elles sont produites dans un organisme et déterminer leurs modes d'action dans des systèmes biologiques, si l'on veut comprendre le fonctionnement des cellules et des organismes.

Comment sont étudiés les systèmes: un exemple

Grâce à la génomique et à la protéomique, les biologistes moléculaires sont en train d'acquérir une vision de plus en plus globale du monde vivant. À l'aide des outils que nous avons décrits, ils ont commencé à dresser des catalogues de gènes et de protéines, des listes complètes de «pièces de rechange» qui contribuent au fonctionnement des cellules, des tissus et des organismes. Grâce à ces catalogues, les chercheurs ont pu détourner leur attention des composantes individuelles pour se concentrer sur l'intégration fonctionnelle au sein des systèmes biologiques. Comme vous vous en souvenez, le premier chapitre du manuel examine cette approche de la biologie des systèmes, dont l'objectif est de représenter par modèles le comportement dynamique de systèmes biologiques entiers.

Une application importante de l'approche de la biologie des systèmes consiste à définir les circuits de gènes et les réseaux d'interactions entre les protéines. Afin de cartographier le réseau d'interactions protéiques chez la levure *Saccharomyces cerevisiae*, par exemple, les chercheurs ont utilisé des techniques perfectionnées pour neutraliser des paires de gènes, une paire à la fois, créant des cellules doublement mutantes. Ils ont ensuite comparé la compatibilité de chaque double mutant (basée en partie sur la taille de la colonie de cellules formée) à celle prédite à partir des compatibilités des deux mutants uniques. Les chercheurs ont conclu que si la compatibilité observée correspondait à la prédiction, alors il n'y avait pas d'interaction entre les produits des deux gènes. En revanche, si la compatibilité observée était supérieure ou inférieure à celle prédite, c'est qu'il y avait eu interaction dans la cellule entre les produits des gènes. À l'aide d'un logiciel, ils ont alors cartographié les gènes par rapport à la similitude de leurs interactions et ont représenté le tout sous forme d'une «carte fonctionnelle», comme celle que montre la **figure 21.5**. Il a fallu se servir d'ordinateurs puissants et faire appel à des outils mathématiques et des logiciels nouvellement mis au point pour arriver à traiter le grand nombre d'interactions protéine-protéine générées par cette expérience et à les intégrer dans la carte complétée.

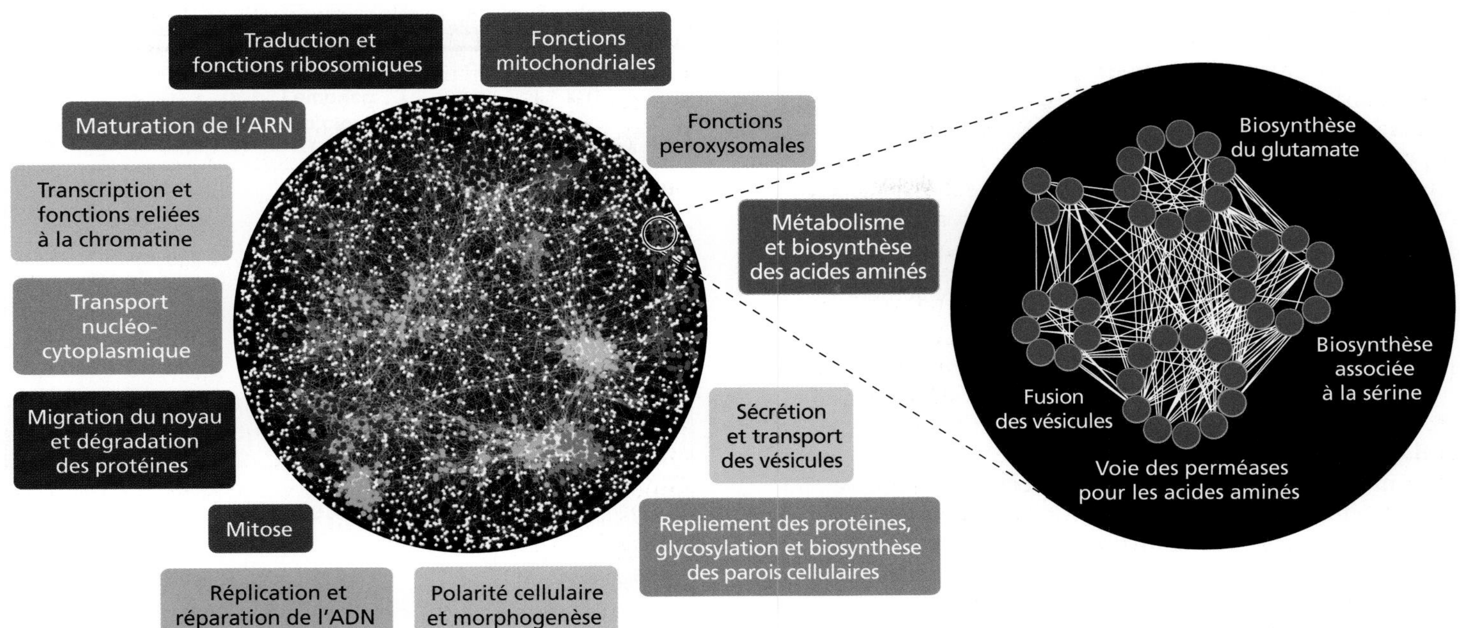

▲ **Figure 21.5 L'approche de la biologie des systèmes appliquée aux interactions protéiques.** Cette carte des interactions protéiques globales révèle les interactions probables (lignes) parmi environ 4 500 produits de gènes (cercles) chez la levure *Saccharomyces cerevisiae*. Les cercles de même couleur représentent les produits géniques intervenant dans l'une des 13 fonctions cellulaires mentionnées autour de la carte. L'agrandissement montre des détails supplémentaires d'une région de la carte où les produits géniques (cercles bleus) effectuent la biosynthèse, l'incorporation et les fonctions connexes des acides aminés.

L'approche de la biologie des systèmes a donc réellement été rendue possible grâce aux avancées de la technologie informatique et de la bio-informatique.

L'application de la biologie des systèmes à la médecine

Le projet Cancer Genome Atlas (Atlas génomique du cancer) est un autre exemple de la biologie des systèmes dans lequel on analyse simultanément un grand groupe de gènes et de produits de gènes en interaction. Réalisé sous la direction conjointe du National Cancer Institute et du NIH, ce projet vise à déterminer comment les modifications dans les systèmes biologiques causent le cancer. Un projet d'une durée de trois ans, lancé en 2007, avait pour but de découvrir toutes les mutations communes dans trois types de cancer (cancer du poumon, cancer de l'ovaire et glioblastome du cerveau) en comparant les séquences des gènes et les modes d'expression génique dans les cellules cancéreuses avec ceux des cellules normales. Les travaux sur le glioblastome ont confirmé le rôle de plusieurs gènes soupçonnés et ont permis d'en isoler quelques-uns jusqu'alors inconnus, révélant de nouvelles cibles possibles pour des thérapies. La stratégie s'est avérée si fructueuse pour ces trois types de cancer qu'elle a été étendue à dix autres types, choisis parce qu'ils sont répandus et souvent mortels chez les humains.

La biologie des systèmes possède un potentiel formidable en médecine humaine, que l'on ne fait que commencer à explorer. Des « puces » de silicium et de verre contenant un microréseau de la plupart des gènes humains connus ont été mises au point (**figure 21.6**). Ces puces sont utilisées pour analyser les modes d'expression génique chez les patients qui souffrent de divers cancers et d'autres maladies, avec l'objectif éventuel d'adapter leur traitement à leur profil génétique unique et aux données particulières de leur cancer. Cette approche a obtenu des succès modestes en caractérisant des sous-ensembles de plusieurs cancers.

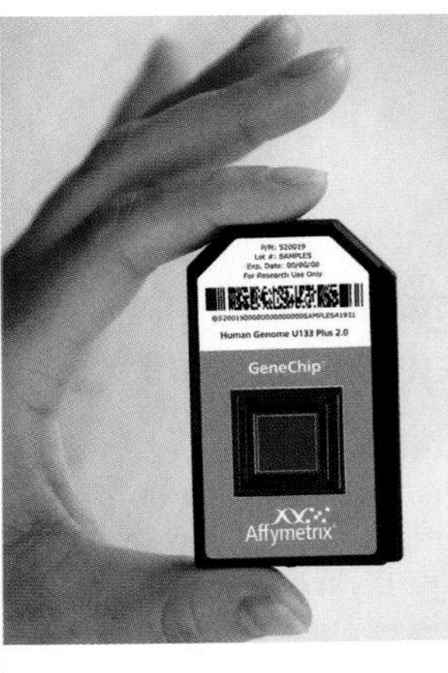

◄ **Figure 21.6 Une puce à microréseau de gènes humains.** De minuscules points d'ADN fixés en rangées ordonnées sur cette plaquette de silicium représentent presque tous les gènes dans le génome humain. À l'aide de cette puce, les chercheurs peuvent analyser les modes d'expression pour tous ces gènes simultanément.

Dans quelques années, les gens joindront peut-être à leur dossier médical un catalogue de la séquence de leur ADN, une sorte de code-barres génétique, dans lequel seraient mises en évidence des régions qui les prédisposent à des maladies particulières. L'utilisation de ces séquences pour une médecine personnalisée (prévention et traitement des maladies) possède un énorme potentiel.

La biologie des systèmes est une façon très efficace d'étudier les propriétés émergentes à l'échelle moléculaire. Nous avons vu au chapitre premier que, selon le thème des propriétés émergentes, des propriétés nouvelles apparaissent à chaque niveau successif de la complexité biologique à la suite du réarrangement des éléments constitutifs du niveau inférieur. Plus nous pourrons en apprendre sur l'arrangement et les interactions des composantes des systèmes génétiques, plus nous approfondirons notre compréhension des organismes entiers. Dans le reste du présent chapitre, nous passerons en revue ce que les études génomiques nous ont appris jusqu'à maintenant.

RETOUR SUR LE CONCEPT 21.2

1. Quel rôle joue Internet dans la recherche actuelle en génomique et en protéomique?
2. Expliquez les avantages de l'approche de la biologie des systèmes pour étudier le cancer par rapport à l'approche de l'étude d'un seul gène à la fois.
3. **FAITES DES LIENS** Le projet pilote ENCODE a montré que plus de 90 % de la région génomique à l'étude a été transcrite en ARN, beaucoup plus que ce qui peut être attribuable aux gènes qui codent pour des protéines. Revoyez le concept 18.3 (p. 421 à 424) et proposez quelques rôles que peuvent jouer ces ARN.
4. **FAITES DES LIENS** Au concept 20.2 (p. 476), vous avez pris connaissance des études d'association sur l'ensemble du génome. Expliquez comment ces études utilisent l'approche de la biologie des systèmes.

Voir les réponses proposées à la fin du chapitre.

CONCEPT 21.3

La taille, le nombre de gènes et la densité génique des génomes varient

Au début de 2010, les scientifiques avaient séquencé environ 1 200 génomes et ils avaient entrepris le séquençage de plus de 5 500 génomes et de plus de 200 métagénomes. Dans le groupe des génomes complètement séquencés, il y a environ 1 000 Bactéries et 80 Archées. Parmi les 124 espèces eucaryotes du groupe, on compte des Vertébrés, des Invertébrés, des Protistes, des Eumycètes et des Végétaux. Les séquences génomiques accumulées renferment une mine d'informations qu'on commence maintenant à exploiter. Qu'avons-nous appris de la comparaison des génomes séquencés? Dans la présente section, nous étudierons des caractéristiques du génome: la taille, le nombre de gènes et la densité génique. Parce que ces caractéristiques sont tellement disparates, nous nous concentrerons sur les tendances générales, pour lesquelles il y a souvent des exceptions.

La taille des génomes

La comparaison des trois domaines (Bactéries, Archées et Eucaryotes) révèle une différence générale dans la taille du génome des Procaryotes et celle des Eucaryotes (**tableau 21.1**). Malgré quelques exceptions, la plupart des génomes bactériens comportent entre 1 et 6 millions de paires de bases (Mb); le

Tableau 21.1 La taille du génome et le nombre estimé de gènes*

Organisme	Taille du génome haploïde (Mb)	Nombre de gènes	Gènes par Mb
Bactéries			
Haemophilus influenzae	1,8	1 700	940
Escherichia coli	4,6	4 400	950
Archées			
Archaeglobus fulgidus	2,2	2 500	1 130
Methanosarcina barkeri	4,8	3 600	750
Eucaryotes			
Saccharomyces cerevisiae (levure, un Eumycète)	12	6 300	525
Caenorhabditis elegans (nématode)	100	20 100	200
Arabidopsis thaliana (plante de la famille moutarde)	120	27 000	225
Drosophila melanogaster (drosophile)	165	13 700	83
Oryza sativa (riz)	430	42 000	98
Zea mays (maïs)	2 300	32 000	14
Mus musculus (souris commune)	2 600	22 000	11
Ailuropoda melanoleuca (panda géant)	2 400	21 000	9
Homo sapiens (humain)	3 000	< 21 000	7
Fritillaria assyriaca (plante de la famille des liliacées)	124 000	AD	AD

* Certaines valeurs présentées dans le tableau pourraient être modifiées à mesure que l'analyse des génomes se poursuit. Mb: million de paires de bases ou mégabase; AD: aucune donnée.

génome d'*E. coli*, par exemple, possède 4,6 Mb. Les génomes des Archées se situent, pour la plupart, dans l'intervalle de dimensions des génomes bactériens. (Souvenez-vous, cependant, que beaucoup moins de génomes des Archées ont été complètement séquencés, de sorte que ce portrait pourrait changer.) Les génomes eucaryotes tendent à être plus imposants: le génome de la levure unicellulaire *Saccharomyces cerevisiae* (un Eumycète) comporte environ 12 Mb, alors que celui de la majorité des Animaux et des Végétaux, qui sont des multicellulaires, compte au moins 100 Mb. Il y a 165 Mb dans le génome de la drosophile, et 3 000 dans le génome humain, soit de 500 à 3 000 fois plus que dans une Bactérie typique.

À l'exclusion de cette différence générale entre les Procaryotes et les Eucaryotes, une comparaison de la taille des génomes chez les Eucaryotes ne réussit pas à révéler une relation systématique entre la taille du génome et le phénotype de l'organisme. Par exemple, le génome de la fritillaire (*Fritillaria assyriaca),* une plante à fleurs de la famille des liliacées, contient 124 milliards de paires de bases (124 000 Mb), soit environ

40 fois la taille du génome humain. Un exemple encore plus frappant: la taille du génome d'une amibe unicellulaire, *Polychaos dubia*, a été évaluée à 670 000 Mb. (Ce génome n'a pas encore été séquencé.) Sur une échelle plus raffinée, en comparant deux espèces d'Insectes, il s'avère que le génome du grillon (*Anabrus simplex*) renferme 11 fois plus de paires de bases que celui de *Drosophila melanogaster*. Il y a un large éventail de tailles de génomes au sein des groupes des Protistes, des Insectes, des Amphibiens et des Végétaux et une gamme moins étendue chez les Mammifères et les Reptiles.

Le nombre de gènes

Le nombre de gènes varie également entre les Procaryotes et les Eucaryotes: les Bactéries et les Archées, en général, possèdent moins de gènes que les Eucaryotes. Les Bactéries libres et les Archées ont de 1 500 à 7 500 gènes, tandis que chez les Eucaryotes ce nombre varie entre 5 000 environ pour les Eumycètes unicellulaires et au moins 40 000 pour certains Eucaryotes multicellulaires (voir le tableau 21.1).

Chez les Eucaryotes, le nombre de gènes que possède une espèce est souvent plus faible que ce que laisse supposer la taille du génome. En examinant le tableau 21.1, vous pouvez constater que la taille du génome du nématode *C. elegans* est de 100 Mb et que celui-ci contient environ 20 000 gènes. Par comparaison, le génome de *Drosophila melanogaster* est beaucoup plus gros (165 Mb), mais il ne renferme que 13 700 gènes, ce qui ne représente que les deux tiers du nombre de gènes de *C. elegans*.

Si on examine un exemple qui nous concerne plus directement, on note que le génome humain contient 3 000 Mb, un nombre bien supérieur à la taille du génome de *Drosophila melanogaster* ou de *C. elegans*. Au début du Projet génome humain, les biologistes s'attendaient à isoler entre 50 000 et 100 000 gènes une fois terminé le séquençage. Cette estimation était fondée sur le nombre de protéines humaines connues. À mesure que le projet progressait, il a fallu réviser plusieurs fois les prévisions à la baisse, et en 2010, l'évaluation la plus fiable fixait ce nombre à moins de 21 000. Le nombre relativement faible, similaire au nombre de gènes du nématode *C. elegans*, a surpris les biologistes, qui s'attendaient manifestement à ce que les gènes humains soient beaucoup plus nombreux.

Quels attributs génétiques permettent donc à l'humain (et aux autres Vertébrés) de fonctionner sans posséder plus de gènes qu'un nématode? Un important facteur est que les séquences codantes des génomes des Vertébrés sont plus «productives», parce que la fréquence des épissages extensifs différentiels est plus élevée dans les transcrits d'ARN. Souvenons-nous que, par le biais de ce processus, un seul gène est en mesure d'engendrer plus d'une protéine fonctionnelle (voir la figure 18.13, p. 420). Un gène humain typique contient environ dix exons, et on estime que 93% de ces gènes multiexons peuvent subir un épissage d'au moins deux façons différentes. Certains gènes sont exprimés sous des centaines de formes ayant subi un épissage différentiel, d'autres en seulement deux formes. Il n'est pas encore possible de répertorier toutes les différentes formes, mais il est clair que le nombre de protéines codées dans le génome humain excède de beaucoup le nombre proposé de gènes.

À cela s'ajoute la diversité des polypeptides résultant des modifications post-traductionnelles comme le clivage ou l'ajout de glucides dans différents types de cellules ou à divers stades de développement. Enfin, la découverte des miARN et d'autres petits ARN qui jouent des rôles de régulation (voir le concept 18.3) introduit une nouvelle variable. Certains scientifiques croient que ce niveau de régulation supplémentaire, lorsqu'il est présent, peut contribuer à une plus grande complexité des organismes pour un nombre donné de gènes.

La densité génique et l'ADN non codant

Outre la taille du génome et le nombre de gènes, on peut comparer la densité des gènes de différentes espèces, autrement dit, le nombre de gènes dans une longueur donnée d'ADN. Quand on compare les génomes de Bactéries, d'Archées et d'Eucaryotes, on constate que les Eucaryotes ont généralement des génomes plus gros, mais qu'ils renferment moins de gènes dans un nombre donné de paires de bases. Les humains possèdent des centaines ou des milliers de fois plus de paires de bases dans leurs génomes que la plupart des Bactéries, comme nous l'avons déjà noté, mais, en moyenne, seulement 5 à 15 fois plus de gènes; par conséquent, la densité des gènes est plus faible chez les humains (voir le tableau 21.1). Même les Eucaryotes unicellulaires, comme les levures, possèdent moins de gènes par million de paires de bases que les Bactéries et les Archées. Parmi les génomes entièrement séquencés jusqu'à maintenant, ce sont les humains et les autres Mammifères qui présentent la densité génique la plus faible.

Dans tous les génomes bactériens étudiés jusqu'à maintenant, la majeure partie de l'ADN est constituée de gènes qui codent pour des protéines, de l'ARNt ou de l'ARNr; les petites quantités d'ADN qui restent sont principalement constituées de séquences régulatrices non transcrites, comme les promoteurs. De plus, le segment nucléotidique le long d'un gène bactérien qui code pour des protéines est ininterrompu (sans introns). Par contre, dans le génome des Eucaryotes, la plus grande partie de l'ADN n'est pas transcrite en protéines ni ne code pour des molécules d'ARN de fonction connue, et l'ADN comporte des séquences régulatrices plus complexes. En fait, les humains possèdent 10 000 fois plus d'ADN non codant que les Bactéries. Chez les Eucaryotes multicellulaires, une partie de cet ADN est présente sous forme d'introns dans le gène. En fait, les introns sont responsables de la majeure partie de la différence dans la longueur moyenne entre les gènes des humains (27 000 paires de bases) et ceux des Bactéries (1 000 paires de bases).

En plus des introns, les Eucaryotes multicellulaires ont une grande quantité d'ADN non codant pour des protéines, situé entre les gènes. À la section suivante, nous décrirons la composition et l'arrangement de ces grands segments d'ADN dans le génome humain.

RETOUR SUR LE CONCEPT 21.3

1. Selon la meilleure estimation actuelle, le génome humain contient moins de 21 000 gènes. Cependant, il est évident que le nombre de polypeptides différents dans les cellules humaines est bien supérieur à 21 000. Quels processus peuvent expliquer cette divergence?

2. Le nombre de génomes séquencés est constamment mis à jour. Visitez le site www.genomesonline.org pour trouver le nombre actuel de génomes complètement séquencés pour chaque domaine, de même que le nombre de génomes dont la détermination des séquences est en cours. (Indice: cliquez sur «Enter GOLD», puis sur «Published Complete Genomes» pour des informations supplémentaires.)
3. **ET SI?** Quels processus évolutifs pourraient expliquer que les Procaryotes ont des génomes plus petits que les Eucaryotes?

Voir les réponses proposées à la fin du chapitre.

CONCEPT 21.4

Les Eucaryotes multicellulaires possèdent beaucoup d'ADN non codant et de nombreuses familles multigènes

Dans la majeure partie du chapitre et, bien sûr, dans la présente partie, nous avons mis l'accent sur les gènes qui codent pour des protéines. Pourtant, les régions codantes de ces gènes et les gènes pour les ARN comme l'ARNr, l'ARNt et le miARN ne constituent qu'une petite partie du génome de la plupart des Eucaryotes multicellulaires. En effet, un grand nombre de ces génomes comportent beaucoup de séquences d'ADN qui ne codent pas pour des protéines, ni ne sont transcrites pour produire des ARN de fonctions connues. Dans le passé, cet ADN non codant a souvent été décrit par le terme «ADN égoïste». Cependant, de nombreuses preuves démontrent que cet ADN joue un rôle important dans la cellule, ce que confirme sa persistance dans divers génomes sur des centaines de générations. Par exemple, la comparaison des génomes de l'humain, du rat et de la souris a révélé que ces trois espèces contenaient près de 500 régions d'ADN non codant qui portent des séquences identiques. Il s'agit d'un niveau plus élevé de conservation de la séquence que ce qu'on observe dans les régions qui codent pour des protéines chez ces espèces. Il se pourrait donc que les régions non codantes remplissent des fonctions essentielles. Dans la présente section, nous examinerons la répartition des gènes et des séquences non codantes d'ADN dans les génomes des Eucaryotes multicellulaires; le génome humain nous servira de principal exemple. La structure du génome nous renseigne beaucoup sur la façon dont les génomes sont apparus et continuent à évoluer; c'est le prochain sujet que nous aborderons.

Une fois que la séquence complète du génome humain a été connue, il est devenu clair que seule une petite partie (1,5%) est transcrite en protéines ou code pour des ARNr ou des ARNt. La **figure 21.7** montre ce qui est connu des autres 98,5%. Les séquences régulatrices et les introns apparentés aux gènes représentent, respectivement, 20% et environ 5% du génome humain. Les autres séquences, situées entre les gènes fonctionnels, comportent un ADN non codant unique, tels des fragments de gènes et des **pseudogènes**, c'est-à-dire des anciens gènes qui ont accumulé des mutations et ne

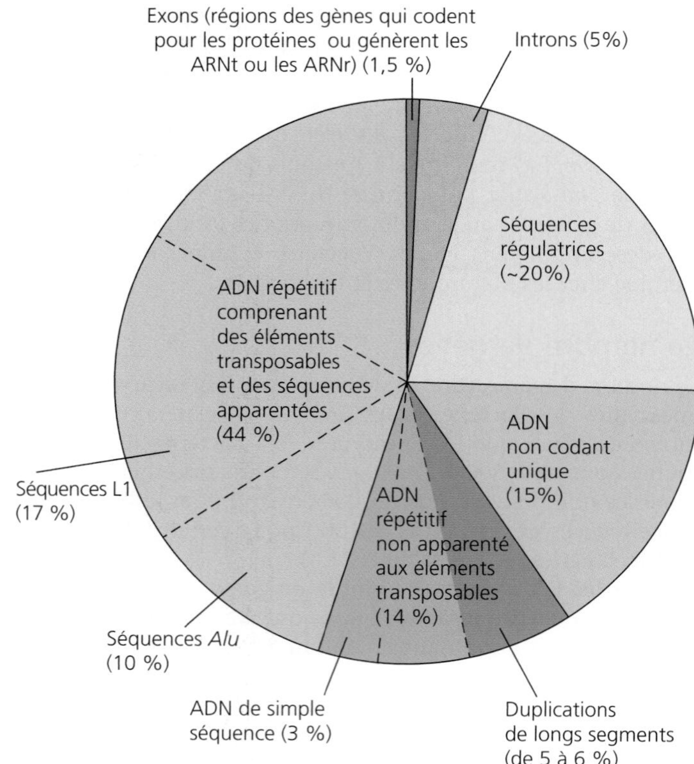

▲ **Figure 21.7 Les types de séquences d'ADN dans le génome humain.** Les séquences des gènes qui sont transcrites en protéines ou qui codent pour des molécules d'ARNr ou d'ARNt ne forment que 1,5% du génome humain (violet foncé dans le diagramme à secteurs), alors que les introns et les séquences régulatrices associés aux gènes (violet pâle) en forment le quart. La majeure partie du génome humain n'est pas transcrite en protéines ou ne génère pas d'ARN connus; une bonne part de ce dernier est constituée d'ADN répétitif (vert foncé et vert pâle). Comme l'ADN répétitif est le plus difficile à séquencer et à analyser, la classification de certaines portions n'est qu'une tentative, et les pourcentages donnés pourront varier légèrement au fur et à mesure que l'analyse du génome se poursuivra. Les gènes qui codent pour des petits ARN non traduits comme les miARN découverts récemment sont présents parmi les séquences d'ADN non codant unique et dans les introns; ils sont donc inclus dans deux secteurs de ce diagramme.

produisent plus de protéines fonctionnelles. (Les gènes qui produisent les petits ARN non codants ne constituent qu'un faible pourcentage du génome, distribué entre 5% d'introns et 15% d'ADN non codant unique.) Toutefois, presque toute la région intergénique est formée d'**ADN répétitif**, c'est-à-dire d'un grand nombre de copies de séquences nucléotidiques présentes dans le génome. Il est plutôt surprenant de constater qu'environ 75% de cet ADN répétitif (44% de l'ensemble du génome humain) est formé d'unités appelées éléments transposables et de séquences qui leur sont apparentées.

Les éléments transposables et les séquences apparentées

Les Procaryotes et les Eucaryotes possèdent des portions d'ADN capables de se déplacer d'un endroit à un autre dans le génome; chez certaines plantes, ces portions mobiles d'ADN peuvent constituer jusqu'à 75% du génome. Ces segments sont appelés *éléments génétiques transposables*, ou simplement

▲ **Figure 21.8 L'effet des éléments transposables sur la couleur de grains de maïs.** Barbara McClintock a été la première à proposer le concept d'éléments génétiques mobiles après avoir observé des bigarrures dans la couleur de grains de maïs (à droite).

éléments transposables. Au cours du processus appelé *transposition*, un élément transposable se déplace d'un site dans l'ADN d'une cellule vers un site cible différent grâce à un type de processus de recombinaison. On appelle parfois les éléments transposables «gènes sauteurs», mais il faut se rappeler qu'ils ne se séparent jamais complètement de l'ADN de la cellule. Au contraire, les sites d'origine et les nouveaux sites de l'ADN sont rapprochés par des enzymes et d'autres protéines qui replient l'ADN.

La première démonstration de l'existence de tels segments d'ADN mobiles a été fournie par la généticienne américaine Barbara McClintock pendant qu'elle effectuait des expériences de croisement sur le maïs (*Zea mays*) au cours des années 1940 et de la décennie suivante (**figure 21.8**). Alors qu'elle étudiait des plants de maïs sur plusieurs générations, la scientifique a relevé des changements dans la couleur des grains qui ne pouvaient s'expliquer que par l'existence d'éléments génétiques mobiles. Ces éléments génétiques influeraient sur les gènes de la couleur des grains à partir d'autres emplacements dans le génome, interrompant les gènes de sorte que la couleur du grain était changée. La découverte de Barbara McClintock a été reçue avec beaucoup de scepticisme et a été pratiquement oubliée à l'époque. Ses travaux minutieux et ses idées visionnaires ont finalement été confirmés de nombreuses années plus tard lorsqu'on a trouvé des éléments transposables chez les Bactéries. En 1983, alors âgée de 81 ans, Barbara McClintock a reçu un prix Nobel pour ses recherches novatrices.

Le déplacement des transposons et des rétrotransposons

Il existe deux types d'éléments transposables chez les Eucaryotes. Le premier comprend les **transposons**, qui se déplacent à l'intérieur d'un génome par l'intermédiaire d'un ADN. Les transposons peuvent se déplacer grâce à un mécanisme de type «couper-coller», qui enlève l'élément du site original, ou de type «copier-coller», qui laisse une copie au site original (**figure 21.9**). Les deux mécanismes nécessitent une enzyme appelée transposase et qui est généralement codée par le transposon.

La plupart des éléments transposables dans les génomes eucaryotes sont du second type, les **rétrotransposons**, qui sont transportés à l'intérieur du génome par l'intermédiaire d'un ARN. Celui-ci est une transcription de l'ADN du rétrotransposon. Les rétrotransposons laissent toujours une copie au site original au cours de la transposition, étant donné qu'ils sont initialement transcrits en un intermédiaire d'ARN (**figure 21.10**). Pour pouvoir s'introduire dans un autre site, l'intermédiaire d'ARN doit être reconverti en ADN sous l'action d'une transcriptase inverse, une enzyme encodée dans le rétrotransposon. (La transcriptase inverse est également encodée par des rétrovirus, comme vous l'avez appris au chapitre 19. En fait, il est possible que les rétrovirus descendent de rétrotransposons.) Une autre enzyme cellulaire catalyse l'insertion à un nouveau site de l'ADN reconverti par la transcriptase inverse.

Les séquences apparentées aux éléments transposables

Une multitude d'exemplaires d'éléments transposables et de séquences qui leur sont apparentées sont dispersés dans l'ensemble du génome eucaryote. Une seule de ces unités est habituellement longue de plusieurs centaines, voire de milliers de paires de bases. Les «copies» dispersées sont semblables, mais généralement non identiques. Certaines d'entre elles sont des éléments transposables capables de se déplacer; les

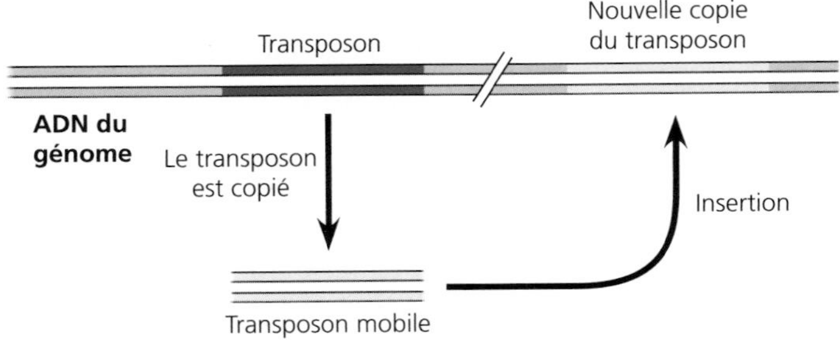

▲ **Figure 21.9 Le déplacement des transposons.** Le déplacement des transposons soit par un mécanisme «couper-coller», soit par un mécanisme «copier-coller» (illustré ici) fait intervenir un intermédiaire d'ADN bicaténaire qui est inséré dans le génome.

? *En quoi cette figure serait-elle différente si elle illustrait le mécanisme «couper-coller»?*

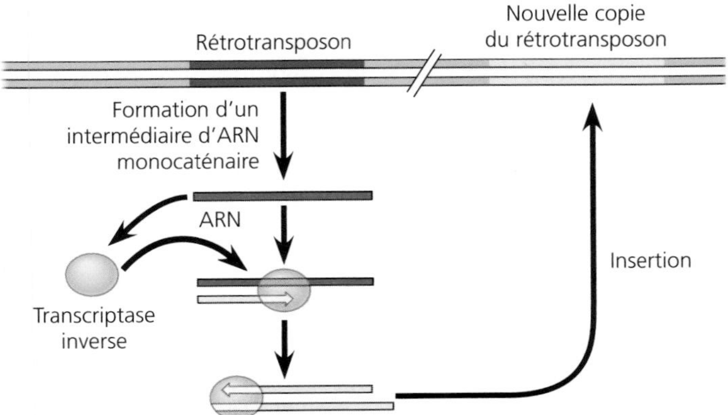

▲ **Figure 21.10 Le déplacement des rétrotransposons.** Le déplacement commence par la formation d'un intermédiaire d'ARN monocaténaire. Le reste des étapes est essentiellement identique à une partie du cycle de réplication des rétrovirus (voir la figure 19.8, p. 450).

enzymes requises pour ce déplacement peuvent être encodées par un élément transposable, incluant celui qui se déplace. Certaines autres unités sont des séquences apparentées et qui ont complètement perdu la capacité de se déplacer. Les éléments transposables et les séquences apparentées constituent de 25 à 50 % du génome de la plupart des Mammifères (voir la figure 21.7), et ces pourcentages sont encore plus élevés chez les Amphibiens et les plantes supérieures. En fait, la très grande taille des génomes de certains Végétaux est attribuable non pas à des gènes supplémentaires, mais à des éléments transposables additionnels. Par exemple, le génome du maïs est composé à 85 % de telles séquences !

Chez les humains et les autres Primates, une grande partie de l'ADN apparenté aux éléments transposables est formée d'une famille de séquences semblables, appelées *séquences Alu*. À elles seules, ces séquences représentent environ 10 % du génome humain. Les séquences *Alu*, qui peuvent être répétées près d'un million de fois chez l'humain, ont une longueur d'environ 300 nucléotides. Elles constituent des séquences beaucoup plus courtes que la plupart des éléments transposables fonctionnels et elles ne codent pour aucune protéine. Cependant, de nombreuses séquences *Alu* sont transcrites en ARN dont la fonction dans la cellule reste inconnue à ce jour, si fonction il y a.

Un pourcentage encore plus élevé (17 %) du génome humain est constitué d'un type de rétrotransposon appelé *LINE-1*, ou *L1*. Ces séquences sont beaucoup plus longues que les séquences *Alu* (environ 6 500 paires de bases) et leur vitesse de transposition est faible. Comment expliquer un tel processus ? Des recherches récentes ont révélé la présence de séquences dans L1 qui empêchent la progression de l'ARN polymérase, l'enzyme nécessaire à la transposition. Une analyse génomique effectuée au cours de ces recherches a permis d'établir la présence de séquences L1 dans les introns de près de 80 % des gènes humains étudiés, ce qui donne à penser que L1 aiderait à réguler l'expression génique. Selon d'autres chercheurs, les rétrotransposons L1 exerceraient des effets différentiels sur l'expression génique dans le développement des neurones, contribuant à la grande diversité des types de cellules neuronales (voir le chapitre 48).

Bien que de nombreux éléments transposables codent pour des protéines, ces dernières n'interviennent pas dans des fonctions cellulaires normales. Par conséquent, on inclut habituellement les éléments transposables ainsi que d'autres séquences répétitives dans la catégorie des ADN « non codants ». Une forme d'hémophilie héréditaire, par exemple, est causée par une protéine devenue anormale (le facteur VIII) par suite de l'insertion dans le chromosome X d'un transposon provenant du chromosome 22.

Les autres ADN répétitifs, dont l'ADN de simple séquence

L'ADN répétitif qui n'est pas apparenté aux éléments transposables est probablement apparu à la suite d'erreurs survenues au cours de la réplication ou de la recombinaison de l'ADN. Cet ADN représente autour de 14 % du génome humain (voir la figure 21.7). Environ un tiers de ce pourcentage (5 à 6 % du génome humain) consiste en des duplications de longs segments d'ADN, dans lesquels chaque unité comprend entre 10 000 et 30 0000 paires de nucléotides. Les grands segments semblent avoir été copiés d'un locus chromosomique à un autre site, sur le même chromosome ou sur un chromosome différent, et incluent probablement quelques gènes fonctionnels.

Contrairement à des copies dispersées de longues séquences, l'**ADN de simple séquence** contient de nombreux exemplaires de courtes séquences répétitives en tandem, comme dans l'exemple suivant (montrant un seul brin d'ADN) :

... GTTACGTTACGTTACGTTACGTTACGTTAC ...

Dans ce cas, l'unité répétée (GTTAC) consiste en cinq nucléotides. Les unités répétées peuvent contenir jusqu'à 500 nucléotides, mais elles en renferment souvent moins de 15. Lorsque l'unité contient de 2 à 5 nucléotides, la série de répétitions est appelée **répétitions courtes en tandem** ou **STR** (pour *short tandem repeat*) ; nous avons examiné l'utilisation de l'analyse des répétitions courtes en tandem pour préparer les profils génétiques au chapitre 20. Dans un génome donné, le nombre d'exemplaires de l'unité répétée peut varier d'un site à l'autre. Il pourrait y avoir plusieurs centaines de milliers de répétitions de l'unité GTTAC à un site, mais seulement la moitié de ce nombre à un autre. L'analyse des répétitions courtes en tandem est effectuée sur des sites choisis pour leur nombre relativement faible de répétitions. Le nombre de répétitions peut varier d'une personne à l'autre, et comme les humains sont diploïdes, chaque personne possède deux allèles par site, qui peuvent être différents. Cette diversité produit la variation représentée dans les profils génétiques qui résulte de l'analyse des répétitions courtes en tandem. Dans l'ensemble, l'ADN de simple séquence forme 3 % du génome humain.

Dans un génome donné, une grande partie de l'ADN de simple séquence est située dans les télomères et dans les centromères. Cela permet de penser que cet ADN remplit un rôle structural dans les chromosomes. L'ADN des centromères joue un rôle essentiel au cours de la séparation des chromatides, pendant la division cellulaire (voir le chapitre 12). De plus, il contribue peut-être à structurer la chromatine contenue dans le noyau pendant l'interphase – et ce, conjointement avec l'ADN de simple séquence situé à un autre emplacement. L'ADN de simple séquence des télomères, à l'extrémité des chromosomes, permet d'éviter la perte de gènes lorsque l'ADN est raccourci à chaque réplication (voir le chapitre 16). L'ADN des télomères protège également les chromosomes en se liant à des protéines ayant pour fonction d'empêcher les extrémités de ceux-ci de se dégrader ou de se joindre à d'autres chromosomes.

Les gènes et les familles multigéniques

Nous terminerons notre examen des divers types de séquences d'ADN dans les génomes d'Eucaryotes par une étude plus détaillée des gènes. Souvenez-vous que les séquences d'ADN qui codent pour les protéines ou donnent naissance aux ARNt ou aux ARNr ne constituent pas plus de 1,5 % du génome humain (voir la figure 21.7). Si l'on inclut les introns et les séquences régulatrices associés aux gènes, la quantité totale d'ADN apparenté aux gènes (codant et non codant) représente environ 25 % du génome humain. Autrement dit, seulement environ 6 % (1,5 % de 25 %) de la longueur du gène moyen est représentée dans le produit final du gène.

De nombreux gènes eucaryotes, tout comme ceux des Bactéries, ne renferment qu'un exemplaire de la plupart des gènes, c'est-à-dire qu'il n'y a qu'un seul exemplaire par jeu haploïde de chromosomes. Mais, dans le génome humain et dans celui de nombreux autres Animaux et Végétaux, ces gènes solitaires ne forment qu'environ la moitié de la totalité de l'ADN apparenté à des gènes. Le reste se trouve sous forme de **familles multigéniques**, des ensembles de deux ou plusieurs gènes identiques ou très semblables.

Dans les familles multigéniques composées de séquences de gènes *identiques*, ces séquences sont habituellement groupées en tandem et, à l'exception importante des gènes des histones, elles codent pour de l'ARN. On peut citer l'exemple de la famille de séquences d'ADN identiques que sont les gènes codant pour les trois plus grandes molécules d'ARNr (**figure 21.11a**). Celles-ci sont transcrites à partir d'une même unité de transcription, qui est répétée en tandem des centaines ou des milliers de fois dans un ou plusieurs regroupements dans le génome des Eucaryotes multicellulaires; chez l'humain, on a trouvé près de 300 de ces séquences identiques réparties sur 5 chromosomes. Ces nombreux exemplaires d'unités de transcription d'ARN aident les cellules à fabriquer les millions de ribosomes nécessaires à la synthèse protéique. Le transcrit primaire est découpé de façon à donner trois molécules d'ARNr qui forment ensuite des sous-unités ribosomiques en se combinant avec des protéines et un autre type d'ARNr (ARNr 5S).

Des exemples classiques de familles multigéniques constituées de gènes *non identiques* sont les deux familles apparentées qui codent pour les globines, groupe de protéines comprenant les sous-unités polypeptidiques α et β de l'hémoglobine. L'une de ces familles (située sur le chromosome 16 chez les humains) code pour diverses formes de la α-globine; l'autre (située sur le chromosome 11), pour plusieurs formes de la β-globine (**figure 21.11b**). Les diverses formes de chaque sous-unité s'expriment à des stades distincts du développement, ce qui permet à l'hémoglobine de remplir ses fonctions de façon efficace, malgré les changements dans le milieu où l'individu se développe. Chez l'humain, par exemple, les formes d'hémoglobine de l'embryon et du fœtus ont une plus grande affinité pour le dioxygène que celles qui existent chez l'adulte. Cela permet d'assurer un transfert efficace du dioxygène de la mère au fœtus. Les familles multigéniques des globines comprennent également plusieurs pseudogènes.

La classification des gènes en familles a permis aux biologistes de comprendre l'évolution des génomes. Dans la prochaine section, nous allons examiner quelques-uns des processus qui ont formé les génomes de diverses espèces au cours de l'évolution.

RETOUR SUR LE CONCEPT 21.4

1. Discutez des caractéristiques qui font que les génomes des Mammifères sont plus gros que ceux des Procaryotes.

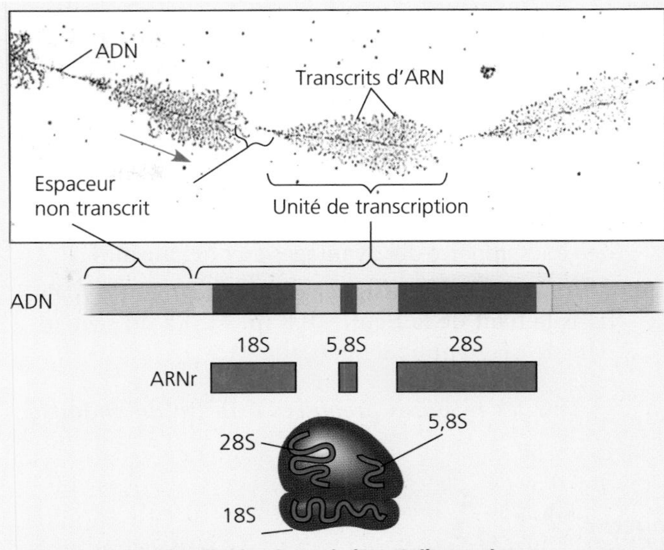

(a) Partie d'une famille de gènes de l'ARN ribosomique. La micrographie ci-dessus montre trois exemplaires (il en existe des centaines) d'unités de transcription d'ARNr présentes dans le génome d'une salamandre (MET). Chacune des « plumes » correspond à une unité en cours de transcription par une centaine de molécules d'ARN polymérase (les points foncés situés le long de l'ADN). Ces molécules se déplacent de gauche à droite (flèche rouge). Les transcrits d'ARN en cours de synthèse se détachent peu à peu de l'ADN. Le diagramme sous la micrographie illustre une unité de transcription. Celle-ci comprend les gènes de trois types d'ARNr (en bleu), adjacents aux régions transcrites, mais qui sont enlevés par la suite (en jaune). Un seul transcrit subit une maturation pour donner une molécule de chacun des trois ARNr (en rouge), les composantes clés d'un ribosome.

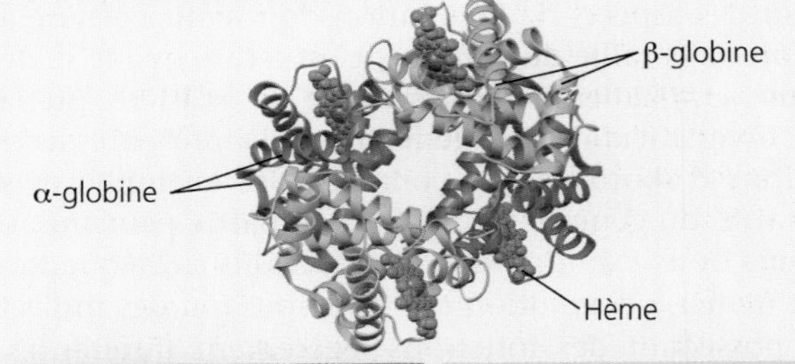

Famille multigénique de l'α-globine | Famille multigénique de la β-globine

Chromosome 16: ζ, ψ_ζ, ψ_{α_2}, ψ_{α_1}, α_2, α_1, ψ_θ — Embryon (ζ); Fœtus et adulte (α_2, α_1)

Chromosome 11: ϵ, $^{G}\gamma$, $^{A}\gamma$, ψ_β, δ, β — Embryon (ϵ); Fœtus ($^{G}\gamma$, $^{A}\gamma$); Adulte (δ, β)

(b) Familles multigéniques de l'α-globine et de la β-globine. Chez l'adulte, l'hémoglobine est formée de quatre sous-unités polypeptidiques, soit deux α-globines et deux β-globines, comme l'illustre le modèle moléculaire. Les gènes (en bleu foncé) qui codent pour les globines α et β appartiennent à deux familles, disposées comme dans l'illustration. L'ADN non codant qui sépare les gènes fonctionnels d'une même famille comporte des pseudogènes (en vert et désignés par la lettre grecque ψ), des versions de gènes fonctionnels qui ne produisent plus de protéines fonctionnelles. Les gènes et les pseudogènes sont désignés par des lettres grecques. Certains gènes ne sont exprimés que chez l'embryon ou le fœtus.

▲ **Figure 21.11 Les familles de gènes.**

? *Dans la partie (a), comment pourriez-vous déterminer le sens de la transcription s'il n'était pas indiqué par la flèche rouge?*

2. Parmi les trois mécanismes décrits aux figures 21.9 et 21.10, lequel ou lesquels aboutissent à une copie qui reste sur le site d'origine et apparaît aussi sur un nouveau site?
3. Comparez l'organisation de la famille de gènes des ARNr et celle des familles de gènes des globines. Expliquez pour chacune comment l'existence d'une famille de gènes apporte des avantages aux organismes.
4. **FAITES DES LIENS** Assignez chaque segment d'ADN dans le haut de la figure 18.8 (p. 415) à un secteur dans le diagramme de la figure 21.7.

Voir les réponses proposées à la fin du chapitre.

CONCEPT **21.5**

Les duplications, les réarrangements et les mutations de l'ADN contribuent à l'évolution du génome

ÉVOLUTION Les mutations constituent le fondement des modifications à l'échelle du génome; elles sont à l'origine de son évolution. Il semble que les premières formes de vie ne possédaient qu'un génome minimal, qui se limitait aux gènes nécessaires à la survie et à la reproduction. Si tel était le cas, un des aspects de l'évolution doit avoir été une augmentation de la taille du génome, c'est-à-dire que le matériel génétique supplémentaire fournissait la matière première pour la diversification du gène. Dans la présente section, nous allons d'abord décrire comment les exemplaires supplémentaires du génome en tout ou en partie peuvent apparaître, puis nous examinerons les processus subséquents qui peuvent mener à l'évolution des protéines (ou des molécules d'ARN) possédant des fonctions légèrement différentes ou entièrement nouvelles.

La duplication des jeux complets de chromosomes

Un accident au cours de la méiose peut donner naissance à un ou plusieurs jeux supplémentaires de chromosomes, un état appelé *polyploïdie*. Bien que de tels accidents soient généralement létaux, ils facilitent parfois l'évolution des gènes. Chez un organisme polyploïde, un jeu de gènes peut fournir les fonctions essentielles à l'organisme. Les gènes dans le ou les jeux supplémentaires peuvent diverger en accumulant les mutations, et ces variations persistent si l'organisme qui les porte survit et se reproduit. C'est de cette façon que les gènes dotés de nouvelles fonctions évoluent. Pourvu qu'une copie d'un gène essentiel soit exprimée, la divergence d'une autre copie peut mener à sa protéine codée qui joue un nouveau rôle, changeant ainsi le phénotype de l'organisme. Le résultat de cette accumulation de mutations peut être l'apparition d'une nouvelle espèce, comme cela se produit souvent chez les Angiospermes (voir le chapitre 24). Il existe également des Animaux polyploïdes, mais ils sont beaucoup plus rares; l'organisme modèle tétraploïde *Xenopus laevis*, le xénope africain, en est un exemple.

Les modifications de la structure chromosomique

Les scientifiques savent depuis longtemps qu'au cours des derniers 6 millions d'années, lorsque les ancêtres des humains et des chimpanzés ont divergé en tant qu'espèces, la fusion de deux chromosomes ancestraux dans la lignée humaine a mené à des nombres haploïdes différents pour les humains ($n = 23$) et les chimpanzés ($n = 24$). Les bandes dans les chromosomes colorés donnent à penser que les versions ancestrales des chromosomes actuels 12 et 13 du chimpanzé ont effectué une fusion termino-terminale, pour former le chromosome 2 chez un ancêtre de la lignée humaine. Avec l'explosion récente d'informations sur les séquences génomiques, nous pouvons maintenant comparer les structures chromosomiques fines de nombreuses espèces différentes. Ces informations nous permettent de faire des inférences au sujet des processus de l'évolution qui façonnent les chromosomes et peuvent entraîner la spéciation. En 2005, le séquençage et l'analyse du chromosome 2 de l'humain ont apporté des preuves convaincantes à l'appui du modèle que nous venons de décrire (**figure 21.12a**).

Dans une autre étude d'une plus grande portée, les chercheurs ont comparé la séquence de l'ADN de chaque chromosome humain avec la séquence du génome entier de la souris. La **figure 21.12b** montre les résultats de cette comparaison pour le chromosome 16 de l'humain: de grandes portions de gènes sur ce chromosome sont présentes sur quatre chromosomes de souris, ce qui indique que les gènes dans chaque segment sont restés ensemble au cours de l'évolution de la souris et des lignées humaines.

La même analyse comparative entre les chromosomes des humains et ceux de six autres espèces de Mammifères a également permis aux chercheurs de reconstruire l'histoire évolutive des réarrangements chromosomiques chez ces huit espèces. Ils ont découvert de nombreuses duplications et inversions qui se sont produites au cours de la recombinaison méiotique et dans lesquelles l'ADN rompu a été raccordé incorrectement. Le taux de ces événements semble s'être accéléré il y a environ 100 millions d'années, vers l'époque de l'extinction des grands dinosaures et de l'augmentation rapide du nombre d'espèces de mammifères. La coïncidence apparente est intéressante parce qu'il se pourrait bien que les réarrangements chromosomiques aient contribué à l'apparition de nouvelles espèces. Bien que deux individus ayant des arrangements différents puissent encore s'accoupler et produire des descendants, ceux-ci posséderaient deux jeux non équivalents de chromosomes, rendant la méiose inefficace, voire impossible. Par conséquent, les réarrangements chromosomiques conduiraient à deux populations incapables de s'accoupler l'une avec l'autre, une étape conduisant à la formation de deux espèces séparées. (Vous en apprendrez plus à ce sujet au chapitre 24.)

De façon quelque peu inattendue, la même étude a mis en lumière un sujet susceptible d'avoir des répercussions sur le plan médical. En effet, l'analyse des points de rupture associés aux réarrangements a montré qu'ils n'étaient pas

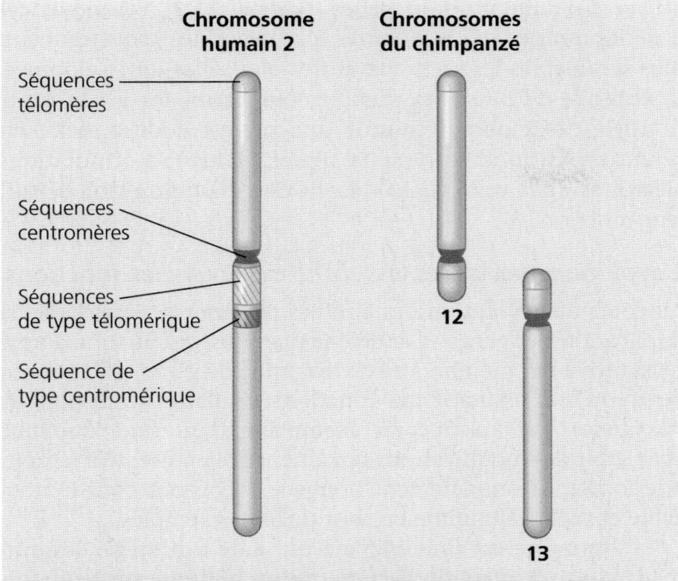

(a) Chromosomes de l'humain et du chimpanzé. Les positions des séquences de type télomérique et de type centromérique sur le chromosome humain 2 (à gauche) correspondent à celles des télomères sur les chromosomes 12 et 13 du chimpanzé et à celle du centromère sur le chromosome 13 du chimpanzé (à droite). Cela donne à penser que les chromosomes 12 et 13 chez un ancêtre humain ont effectué une fusion termino-terminale pour former le chromosome humain 2. Le centromère du chromosome ancestral 12 est resté fonctionnel sur le chromosome humain 2, contrairement à celui du chromosome ancestral 13. (Les chromosomes 12 et 13 du chimpanzé ont été renommés 2a et 2b, respectivement.)

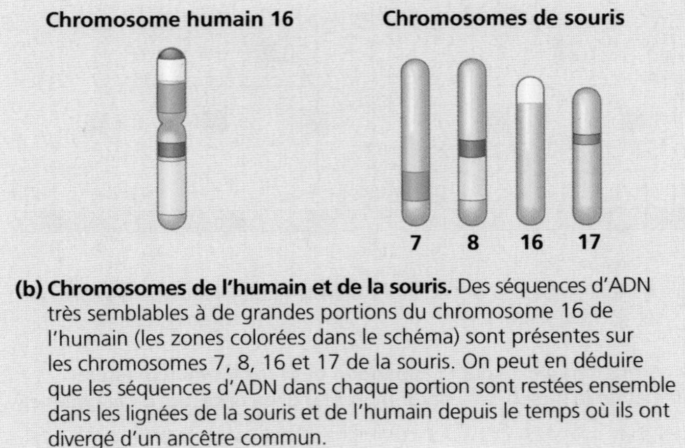

(b) Chromosomes de l'humain et de la souris. Des séquences d'ADN très semblables à de grandes portions du chromosome 16 de l'humain (les zones colorées dans le schéma) sont présentes sur les chromosomes 7, 8, 16 et 17 de la souris. On peut en déduire que les séquences d'ADN dans chaque portion sont restées ensemble dans les lignées de la souris et de l'humain depuis le temps où ils ont divergé d'un ancêtre commun.

▲ **Figure 21.12 Les séquences chromosomiques apparentées chez les Mammifères.**

distribués au hasard et a établi l'existence de sites spécifiques sur lesquels les remaniements chromosomiques se sont produits à maintes reprises. Un certain nombre de ces «points chauds» de recombinaison correspondent à des emplacements de réarrangements chromosomiques dans le génome humain associés à des maladies congénitales. Les chercheurs examinent, évidemment, d'autres sites afin de découvrir des associations avec certaines maladies dont on connaît encore mal le mécanisme.

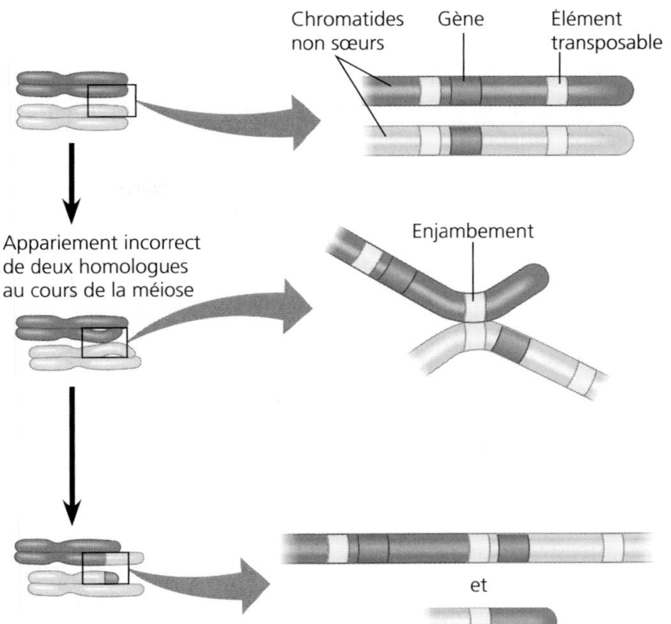

▲ **Figure 21.13 La duplication de gènes attribuable à un enjambement inégal.** La recombinaison au cours de la méiose entre des exemplaires d'un élément transposable flanquant le gène est un des mécanismes par lequel un gène (ou un autre segment d'ADN) peut être dupliqué. Cette recombinaison entre des chromatides non sœurs mal alignées de chromosomes homologues produit une chromatide ayant deux exemplaires du gène et une chromatide sans aucun exemplaire.

FAITES DES LIENS *Examinez comment se produit un enjambement à la figure 13.11 (p. 293). Dans la section centrale de la figure ci-dessus, tracez une ligne traversant les portions qui produisent la chromatide du haut dans la partie du bas de la figure. Utilisez une couleur différente pour faire la même chose pour l'autre chromatide.*

La duplication et la divergence de régions d'ADN de la taille d'un gène

Les erreurs au cours de la méiose peuvent également aboutir à la duplication de régions chromosomiques plus petites que celles que nous venons d'examiner, incluant des segments de la longueur de gènes individuels. Un enjambement inégal à la prophase I de la méiose, par exemple, peut donner un chromosome portant une délétion et un autre avec une duplication d'un gène particulier. Comme le montre la **figure 21.13**, des éléments transposables constituent des sites homologues où des chromatides non sœurs peuvent effectuer un enjambement, même lorsque d'autres régions de chromatides ne sont pas correctement alignées.

De plus, un glissement peut survenir pendant la réplication et entraîner un déplacement de la matrice par rapport au nouveau brin complémentaire. Il s'ensuit qu'une partie du brin matrice n'est pas copiée par le mécanisme de réplication ou qu'elle sert deux fois. Il y a donc délétion ou duplication d'un segment de l'ADN. Il est facile d'imaginer comment de telles erreurs peuvent se produire dans des régions de séquences répétées. Le nombre variable d'unités répétées d'ADN de simple séquence à un site donné, utilisées pour l'analyse des courtes répétitions en tandem, est probablement attribuable à de telles erreurs. L'existence de familles multigéniques, comme la famille des globines, fournit une preuve que des événements moléculaires tels que l'enjambement inégal et le glissement de matrice pendant la réplication de l'ADN sont à l'origine de la duplication de gènes.

L'évolution des gènes à fonctions apparentées: les gènes de la globine humaine

Les phénomènes de duplication, comme ceux des familles multigéniques de l'α-globine et de la β-globine, peuvent mener à l'évolution de gènes dont les fonctions sont apparentées (voir la figure 21.11b). En comparant des séquences de gènes à l'intérieur d'une famille multigénique, il est possible d'entrevoir l'ordre dans lequel les gènes sont apparus. Cette approche, qui est en fait une reconstitution de l'histoire de l'évolution des gènes de la globine, indique qu'ils ont tous évolué à partir d'un gène ancestral commun. De plus, ce gène ancestral a subi une duplication et une divergence au sein des gènes ancestraux de l'α-globine et de la β-globine il y a 450 à 500 millions d'années (**figure 21.14**). Par la suite, chacun de ces gènes a été dupliqué à plusieurs reprises, et les copies ont alors divergé les unes à la suite des autres pour donner les membres des familles actuelles. En fait, le gène ancestral commun de la globine a également donné naissance à la myoglobine, la protéine musculaire qui stocke l'oxygène, et à la protéine végétale appelée *leghémoglobine*. Ces deux dernières protéines fonctionnent comme des monomères et leurs gènes font partie d'une «superfamille des gènes de la globine».

Après les événements de duplication, les différences entre les gènes des familles de la globine sont sans doute apparues à la suite de mutations qui se sont accumulées dans les exemplaires des gènes pendant de nombreuses générations. Selon le modèle actuel, la fonction nécessaire assurée par une α-globine, par exemple, était remplie par un gène, alors que d'autres copies du gène de l'α-globine accumulaient des mutations aléatoires. De nombreuses mutations peuvent avoir eu un effet négatif sur l'organisme et d'autres peuvent n'avoir produit aucun effet; toutefois, il se peut que quelques mutations modifient avantageusement la fonction de la protéine pour l'organisme à un stade particulier de sa vie sans entraîner pour autant de changements substantiels pour ce qui est de sa capacité de transport de l'oxygène. La sélection naturelle a probablement agi sur ces gènes modifiés pour les maintenir dans la population.

La similitude entre les séquences des acides aminés de l'α-globine et de la β-globine corrobore ce modèle de duplication et de mutation des gènes (**tableau 21.2**). Les séquences d'acides aminés des β-globines, par exemple, sont beaucoup plus semblables les unes aux autres que celles des α-globines. L'existence de plusieurs pseudogènes parmi les gènes fonctionnels des globines fournit une preuve additionnelle en faveur de ce modèle (voir la figure 21.11b): les mutations aléatoires dans ces «gènes» au fil de l'évolution ont détruit leur fonction.

L'évolution des gènes assurant de nouvelles fonctions

Au cours de l'évolution des familles de gènes de la globine, la duplication des gènes et la divergence subséquente ont donné naissance à des membres de cette famille de gènes codant pour des protéines assurant des fonctions similaires (transport de l'oxygène). Par ailleurs, un exemplaire d'un gène dupliqué peut subir des modifications qui amènent la protéine à remplir une fonction complètement nouvelle. Les gènes pour le lysozyme et l'α-lactalbumine en sont de bons exemples.

Le lysozyme est une enzyme qui aide à protéger les animaux contre l'infection bactérienne en hydrolysant les parois cellulaires des Bactéries; l'α-lactalbumine est une protéine

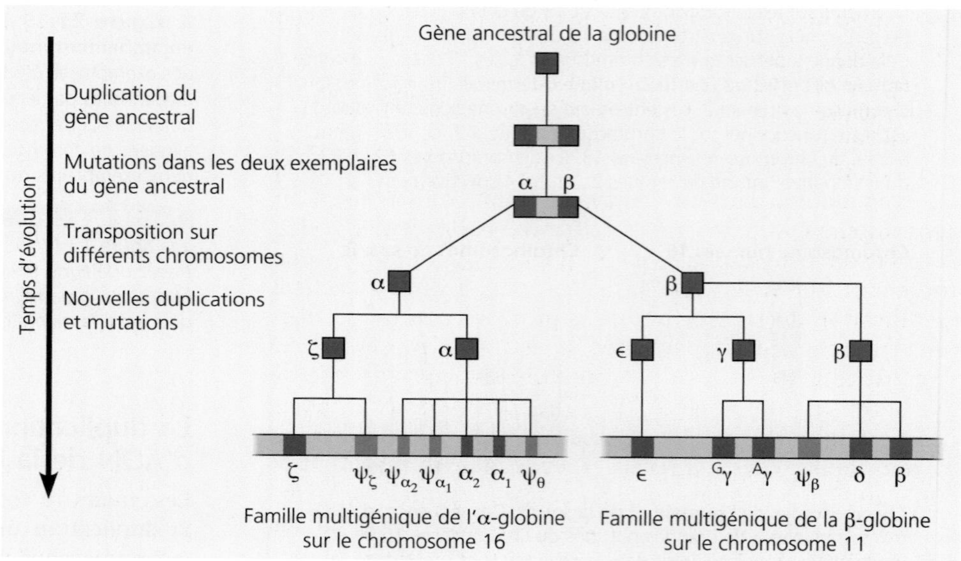

▲ **Figure 21.14 Un modèle permettant d'expliquer l'apparition des familles multigéniques de l'α-globine et de la β-globine à partir d'un seul gène ancestral de la globine.**

? *Les éléments en vert sont des pseudogènes. Expliquez comment ils ont pu apparaître après une duplication génique.*

Tableau 21.2 Le pourcentage de similitude dans la séquence d'acides aminés entre les globines humaines

		α-globines		β-globines		
		α	ζ	β	γ	ϵ
α-globines	α	—	58	42	39	37
	ζ	58	—	34	38	37
β-globines	β	42	34	—	73	75
	γ	39	38	73	—	80
	ϵ	37	37	75	80	—

non enzymatique qui intervient dans la production du lait chez les Mammifères. Les séquences des acides aminés et les structures tridimensionnelles de ces deux protéines sont très semblables. On trouve les deux gènes chez les Mammifères, alors que chez les Oiseaux seul le lysozyme est présent. Ces constatations portent à croire que, quelque temps après la séparation des lignées aboutissant aux Mammifères et aux Oiseaux, le gène du lysozyme a subi une duplication au sein de la lignée des Mammifères, mais pas dans celle des Oiseaux. Par la suite, une copie du gène du lysozyme dupliqué a évolué vers un gène codant pour l'α-lactalbumine, une protéine de fonction totalement différente.

Les réarrangements de parties de gènes: la duplication d'exons et le brassage d'exons

Le réarrangement de séquences d'ADN existantes dans les gènes a également contribué à l'évolution du génome. La présence d'introns dans la plupart des gènes d'Eucaryotes multicellulaires peut avoir favorisé l'évolution de protéines nouvelles et potentiellement utiles en facilitant la duplication et le repositionnement des exons dans le génome. Au chapitre 17, vous avez vu qu'un exon code souvent pour un domaine, région structurale ou fonctionnelle distincte d'une protéine.

Nous avons déjà vu qu'un enjambement inégal au cours de la méiose peut conduire à la duplication d'un gène sur un chromosome et à sa perte par le chromosome homologue (voir la figure 21.13). Selon un processus semblable, un exon donné dans un gène peut subir une duplication dans un chromosome et une délétion dans l'autre. Le gène dont l'exon a été dupliqué pourrait coder pour une protéine contenant une deuxième copie du domaine encodé. Cette modification de la structure de la protéine pourrait renforcer sa fonction en augmentant sa stabilité, en amplifiant sa capacité à se lier à un ligand particulier ou en altérant une autre propriété quelconque. Un bon nombre de gènes codant pour des protéines possèdent de multiples copies d'exons apparentés, qui sont probablement apparus par duplication suivie d'une divergence. Le gène qui code pour le collagène, protéine de la matrice extracellulaire, en est un bon exemple. Le collagène est une protéine de structure dont la séquence d'acides aminés est très répétitive, ce qui se reflète dans le schéma répétitif des exons dans le gène du collagène.

On peut également imaginer le mélange occasionnel et l'appariement de différents exons soit dans un gène, soit entre deux gènes différents (non alléliques), à la suite d'erreurs survenues au cours de la recombinaison méiotique. Ce processus, appelé *brassage d'exons*, pourrait conduire à la production de nouvelles protéines dotées d'une nouvelle combinaison de fonctions. Examinons, par exemple, le gène codant pour l'activateur tissulaire du plasminogène (tPA). Le tPA est une protéine extracellulaire qui aide à limiter la coagulation sanguine. Il possède quatre domaines de trois types, tous codés par un exon; un des exons est présent en deux exemplaires. Étant donné que chaque type d'exon se trouve aussi dans d'autres protéines, il se pourrait que le gène codant pour le tPA soit apparu à l'issue d'une série de brassages et de duplications d'exons (**figure 21.15**).

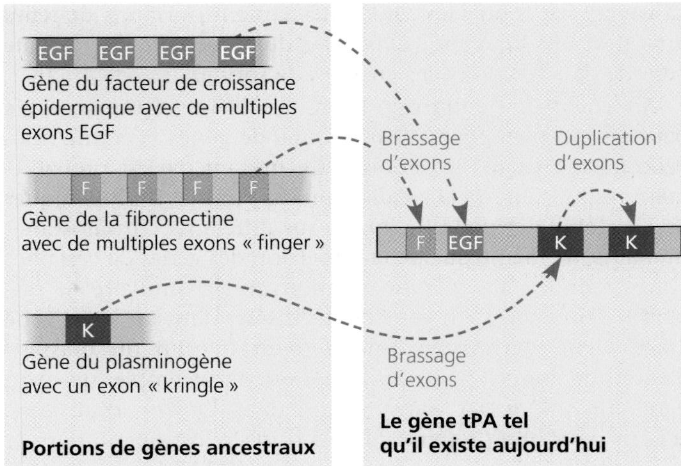

▲ **Figure 21.15 L'évolution d'un nouveau gène par brassage d'exons.** Le brassage d'exons peut avoir déplacé les exons, chacun codant pour un domaine particulier, des formes ancestrales des gènes codant pour le facteur de croissance épidermique (EGF, pour *epidermal growth factor*), la fibronectine et le plasminogène (à gauche) vers le gène en développement pour l'activateur tissulaire du plasminogène, tPA (à droite). La duplication de l'exon « kringle » du gène du plasminogène après son déplacement pourrait expliquer les deux copies de cet exon dans le gène tPA.

? *Comment la présence d'éléments transposables dans les introns a-t-elle facilité le brassage d'exons illustré ci-dessus?*

La contribution des éléments transposables à l'évolution du génome

La persistance des éléments transposables comme fraction substantielle de certains génomes eucaryotes est tout à fait compatible avec l'idée qu'ils jouent un rôle important dans la formation d'un génome au fil de l'évolution. Ces éléments peuvent contribuer de plusieurs façons à l'évolution du génome. Ils peuvent faciliter la recombinaison, dérégler les gènes cellulaires ou les éléments de contrôle et transporter des gènes entiers ou des exons individuels à de nouveaux emplacements.

Les éléments transposables de séquences similaires dispersées dans l'ensemble du génome permettent la recombinaison entre différents chromosomes en fournissant des régions homologues pour un enjambement. La plupart de ces recombinaisons sont probablement nuisibles, car elles provoquent des translocations chromosomiques et d'autres modifications dans le génome potentiellement létales. Mais, au fil de l'évolution, une telle recombinaison occasionnelle peut avoir des effets favorables sur l'organisme. (Évidemment, pour que la modification soit transmissible, elle doit se produire dans une cellule qui produit un gamète.)

Le déplacement d'un élément transposable peut avoir diverses conséquences directes. Par exemple, s'il « saute » et s'insère au milieu d'une séquence d'un gène qui code pour une protéine, un élément transposable empêchera la production d'un transcrit normal du gène. Si un élément transposable s'insère dans une séquence régulatrice, la transposition peut accroître ou réduire la production d'une ou de plusieurs protéines. La transposition était responsable des deux types d'effets sur les gènes codant pour les enzymes de synthèse des pigments dans les grains de maïs de Barbara McClintock.

Là encore, alors qu'elles sont généralement nuisibles, de telles modifications peuvent s'avérer avantageuses sur une longue période en améliorant les chances de survie.

Au cours d'une transposition, un élément transposable peut déplacer un gène ou un groupe de gènes vers une nouvelle position dans le génome. Ce mécanisme est probablement responsable de la localisation des familles multigéniques de l'α-globine et de la β-globine sur différents chromosomes humains, de même que de la dispersion des gènes de certaines autres familles. En suivant un mouvement similaire de dispersion, un exon d'un gène peut s'insérer dans un autre gène grâce à un mécanisme s'apparentant à celui du brassage d'exons au cours de la recombinaison. Par exemple, un exon peut être inséré par transposition dans l'intron d'un gène codant pour une protéine. Si l'exon inséré est retenu dans le transcrit d'ARN au cours de l'épissage d'ARN, la protéine en voie de synthèse comportera un domaine additionnel qui peut lui conférer une nouvelle fonction.

Tous les processus examinés dans la présente section entraînent le plus souvent des effets nuisibles, qui peuvent être létaux, ou ne produisent aucun effet. Cependant, dans quelques cas, il peut survenir de petites modifications avantageuses qui se transmettront de génération en génération. Il se crée alors une diversité génétique qui fournit plus de matière première pour la sélection naturelle. La diversification des gènes et de leurs produits est un facteur important dans l'évolution de nouvelles espèces. Par conséquent, l'accumulation des modifications du génome de chaque espèce fournit des archives de son histoire évolutive. Pour lire ces archives, il faut être en mesure de reconnaître les changements génomiques. La comparaison de génomes de différentes espèces nous permet de le faire et contribue également à bonifier notre compréhension de l'évolution des génomes. Vous en apprendrez plus sur ces sujets dans la dernière section.

RETOUR SUR LE CONCEPT **21.5**

1. Décrivez trois exemples de processus cellulaires erronés qui aboutissent à des duplications d'ADN.
2. Expliquez comment des exons multiples peuvent être apparus dans les gènes ancestraux de l'EGF et de la fibronectine illustrés à gauche dans la figure 21.15.
3. Il semble que les éléments transposables contribuent de trois façons à l'évolution du génome. Quelles sont-elles?
4. **ET SI?** En 2005, des scientifiques islandais ont rapporté la découverte d'une grande inversion chromosomique présente chez 20% des Européens du Nord, et ils ont noté que les femmes islandaises porteuses de cette inversion avaient beaucoup plus d'enfants que les autres femmes. Selon vous, qu'arrivera-t-il à la fréquence de cette inversion dans la population islandaise chez les générations futures?

Voir les réponses proposées à la fin du chapitre.

CONCEPT **21.6**

La comparaison des séquences génomiques fournit des indices sur l'évolution et le développement

ÉVOLUTION Un chercheur a comparé l'état actuel de la biologie à l'Âge des découvertes, au 15e siècle, qui fut marqué par les améliorations majeures apportées aux instruments de navigation et la construction de navires plus rapides. Au cours des 25 dernières années, le séquençage des génomes et la cueillette de données ont progressé à pas de géant. Dans la foulée, on a mis au point de nouvelles techniques pour évaluer l'activité génique dans le génome entier et conçu des stratégies raffinées pour comprendre comment les gènes et leurs produits agissent de concert dans des systèmes complexes. Nous sommes à l'aube d'un monde nouveau.

Les comparaisons entre les séquences génomiques issues d'espèces différentes nous en apprennent beaucoup sur l'histoire évolutive de la vie, de la très ancienne à la plus récente. Dans le même ordre d'idées, les études comparatives des programmes génétiques qui commandent le développement embryonnaire chez des espèces différentes commencent à éclairer les mécanismes à l'origine de la grande diversité des formes de vie présentes aujourd'hui. Dans la dernière section du chapitre, nous examinerons ce que ces deux approches nous ont révélé.

La comparaison des génomes

Deux espèces différentes sont d'autant plus étroitement apparentées dans leur histoire évolutive que les séquences de leurs gènes et de leurs génomes sont semblables. La comparaison de génomes d'espèces étroitement apparentées a apporté un éclairage sur les événements plus récents de l'évolution, alors que la comparaison entre les génomes des espèces très distantes nous aide à comprendre l'histoire évolutive ancienne. Dans les deux cas, le fait de connaître les caractéristiques communes ou distinctives des groupes améliore notre compréhension de l'évolution des formes de vie et des processus biologiques. Comme vous l'avez appris au premier chapitre, on peut représenter les relations entre les espèces au cours de l'évolution par un diagramme arborescent (souvent orienté de côté) où chaque point d'embranchement marque la divergence de deux lignées. La **figure 21.16** montre les relations, au cours de l'évolution, de quelques groupes et espèces que nous allons examiner. Commençons par les comparaisons entre les espèces distantes.

La comparaison entre espèces distantes

Il est possible de faire la lumière sur les relations évolutives parmi les espèces qui ont divergé les unes des autres il y a longtemps en déterminant quels gènes sont restés semblables (autrement dit, *hautement conservés*) parmi des espèces distantes. En effet, les comparaisons effectuées entre les séquences complètes de génomes de Bactéries, d'Archées et d'Eucaryotes indiquent que ces trois groupes ont divergé il y a entre 2 et 4 milliards d'années et confirment de façon convaincante qu'ils constituent bel et bien les trois domaines fondamentaux du monde vivant (voir la figure 21.16).

En plus de leur intérêt en biologie de l'évolution, les études comparatives génomiques montrent également que les recherches menées sur des organismes modèles contribuent à mieux comprendre la biologie en général et la biologie humaine en particulier. Il est surprenant de constater combien des gènes qui ont évolué il y a très longtemps peuvent être similaires chez des espèces disparates. À titre d'exemple, des chercheurs sont arrivés à comprendre les fonctions des gènes de maladies génétiques humaines en étudiant leurs équivalents normaux chez la levure, car plusieurs gènes de cet organisme ressemblent d'assez près à certains gènes responsables de maladies chez les humains. Cette ressemblance frappante souligne l'origine commune de ces deux espèces distantes.

La comparaison entre espèces étroitement apparentées

Les structures des génomes de deux espèces étroitement apparentées sont probablement similaires par suite de leur divergence relativement récente. Comme nous l'avons mentionné précédemment, le génome entièrement séquencé d'une espèce peut servir d'ébauche pour organiser les séquences provenant d'une espèce étroitement apparentée; la cartographie du second génome en est ainsi accélérée. Les chercheurs ont été en mesure, par exemple, de séquencer rapidement le génome du chimpanzé grâce à la séquence du génome humain.

La divergence récente de deux espèces étroitement apparentées est à l'origine du petit nombre de différences entre les gènes que révèle la comparaison de leurs génomes. Il est alors

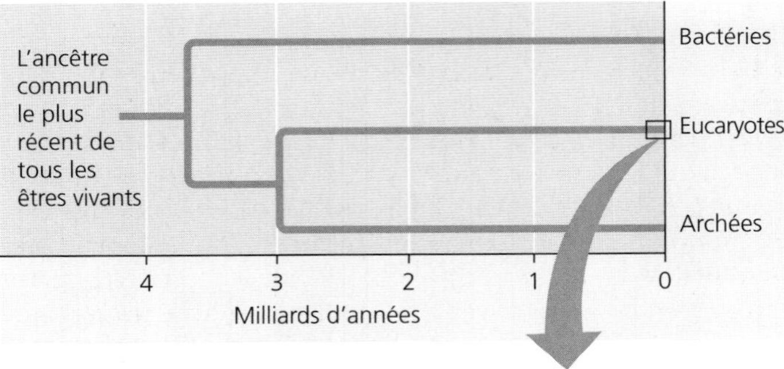

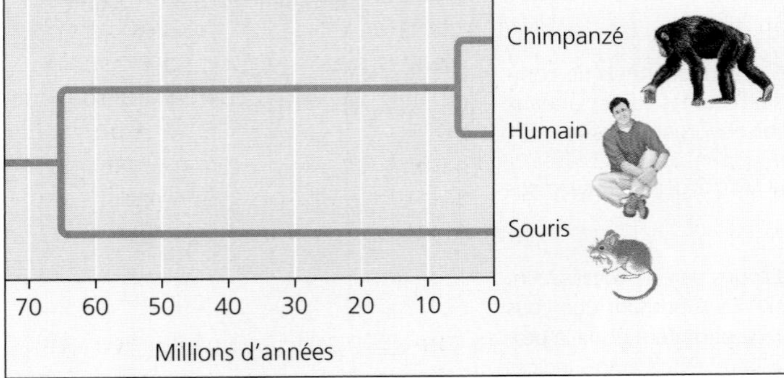

▲ **Figure 21.16 Les relations au cours de l'évolution entre les trois domaines de la vie.** Ce diagramme en arborescence illustre la divergence ancienne des Bactéries, des Archées et des Eucaryotes. Dans le médaillon, la portion de la lignée des Eucaryotes montre la divergence la plus récente de trois espèces de Mammifères examinées dans le présent chapitre.

plus facile d'établir des corrélations entre les différences génétiques particulières et les variantes phénotypiques entre ces deux espèces. Ce type d'analyse s'avère fort utile pour les chercheurs qui veulent comparer le génome humain avec les génomes du chimpanzé, de la souris, du rat et d'autres Mammifères. En identifiant les gènes partagés par ces espèces, qui sont toutes des Mammifères, on devrait obtenir des indices sur ce qui caractérise un Mammifère, alors qu'en distinguant les gènes partagés uniquement par les chimpanzés et les humains, donc en excluant les Rongeurs, on devrait en connaître plus sur les Primates. Et, bien sûr, la comparaison du génome humain avec celui du chimpanzé devrait nous aider à répondre à la question absolument fascinante que nous avons posée au début du présent chapitre: quelles informations génomiques caractérisent un humain ou un chimpanzé?

Une analyse de la composition globale des génomes de l'humain et du chimpanzé, qui semblent avoir divergé il y a seulement environ 6 millions d'années (voir la figure 21.16), révèle quelques différences d'ordre général. Quand on examine les substitutions d'un seul nucléotide, on constate que les génomes ne diffèrent que par 1,2%. Cependant, lorsque les chercheurs ont étudié des segments d'ADN plus longs, ils ont été surpris de trouver une différence supplémentaire de 2,7%, en raison des insertions ou des délétions de plus grandes régions de l'une ou l'autre espèce; un grand nombre des insertions étaient des duplications ou d'autre ADN répétitif. En fait, un tiers des duplications observées chez les humains sont absentes du génome des chimpanzés, et certaines de ces duplications contiennent des régions associées à des maladies humaines. Il y a plus d'éléments *Alu* dans le génome humain que dans celui du chimpanzé, et ce dernier contient de nombreuses copies d'un provirus rétroviral absent chez les humains. Toutes ces observations fournissent des indices concernant les forces qui ont dû entraîner les deux génomes dans des directions différentes, mais notre compréhension du mécanisme de cette divergence est encore incomplète. Nous ne savons pas non plus dans quelle mesure ces différences expliquent les caractéristiques distinctes de chaque espèce.

Afin de découvrir le fondement des différences phénotypiques entre les deux espèces, les biologistes étudient des gènes spécifiques et des types de gènes qui distinguent les humains et les chimpanzés; ils les comparent ensuite avec leurs contreparties chez d'autres Mammifères. Les résultats obtenus montrent qu'un certain nombre de gènes changent (évoluent) apparemment plus rapidement chez l'humain que chez le chimpanzé ou la souris. C'est le cas notamment des gènes intervenant dans la défense contre le paludisme et la tuberculose et au moins d'un gène qui commande la taille du cerveau. Quand on classe les gènes par fonction, on s'aperçoit que les gènes codant pour des facteurs de transcription semblent évoluer plus rapidement que tous les autres. Cette observation a du sens parce que les facteurs de transcription assurent la régulation de l'expression génique et jouent donc un peu le rôle de chef d'orchestre du programme génétique dans son ensemble.

Le gène d'un facteur de transcription, appelé *FOXP2*, témoigne d'une modification rapide dans la lignée humaine. Selon plusieurs sources de données, le gène *FOXP2* interviendrait dans la vocalisation chez les Vertébrés. D'une part, des mutations de ce gène peuvent provoquer de graves troubles

▼ Figure 21.17 INVESTIGATION

Quelle est la fonction d'un gène (*FOXP2*) qui évolue rapidement dans la lignée humaine ?

EXPÉRIENCE Plusieurs sources de données confirment le rôle du gène *FOXP2* dans le développement de la parole et du langage chez les humains et de la vocalisation chez d'autres Vertébrés. En 2005, Joseph Buxbaum et ses collaborateurs de la Mount Sinai School of Medicine et de plusieurs autres institutions ont testé la fonction du gène *FOXP2*. Ils ont utilisé la souris, un organisme modèle dont les gènes peuvent facilement être neutralisés et qui est représentatif des Vertébrés qui vocalisent : les souris émettent des cris ultrasoniques (sifflements) pour manifester leur stress. Les chercheurs ont utilisé le génie génétique pour produire des souris chez lesquelles un ou les deux exemplaires de *FOXP2* ont été bloqués.

Type sauvage : deux exemplaires normaux de *FOXP2*	**Hétérozygote : un exemplaire de *FOXP2* interrompu**	**Homozygote : les deux exemplaires de *FOXP2* interrompus**

Puis, ils ont comparé les phénotypes de ces souris. Voici les résultats concernant deux des caractères qu'ils ont examinés : l'anatomie du cerveau et la vocalisation.

Expérience 1 : Les chercheurs ont fait des coupes fines des sections du cerveau et les ont colorées avec des réactifs qui permettent de visualiser l'anatomie du cerveau au moyen d'un microscope à fluorescence (UV).

Expérience 2 : Les chercheurs ont séparé chaque nouveau-né de sa mère et ont relevé le nombre de sifflements ultrasoniques qu'il produisait.

RÉSULTATS

Expérience 1 : Le blocage des deux exemplaires de *FOXP2* a provoqué des anomalies du cerveau dans lesquelles les cellules ont été désorganisées. Les effets phénotypiques sur le cerveau des hétérozygotes, avec un exemplaire bloqué, ont été moins graves. (Chaque couleur révèle une cellule ou un type de tissu différents.)

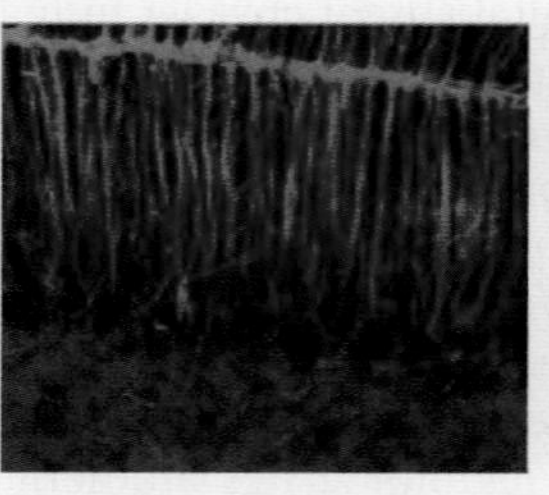

Type sauvage

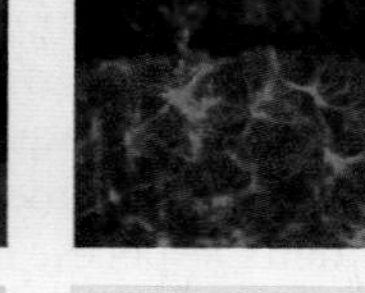

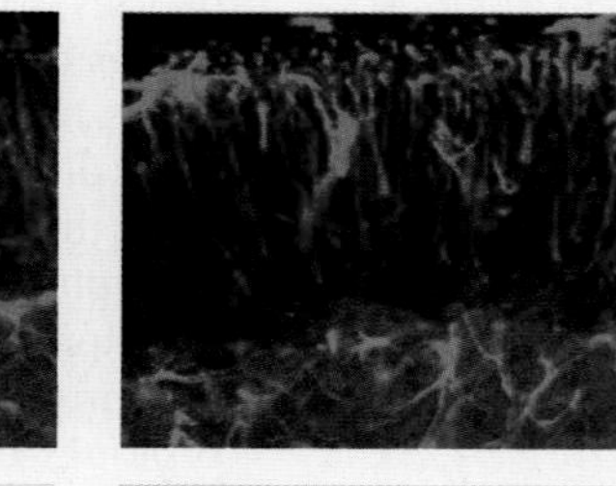

Hétérozygote

Homozygote

Expérience 2 : Le blocage des deux exemplaires de *FOXP2* a provoqué une absence de vocalisation ultrasonique en réaction au stress. L'effet sur la vocalisation chez l'hétérozygote était également extrême.

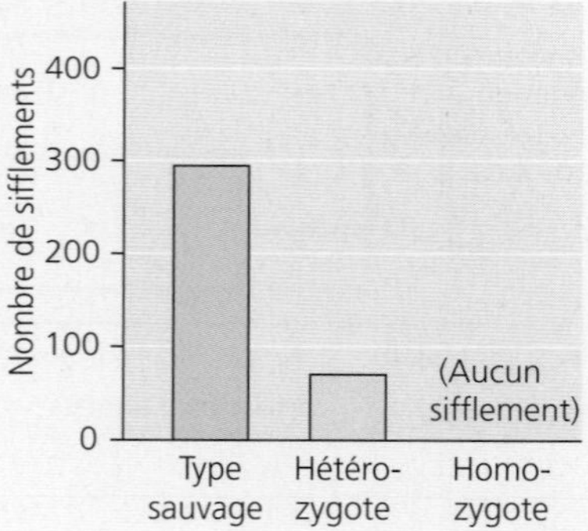

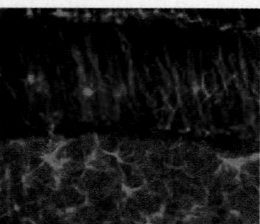

CONCLUSION *FOXP2* joue un rôle déterminant dans le développement des systèmes fonctionnels de communication chez la souris. Les résultats s'ajoutent à la preuve fournie par les études effectuées sur les oiseaux et les humains, corroborant l'hypothèse que *FOXP2* agirait de façon similaire chez divers organismes.

SOURCE W. Shu *et al.*, Altered ultrasonic vocalization in mice with a disruption in the *FOXP2* gene, *Proceedings of the National Academy of Sciences* 102 : 9643-9648 (2005).

ET SI ? Étant donné que les résultats confirment le rôle du gène *FOXP2* de la souris dans la vocalisation, on peut se demander si la protéine FOXP2 humaine est un régulateur clé de la parole. En supposant que vous connaissez les séquences d'acides aminés des protéines FOXP2 humaines du type sauvage et mutant et de la protéine FOXP2 du chimpanzé de type sauvage, comment pourriez-vous étudier cette question ? Quels autres indices pourriez-vous obtenir en comparant ces séquences à celles de la protéine FOXP2 de la souris ?

de la parole et du langage chez les humains. D'autre part, le gène *FOXP2* est exprimé dans les cerveaux des diamants mandarins et des canaris au moment où ces oiseaux chanteurs apprennent leurs chants. Mais la preuve probablement la plus convaincante vient d'une expérience d'invalidation génétique (*knock-out*) au cours de laquelle les chercheurs ont neutralisé le gène *FOXP2* chez la souris et ont analysé le phénotype produit (**figure 21.17**). La souris homozygote mutante présentait des malformations du cerveau et était incapable d'émettre des vocalisations ultrasoniques normales; par ailleurs, des souris possédant une copie défectueuse du gène ont également présenté des problèmes importants de vocalisation. Ces résultats corroborent l'idée selon laquelle le produit du gène *FOXP2* active les gènes qui jouent un rôle dans la vocalisation.

Plus récemment, un autre groupe de recherche a apporté de nouveaux éclaircissements sur la question; les chercheurs ont remplacé chez des souris le gène *FOXP2* par une copie «humanisée» codant pour les versions humaines de deux acides aminés qui diffèrent entre l'humain et le chimpanzé et qui seraient responsables de la capacité de parler des humains. Bien que les souris aient été généralement en bonne santé, leurs vocalisations étaient légèrement différentes; elles présentaient également des modifications des cellules du cerveau dans une région reconnue comme jouant un rôle dans le langage humain.

L'histoire du gène *FOXP2* est un excellent exemple illustrant comment des approches différentes peuvent se compléter en révélant des phénomènes biologiques d'une importance générale. Les expériences sur le gène *FOXP2* ont porté sur des souris comme modèles pour les humains parce qu'il aurait été contraire à l'éthique d'effectuer de telles expériences chez ceux-ci, sans compter que cela n'aurait pas été pratique. Les souris et les humains ont divergé il y a environ 65,5 millions d'années (voir la figure 21.16) et partagent environ 85 % de leurs gènes. Il est possible d'exploiter cette similitude génétique dans l'étude des troubles génétiques. Si les chercheurs connaissent l'organe ou le tissu qui est atteint par un trouble génétique, ils peuvent chercher les gènes qui sont exprimés à ces emplacements chez les souris.

D'autres travaux de recherche sont en cours pour étendre les études génomiques à beaucoup plus d'espèces microbiennes, à d'autres Primates et à des espèces délaissées dans diverses branches de l'arbre de la vie. Ces études feront progresser notre connaissance de tous les aspects de la biologie, y compris la santé, l'écologie et l'évolution.

La comparaison des génomes au sein d'une même espèce

Notre capacité à analyser des génomes entraîne une autre conséquence intéressante: elle accroît notre compréhension du spectre des variations génétiques chez les humains. Étant donné la brève histoire de l'espèce humaine (probablement autour de 200 000 ans), le nombre de variations de l'ADN chez les humains est faible en comparaison de celles qu'on observe chez de nombreuses autres espèces. Une bonne part de notre diversité semble résulter de polymorphismes mononucléotidiques (les SNP, décrits au chapitre 20), habituellement détectés par le séquençage de l'ADN. Dans le génome humain, les SNP se produisent en moyenne environ une fois dans 100 à 300 paires de bases. Les scientifiques ont déjà repéré l'emplacement de plusieurs millions de sites SNP dans le génome humain et continuent d'en découvrir d'autres.

Au cours de cette recherche, ils ont également trouvé d'autres variations, notamment des inversions, des délétions et des duplications. Mais la découverte la plus surprenante a été l'importante occurrence du polymorphisme du nombre de copies faisant que certains individus ont une ou plusieurs copies d'un gène particulier ou d'une région génétique, au lieu des deux copies normales (une sur chaque homologue). La variabilité du nombre de copies est due à des duplications ou à des délétions qui se sont produites de façon désordonnée au sein de la population. Une étude réalisée en 2010 sur 40 personnes a permis de découvrir plus de 8 000 différences quant au nombre de copies mettant en cause 13 % des gènes du génome. Il se peut que ces différences ne représentent qu'un petit sous-ensemble du total. Étant donné que ces différences incluent des segments d'ADN beaucoup plus longs que les nucléotides uniques des SNP, la variabilité du nombre de copies est plus susceptible d'avoir des conséquences phénotypiques et de jouer un rôle dans les maladies et les affections. À tout le moins, l'incidence élevée de la variabilité du nombre de copies sème le doute quant à la signification de l'expression «génome humain normal».

Les variances en nombre de copies, les SNP et les variations dans l'ADN répétitif comme les courtes répétitions en tandem (STR) seront des marqueurs génétiques utiles pour étudier l'évolution humaine. En 2010, les génomes de deux Africains provenant de communautés différentes ont été séquencés. Le premier était l'archevêque Desmond Tutu, le défenseur des droits civils sud-africain et membre de la tribu bantoue, la population majoritaire en Afrique du Sud; le second était un chasseur-cueilleur du nom de !Gubi, de la communauté khoisan de Namibie, une population minoritaire en Afrique qui est probablement la plus ancienne branche de la lignée humaine. La comparaison a révélé de nombreuses différences, comme on pouvait s'y attendre. L'analyse a alors été élargie pour comparer les régions du génome de !Gubi qui codent pour des protéines avec celles de trois autres Khoisans (ils se sont déclarés Bochimans) vivant à proximité. On a trouvé plus de différences entre ces quatre génomes qu'entre ceux d'un Européen et d'un Asiatique. Ces observations illustrent la très grande diversité génétique parmi les génomes africains. À mesure que s'étendront ces travaux de comparaison, nous serons de plus en plus aptes à répondre à des questions importantes concernant les différences entre les populations humaines et leurs voies de migration au cours du temps.

La comparaison des processus de développement

Les biologistes spécialistes du champ disciplinaire de la biologie de l'évolution du développement (surnommé **concept évo-dévo**) comparent les processus de développement de divers organismes multicellulaires. Ils cherchent à comprendre comment ces mécanismes sont apparus et comment des changements qui les touchent peuvent modifier les caractéristiques existantes d'un organisme ou en créer de nouvelles. L'avènement des techniques de la biologie moléculaire et le récent déluge d'information en génomique nous révèlent que les génomes d'espèces apparentées, mais qui se distinguent de façon étonnante par leurs formes, peuvent ne présenter que des différences mineures dans la séquence ou la régulation des gènes. Par ailleurs, la découverte du fondement moléculaire de ces différences nous aidera à comprendre les origines de la myriade de formes diverses qui cohabitent sur Terre, ce qui constitue un apport d'information à notre étude de l'évolution.

La conservation généralisée des gènes du développement chez les Animaux

Au chapitre 18, vous avez étudié les gènes homéotiques de *Drosophila melanogaster*, qui codent pour l'identité des segments corporels dans la mouche du vinaigre (voir la figure 18.20, p. 429). L'analyse moléculaire des gènes homéotiques a montré qu'ils comprennent tous une séquence de 180 nucléotides appelée **boîte homéotique**. Celle-ci code pour un *domaine homéotique* de 60 acides aminés dans les protéines encodées. On a découvert une séquence nucléotidique identique ou très semblable dans les gènes homéotiques de nombreux Vertébrés et Invertébrés. La ressemblance entre les séquences des humains et des drosophiles est tellement surprenante, en fait, qu'un chercheur a déclaré qu'il considérait les drosophiles comme des «petites personnes dotées d'ailes». La ressemblance s'étend même à l'organisation de ces gènes: chez les Vertébrés, les gènes homologues aux gènes homéotiques des drosophiles ont conservé le même ordre qu'ils occupaient sur les chromosomes (**figure 21.18**). On a également trouvé des séquences contenant une boîte homéotique dans les gènes régulateurs d'Eucaryotes beaucoup plus éloignés, dont des Végétaux et des levures. Ces ressemblances nous permettent de conclure que la séquence d'ADN de la boîte homéotique est apparue très tôt au cours de l'histoire de la vie; de plus, elle doit être assez précieuse pour avoir été conservée à peu près intacte chez les Animaux et les Végétaux durant des centaines de millions d'années.

Chez les Animaux, les gènes homéotiques sont appelés gènes *Hox*, une abréviation qui réfère en anglais aux gènes à *boîte homéotique*, parce que les gènes homéotiques ont été les premiers gènes trouvés qui présentaient cette séquence. Plus tard, on a repéré d'autres gènes à boîte homéotique, mais qui n'agissent pas comme des gènes homéotiques, c'est-à-dire qu'ils ne déterminent pas directement l'identité des parties de l'organisme. Cependant, la plupart sont liés au développement, du moins chez les Animaux, ce qui laisse penser qu'ils jouent un rôle fondamental dans ce processus depuis des temps reculés. Par exemple, chez la drosophile, les boîtes homéotiques sont présentes non seulement dans les gènes homéotiques, mais aussi dans les gènes *bicoïd*, qui régissent la polarité de l'œuf (voir les figures 18.21 et 18.22, p. 430), dans plusieurs gènes de segmentation et dans le gène régulateur principal du développement de l'œil.

Les chercheurs ont découvert que le domaine homéotique encodé par la boîte homéotique correspond à la partie de la protéine qui se lie à l'ADN lorsque cette dernière agit en tant que régulateur de la transcription. Cependant, un domaine homéotique a une forme qui lui permet de se lier à n'importe quel segment d'ADN; sa propre structure n'est pas spécifique d'une séquence particulière. Ce sont plutôt d'autres domaines plus variables de la protéine contenant un domaine homéotique qui déterminent la nature des gènes dont la protéine assurera la régulation. L'interaction de ces domaines variables avec d'autres facteurs de transcription fait que la protéine contenant un domaine homéotique reconnaît certains amplificateurs ou certaines séquences régulatrices présentes sur l'ADN. Les protéines contenant un domaine homéotique assurent probablement la régulation du développement en coordonnant la transcription d'un ensemble de gènes du développement qu'elles activent ou désactivent. Chez la drosophile et d'autres espèces animales, diverses combinaisons de gènes à boîte homéotique sont actives dans les différentes parties de l'embryon. L'expression sélective des gènes régulateurs et les fluctuations de cette expression dans le temps et dans l'espace sont essentielles à la réalisation des plans d'organisation.

Les biologistes du développement ont découvert qu'en plus des gènes homéotiques, de nombreux autres gènes participant au développement sont très bien conservés d'une espèce à l'autre. La plupart de ceux-ci codent pour les

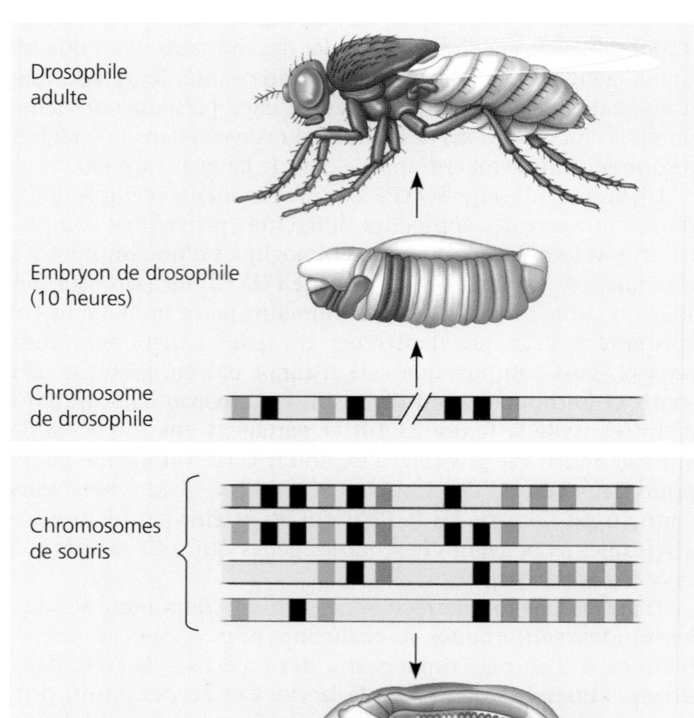

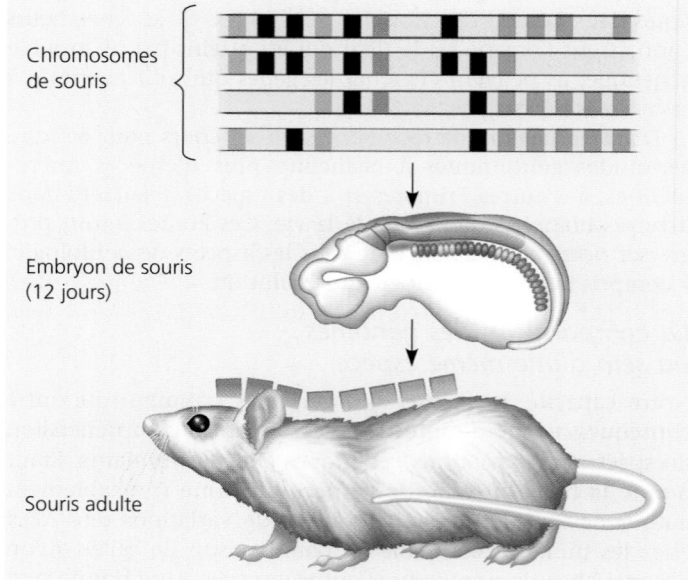

▲ **Figure 21.18 La conservation de gènes homéotiques chez la drosophile et la souris.** Les gènes homéotiques commandant la forme des structures antérieures et postérieures de l'organisme sont placés dans le même ordre sur les chromosomes de la drosophile et de la souris. Chacune des bandes colorées qui figurent ici sur les chromosomes désigne un gène homéotique. Chez la drosophile, tous ces gènes se situent sur le même chromosome. Chez la souris et les autres Mammifères, on trouve le même ensemble de gènes ou des ensembles similaires sur quatre chromosomes. Les couleurs renvoient aux parties de l'embryon où ces gènes s'expriment et aux régions correspondantes de l'organisme adulte. On constate que la disposition des gènes sur le chromosome reflète fidèlement la disposition des structures de l'animal sur lesquelles ils agissent. Tous ces gènes sont presque identiques chez les drosophiles et les souris, excepté ceux qui sont représentés par des bandes noires; ces derniers se ressemblent moins chez les deux espèces.

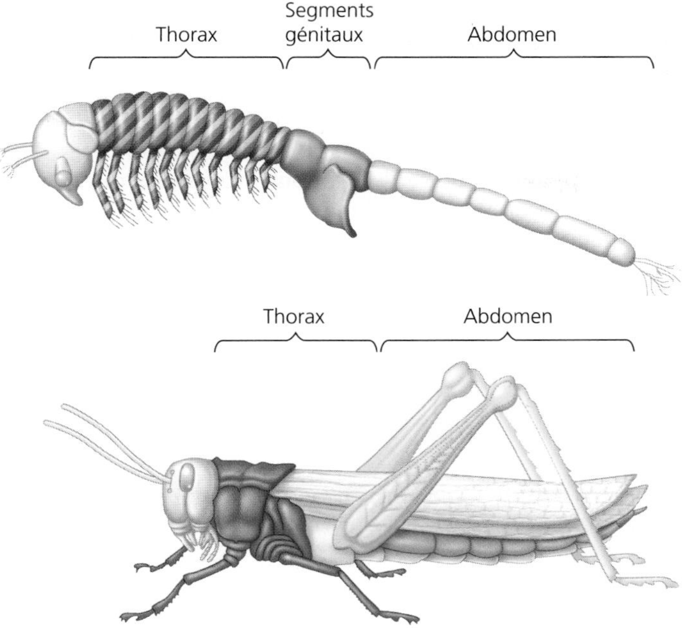

▲ **Figure 21.19 L'effet des différences dans l'expression du gène *Hox* au cours du développement des Crustacés et des Insectes.** Des changements dans les modes d'expression des gènes *Hox* se sont produits au cours de l'évolution. Ces changements expliquent en partie les plans d'organisation corporelle différents de la crevette des salines, *Artemia salina*, un Crustacé (en haut), et de la sauterelle, un Insecte. L'illustration montre en couleurs distinctes les régions du corps de l'animal adulte correspondant à l'expression de quatre gènes *Hox* qui déterminent la formation de parties particulières du corps au cours du développement de l'embryon. Chaque couleur représente un gène *Hox* spécifique. Les bandes colorées sur le thorax d'*Artemia* indiquent une coexpression de trois gènes *Hox*.

composantes des voies de communication. L'extraordinaire ressemblance entre les gènes de développement particuliers chez diverses espèces animales suscite la question suivante: comment les mêmes gènes peuvent-ils jouer un rôle dans le développement des Animaux dont les formes diffèrent tellement d'une espèce à l'autre?

Les études en cours semblent indiquer les éléments de réponse suivants. Dans certains cas, des changements minimes dans les séquences de régulation de gènes particuliers causent des transformations des modes d'expression génique qui peuvent mener à des modifications majeures de la forme d'un organisme. Par exemple, les divers modes d'expression des gènes *Hox* le long de l'axe corporel des Insectes et des Crustacés peuvent expliquer la variation du nombre de segments porteurs de pattes chez ces Animaux segmentés (**figure 21.19**). De plus, des recherches récentes semblent indiquer que le même produit du gène *Hox* peut avoir des effets légèrement différents chez certaines espèces, activant de nouveaux gènes ou activant les mêmes gènes, mais à des niveaux plus élevés ou plus faibles. Dans d'autres cas, des gènes similaires commandent des processus différents de développement chez les organismes, ce qui entraîne la diversité des formes du corps. Ainsi, plusieurs gènes *Hox* sont exprimés aux stades embryonnaire ou larvaire des oursins, des Animaux non segmentés qui ont un plan d'organisation corporelle très différent de celui des Insectes et des souris. Les oursins parvenus à l'âge adulte fabriquent leur coquille ayant la forme d'une pelote à épingles; vous en avez probablement déjà vu sur la plage (voir la figure 8.4, p. 162). Ils font partie des organismes utilisés depuis longtemps dans les études d'embryologie classique (voir le chapitre 47).

La comparaison entre le développement des Animaux et celui des Végétaux

Le dernier ancêtre commun des Animaux et des Végétaux était probablement un Eucaryote unicellulaire ayant vécu il y a des centaines de millions d'années. Les mécanismes du développement ont donc dû évoluer séparément dans les deux groupes multicellulaires. Les Végétaux ont acquis des parois cellulaires rigides, empêchant ainsi les migrations morphogénétiques des cellules et des tissus qui jouent un rôle important chez les espèces animales. La morphogenèse des Végétaux résulte plutôt de la formation de différents plans de division cellulaire et du grandissement sélectif de cellules particulières. (Ces mécanismes sont étudiés au chapitre 35.) Cependant, en dépit de ces différences, les Animaux et les Végétaux ont des mécanismes de développement moléculaire (remontant à leurs origines cellulaires communes) qui présentent des ressemblances fondamentales.

Tant chez les Animaux que chez les Végétaux, le développement dépend d'une cascade de régulateurs de transcription qui activent ou désactivent les gènes par des mécanismes finement ajustés. Par exemple, des travaux sur la fleur d'*Arabidopsis thaliana* ont montré que l'établissement d'un plan radial de symétrie des organes de fleurs, comme la mise en place de l'axe tête-queue de *Drosophila melanogaster*, fait intervenir une cascade de facteurs de transcription (voir le chapitre 35). Les gènes régissant ces processus diffèrent considérablement chez les Animaux et les Végétaux. Alors qu'une bonne partie des interrupteurs généraux de régulation de la drosophile sont des gènes *Hox* contenant une boîte homéotique, ceux d'*Arabidopsis* appartiennent à une famille de gènes tout à fait différente; ce sont les gènes *Mads-box* (ou la boîte de gènes *Mads*). De plus, les Végétaux peuvent porter des gènes contenant une boîte homéotique et les Animaux, des gènes *Mads-box*. Toutefois, ni dans l'un ni dans l'autre cas ces gènes ne jouent les mêmes rôles essentiels au développement qu'ils exercent dans l'autre groupe. Par conséquent, des preuves moléculaires confirment l'idée que les programmes de développement sont apparus séparément chez les Animaux et les Végétaux.

Dans ce dernier chapitre de la partie portant sur la génétique, nous avons appris comment les études de la composition génomique et la comparaison des génomes de différentes espèces nous permettent d'en apprendre beaucoup sur les mécanismes de l'apparition des génomes. De plus, en comparant les programmes de développement, il est possible de constater que l'unité de la vie se révèle dans la similitude des mécanismes moléculaires et cellulaires qui servent à établir le plan d'organisation corporelle, bien que les gènes commandant le développement puissent différer parmi les organismes. Ces ressemblances entre les génomes reflètent l'existence d'ancêtres communs de la vie sur Terre. Mais les différences jouent aussi un rôle essentiel, parce que ce sont elles qui ont fait apparaître l'extraordinaire diversité des organismes actuels. Le reste du présent ouvrage va au-delà des molécules, des cellules et des gènes. Il vous amènera à explorer le vivant au niveau des organismes et de leur environnement.

RETOUR SUR LE CONCEPT 21.6

1. Doit-on s'attendre à ce que le génome du macaque (un singe) ressemble plus au génome de la souris ou à celui de l'humain ? Pourquoi ?
2. Les séquences d'ADN appelées *boîtes homéotiques* – qui assistent les gènes homéotiques commandant le développement embryonnaire – sont communes aux drosophiles et aux souris. Alors pourquoi ces Animaux ne se ressemblent-ils pas davantage ?
3. ET SI ? Le génome humain comporte trois fois plus d'éléments *Alu* que celui du chimpanzé. Selon vous, comment ces éléments *Alu* supplémentaires sont-ils apparus dans le génome humain ? Proposez un rôle qu'ils pourraient avoir joué dans la divergence de ces deux espèces.

Voir les réponses proposées à la fin du chapitre.

RÉVISION DU CHAPITRE 21

RÉSUMÉ DES CONCEPTS CLÉS

CONCEPT 21.1

De nouvelles approches ont accéléré la cadence du séquençage des génomes (p. 496 à 498)

- Le **Projet génome humain** a été lancé en 1990, en suivant une stratégie en trois étapes. La **cartographie de liaison génétique** permet de déterminer l'ordre des gènes et des autres marqueurs héréditaires dans le génome ainsi que leurs distances relatives en se basant sur les fréquences de recombinaison. Ensuite, la **cartographie physique** utilise les zones de recouvrement entre les fragments d'ADN pour les ordonner et déterminer la distance entre les marqueurs en fonction du nombre de paires de bases. Enfin, les fragments mis en ordre sont séquencés, fournissant la séquence complète du génome.
- Dans l'approche en aveugle sur l'ensemble du génome, le génome entier est découpé en un grand nombre de petits fragments, dont les extrémités se chevauchent, et qui sont séquencés. Après quoi, un programme informatique reconstitue la séquence complète. Les informations fournies par la cartographie facilitent la reconstitution correcte de la séquence.

? *Pourquoi l'approche en aveugle sur l'ensemble du génome a-t-elle été largement adoptée pour les projets de séquençage des génomes ?*

CONCEPT 21.2

Les scientifiques utilisent la bio-informatique pour analyser les génomes et leurs fonctions (p. 498 à 502)

- Des sites Web fournissent un accès centralisé à des bases de données sur les séquences des génomes, les outils analytiques et les informations en lien avec les génomes.
- L'analyse informatique des séquences génomiques aide à l'**annotation d'un gène**, une opération qui consiste à identifier des séquences codant pour des protéines et à établir leurs fonctions. Les méthodes pour déterminer la fonction d'un gène comprennent la comparaison des séquences des gènes nouvellement découverts avec celles de gènes connus dans d'autres espèces et l'observation des effets phénotypiques de l'inactivation expérimentale de gènes de fonction inconnue.
- Dans la biologie des systèmes, les scientifiques utilisent les outils informatiques de la **bio-informatique** pour comparer les génomes et étudier les jeux de gènes et de protéines comme des systèmes entiers (**génomique** et **protéomique**). Les études comprennent les analyses à grande échelle des interactions des protéines, les éléments de l'ADN fonctionnel et les gènes qui sont à l'origine de certains troubles médicaux.

? *Quelle a été la découverte la plus importante du projet pilote ENCODE ? Pourquoi le projet a-t-il été étendu à d'autres espèces ?*

CONCEPT 21.3

La taille, le nombre de gènes et la densité génique des génomes varient (p. 502 à 504)

	Bactéries	Archées	Eucaryotes
Taille du génome	1-6 Mb (pour la plupart)		Entre 10 et 4 000 Mb pour la plupart, mais quelques-uns sont beaucoup plus gros
Nombre de gènes	1 500-7 500		5 000-40 000
Densité génique	Plus élevée que chez les Eucaryotes		Plus faible que chez les Procaryotes. (Chez les Eucaryotes, une densité plus faible est associée à des génomes plus gros.)
Introns	Aucun dans les gènes codant pour des protéines	Présents dans certains gènes	Eucaryotes unicellulaires : présents, mais prévalant seulement dans quelques espèces Eucaryotes multicellulaires : présents dans la plupart des gènes
Autres ADN non codants	Très peu		Parfois présents en grandes quantités ; généralement plus d'ADN non codant répétitif chez les Eucaryotes multicellulaires

? *Comparez la taille des génomes, le nombre de gènes et la densité génique (a) dans les trois domaines et (b) parmi les Eucaryotes.*

CONCEPT 21.4

Les Eucaryotes multicellulaires possèdent beaucoup d'ADN non codant et de nombreuses familles multigènes (p. 504 à 508)

- Seulement 1,5 % du génome humain code pour des protéines ou donne naissance à des ARNr ou à des ARNt ; le reste est de l'ADN non codant, incluant les **pseudogènes** et l'**ADN répétitif** de fonction inconnue.

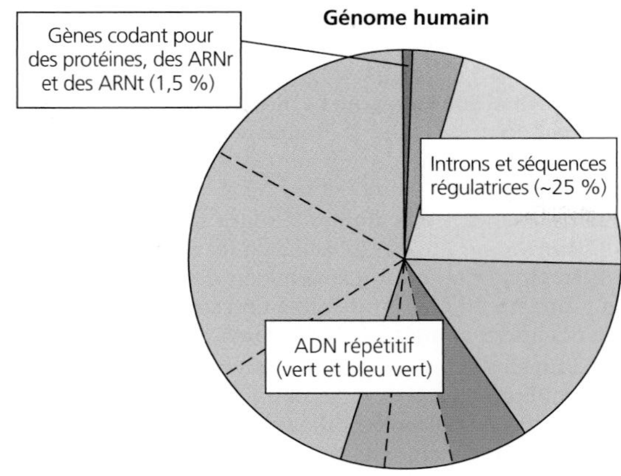

- Le type le plus abondant d'ADN répétitif chez les Eucaryotes multicellulaires se compose d'éléments transposables et de séquences apparentées. Chez les Eucaryotes, il y a deux types d'éléments transposables : les **transposons**, qui se déplacent par l'intermédiaire d'un ADN, et les **rétrotransposons**, qui sont plus nombreux et qui se déplacent par l'intermédiaire d'un ARN.
- L'autre ADN répétitif inclut des séquences courtes non codantes qui sont répétées en tandem des milliers de fois (**ADN à simple séquence**, qui comprend les **STR**) ; ces séquences dominent dans les centromères et les télomères, où elles jouent probablement des rôles structuraux au sein des chromosomes.
- Bien que de nombreux gènes eucaryotes soient présents dans un exemplaire par jeu de chromosomes haploïdes, il arrive que d'autres (la plupart, chez certaines espèces) constituent des membres d'une famille de gènes apparentés ; c'est le cas des familles de globines humaines :

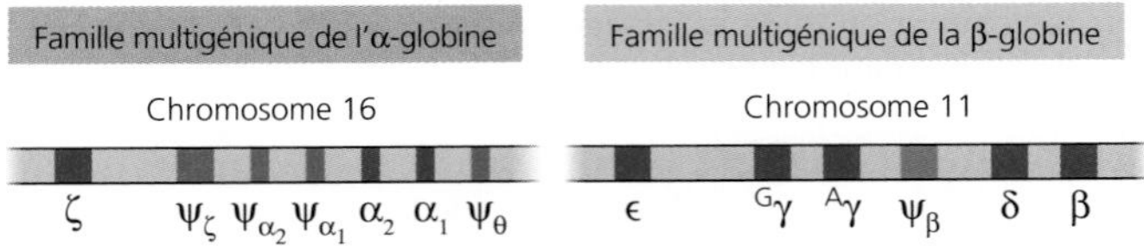

? *Selon vous, comment la fonction des éléments transposables pourrait-elle expliquer leur prévalence dans l'ADN non codant humain ?*

CONCEPT 21.5

Les duplications, les réarrangements et les mutations de l'ADN contribuent à l'évolution du génome (p. 508 à 512)

- Des accidents survenant durant la division cellulaire peuvent donner naissance à des copies supplémentaires d'une partie ou de l'ensemble des jeux de chromosomes ; les gènes dans le ou les jeux supplémentaires peuvent alors diverger si un jeu accumule des modifications de séquences.
- La comparaison de la structure chromosomique des génomes de différentes espèces fournit des informations sur les relations au cours de l'évolution. Il se peut que les réarrangements de chromosomes au sein d'une espèce donnée aient contribué à l'émergence de nouvelles espèces.
- Les gènes codant pour les diverses globines ont évolué à partir d'un gène ancestral commun de la globine qui a subi une duplication et une divergence en gènes ancestraux des α-globines et des β-globines. Des duplications subséquentes de ces gènes et des mutations au hasard ont donné naissance aux gènes actuels des globines, qui codent tous pour des protéines qui se lient à l'oxygène. Les copies de quelques gènes dupliqués ont divergé au cours de l'évolution à un point tel que les fonctions de leurs protéines encodées (comme le lysozyme et l'α-lactalbumine) sont maintenant passablement différentes.
- Les remaniements d'exons dans et entre les gènes au cours de l'évolution ont produit des gènes contenant de multiples copies d'exons semblables ou plusieurs exons différents dérivés d'autres gènes.
- Le déplacement d'éléments transposables ou la recombinaison entre des copies du même élément engendre parfois des combinaisons de nouvelles séquences qui sont favorables à l'organisme. Ces mécanismes peuvent altérer les fonctions des gènes ou leurs modes d'expression et de régulation.

? *Comment le réarrangement chromosomique peut-il mener à l'émergence de nouvelles espèces ?*

CONCEPT 21.6

La comparaison des séquences génomiques fournit des indices sur l'évolution et le développement (p. 512 à 518)

- Les études comparatives des génomes provenant d'espèces très divergentes et étroitement apparentées fournissent des informations précieuses sur l'histoire de l'évolution au cours des temps plus anciens et des périodes plus récentes, respectivement. Les séquences des humains et des chimpanzés présentent environ 4 % de différences, lesquelles résultent en grande partie des insertions, des délétions et des duplications dans une lignée. Au même titre que les variations dans des gènes spécifiques (comme *FOXP2*, un gène qui intervient dans la phonation), ces différences peuvent rendre compte des caractéristiques distinctes des deux espèces. On peut aussi obtenir des informations sur l'évolution dans une espèce au moyen de l'analyse des polymorphismes mononucléotidiques (SNP) et des différences en nombre de copies parmi les individus de cette espèce.
- Les biologistes spécialistes du champ disciplinaire de la biologie de l'évolution du développement (**évo-dévo**) ont montré que les gènes homéotiques et quelques autres gènes associés au développement des Animaux contiennent une **boîte homéotique** dont la séquence est hautement conservée chez diverses espèces animales. Des séquences apparentées sont présentes dans les gènes de Végétaux et de levures. Au cours du développement embryonnaire des Végétaux et des Animaux, une cascade de régulateurs de transcription activent et désactivent les gènes dans une séquence soigneusement régulée. Mais les gènes qui commandent des processus de développement analogues portent des séquences profondément différentes chez les Végétaux et chez les Animaux en raison de leur origine ancestrale éloignée.

? *Quel type d'information peut-on obtenir en comparant les génomes d'espèces étroitement apparentées ? D'espèces très distantes ?*

ÉVALUATION

NIVEAU 1 : CONNAISSANCES ET COMPRÉHENSION

1. La bio-informatique inclut tous les éléments suivants, *sauf* :
   a) l'utilisation de programmes informatiques pour aligner les séquences d'ADN.
   b) l'analyse des interactions protéiques dans une espèce.
   c) l'utilisation de la biologie moléculaire pour combiner l'ADN provenant de deux sources différentes dans une éprouvette.
   d) la mise au point d'outils informatiques pour l'analyse des génomes.
   e) l'utilisation d'outils mathématiques pour donner un sens aux systèmes biologiques.
2. Une des caractéristiques des rétrotransposons est :
   a) de coder seulement pour une enzyme qui synthétise l'ADN en se servant d'une matrice d'ARN.
   b) de ne se trouver que dans les cellules animales.
   c) de se déplacer par un mécanisme « couper-coller ».
   d) de contribuer de façon importante à la variabilité génétique d'une population de gamètes.
   e) de dépendre d'un rétrovirus pour leur amplification.

3. Les gènes homéotiques:
   a) codent pour des facteurs de transcription qui assurent la régulation de l'expression des gènes commandant des structures anatomiques spécifiques.
   b) n'existent que chez *Drosophila melanogaster* et les autres Arthropodes.
   c) sont les seuls gènes qui contiennent un domaine homéotique encodé par la boîte homéotique.
   d) codent pour des protéines qui forment des structures anatomiques chez la drosophile.
   e) sont responsables de la modélisation au cours du développement des Végétaux.

NIVEAU 2: APPLICATION ET ANALYSE

4. Deux protéines eucaryotes ont un domaine en commun, mais elles sont pour le reste très différentes. Parmi les processus suivants, lequel est le plus susceptible d'avoir contribué à ce phénomène?
   a) La duplication génique.
   b) L'épissage d'ARN.
   c) Le brassage d'exons.
   d) La modification d'histones.
   e) Les mutations ponctuelles au hasard.

5. **FAITES UN DESSIN** Voici les séquences d'acides aminés (identifiés par leur symbole en une lettre; voir la figure 5.16) de quatre courts segments de la protéine FOXP2 provenant de six espèces: chimpanzé, orang-outan, gorille, macaque rhésus, souris et humain. Ces segments contiennent toutes les différences d'acides aminés entre les protéines FOXP2 de ces espèces.

   1. ATETI... PKSSD... TSSTT... NARRD
   2. ATETI... PKSSE... TSSTT... NARRD
   3. ATETI... PKSSD... TSSTT... NARRD
   4. ATETI... PKSSD... TSSNT... S ARRD
   5. ATETI... PKSSD... TSSTT... NARRD
   6. VTETI... PKSSD... TSSTT... NARRD

   À l'aide d'un surligneur, marquez d'une couleur tout acide aminé qui varie parmi les espèces. (Colorez cet acide aminé dans toutes les séquences.) Puis, répondez aux questions qui suivent.
   a) Les séquences du chimpanzé, du gorille et du macaque rhésus (C, G, R) sont identiques. Quelles lignes correspondent à ces séquences?
   b) La séquence de l'humain diffère de celle des espèces C, G et R par deux acides aminés. Quelle ligne correspond à la séquence de l'humain?
   c) La séquence de l'orang-outan diffère de celle des espèces C, G et R par un acide aminé (la valine remplace l'alanine) et de celle de l'humain par trois acides aminés. Quelle ligne correspond à la séquence de l'orang-outan?
   d) Par combien d'acides aminés la souris et les espèces C, G et R diffèrent-elles? Encerclez l'acide ou les acides aminés qui diffèrent chez la souris. Par combien d'acides aminés la souris et l'humain diffèrent-ils? Tracez un carré autour de l'acide ou des acides aminés qui diffèrent chez la souris.
   e) Les Primates et les Rongeurs ont divergé il y a entre 60 et 100 millions d'années, et les chimpanzés et les humains ont divergé il y a environ 6 millions d'années. Sachant cela, que pouvez-vous conclure de la comparaison des différences d'acides aminés entre la souris et les espèces C, G et R avec les différences entre l'humain et les espèces C, G et R?

NIVEAU 3: SYNTHÈSE ET ÉVALUATION

6. **LIEN AVEC L'ÉVOLUTION** Les gènes qui jouent un rôle important dans le développement embryonnaire des Animaux, par exemple ceux qui contiennent une boîte homéotique, ont été relativement bien conservés au cours de l'évolution. Cela revient à dire que, d'une espèce à l'autre, ils se ressemblent plus que de nombreux autres gènes. Pourquoi?

7. **INTÉGRATION** Les scientifiques qui cartographient les SNP dans le génome humain ont remarqué que des groupes de SNP avaient tendance à être transmis ensemble, en blocs qualifiés d'haplotypes, dont la longueur varie entre 5 000 et 200 000 paires de bases. Il y a aussi peu que quatre à cinq combinaisons de SNP par haplotype qui se produisent généralement. Proposez une explication pour cette observation, en intégrant ce que vous avez appris dans le présent chapitre et dans la présente partie.

8. **ÉCRIVEZ UN TEXTE**
   Le fondement génétique de la vie La continuité de la vie est basée sur des informations transmissibles sous la forme d'ADN. Dans un court essai (de 100 à 150 mots), expliquez comment les mutations dans les gènes qui codent pour des protéines et dans l'ADN de régulation contribuent à l'évolution.

RÉPONSES DU CHAPITRE 21

Questions des figures

Figure 21.3 Les fragments à l'étape 2 de cette figure sont comme ceux de l'étape 2 de la figure 21.2, mais leur ordre relatif n'est pas connu et sera déterminé plus tard par ordinateur. L'ordre entre les fragments de la figure 21.2 est entièrement connu avant le début du séquençage. (La détermination de l'ordre prend plus de temps, mais elle facilite l'éventuel assemblage de séquences.) **Figure 21.9** Le transposon serait excisé de l'ADN au site d'origine plutôt que copié, de sorte que la figure illustrerait le segment d'ADN sans le transposon après l'excision du transposon mobile. **Figure 21.11** Les transcrits d'ARN qui se détachent de l'ADN dans chaque unité de transcription sont plus courts à gauche et plus longs à droite. Cela signifie que l'ARN polymérase doit commencer à l'extrémité gauche de l'unité et se déplacer vers la droite.

Figure 21.13

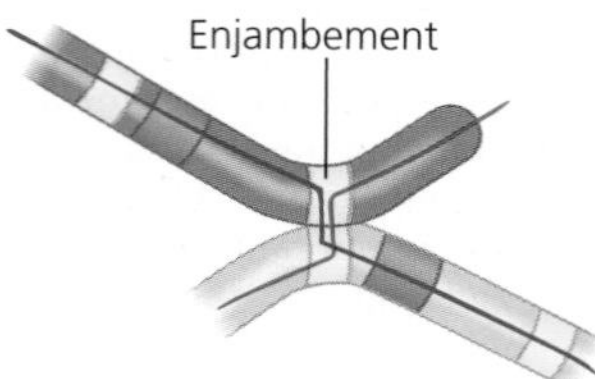

Figure 21.14 Les peudogènes sont non fonctionnels. Ils sont peut-être apparus à la suite de mutations survenues dans la deuxième copie qui ont détruit la fonction du produit du gène. Les exemples comportent des changements de bases qui introduisent des codons d'arrêt dans la séquence, modifient les acides aminés ou changent une région du promoteur du gène de sorte que celui-ci ne peut plus être exprimé.
Figure 21.15 Supposons qu'un élément transposable (ET) existe dans l'intron à gauche de l'exon EGF dans le gène EGF et que le même ET était présent dans l'intron à droite de l'exon F indiqué dans le gène de la fibronectine. Au cours de la recombinaison méiotique, ces ET pourraient faire en sorte que les chromatides non sœurs sur les chromosomes homologues ne s'apparient pas correctement, comme on le voit à la figure 21.13. Un gène pourrait porter un exon F à proximité d'un exon EGF. D'autres erreurs d'appariement sur de nombreuses générations pourraient provoquer la séparation de ces deux exons du reste du gène et les placer près d'un exon K unique ou dupliqué. En général, la présence de séquences répétées dans des introns et entre des gènes facilite ces processus parce qu'elle permet l'appariement incorrect des chromatides sœurs, menant à de nouvelles combinaisons d'exons.
Figure 21.17 Étant donné que nous savons que les chimpanzés ne parlent pas, contrairement aux humains, on voudrait peut-être savoir par combien d'acides aminés diffèrent la protéine humaine FOXP2 de type

sauvage et celle du chimpanzé, et savoir si ces modifications influent sur la fonction de la protéine. (Comme nous l'expliquons plus loin dans le manuel, il y a deux différences d'acides aminés.) Vous savez que les humains dont ce gène a subi des mutations présentent de graves troubles de langage. On voudrait en apprendre davantage sur les mutations chez l'humain en vérifiant si elles influent sur les mêmes acides aminés dans le produit du gène que les différences dans la séquence du chimpanzé affectent. Si cela s'avérait, ces acides aminés pourraient jouer un rôle important dans la participation de cette protéine dans le langage. En allant plus loin, on pourrait analyser les différences entre les protéines FOXP2 du chimpanzé et de la souris. On pourrait se poser la question suivante : sont-elles plus semblables que les protéines du chimpanzé et de l'humain ? (Il se trouve que les protéines du chimpanzé et de la souris ne diffèrent que par un seul acide aminé ; elles sont donc plus semblables que les protéines du chimpanzé et de l'humain, qui présentent trois différences.)

Retour sur le concept 21.1

1. Dans une carte de liaison génétique, les gènes et les autres marqueurs sont classés les uns par rapport aux autres, mais seules les distances relatives entre eux sont connues. Dans une carte physique, on connaît les distances réelles entre les marqueurs, exprimées en nombre de paires de bases. **2.** L'approche en trois étapes employée dans le Projet génome humain fait appel successivement à la cartographie de liaison génétique, à la cartographie physique, puis au séquençage de courts fragments superposés qui ont été classés précédemment les uns par rapport aux autres (voir la figure 21.2). L'approche en aveugle élimine les étapes de la cartographie de liaison génétique et de la cartographie physique ; de courts fragments engendrés par de nombreuses enzymes de restriction sont plutôt séquencés, puis classés à l'aide de programmes informatiques qui définissent les régions superposées (voir la figure 21.3).

Retour sur le concept 21.2

1. Internet permet la centralisation des bases de données comme GenBank et les ressources en logiciels comme BLAST, ce qui les rend librement accessibles. L'introduction de toutes les données dans une base de données centrale, librement accessible sur Internet, réduit le risque d'erreurs et évite que des chercheurs travaillent sur des données différentes. Le processus de la science est simplifié puisque tous les chercheurs sont en mesure d'utiliser les mêmes programmes plutôt que des logiciels différents. La diffusion des données s'en trouve grandement accélérée et fait en sorte que les erreurs soient autant que possible corrigées de façon opportune. (Nous ne proposons qu'un petit nombre de réponses ; vous pouvez probablement en trouver d'autres.) **2.** Le cancer est une maladie causée par une multitude de facteurs. En portant toute son attention sur un seul gène ou un seul défaut, on risque d'ignorer d'autres facteurs qui peuvent influer sur le cancer ou même sur le comportement de l'unique gène étudié. Parce qu'elle prend en compte de nombreux facteurs en même temps, l'approche de la biologie des systèmes est plus susceptible de mener à la compréhension des causes du cancer et à l'établissement des traitements les plus utiles. **3.** Quelques-unes des régions transcrites sont considérées comme des introns. Le reste est transcrit en ARN non codants, dont les petits ARN, les microARN (miARN). Ces ARN contribuent à la régulation de l'expression génique en bloquant la traduction, ce qui cause la dégradation de l'ARNm, en se liant au promoteur et en réprimant la transcription, ou encore en remodelant la structure de la chromatine. Les fonctions du reste du génome ne sont pas encore connues. **4.** Les études portant sur l'association du génome entier font appel à la biologie des systèmes. Cette approche permet d'établir des corrélations entre de nombreux polymorphismes mononucléotidiques (SNP) et des maladies particulières – les maladies cardiaques et le diabète, par exemple –, dans le but de trouver des SNP qui sont associés à chaque maladie.

Retour sur le concept 21.3

1. L'épissage différentiel de transcrits d'ARN provenant d'un gène et la maturation post-traductionnelle de polypeptides. **2.** On trouve le nombre total de génomes complétés en cliquant sur « Published Complete Genomes » en utilisant un moteur de recherche sur le Web. Ajoutez les données pour les génomes bactériens, archéens et eucaryotes « en cours » pour obtenir le nombre « en train d'être séquencés ». Enfin, regardez dans le haut de la page « Published Complete Genomes » pour obtenir les nombres de génomes complétés pour chaque domaine. (Note : vous pouvez cliquer sur la colonne « Size » et le tableau sera reclassé par taille de génomes. Faites défiler le tableau vers le bas pour avoir une idée des tailles relatives des génomes dans les trois domaines. Rappelez-vous, toutefois, que la majorité des génomes séquencés sont bactériens.) **3.** Les cellules procaryotes sont généralement plus petites que les cellules eucaryotes, et elles se reproduisent par fission binaire. Le processus d'évolution en jeu est la sélection naturelle pour les cellules qui se reproduisent plus rapidement ; plus vite elles peuvent répliquer leur ADN et se diviser, plus grande sera la probabilité qu'elles soient en mesure de dominer une population de Procaryotes. Moins elles ont d'ADN à répliquer, plus vite elles se reproduiront.

Retour sur le concept 21.4

1. Le nombre de gènes est plus grand chez les Mammifères, et la quantité d'ADN non codant est plus élevée. La présence d'introns dans les gènes des Mammifères les rend plus longs, en moyenne, que les gènes procaryotes. **2.** Le mécanisme de type « copier-coller » du transposon et la rétrotransposition. **3.** Dans la famille des gènes des ARNr, des unités de transcription identiques pour les trois ARN différents produits sont présentes dans de longs réseaux répétés en tandem. Le grand nombre de copies de gènes d'ARNr confère aux organismes la capacité de produire de l'ARNr pour qu'un nombre suffisant de ribosomes accomplissent la synthèse de protéines actives, et l'unique unité de transcription fait en sorte que les quantités relatives des différentes molécules d'ARNr produites soient correctes. Chaque famille de gènes de la globine est constituée d'un nombre relativement faible de gènes non identiques. Les différences des globines codées par ces gènes entraînent la production de molécules d'hémoglobine adaptées à des stades de développement particuliers de l'organisme. **4.** Les exons seront classés comme exons (1,5 %) ; la région des amplificateurs comportant les éléments de contrôle distal, la région plus près du promoteur contenant les éléments de contrôle proximal et le promoteur lui-même seraient classés comme séquences régulatoires (20 %) ; et les introns seraient classés comme introns (5 %).

Retour sur le concept 21.5

1. Si la méiose est détraquée, deux exemplaires du génome entier peuvent se retrouver dans une seule cellule. Des erreurs dans l'enjambement au cours de la méiose peuvent mener à la duplication d'un segment et à la délétion d'un autre. Durant la réplication de l'ADN, un glissement vers l'arrière le long du brin matrice peut produire une duplication. **2.** Pour les deux gènes, une erreur a pu se produire durant l'enjambement de deux exemplaires de ce gène au cours de la méiose, de sorte que l'un des deux s'est retrouvé avec un exon dupliqué. Si la même erreur se produit plusieurs fois, on obtient de multiples exemplaires d'un exon particulier dans chaque gène. **3.** Les éléments transposables homologues dispersés dans tout le génome fournissent des sites où peut se produire la recombinaison entre différents chromosomes. Le déplacement de ces éléments dans les séquences codantes ou régulatrices peut modifier l'expression des gènes. Les éléments transposables peuvent également transporter des gènes avec eux, ce qui provoque la dispersion des gènes et, dans certains cas, entraîne différents modes d'expression. Il arrive également que le transport d'un exon durant la transposition et son insertion dans un gène ajoutent un nouveau domaine fonctionnel à la protéine originalement codée, ce qui constitue un type de brassage d'exons. (Afin que chacune de ces modifications soit transmissible, elles doivent se produire dans les cellules souches des gamètes.) **4.** Parce que les femmes qui présentent cette inversion donnent naissance à plus de descendants, elle doit fournir un certain avantage. On s'attendrait à ce qu'elle persiste et se répande dans la population. (En fait, des résultats de l'étude ont permis aux chercheurs de conclure qu'elle a augmenté en proportion dans la population. Vous en apprendrez davantage sur la génétique des populations dans la prochaine partie.)

Retour sur le concept 21.6

1. Parce que les humains et les macaques sont des Primates, on s'attend à ce que leurs génomes se ressemblent plus que les génomes des macaques et des souris. La lignée des souris a divergé de la lignée des Primates avant la lignée des humains et des macaques. **2.** Les gènes homéotiques diffèrent par leurs séquences non homéotiques, ce qui détermine les interactions des gènes homéotiques produits avec d'autres facteurs de transcription et, par conséquent, établit quels gènes sont soumis à la régulation par les gènes homéotiques. De plus, ces gènes commandés par les gènes homéotiques ne sont pas les mêmes chez ces deux espèces, de même que les modes d'expression des gènes contenant une boîte homéotique.

3. Les éléments *Alu* doivent avoir subi une transposition plus activement dans le génome humain pour une certaine raison. Leur présence en grand nombre peut avoir causé plus d'erreurs de recombinaison dans le génome humain, entraînant plus de duplications ou des duplications différentes. La divergence de l'organisation et du contenu des deux génomes a probablement rendu les chromosomes de chaque génome moins homologues à ceux de l'autre, accélérant ainsi la divergence des deux espèces et faisant en sorte qu'il soit de moins en moins probable que l'accouplement aboutisse à une descendance fertile.

Questions du résumé des concepts clés

21.1 En prenant comme exemple le séquençage du génome humain, il a fallu moins de temps pour séquencer le premier génome humain en utilisant l'approche en aveugle sur l'ensemble du génome. Bien que cette approche repose en partie sur des données résultant de l'approche en trois étapes utilisée par le consortium public, l'approche en aveugle était (et est toujours) plus rapide et plus efficace que le processus en trois étapes qui nécessite beaucoup de travail. L'approche en aveugle a été rendue possible en grande partie par d'importants progrès dans le domaine du traitement des données. **21.2** La découverte la plus importante de ce projet a été que plus de 90 % de la région génomique humaine étudiée a été transcrite, ce qui donnait à penser que l'ARN transcrit (et par conséquent l'ADN à partir duquel il était produit) remplissait certaines fonctions inconnues. Le projet a été étendu pour inclure d'autres espèces, car, pour déterminer les fonctions de ces éléments transcrits d'ADN, il est nécessaire d'effectuer ce type d'analyse sur le génome d'espèces qui peuvent être utilisées dans des expériences de laboratoire. **21.3** (a) En général, les génomes des Bactéries et des Archées sont plus petits; ils renferment un plus petit nombre de gènes et leur densité génique est plus élevée que celle des Eucaryotes.
(b) Parmi les Eucaryotes, il n'y a pas de relation systématique apparente entre la taille du génome et le phénotype. Le nombre de gènes est souvent plus faible qu'on pourrait s'y attendre compte tenu de la taille du génome; autrement dit, la densité génique est souvent plus faible dans les génomes plus volumineux. (Les humains en constituent un exemple.) **21.4** Les séquences apparentées à des éléments transposables peuvent se déplacer de place en place dans le génome, et, quand elles se déplacent ainsi, un sous-ensemble de ces séquences fait une nouvelle copie d'elles-mêmes. Par conséquent, il n'est pas surprenant qu'elles constituent un pourcentage important du génome, et on pourrait s'attendre à ce que ce pourcentage augmente au fil de l'évolution. **21.5** Les réarrangements chromosomiques dans une espèce mènent à des arrangements chromosomiques différents chez certains individus. Chacun de ces individus peut encore subir une méiose et produire des gamètes, et la fécondation faisant intervenir des gamètes avec des arrangements chromosomiques différents peut aboutir à une descendance viable. Cependant, au cours de la méiose chez les descendants, les chromosomes maternels et paternels risquent de ne pas pouvoir s'apparier, causant la formation de gamètes ayant des jeux incomplets de chromosomes. En général, les zygotes produits à partir de tels gamètes ne survivent pas. En fin de compte, une nouvelle espèce pourrait se former si deux arrangements chromosomiques différents devenaient prévalents dans une population et si les individus réussissaient à s'accoupler seulement avec les individus ayant le même arrangement. **21.6** La comparaison de deux espèces étroitement apparentées peut révéler des informations sur des événements plus récents dans l'évolution, peut-être des événements qui ont abouti à des caractéristiques distinctives des deux espèces. La comparaison de génomes de deux espèces très distantes peut nous renseigner sur des événements de l'évolution qui sont survenus il y a très longtemps. Par exemple, des gènes qui sont partagés entre deux espèces distantes doivent être apparus avant la divergence de ces deux espèces.

ÉVALUATION

1. c; **2.** a; **3.** a; **4.** c;
5.

1. ATETI...PKSSD...TSSTT...NARRD
2. ATETI...PKSSE...TSSTT...NARRD
3. ATETI...PKSSD...TSSTT...NARRD
4. ATETI...PKSSD...TSSNT...SARRD
5. ATETI...PKSSD...TSSTT...NARRD
6. VTETI...PKSSD...TSSTT...NARRD

(a) Les lignes 1, 2 et 5 sont les espèces C, G et R. (b) La ligne 4 est la séquence de l'humain. (c) La ligne 6 est la séquence de l'orang-outan. (d) Il y a une différence d'acides aminés entre la souris (le E sur la ligne 2) et les espèces C, G et R (qui ont un D à cette position). La souris et l'humain se distinguent par trois acides aminés. (Les E, T et N dans la séquence de la souris sont plutôt D, N et S dans la séquence de l'humain.) (e) Parce que la différence apparue au cours des 60 à 100 millions d'années depuis la divergence de la souris et des espèces C, G et R ne tient qu'à un seul acide aminé; il est quelque peu surprenant que deux différences d'acides aminés soient apparues au cours des 6 millions d'années depuis la divergence des chimpanzés et des humains. Cela signifie que le gène *FOXP2* a évolué plus rapidement dans la lignée humaine que dans les lignées des autres Primates.

22

La « descendance avec modification » : l'évolution selon Darwin

▲ **Figure 22.1 Comment ce scarabée de Namibie survit-il dans le désert et qu'est-il en train de faire ?**

ÉVOLUTION

CONCEPTS CLÉS

22.1 **La théorie de Darwin a révolutionné l'idée d'une Terre jeune et peuplée d'espèces immuables**

22.2 **La descendance avec modification par sélection naturelle explique les adaptations des organismes ainsi que l'unité et la diversité de la vie**

22.3 **Une somme considérable de données scientifiques atteste l'évolution**

INTRODUCTION

L'infinité des formes les plus belles

Dans le désert côtier de Namibie en Afrique du Sud-Ouest, une terre où le brouillard est fréquent, mais où il ne pleut à peu près jamais, on peut observer le comportement insolite d'un insecte, le ténébrion du désert (*Onymacris unguicularis*). Pour obtenir l'eau nécessaire à sa survie, ce scarabée de Namibie se tient debout sur la tête et dresse son abdomen en l'air, faisant face aux vents qui poussent le brouillard matinal dans les dunes (**figure 22.1**) pour que des gouttes d'humidité se déposent sur son corps et coulent dans sa bouche.

Fait intéressant, ce scarabée appartient à l'ordre étonnamment diversifié des Coléoptères, qui compte plus de 350 000 espèces. (En fait, près de 20 % des espèces d'insectes connues sont des Coléoptères.) Tous ont trois paires de pattes, une carapace dure et deux paires d'ailes. Mais, au-delà de ces caractères communs, les espèces de coléoptères diffèrent les unes des autres. Comment se fait-il qu'il y ait tant d'espèces de Coléoptères, et comment expliquer leurs ressemblances et leurs différences ?

Le scarabée qui se tient sur la tête et ses nombreux proches parents illustrent trois observations sur le vivant :

- la façon frappante dont les organismes sont adaptés à la vie dans leur environnement* ;
- les nombreuses caractéristiques communes (l'unité du vivant ;
- la très grande diversité du vivant.

Il y a un siècle et demi, Charles Darwin a élaboré une théorie qui intégrait ces trois grandes observations, et la publication de sa thèse dans *De l'origine des espèces* a inauguré une révolution scientifique – le domaine de la biologie évolutionniste.

Pour le moment, nous définirons l'**évolution** comme la « descendance avec modification », une expression que Darwin a utilisée lorsqu'il a affirmé que les innombrables espèces de la Terre descendaient d'espèces animales ancestrales différentes des espèces contemporaines. Au sens plus strict, l'évolution peut aussi se définir comme l'ensemble des changements dans la composition génétique d'une population de génération en génération (voir le chapitre 23).

Qu'on parle de l'évolution au sens large ou au sens strict, on peut la considérer de deux façons différentes, mais connexes : soit comme un modèle, soit comme un processus. Le *modèle* évolutionniste nous est révélé par des données provenant de plusieurs disciplines scientifiques, notamment la biologie, la géologie, la physique et la chimie. Ces données sont des faits – des observations sur le monde naturel. Quant au *processus* de l'évolution, il représente l'ensemble des mécanismes qui produisent le mode de changement observé. Ces mécanismes sont les causes naturelles des phénomènes naturels que nous observons. La force de la théorie de l'évolution en tant que principe unificateur réside en effet dans sa capacité à expliquer et à relier un ensemble très vaste d'observations sur le monde vivant.

Comme pour toutes les théories générales en science, nous continuons à tester notre compréhension de l'évolution en vérifiant si elle explique les nouvelles observations et les nouveaux résultats expérimentaux des scientifiques. Dans ce chapitre et les suivants, nous examinerons comment ces découvertes récentes façonnent notre connaissance de l'évolution et de ses mécanismes. Mais commençons par retracer la démarche

* Ici et tout au long de cet ouvrage, le terme *environnement* fait référence aussi bien aux aspects physiques du milieu d'un organisme qu'aux autres organismes qui s'y trouvent.

de Darwin dans sa quête d'une explication des adaptations des organismes, ainsi que de l'unité et de la diversité de ce qu'il appelait «une quantité infinie de belles et admirables formes».

CONCEPT **22.1**

La théorie de Darwin a révolutionné l'idée d'une Terre jeune et peuplée d'espèces immuables

Qu'est-ce qui a poussé Darwin à douter des idées qui s'imposaient à son époque au sujet de la Terre et de la vie sur Terre? En fait, la proposition révolutionnaire de Darwin s'est construite et développée peu à peu sous l'influence de ses observations personnelles durant les voyages qu'il a accomplis et de la lecture des ouvrages d'autres scientifiques (**figure 22.2**).

La *scala naturæ* et la classification des espèces

Des siècles avant la naissance de Darwin, plusieurs philosophes grecs avaient formulé des idées relatives à l'évolution graduelle de la vie, mais, de tous ceux-là, c'est Aristote (384-322 av. J.-C.) qui a le plus profondément marqué les débuts de la science occidentale. Il croyait que les espèces étaient fixes (immuables). De ses observations de la nature, il a déduit l'existence de certaines «affinités» entre les organismes et conclu que les formes de vie pouvaient être classées selon une échelle de complexité croissante. Plus tard, les savants donneront le nom de *scala naturæ* (échelle de la nature) à cette classification. Selon cette échelle, chaque forme de vie est parfaite et permanente, et occupe un rang hiérarchique.

Cette conception de l'Univers concorde avec le récit de la Création dans l'Ancien Testament, qui renforce l'idée selon laquelle les espèces sont conçues par Dieu indépendamment les unes des autres, et sont donc parfaites. Dans les années 1700, un grand nombre de scientifiques considéraient que les formidables adaptations des organismes à leur environnement prouvaient que le Créateur avait destiné chaque espèce à une fin précise.

Carl von Linné (1707-1778) était l'un de ces scientifiques. Le médecin et botaniste suédois a cherché à classifier la diversité du vivant, «pour la plus grande gloire de Dieu». Linné a élaboré la nomenclature binominale, encore en usage de nos jours, qui désigne chaque organisme par son genre et son espèce (comme *Homo sapiens* pour l'Humain). Contrairement à la hiérarchie linéaire de la *scala naturæ*, le système de Linné établissait des regroupements d'espèces semblables sous forme de catégories de plus en plus générales: les espèces semblables forment un genre, les genres semblables forment une famille, et ainsi de suite (voir la figure 1.14, p. 13). Linné attribuait au «plan de la Création» les ressemblances entre les espèces et n'y voyait aucune parenté sur le plan de l'évolution.

Un siècle plus tard, Darwin affirma qu'une classification des organismes vivants devrait être basée sur les relations produites par l'évolution et souligna que, lorsqu'ils utilisaient le système de Linné, les scientifiques effectuaient souvent des regroupements qui reflétaient ces relations.

Quelques idées sur le changement au fil du temps

Les idées de Darwin se fondaient aussi sur les travaux de scientifiques qui étudiaient les **fossiles**, c'est-à-dire sur les restes ou les empreintes d'organismes ayant vécu dans un lointain passé. Une bonne partie des fossiles se trouvent dans les roches sédimentaires formées par la boue et le sable déposés au fond des mers, des lacs, des marais et autres habitats aquatiques (**figure 22.3**, page 526). Les nouvelles couches de sédiments recouvrent les anciennes et les compriment, entraînant ainsi la formation de couches de roches superposées appelées **strates**. Dans chaque strate, les fossiles témoignent des organismes qui ont peuplé la Terre à l'époque où cette strate s'est constituée. L'érosion peut gruger la surface des strates supérieures (plus récentes), exposant ainsi certaines strates plus profondes (plus anciennes) qui avaient été enfouies.

L'étude des fossiles est l'objet de la **paléontologie**. Créée en bonne partie par le zoologiste français Georges Cuvier (1769-1832), cette science examine les êtres vivants qui ont existé au cours des diverses époques géologiques. En observant les couches rocheuses dans les environs de Paris, Cuvier fit deux constats. D'abord, plus une strate est enfouie profondément (plus elle est ancienne), plus les fossiles qu'elle contient diffèrent des espèces contemporaines. De plus, des espèces apparaissent tandis que d'autres disparaissent. Le savant en conclut que les phénomènes d'extinction devaient être fréquents dans l'histoire du vivant. Néanmoins, Cuvier s'est vigoureusement opposé aux évolutionnistes de son temps et a défendu la théorie du **catastrophisme**. Selon cette thèse, les changements survenus dans la flore et la faune étaient dus à de terribles catastrophes géologiques. Pour Cuvier, les frontières des différentes strates correspondaient à ces catastrophes causées par des mécanismes différents des mécanismes contemporains, comme des inondations, qui avaient détruit un grand nombre d'espèces de l'époque. Toujours selon Cuvier, ces catastrophes périodiques étaient généralement confinées à certaines régions, de sorte qu'une région dévastée finissait par être repeuplée par des espèces venues d'ailleurs.

Le catastrophisme de Cuvier se heurtait aux travaux des scientifiques de l'époque qui défendaient le **gradualisme**, une doctrine selon laquelle l'accumulation de processus lents mais continuels pouvait entraîner un changement profond des êtres vivants. En 1795, le géologue écossais James Hutton (1726-1797) avait avancé que les mécanismes graduels *encore à l'œuvre* pouvaient expliquer les caractéristiques géologiques de la Terre. Selon lui, les vallées avaient été creusées par des fleuves, et les roches sédimentaires contenant des fossiles marins étaient constituées de particules détachées du sol et emportées par les fleuves jusque dans la mer, où elles avaient enterré des cadavres d'organismes marins.

Le géologue le plus en vue de l'époque de Darwin, l'Écossais Charles Lyell (1797-1875), a intégré le gradualisme de Hutton dans une théorie plus vaste, l'**uniformitarisme**, selon laquelle les mécanismes responsables du changement agissent de façon constante au cours du temps. Selon Lyell, les processus géologiques contemporains étaient les mêmes que par le passé et se produisaient à la même vitesse. Hutton et Lyell ont beaucoup influencé Darwin; ce dernier croyait comme eux que si le changement géologique résultait d'actions lentes

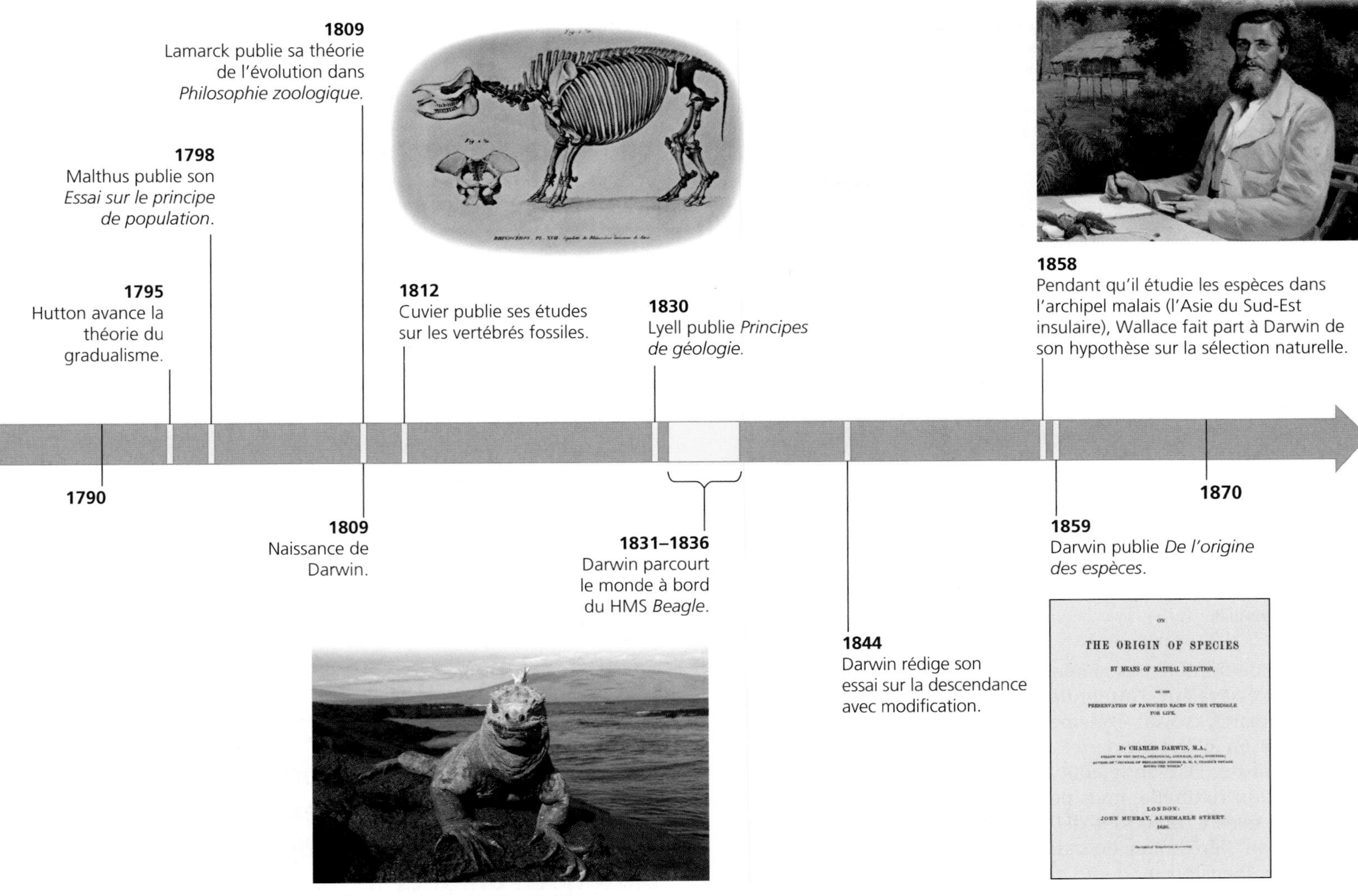
1809
Lamarck publie sa théorie de l'évolution dans *Philosophie zoologique*.
1798
Malthus publie son *Essai sur le principe de population*.
1795
Hutton avance la théorie du gradualisme.
1812
Cuvier publie ses études sur les vertébrés fossiles.
1830
Lyell publie *Principes de géologie*.
1858
Pendant qu'il étudie les espèces dans l'archipel malais (l'Asie du Sud-Est insulaire), Wallace fait part à Darwin de son hypothèse sur la sélection naturelle.
1790
1809
Naissance de Darwin.
1831–1836
Darwin parcourt le monde à bord du HMS *Beagle*.
1844
Darwin rédige son essai sur la descendance avec modification.
1859
Darwin publie *De l'origine des espèces*.
1870
THE ORIGIN OF SPECIES
BY MEANS OF NATURAL SELECTION,
BY CHARLES DARWIN, M.A.,
LONDON:
JOHN MURRAY, ALBEMARLE STREET.
1859.

Un iguane marin des îles Galápagos

▲ **Figure 22.2 Le contexte intellectuel des idées de Darwin.**

et continuelles et non d'événements soudains, alors la Terre était très ancienne et son âge dépassait assurément les 6 000 ans que lui attribuaient des théologiens. Plus tard, Darwin en est venu à la conclusion que des processus aussi lents et ténus pouvaient à la longue agir sur les organismes et entraîner des changements importants. Il n'était d'ailleurs pas le premier à appliquer le principe du gradualisme à l'évolution biologique.

L'hypothèse de l'évolution selon Lamarck

Au cours du 18e siècle, plusieurs naturalistes (dont Erasmus Darwin, le grand-père de Charles Darwin) considéraient que la vie avait évolué en fonction de changements dans l'environnement. Mais un seul des prédécesseurs de Charles Darwin a imaginé un modèle pour expliquer les modalités de l'évolution biologique: le biologiste français Jean-Baptiste de Lamarck (1744-1829). Malheureusement, on se souvient de lui surtout pour son explication erronée des mécanismes de l'évolution, oubliant qu'il a compris que l'évolution explique les archives fossiles et les adaptations des organismes à leur environnement.

Lamarck a publié sa théorie en 1809, l'année de naissance de Charles Darwin. En comparant des espèces contemporaines à des formes fossiles, il a cru déceler des lignées, c'est-à-dire des séries chronologiques de fossiles menant à des espèces modernes. Selon lui, les espèces pouvaient se transformer en d'autres espèces (d'où le nom de **transformisme** qu'on a donné à sa théorie), produisant des lignées qui n'auraient toutefois pas d'origine commune. Lamarck expliquait ce phénomène par deux principes en vogue à l'époque. Le premier était celui de l'*usage* et du *non-usage*, selon lequel les organes qu'un organisme utilisait intensivement se développaient et se renforçaient, tandis que ceux dont il ne se servait pas s'atrophiaient. Pour illustrer l'effet de l'usage, Lamarck citait parmi d'autres exemples celui de la girafe qui allonge le cou pour atteindre les feuilles situées à la cime des arbres. Le second principe était celui de l'*hérédité des caractères acquis,* voulant qu'un organisme puisse transmettre ses modifications à ses descendants. Lamarck soutenait que le long cou des girafes s'était formé (de même que ses longues pattes antérieures)

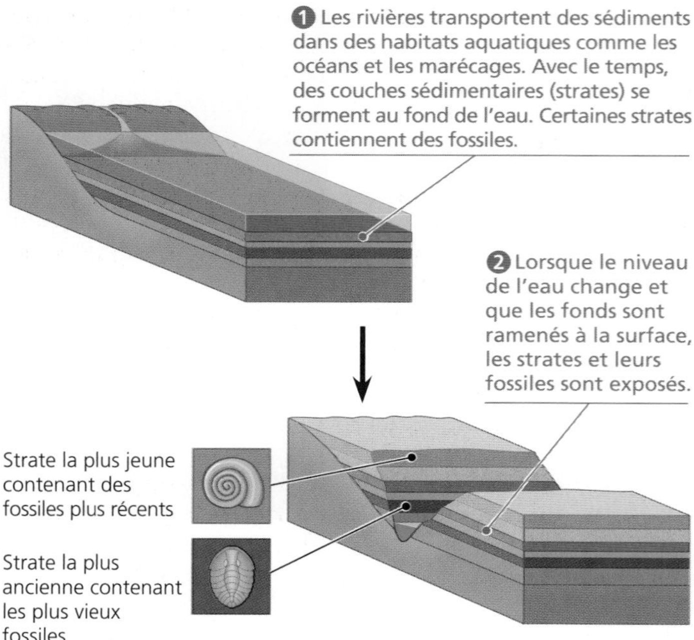

1 Les rivières transportent des sédiments dans des habitats aquatiques comme les océans et les marécages. Avec le temps, des couches sédimentaires (strates) se forment au fond de l'eau. Certaines strates contiennent des fossiles.
2 Lorsque le niveau de l'eau change et que les fonds sont ramenés à la surface, les strates et leurs fossiles sont exposés.
Strate la plus jeune contenant des fossiles plus récents
Strate la plus ancienne contenant les plus vieux fossiles

▲ **Figure 22.3 La formation de strates sédimentaires avec fossiles.**

au fil de nombreuses générations au cours desquelles ces animaux essayaient d'atteindre des feuilles toujours plus hautes.

Lamarck croyait également que les organismes évoluaient en raison d'une tendance innée à devenir de plus en plus complexes. Darwin rejetait cette dernière idée en faveur de la sélection naturelle, mais pensait que la variation était introduite dans le processus de l'évolution en partie par la transmission héréditaire de caractères acquis. Cependant, notre compréhension moderne de la génétique réfute ce principe; des expériences ont démontré que les caractères acquis par l'usage ou le non-usage au cours de la vie d'un organisme ne se transmettent pas (**figure 22.4**). On aura beau couper la queue à des centaines de générations de souris, leurs petits continueront à naître avec une queue!

▲ **Figure 22.4 Les caractères acquis ne peuvent pas être héréditaires.** Ce bonsaï a acquis son style et sa taille naine grâce au travail d'un horticulteur expert. Cependant, les graines de cet arbre produiront des rejetons dont la taille et la forme seront normales.

Lamarck a fait l'objet de calomnies, particulièrement de la part de Cuvier, qui ne voulait rien entendre de l'évolution. Il faut aujourd'hui rendre à Lamarck les honneurs qui lui reviennent; il a fait des observations perspicaces sur la nature et a compris qu'elles ne pouvaient s'expliquer que par des changements évolutifs graduels.

RETOUR SUR LE CONCEPT 22.1

1. Comment les idées de Hutton et de Lyell ont-elles influé sur la pensée de Darwin à propos de l'évolution?
2. **FAITES DES LIENS** Dans le concept 1.3 (p. 20 et 21), vous avez pu lire que les hypothèses scientifiques doivent être vérifiables et réfutables. Selon ces critères, l'explication de Cuvier sur les archives fossiles et l'hypothèse de Lamarck sur l'évolution sont-elles scientifiques? Expliquez votre réponse dans chacun de ces cas.

Voir les réponses proposées à la fin du chapitre.

CONCEPT 22.2

La descendance avec modification par sélection naturelle explique les adaptations des organismes ainsi que l'unité et la diversité de la vie

À l'aube du 19e siècle, on croyait généralement que les espèces étaient immuables depuis leur création, et si quelques doutes planaient sur cette permanence des espèces, nul ne pouvait prévoir la tempête qui se préparait à l'horizon. Voyons donc comment Charles Darwin est devenu le pionnier d'une révolution de notre conception du vivant.

Les recherches de Darwin

Charles Darwin (1809-1882) est né à Shrewsbury, dans l'ouest de l'Angleterre. Dès sa plus tendre enfance, il s'est passionné pour la nature. Il ne fermait ses livres d'histoire naturelle que pour pêcher, chasser et collectionner des insectes. Son père, un médecin réputé qui jugeait la carrière de naturaliste sans avenir pour son fils de 16 ans, a fini par l'envoyer étudier la médecine à la University of Edinburgh. Cependant, le jeune Charles trouvait les études de médecine ennuyeuses et la chirurgie de l'époque, épouvantable (l'anesthésie n'existait pas encore). Il a donc quitté l'école de médecine d'Édimbourg avant d'avoir obtenu son diplôme pour s'inscrire à la Cambridge University dans l'intention de devenir pasteur. (À l'époque, en Grande-Bretagne, la plupart des savants étaient des ecclésiastiques.)

À Cambridge, Darwin est devenu le protégé du révérend John Henslow, professeur de botanique. Il a été reçu bachelier en 1831. Peu après, le professeur Henslow l'a recommandé au capitaine Robert Fitz-Roy, qui se préparait à faire le tour du monde en mission de reconnaissance cartographique à bord du navire *Beagle*. Darwin paierait son voyage et ferait la conversation au jeune capitaine. Ce dernier accepta Darwin pour ses connaissances de naturaliste, bien sûr, mais aussi parce qu'ils étaient tous deux de la même classe sociale et presque du même âge.

Le voyage du Beagle

Darwin n'avait que 22 ans lorsque le *Beagle* a levé l'ancre et quitté la Grande-Bretagne en décembre 1831. L'expédition avait pour mission principale de cartographier les régions encore mal connues du littoral de l'Amérique du Sud. Le navire a ainsi contourné le continent et, pendant que l'équipage faisait des relevés, Darwin débarquait. Il se consacrait à l'observation et à la collecte de milliers de spécimens de Végétaux et d'Animaux. Durant ses excursions, il prenait des notes sur les caractéristiques qui les rendaient si bien adaptés à des milieux aussi différents que la luxuriante jungle brésilienne, les vastes prairies de la pampa argentine et les sommets vertigineux de la cordillère des Andes.

Darwin a constaté que les espèces végétales et animales des régions tempérées d'Amérique du Sud étaient plus proches des espèces des régions tropicales de ce continent que des espèces des régions tempérées d'Europe. Qui plus est, les fossiles qu'il avait découverts au cours de cette partie du voyage différaient des espèces vivantes, et leur origine sud-américaine transparaissait en raison de leur ressemblance avec les organismes de ce continent.

Darwin a également consacré une bonne partie de son temps à réfléchir sur la géologie. Entre ses accès de mal de mer, il a lu les *Principes de géologie* de Lyell à bord du *Beagle*. Il a même fait l'expérience d'un changement géologique lorsqu'un violent tremblement de terre a frappé la côte du Chili, ce qui lui a permis d'observer directement que le séisme avait haussé la côte de quelques mètres. Par ailleurs, en découvrant des fossiles d'organismes marins dans les hauteurs des Andes, Darwin a déduit que les roches renfermant ces fossiles s'étaient retrouvées là à la suite de plusieurs tremblements de terre semblables à celui qu'il venait d'observer. Ces observations confirmaient les propos de Lyell: les preuves physiques n'appuyaient pas l'idée selon laquelle la Terre était âgée d'à peine quelques milliers d'années.

L'intérêt de Darwin pour la distribution géographique des espèces a été comblé par sa visite des Galápagos, un archipel volcanique d'origine relativement récente situé à environ 960 km à l'ouest du littoral sud-américain, à la latitude de l'équateur (**figure 22.5**). Darwin s'est étonné des singularités de la faune des Galápagos. Parmi les Oiseaux qu'il a observés figurent les divers types de géospizes (autrefois appelés *pinsons*) mentionnés au chapitre 1, ainsi que plusieurs sortes d'oiseaux moqueurs. Quoique semblables, ces derniers semblaient appartenir à des espèces distinctes, certaines propres à une île, tandis que d'autres s'étaient établies sur deux ou plusieurs îles rapprochées. Mais Darwin n'a saisi l'importance de ses observations qu'à son retour en Angleterre, en 1836, après avoir étudié en profondeur ses collections de spécimens. Il a alors compris que la plupart des espèces des Galápagos n'existaient nulle part ailleurs, même si elles ressemblaient à d'autres espèces présentes sur le continent sud-américain. Darwin posa l'hypothèse d'une colonisation de l'archipel par des organismes qui s'étaient écartés du continent et qui, avec le temps, avaient donné naissance à de nouvelles espèces sur les diverses îles où ils s'étaient établis.

L'adaptation, concept fondamental dans la pensée de Darwin

Durant son voyage sur le *Beagle*, Darwin a observé de nombreux exemples d'**adaptations**, c'est-à-dire de caractéristiques héréditaires qui améliorent les chances de survie et de reproduction des organismes dans un environnement particulier.

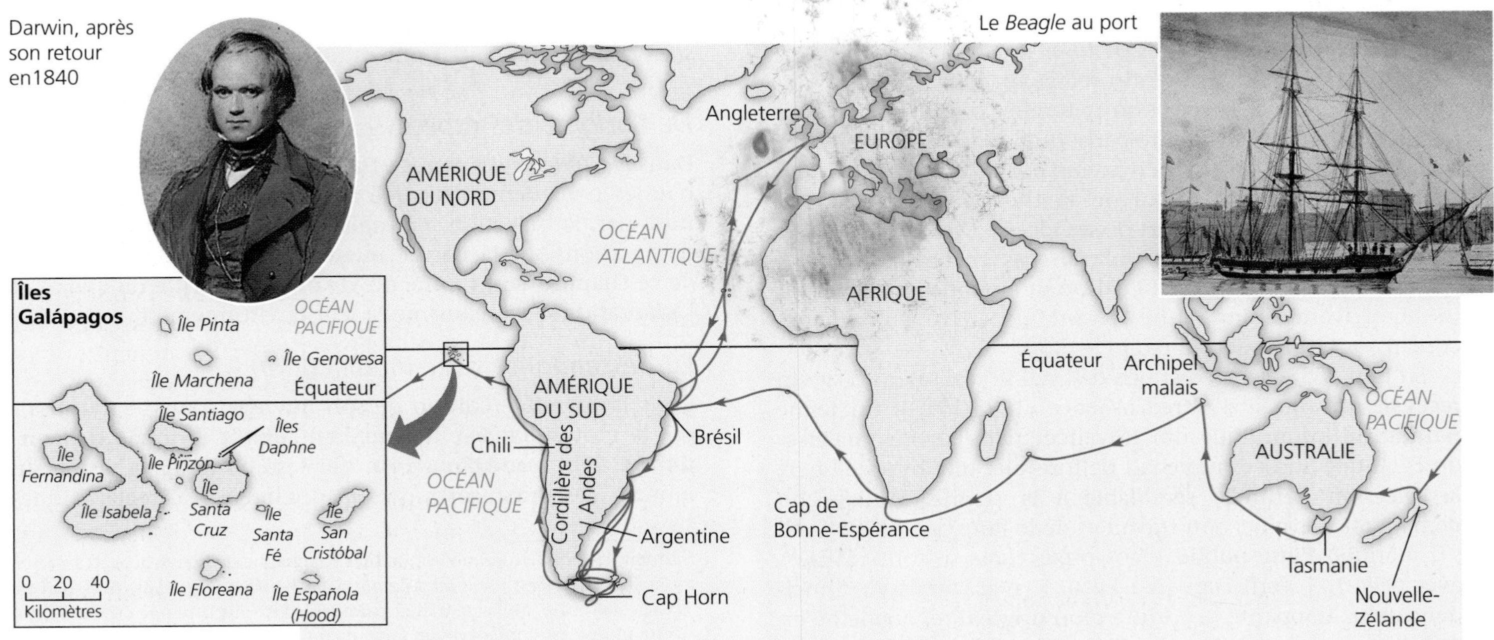

▲ **Figure 22.5 Le voyage du *Beagle*.**

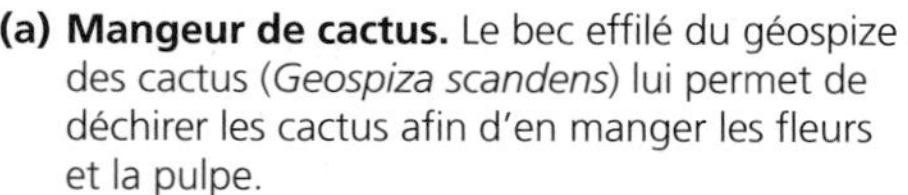

(a) Mangeur de cactus. Le bec effilé du géospize des cactus (*Geospiza scandens*) lui permet de déchirer les cactus afin d'en manger les fleurs et la pulpe.

(b) Insectivore. Le géospize olive (*Certhidea olivacea*) utilise son bec étroit et pointu pour attraper les insectes.

(c) Granivore. Le géospize à gros bec (*Geospiza magnirostris*) possède un bec adapté au cassage des graines, lesquelles tombent des plantes et se retrouvent au sol.

▲ **Figure 22.6 Trois types de variation du bec chez les géospizes des Galápagos.** L'archipel des Galápagos abrite plus d'une douzaine d'espèces de géospizes étroitement apparentées, dont certaines ne se trouvent que sur une seule île. Les espèces se distinguent principalement par leur bec, qui est adapté à un régime alimentaire particulier.

FAITES DES LIENS *Revoyez la figure 1.22 (p. 18). À laquelle des deux autres espèces montrée ci-dessus le mangeur de cactus est-il le plus étroitement relié (avec qui a-t-il l'ancêtre commun le plus récent)?*

Ce n'est que plus tard, en réévaluant toutes les observations qu'il avait faites, que Darwin a commencé à comprendre le lien étroit entre le processus de l'adaptation à l'environnement et celui de la formation de nouvelles espèces. Une nouvelle espèce peut-elle émerger d'une forme ancestrale par suite d'une accumulation graduelle d'adaptations à un milieu différent? Bien des années après l'expédition, des biologistes ont entrepris des études et en sont arrivés à la conclusion que c'est précisément ce qui s'est produit dans le cas des géospizes des Galápagos (voir la figure 1.22, p. 18). Leurs becs et leur comportement étaient adaptés aux aliments particuliers disponibles dans leur île respective (**figure 22.6**). Darwin avait compris la nécessité d'expliquer le mécanisme de telles adaptations pour comprendre l'évolution. Comme on le verra, son explication de l'origine des adaptations était centrée sur la **sélection naturelle**, un processus dans lequel les individus dotés de certains caractères héréditaires tendent à avoir des taux de survie et de reproduction plus élevés que les autres *en raison de* ces caractères.

En 1844, Darwin avait enfin rédigé un long essai sur l'origine des espèces et la sélection naturelle. Il hésitait toutefois à le faire paraître, sans doute parce qu'il redoutait le scandale que sa théorie soulèverait. En attendant, il continuait d'accumuler les preuves à l'appui de sa théorie. Au milieu des années 1850, il avait fait part de ses idées à Lyell et à quelques autres personnes. Même s'il n'avait pas encore adhéré à la théorie de l'évolution, Lyell l'exhortait à publier ses écrits sur le sujet avant qu'un autre savant en arrive aux mêmes conclusions que lui et lui dame le pion.

En juin 1858, les prédictions de Lyell se réalisaient: Darwin recevait une lettre d'Alfred Wallace (1823-1913), un jeune naturaliste britannique qui travaillait dans les îles malaises du Pacifique Sud et qui venait de formuler une hypothèse de la sélection naturelle semblable à la sienne. Wallace lui demandait d'évaluer son travail et de le faire parvenir à Lyell s'il méritait d'être publié. «Vos prédictions se sont réalisées avec éclat [...], écrit Darwin à Lyell. Je n'ai jamais vu coïncidence plus frappante [...] Toute mon originalité, quelle qu'en soit l'importance, sera anéantie.» En juillet 1858, Lyell et l'un de ses collègues présentèrent à la Linnean Society of London le manuscrit de Wallace ainsi que des extraits de l'essai inédit de Darwin (de 1844). Cette présentation n'eut pas beaucoup de répercussions, mais Darwin s'empressa de mettre la dernière main à *De l'origine des espèces,* qui parut dès l'année suivante et connut un succès de librairie foudroyant pour l'époque. On dit qu'il demeure l'ouvrage scientifique le plus vendu au monde. Bien que Wallace ait été prêt à publier le premier, il admirait beaucoup Darwin et pensait que ce dernier méritait d'être considéré comme le principal architecte de cette théorie de la sélection naturelle qu'il avait exposée et étayée de façon tellement plus complète qu'il avait pu le faire lui-même.

Dix ans plus tard, l'ouvrage de Darwin et ses partisans avaient rallié la majorité des biologistes à l'idée que la diversité de la vie résultait effectivement de l'évolution. Darwin a triomphé là où les évolutionnistes précédents ont échoué, surtout parce qu'il exposait son raisonnement avec une logique sans faille soutenue par une multitude de preuves.

De l'origine des espèces

Dans *De l'origine des espèces*, Darwin expose les preuves qu'il a réunies pour démontrer que la descendance avec modification par la sélection naturelle explique les trois grandes observations sur la nature mentionnées dans l'introduction de ce chapitre, soit l'unité du vivant, la diversité du vivant et l'adaptation des organismes à leur environnement.

La descendance avec modification

Dans la première édition de son ouvrage, Darwin n'utilisait pas le mot *évolution**, lui préférant plutôt le terme **descendance avec modification**, qui résume toute sa vision du monde. Les organismes ont de nombreuses caractéristiques

* En fait, le tout dernier mot du dernier paragraphe de l'ouvrage était le verbe «évoluer» (*«endless forms most beautiful and most wonderful have been, and are being,* evolved»), qui a été traduit par *développer*. Sous la plume du traducteur, cette phrase est donc devenue «une quantité infinie de belles et admirables formes, sorties d'un commencement si simple, n'ont pas cessé de se *développer* et se *développent* encore».

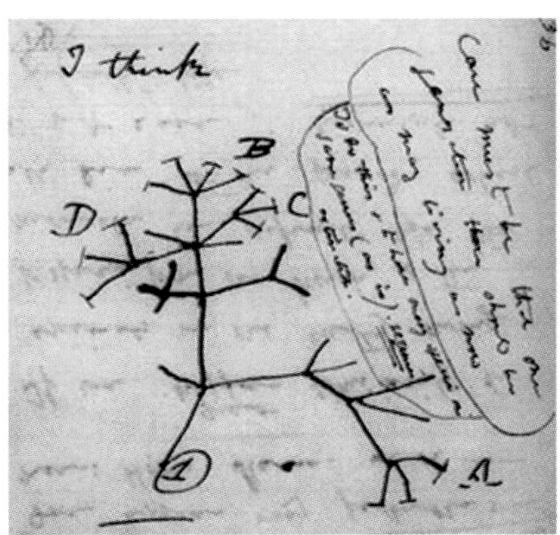

◄ **Figure 22.7**
« I think... » Dans ce croquis réalisé en 1837, Darwin commence à se représenter l'évolution comme un arbre portant des embranchements.

communes qui ont amené Darwin à percevoir l'unité du vivant. Pour lui, cette unité découlerait du fait que tous les organismes descendent d'un ancêtre commun ayant vécu dans un passé très lointain. En colonisant les divers habitats au fil de millions d'années, croyait aussi Darwin, les descendants de cet organisme primordial ont accumulé des modifications diverses – des adaptations – qui les rendaient capables de vivre dans des milieux particuliers. C'est ainsi qu'il explique comment la descendance avec modification a fini par produire au fil du temps la très riche diversité du vivant que nous connaissons aujourd'hui.

Darwin voit le vivant comme un arbre : d'un même tronc jaillissent des branches multiples qui se divisent jusqu'à former des ramilles dont les extrémités représentent la diversité des organismes vivant aujourd'hui (**figure 22.7**). Chaque fourche de l'arbre de l'évolution représente l'ancêtre commun le plus récent de toutes les lignées qui se séparent à partir de là. Prenons l'exemple d'espèces étroitement apparentées comme l'éléphant d'Asie (*Elephas maximus*) et l'éléphant d'Afrique (*Loxodonta africana*). Comme on le voit à la **figure 22.8**, ces espèces sont très similaires parce qu'elles appartenaient à la même lignée issue d'un ancêtre commun jusqu'à ce qu'elles en divergent dans un passé relativement récent. Notez que sept lignées reliées aux éléphants se sont éteintes au cours des 32 derniers millions d'années, de sorte qu'aucune espèce vivante ne comble aujourd'hui le fossé entre les éléphants et leurs plus proches parents, les lamantins et les damans. De telles extinctions ne sont pas rares : de très nombreuses branches de l'arbre de l'évolution – y compris quelques-unes des principales ramifications – débouchent sur des culs-de-sac. Les scientifiques estiment que près de 99 % de toutes les espèces qui ont vécu sur Terre se sont éteintes ! Comme le montre la figure 22.8, les fossiles des espèces éteintes peuvent révéler les divergences des espèces contemporaines en comblant les trous entre elles.

Dans sa tentative de classification, Linné avait compris que certains organismes se ressemblaient plus que d'autres, mais n'avait pas établi de lien entre ces ressemblances et l'évolution. Toutefois, comme il avait reconnu que l'immense variété des organismes peut être rangée en « groupes subordonnés aux groupes » (l'expression est de Darwin), sa taxinomie concorde en grande partie avec la théorie darwinienne. Pour Darwin, la hiérarchie de

Hyracoïdes (damans)
Siréniens (lamantins et genres apparentés)
†*Moeritherium*
†*Barytherium*
†*Deinotherium*
†*Mammut* (*mastodonte*)
†*Platybelodon*
†*Stegodon*
†*Mammuthus* (*mammouth*)
Elephas maximus (Asie)
Loxodonta africana (Afrique)
Loxodonta cyclotis (Afrique)
60 34 24 5,5 2 10^4 0
Millions d'années écoulées
Années écoulées

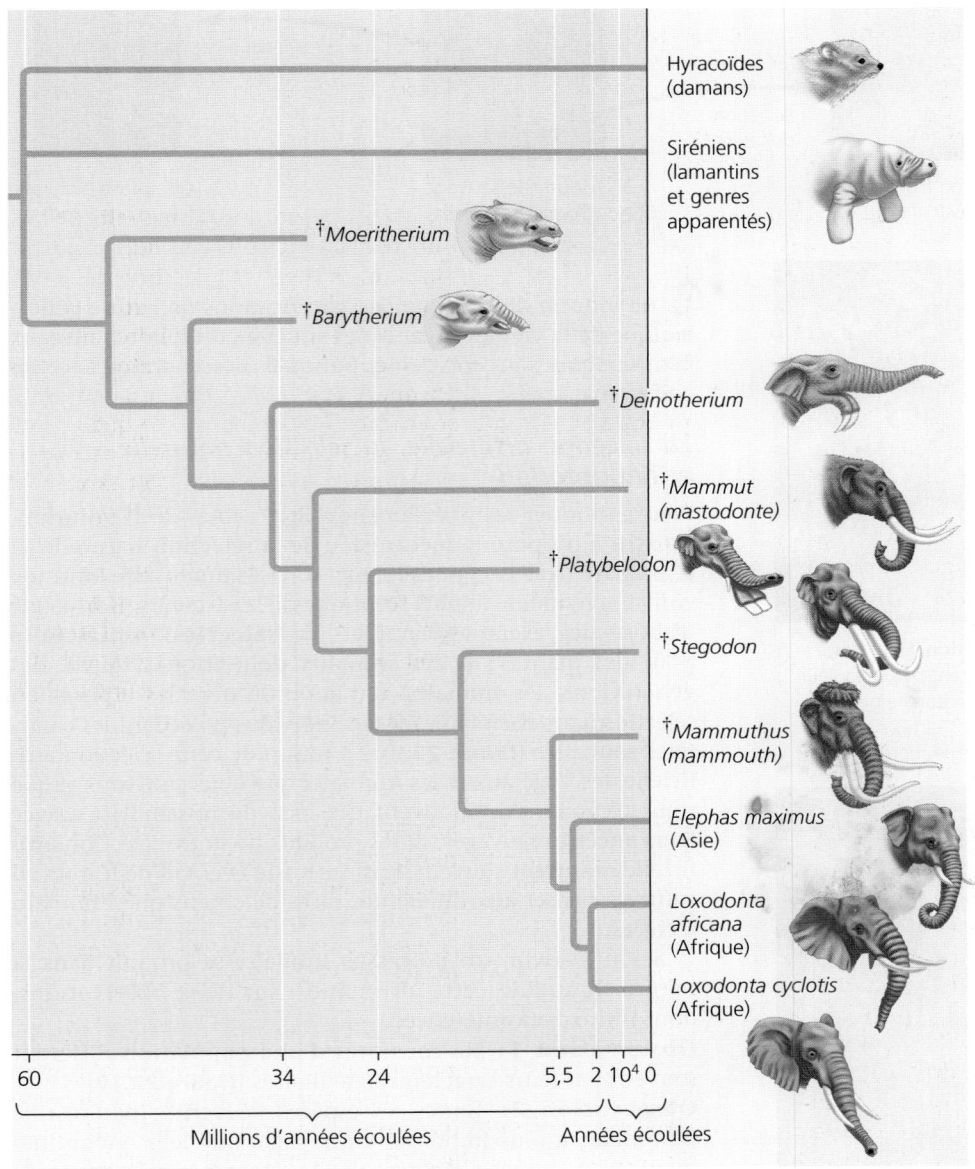

▲ **Figure 22.8 La descendance avec modification.** Cet arbre généalogique retrace l'évolution de la famille des Éléphantidés. Il se fonde principalement sur les fossiles : leur anatomie, leur ordre d'apparition selon la strate et leur distribution géographique. Remarquez que plusieurs branches se terminent par une extinction (indiquée par le signe †). (L'axe du temps n'est pas à l'échelle.)

? *Selon cet arbre généalogique, à quel moment environ l'ancêtre commun le plus récent des Mammuthus (mammouths laineux), des éléphants d'Asie et des éléphants d'Afrique vivait-il ?*

► **Figure 22.9 La sélection artificielle.** Ces légumes ont tous pour ancêtre commun la moutarde sauvage (*Brassica oleracea*). En accentuant artificiellement tels ou tels caractères de la plante d'origine, les producteurs ont obtenu ces résultats divergents.

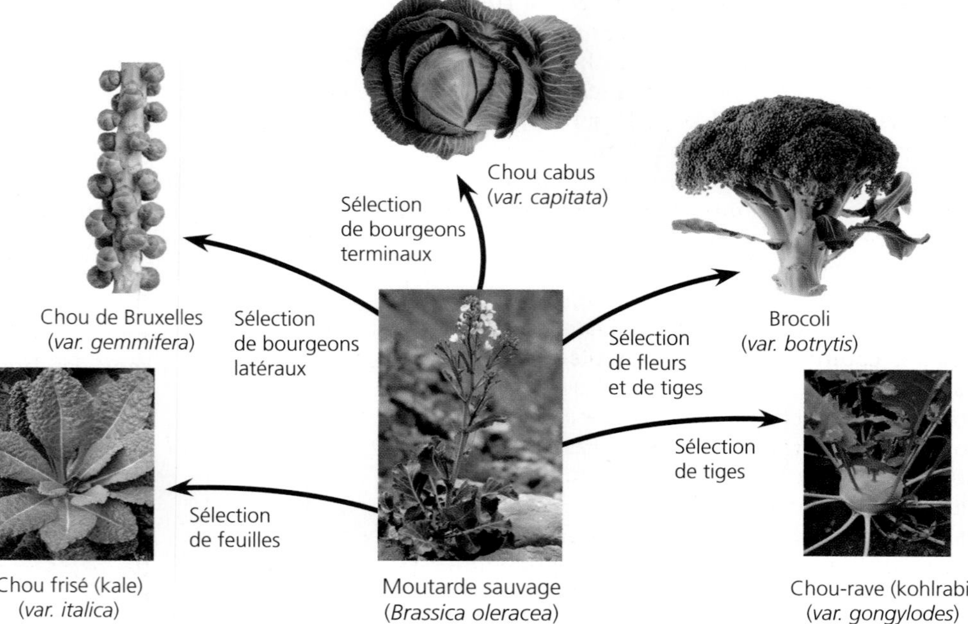

▲ **Figure 22.10 Les variations dans une population.** Dans cette population de coccinelles asiatiques, les individus diffèrent par la couleur et la disposition des points sur les élytres. La sélection naturelle ne peut influer sur ces variations que si (1) elles sont héréditaires et (2) si elles influent sur la capacité des coccinelles de survivre et de se reproduire.

► **Figure 22.11 La surproduction de descendants.** Cette vesse-de-loup, un Eumycète, peut produire des milliards de descendants. Si la totalité de ces derniers et de leur descendance survivait jusqu'à maturité, les vesses-de-loup tapisseraient tout le sol environnant.

Linné montre l'historique des ramifications de l'arbre généalogique de la vie: les organismes situés aux différents niveaux taxinomiques sont apparentés puisqu'ils descendent d'ancêtres communs.

La sélection artificielle, la sélection naturelle et l'adaptation

Pour expliquer les phénomènes observables de l'évolution, Darwin a proposé le mécanisme de la sélection naturelle. Il a préparé très soigneusement son argumentaire afin de convaincre même le plus sceptique de ses lecteurs. Il invoque d'abord des exemples familiers de **sélection artificielle** pour des plantes ou des animaux domestiques. Au fil des générations, les humains ont modifié diverses espèces en sélectionnant et en croisant des individus possédant les caractères souhaités (**figure 22.9**). En raison de cette sélection artificielle, les Végétaux et les Animaux que nous cultivons et que nous élevons n'ont souvent que peu de ressemblance avec leurs ancêtres sauvages. Et les produits de notre sélection artificielle montrent souvent aussi un vaste éventail de formes: il suffit de penser aux différentes races de chiens que l'humain a créées.

Selon Darwin, un processus similaire se produit dans la nature. Il appuie cette affirmation sur deux observations, dont il tire deux inférences:

Observation 1: Les membres d'une population diffèrent souvent par leurs caractères héréditaires (**figure 22.10**).

Observation 2: Toutes les espèces peuvent produire une descendance plus importante que celle que leur environnement peut soutenir (**figure 22.11**), et une bonne partie de cette descendance ne peut survivre et se reproduire.

Inférence 1: Les individus présentant des caractères héréditaires qui leur confèrent de plus grandes chances de survivre et de se reproduire dans un environnement donné tendent à laisser une descendance plus nombreuse que les autres individus.

Inférence 2 : De génération en génération, cette capacité inégale de survie et de reproduction entraîne une accumulation de caractères favorables dans la population.

Darwin voyait une relation cruciale entre la sélection naturelle, qui résulte de ce qu'il appelle la *lutte pour l'existence*, et la capacité des organismes à trop se reproduire. Il a commencé à envisager ce lien après avoir lu un ouvrage de l'économiste anglais Thomas Malthus, pour qui la plupart des souffrances humaines – maladies, famines et guerres – résultent inéluctablement de la tendance de la population humaine à croître plus rapidement que les réserves alimentaires et autres ressources dont elle dispose. La capacité de se reproduire à l'excès, comprend Darwin, semble commune à toutes les espèces. Seule une infime partie des œufs pondus, des jeunes mis au monde et des graines disséminées mènent leur développement à terme et se reproduisent à leur tour. Les autres sont dévorés par des prédateurs, meurent de faim ou de maladie, ne trouvent pas de partenaire ou ne peuvent se reproduire, ou encore sont incapables de tolérer les conditions physiques de leur environnement comme la température ou la salinité.

Les caractères héréditaires d'un individu n'influent pas seulement sur sa propre capacité, mais aussi sur la façon dont sa descendance compose avec les défis environnementaux. Par exemple, un organisme pourrait avoir un caractère qui confère à sa descendance un avantage pour échapper aux prédateurs, obtenir de la nourriture ou tolérer certaines conditions physiques de l'environnement. Lorsque de tels avantages augmentent le nombre de descendants qui survivent et se reproduisent, ces caractères favorables sont plus susceptibles d'apparaître dans la génération suivante. Par conséquent, avec le temps, la sélection naturelle résultant de facteurs comme les prédateurs, le manque de nourriture ou des conditions physiques adverses peut entraîner une augmentation des caractères favorables dans une population. À quelle vitesse se produisent de tels changements ? Le raisonnement de Darwin est le suivant : si la sélection artificielle peut entraîner des changements spectaculaires dans un laps de temps relativement court, la sélection naturelle devrait pouvoir modifier considérablement les espèces sur des centaines de générations. Même si les avantages conférés par certains caractères héréditaires sont minimes, les variations avantageuses s'accumuleront graduellement dans la population, tandis que les variations moins favorables diminueront. Avec le temps, ce processus accroîtra la proportion d'individus dotés des caractères adaptatifs favorables et perfectionnera l'adéquation entre les organismes et leur environnement (voir la figure 1.20, p. 17).

La sélection naturelle en résumé

On peut résumer ainsi les idées principales de Darwin :

- La sélection naturelle est un processus dans lequel les individus dotés de certains caractères ont, grâce à ces caractères, des taux de survie et de reproduction plus élevés que d'autres individus.
- Au fil du temps, la sélection naturelle améliore l'adaptation des populations à leur environnement (**figure 22.12**).
- Si un environnement change au fil du temps, ou si des individus d'une espèce donnée se déplacent vers un nouvel environnement, la sélection naturelle peut permettre l'adaptation à ce nouveau milieu et débouche parfois sur l'apparition de nouvelles espèces.

Avant de poursuivre, arrêtons-nous sur trois subtilités importantes concernant la sélection naturelle. D'abord, même si la sélection naturelle met en jeu des interactions entre les individus et leur milieu, *les individus n'évoluent pas* ; ce sont les générations successives qui évoluent avec le temps. Deuxièmement, la sélection naturelle peut amplifier ou atténuer uniquement des caractères héréditaires qui diffèrent entre les individus d'une population. Autrement dit, un caractère a beau être héréditaire, si tous les individus d'une population sont génétiquement identiques par rapport à ce caractère, l'évolution par sélection naturelle ne pourra pas se produire. Troisièmement, les facteurs environnementaux varient d'un endroit à l'autre et d'une époque à l'autre, de sorte qu'un caractère favorable dans une situation donnée peut devenir inutile, voire nuisible, dans d'autres contextes. La sélection naturelle est toujours à l'œuvre, mais les caractères favorables varient selon le milieu et le contexte où les espèces vivent et se reproduisent.

Dans la prochaine section, nous allons examiner le vaste éventail d'observations qui étayent la vision darwinienne de l'évolution par sélection naturelle.

(a) Mante fleur en Malaisie (*Deroplatys lobata*)

(b) Mante feuille à Bornéo (*Deroplatys desiccata*)

▲ **Figure 22.12 Un exemple de l'évolution adaptative : le camouflage.** Les espèces parentes de mantes ont diverses formes et couleurs selon leur environnement.

? *Expliquez comment ces mantes illustrent les trois observations sur la vie présentées dans l'introduction de ce chapitre : l'adéquation entre les organismes et leur environnement ainsi que l'unité et la diversité du vivant.*

RETOUR SUR LE CONCEPT 22.2

1. Comment le concept de descendance avec modification explique-t-il autant l'unité que la diversité du vivant?
2. **ET SI?** Imaginez que vous découvrez un fossile d'un mammifère éteint qui vivait en haute altitude dans les Andes. À votre avis, ce mammifère ressemblerait-il davantage aux mammifères qui vivent aujourd'hui dans les jungles d'Amérique du Sud ou à ceux qui vivent maintenant en haute altitude dans les montagnes africaines? Pourquoi?
3. **FAITES DES LIENS** Révisez les figures 14.4 et 14.6 (p. 303 et 305) sur les relations entre le génotype et le phénotype. Supposons que, dans une population donnée de pois, les fleurs au phénotype blanc sont favorisées par la sélection naturelle. Qu'adviendrait-il avec le temps de la fréquence de l'allèle *p* dans la population? Expliquez votre raisonnement.

Voir les réponses proposées à la fin du chapitre.

CONCEPT 22.3

Une somme considérable de données scientifiques atteste l'évolution

Dans *De l'origine des espèces,* Darwin compile un vaste ensemble de données à l'appui du concept de descendance avec modification. Malgré tout, on l'a vu, il lui manquait certaines données clés. Ainsi, il parlait de l'origine des plantes à fleurs comme d'un «abominable mystère» et déplorait le manque de fossiles révélant comment d'anciens groupes d'organismes en avaient engendré de nouveaux.

Depuis un siècle et demi, de nouvelles découvertes ont comblé plusieurs des lacunes dont se plaignait Darwin. Par exemple, l'origine des plantes à fleurs est beaucoup mieux comprise (voir le chapitre 30), et on a découvert de nombreux fossiles qui clarifient l'origine de nouveaux groupes d'organismes (voir le chapitre 25). Dans cette section, nous passons en revue quatre types de données qui documentent l'évolution et éclairent les processus par lesquels elle se produit: les observations directes de changements apportés par l'évolution; l'homologie; les archives fossiles; et la biogéographie.

Les observations directes de changements apportés par l'évolution

Des milliers d'études scientifiques établissent les preuves des changements apportés par l'évolution. Nous examinerons un bon nombre de ces études dans ce chapitre et ceux qui suivent, mais penchons-nous dès maintenant sur deux exemples.

La sélection naturelle en réponse à l'introduction de nouvelles espèces végétales

Les herbivores disposent souvent d'adaptations qui les aident à se nourrir efficacement de leurs principales sources d'aliments. Mais que se passe-t-il lorsqu'ils commencent à se nourrir d'espèces végétales présentant des caractéristiques différentes de leurs sources habituelles?

Les punaises à épaules rouges (*Jadera haematoloma*), qui utilisent leur «bec» (une pièce buccale en forme d'aiguille creuse) pour perforer les graines des fruits de diverses plantes dont elles se nourrissent, nous fournissent une formidable occasion d'étudier cette question. Dans le sud de la Floride, les punaises à épaules rouges mangent les graines d'une plante indigène, le faux persil (*Cardiospermum corindum*). Cependant, comme cette plante est devenue rare au centre de cet État, les punaises à épaules rouges se nourrissent maintenant des graines de *Koelreuteria elegans*, un arbre originaire d'Asie introduit récemment en Amérique du Nord. Les punaises à épaules rouges se nourrissent plus efficacement lorsque la longueur de la pièce buccale qui leur sert de bec correspond exactement à la profondeur à laquelle les graines sont enfouies dans le fruit. Or, le fruit du *Koelreuteria elegans* est constitué de trois lobes plats, et ses graines sont beaucoup plus près du fruit que les graines rondes et dodues du fruit du faux persil. Des chercheurs de la University of Utah ont prédit que, chez les populations qui se nourrissent sur le *Koelreuteria elegans*, la sélection naturelle favoriserait des pièces buccales plus courtes que chez les populations qui se nourrissent sur le faux persil, et leur prédiction s'est vérifiée (**figure 22.13**).

Les chercheurs ont également étudié l'évolution de la longueur du «bec» de populations de punaises à épaules rouges qui se nourrissent de plantes introduites en Louisiane, en Oklahoma et en Australie. Dans chacun de ces endroits, le fruit des plantes introduites récemment est plus gros que celui de la plante indigène. Les chercheurs ont donc prédit que, chez les populations qui s'attaquent aux espèces introduites dans ces régions, l'évolution favoriserait un «bec» *plus long.* Là encore, les données recueillies sur le terrain ont confirmé cette hypothèse.

L'adaptation observée chez ces populations de punaises à épaules rouges a eu d'importantes conséquences. En Australie, par exemple, l'allongement de leur «bec» a presque doublé leur capacité de se nourrir des graines des espèces introduites. Qui plus est, comme les données historiques montrent que le faux persil n'a été introduit au centre de la Floride que 35 ans avant le début des études scientifiques, les résultats démontrent que la sélection naturelle peut entraîner une évolution rapide dans une population de type sauvage.

L'évolution des bactéries pharmacorésistantes

Les pathogènes pharmacorésistants (organismes et virus qui causent des maladies et qui ont acquis une résistance à un ou plusieurs médicaments) sont un exemple de sélection naturelle en cours qui a des répercussions considérables sur les humains. Le phénomène est particulièrement préoccupant dans le cas des virus et des bactéries, car leurs souches pharmacorésistantes peuvent proliférer très rapidement, comme en témoigne l'évolution de la résistance aux antibiotiques de la bactérie *Staphylococcus aureus.* Environ une personne

▼ **Figure 22.13** **INVESTIGATION**

Un changement de la source alimentaire d'une population peut-il entraîner une évolution par sélection naturelle?

EXPÉRIENCE Les punaises à épaules rouges (*Jadera haematoloma*) se nourrissent plus efficacement lorsque la correspondance est maximale entre la longueur de leur « bec » et la profondeur à laquelle se trouvent les graines dans les fruits dont elles se nourrissent. Scott Carroll et ses collègues ont mesuré la longueur du « bec » chez des populations de punaises à épaules rouges du sud de la Floride qui se nourrissent des graines de faux persil, une plante indigène, ainsi que chez des populations du même insecte du centre de la Floride qui, elles, se nourrissent des graines d'une plante introduite, le *Koelreuteria elegans*, dont le fruit est plus plat que celui du faux persil. Les chercheurs ont ensuite comparé leurs mesures à celles de spécimens conservés dans les musées et provenant de ces deux régions de la Floride avant l'introduction du *Koelreuteria elegans*.

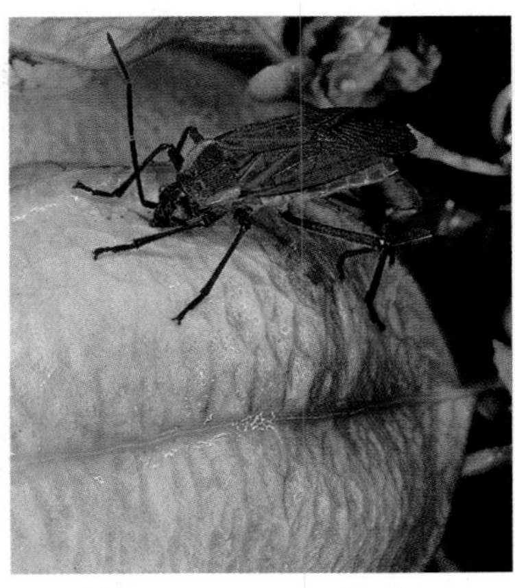

Punaise à épaules rouges dont le « bec » est plongé dans le fruit du faux persil.

RÉSULTATS Chez les populations qui se nourrissent sur l'espèce introduite, le « bec » est plus court que celui des populations qui se nourrissent sur l'espèce indigène, dont les graines sont enfouies plus profondément dans les fruits. Pour chacune des populations, la longueur moyenne du bec chez les spécimens de musée (flèches rouges) est similaire à la longueur du « bec » chez les populations qui se nourrissent sur l'espèce indigène.

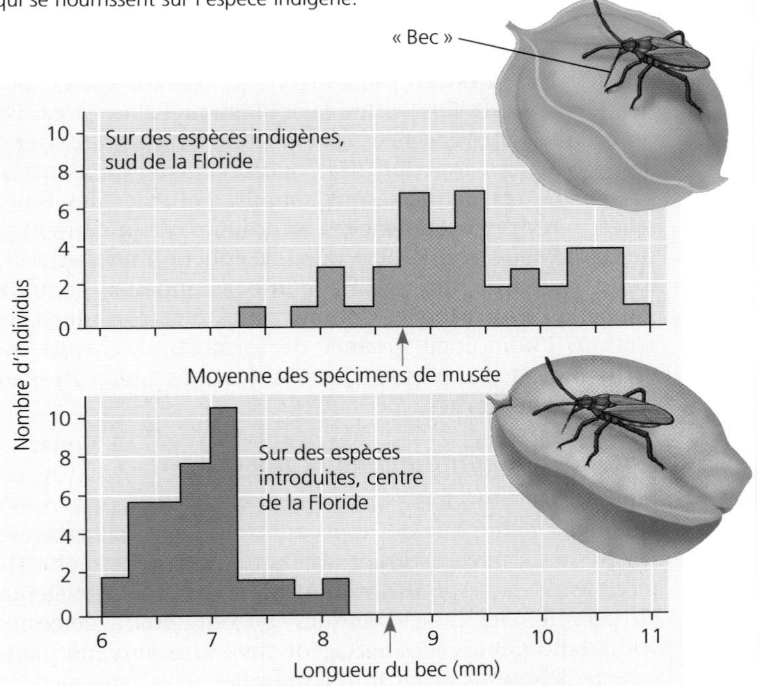

CONCLUSION Les caractéristiques des spécimens de musée et les données contemporaines indiquent qu'un changement de la taille des fruits sur lesquels se nourrissent les punaises à épaules rouges peut produire une évolution par sélection naturelle pour mieux adapter leur « bec ».

SOURCE S. P. Carroll et C. Boyd, Host race radiation in the soapberrybug: natural history with the history, *Evolution* 46: 1052-1069 (1992).

ET SI? Une fois éclos, des œufs d'une population de punaises à épaules rouges nourrie sur le faux persil ont été nourris avec des graines de *Koelreuteria elegans* (et inversement). Or, à l'âge adulte, ces insectes avaient un bec dont la longueur était similaire à celle de la population d'où ils provenaient. Interprétez ces résultats.

sur trois héberge ce type de bactérie sur sa peau ou dans ses voies nasales sans éprouver le moindre problème. Cependant, certaines souches (variétés génétiques) de cette espèce, les *S. aureus* résistants à la méthicilline (SARM), sont hautement pathogènes et extrêmement dangereuses. Au cours de la dernière décennie, on a assisté à une augmentation alarmante des formes virulentes du SARM comme le clone USA300, une souche « mangeuse de chair » qui cause des infections potentiellement fatales (**figure 22.14**). Comment cette souche de SARM et d'autres sont-elles devenues si dangereuses?

En fait, l'histoire commence en 1943, quand la pénicilline est devenue le premier antibiotique utilisé à grande échelle. Depuis, la pénicilline et d'autres antibiotiques ont sauvé des millions de vies. Cependant, en 1945, plus de 20% des souches de *S. aureus* isolées dans les hôpitaux étaient déjà résistantes à la pénicilline; elles possédaient une enzyme, la pénicillinase, capable de détruire la pénicilline. Les chercheurs ont répliqué en créant des antibiotiques qui échappaient à l'action de la pénicillinase, mais, en l'espace de quelques années, certaines populations de *S. aureus* ont acquis une résistance à chacun de ces nouveaux médicaments.

En 1959, les médecins ont commencé à utiliser la méthicilline, un antibiotique très puissant. Deux ans plus tard, on observait l'apparition des premières souches de *S. aureus* résistantes à la méthicilline. Comment ces souches résistantes sont-elles apparues? La méthicilline agit en désactivant une protéine que la bactérie utilise pour synthétiser ses parois cellulaires. Cependant, en analysant des populations de *S. aureus,* on a constaté que la force de la réaction au médicament variait au sein des groupes. Plus précisément, certaines bactéries réussissaient à synthétiser leurs parois cellulaires en utilisant une autre protéine qui échappait à l'action de la méthicilline. Comme ces bactéries étaient plus nombreuses que les autres à survivre aux traitements à la méthicilline, elles se sont davantage reproduites. Avec le temps, les bactéries résistantes se sont multipliées, d'où la propagation du SARM.

▼ **Figure 22.14**

IMPACT

La montée du SARM

La plupart des infections à *Staphylococcus aureus* résistant à la méthicilline (SARM) sont causées par des souches apparues récemment, comme le clone USA300. Résistante à de multiples antibiotiques et hautement contagieuse, cette souche et ses proches parentes peuvent causer des infections mortelles de la peau, des poumons et du sang. Les chercheurs ont repéré les zones clés du génome du USA300 qui codent ses propriétés particulièrement virulentes.

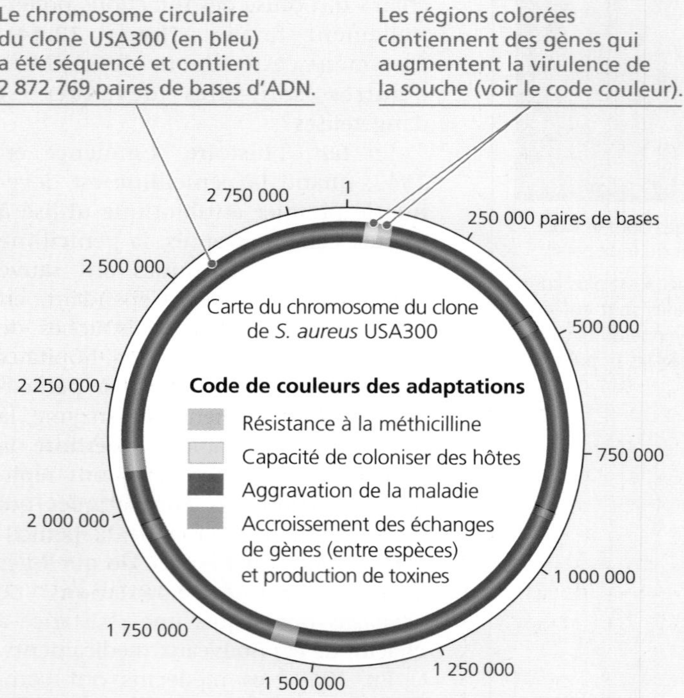

POURQUOI C'EST IMPORTANT Les infections au SARM ont considérablement proliféré ces dernières décennies, causant des dizaines de milliers de morts en Amérique du Nord. On s'inquiète donc sérieusement de l'évolution constante de la pharmacorésistance et de la difficulté de traiter les infections au SARM qui en résultent. Les chercheurs espèrent que la recherche sur la façon dont les souches de SARM colonisent leurs hôtes et les rendent malades permettra de mettre au point des médicaments pour combattre plus efficacement le SARM.

POUR EN SAVOIR PLUS On peut trouver de l'information générale sur le SARM sur le site Web des Centers for Disease Control and Prevention (CDC) (www.cdc.gov/SARM) et dans G. Taubes,The bacteria fight back, *Science* 321 : 356-361 (2008).

ET SI ? Les chercheurs tentent actuellement de mettre au point des médicaments qui ciblent spécifiquement *S. aureus* et d'autres qui ralentissent la croissance du SARM sans le tuer. Compte tenu de ce que vous savez sur la sélection naturelle et du fait que les différentes espèces bactériennes peuvent échanger des gènes, expliquez pourquoi chacune de ces stratégies pourrait être efficace.

Au début, on pouvait lutter contre le SARM en faisant appel à d'autres antibiotiques qui agissaient différemment de la méthicilline. Cependant, il est devenu de plus en plus difficile de le combattre, car certaines souches ont acquis une résistance à l'égard de plusieurs antibiotiques – probablement parce que les bactéries peuvent échanger des gènes avec des membres de leur espèce, mais aussi avec d'autres espèces (voir la figure 27.13, p. 651). Les souches multirésistantes d'aujourd'hui sont apparues avec le temps à mesure que des souches de SARM résistantes à divers antibiotiques échangeaient des gènes.

Les exemples des punaises à épaules rouges et de *S. aureus* illustrent deux points clés concernant la sélection naturelle. Premièrement, il s'agit d'un processus de «réécriture» et non d'un processus de création. Un médicament ne *crée pas* de pathogènes pharmacorésistants; il ne fait que favoriser la *sélection* des individus résistants déjà présents dans la population. Deuxièmement, la sélection naturelle repose sur le moment et l'endroit: elle favorise chez une population génétiquement variable les caractéristiques qui lui procurent un avantage dans son environnement actuel. Or, ce qui est avantageux dans une situation donnée peut se révéler inutile, voire nuisible, dans une autre. Ainsi, la longueur idéale du «bec» des punaises à épaules rouges est celle qui convient le mieux à la taille du fruit sur lequel se nourrit une population donnée; un bec qui convient parfaitement à un fruit de telle taille peut devenir un désavantage lorsque l'insecte se nourrit sur un fruit d'une autre taille.

L'homologie

L'analyse des similarités entre divers organismes constitue un deuxième ensemble de données attestant l'évolution. On l'a dit, l'évolution est un processus de descendance avec modification: avec le temps, les caractéristiques d'un organisme (l'ancêtre) sont modifiées (par sélection naturelle) chez ses descendants en fonction des conditions environnementales auxquelles ces derniers sont soumis. Résultat: des espèces reliées ont des caractéristiques communes qui présentent une similarité sous-jacente bien que leur fonctionnement diffère. Cette similarité qui résulte d'une ascendance commune s'appelle l'**homologie**. Comme nous le verrons dans cette section, l'homologie permet de formuler des prédictions vérifiables et d'expliquer des observations qui, autrement, seraient déroutantes.

L'homologie anatomique et moléculaire

Envisager l'évolution comme un processus de remodelage amène à prédire que des espèces étroitement reliées présenteront des caractéristiques similaires, ce qui est effectivement le cas. Les espèces étroitement reliées ont naturellement en commun les caractéristiques qui ont servi à déterminer leur relation, mais elles partagent aussi de nombreuses autres caractéristiques. Certaines d'entre elles ne s'expliquent pas autrement que dans le contexte de l'évolution. Ainsi, bien que les membres antérieurs de l'humain, du chat, de la baleine, de la chauve-souris et de tous les autres Mammifères remplissent des fonctions fort différentes – soulever, marcher, nager et voler –, ces appendices se composent des mêmes éléments osseux de l'épaule jusqu'au bout des doigts (**figure 22.15**).

Des similarités anatomiques aussi frappantes n'existeraient pas si ces structures étaient apparues à partir de rien chez chaque espèce. Or, les structures squelettiques des membres, des nageoires et des ailes des divers Mammifères sont des **structures homologues**, c'est-à-dire des variations fonctionnelles

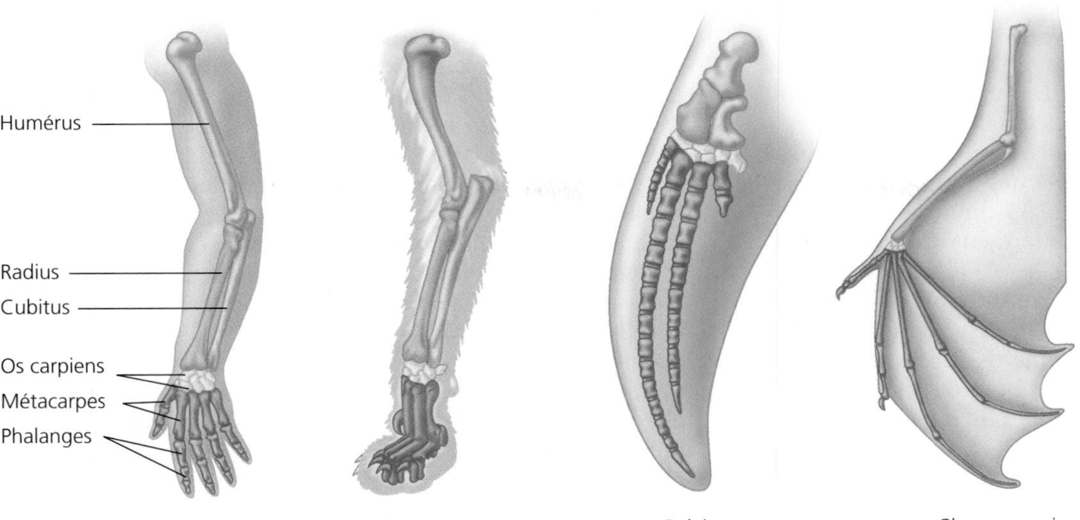

◄ **Figure 22.15 Les structures homologues des membres antérieurs des Mammifères.** Bien qu'ils se soient adaptés pour des fonctions différentes, les membres antérieurs de tous les Mammifères comprennent les mêmes éléments osseux : un os volumineux (en mauve), attaché à deux os plus petits (en orangé foncé et clair), se prolongeant eux-mêmes par plusieurs petits os (en jaune), sur lesquels s'attachent les métacarpes (en vert), prolongés par environ cinq doigts ou phalanges (en bleu).

sur un même thème structural présent chez l'ancêtre commun. De plus, l'embryologie comparative, qui consiste à comparer les premiers stades du développement chez divers Animaux, révèle des homologies anatomiques invisibles chez les organismes adultes. Par exemple, à certains stades de leur développement, tous les embryons des Vertébrés ont une queue postanale (derrière l'anus), ainsi que des structures appelées sacs branchiaux dans la région de la gorge (**figure 22.16**). Au cours du développement, ces poches pharyngiennes deviennent des structures homologues aux fonctions extrêmement différentes : par exemple, les sacs branchiaux se transforment en branchies chez les Poissons, et en parties auditives et gutturales chez l'humain et d'autres Mammifères.

Parmi les structures homologues les plus singulières figurent les **organes vestigiaux** ; leur utilité est marginale ou nulle, mais elles témoignent de l'existence de structures très anciennes qui remplissaient d'importantes fonctions chez les ancêtres des organismes qui en étaient dotés. Par exemple, certains serpents ont conservé des vestiges des os du bassin et des pattes de certains de leurs ancêtres marcheurs. Certaines espèces de poissons aveugles des cavernes possèdent des vestiges d'yeux sous leurs écailles. Ces structures vestigiales n'auraient aucune raison d'être si ces animaux avaient des origines distinctes de celles d'autres vertébrés.

Les biologistes observent aussi des similarités moléculaires entre les organismes. Toutes les formes de vie font appel aux mêmes modalités de codage de l'information génétique (ADN et ARN) : chez tous les êtres vivants, un acide aminé donné est toujours associé au même triplet de bases azotées. Le code génétique est en quelque sorte universel. Comme tous les organismes le partagent, il est probable que toutes les espèces descendent d'un ancêtre commun. On pourrait objecter que le code est universel en raison de contraintes d'ordre chimique et que le fait qu'il soit universel n'implique pas nécessairement une origine commune de toutes les espèces, mais de nombreux faits prouvent que de telles contraintes n'existent pas. Les homologies moléculaires vont au-delà du partage du code. Des organismes aussi différents que les humains et les Bactéries possèdent beaucoup de gènes en commun qu'ils ont hérités d'un ancêtre commun éloigné. Certains de ces gènes homologues ont acquis de nouvelles fonctions, tandis que d'autres ont conservé leurs fonctions originales, tels ceux qui codent pour les sous-unités ribosomiques utilisées pour la synthèse des protéines (voir la figure 17.17, p. 392). Il est assez commun que des gènes aient perdu leurs fonctions chez certains organismes, alors que ces gènes homologues sont encore fonctionnels chez des espèces apparentées. Comme les structures vestigiales, il semble que ces « pseudogènes » inactifs sont présents simplement parce qu'ils l'étaient chez un ancêtre commun.

Les homologies et la « pensée arborescente »

Certaines caractéristiques homologues, comme le code génétique, sont communes à toutes les formes de vie, car elles appartiennent à un passé ancestral lointain, mais commun. En revanche, c'est dans les ramifications secondaires de

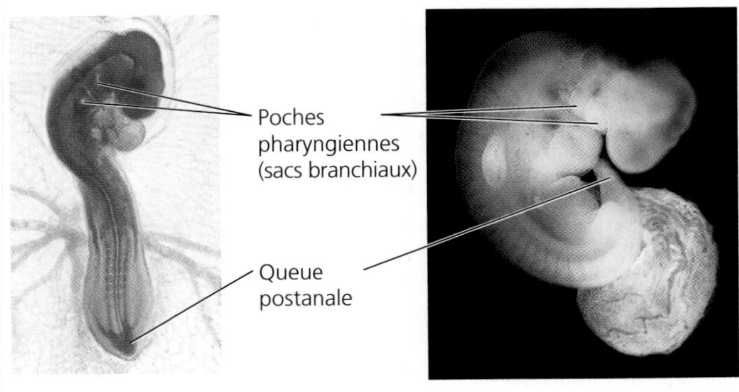

▲ **Figure 22.16 Les similitudes anatomiques chez les embryons de Vertébrés.** À un certain stade de leur développement embryonnaire, tous les Vertébrés présentent une queue localisée à la partie postérieure de l'anus (la queue postanale) ainsi que des poches pharyngiennes (les sacs branchiaux). De telles similitudes peuvent s'expliquer par le fait qu'ils possèdent un ancêtre commun.

l'arbre de la vie que l'on observe les homologies découlant d'une évolution plus récente. C'est le cas, par exemple, de tous les Tétrapodes (du grec *tetra*, « quatre », et *pod*, « pied »), cette branche des Vertébrés regroupant les Amphibiens, les Mammifères et les Reptiles (ainsi que les Oiseaux ; **figure 22.17**). En effet, tous les Tétrapodes possèdent un membre composé d'une même structure à cinq doigts que l'on n'observe pas chez d'autres Vertébrés (la figure 22.15 montre celle de certains Mammifères). Les homologies forment donc une configuration ramifiée montrant que tous les êtres vivants partagent un ensemble de caractéristiques lointaines représentant un tronc commun. À ce tronc est venue se greffer une série de nouveaux embranchements successifs au sein desquels se sont ajoutées de nouvelles homologies, et celles-ci ont contribué à caractériser des groupes de rang supérieur, et ainsi de suite. Cette configuration ramifiée correspond exactement au modèle de la descendance avec modification d'un ancêtre commun.

Les biologistes représentent souvent la descendance d'ancêtres communs et les homologies qui en résultent par un **arbre phylogénétique**, un diagramme qui reflète les relations résultant de l'évolution entre des groupes d'organismes. Nous examinerons en détail la façon dont on construit ces arbres d'évolution au chapitre 26, mais voyons dès maintenant comment on peut les interpréter et les utiliser. La **figure 22.17** est un arbre d'évolution des Tétrapodes et de leurs plus proches parents vivants, les Dipneustes. Dans ce diagramme, chaque embranchement représente l'ancêtre commun de toutes les espèces qui en descendent (à droite). Par exemple, les Dipneustes et tous les Tétrapodes descendent de l'ancêtre ❶, tandis que les mammifères, les lézards et les serpents, les crocodiles et les oiseaux descendent tous de l'ancêtre ❸. Comme on pouvait s'y attendre, les trois homologies signalées sur l'arbre – des membres avec des doigts, un amnios (une membrane embryonnaire protectrice) et des plumes – forment une configuration ramifiée. Comme ils étaient présents chez l'ancêtre commun ❷, tous les descendants de cet ancêtre (les Tétrapodes) possèdent des membres munis de doigts. L'amnios, qui n'était présent que chez l'ancêtre ❸, n'est donc partagé que par certains Tétrapodes (les Mammifères et les Reptiles). Quand aux plumes, comme elles n'étaient présentes que chez l'ancêtre commun ❻, on ne les trouve que chez les Oiseaux.

Notez que dans cette figure les Mammifères sont placés plus près des Amphibiens que des Oiseaux. À première vue, on pourrait en conclure que les mammifères sont plus proches des Amphibiens que des Oiseaux. En fait, c'est le contraire, car les Mammifères et les Oiseaux ont un ancêtre commun (ancêtre ❸) plus récent que l'ancêtre commun des Mammifères et des Amphibiens (ancêtre ❷). L'ancêtre ❷ est aussi le plus récent ancêtre commun des Oiseaux et des Amphibiens, de sorte que la proximité de la relation des Mammifères et des Oiseaux est équivalente à celle de la relation entre les Oiseaux et les Amphibiens. Remarquez également que l'arbre d'évolution de la figure montre le moment approximatif des événements relatifs à l'évolution, mais ne précise pas leurs dates. On sait donc que l'ancêtre ❷ a vécu avant l'ancêtre ❸, mais on ignore quand.

Les arbres d'évolution sont des hypothèses qui résument notre conception actuelle des modes de descendance. Comme pour toute hypothèse, notre degré de confiance en ces relations hypothétiques dépend de la solidité des données sur lesquelles elles reposent. L'arbre présenté à la figure 22.17 a été construit à partir de diverses séries de données indépendantes, y compris des données anatomiques et des données de séquençage d'ADN. Les biologistes croient donc qu'il reflète avec exactitude l'histoire de l'évolution. Comme vous le verrez au chapitre 26, les scientifiques peuvent utiliser de tels arbres d'évolution solidement documentés pour avancer des prédictions précises et parfois étonnantes sur des organismes.

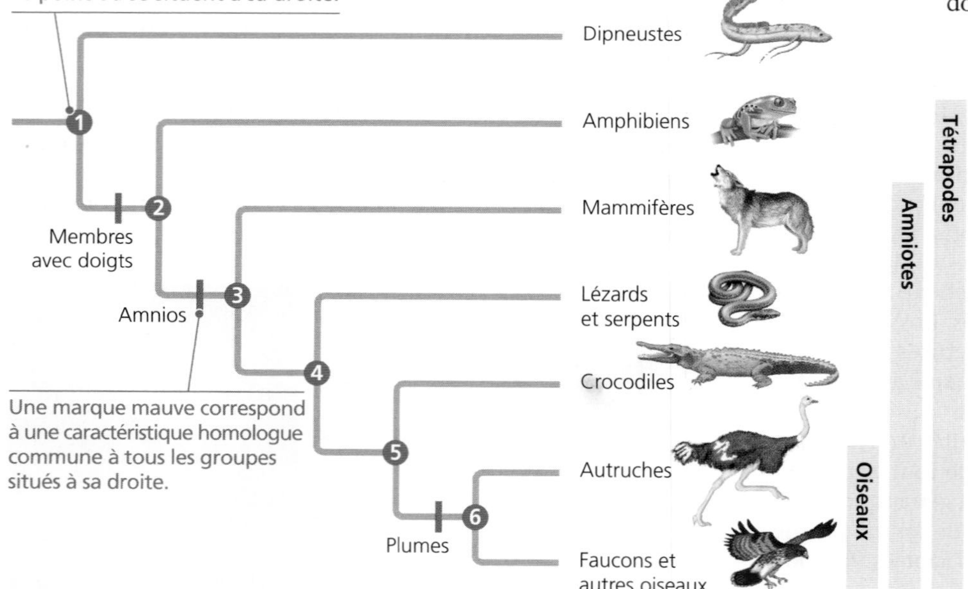

▲ **Figure 22.17 La pensée arborescente : l'information fournie par un arbre d'évolution.** Cet arbre d'évolution des Tétrapodes et de leurs plus proches parents vivants, les Dipneustes, repose sur des données anatomiques et des données de séquençage d'ADN. Les barres mauves indiquent l'apparition de trois homologies importantes, qui n'ont évolué qu'une fois chacune. Ainsi, le groupe des Oiseaux est un embranchement du groupe des Reptiles ; techniquement, le groupe d'organismes appelé « Reptiles » inclut donc les Oiseaux.

? *Les crocodiles sont-ils plus étroitement reliés aux lézards ou aux oiseaux ? Expliquez votre réponse.*

Une autre cause de ressemblance : l'évolution convergente

Si des organismes étroitement reliés présentent des caractéristiques communes en raison de leur ascendance commune, des organismes aux relations

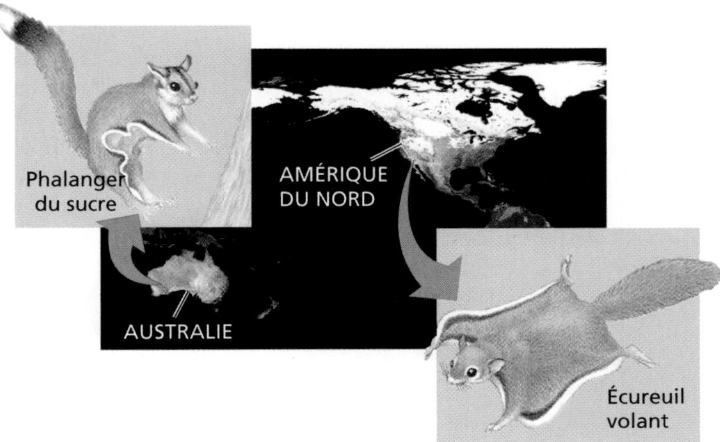

▲ **Figure 22.18 L'évolution convergente.** La capacité de planer est le résultat d'une évolution indépendante pour ces deux Mammifères dont la parenté est très lointaine.

lointaines peuvent aussi se ressembler, mais pour une tout autre raison. En effet, une certaine ressemblance peut aussi découler de l'**évolution convergente**, un processus qui mène de façon indépendante à l'apparition de caractères similaires chez des lignées différentes. Pour illustrer cette notion, comparons les deux groupes de Mammifères que forment les Marsupiaux et les Placentaires. Les Marsupiaux sont surtout présents en Australie et se caractérisent par un développement embryonnaire qui commence dans l'utérus maternel et se poursuit dans une poche ventrale. Ils se distinguent des Placentaires, dont le mode de développement embryonnaire se déroule entièrement dans l'utérus. Malgré ces différences importantes, certains Marsupiaux australiens ressemblent à première vue à des Mammifères placentaires habitant d'autres continents: ils présentent des adaptations semblables, puisqu'ils sont dotés les uns et les autres de membranes qui leur permettent de planer d'un arbre à l'autre. Ainsi, le phalanger du sucre (*Petaurus breviceps*), un marsupial arboricole, ressemble en apparence à l'écureuil volant (*Glaucomys volans*), un Placentaire qui saute d'arbre en arbre dans les forêts d'Amérique du Nord (**figure 22.18**). Cependant, le phalanger possède tous les autres caractères qui en font un Marsupial, et il est beaucoup plus proche du kangourou et d'autres Marsupiaux australiens que de l'écureuil volant ou de tout autre Mammifère placentaire. Là encore, ce que nous savons de l'évolution explique ces observations. Bien qu'ils aient évolué indépendamment, à partir d'ancêtres différents, ces deux Mammifères se sont adaptés de manière similaire à un environnement semblable. Quand des espèces présentent des caractéristiques communes en raison d'une évolution convergente, on parle de **caractéristiques analogues** et non pas homologues. Les caractéristiques analogues remplissent une fonction similaire, mais elles ne découlent pas d'une ascendance commune. En cela, elles s'opposent aux caractéristiques homologues, qui viennent d'une ascendance commune, mais ne remplissent pas forcément une fonction similaire.

Les archives fossiles

Le troisième ensemble de données qui atteste l'évolution nous vient des fossiles. Comme l'explique plus en détail le chapitre 25, les archives fossiles documentent le modèle de l'évolution, démontrant que les organismes du passé différaient des organismes actuels et que de nombreuses espèces se sont éteintes.

Les fossiles témoignent également des changements évolutifs survenus chez divers groupes d'organismes. Pour ne donner qu'un exemple parmi tant d'autres, les chercheurs ont découvert que, dans de nombreux lacs, la taille de l'os iliaque du poisson qu'on appelle l'épinoche a considérablement diminué avec le temps. La nature constante de ce changement donne à penser que cette réduction de la taille de l'os iliaque résulte de la sélection naturelle.

Les fossiles peuvent également nous éclairer quant aux origines de nouveaux groupes d'organismes. Les archives fossiles des Cétacés, cet ordre de Mammifères qui comprend la baleine, le cachalot et le dauphin, en sont un bon exemple. Certains de ces fossiles ont fourni un appui inattendu à une hypothèse basée sur des données d'ADN et selon laquelle les Cétacés sont étroitement reliés aux Artiodactyles (du grec *artios*, «pair», et *dactylos*, «doigt»), un groupe d'ongulés qui inclut les ruminants (cerfs, vaches, chameaux, etc.) et les cochons (**figure 22.19**). Qu'est-ce que les fossiles peuvent nous apprendre d'autre sur l'origine des Cétacés? Les premiers Cétacés ont vécu il y a de cela 50 à 60 millions d'années. Les archives fossiles indiquent qu'avant cette époque la plupart des Mammifères étaient terrestres. Les scientifiques avaient compris il y a longtemps que les baleines et autres Cétacés étaient issus de Mammifères terrestres, mais on n'avait trouvé que peu de fossiles révélateurs de la façon dont la structure des membres des Cétacés avait évolué avec le temps pour entraîner la perte des membres postérieurs et le développement

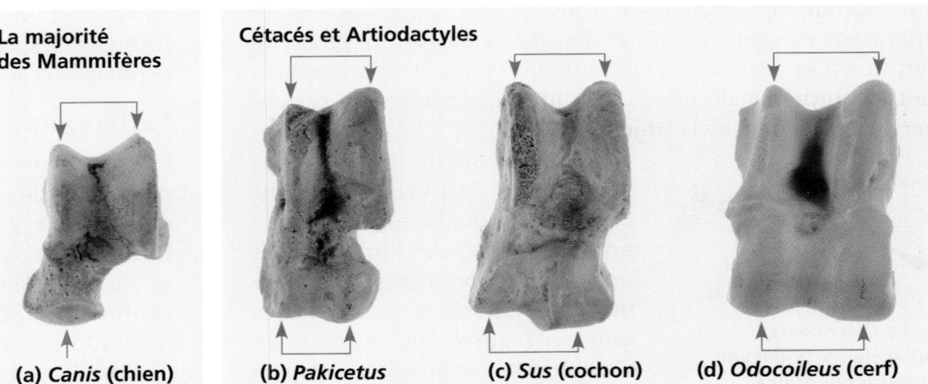

▲ **Figure 22.19 Les os de la cheville: une pièce du casse-tête.** La comparaison entre des fossiles et des exemplaires contemporains de l'astragale (un des os de la cheville) fournit des indices de la proche parenté des Cétacés et des Artiodactyles. **(a)** Chez la plupart des Mammifères, la forme de l'astragale est celle de l'astragale du chien, avec une double protubérance à une extrémité (flèches rouges), mais pas à l'autre (flèche bleue). **(b)** Les fossiles montrent que l'ancien Cétacé *Pakicetus* avait un astragale à double protubérance aux deux extrémités, une caractéristique qu'on ne trouve plus aujourd'hui que chez des Artiodactyles comme **(c)** le cochon et **(d)** le cerf.

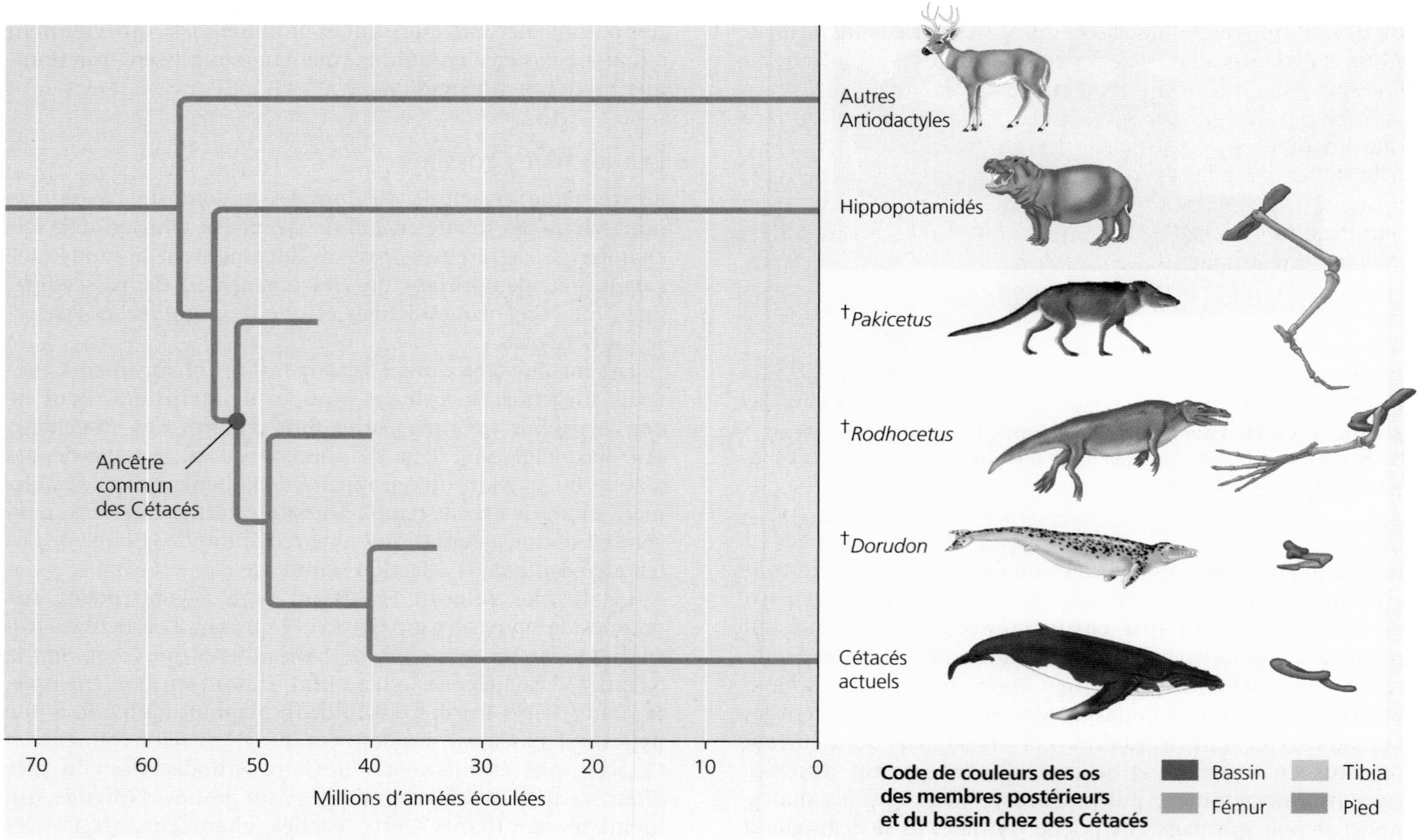

Autres Artiodactyles
Hippopotamidés
†*Pakicetus*
†*Rodhocetus*
†*Dorudon*
Cétacés actuels
Ancêtre commun des Cétacés
70 60 50 40 30 20 10 0
Millions d'années écoulées
Code de couleurs des os des membres postérieurs et du bassin chez des Cétacés
Bassin
Tibia
Fémur
Pied

▲ **Figure 22.20 La transition vers la vie marine.** De multiples sources de données appuient l'hypothèse selon laquelle les Cétacés ont évolué à partir de Mammifères terrestres. Les fossiles documentent la réduction au fil du temps du bassin et des membres postérieurs de Cétacés aujourd'hui éteints, notamment *Pakicetus*, *Rodhocetus* et *Dorudon*. Les données de séquençage d'ADN étayent l'hypothèse selon laquelle les Cétacés sont les plus proches parents vivants des Hippopotamidés, des Artiodactyles.

? *Quel changement est apparu en premier au cours de l'évolution des Cétacés: les modifications structurales des membres postérieurs ou la formation des lobes de la nageoire caudale?*

de nageoires latérales et d'une nageoire caudale à deux lobes. Cependant, au cours des dernières décennies, on a découvert des séries de fossiles remarquablement conservés au Pakistan, en Égypte et en Amérique du Nord. Ces fossiles apportent des indices des étapes de la transition de la vie terrestre à la vie marine, et comblent certaines lacunes dans notre compréhension de l'évolution des ancêtres des cétacés vers les Cétacés actuels (**figure 22.20**).

▲ **Le *Diacodexis*, un ancien artiodactyle aujourd'hui éteint.**

Collectivement, les récentes découvertes de fossiles appuient l'hypothèse de la formation de nouvelles espèces et l'origine d'un nouveau groupe important d'Animaux: les Cétacés. Ces découvertes montrent aussi que les Cétacés d'aujourd'hui sont beaucoup plus différents de leurs proches parents actuels (hippopotames, cochons, cerfs et autres groupes d'Artiodactyles) que l'étaient le *Pakicetus* et les anciens Artiodactyles comme le *Diacodexis*. Ce modèle est attesté par l'existence d'autres fossiles qui témoignent des origines d'autres grands groupes d'organismes, y compris les Mammifères (voir le chapitre 25), les plantes à fleurs (voir le chapitre 30) et les Tétrapodes (voir le chapitre 34). Dans chacun de ces cas, les archives fossiles montrent qu'au fil du temps la descendance avec modification a entraîné des différences de plus en plus importantes entre les groupes d'organismes reliés, ce qui a produit la diversité du vivant que nous connaissons aujourd'hui.

La biogéographie

Le quatrième ensemble de données qui prouve l'évolution nous vient de la **biogéographie**, c'est-à-dire de l'étude de la distribution géographique des espèces. Plusieurs facteurs influent sur la distribution géographique des organismes, notamment la dérive des continents, le lent déplacement des continents au fil du temps. Il y a environ 250 millions d'années, toutes les masses continentales de la Terre étaient plus ou moins soudées en un seul continent qu'on appelle la **Pangée** (voir la figure 25.13, p. 601). Il y a quelque 200 millions d'années, la Pangée a commencé à se diviser en gros blocs, et, il y a 20 millions d'années, les continents que nous connaissons aujourd'hui étaient situés à quelques centaines de kilomètres de leur localisation actuelle.

Nous pouvons utiliser ce que nous savons de l'évolution et de la dérive des continents pour prédire dans quels endroits on devrait trouver des fossiles des divers groupes d'organismes. Ainsi, les scientifiques ont construit des arbres d'évolution des chevaux en se basant sur des données anatomiques. Ces arbres et l'âge des fossiles des ancêtres du cheval portent à croire que les espèces actuelles de chevaux sont apparues il y a 5 millions d'années en Amérique du Nord. À cette époque, l'Amérique du Nord et l'Amérique du Sud étaient proches de leur localisation actuelle, mais ne s'étaient pas encore reliées, de sorte que les chevaux auraient eu de la difficulté à traverser d'un continent à l'autre. On pouvait donc prédire que les plus anciens fossiles de chevaux se retrouveraient uniquement sur le continent dont ces chevaux sont originaires, soit l'Amérique du Nord. Cette prédiction et d'autres du même type concernant divers groupes d'organismes ont été confirmées, ce qui fournit d'autres preuves de l'évolution.

Nous pouvons également utiliser notre compréhension de l'évolution pour expliquer des données biogéographiques. Ainsi, les îles hébergent généralement de nombreuses **espèces végétales et animales endémiques**, c'est-à-dire qu'on ne trouve nulle part ailleurs dans le monde. Néanmoins, comme l'a décrit Darwin dans *De l'origine des espèces*, la plupart des espèces insulaires sont étroitement reliées aux espèces du continent le plus proche ou d'une île voisine. Darwin a supposé que les îles sont colonisées par des espèces du continent voisin. À mesure que ces colonisateurs s'adaptent à leur nouvel environnement, ils finissent par engendrer de nouvelles espèces. Un tel processus explique aussi pourquoi deux îles au milieu similaire, mais situées dans différentes parties du monde, tendent à être peuplées non pas par des espèces étroitement reliées les unes aux autres, mais plutôt par des espèces reliées à celles du continent le plus proche, même si l'environnement y est souvent assez différent.

En quoi la vision darwinienne du vivant est-elle encore une «théorie»?

Certains rejettent les idées de Darwin en alléguant qu'il s'agit d'une «simple théorie». Pourtant, nous avons pu constater que le *modèle* de l'évolution – l'observation du fait que le vivant évolue au fil du temps – a été documenté directement et qu'il est étayé par de multiples données. De plus, l'explication que donne Darwin du *processus* de l'évolution – la sélection naturelle est la principale cause des changements évolutifs observés – éclaire d'immenses quantités de données. Enfin, il est possible d'observer les effets de la sélection naturelle directement dans la nature. Alors en quoi l'évolution est-elle encore théorique? Souvenez-vous que le terme *théorie* n'a pas la même signification dans le domaine scientifique que dans le langage courant. Dans son emploi familier, le mot a sensiblement le sens que les scientifiques donnent au terme *hypothèse*; quelque chose d'hypothétique, dans le langage courant, est aussi possible qu'incertain. En science, une théorie est beaucoup plus globale qu'une hypothèse et, même si elle ne prétend pas offrir de certitude absolue, elle repose sur des bases solides. Une théorie scientifique comme la théorie de la sélection naturelle de Darwin rend compte d'un faisceau d'observations, et tente d'expliquer et d'intégrer une multitude de phénomènes divers. Une telle théorie unificatrice ne devient largement admise que si elle résiste à des vérifications systématiques et répétées sous forme d'expériences et d'observations (voir le chapitre 1). Comme nous le verrons dans les trois prochains chapitres, c'est assurément le cas pour la théorie de l'évolution par la sélection naturelle.

Le scepticisme qui pousse les chercheurs à continuer à tester les théories empêche qu'on érige ces idées en dogmes. Par exemple, alors que pour Darwin l'évolution était un processus extrêmement lent, nous savons maintenant que ce n'est pas toujours le cas: de nouvelles espèces peuvent se former sur des périodes de temps relativement courtes (quelques milliers d'années ou même moins; voir le chapitre 24). Qui plus est, comme nous le verrons dans cette partie de l'ouvrage, les biologistes qui étudient l'évolution reconnaissent maintenant que la sélection naturelle n'est pas le seul mécanisme responsable de l'évolution. En effet, de nos jours, l'étude de l'évolution est plus vivante que jamais, et les scientifiques découvrent de nouvelles façons de tester des hypothèses basées sur la sélection naturelle et sur d'autres mécanismes de l'évolution. Si la théorie de Darwin attribue la diversité de la vie à des processus naturels, les divers produits de l'évolution n'en sont pas moins élégants et inspirants. Comme l'écrivait Darwin dans le paragraphe de conclusion de son ouvrage *De l'origine des espèces*:

> N'y a-t-il pas une véritable grandeur dans cette manière d'envisager la vie [... où] une quantité infinie de belles et admirables formes, sorties d'un commencement si simple, n'ont pas cessé de se développer et se développent encore. (Traduction d'Edmond Barbier.)

RETOUR SUR LE CONCEPT 22.3

1. Expliquez pourquoi l'énoncé suivant est inexact: «Les antibiotiques ont créé une pharmacorésistance chez le SARM.»
2. Comment la théorie de Darwin explique-t-elle (a) le fait que les membres antérieurs des Mammifères que montre la figure 22.15 soient similaires, mais aient des fonctions différentes, et (b) que les modes de vie de deux mammifères qui sont des cousins éloignés soient similaires (voir la figure 22.18)?
3. ET SI? Les archives fossiles nous apprennent que l'origine des dinosaures remonte à quelque 200 à 250 millions d'années. Sachant cela, vous attendez-vous à ce que la distribution géographique des plus anciens fossiles de dinosaures soit vaste (qu'ils se retrouvent sur plusieurs continents) ou limitée (sur un ou deux continents)? Expliquez votre réponse.

Voir les réponses proposées à la fin du chapitre.

RÉVISION DU CHAPITRE 22

RÉSUMÉ DES CONCEPTS CLÉS

CONCEPT 22.1

La théorie de Darwin a révolutionné l'idée d'une Terre jeune et peuplée d'espèces immuables (p. 524 à 526)

- Darwin a révolutionné les idées dominantes de son temps en soutenant que l'unité et la diversité des espèces pouvaient s'expliquer par une ascendance commune et par la sélection naturelle.
- Hutton et Lyell étaient en désaccord avec la thèse du **catastrophisme**, qui attribuait les changements survenus dans la flore et la faune à des catastrophes géologiques de très grande ampleur dues à des mécanismes n'ayant plus cours. Ces deux géologues ont compris que les changements survenus à la surface de la Terre peuvent résulter d'actions lentes et continuelles qui sont toujours à l'œuvre aujourd'hui (**uniformitarisme**).
- Lamarck supposait que les espèces évoluent, mais les faits n'appuient pas les mécanismes qu'il proposait.

? *Pourquoi l'âge de la Terre était-il important dans les idées de Darwin sur l'évolution ?*

CONCEPT 22.2

La descendance avec modification par sélection naturelle explique les adaptations des organismes ainsi que l'unité et la diversité de la vie (p. 526 à 532)

- C'est grâce aux connaissances acquises au cours de l'expédition du *Beagle* que Darwin a montré que de nouvelles espèces dérivent d'espèces ancestrales par l'accumulation graduelle d'**adaptations**. Après son retour en Angleterre, il a précisé sa théorie. En 1859, après avoir appris que Wallace était parvenu aux mêmes conclusions, Darwin a publié sa théorie.
- Dans *De l'origine des espèces,* Darwin a soutenu que l'évolution se fait par la **sélection naturelle**.

Observations

Il existe des variations héréditaires au sein des populations.

Les organismes produisent une descendance plus nombreuse que celle que peut soutenir l'environnement.

Inférences

Les individus qui sont bien adaptés à leur environnement tendent à avoir une descendance plus nombreuse que les autres.

et

Avec le temps, les caractères favorables s'accumulent dans la population.

? *Expliquez la relation entre d'une part la reproduction excessive et les variations de traits héréditaires et, d'autre part, l'évolution par la sélection naturelle.*

CONCEPT 22.3

Une somme considérable de données scientifiques atteste l'évolution (p. 532 à 539)

- Dans plusieurs études, les chercheurs ont observé directement la sélection naturelle menant à l'évolution adaptative, notamment en effectuant des recherches sur les punaises à épaules rouges et sur le SARM.
- Les organismes présentent des caractéristiques communes en raison de leur ascendance commune (**homologie**) ou parce que la sélection naturelle produit des effets similaires chez des espèces qui évoluent de manière indépendante dans des environnements similaires (**évolution convergente**).
- Les archives fossiles démontrent que les organismes du passé lointain différaient des organismes actuels, que plusieurs espèces se sont éteintes et que l'évolution des espèces se fait sur de longues périodes de temps. De plus, les archives fossiles documentent l'origine des principaux groupes d'organismes.
- La théorie de l'évolution peut expliquer des phénomènes biogéographiques.

? *Résumez les différents ensembles de données qui appuient l'hypothèse selon laquelle les Cétacés descendent de mammifères terrestres et sont étroitement reliés aux Artiodactyles.*

ÉVALUATION

NIVEAU 1: CONNAISSANCES ET COMPRÉHENSION

1. Parmi les énoncés suivants, lequel n'est ni une observation ni une inférence sur laquelle se fonde la théorie de la sélection naturelle?
a) Il existe des variations héréditaires entre les individus.
b) Les individus peu adaptés ne produisent jamais de descendants.
c) Les espèces produisent plus de descendants que peut en soutenir leur environnement.
d) Les individus dotés de caractères qui leur confèrent une meilleure adaptation au milieu laissent généralement une descendance plus nombreuse que les autres.
e) Souvent, seule une partie de la descendance d'un individu peut survivre et se reproduire.

2. Parmi les observations suivantes, laquelle a aidé Darwin à formuler son idée de la descendance avec modification?
a) La diversité des espèces diminue à mesure que la distance par rapport à l'équateur augmente.
b) Le nombre d'espèces vivant sur les îles était inférieur au nombre d'espèces trouvées sur les continents les plus proches.
c) Les oiseaux vivaient sur des îles situées à une distance du continent supérieure à leur distance maximale de vol.
d) Les plantes du climat tempéré d'Amérique du Sud étaient plus semblables aux plantes tropicales d'Amérique du Sud qu'aux plantes des climats tempérés d'Europe.
e) Les tremblements de terre changent le visage de la vie, car ils provoquent des extinctions massives.

NIVEAU 2: APPLICATION ET ANALYSE

3. Six mois après que l'on ait utilisé avec succès de la méthicilline pour traiter une infection à *S. aureus* dans une collectivité, toutes les nouvelles infections ont été causées par le SARM. Parmi les énoncés suivants, lequel explique le mieux ce résultat?
a) *S. aureus* peut résister au vaccin.
b) Un patient a été infecté par un SARM provenant d'une autre collectivité.
c) En réaction au médicament, *S. aureus* a commencé à synthétiser une variante résistante de la protéine visée par la méthicilline.

d) Certains *S. aureus* résistants à la méthicilline étaient déjà présents au début du traitement, et la sélection naturelle a augmenté leur nombre.
e) Le médicament provoque un changement dans l'ADN du *S. aureus*.

4. L'analyse anatomique des membres antérieurs des humains, des chauves-souris et des baleines montre que les structures osseuses des humains et des chauves-souris sont assez semblables, tandis que les formes et les proportions des os des baleines sont assez différentes. Cependant, l'analyse de plusieurs gènes de ces espèces laisse penser que ces trois mammifères se sont séparés de leur ancêtre commun environ au même moment. Lequel des énoncés suivants explique le mieux ces données?
a) Les humains et les chauves-souris ont évolué par sélection naturelle, tandis que les baleines ont évolué par le mécanisme décrit par Lamarck.
b) L'évolution des membres antérieurs des humains et des chauves-souris était adaptative, mais pas celle des baleines.
c) La sélection naturelle en milieu aquatique a produit des changements considérables dans l'anatomie des membres antérieurs de la baleine.
d) Les gènes mutent plus rapidement chez les baleines que chez les humains ou les chauves-souris.
e) Les baleines ne sont pas à proprement parler des Mammifères.

5. Les séquences d'ADN de très nombreux gènes humains sont très similaires à celles des gènes correspondants chez les chimpanzés. Lequel des énoncés suivants explique le mieux cette donnée?
a) Les humains et les chimpanzés ont un ancêtre commun relativement récent.
b) Les humains descendent des chimpanzés.
c) Les chimpanzés descendent des humains.
d) L'évolution convergente a produit ces similarités de l'ADN.
e) Les humains et les chimpanzés ne sont pas étroitement reliés.

NIVEAU 3: SYNTHÈSE ET ÉVALUATION

6. LIEN AVEC L'ÉVOLUTION
Expliquez pourquoi les homologies anatomiques et moléculaires appartiennent généralement à la même configuration ramifiée, puis décrivez un processus où ce ne serait pas le cas.

7. INTÉGRATION
FAITES UN DESSIN Les premiers moustiques résistants au pesticide DDT sont d'abord apparus en Inde en 1959, mais on en trouve aujourd'hui dans le monde entier. (a) Servez-vous des données du tableau ci-dessous pour construire un graphique. (b) Analysez ce graphique et formulez une explication de l'augmentation rapide du nombre de moustiques résistants au DDT. (c) Proposez une explication de la mondialisation de la résistance au DDT.

Mois	0	8	12
Moustiques résistants* au DDT	4 %	45 %	77 %

Source: C. F. Curtis *et al.*, Selection for and against insecticide resistance and possible methods of inhibiting the evolution of resistance in mosquitoes, *Ecological Entomology* 3: 273-287 (1978).

*Les moustiques étaient considérés comme résistants s'ils n'étaient pas morts 1 heure après avoir été exposés à une dose d'une solution à 4 % de DDT.

8. **ÉCRIVEZ UN TEXTE**
Les interactions environnementales Rédigez un court texte (de 100 à 150 mots) dans lequel vous pourriez démontrer à l'aide d'un exemple si des changements dans l'environnement physique d'un organisme sont susceptibles ou non d'entraîner chez cet organisme un changement adaptatif lié à l'évolution.

RÉPONSES DU CHAPITRE 22

Questions des figures

Figure 22.6 Le mangeur de cactus est plus étroitement relié au géospize granivore. La figure 1.22 montre que ces deux espèces ont un ancêtre commun (granivore) plus proche que l'ancêtre commun du mangeur de cactus et du géospize insectivore. **Figure 22.8** Il y a plus de 5,5 millions d'années. **Figure 22.12** Les couleurs et la forme du corps de ces mantes leur permettent de se fondre dans leur environnement, ce qui illustre l'adéquation entre les organismes et leur environnement. Ces mantes ont également en commun (entre elles et avec d'autres espèces de mantes) des caractéristiques (six pattes, des membres antérieurs préhensiles ainsi que des yeux volumineux) qui illustrent l'unité du vivant découlant d'une ascendance commune. À mesure qu'elles s'éloignaient de leur ancêtre commun, les mantes accumulaient des adaptations différentes qui les rendaient mieux adaptées à la vie dans leurs milieux respectifs. À la longue, ces différences sont devenues assez importantes pour que de nouvelles espèces apparaissent, contribuant ainsi à la diversité du vivant. **Figure 22.13** Ces résultats montrent que le fait d'avoir été pondu, d'avoir éclos et d'avoir grandi sur une espèce de plante n'a pas modifié le «bec» de l'adulte pour rendre sa longueur plus appropriée à la plante hôte. La longueur du bec de l'adulte était principalement déterminée par les caractères génétiques de la population d'où il provenait. Comme les œufs prélevés sur un faux persil (*Cardiospermum corindum*) avaient été très probablement pondus par des parents à long bec, ces résultats indiquent que la longueur du bec est un caractère héréditaire. **Figure 22.14** Ces deux stratégies devraient allonger le temps nécessaire que prendra *S. aureus* pour devenir résistant à un nouveau médicament. Si un médicament est nocif seulement pour *S. aureus*, la sélection naturelle ne favorisera pas la résistance à ce médicament chez les autres espèces de bactéries. Cela réduira les risques que *S. aureus* acquière les gènes de résistance de ces autres bactéries, et ralentira donc l'évolution de la résistance. De même, la sélection pour la résistance à un médicament qui ralentit la croissance de *S. aureus* sans le tuer sera beaucoup plus faible que la sélection pour la résistance à un médicament fatal pour *S. aureus*, ce qui là encore ralentira l'évolution de la résistance. **Figure 22.17** Cet arbre d'évolution montre que les crocodiles sont plus étroitement reliés aux oiseaux qu'aux lézards parce que l'ancêtre qu'ils ont en commun avec les oiseaux (ancêtre 5) est plus récent que celui qu'ils ont en commun avec les lézards (ancêtre 4). **Figure 22.20** Les modifications structurales des membres postérieurs se sont produites en premier. *Rodhocetus* était dépourvu de nageoire caudale, mais ses os pelviens et ses membres postérieurs avaient changé substantiellement par rapport à la forme et à la disposition des os chez *Pakicetus*. Par exemple, chez *Rodhocetus*, le bassin et les membres postérieurs semblent disposés pour la nage, tandis que chez *Pakicetus* ils semblent destinés à la marche.

Retour sur le concept 22.1

1. Hutton et Lyell ont soutenu que les événements du passé étaient causés par les mêmes mécanismes que ceux qui se déroulent aujourd'hui, ce qui semblait indiquer que l'âge de la Terre dépassait largement les quelques milliers d'années qu'on lui donnait à l'époque. Hutton et Lyell croyaient également que les changements géologiques se produisaient graduellement, ce qui a amené Darwin à penser qu'une lente accumulation de petits changements pouvait finir par produire les profondes modifications dont témoignaient les archives fossiles. Dans ce sens, l'âge de la Terre avait beaucoup d'importance pour Darwin, car si elle n'avait pas été très vieille, l'évolution comme il l'envisageait n'aurait pas eu le temps de se produire. **2.** Selon ces critères, l'explication de Cuvier sur les archives fossiles et l'hypothèse de Lamarck sur l'évolution sont toutes deux scientifiques. Cuvier croyait que les espèces restaient inchangées au fil du temps. Selon lui, les catastrophes naturelles et les extinctions d'espèces qui en résultaient étaient habituellement confinées à certaines régions, de sorte qu'une région dévastée finissait par être repeuplée par des espèces venues d'ailleurs. On a vérifié ces affirmations en les confrontant aux archives fossiles et démontré la fausseté de la croyance selon laquelle les espèces n'évoluaient pas. Quant à Lamarck, son principe d'usage et de non-usage permet de formuler des prédictions vérifiables (hypothèses) sur les fossiles de certains groupes comme les ancêtres des baleines et sur les changements évolutifs qui leur ont permis de s'adapter à de nouveaux habitats. Le principe d'usage et de non-usage de Lamarck et le principe connexe de l'héritabilité des caractères acquis peuvent aussi être vérifiés cette fois chez des organismes vivants (ces deux principes se sont révélés faux).

Retour sur le concept 22.2

1. Les organismes présentent des caractéristiques communes (unité du vivant) parce qu'ils ont des ancêtres communs. La grande diversité du vivant s'explique par le fait que de nouvelles espèces se sont formées à répétition à mesure que les descendants s'adaptaient graduellement à divers environnements et devenaient de plus en plus différents de leurs ancêtres. **2.** Les espèces de mammifères dont on trouve les fossiles (ou leurs ancêtres) dans les Andes provenaient probablement d'Amérique du Sud, et les ancêtres des mammifères qu'on trouve actuellement dans les montagnes d'Afrique étaient probablement originaires d'autres régions de l'Afrique. Les espèces dont les fossiles sont présents dans les Andes auraient donc un ancêtre commun plus récent avec les mammifères actuels d'Amérique du Sud qu'avec les mammifères d'Afrique. Par conséquent, pour plusieurs de ses caractères, l'espèce de mammifère dont on a trouvé un fossile ressemblerait davantage aux mammifères peuplant les jungles d'Amérique du Sud qu'aux mammifères vivant dans les montagnes d'Afrique. Il est aussi possible, cependant, qu'elles ressemblent aussi aux mammifères des montagnes d'Afrique avec qui elles n'ont qu'une lointaine parenté à cause du phénomène de l'évolution. **3.** Tant que le phénotype blanc (encodé par le génotype *pp*) continue à être favorisé par la sélection naturelle, la fréquence de l'allèle *p* dans la population augmentera probablement au fil du temps. En effet, si la population d'individus blancs augmente par rapport à celle des individus mauves, la fréquence de l'allèle *p* récessif augmentera aussi par rapport à celle de l'allèle *P*, qui n'apparaît que chez les individus mauves (dont certains possèdent aussi l'allèle *p*).

Retour sur le concept 22.3

1. Un facteur environnemental comme un médicament ne *crée* pas de nouveaux caractères, comme la pharmacorésistance; il ne fait que favoriser la sélection naturelle de caractères de résistance déjà présents dans la population. **2.** (a) Malgré leurs fonctions différentes, les membres postérieurs des divers Mammifères sont structurellement similaires parce qu'il s'agit toujours de modifications des membres de leur ancêtre commun. (b) Il s'agit d'évolution convergente : les similarités entre le phalanger du sucre et l'écureuil volant indiquent que des environnements similaires ont favorisé la sélection naturelle pour des adaptations similaires malgré des ascendances différentes. **3.** Les dinosaures sont apparus à l'époque où il n'y avait sur Terre qu'un seul immense continent, la Pangée. Comme de nombreux dinosaures étaient grands et mobiles, il est probable que les premiers membres de ces groupes vivaient dans diverses parties de la Pangée. Quand la Pangée s'est séparée, les fossiles de ces organismes ont été emportés avec les rochers qui les contenaient. On peut donc affirmer que les fossiles des premiers dinosaures ont une vaste distribution géographique.

Questions du résumé des concepts clés

Concept 22.1 Darwin pensait que la descendance avec modification était un processus graduel, qui se déroulait par étapes. L'âge de la Terre lui importait, car si la Terre n'était vieille que de quelques milliers d'années (comme on le croyait généralement à son époque), l'évolution comme il l'envisageait n'aurait pas eu le temps de se produire. **Concept 22.2** Les espèces ont le potentiel de produire plus de descendants que ne peut en accueillir le milieu. La surpopulation entraîne une lutte pour les ressources limitées et une partie de la descendance est dévorée, meurt de faim ou de maladie ou n'arrive pas à se reproduire pour diverses raisons. Les membres d'une population présentent un éventail de variations héréditaires dont certaines augmentent la probabilité que leurs porteurs aient une descendance plus nombreuse que celle des individus dépourvus de ces caractères (parce que les porteurs peuvent plus facilement échapper à leurs prédateurs ou tolèrent mieux les conditions physiques de leur environnement). À la longue, cette sélection naturelle peut produire une proportion supérieure de caractères favorables chez une population (évolution adaptative). **Concept 22.3** De nombreuses données soutiennent l'hypothèse selon laquelle les Cétacés descendent de mammifères terrestres et sont étroitement reliés aux Artiodactyles. Par exemple, des fossiles indiquent que les premiers Cétacés avaient des membres postérieurs, comme on pouvait s'y attendre d'un organisme qui descend d'un mammifère terrestre; ces fossiles montrent aussi que les membres postérieurs des Cétacés ont rapetissé avec le temps. D'autres fossiles montrent que les premiers Cétacés avaient un type d'astragale (os de la cheville) qu'on ne trouve que chez les Artiodactyles. On peut donc penser que ceux-ci représentent les mammifères terrestres les plus étroitement reliés aux Cétacés, ce que confirment des données de séquençage d'ADN.

ÉVALUATION

1. b; **2.** d; **3.** d; **4.** c; **5.** a;

7. (a)

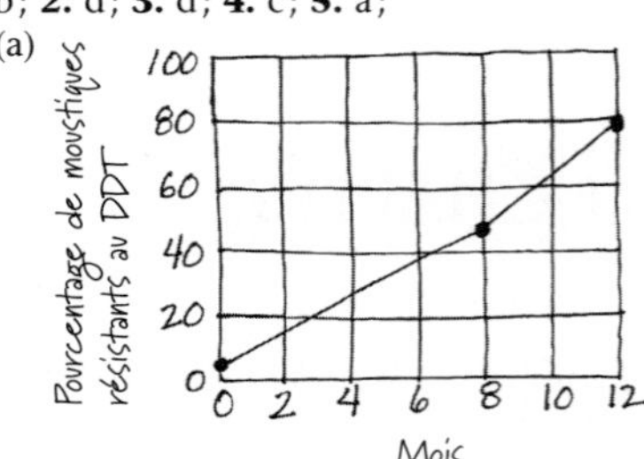

(b) L'augmentation rapide du pourcentage de moustiques résistants au DDT était probablement causée par la sélection naturelle : les moustiques résistants au DDT pouvaient survivre et se reproduire, et pas les autres. (c) En Inde, où la résistance au DDT est apparue en premier, à la longue, la sélection naturelle a fait augmenter le nombre d'insectes résistants. Les moustiques résistants se sont ensuite propagés à d'autres pays (transportés par le vent ou dans les avions, les trains et les bateaux), où la fréquence de la résistance au DDT a également augmenté.

23

L'évolution des populations

▲ **Figure 23.1 Comment ce géospize à bec moyen (*Geospiza fortis*) évolue-t-il ?**

CONCEPTS CLÉS

23.1 La diversité génétique rend l'évolution possible

23.2 L'équation de Hardy-Weinberg permet de vérifier si une population évolue

23.3 La sélection naturelle, la dérive génétique et le flux génétique peuvent modifier les fréquences alléliques d'une population

23.4 La sélection naturelle est le seul mécanisme qui entraîne une évolution adaptative constante

INTRODUCTION

La plus petite unité d'évolution

L'une des idées fausses les plus répandues sur l'évolution consiste à penser que les organismes évoluent individuellement, au cours même de leur vie. Il est vrai que la sélection naturelle agit sur les individus: leurs caractères respectifs influent sur leur taux de survie et de succès reproductif par rapport à ceux de leurs congénères. Toutefois, les répercussions évolutives de cette sélection naturelle ne se manifestent que dans les changements d'une *population* d'organismes au fil des générations.

Prenons le géospize à bec moyen (*Geospiza fortis*), un oiseau granivore des îles Galápagos (**figure 23.1**). En 1977, la population de *G. fortis* qui vivait sur l'île Daphne Major a été décimée par une longue sécheresse; sur quelque 1 200 oiseaux, seuls 180 ont survécu. Les chercheurs Peter et Rosemary Grant ont remarqué qu'une pénurie de petites graines durant cette sécheresse avait incité les *G. fortis* à se nourrir de grosses graines dures présentes en abondance. Comme les oiseaux dotés des becs les plus gros et les plus longs arrivaient mieux à casser et à manger les grosses graines dures, ceux-ci avaient un meilleur taux de survie et de reproduction que les autres géospizes. L'épaisseur du bec étant un caractère héréditaire, à la génération suivante, l'épaisseur moyenne du bec avait augmenté dans la population de *G. fortis* par rapport à ce qu'elle était avant la sécheresse (**figure 23.2**). La population avait évolué par sélection naturelle. Aucun géospize n'avait évolué individuellement; chacun avait un bec d'une taille donnée, qui n'avait pas changé durant la sécheresse; l'évolution s'était plutôt traduite par une augmentation de la proportion de gros becs dans la population d'une génération à l'autre. La population avait évolué, mais pas ses membres en tant qu'individus.

Sur le plan du changement populationnel, on peut définir la **microévolution** – c'est-à-dire l'évolution à sa plus petite échelle possible – comme un changement de la fréquence allélique d'une génération à l'autre dans une population. Comme nous le verrons dans ce chapitre, la microévolution ne découle pas seulement de la sélection naturelle. En effet, trois grands mécanismes peuvent entraîner un changement de fréquence allélique: la sélection naturelle, la dérive génétique (les phénomènes aléatoires qui modifient la fréquence allélique) et le flux génétique (le transfert d'allèles entre les populations). Chacun de ces mécanismes exerce des effets

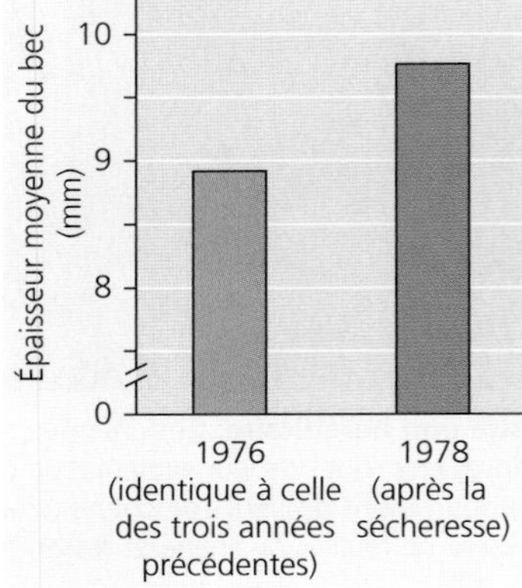

◄ **Figure 23.2 Exemple de sélection naturelle en fonction de la source de nourriture.** Les données de ce graphique illustrent la mesure de l'épaisseur moyenne du bec des *Geospiza fortis* chez les générations qui ont précédé et suivi la sécheresse de 1977. La taille du bec est restée plus grande jusqu'en 1983, année où les conditions ont cessé de favoriser les oiseaux à gros bec.

distincts sur la composition génétique des populations. Cependant, seule la sélection naturelle améliore constamment l'adéquation entre les organismes et leur milieu (adaptation). Avant d'étudier plus en détail la sélection naturelle et l'adaptation, penchons-nous sur un préalable de ces processus : la variation génétique.

CONCEPT 23.1

La diversité génétique rend l'évolution possible

Dans *De l'origine des espèces,* Darwin fournissait d'abondantes données prouvant que la vie sur Terre avait évolué au fil du temps et affirmait que la sélection naturelle était le principal mécanisme responsable de ce changement. Il avait observé que les individus différaient par leurs caractères héréditaires et que la sélection agissait sur ces différences, ce qui permettait le changement adaptatif. Pour Darwin, la variation des caractères héréditaires constituait donc un préalable de l'évolution, mais il ne savait pas comment au juste les organismes transmettaient leurs caractères héréditaires à leur progéniture.

Quelques années après la publication du livre de Darwin, Gregor Mendel publiera un article révolutionnaire sur l'hérédité des pois (voir le chapitre 14) où il mettra en lumière un modèle d'hérédité original dans lequel les organismes transmettent à leur progéniture des unités qualitatives héréditaires (qu'on appelle aujourd'hui des gènes). Darwin ignorera tout des gènes, mais l'article de Mendel allait ouvrir la voie à la compréhension des différences génétiques sur lesquelles se fonde l'évolution. Abordons maintenant certaines de ces différences génétiques et voyons comment elles se produisent.

La diversité génétique

Vous n'avez probablement aucun mal à reconnaître un ami dans une foule. Chaque personne possède un génome unique, qui se reflète dans les particularités de ses traits faciaux, de sa taille et de sa voix. Les variations individuelles existent dans les populations de toutes les espèces. Aux différences visibles s'ajoutent des diversités génétiques complexes, qui ne peuvent être observées qu'au niveau moléculaire. Par exemple, en regardant une personne, il est impossible de déceler son groupe sanguin (A, B, AB ou O), mais ce caractère et plusieurs autres varient selon les individus.

Les variations individuelles reflètent souvent la **diversité génétique**, soit les différences entre les individus dans la composition de leurs gènes ou d'autres segments d'ADN. Cependant, comme on l'a vu dans les chapitres précédents, certaines variations phénotypiques ne sont pas héréditaires ; la chenille du papillon de nuit *Nemoria arizonaria*, qui vit dans le sud-ouest des États-Unis, en est un exemple éloquent (**figure 23.3**). Le phénotype est le produit d'un génotype héréditaire et de nombreux facteurs environnementaux. Chez les humains, par exemple, les culturistes modifient considérablement leur phénotype, mais ils ne transmettent pas pour autant leurs gros muscles à leur descendance. De manière générale, seuls les éléments de la variation déterminés par les gènes peuvent avoir des conséquences évolutives. En ce sens, la diversité génétique fournit le matériel brut du changement évolutif : sans elle, l'évolution est impossible.

La diversité au sein d'une population

Les caractères qualitatifs et quantitatifs contribuent à la diversité *au sein* d'une population. Les *caractères qualitatifs,* comme les couleurs violet et blanc des plants de pois de Mendel (voir la figure 14.3, p. 302), peuvent être classés sur la base du « soit ceci, soit cela » (chaque plant porte des fleurs *soit* blanches, *soit* violettes). De nombreux caractères qualitatifs sont déterminés par un locus unique, dont les allèles produisent des phénotypes distincts. Cependant, la plupart des variations héréditaires concernent des *caractères quantitatifs,* qui varient de façon continue au sein d'une population. Les variations quantitatives héréditaires résultent de l'effet conjugué d'au moins deux gènes gouvernant un même caractère phénotypique.

▲ **Figure 23.3 Exemple de diversité non héréditaire.** Ces chenilles du papillon de nuit *Nemoria arizonaria* doivent leur aspect différent aux substances chimiques de leur alimentation et non à des différences dans leur génotype. **(a)** Les chenilles nées au printemps se nourrissent de fleurs de chêne (chatons) et y ressemblent, **(b)** tandis que leurs descendants nés en été se nourrissent de feuilles de chêne et ressemblent aux brindilles de chêne apparues l'année précédente.

Les biologistes doivent souvent décrire l'ampleur de la variation génétique dans une population particulière, tant pour des caractères quantitatifs que qualitatifs. La variation génétique se mesure sur le plan du patrimoine génétique (*diversité génétique*) et sur le plan moléculaire (*diversité nucléotidique*) par l'analyse de l'ADN. La diversité génétique peut se quantifier par l'**hétérozygosité moyenne**, qui se définit comme le pourcentage moyen de loci hétérozygotes. (Souvenez-vous que l'individu hétérozygote a deux allèles différents pour un locus donné, tandis que l'individu homozygote a deux allèles identiques pour ce locus.) Par exemple, la mouche du vinaigre (*Drosophila melanogaster*) est en moyenne hétérozygote pour environ 1 920 de ses 13 700 loci et homozygote pour les autres. On peut donc dire que la population de *D. melanogaster* a une hétérozygosité moyenne de 14%. Les analyses réalisées sur cette espèce et sur de très nombreuses autres montrent que ce degré de diversité génétique fournit bien assez de matériel brut pour que la sélection naturelle puisse agir et produire un changement adaptatif.

Comment les scientifiques déterminent-ils les loci hétérozygotes lorsqu'ils mesurent la diversité génétique? Une des méthodes consiste à mesurer les produits protéiques des gènes par électrophorèse sur gel (voir la figure 20.9, p. 469). Cependant, cette méthode ne permet pas de détecter les mutations silencieuses, c'est-à-dire les mutations qui modifient la séquence d'un gène, mais pas la séquence d'acides aminés de la protéine (voir la figure 17.24, p. 399). Pour inclure les mutations silencieuses dans leurs estimations de l'hétérozygosité, les chercheurs doivent utiliser d'autres méthodes quantitatives comme l'amplification en chaîne par polymérase (ACP) et les analyses de fragments de restriction (voir le chapitre 20).

Pour mesurer la diversité nucléotidique, les biologistes comparent les séquences d'ADN de deux individus dans une population, puis font la moyenne de toutes les données provenant de telles comparaisons. Le génome de *D. melanogaster* compte environ 180 millions de nucléotides, et les séquences de deux mouches du vinaigre, n'importe lesquelles, ne diffèrent que par environ 1,8 million (1%) de leurs nucléotides; la diversité nucléotidique des populations de *D. melanogaster* est donc d'environ 1%.

Pourquoi l'hétérozygosité moyenne a-t-elle tendance à être plus grande que la diversité nucléotidique, comme c'est le cas dans cet exemple? Parce qu'un gène peut contenir des milliers de bases d'ADN. Une différence dans une des bases suffit pour que les deux allèles de ce gène soient différents et augmentent l'hétérozygosité moyenne.

La variation entre les populations

La plupart des espèces présentent également une **variation géographique**, c'est-à-dire des différences dans la composition génétique de populations distinctes d'une même espèce. La **figure 23.4** donne un exemple de la variation géographique observée chez des populations de souris communes (*Mus musculus*) isolées par des montagnes sur la petite île de Madère, dans l'Atlantique. Introduites par inadvertance lors de la colonisation portugaise au 15e siècle, plusieurs populations de ces souris ont évolué isolées les unes des autres. Or, les chercheurs ont observé des différences dans le caryotype (arrangement caractéristique des chromosomes) de ces populations isolées. Dans certaines populations, certains des chromosomes ont fusionné, mais selon des modalités différentes d'une population à l'autre. Comme les changements chromosomiques laissent les gènes intacts, leurs effets phénotypiques sur la souris semblent neutres, de sorte que la variation entre ces populations semble résulter de phénomènes aléatoires (dérive génétique) plutôt que de la sélection naturelle.

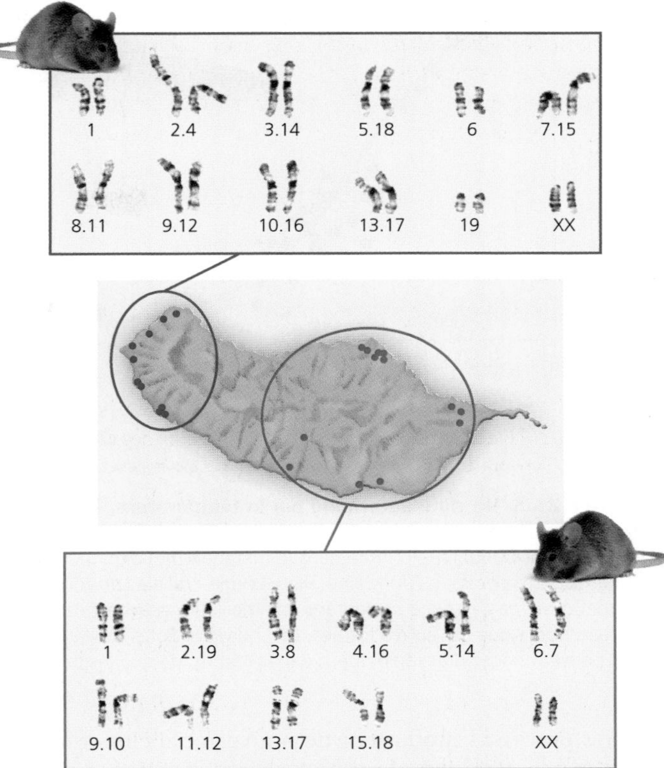

▲ **Figure 23.4 Les variations géographiques dans des populations isolées de souris sur l'île de Madère.** Les paires de nombres indiquent des chromosomes fusionnés. Par exemple, «2.4» indique la fusion du chromosome 2 et du chromosome 4. Les modalités de fusion observées chez les souris des zones désignées par des points bleus sont indiquées dans l'encadré bleu, et celles observées chez les souris des zones désignées par des points rouges le sont dans l'encadré rouge.

Parmi les types particuliers de variations géographiques, on peut donner l'exemple du **cline**, terme qui désigne le changement graduel d'un caractère le long d'un axe géographique. Certains clines résultent de la gradation d'une variable environnementale, comme le montre l'effet de la température sur la fréquence d'un allèle adaptatif chez le choquemort (*Fundulus heteroclitus*), un poisson estuarien commun sur la côte est de l'Amérique du Nord. Les clines comme celui que décrit la **figure 23.5** résultent probablement de la sélection naturelle – sinon la variable environnementale et la fréquence de l'allèle n'auraient aucune raison d'être. Mais la sélection ne peut opérer que s'il existe des allèles multiples pour un locus donné, une variation qui peut se produire de plusieurs façons.

Les sources de la diversité génétique

La diversité génétique sur laquelle repose l'évolution commence lorsqu'une mutation, une réplication génétique ou

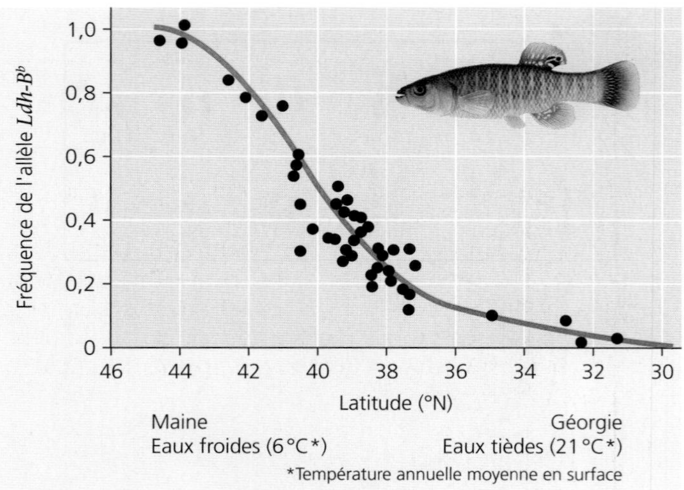

▲ **Figure 23.5 Un cline déterminé par la température.** Chez le choquemort, la fréquence de l'allèle *Ldh-B*^{b} pour l'enzyme lactate déshydrogénase-B (qui joue un rôle dans le métabolisme) diminue dans les échantillons de poissons du Maine à la Géorgie. L'allèle *Ldh-B*^{b} code pour une forme de l'enzyme présentant une meilleure activité catalytique dans l'eau froide que ses autres formes. Les individus dotés de l'allèle *Ldh-B*^{b} peuvent nager plus rapidement dans l'eau froide que les individus qui en sont dépourvus.

d'autres processus produisent de nouveaux allèles et de nouveaux gènes. Plusieurs de ces diversités génétiques peuvent apparaître en peu de temps chez des organismes qui se reproduisent rapidement. La reproduction sexuée peut également donner lieu à la diversité génétique lorsque les gènes existants se recombinent.

La formation de nouveaux allèles

Comme nous l'avons expliqué aux chapitres 17 et 21, de nouveaux allèles peuvent résulter d'une *mutation*, c'est-à-dire d'un changement dans la séquence de nucléotides de l'ADN d'un organisme. Une mutation est un coup de dés : on ne peut pas savoir exactement quels segments d'ADN elle modifiera, ni quels seront ses effets. Comme la plupart des mutations se produisent dans des cellules somatiques, elles disparaissent à la mort de l'individu. Chez les organismes multicellulaires, seules les mutations de lignées cellulaires produisant les gamètes transmissibles peuvent se transmettre aux descendants. Pour les Végétaux et les Champignons, ce phénomène n'est pas aussi contraignant qu'il peut le sembler puisque de nombreuses lignées cellulaires peuvent produire des gamètes (voir les figures 30.6, p. 724, et 31.17, p. 749).

Aussi minime soit-elle, la modification d'une seule base d'un gène (mutation ponctuelle) peut exercer un effet considérable sur le phénotype. C'est le cas par exemple de la mutation responsable de la drépanocytose ou anémie à hématies falciformes (voir la figure 17.23, p. 398). Les organismes sont le produit de milliers de générations soumises à la sélection ; il est donc improbable qu'une seule mutation améliore un génome. En fait, la majeure partie de ces mutations sont légèrement dommageables. Mais la plupart des mutations ponctuelles sont relativement sans effet, en partie parce que le plus gros de l'ADN du génome eucaryote ne code pour aucune protéine. De plus, en raison de la redondance du code génétique, même les mutations ponctuelles dans les gènes codant pour une protéine n'ont pas d'incidence sur la fonction de la molécule si la structure primaire n'a subi aucun changement. Et même si cette composition change, il se peut que ni la forme ni la fonction de la protéine s'en trouvent modifiées. Cependant, comme nous le verrons plus loin dans ce chapitre, il arrive qu'un allèle mutant améliore l'adaptation d'un individu à son milieu et favorise son succès reproductif.

Les mutations modifiant le nombre ou la séquence des gènes

Les mutations chromosomiques qui éliminent, perturbent ou réarrangent d'un seul coup un grand nombre de loci sont presque toujours dommageables. Toutefois, lorsque ces mutations à grande échelle laissent les gènes intacts, leurs effets peuvent être relativement neutres (comme dans le cas des souris de Madère à la figure 23.4). Dans de rares cas, il arrive même que le réarrangement chromosomique soit bénéfique. Par exemple, la translocation d'un segment chromosomique vers un chromosome différent peut réunir des gènes qui donnent un avantage à l'organisme lorsqu'ils sont transmis ensemble.

La duplication de gènes causée par des erreurs au cours de la méiose (comme un enjambement inégal), un glissement durant la réplication de l'ADN ou les activités d'éléments transposables (voir les chapitres 15 et 21) sont d'importants facteurs de variation. Comme d'autres aberrations chromosomiques, les duplications de grands segments chromosomiques sont presque toujours nuisibles, alors que les duplications de plus petits segments d'ADN ne le sont pas nécessairement. Les duplications génétiques qui n'ont pas de répercussions graves peuvent persister de génération en génération, faisant en sorte que les mutations s'accumulent au fil du temps. Il en résulte alors un génome plus grand, dont les nouveaux gènes peuvent exercer de nouvelles fonctions.

Ces augmentations bénéfiques du nombre de gènes semblent avoir joué un rôle important dans l'évolution. Par exemple, les ancêtres éloignés des Mammifères portaient un seul gène olfactif qui s'est dupliqué à maintes reprises, de sorte que les humains d'aujourd'hui possèdent près de 1 000 gènes de récepteurs olfactifs, et les souris, 1 300. Cette prolifération spectaculaire des gènes olfactifs a probablement aidé les premiers mammifères à déceler des odeurs même légères et à les différencier. Plus récemment, environ 60 % de ces gènes chez les humains ont été inactivés par des mutations, alors que cette proportion ne dépasse pas 20 % chez les souris. Comme les taux de mutations sont similaires chez les humains et les souris, cette différence est probablement due aux effets d'une puissante sélection naturelle, ce qui montre bien qu'un odorat polyvalent est plus important pour les souris que pour les humains.

Les taux de mutation

Les taux de mutation tendent à être assez faibles chez les Animaux et les Végétaux, avec environ 1 mutation par 100 000 gènes pour chaque génération, et souvent moins chez les Procaryotes. Mais chez les Procaryotes, le temps de génération (période moyenne entre la naissance d'un individu et celle de ses rejetons) est généralement tellement court que les mutations produisent des variations génétiques très rapidement. Il en est de même des virus. Par exemple, le VIH a un temps de génération d'environ deux jours, et possède un génome à ARN, lequel a un taux de mutation beaucoup plus élevé que celui du génome typique à ADN à cause de l'absence de mécanismes de réparation chez les cellules hôtes (voir le chapitre 19). Par conséquent, il est peu probable que les traitements basés sur un seul médicament puissent avoir une quelconque efficacité contre le VIH, car les formes mutantes du virus résistantes à ce médicament proliféreraient sans doute en très peu de temps. Jusqu'ici, les traitements les plus efficaces contre le sida font appel à des «cocktails» de médicaments parce que des mutations multiples conférant rapidement aux virus une résistance à *tous* ces médicaments ont moins de chances d'apparaître.

La reproduction sexuée

Chez les organismes à reproduction sexuée, la variation génétique au sein d'une population provient principalement de la combinaison unique d'allèles que chaque individu reçoit de ses parents. Évidemment, au niveau des nucléotides, toutes les différences entre ces allèles résultent de mutations antérieures et des autres processus producteurs de nouveaux allèles. Mais c'est le mécanisme de la reproduction sexuée qui brasse les allèles existants et les recompose de manière aléatoire pour produire des génotypes individuels.

Comme on l'a vu au chapitre 13, trois mécanismes contribuent à ce brassage: l'enjambement, l'assortiment indépendant de chromosomes et la fécondation. Durant la méiose, les chromosomes homologues hérités de chacun des parents échangent certains de leurs allèles par enjambement. Ces chromosomes homologues et les allèles qu'ils portent sont alors distribués au hasard dans les gamètes. Puis, comme il existe une myriade de combinaisons reproductives possibles dans une population, la fécondation réunit des gamètes qui comportent vraisemblablement des bagages génétiques différents. Les effets combinés de ces trois mécanismes font en sorte qu'à chaque génération la reproduction sexuée réarrange les allèles existants en de nouvelles combinaisons, produisant ainsi la variation génétique qui rend l'évolution possible.

RETOUR SUR LE CONCEPT 23.1

1. (a) Expliquez pourquoi la variation génétique au sein d'une population est un préalable à l'évolution. (b) Quels facteurs peuvent produire des différences génétiques entre les populations d'une même espèce?
2. Pourquoi une petite partie seulement des mutations qui se produisent dans une population se transmet-elle à la descendance?
3. **ET SI?** Qu'adviendrait-il, avec le temps, de la variation génétique d'une population qui cesserait de se reproduire par reproduction sexuée (mais qui continuerait à se reproduire de manière asexuée)? Expliquez votre réponse. (Voir le concept 13.4, p. 291 à 294.)

Voir les réponses proposées à la fin du chapitre.

CONCEPT **23.2**

L'équation de Hardy-Weinberg permet de vérifier si une population évolue

Si les individus d'une population doivent différer génétiquement pour que l'évolution puisse avoir lieu, la variation génétique ne garantit pas en elle-même l'évolution d'une population. Pour qu'il y ait évolution, au moins un des facteurs qui en sont responsables doit être à l'œuvre. Dans cette section, nous allons étudier une façon de vérifier si une population évolue. Pour cela, il faut d'abord clarifier ce que nous entendons par population.

Le patrimoine génétique et les fréquences alléliques

Une **population** se définit comme un groupe d'individus de la même espèce qui vivent dans la même zone, se reproduisent et engendrent une descendance féconde. Des populations d'une même espèce peuvent se retrouver géographiquement isolées les unes des autres et n'échanger que très rarement du matériel génétique. Un tel isolement est fréquent chez des populations qui habitent des îles éloignées ou vivent dans des lacs différents. Cela dit, les populations ne sont pas toutes isolées et n'habitent pas dans des territoires bien délimités (**figure 23.6**). Pourtant, en général, les membres d'une population s'accouplent entre eux et, en moyenne, restent donc plus étroitement apparentés les uns aux autres qu'aux membres d'autres populations.

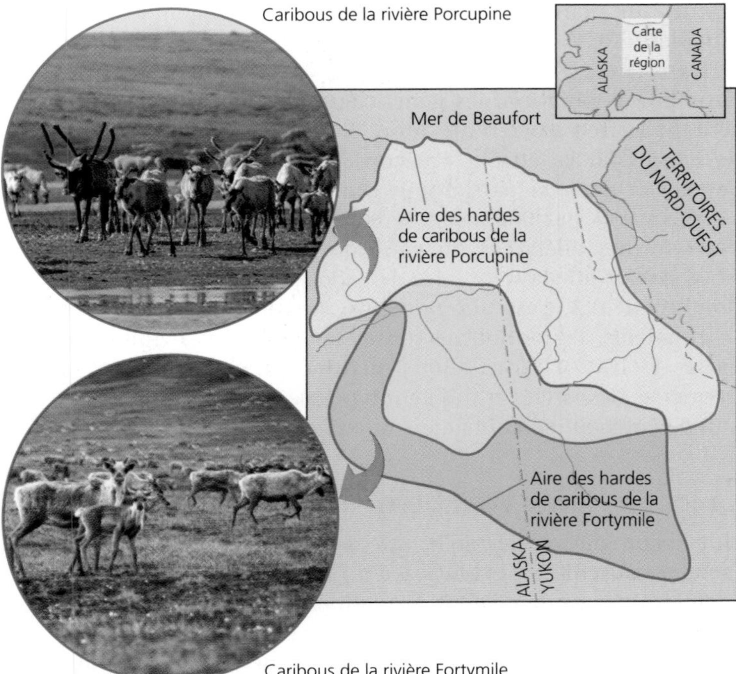

▲ **Figure 23.6 Une espèce, deux populations.** Ces deux populations de caribous du Yukon ne sont pas totalement isolées: elles se retrouvent parfois dans la même région. Néanmoins, les membres d'une population tendent à s'accoupler entre eux plutôt qu'avec les membres de l'autre population.

On peut caractériser la composition génétique d'une population en décrivant son **patrimoine génétique** (aussi appelé *pool génétique* ou *fonds génétique*). Ce patrimoine génétique est constitué de tous les exemplaires de chaque type d'allèles de chaque locus de chacun des membres de la population. Si un seul allèle existe pour un locus donné dans une population, on dit de cet allèle qu'il est *fixé* dans le patrimoine génétique, et tous les individus sont homozygotes pour cet allèle. Toutefois, s'il existe dans une population deux allèles ou davantage pour un locus donné, les membres de cette population peuvent être soit homozygotes, soit hétérozygotes pour cet allèle.

Dans une population, chaque allèle a une fréquence (une proportion). Par exemple, imaginons une population de 500 plantes à fleurs sauvages ayant deux allèles, C^R et C^B, pour un locus qui code pour le pigment des fleurs. Ces allèles affichent une dominance incomplète (voir la figure 14.10, p. 310); chaque génotype a donc son phénotype propre. Les plantes homozygotes pour l'allèle C^R (C^RC^R) produisent un pigment rouge et ont des pétales rouges; les plantes homozygotes pour l'allèle C^B (C^BC^B) ne produisent aucun pigment rouge et leurs pétales sont blancs. Quant aux plantes hétérozygotes (C^RC^B), elles produisent un peu de pigment rouge et ont des pétales roses.

Supposons que notre population renferme 320 plantes à pétales rouges, 160 à pétales roses et 20 à pétales blancs. Ces allèles présentent une dominance incomplète (voir le chapitre 14). Comme ce sont des organismes diploïdes, cette population de 500 individus renferme un total de 1 000 allèles (2 × 500) déterminant la couleur des pétales. L'allèle dominant C^R représente à lui seul 800 gènes (soit 320 × 2 = 640 gènes relatifs aux plantes C^RC^R, plus 160 × 1 = 160 gènes relatifs aux plantes C^RC^B).

Dans le cas d'un locus pour lequel il n'y a que deux allèles dans une population, les généticiens des populations représentent la fréquence d'un des allèles par la lettre p, et celle de l'autre par la lettre q. Par conséquent, p, la fréquence de l'allèle C^R dans le patrimoine génétique de la population, s'élève à 800 ÷ 1 000 = 0,8 = 80%. Comme il n'existe que deux formes alléliques du gène de la couleur des pétales, nous savons que la fréquence de l'allèle C^B, représentée par q, doit être de 0,2, c'est-à-dire de 20%. Aux loci qui ont plus de deux allèles, la somme de toutes les fréquences doit aussi égaler 1 (100%). Nous allons maintenant voir comment la fréquence des allèles et des génotypes permet de vérifier s'il y a une évolution en cours dans une population.

La loi de Hardy-Weinberg

Une façon de vérifier si la sélection naturelle ou d'autres facteurs causent une évolution à un locus particulier consiste à déterminer ce que serait la composition génétique d'une population s'il *n'y avait pas* d'évolution à ce locus. On peut alors comparer ce scénario avec les données d'une population réelle. S'il n'y a pas de différences, on peut en conclure que la population réelle n'est pas en train d'évoluer. S'il y a des différences, cela signifie que la population réelle pourrait être en train d'évoluer – et on peut alors essayer de découvrir pourquoi.

L'équilibre de Hardy-Weinberg

La **loi de Hardy-Weinberg** – du nom du mathématicien anglais Godfrey Harold Hardy (1877-1947) et du médecin allemand Wilhelm Weinberg (1862-1937) qui l'ont énoncée chacun de leur côté en 1908 – permet de décrire le patrimoine génétique d'une population qui n'est pas en évolution. Cette loi veut que les fréquences alléliques et génotypiques d'une population restent constantes de génération en génération, à condition que seules la ségrégation mendélienne et la recombinaison d'allèles soient à l'œuvre. Un tel équilibre génétique s'appelle un équilibre de Hardy-Weinberg.

Lorsqu'on utilise la loi de Hardy-Weinberg, il est utile d'envisager les croisements génétiques d'une nouvelle façon. Nous avons déjà utilisé des grilles de Punnett pour déterminer les génotypes des descendants d'un croisement génétique (voir la figure 14.5, p. 304). Ici, au lieu de considérer les combinaisons alléliques qui peuvent résulter d'un seul croisement, pensez plutôt à la combinaison des allèles dans tous les croisements qui ont lieu dans une population.

Imaginez qu'on mette tous les allèles d'un certain locus de tous les membres d'une population dans un gros bac représentant le patrimoine génétique de cette population pour ce locus (**figure 23.7**). La «reproduction» se fait par sélection aléatoire des allèles du bac; des phénomènes quelque peu similaires se produisent dans la nature lorsque des poissons

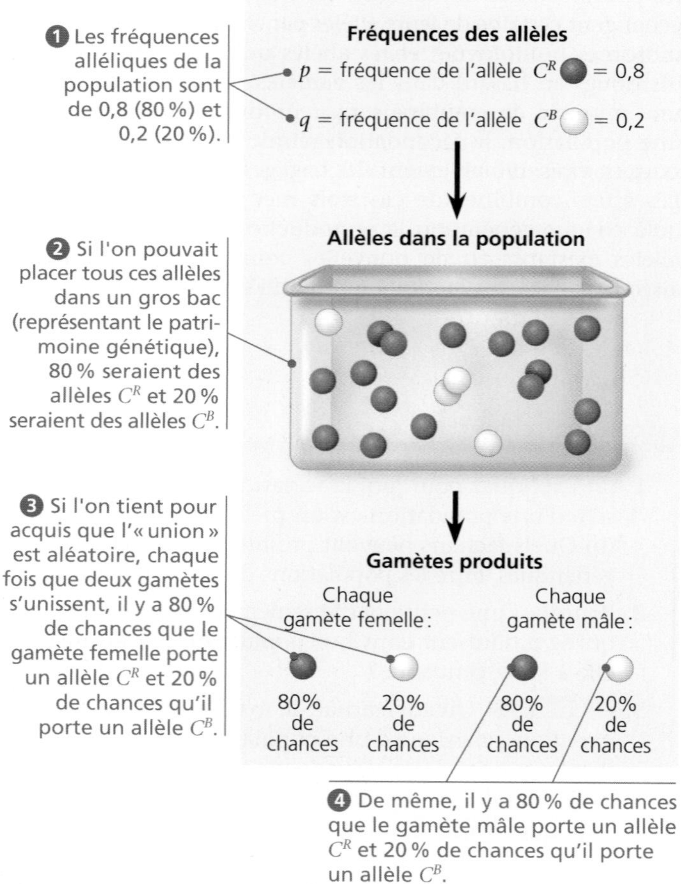

❶ Les fréquences alléliques de la population sont de 0,8 (80 %) et 0,2 (20 %).
Fréquences des allèles
p = fréquence de l'allèle C^R = 0,8
q = fréquence de l'allèle C^B = 0,2
❷ Si l'on pouvait placer tous ces allèles dans un gros bac (représentant le patrimoine génétique), 80 % seraient des allèles C^R et 20 % seraient des allèles C^B.
Allèles dans la population
❸ Si l'on tient pour acquis que l'« union » est aléatoire, chaque fois que deux gamètes s'unissent, il y a 80 % de chances que le gamète femelle porte un allèle C^R et 20 % de chances qu'il porte un allèle C^B.
Gamètes produits
Chaque gamète femelle :
Chaque gamète mâle :
80% de chances
20% de chances
80% de chances
20% de chances
❹ De même, il y a 80 % de chances que le gamète mâle porte un allèle C^R et 20 % de chances qu'il porte un allèle C^B.

▲ **Figure 23.7 La sélection aléatoire des allèles dans un patrimoine génétique.**

libèrent des gamètes dans l'eau ou que le vent dissémine du pollen (contenant des gamètes mâles végétaux). Lorsqu'on envisage la reproduction comme un processus aléatoire de sélection et de combinaison des allèles qui se trouvent dans le bac (le patrimoine génétique), on tient en effet pour acquis que l'« union » est le fruit du hasard – autrement dit, que toutes les unions mâle-femelle ont des chances identiques de se produire.

Appliquons cette analogie à la population hypothétique de plantes à fleurs sauvages dont nous parlions plus tôt. Dans cette population de 500 plantes, la fréquence de l'allèle pour les fleurs rouges (C^R) est $p = 0{,}8$ et la fréquence de l'allèle pour les fleurs blanches (C^B) est $q = 0{,}2$. Par conséquent, un bac qui renferme les 1 000 exemplaires du gène de la couleur des fleurs de la population contient 800 allèles C^R et 200 allèles C^B. En tenant pour acquis que les gamètes sont formés de manière aléatoire parmi les allèles du bac, la probabilité qu'un gamète femelle ou un gamète mâle contienne un allèle C^R ou un allèle C^B est égale à la fréquence de ces allèles dans le bac. Comme le montre la figure 23.7, chaque gamète femelle a donc 80 % de chances de contenir un allèle C^R et 20 % de chances de contenir un allèle C^B; et il en va de même pour chaque gamète mâle.

À l'aide de la règle de la multiplication (voir la figure 14.9, p. 308), nous pouvons maintenant calculer la fréquence des trois génotypes possibles, en supposant la combinaison aléatoire des gamètes mâles et femelles. La probabilité d'une union de deux allèles C^R parmi l'ensemble des gamètes est de $p \times p = p^2 = 0{,}8 \times 0{,}8 = 0{,}64$. Par conséquent, environ 64 % des plantes de la génération suivante auront le génotype C^RC^R. La fréquence des individus C^BC^B, quant à elle, sera d'environ $q \times q = q^2 = 0{,}2 \times 0{,}2 = 0{,}04$ ou 4 %. Les hétérozygotes C^RC^B peuvent s'expliquer de deux façons. Si le gamète mâle fournit l'allèle C^R et que le gamète femelle fournit l'allèle C^B, les hétérozygotes qui en résulteront équivaudront à $p \times q = 0{,}8 \times 0{,}2 = 0{,}16$, soit 16 % du total. Si le gamète femelle fournit l'allèle C^R et que le gamète mâle fournit l'allèle C^B, la fréquence des hétérozygotes qui en résulteront équivaudra à $p \times q = 0{,}8 \times 0{,}2 = 0{,}16$, soit 16 % du total.

Comme le montre la **figure 23.8**, les fréquences génotypiques de la prochaine génération doivent totaliser 1 (100 %). Par conséquent, l'équation de l'équilibre de Hardy-Weinberg indique que, sur un locus avec deux allèles, les trois génotypes apparaîtront dans les proportions suivantes :

p^2	+	$2pq$	+	q^2	= 1
Fréquence attendue du génotype C^RC^R		Fréquence attendue du génotype C^RC^B		Fréquence attendue du génotype C^BC^B	

Notez que pour un locus avec deux allèles on ne peut obtenir que trois génotypes (dans notre exemple, C^RC^R, C^RC^B et C^BC^B). Par conséquent, la somme des fréquences des trois génotypes doit égaler 1 (100 %) quelle que soit la population, qu'elle soit ou non en équilibre de Hardy-Weinberg. Une population est en équilibre de Hardy-Weinberg seulement si les fréquences génotypiques sont telles que la fréquence réelle d'un homozygote est p^2, celle de l'autre homozygote est q^2, et celle des hétérozygotes est $2pq$. Finalement, comme le montre la figure 23.8, si une population comme notre population de plantes à fleurs sauvages respecte la loi de Hardy-Weinberg et que ses membres continuent de s'accoupler de manière aléatoire d'une génération à l'autre, les fréquences alléliques et génotypiques resteront constantes. Pensons à un jeu de cartes. On a beau battre les cartes d'un paquet plusieurs fois avant chaque distribution, le contenu du paquet reste le même, et jamais il n'y aura plus d'as que de valets. De même, le brassage répété du patrimoine génétique d'une population au fil des générations ne peut en lui-même accroître la fréquence d'un allèle par rapport à un autre.

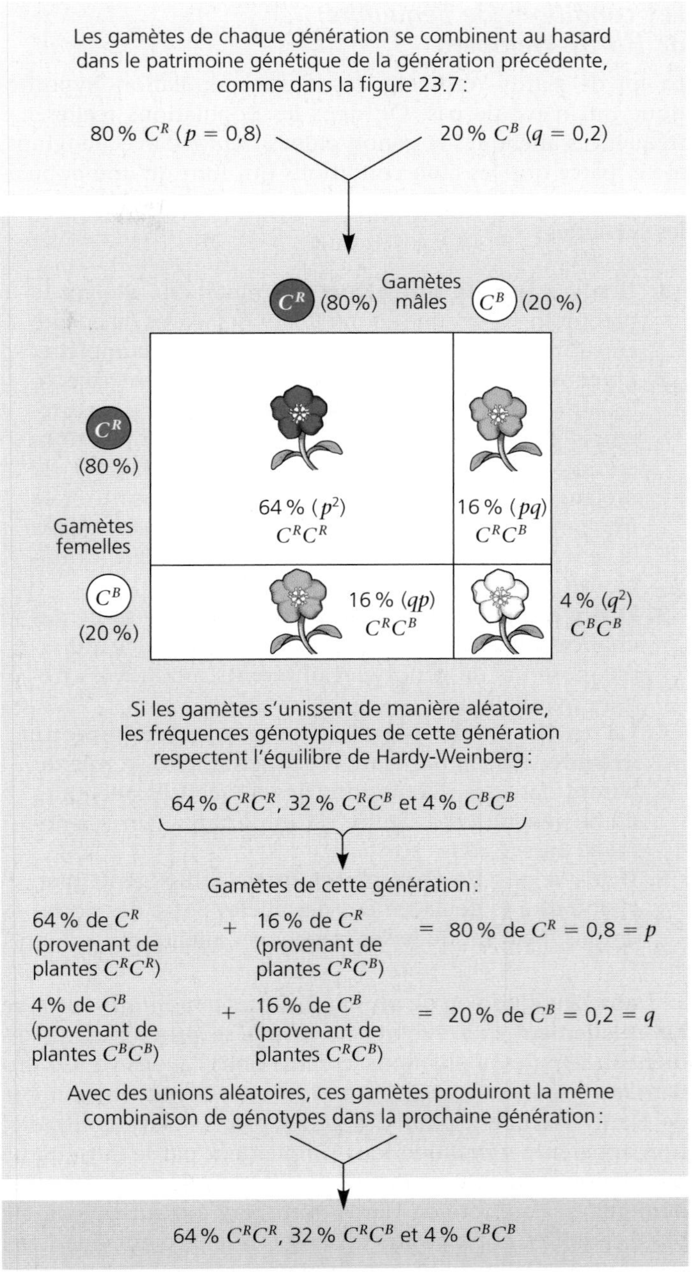

Les gamètes de chaque génération se combinent au hasard dans le patrimoine génétique de la génération précédente, comme dans la figure 23.7 :

80 % C^R ($p = 0{,}8$) — 20 % C^B ($q = 0{,}2$)

	Gamètes mâles: C^R (80 %)	C^B (20 %)
Gamètes femelles: C^R (80 %)	64 % (p^2) C^RC^R	16 % (pq) C^RC^B
C^B (20 %)	16 % (qp) C^RC^B	4 % (q^2) C^BC^B

Si les gamètes s'unissent de manière aléatoire, les fréquences génotypiques de cette génération respectent l'équilibre de Hardy-Weinberg :

64 % C^RC^R, 32 % C^RC^B et 4 % C^BC^B

Gamètes de cette génération :

64 % de C^R (provenant de plantes C^RC^R) + 16 % de C^R (provenant de plantes C^RC^B) = 80 % de C^R = 0,8 = p

4 % de C^B (provenant de plantes C^BC^B) + 16 % de C^B (provenant de plantes C^RC^B) = 20 % de C^B = 0,2 = q

Avec des unions aléatoires, ces gamètes produiront la même combinaison de génotypes dans la prochaine génération :

64 % C^RC^R, 32 % C^RC^B et 4 % C^BC^B

▲ **Figure 23.8 La loi de Hardy-Weinberg.** Dans notre population de plantes à fleurs sauvages, le patrimoine génétique reste constant d'une génération à l'autre. À eux seuls, les processus mendéliens ne modifient pas les fréquences des allèles ou des génotypes.

? *Si la fréquence de l'allèle C^R est de 60 %, quelles seront les fréquences des génotypes C^RC^R, C^RC^B et C^BC^B ?*

Les conditions de l'équilibre de Hardy-Weinberg

La loi de Hardy-Weinberg décrit une population hypothétique qui n'évolue pas. Or, dans les populations réelles, les fréquences alléliques et génotypiques *changent* avec le temps, et ce, parce que les cinq conditions qui font qu'une population n'évolue pas sont rarement réunies. Ces conditions sont les suivantes:

1. **Il n'y a pas de mutation.** Les mutations altèrent le patrimoine génétique en modifiant des allèles ou encore en supprimant ou en dupliquant des gènes complets.
2. **L'accouplement se fait de manière aléatoire.** Si les individus s'accouplent de préférence avec des partenaires d'un même sous-ensemble de la population, comme des proches parents (autofécondation), le mélange des gamètes ne se fait pas au hasard et la fréquence des génotypes varie. (On appelle *pangamie* la rencontre aléatoire des gamètes et *panmixie* la rencontre aléatoire des individus.)
3. **Il n'y a pas de sélection naturelle.** L'inégalité des chances de survie et de succès reproductif des individus porteurs de génotypes différents modifie les fréquences alléliques.
4. **La taille de la population est extrêmement grande.** Plus la population est petite, plus le rôle du hasard dans les fluctuations des fréquences alléliques d'une génération à l'autre est important – un phénomène appelé *dérive génétique*.
5. **Il n'y a pas de flux génétique.** Le flux génétique, c'est-à-dire le déplacement des allèles entre des populations, peut modifier les fréquences alléliques.

L'absence d'une ou de plusieurs de ces conditions entraîne habituellement une évolution, ce qui se produit fréquemment au sein des populations, comme nous l'avons vu. Cependant, les populations réelles se retrouvent souvent en équilibre de Hardy-Weinberg pour des gènes précis. Cette contradiction apparente s'explique tout simplement par le fait qu'une population peut être en évolution à certains loci et, simultanément, en équilibre de Hardy-Weinberg à d'autres loci. De plus, certaines populations évoluent si lentement que leurs fréquences alléliques et génotypiques ressemblent à celles d'une population qui n'évolue pas.

Les applications de la loi de Hardy-Weinberg

L'équation de Hardy-Weinberg sert souvent de test initial pour vérifier si une population est en train d'évoluer (vous en trouverez un exemple dans la rubrique «Retour sur le concept 23.2», question 3). Mais elle a également des applications médicales, par exemple pour estimer le pourcentage de porteurs de l'allèle d'une maladie héréditaire dans une population. Prenons l'exemple de la phénylcétonurie (PCU), une maladie métabolique qui résulte de l'homozygotie pour un allèle récessif et dont la prévalence varie beaucoup d'un pays à l'autre (de 1 cas sur 3 000 à 1 cas sur 30 000 nouveau-nés). La Turquie connaît un taux élevé, tandis que la maladie semble exceptionnelle en Finlande et en Thaïlande. Non traitée, la PCU entraîne une déficience intellectuelle et d'autres manifestations graves. Aujourd'hui, les nouveau-nés passent systématiquement un test de dépistage de la maladie, car les symptômes peuvent être évités en bonne partie par l'adoption d'une diète très faible en phénylalanine. (Les produits qui contiennent de la phénylalanine, comme les boissons gazeuses à basses calories, portent des mises en garde sur leur étiquette.)

Pour appliquer l'équation de Hardy-Weinberg, on doit tenir pour acquis qu'aucune nouvelle mutation de la PCU ne s'est introduite dans la population (condition 1) et que les individus ne choisissent pas leurs partenaires selon qu'ils sont porteurs ou non de ce gène et évitent la consanguinité (condition 2). On doit aussi ignorer tout effet possible des taux de survie et de reproduction différentiels des génotypes de la PCU (condition 3), de la dérive génétique (condition 4) et du flux génétique des populations immigrantes (condition 5). Ces suppositions sont raisonnables pour les raisons suivantes: le taux de mutation du gène de la PCU est bas et la consanguinité est peu courante en Amérique du Nord; la sélection se réalise seulement contre les rares homozygotes (et seulement si les restrictions alimentaires ne sont pas respectées); enfin, les populations étrangères ont des fréquences alléliques semblables à celles qu'on observe en Amérique du Nord pour le gène de la PCU. Si toutes ces suppositions sont fondées, la fréquence des individus nés avec le gène de la PCU dans la population correspondra au q^2 de l'équation de Hardy-Weinberg (q^2 est la fréquence des homozygotes pour cet allèle). Comme cet allèle est récessif, on doit estimer le nombre d'hétérozygotes au lieu de les dénombrer directement, comme nous l'avons fait avec les plantes à fleurs. Si nous considérons qu'il y a 1 cas de PCU sur 10 000 ($q^2 = 0{,}0001$), la fréquence de l'allèle récessif de la PCU est:

$$q = \sqrt{0{,}0001} = 0{,}01$$

On peut connaître à présent la fréquence de l'allèle dominant en appliquant la règle suivante:

$$p = 1 - q = 1 - 0{,}01 = 0{,}99$$

Enfin, la fréquence des transmetteurs sains – c'est-à-dire des hétérozygotes qui n'ont pas la maladie, mais qui peuvent transmettre leur allèle récessif à leurs enfants – est la suivante:

$$2\,pq = 2 \times 0{,}99 \times 0{,}01 = 0{,}0198$$

(environ 2 % d'une population de 300 millions d'habitants)

Rappelez-vous qu'on tient pour acquis que la population respecte la loi de Hardy-Weinberg et qu'on obtient ainsi une approximation; le nombre réel de porteurs peut donc être différent. Cependant, nos calculs indiquent que de nombreux allèles récessifs néfastes pour ce locus et pour d'autres loci se «cachent» dans la population parce qu'ils sont portés par des hétérozygotes sains.

RETOUR SUR LE CONCEPT 23.2

1. Supposez qu'une population ayant 20 000 loci est fixe pour la moitié de ces loci et a deux allèles pour chacun des autres loci. Combien y a-t-il d'allèles dans le patrimoine génétique de cette population? Expliquez votre réponse.

2. Si p est la fréquence de l'allèle A, utilisez l'équation de Hardy-Weinberg pour prédire la fréquence des individus qui possèdent au moins un allèle A.
3. **ET SI ?** Un locus qui modifie la vulnérabilité à une maladie dégénérative du cerveau a deux allèles, A et a. Dans une population, 16 individus ont un génotype AA; 92, un génotype Aa; et 12, un génotype aa. Cette population est-elle en évolution ? Expliquez votre réponse.

Voir les réponses proposées à la fin du chapitre.

CONCEPT 23.3

La sélection naturelle, la dérive génétique et le flux génétique peuvent modifier les fréquences alléliques d'une population

Examinons encore une fois les cinq conditions de l'équilibre de Hardy-Weinberg. Toute déviation par rapport à cet équilibre est une source potentielle d'évolution. De nouvelles mutations (violation de la condition 1) peuvent modifier les fréquences alléliques, mais, comme les mutations sont rares, le changement sera probablement minime d'une génération à une autre. Cela dit, comme nous allons le voir, une mutation peut finir par avoir un effet considérable sur les fréquences alléliques si elle produit de nouveaux allèles qui influent fortement dans un sens ou dans l'autre sur l'adéquation organisme-environnement. L'accouplement non aléatoire (violation de la condition 2) peut influer sur les fréquences relatives des génotypes homozygotes et hétérozygotes, mais il n'a habituellement aucun effet sur les fréquences alléliques. Les trois principaux mécanismes qui modifient directement les fréquences alléliques et causent un processus évolutif sont la sélection naturelle, la dérive génétique et le flux génétique (violation des conditions 3 à 5).

La sélection naturelle

Nous l'avons vu au chapitre 22, la conception darwinienne de la sélection naturelle repose sur le succès différentiel de survie et de reproduction: les individus d'une population présentent des variations dans leurs caractères héréditaires; ceux qui sont dotés des variations les mieux adaptées à l'environnement ont tendance à laisser une descendance plus nombreuse que les autres.

De manière générale, nous savons maintenant qu'en raison de la sélection naturelle certains allèles se transmettent à la génération suivante dans des proportions qui diffèrent de celles de la génération parentale.

Par exemple, la mouche du vinaigre *D. melanogaster* possède un allèle qui lui confère une résistance à plusieurs insecticides, dont le DDT. Cet allèle a une fréquence de 0 % chez les souches de laboratoire de *D. melanogaster* établies à partir d'individus prélevés dans la nature au début des années 1930, avant l'utilisation du DDT. Cependant, dans les souches établies à partir d'individus prélevés dans la nature après 1960 (quelque 20 ans ou plus après le début de l'utilisation du DDT), la fréquence de l'allèle est de 37 %. On peut en déduire que cet allèle est apparu par mutation entre 1930 et 1960, ou qu'il était déjà présent, bien que très rare, en 1930. Dans les deux cas, l'augmentation de fréquence de cet allèle s'explique probablement par le fait que le DDT est une substance très toxique et par une force sélective puissante chez les populations de mouches qui y sont exposées.

Comme le montre l'exemple de *D. melanogaster,* un allèle qui confère une résistance à un insecticide aura une fréquence accrue dans une population exposée à cet insecticide. De tels changements ne relèvent pas de la coïncidence. En favorisant constamment certains allèles plutôt que d'autres, la sélection naturelle peut entraîner une *évolution adaptative* (évolution qui améliore l'adéquation entre un organisme et son environnement). Nous reviendrons sur ce processus plus loin dans ce chapitre.

La dérive génétique

Si vous lancez en l'air une pièce de monnaie à 1 000 reprises et que vous obtenez 700 fois le côté face et 300 fois le côté pile, vous soupçonnerez votre pièce de présenter un défaut. Mais si vous vous contentez de la lancer 10 fois et que vous obtenez 7 fois le côté face et 3 fois le côté pile, vous ne vous poserez pas de questions. Pourquoi ? Parce que plus un échantillon est petit, plus grande est la probabilité de déviation par rapport à un résultat idéal (dans le cas présent, obtenir un nombre égal de pile et de face). De la même façon, des phénomènes aléatoires peuvent faire fluctuer les fréquences alléliques de manière imprévisible d'une génération à l'autre, en particulier dans les petites populations – un processus appelé **dérive génétique**.

La **figure 23.9** modélise la façon dont la dérive génétique pourrait influer sur une petite population de nos fameuses plantes à fleurs. Dans cet exemple, un allèle disparaît du patrimoine génétique, mais le fait que ce soit l'allèle C^B qui disparaisse plutôt que l'allèle C^R relève du hasard. Ce type de changement imprévisible des fréquences alléliques peut s'expliquer par des phénomènes aléatoires associés à la survie ou à la reproduction. Par exemple, un gros animal comme un orignal pourrait avoir piétiné et détruit les trois individus C^BC^B de la génération 2, augmentant ainsi les chances que seul l'allèle C^R se transmette à la génération suivante. Les fréquences alléliques peuvent également varier en raison de phénomènes liés à la fécondation. Supposons par exemple que deux individus de génotype C^RC^B n'aient eu que peu de descendants; par pur hasard, chaque couple de gamètes qui a produit des descendants pourrait avoir été porteur de l'allèle C^R, mais pas de l'allèle C^B.

Certaines circonstances entraînent une dérive génétique qui a des effets considérables sur la population. C'est le cas par exemple de l'effet fondateur et de l'effet de goulot d'étranglement.

L'effet fondateur

Lorsqu'ils sont isolés de leur population, des individus peuvent s'implanter et former une nouvelle population dont le patrimoine génétique différera de celui de la population d'origine.

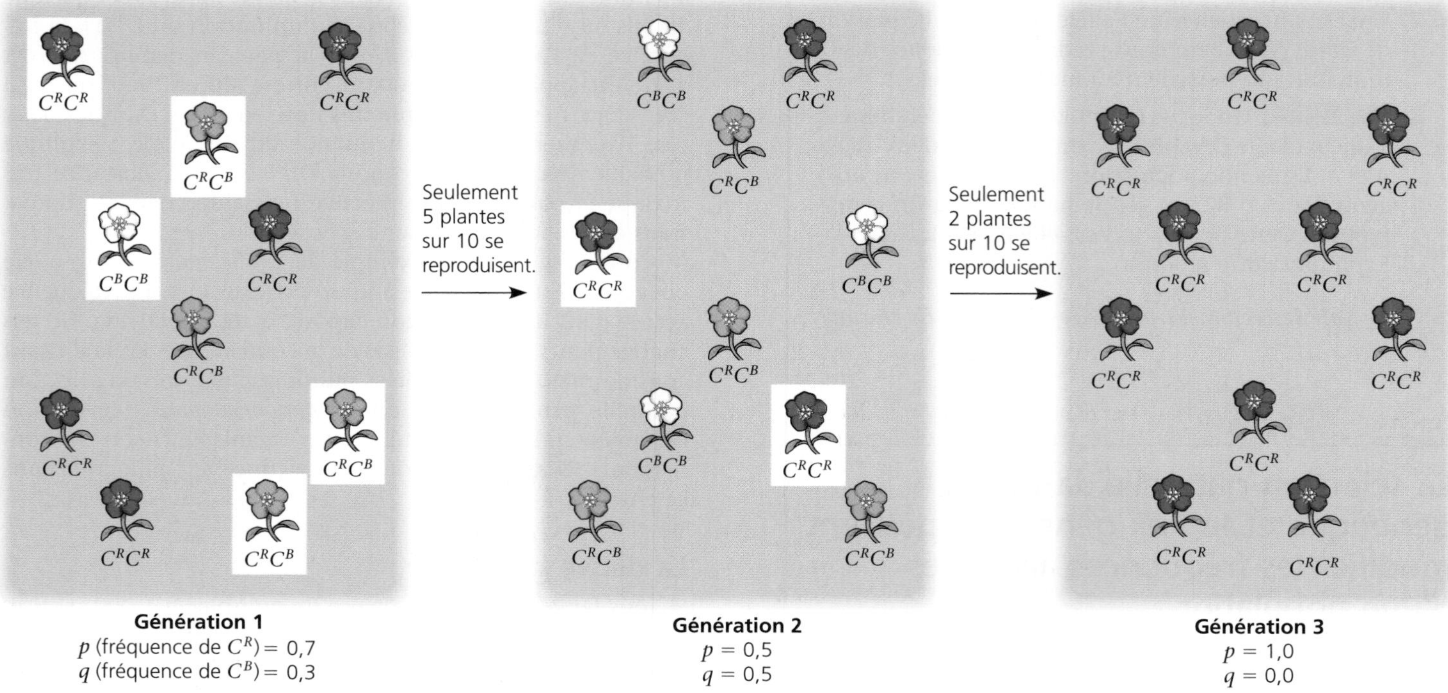

▲ **Figure 23.9 La dérive génétique.** Cette petite population de plantes à fleurs sauvages a une taille stable de dix individus. Seules les cinq plantes de la génération 1 qui sont dans les cadres blancs produisent des semences fertiles (cela pourrait arriver si, par hasard, ces cinq plantes étaient les seules à pousser à un endroit où elles trouvent suffisamment de nutriments pour soutenir la production d'une descendance). Toujours par hasard, seulement deux plantes de la génération 2 laissent des semences fertiles. L'allèle C^B augmente à la génération 2, puis est réduit à zéro à la génération 3.

Ce phénomène, qu'on appelle l'**effet fondateur**, s'observe par exemple lorsque quelques membres d'une population végétale passent d'une île à une autre lors d'une tempête. Si la tempête transporte par hasard certains individus (et leurs allèles) de la population source, mais pas d'autres, cela peut produire une dérive génétique.

L'effet fondateur explique probablement la fréquence relativement élevée de certains troubles héréditaires observés dans les populations humaines isolées. Par exemple, en 1814, 15 colons britanniques ont fondé l'établissement britannique de Tristan da Cunha, un archipel de l'Atlantique à mi-chemin entre l'Afrique et l'Amérique du Sud. L'un des colons portait l'allèle récessif de la rétinopathie pigmentaire, une forme progressive de cécité atteignant les homozygotes. Sur les 240 descendants vivant encore dans l'archipel à la fin des années 1960, 4 étaient atteints de rétinopathie et au moins 9 autres étaient des porteurs sains. Aujourd'hui encore, la fréquence de cet allèle est dix fois plus élevée à Tristan da Cunha que dans les populations d'origine des colons fondateurs. Dans les régions de Charlevoix et du Saguenay–Lac-Saint-Jean, au Québec, les cas de dystrophie myotonique sont plus fréquents que la normale. La dystrophie myotonique est une maladie génétique à transmission autosomique dominante qui se manifeste, en partie et à des degrés variables, par des atteintes oculaires, musculaires et endocriniennes, par un rythme cardiaque irrégulier et par des troubles neurologiques parfois associés à une légère déficience intellectuelle. Dans ces régions, on compte 189 cas de dystrophie myotonique sur 100 000 habitants, contre 4 sur 100 000 en Europe. Cet écart considérable s'explique par une fréquence supérieure à la normale de l'allèle de la dystrophie myotonique au sein de la très petite population colonisatrice ayant quitté la Vendée et la Charente-Maritime, en France, pour s'établir au Québec. Précisons ici que l'effet fondateur ne modifie pas uniquement la fréquence d'allèles responsables de maladies héréditaires; il touche aussi celle de nombreux allèles déterminant des traits moins évidents.

L'effet de goulot d'étranglement

Un changement environnemental soudain, comme un feu ou une inondation, peut réduire radicalement la taille d'une population, et produire un **effet de goulot d'étranglement**, ainsi nommé parce que la population passe dans un «goulot d'étranglement» qui diminue sa taille (**figure 23.10**). Le hasard fera que certains allèles seront surreprésentés, alors que d'autres seront sous-représentés; certains disparaîtront même complètement. La dérive génétique continuera d'influer de manière importante sur le patrimoine génétique pendant de nombreuses générations, jusqu'à ce que la population redevienne suffisamment nombreuse pour que les fluctuations attribuables au hasard aient moins de portée. Mais même lorsqu'une population qui est passée par un goulot d'étranglement retrouve sa taille, son taux de variation génétique peut rester longtemps faible – un héritage de la dérive génétique qu'elle a connue lorsqu'elle était de petite taille. Il est important de comprendre ce phénomène, car l'action des humains peut provoquer de sérieux goulots d'étranglement chez certaines espèces, comme le montre l'exemple qui suit.

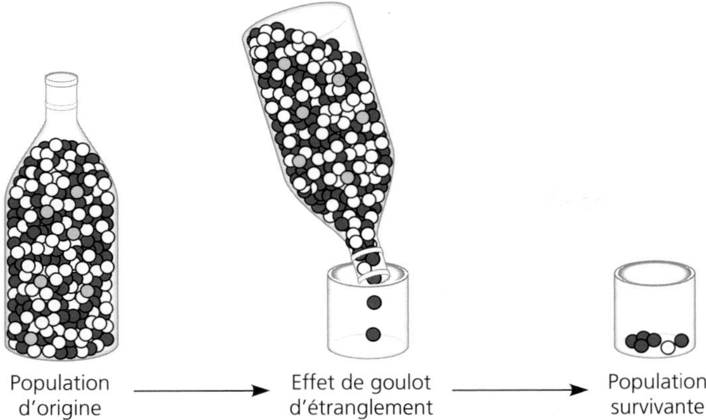

▲ **Figure 23.10 L'effet de goulot d'étranglement.** Pour illustrer l'effet de goulot d'étranglement et la réduction brutale et draconienne d'une population décimée par une catastrophe naturelle, on remplit une bouteille de billes de différentes couleurs. On l'agite ensuite pour en faire glisser quelques-unes par le goulot jusque dans le verre. Remarquez que, par hasard, dans la nouvelle population, les billes bleues sont surreprésentées par rapport aux blanches; quant aux billes jaunes, elles sont carrément absentes.

Étude de cas: *l'effet de la dérive génétique sur le tétras des prairies*

Des millions de tétras des prairies (*Tympanuchus cupido*) vivaient autrefois dans les prairies de l'Illinois. Cependant, à mesure que les humains se sont mis à cultiver ces territoires ou à les transformer pour d'autres usages durant les 19e et 20e siècles, le nombre de ces oiseaux a dégringolé (**figure 23.11a**). En 1993, l'Illinois ne comptait plus que deux populations de tétras des prairies, soit moins d'une cinquantaine d'individus. Les survivants présentaient un taux très faible de variation génétique, et moins de 50 % de leurs œufs arrivaient à éclosion, soit beaucoup moins que dans les populations plus importantes du Kansas et du Nebraska (**figure 23.11b**).

Ces données semblent indiquer que, sous l'effet du goulot d'étranglement, la dérive génétique peut avoir entraîné une perte de variation génétique et une augmentation de la fréquence des allèles nuisibles. Pour vérifier cette hypothèse, Juan Bouzat et ses collègues de la Bowling Green State University en Ohio ont extrait l'ADN de 15 spécimens de tétras des prairies de l'Illinois conservés dans des musées. De ces 15 oiseaux, 10 avaient été prélevés dans les années 1930, lorsque l'Illinois comptait encore 25 000 tétras des prairies, et les 5 autres dans les années 1960, alors qu'il en restait encore un millier. En étudiant l'ADN de ces spécimens, les chercheurs ont pu obtenir une valeur de référence minimale pour estimer la variation génétique qu'avait déjà subie la population des tétras des prairies *avant* qu'elle ne soit réduite à quelques oiseaux. Cette valeur de référence est une information clé dont on ne dispose habituellement pas dans les cas de goulot d'étranglement.

Les chercheurs ont étudié six loci et ont découvert qu'en 1993 la population de tétras des prairies avait perdu neuf des allèles présents chez les spécimens conservés dans les musées. La population de 1993 avait également moins d'allèles par locus que la population de l'Illinois d'avant le goulot d'étranglement et que les populations actuelles du Kansas et du Nebraska (voir la figure 23.11b). La dérive génétique avait donc réduit la variation génétique de la petite population de 1993 comme le prédisait l'hypothèse; elle avait peut-être aussi augmenté la fréquence des allèles nuisibles, expliquant ainsi le faible taux d'éclosion des œufs. Pour atténuer ces effets nuisibles, on a introduit 271 oiseaux des États voisins dans la population de l'Illinois sur une période de quatre ans. Cette stratégie a été couronnée de succès: de nouveaux allèles ont pénétré dans la population, et le taux d'éclosion des œufs a grimpé à 90 %. Les études sur les tétras des prairies de l'Illinois montrent la puissance des effets de la dérive génétique dans de petites populations et permettent d'espérer que ces effets peuvent être renversés, au moins dans certaines populations.

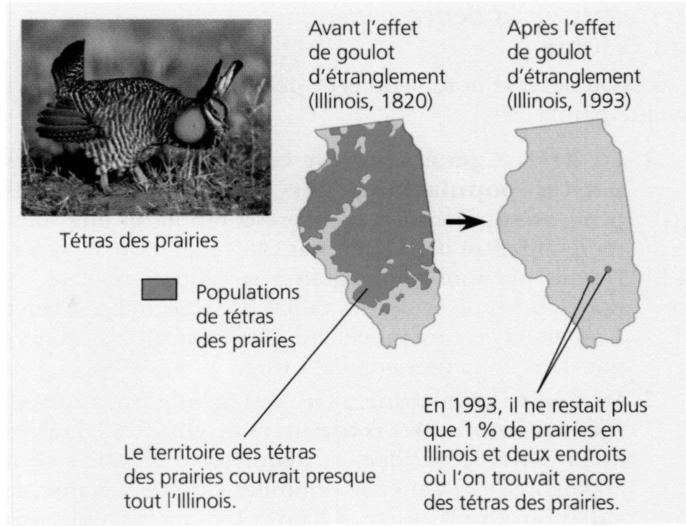

(a) En Illinois, la population des tétras des prairies est passée de plusieurs millions dans les années 1800 à moins de 50 oiseaux en 1993.

Location	Taille de la population	Nombre d'allèles par locus	Pourcentage d'œufs éclos
Illinois			
1930-1960	1 000-25 000	5,2	93
1993	<50	3,7	<50
Kansas, 1998 (pas de goulot d'étranglement)	750 000	5,8	99
Nebraska, 1998 (pas de goulot d'étranglement)	75 000-200 000	5,8	96

(b) Conséquence de la réduction draconienne de la taille de la population de tétras des prairies en Illinois, la dérive génétique a produit une chute du nombre d'allèles par locus (moyenne sur 6 loci étudiés) et une diminution du pourcentage des œufs qui parvenaient à éclore.

▲ **Figure 23.11 La dérive génétique et la perte de variation génétique.**

Les effets de la dérive génétique: un résumé

Les exemples que nous venons de décrire mettent en lumière quatre points clés:

1. **La dérive génétique est considérable dans les petites populations.** Des phénomènes aléatoires peuvent entraîner une surreprésentation ou une sous-représentation d'un allèle dans la génération suivante. De tels phénomènes aléatoires se produisent dans les populations de toutes les tailles, mais ils ont tendance à ne modifier substantiellement les fréquences alléliques que dans les petites populations.
2. **La dérive génétique peut entraîner un changement aléatoire des fréquences alléliques.** En raison de la dérive génétique, la fréquence d'un allèle peut augmenter une année et diminuer l'année suivante; la variation d'une année à l'autre est imprévisible. Par conséquent, contrairement à la sélection naturelle, qui favorise certains allèles au détriment de certains autres dans un environnement donné, la dérive génétique modifie les fréquences alléliques de manière aléatoire au fil du temps.
3. **La dérive génétique peut réduire la variation génétique dans les populations.** En faisant fluctuer aléatoirement les fréquences alléliques au fil du temps, la dérive génétique peut éliminer certains allèles dans une population. Comme l'évolution repose sur la variation génétique, une telle perte peut influer sur l'efficacité avec laquelle la population s'adaptera à un changement environnemental.
4. **La dérive génétique peut aussi entraîner la fixation d'allèles dommageables.** En raison de la dérive génétique, des allèles qui ne sont ni nuisibles ni bénéfiques peuvent disparaître ou se fixer au gré du hasard. Dans les très petites populations, la dérive génétique peut aussi contribuer à la fixation d'allèles légèrement nuisibles. Lorsque cela se produit, la survie de la population peut être menacée (comme c'est arrivé dans le cas du tétras des prairies).

Le flux génétique

La modification des fréquences alléliques ne dépend pas uniquement de la sélection naturelle et de la dérive génétique. Elle est également influencée par le **flux génétique**, c'est-à-dire l'échange d'allèles entre différentes populations en raison de la migration d'individus fertiles ou de leurs gamètes. Imaginons que la population hypothétique de plantes à fleurs sauvages décrite un peu plus haut côtoie une population nouvellement établie composée principalement d'individus à pétales blancs (C^BC^B). Il se pourrait que les insectes pollinisateurs de ces fleurs apportent du pollen de cette population à notre population initiale; les allèles C^B nouvellement introduits modifieront alors les fréquences alléliques de la génération suivante. Comme les allèles s'échangent entre des populations, le flux génétique tend à réduire les différences génétiques entre les populations. En fait, s'il est assez important, le flux génétique peut fondre deux populations pour n'en faire qu'une seule – avec un seul et même patrimoine génétique.

Les échanges d'allèles par flux génétique peuvent aussi influer sur l'adaptation des populations à des conditions environnementales locales. Des chercheurs ont étudié la mésange charbonnière (*Parus major*), ou grande mésange, sur la petite île de Vlieland aux Pays-Bas et ont observé des différences de longévité entre deux populations de l'île. La longévité des femelles nées dans la population établie dans l'est de l'île est deux fois plus grande que celle des femelles nées dans la population du centre de l'île, et ce, peu importe où les femelles elles-mêmes s'établissent et élèvent leur progéniture (**figure 23.12**). Cette découverte donne à penser que les femelles nées dans la population établie à l'est sont mieux adaptées à la vie sur l'île que celles nées dans la population du centre. Cependant, des études de terrain approfondies ont également démontré que les deux populations sont reliées par un flux génétique important (accouplements), qui devrait réduire leurs différences. Alors, comment expliquer que la population de l'est de l'île soit mieux adaptée à la vie sur Vlieland que la population du centre? La réponse réside dans la différence de flux génétique entre ces deux populations et celles du continent. Les chercheurs ont constaté que, peu importe l'année, 43% des

▲ **Figure 23.12 Le flux génétique et l'adaptation locale.** Chez les populations de mésanges charbonnières (*Parus major*) de l'île de Vlieland, aux Pays-Bas, le taux de survie annuel des femelles nées dans la population de l'est de l'île est plus élevé que celui des femelles nées dans la population du centre de l'île. Le flux génétique du continent vers la population du centre de l'île est 3,3 fois plus élevé que le flux génétique du continent vers la population de l'est de l'île, et la sélection naturelle s'exerce au détriment des oiseaux du continent dans les deux populations. Ces données pourraient indiquer que le flux génétique en provenance du continent a empêché la population de mésanges charbonnières du centre de l'île de s'adapter pleinement aux conditions de son environnement.

individus de la population du centre qui se reproduisent pour la première fois sont des immigrants provenant du continent, alors que ce pourcentage n'est que de 13% dans la population de l'est de l'île. Les oiseaux possédant le génotype des mésanges charbonnières du continent ont de la difficulté à survivre et à se reproduire sur Vlieland, et, dans la population de l'est de l'île, la sélection naturelle réduit la fréquence de ces génotypes. Par contre, dans la population du centre de l'île, le flux génétique du continent est si élevé que ses effets dépassent ceux de la sélection naturelle. Résultat: les femelles nées dans la population du centre de l'île possèdent de nombreux gènes des immigrants, ce qui réduit le degré d'adaptation à l'île des membres de cette population. Les chercheurs tentent maintenant de découvrir pourquoi le flux génétique est à ce point plus élevé dans la population du centre de l'île et pourquoi les oiseaux qui ont des génotypes continentaux sont si mal adaptés à la vie sur Vlieland.

Le flux génétique peut également apporter des allèles qui améliorent la capacité d'adaptation de certaines populations à des conditions locales. Ainsi, le flux génétique a contribué à la propagation dans le monde entier de plusieurs allèles de résistance aux insecticides chez le moustique *Culex pipiens*, vecteur du virus du Nil et d'autres maladies. Comme la signature génétique de chacun de ces allèles est unique, les chercheurs sont en mesure de documenter son apparition dans une ou plusieurs régions géographiques. Dans leur population d'origine, la fréquence de ces allèles s'est accrue parce qu'ils rendaient ces insectes résistants aux insecticides. Ces allèles se sont ensuite transmis à de nouvelles populations, et là encore, la sélection naturelle est à l'orgine de l'accroissement de leur fréquence.

Finalement, le flux génétique est devenu un agent de changement évolutif de plus en plus important dans les populations humaines. De nos jours, les humains se déplacent plus librement qu'autrefois dans le monde. L'accouplement entre membres de populations qui autrefois avaient peu de contacts est donc devenu plus courant, ce qui donne lieu à un échange d'allèles et à une réduction des différences génétiques entre ces populations.

RETOUR SUR LE CONCEPT 23.3

1. Dans quelle mesure la sélection naturelle est-elle plus «prévisible» que la dérive génétique?
2. Quelle est la différence entre la dérive génétique et le flux génétique quant à (a) la façon dont ils se produisent et (b) leur incidence sur la variation génétique future d'une population?
3. **ET SI?** Supposons que deux populations de plantes s'échangent du pollen et des graines. Dans une des populations, les individus qui ont le génotype *AA* sont plus nombreux (9 000 *AA*, 900 *Aa*, 100 *aa*), tandis que dans l'autre population, ils sont les moins nombreux (100 *AA*, 900 *Aa*, 9 000 *aa*). Si aucun des allèles n'a d'avantage sélectif, qu'adviendra-t-il avec le temps des fréquences alléliques et génotypiques de ces populations?

Voir les réponses proposées à la fin du chapitre.

CONCEPT 23.4

La sélection naturelle est le seul mécanisme qui entraîne une évolution adaptative constante

L'évolution par la sélection naturelle est un mélange de hasard et de «tri»: d'une part, le hasard intervient dans l'apparition de nouvelles variations génétiques (comme dans la mutation); d'autre part, le tri entre en jeu lorsque la sélection naturelle favorise certains allèles plutôt que d'autres. En raison de ce dernier processus, le résultat de la sélection naturelle *n'est pas* aléatoire. La sélection naturelle accroît constamment les fréquences alléliques qui confèrent un avantage reproductif et entraîne donc une évolution adaptative.

Une étude plus approfondie de la sélection naturelle

Examinons comment la sélection naturelle entraîne l'évolution adaptative en commençant par le concept de la valeur adaptative et les différentes façons dont le phénotype d'un organisme est sujet à la sélection naturelle.

La valeur adaptative

Pour décrire la sélection naturelle, on emploie souvent les expressions *lutte pour l'existence* et *survie du plus apte*, mais ces formules peuvent être trompeuses si on les interprète comme une lutte mettant des individus en concurrence directe. Il existe *effectivement* des espèces dont certains individus, généralement les mâles, luttent pour le privilège de s'accoupler. Toutefois, le succès reproductif s'obtient souvent d'une manière plus subtile et dépend de nombreux facteurs autres que la lutte pour la femelle ou le mâle avec qui s'accoupler. Par exemple, une bernache qui se nourrit plus efficacement que ses voisines pourra emmagasiner plus d'énergie qu'elles et, par conséquent, produire un plus grand nombre d'œufs. De même, certains papillons de nuit engendrent en moyenne plus de descendants que d'autres membres de la même population, parce que la couleur de leur corps les dissimule mieux et qu'ils courent moins de risques d'être repérés par des prédateurs. Ces exemples montrent comment, dans un environnement donné, certains caractères peuvent accroître la **valeur adaptative**, c'est-à-dire la contribution d'un individu au patrimoine génétique de la génération suivante par rapport à la contribution d'autres individus.

Même si on parle souvent de la valeur adaptative d'un génotype, souvenez-vous que l'entité soumise à la sélection naturelle est l'organisme en entier, et non le génotype sous-jacent. Par conséquent, la sélection agit plus directement sur le phénotype que sur le génotype; elle agit indirectement sur le génotype, par la façon dont il influe sur le phénotype.

La sélection directionnelle, la sélection divergente et la sélection stabilisante

Suivant les phénotypes favorisés dans une population qui évolue, on distingue trois modes de sélection naturelle: la sélection directionnelle, la sélection divergente et la sélection stabilisante.

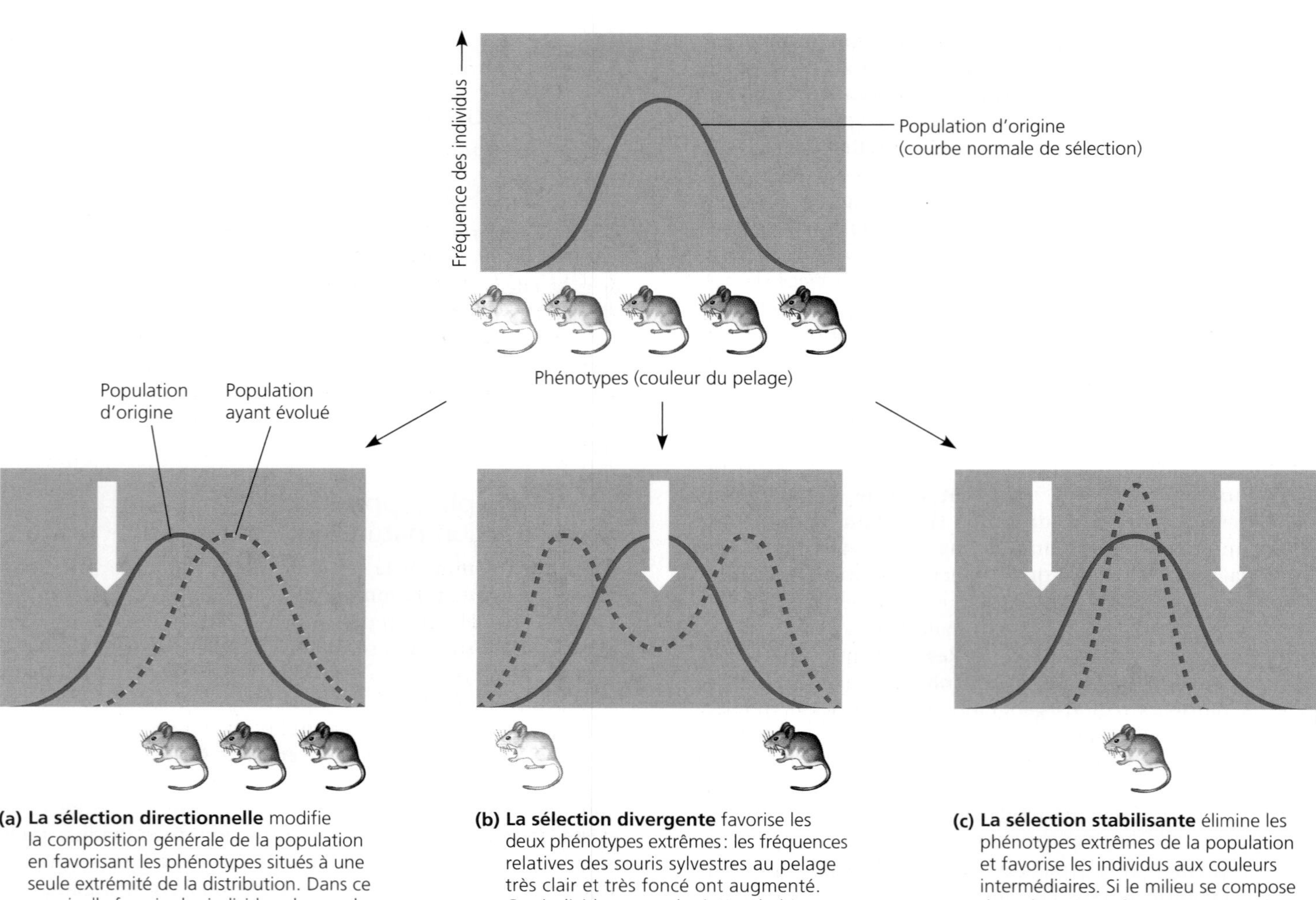

(a) La sélection directionnelle modifie la composition générale de la population en favorisant les phénotypes situés à une seule extrémité de la distribution. Dans ce cas-ci, elle favorise les individus plus sombres, parce que ceux-ci vivent entre les roches foncées, ce qui les camoufle des prédateurs.

(b) La sélection divergente favorise les deux phénotypes extrêmes : les fréquences relatives des souris sylvestres au pelage très clair et très foncé ont augmenté. Ces individus ont colonisé un habitat hétérogène, par exemple le sous-bois foncé d'une forêt de feuillus ou de conifères parsemée de nombreuses clairières aux teintes plus nuancées, ce qui désavantage les souris aux couleurs intermédiaires.

(c) La sélection stabilisante élimine les phénotypes extrêmes de la population et favorise les individus aux couleurs intermédiaires. Si le milieu se compose de roches ni très foncées ni très pâles, les souris très foncées ou très pâles seront désavantagées par la sélection.

▲ **Figure 23.13 Les modes de sélection naturelle.** Ces illustrations indiquent trois modalités possibles de l'évolution d'une population imaginaire de souris sylvestres (*Peromyscus maniculatus*) qui présentent une variation héréditaire pour la couleur du pelage (teinte claire à teinte foncée). Les graphiques montrent les changements qui se produisent au fil du temps dans la fréquence des individus dont la couleur du pelage est différente. Les flèches blanches symbolisent l'action exercée par la sélection naturelle contre certains phénotypes.

FAITES DES LIENS *Révisez la figure 22.13 (p. 533). Quel mode de sélection était à l'œuvre chez les punaises à épaules rouges (*Jadera haematoloma*) qui se nourrissaient sur le* Koelreuteria elegans*? Expliquez votre réponse.*

La **sélection directionnelle** se produit lorsque les conditions favorisent les individus qui affichent un phénotype extrême, déplaçant la courbe de fréquence du caractère phénotypique dans une direction ou l'autre (**figure 23.13a**). La sélection directionnelle est fréquente lorsque le milieu où habite une population subit des changements ou que des membres d'une population émigrent dans un nouvel habitat différent de leur habitat d'origine. Par exemple, une augmentation de la taille des graines disponibles pour se nourrir a amené un accroissement de la profondeur du bec dans une population de géospizes des Galápagos (voir la figure 23.1).

La **sélection divergente** ou disruptive (**figure 23.13b**) se produit lorsque les conditions environnementales procurent un net avantage aux phénotypes extrêmes, aux dépens des phénotypes intermédiaires. Par exemple, au Cameroun, il existe une population de pyrénestes ponceau (*Pyrenestes ostrinus*), un granivore au ventre noir, qui comprend des individus à gros bec et d'autres, à petit bec. Les individus à petit bec se nourrissent surtout de graines molles, tandis que les individus à gros bec consomment principalement des graines dures. On peut supposer que la sélection naturelle élimine les individus à bec moyen, qui broient les deux genres de graines avec peu d'efficacité : ces individus ont une valeur adaptative moindre.

La **sélection stabilisante** ou normalisante (**figure 23.13c**) élimine les phénotypes extrêmes et favorise ceux qui sont intermédiaires. Ce mode de sélection naturelle réduit les variations et maintient le *statu quo* relatif à un phénotype particulier.

Ainsi, la majorité des humains ont, à la naissance, une masse comprise entre trois et quatre kilogrammes; la mortinatalité affecte davantage les bébés beaucoup plus légers ou beaucoup plus lourds que la moyenne.

Bien que nous parlions de trois modes de sélection naturelle, le mécanisme fondamental est le même: la sélection naturelle favorise les individus dotés de caractères phénotypiques héréditaires qui leur assurent le plus grand succès reproductif.

Le rôle clé de la sélection naturelle dans l'évolution adaptative

Il existe d'innombrables exemples d'adaptation des organismes à leur milieu, dont certains sont particulièrement frappants. Ainsi, la seiche (*Sepia sp.*) a la capacité de changer rapidement de couleur pour se fondre dans divers décors. Autre exemple: les mâchoires remarquables des serpents (**figure 23.14**) leur permettent d'avaler des proies beaucoup plus grosses que leur propre tête (un exploit qui équivaudrait pour un humain à avaler un melon d'eau entier!). D'autres types d'adaptation, comme cette enzyme qui fonctionne plus efficacement dans les environnements très froids (voir la figure 23.5), peuvent être moins spectaculaires visuellement, mais tout aussi importants pour la survie et la reproduction.

De telles adaptations peuvent apparaître graduellement avec le temps à mesure que la sélection naturelle accroît la fréquence des allèles qui favorisent la survie et la reproduction. L'adéquation entre une espèce et son environnement s'améliore à mesure que la proportion d'individus dotés des caractères favorables augmente, ce qui signifie qu'il y a une évolution adaptative. Cependant, comme on l'a vu au chapitre 22, les composants physiques et biologiques de l'environnement des organismes peuvent changer avec le temps. Autrement dit, la «bonne adéquation» entre un organisme et son milieu peut devenir une cible mouvante, faisant de l'évolution adaptative un processus dynamique continu.

Qu'en est-il des deux autres grands mécanismes de l'évolution dans les populations, la dérive génétique et le flux génétique? En fait, tous deux peuvent accroître les fréquences des allèles qui améliorent l'adéquation entre les organismes et leur environnement, mais aucun des deux ne le fait de manière constante. La dérive génétique peut faire augmenter la fréquence d'un allèle légèrement avantageux, mais elle peut aussi la faire diminuer. De même, le flux génétique peut introduire aussi bien des allèles avantageux que désavantageux. La sélection naturelle est le seul mécanisme de l'évolution qui mène constamment à une évolution adaptative.

La sélection sexuelle

Charles Darwin a été le premier à étudier les répercussions de la **sélection sexuelle**, une forme d'évolution dans laquelle les individus dotés de certaines caractéristiques héréditaires sont plus susceptibles que d'autres de trouver des partenaires. Ce type de sélection peut donner lieu au **dimorphisme sexuel**, qui s'exprime par des différences marquées dans les caractères sexuels secondaires (**figure 23.15**). Ces différences touchent notamment la taille, la couleur, l'ornementation et le comportement.

Comment la sélection sexuelle fonctionne-t-elle? De plusieurs façons. La **sélection intrasexuelle** désigne la sélection qui a lieu entre des individus de même sexe et qui passe par la concurrence directe pour gagner les faveurs d'un partenaire de sexe opposé. Ainsi, chez plusieurs espèces, un mâle seul exerce son emprise sur un groupe de femelles et empêche les autres mâles de s'accoupler avec elles. Pour défendre son statut, ce mâle doit parfois combattre et vaincre les mâles plus petits, plus faibles ou moins acharnés que lui, mais le plus souvent il se livre à des parades nuptiales ritualisées qui découragent ses rivaux et lui évitent des blessures qui diminueraient sa valeur adaptative (voir la figure 51.22, p. 1309). On a également observé une sélection intrasexuelle entre les femelles

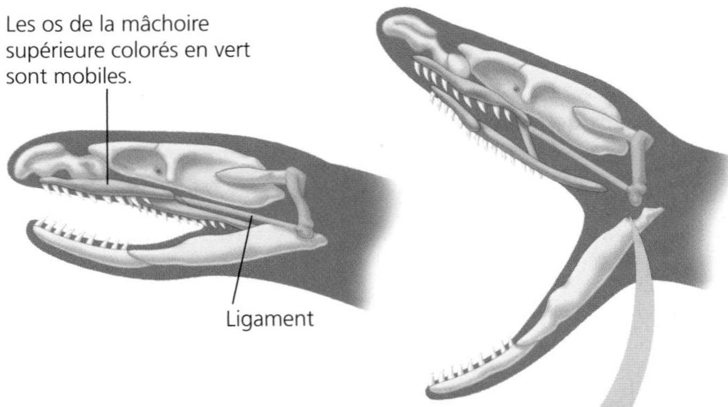

Les os de la mâchoire supérieure colorés en vert sont mobiles.
Ligament

Les os crâniens de la plupart des vertébrés terrestres sont rattachés les uns aux autres de manière assez rigide, ce qui limite leur mouvement. Mais chez la plupart des serpents, la mâchoire supérieure comporte des os mobiles, ce qui leur permet d'avaler des aliments beaucoup plus gros que leur tête.

▲ **Figure 23.14 Les mâchoires aux os mobiles des serpents.**

▲ **Figure 23.15 Le dimorphisme sexuel et la sélection sexuelle.** Le paon et la paonne ont un dimorphisme sexuel extrême. Il y a sélection intrasexuelle entre les mâles concurrents, suivie d'une sélection intersexuelle lorsque les femelles choisissent parmi les mâles les plus éclatants.

de diverses espèces, notamment le maki catta ou maki mococo (*Lemur catta*) et l'anguille vésarde ou syphonostome (*Syngnathus typhle*).

La **sélection intersexuelle**, quant à elle, passe par un choix circonspect que les partenaires d'un sexe (généralement les femelles) effectuent parmi les éventuels partenaires de sexe opposé. Dans de nombreux cas, il semble que les femelles préfèrent les mâles qui possèdent les traits les plus éclatants ou le comportement le plus impressionnant (voir la figure 23.15). Ce genre de manifestations a d'ailleurs intrigué Darwin. Bien sûr, les caractéristiques éclatantes du comportement mâle facilitent l'obtention des faveurs d'une femelle. Cependant, en d'autres circonstances, elles ne présentent aucune valeur adaptative et peuvent même comporter certains risques. Ainsi, un plumage éclatant peut rendre les oiseaux mâles plus visibles pour leurs prédateurs, et donc plus vulnérables. Toutefois, si des caractères sexuels secondaires aident des mâles à s'accoupler et que cet avantage l'emporte sur le risque, alors le plumage éclatant et la préférence de la femelle pour celui-ci se maintiendront pour la plus darwinienne des raisons: ils favorisent le succès reproductif.

Comment les préférences des femelles pour certaines caractéristiques mâles ont-elles commencé à évoluer au départ? L'une des hypothèses est que les femelles préfèrent des caractères mâles corrélés avec de «bons gènes». Si le caractère que préfèrent les femelles est indicatif de la qualité de la totalité du matériel génétique, la fréquence de ce caractère ainsi que la préférence qu'il inspire à la femelle devraient augmenter. La **figure 23.16** décrit une expérience sur des rainettes versicolores (*Hyla versicolor*) qui a permis de vérifier cette hypothèse. D'autres chercheurs ont montré que chez plusieurs espèces d'oiseaux les caractères préférés des femelles sont reliés à la santé générale du mâle. Ici aussi la préférence des femelles semble être basée sur des caractères indicateurs de «bons gènes» – dans ce cas, des allèles qui contribuent à la robustesse du système immunitaire.

La préservation de la variation génétique

Dans les populations, la variation génétique peut être une **variation neutre**; autrement dit, il existe des différences dans les séquences d'ADN, mais ces différences ne représentent ni un avantage ni un désavantage. Cependant, on observe aussi une variation à certains loci reliés à la sélection. Qu'est-ce qui empêche la sélection naturelle de réduire la variation génétique à ces loci en supprimant tous les allèles défavorables? La tendance à la sélection directionnelle et à la sélection stabilisante qu'elle pourrait engendrer est contrée par des mécanismes qui maintiennent ou qui rétablissent les variations: la diploïdie et la sélection équilibrée.

La diploïdie

Chez les Eucaryotes diploïdes, une part considérable de la variation génétique échappe à la sélection naturelle, car elle est cachée chez les hétérozygotes sous forme d'allèles récessifs. Les allèles récessifs moins favorables que leurs équivalents dominants (y compris les allèles nuisibles dans l'environnement où ils se trouvent) peuvent persister dans une population grâce aux individus hétérozygotes. Cette variation latente n'est soumise à la sélection que lorsque deux parents sont porteurs

▼ Figure 23.16 INVESTIGATION

Les femelles choisissent-elles les mâles en fonction de caractères indicateurs de «bons gènes»?

EXPÉRIENCE Chez les rainettes versicolores (*Hyla versicolor*), les femelles préfèrent s'accoupler avec des mâles qui émettent de longs appels nuptiaux. Allison Welch et ses collègues de l'Université du Missouri ont voulu vérifier si la configuration génétique des mâles qui émettent de longs appels (LA) est supérieure à celle des mâles qui émettent de courts appels (CA). Les chercheurs ont fécondé la moitié des œufs de chaque femelle avec le sperme d'un mâle LA et l'autre moitié avec le sperme d'un mâle CA. Les deux groupes de descendants ont grandi dans un même milieu, et les chercheurs ont mesuré régulièrement leurs indicateurs de succès durant deux ans.

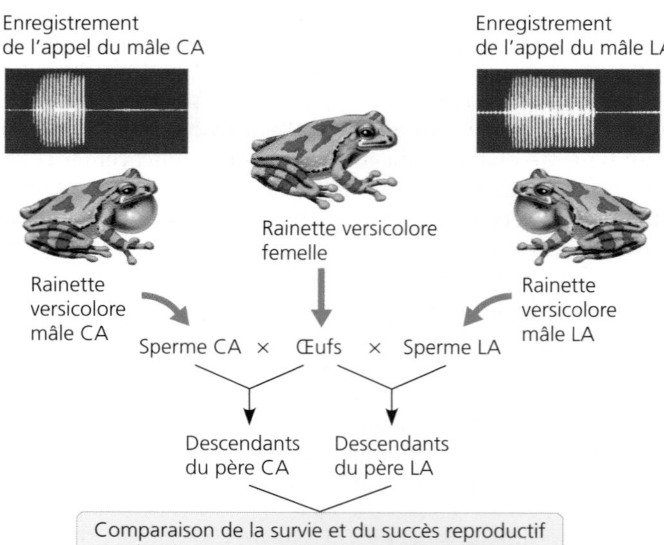

RÉSULTATS

Succès des descendants	1995	1996
Survie des larves	Supérieure chez LA	PDS
Croissance des larves	PDS	Supérieure chez LA
Temps de métamorphose	Supérieur chez LA (plus court)	Supérieur chez LA (plus court)

PDS = pas de différence significative; supérieur(e) chez LA = supérieur(e) chez les descendants des mâles LA par rapport aux descendants des mâles CA.

CONCLUSION Comme les descendants d'un mâle LA surpassent les descendants d'un mâle CA par la longueur de la sérénade, l'équipe a conclu que, chez la rainette versicolore, la durée de l'appel nuptial est un indicateur de la qualité de l'ensemble du matériel génétique. Ce résultat appuie l'hypothèse selon laquelle la femelle pourrait fonder son choix de partenaire sur un caractère qui indique que le mâle a de «bons gènes».

SOURCE A. M. Welch *et al.*, Call duration as an indicator of genetic quality in male gray tree frogs, *Science* 280: 1928-1930 (1998).

ET SI? Pourquoi les chercheurs ont-ils divisé les œufs de chaque femelle en deux groupes pour les féconder avec le sperme de mâles différents? Pourquoi n'ont-ils pas accouplé chaque femelle avec un seul mâle?

du même allèle récessif, et que deux exemplaires de cet allèle sont transmis au même zygote. Une telle situation survient rarement lorsque la fréquence de l'allèle récessif est très faible. La «protection hétérozygote» entretient une énorme réserve d'allèles, qui ne sont peut-être pas avantageux dans les conditions actuelles, mais qui pourraient le devenir si le milieu venait à changer.

La sélection équilibrée

La sélection naturelle peut aussi préserver la variation à certains loci. On dit qu'il y a **sélection équilibrée** lorsque la sélection naturelle maintient deux formes ou plus dans une population. Ce type de sélection comprend l'avantage hétérozygote et la sélection selon la fréquence.

L'avantage hétérozygote Lorsque les individus hétérozygotes pour un locus donné ont une valeur d'adaptation supérieure à celle des deux types d'homozygotes, on dit qu'ils détiennent un **avantage hétérozygote**. Le cas échéant, la sélection naturelle tend à maintenir deux allèles ou plus à ce locus. Notez que l'avantage hétérozygote existe en fonction du *génotype*, et non du phénotype. Par conséquent, le lien entre le génotype et le phénotype déterminera si l'avantage hétérozygote conduira à une sélection stabilisante ou directionnelle. Par exemple, si le phénotype d'un hétérozygote est un intermédiaire de ceux des deux homozygotes, l'avantage hétérozygote sera une forme de sélection stabilisante.

On peut donner comme exemple d'avantage hétérozygote le locus qui, chez l'humain, code pour la β-globine, une des deux sous-unités peptidiques de l'hémoglobine (la protéine des globules rouges qui transporte le dioxygène). Un allèle récessif particulier de ce locus cause l'anémie à hématies falciformes (ou drépanocytose) chez les homozygotes. Lorsque la teneur en oxygène est faible (voir la figure 5.21, p. 92), comme c'est le cas dans les capillaires, les globules rouges des personnes atteintes de la maladie se déforment et prennent l'allure de petites faucilles, d'où le qualificatif *falciforme*. Les globules rouges déformés peuvent s'agglomérer et bloquer le flux sanguin dans les capillaires, causant de graves dommages à des organes comme les reins, le cœur et le cerveau. Certains globules rouges deviennent aussi falciformes chez les hétérozygotes, mais ils sont trop peu nombreux pour causer l'anémie à hématies falciformes.

Les hétérozygotes sont protégés contre les effets les plus graves du paludisme (malaria), une maladie causée par un parasite qui infecte les globules rouges (voir la figure 28.10, p. 676). Cette protection partielle tient au fait que l'organisme élimine rapidement les globules rouges falciformes, tuant du même coup les parasites qui s'y trouvent (mais pas les parasites dans les globules rouges normaux). Il s'agit là d'un avantage précieux dans les régions tropicales, où le paludisme est une des principales causes de mortalité. En fait, dans les régions tropicales, les hétérozygotes sont plus favorisés que les homozygotes dominants plus vulnérables au paludisme, et que les homozygotes récessifs atteints de drépanocytose. En Afrique, la fréquence de l'allèle responsable des hématies falciformes est élevée dans les régions particulièrement touchées par le parasite responsable du paludisme, le protozoaire *Plasmodium falciparum* (**figure 23.17**). L'allèle récessif représente jusqu'à 20% des allèles de l'hémoglobine du patrimoine génétique de certaines tribus, une proportion très élevée pour un allèle qui a des conséquences désastreuses chez les homozygotes.

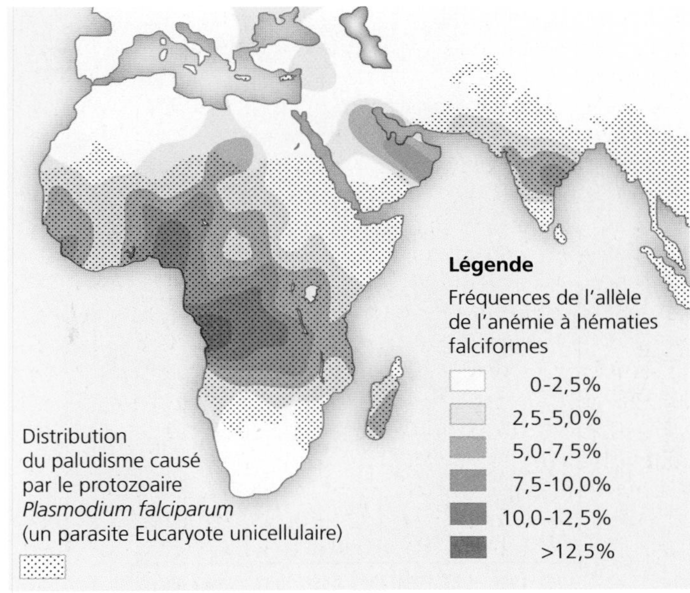

▲ **Figure 23.17 La répartition géographique du paludisme et de l'allèle responsable des hématies falciformes.** L'allèle responsable des hématies falciformes est plus courant en Afrique, mais ce n'est pas le seul cas d'avantage hétérozygote offrant une protection contre le paludisme. Des allèles à d'autres loci sont aussi favorisés par l'avantage hétérozygote dans les populations vivant à proximité de la Méditerranée et en Asie du Sud-Est (qui ne figurent pas sur cette carte), où cette maladie est répandue.

La sélection selon la fréquence Dans la **sélection selon la fréquence**, la valeur adaptative des individus ayant un phénotype particulier diminue si elle est trop répandue dans la population. Prenons l'exemple des mangeurs d'écailles (*Perissodus microlepis*) du lac Tanganyika, en Afrique. Ces poissons qui se nourrissent exclusivement des écailles des autres poissons attaquent leur proie par-derrière et arrachent quelques écailles de son flanc. Curieusement, les mangeurs d'écailles diffèrent par l'orientation de leur gueule selon qu'ils sont «gauchers» ou «droitiers». L'hérédité mendélienne détermine ces phénotypes, l'allèle «droitier» dominant l'allèle «gaucher». Comme leur gueule est orientée vers la gauche, les gauchers attaquent toujours le flanc droit de leur proie (**figure 23.18**). (Pour comprendre, imaginez que votre bouche est orientée vers la gauche et que vous arrivez derrière un poisson afin de mordre son flanc droit.) De même, les poissons droitiers attaquent toujours le flanc gauche. Les espèces qui leur servent de proies se protègent contre les attaques des mangeurs d'écailles dont le phénotype est le plus courant dans le lac. D'année en année, la sélection naturelle favorise donc le phénotype le moins courant, de sorte que la fréquence des droitiers et des gauchers oscille selon le moment. Cette sélection équilibrée (selon la fréquence) maintient la fréquence de chaque phénotype autour de 50%.

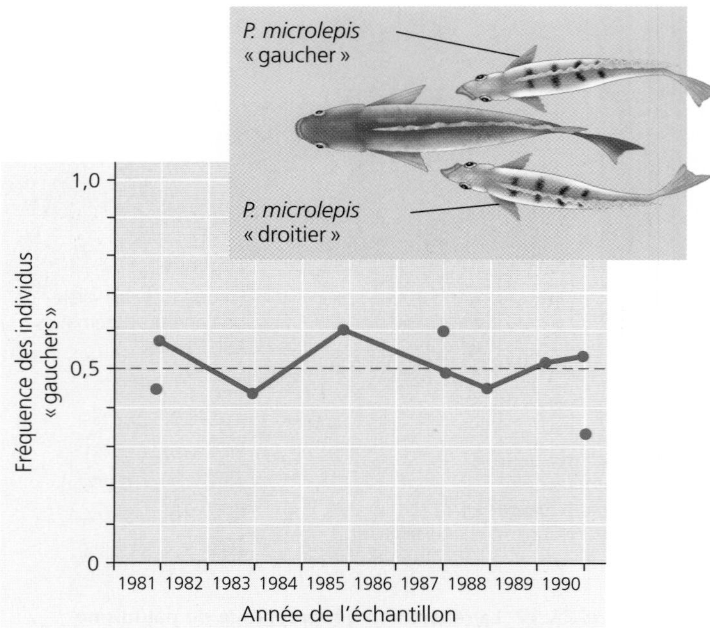

▲ **Figure 23.18 La sélection selon la fréquence chez le poisson mangeur d'écailles (*Perissodus microlepis*).** Le chercheur Michio Hori de l'Université de Kyoto, au Japon, a remarqué que la fréquence des individus gauchers augmente et diminue de manière régulière. À toutes les trois périodes d'évaluation, les poissons adultes qui s'étaient reproduits (points verts) avaient le phénotype opposé à celui qui était le plus fréquent dans la population. La sélection favorisait les individus droitiers lorsque les gauchers étaient plus fréquents et vice versa.

? *Qu'ont mesuré les chercheurs pour déterminer quel phénotype a été favorisé par la sélection? Ce choix reposait-il sur certaines suppositions? Expliquez votre réponse.*

▲ **Figure 23.19 Un compromis évolutif.** Le cri sonore qui permet à la grenouille túngara (*Engystomops pustulosus*) d'attirer ses partenaires sexuels attire également des voisins beaucoup plus dangereux – sur cette photo, une chauve-souris qui s'apprête à faire un bon repas...

Pourquoi la sélection naturelle ne peut-elle pas produire des organismes parfaits?

Bien que la sélection naturelle œuvre dans le sens de l'adaptation, la nature abonde en organismes qui semblent plus ou moins bien « conçus » pour leur style de vie, et ce, pour plusieurs raisons:

1. **La sélection naturelle ne peut que modifier des variations existantes.** La sélection naturelle favorise les phénotypes les mieux adaptés dans une population. Or, ces derniers ne sont pas toujours les phénotypes idéaux. Les nouveaux allèles avantageux n'apparaissent pas sur demande.
2. **L'évolution est limitée par des contraintes historiques.** Chaque espèce provient d'une longue lignée ancestrale modifiée au fil des générations. L'évolution ne se débarrasse pas de l'anatomie ancestrale pour construire une structure complexe à partir de rien; elle travaille plutôt sur les structures existantes et les adapte à des situations nouvelles. Par exemple, on pourrait se dire que certaines espèces d'Oiseaux auraient avantage à avoir à la fois des ailes pour le vol et quatre pattes au lieu de deux pour courir plus vite et plus efficacement. Toutefois, les Oiseaux descendent des Reptiles; or, ces derniers possédaient seulement deux paires de membres, et la sélection des membres antérieurs pour voler ne laisse que les deux membres postérieurs pour le déplacement sur le sol.
3. **De nombreuses adaptations sont des compromis.** Chaque organisme exerce des activités diverses qui peuvent entrer en contradiction les unes avec les autres. Par exemple, le phoque passe une partie de son temps sur des rochers; il marcherait probablement mieux s'il avait des pattes au lieu de nageoires, mais il nagerait moins bien. L'humain, lui, doit son habileté et sa force à ses mains préhensiles et à ses membres flexibles, mais ces derniers sont sujets aux entorses, aux déchirures ligamentaires et aux luxations. Une résistance structurale moindre est le prix à payer pour notre agilité. La **figure 23.19** présente un autre exemple de compromis adaptatif.
4. **Le hasard, la sélection naturelle et l'environnement entrent en interaction.** Le hasard peut influer sur l'histoire évolutive des populations. Un vent violent qui emporte des Insectes ou des Oiseaux jusqu'à une île à des centaines de kilomètres de leur habitat ne transporte pas nécessairement les espèces ou les individus les mieux adaptés à ce nouveau milieu. Les allèles du patrimoine génétique de la population fondatrice ne sont donc pas tous mieux adaptés au nouvel environnement que les allèles « laissés derrière ». De plus, les conditions environnementales d'un endroit donné peuvent changer d'une manière imprévisible d'année en année, ce qui limite encore la mesure de l'adéquation que peut produire l'évolution adaptative entre l'organisme et son milieu.

Compte tenu de toutes ces contraintes, l'évolution n'a pas tendance à produire des organismes parfaits. La sélection naturelle ne fait que privilégier les meilleurs éléments disponibles en fonction du milieu. En fait, les nombreuses imperfections des organismes que produit l'évolution prouvent son existence.

RETOUR SUR LE CONCEPT 23.4

1. Quelle est la valeur adaptative d'un mulet (hybride stérile)? Expliquez votre réponse.
2. Expliquez pourquoi la sélection naturelle est le seul mécanisme évolutif qui entraîne continuellement une évolution adaptative.
3. **ET SI?** Imaginez une population dans laquelle les hétérozygotes pour un locus donné ont un phénotype extrême (être plus gros que les homozygotes, par exemple) qui leur confère un avantage sélectif. Dans une telle situation, s'agit-il de sélection directionnelle, de sélection divergente ou de sélection stabilisante? Expliquez votre réponse.
4. **ET SI?** Les individus hétérozygotes pour l'allèle des hématies falciformes seraient-ils favorisés ou défavorisés dans une région exempte de paludisme? Expliquez votre réponse.

Voir les réponses proposées à la fin du chapitre.

RÉVISION DU CHAPITRE 23

RÉSUMÉ DES CONCEPTS CLÉS

CONCEPT 23.1

La diversité génétique rend l'évolution possible (p. 544 à 547)

- Le terme **variation génétique** décrit les différences entre les individus au sein d'une population.
- Les différences de nucléotides sur lesquelles repose la variation génétique viennent de la mutation et d'autres processus qui produisent de nouveaux allèles et de nouveaux gènes.
- Chez les organismes dont le temps de génération est court, les nouvelles variantes génétiques apparaissent rapidement. Chez les organismes qui pratiquent la reproduction sexuée, la plupart des différences génétiques entre les individus résultent de l'enjambement, de l'assortiment indépendant de chromosomes et de la fécondation.

? *Pourquoi les biologistes estiment-ils la diversité génétique et la diversité nucléotidique, et en quoi consistent ces estimations?*

CONCEPT 23.2

L'équation de Hardy-Weinberg permet de vérifier si une population évolue (p. 547 à 551)

- Une **population** est un groupe localisé d'organismes appartenant à la même espèce. Elle est unie par son **patrimoine génétique**, c'est-à-dire par l'accumulation de tous ses allèles.
- Selon la **loi de Hardy-Weinberg**, les fréquences alléliques et génotypiques d'une population resteront constantes s'il n'y a pas de mutation, si l'accouplement se fait de manière aléatoire, s'il n'y a pas de sélection naturelle, si la taille de la population est extrêmement grande et s'il n'y a pas de flux génétique. Si p et q représentent les fréquences de deux allèles possibles d'un locus, alors p^2 est la fréquence d'un type d'homozygote, q^2 est celle d'un autre homozygote et $2pq$ est la fréquence du génotype hétérozygote.

? *Si l'on calcule p et q à partir des fréquences génotypiques observées et qu'on utilise ensuite ces valeurs de p et de q pour vérifier si une population est en équilibre de Hardy-Weinberg, s'agit-il d'un raisonnement circulaire? Expliquez votre réponse. (Indice: prenez un cas particulier, comme celui d'une population qui compte 195 individus dont le génotype est AA, 10 individus dont le génotype est Aa et 195 individus dont le génotype est aa.)*

CONCEPT 23.3

La sélection naturelle, la dérive génétique et le flux génétique peuvent modifier les fréquences alléliques d'une population (p. 551 à 555)

- Dans le cas de la sélection naturelle, les individus qui possèdent certains caractères héréditaires tendent à survivre et à se reproduire davantage que d'autres individus, et ce, grâce à ces caractères.
- Dans le cas de la **dérive génétique**, les fluctuations aléatoires dans les fréquences alléliques d'une génération à l'autre tendent à réduire la variation génétique au sein des populations.
- Dans le cas du **flux génétique**, l'échange génétique entre les populations tend à réduire les différences entre ces populations au fil du temps.

? *Deux petites populations isolées géographiquement et vivant dans des milieux très différents sont-elles susceptibles d'évoluer de manière similaire? Expliquez votre réponse.*

CONCEPT 23.4

La sélection naturelle est le seul mécanisme qui entraîne une évolution adaptative constante (p. 555 à 561)

- Un génotype bénéficie d'une plus grande **valeur adaptative** qu'un autre génotype s'il produit davantage de descendants fertiles. Les divers modes de sélection naturelle diffèrent par leur façon d'agir sur le phénotype (les flèches blanches des diagrammes récapitulatifs ci-dessous représentent une pression sélective sur la population).

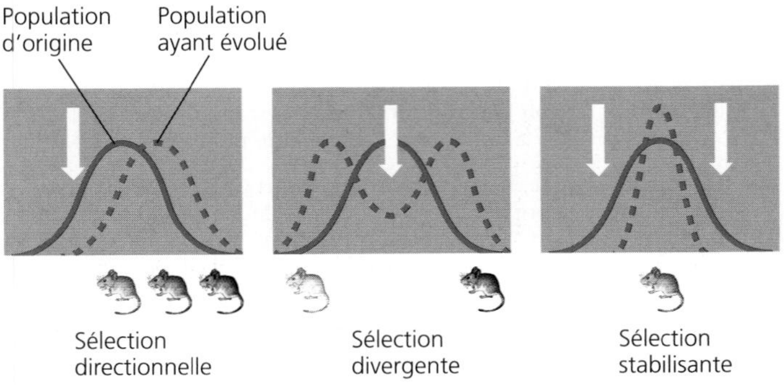

- Contrairement à la dérive génétique et au flux génétique, la sélection naturelle augmente constamment la fréquence des allèles qui améliorent la survie et la reproduction, et accroît donc constamment l'adéquation entre les organismes et leur environnement.

- La **sélection sexuelle** influe sur la production de caractères sexuels secondaires; ces derniers procurent aux individus certains avantages en vue de l'accouplement.
- Malgré le triage qu'opère la sélection, les populations présentent une variation génétique considérable. Cette variation est en partie une **variation neutre**; la diploïdie et la sélection équilibrée contribuent également à la variation.
- Il y a des contraintes à l'évolution: la sélection naturelle ne peut que modifier des variations existantes; les structures anatomiques résultent de la modification de la lignée ancestrale; de nombreuses adaptations sont des compromis; et le hasard, la sélection naturelle et l'environnement entrent en interaction.

? *Comment les caractères sexuels secondaires des mâles et des femelles diffèrent-ils dans une espèce où les femelles rivalisent entre elles pour trouver des partenaires?*

ÉVALUATION

NIVEAU 1: CONNAISSANCES ET COMPRÉHENSION

1. La sélection naturelle modifie les fréquences alléliques au sein des populations parce que certains (ou certaines) ________ survivent et se reproduisent davantage que d'autres.
a) allèles
b) loci
c) patrimoines génétiques
d) espèces
e) individus

2. À l'exception des vrais jumeaux, chaque humain est génétiquement unique. Quelle est la première source de variation entre les individus d'une population?
a) De nouvelles mutations qui se sont produites à la génération précédente.
b) Une dérive génétique, imputable à la petite taille de la population.
c) La recombinaison des allèles dans la reproduction sexuée.
d) Une variation géographique au sein de la population.
e) Des facteurs environnementaux.

3. Chez une espèce particulière de moineau, les individus possédant des ailes de taille moyenne survivent mieux que les autres en cas de tempête violente, en raison de:
a) l'effet de goulot d'étranglement.
b) la sélection divergente.
c) la sélection selon la fréquence.
d) la variation neutre.
e) la sélection stabilisante.

NIVEAU 2: APPLICATION ET ANALYSE

4. Si la diversité nucléotidique d'un locus est égale à 0%, quelle est la diversité génétique et quel est le nombre d'allèles à ce locus?
a) Diversité génétique = 0%; nombre d'allèles = 0.
b) Diversité génétique = 0%; nombre d'allèles = 1.
c) Diversité génétique = 0%; nombre d'allèles = 2.
d) Diversité génétique > 0%; nombre d'allèles = 2.
e) À moins d'avoir plus d'information, il est impossible de déterminer la diversité génétique et le nombre d'allèles.

5. La population 1 se compose de 40 individus qui ont tous le génotype *A1A1*, et la population 2 se compose de 25 individus qui ont tous le génotype *A2A2*. Disons que ces deux populations sont géographiquement éloignées l'une de l'autre et que leurs conditions environnementales sont très similaires. Selon l'information dont vous disposez, la variation génétique observée est probablement un exemple de:
a) dérive génétique.
b) flux génétique.
c) sélection divergente.
d) variation discrète.
e) sélection directionnelle.

6. Une population de drosophiles a un gène avec deux allèles, *A1* et *A2*. Un test révèle que 70% des gamètes produits par cette population contiennent l'allèle *A1*. Si la population respecte l'équilibre de Hardy-Weinberg, quelle proportion de ces mouches portent à la fois *A1* et *A2*?
a) 0,7 b) 0,49 c) 0,21 d) 0,42 e) 0,09

NIVEAU 3: SYNTHÈSE ET ÉVALUATION

7. LIEN AVEC L'ÉVOLUTION
Comment les imperfections des organismes vivants témoignent-elles du processus de l'évolution?

8. INTÉGRATION
FAITES UN DESSIN Richard Koehn de la State University of New York ainsi que Stony Brook et Thomas Hilbish de la University of South Carolina ont étudié la variation génétique de la moule marine *Mytilus edulis* autour de Long Island, dans l'État de New York. Ils ont mesuré la fréquence d'un allèle particulier (*lap*[94]) pour une enzyme qui joue un rôle dans la régulation de l'équilibre de l'eau saline à l'intérieur de la moule. Les chercheurs ont tracé des diagrammes circulaires pour représenter les données associées à des sites d'échantillonnage dans le détroit de Long Island, où la salinité varie considérablement, ainsi que le long de la côte de l'Atlantique, où la salinité est constante:

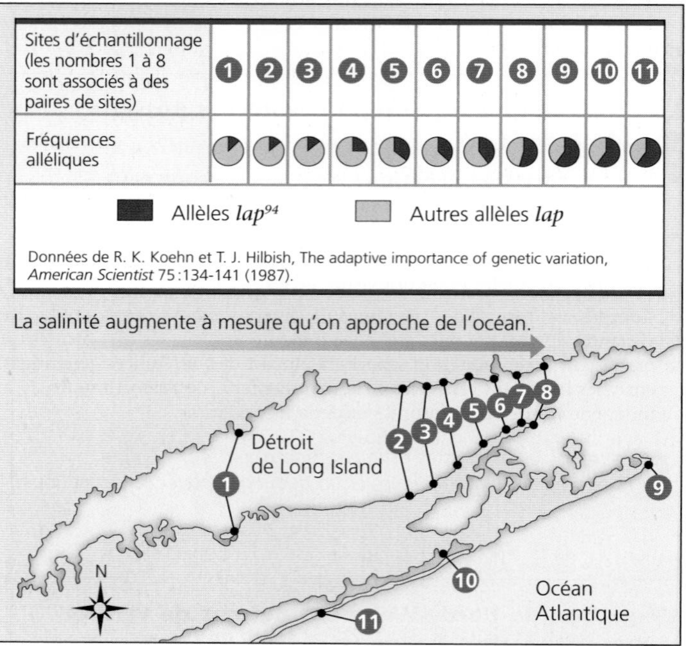

Créez un tableau de données pour les 11 sites d'échantillonnage en estimant la fréquence de *lap*[94] à partir des diagrammes circulaires. (Un truc: considérez chaque diagramme comme une horloge pour estimer la proportion que représente la zone colorée en violet.) Puis, dessinez un graphique des fréquences pour les sites 1 à 8 pour montrer comment la fréquence de cet allèle varie avec l'augmentation de la salinité dans le détroit de Long Island (du sud-ouest au nord-est). Comment les données des sites 9 à 11 se comparent-elles avec les données des sites situés dans le détroit?

Formulez une hypothèse qui explique les tendances que vous observez dans les données et qui rend compte des observations suivantes: (1) l'allèle *lap*[94] aide les moules à maintenir un équilibre osmotique dans une eau à forte teneur en sel, mais a un coût élevé dans une eau moins salée; (2) les moules produisent des larves qui peuvent se disperser sur de grandes distances avant de se fixer aux rochers et de devenir à leur tour des adultes.

9. **ÉCRIVEZ UN TEXTE**

Les propriétés émergentes Les hétérozygotes pour le locus des hématies falciformes produisent de l'hémoglobine normale et de l'hémoglobine anormale (à hématie falciforme) (voir le concept 14.4). Lorsque les molécules d'hémoglobine se retrouvent dans les globules rouges d'un sujet hétérozygote, certains de ces globules reçoivent des quantités relativement importantes d'hémoglobine anormale, ce qui les rend plus sujets à devenir falciformes. Rédigez un court texte (de 100 à 150 mots) pour expliquer comment ces événements moléculaires et cellulaires amènent des propriétés émergentes sur le plan individuel et sur le plan populationnel de l'organisation biologique.

RÉPONSES DU CHAPITRE 23

Questions des figures

Figure 23.8 Ces fréquences seront de 36 % de C^RC^R, 48 % de C^RC^B et 16 % de C^BC^B. **Figure 23.13** La sélection directionnelle. Les fruits du *Koelreuteria elegans* sont plus petits que ceux de la plante hôte habituelle, le faux-persil (*Aethusia cynapium*). Chez les populations qui se nourrissaient sur le *Koelreuteria elegans*, les punaises à épaules rouges (*Jadera haematoloma*) au bec plus court avaient donc un avantage, de sorte que la sélection directionnelle a favorisé ce type de bec.
Figure 23.16 Féconder les œufs d'une seule femelle avec le sperme d'un mâle CA et d'un mâle LA permettait aux chercheurs de comparer directement les effets de la contribution de chaque type de mâle à la nouvelle génération, puisque la contribution de la femelle sur chaque groupe d'œufs est la même. En isolant ainsi la contribution de chaque type de mâle, les chercheurs ont pu tirer des conclusions sur les différences dans la « qualité » génétique des mâles CA et LA. **Figure 23.18** Les chercheurs ont mesuré pour chaque phénotype le pourcentage d'adultes qui réussissaient à se reproduire dans la population. Cette façon de déterminer quel phénotype la sélection avait favorisé suppose (1) que le succès reproductif était un indicateur suffisant de la valeur adaptative (contrairement au dénombrement des œufs pondus ou des œufs éclos, par exemple) et (2) que le phénotype de la gueule était le facteur qui déterminait la capacité reproductive.

Retour sur le concept 23.1

1. (a) Au sein d'une population, les différences génétiques entre les individus fournissent le matériau brut sur lequel la sélection naturelle et les autres mécanismes peuvent agir. Sans ces différences, les fréquences alléliques ne pourraient pas changer avec le temps – et la population ne pourrait donc pas évoluer. (b) Les différences génétiques entre des populations séparées peuvent résulter de la sélection naturelle si différents allèles sont favorisés dans différentes populations, par exemple si les diverses populations ont connu des conditions environnementales différentes (comme dans la figure 23.4). Les différences génétiques entre diverses populations peuvent également résulter de phénomènes aléatoires (dérive génétique) si les changements génétiques ont peu d'effets phénotypiques ou n'en ont pas du tout (comme dans la figure 23.3).
2. De nombreuses mutations surviennent dans les cellules somatiques qui ne produisent pas de gamètes, de sorte qu'elles s'éteignent avec la mort de l'organisme. Parmi les mutations qui ont lieu dans les lignées cellulaires, qui produisent des gamètes, bon nombre n'ont pas d'effet phénotypique sur lequel la sélection pourrait agir ; d'autres ont des effets dommageables qui rendent l'augmentation de leur fréquence improbable puisqu'elles réduisent le succès reproductif de leurs porteurs. **3.** Sa variation génétique (mesurée soit sur le plan du gène, soit sur les séquences nucléotidiques) diminuerait probablement avec le temps. Au cours de la méiose, l'enjambement et l'assortiment indépendant de chromosomes produisent de nombreuses nouvelles combinaisons d'allèles. De plus, une population offre un grand nombre de combinaisons possibles, et la fécondation réunit des gamètes d'individus dont les antécédents génétiques diffèrent. Par conséquent, par l'enjambement, l'assortiment indépendant de chromosomes et la fécondation, la reproduction sexuée brasse les allèles et amène de nouvelles combinaisons à chaque génération. Sans la reproduction sexuée, le taux de formation de nouvelles combinaisons d'allèles serait considérablement réduit, ce qui diminuerait la variation génétique.

Retour sur le concept 23.2

1. 30 000. La moitié des loci (10 000) sont fixés, ce qui signifie qu'il y a un seul type d'allèle pour chaque locus : 10 000 × 1 = 10 000. Il y a deux types d'allèles pour chacun des autres loci : 10 000 × 2 = 20 000. 10 000 + 20 000 = 30 000. **2.** $p^2 + 2pq$; p^2 représente les homozygotes avec deux allèles *A*, et $2pq$ représente les hétérozygotes avec un allèle *A*.
3. La population compte 120 individus, donc 240 allèles. Parmi ceux-ci, on compte 124 allèles *A* : 32 des 16 individus *AA* et la totalité des individus *Aa*, soit 92. Par conséquent, la fréquence de l'allèle *A* est $p = 124/240 = 0{,}52$; la fréquence de l'allèle *a* est $q = 0{,}48$. Selon l'équation de Hardy-Weinberg, si la population n'évoluait pas, la fréquence du génotype *AA* devrait être $p^2 = 0{,}52 \times 0{,}52 = 0{,}27$; la fréquence du génotype *Aa* devrait être $2pq = 2 \times 0{,}52 \times 0{,}48 = 0{,}5$; et la fréquence du génotype *aa* devrait être $q^2 = 0{,}48 \times 0{,}48 = 0{,}23$. Dans une population de 120 individus, ces fréquences génotypiques attendues nous amènent à prédire qu'il y aurait 32 individus *AA* (0,27 × 120), 60 individus *Aa* (0,5 × 120) et 28 individus *aa* (0,23 × 120). Or les nombres d'individus qu'on trouve dans la population réelle (16 *AA*, 92 *Aa*, 12 *aa*) s'écartent de ces prévisions (il y a moins d'homozygotes et plus d'hétérozygotes que prévu). Cela indique que la population n'est pas en équilibre de Hardy-Weinberg et qu'elle pourrait être en évolution pour ce locus.

Retour sur le concept 23.3

1. La sélection naturelle est plus « prévisible » en ce qu'elle modifie les fréquences alléliques d'une manière non aléatoire. En effet, elle tend à augmenter la fréquence des allèles qui augmentent le succès reproductif de l'organisme dans son environnement et à faire baisser la fréquence des allèles qui le réduisent. La fréquence des allèles soumis à la dérive génétique augmente ou diminue de manière strictement aléatoire, qu'ils soient bénéfiques ou non. **2.** La dérive génétique résulte de phénomènes aléatoires qui font fluctuer les fréquences alléliques au hasard de génération en génération. Au sein d'une population, ce processus tend à réduire la variation génétique avec le temps. Le flux génétique consiste en un échange d'allèles entre deux ou plusieurs populations, un processus qui peut introduire de nouveaux allèles dans une population et en accroître ainsi la variation génétique (quoique légèrement, car le taux de flux génétique est généralement faible). **3.** La sélection n'est pas importante à ce locus ; de plus, les populations ne sont pas petites, et les effets de la dérive génétique ne devraient pas être prononcés. Le flux génétique se fait par le mouvement du pollen et des graines. En raison du flux génétique, les fréquences alléliques et génotypiques devraient donc devenir plus semblables avec le temps.

Retour sur le concept 23.4

1. Il n'y en a aucune, parce que la valeur adaptative inclut la contribution reproductive à la génération suivante, et qu'un mulet est stérile par définition. **2.** Même s'ils peuvent tous deux augmenter la fréquence des allèles avantageux dans une population, le flux génétique et la dérive génétique peuvent aussi diminuer leur fréquence ou augmenter celle des allèles dommageables. Seule la sélection naturelle produit constamment une augmentation de la fréquence des allèles qui améliorent la survie ou la reproduction. La sélection naturelle est donc le seul mécanisme qui entraîne constamment une évolution adaptative. **3.** Les trois modes de sélection naturelle (la sélection directionnelle, la sélection stabilisante et la sélection divergente) se définissent sur le plan des avantages sélectifs de différents *phénotypes*, et non en termes de différents génotypes. Par conséquent, le type de sélection découlant de l'avantage hétérozygote dépend du phénotype des hétérozygotes. Dans cette question, comme les individus hétérozygotes ont un phénotype plus extrême que tout homozygote, l'avantage hétérozygote représente une sélection directionnelle. **4.** Dans des conditions prolongées de faible taux d'oxygène, certains des globules rouges d'un hétérozygote peuvent devenir falciformes, ce qui occasionne divers symptômes de gravité variable (voir le chapitre 14). Ces problèmes ne se produisent pas chez des individus qui ont deux allèles d'hémoglobine normale, ce qui laisse penser qu'il peut y avoir une sélection défavorisant les hétérozygotes dans les régions exemptes de paludisme (où l'avantage hétérozygote ne se produit pas). Cependant, comme les hétérozygotes sont en bonne santé dans la plupart des conditions, il est peu probable que la sélection à leur encontre soit forte.

Questions du résumé des concepts clés

23.1 Les biologistes estiment la diversité génétique et la diversité nucléotidique essentiellement pour déterminer si des populations présentent une variation génétique suffisante pour que l'évolution soit possible. La diversité génétique indique dans quelle mesure les individus diffèrent au niveau du gène entier, tandis que la diversité nucléotidique donne une mesure de la variation génétique au niveau de la séquence de l'ADN. **23.2** Non, ce n'est pas un exemple de raisonnement circulaire. Calculer p et q à partir des fréquences génotypiques observées ne suppose pas que ces fréquences génotypiques doivent être dans un équilibre de Hardy-Weinberg. Pensons à une population composée de 195 individus du génotype *AA*, de 10 individus du génotype *Aa*, et de 195 individus du génotype *aa*. Calculer p et q à partir de ces valeurs donne $p = q = 0{,}5$. Selon l'équation de Hardy-Weinberg, les fréquences d'équilibre prévues sont $p^2 = 0{,}25$ pour le génotype *AA*, $2pq = 0{,}5$ pour le génotype *Aa*, et $q^2 = 0{,}25$ pour le génotype *aa*. Comme il y a 400 individus dans la population, ces fréquences génotypiques prévues indiquent qu'il devrait y avoir 100 individus *AA*, 200 individus *Aa* et 100 individus *aa* – données qui diffèrent grandement des valeurs que nous avons utilisées pour calculer p et q. **23.3** Il est peu probable que de telles populations évoluent de manière similaire. Comme leurs environnements sont très différents, les allèles favorisés par la sélection naturelle différeraient probablement entre les deux populations. La dérive génétique peut avoir d'importants effets sur chacune de ces petites populations, mais les changements de fréquences alléliques qu'elle entraîne sont imprévisibles; il est donc improbable que les deux populations connaissent une évolution similaire. Enfin, comme ces populations sont isolées géographiquement, le flux génétique entre elles sera probablement inexistant ou très faible et risque peu de les faire évoluer dans le même sens. **23.4** Les femelles de ces espèces sont probablement plus grosses et plus colorées que les mâles; leur ornementation est probablement plus élaborée (par exemple, une caractéristique morphologique spectaculaire, comme la queue du paon) et elles sont susceptibles d'adopter des comportements destinés à attirer les mâles ou à empêcher leurs rivales d'obtenir des partenaires.

ÉVALUATION

1. e; **2.** c; **3.** e; **4.** b; **5.** a; **6.** d;
7. Bien que la sélection naturelle puisse améliorer l'adéquation entre les organismes et leur environnement, l'évolution peut aussi entraîner l'apparition d'imperfections chez ces organismes. La principale raison de cette situation est que l'évolution ne produit pas les organismes à partir de rien pour qu'ils s'adaptent à leur environnement et à leur mode de vie. Elle travaille plutôt selon un processus de descendance avec modification: les organismes héritent de la structure ancestrale et celle-ci se modifie au fil du temps sous l'effet de la sélection naturelle. Il s'ensuit, par exemple, qu'un mammifère volant comme la chauve-souris possède des ailes dont la structure est imparfaite. Ces ailes témoignent plutôt des modifications subies par les membres antérieurs que les ancêtres des chauves-souris utilisaient pour marcher. Les imperfections que présentent les organismes résultent de diverses contraintes, notamment d'un manque de variation génétique pour le caractère génétique en cause. Ces imperfections résultent également du fait que les adaptations sont souvent le fruit de compromis (puisque les organismes doivent effectuer un certain nombre de choses et que la conception «parfaite» convenant à la réalisation d'une fonction risque de compromettre l'efficacité d'une autre activité).
8. La fréquence de l'allèle lap^{94} forme un cline qui décroît à mesure que l'on se déplace du sud-ouest vers le nord-est le long du détroit de Long Island.

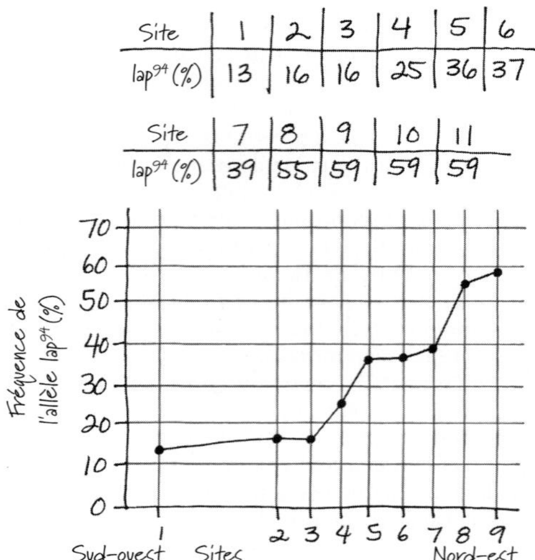

Site	1	2	3	4	5	6
lap^{94} (%)	13	16	16	25	36	37

Site	7	8	9	10	11
lap^{94} (%)	39	55	59	59	59

Pour expliquer l'existence d'un cline et rendre compte des observations rapportées dans l'énoncé, on pourrait prendre pour hypothèse que le cline est maintenu par une interaction entre la sélection et le flux génétique. Selon cette hypothèse, dans la zone sud-ouest du détroit, la salinité est relativement basse et la sélection contre l'allèle lap^{94} est forte. Lorsqu'on se déplace vers le nord-est, jusqu'à la pleine mer, où la salinité est relativement haute, la sélection favorise une fréquence élevée pour lap^{94}. Cependant, comme les larves des moules se dispersent sur de longues distances, le flux génétique empêche l'allèle lap^{94} de devenir fixé en zone de pleine mer ou de tomber à zéro dans la zone sud-ouest du détroit de Long Island.

24

L'origine des espèces

▲ **Figure 24.1 Comment cet oiseau (*Phalacrocorax harrisii*) qui ne vole pas en est-il venu à vivre sur les îles Galápagos ?**

ÉVOLUTION

CONCEPTS CLÉS

24.1 Le concept biologique de l'espèce s'appuie sur l'isolement reproductif

24.2 La spéciation peut avoir lieu en présence ou en l'absence d'isolement géographique

24.3 Les zones hybrides révèlent les facteurs responsables de l'isolement reproductif

24.4 La spéciation peut se produire rapidement ou lentement et peut résulter de changements dans un, deux ou plusieurs gènes

INTRODUCTION

Le « mystère des mystères »

Quand il s'est rendu aux îles Galápagos, Darwin était impatient d'explorer cette topographie nouvellement émergée de la mer. Il a constaté que ces îles volcaniques abritaient, malgré leur origine géologique récente, des plantes et des animaux inconnus ailleurs. Plus tard, il a compris que ces espèces étaient comme les îles: nouvelles (**figure 24.1**). Après avoir visité l'archipel, Darwin a écrit dans son journal: « Dans le temps et dans l'espace, il semble que nous approchions d'un fait grandiose, du mystère des mystères: l'apparition de nouveaux êtres sur la Terre. »

Le « mystère des mystères » qui captivait Darwin est la **spéciation**, c'est-à-dire le processus par lequel une espèce se ramifie pour donner deux ou plusieurs espèces. La spéciation a fasciné Darwin (et de nombreux autres biologistes depuis) parce qu'elle est responsable de la formidable diversité de la vie, produisant à répétition de nouvelles espèces différentes de celles qui existaient déjà. La spéciation explique non seulement les différences entre les espèces, mais aussi les ressemblances entre elles (l'unité du vivant). Lorsqu'une espèce se subdivise, les descendants des différentes branches présentent de nombreuses caractéristiques communes parce qu'elles dérivent d'un ancêtre commun, l'espèce parentale. Par exemple, des ressemblances dans leur ADN indiquent que le cormoran aptère des Galápagos de la figure 24.1 (*Phalacrocorax harrisii*), incapable de voler, est étroitement apparenté aux cormorans volants habitant les Amériques. Ce lien laisse penser que le cormoran aptère descend d'une lointaine espèce de cormorans qui a migré du continent vers les Galápagos.

La notion de spéciation fournit également un pont conceptuel entre les domaines de la microévolution et de la macroévolution. La **microévolution** s'intéresse à l'ensemble des changements qui se produisent dans les fréquences alléliques d'une population avec le temps, tandis que la **macroévolution** étudie l'évolution à un niveau supérieur à celui de l'espèce, comme le clade. Ainsi, l'émergence de nouveaux groupes d'organismes, comme les mammifères ou les plantes à fleurs, qui résulte d'une série de phénomènes de spéciation, est un exemple de changement relevant de la macroévolution. Nous avons examiné les mécanismes de la microévolution (la mutation, la sélection naturelle, la dérive génétique et le flux génétique) au chapitre 23, et nous nous pencherons sur la macroévolution au chapitre 25. Dans le présent chapitre, nous explorerons le « pont » qui les relie, soit les mécanismes par lesquels une nouvelle espèce naît des espèces existantes. Mais il nous faut d'abord clarifier ce que nous entendons exactement lorsqu'il est question d'« espèce ».

CONCEPT 24.1

Le concept biologique de l'espèce s'appuie sur l'isolement reproductif

Le terme *espèce* vient du mot latin *species*, qui signifie « type » ou « apparence ». On distingue les catégories de Végétaux ou d'Animaux (les chiens et les chats, par exemple) d'après les différences que révèle leur apparence. Cependant, est-il réaliste de penser qu'on peut classer les organismes dans ces unités distinctes que nous appelons *espèces*? Ou est-ce un désir humain que de vouloir ordonner le monde naturel? Pour répondre à cette question, les biologistes doivent comparer non seulement les caractéristiques morphologiques (forme du corps) de divers groupes d'organismes, mais aussi les différences moins évidentes touchant la physiologie, la biochimie et les séquences d'ADN. Ces comparaisons confirment généralement que les espèces morphologiquement différentes forment effectivement des groupes distincts qui présentent de nombreuses différences autres que morphologiques.

(a) Similarité entre des espèces différentes. La sturnelle des prés (*Sturnella magna*, à gauche) et la sturnelle de l'Ouest (*Sturnella neglecta*, à droite) ont une forme et des couleurs semblables. Elles constituent pourtant deux espèces distinctes, car leur chant et leurs comportements sont suffisamment différents pour que les femelles d'une espèce ne soient pas incitées à la reproduction par les mâles de l'autre espèce s'ils se rencontraient dans la nature.

(b) Diversité au sein d'une même espèce. Bien qu'ils présentent une très grande variété de traits, les humains appartiennent tous à la même espèce biologique (*Homo sapiens*): ils sont interféconds.

▲ **Figure 24.2 La définition biologique de l'espèce repose sur le potentiel d'interfécondité et non sur la ressemblance physique.**

Le concept biologique de l'espèce

La première définition de l'espèce utilisée dans ce manuel est le **concept biologique de l'espèce**. Selon ce concept, une **espèce** est une population ou un groupe de populations dont les membres peuvent se reproduire les uns avec les autres dans la nature et engendrer une descendance viable et féconde; ils sont, par contre, le plus souvent dans l'impossibilité d'avoir une telle descendance avec les individus d'autres populations (**figure 24.2**). Par conséquent, les membres d'une espèce biologique sont unis par leur compatibilité reproductive potentielle. Ainsi, tous les humains appartiennent à la même espèce: il est peu probable qu'une femme d'affaires de l'Amérique du Nord et un fermier de Mongolie se rencontrent, mais si cela arrive et qu'ils s'accouplent, ils pourront avoir des bébés viables qui deviendront des adultes féconds. En revanche, les humains et les chimpanzés sont des espèces biologiquement distinctes, même dans les régions où ils cohabitent, parce que de nombreux facteurs les empêchent de se féconder et de produire une descendance viable et fertile.

Comment se fait-il qu'une espèce arrive à préserver son patrimoine génétique et que ses membres présentent plus de ressemblances entre eux qu'avec les membres des autres espèces? Pour répondre à cette question, nous devons examiner de nouveau le mécanisme évolutif du *flux génétique*, c'est-à-dire l'échange d'allèles entre des populations (voir le chapitre 23). Typiquement, le flux génétique concerne les diverses populations d'une même espèce; cet échange continuel d'allèles tend à préserver leur patrimoine génétique commun. Comme nous allons le voir dans les prochaines sections, l'absence de flux génétique joue un rôle clé dans la formation de nouvelles espèces et dans le maintien de leur isolement une fois leur potentiel d'interfécondité réduit.

L'isolement reproductif

Comme les espèces biologiques se distinguent par leur incompatibilité reproductive, le concept biologique de l'espèce s'appuie sur l'**isolement reproductif**, c'est-à-dire sur l'existence de facteurs biologiques (barrières) qui empêchent les membres de deux espèces de produire des hybrides viables et féconds. De telles barrières bloquent le flux génétique entre les espèces et limitent la formation d'**hybrides**, c'est-à-dire de descendants issus d'un accouplement entre deux espèces. Le blocage de tout échange génétique entre les espèces ne découle pas d'une barrière unique, mais d'une combinaison de diverses barrières.

S'il est clair que la mouche domestique (*Musca domestica*) ne peut s'accoupler avec la grenouille léopard du Nord (*Rana pipiens*) ou la grande fougère (*Pteridium aquilinum*), les barrières reproductives entre des espèces plus étroitement apparentées sont moins évidentes. Ces barrières peuvent être prézygotiques ou postzygotiques, selon qu'elles contribuent à l'isolement reproductif avant ou après la fécondation. Les

barrières prézygotiques («avant le zygote») rendent impossible la fécondation de plusieurs façons. Elles peuvent empêcher les membres d'espèces différentes de tenter de s'accoupler, faire échouer une tentative d'accouplement avant qu'elle réussisse, ou encore bloquer la fécondation si l'accouplement a eu lieu. Si un spermatozoïde franchit une barrière prézygotique et féconde un ovule d'une autre espèce, diverses **barrières postzygotiques** («après le zygote») empêchent généralement le zygote hybride de devenir un adulte viable et fécond (isolement reproductif postzygotique). Ainsi, les hybrides peuvent avoir un taux de survie plus faible par suite d'erreurs survenues lors du développement embryonnaire; ils peuvent également souffrir de problèmes postnatals qui les rendent infertiles ou incapables de vivre assez longtemps pour avoir le temps de se reproduire. La **figure 24.3** décrit plus en détail les barrières prézygotiques et postzygotiques.

Les limites du concept biologique de l'espèce

L'un des points forts du concept biologique de l'espèce est qu'il attire l'attention sur la façon dont se fait la spéciation, c'est-à-dire par la progression de l'isolement reproductif. Cependant, le nombre d'espèces auquel ce concept s'applique utilement est limité. Par exemple, il n'existe aucune façon d'évaluer l'isolement reproductif des fossiles. Le concept d'espèce biologique ne s'applique pas non plus aux organismes qui font toujours ou principalement appel à la reproduction asexuée, comme les Procaryotes. (Comme nous le verrons au chapitre 27, de nombreux Procaryotes s'échangent des gènes sans que ces transferts fassent partie de leur processus reproductif.) De plus, dans le concept d'espèce biologique, c'est l'absence de flux génétique qui caractérise les espèces. Cependant, de nombreuses paires d'espèces sont morphologiquement et écologiquement distinctes malgré la présence d'un flux génétique entre elles. On en a un bon exemple avec deux espèces d'ours du genre *Ursus*: le grizzli (*Ursus arctos*) et l'ours blanc (*Ursus maritimus*), qui produisent des hybrides: les *grolars* (**figure 24.4**, page 570). Ce flux génétique n'empêche pas la sélection naturelle de maintenir une séparation entre ces deux espèces. Cette observation a amené plusieurs chercheurs à soutenir que le concept d'espèce biologique accorde trop d'importance au flux génétique et qu'il sous-estime le rôle de la sélection naturelle. À cause des limites inhérentes à ce concept, il est parfois nécessaire de faire appel à d'autres définitions de l'espèce.

Les autres concepts de l'espèce

Le concept biologique de l'espèce fait ressortir les processus qui *séparent* les espèces les unes des autres en fonction des obstacles à la reproduction. D'autres concepts soulignent plutôt les processus qui *unissent* les individus d'une même espèce. Par exemple, le **concept morphologique de l'espèce** définit une espèce d'après la forme de son corps, sa taille et d'autres caractéristiques structurales. Ce concept a des avantages: il s'applique tant aux organismes sexués qu'asexués, et il peut être utile même si on ne connaît pas l'ampleur du flux génétique. En pratique, voilà comment les scientifiques distinguent les espèces. Un des inconvénients de ce concept réside toutefois dans la subjectivité de sa définition de l'espèce: les chercheurs ne s'entendent pas toujours sur les caractéristiques structurales qui permettent de distinguer une espèce d'une autre.

Le **concept écologique de l'espèce** considère l'espèce sous l'angle de sa **niche écologique**: il prend en compte la somme des interactions des membres de l'espèce avec les composantes biotiques et abiotiques de leur environnement (voir le chapitre 54). Ainsi, deux espèces de salamandres peuvent avoir une apparence similaire, mais différer par leur alimentation ou leur résistance à la sécheresse. Contrairement au concept biologique de l'espèce, le concept écologique s'applique aussi bien aux espèces sexuées qu'asexuées. De plus, il souligne le rôle de la sélection naturelle divergente dans la façon dont les organismes s'adaptent à diverses conditions environnementales.

Le **concept phylogénétique de l'espèce** définit l'espèce comme le plus petit groupe d'individus descendant d'un ancêtre commun et formant une branche de l'arbre de la vie. Pour retracer l'histoire phylogénétique d'une espèce, les biologistes comparent ses caractéristiques physiques ou ses séquences d'ADN avec celles d'autres organismes. De telles analyses permettent de faire la distinction entre des groupes d'individus suffisamment différents pour être considérés comme des espèces distinctes. Bien entendu, la principale difficulté d'utilisation de ce concept de l'espèce réside dans la détermination du degré de différence nécessaire pour établir que l'on se trouve effectivement en présence de deux espèces distinctes.

En plus des définitions de l'espèce que nous venons de passer en revue, il en existe une vingtaine d'autres. L'utilité de chaque définition dépend de la situation abordée et des questions posées. Le concept biologique de l'espèce, qui s'appuie sur les barrières reproductives, est particulièrement utile pour étudier la spéciation.

RETOUR SUR LE CONCEPT 24.1

1. (a) Quel concept (ou quels concepts) de l'espèce s'applique tant aux espèces asexuées qu'aux espèces sexuées? (b) Quel concept (ou quels concepts) contribue à décrire des espèces sur le terrain de la façon la plus utile? Expliquez votre réponse.
2. ET SI? Supposons que deux espèces d'oiseaux vivent dans une même forêt et ne s'accouplent pas entre elles. L'une des deux espèces se nourrit et s'accouple dans le haut des arbres, tandis que l'autre se nourrit et s'accouple au sol. Cependant, en captivité, l'une et l'autre peuvent s'accoupler et produire des descendants viables et féconds. Quel type de barrière reproductive est le plus susceptible de maintenir ces espèces séparées (voir la figure 24.3)? Expliquez votre réponse.

Voir les réponses proposées à la fin du chapitre.

▼ **Figure 24.3**

PANORAMA Les barrières reproductives

Les barrières prézygotiques empêchent l'accouplement ou la fécondation si l'accouplement a lieu.

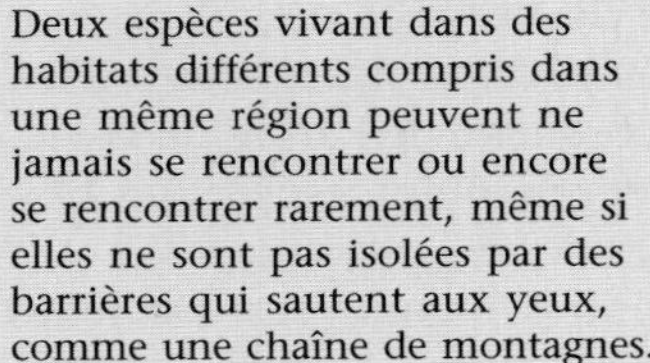

Isolement écologique

Deux espèces vivant dans des habitats différents compris dans une même région peuvent ne jamais se rencontrer ou encore se rencontrer rarement, même si elles ne sont pas isolées par des barrières qui sautent aux yeux, comme une chaîne de montagnes.

Exemple : Deux espèces de serpent jarretière appartenant au genre *Thamnophis* vivent dans la même région ; cependant, une espèce est surtout aquatique (a), tandis que l'autre est surtout terrestre (b).

(a)

(b)

Isolement temporel

Des espèces qui se reproduisent à des heures, à des semaines, à des saisons ou à des années différentes ne peuvent unir leurs gamètes.

Exemple : En Amérique du Nord, les aires de distribution géographique de deux espèces de moufettes tachetées se chevauchent ; cependant, la moufette tachetée orientale (*Spilogale putorius*) (c) se reproduit vers la fin de l'hiver, alors que la moufette tachetée occidentale (*Spilogale gracilis*) (d) le fait vers la fin de l'été.

(c)

(d)

Isolement éthologique

Les comportements de parade nuptiale qui attirent les partenaires sexuels, de même que les autres comportements uniques à une espèce, sont des barrières reproductives efficaces, même entre espèces étroitement apparentées. De tels rituels comportementaux permettent aux partenaires sexuels de se reconnaître et de repérer des partenaires potentiels de leur espèce.

Exemple : Les fous à pieds bleus (*Sula nebouxii*), qui vivent aux Galápagos, s'accouplent seulement après une parade nuptiale unique à leur espèce. Au cours de cette parade, le mâle lève les pieds bien haut pour en exposer le ton bleu vif à la vue des femelles (e).

(e)

Isolement mécanique

Il y a tentative d'accouplement, mais celui-ci échoue en raison de différences morphologiques.

Exemple : Les coquilles hélicoïdales des deux espèces d'escargots du genre *Bradybaena* s'enroulent dans des sens différents : l'une est dextre et tourne dans le sens des aiguilles d'une montre (f, à droite), l'autre est sénestre et tourne en sens inverse (f, à gauche). Comme les ouvertures génitales des escargots sont situées sur le côté du corps (indiquées par des flèches), celles-ci ne peuvent s'aligner, empêchant tout accouplement.

(f)

Les barrières postzygotiques empêchent un zygote hybride de devenir un adulte viable et fécond.

FÉCONDATION → DESCENDANT VIABLE ET FÉCOND

Isolement gamétique

Les spermatozoïdes d'une espèce donnée sont généralement incapables de féconder les ovules d'une autre espèce. Divers mécanismes sont à l'origine de cet échec. Par exemple, les spermatozoïdes peuvent être incapables de survivre dans le système génital féminin d'une autre espèce, ou des mécanismes biochimiques peuvent les empêcher de perforer la membrane entourant l'ovule de l'autre espèce.

Exemple : L'isolement gamétique sépare certaines espèces aquatiques étroitement apparentées, comme les oursins (g). Les spermatozoïdes et les ovules des oursins sont libérés dans l'eau environnante, où ils fusionnent et forment des zygotes. Les gamètes d'espèces différentes, comme ceux des oursins rouges et des oursins violets qu'on voit ici, peuvent difficilement fusionner parce que les protéines à la surface des ovules et des spermatozoïdes se lient difficilement les unes aux autres.

(g)

Viabilité réduite des hybrides

Les gènes d'espèces parentales différentes peuvent interagir et empêcher le développement de l'hybride ou sa survie dans son environnement.

Exemple : Certaines sous-espèces de salamandres du genre *Ensatina* vivent dans les mêmes régions et habitats où elles peuvent s'accoupler occasionnellement. Mais la plupart des descendants hybrides n'arrivent pas à se développer complètement, et ceux qui y parviennent sont chétifs (h).

(h)

Fécondité réduite des hybrides

Même s'ils sont vigoureux, les hybrides peuvent être stériles. Il arrive que deux espèces se croisent et engendrent des descendants hybrides robustes. Chez l'hybride, si les deux espèces parentales n'ont pas le même nombre de chromosomes ou si leurs chromosomes n'ont pas la même structure, la méiose ne produit pas de gamètes normaux. Comme les hybrides stériles sont incapables de produire des descendants lorsqu'ils s'accouplent avec l'une ou l'autre de leurs lignées parentales, la libre circulation des gènes des deux espèces est impossible.

Exemple : L'hybride issu du croisement d'un âne (i) et d'une jument (j) est le mulet ou la mule (k), un animal robuste, mais stérile, tout comme le bardot (non représenté ici), issu du croisement d'une ânesse et d'un cheval.

(i)

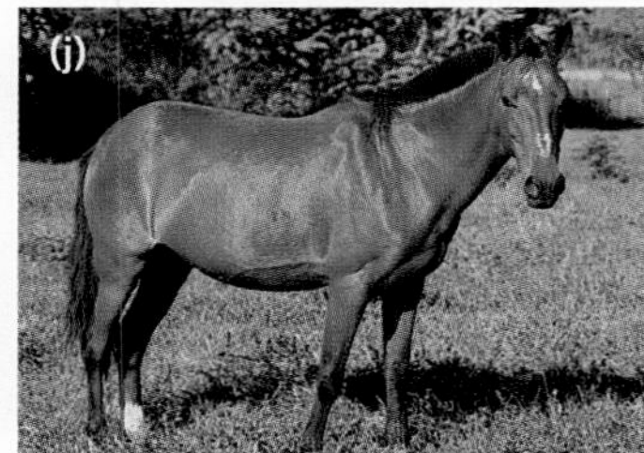
(j)

(k)

Déchéance des hybrides

Certains hybrides de la première génération sont viables et féconds. Toutefois, lorsqu'ils s'accouplent entre eux ou avec l'une des espèces parentales, leur progéniture est frêle ou stérile.

Exemple : Certaines lignées de riz commun ont accumulé des allèles récessifs mutants à deux loci au cours de leur divergence d'un ancêtre commun. Les hybrides issus de ces lignées sont vigoureux et féconds (l, à gauche et à droite), mais les individus de la génération suivante portent un trop grand nombre de ces allèles récessifs ; ils naissent petits et stériles (l, au centre). Même si elles ne sont pas encore considérées comme des espèces distinctes, ces lignées de riz ont déjà commencé à être séparées par des barrières postzygotiques.

(l)

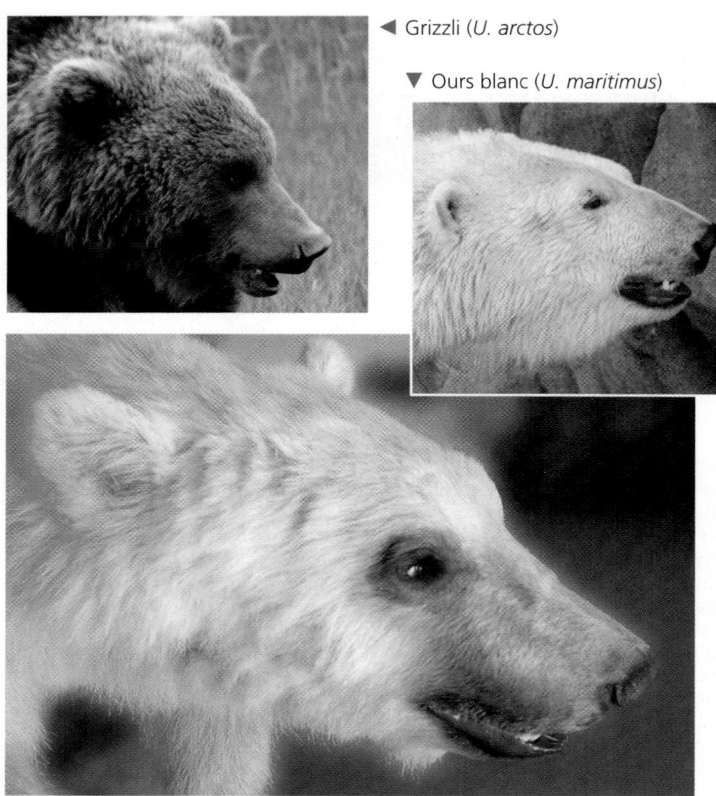

▲ **Figure 24.4 L'hybridation de deux espèces du genre *Ursus*.**

CONCEPT 24.2

La spéciation peut avoir lieu en présence ou en l'absence d'isolement géographique

Maintenant que nous avons clarifié la notion d'espèce, revenons à notre exposé sur le processus par lequel une nouvelle espèce se forme à partir d'espèces existantes. Les deux grands modes de spéciation – la *spéciation allopatrique* et la *spéciation sympatrique* – diffèrent par la manière dont le flux génétique est interrompu entre deux ou plusieurs populations (**figure 24.5**).

La spéciation allopatrique («autre patrie»)

Dans la **spéciation allopatrique** (du grec *allos*, «autre», et du latin *patria*, «patrie»), le flux génétique est réduit ou interrompu lorsqu'une population se divise en sous-populations isolées géographiquement. Ainsi, la baisse du niveau d'eau d'un lac peut engendrer l'apparition de plusieurs petits lacs qui abriteront des populations séparées (voir la figure 24.5). De même, un fleuve peut changer de lit et diviser une population animale incapable de passer d'une rive à l'autre. La spéciation allopatrique peut aussi se produire sans remodelage géologique. C'est ce qui arrive, par exemple, lorsque des individus colonisent une région éloignée et que leurs descendants s'isolent géographiquement de la population mère.

C'est probablement la spéciation allopatrique qui explique l'existence du cormoran aptère de la figure 24.1 : ses lointains ancêtres volants du continent ont colonisé les Galápagos et leurs descendants ont évolué différemment d'eux.

Le processus de la spéciation allopatrique

Quelle ampleur doit avoir une barrière géographique pour favoriser une spéciation allopatrique ? Tout dépend de la capacité de déplacement des organismes. Les oiseaux, les couguars (*Felis concolor*) et les coyotes (*Canis latrans*) peuvent franchir des collines, des fleuves et des canyons, et ces barrières n'empêchent nullement le transit de pollen ou de graines de plantes à fleurs transportés par le vent. En revanche, pour de petits rongeurs, un canyon profond ou un vaste fleuve devient une barrière infranchissable (**figure 24.6**).

Une fois produite la séparation géographique, les patrimoines génétiques peuvent diverger. Diverses mutations apparaissent, et la sélection naturelle comme la dérive génétique peuvent modifier les fréquences alléliques de diverses manières. L'isolement reproductif peut résulter de la sélection ou d'une dérive génétique qui a amené les populations à diverger génétiquement. Par exemple, sur l'île d'Andros dans les Bahamas, des populations du poisson-moustique (*Gambusia hubbsi*) ont colonisé une série d'étangs qui ont ensuite été isolés les uns des autres. Les analyses génétiques indiquent qu'il y a peu ou pas de flux génétique entre les étangs. L'environnement y est très similaire, à ceci près que certains hébergent de nombreux prédateurs du *G. hubbsi* et d'autres pas. Dans les étangs à forte pression de prédation, la sélection a favorisé chez ces poissons-moustiques une configuration corporelle qui leur permet de brèves pointes de vitesse (**figure 24.7**), alors que dans les étangs sans pression de prédation elle a favorisé une configuration corporelle qui améliore la capacité de nager durant de longues périodes. Comment ces pressions sélectives différentes ont-elles influé sur l'évolution des barrières reproductives ? Pour répondre à cette question, des chercheurs ont réuni des poissons-moustiques des deux types d'étangs. Ils

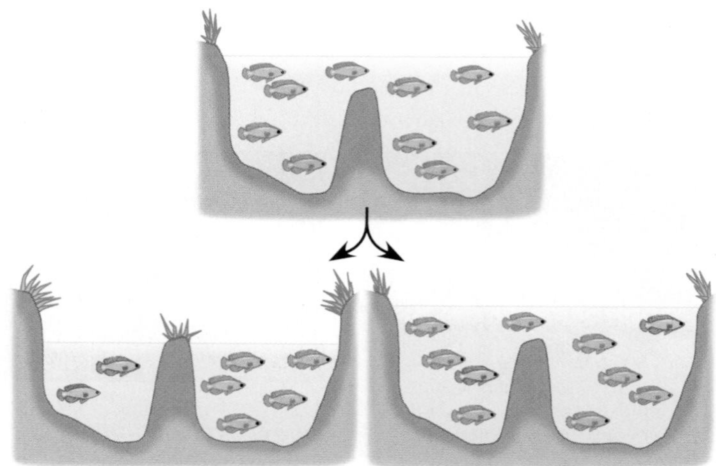

(a) Spéciation allopatrique : une population forme une nouvelle espèce à la suite d'un isolement géographique qui l'a séparée de la population mère.

(b) Spéciation sympatrique : une petite population forme une nouvelle espèce, bien qu'elle ne soit pas isolée géographiquement.

▲ **Figure 24.5 Les deux principaux modes de spéciation.**

▲ **Figure 24.6 La spéciation allopatrique des écureuils-antilopes habitant les rives opposées du Grand Canyon.** L'écureuil-antilope de Harris (*Ammospermophilus harrisii*) habite le versant sud du canyon (à gauche). À quelques kilomètres de là, sur le versant nord, on trouve son proche parent, l'écureuil-antilope à queue blanche (*Ammospermophilus leucurus*). En comparaison, il n'y a pas eu formation d'espèces nouvelles de part et d'autre du fleuve chez les Oiseaux et les autres organismes capables de traverser le canyon sans difficulté.

ont ainsi pu constater que les femelles préféraient s'accoupler avec des mâles dont la configuration corporelle est identique. Cette préférence établit une barrière reproductive entre les poissons-moustiques des étangs avec prédateurs et ceux des étangs sans prédateurs. Autrement dit, des barrières reproductives ont commencé à se dresser entre ces populations allopatriques comme un effet secondaire d'une sélection faite en fonction de l'évitement des prédateurs.

Les preuves de l'existence de la spéciation allopatrique

De nombreuses études montrent qu'il peut y avoir spéciation chez des populations allopatriques. Pensons aux 30 espèces de crevettes pistolets du genre *Alpheus* qui vivent dans l'isthme de Panamá, le pont terrestre qui relie l'Amérique du Nord et l'Amérique du Sud (**figure 24.8**). Quinze de ces espèces vivent sur la façade Atlantique de l'isthme, et les quinze autres, sur le rivage du Pacifique. Avant la formation de l'isthme, le flux génétique pouvait se produire entre les populations de crevettes pistolets de l'Atlantique et du Pacifique. Les espèces des deux côtés de l'isthme sont-elles le produit de la spéciation allopatrique? Les données morphologiques et génétiques regroupent ces crevettes en 15 paires d'espèces sœurs qui sont les plus proches parentes l'une de l'autre. Dans chacune de ces 15 paires, l'une des espèces sœurs vit sur le côté Atlantique de l'isthme, et l'autre sur le côté Pacifique. Il est donc fort probable que les deux espèces soient apparues par suite de l'isolement géographique. De plus, les analyses génétiques indiquent que l'espèce *Alpheus* est apparue il y a entre 9 millions et 3 millions d'années, et que l'espèce sœur qui vit dans les milieux marins les plus profonds a été la première à diverger. Ces datations coïncident avec les données géologiques, selon lesquelles la formation de l'isthme a commencé il y a 10 millions d'années et a bloqué la communication entre les deux océans il y a environ 3 millions d'années.

Le fait que les régions isolées ou séparées par des barrières géographiques comptent un plus grand nombre d'espèces que des régions similaires dépourvues d'obstacles témoigne également de l'importance de la spéciation allopatrique. Par exemple, les îles hawaïennes, très isolées géographiquement,

(a) Forte pression de prédation

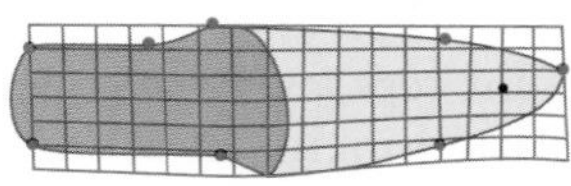

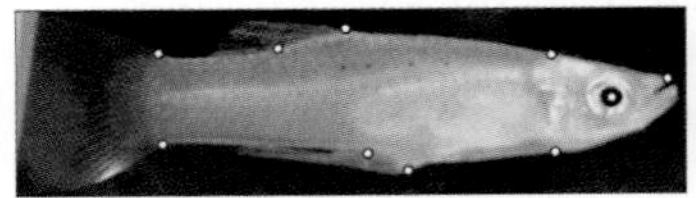

Dans les étangs où il y a des prédateurs, la tête du *G. hubbsi* est effilée et sa queue puissante lui permet de brèves pointes de vitesse.

(b) Faible pression de prédation

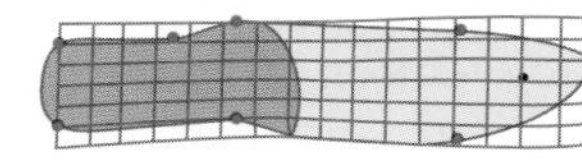

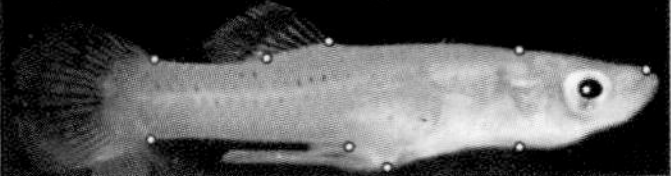

Dans les étangs sans prédateurs, le *G. hubbsi* a une conformation corporelle différente qui améliore sa capacité de nager sans fatigue durant de longues périodes.

▲ **Figure 24.7 L'isolement reproductif en tant qu'effet secondaire de la sélection.** Pour vérifier cette hypothèse, des chercheurs ont réuni des poissons-moustiques (*Gambusia hubbsi*) provenant d'étangs différents. Ils ont alors constaté que la sélection d'un caractère qui permet aux *G. hubbsi* des étangs à forte pression de prédation d'échapper aux prédateurs avait dressé une barrière reproductive entre ces populations et celles des étangs à faible pression de prédation.

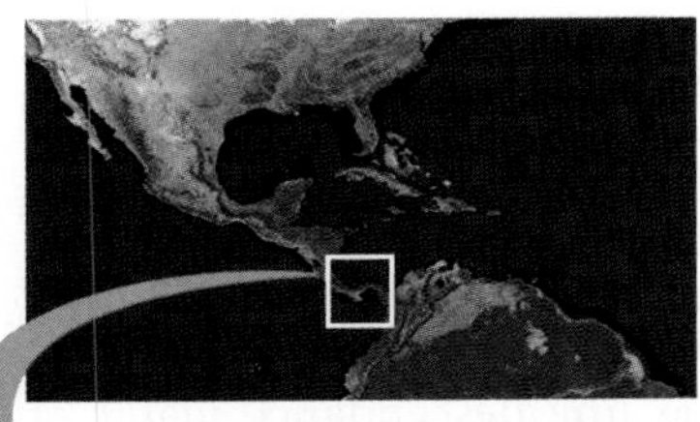

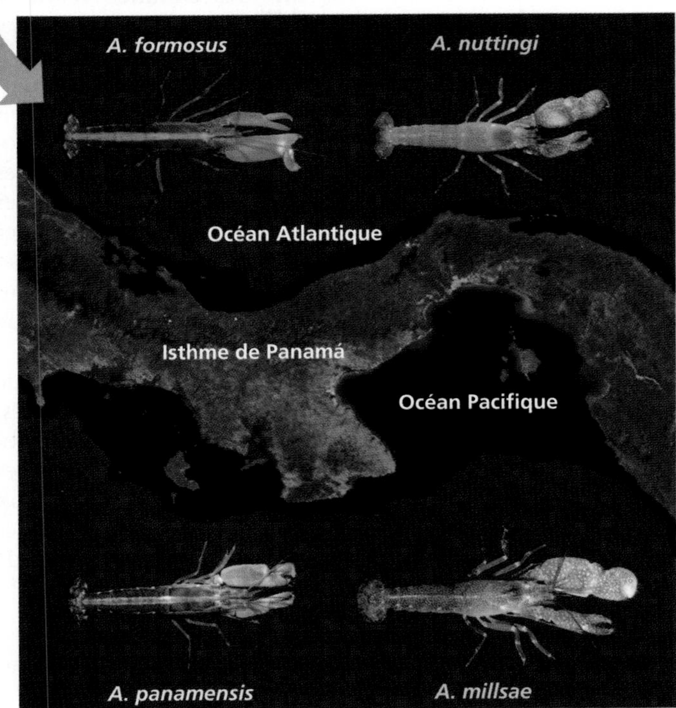

▲ **Figure 24.8 La spéciation allopatrique chez les crevettes pistolets (*Alpheus*).** Les crevettes qu'on voit ici ne sont que 2 des 15 paires d'espèces sœurs apparues à la suite de la formation de l'isthme de Panamá. Les caractères typographiques de même couleur indiquent les espèces sœurs.

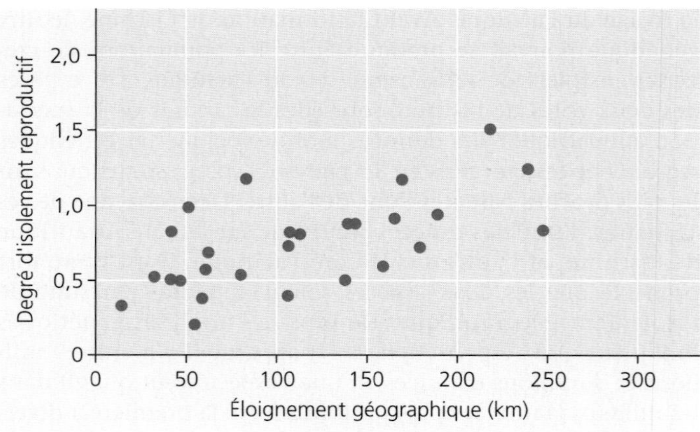

▲ **Figure 24.9 L'isolement reproductif augmente avec la distance chez des populations de salamandres sombres des montagnes.** Le degré d'isolement reproductif est représenté ici sur une échelle de 0 (aucun isolement) à 2 (isolement complet).

abritent de nombreux Animaux et Végétaux uniques (nous reviendrons sur l'origine des espèces hawaïennes au chapitre 25). De même, les régions d'Amérique du Sud subdivisées par de vastes fleuves comptent un nombre étonnamment élevé d'espèces de papillons.

Des études de laboratoire et de terrain montrent aussi que l'isolement reproductif augmente généralement avec la distance qui sépare deux populations. Lors d'une expérience sur la salamandre sombre des montagnes (*Desmognathus ochrophaeus*), les biologistes ont réuni en laboratoire des individus de populations provenant de régions différentes et ils ont testé leur capacité d'engendrer une descendance viable et féconde (**figure 24.9**). Les chercheurs ont constaté que l'isolement reproductif chez les salamandres de populations voisines était peu important, alors que les salamandres de populations géographiquement très distantes étaient souvent incapables de se reproduire, ce qui est cohérent avec la spéciation allopatrique. Par la suite, les chercheurs ont entrepris d'autres études pour vérifier l'apparition de barrières reproductives intrinsèques lorsqu'on isolait des populations et qu'on les soumettait expérimentalement à des conditions environnementales différentes. Là encore, les résultats fournissent des données probantes sur la réalité de la spéciation allopatrique (**figure 24.10**).

Soulignons ici que, même si l'isolement géographique empêche les croisements entre des populations allopatriques, la séparation physique ne constitue pas une barrière à la reproduction biologique. Les barrières reproductives biologiques comme celles décrites à la figure 24.3 sont intrinsèques aux organismes. Par conséquent, ce sont les barrières biologiques qui peuvent empêcher le croisement lorsque des membres de différentes populations entrent en contact.

La spéciation sympatrique («même patrie»)

La **spéciation sympatrique** (du grec *syn*, «avec»), quant à elle, se produit dans le cas de populations vivant dans une même zone géographique. Mais comment des barrières reproductives peuvent-elles se dresser entre des populations sympatriques si les membres restent en contact les uns avec les autres? Comme nous allons le voir, même si ce contact (et le flux génétique continuel qui en résulte) rend la spéciation sympatrique moins fréquente que la spéciation allopatrique, la spéciation sympatrique peut se produire par suite de la réduction du flux génétique sous l'effet de différents facteurs comme la polyploïdie, la différenciation des habitats et la sélection sexuelle. (Notez que ces mêmes facteurs peuvent aussi favoriser la spéciation allopatrique.)

La polyploïdie

Une espèce peut naître d'un accident durant la division cellulaire qui produit une paire de chromosomes en surnombre, un état appelé **polyploïdie**. La spéciation polyploïde se produit occasionnellement chez les espèces animales; on croit par exemple que la rainette versicolore (*Hyla versicolor,* voir la figure 23.16, p. 558) est apparue de cette façon. Cependant, la polyploïdie est beaucoup plus commune chez les espèces végétales. Les botanistes estiment que plus de 80% des espèces végétales contemporaines descendent d'ancêtres formés par spéciation polyploïde.

On a observé deux formes distinctes de polyploïdie chez les populations végétales (et chez quelques populations animales). Un **autopolyploïde** (du grec *autos*, «soi-même») est un individu qui possède plus de deux ensembles de chromosomes provenant d'une même espèce. Chez les Végétaux, par exemple, une perturbation de la division cellulaire peut faire doubler le nombre de chromosomes d'une cellule: celui-ci passe alors d'un nombre diploïde ($2n$) à un nombre tétraploïde ($4n$).

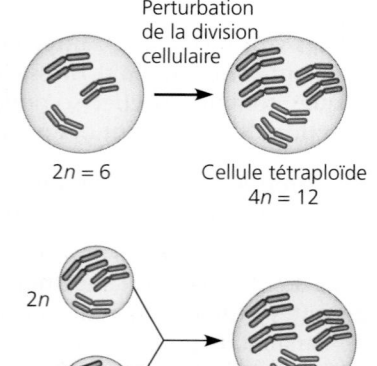

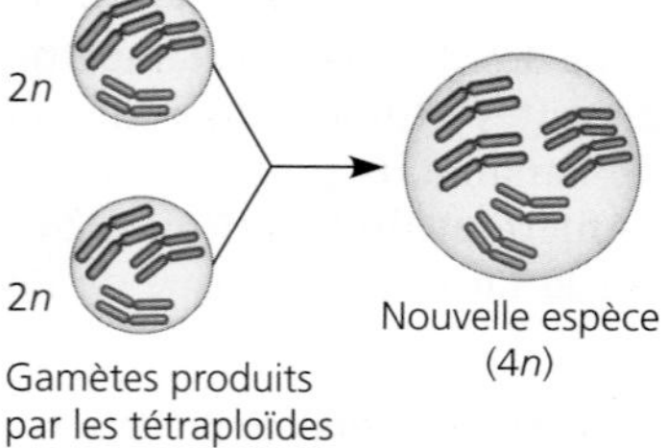

Un organisme tétraploïde peut engendrer une descendance tétraploïde fertile par autopollinisation ou par accouplement avec un autre tétraploïde. De plus, les tétraploïdes se trouvent en situation d'isolement reproductif à l'égard des végétaux diploïdes de la population mère, en raison de la diminution de la fertilité de la descendance triploïde ($3n$) de telles unions. L'autopolyploïdie peut donc, en une seule génération, entraîner un isolement reproductif sans la moindre séparation géographique.

La deuxième forme de polyploïdie se produit lorsque le croisement entre deux espèces différentes engendre un ou plusieurs descendants hybrides. Ces hybrides interspécifiques sont stériles, car les chromosomes des deux jeux dont ils ont hérité (un de chacun des parents) sont incapables de s'apparier pendant la méiose. Cependant, les hybrides stériles peuvent parfois se multiplier d'une manière asexuée (ce que font nombre de végétaux). Dans les générations suivantes, divers mécanismes transforment des hybrides stériles en hybrides fertiles appelés **allopolyploïdes** (voir l'exemple de la **figure 24.11**, page 574). Les allopolyploïdes sont

▼ Figure 24.10 INVESTIGATION

La divergence des populations allopatriques de drosophiles peut-elle aboutir à l'isolement reproductif ?

EXPÉRIENCE Diane Dodd, dans son laboratoire qui était alors à la Yale University, a divisé un échantillon de mouches à fruits (*Drosophila pseudoobscura*), élevant certaines mouches dans un milieu riche en amidon et les autres dans un milieu riche en maltose. Un an et 40 générations plus tard, la sélection naturelle a favorisé les individus les mieux adaptés aux nutriments offerts. Les populations nourries à l'amidon se sont mises à digérer de plus en plus efficacement ce glucide, alors que les populations nourries au maltose ont montré de meilleures aptitudes à digérer celui-ci. Dodd a ensuite réuni des mouches de populations identiques et des mouches provenant de populations différentes dans des cages d'accouplement et a mesuré la fréquence des accouplements. Toutes les mouches utilisées dans les tests de préférence d'accouplement ont été nourries à la farine de maïs pendant une génération.

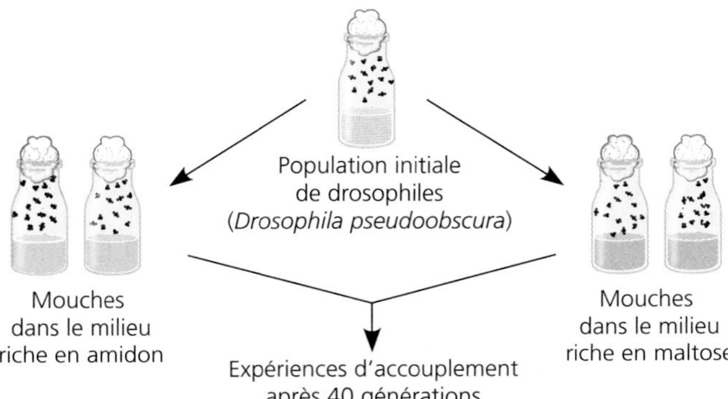

RÉSULTATS Les tableaux ci-contre présentent les fréquences d'accouplement de populations de mouches élevées sur des milieux nutritifs différents. Lorsque les populations du milieu riche en amidon ont été mises en présence des populations du milieu riche en maltose, les drosophiles avaient tendance à s'accoupler avec leurs semblables. Cependant, dans le groupe témoin (à droite), les mouches provenant de différentes populations du milieu riche en amidon s'accouplaient aussi souvent entre elles qu'avec les mouches de leur propre population. Les chercheurs ont obtenu des résultats similaires pour des groupes témoins provenant de populations du milieu riche en maltose.

Mâle \ Femelle	Amidon	Maltose
Amidon	22	9
Maltose	8	20

Fréquences d'accouplement dans le groupe expérimental

Mâle \ Femelle	Population amidon 1	Population amidon 2
Population amidon 1	18	15
Population amidon 2	12	15

Fréquences d'accouplement dans le groupe témoin

CONCLUSION Dans le groupe expérimental, la forte préférence des « mouches à amidon » et des « mouches à maltose » pour l'accouplement avec leurs semblables indiquait qu'une barrière reproductive était en train de se dresser entre ces populations de mouches. Même si elle n'était pas absolue (il y avait quelques accouplements entre des « mouches à amidon » et des « mouches à maltose »), après 40 générations, cette barrière reproductive semblait en voie de réalisation. Une telle barrière peut avoir entraîné des différences dans le rite nuptial – différences qui sont un effet secondaire des pressions sélectives qui se sont exercées sur ces populations allopatriques à mesure qu'elles s'adaptaient à des sources de nourriture différentes.

SOURCE D. M. B. Dodd, Reproductive isolation as a consequence of adaptive divergence in *Drosophila pseudoobscura*, *Evolution* 43 : 1308-1311 (1989).

ET SI ? Pourquoi a-t-on nourri à la farine de maïs toutes les mouches utilisées dans le test de fréquence d'accouplement (plutôt qu'à l'amidon ou au maltose) ?

interféconds, mais ils ne peuvent se reproduire avec les espèces parentales. Ils constituent donc une nouvelle espèce biologique.

Bien que la spéciation polyploïde soit relativement rare, même chez les Végétaux, les scientifiques ont établi qu'au moins cinq nouvelles espèces de plantes sont apparues de cette façon depuis 1850. L'origine d'une nouvelle espèce de salsifis (du genre *Tragopogon*) sur la côte nord-ouest du Pacifique en est un exemple. Les premiers salsifis ont été introduits dans cette région au début des années 1900, lorsque les colons européens en ont apporté trois espèces dans leurs bagages. De nos jours, ces trois espèces sont des mauvaises herbes très communes dans les parcs de stationnement et autres lieux urbains à l'abandon. En 1950, on a découvert une nouvelle espèce de salsifis près de la frontière des États américains de l'Idaho et de Washington, et qui vivait à proximité des trois espèces européennes. Les analyses génétiques ont révélé que cette nouvelle espèce, le *Tragopogon miscellus*, est un hybride tétraploïde de deux des trois espèces européennes. La population de *T. miscellus* s'accroît principalement par la reproduction de ses propres membres, mais des épisodes d'hybridation entre les espèces d'origine européenne continuent d'y ajouter de nouveaux membres. Ce n'est là qu'un des nombreux exemples de spéciation en cours observés par les scientifiques.

Bon nombre d'espèces végétales cultivées d'une grande importance commerciale sont polyploïdes : c'est le cas, notamment, de l'avoine, du coton, de la pomme de terre, du tabac et du blé. Le blé (*Triticum aestivum*), qui entre dans la composition du pain, est un allohexaploïde (6 jeux de chromosomes, 3 espèces différentes ayant fourni 2 jeux de 7 chromosomes chacune, pour un total de 42 chromosomes). Le premier des événements polyploïdes qui ont abouti à l'apparition du blé moderne né spontanément voilà quelque 8 000 ans au Moyen-Orient est probablement l'apparition d'un hybride issu d'un blé cultivé et d'une graminée indigène possédant chacun 14 chromosomes. Par la suite, l'hybride à 28 chromosomes se serait à son tour hybridé avec un troisième blé ayant aussi 14 chromosomes. Les généticiens croisent aujourd'hui beaucoup de nouvelles plantes diploïdes en laboratoire en les exposant à des produits chimiques, ce qui cause parfois des

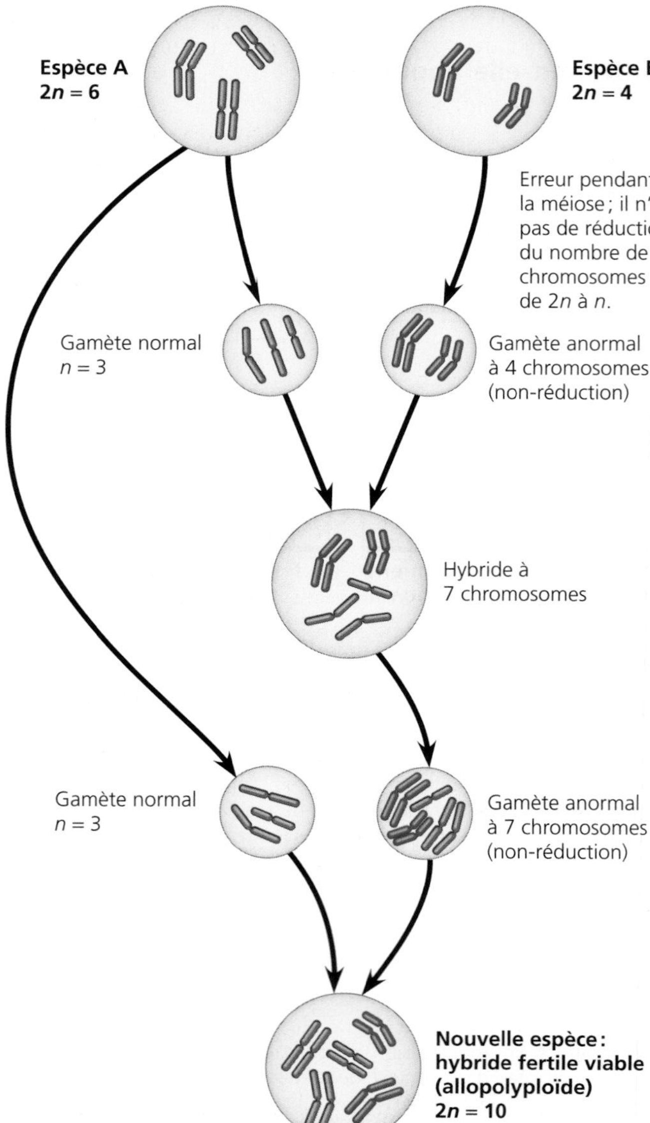

▲ **Figure 24.11 Le mécanisme de spéciation allopolyploïde chez certaines plantes.** La plupart des hybrides interspécifiques sont généralement stériles, car leurs chromosomes ne sont pas homologues et ne peuvent s'apparier pendant la méiose. Cependant, ils sont capables de se reproduire de façon asexuée. Le schéma montre l'un des mécanismes susceptibles de produire des hybrides féconds (allopolyploïdes) constituant une nouvelle espèce. Celle-ci compte un nombre de chromosomes diploïdes égal à la somme des chromosomes diploïdes des deux espèces parentales.

erreurs méiotiques et mitotiques (la colchicine, par exemple, empêche la séparation des chromosomes durant la division cellulaire). En se servant du processus de l'évolution, des chercheurs peuvent produire de nouveaux hybrides dotés des qualités désirées, comme un hybride pouvant combiner le rendement supérieur du blé et la résistance aux maladies du seigle (*Secale cereale*).

La différenciation de l'habitat

La spéciation sympatrique peut aussi se produire lorsque des facteurs génétiques permettent à une sous-population d'exploiter un habitat ou une ressource que la population mère n'utilise pas. Tel est le cas de la larve de la mouche de la pomme (*Rhagoletis pomonella*). À l'origine, les aubépines (*Crataegus*) indigènes constituaient l'hôte de ces larves, mais, il y a environ 200 ans, certaines populations ont commencé à se développer sur des pommiers introduits par des colons européens. Comme la pomme parvient à maturité plus rapidement que le fruit de l'aubépine, la sélection a favorisé les larves se développant rapidement parmi celles qui se nourrissent de pommes. Aujourd'hui, les populations qui se nourrissent de pommes sont isolées temporellement des populations de *R. pomonella*, ce qui constitue une barrière prézygotique au flux génétique entre les deux populations. Les chercheurs ont également trouvé des allèles qui avantagent les mouches qui utilisent l'une des plantes hôtes, mais nuit aux mouches qui utilisent l'autre plante hôte. Résultat: la sélection naturelle qui agit sur ces allèles dresse une barrière reproductive postzygotique qui limite encore le flux génétique. Bien que ces deux populations soient encore classées comme des sous-espèces (ou des races) plutôt que comme des espèces distinctes, la spéciation semble suivre son cours.

La sélection sexuelle

Des données indiquent que la spéciation sympatrique peut aussi se réaliser par le biais de la sélection sexuelle. Des chercheurs ont en effet trouvé des indices sur la façon dont ce processus peut se produire chez les poissons Cichlidés du lac Victoria, en Afrique de l'Est, l'un des hauts lieux de la spéciation animale. Ce plan d'eau a déjà hébergé plus de 600 espèces de Cichlidés. Des données génétiques indiquent que ces espèces sont apparues au cours des 100 000 dernières années et qu'elles sont issues d'un petit nombre d'espèces colonisatrices venues d'ailleurs. Comment de si nombreuses espèces – plus que le double du nombre d'espèces de poissons qu'on trouve dans les eaux douces de toute l'Europe – ont-elles pu naître dans un seul lac?

L'une des hypothèses veut que des sous-groupes des populations initiales de Cichlidés se soient adaptés à des ressources alimentaires différentes, et que la divergence génétique qui en a résulté ait contribué à la spéciation dans le lac Victoria. Mais la sélection sexuelle – processus où, typiquement, les femelles choisissent les mâles selon leur apparence (voir le chapitre 23) – pourrait bien constituer un facteur important. C'est du moins ce que laissent croire les travaux entrepris par des chercheurs qui ont étudié deux espèces sympatriques apparentées de Cichlidés dont la principale différence est la coloration du dos des reproducteurs mâles. Il est bleu chez l'espèce *Pundamilia pundamilia* et rouge chez l'espèce *Pundamilia nyererei* (**figure 24.12**). Les résultats donnent à penser que le choix des partenaires selon leur couleur est le principal mécanisme d'isolement reproductif qui empêche normalement les patrimoines génétiques des deux espèces de Cichlidés de fusionner.

La spéciation allopatrique et la spéciation sympatrique: *un résumé*

Avant de poursuivre, résumons les deux principaux modes de spéciation qui participent à l'apparition de nouvelles espèces. L'isolement géographique limite fortement le flux génétique. Conséquemment, d'autres barrières reproductives peuvent se

▼ **Figure 24.12** INVESTIGATION

La sélection sexuelle chez les Cichlidés mène-t-elle à l'isolement reproductif?

EXPÉRIENCE Ole Seehausen et Jacques van Alphen, alors à l'université de Leiden, aux Pays-Bas, ont placé des mâles et des femelles de *Pundamilia pundamilia* et de *Pundamilia nyererei* ensemble dans deux aquariums, l'un éclairé par une lumière naturelle et l'autre par une lumière orangée monochromatique. Sous la lumière naturelle, les deux espèces ont des couleurs facilement distinguables; sous la lumière orangée, elles semblent de la même couleur. Les chercheurs ont ensuite observé le choix des partenaires par les femelles des deux aquariums.

RÉSULTATS Sous un éclairage normal, les femelles de chaque espèce s'accouplent uniquement avec les mâles de leur propre espèce. Par contre, sous un éclairage orangé monochromatique, les femelles ne sont pas en mesure de distinguer les mâles selon leur espèce et s'accouplent sans discrimination, produisant des hybrides viables et féconds.

CONCLUSION Seehausen et van Alphen ont conclu que le choix des mâles en fonction de leur couleur est la principale barrière reproductive qui maintient séparés les patrimoines génétiques de ces deux espèces. Comme ces espèces peuvent encore se croiser si on élimine la barrière éthologique prézygotique en laboratoire, la divergence génétique entre les espèces est probablement faible. Il semble donc que la spéciation dans la nature soit assez récente.

SOURCE O. Seehausen et J. J. M. van Alphen, The effect of male coloration on female mate choice in closely related Lake Victoria cichlids (*Haplochromis nyererei* complex), *Behavioral Ecology and Sociobiology* 42: 1-8 (1998).

ET SI? Si le passage de l'éclairage normal à l'éclairage orangé n'avait pas modifié les préférences d'accouplement des Cichlidés, en quoi cela aurait-il changé les conclusions des chercheurs?

dresser comme un effet secondaire des changements survenus dans la population isolée. Divers processus peuvent être à l'origine de tels changements génétiques, notamment la sélection naturelle dans des conditions environnementales différentes, la dérive génétique et la sélection sexuelle. Une fois formées, les barrières reproductives intrinsèques qui apparaissent dans des populations allopatriques peuvent empêcher les croisements avec la population mère, et ce, même après le rétablissement du contact entre ces populations.

En revanche, pour qu'une spéciation sympatrique se produise, il faut qu'un mécanisme d'isolement reproductif émerge et isole une sous-population du reste de la population de la même zone. Plus rare que la spéciation allopatrique, la spéciation sympatrique peut se produire par suite d'une absence de circulation du flux génétique. Cet arrêt peut résulter de la polyploïdie, un état caractérisé par la présence de jeux de chromosomes en surnombre. La spéciation sympatrique peut aussi résulter de l'isolement reproductif d'un sous-ensemble de la population en raison de la sélection naturelle qui résulte du passage à un nouvel habitat ou à une nouvelle ressource alimentaire inexploités par la population mère. Finalement, la spéciation sympatrique peut résulter de la sélection sexuelle.

Après avoir passé en revue le contexte géographique dans lequel naît une espèce, examinons de plus près ce qui peut arriver lorsque des espèces nouvelles ou en formation entrent en contact.

RETOUR SUR LE CONCEPT 24.2

1. Résumez les principales différences entre la spéciation allopatrique et la spéciation sympatrique. Quel type de spéciation est le plus courant et pourquoi?
2. Décrivez deux mécanismes capables de réduire le flux génétique dans les populations sympatriques et de rendre la spéciation sympatrique plus susceptible de se produire.
3. **ET SI?** La spéciation allopatrique est-elle plus probable sur une île à proximité du continent ou sur une île de la même taille, mais plus éloignée? Expliquez votre réponse.
4. **FAITES DES LIENS** Révisez le processus de la méiose décrit à la figure 13.8 (p. 288), puis expliquez comment une erreur au cours de la méiose peut mener à la polyploïdie.

Voir les réponses proposées à la fin du chapitre.

CONCEPT 24.3

Les zones hybrides révèlent les facteurs responsables de l'isolement reproductif

Qu'arrive-t-il lorsque des espèces dont les barrières reproductives sont incomplètes entrent en contact? L'une des possibilités est la formation d'une **zone hybride**, c'est-à-dire une zone où les membres d'espèces différentes se rencontrent, s'accouplent et produisent au moins un descendant hybride. Dans cette section, nous étudierons les zones hybrides et ce qu'elles révèlent sur les facteurs qui entraînent l'isolement reproductif.

La configuration spatiale des zones hybrides

Certaines zones hybrides prennent la forme de bandes étroites, comme celle que montre la **figure 24.13** relativement à deux espèces de crapauds du genre *Bombina*, le sonneur à ventre jaune (*B. variegata*) et le sonneur à ventre de feu (*B. bombina*). Cette zone hybride, représentée par la ligne rouge sur la carte, s'étend sur 4 000 km, tout en ne faisant que 10 km de large sur presque toute sa longueur. La zone hybride se trouve là où se chevauchent l'habitat en plus haute altitude du sonneur à ventre jaune et les plaines qui servent d'habitat au sonneur à ventre de feu. Typiquement, dans une «tranche» de la zone hybride, la fréquence de l'allèle propre au sonneur à ventre jaune passe de près de 100% du côté où l'on ne trouve que des sonneurs à ventre jaune, à 50% dans la portion centrale de la zone, et à 0% du côté où ne sont présents que les sonneurs à ventre de feu.

Comment expliquer cette répartition des fréquences alléliques d'un côté à l'autre d'une zone hybride? On peut avancer qu'un obstacle contrecarre le flux génétique – sinon, les allèles d'une espèce parentale seraient aussi fréquents dans le patrimoine génétique de l'autre espèce parentale. Dans le cas présent, les barrières géographiques ne sont pas en cause et les sonneurs peuvent traverser la zone hybride sans difficulté. L'explication tient plutôt au taux plus élevé de mortalité embryonnaire et à l'existence de diverses anomalies morphologiques dont souffrent les sonneurs hybrides, notamment des côtes fusionnées au niveau de la colonne vertébrale et la présence de pièces buccales déformées chez les têtards. Comme les taux de survie et de reproduction des hybrides sont faibles, ceux qui s'accouplent avec les membres des espèces parentales produisent peu de descendants viables. Ces hybrides interviennent donc rarement dans le transfert des allèles d'une espèce à l'autre. Hors de la zone hybride, la sélection naturelle dans les environnements différents où vivent les espèces parentales peut aussi faire obstacle au flux génétique.

Dans d'autres zones hybrides, la répartition spatiale des allèles propres à telle ou telle espèce est moins simple. Ainsi, de nombreuses espèces végétales croissent seulement dans des lieux où un ensemble très particulier de conditions environnementales se trouve réuni. Ces territoires favorables sont souvent éparpillés et isolés les uns des autres. Lorsqu'il y a croisement entre deux de ces espèces végétales, la zone hybride se présente comme un ensemble de secteurs dispersés, ce qui donne une répartition plus complexe que la longue bande continue de la figure 24.13. Mais que leur configuration spatiale

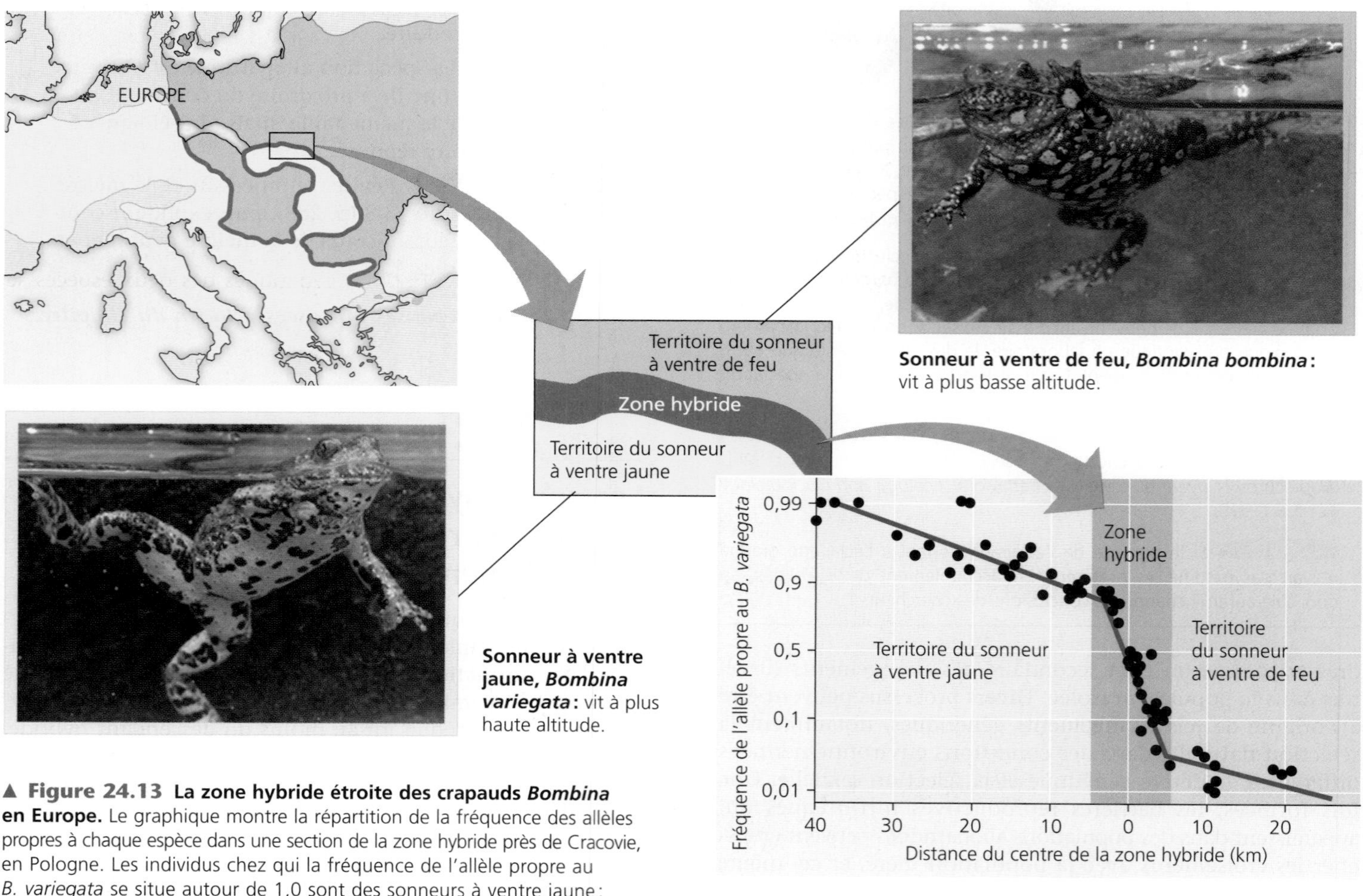

▲ **Figure 24.13 La zone hybride étroite des crapauds *Bombina* en Europe.** Le graphique montre la répartition de la fréquence des allèles propres à chaque espèce dans une section de la zone hybride près de Cracovie, en Pologne. Les individus chez qui la fréquence de l'allèle propre au *B. variegata* se situe autour de 1,0 sont des sonneurs à ventre jaune; les individus chez qui la fréquence de cet allèle se situe autour de 0,0 sont des sonneurs à ventre de feu. On considère comme des hybrides les individus chez qui la fréquence de cet allèle est intermédiaire.

? *Le graphique indique-t-il que le flux génétique propage les allèles du sonneur à ventre de feu dans le territoire du sonneur à ventre jaune? Expliquez votre réponse.*

soit simple ou complexe, les zones hybrides se forment lorsque deux espèces dont les barrières reproductives sont incomplètes entrent en contact. Une fois formée, comment une zone hybride change-t-elle au fil du temps?

Les zones hybrides au fil du temps

Étudier une zone hybride, c'est comme observer une expérience sur la spéciation en milieu naturel. Les hybrides subiront-ils un isolement reproductif par rapport à leurs espèces parentes et formeront-ils une nouvelle espèce, comme cela se produit par polyploïdie chez le salsifis des régions nord-ouest de la côte Pacifique? Sinon, la zone hybride fera face à trois possibilités: le renforcement des barrières, la fusion des espèces ou la stabilité (**figure 24.14**). Avec le temps, les barrières reproductives entre espèces peuvent se renforcer (ce qui limite la formation d'hybrides) ou s'affaiblir (ce qui entraîne la fusion des espèces pour n'en faire qu'une seule). Ou encore, la production d'hybrides peut se poursuivre, ce qui crée une zone hybride stable à long terme. Voyons ce que les études de terrain nous apprennent sur ces trois éventualités.

Le renforcement: consolidation des barrières reproductives

Lorsque les hybrides sont moins robustes que les membres des espèces parentales, comme dans le cas des crapauds *Bombina,* on peut s'attendre à ce que la sélection naturelle renforce les barrières reproductives prézygotiques et réduise ainsi la formation d'hybrides plus fragiles. Parce que ce processus consolide les barrières reproductives, on l'appelle **renforcement**. Logiquement, s'il y a renforcement, les populations sympatriques devraient contourner les barrières reproductives plus difficilement que les populations allopatriques.

Prenons l'exemple des signes de renforcement chez deux espèces étroitement reliées de gobemouches européens, le gobemouche noir (*Ficedula hypoleuca*) et le gobemouche à collier (*Ficedula albicollis*). Dans les populations allopatriques de ces oiseaux, les mâles des deux espèces se ressemblent beaucoup, mais ils sont très différents dans les populations sympatriques. En effet, les gobemouches noirs mâles sont brun pâle, alors que les gobemouches à collier mâles ont, comme leur nom l'indique, un collier blanc bien visible sur la nuque. Lorsqu'elles choisissent parmi des mâles de populations sympatriques, les gobemouches noirs femelles évitent les mâles de l'autre espèce, tout comme les gobemouches à collier femelles. Par contre, quand elles doivent choisir entre des mâles de populations allopatriques, elles se trompent souvent (**figure 24.15**). S'il y a renforcement, les barrières reproductives semblent donc plus fortes chez les oiseaux des populations sympatriques que chez les oiseaux des populations allopatriques, comme on pouvait s'y attendre. Des résultats similaires ont été observés chez bon nombre d'organismes, notamment des poissons, des insectes, des végétaux et d'autres oiseaux. Mais, fait intéressant, le renforcement ne semble pas intervenir chez les crapauds *Bombina*, comme nous allons bientôt le voir.

La fusion ou l'affaiblissement des barrières reproductives

Examinons maintenant ce qui se produit quand deux espèces entrent en contact dans une zone hybride caractérisée par des barrières reproductives faibles. Le flux génétique peut alors être si important que ces barrières s'affaiblissent encore, de sorte que les patrimoines génétiques des deux espèces se

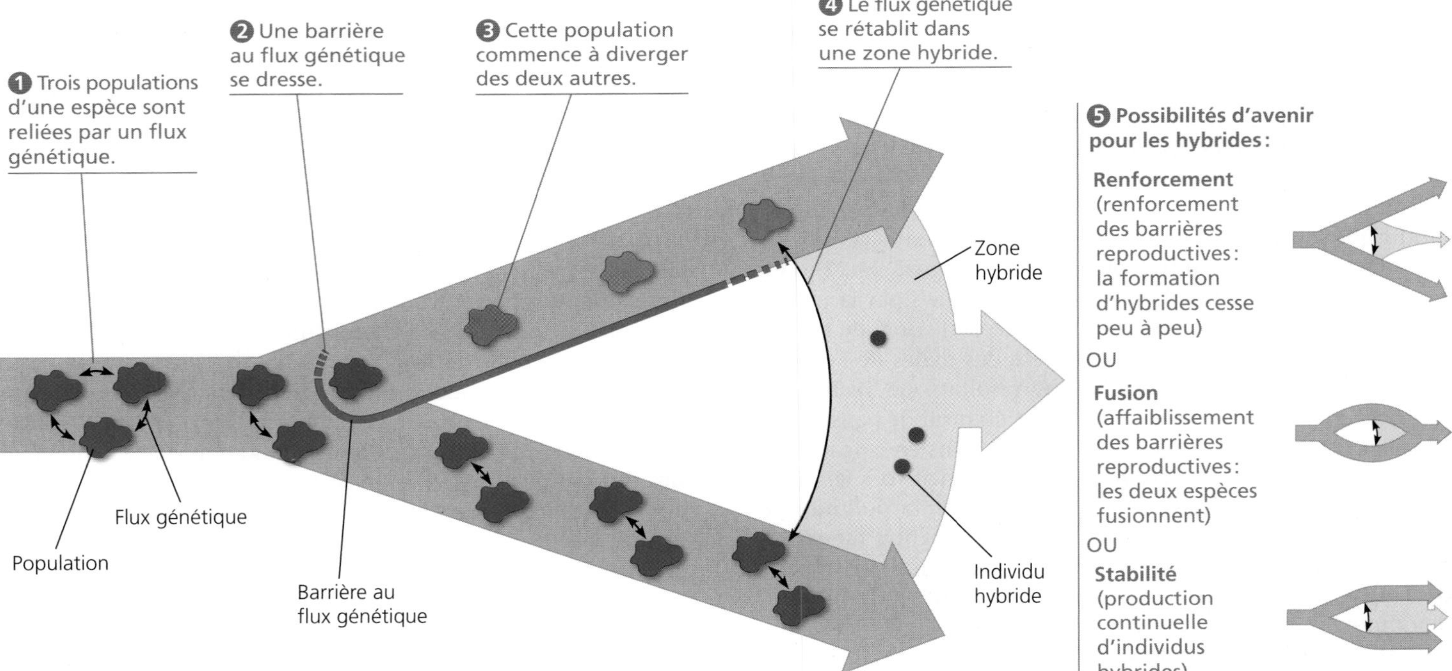

1 Trois populations d'une espèce sont reliées par un flux génétique.
2 Une barrière au flux génétique se dresse.
3 Cette population commence à diverger des deux autres.
4 Le flux génétique se rétablit dans une zone hybride.
5 Possibilités d'avenir pour les hybrides:
Renforcement (renforcement des barrières reproductives: la formation d'hybrides cesse peu à peu)
OU
Fusion (affaiblissement des barrières reproductives: les deux espèces fusionnent)
OU
Stabilité (production continuelle d'individus hybrides)
Zone hybride
Individu hybride
Flux génétique
Population
Barrière au flux génétique

▲ **Figure 24.14 La formation d'une zone hybride et ses devenirs possibles.** Les flèches colorées représentent le temps écoulé.

ET SI? *Qu'adviendrait-il si le flux génétique se rétablissait à l'étape 3 de ce processus?*

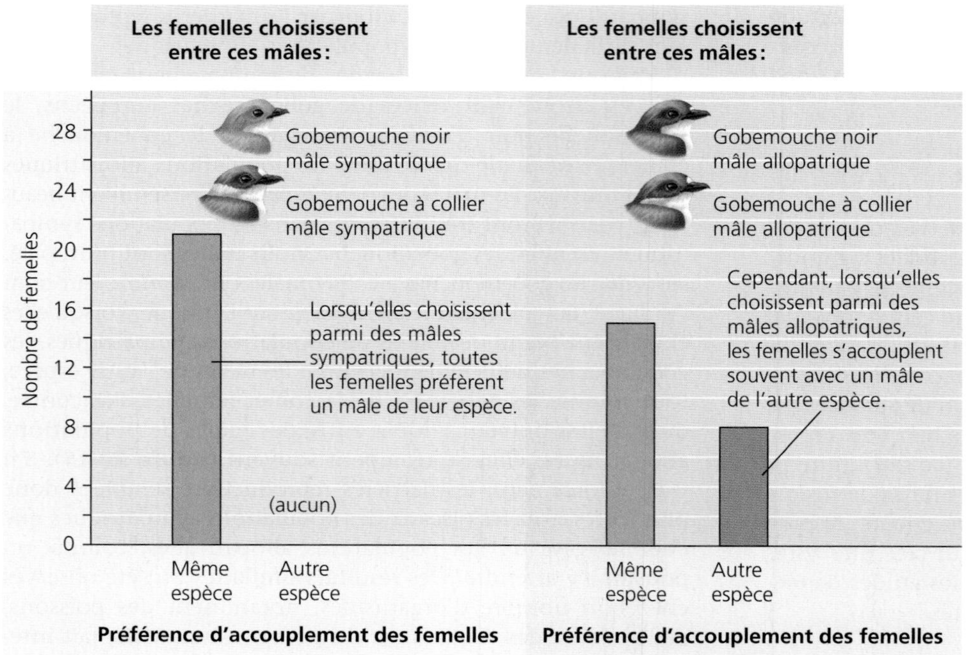

▲ **Figure 24.15 Le renforcement des barrières reproductives chez des espèces européennes de gobemouches étroitement reliées.**

ressemblent de plus en plus. Ici, le processus de spéciation s'inverse, et les deux espèces en cours d'hybridation finissent par fusionner pour ne former qu'une seule espèce.

Cette situation est peut-être en train de se produire chez certains des Cichlidés du lac Victoria dont nous avons déjà parlé. Ces 30 dernières années, environ 200 des 600 espèces de Cichlidés qui vivaient dans le lac Victoria ont disparu. L'introduction d'un prédateur, la perche du Nil, explique la disparition de certaines espèces, mais pas de toutes, puisqu'on note également la disparition d'autres espèces dont la perche du Nil n'est pas prédatrice. En fait, l'explication pourrait bien se trouver dans la fusion d'espèces. De nombreuses paires d'espèces de Cichlidés écologiquement semblables vivent en isolement reproductif parce que les femelles d'une espèce préfèrent s'accoupler avec des mâles d'une couleur donnée, tandis que les femelles de l'autre espèce préfèrent s'accoupler avec des mâles d'une autre couleur (voir la figure 24.12). Les chercheurs croient que, dans les eaux brouillées par la pollution, les femelles ont plus de difficulté à distinguer par la couleur les mâles de leur propre espèce des mâles de l'espèce étroitement apparentée. Si d'autres résultats de recherche viennent étayer cette hypothèse, on sera en droit de penser que la pollution du lac Victoria a entraîné des effets en cascade. Le scénario serait le suivant : en diminuant la capacité des femelles de distinguer les mâles de leur propre espèce, la pollution a d'abord accru la fréquence des accouplements entre membres d'espèces que l'isolement reproductif séparait jadis l'une de l'autre. Ces accouplements interspécifiques ont produit de nombreux hybrides, ce qui a fini par entraîner la fusion des patrimoines génétiques des espèces parentales et, par conséquent, une diminution du nombre d'espèces (**figure 24.16**).

Des phénomènes similaires pourraient être en train de toucher l'ours blanc (*Ursus maritimus*). Les fossiles et les analyses génétiques indiquent que les ours blancs sont une espèce formée à partir des populations nord-américaines de grizzlis (*U. arctos*) et vieille de 100 000 à 200 000 ans. Dans les dernières décennies, le réchauffement de la planète a réduit l'étendue de la banquise de l'Arctique sur laquelle les ours blancs chassent les phoques et d'autres proies. Comme leur territoire de chasse risque de disparaître (disparition qui est une menace d'extinction), les ours blancs se retrouvent plus souvent sur la terre ferme, où ils peuvent s'accoupler avec des grizzlis. On a d'ailleurs déjà observé dans la nature de tels descendants hybrides d'ours blancs et de grizzlis, que l'on nomme grolars (voir la figure 24.4). Si l'habitat de l'ours blanc finit par disparaître, le nombre croissant de ces hybrides pourrait amorcer une fusion des patrimoines génétiques de ces deux espèces qui contribuerait à l'extinction de l'ours blanc.

La stabilité ou la production continuelle d'individus hybrides

De nombreuses zones hybrides sont stables en ce sens que la production d'hybrides s'y poursuit à long terme. Dans certains cas, cette production continuelle s'explique par le fait que les hybrides survivent mieux ou se reproduisent en plus grand nombre que les membres des deux espèces parentales, du moins au cours de certaines années ou dans certains habitats. Mais on a aussi observé des zones hybrides stables dans des cas où la sélection s'exerçait à l'encontre des hybrides, ce qui constitue un résultat inattendu.

On s'en souvient, dans la zone hybride des crapauds *Bombina*, les hybrides sont fortement désavantagés. Les descendants des individus qui préfèrent s'accoupler avec des membres de leur propre espèce devraient donc connaître un meilleur taux de survie que les descendants des hybrides plus fragiles, qui s'accouplent sans discrimination avec les membres des autres espèces. Logiquement, on devrait assister à un renforcement des barrières reproductives, ce qui limiterait la production de crapauds hybrides. Or, depuis plus de 20 ans, les études ne rapportent aucun signe de renforcement, et la production d'hybrides se maintient.

Comment expliquer ce phénomène ? Une des explications se rapporte à l'étroitesse de la zone hybride des *Bombina* (voir la figure 24.13). Des données indiquent que les membres des deux espèces parentales quittent leurs populations hors zone et migrent dans la zone hybride. De tels mouvements entraînent la production continuelle d'hybrides, contrant potentiellement la sélection qui favoriserait un isolement reproductif accru dans la zone hybride. Si cette dernière était plus large, ce phénomène serait moins susceptible de se produire, puisque au centre de la zone le flux génétique en provenance des populations parentales hors de la zone hybride serait faible. En bref, ce qui se passe dans les zones hybrides va parfois dans le sens de nos prédictions (dans le cas des gobemouches européens et des Cichlidés du lac Victoria) et

Pundamilia nyererei *Pundamilia pundamilia*

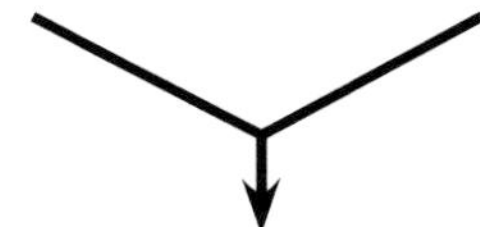

Pundamilia « turbid water », hybride d'un milieu dont les eaux sont troubles

▲ **Figure 24.16 La fusion ou l'effondrement des barrières reproductives.** Au cours des 30 dernières années, la turbidité croissante de l'eau du lac Victoria pourrait avoir affaibli les barrières reproductives qui séparaient *P. nyererei* et *P. pundamilia*. Dans les zones où les eaux sont troubles, les deux espèces se sont croisées considérablement, ce qui a entraîné la fusion de leurs patrimoines génétiques.

parfois à leur encontre (dans le cas des *Bombina*). Mais que nos prédictions se confirment ou non, les phénomènes observés dans les zones hybrides nous éclairent sur la façon dont les barrières reproductives entre des espèces étroitement reliées évoluent avec le temps. Dans la dernière section de ce chapitre, nous allons voir comment les interactions entre des espèces en hybridation peuvent aussi nous donner un aperçu de la vitesse et des bases génétiques de la spéciation.

RETOUR SUR LE CONCEPT 24.3

1. Que sont les zones hybrides, et pourquoi peut-on les considérer comme des « laboratoires naturels » pour l'étude de la spéciation ?
2. **ET SI ?** Imaginez deux espèces qui ont divergé en raison d'un isolement géographique, et qui ont repris contact avant que l'isolement reproductif soit complet. Qu'arriverait-il avec le temps si ces deux espèces s'accouplaient sans discrimination et que leur descendants hybrides survivaient et se reproduisaient (a) moins que les descendants issus d'accouplements intraspécifiques ou (b) aussi bien que les descendants issus d'accouplements intraspécifiques ?

Voir les réponses proposées à la fin du chapitre.

CONCEPT 24.4

La spéciation peut se produire rapidement ou lentement et peut résulter de changements dans un, deux ou plusieurs gènes

Lorsqu'il a commencé à réfléchir sur le « mystère des mystères », la spéciation, Darwin s'est heurté à de nombreuses questions demeurées sans réponses. On l'a vu au chapitre 22, Darwin a pu répondre à certaines d'entre elles lorsqu'il a compris que l'évolution par la sélection naturelle expliquait à la fois la diversité de la vie et les adaptations des organismes. Depuis cette époque, les biologistes ont continué de se poser des questions fondamentales sur la spéciation. Par exemple, combien faut-il de temps pour qu'une nouvelle espèce se forme ? Et combien de gènes changent lorsqu'une espèce se divise en deux ? Aujourd'hui, les scientifiques sont sur le point de répondre à ces interrogations.

Les données temporelles sur la spéciation

Les données sur le temps nécessaire à une nouvelle espèce pour se former nous proviennent des archives fossiles ainsi que d'études fondées sur des faits morphologiques (y compris de fossiles) ou sur des données moléculaires qui permettent d'évaluer la durée des phénomènes de spéciation chez tel ou tel groupe d'organismes.

Les archives fossiles

Les archives fossiles témoignent de nombreux cas où une nouvelle espèce apparaît soudainement dans une strate géologique, ne subit aucun changement dans plusieurs strates, puis disparaît. Ainsi, des dizaines d'espèces d'invertébrés marins surgissent dans les archives fossiles avec de nouvelles morphologies, changent très peu ou pas du tout pendant des millions d'années, puis s'éteignent. Les paléontologues Niles Eldredge de l'American Museum of Natural History et Stephen Jay Gould de la Harvard University ont proposé en 1972 le terme **équilibres ponctués** pour décrire ces périodes de *stabilité* (ou stase) apparente *ponctuées* d'un changement morphologique soudain (**figure 24.17a**). D'autres espèces ne répondent pas au modèle des équilibres ponctués ; leur changement se fait graduellement sur de longues périodes de temps (**figure 24.17b**).

Que nous apprennent les modèles de la spéciation ponctuée et de la spéciation graduelle sur le temps qu'il faut à une nouvelle espèce pour se former ? Supposons qu'une espèce donnée vit 5 millions d'années et qu'elle subit la plupart de ses changements morphologiques au cours des 50 000 premières années de son existence, c'est-à-dire que son épisode de spéciation n'occupe que 1 % de sa vie. Comme on ne peut pas souvent distinguer une période aussi courte dans les strates fossilifères, l'espèce en question apparaît soudainement dans des roches d'un certain âge, puis ne subit que peu de changements, voire aucun, jusqu'au moment de son extinction. Même si une telle espèce peut être apparue plus lentement que ses fossiles semblent l'indiquer (seulement en 50 000 ans dans le cas présent), un modèle ponctué indique que la

(a) Selon le modèle des équilibres ponctués, la nouvelle espèce change au moment où elle diverge de l'espèce parentale, puis reste pratiquement inchangée le reste de son existence.
Temps
(b) D'autres espèces divergent graduellement.

▲ **Figure 24.17 Le rythme de la spéciation : deux modèles.**

spéciation s'est produite relativement rapidement. Pour une espèce dont les fossiles indiquent un changement plus graduel, nous ne pouvons pas non plus établir avec exactitude le moment de sa formation puisque les fossiles ne donnent aucune information sur l'isolement reproductif. Cependant, il est probable que pour ce type d'espèce la spéciation se soit déroulée relativement lentement, peut-être en quelques millions d'années.

La vitesse de la spéciation

Le modèle de la spéciation ponctuée laisse penser que, une fois entamé, le processus de spéciation peut se terminer relativement rapidement – une hypothèse appuyée par des études de plus en plus nombreuses.

Par exemple, une étude menée à l'Indiana University semble indiquer que le tournesol sauvage *Helianthus anomalus* a connu une spéciation rapide. Des données génétiques montrent que cette espèce est née de l'hybridation de deux autres espèces de tournesols, *H. annuus* et *H. petiolaris*. L'espèce hybride *H. anomalus* est écologiquement distincte et isolée sur le plan reproductif des deux espèces parentales (**figure 24.18**). Contrairement à ce qui se passe dans la spéciation allopolyploïde, où le nombre de chromosomes change après l'hybridation, chez ces tournesols, les deux espèces parentales et l'hybride possèdent le même nombre de chromosomes ($2n = 34$). Quel est donc le mécanisme de la spéciation ? Pour répondre à cette question, les chercheurs ont imaginé une expérience imitant les phénomènes de la nature (**figure 24.19**). Les résultats de leur expérience indiquaient que la sélection naturelle pouvait causer des changements considérables en très peu de temps dans des populations hybrides, changements qui semblent avoir amené les hybrides à diverger de leurs espèces parentes sur le plan reproductif et à former la nouvelle espèce, *H. anomalus*.

Les exemples du tournesol (*H. anomalus*), de la larve de la mouche de la pomme (*Rhagoletis pomonella*), des Cichlidés du lac Victoria et de la mouche à fruits (*Drosophila pseudoobscura*) étudiés dans ce chapitre laissent penser qu'une fois la divergence amorcée l'apparition d'une nouvelle espèce peut se faire rapidement. Mais quelle est la durée totale de toutes les étapes de la spéciation ? Cette durée est égale au temps écoulé avant que les populations d'une espèce nouvellement formée commencent à diverger *plus* le temps écoulé entre le début de la divergence et l'achèvement de la spéciation. En fait, la durée totale du processus de spéciation varie considérablement. Par exemple, dans une recherche basée sur des données portant sur 84 groupes de Végétaux et d'Animaux, la durée totale du processus de spéciation variait entre 4 000 ans (pour les Cichlidés du lac Nabugabo, en Ouganda) et 40 millions d'années (chez certains coléoptères). Mais le processus s'étendait en moyenne sur 6,5 millions d'années et prenait rarement moins de 500 000 ans.

▲ **Figure 24.18 Un tournesol hybride dans son habitat de dunes sèches.** Le tournesol sauvage *Helianthus anomalus* est issu de l'hybridation de deux autres tournesols, *H. annuus* et *H. petiolaris*, qui vivent à proximité, mais dans des milieux plus humides.

▼ **Figure 24.19** INVESTIGATION

Comment l'hybridation mène-t-elle à la spéciation chez les tournesols?

EXPÉRIENCE Loren Rieseberg et ses collègues de l'Indiana University ont croisé en laboratoire deux espèces de tournesols, *H. annuus* et *H. petiolaris*, afin de produire expérimentalement des hybrides (on ne voit ici que deux des chromosomes $n = 17$ de chaque gamète).

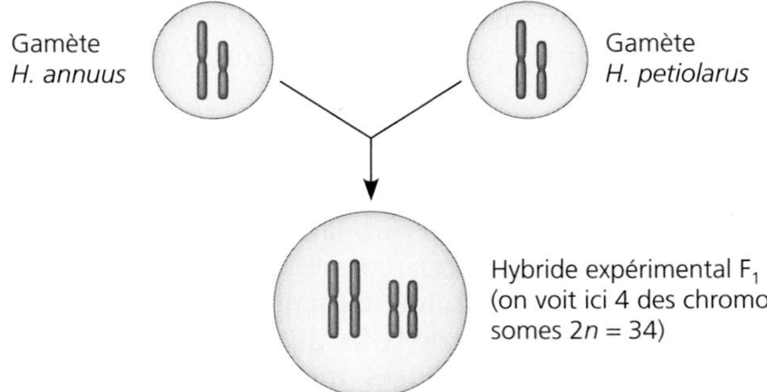

Notez que dans la première génération (F_1) chaque chromosome des hybrides expérimentaux contenait exclusivement l'ADN de l'une ou l'autre des espèces parentales. Les chercheurs ont ensuite vérifié si la génération F_1 et les générations suivantes d'hybrides expérimentaux étaient fertiles. Ils ont également utilisé des marqueurs génétiques propres à chaque espèce pour comparer les chromosomes des hybrides expérimentaux avec les chromosomes de l'hybride *H. anomalus* qu'on trouve dans la nature.

RÉSULTATS Même si à peine 5 % des hybrides expérimentaux F_1 étaient fertiles, après seulement quatre générations, la fertilité des hybrides avait grimpé à 90 %. Les chromosomes des hybrides de cette cinquième génération différaient de ceux de la génération F_1, mais étaient semblables à ceux des individus *H. anomalus* provenant de populations naturelles :

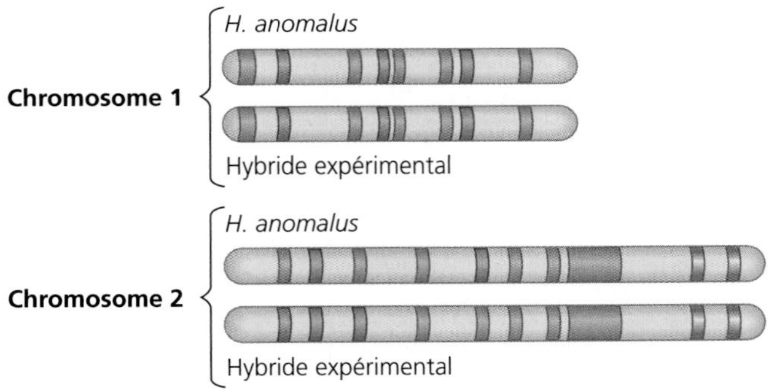

CONCLUSION Avec le temps, les chromosomes de la population des hybrides expérimentaux sont devenus similaires à ceux des individus *H. anomalus* des populations naturelles. Ce constat laisse penser que l'augmentation de la fertilité observée chez les hybrides expérimentaux s'est produite à mesure que la sélection éliminait des régions incompatibles de l'ADN des espèces parentales. Globalement, les chercheurs ont constaté que les premières étapes du processus de spéciation se sont produites rapidement et qu'il était possible de les reproduire expérimentalement.

SOURCE L. H. Rieseberg *et al.*, Role of gene interactions in hybrid speciation: evidence from ancient and experimental hybrids, *Science* 272 : 741-745 (1996).

ET SI ? Il se peut que la fertilité accrue des hybrides expérimentaux résulte d'une sélection naturelle qui aurait favorisé l'expression de caractères adaptés à la survie et à la reproduction dans des conditions de laboratoire. Commentez cette autre explication des résultats de cette expérience.

Que nous apprennent de telles données ? Premièrement, en moyenne, il peut s'écouler des millions d'années avant qu'une espèce nouvellement formée donne elle-même naissance à une nouvelle espèce. Comme nous le verrons au chapitre 25, cette constatation n'est pas sans conséquence au regard du temps qu'il a fallu à la Terre pour se remettre des épisodes d'extinctions massives. Deuxièmement, l'extrême variabilité du temps nécessaire pour que se forme une nouvelle espèce nous indique qu'il n'y a pas d'« horloge interne de spéciation » qui pousserait les organismes à produire une nouvelle espèce à intervalles réguliers. En fait, la spéciation ne s'amorce qu'après l'interruption du flux génétique entre des populations, vraisemblablement sous l'effet d'un changement des conditions environnementales ou par un phénomène imprévisible – un cataclysme, par exemple –, qui transporte quelques individus vers une zone isolée. De plus, une fois le flux génétique interrompu, les populations doivent diverger génétiquement jusqu'à l'isolement reproductif, et ce, avant que d'autres phénomènes rétablissent le flux génétique et renversent le processus de spéciation en cours (voir la figure 24.16).

Étudier la génétique de la spéciation

Les études qui portent sur des spéciations en cours (comme dans les zones hybrides) peuvent révéler les caractères génétiques dont provient l'isolement reproductif. En repérant les gènes qui régissent ces caractères, les scientifiques peuvent approfondir une des questions fondamentales de la biologie de l'évolution : combien de gènes doivent-ils changer pour que se forme une nouvelle espèce ?

Dans de rares cas, l'évolution de l'isolement reproductif s'explique par l'apparition d'un changement dans un seul et unique gène. Ainsi, chez les escargots japonais du genre *Euhadra*, la modification d'un seul gène, celui qui régit le sens de l'enroulement de la coquille, peut produire une barrière reproductive mécanique. En effet, les organes génitaux des escargots sont orientés latéralement, de telle manière que l'accouplement est impossible si leurs coquilles respectives ne s'enroulent pas dans le même sens (la figure 24.3f en montre un exemple).

La barrière reproductive majeure qui existe entre deux espèces de mimules étroitement reliées, *Mimulus cardinalis* et *Mimulus lewisii* (des plantes herbacées vivaces), semble aussi dépendre d'un nombre relativement réduit de gènes. Ces deux espèces sont isolées par plusieurs barrières reproductives prézygotiques et postzygotiques. Toutefois, l'une de ces barrières prézygotiques, le choix du pollinisateur, est responsable de la majeure partie de cet isolement : dans une zone hybride entre *M. cardinalis* et *M. lewisii*, on a constaté que près de 98 % des visites de pollinisateurs étaient réservées à une espèce ou à l'autre.

Les deux espèces de mimules sont visitées par divers pollinisateurs : les colibris préfèrent le *M. cardinalis* à fleurs rouges tandis que les bourdons butinent plutôt le *M. lewisii* à fleurs roses. Douglas Schemske de la Michigan State University et ses collègues ont démontré que chez les mimules le choix du pollinisateur est déterminé par au moins deux loci, dont l'un, le locus *yellow upper* ou *yup*, influe sur la couleur des fleurs (**figure 24.20**). En croisant les deux espèces parentales pour produire des hybrides F_1 puis en croisant à répétition ces

(a) *Mimulus lewisii* typique

(b) *M. Lewisii* avec un allèle de *M. cardinalis* pour la couleur de la fleur

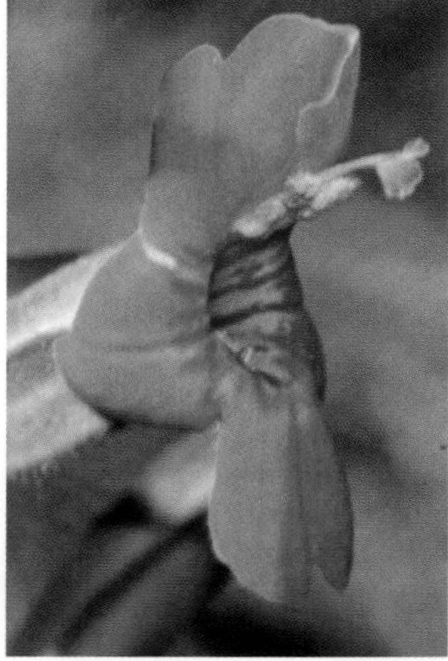

(c) *Mimulus cardinalis* typique

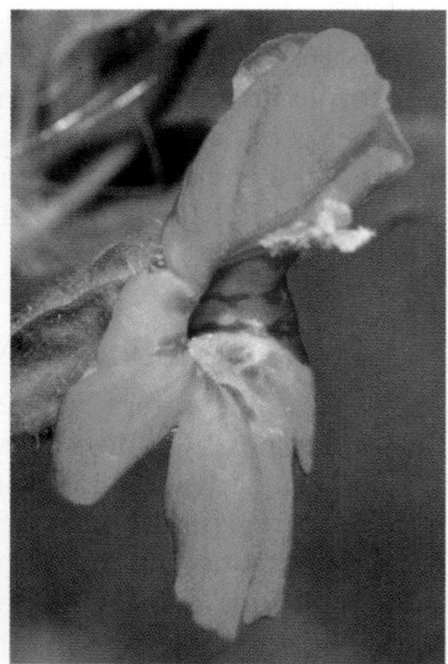

(d) *M. cardinalis* avec un allèle de *M. lewisii* pour la couleur de la fleur

▲ **Figure 24.20 Un locus qui influe sur le choix du pollinisateur.** Les préférences du pollinisateur dressent une solide barrière reproductive entre *Mimulus lewisii* et *Mimulus cardinalis*. Après avoir transféré à *M. cardinalis* l'allèle de *M. lewisii* pour le locus de la couleur de la fleur, et vice versa, les chercheurs ont observé un changement dans les préférences des pollinisateurs.

ET SI? *Si on plantait des individus* M. cardinalis *possédant l'allèle* yup *de* M. lewisii *dans une zone où l'on trouve les deux espèces de mimules, qu'adviendrait-il de la production de descendants hybrides?*

hybrides F_1 avec des membres de chaque espèce parentale, Schemske et ses collègues ont réussi à transférer l'allèle *yup* du locus de *M. cardinalis* à *M. lewisii*, et vice versa. Lors d'une expérience sur le terrain, des plants de *M. lewisii* porteurs de l'allèle *M. cardinalis* ont reçu 68 fois plus de visites de colibris que l'espèce sauvage de *M. lewisii*. De même, des plants de *M. cardinalis* porteurs de l'allèle *yup* de *M. lewisii* ont reçu 74 fois plus de visites des bourdons que l'espèce sauvage *M. cardinalis*. Une mutation à ce seul locus peut donc influer sur les préférences du pollinisateur et contribuer ainsi à l'isolement reproductif chez les mimules.

Chez d'autres organismes, le processus de spéciation dépend d'un nombre plus important de gènes et d'interactions génétiques. Par exemple, chez deux sous-espèces de la mouche à fruits *Drosophila pseudoobscura*, la stérilité des hybrides résulte d'interactions génétiques au niveau de quatre loci au moins, et l'isolement postzygotique chez le tournesol de la zone hybride dépend d'au moins 26 segments chromosomiques (et d'un nombre inconnu de gènes). Plus généralement, les études semblent démontrer que quelques gènes ou un grand nombre d'entre eux peuvent influer sur l'évolution de l'isolement reproductif et, par conséquent, sur l'émergence d'une nouvelle espèce.

De la spéciation à la macroévolution

Comme nous venons de le voir, la spéciation peut commencer par des différences apparemment aussi anodines que la couleur du dos d'un Cichlidé. Cependant, si la spéciation se produit encore et encore, de telles différences peuvent s'accumuler et devenir plus marquées, menant éventuellement à la formation de nouveaux groupes d'organismes profondément différents de leurs ancêtres (comme nos baleines diffèrent du mammifère terrestre dont elles sont issues; voir la figure 22.20, p. 538). Qui plus est, à mesure qu'un groupe d'organismes s'accroît en produisant un grand nombre de nouvelles espèces, un autre groupe peut décliner, perdant espèce après espèce jusqu'à l'extinction. Les effets cumulatifs des phénomènes de spéciation et d'extinction ont contribué aux changements évolutifs considérables sur lesquels nous renseignent les archives fossiles. Dans le prochain chapitre, nous nous pencherons sur ces changements évolutifs à grande échelle, c'est-à-dire sur la macroévolution.

RETOUR SUR LE CONCEPT 24.4

1. Même si le laps de temps qui sépare des phénomènes de spéciation dépasse souvent le million d'années, la spéciation peut se produire relativement rapidement entre des populations divergentes. Expliquez cette apparente contradiction.
2. Résumez les données indiquant que le locus *yup* agit comme une barrière reproductive prézygotique chez les espèces de mimules *Mimulus lewisii* et *Mimulus cardinalis*. Ces résultats démontrent-ils que le locus *yup* régit à lui seul les barrières reproductives entre ces espèces? Expliquez votre réponse.
3. **FAITES DES LIENS** Comparez la figure 13.11 (p. 293) et la figure 24.19 (p. 581). Quel processus cellulaire pourrait faire en sorte que les chromosomes hybrides contiennent de l'ADN des deux espèces parentales? Expliquez votre réponse.

Voir les réponses proposées à la fin du chapitre.

RÉVISION DU CHAPITRE 24

RÉSUMÉ DES CONCEPTS CLÉS

CONCEPT 24.1

Le concept biologique de l'espèce s'appuie sur l'isolement reproductif (p. 565 à 570)

- Une **espèce** biologique est un groupe de populations dont les individus peuvent se reproduire entre eux et donner naissance à des descendants viables et féconds, mais qui sont incapables de s'accoupler avec les membres d'autres espèces. Le **concept biologique de l'espèce** met l'accent sur l'isolement reproductif, un mécanisme qui repose sur la présence de barrières prézygotiques et postzygotiques entraînant l'isolement des patrimoines génétiques de différentes populations.
- Le concept biologique de l'espèce aide à mieux comprendre les processus de spéciation, mais il a ses limites. Ainsi, il ne s'applique ni aux fossiles, ni aux organismes qui se reproduisent uniquement de manière asexuée. Les scientifiques utilisent donc d'autres concepts de l'espèce, notamment le **concept morphologique de l'espèce**, qui sont utiles dans certains contextes.

? *Expliquez l'importance du flux génétique dans le concept biologique de l'espèce.*

CONCEPT 24.2

La spéciation peut avoir lieu en présence ou en l'absence d'isolement géographique (p. 570 à 575)

- Dans la **spéciation allopatrique**, le flux génétique est réduit là où deux populations d'une même espèce sont isolées géographiquement. Durant la période d'isolement, l'une de ces populations ou les deux peuvent subir des changements évolutifs qui finissent par dresser une barrière reproductive prézygotique ou postzygotique.
- Dans la **spéciation sympatrique**, une nouvelle espèce peut apparaître dans l'aire de distribution de l'espèce parentale. Des espèces végétales (et, plus rarement, des espèces animales) ont évolué de manière sympatrique par polyploïdie. La spéciation sympatrique peut aussi résulter de changements dans les habitats et de la sélection sexuelle.

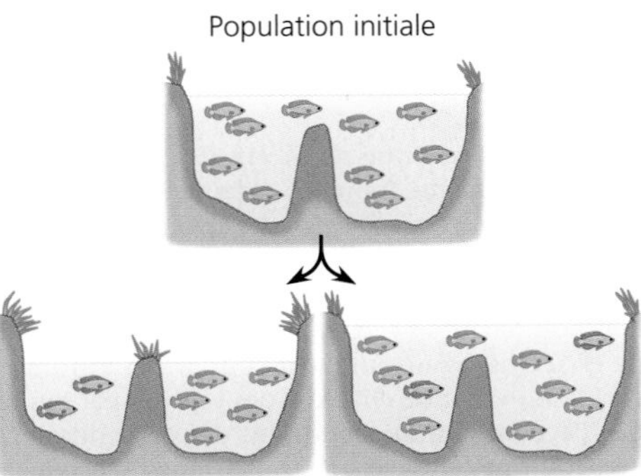

? *Les facteurs responsables de la spéciation sympatrique peuvent-ils aussi causer la spéciation allopatrique? Expliquez votre réponse.*

CONCEPT 24.3

Les zones hybrides révèlent les facteurs responsables de l'isolement reproductif (p. 575 à 579)

- De nombreux groupes d'organismes forment des **zones hybrides** dans lesquelles les membres d'espèces différentes se rencontrent et s'accouplent, produisant au moins un descendant hybride.
- De nombreuses zones hybrides sont *stables* en ce sens qu'elles sont le lieu de production de descendants hybrides viables et féconds. Dans d'autres zones hybrides, le **renforcement** consolide les barrières reproductives prézygotiques et réduit par le fait même la formation d'hybrides chétifs. Dans d'autres zones hybrides encore, les barrières reproductives peuvent s'affaiblir avec le temps et mener à la *fusion* des patrimoines génétiques des deux espèces – autrement dit, au renversement du processus de spéciation.

? *Quels facteurs peuvent assurer la stabilité à long terme d'une zone hybride lorsque les espèces parentales vivent dans des environnements différents?*

CONCEPT 24.4

La spéciation peut se produire rapidement ou lentement et peut résulter de changements dans un, deux ou plusieurs gènes (p. 579 à 582)

- Une fois la divergence amorcée, la nouvelle espèce peut se former relativement vite; cependant, cette divergence peut mettre des millions d'années à se produire. Le laps de temps qui s'écoule entre les divers phénomènes du processus de spéciation varie considérablement, allant de quelques milliers à dix millions d'années.
- Les progrès de la génétique ont permis aux chercheurs de trouver les gènes à l'œuvre dans certains cas de spéciation. Leurs travaux montrent que la spéciation peut reposer sur des modifications touchant un, deux ou plusieurs gènes.

? *La spéciation est-elle un phénomène qui appartient à un lointain passé ou de nouvelles espèces continuent-elles à se former de nos jours? Expliquez votre réponse.*

ÉVALUATION

NIVEAU 1: CONNAISSANCES ET COMPRÉHENSION

1. Quelle est l'unité la *plus importante* (la plus vaste) dans laquelle le flux génétique peut se produire?
   a) La population.
   b) L'espèce.
   c) Le genre.
   d) L'hybride.
   e) L'embranchement.

2. Les mâles de différentes espèces de *Drosophila* qui vivent dans certaines parties de l'archipel d'Hawaï ont diverses sortes de parades nuptiales, dont la lutte contre d'autres mâles et les mouvements flamboyants qui attirent les femelles. Quel type de mécanisme d'isolement reproductif ces comportements représentent-ils?
   a) L'isolement écologique.
   b) L'isolement temporel.
   c) L'isolement éthologique.
   d) L'isolement gamétique.
   e) L'isolement reproductif postzygotique.

3. Selon le modèle de l'équilibre ponctué:
   a) la sélection naturelle n'est pas un mécanisme important de l'évolution.
   b) avec le temps, la plupart des espèces existantes pourront former des embranchements et donner naissance à de nouvelles espèces.
   c) une nouvelle espèce acquiert la plupart de ses caractères distinctifs peu de temps après son apparition: par la suite, elle change très peu jusqu'à son extinction.
   d) l'évolution se réalise en grande partie dans les populations sympatriques.
   e) la spéciation est généralement imputable à une seule mutation.

NIVEAU 2: APPLICATION ET ANALYSE

4. Les manuels d'identification des Oiseaux indiquaient autrefois que la paruline à croupion jaune et la paruline d'Audubon constituaient deux espèces distinctes. Récemment, ces oiseaux ont été classés comme étant deux formes (l'une, de l'Ouest, et l'autre, de l'Est) d'une seule et même espèce, la paruline à croupion jaune. Parmi les énoncés suivants, lequel explique cette nouvelle classification?
   a) Les deux formes se croisent souvent en milieu naturel, et leur progéniture survit et se reproduit avec succès.
   b) Les deux formes vivent dans des habitats semblables.
   c) Les deux formes ont de nombreux gènes en commun.
   d) Les deux formes ont des besoins nutritionnels semblables.
   e) Les deux formes ont une couleur très semblable.

5. Parmi les facteurs suivants, lequel ne contribuerait pas à la spéciation allopatrique?
   a) La population est isolée géographiquement de la population mère.
   b) La population séparée est de petite taille, et elle connaît une dérive génétique.
   c) La population isolée est exposée à des pressions de sélection naturelle différentes de celles que subit la population ancestrale.
   d) Différentes mutations rendent peu à peu distincts les patrimoines génétiques des populations isolées l'une de l'autre.
   e) Le flux génétique entre les deux populations est très important.

6. L'espèce végétale A possède un nombre diploïde de chromosomes qui est égal à 12. L'espèce végétale B possède un nombre diploïde de chromosomes qui est égal à 16. La nouvelle espèce allopolyploïde C provient des espèces A et B. Son nombre diploïde de chromosomes est sans doute:
   a) 12. b) 14. c) 16. d) 28. e) 56.

NIVEAU 3: SYNTHÈSE ET ÉVALUATION

7. Supposons qu'un groupe de gobemouches noirs mâles (*Ficedula hypoleuca*) migre d'une région où il n'y a pas de gobemouches à collier (*Ficedula albicollis*) à une région où les deux espèces cohabitent (voir la figure 24.15). Étant donné que les événements de ce type sont très rares, lequel des scénarios suivants est le moins probable?
   a) Le nombre de descendants hybrides augmenterait.
   b) Les gobemouches noirs mâles migrants produiraient moins de descendants que les gobemouches noirs locaux.
   c) Les gobemouches noirs femelles s'accoupleraient rarement avec les gobemouches à collier mâles.
   d) Les migrants mâles s'accoupleraient plus souvent avec les gobemouches à collier femelles qu'avec les gobemouches noirs femelles.
   e) Le nombre de descendants hybrides diminuerait.

8. **LIEN AVEC L'ÉVOLUTION**
   Quel est le fondement biologique de l'idée selon laquelle toutes les populations humaines appartiennent à la même espèce? Pouvez-vous imaginer un scénario dans lequel une seconde espèce humaine apparaîtrait?

9. **SCIENCE, TECHNOLOGIE ET SOCIÉTÉ**
   On sait que les rares loups roux (*Canis rufus*) qu'on trouve aux États-Unis s'accouplent avec les coyotes (*Canis latrans*), qui sont beaucoup plus nombreux. Bien que les loups roux et les coyotes diffèrent par leur morphologie, leur ADN et leur comportement, les données génétiques donnent à penser que les loups roux qui vivent actuellement aux États-Unis sont en fait des hybrides. Chez nos voisins du Sud, le loup roux figure sur la liste des espèces menacées et est donc protégé en vertu de l'Endangered Species Act. Certains pensent que les loups roux devraient perdre leur statut d'espèce protégée parce que les derniers spécimens qui restent sont en fait des hybrides, et non des membres d'une espèce «pure». Êtes-vous d'accord avec eux? Pourquoi?

10. **INTÉGRATION**
   FAITES UN DESSIN Dans ce chapitre, vous avez lu que le blé qui entre dans la composition du pain (*Triticum aestivum*) est un allohexaploïde contenant deux jeux de sept chromosomes provenant de trois espèces différentes. Les analyses génétiques laissent penser que ce sont les trois espèces représentées ci-dessous qui ont fourni chacune deux jeux de chromosomes à *T. aestivum*. (Ici, les majuscules représentent des jeux de chromosomes plutôt que des gènes individuels.) Les résultats de recherche indiquent également que le premier phénomène de polyploïdie a été une hybridation spontanée de la première espèce de blé, *T. monococcum*, et d'une espèce d'herbe sauvage, *Triticum*. À partir de cette information, dessinez un diagramme illustrant une chaîne de phénomènes qui pourrait avoir produit l'allohexaploïde *T. aestivum*.

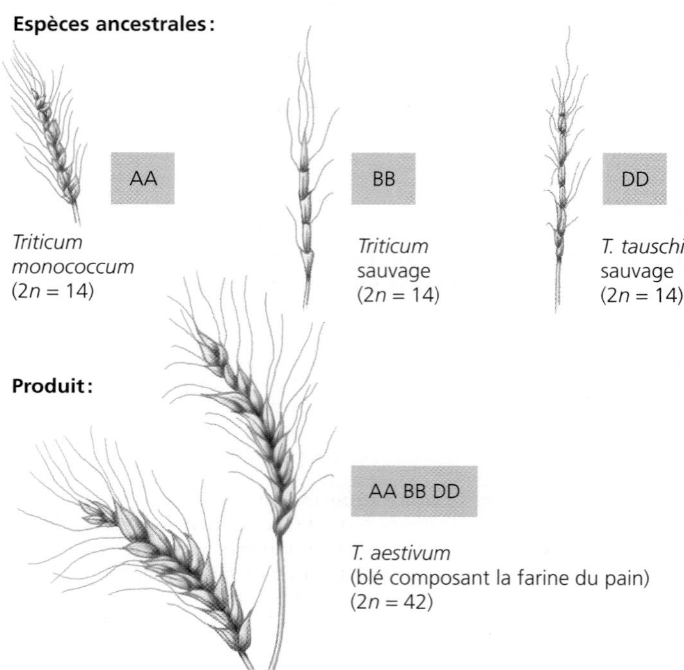

11. **ÉCRIVEZ UN TEXTE**
   Le fondement génétique de la vie Chez les espèces à reproduction sexuée, chaque individu commence sa vie avec l'ADN provenant des deux organismes parents. Rédigez un court texte (de 100 à 150 mots) où vous appliquerez ce constat à ce qui se passe lorsque des organismes de deux espèces possédant des chromosomes homologues s'accouplent et produisent une descendance hybride (F_1). Quel pourcentage de l'ADN des chromosomes des hybrides F_1 vient de chacune des espèces parentales? Si les hybrides s'accouplent et produisent des descendants hybrides de la génération F_2 et des générations suivantes, quel sera l'effet de la recombinaison et de la sélection naturelle selon que l'ADN des chromosomes hybrides provient d'une espèce parentale ou de l'autre?

RÉPONSES DU CHAPITRE 24

Questions des figures

Figure 24.10 Les chercheurs ont procédé ainsi pour éliminer la possibilité que les mouches puissent différencier leurs partenaires potentiels en détectant la nourriture qu'ils mangeaient à l'état de larves. Si les chercheurs ne l'avaient pas fait, la forte préférence des «mouches à amidon» et des «mouches à maltose» pour l'accouplement avec des mouches adaptées à la même nourriture aurait pu s'expliquer par le simple fait qu'elles pouvaient détecter (grâce à leur odorat, par exemple) ce que leurs partenaires potentiels avaient mangé quand ils étaient à l'état larvaire – et qu'elles préféraient s'accoupler avec des mouches dont l'odorat permettait de sentir les mêmes odeurs qu'elles. **Figure 24.12** De tels résultats laisseraient croire que le choix des partenaires selon leur coloration n'est pas une barrière reproductive entre ces deux espèces de Cichlidés. **Figure 24.13** Le graphique indique en effet que le flux génétique a permis à certains allèles du sonneur à ventre de feu (*Bombina bombina*) de se propager dans le territoire du sonneur à ventre jaune (*Bombina variegata*). Sinon, les fréquences alléliques de tous les individus à gauche de la portion «zone hybride» du graphique se situeraient près de 1,0. **Figure 24.14** Comme les populations viennent juste de commencer à diverger, il est probable que toute barrière reproductive existante s'affaiblirait avec le temps. **Figure 24.19** Cette autre explication ne tient pas. Avec le temps, les chromosomes des hybrides expérimentaux ont fini par ressembler à ceux de *H. anomalus*. Ce phénomène s'est produit même si les conditions environnementales du laboratoire différaient considérablement de celles du milieu naturel où l'on trouve *H. anomalus*. Il s'ensuit que la sélection en fonction des conditions environnementales du laboratoire n'était pas forte; il est donc improbable qu'elle explique la plus grande fertilité observée chez les hybrides expérimentaux. **Figure 24.20** La présence de plants de *M. cardinalis* porteurs de l'allèle *yup* de *M. lewisii* rendrait plus probable le transfert de pollen entre les deux espèces de mimules par les bourdons. On s'attendrait donc à ce que le nombre de descendants hybrides augmente.

Retour sur le concept 24.1

1. (a) À part le concept biologique de l'espèce, tous les concepts de l'espèce peuvent s'appliquer à la fois aux espèces sexuées et asexuées, car ils définissent les espèces à partir de caractéristiques autres que la capacité de se reproduire. (b) Le concept de l'espèce le plus facile à appliquer sur le terrain est le concept morphologique, car il repose uniquement sur l'apparence de l'organisme. Il n'est pas nécessaire de recueillir des données sur les habitudes écologiques, l'histoire évolutive et la reproduction. **2.** Comme les Oiseaux vivent dans un environnement relativement semblable et s'accouplent facilement en captivité, la barrière reproductive qui existe dans la nature est forcément prézygotique. Étant donné que les deux espèces ont une préférence pour différents habitats, la barrière reproductive est sans doute l'isolement écologique.

Retour sur le concept 24.2

1. Dans la spéciation allopatrique, une nouvelle espèce se forme quand elle est isolée géographiquement de son espèce mère; dans la spéciation sympatrique, une nouvelle espèce se forme en l'absence d'isolement géographique. L'isolement géographique réduit considérablement le flux génétique entre populations; un flux génétique continu est plus probable dans les populations sympatriques. La spéciation sympatrique est donc plus rare que la spéciation allopatrique. **2.** Divers facteurs peuvent réduire le flux génétique entre des sous-groupes d'une population qui vivent dans le même lieu. Chez certaines espèces – surtout végétales –, des changements du nombre de chromosomes peuvent bloquer le flux génétique et instaurer l'isolement reproductif en une seule génération. Dans les populations sympatriques, le flux génétique peut aussi être réduit par la différenciation des habitats (comme dans le cas de la larve de la mouche) et par la sélection sexuelle (comme dans le cas des Cichlidés du lac Victoria). **3.** La spéciation allopatrique serait moins susceptible de se produire sur une île voisine du continent que sur une île isolée de la même taille. En effet, le flux génétique continuel entre les populations du continent et celles d'une île relativement proche réduit la probabilité d'une divergence génétique suffisante pour entraîner une spéciation allopatrique. **4.** Si tous les chromosomes homologues n'ont pas réussi à se séparer au cours de l'anaphase I de la méiose, certains gamètes se retrouveront avec un jeu de chromosomes en surnombre (et d'autres, sans chromosomes). Si un gamète avec un jeu de chromosomes en surnombre fusionne avec un gamète normal, il en résultera un triploïde; si deux gamètes avec un jeu de chromosomes en surnombre fusionnent, il en résultera un tétraploïde.

Retour sur le concept 24.3

1. Les zones hybrides sont des régions où les membres d'espèces différentes se rencontrent et s'accouplent, produisant une descendance mixte. Les zones hybrides sont des «laboratoires naturels» pour l'étude de la spéciation parce que les scientifiques peuvent y observer directement les facteurs qui causent (ou ne causent pas) l'isolement reproductif. **2.** (a) Il peut y avoir renforcement si les descendants hybrides survivent et sont peu nombreux à se reproduire, comparativement aux descendants des partenaires intraspécifiques. Le cas échéant, la sélection naturelle consoliderait les barrières reproductives prézygotiques entre les espèces parentales, ce qui réduirait la production d'hybrides fragiles et finirait par entraîner l'achèvement du processus de spéciation. (b) Si les descendants hybrides survivent et se reproduisent aussi bien que les descendants des partenaires intraspécifiques, les accouplements survenant indifféremment entre les espèces parentales entraîneraient la production d'un grand nombre de descendants hybrides. Comme ces hybrides s'accouplent entre eux et avec des membres des deux espèces parentales, les patrimoines génétiques de celles-ci finiraient par fusionner, ce qui renverserait le processus de spéciation.

Retour sur le concept 24.4

1. La durée des phénomènes de spéciation comprend (1) le temps qu'il faut aux populations d'une espèce nouvellement formée pour commencer à diverger sur le plan reproductif; et (2) le temps écoulé entre le début de la divergence et l'achèvement de la spéciation. Même si la spéciation peut se produire relativement rapidement une fois que les populations ont commencé à diverger, il peut s'écouler des millions d'années avant que cette divergence s'amorce. **2.** Les chercheurs ont transféré des allèles du locus *yup* (qui influe sur la couleur des fleurs) de chacune des espèces parentales à l'autre. Les plants de *M. lewisii* avec un allèle *yup* de *M. cardinalis* ont reçu beaucoup plus de visites de colibris que la normale; habituellement, les colibris pollinisent *M. cardinalis*, mais évitent *M. lewisii*. De même, les plants de *M. cardinalis* portant un allèle *yup* de *M. lewisii* ont reçu beaucoup plus de visites de bourdons que la normale; d'habitude, les bourdons pollinisent *M. lewisii* et évitent *M. cardinalis*. Par conséquent, les allèles au locus *yup* peuvent influer sur le choix du pollinisateur, un facteur qui, chez ces espèces, est la principale barrière aux croisements interspécifiques. Néanmoins, cette expérience ne prouve pas que le locus *yup* régit à lui seul les barrières reproductives entre *M. lewisii* et *M. cardinalis*. En effet, d'autres gènes peuvent renforcer son influence (en modifiant la couleur des fleurs) ou dresser des barrières reproductives entièrement différentes (l'isolement gamétique ou une barrière postzygotique, par exemple). **3.** L'enjambement. Sans enjambement, chaque chromosome d'un hybride expérimental resterait tel qu'il était dans la génération F_1, c'est-à-dire entièrement composé d'ADN de l'une ou l'autre des espèces parentales.

Questions du résumé des concepts clés

24.1 Selon le concept biologique de l'espèce, une espèce est un groupe de populations dont les membres s'accouplent entre eux et produisent des descendants viables et féconds; le flux génétique circule entre ces populations d'une même espèce. En revanche, il ne peut y avoir d'accouplement entre les membres d'espèces différentes; il n'y a aucun flux génétique entre leurs populations. Somme toute, selon le concept biologique de l'espèce, c'est cette *absence* de flux génétique qui caractérise l'espèce. Ce concept est donc fortement marqué par l'importance accordée au flux génétique. **24.2** La spéciation sympatrique peut être favorisée par des facteurs entraînant la réduction du flux génétique entre les sous-populations d'une plus grande population. Ces facteurs sont notamment la polyploïdie, la différenciation des habitats et la sélection sexuelle. Mais de tels facteurs peuvent aussi intervenir dans des populations allopatriques, donc favoriser également la spéciation allopatrique. **24.3** Si la sélection défavorise les hybrides, la zone hybride pourrait tout de même continuer d'exister, mais à condition que des individus des espèces parentales y pénètrent et s'y accouplent régulièrement, produisant des descendants hybrides. Si la sélection ne défavorise pas les hybrides, la production d'hybrides ne coûte rien, et il est possible de produire un grand nombre de descendants hybrides. Cependant, dans des environnements différents, la sélection naturelle peut faire en sorte que les patrimoines génétiques des deux espèces parentales restent distincts, ce qui évite la perte (par fusion) des espèces parentales et maintient la stabilité à long terme de la zone hybride. **24.4** Comme le montrent notamment l'exemple des salsifis, des poissons-moustiques des Bahamas et des mouches de la pomme, la spéciation continue de se produire de nos jours. Une nouvelle espèce peut commencer à se former dès que le flux génétique entre les populations de l'espèce parentale diminue, et ce, pour diverses raisons qui existent encore aujourd'hui : quelques « colons » peuvent fonder une population isolée géographiquement ; certains membres de l'espèce parentale peuvent commencer à utiliser un nouvel habitat ; la sélection sexuelle peut isoler des populations ou sous-populations jadis reliées ; etc.

ÉVALUATION

1. b ; **2.** c ; **3.** c ; **4.** a ; **5.** e ; **6.** d ; **7.** e ;
10. Voici une possibilité :

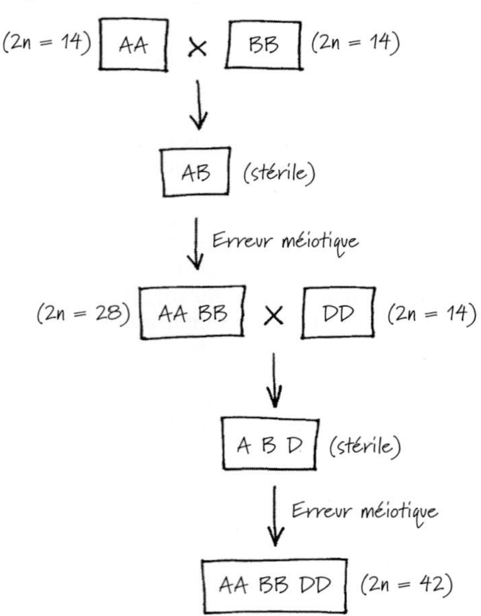

25

L'histoire de la vie sur Terre

▲ **Figure 25.1** Que nous apprennent les fossiles sur les habitats des dinosaures ?

ÉVOLUTION

CONCEPTS CLÉS

25.1 Les conditions sur la Terre primitive ont permis l'apparition de la vie

25.2 Les archives fossiles permettent d'établir la chronologie de la vie sur la Terre

25.3 L'apparition des organismes unicellulaires et des organismes multicellulaires et la colonisation des milieux terrestres sont des événements clés dans l'histoire de la vie

25.4 L'ascension et le déclin des groupes d'organismes sont le reflet des différences marquant les taux de spéciation et d'extinction

25.5 Des variations dans les séquences et la régulation des gènes développementaux peuvent entraîner des modifications morphologiques majeures

25.6 L'évolution ne vise aucun objectif

INTRODUCTION

Les mondes disparus

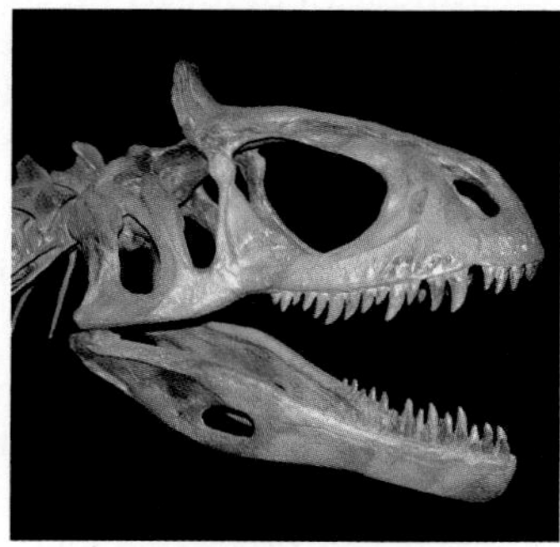

▲ Un crâne de *Cryolophosaurus*

Les gens qui se rendent dans l'Antarctique trouvent sur ce continent l'un des milieux les plus rudes et les plus arides qui soient. Il y règne un froid extrême, il n'y a à peu près pas d'eau liquide, la vie est rare et les êtres vivants sont de petite taille – le plus gros animal strictement terrestre est une mouche de cinq millimètres de long. Pourtant, alors même qu'ils luttaient pour leur survie, les premiers explorateurs de l'Antarctique firent une découverte stupéfiante : des fossiles témoignent qu'une vie florissante prospérait jadis là où elle a pratiquement disparu. Ces fossiles révèlent qu'il y a 500 millions d'années les eaux de l'océan Antarctique étaient chaudes et grouillaient d'invertébrés tropicaux. Plus tard, des forêts ont recouvert le continent durant des centaines de millions d'années ; elles hébergeaient une grande variété d'animaux, notamment le carnivore *Phorusrhacidae*, l'« oiseau de la terreur » haut de trois mètres, et des dinosaures géants comme le vorace *Cryolophosaurus* (**figure 25.1**), un parent du *Tyrannosaurus rex* et long de plus de sept mètres.

Les fossiles découverts dans d'autres régions du monde racontent une histoire peut-être moins étonnante, mais similaire : les organismes du passé différaient considérablement de ceux d'aujourd'hui. Ces formidables transformations qu'a connues la vie terrestre illustrent la **macroévolution**, c'est-à-dire l'évolution à grande échelle, qui intervient sur des groupes plus grands que l'espèce. L'émergence des Vertébrés terrestres après une série de phénomènes de spéciation, les répercussions des extinctions massives sur la diversité de la vie et l'origine de changements adaptatifs aussi cruciaux que la capacité de voler chez les oiseaux sont autant d'exemples de changements qui relèvent de la macroévolution.

De tels changements donnent une perspective d'ensemble de l'histoire de l'évolution de la vie sur Terre – l'objet de ce chapitre. Nous examinerons d'abord les hypothèses des scientifiques sur l'origine de la vie, le sujet le plus spéculatif de toute cette partie de l'ouvrage puisqu'il n'existe aucun fossile de cet épisode si déterminant. Nous verrons ensuite ce que nous apprennent les archives fossiles sur les événements majeurs de l'histoire de la vie, en nous intéressant plus particulièrement aux facteurs qui ont déterminé l'ascension et le déclin des divers groupes d'organismes au fil du temps.

CONCEPT 25.1

Les conditions sur la Terre primitive ont permis l'apparition de la vie

Les preuves directes de l'existence de vie sur la Terre primitive nous viennent de fossiles de microorganismes vieux de

3,5 milliards d'années. Mais où et comment sont apparues les premières cellules vivantes? Des observations et des expériences en chimie, en géologie et en physique ont amené les scientifiques à proposer un scénario selon lequel les processus chimiques et physiques qui se déroulaient sur la Terre primitive, conjugués à la force naissante de la sélection, ont fini par produire des cellules très simples, et ce, en quatre étapes:

1. La synthèse abiotique (sans vie) et l'accumulation de petites molécules organiques comme les acides aminés et les bases azotées;
2. La fusion de ces petites molécules pour former des macromolécules, notamment des protéines et des acides nucléiques;
3. L'agrégation de toutes ces molécules en protocellules, des gouttelettes enveloppées d'une membrane préservant les différences chimiques entre le milieu interne et le milieu externe;
4. L'apparition de molécules capables d'autoréplication, qui ont rendu l'hérédité possible.

Ce scénario comporte de nombreuses incertitudes, mais il débouche sur des hypothèses vérifiables expérimentalement. Dans cette section, nous allons examiner de plus près quelques-uns des résultats de recherche sur lesquels reposent ces quatre étapes hypothétiques.

La synthèse des composés organiques sur la Terre primitive

La Terre et les autres planètes du système solaire se sont formées il y a environ 4,6 milliards d'années à la suite de la condensation d'un immense nuage de poussières et de roches qui entourait le jeune Soleil. Pendant les centaines de millions d'années qui ont suivi sa naissance, la planète a été bombardée d'énormes morceaux de roc et de glace issus de la formation du système solaire, de sorte que la vie n'aurait sans doute pu s'y épanouir. Ces collisions engendraient suffisamment de chaleur pour vaporiser tous les plans d'eau et empêcher la formation des mers. Cette phase s'est probablement terminée il y a de 4,2 à 3,9 milliards d'années.

Lorsque l'intensité de ces bombardements a diminué, les conditions environnementales qui existaient sur la planète étaient extrêmement différentes de celles que l'on connaît aujourd'hui. À l'origine, l'atmosphère, qui renfermait de la vapeur d'eau et divers composés issus des éruptions volcaniques, dont l'azote et ses oxydes, le dioxyde de carbone, le méthane, l'ammoniac, l'hydrogène et l'hydrogène sulfuré, était probablement dense. Au cours du refroidissement de la Terre, la condensation de la vapeur d'eau a formé les océans, et une grande partie de l'hydrogène s'est rapidement échappée dans l'espace.

Dans les années 1920, le chimiste russe A. I. Oparin (1894-1980) et le scientifique britannique J. B. S. Haldane (1892-1964) ont postulé, chacun de leur côté, que l'atmosphère primitive de la Terre était un milieu réducteur (qui fournit des électrons), dans lequel des composés organiques pouvaient se former à partir de molécules très simples. L'énergie nécessaire à ces synthèses organiques aurait pu provenir de la foudre et d'un intense rayonnement ultraviolet. Haldane a avancé que les océans primitifs consistaient en une solution de molécules organiques, une «soupe primitive» dans laquelle la vie aurait pris naissance.

En 1953, Stanley Miller et Harold Urey, de la University of Chicago, ont vérifié l'hypothèse d'Oparin et de Haldane en recréant en laboratoire des conditions comparables à celles de la Terre primitive (selon les scientifiques de l'époque). Leur expérience a permis de produire, en l'espace de quelques jours seulement, divers acides aminés et d'autres composés organiques présents dans les organismes vivant aujourd'hui (voir la figure 4.2, p. 64). Depuis, de nombreux laboratoires ont répété l'expérience désormais classique de Miller en modifiant la composition de l'atmosphère et les sources d'énergie (radiations UV, radiations ionisantes, chaleur). Ces modèles modifiés ont également produit des composés organiques.

Toutefois, on ne sait pas si l'atmosphère de la jeune Terre contenait assez de méthane et d'ammoniac pour être réductrice. De plus en plus de scientifiques croient que l'atmosphère primitive se composait surtout d'azote et de dioxyde de carbone, et qu'elle n'était ni réductrice ni oxydante (qui arrache des électrons). Des expériences récentes du type de celle de Miller et Urey menées dans de telles atmosphères «neutres» ont également produit des molécules organiques. De plus, il est possible que de petites poches de l'atmosphère de la Terre primitive – peut-être à proximité des cratères des volcans – aient constitué des milieux réducteurs. Il se peut aussi que les premiers composés organiques se soient formés près des volcans ou autour des cheminées hydrothermales, où l'eau chaude et les minéraux de l'intérieur de la Terre jaillissent dans les océans. En 2008, en testant cette hypothèse de l'atmosphère volcanique, des chercheurs ont fait appel à de l'équipement moderne pour analyser des molécules que Miller avait conservées après l'une de ses expériences. Ces analyses ont montré que de nombreux acides aminés s'étaient formés dans des conditions simulant une éruption volcanique (**figure 25.2**).

Les expériences comme celles de Miller et Urey démontrent que la synthèse abiotique de molécules organiques peut se dérouler dans des milieux dont la composition ressemblerait à celle de l'atmosphère primitive. Les météorites pourraient avoir été une deuxième source de molécules organiques. Parmi ceux qui se sont abattus sur la Terre, on trouve les chondrites carbonées, des pierres dont 1 ou 2% de la masse est constituée de composés carbonés. Ainsi, on a trouvé plus de 80 acides aminés, dont certains en grande quantité, dans des fragments du météorite de Murchison, une chondrite vieille de 4,5 milliards d'années tombée en 1969 près du village de Murchison, en Australie. Ces acides aminés ne peuvent pas être des contaminants d'origine terrestre, car ils sont composés à parts égales d'isomères D et d'isomères L (voir le chapitre 4). Or, à de rares exceptions près, les organismes vivants ne fabriquent et n'utilisent que des isomères L. Des études récentes ont démontré que le météorite de Murchison contient aussi des molécules organiques clés, notamment des lipides, des sucres simples et des bases azotées comme l'uracile.

La synthèse abiotique de macromolécules

La présence de petites molécules organiques comme des acides aminés et des bases azotées ne suffit pas pour permettre l'apparition de la vie telle que nous la connaissons. Toute

▲ **Figure 25.2 La synthèse d'acides aminés lors d'une éruption volcanique simulée.** En plus de l'étude classique réalisée en 1953, Miller a effectué une expérience simulant une éruption volcanique. En 2008, des chercheurs qui ont réanalysé les résultats de cette expérience ont découvert qu'il se formait beaucoup plus d'acides aminés dans des conditions volcaniques simulées que dans les conditions de l'expérience initiale de1953.

FAITES DES LIENS *Relisez le concept 5.4 (p. 85 à 88) et expliquez comment on aurait pu obtenir plus de 20 acides aminés dans l'expérience de 2008.*

cellule se compose d'une grande variété de macromolécules (dont des protéines et les acides nucléiques essentiels à l'autoreproduction). Ces macromolécules pourraient-elles s'être formées sur la Terre primitive ? Une étude réalisée en 2009 a démontré qu'une étape clé, la synthèse abiotique de monomères d'ARN, peut se produire spontanément à partir de simples précurseurs moléculaires. De plus, en laissant tomber goutte à goutte des solutions d'acides aminés ou de nucléotides d'ARN sur des substrats préalablement chauffés (sable, argile, roche), des chercheurs ont obtenu des polymères de ces molécules. Ces polymères se sont formés spontanément, sans l'aide d'enzymes ou de ribosomes. À la différence des protéines, les polymères d'acides aminés consistent en un mélange complexe d'acides aminés liés et réticulés. Néanmoins, il se peut que de tels polymères aient agi comme des catalyseurs faibles de réactions chimiques sur la Terre primitive.

Les protocellules

Tous les organismes doivent pouvoir se reproduire et convertir de l'énergie. Sans ces deux fonctions, la vie s'éteint. Les molécules d'ADN contiennent de l'information génétique, notamment les instructions nécessaires pour qu'elles puissent se répliquer avec exactitude lors de la reproduction. Mais la réplication de l'ADN repose sur un mécanisme enzymatique complexe et sur une abondante provision de nucléotides – des éléments constitutifs que doit fournir le métabolisme des cellules (voir le chapitre 16). Cette observation donne à penser que des molécules capables d'autoréplication et qu'une source d'éléments constitutifs apparentée au métabolisme auraient pu apparaître simultanément. Mais comment ce phénomène s'est-il produit ?

Les conditions nécessaires pourraient avoir été remplies par les **protocellules**, c'est-à-dire par des agrégats de molécules produites par voie abiotique et entourées d'une membrane ou d'une structure apparentée à une membrane. Les protocellules présentent certaines des propriétés associées à la vie, dont une reproduction et un métabolisme rudimentaires, ainsi que la conservation d'un milieu chimique interne distinct du milieu externe.

Par exemple, des vésicules peuvent se former spontanément lorsque des lipides ou d'autres molécules organiques sont mis en présence d'eau. Les molécules hydrophobes qui baignent dans le mélange s'organisent alors en une bicouche semblable à la bicouche lipidique d'une membrane cellulaire. L'ajout de matières comme la *montmorillonite*, une argile minérale douce produite par le vieillissement des cendres volcaniques, accélère grandement l'autoassemblage des vésicules (**figure 25.3a**). Cette argile, dont on croit qu'elle était commune sur la Terre primitive, fournit des surfaces sur lesquelles les molécules organiques viennent adhérer, ce qui augmente la probabilité qu'elles réagissent les unes avec les autres pour former des vésicules. Produites par voie abiotique, ces vésicules peuvent se « reproduire » spontanément (**figure 25.3b**) et augmenter leur taille (« croître ») sans dilution de leur contenu. Elles peuvent aussi absorber des particules de montmorillonite, y compris celles auxquelles se sont fixés de l'ARN et d'autres molécules organiques (**figure 25.3c**). Finalement, des expériences ont montré que certaines vésicules sont dotées d'une bicouche sélectivement perméable et peuvent produire des réactions métaboliques en utilisant une source externe de réactifs – une autre condition préalable à la vie.

L'ARN capable d'autoréplication et les débuts de la sélection naturelle

Le premier matériel génétique a probablement été l'ARN et non l'ADN. C'est à cette conclusion que sont arrivés Thomas Cech, de la University of Colorado, et Sidney Altman, de la Yale University. En 1982, ces deux chercheurs ont découvert, en travaillant avec un organisme unicellulaire du genre *Tetrahymena*, que l'ARN ne jouait pas uniquement un rôle déterminant dans la synthèse des protéines. En effet, cet acide nucléique exerce également un certain nombre de fonctions catalytiques semblables à celles des enzymes. (Altman et Cech ont reçu un prix Nobel en 1989 pour leurs travaux.) Cech a appelé **ribozymes** ces ARN catalyseurs. Certains ribozymes peuvent fabriquer des copies complémentaires de courts brins d'ARN, à condition de disposer des éléments constitutifs que sont les nucléotides.

En laboratoire, la sélection naturelle a produit des ribozymes capables d'autoréplication. Contrairement au double brin d'ADN, qui se présente sous la forme d'une double hélice régulière, le brin unique des molécules d'ARN adopte diverses conformations tridimensionnelles déterminées par la séquence nucléotidique. Ainsi, la molécule possède à la fois un génotype (sa séquence nucléotidique) et un phénotype (sa conformation, qui interagit de façon particulière avec les molécules

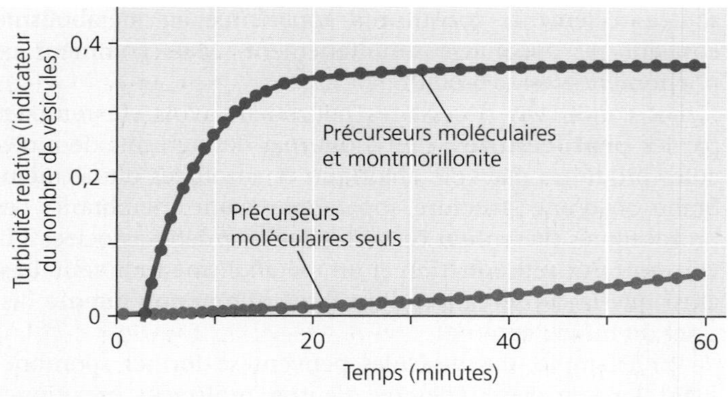

(a) Autoassemblage. La présence d'argile montmorillonite accélère grandement l'autoassemblage des vésicules, un indicateur du nombre de vésicules.

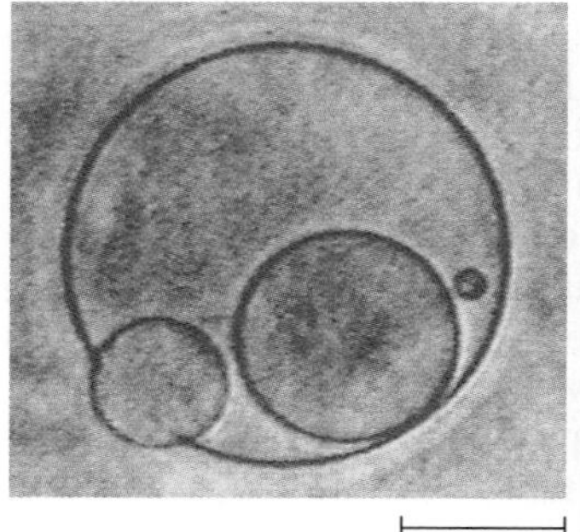

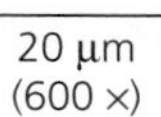

(b) Reproduction. Les vésicules se divisent d'elles-mêmes, comme cette vésicule qui « engendre » des vésicules plus petites (MP).

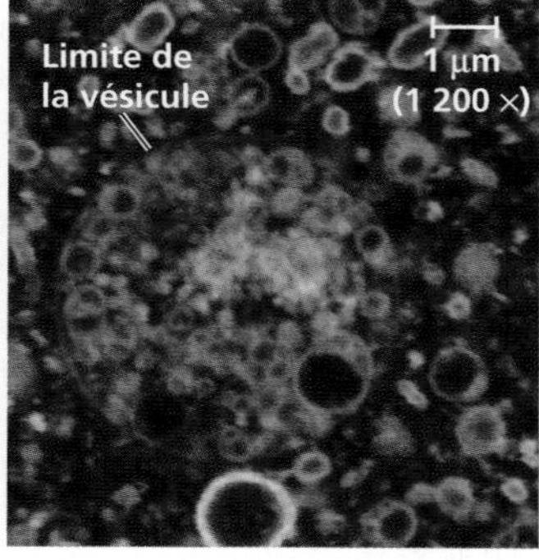

(c) Absorption d'ARN. Cette vésicule a incorporé des particules d'argile montmorillonite recouvertes d'ARN (en orangé).

▲ **Figure 25.3 Les caractéristiques des vésicules produites par voie abiotique.**

environnantes). Dans un milieu donné, les molécules d'ARN dotées de certaines séquences de bases azotées sont plus stables et se répliquent plus rapidement et plus fidèlement que les autres. Autrement dit, la molécule d'ARN dont la séquence est la mieux adaptée à l'environnement et la plus capable de s'autorépliquer engendrera le plus grand nombre de molécules. Parfois, une erreur de transcription donne naissance à une molécule qui adoptera une forme encore plus stable ou encore plus apte à l'autoréplication que la séquence ancestrale. Des phénomènes de sélection semblables pourraient s'être produits sur la Terre primitive, et la biologie moléculaire d'aujourd'hui pourrait bien avoir été précédée par un « monde de l'ARN » où de petites molécules d'ARN contenant de l'information génétique auraient pu se répliquer et stocker l'information relative aux vésicules qui les transportaient.

Une vésicule contenant de l'ARN capable d'autoréplication et dotée d'un pouvoir catalytique se serait distinguée de ses nombreuses voisines dépourvues d'ARN ou contenant de l'ARN ne possédant pas ces propriétés. Si cette vésicule avait pu croître, se diviser et transmettre ses molécules d'ARN à ses descendants, ces derniers auraient hérité de plusieurs propriétés de leur parent. Ces premières vésicules n'auraient porté qu'un petit nombre d'informations concernant quelques propriétés seulement, mais leurs caractéristiques héréditaires auraient pu être soumises à la sélection naturelle. Les mieux adaptées de ces protocellules auraient proliféré en raison de leur capacité supérieure d'exploiter efficacement leurs ressources et de transmettre ces caractéristiques aux générations suivantes.

Après l'apparition de ces séquences d'ARN porteuses d'information génétique dans les protocellules, de nombreux autres changements auraient pu survenir. Par exemple, l'ARN aurait pu fournir une matrice pour l'assemblage des nucléotides d'ADN. L'avantage de l'ADN bicaténaire, en tant que support de l'information génétique, est d'être beaucoup plus stable que le fragile ARN monocaténaire et de se répliquer en faisant moins d'erreurs. Cette rigueur serait devenue essentielle à partir du moment où les génomes auraient pris de l'ampleur sous l'effet de la duplication des gènes et d'autres processus, et où les protocellules auraient dû encoder un plus grand nombre d'informations génétiques. Quand l'ADN a commencé à stocker et à répliquer l'information génétique, les molécules d'ARN auraient amorcé leur rôle actuel, c'est-à-dire servir d'intermédiaires dans la traduction des programmes génétiques. Le « monde de l'ARN » aurait alors cédé la place au « monde de l'ADN ». Tout aurait été en place pour permettre l'explosion des formes de la vie qui, gouvernée par la sélection naturelle, s'est poursuivie jusqu'à nos jours. Les archives géologiques témoignent de l'apparition de ces changements.

RETOUR SUR LE CONCEPT **25.1**

1. Quelle hypothèse Miller et Urey ont-ils vérifiée grâce à leur expérience ?
2. Pourquoi l'apparition des protocellules représente-t-elle une étape clé dans l'origine de la vie ?
3. **FAITES DES LIENS** Lors du passage du « monde de l'ARN » au « monde de l'ADN », l'information génétique a changé de support. Après avoir révisé les figures 17.3 (p. 381) et 19.8 (p. 450), dites comment cette évolution aurait pu se produire. Observe-t-on couramment de tels changements de nos jours ?

Voir les réponses proposées à la fin du chapitre.

CONCEPT **25.2**

Les archives fossiles permettent d'établir la chronologie de la vie sur la Terre

Les archives fossiles lèvent un coin du voile sur le monde tel qu'il était il y a très longtemps et donnent un aperçu de l'évolution de la vie sur des milliards d'années en commençant par les premières traces de son existence. Dans cette section, nous examinerons ce que révèlent les archives fossiles sur les changements majeurs qui ont marqué l'histoire de la vie – ce qu'ils ont été et comment ils ont pu se produire.

Les archives fossiles

Comme nous l'avons vu au chapitre 22, les roches sédimentaires sont de loin les plus riches en fossiles. Les archives fossiles sont donc essentiellement basées sur l'ordre dans lequel les fossiles se sont accumulés dans ces couches sédimentaires appelées **strates** (voir la figure 22.3, p. 526). D'autres types de fossiles, tels les insectes préservés dans de l'ambre (de la sève fossilisée) ou les Mammifères prisonniers des sols congelés ou des glaces, fournissent également des informations utiles.

Les archives fossiles montrent que les types d'organismes qui ont peuplé la Terre à divers moments (**figure 25.4**) ont connu de profonds changements. De nombreux organismes du passé différaient considérablement des organismes contemporains, et bon nombre d'organismes qui pullulaient jadis sont aujourd'hui éteints. Les archives fossiles nous apprennent aussi comment de nouveaux groupes d'organismes sont issus de ceux qui existaient avant eux.

Gardez à l'esprit que les archives fossiles, si substantielles et significatives soient-elles, restent une chronique incomplète des changements produits par l'évolution. En effet, d'innombrables organismes ne se sont pas fossilisés parce qu'ils ne sont pas morts au bon endroit et au bon moment. De plus, bon nombre de ceux qui ont été fossilisés ont été ensuite détruits par des processus géologiques et, à ce jour, seule une petite fraction des autres a été découverte. Enfin, les archives fossiles connues comportent un biais en faveur des espèces qui ont vécu sur de longues périodes, qui étaient répandues dans certains types de milieux et qui possédaient des coquilles, des carapaces, des squelettes, etc., car ces structures facilitent la fossilisation. Cela dit, malgré leurs limites, les archives fossiles permettent de dresser un compte rendu remarquablement détaillé du changement biologique à l'échelle des temps géologiques. De plus, comme en témoignent les fossiles des ancêtres de la baleine dotés de membres postérieurs (voir les figures 22.19, p. 537, et 22.20, p. 538), de nouvelles découvertes continuent de combler les lacunes que comportent les archives fossiles mises au jour.

Si certaines de ces découvertes sont fortuites, d'autres illustrent la nature prédictive de la paléontologie. Par exemple, des chercheurs qui voulaient découvrir un proche ancêtre des premiers vertébrés terrestres ont prédit qu'un tel fossile se trouverait probablement dans le lit d'une rivière creusé dans des roches sédimentaires datant de 375 millions d'années (âge basé sur des fossiles qu'on y a déjà découverts). Après avoir fouillé pendant plusieurs années une rivière située dans l'un de ces rares endroits dans le monde (l'île Ellesmere, dans le Nunavut), leurs prédictions se sont réalisées en 2004 avec la découverte de *Tiktaalik*, un organisme aquatique étroitement relié aux premiers vertébrés à avoir marché sur la terre ferme (voir les figures 25.4 et 34.20, p. 827).

La datation des roches et des fossiles

Les fossiles sont des documents précieux pour reconstruire l'histoire de la vie, mais seulement si on peut déterminer le moment où ils s'inscrivent dans le déroulement de cette histoire. L'ordre des fossiles dans les strates rocheuses nous renseigne sur l'ordre dans lequel ils sont morts, autrement dit sur leur «âge relatif», mais il ne nous dit pas quel est leur âge absolu. (Notez que l'«âge absolu» n'est pas synonyme d'âge certain; ce terme signifie simplement que l'âge est donné en années plutôt que dans des termes relatifs comme *avant* ou *après*.) Examiner les positions relatives des fossiles dans les strates, c'est un peu comme enlever une à une des couches de tapisserie dans une vieille maison: on peut déterminer dans quel ordre les couches ont été appliquées, mais pas l'année où elles l'ont été. Alors comment peut-on déterminer l'âge absolu d'un fossile? L'une des techniques de datation les plus courantes est la **datation radiométrique**, qui est basée sur la désintégration des isotopes radioactifs (voir le chapitre 2). Au cours de ce processus, un isotope radioactif «parent» se désintègre et se transforme en isotope «fils» à une vitesse fixe. Cette vitesse de désintégration s'exprime par la **demi-vie**, qui représente le temps nécessaire à la désintégration de 50 % de l'isotope parent (**figure 25.5**, page 593). Chaque type d'isotope radioactif a une demi-vie caractéristique que ne modifient ni la température, ni la pression, ni aucune autre variable environnementale. Ainsi, le carbone 14 se désintègre relativement rapidement; il a une demi-vie de 5 730 années. L'uranium 238 se désintègre lentement; sa demi-vie est de 4,5 milliards d'années.

Les fossiles contiennent des isotopes de certains éléments qui se sont accumulés pendant la vie des organismes. Par exemple, le carbone qui se trouve dans un organisme vivant comprend l'isotope le plus commun, le carbone 12, de même qu'un isotope radioactif, le carbone 14. Lorsqu'il meurt, l'organisme cesse d'accumuler du carbone, et la quantité de carbone 12 qu'il contient ne change plus; par contre, le carbone 14 que renferme l'organisme se désintègre lentement pour se transformer en un autre élément, l'azote 14. Par conséquent, la mesure du ratio de carbone 14 par rapport au carbone 12 dans un fossile permet de déterminer son âge. Cette méthode est efficace pour dater des fossiles qui ont jusqu'à 75 000 ans environ. Les fossiles plus vieux ne contiennent pas suffisamment de carbone 14 pour qu'on puisse le détecter avec les techniques actuelles; il faut alors recourir à des isotopes dont la demi-vie est plus longue.

Déterminer l'âge de ces fossiles plus anciens dans les roches sédimentaires pose un défi. En effet, les organismes n'incorporent pas de radio-isotopes à longues demi-vies, comme l'uranium 238, lorsqu'ils produisent leurs os ou leur carapace. De plus, les roches sédimentaires sont généralement constituées de sédiments d'âges différents. La datation directe de ces très vieux fossiles est donc généralement impossible. Il est toutefois possible de procéder indirectement par déduction, en estimant l'âge des couches de roches volcaniques entre lesquelles les fossiles sont emprisonnés. En effet, en refroidissant, la lave se transforme en roche volcanique et emprisonne les radio-isotopes de l'environnement dans lequel vivaient les organismes fossilisés. Or, certains de ces radio-isotopes ont de longues demi-vies, ce qui permet aux géologues d'évaluer l'âge des roches volcaniques anciennes. Par exemple, si deux couches volcaniques ont respectivement 525 millions et 535 millions d'années, on sait que les fossiles pris entre ces deux couches ont autour de 530 millions d'années.

Maintenant que nous savons comment on date les fossiles, nous allons voir ce qu'ils nous apprennent.

L'origine des nouveaux groupes d'organismes

Certains fossiles fournissent des informations détaillées sur l'origine des nouveaux groupes d'organismes. Ces empreintes jouent donc un rôle primordial dans notre compréhension de

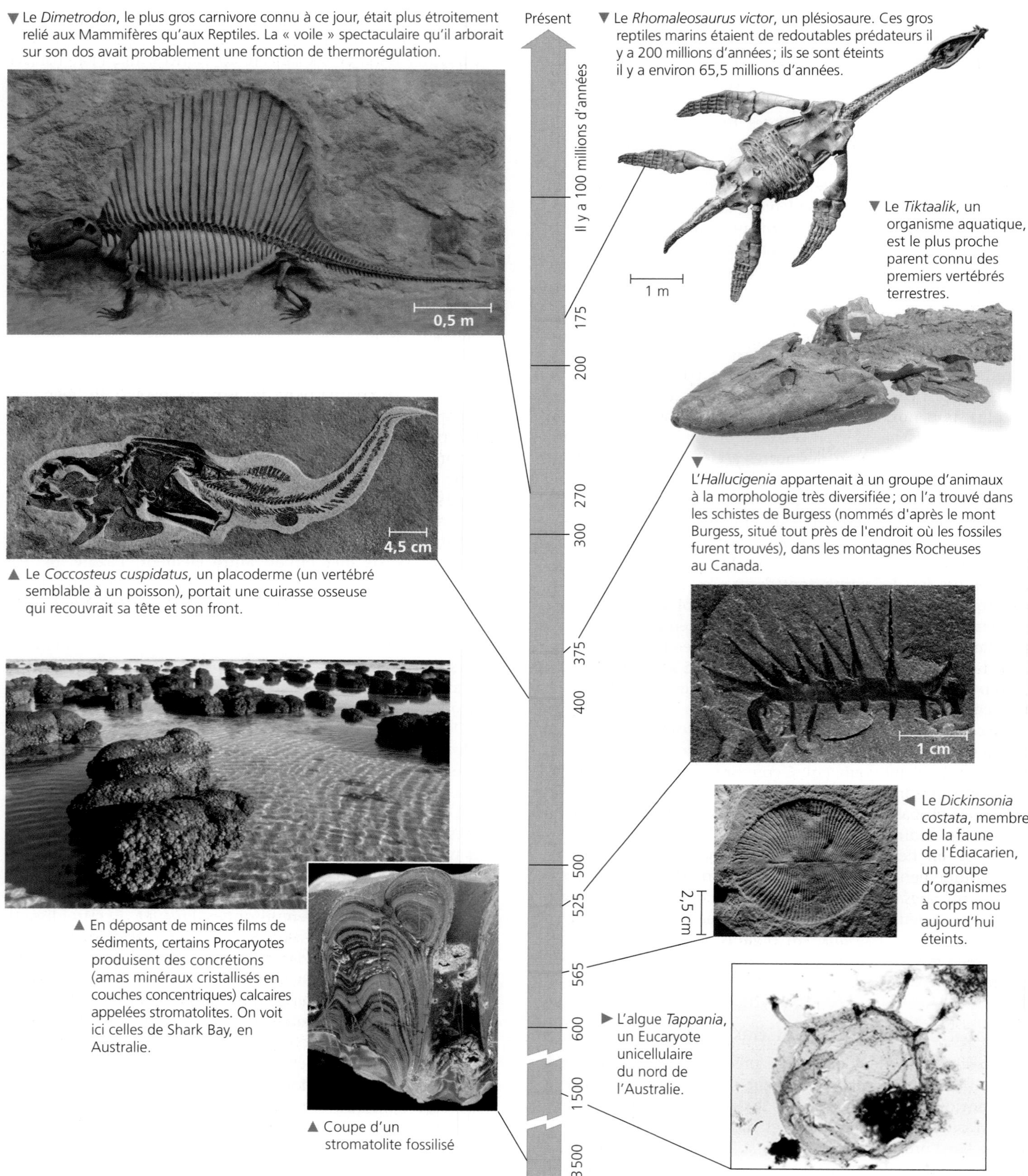

▼ Le *Dimetrodon*, le plus gros carnivore connu à ce jour, était plus étroitement relié aux Mammifères qu'aux Reptiles. La « voile » spectaculaire qu'il arborait sur son dos avait probablement une fonction de thermorégulation.

▼ Le *Rhomaleosaurus victor*, un plésiosaure. Ces gros reptiles marins étaient de redoutables prédateurs il y a 200 millions d'années ; ils se sont éteints il y a environ 65,5 millions d'années.

▼ Le *Tiktaalik*, un organisme aquatique, est le plus proche parent connu des premiers vertébrés terrestres.

▲ Le *Coccosteus cuspidatus*, un placoderme (un vertébré semblable à un poisson), portait une cuirasse osseuse qui recouvrait sa tête et son front.

▼ L'*Hallucigenia* appartenait à un groupe d'animaux à la morphologie très diversifiée ; on l'a trouvé dans les schistes de Burgess (nommés d'après le mont Burgess, situé tout près de l'endroit où les fossiles furent trouvés), dans les montagnes Rocheuses au Canada.

◀ Le *Dickinsonia costata*, membre de la faune de l'Édiacarien, un groupe d'organismes à corps mou aujourd'hui éteints.

▲ En déposant de minces films de sédiments, certains Procaryotes produisent des concrétions (amas minéraux cristallisés en couches concentriques) calcaires appelées stromatolites. On voit ici celles de Shark Bay, en Australie.

▶ L'algue *Tappania*, un Eucaryote unicellulaire du nord de l'Australie.

▲ Coupe d'un stromatolite fossilisé

▲ **Figure 25.4 Documenter l'histoire de la vie.** Ces fossiles montrent des organismes qui ont vécu à différents moments. Même s'ils ne figurent qu'en bas du diagramme, les Procaryotes et les Eucaryotes unicellulaires existent toujours. En fait, la majeure partie des organismes de la planète sont unicellulaires.

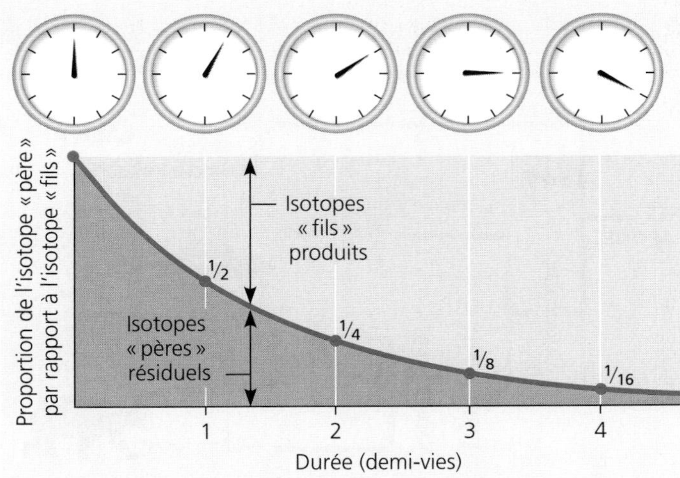

▲ **Figure 25.5 La datation radiométrique.** Dans ce diagramme, chaque division de l'horloge représente une demi-vie.

FAITES UN DESSIN *Sur l'axe des abscisses de ce graphique, remplacez les repères actuels par des mesures temporelles en années pour illustrer la désintégration de l'uranium 238 (dont la demi-vie est de 4,5 milliards d'années).*

l'évolution; elles révèlent comment de nouvelles caractéristiques émergent et combien de temps elles mettent à se produire. Nous nous intéresserons ici à un cas précis: l'origine des Mammifères.

Comme les Amphibiens et les Reptiles, les Mammifères appartiennent au groupe des Tétrapodes (du grec *tetra*, «quatre», et *pod*, «pied»), ainsi nommés parce qu'ils ont quatre membres. Les Mammifères possèdent un certain nombre de caractéristiques anatomiques uniques qui se fossilisent aisément, ce qui permet aux scientifiques de retracer leur origine. Ainsi, la mâchoire inférieure est formée d'un seul os (la mandibule) chez les Mammifères, et de plusieurs os chez les autres Tétrapodes. De plus, chez les Mammifères, les mâchoires inférieure et supérieure s'articulent sur des structures osseuses différentes de celles des autres Tétrapodes. Comme nous le verrons au chapitre 34, chez les Mammifères, la transmission du son dans l'oreille moyenne fait intervenir trois os (le marteau, l'enclume et l'étrier), alors que chez les autres Tétrapodes on n'en trouve qu'un seul (l'étrier). Finalement, alors que la denture des autres Tétrapodes consiste habituellement en deux rangées de dents toutes semblables, à une seule pointe, les Mammifères ont des dents différenciées: ils ont des incisives (pour couper), des canines (pour déchirer) ainsi que des prémolaires et des molaires à plusieurs pointes (pour écraser et broyer).

Comme l'illustre la **figure 25.6**, les archives fossiles indiquent que les caractéristiques spécifiques des mâchoires et des dents des Mammifères ont évolué avec le temps en plusieurs étapes. Lorsque vous observez la figure 25.6, gardez à l'esprit qu'elle ne présente que quelques exemples de crânes des fossiles qui marquent l'origine des Mammifères. Si tous les crânes fossiles connus étaient rangés côte à côte selon leur forme, on verrait leurs caractéristiques se transformer graduellement d'un groupe au suivant. Certains montreraient comment les caractéristiques des Mammifères, le groupe dominant aujourd'hui, sont apparues progressivement à partir de celles d'un groupe qui existait auparavant, les Cynodontes. D'autres révéleraient des embranchements sur l'arbre de la vie, des groupes d'organismes qui ont prospéré pendant des millions d'années, puis se sont éteints sans laisser de descendants qui aient survécu jusqu'à aujourd'hui.

RETOUR SUR LE CONCEPT **25.2**

1. Selon vos mesures, le ratio carbone 14/carbone 12 du crâne fossilisé que vous avez découvert représente environ 1/16 de celui des crânes des animaux actuels. Quel est l'âge approximatif du crâne fossilisé?
2. Donnez un exemple tiré des archives fossiles qui montre à quel point la vie a changé au fil du temps.
3. **ET SI?** Supposons que les chercheurs découvrent le fossile d'un organisme qui a vécu il y a 300 millions d'années, mais dont les dents et l'articulation du maxillaire sont caractéristiques des Mammifères. Qu'est-ce que l'existence de ce fossile vous permettrait de déduire au sujet de l'origine des Mammifères et de l'évolution des nouvelles structures squelettiques? Expliquez votre réponse.

Voir les réponses proposées à la fin du chapitre.

CONCEPT **25.3**

L'apparition des organismes unicellulaires et des organismes multicellulaires et la colonisation des milieux terrestres sont des événements clés dans l'histoire de la vie

L'étude des fossiles a aidé les géologues à établir les **archives géologiques** de la vie de la Terre, qui se divise en trois éons (**tableau 25.1**, page 595). Les deux premiers éons, l'Archéen et le Protérozoïque, ont duré approximativement quatre milliards d'années. On parle souvent du Précambrien pour désigner collectivement ces deux éons. Le troisième, le Phanérozoïque, qui englobe en gros le dernier demi-milliard d'années, couvre la majeure partie de l'époque où la vie existait sur Terre sous forme d'Eucaryotes multicellulaires; il est lui-même divisé en trois ères: le Paléozoïque, le Mésozoïque et le Cénozoïque. Chaque ère représente un âge distinct dans l'histoire de la Terre et de sa vie. Par exemple, le Mésozoïque est parfois appelé l'« ère des Reptiles » en raison de l'abondance de ses fossiles reptiliens, dont ceux des Dinosaures. Les frontières entre les ères correspondent aux périodes d'extinctions massives apparaissant clairement dans les archives géologiques: de nombreuses formes de vie sont alors disparues et ont été remplacées par d'autres qui ont évolué à partir des organismes survivants.

▼ **Figure 25.6**

PANORAMA L'origine des Mammifères

Durant 120 millions d'années, les Mammifères ont émergé graduellement d'un groupe de tétrapodes, les Synapsides. On voit ici quelques-uns des nombreux organismes fossiles dont les caractéristiques morphologiques correspondent aux étapes intermédiaires entre des Mammifères d'aujourd'hui et leurs ancêtres synapsides. Le diagramme arborescent ci-contre illustre le contexte de l'origine des Mammifères sur le plan de l'évolution (le symbole † indique une lignée éteinte).

AUTRES TÉTRAPODES
Reptiles (y compris les Dinosaures et les Oiseaux)
Synapsides
†*Dimetrodon*
Thérapsides
Cynodontes
†Cynodontes très anciens (non mammifères)
Mammifères

Code de couleurs des os

Articulaire
Mandibule
Carré
Temporal

Les Synapsides (il y a 300 millions d'années)

Les Synapsides possédaient une mâchoire inférieure formée de plusieurs os et portaient des dents à une seule pointe. L'articulation de leur mâchoire était formée par les os articulaire et carré. Derrière leur globe oculaire, il y avait une ouverture, la *fosse temporale*, par où passaient probablement les puissants muscles des joues qui assuraient la fermeture de la mâchoire. Avec le temps, cette ouverture s'est agrandie et s'est déplacée en avant de l'articulation, entre les maxillaires inférieur et supérieur, ce qui a encore augmenté la puissance et la précision de la fermeture des mâchoires (comme le fait d'allonger la distance entre la poignée d'une porte et les charnières rend plus faciles les mouvements de fermeture et d'ouverture).

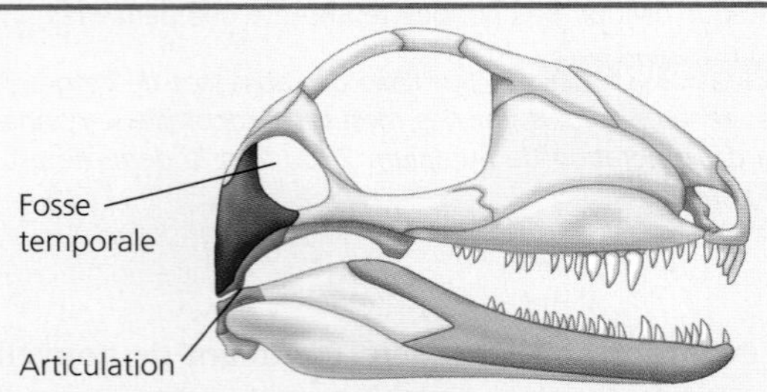

Les Thérapsides (il y a 280 millions d'années)

Plus tard, un groupe de Synapsides, les *Thérapsides*, est apparu. Les Thérapsides se caractérisaient par de larges mandibules et de longues faces, et par l'apparition des premières dents spécialisées, de grandes canines – tendances qui se sont maintenues chez un groupe de Thérapsides qu'on appelle les Cynodontes.

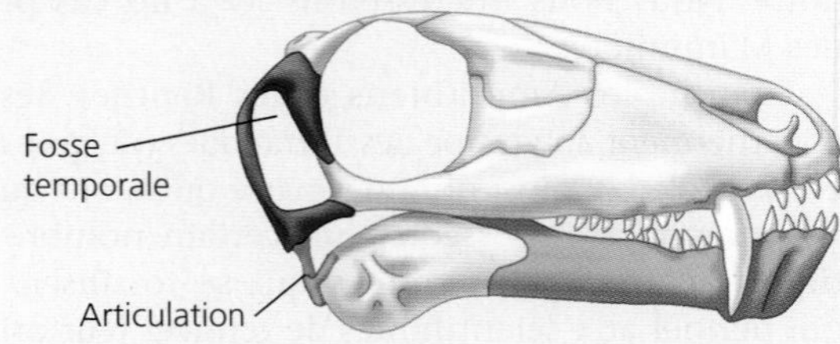

Les premiers Cynodontes (il y a 260 millions d'années)

Chez les premiers Thérapsides cynodontes, la mandibule était le plus gros os de la mâchoire inférieure, la fosse temporale était grande et se situait en avant de l'articulation de la mâchoire; les dents à plusieurs cuspides (pointes) avaient fait leur apparition (non représentées ici). L'articulation de leur mâchoire était formée par les os articulaire et carré, comme chez les premiers Synapsides.

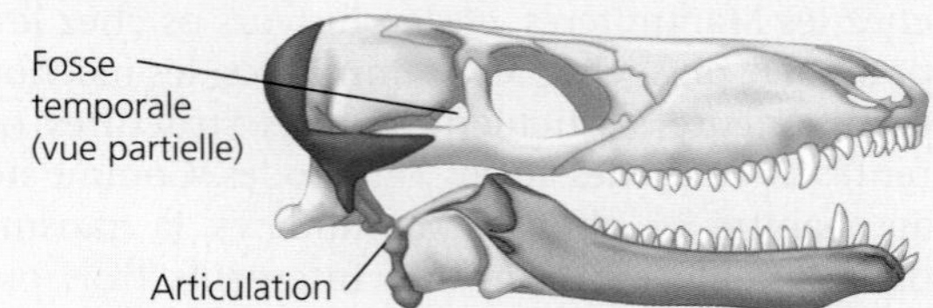

Les Cynodontes plus évolués (il y a 220 millions d'années)

Les Cynodontes plus évolués se caractérisent par la complexité de la disposition des cuspides de leurs dents et la double articulation de leurs maxillaires inférieur et supérieur: ils ont conservé la première articulation (os articulaire et os carré) et une seconde est apparue entre la mandibule et l'os temporal. (Sur cette illustration et la suivante, la fosse temporale est invisible sous cet angle.)

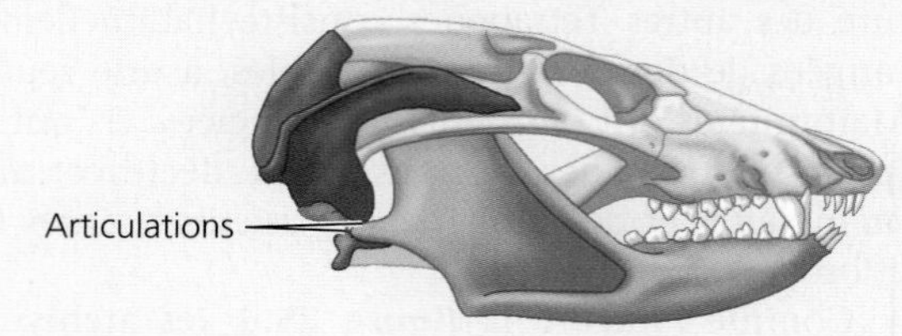

Les derniers Cynodontes (il y a 195 millions d'années)

Chez certains des tout derniers Cynodontes (non mammifères) et chez les premiers Mammifères, la première articulation (os articulaire et os carré) a disparu, et il ne reste plus que l'articulation de la mandibule et de l'os temporal entre les maxillaires inférieur et supérieur, comme chez les Mammifères contemporains. L'os articulaire et l'os carré se sont déplacés vers la région de l'oreille (invisible sur cette illustration), où ils servaient à transmettre le son. Dans la lignée des Mammifères, ces deux os deviendront le marteau (malléus) et l'enclume (incus) illustrés à la figure 34.31 (page 835).

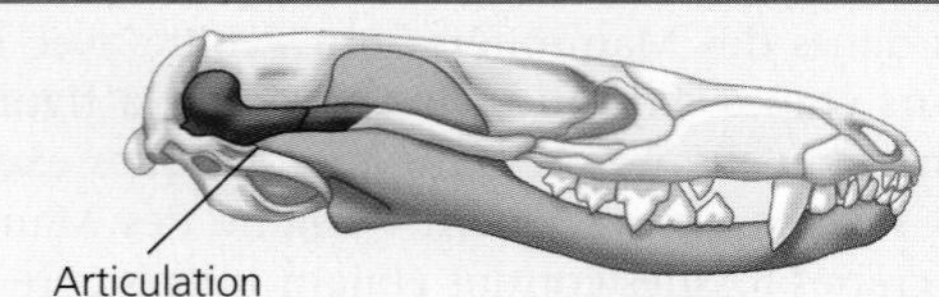

Tableau 25.1 Les archives géologiques

Durée relative des éons	Ère	Période	Époque	Âge (millions d'années écoulées)	Jalons de l'histoire de la vie
Phané-rozoïque	Cénozoïque	Quaternaire	Holocène	0,01	Temps historiques
			Pléistocène	2,6	Époque glaciaire ; apparition du genre *Homo*
		Néogène	Pliocène	5,3	Apparition des ancêtres des humains bipèdes
			Miocène	23	Poursuite de la radiance adaptative des Mammifères et des Angiospermes ; apparition des premiers ancêtres directs des humains
		Paléogène	Oligocène	33,9	Origine de nombreux groupes de Primates
			Éocène	55,8	Suprématie accrue des Angiospermes ; poursuite de la radiance adaptative de la plupart des ordres de Mammifères modernes
			Paléocène	65,5	Importante radiance adaptative des Mammifères, des Oiseaux et des Insectes pollinisateurs
Protéro-zoïque	Mésozoïque	Crétacé		145,5	Apparition et diversification des plantes à fleurs (Angiospermes) ; extinction de nombreux groupes d'organismes, dont les Dinosaures, à la fin de la période (extinctions du Crétacé)
		Jurassique		199,6	Suprématie des Gymnospermes chez les Végétaux ; abondance et diversité des Dinosaures
		Trias		251	Domination des paysages par les Conifères (Gymnospermes) ; radiance adaptative des Dinosaures ; origine des Mammifères
	Paléozoïque	Permien		299	Radiance adaptative des Reptiles ; origine de la plupart des ordres d'Insectes modernes ; extinction de nombreux organismes marins et terrestres à la fin de la période
		Carbonifère		359	Immenses forêts de plantes vasculaires ; apparition des premières plantes à graines ; origine des Reptiles ; suprématie des Amphibiens
		Dévonien		416	Diversification des Poissons osseux ; premiers Tétrapodes et premiers Insectes
		Silurien		444	Diversification des premières plantes vasculaires
		Ordovicien		488	Abondance des Algues marines ; colonisation de la terre ferme par les Eumycètes, les Végétaux et les Animaux
Archéen		Cambrien		542	Augmentation soudaine de la diversité de nombreux embranchements d'Animaux (explosion du Cambrien)
		Édiacarien		635	Présence de diverses Algues et d'Invertébrés à corps mou
				2 100	Fossiles d'Eucaryotes les plus anciens
				2 500	
				2 700	Accumulation de dioxygène dans l'atmosphère
				3 500	Fossiles de Procaryotes les plus anciens
				3 800	Roches les plus anciennes connues à la surface de la Terre
				Environ 4 600	Origine de la Terre

Nous venons de voir que les archives fossiles donnent une vue d'ensemble de l'histoire de la vie à l'échelle des temps géologiques. Concentrons-nous maintenant sur certains événements majeurs qui ont marqué cette histoire, et que nous étudierons plus en détail dans la partie 5. La **figure 25.7** utilise l'analogie de l'horloge pour situer ces événements dans le contexte des archives géologiques. Cette horloge réapparaîtra à divers endroits dans ce chapitre pour vous permettre de situer d'un coup d'œil le moment où ont eu lieu les événements dont il est question.

Les premiers organismes unicellulaires

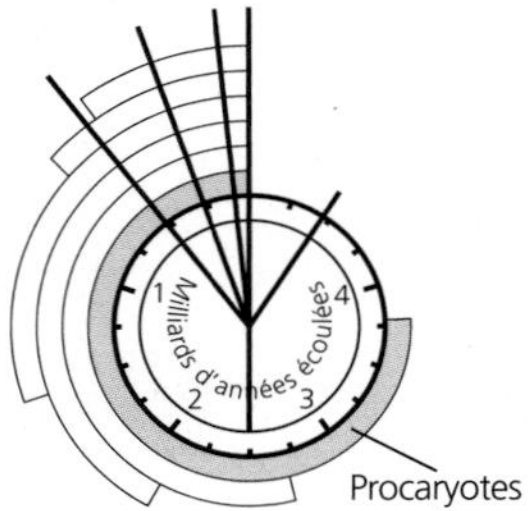

Les premières preuves directes de l'existence d'une vie sur la Terre datent d'il y a 3,5 milliards d'années et viennent de stromatolites fossilisés (voir la figure 25.4). Les **stromatolites** sont des couches minérales concentriques formées par certains Procaryotes qui ont déposé successivement de minces films de sédiments. De nos jours, on ne trouve des stromatolites que dans quelques baies salées chaudes et peu profondes. Si des communautés de bactéries aussi complexes existaient il y a 3,5 milliards d'années, on peut raisonnablement supposer que la vie a émergé beaucoup plus tôt, peut-être même il y a 3,9 milliards d'années.

Apparus il y a au moins 3,5 milliards d'années, les premiers Procaryotes ont été les seuls habitants de la Terre jusqu'à il y a 2,1 milliards d'années environ. Et, comme nous allons le voir, ces Procaryotes ont transformé la vie sur la Terre.

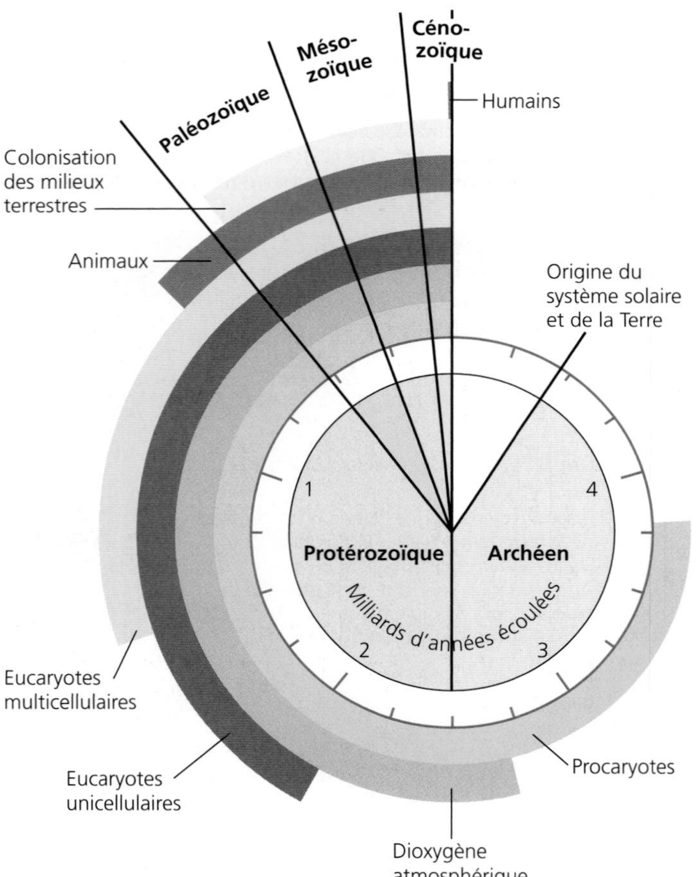

▲ **Figure 25.7 Représentation sous forme d'horloge de quelques événements clés de l'histoire de la Terre.** L'horloge représente dans le sens des aiguilles d'une montre la période comprise entre l'origine de la Terre, il y a 4,6 milliards d'années, et le temps présent.

La photosynthèse et la révolution du dioxygène

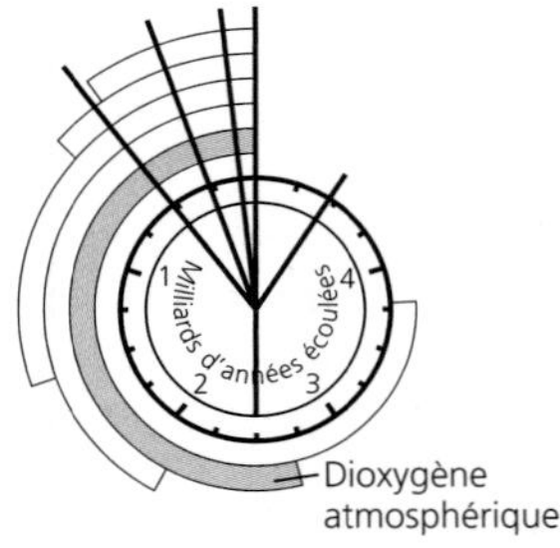

La majeure partie de l'O_2 atmosphérique est d'origine biologique et provient de la scission de la molécule d'eau pendant la photosynthèse. Lorsque la photosynthèse aérobie est apparue, le O_2 qu'elle produisait s'est probablement dissous dans l'eau environnante, jusqu'à ce qu'elle atteigne une concentration suffisante pour réagir avec le fer dissous pour donner l'oxyde de fer (communément appelé *rouille*) sous forme de précipité. Ces sédiments comprimés ont été à l'origine des formations ferrifères rubanées, les couches de roche rouge riches en oxyde de fer qui constituent aujourd'hui de précieuses sources de minerai de fer. Une fois que tout le fer dissous a précipité sous forme d'oxyde de fer, le O_2 additionnel a enfin commencé à s'échapper des mers et des lacs et à s'accumuler dans l'atmosphère. L'oxydation des roches terrestres riches en fer, qui a commencé il y a approximativement 2,7 milliards d'années, est la trace laissée par ce phénomène. Selon cette chronologie, des bactéries similaires à nos Cyanobactéries (bactéries photosynthétiques libératrices d'oxygène) seraient apparues il y a 2,7 milliards d'années.

L'accumulation de O_2 atmosphérique s'est faite graduellement au cours de la période comprise entre 2,7 et 2,3 milliards d'années avant notre ère. Elle s'est ensuite accélérée, et le O_2 a alors atteint un niveau correspondant à plus de 10 % de la quantité actuelle (**figure 25.8**). Cette « révolution du dioxygène » a eu des conséquences déterminantes pour la vie.

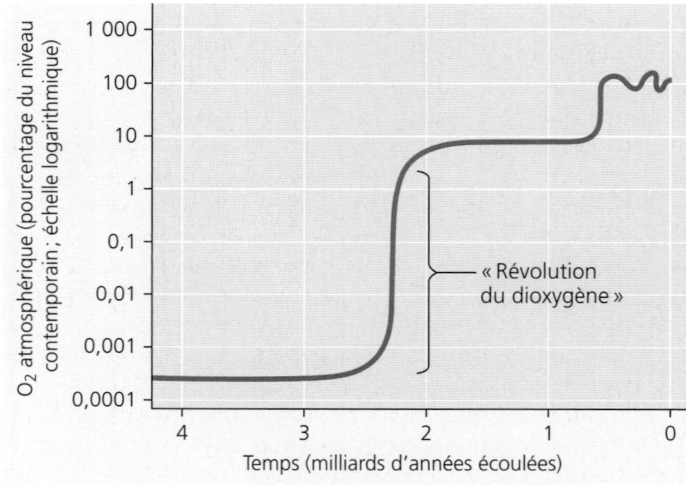

▲ **Figure 25.8 L'avènement de l'oxygène atmosphérique.** L'analyse chimique de roches très anciennes a permis d'établir les taux d'oxygène atmosphérique au cours de l'histoire de la Terre.

Sous forme de molécules ou d'ions libres, ou de composés comme le peroxyde d'hydrogène, le dioxygène s'attaque aux liaisons chimiques; il peut inhiber les enzymes et endommager les cellules. L'augmentation de sa concentration dans l'atmosphère a probablement causé la disparition de nombreux groupes de Procaryotes. Certaines espèces ont survécu dans des habitats qui étaient restés anaérobies, dans lesquels on trouve encore aujourd'hui leurs descendants, des anaérobies stricts (voir le chapitre 27). Les autres survivants se sont adaptés de diverses manières à la modification de l'atmosphère, notamment grâce à la respiration cellulaire, qui utilise le O_2 dans le processus d'exploitation de l'énergie emmagasinée dans les molécules organiques.

La première augmentation graduelle de la concentration de O_2 dans l'atmosphère a été associée à la photosynthèse chez les Cyanobactéries primitives. Qu'est-ce qui a causé l'accélération de production de O_2 quelques centaines de millions d'années plus tard? Comme nous allons le voir, certains chercheurs pensent que l'apparition des cellules eucaryotes contenant des chloroplastes pourrait expliquer le phénomène.

Les premiers Eucaryotes

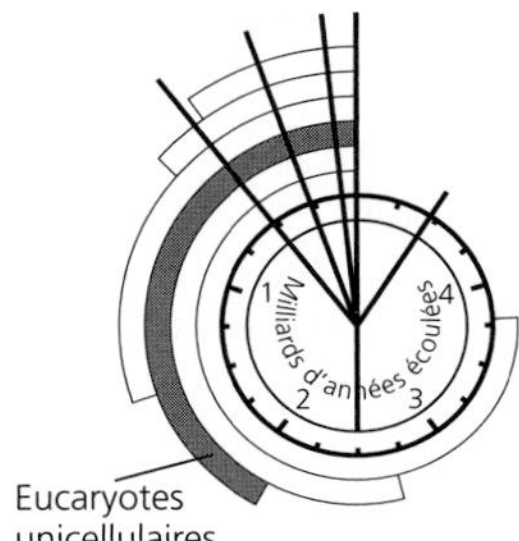

On estime à 2,1 milliards d'années l'âge des plus vieux fossiles d'organismes eucaryotes reconnus par la plupart des scientifiques. Souvenez-vous que les cellules eucaryotes ont une organisation plus complexe que les cellules procaryotes: elles possèdent une enveloppe nucléaire, des mitochondries, un réticulum endoplasmique et d'autres structures internes dont les cellules procaryotes sont dépourvues. De plus, un cytosquelette leur permet de changer de forme pour entourer et absorber d'autres cellules.

Comment l'organisation complexe de la cellule eucaryote a-t-elle pu évoluer à partir de la cellule procaryote, si simple? Comment ces caractéristiques eucaryotes sont-elles apparues à partir de cellules procaryotes? De nombreux faits étayent la **théorie de l'endosymbiose**, selon laquelle les mitochondries et les plastes (un terme général qui désigne les chloroplastes et les organites connexes) étaient auparavant de petits Procaryotes qui vivaient à l'intérieur de cellules plus grandes. On appelle *endosymbionte* une cellule qui vit à l'intérieur d'une autre *cellule hôte*. Les ancêtres procaryotes des mitochondries et des plastes ont probablement pénétré dans la cellule hôte sous forme de proies non digérées ou de parasites. Étonnamment, les scientifiques ont observé directement des cas où des endosymbiontes qui étaient d'abord des proies ou des parasites en sont venus à entretenir une relation mutuellement bénéfique avec leur hôte, et ce, en moins de cinq ans.

Quel que soit le moyen par lequel la relation a débuté, on peut facilement s'imaginer que la symbiose a fini par devenir avantageuse pour les deux cellules. En effet, un hôte hétérotrophe (un organisme qui se nourrit d'autres organismes ou des substances qui en proviennent) pouvait utiliser les nutriments libérés par les endosymbiontes photosynthétiques. En outre, dans un monde de plus en plus aérobie, une cellule elle-même anaérobie pouvait bénéficier des endosymbiontes aérobies qui tiraient profit du dioxygène. Devenant de plus en plus interdépendants, l'hôte et les endosymbiontes auraient formé un organisme unique, dont les éléments étaient indissociables. Tous les Eucaryotes, qu'ils soient hétérotrophes ou autotrophes, ont des mitochondries ou des traces génétiques de ces organites. En revanche, les Eucaryotes ne sont pas tous pourvus de plastes. Donc, selon l'hypothèse de l'**endosymbiose en série** (suite d'événements endosymbiotiques), les mitochondries seraient apparues avant les plastes (**figure 25.9**).

De nombreux faits étayent l'origine endosymbiotique des plastes et des mitochondries. Les membranes internes de ces deux organites comportent des enzymes et des mécanismes de transport analogues à ceux qu'on trouve dans les membranes plasmiques des Procaryotes actuels. La réplication des mitochondries et des plastes s'accomplit par un processus de division qui rappelle la scission binaire chez certains Procaryotes. Chaque organite contient une seule molécule d'ADN circulaire qui, comme les chromosomes des Bactéries, n'est pas associée à des histones ou à d'autres protéines. Ces organites contiennent les molécules d'ARN de transfert, les ribosomes et d'autres molécules nécessaires à la transcription de l'ADN et à la traduction de l'ARN en protéines. En ce qui concerne la taille, la séquence de nucléotides et la sensibilité à certains antibiotiques, les ribosomes des mitochondries et des plastes s'apparentent davantage aux ribosomes des Procaryotes qu'aux ribosomes cytoplasmiques des cellules eucaryotes.

L'origine de la multicellularité

Un orchestre peut jouer une plus grande variété d'œuvres musicales qu'un seul violoniste; la plus grande complexité de l'orchestre permet un plus grand nombre de variations. De même, la structure plus complexe des cellules eucaryotes a permis une diversité morphologique supérieure à celle des cellules procaryotes plus simples. Le développement des formes de vie unicellulaires très variées qui a suivi l'apparition des premiers Eucaryotes est à l'origine de la diversité des Eucaryotes unicellulaires qui continuent de se multiplier aujourd'hui. Mais une autre vague de diversification a suivi: certains Eucaryotes unicellulaires ont engendré des formes multicellulaires, qui ont elles-mêmes engendré toute une variété d'Algues, de Végétaux, d'Eumycètes et d'Animaux.

Les premiers Eucaryotes multicellulaires

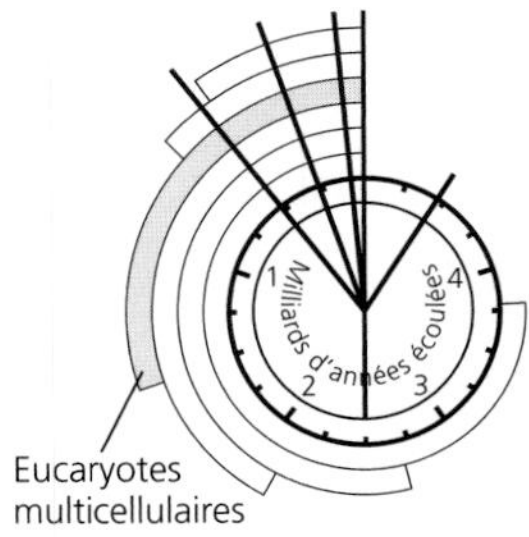

Les comparaisons de séquences d'ADN font remonter l'ancêtre commun des Eucaryotes multicellulaires à environ 1,5 milliard d'années. En première approximation, ce résultat concorde à peu près avec les archives fossiles: les plus anciens fossiles connus d'Eucaryotes multicellulaires proviennent d'Algues relativement petites qui ont vécu il y a environ 1,2 milliard d'années. Les Eucaryotes multicellulaires plus grands et plus complexes n'apparaissent dans les archives géologiques qu'environ 575 millions d'années plus tard (voir la figure 25.4). Ces fossiles qui forment ce qu'on appelle la *faune de l'Édiacarien* sont ceux d'organismes à corps mou dont la taille pouvait dépasser un mètre de long et qui ont vécu il y a de cela entre 575 et 535 millions d'années.

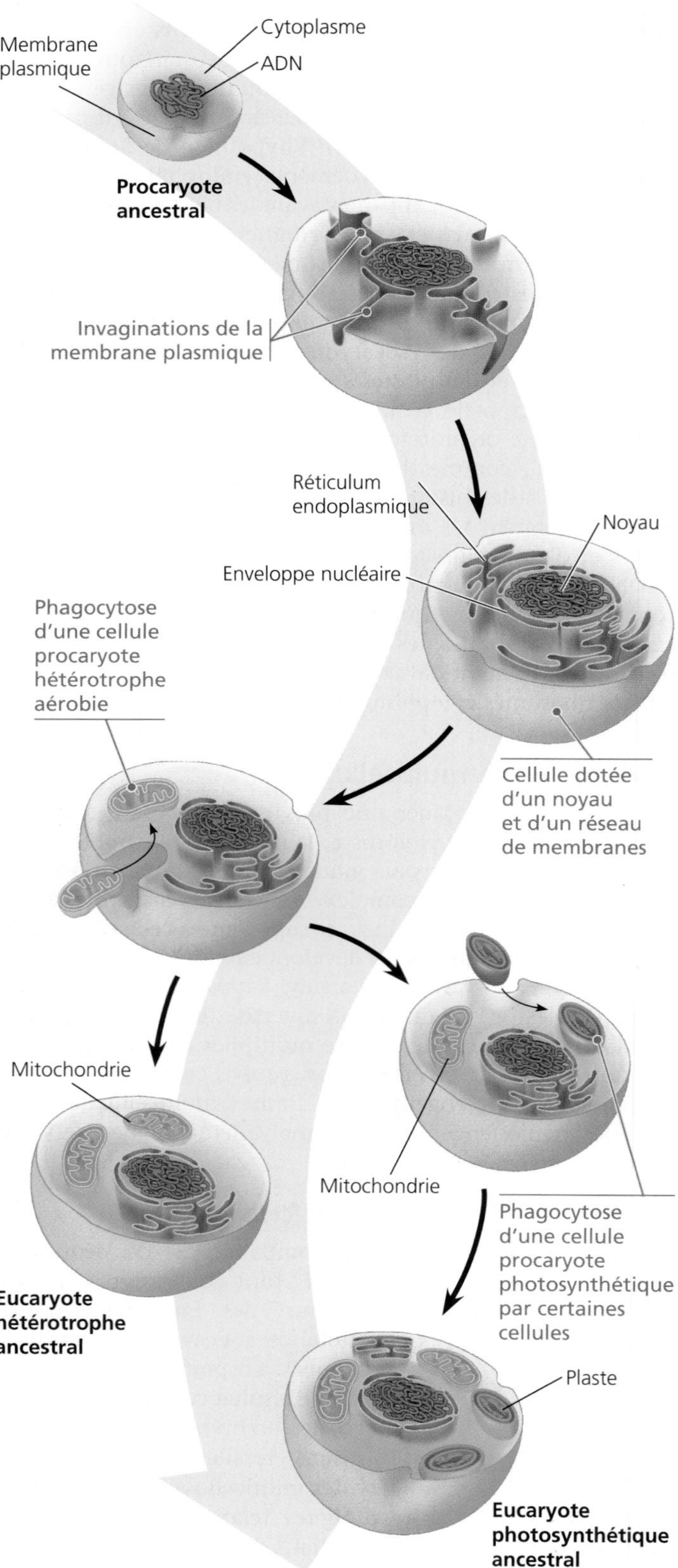

▲ **Figure 25.9 Le modèle explicatif de l'origine des Eucaryotes par l'endosymbiose en série.** Les ancêtres présumés des mitochondries étaient des Procaryotes hétérotrophes aérobies (ils utilisent de l'oxygène pour métaboliser les molécules organiques provenant d'autres organismes); les ancêtres présumés des plastes étaient des Procaryotes photosynthétiques. Dans cette figure, les flèches représentent le changement au fil de l'évolution.

Pourquoi la taille et la diversité des Eucaryotes multicellulaires ont-elles été relativement limitées jusqu'à la fin du Protérozoïque? Les géologues ont découvert récemment les traces d'une série d'ères glaciaires aux froids intenses survenues durant la période située entre 750 millions et 580 millions d'années. Durant cette période, des glaciers ont envahi à plusieurs reprises les terres émergées d'un pôle à l'autre, et les océans étaient couverts de glace. Selon l'hypothèse de la *Terre boule de neige*, la majeure partie des formes de vie auraient été confinées aux régions situées près des sources hydrothermales et des volcans sous-marins ainsi qu'aux rares endroits où la glace aurait fondu suffisamment pour laisser la lumière pénétrer dans l'eau. Les archives géologiques de la première grande diversification des Eucaryotes multicellulaires coïncident avec l'époque de la fonte de la «Terre boule de neige» voilà environ 575 millions d'années. Environ 40 millions d'années plus tard, la Terre s'apprêtait à connaître une autre remarquable explosion de changements résultant de l'évolution.

L'explosion du Cambrien

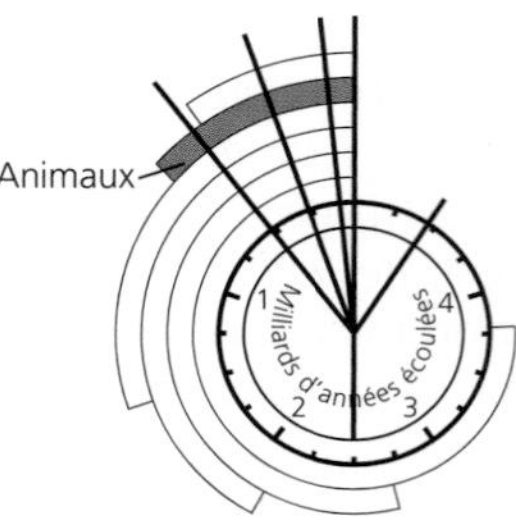

De nombreux embranchements d'Animaux contemporains apparaissent soudainement dans les archives géologiques du début du Cambrien (il y a de cela entre 535 et 525 millions d'années); c'est ce qu'on appelle l'**explosion du Cambrien**. Des fossiles de plusieurs groupes d'animaux – des éponges, des Cnidaires (l'embranchement qui comprend les anémones de mer et des organismes apparentés) ainsi que des Mollusques – apparaissent dans des roches encore plus vieilles datant de la fin du Protérozoïque (**figure 25.10**).

Avant l'explosion du Cambrien, tous les animaux de grande taille avaient un corps allongé. Les fossiles des grands animaux précambriens révèlent peu de traces de prédation. Ces animaux semblent avoir été des herbivores (se nourrissant d'Algues), des suspensivores (des organismes qui s'alimentent avec de la nourriture en suspension, comme le plancton) ou des charognards, et non des chasseurs. L'explosion du Cambrien allait changer tout cela. Au cours d'une période relativement courte, 10 millions d'années, des prédateurs de plus d'un mètre de long munis de griffes ou d'autres organes destinés à capturer des proies sont apparus; simultanément, les proies se sont dotées de nouvelles adaptations défensives, comme des aiguilles très pointues et de lourdes «armures» corporelles (voir la figure 25.4).

Malgré les formidables effets de l'explosion du Cambrien, il se peut que l'origine de nombreux embranchements des Animaux soit beaucoup plus ancienne. Certaines analyses d'ADN laissent penser que la plupart des embranchements des Animaux sont apparus et ont commencé à diverger il y a de cela entre 1 milliard et 700 millions d'années. Même si ces évaluations sont erronées, l'étude de fossiles découverts récemment en Chine permet de supposer que des animaux semblables à ceux des embranchements des Animaux actuels habitaient la Terre déjà des dizaines de millions d'années

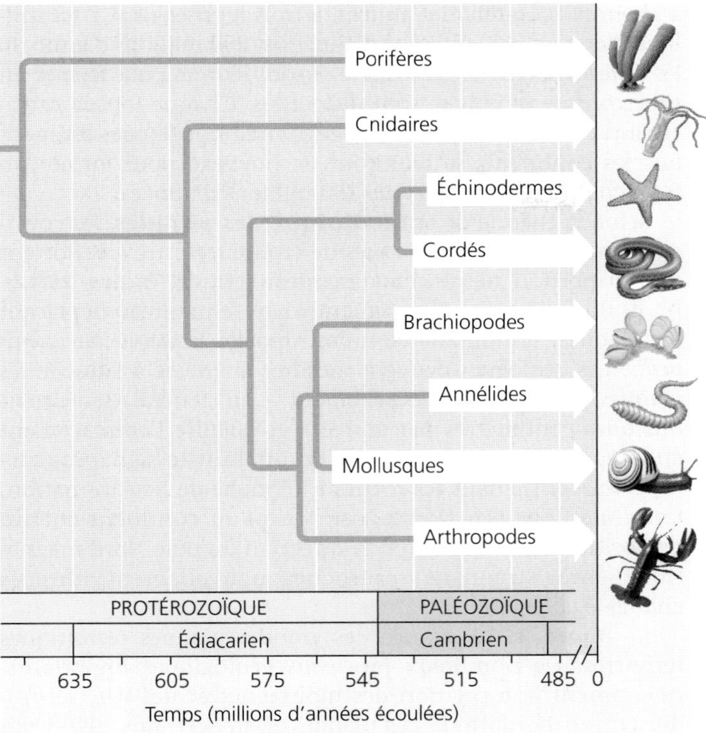

▲ **Figure 25.10 L'apparition de quelques groupes d'animaux.** Les barres blanches indiquent les premières apparitions de ces groupes d'animaux dans les archives fossiles.

FAITES UN DESSIN *Encerclez l'embranchement qui représente l'ancêtre commun le plus récent des Cordés et des Annélides. Quel serait l'âge minimal de cet ancêtre?*

avant l'explosion du Cambrien. Parmi ces découvertes figurent des spécimens vieux de 575 millions d'années et magnifiquement préservés de ce que la plupart des scientifiques croient être des embryons animaux ou des membres de groupes éteints étroitement liés aux Animaux (**figure 25.11**). Il semble donc que l'amorce qui a déclenché l'explosion du Cambrien couvait depuis très longtemps – au moins 40 millions années si l'on se fie aux fossiles chinois et des centaines de millions

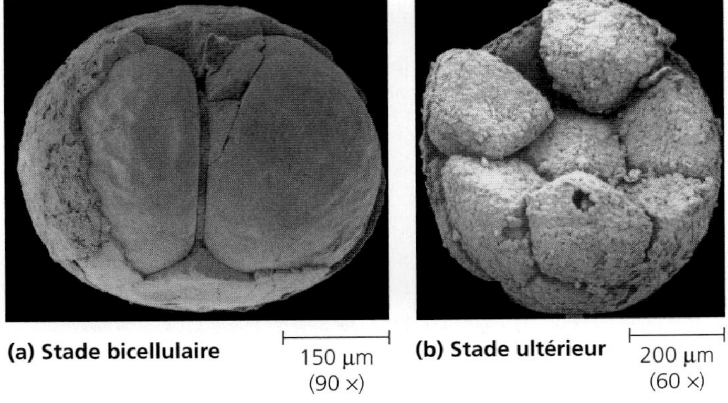

▲ **Figure 25.11 Des embryons animaux fossilisés datant du Protérozoïque (MEB).**

d'années si certains embranchements des Animaux sont aussi vieux que l'indiquent certaines analyses d'ADN.

La colonisation des milieux terrestres

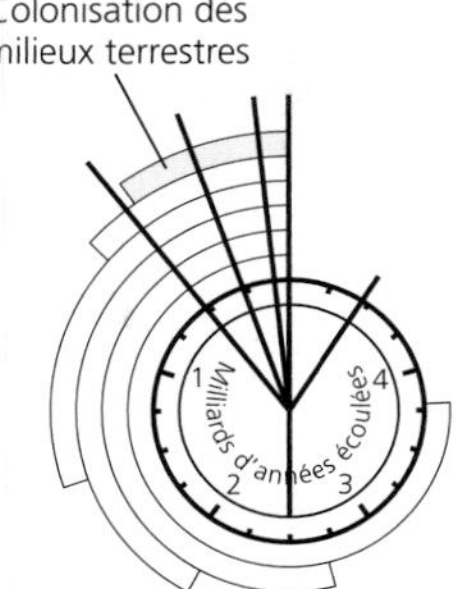

La colonisation des milieux terrestres marque un jalon crucial dans l'histoire de la vie. Des fossiles prouvent que les Cyanobactéries et d'autres Procaryotes photosynthétiques recouvraient les surfaces terrestres humides il y a déjà plus d'un milliard d'années. Cependant, les organismes macroscopiques comme les Végétaux, les Eumycètes et les Animaux ont commencé à coloniser les milieux terrestres il y a seulement 500 millions d'années, au début de l'ère paléozoïque. L'avancée progressive hors des milieux aquatiques ancestraux a été associée à l'apparition d'adaptations prévenant la déshydratation et permettant la reproduction sur la terre ferme.

Par exemple, de nombreux végétaux actuels possèdent un système vasculaire assurant le transport interne de matériaux et leurs feuilles sont recouvertes d'une couche de cire hydrofuge qui ralentit l'évaporation de l'eau. Les premières traces de ces adaptations datent de quelque 420 millions d'années; de petits végétaux (d'environ 10 cm de haut) possédaient alors un système vasculaire, mais ils étaient encore dépourvus de feuilles et de vraies racines. Environ 500 millions d'années plus tard, les Végétaux s'étaient grandement diversifiés, et comprenaient des roseaux et des plantes semblables à des arbres, avec des feuilles et de vraies racines.

Les Végétaux ont colonisé les milieux terrestres en compagnie des Eumycètes. Encore aujourd'hui, les racines de la plupart des végétaux sont associées à des Eumycètes microscopiques qui facilitent l'absorption de l'eau et des minéraux contenus dans le sol (voir le chapitre 31); ces Eumycètes tirent à leur tour des nutriments organiques des Végétaux. De telles associations mutuellement avantageuses entre Végétaux et Eumycètes sont manifestes dans quelques-unes des racines fossilisées les plus anciennes – ce qui fait remonter la relation aux débuts de la propagation de la vie dans les milieux terrestres.

Bien que de nombreux groupes d'Animaux soient représentés dans les environnements terrestres, les plus répandus et les plus diversifiés des animaux terrestres sont des Arthropodes (en particulier les Insectes et les Araignées) et des Tétrapodes (principalement les Amphibiens, les Reptiles, dont les Oiseaux, et les Mammifères). Les Arthropodes ont été les premiers Animaux à coloniser la terre ferme, il y a de cela quelque 420 millions d'années. Les plus anciens Tétrapodes trouvés dans les archives fossiles ont vécu il y a quelque 365 millions d'années et semblent être issus d'un groupe de poissons à nageoires charnues (voir le chapitre 34). Le groupe des Tétrapodes inclut la lignée humaine, même si elle est entrée en scène beaucoup plus tard; en effet, cette lignée a divergé de celle d'autres Hominoïdes (singes anthropoïdes) il y a seulement six ou sept millions d'années. Si on modifiait l'horloge de l'histoire de la Terre de façon qu'elle représente une heure, elle indiquerait qu'il ne s'est écoulé que 0,2 seconde depuis l'apparition des humains.

RETOUR SUR LE CONCEPT 25.3

1. La première apparition d'oxygène moléculaire dans l'atmosphère a probablement déclenché une extinction massive chez les Procaryotes. Expliquez pourquoi.
2. Quels faits étayent l'hypothèse voulant que les mitochondries ont précédé les plastes au cours de l'évolution des cellules eucaryotes ?
3. ET SI ? À quoi ressembleraient les archives fossiles de notre époque ?

Voir les réponses proposées à la fin du chapitre.

CONCEPT 25.4

L'ascension et le déclin des groupes d'organismes sont le reflet des différences marquant les taux de spéciation et d'extinction

L'ascension et le déclin de certains groupes d'organismes marquent le cours de la vie sur la Terre depuis ses débuts. Les Procaryotes anaérobies sont apparus, ont prospéré, puis se sont éteints lorsque la teneur en dioxygène de l'atmosphère a commencé à s'élever. Des milliards d'années plus tard, les premiers Tétrapodes ont émergé de la mer et ont engendré plusieurs grands groupes de nouveaux organismes. L'un de ces groupes, celui des Amphibiens, a dominé la vie sur la Terre pendant 100 millions d'années, jusqu'à ce que d'autres Tétrapodes (notamment les Dinosaures et, plus tard, les Mammifères) deviennent à leur tour les vertébrés terrestres dominants.

L'ascension et le déclin de ces grands groupes d'organismes et de ceux qui les ont suivis ont façonné l'histoire de la vie. Plus précisément, l'ascension et le déclin d'un groupe particulier sont liés aux taux de spéciation et d'extinction des membres de son espèce. De la même manière qu'une population s'accroît lorsque les naissances excèdent les décès, l'ascension d'un groupe d'organismes survient lorsque le nombre de nouvelles espèces qu'il produit dépasse le nombre de celles qui s'éteignent; évidemment, ce même groupe décline quand la disparition d'espèces l'emporte sur l'apparition de nouvelles espèces. Comme nous allons le voir, des processus à grande échelle comme la tectonique des plaques, les extinctions de masse et les radiances adaptatives influent sur le destin des groupes d'organismes.

La tectonique des plaques

Si on avait photographié la Terre depuis l'espace tous les 10 000 ans et qu'on avait réuni ces photos pour en faire un film, on verrait quelque chose que beaucoup d'entre nous imaginent difficilement : les continents apparemment « solides comme du roc » sur lesquels nous vivons se déplacent lentement. Depuis l'apparition des Eucaryotes multicellulaires il y a environ 1,5 milliard d'années, à trois reprises (il y a 1,1 milliard d'années, 600 millions d'années et 250 millions d'années), les terres émergées de la planète se sont réunies pour former un supercontinent, puis se sont disloquées. Chaque fois, la configuration des continents a changé. Certains géologues estiment que les continents se réuniront de nouveau pour former un supercontinent dans quelque 250 millions d'années.

Selon la théorie de la **tectonique des plaques**, les continents sont de grandes plaques de croûte terrestre qui flottent sur une portion du très chaud manteau terrestre (**figure 25.12**). Au fil du temps, des mouvements dans le manteau déplacent les plaques, entraînant ce qu'on appelle la *dérive des continents*. Les géologues peuvent mesurer la vitesse à laquelle les plaques se déplacent actuellement – en général, seulement quelques centimètres par année – et déduire l'emplacement antérieur de chaque continent en utilisant le signal magnétique enregistré dans les roches à l'époque de leur formation. Cette méthode fonctionne, car, lorsqu'un continent change de position au fil du temps, la direction du pôle Nord magnétique enregistré dans ses roches nouvellement formées change également.

La **figure 25.13** montre les grandes plaques tectoniques terrestres. De nombreux processus géologiques importants, notamment la formation des montagnes et des îles, se produisent en bordure de ces plaques. Dans certains cas, il y a divergence : deux plaques s'éloignent l'une de l'autre, comme les plaques de l'Amérique du Nord et de l'Eurasie, qui s'écartent actuellement d'environ deux centimètres par année. Dans d'autres cas, deux plaques glissent l'une sur l'autre, déterminant des régions dans lesquelles les séismes sont fréquents. La tristement célèbre faille de San Andreas, en Californie, fait partie d'une zone de contact où deux plaques glissent l'une sur l'autre. Dans d'autres cas encore, deux plaques entrent en collision. Généralement, les plaques océaniques (celles qui forment le fond des océans) sont plus denses que les plaques terrestres, de sorte que lorsqu'une plaque océanique bute contre une plaque terrestre, la plaque océanique s'enfonce généralement sous la plaque terrestre. La collision de deux plaques océaniques ou de deux plaques terrestres entraîne de violents bouleversements et elle est à l'origine de la formation des montagnes, qui surgissent aux limites des plaques. Un exemple spectaculaire de ce phénomène s'est produit il y a 45 millions d'années, lorsque la plaque indienne s'est écrasée sur la plaque eurasienne, entraînant la formation de la chaîne de l'Himalaya.

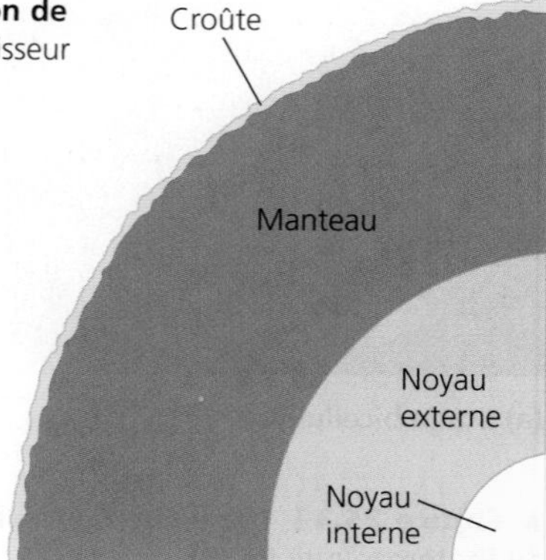

► **Figure 25.12 Vue en section de la Terre.** Ce schéma exagère l'épaisseur de la croûte terrestre.

Les conséquences de la dérive des continents

Le déplacement des plaques tectoniques réorganise la géographie lentement mais sûrement, et ses effets cumulatifs sont spectaculaires. En plus de remodeler les caractéristiques physiques de notre planète, ce phénomène a des répercussions majeures sur la vie, car il modifie les habitats des organismes. Examinez les changements que montre la **figure 25.14**. Il y a quelque 250 millions d'années, le déplacement des plaques a réuni tous les continents pour former un supercontinent appelé **Pangée**. Les bassins océaniques se sont approfondis, ce qui a abaissé le niveau de la mer et drainé les mers côtières. À l'époque, la plupart des espèces marines vivaient dans les eaux peu profondes, comme de nos jours, et la formation de la Pangée a détruit une bonne partie de cet habitat. De plus, le climat de l'intérieur de ce vaste continent était probablement encore plus froid et plus sec que celui de l'Asie centrale d'aujourd'hui. Globalement, la formation de la Pangée a eu un tel impact sur l'environnement physique et climatique qu'elle a entraîné l'extinction de certaines espèces et ouvert de nouvelles possibilités aux groupes d'organismes qui y ont survécu.

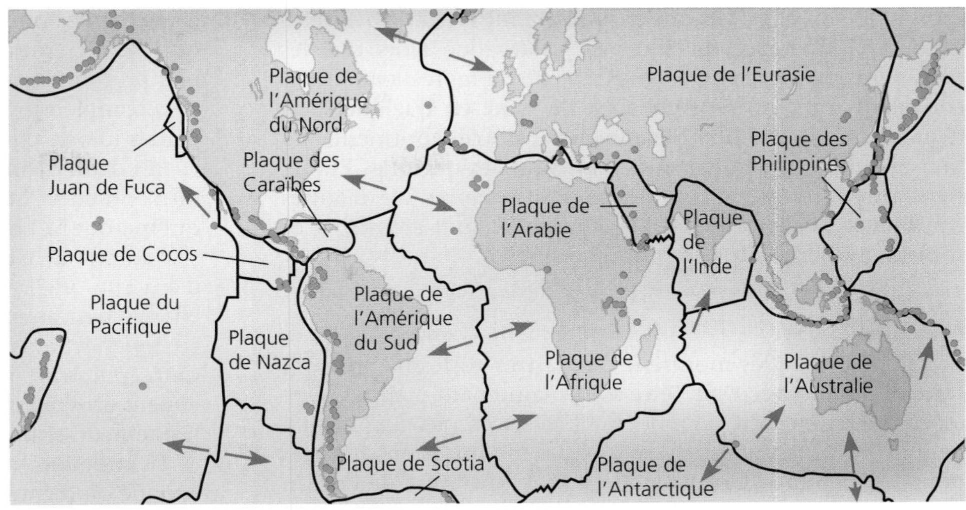

▲ **Figure 25.13 Les principales plaques tectoniques.** Les flèches indiquent la direction du déplacement, et les points orangés représentent les zones d'activité tectonique violente.

Les organismes sont soumis aussi aux changements climatiques accompagnant la dérive des continents. Ainsi, la pointe sud du Labrador, au Canada, qui se trouvait autrefois au niveau des tropiques, s'est déplacée de 40° vers le nord au cours de ces derniers 200 millions d'années. Lorsqu'ils affrontent les changements climatiques occasionnés par de tels déplacements, les organismes s'adaptent, migrent dans d'autres régions plus clémentes ou disparaissent (ce qui est arrivé à de nombreux organismes échoués en Antarctique).

La dérive des continents favorise également la spéciation allopatrique à grande échelle. Lorsque les mégacontinents se disloquent, des régions jusque-là reliées se retrouvent isolées géographiquement. Les continents, qui dérivent depuis 200 millions d'années, sont devenus des chantiers distincts de l'évolution, chacun avec ses lignées de Végétaux et d'Animaux qui ont divergé de celles des autres continents.

Enfin, la dérive des continents nous aide à élucider certaines énigmes concernant la distribution géographique d'organismes aujourd'hui disparus. Par exemple, ce phénomène nous permet de comprendre pourquoi des fossiles de reptiles d'eau douce datant du Permien ont été découverts à la fois au Brésil et au Ghana, un État de l'Afrique occidentale. Ces deux régions, maintenant séparées par un océan large de 3 000 km, étaient alors réunies. La dérive des continents explique aussi en bonne partie la distribution des organismes vivant aujourd'hui. Ainsi, ce n'est pas un hasard si la faune et la flore australiennes sont si différentes de celles du reste du monde. Les Mammifères marsupiaux, qui occupent en Australie les mêmes niches écologiques que les Euthériens (Mammifères placentaires) sur les autres continents (voir la figure 22.18, p. 537), sont probablement d'abord apparus là où se trouve aujourd'hui

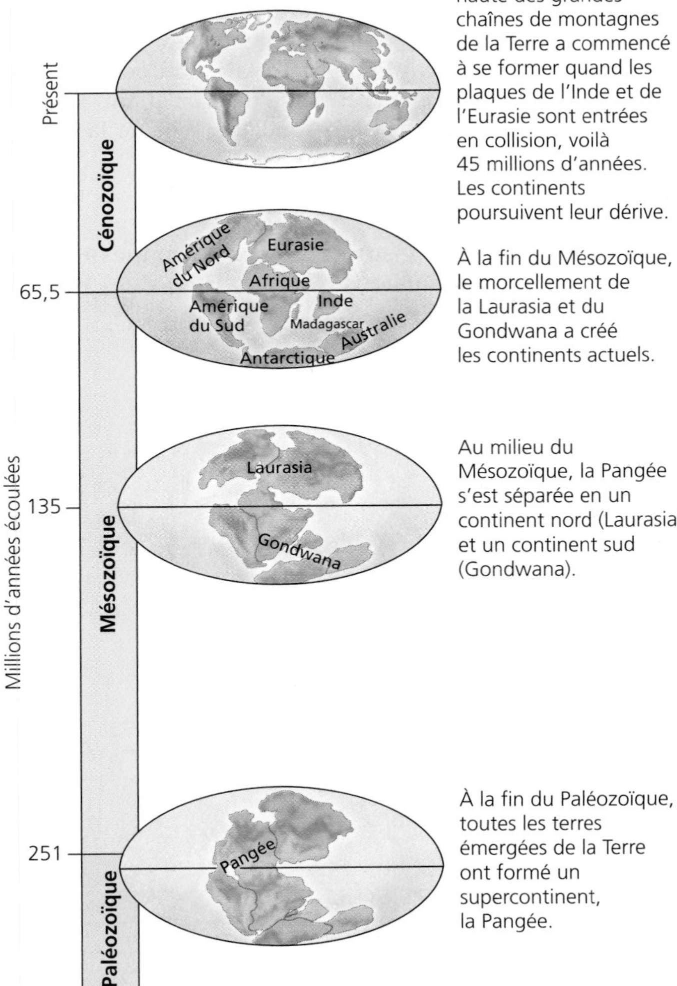

▲ **Figure 25.14 L'histoire de la dérive des continents au cours du Phanérozoïque.**

l'Amérique du Nord ; ils ont ensuite atteint l'Australie en passant par l'Amérique du Sud et l'Antarctique alors que les continents étaient encore soudés. Après le morcellement des continents du Sud, l'Australie est devenue en quelque sorte l'« arche de Noé » des Marsupiaux. Sur ce continent, les Marsupiaux se sont diversifiés, alors que les quelques Euthériens primitifs qui y vivaient se sont éteints ; sur d'autres continents, la majorité des Marsupiaux se sont éteints, et ce sont les Euthériens qui se sont diversifiés.

Les extinctions massives

Les archives fossiles montrent que la très vaste majorité des espèces qui ont vécu sur Terre sont maintenant éteintes. Une espèce peut s'éteindre pour de nombreuses raisons. Son habitat peut avoir été détruit ou avoir subi des modifications néfastes pour ses membres. Par exemple, si la température de l'océan baisse ne serait-ce que de quelques degrés, des espèces qui étaient pourtant bien adaptées risquent d'être anéanties. Par ailleurs, même si les facteurs physiques du milieu demeurent stables, les facteurs biologiques peuvent varier ; le milieu dans lequel vit une espèce compte d'autres organismes, et un changement attribuable à l'évolution d'une espèce est susceptible de se répercuter sur d'autres espèces.

Des extinctions se sont produites et se produisent encore régulièrement, mais à certains moments des perturbations environnementales d'envergure planétaire ont accru le taux d'extinction de manière spectaculaire. Lorsqu'un nombre considérable d'espèces disparaît soudainement de la surface de la Terre, on parle d'**extinction massive**.

Les cinq grandes extinctions massives

Les archives fossiles révèlent l'existence de cinq extinctions massives depuis 500 millions d'années (**figure 25.15**). Ces événements sont particulièrement bien documentés pour ce qui est des Animaux à corps dur qui colonisaient les mers peu profondes, et pour lesquels les archives fossiles sont les plus complètes. Au moins 50 % des espèces marines sont disparues lors de chacune de ces extinctions massives.

Les deux extinctions massives les plus étudiées sont celles du Permien et du Crétacé. L'extinction massive du Permien, qui marque la limite entre le Paléozoïque et le Mésozoïque (il y a de cela 251 millions d'années), a entraîné la disparition d'environ 96 % des espèces d'Animaux marins, ce qui a changé radicalement la vie océanique. La vie terrestre a aussi été touchée : ainsi, 8 ordres d'Insectes sur 27 ont été éliminés. Cette phase de disparitions a duré moins de 500 000 ans – peut-être même beaucoup moins –, un bref instant à l'échelle du temps géologique.

L'extinction massive du Permien s'est produite à une époque où d'énormes éruptions volcaniques ont eu lieu dans la région où se trouve aujourd'hui la Sibérie. Cette époque marque en fait la période d'activité volcanique la plus intense depuis un demi-milliard d'années. Les données géologiques indiquent qu'une superficie de 1,6 million de km² (environ la moitié de la taille de l'Europe occidentale) a été recouverte alors d'une couche de lave dont l'épaisseur variait entre plusieurs centaines et plusieurs milliers de mètres. En plus de déverser d'énormes quantités de lave et de cendres, on estime que les éruptions auraient produit suffisamment de dioxyde de carbone pour réchauffer le climat planétaire de 6 °C. La réduction des écarts de température entre l'équateur et les pôles aurait ralenti le mélange de l'eau des océans, ce qui aurait entraîné une baisse généralisée des concentrations de O_2.

L'hypoxie océanique (faible teneur en oxygène) aurait entraîné la suffocation des organismes qui utilisent l'oxygène et favorisé la croissance de bactéries anaérobies qui dégagent un sous-produit métabolique toxique, le sulfure d'hydrogène

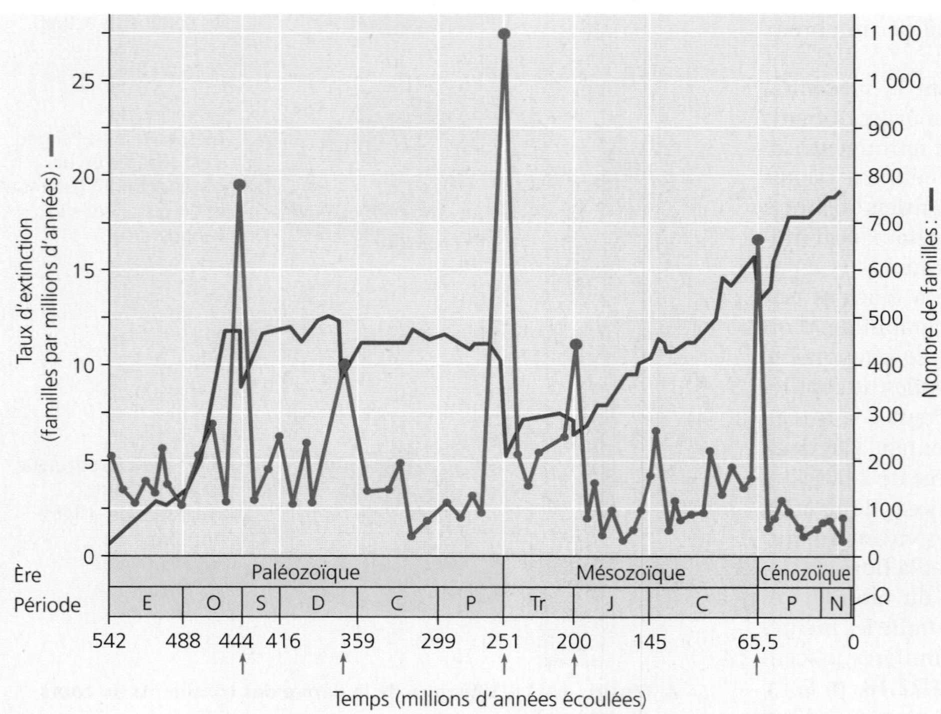

◄ **Figure 25.15 Les extinctions massives et la diversité de la vie.** Les cinq extinctions massives généralement reconnues sont indiquées par les flèches rouges. Elles représentent les pics du taux d'extinction des familles d'animaux marins (courbe rouge et ordonnée de gauche). Ces extinctions massives ont interrompu l'accroissement constant du nombre de familles d'animaux marins (courbe bleue et ordonnée de droite).

? *On estime que 96 % des espèces animales marines ont disparu durant l'extinction massive du Permien. Expliquez pourquoi la courbe bleue n'indique qu'un déclin de 50 % à ce moment.*

(H_2S). L'émission de ce gaz dans l'atmosphère aurait provoqué d'autres extinctions en tuant directement des Végétaux et des Animaux terrestres et en amorçant des réactions chimiques qui auraient détruit la couche d'ozone, un «bouclier» qui protège normalement les organismes contre une exposition potentiellement mortelle aux rayons UV.

L'extinction massive du Crétacé s'est produite il y a 65,5 millions d'années et marque la transition entre le Mésozoïque et le Cénozoïque. Au cours de cet événement, plus de la moitié des espèces marines a été exterminée et de nombreuses familles de végétaux et d'animaux terrestres ont disparu (surtout ceux de grande taille), notamment tous les dinosaures (sauf les oiseaux, qui appartiennent au même groupe; voir le chapitre 34). Un des indices de cette extinction massive réside probablement dans la mince couche d'argile riche en iridium qui sépare les sédiments du Mésozoïque et du Cénozoïque et qui se serait déposée en un temps relativement bref. Dans cette couche, la concentration en iridium est près de 100 fois supérieure à sa teneur habituelle. Or, cet élément, très rare sur la Terre, entre dans la constitution de nombreux météorites et autres corps célestes qui s'abattent occasionnellement sur notre planète. Selon ce qu'ont proposé en 1980 Walter et Luis Alvarez, de même que leurs collègues de la University of California, cette argile pourrait provenir d'un gigantesque nuage de débris formé dans l'atmosphère à la suite d'une collision entre la Terre et un astéroïde ou une grosse comète. Ce nuage aurait fait écran à la lumière solaire et perturbé gravement le climat planétaire durant plusieurs mois.

Avons-nous des preuves de l'existence d'un tel astéroïde ou d'une telle comète? Jusqu'ici, les recherches ont porté principalement sur le cratère de Chicxulub, une cicatrice vieille de 65 millions d'années découverte sous des sédiments, au large de la côte du Yucatán, au Mexique (**figure 25.16**). D'un diamètre d'environ 180 km, ce cratère pourrait avoir été creusé par un corps céleste d'un diamètre de 10 km. Les scientifiques poursuivent leur évaluation critique de cette possibilité et étudient d'autres hypothèses relatives aux extinctions massives.

La sixième vague d'extinctions massives est-elle déjà en cours?

Comme nous le verrons au chapitre 56, les activités humaines – notamment la destruction des habitats – modifient à tel point l'environnement planétaire que de nombreuses espèces sont menacées d'extinction. Depuis 400 ans, plus d'un millier d'espèces ont disparu; et les scientifiques estiment que ce taux d'extinction est de 100 à 1 000 fois plus important que le taux de base historique que révèlent les archives fossiles. Une sixième extinction massive est-elle en cours? Il est malaisé de répondre à cette question, en partie parce qu'il est difficile de documenter le nombre total d'extinctions qui ont lieu en ce moment. Ainsi, les forêts tropicales humides hébergent de nombreuses espèces qui n'ont pas encore été découvertes. La destruction des forêts tropicales peut donc entraîner l'extinction d'espèces dont nous ne connaissons pas encore l'existence. Dans ces conditions, il est donc compliqué d'évaluer l'ampleur de la crise actuelle. Il est évident qu'à ce jour les pertes ne sont pas de l'ordre de celles qu'ont entraînées les cinq épisodes d'extinctions massives, mais ce n'est pas une raison pour sous-estimer la gravité de la situation actuelle. Les programmes de surveillance montrent que de nombreuses espèces déclinent à une vitesse alarmante, et les études sur les ours blancs, les pins et d'autres espèces animales et végétales donnent à penser que les changements climatiques pourraient hâter le déclin de certaines de ces espèces. Les archives fossiles nous apprennent en effet que depuis 500 millions

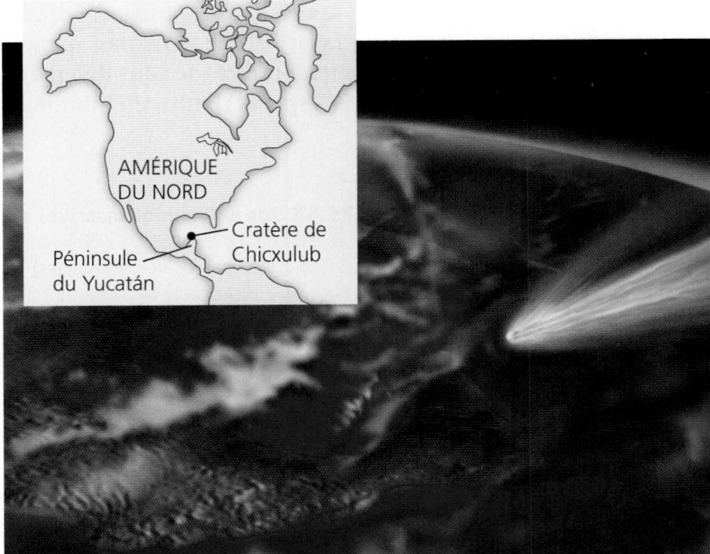

▲ **Figure 25.16 Choc pour la Terre et perturbation de la vie au Crétacé.** Vieux de 65 millions d'années, le cratère de Chicxulub se trouve dans la mer des Caraïbes, près de la péninsule du Yucatán, au Mexique. Sa forme de fer à cheval et la configuration des débris dans les roches sédimentaires indiquent que l'astéroïde ou la comète a frappé la Terre de biais, selon l'axe sud-est. L'illustration représente l'impact et son effet immédiat, un nuage de vapeur chaude et de débris susceptible, d'après certains scientifiques, d'avoir tué la plupart des végétaux et des animaux de l'Amérique du Nord en quelques heures.

d'années les taux d'extinction tendent à augmenter lorsque les températures planétaires sont élevées (**figure 25.17**). Dans l'ensemble, les archives fossiles et la situation actuelle indiquent que si nous ne prenons pas des mesures énergiques pour corriger la situation, une sixième extinction, celle-là d'origine humaine, risque de se produire d'ici quelques siècles ou quelques millénaires.

Les conséquences des extinctions massives

Les extinctions massives sont lourdes de conséquences à long terme. Frappée par la disparition d'un grand nombre d'espèces, une communauté écologique auparavant complexe et prospère n'est plus que l'ombre d'elle-même. Une fois disparue, la lignée évolutive ne peut pas réapparaître; le cours de l'évolution est changé à jamais. Pensez à ce qui serait arrivé si les premiers primates, qui vivaient il y a 66 millions d'années, avaient disparu lors de l'extinction massive du Crétacé. Les êtres humains n'existeraient pas, et la vie sur Terre serait complètement différente de ce qu'elle est aujourd'hui.

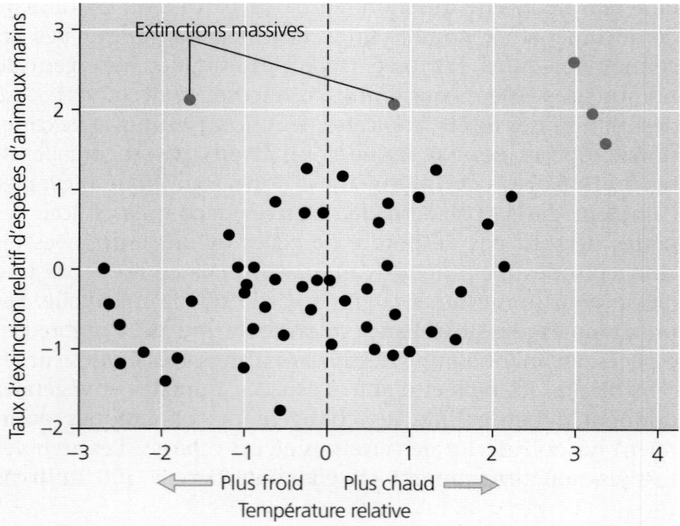

▲ **Figure 25.17 Archives fossiles, extinctions et température.** Le taux d'extinction des espèces coïncide avec l'augmentation de la température planétaire. Les scientifiques estiment cette dernière à l'aide de ratios d'isotopes de dioxygène et la convertissent en un indice où 0 correspond à la température planétaire moyenne.

Les archives fossiles nous disent que, après une extinction massive, il faut généralement de 5 à 10 millions d'années pour que la diversité de la vie retrouve son état antérieur. Dans certains cas, la récupération s'étend sur une période beaucoup plus longue: ainsi, il a fallu 100 millions d'années pour que le nombre de familles d'organismes marins revienne à son niveau d'avant l'extinction massive du Permien (voir la figure 25.15). Ces données donnent à réfléchir. Si les tendances actuelles se maintiennent et qu'une sixième extinction massive se produit, la vie sur Terre mettra des millions d'années à récupérer.

Les extinctions massives peuvent également bouleverser des niches écologiques en changeant le type d'organismes qui s'y trouvent. Ainsi, après les extinctions massives du Permien et du Crétacé, le pourcentage des organismes marins prédateurs a considérablement augmenté (**figure 25.18**). Une augmentation du nombre d'espèces prédatrices accroît les pressions qui s'exercent sur les proies, de même que la concurrence entre les prédateurs. Les extinctions massives peuvent aussi écourter des lignées porteuses de caractères très avantageux. Ainsi, à la fin du Trias est apparu un groupe de gastéropodes (escargots et espèces apparentées) capables de percer les coquillages des mollusques bivalves (comme les palourdes) pour se nourrir des hôtes qu'ils abritent. Or, même si le percement des coquillages lui assurait une source nouvelle et abondante de nourriture, ce groupe nouvellement formé a été rayé de la carte lors de l'extinction massive de la fin du Trias (il y a de cela environ 200 millions d'années). Il a fallu 120 millions d'années pour qu'apparaisse un autre groupe de gastéropodes capables de percer des coquillages (l'*Urosalpinx cinerea* ou «perceur d'huîtres»). Comme leurs prédécesseurs l'auraient fait s'ils n'étaient pas apparus au mauvais moment, les perceurs d'huîtres se sont diversifiés et ont engendré de nombreuses espèces. Enfin, en éliminant

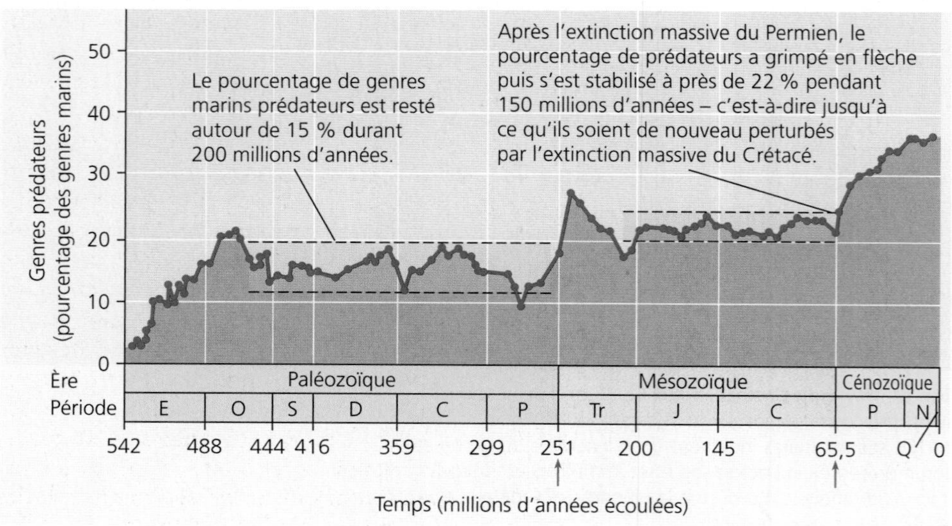

◀ **Figure 25.18 Les extinctions massives et l'écologie.** Les extinctions massives du Permien et du Crétacé (indiquées par les flèches rouges) ont modifié l'écologie des océans en augmentant le pourcentage de genres marins prédateurs.

autant d'espèces, les extinctions massives peuvent déclencher des radiances adaptatives permettant à de nouveaux groupes d'organismes de proliférer.

Les radiances adaptatives

Les archives fossiles montrent que la diversité de la vie s'est accrue depuis 250 millions d'années (voir la courbe bleue de la figure 25.15). Cet accroissement a été alimenté par des **radiances adaptatives**, c'est-à-dire des périodes de changement évolutif durant lesquelles des groupes d'organismes engendrent de nouvelles espèces dotées d'adaptations qui leur permettent d'occuper des niches écologiques différentes dans leur communauté. Chacune des cinq grandes périodes d'extinctions massives a été suivie de radiances adaptatives intenses durant lesquelles les survivants se sont adaptés aux nombreuses niches écologiques vacantes. Des radiances adaptatives ont également eu lieu dans des groupes d'organismes qui expérimentaient de grandes innovations évolutives – comme l'apparition des graines ou celle des carapaces servant d'armures – ou qui ont colonisé des régions où il y avait peu de concurrence des autres espèces.

Les radiances adaptatives mondiales

Les archives fossiles indiquent que les mammifères ont subi une radiance adaptative spectaculaire après l'extinction des dinosaures terrestres, il y a de cela 65,5 millions d'années (**figure 25.19**). Bien que les mammifères soient apparus il y a environ 180 millions d'années, les fossiles de ceux qui vivaient il y a plus de 65,5 millions d'années attestent que la plupart d'entre eux étaient petits et morphologiquement peu différenciés. De nombreuses espèces semblent avoir été nocturnes si l'on se fie à leurs grandes orbites, semblables à celles de leurs congénères actuels. Certains des premiers mammifères étaient de taille intermédiaire – comme le *Repenomamus giganticus*, un prédateur de 1 m de long qui vivait il y a 130 millions d'années –, mais aucun n'approchait la taille de nombreux grands dinosaures. La petite taille et le peu de diversité des premiers mammifères s'expliqueraient par le fait que les dinosaures, plus grands et plus diversifiés, les dévoraient ou leur livraient une concurrence féroce. Après la disparition de la totalité des dinosaures (sauf les oiseaux), les mammifères ont pris de l'envergure et se sont considérablement diversifiés, remplissant dorénavant les rôles écologiques jusque-là tenus par les dinosaures terrestres.

L'histoire de la vie a également été profondément bouleversée par les radiances de groupes d'organismes qui ont grandi et se sont diversifiés à mesure qu'ils jouaient de nouveaux rôles écologiques dans leurs communautés. Mentionnons par exemple l'ascension des procaryotes photosynthétiques, l'évolution des grands prédateurs durant l'explosion cambrienne et les radiances qui ont suivi la colonisation des terres par les Végétaux, les Insectes et les Tétrapodes. Chacune de ces trois radiances a été associée à des innovations évolutives majeures qui ont facilité la vie sur la Terre. Ainsi, la radiance des plantes terrestres a été associée à des adaptations cruciales, comme l'apparition des tiges, qui permettent aux Végétaux de se dresser malgré l'attraction terrestre, et de la couche cireuse qui protège les feuilles de l'évaporation. Enfin, les organismes qui apparaissent à la faveur d'une radiance adaptative peuvent devenir une nouvelle source de nourriture pour d'autres organismes encore. En fait, la diversification des plantes terrestres a stimulé toute une série de radiances adaptatives chez les insectes qui mangeaient ou pollinisaient les Végétaux – l'une des raisons qui expliquent que les insectes soient aujourd'hui le groupe animal le plus diversifié sur Terre.

Les radiances adaptatives régionales

Des radiances adaptatives impressionnantes se sont aussi produites à une échelle plus réduite. Ces radiances régionales peuvent s'amorcer lorsque quelques organismes se fraient un chemin jusqu'à un autre endroit, souvent distant, où la concurrence des autres organismes est relativement faible. Les îles volcaniques Hawaï sont peut-être la plus grande vitrine de la radiance adaptative (**figure 25.20**). Elles sont situées à environ 3 500 km du continent le plus proche et très éloignées de tout autre archipel. À mesure qu'on se dirige du nord-ouest au sud-est de l'archipel, les îles sont de plus en plus récentes; la plus jeune et la plus grande, Hawaï, date de moins d'un million d'années et abrite des volcans encore actifs. Les terres totalement dénudées de ces îles ont été progressivement colonisées par des individus égarés provenant d'îles ou de continents lointains, ou encore d'îles plus vieilles que l'archipel lui-même. Entraînés par les vents et les courants océaniques, ils se sont échoués ou ont été déposés sur les rivages hawaïens. La diversité physique de l'archipel, où l'altitude et la pluviosité varient considérablement, s'avère propice à l'évolution divergente par voie de sélection naturelle. Les invasions répétées et la spéciation allopatrique et sympatrique ont déclenché une radiance adaptative explosive: par exemple, la dizaine de milliers d'espèces d'Insectes actuels auraient pour ancêtres quelques centaines d'espèces seulement. Sur les milliers d'espèces végétales et animales qui peuplent les îles, la plupart sont endémiques (elles ne se trouvent nulle part ailleurs sur la planète).

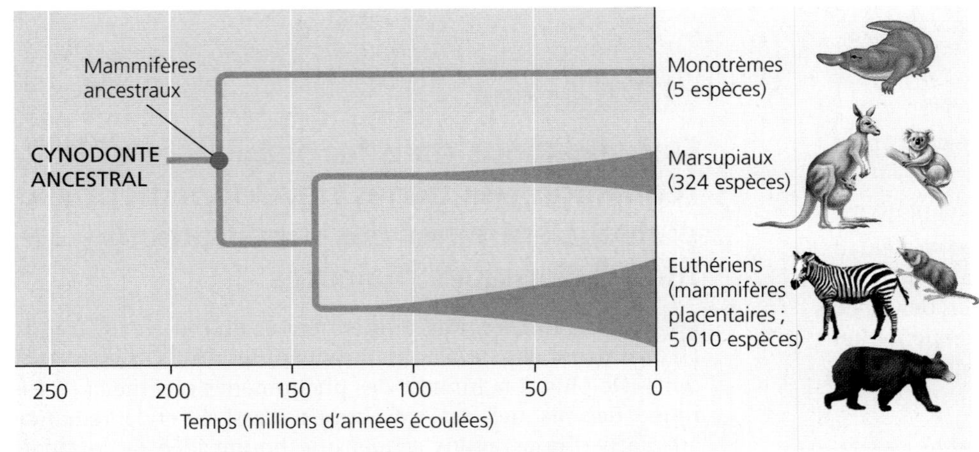

▲ **Figure 25.19 La radiance adaptative des Mammifères.**

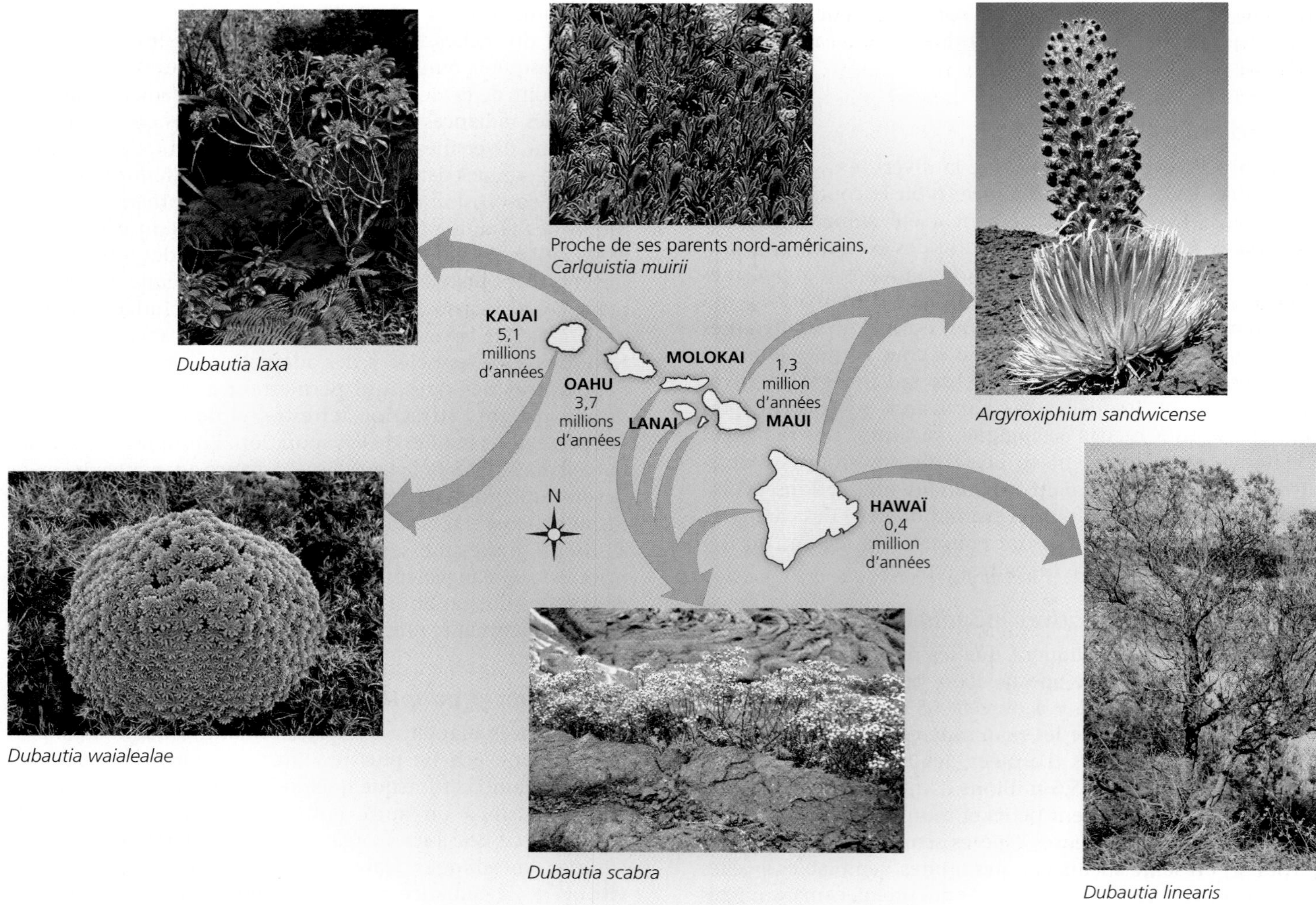

▲ **Figure 25.20 La radiance adaptative dans les îles hawaïennes.** Les plantes hawaïennes extrêmement variées qu'on voit ici sont connues collectivement sous le nom de sabres d'argent (*silverswords*). Elles sont toutes issues d'une espèce ancestrale en provenance d'Amérique du Nord apparue dans l'archipel il y a environ 5 millions d'années. Depuis, elles se sont dispersées dans des habitats très différents et, en s'y adaptant, ont formé des espèces spectaculairement différentes.

RETOUR SUR LE CONCEPT 25.4

1. Expliquez les conséquences de la dérive des continents pour la vie sur la Terre.
2. Quels facteurs favorisent les radiances adaptatives?
3. ET SI? Supposons qu'une catastrophe soudaine entraîne une extinction massive; les dates de la dernière observation dans les archives fossiles des espèces disparues lors de cette extinction différeraient-elles pour les espèces rares et les espèces communes? Expliquez votre réponse.

Voir les réponses proposées à la fin du chapitre.

CONCEPT 25.5

Des variations dans les séquences et la régulation des gènes développementaux peuvent entraîner des modifications morphologiques majeures

Les archives fossiles nous apprennent ce qu'ont été les grands changements dans l'histoire du vivant, et où ils se sont produits. De plus, à la lumière des phénomènes comme la tectonique des plaques, les extinctions massives et la radiance adaptative, nous avons acquis une bonne idée de la façon dont ces changements se sont amorcés. Mais nous pouvons aussi chercher à comprendre les mécanismes biologiques intrinsèques qui sous-tendent les changements observés dans les archives fossiles. Pour ce faire, nous nous tournerons vers les mécanismes génétiques de l'évolution, et plus particulièrement les gènes qui régissent le développement.

L'effet des gènes développementaux

On l'a vu au chapitre 21, les recherches interdisciplinaires dans les domaines propres à la biologie de l'évolution et à la biologie du développement commencent à expliquer de quelles manières de légères variations génétiques peuvent se traduire par des divergences morphologiques importantes entre les espèces. Les gènes qui programment le développement influent sur la vitesse, le déclenchement et l'organisation spatiale des changements que subit un organisme, de l'état de zygote jusqu'à l'âge adulte.

La vitesse et la synchronisation dans les étapes du développement

L'évolution s'accompagne d'une foule de transformations saisissantes qui résultent de l'**hétérochronie** (du grec *heteros*, «différent», et *khrônos*, «temps»); c'est, en d'autres termes, un changement touchant la vitesse ou la synchronisation des étapes du développement. La morphologie d'un organisme dépend en partie du rythme de croissance relatif des différentes parties du corps au cours du développement. Il suffit de modifier légèrement les vitesses de croissance des diverses parties de l'organisme pour changer considérablement la forme de l'adulte, comme le montrent les différences frappantes entre le crâne de l'humain et celui du chimpanzé (**figure 25.21**). Parmi les effets spectaculaires de l'hétérochonie, mentionnons la formation de la structure squelettique des ailes de la chauve-souris par suite de l'accélération de la croissance des os des doigts (voir la figure 22.15, p. 535). Il en est de même de la réduction puis de la disparition des membres inférieurs chez la baleine, qui résultent du ralentissement de la croissance des os de la jambe et de l'os pelvien (voir la figure 22.20, p. 538).

L'hétérochronie peut aussi modifier la vitesse du développement des organes reproducteurs. Si ce développement est plus rapide que celui des organes somatiques (destinés à toute autre fonction que la reproduction), il est probable que la morphologie de l'espèce parvenue à la maturité sexuelle conservera des caractéristiques juvéniles typiques d'une espèce ancestrale. Ce processus s'appelle **pédomorphose** (du grec *paedos*, «enfant», et *morphosis*, «formation»). Par exemple, la plupart des espèces de salamandres subissent une métamorphose qui les fait passer du stade larvaire à la forme adulte. Cependant, certaines espèces conservent des branchies et d'autres caractéristiques larvaires même une fois qu'elles ont atteint la taille adulte et la maturité sexuelle (**figure 25.22**). À la limite, une telle modification de la chronologie du développement peut produire des individus dont l'apparence s'éloigne considérablement de celle de leurs ancêtres, même si le changement génétique qui a eu lieu reste peu important dans son ensemble. En effet, des découvertes récentes indiquent que la modification génétique d'un seul locus est probablement suffisante pour causer la pédomorphose chez l'amphibien axolotl, bien que d'autres gènes puissent également y contribuer.

Chimpanzé nouveau-né

Chimpanzé adulte

Fœtus de chimpanzé

Chimpanzé adulte

Fœtus humain

Humain adulte

▲ **Figure 25.21 Les croissances relatives du crâne chez le chimpanzé et chez l'humain.** Dans la lignée évolutive des humains, les mutations qui ont ralenti la croissance de la mâchoire par rapport aux autres parties du crâne font que la tête de l'humain adulte ressemble à celle d'un bébé chimpanzé.

▲ **Figure 25.22 La pédomorphose.** Certaines espèces conservent à l'âge adulte des caractéristiques propres au stade juvénile chez leurs ancêtres. Cette salamandre, l'axolotl (*Ambystoma mexicanum*), garde certaines caractéristiques larvaires (du têtard), notamment des branchies, même après avoir atteint sa taille adulte et sa maturité sexuelle.

Les changements d'ordre spatial

Les changements évolutifs substantiels peuvent aussi résulter de modifications dans les gènes qui régissent l'emplacement et l'organisation spatiale des diverses parties du corps. Par exemple, comme nous l'avons vu aux chapitres 18 et 21, les **gènes homéotiques** déterminent les caractéristiques fondamentales de l'emplacement d'une paire d'ailes et d'une paire de pattes sur le corps d'un oiseau, ou encore la disposition des parties florales d'une plante.

Les produits d'une catégorie particulière de gènes homéotiques (les gènes *Hox*) fournissent des renseignements sur la position des cellules de l'embryon animal. Cette information pousse les cellules à se développer de façon à former les structures convenant à un endroit particulier du corps. Les changements qui touchent les gènes *Hox* ou la façon dont ils s'expriment peuvent avoir des répercussions morphologiques importantes. Ainsi, chez les Crustacés, il y a une corrélation entre la transformation d'un appendice natatoire en un appendice d'alimentation et la région du corps dans laquelle s'expriment deux gènes *Hox* (*Ubx* et *Scr*). On observe aussi des effets importants chez les serpents, où des variations dans l'expression de deux gènes *Hox* (*HoxC6* et *HoxC8*) suppriment la formation des membres (**figure 25.23**). De même, la comparaison de certaines espèces végétales révèle que des changements dans l'expression de gènes homéotiques appelés gènes *Mads-box* peuvent produire des fleurs dont la forme est complètement différente (voir le chapitre 35).

L'évolution du développement

Les fossiles vieux de 565 millions d'années de la faune de l'Édiacarien (figure 25.4) laissent penser que, 30 millions d'années avant l'explosion du Cambrien, il existait déjà un ensemble de gènes suffisant pour produire des animaux complexes. Si ces gènes existaient depuis aussi longtemps, comment expliquer le boom stupéfiant de la diversité durant et après l'explosion du Cambrien?

L'évolution adaptative par la sélection naturelle répond à cette question. Comme on l'a vu tout au long de cette partie, la sélection peut améliorer rapidement des adaptations en triant les différences dans les séquences des gènes codant pour des protéines. De plus, de nouveaux gènes (créés par des phénomènes de duplication) peuvent assumer toute une variété de nouvelles fonctions métaboliques et structurales. L'évolution adaptative de nouveaux gènes et de gènes existants pourrait donc avoir joué un rôle clé dans la formidable diversité de la vie. Les exemples de la section précédente montrent que les gènes développementaux peuvent intervenir de façon cruciale. Nous allons donc nous pencher sur la régulation de ces gènes développementaux pour voir comment des variations dans les séquences nucléotidiques peuvent produire de nouvelles formes morphologiques.

Les changements dans les gènes

Les nouveaux gènes développementaux apparus à la suite de phénomènes de duplication ont très probablement facilité l'apparition de nouveaux types morphologiques. Mais, comme d'autres variations génétiques peuvent également se produire, il est souvent difficile d'établir des liens de causalité entre les variations génétiques et les changements morphologiques survenus dans un lointain passé.

Cet obstacle a été contourné dans une étude récente portant sur les variations développementales associées à la divergence des insectes à six pattes de leurs ancêtres les Crustacés, qui avaient plus de six pattes. Chez les Insectes, comme *Drosophila*, le gène *Ubx* s'exprime dans la région de l'abdomen, tandis que chez les Crustacés, comme *Artemia*, il s'exprime dans les tissus du tronc (**figure 25.24**). Lorsqu'il s'exprime, le gène *Ubx* supprime la formation de pattes chez les Insectes, mais pas chez les Crustacés. Pour examiner le fonctionnement de ce gène, des chercheurs ont cloné le gène *Ubx* de *Drosophila* et le gène *Ubx* d'*Artemia*. Puis, ils ont modifié génétiquement

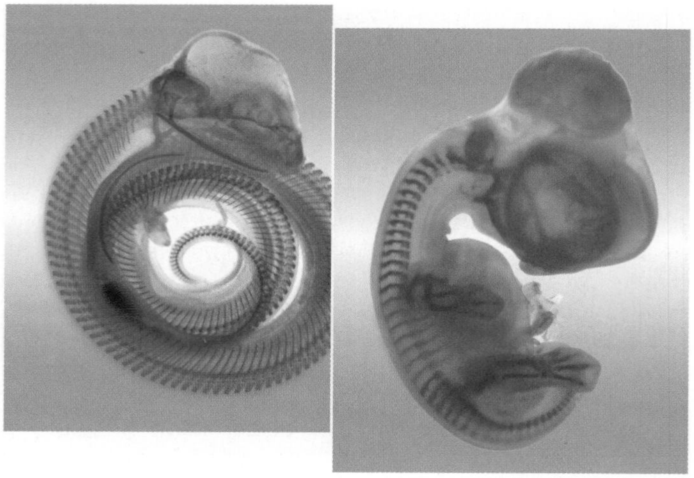

▲ **Figure 25.23 L'expression du gène *Hox* et la formation des membres.** Il y a une corrélation entre l'expression des régions du gène *HoxC6* (en violet) et les régions thoraciques dépourvues de membres chez un embryon de serpent (à gauche) et celui d'un poussin (à droite).

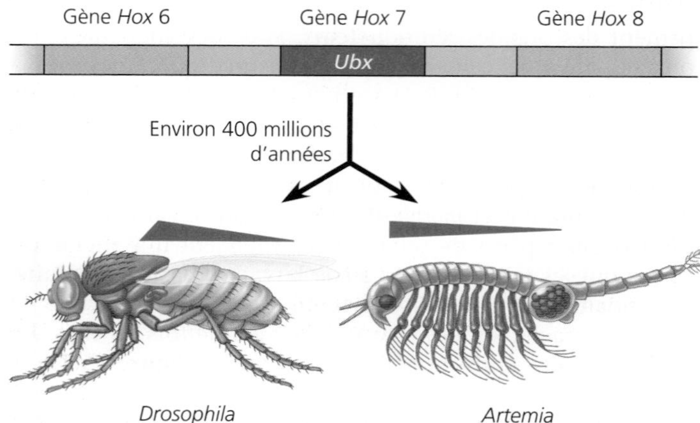

▲ **Figure 25.24 L'origine du plan d'organisation corporelle d'un insecte.** L'expression de *Ubx*, un gène *Hox* (une catégorie de gènes homéotiques), supprime la formation des pattes chez la mouche à fruits (*Drosophila*), mais non chez l'artémia (*Artemia*), ce qui contribue à édifier le plan d'organisation corporelle. Les gènes *Hox* de la drosophile et de l'artémia ont évolué indépendamment durant 400 millions d'années. Les triangles verts indiquent les taux relatifs d'expression des gènes *Ubx* dans différentes régions corporelles.

des embryons de mouches à fruits afin qu'ils puissent exprimer dans leur corps soit le gène *Ubx* de *Drosophila* soit le gène *Ubx* d'*Artemia*. Comme prévu, le gène de *Drosophila* a supprimé 100 % des membres des embryons, tandis que le gène d'*Artemia* en a supprimé seulement 15 %.

Les chercheurs ont ensuite voulu découvrir les principales étapes de la transition évolutive d'un gène de Crustacé *Ubx* à un gène d'Insecte *Ubx*. Leur approche consistait à trouver les mutations qui amèneraient le gène *Artemia Ubx* à supprimer la formation de pattes – autrement dit, à se comporter comme le gène *Ubx* des Insectes. Pour ce faire, ils ont construit une série de gènes *Ubx* « hybrides » contenant chacun des segments connus du gène *Drosophila Ubx* et des segments connus du gène *Artemia Ubx*. En insérant ces gènes hybrides dans des embryons de mouche à fruits (un gène hybride par embryon) et en observant leurs effets sur la formation des pattes, les chercheurs ont pu déterminer très précisément quelles variations dans les acides aminés étaient responsables de la suppression des membres en surnombre chez les Insectes. En parvenant à ce résultat, ces chercheurs ont démontré l'existence d'un lien entre une variation particulière de la séquence nucléotidique d'un gène développemental et un changement évolutif majeur : l'origine de la structure du corps de l'insecte à six pattes.

Les changements dans la régulation des gènes

Des variations dans la séquence nucléotidique ou dans la régulation des gènes développementaux peuvent entraîner des modifications morphologiques nuisibles à l'organisme (voir le chapitre 18). De plus, une variation dans la séquence nucléotidique d'un gène peut modifier le fonctionnement de ce gène partout où il s'exprime. En revanche, les variations dans la régulation de l'expression des gènes peuvent se limiter à un seul type de cellules (voir le chapitre 18). C'est pourquoi une variation dans la régulation d'un gène développemental cause généralement moins d'effets secondaires néfastes qu'une variation de la séquence du gène. Cette observation a amené des chercheurs à penser que les changements morphologiques des organismes résultent souvent de mutations qui modifient la régulation des gènes développementaux – et non leurs séquences.

Cette idée est appuyée par des études sur diverses espèces, notamment l'épinoche à trois épines (*Gasterosteus aculeatus*), un poisson qui vit aussi bien en pleine mer que dans les eaux côtières saumâtres et peu profondes. Dans l'ouest du Canada, les épinoches vivent aussi dans les lacs qui se sont formés près du littoral au cours des 12 000 dernières années, à mesure que celui-ci reculait. L'épinoche marine est munie d'une paire d'épines sur sa face ventrale, des appendices servant à repousser certains prédateurs. En revanche, les épinoches vivant dans les lacs où elles n'ont pas de prédateur et dont la teneur en calcium est faible ont des épines moins développées. Il arrive même qu'elles aient complètement disparu. Cette réduction de taille ou cette disparition s'expliquerait par l'inutilité de tels appendices dans des milieux dépourvus de prédateurs et où le calcium, disponible en quantité limitée, peut être utilisé à d'autres fins.

Sur le plan génétique, on savait que le gène développemental *Pitx1* influait sur la présence ou l'absence d'épines ventrales chez l'épinoche. Mais la réduction de la dimension des épines chez certaines populations lacustres s'expliquait-elle par des variations structurales du gène *Pitx1* ou par des variations de son expression (**figure 25.25**) ? Les résultats des chercheurs indiquent que c'est la régulation de l'expression génique qui est en cause, et non la séquence d'ADN du gène. De plus, chez l'épinoche lacustre, le gène *Pitx1* s'exprime dans des tissus qui ne sont pas liés à la production d'épines (la bouche, par exemple), ce qui montre comment un changement morphologique peut résulter de la modification de l'expression d'un gène développemental dans certaines parties du corps, mais pas dans d'autres.

RETOUR SUR LE CONCEPT 25.5

1. Comment l'hétérochronie cause-t-elle l'évolution des diverses formes du corps ?
2. Pourquoi les gènes *Hox* auraient-ils probablement joué un rôle majeur dans l'évolution de nouvelles formes morphologiques ?
3. **FAITES DES LIENS** Étant donné que les changements morphologiques résultent souvent de variations dans la régulation de l'expression des gènes, diriez-vous qu'il est probable que l'ADN non codant soit modifié par la sélection naturelle ? Relisez le concept 18.3 (p. 421 à 424), qui traite de l'ADN non codant et de la régulation de l'expression des gènes.

Voir les réponses proposées à la fin du chapitre.

CONCEPT 25.6

L'évolution ne vise aucun objectif

Que nous apprend l'étude de la macroévolution sur le fonctionnement de l'évolution ? L'une des leçons à retenir est qu'au cours de l'histoire de la vie l'origine des nouvelles espèces a été déterminée simultanément par deux groupes de facteurs. Les premiers, dont nous avons traité au chapitre 24, agissent du bas vers le haut (comme l'action de la sélection naturelle, qui agit sur des populations). Quant aux seconds, qui sont décrits dans le présent chapitre, ils agissent du haut vers le bas (comme la dérive des continents qui favorise des poussées de spéciation sur toute la planète). De plus, pour paraphraser le généticien et prix Nobel François Jacob, l'évolution est une sorte de bricolage – un processus au cours duquel de nouvelles formes émergent à la suite de légères modifications répétées des formes existantes. Même les changements importants, comme l'apparition des premiers Mammifères ou de la structure du corps à six pattes des Insectes, peuvent résulter de la modification de structures existantes ou de gènes influant sur le développement. Avec le temps, ce genre de bricolage a mené aux trois grandes caractéristiques du monde naturel énumérées au chapitre 22 : la façon frappante dont les organismes sont adaptés à la vie dans leur environnement, les nombreuses caractéristiques communes (l'unité) du vivant et la très grande diversité du vivant.

▼ **Figure 25.25** INVESTIGATION

Quelle est la cause de la perte des épines chez l'épinoche lacustre?

EXPÉRIENCE Les épinoches (*Gasterosteus aculeatus*) marines possèdent une paire d'épines défensives sur leur face ventrale; par contre, ces épines sont plus courtes ou absentes chez certaines populations d'épinoches lacustres. Michael Shapiro, David Kingsley et leurs collègues de la Stanford University ont réalisé des croisements génétiques et ont découvert que le principal responsable de la diminution de la longueur des épines était un gène développemental appelé *Pitx1*. Les chercheurs ont ensuite testé deux hypothèses portant sur le mécanisme par lequel *Pitx1* causerait ce changement morphologique.

Épinoche à trois épines (*Gasterosteus aculeatus*)

Hypothèse A: Une variation dans la séquence d'ADN de *Pitx1* a causé la diminution de la taille des épines chez certaines populations d'épinoches lacustres.

Pour vérifier cette hypothèse, l'équipe de chercheurs a eu recours au séquençage d'ADN pour comparer les séquences codantes du gène *Pitx1* de populations d'épinoches marines et lacustres.

Hypothèse B: Une variation dans la régulation de l'expression de *Pitx1* a causé la diminution de la taille des épines chez certaines populations d'épinoches lacustres.

Pour vérifier cette hypothèse, les chercheurs ont surveillé le développement d'embryons d'épinoches pour voir dans quelle région du corps s'exprimait le gène *Pitx1*. Ils ont mené des expériences d'hybridation *in situ* (voir le chapitre 20) en utilisant l'ADN de *Pitx1* comme sonde pour détecter l'ARNm de *Pitx1* chez le poisson.

RÉSULTATS

Vérification de l'hypothèse A: Il y a des différences entre les séquences codantes du gène *Pitx1* des épinoches marines et lacustres. **Résultat: non** → Les 283 acides aminés de la protéine *Pitx1* sont identiques chez les populations d'épinoches marines et lacustres.

Vérification de l'hypothèse B: Il y a des différences dans la régulation de l'expression de *Pitx1*. **Résultat: oui** → Les flèches rouges (→) indiquent les lieux d'expression du gène *Pitx1* dans les photographies ci-dessous. *Pitx1* s'exprime dans les épines ventrales et la région buccale des embryons d'épinoches marines, mais seulement dans la région buccale des embryons d'épinoches lacustres.

Embryon d'épinoche marine

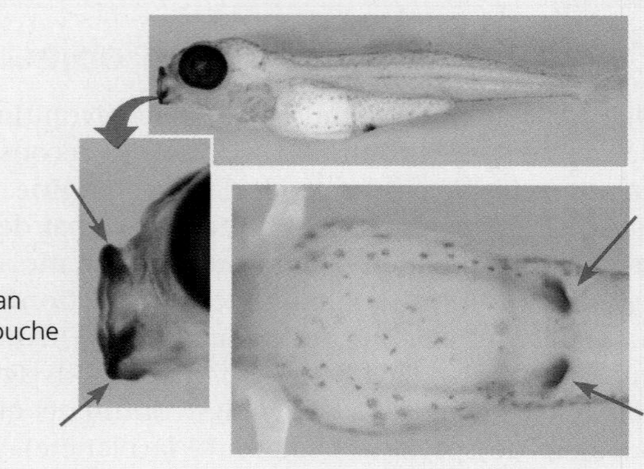

Gros plan de la bouche

Gros plan de la surface ventrale

Embryon d'épinoche lacustre

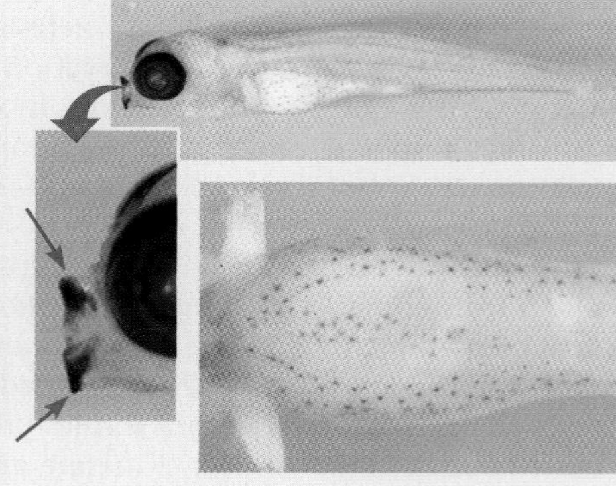

CONCLUSION L'absence ou la diminution des épines ventrales chez les populations d'épinoches lacustres semble résulter principalement d'une variation dans la régulation de l'expression du gène *Pitx1*, et non d'une variation dans la séquence d'ADN du gène.

SOURCE M. D. Shapiro *et al.*, Genetic and developmental basis of evolutionary pelvic reduction in three-spine sticklebacks, *Nature* 428: 717-723 (2004).

ET SI? Décrivez la série de résultats qui aurait amené les chercheurs à conclure qu'un changement dans la séquence codante du gène *Pitx1* était plus important qu'une variation dans la régulation de l'expression du gène.

Les innovations de l'évolution

(a) Plaque de cellules pigmentées

Cellules pigmentées (photorécepteurs)
Épithélium
Fibres nerveuses

La patelle (*Patella sp.*) possède une simple zone de cellules pigmentées (photorécepteurs) constituant une tache oculaire.

(b) Cupule optique

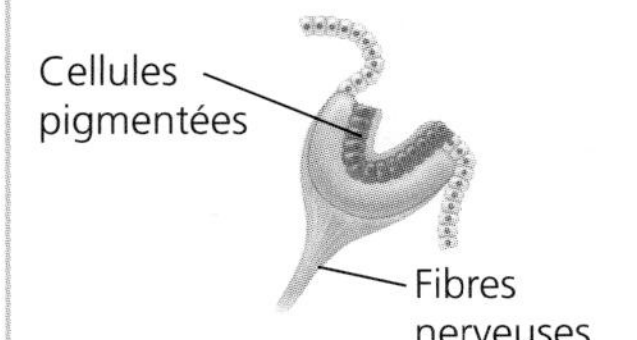

Le mollusque *Pleurotomaria sp.* est doté d'une cupule optique.

(c) Cupule optique à petit orifice

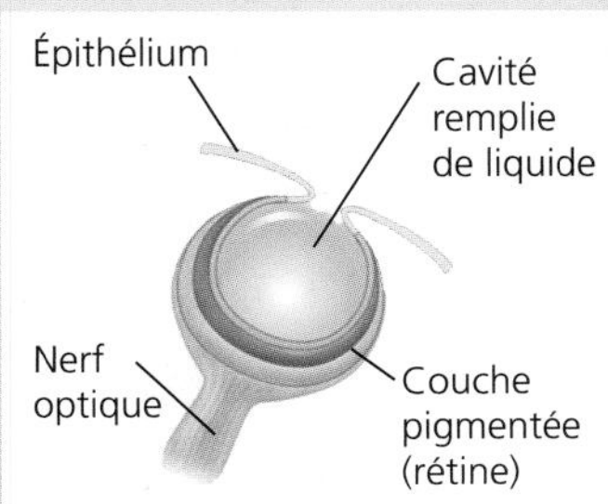

La cupule optique à petit orifice du nautile (*Nautilus sp.*) fonctionne comme un appareil photo rudimentaire (dit « à sténopé », c'est-à-dire qu'il est muni d'un petit trou servant d'objectif photographique).

(d) Œil simple muni d'une lentille rudimentaire

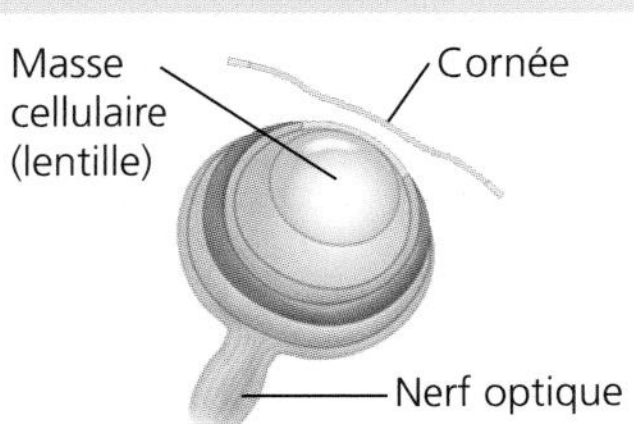

L'escargot de mer (*Murex sp.*) possède une lentille rudimentaire constituée d'une masse de cellules translucides. La cornée correspond à une région transparente de l'épithélium (couche extérieure de la peau); celui-ci protège l'œil et facilite la focalisation de la lumière.

(e) Œil complexe

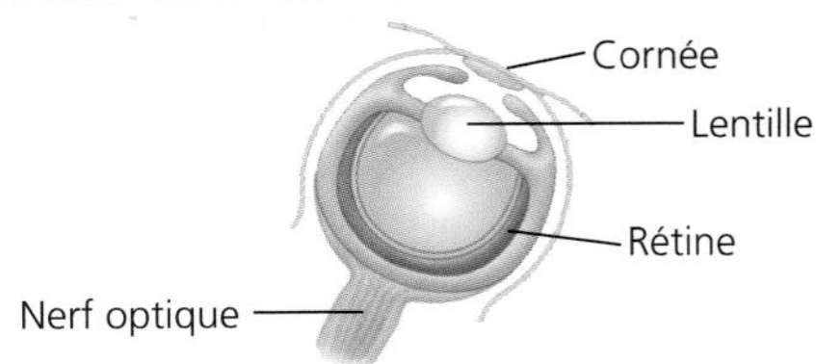

Le calmar (*Loligo sp.*) possède un œil complexe comprenant une cornée, une lentille et une rétine similaires aux yeux des vertébrés. Cependant, l'œil du calmar a évolué indépendamment des yeux des vertébrés.

▲ **Figure 25.26 Un aperçu de la complexité de l'œil chez les Mollusques.**

La façon de voir l'évolution de François Jacob nous ramène au concept darwinien de la descendance avec modification. Lorsqu'une nouvelle espèce se forme, des structures inédites et complexes peuvent apparaître à la suite de modifications graduelles des structures ancestrales. Dans bien des cas, des structures complexes ont évolué en plusieurs phases successives à partir de versions beaucoup plus simples, accomplissant la même fonction fondamentale. Par exemple, l'œil de l'être humain est un organe optique complexe composé de structures multiples collaborant pour former une image et la transmettre au cerveau. Comment l'œil humain a-t-il pu évoluer graduellement? Si l'œil a besoin de toutes ses composantes pour fonctionner, argumentent certains, un œil «partiel», inachevé, n'aurait été d'aucune utilité pour nos ancêtres.

Comme l'a fait remarquer Darwin lui-même, le biais de cet argument repose sur le postulat que seuls des yeux complexes peuvent avoir une utilité. Or, de nombreux animaux possèdent des yeux beaucoup moins complexes que les nôtres (**figure 25.26**). La version la plus simple de l'œil correspond à un groupement de cellules photoréceptrices sensibles à la lumière. Ces yeux simples semblent avoir une origine unique dans l'évolution, et on les trouve chez plusieurs animaux, dont les patelles (*Patella sp.*), des mollusques de petite taille. Les yeux des patelles ne comportent ni lentille ni mécanisme de mise au point des images, mais ils permettent à l'animal de distinguer l'ombre de la lumière et de s'agripper plus fermement à son rocher lorsqu'une ombre surgit. C'est une adaptation comportementale qui réduit sans doute le risque d'être dévoré par un prédateur. Étant donné que les patelles existent depuis fort longtemps, on peut dire que des yeux aussi «simples» que les leurs répondent plutôt bien à leurs besoins de survie et de reproduction.

Dans le règne animal, les différents types d'yeux complexes ont évolué indépendamment et plusieurs fois, à partir de structures rudimentaires. Certains mollusques, comme les pieuvres et les calmars, possèdent des yeux aussi complexes que ceux des humains et des autres vertébrés (voir la figure 25.26). Bien que les yeux complexes de certains mollusques aient évolué indépendamment des yeux complexes des vertébrés, les deux types d'yeux se sont transformés à partir d'un simple amas ancestral de cellules photoréceptrices. Dans chaque cas, l'œil complexe a évolué graduellement, au fil de changements successifs qui avantageaient les individus à chaque stade. La structure de ces yeux constitue une autre preuve de leur évolution indépendante: les yeux des vertébrés détectent la lumière sur la partie postérieure de la rétine et conduisent les influx nerveux vers l'avant, alors que les yeux des mollusques font l'inverse.

L'évolution de l'œil a permis de perfectionner un organe qui a conservé sa fonction première: la vision. Cependant, l'innovation peut aussi se traduire par un raffinement graduel de structures existantes, qui exercent alors de *nouvelles* fonctions. Par exemple, alors que les Cynodontes donnaient naissance aux premiers Mammifères, les os qui auparavant participaient à l'articulation de la mâchoire (les os articulaire et carré; voir la figure 25.6) ont été incorporés dans la région de l'oreille moyenne chez les Mammifères, où ils ont alors participé à une nouvelle fonction: la transmission des sons (voir le chapitre 34). De telles structures qui ont évolué dans un contexte particulier et qui ont été affectées à de nouveaux rôles sont parfois qualifiées d'*exaptations*, ce qui les distingue de l'origine adaptative de la structure originale.

Mais attention! Cela ne sous-entend pas qu'une structure évolue en fonction d'un usage futur. Bien évidemment, la sélection naturelle n'est pas en mesure de prédire l'avenir; elle ne peut qu'améliorer une structure selon son utilité *présente*. Les structures nouvelles, comme les articulations de la mâchoire et les os de l'oreille moyenne des premiers Mammifères, peuvent évoluer graduellement au cours d'une série d'étapes intermédiaires, chacune d'elle correspondant à une fonction donnée dans le contexte du moment.

Les tendances évolutives

Que pouvons-nous apprendre d'autre des modes d'action de la macroévolution ? Pensez aux tendances évolutives observées dans les archives fossiles. Par exemple, dans certaines lignées évolutives, la taille du corps augmente ou diminue au fil du temps. On peut donner l'exemple de l'évolution du cheval moderne (*Equus caballus*), descendant d'un ancêtre beaucoup plus petit, nommé *Hyracotherium* (**figure 25.27**). Cet animal avait la taille d'un grand chien, possédait quatre orteils sur les pattes antérieures, trois orteils sur les pattes postérieures, et des dents adaptées au broutage de bourgeons et de ramilles poussant sur des arbustes et des arbres. Le

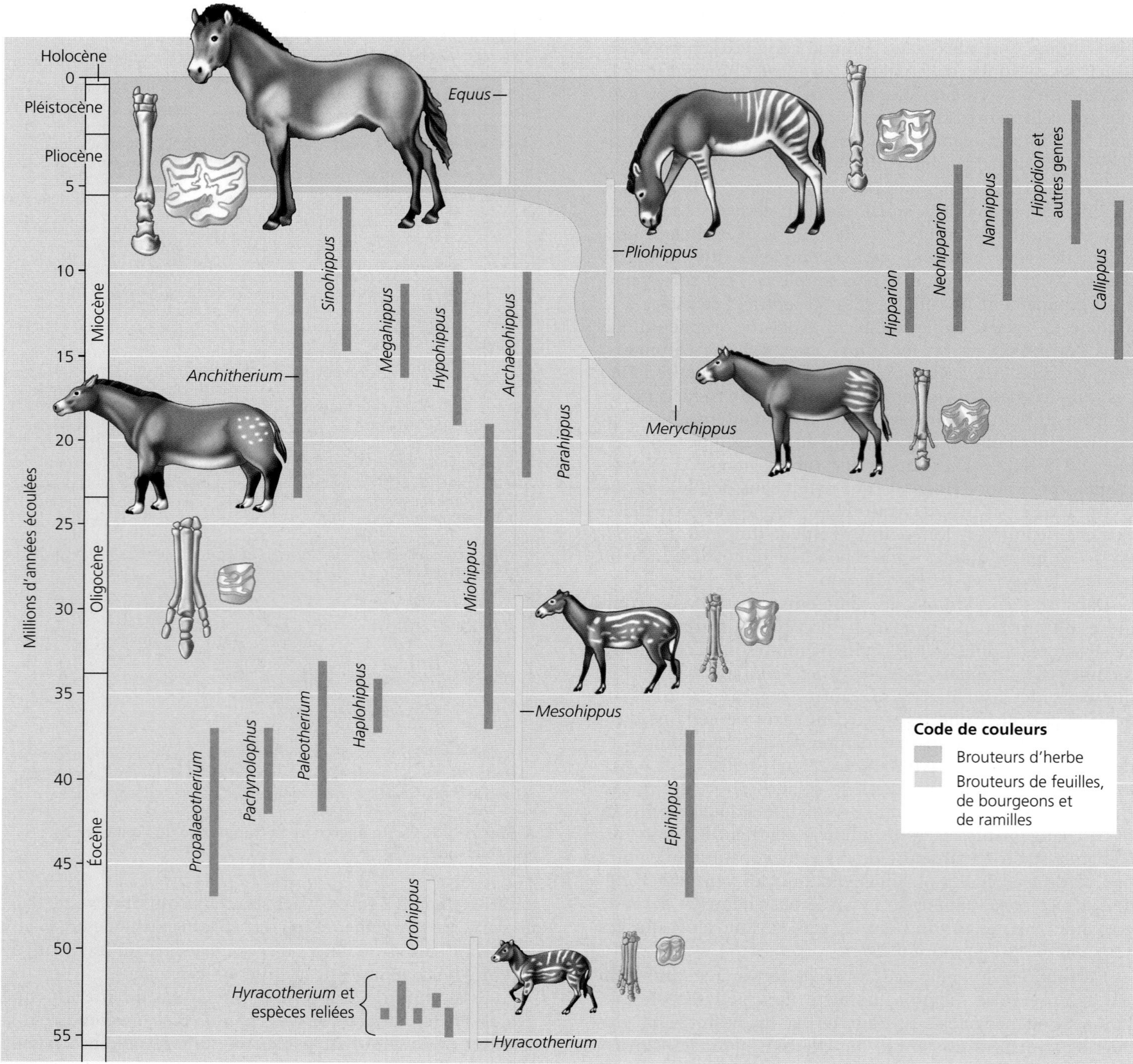

▲ **Figure 25.27 L'évolution du cheval.** Si nous utilisons un surligneur jaune pour tracer l'ordre séquentiel des espèces de chevaux fossiles constituant des formes intermédiaires entre le cheval moderne et son ancêtre de l'Éocène *Hyracotherium*, nous créons l'illusion d'une progression vers l'augmentation de la taille, la diminution du nombre de doigts et l'apparition de dents adaptées au broutage de l'herbe. En réalité, le cheval moderne ne constitue que la ramification survivante d'un véritable buisson évolutif comportant de nombreuses tendances divergentes. (*Remarque :* la figure montre aussi l'évolution du membre antérieur et celle d'une molaire dont on a représenté la surface.)

cheval moderne, lui, est plus grand que son ancêtre. Il ne possède plus qu'un orteil fonctionnel qui s'est élargi, et ses dents ont évolué et sont adaptées au broutage de l'herbe grâce à des molaires à large surface et à croissance continue.

Il serait erroné de déduire de l'observation d'archives géologiques qu'une progression uniforme a eu lieu au cours de l'évolution. Cela reviendrait à affirmer qu'un buisson grandit en direction d'un point précis parce qu'on aura seulement tenu compte des ramifications qui mènent à une ramille en particulier. Par exemple, en se fondant sur les fossiles de certaines espèces mis au jour jusqu'à maintenant, on pourrait établir une succession d'animaux intermédiaires entre *Hyracotherium* et *Equus caballus*. On pourrait aussi noter une progression dans un sens précis : l'accroissement de la taille, la réduction du nombre de doigts et la modification des dents en faveur du broutage de l'herbe (voir la ligne jaune de la figure 25.27). Cependant, si l'on tient compte de tous les chevaux fossiles connus aujourd'hui, cette apparente tendance n'existe pas. Le genre *Equus* n'a pas évolué en ligne droite ; il est l'unique ramification survivante d'un arbre généalogique si touffu qu'il faudrait plutôt parler de *buisson généalogique*. *Equus* est né après une série d'événements de spéciation comprenant diverses radiances adaptatives, dont certaines n'ont pas débouché sur l'apparition de grands Équidés ongulés et brouteurs. Les analyses phylogénétiques indiquent que seules les lignées dérivées de *Parahippus* comprennent des animaux brouteurs d'herbe ; les lignées issues de *Miohippus*, qui n'existent plus aujourd'hui, sont restées des brouteurs de feuilles, de bourgeons et de ramilles durant 35 millions d'années.

L'évolution divergente *peut* prendre la forme d'une tendance évolutive, même si de nouvelles espèces contredisent celle-ci. Par exemple, un modèle de tendances de longue durée proposé par Steven Stanley, de la Johns Hopkins University, conçoit les espèces de façon analogue aux individus : la spéciation leur donne naissance et l'extinction est leur mort, et les nouvelles espèces qui divergent de ces individus ou de ces espèces sont leurs descendants. Selon ce modèle, Stanley propose que, tout comme une population d'organismes individuels subit la sélection naturelle, chaque espèce est soumise à une *sélection spécifique*. Ce modèle de la sélection spécifique laisse penser que le « succès différentiel de la spéciation » joue un rôle dans la macroévolution qui s'apparente à celui que joue le succès différentiel de la reproduction dans la microévolution. Les tendances évolutives peuvent aussi résulter directement de la sélection naturelle. Par exemple, lorsque les ancêtres des chevaux envahirent les prairies du milieu du Cénozoïque, il y eut une forte sélection en faveur des brouteurs capables d'échapper à leurs prédateurs en courant plus rapidement. Cette tendance n'aurait pu s'imposer en l'absence de vastes espaces ouverts.

Quelle qu'en soit la cause, l'apparition d'une tendance évolutive ne signifie pas qu'il existe une impulsion intrinsèque vers un phénotype particulier. L'évolution est le résultat des interactions entre les organismes et leur milieu. Si les conditions environnementales changent, une tendance évolutive évidente peut s'interrompre, voire s'inverser. L'effet cumulatif de ces interactions survenant entre les organismes et leur environnement est considérable : elles sont à l'origine de la stupéfiante diversité de la vie, de ce que Darwin appelait « une quantité infinie de belles et admirables formes », dans les derniers mots de *De l'origine des espèces*.

RETOUR SUR LE CONCEPT 25.6

1. Comment le concept darwinien de descendance avec modification explique-t-il l'évolution de structures aussi complexes que l'œil d'un vertébré ?
2. **ET SI ?** Le virus de la myxomatose tue jusqu'à 99,8 % des lapins européens dans les populations qui n'y ont jamais été exposées. Le virus se transmet entre les lapins vivants par l'intermédiaire des moustiques. Décrivez une tendance évolutive (chez le lapin ou chez le virus) susceptible de se manifester lors d'une première exposition d'une population de lapins au virus.

Voir les réponses proposées à la fin du chapitre.

RÉVISION DU CHAPITRE 25

RÉSUMÉ DES CONCEPTS CLÉS

CONCEPT 25.1

Les conditions sur la Terre primitive ont permis l'apparition de la vie (p. 587 à 590)

- La Terre s'est formée il y a 4,6 milliards d'années. Des expériences simulant une atmosphère réductrice comme celle qui régnait à l'époque ont produit des molécules organiques à partir de précurseurs inorganiques. On a aussi trouvé des lipides, des sucres et des bases azotées dans des météorites.
- Des acides aminés et des nucléotides d'ARN se polymérisent lorsqu'on les verse sur du sable, de l'argile ou de la roche très chauds. Des composés organiques forment spontanément des **protocellules**, soit des gouttelettes entourées d'une membrane lipidique qui présentent certaines des propriétés des cellules.
- Le premier matériel génétique a peut-être consisté en de courts segments d'ARN capables de diriger la synthèse de polypeptides et de s'autorépliquer. Les premières protocellules pourvues d'un tel ARN auraient augmenté en nombre par sélection naturelle.

? *Décrivez les rôles qu'ont pu jouer la montmorillonite, une sorte d'argile, et les vésicules dans l'origine de la vie.*

CONCEPT 25.2

Les archives fossiles permettent d'établir la chronologie de la vie sur la Terre (p. 590 à 593)

- Largement basées sur des **fossiles** trouvés dans des roches sédimentaires, les **archives fossiles** témoignent de l'ascension et du déclin des divers groupes d'organismes au cours du temps.
- Les couches sédimentaires révèlent l'âge relatif des fossiles. Leur âge absolu peut être déterminé notamment grâce à la datation radiométrique.
- Les archives fossiles montrent comment les nouveaux groupes d'organismes se forment par la modification graduelle d'organismes préexistants.

? *À quelles difficultés se heurte-t-on dans l'estimation de l'âge absolu des plus vieux fossiles? Expliquez comment il est possible de surmonter ces difficultés dans certaines circonstances.*

CONCEPT 25.3

L'apparition des organismes unicellulaires et des organismes multicellulaires et la colonisation des milieux terrestres sont des événements clés dans l'histoire de la vie (p. 593 à 600)

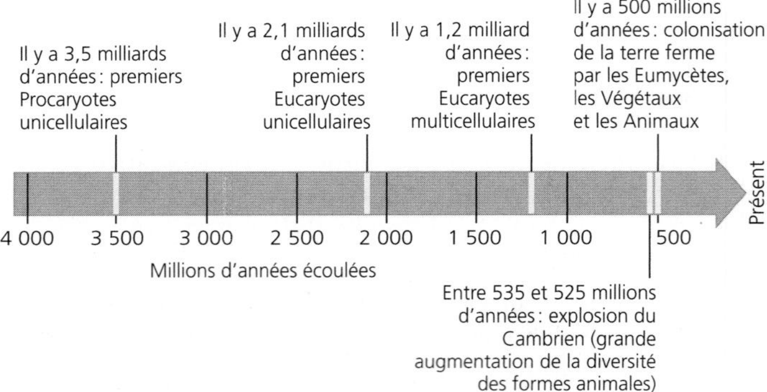

? *Qu'est-ce que l'explosion du Cambrien et pourquoi est-elle importante?*

CONCEPT 25.4

L'ascension et le déclin des groupes d'organismes sont le reflet des différences marquant les taux de spéciation et d'extinction (p. 600 à 606)

- Selon la **tectonique des plaques**, les plaques continentales se déplacent lentement au fil du temps, ce qui modifie la géographie physique et le climat de la Terre. Ces changements entraînent l'extinction de certains groupes d'organismes et des épisodes de spéciation chez d'autres.
- L'évolution a été marquée par cinq **extinctions massives** qui ont complètement changé l'histoire de la vie. Certaines de ces extinctions peuvent avoir été causées par la dérive des continents, par des éruptions volcaniques ou encore par des météorites ou des comètes entrés en collision avec la Terre.
- Les **radiances adaptatives** ont considérablement augmenté la diversité de la vie qui a suivi chacune des extinctions massives. Ces radiances adaptatives se sont aussi produites dans des groupes d'organismes qui ont profité d'innovations évolutives ou qui ont colonisé de nouvelles régions où il y avait peu de concurrence de la part des autres organismes.

? *Expliquez comment les grands changements évolutifs dont témoignent les archives fossiles sont la somme de phénomènes de spéciation et d'extinction.*

CONCEPT 25.5

Des variations dans les séquences et la régulation des gènes développementaux peuvent entraîner des modifications morphologiques majeures (p. 606 à 609)

- Les gènes développementaux déterminent des différences morphologiques entre les espèces en influant sur la vitesse, la synchronisation et la configuration spatiale des changements de forme d'un organisme au cours de son développement de la naissance à l'âge adulte.
- L'évolution de nouvelles formes peut résulter de changements dans la séquence des nucléotides ou dans la régulation des gènes développementaux.

? *Comment des changements dans un seul gène ou dans une région de l'ADN finissent-ils par entraîner l'émergence d'un nouveau groupe d'organismes?*

CONCEPT 25.6

L'évolution ne vise aucun objectif (p. 609 à 613)

- Des structures biologiques nouvelles et complexes peuvent résulter de modifications successives, qui comportent chacune un avantage pour un organisme.
- Les tendances évolutives peuvent résulter de facteurs comme la sélection naturelle lors d'un changement environnemental ou la sélection spécifique. Comme tous les aspects de l'évolution, les tendances évolutives résultent des interactions entre les organismes et leur environnement.

? *Expliquez le raisonnement sur lequel s'appuie l'énoncé «l'évolution ne vise aucun objectif».*

ÉVALUATION

NIVEAU 1: CONNAISSANCES ET COMPRÉHENSION

1. Les fossiles des stromatolites:
a) ont tous 2,7 milliards d'années.
b) se sont formés autour des sources hydrothermales sous-marines.
c) ressemblent aux communautés bactériennes qu'on trouve aujourd'hui dans certaines baies salées chaudes et peu profondes.
d) prouvent que les Végétaux ont colonisé les milieux terrestres en s'associant aux Eumycètes il y a environ 500 millions d'années.
e) constituent les premiers fossiles avérés d'organismes eucaryotes et datent d'il y a 2,1 milliards d'années.

2. La révolution du dioxygène a bouleversé l'environnement de la Terre. Parmi les adaptations suivantes, laquelle a tiré parti de la présence de dioxygène dans les océans et l'atmosphère?
a) L'évolution des chloroplastes après l'assimilation des Cyanobactéries photosynthétiques par les premiers Protistes.
b) La persistance de certains groupes d'animaux dans les habitats anaérobies.
c) L'apparition de pigments photosynthétiques qui protégeaient les premières algues des effets corrosifs du dioxygène.
d) L'évolution de la respiration cellulaire, dans laquelle le dioxygène sert à dégager l'énergie des molécules combustibles.
e) L'évolution de colonies d'organismes eucaryotes multicellulaires à partir de communautés symbiotiques d'organismes procaryotes.

3. La faune et la flore de l'Inde sont très différentes de celles de l'Asie du Sud-Est, pourtant située à proximité. Comment cela se peut-il?
a) Les organismes ont été séparés par l'évolution convergente.
b) Les climats des deux régions sont complètement différents.
c) L'Inde est en train de s'écarter du reste de l'Asie.
d) Il y a très longtemps, la vie en Inde a été supprimée par des activités volcaniques.
e) L'Inde était un continent séparé pendant 45 millions d'années.

4. Les radiances adaptatives peuvent être la conséquence directe de quatre des cinq facteurs suivants. Lequel est l'exception?
   a) Des niches écologiques vacantes.
   b) La dérive des continents.
   c) La colonisation d'une région isolée qui offre un habitat adéquat et où il y a peu d'espèces concurrentes.
   d) L'innovation évolutive.
   e) Une radiance adaptative dans un groupe d'organismes (comme les Végétaux) qui sert de nourriture à un autre groupe.

5. Parmi les résultats suivants, lequel *n'a pas* encore été obtenu par les scientifiques qui étudient l'origine de la vie?
   a) La synthèse de petits polymères d'ARN par les ribozymes.
   b) La synthèse abiotique de polypeptides.
   c) La formation d'agrégats moléculaires dotés de membranes à perméabilité sélective.
   d) La formation de protocellules dans lesquelles l'ADN dirige la polymérisation des acides aminés.
   e) La synthèse abiotique de molécules organiques.

6. **FAITES UN DESSIN** Dans le diagramme ci-dessous, certaines légendes ont été supprimées. Pour vérifier si vous vous souvenez de la séquence des principaux événements de l'histoire de la vie décrits dans ce chapitre, nommez les bandes colorées de ce diagramme. Pour vous rafraîchir la mémoire, ajoutez les repères correspondant à d'autres événements importants comme l'explosion du Cambrien, l'origine des Mammifères et les extinctions massives du Permien et du Crétacé.

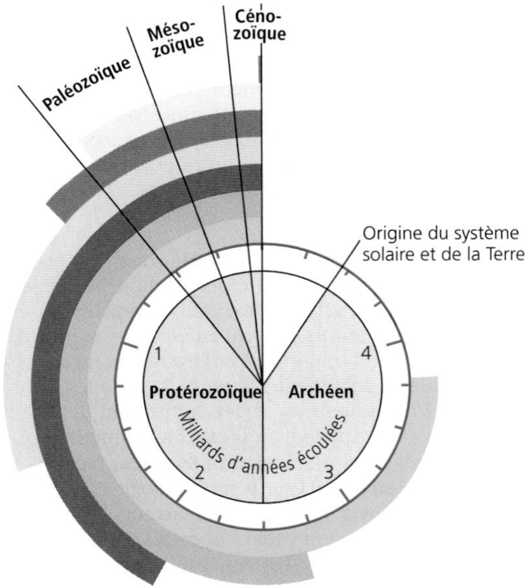

NIVEAU 2: APPLICATION ET ANALYSE

7. Une variation génétique qui a amené un certain gène *Hox* à s'exprimer à l'extrémité du bourgeon du membre d'un Vertébré a contribué à l'évolution des membres chez les Tétrapodes. Ce type de changement illustre:
   a) l'influence de l'environnement sur le développement.
   b) la pédomorphose.
   c) une variation dans un gène développemental ou dans sa régulation qui a modifié l'organisation spatiale des parties du corps.
   d) l'hétérochronie.
   e) la duplication des gènes.

8. Une vessie natatoire est un sac rempli de gaz qui maintenait la flottabilité des poissons; l'évolution a transformé la vessie natatoire en poumons. Ce type de changement illustre:
   a) une tendance évolutive.
   b) l'exaptation.
   c) des variations dans l'expression d'un gène *Hox*.
   d) la pédomorphose.
   e) la radiance adaptative.

NIVEAU 3: SYNTHÈSE ET ÉVALUATION

9. **LIEN AVEC L'ÉVOLUTION**
   Expliquez comment le flux génétique, la dérive génétique et la sélection naturelle influent tous les trois sur la macroévolution.

10. **INTÉGRATION**
   À maintes reprises, des insectes herbivores ont été issus d'ancêtres carnivores ou «détritiphages» (qui se nourrissent de détritus organiques). Les mites et les papillons, par exemple, mangent des végétaux alors que les trichoptères, qui constituent leur «groupe sœur» (le groupe d'Insectes auxquels ils sont le plus étroitement reliés), se nourrissent d'animaux, de champignons ou de détritus. Comme le montre l'arbre phylogénétique ci-dessous, les groupes mites/papillons et trichoptères partagent un ancêtre commun avec les mouches et les puces. Les scientifiques croient que, comme les trichoptères, les mouches et les puces ont des ancêtres qui ne mangeaient pas de végétaux.
   On a dénombré 140 000 espèces de mites et de papillons et 7 000 espèces de trichoptères. Énoncez une hypothèse concernant l'influence des herbivores sur les radiances adaptatives chez les Insectes. Comment pourrait-on vérifier cette hypothèse?

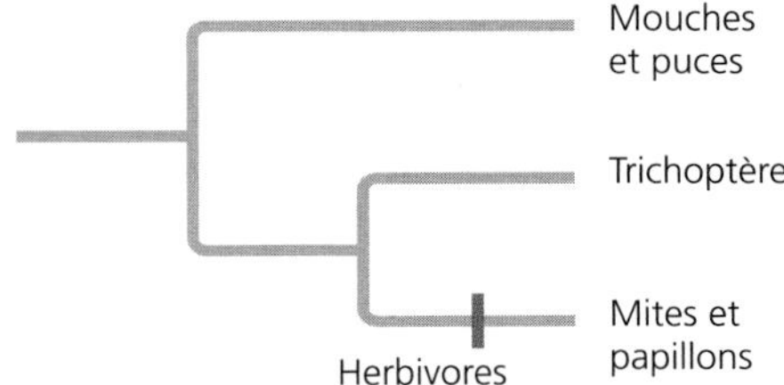

11. **SCIENCE, TECHNOLOGIE ET SOCIÉTÉ**
   Les experts estiment que les activités humaines entraînent chaque année l'extinction de centaines d'espèces. Or, le taux d'extinction naturel ne serait en moyenne que de quelques espèces par année. Si nous continuons à détériorer l'environnement terrestre, surtout en détruisant les forêts tropicales humides et en modifiant le climat, les vagues de disparitions d'espèces que nous provoquerons risquent d'égaler celles de la fin du Crétacé. Étant donné que les formes de vie ont connu de nombreuses extinctions massives, l'extinction actuelle devrait-elle nous préoccuper? En quoi diffère-t-elle des extinctions antérieures? Quelles en seraient les conséquences?

12. **ÉCRIVEZ UN TEXTE**
   Structure et fonction Vous avez pris connaissance de nombreux exemples où la forme correspond à la fonction, et ce, à tous les niveaux de la hiérarchie biologique. Cependant, on peut imaginer des formes qui fonctionneraient mieux que d'autres, actuellement présentes dans la nature. Par exemple, si les ailes d'un oiseau n'étaient pas formées de ses membres antérieurs, cet oiseau hypothétique pourrait voler et tenir en même temps des objets avec ses membres antérieurs. Rédigez un court texte (de 100 à 150 mots) où vous recourrez au concept selon lequel «l'évolution est un bricolage» pour expliquer pourquoi il y a des limites à la fonctionnalité des formes dans la nature.

RÉPONSES DU CHAPITRE 25

Questions des figures

Figure 25.2 Les protéines sont presque toujours composées des 20 acides aminés que montre la figure 5.16 (p. 87). Cependant, de nombreux autres acides aminés pourraient se former au cours de cette expérience (ou d'autres). Par exemple, n'importe quelle molécule possédant un groupe R différent de ceux des acides aminés listés dans la figure 5.16 (tout en contenant aussi un carbone α, un groupe aminé et un groupe carboxyle) serait un acide aminé – même si ce n'est pas un des 20 acides aminés que l'on trouve communément dans la nature. **Figure 25.5** Comme l'uranium 238 a une demi-vie de 4,5 milliards d'années, l'axe des abscisses devrait être marqué en milliards d'années de la façon suivante: 4,5; 9; 13,5; et 18. **Figure 25.10** Vous devriez avoir encerclé l'intersection qui mène à la lignée Échinodermes/Cordés et à la lignée qui a donné naissance aux Brachiopodes, aux Annélides, aux Mollusques et aux Arthropodes (à environ 580 millions d'années dans le diagramme). Même si cette datation n'est qu'une estimation, cet ancêtre commun doit être au moins aussi vieux que n'importe lequel de ses descendants. Étant donné que les fossiles des Mollusques ont environ 555 millions d'années, l'ancêtre commun représenté par l'intersection encerclée doit avoir au moins 555 millions d'années. **Figure 25.15** La courbe bleue correspond aux familles d'animaux marins. Comme les familles englobent souvent de nombreuses espèces, on doit s'attendre à ce que le pourcentage de *familles* éteintes soit plus faible que le pourcentage d'*espèces* éteintes. **Figure 25.25** La séquence codante du gène *Pitx1* différerait entre les populations marines et les populations lacustres, mais le mode d'expression des gènes serait le même.

Retour sur le concept 25.1

1. L'hypothèse selon laquelle les conditions sur la Terre primitive auraient permis la synthèse de molécules organiques à partir d'ingrédients inorganiques. **2.** Parce que les membranes des protocellules jouaient un rôle crucial. Alors que dans une solution sans compartiments toutes les molécules se mélangent aléatoirement, les membranes isolent du milieu externe certains systèmes moléculaires dans lesquels peuvent se concentrer des molécules organiques. Cette concentration facilite le déroulement des réactions biochimiques. **3.** De nos jours, l'information génétique va généralement de l'ADN vers l'ARN, comme lorsque la séquence d'ADN d'un gène sert de patron pour synthétiser l'ARNm qui encode une protéine en particulier. Cependant, le cycle de vie des rétrovirus comme le VIH montre que l'information génétique peut circuler en sens inverse (de l'ARN à l'ADN). Dans ces virus, l'enzyme transcriptase inverse utilise de l'ARN comme patron pour la synthèse de l'ADN, ce qui semble indiquer qu'une enzyme similaire pourrait avoir joué un rôle clé dans la transition du monde de l'ARN au monde de l'ADN.

Retour sur le concept 25.2

1. 22 920 ans (quatre demi-vies: 5 730 ans × 4). **2.** Les archives fossiles montrent que différents groupes d'organismes ont dominé la vie sur la Terre à différents moments, et que de nombreux organismes qui ont vécu sont maintenant éteints; la figure 25.4 donne des exemples précis de ces deux cas. Les archives fossiles indiquent aussi que la modification graduelle d'organismes qui existaient autrefois peut entraîner l'apparition de nouveaux groupes d'organismes, comme en témoignent les fossiles qui montrent que les Mammifères sont issus d'ancêtres Cynodontes. **3.** La découverte d'un tel fossile d'organisme (hypothétique) indiquerait que certains aspects de notre compréhension actuelle de l'origine des Mammifères sont erronés puisque les scientifiques croient que les Mammifères sont d'apparition beaucoup plus récente (voir la figure 25.6). Une telle découverte sous-entendrait que la datation des fossiles découverts antérieurement est erronée ou que les lignées que montre la figure 25.6 ont des caractéristiques en commun avec les Mammifères, sans être pour autant leurs ancêtres directs. Enfin, cela signifierait que des changements radicaux de multiples aspects de la structure squelettique des organismes peuvent surgir soudainement – ce que contredisent les archives fossiles connues.

Retour sur le concept 25.3

1. L'oxygène moléculaire brise les liaisons chimiques et peut inhiber les enzymes et endommager les cellules. Par conséquent, les procaryotes qui prospéraient dans des milieux anaérobies auraient eu du mal à survivre et à se reproduire dans un environnement riche en oxygène, ce qui aurait causé l'extinction de nombreuses espèces. **2.** Tous les Eucaryotes possèdent des mitochondries ou des vestiges de ces organites, mais les Eucaryotes ne contiennent pas tous des plastes. **3.** Les archives fossiles d'aujourd'hui incluraient les nombreux organismes dotés de structures corporelles dures (comme les vertébrés et de nombreux invertébrés marins). En revanche, elles pourraient ne pas inclure certaines espèces que nous connaissons bien, mais qui sont confinées à de petits territoires géographiques ou qui forment des populations très restreintes (par exemple, les espèces menacées d'extinction comme le panda géant, le tigre et plusieurs espèces de rhinocéros).

Retour sur le concept 25.4

1. La dérive des continents transforme la géographie physique et climatique de la Terre, ainsi que l'isolement géographique relatif des organismes. Comme ces facteurs influent sur les taux de spéciation et d'extinction, la dérive des continents a des répercussions très importantes sur la vie sur la Terre. **2.** Les extinctions massives; des innovations évolutives majeures; la diversification d'un autre groupe d'organismes (qui peut fournir de nouvelles sources de nourriture); la migration vers de nouveaux endroits où il y a peu d'espèces concurrentes. **3.** En principe, on devrait trouver des fossiles des espèces communes et des espèces rares jusqu'au moment de la catastrophe; après quoi, on observerait l'absence totale de ces fossiles. La réalité est cependant plus complexe parce que les archives fossiles ne sont pas parfaites. Les fossiles les plus récents d'une espèce peuvent donc dater d'un million d'années avant l'extinction massive – même si cette espèce n'a disparu qu'au moment de l'extinction massive. Ce problème est particulièrement plausible pour les espèces rares parce que peu de leurs fossiles seront conservés et encore moins découverts. Par conséquent, pour de nombreuses espèces rares, on ne peut compter sur les archives fossiles pour prouver qu'elles étaient vivantes immédiatement avant l'extinction (même si c'était le cas).

Retour sur le concept 25.5

1. L'hétérochronie peut causer toutes sortes de changements morphologiques. Par exemple, une variation du moment du début de la maturité sexuelle peut entraîner la persistance de certaines caractéristiques juvéniles (pédomorphose). La pédomorphose résulte de petites modifications génétiques qui entraînent d'importants changements morphologiques, comme on le voit chez la salamandre axolotl. **2.** Chez les embryons animaux, les gènes *Hox* influent sur le développement de structures comme les membres et les appendices servant à l'alimentation. Une modification de ces gènes ou une variation dans leur régulation risque donc d'avoir des effets importants sur la morphologie. **3.** Par la génétique, nous savons que l'efficacité avec laquelle les facteurs de transcription se lient à des séquences d'ADN non codant appelées éléments régulateurs influe sur la régulation des gènes. Par conséquent, si les changements dans la morphologie sont souvent causés par des variations dans la régulation des gènes, il est probable que des portions de la séquence d'ADN non codant qui contient ces éléments régulateurs soient fortement touchées par la sélection naturelle.

Retour sur le concept 25.6

1. Les structures complexes n'évoluent pas d'un seul coup, mais petit à petit, la sélection naturelle sélectionnant les variantes adaptatives des versions antérieures. **2.** Même si le virus de la myxomatose est hautement létal, au début, certains des lapins y résistent (0,2% des lapins infectés ne meurent pas). Comme cette résistance est un trait héréditaire, on peut s'attendre à ce que la population de lapins affiche une tendance à une résistance accrue au virus. On peut aussi présumer que le virus affichera une tendance évolutive vers une moindre létalité puisqu'un lapin infecté par un virus moins létal est plus susceptible de vivre assez longtemps pour qu'un moustique le pique et transmette le virus à un autre lapin (un virus mourra avec son hôte s'il le tue avant qu'un moustique l'ait transmis à un autre lapin.)

Questions du résumé des concepts clés

25.1 Les particules de montmorillonite peuvent avoir fourni des surfaces sur lesquelles des molécules organiques se sont concentrées, améliorant ainsi la probabilité qu'elles réagissent les unes avec les autres. Les particules de montmorillonite peuvent aussi avoir facilité le transport de molécules clés, comme des brins courts d'ARN, dans les vésicules. Ces vésicules peuvent se former spontanément à partir de simples précurseurs moléculaires, se «reproduire», «croître» d'elles-mêmes et maintenir des concentrations internes de molécules qui diffèrent de celles de l'environnement. Ces caractéristiques des vésicules sont des étapes clés dans l'émergence des protocellules et (ultimement) des premières cellules vivantes. **25.2** L'une des difficultés est que les organismes n'utilisent pas de radio-isotopes à longue demi-vie dans la formation de leurs os ou de leurs coquilles. Il est donc impossible de dater directement les fossiles dont l'âge dépasse 75 000 ans. Les fossiles se trouvent souvent dans les roches sédimentaires, mais typiquement ces roches contiennent des sédiments de différents âges, ce qui représente une difficulté de plus lorsqu'on essaie de dater des fossiles très anciens. Pour contourner ces difficultés, les géologues ne datent pas les fossiles, mais les couches de roches volcaniques qui les entourent et dans lesquelles sont emprisonnés des radio-isotopes à longue demi-vie. Cette approche donne des estimations minimales et maximales quant à l'âge des fossiles comprimés entre ces couches. **25.3** L'explosion du Cambrien est une période relativement courte (de 535 à 525 millions d'années) au cours de laquelle de nombreux embranchements d'Animaux contemporains de grande taille apparaissent pour la première fois dans les archives fossiles. Les changements évolutifs qui se sont produits durant cette période, comme l'apparition des grands prédateurs et des proies qui ont de bonnes défenses, ont été cruciaux parce qu'ils ont ouvert la voie à un certain nombre d'événements parmi les plus importants dans l'histoire des 500 millions d'années qui viennent de s'écouler. **25.4** Les grands changements évolutifs étayés par les archives fossiles correspondent à l'ascension et au déclin des principaux groupes d'organismes. L'ascension et le déclin de n'importe quel groupe dépendent de l'équilibre entre les taux de spéciation et d'extinction. L'ascension d'un groupe d'organismes se produit lorsque ce groupe comprend plus de nouvelles espèces que d'espèces qui s'éteignent; le déclin d'un groupe survient lorsque ce groupe comprend plus d'espèces qui s'éteignent que de nouvelles espèces. **25.5** Un changement dans la séquence ou la régulation d'un gène développemental peut produire des changements morphologiques majeurs. Dans certains cas, de tels changements permettent aux organismes de remplir de nouvelles fonctions dans de nouveaux environnements; ils peuvent donc mener à une radiance adaptative et à la formation d'un nouveau groupe d'organismes. **25.6** Le changement évolutif résulte des interactions entre les organismes et leur environnement actuel, et ce processus ne vise aucun objectif. Comme les milieux changent avec le temps, les caractéristiques que la sélection naturelle favorise chez les organismes peuvent également changer. Lorsque cela se produit, ce qui avait pu sembler être un «but de l'évolution» (par exemple, une amélioration de la fonction d'une caractéristique) peut cesser d'être un avantage et peut même se révéler nuisible.

ÉVALUATION

1. c; **2.** d; **3.** e; **4.** b; **5.** d;
6.

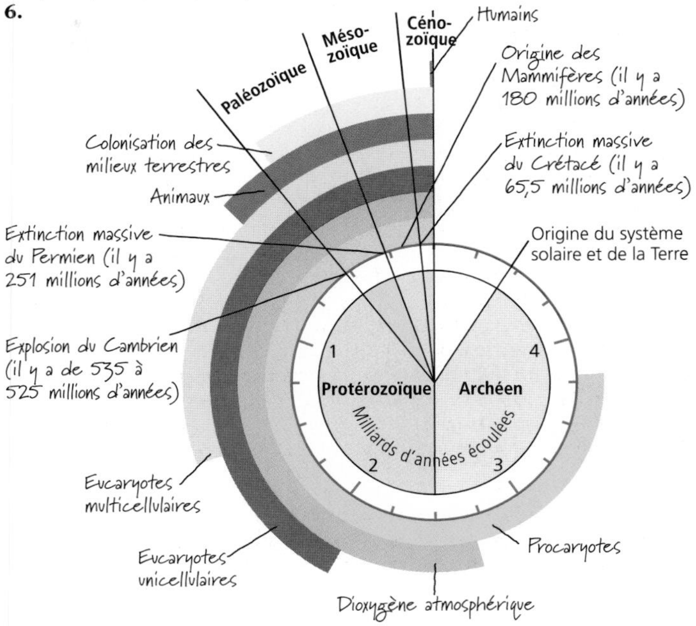

7. c; **8.** b.

26

La phylogenèse et l'arbre de la vie

▲ **Figure 26.1 Quel est cet animal ?**

CONCEPTS CLÉS

26.1 **La phylogenèse révèle les liens évolutifs**
26.2 **La phylogenèse repose sur des données morphologiques et moléculaires**
26.3 **Les arbres phylogénétiques sont construits à partir de caractères communs**
26.4 **Le génome recèle l'histoire évolutive de tout organisme**
26.5 **Les horloges moléculaires rendent compte du temps de l'évolution**
26.6 **De nouvelles données enrichissent continuellement notre compréhension de l'arbre de la vie**

INTRODUCTION

L'étude de l'arbre de la vie

Observez attentivement l'animal de la **figure 26.1**. À son apparence, on pourrait penser qu'il s'agit d'un serpent, mais ce n'est pas le cas. En fait, c'est un lézard apode (c'est-à-dire sans pattes) d'Australie, appelé *Pygopus lepidopodus*. Pourquoi n'entre-t-il pas dans la catégorie des serpents ? Et, de façon plus générale, comment les biologistes distinguent-ils et catégorisent-ils les millions d'espèces vivant sur la Terre ?

Une perspective évolutive des relations entre les différentes espèces permet de répondre à ces questions : nous pouvons décider dans quel « casier » placer une espèce en comparant ses traits à ceux de potentiels parents proches. Par exemple, *Pygopus lepidopodus* n'a pas les paupières soudées, une mâchoire très mobile ou une petite queue postérieure à l'anus, trois traits communs à tous les serpents. Combinés à d'autres caractéristiques, ces trois attributs suggèrent qu'en dépit de sa ressemblance avec les serpents *Pygopus lepidopodus* n'en est pas un. Il suffit en outre d'examiner les caractères distinctifs des lézards pour constater que *Pygopus* n'est pas un cas isolé. En fait, l'apodie est le résultat d'une évolution indépendante au sein de divers groupes de lézards. Au fil des générations, ces lézards apodes, qui sont des animaux fouisseurs ou vivant dans les pâturages, ont comme les serpents perdu leurs pattes, par un phénomène d'adaptation à leur environnement.

Les serpents et les lézards font partie du continuum du vivant, qui s'étend des tout premiers organismes jusqu'à la formidable variété d'espèces vivant aujourd'hui. Dans cette première partie du chapitre, nous étudierons cette diversité et les hypothèses qui tentent d'en expliquer l'évolution. Pour ce faire, nous mettrons de côté le *processus* de l'évolution (les mécanismes évolutifs décrits dans la quatrième partie) pour nous concentrer sur ses *modèles* (les observations sur les produits de l'évolution dans le temps).

Nous entamerons l'étude de la diversité du vivant en examinant comment les biologistes s'y prennent pour établir la **phylogenèse** (du grec *phulon*, « race », et *genesis*, « origine »), c'est-à-dire l'histoire de l'évolution d'une espèce ou d'un groupe d'espèces apparentées. La phylogenèse des lézards et des serpents, par exemple, indique que *Pygopus lepidopodus* et les serpents descendent tous de lézards à pattes, mais qu'ils proviennent de lignées différentes. Leur état actuel est donc le fruit d'une évolution indépendante.

Pour reconstruire la phylogenèse, les biologistes ont recours à la **systématique**, une discipline dont l'objectif est de classifier les organismes et d'établir leurs liens évolutifs. En s'appuyant sur un large éventail de données, allant des fossiles aux molécules et aux gènes, la systématique parvient à établir des liens évolutifs entre les organismes (**figure 26.2**). À partir

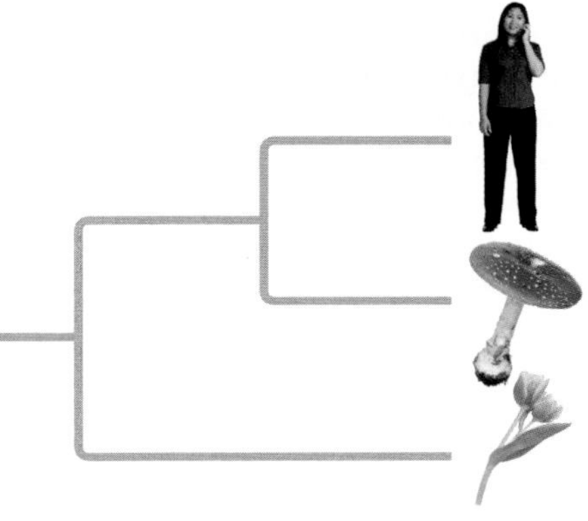

▲ **Figure 26.2 Liens inattendus.** Quel est le lien évolutif entre les humains, les champignons et les tulipes ? La phylogenèse réalisée à partir de séquences d'ADN révèle que, malgré les apparences, les Animaux (dont les humains) et les Eumycètes (comme les champignons) sont plus apparentés les uns aux autres qu'aux Végétaux.

de ces informations, les biologistes peuvent construire l'arbre de la vie universel, dont la ramure se complexifie au même rythme que s'accumulent les données.

CONCEPT 26.1

La phylogenèse révèle les liens de parenté évolutive

Nous avons vu au chapitre 22 que les organismes partagent certaines caractéristiques à cause d'un ancêtre commun. Nous pouvons donc acquérir beaucoup de connaissances sur une espèce lorsque nous connaissons son histoire évolutive. Par exemple, un organisme donné a toutes les chances de partager avec ses proches parents quantité de gènes, de voies métaboliques, ainsi que la structure de nombreuses protéines. Nous nous pencherons sur les applications pratiques de ce type d'information à la fin de cette partie du chapitre, mais non sans expliquer d'abord en quoi consiste la **taxinomie**, c'est-à-dire la désignation et la classification des organismes. Nous verrons aussi comment interpréter et utiliser les diagrammes qui représentent l'histoire évolutive.

La nomenclature binominale

Dans le langage courant, on désigne les formes de vie par leurs noms «vernaculaires», autrement dit leurs noms usuels. On dira, par exemple, un singe, un merle, un lilas. Ces noms peuvent toutefois semer la confusion, d'abord parce qu'ils désignent plus d'une espèce, mais aussi parce qu'ils ne sont pas toujours représentatifs des organismes qu'ils sont censés désigner. Pensons, par exemple, au poisson d'argent (*Lepisma saccharina*), qui est en fait un insecte (lépisme), au chien de mer, qui désigne trois espèces de requin, ou encore à l'éléphant de mer, nom donné à une espèce du Sud et à une autre du Nord. Et c'est sans compter tous les noms employés selon la langue qu'on parle.

Pour éviter toute confusion, les biologistes désignent les organismes étudiés par leurs noms scientifiques. Ces noms sont des appellations formées de deux mots latins et constituent ce qu'on appelle la **nomenclature binominale**, établie au 18e siècle par Carl von Linné (voir le chapitre 22). Le premier mot d'un nom scientifique indique le genre auquel l'espèce appartient (il pourrait être comparé au nom de famille d'une personne); le deuxième nom désigne l'espèce en tant que telle (il pourrait correspondre au prénom de la personne). Par exemple, le nom scientifique du léopard est *Panthera pardus*. Seule la première lettre du genre prend la majuscule, et le genre et l'espèce sont composés en italique (cette règle s'applique au nom scientifique latin et non au nom commun français). Un genre peut comprendre plusieurs espèces, qui portent chacune un nom spécifique. Les noms scientifiques créés récemment sont aussi «latinisés»; ainsi, un chercheur qui découvre un nouvel insecte peut le baptiser en l'honneur d'un ami, mais il doit ajouter la terminaison latine appropriée. Par exemple, le biologiste Dale H. Clayton a nommé *Strigiphilus garylarsoni* un pou trouvé seulement sur les chouettes pour exprimer son admiration envers le dessinateur de bandes dessinées Gary Larson (*The Far Side*). Une bonne partie des appellations scientifiques encore employées de nos jours ont été créées par Linné, qui a attribué un nom scientifique à plus de 11 000 espèces végétales et animales. Et, sans doute dans un élan d'optimisme, celui-ci a donné aux humains le nom scientifique d'*Homo sapiens*, ce qui signifie «homme sage».

La classification hiérarchique

En plus de baptiser les espèces, Linné les a aussi classées hiérarchiquement en groupes de plus en plus généraux. Le groupe le plus étroit, situé au bas de la hiérarchie, porte le nom de la première partie de l'appellation scientifique et correspond donc au genre. Ainsi, les espèces qui semblent étroitement apparentées sont groupées au sein d'un même genre. Par exemple, le léopard (*Panthera pardus*) appartient à un genre qui comprend également le lion d'Afrique (*Panthera leo*), le tigre (*Panthera tigris*) et le jaguar (*Panthera onca*).

Au-delà du groupement au sein d'un même genre, les taxinomistes emploient des catégories de classement de plus en plus vastes. La classification hiérarchique rassemble les genres semblables en **familles**, les familles en **ordres**, les ordres en **classes**, les classes en **embranchements**, les embranchements en **règnes** et, depuis peu, les règnes en domaines (**figure 26.3**). La classification biologique d'un organisme suit la même logique qu'une adresse: on indique d'abord, le cas échéant, le numéro d'unité (l'appartement, par exemple), le numéro municipal de l'immeuble où se trouve l'unité, le type de rue et le nom de la rue où se situe l'immeuble, le nom de la municipalité où se trouve la rue, le nom de la province où se trouve la ville, et ainsi de suite.

Un rang taxinomique est appelé **taxon**, peu importe sa catégorie de classement. Par exemple, *Panthera* est un taxon de genre, tandis que Mammifères est un taxon de classe qui inclut tous les ordres de Mammifères. Remarquez que les taxons plus vastes que celui du genre ne s'écrivent pas en italique, mais prennent une majuscule à la première lettre.

La classification des espèces est une façon de structurer notre vision très humaine du monde. Nous groupons des arbres semblables et nous les appelons *pins*, par exemple, pour les distinguer d'autres conifères, comme les sapins. De fait, les taxinomistes ont déterminé que les pins et les sapins sont suffisamment différents pour appartenir à des genres distincts (*Pinus* et *Abies*, respectivement). Cependant, ces deux espèces sont jugées assez semblables pour être classées dans la même famille, soit celle des Pinacées. Quant aux pins et aux sapins, les niveaux de classification plus élevés sont généralement définis selon des caractéristiques morphologiques déterminées par les taxinomistes. Cependant, les caractères servant à classifier un groupe d'organismes peuvent s'avérer inappropriés pour d'autres organismes. C'est pourquoi les catégories plus vastes ne sont souvent pas comparables entre lignées. Par exemple, un ordre d'escargots ne présentera pas nécessairement le même degré de diversité morphologique ou génétique qu'un ordre de Mammifères. De plus, comme nous le verrons, l'arrangement des espèces selon des ordres, des classes, etc., ne reflète pas nécessairement l'histoire évolutive.

La classification et la phylogenèse

On peut représenter l'histoire évolutive d'un groupe d'organismes dans un diagramme arborescent appelé **arbre phylogénétique**. Comme le montre la **figure 26.4**, la ramure de

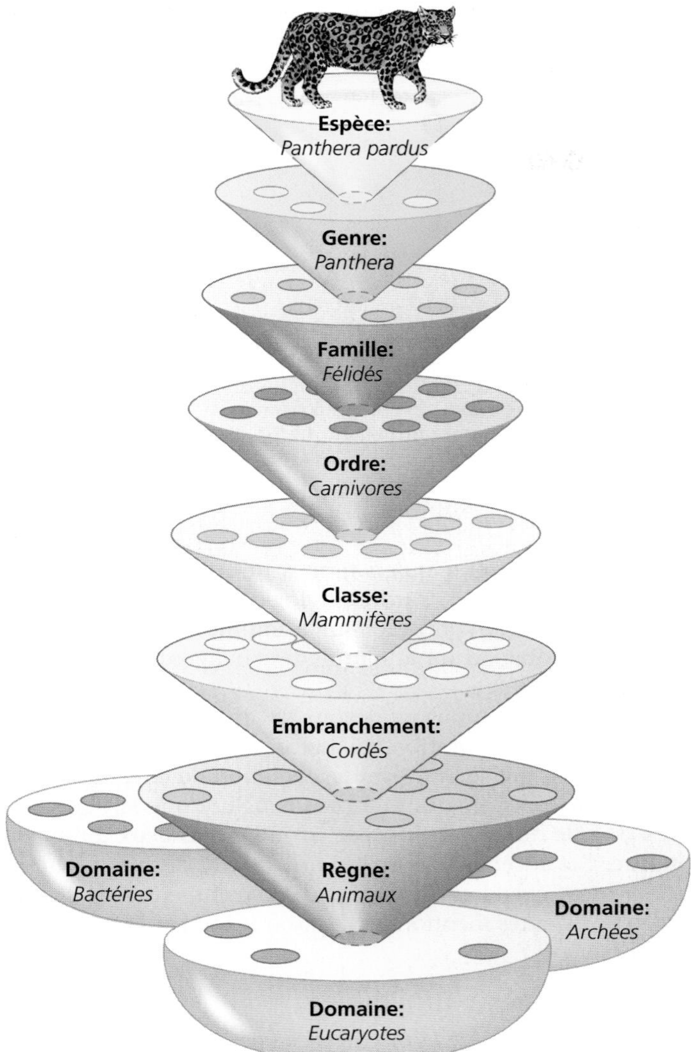

▲ **Figure 26.3 La classification hiérarchique.** Les espèces sont classées dans des groupes successifs relevant de groupes plus vastes.

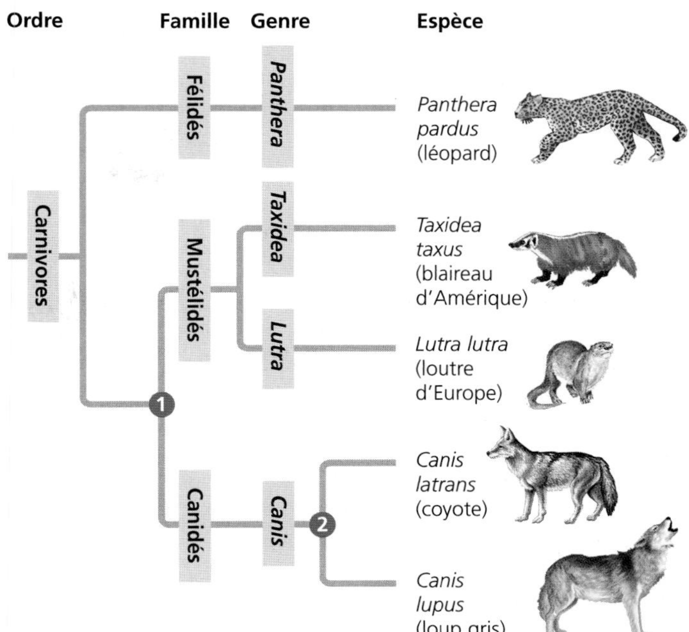

▲ **Figure 26.4 Le lien entre la classification et la phylogenèse.** La classification hiérarchique peut refléter le type de ramifications propre aux arbres phylogénétiques. L'arbre illustré ici schématise les relations possibles entre certains taxons de l'ordre des Carnivores, qui relève de la classe des Mammifères. Le point de bifurcation (ou nœud) ❶ représente l'ancêtre commun le plus récent des membres de la famille des Mustélidés et de celle des Canidés. Le point de bifurcation ❷ représente l'ancêtre commun le plus récent du coyote et du loup gris.

l'arbre phylogénétique reflète la classification hiérarchisée des groupes taxinomiques en fonction de ceux qui sont les plus inclusifs. Il est arrivé cependant que des taxinomistes rangent une espèce au sein d'un genre (ou d'un autre groupe) avec lequel elle *n'est pas* le plus étroitement apparentée. Ce type de classification erronée survient notamment lorsqu'une espèce a perdu, au cours de son évolution, une caractéristique clé que partagent ses parents proches. Lorsque l'ADN ou d'autres données indiquent qu'une telle erreur s'est produite, l'organisme peut être reclassifié pour mieux refléter son histoire évolutive. Par ailleurs, la classification classique de Linné a beau distinguer des groupes comme les Mammifères, les Reptiles, les Oiseaux et autres classes de Vertébrés, elle ne nous apprend rien sur les liens évolutifs existant entre ces groupes.

En fait, ces problèmes de concordance entre la classification classique et la phylogenèse ont amené certains systématiciens à proposer que la classification prenne en compte exclusivement les liens évolutifs. Par exemple, un système appelé **PhyloCode** ne nomme que les groupes comprenant un ancêtre commun et ses descendants. Bien que le PhyloCode propose de modifier la façon de définir et de déterminer les taxons, la plupart des espèces garderaient leurs noms taxinomiques actuels. En revanche, la notion de «rang» disparaîtrait, si bien que les groupes ne seraient plus associés à une famille et à une classe. En outre, certains groupes reconnus depuis longtemps seraient intégrés à d'autres groupes auparavant du même rang. Par exemple, puisque les Oiseaux descendent d'un groupe de Reptiles, *Aves* (le nom latin donné, dans la classification classique, à la classe dont font partie les Oiseaux) deviendrait un sous-groupe des Reptiles (qui forment aussi une classe dans la classification classique). Malgré la controverse que suscite le PhyloCode, de nombreux systématiciens reconnaissent le bien-fondé de l'approche phylogénétique qui en constitue les assises.

Quoi qu'il en soit, que l'on nomme les groupes selon le PhyloCode ou selon la classification classique, l'arbre phylogénétique représente des liens évolutifs hypothétiques. Ces liens sont souvent présentés selon un modèle dichotomique, c'est-à-dire au moyen d'une série de fourches à deux branches. Chaque point de bifurcation (ou **nœud**) correspond à la divergence de deux lignées issues d'un ancêtre commun. Dans la **figure 26.5**, par exemple, le nœud ❸ représente l'ancêtre commun des taxons A, B et C. La position du nœud ❹ à la droite du nœud ❸ indique que les taxons B et C se sont écartés du taxon A lorsque leur lignée commune s'est séparée. (La rotation des embranchements autour de l'axe d'un nœud ne modifie pas leurs liens évolutifs.)

Dans la figure 26.5, les taxons B et C sont des **groupes frères**, c'est-à-dire des groupes d'organismes ayant le même

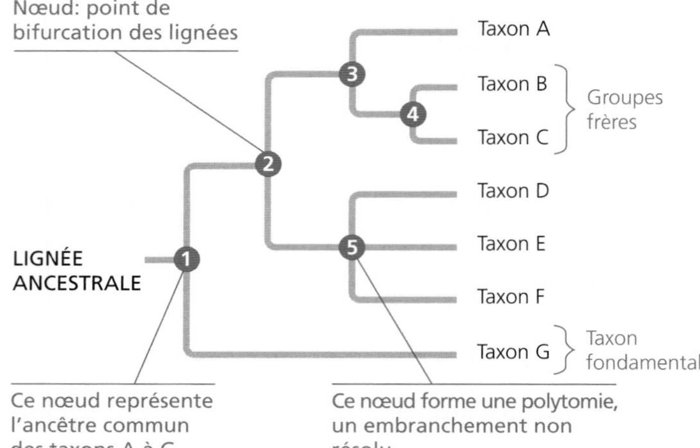

▲ **Figure 26.5 Comment interpréter un arbre phylogénétique.**

FAITES UN DESSIN *Redessinez cet arbre tel qu'il apparaîtrait si vous faisiez pivoter les embranchements sur l'axe du nœud ❷ et du nœud ❹ respectivement. Cette nouvelle version de l'arbre modifie-t-elle les liens évolutifs entre les taxons? Expliquez votre réponse.*

ancêtre direct (ici, le nœud ❹). Chacun est donc le plus proche parent de l'autre. Notez aussi que cet arbre, comme la plupart des arbres phylogénétiques présentés dans ce manuel, est **enraciné**, ce qui signifie qu'un nœud de l'arbre (souvent dessiné à l'extrême gauche) représente l'ancêtre commun le plus récent de tous les taxons de l'arbre. Le terme **taxon fondamental** désigne une lignée qui diverge tôt dans l'histoire d'un groupe et qui apparaît sur une branche directement liée à l'ancêtre commun du groupe, comme le taxon G de la figure 26.5. Enfin, la lignée qui mène aux taxons D à F montre une **polytomie**, c'est-à-dire un nœud duquel émergent plus de deux groupes de descendants. Une polytomie indique que les liens évolutifs entre ces taxons ne sont pas encore clairement établis.

Les avantages et les limites de l'arbre phylogénétique

Résumons trois points clés de l'arbre phylogénétique. Premièrement, cette représentation vise à montrer des modèles de descendance et non des ressemblances phénotypiques. Bien qu'il soit fréquent que des organismes parents se ressemblent en raison de leur ancêtre commun, il n'en sera pas de même si leur lignée respective n'a pas évolué au même rythme ou s'ils ont dû composer avec des conditions environnementales très différentes. Par exemple, les crocodiles sont plus proches des Oiseaux que des lézards (voir la figure 22.17, p. 536), mais ils ressemblent davantage à ces derniers parce que la morphologie de la lignée des Oiseaux a considérablement changé.

Deuxièmement, la séquence des branchements d'un arbre n'indique pas nécessairement l'âge véritable (ou absolu) des espèces en cause. Par exemple, l'arbre de la figure 26.4 n'indique pas que le loup est apparu plus récemment que la loutre d'Europe; il montre seulement que leur ancêtre commun (nœud ❶) est né avant le dernier ancêtre commun du loup et du coyote (❷). Pour indiquer à quel moment le loup et la loutre ont formé des groupes distincts, l'arbre devrait montrer, pour chaque lignée, des bifurcations supplémentaires, et celles-ci devraient être datées. De façon générale, à moins que le diagramme s'accompagne d'informations précises sur le sens à donner à la longueur des branches, nous ne devrions l'interpréter qu'en termes de modèles de descendance. Autrement dit, l'arbre phylogénétique ne permet pas de formuler des hypothèses sur le moment où une espèce donnée a évolué ou sur la nature des changements survenus dans chaque lignée.

Troisièmement, nous ne devons pas présumer qu'un taxon est le fruit de l'évolution du taxon voisin. La figure 26.4 n'indique pas que le loup est une évolution du coyote, ou l'inverse. Nous pouvons tout au plus conclure que la lignée du loup et celle du coyote proviennent toutes les deux du même ancêtre. Cet ancêtre, aujourd'hui disparu, n'était ni un loup ni un coyote. Cependant, ses descendants comprennent les deux espèces existantes mentionnées ici, soit le loup et le coyote.

La phylogenèse appliquée

La compréhension de la phylogenèse peut déboucher sur des applications pratiques. Prenons l'exemple du maïs, originaire des Amériques, qui constitue aujourd'hui une importante culture vivrière dans le monde entier. À partir de la phylogenèse du maïs, obtenue grâce aux banques d'ADN, des chercheurs ont réussi à identifier deux espèces de plantes herbacées qui seraient les plus proches parents vivants du maïs. Ces deux parents pourraient constituer de précieux « réservoirs » d'allèles bénéfiques, susceptibles d'être transférés au maïs cultivé, par croisement ou modification génétique (voir le chapitre 20).

La **figure 26.6** décrit une autre utilisation de l'arbre phylogénétique. Elle montre comment déterminer si des échantillons de viande de baleine proviennent d'espèces protégées par le droit international, donc capturées illégalement, et non d'espèces dont la chasse est autorisée (comme le petit rorqual, vivant dans l'hémisphère Sud). Cette analyse phylogénétique a indiqué que de la viande de rorqual à bosse, de rorqual commun et de petit rorqual chassés dans l'hémisphère Nord était vendue illégalement dans des poissonneries japonaises.

Comment les chercheurs construisent-ils des arbres comme ceux qui sont étudiés ici? Nous commencerons à répondre à cette question dans la section suivante, lorsque nous examinerons les données utilisées en phylogénétique.

▼ **Figure 26.6** INVESTIGATION

À quelle espèce les échantillons vendus comme étant de la viande de baleine appartiennent-ils ?

EXPÉRIENCE C. S. Baker, alors chercheur à la University of Auckland, en Nouvelle-Zélande, et S. R. Palumbi, alors chercheur à la University of Hawaii, ont acheté 13 échantillons de « viande de baleine » dans des poissonneries japonaises. Ils ont séquencé une portion particulière de l'ADN mitochondrial de chaque échantillon et ont comparé leurs résultats avec la séquence équivalente de l'ADN d'espèces de baleine connues. Pour découvrir l'espèce d'origine de chaque échantillon, Baker et Palumbi ont construit un *arbre génétique,* c'est-à-dire un arbre phylogénétique qui met en évidence des modèles de parenté entre des séquences d'ADN plutôt qu'entre des taxons.

RÉSULTATS L'analyse a permis de produire l'arbre génétique suivant :

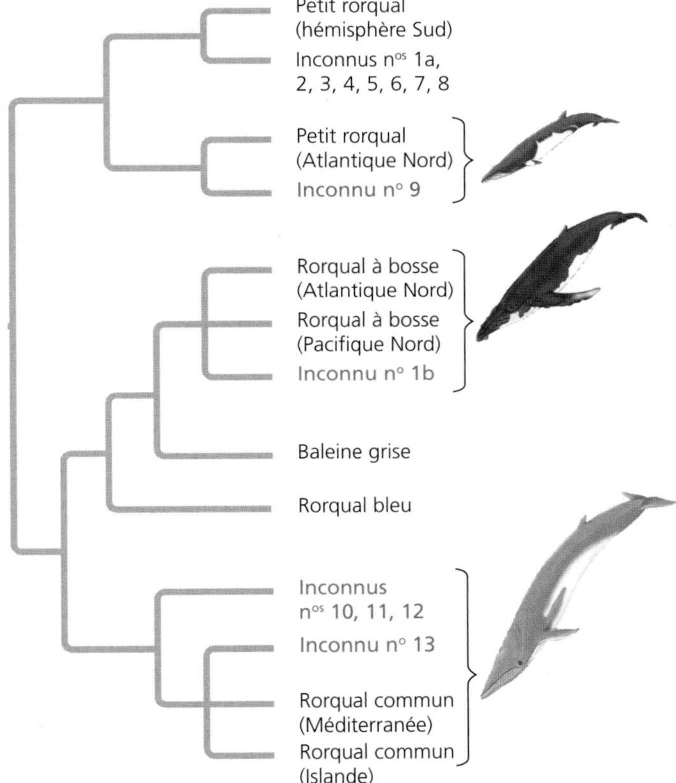

CONCLUSION Cette analyse indique que les séquences de l'ADN de six des échantillons inconnus (en rouge) étaient plus étroitement apparentés aux séquences de l'ADN de baleines dont la chasse est interdite.

SOURCE C. S. Baker et S. R. Palumbi, Which whales are hunted ? A molecular genetic approach to monitoring whaling, *Science* 265 : 1538-1539 (1994).

ET SI ? À quoi les résultats auraient-ils ressemblé s'ils avaient indiqué que la viande de baleine ne provenait *pas* d'animaux dont la chasse est interdite ?

RETOUR SUR LE CONCEPT **26.1**

1. Quels niveaux de la hiérarchie présentée à la figure 26.3 les humains ont-ils en commun avec les léopards ?
2. Que nous indique l'arbre phylogénétique de la figure 26.4 au sujet des relations évolutives entre le léopard, le blaireau d'Amérique et le loup ?
3. Lequel des arbres illustrés ci-dessous décrit une histoire évolutive différente des deux autres ? Expliquez votre réponse.

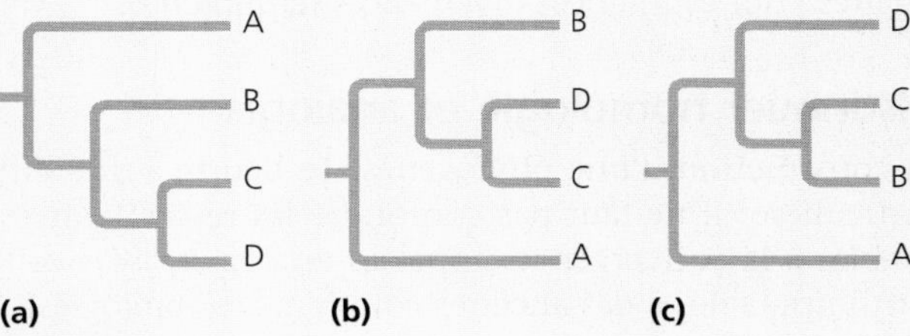

4. **ET SI ?** Supposez que de nouvelles données indiquent que le taxon E de la figure 26.5 forme un groupe frère avec le groupe constitué des taxons D et F. Redessinez l'arbre en conséquence.

Voir les réponses proposées à la fin du chapitre.

CONCEPT **26.2**

La phylogenèse repose sur des données morphologiques et moléculaires

Pour construire une phylogenèse, les systématiciens doivent recueillir le plus de données possible sur la morphologie, les gènes et la biochimie des organismes concernés. Ils doivent impérativement se concentrer sur les caractéristiques provenant d'un ancêtre commun, car elles seules refléteront les liens évolutifs.

Les homologies morphologiques et moléculaires

Nous avons vu au chapitre 22 qu'une ressemblance attribuable à une ascendance commune est appelée homologie. Par exemple, la ressemblance entre le nombre et l'arrangement des os des membres inférieurs des Mammifères s'explique par le fait qu'ils descendent d'un ancêtre commun possédant la même structure osseuse ; c'est là un exemple d'homologie morphologique (voir la figure 22.15, p. 535). De la même façon, les gènes ou les séquences d'ADN sont homologues s'ils sont issus de séquences portées par un ancêtre commun.

En général, les organismes dotés de morphologies ou de séquences d'ADN très semblables ont plus de chances d'être étroitement apparentés que ceux qui ont des structures ou des séquences très différentes. Dans certains cas, cependant, des espèces apparentées présentent une grande divergence morphologique et une petite divergence génétique (ou vice versa). Prenez, par exemple, les espèces d'*Argyroxiphium* d'Hawaï que nous avons vues au chapitre 25. Ces végétaux ont des morphologies très différentes d'une île à l'autre de l'archipel: certains sont des arbres hauts et clairsemés, tandis que d'autres se présentent sous forme de buissons bas et denses (voir la figure 25.20, p. 606). Mais, en dépit de ces différences phénotypiques frappantes, les gènes de ces plantes sont très semblables. En se basant sur ces divergences moléculaires minimes, on estime que le groupe des *Argyroxiphium* a commencé à diverger il y a 5 millions d'années, soit au moment où apparut la plus vieille île de l'archipel. Nous verrons plus loin dans ce chapitre comment les scientifiques utilisent les données moléculaires pour estimer ces divergences temporelles.

Distinguer homologie et analogie

La construction d'une phylogenèse se heurte à une difficulté particulière: il ne faut pas confondre les ressemblances attribuables à la convergence, appelées analogies, avec celles qui sont imputables à des ancêtres communs (homologies). Seules les homologies sont utiles pour nous aider à construire des arbres phylogénétiques. Comme nous l'avons vu au chapitre 22, l'évolution est dite convergente quand les facteurs environnementaux et la sélection naturelle produisent des adaptations semblables (analogues) chez des organismes de lignées évolutives distinctes. Par exemple, les deux sortes de taupes illustrées à la **figure 26.7** se ressemblent beaucoup. Cependant, leur anatomie interne, leur physiologie et leur système reproductif sont très dissemblables. Les «taupes» australiennes sont des Marsupiaux (leurs petits terminent leur développement embryonnaire dans la poche ventrale de la mère), tandis que les taupes nord-américaines sont des Euthériens (l'ensemble du développement embryonnaire se déroule dans l'utérus de la mère).

▲ **Figure 26.7 L'évolution convergente des caractéristiques analogues.** Le corps allongé, les pattes antérieures larges, les petits yeux et le coussin de peau qui protège le nez effilé sont des caractéristiques qui ont évolué indépendamment chez la «taupe» marsupiale australienne (en haut) et chez la taupe euthérienne nord-américaine (en bas).

De fait, les comparaisons génétiques et les archives géologiques démontrent que l'ancêtre commun de ces taupes a vécu il y a 140 millions d'années, soit à peu près au moment où les Mammifères marsupiaux et euthériens ont divergé. Cet ancêtre commun et la plupart de ses descendants ne ressemblent pas aux taupes, mais des caractéristiques semblables ont évolué de manière indépendante dans ces deux lignées alors qu'elles se sont adaptées progressivement à des modes de vie similaires.

Pour reconstruire des phylogenèses, il est essentiel de distinguer l'homologie de l'analogie. Les ailes des chauves-souris et des Oiseaux, par exemple, sont des adaptations qui autorisent le vol. Cette ressemblance superficielle pourrait signifier que les chauves-souris sont plus étroitement apparentées aux Oiseaux qu'aux chats, qui ne peuvent pas voler. Pourtant, un examen plus approfondi montre que l'aile de la chauve-souris s'apparente beaucoup plus aux membres antérieurs des chats et des autres Mammifères qu'aux ailes des Oiseaux. Les chauves-souris et les Oiseaux descendent d'un ancêtre tétrapode commun ayant vécu il y a environ 320 millions d'années et qui ne pouvait voler. Ainsi, bien que le squelette des chauves-souris et celui des Oiseaux soient *homologues*, leurs ailes ne le sont pas. L'aptitude au vol procède de mécanismes différents: l'aile de la chauve-souris comporte des membranes qui se déploient, alors que l'aile d'un Oiseau comporte des plumes. Les données fossiles indiquent également que les membres antérieurs des chauves-souris et les ailes des Oiseaux sont apparus indépendamment, à partir de membres antérieurs déambulateurs d'ancêtres tétrapodes différents. Au chapitre du vol, on peut donc affirmer que les membres antérieurs des chauves-souris sont *analogues* aux ailes des Oiseaux. Les structures analogues qui ont évolué indépendamment sont parfois appelées homoplasies (d'un mot grec qui signifie «même modèle»); les **homoplasies** peuvent être autant le résultat d'une **évolution convergente** que d'une **réversion**, c'est-à-dire d'un retour à un état caractérisant un stade précédent.

Afin de distinguer les homologies et les analogies, on peut procéder à la recherche de ressemblances ou de données fossiles qui permettent de soutenir les hypothèses, et examiner la complexité des caractéristiques comparées. Plus le nombre de ressemblances entre deux structures complexes est élevé, plus forte est la probabilité que ces structures aient évolué à partir d'un ancêtre commun. Par exemple, le crâne des humains adultes et celui des chimpanzés adultes ne se composent pas d'un os unique, mais de plusieurs os fusionnés. La composition du crâne de l'humain correspond presque parfaitement, os pour os, à celle du crâne du chimpanzé. Il est donc fort improbable que des structures aussi complexes et aussi ressemblantes aient des origines distinctes. Il est plus vraisemblable que les gènes participant à la constitution des deux crânes proviennent d'un ancêtre commun.

On peut affirmer la même chose en matière de comparaisons d'ordre génétique. Les gènes sont des séquences de milliers de nucléotides, dont chacun représente une caractéristique héréditaire sous la forme d'une des quatre bases de l'ADN: A (adénine), G (guanine), C (cytosine) ou T (thymine). Si les gènes de deux organismes ont en commun plusieurs portions de leurs séquences nucléotidiques, il y a de bonnes chances que ces gènes soient homologues.

L'évaluation des homologies moléculaires

Les comparaisons de molécules d'ADN posent certains défis techniques. La première étape, après le séquençage des molécules, consiste à aligner les séquences homologues issues des espèces comparées. Si ces dernières ont divergé d'un même ancêtre relativement récent, les séquences ne diffèrent probablement que par une ou quelques bases. Par contre, chez les espèces moins proches, les séquences d'ADN homologues différeront probablement à la fois par les bases de certains sites et par la longueur totale des séquences. Ces différences s'expliquent par le fait que l'accumulation des mutations au fil du temps (notamment les insertions et les délétions) risque fort de modifier la longueur des gènes.

Imaginons, par exemple, que deux séquences d'ADN issues de deux espèces soient très semblables, mais qu'une délétion ait supprimé la première base de la séquence provenant de l'une de ces deux espèces. Il s'ensuivrait un décalage de tous les autres nucléotides; une comparaison point par point des deux séquences étudiées aboutirait à une conclusion erronée. On pourrait, en effet, croire à une différence marquée entre elles, alors qu'en fait il y aurait une concordance générale. Pour surmonter ce type de problèmes, des chercheurs ont mis au point des logiciels qui déterminent la meilleure façon d'aligner les segments d'ADN homologues dont la longueur varie (**figure 26.8**).

1 Ces segments d'ADN homologues sont identiques, tandis que l'espèce 1 et l'espèce 2 commencent à diverger par rapport à leur ancêtre commun.
1 C C A T C A G A G T C C
2 C C A T C A G A G T C C
2 Deux types de mutations, soit une délétion et une insertion, décalent les séquences correspondantes chez les deux espèces.
Délétion
1 C C A T C A G A G T C C
2 C C A T C A G A G T C C
G T A Insertion
3 En raison de ces mutations, certaines des régions homologues, surlignées en orangé, ne sont plus alignées.
1 C C A T C A A G T C C
2 C C A T G T A C A G A G T C C
4 Les régions homologues sont réalignées, une fois que le système informatique a comblé les écarts en ajoutant des lacunes dans la séquence 1.
1 C C A T _ _ _ C A _ A G T C C
2 C C A T G T A C A G A G T C C

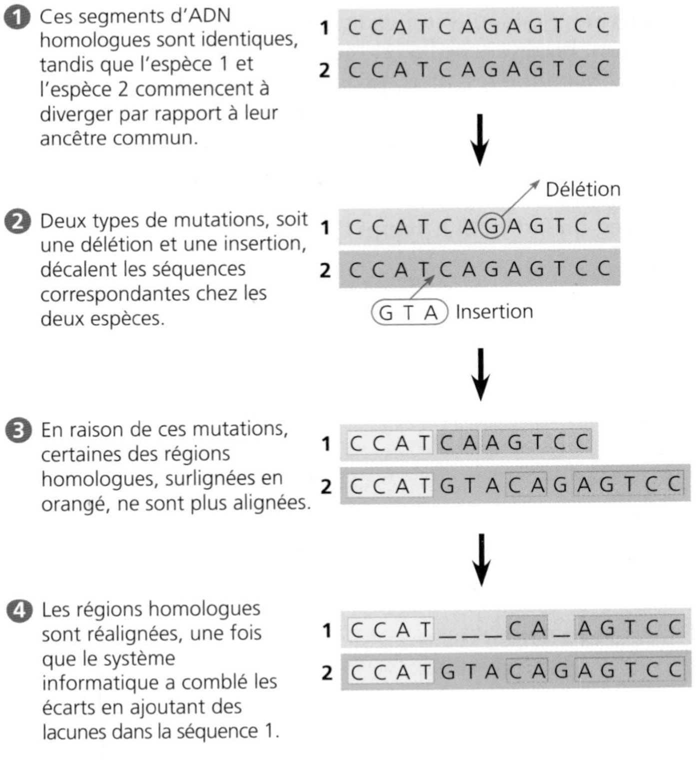

▲ **Figure 26.8 L'alignement des segments d'ADN.** Les systématiciens recherchent des séquences semblables dans les segments d'ADN provenant des deux espèces étudiées (un seul segment pour chaque espèce apparaît ci-dessus). Dans cet exemple, 11 des 12 bases n'ont pas changé depuis que les deux espèces ont divergé. Les séquences comparables sont encore identiques, une fois l'alignement rétabli.

La comparaison moléculaire révèle qu'un grand nombre de substitutions de bases et d'autres différences se sont accumulées entre les gènes comparables des taupes australiennes et nord-américaines, ce qui indique que leurs lignées ont grandement divergé depuis leur ancêtre commun. Par conséquent, on peut dire que ces espèces vivantes ne sont pas étroitement apparentées. En revanche, la grande ressemblance des séquences de gènes dans le groupe des *Argyroxiphium* d'Hawaï confirme l'hypothèse selon laquelle ces plantes sont toutes très étroitement apparentées en dépit de différences morphologiques considérables.

Comme pour les caractéristiques morphologiques, il importe de distinguer l'homologie de l'analogie pour évaluer les ressemblances moléculaires dans les études sur l'évolution. Deux séquences qui se ressemblent sur une bonne partie de leur longueur sont probablement homologues (voir la figure 26.8). Toutefois, chez les organismes qui ne semblent pas étroitement apparentés, les séquences peuvent présenter des bases semblables même si elles sont très différentes, mais ces ressemblances sont parfois purement fortuites. Ce sont des homoplasies moléculaires (**figure 26.9**). Les scientifiques ont mis au point des outils mathématiques qui permettent de distinguer les homologies « distantes » issues de ressemblances fortuites entre séquences par ailleurs extrêmement divergentes. (L'épithète « distantes » évoque la méthode statistique par laquelle on évalue la différence globale entre deux taxons en fonction d'une variable appelée distance.)

À ce jour, les scientifiques ont séquencé l'ADN de plus de 110 milliards de bases issues de milliers d'espèces. Cet ensemble considérable de données a beaucoup fait avancer l'étude de la phylogenèse. Les nouvelles données alimentent les hypothèses concernant de nombreux liens évolutifs, notamment entre les taupes australiennes et nord-américaines. Les résultats obtenus ont également permis de clarifier d'autres liens, comme ceux qui rattachent les différentes populations d'*Argyroxiphium*. Plus loin dans le chapitre, nous verrons comment la **systématique moléculaire**, une discipline qui détermine les liens évolutifs à partir de données provenant de l'ADN et d'autres molécules, a transformé notre compréhension de la phylogenèse.

A C G G A T A G T C C A C T A G G C A C T A
T C A C C G A C A G G T C T T T G A C T A G

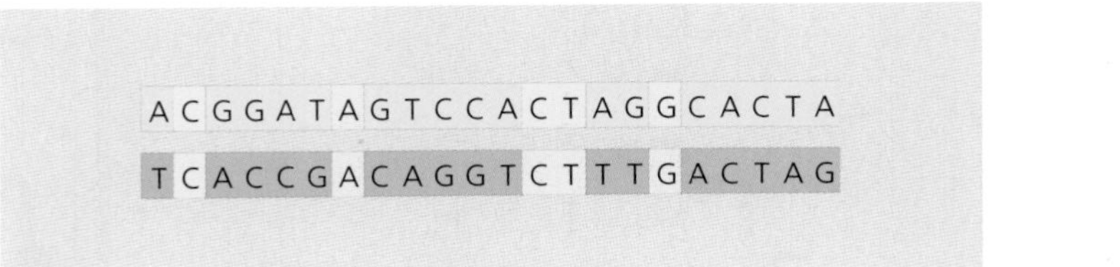

▲ **Figure 26.9 L'homoplasie moléculaire.** Dans ces séquences d'ADN issues de deux organismes génétiquement éloignés, 25 % des bases sont semblables, par pure coïncidence. Des outils statistiques permettent de déterminer si les séquences d'ADN qui présentent une concordance de plus de 25 % sont homologues.

? *Pourquoi peut-on s'attendre à ce que des organismes qui ne sont pas étroitement liés aient néanmoins en commun à peu près 25 % de leurs bases?*

RETOUR SUR LE CONCEPT 26.2

1. Indiquez si chacune des paires de structures suivantes représente une analogie ou une homologie, puis expliquez votre raisonnement : a) les piquants d'un hérisson et les épines d'un cactus ; b) la patte d'un chat et la main d'un humain ; c) l'aile d'un hibou et l'aile d'un frelon.
2. **ET SI ?** Supposons que l'espèce 1 et l'espèce 2 aient une apparence semblable, mais des séquences de gènes très divergentes, et que l'espèce 2 et l'espèce 3 aient une apparence fortement dissemblable, mais des séquences de gènes presque identiques. Quelles sont les espèces les plus susceptibles d'être étroitement apparentées : les espèces 1 et 2 ou les espèces 2 et 3 ? Expliquez votre réponse.

Voir les réponses proposées à la fin du chapitre.

CONCEPT 26.3

Les arbres phylogénétiques sont construits à partir de caractères communs

La première étape, dans la reconstruction des phylogenèses, consiste à distinguer les caractéristiques homologues des caractéristiques analogues (puisque seule l'homologie reflète l'histoire évolutive). Il faut ensuite choisir une méthode permettant de déduire la phylogenèse à partir de ces traits homologues. L'une de ces méthodes est la cladistique.

La cladistique

La cladistique est une méthode relevant de la systématique dont le principal critère de classification est l'ancêtre commun. Selon cette méthode, les biologistes tentent de réunir les espèces en **clades**, déterminant des groupes **monophylétiques** (du grec *monos*, « seul » et *phulon*, « tribu »), dont chacun comprend une espèce ancestrale et tous ses descendants (**figure 26.10a**). À l'instar des taxons, les clades sont groupés dans des clades plus importants. Dans la figure 26.4, par exemple, le clade de la famille des Félidés relève d'un clade plus important (les Carnivores), incluant aussi la famille des Canidés. Toutefois, un taxon n'est équivalent à un clade que s'il est monophylétique (figure 26.10a). Si des données manquent au sujet de certains membres d'un clade, on est en présence d'un groupe **paraphylétique**, lequel renferme l'espèce ancestrale et une partie seulement de ses descendants (**figure 26.10b**). On peut également être en présence d'un groupe **polyphylétique**, qui contient plusieurs taxons issus d'ancêtres différents (**figure 26.10c**). Voyons maintenant comment on détermine les clades à partir de caractères dérivés communs.

Les caractères communs, ancestraux et dérivés

En raison des modification intervenues au cours de la phylogenèse, les organismes ont des caractéristiques communes avec leurs ancêtres, mais ils s'en distinguent à d'autres égards. Par exemple, tous les Mammifères possèdent une colonne vertébrale, mais la présence de la colonne vertébrale ne distingue pas les Mammifères des autres Vertébrés parce que *tous* les vertébrés ont une colonne vertébrale. Cette structure précède dans le temps l'apparition de l'embranchement mammalien dans l'arbre généalogique des Vertébrés. Aussi, pour les Mammifères, la colonne vertébrale est un **caractère ancestral commun**, c'est-à-dire un caractère qui provient d'un ancêtre du taxon. En revanche, la pilosité est un attribut que partagent tous les Mammifères, mais qu'on *ne* trouve *pas* chez leurs ancêtres. La présence de poils chez les Mammifères est donc considérée comme un **caractère dérivé commun**, une innovation apparue au cours de l'évolution et exclusive à un clade.

Remarquez que les notions « ancestral » ou « dérivé » sont relatives, quand vient le temps d'examiner un caractère donné.

▼ Figure 26.10 Les groupes monophylétique, paraphylétique et polyphylétique.

(a) Groupe monophylétique (clade)

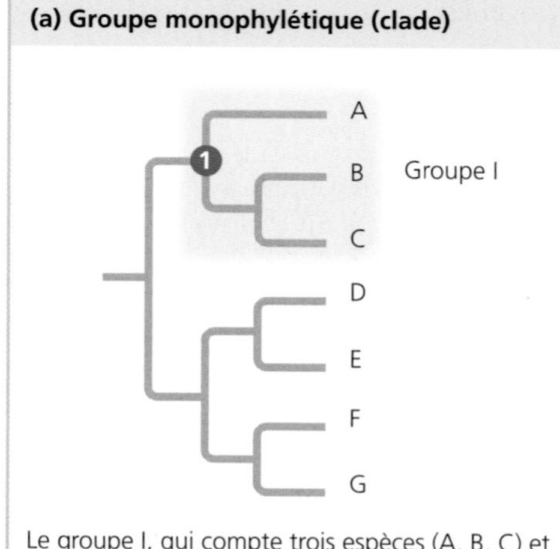

Le groupe I, qui compte trois espèces (A, B, C) et leur ancêtre commun ❶, est un clade, ou groupe monophylétique. Un groupe monophylétique se compose d'une espèce ancestrale et de *toutes* les espèces qui en sont issues.

(b) Groupe paraphylétique

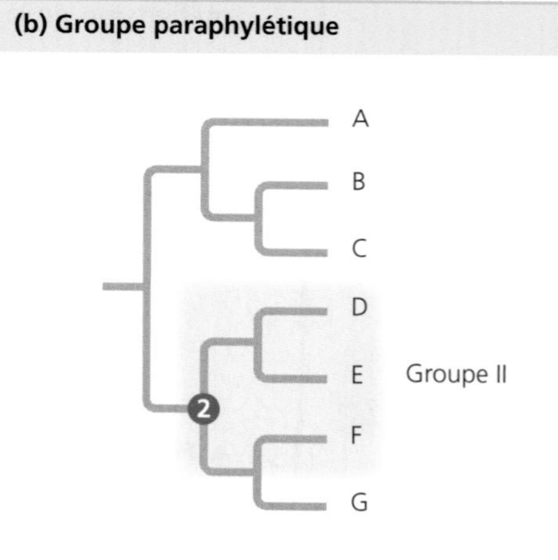

Le groupe II est de type paraphylétique, c'est-à-dire qu'il comprend une espèce ancestrale ❷ et certains de ses descendants (les espèces D, E et F), mais pas tous (l'espèce G est manquante).

(c) Groupe polyphylétique

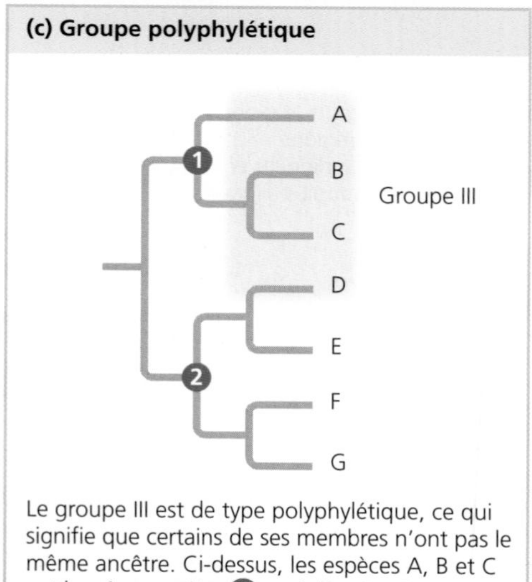

Le groupe III est de type polyphylétique, ce qui signifie que certains de ses membres n'ont pas le même ancêtre. Ci-dessus, les espèces A, B et C ont le même ancêtre ❶, mais l'espèce D a un ancêtre différent : ❷.

La colonne vertébrale peut faire partie des caractères dérivés communs, mais à une ramification antérieure distinguant tous les Vertébrés des autres Animaux. Parmi les Vertébrés, la colonne vertébrale est considérée comme un caractère ancestral commun, parce qu'elle a pris naissance chez l'ancêtre de tous les Vertébrés.

Déduire la phylogenèse à l'aide des caractères dérivés

Les caractères dérivés communs sont propres à des clades précis. Dans la mesure où toutes les caractéristiques des organismes se sont manifestées à un moment de l'histoire du vivant, il devrait être possible de déterminer le clade au sein duquel un caractère dérivé est apparu une première fois et d'utiliser cette information pour déduire des liens évolutifs.

Pour étudier les principes de ce type d'analyse, prenez la liste des caractères (**figure 26.11a**) présents chez cinq Vertébrés, soit un léopard, une tortue, une grenouille, un achigan et une lamproie (un vertébré aquatique sans mâchoires). Pour fonder notre comparaison et établir un **cladogramme**, il nous faut choisir aussi un **groupe extérieur** (ou *groupe de référence*, pour *outgroup* en anglais). Ce groupe de référence comprend une espèce ou un groupe d'espèces d'une lignée ayant divergé avant celle dont font partie les espèces qui forment le **groupe à l'étude** (*ingroup* en anglais). On choisit un groupe de référence en analysant divers éléments de preuves de différentes provenances (morphologie, paléontologie, analyse du développement embryonnaire et séquences génétiques, par exemple). L'amphioxus constitue un bon groupe de référence pour notre exemple. Ce petit animal vit dans des vasières et appartient (comme les Vertébrés) à l'embranchement des Cordés. Contrairement aux Vertébrés, cependant, il est dépourvu de colonne vertébrale.

En comparant les membres du groupe à l'étude les uns avec les autres et avec le groupe de référence, nous pouvons déterminer les caractères dérivés à divers points de bifurcation de l'évolution des Vertébrés. Par exemple, *tous* les Vertébrés du groupe à l'étude possèdent une colonne vertébrale: ce caractère était présent chez l'ancêtre vertébré, mais pas chez le groupe de référence. Notons également que la lamproie est dépourvue de mâchoires dotées d'articulations, mais que ce caractère est présent chez tous les autres membres du groupe à l'étude; ce caractère permet donc de déterminer un premier point de bifurcation dans le clade des Vertébrés. En procédant ainsi, nous pouvons transposer les données de notre tableau de caractères dans un arbre phylogénétique qui réunit tous les taxons du groupe à l'étude selon une hiérarchie reposant sur leurs caractères dérivés communs (**figure 26.11b**).

Les arbres phylogénétiques et la longueur proportionnelle des branches

Dans les arbres phylogénétiques que nous avons présentés jusqu'ici, la longueur des branches ne révèle pas le degré de changement évolutif de chaque lignée. La chronologie donnée par la ramure d'un arbre phylogénétique est relative plutôt qu'absolue. Autrement dit, elle indique si un élément est apparu avant ou après un autre, mais elle ne précise pas depuis combien de millions d'années. Dans certains diagrammes arborescents, cependant, la longueur des branches est proportionnelle au nombre de changements évolutifs ou à la date à laquelle se sont produits des événements particuliers.

Dans la **figure 26.12**, par exemple, la longueur des branches de l'arbre phylogénétique reflète le nombre de changements survenus dans une séquence d'ADN de cette lignée. Notons que la longueur totale des lignes horizontales entre la base de l'arbre

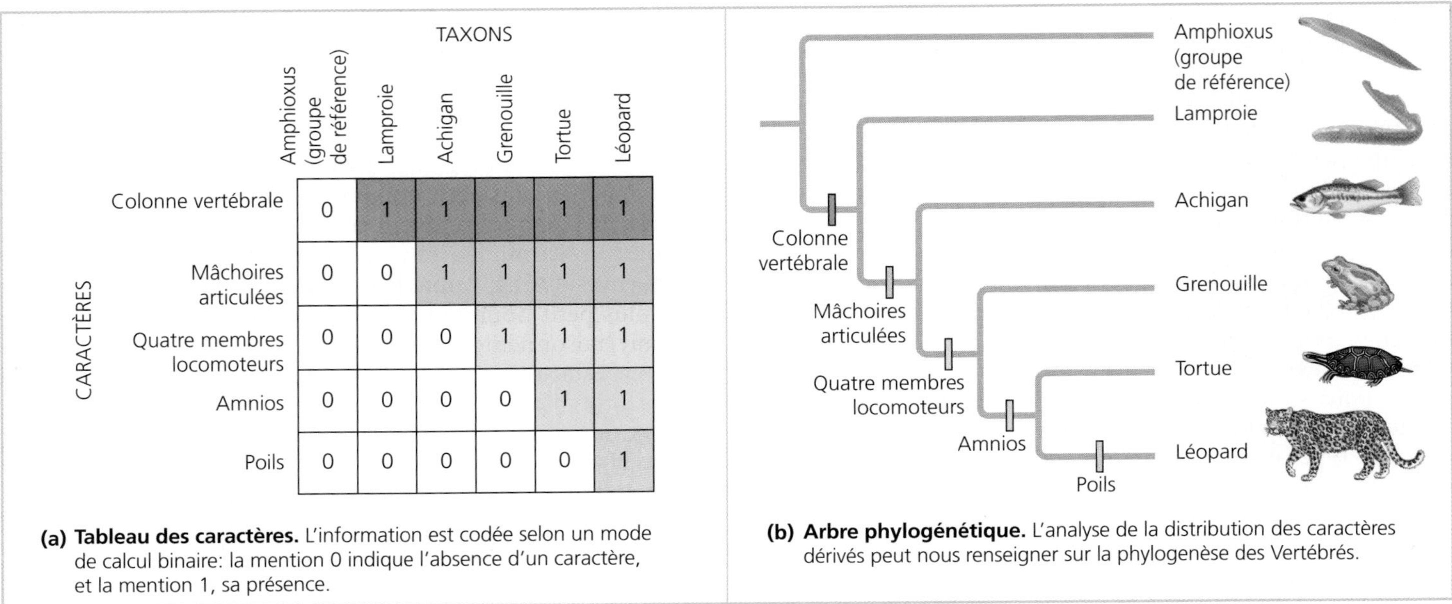

CARACTÈRES \ TAXONS	Amphioxus (groupe de référence)	Lamproie	Achigan	Grenouille	Tortue	Léopard
Colonne vertébrale	0	1	1	1	1	1
Mâchoires articulées	0	0	1	1	1	1
Quatre membres locomoteurs	0	0	0	1	1	1
Amnios	0	0	0	0	1	1
Poils	0	0	0	0	0	1

(a) Tableau des caractères. L'information est codée selon un mode de calcul binaire: la mention 0 indique l'absence d'un caractère, et la mention 1, sa présence.

(b) Arbre phylogénétique. L'analyse de la distribution des caractères dérivés peut nous renseigner sur la phylogenèse des Vertébrés.

▲ **Figure 26.11 La construction d'un arbre phylogénétique.** L'amnios fait partie des caractères retenus ci-dessus. Il s'agit d'une membrane remplie de liquide et qui enveloppe l'embryon (voir la figure 34.25, p. 830).

FAITES UN DESSIN En (b), encerclez le clade dont les membres ont les mâchoires articulées, ce qui constitue un caractère ancestral commun.

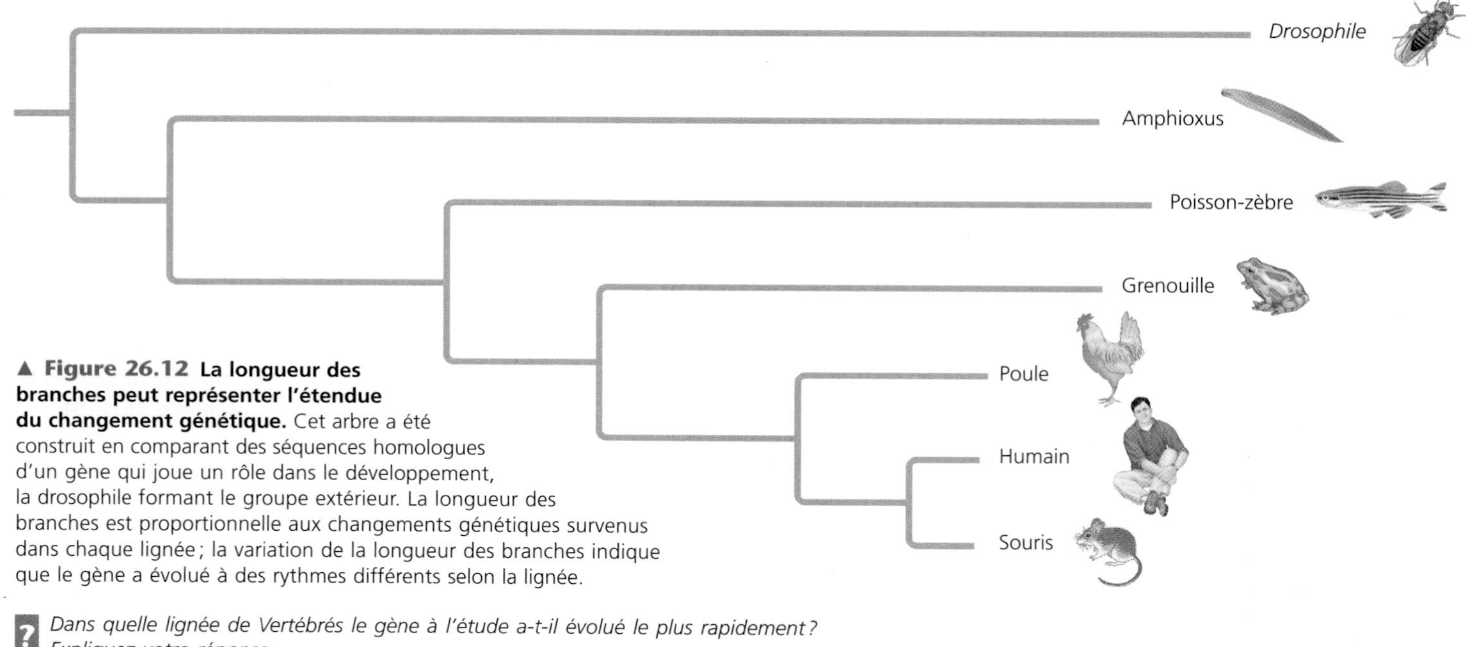

▲ **Figure 26.12 La longueur des branches peut représenter l'étendue du changement génétique.** Cet arbre a été construit en comparant des séquences homologues d'un gène qui joue un rôle dans le développement, la drosophile formant le groupe extérieur. La longueur des branches est proportionnelle aux changements génétiques survenus dans chaque lignée ; la variation de la longueur des branches indique que le gène a évolué à des rythmes différents selon la lignée.

? *Dans quelle lignée de Vertébrés le gène à l'étude a-t-il évolué le plus rapidement ? Expliquez votre réponse.*

et la souris (*Mus*) est moindre que celle des lignes montant jusqu'à l'espèce du groupe extérieur, la drosophile (*Drosophila*). Cette différence donne à penser que, depuis le moment où la drosophile et la souris ont divergé de leur ancêtre commun, il s'est produit plus de changements génétiques dans la lignée de la drosophile que dans celle de la souris.

Bien que les ramifications d'un arbre phylogénétique puissent avoir différentes longueurs, toutes les lignées des organismes vivant aujourd'hui qui descendent d'un même ancêtre commun ont survécu le même nombre d'années. Prenons un exemple extrême : les humains et les Bactéries ont un ancêtre commun qui a vécu il y a plus de trois milliards d'années. Les fossiles et les données génétiques indiquent que cet ancêtre était un Procaryote unicellulaire. Même si la structure des Bactéries a peu changé depuis cet ancêtre commun, leur lignée n'en a pas moins connu trois milliards d'années d'évolution, tout comme il s'est écoulé trois milliards d'années d'évolution dans la lignée eucaryote à laquelle appartiennent les humains. On peut représenter ces périodes de temps équivalentes dans un arbre phylogénétique dont les branches sont de longueur proportionnelle au temps écoulé (**figure 26.13**). Ce type d'arbre utilise des données géologiques pour situer une portion de branche dans le contexte des temps géologiques. De plus, il est possible de combiner ces deux types d'arbres en indiquant, sur les points de bifurcation, de l'information sur le rythme de changement génétique ou sur les dates de divergence.

La parcimonie maximale et la probabilité maximale

Nos connaissances grandissantes sur les séquences d'ADN nous permettent d'étudier de plus en plus d'espèces ; aussi est-il de plus en plus complexe de construire l'arbre phylogénétique qui décrit le mieux leur histoire évolutive. Supposons que nous analysions des données se rapportant à 50 espèces : il y aurait environ 3×10^{76} arbres phylogénétiques possibles ! Lequel serait le bon ? Les systématiciens ne sont jamais certains de trouver le meilleur arbre phylogénétique parmi cette profusion de possibilités, mais ils peuvent s'en approcher en appliquant les principes de parcimonie maximale et de probabilité maximale.

Selon le principe de **parcimonie maximale**, toute théorie doit proposer l'explication la plus simple possible dans le respect des faits. (Le principe de parcimonie s'inspire des idées de Guillaume d'Occam, théologien et philosophe anglais du 14e siècle, qui préconisait cette approche minimaliste de la résolution des problèmes.) Parmi les arbres fondés sur des caractères morphologiques, l'arbre le plus simple est celui qui fait appel au plus petit nombre possible de caractères dérivés partagés (chaque caractère correspondant à un événement évolutif). Parmi les phylogenèses construites à partir de séquences d'ADN, l'arbre le plus simple est celui qui fait appel au plus petit nombre possible de changements de bases. Le même raisonnement général s'applique à ces deux cas : le même caractère observé chez deux espèces différentes a de plus fortes probabilités d'être apparu chez un ancêtre commun (donc un seul changement évolutif), plutôt que séparément dans chacune des deux espèces (deux changements évolutifs).

Selon le principe de **probabilité maximale**, l'application de certaines règles de probabilité sur les changements d'ADN au fil du temps permet de proposer un arbre reflétant la séquence d'événements évolutifs la plus plausible. Les méthodes de probabilité maximale sont complexes, mais en guise d'exemple simple reprenons celui des liens phylogénétiques entre les humains, les champignons et les tulipes. La **figure 26.14** montre deux arbres possibles, aussi simples l'un que l'autre, pour ce trio. L'arbre 1 est plus probable si on suppose que les

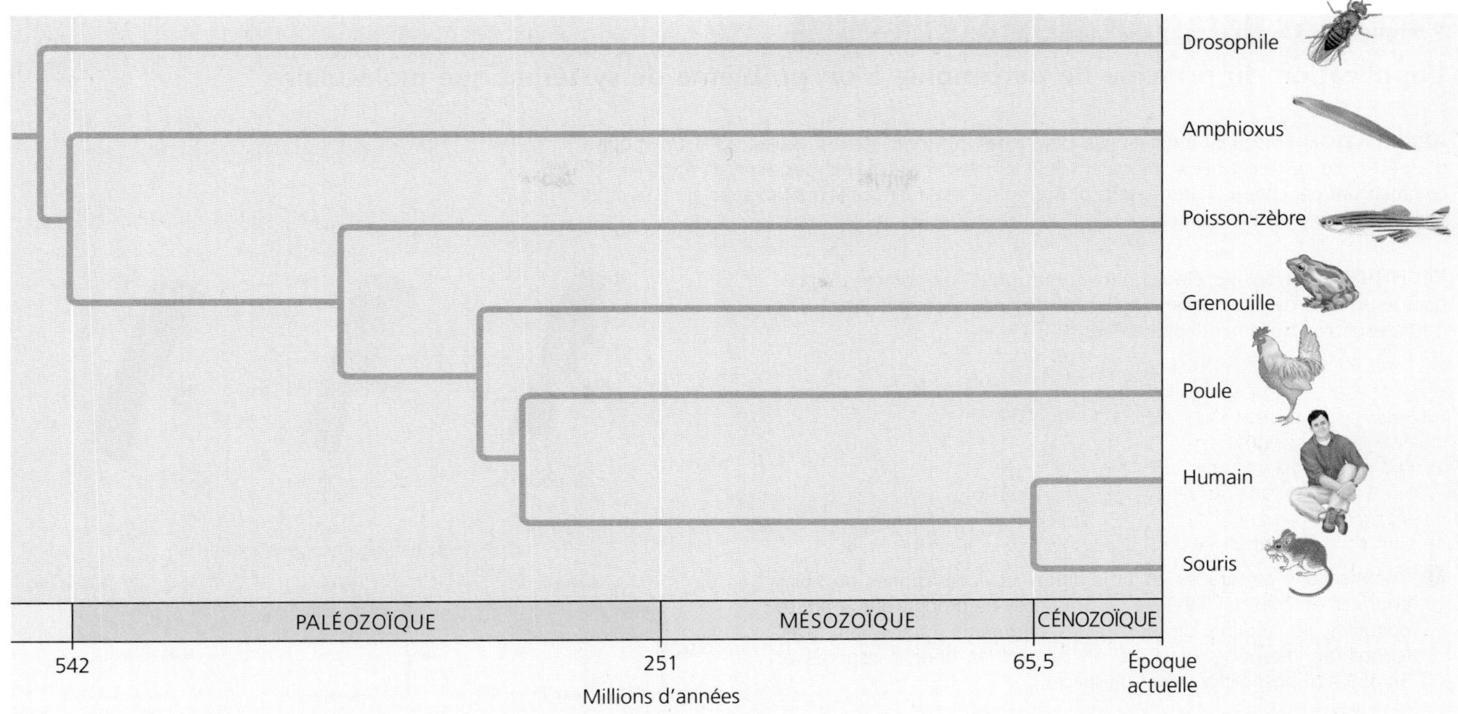

▲ **Figure 26.13 La longueur des branches peut servir de repère temporel.** Cet arbre a été construit à partir des mêmes données moléculaires que l'arbre de la figure 26.12. Ici, cependant, les points de bifurcation correspondent à des époques déterminées selon les archives géologiques. La longueur des branches est donc proportionnelle à l'écart temporel. Chaque lignée présente la même longueur, de la base de l'arbre jusqu'au bout de la branche, ce qui indique que la divergence de toutes les lignées par rapport à l'ancêtre commun est de même durée.

changements d'ADN ont eu lieu à des rythmes équivalents le long de toutes les ramifications de l'arbre à partir de l'ancêtre commun. L'arbre 2 est également possible, mais il faudrait présumer que le rythme de l'évolution a ralenti considérablement dans la lignée des champignons et a accéléré grandement dans celle des tulipes. En supposant que les rythmes équivalents sont plus courants que les rythmes inégaux, l'arbre 1 est plus probable. Nous verrons bientôt qu'un grand nombre de gènes ont effectivement fait leur apparition à des rythmes à peu près égaux dans différentes lignées. Notons, cependant, que si des données venaient prouver que les gènes sont apparus à des rythmes inégaux, alors l'arbre 2 serait plus probable que l'arbre 1! La probabilité d'un arbre dépend donc des hypothèses de départ.

Les scientifiques ont mis au point de nombreux logiciels servant à bâtir des arbres simples et probables. Quand on dispose d'une grande quantité de données précises, les méthodes utilisées par ces logiciels permettent habituellement d'obtenir des arbres semblables. La **figure 26.15** montre la construction de l'arbre moléculaire le plus simple pour établir des liens entre trois espèces. Les logiciels se fondent eux aussi sur le principe de parcimonie pour esquisser des phylogenèses: ils examinent un grand nombre d'arbres possibles et retiennent celui ou ceux qui comportent le moins de changements évolutifs.

	Humain	Champignon	Tulipe
Humain	0	30 %	40 %
Champignon		0	40 %
Tulipe			0

(a) Différences (en pourcentage) entre les séquences

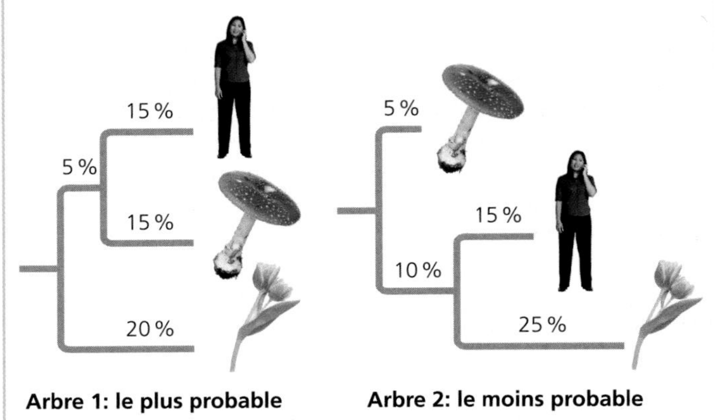

(b) Comparaison d'arbres possibles

▲ **Figure 26.14 Des arbres plus ou moins probables.** À partir des différences, exprimées en pourcentage, entre les gènes des humains, des champignons et des tulipes **(a)**, on peut construire deux arbres phylogénétiques présentant des ramifications dont la longueur totale est identique **(b)**. La somme des pourcentages à partir d'un point de bifurcation est égale aux différences de pourcentage indiquées en (a). Par exemple, dans l'arbre 1, la divergence humain-tulipe est de 15 % + 5 % + 20 % = 40 %. Dans l'arbre 2, cette divergence est égale aussi à 40 % (15 % + 25 %). Si les gènes ont évolué au même rythme dans les différentes ramifications, l'arbre 1 est plus probable que l'arbre 2.

▼ Figure 26.15 **MÉTHODE DE RECHERCHE**

L'application du principe de parcimonie à un problème de systématique moléculaire

APPLICATION Lorsqu'ils étudient les différentes phylogenèses possibles pour un groupe d'espèces, les systématiciens comparent les données moléculaires des espèces étudiées. Ils commencent par choisir l'hypothèse la plus simple, c'est-à-dire celle qui fait appel au plus petit nombre possible de changements évolutifs (de changements moléculaires).

TECHNIQUE Suivons les étapes numérotées pour voir comment appliquer le principe de parcimonie à un problème phylogénétique ayant trait à trois espèces étroitement apparentées.

❶ Commençons par tracer les trois arbres phylogénétiques possibles pour ces espèces. (Si l'analyse de 3 espèces ne produit que 3 arbres possibles, le nombre de possibilités augmente rapidement avec le nombre d'espèces: il existe 15 possibilités pour 4 espèces et 34 459 425 possibilités pour 10 espèces.)

Trois hypothèses phylogénétiques

I
II
III

I
III
II

III
II
I

❷ Établissons ensuite un tableau des données moléculaires pour les trois espèces. Dans cet exemple simplifié, les données représentent une séquence d'ADN qui ne compte que quatre bases azotées. Des données concernant plusieurs groupes extérieurs (non présentées ici) ont été utilisées pour déduire la séquence ancestrale d'ADN.

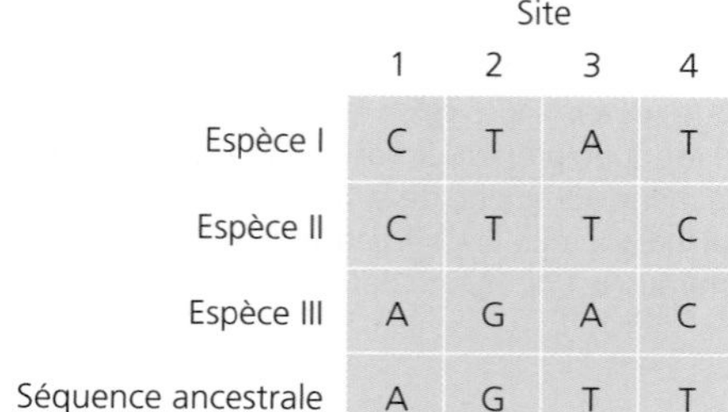

	Site 1	2	3	4
Espèce I	C	T	A	T
Espèce II	C	T	T	C
Espèce III	A	G	A	C
Séquence ancestrale	A	G	T	T

❸ On se concentre alors sur le site 1 de la séquence d'ADN. Dans l'arbre de gauche, un seul changement de bases, représenté par un trait violet dans la ramification débouchant sur les espèces I et II (ce changement est nommé 1/C, indiquant un changement sur le site 1 au nucléotide C), peut rendre compte des données du site 1. Dans les deux autres arbres, il faut faire intervenir deux changements de bases.

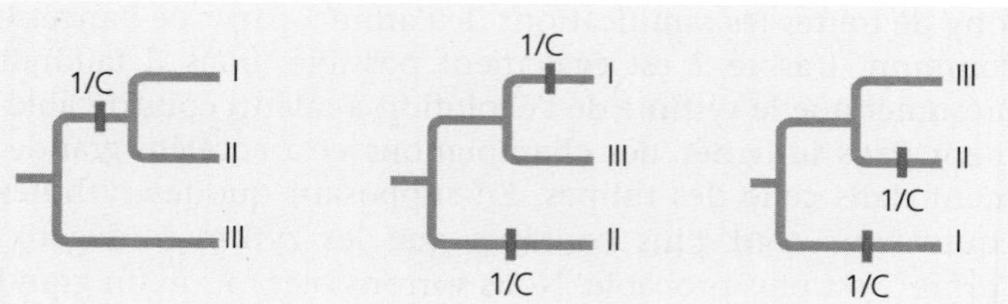

❹ En poursuivant la comparaison des bases des sites 2 à 4, nous constatons que chacun des trois arbres exige en tout cinq changements de bases supplémentaires (signalés par des traits violets).

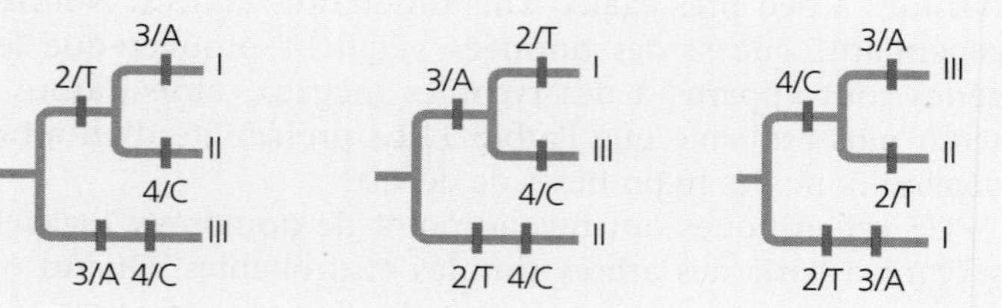

RÉSULTATS Pour trouver l'arbre le plus simple, additionnons tous les changements indiqués aux étapes 3 et 4. Nous pouvons conclure que le premier arbre est le plus simple pour l'évaluation de ces trois tentatives de phylogenèse. (Dans un cas réel, on analyserait beaucoup d'autres sites. Par conséquent, les arbres présenteraient souvent plus d'un changement de bases.)

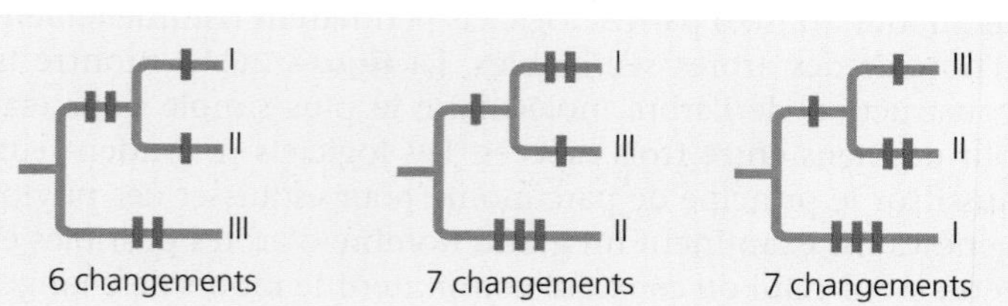

Les arbres phylogénétiques en tant qu'hypothèses

À ce stade-ci, il serait bon de se rappeler que tout arbre phylogénétique constitue un ensemble d'hypothèses sur les liens qui existent entre les différents organismes représentés par le diagramme. La meilleure hypothèse est celle qui rend le mieux compte de toutes les données disponibles. Elle peut être modifiée lorsque de nouvelles données obligent les systématiciens à réviser les arbres existants. Du coup, certaines hypothèses se trouvent confirmées, et d'autres doivent être modifiées ou abandonnées.

Le fait de considérer les phylogenèses comme des hypothèses présente de grands avantages: nous pouvons ainsi formuler et tester des prédictions en présupposant le bien-fondé d'une phylogenèse, c'est-à-dire de notre hypothèse. Par exemple, la méthode connue sous le nom de rapprochements phylogénétiques (*phylogenetic bracketing*) permet de prédire (par le principe de parcimonie) que les caractéristiques communes à deux groupes d'organismes étroitement liés sont également présentes chez leur ancêtre commun et chez tous ses descendants, à moins que des données indépendantes n'indiquent le contraire. (Notons qu'une hypothèse peut s'appliquer à des changements ayant eu lieu dans le passé tout autant qu'à des modifications évolutives à venir.)

Cette méthode a servi à faire de nouvelles hypothèses sur les dinosaures. Par exemple, des données indiquent que les Oiseaux descendent des Théropodes, un groupe de dinosaures saurischiens bipèdes. Comme le montre la **figure 26.16**, les plus proches parents vivants des Oiseaux sont les crocodiles.

Les Oiseaux et les crocodiles ont en commun de nombreuses caractéristiques: ils ont un cœur à quatre cavités, ils «chantent» pour défendre leur territoire et attirer un partenaire avec qui s'accoupler (quoique le «chant» du crocodile ressemble davantage à un beuglement) et ils construisent un nid. La *couvaison,* le fait de réchauffer les œufs en les recouvrant de son corps, est aussi un comportement observé chez les Oiseaux, comme chez les crocodiles. Les Oiseaux couvent leurs œufs en se posant dessus, alors que les crocodiles les recouvrent de leur cou. En présumant que toute caractéristique commune aux Oiseaux et aux crocodiles était probablement présente chez leur ancêtre commun (indiqué par un point bleu dans la figure 26.16) et chez *tous* ses descendants, les biologistes ont avancé que les dinosaures étaient dotés d'un cœur à quatre cavités, qu'ils «chantaient», qu'ils construisaient un nid et qu'ils couvaient leurs œufs.

Les organes internes, comme le cœur, se fossilisent rarement et, bien entendu, il est difficile de prouver que les dinosaures émettaient des sons pour défendre leur territoire ou lors des parades nuptiales. En revanche, la découverte de fossiles d'œufs de dinosaure et de nids a renforcé l'hypothèse selon laquelle les dinosaures auraient couvé. On a en effet trouvé un fossile d'embryon d'Oviraptor encore dans sa coquille. Cet œuf était identique à ceux qui furent trouvés dans un autre site fossilifère montrant un Oviraptor adulte étendu sur des œufs, dans une posture similaire à celle que prennent de nos jours les Oiseaux pour couver (**figure 26.17**). Les chercheurs ont avancé que cet Oviraptor fossilisé est mort pendant qu'il couvait ou protégeait ses œufs. La découverte d'autres fossiles révélant que plusieurs espèces de dinosaures construisaient

Lézards et serpents

Crocodiliens

Ornithischiens

Saurischiens

Oiseaux

Ancêtre commun des crocodiliens, des dinosaures et des Oiseaux

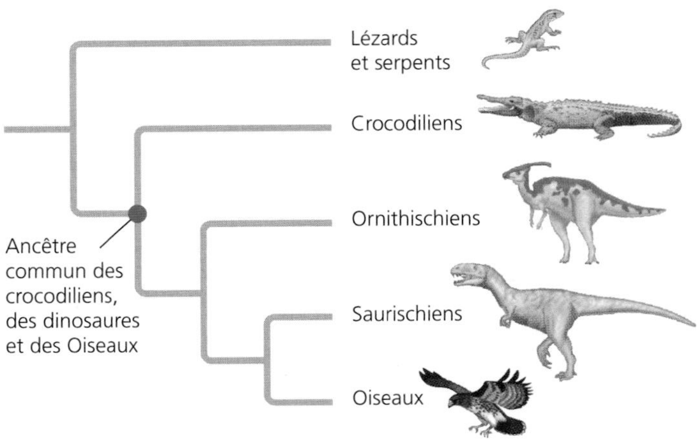

▲ **Figure 26.16 L'arbre phylogénétique des Oiseaux et de leurs parents proches.**

? *Quel est le taxon le plus fondamental présenté dans cet arbre?*

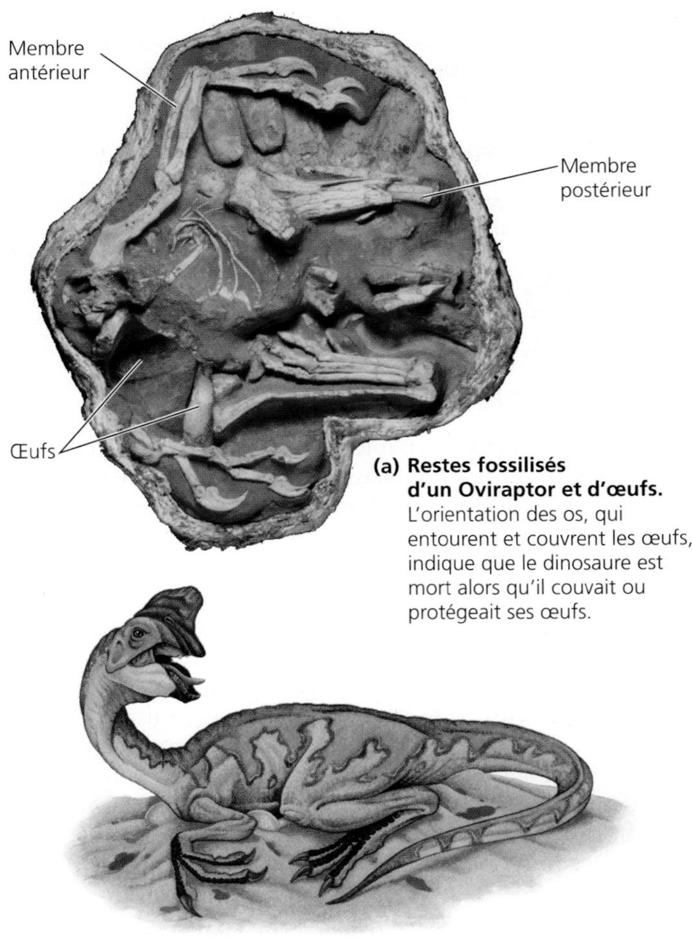

(a) Restes fossilisés d'un Oviraptor et d'œufs. L'orientation des os, qui entourent et couvrent les œufs, indique que le dinosaure est mort alors qu'il couvait ou protégeait ses œufs.

(b) Reconstitution de la posture du dinosaure d'après les fossiles découverts.

▲ **Figure 26.17 Un fossile étaye l'hypothèse phylogénétique: les dinosaures construisaient des nids et couvaient leurs œufs.**

des nids et couvaient leurs œufs est venue renforcer la conclusion générale émergeant des recherches entreprises sur ce sujet. Enfin, en renforçant l'hypothèse phylogénétique illustrée à la figure 26.16, la découverte de nids et de comportement de couvaison chez les dinosaures fossilisés a fourni des données indépendantes confirmant la justesse de l'hypothèse.

RETOUR SUR LE CONCEPT **26.3**

1. Pour distinguer un clade particulier de Mammifères au sein du clade plus vaste qui correspond à la classe des Mammifères, le poil serait-il un caractère utile? Pourquoi?
2. L'arbre le plus simple n'est pas nécessairement celui qui représente le plus justement les liens évolutifs. Dans quelles circonstances cela se produit-il?
3. **ET SI?** Dessinez un arbre phylogénétique qui montre les liens évolutifs des figures 25.6 (p. 594) et 26.16. Traditionnellement, tous les taxons présentés, hormis les Oiseaux et les Mammifères, étaient classifiés comme des reptiles. Est-ce que la méthode cladistique soutiendrait cette classification? Expliquez votre réponse.

Voir les réponses proposées à la fin du chapitre.

CONCEPT **26.4**

Le génome recèle l'histoire évolutive de tout organisme

Nous avons vu dans ce chapitre que la systématique moléculaire, c'est-à-dire la comparaison des acides nucléiques ou d'autres molécules pour en déduire des liens, est une démarche utile pour reconstituer l'histoire évolutive des organismes. Cette approche nous aide à comprendre les liens phylogénétiques qu'on ne peut pas déterminer par des méthodes non moléculaires, comme l'anatomie comparative. Par exemple, la systématique moléculaire permet de préciser les liens évolutifs entre des groupes présentant peu de ressemblances morphologiques susceptibles d'ête comparées, tels les Animaux et les Eumycètes. En outre, la méthode moléculaire permet d'élaborer la phylogenèse de groupes d'organismes modernes au sujet desquels les archives géologiques ne donnent pas d'indications. La biologie moléculaire aide à appliquer la systématique aux relations évolutives, mais à un niveau situé au-dessus comme au-dessous des espèces, allant des branches principales jusqu'aux ramifications les plus fines de l'arbre de la vie.

Les divers types de gènes ont évolué à différents rythmes, y compris dans la même lignée évolutive. Par conséquent, les arbres moléculaires peuvent représenter des périodes courtes ou des périodes longues; tout dépend du type de gènes en cause. Par exemple, l'ADN nucléaire qui code pour l'ARN ribosomique (ARNr) évolue relativement lentement. De ce fait, la comparaison de séquences d'ADN de ces gènes (ou de leurs produits, c'est-à-dire de l'ARNr) est utile lorsqu'on analyse les relations entre des taxons qui ont divergé il y a des centaines de millions d'années. Ainsi, les études sur les séquences d'ARN indiquent que les Eumycètes sont plus étroitement apparentés aux Animaux qu'aux Végétaux (voir la figure 26.2). Par comparaison, l'ADN mitochondrial (ADNmt) évolue relativement vite et peut servir à explorer des changements récents dans l'évolution. Ainsi, une équipe de recherche a recouru au séquençage de l'ADNmt pour faire le point sur les relations entre les divers groupes d'Amérindiens. Les résultats qu'elle a obtenus confirment certaines preuves indiquant que les Pimas de l'Arizona, les Mayas du Mexique et les Yanomamis du Venezuela sont étroitement apparentés. Ces populations humaines descendent sans doute de la première des trois vagues d'immigrants qui sont passés de l'Asie à l'Amérique en traversant le détroit de Béring, il y a environ 15 000 ans.

Les duplications de gènes et les familles de gènes

Que révèle la systématique moléculaire sur l'histoire évolutive du génome? Prenons la duplication de gènes, un mécanisme particulièrement important dans l'évolution parce qu'il augmente le nombre de gènes dans le génome et, par le fait même, les possibilités de changements évolutifs. Les techniques moléculaires nous permettent aujourd'hui de déterminer la phylogenèse des duplications génétiques et d'estimer l'influence de ces duplications sur l'évolution du génome. Ces phylogenèses moléculaires doivent rendre compte des duplications répétées qui ont généré des *familles de gènes*, c'est-à-dire des groupes de gènes apparentés à l'intérieur du génome d'un organisme (voir la figure 21.11, p. 507). En tenant compte de ces duplications, on distingue deux types de gènes homologues: les gènes orthologues et les gènes paralogues. Les **gènes orthologues** (du grec *orthos*, «droit») sont des gènes présents dans des espèces différentes et dont la divergence remonte aux spéciations qui les ont produites (**figure 26.18a**). Par exemple, chez l'humain et chez le chien, les gènes du cytochrome *c* (qui codent pour une structure protéique chargée du transport des électrons) sont des gènes orthologues. L'homologie des **gènes paralogues** (du grec *para*, «en parallèle») découle d'une duplication génétique; par conséquent, de nombreux exemplaires de ces gènes ont divergé les uns des autres au sein d'une même espèce (**figure 26.18b**). Au chapitre 23, nous en avons vu un exemple, celui des gènes des récepteurs olfactifs qui ont subi de nombreuses duplications chez les Vertébrés. Par exemple, les humains et les souris ont d'immenses familles de gènes, renfermant plus de 1 000 gènes paralogues.

Notons que, pour les gènes orthologues, la divergence n'est possible qu'après la spéciation. Par le fait même, on retrouve ces gènes dans des patrimoines génétiques distincts. Par exemple, bien que les cytochromes *c* remplissent la même fonction chez les humains et chez les chiens, la séquence génétique de l'humain a divergé de celle du chien depuis l'époque où ces deux espèces avaient un ancêtre commun. Dans le cas des gènes paralogues, la divergence peut avoir lieu au sein de la

▼ **Figure 26.18** **Deux types de gènes homologues.** Les bandes colorées indiquent les régions des gènes où les différences dans les séquences de bases se sont accumulées.

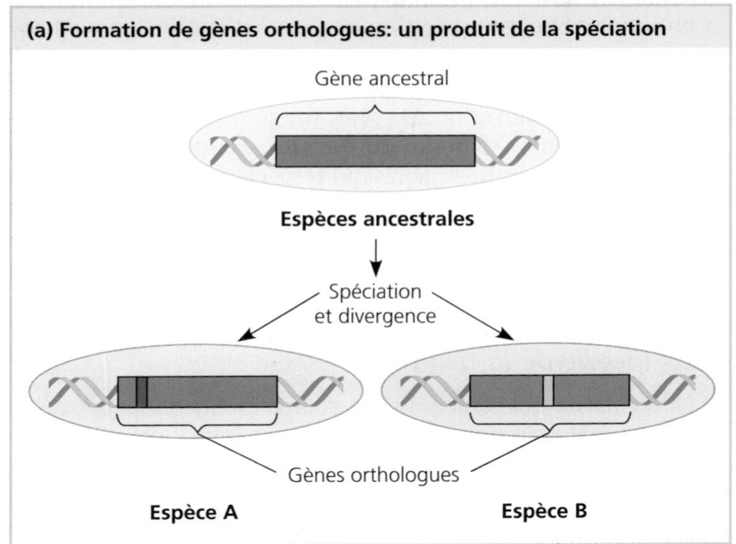

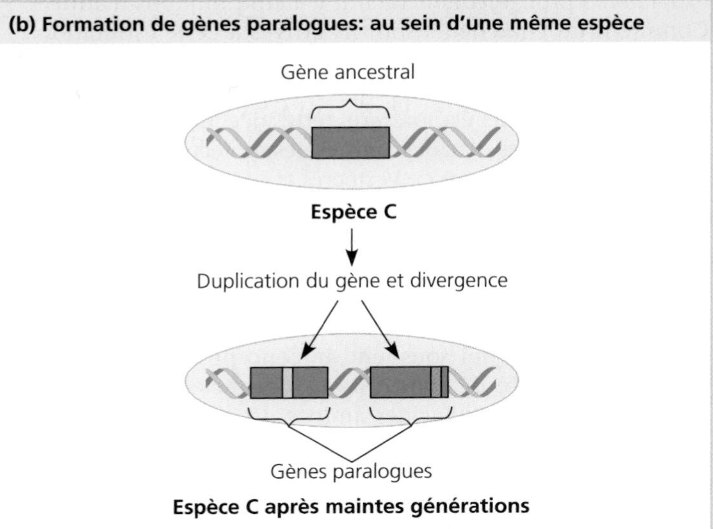

même espèce, car le génome en contient plusieurs exemplaires. Les gènes paralogues qui forment la famille des gènes des récepteurs olfactifs chez les humains ont divergé les uns des autres au cours de notre longue histoire évolutive. Ces gènes déterminent maintenant les protéines qui confèrent une sensibilité à une gamme impressionnante d'odeurs, depuis celles de la nourriture jusqu'à celles des phéromones sexuelles.

L'évolution du génome

Comme les chercheurs sont à présent en mesure de comparer les génomes entiers de différents organismes, y compris le nôtre, deux faits remarquables ressortent. Premièrement, les lignées qui ont divergé il y a longtemps peuvent avoir en commun des gènes orthologues. Par exemple, bien que la lignée de l'humain et celle de la souris aient divergé depuis quelque 65 millions d'années, 99% de leurs gènes sont orthologues. Par ailleurs, 50% de nos gènes sont orthologues par rapport à ceux des levures, malgré 1 milliard d'années d'évolution divergente. Ce genre de points communs explique pourquoi des organismes différents ont néanmoins de nombreuses voies communes sur les plans biochimique et développemental.

Deuxièmement, le nombre de gènes que présente une espèce ne semble pas avoir augmenté par duplication au même rythme que la complexité phénotypique. Ainsi, même si les humains possèdent un cerveau volumineux et complexe, de même qu'un corps qui comporte plus de 200 types de tissus, ils ont environ 4 fois plus de gènes que les levures, des Eucaryotes unicellulaires simples. Les recherches indiquent de plus en plus clairement qu'un grand nombre de gènes humains sont plus polyvalents que ceux des levures: un seul gène humain peut encoder de multiples protéines qui accomplissent une grande variété de tâches dans les différents tissus du corps. Un défi scientifique de taille nous attend maintenant: déterminer quels sont les mécanismes à l'origine de la polyvalence génomique.

RETOUR SUR LE CONCEPT 26.4

1. Expliquez comment les comparaisons entre les protéines de deux espèces peuvent renseigner sur leur lien évolutif.
2. **ET SI?** Supposons que l'espèce 1 et l'espèce 2 aient un gène A orthologue, et qu'un gène B soit paralogue au gène A chez l'espèce 1. Proposez une séquence de deux événements évolutifs qui pourraient produire le changement suivant: le gène A diffère considérablement d'une espèce à l'autre, bien que le gène A et le gène B aient peu divergé.
3. **FAITES DES LIENS** Examinez à nouveau la figure 18.13 (p. 420), puis proposez un mécanisme par lequel un gène donné pourrait remplir des fonctions différentes dans des tissus différents d'un même organisme.

Voir les réponses proposées à la fin du chapitre.

CONCEPT 26.5

Les horloges moléculaires rendent compte du temps de l'évolution

L'un des buts de la biologie de l'évolution est de comprendre les relations entre tous les organismes, y compris ceux pour lesquels il n'existe aucun fossile. Cependant, lorsque la phylogenèse moléculaire ne peut s'appuyer sur les archives géologiques, on doit s'en remettre à une hypothèse pour tenter d'expliquer comment les changements se produisent au niveau moléculaire. Examinons maintenant cette hypothèse.

Les horloges moléculaires

Nous l'avons vu précédemment, l'ancêtre commun des *Argyroxiphium* a probablement vécu il y a cinq millions d'années. Comment les chercheurs sont-ils arrivés à cette estimation? Ils se sont appuyés sur le concept d'**horloge moléculaire** dont les bases furent jetées, en 1965, par Emil Zuckerkandl et Linus Pauling. Ils élaborèrent cette idée après avoir déterminé les séquences d'acides aminés des molécules d'hémoglobine de plusieurs espèces de Vertébrés et comparé l'information avec les dates estimées d'apparition de chacune des espèces étudiées. L'horloge moléculaire est une échelle de référence qui sert à mesurer le temps absolu des changements évolutifs à partir de l'observation voulant que certaines régions du génome, dont les gènes, aient évolué à des vitesses constantes. Selon l'hypothèse qui sous-tend le concept d'horloge moléculaire, le nombre de substitutions de nucléotides dans les gènes orthologues et d'acides aminés désignés par ces gènes est proportionnel au temps écoulé depuis la ramification des lignées à partir de leur ancêtre commun (le temps de divergence). Dans le cas des gènes paralogues, le nombre de substitutions est proportionnel au temps écoulé depuis la duplication du gène ancestral.

Dans le cas d'un gène dont la vitesse moyenne d'évolution est fiable, il est possible d'étalonner l'horloge moléculaire en temps réel. On trace un graphique dans lequel le nombre de différences génétiques – au chapitre, par exemple, des acides aminés, des nucléotides ou des codons – est mis en rapport avec les dates d'une série de ramifications révélées par les archives géologiques (**figure 26.19**). Le rythme moyen des modifications génétiques déduit de ces graphiques sert ensuite à estimer à quelle époque certains épisodes évolutifs sont survenus, quand il est impossible de le savoir d'après les archives géologiques, comme c'est le cas pour l'origine des *Argyroxiphium*.

Évidemment, aucun gène ne peut marquer le déroulement du temps avec une précision absolue, en fonction de la rapidité de l'évolution des séquences de bases. En fait, certaines zones du génome évoluent par poussées subites, sans rythme précis. Même les gènes qui permettent de constituer une horloge moléculaire ne sont précis qu'au sens statistique d'une vitesse de changement moyenne plutôt uniforme. Au fil du temps, il pourra encore survenir des déviations aléatoires ne respectant pas la vitesse moyenne. De plus, un gène n'évolue pas forcément au même rythme dans tous les groupes d'organismes. Enfin, même parmi les gènes qui respectent un rythme précis, celui-ci peut varier considérablement d'un gène à un autre (un gène particulier peut avoir un rythme très différent selon le groupe taxinomique étudié); certains gènes évoluent un million de fois plus rapidement que d'autres.

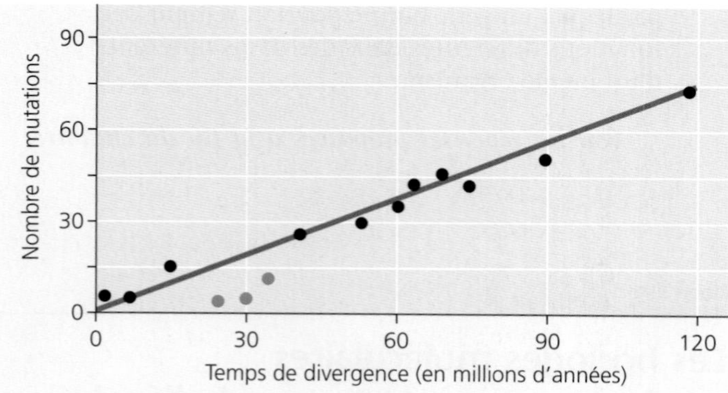

▲ **Figure 26.19 L'horloge moléculaire des Mammifères.** Avec le temps, le nombre de mutations accumulées dans sept protéines a augmenté de façon constante chez la plupart des Mammifères. Les points verts représentent des espèces de primates dont les protéines semblent évoluer plus lentement que celles des autres Mammifères. Le temps de divergence qu'illustre chaque point est tiré des archives géologiques.

? *D'après le graphique, estimez le temps de divergence chez un Mammifère présentant 30 mutations dans les 7 protéines.*

La théorie de la neutralité

La régularité qui caractérise les changements de séquences et qui permet d'utiliser certains gènes comme horloges moléculaires soulève une hypothèse sur l'origine de ces changements. Il se pourrait bien que plusieurs de ces changements soient le résultat de mutations devenues fixes au sein d'une population par dérive génétique (voir le chapitre 23) et qu'ils soient neutres la plupart du temps, c'est-à-dire ni bénéfiques ni nuisibles. Dans les années 1960, Jack King et Thomas Jukes, de la University of California à Berkeley, et Matoo Kimura, du Japanese National Institute of Genetics, ont publié de façon indépendante des articles sur la **théorie de la neutralité**, selon laquelle une grande partie des changements évolutifs qui ont lieu dans les gènes et les protéines n'ont aucun effet sur la valeur adaptative d'un organisme et, donc, ne sont pas influencés par la sélection naturelle. D'après Kimura, plusieurs mutations nouvelles sont nuisibles et supprimées rapidement. Mais si la majorité des autres changements sont neutres et sans effets ou presque sur la valeur adaptative, alors la vitesse des changements moléculaires devrait effectivement être régulière comme une horloge. Les différences de vitesse de l'horloge dans les différents gènes dépendent de l'importance du gène. Si la séquence exacte d'acides aminés que commande un gène est essentielle à la survie, alors la majorité des changements par mutation seront nuisibles et seulement une minorité seront neutres. Les gènes de ce type changent lentement. Toutefois, si la séquence exacte d'acides aminés revêt une importance moindre, un plus petit nombre de mutations seront nuisibles et une plus grande proportion seront neutres. Les gènes de ce type changent rapidement.

Les problèmes inhérents aux horloges moléculaires

Dans les faits, l'horloge moléculaire ne fonctionne pas aussi rondement que la théorie de la neutralité l'indique. De nombreuses irrégularités peuvent survenir en raison de la sélection naturelle et certains changements de l'ADN sont avantagés par rapport à d'autres. Par conséquent, certains biologistes continuent de s'interroger sur l'utilité des horloges moléculaires. Leur scepticisme renvoie à un débat général: dans quelle mesure les variations génétiques neutres peuvent-elles rendre compte de la diversité de l'ADN? Des études donnent en effet à penser que presque la moitié des différences entre les acides aminés appartenant aux protéines de deux espèces de drosophiles (*D. simulans* et *D. yakuba*) ne sont pas neutres, mais plutôt attribuables à la direction prise par la sélection naturelle. Or, dans la mesure où celle-ci peut changer de direction plusieurs fois au cours de longues périodes (et donc entraîner un équilibre des fluctuations), certains gènes soumis à la sélection peuvent néanmoins servir à marquer approximativement le temps écoulé.

Une autre question surgit quand les chercheurs essaient d'appliquer les horloges moléculaires à des durées autres que celles qui sont étalonnées selon les archives géologiques. Il existe bien des fossiles vieux de trois milliards d'années, mais ils sont rarissimes. Les archives géologiques abondantes datent de moins de 550 millions d'années, mais des horloges moléculaires ont été utilisées pour dater des divergences évolutives survenues il y a 1 milliard d'années ou plus. Pour faire ces datations, les scientifiques supposent que les horloges moléculaires ont été constantes durant toute cette période; leurs calculs sont donc très incertains.

Dans bien des cas, on peut éviter les problèmes en calibrant les horloges moléculaires à l'aide de nombreux gènes au lieu d'un seul ou de quelques-uns, comme on le fait souvent. En utilisant un grand nombre de gènes, les fluctuations du taux d'évolution provoquées par la sélection naturelle ou par d'autres facteurs qui varient au fil du temps peuvent s'annuler. Par exemple, un groupe de chercheurs a construit des horloges moléculaires de l'évolution des vertébrés à partir des séquences de 658 gènes nucléaires. En dépit de l'étendue considérable de la période de temps couverte (près de 600 millions d'années) et du fait que la sélection naturelle a probablement influé sur quelques-uns de ces gènes, leurs estimations des temps de divergence concordent étroitement avec les estimations effectuées à partir de fossiles.

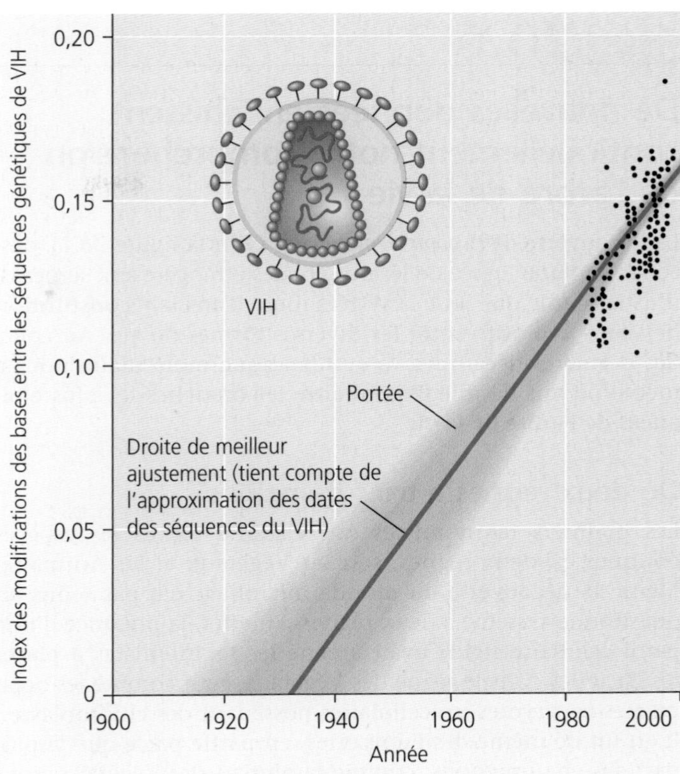

▲ **Figure 26.20 La datation de l'origine du VIH-1 M à l'aide d'une horloge moléculaire.** Les données indiquées par des points noirs correspondent à des séquences d'ADN d'un gène de VIH détecté dans les échantillons de sang de patients. (La date à laquelle chacune de ces séquences génétiques s'est manifestée reste incertaine parce qu'une personne peut être porteuse du virus depuis des années lors de l'apparition des symptômes.) La projection à rebours du rythme des mutations génétiques observé dans les années 1980 et 1990 donne à penser que le virus remonte aux années 1930.

La datation de l'origine du VIH à l'aide d'une horloge moléculaire

Des chercheurs ont recouru à l'horloge moléculaire pour dater l'origine de la contamination de l'humain par le virus de l'immunodéficience humaine (VIH), celui qui provoque le sida. Les analyses phylogénétiques montrent que le VIH provient de virus apparentés qui ont contaminé des chimpanzés et d'autres Primates. (La plupart de ces virus ne provoquent pas d'affections associées au sida chez leurs hôtes originaux.) À quel moment ce virus a-t-il évolué et quitté ces singes pour s'attaquer à l'être humain? Il est difficile de trouver une réponse simple à cette question, parce que le VIH a assailli les humains à plusieurs reprises. Ces origines multiples sont encore présentes aujourd'hui dans les grands types de souches génétiques du VIH. Le matériel génétique du virus est fait d'ARN et, comme tous les virus à ARN, le VIH évolue rapidement.

La souche la plus répandue dans le monde est le VIH-1 M. Pour déterminer le moment de la première contamination au VIH-1 M, les chercheurs de Los Alamos ont comparé des prélèvements de virus effectués à divers moments de l'évolution de l'épidémie, dont un échantillon datant de 1959. La comparaison des séquences de gènes montre que le virus a évolué à un rythme remarquablement régulier (**figure 26.20**). En extrapolant à partir de cette horloge moléculaire, les chercheurs ont conclu que le VIH-1 M s'est attaqué aux humains pour la première fois durant les années 1930.

RETOUR SUR LE CONCEPT 26.5

1. Qu'est-ce qu'une horloge moléculaire? Quelle hypothèse sous-tend son utilisation?
2. **FAITES DES LIENS** Révisez le concept 17.5 (p. 397 à 400), puis expliquez comment de nombreux changements de bases peuvent se produire dans l'ADN d'un organisme sans avoir d'effet sur sa capacité adaptative.
3. **ET SI?** Imaginons qu'une horloge moléculaire permette de fixer à 80 millions d'années la date de la divergence de deux taxons, mais que de nouvelles données fossiles montrent que ceux-ci ont divergé bien avant, il y a au moins 120 millions d'années. Qu'est-ce qui a pu se produire?

Voir les réponses proposées à la fin du chapitre.

CONCEPT 26.6

De nouvelles données enrichissent continuellement notre compréhension de l'arbre de la vie

La découverte de *Pygopus lepidopodus* (voir la figure 26.1), descendant d'une lignée de lézards apodes étrangère aux serpents, illustre le rôle que joue la systématique dans la reconstitution des liens évolutifs entre les diverses formes de vie. Au cours des dernières décennies, la systématique moléculaire nous a même permis de mieux connaître les branches les plus éloignées de l'arbre de la vie.

De deux règnes à trois domaines

Les premiers taxinomistes ont classifié toutes les espèces connues en deux règnes, soit les Végétaux et les Animaux. Même la découverte du monde microbien n'a pas remis en question le système à deux règnes. En effet, la présence d'une paroi cellulaire rigide avait amené les taxinomistes à placer les Bactéries dans le règne des Végétaux, tout comme les organismes eucaryotes unicellulaires possédant des chloroplastes. Il en fut de même des Eumycètes, en partie parce que la plupart des champignons, comme la plupart des Végétaux, sont incapables de se déplacer (le fait qu'ils ne sont pas photosynthétiques ou que leur structure ressemble peu à celle des Végétaux ne semblait pas important!). Dans le système à deux règnes, les eucaryotes unicellulaires qui se déplacent et s'alimentent – les protozoaires – étaient classifiés parmi les Animaux. Fait à noter, les botanistes et les zoologistes ont revendiqué l'étude des organismes qui, comme les euglènes, se déplacent et sont capables de photosynthèse, si bien qu'ils apparaissent dans les deux règnes.

Les schémas taxinomistes comportant plus de deux règnes ont été généralement reconnus vers la fin des années 1960, lorsque de nombreux biologistes ont convenu de l'existence de cinq règnes, soit ceux des Végétaux, des Eumycètes, des Animaux, des Monères (procaryotes) et des Protistes (un règne diversifié, mais composé essentiellement d'organismes unicellulaires). Ce système mettait en évidence l'existence de deux types de cellules fondamentalement différentes, les eucaryotes et les procaryotes, et distinguait ces dernières des premières en les plaçant sous un règne distinct, celui des Monères.

Cependant, les phylogenèses réalisées à partir de données génétiques n'ont pas tardé à montrer les lacunes de cette classification: on observe autant de différences entre certains procaryotes qu'entre des procaryotes et des eucaryotes. Les biologistes ont donc fini par adopter un système à trois domaines, soit les Bactéries, les Archées et les Eucaryotes. Les domaines apparaissent au niveau supérieur de la hiérarchie taxinomique, juste au-dessus des règnes. De nombreuses études confirment la validité de ce modèle, notamment une étude récente qui a analysé près de 100 génomes entièrement séquencés.

Le domaine des Bactéries rassemble la plupart des Procaryotes actuellement connus, dont les Bactéries étroitement apparentées aux chloroplastes et aux mitochondries (voir la figure 25.9, p. 598). Le domaine des Archées constitue un groupe varié d'organismes procaryotes qui vivent dans toutes sortes d'environnements. Certaines Archées peuvent utiliser l'hydrogène comme source d'énergie, et d'autres sont les principales sources des dépôts de gaz naturel répartis un peu partout dans la croûte terrestre. Comme vous le verrez au chapitre 27, les Bactéries se distinguent des Archées à plusieurs égards, notamment sur les plans structurel, biochimique et physiologique. Enfin, le domaine des Eucaryotes comprend tous les organismes formés de cellules possédant un vrai noyau. Ce domaine renferme de nombreux groupes d'organismes unicellulaires (dont nous traiterons au chapitre 28), de même que des Végétaux pluricellulaires (chapitres 29 et 30), les Eumycètes (chapitre 31) et les Animaux (chapitres 32 à 34). La **figure 26.21** propose un arbre phylogénétique des trois domaines et des nombreuses lignées qu'ils renferment.

Le système à trois domaines souligne le fait que l'histoire de la vie s'articule en grande partie autour des organismes unicellulaires. Les deux domaines procaryotes ne renferment que des organismes unicellulaires et, même dans celui des Eucaryotes, seules les ramifications rouges correspondant aux Végétaux, aux Eumycètes et aux Animaux comprennent surtout des organismes multicellulaires. La plupart des biologistes reconnaissent à présent trois des cinq règnes qu'avaient proposés les taxinomistes, soit ceux des Végétaux, des Eumycètes et des Animaux, mais ils ont abandonné les Monères et les Protistes. Le règne des Monères est tombé en désuétude quand on a constaté que ses membres provenaient de deux domaines différents. Quant au règne des Protistes, comme on le verra au chapitre 28, il s'est effondré parce que certains des organismes qu'il renfermait étaient plus proches des Végétaux, des Eumycètes ou des Animaux que des autres protistes.

L'arbre simplifié de la vie

Nous pouvons résumer les liens évolutifs présentés dans la figure 26.21 au moyen d'un arbre plus simple (voir l'exercice proposé dans la légende). Cet arbre montre que l'histoire de la vie a connu une première division importante lorsque les Bactéries ont divergé des autres organismes. Si cet arbre est fidèle à la réalité, les liens entre les Eucaryotes et les Archées sont plus étroits que ceux qu'ils entretiennent avec les Bactéries.

Cette reconstruction de l'arbre de la vie repose largement sur la comparaison des séquences de gènes d'ARNr, qui codent pour les parties constituées d'ARN dans les ribosomes. Dans la mesure où les ribosomes sont essentiels au fonctionnement de la cellule, les gènes d'ARNr ont évolué très lentement, au point qu'il est encore possible de détecter des homologies entre des organismes très éloignés. Ces gènes sont donc très utiles pour déterminer les liens évolutifs entre des ramifications primitives de l'arbre de la vie. Toutefois, une certaine prudence reste de mise, car d'autres gènes révèlent un type de liens différent. Par exemple, des chercheurs ont découvert que de nombreux gènes qui influent sur le métabolisme de la levure (un eucaryote unicellulaire) présentent plus de similitudes avec des gènes du domaine des Bactéries qu'avec ceux du domaine des Archées. Cette découverte laisse entrevoir la possibilité que les Eucaryotes aient avec les Bactéries un ancêtre commun plus récent qu'avec les Archées.

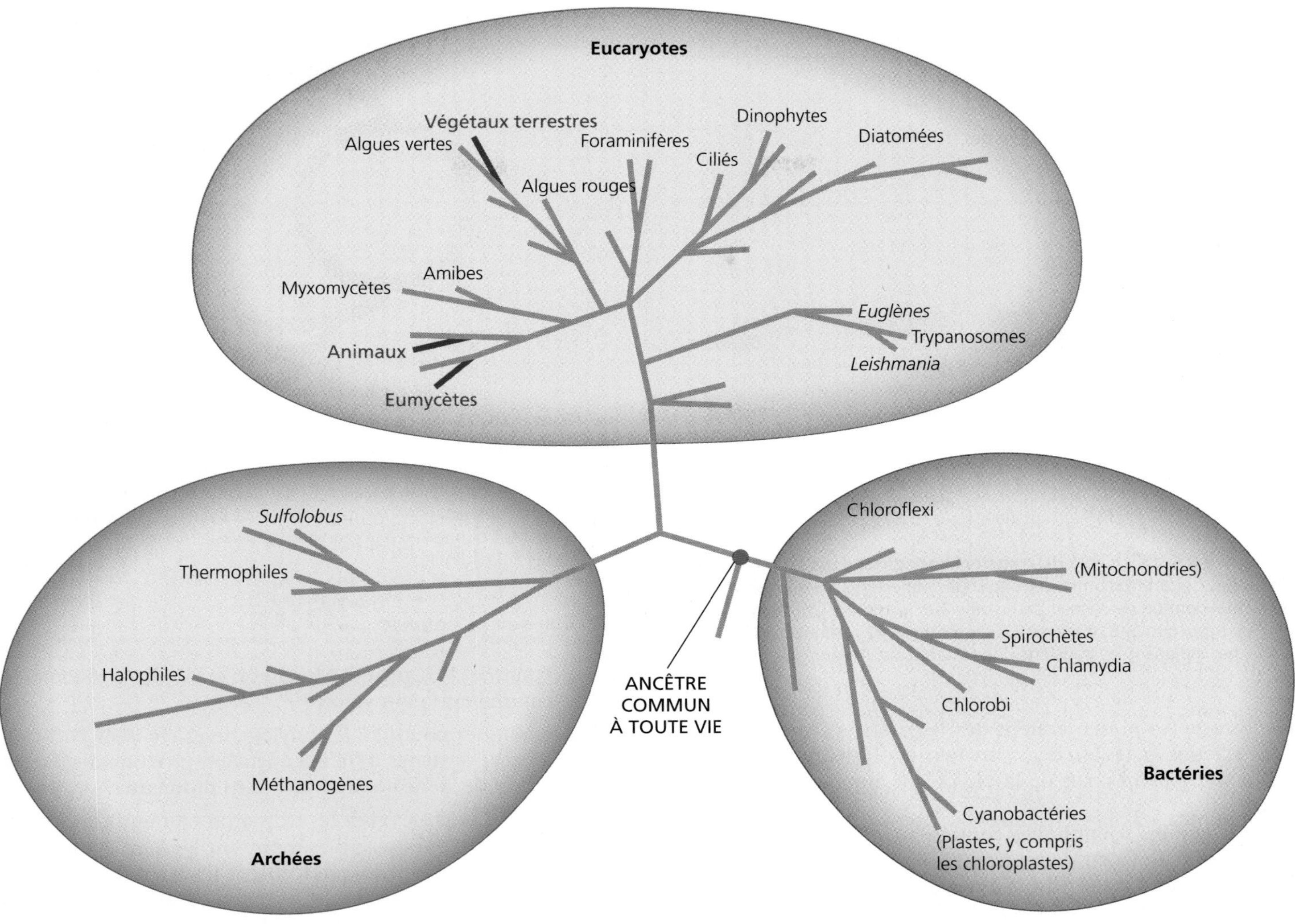

▲ **Figure 26.21 Les trois domaines de la vie.** Cet arbre phylogénétique repose sur des séquences de gènes d'ARNr. La longueur des branches est proportionnelle à la quantité de mutations génétiques survenues dans chaque lignée. (Nous avons simplifié l'illustration en ne nommant que quelques-unes des branches.) Les lignées du domaine des Eucaryotes où dominent les organismes multicellulaires (Végétaux, Eumycètes et Animaux) apparaissent en rouge. Toutes les autres lignées se composent uniquement ou principalement d'organismes unicellulaires.

FAITES UN DESSIN *Redessinez cet arbre à l'horizontale, en ne présentant que trois branches, une pour chaque domaine. Quel domaine a divergé le premier ? Quel domaine constitue le groupe frère des Eucaryotes ?*

Par ailleurs, les comparaisons de génomes complets provenant des trois domaines montrent qu'il y a eu d'importants mouvements de gènes entre les organismes des différents domaines (**figure 26.22**). Ces mouvements se sont produits par **transfert horizontal**, un processus au cours duquel des gènes passent d'un génome à un autre grâce à des mécanismes comme l'échange d'éléments transposables et de plasmides (voir le chapitre 19), une infection virale, voire la fusion d'organismes différents. Des recherches récentes renforcent l'idée de l'importance du transfert horizontal. Par exemple, une analyse réalisée en 2008 indique qu'en moyenne 80 % des gènes de 191 génomes procaryotes sont passés d'une espèce à une autre au cours de l'évolution. Étant donné que les arbres phylogénétiques reposent sur l'hypothèse voulant que les gènes soient transmis verticalement d'une génération à la suivante, l'occurrence de ces transferts horizontaux nous aide à comprendre pourquoi les arbres construits à partir de gènes différents donnent souvent des résultats incohérents.

L'arbre de la vie est-il vraiment circulaire ?

Selon certains biologistes, dont W. Ford Doolittle, le transfert horizontal s'est produit si fréquemment que l'on devrait présenter les débuts de l'histoire de la vie comme un réseau enchevêtré de ramifications plutôt que comme un arbre aux ramures dichotomiques tel que celui de la figure 26.22. D'autres biologistes ont avancé que les liens entre les organismes primitifs seraient mieux représentés par un cercle que par un arbre (**figure 26.23**). Au terme d'une analyse effectuée à partir de centaines de gènes, ces chercheurs ont formulé l'hypothèse que les Eucaryotes sont nés de la fusion d'une bactérie et d'une archée primitives. S'ils ont raison,

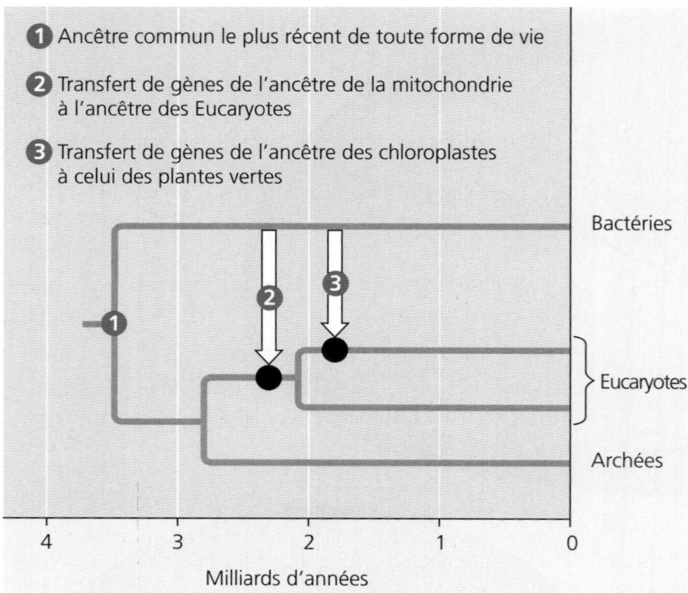

▲ **Figure 26.22 Le rôle du transfert horizontal dans l'histoire de la vie.** Cet arbre montre deux épisodes importants de transfert horizontal dont on ne connaît pas la date avec certitude. On sait qu'il y en a eu beaucoup plus. (Comme l'arbre est présenté à l'horizontale, les flèches indiquant les transferts horizontaux sont forcément verticales.)

les Eucaryotes présenteraient des liens étroits à la fois avec les Bactéries *et* les Archées, un lien évolutif qu'il convient d'illustrer par un *cercle* de la vie plutôt que par un arbre de la vie.

Bien que les scientifiques continuent toujours de débattre de la meilleure façon de représenter les premiers pas de l'histoire du vivant – par un arbre, un cercle ou un réseau enchevêtré –, les dernières décennies ont été le théâtre de nombreuses découvertes captivantes concernant des changements révolutionnaires survenus plus tard dans l'histoire du vivant. Nous en ferons l'exploration dans les autres chapitres de cette partie, en commençant par les premiers habitants de la Terre, les procaryotes.

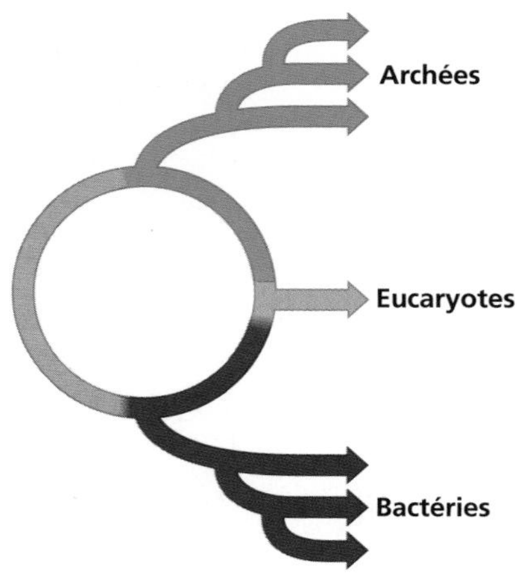

▲ **Figure 26.23 Un cercle de la vie.** Selon cette hypothèse, la lignée eucaryote (orange) est née de la fusion d'une archée primitive (en bleu) et d'une bactérie primitive (en violet). Un tel événement prend tout son sens dans un « cercle de la vie », mais pas dans un arbre de la vie. Trois grands domaines (Archées, Eucaryotes et Bactérie) ont émergé de ce cercle et donné lieu à la prodigieuse diversité du vivant que nous observons aujourd'hui.

RETOUR SUR LE CONCEPT 26.6

1. Pourquoi le règne des Monères n'est-il plus considéré comme un taxon valide?
2. Expliquez pourquoi les phylogenèses réalisées à partir de gènes différents peuvent produire des arbres de la vie aux ramifications différentes.
3. **ET SI?** Dessinez les trois arbres à ramifications dichotomiques possibles montrant les liens évolutifs des trois domaines que forment les Bactéries, les Archées et les Eucaryotes. Deux de ces arbres reposent sur des données génétiques. Peut-on envisager que le troisième soit confirmé de cette manière? Expliquez votre réponse.

Voir les réponses proposées à la fin du chapitre.

RÉVISION DU CHAPITRE 26

RÉSUMÉ DES CONCEPTS CLÉS

CONCEPT 26.1

La phylogenèse révèle les liens évolutifs (p. 620 à 623)

- Selon la nomenclature **binominale** proposée par Linné, les noms des organismes sont constitués de deux parties, soit le **genre**, suivi de l'espèce.
- Selon le système de Linné, les espèces sont regroupées en taxons de plus en plus généraux: les genres apparentés sont placés dans la même famille, les familles sont réunies en ordres, les ordres en classes, les classes en embranchements, les embranchements en règnes et, plus récemment, les règnes en domaines.
- Les systématiciens représentent les liens évolutifs par des **arbres phylogénétiques aux multiples ramures**. De nombreux systématiciens proposent que la classification repose entièrement sur les liens évolutifs.

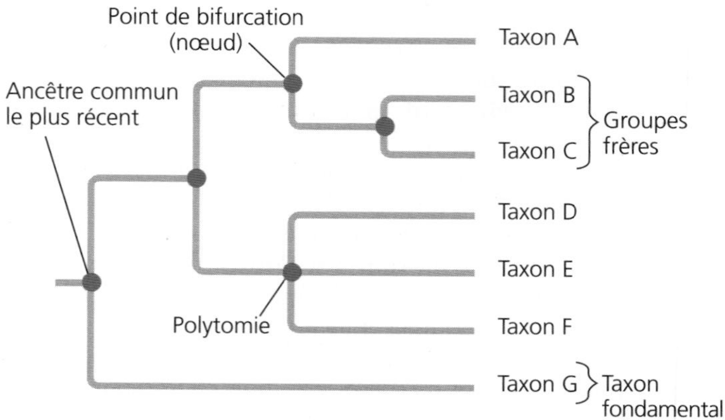

- À moins que la longueur des branches soit proportionnelle au temps écoulé ou à la quantité de mutations génétiques, un arbre phylogénétique n'indique que des modèles de descendance.
- L'histoire évolutive d'une espèce nous renseigne beaucoup à son sujet; en fait, la phylogenèse trouve de nombreuses applications utiles.

? *Les humains et les chimpanzés sont des groupes frères. Expliquez ce que signifie cette phrase.*

CONCEPT 26.2

La phylogenèse repose sur des données morphologiques et moléculaires (p. 623 à 626)

- Les organismes qui possèdent des morphologies ou des séquences d'ADN très semblables sont susceptibles d'être plus étroitement apparentés que les organismes ayant des structures et des séquences génétiques très différentes.
- Pour déduire la phylogenèse, il importe de distinguer l'**homologie** (ressemblance imputable à un ancêtre commun) de l'**analogie** (ressemblance imputable à une évolution convergente).
- Des logiciels permettent d'aligner des séquences d'ADN comparables et de distinguer les homologies moléculaires des correspondances accidentelles entre des taxons qui ont divergé depuis longtemps.

? *Pourquoi est-il nécessaire de distinguer l'homologie de l'analogie pour prédire une phylogenèse?*

CONCEPT 26.3

Les arbres phylogénétiques sont construits à partir de caractères communs (p. 626 à 632)

- Un **clade** est un taxon monophylétique qui comprend un ancêtre et tous ses descendants.
- Les clades sont définis en fonction de leurs **caractères dérivés communs**.

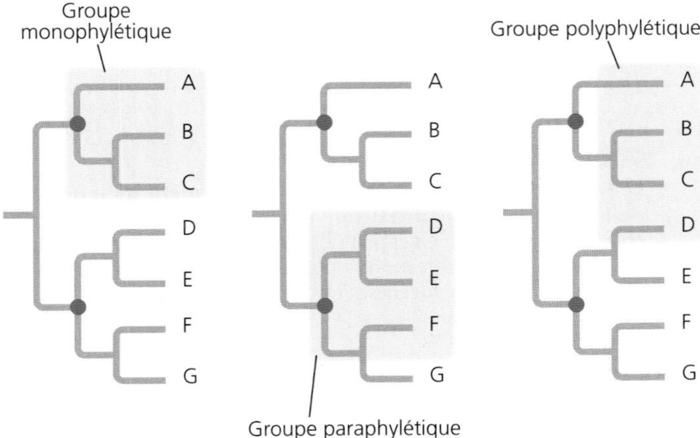

- La longueur d'une ramification peut refléter le nombre de changements évolutifs survenus ou la période écoulée.
- Parmi les hypothèses phylogénétiques, celle de l'arbre le plus simple nécessite le moins de changements au cours de l'évolution, et celle de l'arbre le plus probable est basée sur le type de changements le plus plausible.
- Les meilleures théories phylogénétiques sont celles qui intègrent la plus grande variété de données.

? *Quelle logique sous-tend l'utilisation de caractères dérivés communs pour formuler une hypothèse phylogénétique?*

CONCEPT 26.4

Le génome recèle l'histoire évolutive de tout organisme (p. 632 et 633)

- Les **gènes orthologues** sont des gènes homologues trouvés dans des espèces différentes du fait de la spéciation. Les **gènes paralogues** sont des gènes homologues présents au sein d'une espèce à la suite d'une duplication. Ces gènes peuvent diverger et remplir de nouvelles fonctions.

? *Pour reconstituer une phylogenèse, vaut-il mieux comparer les gènes hortologues ou les gènes paralogues? Expliquez votre réponse.*

CONCEPT 26.5

Les horloges moléculaires rendent compte du temps de l'évolution (p. 633 à 635)

- Certaines régions de l'ADN évoluent à une vitesse suffisamment constante pour constituer de véritables **horloges moléculaires**, selon lesquelles l'accumulation des modifications génétiques sert à estimer le moment où se sont produits les changements évolutifs. D'autres gènes, cependant, changent d'une manière moins prévisible.
- Une analyse réalisée au moyen d'une horloge moléculaire donne à penser que la souche la plus commune du VIH est passée des primates aux humains dans les années 1930.

? *Décrivez certaines présomptions et limites des horloges moléculaires.*

CONCEPT 26.6

De nouvelles données enrichissent continuellement notre compréhension de l'arbre de la vie (p. 636 à 638)

- Les systèmes de classification antérieurs ont cédé le pas à la vision actuelle de l'arbre de la vie, qui comprend trois grands **domaines**: les Bactéries, les Archées et les Eucaryotes.
- Selon les phylogenèses construites à partir de gènes d'ARNr, les Eucaryotes seraient plus étroitement apparentés aux Archées, alors que des données provenant d'autres gènes indiquent des liens plus étroits avec les Bactéries.
- D'autres analyses génétiques indiquent que les Eucaryotes seraient issus de la fusion d'une bactérie et d'une archée, et on pourrait illustrer cette hypothèse par un «cercle de la vie», où les Eucaryotes seraient étroitement apparentés à la fois aux Bactéries et aux Archées.

? *Pourquoi a-t-on abandonné le système à cinq règnes au profit d'un système à trois domaines?*

ÉVALUATION

NIVEAU 1: CONNAISSANCES ET COMPRÉHENSION

1. Dans la figure 26.4, quel groupe taxinomique descend du même ancêtre que les Canidés?
a) Les Félidés.
b) Les Mustélidés.
c) Les Carnivores.
d) *Canis*.
e) *Lutra*.

2. Les trois espèces vivantes X, Y et Z ont un ancêtre commun, appelé T, qui est également l'ancêtre commun des espèces disparues U et V. Le groupement des espèces T, X, Y et Z (excluant U et V) forme:
a) un taxon valide.
b) un clade monophylétique.
c) un groupe paraphylétique.
d) un groupe polyphylétique.
e) un groupe intérieur à comparer avec l'espèce U du groupe extérieur.

3. Lorsque l'on compare les Oiseaux aux Mammifères, la présence de quatre membres constitue:
   a) un caractère ancestral commun.
   b) un caractère dérivé commun.
   c) un caractère utile pour distinguer les Oiseaux des Mammifères.
   d) un exemple d'analogie et non d'homologie.
   e) un caractère utile pour classer les espèces d'Oiseaux.

4. Pour appliquer le principe de parcimonie à la construction d'un arbre phylogénétique, il faut:
   a) choisir un arbre pour lequel on suppose l'existence de probabilités égales pour tous les changements évolutifs.
   b) choisir un arbre dans lequel les ramifications sont fondées sur le plus grand nombre possible de caractères dérivés communs.
   c) fonder les arbres phylogénétiques uniquement sur les archives géologiques en vue de fournir l'explication de l'évolution qui soit la plus simple possible.
   d) choisir l'arbre qui représente le moins de changements au cours de l'évolution, soit dans les séquences d'ADN, soit dans les caractères morphologiques.
   e) choisir l'arbre qui comporte le moins de ramifications.

NIVEAU 2: APPLICATION ET ANALYSE

5. Dans cet arbre, quel est l'énoncé *incorrect*?

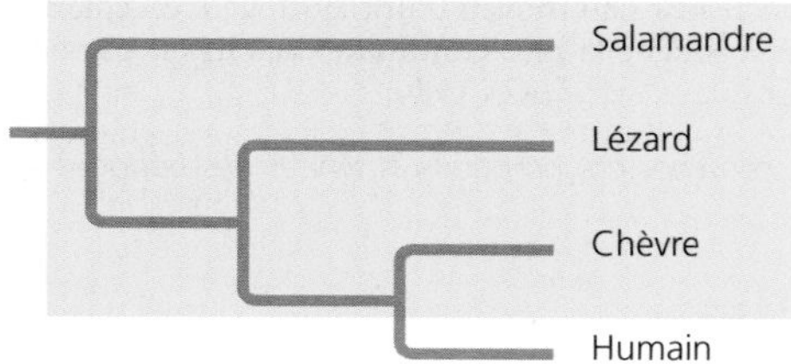

   a) La lignée de la salamandre est un taxon fondamental.
   b) Les salamandres forment un groupe frère du groupe contenant les lézards, les chèvres et les humains.
   c) La salamandre présente des liens aussi étroits avec la chèvre qu'avec l'humain.
   d) Le lézard présente des liens plus étroits avec la salamandre qu'avec l'humain.
   e) Le groupe compris dans la zone ombrée est de type paraphylétique.

6. Si vous faisiez appel à l'analyse cladistique pour bâtir un arbre phylogénétique des Félidés, lequel des animaux suivants constituerait un choix valable pour former le groupe extérieur?
   a) Le lion.
   b) Le chat domestique.
   c) Le loup gris.
   d) Le léopard.
   e) Le tigre.

7. Les longueurs relatives des ramifications dans la phylogenèse des grenouilles et des souris de la figure 26.12 indiquent que:
   a) les grenouilles ont évolué avant les souris.
   b) les souris ont évolué avant les grenouilles.
   c) les gènes des grenouilles et des souris ont des homoplasies purement fortuites.
   d) le gène homologue a évolué plus lentement chez les souris.
   e) le gène homologue a évolué plus rapidement chez les souris.

NIVEAU 3: SYNTHÈSE ET ÉVALUATION

8. **LIEN AVEC L'ÉVOLUTION**
   Darwin a proposé d'étudier les proches parents d'une espèce intéressante pour mieux comprendre à quoi pouvaient ressembler ses ancêtres. Dans quelle mesure sa suggestion annonce-t-elle le recours à des méthodes récentes, comme celle des rapprochements phylogénétiques, et l'utilisation d'un groupe extérieur dans le cadre de l'analyse cladistique moderne?

9. **INTÉGRATION**
   FAITES UN DESSIN (a) Dessinez un arbre phylogénétique à partir des cinq premiers caractères ci-dessous. Placez des traits dans l'arbre pour indiquer l'origine (ou les origines) de chacun des six caractères. (b) Redessinez l'arbre en présumant que le thon et le dauphin sont des groupes frères. Placez des traits dans l'arbre pour indiquer l'origine (ou les origines) de chacun des six caractères. (c) Combien de changements évolutifs doivent apparaître dans chaque arbre? Quel est l'arbre le plus simple?

Caractères	Amphioxus (groupe extérieur)	Lamproie	Thon	Salamandre	Tortue	Léopard	Dauphin
Épine dorsale	0	1	1	1	1	1	1
Mâchoires articulées	0	0	1	1	1	1	1
Quatre membres	0	0	0	1	1	1	1*
Amnios	0	0	0	0	1	1	1
Lait	0	0	0	0	0	1	1
Nageoire dorsale	0	0	1	0	0	0	1

* Bien que le dauphin adulte n'ait que deux membres visibles (ses nageoires), il présente, au stade embryonnaire, deux membres postérieurs à l'état de bourgeons, soit en tout quatre membres.

10. **ÉCRIVEZ UN TEXTE**
    Le fondement cellulaire de la vie; le fondement génétique de la vie Dans un court texte (de 100 à 150 mots), expliquez comment ces deux thèmes – et le processus de descendance accompagné de modifications – permettent aux scientifiques de construire des phylogenèses qui remontent à des centaines de millions d'années.

RÉPONSES DU CHAPITRE 26

Questions des figures

Figure 26.5 Cette nouvelle version ne modifie aucun des liens évolutifs présentés dans la figure 26.5. Par exemple, B et C demeurent des groupes frères, le taxon A est toujours étroitement lié aux taxons B et C, etc.

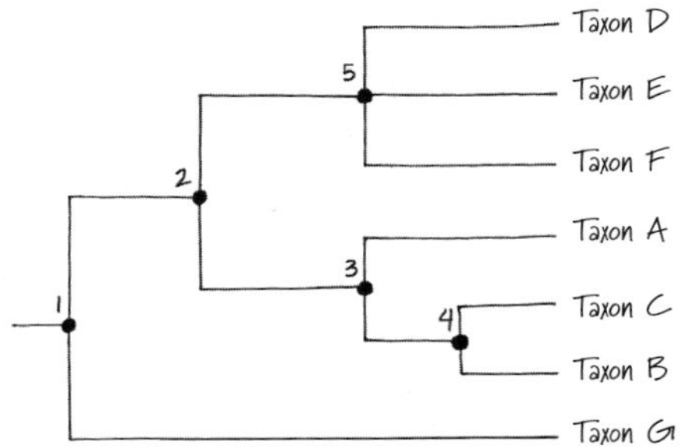

Figure 26.6 L'inconnu 1b (une portion de l'échantillon 1) et les inconnus 9 à 13 devraient tous apparaître sur la branche de l'arbre qui mène actuellement au petit rorqual (hémisphère Sud) et aux inconnus 1a et 2 à 8. **Figure 26.9** Chaque position des nucléotides présente quatre bases possibles (A, C, G, T). Si la base de chaque position relève du hasard et non d'une descendance commune, on peut s'attendre à une correspondance approximative de 1 sur 4 (25 %). **Figure 26.11** Vous devriez avoir encerclé les lignées de la grenouille, de la tortue et du léopard, ainsi que leur ancêtre commun le plus récent. **Figure 26.12** Dans la lignée du poisson-zèbre, puisque c'est la plus longue des cinq lignées de Vertébrés. **Figure 26.16** Le taxon fondamental (le plus proche de la racine de l'arbre) est celui des lézards et des serpents. Le taxon des crocodiliens est le plus fondamental des descendants de l'ancêtre commun indiqué par un point bleu. **Figure 26.19** L'horloge moléculaire indique que la divergence s'est produite il y a approximativement 45 à 50 millions d'années. **Figure 26.21** Comme le montre ce diagramme, le domaine des Bactéries a été le premier à émerger et les Archées forment le groupe frère des Eucaryotes.

Retour sur le concept 26.1

1. Nous appartenons à la même classe ; le léopard et l'humain sont tous deux des Mammifères. Les léopards appartiennent à l'ordre des Carnivores, mais pas les humains. **2.** La ramure de l'arbre indique que le blaireau et le loup ont un ancêtre commun plus récent que l'ancêtre qu'ils ont en commun avec le léopard. **3.** L'arbre présenté en c) révèle des liens évolutifs différents : les taxons C et B y sont des groupes frères, alors qu'en a) et en b) les taxons C et D sont les groupes frères.

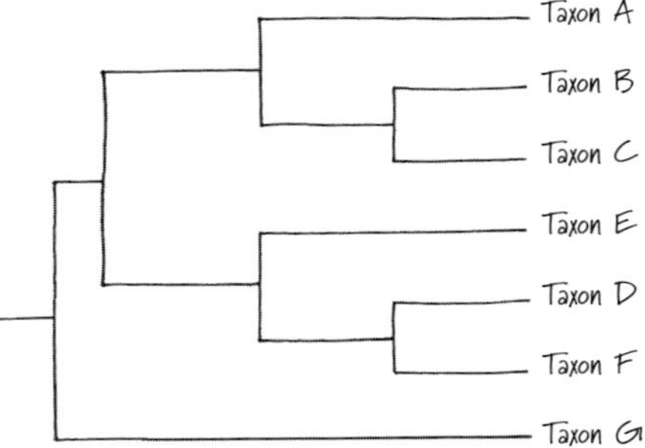

Retour sur le concept 26.2

1. a) Une analogie, parce que les hérissons et les cactus ne sont pas étroitement apparentés, et aussi parce que la plupart des autres Animaux et Végétaux n'ont pas de structures semblables ; b) une homologie, parce que les chats et les humains sont tous deux des Mammifères et ont des membres antérieurs homologues, la main et la patte en constituant l'extrémité distale ; c) une analogie, parce que les hiboux et les frelons sont peu apparentés, et aussi parce que la structure de leurs ailes est très différente. **2.** Les espèces 2 et 3 sont plus susceptibles d'être étroitement liées. Des changements génétiques mineurs (comme ceux qui sont survenus entre ces deux espèces) peuvent produire des morphologies divergentes ; par contre, l'existence d'une grande divergence entre les gènes (comme entre ceux des espèces 1 et 2) donnerait à penser que les lignées ont évolué séparément depuis longtemps.

Retour sur le concept 26.3

1. Non, le poil est un caractère ancestral communs à tous les Mammifères ; il ne peut donc pas aider à différencier des sous-groupes de Mammifères. **2.** Selon le principe de parcimonie maximale, la meilleure hypothèse est celle qui constitue l'explication la plus simple des faits étudiés. Cependant, des facteurs comme l'évolution convergente peuvent faire en sorte que les liens évolutifs réels ne correspondent pas à ceux qu'indique le principe de parcimonie. **3.** La classification classique ne se prête pas à l'histoire évolutive, car elle contredit le principe de la cladistique, à savoir que la classification devrait s'articuler autour d'un ancêtre commun. Les Oiseaux et les Mammifères proviennent de groupes traditionnellement associés aux reptiles, ce qui faisait de ces derniers (dans la classification classique) un groupe paraphylétique. On peut résoudre le problème en retirant le dimétrodon et les cynodontes du groupe des Reptiles (pour en faire un groupe de Dinosaures)

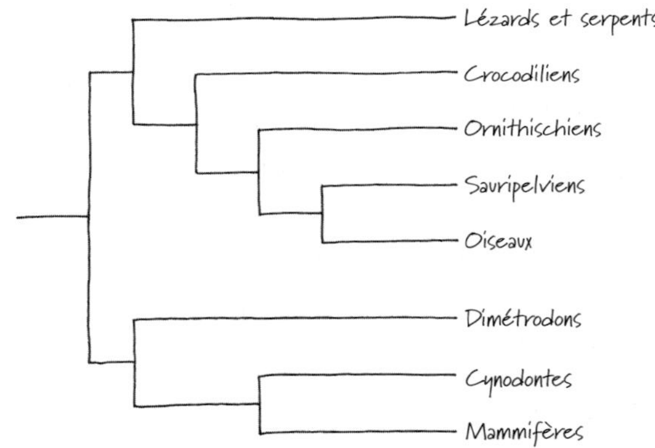

Retour sur le concept 26.4

1. Les protéines sont les produits des gènes. Leurs séquences d'acides aminés sont déterminées par les séquences de nucléotides de l'ADN qui code pour ces gènes. Donc, les différences entre les protéines comparables de deux espèces correspondent à des différences génétiques qui se sont accumulées lorsque les espèces ont divergé. Par conséquent, les différences entre les protéines peuvent refléter l'histoire évolutive des espèces. **2.** Ces observations donnent à penser que les lignées ayant mené à l'espèce 1 et à l'espèce 2 ont divergé avant qu'une duplication génétique chez l'espèce 1 n'entraîne la production du gène B à partir du gène A. **3.** Durant la maturation de l'ARN, les exons, ou régions codantes d'un gène, peuvent être réunis par épissage de diverses façons, produisant ainsi différents ARNm, donc des protéines distinctes. Par conséquent, un même gène pourrait produire différentes protéines dans différents tissus, ce qui lui permettrait d'en réguler différentes fonctions.

Retour sur le concept 26.5

1. L'horloge moléculaire est une méthode servant à estimer le moment réel auquel sont survenus des changements évolutifs en prenant en compte le nombre de changements de bases survenus dans les gènes orthologues. Cette méthode suppose que les régions des génomes comparés ont évolué à des vitesses constantes. **2.** Dans plusieurs portions du génome ne codant pas pour des gènes, il se produit des changements de bases qui peuvent s'accumuler par dérive sans causer d'effet notable sur la capacité adaptative d'un organisme. Même dans les régions codantes du génome, certaines mutations peuvent n'avoir que peu d'effet sur les gènes ou sur les protéines. **3.** Le ou les gènes utilisés pour l'horloge moléculaire peuvent avoir évolué plus lentement chez ces deux taxons que chez les espèces qui ont servi à calibrer l'horloge; le cas échéant, l'horloge sous-estimerait le temps écoulé depuis que ces deux taxons ont divergé.

Retour sur le concept 26.6

1. Le règne des Monères comprenait les Bactéries et les Archées, mais nous savons aujourd'hui que ces organismes proviennent de domaines différents. Les règnes sont des sous-ensembles des domaines et un règne (comme celui des Monères) ne peut renfermer des taxons issus de domaines distincts. **2.** À cause du transfert horizontal, certains gènes des Eucaryotes sont plus étroitement liés aux Bactéries, alors que d'autres ont une parenté plus étroite avec les Archées; c'est pourquoi, selon les gènes utilisés, les arbres phylogénétiques construits à partir de données génétiques peuvent produire des résultats contradictoires.
3.

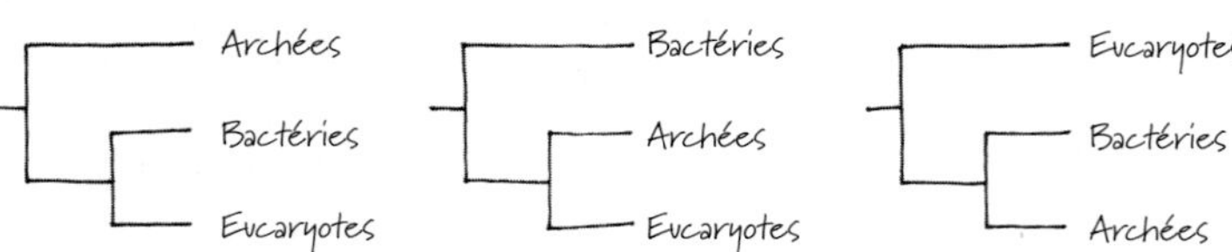

Les archives géologiques indiquent que les Procaryotes sont apparus bien avant les Eucaryotes. On peut donc penser que le troisième arbre, montrant que la lignée Eucaryotes a divergé la première, est incorrect, donc peu susceptible d'être corroboré par des données génétiques.

Questions du résumé des concepts clés

26.1 Le fait que les humains et les chimpanzés sont des groupes frères signifie que nous avons avec eux un ancêtre commun plus récent qu'avec toute autre espèce de primates encore vivante. Cela ne veut pas dire pour autant que l'humain est le produit de l'évolution du chimpanzé, ou vice versa, mais bien que l'humain et le chimpanzé descendent de cet ancêtre commun. **26.2** Les caractères homologues découlent d'un ancêtre commun. Les organismes divergent avec le temps, tout comme certains de leurs caractères homologues. Les caractères homologues des organismes qui ont divergé depuis longtemps diffèrent généralement davantage que les caractères homologues des organismes qui ont divergé plus récemment. Par conséquent, les différences concernant des caractères homologues peuvent servir à prédire une phylogenèse. À l'opposé, les caractères analogues découlent d'une évolution convergente, et non d'un ancêtre commun; ils peuvent donc donner lieu à des estimations de phylogenèse qui seraient trompeuses. **26.3** Toutes les caractéristiques des organismes se sont manifestées à un moment ou à un autre de l'histoire du vivant. Lorsqu'une nouvelle caractéristique émerge d'un groupe, elle constitue un caractère dérivé commun propre à ce groupe, ou clade. Il est possible de déterminer le groupe au sein duquel un caractère dérivé commun est apparu pour la première fois; le modèle qui en découle peut servir à énoncer une hypothèse phylogénétique. **26.4** Il vaut mieux recourir aux gènes orthologues; l'homologie de ces gènes découle de la spéciation et reflète donc l'histoire évolutive. **26.5** Les horloges moléculaires présupposent principalement que le rythme de substitution des nucléotides est constant, donc que le nombre de différences nucléotidiques entre deux séquences d'ADN est proportionnel au temps écoulé depuis que celles-ci ont divergé. Voici quelques limites des horloges moléculaires: aucun gène ne marque le temps avec précision; la sélection naturelle peut favoriser certaines modifications génétiques au détriment d'autres modifications; le rythme de substitution nucléotidique peut changer au cours des longues périodes (et rendre très incertaines les estimations relatives aux modifications les plus anciennes); enfin, un même gène peut évoluer à un rythme différent d'un organisme à l'autre. **26.6** Les données génétiques indiquent qu'un grand nombre de Procaryotes ont divergé de leurs semblables tout autant que des Eucaryotes. C'est donc dire que nous devrions regrouper les organismes selon trois «super-règnes», ou domaines, soit les Archées, les Bactéries et les Eucaryotes. Ces données indiquent aussi que le règne des Monères (qui réunissait tous les Procaryotes) n'était pas plausible, biologiquement parlant, et qu'il convient de l'abandonner. Enfin, des données génétiques et morphologiques ultérieures montrent que nous devrions laisser tomber l'ancien règne des Protistes (qui, à l'origine, contenait des organismes unicellulaires), en raison de son caractère polyphylétique.

ÉVALUATION

1. b; **2.** c; **3.** a; **4.** d; **5.** d; **6.** c; **7.** d;
9. (a)

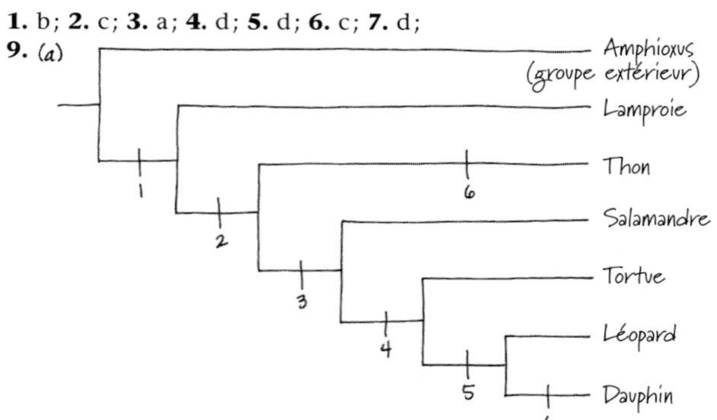

(b)

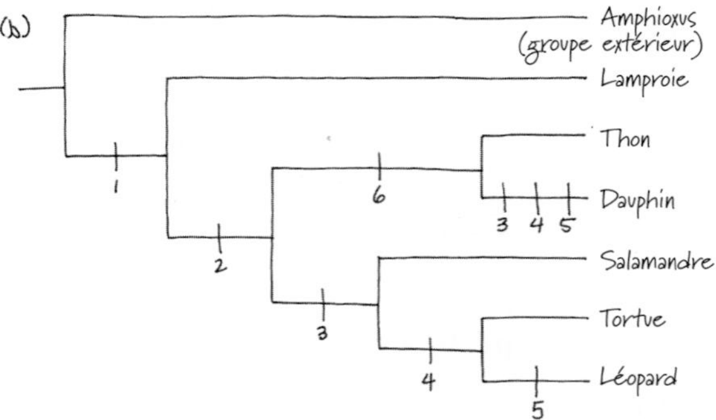

(c) L'arbre représenté en a) doit comprendre sept modifications d'ADN, alors que l'arbre dessiné en b) en requiert neuf. L'arbre a) est donc plus simple, puisqu'il nécessite moins de modifications d'ADN.

27

Bactéries et Archées

▲ **Figure 27.1 Pourquoi l'eau de ce lac est-elle rose ?**

ÉVOLUTION

CONCEPTS CLÉS

27.1 **Des adaptations structurales, fonctionnelles et génétiques contribuent au succès des Procaryotes**

27.2 **La reproduction et les mutations rapides, de même que la recombinaison génétique, favorisent la diversité génétique des Procaryotes**

27.3 **De très nombreuses adaptations nutritionnelles et métaboliques sont apparues chez les Procaryotes**

27.4 **La systématique moléculaire fait la lumière sur la phylogenèse des Procaryotes**

27.5 **Les Procaryotes remplissent des fonctions essentielles dans la biosphère**

27.6 **Les Procaryotes ont sur les humains des effets tant défavorables que bénéfiques**

INTRODUCTION

Les maîtres de l'adaptation

Pendant les chaleurs estivales, des portions du Grand Lac Salé de l'Utah deviennent roses (**figure 27.1**), signe que l'eau est si salée qu'elle déshydraterait votre peau si vous vous y baigniez. La concentration en sel peut atteindre 32 %, soit près de dix fois celle de l'eau de mer. Il ne faut pas attribuer la couleur saisissante de l'eau à des minéraux ni à d'autres sources inanimées, mais bien à des organismes vivants. Quels organismes peuvent bien vivre dans un environnement aussi hostile et, surtout, comment ?

La teinte rose du Grand Lac Salé s'explique par la présence de trillions (10^{18}) de Procaryotes appartenant aux domaines des Bactéries et des Archées, notamment des Archées du genre *Halobacterium*. La membrane de ces microorganismes renferme des pigments rouges, dont certains captent l'énergie lumineuse qui alimente la synthèse de l'ATP. Les espèces du genre *Halobacterium* comptent parmi les organismes les plus tolérants au sel ; ils prospèrent dans des milieux salins qui déshydratent et tuent d'autres types de cellules. En fait, *Halobacterium* prévient la perte d'eau par osmose en pompant les ions potassium (K^+) dans sa membrane jusqu'à ce que la concentration ionique à l'intérieur de la cellule corresponde à la concentration extérieure.

Comme *Halobacterium,* de nombreux Procaryotes tolèrent des conditions extrêmes. *Deinococcus radiodurans,* par exemple, peut survivre à des radiations de 3 millions de rads (soit 3 000 fois la dose mortelle pour l'humain), tout comme un pH de 0,03 (une acidité capable de dissoudre le métal) n'empêche pas *Picrophilus oshimae* de se développer. D'autres Procaryotes vivent dans des environnements trop froids ou trop chauds pour que la plupart des autres organismes puissent les supporter, et on en a même découvert dans des roches situées dans la croûte terrestre, à plus de trois kilomètres de profondeur.

Les espèces procaryotes sont aussi très bien adaptées à des habitats plus « normaux » dans les sols et les eaux où vivent la plupart des espèces. Leur capacité d'adaptation à toutes sortes d'habitats contribue à expliquer pourquoi ce sont les organismes qu'on retrouve en plus grand nombre sur la Terre : le nombre d'organismes procaryotes contenus dans une seule poignée de sol fertile dépasse le nombre d'humains qui ont vu le jour depuis le début de l'humanité. Nous consacrons ce chapitre à l'examen des adaptations, de la diversité et du formidable impact écologique de ces microorganismes.

CONCEPT 27.1

Des adaptations structurales, fonctionnelles et génétiques contribuent au succès des Procaryotes

Nous avons vu dans le chapitre 25 que les Procaryotes furent probablement les premiers habitants de la Terre. Au cours de leur longue histoire évolutive, les populations de procaryotes ont été (et continuent d'être) soumises aux règles de la sélection naturelle, et ce dans toutes sortes d'environnement. C'est ce qui explique leur remarquable diversité.

Commençons par les décrire. Les organismes procaryotes sont presque tous unicellulaires. Toutefois, les cellules de certaines espèces restent jointes après la division cellulaire. Le diamètre des cellules procaryotes varie entre 0,5 et 5 µm, ce qui est beaucoup plus petit que le diamètre de 10 à 100 µm de nombreuses cellules eucaryotes. (Il existe toutefois une exception notable: le Procaryote géant *Thiomargarita namibiensis*, découvert en 1999 au large de la Namibie, en Afrique, dont le diamètre est d'environ 750 µm, ce qui est plus gros que le point sur ce i.) Les cellules procaryotes prennent diverses formes (**figure 27.2**). Enfin, même s'ils sont unicellulaires et microscopiques, les procaryotes sont bien organisés et remplissent toutes les fonctions vitales d'un organisme, et ce dans une seule cellule.

Les structures de la surface cellulaire

Chez presque tous les Procaryotes, la paroi cellulaire joue un rôle fondamental, car elle maintient la forme de la cellule, la protège et l'empêche d'éclater si elle se trouve dans un milieu hypotonique (voir le chapitre 7). Cependant, dans un milieu hypertonique, les Procaryotes subissent une plasmolyse (ils perdent de l'eau et leur membrane plasmique se ratatine), comme d'autres cellules dotées d'une paroi. C'est d'ailleurs pourquoi le sel conserve si bien les aliments: il déshydrate les Procaryotes, ce qui les empêche de se reproduire rapidement.

La structure des parois cellulaires des Procaryotes diffère de celle des Eucaryotes. Chez les Eucaryotes qui en sont pourvus, comme les Végétaux et les Eumycètes, la paroi est généralement constituée de cellulose ou de chitine (voir le chapitre 5).

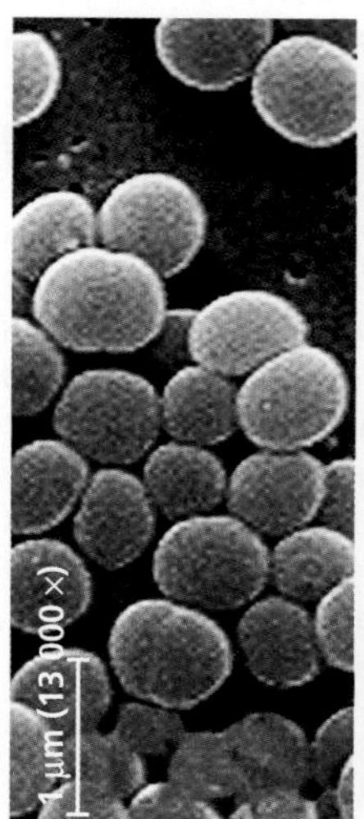

(a) Forme sphérique (cocci)

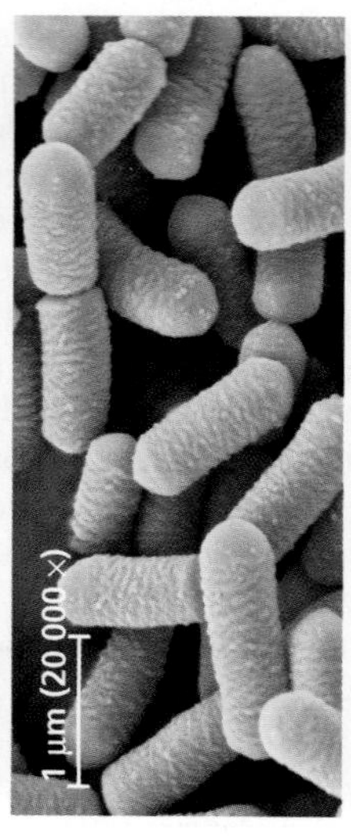

(b) Forme de bâtonnet (bacilles)

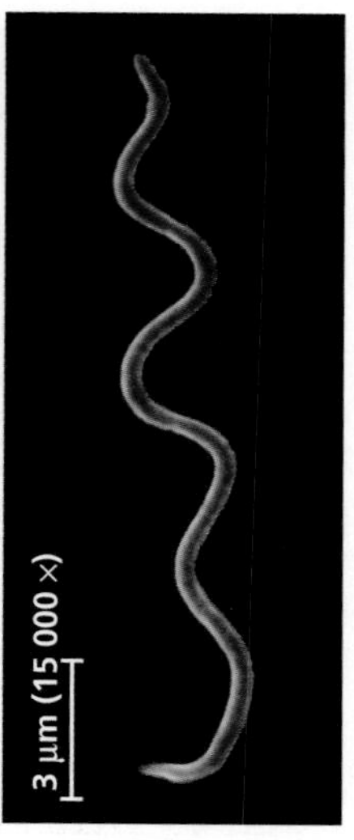

(c) Forme hélicoïdale

▲ **Figure 27.2 Les formes les plus courantes de Procaryotes.**
(a) Les cocci (*coccus* au singulier), ou Procaryotes sphériques, vivent seuls, deux par deux (diplocoques), en chaînes de plusieurs cellules (streptocoques, montrés ici) ou en amas semblables à des grappes de raisin (staphylocoques). **(b)** Les bacilles, dont la forme rappelle un bâtonnet, vivent le plus souvent seuls, mais ils peuvent aussi s'organiser en chaînes (streptobacilles). **(c)** Les Procaryotes de forme hélicoïdale comprennent les spirilles, qui peuvent prendre la forme d'une virgule ou d'un long filament, et les Spirochètes (illustrés ici), en forme de tire-bouchon (MEB, clichés colorés artificiellement).

La plupart des parois bactériennes contiennent une substance particulière appelée **peptidoglycane**, un polymère composé de monosaccharides modifiés qui sont reliés transversalement par de courts polypeptides. Ce «tissu» moléculaire entoure entièrement la bactérie et sert de point d'ancrage à d'autres molécules situées à sa surface. Les parois cellulaires des Archées contiennent divers polysaccharides et protéines, mais sont dépourvues de peptidoglycane.

À l'aide d'une technique appelée **coloration de Gram**, mise au point au 19e siècle par un physicien danois du nom de Hans Christian Gram, les scientifiques distinguent deux catégories de Bactéries d'après l'une des caractéristiques de leur paroi cellulaire. Les échantillons sont d'abord colorés au cristal violet et à l'iode, puis rincés dans l'alcool, puis colorés à nouveau d'une teinture rouge comme la safranine. La structure de la paroi cellulaire détermine la réaction à la coloration (**figure 27.3**). Les Bactéries à **Gram positif** possèdent une paroi simple qui contient une quantité relativement importante de peptidoglycane. Les Bactéries à **Gram négatif** contiennent moins de peptidoglycane et présentent une structure plus complexe, qui comprend une membrane externe composée de lipopolysaccharides, glucides liés à des lipides.

La coloration de Gram est utile en médecine pour déterminer rapidement si l'infection dont souffre un patient est causée par une bactérie à Gram négatif ou à Gram positif, ce qui influera sur le traitement à administrer. Les portions lipidiques des lipopolysaccharides contenus dans les parois de nombreuses bactéries à Gram négatif sont souvent toxiques et provoquent la fièvre ou un état de choc. De plus, la membrane externe protège les bactéries à Gram négatif des défenses de leur hôte. Par ailleurs, les bactéries à Gram négatif opposent souvent plus de résistance aux antibiotiques que les espèces à Gram positif, car leur membrane externe entrave la pénétration de ces médicaments. Certaines espèces à Gram positif proviennent cependant de souches virulentes qui résistent à un ou à plusieurs antibiotiques. (La figure 22.14, p. 534, présente l'exemple de la bactérie *Staphylococcus aureus* multirésistante aux antibiotiques, qui peut causer des infections mortelles.)

L'efficacité de certains antibiotiques, dont la pénicilline, tient à leur capacité d'inhiber la synthèse des ponts transversaux entre les polymères de monosaccharides du peptidoglycane. La paroi est désorganisée et ne peut plus remplir son rôle, en particulier chez les espèces à Gram positif. Les antibiotiques neutralisent de nombreuses espèces de bactéries infectieuses sans produire d'effet indésirable sur les cellules humaines, qui ne contiennent pas de peptidoglycane.

La paroi cellulaire de bon nombre de Procaryotes est recouverte d'une couche gluante de polysaccharides ou de protéines appelée **capsule**, si elle est dense et bien définie, (**figure 27.4**) ou *biofilm*, si elle est moins bien organisée. Ces deux types de couche gluante externe permettent aux Procaryotes d'adhérer à leur substrat ou à d'autres individus de la colonie. Certains biofilms et capsules préviennent en outre la déshydratation; ils peuvent aussi protéger les Procaryotes pathogènes des attaques provenant du système immunitaire de leur hôte.

Certains Procaryotes adhèrent les uns aux autres ou à un substrat grâce à de courts et fins appendices appelés **fimbriae** (**figure 27.5**). Par exemple, *Neisseria gonorrhoeae,* l'agent pathogène de la gonorrhée, utilise ses *fimbriae* pour se fixer aux

▼ **Figure 27.3 La coloration de Gram.**

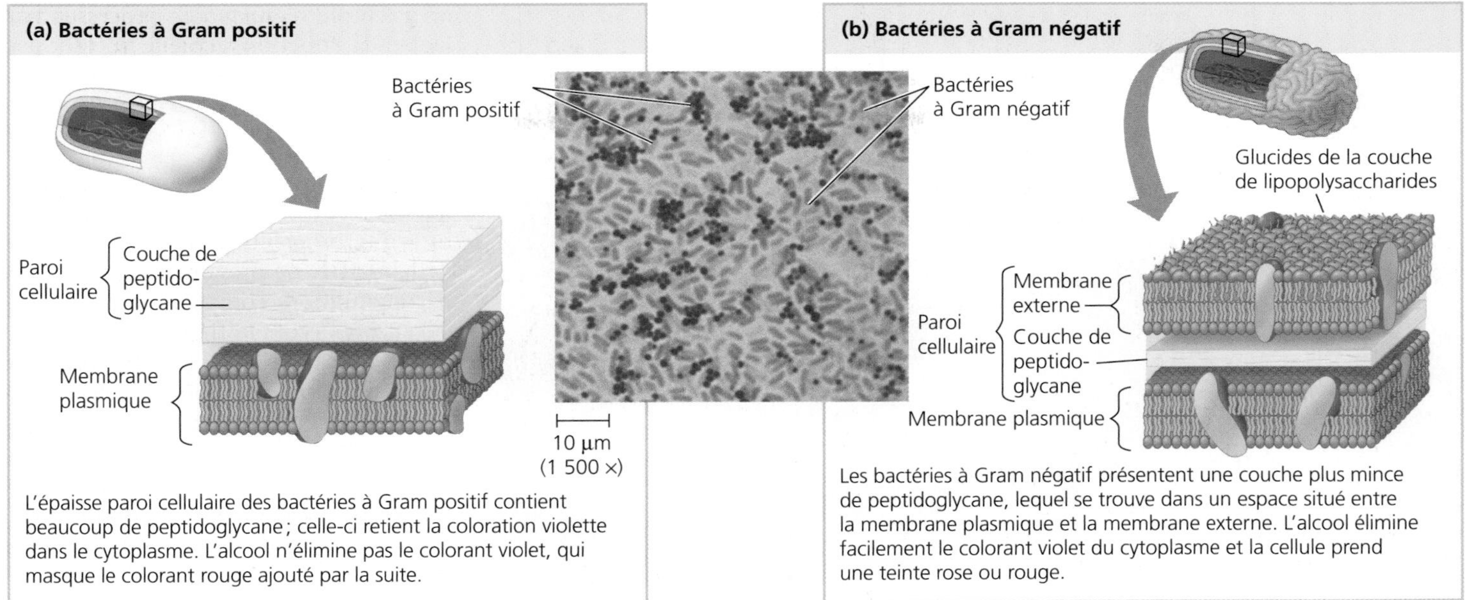

L'épaisse paroi cellulaire des bactéries à Gram positif contient beaucoup de peptidoglycane ; celle-ci retient la coloration violette dans le cytoplasme. L'alcool n'élimine pas le colorant violet, qui masque le colorant rouge ajouté par la suite.

Les bactéries à Gram négatif présentent une couche plus mince de peptidoglycane, lequel se trouve dans un espace situé entre la membrane plasmique et la membrane externe. L'alcool élimine facilement le colorant violet du cytoplasme et la cellule prend une teinte rose ou rouge.

muqueuses de son hôte. Les fimbriae sont en général plus nombreux et plus courts que les ***pili***, des appendices qui servent à réunir deux cellules procaryotes avant un transfert d'ADN de l'une à l'autre (voir la figure 27.12) ; on les appelle parfois *pili sexuels.*

La motilité

Environ la moitié des Procaryotes sont capables de **taxie** (du grec *taxis*, « arrangement, ordre »). La taxie est une réaction de locomotion orientée par laquelle les Procaryotes se rapprochent ou s'éloignent d'un stimulus quelconque. Par exemple, dans la chimiotaxie, les Procaryotes réagissent à un stimulus de nature chimique : ils *se rapprochent* d'une source de nourriture ou de dioxygène (chimiotaxie positive) ou *s'éloignent* d'une substance toxique (chimiotaxie négative). Certaines espèces peuvent se déplacer à une vitesse de plus de 50 µm/s, soit jusqu'à 50 fois leur longueur par seconde. Toutes proportions gardées, pour avancer aussi vite, une personne de 1,70 m devrait courir à 306 km/h !

Diverses structures permettent le déplacement. Les plus courantes sont les flagelles (**figure 27.6**), qui sont soit dispersés sur toute la surface de la cellule, soit concentrés à l'un de ses deux pôles ou aux deux. Les flagelles des cellules procaryotes sont très différents de ceux des cellules eucaryotes. Ils sont dix fois plus fins et ne sont pas recouverts d'un prolongement de la membrane plasmique (voir la figure 6.24, p. 126). Les flagelles des procaryotes se distinguent aussi par leur composition moléculaire et par leur mécanisme de propulsion. Chez les Procaryotes, les flagelles bactériens et archériens présentent une taille et un mécanisme de rotation similaires, mais se composent de protéines différentes. Ces comparaisons structurales et moléculaires semblent indiquer que les flagelles des Bactéries, des Archées et des Eucaryotes sont apparus indépendamment les uns des autres. Étant donné que les flagelles des organismes issus des trois domaines accomplissent des

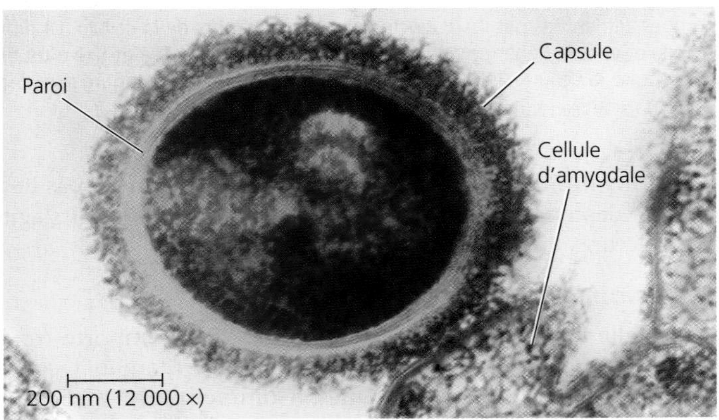

▲ **Figure 27.4 La capsule.** La capsule de polysaccharides qui entoure cette bactérie appartenant au genre *Streptococcus* permet à ce Procaryote pathogène d'adhérer aux cellules qui tapissent les voies respiratoires des humains, ici une cellule d'amygdale (MET, cliché coloré artificiellement).

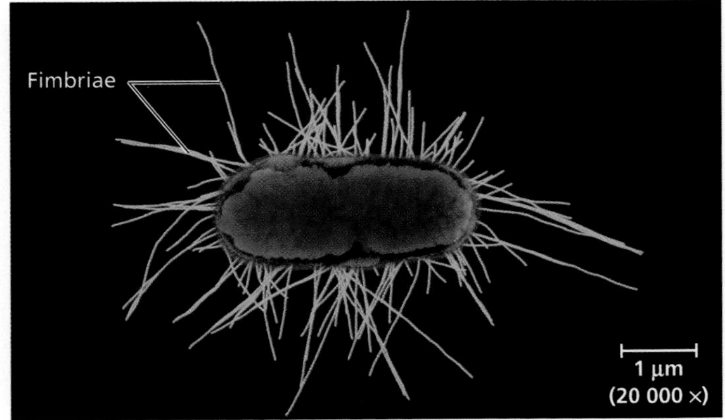

▲ **Figure 27.5 Les fimbriae.** Ces nombreux appendices permettent à certains organismes procaryotes de se fixer aux surfaces ou à d'autres Procaryotes (MET, cliché coloré artificiellement).

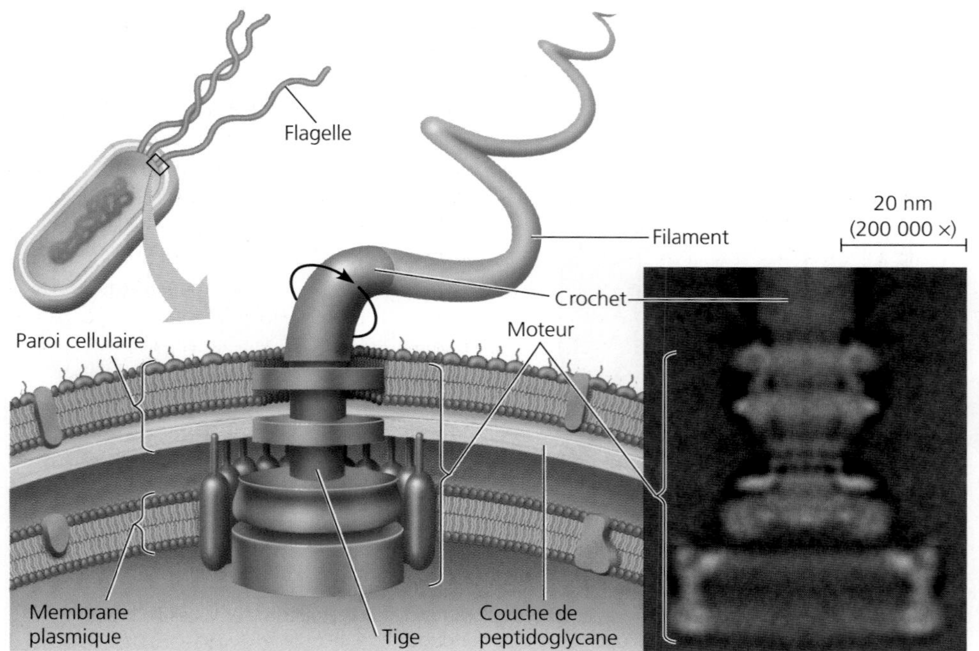

▲ **Figure 27.6 Le flagelle procaryote.** Le moteur du flagelle procaryote consiste en un système d'anneaux enchâssés dans la paroi cellulaire et la membrane plasmique (MET). Dans le moteur, des pompes alimentées par l'ATP éjectent des protons hors de la cellule. La diffusion de protons dans la cellule procure l'énergie qui fait pivoter un crochet incurvé et fixé à un filament qui pivote à son tour et propulse la cellule. (Les structures représentées dans cette figure sont caractéristiques des bactéries à Gram négatif.)

fonctions similaires, mais qu'ils ne sont probablement pas liés par des descendants communs, on peut présumer qu'il s'agit de structures analogues plutôt qu'homologues.

Les origines évolutives des flagelles bactériens

Le flagelle bactérien présenté à la figure 27.6 comporte trois parties principales (le moteur, le crochet et le filament), composées de 42 types de protéines. Comment une structure aussi complexe a-t-elle pu évoluer? En fait, de nombreuses observations indiquent que le flagelle bactérien provient de structures plus simples qui se sont modifiées graduellement. Comme pour l'œil humain (voir le concept 25.6), les biologistes ont tenté de savoir si une version moins complexe du flagelle pouvait encore être utile à son hôte. L'analyse de centaines de génomes bactériens indique que la moitié des composantes protéiques du flagelle suffisent à en assurer le fonctionnement; les autres ne sont pas essentielles ou ne sont pas codées dans le génome de certaines espèces. Des 21 protéines requises par les espèces étudiées jusqu'à maintenant, 19 sont des versions modifiées de protéines qui accomplissent d'autres tâches au sein des bactéries. Par exemple, le moteur renferme un jeu de 10 protéines homologues à 10 protéines observées dans un appareil sécrétoire des bactéries. (Un appareil sécrétoire est un complexe protéique qui permet à la cellule de sécréter certaines macromolécules.)

Deux autres protéines observées dans le moteur sont homologues à des protéines affectées au transport des ions. Les protéines qui composent la tige, le crochet et le filament sont toutes apparentées et descendent d'une protéine ancestrale qui formait un tube rappelant un pilus. Ces découvertes donnent à penser que le flagelle bactérien a évolué lorsque d'autres protéines se sont ajoutées à un appareil sécrétoire ancestral. C'est là un exemple d'*exaptation,* processus par lequel la fonction actuelle n'était pas celle qui était remplie initialement.

Structure interne et ADN

Les cellules procaryotes sont plus simples que les cellules eucaryotes. Leur structure interne et l'organisation physique de leur ADN ne présentent pas la compartimentation complexe des cellules eucaryotes (voir la figure 6.5, p. 107). Cependant, certains Procaryotes ont des membranes spécialisées qui accomplissent des fonctions métaboliques (**figure 27.7**). Ces membranes correspondent habituellement à des régions invaginées de la membrane plasmique.

La structure du génome des cellules procaryotes est différente de celle du génome des Eucaryotes. Dans la plupart des cas, le génome comporte beaucoup moins d'ADN; de plus, dans la majorité des cellules procaryotes, le chromosome est circulaire et contient beaucoup moins de protéines que les chromosomes linéaires des eucaryotes (**figure 27.8**). Par ailleurs, contrairement aux Eucaryotes, les Procaryotes ne comportent pas de noyau; les chromosomes procaryotes sont situés dans le **nucléoïde**, une région du cytoplasme qui, selon les micrographies électroniques, apparaît plus claire que le cytoplasme environnant. Outre son unique chromosome, la cellule procaryote comporte ordinairement des **plasmides** (voir la figure 27.8), c'est-à-dire des anneaux d'ADN beaucoup plus petits et portant seulement quelques gènes.

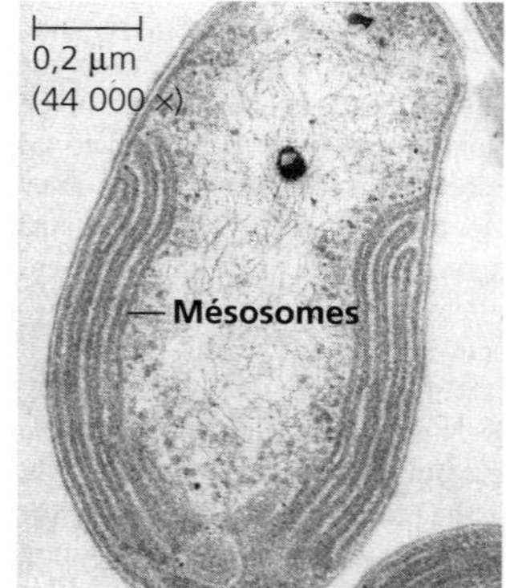

(a) Procaryote aérobie

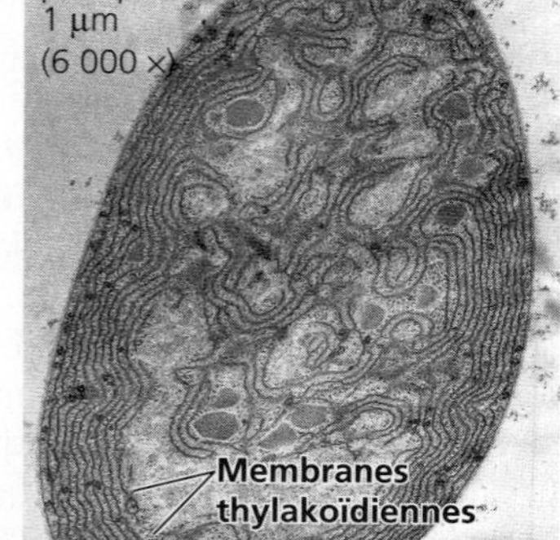

(b) Procaryote photosynthétique

▲ **Figure 27.7 Les membranes spécialisées des cellules procaryotes.** **(a)** Ces invaginations de la membrane plasmique, qui rappellent les crêtes des mitochondries, pourraient, selon certains auteurs, servir à la respiration cellulaire de certains Procaryotes aérobies (MET). **(b)** Les Procaryotes photosynthétiques appelés Cyanobactéries possèdent des membranes thylakoïdiennes, très semblables à celles des chloroplastes (MET).

Comme nous l'avons vu aux chapitres 16 et 17, les processus de réplication, de transcription et de traduction de l'ADN se ressemblent, dans les grandes lignes, chez les Eucaryotes et les Procaryotes, mais ils présentent tout de même quelques différences. Ainsi, le ribosome procaryote est légèrement plus petit que son homologue eucaryote, et les deux diffèrent quant à leur contenu en protéines et en ARN. Ces différences font que certains antibiotiques, tels que l'érythromycine et la tétracycline, se fixent aux ribosomes et bloquent la synthèse protéique des Procaryotes, alors qu'ils n'entravent pas le fonctionnement des ribosomes eucaryotes. Par conséquent, nous pouvons prendre sans danger ces antibiotiques pour tuer des bactéries ou inhiber leur croissance.

Reproduction et adaptation

Le grand succès des Procaryotes tient en partie au fait qu'ils peuvent se reproduire rapidement dans un milieu favorable. Grâce à la *scissiparité*, ou fission binaire (voir la figure 12.12, p. 269), une cellule procaryote se segmente pour former deux cellules, qui à leur tour se divisent pour en donner quatre, puis huit, seize, et ainsi de suite. Dans un milieu optimal, de nombreux Procaryotes ont un temps de génération de l'ordre de 1 à 3 heures, mais certaines espèces peuvent se diviser en 20 minutes à peine. Si la reproduction se poursuivait à cette vitesse sans rencontrer d'obstacles, il faudrait seulement deux jours à une cellule unique pour engendrer une colonie dont la masse dépasserait celle de la Terre !

Dans la réalité, bien sûr, la reproduction des Procaryotes est limitée, parce que la colonie finit par épuiser les nutriments, parce qu'elle s'empoisonne elle-même avec ses déchets métaboliques, parce qu'elle rivalise avec d'autres microorganismes ou parce qu'elle est consommée par d'autres organismes. Par exemple, la bactérie *Escherichia coli,* qui a fait l'objet de nombreuses études, peut se diviser toutes les 20 minutes dans des conditions idéales, en laboratoire. C'est ce qui en fait un organisme modèle en recherche. Néanmoins, lorsqu'elle se développe dans l'intestin humain, l'un de ses environnements naturels, *E. coli* ne se divise qu'une fois toutes les 12 à 24 heures. Que la division cellulaire survienne après 20 minutes ou après quelques jours, cependant, la reproduction des Procaryotes suscite l'intérêt en raison de trois caractéristiques clés de leur biologie : *ils sont petits, ils se reproduisent par scissiparité et ont un temps de génération court.* Par conséquent, les populations procaryotes peuvent contenir plusieurs trillions d'individus, soit beaucoup plus que les populations d'Eucaryotes multicellulaires, comme les Végétaux et les Animaux.

La résistance de certains Procaryotes aux agressions du milieu contribue également à leur succès. Certaines bactéries, comme *Halobacterium,* peuvent survivre dans un environnement hostile grâce à des adaptations biochimiques particulières, alors que d'autres jouissent d'adaptations structurales singulières. Par exemple, certaines bactéries produisent des cellules résistantes appelées **endospores** lorsque le milieu est dépourvu d'un nutriment essentiel (**figure 27.9**). Pour former une endospore (un processus qui prend une dizaine d'heures), la cellule initiale effectue une copie de son chromosome et l'entoure d'une robuste structure multicouche. L'endospore se déshydrate et son métabolisme s'arrête. La cellule originale se désintègre en libérant l'endospore. La plupart des endospores sont si résistantes qu'elles peuvent survivre plusieurs heures dans de l'eau bouillante ; pour les éliminer, les microbiologistes doivent chauffer leurs instruments de laboratoire à la vapeur, à une température de 121 °C et sous une pression élevée. Dans des milieux moins hostiles, les endospores peuvent rester inactives durant des siècles, voire des millions d'années. Elles ne se réhydratent et ne reprennent leur métabolisme que lorsque certains signes leur indiquent que les conditions sont redevenues plus hospitalières.

Enfin, grâce en partie à leur temps de génération très court, les populations procaryotes peuvent évoluer considérablement en peu de temps. Dans une remarquable étude portant sur 20 000 générations (à peu près 8 ans) d'évolution, des chercheurs de la Michigan State University ont analysé l'évolution adaptative de populations bactériennes (**figure 27.10**).

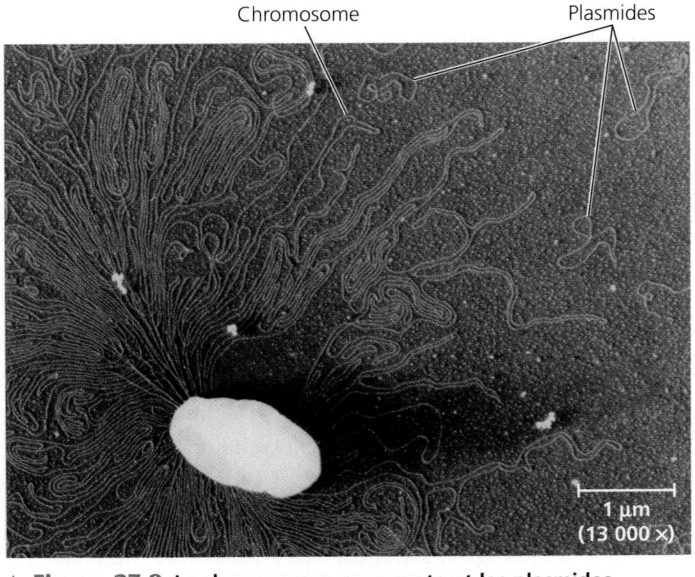

Chromosome
Plasmides
1 µm
(13 000 ×)

▲ **Figure 27.8 Le chromosome procaryote et les plasmides.** Les minces boucles enchevêtrées entourant cette cellule de l'espèce *E. coli* éclatée constituent des éléments du grand chromosome unique de la cellule (MET, cliché coloré artificiellement). On voit aussi trois des plasmides de la cellule ; ils sont formés de boucles d'ADN beaucoup plus petites.

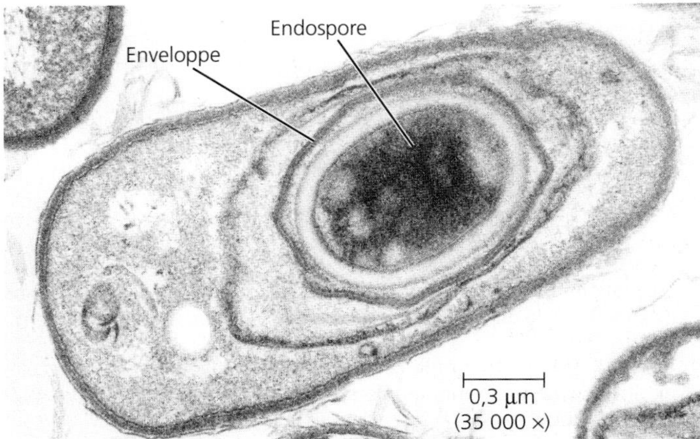

▲ **Figure 27.9 L'endospore.** *Bacillus anthracis*, la bactérie qui cause la maladie du charbon, une maladie mortelle, produit des endospores (MET). L'enveloppe multicouche protectrice de l'endospore lui permet de survivre des années dans le sol.

▼ **Figure 27.10** **INVESTIGATION**

Les Procaryotes peuvent-ils évoluer rapidement en réaction à une modification de l'environnement?

EXPÉRIENCE Vaughn Cooper et Richard Lenski, de la Michigan State University, ont testé l'aptitude des populations de *E. coli* à s'adapter à un nouvel environnement. Pour ce faire, ils ont créé 12 populations, chacune fondée à partir d'une cellule de souche *E. coli,* et les ont suivies sur 20 000 générations (soit pendant 3 000 jours). Pour couvrir les besoins de croissance des bactéries, les chercheurs ont fait un *transfert en série* quotidien, c'est-à-dire qu'ils ont transféré 0,1 mL de chaque population dans une nouvelle éprouvette contenant 9,9 mL de substrat frais. Le substrat utilisé durant toute l'expérience constituait un environnement difficile qui ne contenait qu'une faible quantité de glucose et d'autres ressources nécessaires à la croissance.

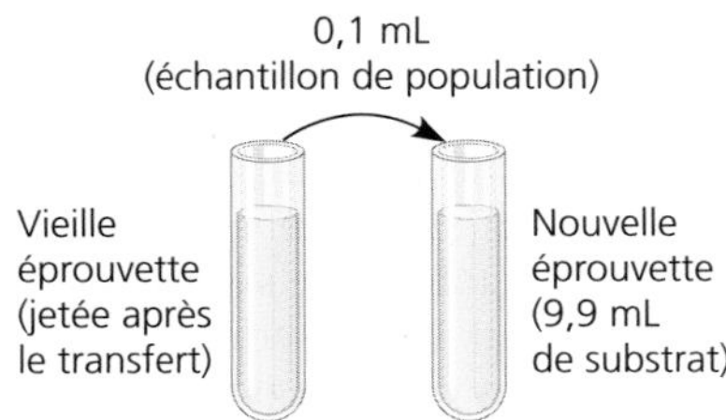

Les chercheurs retiraient périodiquement des échantillons des 12 populations et les faisaient croître en compétition avec l'ancêtre commun dans l'environnement expérimental (à faible teneur en glucose).

RÉSULTATS La valeur sélective des populations expérimentales, mesurée selon le rythme de croissance de chaque population, a augmenté rapidement durant les 5 000 premières générations (deux ans) et plus lentement pendant les 15 000 générations suivantes. Le diagramme ci-dessous montre les moyennes pour les 12 populations.

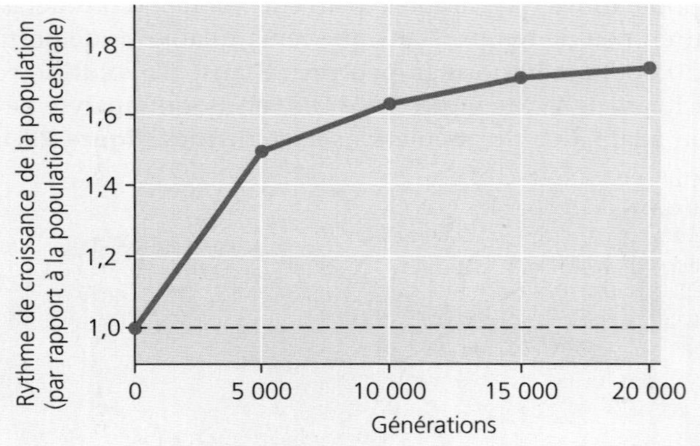

CONCLUSION Les populations d'*E. coli* ont continué à cumuler des adaptations bénéfiques pendant 20 000 générations, permettant une évolution rapide du rendement amélioré dans le nouvel environnement.

SOURCE V. S. Cooper et R. E. Linski, The population genetics of ecological specialization in evolving *Escherichia coli* populations, *Nature* 407: 736-739 (2000).

ET SI? Quelles pourraient être les fonctions acquises par les gènes dont la séquence ou l'expression a été modifiée au fil de l'évolution des populations dans l'environnement à faible teneur en glucose?

L'aptitude des Procaryotes à s'adapter rapidement à de nouvelles conditions montre que, même si la structure de leur cellule est plus simple que celle des cellules eucaryotes, les Procaryotes ne sont en rien «primitifs» ou «inférieurs» sur le plan de l'évolution. Ils sont en fait très évolués: pendant plus de 3,5 milliards d'années, les populations procaryotes ont réussi à survivre dans toutes sortes d'environnements inhospitaliers. Comme nous le verrons, cela s'est produit notamment parce que leurs populations présentent une grande diversité génétique et que celle-ci est soumise à la sélection naturelle.

RETOUR SUR LE CONCEPT 27.1

1. Donnez au moins deux exemples d'adaptations qui permettent aux Procaryotes de survivre dans des milieux trop inhospitaliers pour d'autres organismes. Expliquez votre réponse.
2. Comparez les organisations cellulaire et génomique des Procaryotes et des Eucaryotes.
3. **FAITES DES LIENS** Proposez une hypothèse expliquant pourquoi les thylakoïdes des chloroplastes ressemblent à ceux des cyanobactéries. Pour ce faire, consultez les figures 6.18 (p. 121) et 26.21 (p. 637).

Voir les réponses proposées à la fin du chapitre.

CONCEPT 27.2

La reproduction et les mutations rapides, de même que la recombinaison génétique, favorisent la diversité génétique des Procaryotes

Nous l'avons vu dans la quatrième partie de cet ouvrage, la variation génétique est un préalable à la sélection naturelle au sein d'une population. Les diverses adaptations observées chez les Procaryotes donnent à penser que leurs populations présentent une grande variation génétique, ce qui est le cas. Par exemple, un gène d'ARN ribosomique peut varier davantage entre deux souches d'*E. coli* qu'entre un humain et un ornithorynque. Penchons-nous maintenant sur les trois facteurs expliquant la grande diversité génétique observable chez les Procaryotes, soit la reproduction et la mutation rapides, ainsi que la recombinaison génétique.

La reproduction et les mutations rapides

Chez les espèces à reproduction sexuée, la création d'un nouvel allèle à l'issue d'une mutation est un évènement rare. En fait, chez ces espèces, la variation génétique découle principalement de nouvelles combinaisons d'allèles durant la méiose et la fécondation (voir le chapitre 13). Les Procaryotes ne faisant pas appel à la reproduction sexuée, la grande variation génétique qui les caractérise peut être troublante à première vue. À vrai dire, cette variation peut s'expliquer par la reproduction et la mutation rapides des Procaryotes.

Considérons un Procaryote qui se reproduit par scissiparité. Après plusieurs divisions, la plupart des cellules descendantes sont génétiquement identiques à la cellule mère originale. Cependant, si des erreurs surviennent durant la réplication de l'ADN – par exemple une insertion, une délétion ou la substitution d'une paire de bases –, certaines des cellules descendantes peuvent présenter des différences génétiques. La probabilité que survienne une mutation spontanée d'un gène d'*E. coli* est d'environ 1 sur 10 millions (1×10^{-7}) par division cellulaire. Or, parmi les 2×10^{10} nouvelles cellules d'*E. coli* qui naissent chaque jour dans l'intestin d'une personne, quelque $(2 \times 10^{10}) \times (1 \times 10^{-7}) = 2\ 000$ bactéries présenteront cette mutation génétique. Le nombre total de mutations possibles pour les 4 300 gènes d'*E. coli* est estimé à $4\ 300 \times 2\ 000 = 9$ millions par jour par hôte humain.

L'idée à retenir est que, bien qu'elles soient rares, les nouvelles mutations accroissent rapidement la diversité génétique chez les espèces qui présentent un temps de génération court et de grandes populations. Cette diversité entraîne une évolution rapide: les individus génétiquement mieux équipés pour survivre dans leur environnement ont tendance à survivre et à se reproduire en plus grand nombre que les individus moins aptes (voir la figure 27.10).

La recombinaison génétique

Bien que les nouvelles mutations soient une source importante de variation au sein des populations procaryotes, la *recombinaison génétique,* c'est-à-dire la recombinaison de l'ADN à partir de deux sources, accroît aussi la diversité. Chez les Eucaryotes, la méiose et la fécondation combinent l'ADN de deux individus en un zygote unique. Mais les Procaryotes ne font pas appel à la méiose et à la fécondation. Chez eux, la réunion de l'ADN d'individus (c'est-à-dire de cellules) différents repose sur trois autres mécanismes: la transformation, la transduction et la conjugaison. Lorsque les individus proviennent d'espèces différentes, ce mouvement de gènes d'un organisme à un autre s'appelle *transfert horizontal.* Les scientifiques ont pu prouver que chacun de ces mécanismes permet le transfert d'ADN au sein d'une même espèce et entre des espèces issues des domaines des Bactéries et des Archées; toutefois l'essentiel de nos connaissances sur la question nous vient à ce jour de la recherche sur les Bactéries.

La transformation et la transduction

Lors de la **transformation**, le génotype et, probablement, le phénotype d'une cellule procaryote sont modifiés par l'incorporation d'ADN étranger. Par exemple, une souche inoffensive de *Streptococcus pneumoniae* peut se transformer en cellules causant la pneumonie si les cellules sont placées dans un milieu contenant l'ADN d'une souche pathogène (voir la figure 16.2, p. 354). Cette transformation survient lorsqu'une cellule non pathogène absorbe un élément d'ADN contenant l'allèle de la pathogénicité et l'utilise en lieu et place de son propre allèle; c'est un échange de segments d'ADN homologues. La cellule résultante est recombinée, puisque son chromosome contient de l'ADN dérivé de deux cellules distinctes.

Longtemps après avoir découvert la transformation dans les milieux de culture, la majorité des biologistes continuaient de croire que ce phénomène était trop rare et trop aléatoire pour jouer un rôle important dans les populations bactériennes naturelles. Cependant, il est clair maintenant que de nombreuses Bactéries portent à leur surface des protéines qui reconnaissent et transportent dans la cellule l'ADN provenant d'espèces bactériennes apparentées. Cette cellule peut alors incorporer cet ADN étranger dans son génome, par échange d'ADN homologue.

Au cours de la **transduction**, les bactériophages (ou phages), les virus qui infectent des bactéries, transportent des gènes procaryotes d'une cellule hôte à une autre. Dans la plupart des cas, la transduction est le fruit d'accidents qui surviennent durant les cycles de réplication phagiques (**figure 27.11**). Un virus porteur d'ADN procaryote peut être incapable de se répliquer parce qu'il est dépourvu d'une partie ou de tout son matériel génétique. Néanmoins, le virus

1 Un phage infecte une bactérie dont le chromosome (en brun) possède des allèles A^+ et B^+. Cette bactérie sera la cellule «donneuse».

2 L'ADN du phage est répliqué et la cellule produit plusieurs copies des protéines codées par ses gènes. Entre-temps, certaines protéines phagiques interrompent la synthèse des protéines codées par l'ADN de la cellule hôte et celui-ci se fragmente, comme on le voit ici.

3 Pendant que s'assemblent les phages, un fragment d'ADN bactérien contenant l'allèle A^+ est emballé dans une capside phagique.

4 Le phage comportant l'allèle A^+ provenant de la cellule donneuse infecte une cellule receveuse portant les allèles A^- et B^-. La recombinaison de l'ADN de la cellule donneuse (en brun) avec l'ADN de la cellule receveuse (en vert) se produit à deux endroits (en pointillés).

5 Le génotype de la nouvelle cellule recombinée (A^+B^-) diffère à la fois de celui de la cellule donneuse (A^+B^+) et de celui de la cellule receveuse (A^-B^-).

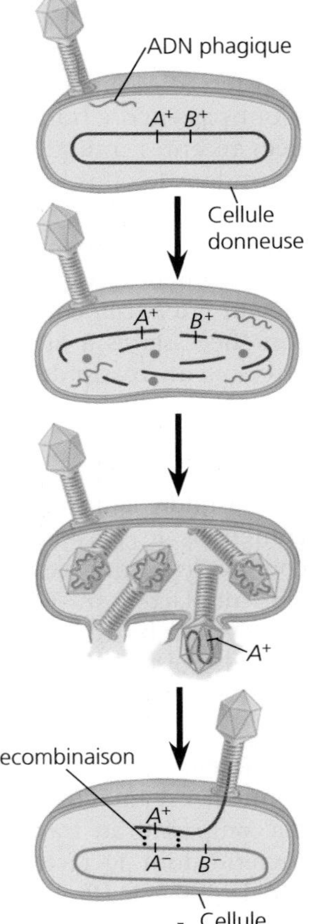

▲ **Figure 27.11 La transduction.** Les phages transportent parfois des fragments de chromosome bactérien d'une cellule (donneuse) à une autre (receveuse). Si le transfert entraîne une recombinaison, les gènes de la cellule donneuse seront incorporés au génome de la cellule receveuse.

? *Dans quelles circonstances la transduction entraînerait-elle un transfert horizontal?*

peut se fixer à une autre bactérie procaryote (receveuse) et lui injecter le fragment d'ADN provenant de la première cellule (donneuse). Si une partie de cet ADN est ensuite intégrée dans le chromosome de la cellule receveuse par recombinaison de l'ADN, une cellule recombinée sera alors créée.

La conjugaison et les plasmides

La **conjugaison** est un processus de transfert d'ADN entre deux cellules procaryotes (habituellement de la même espèce) temporairement liées. Le transfert d'ADN entre deux bactéries est toujours unidirectionnel : une cellule donne de l'ADN, alors qu'une autre la reçoit. Le mécanisme le mieux compris est celui qu'emprunte *E. coli,* et nous consacrerons donc le reste de cette partie à cet organisme. Chez *E. coli,* un pilus sexuel de la bactérie donneuse se fixe à la bactérie receveuse (**figure 27.12**). Le pilus se rétracte ensuite, en tirant les deux cellules l'une vers l'autre, à la manière d'un grappin. Au cours de l'étape suivante, il se formerait un « pont de conjugaison » temporaire entre les deux cellules, permettant le transfert d'ADN du donneur au receveur. Les biologistes n'ont pas encore tranché cette question ; toutefois, des données récentes indiquent que l'ADN pourrait passer directement dans le pilus, qui est creux.

Dans tous les cas, l'aptitude à produire des pili et à transférer de l'ADN durant la conjugaison dépend de la présence d'un segment d'ADN appelé **facteur F** (F pour fertilité). Le facteur F d'*E. coli* compte environ 25 gènes, dont la plupart sont nécessaires à la production de pili. Le facteur F peut être soit un plasmide, soit un segment d'ADN du chromosome bactérien.

Le facteur F sous forme de plasmide Quand il est porté par un plasmide, le facteur F s'appelle **plasmide F**. Les bactéries contenant le plasmide F se nomment F^+ ; elles agissent comme des donneuses d'ADN, alors que les bactéries dépourvues du facteur F (F^-) agissent comme receveuses d'ADN. L'état F^+ est transférable ; la bactérie F^+ transforme la bactérie F^- en bactérie F^+ si une copie complète du plasmide F^+ est transférée (**figure 27.13a**).

Le facteur F dans le chromosome Lorsque le facteur F du donneur est intégré dans son chromosome, la conjugaison s'accompagne du transfert de gènes chromosomiques. Une bactérie dont le facteur F est intégré au chromosome est appelée *bactérie Hfr* (« à haute fréquence de recombinaison »). À l'instar de la bactérie F^+, la bactérie Hfr joue le rôle de donneuse pendant la conjugaison avec une bactérie F^- (**figure 27.13b**). Lorsque l'ADN chromosomique d'une bactérie Hfr pénètre dans une bactérie F^-, les régions homologues des chromosomes Hfr et F^- peuvent s'aligner et donner lieu à l'échange de segments d'ADN. Les gènes de la bactérie recombinée ainsi produite proviennent de deux bactéries différentes : une nouvelle variation génétique est ainsi soumise à l'évolution.

Les plasmides R et la résistance aux antibiotiques Au cours des années 1950, au Japon, des médecins ont remarqué que certains patients hospitalisés pour une dysenterie bactérienne (une maladie qui provoque une diarrhée grave) ne réagissaient pas aux antibiotiques qu'on leur avait prescrits. Pourtant, ces médicaments utilisés pour traiter ce type d'infection étaient considérés jusqu'alors comme efficaces. Certaines souches de *Shigella dysenteriae,* le pathogène à l'origine de la maladie, étaient apparemment devenues résistantes aux antibiotiques administrés.

Les chercheurs ont fini par identifier les gènes de la résistance aux antibiotiques chez *Shigella dysenteriae* et chez d'autres bactéries pathogènes. Parfois, ce sont des mutations dans un gène chromosomique du pathogène qui causent la résistance. Par exemple, une mutation dans un gène peut réduire la capacité du pathogène à transporter un antibiotique donné dans la cellule. Il arrive aussi qu'une mutation dans un autre gène modifie la protéine intracellulaire cible sur laquelle agit l'antibiotique, réduisant ainsi son effet inhibiteur. Dans d'autres cas, certaines bactéries possèdent des gènes de résistance codant pour des enzymes qui détruisent justement des antibiotiques comme la tétracycline et l'ampicilline, ou encore en compromettent l'efficacité. Les gènes qui confèrent ce type de résistance se trouvent habituellement sur des plasmides appelés **plasmides R** (R pour résistance).

Si l'on expose une population bactérienne à un antibiotique donné (que ce soit dans un milieu de culture ou dans un organisme hôte, comme un être humain), on tue les bactéries sensibles à ce produit, mais pas celles qui possèdent le plasmide R correspondant. Dans ces conditions, on pourrait avancer que la sélection naturelle favorisera la population de bactéries porteuses des gènes de résistance à l'antibiotique, et c'est exactement ce qui se produit. On devine facilement les conséquences cliniques de cette observation : les souches d'agents pathogènes résistants deviennent de plus en plus nombreuses, ce qui complique le traitement de certaines infections bactériennes. Le problème se trouve aggravé par le fait que de nombreux plasmides R, tout comme les plasmides F, portent les gènes des pili sexuels et se transmettent donc d'une cellule bactérienne à l'autre par conjugaison. Pire encore, certains plasmides R portent jusqu'à 10 gènes de résistance à autant d'antibiotiques.

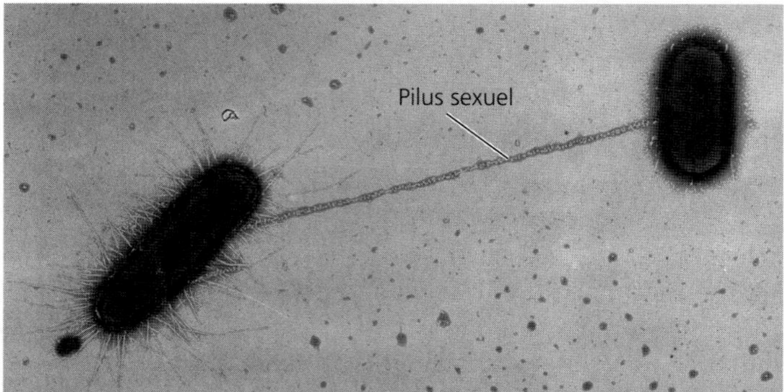

▲ **Figure 27.12 La conjugaison bactérienne.** La bactérie donneuse *E. coli,* à gauche, étend un pilus en direction de la bactérie receveuse et s'y fixe. C'est la première étape du transfert d'ADN. Le pilus est un tube flexible de sous-unités protéiques (MET).

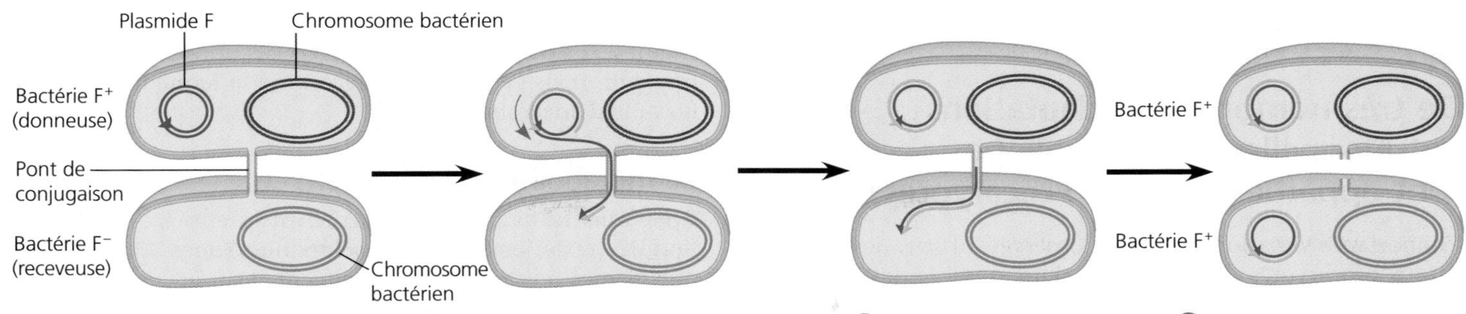

1 Une bactérie qui porte un plasmide F (bactérie F⁺) forme un pont de conjugaison avec une bactérie F⁻. Un brin d'ADN du plasmide se rompt à l'endroit marqué par une pointe de flèche.

2 La bactérie synthétise un nouveau brin (en bleu clair) sur le modèle du brin non rompu. En même temps, le brin rompu se détache (flèche rouge) et l'une de ses extrémités pénètre dans la bactérie F⁻. C'est à ce moment que commence la synthèse de son brin complémentaire dans la bactérie F⁻.

3 La réplication de l'ADN se poursuit dans la bactérie donneuse et la bactérie receveuse, alors que le fragment de plasmide transféré s'enfonce dans la cellule receveuse.

4 Une fois achevés le transfert et la synthèse de l'ADN, le plasmide dans la bactérie receveuse prend sa forme circulaire. Les deux bactéries sont maintenant F⁺.

(a) Conjugaison et transfert d'un plasmide F

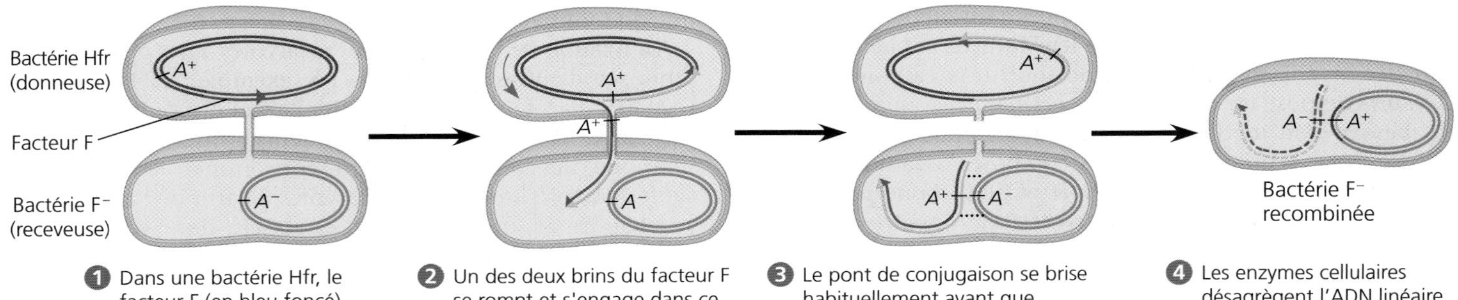

1 Dans une bactérie Hfr, le facteur F (en bleu foncé) s'intègre dans le chromosome bactérien. Puisqu'une bactérie Hfr renferme tous les gènes du facteur F, elle produit un pont de conjugaison avec une bactérie F⁻ et transfère de l'ADN.

2 Un des deux brins du facteur F se rompt et s'engage dans ce pont. La réplication de l'ADN se produit à la fois dans la bactérie donneuse et dans la bactérie receveuse, ce qui donne un ADN bicaténaire (les brins fils sont illustrés en bleu pâle).

3 Le pont de conjugaison se brise habituellement avant que l'ensemble du chromosome soit transféré. La recombinaison d'ADN (indiquée par les pointillés) peut entraîner l'échange de gènes homologues entre l'ADN transféré (en brun) et le chromosome de la bactérie receveuse (en vert).

4 Les enzymes cellulaires désagrègent l'ADN linéaire qui n'a pas été incorporé dans le chromosome. La bactérie receveuse, qui contient à présent une nouvelle combinaison de gènes mais pas de facteur F, est une bactérie recombinée F⁻.

(b) Conjugaison et transfert d'une partie d'un chromosome d'une bactérie Hfr entraînant une recombinaison

▲ **Figure 27.13 La conjugaison et la recombinaison chez *E. coli.*** La réplication de l'ADN qui accompagne le transfert d'un plasmide F ou d'une partie d'un chromosome bactérien Hfr est appelée *réplication en cercle roulant.* En fait, le brin d'ADN parent, circulaire et intact, « se déroule » lorsque son autre brin se détache et qu'un nouveau brin complémentaire est synthétisé.

RETOUR SUR LE CONCEPT 27.2

1. Quelles caractéristiques des Procaryotes accroissent la probabilité que chaque génération d'une population connaisse d'importantes variations génétiques ?
2. Faites la distinction entre les trois mécanismes de transfert de l'ADN d'une bactérie à une autre.
3. Dans un environnement qui change rapidement, quelle population bactérienne présente les meilleures chances de survie, celle qui comprend des individus capables de conjugaison ou celle qui n'en contient pas ? Expliquez votre réponse.
4. **ET SI ?** Si une bactérie non pathogène devait acquérir une résistance à des antibiotiques, cette souche présenterait-elle un risque pour l'humain ? Expliquez votre réponse. En général, quel rôle le transfert d'ADN entre les bactéries joue-t-il dans la propagation des gènes de résistance ?

Voir les réponses proposées à la fin du chapitre.

CONCEPT 27.3

De très nombreuses adaptations nutritionnelles et métaboliques sont apparues chez les Procaryotes

L'importante variation génétique observée au sein des populations procaryotes se reflète dans leurs nombreuses adaptations nutritionnelles. On peut classer les Procaryotes, comme tous les organismes, en fonction de leur mode de nutrition, c'est-à-dire de leur mode d'obtention de l'énergie et du carbone nécessaires à la constitution des molécules organiques qui composent les cellules. La diversité nutritionnelle est plus grande chez les Procaryotes que chez l'ensemble des Eucaryotes. En effet, tous les types de nutrition observés chez ces derniers existent chez les Procaryotes, qui présentent aussi des modes de nutrition qui leur sont propres.

Les espèces *phototrophes* utilisent la lumière comme source d'énergie, tandis que les *chimiotrophes* puisent leur énergie dans les substances chimiques de leur milieu. Les *autotrophes* sont des organismes dont la seule source de carbone est le CO_2, un composé inorganique. Les *hétérotrophes,* quant à eux, ont besoin d'au moins un nutriment organique, comme le glucose, pour synthétiser d'autres composés organiques. On peut combiner ces sources d'énergie et de carbone possibles pour classer les organismes procaryotes selon quatre grandes catégories résumées au **tableau 27.1**.

Le rôle du dioxygène dans le métabolisme

Le dioxygène (O_2) constitue une autre variable métabolique chez les organismes procaryotes. Les **aérobies stricts** utilisent l'O_2 pour leur respiration cellulaire (voir le chapitre 9); ils ne peuvent croître sans lui. Par contre, les **anaérobies stricts** ne survivent pas en présence d'O_2. Certains anaérobies stricts subsistent uniquement grâce à la fermentation; d'autres extraient l'énergie chimique au moyen de la **respiration cellulaire anaérobie**, un mécanisme par lequel des substances autres que l'O_2, comme les ions nitrate (NO_3^-) ou les ions sulfate (SO_4^{2-}), acceptent des électrons dans la phase «descendante» de la chaîne de transport d'électrons. Quant aux **anaérobies facultatifs**, ils utilisent l'O_2 s'ils en trouvent, mais peuvent aussi recourir à la fermentation dans un milieu anaérobie.

Le métabolisme de l'azote

Chez tous les organismes, l'azote est essentiel à la production des acides aminés et des acides nucléiques. Alors que les organismes eucaryotes ne peuvent utiliser que certains composés azotés, les Procaryotes peuvent métaboliser de très nombreuses formes d'azote. Par exemple, certaines Cyanobactéries et certaines Méthanobactéries (un groupe d'Archées) convertissent le diazote atmosphérique (N_2) en ammoniac (NH_3) par un processus appelé **fixation de l'azote**. Les cellules peuvent ensuite incorporer cet azote «fixé» à des acides aminés et à d'autres molécules organiques. Sur le plan nutritionnel, les Cyanobactéries fixatrices d'azote comptent parmi les organismes les plus autonomes. Elles n'ont besoin pour croître que d'énergie lumineuse, de CO_2, de N_2, d'eau et de quelques minéraux.

La fixation de l'azote par les Procaryotes a des effets importants sur d'autres organismes. Par exemple, les Procaryotes fixateurs d'azote peuvent accroître l'azote disponible pour les Végétaux. En effet, à défaut de pouvoir utiliser l'azote atmosphérique, les plantes peuvent consommer les composés azotés que produisent les Procaryotes à partir de l'ammoniac. Le chapitre 55 traite des rôles essentiels, dont celui-là, que jouent les Procaryotes dans les cycles de l'azote au sein des écosystèmes.

La coopération métabolique

Grâce à la coopération, les cellules procaryotes sont en mesure d'utiliser les ressources du milieu dont elles ne pourraient profiter individuellement. Dans certains cas, cette coopération a lieu entre des cellules spécialisées appartenant à une colonie. Ainsi, la Cyanobactérie *Anabaena* possède des gènes pour l'encodage des protéines nécessaires à la photosynthèse et à la fixation de l'azote, mais une même cellule ne peut accomplir les deux processus en même temps. En effet, la photosynthèse produit de l'O_2, lequel inactive les enzymes

Tableau 27.1 Les principaux modes de nutrition

Mode de nutrition	Source d'énergie	Source de carbone	Types d'organismes
AUTOTROPHE			
Photoautotrophe	Lumière	CO_2, HCO_3^- ou composé apparenté	Procaryotes photosynthétiques (les Cyanobactéries, par exemple); Végétaux; certains Protistes (des Algues, par exemple)
Chimioautotrophe	Substances chimiques inorganiques (H_2S, NH_3 ou Fe^{2+})	CO_2, HCO_3^- ou composé apparenté	Certains Procaryotes (*Sulfolobus*, par exemple)
HÉTÉROTROPHE			
Photohétérotrophe	Lumière	Composés organiques	Certains Procaryotes aquatiques halophiles (*Rhodobacter, Chloroflexus,* par exemple)
Chimiohétérotrophe	Composés organiques	Composés organiques	De nombreux organismes procaryotes (*Clostridium,* par exemple) et de nombreux Protistes, ainsi que les Eumycètes, les Animaux et certains Végétaux

qui participent à la fixation de l'azote. Au lieu de vivre isolée, *Anabaena* forme des colonies filamenteuses (**figure 27.14**). Dans un filament, la plupart des cellules n'effectuent que la photosynthèse et seules quelques cellules spécialisées, appelées **hétérocystes**, fixent l'azote. Chaque hétérocyste est entourée d'une paroi épaissie qui restreint l'entrée de l'O_2 produit par les cellules photosynthétiques voisines. Les liaisons intercellulaires leur permettent de transporter l'azote fixé jusqu'aux cellules adjacentes, en échange de glucides qu'elles ne peuvent fabriquer.

La coopération métabolique entre différentes espèces procaryotes a souvent lieu dans des colonies formant un film qui se dépose sur une surface. Ces colonies sont appelées **biofilms**, ou films biologiques. Les cellules qui en font partie sécrètent des molécules de signalisation qui attirent les cellules se trouvant à proximité, de sorte que les colonies s'agrandissent progressivement. Les cellules produisent aussi des polysaccharides et des protéines qui les font adhérer au substrat et les unes aux autres. Le biofilm comporte des canaux qui permettent aux nutriments d'atteindre les cellules intérieures et aux déchets d'être expulsés. Les biofilms sont courants dans la nature, mais ils peuvent être sources de problèmes lorsqu'ils contaminent des produits industriels et de l'équipement médical, ou qu'ils contribuent à la carie dentaire et à d'autres problèmes de santé plus graves. En gros, les dommages que causent les biofilms entraînent des coûts annuels de plusieurs milliards de dollars.

Des Procaryotes appartenant à différentes espèces ont aussi recours à la coopération. Par exemple, des Bactéries et des Archées qui absorbent respectivement du sulfate et du méthane coexistent sur le plancher océanique sous forme d'agrégats sphériques. Les Bactéries semblent utiliser les déchets des Archées, notamment des composés organiques et de l'hydrogène. En retour, elles produisent des composés du soufre que les Archées utilisent comme oxydants lorsqu'elles métabolisent du méthane en l'absence de dioxygène. Ce partenariat a des répercussions à l'échelle planétaire: chaque année, ces Archées utilisent une quantité de méthane, un gaz qui contribue fortement à l'effet de serre, estimée à 300 milliards de kilogrammes (voir le chapitre 55).

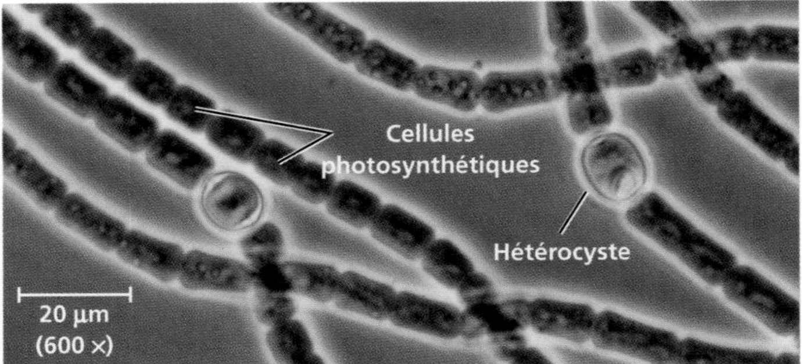

▲ **Figure 27.14 La coopération métabolique dans une colonie procaryote.** Chez la Cyanobactérie filamenteuse *Anabaena*, des cellules appelées hétérocystes fixent l'azote, tandis que les autres accomplissent la photosynthèse (MP). *Anabaena* vit dans de nombreux lacs d'eau douce.

RETOUR SUR LE CONCEPT **27.3**

1. Expliquez les différences entre les quatre principaux modes de nutrition et indiquez quels sont ceux qui sont exclusifs aux Procaryotes.
2. Une bactérie qui vit dans des cavernes privées de lumière n'a besoin que d'un acide aminé, la méthionine, comme nutriment organique. Quel est son mode de nutrition? Expliquez votre réponse.
3. **ET SI?** Décrivez ce que vous mangeriez comme repas si les humains, comme les Cyanobactéries, pouvaient fixer l'azote.

Voir les réponses proposées à la fin du chapitre.

CONCEPT **27.4**

La systématique moléculaire fait la lumière sur la phylogenèse des Procaryotes

Jusqu'à la fin du 20e siècle, la taxinomie des Procaryotes reposait sur des caractères phénotypiques tels que la forme, la motilité, le mode de nutrition et la réaction à la coloration de Gram. Ces critères demeurent utiles dans certains contextes, notamment pour l'identification rapide des bactéries pathogènes cultivées à partir du sang d'un patient. Mais en ce qui concerne la phylogenèse des Procaryotes, la comparaison de ces caractéristiques est assez peu révélatrice. L'application de la systématique moléculaire aux recherches sur la phylogenèse de ces organismes a toutefois donné des résultats remarquables.

Les leçons tirées de la systématique moléculaire

Comme l'explique le chapitre 26, les microbiologistes ont commencé à comparer les séquences des gènes des Procaryotes dans les années 1970. Après avoir utilisé l'ARN de la plus petite sous-unité ribosomique comme marqueur des liens de l'évolution, Carl Woese et ses collègues ont conclu que de nombreux Procaryotes auparavant classés parmi les Bactéries étaient en réalité davantage apparentés aux Eucaryotes et appartenaient à un domaine distinct, celui des Archées. Depuis, grâce à l'analyse d'un nombre considérable de données génétiques, dont des génomes entiers, les microbiologistes ont découvert que quelques groupes taxinomiques traditionnels, comme les Cyanobactéries, semblent être de type monophylétique. Toutefois, d'autres groupes, par exemple les Bactéries à Gram négatif, sont répartis entre plusieurs lignées. La **figure 27.15** représente une hypothèse phylogénétique portant sur quelques-uns des principaux groupes de Procaryotes, selon la systématique moléculaire.

La diversité génétique des Procaryotes est immense; c'est la première leçon que l'on doit tirer des travaux sur la phylogenèse de ces organismes. Lorsqu'ils ont commencé à effectuer le séquençage des gènes des Procaryotes, les chercheurs devaient se contenter d'étudier seulement une petite fraction

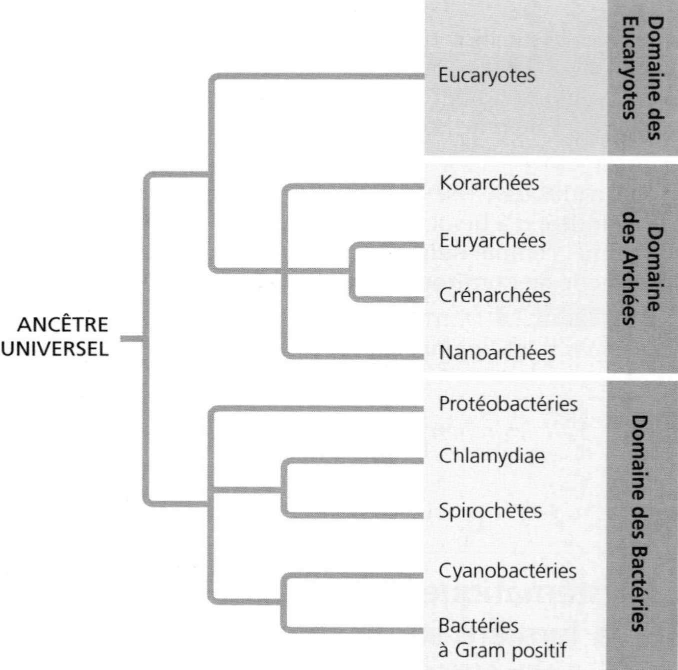

▲ **Figure 27.15 L'arbre phylogénétique simplifié des Procaryotes.** Cet arbre phylogénétique fondé sur la systématique moléculaire présente l'une des hypothèses formulées à l'égard des liens entre les principaux groupes de Procaryotes dont il est question dans le présent chapitre. La place des Korarchées et des Nanoarchées au sein des Archées reste à clarifier.

des espèces qu'ils pouvaient cultiver en laboratoire. Dans les années 1980, on a commencé à utiliser l'amplification en chaîne par polymérase (ACP; voir le chapitre 20) pour analyser les gènes de procaryotes obtenus directement de l'environnement (par exemple d'échantillons de sol ou d'eau). Aujourd'hui, il est fréquent de recourir à ce type de «prospection génétique»; en fait, la *métagénomique* (voir le chapitre 21) permet aujourd'hui d'obtenir le génome complet de procaryotes à partir d'échantillons prélevés dans l'environnement. Ces techniques permettent d'ajouter chaque année de nouvelles branches à l'arbre de la vie. À ce jour, seulement 7 800 espèces de Procaryotes ont reçu un nom scientifique; or, selon certaines estimations, une seule poignée de sol fertile pourrait contenir 10 000 espèces de ces organismes. L'inventaire complet de cette diversité nécessitera encore de nombreuses années de recherche.

La seconde leçon à tirer de la systématique moléculaire est l'importance manifeste qu'a eue le transfert horizontal de gènes dans l'évolution des Procaryotes. Pendant des centaines de millions d'années, ces organismes ont acquis des gènes provenant d'espèces sans lien de parenté directe avec eux et ces transferts se poursuivent encore aujourd'hui. Par conséquent, d'importantes parties du génome de nombreux Procaryotes constituent en fait des mosaïques de gènes importés d'autres espèces. Comme nous l'avons vu au chapitre 26, ces transferts horizontaux compliquent l'identification de la racine de l'arbre de la vie. Il est clair, néanmoins, que les Procaryotes ont évolué pendant des milliards d'années en deux lignées distinctes, les Bactéries et les Archées (voir la figure 27.15).

Les Archées

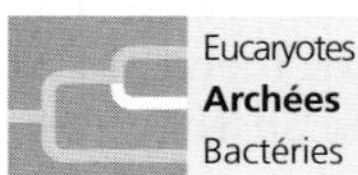

Les Archées ont certains points en commun avec les Bactéries, et d'autres, avec les Eucaryotes (**tableau 27.2**). Elles n'en possèdent pas moins de nombreuses caractéristiques exclusives, comme on peut s'y attendre d'un groupe d'organismes qui a suivi si longtemps une évolution distincte. Les Archées se distinguent des Bactéries notamment par l'absence d'espèces pathogènes pour les humains ou même pour les animaux.

Les premiers Procaryotes classés dans le domaine des Archées appartiennent à des espèces qui vivent là où peu d'autres organismes réussissent à survivre. Ces organismes portent le nom d'**extrêmophiles** (du grec *philos*, «ami»), ce qui signifie qu'ils sont des «adeptes» des milieux extrêmes. Les extrêmophiles comprennent les halophiles extrêmes et les thermophiles extrêmes.

Les **halophiles extrêmes** (du grec *halo*, «sel») vivent dans des milieux très salés, comme le Grand Lac Salé (au nord de l'Utah, aux États-Unis; voir la figure 27.1) et la mer Morte, en Israël. Certaines espèces ne font que tolérer la salinité, tandis que d'autres ont besoin d'un environnement passablement plus salé que l'eau de mer (dont la salinité est

Tableau 27.2 Comparaison des trois domaines du vivant

CARACTÉRISTIQUES	DOMAINES		
	Bactéries	**Archées**	**Eucaryotes**
Enveloppe nucléaire	Absente	Absente	Présente
Organites membraneux	Absents	Absents	Présents
Peptidoglycane dans la paroi cellulaire	Présent	Absent	Absent
Lipides membranaires	Chaînes carbonées linéaires	Quelques chaînes carbonées ramifiées	Chaînes carbonées linéaires
ARN polymérase	Un type	Plusieurs types	Plusieurs types
Premier acide aminé dans la synthèse des protéines	Formyl-méthionine	Méthionine	Méthionine
Introns dans les gènes	Très rares	Présents dans certains gènes	Présents dans de nombreux gènes
Réaction à la streptomycine et au chloramphénicol (antibiotiques)	Inhibition de la croissance	Aucune inhibition de la croissance	Aucune inhibition de la croissance
Histones associées à l'ADN	Absentes	Présentes dans certaines espèces	Présentes
Chromosome en forme d'anneau	Présent	Présent	Absent
Capacité de croître à des températures supérieures à 100 °C	Non	Oui, chez certaines espèces	Non

de 3,5 %). Par exemple, les protéines et la paroi cellulaire d'*Halobacterium* présentent des caractéristiques singulières qui améliorent son fonctionnement dans les environnements extrêmement salés, mais compromettent sa survie lorsque le taux de salinité est inférieur à 9 %.

Les **thermophiles extrêmes** (du grec *thermos*, « chaud ») prospèrent dans des milieux très chauds (**figure 27.16**). *Sulfolobus*, par exemple, habite des sources volcaniques sulfureuses à des températures qui peuvent atteindre 90 °C. De telles températures tuent les cellules de la plupart des organismes, notamment parce que leur ADN ne garde pas la forme d'une double hélice et que leurs protéines se dénaturent. *Sulfolobus* et d'autres thermophiles extrêmes ne connaissent pas ce sort parce que leur ADN et leurs protéines présentent des adaptations qui assurent leur stabilité à haute température. L'un d'eux, que les scientifiques appellent simplement *strain 121* en raison de sa capacité à se reproduire même à des températures allant jusqu'à 121 °C, vit près des cheminées hydrothermales situées en eau profonde. Un autre, *Pyrococcus furiosus*, est utilisé en biotechnologie comme source d'ADN polymérase pour la technique de l'amplification en chaîne par polymérase (ACP) (voir le chapitre 20).

D'autres espèces d'Archées vivent dans des environnements moins extrêmes. C'est le cas des **méthanogènes**, des Archées qui utilisent le CO_2 pour oxyder le H_2 et qui rejettent du méthane comme sous-produit du mécanisme très particulier par lequel elles obtiennent l'énergie nécessaire à leurs besoins. Les Archées méthanogènes comptent parmi les anaérobies les plus stricts ; le dioxygène les empoisonne. Certaines espèces vivent dans des environnements extrêmes, par exemple sous des kilomètres de glace au Groenland. D'autres sont présentes dans les marécages et les marais, un milieu dépourvu de dioxygène par suite de sa consommation par d'autres microorganismes. Le méthane formant des bulles à la surface de ces lieux était autrefois appelé gaz des marais.

▲ **Figure 27.16 Des thermophiles extrêmes.** Des colonies de Procaryotes thermophiles de couleur jaune et orange prolifèrent dans l'eau chaude d'un geyser, au Nevada (sud-ouest des États-Unis).

FAITES DES LIENS *Relisez l'exposé sur les enzymes que présente le concept 8.4 (pages 173 et 174). Qu'est-ce qui distingue les enzymes des thermophiles de ceux des autres organismes ?*

D'autres espèces habitent dans l'intestin des bovins, des termites et d'autres herbivores. Dans cet environnement anaérobie, elles jouent un rôle essentiel pour la nutrition de ces animaux. Les Archées méthanogènes sont par ailleurs des décomposeurs importants qu'on utilise dans le traitement des eaux usées.

De nombreux halophiles extrêmes et toutes les Archées méthanogènes font partie du clade des Euryarchées (du grec *eury* « large », pour souligner la diversité et la multitude d'habitats de ces Procaryotes). Ce groupe comprend aussi quelques Archées thermophiles extrêmes. Cependant, la plupart des espèces thermophiles appartiennent à un autre clade, celui des Crénarchées (du grec *cren*, « source », en référence aux sources hydrothermales). La prospection génétique a permis d'établir récemment que de nombreuses espèces d'Euryarchées et de Crénarchées ne sont pas extrêmophiles. Ces espèces occupent divers habitats, allant des terres agricoles aux sédiments lacustres, en passant par les eaux de surface de l'océan.

L'actualisation de la phylogenèse des Archées se poursuit grâce à de nouvelles découvertes. En 1996, des chercheurs qui prélevaient des échantillons dans une source thermale du Yellowstone National Park (nord-ouest des États-Unis) ont découvert des Archées qui ne semblent appartenir ni aux Euryarchées ni aux Crénarchées. Ils ont placé ces organismes dans un nouveau clade, celui des Korarchées (du grec *koron*, « jeune homme »). En 2002, des chercheurs qui exploraient des cheminées hydrothermales sous-marines au large des côtes de l'Islande ont trouvé des cellules archéobactériennes mesurant seulement 0,4 µm de diamètre et qui étaient fixées à une Crénarchée beaucoup plus grosse. Le génome de cette Archée minuscule est l'un des plus petits de tous les organismes connus : il ne contient que 500 000 paires de bases. L'analyse génétique indique que ce Procaryote appartient à un quatrième clade d'Archées, celui des Nanoarchées (du grec *nanos*, « nain »). Dans l'année qui a suivi la création de ce nouveau clade, on a isolé trois autres séquences d'ADN appartenant à différentes espèces de Nanoarchées : la première provient des sources thermales de Yellowstone, la deuxième de sources thermales situées en Sibérie et la troisième d'une source hydrothermale sous-marine du Pacifique. La poursuite de cette prospection conduira sans doute à de nouvelles modifications de l'arbre de la figure 27.15.

Les Bactéries

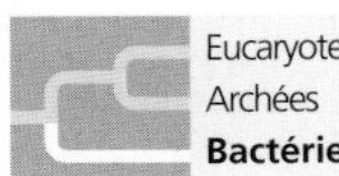

La grande majorité des espèces procaryotes connues de la plupart des gens sont des Bactéries qui appartiennent tant aux espèces pathogènes causant l'angine streptococcique et la tuberculose qu'aux espèces utiles servant à la fabrication du fromage et du yogourt. Les Bactéries font appel aux différents modes de nutrition et, même dans un petit groupe taxinomique, toutes les espèces ne présentent pas nécessairement le même mode nutritionnel. Comme nous le verrons, les capacités nutritionnelles et métaboliques des Bactéries (et des Archées) expliquent les effets considérables qu'elles ont sur la Terre et sur le vivant. Pour en apprendre davantage sur les principaux groupes de Bactéries, consultez la **figure 27.17**, aux pages 656 et 657.

▼ **Figure 27.17**

PANORAMA Les principaux groupes de Bactéries

Les Protéobactéries

Ce clade vaste et diversifié de Bactéries à Gram négatif comprend des photoautotrophes, des chimioautotrophes et des hétérotrophes. Certaines Protéobactéries sont anaérobies et d'autres, aérobies. Les spécialistes de la systématique moléculaire distinguent cinq sous-groupes de Protéobactéries; l'arbre phylogénétique ci-contre montre leurs liens de parenté, selon ce qu'en révèlent les données moléculaires.

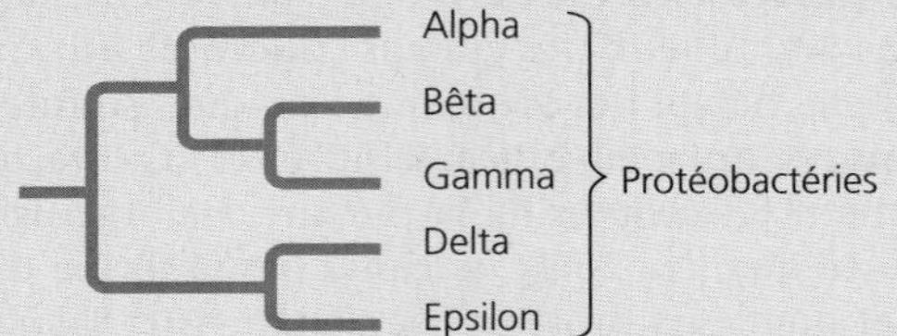

Sous-groupe: les Protéobactéries alpha (α)

De nombreuses espèces de Protéobactéries α sont étroitement associées à des hôtes eucaryotes. Ainsi, les espèces du genre *Rhizobium* vivent dans des nodosités, à l'intérieur des racines des Légumineuses (famille du haricot, du trèfle, de la luzerne, etc.). Elles y convertissent le N_2 atmosphérique en composés que la plante hôte peut utiliser pour synthétiser des protéines. Les espèces du genre *Agrobacterium* sont des agents pathogènes qui provoquent la formation de tumeurs chez les Végétaux. En génie génétique, on utilise ces bactéries pour incorporer un ADN étranger dans le génome de plantes cultivées (voir la figure 20.26, p. 487). Des scientifiques pensent que les mitochondries se sont développées par endosymbiose à partir de Protéobactéries α aérobies (voir le chapitre 25).

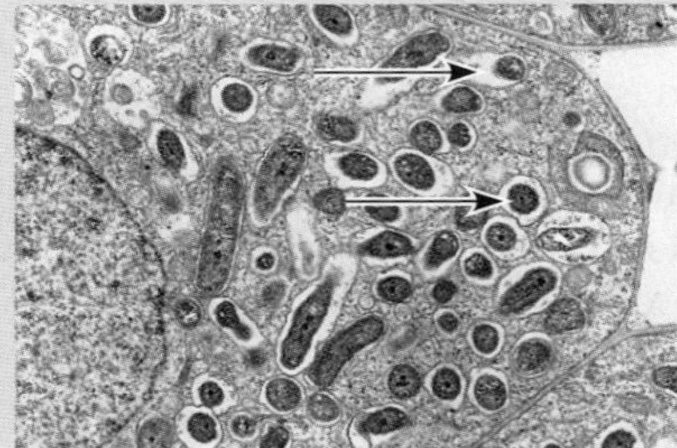

Rhizobium. Les flèches montrent la bactérie sise à l'intérieur des cellules de la racine d'une Légumineuse (MET).

Sous-groupe: les Protéobactéries bêta (β)

Diversifié sur le plan nutritionnel, le groupe des Protéobactéries ß comprend *Nitrosomonas*, une bactérie qui vit dans le sol et joue un rôle important dans le recyclage de l'azote dans les écosystèmes. En effet, *Nitrosomonas* oxyde l'ammonium (NH_4^+) ou l'ammoniac (NH_3) et libère du nitrite (NO_2^-) comme sous-produit.

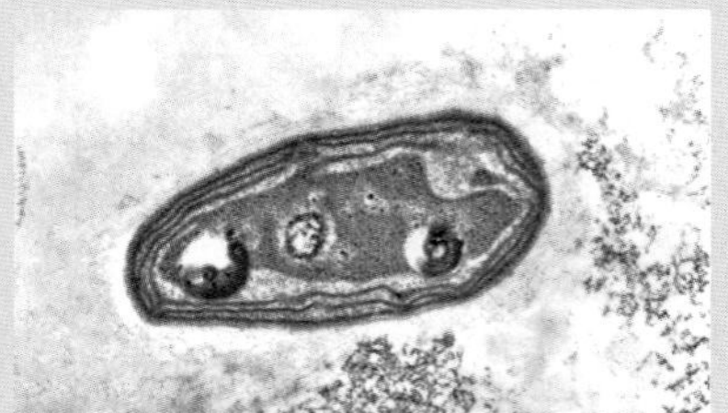

Nitrosomonas (MET, cliché coloré artificiellement).

Sous-groupe: les Protéobactéries gamma (γ)

C'est le groupe de Protéobactéries le plus vaste et le plus diversifié. Parmi les membres autotrophes, on trouve des bactéries sulfureuses comme *Thiomargarita namibiensis* (voir la page 645). Cette bactérie obtient de l'énergie en oxydant la molécule de H_2S, ce qui produit des résidus de soufre (les petits globules apparaissant dans la micrographie ci-contre). Les Protéobactéries hétérotrophes γ comptent quelques agents pathogènes, notamment *Legionella*, ainsi baptisée parce qu'elle cause la maladie du légionnaire, de même que *Salmonella*, parfois à l'origine d'intoxications alimentaires, et *Vibrio cholerae*, qui cause le choléra. *Escherichia coli*, un résident de l'intestin des humains et d'autres Mammifères, n'est généralement pas pathogène.

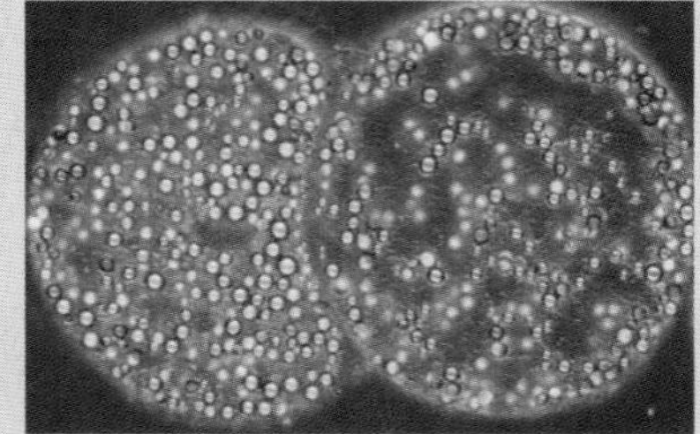

Thiomargarita namibiensis contient des résidus de soufre (MP).

Sous-groupe: les Protéobactéries delta (δ)

Parmi les Protéobactéries δ se trouve le groupe des Myxobactéries, qui sécrètent un substrat gluant. Quand le sol s'assèche ou que la nourriture se fait rare, les cellules s'agglutinent et forment une «fructification» bulbeuse qui libère des «myxospores» résistantes. Ces bactéries fondent de nouvelles colonies dans des milieux favorables. Les Protéobactéries δ incluent également le groupe des Bdellovibrionacées, qui sont des prédateurs d'autres bactéries. *Bdellovibrio* poursuit sa proie à la vitesse de 100 µm/s (ce qui équivaut à 240 km/h pour un humain). L'attaque débute lorsqu'une *Bdellovibrio* s'attache à des molécules spécifiques sur la paroi externe d'autres espèces bactériennes. Le prédateur se transforme ensuite en perceuse, perforant sa proie à la vitesse de 100 t/s (tours/seconde).

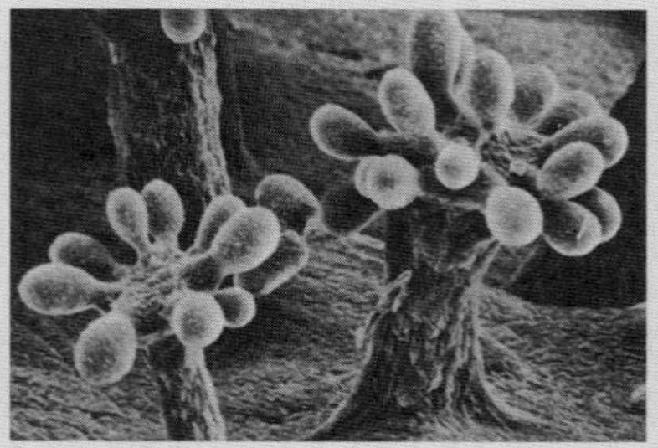

Fructifications de la Myxobactérie *Chondromyces crocatus* (MEB).

Sous-groupe: les Protéobactéries epsilon (ϵ)

La plupart des espèces de ce sous-groupe sont pathogènes pour les humains et d'autres Animaux. Les Protéobactéries ϵ comprennent notamment *Campylobacter jejuni*, qui cause la septicémie et des troubles inflammatoires de la paroi intestinale, et *Helicobacter pylori*, qui provoque des ulcères gastriques et duodénaux (dont la cause principale était, il n'y a pas si longtemps, attribuée au stress).

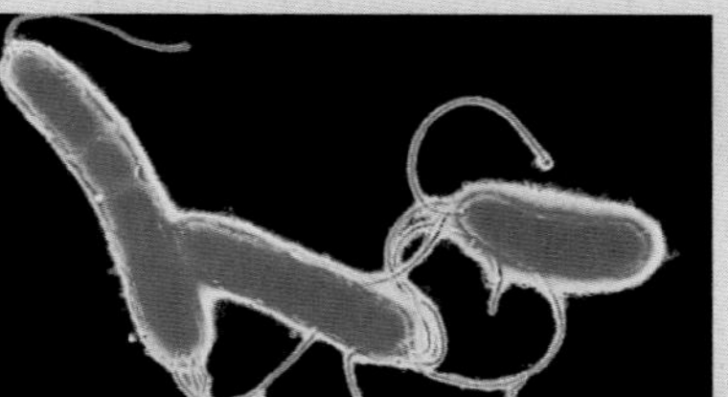

Helicobacter pylori (MET, cliché coloré artificiellement).

Les Chlamydiae

Les Chlamydiae sont des parasites incapables de survivre à l'extérieur des cellules animales; elles soutirent à leur hôte des ressources aussi fondamentales que l'ATP. La paroi à Gram négatif des Chlamydiae se distingue par le fait qu'elle ne contient pas de peptidoglycane. L'espèce *Chlamydia trachomatis* est la cause la plus répandue de cécité dans le monde. Elle cause aussi l'urétrite non gonococcique, l'infection transmissible sexuellement (ITS) la plus fréquente en Amérique du Nord.

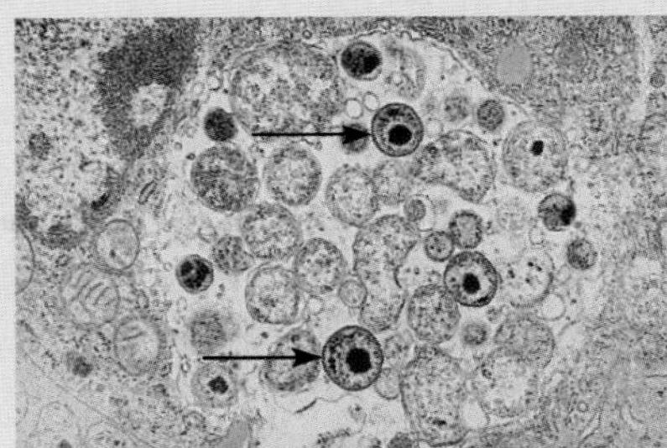

Chlamydia trachomatis (désignée par les flèches) vivant dans une cellule animale (MET, cliché coloré artificiellement).

Les Spirochètes

Les Spirochètes sont des hétérotrophes de forme hélicoïdale qui se déplacent en décrivant une spirale au moyen de filaments internes pivotants, semblables à des flagelles. De nombreux Spirochètes sont autonomes, mais certains sont des parasites pathogènes notoires. Ainsi, *Treponema pallidum* cause la syphilis et *Borrelia burgdorferi*, la maladie de Lyme, ou borréliose (voir la figure 27.20).

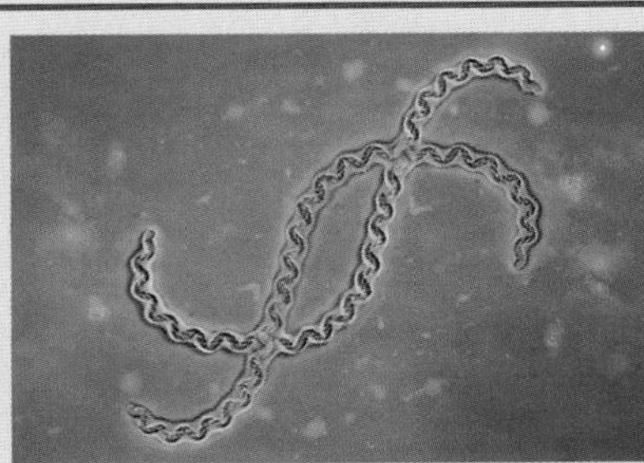

Spirochète *Leptospira* (MET, cliché coloré artificiellement).

Les Cyanobactéries

Photoautotrophes, les Cyanobactéries sont les seuls Procaryotes capables de photosynthèse productrice de dioxygène. (En fait, comme nous le verrons au chapitre 28, les chloroplastes sont probablement issus d'une Cyanobactérie endosymbiotique.) Les Cyanobactéries solitaires et filamenteuses sont présentes en abondance dans le phytoplancton dulcicole et marin, ces colonies d'organismes photosynthétiques qui dérivent près de la surface de l'eau. Certains filaments comprennent des cellules spécialisées dans la fixation du diazote, processus métabolique qui convertit le N_2 atmosphérique en composés inorganiques pouvant servir à synthétiser les acides aminés et d'autres molécules organiques (voir la figure 27.14).

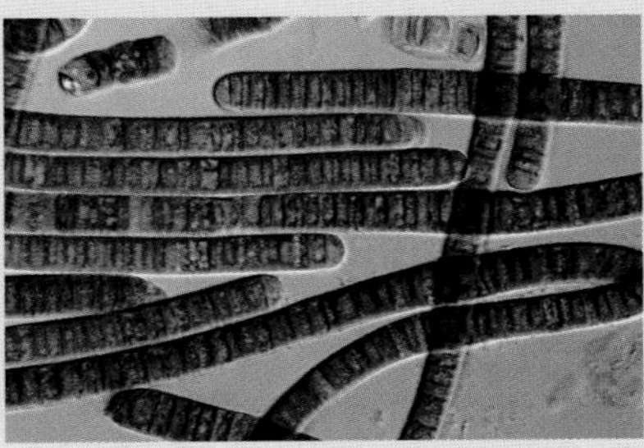

Oscillatoria, une Cyanobactérie filamenteuse.

Les Bactéries à Gram positif

Les Bactéries à Gram positif rivalisent avec les Protéobactéries pour ce qui est de la diversité. Un sous-groupe des Bactéries à Gram positif, les Actinobactéries (autrefois Actinomycètes), forment des colonies ramifiées (le suffixe *mycète* vient rappeler que ces bactéries étaient autrefois confondues avec les Eumycètes). Deux espèces faisant partie du groupe des Actinobactéries causent la tuberculose et la lèpre. Cependant, la plupart des Actinobactéries sont autonomes et participent à la décomposition des débris organiques dans le sol. Leurs sécrétions sont en partie à l'origine de l'odeur « terreuse » caractéristique des sols riches. Les sociétés pharmaceutiques cultivent les espèces vivant dans le sol du genre *Streptomyces* pour produire de nombreux antibiotiques, notamment la streptomycine.

Les Bactéries à Gram positif comprennent diverses espèces solitaires, telles que *Bacillus anthracis* (voir la figure 27.9) qui cause la maladie du charbon. Font également partie de ce groupe *Clostridium botulinum*, qui cause le botulisme, et *C. difficile*, à l'origine du décès de plusieurs centaines de patients dans les hôpitaux depuis 2003. Les diverses espèces de *Staphylococcus* et de *Streptococcus* font aussi partie des Bactéries à Gram positif (la bactérie « mangeuse de chair » appartient à l'espèce *Steptococcus pyogenes*).

Les Mycoplasmes (photo du bas) sont les seules bactéries dépourvues de paroi cellulaire. Ce sont aussi, après les Nanobactéries, les plus petites cellules connues. Avec un diamètre de 0,1 µm, elles sont seulement cinq fois plus grosses qu'un ribosome. Les Mycoplasmes ont un petit génome : ainsi, *Mycoplasma genitalium* ne possède que 517 gènes. Bon nombre de Mycoplasmes sont des bactéries autonomes qui vivent dans le sol, mais certains sont pathogènes.

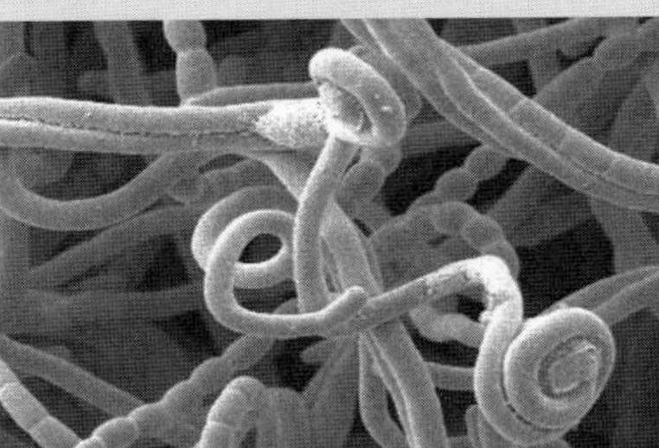

Streptomyces, source de nombreux antibiotiques (MEB).

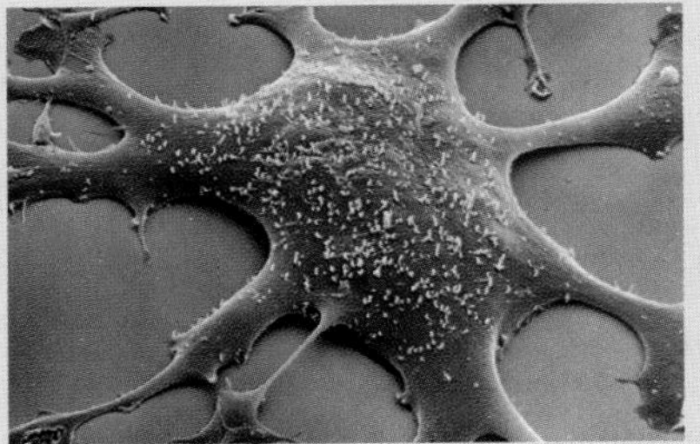

Des centaines de Mycoplasmes recouvrent ce fibroblaste humain (MEB, cliché coloré artificiellement).

RETOUR SUR LE CONCEPT 27.4

1. Expliquez pourquoi la systématique moléculaire a contribué à améliorer notre compréhension de la phylogenèse des Procaryotes.
2. De quelle façon la prospection génétique a-t-elle amélioré notre compréhension de la phylogenèse des Procaryotes et de leur diversité ?
3. **ET SI ?** Qu'est-ce que la découverte d'une espèce bactérienne méthanogène laisserait entrevoir quant à l'évolution de la voie métabolique productrice de méthane ?

Voir les réponses proposées à la fin du chapitre.

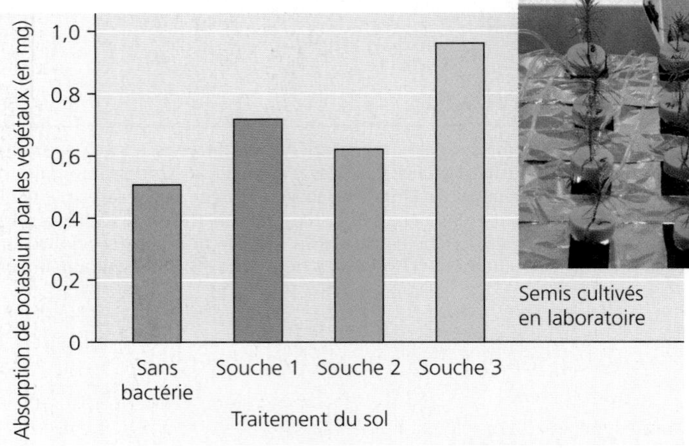

▲ **Figure 27.18 L'effet des bactéries sur l'apport nutritif des sols.** Les semis de pins cultivés dans des sols stériles auxquels on a ajouté l'une ou l'autre des trois souches de *Burkholderia glathei* ont absorbé plus de potassium (K) que les semis cultivés dans un sol dépourvu de bactéries. D'autres résultats (non présentés ici) montrent que la souche 3 accroît la libération de potassium provenant des minéraux du sol.

ET SI ? *Estimez la quantité moyenne de potassium absorbé par les semis dans les sols enrichis de bactéries. Selon vous, à quoi ressembleraient ces moyennes si les bactéries n'avaient aucun effet sur l'apport nutritif ?*

CONCEPT 27.5

Les Procaryotes remplissent des fonctions essentielles dans la biosphère

Si, dès demain, les humains disparaissaient de la planète, la vie sur Terre serait différente pour de nombreuses espèces, mais peu d'entre elles disparaîtraient. Les Procaryotes, par contre, sont si indispensables à la biosphère que leur disparition ne laisserait à toutes les autres formes de vie qu'une bien faible chance de survie.

Le recyclage des éléments chimiques

Les atomes qui constituent les molécules organiques présentes dans tous les organismes vivants faisaient autrefois partie des composés inorganiques du sol, de l'air et de l'eau. Ils finissent d'ailleurs par en refaire partie. Les écosystèmes dépendent de la circulation continuelle des éléments chimiques entre les composantes vivantes et non vivantes de l'environnement, et les Procaryotes jouent un rôle essentiel dans ce processus. Ainsi, les Procaryotes chimiohétérotrophes agissent à titre de **décomposeurs**, c'est-à-dire qu'ils dégradent les organismes morts et les déchets, libérant du même coup des réserves de carbone, d'azote et d'autres éléments. Sans l'action des Procaryotes et d'autres décomposeurs comme les Eumycètes, toute vie terrestre cesserait. (Voir le chapitre 55, qui traite en détail des cycles des éléments chimiques.)

Les Procaryotes transforment également les molécules, ce qui les rend assimilables par d'autres organismes. Les Cyanobactéries et d'autres Procaryotes autotrophes utilisent du CO_2 pour produire des composés organiques, comme le glucose, qui circulent ensuite jusqu'aux niveaux les plus élevés des chaînes alimentaires. Quant aux Cyanobactéries, elles produisent de l'O_2 atmosphérique, et divers Procaryotes fixent le diazote (N_2) sous des formes que d'autres organismes peuvent utiliser pour fabriquer des protéines et des acides nucléiques. En outre, dans certaines conditions, les Procaryotes peuvent accroître la disponibilité des nutriments essentiels à la croissance des plantes, comme l'azote, le phosphore et le potassium (**figure 27.18**). Les Procaryotes peuvent aussi *réduire* l'apport nutritif d'éléments importants en « immobilisant » les nutriments qu'ils utilisent pour synthétiser les molécules constitutives et fonctionnelles de leurs cellules. Les Procaryotes ont donc des effets complexes sur la concentration des nutriments présents dans le sol. Une étude réalisée en 2005 a révélé que, dans les environnements marins, une Archée du clade des Crénarchées est capable de nitrification, une étape importante du cycle de l'azote (voir la figure 55.14, p. 1416). Les populations de Crénarchées surpassent toutes les autres dans les océans, qui selon les estimations compteraient 10^{28} Crénarchées. L'abondance prodigieuse de ces organismes donne à penser qu'ils jouent un rôle important dans le cycle de l'azote ; les scientifiques explorent cette possibilité.

Les interactions écologiques

Les Procaryotes jouent un rôle crucial dans de nombreuses interactions écologiques.

Prenons l'exemple de la **symbiose**, qui désigne les relations écologiques qu'entretiennent des organismes d'espèces différentes vivant en contact direct. Ce terme a été forgé à partir des mots *sun*, « avec », et *bios*, « vie », ce qui signifie « vie avec » ou « vie commune »). Les Procaryotes forment souvent des associations symbiotiques avec des organismes beaucoup plus gros qu'eux. En général, le plus gros des deux organismes constitue l'**hôte** et le plus petit se nomme **symbionte** (ou *symbiote*). Il existe de nombreux cas de **mutualisme**, dans lequel un Procaryote et son hôte entretiennent une relation écologique qui profite aux deux espèces (**figure 27.19**). D'autres interactions prennent la forme du **commensalisme**, c'est-à-dire d'une relation qui procure des avantages à une seule des deux espèces, sans toutefois nuire à l'autre ni l'aider de manière marquée. Par exemple, plus de 150 espèces de bactéries vivent sur le corps humain et recouvrent des portions

▲ **Figure 27.19 Un cas de mutualisme: des «phares» bactériens.** L'ovale lumineux situé sous l'œil de ce poisson des grands fonds, *Photoblepharon palpebratus*, est un organe qui contient des bactéries symbiotiques bioluminescentes. Le poisson se sert de ses «phares» pour attirer des proies et signaler sa présence à d'éventuels partenaires. La bactérie reçoit des nutriments du poisson.

de la peau à raison de 10 millions de cellules par centimètre carré. Certaines de ces espèces sont commensales: elles se nourrissent du sébum sécrété par nos glandes sébacées et elles vivent sur notre peau sans causer de torts ou de bienfaits particuliers. Enfin, certains Procaryotes se livrent au **parasitisme**, une relation écologique dans laquelle un **parasite** mange le contenu des cellules, les tissus ou les liquides organiques de son hôte; en groupe, les parasites nuisent à leur hôte sans le tuer, du moins pas sur-le-champ (comme le ferait un prédateur). Les parasites qui causent des maladies sont des **pathogènes** et nombre d'entre eux sont des Procaryotes. (Le chapitre 54 traite plus en détail du mutualisme, du commensalisme et du parasitisme.)

L'existence même d'un écosystème dépend des Procaryotes. La grande diversité écologique qu'abritent les cheminées hydrothermales constitue un bon exemple de leur contribution essentielle. Ces communautés sont densément peuplées de toutes sortes d'Animaux dont des vers, des myes, des crabes et des poissons. Comme la lumière du soleil n'atteint pas le fond de l'océan, aucun organisme photosynthétique n'y vit. La communauté sous-marine tire donc son énergie de l'activité métabolique des Bactéries chimioautotrophes. Ces Bactéries produisent de l'énergie chimique à partir de composés comme l'hydrogène sulfuré (H_2S) que libèrent les cheminées hydrothermales. Quand elles sont actives, ces cheminées hébergent des centaines d'espèces de procaryotes, mais si elles devaient cesser de libérer des substances chimiques, les Bactéries chimioautotrophes ne pourraient survivre et la communauté environnante disparaîtrait.

RETOUR SUR LE CONCEPT 27.5

1. Même si, individuellement, les Procaryotes sont minuscules, ils ont collectivement des effets considérables sur la Terre et sur le vivant. Expliquez pourquoi il en est ainsi.

2. FAITES DES LIENS Révisez le principe de la photosynthèse, présenté à la figure 10.6 (p. 211), puis résumez les grandes étapes par lesquelles les Cyanobactéries produisent l'O_2 et utilisent le CO_2 pour engendrer des composés organiques.

Voir les réponses proposées à la fin du chapitre.

CONCEPT 27.6

Les Procaryotes ont sur les humains des effets tant défavorables que bénéfiques

Les Procaryotes les plus connus sont généralement les bactéries qui causent des maladies chez les humains. Pourtant, ces agents pathogènes ne représentent qu'une infime partie des espèces procaryotes. De nombreux autres Procaryotes entretiennent avec les humains des relations bénéfiques; ils constituent même des outils indispensables dans les domaines de l'agriculture et de l'industrie.

Les Bactéries mutualistes

Comme chez beaucoup d'Eucaryotes, le bien-être des humains dépend des Procaryotes mutualistes. Ainsi, on estime que l'intestin des humains contient de 500 à 1 000 espèces de Bactéries dont les cellules sont au moins 10 fois plus nombreuses que la totalité des cellules du corps humain. Toutes les régions de l'intestin n'abritent pas les mêmes espèces, qui se distinguent selon leur aptitude à métaboliser différents aliments. Bon nombre de ces espèces sont mutualistes: elles digèrent les aliments que notre intestin ne peut dégrader. En 2003, des scientifiques ont publié le premier génome complet de l'un de ces mutualistes intestinaux, *Bacteroides thetaiotaomicron*. Ce génome comprend un vaste ensemble de gènes qui participent à la synthèse des glucides, des vitamines et d'autres nutriments nécessaires aux humains. En outre, cette bactérie émet des signaux qui activent les gènes humains qui construisent le réseau de vaisseaux sanguins intestinaux par lesquels sont absorbés les nutriments. D'autres signaux déclenchent chez les cellules humaines la production de composés antimicrobiens auxquels *B. thetaiotaomicron* est insensible. Cette action peut réduire les populations d'autres espèces concurrentes, ce qui est avantageux à la fois pour *B. thetaiotaomicron* et pour son hôte humain.

Les Bactéries pathogènes

Tous les Procaryotes pathogènes que nous connaissons sont des Bactéries et ils ont à cet égard une mauvaise réputation bien méritée. Les Bactéries sont à l'origine d'environ la moitié des maladies qui affligent l'être humain. Quelque deux millions de personnes meurent chaque année de tuberculose, une maladie pulmonaire causée par le bacille *Mycobaterium tuberculosis*, et deux autres millions succombent à diverses affections diarrhéiques provoquées par différentes bactéries.

Certaines maladies bactériennes sont transmises par d'autres espèces, comme les puces ou les tiques. Aux États-Unis, la maladie transmise le plus fréquemment par des animaux est la maladie de Lyme (ou borréliose), qui contamine 15 000 à 20 000 personnes chaque année (**figure 27.20**). Causée par une bactérie transmise par des tiques qui vivent sur les cerfs et les mulots, la maladie de Lyme peut entraîner une arthrite invalidante, des affections cardiaques, des troubles nerveux et la mort, si elle n'est pas traitée.

Les Procaryotes pathogènes causent en général des maladies en produisant des poisons appelés exotoxines et endotoxines. Les **exotoxines** sont des protéines sécrétées par certaines bactéries et par d'autres organismes. Le choléra, une affection entérique dangereuse, est causé par une exotoxine produite par la Protéobactérie *Vibrio cholerae*. L'exotoxine agit sur les cellules intestinales, qui libèrent des ions chlorure dans l'intestin, où l'eau pénètre ensuite par osmose. C'est aussi le cas du botulisme, une maladie potentiellement mortelle, provoqué par la toxine botulinique. Cette exotoxine est sécrétée par *Clostridium botulinum*, une bactérie à Gram positif, qui fait fermenter divers aliments, notamment la viande, les fruits de mer et les légumes mis en conserve de manière inadéquate. Comme d'autres exotoxines, la toxine botulinique peut rendre malade même en l'absence de la bactérie qui la produit. On rapporte un cas où huit personnes ont contracté le botulisme après avoir mangé du poisson salé qui contenait la toxine botulinique, mais qui était exempt de *C. botulinum*. Même si le poisson ne contenait plus la bactérie, celle-ci avait pu se multiplier et sécréter la toxine durant la préparation ou la conservation du poisson.

Les **endotoxines** sont des lipopolysaccharides qui entrent dans la constitution de la membrane externe de la paroi de certaines bactéries à Gram négatif. Contrairement aux exotoxines, elles ne sont libérées qu'au moment où la cellule meurt et où sa paroi se rompt. Parmi les bactéries produisant des endotoxines figurent celles du genre *Salmonella*, comme *Salmonella typhi*, qui cause la fièvre typhoïde. On entend souvent parler, par ailleurs, des intoxications alimentaires causées par d'autres espèces de *Salmonella* qui se trouvent fréquemment dans la volaille.

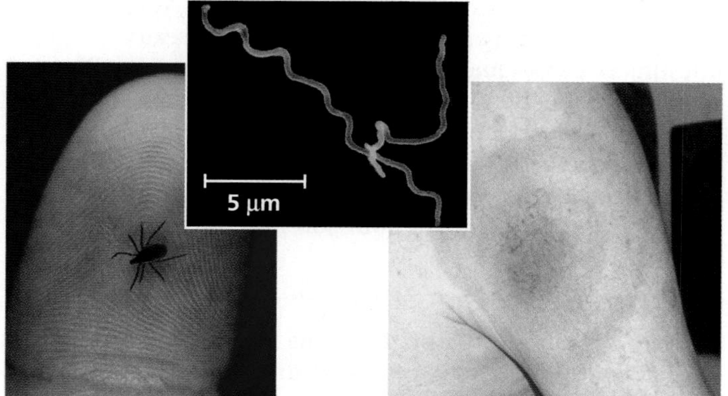

▲ **Figure 27.20 La maladie de Lyme.** Les tiques du genre *Ixodes* répandent la maladie en transmettant des Spirochètes du genre *Borrelia* (MEB, cliché coloré artificiellement). Une éruption cutanée apparaît généralement au siège de la piqûre de la tique ; l'éruption peut être plus ou moins étendue et de forme circulaire comme on le voit sur cette photo, ou beaucoup moins prononcée.

À partir du 19e siècle, l'amélioration des conditions sanitaires dans les pays industrialisés a grandement contribué à réduire la menace que représentent les bactéries pathogènes. De même, les antibiotiques ont sauvé un grand nombre de vies et réduit la fréquence des maladies. Toutefois, bien des souches bactériennes sont en train d'acquérir une résistance aux antibiotiques. Comme nous l'avons mentionné plus tôt, sous l'effet de la sélection naturelle, la reproduction rapide des bactéries permet aux cellules porteuses de gènes de résistance de se multiplier promptement, sans compter que ces gènes peuvent atteindre d'autres espèces par transfert horizontal.

Le transfert horizontal de gènes peut aussi répandre des gènes associés à la virulence, transformant ainsi des bactéries normalement inoffensives en agents pathogènes mortels. Par exemple, *E. coli* est un symbionte habituellement inoffensif hébergé dans l'intestin de l'humain, mais de nouvelles souches pathogènes de cette bactérie causent une diarrhée sanglante. L'une des souches les plus dangereuses, O157:H7, constitue une menace mondiale. Voici un aperçu de l'incidence annuelle de ces infections :

- En Amérique du Nord, plus de 115 000 cas (78 000 aux É.-U., 9 000 au Canada et 28 000 au Mexique) ;
- En Europe de l'Ouest, environ 60 000 cas ;
- En Afrique du Nord, environ 32 000 cas ;
- Au Brésil, plus de 49 000 cas ;
- En Chine, plus de 348 000 cas.

On peut remarquer qu'il existe un certain rapport entre le nombre d'infections et la population de ces zones et pays.

Souvent présente dans des produits du bœuf contaminés, la souche O157:H7 engendre des milliers d'intoxications alimentaires chaque année. En 2001, des scientifiques ont procédé au séquençage de son génome et l'ont comparé à celui d'une souche inoffensive d'*E. coli* appelée K-12. Ils ont découvert que 1 387 des 5 416 gènes de O157:H7 n'ont aucune contrepartie chez K-12. Nombre de ces 1 387 gènes sont situés dans des régions chromosomiques contenant de l'ADN de bactériophages. Ces observations donnent à penser qu'au moins quelques-uns de ces 1 387 gènes ont été incorporés au génome de O157:H7 par transfert horizontal de gènes, fort probablement sous l'action de bactériophages (par transduction). Des gènes présents uniquement chez *E. coli* O157:H7 sont associés à des facteurs de virulence ; certains de ces gènes codent pour les fimbriae, des structures grâce auxquelles la bactérie s'attache à la paroi intestinale et en extrait les nutriments.

L'utilisation de Procaryotes pathogènes comme armes du bioterrorisme constitue une menace potentielle. Des endospores de *Bacillus anthracis*, la bactérie qui cause le charbon, ont ainsi été envoyées par la poste en 2001. Des 18 personnes qui ont alors contracté la maladie, 5 en sont mortes. Ce type de menace a fortement activé les recherches sur les espèces procaryotes pathogènes dans l'espoir de mettre au point de nouveaux vaccins et antibiotiques.

L'utilisation des Procaryotes pour la recherche et la technologie

Pour continuer sur une note plus positive, mentionnons que les humains tirent de nombreux bienfaits des capacités métaboliques des Bactéries et des Archées. Par exemple, nous utilisons depuis longtemps les bactéries pour transformer le lait en fromage et en yogourt. Ces dernières années, les nouvelles connaissances acquises sur les Procaryotes ont conduit à une explosion de nouvelles applications en biotechnologie. L'utilisation d'*E. coli* pour le clonage moléculaire et de *Agrobacterium tumefaciens* pour la production de plantes transgéniques comme le riz doré en sont deux exemples (voir le chapitre 20).

Les bactéries pourraient bientôt trouver une niche de choix dans l'industrie des plastiques. À l'échelle mondiale, cette industrie produit annuellement quelque 150 millions de tonnes de plastique à partir du pétrole pour en faire des jouets, des contenants, des bouteilles de boisson gazeuse et une foule d'autres articles. Ces produits se dégradent lentement et causent des problèmes environnementaux. Or, des bactéries permettent maintenant de fabriquer des plastiques biologiques (**figure 27.21a**). Par exemple, certaines bactéries synthétisent un type de polymère appelé PHA (pour polyhydroxyalkanoate), qu'elles utilisent pour emmagasiner de l'énergie chimique. Il est possible d'extraire les PHA qu'elles produisent et d'en faire des pastilles destinées à la fabrication de plastiques durables et biodégradables.

Les Procaryotes sont en outre les principaux agents de la **biorestauration**, dans laquelle on se sert d'organismes pour éliminer les polluants du sol, de l'air ou de l'eau. Ainsi, des Bactéries anaérobies et des Archées décomposent la matière organique contenue dans les eaux usées et la convertissent en une substance qui, une fois stérilisée chimiquement, peut servir de matériau de remblai ou d'engrais. D'autres applications de la biorestauration consistent à utiliser des bactéries pour nettoyer les lieux après les déversements de pétrole (**figure 27.21b**) et à précipiter des matières radioactives (comme l'uranium) hors des eaux souterraines.

Grâce au génie génétique, les humains sont aujourd'hui en mesure de modifier les Procaryotes de manière à leur faire produire des vitamines, des antibiotiques, des hormones, etc. (voir le chapitre 20). Des chercheurs tentent de réduire notre consommation de carburants fossiles en développant une bactérie capable de produire de l'éthanol à partir de diverses formes de biomasse, par exemple les déchets agricoles, le panic érigé (*Panicum virgatum*, une céréale), les ordures ménagères (comme les produits papetiers non recyclés) et le maïs (**figure 27.21c**).

L'utilité des Procaryotes provient en grande partie de la diversité de leurs modes nutritionnels et de leur métabolisme. Cette polyvalence métabolique a été acquise avant les innovations structurales qui ont ouvert la voie à l'évolution des organismes eucaryotes, sujet dont traite le reste de la présente partie.

▲ **Figure 27.21 Quelques applications faisant appel aux Procaryotes. (a)** Ces bactéries synthétisent et emmagasinent des polymères particuliers, les PHA, que l'on peut extraire et utiliser pour fabriquer des plastiques biodégradables. **(b)** L'épandage de nutriments sur des terrains imbibés de pétrole stimule la croissance de bactéries indigènes qui métabolisent le mazout et accélèrent jusqu'à cinq fois le processus naturel de dégradation. **(c)** Des chercheurs tentent de développer une bactérie capable de produire de l'éthanol (E-85) à partir de produits végétaux renouvelables.

RETOUR SUR LE CONCEPT 27.6

1. Donnez au moins deux exemples des effets positifs qu'ont les Procaryotes sur votre vie d'aujourd'hui.

2. Une toxine d'une bactérie pathogène cause des symptômes qui accroissent le risque de propagation de cette bactérie. Cette information vous permet-elle de savoir s'il s'agit d'une exotoxine ou d'une endotoxine? Expliquez votre réponse.

3. **ET SI?** Quelle influence un changement brusque et important dans votre alimentation pourrait-il avoir sur la diversité des espèces procaryotes vivant dans votre tube digestif?

Voir les réponses proposées à la fin du chapitre.

RÉVISION DU CHAPITRE 27

RÉSUMÉ DES CONCEPTS CLÉS

CONCEPT 27.1

Des adaptations structurales, fonctionnelles et génétiques contribuent au succès des Procaryotes (p. 643 à 648)

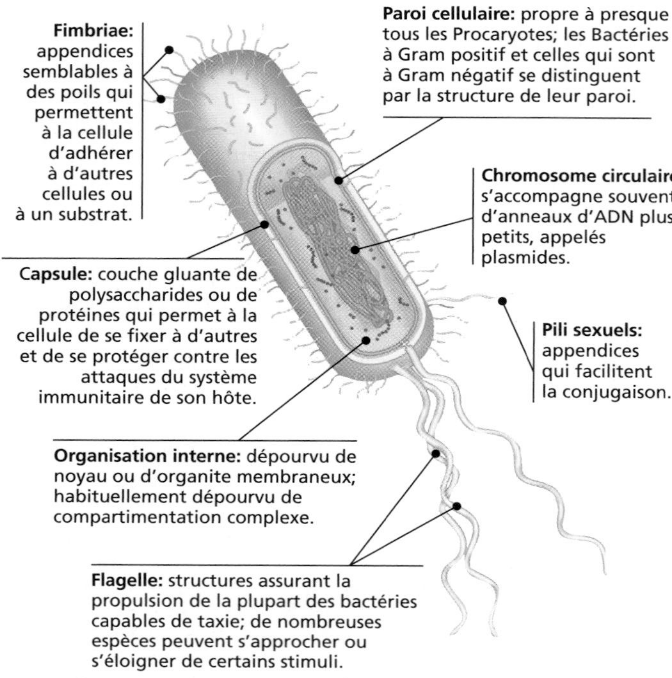

Fimbriae: appendices semblables à des poils qui permettent à la cellule d'adhérer à d'autres cellules ou à un substrat.
Paroi cellulaire: propre à presque tous les Procaryotes; les Bactéries à Gram positif et celles qui sont à Gram négatif se distinguent par la structure de leur paroi.
Chromosome circulaire: s'accompagne souvent d'anneaux d'ADN plus petits, appelés plasmides.
Capsule: couche gluante de polysaccharides ou de protéines qui permet à la cellule de se fixer à d'autres et de se protéger contre les attaques du système immunitaire de son hôte.
Pili sexuels: appendices qui facilitent la conjugaison.
Organisation interne: dépourvu de noyau ou d'organite membraneux; habituellement dépourvu de compartimentation complexe.
Flagelle: structures assurant la propulsion de la plupart des bactéries capables de taxie; de nombreuses espèces peuvent s'approcher ou s'éloigner de certains stimuli.

- Les Procaryotes se reproduisent rapidement par un mode de division cellulaire appelé scissiparité. Certains produisent des endospores, qui peuvent demeurer en dormance dans des conditions inhospitalières durant des siècles. Les populations procaryotes peuvent évoluer rapidement en réaction à la modification des conditions environnementales.

? *Décrivez les caractéristiques qui permettent aux Procaryotes de se développer dans divers environnements.*

CONCEPT 27.2

La reproduction et les mutations rapides, de même que la recombinaison génétique, favorisent la diversité génétique des Procaryotes (p. 648 à 651)

- Les Procaryotes prolifèrent souvent rapidement. Ainsi, leurs mutations peuvent entraîner des variations génétiques rapides au sein d'une population bactérienne et accélérer l'évolution par adaptation.
- La recombinaison d'ADN de deux cellules bactériennes différentes (par transformation, transduction ou conjugaison) ajoute encore à la diversité génétique des Procaryotes. En transférant des allèles avantageux, comme ceux de la résistance aux antibiotiques, la recombinaison génétique favorise l'évolution par adaptation au sein des populations procaryotes.

? *Les mutations sont rares et les Procaryotes se reproduisent en mode asexué; leurs populations n'en présentent pas moins une grande diversité génétique. Comment peut-on l'expliquer?*

CONCEPT 27.3

De très nombreuses adaptations nutritionnelles et métaboliques sont apparues chez les Procaryotes (p. 652 et 653)

- Les Procaryotes présentent une bien plus grande diversité nutritionnelle que les Eucaryotes. Selon le mode nutritionnel auquel ils ont recours, les Procaryotes se classent en photoautotrophes, chimioautotrophes, photohétérotrophes et chimiohétérotrophes.
- Parmi les Procaryotes, les aérobies stricts ont besoin d'O_2 et les anaérobies stricts sont empoisonnés par l'O_2; les anaérobies facultatifs, eux, peuvent survivre avec ou sans O_2.
- Contrairement aux Eucaryotes, les Procaryotes peuvent métaboliser l'azote sous de nombreuses formes. Certains sont capables de convertir le diazote atmosphérique en ammoniac par un processus appelé fixation de l'azote.
- De nombreux Procaryotes, voire des espèces entières, dépendent des activités métaboliques d'autres Procaryotes. Chez la Cyanobactérie *Anabaena*, les cellules photosynthétiques et les cellules fixatrices d'azote échangent des sous-produits du métabolisme. La coopération métabolique se produit aussi chez certains biofilms, une pellicule adhésive dans laquelle se regroupent différentes espèces.

? *Décrivez la gamme des adaptations métaboliques procaryotes.*

CONCEPT 27.4

La systématique moléculaire fait la lumière sur la phylogenèse des Procaryotes (p. 653 à 658)

- La systématique moléculaire permet une classification phylogénétique des Procaryotes; son application conduit à la détermination d'importants nouveaux clades.
- Certaines Archées, telles que les thermophiles extrêmes et les halophiles extrêmes, vivent dans des environnements extrêmes. D'autres Archées vivent dans des environnements plus accueillants, comme les sols et les lacs.
- Les principaux groupes de Bactéries font appel à divers modes nutritionnels. Les Protéobactéries et les Bactéries à Gram positif forment les deux plus grands groupes de Bactéries.

? *Quels effets les données moléculaires ont-elles eus sur la construction de la phylogenèse des Procaryotes?*

CONCEPT 27.5

Les Procaryotes remplissent des fonctions essentielles dans la biosphère (p. 658 et 659)

- La décomposition effectuée par les Procaryotes hétérotrophes et les activités de synthèse accomplies par les Procaryotes autotrophes et les Procaryotes fixateurs d'azote contribuent au recyclage des éléments chimiques au sein des écosystèmes.
- De nombreux Procaryotes entretiennent des relations symbiotiques avec d'autres organismes; il s'agit du mutualisme, du commensalisme et du parasitisme.

? *Pourquoi affirme-t-on que la survie de nombreuses espèces dépend des Procaryotes?*

CONCEPT 27.6

Les Procaryotes ont sur les humains des effets tant défavorables que bénéfiques (p. 659 à 661)

- Les humains ont besoin des Procaryotes mutualistes, y compris des centaines d'espèces qui peuplent notre intestin et l'aident à digérer la nourriture.
- Les bactéries pathogènes agissent en libérant des exotoxines ou des endotoxines. Elles constituent des armes potentielles du bioterrorisme. Le transfert horizontal de gènes permet à des gènes associés à la virulence d'atteindre des souches inoffensives.
- Des expériences mettant en jeu des Procaryotes comme *E. coli* ont débouché sur d'importants progrès en biotechnologie. Les Procaryotes sont d'importants outils dans les domaines de la biorestauration, de la production de plastiques biodégradables ainsi que dans celui de la synthèse des vitamines, des antibiotiques et d'autres produits.

? *Décrivez les effets bénéfiques et nuisibles des Procaryotes sur les humains.*

ÉVALUATION

NIVEAU 1 : CONNAISSANCES ET COMPRÉHENSION

1. Les variations génétiques au sein des populations bactériennes ne peuvent découler de la :
a) transduction.
b) transformation.
c) conjugaison.
d) mutation.
e) méiose.

2. Les photoautotrophes utilisent :
a) la lumière comme source d'énergie et le CO_2 comme source de carbone.
b) la lumière comme source d'énergie et le méthane comme source de carbone.
c) le N_2 comme source d'énergie et le CO_2 comme source de carbone.
d) le CO_2 à la fois comme source d'énergie et comme source de carbone.
e) le H_2S comme source d'énergie et le CO_2 comme source de carbone.

3. Parmi les affirmations suivantes, laquelle est *fausse* ?
a) La composition lipidique de la membrane plasmique diffère chez les Archées et chez les Bactéries.
b) Les Archées et les Bactéries sont généralement dépourvues d'organites membraneux.
c) La paroi cellulaire des Archées est dépourvue de peptidoglycane.
d) Seules les Bactéries possèdent des histones associées à l'ADN.
e) Seules les Archées utilisent le CO_2 pour oxyder le H_2 et libérer du méthane.

4. Parmi les caractéristiques suivantes, laquelle donne lieu à une coopération métabolique entre les cellules procaryotes ?
a) La scissiparité.
b) La formation des endospores.
c) La libération d'exotoxines.
d) Les biofilms.
e) Le mode de nutrition photoautotrophe.

5. Les bactéries remplissent les rôles écologiques suivants. Quel rôle ne fait habituellement pas appel à la symbiose ?
a) Les bactéries commensales de la peau.
b) Les décomposeurs.
c) Les communautés formées autour d'Archées qui consomment du méthane.
d) Les bactéries mutualistes de l'intestin.
e) Les bactéries pathogènes.

6. Quels Procaryotes possèdent un mécanisme de photosynthèse qui libère de l'O_2 ?
a) Les Cyanobactéries.
b) Les Chlamydiae.
c) Les Archées.
d) Les Actinobactéries.
e) Les Bactéries chimioautotrophes.

NIVEAU 2 : APPLICATION ET ANALYSE

7. LIEN AVEC L'ÉVOLUTION
Partout dans le monde, les responsables de la santé sont préoccupés par la résistance des bactéries aux antibiotiques. Ceux-ci peuvent soulager en quelques semaines les symptômes de patients contaminés par des souches non résistantes de la tuberculose. Or, l'infection proprement dite cède beaucoup plus lentement. Aussi les patients ont-ils tendance à cesser le traitement, alors que leur organisme contient encore des bactéries. Comment ce comportement risque-t-il de favoriser l'apparition d'agents pathogènes résistants aux médicaments ?

NIVEAU 3 : SYNTHÈSE ET ÉVALUATION

8. INTÉGRATION

FAITES UN DESSIN *Rhizobium* est une bactérie fixatrice d'azote qui infecte la racine de certaines espèces de végétaux et crée une relation de mutualisme en procurant de l'azote à la plante, qui en retour lui fournit des glucides. Des chercheurs ont mesuré pendant 12 semaines la croissance d'une plante (*Acacia irrorata*) de ce genre en infectant chaque spécimen de six souches différentes de *Rhizobium*. (a) Illustrez les données ci-dessous dans un diagramme ; (b) Faites une interprétation du diagramme.

Souches de *Rhizobium*	1	2	3	4	5	6
Masse de la plante (g)	0,91	0,06	1,56	1,72	1,03	0,14

Source : J. J. Burdon *et al.*, Variation in the effectiveness of symbiotic associations between native rhizobia and temperate Australian *Acacia*, within species interactions. *Journal of Applied Ecology* 36 :398-408 (1999).

Note : Sans *Rhizobium*, les plants d'*Acacia* ont une masse d'environ 0,1 g après 12 semaines.

9. **ÉCRIVEZ UN TEXTE**
Le transfert d'énergie Dans un court texte (de 100 à 150 mots), expliquez comment les Procaryotes et d'autres membres des communautés vivant près des cheminées hydrothermales transfèrent l'énergie et la transforment.

RÉPONSES DU CHAPITRE 27

Questions des figures

Figure 27.10 L'expression ou la séquence de gènes qui influe sur le métabolisme du glucose a probablement changé; les gènes des mécanismes métaboliques qui ne sont plus utiles aux cellules ont peut-être aussi subi des mutations. **Figure 27.11** La transduction provoque un transfert horizontal lorsque la bactérie donneuse n'est pas de la même espèce que la bactérie receveuse. **Figure 27.16** Les thermophiles vivent dans des environnements très chauds; il est donc probable que leurs enzymes fonctionnent normalement à des températures plus élevées que ne peuvent le faire les enzymes d'autres organismes. À des températures plus basses, en revanche, les enzymes des thermophiles risquent de ne pas fonctionner aussi bien que ceux des autres organismes. **Figure 27.18** D'après le diagramme, on peut estimer la quantité de potassium absorbée à 0,7, 0,6 et 0,95 mg pour les souches 1, 2 et 3, respectivement, selon une moyenne de 0,75 mg de potassium. Si la bactérie n'avait eu aucun effet, l'absorption moyenne de potassium par les plants devrait être de l'ordre de 0,5 mg pour les trois souches, soit la valeur observée pour les plants cultivés dans un sol dépourvu de cette bactérie.

Retour sur le concept 27.1

1. La capsule (qui protège les Procaryotes du système immunitaire de leur hôte) et la formation d'endospores (qui permettent aux cellules de survivre dans des milieux hostiles et de reprendre leur métabolisme lorsque les conditions redeviennent favorables). **2.** Les cellules procaryotes ne possèdent pas la compartimentation interne des cellules eucaryotes. Leur génome contient beaucoup moins d'ADN que celui des cellules eucaryotes; presque tout cet ADN se trouve dans un seul chromosome, de forme circulaire, situé dans une région nommée nucléoïde et non dans un véritable noyau entouré d'une membrane. De plus, beaucoup de Procaryotes contiennent des plasmides, qui sont formés de petites molécules d'ADN ressemblant à un anneau et renfermant seulement quelques gènes. **3.** Les plastes, tels que les chloroplastes, auraient évolué d'un Procaryote photosynthétique et endosymbiotique. L'arbre phylogénétique de la figure 26.21 montre que les plastes sont étroitement apparentés aux Cyanobactéries. Nous pouvons donc formuler l'hypothèse que les thylakoïdes des chloroplastes ressemblent à ceux des Cyanobactéries parce que les chloroplastes ont évolué d'une Cyanobactérie endosymbiote.

Retour sur le concept 27.2

1. Les populations procaryotes sont immenses, notamment en raison de leur temps de génération très court. Le grand nombre d'individus que compte une population procaryote accroît la probabilité qu'à chaque génération des milliers d'individus subissent de nouvelles mutations génétiques, ce qui augmente considérablement la diversité génétique de la population. **2.** Lors de la transformation, une cellule bactérienne capte un ADN étranger libre provenant du milieu environnant. La transduction est le transfert de gènes bactériens d'une cellule à l'autre à l'aide d'un phage. La conjugaison est le transfert direct par une cellule bactérienne de l'ADN d'un plasmide ou de l'ADN chromosomique à une autre cellule par l'intermédiaire d'un pont de conjugaison temporaire qui unit les deux cellules. **3.** La population qui comprend des individus capables de conjugaison présentera probablement les meilleures chances de survie, puisque certains d'entre eux pourront former des bactéries recombinées. Dans un nouvel environnement, ces bactéries tireront profit de ces nouvelles combinaisons génétiques. **4.** Oui. Des gènes de résistance aux antibiotiques peuvent être transférés (par transformation, transduction ou conjugaison) de la bactérie non pathogène vers une bactérie pathogène, ce qui rendrait cette dernière encore plus dangereuse pour la santé humaine. La transformation, la transduction et la conjugaison ont tendance à accroître la propagation des gènes de résistance.

Retour sur le concept 27.3

1. Les espèces phototrophes tirent leur énergie de la lumière, alors que les espèces chimiotrophes l'obtiennent de substances chimiques. Les espèces autotrophes synthétisent le carbone à partir de CO_2, alors que les espèces hétérotrophes se procurent le carbone sous forme organique, comme le glucose. On observe donc quatre modes de nutrition: photoautotrophe, photohétérotrophe (particulier aux Procaryotes), chimioautotrophe et chimiohétérotrophe. **2.** Le mode de nutrition chimiohétérotrophe; cette bactérie doit tirer son énergie de substances chimiques, car elle n'a pas accès à la lumière; de plus, si elle a besoin d'une source organique de carbone plutôt que de CO_2, elle est nécessairement hétérotrophe. **3.** Si l'humain pouvait fixer l'azote, nous pourrions tirer des protéines du diazote atmosphérique (N_2) et n'aurions donc pas besoin d'aliments à haute teneur en protéines comme la viande, le poisson ou le soya. Notre régime alimentaire devrait cependant comprendre une source de carbone ainsi que des minéraux et de l'eau. Un repas type se composerait de glucides (la source de carbone) ainsi que de fruits et de légumes, qui procureraient les minéraux essentiels (et du carbone).

Retour sur le concept 27.4

1. Avant la systématique moléculaire, les taxinomistes classaient les Procaryotes en fonction de caractéristiques phénotypiques qui ne clarifiaient pas les liens de l'évolution. La comparaison des caractéristiques moléculaires – de l'ADN particulièrement – révèle des divergences fondamentales entre les lignées de Procaryotes. **2.** Parce qu'elle n'exige pas de cultiver les organismes en laboratoire, la prospection génétique a permis de découvrir une immense diversité d'espèces procaryotes. La découverte ininterrompue de nouvelles espèces par prospection génétique finira sans doute par modifier considérablement notre compréhension de la phylogenèse des Procaryotes. **3.** À ce jour, tous les méthanogènes connus sont des Archées du clade des Euryarchées, ce qui donne à penser que cette voie métabolique unique trouve probablement sa source auprès d'une espèce ancestrale d'Euryarchées. Puisque les lignées des Bactéries et des Archées se sont séparées il y a plusieurs milliards d'années, la découverte d'un méthanogène du domaine des Bactéries semblerait indiquer que les adaptations permettant l'utilisation de CO_2 pour oxyder le H_2 se seraient produites deux fois: une fois dans le domaine des Archées (chez les Euryarchées) et une fois dans le domaine des Bactéries. (Il se peut aussi qu'un méthanogène bactérien découvert récemment ait acquis les gènes de cette voie métabolique par transfert horizontal d'un méthanogène du domaine des Archées. Cette hypothèse n'est cependant pas l'explication la plus plausible en raison du grand nombre de gènes en cause, mais aussi parce que les transferts génétiques entre des espèces appartenant à des domaines différents sont rares.)

Retour sur le concept 27.5

1. Bien que les Procaryotes soient des organismes minuscules, leur grand nombre et leurs aptitudes métaboliques leur permettent de remplir d'importantes fonctions au sein des écosystèmes: ils décomposent les déchets, recyclent les éléments chimiques et influent sur la concentration des nutriments accessibles aux autres organismes. **2.** Les Cyanobactéries produisent de l'oxygène lorsque les molécules d'eau sont scindées par les réactions de photosynthèse. Le cycle de Calvin incorpore le CO_2 contenu dans l'air aux molécules organiques, qui sont alors converties en glucides.

Retour sur le concept 27.6

1. Exemples de réponses: Consommer des aliments fermentés, comme le yogourt, le pain au levain ou le fromage; disposer d'une eau propre provenant d'une usine de traitement des eaux usées; prendre des médicaments produits par des Procaryotes. **2.** Non. Si le poison est une exotoxine, des bactéries vivantes pourraient être transmises d'une personne à une autre. On peut en dire autant si le poison est une endotoxine, sauf qu'alors les bactéries transmises descendent peut-être des bactéries (mortes à présent) qui ont produit le poison. **3.** Parmi les nombreuses espèces de Procaryotes vivant dans votre intestin, certaines se disputent les ressources (en l'occurrence, ce que vous mangez). Dans la mesure où les espèces procaryotes présentent diverses adaptations, une modification de votre alimentation peut avoir des effets sur la rapidité de la croissance de certaines espèces, ce qui modifiera l'abondance des espèces.

Questions du résumé des concepts clés

27.1 Les Procaryotes sont petits, leur temps de génération est court et leurs populations comptent des trillions d'individus. Par conséquent, les populations de Procaryotes peuvent évoluer considérablement sur de courtes périodes, ce qui leur permet de s'adapter à des environnements très différents. Les Procaryotes présentent des caractéristiques structurelles

qui leur permettent de proliférer dans divers environnements. Parmi celles-ci, mentionnons leur paroi cellulaire (qui les protège et leur donne leur forme), des flagelles (qui permettent la locomotion orientée) et l'aptitude à produire des endospores (qui permettent de tolérer des conditions inhospitalières). Des adaptations biochimiques procurent aussi aux Procaryotes la capacité de se développer dans diverses conditions, par exemple dans celles qui leur permettent de tolérer des environnements extrêmement chauds ou extrêmement salés. **27.2** Les Procaryotes se reproduisent très, très rapidement et leurs populations se comptent en trillions. Aussi, bien que les mutations soient rares, les Procaryotes produisent chaque jour des milliers de descendants présentant des mutations sur des loci précis. De plus, même si leur mode de reproduction est asexué – et donc que la vaste majorité de ces descendants sont génétiquement identiques à leur parent – les phénomènes de transduction, de transformation et de conjugaison accroissent les variations génétiques au sein de leurs populations. Chacun de ces phénomènes (non reproductifs) peut accroître la variation génétique en transférant de l'ADN d'une cellule à une autre, même entre des cellules d'espèces différentes.
27.3 Les Procaryotes présentent une gamme exceptionnellement vaste d'adaptations métaboliques. Leur groupe fait appel à quatre modes nutritionnels (photoautotrophe, chimioautotrophe, photohétérotrophe et chimiohétérotrophe), alors que les Eucaryotes n'en utilisent que deux (photoautotrophe et chimiohétérotrophe). Les Procaryotes peuvent aussi métaboliser l'azote sous diverses formes (ce que ne peuvent faire les Eucaryotes) et ils coopèrent fréquemment avec d'autres cellules procaryotes de leur espèce ou d'espèces différentes. **27.4** Les critères phénotypiques, comme la forme, la motilité et le mode de nutrition, ne rendent pas compte clairement de l'histoire évolutive des Procaryotes. En comparaison, les données moléculaires ont permis de comprendre les liens de parenté qui existaient entre de grands groupes de Procaryotes. Elles ont aussi permis aux chercheurs de prélever des échantillons directement de l'environnement; l'utilisation des gènes ainsi prélevés pour construire des phylogenèses a mené à la découverte de nouveaux groupes importants de Procaryotes. **27.5** Les Procaryotes tiennent des rôles clés dans les cycles chimiques essentiels à la vie. Par exemple, les Procaryotes sont des décomposeurs efficaces; ils dégradent des cadavres, des végétaux morts et des déchets, libérant du même coup dans l'environnement des nutriments utiles à d'autres organismes. Les Procaryotes transforment également des composés inorganiques que d'autres organismes peuvent absorber. En matière d'interactions écologiques, de nombreux Procaryotes entretiennent une relation mutualiste vitale avec d'autres espèces. Dans certains cas, comme chez les communautés vivant autour des cheminées hydrothermales, les activités métaboliques des Procaryotes procurent une source d'énergie dont dépendent des centaines d'autres espèces; sans les Procaryotes, la communauté ne pourrait survivre. **27.6** Notre bien-être dépend de nos associations avec les Procaryotes, par exemple avec les nombreuses espèces qui peuplent notre intestin et transforment les aliments que nous sommes incapables de digérer. Nous pouvons également tirer profit des remarquables capacités métaboliques des Procaryotes pour produire une vaste gamme de produits utiles. Les principaux effets négatifs des Procaryotes sont les pathogènes bactériens qui causent des maladies.

ÉVALUATION

1. e; **2.** a; **3.** d; **4.** d; **5.** b; **6.** a;

8. (a)

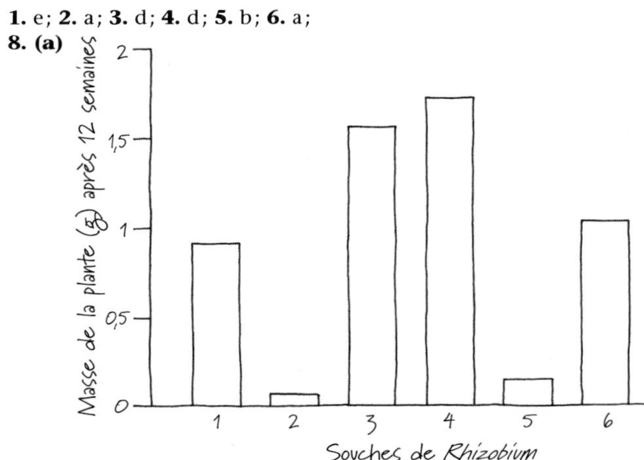

(b) Certaines souches de *Rhizobium* contribuent plus que d'autres à la croissance végétale; les souches les moins efficaces ont peu d'effet (la croissance des plants en présence de ces souches n'est pas tellement différente de la croissance des plants sans *Rhizobium*). On peut penser que les souches inefficaces transmettent relativement peu d'azote à leur hôte, ce qui limite leur croissance.

28

Les Protistes

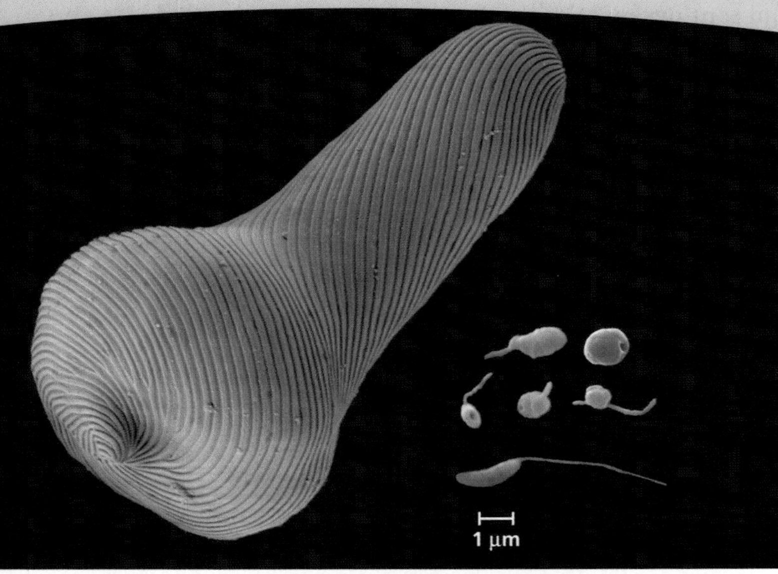

▲ **Figure 28.1 Sauriez-vous distinguer les Procaryotes des Eucaryotes ?**

ÉVOLUTION

CONCEPTS CLÉS

28.1 La plupart des Eucaryotes sont des organismes unicellulaires

28.2 Les Excavobiontes comprennent des Protistes renfermant des mitochondries modifiées et des Protistes pourvus d'un seul flagelle

28.3 Les Chromalvéolés proviendraient d'une endosymbiose secondaire

28.4 Les Rhizariens forment un groupe diversifié de Protistes qui se définissent par leurs ressemblances génétiques

28.5 Les Algues rouges et les Algues vertes sont les organismes les plus étroitement apparentés aux Végétaux terrestres

28.6 Les Unichontes comprennent des Protistes étroitement apparentés aux Eumycètes et aux Animaux

28.7 Les Protistes remplissent des fonctions essentielles au sein des communautés écologiques

INTRODUCTION

L'infiniment petit

Sachant que la plupart des Procaryotes sont extrêmement petits, vous pourriez penser que la **figure 28.1** représente six Procaryotes et un Eucaryote beaucoup plus gros. En fait, le seul Procaryote est l'organisme apparaissant immédiatement au-dessus de l'échelle. Les autres font partie des organismes eucaryotes récemment découverts, pour la plupart unicellulaires, qu'on appelle communément **Protistes**. Ils suscitent toujours la curiosité des scientifiques, bien qu'il se soit écoulé plus de 300 ans depuis que le microscopiste hollandais Antoni van Leeuwenhoek (1632-1723) les a observés pour la première fois. Comme il le découvrit, une seule goutte d'eau prélevée dans un étang peut révéler au microscope optique un monde fascinant de Protistes et d'Eucaryotes unicellulaires. Certains de ces minuscules organismes se propulsent grâce aux battements de leurs flagelles, tandis que d'autres rampent à l'aide d'appendices formés par des prolongements éphémères de leur cellule et semblables à de grosses gouttes. D'autres ont la forme d'une trompette et d'autres encore ressemblent à des bijoux miniatures. Le souvenir de leur découverte inspira d'ailleurs à van Leeuwenhoek la réflexion suivante : « Je n'ai jamais rien vu d'aussi agréable que ces milliers de créatures vivant dans une seule goutte d'eau. »

Jusqu'à récemment, les biologistes croyaient que 300 ans d'observation avaient révélé un échantillon représentatif des espèces vivantes de Protistes. Or, au cours de la dernière décennie, la prospection génétique a mis au jour une véritable mine de Protistes insoupçonnés. Comme le montre la figure 28.1, nombre de ces organismes découverts il y a peu ont un diamètre de 0,5 à 2 µm, et sont aussi petits que de nombreux Procaryotes.

La découverte surprenante de nombreuses espèces de Protistes est survenue dans la foulée des dernières avancées concernant la phylogenèse de ces organismes. Auparavant, les taxinomistes classaient tous les Protistes dans un seul règne. Ce règne n'a cependant pas résisté aux progrès de la systématique des Eucaryotes. En effet, il apparaît aujourd'hui clairement que les Protistes sont en réalité polyphylétiques (voir la figure 26.10) : certains sont plus étroitement apparentés aux Végétaux, aux Eumycètes ou aux Animaux qu'à d'autres Protistes. Le règne des Protistes a donc été abandonné et certains biologistes sont désormais d'avis que diverses lignées de ces organismes constituent à elles seules des règnes distincts. La plupart des spécialistes emploient encore le terme *Protiste*, mais seulement parce que c'est une façon pratique de désigner un Eucaryote qui ne fait partie ni des Végétaux, ni des Animaux, ni des Eumycètes.

Dans le présent chapitre, nous allons examiner les principaux groupes de Protistes. Nous découvrirons aussi leurs adaptations structurales et biochimiques de même que leur énorme impact sur les écosystèmes, l'industrie et la santé humaine.

CONCEPT 28.1

La plupart des Eucaryotes sont des organismes unicellulaires

Les Protistes font partie, comme les Végétaux, les Animaux et les Eumycètes, du domaine des Eucaryotes, qui est l'un des trois domaines du vivant. Contrairement aux Procaryotes, les cellules eucaryotes ont un noyau et des organites membraneux, comme les mitochondries et l'appareil de Golgi. Ces organites déterminent des emplacements précis où s'accomplissent des fonctions cellulaires particulières; c'est pour cette raison que la structure et l'organisation des cellules eucaryotes sont plus complexes que celles des cellules procaryotes.

Nous consacrerons le reste de cette partie aux Eucaryotes et à leur diversité, en commençant par les Protistes, qui font l'objet de ce chapitre. Au cours de cette exploration, gardez à l'esprit que:

- la majorité des organismes issus des lignées eucaryotes sont des Protistes, et que
- la majorité des Protistes sont unicellulaires.

En fait, le vivant diffère considérablement de l'idée que la plupart d'entre nous en ont. Les grands organismes multicellulaires que nous connaissons le mieux (les Végétaux, les Animaux et les Eumycètes) constituent les extrémités de quelques-unes seulement des branches du grand arbre de la vie (voir la figure 26.21, p. 637).

La diversité structurale et fonctionnelle des Protistes

Étant donné la nature polyphylétique du groupe qui portait auparavant le nom de Protistes, vous ne serez pas surpris d'apprendre qu'il existe peu de caractéristiques générales s'appliquant sans exception à tous ces organismes. En fait, la diversité anatomique et physiologique est plus grande chez les Protistes que chez tout autre groupe d'organismes.

La majorité des Protistes étant unicellulaires – il existe toutefois des espèces vivant en colonies et des espèces multicellulaires –, on les considère à juste titre comme les plus simples des organismes eucaryotes. Néanmoins, à l'échelle cellulaire, bon nombre présentent une extrême complexité et constituent de fait les cellules les plus perfectionnées qui soient. Chez les organismes multicellulaires, les fonctions biologiques essentielles sont remplies par les organes. Les Protistes unicellulaires remplissent les mêmes fonctions essentielles, mais en recourant à des organites infracellulaires plutôt qu'à des organes multicellulaires. Les organites qu'utilisent les Protistes sont essentiellement ceux que nous avons décrits au chapitre 6, notamment le noyau, le réticulum endoplasmique, l'appareil de Golgi et les lysosomes. Certains Protistes recourent aussi à des organites dont sont dépourvues la plupart des autres cellules eucaryotes, comme la vésicule contractile, qui pompe l'excès d'eau hors de la cellule (voir la figure 7.16, p. 141).

De tous les Eucaryotes, les Protistes sont ceux qui possèdent les modes de nutrition les plus diversifiés. Certains sont photoautotrophes et renferment des chloroplastes. D'autres sont hétérotrophes et absorbent des molécules organiques ou ingèrent des particules alimentaires plus volumineuses. D'autres encore, dits **mixotrophes**, tirent leur énergie à la fois de la photosynthèse et de la nutrition hétérotrophe. Les différents modes de nutrition sont apparus indépendamment chez de nombreuses lignées de Protistes.

Le mode de reproduction et le cycle de développement varient considérablement d'un Protiste à l'autre. Certains se reproduisent seulement par voie asexuée. D'autres peuvent aussi se multiplier par voie sexuée, ou du moins utiliser la méiose et la fécondation (union de deux gamètes). On observe ces trois types de cycle chez les Protistes (voir la figure 13.6, p. 286), de même que des variantes qui ne sont pas tout à fait conformes à aucun d'entre eux. Nous examinerons au fil du chapitre les cycles de développement de plusieurs groupes de Protistes.

L'endosymbiose et l'évolution des Eucaryotes

Quelle est l'origine de l'immense diversité observée chez les Protistes aujourd'hui? Une masse considérable de données nous indique que la source d'une grande partie de cette diversité est l'**endosymbiose**, un processus par lequel certains organismes unicellulaires ont absorbé d'autres cellules, qui sont devenues des endosymbiontes, puis, plus tard, des organites intégrés à la cellule hôte. Par exemple, comme nous l'avons expliqué au chapitre 25, des données structurelles, biochimiques et génétiques indiquent que les premiers Eucaryotes ont acquis leurs mitochondries en absorbant des Procaryotes aérobies (plus précisément une Protéobactérie alpha). L'apparition précoce des mitochondries est confirmée par le fait que tous les Eucaryotes étudiés jusqu'ici renferment des mitochondries ou une version modifiée de celles-ci.

Par ailleurs, de nombreuses observations scientifiques révèlent que, plus tard dans l'histoire des Eucaryotes, une lignée d'organismes hétérotrophes a acquis un autre endosymbionte, une Cyanobactérie photosynthétique, dont l'évolution a ensuite conduit à l'apparition des plastes. Comme le montre l'hypothèse illustrée à la **figure 28.2**, cette lignée contenant des plastes a donné naissance à deux lignées de Protistes photosynthétiques, ou **Algues**: les Algues rouges et les Algues vertes. Cette hypothèse est étayée par le fait que l'ADN des gènes des plastes chez les Algues rouges et les Algues vertes ressemble beaucoup à celui des Cyanobactéries. De plus, chez les Algues rouges et les Algues vertes, les plastes sont limités par deux membranes. Les protéines de transport de ces membranes sont homologues à celles de la membrane intérieure et de la membrane extérieure des Cyanobactéries endosymbiontes, ce qui constitue un autre élément renforçant l'hypothèse.

Plusieurs fois, au cours de l'évolution des Eucaryotes, des Algues rouges et des Algues vertes ont subi une **endosymbiose secondaire**: elles ont été ingérées dans la vacuole digestive d'un Eucaryote hétérotrophe et sont devenues elles-mêmes des endosymbiontes. Par exemple, les Protistes appelés *Chlorarachniophytes* sont probablement apparus à la suite de l'absorption d'une Algue verte par un Eucaryote hétérotrophe. En voici la preuve: à l'intérieur même de la cellule absorbée, on trouve un *nucléomorphe*, une minuscule structure qui provient du noyau de cette algue. Les gènes du nucléomorphe sont toujours transcrits, et leurs séquences d'ADN indiquent que la cellule absorbée était une algue verte. Le fait que les plastes des Chlorarachniophytes sont entourés de *quatre* membranes concorde aussi avec l'hypothèse selon laquelle ces organismes dérivent d'un Eucaryote qui en avait englobé un autre. Les deux membranes intérieures correspondent aux membranes intérieure et extérieure de la Cyanobactérie ancestrale. La troisième provient de la membrane plasmique de l'algue absorbée et la quatrième, la membrane extérieure, de la vacuole digestive de l'Eucaryote hétérotrophe. Chez certains

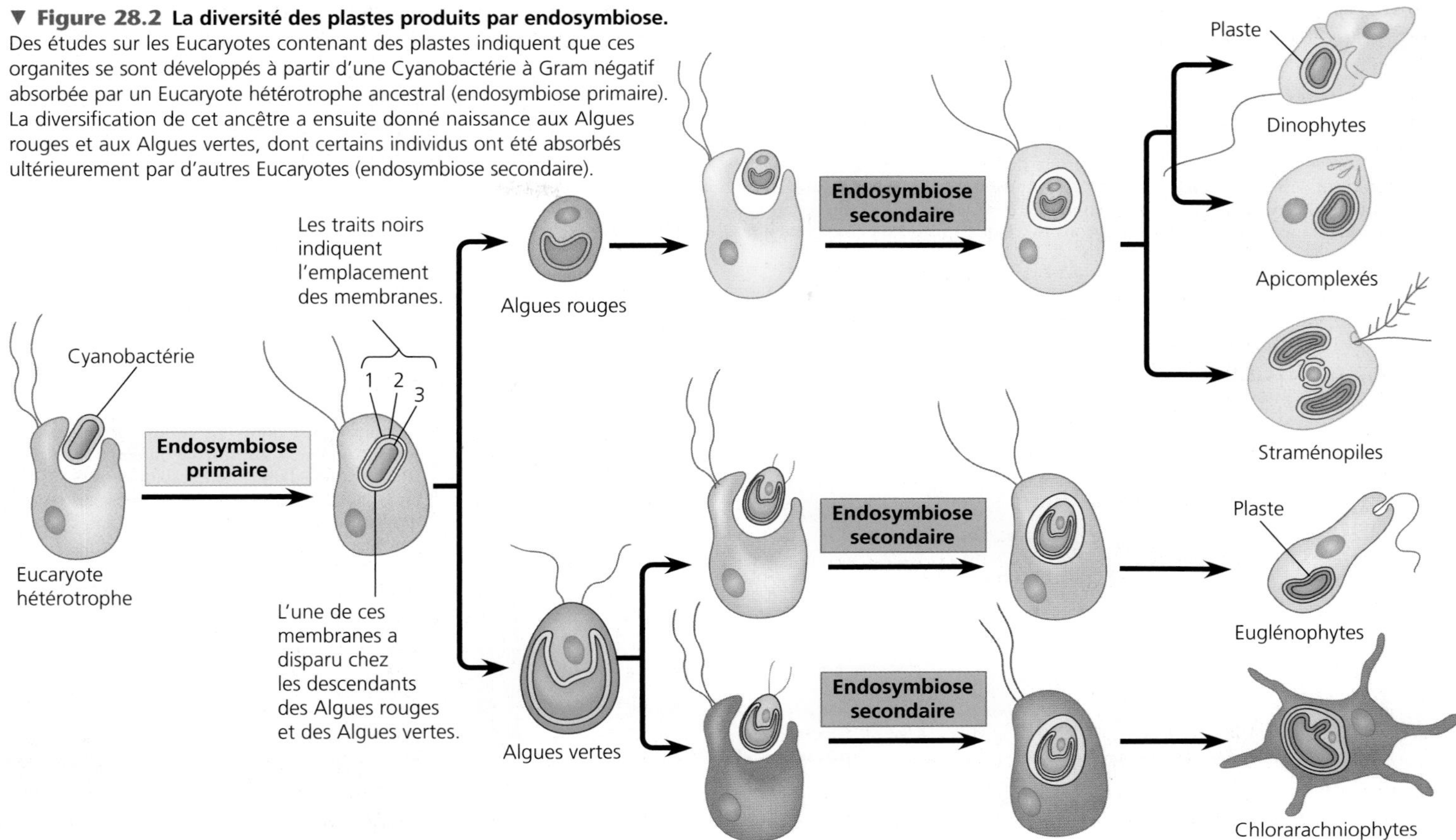

▼ **Figure 28.2 La diversité des plastes produits par endosymbiose.** Des études sur les Eucaryotes contenant des plastes indiquent que ces organites se sont développés à partir d'une Cyanobactérie à Gram négatif absorbée par un Eucaryote hétérotrophe ancestral (endosymbiose primaire). La diversification de cet ancêtre a ensuite donné naissance aux Algues rouges et aux Algues vertes, dont certains individus ont été absorbés ultérieurement par d'autres Eucaryotes (endosymbiose secondaire).

Protistes, les plastes acquis par endosymbiose secondaire sont entourés par trois membranes, ce qui indique que l'une des quatre membranes originales a disparu au cours de l'évolution.

Les cinq supergroupes d'Eucaryotes

Notre compréhension de l'histoire évolutive des Protistes a connu de nombreux rebondissements au cours des dernières années. On a abandonné le règne des Protistes en même temps qu'on rejetait toute une série d'hypothèses. Au début des années 1990, par exemple, de nombreux biologistes croyaient que la lignée la plus ancienne d'Eucaryotes encore vivants était celle des *Protistes amitochondriaux*, des organismes dépourvus des mitochondries usuelles et comportant moins d'organites membraneux que d'autres groupes de Protistes. Or, de récentes données structurales et génétiques ont ébranlé cette hypothèse. En fait, un bon nombre des présumés Protistes amitochondriaux possèdent des mitochondries – réduites, mais bien présentes – et certains de ces organismes sont dorénavant classifiés dans des groupes complètement différents. Les Microsporidies, par exemple, sont maintenant classées parmi les Eumycètes.

Les changements constants dans notre compréhension de la phylogenèse des Protistes compliquent la tâche des étudiants et des enseignants. Les hypothèses touchant ces liens évolutifs mobilisent une importante activité scientifique et changent à mesure qu'elles sont vérifiées ou réfutées par les nouvelles données recueillies. Dans le présent chapitre, nous organisons notre propos autour d'une hypothèse toujours en vigueur et classant les Eucaryotes en cinq supergroupes (**figure 28.3**, pages 670 et 671). Dans la mesure où la racine de l'arbre eucaryote reste encore à découvrir, les cinq supergroupes sont présentés comme s'ils avaient divergé d'un ancêtre commun. Nous savons que ce n'est pas le cas, mais nous ignorons quels organismes ont été les premiers à diverger. De plus, l'existence de certains groupes de la figure 28.3 s'appuie sur des données morphologiques et génétiques, mais ce n'est pas le cas pour d'autres groupes. En lisant ce chapitre, ne concentrez pas tant votre attention sur le nom des groupes d'organismes que sur ce qui rend ces organismes importants et sur les moyens par lesquels la recherche en cours reconstitue leurs liens évolutifs.

RETOUR SUR LE CONCEPT 28.1

1. Indiquez au moins quatre exemples de la diversité anatomique et physiologique des Protistes.
2. Résumez le rôle de l'endosymbiose dans l'évolution des Eucaryotes.
3. **ET SI ?** Après avoir étudié la figure 28.3, dessinez une version simplifiée de l'arbre phylogénétique qui ne montre que les cinq supergroupes d'Eucaryotes. Dessinez ensuite une seconde version de l'arbre en prenant pour hypothèse que le groupe des Unichontes fut le premier groupe d'Eucaryotes à diverger des autres.

Voir les réponses proposées à la fin du chapitre.

▼ **Figure 28.3**

PANORAMA La diversité des Protistes

L'arbre ci-dessous illustre une hypothèse phylogénétique portant sur les liens entre les Eucaryotes vivant aujourd'hui sur la Terre. Les groupes eucaryotes à l'extrémité des branches sont réunis en «supergroupes» dont les noms apparaissent à l'extrême droite de l'arbre. Les règnes des Eumycètes, des Animaux et des Végétaux ont survécu à la refonte de la classification fondée sur cinq règnes. Les clades qui faisaient autrefois partie du règne des Protistes sont énumérés dans les encadrés jaunes. Les lignes pointillées indiquent des liens évolutifs incertains et des propositions de clades qui font encore l'objet de débats.

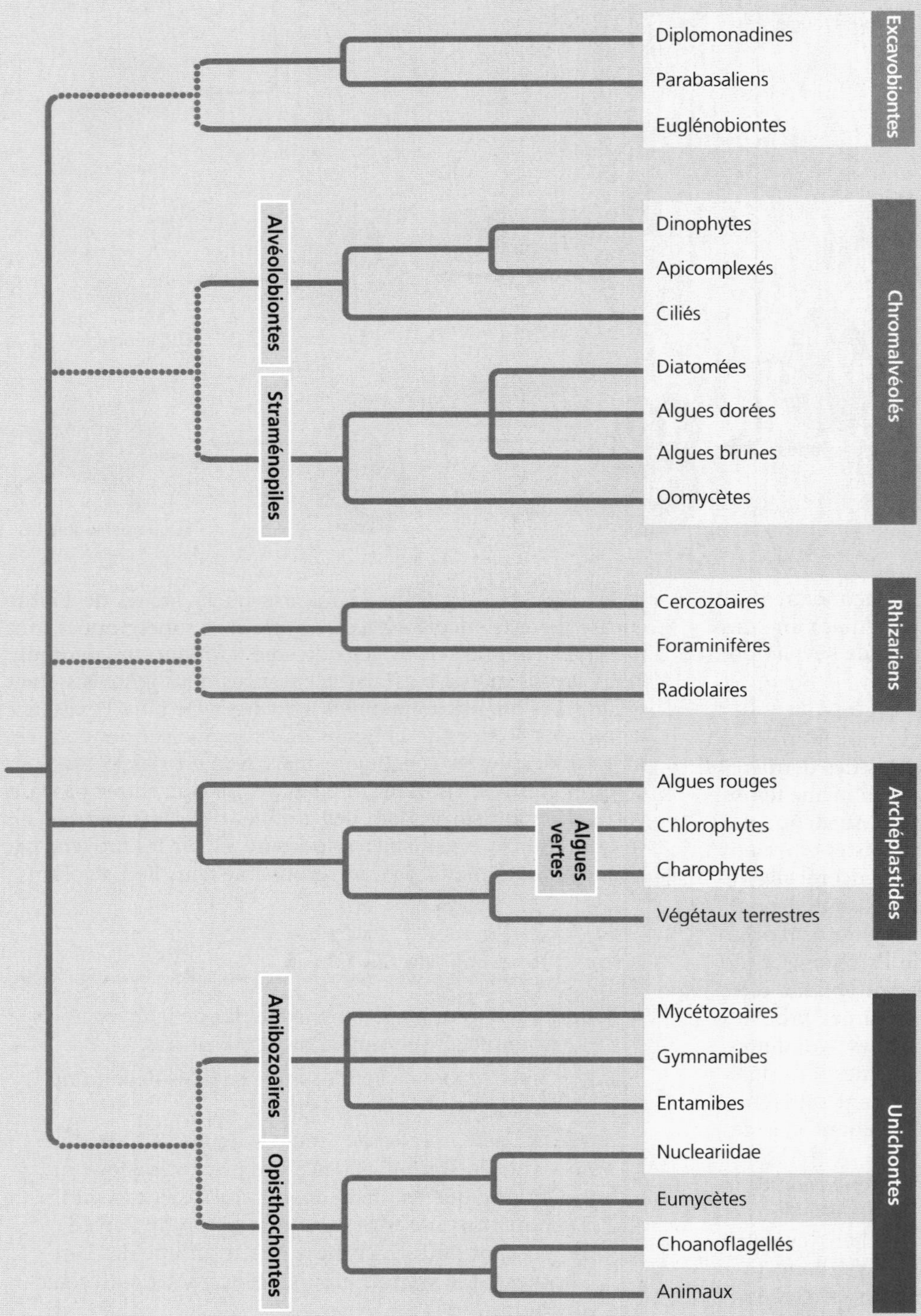

Excavobiontes
- Diplomonadines
- Parabasaliens
- Euglénobiontes

Chromalvéolés
- Alvéolobiontes
  - Dinophytes
  - Apicomplexés
  - Ciliés
- Straménopiles
  - Diatomées
  - Algues dorées
  - Algues brunes
  - Oomycètes

Rhizariens
- Cercozoaires
- Foraminifères
- Radiolaires

Archéplastides
- Algues rouges
- Algues vertes
  - Chlorophytes
  - Charophytes
- Végétaux terrestres

Unichontes
- Amibozoaires
  - Mycétozoaires
  - Gymnamibes
  - Entamibes
- Opisthochontes
  - Nucleariidae
  - Eumycètes
  - Choanoflagellés
  - Animaux

Les Excavobiontes

Certains représentants de ce supergroupe présentent un sillon sur un côté du corps cellulaire. Deux grands clades (les Parabasaliens et les Diplomonadines) ont des mitochondries modifiées; les autres (les Euglénobiontes) ont des flagelles dont la structure les distingue de ceux d'autres organismes. Les Excavobiontes comptent des parasites comme *Giardia*, ainsi que de nombreuses espèces photosynthétiques et prédatrices.

5 µm
(3 600 ×)

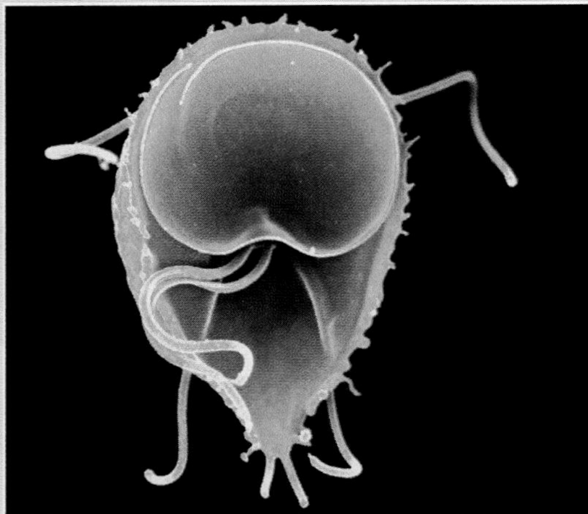

***Giardia intestinalis*, un parasite du groupe des Diplomonadines.** Ce Diplomonadine (MEB, cliché coloré artificiellement) ne présente pas le sillon caractéristique des Excavobiontes. Il infecte les personnes qui boivent de l'eau contaminée par des matières fécales contenant ses kystes. Les personnes qui boivent de l'eau ainsi contaminée – aussi limpide semble-t-elle – s'exposent à de graves diarrhées. Il suffit de faire bouillir l'eau pour tuer le parasite.

Les Chromalvéolés

Ce groupe pourrait trouver son origine dans une endosymbiose secondaire ancienne. Les Chromalvéolés comprennent certains des organismes photosynthétiques les plus importants de la planète, dont les Diatomées, présentés ci-dessous. Font également partie de ce groupe les algues brunes qui forment les «forêts» sous-marines de varech, de même que d'importants pathogènes, comme *Plasmodium*, causant la malaria, et *Phytophthora*, à l'origine du mildiou, qui s'attaque notamment à la pomme de terre et fut à l'origine de la Grande Famine d'Irlande, au 19e siècle.

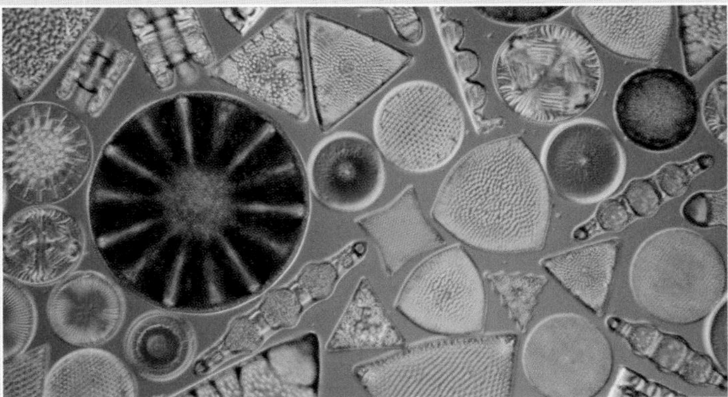

La diversité morphologique des Diatomées. Ces Protistes unicellulaires fort jolis sont des organismes photosynthétiques importants au sein des communautés aquatiques (MP).

Les Rhizariens

Ce groupe renferme de nombreuses espèces d'amibes, dont la plupart ont des pseudopodes, qui sont des prolongements cellulaires filiformes. Ces pseudopodes peuvent surgir de n'importe quel point de la surface cellulaire; ils permettent le déplacement et la capture des proies. Selon plusieurs études phylogénétiques récentes, les Rhizariens devraient être intégrés au groupe des Chromalvéolés; d'autres groupes de recherche testent présentement cette hypothèse.

***Globigerina*, un Foraminifère du supergroupe des Rhizariens.** Des pseudopodes filiformes surgissent des pores de la surface cellulaire, ou *test* (MP). Le MEB en médaillon montre le test d'un Foraminifère durci par le calcaire.

Les Archéplastides

Ce groupe d'Eucaryotes comprend les Algues rouges et les Algues vertes, ainsi que les Végétaux terrestres (les chapitres 29 et 30 traitent du règne des Végétaux). Les Algues rouges et les Algues vertes comprennent des espèces unicellulaires, des espèces coloniales (comme *Volvox*, une algue verte) et des espèces multicellulaires. De nombreuses grandes algues, communément appelées «algues marines», sont des algues, rouges ou vertes, multicellulaires. Les Archéplastides comprennent, entre autres Protistes, des espèces photosynthétiques qui constituent le fondement du réseau alimentaire de certaines communautés aquatiques.

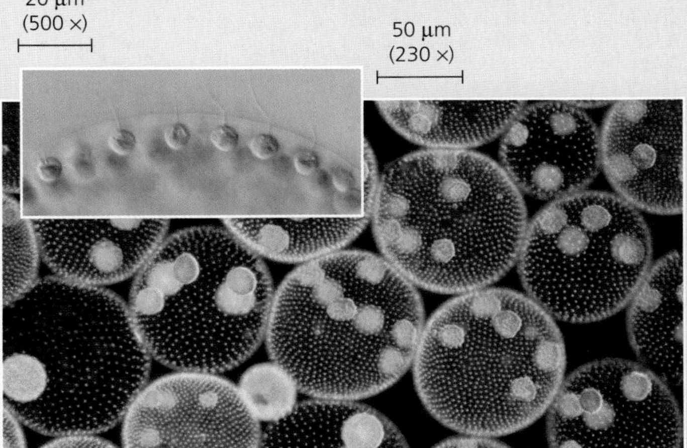

***Volvox*, une algue verte coloniale d'eau douce.** La colonie est une sphère creuse dont les parois sont composées de centaines de cellules biflagellées (voir l'agrandissement MEB) enchâssées dans une matrice gélatineuse. Les cellules sont habituellement reliées les unes aux autres par un filament cytoplasmique; ces cellules ne peuvent se reproduire lorsqu'elles sont isolées. Les vastes colonies présentées ci-dessus finiront par libérer les colonies «filles» qu'elles renferment (MP).

Les Unichontes

Ce groupe d'Eucaryotes comprend des Amibes dotées de pseudopodes tubulaires ou en forme de lobe, ainsi que les Animaux, les Eumycètes et des Protistes étroitement apparentés à l'un de ces deux domaines. Selon une hypothèse qui prévaut (mais qui ne fait pas l'unanimité dans la communauté scientifique), les Unichontes formeraient le premier groupe d'Eucaryotes à avoir divergé des autres (voir la figure 28.23).

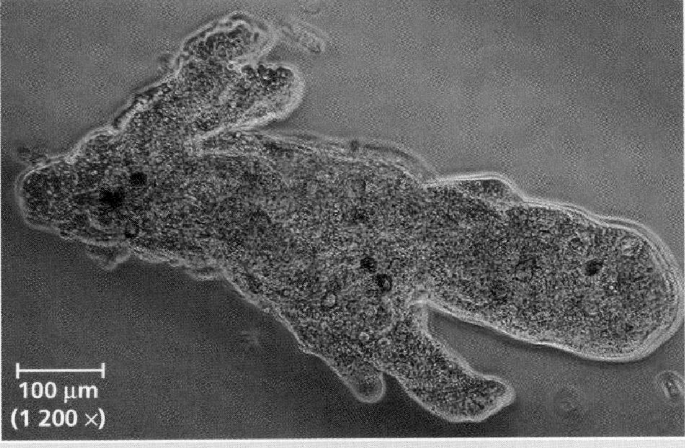

Amibe unichonte. Cette Amibe (*Amoeba proteus*) se déplace à l'aide de ses pseudopodes.

CONCEPT 28.2

Les Excavobiontes comprennent des Protistes renfermant des mitochondries modifiées et des Protistes pourvus d'un seul flagelle

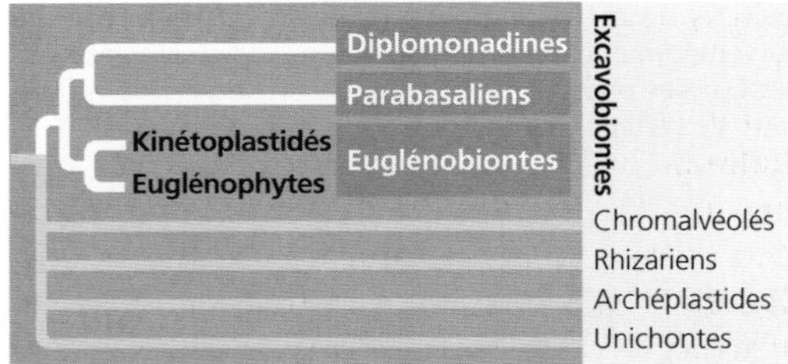

Après avoir examiné certaines des caractéristiques générales de l'évolution des Eucaryotes, nous allons maintenant nous intéresser de plus près aux cinq supergroupes de Protistes présentés dans la figure 28.3.

Notre tour d'horizon commence par les **Excavobiontes**, un clade proposé récemment à la lumière d'études morphologiques du cytosquelette. Certains Protistes de ce groupe très diversifié s'alimentent par un cytostome, une zone creuse, située sur un côté du corps cellulaire.

Les Excavobiontes comprennent les Diplomonadines, les Parabasaliens et les Euglénophytes. Les données moléculaires indiquent que chacun de ces trois groupes est monophylétique, mais on ne peut encore ni confirmer ni réfuter la monophylie du supergroupe des Excavobiontes. Bien que nombre d'entre eux ont en commun des caractéristiques cytosquelettiques qui leur sont propres, nous ignorons encore si c'est parce que les Excavobiontes sont monophylétiques ou parce que l'ancêtre commun des Eucaryotes présentait ces caractéristiques. De façon générale, ce clade ne fait pas l'unanimité et l'existence de ce supergroupe fait l'objet de débats.

Les Diplomonadines et les Parabasaliens

Les Protistes qui appartiennent à ces deux clades sont dépourvus de plastes, et leurs mitochondries sont modifiées (on a cru jusqu'à récemment qu'ils n'en avaient tout simplement pas). La plupart des Diplomonadines et des Parabasaliens vivent en milieu anaérobie.

Les **Diplomonadines** présentent des mitochondries modifiées, appelées *mitosomes*. Ces organites sont dépourvus de chaînes de transport d'électrons et sont donc incapables d'utiliser l'oxygène pour extraire l'énergie des glucides et d'autres molécules organiques. Les Diplomonadines tirent plutôt l'énergie dont ils ont besoin de voies biochimiques anaérobies.

Sur le plan structural, les Diplomonadines comportent deux noyaux d'égale grosseur et de multiples flagelles. Rappelez-vous que les flagelles des Eucaryotes sont des extensions du cytoplasme et qu'ils consistent en faisceaux de microtubules recouverts par la membrane plasmique de la cellule (voir la figure 6.24, p. 126). Ils sont très différents des flagelles des Procaryotes, qui sont des filaments composés d'une protéine globulaire, la flagelline, fixés à la surface de la cellule (voir la figure 27.6, p. 646).

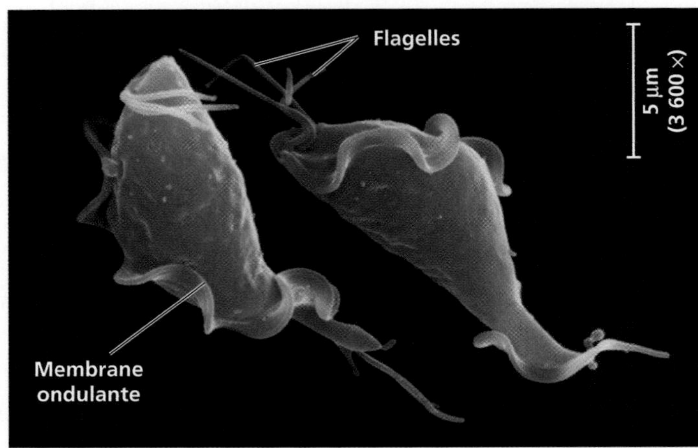

▲ **Figure 28.4 Trichomonas vaginalis, du groupe des Parabasaliens (MEB, cliché coloré artificiellement).**

De nombreux Diplomonadines sont des parasites. C'est à ce sous-groupe qu'appartient *Giardia intestinalis* (aussi appelé *Giardia lamblia*; voir la figure 28.3), un parasite incommodant de l'intestin des Mammifères.

Les **Parabasaliens** présentent aussi des mitochondries réduites; appelés *hydrogénosomes*, ces organites produisent de l'énergie par voie anaérobie en libérant de l'hydrogène. Le plus connu d'entre eux est *Trichomonas vaginalis*, un parasite transmissible sexuellement qui infecte quelque 5 millions de personnes chaque année. *T. vaginalis* se déplace sur la muqueuse des voies génitales et urinaires de son hôte grâce aux mouvements de ses flagelles et aux ondulations d'une partie de sa membrane plasmique (**figure 28.4**). Si l'acidité normale du vagin est perturbée, ce microorganisme peut prendre le dessus sur les populations microbiennes utiles et infecter la muqueuse vaginale. (L'infection peut aussi toucher l'urètre masculin, mais souvent sans causer de symptômes.) *T. vaginalis* comporte un gène qui lui permet de se nourrir de la paroi vaginale, ce qui provoque l'infection. Des études semblent indiquer que l'espèce est devenue pathogène en raison du transfert horizontal d'un gène provenant de bactéries parasites vivant également sur la muqueuse vaginale.

Les Euglénobiontes

Les **Euglénobiontes** forment un clade diversifié dont font partie des prédateurs hétérotrophes, des autotrophes photosynthétiques et des parasites. La principale caractéristique morphologique qui distingue les Protistes de ce clade est la présence d'un bâtonnet dont chacun des flagelles comporte une spirale ou une structure cristalline (**figure 28.5**). Les deux groupes d'Euglénobiontes les plus étudiés sont les Kinétoplastidés et les Euglénophytes.

Les Kinétoplastidés

Les **Kinétoplastidés** possèdent une seule mitochondrie volumineuse, qui contient une masse structurée d'ADN, le *kinétoplaste*. Ce groupe de Protistes comprend des organismes qui se nourrissent de Procaryotes et qui vivent tant dans les écosystèmes dulcicoles et marins que dans les écosystèmes terrestres humides. Il renferme également des espèces qui parasitent des Animaux, des Végétaux et d'autres Protistes.

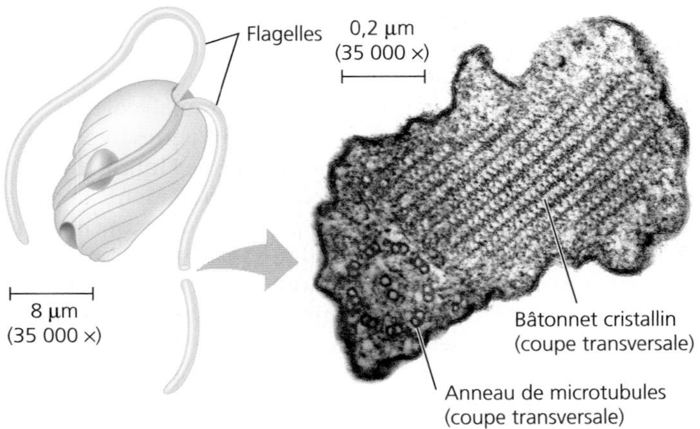
Flagelles
0,2 µm
(35 000 ×)
8 µm
(35 000 ×)
Bâtonnet cristallin
(coupe transversale)
Anneau de microtubules
(coupe transversale)

▲ **Figure 28.5 Les flagelles des Euglénobiontes.** Chez la plupart des Euglénobiontes, l'un des flagelles renferme un bâtonnet cristallin (Le cliché pris en MET est une coupe transversale d'un flagelle.) Ce bâtonnet est situé près de l'anneau de microtubules 9 + 2 dont sont munis tous les flagelles eucaryotes (comparez avec la figure 6.24, p. 126).

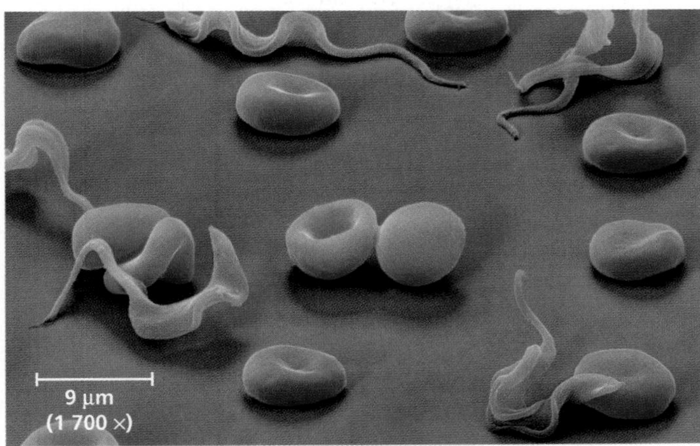
9 µm
(1 700 ×)

▲ **Figure 28.6 Les Kinétoplastidés du genre *Trypanosoma* à l'origine de la maladie du sommeil.** Les cellules mauves qui ondulent entre ces globules rouges sont des trypanosomes (MEB, cliché coloré artificiellement).

Par exemple, des Kinétoplastidés du genre *Trypanosoma* engendrent la maladie du sommeil chez les humains; il s'agit d'une affection neurologique mortelle en l'absence de traitement. L'infection est causée par la piqûre d'un organisme porteur, la mouche africaine tsé-tsé (**figure 28.6**). Les trypanosomes provoquent aussi la maladie de Chagas, transmise par des insectes hématophages et qui peut entraîner une insuffisance cardiaque congestive.

Les trypanosomes échappent à la détection du système immunitaire grâce à un mécanisme efficace de variation antigénique. La surface d'un trypanosome est recouverte de millions de copies d'une seule protéine. Toutefois, avant que le système immunitaire de l'hôte arrive à reconnaître cette protéine et à organiser une attaque, de nouvelles générations du parasite adoptent une protéine membranaire dont la structure moléculaire est légèrement différente. Les fréquentes modifications de cette structure empêchent l'hôte d'acquérir une immunité (voir la figure 43.24, p. 1100). Le tiers du génome de ces trypanosomes est consacré à la production des protéines membranaires.

Les Euglénophytes

Les cellules des **Euglénophytes** se caractérisent par la présence, à l'une de leurs extrémités, d'une dépression d'où émergent un ou deux flagelles (**figure 28.7**). De nombreuses espèces d'Euglénophytes du genre *Euglena* sont mixotrophes, c'est-à-dire qu'elles sont autotrophes en présence d'une source lumineuse (soleil). Sinon, elles peuvent devenir hétérotrophes: elles absorbent alors des nutriments organiques issus de leur milieu. De nombreux autres Euglénophytes phagocytent des proies.

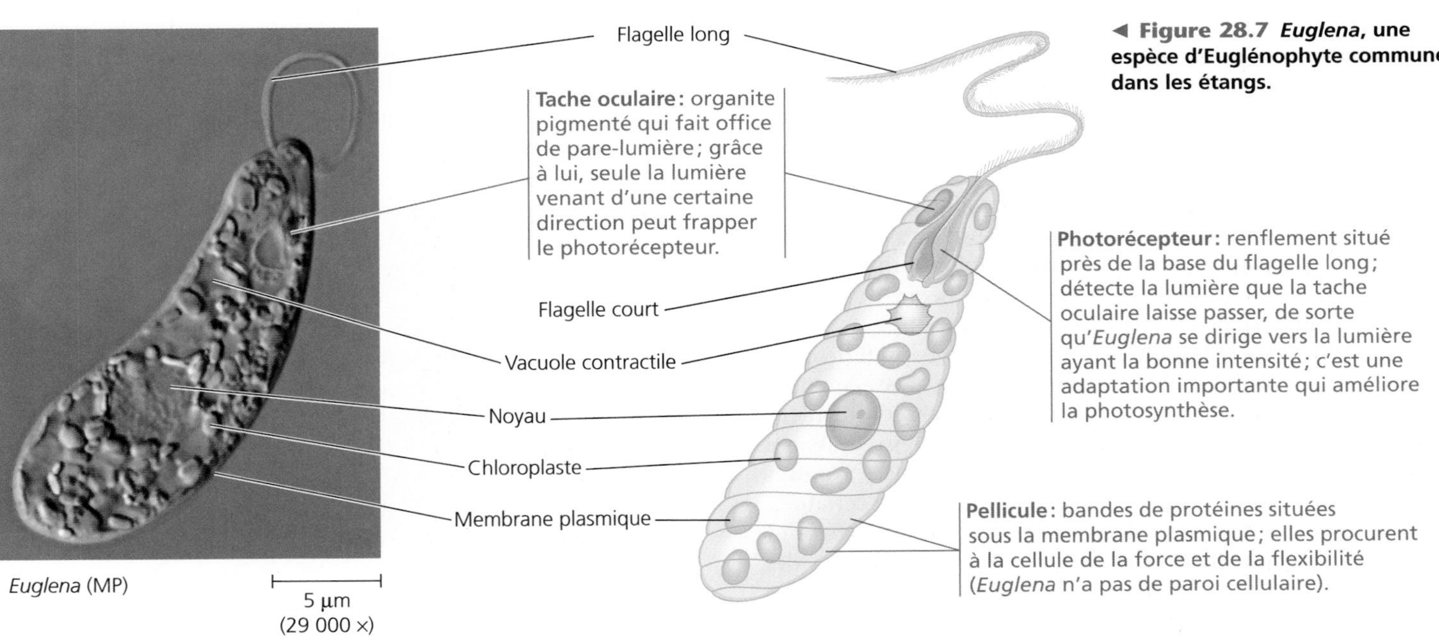
Flagelle long
Tache oculaire: organite pigmenté qui fait office de pare-lumière; grâce à lui, seule la lumière venant d'une certaine direction peut frapper le photorécepteur.
Flagelle court
Vacuole contractile
Noyau
Chloroplaste
Membrane plasmique
Photorécepteur: renflement situé près de la base du flagelle long; détecte la lumière que la tache oculaire laisse passer, de sorte qu'*Euglena* se dirige vers la lumière ayant la bonne intensité; c'est une adaptation importante qui améliore la photosynthèse.
Pellicule: bandes de protéines situées sous la membrane plasmique; elles procurent à la cellule de la force et de la flexibilité (*Euglena* n'a pas de paroi cellulaire).
Euglena (MP)
5 µm
(29 000 ×)

◄ **Figure 28.7 *Euglena*, une espèce d'Euglénophyte commune dans les étangs.**

RETOUR SUR LE CONCEPT 28.2

1. Pourquoi certains biologistes emploient-ils l'expression *très réduites* lorsqu'ils parlent des mitochondries des Diplomonadines et des Parabasaliens?
2. **ET SI?** Les données génétiques d'un Diplomonadine, d'un Euglénophyte, d'un Végétal et d'un Protiste non identifié semblent indiquer que ce dernier est le plus étroitement apparenté aux Diplomonadines. Des études plus approfondies révèlent que l'espèce non identifiée présente des mitochondries fonctionnelles. En se fondant sur ces données, à quel endroit de l'arbre phylogénétique illustré à la figure 8.3, à la page 161, cette lignée de Protistes inconnus aurait-elle probablement divergé des autres lignées eucaryotes? Expliquez votre réponse.

Voir les réponses proposées à la fin du chapitre.

CONCEPT 28.3

Les Chromalvéolés proviendraient d'une endosymbiose secondaire

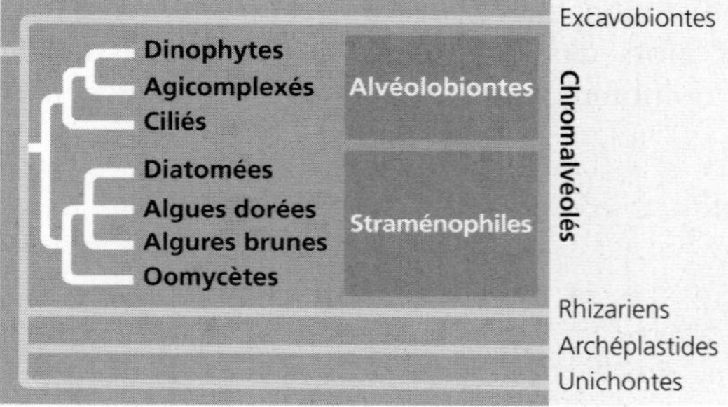

Le supergroupe des **Chromalvéolés** forme un vaste clade extrêmement diversifié de Protistes; cette proposition toute récente repose sur deux sources de données. D'abord, certaines séquences d'ADN (mais pas toutes) semblent indiquer que les Chromalvéolés forment un groupe monophylétique. Ensuite, certaines données renforcent l'hypothèse situant l'origine des Chromalvéolés il y a plus d'un milliard d'années, lorsqu'un ancêtre commun du groupe a absorbé une algue rouge monocellulaire photosynthétique. Dans la mesure où l'on attribue l'apparition des Algues rouges à l'endosymbiose primaire (voir la figure 28.2), l'origine des Chromalvéolés serait donc attribuable à l'endosymbiose secondaire.

Voyons quelle est la solidité des preuves à l'appui de cette hypothèse. De nombreuses espèces du clade possèdent des plastes qui, d'après leur structure et leur ADN, descendent des Algues rouges. D'autres espèces ont des plastes réduits qui semblent dérivés d'un endosymbiote de ces algues. D'autres espèces encore sont dépourvues de plastes, alors que certaines, parmi ces dernières, en portent les gènes. Ces données ont amené des chercheurs à avancer que l'ancêtre commun des Chromalvéolés présentait des plastes apparentés aux Algues rouges, mais que certaines lignées au sein du groupe auraient par la suite perdu leurs plastes. Les adversaires de cette hypothèse rappellent que le génome de plusieurs Chromalvéolés dépourvus de plastes ne renferme pas de gènes de plastes. En fait, l'origine endosymbiotique des Chromalvéolés est un concept intéressant mais, comme beaucoup d'autres hypothèses scientifiques, de nouvelles données risquent de l'infirmer.

Les Chromalvéolés constituent probablement le plus controversé des cinq supergroupes présentés dans ce chapitre. Pour de nombreux scientifiques, il n'en constitue pas moins la meilleure tentative d'explication de la phylogenèse des deux vastes clades que nous examinons maintenant, les Alvéolobiontes et les Straménophiles.

Les Alvéolobiontes

Les **Alvéolobiontes** forment un groupe de Protistes dont la monophylie est solidement étayée par la systématique moléculaire. Sur le plan de la structure, les espèces de ce groupe comportent, sous la membrane plasmique, de petites vésicules aplaties, les alvéoles (**figure 28.8**), dont la fonction est inconnue. On a émis l'hypothèse que ces alvéoles contribueraient à stabiliser la surface cellulaire ou à réguler le contenu hydrique ou ionique des cellules.

Les Alvéolobiontes comptent trois groupes: un groupe de flagellés (Dinophytes), un groupe de parasites (Apicomplexés) et un groupe de Protistes qui se déplacent au moyen de cils (Ciliés).

Les Dinophytes

Les **Dinophytes** ont une forme caractéristique, renforcée par des plaques internes de cellulose. Le mouvement des deux flagelles, fixés perpendiculairement dans deux sillons de cette «armure» de cellulose, produit un tourbillon, d'où le nom de ces organismes, qui vient du grec *dinos*, «tourbillon» (**figure 28.9**). Abondants dans les milieux aquatiques dulcicoles et marins, ils font partie du phytoplancton, qui se compose principalement d'organismes microscopiques dérivant dans les courants, près de la surface de l'eau. Ces Dinophytes comptent parmi les plus importantes espèces de *phytoplancton* (un plancton photosynthétique, composé de bactéries photosynthétiques et d'algues). De nombreux Dinophytes photosynthétiques sont mixotrophes et près de la moitié des Dinophytes sont exclusivement hétérotrophes.

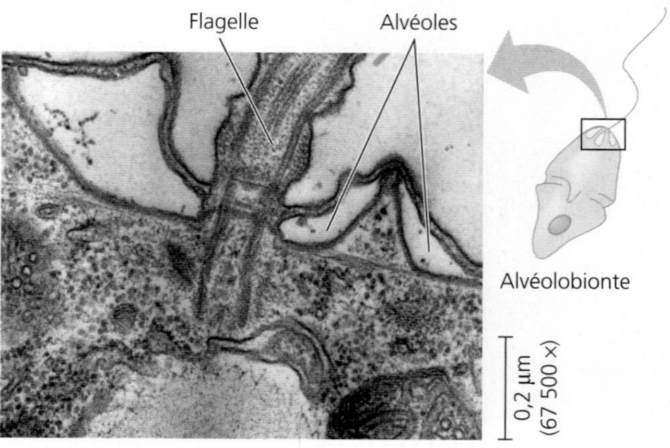

▲ **Figure 28.8 Les alvéoles.** Ces vésicules situées sous la membrane plasmique constituent une caractéristique propre aux Alvéolobiontes (MET).

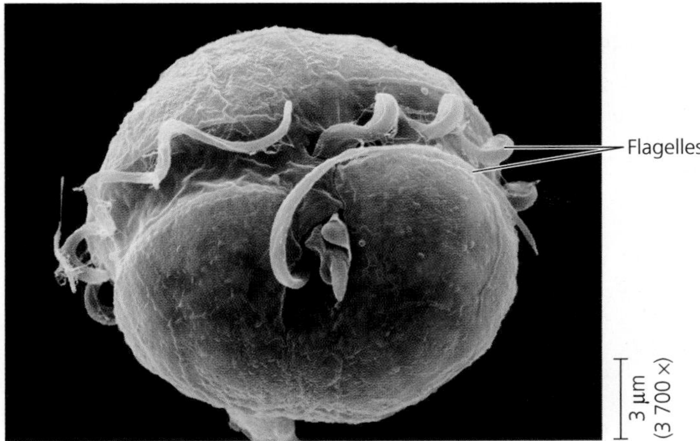

▲ **Figure 28.9 Le Dinophyte *Pfiesteria shumwayae*.** Le mouvement du flagelle hélicoïdal, qui se trouve dans le sillon encerclant la cellule, fait tourbillonner cet Alvéolobionte (cliché coloré artificiellement [MEB]).

Quand les Dinophytes connaissent des périodes d'explosion démographique, on observe des marées rouges dans les eaux côtières. La couleur brun-rouge ou rose orangé de ces marées vient des pigments caroténoïdes, qui prédominent dans les plastes de ces organismes. Les toxines produites par certains Dinophytes (notamment *Karenia brevis*, qui vit dans le golfe du Mexique) peuvent tuer massivement des Invertébrés et des Poissons. Les Mollusques ne sont pas affectés par la toxine paralysante (que l'on dit des milliers de fois plus puissante que le cyanure), mais ils accumulent ces produits, ce qui risque d'intoxiquer, parfois mortellement, les humains qui consomment ces coquillages.

Les Apicomplexés

Presque tous les **Apicomplexés** sont des parasites des Animaux; certains causent d'ailleurs de graves maladies chez l'humain. Ces parasites disséminent chez leur hôte de minuscules cellules infectieuses appelées *sporozoïtes*. Les Apicomplexés doivent leur nom au fait qu'on observe, à l'extrémité apicale de la cellule sporozoïte, un complexe d'organites spécialisés qui lui permettent de pénétrer dans les cellules et les tissus de l'hôte. Bien que les Apicomplexés ne soient pas photosynthétiques, des données récentes montrent qu'ils conservent un plaste modifié (apicoplaste), provenant probablement d'une algue rouge ancestrale.

La plupart des Apicomplexés ont un cycle de développement complexe qui comporte des stades sexués et asexués, et qui nécessite deux espèces d'hôtes, ou plus. Par exemple, l'agent du paludisme, *Plasmodium*, parasite tout autant les moustiques et que les humains (**figure 28.10**).

Historiquement, la malaria disputait à la tuberculose le titre de principale cause de mortalité d'origine infectieuse. Dans les années 1960, deux facteurs ont grandement contribué à diminuer l'incidence du paludisme: la réduction, à l'aide d'insecticides, des populations du moustique porteur du genre *Anopheles*, dont la piqûre transmet la maladie; et la mise au point de médicaments qui tuent les parasites chez l'humain (quinine, chloroquine et méfloquine notamment). Cependant, la multiplication de souches résistantes d'*Anopheles* et de *Plasmodium* a provoqué récemment un nouvel essor de la maladie. On estime que 250 millions de personnes sont couramment infectées par le paludisme dans les régions tropicales et que, chaque année, au moins 900 000 d'entre elles en meurent.

La mise au point de vaccins antipaludéens est difficile, car les *Plasmodium* vivent la plupart du temps à l'abri du système immunitaire de leur hôte en se cachant dans les cellules humaines. En outre, comme les trypanosomes, les *Plasmodium* modifient continuellement leurs protéines membranaires. Un besoin pressant de traitements a galvanisé les démarches visant à séquencer plusieurs génomes de *Plasmodium*. De plus, les chercheurs connaissent maintenant l'expression de la plupart des gènes du parasite à de nombreux stades de son cycle de développement. Ces résultats pourraient aider les scientifiques à mettre au point des vaccins efficaces. Les chercheurs travaillent également à élaborer des médicaments qui s'attaquent à l'apicoplaste. Ces recherches pourraient s'avérer efficaces puisque l'apicoplaste, dérivé d'un Procaryote par endosymbiose secondaire, présente des voies métaboliques différentes de celles qu'on trouve chez l'humain.

Les Ciliés

Les Protistes qui forment le groupe vaste et diversifié des **Ciliés** se déplacent et se nourrissent à l'aide de milliers de cils (**figure 28.11a**). Certains Ciliés sont complètement couverts de cils, tandis que chez d'autres les cils sont disposés en rangées ou en touffes. Chez certaines espèces, des rangées de cils denses servent collectivement de membranelles locomotrices. D'autres espèces se déplacent rapidement grâce à des faisceaux de cils semblables à des pattes.

Les Ciliés possèdent une caractéristique génétique exclusive: ils ont deux types de noyaux, le macronoyau et le micronoyau. La cellule possède un ou plusieurs noyaux de chaque type. Les variations génétiques sont le fruit de la **conjugaison**, un processus sexuel au cours duquel deux individus échangent un micronoyau haploïde, sans se reproduire (**figure 28.11b**).

Les Ciliés se reproduisent généralement par scissiparité, un processus au cours duquel le macronoyau existant se désintègre et un nouveau se forme à partir du micronoyau de la cellule. Chaque micronoyau contient généralement de nombreuses copies du génome de la cellule. Les gènes contenus dans le macronoyau régissent les fonctions quotidiennes de la cellule, comme l'alimentation, l'élimination des déchets et l'équilibre hydrique (voir la figure 28.11a).

Les Straménopiles

Les **Straménopiles** constituent un autre sous-groupe des Chromalvéolés. Ces Protistes réunissent certains des organismes photosynthétiques les plus importants de la planète, de même que plusieurs clades d'organismes hétérotrophes. Le nom du clade (du latin *stramen*, «paille», et *pilos*, «cheveu») témoigne de la présence du flagelle caractéristique, doté des nombreux prolongements filiformes qu'on observe chez ces organismes. Dans la plupart des cas, le flagelle «velu» est doublé d'un flagelle «glabre» plus court (**figure 28.12**). Nous nous intéresserons ici aux quatre groupes de Straménopiles, soit les Diatomées, les Algues dorées, les Algues brunes et les Oomycètes.

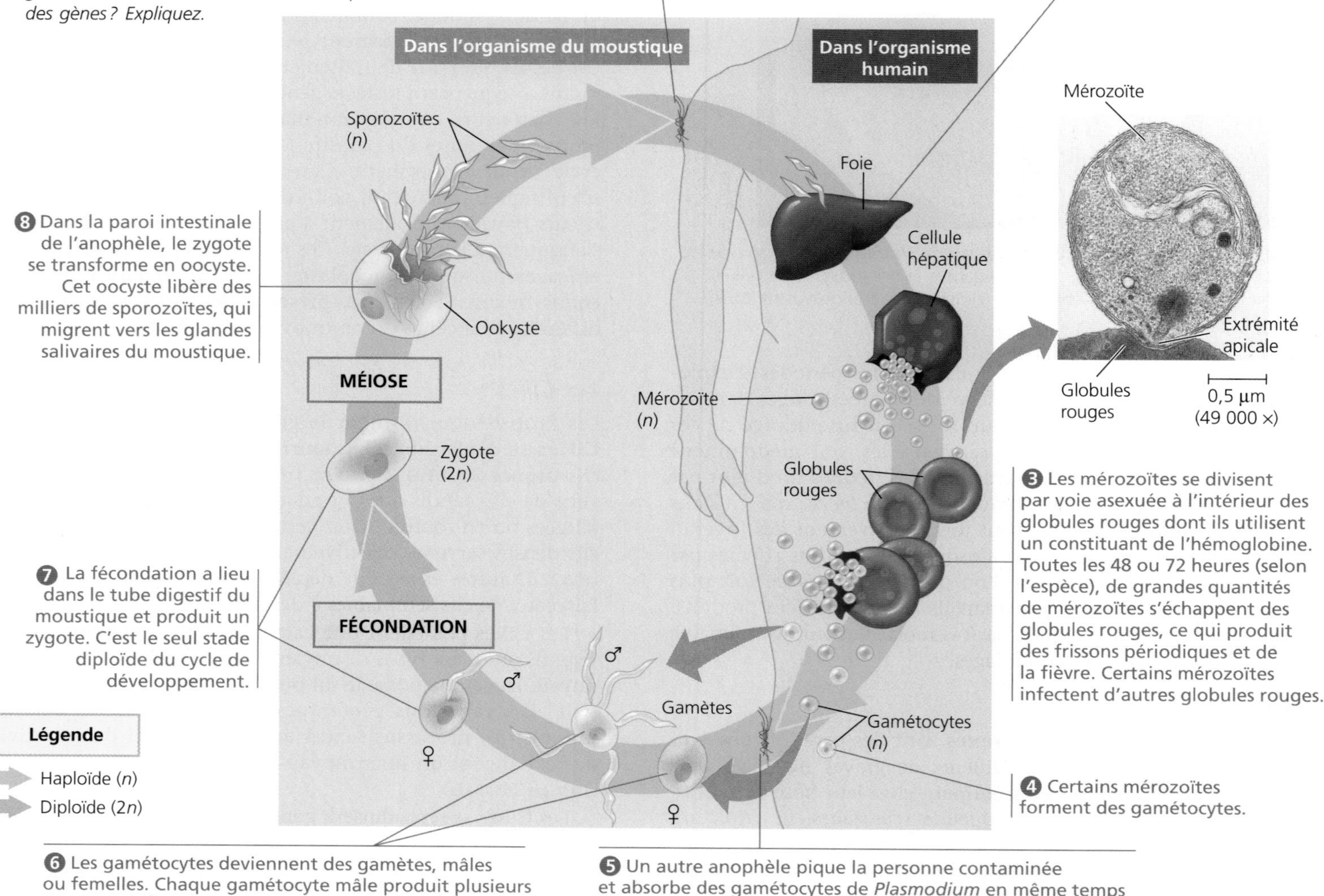

▼ **Figure 28.10 Le cycle de développement des *Plasmodium*, des Apicomplexés causant le paludisme.** (Les couleurs ne sont pas représentatives de la réalité.)

? *Les différences morphologiques entre les sporozoïtes, les mérozoïtes et les gamétocytes sont-elles dues à différents génomes ou à des différences dans l'expression des gènes? Expliquez.*

❶ La femelle du moustique infecté *Anopheles* pique une personne et lui transmet les sporozoïtes de *Plasmodium* présents dans sa salive.

❷ Les sporozoïtes pénètrent dans les cellules hépatiques de la victime. Au bout de quelques jours, ils se divisent plusieurs fois et se transforment en mérozoïtes; ceux-ci pénètrent dans les globules rouges en se servant de leur complexe apical (voir la micrographie ci-dessous).

❸ Les mérozoïtes se divisent par voie asexuée à l'intérieur des globules rouges dont ils utilisent un constituant de l'hémoglobine. Toutes les 48 ou 72 heures (selon l'espèce), de grandes quantités de mérozoïtes s'échappent des globules rouges, ce qui produit des frissons périodiques et de la fièvre. Certains mérozoïtes infectent d'autres globules rouges.

❹ Certains mérozoïtes forment des gamétocytes.

❺ Un autre anophèle pique la personne contaminée et absorbe des gamétocytes de *Plasmodium* en même temps que du sang.

❻ Les gamétocytes deviennent des gamètes, mâles ou femelles. Chaque gamétocyte mâle produit plusieurs gamètes mâles plus minces.

❼ La fécondation a lieu dans le tube digestif du moustique et produit un zygote. C'est le seul stade diploïde du cycle de développement.

❽ Dans la paroi intestinale de l'anophèle, le zygote se transforme en oocyste. Cet oocyste libère des milliers de sporozoïtes, qui migrent vers les glandes salivaires du moustique.

Les Diatomées

Les **Diatomées** sont des algues unicellulaires qui possèdent une paroi unique en son genre, semblable à du verre et constituée de silice hydratée (dioxyde de silicium, ou silice) enchâssée dans une matrice organique. Cette paroi se compose de deux parties qui s'imbriquent l'une dans l'autre, comme les côtés d'une boîte à chaussures et son couvercle. Elle offre une protection efficace contre l'étreinte des mâchoires des prédateurs: des diatomées vivantes peuvent résister à une pression atteignant $1{,}4 \times 10^6$ kg/m^2, ce qui équivaut à la pression exercée sur chaque pied d'une table sur laquelle serait assis un éléphant! La force des diatomées leur vient surtout des délicats motifs formés par les trous et les rainures de leur paroi (**figure 28.13**); si cette paroi était lisse, une force inférieure de 60% suffirait à l'écraser. Les ouvertures dans la paroi permettent aussi aux diatomées une certaine mobilité par glissement au moyen de microtubules.

Avec près de 100 000 espèces, les Diatomées forment un groupe extrêmement diversifié de Protistes (voir la figure 28.3). Tant dans les océans que dans les lacs, elles abondent dans le phytoplancton. Ainsi, un seau rempli d'eau recueillie à la surface de la mer peut contenir des millions de ces algues microscopiques. Les archives géologiques montrent que les diatomées étaient très répandues par le passé, comme en témoignent les accumulations colossales de leurs parois fossilisées, principales composantes des sédiments rocheux appelés *diatomite*. On extrait cette roche parce qu'elle constitue un excellent produit de filtrage; on l'utilise aussi dans la fabrication d'un grand nombre de produits abrasifs ou absorbants.

Puisque les diatomées sont si répandues et si abondantes, on pourrait penser que leur activité photosynthétique influe sur les niveaux de dioxyde de carbone, ce qui est effectivement le cas. Elles exercent cette influence en partie en raison de la chaîne des événements qui suit la croissance extrêmement

▼ Figure 28.11 La structure et les fonctions de la paramécie (*Paramecium caudatum*).

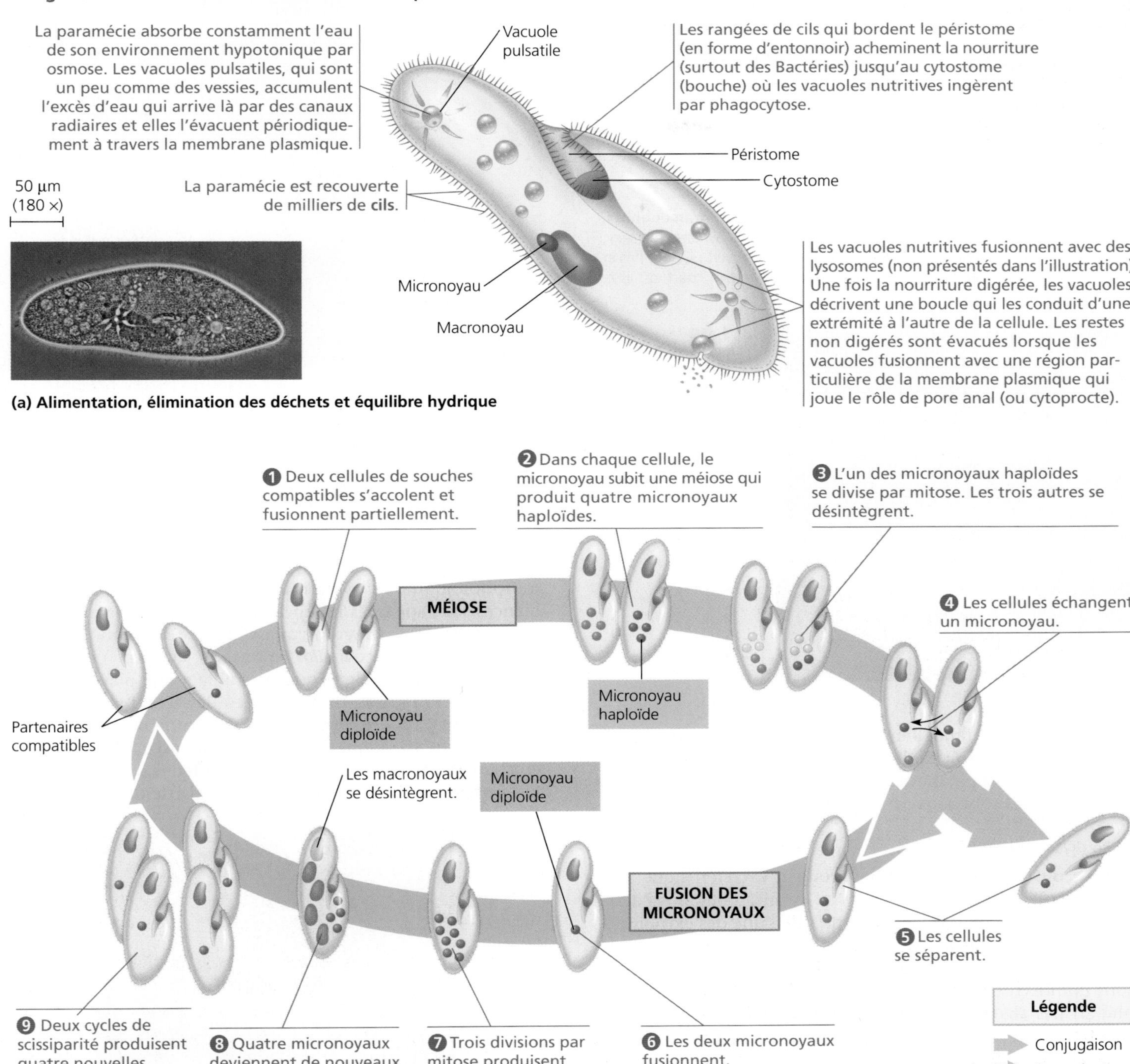

La paramécie absorbe constamment l'eau de son environnement hypotonique par osmose. Les vacuoles pulsatiles, qui sont un peu comme des vessies, accumulent l'excès d'eau qui arrive là par des canaux radiaires et elles l'évacuent périodiquement à travers la membrane plasmique.
Vacuole pulsatile
Les rangées de cils qui bordent le péristome (en forme d'entonnoir) acheminent la nourriture (surtout des Bactéries) jusqu'au cytostome (bouche) où les vacuoles nutritives ingèrent par phagocytose.
Péristome
Cytostome
50 µm
(180 ×)
La paramécie est recouverte de milliers de cils.
Micronoyau
Macronoyau
Les vacuoles nutritives fusionnent avec des lysosomes (non présentés dans l'illustration). Une fois la nourriture digérée, les vacuoles décrivent une boucle qui les conduit d'une extrémité à l'autre de la cellule. Les restes non digérés sont évacués lorsque les vacuoles fusionnent avec une région particulière de la membrane plasmique qui joue le rôle de pore anal (ou cytoprocte).
(a) Alimentation, élimination des déchets et équilibre hydrique
1 Deux cellules de souches compatibles s'accolent et fusionnent partiellement.
2 Dans chaque cellule, le micronoyau subit une méiose qui produit quatre micronoyaux haploïdes.
3 L'un des micronoyaux haploïdes se divise par mitose. Les trois autres se désintègrent.
4 Les cellules échangent un micronoyau.
MÉIOSE
Partenaires compatibles
Micronoyau diploïde
Micronoyau haploïde
Les macronoyaux se désintègrent.
Micronoyau diploïde
FUSION DES MICRONOYAUX
5 Les cellules se séparent.
9 Deux cycles de scissiparité produisent quatre nouvelles cellules filles.
8 Quatre micronoyaux deviennent de nouveaux macronoyaux.
7 Trois divisions par mitose produisent huit micronoyaux.
6 Les deux micronoyaux fusionnent.
Légende
Conjugaison
Reproduction asexuée

(b) Conjugaison et reproduction

rapide de leur population quand elles se trouvent en présence de grandes quantités de nutriments. Les diatomées sont habituellement la proie de divers Protistes et invertébrés, mais lors d'une explosion démographique nombre d'entre elles échappent à ce destin. Lorsqu'elles meurent, les diatomées qui ont échappé à leurs prédateurs sombrent au fond de l'océan. Or, elles risquent bien peu d'être décomposées par des bactéries et par d'autres décomposeurs. Aussi le carbone contenu dans leur cellule y reste-t-il emprisonné au lieu d'être relâché sous forme de dioxyde de carbone. Par conséquent, le dioxyde de carbone qu'absorbent les diatomées pendant la photosynthèse est entraîné, ou «pompé», au fond de l'océan, où il s'accumule. Cette observation intéresse particulièrement les scientifiques qui cherchent à réduire le réchauffement climatique en diminuant le CO_2 atmosphérique. Ces derniers proposent de provoquer une surpopulation de Diatomées en enrichissant l'océan de nutriments essentiels à leur croissance, comme le fer. Toutefois, cette stratégie ne séduit pas tous les

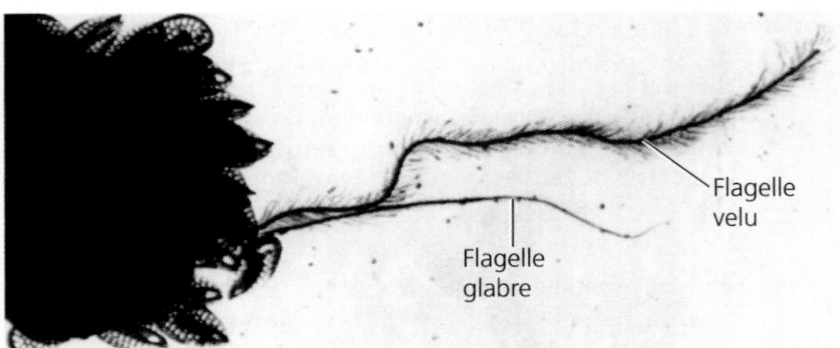

▲ **Figure 28.12 Les flagelles des Straménopiles.** La plupart des Straménopiles, comme *Synura petersenii*, possèdent deux flagelles : l'un est couvert de poils fins et raides (ou mastigonèmes), et l'autre, plus court, est lisse.

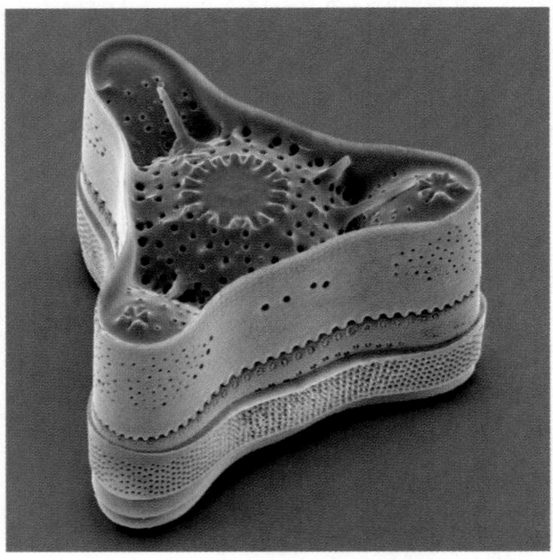

◄ **Figure 28.13 La diatomée *Triceratium morlandii*** (MEB, cliché coloré artificiellement).

scientifiques, qui rappellent que des essais à petite échelle ont produit des résultats discutables et que les conséquences résultant de manipulations à grande échelle de communautés biologiques sont souvent imprévisibles.

Les Algues dorées

Les **Algues dorées** doivent leur couleur caractéristique à la présence de caroténoïdes jaunes et bruns. Elles possèdent généralement deux flagelles fixés près de l'une des extrémités de la cellule. La plupart de ces algues vivent parmi le plancton d'eau douce et d'eau salée. Toutes les espèces de ce groupe sont photosynthétiques, mais certaines sont mixotrophes. La plupart des algues dorées sont unicellulaires, mais certaines, telles les espèces d'eau douce du genre *Dinobryon*, vivent en colonies (**figure 28.14**). Si les conditions environnementales se détériorent, de nombreuses espèces se transforment en kystes résistants qui peuvent rester viables durant des décennies.

Les Algues brunes

Les **Algues brunes** sont les algues les plus grandes et les plus complexes. Elles sont toutes multicellulaires ; la plupart vivent en eau salée et sont particulièrement abondantes le long des côtes des régions tempérées et baignées par des eaux froides. Elles doivent leur couleur brune ou olive caractéristique aux pigments caroténoïdes de leurs plastes, qui sont homologues à ceux des Algues dorées et des Diatomées.

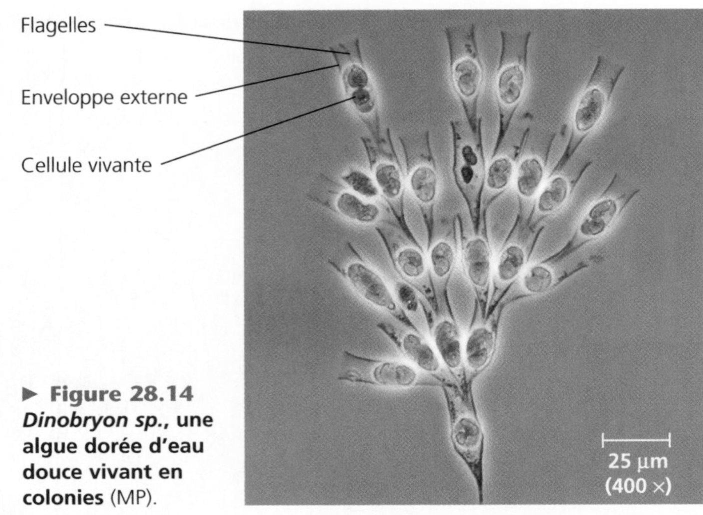

► **Figure 28.14 *Dinobryon sp.*, une algue dorée d'eau douce vivant en colonies** (MP).

Les Algues brunes comprennent de nombreuses espèces généralement appelées *algues marines*. (On donne aussi ce nom à plusieurs espèces d'Algues rouges et d'Algues vertes multicellulaires de grande taille. Nous les étudierons un peu plus loin dans le chapitre.) Certaines espèces d'algues brunes présentent l'anatomie multicellulaire la plus complexe qui soit. On y observe même des tissus différenciés et des organes comparables à ceux des Végétaux. Cependant, des données morphologiques et génétiques indiquent que les ressemblances sont apparues indépendamment dans chaque lignée. Ce sont donc des structures analogues et non homologues.

Le **thalle** (du grec *thallos*, « rameau », « pousse ») est l'appareil végétatif d'une algue qui ressemble à une plante. Mais il ne possède ni racines, ni tiges, ni feuilles véritables. Un thalle se compose d'un **crampon** semblable à une racine qui ancre l'Algue, d'un **stipe** qui s'apparente à une tige à laquelle s'accrochent des **frondes** ressemblant à des feuilles (**figure 28.15**). Les frondes constituent la plus grande partie de la surface de

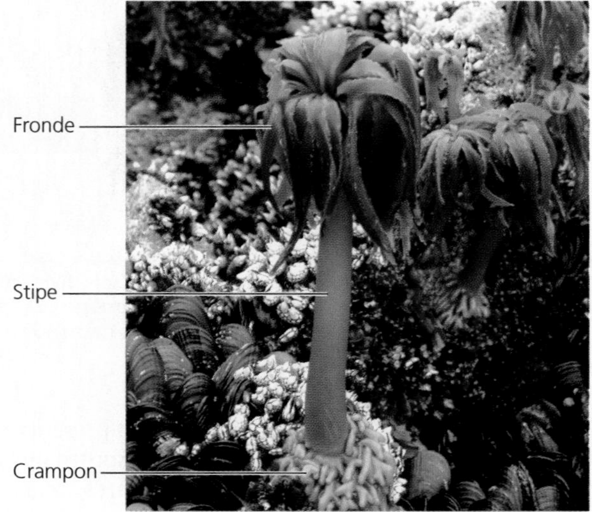

▲ **Figure 28.15 Les algues marines, des organismes bien adaptés à la vie littorale.** Le postelsia palmiforme, *Postelsia palmaeformis*, qui ressemble à un petit palmier, vit sur les rochers le long des côtes nord-ouest des États-Unis et du Canada. Bien adapté, le thalle de cette algue brune (Phéophycée) se cramponne fermement aux rochers afin de résister au violent ressac des vagues.

photosynthèse. Certaines algues brunes sont dotées de vésicules aérifères remplies de gaz qui maintiennent les frondes près de la surface de l'eau. Au-delà de la zone intertidale, en eau profonde, on trouve l'algue marine géante appelée varech. Son stipe peut mesurer jusqu'à 60 m, soit plus de la moitié d'un terrain de football. La mer des Sargasses, dans l'Atlantique au nord-est des Bermudes, est une étendue de plusieurs millions de kilomètres carrés où flottent librement des thalles d'Algues brunes du genre Sargassum arrachés des fonds marins par les courants.

Les algues marines qui occupent la zone intertidale doivent résister aux vagues et aux vents qui agitent les eaux ainsi qu'à l'effet desséchant de l'atmosphère et aux intenses rayons du Soleil durant les marées basses biquotidiennes. Elles doivent leur survie à des adaptations remarquables. Par exemple, leur paroi cellulaire contient de la cellulose et des polysaccharides gélifiants qui protègent leur thalle contre l'agitation des vagues et les empêchent de trop s'assécher lorsqu'elles sont exposées à l'air.

Les Algues brunes constituent d'importantes ressources pour l'humain. Certaines espèces servent d'aliments, par exemple *Laminaria* entre dans la composition de certaines soupes (le kombu japonais). De plus, la substance gélifiante contenue dans la paroi cellulaire des Algues brunes, l'algine, est utilisée comme épaississant dans d'innombrables aliments préparés (crèmes, poudings, vinaigrettes, etc.).

L'alternance de générations

Les algues multicellulaires présentent divers cycles de développement. Les plus complexes se caractérisent par l'**alternance de générations**, c'est-à-dire par la succession des formes haploïdes et diploïdes multicellulaires. Bien que les états haploïdes et diploïdes alternent dans *tous* les cycles de développement sexuels – les gamètes humains, par exemple, sont haploïdes –, le terme *alternance de générations* ne s'applique qu'aux cycles dans lesquels les stades haploïdes et diploïdes sont multicellulaires. Comme nous le verrons au chapitre 29, l'alternance de générations caractérise également le cycle de développement des Végétaux.

L'algue brune du genre *Laminaria* fournit un bon exemple d'organisme ayant un cycle de développement complexe, caractérisé par l'alternance de générations (**figure 28.16**). L'individu diploïde est appelé *sporophyte*, car il fabrique des

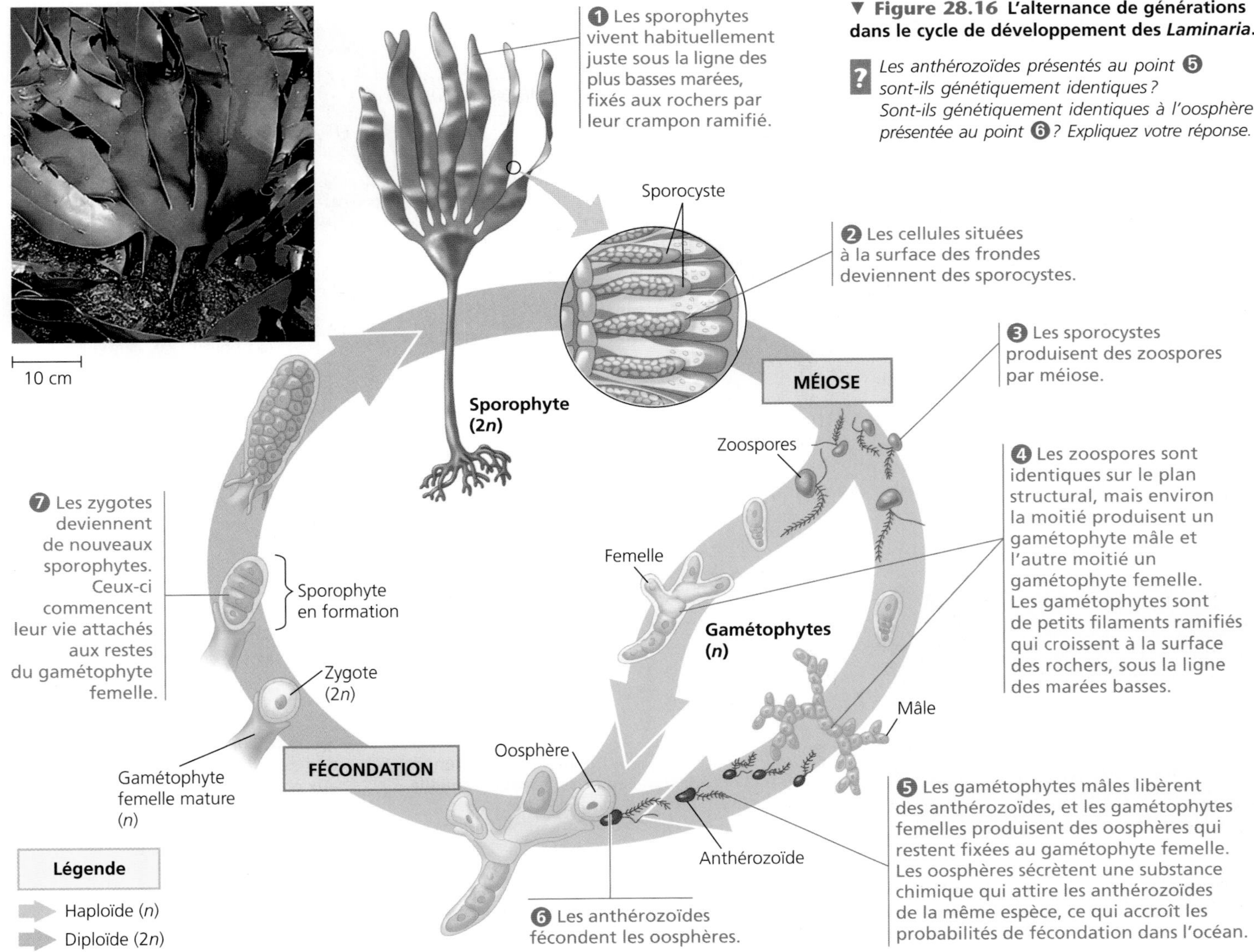

10 cm
❶ Les sporophytes vivent habituellement juste sous la ligne des plus basses marées, fixés aux rochers par leur crampon ramifié.
Sporocyste
❷ Les cellules situées à la surface des frondes deviennent des sporocystes.
MÉIOSE
❸ Les sporocystes produisent des zoospores par méiose.
Sporophyte (2*n*)
Zoospores
❹ Les zoospores sont identiques sur le plan structural, mais environ la moitié produisent un gamétophyte mâle et l'autre moitié un gamétophyte femelle. Les gamétophytes sont de petits filaments ramifiés qui croissent à la surface des rochers, sous la ligne des marées basses.
Femelle
Gamétophytes (*n*)
Mâle
❼ Les zygotes deviennent de nouveaux sporophytes. Ceux-ci commencent leur vie attachés aux restes du gamétophyte femelle.
Sporophyte en formation
Zygote (2*n*)
FÉCONDATION
Oosphère
Gamétophyte femelle mature (*n*)
Anthérozoïde
❺ Les gamétophytes mâles libèrent des anthérozoïdes, et les gamétophytes femelles produisent des oosphères qui restent fixées au gamétophyte femelle. Les oosphères sécrètent une substance chimique qui attire les anthérozoïdes de la même espèce, ce qui accroît les probabilités de fécondation dans l'océan.
❻ Les anthérozoïdes fécondent les oosphères.
Légende
Haploïde (*n*)
Diploïde (2*n*)

▼ **Figure 28.16 L'alternance de générations dans le cycle de développement des *Laminaria*.**

? *Les anthérozoïdes présentés au point ❺ sont-ils génétiquement identiques? Sont-ils génétiquement identiques à l'oosphère présentée au point ❻? Expliquez votre réponse.*

spores. Ces spores sont haploïdes et se déplacent grâce à leurs flagelles ; ce sont des zoospores. Les zoospores deviennent des *gamétophytes* haploïdes mâles et femelles multicellulaires, qui produisent des gamètes. L'union de deux gamètes (fécondation) donne un zygote diploïde, qui mûrit et engendre un nouveau sporophyte multicellulaire.

Dans le cas des *Laminaria*, les deux générations sont **hétéromorphes**, c'est-à-dire que le sporophyte et le gamétophyte ont des structures différentes. D'autres algues présentent une alternance de générations **isomorphes**. Autrement dit, le sporophyte et le gamétophyte semblent identiques, mais ils ne possèdent pas le même nombre de chromosomes.

Les Oomycètes (Saprolégniales et organismes apparentés)

Les **Oomycètes** comprennent les Saprolégniales, les Rouilles blanches et les agents du mildiou. Les premières études morphologiques semblaient indiquer que ces organismes étaient des Eumycètes (d'ailleurs, *Oomycète* signifie « champignon contenant des œufs »). Par exemple, de nombreux Oomycètes sont pourvus de filaments plurinucléés (hyphes) qui ressemblent aux filaments des Eumycètes (**figure 28.17**). Toutefois, il existe des différences importantes entre les Oomycètes et les Eumycètes. La paroi cellulaire des Oomycètes est généralement composée de cellulose, tandis que celle des Eumycètes

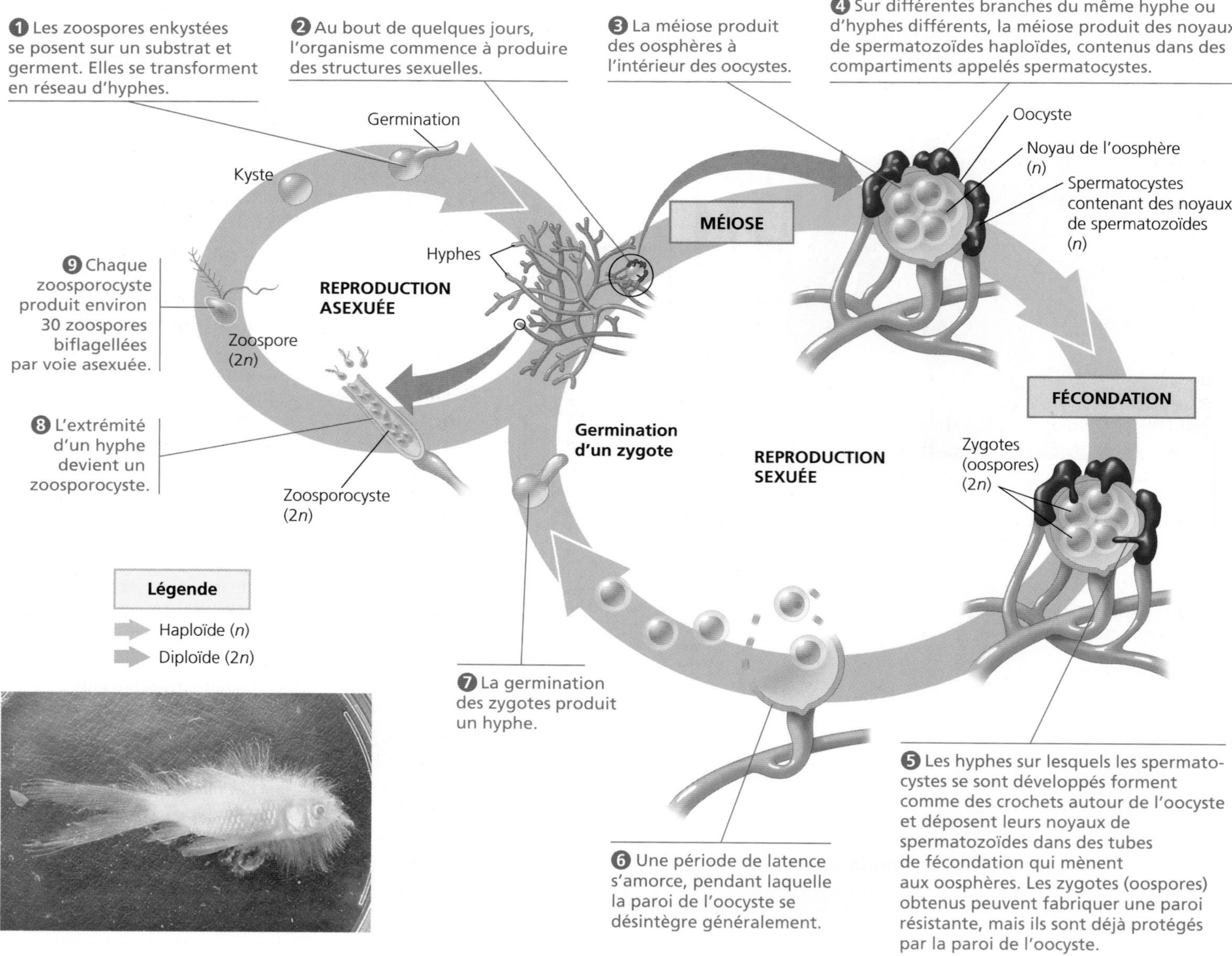

1 Les zoospores enkystées se posent sur un substrat et germent. Elles se transforment en réseau d'hyphes.
2 Au bout de quelques jours, l'organisme commence à produire des structures sexuelles.
3 La méiose produit des oosphères à l'intérieur des oocystes.
4 Sur différentes branches du même hyphe ou d'hyphes différents, la méiose produit des noyaux de spermatozoïdes haploïdes, contenus dans des compartiments appelés spermatocystes.
Germination
Kyste
Oocyste
Noyau de l'oosphère (n)
Spermatocystes contenant des noyaux de spermatozoïdes (n)
MÉIOSE
Hyphes
9 Chaque zoosporocyste produit environ 30 zoospores biflagellées par voie asexuée.
REPRODUCTION ASEXUÉE
Zoospore (2n)
FÉCONDATION
8 L'extrémité d'un hyphe devient un zoosporocyste.
Germination d'un zygote
REPRODUCTION SEXUÉE
Zygotes (oospores) (2n)
Zoosporocyste (2n)
Légende
Haploïde (n)
Diploïde (2n)
7 La germination des zygotes produit un hyphe.
5 Les hyphes sur lesquels les spermatocystes se sont développés forment comme des crochets autour de l'oocyste et déposent leurs noyaux de spermatozoïdes dans des tubes de fécondation qui mènent aux oosphères. Les zygotes (oospores) obtenus peuvent fabriquer une paroi résistante, mais ils sont déjà protégés par la paroi de l'oocyste.
6 Une période de latence s'amorce, pendant laquelle la paroi de l'oocyste se désintègre généralement.

▲ **Figure 28.17 Le cycle de développement des Saprolégniales.** Les Saprolégniales contribuent à la décomposition d'Insectes, de Poissons et d'autres Animaux morts immergés dans de l'eau douce. (Notez la présence de la toison d'hyphes sur le poisson rouge apparaissant en médaillon.)

est constituée de chitine, un autre polysaccharide. La systématique moléculaire a confirmé que les Oomycètes ne sont pas étroitement apparentés aux Eumycètes. Leur similarité apparente est un exemple d'évolution convergente (voir le chapitre 25). Tant chez les Oomycètes que chez les Eumycètes, le rapport élevé entre la surface et le volume des structures filamenteuses favorise l'absorption des nutriments provenant de l'environnement.

Même si leurs ancêtres possédaient des plastes, les Oomycètes en sont aujourd'hui dépourvus et sont incapables de photosynthèse. Ils obtiennent plutôt leurs nutriments en décomposant ou en parasitant d'autres organismes. La plupart des Saprolégniales sont des décomposeurs qui croissent en masses duveteuses sur les algues et les animaux morts, principalement en eau douce (voir la figure 28.17). Les Rouilles blanches et les agents du mildiou, quant à eux, sont habituellement des parasites de diverses plantes terrestres.

L'impact écologique des Oomycètes peut être important. Ainsi, *Phytophthora infestans* cause le mildiou de la pomme de terre, qui provoque le pourrissement du pied et de la tige des plants. Au 19e siècle, cette maladie a causé en Irlande une désastreuse famine à la suite de laquelle un million de personnes sont mortes et au moins autant ont été forcées de quitter le pays. La maladie demeure aujourd'hui un problème sérieux, car elle entraîne des pertes qui représentent en général 15 % des récoltes en Amérique du Nord et 70 % des récoltes dans certaines parties de la Russie où les cultivateurs n'ont pas les moyens d'acheter des pesticides.

Pour mieux comprendre cet agent pathogène, les biologistes moléculaires ont isolé l'ADN d'un spécimen de *P. infestans* conservé depuis l'épidémie des années 1840 en Irlande. Des études génétiques montrent que, au cours des dernières décennies, l'Oomycète a acquis des gènes qui le rendent plus agressif et plus résistant aux pesticides. Les scientifiques examinent le génome de *Phytophthora* et celui des pommes de terre en vue de trouver de nouvelles armes contre cette maladie. Déjà, des chercheurs ont produit des pommes de terre résistantes au mildiou en effectuant un transfert de gènes provenant d'une souche de pommes de terre sauvages que cette maladie n'atteint pas.

RETOUR SUR LE CONCEPT 28.3

1. Résumez les arguments qui renforcent ou qui infirment l'hypothèse selon laquelle les espèces actuellement classées comme des Chromalvéolés proviennent du même clade.
2. **ET SI?** Selon vous, l'ADN des plastes des Dinophytes photosynthétiques, des Diatomées et des Algues brunes ressemble-t-il davantage à l'ADN nucléaire des Végétaux (domaine des Eucaryotes) ou à l'ADN chromosomique des Cyanobactéries (domaine des Bactéries)? Expliquez votre réponse.
3. **FAITES DES LIENS** Parmi les trois cycles présentés à la figure 13.6 (p. 286), quel cycle de développement présente une alternance de générations? Qu'est-ce qui le distingue des deux autres?

Voir les réponses proposées à la fin du chapitre.

CONCEPT 28.4

Les Rhizariens forment un groupe diversifié de Protistes qui se définissent par leurs ressemblances génétiques

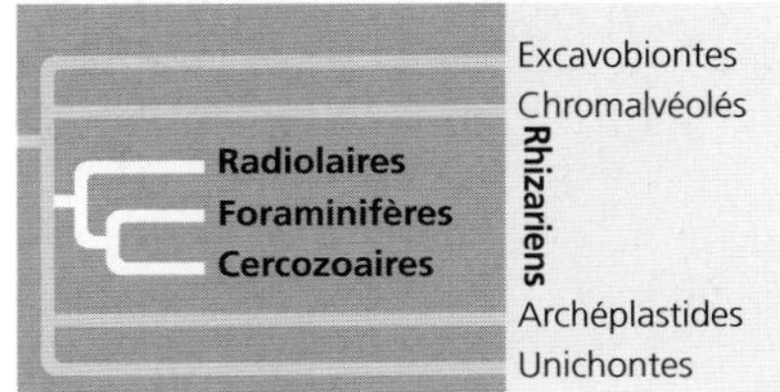

Le clade des **Rhizariens** a été établi récemment d'après les résultats de la systématique moléculaire. Bien que les organismes qui en font partie présentent de nombreuses différences sur le plan morphologique, les données génétiques permettent de croire que les Rhizariens forment un groupe monophylétique. Selon de récentes études en phylogenèse, les Rhizariens devraient être intégrés au groupe des Chromalvéolés, comme nous le signalons dans la figure 28.3.

De nombreuses espèces du clade des Rhizariens font partie des organismes appelés amibes. On définissait auparavant les **amibes** comme des Protistes qui se déplacent et se nourrissent au moyen de **pseudopodes**, c'est-à-dire de prolongements qui peuvent surgir de n'importe quel point de la surface cellulaire. L'amibe se déplace en étirant un pseudopode et en ancrant l'extrémité, ce qui crée un mouvement du cytoplasme vers celui-ci. Toutefois, grâce à la systématique moléculaire, il est clair désormais que les amibes ne constituent pas un groupe monophylétique; elles sont plutôt réparties dans de nombreux taxons d'Eucaryotes sans parenté directe. La plupart de celles qui appartiennent au clade des Rhizariens se distinguent sur le plan morphologique de la plupart des autres amibes par leurs pseudopodes filiformes.

Les Rhizariens comprennent trois groupes, soit les Radiolaires, les Foraminifères et les Cercozoaires.

Les Radiolaires

Les Protistes que nous appelons **Radiolaires** présentent un squelette délicat et complexe, généralement constitué de silice. Les pseudopodes de ces Protistes, marins pour la plupart, sont disposés en rayons autour de leur corps central (**figure 28.18**) et sont renforcés par des faisceaux de microtubules. Les microtubules sont recouverts d'une mince couche de cytoplasme entourant les microorganismes plus petits qui s'attachent aux pseudopodes. Les mouvements cytoplasmiques font ensuite passer la proie capturée dans la partie principale de la cellule. Lorsque les Radiolaires meurent, leurs squelettes siliceux s'accumulent au fond de la mer et y forment une boue dont l'épaisseur peut atteindre plusieurs centaines de mètres par endroits.

Les Foraminifères

Les **Foraminifères** (du latin *foramen*, « petit trou », et *ferre*, « porter ») doivent leur nom à leur coque poreuse, ou **test**

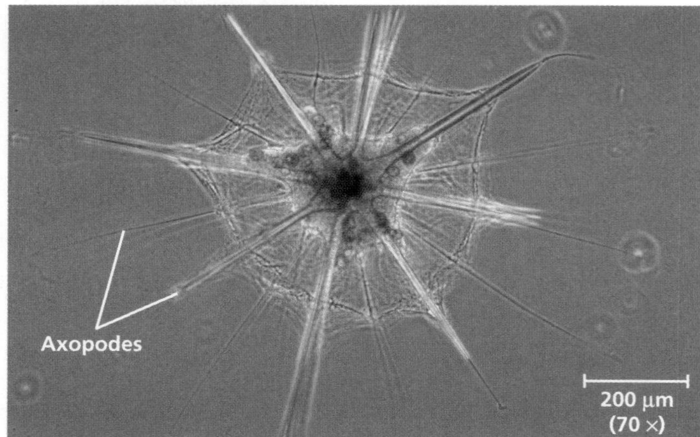

▲ **Figure 28.18 Un radiolaire.** De nombreux pseudopodes filiformes sont disposés en rayons autour du corps central de ce radiolaire, qui vit dans la mer Rouge (MP).

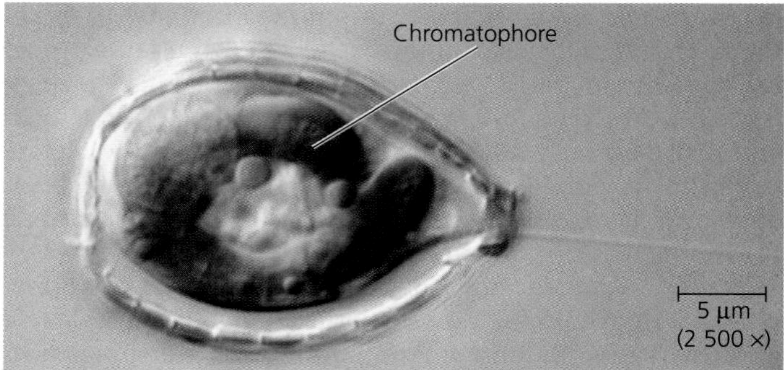

▲ **Figure 28.19 Un deuxième cas d'endosymbiose primaire?** Le Cercozoaire *Paulinella* réalise la photosynthèse à partir d'une structure unique qu'on appelle chromatophore (MP). Les chromatophores sont entourés d'une membrane comportant une couche de peptidoglycane, ce qui permet de penser qu'ils dériveraient d'une Bactérie. Les données génétiques indiquent que les chromatophores proviennent d'une autre Cyanobactérie que celle dont les plastes sont dérivés.

(voir la figure 28.3). Le test d'un Foraminifère se compose habituellement d'une pièce de matériaux organiques que renforce du carbonate de calcium. Les pseudopodes, qui émergent des pores, permettent à l'organisme de nager, de constituer son test et de se nourrir. Un grand nombre de Foraminifères se nourrissent des produits issus de la photosynthèse des algues qui vivent en symbiose sous leur test.

Les Foraminifères vivent tant en eau salée qu'en eau douce. La plupart des espèces habitent dans le sable ou se fixent aux rochers et aux algues. Certaines abondent dans le plancton. Bien qu'ils soient unicellulaires, les plus gros foraminifères atteignent un diamètre de plusieurs centimètres.

Des espèces connues de Foraminifères, 90% sont des fossiles. Avec les restes calcaires d'autres Protistes, leurs tests entrent dans la composition des sédiments marins et même des roches sédimentaires qui ont émergé. Ces fossiles sont d'excellents marqueurs pour la datation comparative des roches sédimentaires de diverses régions du monde.

Les Cercozoaires

Découverts pour la première fois grâce à la phylogenèse moléculaire, les **Cercozoaires** forment un grand groupe contenant la plupart des Protistes amiboïdes et flagellés qui se nourrissent à l'aide de pseudopodes filiformes. Ils vivent en grand nombre dans les écosystèmes marins, dulcicoles et terrestres.

La plupart des Cercozoaires sont hétérotrophes. Nombre d'entre eux parasitent les Végétaux, les Animaux ou d'autres Protistes, et plusieurs autres sont prédateurs. Les prédateurs comprennent les plus importants consommateurs de bactéries des écosystèmes aquatiques et terrestres, de même que des espèces qui mangent d'autres Protistes, des Eumycètes et même de petits animaux. Un petit groupe de Cercozoaires, les Chlorarachniophytes (mentionnés plus haut dans l'exposé sur l'endosymbiose secondaire), sont mixotrophes: ils se nourrissent de bactéries et de Protistes plus petits, mais sont aussi capables de photosynthèse. Au moins un autre Cercozoaire, *Paulinella chromatophora*, est autotrophe; il tire son énergie de la lumière et son carbone du dioxyde de carbone. Cette espèce présente une structure interne particulière, en forme de saucisse, où s'accomplit la photosynthèse (**figure 28.19**). À cet égard, *Paulinella* semble constituer un autre exemple évolutif, intrigant, d'une lignée eucaryote qui tient son mécanisme de photosynthèse d'une Cyanobactérie.

RETOUR SUR LE CONCEPT 28.4

1. Expliquez pourquoi les données géologiques relatives aux Foraminifères sont si bien préservées.
2. **ET SI?** Supposons que des données génétiques semblent indiquer qu'une amibe récemment découverte fait partie du clade des Rhizariens, bien que sa morphologie ressemble davantage à celle d'amibes provenant d'autres groupes eucaryotes. Proposez une explication qui tiendrait compte de ces observations contradictoires.
3. **FAITES DES LIENS** Revoyez les figures 9.2 (p. 183) et 10.6 (p. 211), puis expliquez brièvement comment les Chlorarachniophytes et d'autres algues aérobies consomment et produisent du CO_2 et de l'O_2.

Voir les réponses proposées à la fin du chapitre.

CONCEPT 28.5

Les Algues rouges et les Algues vertes sont les organismes les plus étroitement apparentés aux Végétaux terrestres

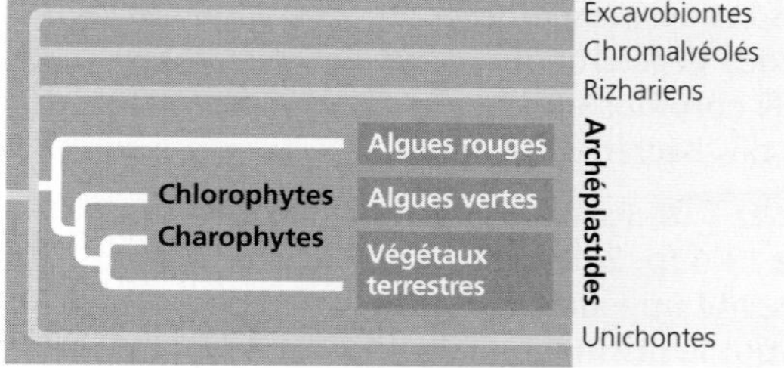

Comme nous l'avons expliqué au chapitre 25, la systématique moléculaire et les études portant sur la structure cellulaire corroborent le scénario suivant. Il y a plus d'un milliard d'années, un protiste hétérotrophe a acquis un endosymbionte (Cyanobactérie), et les descendants photosynthétiques de ce Protiste primitif se sont divisés en Algues rouges et en Algues vertes. Il y a au moins 475 millions d'années, la lignée ayant engendré les Algues vertes a donné naissance aux Végétaux terrestres. Les Algues rouges, les Algues vertes et les Végétaux terrestres forment le quatrième supergroupe d'Eucaryotes, celui des **Archéplastides**. Ce groupe monophylétique descend de l'ancien Protiste ayant absorbé une Cyanobactérie. Nous examinerons les Végétaux terrestres aux chapitres 29 et 30; traitons d'abord de la diversité de leurs plus proches parents, les Algues rouges et les Algues vertes.

Les Algues rouges

Parmi les quelque 6 000 espèces connues d'**Algues rouges**, ou Rhodobiontes (du grec *rhodon*, «rose»), beaucoup doivent leur couleur rougeâtre à un pigment photosynthétique accessoire appelé phycoérythrine, qui masque le vert de la chlorophylle (**figure 28.20**). Toutefois, chez les espèces adaptées à la vie en eau peu profonde, la phycoérythrine se fait moins abondante. Ainsi, les Algues rouges peuvent être verdâtres en eau très peu profonde, rouge vif à des profondeurs moyennes et presque noires en eau profonde. Certaines espèces ont perdu leur pigmentation et vivent en parasites hétérotrophes d'autres Algues rouges.

Les Algues rouges sont les plus abondantes des grandes algues dans les eaux côtières chaudes des tropiques. Leurs pigments accessoires, dont la phycoérythrine, leur permettent d'absorber la lumière bleue et la lumière verte, qui pénètrent assez profondément dans l'eau. On vient de découvrir, près des Bahamas, une espèce d'Algue rouge qui vit à plus de 260 m de profondeur, ce qui est un record pour un organisme photosynthétique. Il existe aussi quelques espèces qui vivent en eau douce ou en milieu terrestre.

La plupart des Algues rouges sont multicellulaires. Bien qu'aucune des algues de ce groupe ne rivalise en taille avec les algues brunes géantes (Laminaires), on qualifie couramment les plus grandes algues rouges multicellulaires d'«algues marines». Il se peut d'ailleurs que vous ayez mangé l'une de ces espèces multicellulaires, *Porphyra* (*nori*, en japonais), sous forme de feuilles croustillantes ou comme emballage de sushi (voir la figure 28.20).

Les Algues rouges présentent des cycles de développement variés dans lesquels l'alternance de générations est fréquente. Mais, contrairement à celui des autres algues, leur cycle de développement ne présente pas de stade flagellé (les centrioles sont absents), et les gamètes se rencontrent à la faveur des courants.

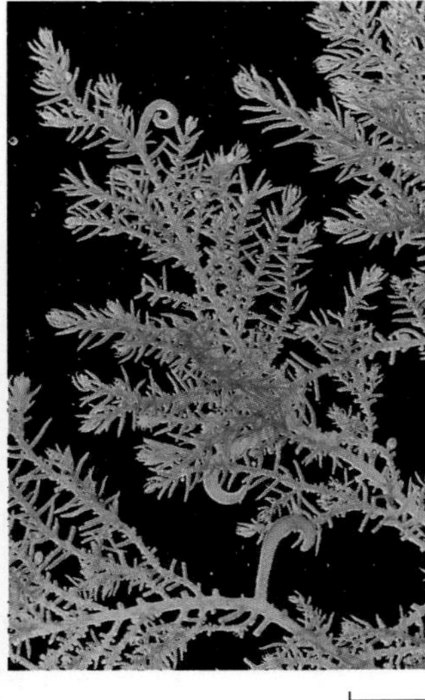

► ***Bonnemaisonia hamifera.*** Cette algue rouge est filamenteuse.

◄ **Dulse, ou rhodyménie palmé (*Palmaria palmata*).** Cette algue comestible a la forme d'une feuille.

▼ **Nori.** L'algue rouge *Porphyra* est un aliment traditionnel du Japon.

L'algue marine est cultivée sur des filets placés dans les eaux côtières peu profondes.
Après la récolte, un ouvrier l'étend sur des claies de bambou pour la faire sécher.
Les feuilles de nori luisantes et minces comme du papier constituent une enveloppe riche en minéraux pour le riz, les fruits de mer et les légumes utilisés dans la confection des sushis.

▲ **Figure 28.20 Les Algues rouges.**

Les Algues vertes

Les **Algues vertes** doivent leur nom à la couleur de leurs chloroplastes. L'ultrastructure et les pigments de ceux-ci ressemblent beaucoup à ceux des chloroplastes végétaux. En fait, certains systématiciens recommandent même de classer les Algues vertes avec les Végétaux dans un règne étendu, celui des Chlorobiontes.

Les Algues vertes se divisent en deux grands groupes, les Chlorophytes et les Charophytes. Ces dernières sont les plus proches parents des Végétaux terrestres; nous les verrons donc avec eux, au chapitre 29.

Le groupe des Chlorophytes (du grec *chloros*, «vert»), comprend plus de 7 000 espèces. La plupart vivent en eau douce, mais on trouve également un grand nombre d'espèces marines et quelques espèces terrestres. Les Chlorophytes les plus simples sont des organismes unicellulaires comme *Chlamydomonas*, qui ressemble aux gamètes et aux zoospores des Chlorophytes plus complexes. Diverses espèces d'algues vertes unicellulaires vivent en milieu aquatique, où elles font partie du plancton. D'autres habitent les sols humides. Certaines espèces vivent en symbiose avec d'autres Eucaryotes en contribuant, au moyen de la photosynthèse, à l'apport alimentaire de leur hôte. Certains Chlorophytes sont adaptés à un habitat des plus inattendus: la neige. Ces Chlorophytes effectuent la photosynthèse en dépit de températures qui se situent au-dessous du point de congélation, et de l'intensité des rayons visibles et ultraviolets. Ils sont protégés par la neige, qui leur sert d'écran, et par des composés antirayonnement qui se trouvent dans leur cytoplasme. D'autres Chlorophytes contiennent des composés protecteurs semblables dans leur paroi cellulaire ou dans une couche durable qui entoure le zygote.

L'augmentation de la taille et de la complexité des Chlorophytes au cours de l'évolution est attribuable à trois mécanismes:

1. La formation de colonies de cellules individuelles, comme chez *Volvox sp.* (voir la figure 28.3) et chez les formes filamenteuses qui entrent dans la composition de ce qu'on appelle l'écume d'étang;
2. L'apparition de formes multicellulaires véritables, comme *Ulva lactuca* (**figure 28.21a**), par suite de la division et de la différenciation cellulaires.
3. La division répétée des noyaux, sans division cytoplasmique, comme chez *Caulerpa sp.* (**figure 28.21b**).

(a) ***Ulva lactuca*, ou laitue de mer.** Ce Chlorophyte comestible possède un thalle multicellulaire qui produit des frondes ressemblant à des feuilles. Son crampon semblable à une racine lui permet de s'ancrer solidement sur un support.

(b) ***Caulerpa sp.*, un Chlorophyte vivant dans les zones marines intertidales.** Ses filaments ramifiés ne possèdent pas de paroi intercellulaire et sont plurinucléés. De fait, le thalle constitue une énorme « supercellule ».

▲ **Figure 28.21 Des chlorophytes multicellulaires.**

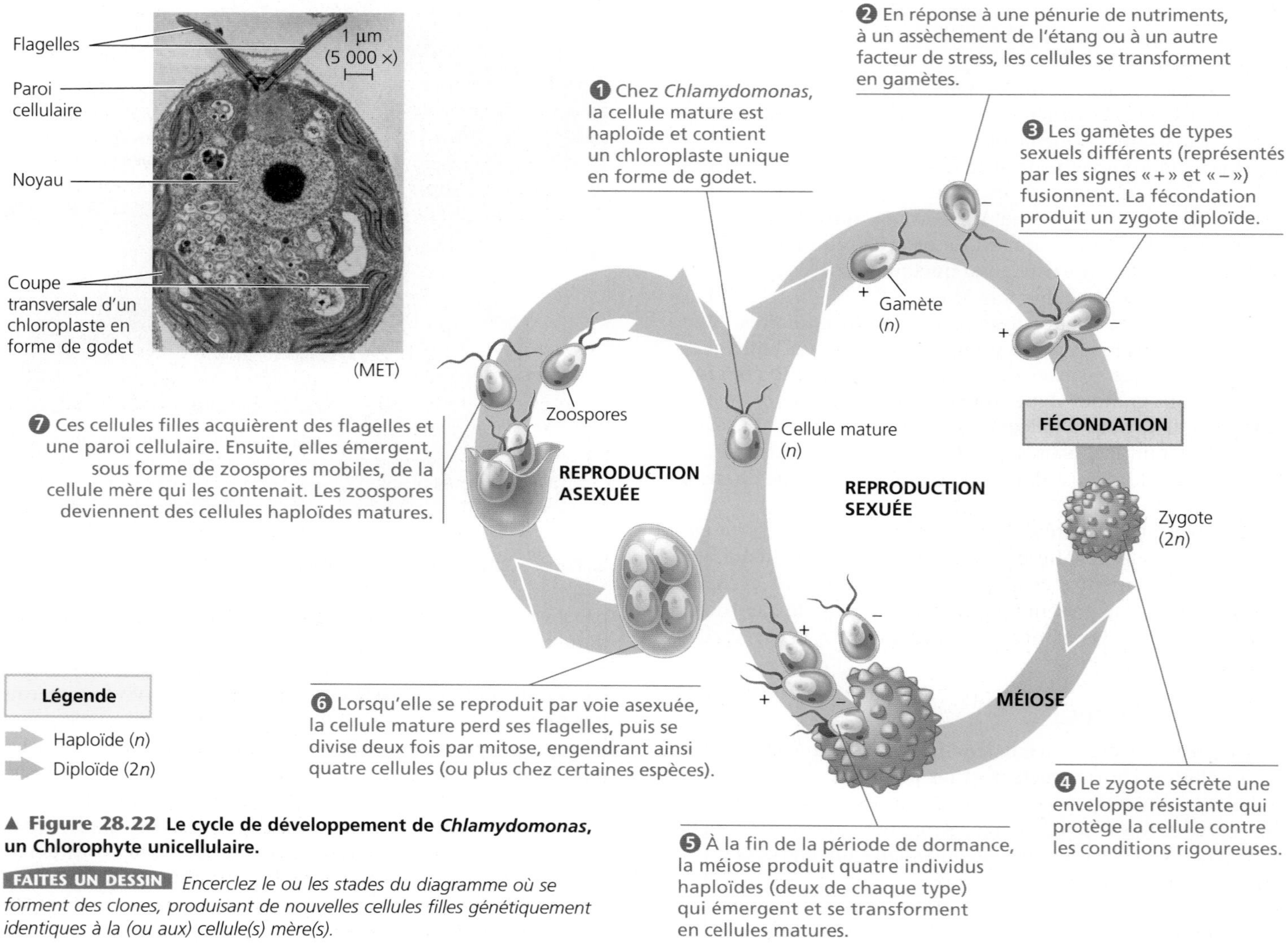

Flagelles

Paroi cellulaire

Noyau

Coupe transversale d'un chloroplaste en forme de godet

1 µm (5 000 ×)

(MET)

❶ Chez *Chlamydomonas*, la cellule mature est haploïde et contient un chloroplaste unique en forme de godet.

❷ En réponse à une pénurie de nutriments, à un assèchement de l'étang ou à un autre facteur de stress, les cellules se transforment en gamètes.

❸ Les gamètes de types sexuels différents (représentés par les signes « + » et « – ») fusionnent. La fécondation produit un zygote diploïde.

Gamète (n)

FÉCONDATION

Zygote ($2n$)

❹ Le zygote sécrète une enveloppe résistante qui protège la cellule contre les conditions rigoureuses.

MÉIOSE

❺ À la fin de la période de dormance, la méiose produit quatre individus haploïdes (deux de chaque type) qui émergent et se transforment en cellules matures.

REPRODUCTION SEXUÉE

Cellule mature (n)

REPRODUCTION ASEXUÉE

Zoospores

❻ Lorsqu'elle se reproduit par voie asexuée, la cellule mature perd ses flagelles, puis se divise deux fois par mitose, engendrant ainsi quatre cellules (ou plus chez certaines espèces).

❼ Ces cellules filles acquièrent des flagelles et une paroi cellulaire. Ensuite, elles émergent, sous forme de zoospores mobiles, de la cellule mère qui les contenait. Les zoospores deviennent des cellules haploïdes matures.

Légende

Haploïde (n)

Diploïde ($2n$)

▲ **Figure 28.22 Le cycle de développement de *Chlamydomonas*, un Chlorophyte unicellulaire.**

FAITES UN DESSIN *Encerclez le ou les stades du diagramme où se forment des clones, produisant de nouvelles cellules filles génétiquement identiques à la (ou aux) cellule(s) mère(s).*

La plupart des Chlorophytes ont un cycle de développement complexe qui comprend des stades de reproduction sexuée et asexuée. Ils peuvent presque tous se reproduire par voie sexuée, en produisant des gamètes à deux flagelles dotés de chloroplastes en forme de godet (**figure 28.22**). L'alternance de générations est apparue chez certains Chlorophytes, dont *Ulva*.

RETOUR SUR LE CONCEPT 28.5

1. Comparez les Algues rouges et les Algues brunes.
2. Pourquoi est-il exact de dire qu'*Ulva* est un véritable organisme multicellulaire, mais non *Caulerpa*?
3. ET SI? Comment expliqueriez-vous le fait que les espèces de la lignée des Algues vertes ont pu être plus susceptibles de coloniser les environnements terrestres que les espèces de la lignée des Algues rouges.

Voir les réponses proposées à la fin du chapitre.

CONCEPT 28.6

Les Unichontes comprennent des Protistes étroitement apparentés aux Eumycètes et aux Animaux

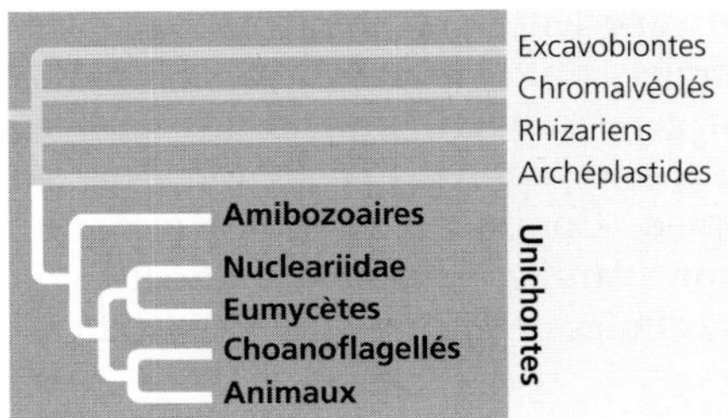

Nouvellement proposé, le supergroupe des **Unichontes** est extrêmement diversifié et comprend les Animaux, les Eumycètes et certains Protistes. On y relève deux grands clades, soit ceux des Amibozoaires et des Opisthochontes (Animaux, Eumycètes et groupes de Protistes étroitement apparentés). Les données fournies par la systématique moléculaire confirment rigoureusement la pertinence de chacun de ces deux grands clades. L'étroite relation entre les deux groupes est cependant plus controversée. Elle ne s'appuie que sur des comparaisons de la myosine, une protéine contractile, et sur plusieurs études basées sur des centaines de gènes, mais aucune de ces études ne porte sur des gènes particuliers.

La controverse entourant les Unichontes vise aussi la racine de l'arbre des Eucaryotes. Rappelez-vous que la racine d'un arbre phylogénétique ancre celui-ci dans le temps: les nœuds les plus près de la racine sont les plus anciens. Pour l'instant, la racine de l'arbre des Eucaryotes est incertaine; nous ignorons donc quel groupe d'Eucaryotes a divergé en premier. Certaines hypothèses ont été délaissées, notamment celle des organismes amitochondriaux, décrite plus haut, mais les chercheurs ne s'entendent toujours pas sur une solution. S'ils connaissaient la racine de l'arbre des Eucaryotes, il serait possible de déduire les caractéristiques de l'ancêtre commun de tous les Eucaryotes. Cette information permettrait de résoudre certains des débats actuels entourant les cinq supergroupes d'Eucaryotes.

En essayant de déterminer la racine de l'arbre des Eucaryotes, les chercheurs ont appuyé leurs phylogenèses sur différents ensembles de gènes et obtenu des résultats contradictoires. Des chercheurs de l'Université d'Oxford ont emprunté une approche différente, dont les résultats alimentent une nouvelle hypothèse, audacieuse, sur la racine de l'arbre (**figure 28.23**). Selon leur hypothèse, les Unichontes auraient été les premiers Eucaryotes à diverger. Les Animaux et les Eumycètes feraient donc partie d'un groupe d'Eucaryotes ayant divergé rapidement, alors que les Protistes qui sont dépourvus de mitochondries (les Diplomonadines et les Parabasaliens, par exemple) auraient divergé beaucoup plus tard dans l'histoire du vivant. Cette idée demeure controversée et exigera davantage de preuves avant d'être acceptée par l'ensemble de la communauté scientifique.

Les Amibozoaires

Nous l'avons mentionné précédemment, les **Amibozoaires** forment un clade solidement étayé par les données moléculaires. Il comprend de nombreuses espèces d'amibes dotées de pseudopodes en forme de lobe ou de tube au lieu de pseudopodes filiformes. Les Amibozoaires comprennent les Gymnamibes, les Entamibes et les Mycétozoaires.

Les Mycétozoaires

Les Mycétozoaires (du latin signifiant «animaux fongiques») étaient auparavant considérés comme des Eumycètes, car, comme eux, ils produisent des appareils sporifères aidant à la dispersion des spores. Toutefois, la ressemblance entre les Mycétozoaires et les Eumycètes semble être un autre exemple d'évolution convergente. La systématique moléculaire place les Mycétozoaires dans le clade des Amibozoaires et semble indiquer que leurs ancêtres sont des organismes unicellulaires. Les Mycétozoaires se sont divisés en deux grandes branches, les Myxomycètes et les Acrasiomycètes, qui se distinguent en partie par leurs cycles de développement particuliers.

Les Myxomycètes De nombreuses espèces de **Myxomycètes** possèdent une pigmentation brillante, habituellement jaune ou orange (**figure 28.24**). Au stade de la croissance, dans leur cycle de développement, ils se présentent sous la forme d'une masse amiboïde appelée **plasmode**. Le plasmode peut s'étendre sur plusieurs centimètres carrés. (Il ne faut pas confondre le plasmode des Myxomycètes avec le genre *Plasmodium*, qui comprend le parasite apicomplexe à l'origine du paludisme.) Aussi gros soit-il, le plasmode n'est pas multicellulaire. Il s'agit plutôt d'une masse de cytoplasme sans aucune séparation et qui renferme plusieurs noyaux. Cette «supercellule» provient de divisions mitotiques des noyaux qui n'ont pas été suivies de cytocinèse, c'est-à-dire de division du cytoplasme.

▼ Figure 28.23 INVESTIGATION

Quelle est la racine de l'arbre des Eucaryotes?

EXPÉRIENCE Constatant à quel point il est difficile de déterminer la racine de l'arbre phylogénétique des Eucaryotes, Alexandra Stechnmann et Thomas Cavalier-Smith, de la University of Oxford, ont proposé une nouvelle approche. Ils ont étudié deux gènes, soit celui de l'enzyme DHFR (dihydrofolate réductase) et celui de l'enzyme TS (thymidylate synthase). Pour ce faire, les chercheurs ont tiré profit d'un événement rare dans l'évolution, à savoir la fusion chez certains organismes des gènes DHFR et TS, entraînant la production d'une seule protéine régissant les activités des deux enzymes. Stechmann et Cavalier-Smith ont amplifié (par ACP; voir la figure 20.8, p. 468) et séquencé les gènes DHFR et TS de neuf espèces (un Choanoflagellé, deux Amibozoaires, un Euglénobionte, deux Chromalvéolés et trois Rhizariens). Les chercheurs ont ensuite combiné leurs données et celles, qui avaient été publiées auparavant, concernant des espèces de Bactéries, d'Animaux, de Végétaux et d'Eumycètes.

RÉSULTATS Toutes les bactéries étudiées présentent les deux gènes (DHFR et TS), ce qui donne à penser qu'il s'agit là d'un élément ancestral (indiqué par un point rouge dans l'arbre ci-dessous). D'autres taxons présentant les deux gènes sont indiqués en caractères rouges. Les gènes fusionnés constituent donc un caractère dérivé que présentent certains membres (en bleu) des supergroupes des Excavobiontes, des Chromalvéolés, des Rhizariens et des Archéplastides:

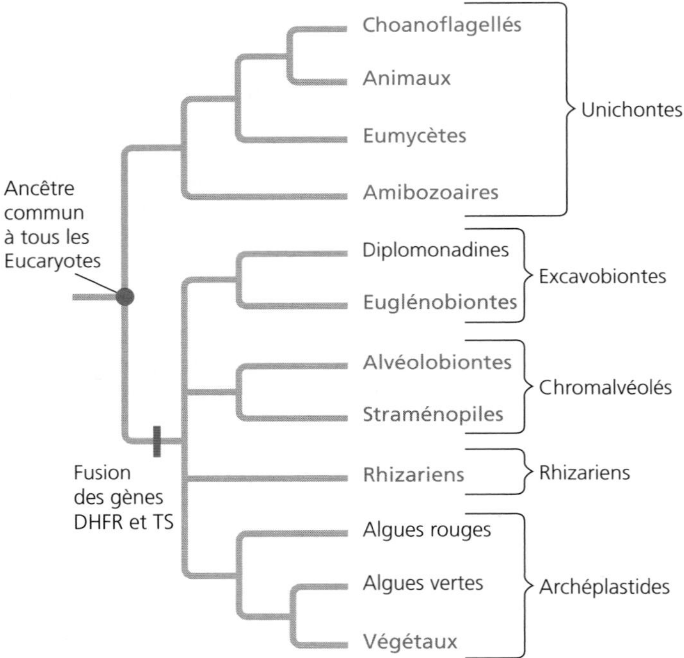

CONCLUSION Ces résultats étayent l'hypothèse selon laquelle la racine de l'arbre se trouverait entre les Unichontes et les autres Eucaryotes, et donnent à penser que le groupe des Unichontes aurait été le premier à diverger. Comme les données qui soutiennent cette hypothèse ne reposent que sur un seul caractère – la fusion des gènes DHFR et TS –, d'autres données seront nécessaires pour en évaluer la validité.

SOURCE A. Stechmann et T. Cavalier-Smith, Rooting the eukaryote tree by using a derived gene fusion, *Science* 297, p. 89-91, 2002.

ET SI? Stechmann et Cavalier-Smith affirment que leurs conclusions ne sont valides que si les gènes n'ont fusionné qu'une fois et qu'ils ne se sont pas fragmentés par la suite. Pourquoi cette hypothèse est-elle déterminante dans leur approche?

À l'intérieur du plasmode, le cytoplasme circule dans un sens puis dans l'autre, en un mouvement pulsatile fascinant à observer au microscope. Il semble que ce courant cytoplasmique favorise la distribution des nutriments et du dioxygène. Pour assurer sa croissance, le plasmode étend ses pseudopodes dans le sol humide, le paillis de feuilles ou le bois pourri, puis il phagocyte les particules alimentaires. Lorsqu'il y a une sécheresse ou une pénurie de nourriture, il cesse de croître et se différencie. Il se met alors à produire des sporocarpes, lesquels interviennent dans la reproduction sexuée.

Les Acrasiomycètes Le cycle de développement des **Acrasiomycètes** peut nous amener à remettre en question la définition même du mot *organisme*. Au stade de la croissance, dans leur cycle de développement, les Acrasiomycètes sont des cellules individuelles. En l'absence de nourriture, cependant, les cellules se groupent en un amas (pseudoplasmode) qui fonctionne comme un individu (**figure 28.25**). Bien que cette masse cellulaire ressemble en apparence au plasmode des Myxomycètes, les cellules qui la composent demeurent séparées par leur membrane plasmique. Les Acrasiomycètes diffèrent des Myxomycètes par d'autres aspects. Tout d'abord, ce sont des organismes haploïdes (seul le zygote est diploïde). En outre, ils produisent un appareil sporifère (sporocarpe) qui intervient dans la reproduction asexuée. Enfin, la plupart des Acrasiomycètes n'ont pas de stade flagellé.

Dictyostelium discoideum, un Acrasiomycète abondant dans les tapis forestiers, est devenu un organisme modèle pour l'étude de l'évolution de la multicellularité. Les recherches portent notamment sur le stade du développement de l'appareil sporifère. À ce stade, les cellules qui forment le pied des sporocarpes s'assèchent et meurent, alors que celles qui se trouvent dans la partie supérieure survivent et peuvent se reproduire. Les scientifiques ont découvert que des mutations touchant un seul gène peuvent transformer des cellules individuelles de *Dictyostelium* en «tricheuses» qui ne s'intègrent jamais au pied. Comme ces cellules mutantes présentent un important avantage reproductif sur les non mutantes, pourquoi les cellules de *Dictyostelium* ne trichent-elles pas toutes?

Des découvertes récentes proposent une réponse à cette question. Il appert que la surface des cellules mutantes est dépourvue d'une protéine particulière, différence que les cellules non mutantes reconnaissent. Ces dernières s'unissent de préférence à leurs semblables, privant de ce fait les cellules mutantes de la possibilité de les exploiter. Or, ce système de reconnaissance pourrait avoir eu d'importantes répercussions sur l'évolution d'Eucaryotes multicellulaires comme les Animaux et les Végétaux.

Les Gymnamibes

Les Gymnamibes forment un groupe nombreux et varié d'Amibozoaires. Ces Protistes unicellulaires sont très abondants dans le sol ainsi qu'en eau douce et en eau salée. La plupart sont des hétérotrophes qui recherchent activement des bactéries et d'autres Protistes pour s'en nourrir (voir la figure 28.3). Certaines Gymnamibes se nourrissent aussi de détritus (matières organiques non vivantes).

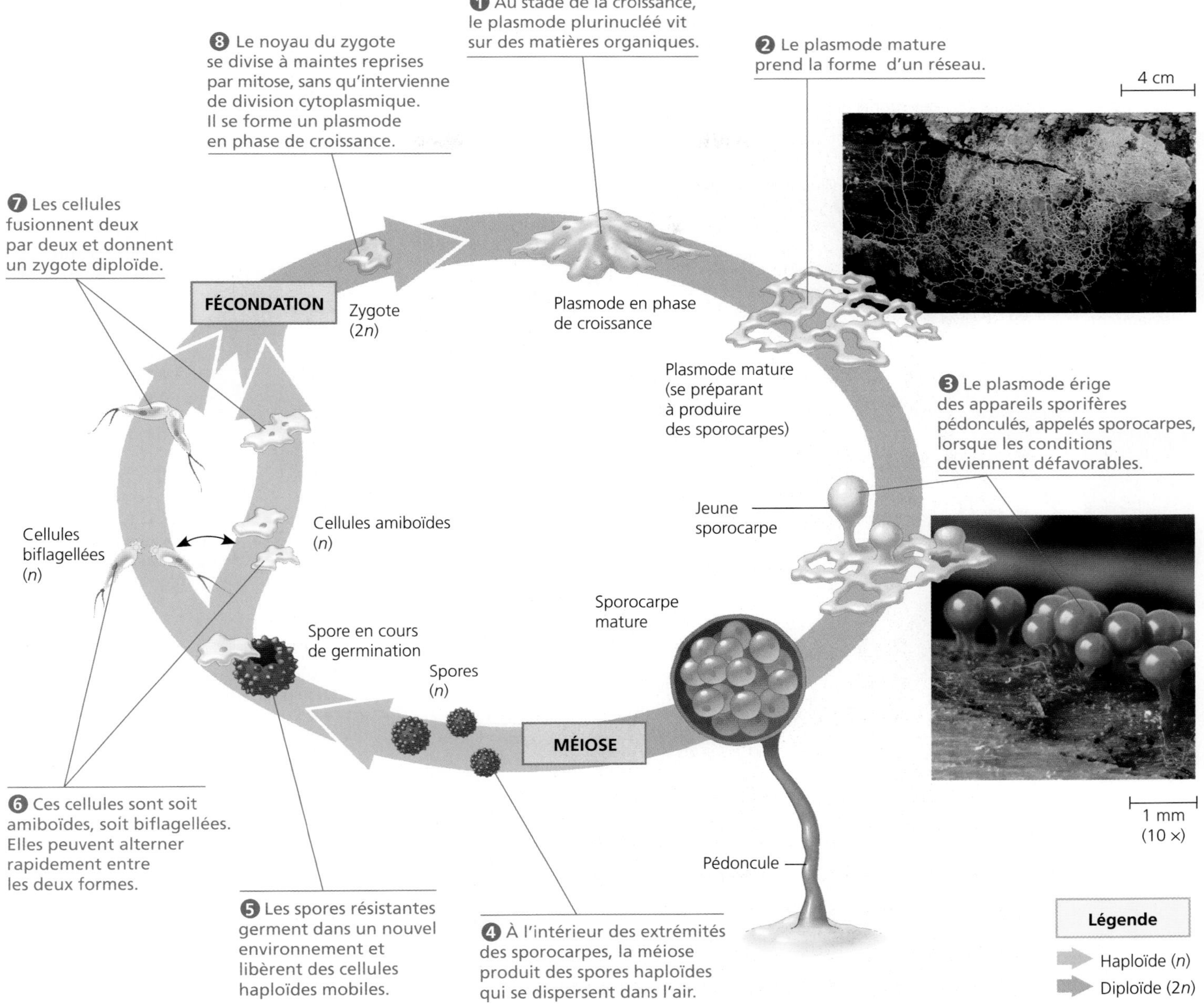

❶ Au stade de la croissance, le plasmode plurinucléé vit sur des matières organiques.
❽ Le noyau du zygote se divise à maintes reprises par mitose, sans qu'intervienne de division cytoplasmique. Il se forme un plasmode en phase de croissance.
❷ Le plasmode mature prend la forme d'un réseau.
4 cm
❼ Les cellules fusionnent deux par deux et donnent un zygote diploïde.
FÉCONDATION
Zygote (2n)
Plasmode en phase de croissance
Plasmode mature (se préparant à produire des sporocarpes)
❸ Le plasmode érige des appareils sporifères pédonculés, appelés sporocarpes, lorsque les conditions deviennent défavorables.
Jeune sporocarpe
Cellules amiboïdes (n)
Cellules biflagellées (n)
Sporocarpe mature
Spore en cours de germination
Spores (n)
MÉIOSE
1 mm (10 ×)
❻ Ces cellules sont soit amiboïdes, soit biflagellées. Elles peuvent alterner rapidement entre les deux formes.
Pédoncule
❺ Les spores résistantes germent dans un nouvel environnement et libèrent des cellules haploïdes mobiles.
❹ À l'intérieur des extrémités des sporocarpes, la méiose produit des spores haploïdes qui se dispersent dans l'air.
Légende
Haploïde (n)
Diploïde (2n)

▲ **Figure 28.24** **Le cycle de développement des Myxomycètes.**

Les Entamibes

La plupart des Amibozoaires sont des organismes autonomes, mais ceux qui appartiennent au genre *Entamoeba* sont des parasites. Ils infectent toutes les classes de Vertébrés ainsi que certains Invertébrés. Les humains sont les hôtes d'au moins six espèces d'*Entamoeba*, dont une seule, *E. histolytica*, est connue pour être pathogène; elle cause la dysenterie amibienne et se propage par l'intermédiaire d'eau, d'aliments ou d'ustensiles de cuisine contaminés. À l'origine de quelque 100 000 décès dans le monde annuellement, cette maladie est la troisième cause de mortalité attribuable aux Eucaryotes parasites, après le paludisme (voir la figure 28.10) et la schistosomiase (voir la figure 33.11, p. 787).

Naegleria fowleri est une autre espèce d'amibes appartenant à ce groupe et occasionnellement présente dans les eaux contaminées de lacs et de piscines. Elle peut infecter les baigneurs par voie nasale et causer une méningoencéphalite amibienne primitive (MEAP) souvent fatale, parce qu'elle s'attaque aux tissus cérébraux.

Les Opisthochontes

Les **Opisthochontes** forment un groupe d'Eucaryotes extrêmement diversifié dont font partie les Animaux, les Eumycètes et plusieurs groupes de Protistes. Nous aborderons l'histoire évolutive des Eumycètes et des Animaux dans les chapitres 31 à 34. Quant aux Protistes opisthochontes, nous réservons notre exposé sur les Nucleariidae au chapitre 31, car

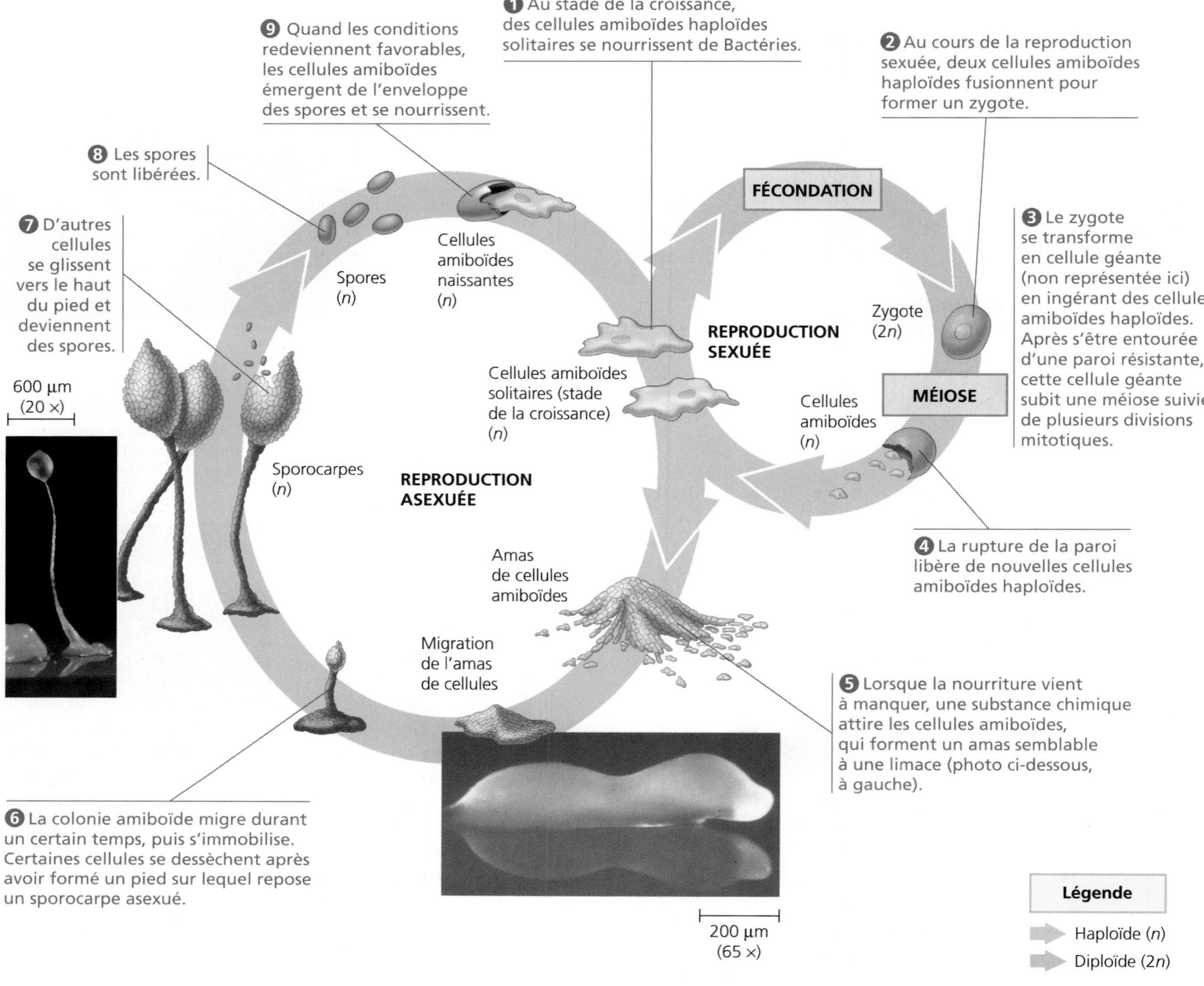

1 Au stade de la croissance, des cellules amiboïdes haploïdes solitaires se nourrissent de Bactéries.
2 Au cours de la reproduction sexuée, deux cellules amiboïdes haploïdes fusionnent pour former un zygote.
3 Le zygote se transforme en cellule géante (non représentée ici) en ingérant des cellules amiboïdes haploïdes. Après s'être entourée d'une paroi résistante, cette cellule géante subit une méiose suivie de plusieurs divisions mitotiques.
4 La rupture de la paroi libère de nouvelles cellules amiboïdes haploïdes.
5 Lorsque la nourriture vient à manquer, une substance chimique attire les cellules amiboïdes, qui forment un amas semblable à une limace (photo ci-dessous, à gauche).
6 La colonie amiboïde migre durant un certain temps, puis s'immobilise. Certaines cellules se dessèchent après avoir formé un pied sur lequel repose un sporocarpe asexué.
7 D'autres cellules se glissent vers le haut du pied et deviennent des spores.
8 Les spores sont libérées.
9 Quand les conditions redeviennent favorables, les cellules amiboïdes émergent de l'enveloppe des spores et se nourrissent.
FÉCONDATION
MÉIOSE
REPRODUCTION SEXUÉE
REPRODUCTION ASEXUÉE
Zygote (2n)
Cellules amiboïdes (n)
Cellules amiboïdes solitaires (stade de la croissance) (n)
Cellules amiboïdes naissantes (n)
Spores (n)
Sporocarpes (n)
Amas de cellules amiboïdes
Migration de l'amas de cellules
600 µm (20 ×)
200 µm (65 ×)
Légende
Haploïde (n)
Diploïde (2n)

▲ **Figure 28.25** **Le cycle de développement de l'Acrasiomycète *Dictyostelium sp.***

ils sont plus étroitement liés aux Eumycètes qu'aux autres Protistes; nous traiterons des Choanoflagellés au chapitre 32, en raison du fait qu'ils sont plus étroitement apparentés aux Animaux qu'aux autres Protistes. Les Nucleariidae et les Choanoflagellés éclairent la décision des scientifiques de supprimer le domaine des Protistes: un groupe monophylétique réunissant ces Eucaryotes monocellulaires aurait dû comprendre aussi les Animaux et les Eumycètes multicellulaires qui leur sont étroitement apparentés.

RETOUR SUR LE CONCEPT 28.6

1. Comparez les pseudopodes des Amibozoaires et ceux des Foraminifères.
2. Pour quelle raison le terme Animal fongique constitue-t-il une description qui convient aux Mycétozoaires? Pour quelle raison cette description ne leur convient-elle pas?
3. ET SI? Si un nouvel élément devait montrer que la racine de l'arbre des Eucaryotes correspond à ce que présente la figure 28.23, aurait-il un effet quelconque sur l'hypothèse selon laquelle les Excavobiontes forment un groupe monophylétique? Si oui, se trouverait-il à renforcer ou à contredire cette hypothèse?

Voir les réponses proposées à la fin du chapitre.

CONCEPT 28.7

Les Protistes remplissent des fonctions essentielles au sein des communautés écologiques

La plupart des Protistes sont des organismes aquatiques et vivent dans presque tous les milieux où l'on trouve de l'eau, y compris la plupart des habitats terrestres humides, comme les sols humides et la couverture de feuilles mortes. De nombreux Protistes vivent au fond des océans, des étangs et des lacs en se fixant aux roches et à d'autres substrats ou en se déplaçant dans le sable et le limon. D'autres Protistes constituent des éléments importants du plancton. Examinons deux fonctions clés que remplissent les Protistes dans leurs divers habitats, soit celle de symbionte et celle de producteur.

Les Protistes symbiotiques

De nombreux Protistes forment des associations symbiotiques avec d'autres espèces. Par exemple, les Dinophytes photosynthétiques approvisionnent en nourriture les polypes coralliens qui construisent les récifs de corail. Ceux-ci constituent des communautés écologiques d'une prodigieuse diversité. Cette variété dépend cependant des coraux et des Protistes mutualistes qui les nourrissent. Les coraux assurent la diversité des récifs en fournissant de la nourriture à certaines espèces et en procurant un habitat à beaucoup d'autres.

Les Protistes qui colonisent l'intestin de nombreuses espèces de termites et leur permettent de digérer le bois constituent un autre exemple de symbiose (**figure 28.26**). Les termites ne peuvent digérer le bois sans l'aide de symbiontes protistes ou procaryotes. Mais l'association symbiotique fonctionne très efficacement dans les pays tropicaux et dans certaines régions chaudes; aux États-Unis, par exemple, les termites causent plus de 3,5 milliards de dollars de dommages aux maisons de bois.

Certains Protistes symbiotiques parasites ont même compromis l'économie de pays entiers. C'est le cas du *Plasmodium*, qui cause le paludisme. Dans les pays les plus touchés par le paludisme, les niveaux de revenus sont de 33 % inférieurs à ceux de pays comparables où la maladie ne sévit pas. Les Protistes peuvent même dévaster d'autres espèces. La mort de quantités massives de poissons a été attribuée au Dinophyte *Pfiesteria shumwayae* (voir la figure 28.9), un parasite qui se fixe à ses victimes pour se nourrir de leur peau. D'autres espèces parasitent plutôt les Végétaux. L'Oomycète *Phytophthora ramorum* est maintenant reconnu comme un important agent pathogène des forêts. Cette espèce est à l'origine de l'encre des chênes rouges, une maladie qui a tué des millions de chênes et d'autres arbres en Californie et en Oregon (voir le chapitre 54). Après l'Allemagne et les Pays-Bas en 1993, il a été recensé aux États-Unis en 1995, où il a provoqué une forte mortalité des chênes en Californie. (C'est la raison pour laquelle la maladie est aussi appelée « mort brutale du chêne ».) De nouveau présent en Europe de 1995 à 2002, cet oomycète ne cesse de progresser sur le territoire européen, notamment en France.

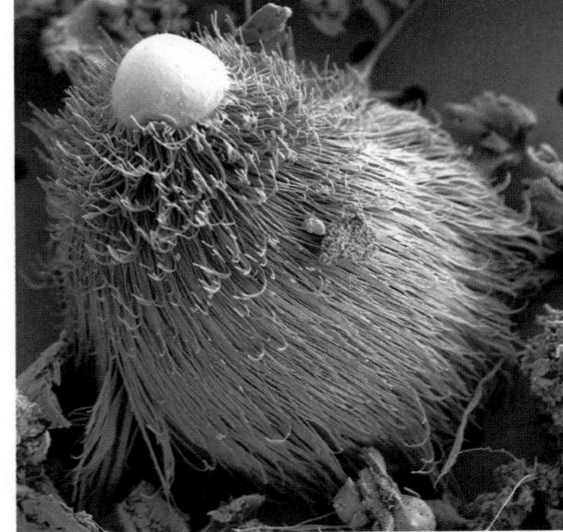

► **Figure 28.26 Un Protiste symbiotique.** Cet organisme est un Hypermastigote, membre du groupe des Parabasaliens. Vivant dans l'intestin des termites et de certaines espèces de blattes, il leur permet de digérer le bois (MEB).

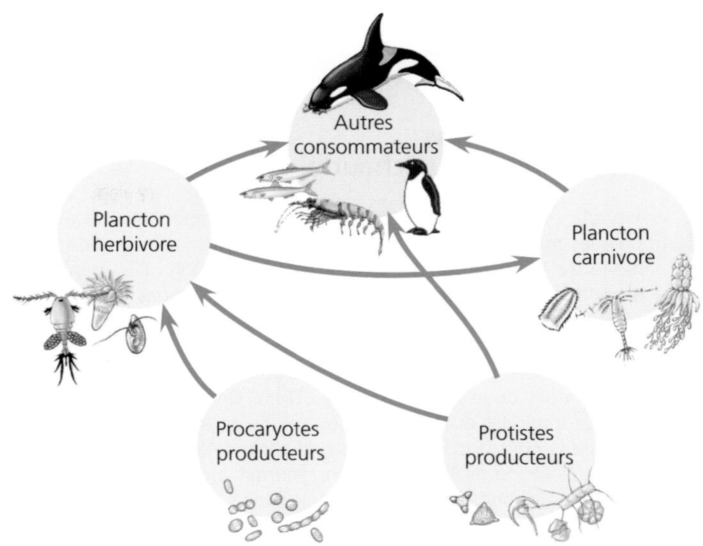

▲ **Figure 28.27 Des producteurs clés au sein des communautés aquatiques.** Dans ce schéma simplifié d'un réseau trophique, les flèches vont des sources alimentaires aux organismes qui les consomment.

Les Protistes photosynthétiques

De nombreux Protistes sont d'importants **producteurs**, c'est-à-dire des organismes qui utilisent l'énergie lumineuse (ou des substances chimiques inorganiques) pour convertir le CO_2 en composés organiques. Les producteurs constituent le fondement des réseaux trophiques écologiques. Dans les communautés aquatiques, les principaux producteurs sont des Protistes et des Procaryotes photosynthétiques. Tous les autres organismes de la communauté se nourrissent grâce à eux, soit en les mangeant ou en mangeant des organismes qui les ont mangés (**figure 28.27**). Les scientifiques estiment qu'environ 30 % de la photosynthèse sur la Terre est accomplie par les Diatomées, les Dinophytes, les Algues multicellulaires et d'autres Protistes aquatiques. Les Procaryotes photosynthétiques accompliraient un autre 20 % de la photosynthèse, alors que les 50 % restants relèveraient des Végétaux terrestres.

▼ **Figure 28.28**

IMPACT

Les Protistes marins sur une planète plus chaude

Les Protistes photosynthétiques sont des éléments importants des réseaux trophiques marins. Ils convertissent chaque jour des millions de tonnes de carbone qu'ils tirent du CO_2 pour élaborer des molécules organiques dont dépendent d'autres organismes. Quelles répercussions le réchauffement planétaire a-t-il eue sur ces producteurs marins essentiels? Les données satellites montrent l'existence d'une corrélation négative entre le développement et la biomasse des producteurs marins et l'augmentation de la température de la mer en surface (TMS). On a observé leur déclin dans les eaux tropicales et tempérées des océans dans les régions que délimitent les traits noirs apparaissant dans la carte ci-dessous, où la TMS a augmenté. L'élévation de la température pourrait avoir réduit la présence des nutriments disponibles en formant une mince couche d'eau tiède qui agit comme une barrière empêchant les eaux froides et riches en nutriments de remonter à la surface.

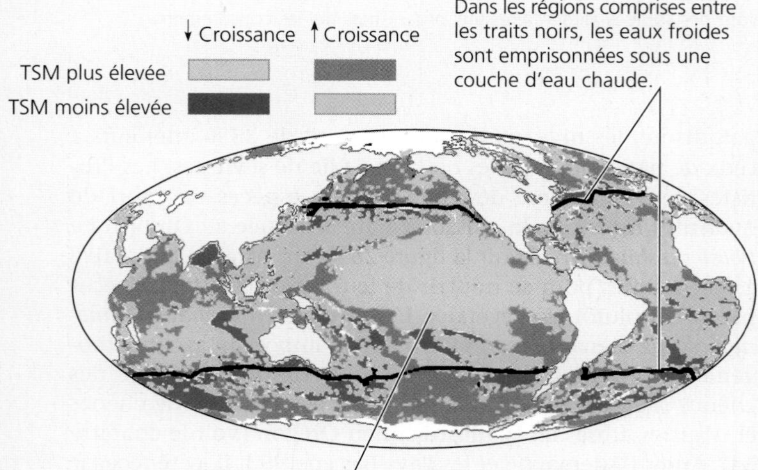

↓ Croissance
↑ Croissance
TSM plus élevée
TSM moins élevée
Dans les régions comprises entre les traits noirs, les eaux froides sont emprisonnées sous une couche d'eau chaude.
Dans les régions colorées en jaune, l'augmentation des TSM accroît l'écart de température entre les eaux chaudes et les eaux froides, réduisant la remontée des eaux froides. Comme les producteurs marins ont besoin des nutriments contenus dans les remontées des eaux froides, leur croissance ralentit lorsque les remontées déclinent.

POURQUOI C'EST IMPORTANT Il faut s'attendre à d'importantes transformations des écosystèmes marins si le développement et la biomasse des producteurs diminuent à mesure que le réchauffement planétaire accroît la TSM. Une diminution de la biomasse des Diatomées, par exemple, réduirait probablement la quantité de carbone entraîné au fond de l'océan et, par le fait même, les populations de poissons comme le saumon et les anchois, qui se nourrissent de phytoplancton et dont la pêche représente une grande valeur économique.

POUR EN SAVOIR PLUS M. J. Behrenfeld *et al.*, Climate-driven trends in contemporary ocean productivity, *Nature* 444 : 752-755, 2006.

ET SI ? Quelles répercussions la diminution constante des populations de Diatomées pourrait-elle avoir sur le climat ?

Étant donné que les producteurs constituent le fondement des réseaux trophiques, tout facteur qui les touche peut entraîner de graves conséquences sur leur communauté. Dans les environnements aquatiques, la faible concentration d'azote, de phosphore ou de fer empêche souvent les Protistes photosynthétiques de croître démesurément. Diverses activités humaines peuvent accroître la concentration de ces substances. Par exemple, après l'épandage d'engrais dans un champ, une partie de l'engrais peut être lessivé par la pluie et entraîné dans un cours d'eau qui se jette dans un lac ou un océan. Or, toute modification de la composition chimique des communautés aquatiques risque d'engendrer une augmentation spectaculaire de la population de Protistes photosynthétiques et de perturber les autres populations de la communauté, comme nous le verrons au chapitre 55.

Quelles répercussions le réchauffement planétaire aura-t-il sur les Protistes et sur les autres producteurs? Les données satellites indiquent que le développement et la biomasse des Protistes et des Procaryotes photosynthétiques ont décliné dans de nombreuses régions, en fonction de l'augmentation de la température de la mer en surface (**figure 28.28**). S'ils perdurent, ces changements auront probablement des conséquences majeures sur les écosystèmes marins, les ressources halieutiques et le cycle de l'azote à l'échelle planétaire (voir le chapitre 55). Le réchauffement planétaire a également des répercussions sur les producteurs terrestres, mais ce sont les Végétaux et non les Protistes qui sont à la base des réseaux trophiques. Nous en traiterons dans les chapitres 29 et 30.

RETOUR SUR LE CONCEPT 28.7

1. Justifiez l'affirmation selon laquelle les Protistes photosynthétiques comptent parmi les organismes les plus importants de la biosphère.
2. Décrivez trois symbioses impliquant des Protistes.
3. **ET SI ?** Les températures élevées des eaux et la pollution peuvent amener les coraux à rejeter leurs symbiontes dinophytes. Déterminez les effets possibles du blanchiment corallien sur les coraux et sur d'autres espèces de la communauté.

Voir les réponses proposées à la fin du chapitre.

RÉVISION DU CHAPITRE 28

RÉSUMÉ DES CONCEPTS CLÉS

CONCEPT 28.1

La plupart des Eucaryotes sont des organismes unicellulaires (p. 667 à 671)

- Les Protistes présentent davantage de diversité que les autres Eucaryotes et ne sont plus classés dans un règne unique. La plupart des Protistes sont unicellulaires. On trouve parmi eux des espèces photoautotrophes, hétérotrophes et mixotrophes. Les Protistes se caractérisent par la grande diversité de leurs cycles de développement.
- Les mitochondries et les plastes descendraient de Bactéries qui auraient été absorbées par d'autres cellules et seraient devenues des endosymbiontes. La lignée porteuse de plastes a ultérieurement donné naissance aux Algues rouges et aux Algues vertes. D'autres groupes de Protistes sont issus de processus d'endosymbiose secondaires au cours desquels des Algues rouges ou des Algues vertes ont elles-mêmes été absorbées.
- Une hypothèse classifie les Eucaryotes en cinq supergroupes, chacun constituant un clade monophylétique : les Excavobiontes, les Chromalvéolés, les Rhizariens, les Archéplastides et les Unichontes.

? *Décrivez les points communs et les différences entre les Protistes et les autres Eucaryotes.*

Concept clé/Supergroupe d'Eucaryotes	Principaux clades	Caractéristiques morphologiques essentielles	Exemples
CONCEPT 28.2 **Les Excavobiontes comprennent des Protistes renfermant des mitochondries modifiées et des Protistes pourvus d'un seul flagelle (p. 672 à 674)** **?** *Quelle preuve permet d'établir que les Excavobiontes forment un clade ?*	**Diplomonadines et Parabasaliens**	Mitochondries modifiées	*Giardia, Trichomonas*
	Euglénobiontes Kinétoplastidés Euglénophytes	Bâtonnet hélicoïdal ou cristallin à l'intérieur des flagelles	*Trypanosoma, Euglena*
CONCEPT 28.3 **Les Chromalvéolés proviendraient d'une endosymbiose secondaire (p. 674 à 681)** **?** *Si les Chromalvéolés sont le fruit d'une endosymbiose secondaire, que peut-on en déduire au sujet des plastes de ses membres ? Expliquez.*	**Alvéolobiontes** Dinophytes Apicomplexés Ciliés	Vésicules (alvéoles) sous la membrane plasmique	*Pfiesteria* *Plasmodium*
	Straménopiles Diatomées Algues dorées Algues brunes Oomycètes	Flagelle velu ; et flagelle glabre	*Paramecium, Phytophthora, Laminaria*
CONCEPT 28.4 **Les Rhizariens forment un groupe diversifié de Protistes qui se définissent par leurs ressemblances génétiques (p. 681 et 682)** **?** *Quels sont les principaux sous-groupes de rhizariens et quelles sont les caractéristiques qui en font un clade ?*	**Radiolaires**	Amibes dont les pseudopodes sont disposés en rayons autour du corps central	*Hexacontium*
	Foraminifères	Amibes munies de pseudopodes filiformes et d'une coque poreuse	*Globigerina*
	Cercozoaires	Amibes et Protistes flagellés munis de pseudopodes filiformes	*Paulinella*
CONCEPT 28.5 **Les Algues rouges et les Algues vertes sont les organismes les plus étroitement apparentés aux Végétaux terrestres (p. 682 à 685)** **?** *Sur quel argument repose la décision de certains systématiciens de regrouper les Végétaux terrestres avec les Algues rouges et les Algues vertes, qui sont des Archéplastides ?*	**Algues rouges**	Phycoérythrine (pigment accessoire)	*Porphyra*
	Algues vertes	Chloroplastes semblables à ceux des Végétaux	*Chlamydomonas, Ulva*
	Végétaux terrestres	(Voir les chapitres 29 et 30.)	Mousses, Fougères, Conifères, Plantes à fleurs
CONCEPT 28.6 **Les Unichontes comprennent des Protistes étroitement apparentés aux Eumycètes et aux Animaux (p. 685 à 688)** **?** *Décrivez une caractéristique essentielle de chacun des principaux sous-groupes des Unichontes.*	**Amibozoaires** Myxomycètes Gymnamibes Entamibes	Amibes munies de pseudopodes en forme de lobe	*Amoeba, Entamoeba, Dictyostelium*
	Opisthochontes	(Très variable ; voir les chapitres 31 à 34.)	Nucleariidae, Choanoflagellés, Animaux, Eumycètes

CONCEPT 28.7

Les Protistes remplissent des fonctions essentielles au sein des communautés écologiques (p. 689 et 690)

- Les Protistes entretiennent toutes sortes de relations mutualistes et parasitaires qui influent sur leurs partenaires symbiotiques et sur bien d'autres membres de la communauté dont ils font partie.
- Les Protistes photosynthétiques comptent parmi les plus importants producteurs des communautés aquatiques. Ils constituent la base des réseaux trophiques et ce qui les touche a donc des effets sur d'autres espèces de la communauté.

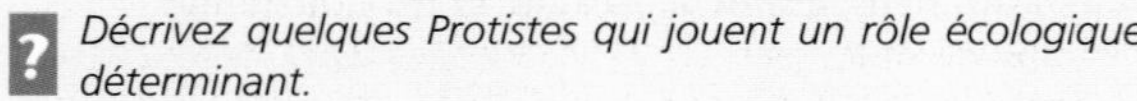
? *Décrivez quelques Protistes qui jouent un rôle écologique déterminant.*

ÉVALUATION

NIVEAU 1: CONNAISSANCES ET COMPRÉHENSION

1. La présence de plus de deux membranes autour de certains plastes prouve que:
a) ces plastes se sont développés à partir de mitochondries.
b) ces plastes ont fusionné.
c) ces plastes sont issus d'Archéobactéries.
d) ces plastes résultent de l'endosymbiose secondaire.
e) ces plastes ont bourgeonné à partir de l'enveloppe nucléaire.

2. Les biologistes postulent que l'endosymbiose a donné naissance aux mitochondries avant les plastes, parce que:
a) les produits de la photosynthèse n'auraient pas pu être métabolisés sans enzymes mitochondriales.
b) tous les Eucaryotes possèdent des mitochondries (ou des vestiges), tandis que de nombreux Eucaryotes sont dépourvus de plastes.
c) l'ADN mitochondrial ressemble moins à l'ADN procaryote que l'ADN des plastes.
d) sans production de dioxygène dans les mitochondries, la photosynthèse était impossible.
e) les plastes utilisent leurs propres ribosomes, tandis que les protéines mitochondriales sont synthétisées à l'aide des ribosomes du cytosol.

3. Quel groupe *ne correspond pas* à la description qui l'accompagne?
a) Les Rhizariens: groupe diversifié sur le plan de la morphologie, qui se définit par ses ressemblances génétiques.
b) Les Diatomées: importantes productrices au sein des communautés aquatiques.
c) Les Algues rouges: ont acquis des plastes par endosymbiose secondaire.
d) Les Apicomplexés: parasites dont le cycle de développement est complexe.
e) Les Diplomonadines: Protistes munis de mitochondries modifiées.

4. Quel groupe de Protistes provient du même supergroupe que les Végétaux terrestres?
a) Les Algues vertes.
b) Les Dinophytes.
c) Les Algues rouges.
d) Les Algues brunes.
e) a et c.

5. Dans les cycles de développement caractérisés par l'alternance de générations, les formes multicellulaires haploïdes alternent avec:
a) les formes unicellulaires haploïdes.
b) les formes unicellulaires diploïdes.
c) les formes multicellulaires haploïdes.
d) les formes multicellulaires diploïdes.
e) les formes multicellulaires polyploïdes.

NIVEAU 2: APPLICATION ET ANALYSE

6. Lequel des énoncés suivants est juste selon l'arbre phylogénétique de la figure 28.3?
a) L'ancêtre commun le plus récent des Excavobiontes est plus ancien que celui des Chromalvéolés.
b) L'ancêtre commun le plus récent des Chromalvéolés est plus ancien que celui des Rhizariens.
c) L'ancêtre commun le plus récent des Algues rouges et des Végétaux terrestres est plus ancien que celui des Nucleariidae et des Eumycètes.
d) Il n'est pas possible de déterminer le supergroupe d'Eucaryotes fondamental (le premier à diverger).
e) Les Excavobiontes constituent le supergroupe eucaryote fondamental.

7. LIEN AVEC L'ÉVOLUTION
FAITES UN DESSIN Les chercheurs essaient de mettre au point des médicaments capables de tuer ou de limiter la croissance des agents pathogènes humains, mais comportant peu d'effets néfastes pour les patients. Ces médicaments visent souvent à perturber le métabolisme de l'agent pathogène ou à cibler ses caractéristiques structurales.
Dessinez un arbre phylogénétique dont vous nommerez les composantes. Celles-ci comprennent un ancêtre procaryote et les groupes d'organismes suivants: Excavobiontes, Chromalvéolés, Rhizariens, Archéplastides, Unichontes et, dans ce dernier groupe, les Amibozoaires, les Animaux, les Choanoflagellés, les Eumycètes et les Nucleariidae. Selon cet arbre, déterminez par hypothèse s'il serait plus difficile de mettre au point des médicaments contre des agents pathogènes humains de type Procaryote, Protiste, Animal ou Eumycètes. (Vous n'avez pas à tenir compte de l'évolution de la résistance des agents pathogènes aux médicaments.)

NIVEAU 3: SYNTHÈSE ET ÉVALUATION

8. INTÉGRATION
Appliquez la logique du «Si..., alors» (voir le chapitre 1) pour déterminer quelques-unes des prédictions nées de l'hypothèse selon laquelle les Végétaux descendent des Algues vertes. Autrement dit, comment pourriez-vous tester cette hypothèse?

9. **ÉCRIVEZ UN TEXTE**
Les interactions écologiques Les organismes interagissent entre eux et avec l'environnement physique. Dans un court texte (de 100 à 150 mots), expliquez comment la réaction des populations de Diatomées à une diminution de la disponibilité des nutriments peut se répercuter sur les autres organismes et sur les différents aspects de l'environnement physique (comme la concentration de CO_2).

RÉPONSES DU CHAPITRE 28

Questions des figures

Figure 28.10 Les mérozoïtes sont produits par division cellulaire asexuée (mitose) de sporozoïtes haploïdes; de même, les gamétocytes sont produits par division cellulaire asexuée de mérozoïtes. Il est donc probable que les individus aient, à ces trois stades, les mêmes gènes et que leurs différences morphologiques découlent de changements survenus dans l'expression des gènes. **Figure 28.16** Les anthérozoïdes illustrés dans le schéma sont produits par division asexuée d'un seul gamétophyte mâle, formé lui aussi par la division asexuée d'une seule zoospore. Aussi les anthérozoïdes sont-ils le fruit d'une seule zoospore, et donc génétiquement identiques. Toutefois, le gamétophyte mâle qui produit l'anthérozoïde provient d'une zoospore, alors que le gamétophyte femelle qui donne l'oosphère provient d'une autre zoospore. Les zoospores sont produites par méiose, si bien que chacune d'elles est génétiquement différente des autres. **Figure 28.22** Vous devriez avoir encerclé le stade ❻, car c'est à ce moment que la cellule mature se divise deux fois et engendre quatre cellules filles, ou plus. Au stade ❼, les zoospores deviennent des cellules matures haploïdes, mais elles ne donnent pas naissance à de nouvelles cellules filles. De même, au stade ❷, les cellules se transforment en gamètes, mais elles ne forment pas de cellules filles. **Figure 28.23** Si l'hypothèse de Strechmann et Cavalier-Smith est juste, alors les résultats qu'ils ont obtenus indiquent que la fusion des gènes DHFR et TS pourrait être un caractère dérivé commun aux membres des quatre supergroupes d'Eucaryotes (Excavobiontes, Chromalvéolés, Rhizariens et Archéplastides). En revanche, si l'hypothèse est erronée, la présence ou l'absence de la fusion des gènes ne nous apprend pas grand-chose sur l'arbre phylogénétique. Par exemple, si les gènes ont fusionné plusieurs fois, un caractère commun à plus d'un groupe pourrait découler d'une évolution convergente plutôt que d'une descendance commune. Si les gènes se séparent une deuxième fois, un groupe présentant cette deuxième division pourrait être placé erronément avec les Unichontes plutôt qu'à sa juste place dans l'un des quatre autres supergroupes. **Figure 28.28** Si la taille des populations de Diatomées diminue à mesure qu'augmentent les températures, une moins grande quantité de CO_2 serait entraînée de la surface de l'eau jusqu'au fond de l'océan. Par conséquent, les niveaux de CO_2 atmosphérique pourraient augmenter, ce qui accentuerait d'autant le réchauffement. Ce processus finirait par produire une boucle de rétroactivation: le réchauffement entraînerait le déclin des populations de Diatomées, ce qui accentuerait le réchauffement, lequel renforcerait le déclin des populations, et ainsi de suite.

Retour sur le concept 28.1

1. Exemples de réponses: Les Protistes comprennent des organismes unicellulaires, vivant en colonies et multicellulaires; des organismes photoautotrophes, hétérotrophes et mixotrophes; des organismes qui se reproduisent par voie asexuée, par voie sexuée et à la fois par voie asexuée et sexuée; des organismes présentant diverses formes physiques et adaptations. **2.** Des preuves solides montrent que les Eucaryotes ont acquis des mitochondries après qu'un ancêtre Eucaryote eût absorbé une Protéobactérie alpha et formé avec elle une association endosymbiotique. De même, les chloroplastes des Algues rouges et des Algues vertes semblent descendre d'une Cyanobactérie photosynthétique ayant été absorbée par un ancêtre eucaryote hétérotrophe. L'endosymbiose secondaire a également joué un rôle important: diverses lignées de Protistes ont acquis des plastes en absorbant des Algues rouges ou des Algues vertes unicelllulaires. **3.** L'arbre modifié ressemblerait à ceci:

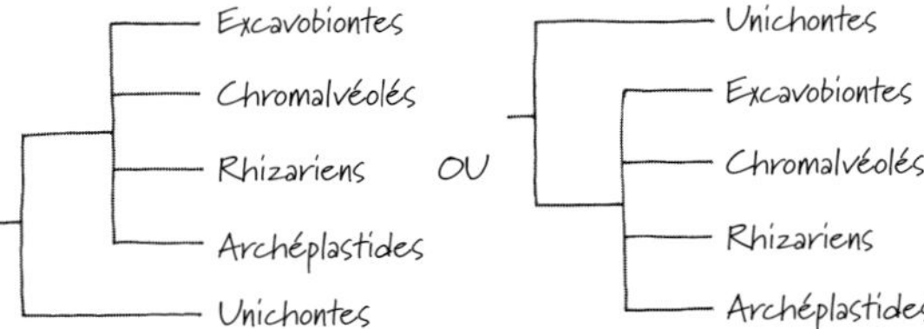

Retour sur le concept 28.2

1. Leurs mitochondries ne possèdent pas de chaînes de transport d'électrons et ne peuvent donc pas effectuer de respiration aérobie. **2.** Puisque le Protiste inconnu est plus étroitement apparenté aux Diplomonadines qu'aux Euglénophytes, il a dû apparaître après que les Diplomonadines et les Parabasaliens eurent divergé des Euglénobiontes. De plus, on peut penser que l'espèce inconnue descend du dernier ancêtre commun de ces deux derniers groupes, puisque l'espèce inconnue présente des mitochondries parfaitement fonctionnelles, contrairement aux Diplomonadines et aux Parabasaliens.

Retour sur le concept 28.3

1. Certaines données génétiques indiquent que les Chromalvéolés forment un groupe monophylétique, mais d'autres données contredisent cette hypothèse. La structure des plastes de nombreuses espèces du groupe et la séquence de l'ADN des plastes donnent à penser que le groupe est né par endosymbiose secondaire (au cours de laquelle une Algue rouge a été absorbée). Cependant, d'autres espèces du groupe sont totalement dépourvues de plastes, ce qui met l'hypothèse de l'endosymbiose secondaire à rude épreuve. **2.** D'après l'hypothèse, fort bien étayée, selon laquelle les plastes eucaryotes (notamment ceux que présentent les groupes eucaryotes énumérés) sont le fruit d'une relation endosymbiotique au cours de laquelle un Eucaryote a absorbé une Cyanobactérie, l'ADN des plastes serait probablement plus proche de l'ADN chromosomique des Cyanobactéries. **3.** La figure 13.6b. Les Algues et les Végétaux qui présentent une alternance de générations ont un stade haploïde et un stade diploïde multicellulaires. Dans les deux autres cycles de développement, l'un de ces deux stades est unicellulaire.

Retour sur le concept 28.4

1. Leur test étant solidifié par du carbonate de calcium, les Foraminifères forment des fossiles durables dans les sédiments marins et les roches sédimentaires. **2.** L'évolution convergente. Avec le temps, les différents organismes ont fini par présenter des adaptations morphologiques semblables parce qu'ils ont évolué dans des environnements semblables. **3.** Au cours de la photosynthèse, les algues aérobies produisent de l'O_2 et utilisent le CO_2. L'O_2 est un sous-produit des réactions lumineuses, alors que le CO_2 constitue le point de départ du cycle de Calvin (dont le produit final est le glucose). Les algues aérobies accomplissent aussi la respiration cellulaire, qui consomme de l'O_2 et produit du CO_2.

Retour sur le concept 28.5

1. Beaucoup d'Algues rouges contiennent un pigment accessoire, la phycoérythrine, qui leur donne une teinte rougeâtre et leur permet d'effectuer la photosynthèse dans des eaux côtières assez profondes. De plus, contrairement à celui des Algues brunes, le cycle de développement des Algues rouges ne comporte pas de stade flagellé, de sorte que les gamètes se rencontrent à la faveur des courants marins. **2.** Le thalle de *Ulva* contient de nombreuses cellules; il comprend des frondes semblables à des feuilles et un crampon ressemblant à des racines. Le thalle de *Caulerpa* est composé de filaments multicellulaires sans paroi intercellulaire: il constitue en réalité une seule grosse cellule. **3.** Le cycle de développement des Algues rouges ne comporte pas de stade flagellé et, par conséquent, les gamètes se rencontrent à la faveur des courants marins. Cette caractéristique de leur biologie rend sans doute plus difficile la reproduction en milieu terrestre. À l'opposé, les gamètes des Algues vertes sont flagellés, ce qui leur permet de nager dans une fine pellicule d'eau. De plus, le cytoplasme, la paroi cellulaire ou l'enveloppe du zygote de certaines espèces d'Algues vertes contiennent des composés antirayonnement qui les protègent de la lumière intense et des autres conditions terrestres défavorables. Ces composés pourraient avoir amélioré les chances de survie des descendants des Algues vertes en milieu terrestre.

Retour sur le concept 28.6

1. Les pseudopodes des Amibozoaires sont en forme de lobe, tandis que ceux des Foraminifères sont filiformes. **2.** Les Mycétozoaires ressemblent aux Eumycètes, car ils produisent des sporocarpes qui permettent la dispersion des spores; ils ressemblent aussi aux Animaux, car ils sont mobiles et ingèrent de la nourriture. Toutefois, ces organismes sont plus étroitement apparentés aux Gymnamibes et aux Entamibes qu'aux Eumycètes et aux Animaux. **3.** Oui, elle renforcerait l'hypothèse. Les Unichontes sont dépourvus des caractéristiques cytosquelettiques particulières communes à de nombreux Excavobiontes (voir le concept 28.2). En outre, si les Unichontes ont été le premier groupe d'Eucaryotes à diverger (comme le montre la figure 28.23), il est peu probable que l'ancêtre commun des Eucaryotes ait présenté les caractéristiques cytosquelettiques que possèdent aujourd'hui de nombreux Excavobiontes. Pareil résultat renforcerait l'idée qu'un grand nombre d'Excavobiontes ont des caractéristiques cytosquelettiques communes parce que leur groupe est monophylétique.

Retour sur le concept 28.7

1. Étant donné que les Protistes photosynthétiques constituent le fondement des réseaux trophiques aquatiques, de nombreux organismes ont besoin d'eux, directement ou indirectement, pour se nourrir. (De plus, les Protistes photosynthétiques produisent un pourcentage important de l'oxygène engendré par la photosynthèse sur la Terre.) **2.** Les Protistes forment des associations mutualistes et parasitaires avec d'autres organismes. C'est le cas des Dinophytes photosynthétiques, qui établissent des relations symbiotiques mutualistes avec les polypes des coraux; c'est aussi celui des Parabasaliens, qui forment une symbiose mutualiste avec les Termites, ou de l'Oomycète *Phytophthora ramorum,* un parasite du chêne. **3.** Le corail dépend de ses symbiontes dinophytes pour se nourrir; le blanchiment du corail entraînerait donc probablement sa mort. À mesure que disparaîtront les coraux, les poissons et les autres espèces qui s'en nourrissent perdront leur source de nourriture. Leurs populations risquent donc de décliner, ce qui entraînera le déclin des populations de leurs prédateurs.

Questions du résumé des concepts clés

28.1 Exemple de réponse: Les Protistes, les Végétaux, les Animaux et les Eumycètes sont semblables, car leurs cellules ont un noyau et des organites membraneux, contrairement aux cellules des Procaryotes. Ces organites membraneux rendent les cellules eucaryotes beaucoup plus complexes que les cellules procaryotes. En ce qui a trait aux différences entre les Protistes et les autres Eucaryotes, la plupart des Protistes sont unicellulaires, contrairement aux Animaux, aux Végétaux et à la plupart des Eumycètes. Les Protistes jouissent en outre d'une diversité nutritionnelle plus grande que d'autres Eucaryotes. **28.2** De nombreux Excavobiontes présentent des caractéristiques cytosquelettiques communes. Certains membres du groupe se nourrissent grâce à un cytostome, une structure qui ressemble à un entonnoir et qui est située sur un côté du corps cellulaire. Les données génétiques ne permettent pas de confirmer ou de réfuter l'existence de ce supergroupe. Dans l'ensemble, les preuves de son existence sont relativement minces. **28.3** Nous pouvons déduire que l'ancêtre commun du groupe présentait un plaste et qu'il provenait, dans ce cas précis, d'une Algue rouge. On peut donc imaginer que les Chromalvéolés ont des plastes ou qu'ils les ont perdus au cours de l'évolution. **28.4** Les principaux sous-groupes sont les Radiolaires, les Foraminifères et les Cercozoaires. Leurs ressemblances génétiques permettent d'en faire un clade. **28.5** Les Algues rouges, les Algues vertes et les Végétaux terrestres figurent dans le même supergroupe parce qu'une masse considérable de données indique que ces organismes descendent tous du même ancêtre, un Protiste hétérotrophe ayant acquis un endosymbionte cyanobactérien. **28.6** Les Unichontes réunissent un groupe diversifié d'Eucaryotes comprenant de nombreux Protistes, les Animaux et les Eumycètes. La plupart des Protistes unichontes sont des Amibozoaires, un clade d'amibes dont les pseudopodes sont en forme de lobe ou de tube (contrairement aux pseudopodes filiformes des Rhizariens). Les Unichontes réunissent aussi plusieurs groupes de Protistes étroitement apparentés aux Eumycètes, d'une part, et aux Animaux, d'autre part. **28.7** Exemple de réponse: Les Dinophytes photosynthétiques sont des Protistes déterminants sur le plan de l'écologie, car ils procurent une source d'énergie essentielle à leurs partenaires symbiotiques, les coraux qui construisent les récifs. Les Protistes symbiontes qui permettent aux termites de digérer le bois et *Plasmodium*, l'agent pathogène à l'origine du paludisme, sont d'autres exemples. Les Protistes photosynthétiques, comme les diatomées, comptent parmi les plus importants producteurs des communautés aquatiques; de nombreuses autres espèces des environnements aquatiques se nourrissent grâce à eux.

ÉVALUATION

1. d; **2.** b; **3.** c; **4.** e; **5.** d; **6.** d;
7.

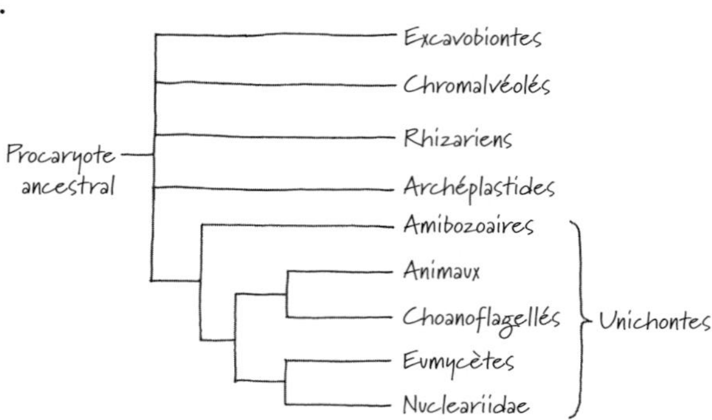

Les agents pathogènes qui ont avec les humains un ancêtre commun relativement récent devraient aussi présenter des caractéristiques métaboliques et structurales communes. Comme les médicaments ciblent le métabolisme ou la structure de l'agent pathogène, il devrait être plus difficile de mettre au point des médicaments capables d'éliminer les agents pathogènes, mais inoffensifs pour l'hôte, lorsque nous partageons une histoire évolutive récente. En procédant à rebours, nous pouvons utiliser l'arbre phylogénétique pour déterminer l'ordre dans lequel les humains ont un ancêtre commun avec des agents pathogènes de divers taxons. Ce procédé permet d'avancer qu'il devrait être plus difficile de mettre au point des médicaments contre des agents pathogènes d'origine animale que, dans l'ordre, des agents pathogènes appartenant aux groupes des Choanoflagellés, des Eumycètes, des Nucleariidae, des Amibozoaires, d'autres Protistes et, enfin, des Procaryotes.

29

La diversité des Végétaux I : la colonisation des milieux terrestres

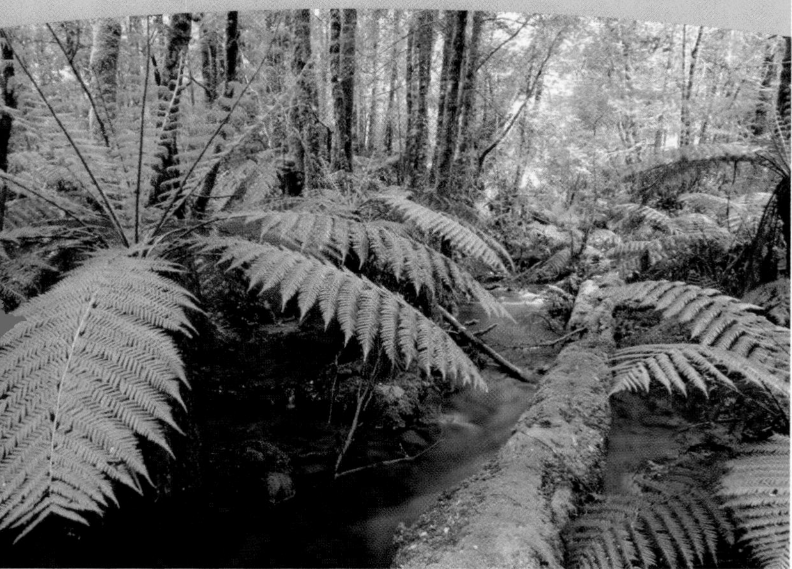

▲ **Figure 29.1** **Comment les Végétaux ont-ils transformé le monde ?**

ÉVOLUTION

CONCEPTS CLÉS

29.1 **Les végétaux terrestres se sont développés à partir des Algues vertes**

29.2 **Les gamétophytes dominent les cycles de développement des Mousses et d'autres plantes non vasculaires**

29.3 **Les Fougères et d'autres Vasculaires sans graines ont été les premiers végétaux de grande taille**

INTRODUCTION

Une Terre de verdure

Quand on admire un paysage luxuriant comme la forêt qui apparaît à la **figure 29.1**, on a du mal à imaginer la terre ferme dépourvue de plantes ou d'autres organismes. Pourtant, pendant plus de trois milliards d'années de son histoire, la Terre était dénuée de vie à sa surface. Des observations géochimiques indiquent que de minces couches de Cyanobactéries recouvraient le sol il y a environ 1,2 milliard d'années. Mais il ne s'est pas écoulé plus de 500 millions d'années depuis que les végétaux de petite taille, les Eumycètes et les Animaux ont commencé à coloniser la terre ferme. Finalement, l'apparition de végétaux de très grande taille, il y a quelque 385 millions d'années, a mené à la formation des premières forêts (composées d'espèces fort différentes de celles de la figure 29.1).

Depuis qu'ils ont commencé à coloniser la terre ferme, les Végétaux se sont diversifiés, de sorte qu'on en compte aujourd'hui plus de 290 000 espèces, dont certaines occupent les milieux les plus hostiles, tels les pics montagneux, de même que les régions désertiques et polaires. La plupart des Végétaux existant aujourd'hui vivent dans des milieux terrestres, bien que certaines espèces soient retournées à des habitats aquatiques au cours de leur évolution, comme la zostère marine (*Zostera marina*), une plante de la famille des Graminées que l'on trouve notamment dans l'estuaire du fleuve Saint-Laurent. Dans ce chapitre, nous allons donc employer l'expression *végétaux terrestres* pour désigner tous les Végétaux, même ceux qui sont maintenant aquatiques, afin de les distinguer des Algues, qui sont des Protistes photosynthétiques.

La présence des Végétaux a permis à d'autres formes de vie, dont les Animaux, de subsister sur la terre ferme. En effet, les Végétaux constituent la source de dioxygène des Animaux terrestres et leur première source de nourriture. De plus, les racines des Végétaux ont créé des habitats pour d'autres organismes en stabilisant les sols dans les dunes de sable et de nombreux autres environnements.

Dans ce chapitre, nous allons donc nous pencher sur les 100 premiers millions d'années de l'évolution des Végétaux, au cours desquels sont notamment apparues les plantes sans graines comme les Mousses et les Fougères. Au chapitre 30, nous traiterons de l'évolution plus récente des plantes à graines.

CONCEPT 29.1

Les végétaux terrestres se sont développés à partir des Algues vertes

Comme il est mentionné au chapitre 28, les chercheurs considèrent un groupe d'Algues vertes, les Charophytes, comme les organismes les plus étroitement apparentés aux végétaux terrestres. Existe-t-il une preuve de ce lien évolutif, et que suppose-t-il au sujet des ancêtres des végétaux terrestres ?

Les preuves morphologiques et biochimiques

Les végétaux terrestres partagent bon nombre de caractéristiques importantes avec certains Protistes, surtout les Algues.

Par exemple, comme les Algues brunes, les Algues rouges et certaines Algues vertes, les Végétaux sont des organismes multicellulaires, eucaryotes, photoautotrophes. Ils sont munis de parois cellulaires renfermant de la cellulose, tout comme les Algues vertes, les Dinophytes et les Algues brunes. Enfin, les Algues vertes, les Euglénophytes, quelques Dinophytes et les Végétaux comportent des chloroplastes qui contiennent des chlorophylles *a* et *b* ainsi que des pigments caroténoïdes accessoires.

Toutefois, les Charophytes sont les seules algues à partager avec les végétaux terrestres quatre caractéristiques essentielles, d'où la forte présomption d'un lien étroit entre les deux groupes :

- **Anneaux de protéines** pour la synthèse de la cellulose. La membrane plasmique des cellules des végétaux terrestres et des Charophytes renferme des *anneaux* de protéines (**figure 29.2**). C'est dans ces anneaux que sont synthétisées les microfibrilles de cellulose des parois cellulaires. Chez les Algues autres que les Charophytes, les protéines productrices de cellulose sont disposées de façon *linéaire*.
- **Enzymes des peroxysomes.** Les peroxysomes (voir la figure 6.19, p.121) des végétaux terrestres et des Charophytes contiennent des enzymes (glycolate oxydase, par exemple) qui contribuent à réduire les pertes de molécules organiques attribuables à la photorespiration (voir le chapitre 10).
- **Structure des spermatozoïdes flagellés.** La structure des spermatozoïdes flagellés que possèdent certains végétaux terrestres présente de fortes ressemblances avec celle des spermatozoïdes des Charophytes.
- **Formation d'un phragmoplaste.** Certains événements de la division cellulaire ne s'observent que chez les végétaux terrestres et chez certains Charophytes, comme *Chara sp.* et *Coleochaete sp.* C'est le cas du **phragmoplaste**, un groupe de microtubules qui se forme entre les noyaux des deux cellules filles. Une plaque cellulaire se développe au milieu du phragmoplaste, le long de l'axe médian de la cellule en division (voir la figure 12.10, p. 267). La plaque cellulaire produit ensuite une nouvelle paroi transversale qui sépare les cellules filles.

Des preuves génétiques soutiennent aussi la conclusion vers laquelle nous entraînent ces quatre caractéristiques morphologiques et biologiques. L'analyse des gènes des noyaux et des chloroplastes d'une vaste gamme d'espèces de végétaux et d'algues indique que les Charophytes (*Chara sp.* et *Coleochaete sp.* en particulier) sont les organismes modernes les plus étroitement apparentés aux végétaux terrestres (**figure 29.3**). Il faut cependant noter que ces algues modernes ne sont pas les ancêtres des Végétaux. Elles donnent tout de même une idée de ce à quoi ressemblaient ces ancêtres.

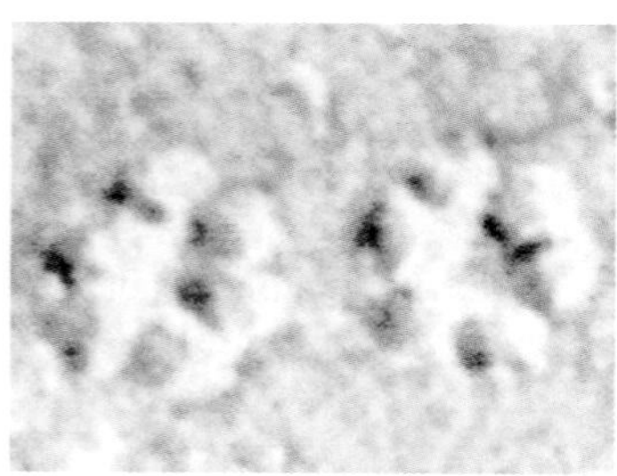

◄ **Figure 29.2 Les anneaux de protéines de cellulose synthase.** Ces anneaux de protéines enchâssés dans la membrane plasmique n'existent que chez les végétaux terrestres et les Charophytes (MEB).

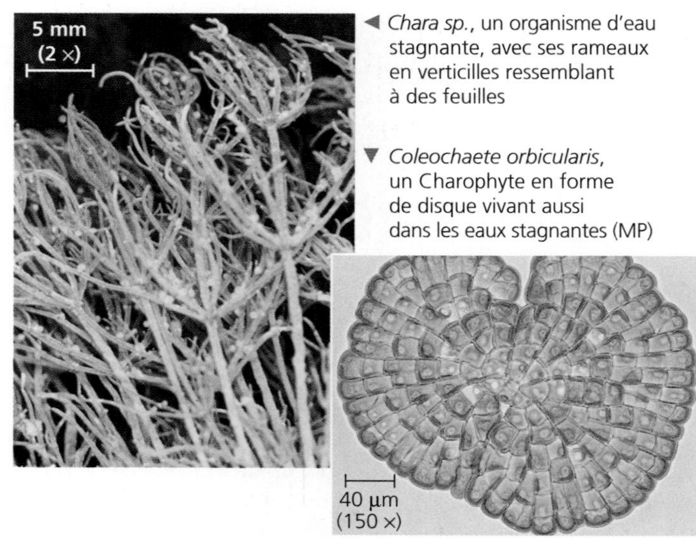

◄ *Chara sp.*, un organisme d'eau stagnante, avec ses rameaux en verticilles ressemblant à des feuilles

▼ *Coleochaete orbicularis*, un Charophyte en forme de disque vivant aussi dans les eaux stagnantes (MP)

▲ **Figure 29.3 Deux exemples de Charophytes, les algues les plus étroitement apparentées aux végétaux terrestres.**

Un autre élément de preuve a été fourni par une équipe de l'Université Laval, à Québec. En effet, après avoir étudié l'ADN de son chloroplaste et mené des analyses phylogénétiques, ces chercheurs ont conclu que l'algue d'eau douce *Mesostigma viride* serait un représentant actuel du groupe dont sont issus les végétaux terrestres et les Algues vertes.

Les adaptations à la vie sur la terre ferme

Un grand nombre d'espèces de Charophytes vivent en eau peu profonde, près du rivage des étangs et des lacs. Dans ce milieu sujet à l'assèchement, la sélection naturelle favorise les individus capables de survivre à des périodes durant lesquelles l'immersion n'est que partielle. De fait, les zygotes des Charophytes sont entourés d'une couche de polymère durable, la **sporopollénine**, qui prévient la déshydratation des zygotes exposés à l'air. On observe une adaptation chimique semblable dans les parois résistantes de sporopollénine qui entourent les spores des végétaux.

L'acquisition de cette adaptation par au moins une population de Charophytes a probablement permis aux descendants (les premiers végétaux) de vivre au-dessus de la ligne des eaux de manière permanente. Ces innovations produites par l'évolution ont ouvert aux premières plantes terrestres de vastes habitats, une nouvelle frontière offrant d'énormes avantages. Dans ces endroits, la lumière n'était plus filtrée par l'eau et le plancton, l'atmosphère était riche en dioxyde de carbone ; en outre, le sol du rivage regorgeait de nutriments minéraux et, au début du moins, les herbivores et les agents pathogènes se faisaient assez rares. Ces avantages s'accompagnaient cependant d'un certain nombre de handicaps, comme la relative rareté de l'eau et un soutien structural insuffisant pour parer à la gravité. (Pour avoir une idée de l'importance d'un tel soutien, songez à la façon dont le corps d'une méduse s'affaisse lorsqu'elle est hors de l'eau.) Les végétaux terrestres ont pu se

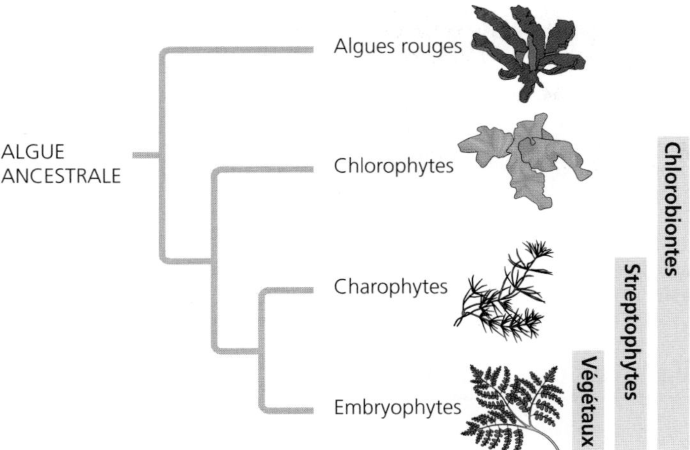

▲ **Figure 29.4 Le règne des Végétaux: trois points de vue.** Dans le présent ouvrage, nous faisons correspondre le règne des Végétaux (ou règne végétal) aux Embryophytes.

diversifier grâce à l'acquisition des adaptations qui leur ont permis de survivre et de se reproduire en dépit de ces difficultés.

De nos jours, quelles sont les adaptations uniques aux Végétaux? La réponse varie selon l'endroit où l'on trace la limite entre les végétaux terrestres et les Algues (**figure 29.4**). De nombreux biologistes ne considèrent comme Végétaux que les organismes du groupe des Embryophytes (plantes produisant des embryons). D'autres soutiennent à présent qu'il faut repousser les limites du règne des Végétaux de manière à inclure certaines Algues vertes (règne des Streptophytes), sinon toutes (règne des Chlorobiontes ou *Viridiplantae*). Comme ce débat est encore loin d'être clos, nous postulerons pour le moment que les Embryophytes regroupent les Végétaux et nous désignerons ce taxon par l'expression *règne des Végétaux* (ou règne végétal). Dans ce contexte, déterminons maintenant les caractères dérivés qui distinguent les Végétaux de leurs plus proches parents algaux, les Charophytes.

Les caractères dérivés des Végétaux

Parmi les adaptations apparues après que les végétaux terrestres se furent séparés de leurs ancêtres algaux, plusieurs d'entre elles ont favorisé la survie et la reproduction sur la terre ferme. La **figure 29.5**, sur les deux pages suivantes, présente quatre caractères fondamentaux apparus chez les végétaux terrestres, mais non chez les Charophytes.

En plus des quatre adaptations présentées à la figure 29.5, de nombreuses espèces de végétaux ont acquis d'autres caractères dérivés se rapportant à la vie terrestre. Par exemple, l'épiderme de la plupart des végétaux terrestres est recouvert d'une **cuticule** composée de cire et d'autres polymères. Constamment exposés à l'air, les végétaux terrestres sont beaucoup plus sujets au dessèchement que les Algues dont ils descendent. La cuticule est un agent imperméabilisant qui prévient l'assèchement des organes aériens de la plante tout en la protégeant contre les microorganismes.

Les premiers végétaux terrestres ne possédaient pas de racines et de feuilles proprement dites. Sans racines, comment réussissaient-ils à absorber les nutriments contenus dans le sol? Des fossiles datant de 420 millions d'années révèlent une adaptation qui aurait permis aux premiers végétaux de se nourrir: ils formaient avec des Eumycètes des associations symbiotiques semblables, par la structure, aux associations bénéfiques que l'on observe aujourd'hui entre Végétaux et Eumycètes. Nous décrirons plus en détail ces associations, appelées *mycorhizes*, et les avantages qu'elles procurent à la plante et au champignon au chapitre 31. Pour l'instant, retenez que le champignon mycorhizien forme dans les sols des réseaux de filaments capables d'absorber les nutriments avec beaucoup plus d'efficacité que la plante elle-même. Les Eumycètes transfèrent les nutriments à leurs partenaires symbiotiques, un avantage qui a peut-être aidé les végétaux dépourvus de racines à coloniser les milieux terrestres.

Enfin, un grand nombre de végétaux terrestres produisent des molécules appelées *composés secondaires*. Ces composés sont qualifiés de secondaires parce qu'ils proviennent de voies métaboliques secondaires, c'est-à-dire d'embranchements des voies principales qui produisent les lipides, les glucides, les acides aminés et tous les autres composés communs à tous les organismes. Parmi les composés secondaires qu'engendrent les Végétaux, on compte les alcaloïdes, les terpènes, les tanins et des phénols tels que les flavonoïdes. Les alcaloïdes, les terpènes et les tanins ont souvent un goût amer, une odeur prononcée ou des effets toxiques qui repoussent les animaux herbivores et les parasites. Les flavonoïdes absorbent les rayons ultraviolets nocifs et certains phénols protègent la plante contre les microorganismes pathogènes. L'humain tire également parti de ces substances qui constituent des ingrédients de diverses épices ou qui entrent dans la composition de médicaments et de nombreux produits.

L'origine et la diversification des Végétaux

Les paléobotanistes qui étudient l'origine des Végétaux cherchent depuis longtemps à déterminer quels sont les plus anciens fossiles des végétaux terrestres. Dans les années 1970, des chercheurs ont découvert des spores fossilisées remontant à l'Ordovicien, ce qui les daterait d'environ 475 millions d'années. Il existe des similitudes entre ces spores fossilisées et celles des végétaux modernes, mais aussi des différences frappantes. Par exemple, les spores des végétaux modernes se dispersent en général individuellement, contrairement aux spores fossilisées, qui sont unies par groupes de deux ou de quatre. Compte tenu de cette différence, il se pourrait que ces spores fossilisées n'aient pas été produites par des Végétaux, mais par une Algue apparentée aujourd'hui disparue. Par ailleurs, les plus anciens fragments de tissus végétaux connus ont 50 millions d'années de moins que les mystérieuses spores.

En 2003, des scientifiques de Grande-Bretagne et d'Oman, un pays du Moyen-Orient, ont en partie levé le voile sur ce mystère après avoir trouvé des spores dans des roches vieilles de 475 millions d'années provenant d'Oman (**figure 29.6a**, page 700). Contrairement aux spores datant de la même époque découvertes antérieurement, ces spores étaient enchâssées dans une matière végétale similaire au tissu contenant les spores chez les Végétaux modernes (**figure 29.6b**). La découverte d'autres petits fragments de tissu appartenant de

▼ **Figure 29.5**

PANORAMA Les caractères dérivés des végétaux terrestres

Les quatre caractères fondamentaux décrits dans cette figure ne s'observent pas chez les Charophytes; ils sont propres aux végétaux terrestres. Ce sont: l'alternance de générations (et les embryons multicellulaires dépendants, un caractère associé), l'existence de spores entourées d'une paroi et produites dans des sporanges, la présence de gamétanges multicellulaires et de méristèmes apicaux. On peut supposer que ces caractères étaient absents chez l'ancêtre commun des végétaux terrestres et des Charophytes, mais qu'ils constituent des caractères dérivés qui se sont manifestés indépendamment chez les végétaux terrestres. Certains ne sont pas exclusifs aux Végétaux, car ils sont apparus séparément dans d'autres lignées. Par ailleurs, tous les Végétaux ne présentent pas nécessairement ces quatre caractères, ce qui signifie que plusieurs lignées auraient perdu certains de ces caractères en cours d'évolution.

L'alternance de générations et les embryons multicellulaires dépendants

L'alternance des générations en cinq étapes générales

Légende
Haploïde (n)
Diploïde ($2n$)

❶ Le gamétophyte produit des gamètes haploïdes par mitose.
Gamétophyte (n)
Mitose
Gamète d'une autre plante
Gamète
❷ Deux gamètes s'unissent (fécondation) et forment un zygote diploïde.
FÉCONDATION
$2n$ Zygote
❸ Le zygote se développe et devient un sporophyte diploïde multicellulaire.
Mitose
Sporophyte ($2n$)
❹ Le sporophyte produit des spores haploïdes par méiose.
MÉIOSE
Spore
❺ Les spores se développent et deviennent des gamétophytes multicellulaires haploïdes.
Mitose

Le cycle de développement de tous les végétaux terrestres se déroule en faisant alterner deux générations d'organismes multicellulaires: les gamétophytes et les sporophytes. Comme le montre le diagramme (utilisant une fougère en guise d'exemple), chaque génération engendre l'autre à tour de rôle, un processus que l'on appelle **alternance de générations**. Ce mode de reproduction s'observe aussi chez divers groupes d'Algues, mais pas chez les Charophytes, les plus proches parents des végétaux terrestres.

Il ne faut pas confondre l'alternance de générations avec la présence de formes haploïdes et diploïdes dans le cycle de développement d'autres organismes à reproduction sexuée (voir la figure 13.6, p. 286). Ainsi, chez l'humain, la méiose produit des gamètes haploïdes dont l'union donne des zygotes diploïdes qui se divisent et deviennent multicellulaires. La seule forme haploïde dans le cycle de développement de l'humain est le gamète unicellulaire. Au contraire, l'alternance de générations se caractérise par le fait que la forme haploïde et la forme diploïde sont toutes les deux multicellulaires. Le **gamétophyte** haploïde multicellulaire (un végétal qui produit des gamètes) est ainsi appelé parce qu'il produit par mitose des gamètes haploïdes (oosphères et spermatozoïdes) qui fusionnent durant la fécondation et forment des zygotes diploïdes. La division mitotique du zygote produit un **sporophyte** diploïde multicellulaire (un végétal qui engendre des spores). Dans un sporophyte mature, la méiose produit des cellules reproductrices haploïdes appelées **spores**, qui peuvent donner naissance à un nouvel organisme haploïde sans fusionner avec une autre cellule. Puis le cycle recommence. Chez de nombreuses plantes sans graines, comme la fougère de notre diagramme, le gamétophyte et le sporophyte semblent être des plantes différentes, même s'ils constituent deux formes d'une même espèce. Chez les plantes à graines, les gamétophytes sont microscopiques; les plantes que nous avons l'habitude de voir sont les sporophytes.

À l'intérieur du cycle d'alternance de générations, un embryon végétal multicellulaire se développe à partir d'un zygote qui reste à l'intérieur des tissus de la plante mère (un gamétophyte). Les tissus maternels lui fournissent des nutriments tels que des monosaccharides et des acides aminés. L'embryon possède des cellules spécialisées appelées **cellules de transfert**, qu'on trouve aussi parfois dans le tissu maternel adjacent. Ces cellules favorisent le transfert des nutriments du parent à l'embryon grâce aux invaginations complexes de leur surface (constituée de la membrane plasmique et de la paroi cellulaire). Cette interface est analogue à celle que présentent les Mammifères placentaires. L'embryon multicellulaire dépendant des végétaux terrestres constitue un caractère dérivé si important que les végétaux terrestres sont aussi appelés **Embryophytes.**

Embryon et cellule de transfert de *Marchantia* (une Hépatique)

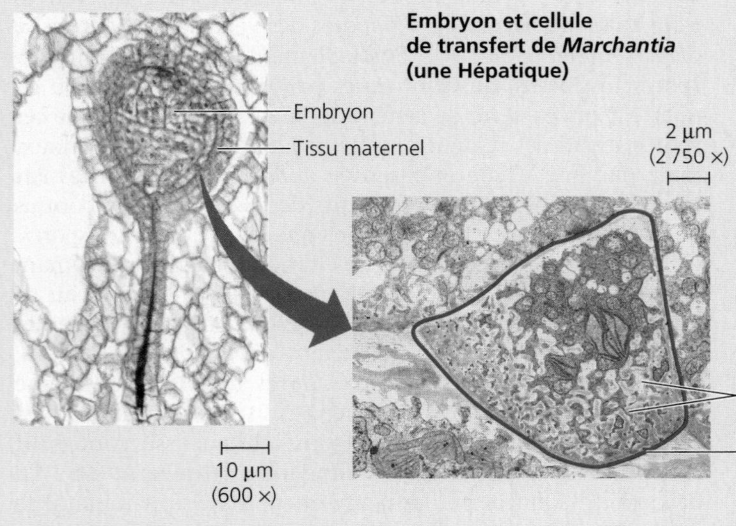

FAITES DES LIENS *Revoyez les cycles de développement sexués à la figure 13.6 (p. 286). Indiquez le cycle de développement qui procède par alternance de générations et rappelez brièvement ce qui le distingue des autres cycles de développement.*

La production de spores entourées d'une paroi et contenues dans des sporanges

Les spores végétales sont des cellules reproductrices haploïdes qui sont capables de produire, par mitose, des gamétophytes multicellulaires haploïdes. La paroi des spores végétales renferme un polymère très résistant à la dégradation et à la déshydratation, appelé sporopollénine, qui lui permet de survivre dans des milieux inhospitaliers. Grâce à cette propriété, les spores transportées par le vent peuvent se disperser dans l'air sec et survivre dans ces conditions.

Les spores sont produites par des organes multicellulaires du sporophyte, les **sporanges**. Dans le sporange, des cellules diploïdes appelées **sporocytes**, ou cellules mères des spores, se divisent par méiose et engendrent les spores haploïdes. Les tissus externes du sporange protègent les spores en formation jusqu'au moment de leur libération.

Les sporanges multicellulaires et les spores résistantes, avec leur paroi de sporopollénine, constituent des adaptations clés chez les végétaux terrestres. Les Charophytes donnent aussi naissance à des spores, mais ces Algues ne forment pas de sporanges multicellulaires. De plus, leurs spores flagellées se dispersent dans l'eau et ne contiennent pas de sporopollénine.

Spores
Sporange
Coupe longitudinale d'un sporange de *Sphagnum* (MP)
Sporophyte
Gamétophyte

Sporophytes et sporanges de *Sphagnum* (une Mousse)

Les gamétanges multicellulaires

La production de gamètes dans des organes multicellulaires appelés **gamétanges** est une autre caractéristique qui distingue les végétaux terrestres primitifs des Algues, qui sont leurs ancêtres. Le gamétange femelle est appelé **archégone**. En forme de poire, il donne une seule oosphère, retenue dans la portion bulbeuse de l'organe (la partie supérieure dans le cas de l'espèce illustrée ci-contre). Le gamétange mâle, appelé **anthéridie**, produit un grand nombre de spermatozoïdes qui, arrivés à maturité, sont libérés dans l'environnement. Chez de nombreux groupes de Végétaux modernes, les spermatozoïdes portent des flagelles et nagent dans des gouttes d'eau ou dans de minces couches d'eau pour rejoindre les oosphères. Celles-ci sont fécondées à l'intérieur des archégones. C'est là que le zygote amorce son développement et se transforme en embryon. Comme nous le verrons au chapitre 30, les gamétophytes des plantes à graines ont une taille si réduite que l'archégone et l'anthéridie ont disparu dans de nombreuses lignées.

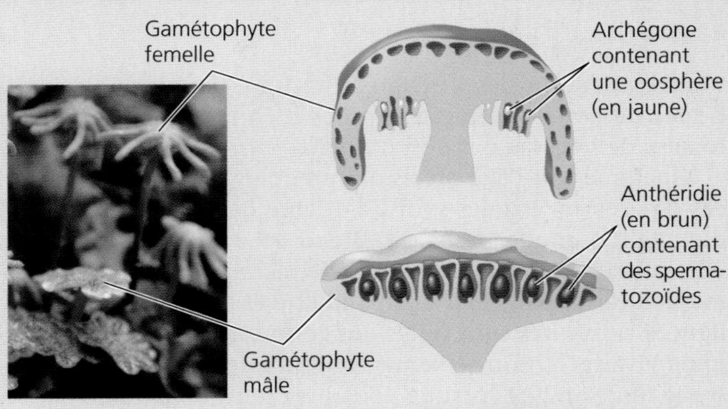

Archégones et anthéridies de *Marchantia* (une Hépatique)

Les méristèmes apicaux

Dans les habitats terrestres, les ressources nécessaires aux organismes photosynthétiques sont situées en deux endroits fort différents. La lumière et le dioxyde de carbone se trouvent surtout au-dessus du sol. Quant à l'eau et aux nutriments minéraux, ils sont présents surtout dans le sol. Les Végétaux ne peuvent pas se déplacer, mais l'allongement et la ramification de leurs pousses et de leurs racines accroissent leurs contacts avec les ressources du milieu. Durant toute la vie d'une plante, l'augmentation de la taille dépend de l'activité des **méristèmes apicaux**, des zones de division cellulaire situées aux extrémités des pousses et des racines. Les cellules produites par les méristèmes se différencient pour donner les tissus de la plante, notamment un épiderme protecteur, du côté externe, et divers types de tissus internes. Ce sont en outre les méristèmes des pousses qui engendrent les feuilles chez la plupart des Végétaux. Les organismes complexes que sont les Végétaux possèdent donc des organes souterrains et des organes aériens qui présentent divers degrés de spécialisation structurale.

Méristèmes apicaux de pousses et de racines. Ces micrographies photoniques montrent des coupes longitudinales des extrémités d'une racine et d'une pousse.

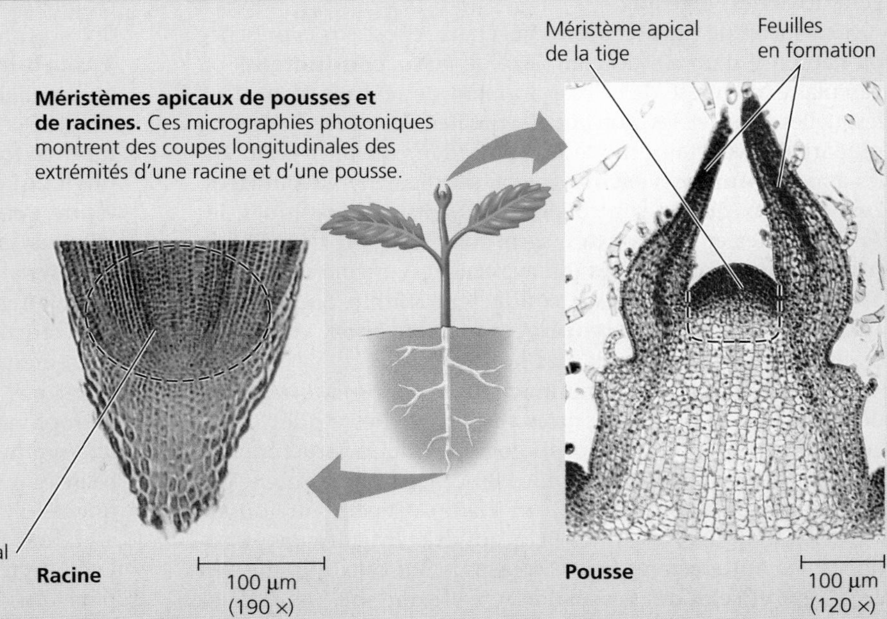

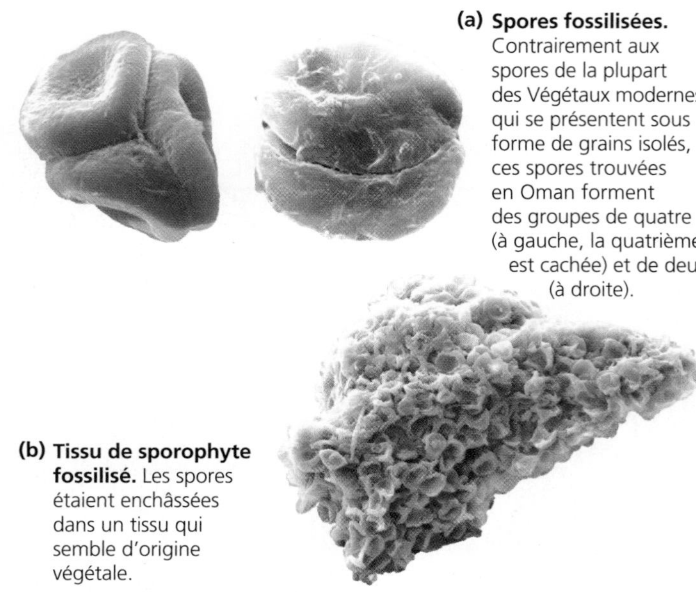

(a) **Spores fossilisées.** Contrairement aux spores de la plupart des Végétaux modernes, qui se présentent sous forme de grains isolés, ces spores trouvées en Oman forment des groupes de quatre (à gauche, la quatrième est cachée) et de deux (à droite).

(b) **Tissu de sporophyte fossilisé.** Les spores étaient enchâssées dans un tissu qui semble d'origine végétale.

▲ **Figure 29.6 Les spores et les tissus végétaux anciens** (MEB, cliché artificiellement coloré).

Tableau 29.1 Les dix embranchements de Végétaux actuels

	Nom vernaculaire	Nombre d'espèces actuelles
Plantes non vasculaires (Bryophytes)		
Embranchement des Hépatophytes	Hépatiques	9 000
Embranchement des Muscinées	Mousses	15 000
Embranchement des Anthocérophytes	Anthocérotes	100
Plantes vasculaires		
Vasculaires sans graines		
Embranchement des Lycophytes	Lycopodes	1 200
Embranchement des Ptérophytes	Ptérophytes	12 000
Vasculaires à graines		
Gymnospermes		
Embranchement des Ginkgophytes	Ginkgo	1
Embranchement des Cycadophytes	Cycas	130
Embranchement des Gnétophytes	Gnètes	75
Embranchement des Pinophytes	Conifères	600
Angiospermes		
Embranchement des Anthophytes	Plantes à fleurs	250 000

toute évidence à des Végétaux a ensuite permis aux scientifiques de conclure que les spores d'Oman constituent des fossiles de Végétaux et non d'Algues.

Quel que soit l'âge précis des premiers végétaux terrestres, ces espèces ancestrales sont à l'origine de la grande diversité des plantes modernes. Le **tableau 29.1** dresse la liste des 10 embranchements existants de la classification taxinomique utilisée dans le présent chapitre et dans le suivant. (Les lignées existantes sont celles qui comportent des taxons toujours vivants et non seulement des taxons disparus.) Consultez le tableau 29.1 lorsque vous lirez le reste de cette partie, de même que la **figure 29.7**, qui illustre une phylogénie hypothétique fondée sur la morphologie, la biochimie et la génétique des Végétaux.

Une façon de caractériser les Végétaux repose sur la présence ou l'absence d'un réseau complexe de **tissu conducteur**, ou vasculaire, composé de cellules formant des canalisations dans lesquelles l'eau et les nutriments circulent dans la plante. La plupart des végétaux modernes possèdent un tel réseau. On les appelle **plantes vasculaires** ou simplement **Vasculaires**. Les végétaux qui en sont dépourvus, soit les Hépatiques, les Anthocérotes et les Mousses, sont pour leur part qualifiés de **plantes non vasculaires** (ou avasculaires), même si certaines Mousses possèdent un tissu conducteur simple. Souvent, on appelle familièrement **Bryophytes** (du grec *bryon*, «mousse», et *phyton*, «plante») les plantes non vasculaires.

Bien qu'on utilise couramment le terme *Bryophytes* pour désigner toutes les plantes non vasculaires, les études moléculaires et les analyses morphologiques de la structure des spermatozoïdes montrent que les Bryophytes ne forment pas un groupe monophylétique (un clade). Cependant, on ne s'entend toujours pas sur les liens qui existent entre les Hépatiques, les Anthocérotes et les Mousses ni sur ceux qui unissent ce groupe et celui des Vasculaires. Quelle que soit l'issue de ce débat, les Bryophytes et les Vasculaires ont en commun certains traits dérivés, comme les embryons multicellulaires et les méristèmes apicaux; les Bryophytes sont toutefois dépourvues d'un bon nombre des innovations propres aux Vasculaires, notamment les racines et les feuilles véritables.

Les Vasculaires forment un clade rassemblant environ 93% de toutes les espèces de végétaux existantes. Ce clade comprend trois subdivisions. Les deux premières comprennent les **Lycophytes** (Lycopodes et plantes apparentées) et les **Ptérophytes** (Fougères et plantes apparentées). Chacune de ces deux subdivisions réunit des plantes sans graines, d'où le terme familier **Vasculaires sans graines** souvent employé pour les désigner collectivement; les Vasculaires sans graines sont encore désignées sous le terme de Ptéridophytes. La figure 29.7 montre toutefois que les Vasculaires sans graines sont paraphylétiques et non monophylétiques. On utilise parfois le terme **grade** pour désigner un groupe qui, comme les Vasculaires sans graines, réunit des organismes partageant une caractéristique biologique déterminante. Les grades nous renseignent en regroupant les organismes selon certaines caractéristiques, comme l'absence de graines. Cependant, contrairement aux membres d'un clade, les membres d'un grade n'ont pas nécessairement le même ancêtre. Par exemple, les Ptérophytes et les Lycophytes ont beau être des Vasculaires sans graines, les Ptérophytes partagent un ancêtre commun beaucoup plus récent avec les Vasculaires à graines. Par conséquent, on peut penser que les Ptérophytes et les Vasculaires à graines partagent des caractères que ne présentent pas les Lycophytes. C'est d'ailleurs le cas, comme nous le verrons plus loin.

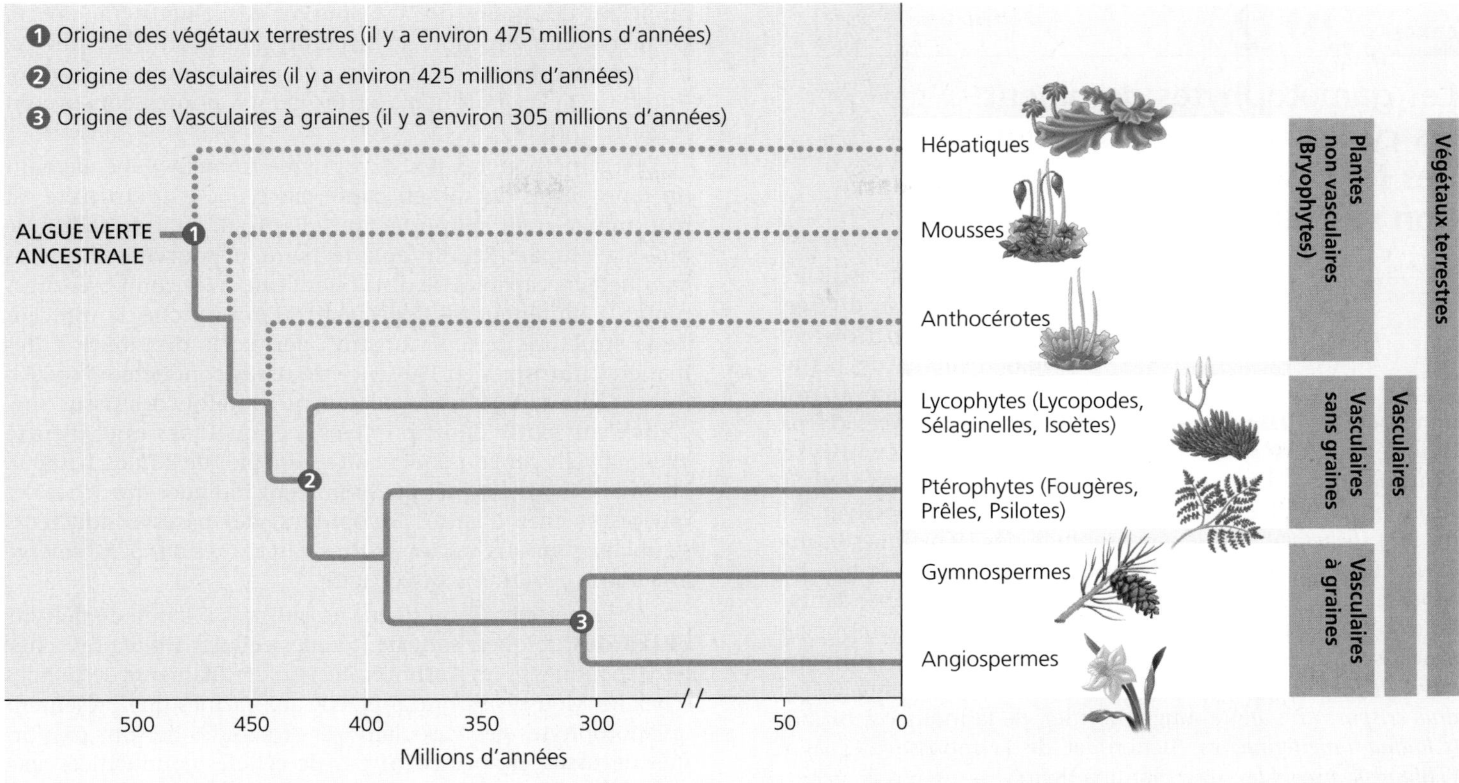

▲ **Figure 29.7 Quelques grands épisodes de l'évolution des Végétaux.** Cette phylogenèse représente une hypothèse sur les liens de parenté entre les groupes de Végétaux. Les lignes pointillées indiquent que la phylogénie des Bryophytes fait toujours l'objet de débats.

La troisième subdivision regroupe les Vasculaires à graines, lesquelles constituent la grande majorité des espèces de végétaux modernes. Une **graine** est composée d'un embryon végétal et d'une réserve de nourriture à l'intérieur d'une enveloppe protectrice. Les Vasculaires à graines (ou Spermatophytes) peuvent être divisées en deux groupes, soit les Gymnospermes et les Angiospermes, selon qu'elles sont ou non pourvues de cavités fermées dans lesquelles les graines mûrissent. Les **Gymnospermes** (du grec *gumnos*, « nu », et *spermos*, « graine ») forment un groupe dit à graines nues, car leurs graines ne sont pas enfermées dans des cavités. Les espèces survivantes, surtout des Pinophytes (ou Conifères), constituent probablement un clade. Les **Angiospermes** (du grec *aggeion*, « capsule », et *spermos*, « graine ») constituent un immense clade groupant toutes les plantes à fleurs. Les graines des Angiospermes se développent à l'intérieur de cavités appelées ovaires, et situées dans des fleurs; ces ovaires deviennent éventuellement des fruits. Près de 90 % des espèces de végétaux modernes sont des Angiospermes.

Notez que la phylogénie représentée à la figure 29.7 ne porte que sur les liens qui unissent les lignées de Végétaux existantes. Les paléobotanistes ont aussi découvert des fossiles appartenant à des lignées disparues. Comme nous le verrons plus loin dans ce chapitre, beaucoup de ces fossiles révèlent les étapes intermédiaires qui ont conduit à l'apparition des groupes de végétaux distinctifs qu'on trouve aujourd'hui sur la Terre.

RETOUR SUR LE CONCEPT 29.1

1. Pourquoi les chercheurs affirment-ils que les Charophytes sont les plus proches parents des végétaux terrestres ?
2. Indiquez trois caractères dérivés qui distinguent les Végétaux des Charophytes *et* qui facilitent la vie sur la terre ferme. Expliquez votre réponse.
3. **ET SI?** À quoi ressemblerait le cycle de développement humain s'il était soumis à l'alternance de générations ? Pour répondre à cette question, présumez que le stade diploïde multicellulaire ressemble, par sa forme, à un adulte humain.
4. **FAITES DES LIENS** La figure 29.7 indique les lignées de végétaux terrestres, de plantes non vasculaires, de Vasculaires, de Vasculaires sans graines et de Vasculaires à graines. Parmi ces catégories, distinguez les groupes monophylétiques des groupes paraphylétiques. Expliquez votre réponse. Voir la figure 26.10 à la page 626.

Voir les réponses proposées à la fin du chapitre.

CONCEPT **29.2**

Les gamétophytes dominent les cycles de développement des Mousses et d'autres plantes non vasculaires

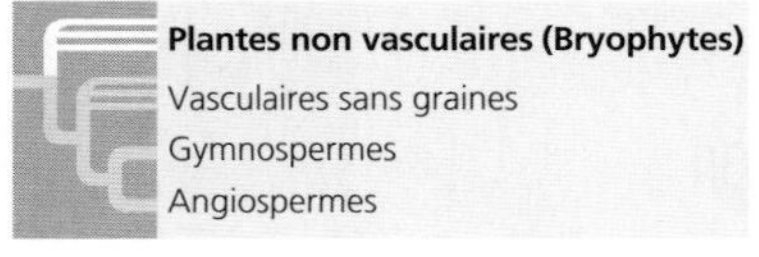

Les plantes non vasculaires (Bryophytes) se divisent aujourd'hui en trois embranchements de petites plantes herbacées (non ligneuses): les **Hépatophytes** ou Marchantiophytes (Hépatiques), les **Muscinées** (Mousses) et les **Anthocérophytes** (Anthocérotes). Les Hépatiques et les Anthocérotes doivent leur nom au fait que leurs formes évoquent respectivement un foie (*hêpatos*) pour le gamétophyte des Hépatiques et une corne (*keratos*) pour le sporophyte des Anthocérotes. Les Mousses sont les Bryophytes les plus familières. Cependant, il faut préciser que certains organismes communément appelés « mousses » ne sont pas véritablement des Mousses ni même des Bryophytes. C'est ainsi le cas de la mousse d'Irlande (*Chondrus crispus*, une algue rouge marine), de la mousse à caribou (*Cladina rangiferina*, un lichen) et de la mousse d'Espagne (*Tillandsia usneoides*, une plante à fleurs).

Les Bryophytes ont acquis de nombreuses adaptations exclusives au cours de leur longue évolution. Néanmoins, elles portent apparemment la marque de certains caractères des plantes primitives. Les plus anciens fossiles connus de fragments de plantes, par exemple, contiennent des tissus qui s'apparentent beaucoup à ceux de l'intérieur des Hépatiques. Les chercheurs désirent vivement découvrir d'autres parties de ces plantes ancestrales afin de vérifier si cette ressemblance se révélera d'une manière plus générale.

Les gamétophytes des Bryophytes

Contrairement aux Vasculaires, dans les trois embranchements des Bryophytes, les gamétophytes haploïdes sont plus gros et vivent plus longtemps que les sporophytes, comme le montre le cycle de développement d'une mousse présenté à la **figure 29.8**. En général, les sporophytes ne sont présents qu'à des étapes particulières du cycle de vie.

Si elles sont dispersées dans un milieu favorable, à la surface d'un sol humide ou sur l'écorce d'un arbre, par exemple, les spores des Bryophytes peuvent germer et donner des gamétophytes. Chez les Mousses, la germination de la spore produit la plupart du temps un filament qui a l'aspect d'une algue verte et qui n'a qu'une cellule d'épaisseur, le **protonéma** (du grec *prôtos*, « premier », et *nêma*, « fil »). Vert et ramifié, le protonéma a une surface étendue qui favorise l'absorption de l'eau et des minéraux. Quand les ressources sont suffisantes, il produit un ou plusieurs «bourgeons». (Lorsqu'il est question de plantes non vasculaires, nous utilisons généralement des guillemets pour nommer des structures qui ressemblent aux bourgeons, aux tiges et aux feuilles des Vasculaires, parce que les définitions de ces termes font référence aux organes des Vasculaires.) Chacune de ces excroissances rappelant des bourgeons est pourvue d'un méristème apical. Le méristème engendre la structure qui porte les gamètes, le **gamétophore** ou gamétangiophore (du grec *phoros*, « porteur »). Le protonéma et les gamétophores constituent le gamétophyte.

Les gamétophytes des Bryophytes forment généralement un tapis au ras du sol, en partie parce que leur structure est trop mince pour supporter une plante de grande taille. De plus, la plupart des Bryophytes sont dépourvues de tissus conducteurs capables de distribuer l'eau et les composés organiques à l'intérieur de tissus épais. (En revanche, la minceur de la structure de leurs organes permet la distribution des matières nutritives en l'absence de tissus conducteurs spécialisés.) Certaines Mousses possèdent toutefois des tissus spécialisés au centre de leurs « tiges », et quelques-unes d'entre elles peuvent par conséquent atteindre près de 2 m de hauteur. Les analyses phylogénétiques semblent indiquer que, chez ces espèces et chez d'autres Bryophytes, des tissus conducteurs semblables aux tissus des plantes vasculaires auraient émergé lors d'une évolution convergente.

Les gamétophytes se fixent au substrat à l'aide de délicats **rhizoïdes**, lesquels sont de longues cellules tubulaires (chez les Hépatiques et les Anthocérotes) ou des filaments de cellules (chez les Mousses). Contrairement aux racines que présentent les sporophytes des Vasculaires, les rhizoïdes ne sont pas formés de tissus, ne possèdent pas de cellules conductrices spécialisées et n'interviennent pas de façon importante dans l'absorption de l'eau et des minéraux. En tout cela, ils diffèrent des racines des Vasculaires.

Les gamétophytes des Bryophytes peuvent former de nombreux gamétanges; ceux-ci sont recouverts d'un tissu protecteur et produisent des gamètes. Les oosphères sont formées une à une dans les archégones en forme de vase, tandis que chaque anthéridie produit de nombreux spermatozoïdes. Certains gamétophytes sont bisexuels, mais chez les Mousses, les archégones et les anthéridies sont en général portés par des gamétophytes femelles et mâles distincts. Les spermatozoïdes flagellés sont libérés dans les gouttes d'eau provenant de la rosée ou de la pluie et nagent vers les oosphères. Attirés par des substances chimiques, ils s'introduisent dans les orifices des archégones. Les oosphères, quant à elles, restent à la base des archégones et c'est là que se développeront les embryons, après la fécondation. Les matières nutritives parviennent jusqu'à eux par l'intermédiaire d'une couche de cellules de transfert pendant qu'ils se transforment en sporophytes.

Les spermatozoïdes des Bryophytes ont généralement besoin d'un film d'eau pour atteindre les oosphères. Il n'est donc pas surprenant que de nombreuses espèces de Bryophytes colonisent des milieux humides. Si l'humidité est insuffisante, une mousse peut s'abstenir de produire des sporophytes, et cela pendant plusieurs années. Le fait que les spermatozoïdes nagent dans l'eau pour atteindre l'oosphère signifie aussi que chez les espèces dotées de gamétophytes mâles et femelles distincts (surtout des Mousses), la reproduction sexuée présente de meilleures chances de succès lorsque les individus sont situés à proximité les uns des autres.

De nombreuses espèces de Bryophytes peuvent également se multiplier de façon asexuée. Par exemple, certaines mousses se reproduisent de façon asexuée en formant des *propagules*,

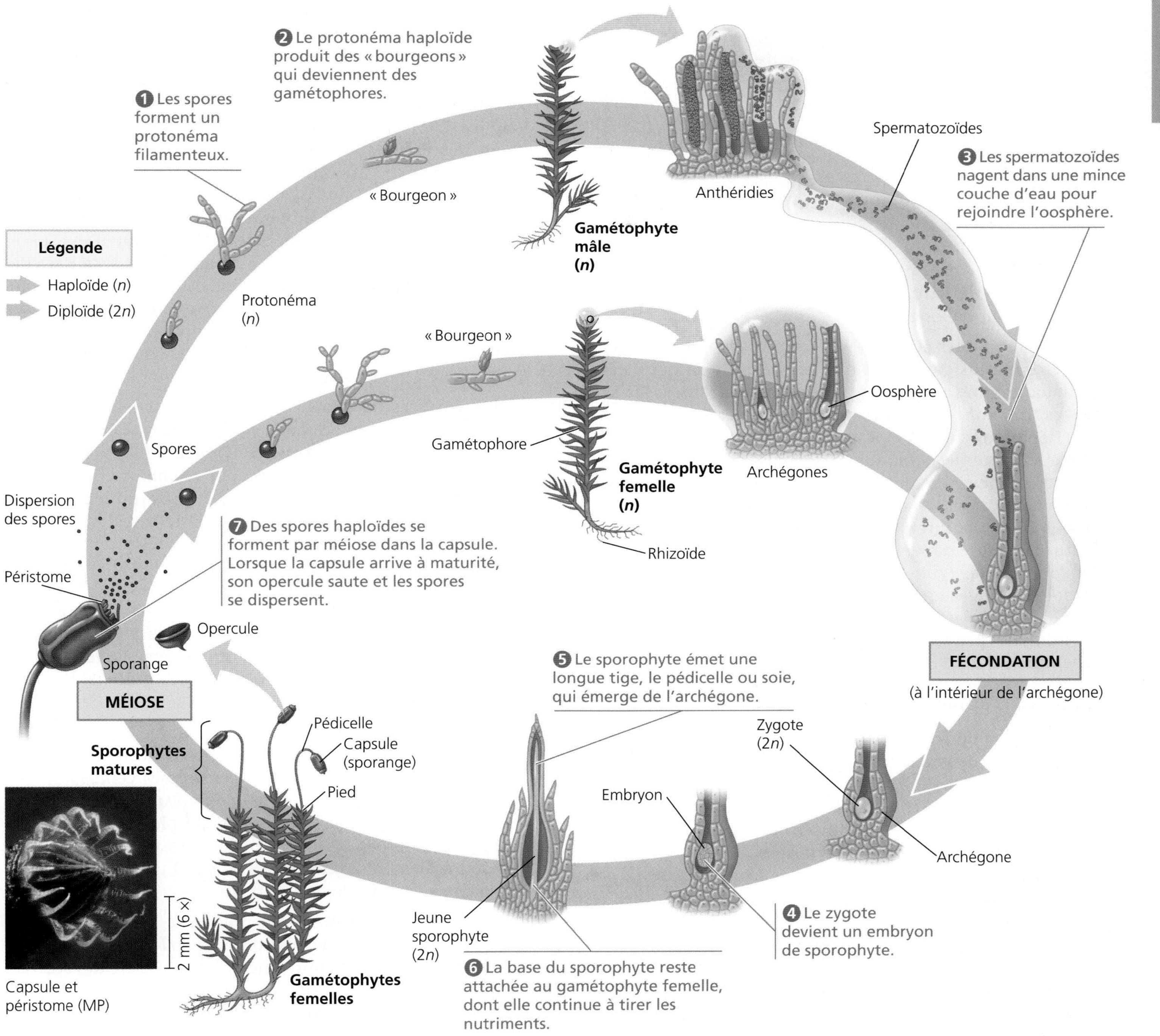

❶ Les spores forment un protonéma filamenteux.

❷ Le protonéma haploïde produit des « bourgeons » qui deviennent des gamétophores.

« Bourgeon »

Gamétophyte mâle (*n*)

Anthéridies

Spermatozoïdes

❸ Les spermatozoïdes nagent dans une mince couche d'eau pour rejoindre l'oosphère.

Légende

Haploïde (*n*)

Diploïde (2*n*)

Protonéma (*n*)

« Bourgeon »

Oosphère

Gamétophore

Spores

Gamétophyte femelle (*n*)

Archégones

Dispersion des spores

❼ Des spores haploïdes se forment par méiose dans la capsule. Lorsque la capsule arrive à maturité, son opercule saute et les spores se dispersent.

Rhizoïde

Péristome

Opercule

Sporange

MÉIOSE

❺ Le sporophyte émet une longue tige, le pédicelle ou soie, qui émerge de l'archégone.

FÉCONDATION

(à l'intérieur de l'archégone)

Pédicelle

Capsule (sporange)

Sporophytes matures

Pied

Zygote (2*n*)

Embryon

Archégone

2 mm (6 ×)

Jeune sporophyte (2*n*)

❹ Le zygote devient un embryon de sporophyte.

❻ La base du sporophyte reste attachée au gamétophyte femelle, dont elle continue à tirer les nutriments.

Capsule et péristome (MP)

Gamétophytes femelles

▲ **Figure 29.8 Le cycle de développement de *Polytrichum sp.* (Mousse).**

? *Dans ce diagramme, le spermatozoïde qui féconde l'oosphère est-il génétiquement différent de celle-ci ? Expliquez votre réponse.*

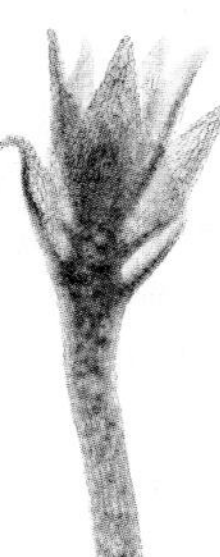

c'est-à-dire des plantules (voir ci-contre) qui se forment dans de petites *corbeilles*, se détachent de la plante mère et reconstituent, par mitose, un gamétophyte identique à celle-ci.

Les sporophytes des Bryophytes

Chez les Bryophytes, les sporophytes sont habituellement verts et photosynthétiques pendant leur jeunesse, mais ils n'ont aucune autonomie. Ils restent attachés toute leur vie à leur gamétophyte maternel, qui leur procure monosaccharides, acides aminés, minéraux et eau.

De toutes les plantes modernes, les Bryophytes sont celles qui possèdent les sporophytes les plus petits. Cette observation va dans le sens de l'hypothèse selon laquelle les sporophytes, petits et simples à l'origine, ont gagné en taille et en complexité chez les Vasculaires. Le sporophyte est habituellement composé d'un pied, d'un pédicelle et d'un sporange.

Enfermé dans l'archégone, le **pied** absorbe les nutriments provenant du gamétophyte. Le **pédicelle** achemine ces matières jusqu'au sporange, aussi appelé **capsule**, qui les utilise pour produire des spores par méiose. Une seule capsule peut engendrer jusqu'à 50 millions de spores.

Chez la plupart des Mousses, le pédicelle s'allonge, ce qui élève la capsule et favorise la dispersion des spores. De façon générale, la partie supérieure de la capsule présente un anneau de structures dentelées, le **péristome** (voir la figure 29.8), qui s'ouvre, par écartement des dents, par temps sec et se referme, par inclinaison des dents vers l'intérieur, par temps pluvieux. Ce mécanisme permet de libérer progressivement les spores en profitant des coups de vent susceptibles de les transporter sur de longues distances.

Les sporophytes des Anthocérotes et des Mousses sont plus gros et plus complexes que ceux des Hépatiques. Chez les deux groupes, ils portent des pores spécialisés, les **stomates**, qui sont aussi présents chez toutes les Vasculaires (les Hépatiques possèdent aussi des pores qui jouent le même rôle que les stomates; toutefois, en raison de leurs caractéristiques structurales différentes, on ne les considère pas comme de véritables stomates). Ces pores interviennent dans la photosynthèse en permettant l'échange de dioxyde de carbone et de dioxygène entre l'air ambiant et l'intérieur des sporophytes (voir la figure 10.4, p. 209). De plus, c'est par les stomates que la majeure partie de l'eau (sous forme de vapeur) s'échappe des sporophytes. Par temps chaud et sec, les stomates peuvent se refermer de manière à réduire la déperdition d'eau.

Comme les stomates sont présents chez les Mousses et les Anthocérotes, mais non chez les Hépatiques, trois hypothèses pourraient expliquer leur évolution. Si les Hépatiques constituent la lignée de végétaux terrestres la plus ancienne, comme le montre la figure 29.7, alors les stomates sont apparus une seule fois chez l'ancêtre des Anthocérotes, des Mousses et des Vasculaires. Si ce sont les Anthocérotes qui forment la plus ancienne lignée des végétaux terrestres, alors les stomates pourraient être apparus une seule fois (comme dans la première hypothèse), mais être disparus, par la suite, chez les Hépatiques. Enfin, si les Anthocérotes constituent la lignée la plus ancienne et que les Mousses sont les plus proches parents des Vasculaires, il se peut aussi que les Anthocérotes aient acquis les stomates indépendamment des Mousses et des Vasculaires. Cette question est importante pour comprendre l'évolution des Végétaux, car les stomates jouent un rôle crucial dans le succès des Vasculaires, comme nous le verrons au chapitre 36.

La **figure 29.9** présente des exemples de gamétophytes et de sporophytes provenant des trois embranchements de Bryophytes.

L'importance écologique et économique des Bryophytes

Grâce au vent et à la légèreté de leurs spores, les Bryophytes se sont disséminées sur toute la planète. Ces plantes sont particulièrement abondantes et diversifiées dans les forêts humides, ainsi que dans les milieux humides (marais, étangs, tourbières, etc.). Certaines Mousses colonisent, en compagnie des lichens, des sols nus et sablonneux où, comme l'ont découvert des chercheurs, elles contribuent à retenir l'azote (**figure 29.10**, page 706). Dans les forêts boréales de conifères, des espèces comme la mousse hypnacée *Pleurozium* s'associent aux Cyanobactéries fixatrices d'azote, qui en augmentent la disponibilité dans l'écosystème. On trouve même des Mousses dans des milieux aussi hostiles que les sommets des montagnes, la toundra et les déserts. De nombreuses espèces survivent dans des habitats très froids ou très secs, car elles mettent à profit diverses adaptations structurales, physiologiques et comportementales grâce auxquelles elles arrivent à tolérer une déshydratation presque complète et à se réhydrater lorsque revient l'humidité. Rares sont les Vasculaires capables de survivre à un tel degré de dessèchement.

Les Mousses du genre *Sphagnum* (sphaignes) constituent souvent une part importante des dépôts de matière organique à demi décomposée, la **tourbe** (**figure 29.11a**, page 707). Aussi sont-elles communément appelées mousses de tourbe. Les milieux humides où ces Mousses prédominent portent le nom de tourbières. Les sphaignes luttent contre la dégradation grâce aux composés phénoliques résistants que renferment leurs parois cellulaires. Le froid, la forte acidité (la sphaigne sécrète elle-même des ions H^+) et la faible teneur en oxygène des tourbières ralentissent aussi la dégradation de la mousse et d'autres organismes. C'est grâce à ces propriétés que l'on a pu retrouver des corps bien préservés après avoir été ensevelis dans des tourbières durant des milliers d'années (**figure 29.11b**).

La tourbe a longtemps été utilisée comme combustible en Europe et en Asie, et on la récolte encore à cette fin, notamment en Irlande et au Canada. Les grosses cellules mortes trouées de la sphaigne (les cellules vivantes photosynthétiques qui les entourent sont beaucoup plus petites) lui permettent d'absorber 20 fois sa masse en eau; c'est pourquoi elle sert également à préparer les sols et à protéger les racines des plantes pendant le transport.

Les tourbières représentent 3% de la surface des terres immergées (elles occupent environ 10% du territoire au Canada et 40% en Europe) et contiennent environ 30% des réserves mondiales de carbone. On estime à 450 milliards de tonnes la masse de carbone organique contenue dans les tourbières de la planète. En tant que réservoirs de carbone, les tourbières concourent à stabiliser la concentration atmosphérique de CO_2 à l'échelle mondiale (voir le chapitre 55). La surexploitation dont la sphaigne fait actuellement l'objet pourrait réduire ses effets favorables sur l'environnement et contribuer au réchauffement planétaire en libérant le CO_2 emprisonné. De plus, si la hausse des températures mondiales se poursuit, il faut probablement s'attendre à une diminution du niveau d'eau de certaines tourbières, donc à une plus grande exposition à l'air. La sphaigne se décomposerait alors, ce qui accroîtrait la libération de CO_2 et le réchauffement planétaire. Les effets passés et potentiels de la sphaigne sur le climat planétaire soulignent l'importance de préserver les tourbières et de veiller à leur bonne gestion.

▼ **Figure 29.9**

PANORAMA La diversité des Bryophytes

Les Hépatiques (embranchement des Hépatophytes)

Les Hépatiques (du grec *hêpatos*, «foie») doivent leur nom aux gamétophytes en forme de foie de certains d'entre eux, notamment *Marchantia* (ci-dessous). À l'époque médiévale, on pensait que leur forme était une indication du pouvoir thérapeutique de ces plantes à l'égard des maladies du foie.

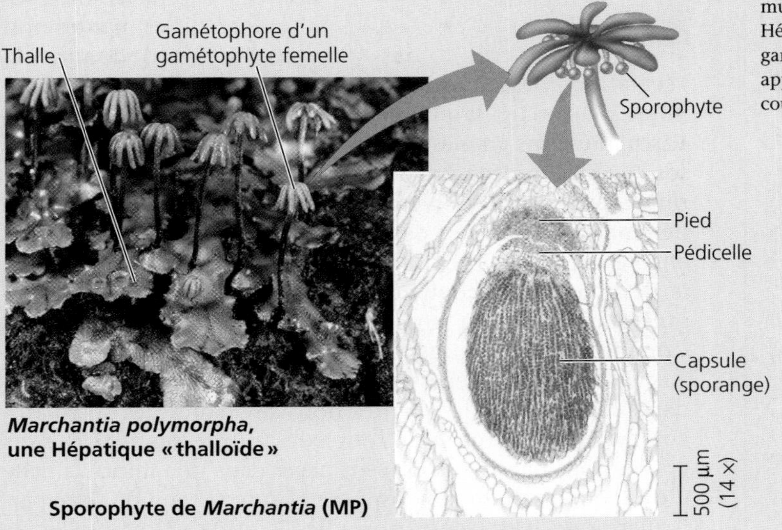

***Marchantia polymorpha*, une Hépatique «thalloïde»**

Sporophyte de *Marchantia* (MP)

Certaines Hépatiques, comme celles du genre *Marchantia*, sont dites «thalloïdes» en raison de la forme aplatie de leurs gamétophytes. (Au chapitre 28, nous mentionnons que le corps des Algues multicellulaires est appelé thalle.) Les gamétanges de *Marchantia* s'élèvent sur des gamétophores ayant l'aspect d'arbres miniatures. Il faudrait une loupe pour voir les sporophytes, qui sont munis d'un court pédicelle (tige) portant un sporange rond ou ovale. Certaines Hépatiques, dont *Plagiochila* ci-dessous, sont qualifiées de «feuillues», car leurs gamétophytes, dont la structure ressemble à une tige, portent de nombreux appendices ressemblant à des feuilles. Les Hépatiques «feuillues» sont beaucoup plus répandues que les espèces thalloïdes.

***Plagiochila deltoidea*, une Hépatique «feuillue»**

Les Anthocérotes (embranchement des Anthocérophytes)

Les Anthocérotes doivent leur nom à leurs sporophytes en forme de corne, qui ressemblent aussi à de petits brins d'herbe. Le sporophyte est photosynthétique et atteint habituellement 5 cm de hauteur. Contrairement aux sporophytes des Hépatiques et des Mousses, celui de l'Anthocérote est dépourvu de pédicelle et n'est constitué que d'un sporange. Celui-ci libère des spores matures lorsqu'il se fend longitudinalement à partir de l'extrémité supérieure du sporophyte. Les gamétophytes, dont le diamètre varie généralement de 1 à 2 cm, poussent surtout à l'horizontale et portent souvent de multiples sporophytes. Les gamétophytes des Anthocérotes ont une relation symbiotique avec les Cyanobactéries, qui fixent l'azote. Cette association explique qu'ils soient fréquemment l'une des premières espèces à coloniser des espaces ouverts en milieu humide (ces milieux comportent souvent peu d'azote).

Anthocérote du genre *Anthoceros*

Les Mousses (embranchement des Muscinées)

Les gamétophytes des Mousses, dont la hauteur varie entre moins de 1 mm et près de 2 m, ne dépassent pas 15 cm chez la plupart des espèces. Les tapis de mousse qui nous sont familiers se composent principalement de gamétophytes. Leurs «feuilles» n'ont habituellement qu'une cellule d'épaisseur, mais il en existe des plus complexes qui sont munies de crêtes recouvertes d'une cuticule chez la Mousse *Polytrichum commune* (ci-dessous) et chez ses proches parents. Les sporophytes des Mousses sont en général allongés et visibles à l'œil nu; leur hauteur peut atteindre 20 cm. Verts et photosynthétiques lorsqu'ils sont jeunes, les sporophytes prennent une teinte brunâtre lorsqu'ils sont prêts à libérer leurs spores.

Mousse *Polytrichum commune*

▼ Figure 29.10 INVESTIGATION

Les Bryophytes peuvent-elles ralentir la perte des nutriments importants des sols ?

EXPÉRIENCE Les sols des écosystèmes terrestres sont souvent pauvres en azote, un nutriment nécessaire à la croissance des Végétaux. Richard Bowden, du Allegheny College, a mesuré les apports et les pertes annuels d'azote dans un écosystème sablonneux où prédomine la mousse *Polytrichum*. L'apport d'azote était mesuré à partir des pluies (ions dissous, comme les nitrates, NO_3^-), de la fixation biologique de l'azote et des dépôts causés par le vent. Les pertes d'azote ont été mesurées dans les eaux de lessivage (ions dissous, comme les nitrates, NO_3^-) et les émissions gazeuses (comme le NO_2, que produisent les bactéries). Bowden a mesuré les pertes dans les sols colonisés avec *Polytrichum* et dans les sols où cette mousse avait été enlevée deux mois avant le début de l'expérience.

RÉSULTATS Au total, l'écosystème reçoit chaque année 10,5 kg d'azote par hectare (kg/ha). Les pertes d'azote par émissions gazeuses ont été négligeables (0,10 kg/ha). Le diagramme ci-dessous montre les pertes d'azote par lessivage.

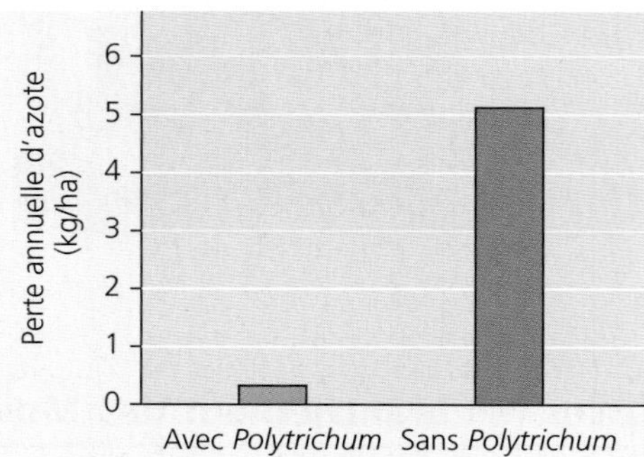

CONCLUSION La mousse *Polytrichum* a grandement diminué la perte d'azote par lessivage dans cet écosystème. Chaque année, l'écosystème où prédomine cette mousse a retenu 95 % des 10,5 kg/ha d'apports d'azote (les pertes attribuables aux émissions gazeuses et au lessivage n'ont représenté respectivement que 0,1 kg/ha et 0,3 kg/ha).

SOURCE R. D. Bowden, Inputs, outputs, and accumulation of nitrogen in an early successional moss (*Polytrichum*) ecosystem, *Ecological Monographs* 61 : 207-223 (1991).

ET SI ? Quels peuvent être les effets de la présence de *Polytrichum* sur les espèces de Végétaux qui colonisent généralement les sols sablonneux *après* la mousse ?

RETOUR SUR LE CONCEPT 29.2

1. En quoi les Bryophytes diffèrent-elles des autres Végétaux ?
2. Donnez trois exemples qui illustrent la relation entre la structure et la fonction chez les Bryophytes.
3. **ET SI ?** Pour chaque hypothèse de l'évolution des stomates, indiquez leur apparition et leur disparition dans une version correctement modifiée de l'arbre de la figure 29.7.

Voir les réponses proposées à la fin du chapitre.

CONCEPT 29.3

Les Fougères et d'autres Vasculaires sans graines ont été les premiers Végétaux de grande taille

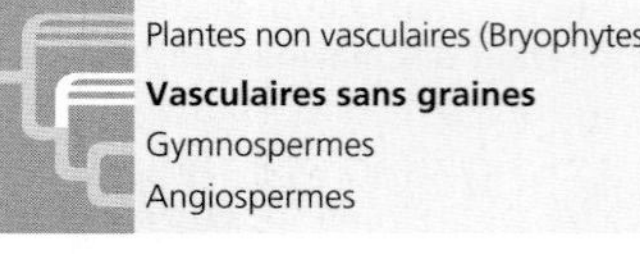

Au cours des 100 premiers millions d'années de l'évolution des Végétaux, les Bryophytes et autres plantes non vasculaires ont dominé la végétation. Or aujourd'hui, les Vasculaires occupent la première place dans la plupart des paysages. Les fossiles et les Vasculaires sans graines modernes nous fournissent des indices sur l'évolution des Végétaux durant le Dévonien et le Carbonifère, périodes où les Vasculaires ont commencé à se diversifier, mais où la plupart des Vasculaires à graines n'avaient pas encore fait leur apparition. Les fossiles montrent que, durant le Dévonien, les Lycophytes, les Fougères et d'autres Végétaux sans graines avaient un système vasculaire bien développé. Comme nous le verrons, cette innovation évolutive a permis aux Vasculaires de dépasser en hauteur les Bryophytes. Cependant, comme chez les plantes non vasculaires, les spermatozoïdes des Fougères et de toutes les autres Vasculaires sans graines sont flagellés et doivent nager dans une mince couche d'eau pour atteindre les oosphères. Compte tenu de cette particularité de leurs spermatozoïdes, les Vasculaires modernes sans graines colonisent surtout des milieux humides.

L'origine et les caractères des Vasculaires

Les fossiles des ancêtres des Vasculaires modernes datent d'environ 425 millions d'années. Contrairement aux plantes non vasculaires, ces espèces possédaient des sporophytes ramifiés dont la nutrition n'était pas tributaire des gamétophytes (**figure 29.12**). Bien que la taille de ces ancêtres des Vasculaires ne dépassât pas 15 cm, leur ramification permettait le développement de corps plus complexes munis de multiples sporanges. La compétition pour l'espace et la lumière disponibles s'est probablement accrue à mesure que le corps des plantes a gagné en complexité. Comme nous le verrons, cette compétition pourrait avoir favorisé d'autant l'évolution des Vasculaires.

Les ancêtres des Vasculaires modernes comportaient déjà certains de leurs caractères dérivés, mais d'autres adaptations cruciales, notamment les racines, ne sont apparues que plus tard. La présente section traite des principaux caractères des Vasculaires : cycles de développement avec prédominance des sporophytes, tissus conducteurs (xylème et phloème) et présence de racines et de feuilles bien développées, dont les sporophylles, qui portent des spores.

La prédominance des sporophytes dans les cycles de développement

Les fossiles indiquent que, chez les ancêtres des Vasculaires, les gamétophytes et les sporophytes étaient de taille à peu près égale. Toutefois, chez les Vasculaires actuelles, le sporophyte (diploïde) est la forme la plus volumineuse et la plus complexe dans l'alternance de générations (**figure 29.13**, page 708). Ainsi, les fougères feuillues que nous connaissons

(a) Récolte de la sphaigne dans une tourbière

(b) L'homme de Tollund, momie des tourbières datant d'il y a entre 400 et 100 ans avant notre ère (conservée au Silkeborg Museum, au Danemark). Grâce au milieu acide et pauvre en oxygène produit par *Sphagnum*, des corps humains ou d'autres animaux peuvent y être préservés durant des milliers d'années.

▲ **Figure 29.11** ***Sphagnum*, ou mousse de tourbe, une Bryophyte présentant un intérêt économique, écologique et archéologique.**

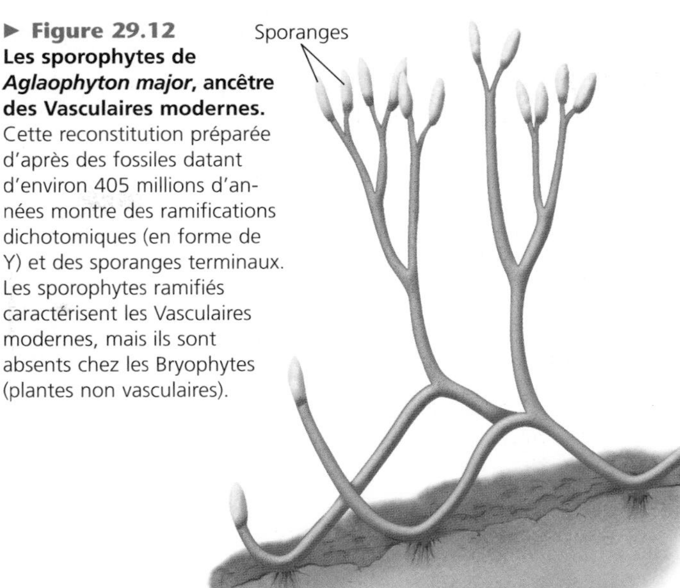

► **Figure 29.12 Les sporophytes de *Aglaophyton major*, ancêtre des Vasculaires modernes.** Cette reconstitution préparée d'après des fossiles datant d'environ 405 millions d'années montre des ramifications dichotomiques (en forme de Y) et des sporanges terminaux. Les sporophytes ramifiés caractérisent les Vasculaires modernes, mais ils sont absents chez les Bryophytes (plantes non vasculaires).

bien sont des sporophytes. Il faut s'agenouiller, ouvrir grands les yeux et fouiller le sol avec beaucoup de délicatesse pour trouver des gamétophytes de fougères, qui sont de minuscules structures (moins de 1 cm), souvent en forme de cœur, qui croissent à la surface du sol ou sous terre. En attendant de pouvoir le faire, examinez la figure 29.13, qui représente, à partir de l'exemple de la fougère, le cycle de développement des Vasculaires sans graines, dont la forme dominante est le sporophyte. Ensuite, afin de vous rafraîchir la mémoire, comparez cette figure à la figure 29.8, qui illustre le cycle de développement des Bryophytes (où domine le gamétophyte). Au chapitre 30, nous verrons que le gamétophyte a encore perdu de l'importance au cours de l'évolution des Vasculaires à graines.

Le xylème et le phloème

Les Vasculaires possèdent deux types de tissu conducteur: le xylème et le phloème. Le **xylème** assure la majeure partie du transport de l'eau et des minéraux. Chez la plupart des Vasculaires, le xylème comporte des **trachéides**, soit des cellules en forme de tube qui transportent l'eau et les minéraux depuis les racines jusque vers le haut (voir la figure 35.10, p. 867). (Certaines espèces très spécialisées comme *Wolffia*, une minuscule angiosperme aquatique, ont perdu leurs trachéides en cours d'évolution.) En raison de l'absence de trachéides chez les plantes non vasculaires, les Vasculaires sont parfois appelées Trachéophytes. Les cellules conductrices des Vasculaires sont *lignifiées*, c'est-à-dire que leur paroi est renforcée par un polymère phénolique, la **lignine**. Le **phloème**, lui, est un tissu composé de cellules vivantes formant des tubes qui distribuent les monosaccharides, les acides aminés et d'autres produits organiques de leur lieu de production à leur lieu d'utilisation (voir la figure 35.10).

Le tissu conducteur lignifié a permis aux Vasculaires d'atteindre des tailles supérieures à celles des Bryophytes. Leurs tiges, devenues assez solides pour résister à la gravité, sont capables de transporter l'eau et les minéraux bien au-dessus du sol. Les plantes de grande taille ont en outre un meilleur accès à la lumière du soleil, nécessaire à la photosynthèse. De plus, les spores des grandes plantes se dispersent plus loin que celles des plantes basses, ce qui leur a permis de coloniser rapidement de nouveaux environnements. De façon générale, la capacité d'atteindre une plus grande taille constitue une innovation évolutive déterminante qui a fourni aux Vasculaires un «avantage concurrentiel» sur les plantes non vasculaires, dont la hauteur dépasse rarement 20 cm. La compétition entre les Vasculaires s'est accrue également, et la sélection naturelle a favorisé les végétaux les plus grands, dont les arbres qui ont constitué les premières forêts, il y a quelque 385 millions d'années.

L'origine des racines

Les tissus conducteurs lignifiés offrent aussi des avantages sous la surface du sol. Au lieu des rhizoïdes qu'on trouve chez

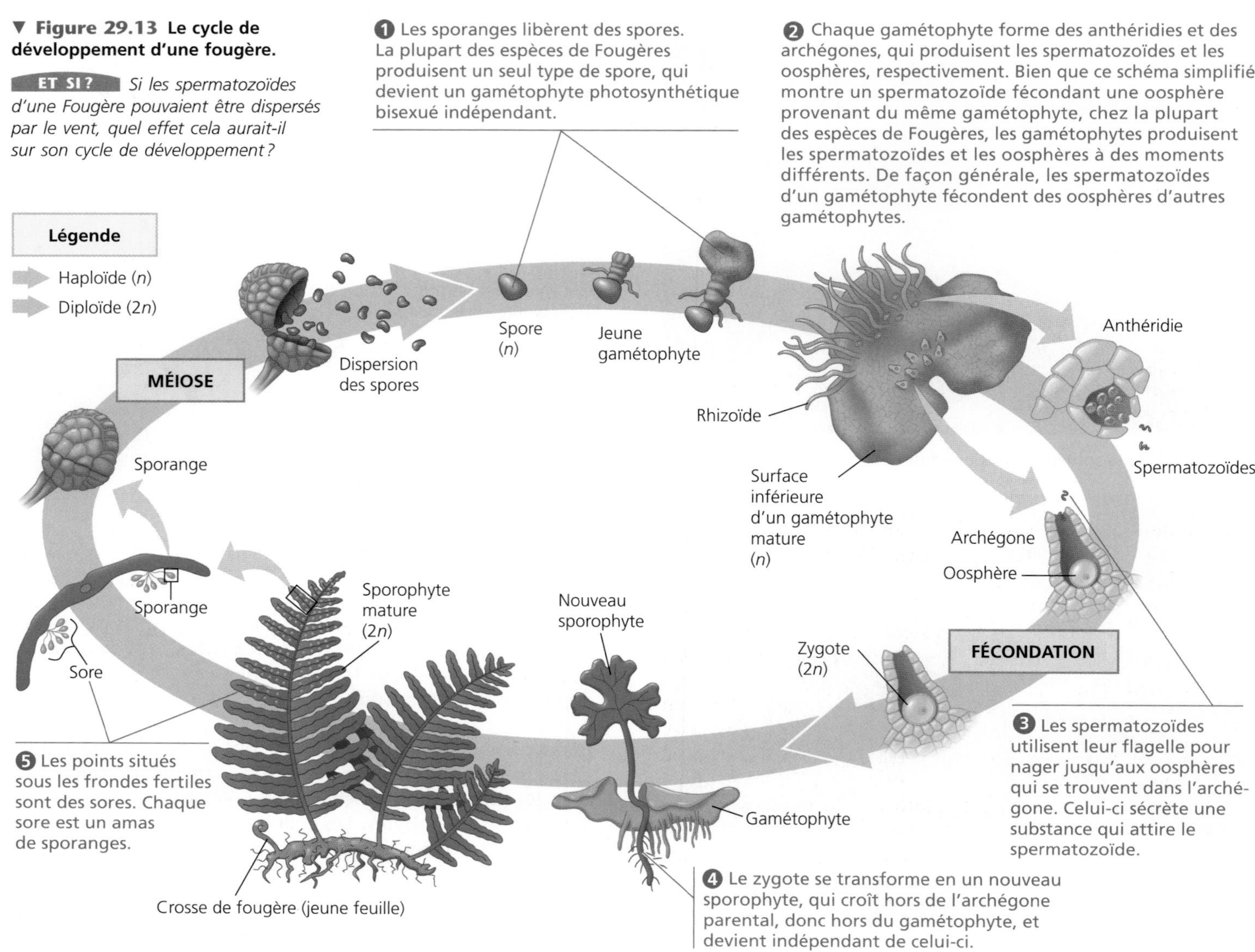

1 Les sporanges libèrent des spores. La plupart des espèces de Fougères produisent un seul type de spore, qui devient un gamétophyte photosynthétique bisexué indépendant.
2 Chaque gamétophyte forme des anthéridies et des archégones, qui produisent les spermatozoïdes et les oosphères, respectivement. Bien que ce schéma simplifié montre un spermatozoïde fécondant une oosphère provenant du même gamétophyte, chez la plupart des espèces de Fougères, les gamétophytes produisent les spermatozoïdes et les oosphères à des moments différents. De façon générale, les spermatozoïdes d'un gamétophyte fécondent des oosphères d'autres gamétophytes.
Légende
Haploïde (n)
Diploïde (2n)
MÉIOSE
Dispersion des spores
Spore (n)
Jeune gamétophyte
Rhizoïde
Anthéridie
Spermatozoïdes
Surface inférieure d'un gamétophyte mature (n)
Archégone
Oosphère
Sporange
Sporange
Sore
Sporophyte mature (2n)
Nouveau sporophyte
Zygote (2n)
FÉCONDATION
3 Les spermatozoïdes utilisent leur flagelle pour nager jusqu'aux oosphères qui se trouvent dans l'archégone. Celui-ci sécrète une substance qui attire le spermatozoïde.
5 Les points situés sous les frondes fertiles sont des sores. Chaque sore est un amas de sporanges.
Gamétophyte
Crosse de fougère (jeune feuille)
4 Le zygote se transforme en un nouveau sporophyte, qui croît hors de l'archégone parental, donc hors du gamétophyte, et devient indépendant de celui-ci.

▼ **Figure 29.13 Le cycle de développement d'une fougère.**

ET SI ? *Si les spermatozoïdes d'une Fougère pouvaient être dispersés par le vent, quel effet cela aurait-il sur son cycle de développement ?*

les Bryophytes, ce sont des racines qui sont apparues chez presque toutes les Vasculaires. Les **racines** sont des organes qui absorbent l'eau et les nutriments provenant du sol. Elles fixent solidement les Vasculaires dans le sol et permettent ainsi au système foliacé d'atteindre une hauteur plus élevée.

Les tissus des racines des Végétaux modernes ressemblent beaucoup à ceux des tiges d'espèces fossiles de plantes vasculaires primitives. Les racines pourraient donc s'être développées à partir des parties souterraines des tiges de ces Vasculaires. On ignore si les racines ne sont apparues qu'une seule fois chez l'ancêtre commun de toutes les Vasculaires ou si elles se sont développées indépendamment au sein de différentes lignées. Bien que les racines des membres modernes de ces lignées de Vasculaires présentent de nombreuses similitudes, les observations paléontologiques semblent indiquer qu'il y aurait eu évolution convergente. Par exemple, les plus anciens fossiles de Lycophytes révèlent que ces Végétaux présentaient déjà des racines simples il y a 400 millions d'années, alors que les ancêtres des Fougères et des Vasculaires à graines en étaient encore dépourvus. L'étude des gènes qui déterminent le développement des racines chez diverses espèces de Vasculaires pourrait aider à résoudre cette question.

L'origine des feuilles

Les **feuilles** augmentent la surface du corps de la plante et constituent le principal organe photosynthétique des Vasculaires. Selon leur taille et leur complexité, on peut les diviser en deux groupes : les microphylles et les mégaphylles. Tous les Lycophytes (la plus ancienne lignée de Vasculaires modernes) sont dotés de **microphylles**, des feuilles petites, généralement en forme d'aiguille, avec une seule nervure. Presque toutes les autres Vasculaires ont des **mégaphylles**, soit des feuilles au système vasculaire très ramifié ; quelques espèces ont des feuilles plus petites qui semblent dériver des mégaphylles. Les mégaphylles sont ainsi nommées parce qu'elles sont généralement plus grandes que les microphylles. Grâce à la présence d'un réseau de nervures et à une surface plus étendue, le rendement de la photosynthèse est plus élevé dans les mégaphylles que dans les microphylles. Les microphylles figurent pour la première fois dans les archives géologiques

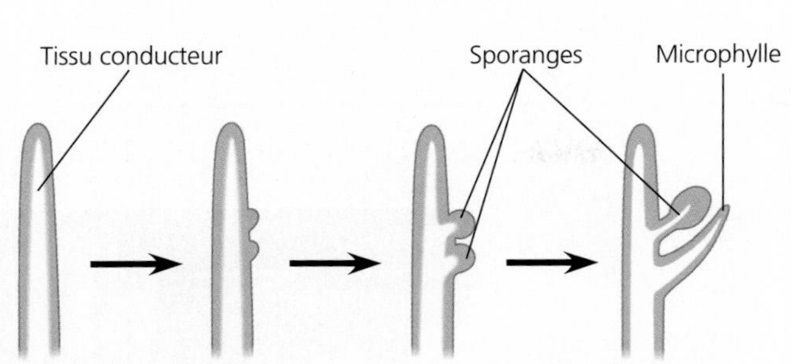

(a) Les microphylles, comme celles des Lycophytes, sont peut-être nées de sporanges soutenus par un filet non ramifié de tissu conducteur (illustré en coupe longitudinale).

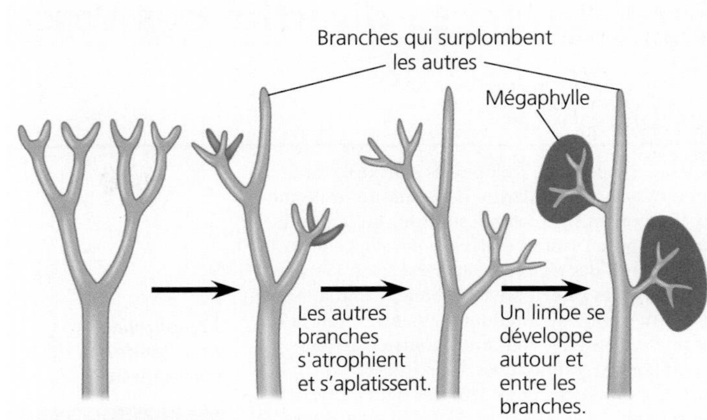

Branches qui surplombent les autres
Mégaphylle
Les autres branches s'atrophient et s'aplatissent.
Un limbe se développe autour et entre les branches.

(b) Les mégaphylles renferment un réseau vasculaire ramifié. Elles sont probablement apparues à la suite de la fusion de tiges ramifiées.

▲ **Figure 29.14 Hypothèses sur l'origine des feuilles.**

datant de 410 millions d'années, mais l'apparition des mégaphylles ne date que de 370 millions d'années environ, soit vers la fin du Dévonien.

Selon une théorie sur l'origine des feuilles, les microphylles sont nées de sporanges devenus stériles situés sur le côté des tiges (**figure 29.14a**). Par contre, suivant une autre théorie, ces feuilles résulteraient de la vascularisation progressive de petites excroissances écailleuses de la tige, appelées *énations*. Quant aux mégaphylles, elles proviendraient de ramifications rapprochées sur une tige. Lorsque, à la suite d'un développement asymétrique, l'une de ces ramifications aurait dépassé les autres en taille, celles-ci se seraient aplaties et du tissu aurait proliféré pour les réunir. Ces ramifications réunies seraient donc devenues une feuille fixée à la branche qui la surplombe (**figure 29.14b**). Afin de mieux comprendre l'origine des feuilles, les scientifiques étudient les gènes qui déterminent leur développement.

Les variations des sporophylles et des spores

L'apparition des **sporophylles**, c'est-à-dire des feuilles modifiées qui portent des sporanges, constitue une étape clé de l'évolution des Végétaux. La structure des sporophylles est très variée. Par exemple, chez les Fougères, elles produisent des amas de sporanges, ou **sores**, situés habituellement sur leur face inférieure (voir la figure 29.13). Chez de nombreux Lycophytes et chez la plupart des Gymnospermes, des groupes de sporophylles forment des structures coniques, les **strobiles** (du grec *strobilos*, «cône»). Au chapitre 30, nous verrons comment les sporophylles forment des strobiles chez les Gymnospermes et des parties de fleurs chez les Angiospermes.

La plupart des espèces de Vasculaires sans graines sont **homosporées**: elles possèdent un seul type de sporange qui produit un seul type de spores, lesquelles donnent généralement des gamétophytes bisexués, comme chez presque toutes les Fougères, à l'exception des espèces aquatiques. Les espèces **hétérosporées** comportent deux types de sporanges et engendrent deux types de spores: dans les mégasporophylles, les mégasporanges donnent des **mégaspores**, qui forment des gamétophytes femelles (ou mégagamétophytes). Dans les microsporophylles, les microsporanges produisent des **microspores**, qui deviennent des gamétophytes mâles (ou microgamétophytes). Toutes les Vasculaires à graines et quelques Vasculaires sans graines sont hétérosporées. Les schémas suivants permettent de comparer les deux modes de production des spores.

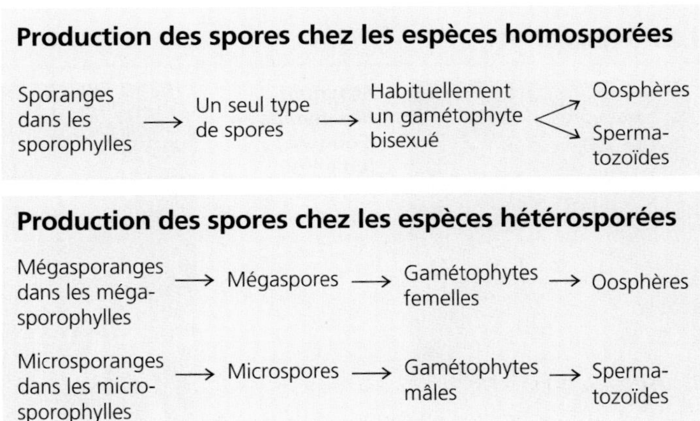

La classification des Vasculaires sans graines

Comme nous l'avons mentionné plus tôt, les biologistes reconnaissent deux subdivisions de Vasculaires sans graines modernes: les Lycophytes et les Ptérophytes. Les Lycophytes comprennent les Lycopodes, les Sélaginelles et les Isoètes. Les Ptérophytes rassemblent les Fougères, les Prêles ainsi que les Psilotes et autres plantes apparentées. Comme ils sont d'aspect très différent, on a longtemps considéré que les Fougères, les Prêles et les Psilotes formaient des embranchements distincts: les Ptérophytes ou Filicophytes (Fougères), les Sphénophytes (Prêles) et les Psilophytes (Psilotes et un genre apparenté). Toutefois, de récentes comparaisons moléculaires démontrent de façon convaincante que ces trois groupes forment un clade. C'est pourquoi de nombreux systématiciens les classent ensemble dans l'embranchement des Ptérophytes (aussi nommé Monilophytes), comme nous le faisons ici.

▼ **Figure 29.15**

PANORAMA La diversité des Vasculaires sans graines

Les Lycophytes

Nombre d'espèces de Lycophytes sont des plantes tropicales *épiphytes* (plantes non parasites utilisant un autre organisme comme substrat) qui croissent sur des arbres. D'autres espèces se développent sur le sol des forêts des régions tempérées. Selon l'espèce, les minuscules gamétophytes prennent soit la forme de plantes photosynthétiques aériennes, soit la forme de plantes souterraines nourries par des champignons symbiotiques.

Les sporophytes possèdent des tiges verticales qui portent de nombreuses petites feuilles disposées en spirale, de même que des tiges horizontales qui courent sur le sol et produisent des racines dichotomiques. En général plus petites, les Sélaginelles poussent souvent à l'horizontale. Chez plusieurs lycopodes et sélaginelles, les sporophylles portant les sporanges forment des amas coniques (les strobiles). Les Isoètes, qui forment un genre unique, vivent dans les endroits marécageux ou complètement submergés. Les Lycopodes sont homosporés, tandis que les Sélaginelles et les Isoètes sont hétérosporés. Les spores des lycopodes, riches en huile et inflammables, se dispersent en nuages lorsqu'elles parviennent à maturité. Jadis, les magiciens et les photographes mettaient le feu à des spores de lycopodes pour produire de la fumée ou des éclairs.

Selaginella moellendorffii **(Sélaginelle)**

Isoetes gunnii **(Isoète)**

Diphasiastrum tristachyum **(Lycopode)**

Les Ptérophytes

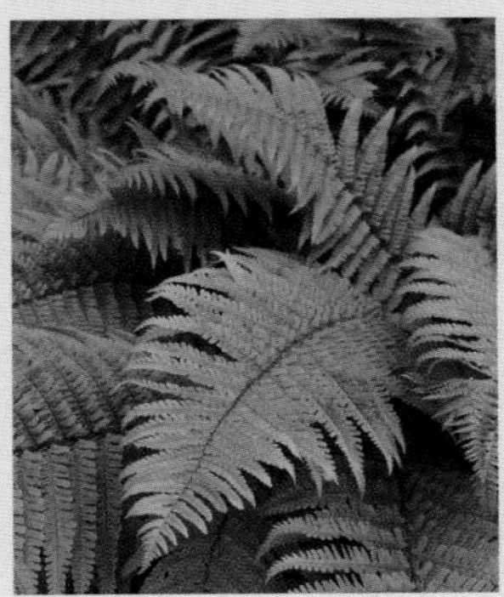

Athyrium filix-femina **(Fougère femelle)**

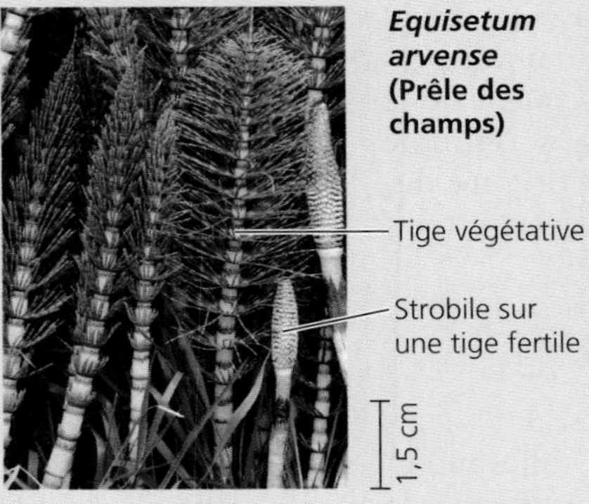

Equisetum arvense **(Prêle des champs)**

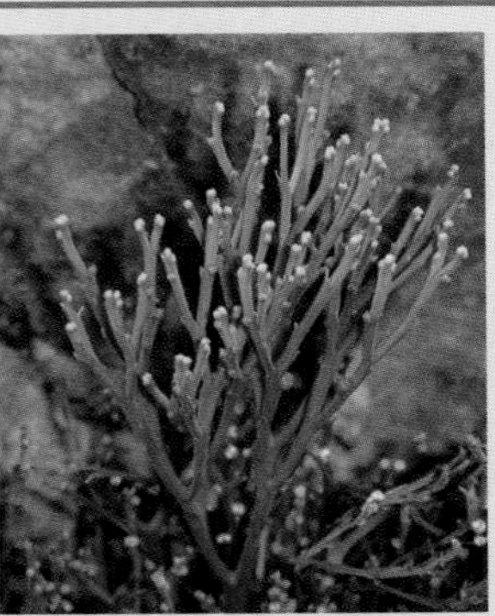

Psilotum nudum **(Psilote)**

Les Fougères

Contrairement aux Lycophytes, les Fougères possèdent des mégaphylles (voir la figure 29.14b). Les sporophytes portent habituellement des tiges horizontales d'où émergent de grandes feuilles appelées frondes, souvent divisées en folioles. À mesure que la fronde croît, son bout enroulé, la crosse, se déroule.

Chez les Fougères, presque toutes les espèces sont homosporées. Le gamétophyte de certaines espèces se flétrit et meurt après que le jeune sporophyte s'en est détaché. Chez la majorité des espèces, les sporophytes possèdent des sporanges pédonculés munis d'un mécanisme qui catapulte les spores à plusieurs mètres. Les spores peuvent alors être emportées par le vent sur de longues distances. Certaines espèces produisent plus d'un billion de spores au cours de leur vie.

Les Prêles

Les tiges des Prêles, dont l'épiderme est riche en silice et la texture grumeleuse, servaient autrefois de «joncs à récurer» pour les marmites et les casseroles. Certaines espèces possèdent des tiges fertiles (qui portent des cônes) non photosynthétiques et des tiges végétatives photosynthétiques distinctes. Les Prêles sont homosporées: leurs cônes libèrent des spores produisant des gamétophytes bisexués.

Les Prêles sont aussi appelées Arthrophytes («plantes à articulations»), car leurs tiges présentent des articulations. Des anneaux de très petites feuilles (microphylles) dont les bases soudées forment une gaine ou de petits rameaux forment des verticilles émergeant de chaque articulation, mais la tige demeure le principal organe de la photosynthèse. De grands canaux aérifères transportent l'oxygène vers les racines, qui croissent souvent dans des sols gorgés d'eau.

Les Psilotes et les plantes apparentées

Comme chez les fossiles des Vasculaires primitives, les sporophylles des Psilotes possèdent des tiges dichotomiques, mais pas de racines. Les tiges présentent des excroissances semblables à des écailles; dépourvues de tissu conducteur, ces écailles pourraient être la réduction évolutive de feuilles. Chacun des boutons jaunes portés le long des tiges est formé de trois sporanges fusionnés. Étroitement apparentées aux Psilotes, les espèces du genre *Tmesipteris*, qu'on ne trouve que dans le Pacifique Sud, sont également dépourvues de racines, mais leurs tiges portent de petites excroissances semblables à des feuilles, ce qui leur donne l'apparence de vignes. Les deux genres sont homosporés: ils produisent des spores engendrant des gamétophytes bisexués qui poussent sous terre et ne mesurent à peu près qu'un centimètre de long.

D'autres considèrent que ces groupes forment trois embranchements distincts à l'intérieur d'un clade.

La **figure 29.15** présente les divers groupes de Vasculaires sans graines.

L'embranchement des Lycophytes : les Lycopodes, les Sélaginelles et les Isoètes

Les espèces modernes de Lycophytes, le plus ancien groupe de Vasculaires, sont les vestiges d'un passé particulièrement prolifique. Durant le Carbonifère (de 359 à 299 millions d'années avant aujourd'hui), la lignée des Lycophytes comprenait de petites plantes herbacées et des arbres gigantesques pouvant dépasser les 2 m de diamètre et 40 m de hauteur. Les Lycophytes géants ont évolué durant des millions d'années dans les marais chauds et humides, mais ils ont disparu quand le climat s'est refroidi et asséché, à la fin du Carbonifère. Par contre, les petits Lycophytes ont survécu. Il en existe aujourd'hui environ 1 200 espèces.

L'embranchement des Ptérophytes : les Fougères, les Prêles ainsi que les Psilotes et les plantes apparentées

Depuis leur apparition pendant le Dévonien, les Fougères se sont considérablement diversifiées, si bien qu'il en existe plus de 12 000 espèces aujourd'hui. Elles ont côtoyé les Lycophytes géants et les Prêles dans les grandes forêts marécageuses du Carbonifère. Ce sont de loin les Vasculaires sans graines les plus répandues aujourd'hui. Leur diversité culmine dans les régions tropicales. On en trouve aussi un grand nombre dans les forêts tempérées et quelques-unes dans les habitats arides.

Comme nous l'avons mentionné, les Fougères et autres Ptérophytes sont plus étroitement apparentés aux Vasculaires à graines qu'aux Lycophytes. Par conséquent, les Ptérophytes et les Vasculaires à graines partagent des caractères que ne présentent pas les Lycophytes, notamment le développement asymétrique (voir la figure 29.14b), des mégaphylles et des racines capables de se ramifier en divers endroits le long d'une racine existante. Chez les Lycophytes, les racines ne se ramifient qu'à leur extrémité, selon une structure en Y.

Les Prêles étaient très diversifiées au Carbonifère. Elles pouvaient alors atteindre une hauteur de 15 m. Aujourd'hui, cependant, il n'en existe plus qu'une quinzaine d'espèces qui font partie d'un genre unique mais très répandu, *Equisetum*. On les trouve dans les endroits marécageux et le long des cours d'eau.

Les Psilotes et les plantes d'un genre étroitement apparenté, *Tmesipteris*, forment un clade constitué principalement d'épiphytes tropicaux. Les plantes de ces deux genres, les seules Vasculaires sans racines véritables, sont considérées comme des « fossiles vivants » en raison de leur ressemblance frappante avec les fossiles d'espèces primitives apparentées aux Vasculaires modernes (voir les figures 29.12 et 29.15). Toutefois, de nombreuses observations, dont l'analyse des séquences d'ADN et de la structure des spermatozoïdes, indiquent que les Psilotes et *Tmesipteris* sont étroitement apparentés aux Fougères. Selon cette hypothèse, les racines véritables de leurs ancêtres auraient disparu au cours de l'évolution. De nos jours, les plantes de ces deux genres absorbent l'eau et les nutriments par leurs nombreux rhizoïdes.

L'importance des Vasculaires sans graines

Les ancêtres des Lycophytes, des Prêles et des Fougères modernes, de même que leurs parentes Vasculaires sans graines disparues, atteignaient des hauteurs considérables au cours du Dévonien et au début du Carbonifère, où ils ont formé les premières forêts (**figure 29.16**). Quelle incidence leur remarquable croissance a-t-elle eue sur la Terre et les autres formes de vie ? Grâce à l'apparition des tissus conducteurs, des racines et des feuilles, la vitesse de la photosynthèse effectuée par ces plantes a augmenté, de sorte que de plus grandes quantités de CO_2 étaient soustraites de l'atmosphère. Les scientifiques estiment que les concentrations de CO_2 sont devenues au moins cinq fois moindres au cours du Carbonifère, ce qui a entraîné un refroidissement planétaire suivi de la formation de glaciers très étendus. On peut estimer de diverses façons les taux de CO_2 de cette période géologique, par exemple en comptant le

▲ **Figure 29.16 Une forêt du Carbonifère peinte par un artiste d'après des données paléontologiques.** Outre les Végétaux, les Animaux – dont des libellules géantes comme celle apparaissant à l'avant-plan – abondaient aussi dans les forêts du Carbonifère.

ET SI ? *À quoi devait ressembler cette forêt quand peu de Lycophytes arborescents se reproduisaient (comme c'était d'ailleurs souvent le cas) ?*

nombre de stomates dans les fossiles de feuilles (les données obtenues auprès des espèces vivantes indiquent que ce nombre augmente à mesure que diminue le taux de CO_2) et en mesurant la composition isotopique du carbone dans les fossiles de plancton. Les résultats demeurent semblables, peu importe la méthode utilisée, ce qui laisse croire que les reconstitutions de climats anciens sont justes.

Avec le temps, les Vasculaires sans graines des forêts du Carbonifère se sont transformées en charbon. Dans les eaux stagnantes des marais, la végétation morte ne se décomposait pas complètement. Cette matière organique a formé d'épaisses couches de tourbe qui ont plus tard été envahies par la mer et recouvertes de sédiments. Sous l'effet de la chaleur et de la pression, la tourbe s'est progressivement transformée en charbon. Les dépôts de charbon du Carbonifère sont en fait les plus importants de l'histoire de la Terre. (Le nom Carbonifère provient d'ailleurs du mot charbon.) Le charbon a alimenté la révolution industrielle, au 19e siècle, et aujourd'hui on en utilise encore chaque année six milliards de tonnes un peu partout dans le monde. Paradoxalement, la combustion du charbon, formé à partir de plantes ayant contribué au refroidissement de la planète, participe maintenant à son réchauffement en renvoyant du carbone dans l'atmosphère (voir le chapitre 55).

Au cours du Carbonifère, les Vasculaires sans graines ont poussé, dans les marais, aux côtés des Vasculaires à graines primitives. Ces dernières, les Gymnospermes, ne dominaient pas le paysage. Mais, après l'assèchement des marais, à la fin de cette période géologique, elles ont fini par acquérir une place prépondérante. Au chapitre 30, nous examinerons l'origine et la diversification des Vasculaires à graines à la lumière de notre thème, l'adaptation à la vie sur la terre ferme.

RETOUR SUR LE CONCEPT 29.3

1. Énumérez les caractères dérivés présents à la fois chez les Ptérophytes et les Vasculaires à graines, mais absents chez les Lycophytes.
2. En quoi les principales ressemblances et différences entre les Vasculaires sans graines et les plantes non vasculaires influent-elles sur les fonctions vitales de ces Végétaux ?
3. **ET SI ?** Si (contrairement aux preuves dont nous disposons) les Lycophytes et les Ptérophytes formaient un clade, comment expliqueriez-vous que des membres de ce clade aient gagné (ou perdu) des caractères présents chez les Ptérophytes et les Vasculaires à graines ?
4. **FAITES DES LIENS** Quelle incidence la fécondation réalisée à partir de deux gamètes issus du même gamétophyte (voir la figure 29.13) peut-elle avoir sur la production de variations génétiques par reproduction sexuée ? Consultez la page 292 du concept 13.4.

Voir les réponses proposées à la fin du chapitre.

RÉVISION DU CHAPITRE 29

RÉSUMÉ DES CONCEPTS CLÉS

CONCEPT 29.1

Les végétaux terrestres se sont développés à partir des Algues vertes (p. 695 à 701)

- Les caractères morphologiques et biochimiques ainsi que les ressemblances entre les gènes des noyaux et des chloroplastes des deux groupes d'organismes semblent indiquer que les Charophytes sont les organismes modernes les plus étroitement apparentés aux végétaux terrestres.
- Une couche protectrice de **sporopollénine** ainsi que d'autres caractères permettent aux Charophytes de résister à la déshydratation à laquelle elles sont parfois exposées au bord des étangs et des lacs. De tels caractères auraient permis aux Algues dont descendent les Végétaux de survivre dans des milieux terrestres, ouvrant ainsi la voie à la colonisation de la terre ferme.
- Parmi les caractères dérivés qui distinguent le clade des végétaux terrestres de celui des Charophytes, leurs plus proches parents, citons:

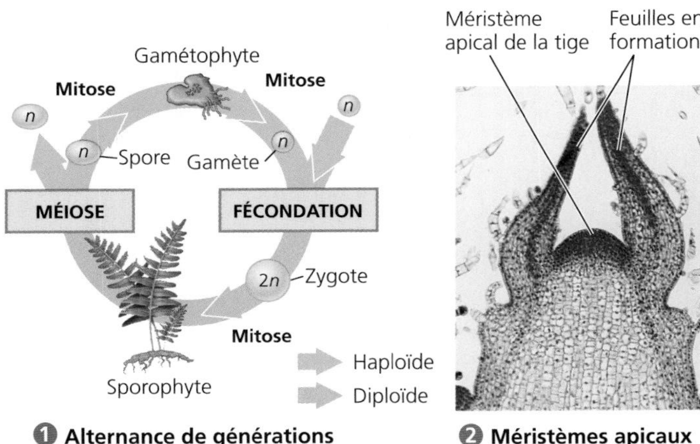

❶ Alternance de générations

❷ Méristèmes apicaux

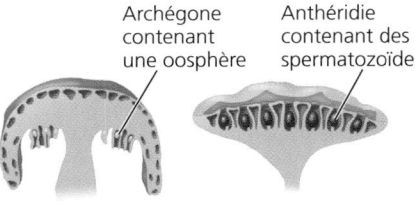

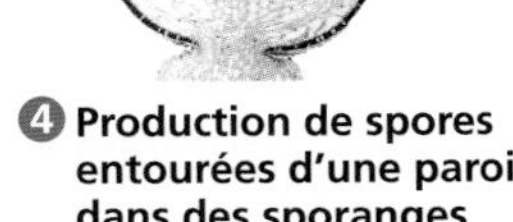

❸ Gamétanges multicellulaires

Sporange

Spores

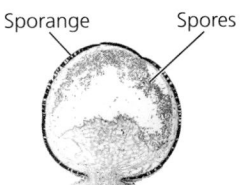

❹ Production de spores entourées d'une paroi dans des sporanges

- Des observations paléontologiques indiquent que les Végétaux se sont établis sur la terre ferme il y a au moins 475 millions d'années. Par la suite, ils ont divergé pour former plusieurs grands groupes, dont les Bryophytes (plantes non vasculaires), les Vasculaires sans graines, comme les Lycophytes et les Fougères, et les deux groupes de Vasculaires à graines, les Gymnospermes et les Angiospermes.

? *Dessinez un arbre de classification illustrant notre compréhension actuelle de la phylogenèse des végétaux terrestres; indiquez l'ancêtre commun des végétaux terrestres et l'origine des gamétanges multicellulaires, du tissu vasculaire et des graines.*

CONCEPT 29.2

Les gamétophytes dominent les cycles de développement des Mousses et d'autres plantes non vasculaires (p. 702 à 706)

- Les données actuelles indiquent que les trois embranchements de **Bryophytes**, soit les Hépatiques, les Mousses et les Anthocérotes, ne forment pas un clade.
- Dominant le cycle de développement des Bryophytes, les **gamétophytes** sont en général les plus visibles: ils forment, par exemple, les tapis de mousse. Les **rhizoïdes** leur permettent de se fixer au substrat. Les spermatozoïdes flagellés produits par les **anthéridies** doivent se déplacer dans une mince couche d'eau pour atteindre les oosphères qui se trouvent dans les **archégones**.
- Au stade diploïde du cycle de développement des Bryophytes, les **sporophytes** émergent de l'archégone et restent attachés au gamétophyte haploïde dont ils dépendent pour se nourrir. Plus petits et plus simples que ceux des Vasculaires, ces sporophytes se composent habituellement d'un **pied**, d'un **pédicelle** (soie) et d'une **capsule** (sporange).
- Les Mousses du genre *Sphagnum* recouvrent de grandes étendues de terrain, les tourbières, et trouvent plusieurs applications pratiques, notamment comme combustible.

? *Résumez l'importance des Mousses sur le plan écologique.*

CONCEPT 29.3

Les Fougères et d'autres Vasculaires sans graines ont été les premiers Végétaux de grande taille (p. 706 à 712)

- Les fossiles des ancêtres des Vasculaires modernes datent d'environ 425 millions d'années. Ils indiquent que ces minuscules plantes possédaient des sporophytes ramifiés indépendants. Cependant, ces espèces ancestrales étaient dépourvues d'autres caractères dérivés présents chez les Vasculaires, comme la prédominance des sporophytes dans le cycle de développement, des tissus vasculaires lignifiés, des racines et des feuilles bien développées et des sporophylles.
- Les Vasculaires sans graines comprennent les **Lycophytes** (Lycopodes, Sélaginelles et Isoètes) et les **Ptérophytes** (Fougères, Prêles ainsi que Psilotes et plantes apparentées). Les ancêtres des Lycophytes modernes étaient des plantes herbacées et de grands arbres. Les Lycophytes modernes sont de petites plantes herbacées.
- Les Vasculaires sans graines ont dominé les premières forêts. Leur croissance pourrait avoir joué un rôle dans le grand refroidissement de la planète qui a marqué la fin du Carbonifère. La matière organique en décomposition provenant des premières forêts s'est transformée en charbon avec le temps.

? *Quel(s) caractère(s) ont permis aux Vasculaires de croître en hauteur, et pourquoi cette taille accrue a-t-elle joué en leur faveur?*

ÉVALUATION

NIVEAU 1 : CONNAISSANCES ET COMPRÉHENSION

1. Parmi les preuves suivantes, laquelle *ne démontre pas* que les Charophytes sont les organismes les plus étroitement apparentés aux Végétaux ?
a) La similarité de la structure des spermatozoïdes.
b) La présence de chloroplastes.
c) La similarité de la formation des parois cellulaires pendant la cytocinèse.
d) La similarité des gènes des chloroplastes.
e) La similarité des protéines qui synthétisent la cellulose.

2. Parmi les caractéristiques suivantes, laquelle est absente chez les Charophytes, qui sont les organismes les plus étroitement apparentés aux Végétaux ?
a) La chlorophylle *b*.
b) La cellulose dans la paroi cellulaire.
c) La formation d'une paroi transversale pendant la cytocinèse.
d) La reproduction sexuée.
e) L'alternance de générations multicellulaires.

3. Parmi les structures suivantes, lesquelles sont produites par méiose ?
a) Les sporophytes haploïdes.
b) Les gamètes haploïdes.
c) Les gamètes diploïdes.
d) Les spores haploïdes.
e) Les spores diploïdes.

4. Quel groupe de Végétaux présente des microphylles ?
a) Les Mousses.
b) Les Hépatiques.
c) Les Lycophytes.
d) Les Fougères.
e) Les Anthocérotes.

5. Une plante terrestre qui produit des spermatozoïdes flagellés et dont le cycle de reproduction est dominé par le sporophyte est vraisemblablement :
a) une fougère.
b) une mousse.
c) une hépatique.
d) une charophyte.
e) une anthocérote.

6. Indiquez si chacune des structures suivantes est haploïde ou diploïde.
a) Un sporophyte.
b) Une spore.
c) Un gamétophyte.
d) Un zygote.
e) Un spermatozoïde.

NIVEAU 2 : APPLICATION ET ANALYSE

7. Supposons, chez une espèce particulière de mousse, l'évolution d'un système conducteur qui aurait permis le transport de l'eau et d'autres matières à une hauteur équivalente à celle d'un arbre. Parmi les énoncés suivants sur les « arbres » d'une telle espèce, lequel serait alors *incorrect* ?
a) La fécondation serait sans doute plus difficile.
b) La distance de dispersion des spores serait probablement plus grande.
c) Les femelles ne pourraient produire qu'un archégone.
d) À moins que ses composantes ne soient renforcées, un « arbre » de cette nature s'affaisserait probablement.
e) Les individus gagneraient sans doute un meilleur accès à la lumière.

8. LIEN AVEC L'ÉVOLUTION

FAITES UN DESSIN Tracez un arbre phylogénétique représentant l'état de nos connaissances actuelles sur les liens évolutifs existant entre une mousse, une gymnosperme, un lycophyte et une fougère. Prenez une algue charophyte en guise de groupe extérieur. (Revoyez le chapitre 26 pour rafraîchir vos connaissances sur les arbres phylogénétiques.) Pour chaque point de bifurcation, indiquez au moins un caractère dérivé propre au clade.

NIVEAU 3 : SYNTHÈSE ET ÉVALUATION

9. INTÉGRATION

FAITES UN DESSIN La mousse hypnacée *Pleurozium schreberi* entretient une association symbiotique avec une espèce de Cyanobactérie fixatrice d'azote. Les scientifiques qui étudiaient cette mousse dans les forêts boréales ont constaté que le pourcentage des sols recouverts par la mousse en question passait d'environ 5 % dans les forêts qui avaient brûlé 35 à 41 ans auparavant à 70 % dans celles qui avaient brûlé au moins 170 ans plus tôt.

À partir des mousses qui poussaient dans ces forêts, les scientifiques ont également recueilli les données suivantes sur la fixation de l'azote :

Années (nombre écoulé depuis les feux de forêt)	Taux de fixation de l'azote (N) (kg de N par ha par année)
35	0,001
41	0,005
78	0,08
101	0,3
124	0,9
170	2,0
220	1,3
244	2,1
270	1,6
300	3,0
355	2,3

Source : Données de O. Zackrisson *et al.*, Nitrogen fixation increases with successional age in boreal forests, *Ecology* : 3327-3334 (2006).

a) À l'aide des données ci-dessus, tracez un graphique linéaire en indiquant les années sur l'axe des abscisses et le taux de fixation de l'azote sur l'axe des ordonnées.

b) À l'azote supplémentaire que procure la fixation de l'azote s'ajoute un dépôt d'azote d'environ 1 kg par hectare de forêt boréale par année. Cet apport provient des pluies et des petites particules contenues dans l'atmosphère. Précisez dans quelle mesure *Pleurozium* influe sur la disponibilité de l'azote dans les forêts boréales à diverses époques.

10. **ÉCRIVEZ UN TEXTE**

Les interactions environnementales Les Lycophytes arborescents avaient des mycrophylles alors que les Fougères et les Vasculaires à graines ont des mégaphylles. Dans un court texte (de 100 à 150 mots), décrivez ce qui a pu distinguer une forêt composée de ces lycophytes arborescents d'une forêt peuplée de fougères arborescentes ou de plantes vasculaires à graines. Votre réponse doit tenir compte de l'incidence qu'a pu avoir le type de forêt sur les interactions des petits végétaux qui poussaient sous les grands.

RÉPONSES DU CHAPITRE 29

Questions des figures

Figure 29.5 Le cycle de développement de la figure 13.6b repose sur l'alternance de générations, pas les autres. Contrairement à ce que l'on observe dans le cycle de développement des Animaux (figure 13.6a), la méiose qui survient lors de l'alternance de générations produit des spores et non des gamètes. Par la suite, ces spores se divisent par mitose, pour former un individu multicellulaire haploïde qui produit des gamètes. Le cycle de développement des Animaux ne comporte pas de stade multicellulaire haploïde. Un cycle avec alternance de générations comporte aussi un stade diploïde multicellulaire, ce qui n'est pas le cas du cycle de développement illustré à la figure 13.6c. **Figure 29.8** Oui. Comme le montre le schéma, le spermatozoïde et l'oosphère qui fusionnent sont nés tous les deux de la division mitotique de spores produites par le même sporophyte. Cependant, ces spores sont génétiquement différentes l'une de l'autre parce qu'elles ont été produites par méiose, un processus de division cellulaire qui entraîne des variations génétiques entre les cellules filles. **Figure 29.10** Puisque la mousse réduit la perte d'azote dans l'écosystème, les espèces qui viennent habituellement coloniser les sols après la mousse jouissent sans doute d'un taux d'azote supérieur à ce qu'elles trouveraient autrement. Dans la mesure où l'azote est un nutriment essentiel à la croissance des Végétaux, la présence de la mousse s'avère bénéfique pour les autres Végétaux, car habituellement les sols ne contiennent pas d'azote en quantité suffisante. **Figure 29.13** L'eau ne serait pas nécessaire pour permettre la fécondation chez une fougère dont les spermatozoïdes se disperseraient sous l'effet du vent. Cette adaptation constituerait un avantage pour les espèces qui poussent en milieu aride. La sélection naturelle exercerait une forte pression vers la production aérienne de spermatozoïdes (par opposition à la situation actuelle, où les gamétophytes de certaines fougères sont enfouis dans le sol). **Figure2 9.16** Lorsqu'ils ne se reproduisaient pas, les Lycophytes arborescents qui dominent cette forêt devaient ressembler à des poteaux couverts de petites feuilles (microphylles). Dépourvue d'un couvert feuillu, la forêt était à découvert et une grande quantité de lumière parvenait jusqu'au sol.

Retour sur le concept 29.1

1. Les végétaux terrestres possèdent des caractères qu'ils partagent seulement avec les Charophytes: présence d'anneaux de protéines producteurs de cellulose et d'enzymes particulières dans les peroxysomes, spermatozoïdes flagellés et formation d'un phragmoplaste au cours de la division cellulaire. Les comparaisons des gènes des noyaux et des chloroplastes indiquent aussi que les Charophytes et les Végétaux ont un ancêtre commun. **2.** Les parois cellulaires des spores renforcées par la sporopollénine offrent une protection contre la rigueur des conditions environnementales; les embryons multicellulaires se développent à l'intérieur de la plante mère qui leur fournit protection et nutriments; la cuticule réduit la perte hydrique. **3.** Le stade diploïde multicellulaire du cycle de développement ne produirait pas de gamètes. Les hommes et les femmes produiraient plutôt des spores haploïdes par méiose. Ces spores donneraient lieu à des stades haploïdes multicellulaires masculin et féminin, ce qui constituerait une transformation majeure par rapport aux stades haploïdes unicellulaires (spermatozoïdes et ovules) qui nous caractérisent. Les stades haploïdes multicellulaires produiraient des gamètes, par mitose, et se reproduiraient de façon sexuée. Un individu au stade haploïde multicellulaire du cycle de développement humain pourrait ressembler à un être humain ou à quelque chose de tout à fait différent. **4.** Les végétaux terrestres, les Vasculaires et les Vasculaires à graines forment un groupe monophylétique parce que chacun de ces groupes comprend l'ancêtre commun du groupe et tous les descendants de cet ancêtre commun. Les deux autres catégories de Végétaux, les plantes non vasculaires et les Vasculaires sans graines, sont paraphylétiques, car elles ne regroupent pas tous les descendants du plus récent ancêtre commun du groupe.

Retour sur le concept 29.2

1. Les Bryophytes sont considérées comme des plantes non vasculaires parce qu'elles ne possèdent pas un système de transport vasculaire complexe. Elles diffèrent aussi des autres Végétaux par leur cycle de développement, qui est dominé par le stade du gamétophyte plutôt que par celui du sporophyte. **2.** Exemples de réponses: la surface étendue du protonéma favorise l'absorption de l'eau et des minéraux; les archégones en forme de vase protègent les oosphères pendant la fécondation et fournissent les nutriments aux embryons grâce à des cellules de transfert; le pédicelle, semblable à une tige, achemine les nutriments provenant du gamétophyte jusqu'à la capsule, où les spores sont produites; la structure et le mouvement des dents du péristome permettent la libération progressive des spores; les stomates permettent l'échange de CO_2 et de O_2, tout en réduisant au minimum la déperdition d'eau; les spores légères sont dispersées par le vent.

3. 1re hypothèse

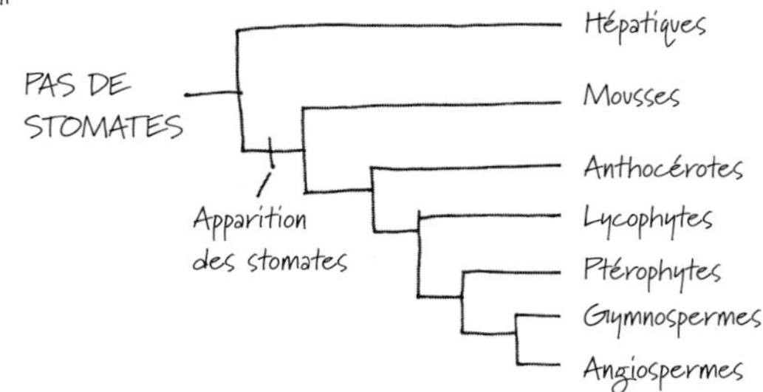

2e hypothèse

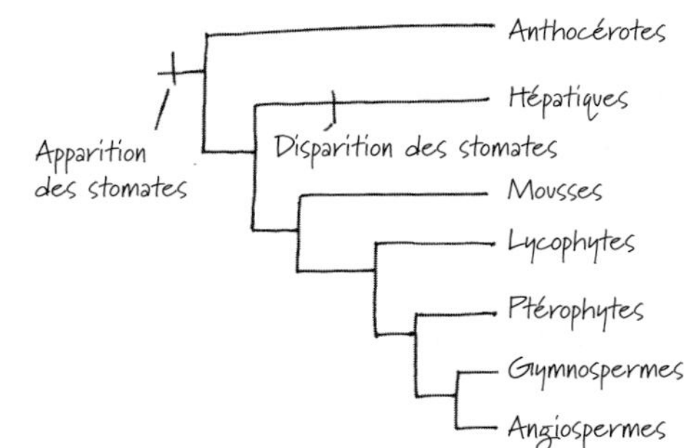

3e hypothèse

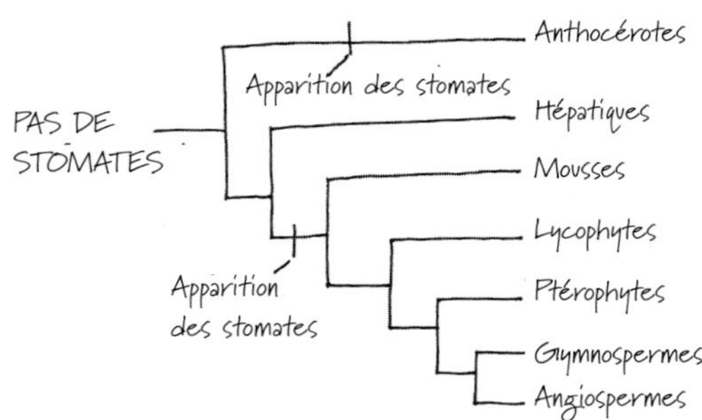

Retour sur le concept 29.3

1. Les Lycophytes possèdent des microphylles alors que les Vasculaires à graines et les Ptérophytes (les Fougères et leurs proches parents) portent des mégaphylles. Les Ptérophytes et les Vasculaires à graines partagent aussi des caractères que ne présentent pas les Lycophytes, comme le développement asymétrique et la capacité de produire des ramifications en divers endroits le long de la racine principale. **2.** Les Vasculaires sans graines et les Bryophytes produisent des spermatozoïdes flagellés qui doivent se déplacer dans un film d'eau pour rejoindre l'oosphère; cette caractéristique commune constitue un défi pour les espèces qui poussent en milieu aride. Au chapitre des différences importantes, les Vasculaires sans graines ont des tissus vasculaires lignifiés, une caractéristique qui permet aux sporophytes de pousser en hauteur et qui a transformé la vie sur Terre (par la formation de forêts). Les Vasculaires sans graines ont également des feuilles et des racines véritables. Comparativement aux

Bryophytes, ces plantes disposent d'une surface accrue pour la photosynthèse et sont en mesure de tirer plus facilement les nutriments du sol. **3.** Si les Lycophytes et les Ptérophytes formaient un clade, les caractères communs aux Ptérophytes et aux Vasculaires à graines auraient pu être présents chez l'ancêtre commun de toutes les Vasculaires, mais disparaître chez les Lycophytes. Ou bien, on peut imaginer que l'ancêtre commun de toutes les Vasculaires aurait été dépourvu des caractères communs aux Ptérophytes et aux Vasculaires à graines; le cas échéant, ces deux derniers groupes auraient obtenu ces caractères communs par évolution convergente. **4.** Trois mécanismes contribuent à la variation génétique par reproduction sexuée: l'assortiment indépendant de chromosomes, l'enjambement et la fécondation aléatoire. Si deux gamètes du même gamétophyte devaient fusionner, tous les descendants seraient génétiquement identiques puisque toutes les cellules que produit un gamétophyte – y compris ses spermatozoïdes et ses oosphères – descendent, par mitose, d'une même spore. Les deux premiers mécanismes mentionnés entraîneraient des variations génétiques, mais dans l'ensemble le nombre de variations générées par reproduction sexuée chuterait.

Questions du résumé des concepts clés

29.1

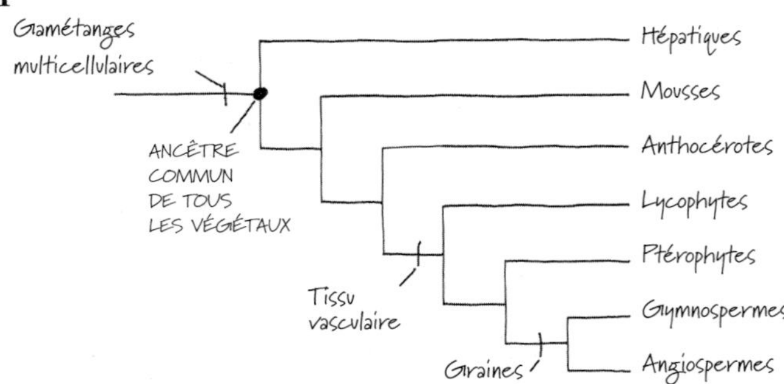

29.2 Certaines espèces de Mousses colonisent des sols nus et sablonneux, permettant ainsi une meilleure rétention de l'azote dans ces milieux, qui en sont généralement dépourvus. D'autres Mousses entretiennent une association symbiotique avec des Cyanobactéries fixatrices d'azote, ce qui accroît la disponibilité de l'azote dans l'écosystème. La sphaigne est souvent une composante majeure des tourbières (constituées de matières organiques partiellement décomposées). Les milieux humides formés d'épaisses couches de tourbe que sont les tourbières couvrent de vastes régions et contiennent d'importantes réserves de carbone. Les tourbières influent sur le climat planétaire par leur capacité de fixer de grandes quantités de carbone – c'est-à-dire en soustrayant du CO_2 de l'atmosphère. Elles remplissent donc un rôle écologique considérable. **29.3** Le tissu vasculaire lignifié procure la solidité requise pour résister à la force gravitationnelle. Il constitue aussi une voie de transport de l'eau et des nutriments vers les parties aériennes des plantes. Les racines ont également joué un rôle clé en ancrant les plantes dans le sol et en leur procurant un soutien structural additionnel propice à la croissance en hauteur. Les plantes de grande taille gardaient les plantes plus courtes à l'ombre et, ce faisant, remportaient la compétition pour la lumière. Et parce que les spores d'une plante de grande taille se dispersent plus loin que celles d'une plante basse, il est également probable que les plantes les plus grandes ont colonisé de nouveaux habitats plus rapidement que les plantes basses.

ÉVALUATION

1. b; **2.** e; **3.** d; **4.** c; **5.** a; **6.** a) diploïde; b) haploïde; c) haploïde; d) diploïde; e) haploïde; **7.** c;

8. D'après notre compréhension actuelle de l'évolution des grands groupes de Végétaux, la phylogenèse comporte les quatre points de bifurcation suivants:

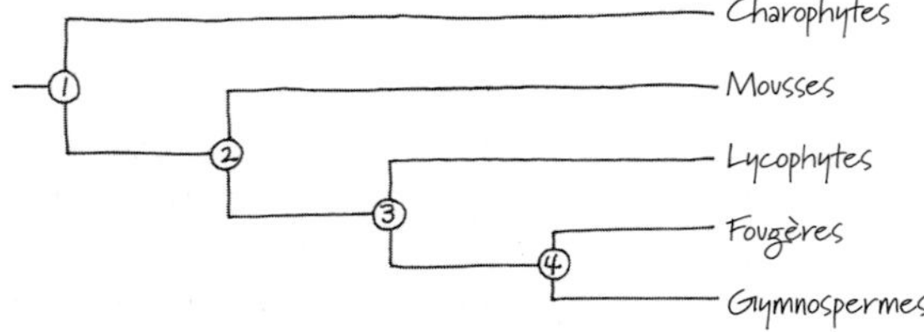

Les caractères dérivés propres au clade des Charophytes et des végétaux terrestres (indiqué par le point de bifurcation ➊) sont les anneaux de cellulose synthase, les enzymes des peroxysomes, la structure des spermatozoïdes flagellés et la formation d'un phragmoplaste. Les caractères dérivés propres au clade des végétaux terrestres (point de bifurcation ➋) sont les méristèmes apicaux, l'alternance de générations, la production de spores entourées d'une paroi dans des sporanges et les gamétanges multicellulaires. Les caractères dérivés propres au clade des Vasculaires (point de bifurcation ➌) sont le cycle de développement dominé par les sporophytes, les systèmes vasculaires complexes (xylème et phloème) et la présence de racines et de feuilles bien développées. Les caractères dérivés propres au clade des Ptérophytes et des Vasculaires à graines (point de bifurcation ➍) sont les mégaphylles et le développement asymétrique.

9. a)

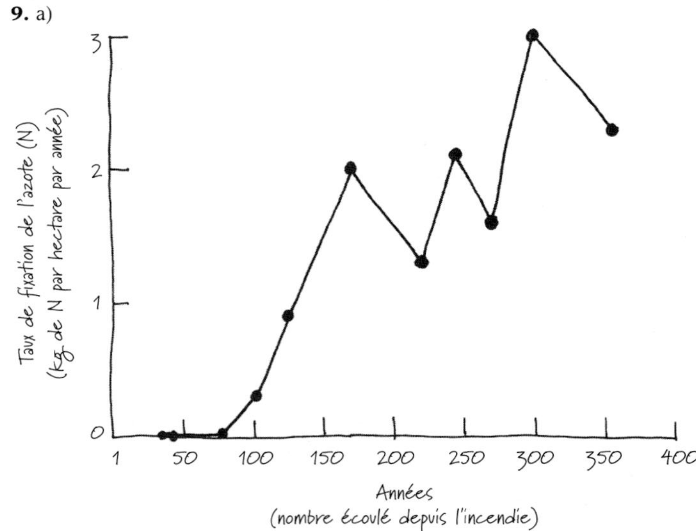

b) Durant les 40 années qui suivent un incendie de forêt, le taux de fixation de l'azote se situe au-dessous de 0,01 kg par hectare par année, ce qui représente moins de 1% de la quantité des dépôts d'azote provenant de l'atmosphère. C'est donc dire que durant la première décennie qui suit un incendie de forêt, *Pleurozium* et la Cyanobactérie fixatrice d'azote qu'elle porte ont relativement peu d'effet sur la quantité d'azote ajoutée à la forêt. Avec le temps, cependant, *Pleurozium* et sa partenaire symbiotique jouent un rôle de plus en plus important. Environ 170 ans après l'incendie, le pourcentage de surface au sol couverte par la mousse a cru de 70%, entraînant une augmentation équivalente de la population de la bactérie symbiotique. Comme ces données le laissent deviner, le taux d'azote ajouté par fixation plutôt que par dépôts atmosphériques est considérablement plus important (de 130 à 300% de plus) dans les forêts les plus vieilles.

30

La diversité des Végétaux II : l'évolution des plantes à graines

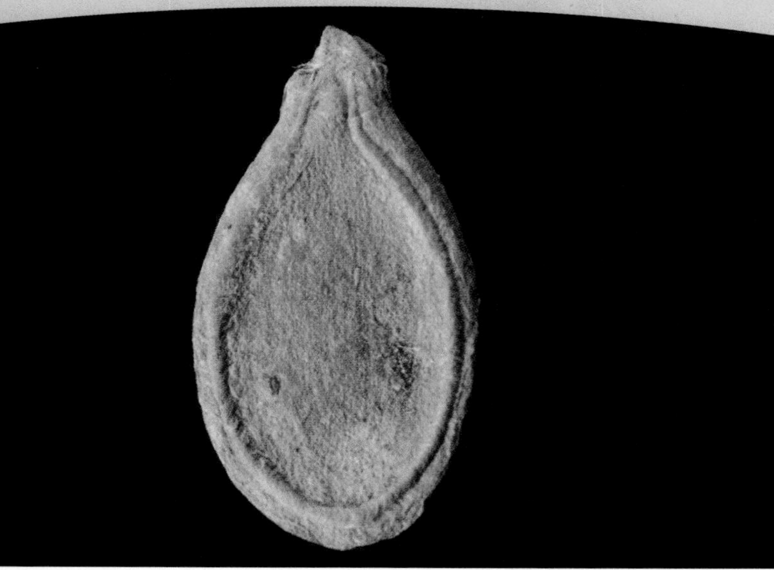

▲ **Figure 30.1** **Quel organe reproducteur humain ressemble à cette graine sur le plan fonctionnel ?**

ÉVOLUTION

CONCEPTS CLÉS

30.1 **Les graines et les grains de pollen sont des adaptations déterminantes de la vie sur la terre ferme**

30.2 **Les Gymnospermes portent des graines « nues », la plupart du temps sur des cônes**

30.3 **Chez les Angiospermes, les fleurs et les fruits comptent parmi les adaptations à la reproduction**

30.4 **Le bien-être des humains est fortement tributaire des Vasculaires à graines**

INTRODUCTION

Un monde transformé

La saga de la transformation de la Terre par les Végétaux se poursuit dans le présent chapitre, qui traite de l'émergence et de la diversification des plantes à graines. Les fossiles et les études comparatives portant sur des végétaux modernes donnent des indices sur l'origine de ces plantes, qui sont apparues il y a quelque 360 millions d'années. En s'établissant dans leur nouvel habitat, ce groupe de végétaux a profondément modifié le cours de l'évolution du monde végétal. Commençons notre exploration de cette transformation en examinant les graines, une innovation remarquable qui valut leur nom aux plantes à graines (**figure 30.1**).

Une **graine** se compose d'un embryon et d'une réserve de nourriture qui sont enfermés dans une enveloppe protectrice. Les graines se détachent de leur parent lorsqu'elles arrivent à maturité, quand le vent ou une autre force les disperse. Dans la mesure où elle nourrit et protège l'embryon, mais qu'elle peut se détacher de la plante mère, une graine ressemble à une version mobile et détachable de l'utérus d'une femme enceinte. Comme nous le verrons, les graines sont des adaptations déterminantes grâce auxquelles les plantes à graines ont pu devenir les principaux producteurs de la plupart des écosystèmes terrestres et constituer la vaste majorité de la biodiversité végétale.

Les plantes à graines ont aussi eu d'extraordinaires répercussions sur la société humaine. Il y a environ 12 000 ans, les humains ont commencé à domestiquer le blé, les figues, le maïs, le riz et d'autres plantes à graines sauvages. Cette pratique est apparue isolément dans diverses régions du monde, dont le Proche-Orient, l'Asie du Sud-Est, la Nouvelle-Guinée, l'Afrique et les Amériques. La graine de courge merveilleusement conservée montrée à la figure 30.1 en témoigne. Découverte dans une caverne située au Mexique, elle date de 8 000 à 10 000 ans. Cette graine, qui diffère des graines de courges sauvages, semble indiquer que la plante était cultivée à cette époque. La domestication des plantes à graines, particulièrement les Angiospermes, a donné lieu à la transformation culturelle la plus importante de l'histoire des humains. En effet, les bandes errantes de chasseurs-cueilleurs qui formaient la majorité des sociétés sont devenues des peuplements permanents attachés à leur territoire par l'agriculture.

Dans ce chapitre, nous allons d'abord examiner les caractéristiques générales des plantes à graines, puis nous allons traiter des particularités et de l'évolution des Gymnospermes et des Angiospermes.

CONCEPT 30.1

Les graines et les grains de pollen sont des adaptations déterminantes de la vie sur la terre ferme

Commençons par un survol des adaptations importantes que les plantes à graines ont acquises, en plus de celles que possédaient déjà les plantes non vasculaires (Bryophytes) et les Vasculaires sans graines (voir le chapitre 29). Outre les graines,

	GROUPE DE VÉGÉTAUX		
	Mousses et autres plantes non vasculaires	**Fougères et autres Vasculaires sans graines**	**Vasculaires à graines (Gymnospermes et Angiospermes)**
Gamétophyte	Dominant	Petit (photosynthétique et indépendant)	Petit (habituellement microscopique), dépendant des tissus du sporophyte qui l'entoure pour se nourrir
Sporophyte	Petit, dépendant du gamétophyte pour la nutrition	Dominant	Dominant
Exemple	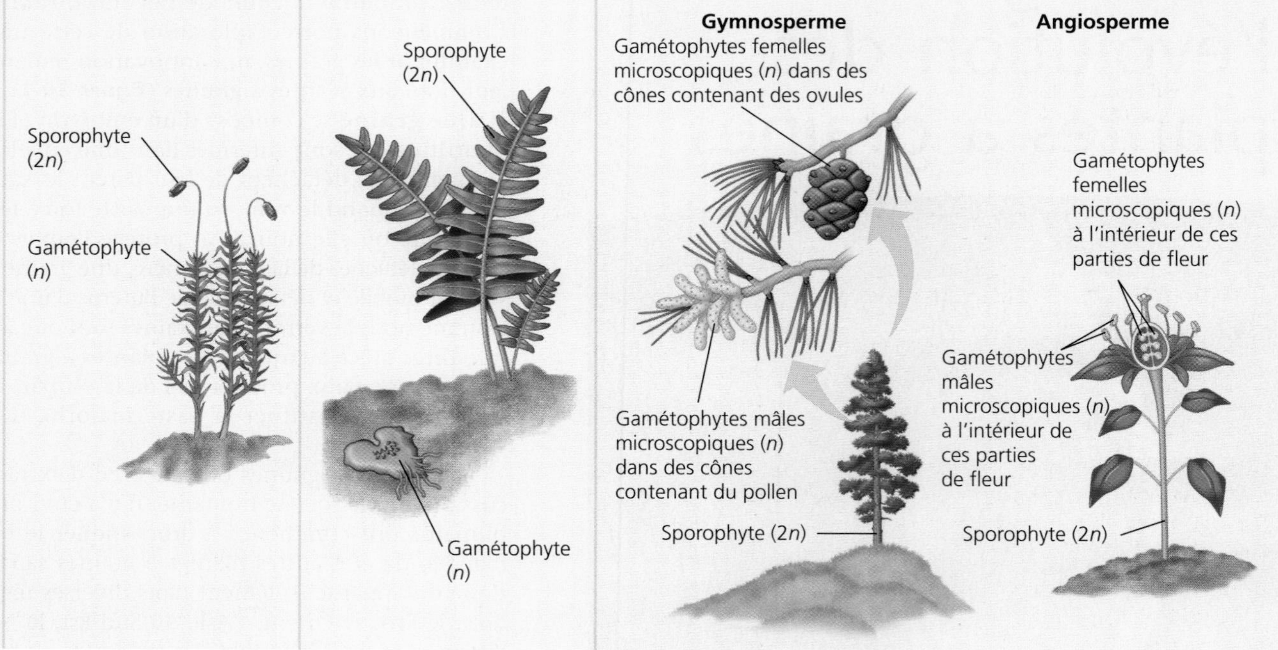 Sporophyte (2*n*) Gamétophyte (*n*)	Sporophyte (2*n*) Gamétophyte (*n*)	**Gymnosperme** Gamétophytes femelles microscopiques (*n*) dans des cônes contenant des ovules Gamétophytes mâles microscopiques (*n*) dans des cônes contenant du pollen Sporophyte (2*n*) **Angiosperme** Gamétophytes femelles microscopiques (*n*) à l'intérieur de ces parties de fleur Gamétophytes mâles microscopiques (*n*) à l'intérieur de ces parties de fleur Sporophyte (2*n*)

▲ **Figure 30.2 Les relations entre les sporophytes et les gamétophytes de divers groupes de Végétaux.**

FAITES DES LIENS *En quoi la capacité des Vasculaires à graines de conserver le gamétophyte dans le sporophyte influe-t-elle vraisemblablement sur la valeur adaptative de l'embryon? (Revoyez les pages 398, 546 et 555, aux chapitres 17 et 23, pour rafraîchir vos connaissances sur les mutagènes, les mutations et la valeur adaptative.)*

les caractéristiques suivantes sont présentes chez toutes les plantes à graines, que nous appellerons dorénavant Vasculaires à graines: gamétophytes de taille réduite, hétérosporie, ovules et pollen. Vous verrez que ces adaptations ont procuré aux Vasculaires à graines d'autres façons de composer avec les conditions terrestres comme les sécheresses et l'exposition aux rayons ultraviolets (UV) du soleil. Ces adaptations ont également rendu possible la fécondation en l'absence d'eau, ce qui a permis aux Vasculaires à graines de se reproduire dans des conditions beaucoup plus variées que les Vasculaires sans graines.

Les avantages de la taille réduite des gamétophytes

Le cycle de développement des Bryophytes et des Mousses est dominé par le stade du gamétophyte, tandis que celui des Fougères et d'autres Vasculaires sans graines l'est par le stade du sporophyte. La tendance à la réduction de la taille (et de la longévité) du gamétophyte s'est poursuivie dans la lignée des Vasculaires, ce qui a mené à l'apparition des Vasculaires à graines. En effet, les gamétophytes des Vasculaires sans graines sont visibles à l'œil nu, mais ceux des Vasculaires à graines sont pour la plupart microscopiques.

Cette miniaturisation a permis une innovation évolutive importante chez les Vasculaires à graines. En effet, chez ces végétaux, les spores à l'origine du gamétophyte ne sont pas libérées directement dans le milieu extérieur, contrairement à ce qui se produit chez les Vasculaires sans graines et les Bryophytes. Les mégaspores ne quittent même jamais les mégasporanges du sporophyte parent. De cette façon, les gamétophytes sont protégés des facteurs de stress environnementaux. Logés dans les tissus reproducteurs humides du sporophyte parent, ils restent à l'abri de la sécheresse et des rayons ultraviolets nocifs. Cette relation permet aussi aux gamétophytes dépendants d'une source de nourriture de la trouver au sein des sporophytes. Les gamétophytes autonomes des Vasculaires sans graines doivent, quant à eux, assurer eux-mêmes leur

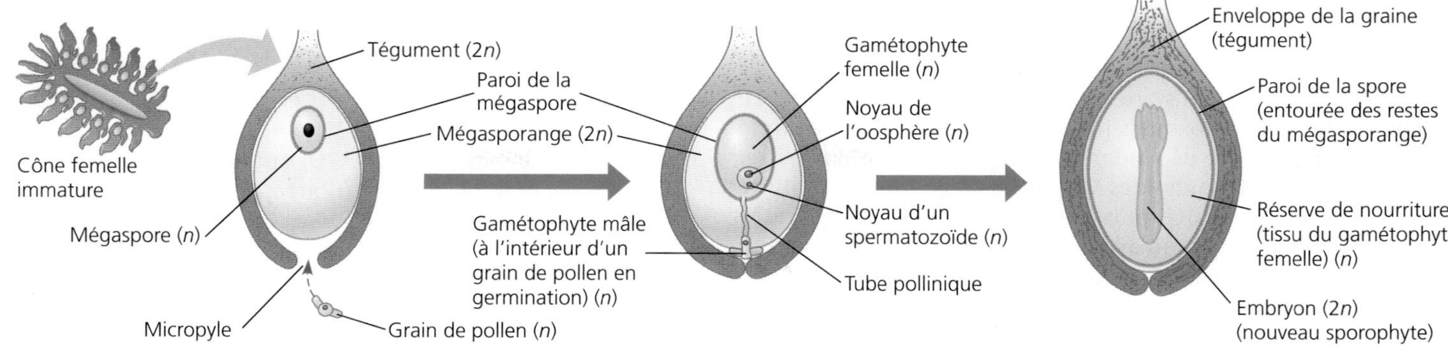

(a) Ovule non fécondé. Dans ce schéma en coupe d'un ovule de pin (Gymnosperme), un mégasporange charnu est entouré de couches de tissu protecteur qui forment le tégument. Le micropyle, unique ouverture du tégument, permet l'entrée d'un grain de pollen.

(b) Ovule fécondé. Une mégaspore devient un gamétophyte femelle, qui produit une oosphère. Le grain de pollen, entré par le micropyle, contient un gamétophyte mâle. Ce dernier émet un tube pollinique qui transporte des spermatozoïdes jusqu'à l'oosphère qu'ils pourront féconder.

(c) Graine de Gymnosperme. La fécondation déclenche la transformation de l'ovule en une graine composée d'un embryon de sporophyte, d'une réserve de nourriture et d'une enveloppe protectrice formée par un tégument. Le mégasporange sèche et il n'en reste que des vestiges.

▲ **Figure 30.3 De l'ovule à la graine chez une Gymnosperme.**

? *La graine d'une Gymnosperme contient les cellules de combien de générations de plantes? Nommez les cellules en indiquant si chacune est haploïde ou diploïde.*

subsistance. La **figure 30.2** présente une comparaison des relations entre les sporophytes et les gamétophytes chez les plantes non vasculaires, les Vasculaires sans graines et les Vasculaires à graines.

L'hétérosporie: la règle chez les Vasculaires à graines

Au chapitre 29, nous avons vu que presque toutes les Vasculaires sans graines sont *homosporées*, c'est-à-dire qu'elles ne produisent qu'un seul type de spores qui engendrent habituellement des gamétophytes bisexués. Les Fougères et d'autres plantes étroitement apparentées aux Vasculaires à graines sont homosporées, ce qui donne à penser que leurs ancêtres l'étaient également. À un certain moment, les Vasculaires à graines ou leurs ancêtres sont devenues *hétérosporées* et se sont mises à produire deux types de spores: les mégasporanges produisent des *mégaspores,* qui donnent des gamétophytes femelles, et les microsporanges produisent des *microspores,* qui donnent des gamétophytes mâles. Dans chaque mégasporange (appelé aussi *nucelle* chez les Vasculaires à graines), il n'y a qu'une seule mégaspore fonctionnelle, tandis que chaque microsporange contient d'énormes quantités de microspores.

Comme nous l'avons déjà mentionné, la miniaturisation des gamétophytes des Vasculaires à graines a probablement contribué à l'immense succès de ce clade. Nous allons maintenant étudier le développement du gamétophyte femelle à l'intérieur d'un ovule et celui du gamétophyte mâle à l'intérieur d'un grain de pollen. Ensuite, nous expliquerons la transformation d'un ovule fécondé en graine.

Les ovules et la production des oosphères

Bien que quelques espèces de Vasculaires sans graines soient hétérosporées, seules les Vasculaires à graines se distinguent des autres plantes en confinant le mégasporange à l'intérieur du sporophyte parent. Une enveloppe de tissu du sporophyte forme un **tégument** qui entoure et protège le mégasporange. Chez les Gymnospermes, les mégasporanges sont entourés d'un seul tégument, alors qu'il y en a généralement deux chez les Angiospermes. L'ensemble constitué par le tégument, le mégasporange et la mégaspore est appelé ovule (**figure 30.3a**). Dans chaque **ovule** (du latin *ovulum*, «petit œuf»), un gamétophyte femelle se développe à partir d'une mégaspore et produit une ou plusieurs oosphères.

Le pollen et la production des spermatozoïdes

Les microspores deviennent des **grains de pollen**, qui sont des gamétophytes mâles contenus dans les parois du grain de pollen. (La couche externe de la paroi du grain de pollen se compose de molécules sécrétées par les cellules du sporophyte; le gamétophyte mâle *ne* constitue donc *pas* le grain de pollen, mais se trouve plutôt *à l'intérieur* de celui-ci.) Le grain de pollen est entouré d'une paroi résistante qui renferme de la sporopollénine, un polymère. Cette enveloppe protège le grain lorsqu'il est transporté par le vent ou par des animaux qui se sont approchés de la plante pour s'en nourrir. (Cette enveloppe externe est très finement ciselée et forme une ornementation qui varie d'une espèce à l'autre, à tel point qu'il est possible d'identifier une plante uniquement d'après ses grains de pollen.) Le transfert du pollen à la partie de la plante abritant les ovules est appelé **pollinisation**. Si un grain de pollen germe (commence à se développer), il fabrique un tube qui transporte des spermatozoïdes dans le gamétophyte femelle situé dans l'ovule, comme le montre la **figure 30.3b**.

Rappelez-vous que chez les plantes non vasculaires et les Vasculaires sans graines, comme les Fougères, des gamétophytes autonomes libèrent des spermatozoïdes flagellés qui se déplacent dans une mince couche d'eau pour atteindre les oosphères. La longueur de leur trajet dépasse rarement quelques centimètres. Ce n'est pas le cas des Vasculaires à graines, dont le gamétophyte mâle d'un grain de pollen peut être transporté à bonne distance par le vent ou les animaux. Ce faisant, les spermatozoïdes produits par un tel gamétophyte sont libérés de leur dépendance à l'égard de l'eau. En outre, chez les spermatozoïdes des Vasculaires à graines, la motilité n'est pas une nécessité, puisque le tube pollinique les transporte directement jusqu'aux oosphères. Les Gymnospermes modernes témoignent de cette transition évolutive jusqu'aux spermatozoïdes non mobiles. En effet, les spermatozoïdes de certaines espèces (comme le Ginkgo et les Cycadophytes, illustrés à la figure 30.5) ont conservé les flagelles (ou les cils) de leurs ancêtres, mais ces structures ont disparu chez la majorité des espèces de ce groupe et chez toutes les Angiospermes.

L'avantage des graines sur le plan de l'évolution

Chez une vasculaire à graines, lorsqu'un spermatozoïde féconde une oosphère, le zygote se transforme en un embryon de sporophyte. Comme le montre la **figure 30.3c**, l'ovule entier se transforme en une graine composée de un embryon de sporophyte et d'une réserve de nourriture, et le tout est enfermé dans une enveloppe protectrice entourée de un ou deux téguments.

Avant l'apparition des graines, la spore était le seul stade protégé des cycles de développement de tous les Végétaux. Ainsi, les spores des Mousses résistent à des conditions de froid, de chaleur ou de sécheresse qui seraient fatales à la plante elle-même. De plus, grâce à leur taille minuscule, les spores en état de dormance peuvent se disperser et aboutir dans un nouvel endroit. Là, elles pourront germer et donner naissance à de nouveaux gamétophytes si les conditions sont propices à l'interruption de la dormance. La spore fut le principal moyen de propagation des Mousses, des Fougères et d'autres Vasculaires sans graines au cours des 100 premiers millions d'années de leur existence.

Bien que les Mousses et les Vasculaires sans graines continuent de proliférer aujourd'hui, les graines constituent néanmoins une innovation évolutive majeure grâce à laquelle de nouvelles formes de vie sont devenues possibles. Quels avantages les graines ont-elles sur les spores? Contrairement à la spore, la graine est une structure multicellulaire composée d'un embryon entouré de réserves nutritives et protégé par une couche de tissu qui forme l'enveloppe de la graine. Une fois détachée de la plante parente, la graine peut rester en état de dormance durant des jours, des mois, voire des années (cela dépend en grande partie de la nature des réserves nutritives), alors que la plupart des spores ont une durée de vie beaucoup plus courte. De plus, la graine a l'avantage de renfermer une réserve de nourriture. Lorsque les conditions sont favorables, la graine quitte son état de dormance et germe. Elle puise directement dans ses réserves la nourriture nécessaire à la croissance de l'embryon de sporophyte qui émerge alors sous forme de plantule. La plupart des graines se posent à proximité de leur parent, mais il arrive que certaines d'entre elles soient transportées sur de longues distances (parfois des centaines de kilomètres) par le vent ou par des animaux, ce qui favorise la propagation des espèces.

RETOUR SUR LE CONCEPT **30.1**

1. Comparez l'acheminement des spermatozoïdes chez les Vasculaires sans graines et chez les Vasculaires à graines.
2. Quelles caractéristiques, absentes chez les Vasculaires sans graines, ont contribué à l'énorme succès des Vasculaires à graines sur la terre ferme?
3. **ET SI?** Si une graine ne pouvait entrer en état de dormance, quelles en seraient les conséquences sur le transport et la survie de l'embryon?

Voir les réponses proposées à la fin du chapitre.

CONCEPT **30.2**

Les Gymnospermes portent des graines «nues», la plupart du temps sur des cônes

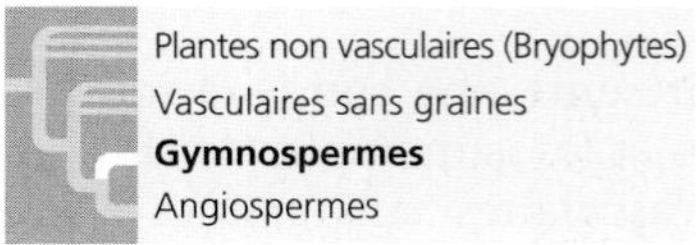

Comme l'indique cette phylogenèse, les Vasculaires à graines modernes forment deux clades frères: les Gymnospermes et les Angiospermes. Au chapitre 29, nous avons vu que les Gymnospermes sont des plantes à graines «nues», c'est-à-dire qu'elles ne sont pas confinées dans des ovaires (même si d'autres types de tissus peuvent les envelopper plus ou moins complètement, comme nous le verrons). Leurs graines apparentes sont portées par des feuilles modifiées formant généralement des cônes (strobiles), alors que les graines des Angiospermes sont contenues dans des fruits, lesquels sont des ovaires matures. Examinons maintenant l'origine des Gymnospermes et d'autres Vasculaires à graines primitives.

L'évolution des Gymnospermes

Les fossiles révèlent que, dès la fin du Dévonien (il y a quelque 380 millions d'années), certains Végétaux avaient commencé à acquérir des adaptations propres aux Vasculaires à graines. Par exemple, *Archaeopteris* était un organisme ligneux et certaines espèces étaient hétérosporées (**figure 30.4**). Il ne portait toutefois pas de graines. Ces espèces de Vasculaires sans graines transitionnelles sont parfois appelées **Progymnospermes**.

Les premiers fossiles de Vasculaires à graines sont âgés d'environ 360 millions d'années; ils précèdent de 55 millions d'années les premiers fossiles de Gymnospermes et de plus de 200 millions d'années les plus anciens fossiles d'Angiospermes. Ces premières Gymnospermes ainsi que plusieurs lignées ultérieures ont disparu. Les liens phylogénétiques entre les lignées éteintes et survivantes de Vasculaires à graines demeurent obscurs, et l'on ignore lesquelles sont les ancêtres des Gymnospermes.

Les plus vieux fossiles de Gymnospermes datent d'environ 305 millions d'années. Ces premières Gymnospermes vivaient dans les écosystèmes du Carbonifère encore dominés par les Lycopodes, les Prêles, les Fougères et d'autres Vasculaires sans graines. Au cours de la transition entre le Carbonifère et le Permien, l'apparition de conditions climatiques sensiblement plus chaudes et plus sèches a favorisé la propagation des Gymnospermes. La flore et la faune se sont radicalement transformées au fil de la disparition de nombreux groupes d'organismes et de la prépondérance de nombreux autres (voir le chapitre 25). Les changements les plus marqués sont survenus dans les mers, mais les milieux terrestres n'ont pas été épargnés. Dans le règne animal, les Amphibiens ont perdu de leur diversité et cédé la place aux Reptiles, particulièrement bien adaptés à l'aridité. De même, dans le règne des Végétaux, les Lycopodes, les Prêles et les Fougères, qui dominaient les marais du Carbonifère, ont été supplantés par les Gymnospermes, mieux adaptées à la sécheresse du climat. Les Gymnospermes présentaient les adaptations terrestres déterminantes que l'on retrouve chez toutes les Vasculaires à graines, comme les graines et le pollen. De plus, certaines Gymnospermes étaient particulièrement bien adaptées aux conditions arides en raison de leurs feuilles relativement petites, en forme d'aiguilles, recouvertes d'une épaisse cuticule et dont les stomates sont enfoncés dans l'épiderme.

Les géologues situent maintenant à la fin du Permien, il y a environ 251 millions d'années, la limite entre l'ère paléozoïque (« vie ancienne ») et l'ère mésozoïque (« vie nouvelle »). La prépondérance des Gymnospermes dans les écosystèmes terrestres a profondément transformé la vie tout au long du Mésozoïque, car ces Végétaux servaient de nourriture aux énormes dinosaures herbivores. Vers la fin du Mésozoïque, les Angiospermes ont commencé à remplacer les Gymnospermes dans certains écosystèmes. Le Mésozoïque s'est achevé il y a 65 millions d'années, marqué par l'extinction massive des Dinosaures et de nombreux autres groupes d'animaux, par l'accroissement de la biodiversité et par l'omniprésence des Angiospermes. Bien que les Angiospermes prédominent dans la majorité des écosystèmes terrestres actuels, un grand nombre de Gymnospermes ont subsisté et constituent toujours une importante composante de la flore. Par exemple, de vastes régions des latitudes boréales sont couvertes de forêts de **conifères** – notamment d'épinettes, de pins, de sapins et de séquoias – qui sont des Gymnospermes porteuses de cônes (voir la figure 52.12, p. 1331).

▲ **Figure 30.4 Une progymnosperme.** Les plantes du genre *Archaeopteris* vivaient il y a 380 millions d'années. Ces organismes ligneux comptaient des espèces hétérosporées, mais ils ne produisaient pas de graines ; ils se reproduisaient plutôt à partir de spores. Ils pouvaient atteindre 20 m, et leurs feuilles ressemblaient à celles des Fougères.

Parmi les dix embranchements de Végétaux que compte la taxinomie que nous avons adoptée (voir le tableau 29.1, p. 700), quatre appartiennent au groupe des Gymnospermes : les Cycadophytes, les Ginkgophytes, les Gnétophytes et les Pinophytes. Les liens entre ces quatre embranchements sont incertains. La **figure 30.5**, qui occupe les deux prochaines pages, donne un aperçu de la diversité des Gymnospermes modernes.

Le cycle de développement du pin : *une étude détaillée*

Nous avons indiqué plus haut que trois adaptations à la reproduction sont apparues avec les Vasculaires à graines : la prédominance du sporophyte, la capacité de résistance et de dispersion des graines et, enfin, la fécondation assurée par le pollen en mettant les deux gamètes en contact. La **figure 30.6** (page 724) montre comment ces adaptations interviennent dans le cycle de développement du pin (*Pinus spp.*), un conifère typique.

Le pin est un sporophyte. Ses sporanges sont situés dans des « cônes », structures constituées d'écailles disposées en spirale autour d'un axe central. Comme toutes les Vasculaires à graines, les Conifères sont hétérosporés : les deux types de spores sont produits dans des cônes, soit de petits cônes mâles (de 1 à 2 cm) et de gros cônes femelles (appelées *cocottes* au Québec ou pommes de pin). Chez la plupart des espèces de Conifères, chaque arbre porte les deux types de cônes (ce sont des espèces dites monoïques). Dans les cônes mâles, situés habituellement à la partie inférieure de l'arbre, les microsporocytes (les cellules mères des microspores) se divisent par méiose et produisent des microspores haploïdes. Chaque microspore subit des mitoses et devient un grain de pollen contenant un gamétophyte mâle. Un gamétophyte mâle est constitué de quatre cellules haploïdes : une cellule *générative* qui se divisera pour former deux spermatozoïdes, une cellule *végétative* qui produira un tube pollinique et deux autres cellules, les *cellules prothaliennes*, dont on ne connait pas la fonction. Chez les pins et chez d'autres Conifères, le pollen jaune est transporté en grande quantité par le vent, qui en laisse une couche partout sur son passage. Pendant ce temps, dans les cônes femelles, situés vers le haut de l'arbre, le mégasporocyte (la cellule mère des mégaspores) se divise par méiose et produit quatre mégaspores haploïdes à l'intérieur de l'ovule. La mégaspore survivante (une seule sur les quatre) devient un gamétophyte multicellulaire femelle, qui demeure à l'intérieur du sporange.

▼ Figure 30.5

PANORAMA La diversité des Gymnospermes

Embranchement des Cycadophytes

Les Cycadophytes croissent dans les régions intertropicales et constituent le groupe de Gymnospermes le plus important après les Conifères. Ils possèdent de gros cônes, ainsi que des feuilles et un port semblables à ceux des palmiers (qui sont des Angiospermes) ou des fougères arborescentes. Seules quelque 130 espèces survivent aujourd'hui, mais les cycas ont prospéré au cours du Mésozoïque, qualifié aussi bien d'ère des cycas que d'ère des Dinosaures.

Cycas revoluta

Embranchement des Ginkgophytes

Ginkgo biloba est la seule espèce actuelle de cet embranchement, et on croit qu'elle n'existe plus à l'état sauvage. Aussi appelé arbre aux quarante écus, il possède des feuilles en forme d'éventail qui prennent une couleur dorée et tombent à l'automne. *Ginkgo biloba* apparaît souvent dans les aménagements urbains, car il résiste bien à la pollution atmosphérique. Les architectes paysagistes ont l'habitude de planter seulement des arbres mâles (cette espèce est dioïque, c'est-à-dire que les deux sexes ne se trouvent pas sur le même individu), car les graines charnues produites par les arbres femelles émettent une odeur rance lorsqu'elles se décomposent.

Embranchement des Gnétophytes

L'embranchement des Gnétophytes réunit trois genres: *Welwitschia, Gnetum* et *Ephedra*. Certaines espèces sont tropicales, et d'autres vivent dans le désert. Bien qu'ils soient très différents d'apparence, ces trois genres sont groupés sur la foi de données moléculaires.

◄ ***Gnetum.*** Ce genre rassemble environ 35 espèces d'arbres, d'arbustes et de plantes grimpantes tropicaux surtout originaires d'Afrique et d'Asie. Les feuilles ressemblent à celles des plantes à fleurs, et les graines ont un peu l'aspect de fruits.

► ***Welwitschia.*** Ce genre compte une seule espèce, *Welwitschia mirabilis*, une plante qu'on ne trouve que dans les déserts du sud-ouest de l'Afrique. Ses deux feuilles en forme de lanière, à croissance continue, sont les plus grandes qu'on connaisse (jusqu'à 6 m).

► ***Ephedra.*** Ce genre comprend environ 40 espèces vivant dans des régions arides un peu partout dans le monde. *Ephedra trifurca*, un arbuste xérophile, produit l'éphédrine, un composé chimique utilisé en médecine comme décongestif.

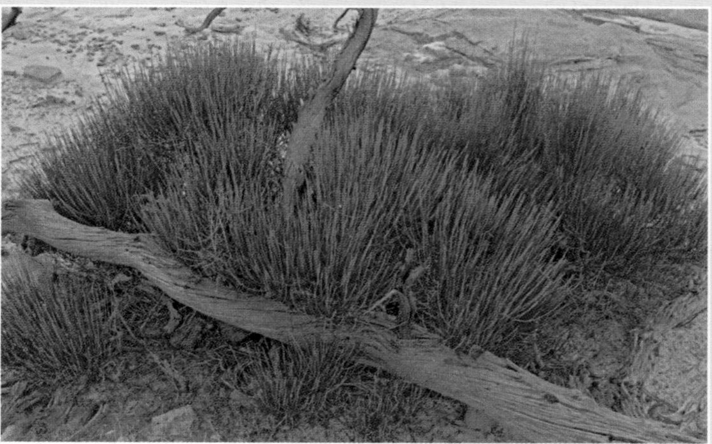

Embranchement des Pinophytes

Comptant environ 600 espèces, l'embranchement des Pinophytes ou Coniférophytes (Conifères) (du latin *conus,* «cône» et *ferre,* «porter») est de loin le plus vaste des quatre embranchements de Gymnospermes. Parmi ces espèces, beaucoup sont de grands arbres, comme le cyprès et le séquoia. Quelques espèces dominent de vastes régions forestières de l'hémisphère Nord, où la saison de végétation est relativement courte en raison de la latitude ou de l'altitude.

La majorité des Conifères gardent leurs feuilles toute l'année. L'hiver, ils présentent une certaine activité photosynthétique quand le temps est ensoleillé. Au retour du printemps, ils ont déjà des feuilles matures prêtes pour la photosynthèse. Quelques Conifères perdent leurs feuilles à l'automne. C'est le cas du métaséquoia (*Metasequoia glyptostroboides*) et du mélèze laricin (*Larix laricina*).

▶ **Douglas taxifolié.** Le douglas taxifolié (*Pseudotsuga menziesii*) est l'arbre qui fournit le plus de bois de construction en Amérique du Nord. On l'utilise dans la fabrication des charpentes, du contreplaqué, de la pâte à papier, des traverses de chemin de fer, des boîtes et des caisses.

▶ **Genévrier commun.** Les «baies» du genévrier commun (*Juniperus communis*) sont en réalité des cônes femelles formés de sporophylles charnues soudées.

◀ **Mélèze d'Europe.** Les feuilles caduques en forme d'aiguilles de ce conifère (*Larix decidua*) jaunissent avant de tomber à l'automne. Indigène des montagnes d'Europe centrale, dont le Cervin en Suisse (ci-contre), cette espèce supporte parfaitement les températures hivernales, même lorsqu'elles plongent à –50 °C.

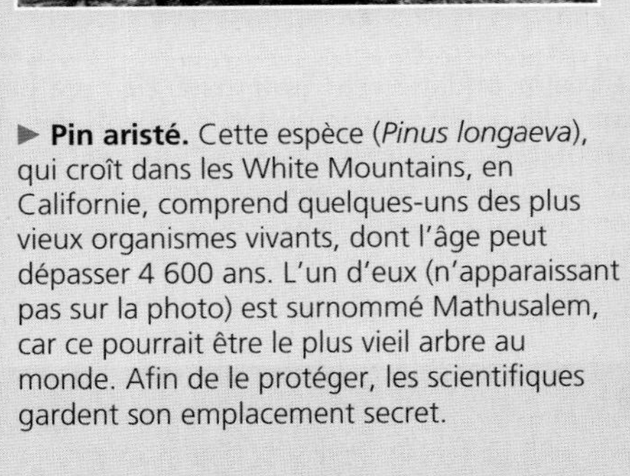

◀ **Pin de Wollemi.** Le pin de Wollemi (*Wollemia nobilis*) est le survivant d'un groupe de Conifères dont on ne connaissait autrefois que des fossiles datant de 150 millions d'années. On a découvert un individu de cette espèce, bien vivant, en 1994, dans le Wollemi National Park, situé à 150 km à peine de Sydney, en Australie. On le fait maintenant pousser en pépinières à partir de graines. La photo en médaillon permet de comparer les feuilles disposées sur quatre rangées de ce «fossile vivant» à celles d'un véritable fossile. Depuis sa découverte, l'ADN de *W. nobilis* fait l'objet d'analyses visant à clarifier les relations phylogénétiques des diverses espèces auxquelles il est apparenté.

▶ **Séquoia.** Ce séquoia géant (*Sequoiadendron giganteum*), situé dans le Sequoia National Park, en Californie, pèse environ 2 500 t, ce qui équivaut à peu près au poids de 24 rorquals bleus (les plus gros animaux) ou de 40 000 personnes. Le séquoia géant est non seulement l'un des plus gros organismes vivants, mais aussi l'un de ceux qui atteignent le plus grand âge, certains individus de cette espèce ayant entre 1 800 et 2 700 ans. Son cousin, le séquoia de Californie (*Sequoia sempervirens*), peut mesurer plus de 110 m et ne croît que dans une étroite bande côtière située dans le nord de la Californie et le sud de l'Oregon.

▶ **Pin aristé.** Cette espèce (*Pinus longaeva*), qui croît dans les White Mountains, en Californie, comprend quelques-uns des plus vieux organismes vivants, dont l'âge peut dépasser 4 600 ans. L'un d'eux (n'apparaissant pas sur la photo) est surnommé Mathusalem, car ce pourrait être le plus vieil arbre au monde. Afin de le protéger, les scientifiques gardent son emplacement secret.

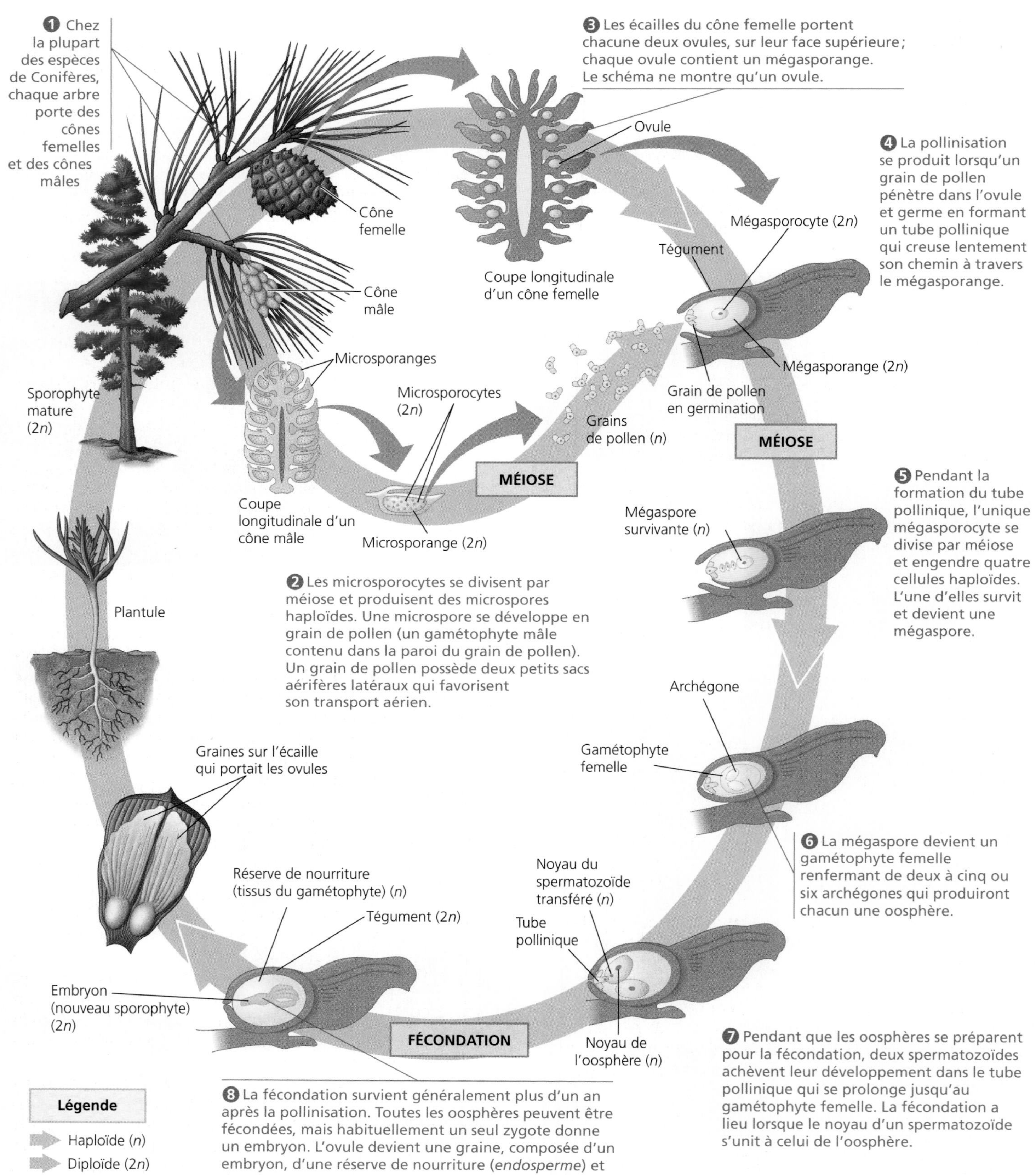

❶ Chez la plupart des espèces de Conifères, chaque arbre porte des cônes femelles et des cônes mâles
Cône femelle
Cône mâle
Sporophyte mature (2n)
Microsporanges
Coupe longitudinale d'un cône mâle
Microsporocytes (2n)
Microsporange (2n)
MÉIOSE
Grains de pollen (n)
❸ Les écailles du cône femelle portent chacune deux ovules, sur leur face supérieure ; chaque ovule contient un mégasporange. Le schéma ne montre qu'un ovule.
Ovule
Coupe longitudinale d'un cône femelle
Tégument
Mégasporocyte (2n)
Mégasporange (2n)
Grain de pollen en germination
❹ La pollinisation se produit lorsqu'un grain de pollen pénètre dans l'ovule et germe en formant un tube pollinique qui creuse lentement son chemin à travers le mégasporange.
MÉIOSE
Mégaspore survivante (n)
❺ Pendant la formation du tube pollinique, l'unique mégasporocyte se divise par méiose et engendre quatre cellules haploïdes. L'une d'elles survit et devient une mégaspore.
❷ Les microsporocytes se divisent par méiose et produisent des microspores haploïdes. Une microspore se développe en grain de pollen (un gamétophyte mâle contenu dans la paroi du grain de pollen). Un grain de pollen possède deux petits sacs aérifères latéraux qui favorisent son transport aérien.
Plantule
Archégone
Gamétophyte femelle
❻ La mégaspore devient un gamétophyte femelle renfermant de deux à cinq ou six archégones qui produiront chacun une oosphère.
Graines sur l'écaille qui portait les ovules
Réserve de nourriture (tissus du gamétophyte) (n)
Tégument (2n)
Noyau du spermatozoïde transféré (n)
Tube pollinique
Embryon (nouveau sporophyte) (2n)
FÉCONDATION
Noyau de l'oosphère (n)
❼ Pendant que les oosphères se préparent pour la fécondation, deux spermatozoïdes achèvent leur développement dans le tube pollinique qui se prolonge jusqu'au gamétophyte femelle. La fécondation a lieu lorsque le noyau d'un spermatozoïde s'unit à celui de l'oosphère.
❽ La fécondation survient généralement plus d'un an après la pollinisation. Toutes les oosphères peuvent être fécondées, mais habituellement un seul zygote donne un embryon. L'ovule devient une graine, composée d'un embryon, d'une réserve de nourriture (endosperme) et d'une enveloppe protectrice.
Légende
Haploïde (n)
Diploïde (2n)

▲ **Figure 30.6 Le cycle de développement du pin.**

FAITES DES LIENS *À quel type de division cellulaire la transformation d'une mégaspore en gamétophyte femelle correspond-elle ? (Voir la figure 13.9, p. 290.)*

À partir du moment où les jeunes cônes mâles et femelles apparaissent, il s'écoule presque trois ans avant que les gamétophytes mâles et femelles se forment et s'unissent, et que des graines matures se développent à partir des ovules fécondés. Au moment de la pollinisation, les écailles du cône femelle s'écartent pour laisser pénétrer les grains de pollen; une fois ces derniers déposés sur le micropyle, les écailles se referment. Elles s'écartent à nouveau lorsque les graines ailées sont matures, et le vent les emporte. Les graines qui se posent dans un environnement propice germent et produisent des embryons de pin qui se développent en jeunes pousses de pin.

RETOUR SUR LE CONCEPT 30.2

1. Prenez des exemples dans la figure 30.5 pour décrire en quoi divers types de Gymnospermes se ressemblent, tout en présentant des caractéristiques distinctives.
2. Expliquez comment le cycle de développement du pin (voir la figure 30.6) fait ressortir les cinq adaptations communes à toutes les Vasculaires à graines (voir p. 717).
3. **FAITES DES LIENS** L'hypothèse voulant que les Gymnospermes et les Angiospermes soient des clades frères sous-entend-elle qu'elles sont apparues en même temps? (Revoyez la page 622 pour vous rafraîchir la mémoire.)

Voir les réponses proposées à la fin du chapitre.

CONCEPT 30.3

Chez les Angiospermes, les fleurs et les fruits comptent parmi les adaptations à la reproduction

Les Angiospermes, plus connues sous le nom de plantes à fleurs, sont des Vasculaires à graines qui fabriquent des structures reproductrices appelées fleurs et fruits. Ces plantes se nomment Angiospermes (du grec *angion*, «contenant»), car leurs graines sont contenues dans des fruits, les ovaires matures. De nos jours, les Angiospermes sont les Végétaux les plus variés et les plus répandus sur la Terre. Ce groupe compte plus de 250 000 espèces (les Gymnospermes n'en comptent qu'un peu plus de 750), ce qui représente environ 90% de toutes les espèces de Végétaux.

Les caractéristiques des Angiospermes

Toutes les Angiospermes appartiennent à l'embranchement des Anthophytes (du grec *anthos*, «fleur»). Avant de parler de l'évolution des Angiospermes, nous étudierons leurs adaptations les plus importantes, les fleurs et les fruits, ainsi que le rôle de ces adaptations dans leur cycle de développement.

Les fleurs

La **fleur** est la structure qui sert à la reproduction d'une Angiosperme. Chez de nombreuses Angiospermes, ce sont des insectes et d'autres animaux qui acheminent le pollen d'une fleur jusqu'aux organes sexuels femelles d'une autre fleur. Ainsi, la pollinisation des Angiospermes dépend moins du hasard que celle de la plupart des Gymnospermes, qui est tributaire du vent. On observe néanmoins une pollinisation anémophile (par le vent) chez certaines plantes à fleurs, surtout chez celles qui forment des populations denses, telles que les Graminées et les arbres des forêts tempérées.

Une fleur est une pousse spécialisée où des feuilles modifiées (sporophylles) sont disposées en *verticilles*, contrairement aux écailles des cônes des Gymnospermes qui sont disposées en *spirales*. Une fleur peut comporter jusqu'à quatre de ces verticilles de feuilles modifiées appelées organes floraux: les sépales, les pétales, les étamines et au moins un carpelle (**figure 30.7**). À la base de la fleur se trouvent les **sépales**, généralement verts. Ceux-ci enveloppent la fleur avant l'éclosion (pensez à un bouton de rose). À l'intérieur des sépales se trouvent les **pétales**, qui sont la plupart du temps vivement colorés. Ils contribuent à attirer les pollinisateurs. Les plantes à pollinisation anémophile ont souvent une fleur terne. Chez toutes les Angiospermes, les sépales et les pétales sont des parties stériles de la fleur, c'est-à-dire qu'ils ne produisent pas d'oosphères ou de spermatozoïdes. À l'intérieur des pétales se trouvent deux verticilles d'organes fertiles qui produisent les spores, les étamines et les carpelles.

Les **étamines** produisent les microspores qui donnent naissance aux grains de pollen contenant les gamétophytes mâles. Une étamine se compose d'une tige, appelée **filet**, coiffée d'un sac, l'**anthère**, qui produit le pollen. Les **carpelles** produisent les mégaspores qui donnent naissance aux gamétophytes femelles. Certaines fleurs sont dotées d'un seul carpelle alors que d'autres en ont plusieurs, qui sont soit séparés ou fusionnés. À l'extrémité supérieure du carpelle se trouve le **stigmate** visqueux qui reçoit le pollen. Le **style** relie le stigmate à l'**ovaire**, qui se trouve à la base du carpelle et contient un ou plusieurs ovules. Lorsqu'il est fécondé, l'ovule devient une graine.

Les fruits

Un **fruit** est un ovaire mature, mais il englobe parfois aussi d'autres parties de la fleur. La paroi de l'ovaire s'épaissit après la fécondation, à mesure que les graines se forment. La gousse du pois (*Pisum sativum*) constitue un exemple de fruit dont les graines (les ovules matures, c'est-à-dire les pois) sont enfermées dans un ovaire mûr (la gousse). (Nous nous pencherons sur l'origine des fruits du point de vue du développement à la figure 38.10, p. 943.)

Les fruits protègent les graines en dormance et contribuent à leur dispersion. Les fruits matures sont soit charnus, soit secs (**figure 30.8**). Les tomates, les prunes et les raisins sont des exemples de fruits charnus dont la paroi de l'ovaire (le péricarpe) s'attendrit à mesure qu'ils mûrissent. Les fruits secs comprennent les haricots, les noix et les grains. Certains fruits secs se fendent lorsqu'ils arrivent à maturité pour libérer leurs graines alors que d'autres restent entiers. Les fruits secs des Graminées sont dispersés par le vent. Récoltés lorsqu'ils sont encore fixés à la plante parente, ils constituent la base de l'alimentation humaine. Nombreux sont ceux qui pensent que les grains du blé, du riz, du maïs et d'autres céréales sont des graines. En réalité, ce sont des fruits dont l'enveloppe sèche (le péricarpe d'origine) adhère fermement au tégument de l'unique graine qu'ils contiennent.

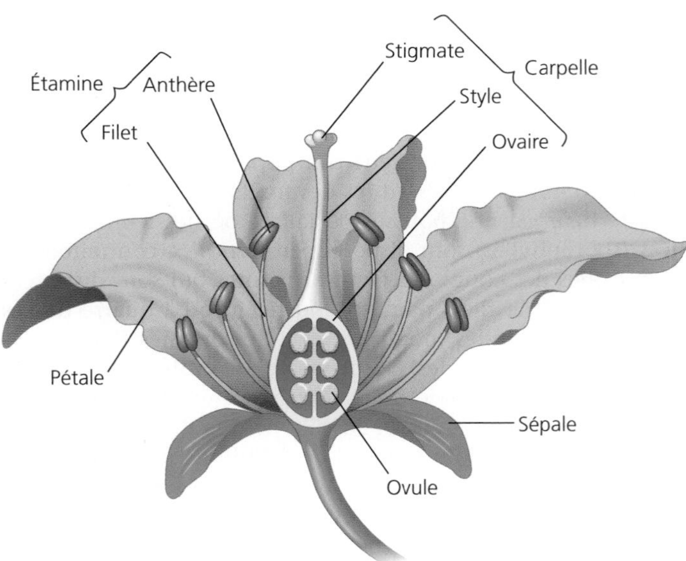

▲ **Figure 30.7 La structure d'une fleur type.**

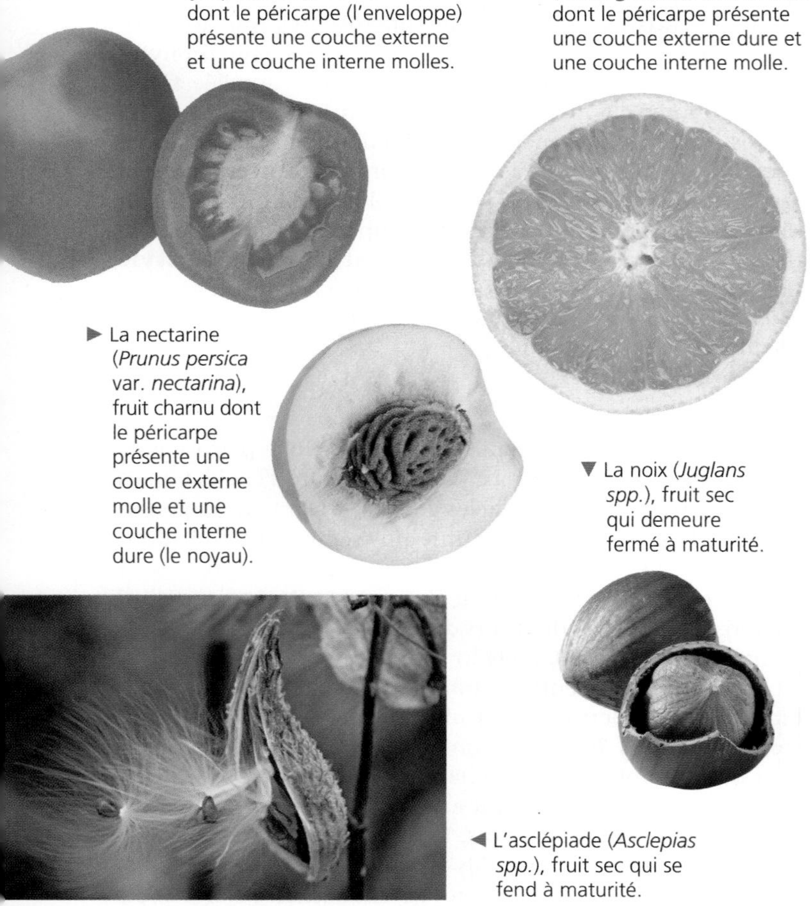

▼ La tomate (*Solanum lycopersicum*), fruit charnu dont le péricarpe (l'enveloppe) présente une couche externe et une couche interne molles.

▼ Le pamplemousse rose (*Citrus grandis*), fruit charnu dont le péricarpe présente une couche externe dure et une couche interne molle.

► La nectarine (*Prunus persica* var. *nectarina*), fruit charnu dont le péricarpe présente une couche externe molle et une couche interne dure (le noyau).

▼ La noix (*Juglans spp.*), fruit sec qui demeure fermé à maturité.

◄ L'asclépiade (*Asclepias spp.*), fruit sec qui se fend à maturité.

▲ **Figure 30.8 Diverses structures de fruits.**

Comme le montre la **figure 30.9**, diverses adaptations favorisent la dispersion des graines. Ainsi, les graines de certaines Angiospermes comme le pissenlit (*Taraxacum spp.*) et l'érable (*Acer spp.*) sont contenues dans des fruits qui sont emportés au gré du vent, tels des parachutes et des hélices; ces adaptations améliorent la dispersion éolienne. D'autres graines, comme celles de la noix de coco (*Cocos nucifera*), sont mieux adaptées à la dispersion par l'eau (voir la figure 38.11, p. 944). Par ailleurs, de nombreuses Angiospermes ont besoin des animaux pour disséminer leurs graines. Certaines ont des fruits dont l'enveloppe piquante s'accroche à leur fourrure (ou aux vêtements des humains). D'autres produisent des fruits comestibles. Ces derniers ont souvent une valeur nutritive, une saveur agréable et des couleurs vives qui signalent leur maturité. L'animal qui les mange en digère la chair. Mais son système digestif n'altère pas les graines, qui sont très résistantes. Les animaux peuvent ainsi expulser les graines, auxquelles ils fournissent un engrais naturel, à des kilomètres de l'endroit où ils ont mangé les fruits.

Le cycle de développement des Angiospermes

La **figure 30.10**, à la page suivante, présente le cycle de développement type des Angiospermes. La fleur du sporophyte produit à la fois des microspores, qui forment des gamétophytes mâles, et des mégaspores, qui forment des gamétophytes femelles. Les gamétophytes mâles immatures sont contenus dans les grains de pollen, lesquels se forment dans les quatre microsporanges contenus dans chacune des anthères situées à l'extrémité des étamines. Chaque gamétophyte mâle possède deux cellules haploïdes provenant, par mitose, de la

► Des ailes permettent au fruit de l'érable (samare) d'être facilement transporté par le vent.

◄ Les graines contenues dans les baies et dans d'autres fruits comestibles sont souvent dispersées par les excréments des animaux.

◄ Les fruits des lampourdes (*Xanthium spp.*) s'accrochent à la fourrure des animaux.

▲ **Figure 30.9 Les adaptations des fruits favorisant la dispersion des graines.**

microspore: une cellule *générative* qui se divise pour former deux spermatozoïdes et une cellule *végétative* qui produit un tube pollinique. Les ovules, qui croissent dans l'ovaire, contiennent chacun un gamétophyte femelle, aussi appelé sac embryonnaire. Celui-ci se compose de quelques cellules seulement, dont l'une est l'oosphère; notez qu'il n'y a pas d'archégones chez les Angiospermes. (Nous décrirons plus en détail la formation des gamétophytes au chapitre 38.)

Une fois libéré par l'anthère, le pollen est transporté jusqu'à un stigmate visqueux situé à l'extrémité d'un carpelle. Bien que certaines fleurs se reproduisent par autopollinisation, la plupart possèdent un mécanisme qui assure la **pollinisation croisée**, c'est-à-dire le transfert du pollen de l'anthère au stigmate d'une autre plante de la même espèce. La pollinisation croisée contribue à la variabilité génétique. Chez certaines espèces, les étamines et les carpelles d'une même fleur n'atteignent pas leur maturité en même temps. Chez d'autres, la disposition des organes de la fleur fait obstacle à l'autopollinisation ou bien il y a auto-incompatibilité entre le pollen et le stigmate d'une même plante.

Une fois collé au stigmate du carpelle, le grain de pollen absorbe de l'eau et germe. La cellule végétative fabrique un tube pollinique qui s'insinue dans le style du carpelle jusqu'à l'ovaire. Lorsqu'il a atteint l'ovaire, le tube pollinique pénètre dans un ovule par le **micropyle** (pore du tégument de l'ovule) et dépose deux spermatozoïdes dans le gamétophyte femelle

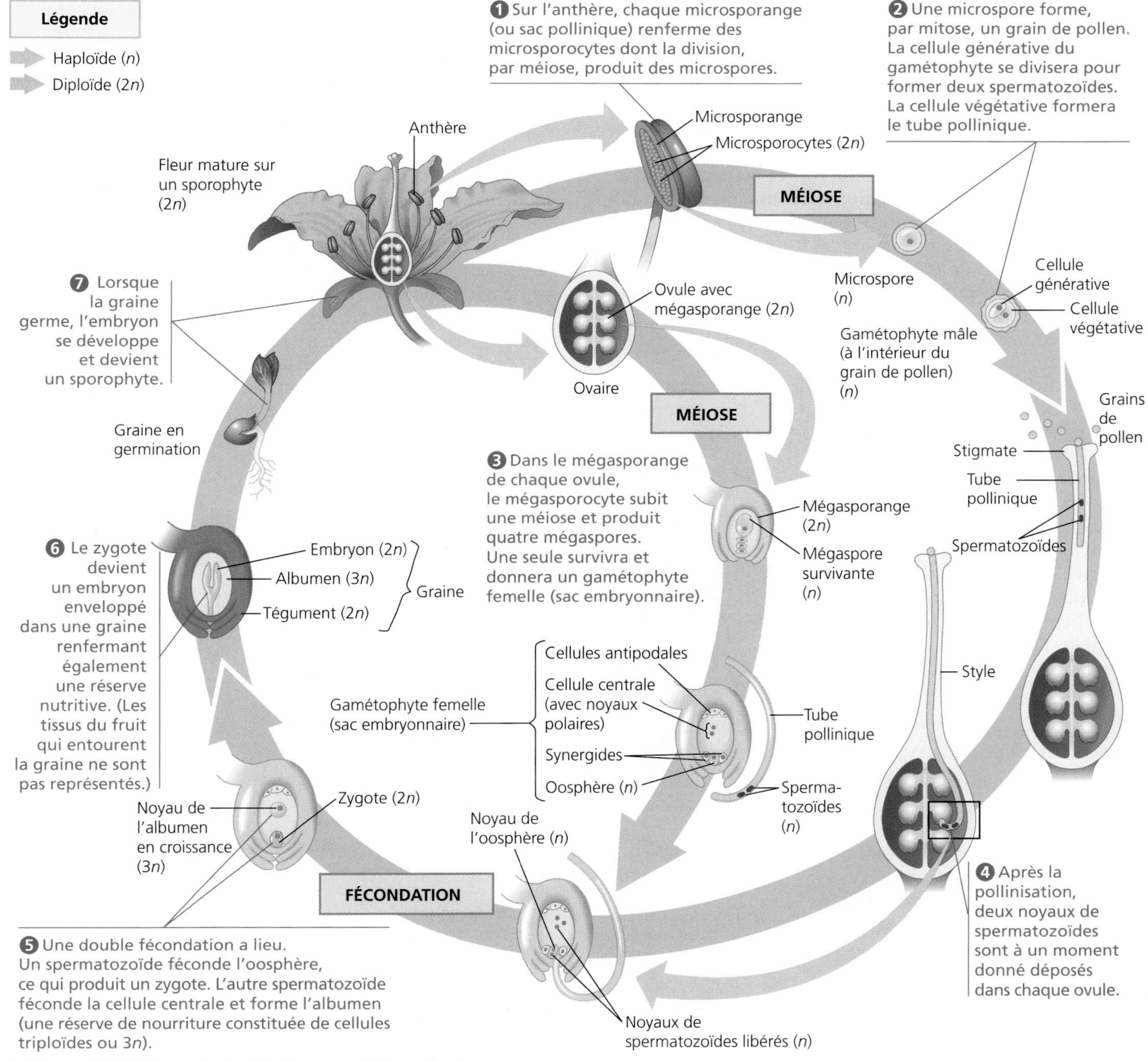

▲ **Figure 30.10 Le cycle de développement d'une Angiosperme.**

(sac embryonnaire). L'un des noyaux de spermatozoïde s'unit à l'oosphère pour donner un zygote diploïde. L'autre noyau de spermatozoïde se lie aux deux noyaux haploïdes (appelés noyaux polaires) de la grosse cellule centrale du gamétophyte femelle, produisant une cellule triploïde. Ce phénomène, caractéristique des Angiospermes, porte le nom de **double fécondation**.

Après la double fécondation, l'ovule se transforme en graine. Le zygote, lui, devient un embryon de sporophyte portant une racine rudimentaire et une ou deux feuilles embryonnaires, les **cotylédons**. La cellule triploïde centrale du gamétophyte femelle forme l'**albumen**, un tissu riche en amidon et en d'autres réserves nutritives qui nourrissent l'embryon. (Rappelez-vous que chez les Gymnospermes, c'est le tissu haploïde du gamétophyte femelle lui-même, l'endosperme, qui sert de nourriture à l'embryon.)

Quelle est la fonction de la double fécondation ? Certains experts pensent qu'elle synchronise la constitution, dans la graine, de la réserve nutritive avec le développement de l'embryon. Si une fleur n'est pas pollinisée ou si les spermatozoïdes ne sont pas libérés dans les sacs embryonnaires, la fécondation n'a pas lieu. Par conséquent, l'embryon et l'albumen ne se forment pas. La double fécondation constitue peut-être une adaptation qui évite aux plantes à fleurs de consacrer de précieux nutriments à des ovules infertiles.

Certaines espèces de Gymnospermes appartenant à l'embranchement des Gnétophytes présentent un autre type de double fécondation. Toutefois, chez ces espèces, le processus donne naissance à deux embryons plutôt qu'à un embryon et à un albumen.

Comme nous l'avons mentionné plus tôt, la graine est composée de l'embryon, de l'albumen et d'un tégument issu des couches externes de l'ovule. Au fur et à mesure que les ovules se transforment en graines, l'ovaire devient un fruit. Après avoir été dispersées par le vent ou par des animaux, les graines germent si elles trouvent un environnement favorable. Leur enveloppe se brise ; l'embryon émerge, puis se transforme en un jeune plant qui consomme les réserves entreposées dans l'albumen et dans les cotylédons jusqu'à ce qu'il soit capable de photosynthèse.

L'évolution des Angiospermes

La clarification de l'origine des Angiospermes, ce que Charles Darwin a un jour qualifié d'affreux mystère, représente pour les biologistes de l'évolution un défi fascinant. Les Angiospermes sont apparues il y a au moins 140 millions d'années, et les principaux embranchements du clade ont divergé de leur ancêtre commun au cours de la dernière partie du Mésozoïque. Vers la moitié du Crétacé (il y a 100 millions d'années), les Angiospermes ont commencé à dominer de nombreux écosystèmes terrestres. Les paysages ont énormément changé quand les Pinophytes, les Cycadophytes et d'autres Gymnospermes ont cédé la place à des plantes à fleurs dans de nombreuses parties du monde.

Les Angiospermes se distinguent remarquablement des Gymnospermes modernes par leurs fleurs et leurs fruits, ce qui complique la détermination des origines des Angiospermes. Pour comprendre comment est apparu leur plan d'organisation, les scientifiques étudient des fossiles afin de préciser la phylogenèse des Angiospermes. Ils étudient les gènes de développement associés à l'apparition des fleurs et d'autres innovations de ce groupe de végétaux. Comme nous le verrons, la résolution du mystère de Darwin va bon train, mais notre compréhension des liens évolutifs entre les Angiospermes et les premières Vasculaires à graines est encore imparfaite.

Les fossiles d'Angiospermes

À la fin des années 1990, des scientifiques ont découvert en Chine plusieurs surprenants fossiles d'Angiospermes vieux de 125 millions d'années. Ces fossiles, aujourd'hui appelés *Archaefructus liaoningensis* et *Archaefructus sinensis* (**figure 30.11**), présentent certains caractères communs avec les Angiospermes modernes, mais sont dépourvus de certains autres. *A. sinensis*, par exemple, porte des anthères et des graines qui se trouvent dans des carpelles fermés, mais n'a ni pétales ni sépales. En 2002, des scientifiques ont publié une étude phylogénétique comparative portant sur *A. sinensis* et 173 plantes modernes. Les chercheurs ont conclu qu'*Archaefructus* pourrait faire partie du premier groupe connu d'Angiospermes à avoir divergé.

D'après les fossiles d'*Archaefructus*, pouvons-nous déduire la présence de caractères de l'ancêtre commun de cette espèce et des Angiospermes modernes ? Les fossiles indiquent qu'*Archaefructus* était une herbacée à fleurs simples et à structures

(a) *Archaefructus sinensis*, un fossile vieux de 125 millions d'années. Cette espèce représente peut-être le groupe frère de toutes les Angiospermes, à moins qu'elle fasse partie du groupe des nymphéas (voir la figure 30.12). Les chercheurs testent ces deux hypothèses au moyen d'analyses phylogénétiques.

(b) *Archaefructus sinensis*, reconstituée par un artiste

▲ **Figure 30.11 Une plante à fleurs primitive.**

bulbeuses pouvant être des adaptations à la vie dans l'eau, ce qui donne à penser qu'elle était une plante aquatique. Or, pour déterminer si l'ancêtre commun des Angiospermes était une herbacée aquatique à fleurs simples, il faut examiner les fossiles d'autres Vasculaires à graines soupçonnées d'être étroitement apparentées aux Angiospermes. Toutes ces plantes étant ligneuses, il est fort probable que leur ancêtre commun l'était aussi. De plus, les paléobotanistes ont trouvé des fossiles d'Angiospermes de lignées ultérieures qui sont devenues aquatiques et dont les fleurs ressemblent à celles d'*Archaefructus*. On peut donc penser que les fleurs simples et la croissance dans l'eau pourraient constituer des caractères dérivés d'*Archaefructus* plutôt que ceux d'un ancêtre commun. En somme, si la plupart des chercheurs reconnaissent que l'ancêtre commun des Angiospermes était ligneux, ses nombreuses autres caractéristiques font toujours l'objet de débats.

La phylogenèse des Angiospermes

Pour arriver à définir la structure générale des premières Angiospermes, les scientifiques ont longtemps cherché à déterminer quelles étaient les Vasculaires à graines – modernes ou fossiles – les plus étroitement apparentées aux Angiospermes. D'après les données moléculaires et morphologiques, les Gymnospermes modernes forment un groupe monophylétique dont les premières lignées ont divergé des ancêtres des Angiospermes, il y a quelque 305 millions d'années. Remarquez que cela ne signifie pas nécessairement que les Angiospermes sont apparues à cette époque, mais bien que l'ancêtre le plus récent qu'elles partagent avec les Gymnospermes existait alors. En fait, les Angiospermes sont peut-être plus étroitement apparentées à des Vasculaires à graines disparues, comme celles du groupe des Bennettitales, qui présentent des structures florales et que les insectes auraient pollinisées (**figure 30.12a**). Les systématiciens espèrent résoudre cette énigme à l'aide d'études phylogénétiques combinant des données tirées d'archives géologiques et d'une grande variété de Vasculaires à graines existant aujourd'hui.

Pour comprendre l'origine des Angiospermes, il faut aussi arriver à déterminer l'ordre dans lequel les clades ont divergé les uns des autres. D'importants progrès ont été accomplis à cet égard au cours des dernières années. Des données moléculaires et morphologiques semblent indiquer qu'*Amborella trichopoda*, un arbrisseau de Nouvelle-Calédonie (un archipel du Pacifique Sud), ainsi que les nymphéas seraient les représentants vivants de deux des plus vieilles lignées d'Angiospermes (**figure 30.12b**).

Les modèles de développement des Angiospermes

Des études sur le développement des Végétaux fournissent d'autres indices sur l'origine des Angiospermes. Par exemple, une étude réalisée en 2006 a montré que chez *Amborella,* les oosphères se développent à partir de cellules précurseurs différentes de celles de la plupart des Angiospermes modernes. Curieusement, la façon dont *Amborella* produit des oosphères ressemble, à certains égards, à la façon dont celles-ci se forment chez les Gymnospermes. Il pourrait donc y avoir un lien avec

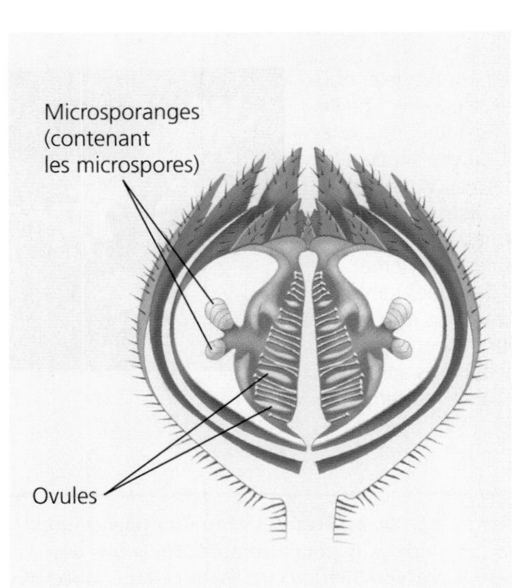

(a) Serait-ce un ancêtre des Angiospermes? Cette reconstitution montre une coupe longitudinale des structures florales de Bennettitales, un groupe disparu de Vasculaires à graines qui, selon certaines hypothèses, serait plus étroitement apparenté aux Angiospermes qu'aux Gymnospermes.

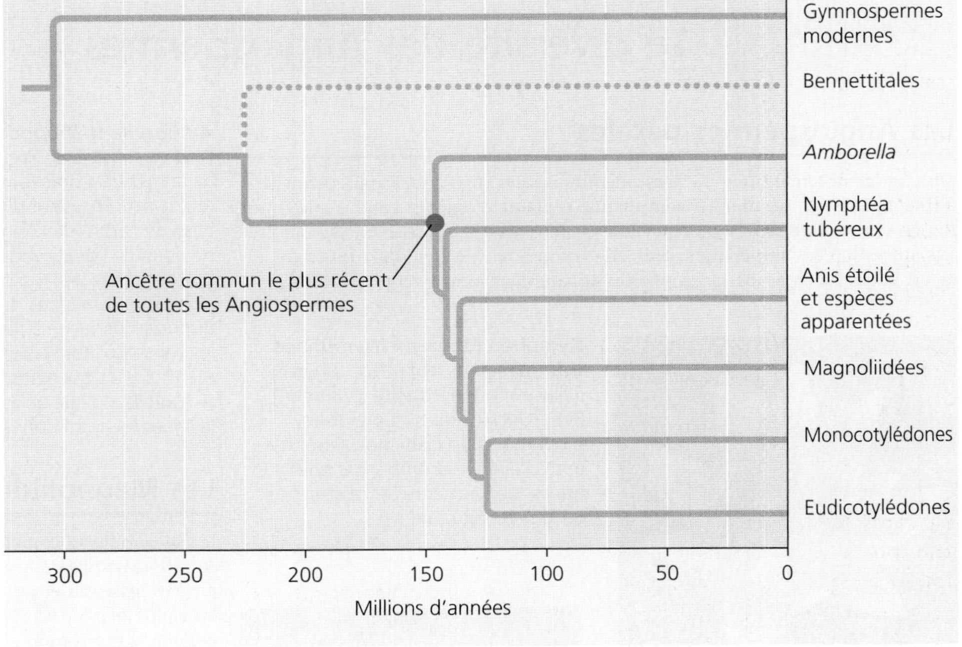

(b) La phylogenèse des Angiospermes. Cet arbre de classification, construit selon des données morphologiques et moléculaires, représente une hypothèse ayant cours sur les liens évolutifs des Angiospermes. Les Angiospermes ont fait leur apparition il y a au moins 140 millions d'années. Les pointillés indiquent l'incertitude concernant la position des Bennettitales, qui pourrait être un groupe frère des Angiospermes.

▲ **Figure 30.12 L'histoire évolutive des Angiospermes.**

? *Faudrait-il nécessairement redessiner les ramifications de la phylogenèse présentée en (b) si l'on découvrait un fossile de Monocotylédone datant de 150 millions d'années? Pourquoi?*

le lointain ancêtre commun des Gymnospermes et des Angiospermes. D'autres études donnent à penser que, chez une variété d'Angiospermes primitives (de même que chez *Amborella*), le tégument extérieur semble être une feuille modifiée formée indépendamment du tégument interne. Puisque les Gymnospermes ne présentent qu'un tégument, les scientifiques cherchent à déterminer l'origine du deuxième tégument des Angiospermes. Ils étudient également des gènes qui régissent le développement chez les deux groupes, y compris les gènes responsables du développement des fleurs chez les Angiospermes. Les premiers résultats ont mis au jour des voies de développement communes aux Angiospermes et aux Gymnospermes. Ces voies communes pourraient fournir des indices sur les étapes ayant mené à l'émergence des Végétaux à fleurs.

La diversité des Angiospermes

Depuis leurs humbles débuts, au Mésozoïque, les Angiospermes se sont diversifiées et comptent plus de 250 000 espèces. Jusqu'à la fin des années 1990, les taxinomistes s'accordaient généralement pour diviser les Angiospermes en deux classes, s'appuyant en partie sur le nombre de cotylédons, ou feuilles embryonnaires, présents dans l'embryon. Les espèces qui possédaient un seul cotylédon étaient appelées **Monocotylédones**, et celles qui en possédaient deux, **Dicotylédones**. D'autres caractéristiques, comme la structure des fleurs et des feuilles, servaient aussi à distinguer ces deux groupes. Par exemple, la plupart des Monocotylédones portent des feuilles parallélinerves, c'est-à-dire que leurs nervures principales sont disposées dans le sens de la longueur (pensez à un brin d'herbe). Au contraire, la plupart des Dicotylédones ont des feuilles dont les nervures principales ont un aspect ramifié (pensez à une feuille de chêne). Les Monocotylédones comprennent notamment les Orchidées, les palmiers et les céréales (maïs, blé, riz, etc.). Les roses, les pois, les tournesols et les érables sont des exemples de Dicotylédones.

De récentes études génétiques indiquent toutefois que la distinction entre les Monocotylédones et les Dicotylédones n'est pas absolument représentative des liens de l'évolution. En effet, les recherches actuelles confirment le point de vue selon lequel les Monocotylédones forment un clade, mais révèlent que les espèces traditionnellement appelées Dicotylédones sont polyphylétiques. En revanche, le clade des **Eudicotylédones** (« véritables » Dicotylédones) réunit aujourd'hui la grande majorité des espèces que l'on appelait Dicotylédones. Les autres sont maintenant divisées en plusieurs petites lignées. Trois de ces lignées portent officieusement le nom d'**Angiospermes basales**, car elles semblent réunir les plantes à fleurs appartenant aux plus anciennes lignées. Une quatrième lignée, celle des **Magnoliidées**, est apparue plus tard. La **figure 30.13** donne un aperçu de la diversité des Angiospermes.

▼ **Figure 30.13**

PANORAMA La diversité des Angiospermes

Les Angiospermes basales

On croit actuellement que les Angiospermes basales survivantes appartiennent à trois lignées qui ne compteraient qu'une centaine d'espèces. La plus ancienne lignée semble être représentée par une seule espèce, *Amborella trichopoda*. Les autres lignées survivantes, un clade comprenant le nymphéa tubéreux et un autre, l'anis étoilé et les plantes apparentées, ont divergé plus tard.

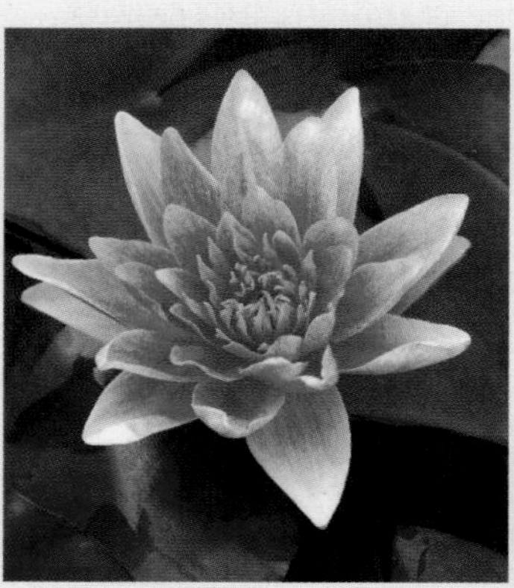

Nymphéa tubéreux (*Nymphaea tuberosa*). Les nymphéas tubéreux (l'illustration représente la variété René-Gérard) sont les membres modernes d'un clade qui vient juste après la lignée d'*Amborella* pour ce qui est de l'ancienneté. La structure de la fleur est primitive.

Anis étoilé (*Illicium floridanum*). Cette espèce représente une troisième lignée survivante d'Angiospermes basales.

***Amborella trichopoda*.** Ce petit arbuste, qui croît seulement en Nouvelle-Calédonie, une île de la mer de Corail (océan Pacifique), pourrait être le seul survivant d'une branche située à la base de l'arbre des Angiospermes. *Amborella* ne possède pas de vaisseaux, lesquels sont présents chez les Angiospermes ayant divergé plus tard. Constitués de cellules du xylème disposées de façon à former des tubes continus, les vaisseaux transportent l'eau plus efficacement que les trachéides. Leur absence chez *Amborella* indique qu'ils sont apparus après que la lignée lui ayant donné naissance a divergé.

Les Magnoliidées

Les Magnoliidées comptent environ 8 000 espèces; les genres les plus connus sont le magnolia, le laurier et le poivrier. Ce groupe comprend à la fois des espèces ligneuses et des espèces herbacées. Bien qu'elles aient certains caractères en commun avec les Angiospermes basales, comme la disposition des organes floraux en spirale plutôt qu'en verticille, les Magnoliidées sont plus étroitement apparentées aux Monocotylédones et aux Eudicotylédones.

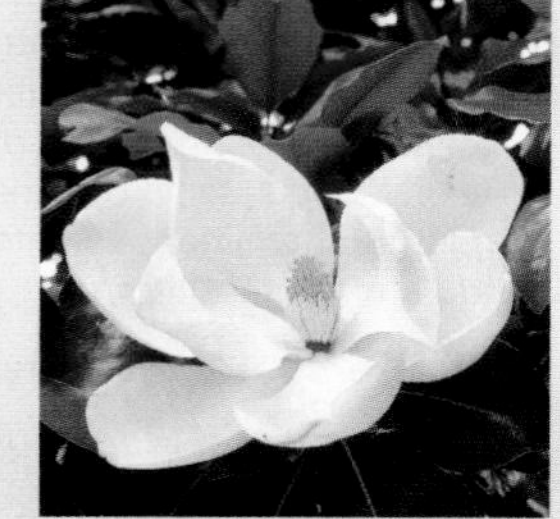

Magnolia à grandes fleurs (*Magnolia grandiflora*). Ce membre de la famille des magnolias est une plante ligneuse. La variété montrée ici, Goliath, donne des fleurs dont le diamètre peut atteindre 30 cm.

Les Monocotylédones

Plus du quart des Angiospermes font partie du groupe des Monocotylédones, soit environ 70 000 espèces. Ces exemples représentent quelques-unes des plus grandes familles de ce groupe.

Orchidée (*Lemboglossum rossii*)

Dattier nain (*Phoenix roebelenii*)

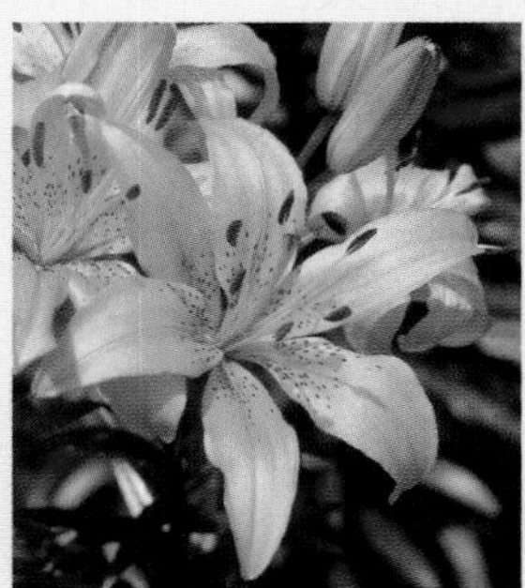

Lys (*Lilium asiaticum*, var. *Enchantment*)

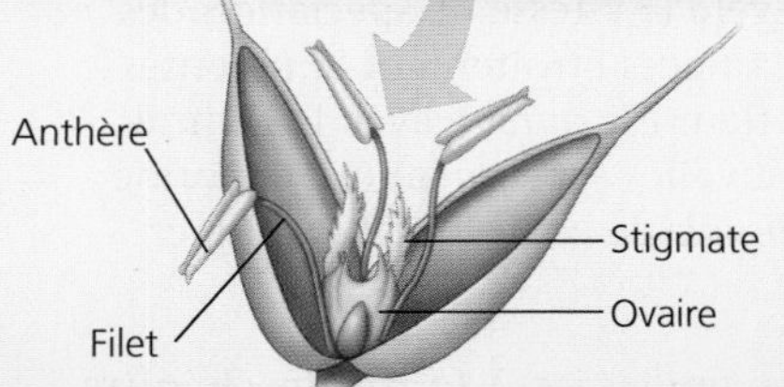

Orge (*Hordeum vulgare*), une Graminée

Les Eudicotylédones

Plus des deux tiers des espèces d'Angiospermes font partie du groupe des Eudicotylédones, soit à peu près 170 000 espèces.

	Caractéristiques des Monocotylédones	Caractéristiques des Eudicotylédones
Embryons	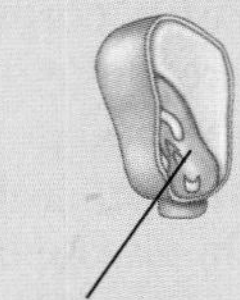 Un cotylédon	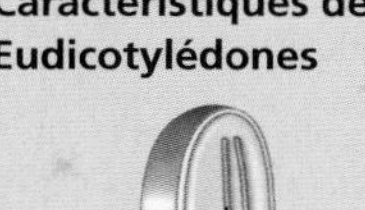 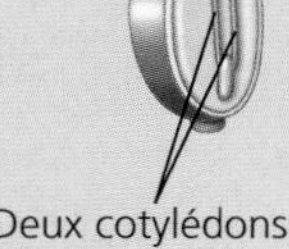 Deux cotylédons
Nervation des feuilles	Nervures principales en général parallèles	 Nervures principales en général ramifiées
Tiges	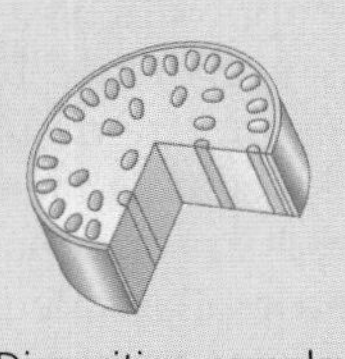 Disposition complexe des faisceaux libéroligneux	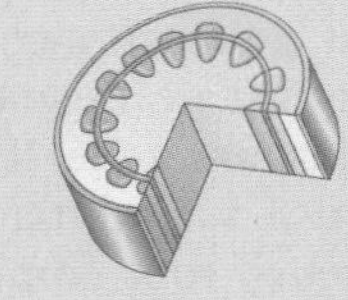 Faisceaux libéroligneux habituellement disposés en anneau
Racines	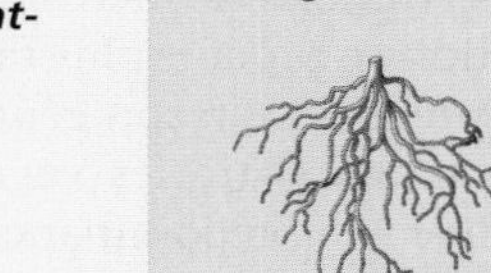 Système racinaire habituellement fasciculé (pas de racine principale)	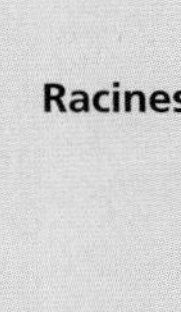 Racine pivotante (racine principale) habituellement présente
Pollen	Grain de pollen monocolpé (à une seule aperture en forme de fente pour le passage du tube pollinique)	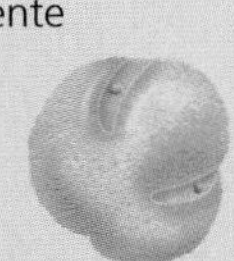 Grain de pollen tricolpé (à trois apertures pour le passage du tube pollinique)
Fleurs	Pièces florales habituellement organisées en multiples de trois	 Pièces florales habituellement organisées en multiples de quatre ou cinq

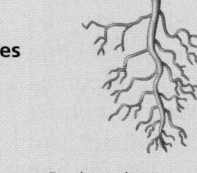

Pavot de Californie (*Eschscholzia californica*)

Chêne tauzin (*Quercus pyrenaica*)

Églantier (*Rosa canina*), rose sauvage

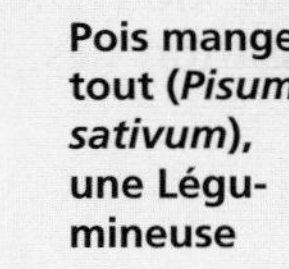

Pois mangetout (*Pisum sativum*), une Légumineuse

Fleurs de courgette (*Cucurbita pepo*)

◄ **Figure 30.14 Une fleur pollinisée par des mouches.** *Rafflesia arnoldii*, la plus grosse fleur au monde, pousse en Indonésie. Aussi grosse qu'un pneu de voiture, elle attire les mouches pollinisatrices par son odeur de corps en putréfaction.

Les liens évolutifs entre les Angiospermes et les Animaux

Depuis qu'ils ont colonisé la terre ferme, les animaux n'ont jamais cessé d'influer sur l'évolution des végétaux terrestres, et vice versa. Par exemple, les herbivores peuvent nuire à la reproduction d'une plante en mangeant ses racines, ses feuilles ou ses graines. Par conséquent, tout nouveau moyen de défense efficace apparaissant chez un groupe de végétaux favorisera ce dernier sur le plan de la sélection naturelle. Il en ira autant des herbivores qui parviendront à surmonter ce nouveau moyen de défense. Les pollinisateurs, tout comme d'autres interactions mutuellement bénéfiques, peuvent avoir des effets similaires sur le plan de l'évolution, comme le montre la **figure 30.14**.

Dans ces derniers exemples, les interactions entre les végétaux et les animaux ont mené à une évolution réciproque des deux espèces concernées. Cependant, les interactions entre des végétaux et des animaux ont peut-être eu des influences plus profondes dans l'histoire du vivant, par exemple le rythme de formation de nouvelles espèces. L'impact, sur l'évolution, de l'organisation des pétales constitue un bon exemple. Les pétales des fleurs peuvent être symétriques dans une seule direction (selon le principe de *symétrie bilatérale*, comme le montre la fleur du pois mange-tout, à la figure 30.13) ou dans toutes les directions (selon le principe de *symétrie radiaire*, comme chez la rose sauvage de la figure 30.13). Un insecte pollinisateur ne tirera du nectar d'une fleur à symétrie bilatérale que s'il s'en approche d'un certain angle (**figure 30.15**). Cette contrainte augmente la probabilité, pour un insecte butinant de fleur en fleur, que du pollen se dépose sur une partie de son corps puis entre en contact avec le stigmate d'une autre fleur de la même espèce. Ces particularités du transfert de pollen ont tendance à réduire la circulation des gènes entre des populations divergentes et pourraient donc favoriser la vitesse de spéciation des Végétaux.

Comment peut-on tester cette hypothèse? Le schéma ci-dessous illustre l'une des approches possibles:

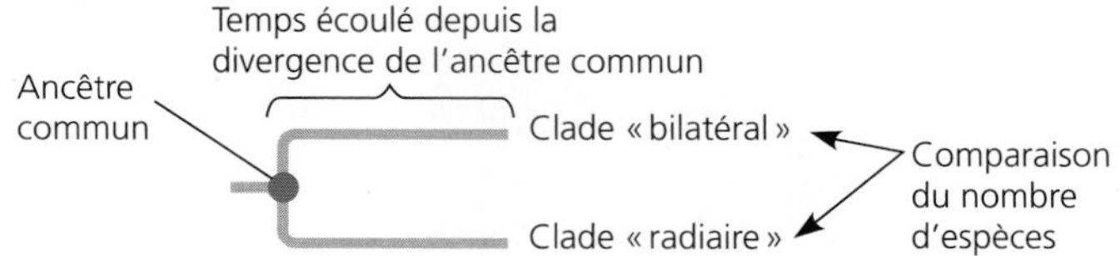

Cette approche vise principalement à identifier des clades de fleurs à symétrie bilatérale qui descendent directement du même ancêtre qu'un clade de fleurs à symétrie radiaire. Une étude récente a identifié 19 de ces paires de clades (« bilatéral » et « radiaire ») apparentés. En moyenne, le clade de fleurs à symétrie bilatérale compte près de 2 400 espèces de plus que son parent proche portant des fleurs à symétrie radiaire. Selon ce résultat, on peut penser que la forme des fleurs peut influer sur le rythme de formation de nouvelles espèces puisque la spéciation se produit plus rapidement dans les clades à symétrie bilatérale. De façon générale, on soupçonne que les effets des relations entre les végétaux et leurs pollinisateurs ont contribué à la prédominance croissante des Végétaux à fleurs durant le Crétacé. Les Angiospermes auraient ainsi pris une place considérable au sein des communautés écologiques.

◄ **Figure 30.15 La pollinisation d'une fleur à symétrie bilatérale.** Pour recueillir le nectar (solution sucrée sécrétée par les glandes de la fleur, les nectaires) d'une fleur à symétrie bilatérale, comme cette fleur du genêt à balais (*Cytisus scoparius*), l'abeille doit s'y poser selon un angle précis. Elle déclenche ainsi un mécanisme qui recourbe les étamines par-dessus l'abeille pour enduire celle-ci de pollen. L'insecte répandra ensuite un peu de pollen sur le stigmate de la prochaine fleur qu'elle butinera.

RETOUR SUR LE CONCEPT 30.3

1. On dit que le chêne est le moyen qu'utilise le gland pour fabriquer d'autres glands. Expliquez cette affirmation à l'aide des termes suivants: sporophyte, gamétophyte, ovule, graine, ovaire et fruit.
2. Comparez un cône de pin et une fleur sur le plan de la structure et de la fonction.
3. **ET SI?** Que révèle la vitesse de spéciation des clades de végétaux à fleurs étroitement apparentés? Que la forme de la fleur est *corrélée* avec le rythme de formation de nouvelles espèces ou que la forme de la fleur est *responsable* de ce rythme? Expliquez votre réponse.

Voir les réponses proposées à la fin du chapitre.

CONCEPT **30.4**

Le bien-être des humains est fortement tributaire des Vasculaires à graines

Dans la présente partie du manuel, nous mettons l'accent sur les liens de dépendance des humains à l'égard des divers groupes d'organismes. Or, les Vasculaires à graines forment le groupe le plus essentiel à notre survie. En foresterie et en agriculture, elles constituent des sources essentielles de nourriture, de combustible, de produits du bois et de médicaments; l'humain tire aussi des Vasculaires à graines des fibres qu'il utilise pour confectionner certains tissus et le papier. En raison de cette dépendance, il est indispensable de préserver la diversité des plantes.

Les produits des Vasculaires à graines

La plupart des aliments que nous consommons proviennent des Angiospermes. Six plantes cultivées – le blé, le riz, le maïs, la pomme de terre, le manioc et la patate – représentent à elles seules 80% de toutes les calories absorbées par les humains. Nous avons aussi besoin des Angiospermes pour l'alimentation du bétail: il faut de 5 à 7 kg de grains pour produire 1 kg de bœuf.

Les plantes cultivées modernes sont les produits d'une sélection artificielle qui résulte de la domestication des plantes entreprise par les humains il y a près de 12 000 ans. Pour se faire une idée de l'ampleur des transformations, il suffit de voir à quel point le nombre et la grosseur des graines des plantes domestiquées sont plus importants que ceux de leurs parentes sauvages, comme le maïs (*Zea mays*, subsp. *mays*) et la téosinte (*Zea mays*, subsp. *parviglumis*), l'ancêtre du maïs moderne (voir la figure 38.16, p. 948). Les scientifiques peuvent glaner des renseignements sur la domestication en comparant les gènes des plantes cultivées avec ceux de leurs parentes sauvages. Dans le cas du maïs, des changements marquants, comme l'augmentation de la grosseur de l'épi (et du nombre de grains par épi) et la disparition de l'enveloppe dure qui recouvrait les grains de la téosinte, ont probablement été provoqués par seulement cinq mutations génétiques.

Les plantes à fleurs fournissent bien d'autres produits comestibles. Deux boissons populaires proviennent des feuilles de thé (*Camelia sinensis*) et des fèves de café (*Coffea arabica* et *C. robusta*), sans parler du cacaoyer (*Theobroma cacao*), à partir duquel sont préparés le cacao et le chocolat. Les épices sont tirées de diverses parties de plantes, comme les fleurs (le clou de girofle [*Eugenia caryophyllus*], le safran [*Crocus sativus*]), les fruits et les graines (la vanille [*Vanilla planifolia*], le poivre noir [*Piper nigrum*], la moutarde [*Sinapis alba*]), les feuilles (le basilic [*Ocimum basilicum*], la menthe [*Mentha spp.*], la sauge [*Salvia officinale*]) et même l'écorce (la cannelle [*Cinnamomum cassia*]).

Beaucoup de Vasculaires à graines fournissent du bois, une matière que n'offre aucune Vasculaire sans graines actuelle. Le bois consiste en une accumulation de cellules du xylème à paroi résistante (voir la figure 35.22, p. 876). Il est le principal combustible dans un grand nombre de pays, et la pâte de bois, qui provient en général de Conifères comme le pin et le sapin, est utilisée pour fabriquer le papier. Le bois demeure le matériau de construction le plus répandu.

Durant des siècles, les humains s'en sont aussi remis aux Vasculaires à graines pour se soigner. Dans beaucoup de cultures, l'usage des plantes médicinales constitue une longue tradition, et les scientifiques ont extrait et identifié les composés (ou métabolites) secondaires présents dans un grand nombre de ces plantes (voir p. 697), ce qui a permis de produire des médicaments de synthèse. Par exemple, on utilise depuis fort longtemps les feuilles et l'écorce du saule pour préparer des analgésiques, qui ont notamment été prescrits par le médecin grec Hippocrate. Or, dans les années 1800, des scientifiques ont découvert que la propriété médicinale du saule était attribuable à un produit chimique, la salicine. L'acide acétylsalicylique, communément appelé aspirine, est un dérivé synthétique de la salicine. On estime que 60% des médicaments utilisés en Occident proviennent directement ou indirectement des plantes et des microorganismes. Le **tableau 30.1** présente une liste de certains usages médicinaux des composés secondaires des Vasculaires à graines.

Tableau 30.1 Quelques exemples de médicaments extraits des Vasculaires à graines

Composé	Source végétale	Exemple d'utilisation
Atropine	Belladone (*Atropa belladona*)	Dilatation des pupilles pendant les examens de la vue
Digitaline	Digitale pourpre (*Digitalia purpurea*)	Traitement des troubles cardiaques
Menthol	Eucalyptus (*Eucalyptus dives*)	Traitement de la toux
Quinine	Quinquina rouge (*Cinchona succirubra*)	Prévention du paludisme
Taxol	If occidental (*Taxus brevifolia*)	Traitement du cancer de l'ovaire
Turbocurarine	Plantes diverses (*Strychnos toxifera, Chondrodendron tomentosum*)	Relâchement musculaire pendant les interventions chirurgicales
Vinblastine	Pervenche (*Vinca rosea*)	Traitement de la leucémie

La diversité des plantes: une richesse menacée

Si les plantes constituent une ressource renouvelable, leur diversité, elle, ne l'est pas. L'explosion démographique s'accompagne d'une telle augmentation des besoins d'espace et de ressources naturelles qu'elle provoque l'extinction d'espèces végétales à un rythme effarant. Le problème est particulièrement grave sous les tropiques, où vivent plus des deux tiers des humains et où la croissance de la population est la plus rapide. Quelque 55 000 km^2 (14 millions d'acres, soit à peu près la superficie d'un pays comme le Togo) de forêt tropicale humide sont rasés chaque année (**figure 30.16**). À ce rythme, il ne restera plus rien des 11 millions de km^2 restants dans 200 ans. La culture sur brûlis – qui consiste à défricher en la brûlant une parcelle de terre pour la cultiver pendant quelques années

▼ **Figure 30.16**

IMPACT

La coupe à blanc dans les forêts tropicales humides

Au cours des derniers siècles, près de la moitié des forêts tropicales de la planète ont été rasées pour l'agriculture ou à d'autres fins. Des images satellites comme celles ci-dessous montrent que ces régions réunies équivalent à peu près à la superficie du Canada. Les arbres vivants libèrent d'importantes quantités d'eau dans l'atmosphère, ce qui rafraîchit l'environnement (comme l'évaporation de la sueur rafraîchit votre corps) et renvoie de l'humidité dans l'air, où elle est recyclée en pluie. L'abattage des arbres réduit la quantité d'humidité libérée dans l'atmosphère, ce qui se traduit par une hausse des températures et une diminution des pluies. L'abattage diminue aussi l'absorption de CO_2 atmosphérique par la photosynthèse.

Cette image satellite prise en 2000 montre les zones de coupe à blanc au Brésil, entourées de la forêt dense tropicale.

En 2009, les zones de coupe à blanc s'étaient étendues considérablement.

POURQUOI C'EST IMPORTANT La hausse des températures et du CO_2 atmosphérique causée par la destruction des forêts tropicales contribue au réchauffement planétaire ; la préservation de ces forêts devrait donc être une priorité. De plus, on s'attend à ce que les changements dans la configuration des pluies réduisent la production agricole dans certains des pays les plus pauvres. Enfin, les forêts tropicales abritent 50 % des espèces de la Terre, voire plus. La hausse des températures, la diminution des précipitations et la perte d'habitats causées par les coupes à blanc des forêts tropicales risquent d'entraîner la disparition de nombreuses espèces.

POUR EN SAVOIR PLUS G. P. Asner, T. K. Rudel, T. M. Aide, R. Defries et R. Emerson, A contemporary assessment of change in humid tropical forests, *Conservation Biology* 23 : 1386-1395 (2009) ; M. Scouvart et É. F. Lambin, Approche systémique des causes de la déforestation en Amazonie brésilienne : syndromes, synergies et rétroactions, *L'Espace géographique* 3 (tome 35), p. 241-254 (2006).

ET SI ? Quels effets la coupe à blanc pourrait-elle avoir sur la température et l'humidité dans les zones limitrophes de ce qui reste d'une forêt ?

avant de recommencer ailleurs – est la principale cause de la disparition des forêts tropicales (voir le chapitre 56). L'élimination de la forêt entraîne celle de milliers d'espèces de plantes, et le phénomène est irréversible.

L'extinction des espèces végétales va souvent de pair avec celle d'insectes et d'autres animaux colonisant les forêts tropicales humides. Les chercheurs estiment que la destruction d'habitats dans les forêts humides et les autres écosystèmes emporte des centaines d'espèces chaque année. Toujours selon les estimations des chercheurs, si le rythme de disparition des espèces se poursuit dans les régions tropicales et ailleurs, au moins 50 % des espèces auront disparu en quelques siècles. Ce rythme de disparition constituerait une extinction massive comparable à celles du Permien et du Crétacé, et modifierait pour toujours l'histoire évolutive des Végétaux terrestres (et de nombreux autres organismes).

Nombreuses sont les personnes qui sont moralement préoccupées à l'idée de participer à l'extinction d'espèces. La réduction de la diversité végétale a aussi de quoi nous inquiéter sur le plan pratique. Jusqu'à présent, nous avons étudié les usages possibles d'une minuscule fraction des 290 000 espèces végétales connues. Ainsi, presque toute notre nourriture provient de la culture d'une vingtaine d'espèces. En outre, on n'a étudié le potentiel médicinal que d'environ 5 000 espèces. La forêt tropicale humide pourrait receler des plantes médicinales de grande valeur qui risquent l'extinction avant même que leur existence nous soit connue. Si nous arrivions à considérer les forêts tropicales et d'autres écosystèmes comme des trésors vivants dont la régénération ne peut qu'être lente, nous pourrions apprendre à exploiter leurs produits à un rythme qui laisserait place au renouvellement. Que pouvons-nous faire d'autre pour préserver la diversité des plantes ? C'est là une question de la plus haute importance. Nous y reviendrons plus en détail dans la huitième partie de cet ouvrage, qui traite de l'écologie.

RETOUR SUR LE CONCEPT 30.4

1. Expliquez pourquoi il est juste de considérer la diversité des plantes comme une ressource non renouvelable.
2. **ET SI ?** Comment les phylogenèses pourraient-elles aider les chercheurs à concevoir plus efficacement de nouveaux médicaments dérivés des Végétaux ?

Voir les réponses proposées à la fin du chapitre.

RÉVISION DU CHAPITRE 30

RÉSUMÉ DES CONCEPTS CLÉS

CONCEPT 30.1

Les graines et les grains de pollen sont des adaptations déterminantes de la vie sur la terre ferme (p. 717 à 720)

Cinq caractères dérivés des Vasculaires à graines	
Des gamétophytes de taille réduite	Des gamétophytes mâles et femelles (*n*) microscopiques sont nourris et protégés par le sporophyte (2*n*) — Gamétophyte mâle — Gamétophyte femelle
L'hétérosporie	Microspore (devient un gamétophyte mâle) Mégaspore (devient un gamétophyte femelle)
Les ovules	Ovule (Gymnosperme) { Tégument (2*n*), Mégaspore (*n*), Mégasporange (2*n*) }
Le pollen	Les grains de pollen permettent d'éliminer le besoin d'eau pour la fécondation.
Les graines	Les graines sont protégées et survivent mieux que les spores, qui ne le sont pas, et peuvent être transportées sur de grandes distances { Enveloppe de la graine, Réserve de nourriture, Embryon }

? *En quoi les parties d'un ovule (tégument, mégaspore, mégasporange) ressemblent-elles aux parties d'une graine?*

CONCEPT 30.2

Les Gymnospermes portent des graines «nues», la plupart du temps sur des cônes (p. 720 à 725)

- Les archives géologiques révèlent que les **Gymnospermes** sont apparues tôt dans l'histoire des Végétaux et qu'elles ont dominé les écosystèmes terrestres au cours du Mésozoïque. Les Vasculaires à graines modernes peuvent être divisées en deux groupes monophylétiques: les Gymnospermes et les Angiospermes. Les Gymnospermes modernes comprennent les Cycadophytes, le *Ginkgo biloba*, les Gnétophytes et les **Conifères**.
- Le cycle de développement des Gymnospermes présente habituellement les grandes caractéristiques suivantes: la prédominance du sporophyte, le développement de graines à partir d'ovules fertilisés et le rôle du pollen en tant qu'agent de la fécondation.

? *Bien qu'on dénombre moins de 1 000 espèces de Gymnospermes, le groupe connaît une remarquable longévité évolutive, de grandes aptitudes d'adaptation et une importante distribution géographique. Expliquez pourquoi.*

CONCEPT 30.3

Chez les Angiospermes, les fleurs et les fruits comptent parmi les adaptations à la reproduction (p. 725 à 732)

- La **fleur** se compose en général de quatre verticilles de feuilles modifiées: les **sépales**, les **pétales**, les **étamines** (qui produisent le pollen) et les **carpelles** (qui produisent les ovules). Le **fruit** est un **ovaire** mature, que le vent, l'eau ou des animaux dispersent.
- Les **Angiospermes** ont connu une radiance adaptative vers la fin du Mésozoïque. L'analyse des fossiles et des phylogenèses et les études sur le développement donnent aux scientifiques un aperçu de l'évolution des fleurs.
- Plusieurs groupes d'**Angiospermes basales** ont été découverts. Les **Magnoliidées**, les **Monocotylédones** et les **Eudicotylédones** sont les autres grands clades d'Angiospermes.
- La pollinisation et d'autres interactions entre les Angiospermes et les animaux pourraient avoir contribué à la prolifération des Végétaux à fleurs au cours des 100 millions d'années écoulées depuis leur apparition.

? *Qu'est-ce qui rend l'origine des Angiospermes intrigante? L'«affreux mystère» de Darwin a-t-il été résolu? Expliquez votre réponse.*

CONCEPT 30.4

Le bien-être des humains est fortement tributaire des Vasculaires à graines (p. 733 et 734)

- Les humains ne peuvent se passer des Vasculaires à graines, qui leur fournissent de la nourriture, du bois et de nombreux médicaments.
- La destruction des habitats provoque l'extinction de nombreuses espèces végétales et des Animaux qui s'en nourrissent.

? *Expliquez pourquoi la destruction de ce qui reste des forêts tropicales humides pourrait nuire à l'humanité et provoquer une extinction massive.*

ÉVALUATION

NIVEAU 1: CONNAISSANCES ET COMPRÉHENSION

1. Chez une Angiosperme, le mégasporange se trouve:
a) dans le style de la fleur.
b) dans l'extrémité du tube pollinique.
c) à l'intérieur du stigmate d'une fleur.
d) à l'intérieur d'un ovule situé dans l'ovaire d'une fleur.
e) à l'intérieur des sacs polliniques, dans les anthères situées à l'extrémité d'une étamine.

2. Un fruit est:
a) un ovaire mature.
b) un style épaissi.
c) un ovule hypertrophié.
d) une racine modifiée.
e) un gamétophyte femelle mature.

3. Parmi les cellules d'Angiosperme suivantes, laquelle n'est pas associée au nombre correct de chromosomes (*n* ou 2*n*)?
a) Oosphère – *n*.
b) Mégaspore – 2*n*.
c) Microspore – *n*.
d) Zygote – 2*n*.
e) Spermatozoïde – *n*.

4. Les caractéristiques suivantes permettent de distinguer les Angiospermes et les Gymnospermes des autres végétaux, sauf une. Laquelle?
   a) L'alternance de générations.
   b) Les ovules.
   c) Les téguments.
   d) Le pollen.
   e) Les gamétophytes dépendants.

5. Les Gymnospermes et les Angiospermes ont en commun toutes les caractéristiques suivantes sauf une. Laquelle?
   a) Les graines.
   b) Le pollen.
   c) Le tissu conducteur.
   d) Les ovaires.
   e) Les ovules.

6. La coupe à blanc et la culture sur brûlis dans les forêts tropicales humides contribuent:
   a) au réchauffement planétaire.
   b) à la disparition irréversible d'espèces végétales et animales.
   c) à la diminution des précipitations.
   d) à la réduction de la production agricole dans certaines régions les plus pauvres.
   e) à tous ces phénomènes.

NIVEAU 2: APPLICATION ET ANALYSE

7. Chez le pin, les cônes mâles sont en général situés dans la partie inférieure de l'arbre et les cônes femelles dans la partie supérieure. Quel pourrait être l'avantage d'une telle disposition?

8. **FAITES UN DESSIN** Placez les lettres *a* à *d* dans l'arbre phylogénétique ci-dessous pour indiquer quand les caractères dérivés suivants sont apparus.
   a) Les fleurs.
   b) Les embryons.
   c) Les graines.
   d) Le tissu conducteur.

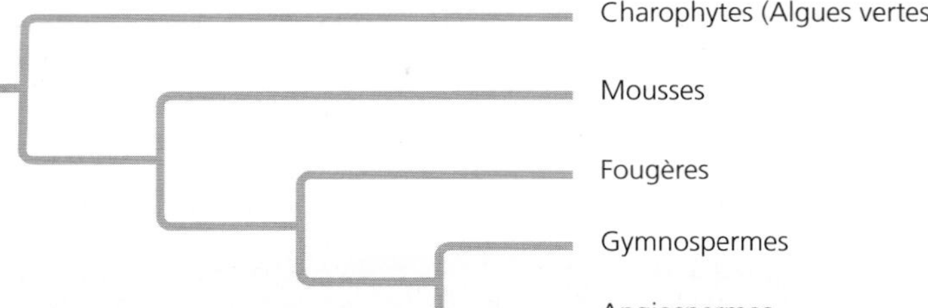

9. **LIEN AVEC L'ÉVOLUTION**
   L'histoire du vivant a été ponctuée de plusieurs extinctions massives. Par exemple, l'impact d'une météorite pourrait être responsable de la disparition de presque tous les dinosaures et de nombreux organismes marins à la fin du Crétacé (voir le chapitre 25). Les fossiles indiquent que les Végétaux ont été moins durement touchés par cette extinction et celles qui ont suivi. Quelles adaptations pourraient expliquer que les Végétaux aient mieux résisté à ces catastrophes que les Animaux?

NIVEAU 3: SYNTHÈSE ET ÉVALUATION

10. **INTÉGRATION**
   FAITES UN DESSIN Comme vous le verrez au chapitre 38, le gamétophyte femelle des Angiospermes comporte habituellement sept cellules, dont l'une, la cellule centrale, contient deux noyaux haploïdes. Après la double fécondation, cette cellule centrale produit l'albumen, qui est triploïde. Puisque les Magnoliidées, les Monocotylédones et les Eudicotylédones ont généralement des gamétophytes femelles avec sept cellules et de l'albumen triploïde, les scientifiques présument qu'il s'agit là d'une condition ancestrale des Angiospermes. C'est cependant compter sans quelques découvertes récentes:
   - Notre compréhension de la phylogenèse des Angiospermes correspond maintenant à celle que montre la figure 30.12b.
   - *Amborella trichopoda* présente des gamétophytes femelles à huit cellules et un albumen triploïde.
   - Les nymphéas et l'anis étoilé ont des gamétophytes femelles à quatre cellules et un albumen diploïde.

   a) Dessinez une phylogenèse des Angiospermes (voir la figure 30.12b) en y intégrant les données ci-dessus concernant le nombre de cellules des gamétophytes femelles et la ploïdie de l'albumen. Faites l'hypothèse que les gamétophytes femelles de toutes les espèces apparentées à l'anis étoilé ont quatre cellules et que leur albumen est diploïde.

   b) Que laisse entrevoir votre phylogenèse quant à l'évolution du gamétophyte femelle et de l'albumen chez les Angiospermes?

11. **ÉCRIVEZ UN TEXTE**
   Le fondement cellulaire de la vie Les cellules sont les unités fondamentales de la structure et de la fonction de tous les organismes. Dans le cycle de développement des Végétaux, l'alternance de générations multicellulaires haploïdes et diploïdes est un élément clé. Imaginez une lignée de Végétaux à fleurs chez laquelle la division cellulaire mitotique ne se produit pas entre la méiose et la fécondation (voir la figure 30.10). Dans un court texte (de 100 à 150 mots), décrivez comment ce changement touchant la division cellulaire influerait sur la structure et le cycle de développement des Végétaux de cette lignée.

RÉPONSES DU CHAPITRE 30

Questions des figures

Figure 30.2 Enfermé dans le sporophyte, le gamétophyte n'est pas exposé aux effets mutagènes des rayons ultraviolets. Les cellules reproductrices contenues dans le gamétophyte ainsi protégé devraient donc subir moins de mutations, dont la plupart sont néfastes. La valeur adaptative des embryons devrait par conséquent s'améliorer puisqu'un plus petit nombre d'entre eux présenteraient de ces mutations néfastes. **Figure 30.3** Trois générations: (1) le sporophyte de la génération actuelle (cellules $2n$ contenues dans l'enveloppe de la graine et dans les restes du mégasporange qui tapisse la paroi de la spore); (2) le gamétophyte femelle (cellules n, contenues dans la réserve de nourriture); (3) le sporophyte de la génération suivante (cellules $2n$, contenues dans l'embryon). **Figure 30.6** La division mitotique. Une mégaspore haploïde se divise par mitose pour produire un gamétophyte femelle haploïde multicellulaire. (Une microspore haploïde se divise de la même façon par mitose pour produire un gamétophyte mâle multicellulaire.) **Figure 30.12** Non. L'ordre des ramifications présenté pourrait toujours convenir si l'origine d'*Amborella* et d'autres Angiospermes primitives remontait à plus de 150 millions d'années, et que les fossiles d'Angiospermes datant de cette époque n'avaient pas encore été découverts. Si tel était le cas, il serait toutefois inexact de fixer l'origine des Angiospermes à 140 millions d'années, comme l'indique la phylogenèse de la figure 30.12 (b). **Figure 30.16** La température et la quantité de lumière atteignant le sol de la forêt augmenteraient et les pluies diminueraient. Chacun de ces changements pourrait avoir des conséquences graves sur les espèces vivant dans les zones limitrophes de ce qui reste de la forêt.

Retour sur le concept 30.1

1. Pour avoir une chance d'atteindre les oosphères, les spermatozoïdes flagellés des Vasculaires sans graines doivent nager dans une mince couche d'eau, et leur parcours est de l'ordre de quelques centimètres seulement. Pour leur part, les spermatozoïdes des Vasculaires à graines se forment dans des grains de pollen résistants et que le vent ou les animaux pollinisateurs peuvent transporter sur de très longues distances. Bien qu'ils soient flagellés chez certaines espèces, les spermatozoïdes de la plupart des Vasculaires à graines ne le sont pas, puisqu'ils n'ont pas besoin de se déplacer dans l'eau: les tubes polliniques leur permettent de parvenir directement aux oosphères. **2.** Les minuscules gamétophytes des Vasculaires à graines sont nourris par les sporophytes, qui les protègent des facteurs de stress, comme la sécheresse et les rayons ultraviolets. Les grains de pollen sont entourés de deux enveloppes, l'une interne et l'autre externe; cette dernière renferme de la sporopollénine, une substance qui les protège lors de leur transport par le vent ou les animaux. Les graines présentent une ou deux couches de tissu protecteur, une enveloppe qui améliore leur survie en les protégeant mieux des agressions du milieu que ne le feraient les parois des spores. Les graines contiennent aussi une réserve de nourriture, qui assure la croissance de l'embryon devenu plantule. **3.** Si une graine ne pouvait entrer en état de dormance, l'embryon entreprendrait son développement après la fécondation. Par conséquent, il pourrait rapidement devenir trop gros pour être transporté passivement, ce qui limiterait son déplacement. Les chances de survie de l'embryon pourraient également être réduites puisque sa croissance ne pourrait être retardée jusqu'à l'apparition de conditions favorables.

Retour sur le concept 30.2

1. Les Gymnospermes se ressemblent en ce que leurs graines ne sont pas enfermées dans des ovaires et dans des fruits, mais les structures qui portent ces graines varient beaucoup d'un embranchement à l'autre. Ainsi, les Cycadophytes possèdent des cônes volumineux, tandis que, chez les Ginkgophytes et les Gnétophytes, les cônes sont de petite taille et ressemblent un peu à des baies, bien qu'il ne s'agisse pas de fruits. La forme des feuilles des Gymnospermes varie aussi grandement: chez de nombreux Conifères, ce sont des aiguilles, chez les Cycadophytes, elles ressemblent à des feuilles de palmier, et chez les Gnétophytes, elles sont semblables à celles des plantes à fleurs. **2.** Le cycle de développement du pin illustre l'hétérosporie. En effet, les cônes femelles produisent des mégaspores et les cônes mâles, des microspores. Le schéma montre les minuscules gamétophytes mâles à l'intérieur de grains de pollen microscopiques, et un gamétophyte femelle microscopique à l'intérieur d'une mégaspore. On y voit aussi une oosphère qui se développe dans un ovule, et le tube pollinique contenant les spermatozoïdes. Le schéma montre également l'enveloppe protectrice et la réserve de nourriture de la graine. **3.** Non. Les archives géologiques indiquent que les Gymnospermes sont apparues il y a au moins 305 millions d'années. Cela ne signifie pas que l'apparition des Angiospermes remonte à cette période, seulement que l'ancêtre commun le plus récent qu'elles partagent avec les Gymnospermes doit dater de cette époque.

Retour sur le concept 30.3

1. Dans le cycle de développement du chêne, l'arbre (le *sporophyte*) produit des fleurs, qui contiennent des *gamétophytes* enfermés dans des grains de pollen et dans des ovules; les oosphères des *ovules* sont fécondées; les *ovaires* matures deviennent des *fruits* secs appelés glands. On peut considérer le début du cycle de développement du chêne au moment où les *graines* des glands germent, permettant à des embryons de devenir des plantules puis des arbres matures, lesquels produisent des fleurs puis d'autres glands. **2.** Les cônes de pins et les fleurs possèdent tous deux des sporophylles, c'est-à-dire des feuilles modifiées produisant des spores. Les pins portent des cônes mâles (contenant des grains de pollen) et des cônes femelles (dont l'écaille porte des ovules) distincts. Dans les fleurs, les grains de pollen sont produits par les anthères des étamines, et les ovules sont compris dans les ovaires des carpelles. Contrairement aux cônes de pin, beaucoup de fleurs engendrent à la fois du pollen et des ovules. **3.** Le fait que le clade des fleurs à symétrie bilatérale comporte plus d'espèces établit une corrélation entre la forme des fleurs et la vitesse de spéciation. La forme de la fleur (symétrie bilatérale ou radiaire) n'est cependant pas nécessairement responsable de cette vitesse puisqu'elle est peut-être corrélée avec un autre facteur qui, lui, est la cause véritable du résultat observé. Remarquez néanmoins qu'on a établi un lien entre la forme de la fleur et la vitesse de spéciation accrue, et ce, pour 19 paires de lignées différentes. Dans la mesure où ces 19 paires étaient indépendantes les unes des autres, cette association donne à penser – sans le confirmer – que des différences sur le plan de la forme causent la modification de la vitesse de spéciation. Les expériences contrôlées fournissent de solides preuves en ce sens, mais elles sont habituellement impossibles à réaliser pour des événements évolutifs passés.

Retour sur le concept 30.4

1. On peut envisager la diversité des Végétaux comme une ressource parce que ceux-ci procurent de nombreux avantages importants aux humains; or, cette ressource est non renouvelable parce que l'extinction des espèces végétales est irréversible. **2.** Une phylogenèse détaillée des Vasculaires à graines permettrait de recenser de nombreux groupes monophylétiques. À partir d'une telle phylogenèse, les chercheurs pourraient chercher des clades dont les espèces renferment des composés médicinaux déjà découverts. En identifiant ces clades, il serait possible de restreindre les recherches de nouveaux composés à certains groupes de plantes au lieu de chercher à l'aveuglette parmi les quelque 250 000 espèces de Vasculaires à graines connues.

Questions du résumé des concepts clés

30.1 Le tégument de l'ovule devient l'enveloppe protectrice de la graine. La mégaspore de l'ovule devient un gamétophyte femelle haploïde et deux parties de la graine sont liées au gamétophyte: la réserve de nourriture de la graine provient des cellules haploïdes du gamétophyte et son embryon se développe après que l'oosphère du gamétophyte femelle a été fécondée par un spermatozoïde. Ce qui reste du mégasporange de l'ovule entoure la paroi de la spore qui renferme la réserve de nourriture et l'embryon. **30.2** Les Gymnospermes sont apparues il y a quelque 305 millions d'années, ce qui leur confère une remarquable longévité sur le plan de l'évolution. Elles présentent les cinq caractères dérivés propres à toutes les Vasculaires à graines (petits gamétophytes, hétérosporie, ovules, pollen et graines), ce qui les rend bien adaptées à la vie sur la terre ferme. Enfin, les Gymnospermes dominent de vastes régions géographiques, et leur distribution géographique est donc imposante. **30.3** L'origine des Végétaux à fleurs est intrigante parce que leurs caractéristiques distinctives

– les fleurs et les fruits – ont peu à voir avec les structures des Gymnospermes existantes. Il est donc difficile d'expliquer comment les fleurs et les fruits ont fait leur apparition; c'est ce qui a poussé Darwin à désigner l'origine des Végétaux à fleurs comme un «affreux mystère». Les recherches pour le résoudre ont progressé, particulièrement au chapitre de la phylogenèse des Angiospermes, mais la clé reste encore à trouver. Nous ne savons toujours pas, par exemple, quel groupe de Vasculaires à graines disparues est le plus étroitement apparenté aux Végétaux à fleurs.

30.4 La disparition des forêts tropicales pourrait contribuer au réchauffement planétaire (qui aurait des effets négatifs sur plusieurs sociétés) et réduire la production agricole dans les régions les plus pauvres du monde. La biodiversité est par ailleurs essentielle à l'existence de nombreux produits et services, et les humains souffriraient de la disparition d'espèces causée par l'abattage de ce qui reste des forêts tropicales. Celles-ci abritent au moins 50% des espèces de la planète, et il est donc justifié de considérer leur éventuelle disparition collective comme une extinction massive. Si les dernières forêts tropicales étaient détruites, nombre des espèces qu'elles abritent disparaîtraient avec elles. Une telle extinction serait comparable à ce qui s'est produit lors des cinq extinctions massives documentées dans les archives géologiques.

ÉVALUATION

1. d; **2.** a; **3.** b; **4.** a; **5.** d; **6.** e;

7. Il s'agit d'une façon de favoriser la fécondation croisée: le pollen a ainsi moins de chances de se retrouver sur les cônes femelles du même arbre.

8.

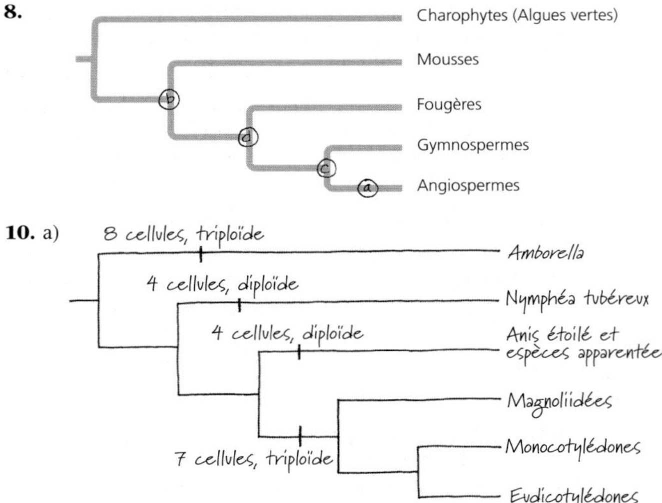

b) La phylogenèse indique que les Angiospermes basales se distinguent des autres Angiospermes par le nombre de cellules que contiennent les gamétophytes femelles et par la ploïdie de l'albumen. Il n'est pas possible de déterminer la constitution ancestrale des Angiospermes à partir de ces seules données. L'ancêtre commun des Angiospermes présentait peut-être des gamétophytes femelles à sept cellules et un albumen triploïde, alors que les gamétophytes à huit ou quatre cellules relevés chez les espèces basales représentent des caractères dérivés de ces lignées. Il se peut également que les gamétophytes à huit ou à quatre cellules aient constitué une caractéristique ancestrale.

31

Les Eumycètes

▲ **Figure 31.1 Sauriez-vous repérer le plus gros organisme de cette forêt ?**

ÉVOLUTION

CONCEPTS CLÉS

31.1 **Les Eumycètes sont des organismes hétérotrophes qui se nourrissent par absorption**

31.2 **Les Eumycètes produisent des spores au cours de cycles de développement sexués ou asexués**

31.3 **L'ancêtre des Eumycètes était un Protiste aquatique, unicellulaire et flagellé**

31.4 **L'évolution des Eumycètes a produit un ensemble diversifié de lignées**

31.5 **Les Eumycètes tiennent des rôles clés dans le recyclage des nutriments, les interactions écologiques et le bien-être des humains**

INTRODUCTION

Les champignons: tout un monde!

Si vous vous promeniez dans Malheur National Forest, en Oregon (au nord-ouest des États-Unis), vous remarqueriez peut-être quelques bouquets d'armillaires communs (*Armillaria ostoyae*) éparpillés sous de grands arbres (**figure 31.1**). Ces arbres semblent géants par rapport aux armillaires communs, mais, aussi étonnant que cela puisse paraître, c'est plutôt le contraire. Tous ces champignons ne constituent que la partie aérienne d'un énorme eumycète. Son réseau souterrain de filaments s'étend sur 965 hectares de forêt, soit plus que la superficie de 1 800 terrains de football. Se fondant sur sa vitesse de croissance actuelle, les scientifiques estiment que cet eumycète, qui pèse des centaines de tonnes, croît depuis plus de 1 900 ans.

Les inoffensifs armillaires communs croissant sous la surface du sol de la forêt témoignent de la grandeur méconnue du règne des Eumycètes. La majorité des gens se rendent à peine compte de l'existence de ces Eucaryotes, sauf lorsqu'ils en mangent ou qu'ils se trouvent en contact avec une maladie comme le pied d'athlète. Pourtant, au sein de la biosphère, les Eumycètes constituent un monde à la fois gigantesque et essentiel. À l'heure actuelle, on en connaît quelque 100 000 espèces, mais, en réalité, il y en aurait près de 1,5 million. Certains sont unicellulaires, mais la majorité d'entre eux sont constitués d'organismes multicellulaires complexes comportant généralement des structures aériennes que nous appelons *champignons*. On trouve ces organismes d'une formidable diversité dans à peu près tous les habitats terrestres et aquatiques; on a même observé leurs spores aériennes à 160 km au-dessus du sol, autrement dit, bien au-dessus de la stratosphère.

L'importance des Eumycètes tient non seulement à leur diversité et à leur distribution, mais aussi au rôle crucial qu'ils jouent dans la majorité des écosystèmes terrestres. Ils dégradent les matières organiques et recyclent les nutriments, de sorte que d'autres organismes peuvent assimiler des éléments chimiques essentiels. Les humains profitent des services rendus par les Eumycètes en tant que source alimentaire, mais aussi dans les domaines de l'agriculture et de la foresterie; ils sont aussi indispensables à la fabrication de nombreux produits, allant du pain aux antibiotiques. Il est vrai, par contre, que certains eumycètes causent des maladies chez les végétaux et les animaux (y compris l'humain).

Dans le présent chapitre, nous étudierons la structure et l'histoire évolutive des Eumycètes, nous passerons en revue les membres de leur règne et nous traiterons de leur portée écologique et commerciale.

CONCEPT **31.1**

Les Eumycètes sont des organismes hétérotrophes qui se nourrissent par absorption

En dépit de leur grande diversité, les Eumycètes partagent un certain nombre de caractères, dont le plus important est le mode de nutrition. De plus, de nombreux Eumycètes croissent en formant des filaments multicellulaires, une structure qui joue un rôle important au regard de leur mode de nutrition.

La nutrition et l'écologie des Eumycètes

Comme les Animaux, les Eumycètes sont des organismes hétérotrophes, c'est-à-dire qu'ils ne peuvent fabriquer leur nourriture ainsi que le font les Végétaux et les Algues. Mais, contrairement aux Animaux, les Eumycètes n'ingèrent pas leur nourriture. Ils absorbent les nutriments qui se trouvent dans l'environnement. Pour ce faire, de nombreux eumycètes sécrètent de puissantes enzymes hydrolytiques qui diffusent à proximité. Ces enzymes décomposent les molécules complexes en composés simples que les eumycètes peuvent absorber, utiliser ou mettre en réserve sous forme de glycogène ou même de lipides, comme c'est le cas chez les Animaux (pour ce qui est des Végétaux, c'est l'amidon qui constitue la principale forme de réserve énergétique). D'autres eumycètes se servent d'enzymes pour pénétrer à travers la paroi de cellules de différents organismes, ce qui leur permet d'absorber les nutriments contenus dans ces cellules. Ensemble, les enzymes que l'on trouve chez l'une ou l'autre des espèces d'Eumycètes peuvent digérer des composés provenant d'une grande variété d'organismes vivants ou de matières en décomposition.

Cette diversité de sources nutritionnelles reflète la diversité des rôles – décomposeurs, parasites ou mutualistes – que remplissent les Eumycètes dans les communautés écologiques. Les Eumycètes décomposeurs absorbent leurs nutriments en décomposant la matière organique non vivante, comme les arbres morts, les cadavres d'Animaux et les déchets organiques. Pour leur part, les Eumycètes parasites absorbent leurs nutriments aux dépens des cellules de leur hôte vivant. De nombreuses espèces s'attaquent aux végétaux, tandis que d'autres sont pathogènes pour les animaux. Les Eumycètes mutualistes tirent eux aussi leurs nutriments d'un autre organisme, mais ils exercent des actions réciproques dont profite leur hôte. Par exemple, des Eumycètes mutualistes parasitent certaines espèces de termites qui utilisent leurs enzymes pour décomposer le bois, comme le font des Protistes mutualistes auprès d'autres espèces de termites (voir la figure 28.26, p. 689).

Le succès écologique des Eumycètes ne s'explique pas uniquement par les enzymes qui leur permettent de digérer diverses sources de nourriture. Leur structure, qui accroît considérablement leur capacité à absorber les nutriments, y contribue également.

La structure des Eumycètes

Sur le plan structural, les Eumycètes se présentent sous la forme de filaments multicellulaires ou sous la forme d'organismes unicellulaires (**levures**). De nombreuses espèces peuvent former des filaments ou des levures, mais nombre d'entre elles ne forment que des filaments; les Eumycètes qui ne produisent que des levures sont beaucoup moins nombreux. Les levures vivent souvent dans des environnements humides, ce qui inclut la sève des végétaux et les tissus animaux où abondent les nutriments solubles comme le glucose et les acides aminés. Nous reviendrons aux levures plus loin, dans ce chapitre.

La morphologie des Eumycètes multicellulaires accroît leur capacité de se développer et d'absorber les nutriments présents autour d'eux (**figure 31.2**). L'appareil végétatif de ces Eumycètes forme un réseau de minuscules filaments appelés **hyphes**. Les hyphes se composent de parois tubulaires

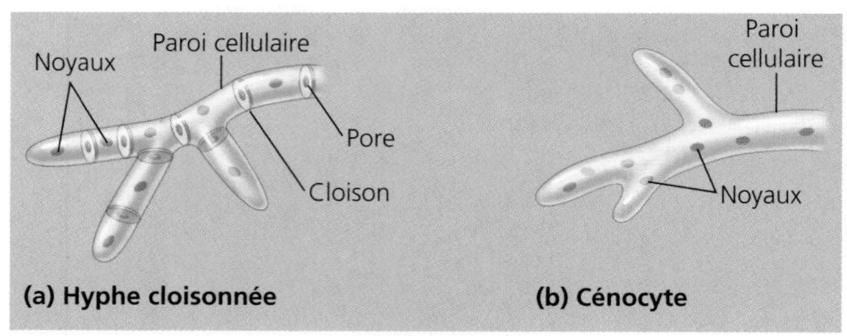

▲ **Figure 31.3** **Deux formes d'hyphes.**

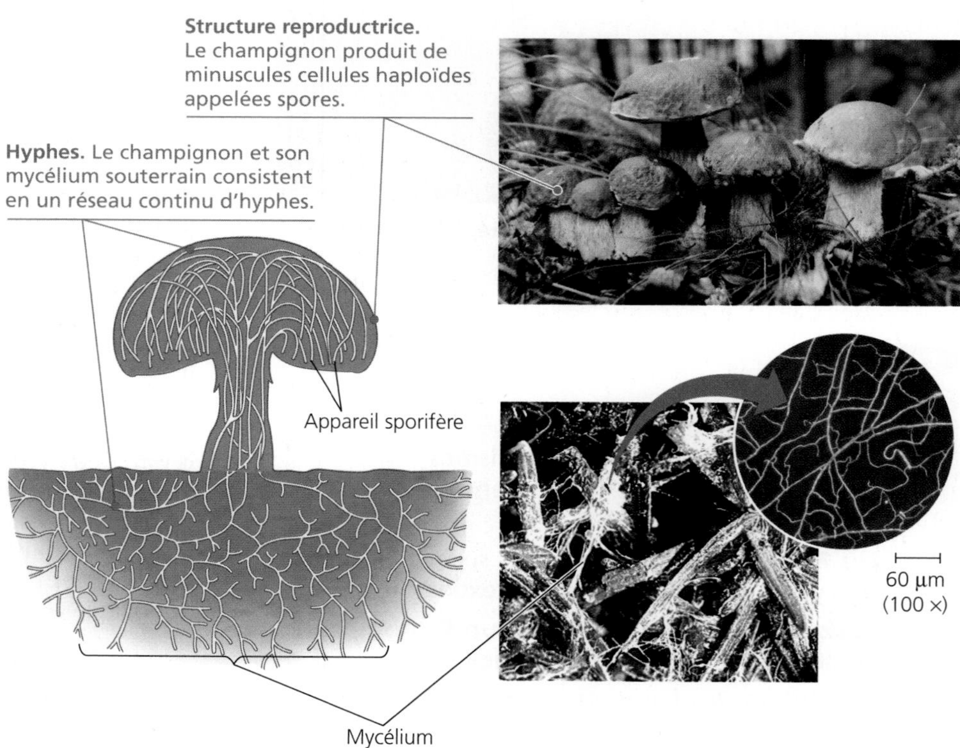

▲ **Figure 31.2** **La structure d'un Eumycète multicellulaire.** La photo du haut montre un bolet comestible (*Boletus edulis*) dont les structures sexuelles forment la partie aérienne, au-dessus du sol, et que nous appelons champignons. La photo du bas présente un mycélium croissant sur les aiguilles tombées d'un Conifère. Le médaillon (MEB) montre l'hyphe.

? *Bien que les champignons apparaissant dans la photo du haut semblent autant d'individus distincts, leur ADN pourrait-il être identique? Expliquez votre réponse.*

entourant la membrane plasmique et le cytoplasme des cellules. Contrairement à la paroi cellulaire des Végétaux, qui contient de la cellulose, celle des Eumycètes est solidifiée par la **chitine**. Ce polysaccharide aminé flexible mais résistant compose aussi l'exosquelette des Insectes et d'autres Arthropodes.

Les hyphes forment un réseau de filaments ramifiés, le **mycélium**, qui infiltre les matières dont se nourrit l'eumycète. La structure du mycélium maximise le rapport entre sa surface et son volume, ce qui rend l'absorption très efficace. Ainsi, 1 cm^3 d'un sol riche en matière organique contient jusqu'à 1 km d'hyphes offrant une surface de contact de 300 cm^2 avec le sol. Grâce au mouvement de cyclose (courants cytoplasmiques), les protéines et les autres molécules que synthétise le mycélium sont acheminées jusqu'aux extrémités des hyphes en expansion: c'est ce qui permet la croissance rapide du mycélium. De plus, les Eumycètes améliorent leur capacité d'absorption en consacrant leur énergie et leurs ressources à allonger leurs hyphes en longueur plutôt qu'à en accroître le diamètre. Les Eumycètes ne sont pas mobiles à proprement parler: ils ne peuvent courir, nager ou voler pour trouver leur nourriture ou se reproduire. Cependant, ils explorent de nouveaux territoires à mesure qu'ils croissent et déploient leurs hyphes.

Les hyphes végétatives (non reproductrices), dont le diamètre varie entre 1 et 10 µm environ, sont divisées en cellules par des **cloisons** (**figure 31.3a**). Ces cloisons possèdent généralement des pores assez grands pour permettre aux ribosomes, aux mitochondries et même aux noyaux de circuler d'une cellule à l'autre. Chez certains eumycètes, les hyphes sont dépourvues de cloisons (**figure 31.3b**); elles sont appelées **cénocytes** (ou siphons). Un cénocyte est une masse cytoplasmique continue qui possède des centaines, voire des milliers de noyaux. Il résulte de divisions répétées du noyau, sans cytocinèse. Cette description vous rappellera sans doute les Myxomycètes, présentés au chapitre 28, qui consistent en des masses de cytoplasme contenant de nombreux noyaux. Cette similitude explique notamment pourquoi les Myxomycètes étaient auparavant classés parmi les Eumycètes; des comparaisons moléculaires ont depuis confirmé que ces deux groupes d'organismes appartiennent en fait à deux clades distincts.

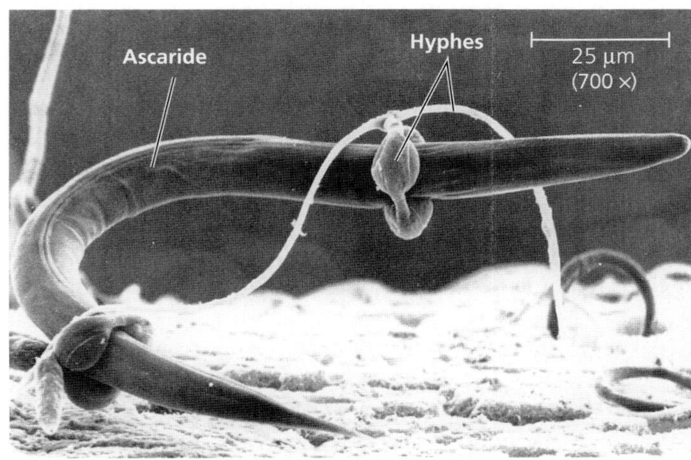

(a) Hyphes adaptées à la prédation. Chez *Arthrobotrys dactyloides*, un eumycète vivant dans le sol, des segments d'hyphes forment des boucles qui gonflent et se resserrent en moins d'une seconde autour d'un ascaride (un ver du groupe des Nématodes). Avec ses hyphes, l'eumycète s'introduit alors dans sa proie, dont il digère les tissus internes, se procurant ainsi l'azote nécessaire à ses besoins (MEB).

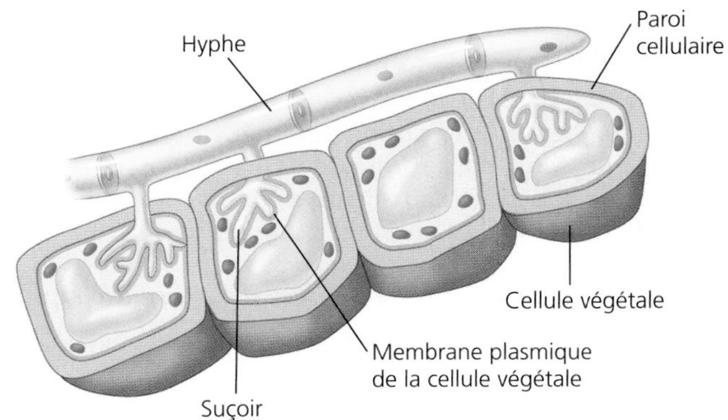

(b) Suçoirs. Les Eumycètes mutualistes et parasites portent des hyphes spécialisées appelées suçoirs, qui peuvent extraire des nutriments des cellules végétales vivantes. Les suçoirs sont isolés du cytoplasme de la cellule végétale par la membrane plasmique de cette dernière (en orangé).

▲ **Figure 31.4 Les hyphes spécialisées.**

Des hyphes spécialisées chez les Eumycètes mycorhiziens

Certains Eumycètes possèdent des hyphes spécialisées grâce auxquelles ils se nourrissent de protistes ou d'animaux vivants (**figure 31.4a**). D'autres espèces possèdent des hyphes spécialisées appelées **suçoirs**, ou haustoria, qui leur permettent d'extraire des nutriments de leur hôte végétal ou d'en échanger avec lui (**figure 31.4b**). L'association mutualiste entre ce dernier groupe d'Eumycètes et les racines des végétaux est appelée **mycorhize** (des mots grecs *mukès* et *ridza*, qui signifient respectivement «champignon» et «racine»).

Les Eumycètes mycorhiziens (qui forment une mycorhize) peuvent améliorer l'apport des ions phosphate et d'autres minéraux aux végétaux, parce que les nombreuses ramifications de leurs mycéliums augmentent considérablement la surface d'absorption, ce qui leur permet d'extraire ces minéraux du sol plus efficacement que les racines d'une plante. En échange, celle-ci fournit aux eumycètes des nutriments organiques, dont des glucides. Il existe deux principaux types d'Eumycètes mycorhiziens. Les **Eumycètes ectomycorhiziens** (du grec *ektos*, «en dehors») forment des enveloppes d'hyphes à la surface de la racine et croissent généralement dans les espaces extracellulaires de l'écorce (voir la figure 37.13a, p. 927). Les **Eumycètes mycorhiziens à arbuscules** (du latin *arbor*, «arbre»), qui sont plus répandus que les premiers, enfoncent leurs hyphes à travers la paroi des cellules de la racine et dans des tubes formés par l'invagination (retournement vers l'intérieur) de la membrane des cellules de la racine (voir la figure 37.13b).

Les Eumycètes mycorhiziens jouent un rôle crucial au sein des écosystèmes naturels et dans l'agriculture. Presque toutes les Vasculaires hébergent des mycorhizes et comptent sur ces partenaires pour obtenir les nutriments dont elles ont besoin. De nombreuses études ont montré leur importance en comparant la croissance de végétaux avec et sans mycorhizes (voir la figure 37.14, p. 928). Il n'est pas rare que les experts-forestiers inoculent des Eumycètes mycorhiziens aux semis de pins afin d'en stimuler la croissance. À défaut d'intervention humaine, les Eumycètes mycorhiziens colonisent les sols en dispersant des cellules haploïdes appelées **spores**, qui forment des réseaux mycéliens après avoir germé. La dispersion des spores est une composante clé de la reproduction des Eumycètes et de leur capacité à coloniser de nouvelles régions, comme nous le verrons dans la prochaine partie.

RETOUR SUR LE CONCEPT 31.1

1. Comparez votre mode de nutrition avec celui d'un Eumycète.
2. **ET SI ?** Quels caractères dérivés pourrions-nous trouver chez un eumycète *mutualiste* qui vit dans le corps d'un insecte et dont les ancêtres étaient des *parasites* qui proliféraient sur et dans le corps de l'insecte ?
3. **FAITES DES LIENS** Examinez les figures 10.4 (p. 209) et 10.6 (p. 211). Si un végétal avait des mycorhizes, à quel endroit le carbone qui pénètre les stomates de la plante sous forme de CO_2 se déposerait-il ? Dans la plante, dans l'eumycète mycorhizien ou dans les deux ? Expliquez votre réponse.

Voir les réponses proposées à la fin du chapitre.

CONCEPT 31.2

Les Eumycètes produisent des spores au cours de cycles de développement sexués ou asexués

La plupart des Eumycètes se multiplient en produisant des spores en très grand nombre, de façon sexuée ou asexuée. Ainsi, les vesses-de-loup ont des structures reproductrices qui peuvent répandre des nuages de billions de spores (voir la figure 31.18). Emportées par le vent ou l'eau, les spores qui aboutissent sur un substrat adéquat, en terrain humide, germent et produisent un mycélium. Pour se rendre compte de l'efficacité reproductrice des spores, il suffit de laisser une tranche de melon exposée à l'air. Au bout d'une semaine environ, même sans une source visible de spores à proximité, vous verrez probablement un mycélium pelucheux se former à partir des spores microscopiques qui se seront déposées sur la tranche du fruit.

La **figure 31.5** présente le cycle de développement type au cours duquel les Eumycètes produisent des spores. Dans cette section, nous examinerons les aspects généraux des cycles de développement sexués et asexués des Eumycètes. Plus loin dans le chapitre, nous traiterons plus en détail des cycles de développement propres à certains Eumycètes. Notez que la mitose qui intervient dans tous les cycles de développement présente une autre caractéristique propre aux Eumycètes : contrairement à ce qui se produit chez la plupart des autres groupes d'Eucaryotes (voir la figure 12.7, p. 264 et 265), il n'y a pas de rupture de la membrane nucléaire lors de la division du noyau. Les chromosomes se déplacent vers les pôles du noyau et non vers les pôles de la cellule.

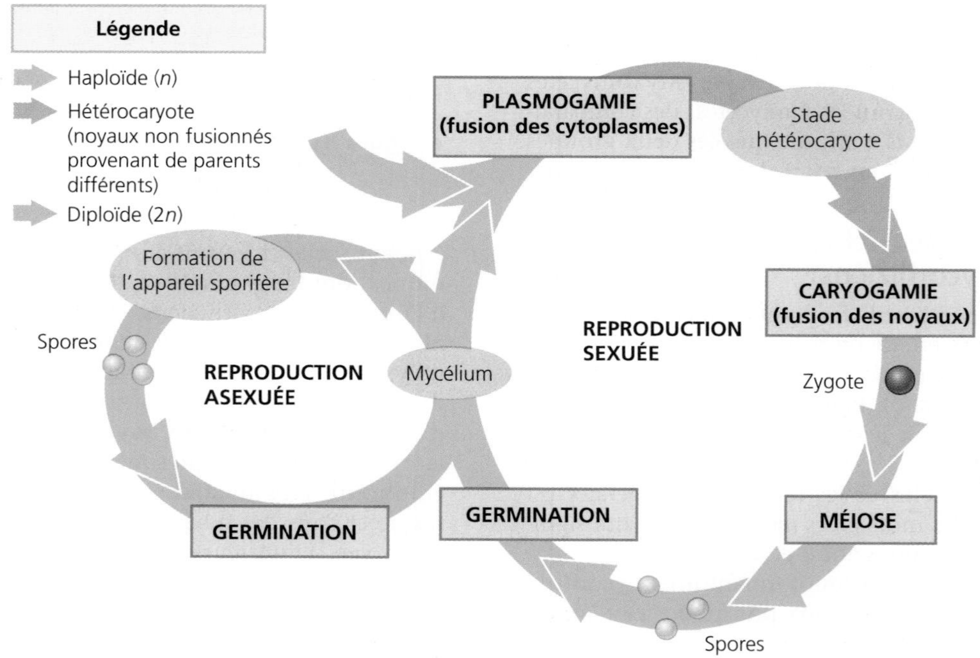

▲ **Figure 31.5 Le cycle de développement type des Eumycètes.** Tous les Eumycètes ne se reproduisent pas nécessairement au moyen des deux modes de reproduction, sexué et asexué. Certains se multiplient uniquement de manière asexuée ; d'autres, uniquement de manière sexuée.

La reproduction sexuée

Chez la plupart des espèces, les noyaux des hyphes et des spores sont haploïdes. Toutefois, un grand nombre d'Eumycètes présentent des stades diploïdes transitoires au cours de leur cycle de développement. La reproduction sexuée s'amorce souvent lorsque des hyphes provenant de deux mycéliums distincts libèrent des molécules sexuelles de signalisation appelées **phéromones**. Si les mycéliums appartiennent à des types sexuels différents, les phéromones de chacun des partenaires se lient aux récepteurs de l'autre, et les hyphes s'étendent vers la source des phéromones (voir la figure 11.2, p. 234). Lorsqu'elles se rencontrent, les hyphes fusionnent. Ce « test de compatibilité » contribue à la variabilité génétique en empêchant la fusion des hyphes provenant d'un même mycélium ou de deux mycéliums possédant le même génotype.

On appelle **plasmogamie** la fusion des cytoplasmes à la suite de la rencontre des deux mycéliums parents. Chez la plupart des espèces, les noyaux haploïdes issus de chacun des parents ne fusionnent pas immédiatement. Des noyaux génétiquement différents coexistent plutôt dans certaines parties des mycéliums fusionnés. Les mycéliums de ce type sont des **hétérocaryons** (ce qui signifie « noyaux différents »). Chez certaines espèces, les noyaux différents peuvent même échanger des chromosomes et des gènes au cours d'un processus semblable à l'enjambement (voir le chapitre 13). Chez d'autres espèces, les différents noyaux haploïdes provenant des parents s'apparient sans toutefois fusionner. Le mycélium constitue alors un **dicaryon** (ce qui signifie « deux noyaux »). Les paires de noyaux se divisent en tandem sans fusionner, à mesure que le mycélium dicaryote croît. Dans la mesure où ces cellules contiennent deux noyaux haploïdes distincts, elles diffèrent des cellules diploïdes, qui ont des paires de chromosomes homologues contenus dans un seul noyau.

Chez certains Eumycètes, il peut s'écouler des heures, des jours, voire des siècles, entre la plasmogamie et le stade suivant du cycle de développement sexué, la **caryogamie**. Au cours de celle-ci, les noyaux haploïdes provenant de chacun des parents fusionnent et donnent naissance à des cellules diploïdes. Chez la majorité des Eumycètes, les zygotes et les autres structures transitoires formées par caryogamie sont les seules étapes diploïdes du cycle de développement. Par la suite, la méiose restitue l'état haploïde, ce qui entraîne la formation et la dispersion de spores.

La caryogamie et la méiose engendrent une importante variation génétique, sans quoi l'évolution adaptative n'aurait pas lieu (voir les chapitres 13 et 23 pour une révision de la diversité génétique issue de la reproduction sexuée au sein d'une population). Le stade hétérocaryote offre aussi certains des avantages de l'état diploïde; en effet, l'un des deux génomes haploïdes peut neutraliser les mutations nuisibles survenues chez l'autre.

La reproduction asexuée

De nombreux Eumycètes peuvent se reproduire de manière tant sexuée qu'asexuée. Quelque 20 000 espèces se reproduisent exclusivement par voie asexuée. Comme ceux de la reproduction sexuée, les processus de la reproduction asexuée diffèrent grandement selon les espèces.

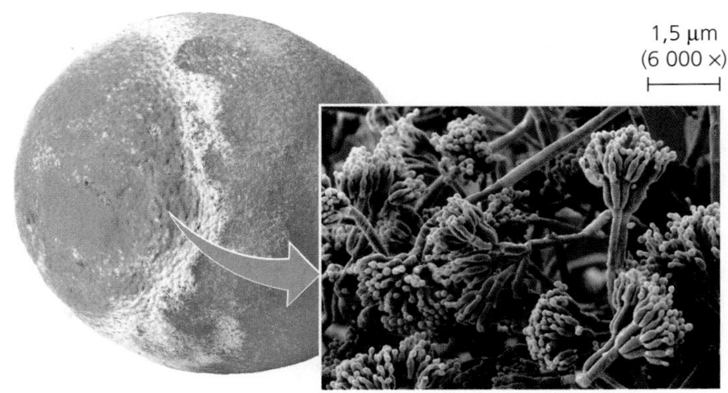

▲ **Figure 31.6** ***Penicillium*, une moisissure qui croît souvent, en tant que décomposeur, sur les aliments.** Les agrégats de petits corps sphériques apparaissant sur le cliché en médaillon sont des structures associées à la reproduction asexuée, appelées conidies (MEB).

De nombreux Eumycètes se reproduisent de manière asexuée en se développant sous forme de filaments produisant des spores (haploïdes) par mitose; si elles forment un mycélium visible, on appelle couramment ces espèces **moisissures**. Selon vos habitudes ménagères, vous en trouvez peut-être dans la cuisine, où elles recouvrent d'une couche duveteuse les fruits, le pain et d'autres aliments abandonnés à l'air libre (**figure 31.6**). Habituellement, les moisissures croissent rapidement et produisent d'énormes quantités de spores de manière asexuée, ce qui permet aux Eumycètes de coloniser d'autres sources de nourriture. Beaucoup d'espèces formant de telles spores peuvent aussi se reproduire de manière sexuée lorsqu'elles entrent en contact avec un membre de leur espèce, mais d'un autre type sexuel.

D'autres Eumycètes se reproduisent de manière asexuée en se développant sous forme de levures unicellulaires. Celles-ci ne se reproduisent pas au moyen de spores, mais par simple division cellulaire ou par le bourgeonnement des cellules parentales (**figure 31.7**). Comme nous l'avons mentionné, certaines espèces se développant comme des levures peuvent aussi former des mycéliums filamenteux, selon la disponibilité des nutriments.

On ne connaît pas encore le stade sexué du cycle de développement de nombreuses moisissures et levures. Les premiers mycologues (des biologistes qui étudient les Eumycètes) classifiaient ces derniers principalement en fonction de leur structure sexuelle, ce qui n'était pas sans poser problème. Les mycologues ont traditionnellement regroupé tous les

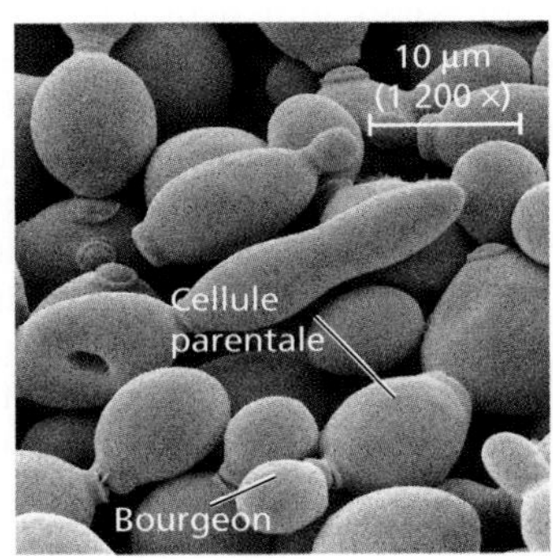

► **Figure 31.7 La levure *Saccharomyces cerevisiae*, à différents stades de bourgeonnement (MEB).**

Eumycètes sans reproduction sexuée sous le vocable **Deutéromycètes** (du grec *deutero*, « second », et *mycete*, « champignon ») ou, plus communément, Eumycètes imparfaits (en botanique, le terme parfait fait référence aux stades sexués des cycles de développement). Dès lors qu'un mycologue découvre un stade sexué chez l'un de ces Eumycètes, l'espèce est déplacée vers l'embranchement auquel correspondent ses structures reproductrices. Pour déterminer à quel taxon appartiennent les Eumycètes non classés, les mycologues peuvent désormais recourir aux techniques génétiques maintenant à leur disposition.

RETOUR SUR LE CONCEPT 31.2

1. FAITES DES LIENS Comparez les figures 31.5 et 13.6 (p. 286). En ce qui concerne l'état haploïde par opposition à l'état diploïde, en quoi les cycles de développement des humains et des Eumycètes diffèrent-ils ?

2. ET SI ? Vous prélevez des échantillons d'ADN sur deux champignons que vous avez trouvés en des endroits différents de votre jardin et découvrez qu'ils sont identiques. Formulez deux hypothèses plausibles pour expliquer ce résultat.

Voir les réponses proposées à la fin du chapitre.

CONCEPT 31.3

L'ancêtre des Eumycètes était un Protiste aquatique, unicellulaire et flagellé

Les observations faites dans les domaines de la paléontologie et de la systématique moléculaire donnent un aperçu de l'évolution primitive des Eumycètes. Les systématiciens reconnaissent aujourd'hui que les Eumycètes et les Animaux sont plus étroitement apparentés les uns aux autres qu'ils ne le sont aux Végétaux ou à la plupart des autres Eucaryotes.

L'origine des Eumycètes

Selon la systématique phylogénétique, les Eumycètes descendraient d'un ancêtre flagellé. Il est vrai que la majorité des Eumycètes sont dépourvus de flagelles, mais on en observe chez certaines des lignées qui semblent avoir été les premières à diverger (les Chytridiomycètes, dont il sera question plus loin dans le chapitre). De plus, la plupart des Protistes qui ont un ancêtre commun avec les Animaux et les Eumycètes ont aussi des flagelles. Les séquences d'ADN indiquent que ces trois groupes d'Eucaryotes, soit les Eumycètes, les Animaux et leurs parents Protistes, forment un clade (**figure 31.8**). Nous l'avons mentionné au chapitre 28, les représentants de ce clade sont les **Opisthochontes** (du grec *opisthen*, « en arrière »). Ce nom fait référence à l'emplacement du flagelle, qui se trouve dans la partie postérieure de ces organismes et qui joue donc un rôle de propulsion de la cellule plutôt qu'un rôle de traction, comme c'est le cas pour les flagelles placés en avant.

Des séquences d'ADN indiquent aussi que les Eumycètes sont plus étroitement apparentés à plusieurs groupes de Protistes unicellulaires qu'aux Animaux, ce qui laisse penser que l'ancêtre des Eumycètes était un organisme unicellulaire. L'un de ces groupes de Protistes, les **Nucleariidae**, rassemble des amibes qui se nourrissent d'algues et de bactéries. Les données génétiques indiquent en outre que les Animaux sont plus étroitement apparentés à un *autre* groupe de Protistes (les Choanoflagellés) qu'aux Eumycètes ou aux Nucleariidae. Ces résultats combinés donnent à penser que, chez les Animaux et les Eumycètes, la multicellularité s'est développée indépendamment, à partir d'ancêtres unicellulaires différents.

Se fondant sur les horloges moléculaires (voir le chapitre 26), les scientifiques estiment que les ancêtres des Animaux et des Eumycètes ont divergé pour former des lignées distinctes il y a environ 1 milliard d'années. Toutefois, les plus anciens fossiles d'Eumycètes incontestés datent d'environ 460 millions d'années seulement (**figure 31.9**). Cet écart pourrait s'expliquer par le fait que les ancêtres microscopiques des Eumycètes terrestres modernes se sont rarement fossilisés.

Les Microsporidies sont-elles des Eumycètes?

Outre les Animaux et les Protistes comme les Nucleariidae, un autre groupe d'organismes est étroitement apparenté aux Eumycètes et il se pourrait bien qu'il en fasse partie. Il s'agit

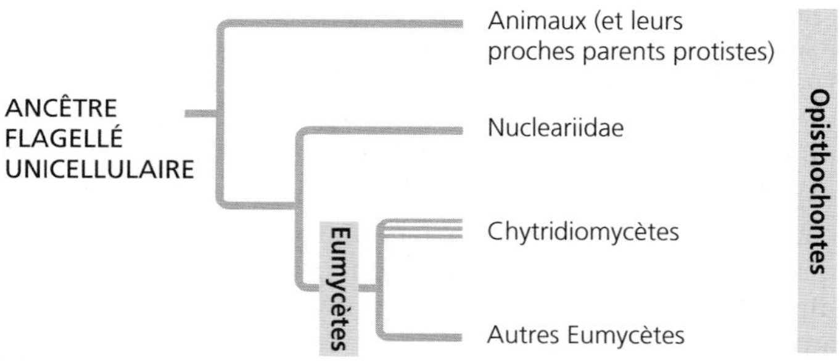

▲ **Figure 31.8 Les Eumycètes et leurs parents proches.** Des données moléculaires indiquent que les Nucleariidae, un groupe de Protistes unicellulaires, sont les parents vivants les plus proches des Eumycètes. Les trois lignes parallèles menant aux Chytridiomycètes indiquent qu'il pourrait s'agir d'un groupe paraphylétique.

▶ **Figure 31.9 Des hyphes et des spores d'Eumycètes fossilisés datant de l'Ordovicien, il y a quelque 460 millions d'années (MP).**

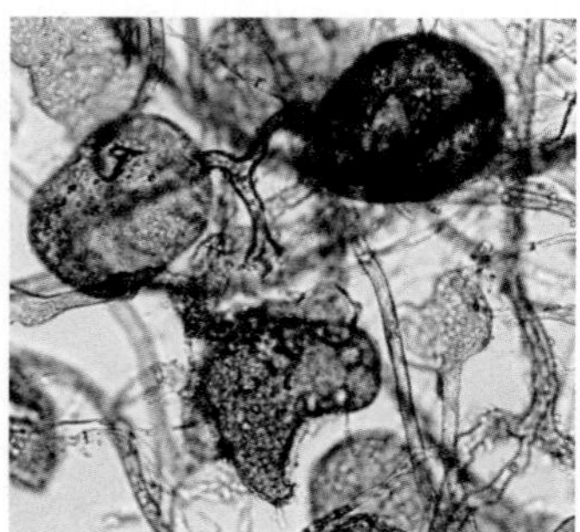

50 µm
(180 ×)

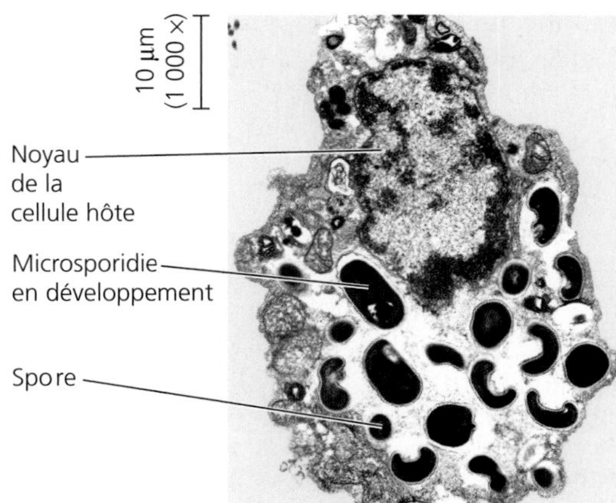

▲ **Figure 31.10 Une cellule eucaryote infectée par des Microsporidies.** Une grande vacuole à l'intérieur de cette cellule eucaryote hôte contient des spores et des formes du parasite *Encephalitozoon intestinalis* à divers stades de développement (MET).

des Microsporidies, qui sont des parasites unicellulaires des Animaux et des Protistes (**figure 31.10**). On les utilise souvent comme pesticides biologiques en raison de leur innocuité chez les humains en bonne santé. (Leur usage présente toutefois un risque chez les personnes dont les défenses immunitaires sont affaiblies par le VIH ou par d'autres agents.)

À bien des égards, les Microsporidies diffèrent de la plupart des autres Eucaryotes. Par exemple, elles ne possèdent pas de véritables mitochondries. Les taxinomistes étaient donc intrigués par l'origine mystérieuse de ces organismes, et certains d'entre eux pensaient qu'ils formaient une lignée basale des Eucaryotes. Ces dernières années, toutefois, des chercheurs ont découvert que les Microsporidies possèdent en fait de minuscules organites provenant des mitochondries. De plus, la plupart des comparaisons moléculaires indiquent que les Microsporidies sont des Eumycètes. Il y a donc lieu de croire qu'elles seraient des parasites ayant considérablement dérivé. Par ailleurs, en 2006, l'analyse de séquences d'ADN de six gènes de près de 200 espèces d'Eumycètes a montré que les Microsporidies sont issues d'une lignée d'Eumycètes ayant divergé très tôt. Il faudra analyser d'autres données génétiques d'espèces provenant de lignées ayant divergé tôt avant de déterminer si les Microsporidies sont des Eumycètes ou un groupe d'organismes distinct mais étroitement apparenté.

Le passage à la terre ferme

L'origine phylogénétique d'une grande partie de la diversité que nous observons aujourd'hui chez les Eumycètes pourrait être le fruit d'une radiance adaptative survenue au moment où les Végétaux et les Animaux multicellulaires ont commencé à coloniser la terre ferme. Par exemple, les fossiles des Vasculaires les plus primitives connues, qui remontent à la fin du Silurien (il y a 420 millions d'années), révèlent la présence de relations mycorhiziennes entre des Végétaux et des Eumycètes. On trouve notamment des fossiles d'hyphes ayant pénétré les cellules des Végétaux et comportant des structures qui ressemblent beaucoup aux suçoirs des mycorhizes à arbuscules. Des Végétaux ont donc probablement formé de telles associations dès les premiers temps de la colonisation de la terre ferme.

RETOUR SUR LE CONCEPT 31.3

1. Pourquoi les Eumycètes sont-ils classés dans le clade des Opisthochontes, alors que la plupart d'entre eux sont dépourvus de flagelles ?
2. Du point de vue de l'évolution, expliquez l'importance de la présence de mycorhizes chez les premiers Végétaux vasculaires.
3. **ET SI ?** Si les Eumycètes avaient colonisé la terre ferme avant les Végétaux, où auraient-ils vécu ? De quoi auraient-ils pu se nourrir ?

Voir les réponses proposées à la fin du chapitre.

CONCEPT 31.4

L'évolution des Eumycètes a produit un ensemble diversifié de lignées

La phylogenèse des Eumycètes fait actuellement l'objet de nombreuses recherches. Au cours de la dernière décennie, l'analyse moléculaire a permis de clarifier les liens entourant l'évolution des différents groupes d'Eumycètes, mais certaines incertitudes subsistent. La **figure 31.11** (à la page suivante) présente une version simplifiée d'une phylogenèse hypothétique actuelle. Dans la présente section, nous étudierons chacun des grands groupes d'Eumycètes figurant dans cet arbre phylogénétique.

Les Chytridiomycètes

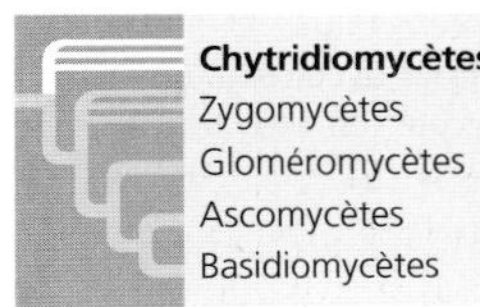

Les Eumycètes appartenant à l'embranchement des **Chytridiomycètes** vivent partout dans les lacs et dans le sol ; ils comptent un millier d'espèces. Certains sont des décomposeurs, d'autres parasitent des Protistes, d'autres Eumycètes, divers végétaux ou des animaux. Comme nous le verrons plus loin dans ce chapitre, l'un de ces parasites a probablement contribué au déclin mondial des populations d'Amphibiens. Néanmoins, les Chytridiomycètes comptent aussi d'importantes espèces mutualistes. Par exemple, les Chytridiomycètes anaérobies qui vivent dans l'appareil digestif des moutons et des bovins permettent à ceux-ci de décomposer les matières végétales. Ils jouent donc un rôle dans la croissance de ces animaux.

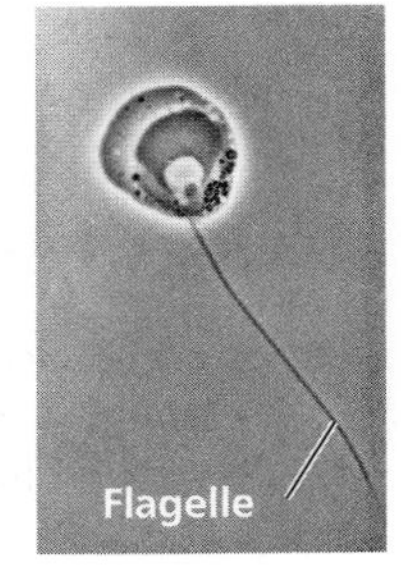

▲ **Figure 31.12 La zoospore flagellée d'un Chytridiomycète (MET).**

La biologie moléculaire a fourni des preuves soutenant l'hypothèse voulant que les Chytridiomycètes appartiennent à la lignée qui a divergé le plus tôt. Comme les autres Eumycètes, ceux-ci possèdent des parois cellulaires renfermant de la chitine ; ils ont aussi en commun

▼ **Figure 31.11**

PANORAMA La diversité des Eumycètes

La plupart des mycologues reconnaissent actuellement l'existence de cinq grands groupes d'Eumycètes, quoique les Chytridiomycètes et les Zygomycètes soient probablement paraphylétiques (comme l'indiquent les lignes parallèles).

Les Chytridiomycètes (1 000 espèces)

Chez les Chytridiomycètes, comme *Chytridium*, l'appareil sporifère globulaire forme des hyphes ramifiées multicellulaires (MP); d'autres espèces sont unicellulaires. Les Chytridiomycètes ont des spores flagellées, et l'on soupçonne que certaines espèces de ce groupe furent les premières à diverger des autres Eumycètes.

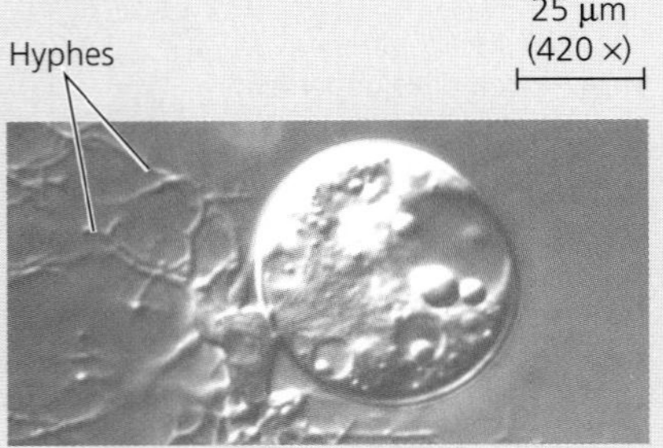

Les Zygomycètes (1 000 espèces)

Les hyphes de certains Zygomycètes, comme ces moisissures du genre *Mucor* (MP), croissent rapidement sur les aliments comme les fruits et le pain. À cet égard, ils pourraient agir comme décomposeurs (lorsque leur nourriture n'est pas vivante) ou comme parasites; d'autres espèces sont des symbiontes commensaux (neutres). Selon certaines analyses récentes, les Zygomycètes comprennent le groupe énigmatique des Microsporidies; d'autres études ont classifié ces dernières avec les Chytridiomycètes.

Les Gloméromycètes (160 espèces)

Les Gloméromycètes sont des mycorhizes à arbuscules d'une grande importance écologique. De nombreux Végétaux forment des associations mycorhiziennes avec ces Eumycètes. Ce cliché montre les hyphes d'un Gloméromycète (en bleu foncé) à l'intérieur de la racine d'une plante.

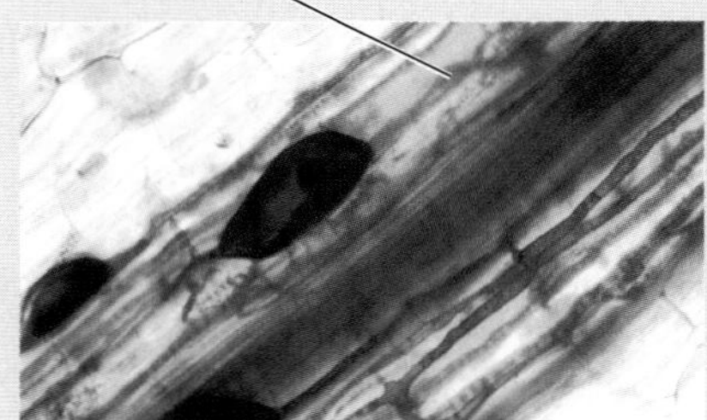

Les Ascomycètes (65 000 espèces)

Les membres de ce groupe très diversifié vivent dans des habitats marins, dulcicoles ou terrestres. Ci-contre, la pézize orangée (*Aleuria aurantia*), une espèce d'Ascomycète, présente des ascocarpes (ou appareil sporifère) en forme de coupe.

Les Basidiomycètes (30 000 espèces)

Les Basidiomycètes tiennent souvent un rôle clé dans un écosystème, soit comme décomposeurs ou à titre d'Eumycètes ectomycorhiziens. Ils se distinguent par la longue durée de vie de leur mycélium dicaryote. L'appareil sporifère, qu'on appelle couramment *champignon*, de cette amanite tue-mouche (*Amanita muscaria*) est bien répandu dans les forêts de Conifères de l'hémisphère Nord.

avec certains groupes d'Eumycètes des enzymes et des voies métaboliques essentielles. Certains Chytridiomycètes forment des colonies munies d'hyphes cénocytiques, tandis que d'autres sont des organismes unicellulaires sphériques. Ce groupe présente toutefois une caractéristique qui le distingue de tous les autres: des spores flagellées appelées **zoospores** (**figure 31.12**).

Les Zygomycètes

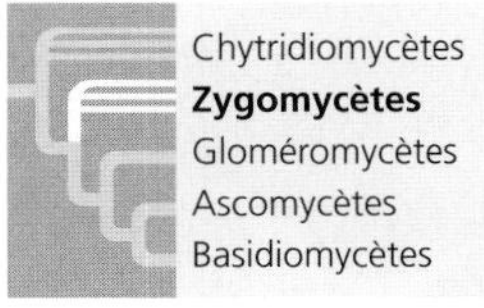

Chytridiomycètes
Zygomycètes
Gloméromycètes
Ascomycètes
Basidiomycètes

On dénombre quelque 1 000 espèces connues de **Zygomycètes**. Cet embranchement très diversifié comprend des moisissures à croissance rapide responsables de la décomposition de produits mal entreposés, comme le pain, les pêches, les fraises et les patates douces. D'autres Zygomycètes vivent en parasites ou en symbiontes commensaux (neutres) sur des Animaux.

Le cycle de développement de *Rhizopus stolonifer* (moisissure chevelue) est assez typique des Zygomycètes (**figure 31.13**). Ses hyphes horizontales qui s'étendent sur l'aliment, le pénètrent et absorbent des nutriments sont des cénocytes; elles ne présentent des cloisons que là où les cellules reproductrices sont formées. En phase asexuée, des sporanges bulbeux et noirs se forment aux extrémités d'hyphes verticales. Des centaines de spores haploïdes prennent ensuite naissance à l'intérieur de chaque sporange et sont dispersées dans l'air. Certaines atterrissent sur des aliments humides, germent et constituent chacune un nouveau mycélium.

Si les conditions du milieu se détériorent (si, par exemple, les nutriments viennent à manquer), *Rhizopus stolonifer* se reproduit de façon sexuée. Les mycéliums qui s'unissent sont de types sexuels opposés, identiques en apparence mais différents du point de vue des marqueurs chimiques, propres à chaque type sexuel. La plasmogamie donne naissance à une structure résistante appelée **zygosporange**, où se déroulent

❶ Les mycéliums présentent divers types sexuels (ici, les noyaux rouges correspondent au type sexuel désigné par «−», et les noyaux bleus, à celui qui est désigné par «+»).
❷ Les mycéliums voisins de types sexuels différents produisent à l'extrémité de leurs hyphes des prolongements appelés gamétanges, chacun contenant plusieurs noyaux haploïdes.
Légende
Haploïde (n)
Hétérocaryote ($n + n$)
Diploïde ($2n$)
Type sexuel (−)
Type sexuel (+)
Gamétanges contenant des noyaux haploïdes
PLASMOGAMIE
❸ Par plasmogamie, un zygosporange contenant plusieurs noyaux haploïdes issus des deux parents se forme.
100 μm (140 ×)
Jeune zygosporange (hétérocaryote)
Rhizopus croissant sur du pain
❽ Ces spores germent et deviennent de nouveaux mycéliums.
REPRODUCTION SEXUÉE
❾ Les mycéliums peuvent aussi se reproduire de manière asexuée en produisant des sporanges qui eux-mêmes engendrent des spores haploïdes ayant le même génotype.
Dispersion et germination
Zygosporange
CARYOGAMIE
Sporanges
❼ Le sporange disperse ensuite les spores haploïdes aux génotypes différents.
❹ Le zygosporange se couvre d'un revêtement épais et rugueux qui peut résister durant des mois aux rigueurs du climat.
Noyaux diploïdes
Sporange
REPRODUCTION ASEXUÉE
MÉIOSE
❺ Lorsque les conditions sont favorables, la caryogamie s'effectue, suivie de la méiose.
Dispersion et germination
Mycélium
50 μm (1 000 ×)
❻ Le zygosporange germe alors et produit un sporange porté par un petit pied.

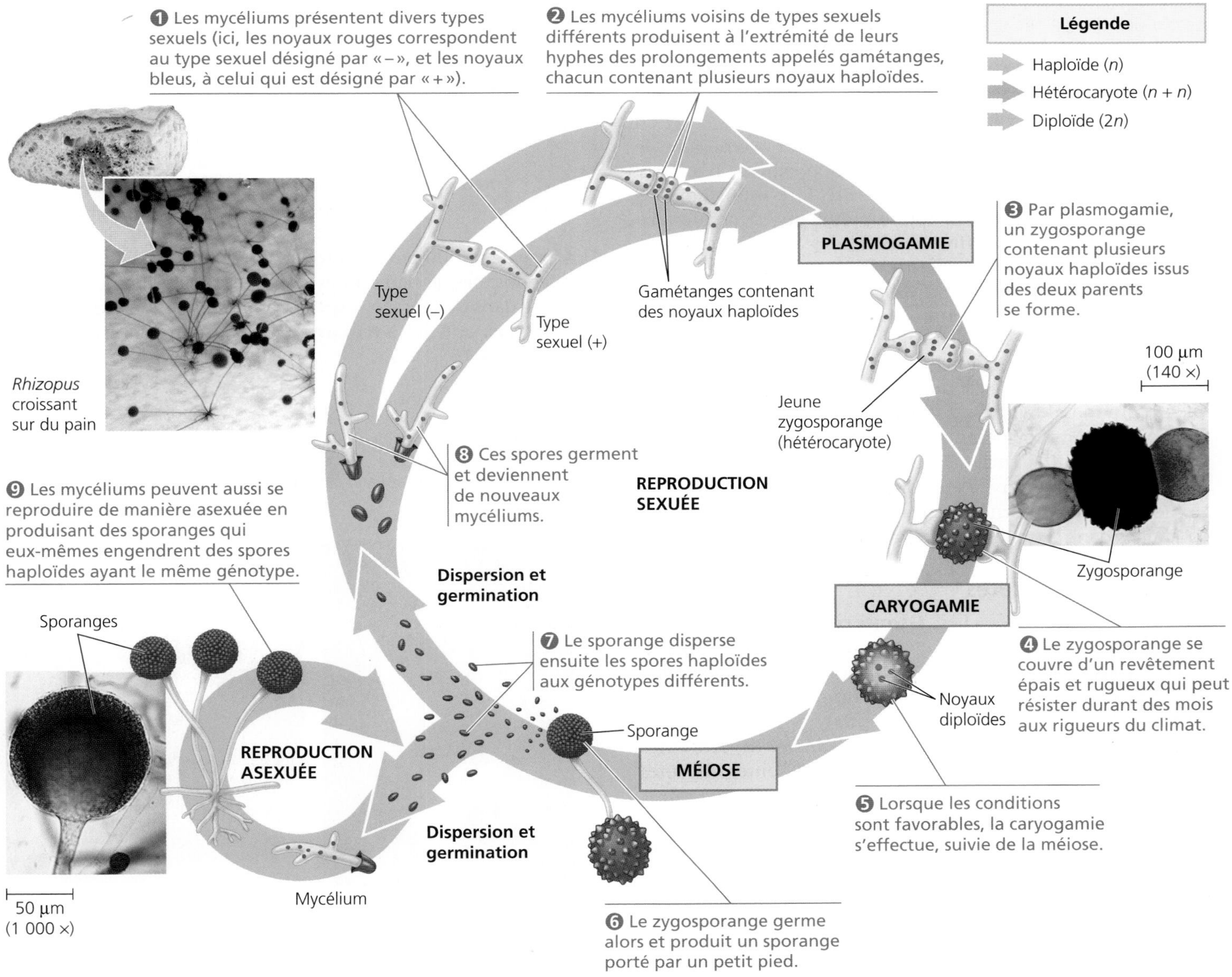

▲ **Figure 31.13 Le cycle de développement du Zygomycète *Rhizopus stolonifer*.**

▲ **Figure 31.14** ***Pilobolus*** **orientant ses sporanges vers les zones de lumière.** Ce Zygomycète décompose le fumier. Ses hyphes émettent des sporanges portés par des vésicules gonflées d'eau. Attirés par la lumière, les sporanges se tournent vers celle-ci, et donc vers la zone où l'herbe pousse. Lorsque la vésicule se rompt, l'eau qu'elle contenait est éjectée violemment, entraînant les sporanges sur une distance pouvant atteindre 2,5 m. Des herbivores, comme la vache, ingèrent le zygomycète en se nourrissant d'herbe couverte de spores, puis dispersent ces dernières par l'intermédiaire de leurs excréments. Une nouvelle génération de *Pilobolus* peut alors voir le jour.

la caryogamie et la méiose. Remarquez qu'un zygosporange, qui est le zygote ($2n$) du cycle de développement, n'est pas un zygote au sens habituel, c'est-à-dire une cellule munie d'un seul noyau diploïde. Il forme plutôt une structure aux noyaux multiples. En effet, l'union des deux mycéliums parentaux produit une structure hétérocaryote possédant plusieurs noyaux haploïdes provenant des deux parents. Puis, la caryogamie engendre de nombreux noyaux diploïdes.

Les zygosporanges ainsi formés offrent une très grande résistance au froid et au dessèchement. Leur métabolisme reste inactif jusqu'à ce que les conditions s'améliorent. Les noyaux des zygosporanges entrent alors en méiose, le zygosporange germe et devient un sporange, qui libère des spores haploïdes aux génotypes différents, qui vont coloniser le nouveau substrat. Plusieurs Zygomycètes, comme *Pilobolus*, sont phototropiques: ils se tournent vers la lumière et lancent leurs sporanges dans cette direction (**figure 31.14**).

Les Gloméromycètes

Les **Gloméromycètes** sont des Eumycètes qu'on classait auparavant parmi les Zygomycètes. Mais des analyses moléculaires récentes, dont une analyse phylogénétique de séquences d'ADN de centaines d'espèces d'Eumycètes, indiquent que les Gloméromycètes forment un clade distinct (groupe monophylétique). Bien que l'on n'ait identifié que 160 espèces à ce jour, les Gloméromycètes constituent un groupe important sur le plan de l'écologie puisqu'ils forment presque tous des mycorhizes à arbuscules (**figure 31.15**). Les extrémités des hyphes qui pénètrent à l'intérieur des cellules des racines végétales comportent de minuscules structures ramifiées, les arbuscules. Environ 90% des végétaux établissent de telles associations symbiotiques avec des Gloméromycètes.

▲ **Figure 31.15** **Mycorhizes à arbuscules.** La plupart des Gloméromycètes forment des mycorhizes à arbuscules avec les racines des végétaux, auxquels ils fournissent des minéraux et d'autres nutriments. Ce cliché pris en MEB montre les hyphes ramifiées, les arbuscules, de *Glomus mosseae* qui pénètrent à l'intérieur d'une cellule de racine en enfonçant sa membrane (le cytoplasme de la cellule a été retiré).

Les Ascomycètes

Les mycologues ont décrit 65 000 espèces d'**Ascomycètes**, qui vivent dans l'eau de mer, l'eau douce et les milieux terrestres. Les Ascomycètes se caractérisent par la production de spores dans des **asques**, structures en forme de sac, durant la reproduction sexuée. À la différence des Zygomycètes, la plupart des Ascomycètes effectuent leur stade sexué dans des appareils sporifères microscopiques ou macroscopiques, appelés **ascocarpes**, qui contiennent les asques (**figure 31.16**).

▼ La morille commune (*Morchella esculenta*) est un ascocarpe comestible. On trouve souvent ce champignon succulent au pied des arbres, dans les vergers ou dans les bois.

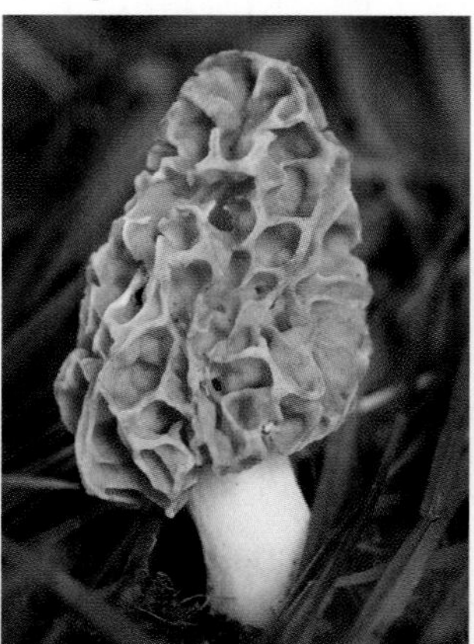

▼ La truffe *Tuber melanosporum* forme des ectomycorhizes avec les racines de certains arbres (chênes, noisetiers). L'ascocarpe croît sous terre et dégage une odeur forte. Ces truffes ont été déterrées, et celle du milieu a été coupée en deux.

▲ **Figure 31.16** **Les Ascomycètes.**

? *La morphologie des Ascomycètes varie beaucoup d'une espèce à l'autre (voir aussi la figure 31.11). Comment pouvez-vous déterminer qu'un champignon fait partie de l'embranchement des Ascomycètes?*

La taille et la complexité des Ascomycètes varient grandement, depuis la levure unicellulaire jusqu'aux Eumycètes complexes comme les Discomycètes et les morilles (figure 31.16). L'embranchement des Ascomycètes comprend les agents pathogènes les plus dévastateurs pour les végétaux (nous y reviendrons plus loin), mais il regroupe aussi un grand nombre de décomposeurs qui s'attaquent principalement aux débris de matières végétales. Par ailleurs, près de 25 % des espèces d'Ascomycètes s'associent par symbiose bénéfique à des Algues vertes et à des Cyanobactéries pour former des lichens. Certains Ascomycètes forment des mycorhizes avec les racines de divers végétaux. Un grand nombre vivent entre les cellules du mésophylle des feuilles, et certaines espèces libèrent des produits toxiques qui contribuent à protéger les tissus de la plante contre les insectes.

On observe d'importantes différences dans les structures et les processus reproductifs des cycles de développement des divers groupes d'Ascomycètes, mais il est possible d'en dégager certains éléments communs en prenant l'exemple de *Neurospora crassa*, la moisissure du pain (**figure 31.17**). Les Ascomycètes se reproduisent de façon asexuée en libérant d'énormes quantités de spores asexuées appelées **conidies**. Ces spores

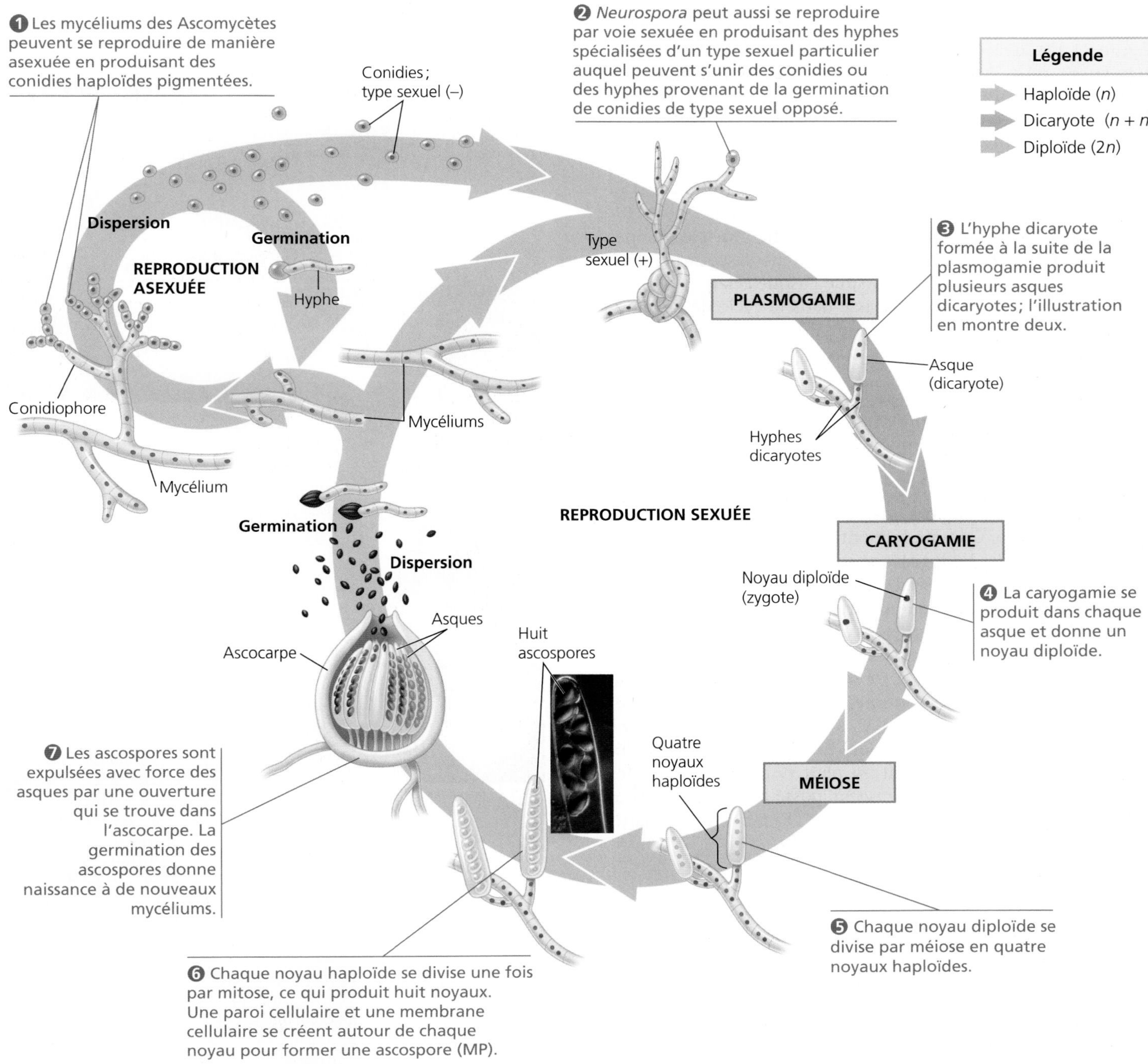

❶ Les mycéliums des Ascomycètes peuvent se reproduire de manière asexuée en produisant des conidies haploïdes pigmentées.
Conidies ; type sexuel (–)
❷ *Neurospora* peut aussi se reproduire par voie sexuée en produisant des hyphes spécialisées d'un type sexuel particulier auquel peuvent s'unir des conidies ou des hyphes provenant de la germination de conidies de type sexuel opposé.
Légende
Haploïde (*n*)
Dicaryote (*n* + *n*)
Diploïde (2*n*)
Dispersion
Germination
REPRODUCTION ASEXUÉE
Hyphe
Type sexuel (+)
PLASMOGAMIE
❸ L'hyphe dicaryote formée à la suite de la plasmogamie produit plusieurs asques dicaryotes ; l'illustration en montre deux.
Asque (dicaryote)
Conidiophore
Mycéliums
Hyphes dicaryotes
Mycélium
Germination
Dispersion
REPRODUCTION SEXUÉE
CARYOGAMIE
Noyau diploïde (zygote)
❹ La caryogamie se produit dans chaque asque et donne un noyau diploïde.
Asques
Ascocarpe
Huit ascospores
Quatre noyaux haploïdes
MÉIOSE
❼ Les ascospores sont expulsées avec force des asques par une ouverture qui se trouve dans l'ascocarpe. La germination des ascospores donne naissance à de nouveaux mycéliums.
❻ Chaque noyau haploïde se divise une fois par mitose, ce qui produit huit noyaux. Une paroi cellulaire et une membrane cellulaire se créent autour de chaque noyau pour former une ascospore (MP).
❺ Chaque noyau diploïde se divise par méiose en quatre noyaux haploïdes.

▲ **Figure 31.17 Le cycle de développement de l'Ascomycète *Neurospora crassa*.** *Neurospora* est une moisissure du pain et un organisme utilisé dans la recherche, qui croît aussi dans la nature, sur la végétation calcinée.

ne se forment pas à l'intérieur de sporanges, comme les spores asexuées de la plupart des Zygomycètes. Elles apparaissent plutôt aux extrémités d'hyphes spécialisées, les conidiophores, et forment fréquemment de longues chaînes ou des grappes que le vent disperse. Les conidies jouent aussi un rôle dans la reproduction sexuée lorsqu'elles s'unissent aux hyphes d'un mycélium appartenant à un type sexuel opposé, comme cela se produit chez *Neurospora*.

Le cycle de développement de *Neurospora* ne représente qu'un des moyens employés par les Ascomycètes pour mettre en contact deux noyaux de types sexuels opposés. Chez d'autres espèces de ce groupe, la réunion fait intervenir la formation d'un fin filament entre un gamétange mâle, ou anthéridie, et un gamétange femelle, ou ascogone (non représentés dans la figure 31.17). Grâce à ce filament, les noyaux de l'anthéridie rejoignent ceux de l'ascogone. Quelle que soit la méthode utilisée, la plasmogamie aboutit à la formation de cellules dicaryotes, chacune renfermant deux noyaux haploïdes issus de parents distincts. Les cellules situées à l'extrémité de ces hyphes dicaryotes deviendront les asques, à l'intérieur desquels la caryogamie combine les deux génomes parentaux. Par la suite, la méiose engendre quatre noyaux génétiquement différents. Puis, huit ascospores se forment habituellement par mitose. Les ascospores se développent dans l'ascocarpe, d'où elles sont plus tard expulsées lorsque l'asque éclate.

Contrairement à ce qui se passe dans le cycle de développement des Zygomycètes, la longue durée du stade dicaryotique des Ascomycètes (et celle encore plus considérable des Basidiomycètes) augmente la possibilité de recombinaison génétique. Chez *Neurospora,* par exemple, de nombreuses cellules dicaryotes peuvent former des asques. La recombinaison génétique qui en découle engendre une multitude de descendants génétiquement différents issus d'un même cycle de reproduction (voir les étapes 2 et 3 de la figure 31.17).

L'histoire de *Neurospora,* dans la recherche en biologie, n'est pas anodine. Comme le mentionne le chapitre 17, dans les années 1930, les biologistes se sont servis de *N. crassa* pour vérifier l'hypothèse baptisée *Un gène, une enzyme*. Aujourd'hui, cet Ascomycète est toujours un organisme modèle; en 2003, on a publié son génome entier. Avec ses 10 000 gènes, la taille du génome de ce minuscule eumycète équivaut aux trois quarts de celle du génome de *Drosophila* et à la moitié de celle du génome humain. Le génome de *Neurospora* est relativement compact: les séquences d'ADN non codant qui occupent tant d'espace dans les génomes des humains et de nombreux autres Eucaryotes s'y trouvent en petit nombre. En fait, des données indiquent que *Neurospora* possède un mécanisme génomique de défense qui empêche l'ADN non codant, comme les transposons, de s'accumuler.

Les Basidiomycètes

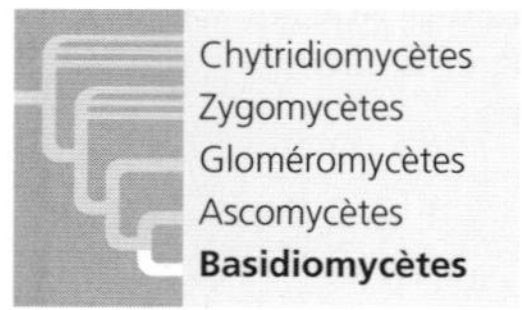

L'embranchement des **Basidiomycètes** comprend environ 30 000 espèces, dont les polypores, les vesses-de-loup et les champignons à carpophore volumineux, qu'on appelle couramment champignons à chapeau (**figure 31.18**). Cet embranchement comprend aussi des moisissures, des mutualistes formant des mycorhizes ainsi que deux groupes de parasites destructeurs pour les végétaux, soit les rouilles (7 000 espèces) et les charbons (1 000 espèces). Le nom Basidiomycètes vient de la structure en forme de massue, la **baside** (du latin *basis*, «base»), dans laquelle se produit la caryogamie, immédiatement suivie par la méiose.

Les Basidiomycètes sont d'importants décomposeurs du bois et d'autres matières végétales. Certains Basidiomycètes comptent parmi les Eumycètes qui décomposent le plus efficacement la lignine, un polymère complexe présent en abondance dans le bois. Un grand nombre de polypores vivent en parasites sur le bois des arbres qui sont en mauvaise santé ou qui sont endommagés. Ils y vivent ensuite en tant que décomposeurs lorsque les arbres en question meurent.

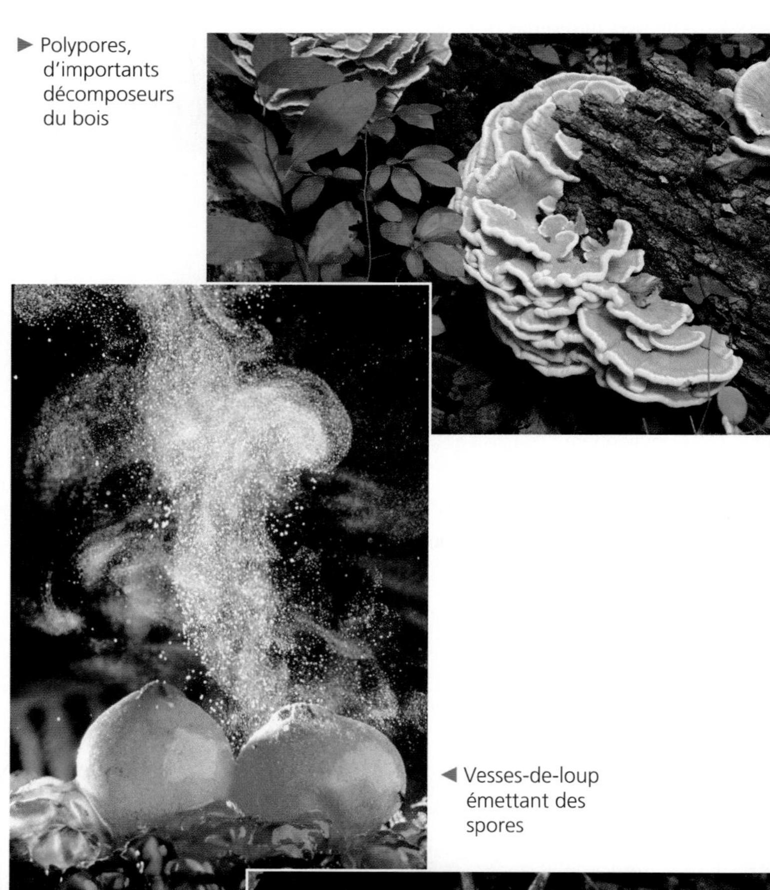

► Polypores, d'importants décomposeurs du bois

◄ Vesses-de-loup émettant des spores

► *Dictyophora indusiata,* un champignon dont l'odeur rappelle celle de la viande en décomposition.

▲ **Figure 31.18** **Les Basidiomycètes.**

Le mycélium dicaryote qui se forme au cours du cycle de développement des Basidiomycètes (**figure 31.19**) a habituellement une longue durée de vie. Comme chez les Ascomycètes, ce stade dicaryote prolongé offre des conditions favorisant de nombreuses recombinaisons génétiques, ce qui a pour effet de multiplier les résultats d'un même cycle de reproduction. Périodiquement, en réponse à des stimulus environnementaux, le mycélium se reproduit par voie sexuée en produisant des appareils sporifères complexes, à savoir des carpophores appelés **basidiocarpes**. Les champignons blancs vendus dans les magasins d'alimentation sont un exemple bien connu de basidiocarpe.

En concentrant son énergie sur la croissance des hyphes, le mycélium d'un basidiomycète peut produire un appareil sporifère en quelques heures; le champignon surgit de terre au fur et à mesure qu'il absorbe de l'eau et que croissent les hyphes du mycélium dicaryote. Ainsi, l'anneau de basidiocarpes qu'on appelle « rond de sorcière » apparaît sur une pelouse en l'espace d'une nuit (**figure 31.20**). Le diamètre du rond de sorcière augmente au même rythme que le mycélium souterrain, qui progresse de 30 cm par année, tout en décomposant la matière organique présente dans le sol. Certains ronds de sorcière géants sont âgés de plusieurs centaines d'années.

Les nombreuses basides se formant à l'extrémité des hyphes contenues dans le basidiocarpe produisent les spores sexuées appelées basidiospores. Après la formation du champignon, son chapeau soutient et protège une grande surface de lamelles tapissées de basides dicaryotes. Pendant la caryogamie, les

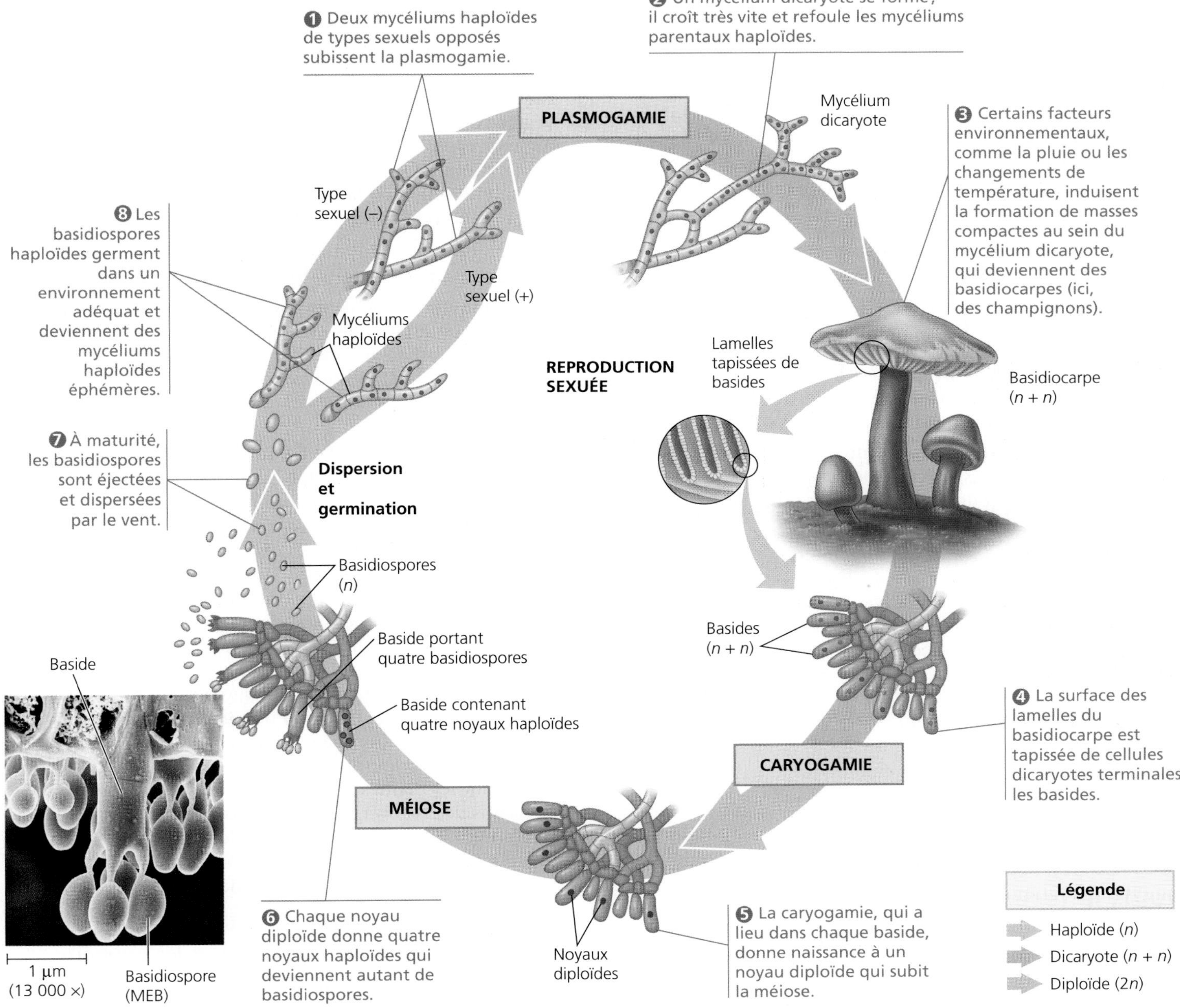

❶ Deux mycéliums haploïdes de types sexuels opposés subissent la plasmogamie.
❷ Un mycélium dicaryote se forme; il croît très vite et refoule les mycéliums parentaux haploïdes.
PLASMOGAMIE
Mycélium dicaryote
❸ Certains facteurs environnementaux, comme la pluie ou les changements de température, induisent la formation de masses compactes au sein du mycélium dicaryote, qui deviennent des basidiocarpes (ici, des champignons).
Type sexuel (–)
Type sexuel (+)
❽ Les basidiospores haploïdes germent dans un environnement adéquat et deviennent des mycéliums haploïdes éphémères.
Mycéliums haploïdes
REPRODUCTION SEXUÉE
Lamelles tapissées de basides
Basidiocarpe ($n + n$)
❼ À maturité, les basidiospores sont éjectées et dispersées par le vent.
Dispersion et germination
Basidiospores (n)
Baside
Baside portant quatre basidiospores
Baside contenant quatre noyaux haploïdes
Basides ($n + n$)
❹ La surface des lamelles du basidiocarpe est tapissée de cellules dicaryotes terminales, les basides.
CARYOGAMIE
MÉIOSE
1 μm (13 000 ×)
Basidiospore (MEB)
❻ Chaque noyau diploïde donne quatre noyaux haploïdes qui deviennent autant de basidiospores.
Noyaux diploïdes
❺ La caryogamie, qui a lieu dans chaque baside, donne naissance à un noyau diploïde qui subit la méiose.
Légende
Haploïde (n)
Dicaryote ($n + n$)
Diploïde ($2n$)

▲ **Figure 31.19 Le cycle de développement des Basidiomycètes formant des champignons.**

▲ **Figure 31.20 Rond de sorcière.** Selon la légende, ces champignons surgissent à l'endroit où des fées ont fait une ronde par une nuit de pleine lune. (Ce chapitre fournit une explication biologique de la formation de ces cercles.)

deux noyaux que contient chaque baside fusionnent pour produire un noyau diploïde (voir la figure 31.19). Ce noyau se divise par méiose en quatre noyaux haploïdes. La baside développe ensuite quatre appendices; un noyau pénètre dans chacun et devient une basidiospore. Le nombre de basidiospores produites est considérable: l'ensemble des lamelles d'un champignon blanc ordinaire, vendu dans le commerce, équivaut à une surface d'environ 200 cm^2 et celles-ci peuvent libérer un milliard de basidiospores qui, après être tombées du chapeau, sont emportées par le vent.

RETOUR SUR LE CONCEPT **31.4**

1. Sur quelle caractéristique des Chytridiomycètes se fonde l'hypothèse selon laquelle ils représentent une lignée d'Eumycètes ayant divergé tôt?
2. Donnez des exemples démontrant que la structure des Zygomycètes, des Gloméromycètes, des Ascomycètes et des Basidiomycètes est adaptée à leur fonction.
3. **ET SI?** Imaginez qu'une mutation d'un Ascomycète modifie son cycle de développement, faisant en sorte que la plasmogamie, la caryogamie et la méiose se succèdent à un rythme accéléré. Quelle incidence ce changement aurait-il sur les ascospores et les ascocarpes?

Voir les réponses proposées à la fin du chapitre.

CONCEPT **31.5**

Les Eumycètes tiennent des rôles clés dans le recyclage des nutriments, les interactions écologiques et le bien-être des humains

Notre étude de la classification des Eumycètes nous a donné un aperçu de leur influence sur les autres organismes. Nous allons maintenant examiner cette influence de plus près, particulièrement chez les décomposeurs, les mutualistes et les agents pathogènes.

Les Eumycètes décomposeurs

Les Eumycètes sont bien adaptés à leur rôle de décomposeurs de matière organique, notamment la cellulose et la lignine formant la paroi des cellules végétales. En fait, presque tout substrat contenant du carbone, même le carburéacteur, la peinture et le plastique, peut être consommé par au moins quelques espèces d'Eumycètes. En outre, ils arrivent à éliminer des métaux toxiques des sols. Nul ne s'étonnera donc que les chercheurs tentent de mettre à profit diverses espèces d'Eumycètes dans des projets de bioremédiation. De plus, les Eumycètes, les Archéobactéries et les Bactéries sont les principaux décomposeurs qui maintiennent, dans les écosystèmes, les réserves de nutriments inorganiques essentiels à la croissance des végétaux. Sans ces décomposeurs, le carbone, l'azote et les autres éléments s'accumuleraient dans les déchets organiques et ne seraient plus disponibles pour la nutrition des végétaux et des animaux. La disparition des décomposeurs mettrait un terme aux cycles biogéochimiques, et par conséquent à l'existence même des végétaux et des animaux (voir le chapitre 55). Sans la présence de ces décomposeurs, la vie telle que nous la connaissons cesserait.

Les Eumycètes mutualistes

Les Eumycètes forment des associations mutualistes avec les végétaux, les algues, les cyanobactéries et les animaux. Ces associations exercent des effets importants sur l'environnement en influant sur la croissance, la survie et la reproduction de nombreuses espèces au sein d'une communauté.

Les associations mutualistes avec les végétaux

Nous avons souligné plus tôt l'importance déterminante des associations mutualistes que forment la plupart des Vasculaires avec les Eumycètes mycorhiziens. De plus, toutes les espèces de Végétaux étudiées à ce jour semblent porter des **endophytes** symbiotiques, c'est-à-dire des Eumycètes vivant à l'intérieur des feuilles (dans le milieu extracellulaire) et d'autres parties de la plante, sans en perturber le fonctionnement. La plupart des endophytes identifiés à ce jour sont des Ascomycètes. Les endophytes contribuent à la croissance de certaines graminées et d'autres végétaux non ligneux en produisant des toxines qui repoussent les herbivores ou en améliorant la tolérance de leur hôte à la chaleur, à la sécheresse ou à la présence de métaux lourds. Voulant déterminer l'effet des endophytes sur les plantes ligneuses, des chercheurs ont vérifié si des semis de cacaoyer, *Theobroma cacao,* pouvaient en bénéficier (**figure 31.21**). Les résultats de leur expérience montrent que les endophytes des Végétaux ligneux à fleurs peuvent jouer un rôle important dans la défense contre les agents pathogènes.

La symbiose entre les Eumycètes et les animaux

Comme nous l'avons mentionné plus tôt, plusieurs Eumycètes rendent des services digestifs à divers animaux. Ils contribuent notamment à la dégradation des matières végétales dans

▼ Figure 31.21 INVESTIGATION

Les endophytes ont-ils un effet bénéfique sur les Végétaux ligneux ?

EXPÉRIENCE Les endophytes sont des Eumycètes symbiotiques que l'on trouve dans tous les Végétaux examinés à ce jour. À la University of Arizona, à Tucson, A. Elizabeth Arnold et ses collègues ont mesuré les effets bénéfiques des endophytes sur le cacaoyer (*Theobroma cacao*). Cet arbre, dont le nom grec signifie « nourriture des dieux », produit des fèves servant à la confection du chocolat, et sa culture s'effectue dans la plupart des régions tropicales. Les chercheurs ont ajouté des endophytes aux feuilles de certains semis de cacaoyer pour les comparer à d'autres qui n'en avaient pas reçu. (Les endophytes colonisent les feuilles du cacaoyer après la germination des semis.) Les semis ont ensuite été inoculés d'un agent pathogène virulent, le Protiste *Phytophthora* (voir le chapitre 28).

RÉSULTATS Un plus grand nombre de feuilles ont survécu à l'agent pathogène parmi les semis qui hébergeaient des endophytes, par comparaison à ceux qui en étaient dépourvus. De plus, parmi les feuilles qui ont survécu, celles provenant de semis avec endophytes ont été moins endommagées que celles des semis sans endophytes.

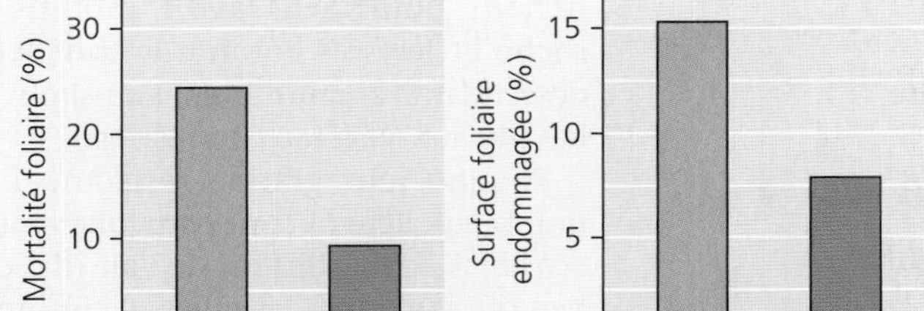

CONCLUSION La présence d'endophytes dans les cacaoyers semble leur être profitable en réduisant la mortalité foliaire et les dommages causés par *Phytophthora*.

SOURCE A. E. Arnold *et al.*, Fungal endophytes limit pathogen damage in a tropical tree, *Proceedings of the National Academy of Sciences* 100 : 15649-15654 (2003).

ET SI ? Au cours de leur expérimentation, Arnold et ses collègues ont effectué des expériences avec des groupes témoins. Proposez deux types de groupes témoins que les chercheurs auraient pu former et expliquez comment chacun aurait contribué à l'interprétation des résultats décrits ci-dessus.

l'intestin des bovins et d'autres mammifères herbivores. Le système digestif de nombreux Arthropodes contient également des Eumycètes (Zygomycètes). Toutefois, de nombreuses espèces de fourmis profitent autrement des capacités de digestion des Eumycètes en en faisant la « culture ». Par exemple, les fourmis parasol, ou coupe-feuilles (appartenant au genre *Atta*), sillonnent les forêts tropicales à la recherche de feuilles particulières qu'elles ne peuvent digérer seules, mais qu'elles transportent jusqu'à leurs nids pour en nourrir les Eumycètes ; ces nids deviennent donc de véritables jardins à Eumycètes (**figure 31.22**). En proliférant, les hyphes forment à leurs extrémités des bourgeons gonflés riches en protéines et en

▲ Figure 31.22 Des insectes jardiniers. Ces fourmis parasol (*Atta spp.*) ont besoin des Eumycètes pour transformer la matière végétale en une substance digestible. Pour leur part, les Eumycètes prélèvent des nutriments provenant des feuilles apportées par les fourmis.

glucides dans lesquels les fourmis trouvent leur principale source de nourriture. Grâce à la cellulase qu'ils produisent, les Eumycètes décomposent la cellulose des feuilles en substances que les fourmis peuvent digérer, tout en détoxifiant les composés qui servent de défense à la feuille, mais qui incommoderaient ou tueraient les fourmis. Dans certaines forêts tropicales, les Eumycètes ont aidé ces insectes à devenir les principaux consommateurs de feuilles.

L'évolution de ces fourmis jardinières et celle des Eumycètes qu'elles « cultivent » sont très étroitement liées depuis plus de 50 millions d'années. Les Eumycètes sont devenus si dépendants de leurs pourvoyeurs (qui leur fournissent un abri protecteur en plus de la nourriture) que, dans bien des cas, ils ne peuvent plus survivre sans les fourmis, ni elles sans eux.

Les Lichens

Un **lichen** est le résultat d'une association symbiotique entre un microorganisme photosynthétique et un Eumycète et réunissant des millions de cellules photosynthétiques enchevêtrées dans un treillis d'hyphes. Les Lichens croissent à la surface des rochers, des sols, des troncs d'arbre en décomposition, des arbres et des toits sous diverses formes (**figure 31.23**). Le partenaire photosynthétique est une algue verte unicellulaire ou filamenteuse, ou une cyanobactérie. La partie fongique est le plus souvent un Ascomycète, bien qu'on ait identifié un lichen avec un Gloméromycète et 75 autres avec des Basidiomycètes. C'est habituellement l'eumycète qui donne au lichen sa structure et sa forme. De même, les tissus fabriqués par les hyphes représentent la plus grande partie de la masse du lichen. L'algue ou la cyanobactérie en constitue généralement la couche interne (**figure 31.24**).

La fusion entre l'eumycète et l'algue ou la cyanobactérie est si complète qu'on donne aux Lichens des noms scientifiques, comme s'ils étaient des organismes individuels. À ce jour, on a décrit quelque 17 000 espèces, et leur classification est basée sur la nature de l'eumycète qui les constitue.

Comme on peut s'y attendre de ce type d'« organisme mixte », la reproduction de la partie symbiotique a lieu de façon asexuée, soit par fragmentation du lichen parent, soit par formation de **sorédies**, de petits amas d'hyphes incrustées

▼ Figure 31.23 Diverses formes de Lichens.

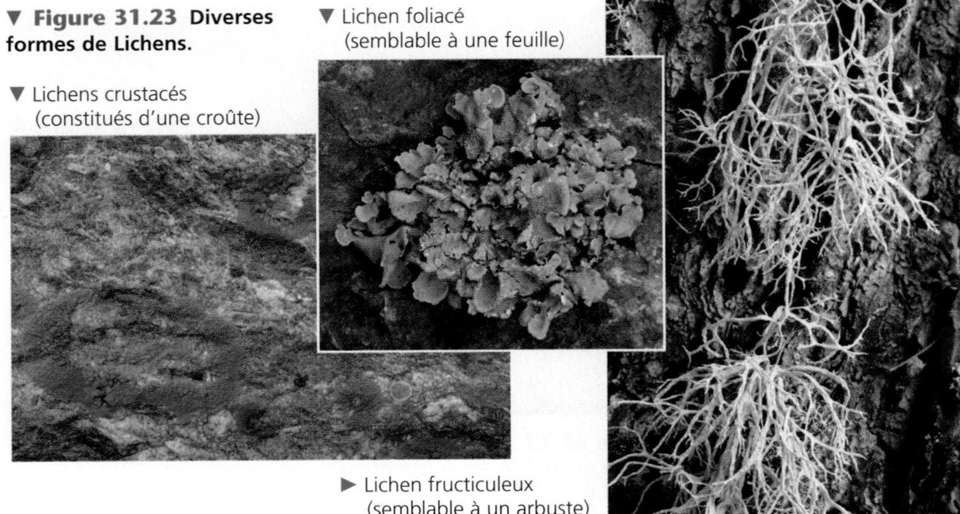

▼ Figure 31.24 L'anatomie d'un lichen composé d'une algue et d'un ascomycète (MEB, cliché artificiellement coloré).

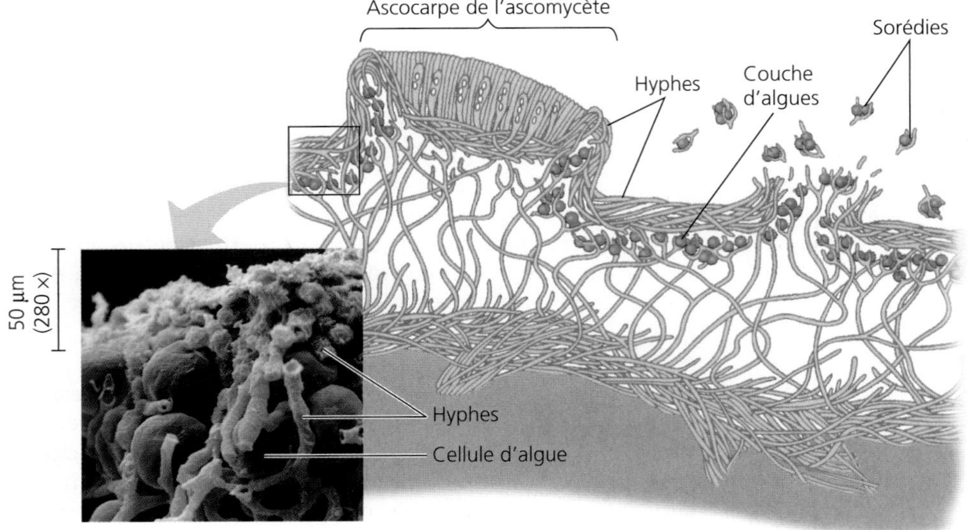

d'algues (voir la figure 31.24). Les eumycètes d'un grand nombre de lichens se reproduisent aussi de façon sexuée; les algues des lichens se reproduisent indépendamment de l'eumycète, par division cellulaire asexuée.

Dans la plupart des cas, chaque partenaire fournit à l'autre des éléments que celui-ci ne pourrait obtenir seul. Ainsi, l'algue fournit des composés du carbone (entre 60 et 90 % de sa production de glucides par photosynthèse); la cyanobactérie fixe aussi le diazote (voir le chapitre 27) et le transforme en azote organique. Quant à l'eumycète, il procure à ses partenaires photosynthétiques un environnement physique idéal pour leur croissance. La disposition physique des hyphes assure les échanges gazeux, protège le partenaire photosynthétique contre les rayonnements ultraviolets et permet de retenir l'eau et les minéraux, dont la plupart sont absorbés soit par la poussière transportée par le vent, soit par la pluie. L'eumycète sécrète aussi des acides qui facilitent l'absorption des minéraux.

Les Lichens survivent dans des milieux inhospitaliers (température et sécheresse extrêmes). Ils sont souvent les premiers à croître sur des rochers et des sols nouvellement mis à nu par des incendies de forêt ou des éruptions volcaniques. Ils brisent la surface des rochers en s'y enfonçant et en l'attaquant chimiquement; ils contribuent également à stabiliser les sols, et ceux qui fixent le diazote fournissent de l'azote organique à leur écosystème. Ces processus permettent l'établissement d'une succession végétale (voir le chapitre 54). Les Lichens pourraient aussi avoir aidé les Végétaux à coloniser les milieux terrestres. On a trouvé des fossiles de lichens ou d'organismes très semblables datant de 550 à 600 millions d'années, soit bien avant l'arrivée des végétaux terrestres. Les premiers lichens pourraient avoir modifié la roche et les sols comme le font leurs descendants aujourd'hui, et ainsi ouvert la voie aux végétaux terrestres.

Malgré leur grande résistance, de nombreux lichens sont particulièrement sensibles à la pollution de l'air (ils sont peu présents dans les villes). Leur mode passif d'absorption des minéraux contenus dans la pluie et l'humidité les rend vulnérables au dioxyde de soufre et aux autres poisons contenus dans l'air.

Les Eumycètes pathogènes

Quelque 30 % des 100 000 espèces connues d'Eumycètes sont des parasites ou des agents pathogènes, principalement à l'égard des plantes (**figure 31.25**). Ainsi, l'Ascomycète *Ophiostoma* (ou *Ceratocystis ulmi*), qui cause la maladie hollandaise de l'orme, a radicalement transformé le paysage du nord-est des États-Unis et du sud du Québec. Ce champignon a envahi l'Amérique du Nord après être arrivé aux États-Unis sur des billes de bois provenant d'Europe en remboursement des dettes accumulées pendant la Première Guerre mondiale. Transporté d'un arbre à l'autre par un insecte vivant sous l'écorce (le Coléoptère *Scolytus multistriatus*), ou par des échanges entre racines d'arbres voisins, il a rapidement éliminé plus de la moitié des ormes d'Amérique (*Ulmus americana*) en bloquant la circulation de la sève dans les vaisseaux de l'arbre. Un autre Ascomycète, *Fusarium circinatum,* est responsable du chancre fusarien du pin, une maladie qui guette les pins partout sur la planète. Chaque année, entre 10 et 50 % des récoltes de fruits sont détruites par des Eumycètes, et des récoltes de céréales sont gravement touchées.

Parmi les Eumycètes qui s'attaquent aux cultures vivrières, plusieurs produisent des composés toxiques pour l'humain. Par exemple, certaines espèces de l'Ascomycète *Aspergillus* contaminent le grain et les arachides en sécrétant des aflatoxines, des substances cancérogènes. Un autre Ascomycète, *Claviceps purpurea*, pousse sur le seigle (*Secale cereale*) et produit des structures pourpres appelées ergots de seigle. Si l'on consomme du seigle avarié, la toxine contenue dans les ergots cause la gangrène (en provoquant la vasoconstriction qui réduit la circulation sanguine) et divers troubles nerveux (spasmes, sensations de brûlure, hallucinations et démence temporaire). En l'an 994, une épidémie d'ergotisme (maladie provoquée par l'ergot de seigle) a tué plus de 40 000 personnes en France. L'une des substances hallucinogènes extraites de l'ergot est l'amide de l'acide lysergique, précurseur du LSD (en allemand *Lysergik Saüre Diethylamide* [acide lysergique diéthylamide]).

Bien que les animaux soient beaucoup moins affectés par les Eumycètes parasites que les végétaux, on estime que près de 500 espèces d'Eumycètes vivraient aux dépens des animaux. L'un de ces parasites, le Chytridiomycète *Batrachochytrium dendrobatidis*, est responsable du déclin récent ou de l'extinction de quelque 200 espèces de grenouilles et autres Amphibiens (**figure 31.26**). Ce Chytridiomycète cause de graves infections cutanées à l'origine d'une mortalité massive. Selon les observations sur le terrain et les études portant sur des spécimens dans les musées, *B. dendrobatidis* a fait son apparition au sein des populations de grenouilles peu avant leur déclin en Australie, au Costa Rica, aux États-Unis et dans d'autres pays. En outre, ce Chytridiomycète présente une très faible diversité génétique dans les régions où il a infecté des grenouilles. Ces constatations avalisent l'hypothèse voulant

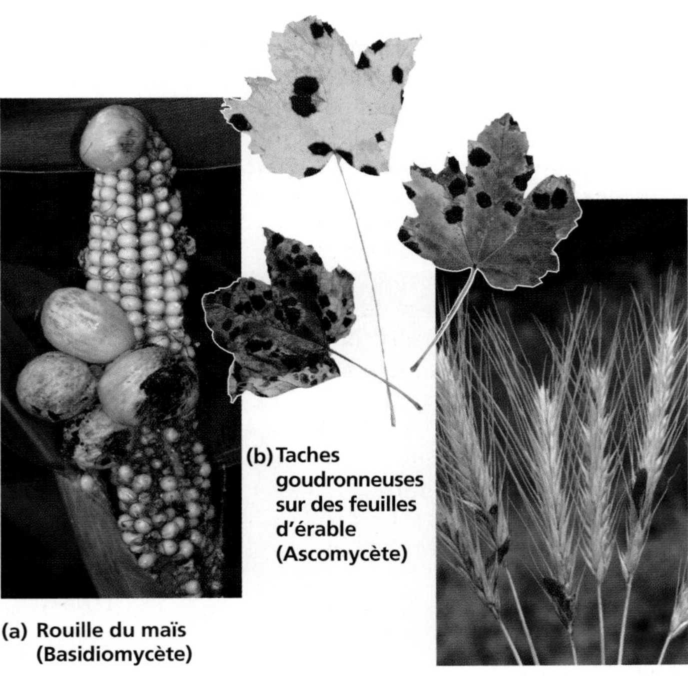

(a) Rouille du maïs (Basidiomycète)
(b) Taches goudronneuses sur des feuilles d'érable (Ascomycète)
(c) Ergot de seigle (Ascomycète)

▲ **Figure 31.25 Exemples de maladies fongiques touchant les végétaux.**

▼ **Figure 31.26**

IMPACT

Les Amphibiens sont attaqués

Un eumycète parasite pourrait-il être la cause du déclin et de l'extinction de centaines de populations d'Amphibiens au cours des trois dernières décennies ? Si la disparition d'habitats due à l'activité humaine a souvent été désignée comme la cause principale, les causes sous-jacentes sont demeurées inconnues pour près de la moitié des espèces en déclin. Or, selon des études récentes, la propagation mondiale d'un eumycète parasite, le Chytridiomycète *Batrachochytrium dendrobatidis*, serait à l'origine de cette disparition massive. Vance Vredenburg et ses collègues, de la San Francisco State University, ont montré que la population d'une espèce de grenouilles (*Rana muscosa*) s'est effondrée lorsque le Chytridiomycète a envahi la région de Sixty Lake Basin, en Californie. Avant l'introduction du Chytridiomycète, en 2004, les lacs de cette région abritaient une population de 2 325 grenouilles. En 2009, elles n'étaient plus que 38. Toutes les grenouilles survivantes vivaient dans les deux lacs (en jaune sur la carte) que les chercheurs avaient traités à l'aide d'un fongicide pour réduire l'action néfaste du parasite.

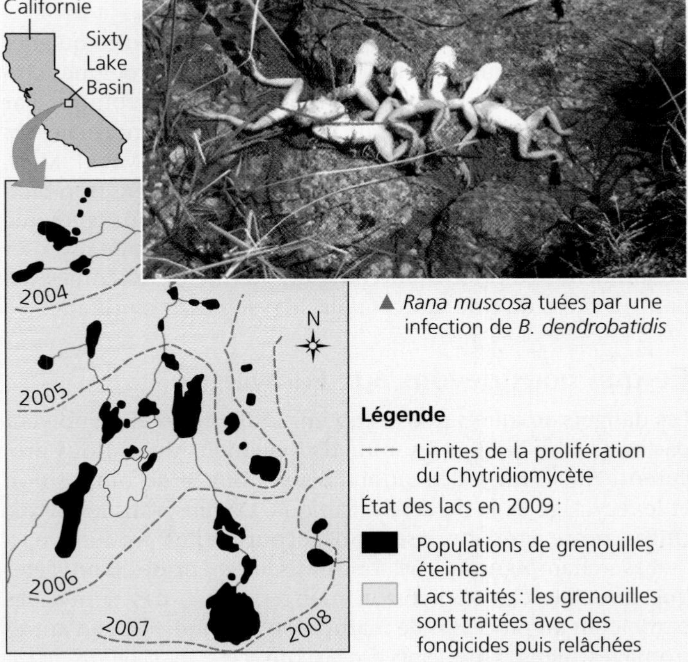

▲ *Rana muscosa* tuées par une infection de *B. dendrobatidis*

POURQUOI C'EST IMPORTANT Partout dans le monde, plus du tiers des espèces d'Amphibiens subissent un grave déclin de leurs populations. Il est essentiel de connaître les causes de ce déclin si nous voulons prévenir la disparition de ces animaux. De plus, dans la mesure où 60 % des maladies dont souffrent les humains proviennent de maladies sévissant chez d'autres animaux, nous avons tout intérêt à connaître les nouvelles souches qui frappent les Amphibiens.

POUR EN SAVOIR PLUS V. T. Vredenburg *et al.*, Large-scale amphibian die-offs driven by the dynamics of an emerging infectious disease, *Proceedings of the National Academy of Sciences* 107 : 9689-9694 (2010) ; P. Philipon, Déclin des amphibiens : un premier pas d'école, *La Recherche* 345 (2001).

Pour des informations sur les différentes espèces d'amphibiens du Québec et pour participer à leur protection : http ://www.atlasamphibiensreptiles.qc.ca

ET SI ? Les données indiquent-elles que le Chytridiomycète est la *cause* du déclin des populations de grenouilles ou que sa présence est *corrélée* avec ce déclin ? Expliquez votre réponse.

que *B. dendrobatidis* ait fait son apparition récemment avant de se répandre autour du monde en décimant de nombreuses populations d'Amphibiens.

Le terme général sous lequel on groupe les infections fongiques est **mycose**. Chez les humains, les dermatomycoses comprennent notamment la teigne, qui se caractérise par l'apparition de lésions circulaires sur la peau. Les Ascomycètes responsables de la teigne peuvent infecter n'importe quelle partie de l'épiderme. Mais ils s'attaquent le plus souvent aux pieds, où ils provoquent des démangeaisons intenses et des vésicules, une affection qu'on appelle pied d'athlète. En dépit de leur très haut risque de transmission, la teigne et le pied d'athlète se traitent avec diverses lotions et poudres fongicides.

Les mycoses systémiques, qui s'étendent à tout l'organisme, sont très dangereuses. La contamination débute habituellement par l'inhalation de spores. Parmi ces mycoses redoutables figure la coccidioïdomycose, causée par *Coccidioides immitis*, dont les symptômes ressemblent à ceux de la tuberculose. En Amérique du Nord, des centaines de personnes atteintes en mouraient chaque année si elles n'étaient pas traitées au moyen de médicaments antifongiques.

Certaines mycoses sont opportunistes, c'est-à-dire qu'elles ne surviennent que lorsque l'équilibre microbiologique, chimique ou immunologique de l'organisme est rompu. Par exemple, *Candida albicans* fait partie de la flore normale des épithéliums humides, comme celui qui tapisse le vagin. Mais, dans certaines circonstances, cette levure peut croître trop rapidement et devenir pathogène, causant des infections telles que les vaginites. Le nombre d'infections opportunistes, de mycoses notamment, s'est accru au cours des dernières décennies, en partie à cause du sida, qui affaiblit le système immunitaire.

Ce que nous devons aux Eumycètes

Les dangers auxquels nous exposent les Eumycètes ne doivent pas nous faire oublier les immenses bienfaits qu'ils nous procurent. Ainsi, nous dépendons d'eux pour la décomposition et le recyclage de la matière organique. De plus, sans les mycorhizes, notre agriculture serait beaucoup moins productive.

Les «champignons» ne sont pas seulement des Eumycètes que nous aimons apprêter et manger. Ainsi, des Eumycètes participent au processus de maturation du roquefort et d'autres fromages bleus. Une espèce d'Ascomycète, *Aspergillus niger*, produit l'acide citrique qui entre dans la composition des colas et sodas. Les morilles et les truffes, qui constituent les appareils sporifères comestibles de divers Ascomycètes, sont grandement appréciées pour leurs saveurs complexes (voir la figure 31.16). Un kilogramme de ces Eumycètes peut valoir des centaines, voire des milliers de dollars sur le marché. Dans la nature, les truffes dégagent une odeur forte qui attire certains animaux et insectes. Ces derniers déterrent alors les truffes et en dispersent les spores. Parfois, l'odeur imite celle des phéromones (des substances attractives sexuelles) de certains mammifères. Plusieurs espèces de truffes d'Europe imitent les phéromones que sécrètent les porcs; c'est pourquoi on utilise des truies pour débusquer ces précieux champignons.

Depuis des milliers d'années, les humains manipulent les levures pour fabriquer des boissons alcoolisées et du pain. En milieu anaérobie, des levures transforment les sucres en alcool et en CO_2, dont les petites bulles font lever la pâte. Toutefois, l'obtention, à partir des levures en question, de cultures pures dont on maîtrise mieux l'usage est relativement récente. De tous les Eumycètes de culture, c'est la levure *Saccharomyces cerevisiae* qui est la plus importante (voir la figure 31.7). Elle compte de nombreuses souches entrant dans la fabrication du pain et de la bière.

De nombreux Eumycètes possèdent une valeur inestimable en médecine. Par exemple, on extrait des ergots de seigle un composé permettant de réduire l'hypertension artérielle et de juguler les hémorragies consécutives aux accouchements. Certains Eumycètes produisent des antibiotiques indispensables au traitement des infections bactériennes. D'ailleurs, le premier antibiotique qui a été découvert, la pénicilline, est fabriqué par une moisissure commune nommée *Penicillium notatum* (**figure 31.27**). L'industrie pharmaceutique compte bien des médicaments obtenus à partir des Eumycètes, notamment les statines (pour réduire le cholestérol) et la cyclosporine, un agent immunosuppresseur utilisé pour empêcher le rejet d'un organe après une transplantation.

Les Eumycètes occupent aussi une place importante dans la recherche. La levure *Saccharomyces cerevisiae* sert à étudier la génétique moléculaire des Eucaryotes, car ses cellules sont faciles à cultiver et à manipuler. L'examen des interactions entre les gènes homologues chez *S. cerevisiae* permet aux scientifiques de mieux comprendre le rôle des gènes associés à des affections comme la maladie de Parkinson et d'autres maladies qui touchent les humains.

Les travaux réalisés avec certains eumycètes génétiquement modifiés sont très prometteurs. Bien qu'elles puissent produire certaines protéines utiles, des bactéries comme *Escherichia coli* sont incapables de synthétiser les glycoprotéines, car elles ne contiennent pas les enzymes nécessaires à la fixation des glucides aux protéines. Or, les Eumycètes, eux, en produisent. En 2003, des scientifiques ont réussi à créer une souche de *S. cerevisiae* capable de synthétiser des glycoprotéines humaines, dont un facteur de croissance analogue à l'insuline. Ces glycoprotéines permettront peut-être de traiter les personnes atteintes de maladies inhibant la production de tels composés. Entre-temps, des chercheurs ont effectué le séquençage des 30 millions de paires de bases du génome

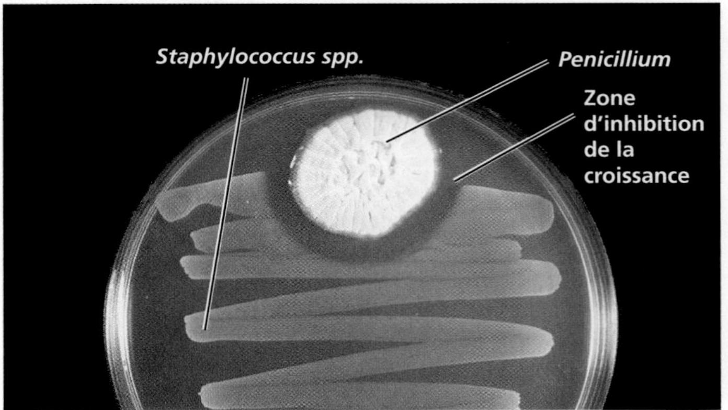

▲ **Figure 31.27 La production d'un antibiotique par la moisissure *Penicillium notatum*.** Dans cette boîte de Petri, la région transparente située entre la moisissure et les colonies bactériennes (*Staphylococcus spp.*) montre l'inhibition de croissance attribuable à l'antibiotique produit par *Penicillium notatum*.

de *Phanerochaete chrysosporium*, un Basidiomycète digérant le bois, aussi connu sous le nom de pourriture blanche. Ils espèrent décoder les voies métaboliques conduisant à la dégradation du bois afin de mettre au point de nouveaux procédés de fabrication de la pâte à papier.

Notre survol du règne des Eumycètes est maintenant terminé. Les derniers chapitres de la présente partie seront consacrés à l'étude du règne frère des Eumycètes, celui des Animaux, auquel appartiennent les humains.

RETOUR SUR LE CONCEPT 31.5

1. Les algues présentes dans les lichens tirent des avantages de leur association avec des Eumycètes. Nommez-en quelques-uns.
2. Quelles caractéristiques des Eumycètes pathogènes contribuent à l'efficacité de leur propagation ?
3. **ET SI ?** En quoi la Terre serait-elle différente de ce qu'elle est aujourd'hui si les associations mutualistes entre les Eumycètes et d'autres organismes n'avaient jamais évolué ?

Voir les réponses proposées à la fin du chapitre.

RÉVISION DU CHAPITRE 31

RÉSUMÉ DES CONCEPTS CLÉS

CONCEPT 31.1

Les Eumycètes sont des organismes hétérotrophes qui se nourrissent par absorption (p. 739 à 742)

- Tous les **Eumycètes**, y compris les décomposeurs et les symbiontes, sont des organismes hétérotrophes qui se nourrissent par absorption. Nombre d'entre eux sécrètent des enzymes qui décomposent les molécules complexes en des molécules plus petites qu'ils peuvent absorber.
- La plupart des Eumycètes croissent en formant des filaments multicellulaires appelés **hyphes** ; un nombre relativement restreint d'Eumycètes prennent la forme de **levures** unicellulaires. Dans leur forme multicellulaire, les Eumycètes se composent d'un **mycélium**, un réseau d'hyphes ramifiées adapté à la nutrition par absorption. Les Eumycètes mycorhiziens présentent des hyphes spécialisées leur permettant de former des associations symbiotiques avec des Végétaux.

? *En quoi la morphologie des Eumycètes multicellulaires contribue-t-elle à l'absorption efficace des nutriments ?*

CONCEPT 31.2

Les Eumycètes produisent des spores au cours de cycles de développement sexués ou asexués (p. 742 à 744)

- Le cycle sexuel de développement comporte une fusion cytoplasmique (**plasmogamie**), puis une fusion nucléaire (**caryogamie**) au cours de laquelle intervient une phase hétérocaryote (noyaux haploïdes reçus des deux parents). Les cellules diploïdes issues de la caryogamie ont une courte durée de vie et subissent rapidement la méiose, qui produit des **spores** haploïdes.
- De nombreux Eumycètes peuvent se reproduire de façon asexuée par filaments ou sous forme de levures. Les données tirées des séquences d'ADN permettent maintenant aux mycologues de classifier tous les Eumycètes, même ceux auxquels on ne connaît aucun stade sexué.

FAITES UN DESSIN *Illustrez le cycle de développement d'un Eumycète, en indiquant les stades de reproduction asexuée et sexuée, la plasmogamie, la caryogamie et les points de production des spores et du zygote.*

CONCEPT 31.3

L'ancêtre des Eumycètes était un Protiste aquatique, unicellulaire et flagellé (p. 744 et 745)

- Des preuves dérivées de la phylogenèse moléculaire appuient l'hypothèse selon laquelle les Eumycètes et les Animaux divergent d'un ancêtre commun unicellulaire et flagellé.
- Les Microsporidies, des parasites unicellulaires, semblent provenir d'une lignée d'Eumycètes ayant divergé tôt.
- Les Eumycètes, incluant les espèces qui formaient des associations symbiotiques avec des Végétaux primitifs, comptent parmi les premiers organismes à avoir colonisé la terre ferme.

? *La multicellularité est-elle apparue indépendamment chez les Eumycètes et les Animaux ? Expliquez votre réponse.*

CONCEPT 31.4

L'évolution des Eumycètes a produit un ensemble diversifié de lignées (p. 745 à 752)

Embranchement	Caractère distinctif sur le plan de la morphologie et du cycle de développement
Chytridiomycètes	Spores flagellées
Zygomycètes	Zygosporange résistant (stade sexué)
Gloméromycètes	Mycorhizes à arbuscules
Ascomycètes	Spores sexuées (ascospores) contenues dans des structures en forme de sac appelées asques ; production d'un grand nombre de spores asexuées (conidies)
Basidiomycètes	Appareil sporifère complexe (basidiocarpe) contenant de nombreuses basides produisant des spores sexuées (basidiospores)

FAITES UN DESSIN *Tracez un arbre phylogénétique qui montre les liens entre les cinq grands groupes d'Eumycètes.*

CONCEPT 31.5

Les Eumycètes tiennent des rôles clés dans le recyclage des nutriments, les interactions écologiques et le bien-être des humains (p. 752 à 757)

- Les Eumycètes jouent un rôle essentiel dans le recyclage des éléments chimiques qui circulent entre le monde du vivant et celui du non-vivant.
- Certains **endophytes** contribuent à protéger les végétaux des herbivores et des agents pathogènes, alors que d'autres aident certains animaux à digérer des tissus végétaux. Les **Lichens** sont des associations symbiotiques fortement intégrées entre des Eumycètes et des Algues ou des Cyanobactéries.
- Environ 30 % de toutes les espèces d'Eumycètes connues sont des parasites qui infestent surtout des végétaux. Certains Eumycètes causent aussi des maladies chez les animaux.
- Les humains consomment un grand nombre d'Eumycètes et en utilisent d'autres pour fabriquer des fromages, des boissons alcoolisées et du pain. Les antibiotiques produits par certains Eumycètes servent à traiter des infections bactériennes. Des recherches d'ordre génétique portant sur les Eumycètes débouchent sur des applications dans le domaine de la biotechnologie.

? *Présentez en résumé l'importance des Eumycètes selon qu'ils sont décomposeurs, mutualistes ou pathogènes.*

ÉVALUATION

NIVEAU 1: CONNAISSANCES ET COMPRÉHENSION

1. Tous les Eumycètes sont:
a) symbiotiques.
b) hétérotrophes.
c) flagellés.
d) pathogènes.
e) décomposeurs.

2. Quelle caractéristique des Chytridiomycètes avalise l'hypothèse voulant qu'ils aient été les premiers des Eumycètes à diverger?
a) L'absence de chitine dans la paroi cellulaire.
b) Les hyphes cénocytiques.
c) Les spores flagellées.
d) La formation de zygosporanges résistants.
e) Le mode de vie parasitaire.

3. Quelles cellules ou structures sont associées à la reproduction asexuée chez certains Eumycètes?
a) Les ascospores.
b) Les basidiospores.
c) Les conidiophores.
d) Les zygosporanges.
e) Les ascocarpes.

4. Le symbionte photosynthétique d'un lichen est généralement:
a) Une mousse.
b) Une algue verte.
c) Une algue brune.
d) Un ascomycète.
e) Un petit végétal vasculaire.

5. Parmi les organismes suivants, lesquels sont soupçonnés d'être les plus proches parents des Eumycètes?
a) Les Animaux.
b) Les Vasculaires.
c) Les Mousses.
d) Les Algues brunes.
e) Les Myxomycètes.

NIVEAU 2: APPLICATION ET ANALYSE

6. La nature filamenteuse du mycélium est une adaptation bénéfique qui sert principalement à:
a) produire des suçoirs en vue de parasiter d'autres organismes.
b) empêcher la reproduction sexuée jusqu'à ce que le milieu soit favorable.
c) coloniser n'importe quel milieu terrestre.
d) augmenter les chances de contact entre les types sexuels différents.
e) augmenter la surface de croissance et d'absorption de nourriture.

7. INTÉGRATION

FAITES UN DESSIN *Dichanthelium languinosum*, une Graminée, vit dans les sols chauds et héberge un eumycète endophyte du genre *Curvularia*. Regina Redman, de la Montana State University, et ses collègues ont réalisé des expériences sur le terrain pour évaluer l'impact de *Curvularia* sur la tolérance de cette Graminée à la chaleur. Les chercheurs ont cultivé des plantes avec (E+) et sans (E−) endophytes *Curvularia* dans des sols maintenus à différentes températures; ils ont mesuré la masse des plants et le nombre de nouvelles pousses qu'ils produisaient. Dessinez un diagramme à bandes qui présente la masse des plants selon la température, puis interprétez-le.

Température du sol	Présence de *Curvularia*	Biomasse (g)	Nombre de nouvelles pousses
30 °C	E −	16,2	32
	E +	22,8	60
35 °C	E −	21,7	43
	E +	28,4	60
40 °C	E −	8,8	10
	E +	22,2	37
45 °C	E −	0	0
	E +	15,1	24

Source: R. S. Redman *et al.*, Thermotolerance generated by plant/fungal symbiosis, *Science* 298: 1581 (2002).

NIVEAU 3: SYNTHÈSE ET ÉVALUATION

8. LIEN AVEC L'ÉVOLUTION

On croit que les différents embranchements du règne des Eumycètes ont subi indépendamment plusieurs transformations qui ont abouti à la symbiose mutualiste eumycète-algue chez les Lichens. Toutefois, il est possible de diviser les Lichens en trois groupes bien définis, selon leur forme de croissance (voir la figure 31.23). Quelles recherches entreprendriez-vous pour vérifier les deux hypothèses suivantes?

Hypothèse 1: Les Lichens de formes crustacée, foliacée et fruticuleuse constituent trois groupes monophylétiques.

Hypothèse 2: Chacune des trois formes de croissance représente un cas d'évolution convergente d'Eumycètes appartenant à des taxons différents.

9. ÉCRIVEZ UN TEXTE

Les propriétés émergentes Comme nous l'avons vu dans ce chapitre, les Eumycètes forment depuis longtemps des associations symbiotiques avec les végétaux et les algues. Dans un court texte (de 100 à 150 mots), décrivez comment ces deux types d'associations peuvent conduire à l'émergence de propriétés au sein de communautés biologiques.

RÉPONSES DU CHAPITRE 31

Questions des figures

Figure 31.2 L'ADN de chacun de ces champignons sera identique s'ils font tous partie du même mycélium, ce qui est fort probable. **Figure 31.16** L'une des deux preuves suivantes (ou les deux) s'applique à toutes les espèces d'Ascomycètes: les analyses d'ADN révéleraient que cet eumycète fait partie du clade des Ascomycètes; des aspects de son cycle de développement indiqueraient qu'il s'agit d'un ascomycète (par exemple, il produirait des asques et des ascospores). **Figure 31.21** Vous pourriez constituer deux groupes témoins, soit E− P− et E+ P−. Il serait possible de comparer les résultats du groupe témoin E− P− avec ceux du groupe expérimental E− P+, tandis que les résultats du groupe témoin E+ P− pourraient être comparés avec ceux du groupe E+P+. Ensemble, ces deux comparaisons permettraient de déterminer si l'introduction de l'agent pathogène entraîne une augmentation de la mortalité foliaire. Vous pourriez aussi comparer les résultats du groupe E− P− à ceux du deuxième groupe témoin (E+ P−) pour déterminer si l'ajout des endophytes produit un effet négatif sur la plante. **Figure 31.26** La correspondance entre l'arrivée du Chytridiomycète dans la région et le brusque déclin des populations de grenouilles donne fortement à penser que cet eumycète est la cause du déclin et non seulement que sa venue est corrélée avec ce dernier. Le fait que les seules grenouilles encore vivantes en 2009 se trouvaient dans des lacs ayant été traités à l'aide de fongicides appuie d'autant plus la relation causale.

Retour sur le concept 31.1

1. Les Eumycètes et les humains sont hétérotrophes. De nombreux eumycètes sécrètent des enzymes qui digèrent les nutriments qui se trouvent encore dans l'environnement; ensuite, ils absorbent les petites molécules issues de cette digestion. D'autres eumycètes absorbent de telles petites molécules provenant directement de l'environnement. Pour leur part, les humains (et la plupart des autres animaux) ingèrent des morceaux d'aliments relativement gros et les digèrent à l'intérieur de leur organisme. **2.** L'ancêtre de cet eumycète mutualiste sécrétait probablement des enzymes assez puissantes pour digérer le corps de son hôte. Puisque ce type d'enzymes nuirait à un hôte vivant, on peut penser que l'eumycète mutualiste en question ne produirait pas ces enzymes ou qu'il en limiterait la sécrétion et l'utilisation. **3.** Le carbone qu'absorbe la plante par les stomates est fixé sous forme de glucose par photosynthèse. Une partie du glucose est absorbée par l'eumycète partenaire de la plante pour former des mycorhizes; le reste est transporté dans les autres parties de la plante. Le carbone peut donc se déposer dans le corps de la plante ou dans celui de l'eumycète.

Retour sur le concept 31.2

1. Chez les Eumycètes, le stade haploïde domine la majorité du cycle de développement. Chez les humains, c'est le stade diploïde qui l'emporte. **2.** Les deux champignons sont peut-être des structures reproductrices appartenant au même mycélium (au même organisme). Ils peuvent aussi appartenir à deux organismes distincts issus d'un seul parent qui se serait reproduit de manière asexuée, d'où la similitude de leur information génétique.

Retour sur le concept 31.3

1. Les données génétiques indiquent que les Eumycètes, les Protistes qui leur sont apparentés et les Animaux forment un clade, celui des Opisthochontes. De plus, les Eumycètes de la lignée qu'on croit être celle ayant divergé le plus tôt, les Chytridiomycètes, portent des flagelles postérieurs, comme la plupart des Opisthochontes. Il se pourrait donc que les autres lignées d'Eumycètes aient perdu leurs flagelles après avoir divergé de la lignée des Chytridiomycètes. **2.** La présence de mycorhizes indique que les Eumycètes avaient déjà établi des relations mutualistes avec des végétaux à l'époque de la fossilisation des premiers Végétaux vasculaires. **3.** Les Eumycètes sont hétérotrophes. Avant la colonisation des milieux terrestres par les Végétaux, les eumycètes terrestres auraient vécu au même endroit que d'autres organismes (ou leurs restes), et ceux-ci auraient été leur source de nourriture. Ils auraient donc pu se nourrir de procaryotes ou de protistes vivant sur la terre ferme ou près de l'eau, mais pas des végétaux ou des animaux dont se nourrissent aujourd'hui de nombreux eumycètes.

Retour sur le concept 31.4

1. Les spores flagellées; des données moléculaires semblent en outre indiquer que les Chytridiomycètes constituent une lignée d'Eumycètes ayant divergé tôt. **2.** Exemples de réponses possibles: Chez les Zygomycètes, le zygosporange résistant, aux parois épaisses, peut supporter des conditions inhospitalières; lorsque les conditions du milieu sont favorables à la reproduction, les zygospores subissent la caryogamie et la méiose. Au moyen de leurs hyphes spécialisées, les Gloméromycètes forment des mycorhizes à arbuscules qui s'associent aux racines des végétaux. Chez les Ascomycètes, les spores asexuées (les conidies) sont souvent produites aux extrémités des conidiophores où elles forment des chaînes ou des grappes que le vent disperse facilement. Généralement en forme de coupe, les ascocarpes portent des appareils sporifères appelés asques. Chez les Basidiomycètes, le basidiocarpe soutient et protège une grande surface de basides d'où se détachent les spores qui seront dispersées. **3.** Un changement de cet ordre dans le cycle de développement d'un Ascomycète réduirait le nombre et la diversité génétique des ascospores produites à la suite d'une union d'une hyphe et d'une conidie de type sexuel opposé. Le nombre d'ascospores diminuerait parce que cet événement ne pourrait conduire qu'à la formation d'un seul asque. La diversité génétique des ascospores s'affaiblirait également parce que chez les Ascomycètes chaque union d'hyphes de type sexuel opposé mène à la formation d'asques par plusieurs cellules dicaryotes différentes. Par conséquent, la recombinaison génétique et la méiose se produisent à des moments différents, indépendamment l'une de l'autre, ce qui ne pourrait se produire si un seul asque était formé. On peut également penser que si un tel Ascomycète formait un ascocarpe, la forme de ce dernier serait considérablement différente de celle de ses parents proches.

Retour sur le concept 31.5

1. Un milieu qui favorise la croissance, la rétention de l'eau et des minéraux, une protection contre les rayons intenses du Soleil et les prédateurs. **2.** La résistance de leurs spores leur permet de se propager chez l'hôte au moyen de divers mécanismes; grâce à leur capacité de croître rapidement dans un nouvel environnement favorable, ils sont en mesure de tirer profit des ressources de leur hôte. **3.** Plusieurs scénarios sont envisageables. Les organismes qui forment aujourd'hui des associations mutualistes avec des Eumycètes pourraient avoir acquis des aptitudes à accomplir eux-mêmes des tâches qui incombent actuellement à leurs partenaires, ou ils auraient peut-être établi une relation mutualiste avec d'autres organismes (des bactéries, par exemple). On peut aussi imaginer que des organismes qui ont aujourd'hui une relation mutualiste avec des Eumycètes auraient plus de difficulté à vivre dans leur environnement actuel. La colonisation des milieux terrestres par les Végétaux, par exemple, aurait peut-être été plus ardue. Et si les Végétaux avaient réussi à coloniser les milieux terrestres sans l'aide des Eumycètes mutualistes, la sélection naturelle aurait peut-être favorisé les plantes qui développent des systèmes racinaires plus ramifiés et plus étendus (de façon à remplacer partiellement les mycorhizes).

Questions du résumé des concepts clés

31.1 Le corps d'un eumycète multicellulaire est généralement formé de minces filaments appelés hyphes. Ces filaments forment une masse enchevêtrée (le mycélium) qui pénètre dans le substrat sur lequel cet eumycète croît et se nourrit. La finesse des filaments maximise le rapport entre la surface et le volume du mycélium.

31.2

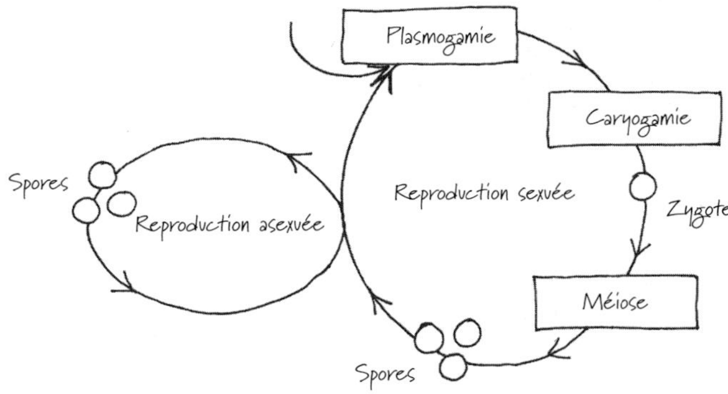

31.3 Les analyses phylogénétiques montrent que les Eumycètes et les Animaux sont plus étroitement apparentés qu'ils ne le sont aux autres Eucaryotes multicellulaires (comme les Végétaux ou les Algues multicellulaires). Ces analyses montrent aussi que les Eumycètes présentent des liens plus étroits avec les Nucleariidae, des Protistes unicellulaires, qu'avec les Animaux. Mais ces derniers présentent des liens plus étroits avec les Choanoflagellés, un autre groupe de Protistes unicellulaires, qu'avec les Eumycètes. Ces résultats combinés permettent d'affirmer que la multicellularité a évolué de façon indépendante chez les Eumycètes et les Animaux, depuis des ancêtres unicellulaires différents.

31.4

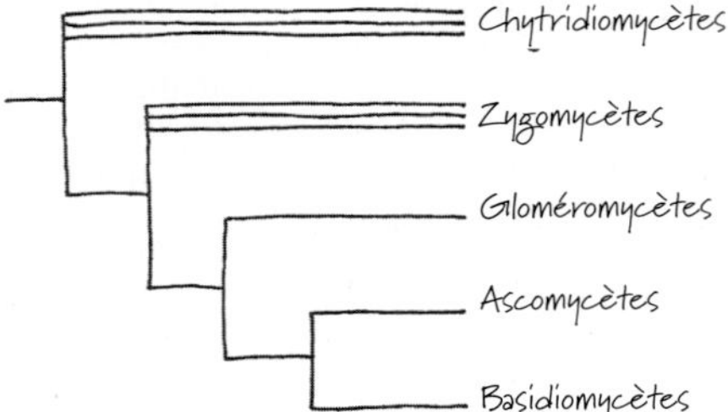

31.5 En décomposant les débris d'organismes morts, les Eumycètes recyclent des éléments entre les environnements vivants et non vivants. Sans l'action des bactéries et des eumycètes décomposeurs, des nutriments essentiels resteraient emprisonnés dans la matière organique, et la vie telle que nous la connaissons cesserait. Le rôle clé des eumycètes mutualistes prend de nombreuses formes, dont les associations mycorhiziennes avec les végétaux. En améliorant la croissance et la survie des végétaux, ces associations influent indirectement sur les nombreuses autres espèces (y compris l'espèce humaine) dont la survie dépend des végétaux. Les eumycètes pathogènes nuisent à d'autres espèces. Dans certains cas, ils ont provoqué le déclin des populations hôtes sur de vastes régions, comme ce fut le cas pour l'orme d'Amérique.

ÉVALUATION

1. b; **2.** c; **3.** c; **4.** b; **5.** a; **6.** e;

7.

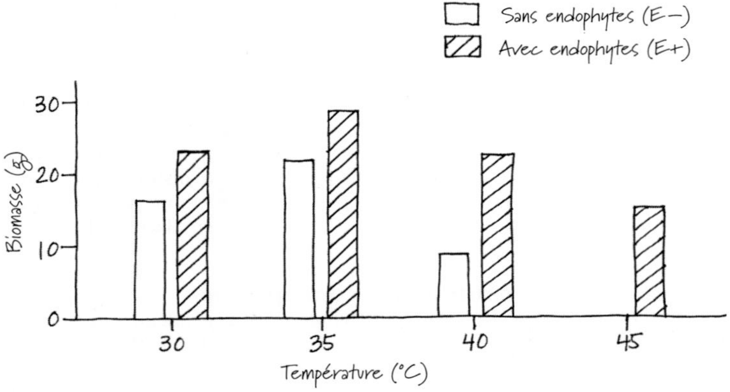

Comme en témoignent les données brutes et le diagramme, les herbacées avec endophytes (E+) produisent plus de nouvelles pousses que les herbacées sans endophytes (E−); de plus, leur biomasse est plus élevée. Ces différences sont particulièrement prononcées lorsque la température du sol atteint 45 °C: les herbacées (E−) ne produisent alors aucune nouvelle pousse et leur biomasse est nulle (ce qui signifie qu'elles sont mortes).

32

La diversité des Animaux : un aperçu

▲ **Figure 32.1 Lesquels de ces organismes sont des animaux ?**

CONCEPTS CLÉS

32.1 Les Animaux sont des organismes eucaryotes multicellulaires et hétérotrophes, dont les tissus se développent à partir de feuillets embryonnaires

32.2 L'histoire des Animaux couvre plus d'un demi-milliard d'années

32.3 Les Animaux peuvent être classés selon leurs « plans d'organisation corporelle »

32.4 Des données moléculaires mènent à de nouveaux points de vue sur la phylogenèse des Animaux

INTRODUCTION

Bienvenue chez vous

À la lecture des derniers chapitres, vous vous êtes peut-être senti comme un étranger au milieu d'organismes assez mal connus, comme les Myxomycètes, les Psilotes et les Ascomycètes. Le sujet que nous abordons maintenant vous est sans doute plus familier, car il s'agit du règne des Animaux, dont vous faites bien sûr partie. Or, la diversité des Animaux est loin de se limiter aux humains ou même aux chiens, aux chats, aux oiseaux et aux autres animaux que nous côtoyons régulièrement. Ainsi, les divers organismes de la **figure 32.1** sont tous des animaux, même ceux qui semblent présenter des branches, des tiges épaisses ou des feuilles. À ce jour, les biologistes ont répertorié 1,3 million d'espèces animales existantes. Les estimations du nombre total de ces espèces atteignent cependant des chiffres beaucoup plus élevés. Cette vaste diversité s'étend à une gamme extraordinaire de variations morphologiques s'appliquant à des organismes aussi différents que les coraux, les cancrelats et les crocodiles.

Avec le présent chapitre commence une exploration du règne des Animaux qui se poursuivra dans les deux chapitres suivants. Nous allons examiner les caractéristiques communes à tous les Animaux ainsi que celles qui distinguent les groupes taxinomiques auxquels ils appartiennent. Cette information est indispensable pour comprendre la phylogenèse des Animaux, un domaine où les recherches et les débats suscitent beaucoup d'intérêt, comme nous le verrons plus loin.

CONCEPT 32.1

Les Animaux sont des organismes eucaryotes multicellulaires et hétérotrophes, dont les tissus se développent à partir de feuillets embryonnaires

Il n'est pas simple d'énumérer les caractéristiques communes à tous les Animaux. En effet, on rencontre des exceptions à presque tous les critères qui permettent de distinguer les Animaux des autres organismes. Par exemple, on serait peut-être porté à considérer la mobilité comme un caractère commun à tous les Animaux : pourtant, les Éponges ne sont pas mobiles. Malgré tout, les Animaux présentent plusieurs caractéristiques qui, lorsqu'elles sont considérées en bloc, permettent d'établir une définition acceptable.

Le mode de nutrition

Le mode de nutrition des Animaux diffère de ceux des Végétaux et des Eumycètes. Les Végétaux sont des Eucaryotes autotrophes capables de produire des molécules organiques au moyen de la photosynthèse. Les Eumycètes, eux, sont des hétérotrophes qui croissent sur leurs nutriments, ou près d'eux, et qui s'en nourrissent par absorption (souvent après avoir sécrété des enzymes qui digèrent la nourriture à l'extérieur de leur organisme). Contrairement aux Végétaux, les Animaux sont incapables de fabriquer la totalité de leurs propres molécules organiques, de sorte que, dans la plupart des cas, ils les ingèrent soit en d'autres organismes vivants, soit en consommant des matières organiques non vivantes. De plus, les Animaux se distinguent des Eumycètes par le fait qu'ils ne se nourrissent pas par absorption et qu'ils utilisent des enzymes pour digérer leurs aliments après les avoir ingérés.

La structure et la spécialisation des cellules

Les Animaux sont des organismes eucaryotes et multicellulaires, comme les Végétaux et la plupart des Eumycètes. Toutefois, contrairement aux cellules des Végétaux et des Eumycètes, les cellules animales ne s'entourent pas d'une paroi renforçant la structure de l'organisme. Le corps des Animaux doit plutôt sa cohésion à une variété de protéines externes à la membrane cellulaire qui unissent les cellules les unes aux autres (voir la figure 6.30, p. 131). La plus abondante de ces protéines est le collagène, que l'on n'observe que chez les Animaux.

Par ailleurs, de nombreux Animaux présentent deux formes spécialisées de cellules dont les autres organismes multicellulaires sont dépourvus: les cellules musculaires et les cellules nerveuses. Chez la plupart des Animaux, ces cellules forment des **tissus**, qui sont des groupes de cellules ayant une structure ou une fonction commune, ou les deux. Les tissus musculaires et les tissus nerveux sont respectivement responsables du mouvement et de la conduction des influx nerveux. Ces deux aptitudes sont à l'origine de nombreuses adaptations qui distinguent les Animaux des Végétaux et des Eumycètes. Aussi les cellules musculaires et nerveuses sont-elles fondamentales dans le mode de vie des Animaux.

La reproduction et le développement

La plupart des Animaux se reproduisent de façon sexuée, et c'est habituellement le stade diploïde qui prédomine au cours de leur cycle de développement. Durant le stade haploïde, les spermatozoïdes et les ovules sont produits directement par division méiotique, contrairement à ce qu'on observe chez les Végétaux et les Eumycètes (voir la figure 13.6, p. 286). Chez la majorité des espèces animales, un petit spermatozoïde flagellé féconde un ovule plus gros qui ne se déplace pas par lui-même; cela donne un zygote diploïde. Le zygote subit ensuite une série de divisions cellulaires mitotiques appelée **segmentation**. Au cours du développement de la plupart des Animaux, la segmentation aboutit à la formation d'un stade multicellulaire appelé **blastula**, qui prend souvent la forme d'une sphère creuse (**figure 32.2**). Vient ensuite la **gastrulation**, pendant laquelle se développent les feuillets de tissus embryonnaires destinés à former les diverses parties de l'organisme adulte. Le stade de développement qui lui est associé est appelé **gastrula**.

Bien que certains Animaux, dont les humains, passent directement au stade adulte, un grand nombre doivent d'abord passer par des stades larvaires. La **larve** est une forme sexuellement immature. Sa morphologie, ses besoins nutritifs et parfois même son habitat diffèrent de ceux de l'adulte, comme on peut l'observer chez la larve aquatique d'un moustique ou d'une libellule. La larve subit finalement une **métamorphose**, qui transforme l'animal en un adulte immature, c'est-à-dire sans la maturité sexuelle.

Quoique la morphologie des Animaux adultes varie considérablement d'une espèce à l'autre, les gènes qui régissent leur développement sont les mêmes pour une grande variété de taxons. Tous les Animaux possèdent des gènes développementaux qui régulent l'expression d'autres gènes. Nombre de ces gènes régulateurs ont en commun des unités d'ADN de même séquence appelées *boîtes homéotiques* (voir le chapitre 21). La plupart des Animaux possèdent une famille de gènes uniques contenant des boîtes homéotiques, les gènes *Hox*. Les gènes *Hox* remplissent d'importantes fonctions dans le développement des embryons animaux, car ils régissent l'expression de douzaines, voire de centaines d'autres gènes qui influent sur la morphologie animale (voir le chapitre 25).

Les Éponges, qui comptent parmi les lignées d'Animaux modernes les plus simples, sont dépourvues de gènes *Hox*. Elles présentent néanmoins d'autres boîtes homéotiques qui influent sur leur forme, notamment celles qui régissent la

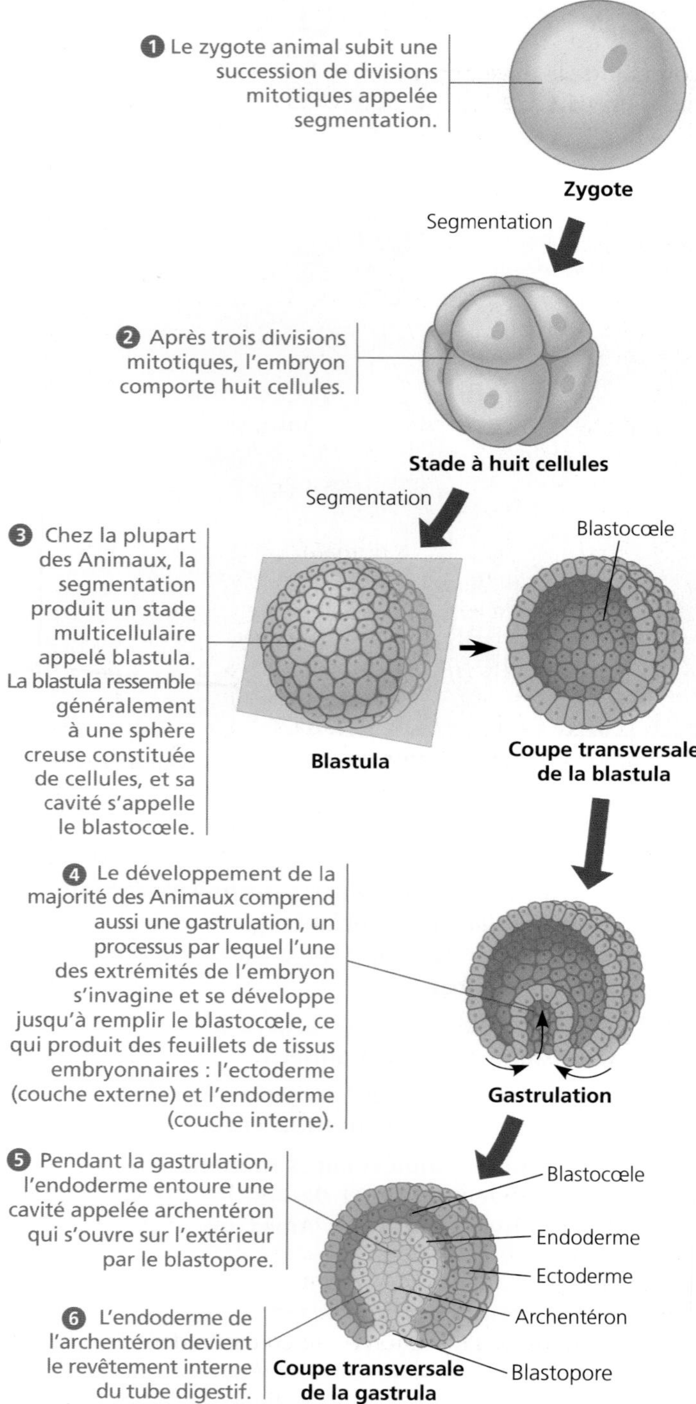

1 Le zygote animal subit une succession de divisions mitotiques appelée segmentation.
Zygote
Segmentation
2 Après trois divisions mitotiques, l'embryon comporte huit cellules.
Stade à huit cellules
Segmentation
3 Chez la plupart des Animaux, la segmentation produit un stade multicellulaire appelé blastula. La blastula ressemble généralement à une sphère creuse constituée de cellules, et sa cavité s'appelle le blastocœle.
Blastocœle
Blastula
Coupe transversale de la blastula
4 Le développement de la majorité des Animaux comprend aussi une gastrulation, un processus par lequel l'une des extrémités de l'embryon s'invagine et se développe jusqu'à remplir le blastocœle, ce qui produit des feuillets de tissus embryonnaires : l'ectoderme (couche externe) et l'endoderme (couche interne).
Gastrulation
5 Pendant la gastrulation, l'endoderme entoure une cavité appelée archentéron qui s'ouvre sur l'extérieur par le blastopore.
Blastocœle
Endoderme
Ectoderme
Archentéron
6 L'endoderme de l'archentéron devient le revêtement interne du tube digestif.
Coupe transversale de la gastrula
Blastopore

▲ **Figure 32.2 Les premiers stades du développement embryonnaire chez les Animaux.**

formation des pores inhalants qui percent leur paroi corporelle, ce qui constitue la principale caractéristique morphologique de ces organismes (voir la figure 33.4, p. 781). Chez les ancêtres d'Animaux plus complexes, la famille des gènes *Hox* est née de la duplication de gènes homéotiques primitifs. Avec le temps, la famille des gènes *Hox* a subi une série de duplications, de sorte que la « boîte à outils » servant à la régulation du développement offre un plus grand nombre de possibilités. Chez les Vertébrés, les Insectes et la plupart des autres Animaux, les gènes *Hox* régissent la structuration de l'axe antéropostérieur, ainsi que d'autres aspects du développement. C'est le même réseau génétique qui a subsisté et qui commande le développement de la mouche et de l'humain, en dépit de leurs évidentes différences et de leurs centaines de millions d'années d'évolution divergente.

RETOUR SUR LE CONCEPT 32.1

1. Résumez les principaux stades du développement des Animaux. Comment s'appelle la famille de gènes régulateurs dont le rôle est déterminant ?
2. **ET SI ?** Imaginez une plante qui, en plus d'être capable d'extraire des nutriments du sol et de réaliser la photosynthèse, pourrait chasser, capturer et digérer ses proies. Quelles caractéristiques animales devrait-elle présenter ?
3. **FAITES DES LIENS** Les humains présentent à peu près le même nombre d'ARN messagers (ARNm) que des Animaux qui, comme le tunicier (ci-dessous), ont une morphologie très simple et peu de neurones. En revanche, les humains présentent beaucoup plus de molécules de microARN (miARN) que ces animaux. Revoyez le concept 18.3 (p. 421 à 424), puis proposez une explication plausible de cette observation.

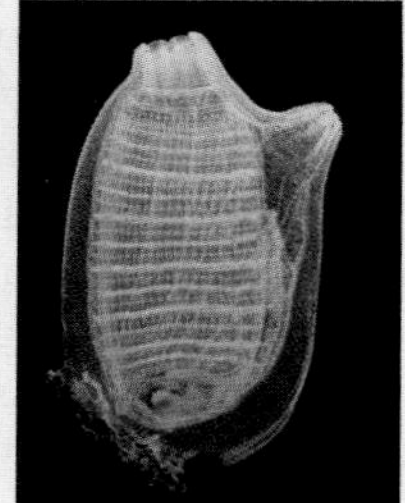

Voir les réponses proposées à la fin du chapitre.

CONCEPT 32.2

L'histoire des Animaux couvre plus d'un demi-milliard d'années

Le règne des Animaux s'étend non seulement à la grande diversité des espèces existantes, mais aussi à celle des espèces disparues, plus considérable encore. (Certains paléontologues estiment que 99 % de toutes les espèces animales sont disparues.) Diverses études montrent que cette grande diversification des Animaux s'est amorcée au cours du dernier milliard d'années. Par exemple, certaines estimations fondées sur les horloges moléculaires semblent indiquer que les ancêtres des Animaux ont divergé des ancêtres des Eumycètes il y a un milliard d'années. Les auteurs d'autres études semblables estiment que l'ancêtre commun des Animaux modernes aurait vécu il y a entre 800 et 675 millions d'années.

Pour savoir à quoi aurait pu ressembler cet ancêtre commun, les scientifiques ont cherché à identifier des groupes de Protistes étroitement apparentés aux Animaux. Comme le montre la **figure 32.3**, une combinaison de données morphologiques et moléculaires indique que les Choanoflagellés comptent parmi les plus proches parents vivants des Animaux. À partir de ces observations, les chercheurs ont posé l'hypothèse que l'ancêtre commun des Animaux vivants pourrait avoir été un suspensivore semblable aux Choanoflagellés modernes.

Nous consacrons cette section à l'examen des observations paléontologiques qui témoignent de l'évolution des Animaux depuis leur lointain ancêtre commun, au cours de quatre ères géologiques (consulter le tableau 25.1, à la page 595, pour revoir l'échelle géochronologique).

L'ère néoprotérozoïque (il y a entre 1 milliard et 542 millions d'années)

Bien que les données moléculaires indiquent que les Animaux seraient apparus plus tôt, les plus anciens fossiles macroscopiques d'animaux généralement reconnus datent de 565 à 550 millions d'années. Ces fossiles feraient partie d'un groupe primitif d'Eucaryotes multicellulaires à corps mou, portant collectivement le nom de **faune d'Ediacara**. Ils tiennent leur nom des collines d'Ediacara, en Australie, où les premiers fossiles ont été découverts (**figure 32.4**). Par la suite, on a trouvé des fossiles semblables sur d'autres continents. Certains sont ceux d'Éponges, cependant que d'autres semblent apparentés à des Cnidaires modernes. D'autres encore s'avèrent difficiles à classifier, car ils ne semblent pas présenter de liens évolutifs avec d'autres Animaux ou groupes d'Algues vivants.

En plus de ces fossiles macroscopiques, les roches du Néoprotérozoïque portent des signes microscopiques d'Animaux primitifs. Comme nous l'avons expliqué au chapitre 25, des microfossiles vieux de 575 millions d'années découverts en Chine semblent présenter l'organisation structurale de base des embryons des animaux actuels. Toutefois, les paléontologues ne s'entendent toujours pas sur la nature exacte des fossiles d'embryons, à savoir s'il s'agit d'Animaux ou de membres de groupes disparus étroitement apparentés à des Animaux (sans en être pour autant). Si l'on risque bien de découvrir des fossiles plus âgés dans les années à venir, dans l'état actuel des choses, les archives géologiques montrent que la fin du Néoprotérozoïque a été le théâtre d'une intensification de la diversité animale.

L'ère paléozoïque (il y a entre 542 et 251 millions d'années)

Une autre vague de diversification des Animaux s'est produite il y a entre 535 et 525 millions d'années, soit durant la période cambrienne de l'ère paléozoïque. Ce phénomène est appelé **explosion du Cambrien** (voir le chapitre 25). Dans les strates formées avant cet événement, on n'observe que quelques embranchements d'Animaux. Mais dans celles qui datent de la période comprise entre 535 et 525 millions d'années avant notre ère, des paléontologues ont découvert les plus anciens fossiles d'environ la moitié de tous les

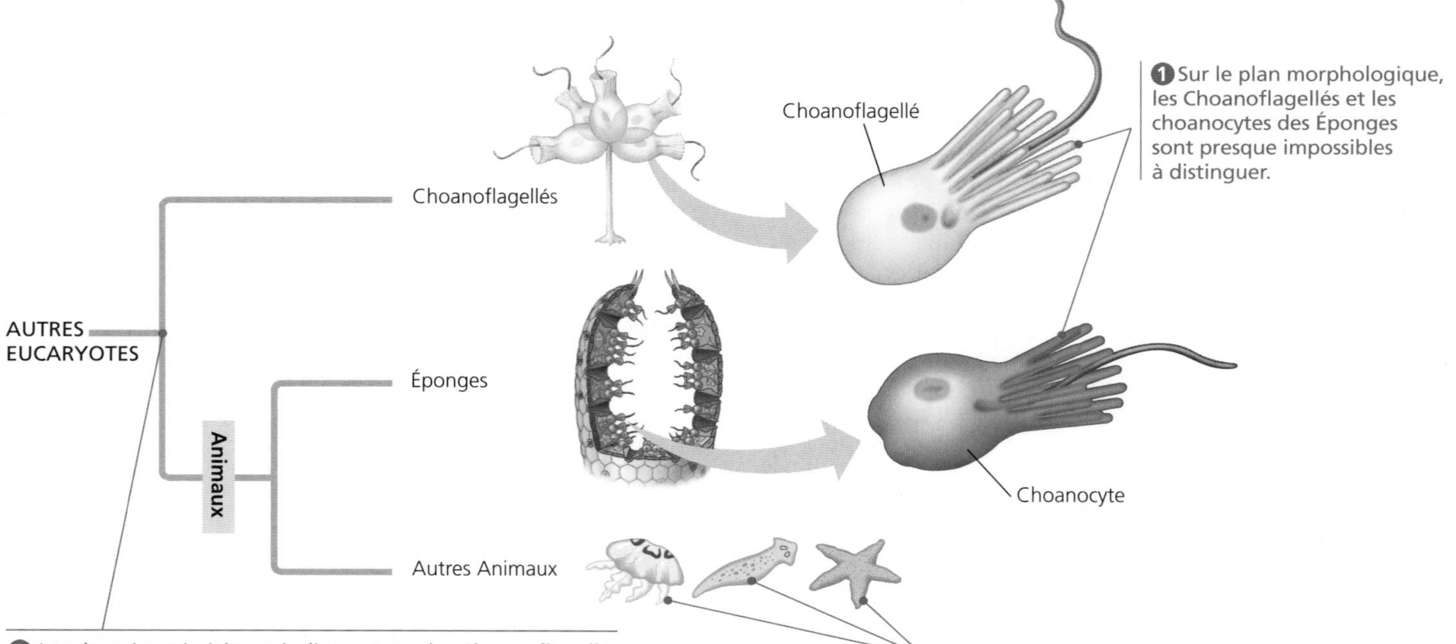

Choanoflagellés
Choanoflagellé
AUTRES EUCARYOTES
Éponges
Animaux
Choanocyte
Autres Animaux
➊ Sur le plan morphologique, les Choanoflagellés et les choanocytes des Éponges sont presque impossibles à distinguer.
➋ Des choanocytes semblables ont été observés chez d'autres Animaux, dont les Cnidaires, les Plathelminthes (vers plats) et les Échinodermes, mais nul n'a relevé leur présence chez d'autres Protistes que les Choanoflagellés, pas plus que chez les Végétaux ou les Eumycètes.
➌ Les données génétiques indiquent que les Choanoflagellés et les Animaux seraient des taxons frères. De plus, on a découvert chez des Choanoflagellés des gènes d'activation et des protéines d'adhésion qui n'avaient été observés que chez les Animaux.

▲ **Figure 32.3 Trois sources de résultats à l'appui des liens étroits existant entre les Choanoflagellés et les Animaux.**

? *Les données décrites en ➌ sont-elles cohérentes avec les prédictions que les observations en ➊ et en ➋ permettent d'avancer? Expliquez votre réponse.*

embranchements modernes, dont les premiers spécimens d'Arthropodes, de Cordés et d'Échinodermes. Beaucoup de ces fossiles distinctifs, parmi lesquels se trouvent les premiers Animaux au squelette dur recouvert d'une couche minérale, ne ressemblent pas à la plupart des Animaux modernes (**figure 32.5**). Pourtant, selon les paléontologues, la majorité de ces fossiles cambriens appartiennent à des embranchements d'Animaux existants ou leur sont du moins étroitement apparentés.

La diversification des embranchements d'Animaux durant le Cambrien coïncide avec le déclin de la diversité de la faune d'Ediacara. Comment expliquer ces mouvements? Il existe actuellement plusieurs hypothèses. Certaines observations laissent penser qu'au cours du Cambrien des prédateurs ont acquis des adaptations, notamment de nouvelles formes de locomotion, qui les ont aidés à attraper leurs proies. Quant aux proies, elles ont acquis de nouveaux moyens de défense, des enveloppes protectrices, par exemple. Avec l'émergence de nouvelles relations prédateurs-proies, la sélection naturelle pourrait avoir entraîné le déclin de certains groupes et la prolifération d'autres groupes. Une deuxième hypothèse porte sur l'augmentation de la concentration du dioxygène atmosphérique qui a précédé l'explosion du Cambrien. La plus grande disponibilité du dioxygène aurait permis aux Animaux possédant une taille plus grande et un métabolisme plus rapide que les autres de prospérer tout en attaquant d'autres espèces.

Selon une troisième hypothèse, l'origine des gènes *Hox* ainsi que d'autres modifications génétiques influant sur la régulation du développement ont facilité l'évolution de nouvelles variations morphologiques. Ces hypothèses ne sont toutefois pas incompatibles; chacun des facteurs, soit les relations prédateurs-proies, les changements atmosphériques et les modifications dans la régulation du développement, pourrait avoir joué un rôle.

Le Cambrien a été suivi de l'Ordovicien, du Silurien et du Dévonien. Ces trois périodes ont été marquées par une progression de la diversification animale, mais aussi par des épisodes d'extinctions massives (voir la figure 25.15, p. 602).

(a) *Mawsonites spriggi* **(b) *Spriggina floundersi***

▲ **Figure 32.4 Des fossiles d'Ediacara.** Ces fossiles datant d'il y a 565 à 550 millions d'années comprennent des Animaux présentant: **(a)** des formes étoilées simples et **(b)** des segments corporels et des pattes multiples.

Les Vertébrés (les Poissons) sont devenus les principaux prédateurs du réseau alimentaire marin. Il y a 460 millions d'années, des groupes qui s'étaient diversifiés au cours du Cambrien exerçaient déjà une influence sur la terre ferme. À cette époque, les Arthropodes ont en effet commencé à s'adapter aux habitats terrestres, comme l'indique l'apparition des Millipèdes et des Centipèdes. Par ailleurs, des fossiles de la galle de la fougère, une excroissance dont la formation est stimulée par des insectes résidents auxquels elle procure une protection, remontent à au moins 302 millions d'années avant notre ère. Il est donc permis de penser que les Insectes et les Végétaux exerçaient déjà à cette époque une influence mutuelle sur leur évolution.

Les Vertébrés ont effectué la transition vers la terre ferme il y a environ 365 millions d'années, puis se sont divisés en de nombreuses lignées terrestres. Deux d'entre elles survivent aujourd'hui: les Amphibiens (comme les grenouilles et les salamandres) et les Amniotes (comme les Reptiles, dont font partie les Oiseaux, et les Mammifères). Au chapitre 34, nous étudierons plus en détail ces groupes, qui portent collectivement le nom de Tétrapodes.

L'ère mésozoïque (il y a entre 251 et 65,5 millions d'années)

Les embranchements d'Animaux qui s'étaient constitués pendant le Paléozoïque ont commencé à coloniser de nouveaux milieux. Dans les océans, les premiers récifs de corail se sont formés, procurant de nouveaux habitats à d'autres Animaux aquatiques. Certains Reptiles sont retournés vivre dans l'eau et ont engendré des descendants comme les plésiosaures (voir la figure 25.4, p. 592) et d'autres grands prédateurs aquatiques. Sur la terre ferme, la descendance avec modification a mené, chez les Tétrapodes, à l'apparition des ailes et d'autres organes de vol acquis par les Ptérosaures et les Oiseaux. De grands et petits dinosaures, tant prédateurs qu'herbivores, ont fait leur apparition. Au même moment, les premiers Mammifères, de minuscules insectivores nocturnes, sont entrés en scène. Et comme nous l'avons vu au chapitre 30, les plantes à fleurs (Angiospermes) et les Insectes ont connu une extraordinaire diversification dans la dernière partie de l'ère mésozoïque.

L'ère cénozoïque (à partir d'il y a 65,5 millions d'années jusqu'à nos jours)

Des extinctions massives d'Animaux à la fois terrestres et marins ont amené une nouvelle ère, le Cénozoïque. Parmi les groupes d'espèces disparues, on compte les grands dinosaures non volants et les reptiles marins. Les archives géologiques datant du début du Cénozoïque témoignent de l'essor des grands Mammifères herbivores et de prédateurs qui ont exploité les niches écologiques libérées. Le climat terrestre s'est progressivement refroidi tout au cours du Cénozoïque, si bien que de nombreuses lignées d'Animaux ont subi d'importants changements. Chez les Primates, par exemple, certaines espèces vivant en Afrique se sont adaptées aux terrains boisés et aux savanes, des habitats ouverts qui ont remplacé nombre des forêts denses. Les ancêtres de notre propre espèce faisaient partie de ces Anthropoïdes des prairies.

▲ **Figure 32.5 Un paysage marin de la période cambrienne.** Sur cette reconstitution réalisée par un artiste, on voit divers organismes dont les fossiles proviennent du site de Burgess Shale, en Colombie-Britannique, au Canada. Ces Animaux sont notamment: *Pikaia* (le Cordé semblable à une anguille, qui nage, en haut à gauche), *Marella* (l'Arthropode qui nage, à gauche), *Anomalocaris* (le gros Animal muni de pinces recourbées et d'une bouche circulaire) et *Hallucigenia* (l'Animal muni d'épines semblables à des cure-dents, au fond de l'eau).

RETOUR SUR LE CONCEPT 32.2

1. Rétablissez l'ordre chronologique des jalons suivants de l'évolution des Animaux, du moins récent au plus récent: (a) l'apparition des Mammifères, (b) la plus ancienne preuve de la présence d'Arthropodes sur la terre ferme, (c) la faune d'Ediacara, (d) l'extinction des grands dinosaures non volants.
2. **ET SI?** Présumons que le plus récent ancêtre commun des Eumycètes et des Animaux vivait il y a un milliard d'années. Si le premier Eumycète vivait il y a 990 millions d'années, les Animaux auraient-ils existé à la même époque? Expliquez votre réponse.

Voir les réponses proposées à la fin du chapitre.

CONCEPT 32.3

Les Animaux peuvent être classés selon leurs «plans d'organisation corporelle»

Bien que les espèces animales présentent de nombreuses variations morphologiques, il est possible de décrire leur formidable diversité à l'aide d'un nombre relativement limité de grands « plans d'organisation corporelle ». Un **plan d'organisation corporelle** est un ensemble précis de caractères morphologiques et développementaux intégrés à un tout fonctionnel, en l'occurrence l'Animal vivant. Le terme *plan* ne signifie pas que la morphologie des Animaux découle d'une planification ou d'une création consciente. Néanmoins, les plans d'organisation corporelle sont une façon de comparer rapidement des caractéristiques clés des Animaux. Ils se révèlent également pertinents dans l'étude de l'*évo-dévo* (génétique évolutive du développement), c'est-à-dire l'interface entre l'évolution et le développement (voir les chapitres 21 et 25).

Comme toutes les caractéristiques des organismes, les plans d'organisation corporelle ont évolué avec le temps. Certaines modifications semblent être apparues au début de l'histoire de la vie animale. Par exemple, selon des études récentes, une étape clé du contrôle moléculaire de la gastrulation n'aurait pas subi de changement depuis plus de 500 millions d'années (**figure 32.6**). Cette innovation évolutive précoce était d'une importance fondamentale : la gastrulation permet d'expliquer pourquoi la plupart des Animaux ne sont pas seulement une sphère creuse formée de cellules. Comme nous le verrons, cependant, d'autres aspects des plans d'organisation corporelle des Animaux ont subi de nombreuses modifications durant leur évolution. Au cours de notre exploration des plans d'organisation corporelle, gardez à l'esprit que des morphologies semblables peuvent avoir évolué de façon indépendante dans des lignées différentes. De plus, des caractéristiques morphologiques peuvent avoir disparu en cours d'évolution, si bien que des espèces étroitement apparentées ne se ressemblent plus du tout aujourd'hui.

La symétrie

La symétrie – ou l'absence de symétrie – est une caractéristique fondamentale du corps des Animaux. (La plupart des Éponges, par exemple, ne présentent aucune symétrie.) Certains animaux présentent une **symétrie radiaire**, la forme représentée par un pot à fleurs (**figure 32.7a**). Ainsi, les anémones de mer possèdent un dessus (où se trouve la bouche) et un dessous, mais pas de devant ni de derrière, et pas de côté droit ni de côté gauche. Dans les faits cependant, pour beaucoup d'animaux à symétrie radiaire, il n'y a qu'un seul plan de coupe qui pourrait produire deux moitiés identiques en raison de l'emplacement de structures particulières.

La symétrie à deux côtés d'une pelle est un exemple de **symétrie bilatérale** (**figure 32.7b**). Un animal bilatéral (ou Bilatérien) présente non seulement une face **dorsale** (dessus) et une face **ventrale** (dessous), mais aussi une région **antérieure** (tête) munie d'une bouche, une région **postérieure** (queue), un côté gauche et un côté droit. Chez de nombreux animaux à symétrie bilatérale (comme les Arthropodes et les Mammifères), des organes sensoriels et les structures liées à la nutrition sont concentrés dans la région antérieure (la région par laquelle l'animal entre d'abord en contact avec un nouveau milieu), et un système nerveux central (le « cerveau ») est contenu dans la tête. Cette tendance évolutive est appelée **céphalisation** (du grec *kephale*, « tête »).

La symétrie d'un animal s'accorde généralement avec son mode de vie. Ainsi, de nombreux Radiaires sont sessiles (fixés à un substrat) ou planctoniques (dérivant ou nageant faiblement,

▼ **Figure 32.6** INVESTIGATION

La β-caténine a-t-elle joué un rôle ancestral dans le contrôle moléculaire de la gastrulation ?

EXPÉRIENCE Chez la plupart des Animaux, la gastrulation conduit à la formation de trois feuillets embryonnaires. Chez certaines espèces, comme les vers, les oursins et les Vertébrés, la β-caténine, une protéine, marque le site de la gastrulation et active la transcription des gènes nécessaires à ce processus. Athula Wikramanayake, Mark Martindale et leurs collègues, de l'Université d'Hawaï, ont cherché à savoir si la β-caténine contribuait aussi à l'activation de la gastrulation chez l'anémone *Nematostella vectensis*. Cette espèce fait partie de l'embranchement des Cnidaires, un groupe apparu avant les Animaux et dont les embryons forment trois feuillets embryonnaires.

RÉSULTATS

❶ Durant les premiers stades du développement, la β-caténine (rendue visible ici par une protéine d'un vert fluorescent) est présente partout dans l'embryon de *N. vectensis*.

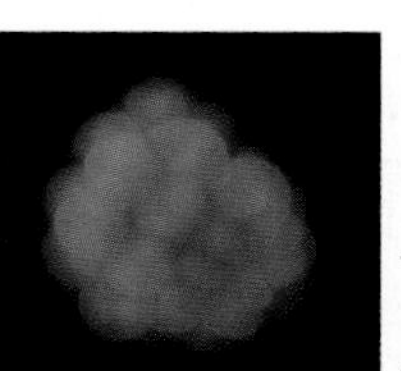

❷ Lorsque l'embryon atteint 32 cellules, la β-caténine se concentre sur le côté où doit se produire la gastrulation.

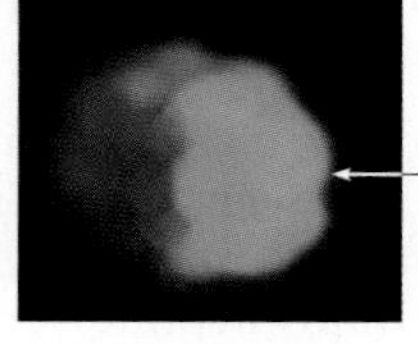

❸ Au début de la gastrulation, la β-caténine (ici en rouge foncé) s'active dans le feuillet embryonnaire interne.

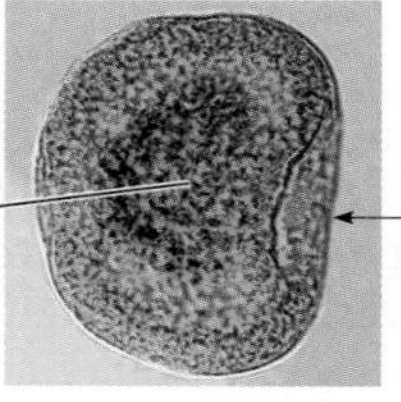

❹ La gastrulation ne se produit pas dans les embryons où l'activité de la β-caténine est bloquée (par une protéine qui s'arrime à la β-caténine).

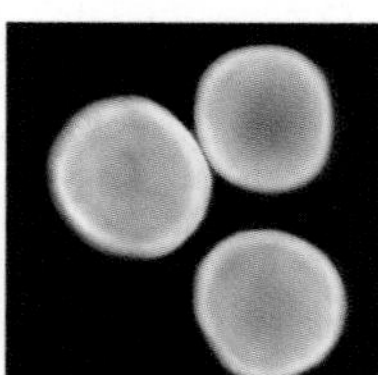

CONCLUSION Chez *N. vectensis*, la β-caténine est nécessaire au déclenchement de la gastrulation et pourrait même contribuer à en déterminer le site. Les observations paléontologiques indiquent que les Cnidaires ont divergé il y a plus de 500 millions d'années des espèces chez qui la β-caténine influence la gastrulation. On peut donc penser que la β-caténine a joué un rôle ancestral dans le contrôle moléculaire de la gastrulation.

SOURCE A. H. Wikramanayake *et al.*, An ancient role for nuclear β-catenin in the evolution of axial polarity and germ layer segregation, *Nature* 426 : 446-450 (2003).

ET SI ? La β-caténine se lie à l'ADN pour stimuler la transcription des gènes nécessaires à la gastrulation. À partir de cette information, proposez une expérience différente qui permettrait de confirmer les résultats présentés au point 4. À quoi pourrait servir une telle expérience ?

comme les méduses) et ont une symétrie qui leur permet d'entrer en contact avec leur environnement par toutes les parties de leur corps; les organes sensoriels sont répartis à peu près également sur le pourtour de l'animal. Pour leur part, les Bilatériens se déplacent de façon autonome d'un endroit à l'autre. Chez la plupart d'entre eux, le système nerveux central permet de coordonner des mouvements complexes, comme ramper, creuser, voler ou nager. Selon des observations paléontologiques, ces deux types de symétrie, fondamentalement différents, existent depuis au moins 550 millions d'années.

Les tissus

Les plans d'organisation corporelle des Animaux varient aussi en fonction de la structure de leurs tissus. Les vrais tissus sont des groupes de cellules spécialisées isolées des autres tissus par des couches membraneuses. Si les Éponges et quelques autres groupes en sont dépourvus, chez tous les autres Animaux, les cellules de l'embryon s'organisent en feuillets pendant la gastrulation (voir la figure 32.2). Au cours du développement, ces *feuillets embryonnaires* concentriques forment les divers tissus et organes. L'**ectoderme**, feuillet qui recouvre l'embryon, devient la couche externe de l'Animal et, dans certains embranchements, le système nerveux central. L'**endoderme**, feuillet embryonnaire profond, tapisse le sac, ou archentéron, qui prend forme pendant la gastrulation. Il donne naissance, notamment, au revêtement intérieur du tube digestif et aux organes qui en sont issus, comme le foie et les poumons des Vertébrés.

Les Animaux qui ne possèdent que ces deux feuillets embryonnaires sont dits **diploblastiques**. Cette catégorie inclut les Cnidaires (les méduses et les coraux, par exemple) et les Cténophores (voir le chapitre 33). Tous les Bilatériens produisent un troisième feuillet embryonnaire, le **mésoderme**, qui remplit presque tout l'espace se trouvant entre l'ectoderme et l'endoderme. On qualifie donc les Bilatériens de **triploblastiques** (pourvus de trois feuillets embryonnaires). Le mésoderme donne naissance aux muscles et aux autres organes situés entre le tube digestif et le revêtement externe de l'animal. Cette catégorie comprend une grande variété d'Animaux, des Plathelminthes aux Vertébrés en passant par les Arthropodes. (Certains animaux diploblastiques sont munis d'un troisième feuillet, mais celui-ci est loin d'être aussi bien développé que le mésoderme des animaux qu'on considère comme triploblastiques.)

Les cavités corporelles

La plupart des animaux triploblastiques possèdent une **cavité corporelle**, c'est-à-dire un espace rempli de liquide ou d'air qui se trouve entre le tube digestif et l'enveloppe corporelle. Cette cavité corporelle s'appelle aussi **cœlome** (du grec *koilos*, « creux »). Un « vrai » cœlome se forme à partir de tissus provenant du mésoderme. Les couches interne et externe du tissu qui tapisse le cœlome se relient et constituent une membrane appelée péritoine. Elles forment des structures qui suspendent les organes internes dans la cavité. Les animaux qui possèdent ce type de structure sont les **Cœlomates** (**figure 32.8a**).

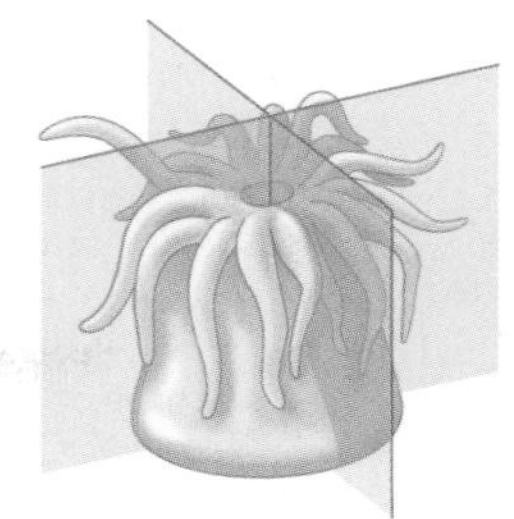

(a) Symétrie radiaire. Les parties des animaux radiaires comme l'anémone de mer (Cnidaire) rayonnent à partir du centre. Théoriquement, toute coupe, pourvu qu'elle passe par l'axe central de l'animal, donne deux parties qui se ressemblent comme un objet et son image dans un miroir.

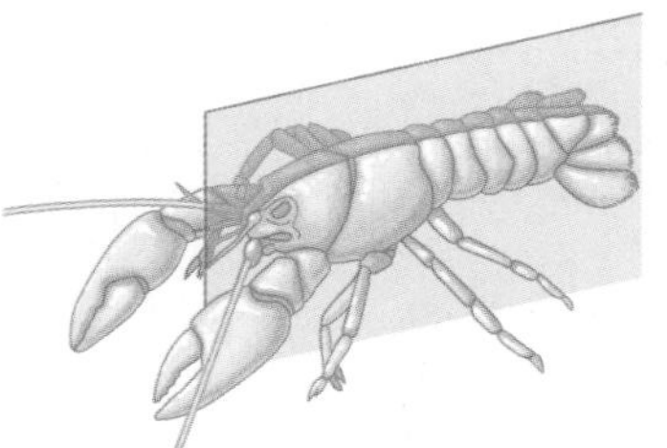

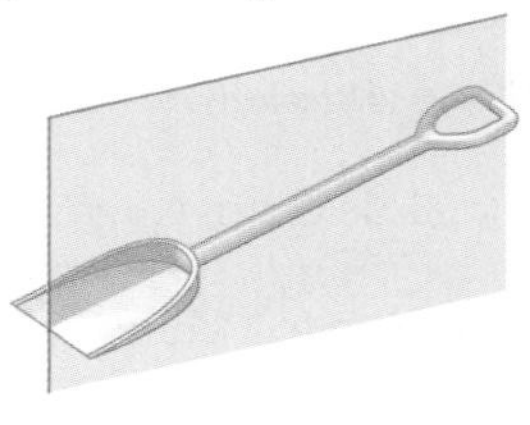

(b) Symétrie bilatérale. Les animaux à symétrie bilatérale comme le homard (Arthropode) possèdent un côté droit et un côté gauche. Un seul type de coupe permet de les diviser en deux images identiques.

▲ **Figure 32.7 La symétrie corporelle.** Le pot à fleurs et la pelle sont des analogies qui permettent de distinguer les deux types de symétrie.

Chez certains animaux triploblastiques, une cavité se développe à partir du mésoderme et de l'endoderme (**figure 32.8b**). Une telle cavité porte le nom de *pseudocœlome* (du grec *pseudo*, « faux »), et les animaux qui possèdent ce type de structure s'appellent **Pseudocœlomates**. Malgré son nom, le pseudocœlome n'est pas faux; c'est une cavité entièrement fonctionnelle. Enfin, certains animaux triploblastiques sont dépourvus de cœlome (**figure 32.8c**). Ce sont les **Acœlomates** (du grec *a*, « sans », et *koilos*, « creux »): leurs organes internes sont logés dans un tissu appelé mésenchyme.

La cavité corporelle remplit de nombreuses fonctions. Tout d'abord, le liquide qu'elle contient protège les organes et amortit les chocs qui risquent de causer des blessures internes. Chez les Cœlomates à corps mou, comme le ver de terre, le liquide incompressible qui emplit la cavité fait office de squelette hydrostatique contre lequel les muscles prennent appui pour exécuter des mouvements; ces animaux peuvent donc se déplacer, bien qu'ils ne possèdent pas de membres. Le cœlome rend également possible la croissance des organes internes (notre tube digestif ne pourrait avoir autant de replis ni être aussi long si nous ne possédions pas de cœlome). Par ailleurs, il permet à ces organes de prendre l'expansion nécessaire pour remplir leur fonction (notamment lors du développement des embryons) ou de bouger indépendamment de l'enveloppe corporelle externe. Si, par exemple, vous ne possédiez pas de cœlome, chaque battement de votre cœur ou chaque mouvement de votre intestin créerait une déformation à la surface de votre corps.

Les termes *Cœlomates* et *Pseudocœlomates* renvoient aux organismes qui présentent un plan d'organisation corporelle similaire, et qui font donc partie du même *grade*, c'est-à-dire

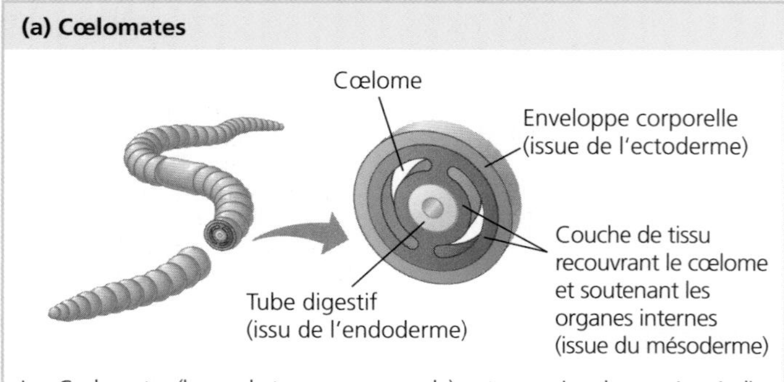

Les Cœlomates (le ver de terre, par exemple) ont un vrai cœlome, c'est-à-dire une cavité corporelle entièrement tapissée de tissu provenant du mésoderme.

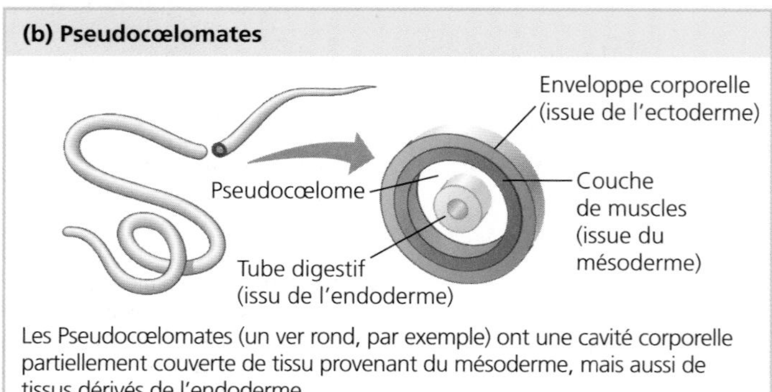

Les Pseudocœlomates (un ver rond, par exemple) ont une cavité corporelle partiellement couverte de tissu provenant du mésoderme, mais aussi de tissus dérivés de l'endoderme.

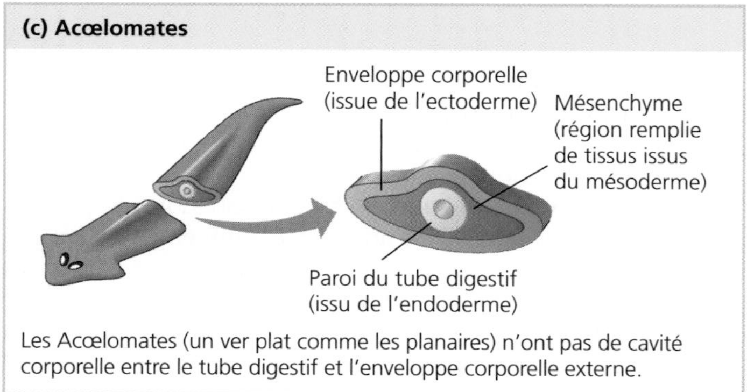

Les Acœlomates (un ver plat comme les planaires) n'ont pas de cavité corporelle entre le tube digestif et l'enveloppe corporelle externe.

▲ **Figure 32.8 Les cavités corporelles des animaux triploblastiques.** Les différents organes des animaux triploblastiques se développent à partir des trois feuillets embryonnaires. Par convention, les feuillets embryonnaires portent des couleurs précises: l'ectoderme est en bleu, le mésoderme en rouge et l'endoderme en jaune.

d'un groupe dont les membres présentent des caractéristiques biologiques importantes communes. Or, les études phylogénétiques actuelles indiquent que des cœlomes et des pseudocœlomes sont apparus et disparus à maintes reprises au cours de l'évolution des Animaux. Comme l'illustre cet exemple, les grades ne correspondent pas nécessairement aux *clades*. (Un clade est un groupe comprenant l'espèce ancestrale et tous ses descendants.) Aussi, bien qu'il puisse être utile de décrire des organismes et leurs caractéristiques selon qu'il s'agit de Cœlomates ou de Pseudocœlomates, ces termes doivent être interprétés avec prudence lorsqu'on tente de comprendre l'histoire de l'évolution.

Les modes de développement protostomien et deutérostomien

En se fondant sur certaines caractéristiques du développement embryonnaire, il est possible de caractériser de nombreux Animaux par l'un ou l'autre des deux modes de développement suivants: le **développement protostomien** et le **développement deutérostomien**. On distingue généralement ces modes en fonction de la segmentation, de la formation du cœlome et de la destinée du blastopore.

La segmentation

Un grand nombre de Protostomiens se développent par **segmentation spirale**, c'est-à-dire que la division cellulaire se fait en diagonale par rapport à l'axe vertical de l'embryon; le plan de division (ou l'orientation du fuseau mitotique) est oblique par rapport à cet axe. Au stade à huit cellules de l'embryon, de petites cellules sont centrées au-dessus des sillons séparant les plus grandes cellules (**figure 32.9a**, à gauche). Par ailleurs, chez certains Protostomiens, ce type de division appelée aussi **segmentation déterminée** définit très tôt le sort de chaque cellule embryonnaire. Ainsi, si on prélève une cellule d'un Protostomien (un escargot, par exemple) pendant le stade à quatre cellules, cette cellule donnera naissance à une masse de cellules correspondant à un quart d'embryon, c'est-à-dire un embryon non viable auquel il manquera de nombreuses parties.

Chez les Deutérostomiens, le mode de division est différent; il est caractérisé par la **segmentation radiaire** chez un grand nombre d'entre eux. Dans ce type de segmentation, la division cellulaire se fait parallèlement ou perpendiculairement à l'axe vertical de l'embryon. Comme on peut l'observer au stade à huit cellules, les cellules sont bien alignées les unes au-dessus des autres (figure 32.9a, à droite). La plupart des Deutérostomiens se caractérisent également par une **segmentation indéterminée**, ce qui signifie que chaque cellule produite au début de la segmentation a la capacité de devenir un embryon complet. Ainsi, si on sépare les cellules de l'embryon d'un oursin au stade où celui-ci en possède quatre, chacune pourra donner une larve normale. C'est aussi la segmentation indéterminée du zygote humain qui explique la formation des jumeaux monozygotes.

La formation du cœlome

Pendant la gastrulation, il se crée une structure en cul-de-sac, une sorte de poche interne, l'**archentéron**, qui deviendra le tube digestif de l'embryon (**figure 32.9b**). À mesure que le Protostomien se constitue et que l'archentéron se développe, le cœlome se forme à partir de fentes situées dans les masses de mésoderme. Chez les Deutérostomiens, le mésoderme émerge de la paroi de l'archentéron et sa cavité deviendra le cœlome.

La destinée du blastopore

Les deux modes de développement se distinguent également par le sort du **blastopore**, c'est-à-dire l'ouverture qui aboutit à la formation de l'archentéron pendant la gastrulation (**figure 32.9c**). Chez la plupart des Animaux, une seconde ouverture se forme, après le développement de l'archentéron, à l'extrémité opposée du blastopore. Chez plusieurs espèces,

▶ **Figure 32.9 Comparaison des modes de développement protostomien et deutérostomien.** Bien que ces modèles de développement présentent de nombreuses variations et admettent beaucoup d'exceptions, les différences indiquées ici constituent des distinctions générales utiles.

FAITES DES LIENS *Revoyez la figure 20.21 (p. 480). Au premier stade embryonnaire, quel type d'animal serait le plus susceptible de posséder des cellules souches capables de produire n'importe quel type de cellule : un animal protostomien ou deutérostomien ? Expliquez votre réponse.*

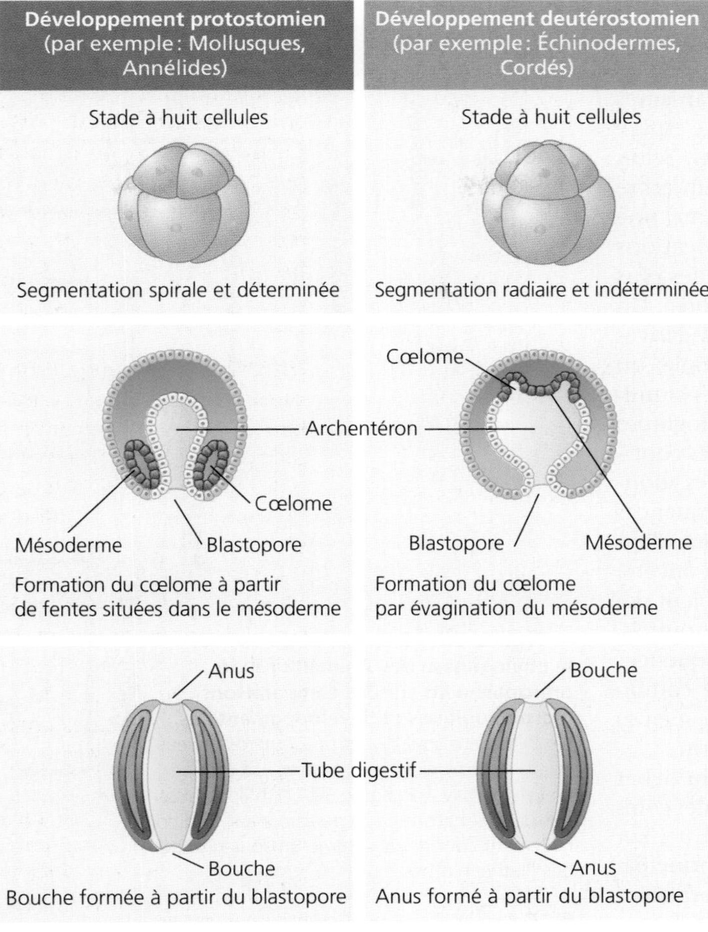

(a) Segmentation. La majorité des Protostomiens subissent une segmentation spirale et déterminée, tandis que la plupart des Deutérostomiens subissent une segmentation radiaire et indéterminée.

(b) Formation du cœlome. La formation du cœlome se produit pendant le stade de la gastrula. Dans le développement protostomien, le cœlome se forme à partir de fentes situées dans le mésoderme. Dans le développement deutérostomien, il se forme par évagination du mésoderme depuis la paroi de l'archentéron.

(c) Destinée du blastopore. Le blastopore devient la bouche chez les Protostomiens, tandis que c'est l'ouverture du côté opposé qui devient la bouche chez les Deutérostomiens.

le blastopore et cette nouvelle ouverture deviennent les deux orifices du tube digestif (la bouche et l'anus). Chez les Protostomiens, la bouche se forme à partir (ou sur l'emplacement) de la première ouverture, le blastopore (d'où le terme *Protostomien*, du grec *prôtos*, « premier », et *stoma*, « bouche »). Par contre, la bouche des Deutérostomiens (du grec *deuteros*, « deuxième ») se forme à partir (ou sur l'emplacement) de la seconde ouverture, et le blastopore devient habituellement l'anus.

RETOUR SUR LE CONCEPT 32.3

1. Expliquez la distinction entre les termes *grade* et *clade*.
2. Comparez trois éléments qui caractérisent les premiers stades du développement d'un escargot (un Mollusque) et d'un humain (un Cordé).
3. **ET SI ?** Commentez cette affirmation : si l'on fait abstraction des différences propres à leur anatomie proprement dite, les vers, les humains et la plupart des organismes triploblastes ont à peu près la forme d'un beignet.

Voir les réponses proposées à la fin du chapitre.

CONCEPT 32.4

Des données moléculaires mènent à de nouveaux points de vue sur la phylogenèse des Animaux

À l'heure actuelle, les zoologistes reconnaissent l'existence d'environ trois douzaines d'embranchements d'Animaux. Cependant, le débat sur les liens entre ces embranchements et leurs limites se poursuit toujours. Bien qu'on puisse trouver frustrant que les arbres phylogénétiques présentés dans les manuels ne constituent pas des vérités immuables qu'on peut mémoriser une fois pour toutes, l'incertitude inhérente à ces diagrammes a l'avantage de nous rappeler que la démarche scientifique est un processus de recherche et qu'elle est par le fait même dynamique.

Les chercheurs ont depuis longtemps recours aux données morphologiques pour vérifier leurs hypothèses sur la phylogenèse des Animaux. Aujourd'hui, les biologistes se servent également de données moléculaires pour reconstruire des phylogenèses. En jumelant des analyses de fossiles et des études portant sur des embranchements moins connus, on obtient des indices supplémentaires qui contribuent à distinguer les caractères primitifs des caractères dérivés chez divers groupes d'Animaux.

Le recours à la cladistique constitue un autre changement important (voir le chapitre 26). La systématique phylogénétique cherche à classifier les organismes en clades, chacun comprenant une espèce ancestrale et tous ses descendants. Selon les méthodes de la cladistique, un arbre phylogénétique se déploie comme une hiérarchie de clades (les ramifications les plus fines) à l'intérieur de clades plus grands (les plus grosses ramifications). Un clade est défini par les caractères dérivés propres à ses membres. Par exemple, un clade peut être déterminé par des similitudes anatomiques ou embryologiques fondamentales que les chercheurs considèrent comme homologues. Les données moléculaires, comme les séquences d'ADN, constituent une autre source d'information utile pour désigner un ancêtre commun. Mais que les données soient des caractères morphologiques traditionnels, proviennent de « nouvelles » séquences moléculaires ou découlent d'une combinaison des deux, l'objectif est le même: reconstituer l'histoire de l'évolution.

Afin de nous faire une idée du débat suscité par la systématique animale, comparons un point de vue traditionnel sur la phylogenèse animale, articulé principalement autour de données morphologiques (**figure 32.10**), et un point de vue plus récent, reposant principalement sur des données moléculaires (**figure 32.11**).

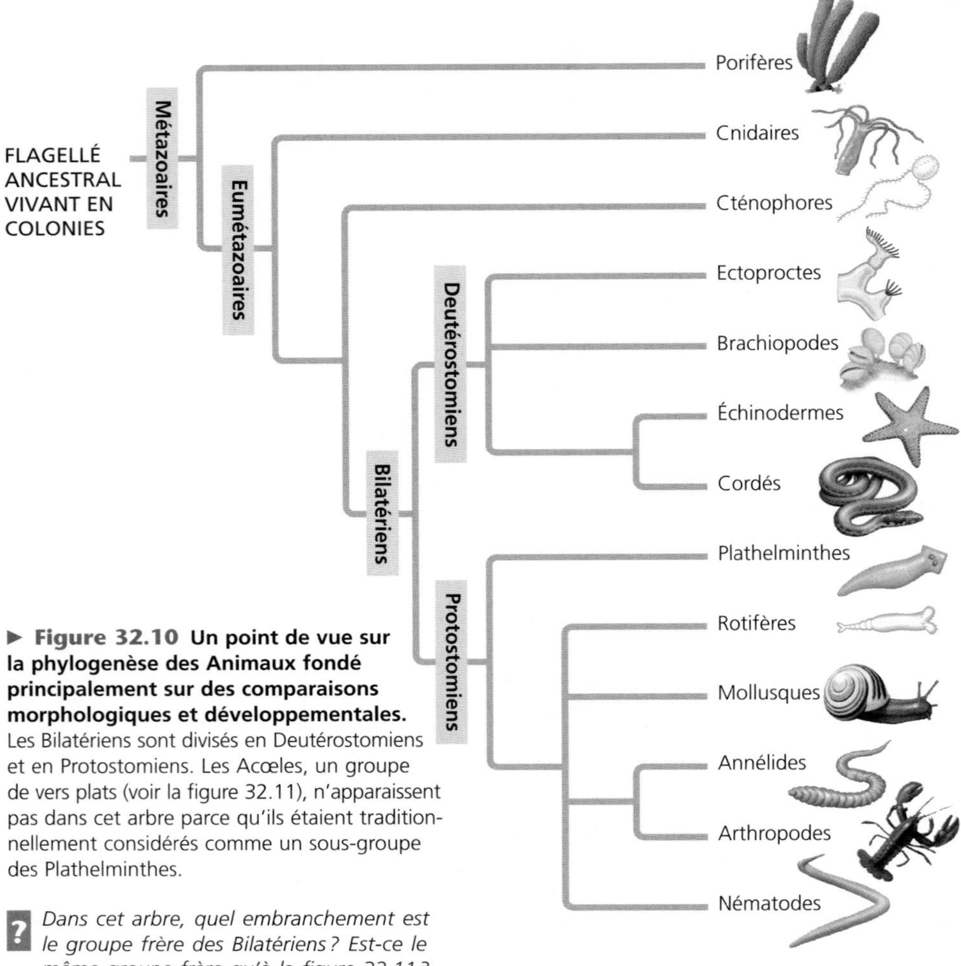

▶ **Figure 32.10 Un point de vue sur la phylogenèse des Animaux fondé principalement sur des comparaisons morphologiques et développementales.** Les Bilatériens sont divisés en Deutérostomiens et en Protostomiens. Les Acœles, un groupe de vers plats (voir la figure 32.11), n'apparaissent pas dans cet arbre parce qu'ils étaient traditionnellement considérés comme un sous-groupe des Plathelminthes.

? *Dans cet arbre, quel embranchement est le groupe frère des Bilatériens? Est-ce le même groupe frère qu'à la figure 32.11?*

Les points d'accord

Ces deux points de vue concordent quant à un certain nombre d'éléments déterminants de la phylogenèse animale. Remarquez comment les énoncés suivants se reflètent dans les figures 32.10 et 32.11.

1. **Tous les Animaux ont en commun le même ancêtre.** Les deux arbres indiquent que les Animaux forment un groupe monophylétique correspondant au clade des Métazoaires. Toutes les lignées d'Animaux, existantes ou disparues, descendent d'un même ancêtre.
2. **Les Éponges sont des Animaux primitifs.** Les Éponges (embranchement des Porifères ou Spongiaires) constituent l'un des embranchements qui existent encore de nos jours. Les deux arbres indiquent qu'elles ont divergé très tôt. Selon les analyses morphologiques et moléculaires publiées en 2009, les Éponges forment un groupe monophylétique, comme le montrent les deux figures; certaines études antérieures avaient avancé qu'elles formaient un groupe paraphylétique.
3. **Les Eumétazoaires forment un clade d'Animaux possédant de vrais tissus.** À l'exception des Éponges et de quelques autres espèces, tous les Animaux appartiennent au clade des **Eumétazoaires** (« vrais Animaux »). Les vrais tissus sont apparus chez l'ancêtre commun des Eumétazoaires modernes. Les membres primitifs de ce clade comprennent les Cnidaires (dont font partie les méduses) et les Cténophores. Ces Eumétazoaires sont diploblastiques et présentent en général une symétrie radiale.
4. **La plupart des embranchements d'Animaux appartiennent au clade des Bilatériens.** La symétrie bilatérale et la présence de trois feuillets embryonnaires sont des caractères dérivés partagés qui permettent de déterminer le clade des **Bilatériens**. L'explosion du Cambrien a été marquée avant tout par une diversification rapide des Bilatériens.
5. **Les Cordés et quelques autres embranchements appartiennent au clade des Deutérostomiens.** Le terme *deutérostomien* désigne non seulement un mode de développement, mais aussi les membres d'un clade qui comprend les Vertébrés et d'autres Cordés. (Notez cependant que les approches traditionnelle et moléculaire de la phylogenèse animale ne s'accordent pas quant aux autres embranchements qui font aussi partie des Deutérostomiens.)

Des progrès dans la compréhension des liens entre les Bilatériens

Si les deux points de vue concordent quant à la structure générale de l'arbre des Animaux, ils n'en présentent pas moins quelques différences. Par exemple, l'arbre fondé sur des données morphologiques, celui de la figure 32.10, divise les Bilatériens en deux clades: les Deutérostomiens et les Protostomiens. Cette conception suppose que les deux modes de développement représentent une caractéristique phylogénétique. Ainsi, à la figure 32.10, parmi les Protostomiens, les Arthropodes (qui comprennent notamment les Insectes et les Crustacés) font partie du même groupe que les Annélides. Les deux groupes possèdent des corps segmentés ou métamérisés, c'est-à-dire qu'ils sont constitués de plusieurs segments plus ou moins semblables, les métamères (pensez à la queue d'un homard, qui est un Arthropode, et à un ver de terre, qui est un Annélide).

Toutefois, les phylogenèses moléculaires réalisées d'après l'ADN ribosomique, les gènes *Hox* et des dizaines d'autres ARN nucléaires et gènes mitochondriaux ont donné lieu à une autre thèse. Collectivement, ces études indiquent l'existence de trois grands clades de Bilatériens: les Deutérostomiens, les Lophotrochozoaires et les Ecdysozoaires (voir la figure 32.11). Contrairement à l'approche morphologique traditionnelle, l'analyse moléculaire soutient que les Arthropodes et les Annélides ne sont pas des parents proches. Signalons aussi que la figure 32.11 comprend un groupe d'Acœlomates (les Acœles) qui n'apparaît pas dans la figure 32.10. Les Acœlomates étaient traditionnellement classifiés avec d'autres vers plats dans l'embranchement des Plathelminthes. Or, de récentes études indiquent que les Acœlomates sont plutôt des Bilatériens primitifs. Il s'ensuit que les Bilatériens pourraient descendre d'un ancêtre commun qui ressemblerait aux Acœlomates modernes, c'est-à-dire d'un ancêtre qui présentait un système nerveux simple et un tube digestif sacculaire doté d'une seule ouverture (la «bouche») et dépourvu d'appareil excréteur.

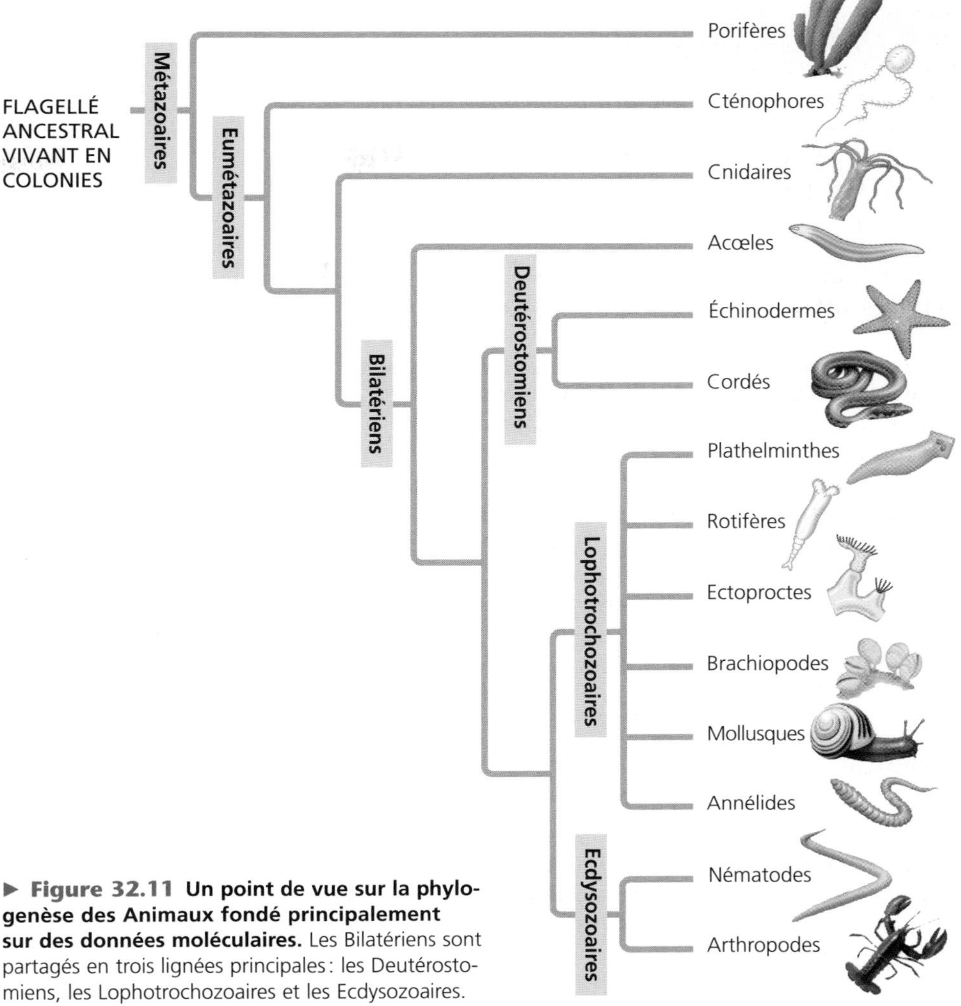

▶ **Figure 32.11 Un point de vue sur la phylogenèse des Animaux fondé principalement sur des données moléculaires.** Les Bilatériens sont partagés en trois lignées principales: les Deutérostomiens, les Lophotrochozoaires et les Ecdysozoaires.

Par ailleurs, comme le montre la figure 32.11, la phylogenèse moléculaire place les embranchements d'Animaux qui ne sont pas des Deutérostomiens dans deux taxons au lieu d'un seul, soit les **Ecdysozoaires** et les **Lophotrochozoaires**. Le nom de clade *Ecdysozoaire* renvoie à une caractéristique qu'ont en commun les Nématodes, les Arthropodes et certains des autres embranchements d'Ecdysozoaires qui ne font pas partie de notre étude. Ces animaux sécrètent des squelettes externes (exosquelettes); l'enveloppe rigide d'une cigale ou d'un grillon en est un exemple. Au fil de sa croissance, l'animal mue, se dépouillant de son vieux squelette, puis en sécrète un autre, plus grand. C'est de ce processus de mue, appelé *ecdysis*, que les Ecdysozoaires tiennent leur nom (**figure 32.12**). Néanmoins, ce clade est en réalité déterminé par des données moléculaires prouvant que ses membres ont un ancêtre commun. De plus, certains taxons exclus de ce clade sur la foi de leurs données moléculaires, dont certaines sangsues, subissent la mue.

Le nom *Lophotrochozoaire* renvoie à deux caractéristiques différentes observées chez les Animaux appartenant à ce clade.

◀ **Figure 32.12 Ecdysis (mue).** Cette cigale en mue s'extirpe de son exosquelette, avant d'en sécréter un plus grand.

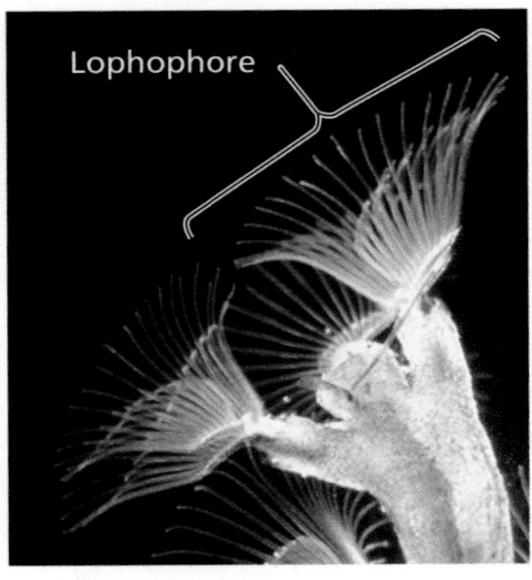

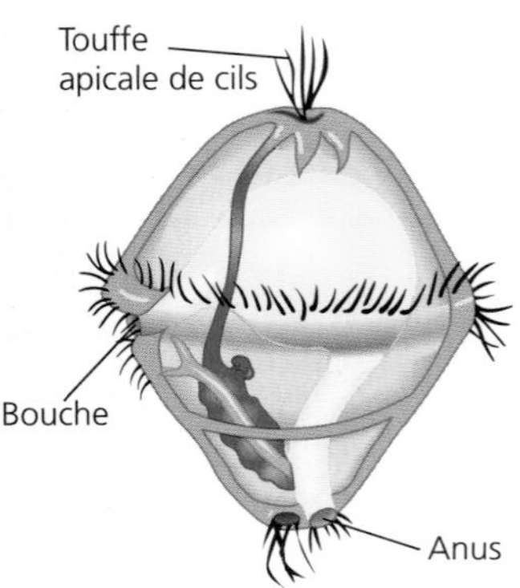

(a) Les lophophores de l'Ectoprocte servent à la nutrition. (b) Structure de la larve trochophore

▲ **Figure 32.13** **Les caractéristiques morphologiques des Lophotrochozoaires.**

Certains d'entre eux, comme les Ectoproctes, sont munis d'un **lophophore** (du grec *lophos*, « crête », et *pherein*, « porter »), qui est une couronne de tentacules ciliés servant à la nutrition (**figure 32.13a**). D'autres embranchements, dont les Annélides et les Mollusques, comptent des individus qui traversent un stade larvaire distinctif appelé **larve trochophore** (**figure 32.13b**).

Orientations futures de la systématique animale

Comme tous les domaines de la recherche scientifique, la systématique animale est en constante évolution. À l'heure actuelle, la plupart des systématiciens jugent que l'arbre de la figure 32.11 est plus solidement documenté que celui de la figure 32.10. Bien sûr, l'émergence de nouvelles données pourrait modifier l'état de nos connaissances sur les liens évolutifs tels que les présentent ces arbres. Les chercheurs effectuent toujours des analyses à grande échelle portant sur de multiples gènes et caractères morphologiques tirés d'un vaste échantillon d'embranchements d'Animaux. Une meilleure compréhension des liens existant entre ces embranchements permettra aux scientifiques de clarifier leurs idées sur l'origine de la diversité des plans d'organisation corporelle. Aux chapitres 33 et 34, nous examinerons de plus près les embranchements d'Animaux modernes et l'histoire de leur évolution.

RETOUR SUR LE CONCEPT 32.4

1. Quel fait prouve que l'ancêtre commun des Cnidaires et du reste des Animaux est plus récent que l'ancêtre commun des Éponges et du reste des Animaux ?
2. En quoi les hypothèses phylogénétiques présentées aux figures 32.10 et 32.11 diffèrent-elles quant à la disposition des principales branches du clade des Bilatériens ?
3. FAITES DES LIENS Selon la phylogenèse de la figure 32.11 et l'information de la figure 25.10 (p. 599), commentez l'énoncé suivant : « L'explosion du Cambrien en a compté en fait trois plutôt qu'une. »

Voir les réponses proposées à la fin du chapitre.

RÉVISION DU CHAPITRE 32

RÉSUMÉ DES CONCEPTS CLÉS

CONCEPT 32.1

Les Animaux sont des organismes eucaryotes multicellulaires et hétérotrophes, dont les tissus se développent à partir de feuillets embryonnaires (p. 761 à 763)

- Les Animaux sont des organismes hétérotrophes qui ingèrent leur nourriture.
- Les Animaux sont des Eucaryotes multicellulaires. Les cellules de leur corps doivent leur cohésion au collagène et à d'autres protéines structurales situées à l'extérieur de la membrane cellulaire. Les tissus nerveux et musculaires sont propres aux Animaux.
- Chez la plupart des Animaux, la formation de la **blastula** est suivie de la **gastrulation**, pendant laquelle se développent les feuillets de tissus embryonnaires. Tous les Animaux possèdent des gènes *Hox*, qui régissent le développement de la morphologie. Bien qu'elle soit demeurée presque inchangée, la famille des gènes *Hox* peut produire une grande variété de caractères morphologiques.

? *Décrivez les éléments clés qui distinguent les Animaux des Végétaux et des Eumycètes.*

CONCEPT 32.2

L'histoire des Animaux couvre plus d'un demi-milliard d'années (p. 763 à 765)

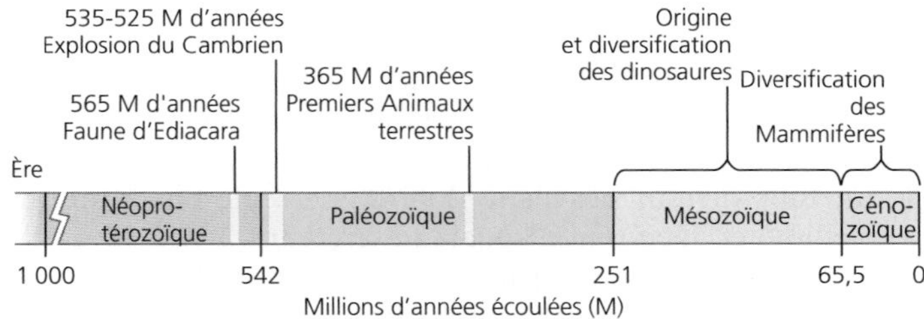

? *Qu'est-ce qui a causé l'explosion du Cambrien ? Décrivez les hypothèses considérées.*

CONCEPT 32.3

Les Animaux peuvent être classés selon leurs « plans d'organisation corporelle » (p. 765 à 769)

- Certains Animaux ne présentent aucune symétrie, d'autres présentent une symétrie radiale et d'autres encore, une symétrie bilatérale.

Les Bilatériens ont une face dorsale, une face ventrale, de même que des extrémités antérieure et postérieure.

- Parmi les Eumétazoaires (des animaux dotés de vrais tissus), les embryons qui possèdent deux feuillets sont dits **diploblastiques**, et ceux qui en comptent trois, **triploblastiques**.
- Chez les animaux triploblastiques, la cavité corporelle peut être présente ou absente. Elle est soit un **pseudocœlome** (formé à partir du mésoderme et de l'endoderme), soit un vrai **cœlome** (formé à partir du mésoderme).
- Les modes de développement **protostomien** et **deutérostomien** se distinguent souvent par la segmentation, la formation du cœlome et la destinée du blastopore.

? *Décrivez pourquoi les scientifiques qui tentent de comprendre les liens évolutifs devraient interpréter les plans d'organisation corporelle avec prudence, et ce, même si ces derniers leur procurent un éclairage utile.*

CONCEPT 32.4

Des données moléculaires mènent à de nouveaux points de vue sur la phylogenèse des Animaux (p. 769 à 772)

Cet arbre phylogénétique montre des étapes déterminantes dans l'évolution des Animaux :

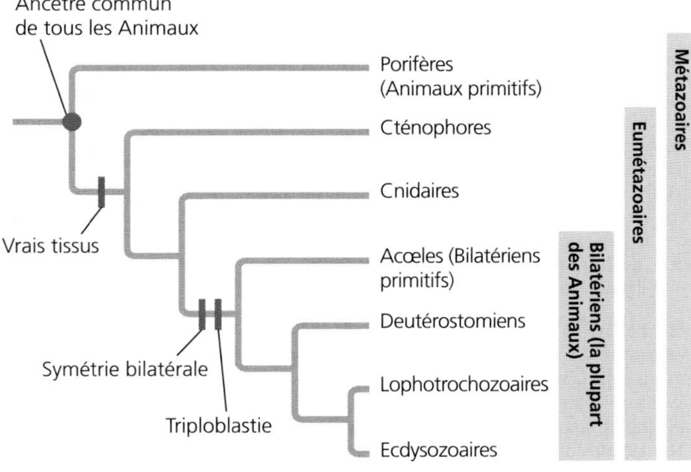

? *Décrivez les données et les méthodes servant aujourd'hui à reconstituer la phylogenèse animale.*

ÉVALUATION

NIVEAU 1 : CONNAISSANCES ET COMPRÉHENSION

1. Laquelle des caractéristiques suivantes est propre aux Animaux ?
a) La gastrulation.
b) La multicellularité.
c) La reproduction sexuée.
d) Les spermatozoïdes flagellés.
e) Le mode de nutrition hétérotrophe.

2. La distinction entre les Éponges et les autres embranchements d'Animaux se fonde surtout sur l'absence ou la présence :
a) d'une cavité corporelle.
b) d'un tube digestif complet.
c) d'un système cardiovasculaire.
d) de vrais tissus.
e) d'un mésoderme.

3. Qu'est-ce qui caractérise les Acœlomates ?
a) L'absence de cerveau.
b) L'absence de mésoderme.
c) Le développement deutérostomien.
d) Un cœlome qui n'est pas complètement tapissé de mésoderme.
e) Un corps plein, sans cavité autour des organes internes.

4. Parmi les facteurs suivants, lequel aurait probablement *le moins* contribué à l'explosion du Cambrien ?
a) L'émergence de la relation prédateur-proie chez les Animaux.
b) Le cumul de plusieurs adaptations comme la formation d'une coquille et les différents modes de locomotion.
c) La colonisation de la terre ferme par les Animaux.
d) L'évolution des gènes *Hox* et d'autres modifications génétiques qui régissent le développement.
e) Une concentration suffisante de dioxygène atmosphérique pour subvenir aux grands besoins métaboliques des Animaux mobiles.

NIVEAU 2 : APPLICATION ET ANALYSE

5. Parmi les points suivants, lequel fait l'objet de divergence entre les analyses phylogénétiques des figures 32.10 et 32.11 ?
a) Le caractère monophylétique du règne animal.
b) Le lien entre le taxon des animaux à corps segmenté et celui des animaux à corps métamérisé.
c) Le caractère primitif des Éponges.
d) Le classement des Cordés parmi les Deutérostomiens.
e) Le caractère monophylétique des Bilatériens.

NIVEAU 3 : SYNTHÈSE ET ÉVALUATION

6. LIEN AVEC L'ÉVOLUTION
En guise d'introduction à son exposé sur la phylogenèse animale, votre professeure lance « Nous sommes tous des vers. » Qu'a-t-elle voulu dire dans ce contexte ?

7. INTÉGRATION
FAITES UN DESSIN Redessinez l'embranchement des Bilatériens présenté à la figure 32.11 pour les neuf groupes indiqués dans le tableau ci-dessous. Considérez les destinées possibles du blastopore : protostomie (bouche formée à partir du blastopore), deutérostomie (anus formé à partir du blastopore) ou ni l'une ni l'autre (fermeture du blastopore et formation de la bouche à un autre endroit). Selon la destinée du blastopore de ses membres, nommez chaque embranchement menant à l'un des trois groupes (P, D, N) ou à une combinaison de ces groupes. Quelle est la plus ancienne destinée du blastopore ? Combien de fois la destinée du blastopore a-t-elle changé au cours de l'évolution ? Expliquez votre réponse.

Destinée du blastopore	Embranchements
Protostomie (P)	Plathelminthes, Rotifères, Nématodes ; la plupart des Mollusques et des Annélides ; quelques Arthropodes
Deutérostomie (D)	Échinodermes, Cordés ; la plupart des Arthropodes ; quelques Mollusques et Annélides
Ni l'une ni l'autre (N)	Acœles

Source : A. Hejnol et M. Martindale, The mouth, the anus, and the blastopore – open questions about questionable openings. Dans *Animal Evolution : Genomes, Fossils and Trees,* D. T. J. Littlewood et M. J. Telford (dir.), Oxford University Press, p. 33-40 (2009).

8. **ÉCRIVEZ UN TEXTE**
Le mécanisme de régulation rétroactive La vie animale a considérablement changé au cours de l'explosion du Cambrien, alors que certains groupes ont proliféré en se diversifiant pendant que d'autres voyaient leur population décliner. Dans un court texte (de 100 à 150 mots), interprétez ces événements en tant que mécanismes de rétroaction sur le plan de la communauté biologique.

RÉPONSES DU CHAPITRE 32

Questions des figures

Figure 32.3 Tel que nous le décrivons en ❶ et en ❷, les Choanoflagellés et une vaste gamme d'Animaux possèdent des choanocytes. Puisque ceux-ci n'ont jamais été observés chez les Végétaux, les Eumycètes ou d'autres Protistes que les Choanoflagellés, on peut penser que ces derniers sont plus étroitement apparentés aux Animaux qu'à d'autres Eucaryotes. Si les Choanoflagellés sont plus étroitement liés aux Animaux qu'à tout autre groupe d'Eucaryotes, ils devraient partager avec eux d'autres caractères communs que l'on ne retrouve pas chez les autres Eucaryotes. Les données décrites en ❸ sont cohérentes avec cette description.
Figure 32.6 On pourrait injecter à des embryons d'anémones de mer une protéine capable de s'agglutiner au site de fixation de la β-caténine, ce qui réduirait la capacité de cette dernière à activer la transcription des gènes nécessaires à la gastrulation. Cette expérience permettrait de vérifier de façon indépendante les résultats présentés au point 4.
Figure 32.9 Les cellules d'un jeune embryon à développement deutérostomien ne présentent généralement pas de destinée développementale particulière, contrairement aux cellules d'un jeune embryon à développement protostomien. Par conséquent, un embryon à développement deutérostomien est plus susceptible de contenir des cellules souches, aptes à produire n'importe quel type de cellule.
Figure 32.10 Dans cette figure, les Cténophores constituent le groupe frère, alors qu'il s'agit plutôt des Cnidaires dans la figure 32.11.

Retour sur le concept 32.1

1. Chez la plupart des Animaux, le zygote subit la segmentation, entraînant la formation de la blastula. Lors de la gastrulation, l'une des extrémités de l'embryon s'invagine pour produire les feuillets embryonnaires. De la spécialisation des cellules de ces feuillets embryonnaires découle une grande variété de formes animales. Malgré cette diversité, le développement animal est régi par une même famille de gènes, les gènes *Hox*. **2.** Cette plante imaginaire devrait être dotée de tissus dont les cellules sont analogues aux cellules musculaires et nerveuses que l'on trouve chez les Animaux: les tissus «musculaires» permettraient à la plante de chasser ses proies. Pour digérer celles-ci, la plante devrait pouvoir sécréter des enzymes dans une ou plusieurs cavités digestives (qui pourraient être des feuilles modifiées, comme celles de la dionée attrape-mouches) ou à l'extérieur de son corps pour se nourrir par absorption. Pour extraire des nutriments du sol – tout en étant capable de chasser des proies –, la plante aurait besoin d'attributs autres que des racines qui l'immobilisent; peut-être devrait-elle posséder des racines rétractables ou acquérir l'aptitude à ingérer le sol? Pour réaliser la photosynthèse, la plante aurait besoin de chloroplastes. En fait, une telle plante ressemblerait beaucoup à un animal doté de chloroplastes et de racines rétractables. **3.** Comme nous l'avons décrit au chapitre 18, les miARN contribuent à réguler l'expression des gènes en se liant à des molécules d'ARNm, leurs «ARNm cibles», pour bloquer leur traduction. Puisque chaque molécule de miARN peut se lier à plusieurs ARNm cibles, une augmentation du nombre de molécules de miARN pourrait ajouter plusieurs paliers de contrôle à la régulation de l'expression des gènes. La diversification et la complexification du contrôle de l'expression des gènes entraîneraient donc la constitution d'une morphologie complexe, ce qui risque de se produire plus fréquemment dans un organisme qui compte de nombreux miARN que dans un organisme qui en compte peu, et ce, même si les deux organismes ont à peu près le même nombre de gènes.

Retour sur le concept 32.2

1. c, b, a, d. **2.** Cette donnée ne permet pas de déduire si les Animaux sont apparus avant ou après les Eumycètes. Si elle est exacte, la date de l'origine de l'ancêtre commun des Animaux et des Eumycètes indiquerait que les Animaux sont apparus quelque part au cours du dernier milliard d'années. Les données paléontologiques indiquent que les Animaux sont apparus il y a au moins 565 millions d'années. Nous ne pourrions donc que conclure que l'apparition des Animaux s'est produite il y a entre 1 milliard et 565 millions d'années.

Retour sur le concept 32.3

1. Les caractéristiques des grades sont communes à de multiples lignées, sans égard à l'histoire de leur évolution. Certaines de ces caractéristiques peuvent être apparues à maintes reprises, de façon indépendante. Les caractéristiques des clades sont des caractères dérivés provenant d'un ancêtre commun, qui les a transmis aux divers descendants. **2.** L'escargot se développe par segmentation spirale et déterminée, et l'humain par segmentation radiaire et indéterminée. Chez l'escargot, le cœlome se forme à partir des tissus provenant du mésoderme, et celui de l'humain à partir des replis de l'archentéron. Chez l'escargot, le blastopore devient la bouche, et chez l'humain il devient l'anus. **3.** Chez la plupart des cœlomates triploblastes, le tube digestif est muni de deux orifices, la bouche et l'anus. De ce fait, leur corps présente une structure en forme de beignet: le tube digestif (le trou du beignet) s'étend de la bouche à l'anus et il est entouré de divers tissus (la partie solide du beignet). Notez que cette structure en forme de beignet est plus évidente dans les stades précoces du développement. (Voir la figure 32.9c.)

Retour sur le concept 32.4

1. Contrairement aux Éponges, les Cnidaires possèdent de vrais tissus et présentent une symétrie corporelle, bien que celle-ci soit radiaire et non bilatérale, comme chez les autres embranchements d'Animaux.
2. L'arbre fondé sur des données morphologiques divise les Bilatériens en deux clades: les Deutérostomiens et les Protostomiens. L'arbre fondé sur des données moléculaires en reconnaît trois: les Deutérostomiens, les Ecdysozoaires et les Lophotrochozoaires. **3.** La phylogenèse de la figure 32.11 indique que les Mollusques font partie des Lophotrochozoaires, l'un des trois principaux groupes de Bilatériens (les autres étant les Deutérostomiens et les Ecdysozoaires). Comme l'illustre la figure 25.10, les données fossiles montrent que les Mollusques existaient des dizaines de millions d'années avant l'explosion du Cambrien. C'est donc dire que le clade des Lophotrochozoaires a pris forme bien avant l'explosion du Cambrien et qu'il a évolué indépendamment des lignées qui ont produit les Deutérostomiens et les Ecdysozoaires. Toujours d'après la phylogenèse de la figure 32.11, nous pouvons aussi conclure que les lignées qui ont produit ces deux derniers embranchements ont évolué indépendamment l'une de l'autre avant l'explosion du Cambrien. Puisque les lignées ayant mené aux trois principaux clades de Bilatériens ont évolué de façon indépendante les unes des autres avant l'explosion du Cambrien, on peut dire que cette dernière a consisté en trois explosions plutôt qu'en une seule.

Questions du résumé des concepts clés

Concept 32.1 Contrairement aux Animaux, des organismes hétérotrophes qui ingèrent leur nourriture, les Végétaux sont autotrophes et les Eumycètes sont des organismes hétérotrophes qui se développent sur leur source d'approvisionnement et s'en nourrissent par absorption. Les cellules animales sont dépourvues de parois, contrairement aux cellules des Végétaux et des Eumycètes. Les Animaux sont également dotés de tissus musculaires et nerveux, ce dont sont dépourvus les Végétaux et les Eumycètes. De plus, les spermatozoïdes et les ovules des Animaux sont produits par division méiotique, contrairement à ce qui se produit chez les Végétaux et les Eumycètes (dont les cellules reproductrices, comme les spermatozoïdes et les oosphères, sont produites par division mitotique). Chez les Animaux, enfin, le développement de la morphologie est régi par les gènes *Hox,* une famille de gènes inexistante chez les Végétaux et les Eumycètes. **Concept 32.2** Trois hypothèses tentent d'expliquer la cause de l'explosion du Cambrien, soit la nouvelle relation prédateur-proie, l'augmentation de la concentration du dioxygène dans l'atmosphère et la nouvelle flexibilité du développement causée par l'évolution du groupe des gènes *Hox* et d'autres changements génétiques.
Concept 32.3 Le plan d'organisation corporelle est une façon pratique de comparer les caractéristiques clés des organismes. Cependant, les analyses phylogénétiques montrent que des plans d'organisation corporelle sont apparus indépendamment chez différents groupes d'organismes. Des plans d'organisation corporelle semblables pourraient donc s'expliquer par l'évolution convergente, ce qui ne nous renseignerait pas sur de possibles liens évolutifs. **Concept 32.4** Pour reconstituer l'histoire évolutive de la vie animale, les chercheurs recueillent des données morphologiques et moléculaires, et en font l'analyse au moyen de méthodes cladistiques. Selon l'approche cladistique, des caractères dérivés (morphologiques ou moléculaires) communs servent à placer les organismes selon une hiérarchie de clades monophylétiques.

ÉVALUATION

1. a; **2.** d; **3.** e; **4.** c; **5.** b;

7.

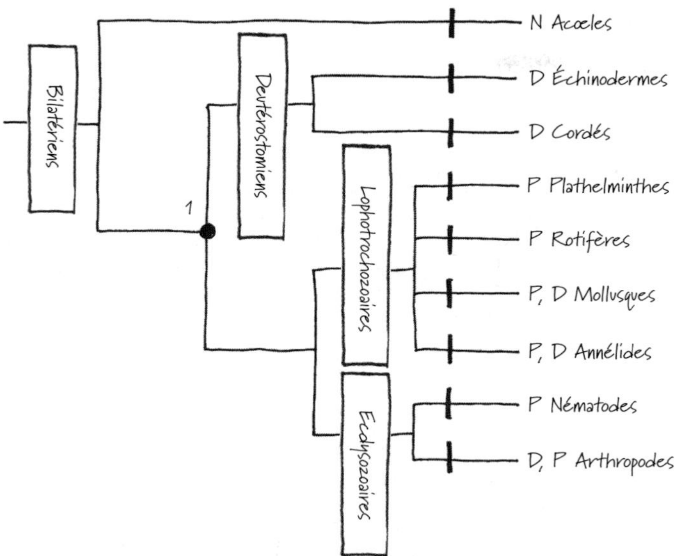

D'après la phylogenèse, la condition ancestrale des Bilatériens pourrait avoir ressemblé à celle des Acœles, où le blastopore se referme et la bouche se forme ailleurs (N); cependant, il est également possible que la destinée du blastopore chez les Acœles soit un caractère dérivé, et qu'elle ne nous renseigne donc pas sur leur condition ancestrale. Bien que la phylogenèse indique que la destinée du blastopore a changé plusieurs fois au cours de l'évolution, il n'est pas possible de faire une estimation précise. Par exemple, si nous formulons l'hypothèse que l'ancêtre commun de tous les Bilatériens (indiqué par le chiffre 1) à l'exception des Acœles avait un développement protostomien, alors la destinée du blastopore aurait changé au moins cinq fois: une fois chez l'ancêtre commun 1, une fois chez les Deutérostomiens, au moins une fois chez les Mollusques, au moins une fois chez les Annélides et au moins une fois chez les Arthropodes. D'autres suppositions donneraient lieu à d'autres estimations.

33

Les Invertébrés

▲ **Figure 33.1 Quelle fonction les spires rouges de cet organisme remplissent-elles ?**

ÉVOLUTION

CONCEPTS CLÉS

33.1 **Les Éponges sont des animaux primitifs dépourvus de vrais tissus**

33.2 **Les Cnidaires constituent un embranchement ancestral des Eumétazoaires**

33.3 **Les Lophotrochozoaires, un clade créé grâce aux données moléculaires, présentent la plus grande variété sur le plan de la morphologie**

33.4 **Le groupe des Ecdysozoaires est celui qui compte la plus grande variété d'espèces**

33.5 **Les Échinodermes et les Cordés sont des Deutérostomiens**

INTRODUCTION

Des Animaux sans colonne vertébrale

À première vue, on pourrait prendre l'organisme montré à la **figure 33.1** pour une espèce d'Algue. Or, cet habitant vivement coloré des récifs de corail est en réalité un Animal. C'est plus précisément un ver segmenté communément appelé *ver arbre de Noël* (*Spirobranchus giganteus*). Les deux spires en forme d'arbre sont des tentacules, qui servent aux échanges gazeux et à la capture de petits organismes en suspension dans l'eau. Elles émergent d'un tube de calcaire sécrété par le ver afin de protéger et de soutenir son corps mou. Des structures photosensibles situées sur les tentacules peuvent détecter l'ombre projetée par un prédateur et déclencher la contraction des muscles qui permettent au ver de rentrer rapidement ses tentacules à l'intérieur du tube.

Les vers arbres de Noël sont des **Invertébrés**, c'est-à-dire des Animaux dépourvus de colonne vertébrale. Ce regroupement d'organismes, qui ne constituent pas un clade, représente 95 % des espèces animales connues. Les Invertébrés colonisent presque tous les habitats de la Terre, de l'eau brûlante qui s'échappe des bouches hydrothermales des grandes profondeurs au sol rocheux et gelé de l'Antarctique. Leur adaptation à ces divers environnements a produit une immense diversité de formes, que l'on pense aux espèces se réduisant à une double couche de cellules ou à celles pourvues d'une glande produisant de la soie, de piquants pivotants ou de tentacules couverts de ventouses. Les espèces invertébrées sont également très diversifiées sur le plan de la taille, et peuvent être microscopiques ou plus longues qu'un autobus scolaire (certaines mesurent jusqu'à 18 m).

Dans le présent chapitre, nous effectuerons une visite du monde des Invertébrés, en utilisant comme guide l'arbre phylogénétique de la **figure 33.2**. La **figure 33.3**, qui occupe les trois prochaines pages, passe en revue 23 embranchements d'Invertébrés. Pour illustrer la diversité des Invertébrés, nous examinerons plus en détail nombre d'entre eux dans le reste du chapitre.

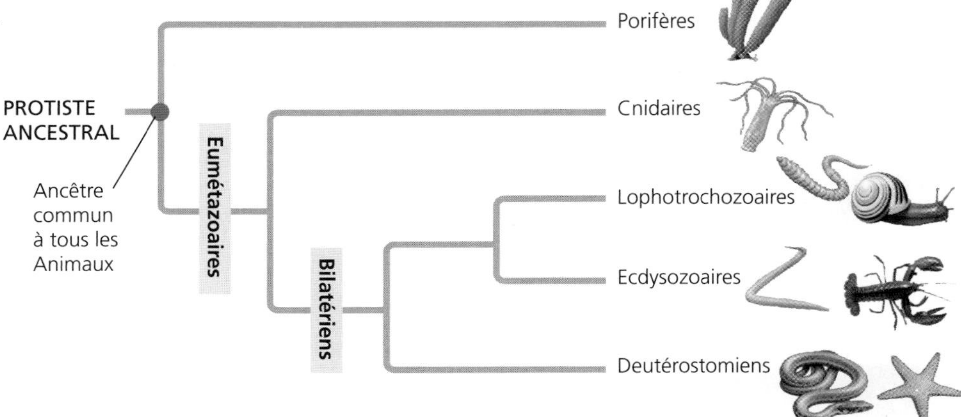

▲ **Figure 33.2 La phylogenèse animale : une révision.** À l'exception des Éponges (des Animaux primitifs de l'embranchement de Porifères) et de quelques autres groupes, tous les Animaux possèdent des tissus et font partie du clade des Eumétazoaires. La plupart des Animaux appartiennent au clade très diversifié des Bilatériens. Cet arbre phylogénétique présente une vue d'ensemble de la matière présentée dans le chapitre 32, mais il omet plusieurs groupes ; la figure 32.11 (p. 771) présente de façon plus complète les liens évolutifs entre les Animaux.

▼ **Figure 33.3**

PANORAMA La diversité des Invertébrés

Le règne des Animaux comprend 1,3 million d'espèces connues. On estime toutefois que le nombre total des espèces appartenant à ce règne se situe entre 10 et 20 millions. Parmi les 23 embranchements présentés ici, 12 font l'objet d'un examen plus approfondi dans le présent chapitre, dans le chapitre 32 ou le chapitre 34; chaque description de ce panorama est assortie d'un renvoi pour en savoir plus.

Embranchement des Porifères (5 500 espèces)

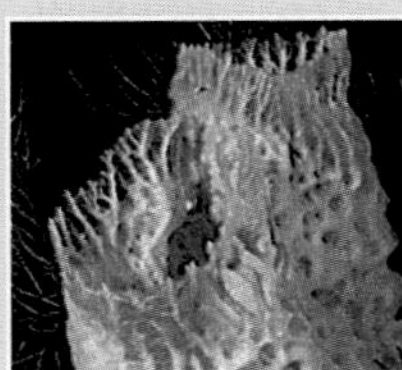

Éponge

Les Animaux de cet embranchement sont communément appelés *Éponges*. Les Éponges sont des Animaux sessiles simples, dépourvus de vrais tissus. Elles se nourrissent de particules en suspension qui traversent les canaux internes de leur corps (voir le concept 33.1).

Embranchement des Cnidaires (10 000 espèces)

Les Cnidaires comprennent notamment les coraux, les méduses et les hydres. Ces Animaux diploblastiques présentent un plan d'organisation corporelle à symétrie radiaire, qui comporte une cavité gastrovasculaire munie d'une seule ouverture servant à la fois de bouche et d'anus (voir le concept 33.2).

Méduse

Embranchement des Acœles (400 espèces)

Acœles (MP)

Les vers plats de l'embranchement des Acœles ont un système nerveux simple et un tube digestif sacculaire, ce qui leur a valu d'être classifiés dans l'embranchement des Plathelminthes. Or, des analyses moléculaires ont révélé que la lignée des Acœles a divergé avant les trois principaux clades bilatériens (voir le concept 32.4).

Embranchement des Placozoaires (1 espèce)

La seule espèce connue de cet embranchement, *Trichoplax adhaerens*, ne ressemble en rien à un Animal. Cet organisme est constitué de quelques milliers de cellules ciliées formant une double couche. Les biologistes soupçonnent *Trichoplax* d'être un animal primitif, mais ils n'arrivent toujours pas à expliquer ses liens avec d'autres groupes d'Animaux qui auraient divergé précocement comme les Porifères et les Cnidaires. *Trichoplax* se reproduit soit par scissiparité, soit en produisant par bourgeonnement de nombreux individus multicellulaires.

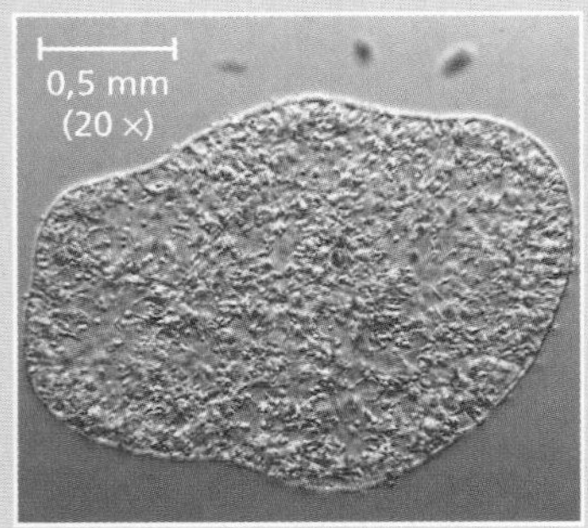

Placozoaire (MP)

Embranchement des Cténophores (100 espèces)

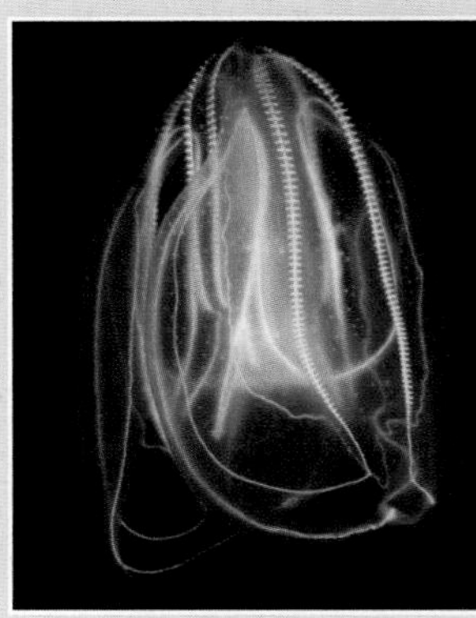

Cténophore

Comme les Cnidaires, les Cténophores (ou Cténaires) sont diploblastiques et présentent une symétrie radiaire, ce qui semble indiquer que les deux embranchements ont divergé très tôt des autres Animaux (voir la figure 32.11, p. 771). Les Cténophores constituent presque tout le plancton des océans. Ils possèdent de nombreux caractères distinctifs, dont une série de huit rangées de plaques ciliées formant des «peignes» (*cténos* en grec, d'où leur nom) grâce auxquels ils se propulsent dans l'eau. Lorsqu'un petit Animal entre en contact avec les tentacules d'un Cténophore, des cellules spécialisées éclatent et libèrent des filaments visqueux qui l'emprisonnent.

Lophotrochozoaires

Embranchement des Plathelminthes (20 000 espèces)

Les Plathelminthes, ou vers plats (qui comprennent les ténias, les planaires et les douves), présentent une symétrie bilatérale et un système nerveux central qui traite l'information provenant des structures sensorielles. Ils n'ont ni cavité corporelle ni appareil circulatoire (voir le concept 33.3).

Ver plat marin

Embranchement des Rotifères (1 800 espèces)

Malgré leur taille microscopique, les Rotifères possèdent des systèmes organiques spécialisés, dont un tube digestif doté d'une bouche et d'un anus. Ils se nourrissent de microorganismes en suspension dans l'eau (voir le concept 33.3).

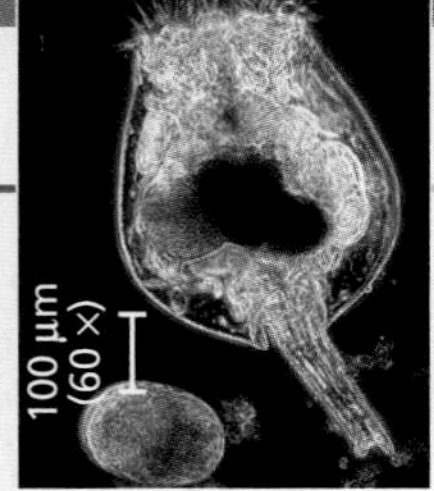

Rotifère (MP)

Embranchement des Ectoproctes (4 500 espèces)

Les Ectoproctes (aussi appelés Bryozoaires) sont des organismes sessiles qui vivent en colonies et possèdent un exosquelette rigide (voir le concept 33.3).

Ectoproctes

Embranchement des Brachiopodes (335 espèces)

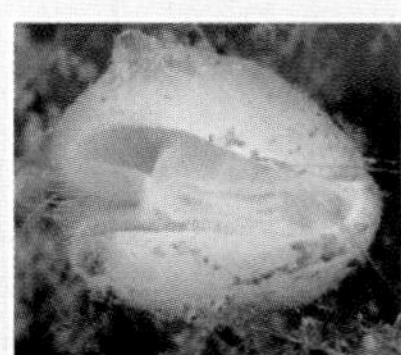

Brachiopode

Il est facile de confondre les Brachiopodes avec les palourdes et d'autres Mollusques. Or, la plupart sont pourvus d'un pédoncule unique, qui les retient à leur substrat, ainsi que d'une couronne de cils appelée lophophore (voir le concept 33.3).

Embranchement des Acanthocéphales (1 100 espèces)

Acanthocéphale (MP) (100 ×)

Les Acanthocéphales sont communément appelés vers à tête épineuse en raison des crochets recourbés dont est munie la trompe rétractile située à l'extrémité antérieure de leur corps. Toutes les espèces sont des parasites. Certains de ces vers agissent sur leurs hôtes intermédiaires de façon à augmenter leurs chances d'atteindre leurs hôtes définitifs. Ainsi, les Acantocéphales qui infectent des crabes de vase de la Nouvelle-Zélande forcent leurs hôtes à se diriger vers des endroits plus visibles de la plage, où ils ont davantage de chances d'être repérés et dévorés par des Oiseaux, leurs hôtes définitifs. Certaines analyses phylogénétiques placent les Acanthocéphales parmi les Rotifères.

Embranchement des Némertes (900 espèces)

Ver rubané

Les Némertes, ou vers rubanés, vivent dans l'eau ou le sable. Ils capturent leurs proies au moyen d'une trompe unique en son genre. Comme les vers plats, ils ne possèdent pas de vrai cœlome; ils sont toutefois munis d'un tube digestif et d'un système vasculaire clos, et le sang qui circule dans des vaisseaux n'entre pas en contact avec les fluides de la cavité corporelle.

Embranchement des Cycliophores (1 espèce)

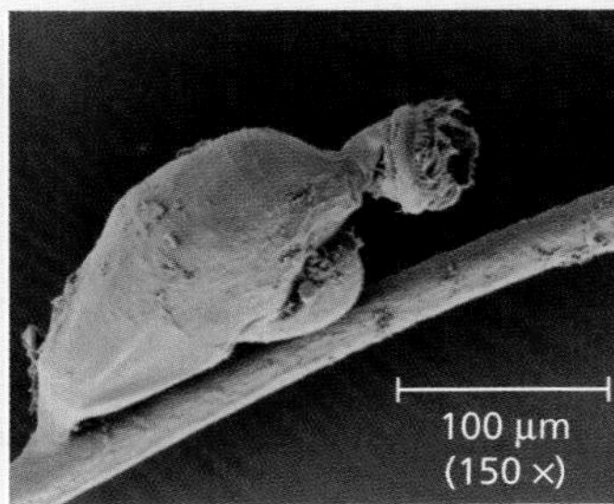

Symbion pandora, un Cycliophore (cliché artificiellement coloré [MEB])

La seule espèce de Cycliophores connue, *Symbion pandora*, a été découverte en 1995 sur les pièces buccales d'un homard. Cette minuscule créature acœlomate en forme de vase possède un plan d'organisation corporelle unique et un cycle de développement particulièrement insolite. Les mâles fécondent des femelles en cours de développement dans le corps de leur mère. Les femelles fécondées quittent celui-ci et s'installent ailleurs sur le homard où elles donnent naissance à leurs petits. Il semble que les petits partent ensuite à la recherche d'un autre homard, auquel ils se fixent.

Embranchement des Annélides (16 500 espèces)

Les Annélides, ou vers annelés, se distinguent des autres vers par leur apparence segmentée. Les vers de terre sont les Annélides les plus connus, mais l'embranchement comprend surtout des espèces marines et dulcicoles (voir le concept 33.3).

Annélide marin

Embranchement des Mollusques (93 000 espèces)

Les Mollusques (dont font partie les escargots, les palourdes, les calmars et les pieuvres) possèdent un corps mou qui, chez de nombreuses espèces, est protégé par une coquille (voir le concept 33.3).

Pieuvre

Ecdysozoaires

Embranchement des Loricifères (10 espèces)

Les Loricifères (du latin *lorica*, «corset», et *ferre*, «porter») sont de minuscules Animaux des grands fonds. Ils peuvent replier la tête, le cou et le thorax à l'intérieur de la lorica, une cavité formée par six plaques entourant l'abdomen. Bien que l'histoire naturelle de cet embranchement soit à peu près inconnue, il semble qu'au moins quelques espèces se nourrissent de bactéries.

Loricifère (MP)

Embranchement des Priapulides (16 espèces)

Priapulide

Les Priapulides sont des vers dont l'extrémité antérieure est munie d'une grande trompe arrondie. (Ils doivent leur nom à Priapos, le dieu grec de la fertilité, qui était symbolisé par un pénis géant.) D'une longueur variant de 0,5 mm à 20 cm, la plupart des espèces vivent enfouies dans les sédiments du plancher océanique. Les archives paléontologiques révèlent que les Priapulides comptaient parmi les principaux prédateurs du Cambrien.

PANORAMA La diversité des Invertébrés

Ecdysozoaires (suite)

Embranchement des Onychophores (110 espèces)

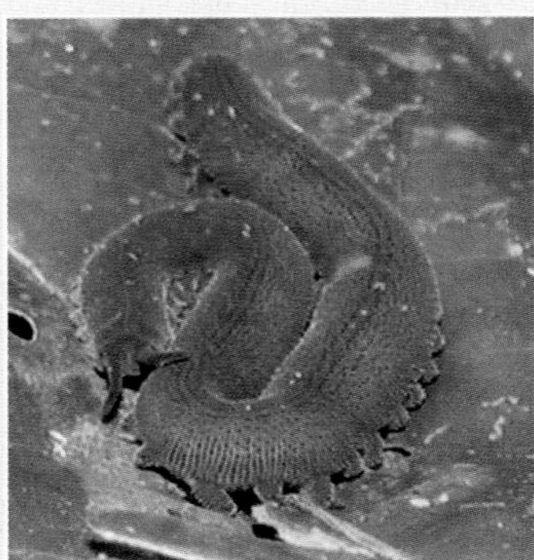

Onychophore

L'apparition des Onychophores coïncide avec l'explosion du Cambrien (voir le chapitre 32). Au début de cette période géologique, ceux-ci ont prospéré dans l'océan, mais, à un certain moment, ils ont réussi à coloniser la terre ferme. Aujourd'hui, ils vivent exclusivement dans les forêts humides. Les Onychophores possèdent une antenne charnue et plusieurs douzaines de paires de pattes en forme de sac.

Embranchement des Nématodes (25 000 espèces)

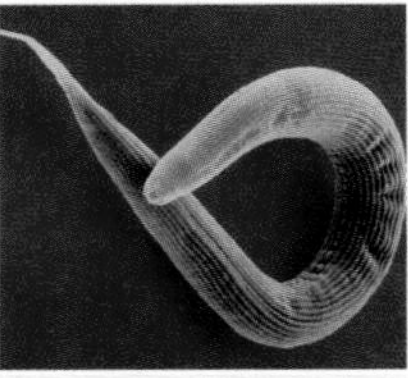

Ver rond (cliché artificiellement coloré [MEB])

Les Nématodes, ou vers ronds, sont extrêmement abondants et diversifiés; on les trouve autant dans le sol que dans les milieux aquatiques. De nombreuses espèces vivent en parasites sur des Végétaux et des Animaux. Leur caractéristique la plus distinctive est la cuticule résistante qui recouvre leur corps (voir le concept 33.4).

Embranchement des Tardigrades (800 espèces)

Les Tardigrades (du latin *tardus*, «lent», et *gradus*, «pas») ont une forme arrondie, des appendices courts et une démarche lourde qui rappelle celle des ours. La plupart mesurent moins 0,5 mm de longueur. Certains vivent en eau salée ou en eau douce, et d'autres, sur des Végétaux ou des Animaux dont ils se nourrissent à l'aide d'appendices suceurs. Dans un mètre carré de mousse, on peut trouver jusqu'à deux millions de Tardigrades. Lorsque le milieu devient inhospitalier, ces Animaux peuvent connaître une période de léthargie; ils arrivent alors à survivre à des températures de −272 °C, ce qui est près du zéro absolu!

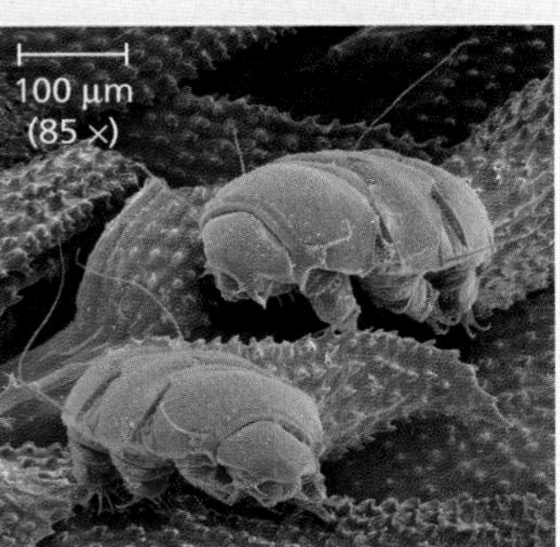

Tardigrades (cliché artificiellement coloré [MEB])

Embranchement des Arthropodes (plus de 1 000 000 d'espèces)

La vaste majorité des espèces animales connues, dont les Insectes, les Crustacés et les Arachnides, sont des Arthropodes. Tous les Arthropodes possèdent un exosquelette segmenté et des appendices articulés (voir le concept 33.4).

Scorpion (classe des Arachnides)

Deutérostomiens

Ver à gland

Embranchement des Hémicordés (85 espèces)

Comme les Échinodermes et les Cordés, les Hémicordés sont des Deutérostomiens (voir le chapitre 32). Ils partagent d'autres caractères avec les Cordés, comme des fentes branchiales et un tube neural dorsal. Le groupe le plus important est celui des Entéropneustes, ou Vers à gland, des Animaux marins qui vivent en général enfouis dans la boue ou dissimulés sous des roches; ils peuvent atteindre une longueur de plus de 2 m.

Embranchement des Cordés (52 000 espèces)

Plus de 90% des espèces de Cordés possèdent une colonne vertébrale (et sont donc des Vertébrés). Cet embranchement compte toutefois trois groupes d'Invertébrés: les Céphalocordés, les Urocordés et les Myxinoïdes. (Voir le chapitre 34, dans lequel cet embranchement est décrit en détail.)

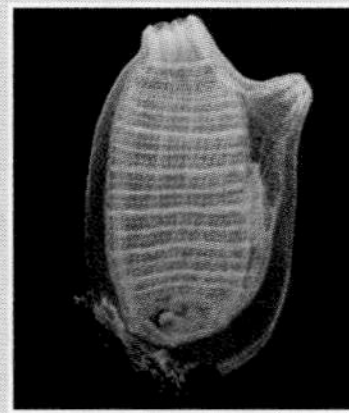

Tunicier (un Urocordé)

Embranchement des Échinodermes (7 000 espèces)

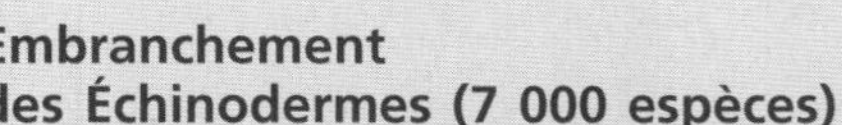

Les Échinodermes, dont font partie le dollar des sables, l'étoile de mer et l'oursin, sont des animaux aquatiques qui présentent une symétrie bilatérale à l'état de larve, mais pas à l'âge adulte. Ils se déplacent et se nourrissent grâce à un réseau de canaux internes qui aspirent l'eau dans les diverses parties de leur corps (voir le concept 33.5).

Oursin

CONCEPT 33.1

Les Éponges sont des animaux primitifs dépourvus de vrais tissus

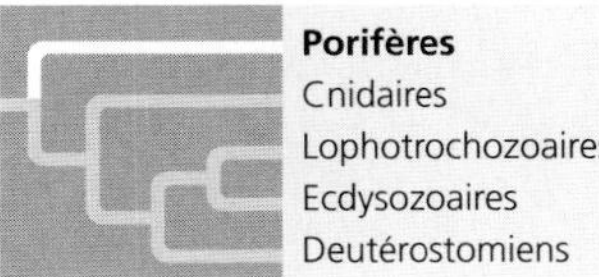

Les animaux de l'embranchement des Porifères sont communément appelés *Éponges*. (De récentes études moléculaires indiquent que les Éponges forment un groupe monophylétique; notre exposé porte sur cette phylogenèse; le débat n'est pas clos pour autant puisque certaines études laissent entendre que les Éponges formeraient plutôt un groupe paraphylétique.) Les Éponges, qui comptent parmi les animaux les plus simples, sont immobiles au point où les Grecs de l'Antiquité les prenaient pour des plantes. La taille des Éponges varie de quelques millimètres à quelques mètres. La plupart des espèces vivent en eau salée, quoiqu'on en trouve certaines en eau douce. Les Éponges sont **suspensivores**: elles se nourrissent des particules en suspension qui traversent leur corps qui, chez certaines espèces, présente l'aspect d'un sac percé de pores. Ces pores inhalants permettent à l'eau de pénétrer à l'intérieur d'une cavité gastrique centrale, le **spongocœle**. L'eau ressort par une ouverture plus grande appelée **oscule** (**figure 33.4**). Les Éponges complexes possèdent une paroi repliée, un spongocœle ramifié et plusieurs oscules.

Les Éponges sont des animaux primitifs, ce qui signifie qu'elles représentent une lignée trouvant sa source près de la racine de l'arbre phylogénétique des Animaux. Contrairement à presque tous les Animaux, les Éponges sont dépourvues de vrais tissus, c'est-à-dire de groupes de cellules semblables formant un ensemble fonctionnel, et isolées des autres tissus par des couches membraneuses (lame basale). Leur corps contient néanmoins plusieurs types de cellules. Des cellules flagellées tapissent l'intérieur du spongocœle. Ce sont les **choanocytes**, qu'on appelle aussi cellules à collerette en raison des fines baguettes qui forment un «col» autour du flagelle. Ces cellules engloutissent des bactéries et d'autres particules de nourriture par phagocytose. La ressemblance entre les choanocytes et les cellules des Choanoflagellés s'ajoute aux données moléculaires et renforce l'hypothèse d'un Choanoflagellé ancestral commun à tous les Animaux (voir la figure 32.3, p. 764).

Le corps d'une éponge est formé de deux feuillets de cellules séparés par une couche gélatineuse appelée **mésoglée**. Les deux feuillets de cellules sont en contact avec l'eau, si bien que les échanges gazeux et l'expulsion des excréments s'effectuent directement par diffusion à travers les membranes cellulaires. Les **amibocytes**, des cellules qui tiennent leur nom de leur capacité à se déplacer à l'aide de pseudopodes, accomplissent d'autres tâches. Ils se déplacent à l'intérieur de la mésoglée et remplissent plusieurs fonctions. Ils absorbent les aliments qui viennent des choanocytes, les digèrent et acheminent les nutriments vers les autres cellules. Ils produisent aussi des fibres squelettiques résistantes à l'intérieur de la mésoglée. Chez certaines espèces, ces fibres sont des spicules pointus composés de calcaire ou de silice. Chez d'autres, les amibocytes forment des fibres plus flexibles qui sont constituées d'une protéine appelée spongine. Ces squelettes souples

▼ **Figure 33.4 L'anatomie d'une éponge.**

Éponge vase azurée (*Callyspongia plicifera*)

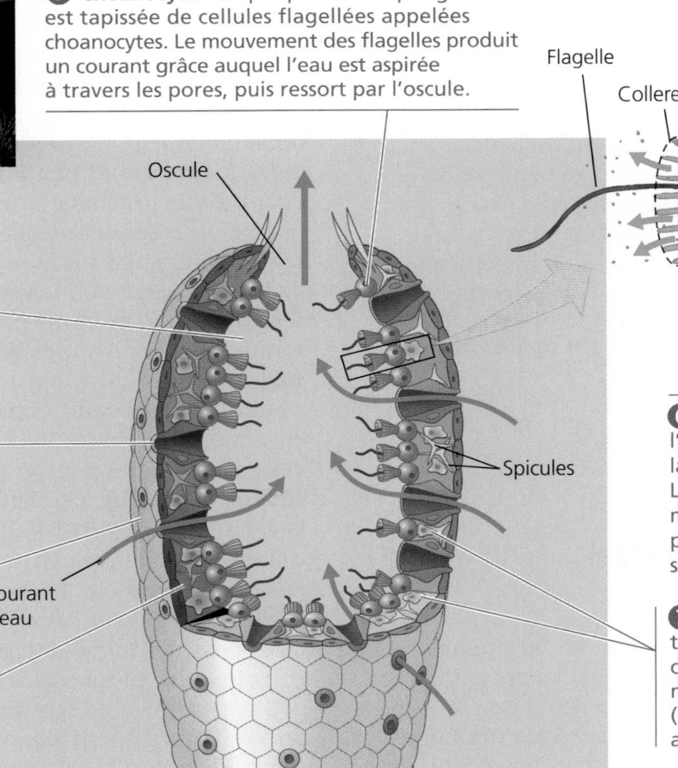

❶ Mésoglée. La paroi de cette éponge simple se compose de deux couches de cellules qui sont séparées par une matrice gélatineuse, la mésoglée.

❷ Épiderme. Des cellules accolées forment l'épiderme, le revêtement externe.

❸ Pores. L'eau pénètre l'éponge par ses pores constitués de cellules dispersées et en forme d'entonnoir qui traversent les couches cellulaires.

❹ Spongocœle. L'eau qui entre par les pores pénètre dans une cavité appelée spongocœle.

❺ Choanocytes. La périphérie du spongocœle est tapissée de cellules flagellées appelées choanocytes. Le mouvement des flagelles produit un courant grâce auquel l'eau est aspirée à travers les pores, puis ressort par l'oscule.

❻ Le mouvement du flagelle attire aussi l'eau dans la collerette du choanocyte, laquelle est constituée de fines baguettes. Les particules de nourriture collent au mucus de la collerette; le choanocyte les phagocyte. Elles sont ensuite soit digérées, soit acheminées vers les amibocytes.

❼ Amibocytes. Ces cellules peuvent transporter les nutriments vers les autres cellules de l'organisme, produire des matériaux pour les fibres squelettiques (spicules) ou remplir une autre fonction au besoin.

et poreux servent à plusieurs usages domestiques en raison de leur capacité à retenir l'eau (elles servent notamment d'éponges pour le bain). Enfin, et surtout peut-être, les amibocytes sont capables de se transformer pour devenir d'autres cellules de l'éponge. Cette propriété procure au corps de l'Éponge une remarquable flexibilité qui lui permet d'adapter sa forme selon les conditions environnementales (comme la direction du courant).

La plupart des Éponges sont **hermaphrodites**: elles portent à la fois les gonades mâles et femelles, et peuvent donc produire des spermatozoïdes *et* des ovules. Presque toutes les Éponges présentent un hermaphrodisme séquentiel, c'est-à-dire qu'elles possèdent d'abord les organes reproductifs d'un sexe et ensuite ceux de l'autre sexe.

Les gamètes proviennent des choanocytes ou des amibocytes. Les ovules restent dans la mésoglée, mais les spermatozoïdes sont entraînés par le courant à l'extérieur de l'animal. La fécondation croisée a lieu lorsque certains des spermatozoïdes expulsés se retrouvent à l'intérieur d'une autre éponge. La fécondation se produit dans la mésoglée. Elle donne naissance à un zygote qui devient une larve flagellée. Celle-ci sort par l'oscule en nageant. Après s'être établie sur un substrat adéquat, elle commence son existence sessile, propre aux Éponges, et se développe.

Les Éponges produisent divers antibiotiques et d'autres composés de défense. Des chercheurs sont en train d'isoler ces composés qui, espère-t-on, permettront de combattre certaines maladies humaines. Ainsi, le cribrostatin, un composé présent dans des éponges marines (*Cribrochalina sp.*), est capable de détruire des souches de *Streptococcus* résistantes à la pénicilline. D'autres composés provenant des Éponges font également l'objet de tests en vue d'une utilisation comme agents anticancéreux.

RETOUR SUR LE CONCEPT 33.1

1. Décrivez la manière dont les Éponges se nourrissent.
2. ET SI? Selon certaines données moléculaires, le groupe frère des Animaux ne serait peut-être pas les Choanoflagellés, mais un groupe de Protistes parasites, les Mésomycétozoaires. Dans la mesure où ces parasites sont dépourvus de choanocytes, cette hypothèse pourrait-elle être fondée? Expliquez votre réponse.

Voir les réponses proposées à la fin du chapitre.

CONCEPT 33.2

Les Cnidaires constituent un embranchement ancestral des Eumétazoaires

À l'exception des Éponges et de quelques autres groupes, tous les Animaux appartiennent au clade des Eumétazoaires, qui possèdent de vrais tissus (voir le chapitre 32). L'embranchement des Cnidaires représente l'un des plus anciens groupes de ce clade. Il s'est diversifié en une vaste gamme d'organismes tant sessiles que mobiles, dont les méduses, les coraux et les hydres. La plupart sont toutefois des Animaux diploblastiques, dont le plan d'organisation corporelle relativement simple, à symétrie radiaire, demeure le même qu'il y a quelque 560 millions d'années.

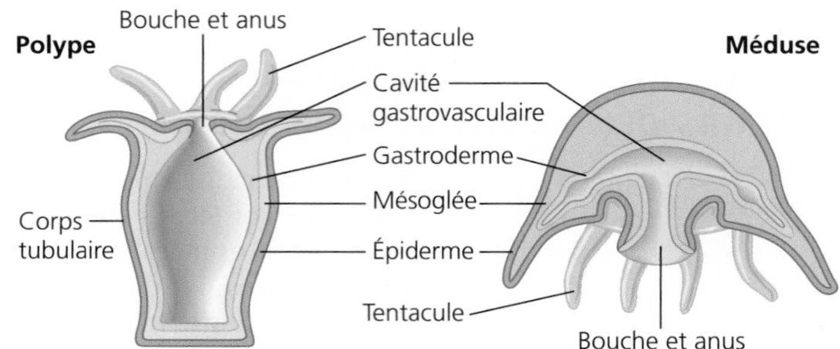

▲ **Figure 33.5 Polype et méduse: les deux formes des Cnidaires.** L'enveloppe corporelle des Cnidaires se compose de deux couches de cellules. L'épiderme (en bleu foncé; provenant de l'ectoderme) forme la couche externe, et le gastroderme (en jaune; provenant de l'endoderme), la couche interne. La digestion commence dans la cavité gastrovasculaire et se termine dans les vacuoles nutritives des cellules gastrodermiques. Le flagelle se trouvant sur les cellules gastrodermiques sert à maintenir en mouvement le contenu de la cavité, afin d'assurer la distribution des nutriments. Une couche gélatineuse et parfois épaisse, la mésoglée, sépare l'épiderme et le gastroderme.

Le plan d'organisation corporelle des Cnidaires a l'aspect d'un sac renfermant un compartiment digestif central, la **cavité gastrovasculaire**, qui communique avec le milieu extérieur par une seule ouverture servant à la fois de bouche et d'anus. Cette structure corporelle de base existe sous deux formes: la forme polype sessile et la forme méduse mobile (**figure 33.5**). Les hydres et les anémones de mer sont des exemples de la **forme polype**, qui est cylindrique. Elles adhèrent au substrat par l'extrémité aborale (opposée à la bouche) de leur corps et déploient leurs tentacules en attendant que les proies passent à leur portée. La forme **méduse** quant à elle ressemble à une version aplatie et renversée du polype. La méduse se déplace librement dans l'eau grâce à de faibles contractions et à sa flottaison. Ses tentacules pendent de la bouche, qui pointe vers le bas. Certains Cnidaires existent seulement sous la forme polype et d'autres, seulement sous la forme méduse; d'autres encore passent du stade polype au stade méduse.

Les Cnidaires sont carnivores. Leurs tentacules, disposés en anneau autour de la bouche, servent souvent à capturer des proies et à les pousser à l'intérieur de la cavité gastrovasculaire, où s'amorce la digestion. Les enzymes sécrétées dans la cavité décomposent les proies en un bouillon nutritif. Les cellules tapissant la cavité absorbent les nutriments et complètent la digestion; les résidus de la digestion sont expulsés par l'ouverture, qui fait office de bouche et d'anus. Les tentacules possèdent une batterie de cellules, les **cnidocytes** (ou cnidoblastes), propres aux Cnidaires, qui assurent la défense de l'organisme et la capture des proies (**figure 33.6**). Les cnidocytes contiennent des vésicules appelées **nématocystes** (ou cnidocystes) qui peuvent libérer une substance urticante.

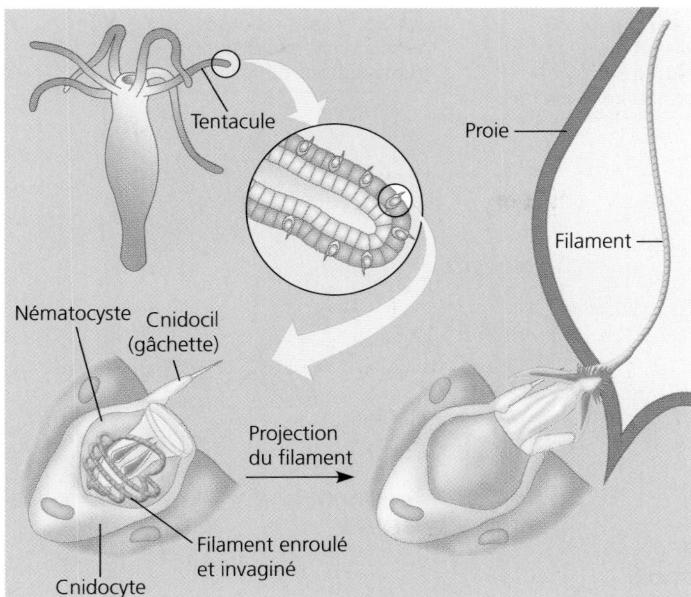

▲ **Figure 33.6 Le cnidocyte d'une hydre.** Ce type de cnidocyte contient une capsule urticante, le nématocyste, dans laquelle se trouve un filament enroulé. Lorsqu'il reçoit une stimulation tactile ou chimique, un appendice sensoriel, appelé cnidocil, agit comme une gâchette et projette le filament en direction de la proie. Celui-ci s'y enfonce alors et injecte un poison.

L'appellation *Cnidaire* vient d'ailleurs de cette caractéristique (du grec *knidê*, « ortie, plante urticante »). D'autres espèces possèdent de très longs filaments qui adhèrent aux petites proies ou s'enroulent autour d'elles.

Chez les Cnidaires, l'organisation des tissus contractiles et nerveux est rudimentaire. Les cellules de l'épiderme (feuillet externe) et du gastroderme (feuillet interne) sont pourvues de faisceaux de microfilaments disposés en fibres contractiles (voir le chapitre 6). C'est la cavité gastrovasculaire qui sert de squelette hydraulique contre lequel s'appuient les cellules contractiles pour exécuter un mouvement (voir le concept 50.6). Quand l'animal a la bouche fermée, la cavité a un volume fixe. La contraction de certaines cellules amène alors le Cnidaire à changer de forme. Le mouvement lent provoqué par les contractions est coordonné par un réseau de cellules nerveuses. Les Cnidaires ne possèdent pas de cerveau. Leur réseau nerveux décentralisé se compose de récepteurs sensoriels distribués radialement dans tout le corps. Ainsi, l'animal détecte les stimulus provenant de toutes les directions, et y répond.

L'embranchement des Cnidaires comporte quatre classes principales: les Hydrozoaires, les Scyphozoaires, les Cubozoaires et les Anthozoaires (**figure 33.7**).

Les Hydrozoaires

La plupart des Hydrozoaires se caractérisent par l'alternance des stades polype et méduse, comme le montre le cycle de développement d'*Obelia* (**figure 33.8**). Chez cet hydrozoaire, le stade polype se présente sous l'aspect d'une colonie de polypes reliés les uns aux autres, et constitue la forme la plus visible. L'hydre (*Hydra sp.*), l'un des rares Cnidaires à vivre en eau douce, est un Hydrozoaire assez particulier qui n'existe que sous la forme polype. Dans des conditions favorables, l'hydre se reproduit de façon asexuée, par bourgeonnement, c'est-à-dire en formant des excroissances qui se détachent ensuite du parent (voir la figure 13.2, p. 282). Lorsque les conditions se détériorent, elle se reproduit de façon sexuée en engendrant des zygotes résistants qui restent enkystés jusqu'à l'amélioration des conditions environnementales.

Les Scyphozoaires

Dans cette classe, le stade méduse domine le cycle de développement. Ces animaux qu'on appelle méduses vivent surtout parmi le plancton. La plupart des Scyphozoaires côtiers passent une courte période de leur cycle de développement sous la forme polype. Cependant, les méduses qui vivent en haute mer ont pour la plupart éliminé le stade polype sessile.

(a) Hydrozoaires. Certaines espèces, dont ces polypes, vivent en colonies.

(b) Scyphozoaires. De nombreuses espèces de méduses sont bioluminescentes. La nourriture captée par les nématocystes est transmise aux tentacules buccaux. Ces tentacules spécialisés (mais dépourvus de nématocystes) transportent les proies capturées jusqu'à la bouche.

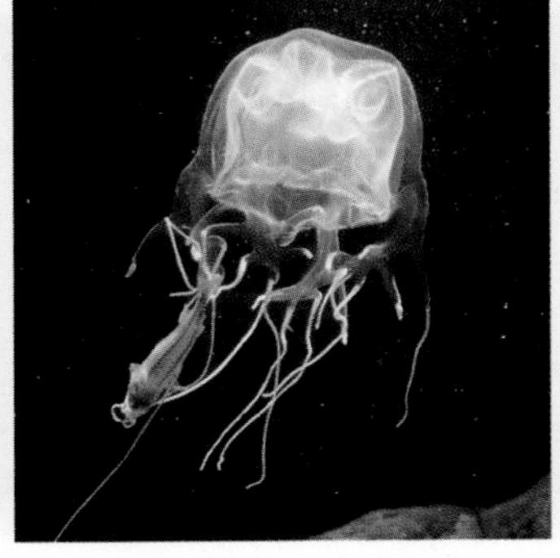

(c) Cubozoaires. La cuboméduse d'Australie ou guêpe de mer (*Chironex fleckeri*) est un exemple célèbre de ce clade. Son poison, qui peut neutraliser des poissons et d'autres grosses proies, est plus puissant que le venin du cobra.

(d) Anthozoaires. Les anémones de mer et les autres membres de la classe des Anthozoaires n'existent que sous la forme polype. De nombreux Anthozoaires établissent des associations symbiotiques avec des Algues photosynthétiques.

▲ **Figure 33.7 Les Cnidaires.**

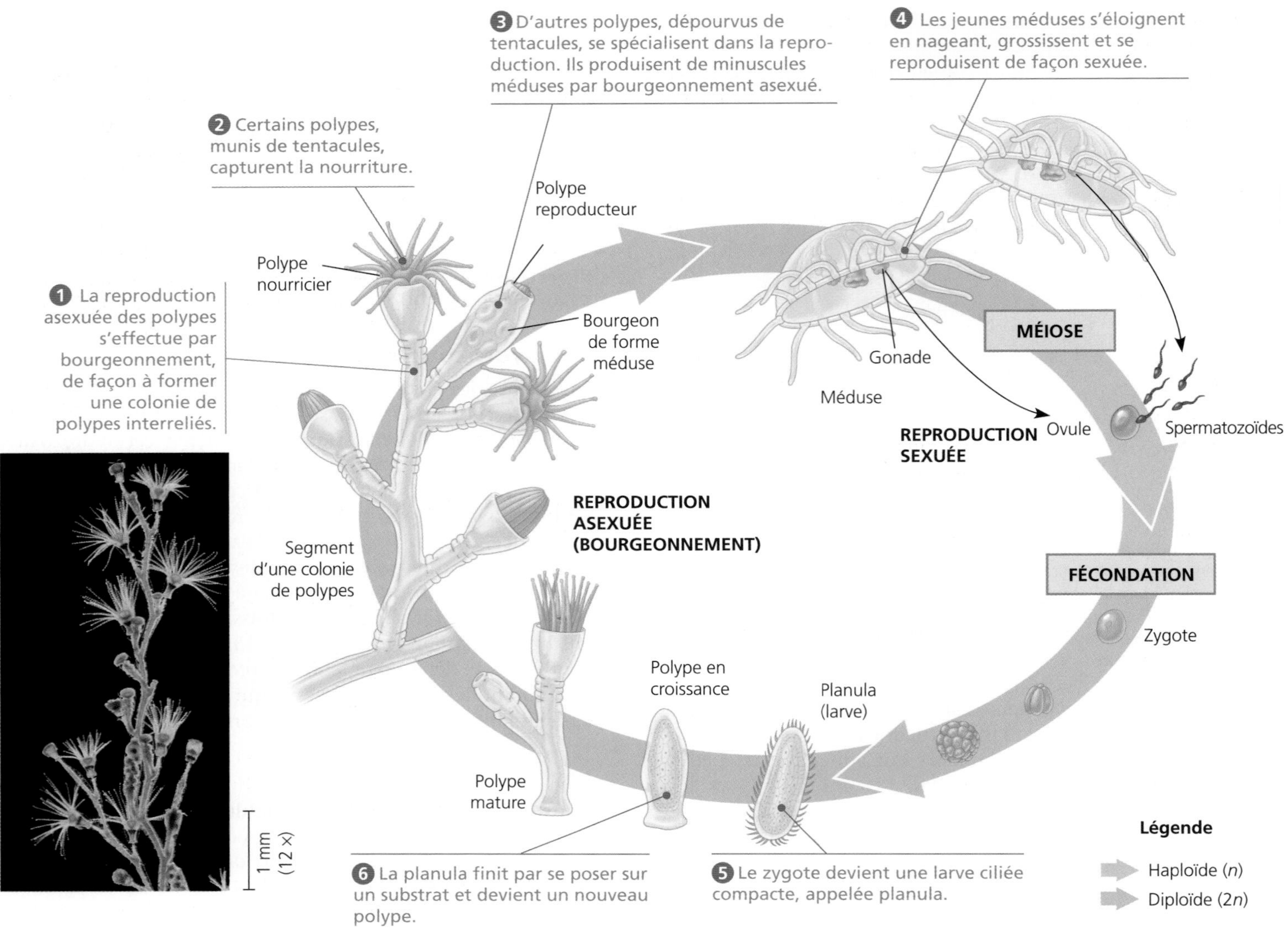

❶ La reproduction asexuée des polypes s'effectue par bourgeonnement, de façon à former une colonie de polypes interreliés.
❷ Certains polypes, munis de tentacules, capturent la nourriture.
❸ D'autres polypes, dépourvus de tentacules, se spécialisent dans la reproduction. Ils produisent de minuscules méduses par bourgeonnement asexué.
❹ Les jeunes méduses s'éloignent en nageant, grossissent et se reproduisent de façon sexuée.
Polype nourricier
Polype reproducteur
Bourgeon de forme méduse
Méduse
Gonade
MÉIOSE
REPRODUCTION SEXUÉE
Ovule
Spermatozoïdes
REPRODUCTION ASEXUÉE (BOURGEONNEMENT)
Segment d'une colonie de polypes
FÉCONDATION
Zygote
Polype en croissance
Planula (larve)
Polype mature
1 mm (12 ×)
❺ Le zygote devient une larve ciliée compacte, appelée planula.
❻ La planula finit par se poser sur un substrat et devient un nouveau polype.
Légende
Haploïde (n)
Diploïde (2n)

▲ **Figure 33.8 Le cycle de développement de l'Hydrozoaire *Obelia*.** Le polype est asexué, tandis que la méduse est sexuée et libère les ovules et les spermatozoïdes. Les deux stades alternent et s'engendrent l'un et l'autre. Il ne faut cependant pas confondre ce processus avec l'alternance de générations qu'on rencontre chez les Végétaux et chez certaines Algues. Les formes méduse et polype correspondent toutes les deux à des organismes diploïdes. (L'état diploïde est caractéristique des Animaux; seuls les gamètes unicellulaires d'*Obelia* sont haploïdes.) Chez les Végétaux, les générations sont successivement haploïdes multicellulaires, puis diploïdes multicellulaires.

ET SI? *Imaginons que les méduses et les gamètes d'*Obelia *sont haploïdes, mais que tous les autres stades sont diploïdes. Quels aspects de leur cycle de développement réel devraient forcément être différents pour que cette hypothèse soit plausible?*

Les Cubozoaires

Comme leur nom l'indique, les Cubozoaires (terme qui signifie «animaux cubiques») présentent un stade méduse de forme cubique. D'autres caractéristiques importantes les distinguent des Scyphozoaires, notamment leurs yeux complexes enchâssés dans le pourtour de leur corps. Ce sont en outre de robustes nageurs, comparativement aux autres clades, si bien qu'on les retrouve rarement échoués sur la grève. La plupart des Cubozoaires vivent dans les océans tropicaux et sont souvent pourvus de cnidocytes extrêmement venimeux. La cuboméduse d'Australie ou guêpe de mer (*Chironex fleckeri*), un Cubozoaire qui vit au large de la côte nord de l'Australie, est l'un des organismes les plus dangereux que l'on connaisse: sa brûlure cause une douleur intense et peut entraîner une insuffisance respiratoire, un arrêt cardiaque et la mort en quelques minutes seulement. Toutefois, ce poison n'est pas fatal pour tous; les tortues de mer possèdent des défenses contre lui, ce qui leur permet de dévorer de grandes quantités de cuboméduses.

Les Anthozoaires

Les anémones de mer (voir la figure 33.7d) et les coraux appartiennent au clade des Anthozoaires. Ils n'existent que sous la forme polype. Les coraux sont des Animaux qui vivent seuls ou en colonies, où ils forment des associations symbiotiques avec des Algues (voir le chapitre 28). De nombreuses espèces sécrètent un squelette externe rigide composé de calcaire. (Ce sont ces squelettes que nous baptisons corail.) Chaque nouvelle génération s'établit sur les débris squelettiques des générations précédentes. Les coraux construisent ainsi des récifs dont les formes caractérisent l'espèce.

Les récifs coralliens sont aux mers tropicales ce que les forêts humides sont aux habitats terrestres : ils abritent une faune et une flore très riches. Malheureusement, ces récifs sont détruits à une vitesse alarmante. Actuellement, la pollution et la surpêche constituent les principales menaces ; le réchauffement de la planète semble aussi contribuer à leur dégradation en augmentant la température de l'eau au-dessus de l'étroite fourchette à l'intérieur de laquelle peuvent vivre les coraux.

RETOUR SUR LE CONCEPT 33.2

1. Comparez la forme polype et la forme méduse des Cnidaires.
2. Décrivez la structure et la fonction des cellules urticantes qui donnent leur nom aux Cnidaires.
3. **FAITES DES LIENS** Comme nous en avons discuté au concept 25.3 (p. 593 à 599), plusieurs nouveaux plans d'organisation corporelle ont émergé durant et après l'explosion du Cambrien. Les Cnidaires, eux, présentent le même plan d'organisation corporelle diploblastique depuis 560 millions d'années. Faut-il en conclure que les Cnidaires se sont moins bien développés ou sont moins évolués que les autres groupes d'Animaux ? Expliquez votre réponse. (Voir aussi le concept 25.6, p. 609 à 613.)

Voir les réponses proposées à la fin du chapitre.

CONCEPT 33.3

Les Lophotrochozoaires, un clade créé grâce aux données moléculaires, présentent la plus grande variété sur le plan de la morphologie

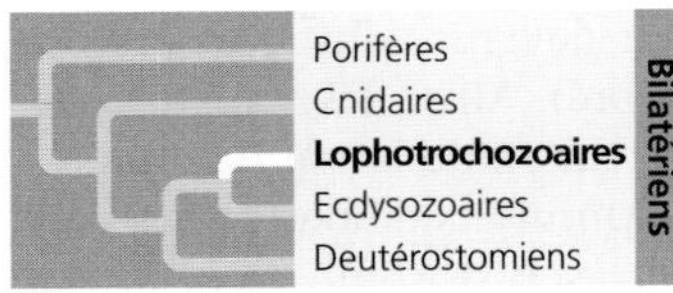

La grande majorité des espèces animales appartiennent au clade des Bilatériens, dont les membres présentent une symétrie bilatérale et sont triploblastiques (voir le chapitre 32). En outre, la plupart des Bilatériens ont un tube digestif à deux ouvertures (bouche et anus) et un cœlome. Quoique leur ordre d'apparition fasse encore l'objet d'actives recherches, le plus récent ancêtre commun des Bilatériens modernes existait probablement à la fin du Protérozoïque (il y a quelque 575 millions d'années). Presque tous les grands groupes de ce clade ont fait leur apparition pendant l'explosion du Cambrien.

Comme nous l'avons vu au chapitre 32, les données moléculaires permettent de croire qu'il existe trois grands clades d'Animaux à symétrie bilatérale : les Lophotrochozoaires, les Ecdysozoaires et les Deutérostomiens. Cette partie se concentre sur le premier de ces clades, les Lophotrochozoaires. Les concepts 33.4 et 33.5 explorent les deux autres.

Si des données moléculaires sont à l'origine de l'identification des Lophotrochozoaires, ceux-ci tirent leur nom de caractéristiques observées chez plusieurs d'entre eux. En effet, certains Lophotrochozoaires forment un *lophophore,* une structure composée d'une couronne de tentacules ciliés servant à la nutrition, alors que d'autres espèces traversent un stade particulier, celui de la *larve trochophore* (voir la figure 32.13, p. 772). Certains membres du clade ne présentent aucune de ces caractéristiques et un grand nombre d'espèces se distinguent par quelques autres attributs morphologiques uniques. Pour tout dire, les Lophotrochozoaires constituent le clade de Bilatériens le plus diversifié sur le plan de la morphologie. Cette diversité se reflète dans le nombre d'embranchements que comporte le clade : on en compte environ 18, soit deux fois plus que tout autre clade de Bilatériens.

Examinons maintenant six de ces embranchements, soit les Plathelminthes, les Rotifères, les Ectoproctes, les Brachiopodes, les Mollusques et les Annélides.

Les Plathelminthes

Les Plathelminthes, ou vers plats, vivent en eau douce, en eau salée ou en terrain humide. Bien que certaines espèces, comme les douves et les ténias (vers solitaires), parasitent certains animaux, un grand nombre d'espèces vivent à l'état libre. Leur corps est généralement aplati (plus large qu'épais), d'où leur nom (du grec *platus*, « large », et *helmins*, « ver »). (Notez que le terme *ver* ne désigne pas un groupe taxinomique ; c'est plutôt un terme général qui s'applique à des animaux au corps long et étroit.) Certaines espèces sont microscopiques ; les ténias quant à eux peuvent mesurer jusqu'à 20 m de longueur.

Bien que les Plathelminthes soient triploblastiques, ce sont des Acœlomates (des Animaux sans cavité corporelle). Comme ils ont un corps aplati, toutes leurs cellules se trouvent à proximité de l'eau environnante ou contenue dans leur tube digestif. En raison de cette proximité, les échanges gazeux et l'élimination des déchets azotés (ammoniac) s'effectuent par diffusion sur toute la surface de leur corps. Les Plathelminthes ne possèdent pas d'organes spécialisés dans les échanges gazeux, et leur appareil excréteur relativement simple a pour principale fonction le maintien de l'équilibre osmotique avec le milieu. Cet appareil se compose d'une **protonéphridie**, un réseau tubulaire composé de structures ciliées, appelées *cellules-flammes*, qui pompent les liquides vers des canaux ramifiés ouverts sur l'extérieur (voir la figure 44.11, p. 1115). La plupart des Plathelminthes possèdent une cavité gastrovasculaire munie d'une seule ouverture. Malgré l'absence de système circulatoire, les fines ramifications de cette cavité permettent la distribution de la nourriture directement aux cellules du ver.

Les Plathelminthes se sont divisés tôt, au cours de leur histoire évolutive, en deux lignées, soit celle de *Catenulida* et celle de *Rhabditophora*. Le clade des *Catenulida* ne compte qu'une centaine d'espèces, dont la plupart vivent en eau douce. Les membres de ce clade se reproduisent de façon asexuée en émettant des bourgeons à leur extrémité postérieure. Les petits produisent souvent leurs propres bourgeons avant de se détacher du parent, et forment ainsi une chaîne de deux à quatre individus génétiquement identiques.

L'autre lignée ancestrale de Plathelminthes, *Rhabditophora,* est très diversifiée et compte quelque 20 000 espèces marines et dulcicoles, dont celle de la **figure 33.9**. Pour étudier ce groupe plus en détail, notre exploration se concentrera sur les espèces vivant à l'état libre et les espèces parasites.

Les espèces libres

Les Rhabditophores libres sont d'importants prédateurs et charognards dans de nombreux habitats marins et dulcicoles. Les membres les plus connus de ce groupe sont les espèces dulcicoles du genre *Dugesia,* communément appelées **planaires**. On les retrouve en grand nombre dans les étangs et les ruisseaux non pollués. Les planaires sont carnivores et se nourrissent de petits animaux et de charognes.

Les planaires se déplacent au moyen des cils qui tapissent leur surface ventrale, glissant sur la pellicule de mucus qu'elles sécrètent. Certains Rhabditophores utilisent aussi leurs muscles pour exécuter des mouvements ondulatoires qui leur permettent de nager.

Les planaires ont une tête sur laquelle se trouve une paire de cupules optiques (yeux primitifs) pouvant détecter la lumière, mais aussi deux prolongements latéraux, appelés auricules, qui contiennent des cellules chimioréceptrices procurant le sens de l'odorat. Le système nerveux des planaires est plus complexe et centralisé que le réseau nerveux des Cnidaires (**figure 33.10**). Des expériences ont montré que les planaires peuvent en effet apprendre à modifier leurs réactions à des stimulus.

Certaines planaires se reproduisent de façon asexuée, par scissiparité. Le corps du parent s'étrangle à peu près au milieu (transversalement) pour se séparer en deux; les deux moitiés reconstituent ensuite la portion manquante. Les planaires se reproduisent aussi par voie sexuée. Elles sont hermaphrodites, et leur accouplement avec d'autres individus permet la fécondation croisée.

Les espèces parasites

Plus de la moitié des espèces connues de Rhabditophores vivent en parasites internes ou externes de certains Animaux. Nombre d'entre eux possèdent des ventouses qui leur permettent de se fixer aux organes internes ou à la surface de leur hôte. La plupart des espèces sont dotées d'une enveloppe résistante qui les protège. Les organes reproducteurs occupent la totalité ou presque de leur corps. Deux sous-groupes de Rhabditophores parasites – les Trématodes et les Cestodes – ont une importance écologique et économique particulière.

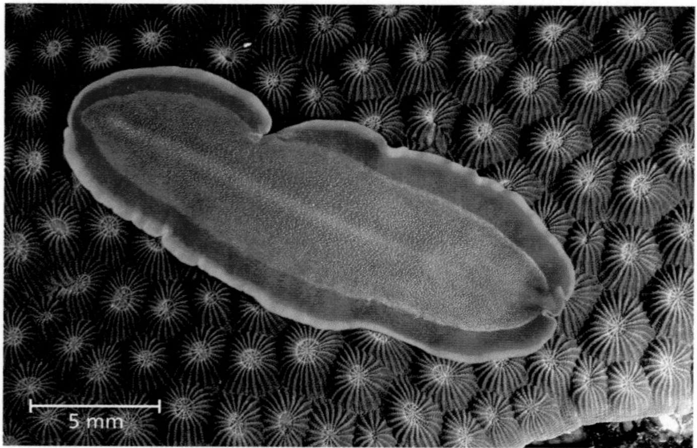

▲ **Figure 33.9 Un ver plat marin libre.**

Pharynx. La bouche de la planaire se trouve à l'extrémité d'un pharynx musculaire. L'animal arrose sa proie de sucs digestifs, puis il aspire des petits morceaux de nourriture prédigérés avec son pharynx, qui les achemine vers la cavité gastrovasculaire où la digestion se poursuit.

La digestion se termine à l'intérieur des cellules qui tapissent la cavité gastrovasculaire, laquelle est pourvue de nombreuses ramifications qui en augmentent la surface.

Les déchets de la digestion sont évacués par la bouche.

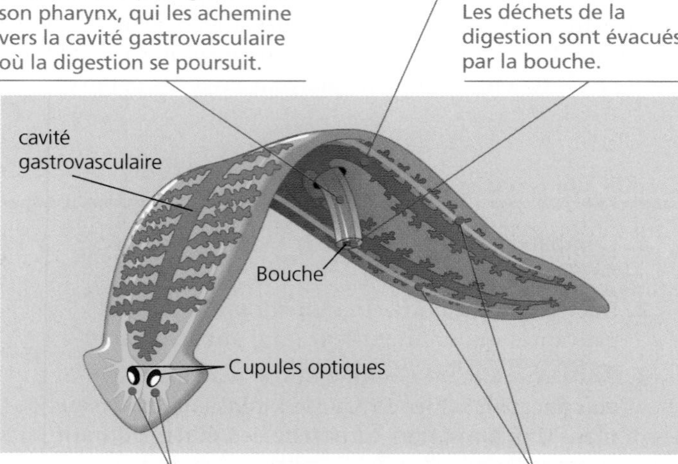

Ganglions. À son extrémité antérieure, près des principaux centres de perception, la planaire possède une paire de ganglions, deux amas denses de cellules nerveuses.

Cordons nerveux ventraux. Une paire de cordons nerveux partent des ganglions et traversent tout le corps de la planaire.

▲ **Figure 33.10 L'anatomie de la planaire.**

Les Trématodes Le groupe des Trématodes parasite une grande variété d'hôtes, et le cycle de développement de presque toutes les espèces comprend une alternance des stades sexué et asexué. Plusieurs ont besoin d'un hôte intermédiaire (dans lequel la larve se développe) pour devenir adultes et infecter l'hôte définitif (souvent un Vertébré). Ainsi, les schistosomes qui parasitent l'humain passent leur stade larvaire dans l'escargot (**figure 33.11**). Près de 200 millions de personnes dans le monde sont infectées par un schistosome (*Schistosoma mansoni*) qui provoque la schistosomiase, caractérisée par des lésions au foie et à la rate, des douleurs abdominales, de l'anémie et des diarrhées.

Vivre en parasites dans différents hôtes soumet les Trématodes à des contraintes que ne connaissent pas les animaux vivant à l'état libre. Un schistosome, par exemple, doit échapper au système immunitaire de l'escargot et de l'humain. En simulant les protéines membranaires de son hôte, il se crée un camouflage immunitaire partiel. Il libère aussi des molécules qui agissent sur le système immunitaire de ses hôtes de façon à lui faire tolérer sa présence. Ces défenses sont si efficaces que des schistosomes peuvent survivre chez un hôte humain durant plus de 40 ans.

Les Cestodes Les Cestodes sont un deuxième groupe important et diversifié de Rhabditophores parasites (**figure 33.12**). Les adultes vivent surtout à l'intérieur des Vertébrés, notamment l'être humain. Chez beaucoup d'espèces, la tête, appelée scolex, porte des ventouses et souvent des crochets qui lui permettent de se fixer à la muqueuse intestinale de son hôte. Les Cestodes n'ont pas de bouche ni de cavité gastrovasculaire; ils absorbent tout simplement les nutriments libérés par le système digestif de leur hôte. L'absorption s'effectue sur toute la surface de leur corps.

Derrière le scolex se trouve un long ruban d'anneaux, appelés proglottis, qui sont essentiellement des sacs contenant les organes reproducteurs. Après la reproduction sexuée, les proglottis contiennent des milliers d'œufs. Le ver les libère alors de son extrémité postérieure dans les excréments de son hôte. Dans l'un des cycles de développement, des excréments humains contaminent la nourriture ou l'eau d'hôtes intermédiaires du ver, comme les porcs ou les bovins. Les œufs ingérés se transforment en larves qui s'enkystent dans les muscles de ces animaux. L'humain s'infecte en consommant de la viande contaminée insuffisamment cuite pour détruire les kystes. Une fois dans l'intestin de l'humain, les kystes libèrent des larves et celles-ci deviennent des adultes qui parasitent l'intestin. Le ténia adulte, qui peut atteindre plus de 20 m, peut causer une occlusion intestinale et détourner suffisamment de nutriments pour que son hôte souffre de carences nutritionnelles. Un médicament appelé niclosamide (Trédémine), administré par voie orale, élimine les vers adultes en perturbant leur métabolisme des glucides et en causant leur désinsertion de la paroi intestinale.

Les Rotifères

Les Rotifères sont de minuscules animaux dont la forme ressemble généralement à une trompette et qui vivent en eau douce, en eau salée ou dans les sols humides. Ils mesurent entre 50 µm et 2 mm, et sont donc plus petits que bon nombre de Protistes. Malgré leur taille réduite, ils présentent une organisation multicellulaire véritable ainsi que d'autres systèmes spécialisés (**figure 33.13**). Contrairement aux Cnidaires et aux vers plats, qui possèdent une cavité gastrovasculaire, les Rotifères sont munis d'un **tube digestif** comprenant deux ouvertures, une bouche et un anus. Les organes internes se trouvent à l'intérieur du pseudocœlome, une cavité corporelle partiellement tapissée de mésoderme (voir la figure 32.8b, p. 768). Le liquide du pseudocœlome sert de squelette hydraulique. Les mouvements de l'organisme répartissent le liquide dans tout le corps, assurant ainsi la diffusion des nutriments.

Le terme Rotifère (du latin *rota*, « roue ») fait référence à la couronne de cils qui entoure la bouche et y fait entrer l'eau en produisant un tourbillon; les cils jouent aussi un rôle dans la locomotion. À l'intérieur de la bouche, dans le pharynx, se trouve un appareil masticateur (le mastax) constitué de sept pièces dures et mobiles qui servent à broyer la nourriture, essentiellement des microorganismes en suspension dans l'eau. La digestion se poursuit plus loin dans le canal alimentaire.

Les Rotifères ont des modes de reproduction plutôt étranges. En effet, certaines espèces ne comptent que des femelles qui donnent naissance à d'autres femelles à partir d'œufs non fécondés; ce type de reproduction porte le nom de **parthénogenèse**. Certains autres Invertébrés (par exemple, les pucerons et certaines espèces d'abeilles) et même quelques Vertébrés (des lézards et des poissons notamment) se reproduisent aussi de cette façon. En plus d'être capables de produire des femelles par parthénogenèse, certains Rotifères peuvent se reproduire de façon sexuée sous certaines conditions, par exemple en situation de surpopulation. À ce moment, la femelle produit deux sortes d'œufs. La première donne des femelles, et la seconde engendre des mâles. Dans certains cas,

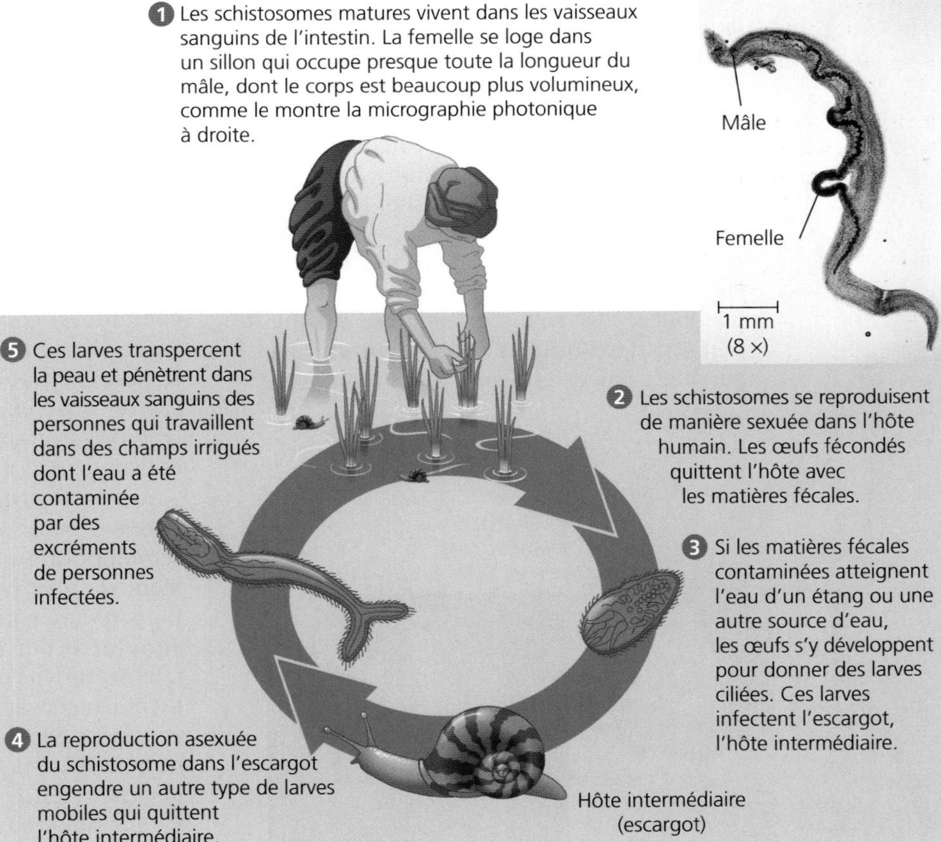

1 Les schistosomes matures vivent dans les vaisseaux sanguins de l'intestin. La femelle se loge dans un sillon qui occupe presque toute la longueur du mâle, dont le corps est beaucoup plus volumineux, comme le montre la micrographie photonique à droite.
Mâle
Femelle
1 mm
(8 ×)
2 Les schistosomes se reproduisent de manière sexuée dans l'hôte humain. Les œufs fécondés quittent l'hôte avec les matières fécales.
3 Si les matières fécales contaminées atteignent l'eau d'un étang ou une autre source d'eau, les œufs s'y développent pour donner des larves ciliées. Ces larves infectent l'escargot, l'hôte intermédiaire.
4 La reproduction asexuée du schistosome dans l'escargot engendre un autre type de larves mobiles qui quittent l'hôte intermédiaire.
Hôte intermédiaire (escargot)
5 Ces larves transpercent la peau et pénètrent dans les vaisseaux sanguins des personnes qui travaillent dans des champs irrigués dont l'eau a été contaminée par des excréments de personnes infectées.

▲ **Figure 33.11 Le cycle de développement d'un schistosome sanguin (*Schistosoma mansoni*), un Trématode.**

ET SI? *Les escargots se nourrissent d'algues dont la croissance est stimulée par les éléments minéraux contenus dans les engrais. De quelle façon la contamination des eaux d'irrigation par les engrais risque-t-elle d'influer sur la prévalence de la schistosomiase? Expliquez votre réponse.*

les mâles sont incapables de se nourrir et ne survivent que le temps de féconder les ovules. Les ovules fécondés deviennent des embryons qui restent en dormance plusieurs années, jusqu'au retour des conditions favorables à leur développement. Lorsqu'ils sortent de leur léthargie, les embryons forment une nouvelle génération de femelles qui se reproduisent par parthénogenèse jusqu'à ce que les conditions redeviennent propices à la reproduction sexuée.

Il est curieux qu'un si grand nombre d'espèces de Rotifères survivent sans mâles. En effet, la vaste majorité des Animaux et des Végétaux se reproduisent par voie sexuée au moins une partie de leur vie, sans compter que la reproduction sexuée présente certains avantages par rapport à la reproduction asexuée (voir le concept 46.1). Par exemple, les espèces qui se reproduisent de manière asexuée tendent à accumuler des mutations nuisibles dans leur génome plus rapidement que celles qui se reproduisent de manière sexuée. Les espèces asexuées sont donc susceptibles de connaître des taux d'extinction plus élevés et des taux de spéciation plus faibles que les espèces sexuées.

Cherchant à comprendre ce groupe singulier, des chercheurs ont étudié un clade de Rotifères asexués appelés Bdelloïdés. On connaît quelque 360 espèces de Bdelloïdés et toutes se reproduisent par parthénogenèse, donc sans mâles. Des paléontologues ont découvert des Bdelloïdés conservés dans de l'ambre vieux de 35 millions d'années; or, la morphologie de ces fossiles ne correspond qu'à la forme femelle, et aucune preuve de l'existence d'une forme mâle n'a été découverte. En comparant l'ADN des Bdelloïdés avec celui de leurs plus proches parents, des Rotifères qui se reproduisent par voie sexuée, les scientifiques ont conclu que les Bdelloïdés sont vraisemblablement asexués depuis 100 millions d'années. Personne ne sait encore comment ces animaux ont réussi à faire fi de la règle générale selon laquelle les espèces asexuées ne survivent pas longtemps.

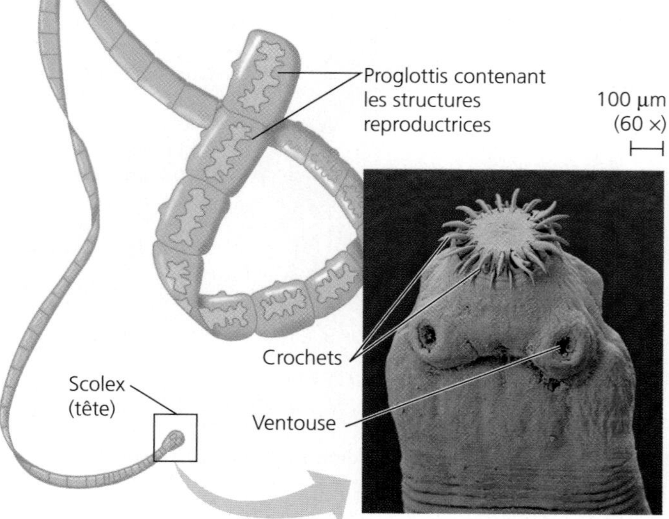

▲ **Figure 33.12 L'anatomie d'un cestode.** En médaillon, gros plan du scolex (cliché artificiellement coloré [MEB]).

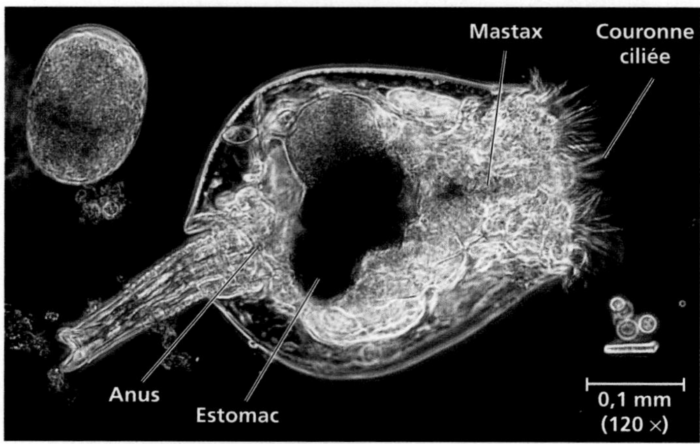

▲ **Figure 33.13 Un rotifère.** L'anatomie de ce pseudocœlomate, plus petit que de nombreux Protistes, est en général plus complexe que celle des vers plats (MP).

Les Lophophoriens: Ectoproctes et Brachiopodes

Les Bilatériens appartenant aux embranchements des Ectoproctes et des Brachiopodes sont groupés sous l'appellation de Lophophoriens. Ces animaux possèdent tous une structure nommée *lophophore*, en forme d'anneau entourant la bouche et portant des tentacules ciliés (voir la figure 32.13a, p. 772). Les cils de ces animaux créent un mouvement qui entraîne l'eau vers la bouche. Les tentacules contribuent alors à retenir les particules de nourriture. D'autres caractéristiques communes, comme la forme en U du tube digestif et l'absence d'une tête distincte, témoignent d'un mode de vie sessile. Contrairement aux vers plats, qui sont dépourvus de cavité corporelle, et aux Rotifères, qui possèdent un pseudocœlome, les Lophophoriens sont pourvus d'un vrai cœlome entièrement tapissé de mésoderme (voir la figure 32.8a, p. 768).

Les **Ectoproctes** (du grec *ecto*, « à l'extérieur », et *procta*, « anus ») sont des animaux qui vivent en colonies et ressemblent un peu à des plantes. (Leur nom usuel, Bryozoaires, vient du grec *bruon*, « mousse », et *zôon*, « animal ».) Chez la plupart des espèces, la colonie est enfermée dans un **exosquelette** dur dont les pores permettent aux Animaux de faire sortir leur lophophore; celui-ci peut alors s'agiter doucement à la recherche de nourriture et se rétracter complètement en cas de danger (**figure 33.14a**). Chez certaines espèces, les individus de la colonie se répartissent le travail (nutrition, défense, nettoyage). La majorité des espèces d'Ectoproctes vivent dans la mer, où elles constituent l'un des groupes d'animaux sessiles les plus répandus. Plusieurs espèces sont d'importants constructeurs de récifs. Il existe aussi des Ectoproctes qui vivent dans les lacs et les rivières. Des colonies d'une espèce dulcicole, *Pectinatella magnifica*, s'établissent sur des branches ou des roches submergées et peuvent former une boule gélatineuse d'un diamètre de plus de 10 cm.

(a) Les Ectoproctes, comme ce Bryozoaire (*Plumatella repens*), sont des Lophophoriens vivant en colonies.

(b) Les Brachiopodes, comme *Terebratulina retusa*, sont pourvus d'une coquille à charnière. Leurs valves sont en position dorsale et ventrale.

▲ **Figure 33.14 Les Lophophoriens.**

Les **Brachiopodes** sont des animaux marins qui ressemblent un peu aux palourdes et aux Bivalves, sauf que la position des valves diffère. En effet, chez les Brachiopodes, une valve est dorsale et l'autre ventrale, tandis que chez les palourdes les deux valves sont latérales (une à droite, l'autre à gauche) (**figure 33.14b**). Tous les Brachiopodes sont marins. La plupart vivent attachés à leur substrat par un long pédoncule flexible. Ils entrouvrent leur coquille pour faire circuler l'eau entre les deux valves et dans le lophophore. Les Brachiopodes sont les derniers représentants d'un embranchement autrefois très important qui comptait 30 000 espèces au Paléozoïque et au Mésozoïque. Certains brachiopodes actuels, par exemple ceux du genre *Lingula*, sont presque identiques aux fossiles d'espèces ayant vécu il y a 400 millions d'années.

Les Mollusques

Escargots, limaces, huîtres, palourdes, pieuvres et calmars font tous partie de l'embranchement des Mollusques. Celui-ci compte 93 000 espèces connues, ce qui le place au deuxième rang des embranchements d'Animaux les plus diversifiés (après les Arthropodes, dont il est question plus loin). Bien que la majorité des Mollusques vivent en mer, quelque 8 000 espèces vivent en eau douce et 28 000 espèces d'escargots et de limaces colonisent la terre ferme. Tous les Mollusques ont un corps mou (du latin *molluscus*, «écorce molle»), et la plupart sécrètent une coquille de calcaire. Cependant, au cours de l'évolution, certains Mollusques ont perdu une partie (calmars) ou la totalité (pieuvres) de leur coquille.

En dépit de leur apparente diversité, les Mollusques possèdent tous la même structure (**figure 33.15**). Le corps de ces cœlomates se compose de trois parties principales: un **pied** musculeux servant habituellement aux mouvements, une **masse viscérale** contenant la plupart des organes internes et un **manteau** constitué d'une épaisse tunique de tissu recouvrant la masse viscérale et pouvant sécréter une coquille (si l'animal en présente une). Chez de nombreuses espèces, le prolongement du manteau forme un compartiment rempli d'eau, appelé **cavité palléale**, abritant les branchies, l'anus et les pores excréteurs. De nombreux Mollusques se nourrissent au moyen d'un organe rugueux en forme de râpe, la **radula**, qu'ils utilisent pour gratter leur nourriture et la ramasser.

La plupart des Mollusques sont unisexués, sauf les escargots, qui sont hermaphrodites. Les gonades (les ovaires et les testicules) sont situées dans la masse viscérale. Le cycle de développement d'un grand nombre de Mollusques marins comporte un stade de larve ciliée appelée trochophore (voir la figure 32.13b, p. 772), caractéristique qu'ont en commun les Annélides marins (vers annelés) et certains autres Lophotrochozoaires.

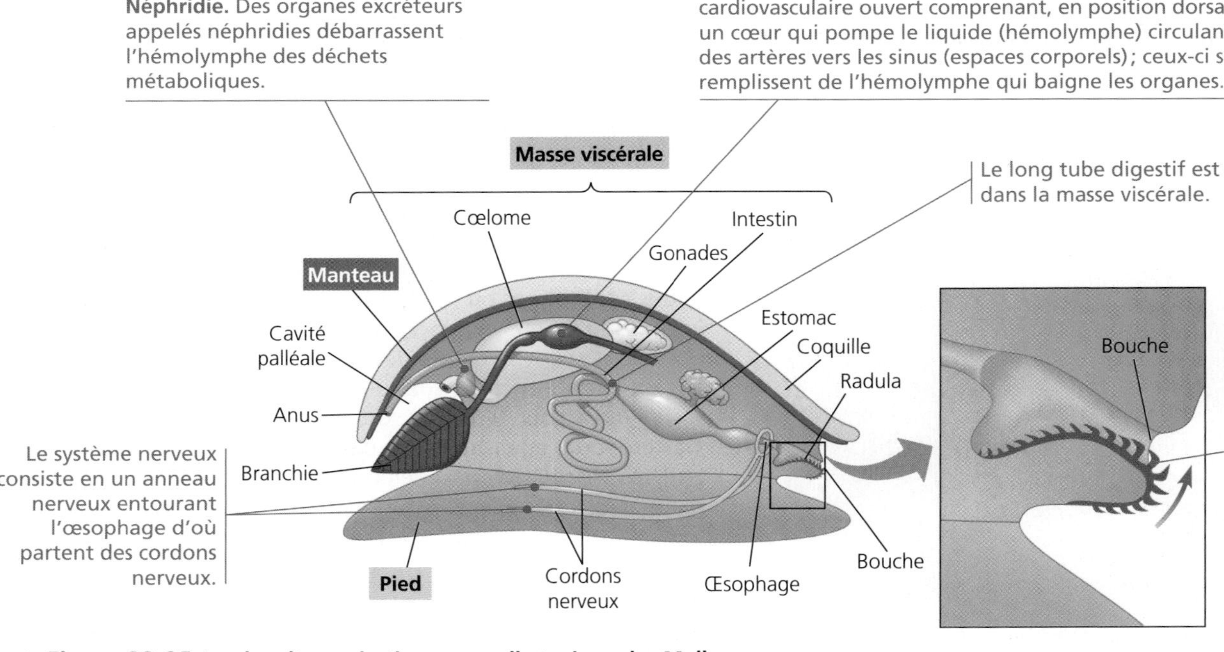

Néphridie. Des organes excréteurs appelés néphridies débarrassent l'hémolymphe des déchets métaboliques.
Cœur. La plupart des Mollusques possèdent un système cardiovasculaire ouvert comprenant, en position dorsale, un cœur qui pompe le liquide (hémolymphe) circulant des artères vers les sinus (espaces corporels); ceux-ci se remplissent de l'hémolymphe qui baigne les organes.
Masse viscérale
Le long tube digestif est enroulé dans la masse viscérale.
Cœlome
Intestin
Gonades
Manteau
Estomac
Coquille
Radula
Cavité palléale
Anus
Branchie
Le système nerveux consiste en un anneau nerveux entourant l'œsophage d'où partent des cordons nerveux.
Pied
Cordons nerveux
Œsophage
Bouche
Bouche
Radula. Chez de nombreux Mollusques, la région buccale porte un organe rugueux, la radula. Semblable à une ceinture de dents recourbées vers l'arrière, celle-ci sort de la bouche et effectue des mouvements de va-et-vient permettant à l'animal de gratter et de rapprocher la nourriture de sa bouche.

▲ **Figure 33.15 Le plan d'organisation corporelle typique des Mollusques.**

Le plan d'organisation corporelle de base des Mollusques a évolué de diverses façons dans les sept ou huit classes de cet embranchement (les experts ne s'entendent pas sur le nombre). Nous décrirons quatre de ces classes : les Polyplacophores (chitons), les Gastéropodes (escargots et limaces), les Bivalves (palourdes, huîtres et autres) et les Céphalopodes (calmars, pieuvres, seiches et nautiles). Nous examinerons ensuite les menaces qui guettent certains groupes de Mollusques.

Les Polyplacophores

Les Polyplacophores, ou chitons, sont des animaux marins ovales recouverts d'une coquille formée de huit plaques dorsales (**figure 33.16**) ; toutefois, le corps lui-même n'est pas segmenté. On les trouve accrochés aux rochers des rivages à marée basse. Ils y sont si bien agrippés, grâce à leur pied qui sert de ventouse, qu'il est toujours surprenant de constater à quel point il est difficile de les déloger. Les chitons utilisent aussi leur pied musculeux pour ramper lentement à la surface des rochers. À l'aide de leur radula, ils grattent la surface des rochers à la recherche de morceaux d'algues, dont ils se nourrissent.

Les Gastéropodes

Les Gastéropodes représentent 75 % de toutes les espèces de Mollusques modernes (**figure 33.17**). La plupart des espèces sont marines, mais beaucoup sont dulcicoles ; d'autres, comme les escargots et les limaces, se sont adaptées à la vie sur la terre ferme et vivent dans des habitats aussi variés que des déserts et des forêts tropicales.

La caractéristique la plus marquante des Gastéropodes est la **torsion** qu'ils subissent au cours de leur développement embryonnaire. Pendant ce processus, la masse viscérale fait une rotation de 180°, ce qui amène l'anus et la cavité palléale en position antérodorsale, près de la tête (**figure 33.18**). Après la torsion, certains organes qui étaient bilatéraux s'atrophient alors que d'autres disparaissent sur l'un des côtés du corps. Il ne faut pas confondre la torsion et la formation en hélice de la coquille, qui constitue un processus distinct.

Une coquille en forme de spirale protège la plupart des Gastéropodes. Cette coquille est souvent conique, sauf chez les ormeaux (par exemple, *Haliotis tuberculata*) et les patelles (comme *Patella vulgata*), chez qui elle est plate. Chez un grand nombre d'espèces, les yeux se trouvent au bout de tentacules

▲ **Figure 33.16 Un chiton.** Remarquez la coquille dorsale composée de huit plaques, caractéristique des Polyplacophores.

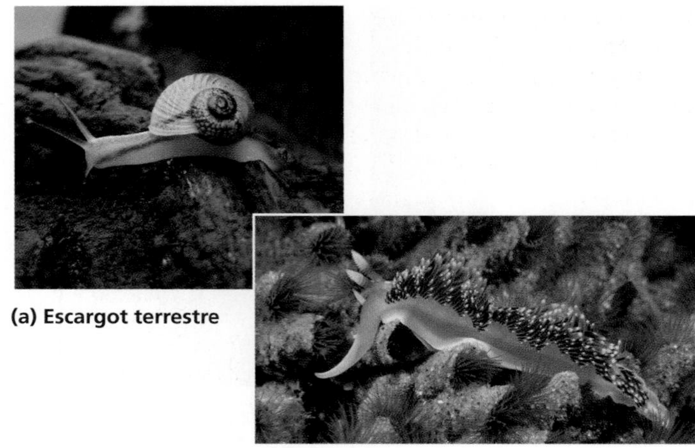

(a) Escargot terrestre

(b) Limace de mer. Les limaces de mer (ordre des Nudibranches) ont perdu leur coquille au cours de l'évolution.

▲ **Figure 33.17 Les Gastéropodes.**

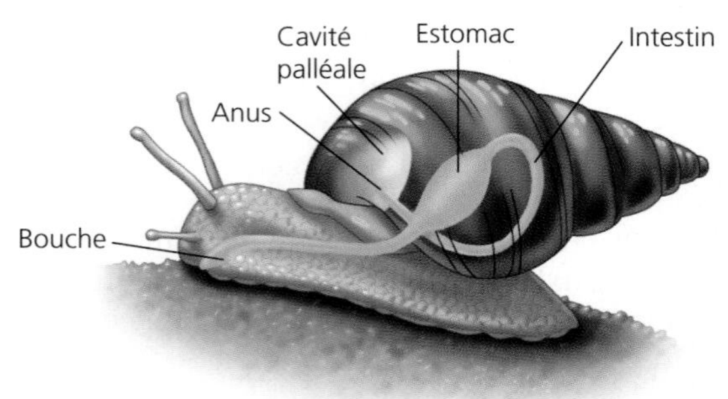

▲ **Figure 33.18 Le résultat de la torsion chez un Gastéropode.** Sous l'action de la torsion (rotation de la masse viscérale) que subissent les Gastéropodes durant leur développement embryonnaire, le tube digestif s'enroule ; l'anus est déplacé à l'arrière de la tête, vers le pôle antérieur de l'animal.

situés sur une tête qui se distingue du reste du corps. Les Gastéropodes avancent très lentement grâce au mouvement ondulatoire de leur pied ou au moyen de cils, en laissant une trace visqueuse sur leur passage. La plupart d'entre eux se servent de leur radula pour gratter la surface de matières végétales ou d'algues. Toutefois, les Gastéropodes prédateurs ont une radula modifiée qui leur permet de trouer les coquilles des autres Mollusques ou de déchirer leurs proies. Chez les escargots, les individus appartenant aux cônes (tel *Conus genuanus*) possèdent sur leur radula des dents creuses qui se terminent par un barbillon empoisonné pénétrant la proie.

Les escargots terrestres ont remplacé les branchies des Gastéropodes aquatiques par un système dans lequel la cavité palléale vascularisée sert de poumon et assure les échanges de gaz respiratoires avec l'air ambiant.

Les Bivalves

Tous les Mollusques de la classe des Bivalves, ou Lamellibranches, sont aquatiques. Les Bivalves comprennent de nombreuses espèces de palourdes, d'huîtres, de moules et de pétoncles. La coquille se divise en deux parties reliées par une charnière au milieu du dos (**figure 33.19**). Lorsque survient un danger, de puissants muscles adducteurs referment solidement les deux parties et protègent le corps mou de l'animal. Les Bivalves n'ont pas de tête et ont perdu leur radula au cours de l'évolution. Chez certains, le bord extérieur du manteau est pourvu d'yeux et de tentacules sensoriels.

Chez la plupart des espèces, la cavité palléale renferme des branchies ciliées qui servent autant à l'alimentation qu'aux échanges gazeux (**figure 33.20**). La plupart des espèces de cette classe sont suspensivores. Elles captent de petites particules alimentaires grâce au mucus qui tapisse leurs branchies et utilisent leurs cils pour diriger ces particules vers la bouche. Un siphon inhalant amène l'eau dans la cavité palléale et lui fait traverser les branchies. Un siphon exhalant propulse ensuite l'eau hors de la cavité palléale.

En raison de leur mode de nutrition, les Bivalves mènent une vie plutôt sédentaire. Les moules sécrètent des fils solides qui les attachent aux rochers, aux quais, aux coques de bateaux et aux coquilles d'autres animaux. Les palourdes, quant à elles, se déplacent dans le sable ou la vase en creusant à l'aide de leur pied musculeux. Outre qu'ils creusent le sol, les pétoncles se déplacent en faisant claquer brusquement les valves de leur coquille à la manière de castagnettes (voir la figure 33.19).

Les Céphalopodes

Les Céphalopodes sont d'actifs prédateurs marins (**figure 33.21**). Ils utilisent leurs tentacules pour saisir leur proie et, avec leurs mâchoires en forme de bec, la mordent et l'immobilisent au moyen d'un venin présent dans leur salive. Leur pied, qui a subi des modifications au cours de l'évolution, comprend le siphon exhalant et une partie des tentacules. Le calmar se déplace de façon saccadée en remplissant sa cavité palléale d'eau, puis en l'expulsant avec force par un siphon exhalant. Il se dirige en pointant ce dernier dans la direction contraire au déplacement.

Un manteau recouvre la masse viscérale des Céphalopodes, mais en général la coquille est réduite et interne (chez la plupart des espèces), ou complètement absente (chez certaines espèces de seiches et de pieuvres). Seuls les nautiles ont conservé leur coquille externe jusqu'à nos jours.

Les Céphalopodes sont les seuls Mollusques à posséder un *système cardiovasculaire clos,* qui isole le sang des fluides contenus dans la cavité corporelle. Ils sont aussi pourvus d'un système nerveux bien développé comprenant un cerveau organisé. Comme ils doivent se déplacer rapidement, ces prédateurs ont une plus grande faculté d'apprentissage et un comportement plus complexe que des animaux sédentaires comme les palourdes.

Les ancêtres des pieuvres et des calmars étaient probablement des Mollusques munis d'une coquille qui ont adopté le mode de vie des prédateurs. Au fil de l'évolution, la coquille aurait disparu. Les Céphalopodes à coquille appelés **Ammonites**, dont plusieurs étaient aussi grands que des pneus de camion, étaient des prédateurs invertébrés qui ont dominé les mers durant des centaines de millions d'années. Ils ont disparu lors des extinctions massives de la fin du Crétacé, il y a 65,5 millions d'années (voir le tableau 25.1, p. 595).

La plupart des espèces de calmars mesurent moins de 75 cm de longueur, mais certaines ont une taille beaucoup plus considérable. *Architeuthis dux* a longtemps été le plus gros calmar connu : la longueur de son manteau peut atteindre 2,25 m, et celle de son corps entier, 18 m. En 2003, cependant, on a capturé près de l'Antarctique un spécimen appartenant à l'espèce rare *Mesonychoteuthis hamiltoni*, dont le manteau mesurait 2,5 m. Certains biologistes croient que ce spécimen était un jeune; ils estiment que les adultes de son espèce pourraient être deux fois plus gros! Contrairement à *A. dux*, qui possède de grosses ventouses et dont les tentacules sont munis de petites dents, *M. hamiltoni* présente à l'extrémité de ceux-ci des griffes rotatives qui peuvent causer des lacérations mortelles.

▲ **Figure 33.19 Un Bivalve.** Ce pétoncle possède un grand nombre d'yeux (points foncés) situés le long des deux moitiés de sa coquille à charnière.

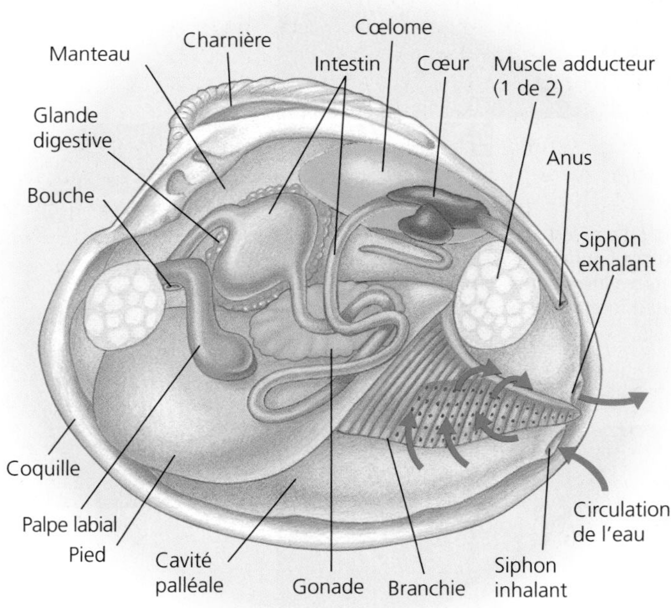

▲ **Figure 33.20 L'anatomie de la palourde.** Une fois aspirées par le siphon inhalant, les particules de nourriture en suspension dans l'eau sont recueillies par les branchies ciliées et amenées à la bouche par les cils et les palpes labiaux.

Il est probable que *A. dux* et *M. hamiltoni* demeurent presque en permanence en eau profonde, où ils peuvent se nourrir de gros poissons. On a trouvé des restes de ces deux espèces dans l'estomac de cachalots, qui sont vraisemblablement leurs seuls prédateurs naturels. En 2005, des scientifiques ont signalé les premières observations d'*A. dux* en liberté, photographié alors qu'il attaquait des hameçons appâtés à 900 m de profondeur. *M. hamiltoni* n'a toujours pas pu être observé dans son habitat naturel. Ces géants marins demeurent un des grands mystères du monde des Invertébrés.

La protection des Mollusques dulcicoles et terrestres

Le rythme de disparition des espèces s'est accéléré de façon importante au cours des quatre derniers siècles, à tel point qu'on craint qu'une sixième extinction de masse, anthropique celle-là, soit en cours (voir le chapitre 25). Parmi les nombreux taxons menacés, les Mollusques se distinguent malheureusement des autres groupes d'Animaux par le plus grand nombre d'extinctions documentées (**figure 33.22**).

Deux groupes de Mollusques sont particulièrement menacés, soit les Bivalves dulcicoles et les Gastéropodes terrestres. Au rang des espèces en voie d'extinction se trouve la moule perlière d'eau douce (*Margaritifera margaritifera*), un groupe de Bivalves dulcicoles qui produit des perles naturelles (corps minéraux que forme une moule ou une huître par la sécrétion de couches successives d'un enrobage nacré autour d'un grain de sable ou d'un autre irritant). Quelque 10 % des 300 espèces

◄ Les calmars sont des carnivores rapides pourvus de mâchoires en forme de bec et d'yeux bien développés.

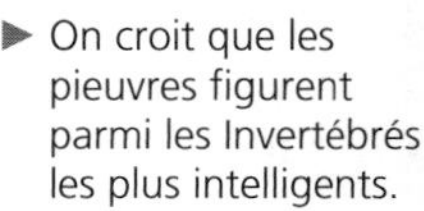

► On croit que les pieuvres figurent parmi les Invertébrés les plus intelligents.

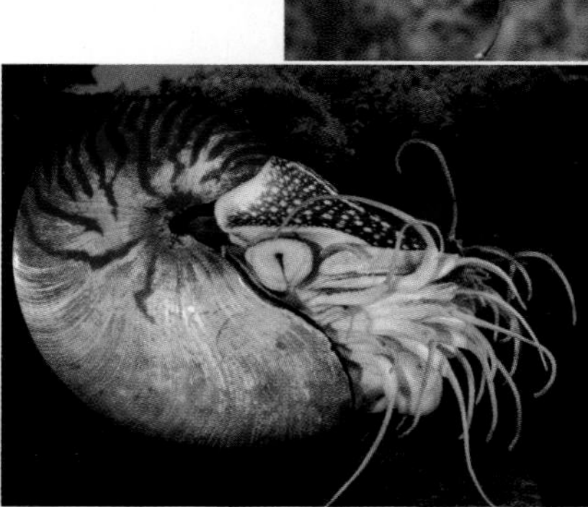

◄ Les nautiles sont les seuls Céphalopodes actuels à posséder une coquille externe.

▲ **Figure 33.21 Les Céphalopodes.**

▼ **Figure 33.22**

IMPACT

La disparition silencieuse des Mollusques

▲ *Partula suturalis*, escargot terrestre d'une île du Pacifique en voie de disparition.

Les Mollusques représentent 40 % des disparitions d'espèces animales documentées, un record qui ne fait pas les manchettes, mais qui n'en est pas moins préoccupant. Ces disparitions s'expliquent par la perte d'habitats, la pollution, l'introduction d'espèces non indigènes, la surexploitation et d'autres activités humaines. De nombreuses populations de moules perlières d'eau douce, par exemple, ont disparu à la suite de la surexploitation de leur coquille, dont la nacre servit longtemps à fabriquer des boutons et d'autres produits. Aujourd'hui, les populations restantes de cette espèce comme celles d'autres Bivalves dulcicoles sont menacées par la pollution et l'introduction d'espèces non indigènes. Par ailleurs, les Gastéropodes terrestres comme celui présenté ci-dessus sont extrêmement vulnérables aux mêmes menaces; ils comptent parmi les groupes d'animaux les plus menacés.

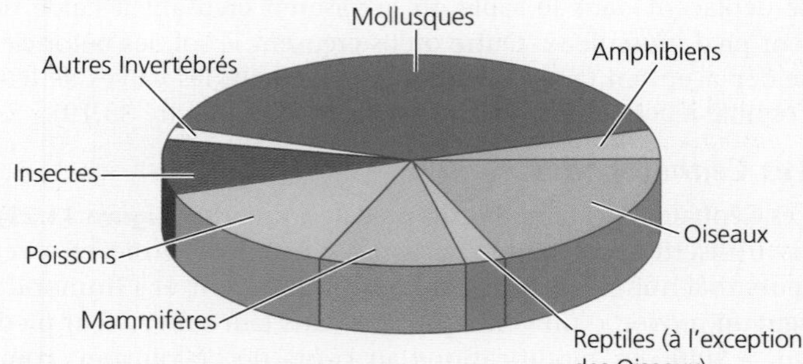

▲ **Disparitions documentées des espèces animales.**
(Données : Union internationale pour la conservation de la nature, 2008)

▲ Des travailleurs sur un monticule de moules perlières récoltées pour la fabrication de boutons (1919).

POURQUOI C'EST IMPORTANT La disparition de Mollusques constitue une diminution irréversible de la biodiversité et menace considérablement d'autres organismes. Les escargots terrestres, par exemple, jouent un rôle clé dans le recyclage des nutriments, alors que les Bivalves dulcicoles, par leurs activités de filtrage, purifient les eaux des ruisseaux, des rivières et des lacs.

POUR EN SAVOIR PLUS C. Lydeard *et al.*, The global decline of non marine mollusks, *BioScience* 54 : 321-330 (2004).

FAITES DES LIENS Les Bivalves dulcicoles se nourrissent de protistes photosynthétiques et de bactéries; ils contribuent donc à en réduire les populations. À cet égard, leur disparition risque-t-elle d'avoir des effets négligeables ou importants sur les communautés aquatiques (voir le concept 28.7, p. 689) ? Expliquez votre réponse.

de moules observées en Amérique du Nord ont disparu au cours des 100 dernières années, et plus des deux tiers de celles qui restent sont menacées d'extinction. Des Gastéropodes terrestres tels l'escargot présenté dans la figure 33.22 n'en mènent guère plus large. Dans les îles du Pacifique, des centaines d'escargots terrestres ont disparu depuis 1800. Dans l'ensemble, plus de 50% des Gastéropodes terrestres des îles du Pacifique ont disparu ou sont menacés d'extinction à court terme.

La perte d'habitats, la pollution, la compétition et la prédation par des espèces non indigènes introduites par l'humain sont des facteurs responsables du sort que connaissent actuellement les Mollusques dulcicoles et terrestres. Est-il trop tard pour les protéger? En certains endroits, l'adoption de mesures de réduction de la pollution de l'eau et la modification des mécanismes de vidange d'eau des barrages ont entraîné un redressement remarquable des populations de moules perlières d'eau douce. Ces résultats permettent de penser que, moyennant des mesures correctives, d'autres espèces de Mollusques menacées seront sauvées.

Les Annélides

Les Annélides (du latin *anellus*, «petit anneau») sont des vers annelés qui se caractérisent par leur apparence segmentée. Ils vivent dans la mer, en eau douce et dans les sols humides. Leur taille varie de moins de 1 mm à 3 m, le plus grand des Annélides étant le lombric géant d'Australie (*Megascolides australis*) (voir la figure 33.24).

Il est d'usage de diviser l'embranchement des Annélides en deux groupes principaux: les Polychètes (vers annelés marins) et les Oligochètes (vers annelés terrestres et organismes apparentés, et Hirudinées, ou sangsues). Toutefois, selon des analyses phylogénétiques récentes, les Oligochètes pourraient être un sous-groupe des Polychètes. Puisque le débat n'est pas clos, nous présentons ici les Polychètes et les Oligochètes séparément.

Les Polychètes

Les anneaux d'un Polychète (du grec *poly*, «plusieurs», et *chaitē*, «long poil») possèdent chacun une paire de structures de locomotion ressemblant à des rames ou à des crêtes et appelées parapodes (du grec *para*, «à côté», et *podia*, «pied») (**figure 33.23**). Chaque parapode comporte de nombreuses soies de chitine. Chez un grand nombre de Polychètes, ces organes sont très vascularisés et servent de branchies.

Les Polychètes constituent un groupe nombreux et diversifié, dont la plupart des membres sont marins. Certaines formes adultes dérivent et nagent parmi le plancton. D'autres rampent ou creusent les sédiments au fond de la mer, ou vivent dans des tubes. Quelques-uns, comme les sabelles, fabriquent eux-mêmes leur tube en mélangeant du mucus avec un peu de sable et des morceaux de coquilles. Plusieurs, comme les vers arbres de Noël (voir la figure 33.1), forment leur tube uniquement à l'aide de leurs propres sécrétions.

Les Oligochètes

Les Oligochètes (du grec *oligos*, «peu», et *chaitē*, «long poil») doivent leur nom au fait que leurs soies, ou poils, faites de chitine sont relativement clairsemées (chaque anneau en compte beaucoup moins que chez les Polychètes). Selon les données moléculaires, ces vers annelés forment un clade diversifié qui comprend les vers de terre et une variété d'espèces aquatiques, ainsi que les sangsues.

▶ **Figure 33.23**
Un Polychète. *Hesiolyra bergi* vit au fond de l'océan, près des bouches hydrothermales.

Les vers de terre Le ver de terre ingère de la terre, dont il extrait les nutriments au fur et à mesure qu'elle passe dans son système digestif.

Les matières non digérées, mélangées au mucus sécrété par le tube digestif, sortent par l'anus sous forme de déjections. Les agriculteurs apprécient ces vers, car ils ameublissent et aèrent la terre et en améliorent la texture avec leurs excréments. (Au 19e siècle, Charles Darwin a estimé qu'en Angleterre un seul hectare de terre cultivée renfermait 125 000 vers de terre pouvant produire 45 tonnes de déjections par année.) La **figure 33.24** explique l'anatomie du ver de terre, qui représente bien les Annélides.

Les vers de terre sont hermaphrodites et pratiquent la fécondation croisée. Deux vers s'accouplent en se plaçant tête-bêche de telle sorte qu'ils puissent échanger leur sperme, puis se séparent. Le sperme reçu est emmagasiné temporairement, le temps qu'un organe appelé clitellum sécrète un manchon de mucus autour de chaque ver. Le manchon de mucus glisse le long de l'animal et ramasse au passage les ovules et le sperme gardé en réserve. Puis, il se détache de la tête du ver et s'enfouit dans le sol, où l'embryon se développera. Certains vers de terre se reproduisent aussi de façon asexuée, par fragmentation et régénération.

Les Hirudinées La plupart des Hirudinées, ou sangsues, vivent en eau douce, mais il existe des espèces marines et des espèces qui vivent dans la végétation terrestre humide. Leur taille varie de 1 à 30 cm. Beaucoup d'entre elles s'alimentent avec de petits Invertébrés, tandis que d'autres parasitent temporairement des Animaux, dont l'humain, et se nourrissent de leur sang (**figure 33.25**). Certaines possèdent des mâchoires très coupantes dont elles se servent pour entailler la peau de leur hôte. D'autres sécrètent des enzymes qui digèrent et perforent la peau. L'hôte ne se rend habituellement compte de rien, car les sangsues produisent en même temps un anesthésique. Après l'incision, les sangsues sécrètent un autre composé, l'hirudine, qui empêche le sang de coaguler. Les parasites peuvent alors sucer autant de sang qu'ils peuvent en contenir, c'est-à-dire plus de dix fois leur propre masse; leur intestin possède des diverticules où le sang ingéré peut être mis en réserve. Lorsqu'elles sont rassasiées, les sangsues peuvent vivre plusieurs mois sans nourriture.

Jusqu'au 20e siècle, les médecins utilisaient souvent les sangsues pour faire des saignées. On se sert encore de ces animaux pour drainer le sang qui s'accumule dans les tissus à la suite d'accidents ou d'opérations chirurgicales. Par ailleurs,

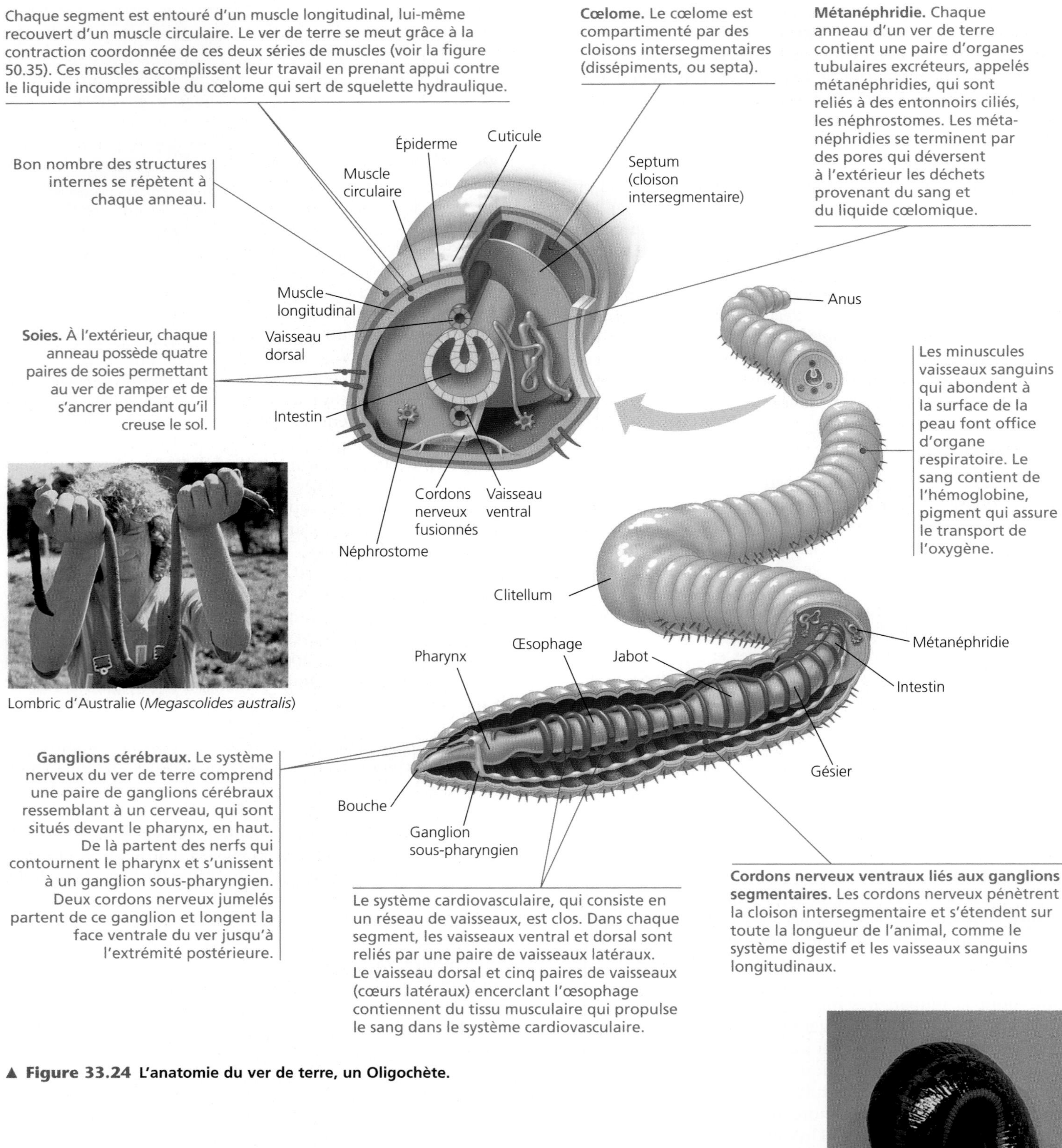

Chaque segment est entouré d'un muscle longitudinal, lui-même recouvert d'un muscle circulaire. Le ver de terre se meut grâce à la contraction coordonnée de ces deux séries de muscles (voir la figure 50.35). Ces muscles accomplissent leur travail en prenant appui contre le liquide incompressible du cœlome qui sert de squelette hydraulique.
Cœlome. Le cœlome est compartimenté par des cloisons intersegmentaires (dissépiments, ou septa).
Métanéphridie. Chaque anneau d'un ver de terre contient une paire d'organes tubulaires excréteurs, appelés métanéphridies, qui sont reliés à des entonnoirs ciliés, les néphrostomes. Les métanéphridies se terminent par des pores qui déversent à l'extérieur les déchets provenant du sang et du liquide cœlomique.
Bon nombre des structures internes se répètent à chaque anneau.
Épiderme
Cuticule
Muscle circulaire
Septum (cloison intersegmentaire)
Muscle longitudinal
Vaisseau dorsal
Soies. À l'extérieur, chaque anneau possède quatre paires de soies permettant au ver de ramper et de s'ancrer pendant qu'il creuse le sol.
Intestin
Anus
Les minuscules vaisseaux sanguins qui abondent à la surface de la peau font office d'organe respiratoire. Le sang contient de l'hémoglobine, pigment qui assure le transport de l'oxygène.
Cordons nerveux fusionnés
Vaisseau ventral
Néphrostome
Lombric d'Australie (*Megascolides australis*)
Clitellum
Œsophage
Pharynx
Jabot
Métanéphridie
Intestin
Ganglions cérébraux. Le système nerveux du ver de terre comprend une paire de ganglions cérébraux ressemblant à un cerveau, qui sont situés devant le pharynx, en haut. De là partent des nerfs qui contournent le pharynx et s'unissent à un ganglion sous-pharyngien. Deux cordons nerveux jumelés partent de ce ganglion et longent la face ventrale du ver jusqu'à l'extrémité postérieure.
Bouche
Ganglion sous-pharyngien
Gésier
Le système cardiovasculaire, qui consiste en un réseau de vaisseaux, est clos. Dans chaque segment, les vaisseaux ventral et dorsal sont reliés par une paire de vaisseaux latéraux. Le vaisseau dorsal et cinq paires de vaisseaux (cœurs latéraux) encerclant l'œsophage contiennent du tissu musculaire qui propulse le sang dans le système cardiovasculaire.
Cordons nerveux ventraux liés aux ganglions segmentaires. Les cordons nerveux pénètrent la cloison intersegmentaire et s'étendent sur toute la longueur de l'animal, comme le système digestif et les vaisseaux sanguins longitudinaux.

▲ **Figure 33.24 L'anatomie du ver de terre, un Oligochète.**

des chercheurs étudient la possibilité d'utiliser l'hirudine purifiée pour dissoudre les caillots de sang qui se forment pendant une opération ou qui résultent d'une cardiopathie. Plusieurs formes d'hirudine recombinée ont été mises au point; deux d'entre elles ont récemment été approuvées aux fins d'utilisation clinique.

► **Figure 33.25 Une sangsue.** Cette sangsue médicinale (*Hirudo medicinalis*) a été appliquée sur le pouce d'un patient afin de traiter un hématome (accumulation anormale de sang au siège d'une lésion interne).

Les Lophotrochozoaires présentent une remarquable variété de plans d'organisation corporelle, comme en témoignent certains Rotifères, Ectoproctes, Mollusques et Annélides. Nous consacrons la prochaine partie à la diversité des Ecdysozoaires, un groupe dominant sur la Terre grâce à la prodigieuse variété de ses espèces.

RETOUR SUR LE CONCEPT 33.3

1. Expliquez comment les Cestodes peuvent survivre en l'absence de cœlome, de bouche, de système digestif et de système excréteur.
2. On peut décrire l'anatomie de l'Annélide comme étant un tube à l'intérieur d'un tube. Expliquez cette affirmation.
3. **FAITES DES LIENS** Expliquez comment le pied musculeux des Gastéropodes et le siphon exhalant des Céphalopodes constituent un exemple de descendance avec modification (voir le concept 22.2, p. 526 à 532).

Voir les réponses proposées à la fin du chapitre.

CONCEPT 33.4

Le groupe des Ecdysozoaires est celui qui compte la plus grande variété d'espèces

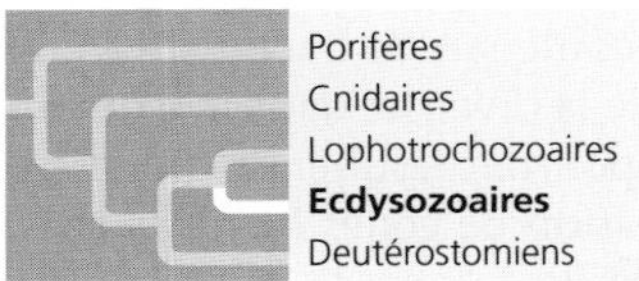

Bien que le clade des Ecdysozoaires ait été défini principalement au moyen de données moléculaires, il comprend des animaux qui sécrètent un exosquelette résistant (une **cuticule**) au cours de leur croissance. En fait, le clade tire son nom de ce processus, appelé *ecdysis*, ou **mue**. La mue est rendue nécessaire par la présence de cet exosquelette, qui doit être remplacé périodiquement afin que l'animal poursuive sa croissance et augmente de taille. Les Ecdysozoaires comprennent huit embranchements et réunissent plus d'espèces connues que tous les autres groupes d'Animaux, de Protistes, d'Eumycètes et de Végétaux réunis. Nous nous concentrons ici sur les deux plus grands embranchements, celui des Nématodes et celui des Arthropodes, qui comptent parmi les groupes d'Animaux les plus florissants.

Les Nématodes

Les Nématodes, ou vers ronds, font partie de l'embranchement qui compte le plus grand nombre d'individus et d'espèces. On en trouve dans la plupart des habitats aquatiques, dans les sols humides, dans les tissus humides des Végétaux ainsi que dans les liquides corporels et les tissus animaux. Contrairement aux Annélides, le corps cylindrique des Nématodes n'est pas segmenté. Il a une extrémité postérieure en pointe effilée et une extrémité antérieure arrondie (**figure 33.26**). Sa taille varie de moins de 1 mm à plus de 1 m. Les Nématodes sont revêtus d'une sorte d'exosquelette résistant appelé cuticule. Au cours de leur développement, ils s'extirpent régulièrement de leur vieille cuticule et en sécrètent une autre, plus grande. Après un nombre déterminé de mitoses, la croissance chez ces animaux s'effectue exclusivement par augmentation de la taille des cellules. Les Nématodes possèdent un tube digestif complet, mais pas de système cardiovasculaire. Le liquide qui circule dans leur pseudocœlome apporte des nutriments à toutes les cellules du corps. Les muscles de la paroi corporelle sont tous longitudinaux, et leur contraction produit des mouvements saccadés.

Les vers ronds se reproduisent généralement par voie sexuée. Chez la plupart des espèces, les individus mâles et femelles sont distincts, les femelles étant habituellement plus grandes que les mâles. La fécondation s'effectue à l'intérieur de l'animal. Une femelle peut pondre plus de 100 000 œufs fécondés (zygotes) par jour. Les zygotes de la majorité des espèces peuvent survivre dans des conditions difficiles.

Des multitudes de vers ronds vivent dans les sols humides et dans les matières organiques en décomposition au fond des lacs et des océans. On en connaît 25 000 espèces, mais il en existe peut-être 20 fois plus. On prétend que s'il ne restait sur Terre que des Nématodes, la planète conserverait grâce à eux son aspect et un grand nombre de ses caractéristiques. Ces vers qui vivent à l'état libre jouent un rôle très important dans la décomposition et le recyclage des nutriments. Pourtant, on les connaît très peu. *Caenorhabditis elegans*, un résident du sol, fait exception: cet organisme est l'un des animaux les plus étudiés en biologie du développement (voir le chapitre 47). Des études en cours portant sur cette espèce révèlent notamment certains des mécanismes du vieillissement chez les humains.

L'embranchement des Nématodes comprend de nombreuses espèces parasites des Végétaux, et plusieurs d'entre elles représentent un fléau pour les agriculteurs, car elles s'attaquent aux racines de certaines plantes. D'autres vivent aux dépens de divers animaux. Certaines de ces espèces sont utiles aux cultivateurs puisqu'elles attaquent des insectes comme le ver gris, qui se nourrit des racines des plantes cultivées. En revanche, au moins 50 espèces de Nématodes parasitent l'humain, dont les oxyures (par exemple, l'oxyure vermiculaire,

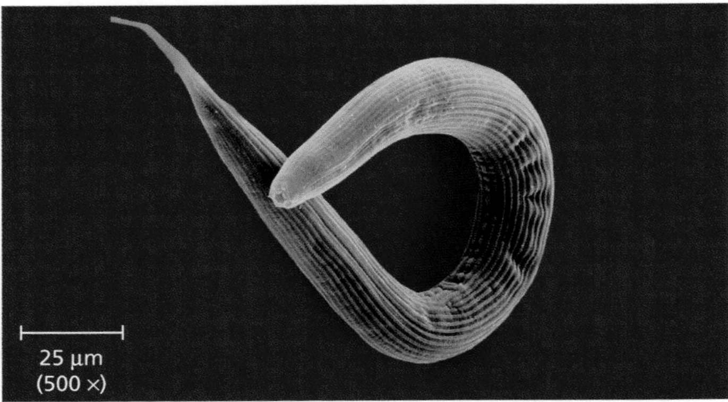

▲ **Figure 33.26 Un Nématode vivant à l'état libre** (cliché artificiellement coloré [MEB]).

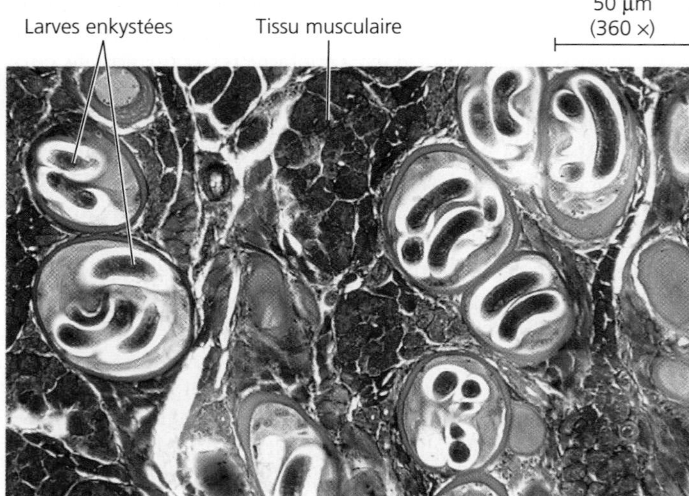

▲ **Figure 33.27 Les larves du Nématode parasite *Trichinella spiralis* enkystées dans du tissu musculaire humain** (MP).

Enterobius vermicularis) et les ankylostomes (tel l'ankylostome duodénal, *Ancylostoma duodenale*). Le plus connu des Nématodes parasites est la trichine (*Trichinella spiralis*), agent de la trichinose (**figure 33.27**). L'humain contracte cette maladie en consommant de la viande (des tissus musculaires) crue ou insuffisamment cuite de porc ou d'un autre animal (y compris du gibier, comme l'ours ou le morse) contenant des larves enkystées. Une fois dans l'intestin, les larves deviennent des adultes sexuellement matures. Les femelles s'enfoncent dans les muscles de l'intestin et donnent naissance à d'autres larves. Celles-ci s'introduisent dans le système lymphatique et vont s'enkyster dans d'autres organes ainsi que dans les muscles squelettiques.

Les Nématodes parasites possèdent un outillage moléculaire extraordinaire qui leur permet de réorienter à leur profit quelques-unes des fonctions cellulaires de leurs hôtes et, par conséquent, d'échapper aux défenses du système immunitaire. Certaines espèces injectent aux Végétaux sur lesquels elles vivent des molécules qui déclenchent le développement de cellules racinaires, lesquelles fournissent ensuite des nutriments aux parasites. *Trichinella*, un parasite des animaux, envahit des cellules musculaires et régit l'expression de gènes particuliers, lesquels codent pour des protéines qui rendent la cellule assez élastique pour l'abriter. En outre, des signaux émis par la cellule musculaire infectée stimulent le développement de nouveaux vaisseaux sanguins destinés à fournir des nutriments au Nématode.

Les Arthropodes

Les biologistes croient que la population mondiale d'Arthropodes s'élève à environ un milliard de milliards (10^{18}) d'individus. À ce jour, près d'un million d'espèces d'Arthropodes ont été décrites, la plupart faisant partie des Insectes. En fait, les deux tiers des organismes connus appartiennent à l'embranchement des Arthropodes, dont on rencontre les membres dans presque tous les habitats de la biosphère. Les Arthropodes sont les plus diversifiés, les plus répandus et les plus nombreux des Animaux.

Les origines des Arthropodes

Selon des biologistes, la diversification et l'abondance remarquables des **Arthropodes** s'expliquent par leur segmentation, leur exosquelette rigide et leurs appendices articulés. Le terme *Arthropoda* signifie « pied articulé ». Les plus anciens fossiles présentant ce plan d'organisation corporelle datent de l'explosion du Cambrien (il y a 535 à 525 millions d'années), ce qui indique que l'origine des Arthropodes remonte *au moins* à cette époque.

Les archives paléontologiques de l'explosion du Cambrien contiennent aussi de nombreuses espèces de *Lobopodes*, un clade disparu, mais à partir duquel les Arthropodes pourraient avoir évolué. Les Lobopodes comme *Hallucigenia* (voir la figure 25.4, p. 592) ont un corps segmenté, mais la plupart de leurs segments sont identiques. Les appendices des premiers Arthropodes, dont les Trilobites, présentaient aussi des segments relativement constants (**figure 33.28**). Au fil de l'évolution, les segments ont peu à peu fusionné, de sorte que leur nombre a diminué; quant aux appendices, ils se sont spécialisés dans diverses fonctions. Ces modifications ont donné lieu non seulement à une grande diversification, mais aussi à une structure corporelle efficace qui permet la répartition des tâches entre les différentes régions du corps.

À quelles modifications génétiques les Arthropodes doivent-ils la complexité grandissante de leur plan d'organisation corporelle? Les Arthropodes modernes présentent deux gènes *Hox* inhabituels qui influent conjointement sur la segmentation. Pour déterminer si ces gènes auraient pu guider l'évolution vers une plus grande diversification de la segmentation chez les Arthropodes, des chercheurs ont étudié des gènes *Hox* sur des Onychophores (voir la figure 33.3), des parents proches des Arthropodes (**figure 33.29**). Les résultats de leur étude indiquent que la diversité du plan d'organisation corporelle des Arthropodes ne découle *pas* de l'acquisition de nouveaux gènes *Hox*. L'évolution de la diversité dans la segmentation corporelle des Arthropodes pourrait résulter de modifications dans la séquence ou la régulation de gènes *Hox* existants. (Le chapitre 25 présente un exposé sur le rôle de ces modifications génétiques sur les modifications morphologiques.)

Les caractéristiques générales des Arthropodes

Au cours de l'évolution, les appendices de certains Arthropodes se sont modifiés et spécialisés dans diverses fonctions comme

► **Figure 33.28 Un trilobite fossilisé.** Les Trilobites étaient très répandus dans les mers peu profondes tout au long de l'ère paléozoïque, mais ils ont disparu au cours des grandes extinctions du Permien, il y a environ 250 millions d'années. Les paléontologues ont décrit environ 4 000 espèces de Trilobites.

▼ **Figure 33.29** INVESTIGATION

Le plan d'organisation corporelle des Arthropodes est-il le produit de nouveaux gènes *Hox*?

EXPÉRIENCE Quelle est l'origine du remarquable plan d'organisation corporelle des Arthropodes? Une hypothèse avance qu'il résulterait de l'introduction (par duplication génétique) de deux gènes *Hox* inhabituels que présentent les Arthropodes: *Ultrabithorax* (*Ubx*) et *abdominal-A* (*abd-A*). Pour vérifier cette hypothèse, Sean Carroll (Université du Wisconsin, à Madison) et ses collègues se sont tournés vers les Onychophores, un clade d'Invertébrés proches parents des Arthropodes. Contrairement à de nombreux Arthropodes modernes, les Onychophores présentent un plan d'organisation corporelle dont presque tous les segments sont identiques. Carroll et ses collègues en ont donc déduit que si l'introduction des gènes *Hox Ubx* et *abd-A* avait guidé l'évolution de la diversité corporelle des Arthropodes, l'apparition de ces gènes coïnciderait probablement avec celle de l'embranchement des Arthropodes:

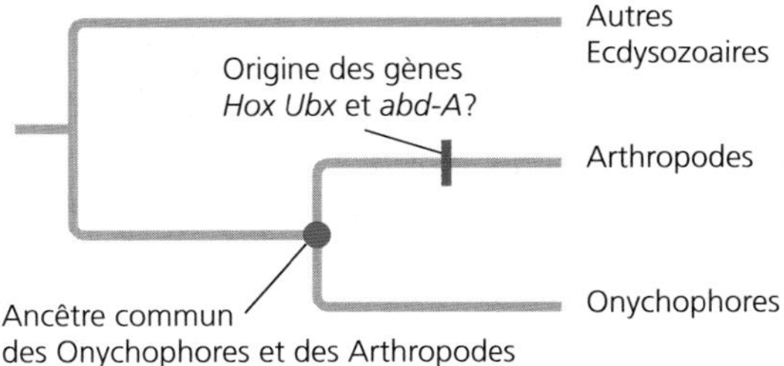

D'après cette hypothèse, *Ubx* et *abd-A* n'auraient pas été présents chez l'ancêtre commun des Arthropodes et des Onychophores; on ne devrait donc pas les retrouver chez les Onychophores. Pour en avoir le cœur net, les chercheurs ont examiné les gènes *Hox* d'*Acanthokara kaputensis,* un Onychophore.

RÉSULTATS *A. kaputensis* présente les mêmes gènes *Hox* que les Arthropodes, y compris *Ubx* et *abd-A*.

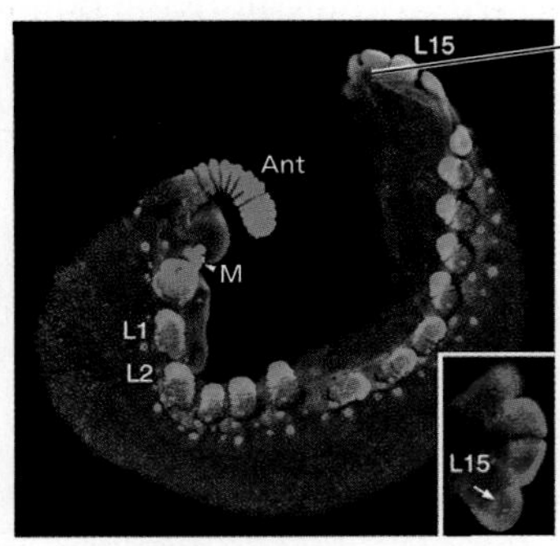

Le rouge indique les régions du corps, sur cet embryon d'Onychophore, où se sont exprimés les gènes *Ubx* et *abd-A*. (Le médaillon montre la zone agrandie.)

Ant = antenne
M = mâchoires
L1-L15 = segments corporels

CONCLUSION Puisque *A. kaputensis*, un Onychophore, présente les gènes *Hox* des Arthropodes, l'augmentation de la diversité, dans la segmentation du corps des Arthropodes, n'est pas liée à l'origine des nouveaux gènes *Hox*.

SOURCE J. K. Grenier, S. Carroll *et al.*, Evolution of the entire arthropod Hox gene set predated the origin and radiation of the onychophoran/arthropod clade, *Current Biology* 7: 547-553 (1997).

ET SI? Quelle incidence l'absence des gènes *Hox Ubx* et *abd-A* chez *A. kaputensis* aurait-elle eue sur les conclusions des chercheurs? Expliquez votre réponse.

la marche, la quête de nourriture, la perception sensorielle, la reproduction et la défense. Comme les appendices dont elles dérivent, ces structures modifiées sont articulées et viennent en paires. La **figure 33.30** illustre les divers appendices et autres caractéristiques du homard, un Arthropode.

Le corps des Arthropodes est complètement recouvert d'une cuticule, un exosquelette composé de couches de protéines et de chitine, un polysaccharide. La cuticule peut être solide et épaisse comme une armure à certains endroits sensibles du corps, ou flexible et mince comme du papier à d'autres endroits, comme les articulations. L'exosquelette protège l'animal et fournit des points d'attache aux muscles qui permettent aux appendices de bouger. Cependant, en raison de la rigidité de leur exosquelette, la croissance des Arthropodes exige qu'ils s'en débarrassent occasionnellement et en sécrètent un nouveau, plus grand. Ce phénomène, qui porte le nom de mue, nécessite une grande dépense d'énergie et expose l'animal aux prédateurs et à d'autres dangers, car le nouvel exosquelette met un certain temps à durcir.

Lorsque l'exosquelette est apparu chez les Arthropodes marins, ses principales fonctions étaient vraisemblablement la protection et l'établissement d'un point d'attache pour les muscles. Plus tard, toutefois, il a permis à certains Arthropodes de vivre sur la terre ferme. En effet, sa relative imperméabilité prévenait la déshydratation, et sa rigidité apportait la solution au problème d'appui des Arthropodes qui ne pouvaient plus compter sur la poussée de l'eau lors de leurs déplacements.

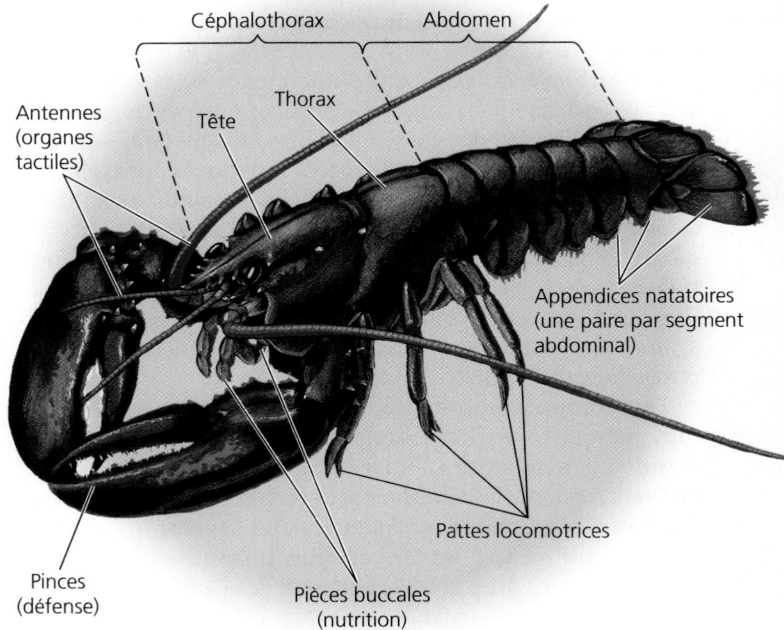

▲ **Figure 33.30 L'anatomie externe du homard (Arthropode).** Cette vue dorsale d'un homard d'Amérique (*Homarus americanus*) montre plusieurs des traits distinctifs des Arthropodes et certaines caractéristiques des Crustacés. Le corps des Arthropodes est segmenté, mais cette caractéristique n'est apparente que sur la partie abdominale du homard. Tous les appendices sont articulés (pinces, pièces buccales, pattes locomotrices et appendices natatoires). La tête comprend une paire d'yeux composés (à lentilles multiples) situés chacun à l'extrémité d'un pédoncule mobile. Le corps et les appendices sont recouverts d'un exosquelette.

Les Arthropodes ont commencé à se diversifier sur la terre ferme à la suite de la colonisation de ce milieu par les Végétaux, au début du Paléozoïque. Au nombre des observations, mentionnons celle d'un chasseur de fossiles amateur, qui a trouvé en Écosse, en 2004, un millipède fossilisé vieux de 428 millions d'années. On a trouvé d'autres fossiles d'Arthropodes terrestres datant d'il y a environ 450 millions d'années.

Les Arthropodes possèdent des organes sensoriels développés, entre autres les yeux, les récepteurs olfactifs et les antennes pour toucher et sentir. Hormis quelques exceptions intéressantes, les organes sensoriels se trouvent généralement à l'extrémité antérieure de l'animal. La femelle papillon, par exemple, « goûte » les plantes grâce à des organes sensoriels situés à l'extrémité de ses pattes.

Comme beaucoup de Mollusques, les Arthropodes sont dotés d'un **système cardiovasculaire ouvert** dans lequel un cœur propulse un liquide appelé *hémolymphe* (le terme *sang* s'emploie généralement pour désigner un liquide contenu dans un système cardiovasculaire clos). L'hémolymphe quitte le cœur par de petites artères qui l'amènent jusqu'à des espaces appelés sinus, qui entourent les tissus et les organes. Elle retourne ensuite dans le cœur par des pores habituellement munis de valves. L'ensemble des sinus, qui sont remplis d'hémolymphe, s'appelle *hémocœle* et ne fait pas partie du cœlome. Bien que les Arthropodes soient des Cœlomates, chez la plupart des espèces, le cœlome de l'embryon régresse graduellement au profit de l'hémocœle, qui devient la cavité corporelle principale de l'animal adulte. Quoique ce système cardiovasculaire ouvert ressemble à celui des Mollusques, les analyses phylogénétiques semblent indiquer que les deux systèmes ont fait leur apparition indépendamment au cours de l'évolution.

Les Arthropodes disposent d'une grande variété d'organes spécialisés dans les échanges gazeux. Ces organes doivent permettre la diffusion des gaz respiratoires, malgré la présence de l'exosquelette. La plupart des espèces aquatiques possèdent des branchies pourvues d'extensions duveteuses qui maximisent la surface en contact avec l'eau. Les Arthropodes terrestres, quant à eux, ont habituellement recours à des structures internes spécialisées dans les échanges gazeux. Ainsi, la majorité des Insectes possèdent un système de trachées, c'est-à-dire des conduits qui amènent l'air à l'intérieur, grâce aux pores que contient la cuticule.

Les données morphologiques et moléculaires semblent indiquer que les Arthropodes modernes se divisent en quatre grandes lignées qui ont divergé tôt dans l'histoire de cet embranchement : les **Chélicérates** (araignées de mer, limules, scorpions, tiques, mites et araignées), les **Myriapodes** (centipèdes et millipèdes), les **Hexapodes** (Insectes et organismes apparentés sans ailes et à six pattes) et les **Crustacés** (crabes, homards, crevettes, balanes, etc.).

Les Chélicérates

Le sous-embranchement des Chélicérates (du grec *cheilos*, « lèvres », et *cheir*, « bras ») doit son nom aux **chélicères**, les appendices en forme de pince qui permettent à ces animaux de s'alimenter. Leur corps est composé d'un céphalothorax antérieur et d'un abdomen postérieur. Ils n'ont pas d'antennes, et la plupart sont munis d'yeux simples (avec une seule lentille).

Les premiers Chélicérates étaient des **Euryptérides**, ou scorpions de mer. Ces prédateurs marins et dulcicoles pouvaient atteindre 3 m de longueur ; on pense que certaines espèces pourraient avoir marché sur la terre ferme, comme le font les crabes terrestres modernes. La plupart des Chélicérates marins, dont les Euryptérides, ont disparu. Les araignées de mer (*Pycnogonides*) et les limules comptent parmi les espèces marines qui ont survécu jusqu'à aujourd'hui (**figure 33.31**).

La majeure partie des Chélicérates modernes sont classés parmi les **Arachnides**, auxquels appartiennent les scorpions, les araignées, les tiques et les mites (**figure 33.32**). Parmi les Arthropodes figurent de nombreux parasites, notamment les tiques et les mites. Presque toutes les tiques sont des parasites qui se nourrissent du sang des Reptiles et des Mammifères. Elles vivent à la surface du corps de ces animaux. Les mites parasites vivent à l'intérieur ou à l'extérieur d'une grande variété de Vertébrés, d'Invertébrés et de Végétaux.

Les Arachnides possèdent un céphalothorax pourvu de six paires d'appendices : une paire de chélicères ; une paire d'appendices appelés pédipalpes et servant à la perception sensorielle et à la préhension de la nourriture ou à la reproduction ; et quatre paires de pattes locomotrices (**figure 33.33**). Les araignées utilisent leurs chélicères, en forme de crochet et munies de glandes à venin, pour attaquer leurs proies. Pendant qu'elles déchiquettent leur capture en menus fragments avec leurs chélicères, elles déversent des sucs digestifs sur les tissus déchirés pour les ramollir. Elles aspirent ensuite l'aliment liquéfié.

Chez la plupart des araignées, les échanges gazeux se font dans des **poumons lamellaires** constitués d'un ensemble de lamelles empilées contenues dans une chambre interne (voir la figure 33.33). L'étendue de ces organes respiratoires découle d'une adaptation structurale visant à augmenter les échanges O_2-CO_2 entre l'hémolymphe et l'air.

Un grand nombre d'araignées ont acquis la faculté unique d'attraper des Insectes au moyen d'une toile tissée de fils de soie. Cette soie se compose de fibroïne, une protéine liquide sécrétée par des glandes abdominales spéciales, les glandes séricigènes. D'autres organes, les filières, transforment la fibroïne en fibres qui durcissent et deviennent de la soie.

▲ **Figure 33.31 Des limules (*Limulus polyphemus*).** Ces « fossiles vivants » n'ont guère changé depuis des centaines de millions d'années. Ils ont survécu au grand nombre de Chélicérates qui peuplaient autrefois les mers, et abondent sur les côtes de l'Atlantique et de la partie américaine du golfe du Mexique.

▲ Les scorpions possèdent des pédipalpes, soit des pinces spéciales qui leur permettent de se défendre et d'attraper leurs proies. Le bout de leur queue porte un dard venimeux.

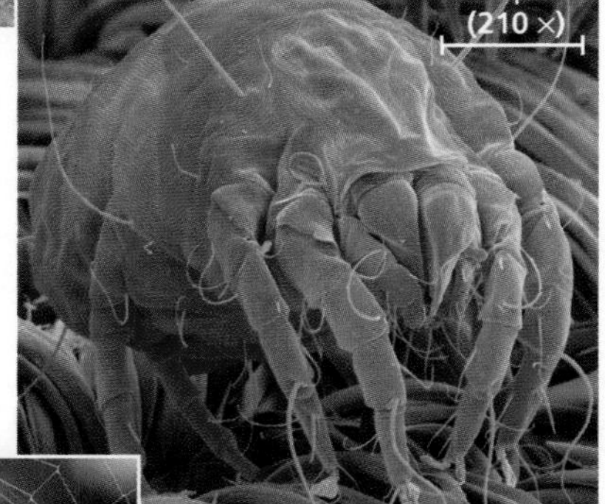

▲ Les acariens de la poussière sont des charognards omniprésents dans les maisons. Ils sont inoffensifs, sauf pour les personnes qui y sont allergiques (cliché artificiellement coloré [MEB]).

◄ Les araignées qui tissent des toiles sont habituellement plus actives le jour.

▲ **Figure 33.32** **Les Arachnides.**

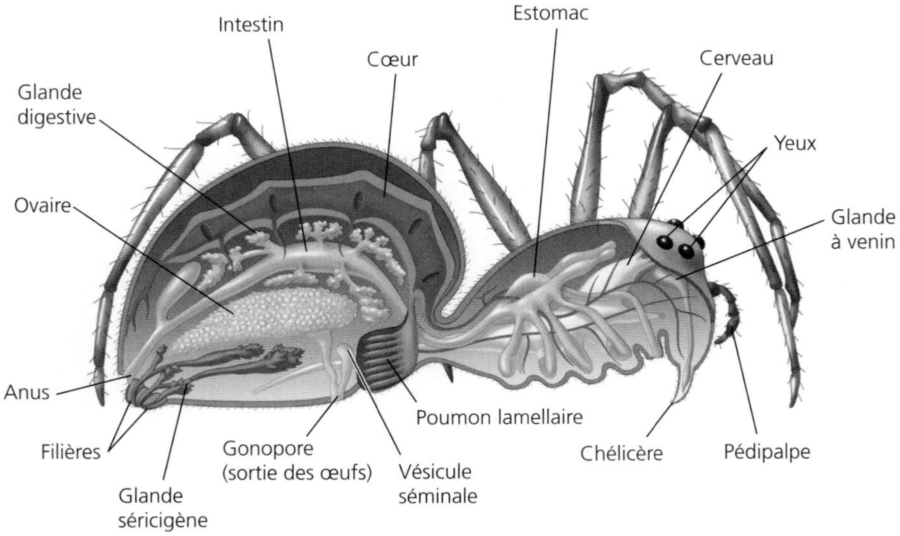

Intestin
Estomac
Cœur
Cerveau
Glande digestive
Yeux
Ovaire
Glande à venin
Anus
Poumon lamellaire
Filières
Gonopore (sortie des œufs)
Vésicule séminale
Chélicère
Pédipalpe
Glande séricigène

▲ **Figure 33.33** **L'anatomie de l'araignée.**

Chaque araignée construit un modèle de toile qui est propre à son espèce et qu'elle réussit d'ailleurs du premier coup, signe que ce comportement complexe est héréditaire. Les araignées utilisent également la soie à d'autres fins que leurs toiles. Ainsi, celle-ci peut devenir une voie pour descendre rapidement d'un endroit, une enveloppe pour protéger des œufs et même un emballage-cadeau pour certains mâles qui l'utilisent pour offrir de la nourriture aux femelles qu'ils courtisent. Plusieurs petites araignées propulsent leur soie dans les airs pour être transportées par le vent.

Les Myriapodes

Les millipèdes et les centipèdes appartiennent au sous-embranchement des Myriapodes (**figure 33.34**). Tous les Myriapodes modernes sont terrestres. Leur tête porte une paire d'antennes et trois paires de pièces buccales, dont les **mandibules**.

(a) Millipède

(b) Centipède

▲ **Figure 33.34** **Les myriapodes.**

Les millipèdes possèdent un grand nombre de pattes (jusqu'à 80), ce qui est tout de même beaucoup moins que les mille que leur nom évoque! Chaque segment de leur tronc est formé de deux segments fusionnés et est muni de deux paires de pattes (voir la figure 33.34a). Les millipèdes se nourrissent de feuilles en décomposition et d'autres débris végétaux; ils s'enroulent sur eux-mêmes dès qu'ils perçoivent une menace. Ils comptent probablement parmi les premiers animaux terrestres: ils vivaient sur les Mousses et les premières plantes vasculaires.

Contrairement aux millipèdes, les centipèdes sont carnivores. Chaque segment du tronc possède une paire de pattes locomotrices (voir la figure 33.34b). Les centipèdes utilisent des crochets à venin (les forcipules) situés sur le premier segment du tronc, juste derrière la tête, pour paralyser leur proie et se défendre.

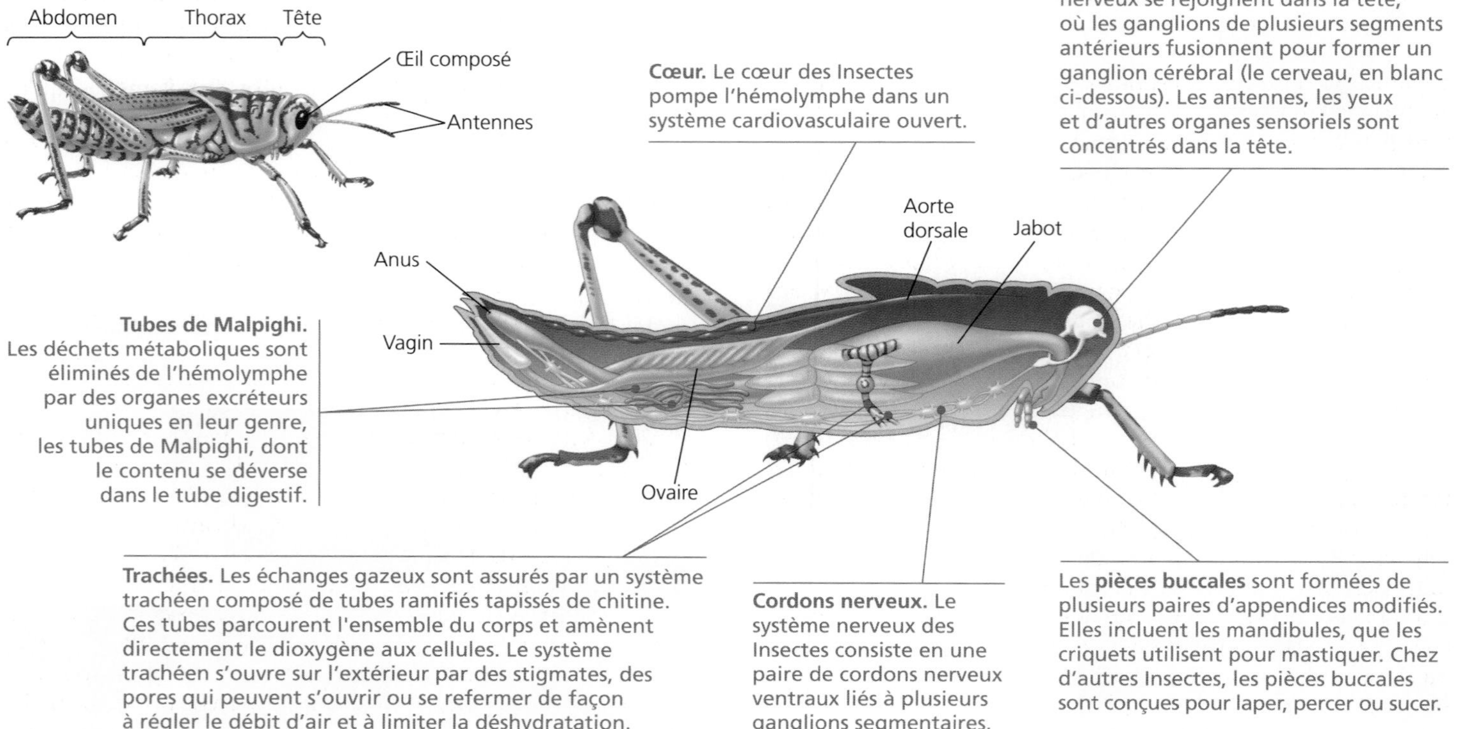

Le corps des Insectes (du latin *insectus*, « divisé en parties ») se compose de trois régions : la tête, le thorax et l'abdomen. La segmentation est apparente sur le thorax (trois segments) et l'abdomen (onze segments plus ou moins fusionnés), mais les six segments de la tête sont totalement fusionnés.
Abdomen
Thorax
Tête
Œil composé
Antennes
Cœur. Le cœur des Insectes pompe l'hémolymphe dans un système cardiovasculaire ouvert.
Ganglion cérébral. Les deux cordons nerveux se rejoignent dans la tête, où les ganglions de plusieurs segments antérieurs fusionnent pour former un ganglion cérébral (le cerveau, en blanc ci-dessous). Les antennes, les yeux et d'autres organes sensoriels sont concentrés dans la tête.
Aorte dorsale
Jabot
Anus
Vagin
Tubes de Malpighi. Les déchets métaboliques sont éliminés de l'hémolymphe par des organes excréteurs uniques en leur genre, les tubes de Malpighi, dont le contenu se déverse dans le tube digestif.
Ovaire
Trachées. Les échanges gazeux sont assurés par un système trachéen composé de tubes ramifiés tapissés de chitine. Ces tubes parcourent l'ensemble du corps et amènent directement le dioxygène aux cellules. Le système trachéen s'ouvre sur l'extérieur par des stigmates, des pores qui peuvent s'ouvrir ou se refermer de façon à régler le débit d'air et à limiter la déshydratation.
Cordons nerveux. Le système nerveux des Insectes consiste en une paire de cordons nerveux ventraux liés à plusieurs ganglions segmentaires.
Les **pièces buccales** sont formées de plusieurs paires d'appendices modifiés. Elles incluent les mandibules, que les criquets utilisent pour mastiquer. Chez d'autres Insectes, les pièces buccales sont conçues pour laper, percer ou sucer.

▲ **Figure 33.35 L'anatomie de la sauterelle (Insecte).**

Les Insectes

Les Insectes et leurs parents (sous-embranchement des Hexapodes) présentent une diversité d'espèces plus grande que celle de toutes les autres classes combinées. Ils ont colonisé presque tous les habitats terrestres, de même que les eaux douces et les airs. Ils sont rares dans les habitats marins, où les Arthropodes les plus nombreux sont les Crustacés. L'intérieur du corps d'un Insecte contient plusieurs organes complexes, que la **figure 33.35** met en évidence.

Les plus vieux fossiles d'Insectes remontent à la période dévonienne, qui a débuté il y a quelque 416 millions d'années. Cependant, l'évolution du vol chez les Insectes durant le Carbonifère et le Permien a provoqué une explosion de leur diversité. Ceux-ci ont connu une autre période de radiation adaptative à l'apparition des Gymnospermes et d'autres plantes du Carbonifère, dont ils ont pu se nourrir, comme l'indiquent les pièces buccales fossiles. Plus tard, la diversification des plantes à fleurs pendant le Crétacé (il y a environ 90 millions d'années) semble avoir fortement accentué la diversité des Insectes. Bien que cette diversité, tout comme celle des Végétaux, ait diminué pendant l'extinction massive du Crétacé, les deux groupes se sont rattrapés au cours des 65 millions d'années qui suivirent. Les études indiquent que la diversification accrue d'un embranchement particulier d'Insectes était souvent associée aux radiations des plantes à fleurs dont ceux-ci se nourrissaient.

Le vol est sans contredit un facteur important du succès des Insectes. L'animal qui vole peut échapper à ses prédateurs, s'accoupler ou trouver de la nourriture et un nouvel habitat plus rapidement que celui qui rampe. Chez de nombreux Insectes, une ou deux paires d'ailes sont fixées à la partie dorsale du thorax (**figure 33.36**). Comme leurs ailes constituent des prolongements de la cuticule et non des appendices, les Insectes ont pu voler sans perdre de pattes. En revanche, les Vertébrés volants, tels les Oiseaux et les chauves-souris, ont transformé l'une de leurs deux paires de pattes en ailes, ce qui rend certaines espèces moins habiles au sol.

Avant de devenir des organes pour le vol, les ailes des Insectes ont peut-être été des prolongements de la cuticule qui aidaient le corps à absorber la chaleur. Selon d'autres

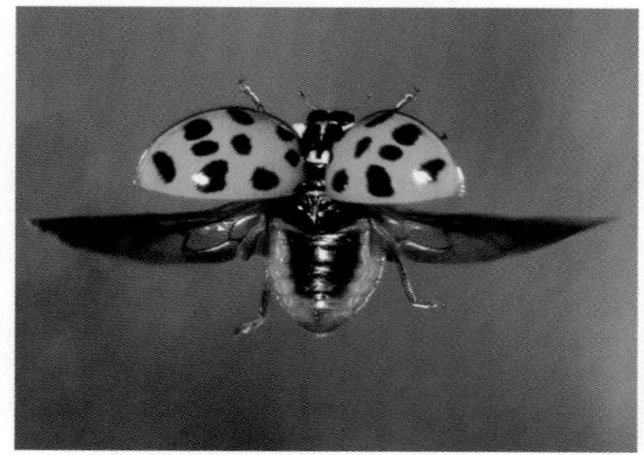

► **Figure 33.36 Une coccinelle en vol.**

hypothèses, elles permettaient à ces animaux de planer d'une plante jusqu'au sol, servaient de branchies aux Insectes aquatiques ou encore tenaient lieu de nageoires.

Selon des données morphologiques et moléculaires, les ailes ne sont apparues qu'une seule fois chez les Insectes. Les libellules, pourvues de deux paires d'ailes similaires, font partie des tout premiers insectes volants. Plusieurs ordres d'Insectes apparus après les libellules ont des ailes modifiées. Ainsi, les abeilles et les guêpes ont deux paires d'ailes reliées qu'elles font battre comme une seule paire. Les papillons obtiennent le même résultat en faisant se chevaucher leurs ailes antérieures et postérieures. Chez les Coléoptères, les ailes postérieures servent à voler, tandis que les ailes antérieures (appelées élytres; orangées et tachetées de points noirs dans la figure 33.36) se sont spécialisées de façon à couvrir et à protéger les vraies ailes lorsque l'animal marche au sol ou qu'il creuse.

Un grand nombre d'Insectes se métamorphosent au cours de leur développement. Les sauterelles et certains individus appartenant à d'autres groupes d'Insectes subissent des **métamorphoses incomplètes**. Le corps de l'insecte juvénile (appelé nymphe), bien qu'il soit plus petit, proportionné différemment et sans ailes, ressemble alors à celui d'un adulte. Une succession de mues amène la nymphe à ressembler de plus en plus à l'adulte. À la mue finale, l'insecte acquiert sa taille définitive, des ailes et la maturité sexuelle. Les Insectes qui subissent des **métamorphoses complètes** passent quant à eux par un stade larvaire, qu'on appelle notamment asticot ou chenille, au cours duquel le corps de l'animal juvénile diffère complètement de celui de l'adulte. Le rôle principal de la larve est de manger et de croître, tandis que celui de l'adulte est de trouver un adulte de sexe opposé et de se reproduire. La métamorphose qui se déroule entre le stade larvaire et le stade adulte correspond au stade nymphal, de chrysalide ou de pupe (**figure 33.37**).

La reproduction des Insectes est habituellement sexuée et a lieu entre un mâle et une femelle distincts (les Insectes ne sont pas hermaphrodites). Les adultes se rencontrent et reconnaissent les membres de leur espèce grâce à des couleurs brillantes (papillons), des sons (grillons) ou des odeurs (phalènes). La fécondation est en général interne. Chez la plupart des espèces, le mâle dépose le sperme directement dans le vagin de la femelle pendant la copulation. Mais chez certaines, le mâle dépose le sperme à côté de la femelle, qui le ramasse et l'emmagasine dans un réceptacle interne, la spermathèque, de façon à en posséder suffisamment pour féconder plus d'une ponte. Bon nombre d'Insectes ne s'accouplent qu'une fois dans leur vie. Après l'accouplement, la femelle pond ses œufs à même une source d'aliments dont les larves pourront se nourrir dès l'éclosion.

Les Insectes sont divisés en 30 ordres, dont 8 sont présentés dans la **figure 33.38**.

Les Insectes sont tellement nombreux, divers et répandus qu'ils ont une influence sur tous les organismes terrestres, l'humain compris. Les Insectes consomment d'énormes quantités de matières végétales et remplissent des fonctions clés en tant que prédateurs, parasites et décomposeurs. Ils constituent une source alimentaire essentielle pour de plus gros animaux, notamment les lézards, les rongeurs et les oiseaux. Les humains dépendent de certains Insectes comme les abeilles et les mouches pour la pollinisation d'une grande

(a) Larve (chenille)

(b) Chrysalide

(c) Stade avancé de la chrysalide

(d) Adulte sur le point de sortir du cocon

(e) Adulte

▲ **Figure 33.37 La métamorphose d'un papillon. (a)** La larve (chenille) passe son temps à manger et à croître, muant au fur et à mesure qu'elle grossit. **(b)** Après plusieurs mues, elle s'enferme dans un cocon et devient une chrysalide. **(c)** Dans la chrysalide, les tissus larvaires sont détruits. L'adulte se forme par des divisions et des différenciations cellulaires inhibées pendant le stade larvaire. **(d)** Finalement, l'adulte sort du cocon. **(e)** L'hémolymphe poussée dans les nervures fait déployer les ailes, puis est évacuée. Les nervures durcissent ensuite à l'air pour servir d'armature aux ailes. L'Insecte peut maintenant s'envoler et se reproduire. Il puise une grande partie de son énergie dans les réserves qu'il a emmagasinées au stade larvaire.

▼ **Figure 33.38**

PANORAMA La diversité des Insectes

Bien qu'il existe plus de 30 ordres d'Insectes, nous n'en présentons que 8 ci-dessous. Les Archéognathes et les Thysanoures (dont le lépisme argenté) sont deux groupes d'Insectes sans ailes ayant divergé tôt. Les liens évolutifs entre les autres groupes décrits ici font toujours l'objet de débats; c'est pourquoi nous ne les présentons pas dans l'arbre phylogénétique.

Les Archéognathes (350 espèces)

On trouve ces insectes non ailés sous l'écorce en décomposition et au sein d'autres habitats humides et sombres, comme un couvert de feuilles mortes, le compost et les crevasses rocheuses. Ils se nourrissent d'algues, de débris végétaux et de lichens.

Les Thysanoures (lépismes; 450 espèces)

Ces petits insectes sans ailes ont un corps aplati et des yeux réduits. Ils vivent dans les couvertures de feuilles mortes ou sous l'écorce des arbres. Ils peuvent aussi devenir nuisibles en infestant des bâtiments.

Les insectes ailés (plusieurs ordres)

Métamorphose complète

Les Coléoptères (350 000 espèces)

Les Coléoptères, dont fait partie ce charançon (*Rhinastus latesternus*) mâle, constituent l'ordre d'Insectes le plus diversifié. Ils ont deux paires d'ailes: les ailes antérieures sont épaisses et cornées, et les ailes postérieures sont membraneuses. Leur exosquelette est dur et coriace; leurs pièces buccales sont conçues pour broyer et mastiquer.

Les Diptères (151 000 espèces)

Les Diptères ont une seule paire d'ailes; leur seconde paire s'est transformée en des organes stabilisateurs appelés balanciers. Leur appareil buccal est de type suceur, piqueur ou lécheur. Les mouches et les moustiques comptent parmi les mieux connus des Diptères, qui sont des charognards, des prédateurs ou des parasites. Comme beaucoup d'autres Insectes, cette tachinaire (*Adejeania vexatrix*) et les autres mouches ont des yeux composés qui leur procurent une vue à grand angle imparable pour la détection des mouvements rapides.

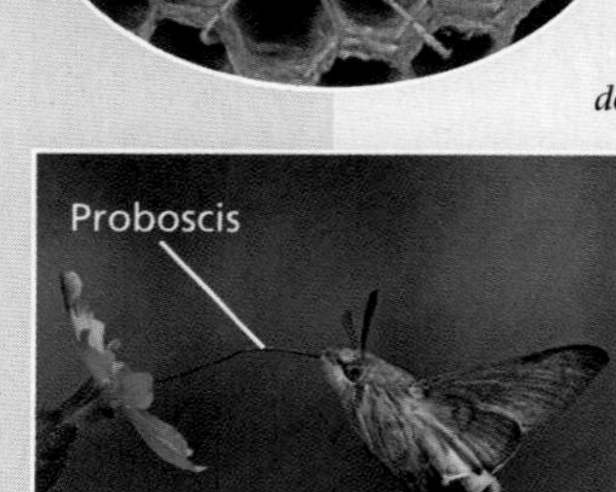

Les Hyménoptères (125 000 espèces)

La plupart des Hyménoptères, dont font partie les fourmis, les abeilles et les guêpes, sont des Insectes très sociaux. Ils possèdent deux paires d'ailes membraneuses, une tête mobile et un appareil buccal de type broyeur-suceur. Chez bon nombre d'espèces, les femelles sont pourvues d'un aiguillon postérieur. De nombreuses espèces, dont cette guêpe poliste (*Polistes dominula*), construisent des nids complexes.

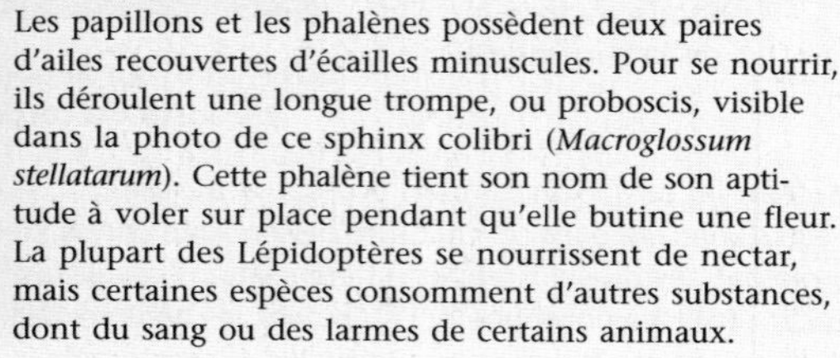

Les Lépidoptères (120 000 espèces)

Les papillons et les phalènes possèdent deux paires d'ailes recouvertes d'écailles minuscules. Pour se nourrir, ils déroulent une longue trompe, ou proboscis, visible dans la photo de ce sphinx colibri (*Macroglossum stellatarum*). Cette phalène tient son nom de son aptitude à voler sur place pendant qu'elle butine une fleur. La plupart des Lépidoptères se nourrissent de nectar, mais certaines espèces consomment d'autres substances, dont du sang ou des larmes de certains animaux.

Métamorphose incomplète

Les Hémiptères (85 000 espèces)

Les Hémiptères comprennent notamment les punaises, les réduves et les pantatomidés. Les Hémiptères ont deux paires d'ailes: les antérieures sont partiellement cornées, et les postérieures sont membranées. Leur appareil buccal est de type piqueur ou suceur. Ils subissent une métamorphose incomplète, comme en témoigne cette photo d'un pantatomidé adulte veillant sur ses petits (nymphes).

Les Orthoptères (13 000 espèces)

Les sauterelles, les grillons et les autres membres de ce groupe sont principalement herbivores. Ils possèdent de puissantes pattes postérieures conçues pour sauter, deux paires d'ailes (une paire d'ailes cornées et une paire d'ailes membraneuses) et un appareil buccal de type piqueur ou broyeur. La tête et les pattes de cette sauterelle appelée *Cophiphora sp.* sont adaptées pour dissuader les importuns. En courtisant les femelles, les orthoptères mâles émettent souvent des sons en frottant ensemble des parties de leur corps, par exemple les crêtes de leurs pattes postérieures.

partie de leurs cultures et de leurs vergers. De plus, les peuples de nombreuses régions du monde mangent des Insectes, qui constituent une source importante de protéines. Par ailleurs, certains Insectes sont des vecteurs de maladies, comme la maladie du sommeil (transmise par la mouche tsé-tsé qui transporte un Protiste du genre *Trypanosoma*; voir la figure 28.6, p. 673) et la malaria (transmise par des anophèles porteurs du Protiste *Plasmodium*; voir la figure 28.10, p. 676).

Les Insectes et les humains entrent parfois en concurrence pour la nourriture. Ainsi, dans certaines régions d'Afrique, des Insectes consomment près de 75 % des récoltes. Aux États-Unis, l'épandage sur les cultures de doses massives d'insecticides coûte chaque année des milliards de dollars. Malgré toutes ses tentatives, l'humain ne peut ébranler la suprématie des Insectes et des Arthropodes en général. Thomas Eisner, de la Cornell University, dans l'État de New York, présente le problème de cette façon: « Les Insectes n'hériteront pas de la Terre. Ils la possèdent déjà. Il vaudrait donc mieux faire la paix avec les propriétaires. »

(a) Les crabes-fantômes (*Ocypode cordimanus*) vivent sur les rivages sablonneux des océans un peu partout dans le monde. Surtout nocturnes, ils s'abritent dans des terriers pendant le jour.

(b) Le krill est constitué de minuscules Crustacés planctoniques (*Euphausia superba*) que les baleines consomment en quantités phénoménales.

(c) Les appendices articulés (cirres) qui sortent de la coquille de ces Cirripèdes servent à capturer des organismes et des particules de matières organiques en suspension dans l'eau.

▲ **Figure 33.39 Les Crustacés.**

Les Crustacés

Pendant que les Arachnides et les Insectes prospéraient sur la terre ferme, la plupart des membres du sous-embranchement des Crustacés restaient dans les mers et les étangs. Les Crustacés possèdent en général des appendices très spécialisés. Ainsi, les homards et les écrevisses sont pourvus d'un ensemble de 19 paires d'appendices (voir la figure 33.30). Ceux qui sont situés le plus en avant sont des antennes; les Crustacés sont les seuls Arthropodes à en posséder deux paires. Trois paires d'appendices ou plus forment des pièces buccales, notamment des mandibules rigides. Les pattes émergent du thorax. De plus, contrairement aux Insectes, les Crustacés portent des appendices sur l'abdomen. Ils peuvent d'ailleurs régénérer un appendice perdu lors de la prochaine mue.

Les petits Crustacés effectuent les échanges gazeux par diffusion à travers les régions minces de leur cuticule. Quant aux plus grands, ils possèdent des branchies. Les Crustacés excrètent les déchets azotés par diffusion à travers les régions minces de leur cuticule. Une paire de glandes maintient l'équilibre salin de l'hémolymphe.

Les individus sont unisexués chez la plupart des espèces. Pendant la copulation, le homard et l'écrevisse mâles utilisent une paire d'appendices spécialisés pour transférer le sperme dans le pore reproducteur (gonopore) de la femelle. La plupart des Crustacés aquatiques passent par un ou plusieurs stades larvaires avant de devenir adultes.

Les **Isopodes** constituent un des groupes de Crustacés les plus nombreux, car ils comptent près de 11 000 espèces, qui incluent des espèces terrestres, dulcicoles et marines. Beaucoup d'entre eux vivent dans le fond des océans. Parmi les Isopodes terrestres se trouvent les cloportes, qui vivent souvent dans les endroits humides, par exemple sous les bûches et dans les feuilles.

Les homards, les écrevisses, les crabes et les crevettes sont tous des Crustacés relativement gros appartenant à l'ordre des **Décapodes** (**figure 33.39a**). Leur exosquelette, ou cuticule, est calcifié par l'imprégnation de sels de calcaire ($CaCO_3$). La section qui couvre la partie dorsale du céphalothorax forme un bouclier portant le nom de carapace. La majorité des Décapodes vivent en milieu marin, mais les écrevisses vivent en eau douce, et certains crabes des tropiques, sur la terre ferme.

Une grande quantité de petits Crustacés sont d'importants membres des communautés planctoniques marines et dulcicoles. Ils comprennent diverses espèces de **Copépodes**, l'un des groupes d'animaux les plus nombreux. Certains Copépodes brouteurs se nourrissent d'algues, alors que d'autres sont prédateurs et mangent de petits animaux (y compris des Copépodes plus petits). Les Copépodes ne sont dépassés en nombre que par le krill, constitué d'organismes semblables à des crevettes et pouvant atteindre 5 cm de longueur (**figure 33.39b**). Principale source alimentaire de plusieurs espèces de baleines (dont le rorqual bleu, le rorqual à bosse et la baleine noire), le krill est aujourd'hui recueilli pour servir de nourriture et d'engrais. Les larves de nombreux Crustacés plus gros sont aussi planctoniques.

À l'exception de quelques espèces parasites, les Cirripèdes forment un groupe de Crustacés qui sont pour la plupart sessiles et dont certaines parties de la cuticule sont calcifiées (**figure 33.39c**). La plupart se fixent aux rochers, aux coques des bateaux, aux pilotis et à d'autres surfaces immergées. La substance adhésive qu'ils utilisent à cette fin est aussi forte que n'importe quelle colle synthétique. Ces Cirripèdes se nourrissent en filtrant leur nourriture à l'aide de leurs appendices. Ce n'est que dans les années 1800 qu'on a constaté que les Cirripèdes faisaient partie des Crustacés. En effet, des naturalistes ont découvert à cette époque que leurs larves ressemblaient à celles des autres Crustacés. Le remarquable mélange de caractères uniques et d'analogies avec les Crustacés que présentent les Cirripèdes a été une grande inspiration pour Charles Darwin au moment où il a formulé sa théorie de l'évolution.

RETOUR SUR LE CONCEPT 33.4

1. En quoi le plan d'organisation corporelle des Nématodes diffère-t-il de celui des Annélides ?
2. Décrivez deux adaptations à l'origine du foisonnement des Insectes sur la terre ferme.
3. Contrairement aux mâchoires des Mammifères, qui se déplacent à la verticale, les pièces buccales des Arthropodes bougent horizontalement. Expliquez cette caractéristique des Arthropodes en tenant compte de l'origine de leur appareil buccal.
4. **FAITES DES LIENS** Les Annélides et les Arthropodes étaient traditionnellement considérés comme des parents proches en raison de la segmentation de leur corps. Or, les séquences d'ADN indiquent que les Annélides font partie du clade des Lophotrochozoaires, alors que les Arthropodes appartiennent à celui des Ecdysozoaires. Pourrait-on tester les hypothèses traditionnelle et moléculaire en étudiant l'expression des gènes *Hox* qui dictent la segmentation corporelle (voir le concept 21.6, p. 512 à 518) ? Expliquez votre réponse.

Voir les réponses proposées à la fin du chapitre.

CONCEPT 33.5

Les Échinodermes et les Cordés sont des Deutérostomiens

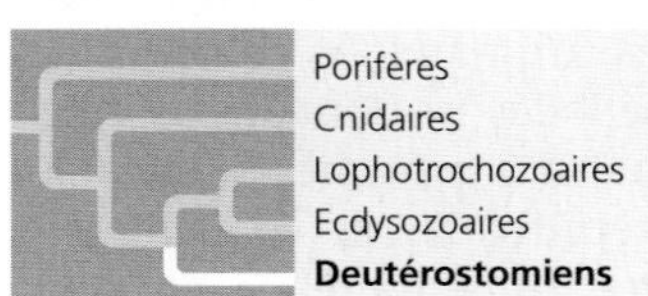

À première vue, les étoiles de mer, les oursins et les autres Échinodermes semblent avoir très peu en commun avec l'embranchement des Cordés, qui comprend notamment les Vertébrés, soit les animaux qui possèdent une colonne vertébrale. Les données génétiques indiquent néanmoins que les Échinodermes et les Cordés sont étroitement liés, et ces deux embranchements appartiennent au clade des Deutérostomiens, qui fait lui-même partie des Bilatériens. Les Échinodermes et les Cordés ont par ailleurs en commun des caractéristiques propres au mode de développement des Deutérostomiens, par exemple la segmentation radiaire et la formation de l'anus à partir du blastopore (voir la figure 32.9, p. 769). Cependant, comme nous l'avons vu au chapitre 32, certains embranchements comptent des Animaux – notamment des Ectoproctes et des Brachiopodes – qui présentent des caractéristiques du développement deutérostomien, sans pour autant faire partie du clade des Deutérostomiens. Malgré son nom, ce clade est délimité avant tout par des ressemblances génétiques et non par des ressemblances au chapitre du développement.

Les Échinodermes

Les étoiles de mer et la plupart des autres **Échinodermes** (du grec *ekhinos*, « hérisson », et *derma*, « peau ») sont des animaux marins sessiles ou qui se déplacent lentement. Un tégument mince couvre leur squelette constitué de dures plaques calcaires. La majorité des Échinodermes portent des épines et des bosses destinées à plusieurs usages. Ils possèdent un **système ambulacraire** (ou aquifère) unique en son genre. Ce système se compose d'un réseau de canaux hydrauliques ramifiés en prolongements érectiles appelés **pieds ambulacraires**. Ce réseau est empli d'un liquide dont la pression osmotique est supérieure à celle de l'eau de mer, ce qui assure une entrée d'eau continuelle dans les canaux et maintient la pression constante dans le réseau. Les pieds ambulacraires servent à la locomotion et à la capture des proies (**figure 33.40**). Chez les Échinodermes, les mâles et les femelles libèrent leurs gamètes dans la mer.

La plupart des Échinodermes adultes possèdent une région centrale d'où rayonnent les parties internes et externes, formant souvent cinq bras. Or, au stade larvaire, les Échinodermes présentent une symétrie bilatérale. De plus, même à maturité, les Échinodermes adultes ne sont pas parfaitement radiaires. Par exemple, l'ouverture (la plaque madréporique) du système ambulacraire de l'étoile de mer n'est pas située au centre, mais sur un côté de l'animal.

Les Échinodermes vivant de nos jours sont divisés en cinq clades.

Les Astérides : étoiles de mer et Concentricycloïdea

Les étoiles de mer possèdent un disque central d'où rayonnent de multiples bras (jusqu'à une cinquantaine). La face inférieure des bras porte des pieds ambulacraires. Une combinaison d'actions musculaires et chimiques permet aux pieds ambulacraires de se fixer à un substrat ou de s'en détacher. L'étoile de mer adhère ainsi fermement aux rochers et se déplace lentement le long des parois. Ses pieds s'étendent, s'agrippent, se contractent et se relâchent, pour ensuite recommencer. Bien que la base de chaque pied soit munie d'un disque ressemblant à une ventouse, l'effet adhérent est causé par des substances chimiques adhésives et non par la succion (voir la figure 33.40).

L'étoile de mer utilise aussi ses pieds ambulacraires pour capturer ses proies, par exemple une palourde ou une huître. Elle commence par entourer la coquille fermée avec ses bras, puis s'y accroche fermement avec les ventouses de ses pieds ambulacraires. Ses systèmes musculaire et ambulacraire font contracter ses pieds, ce qui crée une traction suffisante pour

▼ Figure 33.40 L'anatomie de l'étoile de mer (embranchement des Échinodermes).

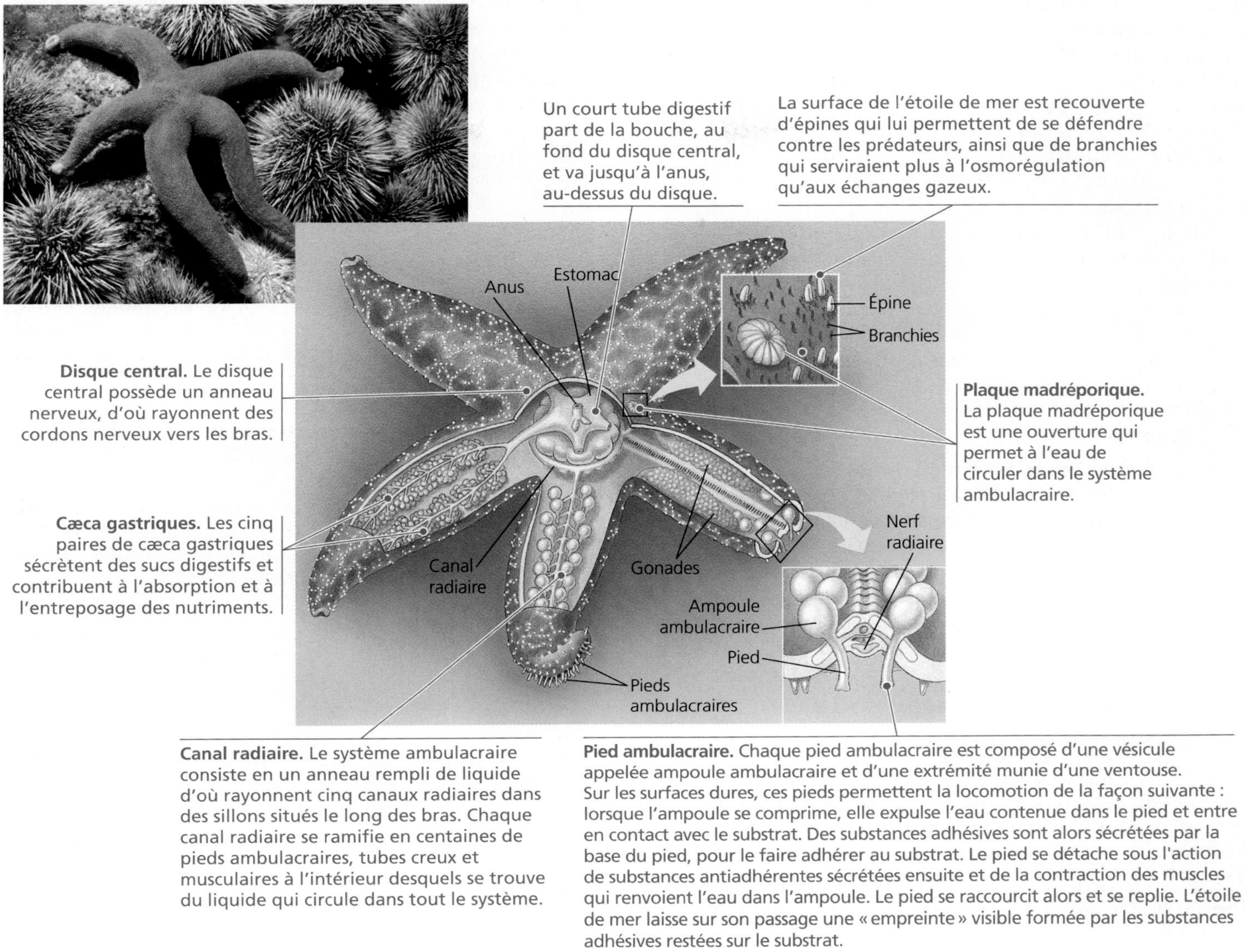

Un court tube digestif part de la bouche, au fond du disque central, et va jusqu'à l'anus, au-dessus du disque.

La surface de l'étoile de mer est recouverte d'épines qui lui permettent de se défendre contre les prédateurs, ainsi que de branchies qui serviraient plus à l'osmorégulation qu'aux échanges gazeux.

Anus

Estomac

Épine

Branchies

Disque central. Le disque central possède un anneau nerveux, d'où rayonnent des cordons nerveux vers les bras.

Plaque madréporique. La plaque madréporique est une ouverture qui permet à l'eau de circuler dans le système ambulacraire.

Cæca gastriques. Les cinq paires de cæca gastriques sécrètent des sucs digestifs et contribuent à l'absorption et à l'entreposage des nutriments.

Canal radiaire

Gonades

Nerf radiaire

Ampoule ambulacraire

Pied

Pieds ambulacraires

Canal radiaire. Le système ambulacraire consiste en un anneau rempli de liquide d'où rayonnent cinq canaux radiaires dans des sillons situés le long des bras. Chaque canal radiaire se ramifie en centaines de pieds ambulacraires, tubes creux et musculaires à l'intérieur desquels se trouve du liquide qui circule dans tout le système.

Pied ambulacraire. Chaque pied ambulacraire est composé d'une vésicule appelée ampoule ambulacraire et d'une extrémité munie d'une ventouse. Sur les surfaces dures, ces pieds permettent la locomotion de la façon suivante : lorsque l'ampoule se comprime, elle expulse l'eau contenue dans le pied et entre en contact avec le substrat. Des substances adhésives sont alors sécrétées par la base du pied, pour le faire adhérer au substrat. Le pied se détache sous l'action de substances antiadhérentes sécrétées ensuite et de la contraction des muscles qui renvoient l'eau dans l'ampoule. Le pied se raccourcit alors et se replie. L'étoile de mer laisse sur son passage une « empreinte » visible formée par les substances adhésives restées sur le substrat.

entrouvrir la coquille de sa proie. L'étoile de mer dévagine alors une partie de son estomac par la bouche et l'introduit entre les valves du mollusque. Son tube digestif sécrète ensuite des sucs qui amorcent la digestion du corps de sa proie, qui est toujours à l'intérieur de sa coquille. Une fois l'opération terminée, l'estomac réintègre le corps de l'étoile de mer, pour finir la digestion du corps du Mollusque (maintenant liquéfié). Cette aptitude à la digestion extracorporelle permet à l'étoile de mer de consommer des Bivalves et d'autres proies dont la taille excède celle de sa bouche.

Les étoiles de mer et certains autres Échinodermes possèdent une grande capacité de régénération. Les étoiles de mer peuvent régénérer des bras perdus, mais le processus est très lent. Il existe même un genre (*Linckia*) capable de reconstituer un corps entier à partir d'un seul bras, pourvu qu'une partie du disque central y soit encore attachée.

Le clade des Astérides comprend aussi un petit groupe d'espèces dépourvues de bras, les Concentricycloïdea, découverts en 1986. Ce groupe ne compte que trois espèces connues à ce jour, et toutes vivent sur des troncs d'arbres submergés. Leur corps est discoïde et présente cinq parties symétriques. Ces animaux mesurent moins de 1 cm de diamètre (**figure 33.41**). Le pourtour de leur corps est garni de petites épines. Les Concentricycloïdea absorbent les nutriments par la membrane qui entoure leur corps.

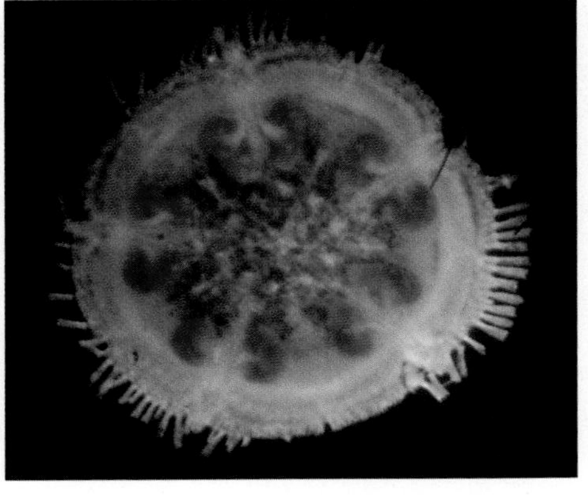

► Figure 33.41 Un Concentricycloïdea (clade des Astérides).

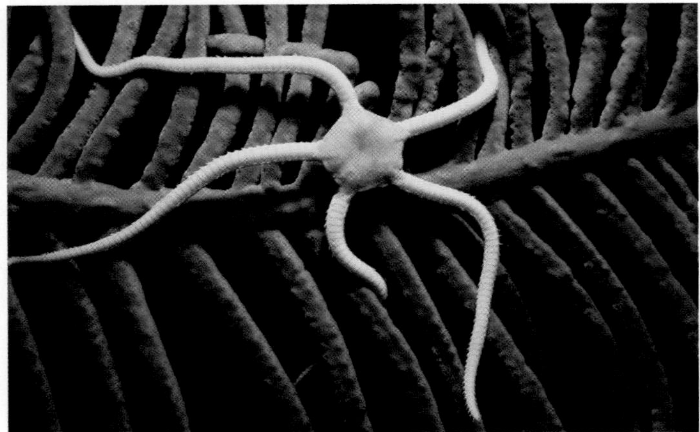

▲ **Figure 33.42** **Une Ophiure (clade des Ophiurides).**

Les Ophiures

Les Ophiures ont un disque central distinct des bras, qui sont longs et flexibles (**figure 33.42**). Elles se déplacent principalement en exécutant des mouvements ondulatoires avec leurs bras. Leurs pieds ambulacraires ne possèdent pas de ventouses, mais sécrètent les mêmes substances chimiques adhésives que les étoiles de mer. Elles peuvent donc, comme elles et d'autres Échinodermes, utiliser leurs pieds pour agripper le substrat. Certaines espèces sont suspensivores, alors que d'autres sont des prédateurs ou des nécrophages.

Les Échinides : oursins et dollars des sables

Les oursins et les dollars des sables ne possèdent pas de bras, mais plutôt cinq rangées de pieds ambulacraires qui leur permettent de se déplacer lentement. Afin de faciliter leurs déplacements et leur protection, ces Échinodermes utilisent aussi leurs muscles pour faire pivoter leurs longues épines (**figure 33.43**). Chez les oursins, la bouche comporte un anneau de structures très complexes ressemblant à des mâchoires. Les oursins peuvent ainsi manger des algues marines et d'autres aliments. Les oursins sont sphériques, et les dollars des sables sont discoïdes.

▲ **Figure 33.43** **Un oursin (clade des Échinides).**

▲ **Figure 33.44** **Un comatule (clade des Crinoïdes).**

▲ **Figure 33.45** **Un concombre de mer (clade des Holothurides).**

Les Crinoïdes : lis de mer et comatules

Les lis de mer vivent attachés à un substrat par des pédoncules. Les comatules rampent grâce à leurs longs bras flexibles. Les lis de mer et les comatules sont suspensivores. Les bras encerclent la bouche qui pointe vers le haut, à l'opposé du substrat (**figure 33.44**). Le clade des Crinoïdes est ancien et a peu évolué. D'ailleurs, les lis de mer fossilisés datant de 500 millions d'années ressemblent étroitement aux membres actuels de ce clade.

Les Holothurides : concombres de mer

À première vue, les concombres de mer ne ressemblent pas beaucoup aux autres Échinodermes. Leur endosquelette intradermique est réduit à de minuscules spicules (bâtonnets) épars. De plus, ils ont une forme allongée dans l'axe oral-aboral, d'où leur nom de concombres (**figure 33.45**). Cette caractéristique contribue à camoufler leur parenté avec les étoiles de mer et les oursins. Toutefois, un examen attentif révèle cinq rangées de pieds ambulacraires. Certains de ceux-ci, qui ceinturent la bouche, sont des tentacules qui permettent à l'animal de se nourrir.

Les Cordés

L'embranchement des Cordés contient deux sous-embranchements d'Invertébrés, en plus des Myxinoïdes et des Vertébrés. Les Cordés sont des Cœlomates à symétrie bilatérale et leur corps est segmenté. Bien qu'il existe un lien étroit entre les Échinodermes et les Cordés, on ne doit pas en déduire qu'un embranchement est l'ancêtre de l'autre, car ils ont en effet évolué en tant qu'embranchements distincts durant plus de 500 millions d'années. Nous étudierons au chapitre 34 la phylogenèse des Cordés, plus particulièrement l'évolution des Vertébrés.

RETOUR SUR LE CONCEPT 33.5

1. Comment les pieds ambulacraires des étoiles de mer adhèrent-ils au substrat ?
2. **ET SI ?** On utilise couramment *Drosophila melanogaster*, un Insecte, et *Caenorhabditis elegans*, un Nématode, comme organismes modèles. Ces espèces constituent-elles des Invertébrés appropriés pour formuler des inférences au sujet des humains et d'autres Vertébrés ? Expliquez votre réponse.
3. **FAITES DES LIENS** Décrivez en quoi les caractéristiques et la diversité des Échinodermes illustrent l'unité du vivant en même temps que sa diversité, et l'harmonie entre les organismes et leur environnement (voir le concept 22.2, p. 526 à 532).

Voir les réponses proposées à la fin du chapitre.

RÉVISION DU CHAPITRE 33

RÉSUMÉ DES CONCEPTS CLÉS

Le tableau récapitule les embranchements des Animaux que nous avons abordés dans ce chapitre.

Embranchements d'Animaux choisis

Concept clé	Clades	Embranchement	Description
Concept 33.1 Les Éponges sont des animaux primitifs dépourvus de vrais tissus (p. 781 et 782) ? *Puisqu'elles sont dépourvues de tissus et d'organes, comment les Éponges accomplissent-elles des activités comme les échanges gazeux, le transport de la nourriture et l'expulsion des excréments ?*	Métazoaires	Porifères (Éponges)	Absence de vrais tissus. Présence de choanocytes (cellules à collerette flagellées uniques ingérant des bactéries et de petites particules de nourriture).
Concept 33.2 Les Cnidaires constituent un embranchement ancestral des Eumétazoaires (p. 782 à 785) ? *Décrivez le plan d'organisation corporelle des Cnidaires et ses deux grandes variations.*	Métazoaires, Eumétazoaires	Cnidaires (hydres, méduses, anémones de mer, coraux)	Des cellules spécialisées (cnidocytes) contiennent des structures urticantes uniques (nématocystes). Symétrie radiaire. Cavité gastrovasculaire (compartiment digestif muni d'une seule ouverture).
Concept 33.3 Les Lophotrochozoaires, un clade créé grâce aux données moléculaires, présentent la plus grande variété sur le plan de la morphologie (p. 785 à 795) ? *Les Lophotrochozoaires présentent-ils des caractéristiques morphologiques propres à tous les membres du clade ? Expliquez votre réponse.*	Métazoaires, Eumétazoaires, Bilatériens, Lophotrochozoaires	Plathelminthes (planaires, ténias)	Acœlomates non segmentés au corps aplati dorsoventralement. Cavité gastrovasculaire ou absence de structures liées à la digestion.
		Rotifères (*Philodina*, *Keratella*)	Pseudocœlomates pourvus d'un tube digestif avec bouche et anus. Mâchoire située dans le pharynx. Tête pourvue d'une couronne de cils.
		Lophophoriens : Ectoproctes, Brachiopodes	Cœlomates munis d'un lophophore (structure de nutrition bordée de tentacules ciliés).
		Mollusques (palourdes, escargots, pieuvres)	Cœlomates composés de trois parties : pied musculeux, masse viscérale et manteau. Cœlome réduit. Chez la plupart, coquille rigide faite de calcaire.
		Annélides (lombrics, néréides)	Cœlomates segmentés munis de cloisons et d'organes internes (à l'exception du tube digestif, non segmenté) dont certains se trouvent dans chaque segment.
Concept 33.4 Le groupe des Ecdysozoaires est celui qui compte la plus grande variété d'espèces (p. 795 à 804) ? *Décrivez les rôles écologiques des Nématodes et des Arthropodes.*	Métazoaires, Eumétazoaires, Bilatériens, Ecdysozoaires	Nématodes (ascaris, trichines)	Pseudocœlomates cylindriques et non segmentés, aux extrémités fuselées. Absence de système cardiovasculaire. Subissent la mue.
		Arthropodes (Crustacés, Insectes, araignées)	Cœlomates segmentés aux appendices articulés. Exosquelette fait de protéines et de chitine.
Concept 33.5 Les Échinodermes et les Cordés sont des Deutérostomiens (p. 804 à 807) ? *Vous avez lu plus tôt que les Échinodermes et les Cordés sont des parents proches et qu'ils ont évolué de façon distincte pendant plus de 500 millions d'années. Expliquez comment ces deux énoncés peuvent être justes.*	Métazoaires, Eumétazoaires, Bilatériens, Deutérostomiens	Échinodermes (étoiles de mer, oursins)	Cœlomates à symétrie radiaire secondaire (larves à symétrie bilatérale et adultes à symétrie radiaire). Système ambulacraire unique. Endosquelette.
		Cordés (Urocordés, Céphalocordés, Vertébrés)	Cœlomates pourvus d'une corde dorsale, d'un tube neural dorsal creux, de fentes branchiales et d'une queue postanale musculeuse (voir le chapitre 34).

ÉVALUATION

NIVEAU 1: CONNAISSANCES ET COMPRÉHENSION

1. Qu'est-ce que l'escargot terrestre, la palourde et la pieuvre ont en commun?
a) Un manteau.
b) Une radula.
c) Des branchies.
d) Une torsion de l'embryon.
e) Une céphalisation distincte.

2. Quel embranchement se caractérise par des Animaux au corps segmenté?
a) Les Cnidaires.
b) Les Plathelminthes.
c) Les Porifères.
d) Les Arthropodes.
e) Les Mollusques.

3. Le système ambulacraire des Échinodermes:
a) fonctionne comme un système cardiovasculaire qui distribue les nutriments aux cellules.
b) sert à la locomotion et à la capture des proies.
c) est à symétrie bilatérale, même si l'animal adulte présente une symétrie radiaire.
d) déplace l'eau à travers le corps de l'animal dans le but de la filtrer.
e) est semblable à la cavité gastrovasculaire des Annélides.

4. Parmi les associations suivantes entre un embranchement et ses caractéristiques, laquelle est *inexacte*?
a) Échinodermes: symétrie bilatérale au stade larvaire, présence d'un cœlome.
b) Nématodes: vers ronds, pseudocœlomates.
c) Cnidaires: symétrie radiaire, formes méduse et polype.
d) Plathelminthes: vers plats, cavité gastrovasculaire, acœlomates.
e) Porifères: cavité gastrovasculaire, présence d'un cœlome.

NIVEAU 2: APPLICATION ET ANALYSE

5. Dans la figure 33.2, quels clades sont directement issus d'un ancêtre eumétazoaire commun?
a) Les Porifères et les Cnidaires.
b) Les Lophotrochozoaires et les Ecdysozoaires.
c) Les Cnidaires et les Bilatériens.
d) Les Rotifères et les Deutérostomiens.
e) Les Deutérostomiens et les Bilatériens.

6. **FAITES DES LIENS** Présumons que les deux méduses illustrées au stade 4 de la figure 33.8 ont été produites par une colonie de polypes. Revoyez les concepts 12.1 (p. 260 à 262) et 13.4 (p. 291 à 294) puis, à partir de votre compréhension de la mitose et de la méiose, évaluez si l'énoncé suivant est vrai ou faux. Quelle réponse, parmi celles proposées, est la bonne?

Bien que les deux méduses soient génétiquement identiques, les spermatozoïdes produits par l'une seront génétiquement différents des ovules produits par l'autre.

a) Faux, les méduses sont génétiquement identiques et leurs gamètes aussi.
b) Faux, ni les méduses ni leurs gamètes ne sont génétiquement identiques.
c) Faux, les méduses ne sont pas identiques, mais leurs gamètes, eux, le sont.
d) Vrai.

NIVEAU 3: SYNTHÈSE ET ÉVALUATION

7. LIEN AVEC L'ÉVOLUTION

FAITES UN DESSIN Dessinez un arbre phylogénétique des Bilatériens comprenant les dix embranchements qui ont fait l'objet de ce chapitre. Près de chaque embranchement, inscrivez un C, un P ou un A selon que les espèces qu'il regroupe sont des Cœlomates (C), des Pseudocœlomates (P) ou des Acœlomates (A). Votre arbre vous permettra ensuite de répondre aux questions suivantes:
a) Pour chacun des trois grands clades de Bilatériens, peut-on déduire que l'ancêtre commun avait un vrai cœlome? Expliquez votre réponse pour chacun.
b) Dans quelle mesure la présence d'un vrai cœlome chez les Animaux a-t-elle changé au cours de l'évolution?

8. INTÉGRATION

Les chauves-souris repèrent et capturent des insectes en vol (les phalènes par exemple) dans l'obscurité grâce à l'écho des ultrasons qu'elles émettent. Réagissant aux attaques des chauves-souris, les *Arctiidae*, une espèce de phalène, produisent aussi des ultrasons par vibration. Les chercheurs croient que les ultrasons des *Arctiidae* visent probablement à (1) enrayer le sonar des chauves-souris ou (2) avertir les chauves-souris des substances toxiques qu'elles sécrètent. Le diagramme ci-dessous montre deux modèles observés lors d'études sur le taux de capture des phalènes pendant une période donnée.

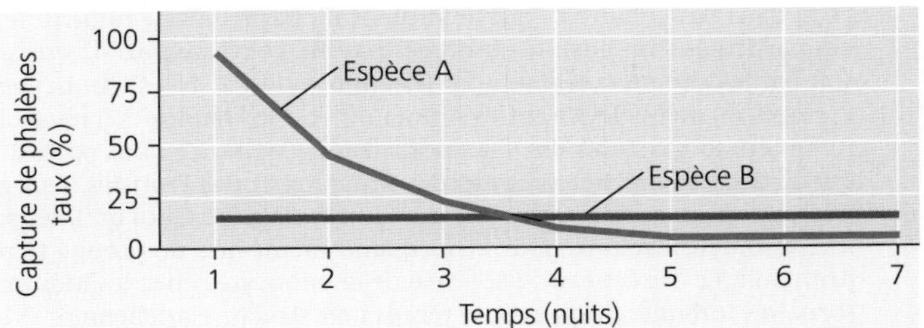

Les chauves-souris qui ont participé à cette expérience étaient «vierges», c'est-à-dire qu'elles n'avaient jamais chassé d'*Arctiidae* auparavant. Quelle hypothèse l'étude avalise-t-elle? La première, la seconde ou les deux? Pourquoi les chercheurs ont-ils utilisé des chauves-souris vierges? Expliquez votre réponse.

9. **ÉCRIVEZ UN TEXTE**

Structure et fonction Dans un court texte (de 100 à 150 mots), expliquez en quoi la structure du tube digestif de divers groupes d'Invertébrés influe sur la taille des organismes qu'ils peuvent manger.

RÉPONSES DU CHAPITRE 33

Questions des figures

Figure 33.8 Au sein d'un polype reproducteur, une cellule appelée à devenir une méduse devrait se diviser par méiose. La cellule haploïde qui en résulterait se diviserait alors de façon continue (par mitose) pour former une méduse haploïde. Plus tard, les cellules contenues dans les gonades de la méduse se diviseraient par mitose pour former les ovules et les spermatozoïdes haploïdes. **Figure 33.11** L'ajout d'engrais à la réserve d'eau augmenterait probablement la population d'algues, ce qui entraînerait une augmentation de la population d'escargots (qui se nourrissent d'algues). Si l'eau était en outre contaminée par des excréments provenant d'humains atteints de schistosomiase, une augmentation du nombre d'escargots conduirait probablement à une augmentation du nombre de schistosomes (qui utilisent l'escargot comme hôte intermédiaire). Par conséquent, on observerait une augmentation de la prévalence de cette maladie. **Figure 33.22** L'extinction des Bivalves dulcicoles pourrait entraîner une augmentation des populations de Protistes et de Bactéries photosynthétiques. Puisque ces organismes se trouvent à la base des réseaux trophiques aquatiques, l'augmentation de leurs populations pourrait avoir des effets majeurs sur les communautés aquatiques (notamment l'augmentation des populations de certaines espèces au détriment de celles d'autres espèces). **Figure 33.29** Un tel résultat aurait été cohérent avec l'hypothèse selon laquelle les gènes *Hox Ubx* et *abd-A* ont joué un rôle important dans l'évolution vers la diversification de la segmentation corporelle chez les Arthropodes. Il ne l'aurait cependant pas confirmé pour autant, pas plus qu'il n'aurait permis d'affirmer que ces gènes *Hox* ont *causé* la diversification de la segmentation corporelle des Arthropodes. Il aurait simplement montré une *corrélation* entre la présence des gènes *Hox Ubx* et *abd-A* et cette plus grande diversification.

Retour sur le concept 33.1

1. Les choanocytes sont pourvus de flagelles dont le mouvement attire l'eau dans des collerettes qui retiennent les particules de nourriture. Les particules sont ensuite absorbées par phagocytose puis digérées, soit par les choanocytes, soit par les amibocytes. **2.** Les choanocytes des Éponges (et de quelques autres Animaux; voir le chapitre 32) ressemblent fortement aux cellules des Choanoflagellés. Cet indice nous porte à croire que le dernier ancêtre commun des Animaux et des Protistes, leur groupe frère, pourrait avoir ressemblé à un Choanoflagellé. Quoi qu'il en soit, les Mésomycétozoaires pourraient quand même être un groupe frère des Animaux. Le cas échéant, l'absence de choanocytes chez les Mésomycétozoaires indiquerait qu'avec le temps leur structure a tellement évolué qu'elle ne ressemble plus à celle d'un Choanoflagellé. Il se peut aussi que les Choanoflagellés et les Éponges présentent des choanocytes semblables en raison d'une évolution convergente.

Retour sur le concept 33.2

1. Les formes polype et méduse comportent un feuillet externe, l'épiderme, et un feuillet interne, le gastroderme, qui sont séparés par une couche gélatineuse, appelée mésoglée. Le polype est cylindrique et adhère au substrat par son extrémité aborale; la méduse est aplatie et se déplace librement dans l'eau; sa bouche pointe vers le bas. **2.** Les cellules urticantes des Cnidaires (cnidocytes) assurent leur défense et la capture de leurs proies. Elles contiennent des vésicules (nématocystes, ou cnidocystes) dans lesquelles se trouvent des filaments enroulés. Ces filaments peuvent soit injecter du poison, soit s'enrouler autour de petites proies. **3.** L'évolution ne vise pas un objectif particulier; il serait donc erroné d'affirmer que les Cnidaires ne sont pas «très évolués» simplement parce que leur forme a relativement peu changé au cours des derniers 560 millions d'années. À vrai dire, la pérennité des Cnidaires indique que leur plan d'organisation corporelle est remarquablement réussi.

Retour sur le concept 33.3

1. Les Cestodes ayant un corps très plat – en partie parce qu'ils n'ont pas de cœlome –, ils sont en mesure d'absorber les nutriments présents dans le milieu et d'éliminer les déchets azotés par toute leur surface corporelle. **2.** Le tube intérieur correspond au tube digestif qui fait toute la longueur du corps. Le tube extérieur constitue la paroi corporelle. Les deux tubes sont séparés par le cœlome. **3.** Tous les Mollusques tiennent leur pied de leur ancêtre commun. D'un groupe à l'autre, cependant, la structure du pied s'est modifiée avec le temps (par sélection naturelle), et les modifications reflètent l'utilisation qu'en font les membres de chaque clade pour se mouvoir. Les Gastéropodes utilisent leur pied pour se cramponner à leur substrat ou se déplacer lentement. Chez les Céphalopodes, le pied forme un ensemble comprenant des tentacules et un siphon exhalant par lequel l'eau est propulsée (entraînant un mouvement dans la direction contraire).

Retour sur le concept 33.4

1. Contrairement à celui des Annélides, le corps des Nématodes ne possède ni segments ni vrai cœlome. **2.** L'exosquelette qui était apparu chez les Arthropodes marins a permis aux espèces terrestres de prévenir la déshydratation et leur a procuré la rigidité nécessaire pour vivre sur la terre ferme. Grâce à leurs ailes, les Insectes ont pu atteindre rapidement de nouveaux habitats, où ils ont trouvé de la nourriture et des partenaires. Le système trachéen assure les échanges gazeux malgré la présence d'un exosquelette. **3.** L'appareil buccal des Arthropodes se compose d'appendices modifiés, disposés en paires de chaque côté du corps. Par conséquent, les mâchoires entrent en contact par mouvement latéral plutôt que par mouvement vertical. **4.** Oui. Selon l'hypothèse traditionnelle, on présume que la segmentation corporelle est régie par des gènes *Hox* similaires chez les Annélides et les Arthropodes. Cependant, si les Annélides font partie des Lophotrochozoaires alors que les Arthropodes sont des Ecdysozoaires, il se pourrait que la segmentation corporelle ait évolué de façon indépendante chez ces deux groupes. Dans ce cas, il se peut que le développement de la segmentation corporelle relève de gènes *Hox* différents chez les deux clades.

Retour sur le concept 33.5

1. Chaque pied ambulacraire est constitué d'une ampoule et d'une ventouse. Lorsqu'elle se comprime, l'ampoule expulse l'eau qu'elle contient dans le pied, qui s'allonge et se contracte sur le substrat. L'ampoule sécrète alors des substances chimiques adhésives qui la font adhérer à ce substrat. **2.** Les Insectes et les Nématodes font partie des Ecdysozoaires, l'un des trois grands clades de Bilatériens. Par conséquent, une caractéristique présente à la fois chez *Drosophila* et chez *Caenorhabditis* peut nous renseigner sur d'autres membres de leur clade, mais pas nécessairement sur les Deutérostomiens. D'après la figure 33.2, il faudrait plutôt chercher du côté des Échinodermes ou des Cordés pour trouver un organisme modèle invertébré susceptible de nous renseigner sur les humains et d'autres Vertébrés. **3.** Les Échinodermes comprennent des espèces présentant des morphologies très variées, dont certaines sont présentées aux figures 33.40 à 33.45. Or, même les Échinodermes qui ne se ressemblent pas du tout – par exemple l'étoile et le concombre de mer – possèdent des caractéristiques propres à leur embranchement, notamment un système ambulacraire (réseau de canaux hydrauliques) et des pieds ambulacraires. Les différences observables entre les espèces d'Échinodermes illustrent la diversité du vivant, alors que leurs caractéristiques communes en illustrent l'unité. On peut observer l'harmonie entre les organismes et leur environnement dans certaines caractéristiques des Échinodermes, comme la capacité de l'étoile de mer à dévaginer son estomac (ce qui lui permet de digérer des proies dont le diamètre est supérieur à celui de sa bouche) et l'anneau de structures complexes qui permet aux oursins de manger des algues marines.

Questions du résumé des concepts clés

Concept 33.1 Le corps d'une Éponge est formé de deux feuillets de cellules toujours en contact avec l'eau. Par conséquent, les échanges gazeux et l'expulsion des excréments peuvent se faire par diffusion à travers la membrane de ces cellules. Les choanocytes et les amibocytes ingèrent des particules de nourriture en suspension. Les choanocytes en libèrent aussi aux amibocytes, qui les digèrent et transmettent les nutriments aux autres cellules. **Concept 33.2** Le plan d'organisation corporelle des Cnidaires a l'aspect d'un sac renfermant un compartiment digestif central, la cavité gastrovasculaire. L'orifice unique sert à la fois de bouche et d'anus. Les deux principales variations de ce plan d'organisation corporelle sont les polypes (qui adhèrent au substrat par l'extrémité aborale de leur corps) et les méduses (qui se déplacent librement dans l'eau et ressemblent à une version aplatie et renversée du polype).

Concept 33.3 Non. Certains Lophotrochozoaires présentent une couronne de tentacules ciliés qui servent à la nutrition (des lophophores), alors que d'autres comportent un stade de développement au cours duquel ils se transforment en une larve ciliée appelée trochophore. De nombreux autres Lophotrochozoaires ne présentent pas ces caractéristiques. Aussi le clade est-il principalement défini par ses ressemblances génétiques plutôt que par des ressemblances morphologiques. **Concept 33.4** De nombreuses espèces de Nématodes vivent dans le sol et dans les sédiments accumulés au fond des lacs et des océans. Ces espèces libres (non parasites) jouent un rôle important dans la décomposition et le recyclage des nutriments. D'autres espèces sont parasites, et un grand nombre s'attaquent aux racines des plantes, alors que d'autres s'attaquent plutôt aux animaux (humains compris). Les Arthropodes ont une très grande influence sur tous les aspects de l'écologie. Dans les environnements aquatiques, les Crustacés jouent un rôle clé à titre de brouteurs (d'algues), de charognards et de prédateurs. Certaines espèces comme le krill constituent d'importantes sources alimentaires pour les baleines, rorquals et autres Vertébrés. Sur la terre ferme, les Insectes et autres Arthropodes, comme les araignées et les tiques, influent d'une façon ou d'une autre sur presque toutes les caractéristiques du monde naturel. Il existe plus d'un million d'espèces d'insectes – herbivores, prédateurs, parasites, décomposeurs ou vecteurs de maladies –, dont un grand nombre ont des effets écologiques considérables. Les Insectes constituent aussi une source de nourriture importante pour beaucoup d'organismes, incluant les humains de certaines régions du monde. **Concept 33.5** Les Échinodermes et les Cordés sont deux embranchements des Deutérostomiens, l'un des trois principaux clades de Bilatériens. À ce titre, les Cordés (dont font partie les humains) sont plus étroitement liés aux Échinodermes qu'aux Animaux de tout autre clade présenté dans ce chapitre. Cela dit, les Échinodermes et les Cordés ont évolué de façon indépendante pendant plus de 500 millions d'années. Cette affirmation n'est pas contradictoire avec les liens étroits qu'entretiennent les deux groupes, mais elle montre bien que le terme «étroit» est relatif.

ÉVALUATION

1. a; **2.** d; **3.** b; **4.** e; **5.** c; **6.** d;
7.

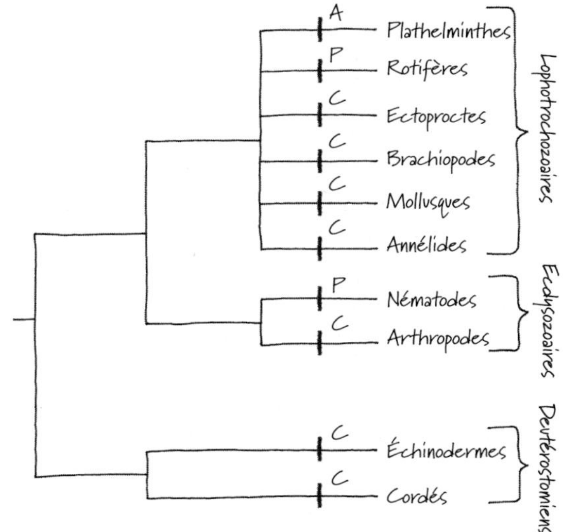

a) Les deux embranchements des Deutérostomiens sont des Cœlomates, ce qui laisse penser que leur dernier ancêtre commun avait un vrai cœlome. Les Lophotrochozoaires comptent un embranchement d'Acœlomates (Plathelminthes), un embranchement de Pseudocœlomates (Rotifères) et quatre embranchements de Cœlomates (Ectoproctes, Brachiopodes, Mollusques et Annélides); nous ne pouvons rien déduire d'après cette seule information et il n'est pas possible de dire si le dernier ancêtre commun de ces embranchements avait ou non un vrai cœlome. En outre, le fait que les Ecdysozoaires présentent un embranchement de Pseudocœlomates (Nématodes) et un embranchement de Cœlomates (Arthropodes) va dans le même sens. b) Au cours de leur évolution, les Bilatériens ont dû perdre ou gagner un vrai cœlome à plusieurs reprises. La présence d'un vrai cœlome semble donc une caractéristique qui a varié au cours de l'évolution.

34

Origine et évolution des Vertébrés

▲ **Figure 34.1 Quel lien y a-t-il entre cet organisme primitif et l'humain ?**

INTRODUCTION

Un demi-milliard d'années d'évolution pour les Vertébrés

Au début de la période cambrienne, il y a environ 530 millions d'années, les océans de la Terre abritaient une incroyable diversité d'animaux invertébrés. Les prédateurs utilisaient leurs pinces et leurs mandibules pour transpercer leurs proies. De nombreux animaux étaient munis de pointes et d'enveloppes protectrices, de même que de pièces buccales complexes qui leur permettaient de filtrer les particules alimentaires en suspension dans l'eau. Les vers fouissaient dans la vase afin de se nourrir de matières organiques. Au milieu de toute cette agitation flottaient doucement de minces créatures longues de 3 cm qui auraient facilement pu passer inaperçues : *Myllokunmingia fengjiaoa* (**figure 34.1**). Dépourvue d'armure et d'appendices, cette espèce primitive était étroitement apparentée à l'un des groupes d'Animaux qui ont connu le plus de succès dans l'eau, sur la terre ferme et dans les airs : les **Vertébrés**. Ceux-ci doivent leur nom aux vertèbres, la série d'os dont est constituée la colonne vertébrale, ou épine dorsale.

Durant plus de 150 millions d'années, les Vertébrés n'ont vécu que dans les océans, mais il y a environ 365 millions d'années, l'apparition des membres dans une lignée a permis le passage de ces animaux à la terre ferme. C'est là qu'ils se sont diversifiés en Amphibiens, en Reptiles (dont les Oiseaux) et en Mammifères.

Il existe approximativement 52 000 espèces de Vertébrés, nombre relativement peu élevé en regard du million d'espèces d'Insectes qui colonisent la Terre. Mais les Vertébrés compensent la pauvreté de leur diversité spécifique par la *disparité*, c'est-à-dire l'énorme variété de caractéristiques, comme la masse corporelle. Les Vertébrés comptent parmi les animaux les plus lourds à avoir foulé le sol de la planète, comme les Dinosaures herbivores, dont la masse atteignait les 40 000 kg (soit l'équivalent de plus de 13 camionnettes). C'est aussi le cas du plus gros animal de tous les temps, le rorqual bleu, dont la masse peut dépasser 100 000 kg. À l'autre bout du spectre, un poisson découvert en 2004 ne mesure que 8,4 mm de longueur et est à peu près 100 milliards de fois plus léger que le rorqual bleu.

Dans le présent chapitre, nous examinerons les hypothèses actuelles sur le développement des Vertébrés à partir d'ancêtres invertébrés. Nous suivrons les étapes de l'évolution du plan d'organisation corporelle, de la corde dorsale à la tête puis au squelette ossifié, et nous étudierons les principaux groupes de Vertébrés (tant vivants que disparus) ainsi que l'histoire de l'évolution de notre propre espèce.

CONCEPT 34.1

Les Cordés possèdent une corde dorsale et un tube neural dorsal creux

Les Vertébrés font partie de l'embranchement des **Cordés**, des animaux bilatériens (à symétrie bilatérale) appartenant au clade des Deutérostomiens (voir le chapitre 32). Outre les Vertébrés, les Deutérostomiens les plus connus sont les

Échinodermes, un embranchement dont font partie les étoiles de mer et les oursins. Toutefois, comme le montre la **figure 34.2**, deux groupes d'Invertébrés deutérostomiens, les Urocordés et les Céphalocordés, sont plus proches des Vertébrés que des autres Invertébrés. Avec les Myxinoïdes et les Vertébrés, ils forment l'embranchement des Cordés.

Les caractères dérivés des Cordés

Tous les Cordés ont en commun un ensemble de caractères dérivés, bien que, chez beaucoup d'espèces, certains de ces caractères n'existent qu'au stade embryonnaire. La **figure 34.3** illustre les quatre principales caractéristiques des Cordés: la corde dorsale, le tube neural dorsal creux, les rainures (ou fentes branchiales) et la queue musculaire postanale.

La corde dorsale

Les embryons de tous les Cordés ainsi que certains Cordés adultes sont pourvus d'une **corde dorsale**, qui est à l'origine du nom de cet embranchement, c'est-à-dire une tige flexible longitudinale située entre le tube digestif et le tube neural. Cette tige se compose de cellules volumineuses remplies de liquide et recouvertes d'un tissu fibreux assez rigide. Elle constitue un squelette relativement simple qui s'étend sur presque toute la longueur de l'animal, et, chez les larves ou les adultes qui la conservent, elle présente une structure ferme mais flexible sur laquelle les muscles s'appuient pour exécuter les mouvements permettant la natation. Mais, chez la plupart

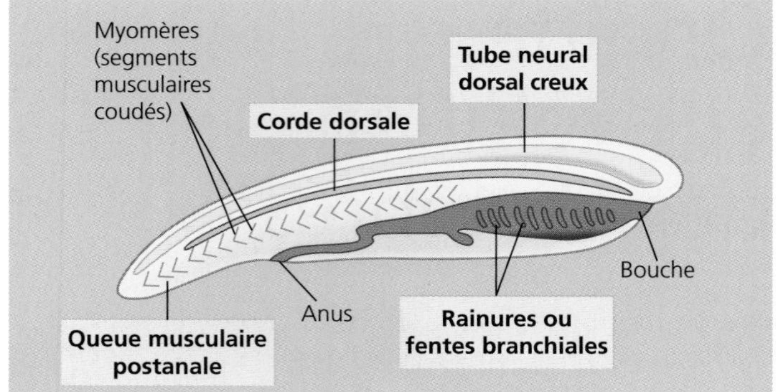

▲ **Figure 34.3 Les caractéristiques des Cordés.** Tous les Cordés possèdent, à un stade ou à un autre de leur développement, les quatre caractéristiques propres à leur embranchement.

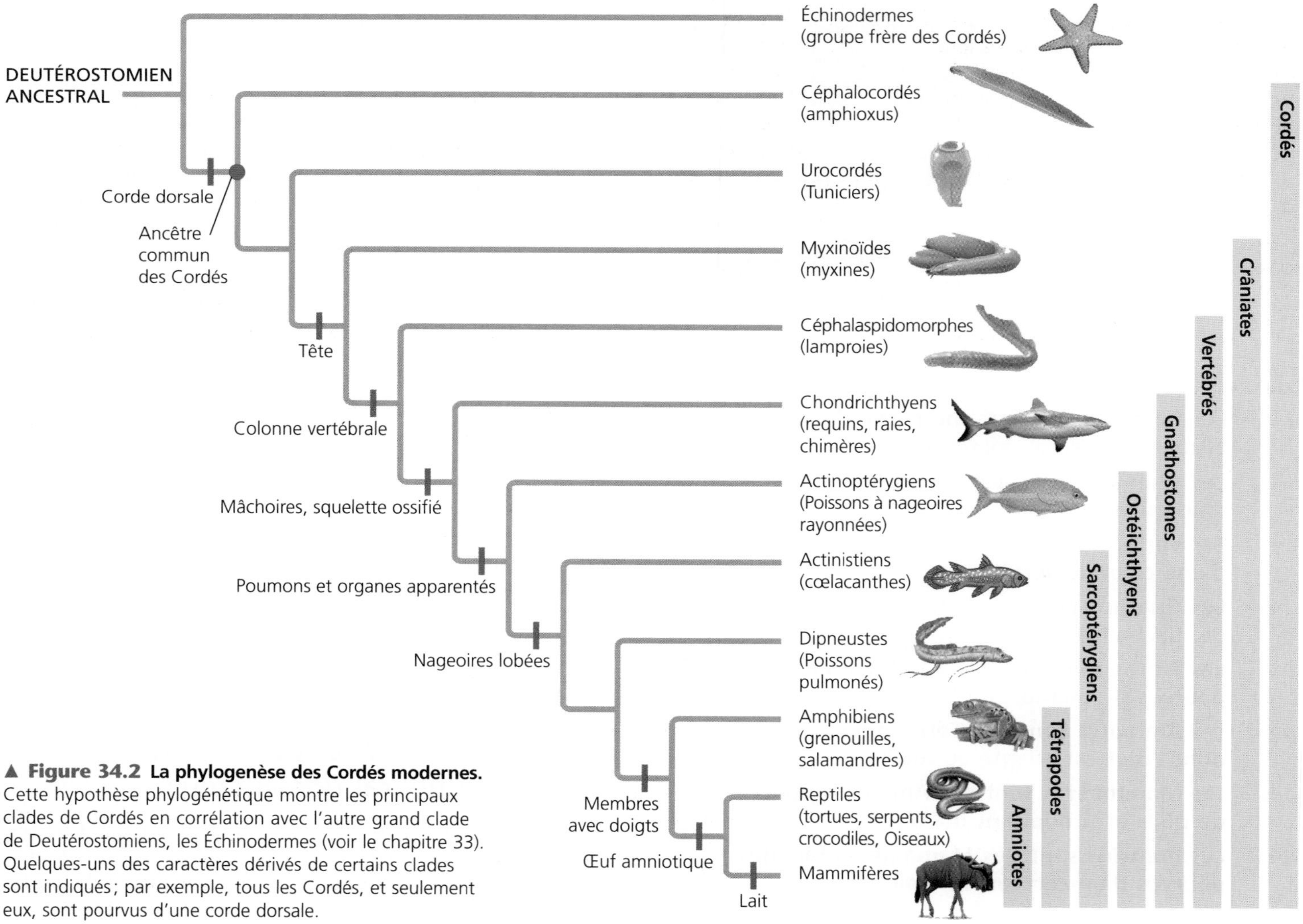

▲ **Figure 34.2 La phylogenèse des Cordés modernes.** Cette hypothèse phylogénétique montre les principaux clades de Cordés en corrélation avec l'autre grand clade de Deutérostomiens, les Échinodermes (voir le chapitre 33). Quelques-uns des caractères dérivés de certains clades sont indiqués; par exemple, tous les Cordés, et seulement eux, sont pourvus d'une corde dorsale.

des Vertébrés, un squelette articulé plus complexe se met en place autour de la corde dorsale ancestrale; l'adulte n'en conserve que des résidus embryonnaires (chez l'humain, elle se réduit à la matière gélatineuse des disques intervertébraux).

Le tube neural dorsal creux

Le tube neural de l'embryon d'un Cordé se forme à partir d'un feuillet de l'ectoderme qui s'enroule en position dorsale par rapport au tube digestif et à la corde dorsale. Ce tube neural dorsal creux est propre aux Cordés. Les Invertébrés, eux, ont des cordons nerveux pleins, situés habituellement dans la partie ventrale. Le tube neural des Cordés donne naissance au système nerveux central, qui comprend le cerveau et la moelle épinière.

Les rainures branchiales ou fentes branchiales

Le tube digestif des Cordés s'étend de la bouche à l'anus. La région située juste à l'arrière de la bouche est le pharynx. Chez tous les embryons se forme sur les côtés du pharynx une série de petits sacs séparés par des sillons (appelés **rainures branchiales**). Dans la plupart des espèces, ces sillons deviennent des fentes qui s'ouvrent sur l'extérieur du corps. Ces **fentes branchiales** permettent à l'eau qui entre dans la bouche de ressortir sans avoir à parcourir tout le tube digestif. Pour un grand nombre de Cordés invertébrés, elles servent à filtrer les aliments. Chez les Vertébrés (à l'exception des Vertébrés dotés de membres, les Tétrapodes), ces fentes et les structures qui les soutiennent se sont modifiées de façon à permettre notamment les échanges gazeux et portent le nom de branchies. Les rainures branchiales des Tétrapodes ne se transforment pas en fentes. Elles jouent plutôt un rôle important dans le développement de certaines parties de l'oreille et d'autres structures du cou et de la tête.

La queue musculaire postanale

Les Cordés possèdent une queue qui s'étend au-delà de l'anus, bien que, chez bon nombre d'espèces, celle-ci diminue considérablement au cours du stade embryonnaire. Par contre, chez la majorité des Animaux autres que les Cordés, le tube digestif occupe presque toute la longueur de l'organisme. La queue des Cordés comprend des éléments squelettiques et musculaires, et contribue à propulser de nombreuses espèces aquatiques.

Les Céphalocordés

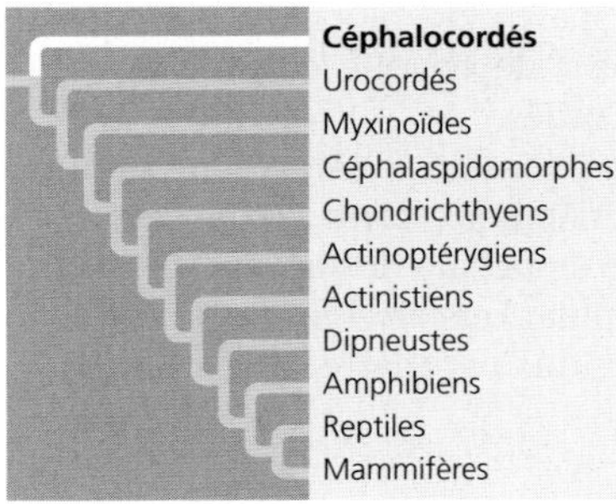

Le groupe de Cordés vivants le plus fondamental (dont la divergence est la plus précoce) se compose d'animaux appelés **amphioxus**, du sous-embranchement des Céphalocordés. Leur forme rappelle celle d'une lame (**figure 34.4**). Au cours de leur stade larvaire, ils acquièrent une corde dorsale, un tube neural dorsal creux, de nombreuses fentes branchiales et une queue musculaire postanale. Les larves se nourrissent de plancton et se déplacent par une suite de mouvements natatoires ascendants et de plongées passives. En descendant, elles retiennent dans leur pharynx du plancton et d'autres matières en suspension.

Au stade adulte, les Céphalocordés peuvent atteindre 6 cm de longueur. Ils conservent les principaux caractères des Cordés et ressemblent beaucoup au Cordé type représenté à la figure 34.3. Après sa métamorphose, l'amphioxus adulte se tortille à reculons dans le sable, ne laissant sortir que sa partie antérieure. Les cirres génèrent un mouvement d'eau vers la bouche du Céphalocordé. Les minuscules particules de nourriture sont alors retenues par le filet muqueux qui recouvre les fentes branchiales. L'eau sort par ces fentes, tandis que les particules de nourriture se dirigent vers l'intestin. Chez l'amphioxus, le pharynx et les fentes branchiales participent jusqu'à un certain degré aux échanges gazeux, qui s'effectuent principalement à travers certaines parties de l'enveloppe externe.

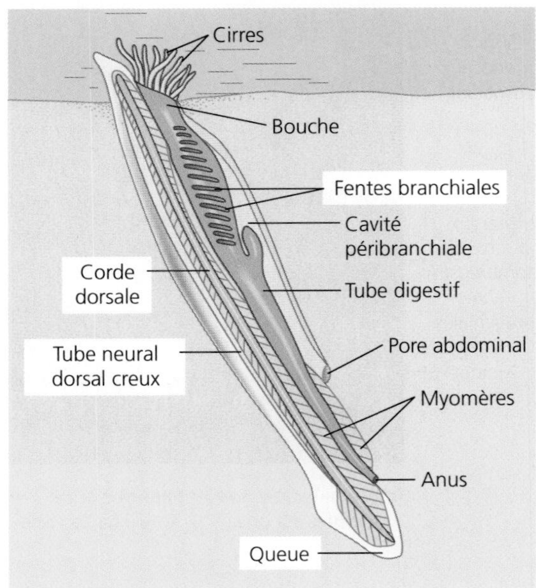

▲ **Figure 34.4 L'amphioxus, *Branchiostoma lanceolatum* (sous-embranchement des Céphalocordés).** Ce petit animal invertébré possède les quatre principales caractéristiques des Cordés. L'eau pénètre par la bouche, traverse les fentes branchiales, passe dans la cavité péribranchiale et ressort par le pore abdominal. Des cirres semblables à des tentacules empêchent les grosses particules de pénétrer dans la bouche. Grâce à ses myomères (muscles segmentés visibles sur la photo), cet amphioxus se déplace en faisant des mouvements sinusoïdaux.

L'amphioxus quitte fréquemment son terrier pour nager vers un nouveau site. Bien qu'il soit piètre nageur, il utilise, de façon rudimentaire, la même technique de nage que les Poissons. Il contracte de manière coordonnée ses muscles disposés en chevrons successifs (<<<<) le long de sa corde dorsale, qui peut alors exécuter un mouvement sinusoïdal (~) latéral. Cette organisation musculaire constituée d'une série de myomères témoigne de la segmentation de l'amphioxus. Les myomères se forment à partir de blocs de mésoderme appelés *somites* qui se trouvent de chaque côté de la corde dorsale chez l'embryon des Cordés.

Présents notamment dans les eaux côtières européennes, les amphioxus se font généralement rares; dans quelques régions cependant (dont celle de la baie de Tampa, sur la côte ouest de la Floride), leurs populations atteignent parfois une densité de plus de 5 000 individus par mètre carré.

Les Urocordés

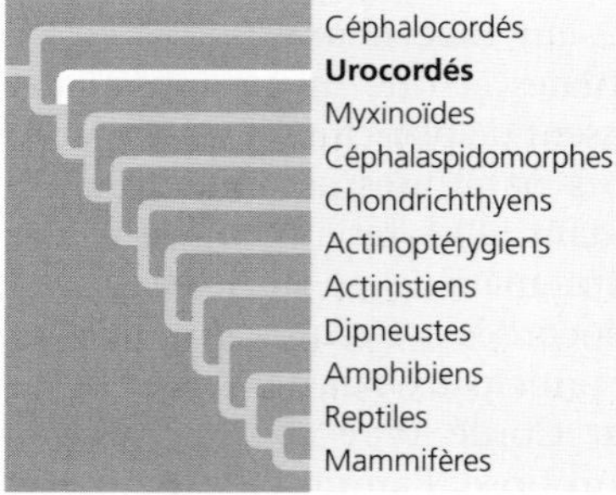

De récentes études moléculaires laissent penser que, contrairement à ce que l'on croyait, le sous-embranchement des **Urocordés** (appelés communément Tuniciers) est plus proche parent des autres Cordés que des Céphalocordés. C'est au cours de leur stade larvaire, qui ne dure parfois que quelques minutes, que les Urocordés ressemblent le plus aux autres Cordés (**figure 34.5a**). Chez de nombreuses espèces, la larve se déplace dans l'eau à l'aide de ses muscles caudaux et de sa corde dorsale pour trouver un substrat sur lequel elle peut se fixer. Dans cette recherche, elle se guide par les signaux que lui envoient des cellules sensibles à la lumière et à la gravité.

Une fois fixée, la larve subit une métamorphose radicale marquée par la disparition de la plupart des caractères propres aux Cordés. Ainsi, la queue et la corde dorsale se résorbent; le système nerveux dégénère; les autres organes effectuent une rotation de 90°. Chez l'Urocordé adulte, l'eau de mer pénètre à l'intérieur de l'organisme par un siphon buccal inhalant, puis passe par les fentes branchiales pour arriver dans un compartiment appelé «cavité péribranchiale,» d'où elle sort par un siphon cloacal exhalant (**figure 34.5b** et **c**). Les particules de nourriture qui se trouvent dans l'eau sont filtrées par un filet de mucus, puis acheminées par des cils dans l'œsophage. Chez certaines espèces, le siphon cloacal projette du liquide lorsque l'animal se sent attaqué.

Il se peut que la disparition des caractères des Cordés, chez l'Urocordé adulte, se soit produite après que la lignée ait divergé des autres Cordés. Même les larves semblent avoir beaucoup évolué. Par exemple, les Urocordés possèdent 9 gènes *Hox* alors que les Cordés étudiés jusqu'à maintenant – y compris les Céphalocordés – en ont 13 en commun. L'apparente disparition de quatre gènes *Hox* indique que le plan d'organisation corporelle de l'Urocordé au stade larvaire relève d'un autre jeu de contrôles génétiques que celui des Cordés.

Les premières étapes de l'évolution des Cordés

Bien que les Urocordés et les Céphalocordés soient des animaux relativement obscurs, ils occupent des positions déterminantes dans l'histoire du vivant et peuvent fournir des indices sur l'évolution des Vertébrés. Par exemple, comme nous l'avons déjà mentionné, les Céphalocordés présentent certains caractères des Cordés au stade adulte. En outre, leur lignée diverge presque à la base de l'arbre phylogénétique

▼ **Figure 34.5 L'ascidie (sous-embranchement des Urocordés).**

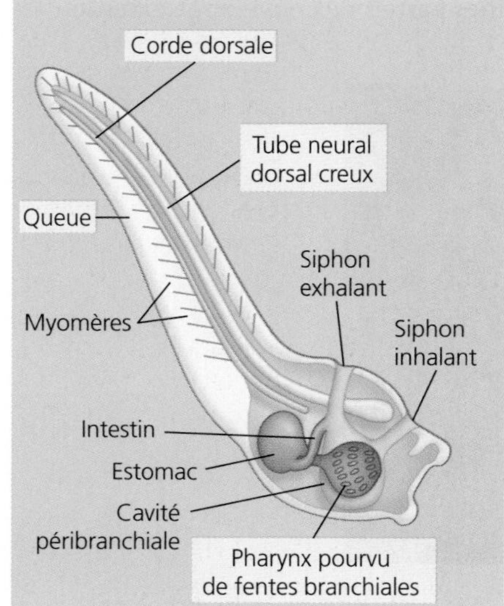

(a) La larve nageuse en forme de «têtard» des Urocordés ne se nourrit qu'après sa métamorphose. Les caractéristiques des Cordés sont bien visibles dans la forme larvaire.

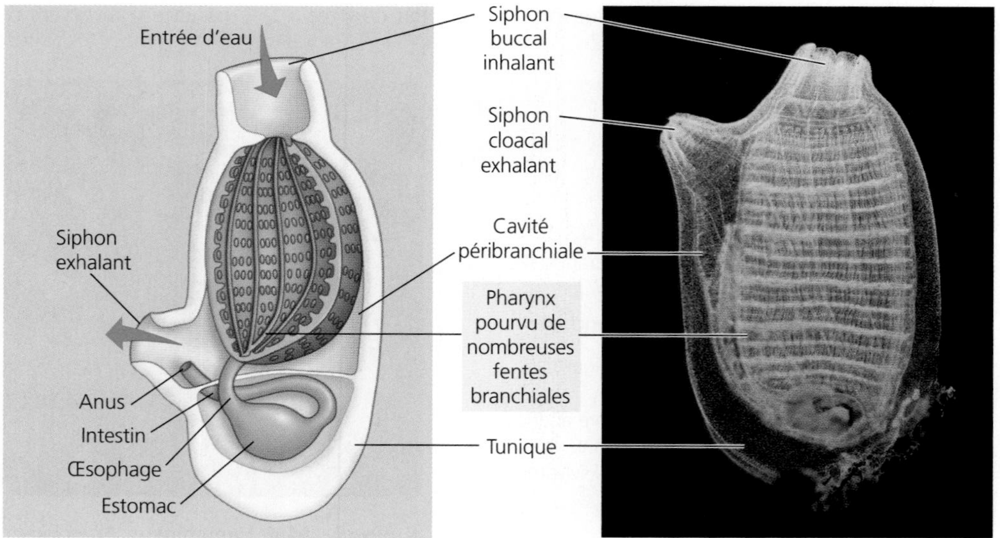

(b) Chez l'ascidie adulte, les fentes branchiales permettent à l'animal de se nourrir par filtration. Les autres caractéristiques des Cordés ont disparu.

(c) Cette ascidie, souvent appelée outre de mer, est un animal sessile (taille réelle).

des Cordés. Ces observations donnent à penser que l'ancêtre des Cordés pourrait avoir ressemblé à un Céphalocordé, avec une bouche à son extrémité antérieure, une corde dorsale, un tube neural dorsal creux, des fentes branchiales et une queue postanale.

Des recherches portant sur des Céphalocordés ont révélé plusieurs indices importants sur l'évolution du cerveau des Cordés. Les Céphalocordés ne possèdent pas un véritable cerveau : l'extrémité antérieure du tube neural dorsal comporte seulement une petite masse légèrement renflée. Or, les gènes *Hox* qui structurent les principales régions du cerveau antérieur, du cerveau moyen et du cerveau postérieur des Vertébrés s'expriment selon les mêmes modalités dans le petit amas de cellules du tube neural des Céphalocordés (**figure 34.6**). Cette observation donne à penser que le cerveau des Vertébrés est le fruit du perfectionnement d'une structure ancestrale semblable à l'extrémité simple du tube neural des Céphalocordés.

Le génome des Urocordés a été entièrement séquencé, ce qui permet de déterminer si certains de leurs gènes auraient pu être présents chez les Cordés primitifs. Les chercheurs qui utilisent cette approche ont avancé que les premiers Cordés possédaient des gènes associés à des organes de Vertébrés, comme le cœur et la glande thyroïde. On retrouve ces gènes chez les Urocordés et les Vertébrés, mais pas chez les Invertébrés qui ne sont pas des Cordés. En revanche, les Céphalocordés sont dépourvus de nombreux gènes qui, chez les autres Vertébrés, sont associés à la transmission des influx nerveux. On pourrait donc supposer que ces gènes sont apparus chez une espèce primitive de Vertébré et qu'ils n'existent que dans la lignée des Vertébrés.

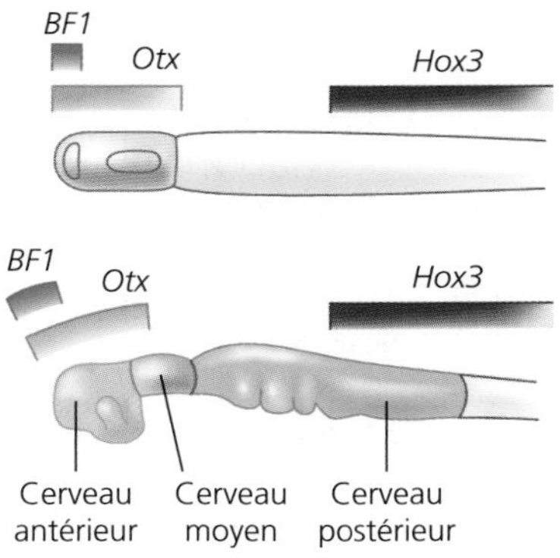

▲ **Figure 34.6 L'expression des gènes du développement chez les Céphalocordés et les Vertébrés.** Les gènes *Hox* (notamment *BF1*, *Otx* et *Hox3*) régissent le développement des principales régions du cerveau des Vertébrés. Ils s'expriment dans le même ordre antéropostérieur chez les Céphalocordés et les Vertébrés. Chaque bande colorée apparaît au-dessus de la partie du cerveau que régissent ces gènes.

FAITES DES LIENS *Que révèlent ces résultats et ceux de la figure 21.18 (p. 516) sur les gènes* Hox *et leur évolution ?*

RETOUR SUR LE CONCEPT 34.1

1. Nommez quatre caractères dérivés présents chez tous les Cordés à un moment ou un autre de leur vie.
2. Bien que vous soyez un Cordé, vous êtes dépourvu de la plupart des principaux caractères dérivés des Cordés. Expliquez pourquoi.
3. **ET SI ?** Supposons que les Céphalocordés sont dépourvus d'un gène présent chez les Urocordés et les Vertébrés. Faudrait-il en conclure que le plus récent ancêtre commun des Cordés en est également dépourvu ? Expliquez votre réponse.

Voir les réponses proposées à la fin du chapitre.

CONCEPT 34.2

Les Crâniates sont des Cordés pourvus d'une tête

Après l'apparition du plan d'organisation corporelle type des Cordés observée tant chez les Urocordés que chez les Céphalocordés, la principale transition évolutive a été l'apparition de la tête. Les Cordés qui en sont pourvus font partie du groupe des **Crâniates** (du latin *cranium*, « crâne »). La tête regroupe le cerveau, situé à l'extrémité antérieure du tube neural dorsal, les yeux et d'autres organes sensoriels, qui sont protégés par le crâne. Elle a permis aux Cordés de coordonner des mouvements plus complexes et d'adopter de nouveaux comportements d'alimentation. (Notez que la tête est apparue de façon indépendante chez d'autres lignées d'Animaux, comme il est expliqué au chapitre 33.)

Les caractères dérivés des Crâniates

Les Crâniates modernes ont en commun un ensemble de caractères dérivés qui les distinguent des autres Cordés. Par effet de duplication génétique, les Crâniates possèdent deux groupes de gènes *Hox* ou plus (les Urocordés et les Céphalocordés n'en ont qu'un). D'autres importantes familles de gènes produisant des molécules de signalisation et des facteurs de transcription existent aussi en double chez les Crâniates. La divergence des séquences de gènes dupliqués a entraîné une complexité génétique additionnelle, et celle-ci a permis aux Crâniates de prendre des formes plus complexes que celles des Urocordés et des Céphalocordés.

La **crête neurale** est une caractéristique propre aux Crâniates. C'est un ensemble de cellules embryonnaires situées près des replis dorsaux du tube neural en formation (**figure 34.7**). Ces cellules se dispersent dans tout l'organisme, où elles donnent naissance à diverses structures, dont les dents, certains des os et des cartilages du crâne, la couche profonde de la peau (derme) de la région faciale, plusieurs types de neurones et les capsules sensorielles dans lesquelles les yeux et d'autres organes se développent.

Chez les Crâniates aquatiques, les fentes branchiales se sont transformées en branchies. Contrairement aux fentes branchiales des Céphalocordés, qui servent principalement à filtrer les aliments en suspension, les branchies sont associées à des muscles et à des nerfs qui permettent à l'eau de traverser les fentes par pompage. Cette action, qui peut contribuer à l'aspiration des aliments, facilite aussi les échanges gazeux. (Chez les Crâniates terrestres, les rainures branchiales deviennent d'autres structures, comme nous l'expliquerons plus loin.)

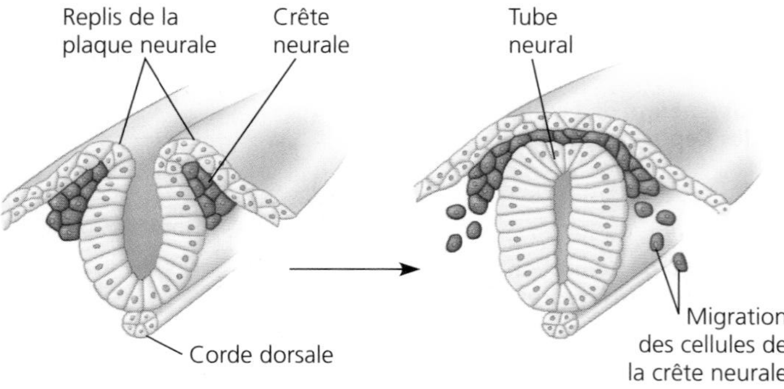

(a) La crête neurale est constituée de plusieurs couches de cellules situées près des replis de la plaque neurale. En se rejoignant, ces replis forment le tube neural dorsal creux.

(b) Les cellules de la crête neurale migrent ailleurs dans l'embryon.

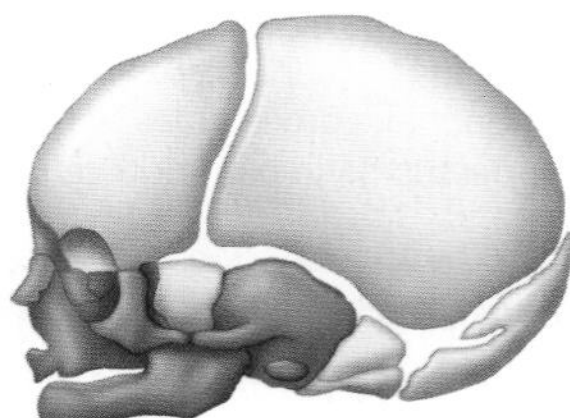

(c) Là, elles donnent naissance à certaines des structures anatomiques propres aux Vertébrés, notamment les os et les cartilages (chez l'embryon) qui constituent le crâne.

▲ **Figure 34.7 La crête neurale de l'embryon, à l'origine de plusieurs caractéristiques des Vertébrés.**

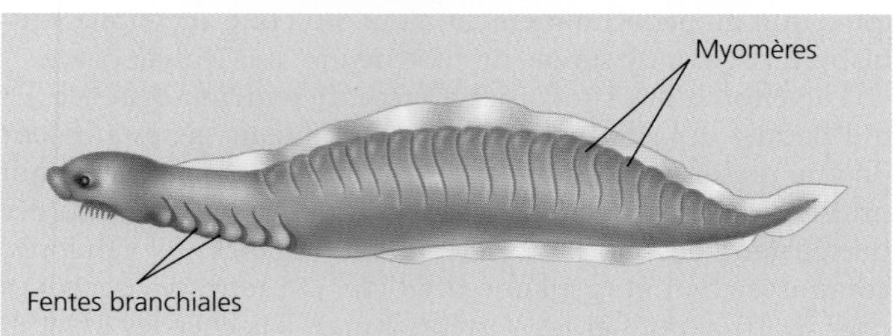

▲ **Figure 34.8 Fossiles d'un Cordé primitif.** Découvert en 1999 dans le sud de la Chine, *Haikouella* possédait des yeux et un cerveau, mais pas de crâne, qui est un caractère dérivé des Crâniates. Les couleurs de l'illustration sont imaginées.

Les Crâniates, plus actifs que les Urocordés et les Céphalocordés, présentent aussi un métabolisme plus élevé et un système musculaire beaucoup plus complet. Les muscles qui tapissent leur tube digestif facilitent la digestion en y faisant circuler les aliments. Les Crâniates possèdent aussi un cœur comportant au moins deux cavités, des globules rouges et de l'hémoglobine, ainsi que des reins qui éliminent les déchets du sang.

L'origine des Crâniates

À la fin des années 1990, des paléontologues qui travaillaient en Chine ont découvert un vaste gisement de fossiles de Cordés primitifs qui semblent être les chaînons intermédiaires de l'évolution vers les Crâniates. Ces fossiles datent de l'explosion du Cambrien, il y a 530 millions d'années, une période marquée par une intense diversification de nombreux groupes d'Animaux (voir le chapitre 32).

Les fossiles les plus primitifs sont ceux de *Haikouella*, d'une longueur de 3 cm (**figure 34.8**). À de nombreux égards, cet organisme ressemble à un Céphalocordé. La structure de sa bouche indique que, comme ce dernier, il était probablement suspensivore. Toutefois, *Haikouella* possédait aussi certaines des caractéristiques des Crâniates. Par exemple, il présentait un cerveau bien formé, de petits yeux et des myomères le long du corps, comme les Poissons, qui sont des Vertébrés. De plus, son pharynx comportait des branchies, ce dont étaient dépourvus les Cordés qui l'ont précédé. En revanche, *Haikouella* ne possédait pas de crâne ni d'organe auditif, ce qui donne à penser que l'apparition de ces caractères a accompagné les innovations relatives au système nerveux des Cordés. (Les premières « oreilles » intervenaient dans le maintien de l'équilibre, une fonction que remplissent encore les oreilles des humains et d'autres Vertébrés modernes.)

Dans d'autres roches datant du Cambrien, les paléontologues ont découvert des fossiles de Cordés encore plus évolués, comme *Myllokunmingia* (voir la figure 34.1). À peu près de la même taille que *Haikouella*, *Myllokunmingia* était pourvu de capsules auditives et oculaires, et ces organes étaient entourés par des parties du crâne. Compte tenu de cette observation et de la présence d'autres caractères, les scientifiques ont déterminé que *Myllokunmingia* était un véritable Crâniate.

Les Myxinoïdes

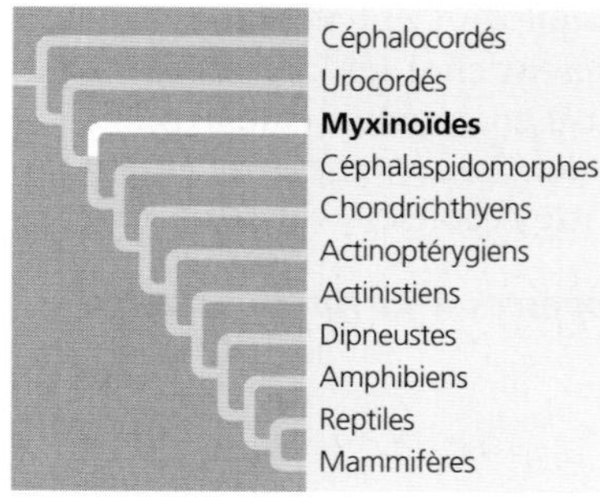

La classe des Myxinoïdes, qui comprend les myxines, représente la lignée de Crâniates la plus fondamentale (**figure 34.9**). Les myxines ont un crâne fait de cartilage, mais dépourvu de mâchoires et de vertèbres. Le mouvement ondulatoire de leur nage est rendu possible grâce à la force exercée par les myomères sur la corde dorsale, qu'elles conservent au stade adulte sous la forme d'une tige de cartilage résistante mais souple. Les myxines possèdent un petit cerveau, des yeux, des oreilles et une ouverture nasale qui communique avec le pharynx. Leur bouche contient des structures semblables à des dents constituées d'une protéine, la kératine.

Les 30 espèces de myxines actuelles sont toutes marines. Elles mesurent jusqu'à 60 cm de longueur, et la plupart sont

▲ **Figure 34.9 Une myxine.**

des nécrophages qui vivent dans les fonds marins où elles se nourrissent notamment de vers et de poissons malades ou morts. À la surface de la peau des myxines, des rangées de glandes sécrètent une substance qui, en absorbant de l'eau, forme une matière gluante susceptible de repousser les autres charognards quand l'animal est en train de se nourrir (voir la figure 34.9). Quand un prédateur les attaque, les myxines peuvent produire plusieurs litres de matière gluante en moins d'une minute. Cette substance enrobe les branchies des poissons prédateurs, lesquels s'enfuient ou meurent étouffés. Plusieurs équipes de biologistes et d'ingénieurs étudient les propriétés de cette substance visqueuse dans l'espoir de produire artificiellement une matière qui pourrait agir comme un gel de remplissage servant, par exemple, à juguler les hémorragies pendant les interventions chirurgicales.

RETOUR SUR LE CONCEPT **34.2**

1. Les myxines présentent des caractéristiques que ne possèdent pas les Urocordés et les Céphalocordés. Quelles sont-elles?
2. Quelle espèce de Cordés disparue, *Myllokunmingia* ou *Haikouella*, est la plus étroitement apparentée aux humains? Expliquez votre réponse.
3. **ET SI?** Dans plusieurs lignées animales, les organismes dotés d'une tête sont apparus il y a à peu près 530 millions d'années. Cette observation indique-t-elle que la sélection naturelle a favorisé les organismes munis d'une tête? Expliquez votre réponse.

Voir les réponses proposées à la fin du chapitre.

CONCEPT **34.3**

Les Vertébrés sont des Crâniates pourvus d'une colonne vertébrale

Pendant la période cambrienne, une lignée de Crâniates a donné naissance aux Vertébrés. Pourvus d'un système nerveux et d'un squelette plus complexes que ceux de leurs ancêtres, les Vertébrés ont amélioré deux compétences essentielles: capturer leur nourriture et éviter d'être mangés.

Les caractères dérivés des Vertébrés

Après avoir divergé des autres Crâniates, les Vertébrés ont connu une autre duplication génétique associée cette fois à un groupe de gènes produisant des facteurs de transcription, soit la famille *Dlx*. La complexité génétique additionnelle issue de ce phénomène est liée à l'apparition d'innovations touchant le système nerveux et le squelette, notamment la présence d'un crâne plus volumineux et d'une colonne vertébrale composée de vertèbres. Chez certains Vertébrés, les vertèbres ne sont pour ainsi dire que de petites pointes de cartilage disposées dorsalement d'une extrémité à l'autre de la corde dorsale. Toutefois, chez la plupart des Vertébrés, elles entourent la moelle épinière et ont repris les fonctions mécaniques de la corde dorsale. Les Vertébrés aquatiques ont aussi acquis des nageoires dorsales, ventrales et anales renforcées par des structures osseuses, les rayons, qui permettent à ces Animaux de se propulser et de se diriger lorsqu'ils poursuivent une proie ou tentent d'échapper à un prédateur. L'accélération de la natation a été favorisée par d'autres adaptations, dont un système d'échanges gazeux plus efficace dans les branchies.

Les lamproies

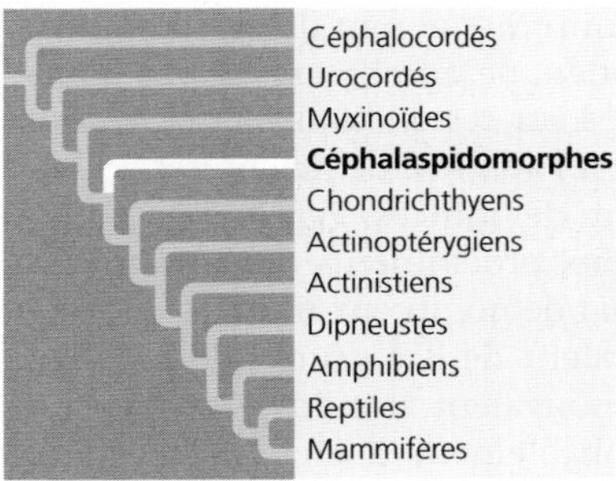

Les lamproies (classe des Céphalaspidomorphes) représentent la plus ancienne lignée moderne de Vertébrés. Comme les myxines, elles peuvent nous renseigner sur l'évolution des premiers Vertébrés, mais elles ont aussi acquis des caractéristiques uniques.

Il existe environ 35 espèces de lamproies vivant dans divers milieux marins et dulcicoles (**figure 34.10**). La plupart sont des parasites qui se nourrissent en se cramponnant avec leur bouche circulaire au flanc d'un poisson vivant. Avec leur langue râpeuse, elles perforent l'épiderme de leur proie, dont elles sucent le sang.

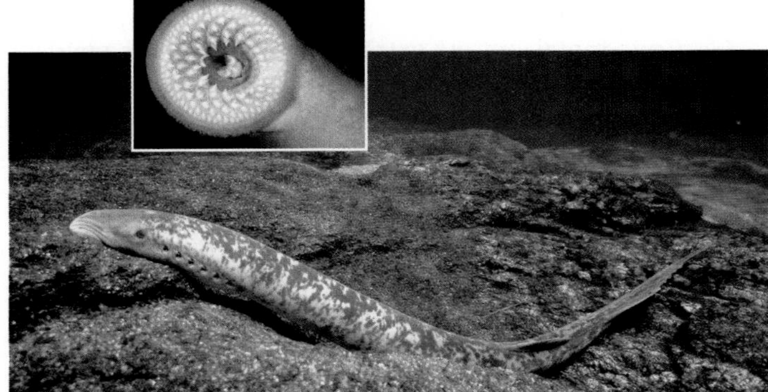

▲ **Figure 34.10 Une lamproie marine.** La plupart des lamproies utilisent leur bouche (en médaillon) et leur langue pour perforer le flanc d'un poisson. Elles ingèrent ensuite le sang et certains tissus de leur hôte.

À l'état larvaire, les lamproies vivent en eau douce. La larve est suspensivore; elle ressemble à un amphioxus et passe beaucoup de temps partiellement enfouie dans la couche sédimentaire. Certaines espèces de lamproies ne se nourrissent qu'à l'état larvaire. Après avoir passé plusieurs années dans des ruisseaux, elles atteignent leur maturité sexuelle, se reproduisent et meurent quelques jours plus tard. Toutefois, la majorité des lamproies migrent vers la mer ou dans un lac lorsqu'elles deviennent adultes. Depuis 170 ans, la lamproie marine (*Petromyzon marinus*) a envahi les Grands Lacs (en Amérique du Nord), où elle a dévasté un certain nombre de pêcheries. La lamproie de rivière (*Lampetra fluviatilis*), qui vit dans les rivières d'Europe, est, par contre, considérée comme une espèce menacée.

Le squelette des lamproies est cartilagineux. Contrairement au cartilage de la plupart des Vertébrés, celui des lamproies ne contient pas de collagène, mais plutôt une matrice rigide composée d'autres protéines. En forme de tige, la corde dorsale des lamproies subsiste chez l'adulte. Comme chez les myxines, elle tient lieu de principal squelette axial. Toutefois, la corde est entourée d'une gaine flexible tout au long de laquelle des paires de fibres cartilagineuses rappelant les vertèbres remontent dorsalement et recouvrent partiellement le tube neural.

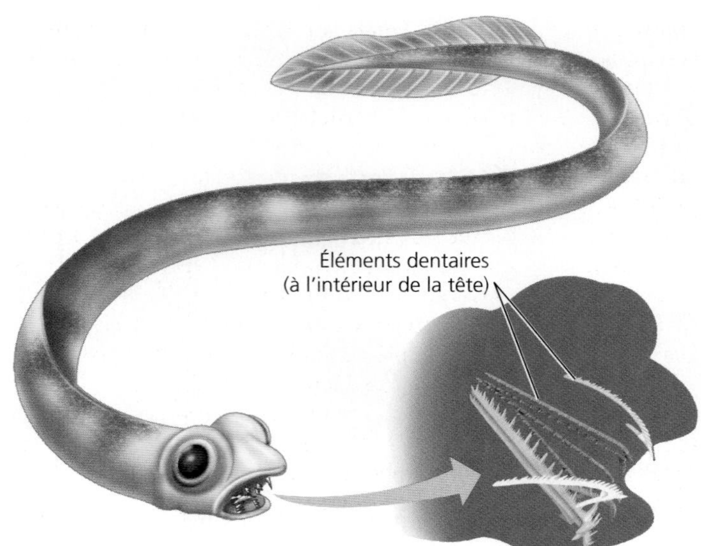

▲ **Figure 34.11 Un conodonte.** Les Conodontes étaient des Vertébrés primitifs qui ont vécu de la fin du Cambrien jusqu'à la fin du Trias. Contrairement aux lamproies, ils possédaient des parties buccales minéralisées, qu'ils utilisaient pour capturer des proies ou pour se nourrir de charognes.

Les fossiles des Vertébrés primitifs

Après que les ancêtres des lamproies eurent divergé des autres Vertébrés au cours du Cambrien, de nombreuses autres lignées de Vertébrés sont apparues. Leur ressemblance avec les lamproies se limitait cependant à l'absence de mâchoires.

Les **Conodontes** étaient de minces Vertébrés au corps mou; ils étaient munis d'yeux proéminents dont les mouvements étaient commandés par de nombreux muscles. La majorité des Conodontes mesuraient de 3 à 10 cm de longueur, mais on croit que certains pouvaient atteindre 30 cm. Leurs gros yeux les aidaient probablement à chasser des proies qu'ils embrochaient sur une série de crochets acérés situés dans la partie antérieure de leur bouche. Ces crochets étaient constitués de tissus dentaires minéralisés, c'est-à-dire imprégnés de minéraux comme le calcium qui leur procuraient leur rigidité (**figure 34.11**). La nourriture était ensuite acheminée vers le pharynx, où une autre série d'éléments dentaires servaient à la découper et à la broyer. (Les Conodontes doivent d'ailleurs leur nom, qui signifie « dents coniques », à ces éléments.)

Les Conodontes ont été extrêmement abondants pendant plus de 300 millions d'années. Leurs éléments dentaires fossilisés sont si nombreux que, durant des décennies, les géologues à la recherche de gisements de pétrole s'en servaient comme repères pour déterminer l'âge des strates rocheuses dans lesquelles ils espéraient trouver du pétrole.

Des Vertébrés présentant d'autres innovations sont apparus au cours des périodes ordovicienne, silurienne et dévonienne. Ils possédaient des nageoires jumelées et, comme les lamproies, une oreille interne munie de deux canaux semicirculaires qui leur procuraient le sens de l'équilibre. Bien qu'ils fussent dépourvus eux aussi de mâchoires, ils possédaient un pharynx musculaire dont ils se servaient probablement pour aspirer les organismes ou les détritus des fonds marins. Ils portaient également une cuirasse constituée de tissu osseux, dont l'étendue variait selon les espèces (**figure 34.12**). Cette cuirasse, qui comportait des épines chez certaines espèces, les protégeait sans doute des prédateurs. Ces Vertébrés cuirassés sans mâchoires étaient exceptionnellement diversifiés, mais ils avaient tous disparu à la fin du Dévonien.

L'origine des os et des dents

Le squelette humain se compose d'os fortement minéralisés, et le cartilage y joue un rôle assez secondaire. Mais l'appareil osseux est une innovation relativement récente dans l'histoire des Vertébrés. Comme nous l'avons vu, le squelette des Vertébrés était à l'origine une structure constituée de cartilage non minéralisé.

Qu'est-ce qui a déclenché le processus de minéralisation chez les Vertébrés ? Une hypothèse veut que la minéralisation soit liée à une transition relative aux mécanismes d'alimentation. Les Cordés primitifs étaient sans doute suspensivores,

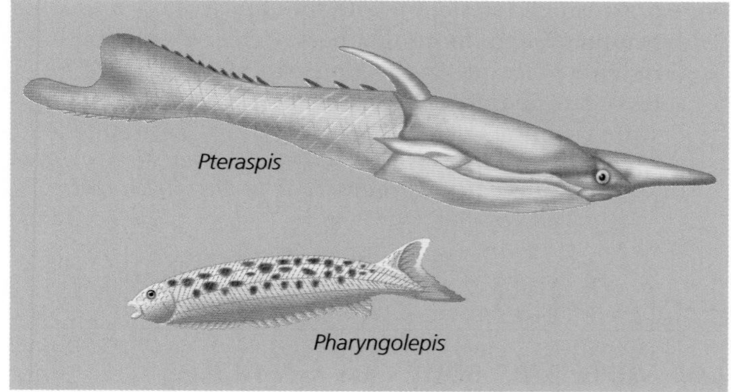

▲ **Figure 34.12 Des vertébrés cuirassés, sans mâchoires.** *Pteraspis* et *Pharyngolepis* sont deux des nombreux genres de Vertébrés dépourvus de mâchoires qui sont apparus au cours des périodes ordovicienne, silurienne et dévonienne.

comme les Céphalocordés, mais, au fil du temps, ils sont devenus plus gros et donc capables d'ingérer des particules plus volumineuses, y compris certains petits animaux. Chez les Vertébrés, les plus anciennes structures minéralisées connues, soit les éléments dentaires des Conodontes, constituent une adaptation qui a permis à ces animaux de devenir des charognards et des prédateurs. De plus, l'examen au microscope de la cuirasse minéralisée des derniers Vertébrés sans mâchoires a révélé qu'elle était composée de petites structures semblables à des dents. Cette découverte donne à penser que la minéralisation du corps des Vertébrés a commencé dans la bouche avant de se poursuivre dans la cuirasse protectrice. C'est seulement chez les Vertébrés possédant davantage de caractères dérivés que l'endosquelette a commencé à se minéraliser à partir du crâne. Comme vous l'apprendrez dans la prochaine section, les lignées plus récentes de Vertébrés ont subi une minéralisation encore plus poussée.

RETOUR SUR LE CONCEPT **34.3**

1. Comment les différences anatomiques entre les lamproies et les Conodontes se reflètent-elles dans les modes de nutrition respectifs de ces Animaux ?
2. **ET SI ?** Quels rôles déterminants la minéralisation des os a-t-elle pu jouer chez les premiers Vertébrés ?

Voir les réponses proposées à la fin du chapitre.

CONCEPT **34.4**

Les Gnathostomes sont des Vertébrés pourvus de mâchoires

Les myxines et les lamproies sont des survivantes du début du Paléozoïque, à un âge où abondaient les Crâniates sans mâchoires. Depuis, elles sont cependant beaucoup moins nombreuses que les Vertébrés à mâchoires, qu'on appelle **Gnathostomes**. Les Gnathostomes modernes constituent un groupe diversifié dont font partie les requins et leurs cousins, les Actinoptérygiens (poissons à nageoires rayonnées), les Sarcoptérygiens (poissons à nageoires charnues), les Amphibiens, les Reptiles (qui incluent les Oiseaux) et les Mammifères.

Les caractères dérivés des Gnathostomes

Les Gnathostomes (ce qui signifie « bouche munie de mâchoires ») tiennent leur nom de leurs mâchoires, des structures articulées qui, en particulier grâce à des dents, leur permettent de tenir fermement leurs aliments et de les découper. Selon une hypothèse, les mâchoires des Gnathostomes résulteraient d'une modification des arcs branchiaux soutenant les fentes branchiales antérieures (**figure 34.13**). Les autres fentes branchiales, dès lors inutiles pour la filtration de la nourriture, sont devenues des organes spécialisés dans les échanges gazeux avec le milieu environnant.

▶ Figure 34.13 Hypothèse relative à l'évolution des mâchoires des Vertébrés. Deux paires d'arcs branchiaux (en rouge et en vert) situées entre les fentes branchiales, près de la bouche, ont pu se transformer pour donner les mâchoires et leurs soutiens. Selon cette hypothèse, les paires d'arcs branchiaux à l'avant de celles qui sont devenues des mâchoires ont disparu, ou se sont intégrées au crâne ou aux mâchoires.

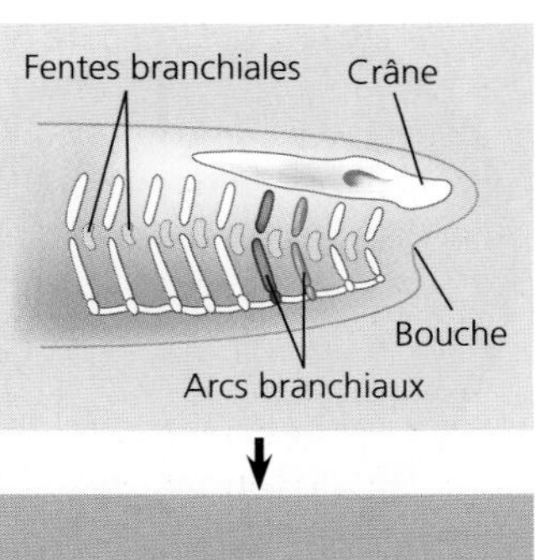

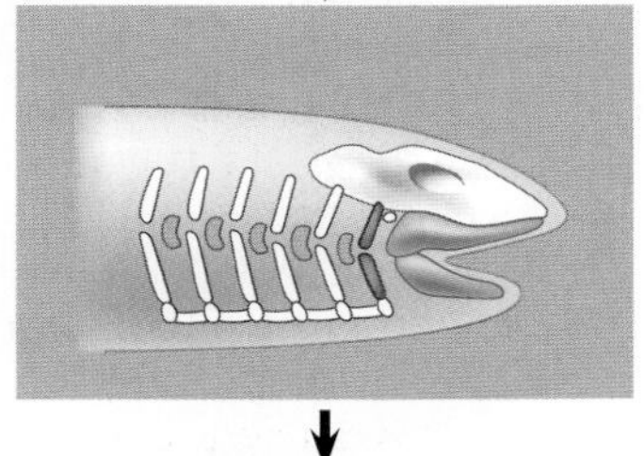

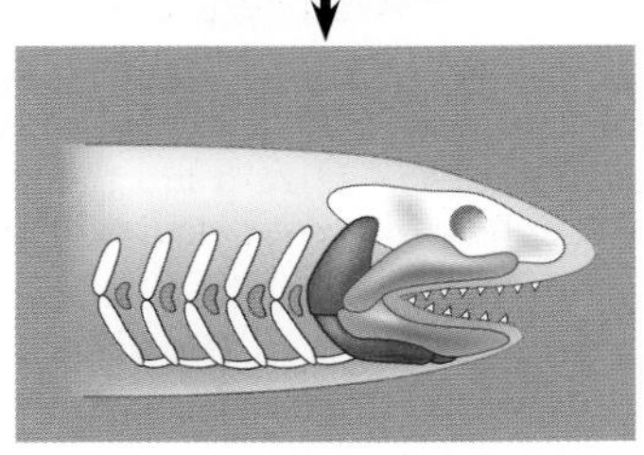

Outre les mâchoires, les Gnathostomes possèdent d'autres caractères dérivés. Les ancêtres communs à tous les Gnathostomes ont connu une autre duplication des gènes *Hox*, de telle sorte que l'unique groupe présent chez les premiers Cordés a été multiplié par quatre. En fait, c'est tout le génome qui semble avoir subi une duplication, ce qui a permis la formation des mâchoires et d'autres caractéristiques inédites chez les Gnathostomes. Leur cerveau antérieur est plus gros que celui des autres Crâniates, une expansion surtout associée au perfectionnement des sens de l'odorat et de la vue. L'**organe sensoriel de la ligne latérale** est une autre caractéristique des Gnathostomes aquatiques. Cet organe composé de minuscules fossettes forme une rangée sur toute la longueur de chacun des côtés du corps et est sensible aux vibrations du milieu environnant. Des précurseurs de cet organe existaient déjà dans la cuirasse de la tête de certains Vertébrés sans mâchoires.

Les fossiles des Gnathostomes

Les premiers Gnathostomes qui figurent dans les archives géologiques datent de la fin de l'Ordovicien, il y a environ 450 millions d'années. À partir de cette période, leur diversification a constamment progressé. Ces animaux doivent probablement leur succès à une combinaison de caractéristiques anatomiques : des nageoires jumelées et une queue (également présente chez les Vertébrés sans mâchoires), qui leur permettaient de pourchasser efficacement leurs proies, et des mâchoires, grâce auxquelles ils pouvaient saisir ces proies ou simplement mordre dans leur chair.

Les plus anciens Gnathostomes présents dans les archives géologiques comptent une lignée disparue de Vertébrés cuirassés appelés **Placodermes** (du grec *plakos*, « plaque », et *derma*, « peau »). La majorité des Placodermes mesuraient moins de 1 m de longueur, mais certaines espèces géantes

▲ **Figure 34.14 Un fossile d'un Gnathostome primitif.**
À l'âge adulte, *Dunkleosteus*, un Placoderme, atteignait 10 m de longueur. En 2006, l'analyse de la structure de sa mâchoire révéla que les dents avant de *Dunkleosteus* pouvaient exercer une pression de 560 kg/cm².

atteignaient 10 m (**figure 34.14**). D'autres groupes de Vertébrés à mâchoires, réunis sous le nom d'**Acanthodiens**, sont apparus à peu près à la même époque et ont connu une radiation pendant le Silurien et le Dévonien (il y a 444 à 359 millions d'années). Les Placodermes ont disparu il y a environ 359 millions d'années, et les Acanthodiens ont connu le même sort 70 millions d'années plus tard.

Il y a quelques années, la découverte de nouveaux fossiles a révélé que la période comprise entre 450 et 420 millions d'années avait été marquée par d'intenses changements évolutifs. Les Gnathostomes qui vécurent durant cette période présentaient une grande variété de formes. Il y a 420 millions d'années, ils ont divergé en trois lignées de Vertébrés pourvus de mâchoires encore vivants aujourd'hui: les Chondrichthyens, les Actinoptérygiens et les Sarcoptérigiens.

Les Chondrichthyens (requins, raies et organismes apparentés)

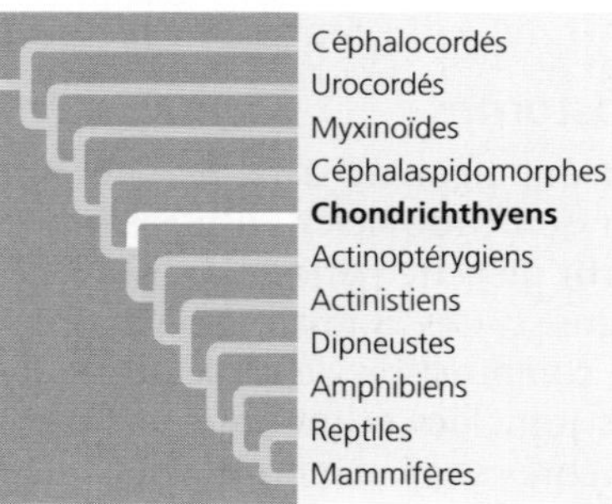

Les requins, les raies et leurs parents comprennent certains des plus gros et des plus prospères prédateurs des océans. Ils appartiennent au clade des Chondrichthyens (ce qui signifie «Poissons cartilagineux»). Comme leur nom l'indique, les **Chondrichthyens** possèdent un squelette constitué principalement de cartilage, souvent renforcé de calcium.

Lorsque le nom Chondrichthyens a été inventé dans les années 1800, les scientifiques croyaient que ce groupe représentait un stade primitif de l'évolution du squelette des Vertébrés et que la minéralisation n'était apparue que dans des lignées plus évoluées (comme les «Poissons osseux»). Or, comme le montrent les Conodontes et les Vertébrés cuirassés sans mâchoires, la minéralisation du squelette des Vertébrés avait commencé avant que la lignée des Chondrichthyens diverge des autres Vertébrés. De plus, on a observé des tissus semblables à du tissu osseux chez des Chondrichthyens primitifs, par exemple le cartilage de la nageoire d'un requin ayant vécu durant le Carbonifère. Des traces de tissu osseux sont visibles chez les Chondrichthyens modernes: on en trouve dans leurs écailles, à la base de leurs dents et, chez certains requins, dans une mince couche à la surface des vertèbres. Ces observations laissent penser que la distribution limitée des tissus osseux dans le corps des Chondrichthyens semble être un caractère dérivé qui serait apparu après qu'ils eurent divergé des autres Gnathostomes.

Il existe environ 1 000 espèces de Chondrichthyens modernes, dont les requins et les raies constituent le groupe le plus diversifié et le plus répandu (**figure 34.15a** et **b**). Un deuxième groupe comprend quelques douzaines d'espèces de chimères (**figure 34.15c**).

La plupart des requins ont un corps hydrodynamique. Ils nagent ainsi rapidement, certes, mais leurs manœuvres manquent un peu de précision. De puissants mouvements du tronc et de la nageoire caudale (nageoire de la queue) permettent la propulsion. Les nageoires dorsales assurent la stabilité de l'animal, tandis que les paires de nageoires pectorales (à l'avant) et pelviennes (à l'arrière) lui permettent de manœuvrer. Le requin peut augmenter sa flottabilité en emmagasinant une grande quantité d'huile dans son foie volumineux. Mais comme sa masse volumique est supérieure à celle de l'eau, il coule dès qu'il cesse de nager. En nageant continuellement, il s'assure que l'eau pénètre dans sa bouche et sort par ses branchies, où se déroulent les échanges gazeux. Cependant, certains requins ainsi qu'un grand nombre de raies et de torpilles passent beaucoup de temps à se reposer au fond de l'eau. Ils doivent alors, à l'aide des muscles de leurs mâchoires et de leur pharynx, aspirer l'eau activement pour l'amener jusqu'à leurs branchies; l'aspiration de l'eau se fait aussi par deux évents, situés de chaque côté de la tête, derrière les yeux.

Les requins et les raies les plus volumineux se nourrissent en filtrant le plancton. La plupart des requins sont toutefois carnivores. Ils avalent leur proie entière ou se servent de leurs puissantes mâchoires et de leurs dents tranchantes pour déchirer la chair des animaux qu'ils ne peuvent avaler d'un coup. Les requins possèdent plusieurs rangées de dents qui arrivent graduellement à la partie antérieure de la bouche au fur et à mesure que les vieilles dents tombent. Chez un grand nombre d'espèces, le tube digestif est proportionnellement plus petit que celui de beaucoup d'autres Vertébrés. Cependant, l'intestin possède une *valvule spirale*, c'est-à-dire un repli en forme de tire-bouchon qui accroît la surface d'absorption et ralentit le passage des aliments.

Le mode de vie actif des requins carnivores résulte de certaines adaptations qui se traduisent par une grande acuité sensorielle. Ces animaux ont une bonne vision, mais ne peuvent discerner les couleurs. Leurs narines ne servent pas à la respiration, car elles se terminent par une impasse et ne peuvent donc conduire l'eau vers les branchies. Elles constituent plutôt des organes olfactifs, comme chez la plupart des Poissons. Comme chez certains autres Vertébrés, des récepteurs

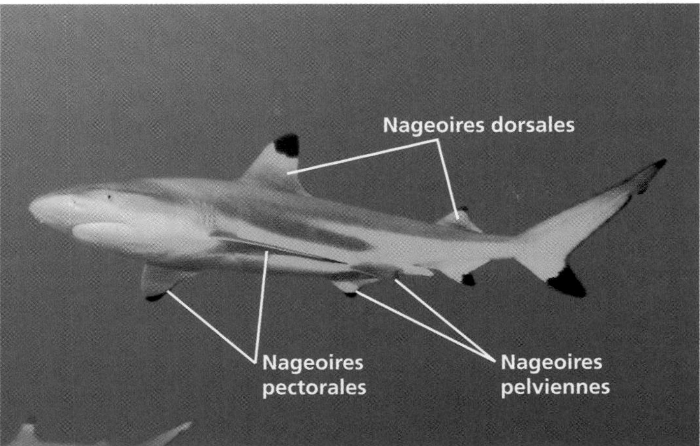

(a) Requin à pointes noires (*Carcharhinus melanopterus*). Les requins sont des nageurs rapides dotés d'une grande acuité sensorielle. Ils sont munis de paires de nageoires pectorales et pelviennes.

(b) Pastenague américaine (*Dasyatis americana*). La plupart des raies vivent au fond de l'eau et se nourrissent de mollusques et de crustacés. Certaines espèces se déplacent en eau libre et se nourrissent par filtration.

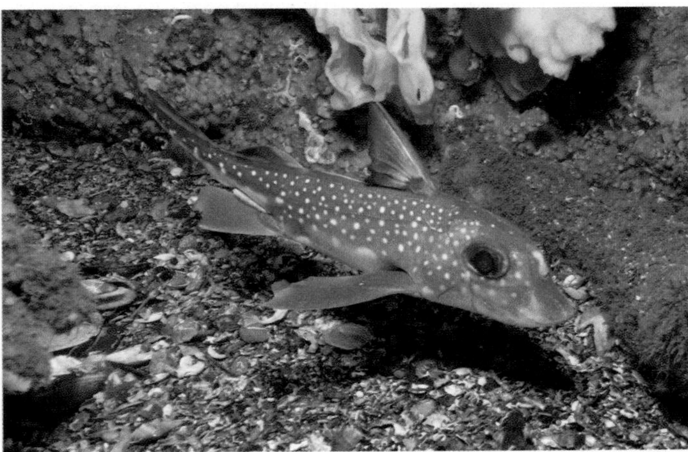

(c) Chimère d'Amérique (*Hydrolagus colliei*). Les chimères vivent pour la plupart à des profondeurs dépassant 80 m et se nourrissent de crevettes, de mollusques et d'oursins. Certaines espèces possèdent une épine venimeuse située à l'avant de leur nageoire dorsale.

▲ **Figure 34.15 Des Chondrichthyens.**

situés sous la peau de la tête et du rostre détectent le potentiel électrique engendré par les contractions musculaires des poissons et des autres animaux qui se trouvent aux alentours. Comme la plupart des autres Vertébrés aquatiques (sauf ceux qui sont des Mammifères), les requins n'ont pas de tympans, ces structures qui, chez les Vertébrés terrestres, transmettent aux organes auditifs les ondes se propageant dans l'air. Les sons parviennent aux requins par l'intermédiaire de l'eau, et se transmettent à travers tout le corps de l'animal jusqu'aux organes auditifs présents dans l'oreille interne.

Les requins sont des animaux à fécondation interne. Grâce à une paire d'appendices copulateurs (les ptérygopodes) placés sur le bord interne des nageoires pelviennes, le mâle peut transférer son sperme dans le système reproducteur de la femelle. Certaines espèces de requins sont **ovipares**, c'est-à-dire que les femelles pondent des œufs qui vont éclore en dehors de leur corps. Avant de libérer leurs œufs, les femelles les enveloppent d'une couche protectrice. D'autres espèces sont **ovovivipares**, c'est-à-dire que les femelles gardent les œufs fécondés dans l'oviducte. L'embryon se nourrit du vitellus de l'œuf et éclot à l'intérieur de l'utérus. Enfin, quelques espèces sont **vivipares**, c'est-à-dire que l'embryon se développe dans l'utérus jusqu'à la naissance. Il se nourrit en recevant des nutriments qui lui parviennent par le placenta muni d'un sac vitellin le reliant au sang de sa mère, mais aussi en absorbant le liquide nutritif produit par l'utérus ou en dévorant d'autres œufs. Les conduits du système reproducteur aboutissent à une chambre appelée **cloaque**, où se terminent également le système urinaire et le système digestif. Le cloaque s'ouvre sur l'extérieur par un seul orifice.

Le mode de vie des raies diffère grandement de celui des requins, même si les deux types d'animaux ont des liens de parenté très étroits. La plupart des raies vivent au fond de l'eau. De forme aplatie, elles se nourrissent de Mollusques et de Crustacés qu'elles broient avec leurs mâchoires. Les raies sont plates et leurs nageoires pectorales très allongées servent à la propulsion. Leur queue ressemble souvent à un fouet et porte, chez un grand nombre d'espèces, un dard venimeux qui aide ce poisson à se défendre.

Les Chondrichthyens ont peu changé depuis plus de 400 millions d'années. Aujourd'hui, ils sont toutefois gravement menacés par la surpêche. Selon un compte rendu récent, les populations de requins dans le nord-ouest de l'Atlantique ont diminué de 75 % en 15 ans.

Les Actinoptérygiens et les Sarcoptérygiens

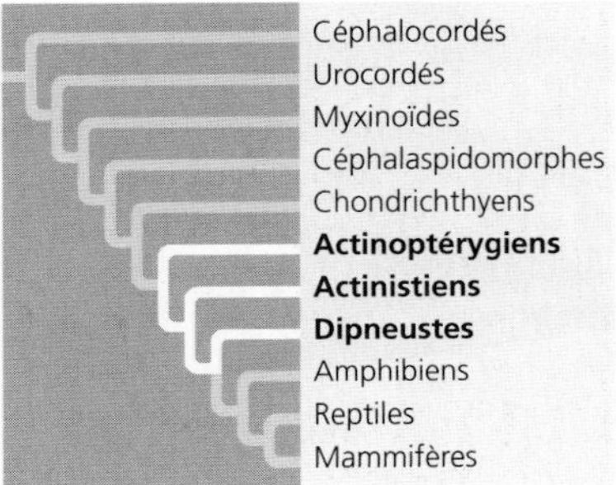

Presque tous les Vertébrés appartiennent à un clade de Gnathostomes, celui des Ostéichthyens. Contrairement aux Chondrichthyens, presque tous les **Ostéichthyens** modernes possèdent un endosquelette ossifié (osseux) dont la structure est renforcée par une matrice imprégnée de sels de calcium. Comme beaucoup de noms taxinomiques, *Ostéichthyens* (qui signifie « Poissons osseux ») a été inventé bien avant l'avènement de la systématique phylogénétique. Au départ, le groupe excluait les Tétrapodes, mais nous savons maintenant qu'un tel taxon serait en fait paraphylétique (voir la figure 34.2). Par conséquent, les systématiciens placent aujourd'hui les Tétrapodes avec les Poissons osseux dans le clade des Ostéichthyens. Il est évident que le nom du groupe ne définit pas avec précision tous ses membres.

Cette section traitera des Ostéichthyens aquatiques, communément appelés Poissons. La respiration de la plupart des Poissons est assurée par quatre ou cinq paires de branchies situées dans des cavités recouvertes d'une plaque osseuse protectrice appelée **opercule** (**figure 34.16**). L'eau entre par la bouche, passe par le pharynx et traverse les branchies, d'où elle est expulsée par le mouvement de l'opercule et les contractions des muscles qui se trouvent dans les cavités branchiales.

La majorité des Poissons peuvent modifier à leur guise leur flottabilité grâce à un sac membraneux, la **vessie natatoire**, dans laquelle s'accumulent des gaz provenant du sang. Lorsqu'elle se remplit, la vessie natatoire augmente la flottabilité, de sorte que l'animal remonte vers la surface; lorsque les gaz retournent vers le sang, l'animal descend vers le fond. Au 19e siècle, Charles Darwin a avancé que les poumons des Tétrapodes s'étaient développés à partir de la vessie natatoire, mais, curieusement, le contraire semble tout aussi vrai. En effet, les Ostéichthyens appartenant à de nombreuses lignées ayant divergé tôt sont pourvus de poumons, qu'ils utilisent pour respirer de l'air afin de suppléer aux échanges gazeux assurés par leurs branchies. Tout indique donc que les poumons seraient apparus chez des Ostéichthyens primitifs pour ensuite devenir des vessies natatoires dans certaines lignées.

La peau de presque tous les Poissons est recouverte d'écailles osseuses plates, tandis que celle des requins est pourvue d'écailles dont la composition ressemble à celle de leurs dents. La viscosité de la peau des Poissons osseux est attribuable à des glandes cutanées qui sécrètent un mucus. Cette adaptation réduit la friction pendant les déplacements. Comme les Gnathostomes aquatiques primitifs mentionnés plus tôt, les Poissons ont en commun avec les requins l'organe sensoriel de la ligne latérale, composé d'une rangée de minuscules dépressions bien visibles de chaque côté du corps.

Le mode de reproduction des Poissons varie d'une espèce à l'autre. La plupart des espèces sont ovipares, c'est-à-dire qu'il y a fécondation externe après la ponte d'une grande quantité de petits œufs par la femelle. Cependant, la fécondation et le développement embryonnaire internes existent chez certaines espèces.

Les Actinoptérygiens (poissons à nageoires rayonnées)

La presque totalité des Ostéichthyens aquatiques que nous connaissons font partie des **Poissons à nageoires rayonnées**, ou Actinoptérygiens (du grec *aktis*, « rayon », et *pterugion*, « nageoire ») (**figure 34.17**). Nommés ainsi en raison des rayons osseux qui soutiennent leurs nageoires, les Poissons à nageoires rayonnées sont apparus au cours du Silurien (il y a 444 à 416 millions d'années). Le groupe s'est diversifié considérablement depuis, comme en témoignent les modifications dans la morphologie et la structure des nageoires associées à la direction, à la défense et à d'autres fonctions (voir la figure 34.17).

Les Poissons à nageoires rayonnées constituent une des principales sources de protéines pour les humains, qui les pêchent depuis des dizaines de milliers d'années. Toutefois, la pêche pratiquée à l'échelle industrielle semble avoir causé l'effondrement de certaines ressources halieutiques parmi les plus importantes au monde. Ainsi, dans les années 1990, après des décennies d'exploitation florissante, la quantité de morues pêchées est tombée à 5 % de son maximum historique, entraînant l'arrêt quasi complet de la pêche à la morue. Malgré le maintien du moratoire, les populations de morues n'ont toujours pas retrouvé un niveau durable. Les Poissons à nageoires rayonnées subissent aussi d'autres contraintes de la part des humains, comme la dérivation des cours d'eau par des barrages. La modification des courants hydrauliques peut compromettre l'aptitude des poissons à trouver de la nourriture, en plus de perturber leurs routes migratoires et leurs frayères.

Les Sarcoptérygiens (cœlacanthes, Dipneustes et Tétrapodes)

Comme les poissons à nageoires rayonnées, l'autre grande lignée d'Ostéichthyens, les **Sarcoptérygiens**, est apparue

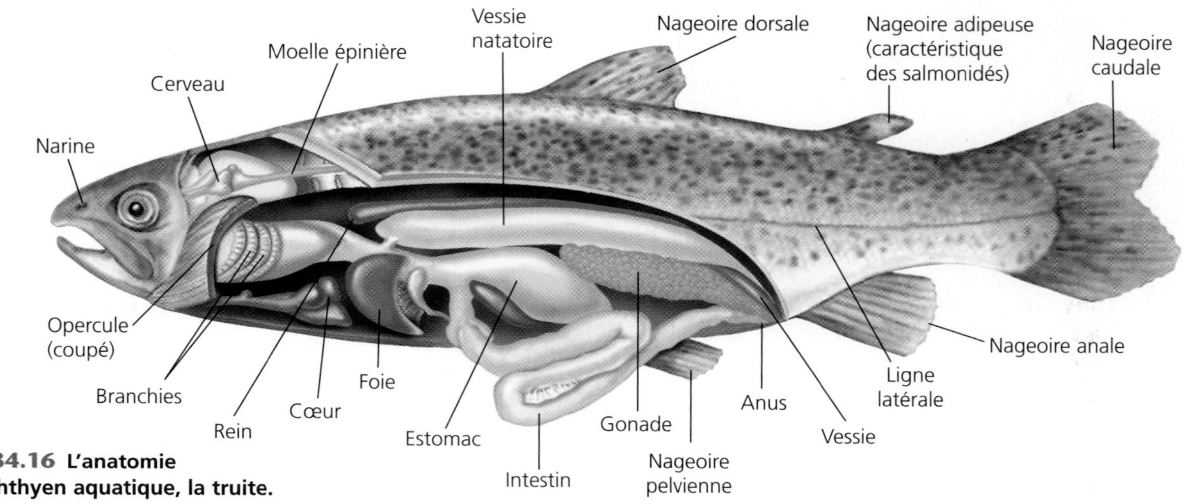

▲ **Figure 34.16 L'anatomie d'un Ostéichthyen aquatique, la truite.**

au cours du Silurien (**figure 34.18**). Le principal caractère dérivé des Sarcoptérygiens est la présence d'os en forme de tige entourés d'une épaisse couche musculaire (*sarcos* signifie «chair», «charnu») dans les nageoires pectorales et pelviennes. Au cours du Dévonien (416 à 359 millions d'années avant aujourd'hui), de nombreux Sarcoptérygiens vivaient dans des eaux saumâtres, comme celles des milieux humides côtiers. Les Sarcoptérygiens se servaient probablement de leurs nageoires pour nager ou «marcher» sous la surface de l'eau (comme le font certains Sarcoptérygiens actuels). Certains étaient de gigantesques prédateurs. D'ailleurs, on trouve souvent des fossiles de dents pointues de la grosseur d'un pouce humain ayant appartenu à ces animaux du Dévonien.

Dès la fin du Dévonien, la diversité des Sarcoptérygiens a commencé à décroître, et il n'en reste plus que trois lignées aujourd'hui. L'une d'entre elles, les cœlacanthes (clade des Actinistiens), était considérée comme disparue depuis 75 millions d'années. Or, en 1938, des pêcheurs ont capturé un cœlacanthe vivant au large de la côte est de l'Afrique du Sud (**figure 34.19**). Jusqu'aux années 1990, toutes les découvertes subséquentes ont été faites près des îles Comores, à l'ouest de l'océan Indien. Ce n'est qu'en 1999 qu'on a découvert une seconde population ailleurs, à l'est de cet océan, près de l'Indonésie. Cette population pourrait représenter une espèce distincte de la première.

La deuxième lignée de Sarcoptérygiens, les Dipneustes, est représentée aujourd'hui par six espèces réparties en trois genres vivant tous dans l'hémisphère Sud. Les Dipneustes sont apparus en milieu océanique, mais on ne les trouve aujourd'hui que dans les habitats dulcicoles, en général dans les étangs

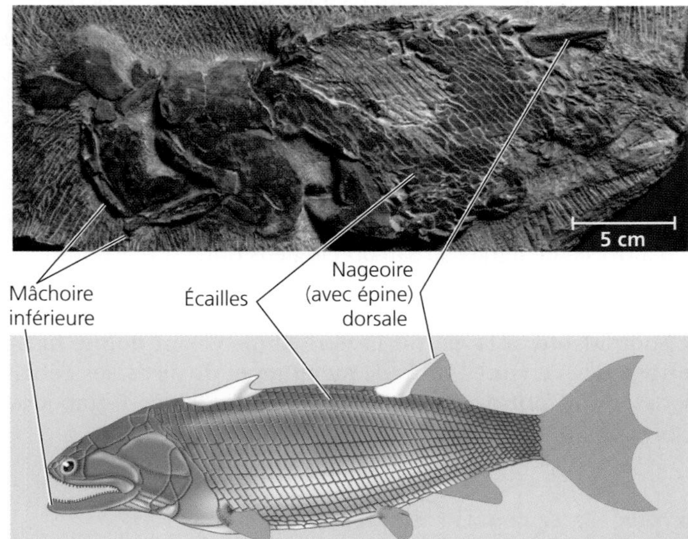

▲ **Figure 34.18 La reconstitution d'un Sarcoptérygien primitif.** Découvert en 2009, *Guiyu oneiros* est le plus ancien spécimen connu et daterait de 420 millions d'années. Le fossile presque complet permet d'en faire une reconstitution juste.

▲ Albacore (*Thunnus albacares*), Poisson rapide vivant en bancs et présentant une importante valeur commerciale dans le monde entier.

► Poisson scorpion ou rascasse volante (*Pterois volitans*) vivant dans les récifs coralliens du Pacifique; le venin qu'il injecte par ses épines procure une réaction très douloureuse chez les humains.

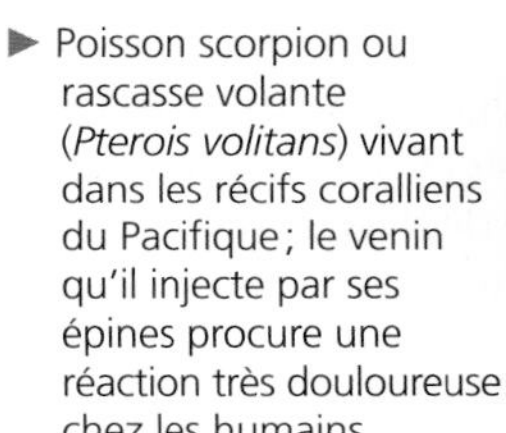

▲ Hippocampe moucheté (*Hippocampus ramulosus*), Poisson présentant une morphologie très différente; caractéristique inhabituelle pour le règne animal: c'est le mâle qui porte les petits pendant leur développement embryonnaire.

▲ Murène maculée (*Gymnothorax dovii*), prédateur se tapissant dans les fissures des récifs de corail pour surprendre ses proies.

▲ **Figure 34.17 Les Poissons à nageoires rayonnées, ou Actinoptérygiens.**

▲ **Figure 34.19 Un cœlacanthe (*Latimeria*).** Ce Sarcoptérygien vit en eau profonde, au large des régions côtières du sud de l'Afrique et en Indonésie.

d'eau stagnante et dans les marais. Ils remontent à la surface pour remplir d'air leurs poumons connectés à leur pharynx. Ils possèdent aussi des branchies. Chez les Dipneustes australiens, les branchies sont les principaux organes des échanges gazeux. Pendant la saison sèche, certains Dipneustes s'enfouissent dans la vase et entrent en estivation, c'est-à-dire qu'ils vivent dans un état d'engourdissement comparable à l'état d'hibernation (voir le chapitre 40).

La troisième lignée de Sarcoptérygiens qui a survécu jusqu'à nos jours est beaucoup plus diversifiée que les cœlacanthes et les Dipneustes. Au cours du Dévonien moyen, ces organismes se sont adaptés à la vie sur la terre ferme et ont donné naissance à des Vertébrés dotés de membres et de pieds, les Tétrapodes, dont font partie les humains. Le clade des Tétrapodes est le sujet de la prochaine section.

RETOUR SUR LE CONCEPT 34.4

1. Quels caractères dérivés les requins et les thons ont-ils en commun? Nommez quelques-unes des caractéristiques qui les différencient.
2. Décrivez les adaptations déterminantes des Gnathostomes aquatiques.
3. **ET SI?** Imaginons qu'il soit possible de rejouer l'histoire du vivant. Pensez-vous qu'un groupe de Vertébrés ayant colonisé la terre ferme aurait pu évoluer à partir d'autres Gnathostomes aquatiques que les Sarcoptérygiens? Expliquez votre réponse.

Voir les réponses proposées à la fin du chapitre.

CONCEPT 34.5

Les Tétrapodes sont des Gnathostomes pourvus de membres

L'un des événements les plus marquants de l'histoire des Vertébrés a eu lieu il y a environ 365 millions d'années, au moment où les nageoires de certains Sarcoptérygiens se sont transformées en membres et en pieds chez les Tétrapodes. Jusque-là, tous les Vertébrés ressemblaient fondamentalement à des Poissons. Après s'être établis sur la terre ferme, les Tétrapodes ont acquis de nombreuses nouvelles formes: certains se déplaçaient en sautant, comme les grenouilles, d'autres volaient, comme les aigles, et d'autres encore étaient bipèdes, comme les humains.

Les caractères dérivés des Tétrapodes

Les **Tétrapodes** («qui possèdent quatre pieds») doivent leur nom à leur principal caractère dérivé. Chez eux, les nageoires pectorales et pelviennes ont fait place à des membres munis de doigts. Les membres des Tétrapodes les supportent sur la terre ferme et leurs pieds leur permettent de transférer au sol les forces créées par les muscles pendant la marche.

La vie sur la terre ferme a entraîné beaucoup d'autres modifications au plan d'organisation corporelle des Tétrapodes. Ainsi, la tête est séparée du corps par un cou qui n'avait à l'origine qu'une vertèbre sur laquelle le crâne oscillait sur un plan vertical (de bas en haut). Plus tard, la formation d'une deuxième vertèbre a permis à la tête de tourner latéralement (d'un côté ou de l'autre). Les os de la ceinture pelvienne, auxquels sont attachées les pattes postérieures, se sont soudés à la colonne vertébrale, permettant ainsi de transférer au reste du corps les forces créées par les pattes lorsqu'elles prennent appui sur le sol. À l'exception de certaines espèces aquatiques (comme l'axolotl, dont il est question plus loin), les Tétrapodes adultes actuels sont dépourvus de branchies; pendant le développement embryonnaire, les rainures branchiales donnent plutôt naissance à certaines parties des oreilles, à des glandes et à d'autres structures.

Comme nous le verrons, certains de ces caractères furent perdus ou profondément modifiés chez diverses lignées de Tétrapodes. Chez les Oiseaux, par exemple, les nageoires pectorales sont devenues des ailes tandis que, chez les baleines, le corps a globalement pris la forme d'un poisson (un autre exemple de convergence).

L'origine des Tétrapodes

Comme nous l'avons déjà indiqué, les milieux humides côtiers du Dévonien abritaient une grande variété de Sarcoptérygiens. Ceux qui se trouvaient dans des eaux particulièrement peu profondes, pauvres en dioxygène, utilisaient leurs poumons pour respirer. Certaines espèces se servaient sans doute de leurs robustes nageoires pour se déplacer sur des troncs d'arbres immergés ou à la surface des substrats vaseux. Ainsi, le plan d'organisation corporelle des Tétrapodes n'est pas «tombé du ciel», il s'est simplement modifié à partir d'un plan préexistant.

La découverte récente d'un fossile appelé *Tiktaalik roseae* a permis d'en savoir un peu plus sur les mécanismes de cette évolution. Comme les poissons, *T. roseae* avait des nageoires, des branchies et des poumons, et son corps était couvert d'écailles. Mais contrairement aux poissons, il était doté de côtes qui devaient faciliter la respiration et soutenir son corps (**figure 34.20**). En outre, *T. roseae* avait un cou et des épaules, ce qui lui permettait de bouger la tête. Enfin, les os des nageoires pectorales étaient disposés selon le même modèle élémentaire que l'on observe chez tous les Tétrapodes: un os (l'humérus) suivi de deux (radius et ulna), se prolongeant eux-mêmes par un groupe d'osselets comprenant le poignet. S'il est peu probable que *T. roseae* ait pu marcher sur la terre ferme, le squelette de ses nageoires pectorales donne à penser qu'il pouvait se soulever lorsqu'il était dans l'eau.

La découverte extraordinaire de *Tiktaalik roseae* et d'autres fossiles a permis aux paléontologues de reconstituer le processus par lequel les nageoires se sont progressivement transformées en membres, jusqu'à ce que les premiers Tétrapodes acquièrent leur apparence, il y a 365 millions d'années (**figure 34.21**, page 828). Les 60 millions d'années qui ont suivi ont vu apparaître une grande diversité chez les Tétrapodes. Leur morphologie et les sites où ils ont été découverts permettent de conclure que la plupart de ces Tétrapodes primitifs continuaient de dépendre du milieu aquatique, une caractéristique qu'ils partagent avec certains membres d'un groupe de Tétrapodes actuels comprenant les Amphibiens.

▼ **Figure 34.20**

IMPACT

La découverte d'un «Poissapode»: *Tiktaalik roseae*

Les paléontologues étaient à la recherche de fossiles qui les éclaireraient sur l'origine évolutive des Tétrapodes. D'après l'âge des fossiles découverts jusqu'alors, les scientifiques cherchaient des sites situés dans des roches datant de 365 à 385 millions d'années. L'île d'Ellesmere, dans l'Arctique canadien, était du nombre assez restreint de sites susceptibles d'abriter de tels fossiles parce qu'un fleuve l'avait déjà baignée. Les fouilles se sont avérées fructueuses: les chercheurs y ont découvert des fossiles d'un Sarcoptérygien datant de 375 millions d'années qu'ils ont appelé *Tiktaalik roseae*. Comme le montrent le tableau et les photos ci-dessous, *T. roseae* présente une combinaison de caractères des Poissons et des Tétrapodes. (La figure 34.21 comprend une représentation artistique de ce à quoi *T. roseae* aurait pu ressembler.)

POURQUOI C'EST IMPORTANT Aucun poisson connu ne ressemble autant à un tétrapode que *Tiktaalik roseae*. À cet égard, il permet de documenter des étapes déterminantes du passage des Vertébrés aquatiques vers la terre ferme. Puisqu'il précède de 10 millions d'années le plus vieux tétrapode connu, ses caractéristiques donnent à penser que les traits déterminants des Tétrapodes – présence de poignets, de côtes et d'un cou – étaient en fait antérieurs à leur lignée. Cette découverte illustre en outre la capacité des paléontologues de formuler des hypothèses sur l'emplacement possible de fossiles recherchés.

POUR EN SAVOIR PLUS E. B. Daeschler, N. H. Shubin et A. Jenkins, A Devonian tetrapod-like fish and the evolution of the tetrapode body plan, *Nature* 440: 757-763 (2006).

FAITES DES LIENS Décrivez comment les caractéristiques de *Tiktaalik roseae* illustrent la notion darwinienne de descendance avec modification (voir le concept 22.2, p. 526 à 532).

Caractères des Poissons	Caractères des Tétrapodes
Écailles	Cou
Nageoires	Côtes
Branchies et poumons	Nageoires osseuses
	Crâne aplati
	Yeux surmontant le crâne

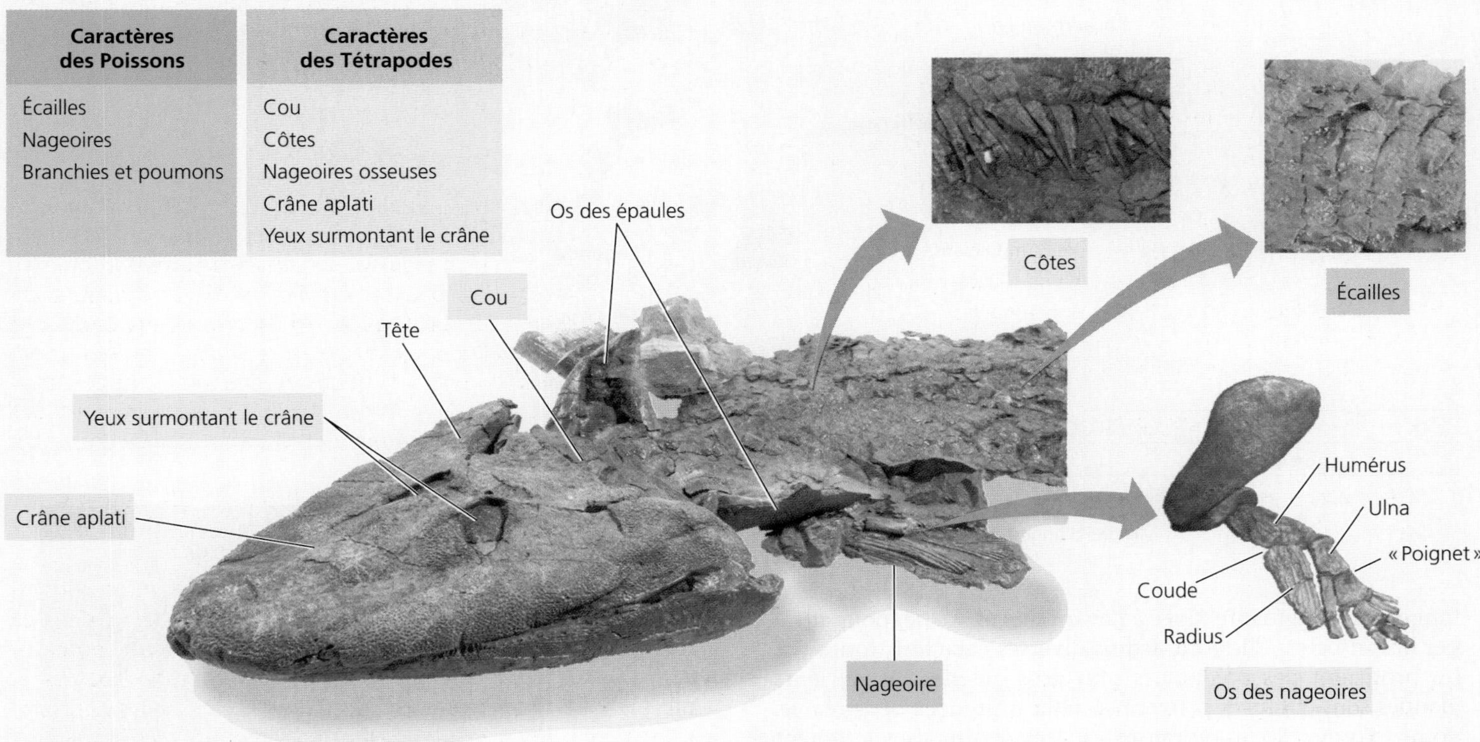

Les Amphibiens

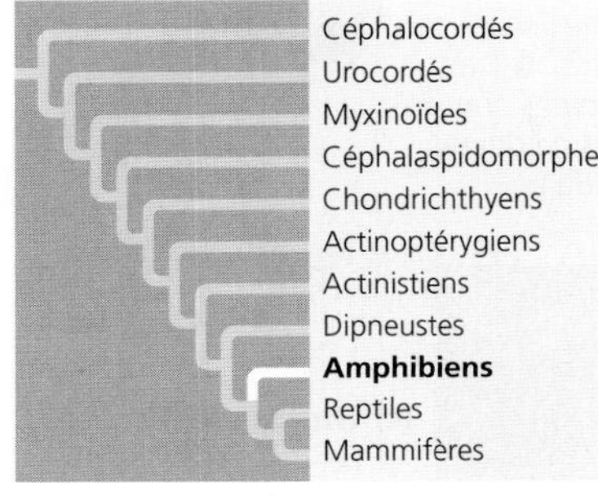

De nos jours, il existe environ 6 150 espèces d'**Amphibiens** réparties en trois ordres: les Urodèles («présence d'une queue»; salamandres), les Anoures («absence de queue»; grenouilles, crapauds et rainettes) et les Apodes («absence de pattes»; cécilies et autres Gymnophiones).

On compte environ 550 espèces d'Urodèles. Certaines d'entre elles vivent uniquement dans l'eau, tandis que d'autres habitent le milieu terrestre toute leur vie ou seulement à l'âge adulte. La plupart des salamandres terrestres marchent en se dandinant d'un côté et de l'autre, comme le faisaient les premiers tétrapodes terrestres (**figure 34.22a**). La pédomorphose est fréquente chez les salamandres aquatiques; par exemple, l'axolotl (*Ambystoma mexicanum*) conserve des caractéristiques larvaires après avoir atteint la maturité sexuelle (voir la figure 25.22, p. 607).

Les Anoures comptent près de 5 420 espèces. Ils sont mieux adaptés que les Urodèles aux déplacements sur la terre ferme (**figure 34.22b**). Les grenouilles adultes utilisent leurs puissantes pattes postérieures pour sauter. Malgré leur apparence particulière, les animaux que nous appelons «crapauds» sont des grenouilles à peau plus épaisse ou présentant d'autres adaptations à la vie terrestre. Les grenouilles projettent leur

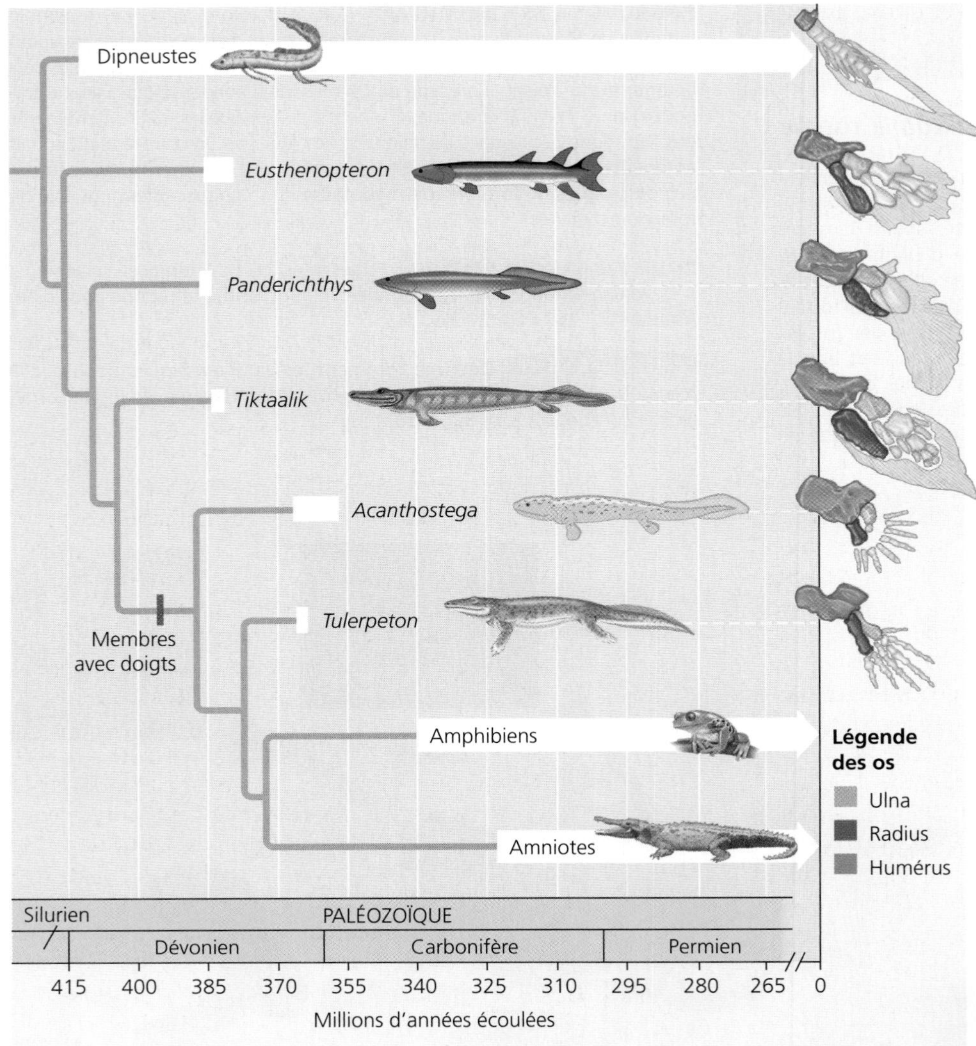

◄ **Figure 34.21 Les étapes de l'apparition des membres avec doigts.** La section élargie de chacune des branches blanches représente la période pendant laquelle le fossile a existé (la flèche indique une persistance de la lignée jusqu'à aujourd'hui). Les silhouettes des animaux disparus ont été reconstituées à partir de fossiles. Les couleurs sont une fantaisie de l'artiste.

ET SI? *Si le plus récent ancêtre commun du* Tulerpeton *et des Tétrapodes vivant aujourd'hui remontait à 380 millions d'années, de quelle époque dateriez-vous l'origine des Amphibiens?*

longue langue gluante, fixée à l'avant de la bouche, pour attraper des insectes. Elles ont acquis diverses caractéristiques qui les protègent des prédateurs plus gros qu'elles. Ainsi, leurs glandes sous-cutanées peuvent sécréter un mucus désagréable, voire toxique. De nombreuses espèces venimeuses affichent des couleurs brillantes, que les prédateurs semblent associer au danger (voir la figure 54.5b, p. 1381). D'autres présentent des motifs qui leur permettent de se camoufler (voir la figure 54.5a, p. 1381).

On dénombre environ 170 espèces d'Apodes (ou Gymnophiones), dont les cécilies. Ces Amphibiens sont dépourvus de pattes; ils sont presque aveugles et ressemblent à des vers de terre (**figure 34.22c**). Leur absence de pattes constitue un caractère secondaire, car ils sont issus d'un ancêtre qui en était pourvu. La plupart des espèces d'Apodes creusent le sol humide des forêts tropicales, mais quelques-unes vivent dans les étangs et les ruisseaux d'Amérique du Sud.

Le terme *amphibien* est dérivé d'*amphibie*, qui signifie « double vie » et fait référence aux stades de vie – aquatique d'abord, terrestre ensuite – que connaissent de nombreuses espèces de grenouilles (**figure 34.23**). Le stade larvaire de la grenouille est le têtard. Celui-ci est habituellement un herbivore aquatique doté de branchies, de l'organe sensoriel de la

(a) Ordre des Urodèles. Les Urodèles (salamandres) conservent leur queue à l'âge adulte.

(b) Ordre des Anoures. Les Anoures, comme ce dendrobate fraise (*Dendrobates pumilio*), n'ont pas de queue à l'âge adulte.

► **Figure 34.22 Les Amphibiens.**

(c) Ordres des Apodes. Les Apodes, aussi appelés Gymnophiones, sont des Amphibiens sans pattes, qui vivent surtout dans des terriers, comme la cécilie.

ligne latérale semblable à celui des Poissons et d'une longue queue organisée comme une nageoire. Dépourvu de pattes, le têtard nage grâce au mouvement ondulatoire de sa queue. La métamorphose qui conduit l'animal à sa « seconde vie » est marquée par l'apparition des pattes, des poumons, d'une paire de tympans externes et d'un système digestif capable d'assimiler des protéines animales. En même temps disparaissent les branchies et, chez la plupart des espèces, la ligne latérale. Le jeune Tétrapode monte ensuite sur la terre ferme où il entreprend sa vie de prédateur terrestre. Malgré leur nom, un grand nombre d'Amphibiens, dont certaines grenouilles, ne connaissent pas le stade aquatique de têtard, et beaucoup ne vivent pas de « double vie ». Les trois ordres d'Amphibiens renferment des espèces exclusivement aquatiques et des espèces exclusivement terrestres. De plus, chez les Urodèles et les Apodes, les larves ont presque la même forme que les adultes et sont carnivores comme eux.

La plupart des Amphibiens vivent dans des habitats humides tels que les marais et les forêts tropicales. Même les grenouilles qui se sont adaptées à des habitats plus secs passent une bonne partie de leur temps dans des terriers ou sous des feuilles mouillées, où le taux d'humidité est élevé. Chez la plupart des espèces, la respiration se fait par l'intermédiaire de la peau, où se déroule de 25 à 50 % des échanges gazeux. Certaines espèces terrestres sont dépourvues de poumons et respirent uniquement par la peau et la bouche.

Chez la plupart des Amphibiens, la fécondation a lieu à l'extérieur du corps : le mâle agrippe la femelle et répand son sperme sur les œufs à mesure que celle-ci les pond (voir la figure 34.23c). Les Amphibiens déposent habituellement leurs œufs dans l'eau ou dans des milieux terrestres humides. Dépourvus de coquille, ces œufs se déshydratent rapidement lorsqu'ils sont exposés à l'air. Certaines espèces pondent une très grande quantité d'œufs dans des étangs temporaires ; le taux de mortalité est élevé. D'autres espèces, toutefois, pondent un moins grand nombre d'œufs, mais elles prodiguent divers soins parentaux. Les mâles ou les femelles, selon l'espèce, incubent les œufs sur leur dos (**figure 34.24**), dans leur bouche, voire dans leur estomac. Certaines grenouilles vivant sur les arbres tropicaux déposent leurs œufs dans des nids mousseux ; ces lieux sont suffisamment humides pour empêcher le dessèchement. Il existe aussi des espèces ovovivipares et même des espèces vivipares chez lesquelles la femelle porte les œufs dans son système reproducteur, à l'intérieur duquel les embryons se développent sans risquer de se dessécher.

Plusieurs Amphibiens manifestent des comportements sociaux complexes et diversifiés, particulièrement pendant la saison de reproduction. Les grenouilles sont habituellement des animaux silencieux. Toutefois, en période de reproduction, elles deviennent très bruyantes. Les mâles émettent des sons pour défendre leur territoire d'accouplement ou attirer des femelles. Certaines espèces terrestres migrent vers des sites d'accouplement particuliers en utilisant la communication de type vocal ou en s'orientant d'après les étoiles ou des stimulus chimiques.

Depuis 30 ans, les zoologistes s'alarment du déclin rapide de la population d'Amphibiens dans diverses régions du monde. Les causes sont multiples et comptent notamment la prolifération d'un Chytridiomycète pathogène (voir la figure 31.26, p. 755), la destruction d'habitats propices, les changements climatiques et la pollution. Ces facteurs ainsi que d'autres ont considérablement réduit les populations et causé la disparition de plusieurs espèces. Selon une étude récente, au moins 9 espèces d'Amphibiens ont disparu depuis 1980 ; plus de 100 autres n'ont pas été aperçues depuis ce temps et ont probablement connu le même sort.

(a) Le têtard est un herbivore aquatique possédant des branchies internes et une queue en forme de nageoire.

(b) Pendant la métamorphose, les branchies et la queue se résorbent, tandis que les pattes se forment.

(c) La grenouille adulte retourne à l'eau pour s'accoupler. En agrippant la femelle, le mâle stimule la ponte des œufs. La ponte et la fécondation ont lieu sous l'eau, car les œufs, recouverts de gelée mais dépourvus de coquille, se dessécheraient à l'air libre.

▲ **Figure 34.23 La double vie de la grenouille rousse (*Rana temporaria*).**

▲ **Figure 34.24 Une pouponnière mobile.** La femelle de *Flectonotus pygmaeus* incube ses œufs dans une poche cutanée située sur son dos, pour les protéger des prédateurs. Lorsque les œufs éclosent, la femelle dépose les têtards dans l'eau, où ils commencent leur vie autonome.

RETOUR SUR LE CONCEPT 34.5

1. Décrivez l'origine des Tétrapodes et nommez leurs principaux caractères dérivés.
2. Certains Amphibiens ne quittent jamais le milieu aquatique, alors que d'autres peuvent survivre dans des environnements terrestres relativement secs. Comparez les adaptations qui favorisent ces deux modes de vie.
3. ET SI? Les scientifiques croient que les populations d'amphibiens constituent un système d'alarme annonciateur des premiers signes de problèmes environnementaux. Quelles caractéristiques des Amphibiens les rendent particulièrement sensibles à ce genre de problèmes?

Voir les réponses proposées à la fin du chapitre.

CONCEPT 34.6

Les Amniotes sont des Tétrapodes dont l'œuf est adapté au milieu terrestre

Les **Amniotes** forment un groupe de Tétrapodes dont les membres actuels sont les Reptiles (groupe qui comprend les Oiseaux) et les Mammifères (**figure 34.25**). Au cours de leur évolution, les Amniotes ont acquis de nombreuses nouvelles adaptations à la vie sur la terre ferme.

Les caractères dérivés des Amniotes

Le nom **Amniotes** provient du principal caractère du clade, l'**œuf amniotique**, qui contient quatre membranes spécialisées: l'amnios, le chorion, le sac vitellin et l'allantoïde (**figure 34.26**). Comme leur nom l'indique, ces *membranes*

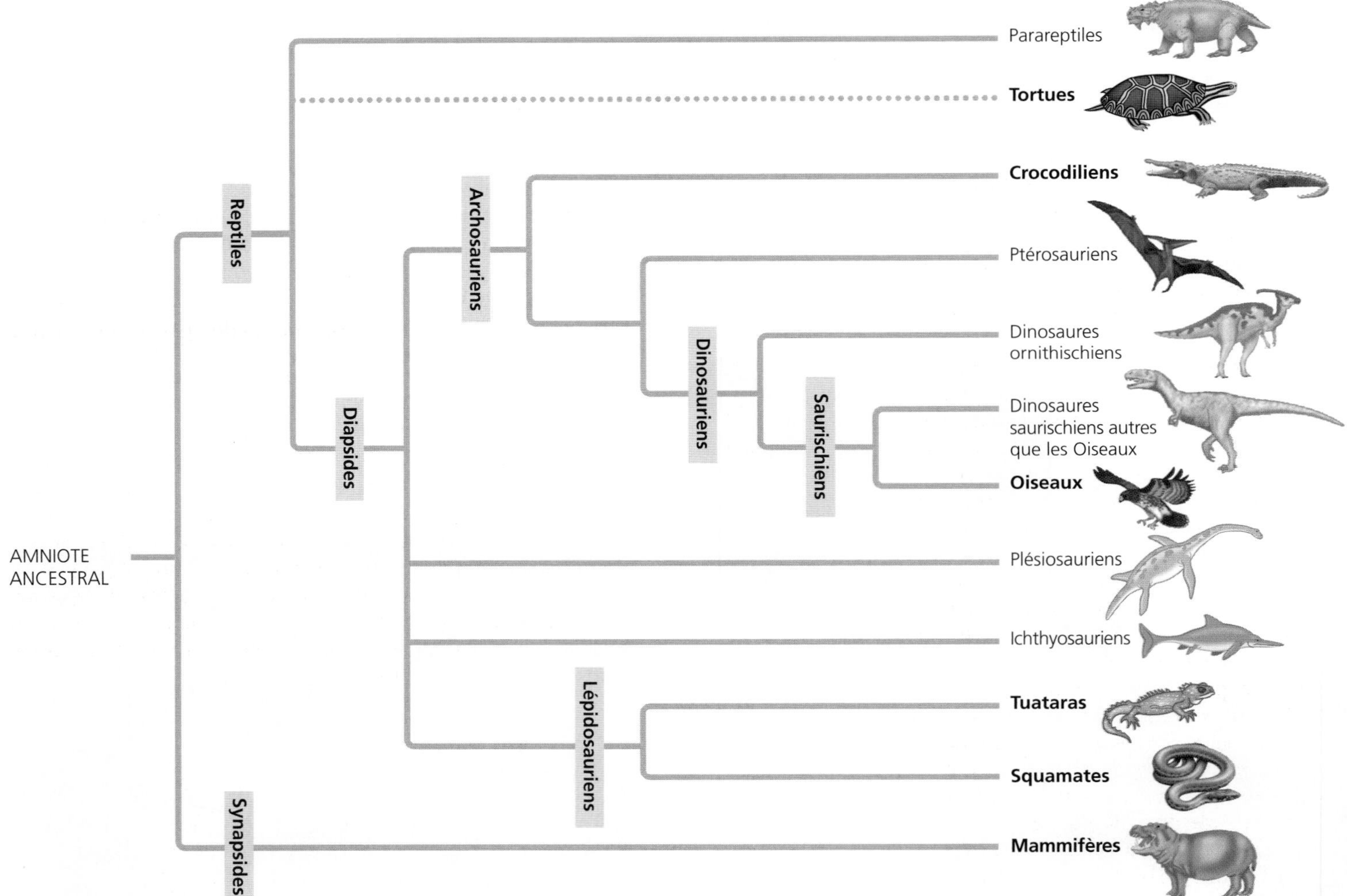

▲ **Figure 34.25 La phylogenèse des Amniotes.** Les groupes auxquels appartiennent les Animaux actuels sont inscrits en caractères gras. La ligne pointillée de la branche des tortues indique l'incertitude relative au lien de parenté entre celles-ci et les autres Reptiles. Les tortues pourraient constituer un groupe frère des Parareptiles (comme l'indiquent certaines données morphologiques), à moins qu'elles soient des Diapsides plus étroitement liés aux Lépidosaures (comme l'indiquent d'autres analyses morphologiques) ou aux Archosauriens (ce qu'indiquent de nombreuses études moléculaires).

? *D'après cette phylogenèse, avec quel autre groupe d'Amniotes actuels les Oiseaux risquent-ils de partager certaines similitudes génétiques? Expliquez votre réponse.*

Membranes extraembryonnaires
Allantoïde. L'allantoïde est un genre de sac où sont entreposés les déchets métaboliques produits par l'embryon. Avec le chorion, elle est l'organe respiratoire de l'embryon.
Chorion. Le chorion et l'allantoïde assurent les échanges gazeux entre l'embryon et l'environnement. Le dioxygène et le dioxyde de carbone diffusent librement à travers la coquille de l'œuf.
Sac vitellin. Le sac vitellin s'étend tout autour du vitellus, qui est une réserve de nutriments. Les vaisseaux sanguins du sac vitellin acheminent les nutriments du vitellus jusqu'à l'embryon. L'albumine (blanc de l'œuf) constitue l'autre réserve de nutriments.
Amnios. L'amnios protège l'embryon contre le dessèchement et les chocs. Il constitue la paroi d'une cavité remplie de liquide.
Embryon
Cavité amniotique remplie de liquide amniotique
Vitellus (nutriments)
Coquille
Albumine

▶ **Figure 34.26 L'œuf amniotique.** Les embryons des Reptiles et des Mammifères produisent quatre membranes extraembryonnaires : l'amnios, le sac vitellin, l'allantoïde et le chorion. Sur cette illustration, on voit les membranes extraembryonnaires qui se trouvent à l'intérieur d'un œuf de Reptile.

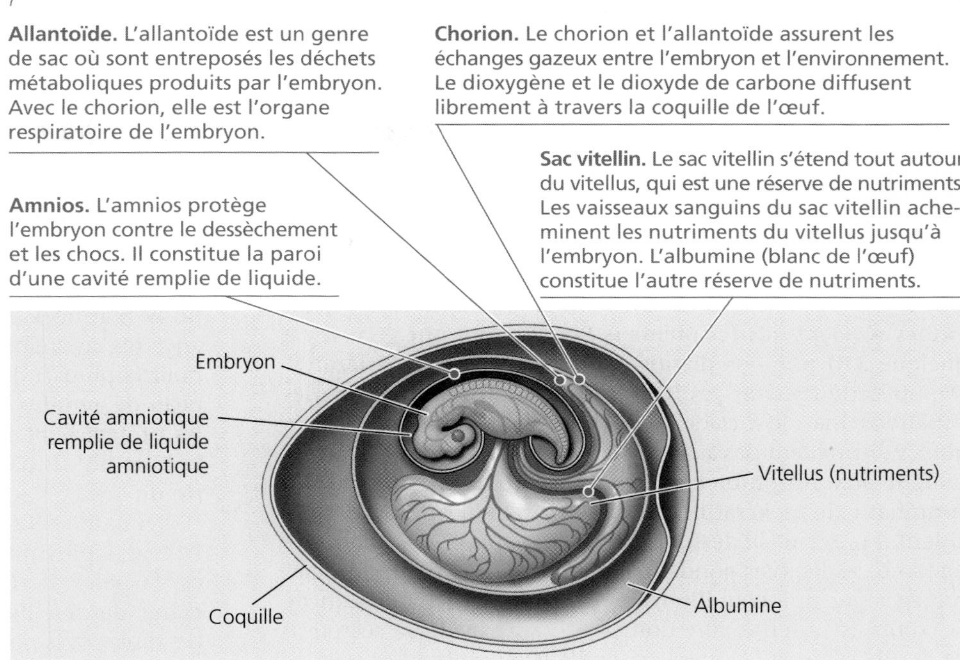

extraembryonnaires, qui ne font pas partie du corps de l'embryon, se développent à partir de couches tissulaires produites par celui-ci. L'œuf amniotique tire son nom de l'amnios, qui entoure une cavité remplie de liquide amniotique qui amortit les chocs et dans laquelle baigne l'embryon. Les autres membranes permettent les échanges gazeux, l'entreposage des déchets et le transfert à l'embryon des nutriments mis en réserve. L'œuf amniotique constituait une innovation déterminante pour la vie terrestre puisqu'il permettait à l'embryon de se développer sur la terre ferme, dans son « étang » exclusif. Grâce à cette révolution, les Tétrapodes ne dépendaient plus d'un environnement aqueux pour se reproduire.

Contrairement aux œufs des Amphibiens, les œufs amniotiques de la plupart des Reptiles et de certains Mammifères sont protégés par une coquille. La coquille des œufs des Oiseaux est calcaire (composée de carbonate de calcium) et dure, tandis que celle de nombreux autres Reptiles est tannée et souple. Ces deux types de coquilles ralentissent considérablement la déshydratation de l'œuf exposé à l'air. Cette adaptation a permis aux Amniotes d'occuper une plus grande variété d'habitats terrestres que les Amphibiens, leurs plus proches parents. (Les graines ont joué un rôle semblable dans l'évolution des Végétaux terrestres, comme il est indiqué au chapitre 30.) Chez la plupart des Mammifères, la coquille est devenue superflue, car l'embryon se développe dans l'amnios, à l'intérieur du corps de la mère.

Les Amniotes ont acquis d'autres adaptations à la vie sur la terre ferme. Par exemple, ils utilisent leur cage thoracique pour ventiler leurs poumons. Cette méthode est plus efficace que la ventilation par la gorge à laquelle recourent les Amphibiens, en plus de respirer par la peau. L'optimisation de la ventilation par la cage thoracique aurait permis aux Amniotes d'abandonner la respiration cutanée et de se doter d'une peau moins perméable, ce qui leur permettait de retenir l'eau corporelle.

Les premiers Amniotes

Le plus récent ancêtre commun des Amphibiens et des Amniotes modernes a vécu il y a environ 350 millions d'années. Aucun œuf amniotique fossilisé remontant à cette période n'a été découvert, ce qui n'a rien d'étonnant compte tenu de sa fragilité. Ainsi, nous ne savons pas encore quand l'œuf amniotique est apparu, bien qu'il ait sûrement existé chez le dernier ancêtre commun des Amniotes modernes, qui produisent tous des œufs amniotiques.

D'après les lieux où leurs fossiles ont été découverts, les premiers Amniotes vivaient dans des milieux chauds et humides, comme les premiers Tétrapodes. Avec le temps, cependant, ils se sont dispersés dans toutes sortes de nouveaux environnements, y compris dans des régions arides situées sous de plus hautes latitudes. Les Amniotes les plus primitifs étaient petits et dotés de dents acérées : il s'agissait donc de prédateurs (**figure 34.27**). Le clade s'est ensuite enrichi d'herbivores, comme le prouvent leurs dents broyeuses et d'autres caractéristiques.

▲ **Figure 34.27 Reconstitution artistique de *Hylonomus*, un Amniote primitif.** Mesurant environ 25 cm de longueur, cet Amniote vivait il y a 310 millions d'années et mangeait probablement des insectes et d'autres petits invertébrés.

Les Reptiles

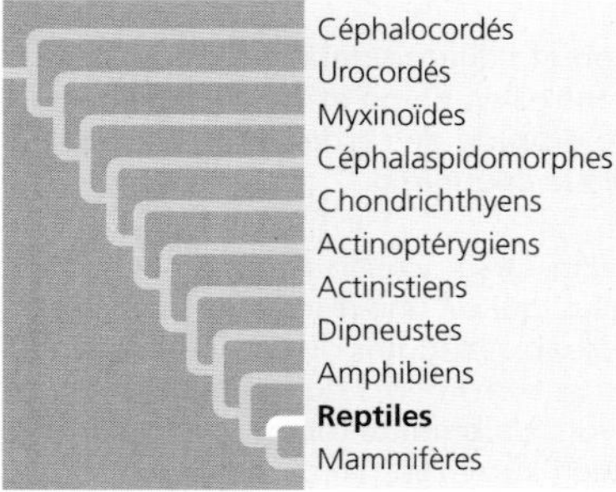

Le clade des **Reptiles** comprend les tuataras, les lézards, les serpents, les tortues, les Crocodiliens et les Oiseaux, ainsi qu'un certain nombre de groupes disparus, par exemple les Plésiosauriens et les Ichthyosauriens (voir la figure 34.25).

Les archives géologiques révèlent que les premiers Reptiles, qui ont vécu il y a quelque 310 millions d'années, ressemblaient à des lézards. Depuis cette époque, les Reptiles ont connu de nombreuses variations, mais leur clade présente plusieurs caractères dérivés qui les distinguent des autres Tétrapodes. Par exemple, contrairement aux Amphibiens, les Reptiles portent des écailles contenant de la kératine (comme nos ongles). Les écailles aident à prévenir la déshydratation et l'abrasion. De plus, la majorité des Reptiles pondent, sur le sol, des œufs amniotiques protégés par une coquille (**figure 34.28**). La fécondation de ces œufs est interne. Elle doit se produire avant la sécrétion de la substance qui forme la coquille. De nombreuses espèces de serpents et de lézards sont vivipares. Chez ces espèces, l'embryon s'entoure de plusieurs membranes extraembryonnaires qui forment une sorte de placenta. Ce dernier permet à l'embryon de recevoir les nutriments fournis par la mère.

On dit parfois des Reptiles qu'ils sont des «animaux à sang froid», car ils utilisent peu leur métabolisme pour produire leur chaleur corporelle. Cependant, les Reptiles adoptent certains comportements qui leur permettent d'adapter leur température corporelle. Ainsi, un grand nombre de lézards se font chauffer sous les rayons du Soleil lorsque l'air est frais, mais cherchent l'ombre quand il fait trop chaud. Les Reptiles sont donc des **ectothermes**, c'est-à-dire qu'ils absorbent la chaleur externe plutôt que de produire entièrement leur propre chaleur. (La régulation de la température corporelle est traitée au chapitre 40.) En se servant de l'énergie solaire comme source de chaleur, ils peuvent survivre avec moins de 10% de l'apport énergétique dont ont besoin les Mammifères de même taille. Les animaux qui font partie du clade des Reptiles ne sont pas tous ectothermes, cependant; les Oiseaux sont **endothermes**, c'est-à-dire qu'ils peuvent conserver la chaleur corporelle au moyen de leurs activités métaboliques.

▲ **Figure 34.28 L'éclosion de Reptiles.** Ces serpents (*Lachesis muta*) brisent la coquille molle de leur œuf. La plupart des Reptiles autres que les Oiseaux pondent ce type d'œuf, dont la coquille a une texture semblable à celle du papier-parchemin.

L'origine et la radiation adaptative des Reptiles

Les plus anciens fossiles reptiliens, découverts en Nouvelle-Écosse, datent de la fin du Carbonifère et ont environ 300 millions d'années. Lorsque les Reptiles ont divergé de leurs ancêtres, le premier grand groupe fut celui des **Parareptiles**, pour la plupart des herbivores quadrupèdes gros et trapus. La peau de certains d'entre eux était recouverte de plaques qui les protégeaient vraisemblablement des prédateurs. Les Parareptiles ont disparu il y a environ 200 millions d'années, à la fin du Trias.

Pendant qu'ils déclinaient, les **Diapsides** se diversifiaient. L'un des plus manifestes caractères dérivés de ces animaux est la paire d'orifices qu'ils portent de chaque côté de leur crâne, derrière l'orbite de l'œil; des muscles passent à travers ces ouvertures pour s'attacher à la mâchoire et en contrôler le mouvement. Les Diapsides comptent deux grandes lignées. La première a donné naissance aux **Lépidosauriens**, qui comprennent les tuataras, les lézards et les serpents. Elle est aussi à l'origine d'un certain nombre de reptiles marins, dont les immenses Mosasaures. Certaines de ces espèces marines atteignaient une longueur comparable à celle des rorquals d'aujourd'hui; tous sont disparus. (Nous traiterons plus loin des Lépidosauriens modernes.)

L'autre lignée de Diapsides, les **Archosauriens**, a engendré les Crocodiliens (dont nous parlerons plus loin), les Présauriens et les Dinosauriens. Les **Ptérosauriens**, apparus vers la fin du Trias, ont été les premiers Tétrapodes à voler en battant des ailes. L'aile de ces animaux était complètement différente de celle des Oiseaux et des chauves-souris. Elle était constituée d'une membrane renforcée par du collagène et s'étirait du tronc ou de la patte postérieure jusqu'à un doigt très allongé sur la patte antérieure. Des fossiles bien préservés révèlent la présence de muscles, de vaisseaux sanguins et de nerfs dans cette membrane, ce qui donne à penser que les Ptérosauriens pouvaient modifier activement la surface de la membrane de façon à faciliter leur vol.

Les plus petits Ptérosauriens n'étaient pas plus gros qu'un moineau, alors que l'envergure de l'aile des plus gros pouvait atteindre 11 m. Ces animaux semblent avoir convergé vers de nombreux rôles écologiques qu'assumèrent les Oiseaux par la suite; certains étaient insectivores, d'autres capturaient des poissons nageant à la surface des océans, et d'autres encore attrapaient de petits animaux à l'aide de milliers de dents fines comme des aiguilles. À la fin du Crétacé, il y a 65 millions d'années, les Ptérosauriens avaient disparu.

Sur la terre ferme, les **Dinosauriens**, ou Dinosaures, ont adopté une vaste gamme de formes et de tailles, allant du bipède pas plus gros qu'un pigeon au quadrupède de 45 m de longueur doté d'un cou s'étirant jusqu'à la cime des arbres. Une lignée de Dinosaures, les Ornithischiens, était herbivore; elle comprenait de nombreuses espèces possédant des défenses complexes contre les prédateurs, comme les massues caudales et les crêtes cornues. L'autre grande lignée de Dinosaures, les Saurischiens, comprenait les géants au cou allongé et un groupe de carnivores bipèdes appelés **Théropodes**. Le fameux *Tyrannosaurus rex* ainsi que les ancêtres des Oiseaux faisaient partie des Théropodes.

Les scientifiques ne s'entendent pas sur la question du métabolisme des Dinosaures. Certains chercheurs font remarquer que, dans une grande partie de l'aire de distribution de ces animaux, le climat du Mésozoïque était relativement chaud et uniforme. Ils avancent que le faible rapport entre la surface et le volume des grands Dinosaures ainsi que des adaptations comportementales, comme l'exposition aux rayons du Soleil, auraient permis à un ectotherme de maintenir une température corporelle satisfaisante. Toutefois, certaines observations anatomiques appuient l'hypothèse selon laquelle au moins certains Dinosaures étaient endothermes. De plus, les paléontologues ont découvert des fossiles de Dinosaures tant dans l'Antarctique que dans l'Arctique; or, même si le climat d'alors dans ces régions était plus doux qu'aujourd'hui, il était tout de même assez frais pour que de petits Dinosaures aient de la difficulté à maintenir par endothermie une température corporelle élevée. Les Dinosaures qui ont donné naissance aux Oiseaux étaient pour leur part *certainement* endothermes, comme tous les Oiseaux.

On a longtemps cru que les Dinosaures étaient des animaux lents et apathiques. Mais depuis le début des années 1970, la découverte de nouveaux fossiles et des recherches permettent de conclure que beaucoup d'entre eux étaient probablement agiles et rapides. Compte tenu de la structure de leurs membres, les Dinosaures étaient capables de marcher et de courir avec beaucoup plus d'agilité que d'autres Tétrapodes antérieurs dont la démarche était irrégulière. Les empreintes fossilisées et d'autres observations laissent penser que certaines espèces étaient grégaires, c'est-à-dire qu'elles vivaient et se déplaçaient en groupes, comme le font beaucoup de Mammifères aujourd'hui. Les paléontologues ont aussi découvert que certains prodiguaient des soins à leurs petits, comme le font les Oiseaux aujourd'hui (voir la figure 26.17, p. 631).

À la fin du Crétacé, tous les Dinosaures (sauf les Oiseaux) avaient disparu. Leur disparition pourrait avoir été causée, du moins en partie, par l'impact de l'astéroïde ou de la comète dont il a été question au chapitre 25. Certaines analyses de données géologiques semblent le confirmer puisqu'elles montrent un brusque déclin de la diversité des Dinosaures à la fin du Crétacé. Selon d'autres analyses, cependant, le nombre d'espèces de Dinosaures avait commencé à décliner plusieurs millions d'années avant la fin du Crétacé. Il faudra découvrir d'autres fossiles et faire plus d'analyses pour résoudre cette question.

Les Lépidosauriens

Deux espèces de tuataras, des Reptiles apparentés aux lézards, représentent une lignée survivante de Lépidosauriens (**figure 34.29a**). Des fossiles indiquent que les ancêtres des tuataras ont vécu il y a au moins 220 millions d'années. Ces organismes ont prospéré sur de nombreux continents pendant une bonne partie du Crétacé, et pouvaient atteindre un mètre de longueur. Aujourd'hui, on ne trouve cependant les tuataras que sur 30 îles situées au large des côtes de la Nouvelle-Zélande. Lorsque les humains sont arrivés dans ce pays il y a 750 ans, les rats qui les accompagnaient ont dévoré les œufs des tuataras, si bien qu'ils ont fini par éliminer ces Reptiles dans les îles principales. Les tuataras qui subsistent dans les îles avoisinantes mesurent environ 50 cm de longueur et se nourrissent d'insectes, de petits lézards, ainsi que d'œufs et d'oisillons. Ils peuvent vivre jusqu'à 100 ans. Leur survie dépend de l'absence de rats dans les habitats qu'ils ont conservés.

L'autre grande lignée de Lépidosauriens moderne est celle des lézards et des serpents, ou Squamates; elle compte quelque 7 900 espèces. Aujourd'hui, les lézards forment le groupe de Reptiles le plus important et le plus diversifié (**figure 34.29b**). Ils sont pour la plupart de petite taille; découvert en République dominicaine en 2001, le lézard Jaragua, qui ne mesure que 16 mm, tiendrait aisément sur une pièce de 10 cents. Par contre, le dragon de Komodo, qui vit en Indonésie, peut atteindre 3 m de longueur. Il chasse les cerfs et d'autres grosses proies en leur inoculant un venin après les avoir mordus.

Les serpents sont des Lépidosauriens sans pattes (**figure 34.29c**). Comme nous l'avons décrit au chapitre 26, les serpents descendent de lézards pourvus de pattes. Aujourd'hui, certaines espèces de serpents conservent des vestiges des os qui formaient le bassin et les membres, ce qui confirme leur ascendance. Bien qu'ils soient dépourvus de pattes, les serpents se déplacent avec beaucoup d'agilité sur la terre ferme, le plus souvent à l'aide de mouvements ondulatoires latéraux qui se propagent de la tête à la queue. Ce sont les forces exercées par les mouvements ondulatoires contre des objets solides qui permettent au serpent d'avancer. Les serpents peuvent aussi se mouvoir en utilisant leurs écailles ventrales pour agripper le sol en plusieurs endroits de leur corps: les écailles situées aux points intermédiaires sont alors soulevées légèrement du sol et entraînées vers l'avant.

Les serpents sont carnivores et présentent des adaptations qui favorisent la prédation. Ils possèdent des chimiorécepteurs très sensibles et, s'ils n'ont pas de tympans, ils peuvent ressentir les vibrations du sol et ainsi détecter les mouvements de leurs proies. Les Vipéridés, dont font partie les crotales, possèdent entre leurs yeux et leurs narines des détecteurs de chaleur (thermorécepteurs) grâce auxquels ils perçoivent d'infimes variations de température. Cette adaptation permet à ces chasseurs nocturnes de localiser leurs proies. Les serpents venimeux, eux, injectent leurs neurotoxines au moyen d'une paire de dents ou de crochets creux et pointus. Leur langue n'administre pas le venin, mais contribue à acheminer les odeurs vers les organes olfactifs situés dans la paroi supérieure de la cavité buccale. La majorité des serpents ont une peau élastique et possèdent des mâchoires lâchement fixées au crâne qui leur permettent d'avaler des proies dont le diamètre est supérieur à celui de leur corps (voir la figure 23.14, p. 557).

Les tortues

Les tortues forment le groupe de Reptiles modernes le plus particulier. Toutes sont pourvues d'une carapace en forme de coffre dont les parties supérieure et inférieure sont soudées aux vertèbres, aux clavicules et aux côtes (**figure 34.29d**). La plupart des 307 espèces connues ont une carapace dont la dureté procure une excellente protection contre les prédateurs. Une étude réalisée en 2008 signalait la découverte du plus ancien fossile de la lignée des tortues datant d'il y a environ 220 millions d'années. Ce fossile présentait un plastron (la partie inférieure de la carapace) complètement formé, mais une coquille (la partie supérieure) incomplète. Il se pourrait donc que la formation de la carapace se soit produite progressivement. Les sédiments marins qui abritaient ce fossile semblent aussi indiquer que les tortues ont peut-être d'abord vécu dans les eaux peu profondes des côtes. Selon d'autres scientifiques, cependant, les premières espèces de tortues auraient eu un mode de vie terrestre et la coquille partiellement formée du plus vieux fossile témoignerait d'une adaptation à un mode de vie aquatique. Tant que les scientifiques n'auront pas découvert de fossiles révélant cette transition, l'origine de la carapace de la tortue demeurera mystérieuse.

Les premières tortues étaient incapables de rentrer la tête dans leur carapace, mais les mécanismes nécessaires à cette action sont apparus indépendamment dans deux embranchements distincts. Les tortues au cou latéral replient leur cou horizontalement, tandis que les tortues au cou vertical le replient verticalement.

Certaines tortues se sont adaptées à la vie dans les déserts, alors que d'autres vivent presque exclusivement dans les étangs et les cours d'eau. D'autres encore sont retournées à la mer. Les tortues de mer possèdent une carapace réduite et des membres antérieurs élargis qui servent de nageoires. Elles comprennent les plus grosses tortues actuelles, les tortues luths, qui se nourrissent de méduses et dont la masse peut atteindre 1 500 kg. Elles sont menacées, comme d'autres tortues de mer, car elles se prennent dans les filets de pêche et meurent noyées. L'exploitation par les humains des plages où elles pondent leurs œufs constituent aussi une menace à leur survie.

Les alligators et les crocodiles

Les crocodiles, les caïmans et les alligators (Crocodiliens) appartiennent à une lignée dont l'origine remonte à la fin du Trias (**figure 34.29e**). Les premiers membres de cette lignée étaient de petits quadrupèdes terrestres aux pattes longues et fines. Au fil du temps, les espèces sont devenues plus grosses et se sont adaptées aux habitats aquatiques en respirant l'air au moyen de narines situées au sommet du crâne. Certains Crocodiliens du Mésozoïque atteignaient 12 m de longueur et s'attaquaient peut-être à des Dinosaures et à d'autres proies circulant sur les berges.

Les 23 espèces connues de Crocodiliens modernes vivent dans les régions chaudes du globe. La population d'alligators vivant dans le sud-est des États-Unis croît aujourd'hui à un rythme soutenu, après avoir été menacée d'extinction durant plusieurs années.

(a) Tuatara (*Sphenodon punctatus*)

(b) Diable cornu d'Australie (*Moloch horridus*)

(c) Vipère de Wagler (*Tropidolaemus wagleri*)

(d) Tortue luth (*Dermochelys coriacea*)

(e) Alligator américain (*Alligator mississippiensis*)

▲ **Figure 34.29 Les reptiles actuels (autres que les Oiseaux).**

Les Oiseaux

Il existe quelque 10 000 espèces d'Oiseaux dans le monde. Comme les Crocodiliens, les Oiseaux sont des Archosauriens, mais presque toutes les caractéristiques de leur anatomie reptilienne ont subi des modifications en raison de leur adaptation au vol.

Les caractères dérivés des Oiseaux Bon nombre des caractères des Oiseaux sont des adaptations qui facilitent le vol, notamment celles qui favorisent la réduction de la masse en vue de rendre le vol plus efficace. Ainsi, ces animaux n'ont pas de vessie et, chez la plupart des espèces, les femelles ne possèdent qu'un seul ovaire. Les gonades des mâles et des femelles sont généralement petites, sauf pendant la saison des amours, au cours de laquelle leur taille augmente. Les Oiseaux actuels sont aussi dépourvus de dents, une adaptation qui réduit le poids de la tête. Le crâne est particulièrement léger, bien que l'ensemble du squelette de l'oiseau ne soit pas plus léger, par rapport à la masse corporelle, que celui d'un mammifère d'une taille comparable. Les ailes et les plumes constituent les adaptations au vol les plus manifestes (**figure 34.30**). Les plumes sont constituées d'une protéine, la bêta-kératine, qu'on trouve également dans les écailles d'autres Reptiles. La forme et la disposition des plumes donnent leur profil aux ailes, qui obéissent à certains des principes d'aérodynamique que les ailes d'un avion essaient d'imiter. Les Oiseaux battent des ailes en contractant leurs grands muscles pectoraux (de la poitrine), qui sont reliés au sternum par un bréchet et qui produisent la force nécessaire pour décoller et ensuite pour voler. Certains Oiseaux, comme les buses et les pygargues, ont des ailes adaptées au vol plané; ils se laissent porter par les courants d'air et ne battent des ailes qu'occasionnellement. D'autres, comme le colibri, doivent battre des ailes continuellement pour se maintenir dans les airs (voir la figure 34.34). Les martinets sont les plus rapides; ils peuvent voler sur de longs trajets à une vitesse de 170 km/h.

Le vol procure de nombreux avantages. Il facilite la chasse et la nécrophagie; beaucoup d'Oiseaux se nourrissent d'insectes volants, ressource alimentaire abondante et très nutritive. Grâce au vol, les Oiseaux peuvent fuir rapidement devant les prédateurs terrestres ou encore voyager sur de grandes distances afin d'exploiter d'autres sources de nourriture et de nouvelles zones de reproduction saisonnières.

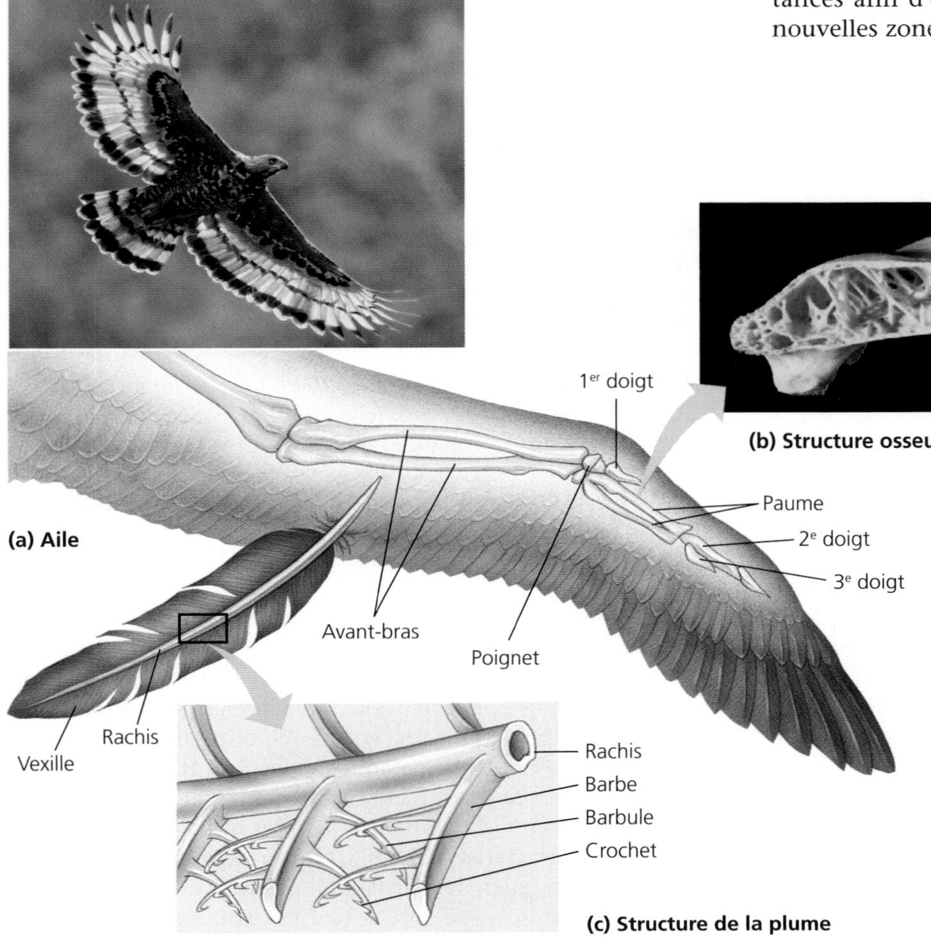

◄ **Figure 34.30 Aile et plume: un exemple de corrélation entre structure et fonction. (a)** L'aile est issue de la transformation du membre antérieur des Tétrapodes. **(b)** Chez de nombreux Oiseaux, les os présentent une structure interne lacunaire. **(c)** La plume est constituée d'un tube central creux, la hampe, composé de deux parties: le calamus, qui correspond à la portion dénudée de la hampe, et le rachis, sur lequel sont fixés, de part et d'autre, deux vexilles. Chaque vexille se compose de barbes d'où partent de petites ramifications appelées barbules. Les Oiseaux portent deux sortes de plumes: des plumes de contour et des plumules (ou duvet). Les plumes de contour, rigides, donnent une forme aérodynamique à l'aile et au corps de l'Oiseau. Les barbules de ces plumes possèdent des crochets qui s'agrippent aux barbules de la barbe voisine. Quand il lisse ses plumes, l'Oiseau passe son bec sur toute la longueur de la plume. Il remet ainsi les crochets en place de façon à unir les barbes, ce qui contribue à donner une forme précise aux vexilles. Les plumules, quant à elles, sont dépourvues de crochets. La disposition désorganisée de leurs barbes forme un duvet qui retient l'air et fournit une excellente isolation.

Le vol nécessite un métabolisme actif qui se traduit par de grandes dépenses d'énergie. Les Oiseaux étant endothermes, ils utilisent l'énergie produite par leur métabolisme pour maintenir une température corporelle élevée. Les plumes et la couche de graisse qui enveloppent le corps de certaines espèces contribuent également à la thermorégulation. Les poumons sont reliés à de minuscules tubes conduisant à des sacs élastiques (les sacs aériens) qui améliorent le courant aérien et l'absorption d'oxygène. Les systèmes respiratoire et cardiovasculaire fournissent efficacement le dioxygène et les nutriments aux tissus, contribuant ainsi à maintenir un métabolisme élevé. Le cœur est pourvu de quatre cavités.

Le vol exige aussi une bonne acuité visuelle et une coordination précise des mouvements. Les Oiseaux possèdent d'excellents yeux et distinguent les couleurs. L'aire visuelle et l'aire motrice de leur cerveau sont bien développées. De fait, leur cerveau est proportionnellement plus gros que ceux des Amphibiens et des autres Reptiles.

La plupart des Oiseaux manifestent des comportements très complexes, surtout pendant la saison de reproduction, au cours de laquelle ils exécutent des rituels de parade nuptiale de toutes sortes. Comme les œufs sont déjà enveloppés dans une coquille quand la femelle les pond, la fécondation doit être interne. Pour féconder la femelle, le mâle doit monter sur son dos et lui relever la queue de façon que leurs cloaques s'abouchent l'un avec l'autre. Une fois l'œuf pondu, l'embryon doit rester au chaud. C'est pourquoi la femelle, le mâle ou les deux, selon l'espèce, couvent les œufs.

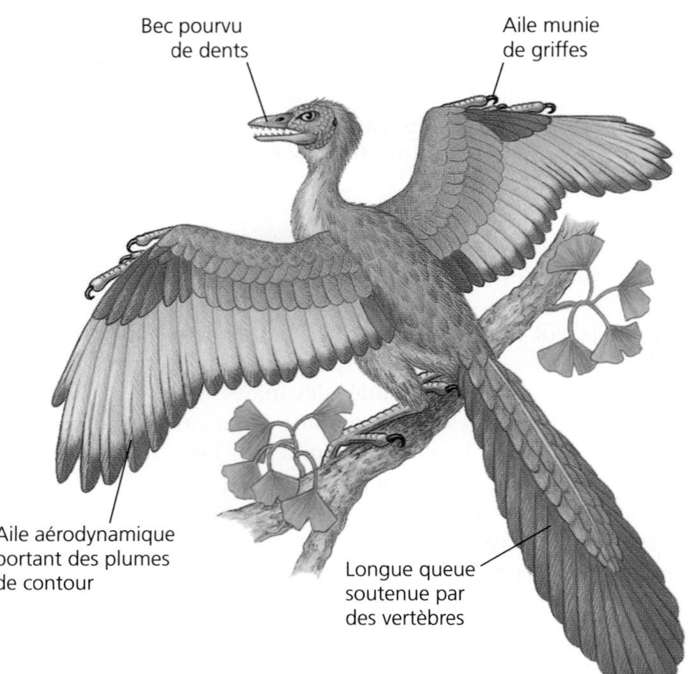

▲ **Figure 34.31** ***L'Archaeopteryx*, le plus ancien Oiseau connu, reconstitué par un artiste.** L'examen des fossiles nous indique que *Archaeopteryx* était capable de vol battu tout en ayant conservé plusieurs caractères des Saurischiens.

L'origine des Oiseaux L'analyse cladistique de squelettes fossilisés d'Oiseaux et de Reptiles indique que les Oiseaux appartiennent au groupe de Dinosaures saurischiens bipèdes appelés Théropodes. À la fin des années 1990, des paléontologues chinois ont découvert un gisement extraordinaire de fossiles de Théropodes à plumes qui nous renseignent sur l'origine des Oiseaux. Plusieurs espèces de Dinosaures étroitement apparentés aux Oiseaux portaient des plumes munies de vexilles, et d'autres, plus nombreuses, des plumes filamenteuses. Ces observations indiquent que les plumes sont apparues longtemps avant le vol battu. Parmi les possibles fonctions de ces plumes primitives, on compte l'isolation, le camouflage et la mise en valeur des partenaires au cours des rites d'accouplement.

Comment les Théropodes ont-ils acquis la capacité de voler? Selon un premier scénario, les plumes auraient permis à de petits Dinosaures terrestres de sauter et de s'élever dans les airs lorsqu'ils poursuivaient leurs proies ou tentaient d'échapper à leurs prédateurs. Il se peut aussi qu'en faisant battre leurs membres antérieurs, couverts de plumes, ils réussissaient à courir plus rapidement lorsqu'ils gravissaient une colline; certains Oiseaux adoptent encore aujourd'hui ce comportement. Selon un troisième scénario, certains Dinosaures ont peut-être réussi à grimper aux arbres du haut desquels ils effectuaient des vols planés en s'aidant de leurs plumes. Que les oiseaux décollent à partir du sol ou qu'ils planent à partir d'un arbre, les scientifiques, des paléontologues aux ingénieurs, se posent toujours la question à savoir comment le battement d'ailes des oiseaux a évolué pour devenir aussi efficace.

Il s'est écoulé 150 millions d'années depuis que les Théropodes à plumes sont devenus des Oiseaux. L'*Archaeopteryx*, découvert en Allemagne dans des sédiments calcaires, en 1861, demeure le plus ancien oiseau connu (**figure 34.31**). Il possédait des ailes recouvertes de plumes, mais conservait des caractères ancestraux comme des membres supérieurs munis de griffes, des dents et une longue queue. *Archaeopteryx* volait bien à grande vitesse, mais contrairement aux Oiseaux actuels il ne pouvait décoller du sol. Les fossiles d'Oiseaux ayant vécu plus tard, durant le Crétacé, révèlent la disparition progressive de certaines caractéristiques ancestrales des Dinosaures, comme les dents et les griffes aux membres supérieurs, ainsi que l'acquisition d'innovations que possèdent aujourd'hui tous les Oiseaux, notamment une courte queue recouverte de plumes disposées en éventail.

Les Oiseaux actuels Des preuves manifestes de la présence des Néornithes, le clade qui regroupe les 28 ordres d'Oiseaux actuels, remontent à la période qui a précédé la transition entre le Crétacé et le Paléogène, il y a 65,5 millions d'années. Plusieurs ordres d'Oiseaux vivants et disparus comptent au moins une espèce incapable de voler. Les **Ratites**, soit les autruches, les nandous, les kiwis, les casoars et les émeus, sont tous inaptes au vol (**figure 34.32**). Cet ordre des Struthioniformes se caractérise par un sternum dépourvu de bréchet (lame osseuse médiane sur laquelle sont fixés les muscles du vol) et des muscles pectoraux peu développés si on les compare à ceux des Oiseaux aptes au vol.

Les manchots et les gorfous constituent l'ordre des Sphénisciformes, des Oiseaux qui ne volent pas, mais comme les Oiseaux qui volent, leurs pectoraux sont très développés. Ils s'en servent pour «voler» dans l'eau: lorsqu'ils nagent, ils battent des ailes à la manière des Oiseaux qui volent

▲ **Figure 34.32 L'émeu (*Dromaius novaehollandiae*).** Cet Oiseau inapte au vol est originaire d'Australie.

(**figure 34.33**). Certaines espèces de râles, de canards et de pigeons ne volent pas non plus.

En raison des exigences du vol, beaucoup d'Oiseaux présentent des formes corporelles assez semblables les unes aux autres. Pourtant, les ornithologues amateurs arrivent à différencier les espèces en observant leur profil, leur vol, leur comportement, la couleur de leurs plumes et la forme de leur bec. Le squelette unique de l'aile du colibri fait de cet oiseau le seul capable de voler sur place ou à reculons (**figure 34.34**). Les Oiseaux n'ont pas de dents, mais au cours de l'évolution le bec a pris une grande variété de formes adaptées à différents régimes alimentaires. Certains Oiseaux, comme le perroquet, ont un bec capable de broyer des graines et d'ouvrir des noix. D'autres, notamment le flamand rose, sont des Oiseaux filtreurs. Leur bec est équipé de filtreurs remarquables qui leur permettent de retenir des particules de nourriture repêchée de l'eau (**figure 34.35**). La structure des pieds présente aussi de nombreuses variations. Certains Oiseaux se servent de leurs pieds pour se percher sur des branches (**figure 34.36**), saisir les aliments, se défendre, nager ou marcher, et même pour attirer les femelles au cours de la parade nuptiale (voir la figure 24.3e, p. 568).

▲ **Figure 34.33 Le manchot empereur (*Aptenodytes patagonicus*) « volant » sous l'eau.** Grâce à leurs lignes aérodynamiques et à leurs puissants pectoraux, les Manchots sont d'agiles et rapides nageurs.

▲ **Figure 34.34 Un colibri recueillant du nectar en volant sur place.** Un colibri peut orienter ses ailes dans toutes les directions, ce qui lui permet de voler sur place ou à reculons.

◀ **Figure 34.35 Exemple de bec spécialisé.** Le flamand rose (*Phoenicopterus roseus*) filtre l'eau avec son bec pour en retenir la nourriture.

▲ **Figure 34.36 Les pieds des Oiseaux percheurs.** Cette mésange charbonnière (*Parus major*) appartient à l'ordre des Passériformes. Les Passériformes portent aussi le nom d'Oiseaux percheurs, car leurs doigts peuvent s'agripper autour des branches ou des fils, ce qui leur permet de rester longtemps immobiles.

RETOUR SUR LE CONCEPT 34.6

1. Décrivez trois adaptations qui ont permis aux Amniotes de vivre sur la terre ferme.
2. Les serpents sont-ils des Tétrapodes? Expliquez votre réponse.
3. Indiquez quatre adaptations des Oiseaux au vol.
4. **ET SI?** Supposons que les tortues sont plus proches parentes des Lépidosauriens que des autres Reptiles. Montrez ce lien en redessinant la figure 34.25, et marquez le point de bifurcation qui représente l'ancêtre commun le plus récent de tous les Reptiles modernes. En définissant le clade des Reptiles comme s'il représentait tous les descendants de cet ancêtre, dressez la liste des reptiles.

Voir les réponses proposées à la fin du chapitre.

CONCEPT 34.7

Les Mammifères sont des Amniotes pourvus de poils et produisant du lait

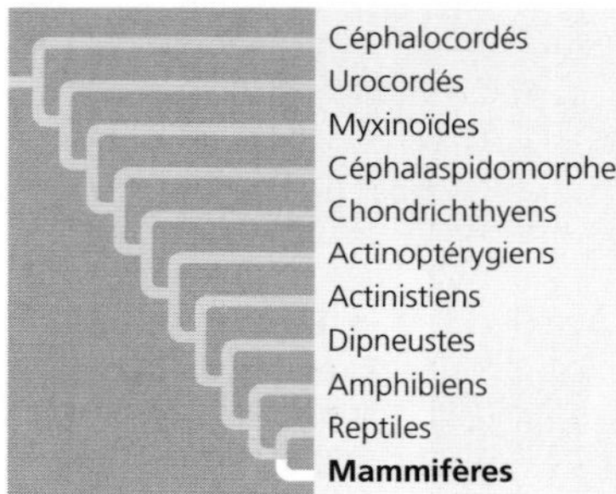

Les Reptiles dont nous avons traité représentent l'une des deux lignées d'Amniotes modernes. L'autre est notre propre lignée, celle des **Mammifères**. Aujourd'hui, il existe plus de 5 300 espèces connues de Mammifères sur la Terre.

Les caractères dérivés des Mammifères

Les glandes mammaires, qui produisent du lait, sont le caractère distinctif auquel les Mammifères doivent leur nom. Toutes les femelles des mammifères nourrissent leurs petits de leur lait, lequel constitue un régime équilibré et riche en lipides, en glucides, en protéines, en minéraux et en vitamines. Les poils, une autre caractéristique des Mammifères, et la couche de lipides située sous la peau permettent au corps de conserver sa température. Comme les Oiseaux, les Mammifères sont endothermes et, chez la plupart, la vitesse du métabolisme est élevée. Celui-ci est entretenu par des systèmes respiratoire et cardiovasculaire efficaces. Dans le système respiratoire, un muscle aplati appelé diaphragme facilite la ventilation des poumons. Dans le système cardiovasculaire, le cœur est divisé en quatre cavités.

Comme les Oiseaux, les Mammifères ont un cerveau plus gros que les autres Vertébrés de même taille. Ils semblent aussi être les plus doués pour l'apprentissage. Et comme chez les Oiseaux, les parents doivent passer un temps relativement long à prodiguer des soins à leur progéniture. De cette façon, les jeunes ont amplement l'occasion d'apprendre, par l'observation, d'importantes techniques de survie.

Les Mammifères se caractérisent également par la différenciation de leurs dents. Alors que la forme et la taille des dents des Reptiles sont généralement uniformes, les mâchoires des Mammifères présentent divers types de dents dont la taille et la forme sont adaptées à la mastication de différents types d'aliments. À l'instar de la plupart des Mammifères, nous jouissons d'une dentition adaptée à divers usages: des incisives qui servent à trancher, des canines qui servent à déchirer, et des prémolaires et des molaires qui servent à broyer (voir la figure 41.16, p. 1033).

Les premières étapes de l'évolution des Mammifères

Les Mammifères appartiennent à un groupe d'Amniotes qu'on appelle **Synapsides**. Les premiers Synapsides non mammaliens étaient dépourvus de poils, avaient une démarche bancale et pondaient des œufs. La fenêtre (ou fosse) temporale est un trait distinctif des Synapsides. Cette structure consiste en une ouverture unique (alors que les Diapsides en possèdent deux) située derrière l'orbite de l'œil, de chaque côté du crâne. Les humains ont conservé cette caractéristique; les muscles de la mâchoire traversent la fenêtre temporale avant de s'attacher à l'os temporal (la tempe). Les fossiles exhumés montrent que la mâchoire a subi des transformations au cours du développement des caractéristiques des Mammifères dans les lignées successives des Synapsides (voir la figure 25.6, p. 594); ces transformations se sont échelonnées sur plus de 100 millions d'années. De plus, deux des os formant l'articulation de la mâchoire ont été intégrés à l'oreille interne des Mammifères (**figure 34.37**). Cette transformation évolutive se reflète dans le changement qui survient au cours du développement. Par exemple, au cours du développement embryonnaire, on remarque que la région postérieure de la mâchoire – qui correspond à l'articulation chez les Reptiles – se détache de la mâchoire et migre jusqu'à l'oreille, où elle forme le malléus.

Au cours du Permien, les Synapsides sont devenus des herbivores et des carnivores de grande taille. Ils ont été pendant un temps les Tétrapodes dominants. Toutefois, les extinctions du Permien et du Trias ont fait un grand nombre de victimes parmi eux, si bien que leur diversité a chuté au cours du Trias (il y a 251 à 200 millions d'années). Les Synapsides apparentés aux Mammifères sont apparus en nombre grandissant à la fin de cette période. Bien qu'ils ne fussent pas de véritables Mammifères, ces Animaux possédaient un certain nombre des caractères dérivés qui distinguent les Mammifères des autres Amniotes. Petits et probablement velus, ils se nourrissaient sans doute d'insectes la nuit. Leurs os montrent que leur croissance était plus rapide que les autres Synapsides, ce qui permet de supposer que leur métabolisme l'était aussi; mais ils pondaient encore des œufs.

Le Jurassique (il y a 200 à 145 millions d'années) a vu l'arrivée des premiers vrais Mammifères. Ceux-ci se sont ensuite divisés en un grand nombre de lignées qui ont rapidement disparu. Une multitude d'espèces de mammifères ont coexisté avec les Dinosaures durant le Jurassique et le Crétacé, mais elles n'étaient ni abondantes ni dominantes au sein de leur communauté, et la plupart mesuraient moins d'un mètre de

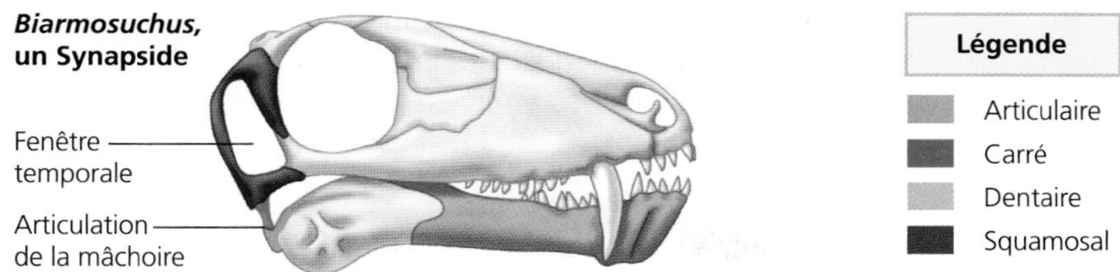

(a) Chez *Biarmosuchus*, les os articulaire et carré forment l'articulation de la mâchoire.

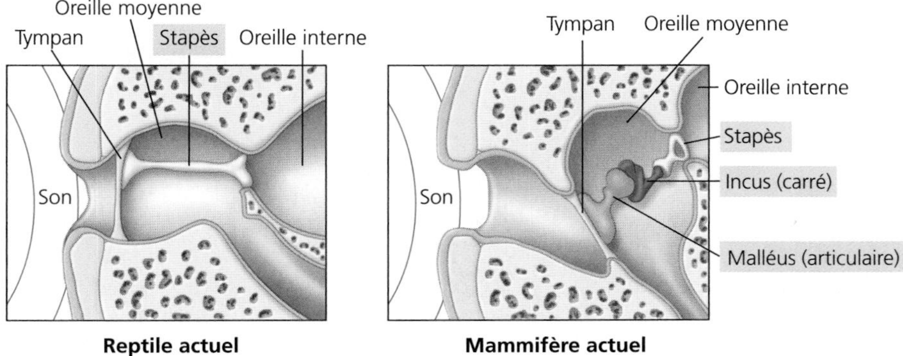

(b) Au cours de l'évolution du crâne des Mammifères, une nouvelle articulation s'est formée dans la mâchoire, entre les os dentaire et squamosal (voir la figure 25.6, p. 594). Devenus inutiles, les os carré et articulaire se sont intégrés à l'oreille moyenne, constituant deux des trois os qui acheminent les sons du tympan à l'oreille interne.

◄ **Figure 34.37 L'évolution des os de l'oreille chez les Mammifères.** *Biarmosuchus* était un Synapside, une lignée dont descendent les Mammifères. Les os qui transmettent le son dans l'oreille des Mammifères se sont formés dans la foulée des modifications qu'ont subies les os de la mâchoire des Synapsides non mammaliens.

FAITES DES LIENS *Relisez la définition de* l'exaptation, *dans le concept 25.6 (p. 611). Résumez-en les mécanismes et expliquez comment l'incorporation des os articulaire et carré dans l'oreille interne des Mammifères en constitue un exemple.*

longueur. Il se peut qu'elles aient conservé cette petite taille parce que les Dinosaures occupaient déjà les niches écologiques des grands animaux.

Au début du Crétacé, les trois principales lignées de Mammifères étaient apparues, soit celles qui ont engendré les Monotrèmes (Mammifères qui pondent des œufs), les Marsupiaux (Mammifères munis d'une poche ventrale) et les Euthériens (Mammifères dotés d'un placenta complexe). Après l'extinction des grands Dinosaures, des Ptérosauriens et des Reptiles marins à la fin du Crétacé, les Mammifères ont subi une radiation adaptative qui a donné naissance aux prédateurs et aux herbivores de grande taille, ainsi qu'aux espèces volantes et aquatiques.

Les Monotrèmes

Les **Monotrèmes** n'existent qu'en Australie et en Nouvelle-Guinée, et sont représentés par une espèce d'ornithorynque (*Ornithorhyncus anatinus*) et quatre espèces d'échidnés. Les Monotrèmes pondent des œufs, un caractère ancestral des Amniotes que la majorité des Reptiles ont conservé (**figure 34.38**). Comme tous les Mammifères, les Monotrèmes sont poilus et fabriquent du lait pour leurs petits, mais n'ont pas de mamelons. Leur lait est sécrété par des glandes situées sur l'abdomen de la mère. Lorsqu'il sort de l'œuf, le bébé suce le lait qui coule sur la fourrure maternelle.

Les Marsupiaux

Les opossums, les kangourous et les koalas sont des **Marsupiaux**. Les Euthériens et les Marsupiaux ont en commun des caractères dérivés qu'on ne trouve pas chez les Monotrèmes. Leur métabolisme est élevé, ils possèdent des mamelons et

▲ **Figure 34.38 L'échidné d'Australie (*Tachyglossus aculeatus*), un Monotrème.** Les Monotrèmes portent des poils et sécrètent du lait, mais ne possèdent pas de mamelons. Ce sont les seuls Mammifères qui pondent des œufs (voir en médaillon).

donnent naissance à des petits vivants. L'embryon se développe dans l'utérus, organe de l'appareil reproducteur de la femelle, et les membranes extraembryonnaires issues de l'embryon forment le **placenta**, structure à travers laquelle les nutriments provenant du sang de la mère parviennent à l'embryon.

Les Marsupiaux naissent très prématurément et poursuivent leur développement fœtal en se nourrissant du lait de leur mère. Chez la plupart des espèces, les petits demeurent à cette fin dans une poche ventrale appelée *marsupium* (**figure 34.39a**). Par exemple, le petit du kangourou roux naît 33 jours après la fécondation, alors qu'il a la taille d'une abeille. Ses pattes postérieures sont à peine formées, mais ses pattes antérieures sont suffisamment fortes pour lui permettre de ramper de la sortie du système reproducteur jusqu'à la poche de sa mère, qui s'ouvre vers l'avant du corps. Ce périple ne dure que

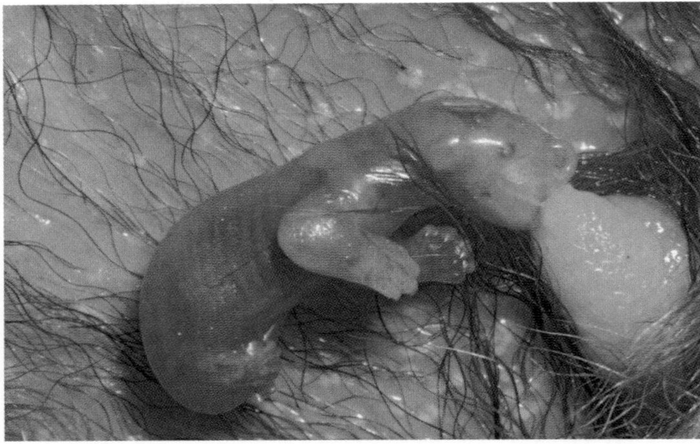

(a) Petit de phalanger-renard (*Trichosurus vulpecula*). Les petits des Marsupiaux naissent prématurément et terminent leur croissance en tétant une mamelle située, le plus souvent, à l'intérieur de la poche ventrale de leur mère.

(b) Bandicoot à long museau (*Perameles gunnii*). La majorité des bandicoots creusent le sol et s'enfouissent sous terre. Ils mangent surtout des insectes, certains petits vertébrés et des végétaux. Placé dans une poche qui s'ouvre vers l'arrière, le petit est protégé de la poussière et de la terre lorsque sa mère creuse. Chez d'autres Marsupiaux, comme les kangourous, la poche s'ouvre vers l'avant.

▲ **Figure 34.39 Des marsupiaux australiens.**

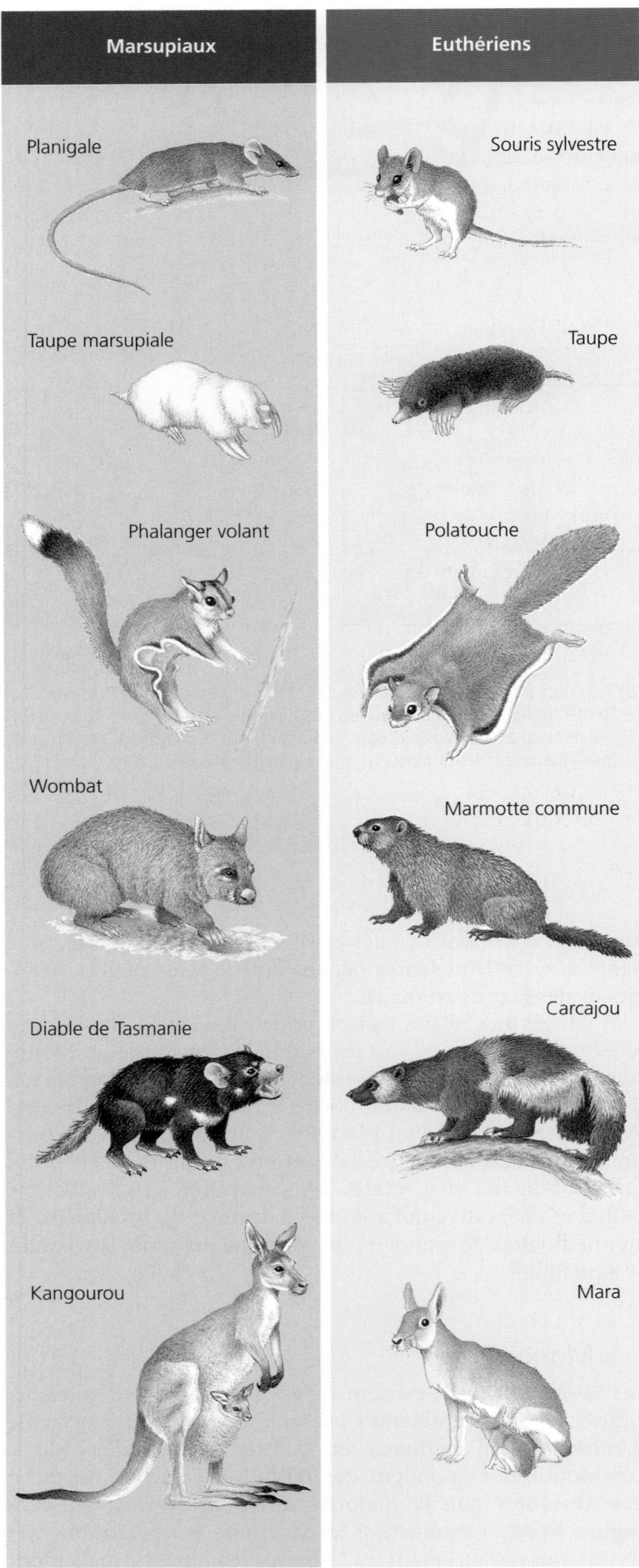

▲ **Figure 34.40 L'évolution convergente des Marsupiaux et des Euthériens (Mammifères placentaires).** (Les illustrations ne sont pas à l'échelle.)

quelques minutes. Chez d'autres espèces, le marsupium s'ouvre vers l'arrière du corps de la mère; chez les bandicoots, les petits sont ainsi protégés pendant que la mère creuse le sol (**figure 34.39b**).

Les Marsupiaux se sont répandus dans toutes les parties du monde pendant le Mésozoïque, mais aujourd'hui on n'en trouve que dans la région australienne ainsi qu'en Amérique du Nord et en Amérique du Sud. Leur biogéographie illustre l'interaction entre l'évolution biologique et l'évolution géologique (voir le concept 25.4). Après le morcellement de la Pangée, l'Amérique du Sud et l'Australie sont devenues des continents isolés. Les Marsupiaux qui s'y trouvaient se sont diversifiés indépendamment des Euthériens, qui avaient amorcé une radiation adaptative sur les continents septentrionaux. L'Australie est séparée des autres continents depuis le Cénozoïque, c'est-à-dire depuis environ 65 millions d'années. Dans ce pays, une évolution convergente a donné naissance à une diversité de Marsupiaux qui ressemblent à certains Euthériens et qui jouent le même rôle écologique dans d'autres parties du monde (**figure 34.40**). La faune des Marsupiaux était diversifiée en Amérique du Sud tout au long du Paléogène, mais ce continent a connu plusieurs migrations d'Euthériens. L'une des plus importantes s'est produite il y a environ 3 millions d'années, au moment où l'Amérique du Nord et l'Amérique du Sud ont été reliées par l'isthme de Panama: cette voie terrestre a permis à un grand nombre d'Animaux de circuler dans les deux sens. Aujourd'hui, seules trois familles de Marsupiaux subsistent hors de la région australienne, et seules quelques espèces d'opossums vivent encore en Amérique du Nord.

Les Euthériens (Mammifères placentaires)

Les **Euthériens** sont communément appelés Mammifères placentaires, car leur placenta est plus complexe que celui des Marsupiaux. Les Euthériens ont une plus longue durée de gestation que les Marsupiaux. L'embryon se forme complètement dans l'utérus et il est relié à sa mère par un placenta bien développé. Ce type de placenta permet une association étroite et durable entre la mère et le petit en développement.

Les principaux groupes d'Euthériens modernes pourraient avoir divergé les uns des autres lors d'une explosion de modifications évolutives. On demeure incertain du moment où elle s'est produite: les données moléculaires la situent il y a 100 millions d'années, contre 60 millions d'années selon les données morphologiques. La **figure 34.41**, qui occupe les deux prochaines pages, présente les principaux ordres et les liens phylogénétiques qui pourraient exister entre les Euthériens et entre les Monotrèmes et les Marsupiaux.

Les Primates

L'ordre des Primates comprend les lémurs, les tarsiers, les singes et les grands singes, dont font partie les humains.

Les caractères dérivés des Primates La plupart des Primates possèdent des mains et des pieds pour s'agripper. À la place des griffes effilées des autres Mammifères, ils ont des ongles plats à l'extrémité de leurs mains. Les mains et les pieds ont subi d'autres transformations au cours de l'évolution, pour donner, par exemple, les reliefs de la peau à l'extrémité des doigts (responsables des empreintes digitales). Les Primates ont un cerveau plus volumineux que les autres Mammifères; leurs mâchoires sont aussi plus courtes, ce qui fait qu'ils ont un visage aplati. Leurs yeux, rapprochés sur le devant du visage, leur permettent de regarder vers l'avant. Les Primates dépensent beaucoup d'énergie à soigner leurs petits et ont un comportement social complexe.

Les premiers Primates connus étaient arboricoles, et bon nombre de leurs caractéristiques sont des adaptations aux exigences de ce mode de vie. Ainsi, leurs mains et leurs pieds permettent la saisie des branches d'arbres. Chez tous les Primates actuels, *Homo* excepté, le pied comporte un gros orteil bien séparé des autres, ce qui les aide à s'agripper aux branches. Tous les Primates possèdent un pouce relativement mobile et dissocié des autres doigts, mais les singes et les grands singes possèdent un **pouce opposable** complètement, c'est-à-dire qu'ils peuvent toucher avec le pouce l'extrémité intérieure des doigts de la même main. Chez les singes et les grands singes, ce pouce opposable sert à s'agripper fermement, mais chez les humains il permet une manipulation fine des objets. La dextérité des humains repose sur la structure osseuse située à la base du pouce. Elle résulte d'une transformation des mains de nos ancêtres adaptées à la vie dans les arbres. Le déplacement dans les arbres nécessite aussi une excellente coordination entre les mouvements des yeux et ceux des mains. Ainsi, le chevauchement des champs visuels accroît la vision stéréoscopique (vision du relief), un avantage évident pendant la brachiation (déplacement effectué en se balançant d'une branche d'arbre à une autre).

Les Primates actuels Il existe trois grands groupes de Primates modernes: (1) les lémurs de Madagascar (**figure 34.42**, page 844), les loris et les galagos d'Afrique tropicale et du sud de l'Asie; (2) les tarsiers, qui vivent en Asie du Sud-Est; et (3) les **Anthropoïdés**, qui comprennent les singes et les grands singes, et qui sont répandus un peu partout dans le monde. Les Mammifères du premier groupe, les lémurs, les loris et les galagos, ressemblent probablement aux premiers Primates arboricoles. Les plus anciens fossiles d'Anthropoïdés ont été découverts en Chine et datent du milieu de l'époque éocène, il y a environ 45 millions d'années. Ils laissent supposer que les tarsiers sont plus proches des Anthropoïdés que des lémurs (**figure 34.43**, page 844).

Comme le montre la figure 34.43, les singes ne forment pas un clade, mais deux groupes, soit les singes du Nouveau Monde et ceux de l'Ancien Monde. Ces deux groupes seraient originaires d'Afrique ou d'Asie. Les archives géologiques indiquent que les singes du Nouveau Monde ont d'abord colonisé l'Amérique du Sud, il y a quelque 25 millions d'années. À cette époque, l'Afrique et l'Amérique du Sud s'étaient déjà séparées, en raison de la dérive des continents, et les singes auraient traversé l'océan de l'Afrique à l'Amérique du Sud sur des troncs d'arbres ou d'autres débris. Mais une chose est certaine, les singes du Nouveau Monde et les singes de l'Ancien Monde ont suivi des voies différentes durant des millions d'années (**figure 34.44**, page 845). Tous les singes du Nouveau Monde sont arboricoles, tandis que les singes de l'Ancien

▼ **Figure 34.41**

PANORAMA La diversité des Mammifères

Liens phylogénétiques des Mammifères

Les données fournies par de nombreux fossiles et des analyses moléculaires indiquent que les Monotrèmes ont divergé des autres Mammifères il y a environ 180 millions d'années et que les Marsupiaux ont divergé des Euthériens (Mammifères placentaires) il y a environ 140 millions d'années. Bien qu'aucun arbre phylogénétique ne fasse encore l'objet d'un consensus général, la systématique moléculaire a contribué à la clarification des liens de l'évolution entre les ordres d'Euthériens. Selon une hypothèse, représentée par l'arbre ci-dessous, les ordres d'Euthériens sont divisés en quatre grands clades.

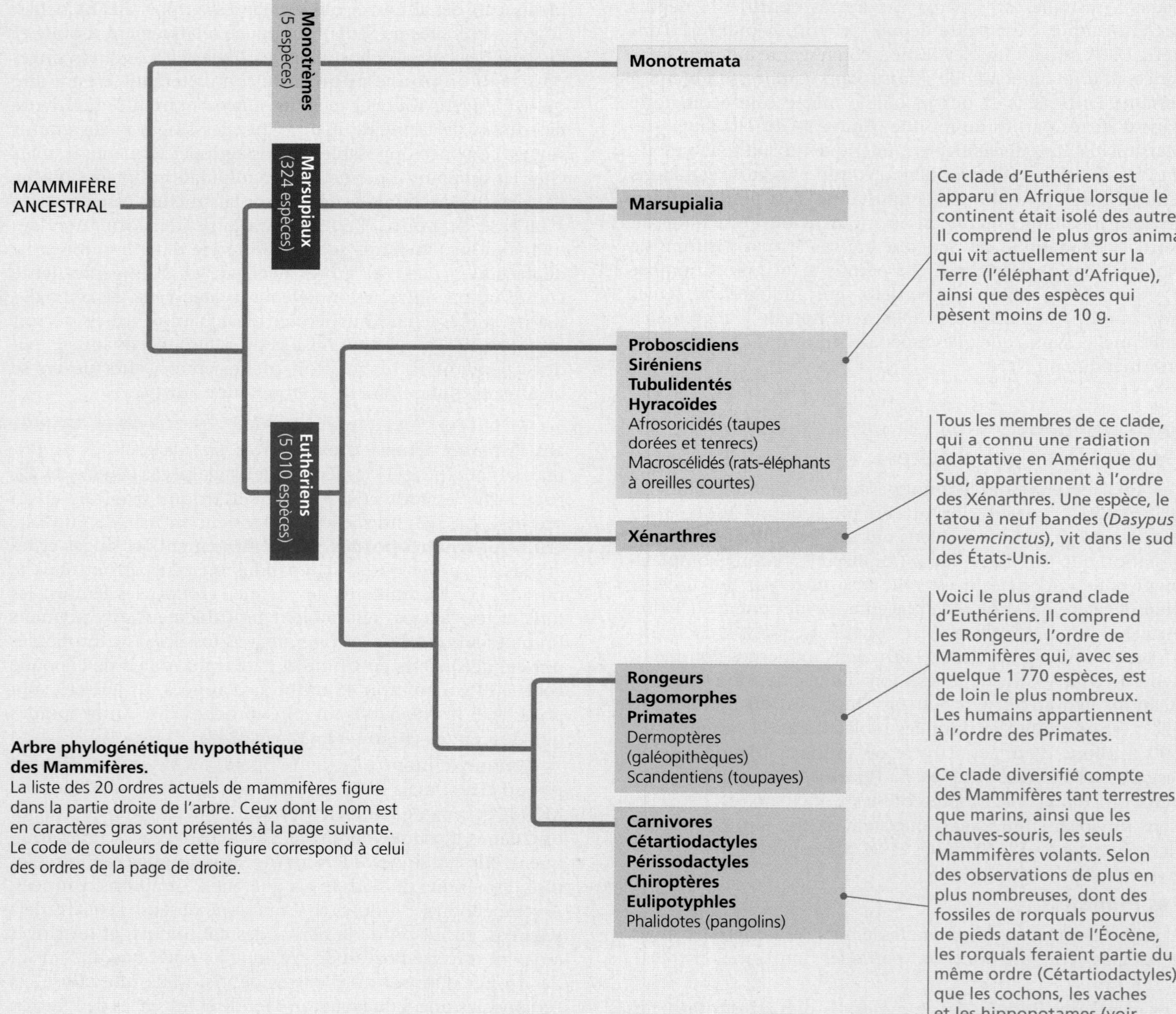

MAMMIFÈRE ANCESTRAL
Monotrèmes (5 espèces)
Marsupiaux (324 espèces)
Euthériens (5 010 espèces)
Monotremata
Marsupialia
Proboscidiens
Siréniens
Tubulidentés
Hyracoïdes
Afrosoricidés (taupes dorées et tenrecs)
Macroscélidés (rats-éléphants à oreilles courtes)
Xénarthres
Rongeurs
Lagomorphes
Primates
Dermoptères (galéopithèques)
Scandentiens (toupayes)
Carnivores
Cétartiodactyles
Périssodactyles
Chiroptères
Eulipotyphles
Phalidotes (pangolins)
Ce clade d'Euthériens est apparu en Afrique lorsque le continent était isolé des autres. Il comprend le plus gros animal qui vit actuellement sur la Terre (l'éléphant d'Afrique), ainsi que des espèces qui pèsent moins de 10 g.
Tous les membres de ce clade, qui a connu une radiation adaptative en Amérique du Sud, appartiennent à l'ordre des Xénarthres. Une espèce, le tatou à neuf bandes (*Dasypus novemcinctus*), vit dans le sud des États-Unis.
Voici le plus grand clade d'Euthériens. Il comprend les Rongeurs, l'ordre de Mammifères qui, avec ses quelque 1 770 espèces, est de loin le plus nombreux. Les humains appartiennent à l'ordre des Primates.
Ce clade diversifié compte des Mammifères tant terrestres que marins, ainsi que les chauves-souris, les seuls Mammifères volants. Selon des observations de plus en plus nombreuses, dont des fossiles de rorquals pourvus de pieds datant de l'Éocène, les rorquals feraient partie du même ordre (Cétartiodactyles) que les cochons, les vaches et les hippopotames (voir les figures 22.19 et 22.20, p. 537 et 538).

Arbre phylogénétique hypothétique des Mammifères.
La liste des 20 ordres actuels de mammifères figure dans la partie droite de l'arbre. Ceux dont le nom est en caractères gras sont présentés à la page suivante. Le code de couleurs de cette figure correspond à celui des ordres de la page de droite.

Ordres et exemples	Principales caractéristiques
Monotrèmes Ornithorynque, échidnés  Échidné	Ovipares. Ne possèdent pas de mamelons. Les petits sucent le lait qui coule sur la fourrure de la mère.
Proboscidiens Éléphants 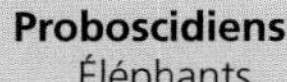 Éléphant d'Afrique ou de savane	Possèdent une longue trompe musculeuse. Peau épaisse et lâche. Incisives supérieures allongées en défenses.
Siréniens Lamantins, dugongs  Lamantin	Herbivores aquatiques. Possèdent des membres antérieurs en forme de nageoire, mais pas de membres postérieurs.
Xénarthres Paresseux, fourmiliers, tatous  Tamandua	Absence de dents ou dents de taille réduite. Herbivores (paresseux) ou carnivores (fourmiliers, tatous).
Lagomorphes Lapins, lièvres, pikas  Lièvre de Californie	Possèdent des incisives tranchantes. Pattes postérieures adaptées au saut et à la course, plus longues que les pattes antérieures. Herbivores.
Carnivores Chiens, loups, ours, chats, belettes, loutres, phoques, morses  Coyote	Possèdent des canines pointues et tranchantes, et des molaires pour déchiqueter. Carnivores.
Cétartiodactyles Artiodactyles Moutons, porcs, bovins, cerfs, girafes  Mouflon d'Amérique	Possèdent des sabots avec un nombre pair de doigts à chaque pied. Herbivores.
Cétacés Rorquals, dauphins, marsouins  Dauphin à flancs blancs du Pacifique	Animaux marins pisciformes. Possèdent des membres antérieurs en forme de nageoire. Dépourvus de membres postérieurs. Épaisse couche de graisse isolante. Carnivores.
Marsupiaux Kangourous, opossums, koalas  Koala	Le développement fœtal se termine dans la poche marsupiale.
Tubulidentés Oryctérope  Oryctérope	Possèdent des dents composées de minces tubes soudés les uns aux autres. Se nourrissent de fourmis et de termites.
Hyracoïdes Damans  Pika	Possèdent de courtes pattes et une queue courte et épaisse. Herbivores dotés d'un estomac complexe, à cavités multiples.
Rongeurs Écureuils, castors, rats, porcs-épics, souris  Écureuil roux	Usent en rongeant leurs incisives tranchantes qui poussent constamment. Herbivores.
Primates Lémurs, singes, grands singes, humains  Tamarin lion	Possèdent un pouce opposable aux autres doigts. Yeux dirigés vers l'avant. Cortex cérébral bien développé. Omnivores.
Périssodactyles Chevaux, zèbres, tapirs, rhinocéros  Rhinocéros unicorne de l'Inde	Possèdent des sabots avec un nombre impair de doigts à chaque pied. Herbivores.
Chiroptères Chauves-souris Trachops	Adaptés au vol. Possèdent un grand repli de peau qui s'attache aux doigts allongés et s'étend au corps et aux pattes. Carnivores ou herbivores.
Eulipotyphles Animaux essentiellement insectivores : certaines taupes, certaines musaraignes et les hérissons Condylure étoilé	Se nourrissent surtout d'insectes et d'autres petits invertébrés.

► **Figure 34.42** **Le Propithèque de Verreaux (*Propithecus verreauxi coquereli*), un type de lémur.**

Monde comprennent des espèces arboricoles et des espèces terrestres. La plupart des singes des deux groupes sont diurnes (actifs durant le jour), vivent en bandes et mènent une existence régie par des comportements sociaux.

L'autre groupe d'Anthropoïdés est composé des Primates appelés familièrement grands singes (**figure 34.45**). Ce groupe comprend les genres *Hylobates* (gibbons), *Pongo* (orangs-outans), *Gorilla* (gorilles), *Pan* (chimpanzés et bonobos) et *Homo* (humains). Les grands singes ont divergé des singes de l'Ancien Monde il y a environ 20 à 25 millions d'années. Aujourd'hui, les grands singes autres que les humains vivent exclusivement dans les régions tropicales de l'Ancien Monde. À l'exception des gibbons, les grands singes modernes sont plus gros que les singes du Nouveau et de l'Ancien Monde. Tous les grands singes actuels sont dépourvus de queue, et possèdent des membres antérieurs relativement longs et des membres postérieurs courts. Bien que tous les grands singes

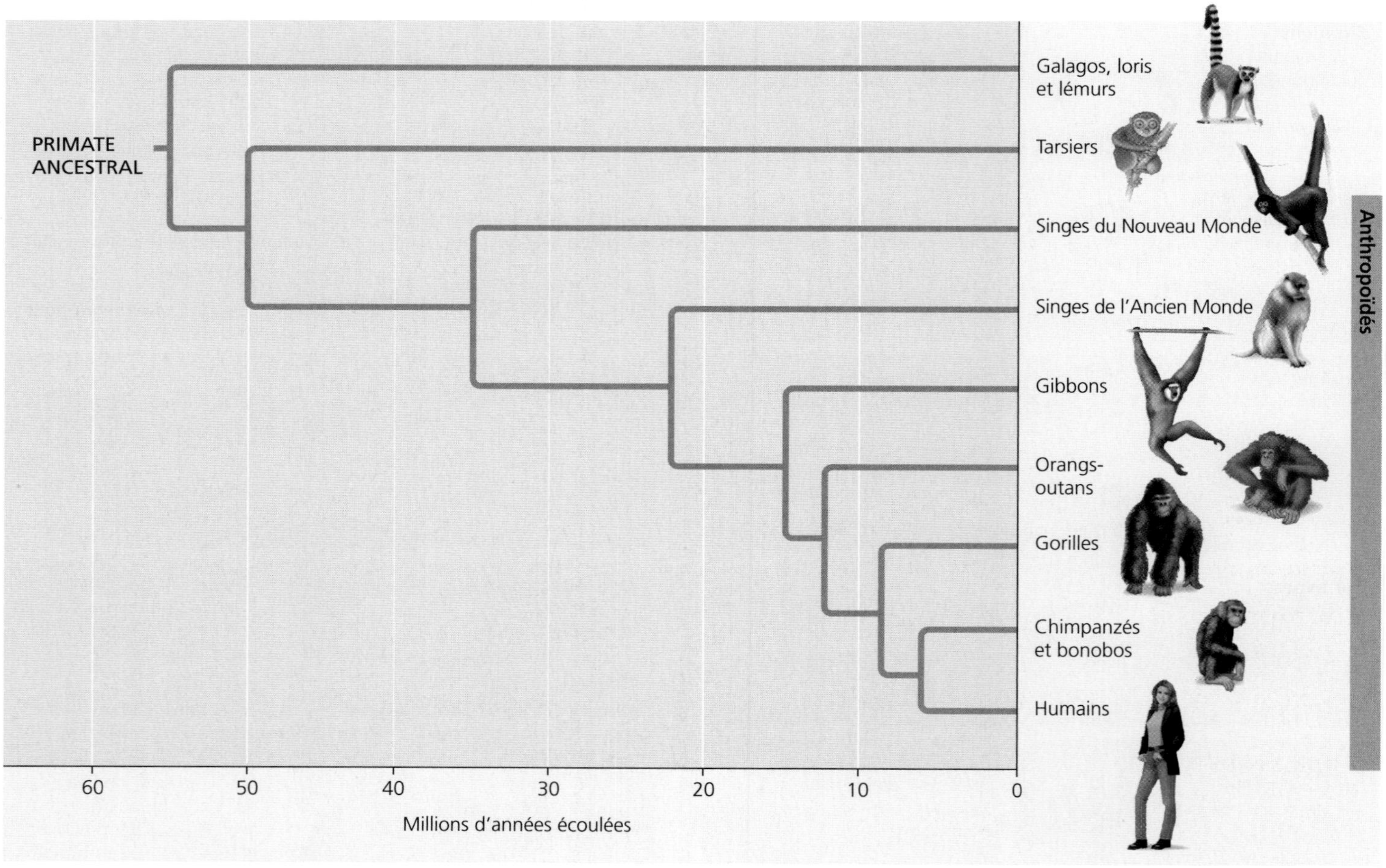

▲ **Figure 34.43** **L'arbre phylogénétique des Primates.** Les archives géologiques indiquent que le point de divergence entre les Anthropoïdés et les autres Primates date d'environ 50 millions d'années. Les singes du Nouveau Monde, les singes de l'Ancien Monde et les grands singes (le clade qui réunit les gibbons, les orangs-outans, les gorilles, les chimpanzés et les humains) ont évolué séparément durant plus de 20 millions d'années. La lignée qui a donné naissance aux humains a divergé de celles des autres Hominoïdes à un moment qui se situe quelque part au cours de la période s'étendant d'il y a 6 à 7 millions d'années.

? *La phylogenèse présentée ici est-elle cohérente avec la notion voulant que l'humain descende du chimpanzé? Expliquez votre réponse.*

autres que les humains passent du temps dans les arbres, seuls les gibbons et les orangs-outans ont conservé une existence principalement arboricole. Les grands singes n'observent pas tous le même type d'organisation sociale ; celle des gorilles et des chimpanzés est très évoluée. Enfin, les grands singes sont dotés d'un cerveau plus gros, par rapport au reste du corps, que celui des autres Primates, ce qui explique leur plus grande adaptabilité. Ces deux caractéristiques sont particulièrement marquées dans le prochain groupe, les Homininés.

▼ **Figure 34.44 Les singes du Nouveau Monde et de l'Ancien Monde.**

(a) Les singes du Nouveau Monde, comme les singes-araignées (représentés ici), les ouistitis et les capucins, possèdent une queue préhensile et des narines qui s'ouvrent sur les côtés du nez.

(b) Les singes de l'Ancien Monde n'ont pas de queue préhensile et leurs narines s'ouvrent vers l'avant et vers le bas. Ce groupe inclut les macaques (représentés ici), les mandrills, les babouins et les singes rhésus.

(a) Les gibbons gris de Müller (*Hylobates muelleri*) ne vivent que dans le sud-est de l'Asie. Leurs membres antérieurs et leurs doigts très longs sont des adaptations à la brachiation.

(b) Les orangs-outans sont des singes anthropoïdes timides et solitaires qui vivent dans les forêts humides de Sumatra et de Bornéo. Ils passent presque tout leur temps dans les arbres ; remarquez leur pied adapté à la préhension et leur pouce opposable.

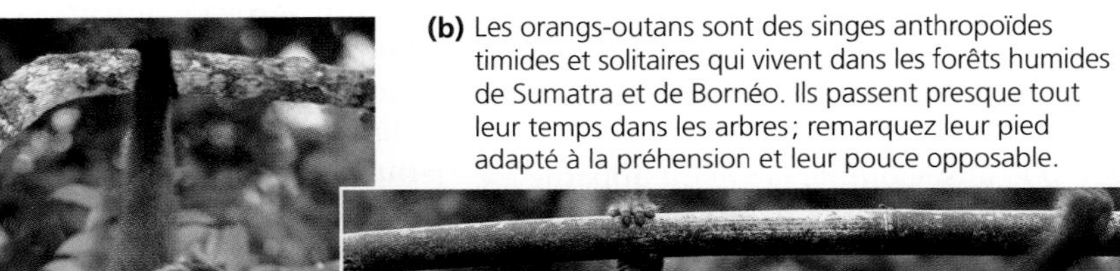

(c) Les gorilles sont les plus grands singes anthropoïdes ; certains mâles atteignent près de 2 m et pèsent environ 200 kg. Ces herbivores vivent en Afrique seulement, en petits groupes d'une vingtaine d'individus.

(d) Les chimpanzés vivent en Afrique tropicale. Ils se nourrissent et dorment dans les arbres, mais passent aussi beaucoup de temps au sol. Les chimpanzés sont intelligents, communicatifs et sociables.

(e) Les bonobos sont du même genre (*Pan*) que les chimpanzés, mais ils sont plus petits qu'eux. On n'en trouve plus aujourd'hui que dans les forêts de la République démocratique du Congo, en Afrique.

▲ **Figure 34.45 Les grands singes autres que les humains.**

RETOUR SUR LE CONCEPT 34.7

1. Comparez les façons dont les Monotrèmes, les Marsupiaux et les Euthériens portent leurs petits.
2. Indiquez au moins cinq caractères dérivés des Primates.
3. FAITES DES LIENS Formulez une hypothèse pour expliquer l'augmentation de la diversité des Mammifères durant le Cénozoïque. Votre explication devrait tenir compte des adaptations des Mammifères et de facteurs comme les extinctions et la dérive des continents (ces facteurs sont expliqués au concept 25.4, p. 600 à 606).

Voir les réponses proposées à la fin du chapitre.

CONCEPT 34.8

Les humains sont des Mammifères bipèdes pourvus d'un cerveau volumineux

Notre exploration de la biodiversité de la Terre nous conduit enfin à l'étude de notre propre espèce, *Homo sapiens*, qui existe depuis environ 200 000 ans. Comme la vie est apparue sur la Terre il y a au moins 3,5 milliards d'années, nous y sommes manifestement des nouveaux venus.

Les caractères dérivés des humains

De nombreux caractères distinguent les humains des autres grands singes. La plus manifeste de ces différences est la station verticale des humains, qui sont bipèdes. En outre, leur cerveau est beaucoup plus volumineux ; le langage, la pensée symbolique et l'expression artistique sont à leur portée, et ils sont en mesure de fabriquer et d'utiliser des outils complexes. Les os et les muscles de leurs mâchoires sont réduits par rapport à ceux des autres Hominoïdes, et leur tube digestif est plus court.

À l'échelle moléculaire, la liste des caractères dérivés s'allonge au fur et à mesure que les scientifiques comparent les génomes des humains et des chimpanzés. Bien que les deux génomes soient identiques dans une proportion de 99 %, une disparité de 1 % peut se traduire par un grand nombre de différences lorsque 3 milliards de paires de bases sont en jeu. De plus, des modifications touchant un petit nombre de gènes peuvent entraîner des effets considérables, comme en témoignent les découvertes récentes montrant que les humains se distinguent des chimpanzés dans l'expression de 19 gènes régulateurs. Ces gènes activent ou désactivent d'autres gènes, et jouent donc un rôle dans les nombreuses différences qui distinguent les humains des chimpanzés.

N'oubliez pas que ces différences génomiques, et les caractères phénotypiques dérivés dont elles détiennent le message, distinguent les humains des autres grands singes actuels. Mais beaucoup de ces nouveaux caractères sont d'abord apparus chez nos ancêtres, bien avant l'avènement de notre propre espèce. Examinons quelques-uns de ces ancêtres afin de comprendre l'origine de ces caractères.

Les premiers Homininés

La **paléoanthropologie** est l'étude de l'origine et de l'évolution de l'humain. Les paléoanthropologues ont découvert des fossiles d'environ 20 espèces d'Hominoïdes disparus, plus étroitement apparentées aux humains qu'aux chimpanzés. Ces espèces portent le nom d'**Homininés** (**figure 34.46**). (Bien qu'une majorité d'anthropologues utilisent maintenant le terme *Homininé*, l'ancien terme *Hominidé* n'a pas disparu.) Depuis 1994, des fossiles de quatre espèces d'Homininés datant d'il y a plus de 4 millions d'années ont été découverts. Le plus ancien, *Sahelanthropus tchadensis*, a vécu il y a environ 6,5 millions d'années.

Sahelanthropus et d'autres Homininés primitifs présentaient certains des caractères dérivés des humains. Par exemple, la taille de leurs canines était réduite, et certains fossiles semblent indiquer que leur visage était relativement plat. D'autres signes révèlent qu'ils se tenaient plus droits que les autres grands singes et qu'ils se déplaçaient plus souvent en station verticale. Ainsi, chez les chimpanzés, le trou occipital, une ouverture située à la base du crâne et traversée par la moelle épinière, se trouve relativement loin vers l'arrière du crâne, tandis que, chez les premiers Homininés (et chez les humains), il est placé au-dessous de lui. Ce trait dérivé permet à notre tête d'être en ligne droite avec notre corps, ce qui, semble-t-il, était aussi le cas chez les premiers Homininés. Le bassin, les os des jambes et les pieds d'*Ardipithecus ramidus*, qui a vécu il y a 4,4 millions d'années avant notre ère, laissent aussi penser que les premiers Homininés étaient de plus en plus bipèdes (**figure 34.47**). (Nous reparlerons plus loin de la bipédie.)

Les caractéristiques qui distinguent les humains des autres grands singes actuels ne sont pas apparues simultanément. Chez des Homininés primitifs qui présentaient des signes de bipédie, le volume du cerveau demeurait faible : il atteignait environ 300 à 450 cm^3, comparativement à 1 300 cm^3 en moyenne chez *Homo sapiens*. De plus, les plus anciens Homininés étaient généralement de petite taille. (On estime que *A. ramidus*, par exemple, ne pesait que 50 kg.) Leurs pieds étaient relativement grands, et leur mâchoire inférieure se prolongeait au-delà de la partie supérieure du visage. Les humains, eux, ont un visage relativement plat ; comparez votre propre visage avec celui des chimpanzés de la figure 34.45d.

Il est important de se débarrasser de deux mythes courants relatifs aux Homininés primitifs. Évitons d'abord de croire que ce sont des chimpanzés ou leurs descendants. En effet, les chimpanzés représentent la partie supérieure d'une branche distincte de l'évolution, et ils ont acquis des caractères dérivés qui leur sont propres après avoir divergé de l'ancêtre qu'ils partagent avec les humains.

Un autre mythe veut que l'évolution de l'humain se compare à une route unique qu'aurait suivie un grand singe ancestral pour se transformer lentement en *Homo sapiens*.

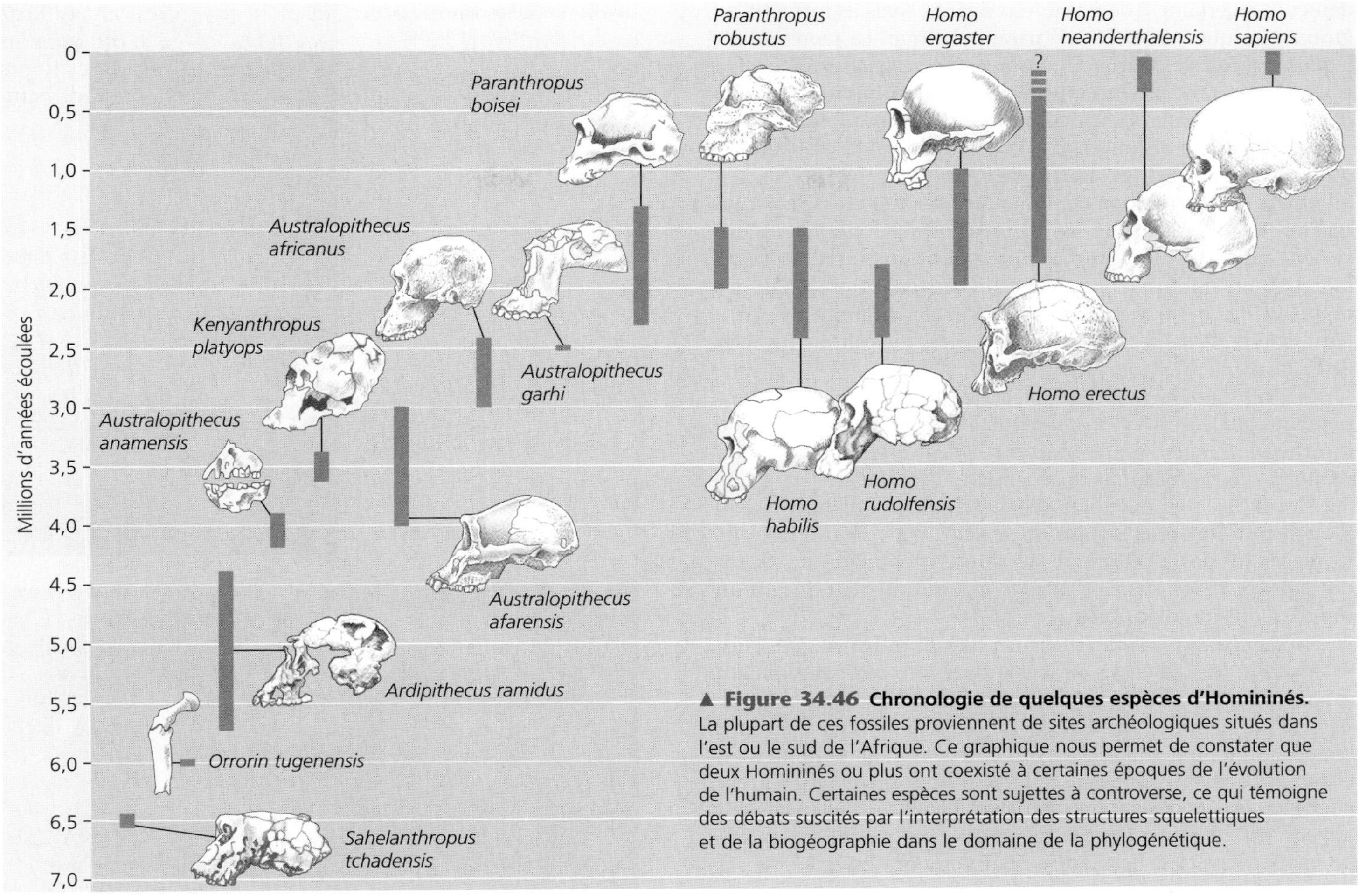

▲ **Figure 34.46 Chronologie de quelques espèces d'Homininés.** La plupart de ces fossiles proviennent de sites archéologiques situés dans l'est ou le sud de l'Afrique. Ce graphique nous permet de constater que deux Homininés ou plus ont coexisté à certaines époques de l'évolution de l'humain. Certaines espèces sont sujettes à controverse, ce qui témoigne des débats suscités par l'interprétation des structures squelettiques et de la biogéographie dans le domaine de la phylogénétique.

Vous avez sûrement déjà vu ces illustrations qui montrent des Homininés défilant l'un derrière l'autre, du plus primitif au plus contemporain, et devenant de plus en plus semblables à l'humain actuel. Si on veut comparer l'évolution de l'humain à une sorte de défilé, on doit préciser que ce défilé est plutôt désordonné, puisque plusieurs groupes ont bifurqué et disparu. À certaines époques, plusieurs espèces d'Homininés ont coexisté. Elles se distinguaient souvent par la forme du crâne, la taille et l'alimentation (que laissent deviner leurs dents). Finalement, toutes les lignées se sont éteintes, à l'exception d'une seule, qui a donné naissance à *Homo sapiens*. Si on considère les caractéristiques de tous les Homininés ayant vécu au cours des 6 millions d'années qui nous précèdent, *H. sapiens* n'apparaît pas comme le produit d'une route évolutive bien droite, mais plutôt comme l'unique survivant d'un arbre aux nombreuses ramifications.

Les Australopithèques

Les archives géologiques indiquent que la diversité des Homininés a connu une croissance extraordinaire au cours d'une période qui se situe entre 4 et 2 millions d'années avant notre ère. La plupart des Homininés de cette époque sont groupés sous l'appellation d'Australopithèques. Leur phylogenèse

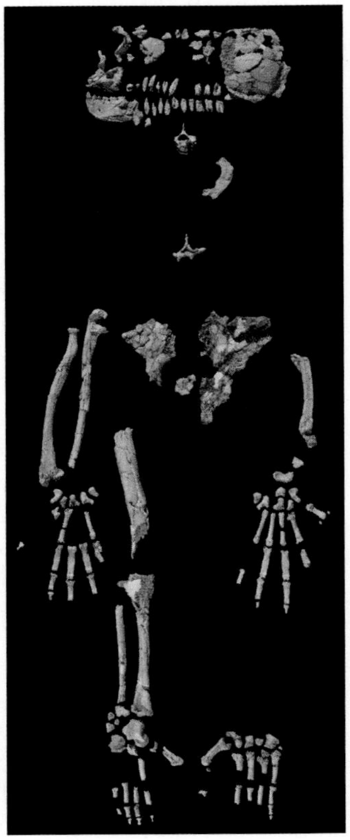

► **Figure 34.47 Le squelette d'« Ardi », un Homininé vieux de 4,4 millions d'années, *Ardipithecus ramidus*.**

demeure incertaine à de nombreux égards, mais ils forment un groupe presque certainement paraphylétique. Le représentant le plus primitif de ce groupe, *Australopithecus anamensis*, a vécu il y a entre 4,2 et 3,9 millions d'années, non loin de l'époque d'Homininés plus anciens, comme *Ardipithecus ramidus*.

En 1924, on a découvert en Afrique du Sud *Australopithecus africanus* («grand singe du sud de l'Afrique»), qui a vécu il y a entre 3 et 2,4 millions d'années avant notre ère. C'est à lui que les Australopithèques doivent leur nom. Grâce à la découverte d'autres fossiles, on a acquis la certitude qu'*A. africanus* marchait en station verticale (il était bipède) et possédait des mains et des dents semblables à celles des humains. Cependant, son cerveau ne dépassait pas le tiers du volume de celui de l'humain actuel.

En 1974, dans la région d'Afar, en Éthiopie, des paléoanthropologues ont découvert le squelette (40% des os) d'une Australopithèque. «Lucy» – c'est le nom qu'on lui a donné – était menue: elle ne mesurait qu'un mètre. Le squelette datait de 3,24 millions d'années. Lucy et les fossiles qui lui ressemblaient ont été appelés *Australopithecus afarensis* (du nom de la région d'Afar). D'après les fossiles découverts au début des années 1990, l'espèce *A. afarensis* aurait vécu durant au moins 1 million d'années.

En simplifiant à l'extrême, on pourrait affirmer que, chez *A. afarensis*, les caractères dérivés propres aux humains étaient moins nombreux dans la partie située au-dessus du cou que dans la partie située au-dessous. Le cerveau de Lucy était gros comme un pamplemousse, ce qui correspond au volume d'un chimpanzé de sa taille. Les crânes d'*A. afarensis* présentent aussi une longue mâchoire inférieure. Leurs squelettes laissent aussi supposer un mode de locomotion arboricole: par rapport au corps, les bras sont relativement longs si on les compare à ceux des humains d'aujourd'hui. Toutefois, des fragments du bassin et du crâne indiquent qu'*A. afarensis* était bipède. Des empreintes de pieds fossilisées découvertes à Laetoli, en Tanzanie, confirment les données fournies par l'analyse des squelettes, selon lesquelles les Homininés vivant à l'époque d'*A. afarensis* marchaient sur deux pieds (**figure 34.48**).

Les Australopithèques «robustes» faisaient partie d'une autre lignée. Ces Homininés, auxquels appartenaient des espèces comme *Paranthropus boisei*, possédaient un crâne solide muni de mâchoires puissantes et de grosses dents faites pour la mastication et le broyage d'aliments coriaces. Ils se distinguent des Australopithèques «graciles», notamment d'*A. afarensis* et d'*A. africanus*, qui présentent un appareil masticateur moins puissant, conçu pour des aliments plus mous.

Grâce aux observations provenant des premiers Homininés et à l'analyse des fossiles beaucoup plus nombreux d'Australopithèques plus récents, on peut formuler des hypothèses relatives aux grandes tendances de l'évolution des Homininés. Examinons deux de ces tendances: l'apparition de la bipédie et l'utilisation des outils.

(a) Les empreintes de pieds de Laetoli, qui datent de plus de 3,5 millions d'années, confirment que la bipédie est apparue relativement tôt dans l'évolution des Homininés.

(b) Reconstitution *d'A. afarensis* imaginée par un artiste.

▲ **Figure 34.48 La preuve que les Homininés étaient bipèdes il y a 3,5 millions d'années.**

La bipédie

Il y a entre 35 et 30 millions d'années, nos ancêtres anthropoïdés étaient encore arboricoles. Mais il y a environ 10 millions d'années, la collision des plaques tectoniques indienne et eurasienne a entraîné la formation de la chaîne de l'Himalaya (voir la figure 25.13, p. 601). Le climat s'est ensuite asséché et, dans les régions qui forment aujourd'hui l'Afrique et l'Asie, les forêts ont rétréci. Ce phénomène a entraîné une augmentation de la superficie des habitats de savane (prairies), pauvres en arbres. Durant des décennies, les paléoanthropologues ont cru qu'il existait un lien étroit entre l'avancée des savanes et celle des Homininés bipèdes. Selon une hypothèse, les Homininés arboricoles ne pouvaient plus utiliser le couvert forestier pour se déplacer, de sorte que la sélection naturelle a favorisé les adaptations facilitant les déplacements en terrain découvert. Cette hypothèse repose sur le fait que, si les autres grands singes sont remarquablement bien adaptés pour grimper aux arbres, il n'en va pas autant pour les déplacements terrestres. Ainsi, un chimpanzé dépense quatre fois plus d'énergie pour marcher qu'un humain.

Bien que des éléments de cette hypothèse subsistent, la situation semble aujourd'hui un peu plus complexe. En effet, même si tous les fossiles d'Homininés primitifs récemment découverts présentent des signes de bipédie, aucun ne vivait dans les savanes. Ces Homininés occupaient plutôt des habitats mixtes, dont la diversité s'étendait des forêts aux terrains découverts. De plus, quelle qu'ait été la force sélective ayant mené à la bipédie, les Homininés ne sont pas devenus bipèdes de façon simple et linéaire. Des éléments du squelette d'*Ardipithecus* indiquent qu'il pouvait marcher comme un bipède, mais qu'il était également capable de grimper aux arbres. Il semble en outre que les Australopithèques utilisaient divers modes de locomotion et que certains passaient plus de temps au sol que d'autres. Les Homininés ont commencé à franchir de longues distances sur deux pieds il y a seulement 1,9 million d'années. Ils vivaient alors dans des milieux arides, où la bipédie exigeait une dépense énergétique moindre que les déplacements à quatre pattes.

L'utilisation des outils

Comme nous l'avons vu plus tôt, la fabrication et l'utilisation d'outils complexes est un caractère comportemental dérivé propre aux humains. Déterminer l'origine de l'utilisation des outils au cours de l'évolution des Homininés constitue une entreprise des plus difficiles pour les paléoanthropologues. D'autres grands singes sont capables de se servir d'outils étonnamment perfectionnés. Par exemple, les orangs-outans transforment de petites branches en un instrument dont ils se servent pour retirer des insectes de leurs nids. Les chimpanzés sont encore plus habiles: ils utilisent des pierres pour fendre la coquille de certains aliments et protègent leurs pieds à l'aide de feuilles lorsqu'ils marchent sur des épines. Les Homininés primitifs pouvaient probablement utiliser des outils simples, mais il est pratiquement impossible de trouver des objets fossilisés comme des branches modifiées ou des feuilles utilisées en guise de chaussures.

Les plus anciennes preuves généralement reconnues de l'utilisation des outils par les Homininés sont des entailles vieilles de 2,5 millions d'années pratiquées sur des os d'animaux découverts en Éthiopie. Ces entailles semblent indiquer que ces Homininés se servaient d'outils de pierre pour retirer la chair des os des animaux. Fait intéressant, les Homininés dont les fossiles ont été trouvés près du site où ces os ont été mis au jour possédaient un cerveau relativement petit. Si ces Homininés, appelés *Australopithecus garhi*, ont effectivement été les créateurs des outils de pierre utilisés pour entailler les os, leur utilisation serait antérieure à l'apparition d'un cerveau volumineux chez les Homininés.

Les premiers représentants du genre *Homo*

Les premiers fossiles qui ont été classés dans le genre auquel nous appartenons, c'est-à-dire *Homo*, font partie de l'espèce *Homo habilis*. Ils datent de 1,6 à 2,4 millions d'années, et montrent clairement des caractères attribués aux Homininés modernes dans l'anatomie située au-dessus du cou. Par rapport aux Australopithèques, *H. habilis* possédait une mâchoire moins allongée et un cerveau plus gros, soit d'un volume d'environ 600 à 750 cm^3. À quelques reprises, les anthropologues ont trouvé des outils de pierre tranchants près de fossiles d'*H. habilis*, qui signifie d'ailleurs « homme bien adapté ».

Des fossiles datant de la période comprise entre 1,9 et 1,5 million d'années avant notre ère témoignent par ailleurs

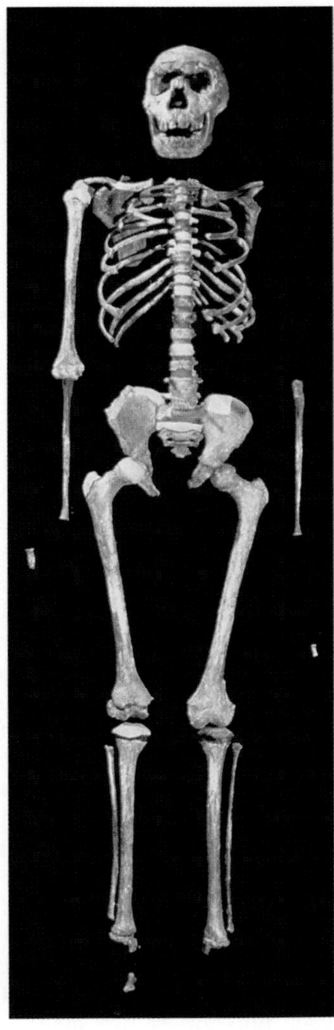

► **Figure 34.49 Fossile d'*Homo ergaster*.** Ce fossile de 1,7 million d'années découvert au Kenya appartient à un jeune *Homo ergaster* mâle. Grand et mince, cet individu était complètement bipède et possédait un cerveau relativement volumineux.

d'une nouvelle étape de l'évolution des Homininés. Un certain nombre de paléoanthropologues considèrent que ces fossiles appartiennent à une espèce distincte, *Homo ergaster* (du grec *ergon*, « travail »). *H. ergaster* avait un cerveau beaucoup plus gros que celui d'*H. habilis* (son volume dépassait 900 cm^3), ainsi que de longues jambes fines et des hanches bien adaptées à la marche sur de longues distances (**figure 34.49**). Ses doigts relativement courts et droits semblent indiquer qu'il ne grimpait pas aux arbres comme les Homininés plus primitifs. Les fossiles d'*Homo ergaster* ont été découverts dans des milieux beaucoup plus arides que ceux des Homininés qui l'ont précédé, et on pense qu'il fabriquait des outils de pierre plus complexes qu'eux. En outre, la petite taille de ses dents autorise à penser que son régime alimentaire différait de celui des Australopithèques (il consommait plus de viande et moins de matières végétales qu'eux) ou qu'il préparait certains de ses aliments avant de les mastiquer, peut-être en les cuisant ou en les broyant.

Homo ergaster marque une transition importante en ce qui concerne les tailles relatives des mâles et des femelles. Chez les Primates, la différence de taille entre les mâles et les femelles est un important élément de dimorphisme sexuel (voir le chapitre 23). En moyenne, les gorilles et les orangs-outans mâles ont une masse deux fois plus élevée que celle des femelles de leur espèce. Chez les chimpanzés et les bonobos, la masse des mâles équivaut en moyenne à 1,35 fois celle des femelles. Chez *Australopithecus afarensis*, la masse des mâles représentait 1,5 fois celle des femelles. Mais chez les premiers *Homo*, le dimorphisme sexuel était beaucoup moins accentué, tendance qui s'est perpétuée jusqu'à nous : chez les humains, la masse des mâles est en moyenne 1,2 fois plus élevée que celle des femelles.

L'atténuation du dimorphisme sexuel peut nous renseigner sur les systèmes sociaux des Homininés disparus. Chez les Primates modernes, le dimorphisme sexuel extrême est associé à une compétition intense entre des mâles qui se disputent de multiples femelles. Il est moins important chez les espèces où existent davantage d'unions monogames (dont la nôtre). Les mâles et les femelles *H. ergaster* formaient plus souvent des couples que les Homininés qui les avaient précédés. Ce changement était peut-être lié aux soins prodigués aux petits par les deux parents. Les petits des humains sont nourris et protégés par leurs parents beaucoup plus longtemps que ceux des chimpanzés et d'autres grands singes.

Les fossiles aujourd'hui généralement reconnus comme ceux d'*Homo ergaster* étaient autrefois considérés comme les membres primitifs d'une autre espèce, *Homo erectus*, point de vue d'ailleurs encore défendu par certains paléoanthropologues. Apparu en Afrique, *Homo erectus* a été le premier Homininé à migrer hors de ce continent. Les plus anciens fossiles d'Homininés trouvés à l'extérieur de l'Afrique datent de 1,8 million d'années et ont été découverts en 2000 dans l'ancienne république soviétique de Géorgie. *Homo erectus* a plus tard migré jusqu'en Indonésie. Des données géologiques indiquent qu'*H. erectus* a disparu à un moment indéterminé il y a plus de 200 000 ans ; un groupe pourrait avoir vécu plus longtemps sur l'île de Java, jusqu'à il y a environ 50 000 ans.

Les Néanderthaliens

En 1856, des mineurs ont découvert de mystérieux fossiles humains dans une caverne de la vallée de Neander, en Allemagne. Ces fossiles vieux de 40 000 ans appartenaient à un Homininé possédant de gros os et un front proéminent, qu'on a nommé *Homo neanderthalensis* ou, plus familièrement, Néanderthalien. Les Néanderthaliens vivaient en Europe il y a 350 000 ans, puis se sont disséminés au Proche-Orient, en Asie centrale et dans le sud de la Sibérie. Ils possédaient un cerveau aussi volumineux que celui des humains actuels ; ils enterraient leurs morts et étaient capables de fabriquer des outils de chasse en pierre et en bois. Mais, en dépit de ces adaptations, ils semblent avoir disparu il y a 28 000 ans.

À un certain moment, beaucoup de paléoanthropologues étaient d'avis que le Néanderthalien représentait la transition entre *Homo erectus* et *Homo sapiens*. Aujourd'hui, presque tous ont abandonné ce point de vue, en partie à la lumière des analyses d'ADN mitochondrial (**figure 34.50**). Combinées à d'autres résultats, ces analyses portent à croire que les Néanderthaliens n'ont pas vraiment contribué au patrimoine génétique d'*Homo sapiens*. Cependant, en 2010, une

▼ Figure 34.50 **INVESTIGATION**

Les Néanderthaliens sont-ils les ancêtres des Européens ?

EXPÉRIENCE La relation entre les Néanderthaliens et *Homo sapiens* fascine les gens depuis longtemps. Des chercheurs ont vu dans de nombreux fossiles découverts en Europe des caractéristiques humaines et néanderthaliennes ; ils ont ainsi avancé que des humains européens s'étaient largement reproduits avec des Néanderthaliens ou qu'ils en étaient les descendants. Pour évaluer les relations entre les Néanderthaliens et *Homo sapiens*, Igor Ovchinnikov et William Goodwin, alors à l'université de Glasgow, et leur équipe ont recouru à des procédés de la génétique. Les chercheurs ont extrait de l'ADN mitochondrial (ADNmt) d'un fossile néanderthalien (Néanderthalien 1) et en ont comparé la séquence avec la séquence d'ANDmt que d'autres chercheurs avaient obtenue trois ans plus tôt d'un autre fossile (Néanderthalien 2). L'équipe a également utilisé des séquences d'ADN mitochondrial provenant d'humains vivants d'Europe, d'Afrique et d'Asie. À partir des séquences d'ADNmt des Néanderthaliens et d'*H. sapiens*, les chercheurs ont ensuite construit un arbre phylogénétique pour les Néanderthaliens et les humains ; des données provenant de chimpanzés ont permis d'enraciner l'arbre. Cette approche a permis aux chercheurs de tester l'hypothèse suivante :

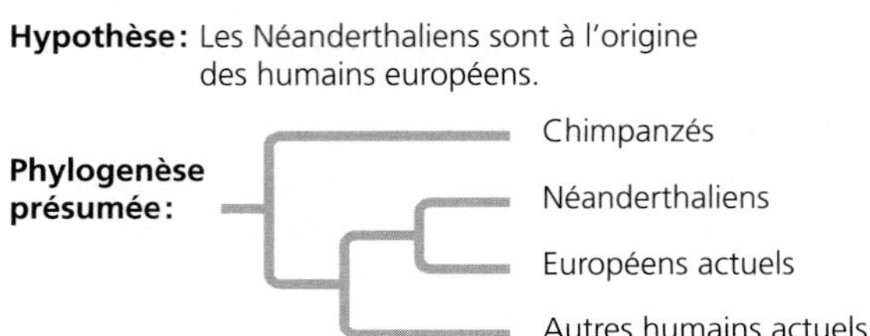

RÉSULTATS Les deux séquences d'ADNmt de Néanderthaliens présentaient 3,5 % de changements de bases, alors qu'en moyenne l'ADNmt des Néanderthaliens et d'*H. sapiens* présentait 24 % de changements de bases. L'analyse phylogénétique a produit l'arbre suivant :

CONCLUSION Les Néanderthaliens forment un clade distinct de celui des humains actuels. Il est donc peu probable que les Néanderthaliens soient à l'origine des humains européens.

SOURCE I. V. Ovchinnikov *et al.*, Molecular analysis of Neanderthal DNA from the northern Caucasus, *Nature* 404 : 490-493 (2000).

ET SI ? La lignée des chimpanzés et celle des humains ont divergé il y a environ 6 millions d'années. La phylogenèse présentée dans la rubrique « Résultats » peut-elle servir à déduire le moment où les lignées néanderthalienne et humaine ont divergé ? Expliquez votre réponse.

analyse de la séquence génétique du génome des Néanderthaliens semblait confirmer la présence d'un faible flux génétique entre les deux espèces. De plus, certains chercheurs ont rappelé l'existence d'indices de flux génétique chez des fossiles qui révèlent des caractéristiques propres aux deux espèces. Il faudra d'autres analyses génétiques et la découverte d'autres fossiles pour résoudre le débat entourant l'étendue des échanges génétiques entre les Néanderthaliens et *H. sapiens*.

Homo sapiens

Des données provenant de fossiles, de l'archéologie et d'analyses d'ADN ont mené à une hypothèse convaincante portant sur la façon dont notre espèce, *Homo sapiens*, est née et s'est répandue sur toute la planète.

Les données géologiques indiquent que les ancêtres des humains sont nés en Afrique. Des espèces anciennes (peut-être *H. ergaster* ou *H. erectus*) ont engendré de nouvelles espèces dont, plus tard, *H. sapiens*. Par ailleurs, les fossiles connus les plus anciens de notre espèce ont été découverts en deux endroits différents de l'Éthiopie et comprennent des spécimens datant de 195 000 et de 160 000 ans (**figure 34.51**). Ces humains primitifs ne présentaient pas l'épaisse arcade sourcilière de *H. erectus* et des Néanderthaliens, et étaient plus élancés que les autres Homininés.

Les fossiles éthiopiens confirment les déductions que les données moléculaires ont permis de tirer sur l'origine des humains. Comme le montre la figure 34.50, les analyses d'ADN indiquent que tous les humains modernes sont plus étroitement apparentés les uns aux autres qu'aux Néanderthaliens. D'autres études portant sur l'ADN humain montrent que les Européens et les Asiatiques ont un ancêtre commun relativement récent, et que de nombreuses lignées africaines ont formé des ramifications bien antérieures dans l'arbre généalogique des humains. Ces observations donnent fortement à penser que tous les ancêtres des humains actuels sont des *Homo sapiens* provenant d'Afrique, hypothèse que vient renforcer l'analyse de l'ADN mitochondrial et des chromosomes Y appartenant à des membres de diverses populations humaines.

Les plus anciens fossiles d'*Homo sapiens* découverts hors de l'Afrique proviennent du Moyen-Orient et datent d'environ 115 000 ans. Des études portant sur le chromosome Y des humains indiquent qu'ils auraient quitté l'Afrique en une ou plusieurs vagues pour se rendre d'abord en Asie, puis en Europe et en Australie. La date à laquelle les premiers humains ont fait leur entrée dans le Nouveau Monde demeure incertaine, mais d'après les plus anciens fossiles généralement reconnus, ils y seraient arrivés il y a 15 000 ans.

De nouvelles découvertes viennent sans cesse actualiser notre compréhension de l'évolution d'*H. sapiens*. Ainsi, en 2004, des chercheurs ont signalé une découverte stupéfiante: les restes de squelettes d'Homininés adultes vieux de 18 000 ans seulement et représentant une espèce auparavant inconnue, qu'ils ont appelée *Homo floresiensis*. Les individus trouvés dans la caverne de calcaire située dans l'île indonésienne de Flores se distinguent d'*H. sapiens* par leur petite taille et leur boîte crânienne beaucoup moins volumineuse: ils ressemblent en fait davantage à un Australopithèque. Les chercheurs qui ont découvert ces fossiles affirment que les squelettes présentent aussi de nombreux caractères dérivés, dont l'épaisseur et les proportions du crâne ainsi que la forme des dents, indiquant qu'ils pourraient descendre d'*H. erectus*, une espèce de plus grande taille. Des chercheurs critiquent cette explication et avancent plutôt que les fossiles sont ceux d'individus *H. sapiens* de petite taille et que leur cerveau miniature est déformé, une anomalie appelée microcéphalie.

Une étude réalisée en 2007 a cependant révélé que les os des poignets des fossiles de Flores présentaient une forme semblable à ceux des grands singes non humains et des premiers Homininés, mais différente de ceux des Néanderthaliens et d'*Homo sapiens*. Ces recherches concluent que les fossiles de Flores sont ceux d'une espèce dont la lignée a bifurqué avant l'origine du clade qui comprend les Néanderthaliens et les humains. Une étude ultérieure a comparé les os du pied des fossiles de Flores à ceux d'autres Homininés, et conclu à son tour qu'*H. floresiensis* était apparu avant *H. sapiens*. En fait, ces chercheurs ont avancé qu'*H. floresiensis* descendait peut-être d'un Homininé encore inconnu qui aurait vécu bien avant *H. erectus*.

La recherche continue d'alimenter cette thèse, mais voici une intéressante explication au sujet de l'apparent «rétrécissement» de cette espèce: en raison de son isolement sur une île, la sélection naturelle a pu favoriser une importante réduction de sa taille. Une telle réduction a souvent été observée chez d'autres espèces de Mammifères nains caractéristiques des îles, dont des éléphants nains primitifs trouvés à proximité des fossiles de Flores. Une étude a révélé qu'en milieu insulaire des fossiles d'hippopotames nains présentaient un cerveau plus petit, en proportion, que leur corps. Il pourrait s'agir d'une adaptation pour consommer moins d'énergie (le cerveau des Mammifères consomme de grandes quantités d'énergie). Les chercheurs ont appliqué leurs résultats aux fossiles de Flores et conclu que le volume du cerveau d'*H. floresiensis* correspondait étroitement à celui d'un Homininé nain de même taille. Les découvertes anthropologiques et archéologiques de l'île de Flores permettront peut-être de résoudre de fascinantes questions. On en saura ainsi probablement davantage sur l'origine d'*H. floresiensis*; on apprendra si les membres de cette espèce ont rencontré *H. sapiens*, avec lequel ils ont coexisté en Indonésie, il y a 18 000 ans.

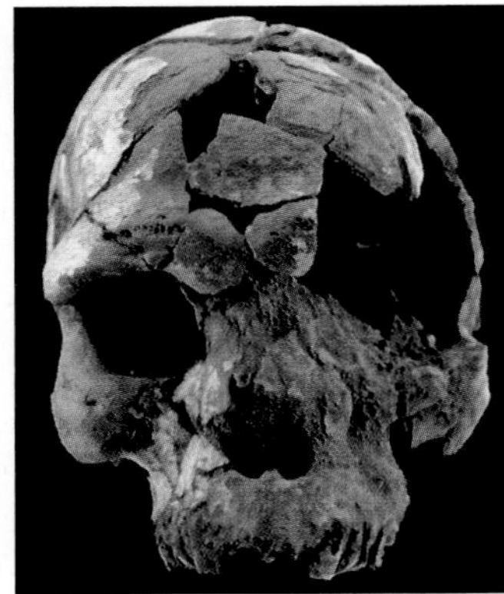

▶ **Figure 34.51 Fossile d'*Homo sapiens* vieux de 160 000 ans.** Ce crâne, découvert en Éthiopie en 2003, diffère peu de celui des humains actuels.

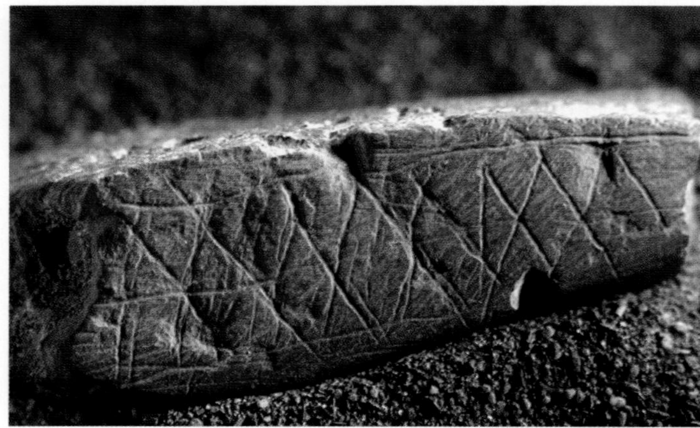

▲ **Figure 34.52 L'art, un trait distinctif des humains.** Les dessins gravés sur ce morceau d'ocre vieux de 77 000 ans, découvert à Blombos Cave, en Afrique du Sud, comptent parmi les plus anciens signes de pensée symbolique chez les humains.

La rapide expansion de notre espèce a peut-être été stimulée par l'apparition de la cognition chez *Homo sapiens*, alors qu'il vivait en Afrique. Par ailleurs, les spécialistes ont découvert des preuves que la pensée d'*Homo sapiens* se raffinait. Par exemple, en 2002, des chercheurs ont signalé la découverte en Afrique du Sud d'œuvres d'art vieilles de 77 000 ans : des dessins géométriques tracés sur des morceaux d'ocre (**figure 34.52**). De plus, en 2004, des archéologues travaillant dans le sud et l'est de l'Afrique ont trouvé des œufs d'autruche et des coquilles d'escargots vieux de 75 000 ans dans lesquels des trous avaient été soigneusement percés. Il y a 36 000 ans, les humains réalisaient dans des cavernes des peintures admirables (voir la figure 56.33a, p. 1454). Si ces développements nous aident à comprendre l'expansion d'*H. sapiens*, son rôle dans l'extinction d'autres Homininés reste à clarifier. Les Néanderthaliens, par exemple, fabriquaient aussi des outils complexes et étaient capables de pensée symbolique. Par conséquent, certains scientifiques remettent maintenant en question l'hypothèse voulant que la compétition avec *H. sapiens* ait entraîné l'extinction des Néanderthaliens.

Notre étude de l'évolution des humains termine la partie du manuel portant sur la diversité biologique. Il ne faut cependant pas croire que la vie a gravi les échelons d'une hiérarchie ayant à sa base les microorganismes et à son sommet les humains. Quelle que soit la façon dont on l'étudie, la biodiversité est le fruit des différentes ramifications de l'arbre phylogénétique, non d'une progression hiérarchique. Le fait que le nombre d'espèces de Poissons à nageoires rayonnées est aujourd'hui plus élevé que le nombre d'espèces de tous les autres Vertébrés réunis indique clairement une chose : nos cousins à nageoires ne sont pas des animaux incompétents et dépassés qui ont échoué dans leur tentative de coloniser la terre ferme. D'ailleurs, les Tétrapodes, c'est-à-dire les Amphibiens, les Reptiles, les Oiseaux et les Mammifères, sont tous issus d'une population de Sarcoptérygiens. Tandis qu'eux se sont diversifiés sur la terre ferme, les Poissons ont poursuivi leur évolution divergente dans la portion de la biosphère la plus volumineuse. De même, l'omniprésence des Procaryotes dans la biosphère est une preuve de la capacité de ces organismes relativement simples à se perpétuer en s'adaptant à leur milieu. L'étude du vivant célèbre toute la diversité, tant passée que présente.

RETOUR SUR LE CONCEPT 34.8

1. Nommez des caractéristiques qui distinguent les Homininés des autres grands singes.
2. Donnez un exemple montrant que diverses caractéristiques des organismes de la lignée des Homininés ont évolué à des rythmes différents.
3. **ET SI ?** Selon certaines études génétiques, le plus récent ancêtre commun d'*H. sapiens* ayant vécu hors de l'Afrique a quitté l'Afrique il y a environ 50 000 ans. Comparez cette date avec celles des fossiles présentés dans le texte. Se pourrait-il que les résultats génétiques et les dates attribuées aux fossiles soient justes ? Expliquez votre réponse.

Voir les réponses proposées à la fin du chapitre.

RÉVISION DU CHAPITRE 34

RÉSUMÉ DES CONCEPTS CLÉS

Concept clé		Clade	Description
Concept 34.1 Les Cordés possèdent une corde dorsale et un tube neural dorsal creux (p. 813 à 817) **?** *Décrivez les caractéristiques probables de l'ancêtre commun des Cordés et expliquez votre raisonnement.*	**Cordés :** corde dorsale, tube neural dorsal creux, fentes ou rainures branchiales, queue musculaire postanale	Céphalocordés (amphioxus)	Cordés fondamentaux ; ces suspensivores marins présentent les quatre caractères dérivés propres aux Cordés.
		Urocordés (Tuniciers)	Suspensivores marins qui présentent, au stade larvaire, les caractères dérivés des Cordés.
Concept 34.2 Les Crâniates sont des Cordés pourvus d'une tête (p. 817 à 819) **?** *Comparez le mode de vie type des Crâniates et celui des Urocordés et des Céphalocordés.*	**Crâniates :** deux jeux de gènes *Hox*, crête neurale	Myxinoïdes (myxines)	Organismes marins dépourvus de mâchoires ; tête dotée d'un crâne, d'un cerveau, d'yeux et d'autres organes sensoriels.
Concept 34.3 Les Vertébrés sont des Crâniates pourvus d'une colonne vertébrale (p. 819 à 821) **?** *Nommez les caractéristiques communes à tous les fossiles de Vertébrés primitifs.*	**Vertébrés :** duplication des gènes *Dlx*, colonne vertébrale	Céphalaspidomorphes (lamproies)	Vertébrés sans mâchoires ; se nourrissent en s'agrippant à un Poisson dont ils percent le flanc pour en sucer le sang.
Concept 34.4 Les Gnathostomes sont des Vertébrés pourvus de mâchoires (p. 821 à 826) **?** *En quoi l'apparition d'organismes munis de mâchoires a-t-elle transformé les interactions écologiques ? Appuyez votre réponse sur des faits.*	**Gnathostomes :** mâchoires articulées, quatre jeux de gènes *Hox*	Chondrichtyens (requins, raies, chimères)	Gnathostomes aquatiques ; présentent un squelette cartilagineux, caractère dérivé issu de la réduction d'un squelette minéralisé ancestral.
	Ostéichthyens : squelette osseux	Actinoptérygiens (Poissons à nageoires rayonnées)	Gnathostomes aquatiques ; possèdent un squelette osseux et des nageoires maniables soutenues par des rayons.
	Sarcoptérygiens : membres ou nageoires musculeuses	Actinistiens (cœlacanthes)	Lignée primitive de Sarcoptérygiens vivant toujours dans l'océan Indien.
		Dipneustes (Poissons pulmonés)	Sarcoptérygiens dulcicoles dotés de poumons et de branchies ; groupe frère des Tétrapodes.
Concept 34.5 Les Tétrapodes sont des Gnathostomes pourvus de membres (p. 826 à 830) **?** *Quelles caractéristiques des Amphibiens ont confiné la plupart des espèces aux habitats terrestres humides et aux habitats aquatiques ?*	**Tétrapodes :** quatre membres, cou, soudure des os de la ceinture pelvienne à la colonne	Amphibiens (grenouilles, salamandres, cécilies)	Quatre membres dérivés de nageoires modifiées ; la plupart ont une peau humide par laquelle s'effectuent les échanges gazeux ; un grand nombre vivent dans l'eau (au stade larvaire) et sur la terre ferme (au stade adulte).
Concept 34.6 Les Amniotes sont des Tétrapodes dont l'œuf est adapté au milieu terrestre (p. 830 à 838) **?** *Pourquoi les Oiseaux sont-ils considérés comme des Reptiles ?*	**Amniotes :** œuf amniotique, ventilation par la cage thoracique	Reptiles (tuataras, lézards et serpents, tortues, crocodiles, Oiseaux)	L'un des deux groupes d'Amniotes modernes ; ont des œufs amniotiques et une cage thoracique qui ventile les poumons, des adaptations essentielles à la vie terrestre.
Concept 34.7 Les Mammifères sont des Amniotes pourvus de poils et produisant du lait (p. 838 à 846) **?** *Décrivez l'origine et l'évolution des premiers Mammifères.*		Mammifères (Monotrèmes, Marsupiaux, Euthériens)	Se sont développés à partir des Synapsides ; les Monotrèmes pondent des œufs (les échidnés et l'ornithorynque) ; les Marsupiaux ont une poche ventrale (kangourous, opossums) ; les Euthériens sont des Mammifères placentaires (comme les Rongeurs et les Primates).

CONCEPT 34.8

Les humains sont des Mammifères bipèdes pourvus d'un cerveau volumineux (p. 846 à 852)

- Les caractères dérivés que présentent les humains sont la bipédie, un cerveau plus volumineux et des mâchoires plus courtes que celles des autres grands singes.
- Les Homininés – soit les humains et les espèces qui y sont plus étroitement apparentées qu'aux chimpanzés – sont apparus en Afrique il y a au moins 6 millions d'années. Les premiers Homininés avaient un cerveau peu volumineux, mais marchaient probablement en position verticale.
- Les plus anciennes preuves de l'utilisation des outils sont vieilles de 2,5 millions d'années.
- *Homo ergaster* a été le premier Homininé complètement bipède pourvu d'un cerveau volumineux. *Homo erectus* a été le premier Homininé à quitter l'Afrique.
- Les Néanderthaliens ont vécu en Europe et au Proche-Orient au cours d'une période comprise entre 350 000 et 28 000 ans avant notre ère.
- *Homo sapiens* est apparu en Afrique il y a quelque 195 000 ans et s'est répandu sur d'autres continents il y a environ 115 000 ans.

? *Expliquez pourquoi il est fautif de présenter l'évolution humaine comme une route unique menant à* Homo sapiens.

ÉVALUATION

NIVEAU 1 : CONNAISSANCES ET COMPRÉHENSION

1. Les Vertébrés et les Tuniciers ont en commun :
a) des mâchoires adaptées à l'ingestion de nourriture.
b) un degré élevé de céphalisation.
c) des structures qui se forment à partir de la crête neurale.
d) un endosquelette qui comprend un crâne.
e) une corde dorsale et un tube neural dorsal creux.

2. Des Animaux qui ont vécu il y a 530 millions d'années ressemblaient à des Céphalocordés, mais possédaient un cerveau et un crâne. Ils pourraient représenter :
a) les premiers Cordés.
b) le « chaînon manquant » entre les Urocordés et les Céphalocordés.
c) des Crâniates primitifs.
d) des Marsupiaux.
e) des Gnathostomes n'appartenant pas au groupe des Tétrapodes.

3. Parmi les animaux suivants, lequel pourrait être considéré comme le plus récent ancêtre commun des Tétrapodes modernes ?
a) Un Sarcoptérygien pourvu de nageoires solides, vivant dans des eaux peu profondes et ayant des appendices qui prenaient appui sur le squelette comme chez les Vertébrés terrestres.
b) Un Placoderme cuirassé muni de mâchoires et de deux paires d'appendices.
c) Un Actinoptérygien primitif dont les paires de nageoires prenaient appui sur le squelette.
d) Une salamandre dont les pattes prenaient appui sur un squelette osseux, mais qui se déplaçait en se balançant d'un côté et de l'autre comme les Poissons.
e) Une cécilie terrestre primitive dont les pattes ont disparu au cours de l'évolution.

4. Qu'est-ce qui caractérise à la fois les Monotrèmes et les Marsupiaux, mais pas les Euthériens ?
a) L'absence de mamelons.
b) Une partie du développement embryonnaire se fait hors de l'utérus de la mère.
c) Ils pondent des œufs.
d) Ils vivent en Afrique et en Australie.
e) Ils sont exclusivement insectivores et herbivores.

5. Auquel des clades suivants les humains n'appartiennent-ils pas ?
a) Les Synapsides.
b) Les Sarcoptérygiens.
c) Les Diapsides.
d) Les Crâniates.
e) Les Ostéichthyens.

6. Lorsque les Homininés ont divergé des autres Primates, par quel caractère se sont-ils d'abord distingués ?
a) La réduction des mâchoires.
b) Le langage.
c) La bipédie.
d) La fabrication d'outils en pierre.
e) L'accroissement du volume du cerveau.

NIVEAU 2 : APPLICATION ET ANALYSE

7. LIEN AVEC L'ÉVOLUTION
Un scientifique observe que les membres vivants d'une lignée de Vertébrés peuvent être très différents des premiers membres de cette lignée et que la disparition de caractères est un phénomène courant. Illustrez ces observations à l'aide d'exemples précis, et expliquez les mécanismes évolutifs en cause.

NIVEAU 3 : SYNTHÈSE ET ÉVALUATION

8. INTÉGRATION
FAITES UN DESSIN Pour des raisons uniquement liées à leur taille, les organismes de grande taille ont tendance à avoir un cerveau plus volumineux que les organismes de petite taille. Néanmoins, certains organismes ont un cerveau considérablement plus volumineux que ce que leur taille laisserait supposer. Le développement et l'entretien d'un cerveau volumineux par rapport à sa taille demandent beaucoup d'énergie.
a) Les données géologiques révèlent dans certaines lignées, dont celle des Homininés, une tendance à l'augmentation du volume du cerveau par rapport à la taille des individus. Quelles déductions pourriez-vous faire sur l'importance relative des coûts et avantages d'un cerveau volumineux dans ces lignées ?
b) Formulez une hypothèse pour expliquer comment la sélection naturelle pourrait avoir favorisé l'évolution d'un cerveau volumineux en dépit de sa grande consommation d'énergie.
c) Le tableau ci-dessous présente des données sur 14 espèces d'Oiseaux. Présentez les données dans un diagramme en plaçant l'écart relatif au volume présumé du cerveau sur l'axe des x et le taux de mortalité sur l'axe des y. Quelle conclusion pouvez-vous tirer au sujet du rapport entre le volume du cerveau et le taux de mortalité ?

Écart relatif au volume présumé du cerveau*	−2,4	−2,1	2,0	−1,8	−1,0	0,0	0,3	0,7	1,2	1,3	2,0	2,3	3,0	3,2
Taux de mortalité	0,9	0,7	0,5	0,9	0,4	0,7	0,8	0,4	0,8	0,3	0,6	0,6	0,3	0,6

D. Sol *et al.*, Big-brained birds survive better in nature, *Proceedings of the Royal Society B* 274 : 763-769 (2007).

* Les valeurs < 0 indiquent un volume inférieur aux attentes ; les valeurs > 0 indiquent un volume supérieur aux attentes.

9. **ÉCRIVEZ UN TEXTE**
Les propriétés émergentes Les premiers Tétrapodes avaient une démarche irrégulière (comme celle d'un lézard) : le déplacement du pied droit vers l'avant faisait tourner le corps vers la gauche en comprimant le poumon et la partie gauche de la cage thoracique ; le phénomène se répétait inversement au pas suivant. De ce fait, ces animaux ne pouvaient dilater simultanément leurs deux poumons. Ils respiraient donc avec difficulté quand ils marchaient et la course empêchait toute respiration. Dans un court texte (de 100 à 150 mots), expliquez comment l'origine d'organismes comme les Dinosaures, dont la démarche ne comprimait pas les poumons, a pu favoriser l'émergence de propriétés au sein de communautés biologiques.

RÉPONSES DU CHAPITRE 34

Questions des figures

Figure 34.6 Les résultats présentés donnent à penser que des gènes *Hox* particuliers, et l'ordre selon lequel ils s'expriment, ont été remarquablement préservés au fil de l'évolution. **Figure 34.20** *T. roseae* était un Sarcoptérygien qui présentait des caractères propres aux Poissons et aux Tétrapodes. Comme un poisson, il avait des nageoires, des écailles et des branchies. Comme le veut le concept darwinien de descendance avec modification, on peut attribuer ce type de caractères communs à des espèces ancestrales; dans ce cas-ci, les ancêtres de *T. roseae* étaient des Poissons. Il présente aussi des traits absents chez les Poissons, mais spécifiques des Tétrapodes, notamment un crâne aplati, un cou, une cage thoracique complète et la structure osseuse de ses nageoires. Ces caractères illustrent la seconde partie du concept de descendance avec modification, qui montre comment des caractéristiques ancestrales se sont modifiées avec le temps. **Figure 34.21** Quelque part entre 380 et 340 millions d'années avant notre ère. Cette déduction s'appuie sur le fait que les Amphibiens n'ont pas pu émerger avant l'apparition de l'ancêtre commun le plus récent de *Tulerpeton* et des Tétrapodes actuels (et cet ancêtre vivait il y a 380 millions d'années), sans dépasser la date des plus anciens fossiles connus d'Amphibiens (il y a 340 millions d'années, selon la figure). **Figure 34.25** Avec le groupe des Crocodiliens. Parmi les Amniotes actuels, les Crocodiliens forment le groupe frère des Oiseaux. Il est donc probable que les séquences d'ADN des Oiseaux ressemblent davantage à celles des Crocodiliens qu'à celles d'Amniotes moins étroitement apparentés. **Figure 34.37** En général, l'exaptation se produit lorsqu'une structure remplissant une fonction acquiert une fonction différente au cours d'une série de stades intermédiaires. Chacun de ces stades intermédiaires remplit généralement une fonction dans l'organisme. L'intégration des os articulaire et carré dans l'oreille intermédiaire des Mammifères est un exemple d'exaptation puisqu'à l'origine ces os faisaient partie de la mâchoire, où ils tenaient lieu d'articulation. Avec le temps, cependant, ils ont été affectés à une autre fonction: la transmission du son. **Figure 34.43** La phylogenèse montre que les humains forment le groupe frère de la lignée dont font partie les chimpanzés et les bonobos. Cette relation ne s'accorde pas avec l'idée voulant que les humains descendent de l'une ou l'autre de ces espèces. S'ils descendaient du chimpanzé, par exemple, la lignée humaine apparaîtrait dans la lignée du chimpanzé, tout comme les Oiseaux sont rangés dans le clade des Reptiles (voir la figure 34.25). **Figure 34.50** Non. La phylogenèse présentée sous la rubrique «Résultats» ne nous renseigne pas sur le moment où se sont produites les bifurcations, ni d'ailleurs sur quelque époque que ce soit. Aussi, bien qu'elle montre un ordre relatif de divergence des lignées, nous ne pouvons en déduire à quel moment chacune s'est produite.

Retour sur le concept 34.1

1. Les quatre caractères sont la corde dorsale, le tube neural dorsal creux, les rainures ou fentes branchiales et la queue musculaire postanale. **2.** Chez les humains, ces caractères ne sont présents qu'au stade embryonnaire. Au stade adulte, la corde dorsale ne subsiste que sous forme de disques intervertébraux, la queue disparaît presque complètement et les fentes branchiales donnent naissance à diverses structures. **3.** Pas nécessairement. L'ancêtre commun des Cordés a peut-être présenté ce gène, lequel a disparu ensuite de la lignée des Céphalocordés, mais non de celle des autres Cordés. Cependant, il se peut aussi que ce gène ait été absent chez l'ancêtre commun des Cordés; cela aurait pu se produire si le gène était apparu après que les Céphalocordés aient divergé des autres Cordés, mais avant que les Urocordés en fassent autant.

Retour sur le concept 34.2

1. Les myxines possèdent une tête et un crâne cartilagineux, un cerveau de petite taille, des organes sensoriels et des structures semblables à des dents. Elles présentent une crête neurale, des branchies et des systèmes organiques plus complets que ceux des Urocordés. En outre, elles sont dotées de glandes sécrétant une matière gluante qui les protège des prédateurs et repousse vraisemblablement les autres charognards. **2.** *Myllokunmingia*. Les fossiles de cet organisme témoignent de la présence de capsules sensorielles (celles des yeux et des oreilles); ces structures font partie du crâne. *Myllokunmingia* est donc considéré comme un Crâniate, comme les humains. *Haikouella* n'avait pas de crâne. **3.** Cette constatation donne à penser que la sélection naturelle a favorisé les premiers organismes dotés d'une tête, et ce, dans plusieurs lignées. Or, s'il peut sembler logique d'affirmer que le fait d'avoir une tête constituait un avantage, les fossiles ne suffisent pas pour en faire la preuve.

Retour sur le concept 34.3

1. Les lamproies possèdent une bouche circulaire et une langue râpeuse à l'aide de laquelle elles s'agrippent aux poissons. Les Conodontes présentaient deux séries d'éléments dentaires minéralisés qu'ils utilisaient, semble-t-il, pour embrocher leurs proies et les découper. **2.** Chez les Vertébrés cuirassés dépourvus de mâchoires, le tissu osseux formait une protection externe contre les prédateurs. Certaines espèces présentaient aussi des éléments dentaires minéralisés qui leur ont permis de devenir des charognards et des prédateurs. D'autres encore présentaient des nageoires rayonnées minéralisées, qui leur permettaient peut-être de nager plus vite et de mieux manœuvrer lors de leurs déplacements.

Retour sur le concept 34.4

1. Les requins et les thons sont des Gnathostomes qui possèdent des mâchoires, quatre groupes de gènes *Hox*, un cerveau antérieur plus gros que celui des autres Crâniates et un organe sensoriel de la ligne latérale. Chez les requins, le squelette osseux a fait place à un squelette constitué en grande partie de cartilage, tandis que chez les thons il est demeuré osseux. De plus, les requins possèdent une valvule spirale. Les thons, de leur côté, ont un opercule et une vessie natatoire, de même que des nageoires soutenues par des rayons flexibles. **2.** Les Gnathostomes aquatiques possèdent des mâchoires (une adaptation qui facilite l'alimentation), des nageoires jumelées et une queue (une adaptation qui facilite la nage). Ils présentent en outre une forme généralement aérodynamique qui optimise le déplacement dans l'eau, une vessie natatoire et d'autres mécanismes (comme l'emmagasinage d'huile chez les requins) qui augmentent la flottabilité. **3.** Cela aurait pu effectivement se produire. Les nageoires jumelées des Gnathostomes aquatiques autres que les Sarcoptérygiens auraient pu servir de point de départ à l'évolution de membres. La colonisation terrestre par ces Gnathostomes aurait peut-être été plus aisée pour les lignées dotées de poumons, qui auraient permis la respiration.

Retour sur le concept 34.5

1. L'origine des Tétrapodes remonte à quelque 365 millions d'années, lorsque l'évolution a transformé les nageoires de certains Sarcoptérygiens. En plus de leurs quatre membres munis de doigts – le caractère dérivé auquel ils doivent leur nom –, les Tétrapodes ont aussi un cou (formé de vertèbres qui séparent la tête du reste du corps) et une ceinture pelvienne soudée à la colonne vertébrale; ils sont dépourvus de fentes branchiales. **2.** Certaines espèces uniquement aquatiques se développent selon un processus de pédomorphose, c'est-à-dire qu'elles conservent des caractéristiques larvaires à l'âge adulte. Les espèces qui vivent dans des environnements secs peuvent éviter la déshydratation en demeurant dans des terriers ou sous des feuilles humides; des adaptations comme la fabrication de nids mousseux et l'ovoviviparité ou la viviparité leur permettent de protéger les œufs. **3.** De nombreux Amphibiens passent une partie de leur vie en milieu aquatique, pour ensuite vivre en milieu terrestre. Ils risquent donc d'être exposés à une grande variété de problèmes environnementaux, notamment la pollution de l'eau et de l'air et la perte ou la dégradation d'habitats aquatiques et terrestres. De plus, les Amphibiens ont une peau extrêmement perméable qui les protège peu des conditions externes, et leurs œufs sont dépourvus d'une coquille protectrice.

Retour sur le concept 34.6

1. L'œuf amniotique protège l'embryon et rend possible son développement sur la terre ferme, éliminant la nécessité d'un environnement aquatique pour la reproduction. La ventilation par la cage thoracique constitue aussi une adaptation clé puisqu'elle améliore l'entrée d'air et aurait permis aux premiers Amniotes de respirer autrement que par la peau. Enfin, en ne servant plus à la respiration, la peau est devenue relativement imperméable, ce qui a permis aux Amniotes d'éviter les pertes d'eau. **2.** Oui. Bien qu'ils soient dépourvus de membres, les serpents descendent de lézards qui en ont. Certains serpents ont conservé des vestiges des os qui formaient le bassin et les pattes, ce qui confirme leur ascendance. **3.** Les Oiseaux présentent des adaptations qui favorisent la réduction de la masse, comme l'absence de dents et de vessie, et la présence d'un seul ovaire chez les femelles. Le vol est aussi facilité par les adaptations suivantes : les ailes et les plumes, et des systèmes respiratoire et cardiovasculaire qui permettent un métabolisme élevé.

4.

AMNIOTE ANCESTRAL
Synapsides
Mammifères
Parareptiles
Archosauriens
Crocodiliens
Ptérosauriens
Dinosauriens
Dinosaures ornithischiens
Saurischiens
Dinosaures saurischiens autres que les Oiseaux
Oiseaux
Diapsides
Plus récent ancêtre commun de tous les Reptiles actuels
Plésiosauriens
Ichthyosauriens
Tortues
Lépidosauriens
Tuataras
Squamates

Selon la prémisse établie dans l'énoncé, tous les groupes de la figure 34.25 feraient partie des Reptiles, sauf les Parareptiles et les Mammifères.

Retour sur le concept 34.7

1. Les Monotrèmes pondent des œufs. Les Marsupiaux donnent naissance à de minuscules petits qui s'agrippent à un mamelon de la mère dans sa poche ventrale, où ils terminent leur développement fœtal. Les Euthériens mettent au monde des petits bien développés. **2.** Des mains et des pieds qui permettent de s'agripper ; des ongles plats ; un cerveau volumineux ; des yeux rapprochés situés sur le devant d'un visage plat ; des soins parentaux ; un gros orteil et un pouce mobiles. **3.** Les Mammifères sont endothermes, ce qui leur permet de vivre dans divers habitats. Le lait procure aux petits un apport équilibré de nutriments, et le poil et la couche de graisse sous la peau permettent aux Mammifères de garder leur chaleur. Les Mammifères ont des dents différenciées, ce qui leur permet de manger toutes sortes d'aliments. Leur cerveau est aussi relativement volumineux, et de nombreuses espèces sont capables d'apprendre. Après l'extinction massive survenue à la fin du Crétacé, l'absence de grands dinosaures terrestres a peut-être libéré des niches écologiques pour les Mammifères et favorisé leur radiation adaptative. La dérive des continents a en outre isolé de nombreux groupes de Mammifères, ce qui a favorisé la formation d'un grand nombre de nouvelles espèces.

Retour sur le concept 34.8

1. À l'intérieur du clade des grands singes, les Homininés forment un clade groupant les humains et toutes les espèces plus étroitement apparentées aux humains qu'aux autres grands singes actuels. Les caractères dérivés des Homininés sont la bipédie et un cerveau relativement volumineux. **2.** Chez les Homininés, la bipédie est survenue bien avant que le cerveau augmente de volume. *Homo ergaster*, par exemple, se tenait complètement droit ; il était bipède et aussi grand que l'humain moderne, mais son cerveau était beaucoup plus petit que le nôtre. **3.** Oui, les deux sont justes. *Homo sapiens* pourrait avoir fondé des populations hors de l'Afrique aussi tôt qu'il y a 115 000 ans, comme l'indiquent les archives géologiques. Cependant, il ne reste peut-être pas de descendants de ces populations (ou alors très peu) aujourd'hui. Tous les humains modernes descendent peut-être d'Africains qui se sont disséminés depuis l'Afrique, il y a environ 50 000 ans, comme l'indiquent les données génétiques.

Questions du résumé des concepts clés

Concept 34.1 Les Céphalocordés constituent le groupe le plus fondamental des Cordés actuels et présentent, au stade adulte, des caractères dérivés des Cordés. On peut donc penser que l'ancêtre commun des Cordés aurait pu ressembler à un Céphalocordé, avec une bouche sur sa partie antérieure ainsi que les quatre caractères dérivés suivants : une corde dorsale, un tube neural dorsal creux, des rainures ou fentes branchiales et une queue musculaire postanale. **Concept 34.2** Les Crâniates ont une tête et un système musculaire plus développé que celui des Urocordés et des Céphalocordés. Ces caractéristiques permettent aux Crâniates d'adopter et de coordonner des comportements plus complexes que ce que l'on observe chez les Urocordés et les Céphalocordés. Les myxines, par exemple, sont des animaux charognards qui se nourrissent de vers et de poissons malades ou morts, alors que les amphioxus et les ascidies se nourrissent en filtrant l'eau pour en retenir des particules comestibles. **Concept 34.3** Les Conodontes, qui comptent parmi les premiers Vertébrés relevés dans les archives géologiques, ont abondé pendant plus de 300 millions d'années. Ils étaient dépourvus de mâchoires, mais leurs dents fort bien développées constituent les premiers signes de formation osseuse. D'autres espèces de Vertébrés sans mâchoires se sont dotés d'une cuirasse qui recouvrait leur corps et les protégeait probablement des prédateurs. Comme les lamproies, ces espèces se déplaçaient grâce à des nageoires jumelées, et une oreille interne munie de deux canaux semi-circulaires leur procurait leur sens de l'équilibre. Il existait de nombreuses espèces de ces Vertébrés cuirassés sans mâchoires, mais à la fin du Dévonien, il y a 359 millions d'années, ils avaient tous disparu. **Concept 34.4** L'apparition des mâchoires a changé la façon dont les Gnathostomes se procuraient leur nourriture, ce qui a eu des effets importants sur les interactions écologiques. Les prédateurs pouvaient utiliser leurs mâchoires pour saisir des proies ou mordre dans leur chair, ce qui a stimulé l'évolution de moyens de défense de plus en plus complexes chez les proies. Les archives géologiques en témoignent d'ailleurs, notamment par des fossiles de prédateurs atteignant 10 m de longueur et dotés de mâchoires très puissantes, ainsi que par des lignées d'espèces dont le corps était recouvert de plaques cuirassées pour se protéger de l'attaque des prédateurs. **Concept 34.5** Les Amphibiens ont besoin de l'eau pour se reproduire ; leur corps peut se déshydrater rapidement, car leur peau est très perméable et doit rester humide ; enfin, les œufs des Amphibiens sont dépourvus de coquille, donc sujets à la déshydratation. **Concept 34.6** Les Oiseaux descendent de Dinosaures appelés Théropodes, et les Dinosaures font partie de la lignée des Archosauriens, l'une des deux lignées principales des Reptiles. Les autres Reptiles archosauriens actuels, les Crocodiliens, sont plus proches parents des Oiseaux qu'ils ne le sont des Reptiles des autres lignées, comme le lézard. Par conséquent, les Oiseaux sont considérés comme des Reptiles. (Notez que, si l'on excluait les Oiseaux du groupe des Reptiles, ceux-ci ne formeraient pas un clade, mais un groupe paraphylétique.) **Concept 34.7** Les Mammifères font partie d'un groupe d'Amniotes appelés Synapsides. Les Synapsides primitifs (qui n'étaient pas des Mammifères) pondaient des œufs et avaient une démarche bancale. Les archives géologiques montrent que les caractéristiques des Mammifères sont apparues graduellement au cours d'une période de plus de 100 millions d'années. Par exemple, les mâchoires se sont modifiées avec le temps chez les Synapsides non mammaliens jusqu'à finir par ressembler à celles des Mammifères. Les premiers Mammifères ont fait leur apparition il y a 180 millions d'années, mais la plupart étaient petits et peu abondants, et n'étaient pas des membres dominants de leur communauté. Il a fallu l'extinction des Dinosaures pour que les Mammifères prennent leur place. **Concept 34.8** Les archives géologiques indiquent que de 4,5 à 2,5 millions d'années avant notre ère, une grande variété d'Homininés marchaient en position verticale, mais possédaient un cerveau relativement petit. Il y a environ 2,5 millions d'années, les premiers représentants du genre *Homo* ont fait leur apparition. Ces espèces utilisaient des outils et leur cerveau était plus volumineux que celui de leurs prédécesseurs. Selon les archives géologiques, de nombreux représentants du genre *Homo* ont vécu à différentes époques. De plus, jusqu'à il y a environ 1,3 million d'années, ces diverses espèces d'*Homo* coexistaient avec des Homininés de lignées antérieures, comme *Paranthropus*. Ces diverses espèces se distinguaient par la taille, le volume du cerveau, la morphologie dentaire et l'aptitude à utiliser des outils. Parmi toutes ces espèces, seul *Homo sapiens* a survécu. L'évolution humaine doit donc être vue comme un arbre aux nombreuses ramifications – et dont une seule lignée a survécu – plutôt que comme une route évolutive linéaire menant à *H. sapiens*.

ÉVALUATION

1. e; **2.** c; **3.** a; **4.** b; **5.** c; **6.** c; **8.** (a) Puisque le volume du cerveau a tendance à augmenter de façon constante dans ces lignées, nous pouvons conclure que la sélection naturelle a favorisé l'évolution vers un cerveau volumineux, donc que les avantages ont dépassé les coûts. (b) Dans la mesure où les avantages d'un cerveau volumineux, par rapport à la taille de l'Oiseau, sont supérieurs aux coûts, le cerveau volumineux peut évoluer. La sélection naturelle peut avoir favorisé l'évolution de cerveaux volumineux par rapport à la taille parce qu'ils confèrent un avantage sur le plan de la reproduction et de la survie.

(c)

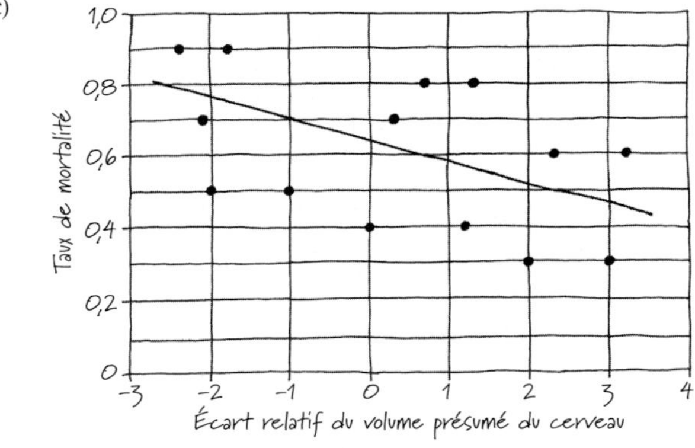

Le taux de mortalité à l'âge adulte semble moins élevé chez les Oiseaux dotés d'un cerveau plus volumineux.

35

Anatomie, croissance et développement des Végétaux

▲ **Figure 35.1** Art informatique ?

CONCEPTS CLÉS

INTRODUCTION

Les plantes sont-elles des ordinateurs ?

L'objet illustré à la **figure 35.1** n'est pas la création d'un génie de l'informatique doué d'une intuition artistique. Il s'agit d'une tête de chou romanesco (*Brassica oleracea* var. *botrytis*), un proche parent comestible du brocoli. Chacun de ses fleurons est une reproduction en miniature du chou romanesco entier, ce qui lui confère sa beauté fascinante. (Les mathématiciens appellent ces formes répétitives des *fractales*.) Le chou romanesco semble avoir été généré par un ordinateur, du fait que son schéma de croissance suit une séquence d'instructions répétitive. Comme dans la plupart des Végétaux, l'apex (extrémité) des tiges en croissance élabore de façon répétée un motif de feuille... de bourgeon... de tige. Ces schémas de développement répétitifs sont génétiquement déterminés et soumis à la sélection naturelle. Par exemple, une mutation qui raccourcit les segments de tiges entre les feuilles crée une plante plus touffue. Si, grâce à cette structure modifiée, la plante est en mesure d'accéder plus facilement à des ressources comme la lumière et peut ainsi laisser une descendance plus nombreuse, ce caractère se répétera alors plus fréquemment chez les générations suivantes : cela serait un signe d'évolution.

Le chou romanesco respecte de façon exceptionnelle son organisation structurale fondamentale. La majorité des Végétaux présentent une très grande diversité de formes, étant donné que leur croissance, beaucoup plus que celle des Animaux, est influencée par les conditions environnementales locales. Tous les lions, par exemple, ont quatre pattes et sont à peu près de la même taille, mais les chênes se distinguent par le nombre et la disposition de leurs branches. Cela s'explique par le fait que les lions et les autres Animaux réagissent à des difficultés et à des possibilités dans leur environnement local en se déplaçant, alors que les Végétaux, eux, réagissent en modifiant leur croissance. L'éclairage latéral d'une plante, par exemple, crée des asymétries dans son plan d'organisation fondamental. Les branches croissent plus rapidement du côté éclairé d'une tige que du côté ombragé, ce qui représente un changement structural avantageux pour la photosynthèse. Pour comprendre comment les plantes interagissent avec leur environnement, il est essentiel de reconnaître leur développement hautement adaptatif.

Dans les chapitres 29 et 30, nous avons décrit l'évolution des Végétaux, des Algues vertes jusqu'aux Angiospermes (plantes à fleurs). La sixième partie portera principalement sur les Angiospermes, étant donné que les plantes à fleurs servent de producteurs principaux dans de nombreux écosystèmes et ont une grande importance en agriculture. Nous commencerons par examiner la structure des plantes à fleurs et le mode de développement de ces Végétaux.

CONCEPT 35.1

Les Végétaux possèdent une organisation hiérarchique constituée d'organes, de tissus et de cellules

Comme chez la plupart des Animaux, les organes des Végétaux sont composés de tissus qui sont eux-mêmes composés de différents types de cellules. Un **tissu** est un ensemble de cellules, constitué d'un ou de plusieurs types de cellules, qui, ensemble, remplissent une fonction spécialisée. Un **organe** est constitué de divers tissus qui, ensemble, exécutent des fonctions particulières. Nous commencerons notre étude de ces éléments structuraux par les organes, étant donné qu'ils sont les plus familiers et les plus faciles à observer. En étudiant la hiérarchie des éléments structuraux des Végétaux, retenez bien comment la sélection naturelle a produit les formes des Végétaux qui correspondent à leur fonction à tous les niveaux d'organisation.

Les trois organes fondamentaux des Végétaux: les racines, les tiges et les feuilles

Les Vasculaires ont une morphologie fondamentale qui reflète leur évolution sur la terre ferme, où elles doivent puiser leurs ressources dans deux milieux très différents: l'un souterrain, l'autre aérien. Elles doivent tirer l'eau et les minéraux du sol, et capter le CO_2 et la lumière dans l'air. La capacité d'acquérir ces ressources efficacement est attribuable à l'évolution de trois organes fondamentaux: les racines, les tiges et les feuilles. Ces organes forment le **système racinaire**, qui comprend les racines, et le **système caulinaire**, qui comprend les tiges et les feuilles (**figure 35.2**). À part quelques exceptions, les deux systèmes sont essentiels à la survie des Vasculaires. En général, les racines sont non photosynthétiques; elles ont besoin des *photosynthétats*, soit les glucides produits au cours de la photosynthèse, qui sont fabriqués par le système caulinaire. Inversement, les tissus du système caulinaire ont besoin de l'eau et des minéraux absorbés par le système racinaire.

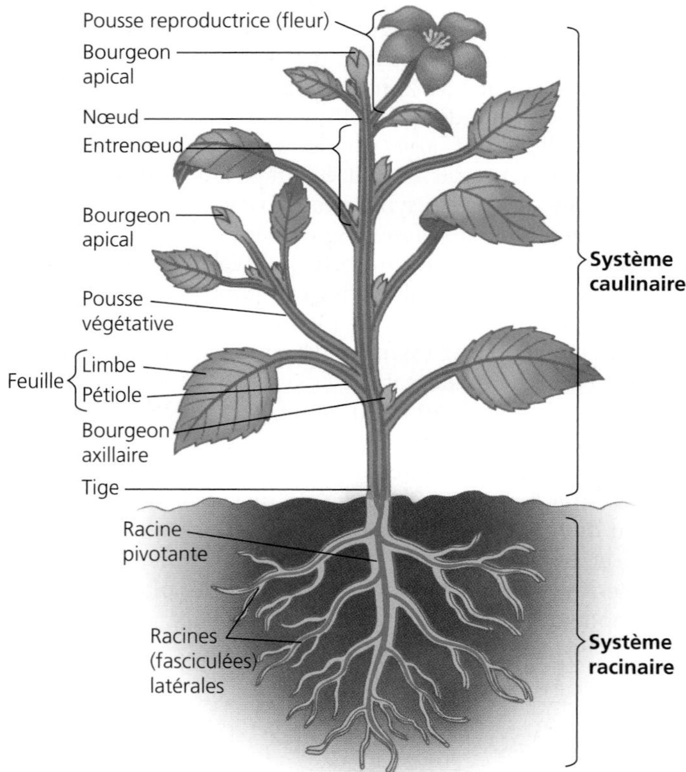

▲ **Figure 35.2 Aperçu d'une Angiosperme.** La structure des Végétaux est divisée en deux: le système racinaire et le système caulinaire, qui sont reliés par des tissus conducteurs (en violet dans l'illustration) présents dans toute la plante. La plante illustrée est une Eudicotylédone théorique.

La croissance végétative (la production de feuilles, de tiges et de racines non reproductrices) n'est qu'une des étapes de la vie d'une plante. La plupart des Végétaux sont soumis à une croissance liée à la reproduction sexuée. Chez les Angiospermes, les pousses reproductrices portent des fleurs, qui se composent de feuilles fortement modifiées pour la reproduction sexuée. Plus loin dans le présent chapitre, nous discuterons de la transition entre la formation des pousses végétatives et la formation des pousses reproductrices.

En décrivant les organes des Végétaux, nous présenterons surtout des exemples des deux principaux groupes d'Angiospermes: les Monocotylédones et les Eudicotylédones (voir la figure 30.13, p. 730 et 731).

Les racines

Les **racines** fixent solidement les Vasculaires au sol, absorbent les minéraux et l'eau, et emmagasinent souvent des glucides. La plupart des Eudicotylédones et des Gymnospermes possèdent un *système racinaire pivotant*. Celui-ci est constitué d'une racine principale verticale (la **racine pivotante**) qui se développe à partir d'une racine embryonnaire. La racine pivotante donne naissance à des **racines latérales**, également appelées racines fasciculées (voir la figure 35.2). Les systèmes racinaires pivotants pénètrent profondément dans le sol et sont donc bien adaptés aux sols profonds, où les eaux souterraines sont loin de la surface.

Chez la plupart des Monocotylédones, telles que les Graminées, la racine embryonnaire meurt et ne forme pas une racine pivotante. Au lieu de cela, plusieurs petites racines croissent sur la tige. Ces racines sont appelées *adventives* (du latin *adventicius*, «qui vient du dehors»); ce terme désigne toute partie poussant à un endroit inhabituel, comme les racines qui se développent sur les tiges ou les feuilles. Chacune des petites racines forme ses propres racines latérales. Il en résulte un *système racinaire fasciculé*, composé d'un ensemble de fines racines qui se répandent sous la surface du sol (voir la figure 30.13). Le système racinaire fasciculé est habituellement superficiel et est donc mieux adapté aux sols peu profonds ou aux régions où les chutes de pluie sont légères et ne mouillent le sol qu'en surface. La plupart des Graminées ont des racines superficielles; elles sont concentrées dans les quelques premiers centimètres de sol. L'herbe est un excellent couvre-sol pour prévenir l'érosion, car ses racines maintiennent en place la couche superficielle du sol.

C'est le système racinaire au complet qui permet aux plantes de bien s'ancrer dans le sol, mais pour la plupart des Végétaux la majeure partie de l'absorption de l'eau et des minéraux est effectuée près de l'apex (extrémité) des racines, où se trouvent un très grand nombre de **poils absorbants** qui augmentent considérablement la surface d'absorption (**figure 35.3**). Ces poils sont de minces prolongements tubulaires des cellules épidermiques. Il ne faut toutefois pas les confondre avec les racines latérales, qui sont des organes. Malgré leur grande surface, les poils absorbants, contrairement aux racines latérales, contribuent peu à l'ancrage des plantes. Leur principale fonction est l'absorption.

Les racines de nombreuses plantes ont subi des adaptations leur conférant des fonctions spécialisées (**figure 35.4**). Certaines de ces adaptations touchent la forme des racines; d'autres les rendent adventives, ce qui fait qu'elles peuvent croître sur les tiges et, dans de rares cas, sur les feuilles. Certaines

► **Figure 35.3 Les poils absorbants d'un semis de radis (*Raphanus sativus*).** Les poils absorbants poussent par milliers juste avant l'apex de chaque racine. En augmentant la surface de la racine, ils favorisent l'absorption de l'eau et des minéraux du sol.

▼ **Figure 35.4 Les adaptations des racines au cours de l'évolution.**

▲ **Racines échasses.** Les racines aériennes du hala (*Pandanus tectorius*) sont des racines échasses, appelées ainsi parce qu'elles supportent les plantes hautes et lourdes. Ces arbres poussent le long des côtes dans le Pacifique Sud, où le sol sablonneux est peu profond et instable.

◄ **Racines de stockage.** De nombreuses plantes, comme la betterave (*Beta vulgaris*), stockent les nutriments et l'eau dans leurs racines.

◄ **Racines aériennes « étranglantes ».** Les graines de ce figuier-étrangleur (*Ficus aurea*) germent dans les branches de grands arbres d'une autre espèce et envoient beaucoup de racines aériennes au sol. Ces racines semblables à des serpents s'enroulent graduellement autour de l'arbre hôte ou d'objets tels que ce temple cambodgien en ruine. L'arbre hôte finit par mourir d'un manque de lumière causé par les feuilles du figuier.

▼ **Racines à contreforts.** En raison des conditions d'humidité qui règnent dans les tropiques, les systèmes racinaires de nombreux grands arbres sont étonnamment peu profonds. Les racines aériennes qui ressemblent à des contreforts, comme celles de ce kapokier d'Amérique centrale (*Ceiba pentandra*), fournissent un support aux troncs de ces arbres.

▲ **Pneumatophores.** Aussi appelés racines respiratoires, les pneumatophores sont produits par des arbres comme les palétuviers qui vivent dans les marais littoraux. En sortant de la surface de l'eau, les pneumatophores permettent au système racinaire d'obtenir de l'oxygène, qui manque dans cette boue épaisse et noyée d'eau.

racines modifiées ajoutent au soutien et à l'ancrage. D'autres emmagasinent de l'eau et des nutriments, ou absorbent de l'oxygène ou de l'eau en les puisant dans l'air.

Les tiges

Une **tige** est un organe qui élève ou sépare les feuilles, les exposant au soleil. Elle élève également les structures reproductrices, facilitant la dispersion du pollen et des fruits. Sur chaque tige alternent des **nœuds**, qui sont les points d'attache des feuilles ou des branches, et des **entrenœuds**, qui sont les segments de tige compris entre deux nœuds (voir la figure 35.2). À l'intersection supérieure (aisselle) d'une feuille et de la tige se trouve un **bourgeon axillaire**, structure capable de donner une tige latérale couramment appelée branche. Les jeunes bourgeons axillaires croissent habituellement très lentement: l'allongement d'une jeune tige se concentre en effet près de son apex, où se trouve un **bourgeon apical**, ou bourgeon terminal, comprenant des feuilles en développement et une série compacte de nœuds et d'entrenœuds.

La présence de bourgeons axillaires près du bourgeon apical est en partie responsable de leur dormance. L'inhibition de la croissance des bourgeons axillaires par le bourgeon apical porte le nom de **dominance apicale**. Si un animal mange le bourgeon apical ou si l'ombrage fait en sorte que la lumière est plus intense sur le côté de la plante, les bourgeons axillaires sortent de leur dormance et commencent à croître. Ils deviennent alors des tiges latérales complètes possédant un bourgeon terminal, des feuilles et des bourgeons axillaires. Ainsi, l'élimination du bourgeon apical stimule la croissance des bourgeons axillaires, ce qui donne plus de tiges latérales. On joue avec ce phénomène quand on taille des arbres fruitiers et des arbustes et quand on pince les tiges des plantes d'intérieur pour les rendre plus touffues. Les changements hormonaux qui régissent la dominance apicale sont traités au chapitre 39.

Certaines plantes ont des tiges qui remplissent d'autres fonctions, comme le stockage de matières nutritives et la reproduction asexuée. Ces tiges modifiées prennent la forme de rhizomes, de bulbes, de stolons et de tubercules. On les confond souvent avec des racines (**figure 35.5**).

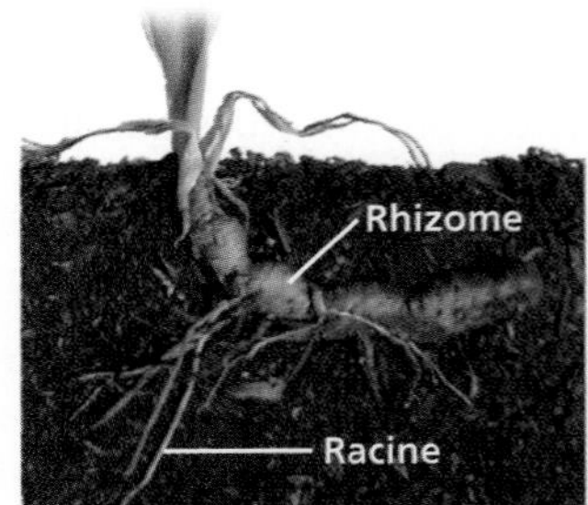

◀ **Les rhizomes.** La base de ce plant d'iris (*Iris sp.*) est un exemple de rhizome, une tige horizontale qui croît juste sous la surface du sol. Les pousses verticales se développent à partir des bourgeons axillaires sur le rhizome.

▶ **Les bulbes** sont des pousses verticales souterraines qui sont composées en grande partie de la base charnue de feuilles et qui emmagasinent des matières nutritives. Cette coupe frontale d'un bulbe d'oignon (*Allium cepa*) montre le grand nombre de feuilles modifiées fixées à une courte tige.

Feuilles de stockage

Tige

▶ **Les stolons** de ce fraisier (*Fragaria sp.*) sont des pousses horizontales qui croissent à la surface du sol. Ces « filets » permettent à la plante de se reproduire de manière asexuée en produisant plusieurs petits plants en périphérie.

◀ **Les tubercules**, comme ceux de la pomme de terre (*Solanum tuberosum*), sont des extrémités renflées de rhizomes ou de stolons et sont spécialisés dans le stockage de matières nutritives. Les « yeux » sont des grappes de bourgeons axillaires indiquant des nœuds.

▲ **Figure 35.5 Les adaptations des tiges au cours de l'évolution.**

Les feuilles

Même si les tiges vertes effectuent aussi la photosynthèse, les **feuilles** constituent le principal organe photosynthétique chez la plupart des Vasculaires. Elles ont des formes qui varient considérablement, mais se composent généralement d'un **limbe** plat et d'une queue, le **pétiole**, qui relie la feuille au nœud de la tige (voir la figure 35.2). Les Graminées et la plupart des autres Monocotylédones n'ont pas de pétioles. La base de la feuille possède à la place une gaine qui enveloppe la tige.

Les **nervures** constituent le tissu conducteur des feuilles. La disposition des nervures des feuilles de Monocotylédones diffère de celle des feuilles d'Eudicotylédones. Les feuilles de la plupart des Monocotylédones possèdent des nervures principales parallèles qui traversent le limbe dans sa longueur. Les feuilles des Eudicotylédones disposent généralement d'un réseau ramifié de nervures principales (voir la figure 30.13, p. 730 et 731).

Les taxinomistes identifient les Angiospermes selon la structure, en se fiant surtout à la morphologie des fleurs, mais aussi selon les variations de celle des feuilles (forme des feuilles, disposition des nervures et distribution spatiale sur la tige, notamment). La **figure 35.6** illustre une variation de la morphologie foliaire: une feuille simple par rapport à deux types de feuilles composées. De nombreuses feuilles, comme celles du sumac vénéneux (ou herbe à puce, *Toxicodendron radicans*), sont composées ou composées pennées. Cette adaptation structurale permet aux feuilles de supporter les grands vents sans se déchirer. Elle peut également confiner certains agents pathogènes (des organismes qui causent des maladies et des

▼ **Figure 35.6 Feuille simple et feuilles composées.**

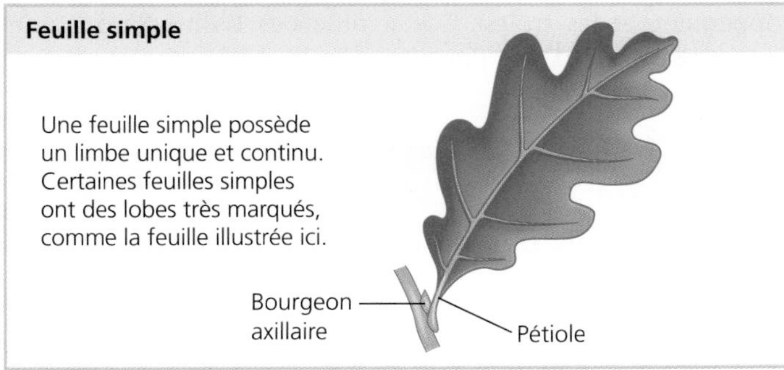

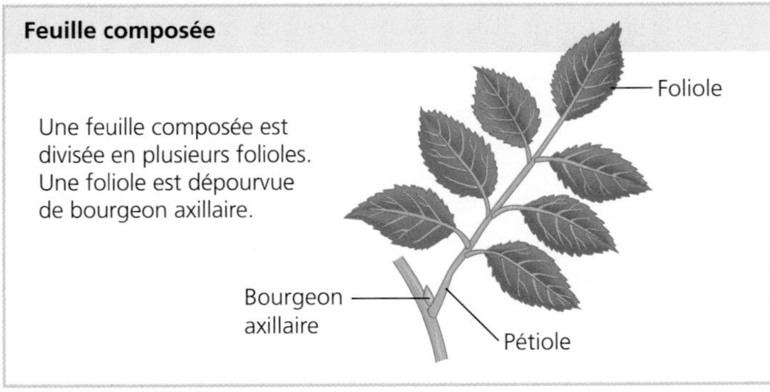

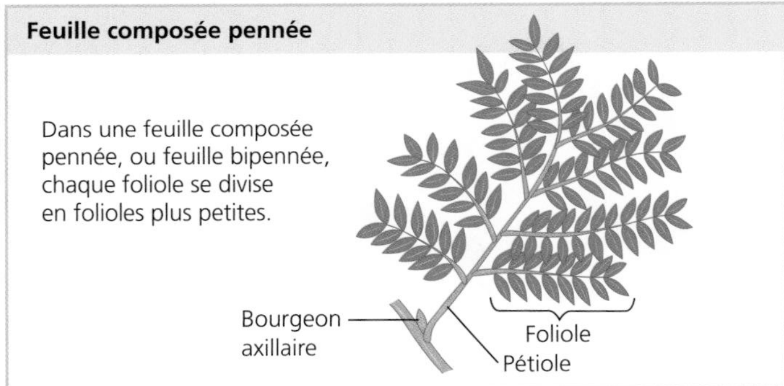

virus) qui envahissent la feuille à une seule foliole, au lieu de les laisser s'étendre à toute la feuille.

Feuille composée pennée
Dans une feuille composée pennée, ou feuille bipennée, chaque foliole se divise en folioles plus petites.
Une feuille simple possède un limbe unique et continu. Certaines feuilles simples ont des lobes très marqués, comme la feuille illustrée ici.
Bourgeon axillaire
Foliole
Pétiole

Presque toutes les feuilles sont spécialisées dans la photosynthèse. Cependant, les feuilles de certaines espèces se sont adaptées pour remplir d'autres fonctions, comme le soutien, la protection, le stockage ou la reproduction (**figure 35.7**).

Les tissus de revêtement, les tissus conducteurs et les tissus fondamentaux

Chacun des organes (feuille, tige et racine) des plantes est fait de trois catégories de tissus: les tissus de revêtement, les tissus conducteurs (ou vasculaires) et les tissus fondamentaux. Chacun de ces trois groupes forme une **catégorie de tissus**, une unité fonctionnelle qui relie tous les organes d'une plante. Toutes les catégories de tissus parcourent la plante entière de manière continue, mais les caractéristiques de chacune des catégories et leur position relative varient d'un organe à l'autre (**figure 35.8**).

Les **tissus de revêtement** constituent la couche protectrice externe de la plante. Tout comme notre peau, cette couche est la première ligne de défense contre les agressions physiques et les agents pathogènes. Chez les plantes non ligneuses, les tissus de revêtement se composent normalement d'une seule couche de cellules étroitement serrées, appelée **épiderme**. L'épiderme des feuilles et de la plupart des tiges sécrète une couche de substance cireuse appelée **cuticule**, qui empêche la perte d'eau. Chez les plantes ligneuses, une couche protectrice appelée **périderme** remplace l'épiderme dans les plus

▶ **Vrilles.** Ce plant de pois (*Pisum sativum*) utilise une vrille, qui est une foliole modifiée, pour s'accrocher à un support. Une fois entortillée autour de son support, la vrille forme une spirale qui maintient la plante proche de celui-ci. Les vrilles sont habituellement des feuilles modifiées, mais certaines sont des tiges modifiées (sur les vignes, par exemple).

◀ **Épines.** Les épines des cactus sont en fait des feuilles. La photosynthèse s'effectue dans les tiges vertes charnues.

◀ **Feuilles de stockage.** La plupart des plantes grasses, comme cette ficoïde, possèdent des feuilles adaptées au stockage de l'eau.

◀ **Feuilles reproductrices.** Les feuilles de certaines plantes grasses, comme le *Kalanchoe daigremontiana,* produisent des plantules adventives qui tombent des feuilles et s'enracinent au sol.

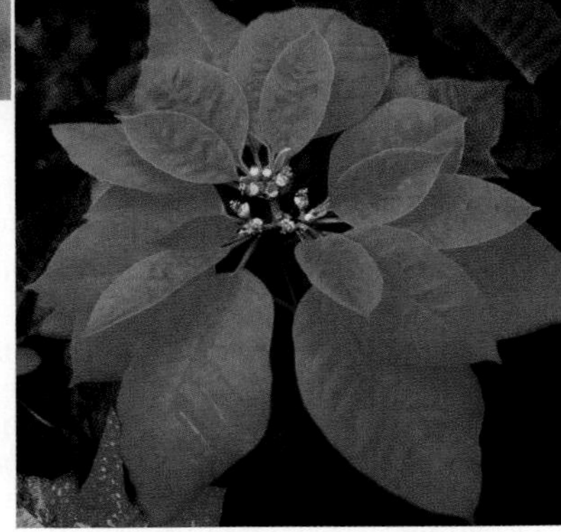

▶ **Bractées.** Les « pétales » rouges de ce poinsettia (*Euphorbia pulcherrima*) sont en réalité des feuilles qui entourent un groupe de fleurs. Les feuilles aux couleurs vives d'un grand nombre de plantes attirent les pollinisateurs vers la fleur.

▲ **Figure 35.7 Les adaptations des feuilles au cours de l'évolution.**

vieilles régions des tiges et des racines. En plus de ses principales fonctions de protection contre la perte d'eau et la maladie, l'épiderme possède certaines caractéristiques spécialisées pour chaque organe qu'il recouvre. Par exemple, les poils absorbants sont des prolongements des cellules de l'épiderme situées près de l'apex des racines. Les *trichomes* sont des excroissances épidermiques fines des tiges. Dans certaines espèces désertiques, ils réduisent la perte d'eau et réfléchissent l'excès de lumière, mais leur fonction la plus commune consiste à fournir une défense contre les insectes en formant une barrière ou en sécrétant des liquides visqueux ou des composés toxiques. Par exemple, les trichomes de feuilles aromatiques comme la menthe sécrètent des huiles qui protègent la plante contre les herbivores et la maladie. La **figure 35.9** décrit une recherche sur la relation entre la densité de trichomes sur les gousses de soja et les dommages causés par les chrysomèles.

Les **tissus conducteurs** assurent le transport des substances des racines jusqu'aux tiges, et inversement. Le xylème et le phloème sont les deux types de tissus conducteurs. Le **xylème** fait monter dans les tiges la sève brute, contenant l'eau et les minéraux dissous absorbés par les racines. Le **phloème** transporte les glucides produits par la photosynthèse, depuis l'endroit où ils sont élaborés (habituellement les feuilles) jusqu'aux régions qui en ont besoin (généralement les racines et les zones de croissance, comme les feuilles en développement et les fruits). L'ensemble des tissus conducteurs d'une racine ou d'une tige s'appelle la **stèle** (d'un mot grec

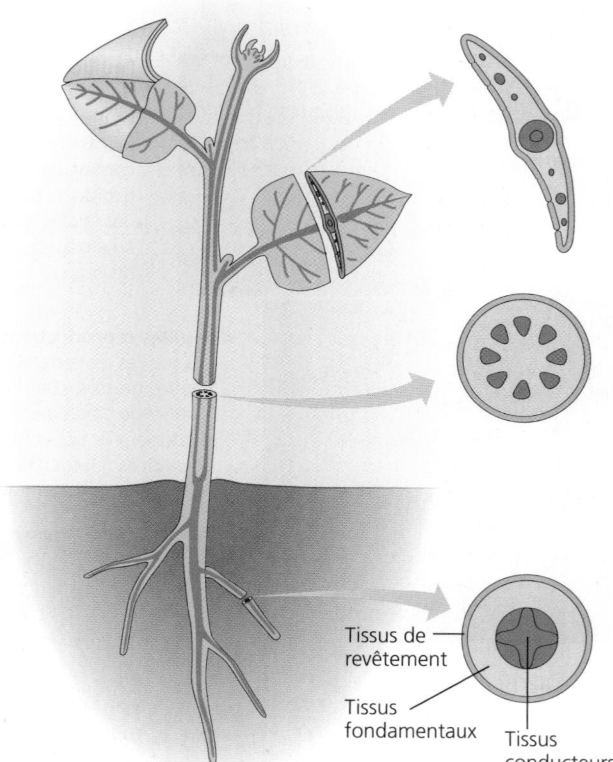

▲ **Figure 35.8 Les trois catégories de tissus des organes végétaux.** Les tissus de revêtement (en bleu) recouvrent la surface entière d'une plante. Les tissus conducteurs (en violet), qui transportent les substances entre les racines et les tiges, parcourent également toute la plante, mais sont organisés différemment dans les divers organes. Les tissus fondamentaux (en jaune), responsables de la plupart des fonctions métaboliques, sont situés entre les deux autres types de tissus dans chaque organe.

▼ **Figure 35.9** INVESTIGATION

Les trichomes des gousses de soja éloignent-ils les herbivores ?

EXPÉRIENCE La chrysomèle du haricot (*Cerotoma trifurcata*) se nourrit de gousses de légumineuses en croissance, causant des cicatrices sur les gousses et une diminution de la qualité des graines. W. F. Lam et L. P. Pedigo, de la Purdue University, ont effectué une recherche pour savoir si les trichomes rigides sur les gousses de soja (*Glycine max*) repoussent physiquement ces insectes. Les chercheurs ont placé des chrysomèles affamées dans des sacs en mousseline qu'ils ont enroulés autour des gousses de plants adjacents dont la densité des poils varie. Les dommages causés aux gousses ont été évalués après 24 heures.

Gousse très poilue (10 trichomes/mm²)

Gousse légèrement poilue (2 trichomes/mm²)

Gousse chauve (aucun trichome)

RÉSULTATS Les dommages causés par les chrysomèles aux gousses très poilues de soja étaient beaucoup moins importants que ceux causés aux autres types de gousses.

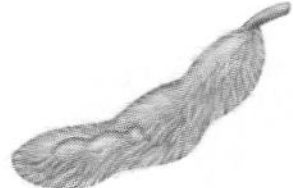

Gousse très poilue : 10 % de dommages

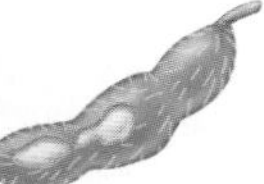

Gousse légèrement poilue : 25 % de dommages

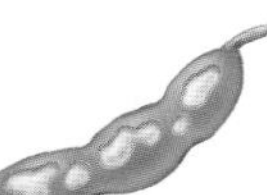

Gousse chauve : 40 % de dommages

CONCLUSION Les trichomes des gousses de soja protègent contre les dommages causés par les chrysomèles.

SOURCE W. F. Lam et L. P. Pedigo, Effect of trichome density on soybean pod feeding by adult bean leaf beetles (Coleoptera : Chrysomelidae), *Journal of Economic Entomology* 94 :1459-1463 (2001).

ET SI ? Les trichomes des gousses de la plupart des variétés de soja sont blancs, mais certaines variétés possèdent des trichomes marron clair. Supposons que les effets de la densité des trichomes sur l'alimentation des chrysomèles soient observés seulement sur les variétés ayant des trichomes marron clair. Qu'est-ce que cette découverte pourrait révéler sur la façon dont ces trichomes repoussent les chrysomèles ?

signifiant « pilier »). La structure d'une stèle varie d'une espèce à l'autre et d'un organe à l'autre. Chez les Angiospermes, par exemple, la stèle de la racine est un *cylindre vasculaire* plein formé de xylème et de phloème, situé au centre de la racine. Par contre, la stèle des tiges et des feuilles est constituée de *faisceaux libéroligneux*, qui sont des tubes séparés contenant le xylème et le phloème (voir la figure 35.8). Divers types de cellules composent le xylème et le phloème, dont des cellules hautement spécialisées dans le transport ou le soutien.

Les tissus qui ne sont ni des tissus de revêtement ni des tissus conducteurs sont des **tissus fondamentaux**. Ceux qui sont situés à l'intérieur du cylindre formé par les tissus conducteurs forment la **moelle**, et ceux qui se trouvent à l'extérieur composent le **cortex** (terme servant à désigner l'écorce primaire). Les tissus fondamentaux ne sont pas uniquement des tissus de remplissage. Ils renferment des cellules spécialisées dans diverses fonctions, dont le stockage de substances, la photosynthèse et le soutien.

Les principaux types de cellules végétales

Ce qui fait la particularité d'un organisme multicellulaire est la différenciation cellulaire, la spécialisation des cellules sur le plan de la structure et de la fonction. Les modifications du cytoplasme et de ses organites ainsi que de la paroi cellulaire jouent également un rôle dans la différenciation des cellules végétales. La **figure 35.10** présente les principaux types de cellules végétales : les cellules parenchymateuses, les cellules collenchymateuses, les cellules sclérenchymateuses, les cellules conductrices de sève brute du xylème et les cellules conductrices de sève élaborée (contenant des glucides et d'autres substances organiques) du phloème. Remarquez les adaptations structurales qui permettent à chaque type de cellules de remplir des fonctions précises. Vous pouvez au besoin revoir les figures 6.9 et 6.28 (p. 112 et 129), qui montrent la structure générale des cellules végétales.

RETOUR SUR LE CONCEPT 35.1

1. Comment les tissus conducteurs permettent-ils aux feuilles et aux racines de combiner des fonctions qui favorisent la croissance et le développement de la plante entière ?
2. Quelle est la structure de chacune des plantes suivantes ? (a) chou de Bruxelles ; (b) céleri ; (c) oignon ; (d) carotte.
3. **ET SI ?** Si nous, en tant qu'humains, étions des photoautotrophes, produisant des matières nutritives par photosynthèse en captant l'énergie lumineuse, en quoi notre anatomie serait-elle différente ?
4. **FAITES DES LIENS** Expliquez comment les vacuoles centrales et les parois cellulaires de cellulose contribuent à la croissance des plantes (voir le chapitre 6, p. 117 et p. 129 et 130).

Voir les réponses proposées à la fin du chapitre.

CONCEPT 35.2

Les méristèmes engendrent les cellules pour la croissance primaire et la croissance secondaire

Comment les cellules et les tissus végétaux deviennent-ils des organes matures ? Contrairement à la plupart des Animaux, les Végétaux ont en effet une croissance qui ne se limite pas aux périodes embryonnaire et juvénile, mais qui peut durer toute la vie ; ce phénomène est appelé **croissance indéfinie** (ou indéterminée). À tout moment de leur vie, les plantes possèdent des organes embryonnaires, des organes en croissance et des organes matures. Sauf en période de dormance, la plupart croissent de façon continue. Par contre, la plupart des Animaux et certains organes végétaux, comme les feuilles, les épines et les fleurs, ont une **croissance définie** (ou déterminée), c'est-à-dire qu'ils cessent de croître lorsqu'ils atteignent une certaine taille.

Les Végétaux croissent de façon indéfinie parce qu'ils produisent constamment des tissus indifférenciés appelés **méristèmes**, qui se divisent quand les conditions le permettent, pour produire de nouvelles cellules qui peuvent s'allonger. Il existe deux types de méristèmes : les méristèmes apicaux et les méristèmes latéraux (**figure 35.11**, page 868). Les **méristèmes apicaux**, situés à l'apex des racines et des tiges et dans les bourgeons axillaires des pousses, fournissent les cellules nécessaires à la croissance en longueur. Ce type d'allongement porte le nom de **croissance primaire**. Il permet aux racines d'étendre leurs ramifications dans le sol et aux tiges d'accroître leur exposition à la lumière. La structure des plantes herbacées (non ligneuses) est presque entièrement produite par la croissance primaire. Chez les plantes ligneuses, les parties des tiges et des racines où la croissance en longueur a cessé augmentent en circonférence (et donc en diamètre). Cet épaississement, appelé **croissance secondaire**, s'effectue grâce aux **méristèmes latéraux**, plus précisément le cambium (du latin *cambiare*, « changer ») et le phellogène (du grec *phellos*, « liège »). Ces structures cylindriques constituées de cellules en division s'étendent le long des racines et des tiges. Le **cambium** produit des couches de tissus conducteurs supplémentaires appelées xylème secondaire (bois) et phloème secondaire. Le **phellogène** remplace l'épiderme par le périderme, plus épais et plus solide.

Les cellules des méristèmes se divisent assez fréquemment pour produire de nouvelles cellules. Certaines nouvelles cellules restent dans les méristèmes et produisent d'autres cellules. Les autres cellules se spécialisent et s'intègrent aux tissus et aux organes de la plante en croissance. Les cellules qui restent comme sources de nouvelles cellules ont traditionnellement été appelées *cellules initiales*, mais on les appelle de plus en plus *cellules souches*, afin d'établir un parallèle avec les cellules souches animales qui se divisent également de façon continue et demeurent indifférenciées. Les nouvelles cellules déplacées du méristème, appelées *dérivées*, continuent de se diviser, jusqu'à ce que les cellules qu'elles engendrent commencent à se spécialiser dans les tissus arrivés à maturité.

La relation entre la croissance primaire et la croissance secondaire est clairement visible sur les rameaux des arbres

▼ Figure 35.10

PANORAMA Exemples de cellules végétales différenciées

Les cellules parenchymateuses

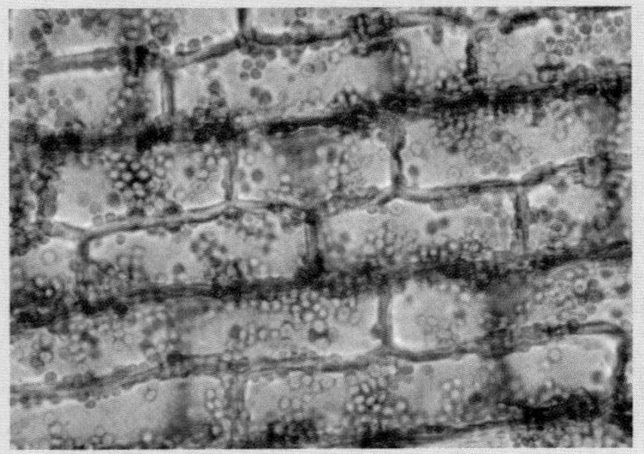

Cellules parenchymateuses d'une feuille d'élodée (*Elodea canadensis*), avec chloroplastes (MP)

60 μm (160 ×)

Les **cellules parenchymateuses** (ou cellules du parenchyme) matures ont une paroi primaire relativement mince et flexible. La plupart d'entre elles n'ont aucune paroi secondaire (voir la figure 6.28 pour revoir les parois cellulaires primaire et secondaire). Une grande vacuole occupe généralement le centre des cellules matures. Les cellules parenchymateuses assurent la majeure partie du métabolisme des plantes. Elles synthétisent et emmagasinent diverses substances organiques. Par exemple, la photosynthèse s'effectue à l'intérieur des chloroplastes, dans les cellules parenchymateuses des feuilles. Certaines cellules parenchymateuses situées dans les tiges et les racines possèdent des plastes incolores qui emmagasinent l'amidon (amyloplastes). De plus, les cellules parenchymateuses constituent la principale composante de la pulpe de beaucoup de fruits. Toutefois, la plupart ont la capacité de se diviser et de se différencier en d'autres types de cellules végétales dans des conditions particulières (la réparation d'une blessure, par exemple). Il est même possible de procéder, en laboratoire, à la croissance d'une plante complète à partir d'une seule cellule parenchymateuse.

Les cellules collenchymateuses

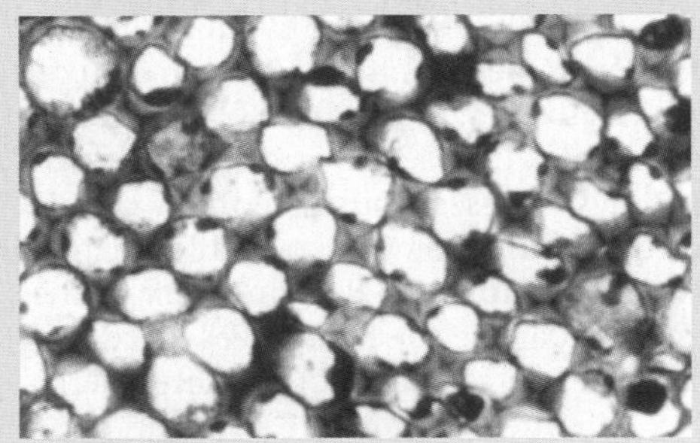

Cellules collenchymateuses dans une tige de tournesol (*Helianthus sp.*) (MP)

5 μm (1 200 ×)

Groupées en faisceaux, les cellules **collenchymateuses**, ou cellules du collenchyme (illustrées ici en coupe transversale), soutiennent les plus jeunes parties des pousses. Elles sont en général de forme allongée et ont une paroi primaire d'épaisseur inégale, mais plus épaisse que celle des cellules parenchymateuses. Les tiges et les pétioles en début de croissance sont donc souvent constitués de faisceaux de cellules collenchymateuses sous leur épiderme (par exemple, ce qu'on appelle les «fils» d'une branche de céleri, qui constitue en réalité le pétiole). Les cellules collenchymateuses assurent un soutien flexible à la plante tout en permettant sa croissance. Lorsqu'elles sont matures, ces cellules sont vivantes et flexibles. Elles s'allongent en même temps que les tiges et les feuilles qu'elles soutiennent, contrairement aux cellules sclérenchymateuses, que nous décrivons ci-dessous.

Les cellules sclérenchymateuses

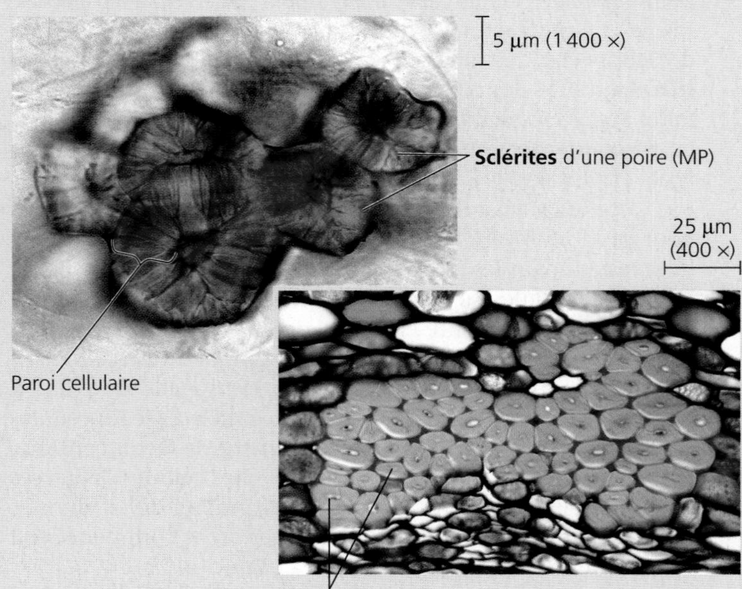

Cellules fibreuses (coupe transversale d'un frêne [*Fraxinus sp.*]) (MP)

Les **cellules sclérenchymateuses** (ou cellules du sclérenchyme) ont aussi une fonction de soutien, mais sont beaucoup plus rigides que les cellules collenchymateuses. Leurs parois secondaires sont épaisses et contiennent une grande quantité de lignine. Ce polymère de renforcement peu digestible compte pour plus du quart de la masse sèche du bois. La lignine est présente dans toutes les Vasculaires, mais pas dans les Bryophytes. Les cellules sclérenchymateuses se trouvent dans les régions de la plante où la croissance en longueur a cessé, car elles ne peuvent s'allonger après leur maturité. Leur spécialisation dans le soutien de la plante est telle qu'un grand nombre d'entre elles meurent quand elles arrivent à maturité. Toutefois, avant que leur protoplaste (la partie vivante de la cellule) meure, elles produisent une paroi secondaire. Cette paroi rigide fait office de «squelette» soutenant la plante, dans certains cas durant des centaines d'années.

Il existe deux types de cellules sclérenchymateuses: les **cellules fibreuses** et les **sclérites**, qui se spécialisent uniquement dans le soutien et le renforcement. Les sclérites, plus courtes et plus larges que les cellules fibreuses et de forme irrégulière, possèdent des parois secondaires lignifiées et très épaisses. Ce sont elles qui donnent une certaine dureté à la coquille d'une noix et à l'enveloppe d'une graine, et une texture graveleuse à la chair d'une poire. Habituellement organisées en faisceaux, les cellules fibreuses sont longues, minces et fusiformes. On utilise les fibres végétales du chanvre (*Cannabis sativa*) dans la fabrication de la corde et celles du lin (*Linum usitatissimum*) dans le tissage de la toile.

Les cellules conductrices de sève brute du xylème

Les deux types de cellules conductrices de sève brute du xylème, les **trachéides** et les **éléments de vaisseau**, sont des cellules allongées tubulaires qui sont mortes lorsqu'elles arrivent à maturité. Les trachéides se trouvent dans le xylème de presque toutes les Vasculaires. En plus des trachéides, la plupart des Angiospermes ainsi que quelques Gymnospermes et quelques Vasculaires sans graines sont constituées d'éléments de vaisseau. Quand la partie interne vivante d'une trachéide ou d'un élément de vaisseau se désintègre, la paroi secondaire épaisse subsiste, formant un conduit inerte dans lequel la sève peut circuler. La paroi secondaire est souvent interrompue par des ponctuations, qui sont des régions moins épaisses où seule la paroi primaire est présente (voir la figure 6.28 pour une révision des parois primaire et secondaire). La sève brute peut circuler latéralement entre les cellules voisines, en passant par les ponctuations.

Les trachéides sont de longues cellules minces aux extrémités en pointe. La sève circule d'une cellule à l'autre en passant par les ponctuations, où elle n'a pas à traverser l'épaisse paroi secondaire.

Quant aux éléments de vaisseau, ils sont généralement plus larges et plus courts que les trachéides. Ils ont par ailleurs une paroi plus mince et des extrémités moins effilées. Alignés bout à bout, ils forment de longs tubes microscopiques, les **vaisseaux**. Les extrémités des éléments de vaisseau possèdent des perforations. Ainsi, la sève brute peut circuler librement dans les vaisseaux du xylème.

Les trachéides possèdent une paroi secondaire durcie par la lignine, ce qui les empêche de s'affaisser sous la pression exercée par la sève en circulation et assure le soutien de la plante.

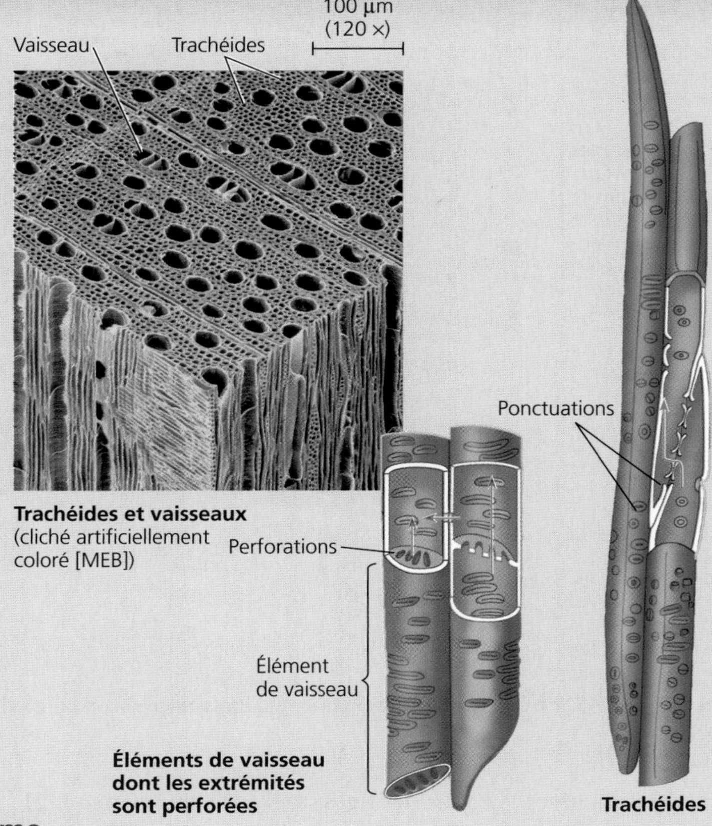

Trachéides et vaisseaux (cliché artificiellement coloré [MEB])

Éléments de vaisseau dont les extrémités sont perforées

Trachéides

Les cellules conductrices de sève élaborée du phloème

Contrairement aux cellules conductrices de sève brute du xylème, les cellules conductrices de sève élaborée du phloème sont vivantes à maturité. Dans les Vasculaires sans graines et les Gymnospermes, les glucides et les autres nutriments organiques circulent dans des cellules allongées et étroites appelées cellules criblées. Dans le phloème des Angiospermes, ce sont des tubes criblés qui assurent le transport de ces nutriments. Les tubes criblés sont constitués de chaînes de cellules qui portent le nom d'**éléments de tube criblé**.

Les éléments de tube criblé sont vivants, bien qu'ils soient dépourvus de noyau, de ribosomes, de vacuole et d'éléments de cytosquelette. Le petit nombre d'organites permet aux nutriments de circuler plus facilement dans la cellule. Les **plaques criblées**, parois poreuses qui joignent les extrémités de deux cellules d'un tube criblé, facilitent la circulation du liquide d'une cellule à l'autre. Le long de chaque élément de tube criblé se trouve une **cellule compagne**. C'est une cellule non conductrice de sève qui est reliée à l'élément de tube criblé par de nombreux canaux appelés plasmodesmes (voir la figure 6.28). La cellule compagne possède un noyau et des ribosomes qui servent également à l'élément de tube criblé adjacent. Chez certains Végétaux, les cellules compagnes contribuent aussi au transfert des glucides produits dans la feuille vers les éléments de tube criblé, qui transportent ensuite les glucides vers les autres parties de la plante.

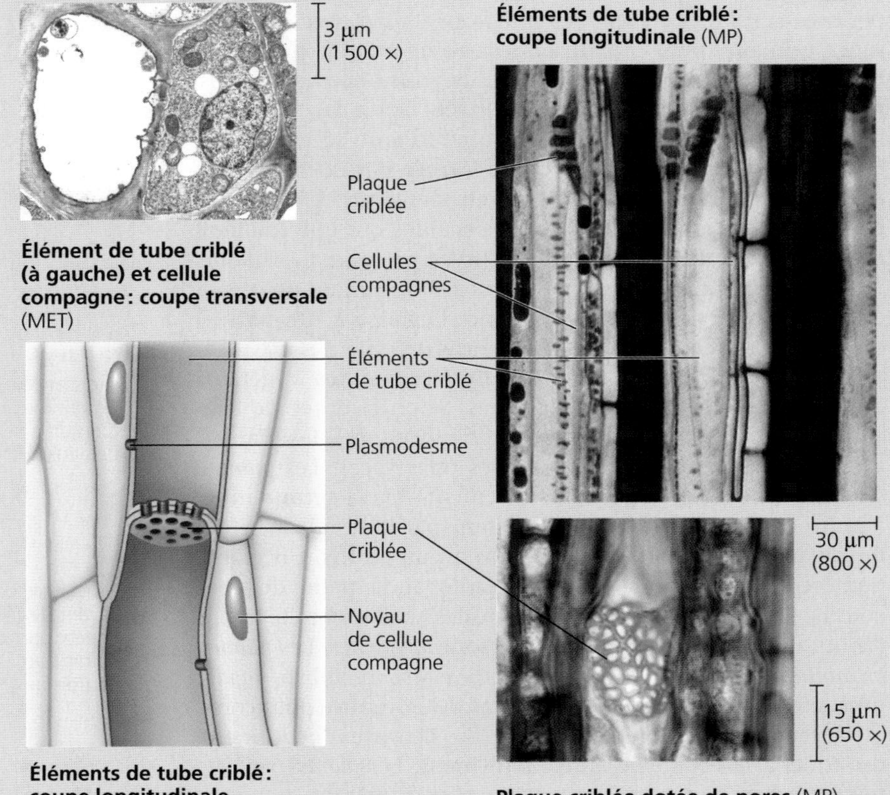

Élément de tube criblé (à gauche) et cellule compagne : coupe transversale (MET)

Éléments de tube criblé : coupe longitudinale

Éléments de tube criblé : coupe longitudinale (MP)

Plaque criblée dotée de pores (MP)

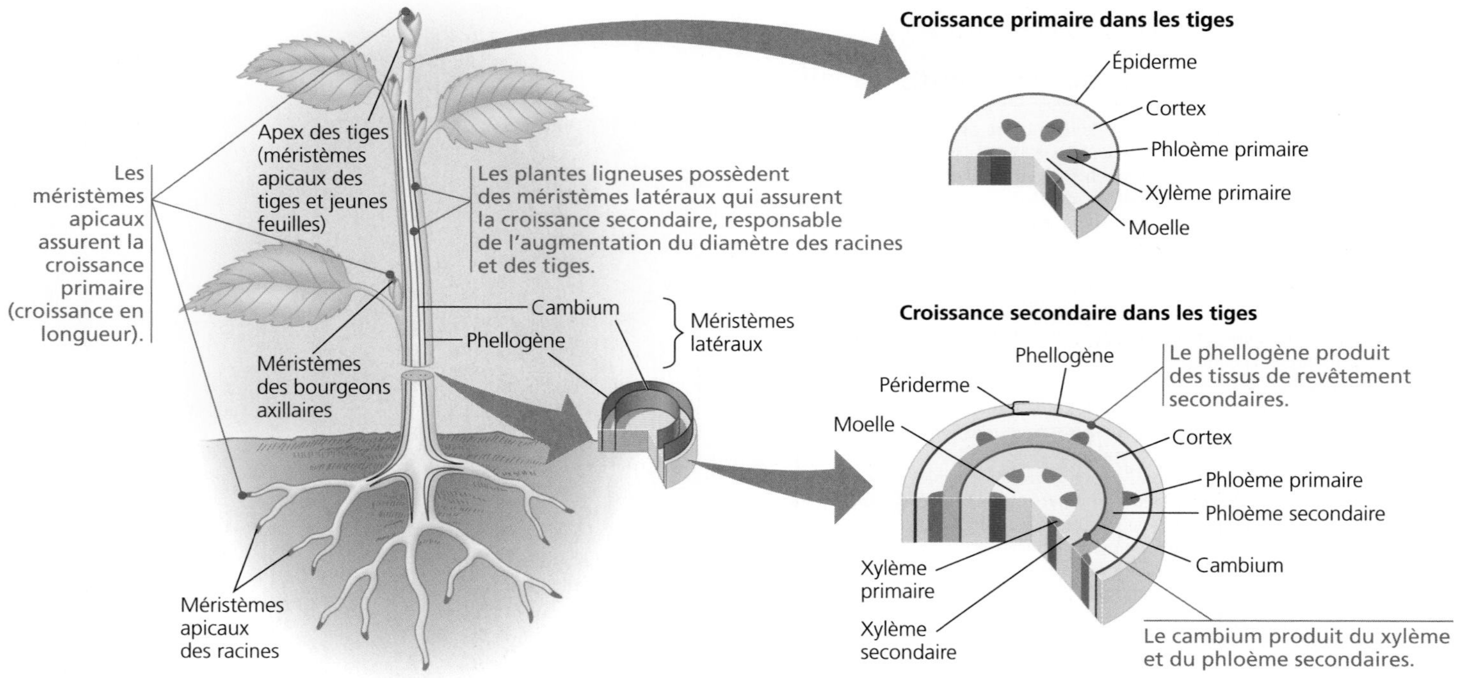

▲ **Figure 35.11** **La croissance primaire et la croissance secondaire: vue d'ensemble.**

décidus en hiver. À l'apex des tiges se situe le bourgeon apical en dormance, enfermé dans des écailles qui protègent son méristème apical (**figure 35.12**). Au printemps, le bourgeon perd ses écailles et commence une nouvelle poussée de croissance primaire, pour produire une série de nœuds et d'entrenœuds. Le long de chaque segment de croissance, les nœuds sont marqués par des cicatrices laissées après la chute des feuilles. Au-dessus de chaque cicatrice foliaire se trouve un bourgeon axillaire ou une branche formée par un bourgeon axillaire. En bas du rameau s'observent des cicatrices de bourgeons laissées par les verticilles des écailles qui enfermaient le bourgeon apical au cours de l'hiver précédent. Chaque année, la croissance primaire produit l'allongement des tiges, et la croissance secondaire augmente l'épaisseur des parties qui se sont formées au cours des années précédentes.

Bien qu'ils croissent durant toute leur vie, les Végétaux meurent comme tous les organismes. Selon la durée de leur cycle de développement (ou cycle de croissance), les plantes à fleurs sont annuelles, bisannuelles ou vivaces. Les *plantes annuelles* ont un cycle de développement – de la germination à la production de graines, en passant par la floraison, et se terminant par la mort – qui dure un an ou moins. Un grand nombre de plantes indigènes et de plantes alimentaires de base, comme les légumineuses et les céréales, par exemple le blé (*Triticum sp.*) et le riz (*Oryza sativa*), sont annuelles. Les *plantes bisannuelles*, comme le navet (*Brassica rapa* L. subsp. *rapa*), nécessitent généralement deux saisons de croissance pour compléter leur cycle de développement; elles fleurissent et donnent des fruits à la deuxième année seulement. Les *plantes vivaces,* tels les arbres, les arbustes et certaines Graminées, peuvent

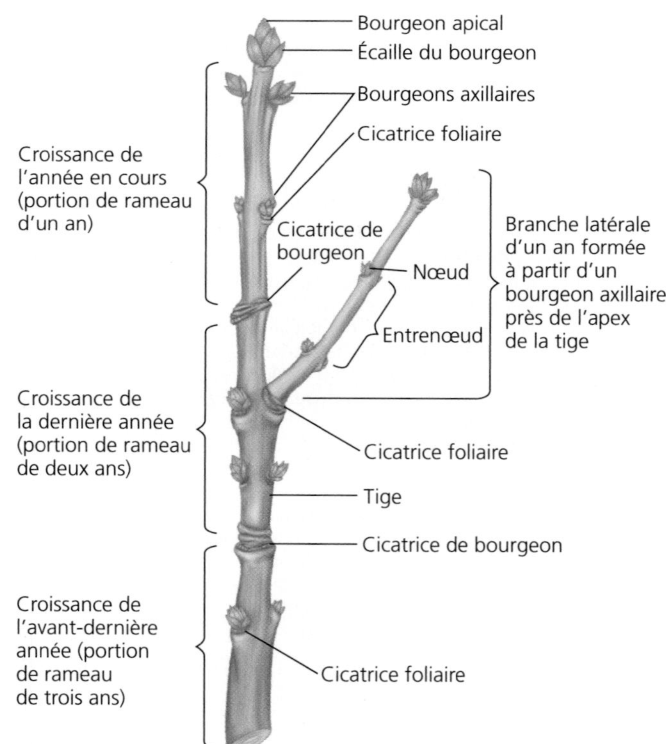

▲ **Figure 35.12** **Trois années de croissance d'un rameau en hiver.**

vivre de nombreuses années. Certaines plantes herbacées des prairies de l'Amérique du Nord vivraient depuis 10 000 ans; elles auraient germé à la fin de la dernière glaciation.

RETOUR SUR LE CONCEPT **35.2**

1. Quelle est la différence entre la croissance primaire et la croissance secondaire?
2. Les cellules des couches inférieures de votre peau se divisent pour remplacer les cellules mortes en surface. Ces zones de division cellulaire sont-elles comparables à un méristème végétal? Expliquez votre réponse.
3. La croissance des racines et des tiges est indéfinie, mais celle des feuilles ne l'est pas. Comment cela peut-il être un avantage pour les Végétaux?
4. **ET SI?** Supposons qu'un jardinier déracine des carottes après une saison et s'aperçoit qu'elles sont trop petites. Les carottes sont des plantes bisannuelles; le jardiner décide donc de laisser le reste des plantes dans le sol, en pensant que leurs racines grossiront au cours de la deuxième année. Est-ce une bonne idée? Expliquez votre réponse.

Voir les réponses proposées à la fin du chapitre.

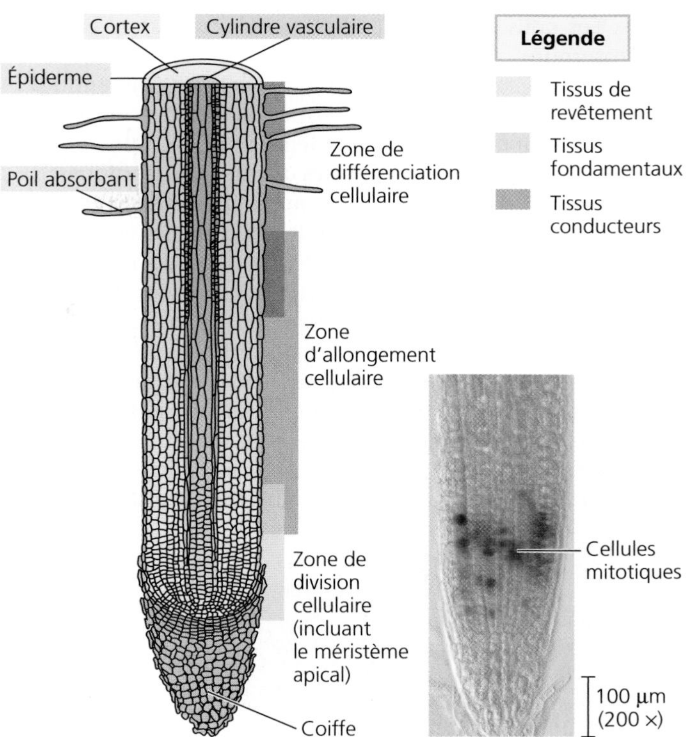

▲ **Figure 35.13 La croissance primaire d'une racine.** Le schéma illustre les caractéristiques anatomiques de l'apex d'une racine typique d'Eudicotylédone. Le méristème apical produit toutes les cellules de la racine et de la coiffe. L'essentiel de l'allongement de la racine se fait dans la zone d'allongement cellulaire. Dans la micrographie, les cellules qui effectuent la mitose dans le méristème apical sont révélées en colorant la cycline, une protéine qui joue un important rôle dans la division cellulaire (MP).

CONCEPT **35.3**

La croissance primaire produit l'allongement des racines et des tiges

Comme nous l'avons vu précédemment, la croissance primaire est l'effet direct des cellules produites par les méristèmes apicaux. Chez les plantes herbacées, la plante entière est produite par la croissance primaire. Chez les plantes ligneuses, la croissance primaire produit seulement les nouvelles parties qui ne sont pas encore lignifiées. Bien que les cellules provenant des méristèmes apicaux soient à l'origine de l'allongement à la fois des racines et des tiges, la croissance primaire des premières est très différente de celle des secondes.

La croissance primaire des racines

L'apex d'une racine est recouverte d'une **coiffe**, semblable à un dé à coudre, qui protège le délicat méristème apical contre la rugosité du sol dans lequel la racine s'enfonce. De plus, la coiffe de la racine sécrète un polysaccharide visqueux qui lubrifie le sol autour de l'apex de la racine. La croissance s'effectue près de l'apex de la racine, où l'on trouve, à des stades successifs de la croissance primaire, trois zones de cellules qui se chevauchent. Ce sont la zone de division cellulaire, la zone d'allongement cellulaire et la zone de différenciation cellulaire (**figure 35.13**).

La *zone de division cellulaire* comprend le méristème apical de la racine et ses dérivés. De nouvelles cellules sont produites dans cette région, dont les cellules de la coiffe de la racine. Généralement, à quelques millimètres de l'apex de la racine, on trouve la *zone d'allongement cellulaire*, où s'effectue la majeure partie de la croissance par l'allongement des cellules de la racine; elles deviennent parfois jusqu'à dix fois plus longues, et même davantage. C'est grâce à l'allongement des cellules dans cette zone que l'apex de la racine s'enfonce dans le sol. Entretemps, le méristème apical de la racine maintient la croissance en produisant continuellement des cellules à l'extrémité la plus jeune de la zone d'allongement. Avant même de terminer leur allongement, plusieurs cellules de la racine commencent à se différencier sur le plan de la structure et de la fonction. Dans la *zone de différenciation cellulaire*, ou zone de maturation, les cellules effectuent leur différenciation et deviennent des types de cellules distincts.

La croissance primaire des racines produit l'épiderme, les tissus fondamentaux et les tissus conducteurs. La **figure 35.14** montre, en coupe transversale, les trois catégories de tissus primaires d'une jeune racine d'Eudicotylédone (bouton-d'or, *Ranunculus acris*) et d'une jeune racine de Monocotylédone (maïs, *Zea mays*). L'eau et les sels minéraux provenant du sol doivent traverser l'épiderme de la racine pour pénétrer dans la plante. Les poils absorbants, responsables en grande partie de cette absorption, accroissent ce processus en augmentant considérablement la surface d'absorption des cellules épidermiques.

Dans les racines des Angiospermes, la stèle est un cylindre vasculaire composé d'un centre plein formé de phloème et de xylème (**figure 35.14a**). Dans les racines de la plupart des Eudicotylédones, le xylème a une apparence étoilée en coupe transversale et le phloème occupe les creux entre les branches de l'« étoile » du xylème. Dans les racines de nombreuses Monocotylédones, les tissus conducteurs sont constitués d'un centre de cellules parenchymateuses, entourées d'un anneau de xylème et d'un anneau de phloème (**figure 35.14b**).

Les tissus fondamentaux des racines, constitués principalement de cellules parenchymateuses, remplissent le cortex (ou écorce primaire), qui est la région de la racine située entre le cylindre vasculaire et l'épiderme. Les cellules des tissus fondamentaux emmagasinent les glucides et absorbent l'eau et les minéraux du sol. La couche la plus interne du cortex est l'**endoderme**, un cylindre composé d'une seule couche de cellules entre le cortex et le cylindre vasculaire. Au chapitre 36, nous verrons que l'endoderme est une barrière sélective qui assure la régulation du passage des substances du sol vers le cylindre vasculaire.

Les racines latérales prennent naissance dans le **péricycle**, la couche externe du cylindre vasculaire, qui est adjacent à l'endoderme et juste à l'intérieur de celui-ci (voir la figure 35.14). Une racine latérale traverse le cortex et l'épiderme jusqu'à ce qu'elle émerge de la racine primaire (**figure 35.15**).

La croissance primaire des tiges

Le méristème apical d'une tige est une masse bombée de cellules en division à l'apex de la tige (**figure 35.16**). Les feuilles se forment à partir des **primordiums foliaires**, des

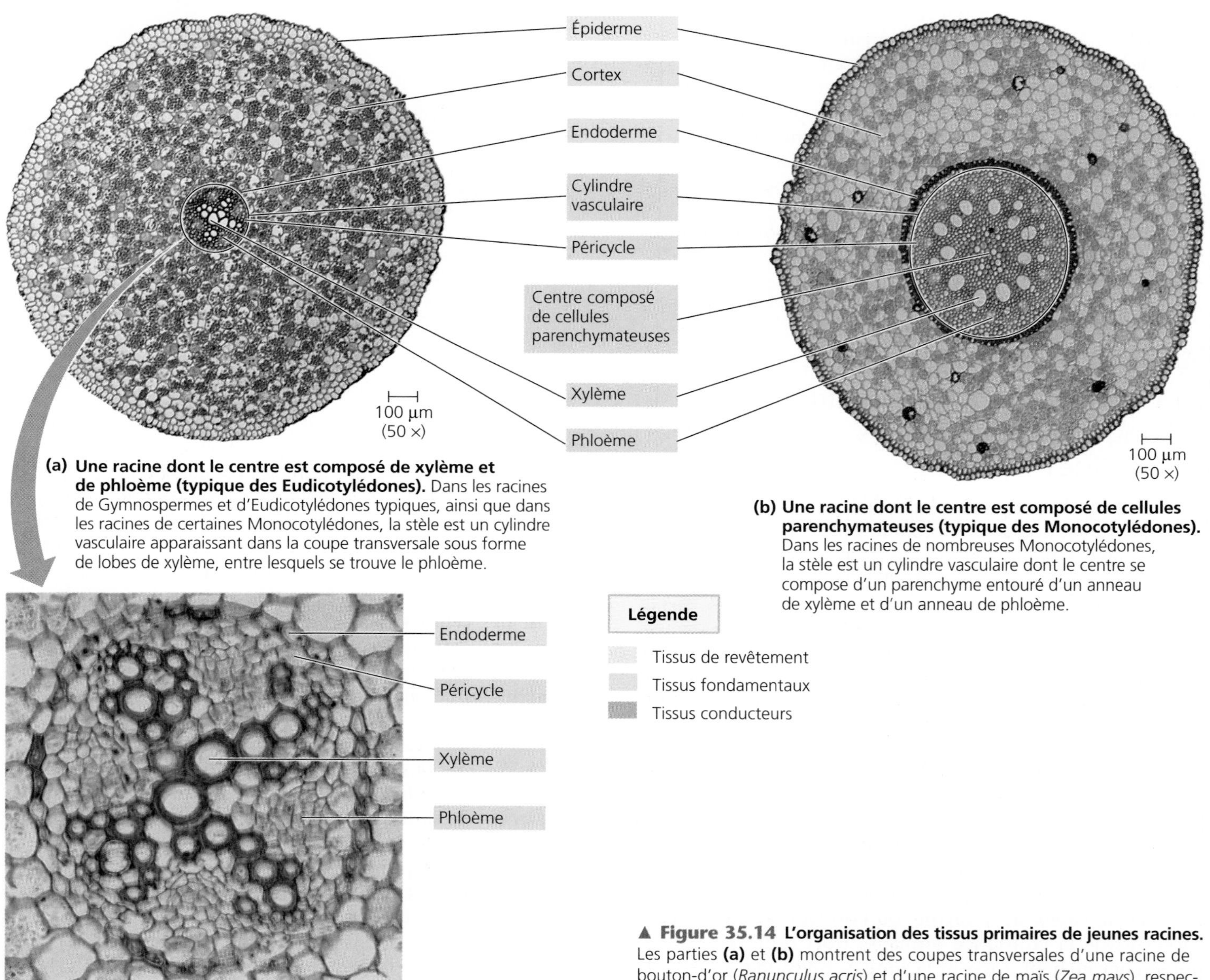

(a) Une racine dont le centre est composé de xylème et de phloème (typique des Eudicotylédones). Dans les racines de Gymnospermes et d'Eudicotylédones typiques, ainsi que dans les racines de certaines Monocotylédones, la stèle est un cylindre vasculaire apparaissant dans la coupe transversale sous forme de lobes de xylème, entre lesquels se trouve le phloème.

(b) Une racine dont le centre est composé de cellules parenchymateuses (typique des Monocotylédones). Dans les racines de nombreuses Monocotylédones, la stèle est un cylindre vasculaire dont le centre se compose d'un parenchyme entouré d'un anneau de xylème et d'un anneau de phloème.

▲ **Figure 35.14 L'organisation des tissus primaires de jeunes racines.** Les parties **(a)** et **(b)** montrent des coupes transversales d'une racine de bouton-d'or (*Ranunculus acris*) et d'une racine de maïs (*Zea mays*), respectivement. Ces deux principaux modèles d'organisation racinaire donnent lieu à plusieurs variations, selon l'espèce (MP).

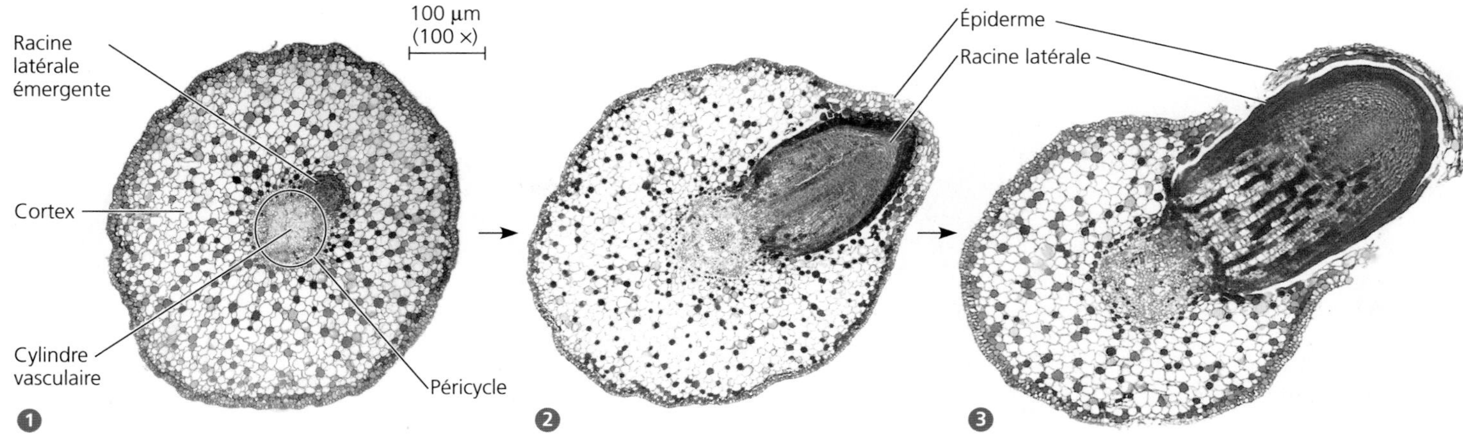

▲ **Figure 35.15 La formation d'une racine latérale.** Une racine latérale émerge du péricycle, la couche externe du cylindre vasculaire d'une racine, et traverse le cortex et l'épiderme. Dans cette série de micrographies photoniques, la racine initiale apparaît en coupe transversale, et la racine latérale est montrée en coupe longitudinale.

prolongements en forme de doigts sur les côtés du méristème apical. Dans un bourgeon, les jeunes feuilles sont serrées les unes contre les autres, car les entrenœuds sont très courts. L'allongement d'une pousse est le résultat de la croissance en longueur des cellules situées à l'intérieur des entrenœuds, près de l'apex de la tige.

La formation des branches, qui fait également partie de la croissance primaire, est l'effet de l'activation des bourgeons axillaires. Chacun de ceux-ci renferme le méristème apical d'une pousse. Sa dormance dépend surtout de sa proximité avec un bourgeon apical actif. En général, plus un bourgeon axillaire est près d'un bourgeon apical actif, plus il sera inhibé.

Chez certaines Monocotylédones, notamment les Graminées, l'activité méristématique se produit à la base des tiges et des feuilles. Ces régions, appelées méristèmes intercalaires, permettent aux feuilles endommagées de croître de nouveau. C'est pourquoi le gazon continue de croître après avoir été tondu. La capacité des Graminées de faire croître de nouveau les feuilles grâce aux méristèmes intercalaires permet aux Végétaux de récupérer de façon plus efficace à la suite de dommages causés par les herbivores lors du broutage.

L'organisation des tissus de la tige

Le tissu de revêtement forme un tout continu dont fait partie l'épiderme qui recouvre les tiges. Les tissus conducteurs parcourent toute la tige en formant des faisceaux libéroligneux. Contrairement aux racines latérales qui se forment dans le tissu conducteur profond de la racine et rompent le cylindre vasculaire, le cortex et l'épiderme en émergeant (voir la figure 35.15), les tiges latérales naissent des méristèmes des bourgeons axillaires sur la surface d'une tige et ne rompent aucun autre tissu (voir la figure 35.16). Les faisceaux libéroligneux de la tige convergent avec le cylindre vasculaire de la racine dans une zone de transition située près de la surface du sol.

Chez la plupart des Eudicotylédones, le tissu conducteur est composé de faisceaux libéroligneux disposés en anneau (**figure 35.17a**). Le xylème de chaque faisceau libéroligneux est adjacent à la moelle, et le phloème de chaque faisceau est adjacent au cortex. Dans la tige de la plupart des Monocotylédones, les faisceaux libéroligneux sont dispersés dans les tissus fondamentaux au lieu de former un anneau (**figure 35.17b**). Dans les tiges des Monocotylédones, comme dans celles des Eudicotylédones, le parenchyme est le principal constituant des tissus fondamentaux, mais le collenchyme, situé juste sous l'épiderme, renforce de nombreuses tiges. Le sclérenchyme, en particulier ses cellules fibreuses, participe également au soutien dans les parties des tiges qui ont terminé leur allongement.

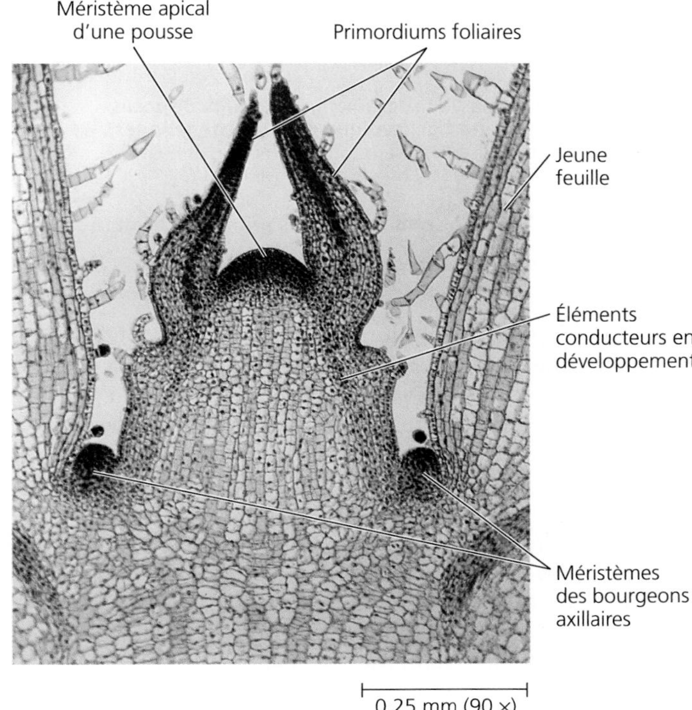

▲ **Figure 35.16 L'apex d'une tige.** Les primordiums foliaires proviennent des côtés du méristème apical bombé. Cette micrographie montre une coupe longitudinale de l'apex d'une tige de coléus (*Coleus sp.*) (MP).

L'organisation des tissus de la feuille

La **figure 35.18** (page 873) montre la structure générale d'une feuille. Des structures appelées **stomates** percent l'épiderme, permettant ainsi les échanges de CO_2 et de O_2 entre l'air

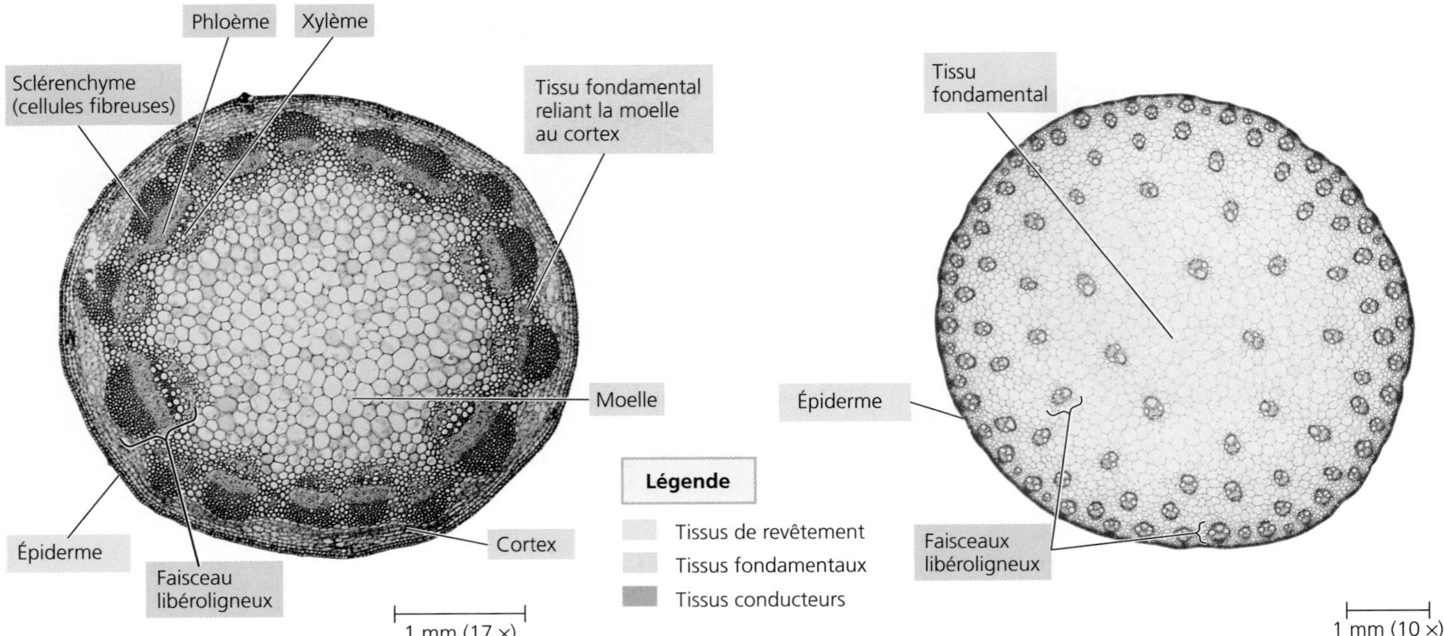

(a) Coupe transversale de faisceaux libéroligneux disposés en anneau dans une tige (typique des Eudicotylédones). Le tissu fondamental à l'intérieur forme la moelle, et le tissu fondamental à l'extérieur forme le cortex (MP).

(b) Coupe transversale de faisceaux libéroligneux dispersés dans les tissus fondamentaux d'une tige (typique des Monocotylédones). Dans une telle disposition, les tissus fondamentaux ne sont pas divisés en moelle et en cortex (MP).

▲ **Figure 35.17 Organisation des tissus primaires de jeunes tiges.**

? *Pourquoi les termes* moelle *et* cortex *ne sont-ils pas utilisés pour décrire les tissus fondamentaux des tiges de Monocotylédones?*

ambiant et les cellules photosynthétiques de la feuille. En plus de réguler l'absorption de CO_2 pour la photosynthèse, les stomates ouvrent un passage pour l'évaporation de l'eau de la plante. Les stomates sont composés d'un pore appelé **ostiole** entouré de deux **cellules stomatiques** (ou cellules de garde) qui régissent l'ouverture et la fermeture de l'ostiole. Nous étudierons les stomates en détail au chapitre 36.

Les tissus fondamentaux de la feuille, une région appelée **mésophylle** (du grec *mesos*, «au milieu», et *phullon*, «feuille»), prennent place entre l'épiderme supérieur et l'épiderme inférieur. Le mésophylle se compose principalement de cellules parenchymateuses spécialisées dans la photosynthèse. Chez un grand nombre d'Eudicotylédones, le mésophylle possède deux zones distinctes: le parenchyme palissadique et le parenchyme lacuneux. Dans la partie supérieure de la feuille se trouvent une ou plusieurs couches de *parenchyme palissadique* constituées de cellules parenchymateuses allongées. Dans la partie inférieure de la feuille, sous le parenchyme palissadique, se trouve le *parenchyme lacuneux*, dont les cellules sont moins serrées les unes contre les autres et qui doit son nom aux lacunes (espaces d'air) qui forment un labyrinthe dans les tissus. Les lacunes permettent au dioxyde de carbone et au dioxygène de circuler autour des cellules et de monter vers la région palissadique. Elles sont particulièrement volumineuses à proximité des stomates, là où la plante absorbe le CO_2 de l'air ambiant et libère le O_2.

Les tissus conducteurs de la feuille sont reliés aux tissus conducteurs de la tige. Les nervures se subdivisent de manière répétée et se ramifient dans tout le mésophylle. Le xylème et le phloème se trouvent ainsi en contact direct avec les tissus photosynthétiques. Le xylème amène l'eau et les minéraux aux tissus photosynthétiques, tandis que le phloème y puise les glucides et les autres substances organiques, puis les achemine vers les autres parties de la plante. Les tissus conducteurs jouent aussi le rôle de squelette en offrant un soutien à la structure de la feuille. Chaque nervure est entourée d'une *gaine périfasciculaire* formée d'une ou de plusieurs couches de cellules, habituellement des cellules parenchymateuses. Les cellules de la gaine périfasciculaire sont particulièrement importantes dans les feuilles des espèces végétales qui effectuent la photosynthèse en C_4 (voir le chapitre 10).

RETOUR SUR LE CONCEPT 35.3

1. Comparez la croissance primaire des racines avec celle des pousses.
2. **ET SI?** Si une espèce végétale possède des feuilles orientées verticalement, doit-on s'attendre à ce que son mésophylle soit divisé en couches de parenchyme lacuneux et de parenchyme palissadique? Expliquez votre réponse.
3. **FAITES DES LIENS** En quoi les microvillosités et les poils absorbants sont-ils des structures analogues? (Voir la figure 6.8 à la page 110 et l'explication sur l'analogie à la page 624 du concept 26.2.)

Voir les réponses proposées à la fin du chapitre.

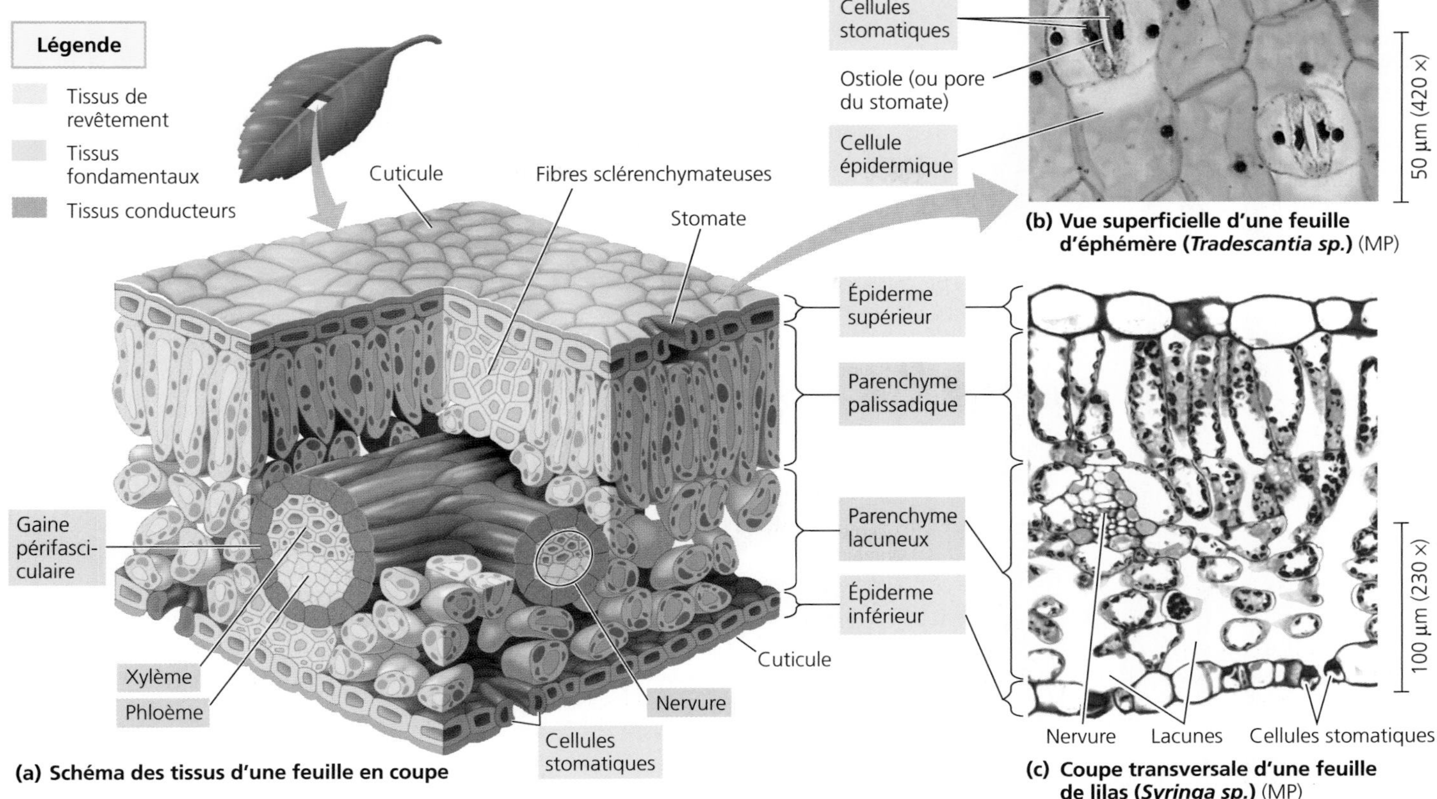

(a) Schéma des tissus d'une feuille en coupe

(b) Vue superficielle d'une feuille d'éphémère (*Tradescantia sp.*) (MP)

(c) Coupe transversale d'une feuille de lilas (*Syringa sp.*) (MP)

▲ **Figure 35.18** **L'anatomie d'une feuille.**

CONCEPT 35.4

La croissance secondaire fait augmenter le diamètre des tiges et des racines des plantes ligneuses

Comme nous l'avons vu précédemment, les méristèmes apicaux sont responsables de la croissance primaire qui entraîne la production et l'allongement des racines, des tiges et des feuilles. Par contre, la croissance secondaire, c'est-à-dire l'épaississement produit par les méristèmes latéraux, a lieu dans les tiges et les racines des plantes ligneuses, mais rarement dans les feuilles. Les tissus fabriqués par le cambium et le phellogène constituent la croissance secondaire. Le cambium ajoute le xylème secondaire (le bois) et le phloème secondaire (le liber), augmentant ainsi l'écoulement vasculaire et le soutien des pousses. Le phellogène produit une couche épaisse et résistante composée principalement de cellules imprégnées de cire qui protègent la tige contre la perte d'eau et contre l'invasion des insectes, des bactéries et des champignons. La croissance secondaire a lieu chez toutes les Gymnospermes et de nombreuses Eudicotylédones, mais rarement chez les Monocotylédones.

Chez les plantes ligneuses, les croissances primaire et secondaire se produisent simultanément. Alors que la croissance primaire ajoute des feuilles et allonge les tiges et les racines dans les régions plus jeunes d'une plante, la croissance secondaire augmente le diamètre des tiges et des racines dans les plus vieilles régions, là où la croissance primaire est terminée. Le processus est semblable dans les tiges et les racines. La **figure 35.19** schématise la croissance d'une tige ligneuse.

Le cambium et les tissus conducteurs secondaires

Le cambium est un cylindre de cellules méristématiques souvent disposées en une seule couche. Il s'élargit et ajoute des couches de xylème secondaire à l'intérieur et de phloème secondaire à l'extérieur. Chaque couche a un diamètre supérieur à celui de la précédente (voir la figure 35.19). En somme, le cambium fait augmenter le diamètre des racines ou des tiges.

Dans la tige ligneuse type, le cambium est constitué d'un cylindre continu de cellules parenchymateuses indifférenciées, situées à l'extérieur de la moelle et du xylème primaire et à l'intérieur du cortex et du phloème primaire. Dans une racine ligneuse, le cambium se forme à l'extérieur du xylème primaire, et à l'intérieur du phloème primaire et du péricycle.

En coupe transversale, le cambium ressemble à un anneau de cellules initiales (cellules souches). Lorsqu'elles se divisent, ces cellules méristématiques font augmenter la circonférence du cambium. Elles ajoutent aussi du xylème secondaire à l'intérieur du cambium, et du phloème secondaire à l'extérieur (**figure 35.20**, page 875). Certaines cellules initiales sont allongées et leur grand axe est orienté parallèlement à l'axe de la tige ou de la racine. Elles produisent des cellules telles que les trachéides, les éléments de vaisseau et les fibres du xylème, ainsi que les éléments de tube criblé, les cellules compagnes, le parenchyme orienté parallèlement à l'axe et

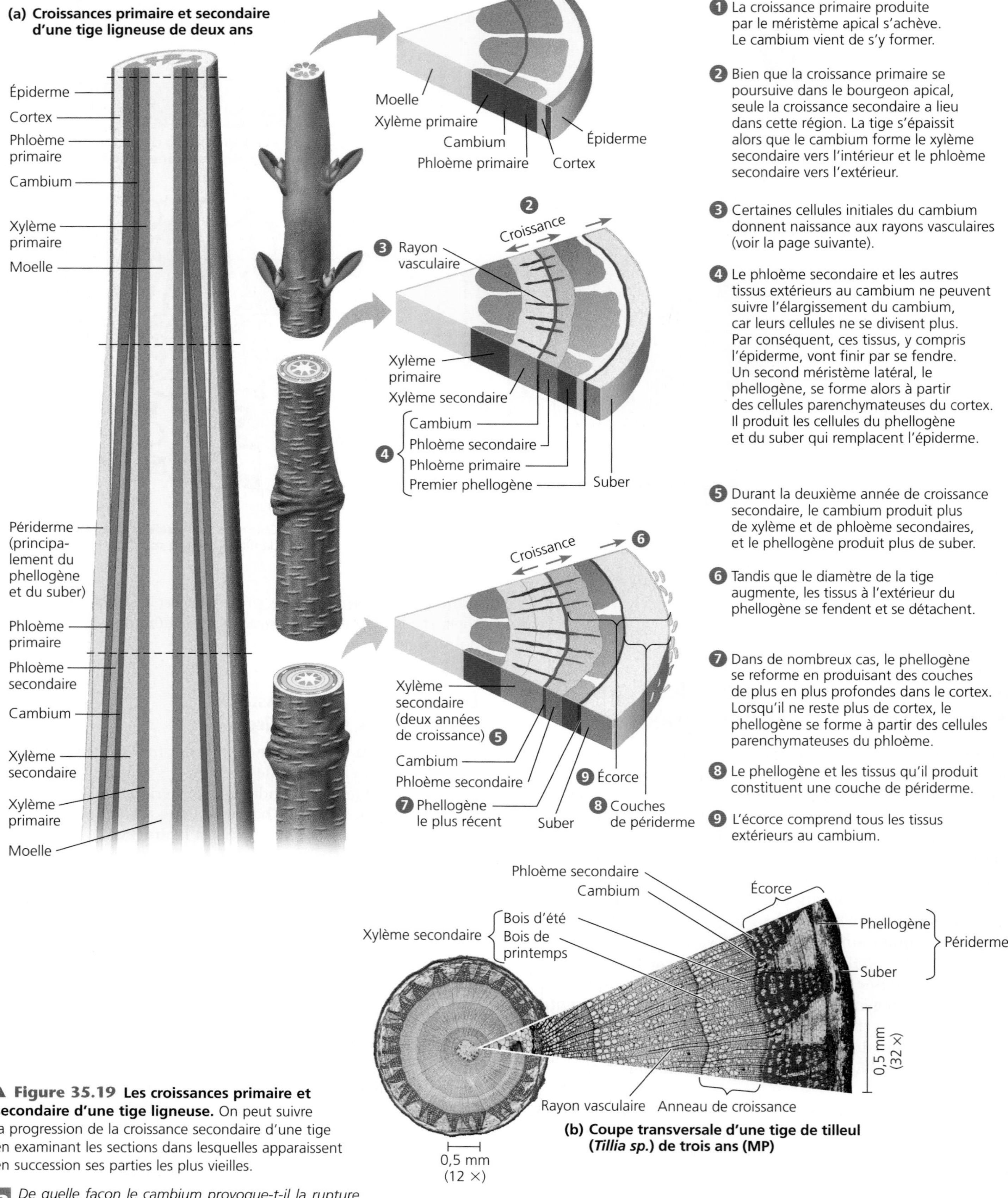

(a) Croissances primaire et secondaire d'une tige ligneuse de deux ans
Épiderme
Cortex
Phloème primaire
Cambium
Xylème primaire
Moelle
Périderme (principalement du phellogène et du suber)
Phloème primaire
Phloème secondaire
Cambium
Xylème secondaire
Xylème primaire
Moelle
1
Moelle
Xylème primaire
Cambium
Phloème primaire
Cortex
Épiderme
2
Croissance
3 Rayon vasculaire
Xylème primaire
Xylème secondaire
4
Cambium
Phloème secondaire
Phloème primaire
Premier phellogène
Suber
Croissance
6
Xylème secondaire (deux années de croissance) 5
Cambium
Phloème secondaire
7 Phellogène le plus récent
Suber
9 Écorce
8 Couches de périderme
1 La croissance primaire produite par le méristème apical s'achève. Le cambium vient de s'y former.
2 Bien que la croissance primaire se poursuive dans le bourgeon apical, seule la croissance secondaire a lieu dans cette région. La tige s'épaissit alors que le cambium forme le xylème secondaire vers l'intérieur et le phloème secondaire vers l'extérieur.
3 Certaines cellules initiales du cambium donnent naissance aux rayons vasculaires (voir la page suivante).
4 Le phloème secondaire et les autres tissus extérieurs au cambium ne peuvent suivre l'élargissement du cambium, car leurs cellules ne se divisent plus. Par conséquent, ces tissus, y compris l'épiderme, vont finir par se fendre. Un second méristème latéral, le phellogène, se forme alors à partir des cellules parenchymateuses du cortex. Il produit les cellules du phellogène et du suber qui remplacent l'épiderme.
5 Durant la deuxième année de croissance secondaire, le cambium produit plus de xylème et de phloème secondaires, et le phellogène produit plus de suber.
6 Tandis que le diamètre de la tige augmente, les tissus à l'extérieur du phellogène se fendent et se détachent.
7 Dans de nombreux cas, le phellogène se reforme en produisant des couches de plus en plus profondes dans le cortex. Lorsqu'il ne reste plus de cortex, le phellogène se forme à partir des cellules parenchymateuses du phloème.
8 Le phellogène et les tissus qu'il produit constituent une couche de périderme.
9 L'écorce comprend tous les tissus extérieurs au cambium.
Phloème secondaire
Cambium
Écorce
Xylème secondaire
Bois d'été
Bois de printemps
Phellogène
Suber
Périderme
0,5 mm (32 ×)
Rayon vasculaire
Anneau de croissance
0,5 mm (12 ×)
(b) Coupe transversale d'une tige de tilleul (*Tillia sp.*) de trois ans (MP)

▲ **Figure 35.19 Les croissances primaire et secondaire d'une tige ligneuse.** On peut suivre la progression de la croissance secondaire d'une tige en examinant les sections dans lesquelles apparaissent en succession ses parties les plus vieilles.

? *De quelle façon le cambium provoque-t-il la rupture de certains tissus ?*

les fibres du phloème. Les autres cellules initiales sont plus courtes et orientées perpendiculairement à l'axe de la tige ou de la racine. Elles produisent des *rayons vasculaires*, c'est-à-dire des rayons en majeure partie constitués de cellules parenchymateuses qui relient le xylème et le phloème secondaires (voir la figure 35.19b). Les cellules d'un rayon vasculaire déplacent l'eau et les nutriments entre le xylème et le phloème secondaires, stockent des glucides et aident à réparer les blessures.

Au fil des ans, la croissance secondaire continue. Les couches de xylème secondaire (bois) s'accumulent; elles sont composées principalement de trachéides, d'éléments de vaisseau et de fibres (voir la figure 35.10). Les Gymnospermes n'ont que des trachéides, tandis que la plupart des Angiospermes ont à la fois des trachéides et des éléments de vaisseau. Les parois des cellules de xylème secondaire sont fortement lignifiées, ce qui donne au bois sa dureté et sa résistance. Dans les régions tempérées, le bois qui apparaît au début du printemps est appelé bois de printemps (ou bois initial); il est habituellement composé de cellules de xylème secondaire ayant généralement un grand diamètre et une paroi mince (voir la figure 35.19b). La structure du bois de printemps optimise l'apport d'eau aux nouvelles feuilles. Le bois produit plus tard en saison de croissance est appelé bois d'été (ou bois final). Il est composé de cellules à paroi épaisse qui ne transportent pas aussi bien l'eau que celles du bois de printemps, mais qui assurent un meilleur soutien à l'arbre.

Dans les régions tempérées, le cambium entre en dormance au cours de l'hiver. Quand la croissance reprend, au printemps, il y a un contraste marqué entre les grosses cellules du nouveau bois de printemps et les petites cellules du bois d'été produites au cours de la saison de croissance précédente. La croissance d'une année a la forme d'un anneau qui est visible lorsqu'on observe la coupe transversale d'une racine ou du tronc d'un arbre. Les chercheurs peuvent ainsi évaluer l'âge d'un arbre en comptant ses anneaux. La *dendrochronologie* (du grec *dendron*, «arbre») est la science de l'analyse des schémas de croissance des anneaux des arbres. L'épaisseur des anneaux varie selon l'importance de la croissance saisonnière. Les arbres croissent bien au cours des années humides et chaudes, mais ils croissent à peine au cours des années froides ou sèches. Comme un anneau épais indique une année chaude et un anneau mince indique une année froide ou sèche, les scientifiques peuvent étudier les changements climatiques à partir des formes des anneaux (**figure 35.21**).

▼ **Figure 35.21** **MÉTHODE DE RECHERCHE**

L'étude du climat à l'aide de la dendrochronologie

APPLICATION La dendrochronologie, la science de l'analyse des anneaux des arbres, est utile dans l'étude du changement climatique. La plupart des scientifiques attribuent le récent réchauffement climatique à la combustion des combustibles fossiles et à l'émission de CO_2 et d'autres gaz à effet de serre, alors qu'une minorité pense qu'il s'agit de variations naturelles. L'étude des modèles climatiques exige de comparer les températures passées et présentes, mais les relevés instrumentaux du climat ne couvrent que les deux derniers siècles et ne s'appliquent qu'à quelques régions. En examinant les anneaux de croissance des conifères de Mongolie datant du milieu du 16e siècle, G. C. Jacoby, Rosanne D'Arrigo et leurs collaborateurs, du Lamont-Doherty Earth Observatory, ont cherché à savoir si la Mongolie a connu des périodes chaudes semblables par le passé.

TECHNIQUE Les chercheurs peuvent analyser les schémas des anneaux dans des arbres vivants et morts. Ils peuvent même étudier le bois utilisé dans d'anciennes constructions en comparant des échantillons avec des spécimens naturels d'époques différentes, mais se recoupant. Des carottes, chacune ayant environ le diamètre d'un crayon, sont prélevées dans le centre d'un tronc. Chaque échantillon est séché et poncé pour révéler les anneaux. En comparant, en alignant et en faisant la moyenne de nombreux échantillons de conifères de Mongolie, les chercheurs ont créé une chronologie de référence. De cette façon, les arbres ont servi de chronique des changements environnementaux.

RÉSULTATS

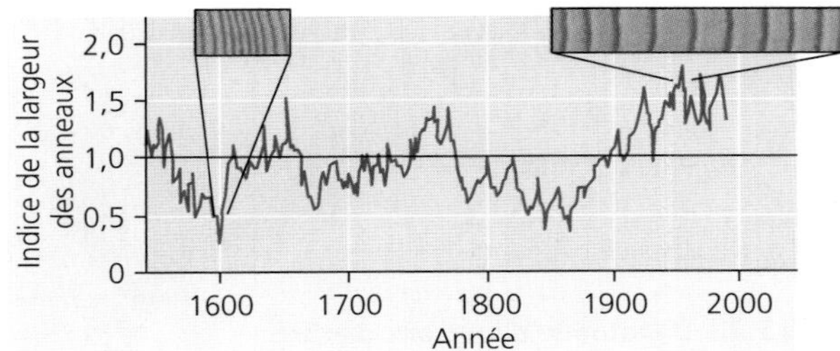

Ce graphique résume un couplage des enregistrements des indices de la largeur des anneaux des conifères de Mongolie de 1550 jusqu'à 1993. Les indices plus élevés indiquent un anneau plus large et des températures plus élevées. La période de croissance maximale s'étend de 1974 à 1993, et 17 des 20 années de plus grande croissance sont survenues depuis 1946, ce qui semble indiquer qu'un réchauffement inhabituel est survenu au cours des années 1900.

SOURCE G. C. Jacoby *et al.*, Mongolian Tree Rings and 20th-Century Warming, *Science* 273 : 771-773 (1996).

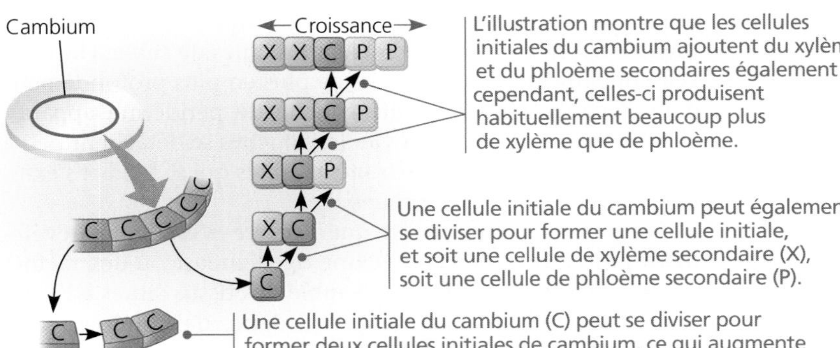

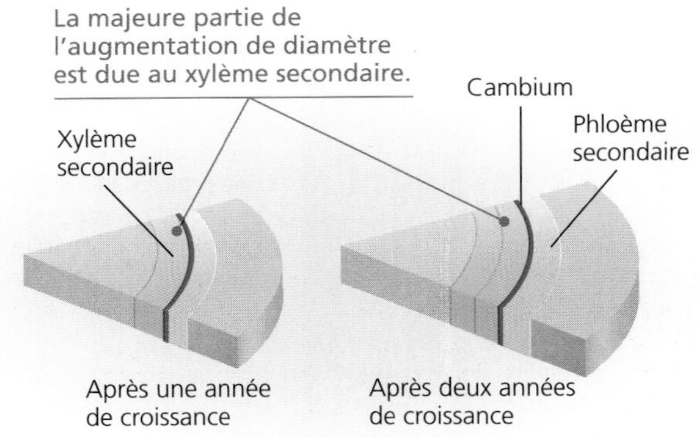

▲ **Figure 35.20 La croissance secondaire produite par le cambium.**

Lorsqu'un arbre ou un arbuste ligneux avance en âge, les plus vieilles couches de xylème secondaire ne transportent plus l'eau et les minéraux (une solution appelée sève brute). Situées au cœur de la tige ou de la racine, ces couches forment le *duramen*, également appelé bois parfait ou bois de cœur (**figure 35.22**). Ce sont les couches extérieures de xylème secondaire les plus récemment formées qui assurent le transport de la sève brute; on appelle ces couches *aubier*, ou bois imparfait. C'est pourquoi un vieil arbre peut survivre même si le centre de son tronc est vide (**figure 35.23**). Comme chaque nouvelle couche de xylème secondaire a une circonférence plus grande que la précédente, la croissance secondaire permet au xylème de transporter une plus grande quantité de sève brute d'année en année, afin de fournir aux feuilles de plus en plus nombreuses l'eau et les minéraux dont elles ont besoin. Le duramen est habituellement plus foncé que l'aubier en raison de la résine et d'autres substances qui pénètrent dans les cavités cellulaires et qui contribuent à protéger le noyau de l'arbre des champignons et des insectes xylophages.

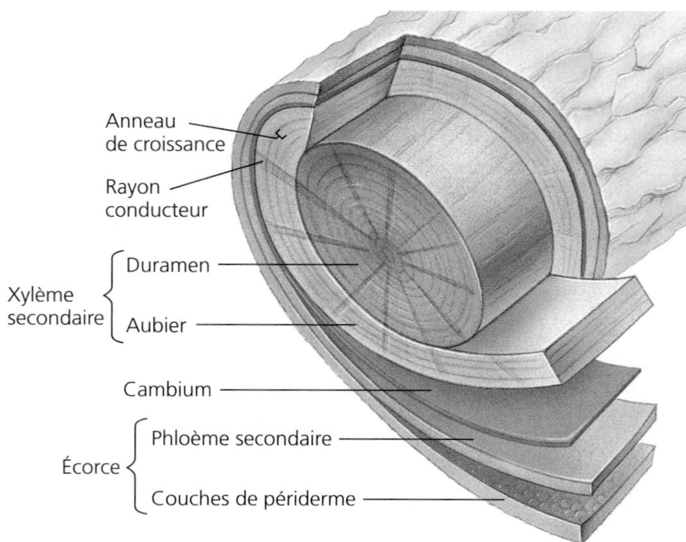

▲ **Figure 35.22 L'anatomie d'un tronc d'arbre.**

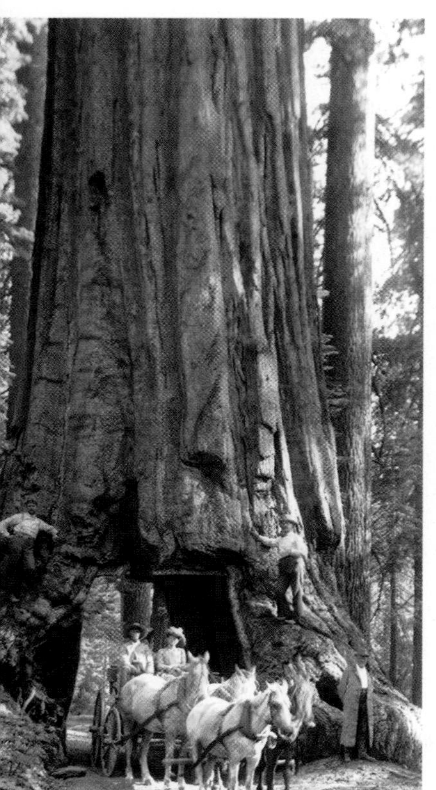

◄ **Figure 35.23 Cet arbre est-il vivant ou mort?** Le tunnel de séquoia de Wawona dans le parc national de Yosemite, en Californie, a été creusé en 1881 comme attraction touristique. Ce séquoia géant (*Sequoiadendron giganteum*) a vécu encore durant 88 ans avant de tomber au cours d'un hiver rigoureux. Il atteignait 71,3 m et avait environ 2 100 ans. Bien que des politiques de conservation empêcheraient aujourd'hui la mutilation d'un spécimen aussi important, le séquoia de Wawona a enseigné une précieuse leçon de botanique: les arbres peuvent survivre à l'excision de grandes parties de leur duramen.

Du fait de sa proximité avec le cambium, seul le phloème secondaire le plus récent joue un rôle dans le transport des glucides. Au fur et à mesure que la circonférence de la tige ou de la racine augmente, le phloème secondaire plus vieux se détache; ainsi, il ne s'accumule pas autant que le xylème secondaire.

Le phellogène et la production de périderme

Au cours des premières étapes de la croissance secondaire, l'épiderme, poussé vers l'extérieur, se fend, sèche et se détache de la tige ou de la racine. Il est remplacé par deux tissus produits par le premier phellogène, un cylindre de cellules en division qui se développe dans le cortex externe de la tige (figure 35.19a) et dans la couche externe du péricycle de la racine. Un des deux tissus, appelé *phelloderme*, est composé d'une mince couche de cellules parenchymateuses qui se forme à l'intérieur du phellogène. L'autre couche est constituée de cellules du suber qui s'accumulent à l'extérieur du phellogène. À maturité, avant de mourir, les cellules du suber sécrètent une substance cireuse hydrophobe, la *subérine*, qui se dépose sur le côté interne de la paroi cellulaire. Le suber devient alors une barrière protectrice contre la perte d'eau, les agressions du milieu et les agents pathogènes. Chaque phellogène de même que les tissus qu'il produit comportent une couche de périderme.

Étant donné que les cellules du suber contiennent de la subérine et qu'elles sont habituellement serrées les unes contre les autres, la majeure partie du périderme est imperméable à l'eau et aux gaz, contrairement à l'épiderme. Par conséquent, chez la plupart des Végétaux, l'absorption de l'eau et des minéraux a surtout lieu dans les jeunes parties des racines. Les parties plus vieilles servent à ancrer la plante et à transporter l'eau et les solutés entre le sol et les pousses. Le périderme est parsemé de petits canaux surélevés appelés **lenticelles**, dans lesquels les cellules du suber sont moins tassées, ce qui permet aux cellules vivantes d'une tige ligneuse ou d'une racine d'effectuer des échanges gazeux avec l'air ambiant. Les lenticelles apparaissent souvent sous forme de fentes horizontales, comme il est illustré sur la tige à la figure 35.19a.

L'épaississement de la tige ou de la racine fait souvent en sorte que le premier phellogène se fend, cesse son activité méristématique et se différencie en cellules de suber. Un nouveau phellogène se forme alors de plus en plus profondément dans l'écorce. Une nouvelle couche de périderme apparaît chaque fois, tandis que les vieilles couches se détachent peu à peu. L'écorce de nombreux troncs d'arbres qui se fend et s'exfolie témoigne de ce phénomène.

On pense souvent à tort que l'écorce n'est qu'un revêtement protecteur qui recouvre une tige ligneuse ou une racine. En fait, l'**écorce** désigne l'ensemble des tissus situés à l'extérieur du cambium. Elle comprend donc, de l'intérieur vers l'extérieur, le phloème secondaire (produit par le cambium), le plus récent périderme et toutes les anciennes couches de périderme (voir la figure 35.22).

L'évolution de la croissance secondaire

ÉVOLUTION Bien que le génome d'une espèce d'arbre, le peuplier (*Populus trichocarpa*), ait été séquencé, l'étude de la biologie moléculaire de la croissance secondaire est difficile, car les plantes ligneuses prennent des années à se développer et requièrent de grands espaces pour croître. Curieusement, l'étude de la plante herbacée *Arabidopsis thaliana* (arabette des dames) a permis de comprendre l'évolution de la croissance secondaire. Les chercheurs ont découvert qu'ils peuvent stimuler la croissance secondaire dans les tiges d'*Arabidopsis* en ajoutant des poids à la plante. Ces découvertes indiquent que le poids porté par la tige active un programme de développement qui produit la formation de bois. De plus, ils ont trouvé que plusieurs gènes du développement qui assurent la régulation des méristèmes apicaux des pousses chez *Arabidopsis* assurent la régulation de l'activité du cambium chez *Populus*. Cela porte à croire que les mécanismes de la croissance primaire et de la croissance secondaire ont évolué de façon plus similaire qu'on le croyait auparavant.

RETOUR SUR LE CONCEPT **35.4**

1. On cloue une pancarte sur un tronc d'arbre, à deux mètres de sa base. Si l'arbre mesure 10 m de hauteur et s'allonge de 1 m par année, à quelle hauteur la pancarte se trouvera-t-elle après 10 ans?
2. Les stomates et les lenticelles interviennent tous les deux dans l'échange de CO_2 et de O_2. Pourquoi les stomates doivent-ils pouvoir se fermer, mais pas les lenticelles?
3. Doit-on s'attendre à ce qu'un arbre tropical possède des anneaux de croissance distincts? Pourquoi?
4. **ET SI?** Si on enlève un anneau complet d'écorce autour d'un tronc d'arbre (par une technique appelée annélation), l'arbre meurt généralement. Expliquez pourquoi.

Voir les réponses proposées à la fin du chapitre.

CONCEPT **35.5**

La croissance, la morphogenèse et la différenciation cellulaire façonnent la structure des Végétaux

On se rappelle que la série de changements par lesquels les cellules forment des tissus, des organes et des organismes s'appelle le **développement**. Celui-ci se déroule selon les informations génétiques qu'un organisme hérite de ses parents, mais il est également influencé par l'environnement extérieur. Un seul génotype peut produire différents phénotypes dans différents environnements. Par exemple, la plante aquatique appelée cabomba (*Cabomba caroliniana*) forme deux types différents de feuilles, selon que le méristème apical des pousses est submergé ou non (**figure 35.24**). Cette

▲ **Figure 35.24 La plasticité développementale chez la plante aquatique *Cabomba caroliniana*.** Les feuilles submergées de *Cabomba* ont un aspect plumeux, une adaptation qui les protège des dommages en diminuant leur résistance à l'eau en mouvement, tandis que les feuilles de surface ont des coussinets qui favorisent la flottaison. Les cellules des deux types de feuilles sont génétiquement identiques, mais les conditions environnementales différentes font en sorte que les gènes responsables de la formation des feuilles s'expriment ou pas.

capacité d'un organisme d'altérer sa forme en réaction aux conditions de son environnement est appelée *plasticité développementale*. Des exemples spectaculaires de plasticité, comme chez *Cabomba*, sont beaucoup plus répandus chez les Végétaux que chez les Animaux, peut-être pour compenser le manque de mobilité des Végétaux qui les empêche d'échapper aux conditions défavorables.

Revoyons brièvement les trois mécanismes développementaux qui se chevauchent: la croissance, la morphogenèse et la différenciation cellulaire. La **croissance** est une augmentation irréversible de la taille. La **morphogenèse** (du grec *morphê*, «forme», et *genesis*, «création») est le processus qui donne à un tissu, un organe ou un organisme sa forme et détermine les positions des différents types de cellules. La **différenciation cellulaire** est le processus par lequel les cellules ayant les mêmes gènes deviennent différentes les unes des autres. Nous étudierons ces trois mécanismes plus loin, mais examinons d'abord comment l'application des techniques de la biologie moléculaire moderne aux organismes modèles, notamment *Arabidopsis thaliana*, a révolutionné l'étude du développement des Végétaux.

Les organismes modèles: une révolution dans l'étude des Végétaux

Comme dans les autres domaines de la biologie, les techniques de la biologie moléculaire et une attention particulière aux organismes modèles comme *Arabidopsis thaliana* ont catalysé un foisonnement de la recherche au cours des deux dernières décennies. *Arabidopsis*, plante délicate de la famille des Crucifères, n'a aucune valeur agricole caractéristique, mais elle constitue un organisme modèle qui intéresse les généticiens et les biologistes moléculaires pour de nombreuses raisons. La

Tableau 35.1 Les fonctions des gènes d'*Arabidopsis thaliana*

Fonction des gènes	Nombre de gènes	Pourcentage du total*
Fonction inconnue	9 967	36 %
Métabolisme des protéines	3 204	12 %
Transport	2 253	8 %
Transcription	2 039	7 %
Réponse à un stress	1 811	7 %
Développement	1 627	6 %
Détection de l'environnement	1 627	6 %
Division et organisation cellulaires	1 201	4 %
Transduction de stimulus	1 097	4 %
Métabolisme des acides nucléiques	333	1 %
Voies énergétiques	304	1 %
Autres mécanismes cellulaires	8 959	33 %
Autres mécanismes métaboliques	8 476	31 %
Autres mécanismes biologiques	1 592	6 %

Source : The *Arabidopsis* Information Resource, 2010.

* Les pourcentages totalisent plus de 100 % parce que certains gènes appartiennent à plus d'une catégorie.

petite taille d'*A. thaliana* permet aux chercheurs de cultiver des milliers de plants dans quelques mètres carrés, en laboratoire. Son temps de génération est court : il suffit d'environ six semaines pour qu'une graine devienne une plante mature qui produit d'autres graines. Cette rapide maturation permet aux biologistes d'effectuer des expériences de croisement génétique dans un délai relativement court. Un plant peut produire plus de 5 000 graines, une autre propriété qui rend *Arabidopsis* utile pour l'analyse génétique.

En plus de ces caractères de base, le génome de la plante se prête particulièrement bien à l'analyse par des méthodes de génétique moléculaire. Le génome d'*Arabidopsis*, qui comporte environ 27 400 gènes codant pour des protéines, est parmi les plus petits génomes de Végétaux connus. De plus, la plante n'a que cinq paires de chromosomes, ce qui facilite la tâche des généticiens pour localiser des gènes particuliers. La petitesse de son génome a fait en sorte qu'*Arabidopsis thaliana* fut la première plante dont on a complètement séquencé le génome ; cela a demandé un effort multinational de six années (**tableau 35.1**).

Une autre propriété qui rend *Arabidopsis* attrayante pour les biologistes moléculaires est la facilité avec laquelle on peut transformer ses cellules avec de l'ADN étranger. La transformation des cellules d'*Arabidopsis* est utile pour étudier la façon dont ses gènes fonctionnent et interagissent avec d'autres gènes. Les biologistes transforment habituellement les cellules des plantes en les infectant avec des variétés génétiquement modifiées de la bactérie *Agrobacterium tumefaciens* (voir la figure 20.26, p. 487). Les chercheurs qui travaillent avec *Arabidopsis* utilisent également une variante de cette technique pour créer une plante présentant une mutation particulière.

Étudier l'effet d'une mutation dans un gène donne souvent des informations importantes au sujet de la fonction normale du gène. Comme *Agrobacterium* insère de façon aléatoire son ADN transformé dans le génome, l'ADN peut être inséré au milieu d'un gène. Une telle insertion détruit habituellement la fonction du gène modifié, ce qui donne naissance à un gène mutant inactif.

Des projets à grande échelle employant cette technique sont en marche en vue de déterminer la fonction de chaque gène d'*Arabidopsis*. En définissant la fonction de chaque gène et en suivant chaque voie métabolique, les chercheurs espèrent établir le plan de développement des Végétaux, un des principaux objectifs de la biologie des systèmes. On prévoit la création prochaine d'une « plante virtuelle » à l'aide de l'informatique. Cela permettrait de visualiser les gènes qui sont activés dans les différentes parties de la plante tout au long de son développement.

La recherche fondamentale qui s'appuie sur des organismes modèles comme *Arabidopsis* a accéléré le rythme des découvertes en botanique, dont l'identification des voies génétiques complexes qui régissent la structure des Végétaux. En lisant plus sur ce sujet, vous serez en mesure d'apprécier non seulement le pouvoir de l'étude des organismes modèles, mais aussi la riche histoire de la recherche sous-jacente à toute la recherche moderne sur les Végétaux.

La croissance : la division et l'expansion cellulaires

En augmentant le nombre de cellules, la division cellulaire qui se déroule dans les méristèmes augmente également le potentiel de croissance. Mais c'est l'expansion cellulaire qui est responsable de la croissance de la plante comme telle. Nous avons décrit en détail la division cellulaire au chapitre 12 (voir la figure 12.10, p. 267), et nous verrons l'allongement cellulaire au chapitre 39 (voir la figure 39.8, p. 963). Nous nous attardons donc ici sur la façon dont ces processus contribuent à donner une forme à la plante.

Le plan et la symétrie de la division cellulaire

Les nouvelles parois cellulaires qui divisent en deux parties les cellules végétales durant la cytocinèse se développent à partir de la plaque cellulaire (voir la figure 12.10). Le plan précis de la division cellulaire, déterminé à la fin de l'interphase, correspond habituellement au chemin le plus court qui coupe de moitié le volume de la cellule mère. Le réarrangement du cytosquelette constitue le premier signe de cette orientation spatiale. Les microtubules du cytoplasme forment un anneau appelé *bande préprophasique* (**figure 35.25**). Cette bande disparaît avant la métaphase, mais elle détermine le plan que suivra la division cellulaire.

On a longtemps cru que le plan de la division cellulaire fournissait le fondement pour les formes des organes des plantes, mais des études sur un maïs mutant ayant subi une désorganisation interne, appelé *tangled-1*, ont conduit les chercheurs à remettre en question ce point de vue. Chez les plants de maïs de type sauvage, les cellules des feuilles se divisent de façon soit transversale, soit longitudinale par rapport à l'axe de la cellule mère. Les divisions transversales sont associées à l'allongement

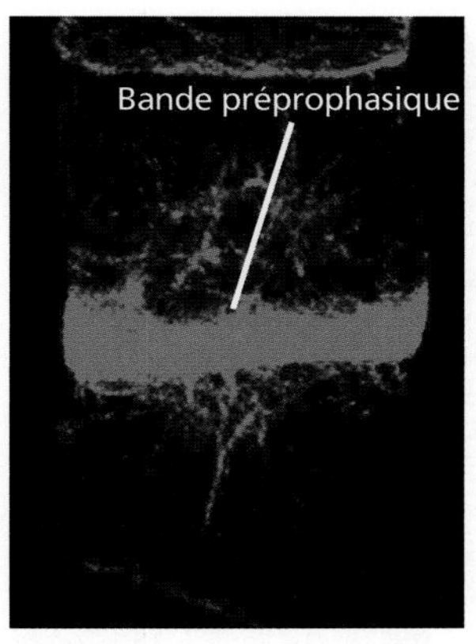

◄ **Figure 35.25 La bande préprophasique et le plan de la division cellulaire.** L'emplacement de la bande préprophasique indique le plan que suivra la division cellulaire. Dans cette micrographie photonique, la bande préprophasique a été colorée avec une protéine fluorescente verte qui se lie à une protéine associée aux microtubules.

des feuilles, et les divisions longitudinales, à l'élargissement de celles-ci. Dans les feuilles de *tangled-1*, les divisions transversales sont normales, mais la majorité des divisions longitudinales sont orientées anormalement, aboutissant à des cellules tordues et courbées (**figure 35.26**). Cependant, ces divisions cellulaires anormales n'influent pas sur la forme de la feuille. Les feuilles du mutant croissent plus lentement que celles de type sauvage, mais leur forme générale reste normale, ce qui indique que la forme des feuilles ne dépend pas seulement d'un contrôle spatial précis de la division cellulaire. De plus, des découvertes récentes semblent indiquer que la forme de l'apex des tiges chez *Arabidopsis* ne dépend pas du plan de la division cellulaire, mais des stress mécaniques liés aux microtubules et provenant du « tassement » associé à la prolifération et à la croissance des cellules.

Bien que le *plan* de la division cellulaire ne détermine pas la forme des organes des plantes, la *symétrie* de la division cellulaire, c'est-à-dire la distribution du cytoplasme entre les cellules filles, est importante dans la détermination du sort des cellules. Les cellules végétales ne se divisent pas toutes en deux parts égales au cours de la mitose. Même si les chromosomes sont distribués en parts égales aux cellules filles durant la mitose, il peut arriver que le cytoplasme se divise de manière asymétrique. La *division cellulaire asymétrique*, qui fait en sorte que l'une des cellules filles reçoit plus de cytoplasme que l'autre au cours de la mitose, est habituellement le signe d'un événement clé du développement. Par exemple, la formation des cellules stomatiques nécessite généralement une division asymétrique et une modification du plan de la division. Une cellule épidermique se divise de manière asymétrique pour donner une cellule volumineuse, qui restera une cellule épidermique non spécialisée, et une petite cellule, qui deviendra une cellule mère stomatique. Les cellules stomatiques se forment quand cette petite cellule mère se divise perpendiculairement à la première (**figure 35.27**). Par conséquent, la division cellulaire asymétrique génère des cellules dont les destinées sont différentes, c'est-à-dire des cellules qui deviennent de différents types à maturité.

Les divisions cellulaires asymétriques jouent également un rôle dans l'établissement de la **polarité**, à savoir la présence de différences structurales ou chimiques aux extrémités opposées d'un organisme. Chez les plantes, il existe habituellement un axe bien développé dont les deux extrémités sont différentes : l'une est une racine (partie souterraine), l'autre une tige (partie aérienne). Cette polarité est surtout évidente dans les différences morphologiques. Mais elle se manifeste également dans plusieurs propriétés physiologiques telles que le mouvement unidirectionnel de l'auxine (hormone végétale) et l'apparition de racines et de tiges adventives aux extrémités appropriées des « boutures ». Des racines adventives se forment à l'extrémité de la racine d'une bouture de tige, et des tiges adventives se forment à l'extrémité de la tige d'une bouture de racine.

La première division d'un zygote végétal est normalement asymétrique et polarise la structure de la plante en une tige et une racine. Cette polarité est difficile à renverser de façon expérimentale. Ainsi, la détermination adéquate de la polarité axiale est une étape clé de la morphogenèse

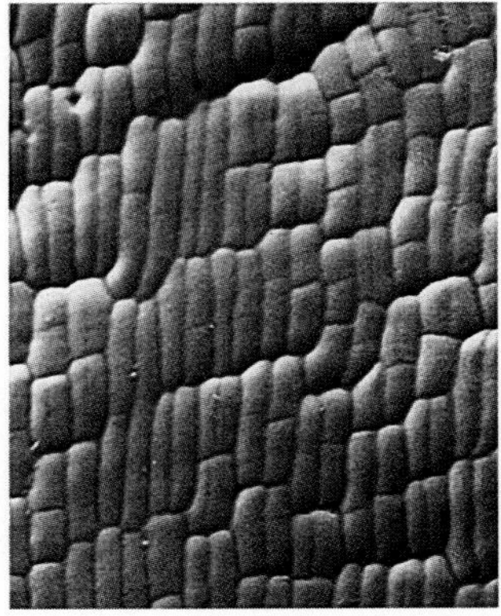

Cellules épidermiques des feuilles du maïs de type sauvage

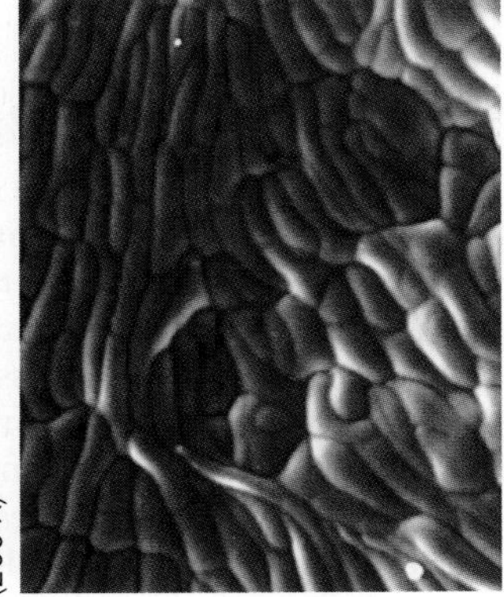

Cellules épidermiques des feuilles du maïs mutant *tangled-1*

▲ **Figure 35.26 Comparaison des schémas de division cellulaire dans les plants de maïs de type sauvage et les plants mutants.** Comparées aux cellules épidermiques des plants de maïs de type sauvage (à gauche), les cellules épidermiques du mutant *tangled-1* (à droite) sont très désordonnées. Néanmoins, les plants de maïs *tangled-1* produisent des feuilles d'aspect normal.

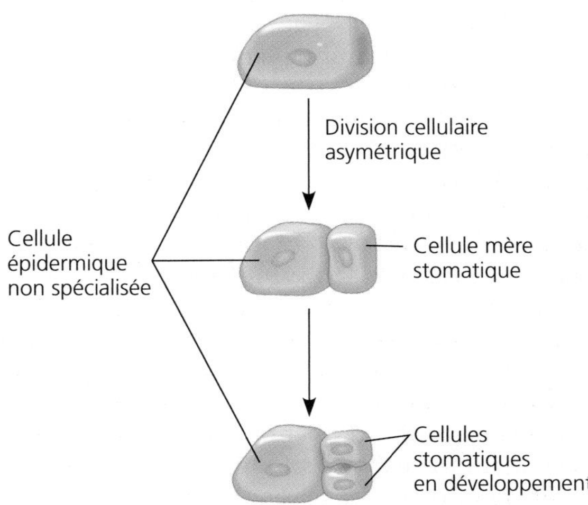

▲ **Figure 35.27 La division cellulaire asymétrique et le développement stomatique.** Une division cellulaire asymétrique précède le développement des cellules stomatiques de l'épiderme, c'est-à-dire des cellules qui bordent l'ostiole (voir la figure 35.18).

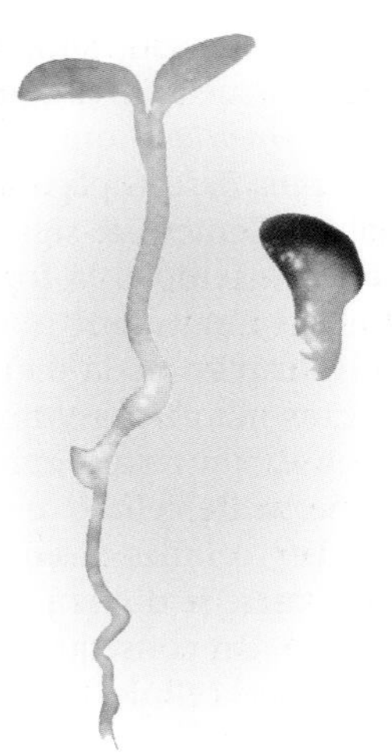

◄ **Figure 35.28 L'importance de la polarité axiale.** Le semis normal d'*Arabidopsis thaliana* (à gauche) possède une racine et une tige. Chez le mutant *gnome* (à droite), la première division du zygote n'a pas été asymétrique ; le semis qui en résulte présente une forme de boule et ne possède ni feuilles ni racines. Cette anomalie du mutant *gnome* est causée par son incapacité de transporter l'auxine de façon polaire.

d'une plante. Chez le mutant *gnome* (d'un mot allemand désignant un nain ou une personne difforme) d'*Arabidopsis thaliana*, la polarité ne s'installe pas. La première division du zygote est en effet anormalement symétrique, et le semis en forme de boule qui en résulte ne possède ni racines ni feuilles (**figure 35.28**).

L'orientation de l'expansion cellulaire

Avant d'aborder la contribution de l'expansion cellulaire à la formation de la plante, soulignons une différence entre les Végétaux et les Animaux. La croissance des cellules animales repose principalement sur la synthèse de cytoplasme riche en protéines, processus coûteux au point de vue métabolique. La croissance des cellules végétales nécessite aussi la fabrication de nouvelles substances riches en protéines dans le cytoplasme. Mais l'absorption d'eau représente généralement 90 % de l'expansion cellulaire. La majeure partie de cette eau est emmagasinée dans la grande vacuole centrale. La sève cellulaire est très diluée et presque dépourvue des macromolécules coûteuses en énergie qui sont présentes en grandes quantités dans le reste du cytoplasme. Les grandes vacuoles sont donc un moyen «économique» de remplir l'espace, ce qui permet à une plante de croître rapidement et à peu de frais. Par exemple, les tiges de bambou s'allongent de plus de deux mètres par semaine. L'allongement rapide et efficace des racines et des tiges a été une importante adaptation des Végétaux, au cours de l'évolution, qui a favorisé l'exposition à la lumière et augmenté la surface d'absorption en contact avec le sol.

Les cellules végétales croissent rarement de façon uniforme dans toutes les directions. Leur grande expansion est habituellement orientée selon l'axe principal de la plante. Ainsi, les cellules situées près de l'apex de la racine peuvent multiplier par 20 leur longueur initiale, mais s'élargissent peu. On attribue cela à l'orientation des microfibrilles de cellulose dans les couches profondes de la paroi cellulaire. Les microfibrilles ne s'étirent pas ; la croissance cellulaire se fait donc perpendiculairement à leur orientation principale, comme l'illustre la **figure 35.29**. Les microtubules jouent un rôle aussi important que le plan de la division cellulaire dans la régulation du plan d'expansion cellulaire. C'est leur orientation dans le cytoplasme périphérique de la cellule qui détermine l'orientation des microfibrilles de cellulose, les unités structurales de base de la paroi cellulaire.

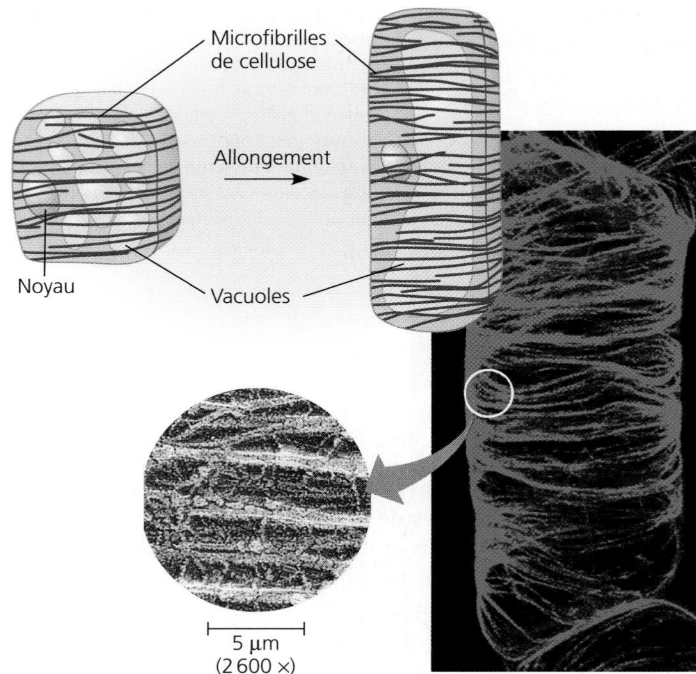

▲ **Figure 35.29 L'orientation de l'expansion des cellules végétales.** C'est principalement l'absorption d'eau qui permet l'expansion des cellules végétales. Dans une cellule en croissance, les enzymes affaiblissent les liaisons transversales de la paroi, qui peut ainsi prendre de l'expansion à mesure que l'eau y pénètre par osmose ; en même temps, plus de microfibrilles sont produites. L'orientation de la croissance de la cellule se fait surtout perpendiculairement aux microfibrilles de cellulose présentes dans la paroi. L'orientation des microtubules dans le cytoplasme périphérique de la cellule détermine l'orientation des microfibrilles de cellulose (MP à fluorescence). Ces microfibrilles sont enchâssées dans une matrice comportant d'autres polysaccharides (non cellulosiques), dont quelques-uns forment les liaisons transversales visibles sur cette micrographie (MET).

La morphogenèse et le plan d'organisation

La structure des plantes est plus qu'un ensemble de cellules en division et en expansion. Au cours de la morphogenèse, les cellules acquièrent différentes identités dans une organisation spatiale ordonnée. Par exemple, le tissu de revêtement se forme à l'extérieur et le tissu conducteur, à l'intérieur (jamais dans le sens inverse). La formation de structures précises en des endroits précis se nomme **plan d'organisation**.

Deux types d'hypothèses ont été mises de l'avant pour expliquer comment le sort des cellules végétales est déterminé au cours de la formation du plan d'organisation. L'hypothèse fondée sur les *mécanismes liés à la lignée* propose que le sort des cellules soit déterminé au début du développement et que les cellules transmettent ce sort à leur descendance. Selon cette théorie, le plan de base de la différenciation cellulaire est cartographié selon les directions dans lesquelles les cellules méristématiques se divisent et prennent de l'expansion. D'autre part, l'hypothèse fondée sur les *mécanismes liés à la position* propose que ce soit plutôt sa position finale dans un organe en développement qui détermine le type de cellule que deviendra la cellule en question. À l'appui de ce point de vue, les manipulations expérimentales des positions des cellules pratiquées en détruisant par chirurgie certaines cellules au moyen de lasers ont démontré que le sort d'une cellule végétale est établi vers la fin du développement et dépend en grande partie de stimulus de la part de cellules voisines.

En revanche, le sort des cellules chez les Animaux est en grande partie déterminé par les mécanismes dépendants de la lignée qui mettent en jeu des facteurs de transcription. Les gènes homéotiques (*Hox*) qui codent pour ces facteurs de transcription sont essentiels pour le nombre et le positionnement appropriés des structures embryonnaires, comme les pattes et les antennes, chez *Drosophila melanogaster* (voir la figure 18.19, p. 428). Chose intéressante, le maïs possède un homologue des gènes *Hox* appelé *KNOTTED-1*, mais contrairement à son équivalent dans le monde animal, *KNOTTED-1* n'influe pas sur le nombre ou le positionnement approprié des organes d'une plante. Comme nous le verrons, une classe sans lien de facteurs de transcription appelés protéines *MADS-box* joue un rôle dans les plantes. *KNOTTED-1* joue cependant un rôle important dans la morphogenèse des feuilles, y compris des feuilles composées. Si l'expression du gène *KNOTTED-1* est excessive par rapport à la normale chez la tomate (*Lycopersicum esculentum*), les feuilles normalement composées deviennent « supercomposées » (**figure 35.30**).

L'expression génique et la régulation de la différenciation cellulaire

Les cellules d'un organisme en développement synthétisent différentes protéines et ont diverses structures et fonctions, même si elles ont le même génome. Si, dans un milieu de culture, une cellule mature provenant d'une racine ou d'une feuille se dédifférencie et donne naissance aux divers types de cellules végétales, c'est qu'elle possède tous les gènes nécessaires à l'élaboration de tous les types de cellules (voir la figure 20.17, p. 477). Il s'ensuit que la différenciation cellulaire dépend dans une large mesure de la régulation de l'expression génique, autrement dit de la régulation de la transcription et de la traduction qui entraîne la production de protéines particulières.

Même si la différenciation cellulaire dépend de la régulation de l'expression génique, le sort d'une cellule végétale est déterminé par sa position finale dans l'organe en développement, et non par la lignée de la cellule. Si une cellule non différenciée est déplacée, elle se différenciera en une cellule appropriée à sa nouvelle position. Un aspect de l'interaction cellulaire d'une plante est la communication de l'information de positionnement d'une cellule à une autre.

Des preuves portent à croire que l'activation ou l'inactivation de gènes précis intervenant dans la différenciation cellulaire dépend en grande partie de la communication de cellule à cellule. Par exemple, deux types de cellules se forment dans l'épiderme de la racine d'*Arabidopsis thaliana*: les cellules qui produisent des poils absorbants et celles qui n'en produisent pas. Le sort des cellules est lié à leur position dans l'épiderme. Les cellules épidermiques immatures qui sont en contact avec deux cellules sous-jacentes du cortex de la racine produisent des poils absorbants, tandis que les cellules épidermiques immatures qui sont en contact avec une seule cellule du cortex deviennent des cellules matures sans poil absorbant. L'expression différentielle du gène homéotique appelé *GLABRA-2* (du latin *glaber*, « chauve ») est responsable de la distribution adéquate des poils absorbants (**figure 35.31**). Les chercheurs ont démontré ce phénomène en couplant le gène *GLABRA-2* à un « gène indicateur », qui provoque la coloration bleue de chaque cellule de la racine où le gène *GLABRA-2* s'exprime après un traitement particulier. Ce gène ne s'exprime normalement que dans les cellules épidermiques qui ne développeront pas de poil absorbant.

▲ **Figure 35.30 L'expression excessive d'un gène homologue des gènes *Hox* pendant la formation d'une feuille.** *KNOTTED-1* est un gène qui participe à la formation des feuilles et des folioles. Son expression excessive chez la tomate (*Lycopersicum esculentum*) donne des feuilles « supercomposées » (à droite) par rapport aux feuilles normales (à gauche).

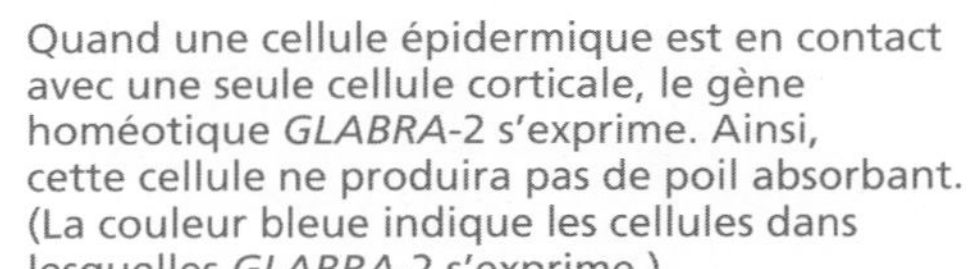

Quand une cellule épidermique est en contact avec une seule cellule corticale, le gène homéotique *GLABRA-2* s'exprime. Ainsi, cette cellule ne produira pas de poil absorbant. (La couleur bleue indique les cellules dans lesquelles *GLABRA-2* s'exprime.)

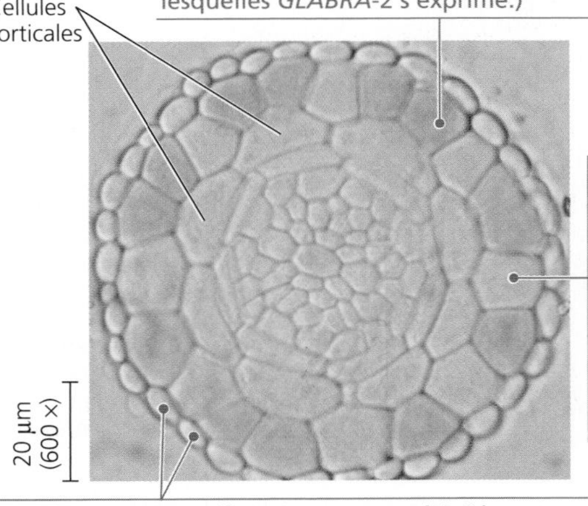

▲ **Figure 35.31 La régulation de la différenciation cellulaire par un gène homéotique (MP).**

ET SI? *À quoi ressembleraient les racines si une mutation inhibait l'expression du gène* GLABRA-2 *?*

Les changements de phase

Les organismes multicellulaires doivent passer par différents stades de développement. Ainsi, les humains passent par la petite enfance, l'enfance, l'adolescence et l'âge adulte, la puberté étant la ligne de démarcation entre la phase non reproductrice et la phase reproductrice. Les Végétaux, eux, passent du stade végétatif juvénile au stade végétatif mature, puis au stade reproducteur mature. Chez les Animaux, les changements développementaux s'effectuent dans l'organisme tout entier, et une larve d'insecte, par exemple, deviendra un insecte adulte. Chez les Végétaux, en revanche, les stades de développement, appelés *phases*, touchent une seule région : le méristème apical de la tige. Les changements morphologiques qui se produisent lors des transformations du méristème apical sont appelés **changements de phase**. Durant la transition progressive de la phase juvénile à la phase mature, les changements morphologiques les plus évidents touchent la forme et la taille des feuilles (**figure 35.32**). Les nœuds et les entrenœuds juvéniles conservent leur état juvénile même si la pousse continue de s'allonger et même si, plus tard, le méristème apical de la tige passe à la phase adulte. Par conséquent, toutes les *nouvelles* feuilles qui se développent sur les branches émergeant des bourgeons axillaires des nœuds juvéniles seront elles aussi juvéniles, même si le méristème apical de l'axe principal de la tige produit des nœuds matures depuis des années.

Si les conditions environnementales sont favorables, une plante adulte s'engage dans la phase de floraison. Les biologistes ont accompli d'énormes progrès pour expliquer la régulation génétique du développement floral, le sujet de la prochaine section.

La régulation génétique de la floraison

La formation de fleurs comporte un changement de phase qui fait passer de la croissance végétative à la croissance reproductrice. Cette transition est provoquée par une combinaison de stimulus environnementaux, comme la longueur du jour, et de stimulus internes, telles les hormones. (Le chapitre 39 aborde plus en détail les stimulus liés à la floraison.) Contrairement à la croissance végétative, qui est indéfinie, la croissance liée à la floraison est définie : la production d'une fleur par le méristème apical d'une pousse met un terme à la croissance primaire de cette pousse. Le passage de la croissance végétative à la floraison est associé à l'activation des **gènes d'identité du méristème floral**. Les protéines produites par ces gènes sont des facteurs de transcription qui régulent

Feuilles développées durant la phase mature du méristème apical

Feuilles développées durant la phase juvénile du méristème apical

▲ **Figure 35.32 Le changement de phase dans le système caulinaire d'*Acacia koa*.** Cette plante originaire d'Hawaï a des feuilles juvéniles composées qui sont constituées de nombreuses petites folioles et de feuilles matures simples. Ces deux sortes de feuillages reflètent un changement de phase dans le développement du méristème apical de chaque tige. Une fois qu'un nœud est formé, la phase de développement – juvénile ou mature – est fixe, c'est-à-dire que les feuilles composées ne deviennent pas des feuilles simples à maturité.

(a) Fleur normale d'*Arabidopsis*. Chaque fleur normale d'*Arabidopsis thaliana* possède quatre verticilles : les sépales (S), les pétales (P), les étamines (É) et les carpelles (C).

(b) Fleur anormale d'*Arabidopsis*. Les chercheurs ont relevé plusieurs mutations des gènes d'identité des organes qui sont à l'origine de la formation de fleurs anormales. Ainsi, cette fleur possède un verticille supplémentaire de pétales à la place des étamines et une fleur interne à la place des carpelles.

▲ **Figure 35.33 Les gènes d'identité des organes et le plan d'organisation de la fleur.**

FAITES DES LIENS *Revoyez le concept 18.4, p. 424 à 431, et donnez un autre exemple de mutation d'un gène homéotique qui mène à des organes produits à la mauvaise place.*

les gènes nécessaires à la conversion des méristèmes végétatifs indéfinis en méristèmes floraux définis.

Lorsque le méristème apical d'une tige s'est engagé dans la phase de floraison, l'ordre de l'émergence de chaque primordium en détermine le développement en un organe floral précis : un sépale, un pétale, une étamine ou un carpelle (voir la figure 30.7, p. 726, pour une révision de la structure de la fleur). Ces organes floraux forment quatre verticilles qui peuvent être décrits comme des cercles concentriques lorsqu'ils sont vus du dessus. Les sépales forment le premier verticille (celui le plus à l'extérieur), les pétales le deuxième, les étamines le troisième, et les carpelles le quatrième (celui le plus au centre). Les botanistes ont identifié plusieurs **gènes d'identité des organes** appartenant à la famille des *MADS-box* ; ils codent pour des facteurs de transcription qui déterminent cette organisation florale caractéristique. C'est l'information de positionnement qui détermine les gènes qui s'expriment dans un primordium floral particulier. Il en résulte le développement d'un primordium floral en un organe floral précis. Une mutation dans un gène d'identité des organes d'une plante peut causer une anomalie dans le développement de la fleur ; par exemple, des pétales pousseront à la place des étamines (**figure 35.33**). Certains mutants homéotiques possédant un plus grand nombre de pétales produisent des fleurs spectaculaires qui font la joie des jardiniers.

En étudiant des mutants dotés de fleurs anormales, les chercheurs ont identifié et cloné trois classes de gènes d'identité des organes floraux. Leurs études commencent à révéler le fonctionnement de ces gènes. La **figure 35.34a** montre une version simplifiée de l'**hypothèse ABC** sur le développement

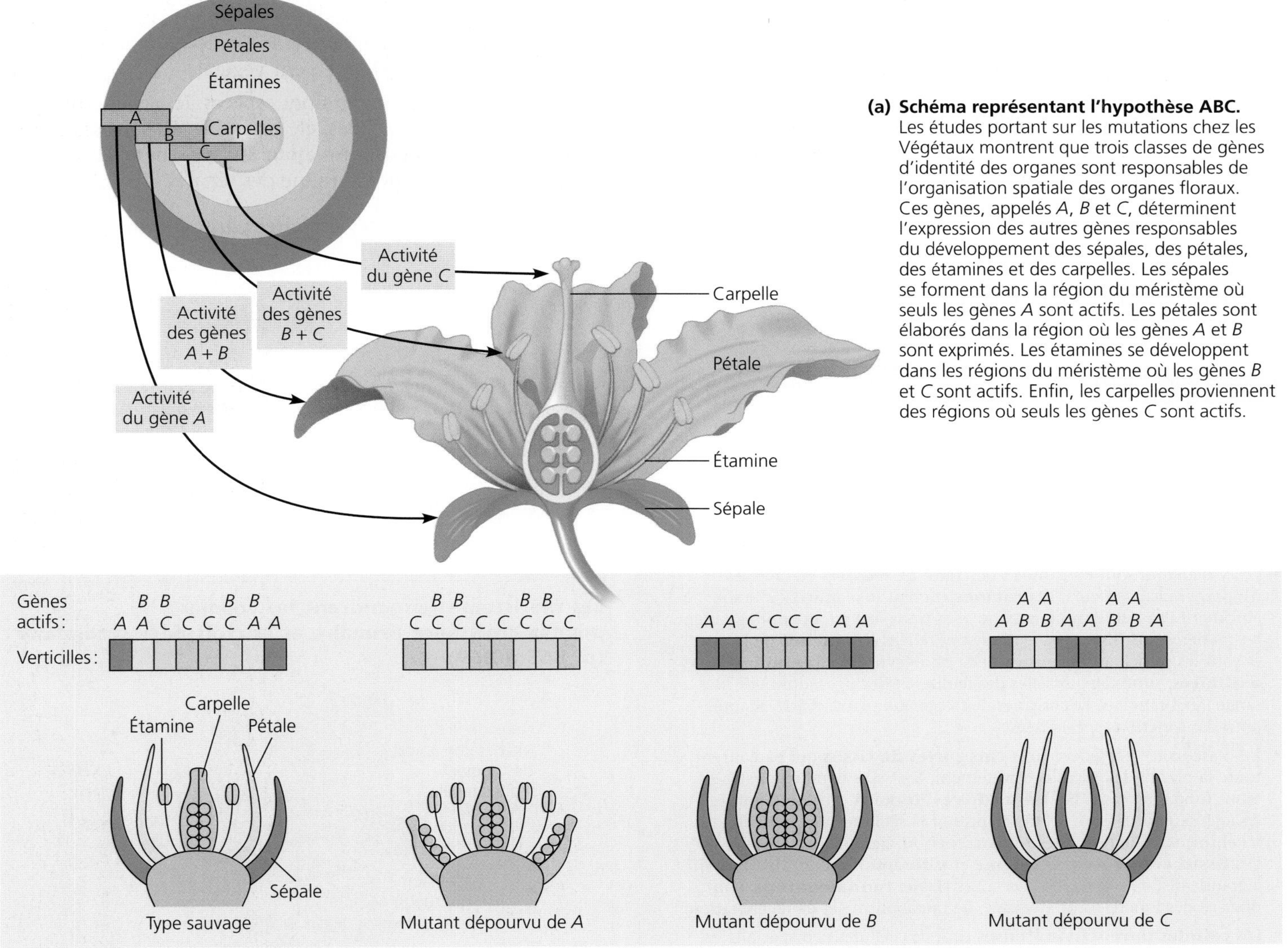

(a) Schéma représentant l'hypothèse ABC. Les études portant sur les mutations chez les Végétaux montrent que trois classes de gènes d'identité des organes sont responsables de l'organisation spatiale des organes floraux. Ces gènes, appelés *A*, *B* et *C*, déterminent l'expression des autres gènes responsables du développement des sépales, des pétales, des étamines et des carpelles. Les sépales se forment dans la région du méristème où seuls les gènes *A* sont actifs. Les pétales sont élaborés dans la région où les gènes *A* et *B* sont exprimés. Les étamines se développent dans les régions du méristème où les gènes *B* et *C* sont actifs. Enfin, les carpelles proviennent des régions où seuls les gènes *C* sont actifs.

(b) Vue latérale de fleurs mutantes. On peut expliquer le phénotype des mutants dépourvus d'un gène d'identité des organes *A*, *B* ou *C* si on combine le modèle montré à la partie (a) avec la règle voulant que l'inactivité du gène *A* fait en sorte que l'activité du gène *C* se produit dans les quatre verticilles (et vice versa, dans le cas de l'inactivité du gène *C*).

▲ **Figure 35.34 L'hypothèse ABC sur le fonctionnement des gènes d'identité des organes dans le développement floral.**

ET SI ? *À quoi ressemblerait une fleur si les gènes* A *et les gènes* B *étaient inactivés ?*

floral selon laquelle trois classes de gènes dirigent la formation des quatre types d'organes floraux. D'après cette hypothèse, chaque classe de gènes d'identité des organes s'exprime dans deux verticilles précis du méristème floral. Normalement, les gènes *A* s'expriment dans les deux verticilles externes (sépales et pétales), les gènes *B* dans les deux verticilles médians (pétales et étamines) et les gènes *C* dans les deux verticilles internes (étamines et carpelles). Les sépales se développent dans la région du méristème où seuls les gènes *A* sont actifs. Les pétales se forment dans la région où les gènes *A* et *B* sont actifs. Les étamines se développent dans les régions où les gènes *B* et *C* sont actifs. Enfin, les carpelles proviennent des régions où seuls les gènes *C* sont actifs. L'hypothèse ABC explique les phénotypes des mutants dépourvus de gènes *A*, *B* ou *C*, avec la particularité suivante: dans les régions où le gène *A* est présent, il inhibe le gène *C*, et vice versa. Si le gène *A* est absent, le gène *C* prend sa place, et si le gène *C* est absent, le gène *A* le remplace. La **figure 35.34b** montre l'organisation florale chez les mutants dépourvus d'une des trois classes de gènes d'identité des organes et décrit l'explication de l'hypothèse ABC pour ces phénotypes floraux. C'est grâce à ce genre d'hypothèse et aux expériences qu'ils conçoivent pour les vérifier que les chercheurs définissent peu à peu le plan génétique du développement des Végétaux.

Lorsqu'on dissèque une plante pour en examiner les parties, comme on vient de le faire dans ce chapitre, on doit bien se rappeler que cette plante est un organisme dont les parties forment un tout. Dans les chapitres qui suivent, nous expliquerons plus en détail la façon dont s'effectuent le transport des substances (chapitre 36), l'absorption des nutriments (chapitre 37), la reproduction (chapitre 38, en mettant l'accent sur les Angiospermes) et la coordination des diverses fonctions (chapitre 39) chez les Végétaux. Lorsque vous prendrez connaissance de ces chapitres, vous comprendrez mieux les Végétaux, en vous rappelant que leurs structures reflètent largement les adaptations évolutives aux défis posés par la vie photoautotrophe terrestre.

RETOUR SUR LE CONCEPT 35.5

1. Comment deux cellules végétales peuvent-elles avoir des structures très différentes alors qu'elles possèdent le même génome?
2. Donnez trois différences entre le développement animal et le développement végétal.
3. **ET SI?** Chez certaines espèces, les sépales ressemblent à des pétales, et, ensemble, ils sont appelés «tépales». Proposez un ajout à l'hypothèse ABC qui pourrait expliquer l'origine des tépales.

Voir les réponses proposées à la fin du chapitre.

RÉVISION DU CHAPITRE 35

RÉSUMÉ DES CONCEPTS CLÉS

CONCEPT 35.1

Les Végétaux possèdent une organisation hiérarchique constituée d'organes, de tissus et de cellules (p. 859 à 865)

- Les Vasculaires sont constituées de **tiges**, de **feuilles** et, chez les Angiospermes, de fleurs. Les **racines** ancrent la plante dans le sol, absorbent l'eau et les minéraux qu'elles transportent, et emmagasinent les matières nutritives. Les feuilles sont reliées aux **nœuds** de la tige et sont les principaux **organes** de la photosynthèse. Les **bourgeons axillaires**, situés aux aisselles des feuilles et des tiges, donnent naissance aux branches. Les organes des Végétaux peuvent être adaptés pour des fonctions spécialisées.
- Les Vasculaires possèdent trois **catégories de tissus** qui parcourent toute la plante: les tissus de revêtement, les tissus conducteurs et les tissus fondamentaux. Les **tissus de revêtement** protègent contre les agents pathogènes, les herbivores et la sécheresse et contribuent à l'absorption de l'eau, des minéraux et du dioxyde de carbone. Les **tissus conducteurs** (**xylème** et **phloème**) assurent le transport à grande distance des substances. Les **tissus fondamentaux** remplissent des fonctions de stockage, de métabolisme et de régénération.
- Les **cellules parenchymateuses** sont des cellules peu spécialisées et aux parois minces qui gardent toujours la capacité de se diviser; elles remplissent la plupart des fonctions métaboliques de synthèse et de stockage. Les **cellules collenchymateuses**, qui ont une paroi d'épaisseur variable, soutiennent les jeunes parties de la plante en développement. Enfin, les **cellules sclérenchymateuses** (cellules fibreuses et sclérites) ont une paroi épaisse et lignifiée qui fournit un support aux parties matures de la plante, qui ont terminé leur croissance. Les **trachéides** et les **éléments de vaisseau**, les cellules de transport du xylème, ont une paroi épaisse et sont morts lorsqu'ils atteignent la maturité. Les **éléments de tube criblé** sont des cellules vivantes, mais très modifiées, très dépourvues d'organites internes; ce sont les cellules qui effectuent le transport des glucides dans le phloème chez les Angiospermes.

? *Décrivez aux moins trois spécialisations des organes végétaux et des cellules végétales qui sont des adaptations à la vie terrestre.*

CONCEPT 35.2

Les méristèmes engendrent les cellules pour la croissance primaire et la croissance secondaire (p. 865 à 869)

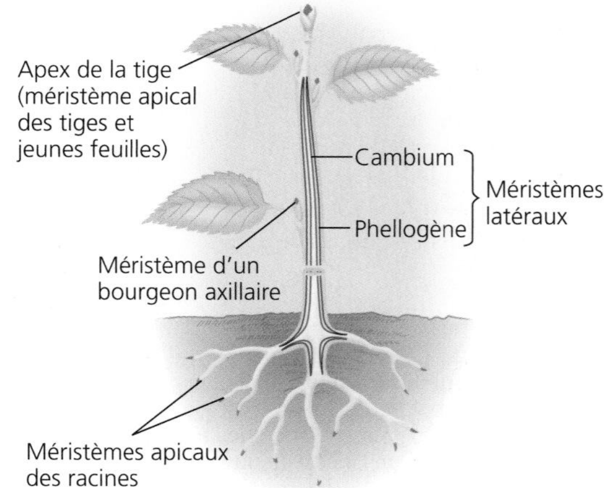

? *Quels organes végétaux proviennent de l'activité des méristèmes?*

CONCEPT 35.3

La croissance primaire produit l'allongement des racines et des tiges (p. 869 à 872)

- Dans les racines, le **méristème apical** se trouve près de l'apex de la racine, où il génère les cellules pour la racine en croissance et la **coiffe**.
- Dans les tiges, le méristème apical se trouve dans le **bourgeon apical**, où il produit plusieurs **entrenœuds** et nœuds porteurs de feuilles.

? *Quelle est la différence entre la ramification des racines et celle des tiges?*

CONCEPT 35.4

La croissance secondaire fait augmenter le diamètre des tiges et des racines des plantes ligneuses (p. 873 à 877)

- Le **cambium** est un cylindre méristématique qui produit le xylème secondaire et le phloème secondaire durant la **croissance secondaire**. Les plus vieilles couches de xylème secondaire (duramen) deviennent inactives, tandis que les plus jeunes couches (aubier) continuent de transporter l'eau.
- Le **phellogène** donne naissance à un tissu de revêtement épais, ou périderme, qui protège la structure de la plante. Ce tissu comprend le phellogène et les couches de cellules de suber qu'il produit.

? *Quels avantages les Végétaux ont-ils retirés de l'évolution de la croissance secondaire?*

CONCEPT 35.5

La croissance, la morphogenèse et la différenciation cellulaire façonnent la structure des Végétaux (p. 877 à 884)

- La division et l'expansion cellulaires sont les principaux mécanismes qui déterminent la **croissance**. Une bande préprophasique de microtubules établit l'endroit où se formera la plaque cellulaire dans la cellule en division. L'orientation des microtubules détermine également la direction de l'expansion cellulaire en régissant l'orientation des microfibrilles de cellulose qui se trouvent dans la paroi.
- La **morphogenèse**, c'est-à-dire le développement de la morphologie et de l'organisation, dépend des cellules qui reçoivent l'information de positionnement de leurs voisines et y répondent.
- La **différenciation cellulaire**, le résultat de l'activation génique différentielle, permet aux cellules dans le plant d'assumer différentes fonctions malgré leurs génomes identiques. La position d'une cellule dans un organe en développement détermine sa voie de différenciation.
- Des stimulus internes ou environnementaux peuvent provoquer chez une plante le passage d'un stade de développement à l'autre; par exemple, de la production de feuilles juvéniles à la production de feuilles matures. Ces changements morphologiques sont appelés **changements de phase**.
- La recherche effectuée sur les **gènes d'identité des organes** des fleurs en développement fournit un modèle pour l'étude des **plans d'organisation**. L'**hypothèse ABC** explique comment trois classes de gènes d'identité des organes régissent la formation des sépales, des pétales, des étamines et des carpelles.

? *Par quel mécanisme les cellules végétales ont-elles tendance à s'allonger le long d'un axe au lieu de prendre de l'expansion dans toutes les directions comme un ballon?*

ÉVALUATION

NIVEAU 1: CONNAISSANCES ET COMPRÉHENSION

1. La majeure partie de la croissance de la morphologie des Végétaux est le résultat de:
a) la différenciation cellulaire.
b) la morphogenèse.
c) la division cellulaire.
d) l'allongement cellulaire.
e) la reproduction.

2. La couche la plus interne de l'écorce des racines est:
a) le centre.
b) le péricycle.
c) l'endoderme.
d) la moelle.
e) le cambium.

3. Le duramen et l'aubier sont constitués:
a) d'écorce.
b) de périderme.
c) de xylème secondaire.
d) de phloème secondaire.
e) de suber.

4. Le passage d'un méristème apical de la phase végétative juvénile à la phase végétative mature se manifeste souvent par:
a) une modification dans la morphologie des feuilles produites.
b) le début de la croissance secondaire.
c) la formation des racines latérales.
d) un changement d'orientation des bandes préprophasiques et des microtubules des méristèmes latéraux.
e) l'activation des gènes d'identité du méristème floral.

NIVEAU 2: APPLICATION ET ANALYSE

5. En vous appuyant sur l'hypothèse ABC, indiquez la morphologie d'une fleur issue du verticille extérieur dont l'expression des gènes *A* et *C* serait normale et l'expression du gène *B* se produirait dans les quatre verticilles.
a) Carpelle, pétale, pétale, carpelle.
b) Pétale, pétale, étamine, étamine.
c) Sépale, carpelle, carpelle, sépale.
d) Sépale, sépale, carpelle, carpelle.
e) Carpelle, carpelle, carpelle, carpelle.

6. Lequel des éléments suivants est issu, directement ou indirectement, de l'activité méristématique?
a) Le xylème secondaire.
b) La feuille.
c) Le tissu de revêtement.
d) Le tubercule.
e) Tous ces éléments.

7. Lequel des éléments suivants n'est pas visible dans une coupe transversale de la partie ligneuse d'une racine?
a) Les cellules sclérenchymateuses.
b) Les cellules parenchymateuses.
c) Les éléments de tube criblé.
d) Les poils absorbants.
e) Les éléments de vaisseau.

8. 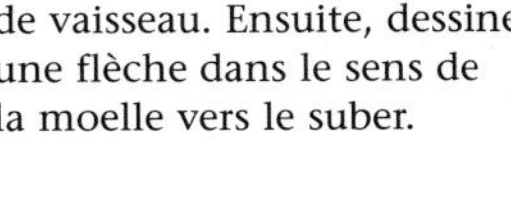

Sur cette coupe transversale d'une eudicotylédone ligneuse, annotez un anneau de croissance, le bois d'été, le bois de printemps et un élément de vaisseau. Ensuite, dessinez une flèche dans le sens de la moelle vers le suber.

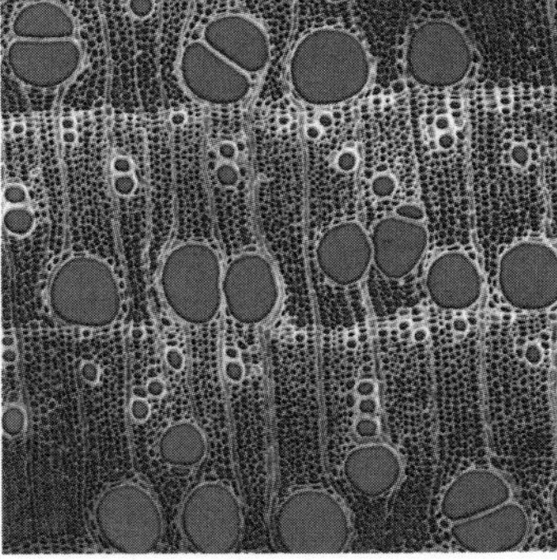

NIVEAU 3: SYNTHÈSE ET ÉVALUATION

9. LIEN AVEC L'ÉVOLUTION
Les biologistes spécialistes de l'évolution ont inventé le terme *exaptation* pour décrire un événement fréquent dans l'évolution de la vie: un limbe ou un organe évolue dans un contexte particulier,

mais adopte au fil du temps une nouvelle fonction (voir le chapitre 25). Donnez quelques exemples d'exaptations dans les organes des plantes.

10. **INTÉGRATION**
Les pâturages ne sont pas florissants lors du départ de grands herbivores. En fait, ils sont vite envahis par des Eudicotylédones herbacées à larges feuilles, des arbustes et des arbres. En vous appuyant sur votre connaissance de la structure et des types de croissance des Monocotylédones et des Eudicotylédones, proposez une explication à ce phénomène.

11. **SCIENCE, TECHNOLOGIE ET SOCIÉTÉ**
La faim et la malnutrition sont des problèmes urgents pour de nombreux pays pauvres, et pourtant, dans les nations riches, les spécialistes de la biologie végétale ont concentré la majeure partie de leurs travaux de recherche sur *Arabidopsis thaliana*. Certaines personnes ont fait valoir que si les chercheurs étaient véritablement déterminés à lutter contre la faim dans le monde, ils devraient axer leurs études sur des cultures comme le manioc et le bananier plantain, car ce sont des aliments de base pour beaucoup de gens pauvres dans le monde. Si vous étiez un chercheur travaillant avec *Arabidopsis*, comment pourriez-vous réagir à ces arguments?

12. **ÉCRIVEZ UN TEXTE**
Structure et fonction Dans un court essai (de 100 à 150 mots), expliquez comment l'évolution de la lignine a influé sur la structure et la fonction des Vasculaires.

RÉPONSES DU CHAPITRE 35

Questions des figures

Figure 35.9 Cette découverte pourrait donner à penser que les trichomes marron clair repoussent les chrysomèles par des moyens autres que l'obstruction physique. Ils contiennent peut-être une substance chimique qui est nocive ou déplaisante pour les chrysomèles.
Figure 35.17 La moelle et le cortex sont définis respectivement comme le tissu fondamental à l'intérieur et le tissu fondamental à l'extérieur des tissus conducteurs. Comme les faisceaux libéroligneux des tiges des Monocotylédones sont répartis dans tout le tissu fondamental, il n'y a pas de distinction claire entre l'extérieur et l'intérieur par rapport au tissu conducteur. **Figure 35.19** Le cambium produit une croissance qui augmente le diamètre de la tige ou de la racine. Les tissus à l'extérieur du cambium ne peuvent pas suivre le rythme de la croissance, étant donné que leurs cellules ne se divisent plus. Il en résulte la rupture de ces tissus. **Figure 35.31** Chaque cellule épidermique de racine développerait un poil absorbant. **Figure 35.33** Un autre exemple de mutation d'un gène homéotique est la mutation de *Drosophila melanogaster* illustrée à la figure 18.20 (p. 429), dans laquelle une mutation dans un gène *Hox* provoque la formation de pattes à la place d'antennes. **Figure 35.34** La fleur ne serait composée que de carpelles.

Retour sur le concept 35.1

1. Les tissus conducteurs relient les feuilles et les racines, ce qui permet aux glucides de passer des feuilles aux racines dans le phloème, et à l'eau et aux minéraux de circuler des racines jusqu'aux feuilles par le xylème. **2.** (a) De gros bourgeons axillaires; (b) des pétioles; (c) un bulbe, une pousse souterraine avec une petite tige et de grandes feuilles de stockage; (d) des racines de stockage. **3.** Afin d'obtenir suffisamment d'énergie de la photosynthèse, il nous faudrait exposer de très grandes surfaces au soleil. Le grand rapport surface-volume, cependant, créerait un nouveau problème: la perte d'eau par évaporation. Il nous faudrait être reliés constamment à une source d'eau: le sol, qui serait également notre source de minéraux. Bref, nous aurions probablement l'apparence et le comportement d'une plante. **4.** À mesure qu'elles grossissent, les cellules des plantes forment généralement une grande vacuole centrale qui contient une sève aqueuse diluée. Les vacuoles centrales permettent aux cellules végétales de prendre du volume en n'ajoutant qu'une petite quantité de nouveau cytoplasme. L'orientation des microfibrilles de cellulose dans les parois des cellules végétales influe sur les schémas de croissance des cellules.

Retour sur le concept 35.2

1. La croissance primaire a lieu dans les méristèmes apicaux; elle comprend la production et l'allongement des organes. La croissance secondaire, elle, se déroule dans les méristèmes latéraux; elle augmente le diamètre des racines et des tiges. **2.** Les cellules en division dans votre corps donnent normalement un type particulier de cellules. Par contre, les produits de la division cellulaire d'un méristème végétal se différencient pour donner tous les types de cellules végétales. **3.** Étant donné cette croissance indéfinie, les tiges les plus basses sont les plus longues et permettent aux feuilles de toujours avoir un maximum d'ensoleillement. Aussi, la croissance des racines permet à la partie aérienne, toujours plus grande et volumineuse, d'être bien ancrée dans le sol. **4.** Non, les racines des carottes seront probablement plus petites à la fin de la deuxième année parce que les éléments nutritifs emmagasinés dans la racine seront utilisés pour produire des fleurs, des fruits et des graines.

Retour sur le concept 35.3

1. Dans les racines, la croissance primaire se déroule en trois étapes successives, en partant de l'apex de la racine: les zones de division, d'allongement et de différenciation des cellules. Dans les tiges, elle a lieu à l'extrémité des bourgeons apicaux, et les primordiums foliaires se forment sur les côtés des méristèmes apicaux. La majeure partie de l'allongement survient dans les entrenœuds les plus vieux sous l'apex de la tige. **2.** Non. Parce que les feuilles orientées verticalement, comme le maïs, peuvent capter la lumière également des deux côtés de la feuille, on s'attendrait à ce que leurs cellules du mésophylle ne se soient pas différenciées en couches de parenchyme palissadique et de parenchyme lacuneux. C'est généralement le cas. De plus, les feuilles verticales ont habituellement des stomates sur leurs deux surfaces.
3. Les poils absorbants sont des prolongements des cellules qui augmentent la surface de l'épiderme de la racine, accroissant ainsi l'absorption des minéraux et de l'eau. Les microvillosités sont des prolongements qui accroissent l'absorption des nutriments en augmentant la surface de l'intestin.

Retour sur le concept 35.4

1. La pancarte se trouvera encore à deux mètres du sol, puisque cette partie de l'arbre ne croît plus en longueur (croissance primaire); elle ne croît qu'en épaisseur (croissance secondaire). **2.** Les stomates doivent être capables de se fermer, car l'évaporation d'eau par les feuilles est beaucoup plus intense que celle par les troncs des arbres ligneux, en raison du rapport surface-volume plus élevé dans les feuilles. **3.** Étant donné qu'il n'y a que de très faibles variations de température dans les tropiques, les anneaux de croissance d'un arbre tropical seraient difficiles à discerner à moins que l'arbre provienne d'une zone géographique qui présente des saisons sèches et humides marquées. **4.** L'annélation suppose l'élimination d'un anneau entier de phloème (partie de l'écorce), ce qui bloque complètement le transport des glucides et de l'amidon entre les tiges et les racines.

Retour sur le concept 35.5

1. Toutes les cellules végétales vivantes d'une plante ont le même génome, mais elles se différencient en formes et fonctions variables, en raison de l'expression génique différentielle. **2.** Les Végétaux montrent une croissance indéfinie; les phases juvéniles et matures se trouvent sur le même plant; la différenciation cellulaire chez les Végétaux est plus dépendante de la position finale que de la lignée. **3.** En théorie, les tépales peuvent se former si l'activité du gène *B* est présente dans les trois verticilles externes de la fleur.

Questions du résumé des concepts clés

35.1 Voici quelques exemples. La cuticule des feuilles et des tiges protège ces structures du dessèchement. Les cellules collenchymateuses et sclérenchymateuses ont d'épaisses parois qui contribuent au soutien de la plante. Des systèmes racinaires forts aident à ancrer la plante dans le sol.
35.2 Tous les organes et les tissus des plantes tirent leur origine, en fin de compte, de l'activité méristématique. **35.3** Les racines latérales émergent du péricycle et détruisent les cellules végétales en se formant. Dans les tiges, les ramifications viennent des bourgeons axillaires et ne détruisent aucune cellule. **35.4** Avec l'évolution de la croissance secondaire, les plantes ont été capables de croître plus haut et de faire de l'ombre aux compétiteurs. **35.5** L'orientation des microfibrilles de cellulose dans les couches les plus internes de la paroi cellulaire entraîne cette croissance le long d'un axe. Les microtubules jouent un rôle clé dans la régulation du plan de l'expansion cellulaire. C'est l'orientation des microtubules dans le cytoplasme le plus externe de la cellule qui détermine l'orientation des microfibrilles de cellulose.

ÉVALUATION

1. d; **2.** c; **3.** c; **4.** a; **5.** b; **6.** e; **7.** d;
8.

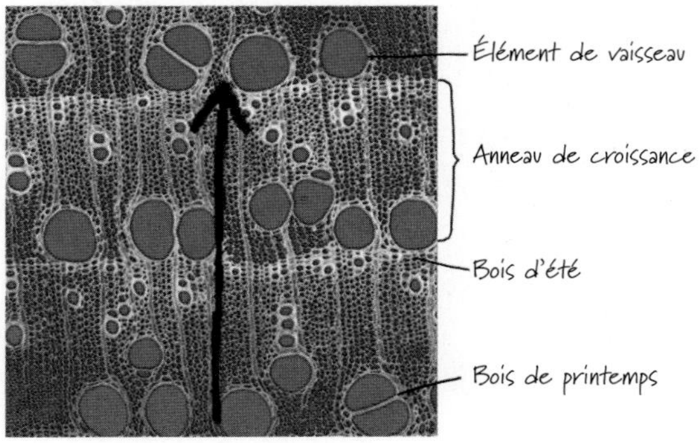

36

L'acquisition et le transport des ressources chez les Vasculaires

▲ **Figure 36.1** Plantes ou cailloux?

CONCEPTS CLÉS

36.1 Les adaptations permettant l'acquisition des ressources ont été des étapes déterminantes dans l'évolution des Vasculaires

36.2 Différents mécanismes transportent les substances sur de courtes et de longues distances

36.3 L'eau et les minéraux absorbés par les racines montent dans le xylème jusqu'aux tiges sous l'effet de la transpiration

36.4 Les stomates assurent la régulation de la transpiration

36.5 Le phloème transporte les glucides des organes sources aux organes cibles

36.6 Le symplasme est hautement dynamique

INTRODUCTION

Les plantes souterraines

Le désert du Kalahari, en Afrique australe, ne reçoit qu'environ 20 cm de précipitations annuelles, principalement en été, lorsque les températures torrides atteignent 35 à 45 °C le jour. De nombreux animaux fuient la chaleur du désert en recherchant un abri souterrain. Un genre singulier de vivaces, appelées plantes-cailloux (*Lithops spp.*), possède un style de vie similaire, essentiellement souterrain (**figure 36.1**). À l'exception de l'extrémité de deux feuilles succulentes exposées à la surface, une plante-caillou vit entièrement sous le sol. Chaque extrémité de feuille possède une région de cellules claires semblables à une lentille qui laissent pénétrer la lumière jusqu'aux tissus photosynthétiques souterrains. Ces adaptations permettent aux plantes-cailloux de conserver l'humidité, de se cacher des tortues qui viennent les grignoter et d'éviter les températures pouvant être dommageables et les intensités élevées de lumière dans le désert.

Le type de développement remarquable des *Lithops* nous rappelle que le succès des plantes dépend en grande partie de leur capacité à capter et à conserver les ressources de leur environnement. Grâce à la sélection naturelle, de nombreuses espèces de plantes sont devenues très efficaces dans l'acquisition et la conservation des ressources qui sont particulièrement limitées dans leur environnement, mais de telles spécialisations exigent souvent des compromis. Par exemple, le style de vie principalement souterrain des plantes-cailloux réduit la perte d'eau par évaporation, mais inhibe la photosynthèse. C'est pourquoi les plantes-cailloux croissent très lentement.

Le premier concept du présent chapitre traite des caractéristiques structurales des systèmes caulinaires et racinaires qui augmentent leur efficacité dans l'acquisition des ressources. L'acquisition des ressources, cependant, n'est pas le point final du processus, mais le début. Les ressources doivent être transportées dans la plante jusqu'aux régions où elle en a besoin. Le reste du chapitre porte donc surtout sur la façon dont l'eau, les minéraux et les produits de la photosynthèse (glucides) sont transportés chez les Vasculaires.

CONCEPT 36.1

Les adaptations permettant l'acquisition des ressources ont été des étapes déterminantes dans l'évolution des Vasculaires

ÉVOLUTION Les plantes terrestres habitent généralement deux mondes: l'un aérien, où leurs systèmes caulinaires captent la lumière du soleil et le CO_2, et l'autre souterrain, où leurs systèmes racinaires absorbent l'eau et les minéraux. Sans les adaptations qui leur permettent l'acquisition de ces ressources, les Végétaux n'auraient pas été en mesure de coloniser les milieux terrestres.

Les Algues vertes, ancêtres des plantes terrestres, absorbaient l'eau, les minéraux et le CO_2 directement du milieu dans lequel elles vivaient. Le transport dans ces Algues était assez simple, étant donné que chaque cellule était située près de la source de ces substances. Les premières plantes terrestres étaient des plantes non vasculaires qui formaient des tiges photosynthétiques au-dessus de l'eau douce peu profonde dans laquelle elles vivaient. Ces tiges dépourvues de feuilles avaient généralement des cuticules cireuses et quelques stomates qui empêchaient la perte d'eau excessive, tout en permettant un certain échange de CO_2 et de O_2 pour la photosynthèse. Les fonctions de fixation au substrat et d'absorption des premières plantes terrestres ont été assumées par la base de la tige ou par des rhizoïdes filamenteux (voir la figure 29.8, p. 703).

Au fur et à mesure que les plantes terrestres ont évolué et augmenté en nombre, la compétition pour la lumière, l'eau et les nutriments s'est intensifiée. Des plantes plus grandes portant des appendices plats et larges possédaient un avantage pour absorber la lumière. Cependant, cette augmentation de la surface favorisait l'évaporation et créait par conséquent un plus grand besoin en eau. Des tiges plus grosses nécessitaient également un meilleur ancrage au sol. Ces besoins ont favorisé la production de racines ramifiées multicellulaires. Pendant ce temps, comme les tiges toujours plus hautes accentuaient la distance entre le haut de la tige photosynthétique et les parties souterraines non photosynthétiques, la sélection naturelle favorisait les plantes capables d'assurer un transport efficace de l'eau, des minéraux et des produits de la photosynthèse sur de longues distances.

L'évolution des tissus conducteurs constitués de xylème et de phloème a rendu possible le développement de systèmes racinaires et caulinaires importants pour effectuer le transport sur de longues distances (voir la figure 35.10, p. 866 et 867). Le xylème transporte l'eau et les minéraux des racines jusqu'aux tiges. Le phloème transporte les produits de la photosynthèse de la région où ils sont élaborés ou emmagasinés jusqu'aux régions qui en ont besoin. La **figure 36.2** illustre l'acquisition et le transport des ressources dans une plante vasculaire.

Comme le succès des plantes repose sur la photosynthèse, l'évolution a entraîné de nombreuses adaptations structurales leur permettant d'acquérir efficacement la lumière du soleil, le CO_2 de l'air et l'eau du sol. De plus, ce qui est peut-être tout aussi important, les plantes terrestres doivent minimiser la perte d'eau par évaporation, notamment dans les milieux où l'eau est rare. Les adaptations de chaque espèce représentent donc des compromis entre améliorer la photosynthèse et minimiser la perte d'eau dans l'habitat particulier de l'espèce. Plus loin dans le présent chapitre, nous étudierons comment les plantes améliorent l'absorption de CO_2 et minimisent la perte d'eau en régulant les stomates. Nous examinerons d'abord comment l'architecture fondamentale des tiges et des racines contribue à l'acquisition des ressources par les plantes.

L'architecture des tiges et la capture de la lumière

Dans les systèmes caulinaires, les tiges assurent le soutien des feuilles et servent de canaux pour le transport de l'eau et des nutriments. Les variations dans les systèmes caulinaires sont en grande partie dues à la forme et à la disposition des feuilles, au développement des bourgeons axillaires et à la croissance relative en longueur et en épaisseur de la tige.

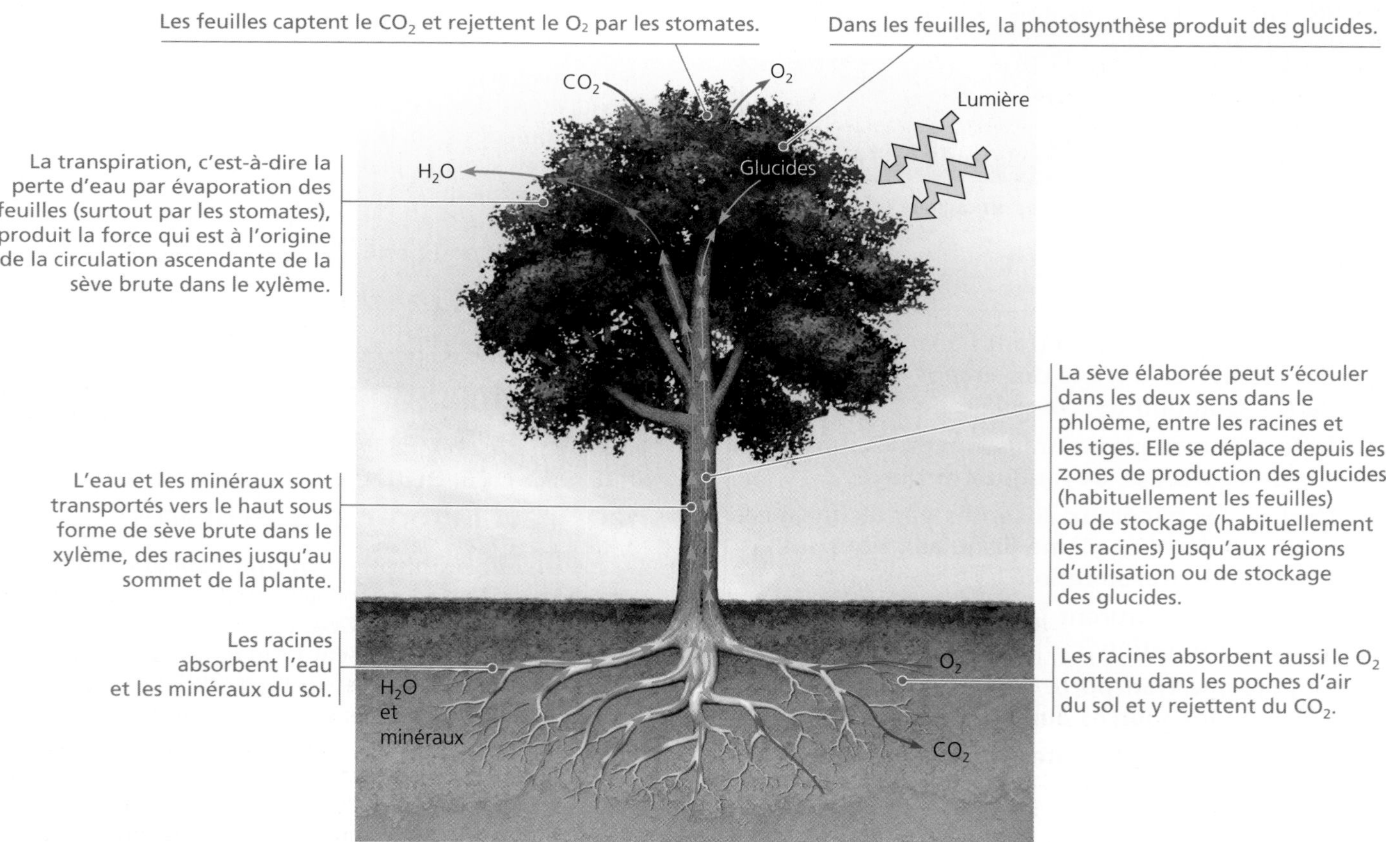

Les feuilles captent le CO_2 et rejettent le O_2 par les stomates.
Dans les feuilles, la photosynthèse produit des glucides.
CO_2
O_2
Lumière
La transpiration, c'est-à-dire la perte d'eau par évaporation des feuilles (surtout par les stomates), produit la force qui est à l'origine de la circulation ascendante de la sève brute dans le xylème.
H_2O
Glucides
La sève élaborée peut s'écouler dans les deux sens dans le phloème, entre les racines et les tiges. Elle se déplace depuis les zones de production des glucides (habituellement les feuilles) ou de stockage (habituellement les racines) jusqu'aux régions d'utilisation ou de stockage des glucides.
L'eau et les minéraux sont transportés vers le haut sous forme de sève brute dans le xylème, des racines jusqu'au sommet de la plante.
Les racines absorbent l'eau et les minéraux du sol.
H_2O et minéraux
O_2
CO_2
Les racines absorbent aussi le O_2 contenu dans les poches d'air du sol et y rejettent du CO_2.

▲ **Figure 36.2 L'acquisition et le transport des ressources dans une plante vasculaire: vue d'ensemble.**

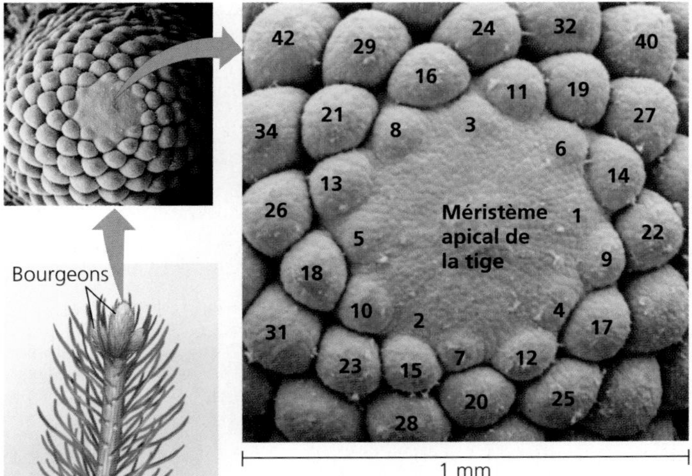

▲ **Figure 36.3 Phyllotaxie de l'émergence des feuilles de l'épinette de Norvège.** Cette micrographie par MEB, prise du dessus de l'apex d'une tige, montre le schéma d'émergence des feuilles. Les feuilles sont numérotées, le numéro 1 correspondant à la plus jeune feuille. (Certaines feuilles numérotées ne sont pas visibles dans le gros plan.)

? *Avec votre doigt, tracez la progression de l'émergence des feuilles, à partir de la feuille numéro 29. Quel est le schéma de l'émergence?*

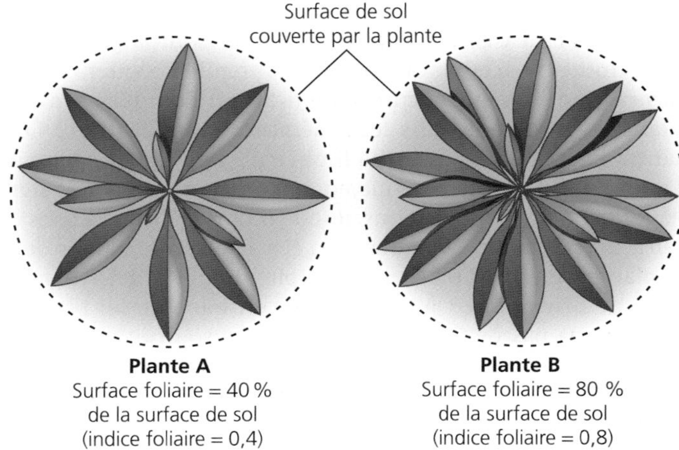

▲ **Figure 36.4 L'indice foliaire.** L'indice foliaire d'une plante est le rapport de la surface totale supérieure des feuilles sur la surface de sol couverte par la plante, tel que le montre l'illustration de deux plantes vues du dessus. Avec de nombreuses couches de feuilles, la valeur d'un indice foliaire peut facilement dépasser 1.

? *Un indice foliaire plus élevé augmenterait-il toujours la photosynthèse? Expliquez votre réponse.*

La taille et la structure des feuilles sont responsables de la diversité extérieure de la forme des Végétaux. La longueur des feuilles varie entre 1,3 mm dans le cas des minuscules feuilles de la tillée dressée (*Crassula erecta*), une plante indigène des régions sablonneuses arides de l'ouest des États-Unis, et 20 m dans le cas des feuilles du palmier *Raphia regalis*, qui croît naturellement dans les forêts tropicales humides de l'Afrique. Ces espèces représentent des exemples extrêmes d'une corrélation générale observée entre la disponibilité de l'eau et la taille des feuilles. Les feuilles les plus larges se trouvent généralement chez les espèces vivant dans les forêts tropicales humides, alors que les plus petites se trouvent habituellement chez les espèces des milieux secs ou très froids, où l'eau liquide est rare et les pertes par évaporation des feuilles sont plus susceptibles de causer des problèmes.

La disposition des feuilles sur la tige, appelée **phyllotaxie**, est une caractéristique architecturale d'une grande importance pour la capture de la lumière. La phyllotaxie est déterminée par le méristème apical de la tige (voir la figure 35.16, p. 871) et est propre à chaque espèce (**figure 36.3**). Une espèce peut avoir une feuille par nœud (phyllotaxie alternée ou spiralée), deux feuilles par nœud (phyllotaxie opposée), ou plus (phyllotaxie verticillée). La plupart des Angiospermes possèdent une phyllotaxie alternée, les feuilles étant disposées en spirale ascendante autour de la tige, chaque feuille successive émergeant à 137,5 degrés du site de la précédente. Pourquoi 137,5 degrés? L'analyse mathématique porte à croire que cet angle minimise l'ombrage des feuilles supérieures sur les feuilles inférieures. Dans les milieux où la lumière du soleil de forte intensité peut endommager les feuilles, la disposition opposée des feuilles, qui produisent ainsi plus d'ombre, peut s'avérer un avantage.

Les caractéristiques des plantes qui réduisent l'ombre que fait la plante sur elle-même augmentent la capture de la lumière. Une mesure utile à cet égard est l'*indice foliaire*, c'est-à-dire le rapport de la surface totale supérieure des feuilles d'une plante ou d'une culture entière sur la surface de terre où la plante ou la culture se développe (**figure 36.4**). Des valeurs d'indice foliaire allant jusqu'à 7 sont courantes pour de nombreuses cultures matures, mais, en agriculture, il y a peu d'avantages à atteindre des indices foliaires supérieurs à cette valeur. Augmenter le nombre de feuilles accroît l'ombrage sur les feuilles inférieures au point où elles respirent plus qu'elles ne font de photosynthèse. Quand cela se produit, les feuilles ou les branches non productives subissent une mort cellulaire programmée et finissent par tomber, un processus appelé *élagage naturel*.

L'orientation des feuilles constitue un autre facteur qui influe sur la capture de la lumière. Certaines plantes ont des feuilles qui sont orientées horizontalement; d'autres, comme les Graminées, ont des feuilles orientées verticalement. Dans des conditions de faible luminosité, les feuilles horizontales captent la lumière beaucoup plus efficacement que les feuilles verticales. Dans les pâturages ou d'autres régions ensoleillées, cependant, l'orientation horizontale peut exposer les feuilles supérieures à une lumière trop intense, qui endommage les feuilles et réduit la photosynthèse. Mais si les feuilles de la plante sont presque verticales, les rayons lumineux sont alors essentiellement parallèles aux surfaces des feuilles, de sorte qu'aucune feuille ne reçoit trop de lumière, et celle-ci pénètre plus en profondeur vers les feuilles inférieures.

Deux autres caractéristiques architecturales influent sur la capture de la lumière: la hauteur des tiges et leur schéma de ramification. Les plantes de haute taille évitent l'ombrage causé par les plantes voisines. La plupart des grandes plantes ont besoin de tiges épaisses, ce qui permet un plus grand écoulement de sève vers les feuilles et leur fournit un soutien mécanique. Les vignes constituent une exception: elles dépendent d'autres structures (habituellement d'autres plantes) pour élever leurs feuilles. Chez les plantes ligneuses, les tiges deviennent plus épaisses grâce à la croissance secondaire (voir la figure 35.11, p. 868).

Les ramifications permettent généralement aux plantes de capter plus efficacement la lumière solaire pour la photosynthèse. Toutefois, certaines espèces, comme le cocotier (*Cocos nucifera*), ne forment aucune ramification. Pourquoi y a-t-il autant de variations dans les schémas de ramification? Les plantes n'ont qu'une quantité limitée d'énergie à consacrer à la croissance des tiges. Si la majeure partie de cette énergie sert à la formation de ramifications, il reste moins d'énergie à consacrer à la croissance en hauteur, et il y a plus de risques que ces plantes soient ombragées par les plus grandes. Si la majeure partie de l'énergie sert à la croissance en hauteur, les plantes n'exploitent pas de façon optimale les ressources aériennes. La sélection naturelle a produit différentes architectures de tiges parmi les espèces, afin d'optimiser l'absorption de la lumière dans la niche écologique qu'occupe chaque espèce.

L'architecture des racines et l'acquisition de l'eau et des minéraux

Tout comme le dioxyde de carbone et la lumière du soleil sont des ressources exploitées par le système caulinaire, le sol contient des ressources exploitées par le système racinaire. L'évolution de la ramification des racines a permis aux plantes terrestres d'acquérir plus efficacement l'eau et les nutriments, tout en fournissant un ancrage solide au sol. Les espèces végétales les plus grandes, dont les Gymnospermes et les Eudicotylédones, sont généralement ancrées par des racines pivotantes pourvues de nombreuses ramifications (voir la figure 35.2, p. 860). Bien qu'il y ait des exceptions, telles que les Palmacées, la plupart des Monocotylédones n'atteignent pas les hauteurs des arbres parce que leurs systèmes racinaires fasciculés n'ancrent pas une grande plante aussi fortement qu'un système de racine pivotante (voir la figure 30.13, p. 730 et 731).

Les Végétaux peuvent adapter l'architecture et la physiologie de leurs racines pour exploiter des parcelles de terrain contenant des nutriments accessibles dans le sol. Les racines de nombreuses plantes, par exemple, réagissent à des poches ayant une faible disponibilité en nitrates dans le sol en se prolongeant directement à travers elles au lieu de s'y ramifier. En revanche, quand elle rencontre une poche riche en nitrates, une racine s'y ramifie souvent de façon importante. Les cellules des racines réagissent aussi aux niveaux élevés de nitrates en synthétisant plus de protéines qui participent au transport et à l'assimilation de ces ions. Par conséquent, la plante consacre une plus grande partie de sa masse pour exploiter une parcelle riche en nitrates, et les cellules absorbent les nitrates plus efficacement.

Les chercheurs ont découvert un mécanisme physiologique fascinant qui réduit la compétition dans le système racinaire d'une plante. Des boutures de stolons d'herbe aux bisons (*Buchloe dactyloides*) développent moins de racines et des racines plus courtes en présence de boutures du même plant qu'ils ne le font en présence de boutures d'un autre plant d'herbe aux bisons. Le mécanisme qui régit cette capacité à distinguer le soi du non-soi est inconnu, mais l'absence de compétition entre les racines de la même plante pour la même réserve limitée de ressources semble tout à fait bénéfique.

L'évolution des associations symbiotiques entre des champignons et les racines des plantes, appelées **mycorhizes**

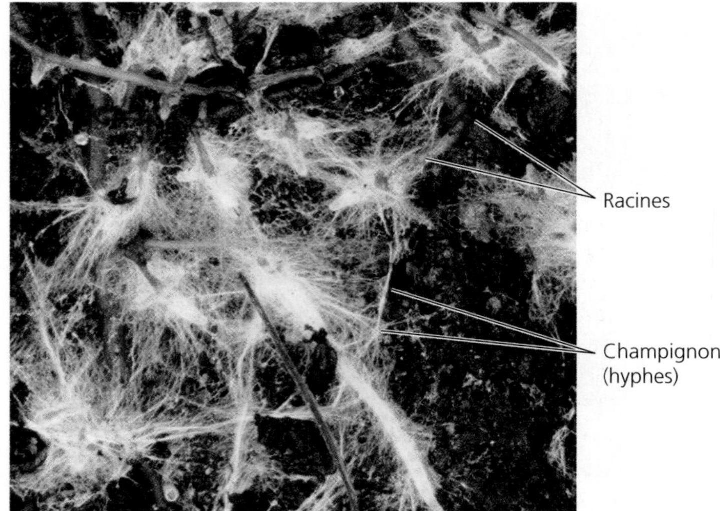

▲ **Figure 36.5 La mycorhize, une association symbiotique entre un champignon et des racines.** Les hyphes fongiques filamenteuses fournissent une grande surface pour l'absorption de l'eau et des minéraux.

(**figure 36.5**), a été une étape importante dans la réussite de la colonisation du milieu terrestre par les Vasculaires, notamment en raison des sols pauvres disponibles à cette époque. Environ 80 % des espèces de plantes terrestres forment des associations mycorhiziennes. Les hyphes mycorhiziennes dotent les racines des champignons et des plantes d'une grande surface permettant d'absorber l'eau et les minéraux, particulièrement les phosphates. Le rôle des mycorhizes dans la nutrition des Végétaux sera abordé plus en profondeur au chapitre 37.

Une fois acquises, les ressources doivent être transportées vers d'autres parties de la plante qui en ont besoin. Dans la prochaine section, nous examinerons les processus et les voies qui permettent aux ressources comme l'eau, les minéraux et les glucides d'être transportées dans toute la plante.

RETOUR SUR LE CONCEPT 36.1

1. Pourquoi le transport sur de longues distances est-il important pour les Vasculaires?
2. Quelles caractéristiques architecturales influent sur l'ombrage que fait une plante sur elle-même?
3. Certaines plantes peuvent détecter l'augmentation de l'intensité de lumière réfléchie par les feuilles de plantes voisines envahissantes. Cette détection provoque l'allongement de la tige, la production de feuilles dressées et la diminution des ramifications latérales. Comment ces réactions aident-elles la plante à affronter la compétition avec les autres plantes?
4. **ET SI?** Si on taillait les apex des tiges d'une plante, quel serait l'effet à court terme sur sa ramification et sur son indice foliaire?
5. **FAITES DES LIENS** Expliquez comment les hyphes fongiques fournissent plus de surface pour l'absorption des nutriments. Voir les pages 739 et 740 du concept 31.1.

Voir les réponses proposées à la fin du chapitre.

CONCEPT 36.2

Différents mécanismes transportent les substances sur de courtes et de longues distances

Étant donné la diversité des substances qui se déplacent dans les plantes et le grand éventail des distances et des barrières que ces substances doivent franchir, il n'est pas surprenant de constater que les Végétaux emploient une variété de processus de transport. Cependant, avant de nous pencher sur ces processus, nous examinerons les deux principales voies de transport: l'apoplasme et le symplasme.

L'apoplasme et le symplasme: des ensembles continus pour le transport

On peut considérer que les tissus végétaux comportent deux compartiments principaux: l'apoplasme et le symplasme. L'**apoplasme** est constitué de tout ce qui est extérieur aux membranes plasmiques des cellules vivantes et comprend les parois cellulaires, les espaces extracellulaires et l'intérieur des cellules mortes telles que les éléments de vaisseau et les trachéides (voir la figure 35.10, p. 866 et 867). Le **symplasme** comprend la masse entière du cytosol de toutes les cellules vivantes d'une plante, dont les cellules adjacentes, de même que les plasmodesmes, les canaux cytoplasmiques qui les relient.

La structure des compartiments des plantes fournit trois voies pour le transport dans un tissu ou un organe: la voie de l'apoplasme, la voie du symplasme et la voie transmembranaire (**figure 36.6**). Dans la *voie de l'apoplasme*, l'eau et les solutés (substances chimiques dissoutes) se déplacent le long du continuum des parois cellulaires et des espaces extracellulaires. Dans la *voie du symplasme*, l'eau et les solutés se déplacent le long du continuum du cytosol. Cette voie oblige les substances à traverser une membrane plasmique une fois, lorsqu'elles pénètrent dans la plante. Après avoir pénétré dans une cellule, les substances peuvent se déplacer d'une cellule à l'autre par les plasmodesmes. Dans la *voie transmembranaire*, l'eau et les solutés sortent d'une cellule, en traversant la paroi cellulaire, et pénètrent dans la cellule voisine, qui peut les faire passer à la cellule suivante de la même manière. Dans cette voie, les substances doivent donc traverser les membranes plasmiques à répétition, en sortant d'une cellule pour pénétrer dans la suivante. Ces trois voies ne sont pas mutuellement exclusives, et certaines substances peuvent utiliser plus d'une voie à divers degrés.

Le transport des solutés sur de courtes distances à travers les membranes plasmiques

Chez les Végétaux, comme chez tout organisme, la perméabilité sélective de la membrane plasmique exerce une régulation sur le transport des substances sur de courtes distances à travers cette membrane (voir le chapitre 7). Les mécanismes de transport actif et de transport passif se produisent tous les deux dans les plantes, et les membranes des cellules végétales sont munies des mêmes types généraux de pompes et de protéines de transport (canaux protéiques, protéines porteuses et cotransporteurs) qui fonctionnent dans d'autres cellules. Dans la présente section, nous nous pencherons sur certaines caractéristiques du transport des solutés à travers les membranes plasmiques chez les Végétaux qui diffèrent de celles des Animaux.

Les ions hydrogène (H^+), plutôt que les ions sodium (Na^+), jouent un rôle de premier plan dans les processus fondamentaux de transport dans les cellules végétales. Par exemple, dans les cellules végétales, le potentiel de membrane (la différence de potentiel électrique à travers la membrane) est généré surtout grâce au pompage d'ions H^+ par les pompes à protons (**figure 36.7a**), plutôt qu'au pompage d'ions Na^+ par les pompes à sodium et à potassium. De plus, les H^+ sont le plus souvent déplacés par cotransport chez les Végétaux, alors que ce sont les Na^+ qui sont généralement déplacés par cotransport chez les Animaux. Au cours du cotransport, les cellules végétales utilisent l'énergie du gradient de H^+ et le potentiel de membrane pour amorcer le transport actif de nombreux solutés différents. Par exemple, le cotransport avec H^+ est responsable de l'absorption des solutés neutres, comme le saccharose, par les cellules du phloème et d'autres cellules végétales. Un cotransporteur de H^+ et de saccharose couple le déplacement du saccharose à l'encontre de son gradient de concentration grâce au déplacement des ions H^+ dans le sens de leur gradient électrochimique (**figure 36.7b**). Le cotransport avec les H^+ facilite également le déplacement des ions, comme dans l'absorption des nitrates (NO_3^-) par les cellules des racines (**figure 36.7c**).

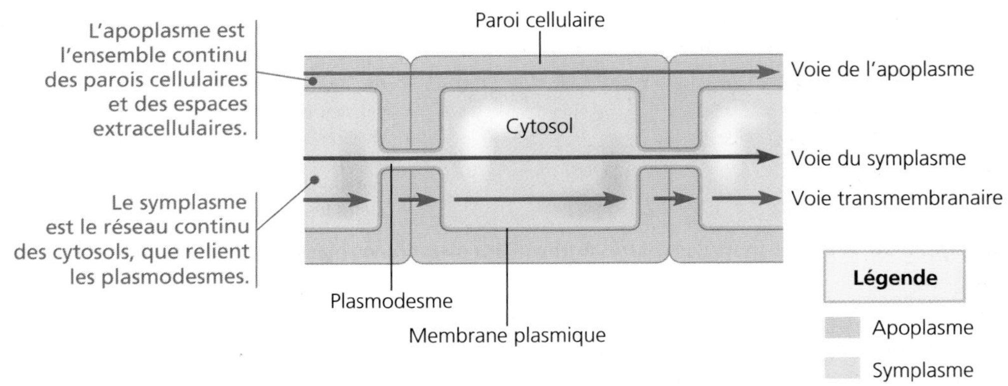

▶ Figure 36.6 Compartiments et voies cellulaires pour le transport sur une courte distance. Certaines substances peuvent utiliser plus d'une voie de transport.

Les membranes des cellules végétales possèdent également des canaux ioniques qui ne laissent passer que certains ions (**figure 36.7d**). Comme dans les cellules animales, la plupart des canaux possèdent des ouvertures contrôlées, qui s'ouvrent ou se ferment en réaction à des stimulus tels que des substances chimiques, la pression ou la différence de potentiel électrique. Nous verrons plus loin de quelle façon la régulation des canaux ioniques à potassium (K^+) présents dans les membranes des cellules stomatiques permet l'ouverture ou la fermeture des stomates. Les canaux ioniques interviennent également dans la production de stimulus électriques analogues aux potentiels d'action des Animaux (voir le chapitre 48). Toutefois, ces stimulus sont 1 000 fois plus lents et emploient des canaux anioniques activés par des ions Ca^{2+} plutôt que des canaux ioniques à Na^+ utilisés dans les cellules animales.

Le transport de l'eau sur de courtes distances à travers les membranes plasmiques

L'**osmose**, ou la diffusion de l'eau libre (c'est-à-dire l'eau qui n'est pas liée aux solutés ou aux surfaces) à travers une membrane, permet à une cellule d'absorber ou de perdre de l'eau (voir la figure 7.14, p. 148). La propriété physique qui prévoit la direction du déplacement de l'eau est appelée **potentiel hydrique**, une valeur qui inclut les effets de la concentration des solutés et de la pression physique. L'eau libre circule de l'endroit où le potentiel hydrique est le plus élevé vers l'endroit où le potentiel hydrique est le plus bas, s'il n'y a pas de barrière à son écoulement. Par exemple, si une cellule végétale est immergée dans une solution dont le potentiel hydrique est plus élevé que celui de la cellule, l'eau se déplacera vers la cellule. En se déplaçant, l'eau peut effectuer un travail (par exemple, provoquer l'expansion de la cellule). Le terme *potentiel* dans l'expression *potentiel hydrique* fait référence à l'énergie potentielle de l'eau, c'est-à-dire la capacité de l'eau à effectuer un travail lorsqu'elle se déplace d'un endroit où le potentiel hydrique est élevé vers un endroit où le potentiel hydrique est faible.

L'abréviation du potentiel hydrique est la lettre grecque psi (ψ). Les biologistes mesurent le ψ en unités de pression appelées **mégapascals** (MPa). Par définition, la valeur zéro (ψ = 0 MPa) est attribuée au potentiel hydrique de l'eau pure dans un récipient ouvert à l'air libre dans des conditions normales (au niveau de la mer et à température ambiante). Ainsi, 1 MPa équivaut à environ 10 fois la pression atmosphérique au niveau de la mer. La pression interne dans une cellule végétale vivante due à l'absorption d'eau par osmose est d'environ 0,5 MPa, soit environ deux fois la pression avec laquelle on gonfle le pneu d'une automobile.

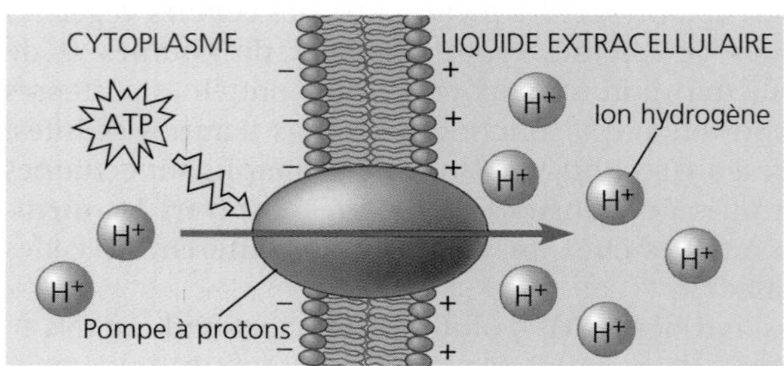

(a) Les ions H^+ et le potentiel de membrane. Les membranes plasmiques des cellules végétales utilisent des pompes à protons activées par l'ATP pour expulser les H^+ de la cellule. Ces pompes contribuent au potentiel de membrane et à l'établissement d'un gradient de pH à travers la membrane. Ces deux formes d'énergie potentielle peuvent effectuer le transport des solutés.

(b) Les ions H^+ et le cotransport des solutés neutres. Les solutés neutres comme les glucides peuvent être acheminés vers les cellules végétales par cotransport avec des ions H^+. Les cotransporteurs de H^+ et de saccharose, par exemple, jouent un rôle déterminant en acheminant les glucides vers le phloème avant leur transport dans toute la plante.

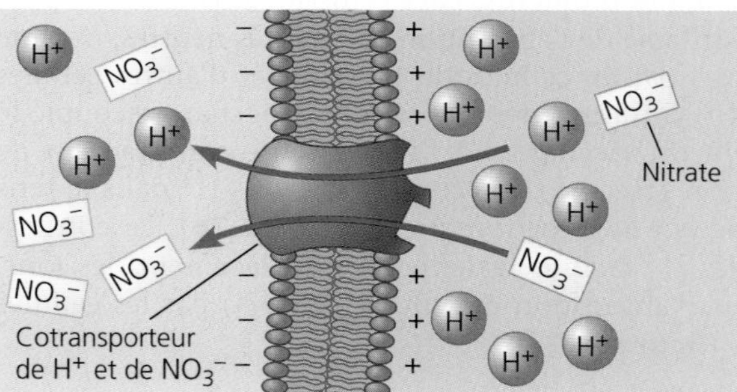

(c) Les ions H^+ et le cotransport des ions. Les mécanismes de cotransport qui font intervenir les H^+ participent également à la régulation du flux des ions à travers les membranes. Par exemple, les cotransporteurs de H^+ et de NO_3^- dans les membranes plasmiques des cellules des racines sont importants pour l'absorption de NO_3^- par les racines des plantes.

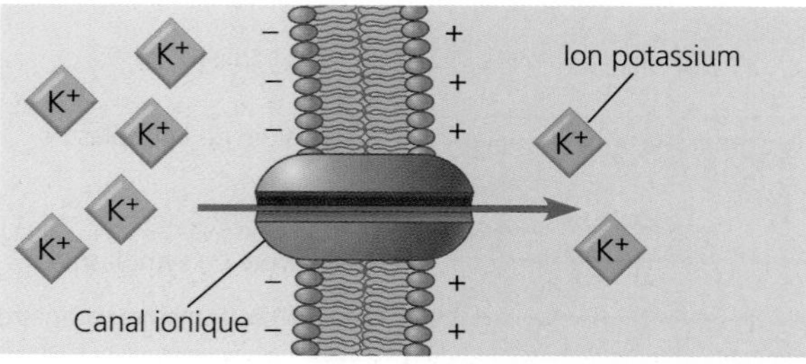

(d) Les canaux ioniques. Les canaux ioniques des Végétaux ouvrent et ferment en réaction à une différence de potentiel électrique, à l'étirement de la membrane et à des facteurs chimiques. Lorsqu'ils sont ouverts, les canaux ioniques permettent à des ions spécifiques de se diffuser à travers les membranes. Par exemple, un canal ionique à K^+ participe à la libération de K^+ par les cellules stomatiques quand les stomates ferment.

▲ **Figure 36.7 Le transport des solutés à travers les membranes plasmiques des cellules végétales.**

? *Supposez qu'une cellule végétale possède les quatre protéines de transport de membrane plasmique illustrées ci-dessus. Supposez également que vous ayez les inhibiteurs spécifiques pour chacune de ces protéines. Indiquez quel effet l'application individuelle de chaque inhibiteur aurait sur le potentiel de membrane de la cellule.*

L'influence des solutés et de la pression sur le potentiel hydrique

La concentration de solutés et la pression physique peuvent influer sur le potentiel hydrique, comme le montre l'*équation du potentiel hydrique*:

$$\psi = \psi_O + \psi_P$$

où ψ est le potentiel hydrique, ψ_O le potentiel osmotique, et ψ_P le potentiel de pression. Le **potentiel osmotique** (ψ_O) d'une solution est directement proportionnel à sa concentration molaire volumique (ou molarité). Chez les Végétaux, les solutés sont généralement des ions minéraux et des glucides. Par définition, le ψ_O de l'eau pure est égal à 0*. Quand des solutés sont ajoutés, ils se lient à des molécules d'eau. Par conséquent, cela réduit le nombre de molécules d'eau libre, ce qui diminue la capacité de l'eau de se déplacer et d'effectuer un travail. De cette façon, une augmentation de solutés a un effet négatif sur le potentiel hydrique; c'est pour cette raison que le ψ_O d'une solution est toujours exprimé par un nombre négatif. Une solution de 0,1 mol/L d'un glucide, par exemple, a un ψ_O de −0,23 MPa. À mesure que la concentration de solutés augmente, le ψ_O devient plus négatif.

Le **potentiel de pression** (ψ_P) est la pression physique exercée sur une solution. Contrairement au ψ_O, le ψ_P peut être positif ou négatif par rapport à la pression atmosphérique. Par exemple, l'eau qui se trouve à l'intérieur des cellules mortes et creuses du xylème (trachéides et éléments de vaisseau) d'une plante est souvent sous un potentiel de pression (tension) négatif inférieur à −2,0 MPa. Inversement, un peu comme l'air dans la chambre à air d'un pneu, l'eau dans les cellules vivantes subit habituellement une pression positive causée par l'absorption de l'eau par osmose. En particulier, le contenu cellulaire comprime la membrane plasmique sur la paroi cellulaire, qui comprime à son tour le **protoplaste** (la partie vivante de la cellule, qui comprend également la membrane plasmique). C'est cette pression qu'on appelle la **pression de turgescence**. La pression interne est critique pour le fonctionnement de la plante parce qu'elle contribue à maintenir la rigidité des tissus végétaux et sert également de force motrice pour l'élongation cellulaire.

Un tube en forme de U peut être utilisé pour démontrer les effets des solutés et de la pression sur le déplacement de l'eau à travers une membrane à perméabilité sélective (**figure 36.8**). En examinant ce modèle, souvenez-vous du principe fondamental suivant: *l'eau circule de l'endroit où le potentiel hydrique est le plus élevé vers l'endroit où le potentiel hydrique est le plus bas.*

Le déplacement de l'eau à travers les membranes de cellules végétales

Voyons maintenant comment le potentiel hydrique influe sur l'absorption et la perte d'eau dans les cellules végétales vivantes.

Dans un premier temps, imaginons une cellule **flasque** (molle), à la suite de la perte d'eau. Son ψ_P est de 0 MPa. Supposons que cette cellule baigne dans une solution dont la concentration de solutés est plus élevée (potentiel osmotique plus négatif) que celle de la cellule (**figure 36.9a**, page 897). Comme la solution externe a le potentiel hydrique le plus faible (plus négatif), l'eau sortira de la cellule. Il se produira ainsi une **plasmolyse**, c'est-à-dire que le protoplaste de la cellule rétrécira et que sa membrane plasmique s'éloignera de la paroi cellulaire. Plaçons maintenant cette cellule flasque dans de l'eau pure (ψ = 0 MPa; **figure 36.9b**). La présence de solutés dans la cellule rend le potentiel hydrique de cette dernière plus faible que celui du milieu environnant (l'eau). L'eau entre alors dans la cellule par osmose. Le contenu cellulaire se met à gonfler et pousse la membrane plasmique contre la paroi cellulaire. La paroi, partiellement élastique, exerce une pression de turgescence et confine ainsi le protoplaste comprimé. Lorsque cette pression sera suffisante pour s'opposer à l'entrée d'eau dans la cellule en raison de la présence des solutés, le ψ_P et le ψ_O auront la même valeur, et le ψ sera égal à 0. Le potentiel hydrique du contenu cellulaire égalera celui du milieu extracellulaire (0 MPa dans cet exemple). Un équilibre dynamique sera atteint, ce qui fera cesser tout déplacement net de l'eau.

Contrairement à la cellule flasque, la cellule à paroi dont la concentration en solutés est supérieure à celle de son milieu environnant sera **turgescente**, c'est-à-dire très ferme. Lorsque les cellules turgescentes dans un tissu non ligneux poussent les unes contre les autres, le tissu est renforcé. Le **flétrissement** d'un plant montre les conséquences d'une perte de turgescence, lorsque les feuilles et les tiges commencent à se faner à la suite de la perte d'eau des cellules.

Les aquaporines: l'aide à la diffusion de l'eau

Une différence dans le potentiel hydrique détermine la *direction* du déplacement de l'eau à travers les membranes, mais comment les molécules d'eau traversent-elles ces membranes? En fait, les molécules d'eau sont suffisamment petites pour se diffuser à travers la bicouche de phosphoglycérolipides, bien que l'intérieur de cette bicouche soit hydrophobe. Cependant, leur déplacement à travers les membranes biologiques est trop rapide pour s'expliquer uniquement par la diffusion. Le transport des molécules d'eau à travers les membranes s'effectue avec l'aide de protéines de transport appelées **aquaporines** (voir le chapitre 7). Ces canaux sélectifs influent sur la *vitesse* à laquelle l'eau traverse la membrane par osmose. Ces protéines sont très dynamiques: leur

* La contrainte de la convention qui fixe le ψ_O à 0 MPa conduit à une aberration pour les physiciens. En effet, des valeurs négatives de pression apparaissent dans les mesures et les calculs. Or, selon les physiciens, la pression négative n'existe pas et, par conséquent, on ne peut pas la mesurer. On aurait pu éviter ce problème si l'on avait donné au ψ de référence une valeur conventionnelle supérieure à zéro et prenant en compte la pression atmosphérique et la pression exercée par la paroi du récipient. Comme aucun auteur ne propose une valeur de ce genre, nous devons pour le moment respecter la convention, malgré ses écueils.

perméabilité est réduite par les augmentations de Ca^{2+} ou les diminutions du pH du cytosol.

Le transport sur de longues distances: le rôle du courant de masse

La diffusion est un mécanisme de transport efficace à l'échelle cellulaire. Cependant, elle s'effectue beaucoup trop lentement pour permettre le transport de substances sur de longues distances. Bien que la diffusion d'une extrémité à l'autre d'une cellule s'effectue en quelques secondes, la diffusion des racines jusqu'à la cime d'un séquoia prendrait plusieurs siècles. C'est plutôt le **courant de masse** qui assure le transport sur de longues distances. Le courant de masse désigne le déplacement de fluides sous l'effet d'un gradient de pression. Ce courant de substances se produit toujours de la pression la plus élevée vers la pression la plus faible. Contrairement à l'osmose, le courant de masse est indépendant de la concentration de solutés.

Grâce à ce courant, l'eau et les solutés se déplacent sur de longues distances dans les trachéides et les vaisseaux du xylème ainsi que dans les éléments de tube criblé du phloème. La structure de ces cellules conductrices contribue au courant de masse. Comme nous l'avons vu à la figure 35.10 (p. 866 et 867), les trachéides matures et les éléments de vaisseau sont des cellules mortes et, par conséquent, elles n'ont aucun cytoplasme; de plus, le cytoplasme des éléments de tube criblé est presque dépourvu d'organites internes. Si le drain de votre évier a déjà été partiellement bouché, vous avez pu constater que la vitesse d'écoulement de l'eau dépendait du diamètre du tuyau d'évacuation. Les déchets de nourriture réduisent le diamètre efficace du tuyau. Cette expérience domestique nous aide à comprendre comment les structures des cellules végétales spécialisées dans le courant de masse sont compatibles avec leur fonction. Tout comme la désobstruction d'un évier de cuisine, l'absence ou la réduction du cytoplasme dans la «plomberie» d'une plante permet le passage efficace du courant de masse dans le xylème et le phloème. Les perforations aux extrémités des éléments de vaisseau et les plaques criblées poreuses qui joignent les éléments de tube criblé facilitent également le courant de masse.

La diffusion, le transport actif et le courant de masse agissent de concert pour transporter les ressources partout dans la plante. Par exemple, le courant de masse causé par une différence de pression est le mécanisme de transport sur de longues distances des glucides dans le phloème, mais le transport actif des glucides à l'échelle cellulaire maintient cette différence de pression. Dans les trois prochaines sections, nous allons étudier plus en détail le transport de l'eau et des minéraux des racines jusqu'aux tiges, la régulation de l'évaporation et le transport des glucides.

▼ **Figure 36.8 Les effets des solutés et de la pression sur le potentiel hydrique (ψ) et le déplacement de l'eau.**

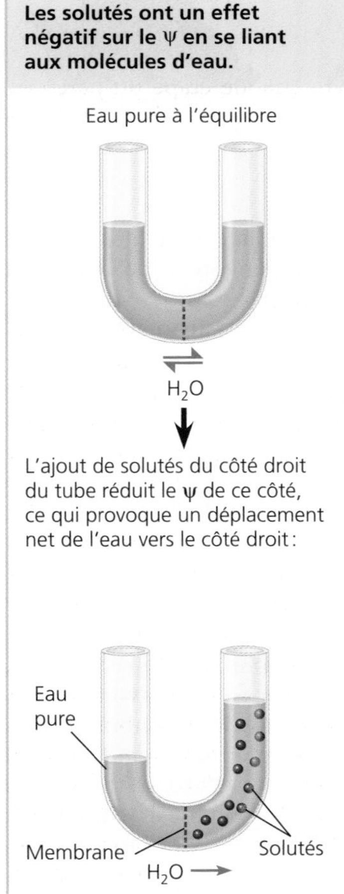

Les solutés ont un effet négatif sur le ψ en se liant aux molécules d'eau.
Eau pure à l'équilibre
H_2O
L'ajout de solutés du côté droit du tube réduit le ψ de ce côté, ce qui provoque un déplacement net de l'eau vers le côté droit:
Eau pure
Membrane
Solutés
H_2O

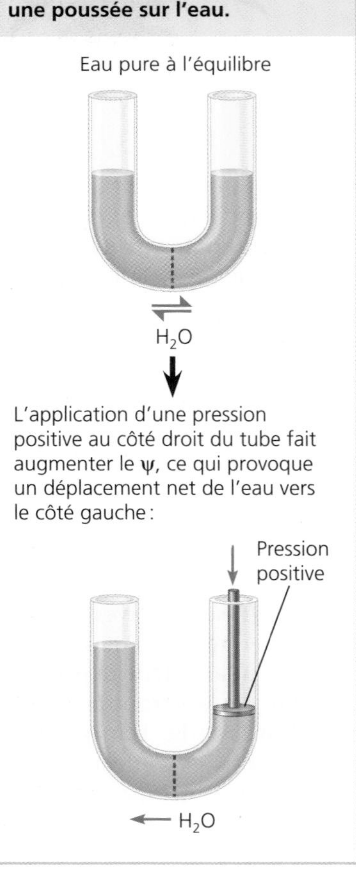

Une pression positive a un effet positif sur le ψ en exerçant une poussée sur l'eau.
Eau pure à l'équilibre
H_2O
L'application d'une pression positive au côté droit du tube fait augmenter le ψ, ce qui provoque un déplacement net de l'eau vers le côté gauche:
Pression positive
H_2O

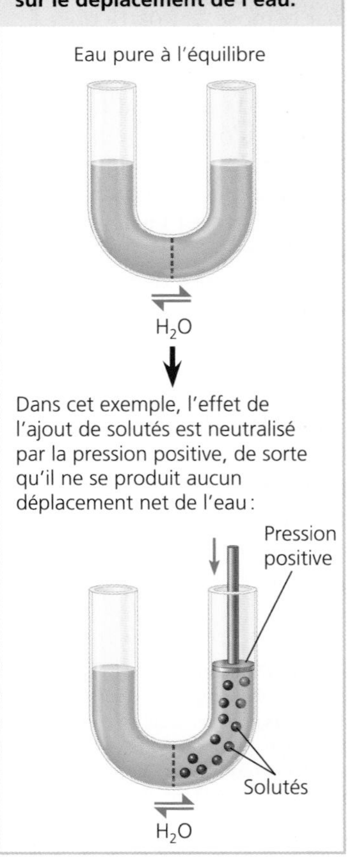

Les solutés et la pression positive ont des effets opposés sur le déplacement de l'eau.
Eau pure à l'équilibre
H_2O
Dans cet exemple, l'effet de l'ajout de solutés est neutralisé par la pression positive, de sorte qu'il ne se produit aucun déplacement net de l'eau:
Pression positive
Solutés
H_2O

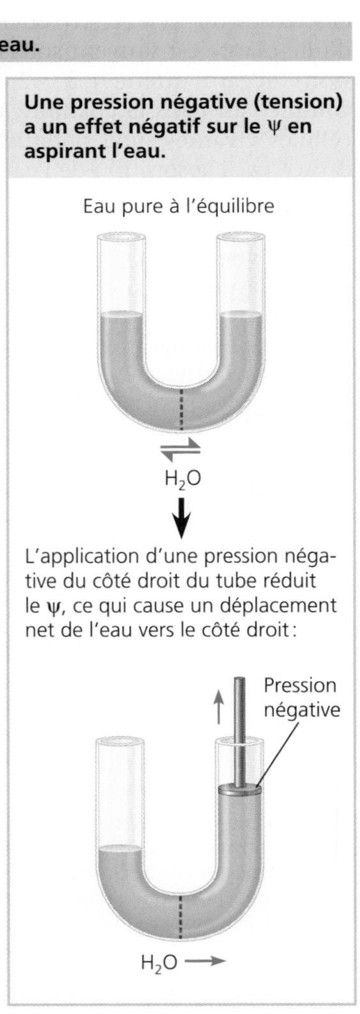

Une pression négative (tension) a un effet négatif sur le ψ en aspirant l'eau.
Eau pure à l'équilibre
H_2O
L'application d'une pression négative du côté droit du tube réduit le ψ, ce qui cause un déplacement net de l'eau vers le côté droit:
Pression négative
H_2O

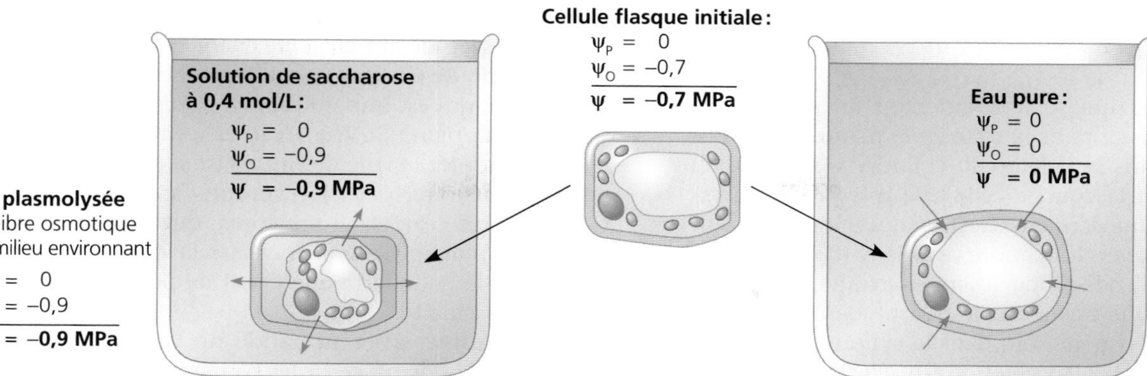

(a) Conditions initiales : ψ intracellulaire > ψ extracellulaire. La cellule perd de l'eau et subit une plasmolyse. Quand celle-ci est terminée, le potentiel hydrique de la cellule est identique à celui du milieu environnant.

(b) Conditions initiales : ψ intracellulaire < ψ extracellulaire. Grâce à l'osmose, l'eau pénètre dans la cellule et la rend turgescente. Lorsque cette tendance qu'a l'eau de pénétrer dans la cellule est compensée par la pression exercée par la paroi cellulaire élastique vers l'intérieur de la cellule, le potentiel hydrique de la cellule devient identique à celui du milieu environnant. (La variation du volume de la cellule est amplifiée dans cette illustration.)

▲ **Figure 36.9 Les cellules végétales et la diffusion de l'eau.** Dans ces deux expériences, des cellules flasques (cellules dans lesquelles le protoplaste est en contact avec la paroi des cellules, mais n'exerce pas de pression de turgescence) sont placées dans deux milieux différents. Les flèches bleues indiquent la direction du déplacement de l'eau dans les conditions initiales.

RETOUR SUR LE CONCEPT 36.2

1. Si une cellule végétale immergée dans de l'eau pure a un ψ_O de –0,70 MPa et un ψ de 0 MPa, quel est son ψ_P ? Si on plaçait la même cellule dans un bécher ouvert contenant une solution dont le ψ est de −0,40 MPa, quel serait le ψ_P cellulaire à l'équilibre ?
2. Comment la réduction du nombre de canaux d'aquaporines influe-t-elle sur la capacité d'une plante à s'adapter à de nouvelles conditions osmotiques ?
3. Si les trachéides et les éléments de vaisseau étaient vivants à maturité, comment cela influerait-il sur le transport de l'eau sur de longues distances ? Expliquez votre réponse.
4. **ET SI ?** Qu'arriverait-il si on plaçait des protoplastes végétaux dans l'eau pure ? Expliquez votre réponse.

Voir les réponses proposées à la fin du chapitre.

CONCEPT 36.3

L'eau et les minéraux absorbés par les racines montent dans le xylème jusqu'aux tiges sous l'effet de la transpiration

Imaginez-vous en train d'essayer de monter en haut d'un escalier un contenant de 19 L rempli d'eau et pesant 19 kg. Imaginez que vous faites ce déplacement 40 fois par jour. Considérez alors le fait qu'un arbre de taille moyenne, même s'il n'a pas un cœur ni de muscles, transporte un volume d'eau semblable sans effort sur une base quotidienne. Comment les arbres accomplissent-ils un tel exploit ? Pour répondre à cette question, nous allons suivre chaque étape du parcours de l'eau et des minéraux à partir des extrémités des racines jusqu'aux feuilles.

L'absorption de l'eau et des minéraux par les cellules des racines

Bien que toutes les cellules végétales vivantes absorbent les nutriments à travers leurs membranes plasmiques, les cellules près de l'apex des racines sont particulièrement importantes parce que la majeure partie de l'absorption de l'eau et des minéraux s'y effectue. Dans cette région, les cellules de l'épiderme sont perméables à l'eau, et un grand nombre sont différenciées en poils absorbants. Ces derniers sont des cellules modifiées responsables en grande partie de l'absorption de l'eau par les racines (voir la figure 35.3, p. 861). Les poils absorbants absorbent la solution du sol composée de molécules d'eau et d'ions minéraux dissous qui ne sont pas fortement liés à des particules du sol. Cette solution est attirée dans la paroi hydrophile des cellules épidermiques et circule librement le long des parois cellulaires et des espaces extracellulaires dans le cortex de la racine. Cet écoulement augmente le contact des cellules du cortex avec la solution du sol. Cela représente une bien plus grande surface membranaire d'absorption que la surface de l'épiderme seule. La solution du sol a habituellement une faible concentration en minéraux, mais le transport actif permet aux racines d'accumuler certains minéraux essentiels, comme les ions K^+, à des concentrations des centaines de fois plus élevées.

Le transport de l'eau et des minéraux dans le xylème

L'eau et les minéraux qui se trouvent dans le cortex de la racine ne peuvent passer dans le reste de la plante tant qu'ils n'ont pas pénétré dans le xylème du cylindre vasculaire, ou stèle. L'**endoderme**, la couche cellulaire interne du cortex des racines, effectue une dernière sélection des minéraux avant leur passage du cortex vers le cylindre vasculaire (**figure 36.10**). Lorsqu'ils atteignent l'endoderme, les minéraux qui se trouvent déjà dans le symplasme traversent les plasmodesmes des cellules endodermiques et pénètrent dans le cylindre vasculaire. Ces minéraux ont déjà fait l'objet d'une sélection lorsqu'ils ont traversé la membrane plasmique pour pénétrer dans le symplasme de l'épiderme ou du cortex. Les minéraux qui atteignent l'endoderme par la voie de l'apoplasme butent quant à eux contre une barrière qui les empêche de pénétrer dans le cylindre vasculaire. Cette barrière, située dans les parois transversale et radiale de chaque cellule endodermique, est la **bande de Caspary**, une ceinture composée d'une cire, la subérine, qui est imperméable à l'eau et aux minéraux dissous (voir la figure 36.10). L'eau et les minéraux ne peuvent donc emprunter la voie de l'apoplasme pour traverser l'endoderme et pénétrer dans le cylindre vasculaire. La bande de Caspary force l'eau et les minéraux, qui se déplacent passivement dans l'apoplasme, à traverser la membrane plasmique d'une cellule endodermique avant de pouvoir entrer dans le cylindre vasculaire.

L'endoderme, avec sa bande de Caspary, fait en sorte qu'aucun minéral n'atteint les tissus conducteurs de la racine sans traverser la membrane plasmique sélective. L'endoderme empêche également les solutés accumulés dans le xylème de retourner dans la solution du sol. La structure de l'endoderme et sa position stratégique dans la racine confirment

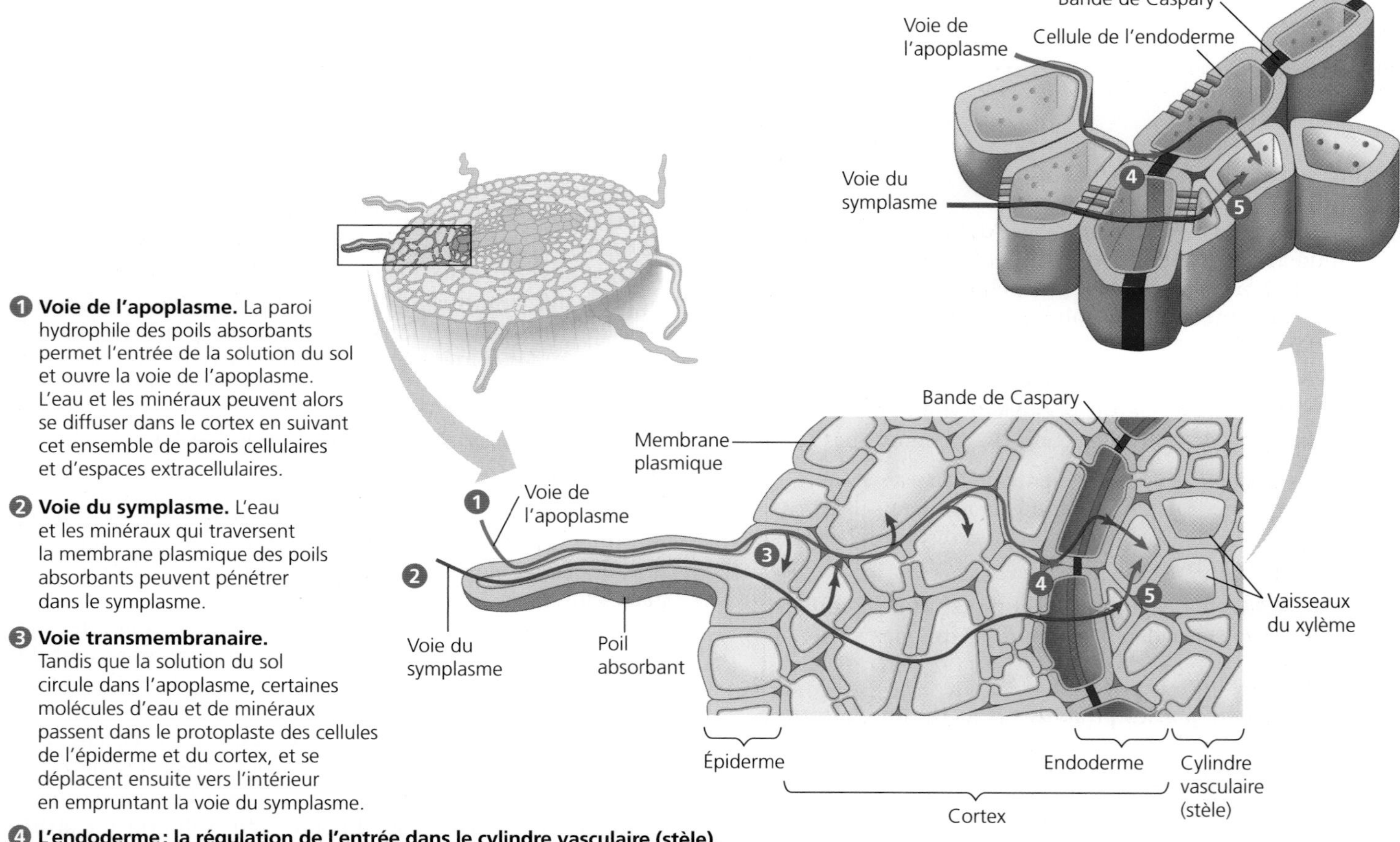

1 Voie de l'apoplasme. La paroi hydrophile des poils absorbants permet l'entrée de la solution du sol et ouvre la voie de l'apoplasme. L'eau et les minéraux peuvent alors se diffuser dans le cortex en suivant cet ensemble de parois cellulaires et d'espaces extracellulaires.

2 Voie du symplasme. L'eau et les minéraux qui traversent la membrane plasmique des poils absorbants peuvent pénétrer dans le symplasme.

3 Voie transmembranaire. Tandis que la solution du sol circule dans l'apoplasme, certaines molécules d'eau et de minéraux passent dans le protoplaste des cellules de l'épiderme et du cortex, et se déplacent ensuite vers l'intérieur en empruntant la voie du symplasme.

4 L'endoderme : la régulation de l'entrée dans le cylindre vasculaire (stèle). Il y a, dans les parois transversale et radiale de chaque cellule endodermique, une ceinture constituée d'une substance cireuse, la bande de Caspary (représentée ici par la bande violette). Cette ceinture bloque le passage de l'eau et des minéraux dissous. Seuls les minéraux dissous qui se trouvent déjà dans le symplasme ou qui empruntent cette voie en traversant la membrane plasmique d'une cellule endodermique peuvent contourner la bande de Caspary et passer dans le cylindre vasculaire (stèle).

5 Transport dans le xylème. Les cellules endodermiques et les cellules vivantes du cylindre vasculaire font passer l'eau et les minéraux dans leur paroi (apoplasme). Les éléments de vaisseau du xylème transportent ainsi l'eau et les minéraux par courant de masse jusque dans le système caulinaire.

▲ **Figure 36.10 Le transport de l'eau et des minéraux des poils absorbants jusqu'au xylème.**

? *Comment la bande de Caspary force-t-elle l'eau et les minéraux à traverser les membranes plasmiques des cellules de l'endoderme ?*

son rôle de barrière apoplastique entre le cortex et le cylindre vasculaire. L'endoderme transporte les minéraux nécessaires du sol vers le xylème et retient beaucoup de substances inutiles ou toxiques à l'extérieur.

Le dernier segment de la voie menant du sol au xylème est celui qui permet à l'eau et aux minéraux d'atteindre les trachéides et les éléments de vaisseau du xylème. À maturité, les cellules conductrices ne possèdent pas de protoplaste et, par conséquent, elles font partie de l'apoplasme. Les cellules endodermiques et les cellules vivantes du cylindre vasculaire font passer les minéraux du protoplaste dans leur propre paroi cellulaire. Ce transfert de solutés du symplasme à l'apoplasme s'effectue grâce à des mécanismes de diffusion et de transport actif. L'eau et les minéraux peuvent ensuite entrer librement dans les trachéides et les éléments de vaisseau, où ils sont transportés vers le système caulinaire par le courant de masse.

Le transport par courant de masse dans le xylème

L'eau et les minéraux provenant du sol entrent dans la plante par l'épiderme des racines, traversent le cortex des racines et passent dans le cylindre vasculaire. De là, la **sève brute**, soit l'eau et les minéraux dissous dans le xylème, est transportée sur de longues distances par le courant de masse jusqu'aux nervures des feuilles. Comme nous l'avons mentionné précédemment, le courant de masse est beaucoup plus rapide que la diffusion ou le transport actif. Les vitesses de pointe dans le transport de la sève brute peuvent varier de 24 à 72 km/h dans les arbres dotés de larges éléments de vaisseau. Les tiges et les feuilles dépendent de l'efficacité de ce système d'approvisionnement en eau et en minéraux.

Le processus de transport de la sève brute implique la perte d'une étonnante quantité d'eau par **transpiration**, c'est-à-dire l'évaporation de l'eau par les feuilles et les autres parties aériennes. Au cours d'une seule saison de croissance, un plant de maïs (*Zea mays*) perd 60 L d'eau par transpiration. Une récolte de maïs qui pousse à une densité standard de 60 000 plants par hectare perd donc environ 4 millions de litres d'eau par hectare au cours d'une seule saison de croissance. Ainsi, si l'eau perdue par transpiration n'est pas remplacée par de l'eau provenant des racines et amenée par le xylème, les feuilles se dessèchent progressivement et finissent par mourir.

La sève brute réussit à atteindre le sommet des plus grands arbres, lesquels pourraient mesurer jusqu'à environ 120 m. Est-elle *poussée* vers le haut par les racines, ou *aspirée* par les feuilles? Évaluons la contribution relative possible de chacun des deux mécanismes.

La poussée exercée sur la sève brute dans le xylème: la pression racinaire

Pendant la nuit, lorsqu'il n'y a presque pas de transpiration, les cellules de la racine dépensent encore de l'énergie pour acheminer les minéraux dans le xylème du cylindre vasculaire. Entre-temps, la bande de Caspary de l'endoderme empêche les ions de ressortir et de retourner dans le cortex et le sol. L'accumulation de minéraux qui en résulte abaisse le potentiel hydrique dans le cylindre vasculaire. L'eau du cortex y pénètre par osmose, créant une **pression racinaire**, c'est-à-dire une poussée ascendante qui s'exerce sur la sève brute dans le xylème. La pression racinaire peut parfois faire entrer dans les feuilles plus d'eau que celles-ci en ont perdu, ce qui entraîne une **guttation**, c'est-à-dire l'excrétion de gouttelettes d'eau qu'on peut observer le matin à l'extrémité ou sur la bordure des feuilles (**figure 36.11**). Le liquide de la guttation est différent de la rosée, qui est le résultat de la condensation de l'humidité atmosphérique.

Chez la plupart des Végétaux, la pression racinaire ne constitue pas le principal mécanisme de la montée de la sève brute dans le xylème. Cette pression peut pousser l'eau sur quelques mètres seulement, au mieux. Les pressions positives produites sont simplement trop faibles pour vaincre la force de gravité de la colonne d'eau dans le xylème, notamment chez les plantes hautes. D'ailleurs, un grand nombre de Végétaux ne créent aucune pression racinaire ou ne le font que durant une partie de la saison de croissance. Mais même chez les plantes qui manifestent une guttation, la pression racinaire ne peut suffire à suivre le rythme de la transpiration après le lever du jour. La poussée vers le haut de la sève brute par la pression racinaire est un phénomène moins important que l'effet d'aspiration créé par les feuilles.

L'aspiration de la sève brute du xylème: l'hypothèse de cohésion-tension

Comme nous l'avons vu, la pression racinaire, qui dépend du transport actif des solutés par les plantes, ne constitue pas la principale force dans la montée de la sève brute dans le xylème. Loin de dépendre de l'activité métabolique des cellules, la majeure partie de la sève brute qui monte dans un arbre n'a même pas besoin des cellules vivantes. Comme l'a démontré Eduard Strasburger en 1891, les tiges feuillues dont la partie inférieure est immergée dans des solutions toxiques de sulfate de cuivre ou d'acide vont facilement faire monter ces poisons si la tige est coupée sous la surface du liquide. En montant, les solutions toxiques tuent toutes les cellules vivantes sur leur passage, puis arrivent finalement dans les feuilles qui transpirent et tuent les cellules des feuilles aussi. Néanmoins, comme l'a fait remarquer Strasburger, l'absorption de solutions toxiques et la perte d'eau par les feuilles mortes peuvent se poursuivre pendant des semaines.

▲ **Figure 36.11 Guttation.** La pression racinaire expulse l'excès d'eau de cette feuille de fraisier des champs (*Fragaria virginiana*).

En 1894, quelques années après les découvertes de Strasburger, deux scientifiques irlandais, John Joly et Henry Dixon, avancent une hypothèse qui demeure l'explication principale de la montée de la sève brute du xylème. Selon leur **hypothèse de cohésion-tension**, la transpiration crée un effet d'aspiration de la sève brute vers le haut, et la cohésion entre les molécules d'eau transmet le mouvement ascendant sur toute la longueur du xylème, des racines jusqu'aux tiges. Ainsi, la sève brute est normalement sous une pression négative, ou tension. Étant donné que la transpiration est un processus d'« aspiration », notre étude de la montée de la sève brute dans le xylème par le mécanisme de cohésion-tension commence par les feuilles, où la transpiration crée l'effet d'aspiration, et non par les racines.

L'effet d'aspiration créé par la transpiration Les stomates, situés à la surface de la feuille, donnent accès à un labyrinthe de lacunes qui permet aux cellules du mésophylle d'entrer en contact avec le CO_2 nécessaire à la photosynthèse. L'air contenu dans les lacunes est saturé en vapeur d'eau, parce qu'il se trouve en contact avec les parois humides des cellules. La plupart du temps, l'air est plus sec à l'extérieur de la feuille, c'est-à-dire que la concentration en eau est plus faible à l'extérieur qu'à l'intérieur de celle-ci. Le potentiel hydrique de la feuille est donc supérieur à celui du milieu environnant. Par conséquent, la vapeur d'eau dans les lacunes d'une feuille se diffuse selon son gradient de potentiel hydrique et quitte la feuille par les stomates. C'est cette perte de vapeur d'eau par diffusion et évaporation que nous appelons *transpiration*.

Mais comment la perte de vapeur d'eau par les feuilles se transforme-t-elle en force d'aspiration qui fait monter l'eau dans la plante? Le potentiel de pression négatif qui fait monter l'eau par le xylème est créé à la surface des parois des cellules du mésophylle (**figure 36.12**). La paroi cellulaire agit comme un réseau de très fins capillaires. L'eau adhère aux microfibrilles de cellulose et aux autres constituants hydrophiles des parois cellulaires. À mesure que l'eau s'évapore de la pellicule d'eau qui tapisse les parois des cellules de mésophylle, l'interface air-eau est attirée vers l'intérieur de la cellule. À cause de la tension superficielle élevée de l'eau, la courbure de l'interface induit une tension, c'est-à-dire un potentiel de pression négatif, dans l'eau. Lorsque la quantité d'eau évaporée augmente encore, la courbure de l'interface air-eau s'accentue, et la pression de l'eau devient de plus en plus négative. Les molécules d'eau des parties plus hydratées de la feuille sont ainsi tirées vers l'intérieur dans cette région, ce qui réduit la tension. Ces forces d'aspiration sont transférées au xylème parce que chaque molécule d'eau se lie par cohésion à la molécule adjacente au moyen des liens hydrogène. Ainsi, l'effet d'aspiration de la transpiration dépend de plusieurs des propriétés particulières de l'eau dont nous avons discuté au chapitre 3 : adhérence, cohésion et tension superficielle.

Le rôle du potentiel de pression négatif dans la transpiration correspond à l'équation du potentiel hydrique, parce que ce potentiel réduit le potentiel hydrique (voir la figure 36.8). Comme l'eau se déplace de l'endroit où le potentiel hydrique est le plus élevé vers celui où il est le plus faible, le potentiel de pression plus négatif à l'interface air-eau fait que l'eau dans les cellules du xylème est « aspirée » dans les cellules du mésophylle qui perdent de l'eau par les stomates au profit des lacunes. Ainsi, la transpiration produit un effet d'aspiration, provoqué par le potentiel hydrique négatif dans les

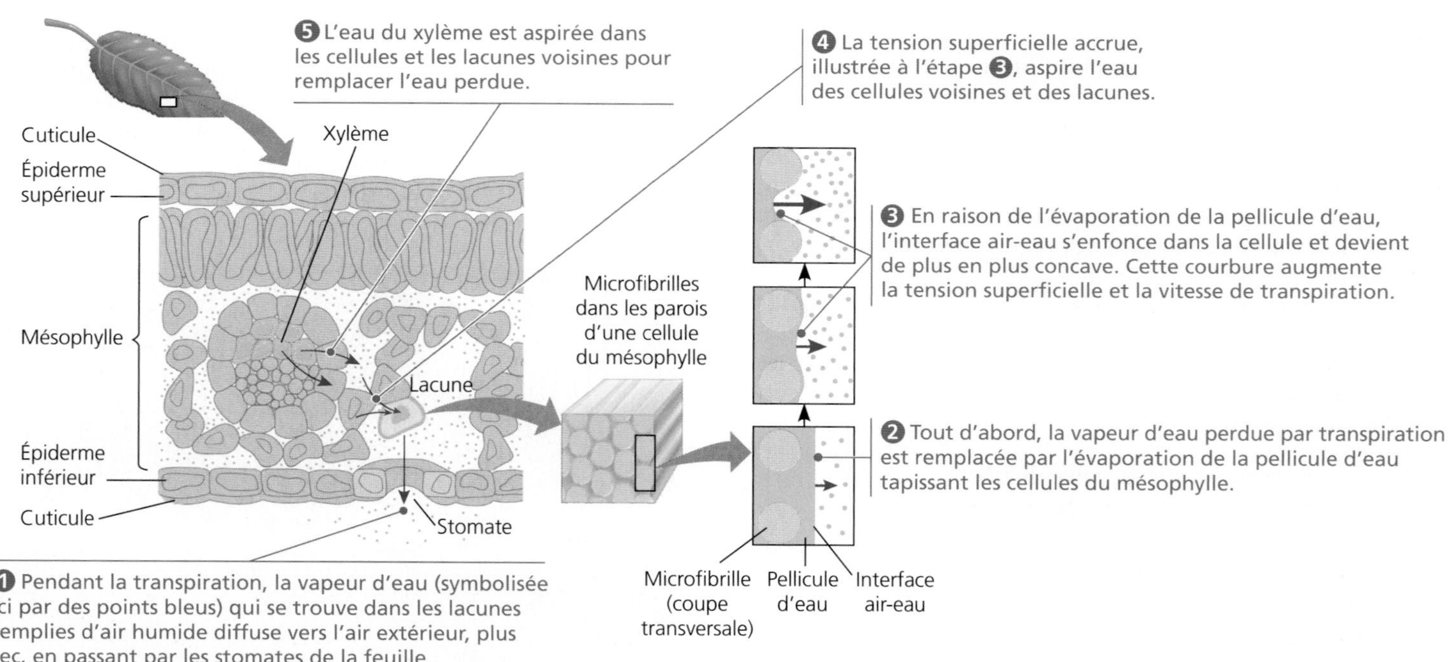

5 L'eau du xylème est aspirée dans les cellules et les lacunes voisines pour remplacer l'eau perdue.
4 La tension superficielle accrue, illustrée à l'étape 3, aspire l'eau des cellules voisines et des lacunes.
Cuticule
Épiderme supérieur
Xylème
Mésophylle
Lacune
Épiderme inférieur
Cuticule
Stomate
Microfibrilles dans les parois d'une cellule du mésophylle
3 En raison de l'évaporation de la pellicule d'eau, l'interface air-eau s'enfonce dans la cellule et devient de plus en plus concave. Cette courbure augmente la tension superficielle et la vitesse de transpiration.
2 Tout d'abord, la vapeur d'eau perdue par transpiration est remplacée par l'évaporation de la pellicule d'eau tapissant les cellules du mésophylle.
Microfibrille (coupe transversale)
Pellicule d'eau
Interface air-eau
1 Pendant la transpiration, la vapeur d'eau (symbolisée ici par des points bleus) qui se trouve dans les lacunes remplies d'air humide diffuse vers l'air extérieur, plus sec, en passant par les stomates de la feuille.

▲ **Figure 36.12 Tension créée par la transpiration et produisant une aspiration.**
La pression négative (tension) qui se crée à l'interface air-eau dans la feuille constitue le point de départ de l'aspiration créée par la transpiration, qui fait sortir l'eau du xylème.

feuilles. L'effet d'aspiration produit par la transpiration sur la sève brute est transmis à partir des feuilles jusqu'aux apex des racines, et même jusque dans la solution du sol (**figure 36.13**).

L'adhérence et la cohésion de l'eau dans la montée de la sève brute L'adhérence et la cohésion facilitent le transport de l'eau par courant de masse. L'adhérence est la force d'attraction entre les molécules d'eau et les autres substances polaires. Parce que l'eau et la cellulose sont des molécules polaires, il y a une forte attraction entre elles dans les parois des cellules du xylème. La cohésion est la force d'attraction entre les molécules d'une même substance. L'eau possède une force de cohésion anormalement élevée en raison des liaisons hydrogène que chaque molécule d'eau peut établir avec d'autres molécules d'eau. On évalue que la force de cohésion de l'eau dans le xylème lui confère une résistance à la rupture équivalente à celle d'un fil d'acier de diamètre similaire. C'est la cohésion de l'eau qui fait qu'une colonne de sève brute peut être aspirée vers le haut dans le xylème sans que les molécules d'eau se séparent. Les molécules d'eau qui quittent le xylème pour entrer dans la feuille tirent sur les molécules adjacentes. Cet effet d'aspiration est transmis d'une molécule à l'autre jusqu'au bas de la colonne d'eau qui s'est formée dans le xylème. De plus, la forte adhérence des molécules d'eau à la paroi hydrophile des cellules du xylème (attribuable elle aussi aux liaisons hydrogène) aide également à contrer la gravité.

L'effet d'aspiration exercé sur la sève crée une tension dans les éléments de vaisseau et les trachéides, qui sont comme des tuyaux élastiques. Des pressions positives peuvent faire distendre ces tuyaux élastiques, tandis que la tension fait se rapprocher les parois. Par temps chaud, il est même possible de mesurer la diminution du diamètre d'un tronc d'arbre. Cependant, les épaisses parois secondaires, qui forment des anneaux peu élastiques empêchant les vaisseaux du xylème de s'affaisser, limitent cette réduction de diamètre, tout comme les anneaux métalliques empêchent le tuyau d'un aspirateur de se déformer. La tension créée par l'effet d'aspiration provoqué par la transpiration réduit suffisamment le potentiel hydrique du xylème des racines pour entraîner un mouvement passif de l'eau du sol, laquelle traverse le cortex des racines pour aller jusqu'au cylindre vasculaire.

L'effet d'aspiration créé par la transpiration ne peut se transmettre aux racines que si la chaîne de molécules d'eau reste intacte. Or, celle-ci peut se rompre à cause de la formation d'une poche de vapeur d'eau, un phénomène appelé cavitation. Ce phénomène est plus commun dans les larges éléments de vaisseau que dans les trachéides, et il peut se produire pendant une sécheresse ou quand la sève brute gèle en hiver. Les bulles d'air créées par la cavitation se dilatent et bloquent les canaux d'eau du xylème. La dilatation rapide des bulles d'air produit des cliquetis qu'on peut entendre en plaçant un microphone sensible à la surface de la tige.

L'interruption du transport de la sève brute par la cavitation n'est pas toujours permanente. La chaîne de molécules d'eau peut utiliser une voie de contournement par les ponctuations entre les trachéides ou les vaisseaux adjacents (voir la figure 35.10, p. 866 et 867). De plus, la pression racinaire

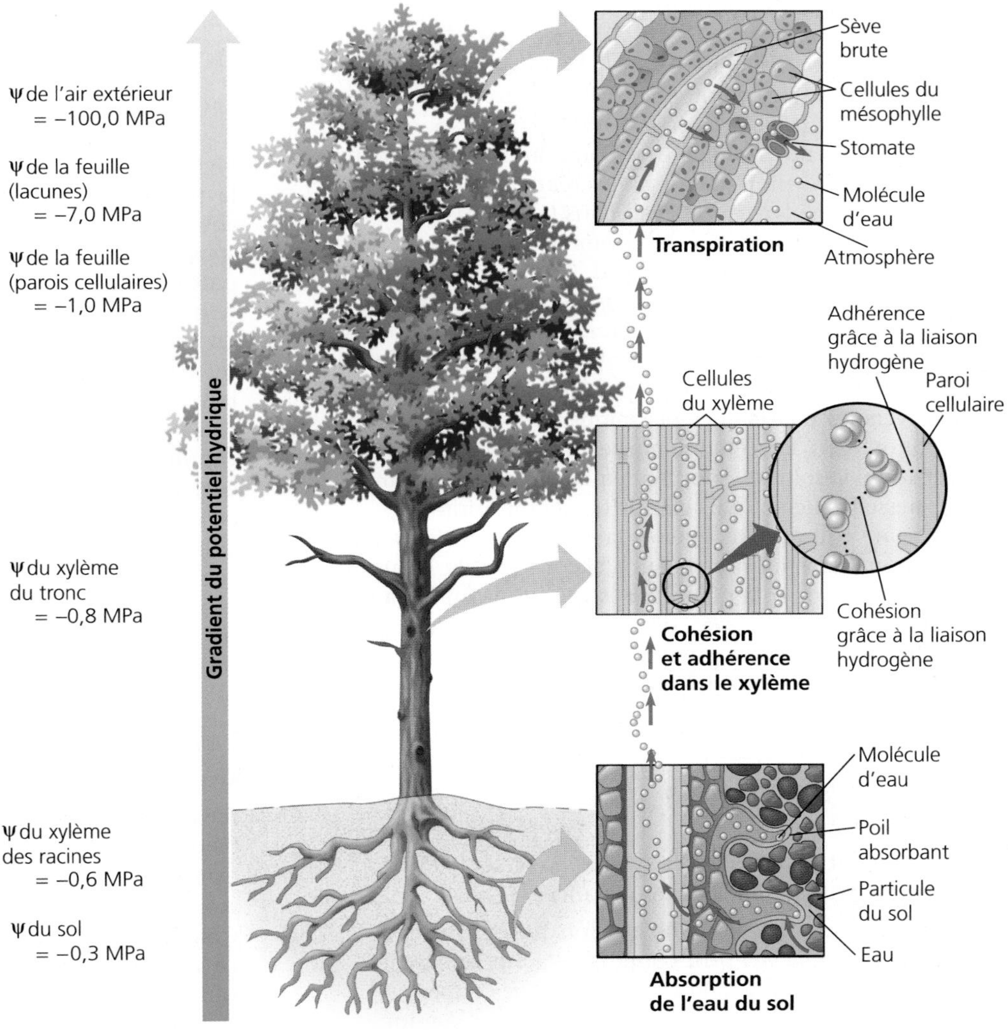

▲ **Figure 36.13 La montée de la sève brute.** Les liaisons hydrogène permettent la formation d'une chaîne continue de molécules d'eau qui s'étend des feuilles jusqu'au sol. La force qui fait monter la sève brute dans le xylème est créée par un gradient de potentiel hydrique (ψ). En ce qui concerne le courant de masse sur de longues distances, le gradient de ψ est principalement attribuable au gradient de potentiel de pression (ψ_P). La transpiration provoque une diminution du ψ_P à l'extrémité du xylème située près de la feuille, qui devient alors inférieur au ψ_P de l'extrémité située près de la racine. Les valeurs du ψ montrées à gauche sont des « instantanés ». Durant le jour, ces valeurs peuvent varier, mais la direction du gradient du potentiel hydrique demeure la même.

permet aux petites plantes de remplir les vaisseaux bloqués par les bulles d'air. Des découvertes récentes semblent indiquer que la cavitation peut même être réparée lorsque la sève brute est sous une pression négative, quoique le mécanisme de ce phénomène soit incertain. En outre, la croissance secondaire ajoute chaque année une couche de nouveaux vaisseaux dans le xylème. Seuls les plus jeunes vaisseaux, situés à la périphérie du xylème, transportent l'eau. Bien qu'elles ne transportent plus d'eau, les plus vieilles zones du xylème secondaire servent à soutenir l'arbre (voir la figure 35.22, p. 876).

La montée de la sève brute grâce au courant de masse: *révision*

Le mécanisme de cohésion-tension qui assure le transport de la sève brute dans le xylème, à l'encontre de la gravité, illustre bien la façon dont les principes physiques s'appliquent aux processus biologiques. Lors du transport de l'eau sur de longues distances, des racines jusqu'aux feuilles, assuré par le courant de masse, le déplacement des fluides est provoqué par une différence de potentiel hydrique aux deux extrémités du xylème. La différence de potentiel hydrique est créée, à l'extrémité du xylème située près de la feuille, par l'évaporation de l'eau des cellules de la feuille. L'évaporation diminue le potentiel hydrique à l'interface air-eau, créant ainsi la pression négative (tension) qui aspire l'eau dans le xylème.

Le courant de masse dans le xylème se distingue de la diffusion de façon importante. D'abord, il est assuré par des différences de potentiel de pression (ψ_P); le potentiel osmotique (ψ_O) n'est pas un facteur déclenchant. Par conséquent, le gradient de potentiel hydrique dans le xylème est essentiellement un gradient de pression. De plus, le courant ne se produit pas à travers les membranes plasmiques des cellules vivantes, mais plutôt dans les cellules mortes et creuses. En outre, il déplace toute la solution, non seulement l'eau et les solutés, et à une vitesse beaucoup plus grande que la diffusion.

Grâce au courant de masse, la plante n'utilise aucune énergie pour faire monter l'eau. L'absorption de la lumière solaire fait transpirer la plante en évaporant l'eau de la paroi humide des cellules du mésophylle et en réduisant le potentiel hydrique dans les lacunes des feuilles. C'est donc l'énergie solaire qui est à l'origine de l'ascension de la sève brute dans le xylème, tout comme pour la photosynthèse.

RETOUR SUR LE CONCEPT 36.3

1. Comment les cellules du xylème favorisent-elles le transport sur de longues distances?
2. Un horticulteur remarque que lorsque des fleurs de zinnia (*Zinnia sp.*) sont coupées à l'aube, une petite goutte d'eau perle à la surface du bout coupé. Cependant, lorsque les fleurs sont coupées à midi, il n'observe aucune goutte. Proposez une explication à ce phénomène.
3. Un scientifique ajoute aux racines d'une plante en transpiration un inhibiteur hydrosoluble de photosynthèse, mais la photosynthèse ne diminue pas. Pourquoi?
4. **ET SI?** Supposons qu'un mutant d'arabette (*Arabidopsis sp.*) dépourvu d'aquaporines fonctionnelles a des racines dont la masse est trois fois plus grande que celle des plantes de type sauvage. Proposez une explication.
5. **FAITES DES LIENS** En quoi la bande de Caspary et les jonctions serrées sont-elles semblables? Voir la figure 6.32 à la page 132.

Voir les réponses proposées à la fin du chapitre.

CONCEPT 36.4

Les stomates assurent la régulation de la transpiration

Les feuilles ont généralement une grande surface et présentent donc un rapport surface-volume élevé. Leur grande surface favorise l'absorption de la lumière nécessaire pour permettre la photosynthèse. Le rapport surface-volume élevé aide à absorber le CO_2 pendant la photosynthèse et à libérer le O_2, sous-produit de celle-ci. Le CO_2 est diffusé par les stomates, puis il pénètre dans le labyrinthe de lacunes que forment les cellules du parenchyme lacuneux (voir la figure 35.18, p. 873). En raison de la forme irrégulière de ces cellules, la surface interne de la feuille peut être de 10 à 30 fois plus grande que la surface externe.

La grande surface des feuilles ainsi que leur rapport surface-volume élevé favorisent la photosynthèse, mais ils augmentent également la perte d'eau par les stomates. Ainsi, les grands besoins en eau d'une plante sont en grande partie une conséquence des besoins du système caulinaire pour les nombreux échanges de CO_2 et de O_2 nécessaires à la photosynthèse. En ouvrant et en fermant les stomates, les cellules stomatiques permettent à la plante d'équilibrer ses besoins en eau avec ses besoins pour la photosynthèse (**figure 36.14**).

Les stomates: les principales voies de la transpiration

Environ 95% de l'eau perdue par la plante sort par les stomates, bien que ces pores ne représentent que 1 à 2% de la surface externe des feuilles. La cuticule cireuse limite les pertes d'eau aux endroits de la feuille qui sont dépourvus de stomates. Chaque stomate est constitué de deux cellules stomatiques. La modification de la forme des cellules stomatiques fait varier le diamètre de l'ostiole, c'est-à-dire l'orifice du stomate. Dans les mêmes conditions ambiantes, la quantité d'eau perdue par une feuille dépend du nombre de stomates et du diamètre moyen de leurs ostioles.

La densité stomatique d'une feuille, qui peut s'élever à plus de 20 000 stomates par centimètre carré, dépend de facteurs génétiques et environnementaux. Par exemple, l'évolution par sélection naturelle a fait en sorte que les plantes désertiques sont génétiquement programmées pour avoir une densité

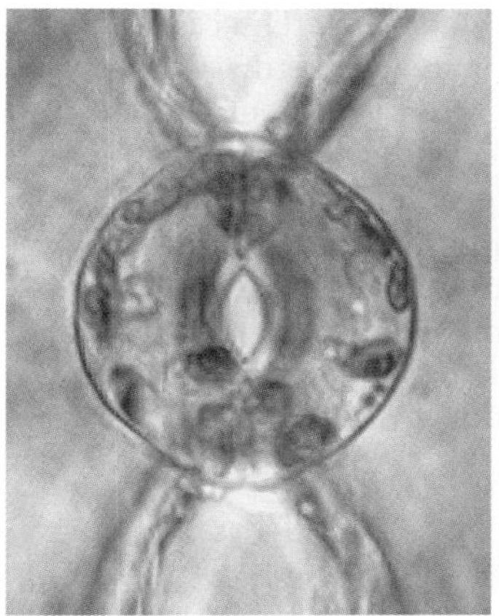
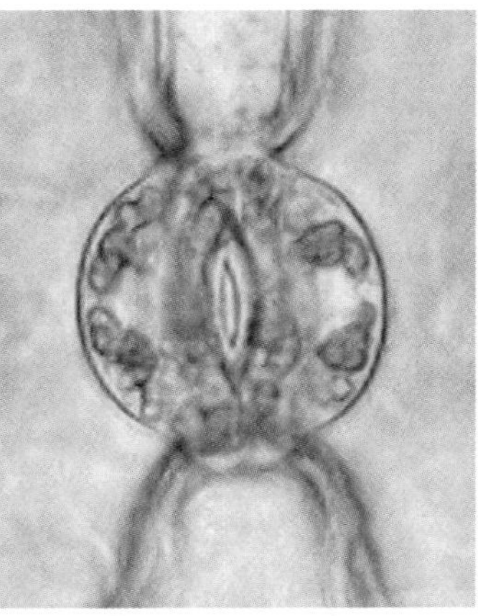

▲ **Figure 36.14 Stomate ouvert (à gauche) et stomate fermé (à droite) (MP).**

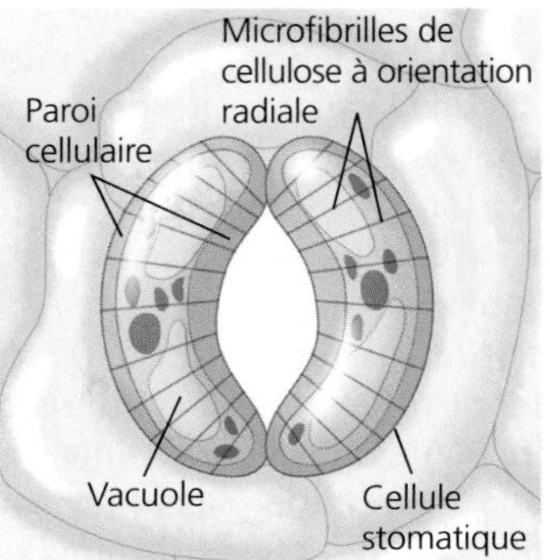

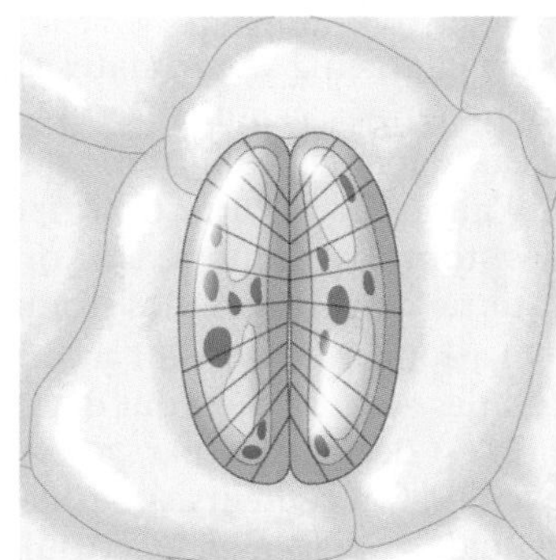

(a) Variations de forme des cellules stomatiques qui permettent l'ouverture et la fermeture du stomate (vue de la surface). Cette illustration montre les cellules stomatiques turgescentes (stomate ouvert) et flasques (stomate fermé) d'une angiosperme. L'orientation radiale des microfibrilles de cellulose dans les parois cellulaires fait en sorte que les cellules stomatiques se dilatent plus en longueur qu'en largeur lorsqu'elles deviennent turgescentes. Les cellules stomatiques étant fortement reliées à leurs extrémités, elles se courbent vers l'extérieur quand elles sont turgescentes, ce qui cause l'ouverture des stomates.

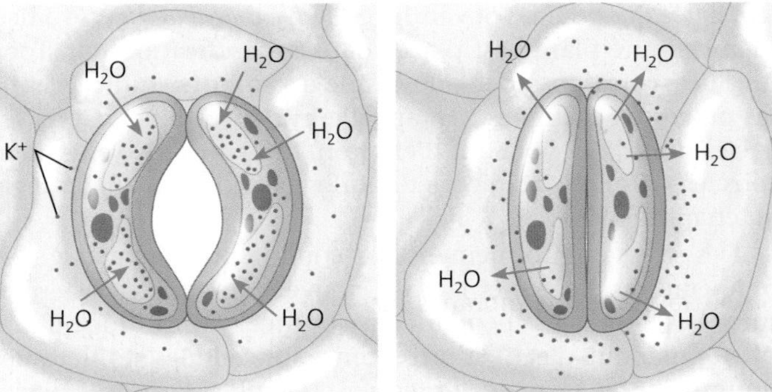

(b) Rôle du potassium dans l'ouverture et la fermeture du stomate. Le transport des ions K^+ (symbolisés ici par des points rouges) à travers la membrane plasmique et la membrane vacuolaire modifie la turgescence des cellules stomatiques. L'absorption des anions, comme les ions malate et les ions chlorure (non illustrés), contribue également à la dilatation des cellules stomatiques.

▲ **Figure 36.15 Le mécanisme d'ouverture et de fermeture d'un stomate.**

stomatique moins élevée que les plantes des marais. Par contre, chez un grand nombre de Végétaux, la densité stomatique représente également une caractéristique flexible acquise au cours du développement. Ainsi, chez de nombreuses espèces, une exposition élevée à la lumière jumelée à un faible niveau de CO_2 pendant le développement des feuilles entraîne une augmentation de la densité stomatique. En mesurant la densité stomatique de fossiles de feuilles, les scientifiques ont appris beaucoup sur les niveaux de CO_2 atmosphérique des climats antérieurs. Une récente étude britannique a permis d'établir que la densité stomatique de nombreuses espèces de régions boisées a diminué depuis 1927, année où une étude du même type a été menée. Ce constat concorde avec les autres découvertes révélant que les niveaux de CO_2 atmosphérique ont considérablement augmenté vers la fin du 20e siècle.

Le mécanisme d'ouverture et de fermeture des stomates

Lorsqu'elles absorbent, par osmose, de l'eau provenant des cellules voisines, les cellules stomatiques deviennent turgescentes. Chez la plupart des Angiospermes, les cellules stomatiques possèdent une paroi dont l'épaisseur n'est pas uniforme. Cette paroi contient des microfibrilles de cellulose dont l'orientation permet aux cellules stomatiques de courber vers l'extérieur quand elles sont turgescentes (**figure 36.15a**). Cette déformation augmente la taille de l'ostiole. Quand les cellules stomatiques perdent de l'eau et deviennent flasques, leur courbure diminue, ce qui ferme l'ostiole.

Les variations de turgescence des cellules stomatiques dépendent de l'absorption et de la perte réversibles d'ions potassium (K^+). Les stomates s'ouvrent lorsque les cellules stomatiques accumulent des ions K^+ provenant des cellules épidermiques voisines (**figure 36.15b**). Le flux d'ions K^+ à travers la membrane plasmique des cellules stomatiques est associé à la création, par les pompes à protons, d'un potentiel de membrane (voir la figure 36.7a). L'ouverture des stomates correspond à la sortie de protons (H^+), par transport actif, des cellules stomatiques. La différence de potentiel électrique (potentiel de membrane) ainsi obtenue transporte les ions K^+ provenant des cellules épidermiques dans la cellule stomatique par l'intermédiaire des canaux spécifiques (perméases) de la membrane plasmique. L'absorption de K^+ rend le potentiel hydrique plus négatif dans les cellules stomatiques, et les cellules deviennent plus turgescentes à mesure que l'eau entre par osmose. Parce que la majeure partie des ions K^+ et de l'eau est emmagasinée dans la vacuole, la membrane vacuolaire joue également un rôle dans la régulation de la dynamique des cellules stomatiques. La perte d'ions K^+ par les cellules stomatiques au profit des cellules voisines provoque la fermeture des stomates, ce qui cause une perte d'eau par osmose. Les aquaporines contribuent également à la régulation de la dilatation et du rétrécissement osmotiques des cellules stomatiques.

Les stimulus de l'ouverture et de la fermeture des stomates

Normalement, les stomates sont ouverts le jour et généralement fermés la nuit. De cette façon, la plante ne perd pas d'eau dans des conditions qui empêchent la photosynthèse. À l'aube, au moins trois facteurs provoquent l'ouverture des stomates : la lumière, le manque de CO_2 et une « horloge » interne dans les cellules stomatiques.

La lumière favorise l'accumulation de potassium dans les cellules stomatiques, qui deviennent turgescentes. Cette réaction est déclenchée par la lumière bleue du spectre visible qui excite des récepteurs situés dans la membrane plasmique des cellules stomatiques. L'activation de ces récepteurs stimule les pompes à protons présentes dans la membrane plasmique, ce qui favorise l'entrée des ions K^+.

La baisse de CO_2 dans les lacunes de la feuille à la suite de la photosynthèse provoque aussi l'ouverture des stomates. Au fur et à mesure que la concentration de CO_2 décroît durant le jour, les stomates s'ouvrent progressivement si la feuille reçoit assez d'eau.

L'« horloge » interne des cellules stomatiques est le troisième facteur qui fait en sorte que les stomates continuent leur cycle quotidien d'ouverture et de fermeture. Ce cycle a lieu même si une plante est placée dans un endroit obscur. Tous les Eucaryotes possèdent des horloges internes qui régissent les processus cycliques. On appelle **rythmes circadiens** les cycles dont la période est d'environ 24 heures. (Nous étudierons les rythmes circadiens et l'horloge biologique qui les règle au chapitre 39.)

Des stress environnementaux, comme une sécheresse, des températures élevées et le vent, peuvent provoquer la fermeture des stomates pendant la journée. Ainsi, lorsqu'une plante manque d'eau, la turgescence des cellules stomatiques diminue et les stomates se ferment. De plus, l'**acide abscissique**, une hormone produite dans les racines et les feuilles en réponse à une carence en eau, commande aux cellules stomatiques de fermer les stomates. Cette réponse des stomates réduit la déshydratation, mais elle restreint également l'absorption de CO_2 et, par conséquent, la photosynthèse. Étant donné que la turgescence est nécessaire à l'allongement cellulaire, la croissance cesse dans toute la plante. Cela explique la baisse de rendement des cultures en période de sécheresse.

Ainsi, en analysant divers stimulus internes et externes, les cellules stomatiques régissent à chaque instant les processus complémentaires de la photosynthèse et de la transpiration. Le simple passage d'un nuage ou l'ensoleillement inégal au travers du couvert forestier peut influer sur la transpiration.

Les effets de la transpiration sur le flétrissement et la température de la feuille

Tant que les stomates demeurent ouverts, la transpiration est à son maximum par temps chaud, ensoleillé, sec et venteux, car ces facteurs climatiques augmentent l'évaporation de l'eau. Si la transpiration n'arrive pas à aspirer suffisamment d'eau jusqu'aux feuilles, les tiges se mettent à flétrir, puisque la pression de turgescence de leurs cellules diminue. Une plante peut s'adapter à de telles conditions de légère sécheresse en refermant rapidement ses stomates, mais elle perdra une certaine quantité d'eau par la cuticule. Ainsi, si les feuilles sont soumises à une sécheresse prolongée, elles deviennent très flétries et endommagées de façon irréversible.

De plus, la transpiration a un effet de refroidissement par évaporation, et diminue la température de la feuille de 10 °C par rapport à la température ambiante. Ainsi, la feuille n'atteint pas une température susceptible de dénaturer les différentes enzymes qui catalysent la photosynthèse ou d'autres réactions métaboliques.

Les adaptations qui réduisent la perte d'eau par évaporation

Les **xérophytes** (du grec *xero*, « sec »), comme les plantes-cailloux dans le désert du Kalahari (voir la figure 36.1), sont des plantes qui se sont adaptées à des milieux arides. La **figure 36.16** en présente d'autres exemples. Les sols secs sont relativement improductifs parce que les plantes nécessitent une quantité suffisante d'eau liquide pour effectuer la photosynthèse. Cependant, la raison pour laquelle la disponibilité de l'eau est tellement liée à la productivité des plantes n'a pas de rapport avec le besoin direct en eau pour effectuer la photosynthèse, mais plutôt avec le fait que l'eau librement disponible permet aux plantes de garder leurs stomates ouverts et de capter plus de CO_2.

De nombreuses espèces de plantes du désert évitent la déshydratation en complétant leurs courts cycles de vie durant les brèves saisons des pluies. Dans les déserts, la pluie est peu fréquente, mais lorsqu'elle survient, la végétation est transformée lorsque les graines en dormance des espèces annuelles germent rapidement et fleurissent, complétant leur cycle de développement avant que les conditions de sécheresse ne reviennent. Les espèces qui ont une longue durée de vie montrent des adaptations physiologiques et morphologiques inhabituelles qui leur permettent de résister aux conditions difficiles du désert. De nombreuses xérophytes, comme les cactus, possèdent des feuilles très réduites qui résistent à des pertes d'eau excessives ; elles effectuent la photosynthèse surtout dans leurs tiges. Les tiges de beaucoup de xérophytes sont charnues parce qu'elles emmagasinent de l'eau utilisée au cours de longues périodes de sécheresse. Certaines plantes du désert, comme le prosopis (*Proposis juliflora*), ont des racines de plus de 20 m de longueur, ce qui leur permet d'absorber de l'humidité dans une nappe d'eau souterraine ou près de celle-ci.

Un processus photosynthétique particulier appelé métabolisme acide des Crassulacées (en anglais *crassulacean acid metabolism*, ou CAM) constitue une autre adaptation aux habitats arides. On trouve ce processus chez les plantes grasses de la famille des Crassulacées et chez plusieurs autres familles de Végétaux (voir la figure 10.21, p. 226). Comme ces plantes assimilent le CO_2 pendant la nuit, les stomates peuvent se refermer le jour, lorsque le stress causé par l'évaporation est plus grand. Les stomates sont les plus importants médiateurs des demandes contradictoires d'acquisition de CO_2 et de rétention d'eau.

▼ Figure 36.16 Quelques adaptations de xérophytes.

► L'ocotillo (*Fouquieria splendens*) est un arbuste commun dans le sud-ouest des États-Unis et le nord du Mexique. Pendant presque toute l'année, il est dépourvu de feuilles, ce qui lui évite des pertes d'eau excessives (à droite). Immédiatement après une forte pluie, il produit des petites feuilles (ci-dessous et dans le gros plan). Lorsque le sol s'assèche, les feuilles se recroquevillent et meurent.

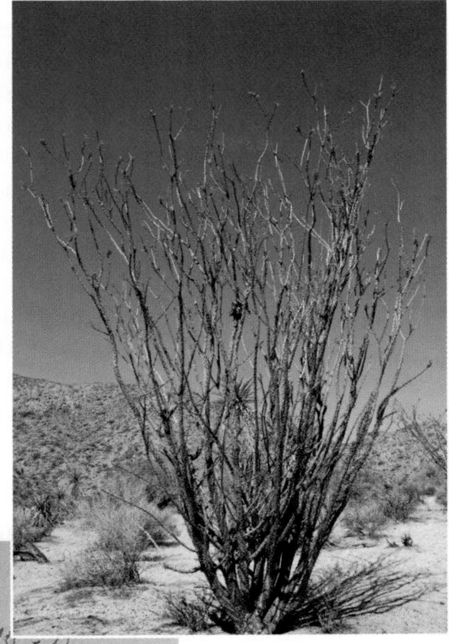

▼ On trouve couramment le laurier-rose (*Nerium oleander*, ci-dessous, à droite) dans les régions arides. Ses feuilles possèdent une cuticule épaisse et un épiderme constitué de plusieurs couches qui réduisent la perte d'eau. Les stomates sont enfoncés dans des cavités appelées «cryptes», une adaptation structurale qui réduit la transpiration en les protégeant des vents chauds et secs. Les trichomes contribuent également à réduire la transpiration en gênant la circulation d'air, ce qui permet de conserver un taux d'humidité plus élevé à l'intérieur de la crypte que dans le milieu ambiant (MP).

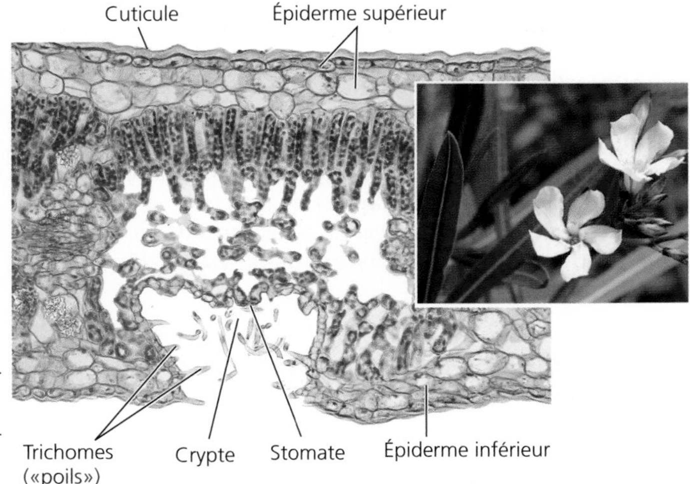

► Cette illustration est un gros plan des tiges du cactus appelé tête de vieillard (*Cephalocereus senilis*, à droite), une plante du désert mexicain. Les longues soies blanches qui ressemblent à des cheveux protègent la plante du soleil.

RETOUR SUR LE CONCEPT 36.4

1. Quels sont les stimulus qui assurent la régulation de l'ouverture et de la fermeture des stomates?
2. *Fusicoccum amygdali*, un champignon pathogène, sécrète une toxine appelée fusicoccine qui active les pompes à protons des membranes plasmiques des cellules végétales et provoque une perte d'eau incontrôlée. Proposez un mécanisme par lequel l'activation des pompes à protons peut provoquer un important flétrissement.
3. **ET SI?** Quand vous achetez des fleurs coupées, pourquoi le fleuriste vous recommande-t-il de couper les tiges sous l'eau et de transférer les fleurs dans un vase alors que les bouts coupés sont encore humides?
4. **FAITES DES LIENS** Expliquez pourquoi l'évaporation de l'eau sur les feuilles abaisse leur température. Voir la page 52 du concept 3.2.

Voir les réponses proposées à la fin du chapitre.

CONCEPT 36.5

Le phloème transporte les glucides des organes sources aux organes cibles

Nous avons vu comment l'eau et les minéraux sont absorbés par les cellules des racines, transportés à travers l'endoderme, libérés dans les éléments de vaisseau et les trachéides du xylème et envoyés au sommet des plantes par le courant de masse créé par la transpiration. Cependant, la transpiration ne peut pas satisfaire à tous les besoins des plantes pour le transport sur de longues distances. La circulation de l'eau et des minéraux du sol jusqu'aux feuilles, en passant par les racines, se fait principalement dans la direction opposée à celle du transport des glucides produits par les feuilles matures vers les parties inférieures de la plante, comme les apex des racines qui requièrent de grandes quantités de glucides pour leur énergie et leur croissance. Le transport des produits de la photosynthèse, appelé **translocation**, est effectué par un autre tissu, le phloème.

Le transport des organes sources aux organes cibles

Chez les Angiospermes, les cellules spécialisées qui servent de canaux pour la translocation des glucides sont les éléments de tube criblé. Ceux-ci sont disposés bout à bout pour former les tubes criblés (voir la figure 35.10, p. 866 et 867). De plus, ils sont séparés par des plaques criblées, qui permettent la circulation de la sève élaborée.

La **sève élaborée**, la solution aqueuse qui circule par les tubes criblés, diffère sensiblement de la sève brute qui est transportée par les trachéides et les éléments de vaisseau du xylème. Chez la plupart des espèces végétales, les glucides, généralement le saccharose, constituent les solutés principaux de la sève élaborée. La concentration de saccharose peut s'élever à 30 % en poids, ce qui donne à la sève son épaisseur sirupeuse. La sève élaborée peut également contenir des acides aminés, des hormones et des minéraux.

Contrairement au transport de la sève brute, qui est unidirectionnel (des racines aux feuilles), le transport de la sève élaborée se fait à partir des zones de production des glucides vers les régions où ils sont utilisés ou stockés (voir la figure 36.2). Un **organe source** est un producteur net de glucides, soit par photosynthèse ou par hydrolyse de l'amidon. Un **organe cible** consomme ou emmagasine les glucides. Les racines, les bourgeons, les tiges et les fruits en croissance constituent des organes cibles. Les feuilles en développement sont des organes cibles, mais les feuilles matures, si elles reçoivent suffisamment de lumière, sont des organes sources. Un organe de stockage, un tubercule ou un bulbe, par exemple, est, selon la saison, un organe source ou un organe cible. L'été, lorsqu'il assure l'entreposage des glucides, l'organe de stockage est un organe cible. Au début du printemps, après la dormance, l'organe de stockage devient un organe source, car l'amidon qu'il contient est décomposé en saccharose, qui est ensuite acheminé vers l'apex des tiges en croissance.

Un organe cible est alimenté en glucides par les organes sources les plus proches. Les feuilles supérieures d'une branche peuvent envoyer les glucides à l'apex de la tige en croissance, tandis que les feuilles les plus basses envoient les glucides aux racines. Un fruit en croissance peut monopoliser tous les organes sources qui se trouvent autour. La direction du transport dans chaque tube criblé ne dépend que des endroits où se trouvent l'organe source et l'organe cible qu'il relie. Par conséquent, les tubes criblés voisins peuvent acheminer la sève dans des directions opposées, si le point de départ et le point d'arrivée sont situés à des endroits différents.

Les glucides doivent être transportés ou entrer dans les éléments de tube criblé avant d'être acheminés vers les organes cibles. Chez certaines espèces, ils circulent des cellules du mésophylle aux éléments de tube criblé en empruntant le symplasme, c'est-à-dire en passant d'une cellule à l'autre par les plasmodesmes. Chez d'autres espèces, ils empruntent un itinéraire qui passe par les voies du symplasme et de l'apoplasme. Dans les feuilles de maïs, par exemple, le saccharose se diffuse à travers le symplasme des cellules du mésophylle photosynthétiques jusqu'aux petites nervures. La majeure partie des glucides entre alors dans l'apoplasme et s'accumule dans les éléments de tube criblé à proximité, soit directement, soit en passant par les cellules compagnes (**figure 36.17a**). Chez certains Végétaux, les cellules compagnes ont une paroi qui comporte de nombreuses invaginations, ce qui favorise le transfert de solutés entre l'apoplasme et le symplasme.

Chez de nombreux Végétaux, le déplacement des glucides dans le phloème nécessite un transport actif, car le saccharose est plus concentré dans les éléments de tube criblé et les cellules compagnes que dans le mésophylle. Ce sont les pompes à protons ainsi que le cotransport du saccharose et des protons (H^+) qui permettent au saccharose de se déplacer des cellules du mésophylle vers les éléments de tube criblé ou les cellules compagnes (**figure 36.17b**).

Le saccharose sort lorsqu'il atteint l'extrémité du tube criblé à proximité de l'organe cible. Ce processus varie selon l'espèce de la plante et le type d'organe. Cependant, la concentration en glucides libres dans l'organe cible est toujours inférieure à la concentration interne du tube criblé parce que les glucides qui sortent sont soit consommés pour assurer la croissance et le métabolisme des cellules cibles, soit convertis en polymères insolubles comme l'amidon. Résultat de ce gradient de concentration de glucides : les molécules de glucides se diffusent du phloème vers les tissus des organes cibles ; l'eau suit par osmose.

Le courant de masse créé par une pression positive : le mécanisme de la translocation chez les Angiospermes

La sève élaborée circule de l'organe source à l'organe cible à une vitesse qui peut atteindre 1,6 km/h. On estime que cette vitesse est beaucoup plus rapide que celle de la diffusion ou des mouvements du cytoplasme (ou cyclose). Des chercheurs ont conclu que la sève élaborée se déplace dans les tubes criblés des Angiospermes grâce au courant de masse, qui est créé par une pression positive, dite gradient de pression (**figure 36.18**). L'augmentation de pression à proximité de l'organe source et la diminution de pression à proximité de l'organe cible amènent la sève à circuler de l'organe source vers l'organe cible.

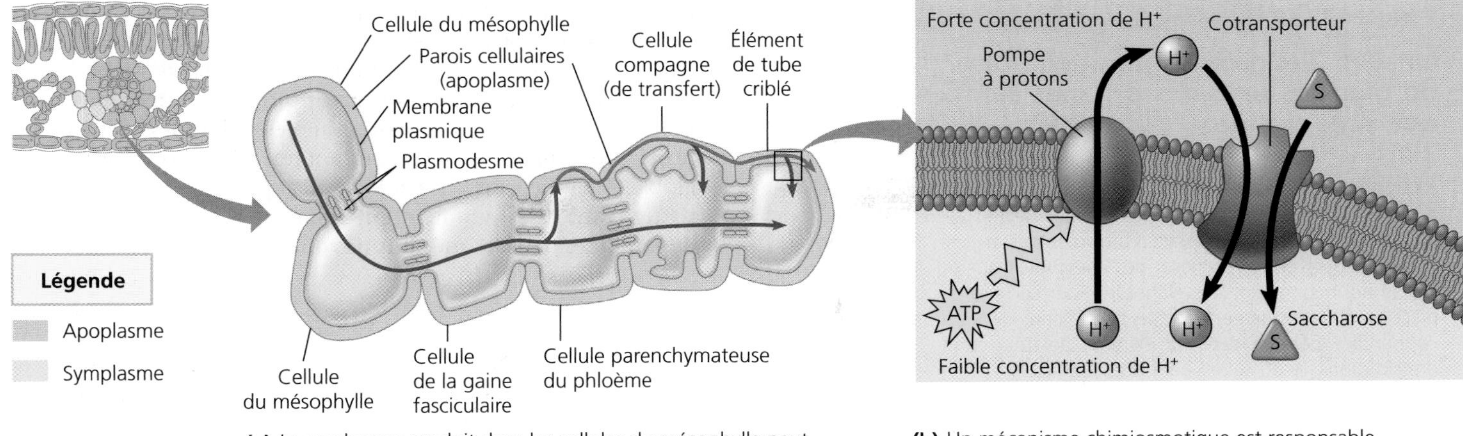

(a) Le saccharose produit dans les cellules du mésophylle peut emprunter la voie du symplasme (flèches bleues) pour entrer dans les éléments de tube criblé. Chez certaines espèces, le saccharose sort du symplasme près des tubes criblés et passe par l'apoplasme (flèche rouge). Il s'accumule par cotransport dans les éléments de tube criblé et leurs cellules compagnes.

(b) Un mécanisme chimiosmotique est responsable du transport actif du saccharose dans les cellules compagnes et les éléments de tube criblé. Les pompes à protons créent un gradient de H^+, qui entraîne l'accumulation de saccharose avec l'aide d'une protéine de cotransport qui couple le transport du saccharose à la diffusion de H^+ qui retourne dans la cellule.

▲ **Figure 36.17 L'entrée du saccharose dans le phloème.**

Cette hypothèse du gradient de pression qui crée un courant de masse permet d'expliquer pourquoi la sève élaborée du phloème circule de l'organe source à l'organe cible. Des expériences (**figure 36.19**) indiquent que ce modèle du gradient de pression s'applique particulièrement bien aux Angiospermes, en tant que mécanisme de translocation. Cependant, des études menées à l'aide de microscopes électroniques donnent à penser que chez les Vasculaires sans fleurs les pores entre les cellules du phloème peuvent être trop petits ou obstrués pour permettre un gradient de pression.

Vaisseau du xylème

Tube criblé (phloème)

Cellule de l'organe source (feuille)

Saccharose

H_2O

Courant de masse créé par une pression négative

Courant de masse créé par une pression positive

Cellule de l'organe cible (racine de stockage)

Saccharose

1. L'entrée de glucides (principalement du saccharose), symbolisés ici par des points verts, dans le tube criblé situé à proximité de l'organe source réduit le potentiel hydrique dans les éléments de tube criblé, ce qui provoque l'entrée de l'eau par osmose.
2. L'absorption d'eau génère une pression positive qui pousse la sève élaborée dans le tube criblé.
3. La pression est libérée par la sortie des glucides (principalement du saccharose) et par la perte d'eau qui en résulte, à proximité de l'organe cible.
4. Dans le cas de la translocation des feuilles aux racines, l'eau revient à l'organe source en passant par le xylème.

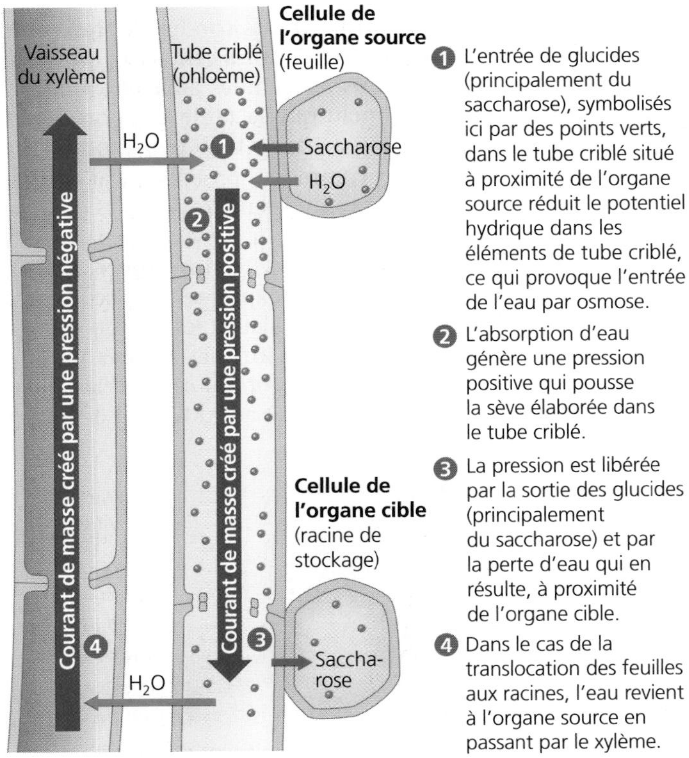

▲ **Figure 36.18 Le courant de masse créé par une pression positive (gradient de pression) dans un tube criblé.**

Les organes cibles se distinguent par des besoins énergétiques et des capacités à faire sortir les glucides variables. Parfois, il y a plus d'organes cibles que peuvent en fournir les organes sources. Dans de tels cas, une plante peut cesser la formation de fleurs, de graines ou de fruits, un phénomène appelé *autoréduction*. Enlever les organes cibles peut s'avérer une pratique utile en horticulture. Par exemple, étant donné que les grosses pommes se vendent à un prix plus élevé que les petites, les producteurs enlèvent parfois des fleurs ou de jeunes fruits afin que leurs pommiers produisent moins de pommes, mais plus grosses.

RETOUR SUR LE CONCEPT 36.5

1. Comparez les forces qui font circuler la sève élaborée et les forces qui font circuler la sève brute sur de longues distances.
2. Nommez des organes végétaux qui sont des organes sources, des organes cibles, ou qui peuvent être l'un ou l'autre. Expliquez votre réponse.
3. Pourquoi le xylème peut-il transporter l'eau et les minéraux au moyen de cellules mortes, alors que le phloème a besoin de cellules vivantes?
4. **ET SI?** Au Japon, les pomiculteurs font une entaille en spirale inoffensive autour de l'écorce des arbres qui sont destinés à être abattus à la fin de la saison de croissance. Cette pratique rend les pommes plus sucrées. Pourquoi?

Voir les réponses proposées à la fin du chapitre.

▼ **Figure 36.19** INVESTIGATION

La sève élaborée contient-elle plus de glucides près des organes sources que près des organes cibles?

EXPÉRIENCE L'hypothèse du gradient de pression prévoit que la sève élaborée à proximité des organes sources devrait avoir une teneur en glucides plus élevée que la sève à proximité des organes cibles. Pour vérifier cet aspect de l'hypothèse, des chercheurs ont utilisé des pucerons qui se nourrissent de sève élaborée. Pour ce faire, l'insecte insère une pièce buccale modifiée, appelée stylet, dans la plante, jusqu'à ce que l'appendice pénètre dans un élément de tube criblé. Pendant que la pression interne du tube criblé poussait la sève élaborée dans le stylet, les chercheurs ont séparé le puceron de son stylet, qui est resté dans la plante; celui-ci a servi de minuscule robinet par lequel s'est écoulée la sève élaborée pendant des heures. Les chercheurs ont ensuite mesuré la concentration en glucides de la sève des stylets à différents endroits entre un organe source et un organe cible.

Le puceron se nourrit

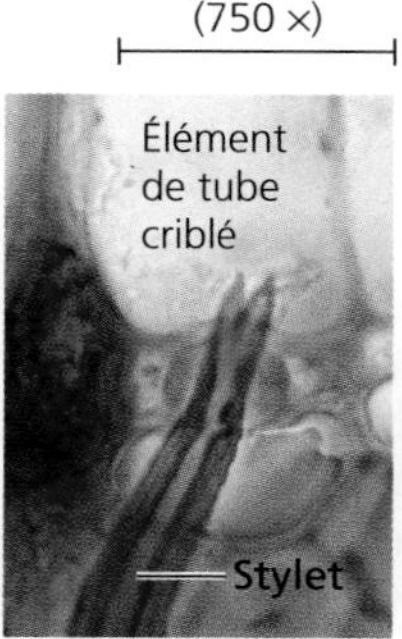

Le stylet pénètre dans un élément de tube criblé.

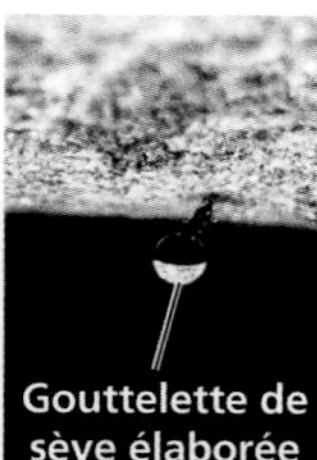

Le stylet amputé du puceron exsude la sève élaborée.

RÉSULTATS Plus le stylet se trouvait près d'un organe source, plus la concentration en glucides de la sève qu'il contenait était élevée.

CONCLUSION Les résultats de cette expérience appuient l'hypothèse du gradient de pression qui prévoit que les concentrations en glucides devraient être plus élevées dans les tubes criblés à proximité des organes sources.

SOURCE S. Rogers et A. J. Peel, Some evidence for the existence of turgor pressure in the sieve tubes of willow (*Salix*), *Planta* 126: 259-267 (1975).

ET SI? Les aphrophores sont des insectes suceurs de sève qui utilisent des muscles puissants pour pomper la sève brute dans leur intestin. Pourrait-on isoler la sève brute des stylets amputés des aphrophores?

CONCEPT **36.6**

Le symplasme est hautement dynamique

Bien que nous ayons expliqué le transport surtout en termes physiques, presque comme l'écoulement de solutions dans des tuyaux, ce processus est finement régulé chez les Végétaux. Cela revient à dire que les besoins en transport d'une cellule végétale changent généralement au cours de son développement. Une feuille, par exemple, peut être au début un organe cible, puis passer la majeure partie de sa vie comme un organe source. De plus, les modifications de l'environnement peuvent déclencher des réactions importantes dans les mécanismes de transport. Le stress hydrique peut activer des voies de transduction de stimulus qui altèrent considérablement les protéines de transport membranaire régissant le transport global de l'eau et des minéraux. Parce que le symplasme est un tissu vivant, il est grandement responsable des modifications dynamiques dans les mécanismes de transport des plantes.

Les modifications dans les plasmodesmes

Les plasmodesmes sont des constituants hautement dynamiques du symplasme. Autrefois, les biologistes se fiaient surtout à des images statiques de microscopie électronique et croyaient que les plasmodesmes étaient des structures immuables qui ressemblaient à des pores. Récemment, toutefois, de nouvelles techniques ont révélé que les plasmodesmes sont des structures hautement dynamiques dont la perméabilité et le nombre peuvent changer. Ils peuvent s'ouvrir ou se fermer rapidement en réponse à des changements de pression de turgescence, de concentrations de Ca^{2+} cytosolique ou de pH cytosolique. Bien que certains plasmodesmes se forment au cours de la cytocinèse, ils peuvent également se former beaucoup plus tard. De plus, la perte de fonction est courante au cours de la différenciation. Par exemple, quand une feuille évolue d'un organe cible à un organe source, ses plasmodesmes peuvent se fermer ou être éliminés, ce qui cause l'arrêt de la sortie des glucides et de l'eau du phloème.

À la suite de leurs premières études, les phytophysiologistes et les phytopathologistes sont parvenus à des conclusions différentes concernant la taille des pores des plasmodesmes. Les phytophysiologistes ont injecté des sondes fluorescentes de différentes tailles moléculaires dans les cellules et ont noté si les molécules passaient vers les cellules adjacentes. Selon ces observations, ils ont conclu que la taille des pores était approximativement de 2,5 nm, donc trop petite pour que passent des macromolécules comme les protéines. Par contre, les phytopathologistes ont obtenu des micrographies électroniques qui montraient des preuves du passage de particules virales ayant un diamètre d'au moins 10 nm (**figure 36.20**). Une des hypothèses qui a permis d'expliquer la discordance entre ces découvertes est que les virus dilatent les plasmodesmes.

Par la suite, on a appris que les virus des plantes produisaient des *protéines virales de mouvement* qui causent la dilatation des plasmodesmes, ce qui permet à l'ARN viral de passer

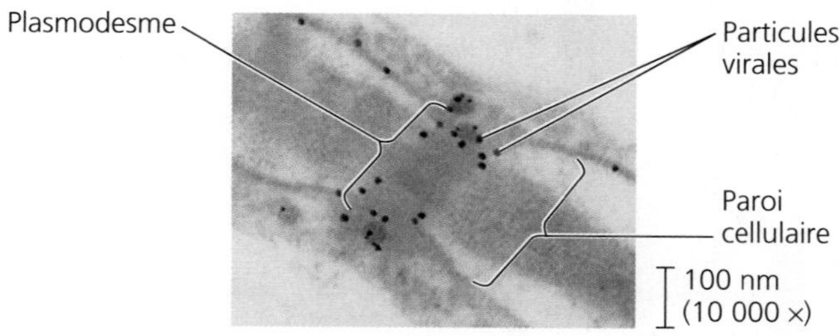

▲ **Figure 36.20 Particules virales se déplaçant de cellule en cellule par un plasmodesme reliant des cellules de feuilles de navet (MET).**

entre les cellules. Des preuves plus récentes montrent que les cellules végétales elles-mêmes assurent la régulation des plasmodesmes en tant que partie d'un réseau de communication. Les virus perturbent ce réseau en imitant les régulateurs des cellules des plasmodesmes.

Il existe un degré élevé de liens entre les constituants du cytosol seulement chez certains groupes de cellules et de tissus, appelés *domaines symplastiques*. Des molécules messagères, comme les protéines et les ARN, coordonnent le développement entre les cellules dans chaque domaine symplastique. Si la communication symplastique est interrompue, le développement peut être sensiblement perturbé.

Le phloème: une autoroute de l'information

En plus de transporter les glucides, le phloème est une « autoroute » pour le transport des macromolécules et des virus. Ce transport systémique (dans tout l'organisme) influe sur tous les systèmes ou organes de la plante. Les macromolécules circulant dans le phloème comprennent des protéines et divers types d'ARN qui pénètrent dans les tubes criblés par les plasmodesmes. Bien qu'on les compare souvent aux jonctions communicantes entre les cellules animales, les plasmodesmes sont uniques par leur capacité à faire circuler les protéines et les ARN.

La communication systémique dans le phloème contribue à intégrer les fonctions de la plante entière. Un exemple classique est le stimulus qui entraîne la floraison que transmettent les feuilles aux méristèmes végétatifs. Un autre exemple est une réponse de défense contre une infection localisée, dans laquelle des stimulus qui voyagent dans le phloème activent des gènes de défense dans les tissus non infectés.

Les stimulus électriques dans le phloème

Des stimulus électriques rapides sur de longues distances passant par le phloème constituent une autre caractéristique dynamique du symplasme. Les stimulus électriques ont fait l'objet d'études approfondies chez les Végétaux dont les feuilles font des mouvements rapides, comme la sensitive (*Mimosa pudica*) et la dionée attrape-mouches (*Dionaea muscipula*). Cependant, leur rôle chez d'autres espèces est moins clair. Certaines études ont révélé qu'un stimulus dans une partie d'une plante peut déclencher un stimulus électrique dans le phloème qui influe sur une autre partie, où il peut provoquer une modification dans la transcription génétique, la respiration, la photosynthèse, la sortie des substances du phloème ou les concentrations hormonales. Le phloème peut donc remplir une fonction semblable à celle des nerfs, permettant une communication électrique rapide entre des organes très éloignés.

Le transport coordonné des substances et de l'information est fondamental à la survie des plantes. Les plantes n'acquièrent qu'une certaine quantité de ressources au cours de leur durée de vie. En fin de compte, l'acquisition efficace des ressources et leur distribution optimale sont les principaux facteurs déterminants pour que la plante puisse soutenir la compétition avec succès.

RETOUR SUR LE CONCEPT 36.6

1. En quoi les plasmodesmes diffèrent-ils des jonctions communicantes?
2. Chez les Végétaux, les stimulus agissant comme les stimulus nerveux des Animaux sont des milliers de fois moins rapides que chez ces derniers. Proposez une raison comportementale pour cette différence.
3. **ET SI?** Supposons que des plantes ont été modifiées génétiquement pour être insensibles aux protéines virales de mouvement. Est-ce que ce serait une bonne façon d'empêcher la propagation de l'infection? Expliquez votre réponse.

Voir les réponses proposées à la fin du chapitre.

RÉVISION DU CHAPITRE 36

RÉSUMÉ DES CONCEPTS CLÉS

CONCEPT 36.1

Les adaptations permettant l'acquisition des ressources ont été des étapes déterminantes dans l'évolution des Vasculaires (p. 889 à 892)

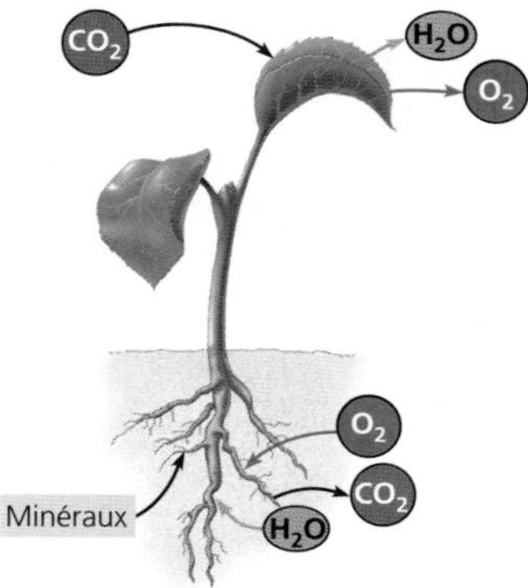

- La fonction des feuilles consiste généralement à capter la lumière solaire et le CO_2. Les tiges servent de structures de soutien pour les feuilles et de canaux pour le transport sur de longues distances de l'eau et des nutriments. Les racines fouillent le sol pour l'eau et les minéraux et ancrent la plante entière. Les **mycorhizes** sont des associations symbiotiques entre certains champignons telluriques (de sol) et les racines des plantes qui contribuent à l'absorption de minéraux et d'eau.
- La sélection naturelle a produit des architectures végétales qui optimisent l'acquisition des ressources dans la niche écologique où l'espèce végétale existe naturellement.

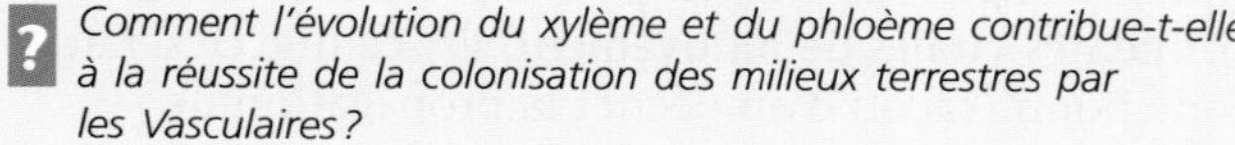

? *Comment l'évolution du xylème et du phloème contribue-t-elle à la réussite de la colonisation des milieux terrestres par les Vasculaires?*

CONCEPT 36.2

Différents mécanismes transportent les substances sur de courtes et de longues distances (p. 893 à 897)

- La perméabilité sélective de la membrane plasmique assure la régulation du déplacement des substances qui entrent et sortent des cellules. Des mécanismes de transport actif et passif se produisent dans les plantes.
- Les tissus végétaux possèdent deux compartiments principaux: l'**apoplasme** (tout ce qui est à l'extérieur des membranes plasmiques des cellules) et le **symplasme** (le cytosol et les plasmodesmes qui relient les cellules).
- La direction du déplacement de l'eau dépend du **potentiel hydrique**, une quantité qui intègre la concentration de solutés et la pression physique. L'absorption osmotique de l'eau par les cellules végétales et la pression interne résultante qui augmente rendent les cellules végétales **turgescentes**.
- Le **courant de masse**, c'est-à-dire le déplacement de fluides sous l'effet d'un gradient de pression, assure le transport sur de longues distances. Le courant de masse se produit dans les trachéides et les éléments de vaisseau du xylème et dans les éléments de tube criblé du phloème.

? *La sève brute est-elle poussée ou aspirée vers le haut de la plante?*

CONCEPT 36.3

L'eau et les minéraux absorbés par les racines montent dans le xylème jusqu'aux tiges sous l'effet de la transpiration (p. 897 à 902)

- L'eau et les minéraux du sol entrent dans la plante par l'épiderme des racines, traversent le cortex des racines, puis entrent dans le cylindre vasculaire en passant par des cellules à perméabilité sélective de l'**endoderme**. À partir du cylindre vasculaire, la **sève brute** est transportée sur de longues distances par le courant de masse vers les nervures qui se ramifient dans chaque feuille.
- Selon l'**hypothèse de cohésion-tension,** la circulation de la sève brute est assurée par la différence de potentiel hydrique créée à l'extrémité du xylème située près de la feuille par l'évaporation de l'eau des cellules des feuilles. L'évaporation diminue le potentiel hydrique à l'interface air-eau, générant ainsi une pression négative qui aspire l'eau dans le xylème.

Pourquoi la capacité des molécules d'eau à former des liaisons hydrogène est-elle importante pour la circulation de la sève brute?

CONCEPT 36.4

Les stomates assurent la régulation de la transpiration (p. 902 à 905)

- La **transpiration** est la perte de vapeur d'eau par les plantes. Le **flétrissement** se produit lorsque la perte d'eau par transpiration n'est pas remplacée par l'absorption d'eau des racines.
- Les stomates constituent la voie principale pour la perte d'eau des plantes. Les cellules stomatiques élargissent ou rétrécissent les orifices des stomates (ostioles). Lorsque les cellules stomatiques absorbent des ions K^+, les ostioles s'élargissent. La lumière, le CO_2, l'**acide abscisique**, une hormone liée à la sécheresse, et un **rythme circadien** assurent la régulation de l'ouverture et de la fermeture des stomates.
- La réduction des feuilles et le processus photosynthétique appelé métabolisme acide des Crassulacées, ou CAM, sont des exemples d'adaptations à des milieux arides.

Pourquoi les stomates sont-ils nécessaires?

CONCEPT 36.5

Le phloème transporte les glucides des organes sources aux organes cibles (p. 906 et 907)

- Les feuilles matures sont les principaux organes sources. Les organes de stockage peuvent être des organes sources à certaines saisons. Les organes en croissance comme les racines, les tiges et les fruits sont les principaux organes cibles.
- L'entrée de substances dans le phloème dépend du transport actif du saccharose. Le saccharose est transporté avec les ions H^+, qui se diffusent dans le sens du gradient généré par les pompes à protons. L'entrée des glucides dans le tube criblé à l'extrémité située à proximité d'un organe source et leur sortie à l'extrémité située à proximité d'un organe cible maintiennent une différence de pression qui permet la circulation de la sève dans le tube criblé.

? *Pourquoi le transport du phloème est-il considéré comme un processus actif?*

CONCEPT 36.6

Le symplasme est hautement dynamique (p. 908 et 909)

- La perméabilité et le nombre de **plasmodesmes** peuvent varier. Lorsqu'ils sont dilatés, les plasmodesmes fournissent un passage pour le transport symplastique des protéines, des ARN et d'autres macromolécules sur de longues distances. Le phloème conduit également des stimulus électriques semblables à des stimulus nerveux qui aident à intégrer les fonctions de la plante entière.

? *Quels mécanismes assurent la régulation de la communication symplastique?*

ÉVALUATION

NIVEAU 1: CONNAISSANCES ET COMPRÉHENSION

1. Le symplasme transporte tous les éléments suivants sauf:
a) les glucides.
b) l'ARNm.
c) l'ADN.
d) les protéines.
e) les virus.

2. Parmi les structures ou les processus suivants, laquelle ou lequel est une adaptation qui augmente l'absorption de l'eau et des minéraux par les racines?
a) Les mycorhizes.
b) La cavitation.
c) L'absorption sélective de minéraux par les éléments de vaisseau.
d) Les contractions rythmiques par les cellules corticales.
e) Le pompage à travers les plasmodesmes.

3. Quelle structure ou quel compartiment fait partie du symplasme?
a) L'intérieur d'un élément de vaisseau.
b) L'intérieur d'un tube criblé.
c) La paroi cellulaire d'une cellule du mésophylle.
d) Une lacune extracellulaire.
e) La paroi cellulaire d'un poil absorbant.

4. La circulation de la sève élaborée d'un organe source à un organe cible:
a) s'effectue dans l'apoplasme des éléments de tube criblé.
b) dépend à la fin de l'activité des pompes à protons.
c) dépend de la tension, ou potentiel de pression négatif.
d) dépend du pompage de l'eau dans les tubes criblés à proximité de l'organe source.
e) est principalement générée par la diffusion.

NIVEAU 2: APPLICATION ET ANALYSE

5. La photosynthèse cesse quand les feuilles flétrissent, surtout parce que:
a) la chlorophylle des feuilles qui se flétrissent se dégrade.
b) les cellules flasques du mésophylle ne peuvent plus effectuer de photosynthèse.
c) les stomates se referment, empêchant le CO_2 de pénétrer dans la feuille.
d) la photolyse, étape où la molécule d'eau est scindée, ne peut avoir lieu quand l'eau manque.
e) l'accumulation de CO_2 dans la feuille inhibe les enzymes de la photosynthèse.

6. Lequel des facteurs suivants favoriserait l'absorption de l'eau par une cellule végétale?
a) Une diminution du ψ de la solution environnante.
b) Une augmentation de la pression exercée par la paroi cellulaire.
c) La perte de solutés par la cellule.
d) Une augmentation du ψ cytosolique.
e) Une pression positive sur la solution environnante.

7. Une cellule végétale dont le potentiel osmotique (ψ_O) est de $-0,65$ MPa garde un volume constant quand elle baigne dans une solution dont le ψ_O est de $-0,30$ MPa et qui se trouve dans un récipient ouvert. La cellule a:
a) un ψ_P de $+0,65$ MPa.
b) un ψ de $-0,65$ MPa.
c) un ψ_P de $+0,35$ MPa.
d) un ψ_P de $+0,30$ MPa.
e) un ψ de 0 MPa.

8. Comparativement à une cellule comportant peu d'aquaporines dans sa membrane, une cellule qui en contient beaucoup:
a) aura une plus grande vitesse d'osmose.
b) aura un potentiel hydrique plus faible.
c) aura un potentiel hydrique plus élevé.
d) aura une plus grande vitesse de transport actif.
e) accumulera de l'eau par transport actif.

9. Lequel des facteurs suivants aurait tendance à augmenter la transpiration?
a) Une tempête de pluie.
b) Des stomates affaissés.
c) Une cuticule épaisse.
d) Une densité stomatique élevée.
e) Des feuilles épineuses.

10. **FAITES UN DESSIN** Tracez l'absorption de l'eau et des minéraux à partir des poils absorbants jusqu'à l'endoderme dans une racine, en suivant la voie du symplasme et la voie de l'apoplasme. Annotez les voies sur le diagramme ci-dessous.

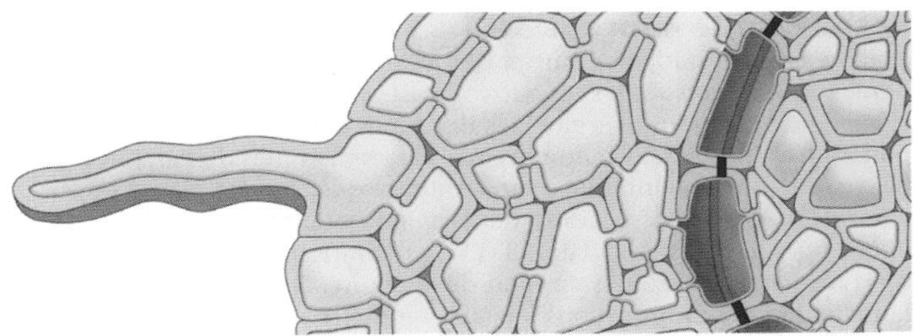

NIVEAU 3: SYNTHÈSE ET ÉVALUATION

11. **LIEN AVEC L'ÉVOLUTION**
Les algues brunes géantes appelées varechs (principalement de la famille des Laminariacées et des Fucacées) peuvent croître jusqu'à une longueur de 25 m. Les varechs sont formés d'un crampon qui s'accroche au fond de l'océan, de frondes ressemblant à des feuilles qui flottent à la surface et captent la lumière, et d'un long stipe qui relie les frondes au crampon (voir la figure 28.15, p. 678). Des cellules spécialisées dans le stipe, bien que non vasculaires, peuvent transporter des glucides. Proposez une raison pour laquelle ces structures analogues à des éléments de tube criblé pourraient avoir évolué en varechs.

12. **INTÉGRATION**
Quelques heures après que leurs racines ont été inondées, les plants de coton flétrissent. L'inondation entraîne des conditions de faibles taux d'oxygène, augmente le Ca^{2+} cytosolique et diminue le pH cytosolique. Proposez une hypothèse pour expliquer comment l'inondation peut entraîner le flétrissement.

13. **ÉCRIVEZ UN TEXTE**
Structure et fonction La sélection naturelle a provoqué des modifications dans l'architecture des plantes qui leur permettent d'effectuer la photosynthèse plus efficacement dans les niches écologiques qu'elles occupent. Dans un court essai (de 100 à 150 mots), expliquez comment l'architecture des tiges favorise la photosynthèse.

RÉPONSES DU CHAPITRE 36

Questions des figures

Figure 36.3 Les feuilles se forment en spirale, dans le sens inverse des aiguilles d'une montre. **Figure 36.4** Un indice foliaire plus élevé n'augmenterait pas nécessairement la photosynthèse, à cause des feuilles du haut qui font de l'ombrage aux feuilles du bas. **Figure 36.7** Un inhibiteur de pompes à protons dépolariserait le potentiel de membrane, parce que moins d'ions H^+ sortiraient de la cellule en traversant la membrane plasmique. L'effet immédiat d'un inhibiteur du transporteur de H^+ et de saccharose serait de polariser au maximum le potentiel de membrane, parce que moins d'ions H^+ retourneraient dans la cellule avec ces cotransporteurs. Un inhibiteur du cotransporteur des ions H^+ et des ions NO_3^- n'aurait aucun effet sur le potentiel de membrane, parce que le transport simultané d'un ion chargé positivement et d'un ion chargé négativement n'a aucun effet sur la différence de charge à travers la membrane. Un inhibiteur des canaux ioniques à K^+ diminuerait le potentiel de membrane parce qu'il ne s'accumulerait pas plus d'ions chargés positivement à l'extérieur de la cellule. **Figure 36.10** La bande de Caspary bloque le déplacement de l'eau et des minéraux entre les cellules endodermiques ou leur contournement d'une cellule endodermique par la paroi de la cellule. Par conséquent, l'eau et les minéraux doivent traverser la membrane plasmique de la cellule endodermique. **Figure 36.19** Parce que le xylème est sous une pression négative (tension), amputer un stylet qui a été introduit dans une trachéide ou un élément de vaisseau introduirait probablement de l'air dans la cellule. Il n'exsuderait pas de sève brute à moins que la pression racinaire positive soit prédominante.

Retour sur le concept 36.1

1. Les Vasculaires doivent transporter les minéraux et l'eau absorbés par les racines vers toutes les autres parties de la plante. Elles doivent également transporter les glucides des zones de production aux régions où ils sont utilisés. **2.** De nombreuses caractéristiques de l'architecture des plantes ont une influence sur l'ombrage que fait une plante sur elle-même, dont la disposition des feuilles, l'orientation des feuilles et des tiges, et l'indice foliaire. **3.** L'augmentation de l'allongement des tiges relèverait les feuilles du haut de la plante. Des feuilles dressées et la réduction des ramifications latérales rendraient la plante moins sujette à l'ombrage des voisines envahissantes. **4.** Comme nous l'avons déjà expliqué au chapitre 35 (p. 862), la taille des apex des tiges enlève la dominance apicale, ce qui entraîne la croissance des bourgeons axillaires en tiges latérales (branches). Cette ramification produit une plante plus touffue ayant un indice foliaire plus élevé. **5.** Les hyphes fongiques sont de longs filaments minces qui forment un grand réseau entrelacé dans le sol. Leur rapport élevé surface-volume est une adaptation qui augmente l'absorption de substances du sol.

Retour sur le concept 36.2

1. Le ψ_P de la cellule est de 0,70 MPa. Dans une solution ayant un ψ de –0,40 MPa, le ψ_P de la cellule à l'équilibre serait de 0,30 MPa. **2.** Les cellules réagiraient encore aux changements dans leur milieu osmotique, mais leur réaction serait plus lente. Bien que les aquaporines n'influent pas sur le gradient de potentiel hydrique à travers les membranes, elles permettent des ajustements osmotiques plus rapides. **3.** Si les trachéides et les éléments de vaisseau étaient vivants à maturité, leur cytoplasme gênerait la circulation de l'eau, ce qui empêcherait le transport rapide sur de longues distances. **4.** Les protoplastes éclateraient. Parce que le cytoplasme contient de nombreux solutés en solution, l'eau entrerait continuellement sans atteindre l'équilibre. (Lorsqu'elle est présente, la paroi cellulaire empêche la rupture causée par une expansion excessive du protoplaste.)

Retour sur le concept 36.3

1. Parce que les cellules de xylème conductrices de sève brute sont mortes à maturité et forment essentiellement des tubes creux, elles offrent peu de résistance à l'écoulement de l'eau et des minéraux et leurs parois épaisses empêchent les cellules de s'affaisser à cause de la pression négative à l'intérieur. **2.** À l'aube, une goutte est exsudée parce que le xylème est sous une pression positive par l'action de la pression racinaire. À midi, le xylème est sous une pression négative quand il est coupé, et la sève brute est éloignée de la surface coupée et monte dans la tige. La pression racinaire ne peut pas suivre le rythme de la vitesse accrue de la transpiration, à midi. **3.** L'endoderme assure la régulation du passage des solutés hydrosolubles en forçant toutes ces molécules à traverser une membrane à perméabilité sélective. On suppose que l'inhibiteur n'atteint jamais les cellules photosynthétiques de la plante. **4.** Des masses racinaires plus grandes aideraient peut-être à compenser la perméabilité plus faible des membranes plasmiques pour l'eau. **5.** La bande de Caspary et les jonctions serrées empêchent le déplacement des fluides entre les cellules.

Retour sur le concept 36.4

1. L'ouverture des stomates à l'aube est régulée principalement par la lumière, les concentrations de CO_2 et le rythme circadien. Les stress environnementaux comme la sécheresse, la température élevée et le vent peuvent stimuler la fermeture des stomates durant le jour. Le manque d'eau peut déclencher la libération de l'acide abscissique, une hormone végétale qui commande aux cellules stomatiques de fermer les stomates. **2.** L'activation des pompes à protons des cellules stomatiques causerait l'absorption de K^+ par les cellules stomatiques. L'augmentation de la turgescence des cellules stomatiques garderait les stomates ouverts et conduirait à l'évaporation extrême par la feuille. **3.** Une fois que les fleurs sont coupées, la transpiration des feuilles et des pétales (qui sont des feuilles modifiées) continue de provoquer l'aspiration de la sève dans le xylème. Si l'on coupe la tige à l'air libre pour la mettre directement dans un vase, les poches d'air présentes dans le xylème empêchent l'eau du vase d'atteindre la fleur. Si, par contre, on coupe la tige à quelques centimètres de la base (c'est-à-dire de la première coupe) en la tenant immergée, on sectionne le xylème au-dessus de la poche d'air qui a pu s'y former pendant le transport ou l'emballage. De plus, les gouttes d'eau empêchent l'air de pénétrer dans le xylème et de former de nouvelles poches avant que l'on mette la fleur dans le vase. **4.** Les molécules d'eau sont constamment en mouvement, voyageant à des vitesses différentes. La vitesse moyenne de ces particules dépend de la température de l'eau. Si les molécules d'eau acquièrent assez d'énergie, les molécules les plus énergétiques près de la surface du liquide vont transmettre une vitesse suffisante et, par conséquent, une énergie cinétique suffisante pour provoquer le départ des molécules du liquide sous la forme de molécules gazeuses ou, plus simplement, de vapeur d'eau. À mesure que les molécules possédant les niveaux d'énergie cinétique les plus élevés s'évaporent, l'énergie cinétique moyenne du liquide restant diminue. Comme la température d'un liquide est directement reliée à l'énergie cinétique moyenne de ses molécules, le liquide se refroidit en s'évaporant.

Retour sur le concept 36.5

1. Dans les deux cas, le transport sur une longue distance est assuré par le courant de masse, qui est lui-même créé par une différence de pression aux extrémités opposées des tubes criblés. Dans le phloème, à l'extrémité située près de l'organe source, la pression est générée par l'entrée du saccharose et l'entrée d'eau qui s'ensuit par osmose. Cette pression *pousse* la sève élaborée vers l'extrémité des tubes criblés située près de l'organe cible. À l'opposé, dans le xylème, la circulation est générée par la transpiration, qui est à l'origine d'une tension (potentiel de pression négatif) au sommet qui *aspire* la sève brute vers le haut. **2.** Les principaux organes sources sont les feuilles matures (par photosynthèse) et les organes de stockage complètement développés (par la décomposition de l'amidon). Les racines, les bourgeons, les tiges, les feuilles en croissance et les fruits sont des organes cibles puissants, parce qu'ils sont en croissance active. Un organe de stockage peut être un organe cible en été lorsqu'il accumule des glucides, mais un organe source au printemps lorsqu'il décompose l'amidon en glucides pour les apex des tiges en croissance. **3.** La pression positive, que ce soit dans le xylème quand la pression racinaire prédomine ou dans les éléments de tube criblé du phloème, nécessite un transport actif. La majeure partie du transport sur de longues distances dans le xylème dépend du courant de masse créé par un potentiel de pression négatif généré à la fin par l'évaporation de l'eau des feuilles et n'a pas besoin de cellules vivantes. **4.** L'entaille en spirale empêche un courant de masse optimal de la sève élaborée vers les organes cibles des racines. Par conséquent, plus de sève élaborée peut se déplacer des organes sources (feuilles) vers les organes cibles (fruits), ce qui rend ceux-ci plus sucrés.

Retour sur le concept 36.6

1. Les plasmodesmes, contrairement aux jonctions communicantes, possèdent la capacité de faire passer l'ARN, les protéines et les virus d'une cellule à l'autre. **2.** Les stimulus sur de longues distances sont essentiels au fonctionnement intégré de tous les grands organismes, mais la vitesse de cette intégration est beaucoup moins critique pour les Végétaux, parce que leurs réactions à l'environnement, contrairement à celles des Animaux, n'impliquent généralement pas de mouvements rapides. **3.** Bien que cette stratégie éliminerait la dissémination systémique des infections virales, ses conséquences sur le développement des plantes seraient également sévères.

Questions du résumé des concepts clés

36.1 Les plantes ayant de grandes parties aériennes et des couverts forestiers élevés avaient généralement un avantage sur les compétiteurs plus petits. Une plus grande distance entre les feuilles et les racines était une conséquence de la pression sélective pour les grandes tiges. Cette distance a créé des problèmes pour le transport des substances entre les systèmes racinaires et caulinaires. Les plantes dotées de cellules du xylème ont mieux réussi à fournir à leurs systèmes caulinaires les ressources du sol (eau et minéraux). De même, celles possédant des cellules du phloème se sont avérées efficaces pour fournir des glucides aux organes cibles. **36.2** La sève brute est habituellement aspirée vers le haut de la plante par la transpiration, beaucoup plus souvent qu'elle n'est poussée vers le haut de la plante par la pression racinaire. **36.3** Les liaisons hydrogène sont nécessaires à la cohésion des molécules d'eau entre elles et à l'adhérence de l'eau aux autres matériaux, comme les parois cellulaires. L'adhérence et la cohésion des molécules d'eau participent toutes les deux à la montée de la sève brute dans des conditions de pression négative. **36.4** Bien que les stomates soient responsables de la majeure partie de la perte d'eau par les plantes, ils sont nécessaires pour les échanges gazeux, par exemple pour l'absorption du dioxyde de carbone essentiel à la photosynthèse. **36.5** Bien que la circulation de la sève élaborée dépende du courant de masse, le gradient de pression qui assure le transport du phloème dépend de l'absorption par osmose de l'eau en réaction à l'entrée des glucides dans les éléments de tube criblé à proximité des organes sources. L'entrée des substances dans le phloème dépend des processus de cotransport des ions H^+ qui dépendent à leur tour des gradients de H^+ établis par le pompage actif des ions H^+. **36.6** La différence de potentiel électrique entre les cellules, le pH cytoplasmique, la concentration de calcium cytoplasmique et les protéines virales de mouvement sont des facteurs qui influent tous sur la communication symplastique, comme le font les modifications liées au développement quant au nombre de plasmodesmes.

ÉVALUATION

1. c; **2.** a; **3.** b; **4.** b; **5.** c; **6.** e; **7.** c; **8.** a; **9.** d;
10.

37

Les sols et la nutrition chez les Végétaux

▲ **Figure 37.1 Un piège à rats ?**

CONCEPTS CLÉS

- 37.1 Les sols contiennent un écosystème vivant complexe
- 37.2 Le cycle de développement des Végétaux nécessite des éléments chimiques essentiels
- 37.3 La nutrition des Végétaux comporte souvent des associations avec d'autres organismes

INTRODUCTION

Une découverte horrifiante

En 1858, deux explorateurs britanniques ont fait une découverte macabre lors de leur ascension du mont Kinabalu, au nord de l'île de Bornéo : un rat mort. Ce qu'il y avait d'inusité à propos de ce rat, c'est qu'il était le repas partiellement digéré de *Nepenthes rajah*, un membre d'une famille de plantes carnivores à pièges géants, créés par leurs feuilles en forme d'urne (**figure 37.1**). Chaque urne contient un liquide légèrement visqueux produit par la plante elle-même, qui sert à noyer les proies. La partie supérieure du piège comporte, le long du bord, un recouvrement cireux glissant qui rend presque impossible la fuite de la proie. Le bord est surmonté d'un couvercle dont la fonction consiste, chez de nombreuses espèces, à empêcher l'eau de pluie d'entrer et de diluer le liquide visqueux dans l'urne. La partie inférieure du piège contient des glandes qui absorbent les nutriments provenant des proies capturées. Bien que ce type de plantes carnivores soit bien documenté, ce qui place *N. rajah* dans une catégorie à part des autres espèces de *Nepenthes* est la taille de son urne et de ses proies : son urne contient plusieurs litres de solution et elle appartient à l'une des quelques espèces de *Nepenthes* qui peuvent capturer des Mammifères dans la nature.

Pour comprendre cette extraordinaire adaptation, il faut tenir compte du sol de serpentine improductif des pentes du mont Kinabalu. Les sols de serpentine sont reconnus pour être des sols pauvres, issus du magma fondu de la Terre. Ils comportent généralement une forte teneur en métaux, mais contiennent de faibles quantités d'éléments nutritifs comme le calcium, le potassium et le phosphore. Le comportement carnivore inhabituel de *N. rajah* est une adaptation qui permet à la plante de suppléer à ses maigres rations en minéraux provenant du sol avec des minéraux libérés par sa proie digérée.

La nutrition chez les Végétaux est l'étude des éléments chimiques nécessaires à leur croissance. Comme nous l'avons expliqué au chapitre 36, les Végétaux obtiennent les éléments nutritifs de l'atmosphère et du sol. En utilisant la lumière du soleil comme source d'énergie, les Végétaux produisent des nutriments organiques en réduisant de dioxyde de carbone en glucides grâce à la photosynthèse. Les plantes terrestres absorbent également de l'eau et divers minéraux provenant du sol par leur système racinaire. Dans le présent chapitre, nous examinerons les propriétés physiques fondamentales des sols et les facteurs qui gouvernent leur qualité. Puis, nous étudierons pourquoi certains nutriments inorganiques sont essentiels pour les fonctions des Végétaux. Enfin, nous examinerons certaines des adaptations qu'ils ont dû acquérir pour se nourrir, souvent en association avec d'autres organismes.

CONCEPT **37.1**

Les sols contiennent un écosystème vivant complexe

Les couches supérieures du sol, dans lesquelles les plantes absorbent presque toute l'eau et tous les minéraux essentiels, contiennent un large éventail d'organismes vivants qui interagissent les uns avec les autres et avec le milieu physique. Cet écosystème complexe peut nécessiter des siècles pour se former, mais peut être détruit en quelques années par la mauvaise gestion des humains. Pour comprendre pourquoi les sols doivent être préservés et pourquoi certaines espèces végétales croissent dans un endroit donné, il faut d'abord examiner les propriétés physiques du sol : sa texture et sa composition.

La texture du sol

La texture d'un sol dépend de la taille des particules qui s'y trouvent. On classe ces particules selon une échelle allant du sable grossier (0,02 à 2 mm de diamètre) aux particules microscopiques de l'argile (moins de 0,002 mm), en passant par le limon (0,002 à 0,02 mm). Ces particules de différentes tailles (classes granulométriques) proviennent de l'altération climatique de la roche mère. Cette dernière s'effrite par l'action de l'eau qui, en s'infiltrant, gèle dans les fissures durant l'hiver et cause la fracturation mécanique. Les acides faibles contenus dans le sol jouent également un rôle par la décomposition chimique. Les organismes qui réussissent à s'infiltrer dans la roche mère en accélèrent la décomposition, mécaniquement ou chimiquement. Les racines des plantes, par exemple, sécrètent des acides qui dissolvent la roche, et entraînent des fracturations mécaniques lorsqu'elles croissent dans les fissures. Les particules minérales libérées par l'altération climatique de la roche se mélangent avec des organismes vivants et l'**humus** (le résidu de la décomposition d'organismes morts et d'autres matières organiques) et forment le **sol de surface**. Le sol de surface et les autres différentes couches de sol sont appelés **horizons** d'un sol (**figure 37.2**). La profondeur du sol de surface, ou horizon A, peut varier de quelques millimètres à plusieurs mètres. On insiste surtout sur les propriétés de la couche de surface parce qu'elle est généralement la plus importante pour la croissance des plantes.

Dans la couche de surface, les plantes sont nourries par la solution du sol, l'eau et les minéraux dissous dans les pores entre les particules de sol. Les pores contiennent également des poches d'air. Après une pluie abondante, l'eau se retire des plus grands espaces, mais les petits espaces retiennent l'eau, parce que les molécules d'eau sont attirées par les particules d'argile et d'autres particules de sol dont la surface est chargée négativement.

L'horizon A constitue la couche de surface du sol, un mélange de fragments de roches de différentes classes granulométriques, d'organismes vivants et de matières organiques en décomposition.

L'horizon B contient beaucoup moins de matières organiques que l'horizon A et est moins altéré par l'action des agents climatiques.

L'horizon C est composé principalement de roche partiellement altérée physiquement. Une partie de cette roche constitue la matière première des minéraux qui contribuent par la suite à la formation des couches supérieures du sol.

▲ **Figure 37.2 Les horizons du sol.**

Les sols de surface les plus fertiles (ceux qui favorisent la croissance la plus importante) sont les **sols loameux**. Ils se composent de sable, de limon et d'argile en quantités à peu près égales. Les sols loameux contiennent suffisamment de particules fines de limon et d'argile pour fournir une grande surface d'adhérence et de rétention des minéraux et de l'eau. Par ailleurs, les grands interstices entre les particules de sable permettent une diffusion efficace de l'oxygène vers les racines. D'autre part, les sols sablonneux ne retiennent généralement pas suffisamment d'eau pour permettre une croissance vigoureuse des plantes, et les sols argileux ont tendance à trop retenir l'eau. Lorsque le drainage du sol est insuffisant, l'air est remplacé par de l'eau, ce qui entraîne la suffocation des racines à cause du manque de dioxygène. En général, les sols de surface très fertiles possèdent des pores contenant à moitié d'eau et à moitié d'air, ce qui fournit un bon équilibre entre l'aération, le drainage et la capacité de stockage de l'eau. Les amendements des sols, soit l'incorporation de substances comme la mousse de tourbe, le compost, le fumier ou le sable, peuvent permettre d'ajuster leurs propriétés physiques.

La composition du sol de surface

Le sol est constitué de composés chimiques inorganiques (minéraux) et organiques. Les composés organiques contiennent les nombreuses formes de vie qui vivent dans le sol.

Les composés inorganiques

Les charges superficielles des particules du sol déterminent leur capacité à retenir de nombreux nutriments. La plupart des particules du sol sont chargées négativement. Les ions chargés positivement (cations), comme les ions potassium (K^+), les ions calcium (Ca^{2+}) et les ions magnésium (Mg^{2+}), adhèrent à ces particules, et sont donc difficilement perdus par *lessivage*, c'est-à-dire la percolation de l'eau à travers le sol. Cependant, les racines n'absorbent pas les cations minéraux directement des particules du sol; elles les absorbent de la solution du sol. Les cations minéraux entrent dans la solution du sol par **échange de cations**, un processus dans lequel les cations sont remplacés, à la surface des particules du sol, par d'autres cations, notamment les ions H^+ (**figure 37.3**). Par conséquent, la capacité d'un sol à échanger des cations est déterminée par le nombre de sites d'adhérence des cations et par le pH du sol. Les sols dont les capacités d'échange sont plus élevées possèdent généralement une plus grande réserve de minéraux.

Les ions chargés négativement (anions), comme les ions nitrate (NO_3^-), les ions phosphate ($H_2PO_4^-$) et les ions sulfate (SO_4^{2-}), ne sont pas liés aux particules du sol chargées négativement et sont donc facilement libérés. Par ailleurs, lors des pluies abondantes ou sous l'effet de l'irrigation, ils sont lessivés rapidement dans l'eau souterraine, ce qui les rend moins facilement utilisables par les racines.

Les composés organiques

L'humus, le principal constituant organique du sol de surface, est composé de matière organique produite par la décomposition d'organismes morts, de matières fécales, de feuilles mortes et d'autres déchets organiques par l'action de bactéries et de champignons du sol. Il empêche les particules d'argile

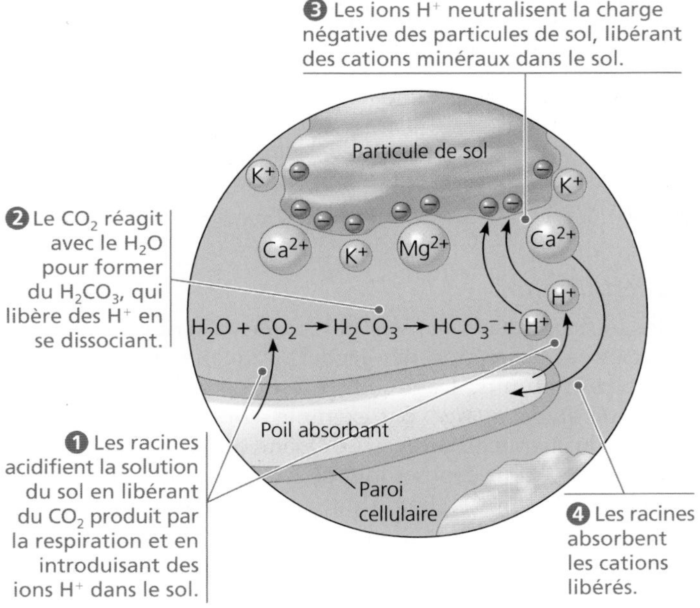

3 Les ions H^+ neutralisent la charge négative des particules de sol, libérant des cations minéraux dans le sol.
Particule de sol
K^+
Ca^{2+}
K^+
Mg^{2+}
Ca^{2+}
H^+
2 Le CO_2 réagit avec le H_2O pour former du H_2CO_3, qui libère des H^+ en se dissociant.
$H_2O + CO_2 \rightarrow H_2CO_3 \rightarrow HCO_3^- + H^+$
Poil absorbant
1 Les racines acidifient la solution du sol en libérant du CO_2 produit par la respiration et en introduisant des ions H^+ dans le sol.
Paroi cellulaire
4 Les racines absorbent les cations libérés.

▲ **Figure 37.3** **L'échange de cations dans le sol.**

? *Quels ions sont les plus susceptibles d'être lessivés du sol par des pluies abondantes, les cations ou les anions ? Expliquez votre réponse.*

de se tasser et donne un sol friable qui retient l'eau, mais est suffisamment poreux pour permettre une bonne aération des racines. L'humus augmente également la capacité d'un sol à échanger des cations et sert de réserve nutritive d'éléments minéraux, lesquels retournent graduellement dans le sol au fur et à mesure de la décomposition de la matière organique par les microorganismes.

Le sol de surface abrite une quantité et une diversité étonnantes d'organismes ; une cuillère à café de sol contient environ 5 milliards de Bactéries qui partagent cet habitat avec des Eumycètes, des Algues et d'autres Protistes, des Insectes, des Lombricidés (vers de terre), des Nématodes et des racines de Végétaux. L'activité de tous ces organismes influe sur les propriétés physiques et chimiques du sol. Ainsi, les vers de terre consomment des matières organiques et tirent leur nutrition des bactéries et des champignons qui croissent sur ces matières. Ils excrètent des déchets et déplacent de grandes quantités de matières à la surface du sol. De plus, ils déplacent de la matière organique dans les couches plus profondes du sol. En effet, les vers de terre mélangent et agglutinent des particules de sol, ce qui améliore la diffusion gazeuse et la rétention d'eau. Les racines des Végétaux influent également sur la texture et la composition du sol. À titre d'exemple, en se liant au sol, elles réduisent l'érosion, et en libérant des acides organiques, elles abaissent le pH du sol.

La conservation du sol et l'agriculture durable

Les anciens agriculteurs ont constaté que le rendement d'une parcelle de terre donnée diminuait au fil des ans. Lorsqu'ils se déplaçaient vers des régions non cultivées, ils observaient le même schéma de réduction du rendement avec le temps. Ils ont fini par reconnaître que la fertilisation pouvait faire du sol une ressource renouvelable, qui permettait des récoltes saison après saison, toujours à la même place. Cette agriculture sédentaire a rendu possible un nouveau mode de vie. Les humains ont commencé à construire des habitations permanentes, les premiers villages. Ils emmagasinaient également des aliments pour se nourrir entre les récoltes, et les surplus alimentaires ont permis à certains membres de ces premières communautés de se spécialiser dans des occupations autres que l'agriculture. Bref, la gestion des sols, par la fertilisation et d'autres pratiques, a contribué à paver la voie aux sociétés modernes.

▲ **Figure 37.4** **Une tempête de poussière massive dans le Dust Bowl américain au cours des années 1930.**

Malheureusement, la mauvaise gestion des sols est un problème récurrent dans l'histoire de l'humanité. Ainsi, le terme anglais « Dust Bowl » (bol de poussière) désigne une région des grandes plaines du sud-ouest des États-Unis où s'est produit un désastre écologique et humain dans les années 1930. Des tempêtes de poussière dévastatrices provoquées par une sécheresse prolongée et des décennies de techniques agricoles inappropriées ont dévasté cette région. Avant l'arrivée des agriculteurs, la région des grandes plaines était couverte d'herbes rustiques qui maintenaient le sol en place, malgré les périodes récurrentes de sécheresse et de pluies torrentielles. Mais à la fin du 19e et au début du 20e siècle, un grand nombre de colons s'y sont installés pour cultiver du blé et élever du bétail. Le sol ainsi exploité a alors été exposé à l'érosion des vents. Quelques années de sécheresse ont aggravé la situation. Au cours des années 1930, de très grandes quantités de terre fertile ont été emportées par des « blizzards noirs », rendant des millions d'hectares de terre agricole incultivables (**figure 37.4**). Au cours de l'une des pires tempêtes de poussière, des nuages de poussière s'envolèrent à l'est vers Chicago, où ils retombèrent comme de la neige ; les nuages ont même atteint la côte atlantique. Des centaines de milliers de gens de la région du Dust Bowl durent abandonner leur foyer et leurs terres, une misère qu'a immortalisée l'Américain John Steinbeck dans son roman *Les raisins de la colère* (1939).

La mauvaise gestion des sols est encore un problème majeur de nos jours. Plus de 30 % des terres agricoles dans le monde ont une faible productivité, en raison des mauvaises conditions du sol, par exemple la contamination chimique, les carences minérales, l'acidité, la salinité et le drainage insuffisant. Plus la population mondiale continue de croître, plus la demande pour les aliments augmente. Étant donné que la qualité est

▲ **Figure 37.5 Un affaissement soudain du sol.** Une surutilisation de l'eau souterraine pour l'irrigation a provoqué la formation de ce gouffre en Floride.

un facteur déterminant du rendement des cultures, la nécessité d'exploiter avec prudence les ressources du sol n'a jamais été si pressante.

Nous allons maintenant expliquer comment les agriculteurs irriguent et amendent le sol afin de maintenir un bon rendement des cultures. L'objectif est de favoriser une **agriculture durable** comprenant diverses méthodes de culture fondées sur la conservation des ressources, le respect de l'environnement et la rentabilité. Nous examinerons également les problèmes liés à la dégradation des sols et leurs solutions.

L'irrigation

Comme c'est la disponibilité de l'eau qui limite le plus souvent la croissance végétale, il semble qu'aucune technologie n'ait augmenté le rendement des cultures autant que l'irrigation. Toutefois, l'irrigation agit comme un immense drain sur les réserves d'eau. À l'échelle mondiale, environ 75 % de l'utilisation de l'eau douce est consacrée à l'agriculture. Ainsi, dans les régions arides, on a réduit un grand nombre de rivières à des filets d'eau en les détournant pour irriguer des terres. Cependant, ce ne sont pas les eaux de surface comme les rivières et les lacs qui constituent la principale source d'eau pour l'irrigation, mais les réserves d'eau souterraine appelées aquifères. Dans certaines parties du monde, le rythme de prélèvement d'eau dépasse celui du renouvellement naturel des aquifères. Il s'ensuit un *affaissement du sol*, un tassement graduel ou un enfoncement soudain de la surface terrestre (**figure 37.5**). L'affaissement du sol modifie les réseaux hydrographiques, cause des dommages aux structures d'origine humaine, contribue à la perte de sources souterraines et augmente les risques d'inondation.

Par ailleurs, l'irrigation, particulièrement au moyen de l'eau souterraine, peut également causer la *salinisation* du sol, c'est-à-dire l'accumulation de sels dans le sol au point de le rendre infertile. Les sels dissous dans l'eau d'arrosage s'accumulent dans le sol à mesure que l'eau s'évapore, ce qui rend le potentiel hydrique de la solution du sol plus négatif. Du même coup, l'absorption d'eau diminue par la réduction du gradient de potentiel hydrique, du sol aux racines (voir le chapitre 36).

De nombreuses formes d'irrigation, comme l'inondation des champs, sont assimilées à du gaspillage, étant donné que la majeure partie de l'eau s'évapore. Afin d'utiliser l'eau avec efficacité, les agriculteurs doivent connaître la capacité de rétention en eau de leur sol, les besoins en eau de leurs cultures et la technologie appropriée d'irrigation. L'*irrigation au goutte-à-goutte* est une technique populaire : il s'agit de la libération lente d'eau dans le sol et près des plantes par des tubes perforés en plastique placés directement dans la zone des racines. Comme l'irrigation au goutte-à-goutte exige moins d'eau et réduit la salinisation, elle est utilisée dans de nombreuses régions agricoles en climat aride.

La fertilisation

Dans les écosystèmes naturels, les minéraux sont généralement recyclés par l'excrétion des déchets animaux et la décomposition de l'humus. L'agriculture est cependant artificielle. La laitue qu'on mange, par exemple, contient des minéraux extraits du champ du cultivateur. Quand on élimine les déchets, ces minéraux sont déposés loin de leur source originale. Après plusieurs récoltes, le champ du cultivateur finit par devenir appauvri en nutriments. L'épuisement des nutriments est une cause majeure de la dégradation générale des sols. Les cultivateurs doivent renverser l'épuisement des nutriments par la **fertilisation**, soit l'ajout de minéraux au sol.

De nos jours, la plupart des agriculteurs des pays industrialisés emploient des fertilisants contenant des minéraux qui sont soit le produit d'une extraction, soit conçus par des procédés énergivores. Ces produits sont habituellement enrichis en azote (N), en phosphore (P) et en potassium (K), les nutriments le plus souvent manquants dans les sols épuisés. Vous avez peut-être remarqué, sur les emballages des fertilisants, un code de trois nombres indiquant les proportions en N-P-K. Par exemple, un fertilisant portant le code « 15-10-5 » contient 15 % de N (sous forme d'ammonium ou de nitrate), 10 % de P (sous forme de phosphate) et 5 % de K (sous forme de sel de potassium).

Le fumier, la farine de poisson et le compost constituent des fertilisants dits « organiques », parce qu'ils sont d'origine biologique et qu'ils contiennent des matières organiques en décomposition. Cependant, avant que les éléments présents dans le compost puissent être utiles aux Végétaux, la matière organique doit être décomposée en nutriments inorganiques que les racines peuvent absorber. Les minéraux que les Végétaux absorbent se présentent sous la même forme, qu'ils proviennent d'une source organique ou qu'ils aient été produits en usine. Cependant, ceux qui proviennent de fertilisants organiques sont libérés progressivement, alors que ceux des fertilisants industriels sont immédiatement assimilables. Mais le sol ne peut retenir les minéraux non absorbés longtemps. Ils sont rapidement perdus par le lessivage, sous l'action de la pluie ou de l'irrigation. Dans le pire des cas, ils rejoignent les lacs où ils risquent de provoquer l'explosion de populations d'algues qui peuvent épuiser la teneur en dioxygène et décimer les populations de poissons.

L'ajustement du pH des sols

Le pH des sols est un facteur important qui influe sur la disponibilité des minéraux par son effet sur l'échange de cations et la forme chimique des minéraux. Selon le pH du sol, un minéral particulier peut être trop fortement lié à l'argile ou se trouver sous une forme que la plante ne peut absorber. La plupart des plantes préfèrent un sol légèrement acide, parce que les concentrations élevées de H^+ peuvent déplacer les minéraux chargés positivement des particules du sol, les rendant plus disponibles pour l'absorption. Ajuster le pH du sol pour favoriser une croissance optimale des cultures est une opération délicate, parce qu'une modification de la concentration de protons (ions H^+) peut améliorer la disponibilité d'un élément et réduire celle d'un autre. Si le pH du sol est à 8, par exemple, les plantes peuvent absorber le calcium, mais il leur est presque impossible d'assimiler le fer. Il faut donc ajuster le pH du sol aux besoins particuliers de la culture en minéraux. Si le sol est trop alcalin, on ajoutera du sulfate pour diminuer le pH; s'il est trop acide, on ajoutera de la chaux, sous forme de carbonate de calcium ou d'hydroxyde de calcium, pour élever le pH.

Si le pH d'un sol diminue jusqu'à 5 ou moins, les ions aluminium toxiques (Al^{3+}) deviennent plus solubles et sont absorbés par les racines, ce qui retarde la croissance des racines et empêche l'absorption de calcium, un nutriment nécessaire pour les plantes. Certaines plantes peuvent contrer la concentration élevée d'ions Al^{3+} dans le sol en sécrétant des anions organiques qui se lient aux ions Al^{3+} pour les rendre inoffensifs. Cependant, un pH faible et la toxicité des Al^{3+} continuent de poser de sérieux problèmes, notamment dans les régions tropicales, où la pression sur la production d'aliments pour une population croissante est souvent la plus critique.

La régulation de l'érosion

Comme il est arrivé de façon spectaculaire dans le Dust Bowl, l'érosion causée par l'eau et le vent peut enlever une quantité considérable de sol de surface. L'érosion est une cause importante de la dégradation des sols parce que les nutriments sont emportés par le vent et les cours d'eau. Pour réduire ces pertes, les agriculteurs plantent des rangées d'arbres au bord des champs pour constituer des brise-vent efficaces, aménagent des terrasses sur le flanc des collines pour éviter le lessivage du sol pendant des pluies abondantes, ou cultivent les plantes suivant les courbes de niveau (**figure 37.6**). Certaines cultures comme la luzerne et le blé fournissent une bonne couverture au sol et le protègent mieux que le maïs et les cultures normalement semées en rangs.

▲ **Figure 37.6 Culture suivant les courbes de niveau.** Ces plantes ont été semées en rangs disposés en cercles, selon les niveaux de la pente, plutôt que de haut en bas de celle-ci. Ce type de culture contribue à ralentir l'écoulement de l'eau et l'érosion du sol de surface après de fortes pluies.

Il est également possible de réduire l'érosion grâce à une technique appelée **agriculture sans labour**. Dans la méthode traditionnelle de labour, le champ entier est cultivé, ou retourné. Cette pratique contribue à la lutte contre les mauvaises herbes, mais détruit le réseau de racines qui maintient le sol en place, ce qui cause une augmentation du ruissellement et de l'érosion. Dans l'agriculture sans labour, une charrue spéciale crée des sillons étroits pour les semences et les fertilisants. De cette façon, le champ peut être ensemencé avec un minimum de perturbation du sol, tout en exigeant moins de fertilisants.

La phytoremédiation

En contaminant le sol ou l'eau souterraine avec des métaux lourds toxiques ou des polluants organiques, certaines activités humaines ont rendu des terres impropres à l'agriculture. Les méthodes d'assainissement traditionnelles, comme la restauration des sols, c'est-à-dire la détoxification des sols contaminés, ont mis l'accent sur des technologies non biologiques, comme l'enlèvement et l'entreposage des sols contaminés dans des sites d'enfouissement, mais ces méthodes sont coûteuses et détruisent le paysage. La **phytoremédiation** est une technique de biotechnologie qui respecte le paysage et fait appel à la capacité qu'ont certaines espèces végétales d'absorber des polluants du sol et de les concentrer dans des parties de la plante faciles à récolter, ce qui permet de récupérer les polluants et de les éliminer de façon sécuritaire. Le tabouret bleuâtre (*Thlaspi caerulescens*), par exemple, peut accumuler le zinc dans ses pousses à des concentrations 300 fois plus élevées que la plupart des autres plantes. Les pousses sont alors récoltées et le zinc contaminant est enlevé. Ces plantes sont prometteuses pour l'assainissement des régions contaminées par les fonderies, les opérations minières ou les essais nucléaires. La phytoremédiation est un type de biorestauration, qui comprend également l'utilisation de Procaryotes et de Protistes pour assainir les sites pollués (voir les chapitres 27 et 55).

Nous avons examiné l'importance de la conservation des sols pour une agriculture durable. Les minéraux contribuent grandement à la fertilité des sols, mais quels minéraux sont les plus importants, et pourquoi les plantes en ont-elles besoin? Ces sujets sont abordés dans la section suivante.

RETOUR SUR LE CONCEPT 37.1

1. Expliquez comment l'expression «trop d'une bonne chose» peut s'appliquer à l'arrosage et à la fertilisation des plantes.
2. Certaines tondeuses à gazon recueillent les déchets de coupe pour qu'on puisse s'en débarrasser facilement. Quel inconvénient cette pratique comporte-t-elle par rapport à la nutrition des plantes?
3. **ET SI?** Comment l'addition d'argile à un sol loameux peut-elle influer sur la capacité du sol à échanger des cations et à retenir l'eau? Expliquez votre réponse.

4. FAITES DES LIENS Mentionnez trois façons par lesquelles les propriétés de l'eau contribuent à la formation des sols. Voir les pages 50 à 55 du concept 3.2.

Voir les réponses proposées à la fin du chapitre.

CONCEPT **37.2**

Le cycle de développement des Végétaux nécessite des éléments chimiques essentiels

Quand on suit la transformation d'une minuscule graine en une grande plante, on ne peut s'empêcher de se demander d'où vient toute cette masse. Aristote, au 4ᵉ siècle avant notre ère, supposait que les plantes «mangeaient» le sol, car il les voyait en émerger. Dans les années 1640, le médecin et chimiste flamand Jan Baptist Van Helmont vérifia l'hypothèse selon laquelle la croissance végétale s'effectuait grâce à la consommation des constituants du sol. Il planta un petit saule (*Salix sp.*) dans un pot contenant 90,9 kg de sol. Cinq ans plus tard, le saule pesait 76,8 kg, mais il ne manquait que 0,06 kg de sol dans le pot. Van Helmont en conclut que la croissance du saule était principalement attribuable à l'eau qu'il avait ajoutée. Un siècle plus tard, le physiologiste britannique Stephen Hales, sachant grâce aux progrès en physique et en chimie que l'air est une substance dotée d'une masse, émettait l'hypothèse que les Végétaux se nourrissent surtout d'air.

Il s'avère qu'il y a un peu de vérité dans chacune de ces hypothèses concernant la nutrition des Végétaux: le sol, l'eau et l'air contribuent à la croissance d'une plante. Il est possible de mesurer la quantité d'eau contenue dans une plante. Il suffit pour cela de comparer la masse initiale de la plante avec la masse après déshydratation complète. En général, une plante se compose d'environ 80 à 90% d'eau. On peut aussi analyser la composition chimique des résidus secs. Les substances inorganiques représentent environ 4% de la masse sèche. Par conséquent, les nutriments inorganiques provenant du sol, bien qu'ils soient essentiels à la survie des plantes, ne contribuent que très peu à leur masse. Les composés organiques produits par photosynthèse représentent environ 96% de la masse sèche. Le carbone et la majorité des atomes d'oxygène dans ces composés viennent du CO_2 de l'air assimilé par la plante, alors que l'eau fournit la majeure partie des atomes d'hydrogène et quelques atomes d'oxygène (voir la figure 10.5, p. 211). Les glucides, y compris la cellulose qui compose la paroi d'une cellule végétale, constituent la majeure partie des substances organiques. Ainsi, les éléments constitutifs des glucides, c'est-à-dire le carbone, l'hydrogène et l'oxygène, sont les plus abondants de la matière végétale desséchée. L'azote, le soufre et le phosphore, présents dans un grand nombre de macromolécules, y sont aussi relativement abondants.

▼ **Figure 37.7** MÉTHODE DE RECHERCHE

La culture hydroponique

APPLICATION La culture hydroponique consiste à faire pousser des plantes dans des solutions minérales, sans sol. Un des objectifs de ce type de culture est de déterminer les éléments essentiels dans les plantes.

TECHNIQUE On plonge les racines de la plante dans une solution aérée d'une composition minérale connue. L'aération de la solution fournit aux racines l'oxygène nécessaire pour la respiration cellulaire. (Remarque: Les fioles sont normalement opaques pour empêcher le développement d'algues.) On peut omettre un minéral, comme le potassium, pour vérifier s'il est essentiel.

Plante témoin: milieu nutritif complet (contenant tous les minéraux)

Plante expérimentale: milieu nutritif ne contenant pas de potassium

RÉSULTATS Si le minéral omis est essentiel, des symptômes de carence apparaissent, comme un arrêt de la croissance ou une décoloration des feuilles. Par définition, la plante ne pourrait pas terminer son cycle de développement. Les symptômes de carence varient selon le minéral manquant, ce qui aide à diagnostiquer les carences en minéraux dans le sol.

Les éléments majeurs et les éléments mineurs

Les substances inorganiques présentes dans les Végétaux contiennent plus de 50 éléments. Si on obtient des indications sur les besoins nutritifs des Végétaux en étudiant leur composition chimique, on doit bien faire la distinction entre les éléments essentiels et ceux qui sont tout simplement présents dans la plante. Un **élément essentiel** est un élément chimique dont une plante a besoin au cours de son cycle de développement, lequel consiste à devenir une plante adulte produisant une autre génération.

Pour déterminer les éléments chimiques qui sont essentiels, les chercheurs utilisent la **culture hydroponique**, qui consiste à faire pousser des plantes sans sol, directement dans des solutions minérales (**figure 37.7**). Cette technique a permis de trouver 17 éléments essentiels à toute plante (**tableau 37.1**). La culture hydroponique est également utilisée à petite échelle pour exploiter des cultures en serre.

Tableau 37.1 Les éléments essentiels aux Végétaux

Élément nutritif	Forme principalement absorbée par les Végétaux	% de la masse sèche	Fonction(s) principale(s) pour les plantes
Éléments majeurs			
Carbone	CO_2	45,0 %	Constituant essentiel des molécules organiques des Végétaux.
Oxygène	CO_2	45,0 %	Constituant essentiel des molécules organiques des Végétaux.
Hydrogène	H_2O	6,0 %	Constituant essentiel des molécules organiques des Végétaux.
Azote	NO_3^-, NH_4^+	1,5 %	Constituant des acides nucléiques, des protéines, des hormones, de la chlorophylle et des coenzymes.
Potassium	K^+	1,0 %	Cofacteur nécessaire à la synthèse des protéines; soluté essentiel à l'équilibre hydrique; ouverture et fermeture des stomates.
Calcium	Ca^{2+}	0,5 %	Élément important pour la formation et la stabilité de la paroi cellulaire; maintien de la structure et de la perméabilité des membranes; activation de certaines enzymes; régulation de nombreuses réponses cellulaires aux stimulus.
Magnésium	Mg^{2+}	0,2 %	Constituant de la chlorophylle; cofacteur et activateur de nombreuses enzymes.
Phosphore	$H_2PO_4^-$, HPO_4^{2-}	0,2 %	Constituant des acides nucléiques, des phosphoglycérolipides, de l'ATP et de plusieurs coenzymes.
Soufre	SO_4^{2-}	0,1 %	Constituant des protéines et des coenzymes.
Éléments mineurs			
Chlore	Cl^-	0,01 %	Élément nécessaire à l'étape de la photolyse de l'eau dans la photosynthèse; rôle dans l'équilibre hydrique.
Fer	Fe^{3+}, Fe^{2+}	0,01 %	Constituant des cytochromes; cofacteur de certaines enzymes; nécessaire à la photosynthèse.
Manganèse	Mn^{2+}	0,005 %	Participation à la synthèse des acides aminés; activation de certaines enzymes; nécessaire à l'étape de la photolyse de l'eau dans la photosynthèse.
Bore	$H_2BO_3^-$	0,002 %	Cofacteur dans la synthèse de la chlorophylle; peut jouer un rôle dans le transport des glucides, dans la synthèse des acides nucléiques et dans la fonction de la paroi cellulaire.
Zinc	Zn^{2+}	0,002 %	Participation à la synthèse de la chlorophylle; cofacteur de certaines enzymes; nécessaire à la transcription de l'ADN.
Cuivre	Cu^+, Cu^{2+}	0,001 %	Constituant de nombreuses enzymes d'oxydoréduction et d'enzymes assurant la synthèse de la lignine.
Nickel	Ni^{2+}	0,001 %	Cofacteur d'une enzyme participant au métabolisme de l'azote.
Molybdène	MoO_4^{2-}	0,0001 %	Élément essentiel à l'association symbiotique avec des bactéries qui fixent l'azote; cofacteur nécessaire à la réduction des nitrates.

FAITES DES LIENS *Dans le tableau 41.2 (p. 1020) trois des minéraux nécessaires aux humains proviennent des plantes, mais ne sont pas essentiels pour la survie des Végétaux. Quels sont ces minéraux, et comment les plantes peuvent-elles en être la source si elles n'en ont pas besoin pour compléter leur cycle de développement?*

Neuf des éléments essentiels sont appelés **éléments majeurs** (ou *macronutriments*) parce que ce sont les éléments dont une plante a besoin en quantités relativement importantes. Six d'entre eux sont les constituants majeurs des substances organiques qui forment la structure d'une plante: le carbone, l'oxygène, l'hydrogène, l'azote, le phosphore et le soufre. Les trois autres éléments majeurs sont le potassium, le calcium et le magnésium. De tous les éléments minéraux nutritifs, l'azote est celui qui contribue le plus à la croissance des Végétaux et au rendement des cultures. C'est un élément essentiel des protéines, des acides nucléiques, de la chlorophylle et d'autres molécules organiques importantes pour les Végétaux.

Les autres éléments essentiels sont appelés **éléments mineurs** (ou *micronutriments*) parce que ce sont les éléments dont une plante a besoin en très petites quantités. Les éléments mineurs comprennent, entre autres, le chlore, le fer, le manganèse, le bore, le zinc, le cuivre, le nickel et le molybdène. Dans certains cas, le sodium peut faire partie de ce groupe: les plantes de type C_4 et de type CAM (voir le chapitre 10) ont besoin d'ions sodium pour régénérer le phosphoénolpyruvate, qui est l'accepteur de CO_2 dans ces deux types de fixation du carbone.

Les éléments mineurs agissent principalement à titre de cofacteurs (aides non protéiques) des réactions enzymatiques (voir le chapitre 8). Le fer, par exemple, est le constituant métallique des cytochromes, protéines qui interviennent dans les chaînes de transport d'électrons des chloroplastes et des mitochondries. Comme ils ne jouent que des rôles catalytiques dans les plantes, ces éléments ne sont nécessaires qu'en très faibles quantités. Ainsi, le besoin en molybdène s'avère tellement minime qu'on ne trouve dans la matière asséchée d'une plante qu'un seul atome de cet élément pour 60 millions d'atomes d'hydrogène. Malgré tout, une carence en molybdène ou en un autre élément mineur peut affaiblir, voire tuer une plante.

Les symptômes d'une carence minérale

Les symptômes d'une carence en un élément minéral dépendent en partie de la fonction nutritive de cet élément. Par exemple, une carence en magnésium, le constituant central de la chlorophylle, provoque la *chlorose,* un jaunissement des feuilles. Dans certains cas, la relation entre la carence et le symptôme est moins directe. Ainsi, bien que la chlorophylle ne contienne pas de fer, une carence en cet élément peut également causer la chlorose. Cela s'explique par le fait que les ions de fer sont des cofacteurs dans l'une des étapes enzymatiques de la synthèse de la chlorophylle.

Les symptômes d'une carence minérale dépendent non seulement du rôle de l'élément nutritif, mais aussi de sa mobilité dans la plante. Si un élément se déplace presque librement d'une partie à l'autre de la plante, les symptômes causés par la carence apparaîtront d'abord dans les plus vieux organes. Les jeunes tissus en croissance ont en effet une plus grande capacité à attirer les éléments peu disponibles que les tissus arrivés à maturité. Par exemple, le magnésium, qui se déplace assez bien dans la plante, s'achemine de préférence vers les jeunes feuilles. Par conséquent, une plante pauvre en magnésium présentera, dans un premier temps, des signes de chlorose sur ses plus vieilles feuilles. Le mécanisme qui explique ce phénomène est le transport de l'organe source à l'organe cible pendant que les minéraux circulent avec les glucides jusqu'aux tissus en croissance (voir la figure 36.18, p. 907). Par contre, une carence en un minéral relativement immobile se manifestera en premier lieu dans les nouvelles parties de la plante. Les plus vieux tissus peuvent en effet déjà posséder une quantité suffisante de cet élément, qu'ils ont la capacité de retenir lorsqu'il se fait rare. Par exemple, une carence en fer, un élément qui voyage difficilement dans la plante, provoquera le jaunissement des jeunes feuilles avant que cet effet soit visible sur les vieilles feuilles. Les besoins en minéraux d'une plante peuvent également changer avec la période de l'année et l'âge de la plante. Les jeunes semis, par exemple, présentent rarement des symptômes d'une carence minérale, du fait que leurs besoins sont grandement satisfaits par les minéraux libérés des réserves emmagasinées dans la graine elle-même.

Les carences en potassium, en phosphore et particulièrement en azote sont les plus fréquentes. Les pénuries en éléments mineurs sont les plus rares. Elles sont habituellement localisées géographiquement, en raison des différences de composition du sol. Les symptômes d'une carence minérale peuvent varier d'un espèce à l'autre, mais sont souvent suffisamment distincts pour qu'un phytophysiologiste ou un agriculteur en diagnostiquent la cause (**figure 37.8**). En analysant le contenu en minéraux d'une plante ou du sol où celle-ci pousse, on peut confirmer le diagnostic d'une carence en un élément particulier. Généralement, il suffit d'une faible quantité d'éléments mineurs pour pallier une carence. Ainsi, on peut corriger une carence en zinc chez des arbres fruitiers en enfonçant tout simplement quelques clous de zinc dans les troncs. Il faut cependant procéder avec modération, car des doses excessives peuvent s'avérer nuisibles ou toxiques. Trop d'azote, par exemple, peut provoquer une croissance excessive du pied des plants de tomates aux dépens d'une bonne production de fruits.

L'amélioration de la nutrition des plantes par modification génétique: quelques exemples

Dans notre étude de la nutrition des plantes, nous avons examiné jusqu'ici comment les agriculteurs utilisent l'irrigation, la fertilisation et les autres moyens pour adapter les conditions du sol aux besoins d'une culture. Une approche contraire consiste à adapter la plante par génie génétique pour qu'elle s'ajuste aux conditions du sol. Nous présentons ici quelques exemples de la façon dont le génie génétique améliore la nutrition des plantes et l'utilisation des fertilisants.

La résistance à la toxicité de l'aluminium

Comme nous l'avons expliqué précédemment, l'aluminium dans les sols acides endommage les racines et réduit grandement le rendement des cultures. Le principal mécanisme de la résistance à l'aluminium est la sécrétion d'acides organiques (comme l'acide malique et l'acide citrique) par les racines. Ces acides se lient aux ions aluminium libres et abaissent les niveaux d'aluminium toxique dans le sol. Luis Herrera-Estrella et ses collègues de l'Institut Polytechnique National, au Mexique, ont modifié des plants de tabac et de papaye en introduisant

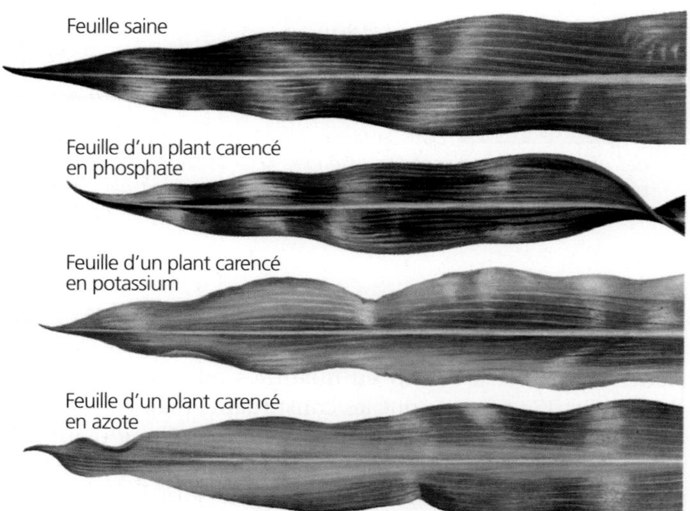

▲ **Figure 37.8 Les carences minérales les plus courantes, telles qu'elles se manifestent chez le maïs.** Les symptômes de carences minérales peuvent varier selon les espèces. Chez le maïs, dans le cas d'une carence en phosphate, les feuilles, surtout les plus jeunes, ont les bords rougeâtres. Dans le cas d'une carence en potassium, les bords et l'extrémité des feuilles matures paraissent brûlés, asséchés. La carence en azote cause un jaunissement qui commence à l'extrémité des feuilles, puis gagne le centre (nervure médiane) des feuilles matures.

dans les génomes des plants un gène de la citrate synthase provenant d'une bactérie. La surproduction résultante d'acide citrique a augmenté la résistance à l'aluminium dans ces deux cultures.

La tolérance aux inondations

Les sols saturés d'eau privent les racines de dioxygène, et peuvent également endommager les plantes lorsque s'accumulent l'éthanol et d'autres produits toxiques provenant de la fermentation alcoolique de la plante. Dans les pays asiatiques, les inondations durant la saison de la mousson détruisent souvent les cultures de riz. Bien que la majeure partie des variétés de riz meurent après avoir été submergées pendant des semaines, certains types peuvent survivre à ces épisodes d'inondation. Un gène appelé *Submergence 1A-1* (*Sub1A-1*) est la principale source de la tolérance à la submersion chez le riz résistant aux inondations. La protéine Sub1A-1 assure la régulation de l'expression des gènes qui sont normalement activés dans des conditions anaérobies, comme ceux qui codent pour l'alcool déshydrogénase, une enzyme qui décompose l'éthanol. L'expression accrue de *Sub1A-1* chez les variétés de riz intolérantes aux inondations augmente les niveaux d'alcool déshydrogénase des plants et leur confère une tolérance à la submersion. Augmenter l'expression de *Sub1A-1* par génie génétique peut améliorer la tolérance aux inondations chez d'autres espèces de cultures.

Les plantes intelligentes

Les chercheurs en agriculture sont en voie de mettre au point des méthodes permettant de réduire l'utilisation de fertilisants industriels sans nuire au rendement des cultures. Une de ces méthodes consiste à concevoir génétiquement des plantes « intelligentes » qui informeront les agriculteurs du risque de carence, mais *avant* que celle-ci fasse des dommages. Une de ces plantes intelligentes tire profit d'un promoteur (une séquence d'ADN qui indique où commence la transcription d'un gène) qui se lie facilement à l'ARN polymérase (l'enzyme intervenant dans la transcription des gènes) lorsque le taux de phosphore des tissus d'une plante commence à diminuer. Ce promoteur est associé à un gène « rapporteur » qui active la production d'un pigment bleu dans les cellules des feuilles (**figure 37.9**). Lorsque les feuilles de ces plantes intelligentes commencent à devenir bleues, l'agriculteur sait qu'il est temps d'ajouter un fertilisant à base de phosphore.

Jusqu'ici, nous avons appris que pour favoriser une croissante végétale vigoureuse le sol doit fournir un apport adéquat de minéraux, une aération suffisante, une bonne capacité de rétention d'eau, une faible salinité et avoir un pH près de la neutralité. Il doit également être exempt de concentrations toxiques de minéraux et d'autres substances chimiques. Ces caractéristiques physiques et chimiques du sol, cependant, n'expliquent pas tout : nous devons également examiner les composantes vivantes du sol.

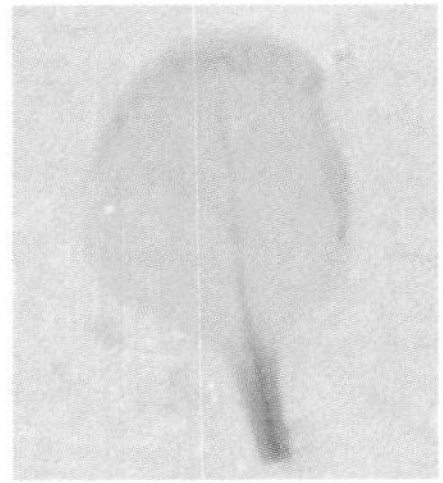
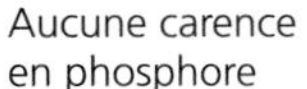

Aucune carence en phosphore

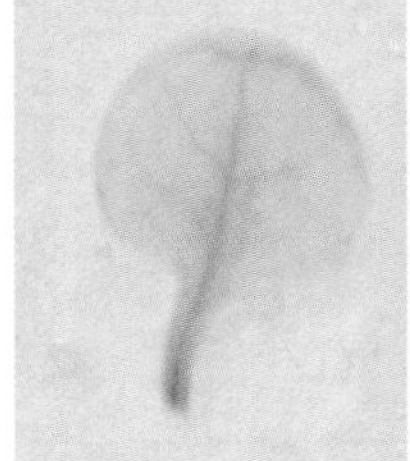

Début de carence en phosphore

Carence importante en phosphore

▲ **Figure 37.9 Les signaux de carence émis par les plantes « intelligentes ».** Certaines plantes ont été génétiquement modifiées de sorte qu'elles puissent signaler une carence nutritive imminente avant que des dommages irréparables apparaissent. *Arabidopsis thaliana*, par exemple, à la suite de manipulations en laboratoire, produit une coloration bleue lorsqu'une carence en phosphate est imminente.

RETOUR SUR LE CONCEPT 37.2

1. Expliquez comment on peut utiliser le tableau 37.1 pour soutenir l'hypothèse de Stephen Hales.
2. Y a-t-il des éléments essentiels plus importants que d'autres ? Expliquez votre réponse.
3. **ET SI ?** Si un élément augmente la vitesse de croissance d'une plante, est-ce qu'il peut être défini comme un élément essentiel ?
4. **FAITES DES LIENS** En vous basant sur la figure 9.18 (p. 200), expliquez pourquoi l'éthanol s'accumule dans les racines des plantes soumises à une saturation du sol par l'eau.

Voir les réponses proposées à la fin du chapitre.

CONCEPT 37.3

La nutrition des Végétaux comporte souvent des associations avec d'autres organismes

Jusqu'ici, nous avons décrit la capacité des plantes à exploiter les ressources du sol. Mais les plantes et le sol sont interdépendants. Les Végétaux morts fournissent une grande partie de l'énergie nécessaire aux microorganismes qui vivent dans le sol, alors que les sécrétions des racines vivantes assurent le développement d'une grande variété de microorganismes dans leur voisinage. Nous porterons maintenant notre attention sur certaines associations *mutualistes* (mutuellement bénéfiques), ou mutualisme, entre les plantes et les bactéries ou les champignons du sol. Puis, nous examinerons quelques plantes exceptionnelles qui forment des associations non mutualistes avec d'autres plantes ou, dans quelques cas, avec des Animaux.

Les bactéries du sol et la nutrition des Végétaux

Certaines bactéries du sol participent à des échanges chimiques mutuellement bénéfiques avec les racines des plantes. D'autres favorisent la décomposition des matières organiques et augmentent la disponibilité des nutriments. Certaines vivent même à l'intérieur des racines et convertissent l'azote de l'air.

Les rhizobactéries

Des populations particulièrement importantes de bactéries du sol, les **rhizobactéries**, vivent dans la **rhizosphère**, la couche de sol qui entoure les racines des plantes. Les types et le nombre de rhizobactéries que les sols hébergent présentent de grandes différences. L'activité des microorganismes dans la rhizosphère d'une plante est de 10 à 100 fois plus élevée que dans le sol environnant, parce que les racines sécrètent des nutriments comme des glucides, des acides aminés et des acides organiques. Jusqu'à 20% de la production photosynthétique des plantes alimente les organismes dans cet écosystème miniature. De multiples interactions entre les plantes et les microorganismes influent sur la composition de cette microflore, qui diffère souvent grandement de celle du sol environnant et des rhizosphères d'autres espèces de plantes. Chaque rhizosphère contient un cocktail unique et complexe de sécrétions des racines et de produits de la microflore.

Les rhizobactéries appelées *rhizobactéries promotrices de la croissance végétale* ont un effet bénéfique sur les plantes par divers mécanismes. Certaines produisent des substances chimiques qui stimulent la croissance des plantes. D'autres produisent des antibiotiques qui protègent les racines contre la maladie. Et d'autres encore absorbent les métaux toxiques ou rendent les nutriments plus facilement assimilables par les racines. L'inoculation de rhizobactéries promotrices de la croissance végétale dans des graines peut augmenter le rendement des cultures et réduire les besoins en fertilisants et en pesticides. Comment ces bactéries tirent-elles des bénéfices en interagissant avec les plantes? Les sécrétions des racines fournissent la majeure partie de l'énergie dans la rhizosphère, de sorte que les adaptations bactériennes qui aident la plante à croître et à sécréter des nutriments aident également les bactéries.

Le rôle des bactéries du sol dans le cycle de l'azote

Les plantes forment des associations mutualistes avec plusieurs groupes de Bactéries qui rendent l'azote plus facilement assimilable. Dans l'ensemble, aucun élément minéral n'est plus limitant pour la croissance des plantes que l'azote, nécessaire en grandes quantités pour la synthèse des protéines et des acides nucléiques. Le **cycle de l'azote**, abordé au chapitre 55, décrit les transformations de l'azote et des composés azotés dans la nature. Dans le présent chapitre, nous nous penchons sur les processus qui conduisent directement à l'assimilation par les plantes.

Contrairement aux autres minéraux du sol, les ions ammonium (NH_4^+) et les ions nitrate (NO_3^-), les formes d'azote que les plantes peuvent utiliser, ne proviennent pas de l'altération climatique de la roche mère. Bien que la foudre produise de petites quantités de NO_3^- qui peuvent être amenées au sol par la pluie, l'activité des bactéries du sol constitue la source principale de l'azote (**figure 37.10**). Les *bactéries ammonifiantes*, qui sont généralement des décomposeurs vivant dans un sol riche en humus, libèrent de l'ammoniac (NH_3) en décomposant les protéines et d'autres composés organiques dans l'humus. Les *bactéries fixatrices d'azote* convertissent le diazote gazeux (N_2) en NH_3, un processus que nous étudierons bientôt. Dans chacun des cas, le NH_3 produit s'approprie un autre H^+ dans la solution du sol pour former des ions NH_4^+. Cependant, les Végétaux obtiennent leur azote principalement sous forme de nitrates (NO_3^-). Les ions NO_3^- du sol sont en grande partie formés par un processus en deux étapes appelé *nitrification*, qui consiste en l'oxydation du NH_3 en nitrites (NO_2^-), suivie de l'oxydation des nitrites en nitrates (NO_3^-). Différents types de bactéries nitrifiantes contribuent à chaque étape. Une fois que les NO_3^-ont été absorbés par les racines,

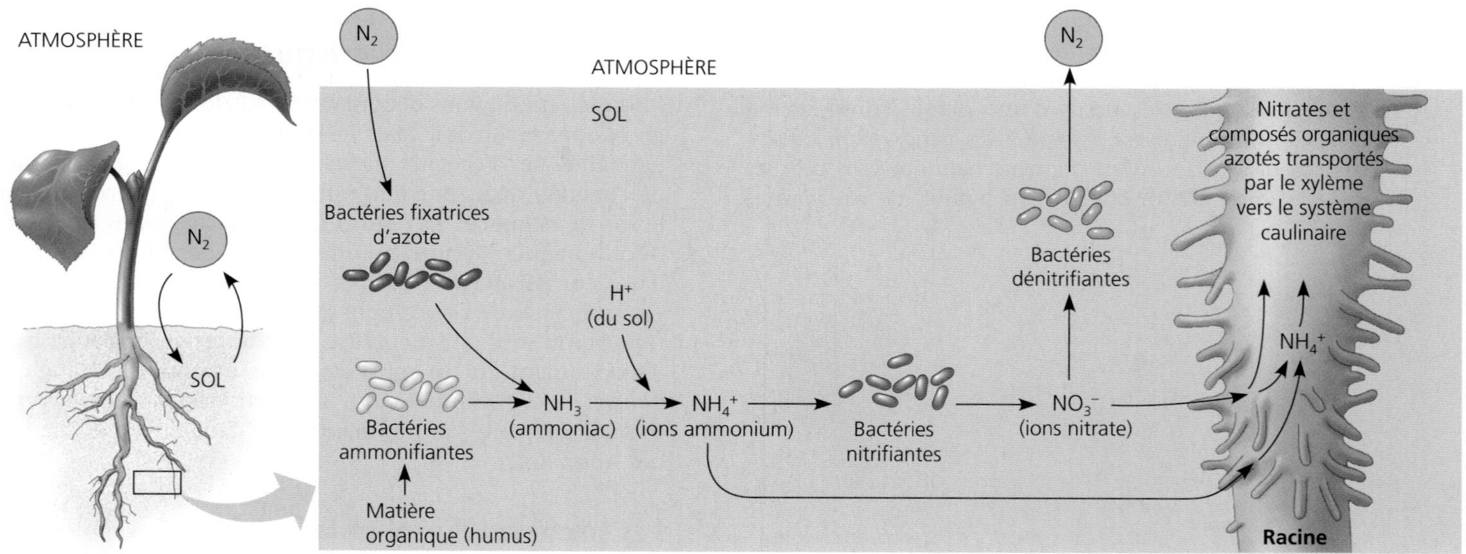

▲ **Figure 37.10 Le rôle des bactéries du sol dans la nutrition azotée des Végétaux.** Deux types de bactéries du sol fournissent de l'ammonium aux Végétaux: celles qui fixent le N_2 atmosphérique (bactéries fixatrices d'azote) et celles qui décomposent la matière organique (bactéries ammonifiantes). Bien qu'ils absorbent une certaine quantité d'ammonium, les Végétaux absorbent principalement des nitrates, produits par les bactéries nitrifiantes à partir de l'ammonium. Ces Végétaux réduisent ensuite les nitrates en ammonium avant d'incorporer l'azote dans les composés organiques.

une enzyme de la plante les réduit en NH_4^+, que d'autres enzymes incorporent dans les acides aminés et d'autres substances organiques. La plupart des espèces végétales acheminent l'azote, des racines jusqu'à l'apex des tiges, par le xylème, sous forme de NO_3^- ou de composés organiques synthétisés dans les racines. Une partie de cet azote est perdue, notamment dans les sols anaérobies, lorsque les bactéries dénitrifiantes transforment les NO_3^- en N_2 qui diffuse dans l'atmosphère.

Les bactéries fixatrices d'azote : une étude détaillée

Bien que l'atmosphère terrestre soit composée de 79 % d'azote, les plantes ne peuvent pas utiliser le diazote (N_2) gazeux libre parce qu'il comporte une liaison triple entre ses deux atomes d'azote, ce qui rend la molécule presque inerte. Pour que le N_2 atmosphérique soit assimilable par les plantes, il doit être réduit en NH_3 par un procédé appelé **fixation de l'azote**. Tous les organismes fixateurs de N_2 sont des Bactéries, dont certaines vivent librement dans le sol (voir la figure 37.10). Le genre *Rhizobium*, qui forme des associations étroites avec les racines de Légumineuses comme le pois (*Pisum sativum*), le soja (*Glycine max*), la luzerne (*Medicago sativa*) et l'arachide (*Arachis hypogea*) et modifie sensiblement leur structure racinaire, est un des plus importants groupes de bactéries jouant un rôle dans la fixation du N_2. Bien que les bactéries du genre *Rhizobium* puissent vivre librement dans le sol, elles ne peuvent pas fixer le N_2 dans son état libre, et les racines des Légumineuses ne peuvent non plus fixer le N_2 sans ces bactéries.

La transformation du N_2 en NH_3 est un processus complexe qui comprend plusieurs étapes. On peut toutefois résumer ce processus en indiquant les réactifs et les produits :

$$N_2 + 8\,e^- + 8\,H^+ + 16\,ATP \rightarrow 2\,NH_3 + H_2 + 16\,ADP + 16\,Ⓟ_i$$

Le complexe enzymatique qu'est la *nitrogénase* catalyse la séquence complète des réactions, au cours de laquelle la réduction de N_2 par ajout d'électrons et de protons conduit à la formation de NH_3. Étant donné que le processus de la fixation de l'azote exige huit molécules d'ATP pour synthétiser chaque molécule de NH_3, les bactéries fixatrices d'azote ont besoin d'un apport riche en glucides provenant de la décomposition de la matière, des sécrétions des racines ou (dans le cas du genre *Rhizobium*) du tissu conducteur des racines.

Le mutualisme spécialisé entre les bactéries du genre *Rhizobium* et les racines des Légumineuses implique des changements spectaculaires dans la structure des racines. Les racines des Légumineuses portent des renflements appelés **nodosités**, qui sont formés de cellules végétales renfermant des bactéries du genre *Rhizobium* (du grec *rhiza*, « racine », et *bios*, « vie ») (**figure 37.11a**). Dans chaque nodosité, le *Rhizobium* prend une forme appelée **bactéroïde**, lequel se trouve dans des vésicules qui se créent à l'intérieur de certaines cellules racinaires (**figure 37.11b**). Pour une légumineuse, la symbiose avec le *Rhizobium* engendre plus d'azote assimilable que n'importe quel fertilisant industriel utilisé de nos jours, sans compter que ce mutualisme fournit les bonnes quantités aux bons moments sans aucun coût pour l'agriculteur. Outre le fait qu'elle approvisionne la légumineuse en azote, cette fixation de l'azote réduit considérablement la nécessité d'épandre des fertilisants sur les cultures subséquentes.

L'emplacement des bactéroïdes dans les cellules vivantes non photosynthétiques est propice à la fixation de l'azote, laquelle nécessite des conditions anaérobies. Les couches externes lignifiées des nodosités des racines limitent également les échanges gazeux. Certaines nodosités des racines présentent une couleur rouge qu'elles doivent à une molécule appelée leghémoglobine. La leghémoglobine est une protéine renfermant du fer qui, comme l'hémoglobine des globules

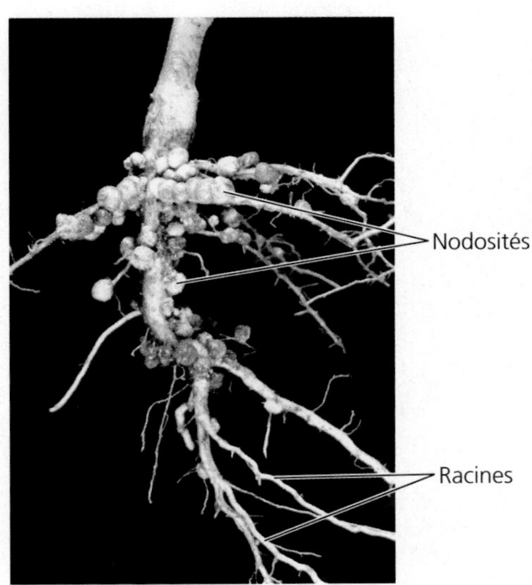

(a) Racines de soja (*Glycine max*). Les renflements qu'on voit sur ces racines de soja sont des nodosités qui contiennent des bactéries du genre *Rhizobium*. Ces bactéries fixent l'azote et se nourrissent des molécules organiques que fabrique la plante pendant la photosynthèse.

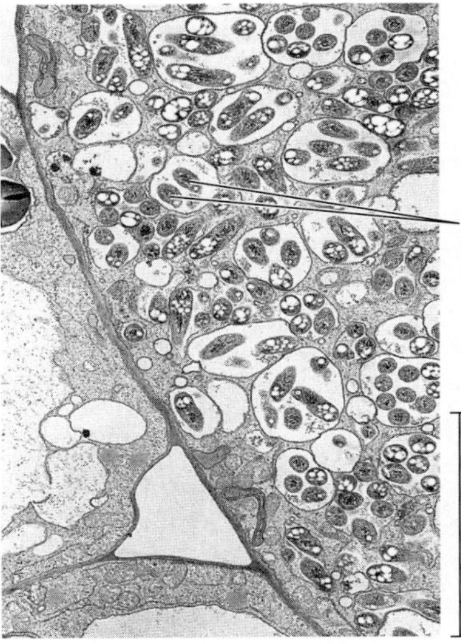

(b) Bactéroïdes d'une nodosité de racine de soja. Dans cette micrographie, on peut observer de nombreux bactéroïdes dans une cellule d'une nodosité racinaire du soja (MET). Les cellules de gauche ne sont pas infectées.

◄ **Figure 37.11 Nodosités sur les racines d'une légumineuse.** Les activités coordonnées des Légumineuses et des bactéries du genre *Rhizobium* dépendent de stimulus chimiques entre les partenaires mutualistes.

? *En quoi l'association entre les Légumineuses et les bactéries du genre* Rhizobium *est-elle mutualiste ?*

rouges humains, se lie avec le dioxygène de façon réversible. Elle agit comme un « tampon » de dioxygène qui réduit la concentration de dioxygène libre, fournissant ainsi un milieu anaérobie pour la fixation de l'azote, tout en régulant l'apport d'oxygène pour alimenter l'intense processus de respiration cellulaire qui est requis pour produire toute l'ATP nécessaire à la fixation de l'azote.

Chaque espèce de légumineuse s'associe avec une souche particulière de *Rhizobium*. La **figure 37.12** décrit les étapes du développement des nodosités une fois que les bactéries y sont entrées par un « filament infectieux ». La relation symbiotique existant entre les espèces de Légumineuses et les bactéries fixatrices d'azote est une association mutualiste. Les bactéries fournissent l'azote fixé aux Légumineuses, tandis que celles-ci procurent aux bactéries les glucides et les autres substances organiques. Les nodosités utilisent la majeure partie de l'ammonium produit pour synthétiser des acides aminés, qui passent ensuite dans le xylème pour se rendre dans le système caulinaire.

Comment une espèce de Légumineuses reconnaît-elle une certaine souche de *Rhizobium* parmi les nombreuses souches de bactéries qui vivent dans le sol autour de ses racines ? Et comment la rencontre entre cette légumineuse et cette souche particulière de *Rhizobium* conduit-elle à la formation de nodosités ? En se penchant sur ces deux questions, les chercheurs en sont arrivés à penser qu'il existe un dialogue chimique entre une bactérie et une racine. Chaque partenaire répond aux stimulus chimiques émis par l'autre en exprimant certains gènes dont les produits contribuent à la formation d'une nodosité. En comprenant la biologie moléculaire qui régit la formation de nodosités sur les racines, les chercheurs espèrent apprendre comment induire l'entrée de *Rhizobium* et la formation de nodosités dans les plantes cultivées qui ne forment normalement pas de telles associations mutualistes de fixation de l'azote.

La fixation de l'azote et l'agriculture

La plupart des types de **rotation des cultures** (ou assolement) sont basés sur les avantages de la fixation mutualiste de l'azote. Selon cette méthode, si une année on sème une espèce qui ne fait pas partie des Légumineuses, comme le maïs (*Zea mays*), on sèmera l'année suivante de la luzerne (*Medicago sativa*) ou d'autres Légumineuses, afin d'augmenter la concentration d'azote fixé dans le sol. Pour s'assurer que la légumineuse entre en contact avec la souche de *Rhizobium* qui lui est propre, on expose les graines aux bactéries avant de les semer (bactérisation artificielle). Au lieu de récolter les Légumineuses, on peut les enfouir durant le labour afin que leur

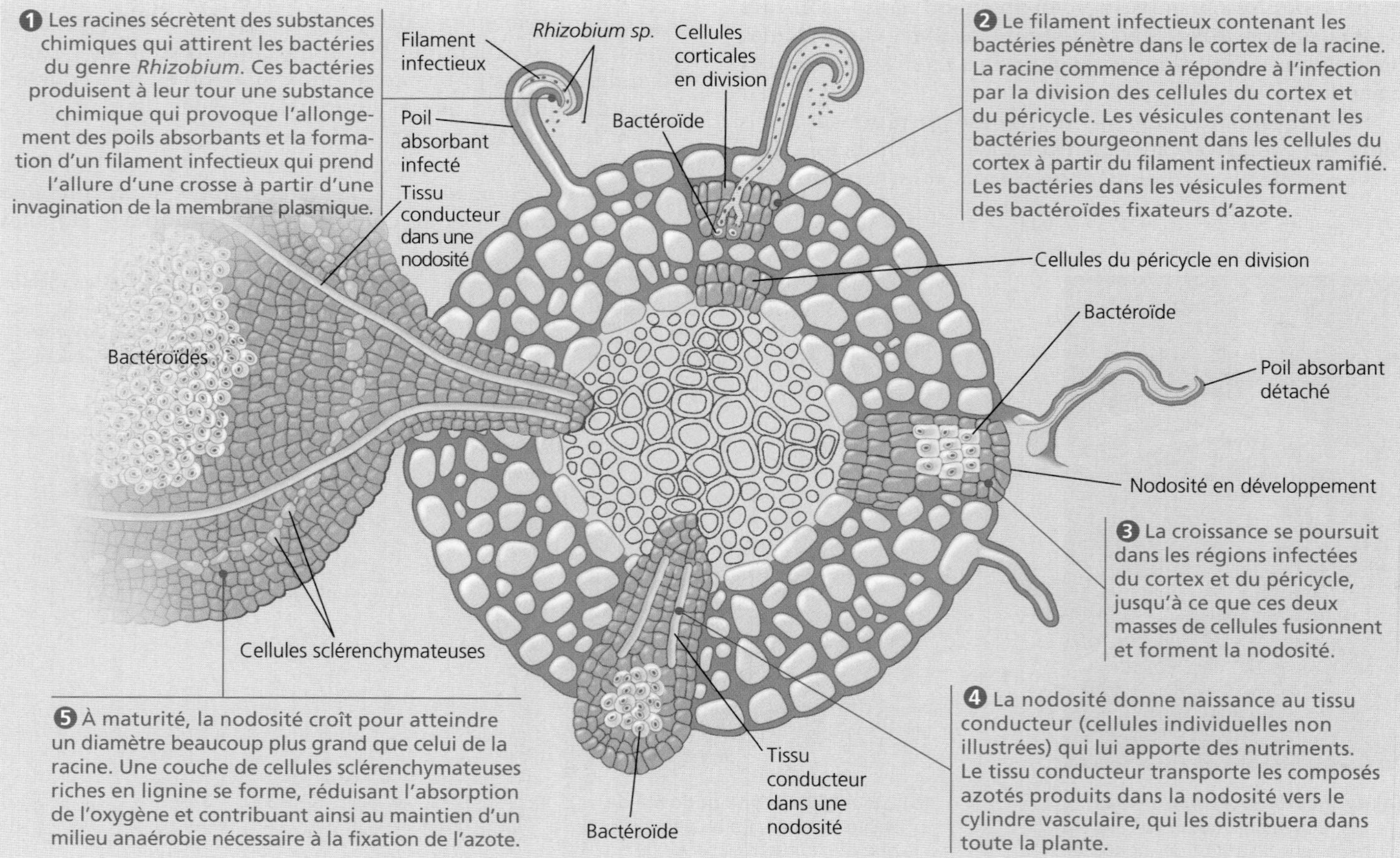

❶ Les racines sécrètent des substances chimiques qui attirent les bactéries du genre *Rhizobium*. Ces bactéries produisent à leur tour une substance chimique qui provoque l'allongement des poils absorbants et la formation d'un filament infectieux qui prend l'allure d'une crosse à partir d'une invagination de la membrane plasmique.
Filament infectieux
Rhizobium sp.
Cellules corticales en division
Poil absorbant infecté
Bactéroïde
Tissu conducteur dans une nodosité
❷ Le filament infectieux contenant les bactéries pénètre dans le cortex de la racine. La racine commence à répondre à l'infection par la division des cellules du cortex et du péricycle. Les vésicules contenant les bactéries bourgeonnent dans les cellules du cortex à partir du filament infectieux ramifié. Les bactéries dans les vésicules forment des bactéroïdes fixateurs d'azote.
Cellules du péricycle en division
Bactéroïde
Bactéroïdes
Poil absorbant détaché
Nodosité en développement
❸ La croissance se poursuit dans les régions infectées du cortex et du péricycle, jusqu'à ce que ces deux masses de cellules fusionnent et forment la nodosité.
Cellules sclérenchymateuses
❺ À maturité, la nodosité croît pour atteindre un diamètre beaucoup plus grand que celui de la racine. Une couche de cellules sclérenchymateuses riches en lignine se forme, réduisant l'absorption de l'oxygène et contribuant ainsi au maintien d'un milieu anaérobie nécessaire à la fixation de l'azote.
Bactéroïde
Tissu conducteur dans une nodosité
❹ La nodosité donne naissance au tissu conducteur (cellules individuelles non illustrées) qui lui apporte des nutriments. Le tissu conducteur transporte les composés azotés produits dans la nodosité vers le cylindre vasculaire, qui les distribuera dans toute la plante.

▲ **Figure 37.12 La formation d'une nodosité dans une racine de soja (*Glycine max*).**

? *Quelles catégories de tissus végétaux sont modifiées par la formation d'une nodosité dans une racine ?*

décomposition produise de l'«engrais vert»; on a ainsi moins besoin d'utiliser des fertilisants industriels.

De nombreuses familles de Végétaux autres que les Légumineuses comptent des espèces qui tirent un bénéfice de la fixation mutualiste de l'azote. Ainsi, les aulnes (*Alnus spp.*) et certaines espèces tropicales de Graminées sont les hôtes d'Actinobactéries (autrefois appelées Actinomycètes), un groupe de bactéries fixatrices d'azote (voir les bactéries à Gram positif à la figure 27.17, p. 356). Le riz (*Oryza sativa*), dont l'importance commerciale s'avère primordiale, tire un avantage indirect de la fixation mutualiste de l'azote. Les agriculteurs cultivent dans les rizières une fougère aquatique et flottante du genre *Azolla*. Cette fougère établit une relation mutualiste avec certaines Cyanobactéries qui fixent l'azote et augmentent la productivité de la rizière. En grandissant, le plant de riz fait de l'ombre à l'*Azolla*, qui en meurt. La décomposition de la matière organique riche en azote laissée par la fougère augmente la fertilité de la rizière.

Les champignons du sol et la nutrition des Végétaux

Certaines espèces de champignons du sol forment également des associations mutualistes avec les racines et jouent un rôle majeur dans la nutrition des plantes. Les **mycorhizes** (du grec *mukês*, «champignon», et *rhiza*, «racine») sont des associations mutualistes entre les racines et le mycélium des champignons (voir les figures 36.5, p. 892, et 31.15, p. 748). Le champignon bénéficie d'une réserve constante de glucides fournis par la plante hôte. En retour, il augmente la surface d'absorption des racines pour l'eau. De plus, il absorbe de manière sélective les phosphates et d'autres minéraux du sol, qu'il transfère à la plante. Le mycélium des mycorhizes sécrète des facteurs de croissance qui stimulent le développement et la ramification des racines. Il produit également des antibiotiques qui protègent la plante hôte des agents pathogènes présents dans le sol.

Les mycorhizes et l'évolution des Végétaux

ÉVOLUTION Les mycorhizes ne sont pas des aberrations. On en trouve chez presque toutes les espèces végétales. En fait, il est probable que ce mutualisme entre les plantes et les champignons soit une des adaptations évolutives qui ont permis aux Végétaux de coloniser la terre ferme (voir le chapitre 29). La découverte de nouveaux fossiles repousse l'apparition des mycorhizes à 460 millions d'années avant notre ère, soit avant celle des Vasculaires. Dans les premiers écosystèmes terrestres, le sol était probablement pauvre en nutriments. Le mycélium des mycorhizes, qui absorbe mieux les minéraux que les racines, a sans doute facilité la nutrition des premiers Végétaux.

Les deux principaux types de mycorhizes

Les principales symbioses mutualistes d'Eumycètes et de Végétaux prennent deux formes: les ectomycorhizes et les mycorhizes à arbuscules (parfois appelées endomycorhizes). Les **ectomycorhizes** ont un mycélium (hyphes en réseau de filaments ramifiés; voir le chapitre 31) qui forme une enveloppe, ou manchon dense à la surface de la racine (**figure 37.13a**). De là, les hyphes fongiques se prolongent dans le sol, augmentant grandement la surface d'absorption pour l'eau et les minéraux.

(a) Ectomycorhizes. Le mycélium du champignon forme un manchon qui enveloppe la racine. Les hyphes s'étendent dans le sol pour en absorber l'eau et les minéraux, surtout les phosphates. Elles pénètrent également dans les interstices du cortex de la racine, offrant ainsi une grande surface pour l'échange de nutriments entre le champignon et la plante hôte.

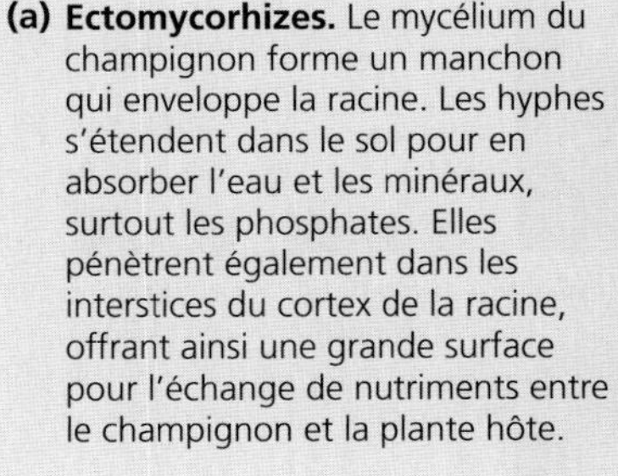

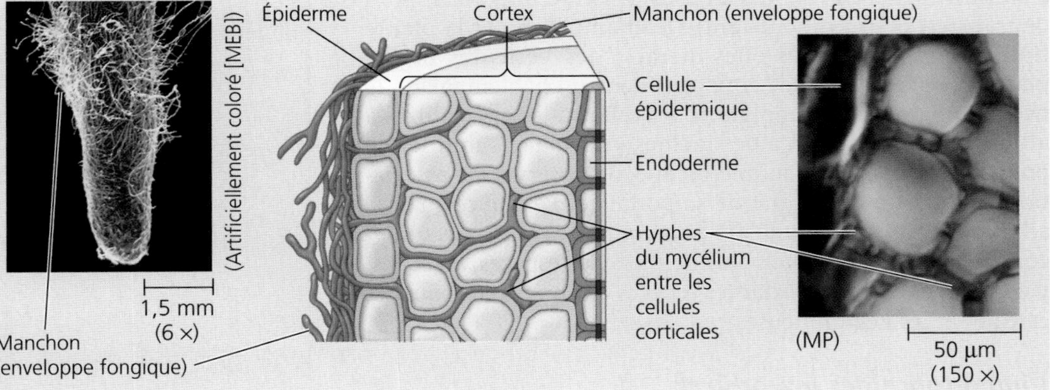

(b) Mycorhizes à arbuscules (endomycorhizes). Aucun manchon n'enveloppe la racine, bien que les hyphes microscopiques du champignon s'étendent à l'intérieur de cette dernière. Dans le cortex de la racine, le champignon développe une grande surface de contact avec la plante, grâce aux ramifications de ses hyphes qui forment des arbuscules. Les arbuscules fournissent une très grande surface de contact pour l'échange de nutriments. Les hyphes traversent les parois cellulaires, mais pas les membranes plasmiques des cellules du cortex.

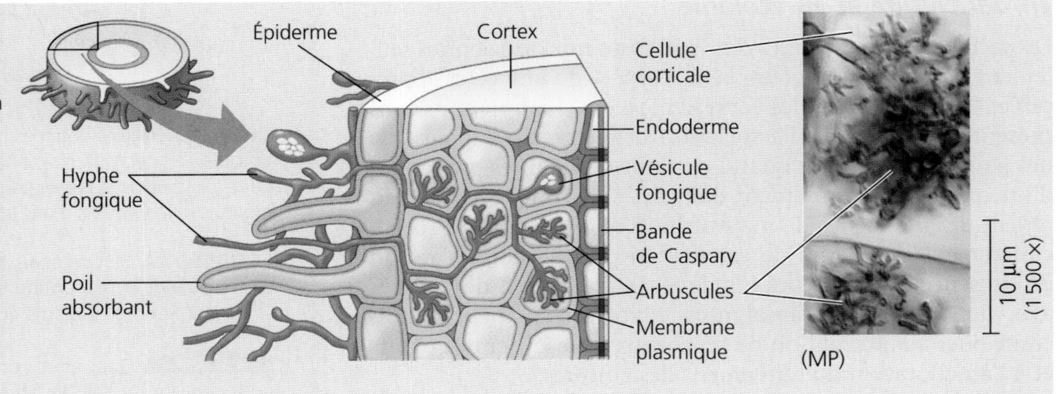

▲ **Figure 37.13 Les mycorhizes.**

Elles croissent également dans le cortex de la racine. Elles ne pénètrent pas dans les cellules de la racine, mais forment un réseau dans l'apoplasme (ou ensemble des interstices entre les cellules) pour faciliter les échanges de nutriments entre le champignon et la plante. Les ectomycorhizes sont généralement plus épaisses, plus courtes et plus ramifiées que les racines « non infectées ». Elles ne produisent habituellement pas de poils absorbants, ce qui serait superflu étant donné l'importance de la surface d'absorption fournie par le mycélium. Environ 10 % des familles de Végétaux comprennent des espèces qui forment des ectomycorhizes, et la grande majorité de ces espèces sont ligneuses, comme les pins (*Pinus spp.*), les épinettes (*Picea spp.*), les chênes (*Quercus spp.*), les noyers (*Juglans spp.*), les bouleaux (*Betula spp.*), les saules (*Salix spp.*) et les eucalyptus (*Eucalyptus spp.*).

Contrairement aux ectomycorhizes, les **mycorhizes à arbuscules** ne forment pas de dense manchon autour de la racine (**figure 37.13b**). Les associations mycorhiziennes se forment lorsque les hyphes du mycélium qui partent du sol réagissent à la présence d'une racine en s'étendant vers elle, en établissant le contact et en croissant le long de sa surface. Les hyphes pénètrent entre les cellules épidermiques, puis entrent dans le cortex de la racine. Elles digèrent de petits morceaux de parois cellulaires corticales. Cependant, elles ne transpercent pas la membrane plasmique pour envahir le cytoplasme, mais croissent dans un tube formé par une invagination de cette membrane, un peu comme quand on enfonce un doigt dans un ballon sans le crever. Une fois cette pénétration de la paroi cellulaire réalisée, certaines des hyphes se ramifient fortement pour donner des structures qu'on appelle *arbuscules* (petits arbres). Les arbuscules sont d'importants sites de transfert de nutriments entre le champignon et la plante hôte. Dans les hyphes elles-mêmes, des vésicules ovales peuvent se former; elles emmagasinent probablement de la nourriture pour le champignon. À l'œil nu, les mycorhizes à arbuscules ressemblent à des racines « normales » munies de poils absorbants. Mais, au microscope, on observe une association mutualiste d'une grande importance. Les mycorhizes à arbuscules, qui sont beaucoup plus courantes que les ectomycorhizes, se trouvent chez plus de 85 % des espèces végétales, y compris chez les importantes espèces cultivées telles que les céréales et les Légumineuses.

L'importance des mycorhizes en agriculture et en écologie

Les racines peuvent former des symbioses mycorhiziennes seulement si elles sont en présence de l'espèce d'Eumycètes appropriée. Dans la plupart des écosystèmes, ces champignons sont présents dans le sol, et l'association s'effectue dès l'apparition des jeunes plants. Mais quand on sème des graines provenant d'un certain environnement dans des sols étrangers, on peut remarquer des signes de malnutrition chez les plantes (particulièrement des signes de carence en phosphore), en raison de l'absence de partenaire fongique. Le traitement des graines avec des spores de champignons mycorhiziens peut parfois contribuer à la formation de mycorhizes sur les jeunes plants et à l'amélioration du rendement des cultures.

Les associations mycorhiziennes sont également importantes pour comprendre les relations écologiques. Les plantes

▼ Figure 37.14 INVESTIGATION

Est-ce que l'alliaire officinale (*Alliaria petiolata*), une mauvaise herbe invasive, détruit les associations mutualistes entre les jeunes plants des arbres indigènes et les champignons mycorhiziens à arbuscules?

EXPÉRIENCE Kristina Stinson, de la Harvard University, et ses collègues ont effectué une recherche sur l'influence de l'alliaire officinale sur la croissance des jeunes plants des arbres indigènes et des champignons mycorhiziens à arbuscules associés. Dans une des expériences, ils ont fait pousser des jeunes plants d'arbres d'Amérique du Nord, comme l'érable à sucre (*Acer saccharum*), l'érable rouge (*Acer rubrum*) et le frêne blanc (*Fraxinus americana*), dans quatre sols différents. Deux des échantillons de sol ont été recueillis à un emplacement où l'alliaire officinale pousse, et l'un de ces échantillons a été stérilisé. Les deux autres échantillons de sol ont été recueillis à un emplacement dépourvu d'alliaire officinale, et l'un d'eux a été stérilisé. Après quatre mois de croissance, les chercheurs ont récolté les pousses et les racines, et ont déterminé la biomasse sèche. Ils ont également analysé les racines pour connaître le pourcentage de colonisation par les champignons mycorhiziens à arbuscules.

RÉSULTATS Les jeunes plants d'arbres indigènes ont formé moins d'associations mycorhiziennes et leur croissance a été plus lente lorsqu'ils poussaient soit dans un sol stérilisé ou dans un sol non stérilisé recueilli à un emplacement qui avait été envahi par l'alliaire officinale.

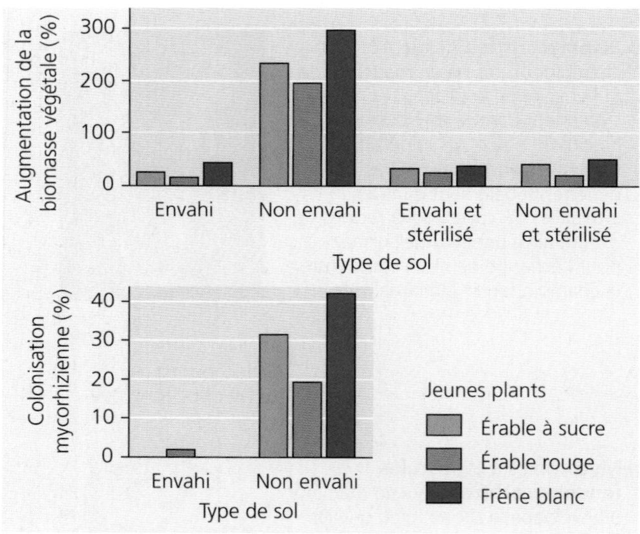

CONCLUSION Les données confirment l'hypothèse selon laquelle l'alliaire officinale empêche la croissance des arbres indigènes en agissant sur le sol de façon à briser les associations mutualistes entre les arbres et les champignons mycorhiziens à arbuscules.

SOURCE K. A. Stinson *et al.*, Invasive plant suppresses the growth of native tree seedlings by disrupting belowground mutualisms. *PLoS Biol (Public Library of Science: Biology)* 4(5): e140 (2006).

ET SI? Quel effet aurait l'application de phosphate inorganique au sol envahi par l'alliaire officinale sur la capacité de la plante à entrer en compétition avec les espèces indigènes?

▼ **Figure 37.15**

PANORAMA Les adaptations nutritives inhabituelles chez les Végétaux

Les épiphytes

Un **épiphyte** (du grec *epi*, « sur », et *phyton*, « plante ») est une plante qui croît sur une autre plante. Les épiphytes produisent et recueillent leurs propres nutriments; ils ne siphonnent pas leur hôte pour leur subsistance. Habituellement ancrés sur les branches ou le tronc d'un arbre vivant, les épiphytes absorbent l'eau et les minéraux contenus dans la pluie, davantage par les feuilles que par les racines. Une espèce de fougère, la corne d'élan (*Platycerium bifurcatum*), les Broméliacées et de nombreuses espèces d'Orchidées, dont le vanillier (*Vanilla planifolia*), sont des exemples d'épiphytes.

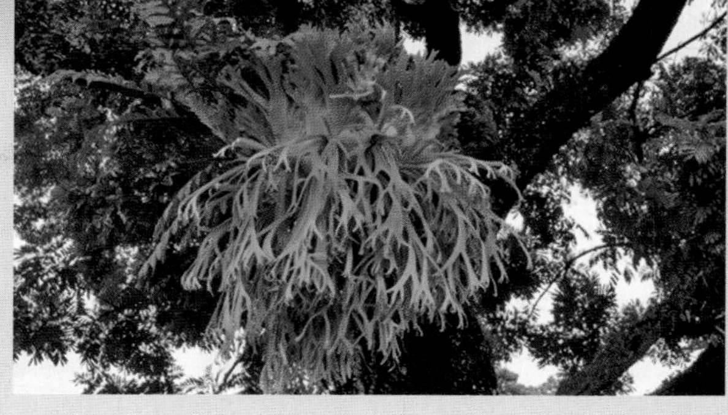

► **La corne d'élan**, une fougère épiphyte

Les plantes parasites

Contrairement aux épiphytes, les plantes parasites absorbent l'eau, des minéraux et parfois des produits de la photosynthèse de leurs plantes hôtes. Beaucoup d'espèces ont des racines qui servent de suçoirs (ou haustoriums), soit des digitations qui pénètrent dans l'hôte pour extraire des nutriments. Certaines espèces parasites, comme la cuscute (*Cuscuta salina*) formée de filaments de couleur orange, n'ont aucune chlorophylle, alors que d'autres, comme le gui de chêne (*Phoradendron flavescens*, d'Amérique, et *Viscum album*, d'Europe), sont photosynthétiques. D'autres encore, comme le monotrope uniflore (*Monotropa uniflora*), absorbent les matières nutritives par l'intermédiaire des hyphes fongiques de mycorhizes associées à d'autres plantes.

▲ **Gui de chêne**, plante parasite photosynthétique

▲ **Cuscute**, plante parasite non photosynthétique (en orange)

▲ **Monotrope uniflore**, plante non photosynthétique parasite des mycorhizes

Les plantes carnivores

Les plantes carnivores sont photosynthétiques, mais elles complètent leur régime en minéraux en capturant des insectes et d'autres petits animaux. Elles vivent dans les tourbières acides et d'autres habitats où le sol est pauvre en azote et en d'autres minéraux. Les Sarracéniacées comme les genres *Nepenthes* et *Sarracenia* ont des feuilles en forme d'urne remplies d'eau dans lesquelles les proies glissent et se noient. Ces pièges sont habituellement munis de glandes qui sécrètent des enzymes digestives (voir aussi la figure 37.1). Les rossolis (genre *Drosera*) exsudent un liquide collant par leurs glandes en forme de tentacules, situées sur des feuilles très modifiées. Les glandes pédonculées sécrètent une gomme sucrée qui attire et prend au piège les insectes, et libèrent également des enzymes digestives. D'autres glandes absorbent alors la « soupe » nutritive. Les feuilles très modifiées de la dionée attrape-mouches (*Dionaea muscipula*) se referment rapidement mais partiellement lorsqu'une proie frappe deux poils déclencheurs en succession assez rapide. Les plus petits insectes peuvent s'échapper, mais les plus gros sont emprisonnés par les dents à la bordure des lobes. L'excitation causée par la proie fait rétrécir le piège davantage et libérer des enzymes digestives.

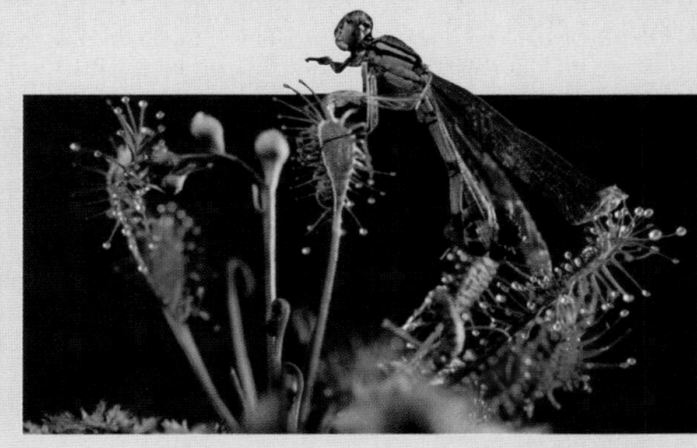

▲ **Rossolis** (*Drosera sp.*)

◄ **Sarracénie** (*Sarracenia sp.*)

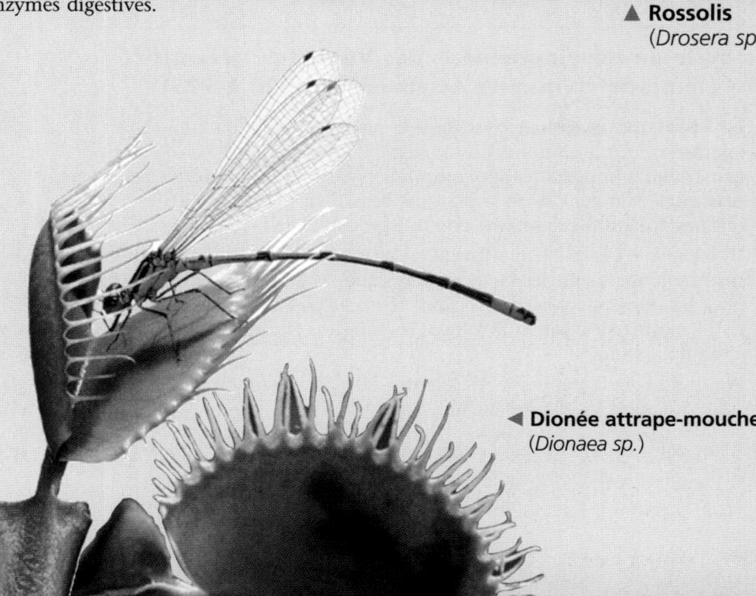

◄ **Dionée attrape-mouches** (*Dionaea sp.*)

exotiques invasives colonisent parfois des régions en détruisant les interactions entre les organismes indigènes. Par exemple, l'alliaire officinale (*Alliaria petiolata*), provenant d'Europe et introduite en Nouvelle-Angleterre au cours des années 1800, a envahi les régions boisées dans tout l'est et le centre des États-Unis, supprimant ainsi les jeunes plants des arbres et d'autres plantes indigènes. Des chercheurs de la Harvard University ont obtenu des preuves convaincantes que ses propriétés invasives peuvent être reliées à une capacité à ralentir la croissance d'autres espèces de plantes en empêchant la croissance de champignons mycorhiziens à arbuscules (**figure 37.14**, page 928).

Les épiphytes, les plantes parasites et les plantes carnivores

Presque toutes les espèces végétales forment des associations mutualistes avec des champignons ou des bactéries du sol, ou les deux. Plus rarement, certaines espèces ont des adaptations nutritives qui font intervenir d'autres organismes, mais qui ne sont pas basées sur le mutualisme. La **figure 37.15** de la page 929 donne une vue d'ensemble de trois adaptations inhabituelles: les épiphytes, les plantes parasites et les plantes carnivores.

RETOUR SUR LE CONCEPT 37.3

1. Pourquoi l'étude de la rhizosphère est-elle essentielle à la compréhension de la nutrition des Végétaux?
2. Comment les bactéries du sol et les mycorhizes contribuent-elles à la nutrition des Végétaux?
3. **ET SI?** Un cultivateur d'arachides trouve que les vieilles feuilles de ses plantes jaunissent après une longue période de temps humide. Proposez une explication à ce phénomène.

Voir les réponses proposées à la fin du chapitre.

RÉVISION DU CHAPITRE 37

RÉSUMÉ DES CONCEPTS CLÉS

CONCEPT 37.1

Les sols contiennent un écosystème vivant complexe (p. 915 à 920)

- On trouve dans le sol des particules de roches de diverses tailles (classes granulométriques). La taille des particules dans le sol influe sur la disponibilité de l'eau, de l'oxygène et des minéraux.
- La composition d'un sol se rapporte à ses constituants inorganiques et organiques. Le **sol de surface** est un écosystème complexe dans lequel abondent des Bactéries, des Eumycètes, des Protistes, des Animaux et des racines de plantes.
- Certaines pratiques agricoles appauvrissent le sol, compromettent les réserves d'eau et accentuent l'érosion. L'objectif de la conservation du sol est de réduire ces dommages le plus possible.

? *En quoi le sol est-il un écosystème complexe?*

CONCEPT 37.2

Le cycle de développement des Végétaux nécessite des éléments chimiques essentiels (p. 920 à 923)

- Les **éléments majeurs**, ceux dont la plante a besoin en grandes quantités, sont le carbone, l'hydrogène, l'oxygène, l'azote et d'autres constituants importants des composés organiques. Les **éléments mineurs**, soit ceux dont la plante a besoin en petites quantités, ont une fonction catalytique en tant que cofacteurs d'enzymes.
- Une carence en un élément minéral mobile dans une plante touche habituellement plus les vieux organes que les jeunes. C'est l'inverse pour les minéraux peu mobiles. Les carences en éléments majeurs sont les plus courantes, particulièrement les carences en azote, en phosphore et en potassium.
- Plutôt que d'adapter le sol aux plantes, les spécialistes du génie génétique adaptent les plantes au sol.

? *Les plantes ont-elles besoin de sol pour croître? Expliquez votre réponse.*

CONCEPT 37.3

La nutrition des Végétaux comporte souvent des associations avec d'autres organismes (p. 923 à 930)

- Les **rhizobactéries** puisent leur énergie dans la rhizosphère, un écosystème riche en microorganismes très étroitement associés aux racines. Les sécrétions des plantes satisfont aux besoins en énergie de la rhizosphère. Certaines bactéries produisent des antibiotiques, alors que d'autres rendent les nutriments plus facilement assimilables par les plantes. La plupart d'entre elles sont à l'état libre, mais certaines vivent à l'intérieur des plantes. Les plantes satisfont à leurs grands besoins en azote par la décomposition bactérienne de l'**humus** et la fixation de l'azote gazeux.

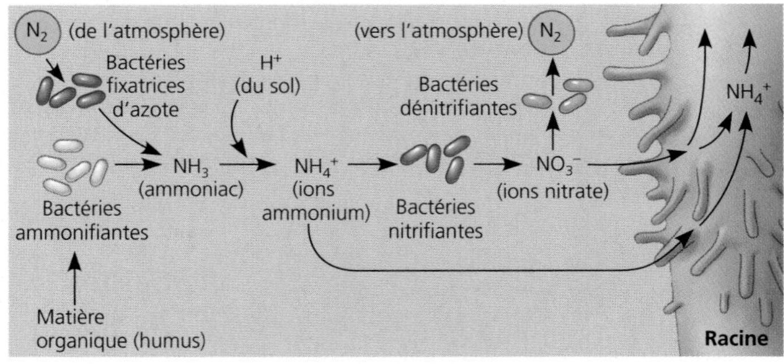

- Les bactéries fixatrices d'azote transforment le N_2 atmosphérique en minéraux azotés, source d'azote pour la synthèse de matière organique, que les plantes peuvent absorber. Le mutualisme le plus efficace entre les plantes et les bactéries fixatrices d'azote s'établit dans les nodosités formées par les bactéries du genre *Rhizobium* qui croissent dans les racines des Légumineuses. Ces bactéries obtiennent les glucides d'une plante, à laquelle elles fournissent l'azote fixé. En agriculture, la rotation des cultures de Légumineuses avec d'autres cultures est pratiquée pour renouveler l'azote dans le sol.
- Les **mycorhizes** sont des associations mutualistes d'Eumycètes et de racines de Végétaux. Les hyphes fongiques des mycorhizes absorbent l'eau et les minéraux, et les transfèrent à leur plante hôte.

- Les **épiphytes** croissent à la surface d'autres plantes, mais tirent leur eau et leurs minéraux de la pluie. Les plantes parasites extraient des nutriments des autres plantes. Les plantes carnivores complètent leur nutrition minérale en digérant des animaux.

? *Est-ce que tous les Végétaux tirent leur énergie directement de la photosynthèse? Expliquez votre réponse.*

ÉVALUATION

NIVEAU 1: CONNAISSANCES ET COMPRÉHENSION

1. La majeure partie de la matière organique d'une plante provient:
a) de l'eau.
b) du dioxyde de carbone.
c) des minéraux du sol.
d) du dioxygène atmosphérique.
e) de l'azote.

2. Les éléments mineurs ne sont nécessaires qu'en très petites quantités, parce que:
a) la plupart d'entre eux sont mobiles dans la plante.
b) la plupart d'entre eux servent de cofacteurs enzymatiques.
c) la plupart d'entre eux existent en quantités suffisamment importantes dans les graines.
d) ils jouent un rôle mineur dans la croissance et la santé des Végétaux.
e) ils ne sont nécessaires qu'aux parties végétales en croissance.

3. Les mycorhizes améliorent la nutrition des Végétaux principalement en:
a) absorbant l'eau et les minéraux par les hyphes fongiques.
b) fournissant les glucides aux cellules des racines, qui ne possèdent pas de chloroplastes.
c) convertissant l'azote atmosphérique en ammoniac.
d) permettant aux racines de parasiter des plantes voisines.
e) provoquant la formation de poils absorbants.

4. Les épiphytes sont:
a) des champignons qui attaquent les plantes.
b) des champignons qui forment des associations mutualistes avec les racines.
c) des plantes parasites non photosynthétiques.
d) des plantes qui capturent des insectes.
e) des plantes qui croissent sur d'autres plantes.

5. Certains des problèmes associés à une irrigation intensive incluent tous les exemples suivants sauf:
a) un écoulement de minéraux.
b) la fertilisation excessive.
c) l'affaissement d'un sol.
d) l'épuisement d'un aquifère.
e) la salinisation du sol.

NIVEAU 2: APPLICATION ET ANALYSE

6. Une carence en un minéral donné touche plus les vieilles feuilles que les jeunes feuilles si:
a) le minéral est un élément mineur.
b) le minéral est très mobile dans la plante.
c) le minéral est nécessaire à la synthèse de la chlorophylle.
d) le minéral est un élément majeur.
e) les plus vieilles feuilles sont directement éclairées par le soleil.

7. Nous observerions la plus grande différence de l'aspect général entre deux groupes de plantes de la même espèce, l'un caractérisé par la présence de mycorhizes et l'autre par leur absence, dans un milieu:
a) où les bactéries fixatrices d'azote sont abondantes.
b) dont le sol est mal drainé.
c) où les étés sont chauds et les hivers froids.
d) dont le sol est relativement pauvre en minéraux.
e) situé près d'une étendue d'eau, comme un étang ou une rivière.

8. On fait pousser deux groupes de plants de tomates en laboratoire, l'un dans un sol enrichi d'humus, l'autre, le groupe témoin, dans un sol sans humus. Les feuilles des plants qui poussent sans humus sont plus jaunes (moins vertes) que celles des plants qui poussent dans l'humus. La meilleure explication de cette disparité est la suivante:
a) Les plants sains utilisent la nourriture présente dans les feuilles en décomposition de l'humus pour obtenir l'énergie nécessaire à la synthèse de la chlorophylle.
b) L'humus rend le sol moins compact, alors l'eau se rend plus facilement aux racines.
c) L'humus contient des minéraux comme le magnésium et le fer qui sont nécessaires à la synthèse de la chlorophylle.
d) La chaleur dégagée par la décomposition des feuilles dans l'humus permet une croissance rapide et une synthèse rapide de la chlorophylle.
e) Les plants sains absorbent la chlorophylle de l'humus.

9. La relation particulière entre une légumineuse et la souche de *Rhizobium* de l'association mutualiste dépend probablement:
a) du fait que chaque légumineuse a un dialogue chimique avec un champignon.
b) du fait que chaque souche de *Rhizobium* a une forme de nitrogénase qui ne fonctionne que dans la légumineuse hôte appropriée.
c) du fait que chaque légumineuse se trouve dans le sol abritant seulement le *Rhizobium* qui lui est propre.
d) de la reconnaissance spécifique entre les stimulus chimiques et les récepteurs des espèces de *Rhizobium* et de Légumineuses.
e) de la destruction, par les enzymes sécrétées par la légumineuse, de toutes les espèces de *Rhizobium* incompatibles.

10. **FAITES UN DESSIN** Dessinez un schéma simple d'un échange de cations, en montrant des poils absorbants, une particule de sol avec des anions et un ion hydrogène qui déplace un cation minéral.

NIVEAU 3: SYNTHÈSE ET ÉVALUATION

11. **LIEN AVEC L'ÉVOLUTION**
Imaginez que vous retirez la plante dans la figure 37.10. Rédigez un texte d'un paragraphe pour expliquer comment les bactéries du sol ont permis le cycle biogéochimique de l'azote *avant* que les Végétaux colonisent la terre ferme.

12. **INTÉGRATION**
Les pluies acides contiennent des concentrations anormalement élevées de protons (H^+). Elles sont à l'origine de l'appauvrissement du sol pour ce qui est des éléments nutritifs comme les ions calcium (Ca^{2+}), potassium (K^+) et magnésium (Mg^{2+}). Émettez une hypothèse expliquant pourquoi les pluies acides lessivent ces nutriments du sol. Comment pourriez-vous vérifier votre hypothèse?

13. **SCIENCE, TECHNOLOGIE ET SOCIÉTÉ**
Dans de nombreux pays, l'irrigation épuise les aquifères à un point tel que les sols s'affaissent, les récoltent diminuent, et qu'il est nécessaire de creuser les puits de plus en plus profondément. Dans de nombreux cas, le retrait de l'eau souterraine a maintenant grandement dépassé le rythme de l'alimentation naturelle en eau des aquifères. Commentez les conséquences possibles de cette tendance. Qu'est-il possible de faire socialement et scientifiquement pour alléger ce problème qui s'amplifie?

14. **ÉCRIVEZ UN TEXTE**
Les interactions environnementales Le sol dans lequel croissent les plantes abonde en organismes de chaque règne taxinomique. Dans un court essai (de 100 à 150 mots), commentez des exemples qui illustrent la façon dont les interactions mutualistes des Végétaux avec les Bactéries, les Eumycètes et les Animaux améliorent la nutrition des Végétaux.

RÉPONSES DU CHAPITRE 37

Questions des figures

Figure 37.3 Les anions. Les cations sont moins susceptibles d'être perdus par le sol à la suite de pluies abondantes parce qu'ils sont liés aux particules du sol. **Tableau 37.1** Le fluor, le sélénium et le chrome. Les plantes peuvent contenir plus de 50 éléments, mais seulement quelques-uns sont essentiels pour qu'elles complètent leur cycle de développement. Les autres, dont le fluor, le sélénium et le chrome, sont présents, mais ils ne sont pas essentiels pour leur survie. **Figure 37.11** Les Légumineuses en tirent profit parce que les bactéries fixent l'azote qui est absorbé par leurs racines. Les bactéries en tirent profit parce qu'elles acquièrent les produits de la photosynthèse des plantes. **Figure 37.12** Les trois catégories de tissus végétaux sont touchées. Les poils absorbants (tissu de revêtement) sont modifiés pour permettre la pénétration du *Rhizobium*. Le cortex (tissu fondamental) et le péricycle (tissu conducteur) prolifèrent au cours de la formation des nodosités. Le tissu conducteur de la nodosité communique avec le cylindre vasculaire de la racine pour permettre un échange efficace de nutriments. **Figure 37.14** Si le phosphate était le seul minéral limitant, les effets sur la croissance des arbres indigènes de l'alliaire officinale, qui cause la réduction des associations mycorhiziennes, seraient moins graves. Par conséquent, l'ajout de phosphate au sol réduirait l'avantage compétitif de l'alliaire officinale.

Retour sur le concept 37.1

1. Un arrosage trop abondant prive les racines d'oxygène, tandis qu'une fertilisation excessive peut entraîner la salinisation des sols et polluer l'eau. **2.** Quand les déchets de coupe de gazon se décomposent, ils retournent les minéraux dans le sol. S'ils sont enlevés, les minéraux perdus par le sol doivent être remplacés par la fertilisation. **3.** À cause de leur petite taille et de leur charge négative, les particules d'argile augmenteraient le nombre de sites de liaison pour les cations et les molécules d'eau, et favoriseraient ainsi l'échange des cations et la rétention d'eau dans le sol. **4.** L'eau se dilate quand elle gèle en raison des liaisons hydrogène entre les molécules d'eau, et cela cause le bris mécanique des roches. L'eau adhère également à de nombreux objets, et cette cohésion combinée à d'autres forces, comme la gravité, peut contribuer à arracher des particules de la roche. Enfin, l'eau, parce qu'elle est polaire, est un excellent solvant qui permet à de nombreuses substances, dont des ions, de se dissoudre.

Retour sur le concept 37.2

1. Le tableau 37.1 montre que le CO_2 est à l'origine de 90 % de la masse sèche totale d'une plante, ce qui appuie l'hypothèse de Hales selon laquelle les plantes se nourrissent principalement d'air. **2.** Non, parce que même si les éléments majeurs sont nécessaires en plus grandes quantités, la plante a besoin de tous les éléments essentiels pour accomplir son cycle de développement. **3.** Non. Le fait que l'ajout d'un élément provoque une augmentation de la vitesse de croissance d'une culture ne signifie pas que l'élément est strictement requis pour que la plante complète son cycle de développement. **4.** La saturation du sol par l'eau déplace l'air du sol, ce qui réduit la teneur en O_2. Ces conditions favorisent le processus anaérobie de fermentation alcoolique dans les plantes, dont le produit final est l'éthanol.

Retour sur le concept 37.3

1. La rhizosphère est une zone étroite dans le sol immédiatement adjacente aux racines vivantes. Cette zone est particulièrement riche en nutriments organiques et inorganiques et a une population de microorganismes qui est de nombreuses fois plus grande que dans la majeure partie du sol. **2.** Les bactéries et les mycorhizes du sol enrichissent la nutrition des plantes en rendant certains minéraux plus facilement assimilables par les plantes. Par exemple, de nombreux types de bactéries du sol jouent un rôle dans le cycle de l'azote, et les hyphes des mycorhizes fournissent une grande surface de contact pour l'absorption des nutriments, notamment les ions phosphate. **3.** Des pluies qui causent la saturation du sol peuvent en réduire la teneur en oxygène. Une absence d'oxygène dans le sol pourrait inhiber la fixation de l'azote par les nodosités des racines d'arachides et rendre l'azote moins assimilable par la plante. Ou encore, une pluie torrentielle peut lessiver les nitrates du sol. Le jaunissement des vieilles feuilles est un symptôme de carence en azote.

Questions du résumé des concepts clés

37.1 Le terme *écosystème* fait référence aux communautés d'organismes dans une zone donnée et à leurs interactions avec le milieu physique autour d'elles. De nombreuses communautés d'organismes abondent dans les sols, dont des espèces de Bactéries, d'Eumycètes, d'Animaux et les systèmes racinaires des Végétaux. La vigueur de chacune de ces communautés dépend de facteurs non vivants dans le sol, comme les minéraux, le dioxygène et l'eau, de même que des interactions, positives ou négatives, entre les différentes communautés d'organismes. **37.2** Non, les plantes peuvent compléter leur cycle de développement quand elles croissent de façon hydroponique, c'est-à-dire dans des solutions aérées de sels contenant les bonnes proportions de tous les minéraux nécessaires à la plante. **37.3** Non, certaines plantes parasites obtiennent leur énergie en siphonnant les nutriments de carbone aux autres organismes.

ÉVALUATION

1. b; **2.** b; **3.** a; **4.** e; **5.** b; **6.** b; **7.** d; **8.** c; **9.** d;
10.

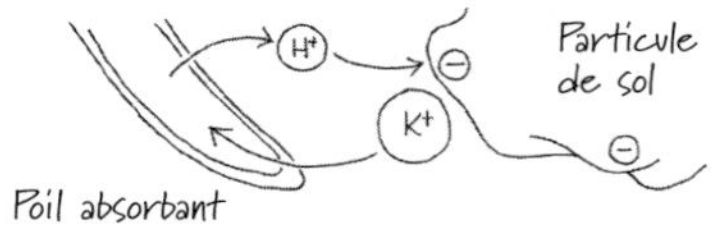

H^+
K^+
Particule de sol
Poil absorbant

38

La reproduction des Angiospermes et la biotechnologie végétale

▲ **Figure 38.1 Pourquoi cette guêpe tente-t-elle de s'accoupler avec cette fleur ?**

CONCEPTS CLÉS

38.1 **Les fleurs, la double fécondation et les fruits sont des caractéristiques propres au cycle de développement des Angiospermes**

38.2 **Les plantes à fleurs se reproduisent par voie sexuée, asexuée, ou les deux**

38.3 **Les humains modifient les cultures par la sélection et le génie génétique**

INTRODUCTION

Des leurres floraux

Les guêpes mâles de l'espèce *Campsoscolia ciliata* font souvent une tentative d'accouplement avec les fleurs de l'orchidée miroir, *Ophrys speculum* (**figure 38.1**), largement répandue autour du bassin méditerranéen. Au cours de ce rapprochement, des grains de pollen se collent au corps de l'insecte. Finalement frustrée, la guêpe s'envole et dépose le pollen sur une autre fleur d'*Ophrys* qui est devenue l'objet de son ardeur déplacée. Les fleurs d'*Ophrys* n'offrent aucune récompense comme du nectar aux guêpes mâles, mais seulement de la frustration. Alors, qu'est-ce qui attire tant les guêpes mâles chez cette orchidée ? Selon la réponse traditionnelle, la forme des grands pétales de l'orchidée et la frange de soies orangées qui l'entoure ressemblent vaguement à la guêpe femelle. Ces signes visuels, cependant, ne sont qu'une partie de la duperie : les orchidées du genre *Ophrys* sécrètent des substances chimiques dont l'odeur s'apparente à celle produite par une guêpe femelle sexuellement réceptive.

Cette orchidée et ses guêpes pollinisatrices constituent un exemple des étonnantes façons de reproduction par voie sexuée des Angiospermes (plantes à fleurs) avec les membres distants de leur propre espèce. La voie sexuée n'est toutefois pas leur seul moyen de reproduction. De nombreuses espèces se reproduisent également par voie asexuée, donnant naissance à des descendants génétiquement identiques à leur parent.

Un aspect inusité de l'exemple de l'orchidée et de la guêpe est que l'insecte ne tire aucun bénéfice de son interaction avec la fleur. En fait, la perte de temps et d'énergie rend la guêpe moins apte à la reproduction. Normalement, les fleurs d'une plante n'attirent pas un animal pollinisateur en offrant des faveurs sexuelles, mais plutôt des récompenses sous forme de nectar ou de pollen riches en énergie. Par conséquent, la plante et le pollinisateur en tirent un bénéfice ; autrement dit, l'association symbiotique est mutualiste. Dans le règne végétal, la participation à des associations mutualistes avec d'autres organismes est très courante. En fait, au cours de l'évolution récente, certaines plantes à fleurs ont établi des associations mutualistes avec un animal qui dissémine leurs graines, leur fournit de l'eau et des minéraux, et les protège énergiquement des compétiteurs envahissants, des agents pathogènes et des prédateurs. En échange de ces faveurs, l'animal obtient généralement la possibilité de se nourrir d'une fraction des graines et des fruits de la plante. Les symbiotes végétaux engagés dans ces interactions mutualistes remarquables s'appellent cultures, ou plantes cultivées ; les symbiotes animaux sont appelés humains.

Depuis l'origine de la domestication des cultures il y a plus de 10 000 ans, les sélectionneurs de Végétaux ont manipulé génétiquement les caractères de quelques centaines d'espèces sauvages d'Angiospermes par sélection artificielle et les ont ainsi transformées en cultivars. Le génie génétique a augmenté de façon spectaculaire la variété des méthodes de modification des plantes ainsi que la vitesse du processus.

Aux chapitres 29 et 30, nous avons abordé la reproduction sous l'angle de l'évolution, en suivant la lignée des plantes terrestres depuis leurs ancêtres aquatiques, les Algues vertes. Nous explorerons maintenant la biologie de la reproduction des plantes à fleurs en détail, puisque c'est le groupe de Végétaux le plus important dans la plupart des écosystèmes terrestres et en agriculture. En plus des modes de reproduction sexuée et asexuée des Angiospermes, nous étudierons le rôle des humains dans les modifications génétiques des espèces de plantes cultivées, ainsi que les controverses entourant la biotechnologie végétale moderne.

CONCEPT 38.1

Les fleurs, la double fécondation et les fruits sont des caractéristiques propres au cycle de développement des Angiospermes

Le cycle de développement des Végétaux est caractérisé par l'alternance de générations: une génération haploïde (n) multicellulaire alterne avec une génération diploïde ($2n$) multicellulaire (voir les figures 29.5, p. 698 et 699, et 30.10, p. 727). La plante diploïde, appelée sporophyte, fabrique des spores haploïdes par méiose. Chacune des spores se divise par mitose et donne naissance à une plante haploïde mâle ou femelle, le gamétophyte multicellulaire. Puis, les gamétophytes produisent des gamètes (spermatozoïdes et oosphères). La **fécondation**, l'union des gamètes, engendre des zygotes diploïdes. Ceux-ci se divisent par mitose et donnent de nouveaux sporophytes. Chez les Angiospermes, la génération du sporophyte domine, car elle est plus grande, plus voyante et a une vie de plus longue durée que celle du gamétophyte. Au cours de leur évolution, les gamétophytes ont rapetissé et sont devenus totalement dépendants de leurs parents sporophytes pour leurs nutriments: les gamétophytes des Angiospermes, constitués de quelques cellules seulement, sont les plus petits du règne végétal. La **figure 38.2** résume le cycle de développement des Angiospermes; pour une description plus détaillée, voir la figure 30.10. On peut se rappeler les caractères dérivés du cycle de développement des Angiospermes comme les «trois F»: *f*leurs, double *f*écondation et *f*ruits. Étant donné que les Angiospermes ainsi que les Gymnospermes sont des plantes à graines, il est également essentiel de connaître la structure et la fonction des graines pour comprendre le cycle de développement des Angiospermes.

La structure et la fonction de la fleur

La fleur, c'est-à-dire la pousse comportant les organes reproducteurs du sporophyte chez les Angiospermes, est généralement composée de quatre verticilles de feuilles hautement modifiées qu'on appelle *pièces florales*. Contrairement aux pousses végétatives, les pousses florales ont une croissance définie; elles cessent de croître après la formation de la fleur et du fruit.

Les pièces florales – les **sépales**, les **pétales**, les **étamines** et le **pistil** (ou gynécée) – sont reliées au **réceptacle**, l'extrémité élargie du pédoncule, qui relie la fleur à la tige. Les étamines et le pistil sont les pièces reproductrices, tandis que les sépales et les pétales sont les pièces stériles. Les sépales, qui entourent et protègent le bouton floral avant son ouverture, sont les pièces florales qui ressemblent le plus à des feuilles. Les pétales sont généralement plus vivement colorés que les sépales et servent à attirer les insectes et les autres pollinisateurs vers les fleurs.

L'ensemble des étamines forme l'androcée. Une étamine se compose d'une partie mince et allongée appelée *filet* et d'une

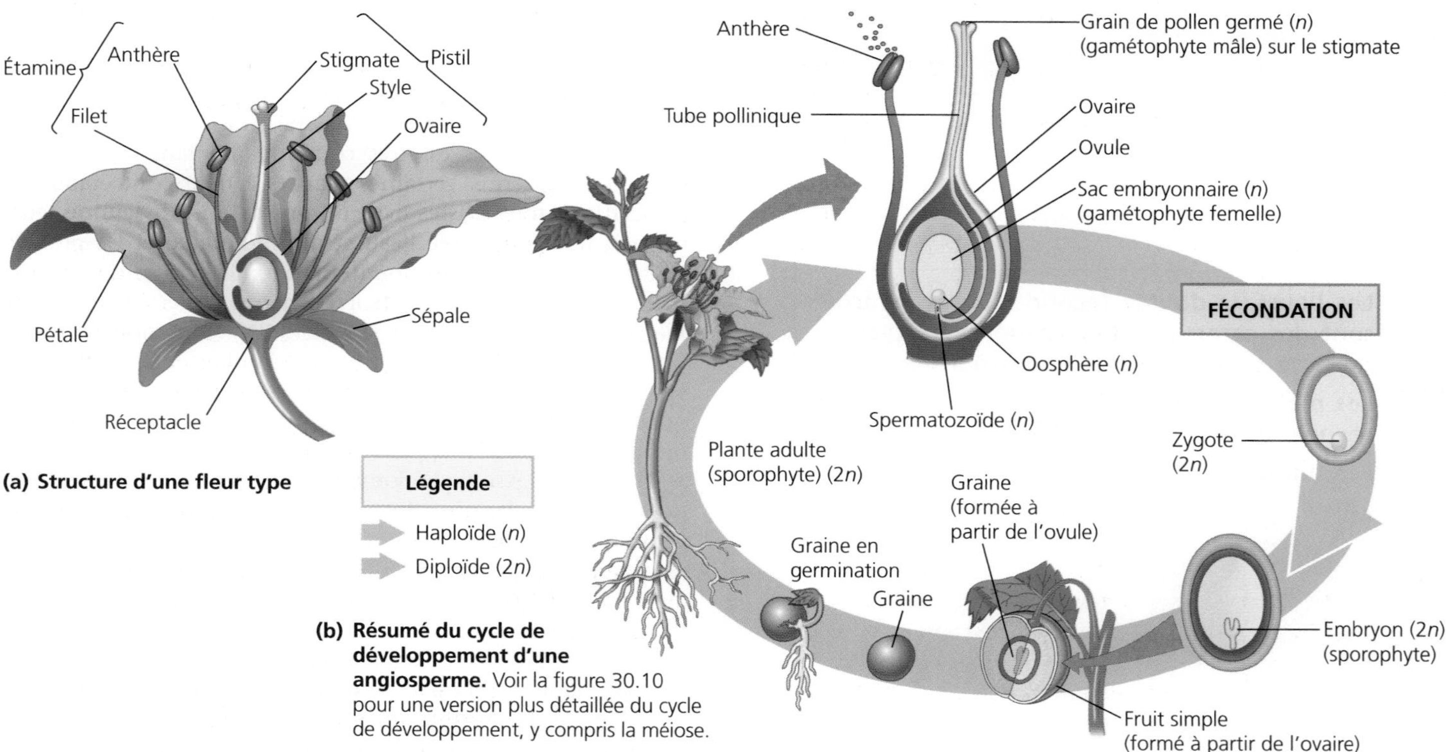

(b) Résumé du cycle de développement d'une angiosperme. Voir la figure 30.10 pour une version plus détaillée du cycle de développement, y compris la méiose.

▲ **Figure 38.2 Vue d'ensemble de la reproduction chez une angiosperme.**

structure terminale qui porte le nom d'**anthère**. L'anthère possède des loges appelées microsporanges (sacs polliniques), où se forme le pollen. Le pistil comporte un **ovaire** formant un renflement à sa base et un long tube étroit, le **style**, qui se dresse au-dessus. Le sommet du style porte un **stigmate** généralement gluant qui reçoit le pollen. L'ovaire renferme un ou plusieurs **ovules** (selon l'espèce). La fleur illustrée à la figure 38.2 est constituée d'un pistil à un seul **carpelle**. Cependant, chez la plupart des espèces, le pistil compte deux ou trois carpelles qui fusionnent en une seule structure, ce qui donne un ovaire à deux ou plusieurs loges contenant chacune un ou plusieurs ovules. On emploie donc le terme pistil pour désigner soit une structure à un seul carpelle ou un groupe de carpelles fusionnés.

Les **fleurs complètes** possèdent les quatre ensembles de pièces florales (voir la figure 38.2a). Certaines espèces ont des **fleurs incomplètes**, à qui il manque les sépales, les pétales, les étamines ou le pistil. Par exemple, les fleurs de la plupart des Graminées n'ont pas de pétales. Certaines fleurs incomplètes sont stériles, dépourvues d'étamines et de pistil fonctionnels; d'autres sont *unisexes*, dépourvues soit d'étamines, soit de pistil. Les fleurs varient également sur le plan de la taille, de la forme, de la couleur, de l'odeur, de la disposition des pièces florales et de la période d'ouverture. Chez certaines espèces, les fleurs sont individuelles; chez d'autres, elles forment des regroupements voyants qu'on appelle **inflorescences**. Par exemple, le disque central de la fleur du tournesol est en fait un amas de centaines de petites fleurs incomplètes. Les languettes jaunes rayonnantes qui ressemblent à des pétales sont en réalité des fleurs stériles (voir la figure 1.3). Une bonne partie de cette diversité résulte de l'adaptation à des groupes précis de pollinisateurs.

La formation des gamétophytes mâles dans les grains de pollen

Chaque anthère contient quatre microsporanges, également appelés sacs polliniques. À l'intérieur des microsporanges se trouvent de nombreuses cellules diploïdes appelées *microsporocytes*, ou cellules mères des microspores (**figure 38.3a**). Chaque microsporocyte subit une méiose et donne quatre **microspores** haploïdes, dont chacune donnera naissance à un gamétophyte mâle. Chaque microspore subit ensuite une mitose, et produit un gamétophyte mâle constitué de seulement deux cellules: une *cellule génératrice* et une *cellule végétative*. Le tout forme un **grain de pollen**. La paroi de la spore, constituée de matériaux produits par la microspore et l'anthère, comporte habituellement un motif complexe qui est propre à l'espèce. Durant la maturation du gamétophyte mâle, la cellule génératrice va se loger dans la cellule végétative, et la paroi de la spore est complétée. La cellule végétative contient alors, dans son cytoplasme, une autre cellule tout aussi autonome qu'elle. Après l'ouverture du microsporange libérant le pollen, un grain de pollen peut être transporté sur la surface réceptrice d'un stigmate. À cet endroit, la cellule végétative produit le **tube pollinique**, une longue protubérance cellulaire qui déverse ses spermatozoïdes dans le gamétophyte femelle. Les tubes polliniques peuvent s'allonger très rapidement, et atteindre une vitesse de 1 cm/h ou plus. Durant l'élongation du tube pollinique dans le style, la cellule génératrice se divise et produit habituellement deux spermatozoïdes, lesquels demeurent toujours à l'intérieur de la cellule végétative (voir la figure 30.10). Le tube pollinique s'enfonce dans le style jusque dans l'ovaire et l'ovule, où il libère alors les deux spermatozoïdes près du gamétophyte femelle.

La formation des gamétophytes femelles (sacs embryonnaires)

Parmi les espèces d'Angiospermes, il existe plus de 15 variantes dans la formation du gamétophyte femelle, également appelé **sac embryonnaire**. Nous nous pencherons sur une seule variante courante. Le processus entier se déroule dans un tissu à l'intérieur de chaque ovule appelé le mégasporange. Deux *téguments de l'ovule* (couches de tissu protecteur du sporophyte qui deviendront les téguments de la graine) entourent chaque mégasporange, à l'exception d'une ouverture appelée *micropyle*. La formation du gamétophyte femelle commence quand une cellule dans le mégasporange de chaque ovule, le *mégasporocyte* (ou cellule mère des mégaspores), croît et produit par méiose quatre **mégaspores** haploïdes (**figure 38.3b**). Une seule mégaspore survit, les autres dégénèrent.

Le noyau de la mégaspore qui survit se divise trois fois par mitose, sans cytocinèse, et donne une grosse cellule contenant huit noyaux haploïdes. Puis, des membranes divisent cette masse multinucléée, qui devient une structure multicellulaire appelée sac embryonnaire: c'est le gamétophyte femelle. Le sort des noyaux est déterminé par un gradient d'auxine, une hormone qui prend naissance près du micropyle. À l'extrémité du sac embryonnaire située près du micropyle se trouvent deux cellules appelées *synergides*, situées de part et d'autre de l'oosphère. Les synergides attirent et guident le tube pollinique vers le sac embryonnaire. À l'autre extrémité du sac embryonnaire se trouvent trois autres cellules, les cellules antipodales, dont la fonction est inconnue. Les deux noyaux qui restent, les noyaux polaires, ne sont pas séparés par des membranes. Ils partagent le cytoplasme de la grosse cellule centrale du sac embryonnaire. L'ovule, qui deviendra une graine, est alors composé du sac embryonnaire et de ses téguments.

La pollinisation

Chez les Angiospermes, la **pollinisation** est le transport de pollen d'une anthère à un stigmate. Elle s'effectue par le vent, l'eau ou les animaux pollinisateurs (**figure 38.4**, page 937). Chez les espèces pollinisées par le vent, dont les Graminées et de nombreux arbres, la libération d'importantes quantités de minuscules grains de pollen compense le côté aléatoire de ce mode de dissémination. À certaines périodes de l'année, l'air est rempli de pollen, comme le savent si bien les personnes qui y sont allergiques. Pour certaines plantes aquatiques, c'est l'eau qui est l'agent de dissémination du pollen. Cependant, la plupart des Angiospermes doivent compter sur les insectes, les oiseaux ou les autres animaux pollinisateurs, qui transportent directement le pollen d'une fleur à l'autre. Si la pollinisation réussit, un grain de pollen produit un tube pollinique qui s'enfonce dans le style jusqu'à l'ovaire et l'ovule.

La coévolution des fleurs et des pollinisateurs

ÉVOLUTION L'évolution conjointe de deux espèces en interaction, chacune en réponse à une sélection imposée par l'autre, est appelée **coévolution**. De nombreuses espèces de plantes à fleurs ont coévolué avec des pollinisateurs spécifiques. La

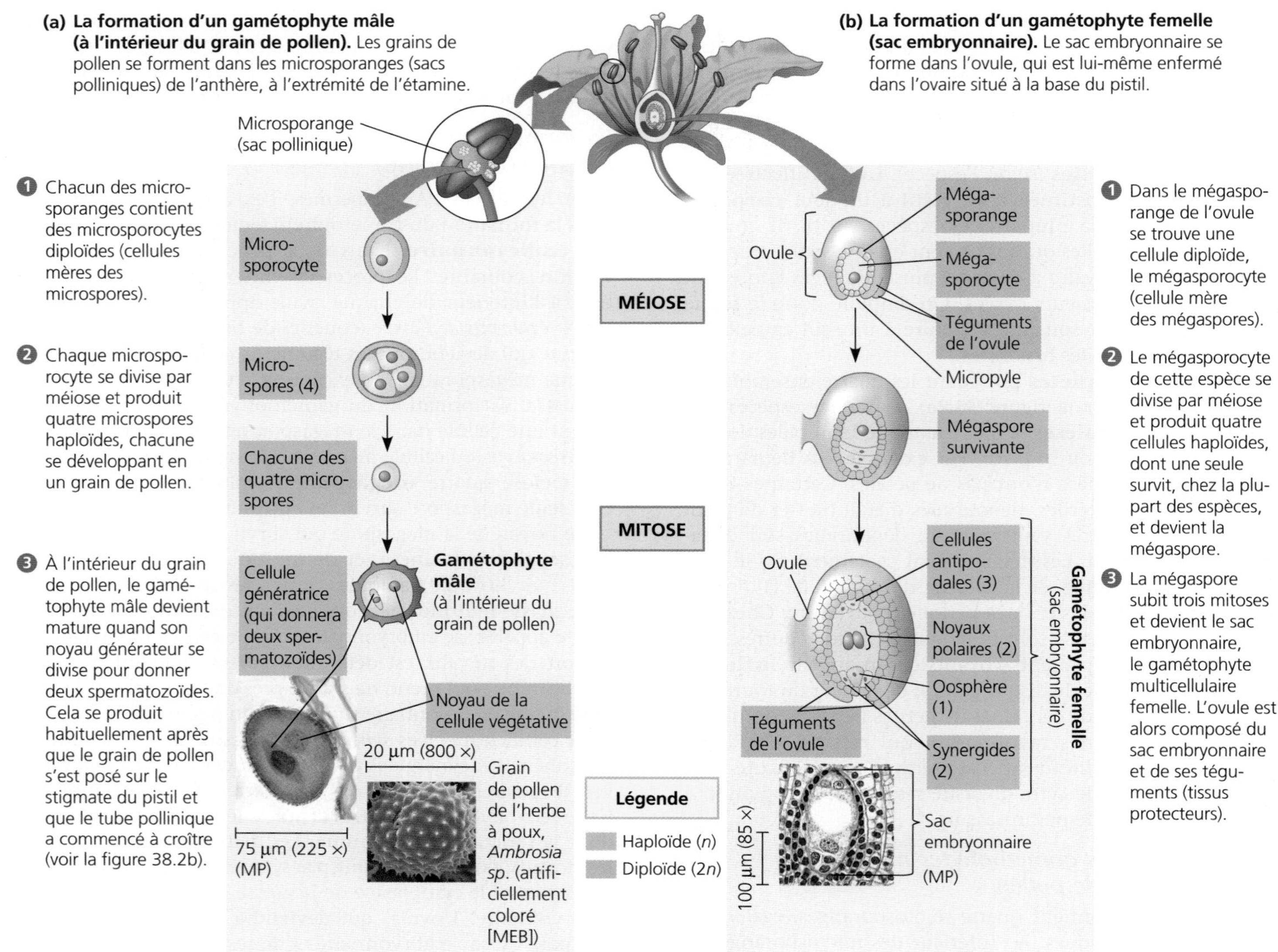

(a) La formation d'un gamétophyte mâle (à l'intérieur du grain de pollen). Les grains de pollen se forment dans les microsporanges (sacs polliniques) de l'anthère, à l'extrémité de l'étamine.
Microsporange (sac pollinique)
1 Chacun des microsporanges contient des microsporocytes diploïdes (cellules mères des microspores).
2 Chaque microsporocyte se divise par méiose et produit quatre microspores haploïdes, chacune se développant en un grain de pollen.
3 À l'intérieur du grain de pollen, le gamétophyte mâle devient mature quand son noyau générateur se divise pour donner deux spermatozoïdes. Cela se produit habituellement après que le grain de pollen s'est posé sur le stigmate du pistil et que le tube pollinique a commencé à croître (voir la figure 38.2b).
Microsporocyte
Microspores (4)
Chacune des quatre microspores
Cellule génératrice (qui donnera deux spermatozoïdes)
Gamétophyte mâle (à l'intérieur du grain de pollen)
Noyau de la cellule végétative
75 µm (225 ×) (MP)
20 µm (800 ×)
Grain de pollen de l'herbe à poux, *Ambrosia sp.* (artificiellement coloré [MEB])
MÉIOSE
MITOSE
Légende
Haploïde (n)
Diploïde (2n)
(b) La formation d'un gamétophyte femelle (sac embryonnaire). Le sac embryonnaire se forme dans l'ovule, qui est lui-même enfermé dans l'ovaire situé à la base du pistil.
Ovule
Mégasporange
Mégasporocyte
Téguments de l'ovule
Micropyle
Mégaspore survivante
Ovule
Cellules antipodales (3)
Noyaux polaires (2)
Oosphère (1)
Synergides (2)
Téguments de l'ovule
Gamétophyte femelle (sac embryonnaire)
Sac embryonnaire
100 µm (85 ×)
(MP)
1 Dans le mégasporange de l'ovule se trouve une cellule diploïde, le mégasporocyte (cellule mère des mégaspores).
2 Le mégasporocyte de cette espèce se divise par méiose et produit quatre cellules haploïdes, dont une seule survit, chez la plupart des espèces, et devient la mégaspore.
3 La mégaspore subit trois mitoses et devient le sac embryonnaire, le gamétophyte multicellulaire femelle. L'ovule est alors composé du sac embryonnaire et de ses téguments (tissus protecteurs).

▲ **Figure 38.3 La formation des gamétophytes mâles et femelles chez les Angiospermes.**

sélection naturelle favorise les plantes et les insectes présentant de légères déviations de structure qui améliorent le mutualisme entre les fleurs et leurs pollinisateurs. Certaines espèces, par exemple, possèdent des fleurs dont les pétales sont fusionnés, formant des structures en forme de longs tubes qui portent les nectaires regroupés profondément à l'intérieur. Charles Darwin a proposé qu'une compétition entre une fleur et un insecte puisse aboutir à une corrélation entre la longueur du tube floral et celle de la trompe d'un insecte, un organe buccal semblable à une paille très fine. Imaginons un insecte muni d'une langue assez longue pour boire le nectar des fleurs sans ramasser de pollen sur son corps. Ces plantes qui ne réussiraient pas à polliniser d'autres plantes deviendraient moins adaptées au cours de l'évolution. La sélection naturelle favoriserait alors les fleurs munies d'un plus long tube. Parallèlement, un insecte dont la langue est trop petite pour le tube serait incapable d'utiliser le nectar comme source de nourriture; ce serait pour lui un désavantage sélectif par rapport à ses rivaux à langue longue. Par conséquent, la forme et la taille des fleurs sont souvent en étroite relation avec les parties adhérant au pollen des animaux pollinisateurs. En fait, en se basant sur la longueur d'une fleur tubulaire qui croît au Madagascar, Darwin a prédit l'existence d'un papillon nocturne pollinisateur muni d'une trompe de 28 cm. Cet insecte a été découvert deux décennies après la mort de Darwin (**figure 38.5**, page 939).

La double fécondation

Au moment de la pollinisation, le grain de pollen est généralement constitué de la cellule végétative et de la cellule génératrice. Après s'être déposé sur un stigmate, le grain de pollen en absorbe l'eau et germe en produisant un tube qui croît dans le style, entre les cellules, jusqu'à l'ovaire (**figure 38.6**, page 939). Le noyau de la cellule génératrice se divise par mitose et donne deux spermatozoïdes. En réaction à des substances chimiques attractives produites par les synergides, l'extrémité du tube pollinique pénètre dans l'ovule par le micropyle. Son arrivée provoque la mort d'une des deux synergides, ouvrant ainsi un passage dans le sac embryonnaire pour les deux spermatozoïdes que dépose le tube pollinique.

▼ **Figure 38.4**

PANORAMA La pollinisation des fleurs

Pour la plupart des Angiospermes, c'est un agent pollinisateur vivant (biotique) ou non vivant (abiotique) qui peut transporter le pollen de l'anthère d'une fleur au stigmate d'une fleur sur une autre plante. Chez les Angiospermes, environ 80% de la pollinisation s'effectue de façon biotique, ce qui signifie que les plantes ont recours à des intermédiaires animaux. Parmi les espèces pollinisées de façon abiotique, 98% dépendent du vent et 2% de l'eau. (Certaines Angiospermes peuvent s'autoféconder, mais ces espèces sont limitées à la consanguinité dans la nature.)

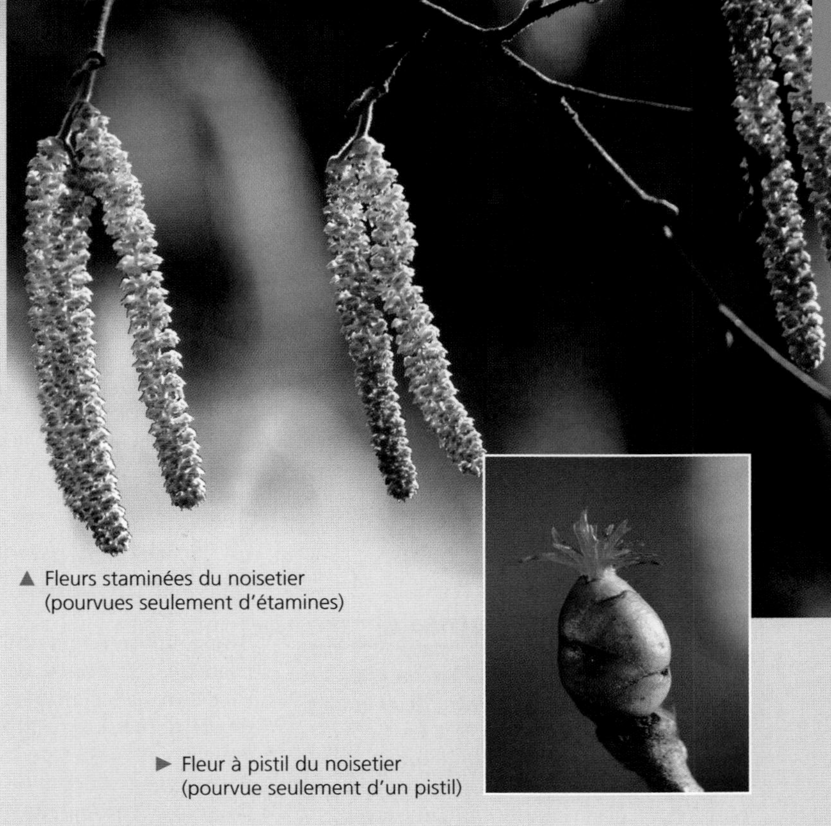

▲ Fleurs staminées du noisetier (pourvues seulement d'étamines)

► Fleur à pistil du noisetier (pourvue seulement d'un pistil)

La pollinisation abiotique par le vent

Environ 20% des espèces d'Angiospermes sont pollinisées par le vent. Étant donné que le succès de la reproduction ne dépend pas de l'attraction des pollinisateurs, il n'y a pas eu de pression sélective favorisant les fleurs colorées ou odorantes. C'est pourquoi les fleurs des espèces pollinisées par le vent sont souvent petites, vertes et moins voyantes, et elles ne produisent ni nectar ni odeur. La plupart des arbres et des graminées des régions tempérées sont pollinisés par le vent. Les fleurs du noisetier commun (*Corylus avellana*, illustré ci-contre) et de nombreuses autres appartenant à des arbres des régions tempérées pollinisées par le vent apparaissent au début du printemps, lorsque les feuilles ne sont pas encore présentes pour interférer avec le déplacement du pollen. L'inefficacité relative de la pollinisation par le vent (ou anémophilie) est compensée par la production de quantités abondantes de grains de pollen. Les études en soufflerie révèlent que la pollinisation par le vent est souvent plus efficace qu'elle le semble parce que les structures florales peuvent créer des courants de Foucault qui facilitent la capture du pollen.

La pollinisation par les abeilles

Environ 65% des plantes à fleurs ont besoin d'insectes pour la pollinisation; le pourcentage est encore plus élevé pour les grandes cultures. Les abeilles (de l'ordre des Hyménoptères) sont les insectes pollinisateurs les plus importants, et la diminution des populations des abeilles domestiques en Europe et en Amérique du Nord constitue une grande préoccupation. Les abeilles pollinisatrices dépendent du nectar et du pollen pour leur alimentation. Généralement, les fleurs pollinisées par les abeilles possèdent un léger parfum sucré. Les abeilles sont attirées par les couleurs vives, surtout le jaune et le bleu. Le rouge leur apparaît sans éclat, mais elles peuvent voir les radiations ultraviolettes. De nombreuses fleurs pollinisées par les abeilles, comme le pissenlit officinal, ou pissenlit commun (*Taraxacum officinale*), ont des marques ultraviolettes appelées «guides de nectar» qui aident les insectes pollinisateurs à localiser les nectaires (glandes qui produisent le nectar), mais elles ne sont perceptibles par l'œil humain que sous la lumière ultraviolette.

▲ Pissenlit officinal sous la lumière normale

▲ Pissenlit officinal sous la lumière ultraviolette

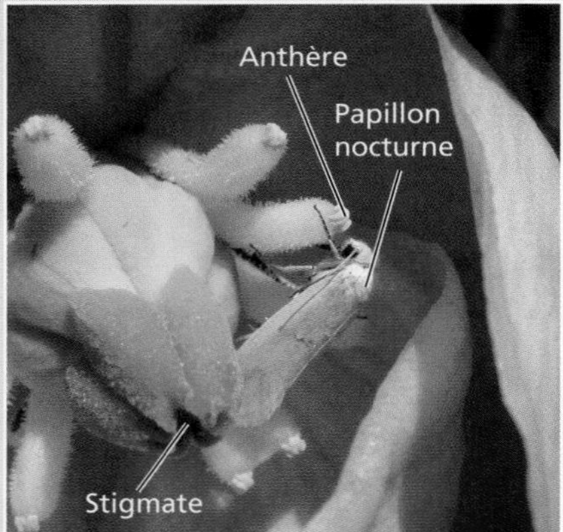

▲ Papillon nocturne sur une fleur de yucca

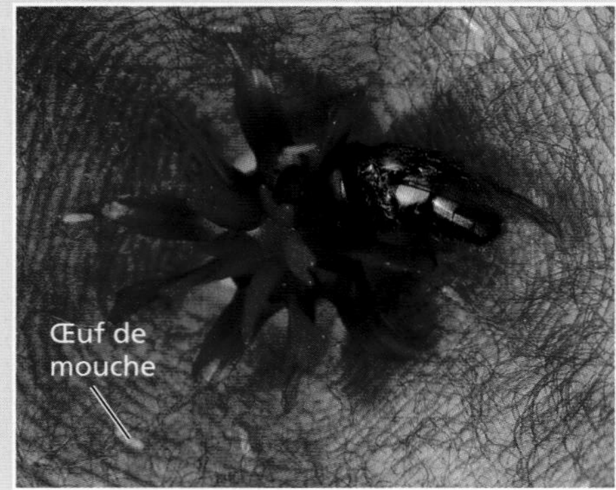

▲ Un calliphore sur une fleur de *Stapelia sp.*

▲ Chauve-souris à long nez se nourrissant sur une fleur de cactus la nuit

La pollinisation par les papillons nocturnes et les papillons diurnes

Les papillons nocturnes et les papillons diurnes (tous deux de l'ordre des Lépidoptères) détectent les odeurs, et les fleurs qu'ils pollinisent dégagent souvent un doux parfum. Les papillons diurnes perçoivent de nombreuses couleurs vives; par contre, les fleurs pollinisées par les papillons nocturnes sont habituellement blanches ou jaunes, faciles à distinguer la nuit lorsque ceux-ci sont actifs. Un yucca (*Yucca sp.*, illustré ci-dessus) est généralement pollinisé par une seule espèce de papillon nocturne muni d'appendices qui accumulent le pollen sur les stigmates. Le papillon nocturne dépose ensuite ses œufs directement dans l'ovaire. Les larves se nourrissent de quelques graines en croissance, mais cette perte est compensée par l'avantage qu'apporte un pollinisateur efficace et fiable. Si un papillon nocturne dépose trop d'œufs, la fleur avorte et tombe, ce qui élimine les individus qui surexploitent la plante.

? *Quels sont les avantages et les dangers pour une plante d'avoir un pollinisateur animal hautement spécifique?*

La pollinisation par les mouches

Beaucoup de fleurs pollinisées par les mouches (de l'ordre des Diptères) sont rougeâtres et charnues, avec une odeur de charogne. Les Calliphores, couramment appelées mouches de la viande, qui se posent sur les fleurs de plantes succulentes du genre *Stapelia*, sont leurrées par la fleur qu'elles prennent pour un corps en décomposition et y déposent leurs œufs. Au cours du processus, les mouches sont recouvertes de pollen qu'elles transportent sur d'autres fleurs. À l'éclosion des œufs, les larves n'ont aucune source de nourriture (charogne) et meurent.

La pollinisation par les chauves-souris

Les fleurs pollinisées par les chauves-souris (de l'ordre des Chiroptères), comme celles qui le sont par les papillons nocturnes, sont aromatiques et de couleur pâle, ce qui attire leurs pollinisateurs nocturnes. La petite chauve-souris à long nez (*Leptonycteris curasoae yerbabuenae*) se nourrit du nectar et du pollen des fleurs d'agave (*Agave sp.*) et de cactus (famille des Cactacées) dans le sud-ouest des États-Unis et au Mexique. En se nourrissant, les chauves-souris transportent le pollen d'une plante à l'autre. Les chauves-souris à long nez sont une espèce en voie de disparition.

La pollinisation par les oiseaux

Les fleurs pollinisées par les oiseaux, comme les fleurs d'ancolie (*Aquilegia sp.*), sont habituellement grandes et d'un rouge ou d'un jaune vif, mais elles sont peu odorantes. Étant donné que les oiseaux n'ont pas souvent un sens de l'odorat très développé, il n'y a pas eu de pression sélective pour favoriser la production d'odeur. Cependant, les fleurs produisent la solution sucrée appelée nectar qui permet de satisfaire aux demandes élevées en énergie des oiseaux pollinisateurs. La fonction principale du nectar, qui est produit par les nectaires à la base de nombreuses fleurs, est de «récompenser» le pollinisateur. Les pétales de ces fleurs sont souvent fusionnés, formant un tube floral recourbé qui convient au bec arqué de l'oiseau.

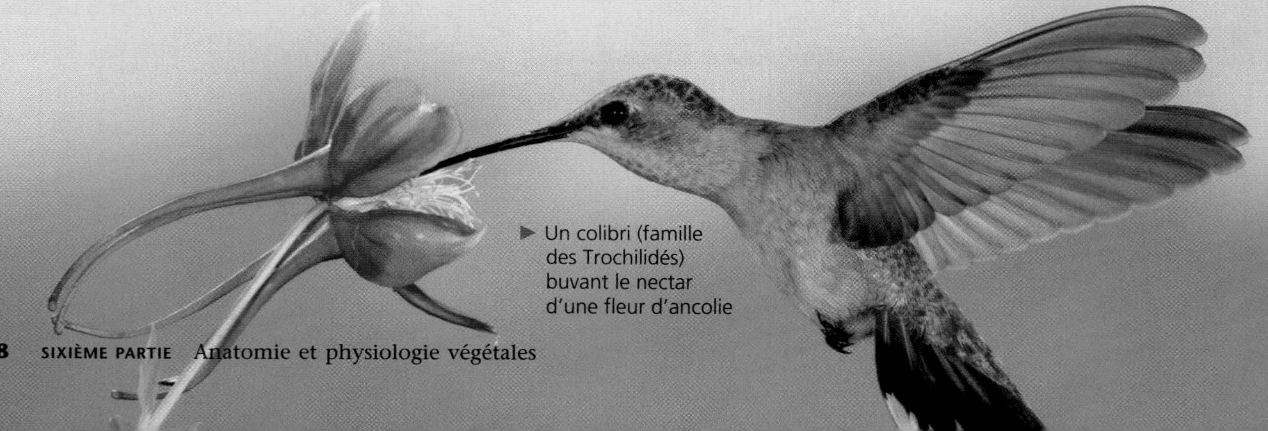
▶ Un colibri (famille des Trochilidés) buvant le nectar d'une fleur d'ancolie

Lorsqu'il atteint le gamétophyte femelle, l'un des spermatozoïdes féconde l'oosphère; cette union donne le zygote. L'autre spermatozoïde s'unit aux deux noyaux polaires; le tout forme un noyau triploïde (3*n*) au milieu de la grosse cellule centrale du sac embryonnaire. Cette grosse cellule donnera naissance au tissu nutritif de la graine appelé **albumen**. L'union des deux spermatozoïdes à deux noyaux différents du gamétophyte femelle est appelée la **double fécondation**. Cette dernière fait en sorte que l'albumen se forme seulement dans un ovule où l'oosphère a été fécondée. Ainsi, il n'y a pas de gaspillage de nutriments.

Les tissus qui entourent le gamétophyte femelle ont toujours empêché les chercheurs d'observer directement la fécondation chez les Végétaux poussant dans des conditions normales. Cependant, les scientifiques ont récemment isolé des spermatozoïdes provenant de grains de pollen et des oosphères provenant de sacs embryonnaires, et ont ainsi pu observer la fusion des gamètes *in vitro* (dans un milieu artificiel). Le premier événement cellulaire qui se produit après la fusion des gamètes est une augmentation de la concentration cytosolique des ions calcium (Ca^{2+}) dans l'oosphère, comme dans la fusion des gamètes chez les Animaux (voir le chapitre 47). L'existence d'une barrière empêchant la *polyspermie*, c'est-à-dire la fécondation d'une oosphère par plus d'un spermatozoïde, est une autre similitude entre le règne végétal et le règne animal. Ainsi, un spermatozoïde ne peut fusionner avec un zygote, même *in vitro*. Chez le maïs (*Zea mays*), par exemple, ce blocage de la polyspermie survient 45 secondes seulement après la fécondation de l'oosphère.

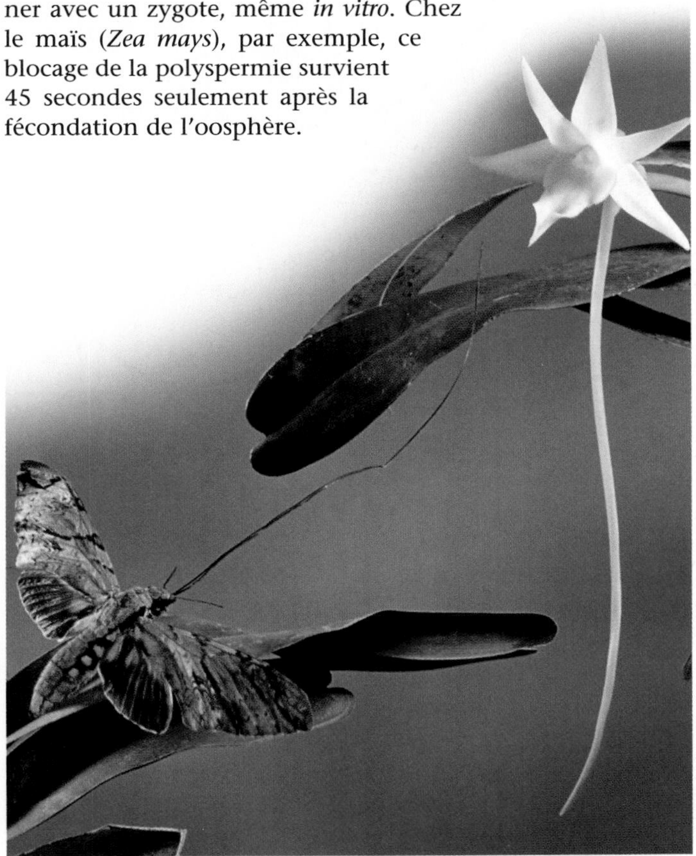

▲ **Figure 38.5 Coévolution d'une fleur et d'un insecte pollinisateur.** Le long tube floral de l'orchidée *Angraecum sesquipedale* a coévolué avec la trompe d'une longueur de 28 cm de son pollinisateur, le sphinx *Xanthopan morganii praedicta*. Ce grand papillon nocturne a été nommé en l'honneur de la prédiction de son existence par Darwin.

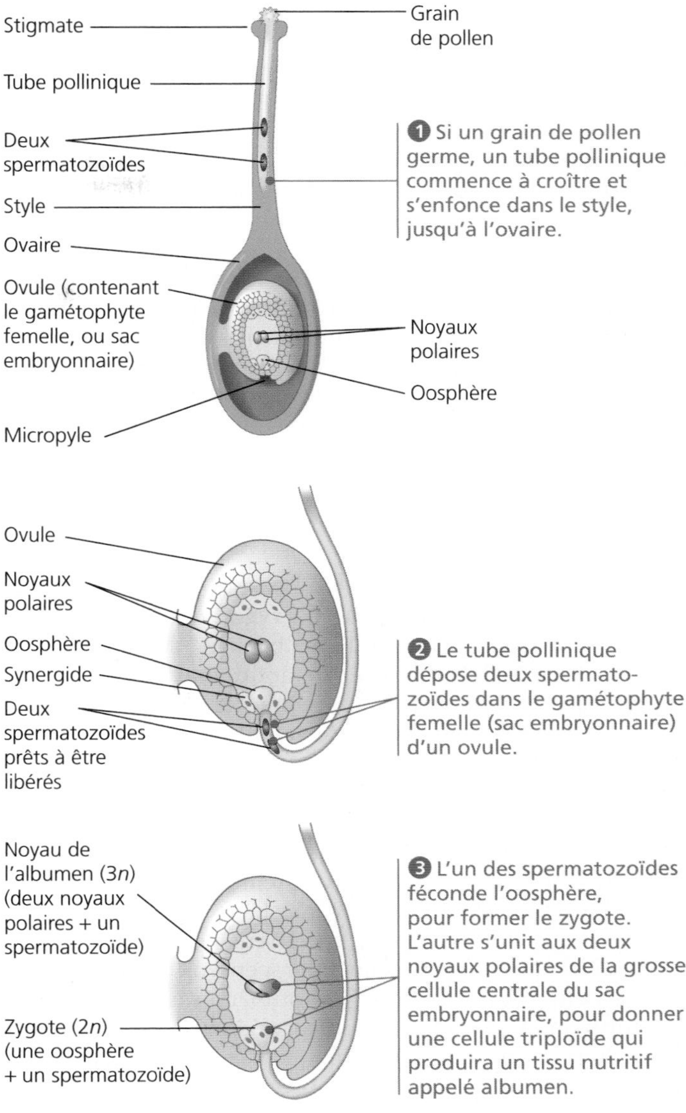
Stigmate
Grain de pollen
Tube pollinique
Deux spermatozoïdes
Style
Ovaire
Ovule (contenant le gamétophyte femelle, ou sac embryonnaire)
Micropyle
Noyaux polaires
Oosphère
❶ Si un grain de pollen germe, un tube pollinique commence à croître et s'enfonce dans le style, jusqu'à l'ovaire.
Ovule
Noyaux polaires
Oosphère
Synergide
Deux spermatozoïdes prêts à être libérés
❷ Le tube pollinique dépose deux spermatozoïdes dans le gamétophyte femelle (sac embryonnaire) d'un ovule.
Noyau de l'albumen (3n) (deux noyaux polaires + un spermatozoïde)
Zygote (2n) (une oosphère + un spermatozoïde)
❸ L'un des spermatozoïdes féconde l'oosphère, pour former le zygote. L'autre s'unit aux deux noyaux polaires de la grosse cellule centrale du sac embryonnaire, pour donner une cellule triploïde qui produira un tissu nutritif appelé albumen.

▲ **Figure 38.6 La croissance du tube pollinique et la double fécondation.**

La formation, la forme et la fonction de la graine

Après la double fécondation, l'ovule devient une graine. L'ovaire, quant à lui, devient un fruit contenant la ou les graines (selon que l'ovaire comporte un ou plusieurs ovules). À mesure que le zygote devient un embryon, la graine accumule des protéines, des huiles et de l'amidon en quantités variant selon l'espèce. Voilà pourquoi les graines constituent des réserves de nutriments si importantes. C'est l'albumen de la graine qui, au départ, stocke les glucides et les autres nutriments. Mais, selon les espèces, les cotylédons (feuilles embryonnaires) peuvent prendre le relais de cette fonction.

La formation de l'albumen

La formation de l'albumen commence généralement avant celle de l'embryon. Après la double fécondation, le noyau triploïde de la cellule centrale de l'ovule se divise et forme une «supercellule» multinucléée de consistance laiteuse. Cette masse liquide, appelée albumen, devient multicellulaire au moment où la cytocinèse divise le cytoplasme et élabore des membranes entre les noyaux. Les cellules «nues» qui résultent de la cytocinèse forment par la suite une paroi. L'albumen devient alors solide. Le «lait» et la «chair» de la noix de coco sont des exemples d'albumen liquide et solide, respectivement. La partie blanche gonflée du maïs soufflé est aussi un exemple d'albumen.

Chez les céréales et la plupart des Monocotylédones ainsi que chez certaines espèces d'Eudicotylédones, l'albumen contient aussi des réserves de nutriments destinés à la plantule issue de la germination. Chez d'autres espèces d'Eudicotylédones, les réserves de nutriments de l'albumen sont complètement transférées aux cotylédons, qui sont encore à l'intérieur de la graine et y restent tant que celle-ci n'a pas terminé son développement; par conséquent, la graine mature est dépourvue d'albumen.

La formation de l'embryon

La première division mitotique du zygote scinde l'oosphère fécondée en deux cellules: l'une basale, l'autre terminale (**figure 38.7**). La cellule terminale donne naissance à la plus grande partie de l'embryon. La cellule basale continue de se diviser et produit une chaîne de cellules appelée *suspenseur*, qui attache l'embryon à la plante mère. Le suspenseur transfère des nutriments à l'embryon à partir de la plante mère et, chez quelques espèces, à partir de l'albumen. À mesure qu'il allonge, le suspenseur pousse l'embryon plus profondément dans les tissus nourriciers et protecteurs. Pendant ce temps, la cellule terminale se divise à plusieurs reprises et donne naissance à un proembryon (précurseur de l'embryon, non différencié) sphérique attaché au suspenseur. Les cotylédons apparaissent sous la forme de protubérances situées sur le proembryon. À ce stade, les Eudicotylédones possèdent deux cotylédons et ont la forme d'un cœur. Les Monocotylédones comptent, quant à elles, un seul cotylédon.

Peu de temps après l'apparition des ébauches de cotylédons, l'embryon s'allonge. L'apex de la tige embryonnaire, qui contient le méristème apical, est entouré des cotylédons. À l'autre extrémité de l'axe embryonnaire, c'est-à-dire au point d'attache du suspenseur, se forme l'apex de la racine embryonnaire. Après la germination, et tout au long de la vie de la plante, les méristèmes apicaux situés à l'apex de la tige (ou pousse) et de la racine serviront à la croissance primaire (voir la figure 35.11, p. 868).

La structure de la graine mature

Au cours des derniers stades de sa maturation, la graine se déshydrate jusqu'à ce que l'eau ne représente plus que 5 à 15% de sa masse. L'embryon, entouré de sa réserve de nutriments (les cotylédons, l'albumen, ou les deux), entre en **dormance**; il cesse de croître et son métabolisme devient minimal. Un **tégument** épais et protecteur, provenant des téguments de l'ovule, enveloppe l'embryon avec sa réserve de nutriments. Chez certaines espèces, c'est la présence d'un tégument entier plutôt que l'embryon lui-même qui induit la dormance.

Examinons de près l'anatomie interne d'une graine de haricot commun (*Phaseolus vulgaris*), une eudicotylédone.

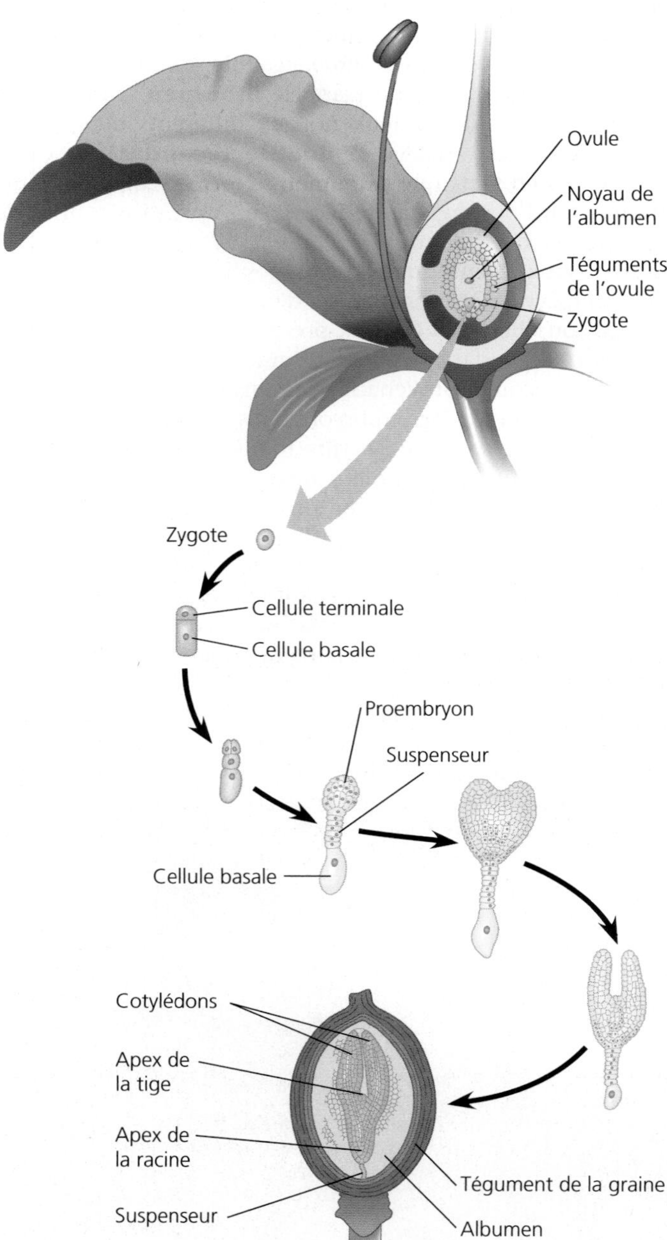

▲ **Figure 38.7 La formation de l'embryon d'une eudicotylédone.** Pendant que l'ovule devient une graine mature et que les téguments qui l'enveloppent s'épaississent et durcissent, le zygote donne naissance à un embryon formé d'organes rudimentaires.

L'embryon est constitué d'une structure allongée, l'axe embryonnaire, qui est attachée aux cotylédons charnus (**figure 38.8a**). Au-dessous du point d'attache des cotylédons, l'axe embryonnaire porte le nom d'**hypocotyle** (du grec *hypo*, «au-dessous»). Il se termine par la **radicule**, ou racine embryonnaire. Au-dessus des cotylédons, l'axe embryonnaire est appelé **épicotyle** (du grec *epi*, «au-dessus»). L'épicotyle, les jeunes feuilles et le méristème apical de la pousse sont appelés ensemble la *gemmule*.

Les cotylédons du haricot commun sont remplis d'amidon avant la germination, car ils ont absorbé les nutriments de l'albumen pendant la formation de la graine. Cependant, dans les graines de certaines espèces d'Eudicotylédones, comme le ricin (*Ricinus communis*), la réserve de nutriments reste dans l'albumen. Les cotylédons sont alors très minces (**figure 38.8b**). Ils absorberont les nutriments de l'albumen et les transféreront à l'embryon au cours de la germination.

L'embryon des Monocotylédones comprend un seul cotylédon (**figure 38.8c**). Les Graminées, notamment le maïs (*Zea mays*) et le blé (*Triticum sp.*), possèdent un cotylédon spécialisé appelé *scutellum* (du latin *scutella*, « petit bouclier », qui fait référence à la forme du scutellum). Le scutellum a une grande surface en contact avec l'albumen, dont il absorbe les nutriments pendant la germination. L'embryon d'une plante herbacée est entouré de deux gaines protectrices: le **coléoptile**, qui enserre la tige embryonnaire, et le **coléorhize**, qui recouvre la jeune racine. Les deux structures contribuent à la pénétration du sol après la germination.

La masse des graines s'échelonne de moins de 1 mg pour certaines espèces d'Orchidées à 20 kg pour les cocotiers de mer (*Lodoicea maldivica*). Les graines d'Orchidées n'ont presque aucune réserve nutritive et doivent se lier par symbiose à des mycorhizes avant la germination. Les grosses graines de palmier riches en albumen représentent une adaptation pour l'établissement de plantules sur les plages pauvres en nutriments.

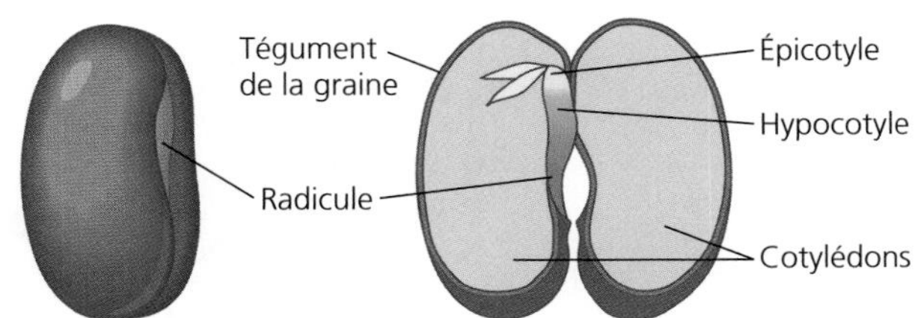

(a) Le haricot commun (*Phaseolus vulgaris*), une eudicotylédone pourvue de cotylédons épais. Les cotylédons charnus du haricot emmagasinent les nutriments provenant de l'albumen, qu'ils ont absorbés avant la germination de la graine.

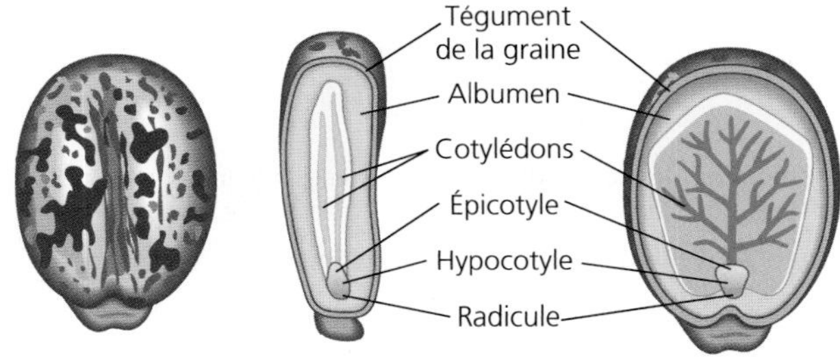

(b) Le ricin (*Ricinus communis*), une eudicotylédone pourvue de cotylédons minces. Les cotylédons étroits et membraneux (illustrés de côté et de face) absorbent les nutriments de l'albumen au moment de la germination.

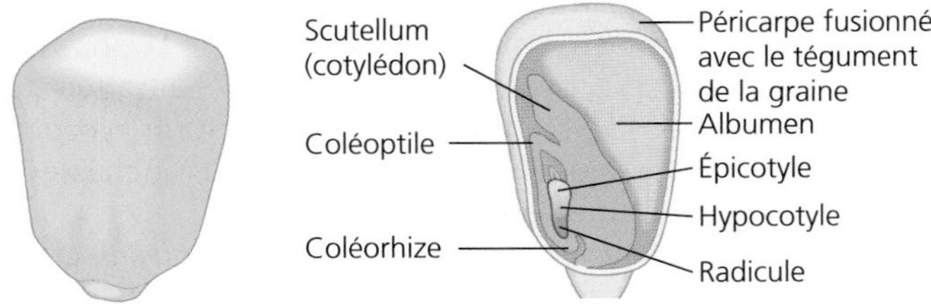

(c) Le maïs (*Zea mays*), une monocotylédone. Comme toutes les graines de Monocotylédones, la graine du maïs a un seul cotylédon. Le maïs et d'autres graminées ont un gros cotylédon appelé scutellum. La tige embryonnaire est enveloppée dans une structure nommée coléoptile, et le coléorhize recouvre la jeune racine.

▲ **Figure 38.8 La structure de différentes graines.**

FAITES DES LIENS *En plus du nombre de cotylédons, quelles sont les autres différences entre les Monocotylédones et les Eudicotylédones? (Voir la figure 30.13 à la page 730.)*

La dormance des graines: une adaptation aux conditions difficiles

Les conditions du milieu qui rompent la dormance varient selon les espèces. Les graines de certaines espèces germent dès qu'elles se trouvent dans un milieu adéquat. D'autres, même semées dans un milieu favorable, ne sortent de leur dormance que sous l'action d'un stimulus extérieur particulier.

L'exigence de stimulus particuliers pour rompre la dormance augmente les chances que la germination se produise à un moment et dans un endroit favorables pour la plantule. Les graines de nombreuses espèces du désert, par exemple, germent seulement après d'abondantes précipitations. Si elles germaient après une petite averse, le sol serait déjà trop sec au moment de l'émergence des plantules. Dans les régions où les incendies naturels sont fréquents, de nombreuses graines ont besoin d'une chaleur intense ou de fumée pour sortir de leur dormance. Les jeunes plants apparaissent alors après qu'un feu a éliminé la végétation concurrente. Dans les régions où l'hiver est rigoureux, les graines doivent subir une longue exposition au froid avant de germer. Les graines semées pendant l'été ou l'automne ne germent qu'au printemps suivant. Les plantules bénéficient ainsi d'une longue saison de croissance avant l'hiver. Certaines petites graines, comme celles de certaines variétés de laitue (*Lactuca sp.*), ont besoin de lumière pour germer. Elles ne sortent de leur dormance que si on les sème assez près de la surface pour qu'elles puissent émerger du sol. Certaines graines sont recouvertes d'un tégument qui doit être chimiquement dégradé par les sucs digestifs d'animaux. Par conséquent, elles germent souvent loin de la plante mère après avoir été déposées avec les matières fécales de ces animaux.

Le laps de temps pendant lequel une graine en dormance reste viable et apte à la germination varie généralement de quelques jours à quelques dizaines d'années ou plus, suivant l'espèce et les conditions du milieu. La graine la plus ancienne ayant donné une plante viable provient d'un dattier âgé de 2 000 ans; elle a été trouvée dans le palais d'Hérode, en Israël, et son âge a été confirmé par une datation au carbone 14. La plupart des graines peuvent encore germer après un an ou deux, jusqu'à l'apparition de conditions favorables à leur germination. Le sol contient une réserve de graines non germées qui peuvent s'être accumulées depuis des années. C'est l'une des raisons qui expliquent la reprise si rapide de la végétation après un incendie, une sécheresse, une inondation ou une autre perturbation du milieu.

La germination des graines et le développement des plantules

La germination dépend de l'**imbibition**, qui est l'absorption d'eau causée par le faible potentiel hydrique de la graine sèche. Sous l'effet de l'eau, la graine se gonfle et le tégument se fend. L'embryon subit alors des changements métaboliques qui réactivent sa croissance. Par la suite, des enzymes commencent à dégrader les réserves contenues dans l'albumen ou dans les cotylédons, et les nutriments sont acheminés vers les régions en croissance de l'embryon.

Le premier organe qui émerge de la graine est la radicule, ou racine embryonnaire. Puis, l'apex de la tige doit sortir à la surface du sol. Chez le haricot et de nombreuses autres Eudicotylédones, l'hypocotyle s'incurve, et la croissance le pousse hors du sol (**figure 38.9a**). Sous l'effet de la lumière, l'hypocotyle se redresse, les cotylédons se séparent, et l'épicotyle délicat, alors exposé, étend ses premières vraies feuilles (distinctes des cotylédons, qui sont des «feuilles embryonnaires»). Celles-ci grandissent, verdissent et commencent à fabriquer des substances nutritives grâce à la photosynthèse. Les cotylédons flétrissent et tombent de la plantule, car l'embryon a consommé leur réserve de nutriments.

Chez certaines Monocotylédones, comme le maïs et d'autres graminées, les graines se frayent un passage d'une autre façon lors de la germination (**figure 38. 9b**). Le coléoptile, la gaine qui enveloppe et protège la tige embryonnaire, émerge du sol et atteint l'air libre. Puis, l'apex de la tige croît vers le haut dans le conduit formé par le coléoptile tubulaire et finit par en transpercer l'extrémité.

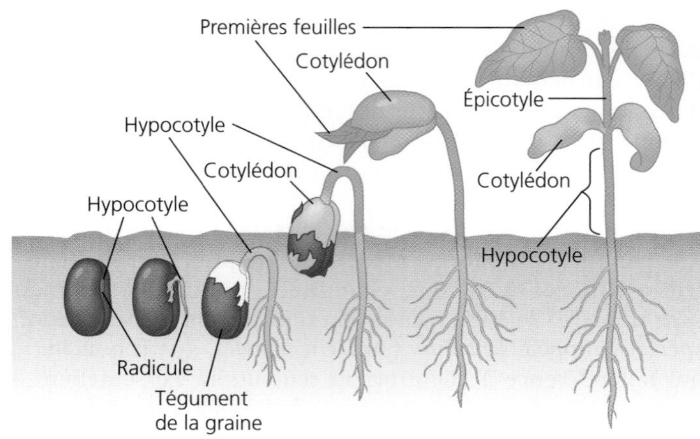

(a) Le haricot commun. Chez le haricot commun, le redressement de l'hypocotyle entraîne les cotylédons hors du sol.

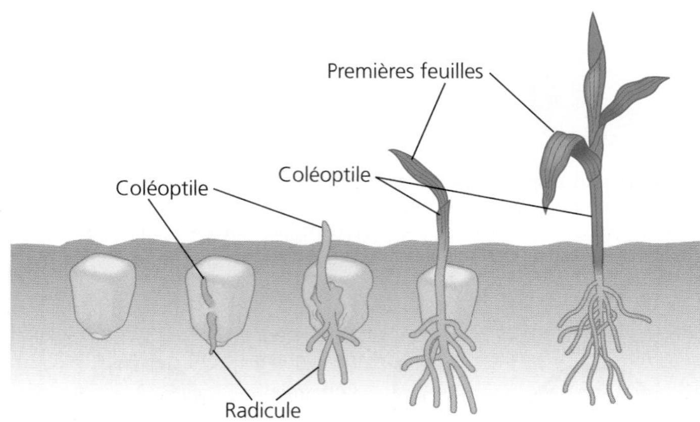

(b) Le maïs. Chez le maïs et d'autres graminées, la jeune pousse croît à la verticale, à l'intérieur du coléoptile en forme de tube.

▲ **Figure 38.9 Deux types de germination.**

? *Comment les plantules de haricot et de maïs protègent-elles leurs systèmes caulinaires alors qu'elles poussent hors du sol?*

La forme et la fonction des fruits

Pendant que les ovules deviennent des graines, l'ovaire de la fleur produit un **fruit** qui protège les graines et, à maturité, facilite leur dissémination par le vent ou des animaux. La fécondation déclenche des changements hormonaux qui provoquent la transformation de l'ovaire en fruit. En l'absence de pollinisation, la fleur ne devient habituellement pas un fruit; elle flétrit et tombe.

Pendant la formation du fruit, la paroi de l'ovaire devient le péricarpe, la paroi épaisse du fruit qui entoure la ou les graines. Les autres parties de la fleur flétrissent et tombent au fur et à mesure que l'ovaire croît. Par exemple, le bout en pointe du pois (*Pisum sativum*) est en fait le reste du stigmate de la fleur.

On classe les fruits en plusieurs catégories, selon leur origine florale. La plupart sont formés par un seul carpelle ou plusieurs carpelles fusionnés; ce sont les **fruits simples** (**figure 38.10a**). Certains fruits simples sont secs, comme les gousses des pois ou les noix, tandis que d'autres sont charnus, comme les nectarines (voir la figure 30.8, p. 726). Les **fruits agrégés** sont des fruits formés par une seule fleur possédant plus d'un carpelle, chaque carpelle formant un minifruit (**figure 38.10b**). Ces minifruits sont regroupés sur un seul réceptacle, comme dans le cas des framboises. Quant aux **fruits multiples**, ils sont issus d'une inflorescence, un ensemble de fleurs formant un regroupement serré. Quand elles commencent à épaissir, les parois des nombreux ovaires fusionnent et deviennent un seul et même fruit. C'est le cas de l'ananas (**figure 38.10c**).

Chez certaines Angiospermes, d'autres pièces florales contribuent à ce qu'on appelle communément le fruit. Ces **fruits** sont dits **accessoires**. Dans les fleurs du pommier, par exemple, l'ovaire est enchâssé dans le réceptacle, et la partie charnue de ce fruit simple est principalement formée par le réceptacle hypertrophié; seul le centre de la pomme se développe à partir de l'ovaire (**figure 38.10d**). La fraise est un autre exemple: il s'agit d'un fruit composé d'un réceptacle hypertrophié dans lequel sont partiellement enchâssés de minuscules fruits à une seule graine (akènes).

Habituellement, le fruit mûrit au moment où les graines qu'il contient terminent leur formation. Alors que le mûrissement d'un fruit sec comme la gousse de soja (*Glycine max*) suppose la sénescence (vieillissement) et le dessèchement des tissus, le mûrissement d'un fruit charnu est un processus plus perfectionné. Des interactions hormonales complexes produisent un fruit comestible qui attire les animaux susceptibles de disséminer les graines. La «pulpe» du fruit ramollit sous l'action d'enzymes qui dégradent les constituants de la paroi cellulaire. Généralement, la couleur passe du vert au rouge, à l'orangé ou au jaune. Le fruit devient de plus en

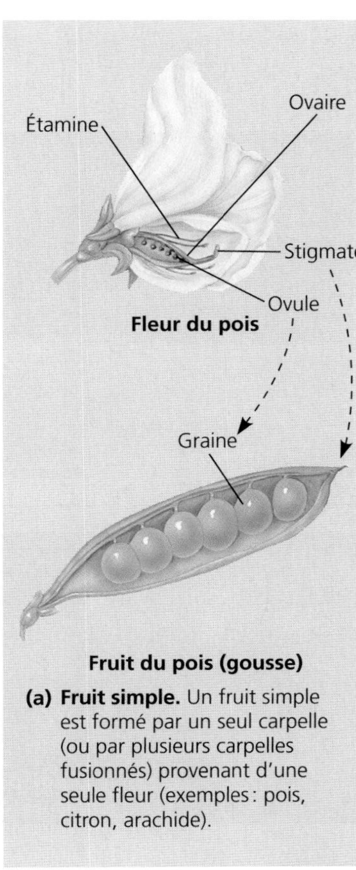

(a) Fruit simple. Un fruit simple est formé par un seul carpelle (ou par plusieurs carpelles fusionnés) provenant d'une seule fleur (exemples : pois, citron, arachide).

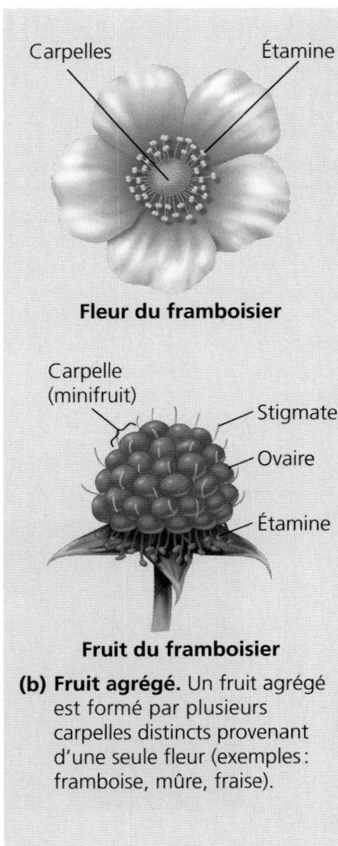

(b) Fruit agrégé. Un fruit agrégé est formé par plusieurs carpelles distincts provenant d'une seule fleur (exemples : framboise, mûre, fraise).

(c) Fruit multiple. Un fruit multiple est issu de plusieurs carpelles provenant de plusieurs fleurs qui forment une inflorescence (exemples : ananas, figue).

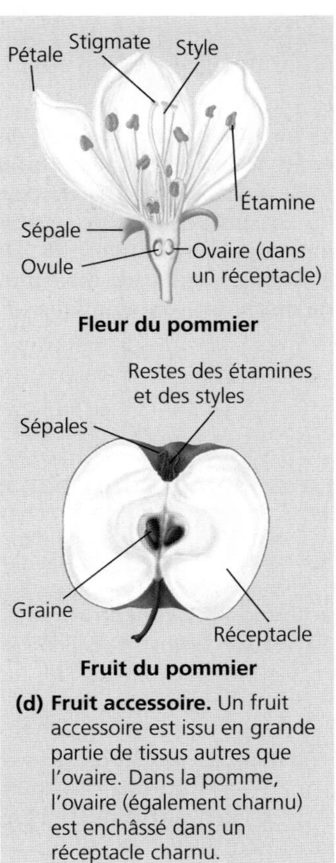

(d) Fruit accessoire. Un fruit accessoire est issu en grande partie de tissus autres que l'ovaire. Dans la pomme, l'ovaire (également charnu) est enchâssé dans un réceptacle charnu.

▲ **Figure 38.10 Les modes de formation des fruits, selon le type de fleur.**

plus sucré, au fur et à mesure que les acides organiques ou l'amidon se transforment en glucides, dont la concentration peut atteindre 20%. La **figure 38.11** illustre plus en détail quelques mécanismes de dissémination des fruits.

Dans la présente section, nous avons étudié les caractéristiques propres à la reproduction sexuée chez les Angiospermes : les fleurs, les fruits et la double fécondation. Nous nous pencherons maintenant sur la reproduction asexuée.

RETOUR SUR LE CONCEPT **38.1**

1. Établissez la différence entre la pollinisation et la fécondation.
2. Quel est l'avantage de la dormance des graines ?
3. **ET SI ?** Si les fleurs avaient des styles plus courts, les tubes polliniques atteindraient plus facilement le sac embryonnaire. Proposez une explication justifiant l'apparition de très longs styles chez la plupart des plantes à fleurs.
4. **FAITES DES LIENS** Est-ce que le cycle de développement des Animaux présente des structures analogues aux gamétophytes des Végétaux ? Expliquez votre réponse. (Voir la figure 13.6 à la page 286.)

Voir les réponses proposées à la fin du chapitre.

CONCEPT **38.2**

Les plantes à fleurs se reproduisent par voie sexuée, asexuée, ou les deux

Imaginez qu'un de vos doigts se sépare de votre corps, commence à vivre de façon autonome et devienne une copie de vous-même. Si cela pouvait arriver, ce serait un exemple de **reproduction asexuée** : un seul individu produirait une descendance sans recourir à l'union d'une oosphère et d'un spermatozoïde. Il en résulterait un clone, c'est-à-dire un ensemble d'organismes génétiquement identiques produits de manière asexuée. La reproduction asexuée est courante chez les Angiospermes, ainsi que chez d'autres plantes, et pour certaines espèces il s'agit du principal mode de reproduction.

Les mécanismes de la reproduction asexuée

La reproduction asexuée est un corollaire de l'aptitude à la croissance indéfinie des Végétaux. Comme nous l'avons expliqué dans le concept 35.2, les méristèmes, constitués de cellules en division, non différenciées, sont capables de maintenir et de reprendre indéfiniment la croissance. De plus, les cellules parenchymateuses réparties dans toute la plante peuvent se diviser et se différencier en divers types de cellules spécialisées. Cela permet à la plante de régénérer des parties perdues. Ainsi, des fragments détachés de certaines plantes ont la capacité de reconstituer des individus entiers ; par exemple,

▼ **Figure 38.11**

PANORAMA La dissémination des fruits et des graines

La vie d'une plante dépend de la fertilité du sol où elle croît. Mais une graine qui tombe et germe sous la plante mère aura peu de chances de remporter la compétition pour les nutriments. Afin de se développer, les graines doivent être largement disséminées. Dans ce but, les plantes utilisent autant des agents de dissémination biotique que des agents de dissémination abiotiques, comme l'eau et le vent.

La dissémination par l'eau

► Certains fruits et graines flottants peuvent survivre pendant des mois ou des années en mer. Dans la noix de coco, l'embryon de la graine et la « chair » blanche épaisse (albumen) sont situés à l'intérieur d'une couche dure (endocarpe) entourée d'une enveloppe fibreuse épaisse et flottante.

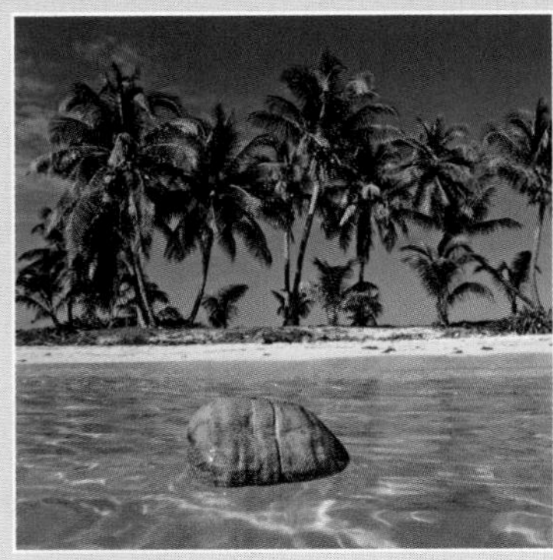

La dissémination par le vent

► Les graines ailées d'une cucurbitacée d'Asie, la grande zanonie (*Alsomitra macrocarpa*), planent dans l'air de la forêt tropicale humide en décrivant de larges cercles quand elles sont libérées.

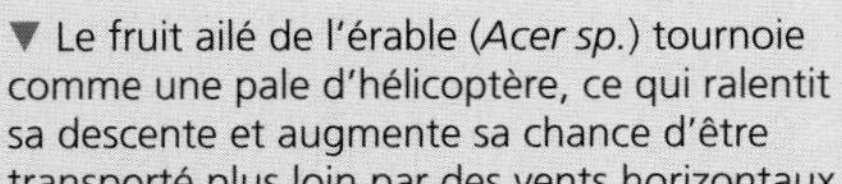

Fruit du pissenlit officinal (akène)

▼ Le fruit ailé de l'érable (*Acer sp.*) tournoie comme une pale d'hélicoptère, ce qui ralentit sa descente et augmente sa chance d'être transporté plus loin par des vents horizontaux.

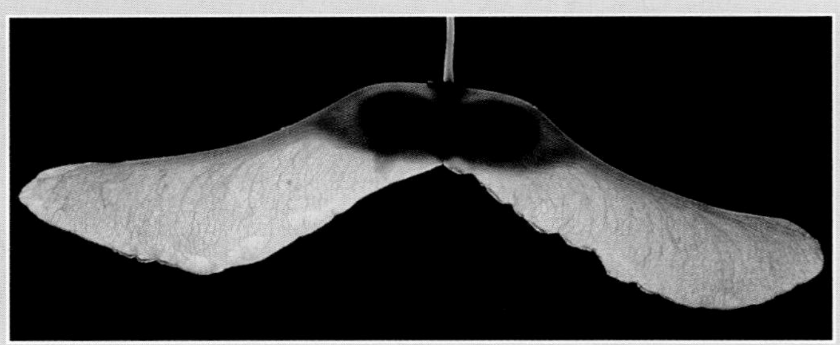

► Les virevoltants (ou *tumbleweeds*) se séparent de la racine et roulent sur le sol en répandant leurs graines.

▲ Certains fruits et graines sont attachés à des « parachutes » en forme de parapluies composés d'enchevêtrements complexes de poils et souvent produits en grappes gonflées. Le moindre souffle de vent transporte en altitude ces « graines » de pissenlit officinal (qui sont en fait des akènes, des fruits secs à une seule graine).

La dissémination par les Animaux

◄ Les épines acérées, semblables à de petits clous, du fruit du tribule terrestre (*Tribulus terrestris*, également appelé croix-de-Malte) peuvent percer un pneu de vélo et blesser les Animaux, y compris les humains. Lorsque ces « petits clous » douloureux sont enlevés et rejetés, les graines sont disséminées.

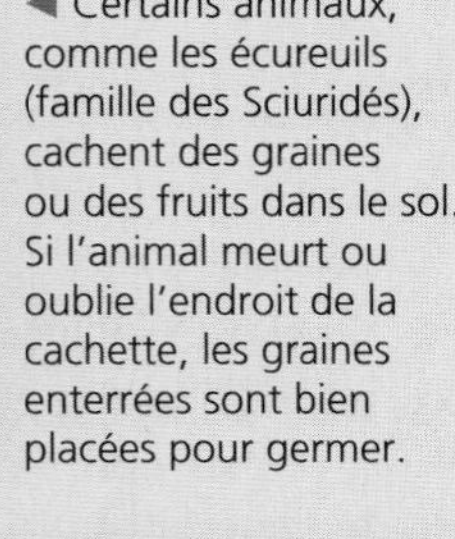

◄ Certains animaux, comme les écureuils (famille des Sciuridés), cachent des graines ou des fruits dans le sol. Si l'animal meurt ou oublie l'endroit de la cachette, les graines enterrées sont bien placées pour germer.

► Les graines des fruits comestibles sont souvent disséminées par les matières fécales, comme celles de l'ours noir (*Ursus americanus*) illustrées ci-contre. Ce mode de dissémination peut transporter des graines loin de la plante mère.

► Des substances chimiques attirent les fourmis vers des graines munies d'un élaïosome (excroissance riche en acides gras, en acides aminés et en glucides). Les fourmis transportent la graine dans leur nid souterrain, où l'élaïosome (la partie de couleur pâle illustrée ci-contre) est détaché et consommé par les larves. En raison de sa taille, de sa forme encombrante ou de son revêtement dur, ce qui reste de la graine est habituellement laissé intact dans le nid, où elle germe.

chacun des morceaux de pomme de terre (*Solanum tuberosum*) possédant un «œil» (un bourgeon végétatif) peuvent régénérer une plante entière. Le **bouturage**, la séparation d'une plante mère en parties qui donnent des plantes entières, est l'un des modes les plus répandus de reproduction asexuée. Les plantules adventives sur les feuilles de *Kalanchoe* constituent un exemple d'un type inhabituel de bouturage (voir la figure 35.7). Dans d'autres cas, le système racinaire d'une seule plante mère, comme le peuplier, produit de nombreuses pousses adventives qui deviennent des systèmes caulinaires distincts (**figure 38.12**). Dans l'État de l'Utah, on estime que le clone d'un peuplier (*Populus sp.*) est composé de 47 000 tiges d'arbres génétiquement identiques. Bien qu'il soit probable que certaines connexions du système racinaire aient été coupées, ce qui isole certains arbres du reste du clone, chaque arbre partage toujours un génome commun.

Le pissenlit (*Taraxacum sp.*) et plusieurs autres espèces végétales ont développé un mode de reproduction asexuée complètement différent. Ces plantes peuvent parfois produire des graines sans pollinisation ni fécondation. Cette production asexuée de graines est appelée **apomixie** (d'un mot grec signifiant «loin du mélange»). Ce mot fait référence à l'absence d'union ou, en réalité, à l'absence de production du spermatozoïde et de l'oosphère. À la place, une cellule diploïde de l'ovule donne naissance à l'embryon, et les ovules deviennent des graines; puis, dans le cas du pissenlit, les fruits sont ensuite disséminés par le vent. Le clonage par reproduction asexuée s'accompagne donc, chez ces Végétaux, d'une adaptation qui est généralement associée à la reproduction sexuée, soit la dissémination des graines. L'introduction de l'apomixie dans des cultures hybrides présente un grand intérêt pour les sélectionneurs de Végétaux (ou phytogénéticiens), parce qu'elle permettrait aux plantes hybrides de transmettre leur génome recherché en entier à leur descendance.

Les avantages et les inconvénients de la reproduction asexuée par rapport à la reproduction sexuée

La reproduction asexuée ne requiert aucun pollinisateur, ce qui constitue un avantage. Ce mode de reproduction peut être avantageux dans les situations où des plantes d'une même espèce sont clairsemées et qu'il est peu probable qu'elles reçoivent la visite du même pollinisateur. Une plante qui se reproduit de manière asexuée transmet son patrimoine génétique entier à sa descendance, alors qu'une plante qui se reproduit de manière sexuée transmet seulement la moitié de ses allèles. Si une plante est parfaitement adaptée à un milieu, la reproduction asexuée peut être avantageuse. Une plante vigoureuse pourra en effet engendrer de nombreuses copies d'elle-même et, si les conditions du milieu demeurent stables, ces descendants seront eux aussi génétiquement bien adaptés aux conditions dans lesquelles le parent s'est développé.

▲ **Figure 38.12 La reproduction asexuée chez les peupliers.** Certains bosquets de peupliers (*Populus sp.*), comme ceux-ci, sont constitués de milliers d'arbres qui se sont formés par reproduction asexuée à partir du système racinaire d'un seul parent. Le bosquet est donc un clone. Des différences génétiques entre les bosquets issus de parents différents se traduisent par le fait que les arbres prennent leurs couleurs automnales à des moments différents.

Généralement, ces descendants sont plus résistants que les plantules issues de la reproduction sexuée. Ils proviennent habituellement des fragments végétatifs matures de la plante mère, ce qui explique pourquoi la reproduction asexuée chez les Végétaux est également appelée **multiplication végétative**. La germination des graines, au contraire, est une étape précaire dans la vie d'une plante. La graine vigoureuse donne naissance à une plantule fragile qui doit affronter des prédateurs, des parasites, le vent et d'autres dangers. Dans la nature, seule une petite fraction des plantules survivent pour devenir elles-mêmes des parents. La production d'un grand nombre de graines compense pour les risques encourus pour la survie individuelle et donne à la sélection naturelle un grand nombre de variations génétiques à explorer. Cependant, c'est un mode de reproduction coûteux sur le plan des ressources utilisées par la floraison et la fructification.

Dans un milieu instable où les agents pathogènes en évolution et d'autres conditions changeantes nuisent à la survie et au succès de la reproduction, la reproduction sexuée peut être avantageuse, car elle assure la diversification génétique des descendants et des populations. La reproduction asexuée, au contraire, engendre une uniformité génotypique qui représente un risque d'extinction locale, advenant une modification catastrophique de l'environnement, comme une nouvelle souche de pathogène ou une nouvelle maladie. En outre, les graines (presque toujours issues de la reproduction sexuée) facilitent la dissémination des descendants en des endroits plus éloignés. Enfin, la dormance des graines permet de suspendre la croissance jusqu'à ce que les conditions du milieu deviennent favorables.

Bien que la reproduction sexuée mettant en jeu deux plantes génétiquement différentes ait l'avantage d'accroître la diversité génétique de la descendance, certaines plantes, comme le pois, s'autofécondent habituellement. Ce processus, appelé autofécondation, peut être souhaitable chez certaines espèces de culture, car il garantit que chaque ovule deviendra une graine. Cependant, de nombreuses Angiospermes ont acquis des mécanismes qui entravent ou empêchent l'autofécondation, comme nous l'expliquerons dans la partie suivante.

Les mécanismes empêchant l'autofécondation

Les divers mécanismes qui empêchent l'autofécondation contribuent à la diversité génétique en faisant en sorte que le spermatozoïde et l'oosphère proviennent de parents différents. Dans le cas d'espèces **dioïques**, les plantes ne peuvent pas s'autoféconder parce que chaque individu possède des fleurs qui sont soit pourvues d'étamines, ou staminées (sans pistil), soit pourvues d'un pistil (sans étamines) (**figure 38.13a**). D'autres plantes ont des fleurs dont les étamines et le pistil atteignent la maturité à des moments différents. Certaines autres ont des fleurs dont la morphologie est telle que l'animal pollinisateur a peu de chances de transporter le pollen des anthères au stigmate de la même fleur (**figure 38.13b**). Cependant, le mécanisme qui empêche le plus souvent l'autofécondation est l'**auto-incompatibilité** (ou autostérilité), soit la capacité qu'ont les Végétaux de rejeter leur propre pollen ou parfois celui d'un proche parent. Ainsi, quand un grain de pollen se pose sur le stigmate du même individu, un processus biochimique l'empêche de terminer son développement et de féconder l'oosphère.

Les chercheurs essaient de comprendre les mécanismes de l'auto-incompatibilité. Cette réaction qu'on observe chez les Végétaux est analogue à la réponse immunitaire présente chez les Animaux, dans la mesure où les organismes peuvent distinguer les cellules du «soi» des cellules du «non-soi». Notons cependant une différence importante: le système immunitaire animal rejette le «non-soi», comme c'est le cas lorsqu'il se mobilise pour défendre l'organisme contre un agent pathogène ou essaie de rejeter un organe greffé (voir le chapitre 43). Inversement, chez les Végétaux, l'auto-incompatibilité rejette le «soi».

(a) Certaines espèces, comme la sagittaire à larges feuilles (*Sagittaria latifolia*), sont dioïques; elles possèdent des plants qui ne produisent que des fleurs staminées (à gauche) ou des fleurs pourvues d'un pistil (à droite).

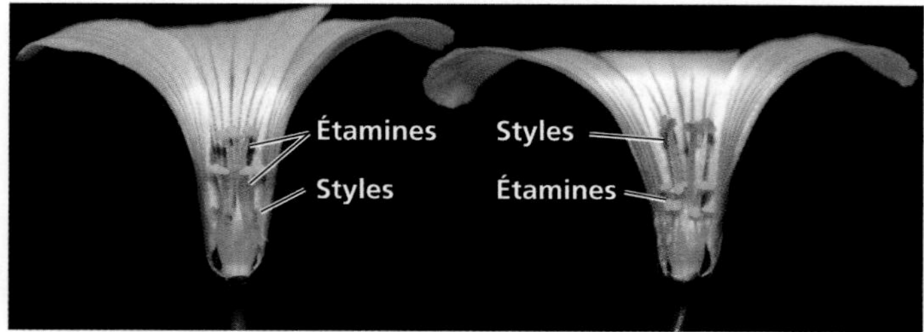

(b) Certaines espèces, comme l'oxalide alpine (*Oxalis alpina*), produisent deux types de fleurs sur des individus différents: les fleurs brévistylées, qui possèdent de courts styles et de longues étamines, et les fleurs longistylées, pourvues de longs styles et de courtes étamines. Un insecte qui cherche du nectar sera recouvert de pollen sur différentes parties de son corps selon le type de fleur. Le pollen qu'il recueillera sur une fleur brévistylée sera déposé sur les stigmates d'une fleur longistylée, et vice versa.

▲ **Figure 38.13 Quelques adaptations florales empêchant l'autofécondation.**

La reconnaissance du pollen du «soi» se fonde sur les gènes responsables de l'auto-incompatibilité, appelés gènes *S*. Dans le patrimoine génétique d'une population végétale particulière, le gène *S* peut présenter des douzaines d'allèles différents. S'il a un allèle qui correspond à un allèle du stigmate sur lequel il se pose, un grain de pollen ne produira pas de tube pollinique. Selon l'espèce, la reconnaissance du «soi» inhibe la croissance du tube pollinique au moyen de l'un ou l'autre des mécanismes moléculaires suivants: l'auto-incompatibilité gamétophytique ou l'auto-incompatibilité sporophytique.

Dans l'auto-incompatibilité gamétophytique, c'est l'allèle *S* du génome du pollen (génération haploïde) qui régit l'inhibition de la fécondation. Par exemple, un grain de pollen S_1 issu d'un sporophyte parental S_1S_2 ne pourra pas féconder les ovules d'une fleur S_1S_2, mais pourra féconder une fleur S_2S_3. À titre de comparaison, un grain de pollen S_2 ne pourrait féconder aucune de ces deux fleurs. Une auto-incompatibilité de ce type provoque la destruction enzymatique de l'ARN cytoplasmique à l'intérieur du tube pollinique. Les ribonucléases, ou RNases, sont des enzymes produites par le style du pistil et qui pénètrent dans le tube pollinique. Mais elles ne peuvent en détruire l'ARN que si le pollen est du type «soi».

Dans l'auto-incompatibilité sporophytique, la fécondation est inhibée par les produits géniques de l'allèle *S* dans les tissus du sporophyte parental (génération diploïde) qui adhèrent à la paroi du pollen. Par exemple, ni le grain de pollen S_1 ni le grain de pollen S_2 issus d'un sporophyte parental S_1S_2 ne féconderont les ovules d'une fleur S_1S_2 ou S_2S_3 à cause du tissu parental S_1S_2 attaché à la paroi du pollen. Ce type d'incompatibilité active une voie de transduction d'un stimulus dans les cellules épidermiques du stigmate qui empêche la germination du grain de pollen.

Certaines espèces cultivées, comme les variétés de pois, de maïs et de tomate, s'autopollinisent très souvent, et les résultats sont satisfaisants. Toutefois, les phytogénéticiens croisent parfois différentes variétés de plantes cultivées afin de combiner leurs meilleures qualités et de contrer la perte de vigueur pouvant souvent résulter d'une autofécondation excessive. Pour obtenir des graines hybrides, ils doivent alors empêcher l'autofécondation en extrayant de manière laborieuse les anthères des plantes mères qui fournissent les graines (comme l'a fait Mendel), ou en produisant des plantes mâles stériles. Cette dernière méthode est de plus en plus utilisée. Un jour, il est possible qu'on puisse rendre auto-incompatibles les cultures qui sont normalement autocompatibles. La recherche fondamentale sur ces mécanismes pourrait avoir des applications en agriculture.

La multiplication végétative et l'agriculture

En cherchant à améliorer les plantes cultivées et les plantes ornementales, les humains ont mis au point diverses méthodes de multiplication végétative chez les Angiospermes. La plupart de ces méthodes se fondent sur la capacité qu'ont les plantes à faire croître des racines ou des pousses adventives.

Le bouturage

Le bouturage est un procédé de reproduction asexuée qu'on utilise pour la plupart des plantes d'intérieur, des plantes ornementales ligneuses et des arbres fruitiers. Il consiste à couper une partie de plante (tige, rameau, racine ou feuille), appelée bouture. À titre d'exemple, sur l'extrémité coupée d'une bouture de tige se forme une masse de cellules indifférenciées appelée **cal**, à partir de laquelle poussent ensuite des racines adventives. Si la bouture de tige comprend un nœud, les racines adventives poussent sans qu'un cal se soit formé. Pour certaines plantes, dont les violettes africaines (*Saintpaulia spp.*), on peut utiliser des boutures de feuilles. Pour d'autres, on prélève les boutures sur des tiges spécialisées contenant des réserves nutritives, comme les tubercules de pomme de terre (*Solanum tuberosum*). La poire «Bartlett» et la pomme «Red Delicious» sont des exemples de variétés qui ont été propagées par voie asexuée depuis plus de 150 ans.

La greffe

Une variante du bouturage consiste à greffer un jeune rameau ou un bourgeon de plante sur un individu d'une espèce étroitement apparentée ou d'une autre variété de la même espèce. Cela permet de réunir chez un seul individu les caractéristiques recherchées d'espèces ou de variétés différentes. On appelle **porte-greffe** la plante qui fournit le système racinaire, et **greffon** le jeune rameau ou le bourgeon destiné à être greffé. Par exemple, les viticulteurs greffent des rameaux de vignes françaises qui produisent des raisins de qualité supérieure sur des porte-greffes de variétés de vignes américaines qui produisent des raisins de qualité inférieure, mais qui sont résistantes à certaines maladies. Le matériel génétique du greffon détermine la qualité du fruit.

Le clonage in vitro *et les techniques analogues*

Les phytobiologistes ont recours à des techniques *in vitro* pour cloner de nouvelles variétés de plantes. Ils peuvent obtenir des individus entiers à partir de petits morceaux de tissu prélevés sur la plante mère ou même de cellules parenchymateuses cultivées dans un milieu artificiel contenant des nutriments et des hormones. Les cellules ou les tissus peuvent provenir de n'importe quelle partie d'une plante, mais la croissance peut varier selon la partie de la plante, l'espèce et le milieu artificiel. Dans certains milieux, les cellules se divisent et forment un cal de cellules indifférenciées (**figure 38.14a**). Lorsque les concentrations d'hormones et de nutriments sont bien dosées, un cal peut faire germer des pousses et des racines possédant des cellules complètement différenciées (**figure 38.14c**). On repique alors les plantules ainsi obtenues dans le sol, où leur croissance se poursuit. On peut obtenir des milliers de copies d'une plante en subdivisant les cals. Cette technique s'applique à la multiplication des Orchidées, ainsi que d'une grande variété d'arbres et d'arbustes.

La culture de tissus végétaux facilite également l'étude des Végétaux en génie génétique. En effet, la plupart des techniques d'introduction de gènes étrangers dans des plantes nécessitent tout d'abord des cellules végétales ou de petits morceaux de tissu végétal. Le terme **transgénique** sert à décrire les organismes génétiquement modifiés (OGM) qui ont été conçus pour exprimer le gène d'une autre espèce. La culture *in vitro* permet aux chercheurs d'obtenir des plantes modifiées génétiquement (transgéniques) à partir d'une seule cellule contenant de l'ADN étranger. Au chapitre 20, nous traitons en détail des techniques utilisées en génie génétique.

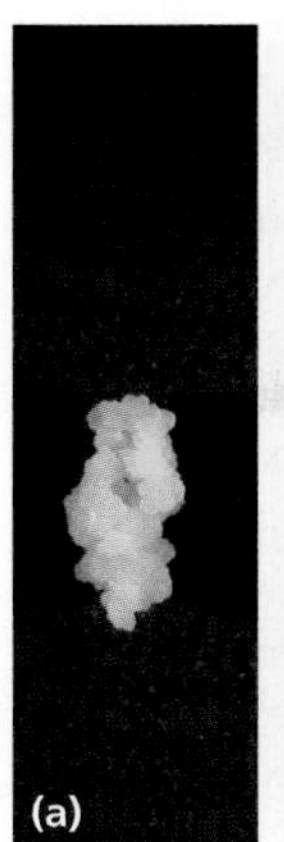

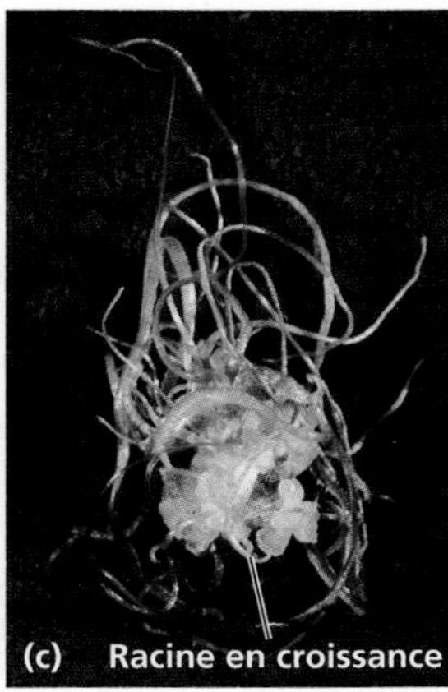

▲ **Figure 38.14 Le clonage d'un plant d'ail. (a)** La racine d'un bulbe d'ail a donné naissance à cette culture de cal, c'est-à-dire une masse de cellules indifférenciées. **(b et c)** La différenciation d'un cal en plantule dépend des niveaux de nutriments et des concentrations d'hormones dans le milieu artificiel, comme on peut le voir dans ces cultures de différentes durées de croissance.

Certains chercheurs combinent une technique appelée **fusion de protoplastes** et des méthodes de culture de tissus, en vue de créer des variétés de plantes capables de clonage. Les protoplastes sont des cellules végétales dont on a détruit la paroi au moyen d'enzymes (cellulases et pectinases) provenant de champignons (**figure 38.15**). On peut fusionner, par des moyens chimiques ou électriques, deux protoplastes issus d'espèces différentes et incompatibles sur le plan de la reproduction, pour ensuite cultiver les protoplastes hybrides. Chacun des protoplastes a la capacité de régénérer sa paroi, puis de donner naissance à une plantule hybride. L'hybride produit par la fusion du protoplaste de deux espèces de *Datura*, par exemple, produit des graines fertiles et est considéré comme une nouvelle espèce. Cet hybride peut devenir plus gros que les deux parents et est environ 25% plus riche en alcaloïdes médicinaux.

La culture *in vitro* de cellules et de tissus végétaux est fondamentale pour la majorité des types de biotechnologie végétale. L'autre procédé fondamental est la production de plantes transgéniques grâce à diverses techniques de génie génétique. Dans la dernière section du chapitre, nous examinerons plus en détail la biotechnologie végétale.

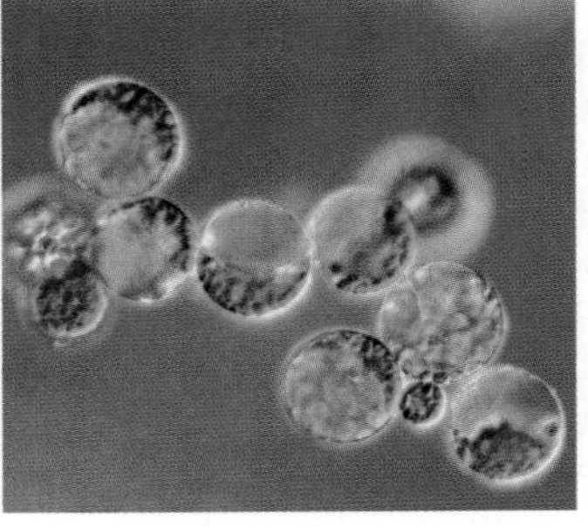

50 µm
(200 ×)

◄ **Figure 38.15 Protoplastes.** Pour obtenir ces cellules végétales dépourvues de paroi, on traite des cellules ou des tissus végétaux avec des enzymes qu'on a isolées chez certains champignons; ces enzymes dégradent la paroi cellulaire. Les chercheurs peuvent fusionner les protoplastes d'espèces différentes pour créer des cellules hybrides qu'ils peuvent ensuite cultiver dans le but d'obtenir une nouvelle plante (MP).

RETOUR SUR LE CONCEPT 38.2

1. La banane sans graines, qui est le fruit le plus populaire au monde, lutte actuellement contre deux épidémies fongiques. Pourquoi ce genre d'épidémie présente-t-il un risque élevé pour les cultures qui se reproduisent de manière asexuée?
2. L'autofécondation semble avoir des inconvénients évidents en tant que «stratégie» de reproduction dans la nature; elle a même été baptisée «impasse évolutive». Il est donc surprenant qu'environ 20% des espèces d'Angiospermes aient surtout recours à l'autofécondation. Proposez une raison pour laquelle l'autofécondation pourrait être avantageuse tout en constituant une impasse évolutive.
3. ET SI? Les pommes de terre (*Solanum tuberosum*) et les tomates (*Solanum lycopersicum*) sont des espèces assez étroitement apparentées. Si vous arriviez à croiser les deux, serait-il possible d'obtenir un hybride qui produit, sur la même plante, des tubercules comme les pommes de terre et des fruits comme les tomates?

Voir les réponses proposées à la fin du chapitre.

CONCEPT 38.3

Les humains modifient les cultures par la sélection et le génie génétique

Les humains manipulent la reproduction et le patrimoine génétique des Végétaux depuis les origines de l'agriculture. Ainsi, le maïs doit son existence aux humains. Si on le laissait pousser seul dans la nature, le maïs disparaîtrait rapidement, car il ne peut disséminer ses graines. En effet, les grains de maïs sont non seulement attachés de manière permanente à l'axe central (la rafle de l'épi), mais également protégés de manière permanente par une gaine de feuilles qui enveloppent l'épi (**figure 38.16**). Ces caractéristiques proviennent d'une sélection artificielle menée par les humains. (Voir le chapitre 22 pour une révision des bases de la sélection artificielle.) En effet, même sans aucune connaissance des principes scientifiques qui régissent la sélection des Végétaux, les humains de l'âge néolithique (à la fin de l'âge de la pierre, il y a environ 10 000 ans) ont domestiqué relativement rapidement la plupart des espèces végétales que nous cultivons aujourd'hui. Cependant, les modifications génétiques ont débuté longtemps avant qu'ils commencent à modifier les cultures par la sélection artificielle. Par exemple, le blé (*Triticum sp.*) que nous utilisons dans la fabrication d'une grande partie de nos aliments est le résultat d'une hybridation naturelle entre différentes espèces de Graminées. Cette hybridation est fréquente chez les Végétaux. Les agriculteurs l'ont d'ailleurs longtemps exploitée pour introduire de nouvelles variations génétiques dans la sélection artificielle et pour améliorer les cultures.

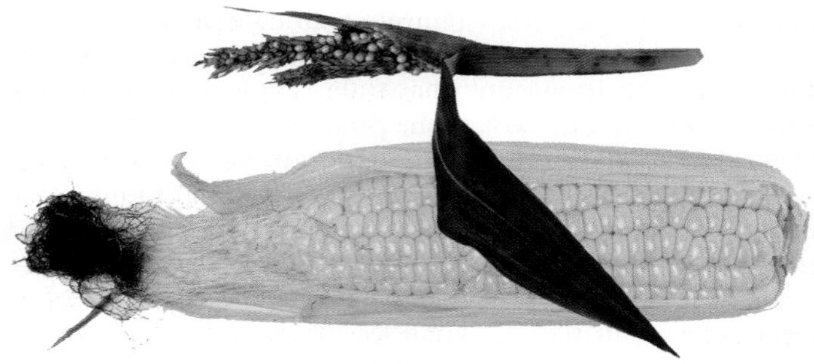

▲ **Figure 38.16 Le maïs: un produit de la sélection artificielle.** Le maïs cultivé actuel (*Zea mays* subsp. *mays*, photo du bas) est issu de la téosinte (*Zea mays* subsp. *parviglumis* ou subsp. *mexicana*, photo du haut). Les grains de téosinte sont petits, et chaque rangée est entourée d'une enveloppe. À maturité, les feuilles se détachent et libèrent les graines, ce qui permet leur dissémination. Cela rendait probablement la récolte difficile aux premiers agriculteurs. Les agriculteurs de l'âge néolithique ont donc sélectionné les graines issues des plants ayant les plus gros épis et les plus gros grains, et pourvus d'épis recouverts d'une enveloppe de feuilles résistantes et dont les grains restaient fermement attachés.

La sélection des Végétaux

L'art de reconnaître les caractères exceptionnels est important dans la sélection, ou amélioration génétique, des Végétaux. Les sélectionneurs examinent soigneusement leurs champs et se déplacent vers d'autres pays à la recherche de variétés domestiquées ou d'espèces sauvages apparentées possédant les caractères recherchés. À l'occasion, ces caractères apparaissent spontanément par mutation, mais la vitesse naturelle des mutations est trop lente et n'est pas assez fiable pour produire toutes les mutations que les phytogénéticiens voudraient étudier. Ils accélèrent parfois les mutations en traitant de grands lots de graines ou de plantules avec des radiations ou des substances chimiques.

Lorsqu'un caractère est identifié chez une espèce sauvage, cette espèce est croisée avec une variété domestique. En général, la descendance qui a hérité des caractères recherchés du parent sauvage a également hérité de nombreux caractères qui ne sont pas utiles pour l'agriculture, comme de petits fruits ou un rendement faible. La descendance qui exprime le caractère recherché est encore une fois croisée avec des membres de l'espèce domestiquée, et leur descendance est à son tour examinée pour qu'on y trouve le caractère recherché. Ce processus se poursuit jusqu'à ce que la descendance possédant le caractère sauvage recherché ressemble au parent domestiqué original quant à ses autres caractéristiques agricoles.

Alors que la plupart des phytogénéticiens effectuent une pollinisation croisée de plantes d'une même espèce, certaines méthodes de sélection font appel à l'hybridation entre deux espèces distantes du même genre. Ces croisements entraînent souvent l'avortement de la graine hybride au cours du développement. Très souvent, l'embryon commence à se développer, mais pas l'albumen. On sauve parfois les embryons hybrides en les retirant de l'ovule par chirurgie et en les cultivant *in vitro*.

L'hybridation effectuée sur des individus de deux genres différents est moins courante. Un croisement entre le blé (*Triticum aestivum*) et le seigle (*Secale cereale*), par exemple, a produit une nouvelle céréale hybride appelée triticale

(×*Triticosecale*) qui contient une copie de tous les chromosomes des deux espèces. Lorsque le triticale a été produit pour la première fois dans les années 1870, il n'était considéré que comme une curiosité botanique. Au milieu des années 1900, cependant, les phytogénéticiens ont réalisé que le triticale pouvait être une culture ayant le rendement et la qualité du blé et la tolérance au froid, à l'humidité et aux sols acides du seigle. Les premiers triticales faisaient face à de nombreux problèmes: les grandes plantes à maturation tardive avaient tendance à tomber, à être en partie stériles et à donner des rendements faibles. Elles produisaient généralement des graines ratatinées qui germaient mal et étaient de mauvaise qualité pour la mouture et la cuisson. Mais grâce à une sélection artificielle continue, ces problèmes ont été surmontés, et le triticale est maintenant cultivé partout dans le monde sur plus d'un million d'hectares de terres agricoles marginales (de mauvaise qualité) (1 ha = 2,47 acres). Si nous voulons nourrir la population mondiale en croissance rapide au 21e siècle, ces terres marginales devront devenir de plus en plus productives.

La biotechnologie végétale et le génie génétique

L'expression *biotechnologie végétale* a deux significations. Au sens général, elle désigne les innovations, remontant à la préhistoire, liées à l'utilisation des Végétaux ou de leurs dérivés et visant à fabriquer des produits destinés aux humains. Dans un sens plus précis, l'expression désigne l'utilisation d'organismes génétiquement modifiés (OGM) dans l'agriculture et dans l'industrie. En fait, depuis les deux dernières décennies, le génie génétique est devenu si important dans la biotechnologie que les médias confondent *génie génétique* et *biotechnologie*.

Contrairement aux phytogénéticiens traditionnels, les phytobiotechnologues actuels, qui utilisent les techniques du génie génétique, ne sont pas limités au seul transfert de gènes entre espèces ou genres étroitement apparentés. Ainsi, les techniques traditionnelles de sélection végétale ne permettent pas d'introduire un gène recherché de narcisse des prés (*Narcissus pseudonarcissus*) dans le riz (*Oryza sativa*), parce que les nombreuses espèces intermédiaires entre les deux plantes et l'ancêtre commun de ces deux plantes ont disparu. En théorie, si les phytogénéticiens avaient à leur disposition les espèces intermédiaires, ils pourraient, probablement en plusieurs siècles, introduire un gène de narcisse dans le riz, en utilisant des techniques traditionnelles d'hybridation et de sélection. Le génie génétique permet d'accomplir ce transfert de gènes en l'absence des espèces intermédiaires.

Dans la dernière section du présent chapitre, en continuité avec le chapitre 20, nous examinerons les perspectives et les controverses entourant les cultures génétiquement modifiées. Les défenseurs de la biotechnologie végétale croient que le génie génétique des plantes cultivées est la clé pour vaincre les problèmes les plus pressants du 21e siècle, notamment la faim dans le monde et la dépendance aux combustibles fossiles.

La lutte contre la faim dans le monde

Des 800 millions de personnes souffrant actuellement de malnutrition sur terre, 40 000, dont la moitié sont des enfants, en meurent chaque jour. Les causes d'une telle catastrophe ne font pas l'unanimité. Certaines personnes affirment que ce manque de nourriture est attribuable à une distribution inégale des aliments, et que les gens très pauvres ne peuvent tout simplement pas se procurer leur nourriture. D'autres considèrent que le manque de nourriture constitue une preuve de la surpopulation mondiale, c'est-à-dire que la planète ne peut nourrir autant de gens (voir le chapitre 53). Que les causes de cette famine soient sociales ou démographiques, il semble que les humains devraient avoir pour objectif d'augmenter la production alimentaire. Étant donné que la terre et l'eau sont les ressources les plus limitées, on doit augmenter le rendement des terres disponibles. En effet, il reste très peu de terres supplémentaires disponibles, surtout si l'on veut préserver les derniers espaces sauvages. Selon certaines estimations prudentes portant sur la croissance démographique, les agriculteurs devront produire, par hectare, 40 % de grains en plus pour nourrir la population mondiale en 2030. La biotechnologie végétale pourrait les aider à atteindre ce rendement.

L'utilisation commerciale des cultures transgéniques est l'un des cas les plus rapides de transfert technologique dans l'histoire de l'agriculture. Les cultures en question comprennent des variétés et des hybrides de coton (genre *Gossypium*), de maïs (*Zea mays*) et de pommes de terre (*Solanum tuberosum*) qui contiennent des gènes de la bactérie *Bacillus thuringiensis*. Ces « transgènes » codent pour une protéine, la toxine *Bt*, qui est toxique pour certains insectes parasites. La culture de telles variétés végétales réduit grandement l'utilisation d'insecticides chimiques. La toxine *Bt* utilisée dans les cultures est produite dans la plante sous forme de protoxine inoffensive, et ne devient toxique que si elle est activée par des conditions alcalines, comme celles qui existent dans l'estomac des Insectes. Comme les Vertébrés ont des estomacs très acides, la protoxine consommée par les humains ou les animaux d'élevage est détruite sans jamais devenir active.

On a également réalisé des progrès considérables dans la production de plantes transgéniques qui tolèrent un certain nombre d'herbicides. La culture de ces plantes réduirait les coûts d'exploitation en permettant aux agriculteurs de « désherber » leurs champs à l'aide d'herbicides qui n'endommageraient pas la culture au lieu de labourer, ce qui cause l'érosion. Les chercheurs travaillent également sur des plantes transgéniques qui résisteraient bien aux maladies. Par exemple, dans l'archipel hawaïen, on a introduit un papayer transgénique résistant à l'un des virus des taches annulaires. Cette mesure a permis de sauver l'industrie de la papaye (fruit du *Carica papaya*).

On peut également améliorer la valeur nutritive des Végétaux. Par exemple, chaque année, quelque 250 000 à 500 000 enfants deviennent aveugles à cause d'une carence en vitamine A. Plus de la moitié de ces enfants meurent moins d'un an après être devenus aveugles. En réponse à cette crise, les chercheurs en génie génétique ont créé le « riz doré », une variété transgénique contenant deux gènes de narcisse qui permettent de produire des grains de riz contenant du bêtacarotène, un précurseur de la vitamine A. Le manioc est une autre cible que le génie génétique vise à améliorer; c'est une denrée de consommation courante pour les 800 millions de personnes les plus pauvres de la planète (**figure 38.17**).

▼ **Figure 38.17**

IMPACT

La lutte contre la faim dans le monde grâce au manioc transgénique

Les phytobiotechnologues se hâtent afin de modeler le manioc (*Manihot esculenta*) pour en faire un aliment parfait. Cette plante racine riche en amidon est abondante et facile à cultiver; c'est en plus l'aliment de base de 800 millions de pauvres dans le monde. Mais elle comporte plusieurs inconvénients. Composée presque entièrement de glucides, elle fournit beaucoup de calories, mais ne constitue pas un régime complet et équilibré. En outre, on doit la traiter pour enlever des substances chimiques qui libèrent du cyanure, et les travailleurs peuvent manifester des maladies à la suite d'une exposition chronique à la toxine. Cependant, au cours du processus de leur développement, les plants de manioc transgénique ont été grandement enrichis en protéines, en fer et en bêta-carotène (un précurseur de la vitamine A), et les substances chimiques qui produisent du cyanure ont été presque éliminées des racines. Les chercheurs ont également créé des plants de manioc dont les racines ont une masse ayant le double de la taille normale.

Racines de manioc récoltées en Thaïlande

POURQUOI C'EST IMPORTANT Nourrir les affamés dans le monde au 21e siècle pose toujours un défi de taille, en raison de la constante croissance de la population. Cette misère humaine intolérable peut être évitée si les phytobiotechnologues arrivent à produire une variété de manioc assez nutritive pour qu'une portion quotidienne de 500 grammes procure un régime complet et sain.

POUR EN SAVOIR PLUS N. Nassar et R. Ortiz, De nouvelles variétés de manioc, *Pour la science* 395 (septembre 2010).

FAITES DES LIENS La transformation génétique faisant appel à *Agrobacterium tumefaciens*, une bactérie du sol qui cause la maladie de la galle du collet, est la méthode privilégiée pour le transport de nouveaux gènes dans les cellules de manioc. Revoyez le concept 20.4 (p. 487) et expliquez pourquoi l'utilisation de cet agent pathogène en génie génétique ne provoque pas la maladie de la galle du collet dans les plantes transgéniques.

La réduction de la dépendance aux combustibles fossiles

Les sources mondiales de combustibles fossiles bon marché, particulièrement le pétrole, s'épuisent rapidement. De plus, selon la plupart des climatologues, le réchauffement climatique est principalement dû à la combustion effrénée des combustibles fossiles, comme le charbon et le pétrole, et à la libération de CO_2, un gaz à effet de serre qu'elle produit. Comment est-il possible de répondre aux demandes énergétiques du 21e siècle d'une façon économique et non polluante? Dans certaines localités, l'énergie éolienne et l'énergie solaire peuvent devenir économiquement viables, mais ces sources d'énergie renouvelables ne sont pas susceptibles de satisfaire complètement aux demandes d'énergie de la planète. De nombreux scientifiques prédisent que la biomasse de plantes à croissance extrêmement rapide, comme le panic raide (*Panicum virgatum*) et le peuplier occidental (*Populus trichocarpa*), pourrait produire une partie appréciable des besoins mondiaux en énergie dans un proche avenir.

Dans des conditions optimales, les peupliers peuvent grandir de 3 à 4 mètres chaque année, et le panic raide croît bien dans une grande variété de conditions présentes dans des régions où la plupart des types d'agriculture ne sont pas économiquement viables. Les scientifiques n'envisagent pas de brûler directement la phytomasse (biomasse végétale), mais plutôt de décomposer en glucides, par des réactions enzymatiques, les polymères des parois cellulaires, comme la cellulose et l'hémicellulose, qui constituent les composés organiques les plus abondants sur terre. Ces glucides seraient ensuite transformés en alcool par fermentation, puis distillés pour produire des **biocarburants**.

L'utilisation des biocarburants issus de la phytomasse réduirait l'émission nette de CO_2. Alors que la combustion des combustibles fossiles augmente les concentrations de CO_2 atmosphérique, les cultures destinées à la production de biocarburants réabsorbent, par la photosynthèse, le CO_2 émis lorsque les biocarburants sont brûlés, créant un cycle neutre en carbone. Les phytogénéticiens essaient d'obtenir des peupliers à croissance plus rapide en les modifiant génétiquement pour qu'ils produisent une biomasse plus facilement transformable.

La technologie des biocarburants a ses détracteurs. Par exemple, l'écologiste David Pimentel, de la Cornell University, et le spécialiste de la géo-ingénierie Tad Patzek, de la University of California à Berkeley, ont évalué qu'il faut plus d'énergie pour produire les biocarburants que n'en fournit la combustion de ces produits. Les défenseurs des biocarburants, quant à eux, ont contesté la précision des données sur lesquelles s'appuient ces estimations.

La controverse soulevée par la biotechnologie végétale

Les arguments que certains avancent contre l'utilisation des OGM en agriculture sont en grande partie de nature politique, économique ou éthique. Ces débats sortent donc du cadre du présent manuel. Cependant, nous *devons* tenir compte des répercussions biologiques de l'utilisation de cultures génétiquement modifiées. Certains biologistes, particulièrement des écologistes, sont inquiets des risques inconnus que représentent l'introduction des OGM dans l'environnement, et dans quelle mesure ils pourraient nuire à la santé humaine ou à l'environnement. Ceux qui veulent modérer ou empêcher complètement le recours à cette technologie en agriculture s'inquiètent du fait que ce type d'«expérience» ne peut être stoppé une fois lancé. Si un médicament à l'essai a des effets néfastes non attendus, on interrompt l'expérimentation. Mais dans le cas des nouveaux organismes introduits dans la biosphère, on ne peut tout simplement pas «mettre fin à l'expérience».

Le chapitre 20 présente les principales inquiétudes relatives à la biotechnologie dans son ensemble. Ici, nous abordons quelques sujets de controverse concernant l'utilisation de la biotechnologie en agriculture. Les études en laboratoire et sur le terrain continuent d'examiner les conséquences possibles de l'utilisation des cultures génétiquement modifiées, notamment les effets sur la santé humaine et les organismes non ciblés, ainsi que le risque de fuite transgénique.

Les enjeux relatifs à la santé humaine

Pour de nombreux opposants aux OGM, l'un des sujets d'inquiétude soulevés par le génie génétique est qu'il pourrait transférer par inadvertance des allergènes (molécules qui provoquent une réaction allergique chez certains humains) d'une espèce qui produit un allergène à une plante comestible. Cependant, les phytobiotechnologues s'emploient déjà à retirer des fèves de soja et d'autres cultures les gènes qui codent pour des protéines allergènes. Jusqu'à maintenant, il n'existe aucune preuve formelle qu'une plante génétiquement modifiée et destinée expressément à la consommation humaine aurait eu un effet indésirable sur la santé des humains. En fait, certains aliments transgéniques sont peut-être plus sains que d'autres qui ne sont pas modifiés. Le maïs *Bt* (la variété transgénique possédant la toxine *Bt*), par exemple, contient 90% moins de toxine fongique cancérigène et responsable d'anomalies congénitales que le maïs ordinaire. Cette toxine, appelée fumonisine, est hautement résistante à la dégradation, et a été découverte en concentrations inquiétantes dans toutes sortes de produits du maïs, allant des flocons de maïs à la bière. La fumonisine est produite par un type d'Eumycètes (principalement *Fusarium verticillioides* et *F. proliferatum*) qui infecte le maïs attaqué par des insectes. Or, comme le maïs *Bt* se fait beaucoup moins assaillir que le maïs ordinaire, il contient beaucoup moins de fumonisine.

Néanmoins, les opposants aux OGM, à cause des préoccupations reliées à la santé, continuent de faire pression pour qu'on étiquette clairement tous les aliments qui contiennent des OGM. Certains demandent également l'établissement d'une réglementation stricte contre le mélange d'aliments génétiquement modifiés et d'aliments naturels pendant le transport, l'entreposage et la transformation. Cependant, les défenseurs de la biotechnologie soulignent qu'il n'y a eu aucune demande de la sorte lorsque sont apparues les cultures «transgéniques» produites par des techniques traditionnelles. Il y a, par exemple, certaines variétés de blé exploitées commercialement qui sont produites par des techniques traditionnelles contenant des chromosomes entiers (et des milliers de gènes) du seigle.

Les effets possibles sur les organismes non ciblés

De nombreux écologistes s'inquiètent des conséquences imprévues que les cultures d'OGM pourraient avoir sur des organismes non ciblés. Une étude en laboratoire a indiqué que la larve (chenille) du monarque (*Danaus plexippus*) réagit mal à la consommation de feuilles d'asclépiade (*Asclepias sp.*, sa nourriture préférée) fortement recouvertes de pollen du maïs transgénique qui produit la toxine *Bt*, et peut même en mourir. Cette étude a toutefois été discréditée depuis, illustrant bien l'obligation qu'a la science de corriger ses propres erreurs. Il s'avère que, lorsque les auteurs de ladite étude ont agité les inflorescences du maïs mâle au-dessus des feuilles d'asclépiade, ils ont également fait tomber sur celles-ci des filets d'étamine, des microsporanges et d'autres pièces florales. Une étude subséquente a montré que c'étaient ces pièces florales et *non* le pollen qui contenaient une concentration élevée de toxine *Bt*. Contrairement au pollen, les pièces florales ne sont pas transportées par le vent vers les asclépiades voisines dans des conditions normales. Une seule variété de maïs, qui représente moins de 2% de la production commerciale de maïs *Bt* (maintenant abandonnée), produit du pollen contenant une concentration élevée de toxine *Bt*.

Pour tenir compte des effets négatifs du pollen *Bt* sur les monarques, on doit également soupeser les effets de la solution de remplacement la plus probable au maïs *Bt*, à savoir l'épandage de pesticides chimiques sur le maïs ordinaire. Or, des études récentes ont montré que ce type d'arrosage s'avère plus dangereux pour la population locale de monarques que la production de maïs *Bt*. Même si les effets non souhaités du pollen *Bt* sur les larves de grands monarques semblent négligeables, la controverse a fait ressortir la nécessité de faire d'autres études sur le terrain et l'importance de cibler l'expression génique de tissus particuliers pour améliorer la sécurité.

Le problème des évasions transgéniques

La plus grande inquiétude que font naître les cultures génétiquement modifiées est la possibilité qu'une hybridation entre plantes cultivées et plantes sauvages introduise chez ces dernières des caractères transgéniques. Par exemple, une hybridation spontanée entre une culture modifiée pour résister aux herbicides et une plante sauvage apparentée pourrait donner naissance à une «super-mauvaise herbe» qui pourrait posséder un avantage de sélection sur les plantes sauvages, et qu'il serait très difficile de contrôler sur le terrain. En effet, certaines plantes cultivées s'hybrident avec des plantes sauvages apparentées, et des évasions transgéniques sont bel et bien possibles. Cette probabilité dépend de la capacité qu'ont l'espèce cultivée et l'espèce sauvage de s'hybrider et de la manière dont les transgènes influent sur la santé générale des plants hybrides. Un caractère recherché pour une culture (par exemple, un phénotype de nanisme qui aide à contrer la verse, soit l'état des plantes couchées sur le sol par une intempérie) peut représenter un inconvénient pour une plante sauvage. Dans d'autres cas, le milieu n'abrite aucune plante sauvage apparentée susceptible d'hybridation. Par exemple, il n'existe aucune plante sauvage apparentée au soja (*Glycine max*) en Amérique du Nord. Cependant, le canola (*Brassica napus* var. *napus*), le sorgho (*Sorghyn sp.*) et plusieurs autres espèces cultivées s'hybrident facilement avec des espèces sauvages.

De nombreuses stratégies différentes sont réalisées dans le but d'empêcher les évasions transgéniques. Par exemple, s'il était possible de trouver des façons de causer la stérilité mâle dans les cultures transgéniques, ces plantes continueraient de produire des graines et des fruits si elles étaient pollinisées par des individus voisins non transgéniques, mais ne produiraient pas elles-mêmes de pollen viable. Une deuxième méthode consiste à modifier génétiquement les plantes pour introduire l'apomixie dans les cultures transgéniques. Lorsqu'une graine est produite par apomixie, l'embryon et l'albumen se développent sans fécondation. Le transfert de ce caractère aux cultures transgéniques réduirait donc la possibilité d'évasion transgénique par l'intermédiaire du pollen, car les plantes pourraient être des mâles stériles sans que la production de graines ou de fruits soit compromise. Une troisième approche consiste à insérer les transgènes dans l'ADN des chloroplastes de la culture. Comme l'ADN des chloroplastes vient uniquement de l'oosphère, les transgènes qui sont dans les chloroplastes ne peuvent être transmis par le pollen (voir le chapitre 15 pour une révision des caractères transmis par la plante mère). Une quatrième méthode permettant d'éviter l'évasion transgénique consiste à modifier génétiquement des fleurs qui se développeraient normalement, mais ne réussiraient pas à s'ouvrir. Par conséquent, l'autofécondation se produirait, mais il serait peu probable que le pollen puisse s'échapper de la fleur. Cette solution nécessiterait des modifications à la structure des fleurs. On a découvert que plusieurs gènes floraux pourraient être manipulés à cette fin.

Le débat incessant sur l'utilisation des OGM en agriculture illustre l'une des idées récurrentes du présent manuel: les relations entre la science, la technologie et la société. Les progrès technologiques comportent presque toujours un risque d'obtenir des résultats inattendus. Or, dans le cas de la biotechnologie végétale, le niveau zéro de risque est probablement inaccessible. Les scientifiques et le public doivent donc évaluer, dans chacun des cas, les bienfaits possibles des produits transgéniques par rapport aux risques que la société est prête à prendre. Mais l'idéal est que les discussions et les prises de décision se fondent sur de l'information scientifique et des expérimentations rigoureuses, et non sur la peur ou l'optimisme aveugle.

RETOUR SUR LE CONCEPT 38.3

1. Comparez les techniques traditionnelles de sélection végétale et le génie génétique.
2. Expliquez en quoi les cultures génétiquement modifiées comportent des risques et des avantages.
3. Pourquoi le maïs *Bt* contient-il moins de fumonisine que le maïs ordinaire?
4. **ET SI?** Chez un petit nombre d'espèces, les gènes du chloroplaste sont transmis seulement par les spermatozoïdes. En quoi cela peut-il influencer les efforts pour empêcher l'évasion transgénique?

Voir les réponses proposées à la fin du chapitre.

RÉVISION DU CHAPITRE 38

RÉSUMÉ DES CONCEPTS CLÉS

CONCEPT 38.1

Les fleurs, la double fécondation et les fruits sont des caractéristiques propres au cycle de développement des Angiospermes (p. 934 à 943)

- Chez les Angiospermes, la reproduction fait intervenir une alternance des générations entre la génération sporophyte diploïde multicellulaire et la génération gamétophyte haploïde multicellulaire. Les fleurs, produites par le sporophyte, jouent un rôle dans la reproduction sexuée.
- Les quatre types de pièces florales sont les sépales, les pétales, les étamines et le pistil. Les **sépales** protègent le bourgeon floral. Les **pétales** aident à attirer les pollinisateurs. Les **étamines** portent des anthères dans lesquelles les **microspores** haploïdes se développent en **grains de pollen** contenant un gamétophyte mâle. Le **pistil** comporte un ou plusieurs carpelles, qui contiennent les ovules (graines immatures) dans leurs bases gonflées. Les **sacs embryonnaires** (gamétophytes femelles) se développent à partir des mégaspores, à l'intérieur de l'ovule.
- La **pollinisation**, qui précède la fécondation, est le dépôt du pollen sur le stigmate d'un pistil. Après la pollinisation, le tube pollinique dépose deux spermatozoïdes dans le gamétophyte femelle. Deux spermatozoïdes sont nécessaires pour la **double fécondation**, un processus par lequel le premier spermatozoïde féconde l'oosphère, formant un zygote et éventuellement un embryon. Le second s'unit aux deux noyaux polaires, ce qui donne naissance à l'albumen qui entrepose les éléments nutritifs.

- Le **tégument de la graine** enveloppe l'embryon ainsi qu'une réserve de nutriments emmagasinée dans l'**albumen** ou les **cotylédons**.
- La **dormance** fait en sorte que les graines germent seulement dans des conditions favorables. L'interruption de la dormance nécessite souvent des stimulus extérieurs, comme des variations de température ou de luminosité.
- Le **fruit** protège les graines qu'il renferme et en favorise la dissémination par le vent ou par les animaux qu'il attire.

? *Quelles modifications subissent les quatre types de pièces florales lorsqu'une fleur se transforme en fruit?*

CONCEPT 38.2

Les plantes à fleurs se reproduisent par voie sexuée, asexuée, ou les deux (p. 943 à 948)

- La **reproduction asexuée** permet aux plantes de se multiplier rapidement. La reproduction sexuée engendre la majeure partie des variations génétiques qui permettent les adaptations au cours de l'évolution.
- Les Végétaux ont acquis de nombreux mécanismes pour éviter l'autofécondation, notamment la dioïcité (fleurs mâles et femelles sur des individus différents), la production non synchrone de parties mâles et femelles sur une même fleur et des réactions d'**auto-incompatibilité** dans lesquelles les grains de pollen qui portent un allèle identique à celui de la femelle sont rejetés.
- Les plantes peuvent être clonées à partir de cellules uniques qui peuvent être génétiquement modifiées avant de pouvoir donner une plante.

? *Quels sont les avantages et les inconvénients de la reproduction asexuée?*

CONCEPT 38.3

Les humains modifient les cultures par la sélection et le génie génétique (p. 948 à 952)

- Dans la nature, l'hybridation entre variétés et même entre espèces différentes est courante chez les Végétaux. Les sélectionneurs de

Végétaux (ou phytogénéticiens), anciens et modernes, l'ont exploitée pour introduire de nouveaux gènes dans les cultures. Après avoir réussi l'hybridation entre deux plantes, les phytogénéticiens choisissent la descendance qui possède les caractères recherchés.

- En génie génétique, les gènes d'organismes non apparentés sont introduits dans les plantes. Les plantes génétiquement modifiées peuvent améliorer la qualité de la nourriture dans le monde et en augmenter la quantité; elles peuvent également devenir de plus en plus importantes en tant que biocarburants.
- Le «riz doré», plus riche en vitamine A, et le maïs *Bt* qui est résistant aux Insectes sont deux cultures génétiquement modifiées importantes.
- De nombreuses personnes s'inquiètent des risques inconnus liés à la dissémination d'organismes génétiquement modifiés (OGM) dans l'environnement. Mais il faut aussi tenir compte des bienfaits des cultures transgéniques.

? *Donnez trois exemples de méthodes par lesquelles le génie génétique a amélioré la qualité des aliments ou la productivité de l'agriculture.*

ÉVALUATION

NIVEAU 1: CONNAISSANCES ET COMPRÉHENSION

1. Une graine se forme à partir:
a) d'une oosphère. c) d'un ovule. e) d'un embryon.
b) d'un grain de pollen. d) d'un ovaire.

2. Un fruit est:
a) un ovaire mature.
b) un ovule mature.
c) formé par une graine et son tégument.
d) formé par les carpelles fusionnés.
e) un sac embryonnaire hypertrophié.

3. La double fécondation signifie que:
a) les fleurs doivent être pollinisées deux fois pour donner des fruits et des graines.
b) chaque oosphère doit recevoir deux spermatozoïdes pour produire un embryon.
c) un spermatozoïde est nécessaire pour féconder l'oosphère, et un deuxième pour féconder les noyaux polaires.
d) l'oosphère du sac embryonnaire est diploïde.
e) chaque spermatozoïde a deux noyaux.

4. Le «riz doré»:
a) résiste aux divers herbicides, ce qui permet de désherber les rizières à l'aide d'herbicides.
b) résiste à un virus qui attaque fréquemment les rizières.
c) contient des gènes bactériens produisant une toxine qui réduit les dommages dus aux insectes parasites.
d) produit des grains dorés plus gros, ce qui augmente le rendement des cultures.
e) contient des gènes de narcisse des prés qui augmentent sa teneur en vitamine A.

5. Quel énoncé au sujet de la greffe est correct?
a) Les porte-greffes et les greffons désignent les jeunes rameaux de différentes espèces.
b) Les porte-greffes proviennent des vignes, mais les greffes viennent des arbres.
c) Les porte-greffes fournissent les systèmes racinaires pour la greffe.
d) La greffe crée de nouvelles espèces.
e) Les porte-greffes et les greffons doivent provenir d'espèces non apparentées.

NIVEAU 2: APPLICATION ET ANALYSE

6. Certaines espèces dioïques comportent le génotype XY pour le mâle et XX pour la femelle. Après la double fécondation, quels seraient les génotypes des embryons et des noyaux de l'albumen?
a) Embryon X et albumen XX, ou embryon Y et albumen XY.
b) Embryon XX et albumen XX, ou embryon XY et albumen XY.
c) Embryon XX et albumen XXX, ou embryon XY et albumen XYY.
d) Embryon XX et albumen XXX, ou embryon XY et albumen XXY.
e) Embryon XY et albumen XXX, ou embryon XX et albumen XXY.

7. Une petite fleur qui a des pétales verts est probablement:
a) pollinisée par une abeille.
b) pollinisée par un oiseau.
c) pollinisée par une chauve-souris.
d) pollinisée par le vent.
e) pollinisée par un papillon nocturne.

8. Le pollen produit par les plantes pollinisées par le vent est souvent plus petit que le pollen produit par les plantes pollinisées par les animaux. Une raison qui explique cette différence est que:
a) les plantes pollinisées par le vent sont, en général, plus petites que les plantes pollinisées par les animaux.
b) les plantes pollinisées par le vent libèrent le pollen au printemps, avant que la plante n'ait emmagasiné assez d'énergie pour produire de gros grains de pollen.
c) les petits grains de pollen peuvent être transportés plus loin par le vent.
d) les animaux pollinisateurs ont plus de facilité à recueillir de gros grains de pollen.
e) les fleurs pollinisées par le vent n'ont pas besoin de gros grains de pollen parce qu'elles n'ont pas besoin d'attirer d'animaux pollinisateurs.

9. Les points noirs qui recouvrent les fraises sont en fait des fruits individuels. La partie charnue et savoureuse d'une fraise provient du réceptacle d'une fleur ayant beaucoup de carpelles séparés. Par conséquent, une fraise est:
a) à la fois un fruit multiple et un fruit agrégé.
b) à la fois un fruit multiple et un fruit accessoire.
c) à la fois un fruit simple et un fruit agrégé.
d) à la fois un fruit agrégé et un fruit accessoire.
e) un fruit simple avec de nombreuses graines.

10. **FAITES UN DESSIN** Dessinez et annotez les pièces florales.

NIVEAU 3: SYNTHÈSE ET ÉVALUATION

11. LIEN AVEC L'ÉVOLUTION
En ce qui concerne la reproduction sexuée, certaines espèces végétales sont complètement autocompatibles; d'autres sont complètement auto-incompatibles; d'autres encore ont adopté une stratégie mixte d'auto-incompatibilité partielle. Ces stratégies de reproduction diffèrent par leur potentiel d'évolution. Comment, par exemple, une espèce auto-incompatible pourrait-elle survivre si c'est une petite population fondatrice ou si sa population connaît une baisse importante (voir le chapitre 23), par rapport à une espèce autocompatible?

12. INTÉGRATION
Les détracteurs des aliments génétiquement modifiés soutiennent que l'introduction de gènes étrangers peut perturber le fonctionnement normal de la cellule, de sorte que des substances inconnues et potentiellement nocives peuvent apparaître à l'intérieur. Par exemple, des substances intermédiaires toxiques habituellement produites en très petites quantités peuvent apparaître en plus grandes quantités, ou alors des substances totalement nouvelles peuvent surgir. Il existe également un risque que ces changements entraînent la disparition de substances qui jouent un rôle important dans le maintien d'un métabolisme normal. Si vous aviez à conseiller votre pays à titre de scientifique, comment répondriez-vous à ces critiques?

13. SCIENCE, TECHNOLOGIE ET SOCIÉTÉ
Les humains effectuent des manipulations génétiques depuis des millénaires. Ils ont produit de nombreuses variétés végétales et animales en recourant à des méthodes de reproduction sélective et d'hybridation qui peuvent grandement modifier le génome des organismes. Selon vous, pourquoi le génie génétique moderne, qui comporte souvent l'introduction ou la modification d'un ou de quelques gènes seulement, rencontre-t-il une telle opposition du public? Certaines applications du génie génétique seraient-elles plus inquiétantes que d'autres? Si oui, quelles sont-elles, et pourquoi?

14. **ÉCRIVEZ UN TEXTE**

Les propriétés émergentes Dans un court texte (de 100 à 150 mots), expliquez dans quelle mesure la capacité d'une fleur à se reproduire avec d'autres fleurs de la même espèce est une nouvelle caractéristique qui provient de ses pièces florales et de leur organisation.

RÉPONSES DU CHAPITRE 38

Questions des figures

Figure 38.4 Un pollinisateur spécifique est plus efficace parce que moins de pollen est transporté sur des fleurs de la mauvaise espèce. Cependant, c'est également une stratégie risquée : si la population de pollinisateurs souffre à un degré inhabituel de prédation, de maladie ou des changements climatiques, alors la plante pourrait être incapable de produire des graines. **Figure 38.8** En plus d'avoir un seul cotylédon, les Monocotylédones ont des feuilles avec des nervures parallèles, une disposition complexe des faisceaux libéroligneux dans leurs tiges, un système racinaire fasciculé, des pièces florales habituellement organisées en multiples de trois et des grains de pollen monocolpé (à une seule aperture pour le passage du tube pollinique). Par contre, les Eudicotylédones possèdent deux cotylédons, des feuilles à nervures ramifiées, des faisceaux libéroligneux disposés en anneau, des racines pivotantes, des pièces florales organisées en multiples de quatre ou cinq et des grains de pollen tricolpés (à trois apertures). **Figure 38.9** Les haricots percent le sol grâce à un hypocotyle incurvé. Les feuilles délicates et le méristème apical des pousses sont également protégés en étant entourés de deux gros cotylédons. Le coléoptile des plantules de maïs aide à protéger les feuilles émergentes. **Figure 38.17** La bactérie de la galle du collet (*Agrobacterium tumefaciens*) cause normalement, chez les plantes sensibles, des tumeurs semblables au cancer. *Agrobacterium* insère ses propres gènes dans les cellules végétales au moyen de plasmides. On a génétiquement modifié ces plasmides en vue de retenir leur capacité à insérer des gènes dans des cellules végétales sans causer de croissances cancéreuses.

Retour sur le concept 38.1

1. Chez les Angiospermes, la pollinisation est le transport du pollen d'une anthère à un stigmate. C'est le développement subséquent du tube pollinique, à partir du grain de pollen, qui permet la fécondation, c'est-à-dire la fusion de l'oosphère et du spermatozoïde pour former le zygote. **2.** La dormance des graines empêche leur germination prématurée. Une graine germe seulement lorsque les conditions du milieu favorisent la survie de l'embryon et de la plantule. **3.** Les longs styles aident à éliminer les grains de pollen génétiquement faibles et incapables de faire croître de longs tubes polliniques. **4.** Non. La génération haploïde (gamétophyte) des plantes est multicellulaire et provient des spores. La phase haploïde des cycles de développement chez les Animaux est un gamète unicellulaire (oosphère ou spermatozoïde) qui provient directement de la méiose : il n'y a pas de spores.

Retour sur le concept 38.2

1. Les cultures qui se reproduisent de façon asexuée manquent de diversité génétique. Les populations qui affichent une diversité génétique sont moins susceptibles de s'éteindre en cas d'épidémie, parce qu'il y a plus de chances qu'elles comptent quelques individus résistants. **2.** À court terme, l'autofécondation peut être avantageuse dans une population si dispersée et clairsemée que la dissémination du pollen n'est pas fiable. À long terme, cependant, l'autofécondation est une impasse évolutive, parce qu'elle réduit peu à peu la diversité génétique ; par le fait même, elle peut empêcher l'évolution adaptative. **3.** Ce serait possible, mais il serait peu probable d'obtenir des résultats satisfaisants. Les tubercules et les fruits sont des réserves d'énergie extraordinaires. Chaque plante ne possède qu'une quantité définie d'énergie à partager entre la reproduction sexuée et la reproduction asexuée. Bien qu'un hybride tomate-pomme de terre pourrait, en théorie, produire une descendance qui donne des fruits et des tubercules de façon égale, ces derniers seraient de qualité inférieure et de rendement faible.

Retour sur le concept 38.3

1. Autant dans les techniques traditionnelles de sélection que dans le génie génétique, on a recours à la sélection artificielle pour obtenir des plantes pourvues de certaines caractéristiques recherchées. Cependant, les techniques de génie génétique accélèrent le transfert de gènes et ne se limitent pas au transfert de gènes entre des variétés ou des espèces étroitement apparentées. **2.** Les cultures génétiquement modifiées peuvent être plus nutritives ou moins sensibles aux attaques des insectes ou aux agents pathogènes qui envahissent les plantes infestées. En outre, ces cultures peuvent moins nécessiter de produits chimiques que les cultures non modifiées. Toutefois, les risques inconnus peuvent comprendre les effets indésirables sur les humains et les organismes non ciblés ainsi que les risques d'évasion transgénique. **3.** Le maïs *Bt* est moins assailli par les insectes ; par conséquent, les plantes sont moins susceptibles d'être infectées par les champignons produisant la fumonisine qui infectent les plantes blessées. **4.** Chez ces espèces, modifier génétiquement le transgène dans l'ADN du chloroplaste n'empêcherait pas son évasion dans le pollen ; cette méthode exige que l'ADN du chloroplaste ne se trouve que dans l'oosphère. Une méthode entièrement différente d'empêcher l'évasion transgénique est donc nécessaire, comme la stérilité mâle, l'apomixie ou l'autopollinisation des fleurs fermées.

Questions du résumé des concepts clés

38.1 Après la pollinisation, une fleur se transforme généralement en fruit. Les fleurs perdent généralement les pétales, les sépales et les étamines. Les stigmates du pistil fanent et l'ovaire commence à gonfler. Les ovules (graines embryonnaires) à l'intérieur de l'ovaire arrivent à la maturité. **38.2** La reproduction asexuée peut être avantageuse dans un milieu stable, parce que les individus bien adaptés à ce milieu peuvent transmettre tous leurs gènes à leur descendance. En outre, la reproduction asexuée donne généralement naissance à une descendance moins fragile que les plantules produites par reproduction sexuée. Cependant, la reproduction sexuée a l'avantage de disséminer des graines résistantes. De plus, la reproduction sexuée engendre une diversité génétique qui peut être avantageuse dans les milieux instables. En effet, il y a plus de chances qu'au moins un descendant issu de la reproduction sexuée survive dans un milieu dont les conditions auront changé. **38.3** Le « riz doré » a été modifié génétiquement pour produire plus de vitamine A, améliorant ainsi la valeur nutritionnelle du riz. Un gène de la protoxine produite par une bactérie du sol a été introduit dans le maïs *Bt*. Cette protoxine est létale pour les Invertébrés, mais inoffensive pour les Vertébrés. Les cultures *Bt* nécessitent moins d'arrosage de pesticides et ont des niveaux plus faibles d'infection fongique. Le génie génétique augmente la valeur nutritionnelle du manioc de nombreuses façons. Des niveaux enrichis de protéines, de fer et de bêtacarotène (un précurseur de la vitamine A) ont été atteints, et les substances chimiques qui produisent du cyanure ont été presque complètement éliminées des racines.

ÉVALUATION

1. c; **2.** a; **3.** c; **4.** e; **5.** c; **6.** d; **7.** d; **8.** c; **9.** d;
10.

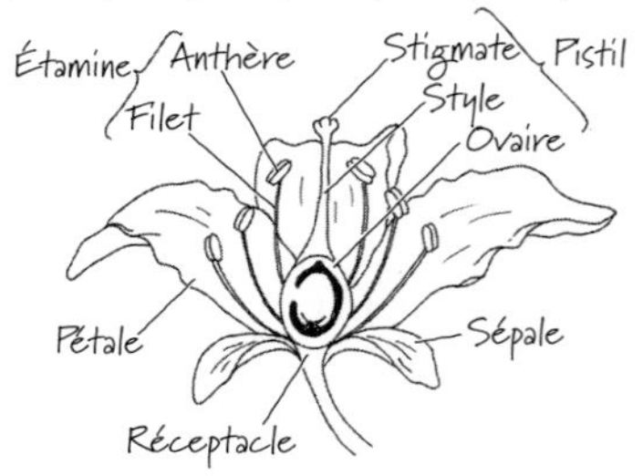

39

Les réponses des Végétaux aux stimulus internes et externes

▲ **Figure 39.1 Les fleurs peuvent-elles indiquer l'heure de la journée ?**

CONCEPTS CLÉS

39.1 **Les voies de transduction du stimulus font le lien entre la réception des stimulus et les réponses des Végétaux**

39.2 **Les hormones végétales coordonnent la croissance, le développement et les réponses aux stimulus**

39.3 **Les réponses des Végétaux à la lumière sont vitales pour leur survie**

39.4 **Les Végétaux réagissent à de nombreux stimulus autres que la lumière**

39.5 **Les Végétaux réagissent aux attaques des herbivores et des agents pathogènes**

INTRODUCTION

Sensibles mais immobiles

Carl von Linné, le père de la taxinomie, était un naturaliste passionné. Il avait remarqué que chaque espèce de plante ouvrait et fermait ses fleurs à un moment particulier de la journée. On peut donc estimer l'heure du jour en observant quelles espèces ont ouvert ou fermé leurs fleurs. En disposant les heures d'ouverture et de fermeture en séquence, on obtiendrait une sorte d'horloge florale, ou *horologium florae*, selon l'expression de Linné. La **figure 39.1** en illustre une représentation moderne sous forme d'un cadran d'horloge de 12 heures. Pourquoi le moment de la floraison varie-t-il? L'heure à laquelle les fleurs s'ouvrent correspond probablement au moment où leurs insectes pollinisateurs sont les plus actifs; ce n'est qu'un exemple des nombreux facteurs environnementaux auxquels une plante doit réagir pour soutenir la compétition avec succès.

Dans le présent chapitre, nous nous pencherons sur les mécanismes par lesquels les Angiospermes perçoivent les stimulus externes et internes et sur la façon dont elles y réagissent. À l'échelle de l'organisme, les réactions des Végétaux aux stimulus environnementaux (externes) diffèrent de celles des Animaux. Ces derniers, qui sont mobiles, réagissent surtout en s'approchant des stimulus favorables et en s'éloignant des stimulus nuisibles. Les Végétaux, quant à eux, passent toute leur vie au même endroit. Ils réagissent aux stimulus environnementaux en modifiant leur mode de croissance et de développement. C'est pourquoi il existe beaucoup plus de variantes morphologiques entre les individus d'une espèce végétale qu'entre ceux d'une espèce animale. Mais le fait que les plantes ne se déplacent pas comme les Animaux ne signifie pas qu'elles manquent de sensibilité. Une plante doit d'abord déceler les changements dans son milieu avant de pouvoir modifier son mode de croissance en réponse aux stimulus environnementaux. Comme nous le verrons, les processus moléculaires qui régissent les réactions des Végétaux sont aussi complexes que ceux qu'utilisent les cellules animales et sont souvent homologues.

CONCEPT **39.1**

Les voies de transduction du stimulus font le lien entre la réception des stimulus et les réponses des Végétaux

Les Végétaux reçoivent des stimulus particuliers et leur répondent de façon à favoriser leur survie et à assurer le succès de leur reproduction. Prenons l'exemple d'une pomme de terre oubliée depuis longtemps au fond d'un placard. Les «yeux» (bourgeons axillaires) de la pomme de terre ont donné naissance à des pousses, mais ces dernières ressemblent peu aux pousses normales d'une plante. En effet, elles n'ont pas des tiges robustes portant de grandes feuilles vertes et soutenues par de longues racines. Ayant émergé dans l'obscurité, elles sont plutôt d'une blancheur spectrale et sont constituées de longues tiges minces portant de petites feuilles repliées, et

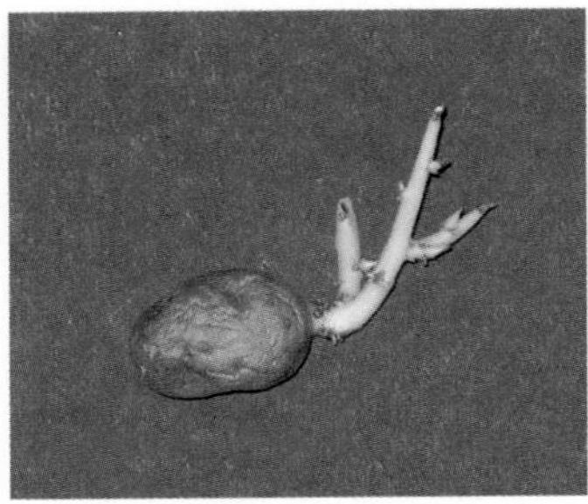

(a) **Avant l'exposition à la lumière.** Un tubercule de pomme de terre qui germe à l'obscurité a de longues tiges chétives et des feuilles repliées, des adaptations morphologiques qui permettent aux pousses de progresser dans le sol. Les racines sont courtes, mais le besoin en eau est faible, en raison de la perte d'eau minimale des pousses.

(b) **Après une semaine d'exposition à la lumière du jour.** Le plant de pomme de terre commence à ressembler à une plante normale possédant de grandes feuilles vertes, de courtes tiges robustes et de longues racines. Cette transformation commence quand un pigment précis, le phytochrome, perçoit la lumière.

▲ **Figure 39.2 Le verdissement, causé par la lumière, d'un tubercule de pomme de terre qui a germé à l'obscurité.**

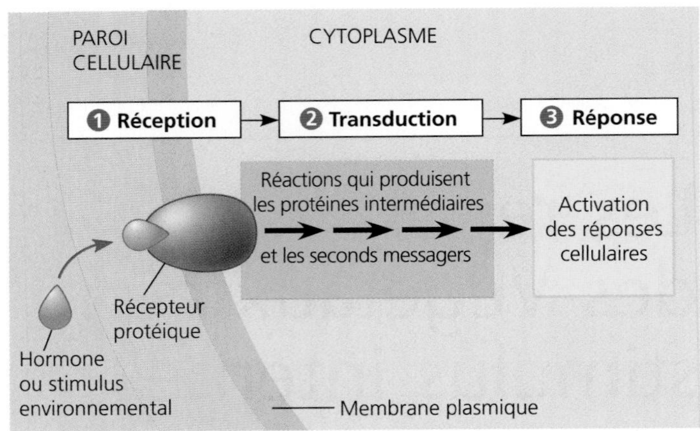

▲ **Figure 39.3 Révision d'un modèle général des voies de transduction du stimulus.** Comme nous l'avons vu au chapitre 11, une hormone, ou tout autre stimulus (message) qui interagit avec un récepteur protéique spécifique, peut provoquer l'activation séquentielle des protéines intermédiaires et également la production de seconds messagers qui participent au processus. Le stimulus est propagé, entraînant, à la fin, les réponses cellulaires. Dans ce diagramme, le récepteur se trouve à la surface de la cellule cible, mais, dans d'autres cas, le stimulus interagit avec les récepteurs situés dans la cellule.

de courtes racines (**figure 39.2a**). Ces adaptations morphologiques, que décrit le terme **étiolement**, prennent tout leur sens quand on considère que, normalement, une pomme de terre germe sous terre et que la croissance des pousses se fait dans l'obscurité. Dans de telles conditions, des feuilles déployées constitueraient un obstacle à la progression de la pousse dans le sol et elles se feraient endommager. Au contraire, avec des feuilles repliées et souterraines, il y a peu d'évaporation d'eau, et la plante n'a pas besoin d'un système racinaire complexe pour remplacer la perte d'eau par transpiration. En outre, l'énergie dépensée pour essayer de produire de la chlorophylle serait un pur gaspillage, puisqu'il n'y a pas du tout de lumière pour la photosynthèse. Ainsi, une pousse de pomme de terre qui croît à l'obscurité emploie toute son énergie à l'allongement de ses tiges. Cette adaptation permet aux pousses de percer la surface du sol avant que leurs réserves de nutriments situées dans les tubercules soient épuisées. La réaction d'étiolement illustre comment la morphologie et la physiologie d'une plante s'adaptent à son milieu en établissant des interactions complexes entre les stimulus internes et externes.

Dès que la pousse reçoit de la lumière, la morphologie et la biochimie de la plante subissent d'importants changements appelés, dans leur ensemble, **verdissement**: l'allongement des tiges ralentit, les feuilles grandissent, les racines s'allongent, et toute la pousse commence à produire de la chlorophylle. Bref, la pousse commence à ressembler à une plante normale (**figure 39.2b**). Dans la présente section, nous expliquerons comment la réception d'un stimulus – dans le cas présent, la lumière – par une cellule végétale est convertie en réponse (verdissement). Nous verrons en cours de route les connaissances que l'étude des mutants a permis d'acquérir à propos des détails moléculaires dans les étapes de la communication cellulaire: la réception des stimulus, la transduction des stimulus et la réponse aux stimulus (**figure 39.3**).

La réception des stimulus

Ce sont d'abord des récepteurs qui perçoivent les stimulus. Ces récepteurs sont des protéines dont la structure varie en réponse à un stimulus particulier. Le récepteur qui entre en jeu dans le verdissement des Végétaux est un type de *phytochrome*, un membre d'une classe de photorécepteurs que nous examinerons plus à fond plus loin dans le présent chapitre. Contrairement à la plupart des récepteurs, qui se trouvent dans la membrane plasmique, le type de phytochrome qui participe au verdissement se trouve dans le cytoplasme. Des études effectuées sur un type de tomate (*Solanum lycopersicum*), une espèce étroitement apparentée à la pomme de terre, ont permis aux chercheurs de mettre en évidence le caractère essentiel du phytochrome dans le verdissement. En effet, le plant de tomate mutant appelé *aurea*, qui a une concentration de phytochrome réduite, verdit moins que les plants de type sauvage en présence de lumière. (Le nom *aurea* vient du mot latin signifiant «doré», car, en l'absence de chlorophylle, les pigments accessoires jaunes et orangés appelés *carotènes* sont plus apparents.) De plus, les chercheurs ont pu obtenir un verdissement normal de cellules de feuille de mutants *aurea* en injectant du phytochrome extrait d'autres plants, puis en exposant les cellules à la lumière. Ces expériences ont montré que le phytochrome est un récepteur de lumière dans le processus de verdissement.

La transduction des stimulus

Les récepteurs peuvent être sensibles aux moindres stimulus environnementaux (externes) et chimiques (internes). Une lumière extrêmement faible, dans certains cas un éclairage équivalant à quelques secondes de lumière provenant de la lune, suffit à déclencher le verdissement. La transduction de ces stimulus extrêmement faibles fait intervenir les **seconds**

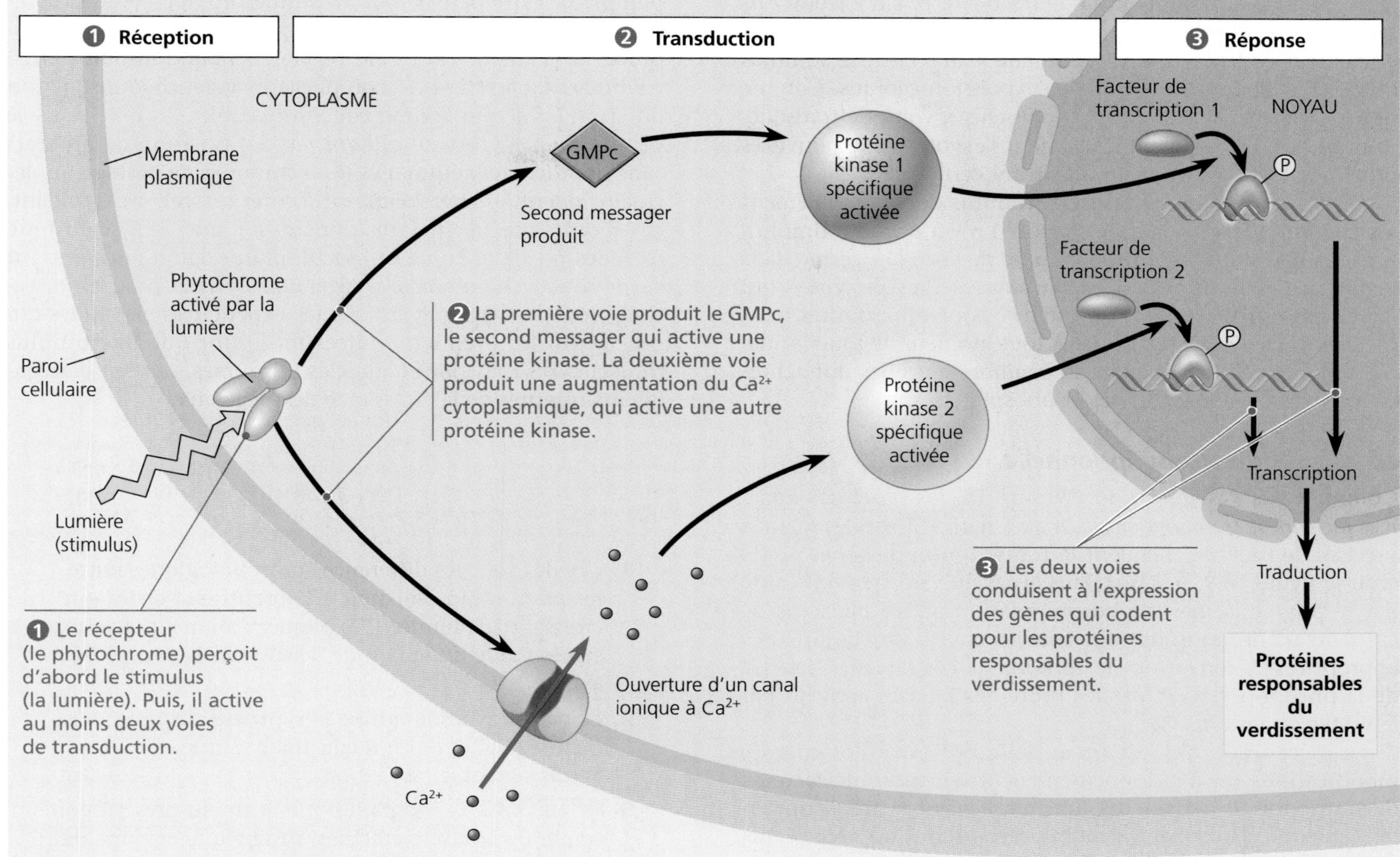

1 Réception
2 Transduction
3 Réponse
CYTOPLASME
Membrane plasmique
Paroi cellulaire
Phytochrome activé par la lumière
Lumière (stimulus)
GMPc
Second messager produit
Protéine kinase 1 spécifique activée
Facteur de transcription 1
NOYAU
P
Facteur de transcription 2
Protéine kinase 2 spécifique activée
2 La première voie produit le GMPc, le second messager qui active une protéine kinase. La deuxième voie produit une augmentation du Ca2+ cytoplasmique, qui active une autre protéine kinase.
1 Le récepteur (le phytochrome) perçoit d'abord le stimulus (la lumière). Puis, il active au moins deux voies de transduction.
Ouverture d'un canal ionique à Ca2+
Ca2+
3 Les deux voies conduisent à l'expression des gènes qui codent pour les protéines responsables du verdissement.
Transcription
Traduction
Protéines responsables du verdissement

▲ **Figure 39.4 Exemple de transduction d'un stimulus chez les Végétaux: le rôle du phytochrome dans le verdissement.**

FAITES DES LIENS *Quelle case dans la figure 11.18 (p. 250) représente le meilleur exemple de la voie de transduction du stimulus dépendante du phytochrome au cours du verdissement? Expliquez votre réponse.*

messagers, de petites molécules et des ions présents dans la cellule et capables d'amplifier le stimulus perçu par le récepteur et de le transférer à d'autres protéines qui réagissent à ce stimulus (**figure 39.4**). Au chapitre 11, nous avons vu plusieurs sortes de seconds messagers (voir les figures 11.12 et 11.14, p. 245 et 246). Examinons maintenant les rôles particuliers que jouent deux types de seconds messagers dans le processus du verdissement: les ions calcium (Ca^{2+}) et le GMP (pour *guanosine monophosphate*, «acide guanylique») cyclique, ou GMPc.

La variation de la concentration cytosolique de Ca^{2+} joue un rôle important dans la transduction du phytochrome. La concentration de Ca^{2+} cytosolique est généralement très faible (environ 10^{-7} mol/L); toutefois, l'activation du phytochrome entraîne l'ouverture des canaux ioniques à Ca^{2+} et une augmentation transitoire de Ca^{2+} cytosolique (100 fois plus). En réponse à la lumière, le phytochrome subit un changement de structure qui mène à l'activation de la guanylyl cyclase, une enzyme qui produit le GMP cyclique, un second messager. Pour que la réponse de verdissement soit complète, il doit y avoir production d'ions Ca^{2+} et de GMPc. L'injection du GMPc dans les cellules du plant de tomate *aurea*, par exemple, provoque seulement un verdissement partiel.

La réponse aux stimulus

Enfin, les seconds messagers régulent une ou plusieurs activités cellulaires. Le plus souvent, ces réponses impliquent une activité accrue d'enzymes particulières. Il existe deux principaux mécanismes qui permettent à une voie de transduction de favoriser une étape enzymatique dans une voie biochimique: la modification post-traductionnelle et la régulation transcriptionnelle. La modification post-traductionnelle active des enzymes existantes. La régulation transcriptionnelle augmente ou diminue la synthèse de l'ARNm qui code pour une enzyme précise.

La modification post-traductionnelle des protéines existantes

Dans la plupart des voies de transduction du stimulus, les protéines existantes sont modifiées par la phosphorylation d'acides aminés spécifiques, ce qui influe sur l'hydrophobicité et l'activité des protéines. De nombreux seconds messagers, notamment le GMPc et le Ca^{2+}, activent directement les protéines kinases. Il arrive souvent qu'une protéine kinase en phosphoryle une autre, qui elle-même en phosphoryle une autre, et ainsi de suite (voir la figure 11.10, p. 243). Cette cascade de phosphorylation, qui fait habituellement intervenir les facteurs de transcription, peut faire le lien entre le stimulus initial et la réponse au niveau de l'expression génique. Comme nous le verrons ci-dessous, de nombreuses voies de transduction du stimulus régulent finalement la synthèse de nouvelles protéines, en activant ou en inactivant certains gènes.

Les voies de transduction du stimulus doivent également avoir un moyen de se fermer lorsqu'il n'y a plus de stimulus, par exemple si on remet une pomme de terre qui germe dans le placard. Les protéines phosphatases, des enzymes qui déphosphorylent certaines protéines, sont importantes dans ces processus d'«inactivation». À tout moment, le fonctionnement d'une cellule dépend de l'équilibre entre les différentes actions des protéines kinases et phosphatases.

La régulation transcriptionnelle

Comme nous l'avons vu au chapitre 18, les protéines appelées *facteurs de transcription spécifiques* se fixent sur des régions précises de l'ADN et régulent la transcription de gènes précis (voir la figure 18.9, p. 416). Dans le cas du verdissement causé par le phytochrome, la phosphorylation active plusieurs de ces facteurs de transcription dans les conditions lumineuses appropriées. L'activation de certains de ces facteurs dépend de la phosphorylation par les protéines kinases activées par le GMPc ou les ions Ca^{2+}.

Le mécanisme qui fait qu'un stimulus est à l'origine de modifications du développement peut dépendre de facteurs de transcription activateurs (qui *augmentent* la transcription de gènes précis) ou de facteurs de transcription répresseurs (qui *réduisent* la transcription), ou des deux. Prenons l'exemple de mutants de l'arabette des dames (*Arabidopsis thaliana*). Bien qu'on les fasse croître à l'obscurité, ils présentent la morphologie de plants exposés à la lumière: ils ont des feuilles déployées, des tiges courtes et robustes. La seule chose qui les distingue de plants exposés à la lumière est leur pâleur. Ils ne sont pas verts, parce que l'étape finale de la production de chlorophylle nécessite la présence de lumière directe. En fait, chez ces mutants, le répresseur qui inhibe normalement l'expression des gènes activés par la lumière est absent. Lorsqu'une mutation élimine le répresseur, la voie normalement inhibée se poursuit. Cela explique le fait que, exception faite de leur pâleur, ces mutants ont l'aspect de plants croissant à la lumière.

Les protéines du verdissement

Quels types de protéines la phosphorylation active-t-elle ou transcrit-elle pendant le verdissement? Ce sont, pour beaucoup, des enzymes qui participent directement à la photosynthèse. D'autres sont des enzymes qui fournissent des précurseurs chimiques nécessaires à la production de la chlorophylle, ou encore qui influent sur la concentration des hormones régulant la croissance. Par exemple, la concentration de deux types d'hormones qui favorisent l'allongement de la tige (auxines et brassinostéroïdes) diminue à la suite de l'activation du phytochrome. Cette diminution explique le ralentissement de l'allongement de la tige qui accompagne le verdissement.

Nous avons examiné certains détails de la transduction du stimulus qui entre en jeu dans le verdissement d'un plant de pomme de terre dans le but de donner un aperçu de la complexité des modifications biochimiques que comprend ce seul processus. Chaque hormone végétale, chaque stimulus environnemental activent une ou plusieurs voies de transduction du stimulus d'une complexité comparable. Comme dans le cas du plant de tomate mutant *aurea*, l'isolation de mutants (une approche génétique) et les techniques de biologie moléculaire aident les chercheurs à discerner ces voies. Cependant, ces récentes recherches se fondent sur une longue histoire d'études physiologiques et biochimiques rigoureuses portant sur le fonctionnement des Végétaux. Dans la prochaine section, nous verrons que ce sont les expériences classiques qui ont fourni les premiers indices montrant que les stimulus moléculaires transportés, appelés hormones, servent de régulateurs internes de la croissance des Végétaux.

RETOUR SUR LE CONCEPT 39.1

1. Quelles sont les différences morphologiques entre les plantes qui croissent à l'obscurité et celles qui croissent à la lumière? Expliquez comment le verdissement aide une plantule à affronter la compétition avec succès.
2. Le cycloheximide inhibe la synthèse des protéines. Prédisez l'effet de ce médicament sur le verdissement.
3. **ET SI?** Le Viagra, un médicament prescrit pour traiter les troubles érectiles, inhibe une enzyme qui dégrade le GMP cyclique. Si les cellules des feuilles d'un plant de tomate possèdent une enzyme semblable, peut-on prédire que l'application de Viagra causera un verdissement normal des feuilles du mutant *aurea*?

Voir les réponses proposées à la fin du chapitre.

CONCEPT 39.2

Les hormones végétales coordonnent la croissance, le développement et les réponses aux stimulus

Une **hormone**, dans le sens premier du terme, est un stimulus moléculaire qui est produit en quantités infimes dans une partie d'un organisme et qui, après avoir été transporté dans d'autres parties, déclenche des réactions dans les cellules et les tissus cibles en se fixant à un récepteur précis. Chez les Animaux, les hormones sont généralement transportées dans l'appareil circulatoire, un critère souvent inclus dans les définitions du terme.

Le concept d'hormone émane d'études sur les Animaux et a été adopté par les phytophysiologistes au début des années 1900. De nombreux phytobiologistes actuels font cependant valoir que les définitions étroites établies par les spécialistes en physiologie animale sont trop limitées pour décrire les processus physiologiques des Végétaux. Par exemple, les plantes ne possèdent pas de circulation sanguine pour transporter les molécules de communication semblables à des hormones. De plus, certaines molécules de communication qui sont considérées comme des hormones végétales n'agissent que localement. Enfin, certaines molécules de communication présentes chez les Végétaux, comme le saccharose, le sont généralement à des concentrations des centaines de fois plus élevées qu'une hormone type. Pourtant, elles sont transportées dans les Végétaux et activent des voies de transduction du stimulus qui modifient grandement le fonctionnement des plantes d'une manière semblable à celle d'une hormone. Par conséquent, de nombreux phytobiologistes préfèrent le terme *régulateur de croissance des plantes* pour décrire les composés organiques, soit naturels, soit synthétiques, qui modifient ou régissent un ou plusieurs processus physiologiques précis dans une plante. À l'heure actuelle, les termes *hormone végétale* et *régulateur de croissance des plantes* sont utilisés à peu près indifféremment, mais, dans un souci de continuité historique, nous utiliserons le terme *hormone végétale* et nous adhérerons au critère selon lequel les hormones végétales sont actives à de très faibles concentrations.

Presque tous les aspects de la croissance et du développement des Végétaux sont, jusqu'à un certain point, sous régulation hormonale. Une seule hormone peut assurer la régulation d'un réseau étonnamment diversifié de processus cellulaires et de processus de croissance. Inversement, une multitude d'hormones peut influer sur un seul processus.

La découverte des hormones végétales

Une série d'expériences classiques portant sur les réactions des tiges à la lumière a mis les scientifiques sur la piste des hormones végétales, en tant que messagers chimiques. Comme vous le savez, une plante d'intérieur posée sur le rebord d'une fenêtre pousse en direction de la lumière. Toute réaction de croissance qui fait que les organes de la plante s'orientent vers le stimulus ou en direction opposée est appelée **tropisme** (du grec *tropos*, «tour», «direction»). Lorsqu'une pousse croît vers la lumière ou s'en éloigne, on parle de **phototropisme**. Le premier phénomène est appelé phototropisme positif et le second, phototropisme négatif.

Dans un écosystème naturel comme une forêt dense, le phototropisme oriente la croissance des pousses vers la lumière dont elles ont besoin pour la photosynthèse. Cette réponse est le résultat d'une différence de croissance entre les cellules situées sur les côtés opposés des pousses. Les cellules situées du côté sombre s'allongent plus rapidement que celles qui sont situées du côté éclairé.

À la fin du 19e siècle, Charles Darwin et son fils Francis furent parmi les premiers à faire des expériences sur le phototropisme (**figure 39.5**). Ils observèrent ainsi que la plantule d'une graminée enveloppée dans sa gaine protectrice, le coléoptile (voir la figure 38.9b, p. 942), ne se courbait vers la lumière que si l'apex de son coléoptile était bien présent. S'ils enlevaient l'apex ou le recouvraient d'un capuchon opaque, le coléoptile ne se courbait pas. En revanche, s'ils plaçaient un capuchon transparent sur l'apex ou s'ils entouraient une autre partie du coléoptile d'une gaine opaque, la réaction de phototropisme se produisait bien. Les Darwin en conclurent que l'apex du

▼ Figure 39.5 **INVESTIGATION**

Quelle partie du coléoptile perçoit la lumière, et comment ce stimulus est-il transmis?

EXPÉRIENCE En 1880, Charles et Francis Darwin enlevèrent et recouvrirent des parties de coléoptiles de plantules d'une graminée pour déterminer quelle partie perçoit la lumière. En 1913, Peter Boysen-Jensen isola les coléoptiles avec différents matériaux pour déterminer comment le stimulus phototropique était transmis.

RÉSULTATS

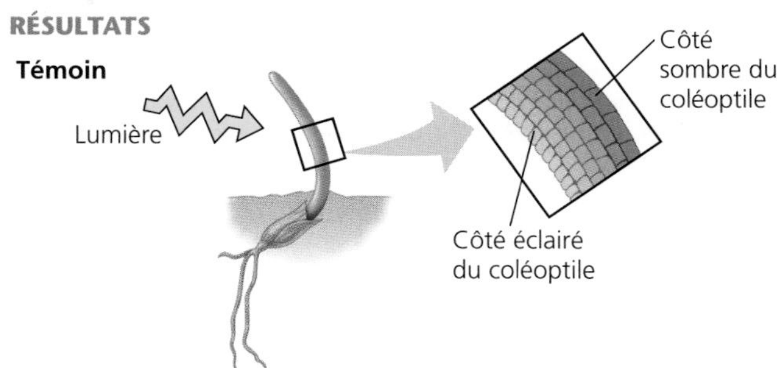

Darwin et Darwin: Le phototropisme se produit seulement quand l'apex est éclairé.

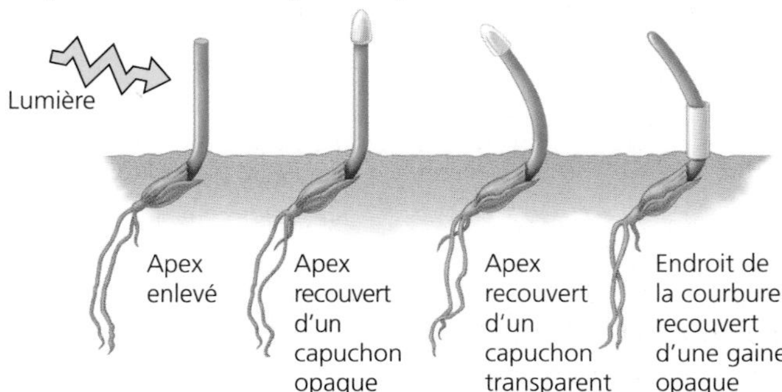

Boysen-Jensen: Le phototropisme se produit si l'apex est séparé par une barrière perméable, mais pas s'il est séparé par une barrière imperméable.

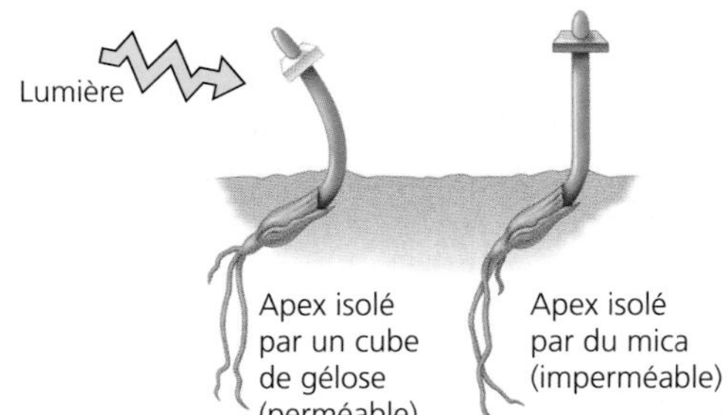

CONCLUSION L'expérience des Darwin laisse supposer que seul l'apex du coléoptile perçoit la lumière. La courbure phototropique, toutefois, se produit à une certaine distance du site de la perception de la lumière (à l'apex). Les résultats de Boysen-Jensen donnent à penser que le stimulus est transmis par une substance chimique mobile activée par la lumière.

SOURCES C. R. Darwin, The power of movement in plants, John Murray, London (1880); P. Boysen-Jensen, Concerning the performance of phototropic stimuli on the *Avena* coleoptile, *Berichte der Deutschen Botanischen Gesellschaft (Comptes rendus de la Société botanique allemande)* 31: 559-566 (1913).

ET SI? Comment pourrait-on déterminer quelles couleurs de la lumière sont plus efficaces pour induire une courbure phototropique?

▼ Figure 39.6 INVESTIGATION

La répartition asymétrique d'une substance favorisant la croissance incite-t-elle le coléoptile à pousser vers la lumière?

EXPÉRIENCE En 1926, l'expérience de Frits Went permit de déterminer comment une substance chimique favorisant la croissance faisait pousser le coléoptile en direction de la lumière. Le chercheur plaça des coléoptiles à l'obscurité et retira leurs apex; il mit quelques apex sur des cubes de gélose qui, selon lui, allaient absorber la substance chimique favorisant la croissance. Sur le coléoptile témoin, il plaça un cube dépourvu de la substance chimique. Sur d'autres, il plaça un cube contenant la substance, soit centré sur le bout du coléoptile pour répartir la substance également, soit décentré pour accroître la concentration sur un côté.

RÉSULTATS Le coléoptile a poussé droit lorsque la substance chimique favorisant la croissance était répartie également. Lorsque la substance chimique était répartie inégalement, le coléoptile se courbait dans la direction opposée au cube, comme s'il poussait vers la lumière, alors qu'il poussait à l'obscurité.

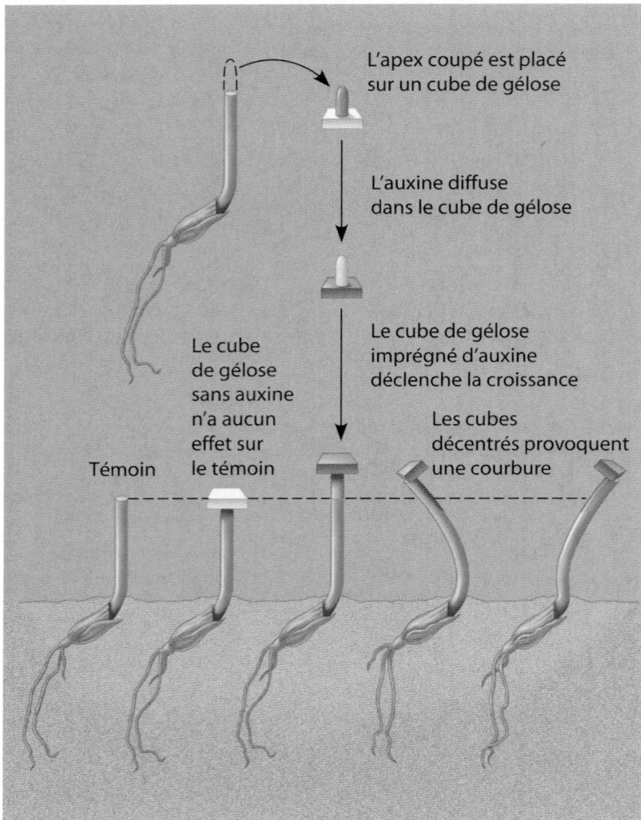
L'apex coupé est placé sur un cube de gélose
L'auxine diffuse dans le cube de gélose
Le cube de gélose imprégné d'auxine déclenche la croissance
Le cube de gélose sans auxine n'a aucun effet sur le témoin
Les cubes décentrés provoquent une courbure
Témoin

CONCLUSION Went a conclu qu'un coléoptile se courbe vers la lumière parce que son côté se trouvant à l'obscurité a une concentration plus élevée d'une substance favorisant la croissance, qu'il a appelée auxine.

SOURCE F. Went, A growth substance and growth, *Recueils des Travaux Botaniques Néerlandais* 25: 1-116 (1928).

ET SI? L'acide triiodobenzoïque inhibe le transport de l'auxine. Si une minuscule bille de gélose contenant cet acide est placée de façon décentrée sur l'apex d'un coléoptile intact, de quel côté le coléoptile courbera-t-il: vers le côté avec la bille ou de l'autre côté? Expliquez votre réponse.

coléoptile était le lieu de perception de la lumière. Toutefois, ils notèrent que la réaction de croissance différentielle qui menait à la courbure du coléoptile se produisait à une certaine distance sous l'apex. Charles et Francis Darwin supposèrent donc que l'apex transmettait un message à la région du coléoptile qui s'allongeait. Quelques dizaines d'années plus tard, le scientifique danois Peter Boysen-Jensen (1883-1959) démontra que le message était une substance chimique mobile. Il isola l'apex du reste du coléoptile avec un cube de gélose (matière gélatineuse) qui empêchait le contact cellulaire entre les deux parties, mais pas la diffusion des substances chimiques. Ses plantules se courbèrent normalement vers la lumière. Le chercheur isola ensuite l'apex du reste du coléoptile avec une barrière imperméable, comme du mica minéral. Dans ce cas, aucun phototropisme ne se produisit.

En 1926, le Hollandais Frits Went (1863-1935) réussit à mettre en évidence la substance chimique du phototropisme en modifiant l'expérience de Boysen-Jensen (**figure 39.6**). Il coupa l'apex du coléoptile et le plaça sur un cube de gélose. Selon lui, la substance chimique provenant de l'apex diffuserait dans la gélose, qui devrait ensuite pouvoir se substituer à l'apex du coléoptile. Puis, il plaça des cubes de gélose ayant absorbé la substance chimique sur des coléoptiles décapités qu'il garda dans l'obscurité. Lorsque le cube était centré, au sommet du coléoptile, la tige poussait droit, vers le haut. Mais lorsqu'il était décentré, le coléoptile se courbait vers le côté opposé au cube de gélose, comme s'il poussait vers la lumière. Went tira plusieurs conclusions de ces expériences. Tout d'abord, il en déduisit que le cube de gélose contenait une substance chimique produite dans l'apex du coléoptile. Ensuite, que cette substance déclenchait la croissance en descendant dans le coléoptile. Enfin, il conclut que celui-ci se courbait vers la lumière parce que la substance en question se trouvait en plus forte concentration du côté sombre que du côté éclairé. Went donna à la substance chimique, ou hormone, le nom d'*auxine* (du grec *auxein*, «accroître»). Le principal type d'auxines a plus tard été purifié, et sa structure chimique a été déterminée comme étant celle de l'acide indolacétique (AIA).

Se fondant sur le travail des Darwin, de Boysen-Jensen et de Went, l'hypothèse classique expliquant la courbure des coléoptiles de Graminées vers la source lumineuse repose sur une répartition asymétrique de l'auxine. L'hormone descendrait de l'apex pour provoquer un allongement cellulaire plus rapide du côté sombre que du côté éclairé. Mais les études sur le phototropisme effectuées sur d'autres organes que les coléoptiles de Graminées ne confirment pas cette explication. Il n'y a aucune preuve que la lumière provenant d'un seul côté provoque une répartition asymétrique de l'auxine dans les tiges du tournesol (*Helianthus annuus*) et d'autres Eudicotylédones. Mais *il y a* bien une répartition asymétrique de certaines substances pouvant agir comme *inhibiteurs* de croissance, leur concentration étant plus élevée du côté éclairé que du côté sombre de la tige.

Les hormones végétales: *un aperçu*

La découverte de l'auxine a stimulé la recherche d'autres hormones végétales. Le **tableau 39.1** présente quelques-unes des principales catégories d'hormones végétales (souvent appelées

Tableau 39.1 Vue d'ensemble des hormones végétales		
Catégories d'hormones	**Sites de synthèse ou d'action**	**Principales fonctions**
Auxines	Les méristèmes apicaux des pousses et les jeunes feuilles sont les principaux sites de synthèse des auxines. Les méristèmes apicaux des racines produisent également des auxines, bien que la racine dépende de la pousse pour la majeure partie de ses auxines. Les graines et les fruits en formation contiennent des niveaux élevés d'auxines, mais il n'a pas clairement été établi si elles sont nouvellement synthétisées ou transportées à partir des tissus producteurs.	Stimulent l'allongement de la tige (en faible concentration seulement); favorisent la formation de racines latérales et adventives; régulent la formation des fruits; augmentent la dominance apicale; jouent un rôle dans le phototropisme et le gravitropisme; favorisent la différenciation vasculaire; retardent l'abscission des feuilles.
Cytokinines	Ces hormones sont synthétisées surtout dans les racines et sont transportées jusque dans les divers organes, mais il existe aussi de nombreux sites de synthèse mineurs.	Régulent la division cellulaire dans les pousses et les racines; modifient la dominance apicale et favorisent la croissance de bourgeons latéraux; favorisent le déplacement des nutriments dans les tissus cibles; stimulent la germination des graines; retardent la sénescence.
Gibbérellines	Les méristèmes des bourgeons apicaux des pousses et des racines, les jeunes feuilles et les graines en formation sont les principaux sites de synthèse.	Stimulent l'allongement des tiges, la formation du pollen, la croissance des tubes polliniques, la fructification, ainsi que la formation et la germination des graines; régulent la détermination du sexe et la transition de la phase juvénile à la phase adulte.
Brassinostéroïdes	Ces composés sont présents dans tous les tissus végétaux, bien que différents intermédiaires prédominent dans les divers organes. Les brassinostéroïdes produits à l'intérieur agissent près du site de synthèse.	Favorisent l'expansion et la division cellulaires dans les pousses; favorisent la croissance des racines à de faibles concentrations; inhibent la croissance des racines à des concentrations élevées; favorisent la différenciation du xylème et inhibent la différenciation du phloème; favorisent la germination des graines et l'allongement des tubes polliniques.
Acide abscissique	Presque toutes les cellules végétales ont la capacité de synthétiser l'acide abscissique, et sa présence a été détectée dans tous les organes et les tissus vivants principaux; peut être transporté dans le phloème ou le xylème.	Inhibe la croissance; favorise la fermeture des stomates en période de sécheresse; favorise la dormance des graines et inhibe la germination hâtive; favorise la sénescence des feuilles; favorise la tolérance à la dessiccation.
Strigolactones	Ces hormones dérivées des caroténoïdes et les stimulus extracellulaires sont produits dans les racines en réponse à de faibles concentrations de phosphate ou à un flux élevé d'auxines provenant de la pousse.	Favorisent la germination des graines, la régulation de la dominance apicale et l'attraction de champignons mycorhiziens vers les racines.
Éthylène	Cette hormone à l'état gazeux peut être produite par la plupart des parties de la plante. Elle est produite en concentrations élevées au cours de la sénescence, de l'abscission des feuilles et de la maturation de certains types de fruits. La synthèse est également stimulée par les blessures et le stress.	Favorise la maturation de nombreux fruits, l'abscission des feuilles et la triple réponse dans les plantules (inhibition de l'allongement des tiges, promotion de l'expansion latérale et croissance horizontale); augmente la vitesse de la sénescence; favorise la formation des racines et des poils absorbants; favorise la floraison dans la famille des ananas (les Broméliacées).

phytohormones): les auxines, les cytokinines, les gibbérellines, les brassinostéroïdes, l'acide abscissique, les strigolactones et l'éthylène. D'autres molécules qui participent à la défense des plantes contre les agents pathogènes sont probablement aussi des hormones végétales. (Nous étudierons certaines de ces molécules plus loin dans ce chapitre.)

Les hormones végétales sont produites en très faibles concentrations. Mais une quantité infime peut avoir un effet considérable sur la croissance et le développement d'un organe végétal. Les voies de transduction du stimulus augmentent l'intensité du stimulus hormonal et conduisent aux réponses particulières de la cellule. En général, les hormones régissent la croissance et le développement des Végétaux en influant sur la division, l'élongation et la différenciation des cellules. À court terme, certaines interviennent également dans les réponses physiologiques aux stimulus environnementaux. Chaque hormone provoque une multitude d'effets, selon sa concentration, son site d'action et le stade de développement de la plante.

Habituellement, l'effet d'une hormone dépend plus du rapport entre sa concentration et celles des autres hormones que de la quantité absolue de l'hormone. Ce sont souvent les interactions entre différentes hormones plutôt que l'action isolée de chacune qui régissent la croissance et le développement d'une plante. Les paragraphes qui suivent présentent les diverses catégories d'hormones végétales et leurs fonctions, et mettent en évidence leurs interactions.

▼ **Figure 39.7** INVESTIGATION

Qu'est-ce qui cause le mouvement polaire de l'auxine de l'apex de la pousse vers sa base?

EXPÉRIENCE Pour savoir comment l'auxine est transportée de manière unidirectionnelle, Leo Gälweiler et ses collègues ont conçu une expérience qui permet de localiser la protéine de transport de cette hormone. Ils ont utilisé une molécule fluorescente jaune-vert pour marquer les anticorps qui se lient à la protéine de transport de l'auxine. Ils ont ensuite appliqué les anticorps à des tiges d'*Arabidopsis* coupées longitudinalement.

RÉSULTATS La micrographie photonique de gauche montre que la protéine de transport de l'auxine ne se trouve pas dans tous les tissus de la tige, mais seulement dans le parenchyme du xylème. Sur la micrographie photonique de droite, un plus fort grossissement révèle que ces protéines se trouvent surtout à l'extrémité basale des cellules.

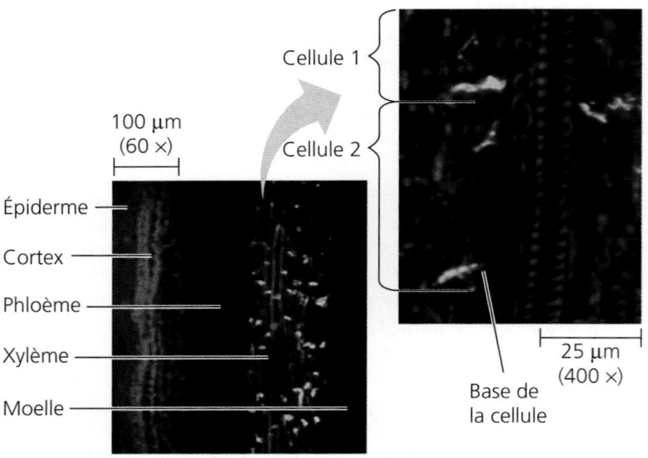

CONCLUSION Les résultats appuient l'hypothèse selon laquelle le transport polaire de l'auxine dépend de la concentration de la protéine de transport de cette hormone à l'extrémité basale des cellules.

SOURCE L. Gälweiler *et al.*, Regulation of polar auxin transport by AtPIN1 in *Arabidopsis* vascular tissue, *Science* 282: 2226-2230 (1998).

ET SI? Si les protéines de transport de l'auxine étaient uniformément réparties aux deux extrémités des cellules, est-ce que le transport polaire des auxines serait encore possible? Expliquez votre réponse.

Les auxines

Le terme **auxine** désigne toute substance chimique qui favorise l'allongement des coléoptiles. Les auxines ont toutefois plusieurs fonctions chez les plantes à fleurs. La principale auxine naturelle qu'on trouve chez les Végétaux est l'acide indolacétique (AIA). Il existe plusieurs autres composés, dont certains sont synthétiques, qui ont des effets semblables. Néanmoins, tout au long du présent chapitre, nous emploierons le plus souvent le terme *auxine* au singulier, pour désigner l'acide indolacétique. Bien que l'AIA ait été la première hormone végétale découverte, il nous reste beaucoup à apprendre sur la transduction de son stimulus et sur la régulation de sa biosynthèse.

L'auxine est principalement produite dans les apex des pousses et elle descend dans la tige, d'une cellule à l'autre, à une vitesse d'environ 1 cm/h. Elle ne se déplace que de l'apex d'une pousse vers la base, jamais dans le sens inverse. Ce type de transport unidirectionnel est qualifié de *transport polaire*.

Le transport polaire n'a rien à voir avec la gravité, car l'auxine monte même lorsqu'on place une pousse ou un coléoptile à l'envers. La polarité du déplacement de l'auxine est plutôt attribuable à la répartition polaire de la protéine de transport de cette hormone dans les cellules. Concentrés à l'extrémité basale de la cellule, les transporteurs d'auxine entraînent l'hormone hors de la cellule. L'auxine peut alors entrer dans l'extrémité apicale de la cellule voisine (**figure 39.7**). L'auxine provoque divers effets, notamment la stimulation de l'élongation cellulaire et la régulation de l'architecture végétale.

Le rôle de l'auxine dans l'élongation cellulaire Une des premières fonctions de l'auxine est de stimuler l'élongation des cellules dans les jeunes pousses en croissance. En migrant vers la zone d'allongement cellulaire (voir la figure 35.16), elle favorise la croissance des cellules, probablement en se fixant à un récepteur situé dans la membrane plasmique. L'auxine n'a d'effet sur la croissance que si sa concentration se situe entre 10^{-8} et 10^{-4} mol/L. À plus forte concentration, elle inhibe l'élongation cellulaire. On croit qu'une forte concentration d'auxine entraîne la synthèse d'une autre hormone, l'éthylène, qui a généralement un effet inhibiteur sur l'élongation cellulaire. Nous aborderons cette interaction hormonale dans la section portant sur l'éthylène.

Selon une hypothèse dite *de la croissance acidodépendante*, les pompes à protons jouent un rôle important dans la croissance cellulaire provoquée par l'auxine. Dans la zone d'élongation d'une pousse, l'auxine active les pompes à protons (H^+) situées dans la membrane plasmique. Cette action fait augmenter la différence de potentiel entre les deux côtés de la membrane (potentiel de membrane) et diminuer le pH dans la paroi (**figure 39.8**). L'acidification de la paroi active les **expansines**, des enzymes qui rompent les liaisons non covalentes (liaisons hydrogène) entre les microfibrilles de cellulose et d'autres constituants de la paroi cellulaire, et affaiblissent la trame de la paroi. (Les expansines peuvent même affaiblir l'intégrité du papier-filtre fait de cellulose pure.) L'augmentation du potentiel de membrane accroît l'absorption d'ions par la cellule, ce qui provoque une absorption osmotique d'eau et une augmentation de la turgescence. Cette turgescence accrue de même que la plus grande plasticité de la paroi permettent l'élongation de la cellule.

De plus, l'auxine modifie rapidement l'expression génique. Ainsi, en quelques minutes, les cellules qui se trouvent dans la zone d'allongement produisent de nouvelles protéines. Certaines de ces protéines sont des facteurs de transcription de courte vie qui inhibent ou déclenchent l'expression d'autres gènes. Pour maintenir leur croissance après l'allongement initiale rapide, les cellules doivent fabriquer davantage de matériel cytoplasmique et membranaire. L'auxine stimule également cette croissance soutenue.

Le rôle de l'auxine dans le développement des Végétaux Le transport polaire de l'auxine est un élément central qui régit l'organisation spatiale, ou *plan d'organisation*, de la plante en croissance. Comme nous le verrons, l'auxine joue un rôle dans presque tous les aspects des plans d'organisation des Végétaux.

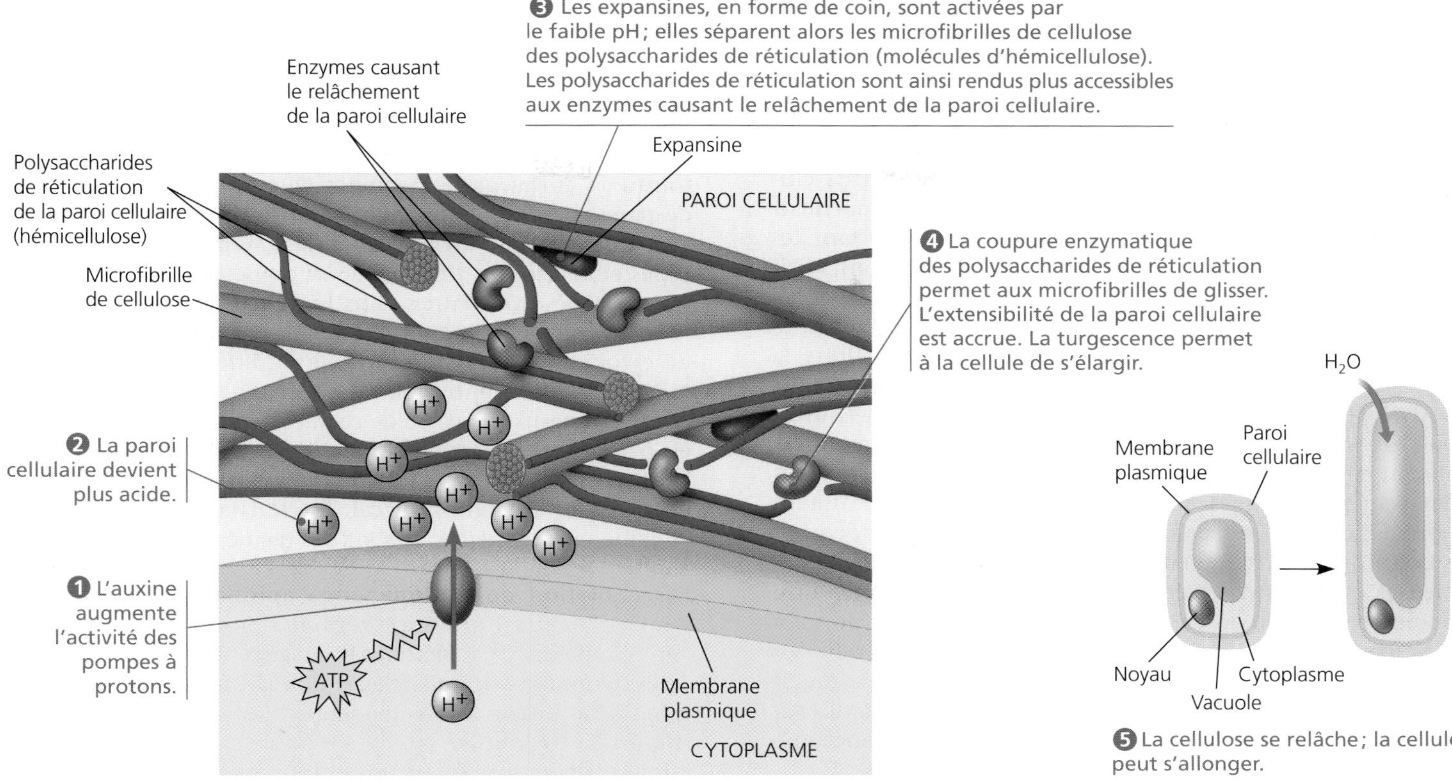

❸ Les expansines, en forme de coin, sont activées par le faible pH ; elles séparent alors les microfibrilles de cellulose des polysaccharides de réticulation (molécules d'hémicellulose). Les polysaccharides de réticulation sont ainsi rendus plus accessibles aux enzymes causant le relâchement de la paroi cellulaire.
Enzymes causant le relâchement de la paroi cellulaire
Expansine
PAROI CELLULAIRE
Polysaccharides de réticulation de la paroi cellulaire (hémicellulose)
Microfibrille de cellulose
❹ La coupure enzymatique des polysaccharides de réticulation permet aux microfibrilles de glisser. L'extensibilité de la paroi cellulaire est accrue. La turgescence permet à la cellule de s'élargir.
H_2O
❷ La paroi cellulaire devient plus acide.
H^+
Membrane plasmique
Paroi cellulaire
❶ L'auxine augmente l'activité des pompes à protons.
ATP
Membrane plasmique
CYTOPLASME
Noyau
Cytoplasme
Vacuole
❺ La cellulose se relâche ; la cellule peut s'allonger.

▲ **Figure 39.8 L'élongation cellulaire provoquée par l'auxine : l'hypothèse de la croissance acidodépendante.**

L'auxine est synthétisée dans les apex des pousses et elle transporte des informations intégrées au sujet de la croissance, de la taille et du milieu environnant des différents rameaux. Ce flux d'information régit les plans de ramification. Un flux réduit d'auxine provenant d'une branche, par exemple, indique que la branche n'est pas suffisamment productive : de nouvelles branches sont requises ailleurs. Par conséquent, les bourgeons latéraux sous le rameau sont libérés de la dormance et commencent leur croissance.

Le transport de l'auxine joue également un rôle clé dans l'établissement de la *phyllotaxie* (voir la figure 36.3, p. 891), la disposition des feuilles sur la tige. Un modèle de premier plan propose que le transport polaire d'auxine dans l'apex de la pousse crée des pics localisés de concentration d'auxine qui déterminent le site de formation d'une ébauche foliaire et, ainsi, les différentes phyllotaxies trouvées dans la nature.

Le transport polaire de l'auxine à partir du bord de la feuille dirige également les motifs des nervures des feuilles. Les inhibiteurs du transport polaire de l'auxine donnent des feuilles qui manquent de continuité vasculaire le long du pétiole. Leurs nervures principales sont larges, d'organisation relâchée, leurs nervures secondaires sont plus nombreuses, et une bande dense de cellules vasculaires de formes irrégulières se trouve près du bord des feuilles.

L'activité du cambium, le méristème qui produit les tissus ligneux, est également régie par le transport de l'auxine. Lorsqu'une plante entre en dormance à la fin d'une saison de croissance, il se produit une réduction de la capacité de transport de l'auxine et de l'expression des gènes qui codent pour les transporteurs d'auxine.

Les effets de l'auxine sur le développement des Végétaux ne sont pas limités à la plante sporophyte que nous voyons habituellement. Des découvertes récentes donnent à penser que l'organisation des gamétophytes femelles microscopiques des Angiospermes est régie par un gradient d'auxine.

Les utilisations pratiques des auxines Les auxines, aussi bien naturelles que synthétiques, ont de nombreuses applications commerciales. Par exemple, l'acide indolbutyrique (AIB), une auxine naturelle, est utilisé dans la propagation végétative des plantes par bouturage. (La formation de racines latérales sur des plantes entières est un cas où l'AIB semble une auxine plus importante que l'AIA.) Le traitement d'une feuille ou d'une tige détachée avec une poudre contenant de l'AIB entraîne souvent la formation de racines adventives près de la surface coupée.

Certaines auxines synthétiques, comme l'acide 2,4-dichlorophénoxyacétique (2,4-D), servent couramment d'herbicides. Les Monocotylédones, telles que les graminées qu'on trouve dans une pelouse (pâturin [*Poa sp.*], agrostide [*Agrostis sp.*], fétuque [*Festuca sp.*], etc.) et le maïs (*Zea mays*), peuvent rapidement inactiver ces auxines synthétiques. Par contre, les Eudicotylédones en sont incapables et meurent donc d'une surdose d'hormones. L'arrosage des champs de céréales ou des pelouses de 2,4-D élimine les Eudicotylédones à feuilles larges.

L'auxine synthétisée par les graines en formation favorise la fructification. Les plants de tomate cultivés en serre produisent souvent peu de graines, et donnent ainsi des fruits peu développés. Cependant, ceux sur lesquels on pulvérise des auxines synthétiques fructifient de façon normale; on peut donc obtenir des tomates de serre commercialement viables.

Les cytokinines

Les chercheurs ont découvert les **cytokinines** en faisant des essais par tâtonnements pour trouver des additifs chimiques qui favoriseraient la croissance et le développement des cellules végétales dans les cultures de tissus. Dans les années 1940, ils ont stimulé la croissance d'embryons végétaux en ajoutant dans leur milieu de culture du lait de coco, l'albumen liquide de la graine géante du cocotier. Plus tard, d'autres chercheurs ont trouvé qu'ils pouvaient induire la division de cellules de tabac en ajoutant des échantillons d'ADN dégradé au milieu de culture. On a ainsi découvert que les ingrédients actifs des deux additifs expérimentaux étaient des formes modifiées d'adénine, l'un des constituants des acides nucléiques. Ces régulateurs de croissance furent nommés cytokinines, parce qu'ils provoquaient la cytocinèse, à la fin de la division cellulaire. La plus répandue des nombreuses cytokinines végétales naturelles est la zéatine, ainsi nommée parce qu'on l'a découverte dans les grains du maïs (*Zea mays*). Bien qu'il reste encore beaucoup à apprendre sur la synthèse des cytokinines et sur la transduction des stimulus s'y rapportant, on connaît bien les effets des cytokinines sur la division et la différenciation cellulaires, la dominance apicale et le vieillissement.

La régulation de la division et de la différenciation cellulaires Les cytokinines sont produites dans les tissus en croissance active, notamment les racines, les embryons et les fruits. Celles qui sont formées dans les racines atteignent leurs tissus cibles en montant dans la plante par la sève brute du xylème. Agissant de concert avec l'auxine, les cytokinines stimulent la division cellulaire et influent sur la différenciation. L'observation de leurs effets sur des cellules en culture permet de comprendre leurs fonctions dans une plante intacte. Ainsi, lorsqu'on cultive, sans y ajouter de cytokinines, des cellules de parenchyme prélevées sur une tige, elles deviennent très grosses, mais ne se divisent pas. Mais, si on ajoute des cytokinines et de l'auxine, les cellules se divisent. Si on ajoute uniquement des cytokinines dans le milieu de culture, celles-ci n'ont aucun effet. En outre, le rapport entre les concentrations de cytokinines et d'auxine régule la différenciation des cellules. Si les concentrations des deux hormones atteignent certains niveaux, la masse de cellules continue de croître, tout en demeurant un amas indifférencié qu'on appelle cal (voir la figure 38.14). Si la concentration en cytokinines augmente, des pousses émergent du cal. Si c'est la concentration de l'auxine qui augmente, ce sont des racines qui se forment.

La régulation de la dominance apicale Les cytokinines, l'auxine et des hormones végétales nouvellement découvertes appelées strigolactones interagissent dans la régulation de la dominance apicale, c'est-à-dire la capacité du bourgeon terminal à inhiber le développement des bourgeons axillaires (**figure 39.9a**). Jusqu'à tout récemment, l'hypothèse dominante était qu'il y aurait une inhibition directe de la croissance, et que l'auxine et les cytokinines auraient des rôles opposés dans la régulation de la croissance des bourgeons axillaires. Selon cette hypothèse, l'auxine transportée depuis le bourgeon terminal jusque vers le bas de la pousse empêcherait directement la croissance des bourgeons axillaires, ce qui provoquerait l'allongement de la tige aux dépens de la ramification latérale. De leur côté, les cytokinines qui migrent des racines jusqu'au système caulinaire bloqueraient l'action de l'auxine en déclenchant la croissance des bourgeons axillaires. Ainsi, on considérait le rapport entre les concentrations d'auxine et de cytokinines comme le principal facteur de régulation de la croissance des bourgeons axillaires.

De nombreuses observations confirment l'hypothèse de l'inhibition directe. En effet, si on enlève le bourgeon apical, la principale source d'auxine, l'inhibition est levée, les bourgeons axillaires se développent et la plante se ramifie (**figure 39.9b**). De plus, si on applique de l'auxine sur le bout coupé de la tige décapitée, les bourgeons latéraux cessent de croître (**figure 39.9c**). Les mutants qui produisent des cytokinines en quantités excessives et les plants traités aux cytokinines ont également tendance à être plus ramifiés que la normale. Cependant, il semble aujourd'hui que les effets de l'auxine sont partiellement indirects.

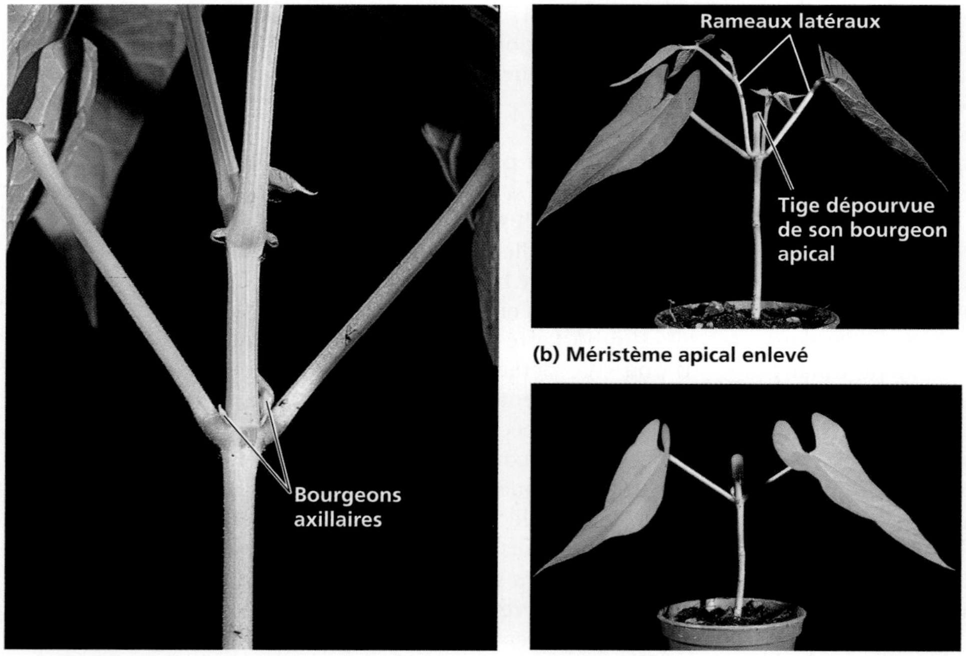

(a) Bourgeon terminal intact (non illustré sur la photo)

(b) Méristème apical enlevé

(c) Auxine ajoutée à la tige décapitée

▲ **Figure 39.9 La dominance apicale. (a)** L'inhibition de la croissance des bourgeons axillaires, probablement influencée par l'auxine provenant du bourgeon apical, favorise l'allongement de l'axe principal de la pousse. **(b)** L'excision du bourgeon terminal permet la croissance des rameaux latéraux. **(c)** L'application sur le bout coupé de la tige d'une capsule de gélose contenant de l'auxine empêche les rameaux latéraux de croître.

(a) Certaines plantes prennent la forme d'une rosette: elles restent basses et ont des entrenœuds très courts comme dans le cas de l'*Arabidopsis thaliana* illustrée à gauche. Lorsque ces plantes passent à la phase de reproduction, elles sécrètent massivement des gibbérellines, ce qui induit la montée à graines. Les entrenœuds s'allongent alors rapidement, ce qui fait monter les bourgeons floraux qui se forment aux extrémités des tiges (à droite).

(b) La grappe de raisins «Thompson» sans pépins de gauche représente le témoin non traité. Celle de droite se développe sur une vigne traitée aux gibbérellines au cours de la formation des fruits.

◄ **Figure 39.10 Les effets des gibbérellines sur l'allongement des tiges et la fructification.**

Le flux polaire de l'auxine vers le bas de la pousse active la synthèse des strigolactones, qui inhibent la croissance des bourgeons. De plus, un autre stimulus, peut-être électrique, semble provoquer le début de la croissance beaucoup plus tôt que l'interruption du flux de l'auxine. Ainsi, la régulation de la dominance apicale est beaucoup plus complexe que ce qu'on croyait auparavant.

Le retard de la sénescence Les cytokinines ralentissent le vieillissement de certains organes végétaux en inhibant la décomposition des protéines, en stimulant la synthèse de l'ARN et des protéines, et en mobilisant les nutriments des tissus environnants. Des feuilles détachées qu'on plonge dans une solution de cytokinines restent vertes beaucoup plus longtemps que si on ne les avait pas trempées. Les cytokinines ralentissent aussi la progression de l'**apoptose**, un type de mort cellulaire programmée.

Les gibbérellines

Au début du 20e siècle, les agriculteurs d'Asie trouvèrent dans leurs rizières des plants si hauts et si grêles qu'ils ployaient avant d'avoir atteint la maturité. En 1926, on découvrit qu'il s'agissait d'une maladie (en anglais, *foolish seedling disease*, «maladie de la plantule folle», ou maladie de Bakanae) causée par un champignon (ascomycète), *Gibberella fujikuroi*. Dans les années 1930, les scientifiques ont constaté que le champignon sécrétait une substance, à laquelle on donna le nom de **gibbérelline**, qui provoquait un allongement excessif des tiges du riz. Puis, dans les années 1950, les chercheurs découvrirent que les Végétaux fabriquaient également des gibbérellines. Depuis ce temps, les scientifiques ont répertorié plus de 100 gibbérellines naturelles. Mais chaque espèce végétale en compte un nombre beaucoup plus petit. Il semble que les «plantules folles» de riz atteintes souffrent d'un excès de gibbérellines. Les gibbérellines ont différents effets sur les Végétaux, comme l'allongement de la tige ainsi que la stimulation de la fructification et de la germination.

L'allongement des tiges Les jeunes racines et les jeunes feuilles sont les principaux sites de production des gibbérellines. L'effet le mieux connu de ces hormones est de stimuler la croissance des feuilles et de la tige en favorisant l'élongation *et* la division cellulaires. Il semble qu'elles activent des enzymes qui causent un relâchement de la paroi cellulaire, ce qui facilite la pénétration des expansines. Ainsi, l'auxine et les gibbérellines agissent de concert pour favoriser l'allongement de la tige.

Pour constater les effets des gibbérellines sur l'allongement des tiges, on peut traiter certaines variétés naines (mutantes) avec ces hormones. Ainsi, les plants de pois nains (dont ceux que Mendel a étudiés; voir le chapitre 14) atteignent une certaine hauteur après un traitement aux gibbérellines. Mais on n'obtient souvent aucune réaction si on traite des plantes de type sauvage avec des gibbérellines. Apparemment, ces plantes produisent déjà une dose optimale de cette hormone. La *montée à graines*, c'est-à-dire la croissance rapide d'une tige florale, est l'exemple le plus évident de l'effet d'allongement que causent les gibbérellines (**figure 39.10a**).

La fructification Chez de nombreux végétaux, l'auxine et les gibbérellines sont toutes les deux nécessaires à la formation des fruits. La production de raisins «Thompson» sans pépins est la principale application commerciale des gibbérellines (**figure 39.10b**). Ces hormones favorisent le grossissement des fruits. Or, le consommateur recherche de gros fruits. De plus, les gibbérellines allongent les entrenœuds sur la grappe; les raisins sont ainsi plus espacés. Cela permet une bonne circulation de l'air entre les fruits, ce qui prévient l'infection par des levures et d'autres microorganismes.

La germination L'embryon contenu dans la graine est une importante source de gibbérellines. Après l'imbibition d'eau, il libère des gibbérellines qui font sortir la graine de sa dormance et provoquent la germination. Certaines graines qui ont besoin pour germer de conditions spéciales, telles que l'exposition à la lumière ou au froid, quittent leur dormance si on les traite aux gibbérellines. Les gibbérellines assurent la croissance des plantules des céréales en déclenchant la synthèse d'enzymes digestives comme l'α-amylase, qui mobilise les nutriments emmagasinés (**figure 39.11**).

Les brassinostéroïdes

Les **brassinostéroïdes** sont des stéroïdes semblables au cholestérol et aux hormones sexuelles des Animaux. Les brassinostéroïdes provoquent l'élongation et la division cellulaires dans les tiges et les plantules à des concentrations de seulement 10^{-12} mol/L. De plus, ils retardent l'abscission des feuilles (chute des feuilles) et favorisent la différenciation du xylème. Ces effets ressemblent tellement à ceux de l'auxine au point de vue qualitatif qu'il a fallu des années aux phytophysiologistes pour déterminer que les brassinostéroïdes n'étaient pas des auxines.

Des études sur un mutant d'*Arabidopsis thaliana* qui possédait des caractères morphologiques semblables à ceux des

❶ Une fois que la graine a absorbé de l'eau, l'embryon libère de l'acide gibbérellique (GA_3), qui envoie un stimulus à l'aleurone, la mince couche externe de l'albumen.

❷ L'aleurone réagit en synthétisant et en sécrétant des enzymes digestives qui hydrolysent les nutriments emmagasinés dans l'albumen. Un exemple est l'α-amylase, qui hydrolyse l'amidon.

❸ Les glucides et autres nutriments absorbés de l'albumen par le scutellum (cotylédon) nourrissent l'embryon pendant la période de croissance où il devient une plantule.

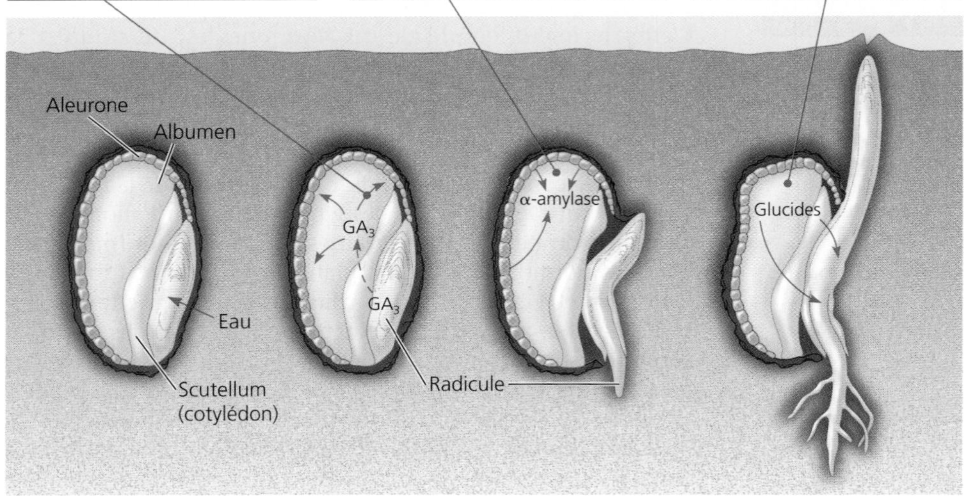

▲ **Figure 39.11 La mobilisation des nutriments par les gibbérellines pendant la germination des graines de céréales comme l'orge (*Hordeum vulgare*).**

plants croissant à la lumière, et cela, même s'ils poussaient à l'obscurité, ont permis d'établir que les brassinostéroïdes sont des hormones végétales. Les chercheurs ont découvert que la mutation touchait un gène codant normalement pour une enzyme semblable à celle qui participe à la synthèse de stéroïdes dans les cellules des Mammifères. Ils ont également trouvé qu'on pouvait faire retrouver le phénotype normal de type sauvage à des plants mutants manquant de brassinostéroïdes en leur donnant des brassinostéroïdes en laboratoire.

L'acide abscissique

Dans les années 1960, un groupe de recherche qui étudiait les variations chimiques précédant la dormance des bourgeons et l'abscission des feuilles des arbres à feuillage caduc (chute des feuilles à l'automne) et une autre équipe qui s'intéressait aux variations chimiques précédant l'abscission des fruits du coton (*Gossypium sp.*) ont isolé le même composé: l'**acide abscissique**. Ironiquement, on ne considère plus aujourd'hui que l'acide abscissique joue un rôle majeur dans la dormance des bourgeons ou l'abscission des feuilles. Par contre, cette hormone végétale joue un rôle important dans d'autres fonctions. Contrairement aux hormones que nous avons étudiées jusqu'à maintenant (les auxines, les cytokinines, les gibbérellines et les brassinostéroïdes), qui stimulent la croissance végétale, l'acide abscissique *ralentit* la croissance. Souvent, il contre les effets des hormones de croissance. C'est le rapport entre la concentration d'acide abscissique et la concentration d'une ou de plusieurs hormones de croissance qui détermine la manifestation physiologique finale. Nous examinerons ici deux des effets de l'acide abscissique sur les Végétaux: la dormance de la graine et la résistance à la sécheresse.

La dormance des graines La dormance des graines augmente la probabilité que la germination des graines n'ait lieu que dans des conditions optimales de luminosité, de température et d'humidité pour la survie des plantules (voir le chapitre 38). Qu'est-ce qui empêche une graine tombée à l'automne de germer immédiatement pour ensuite ne pas survivre à l'hiver? Quels mécanismes font en sorte que cette graine ne germe qu'au printemps? Qu'est-ce qui empêche une graine de germer dans l'intérieur obscur et humide du fruit? La réponse à ces questions se trouve dans l'acide abscissique. La concentration d'acide abscissique peut augmenter de 100 fois durant la maturation des graines. Cette concentration élevée dans les graines en développement inhibe la germination et entraîne la production de protéines qui aident les graines à supporter l'extrême déshydratation qui accompagne la maturation.

De nombreux types de graines en dormance germeront si on en retire l'acide abscissique ou qu'on l'inactive. Les graines de certaines plantes du désert sortent de leur dormance uniquement quand des pluies abondantes en lessivent l'acide abscissique. D'autres graines ont besoin d'une exposition à la lumière ou d'une longue exposition au froid pour inactiver l'acide abscissique. Le rapport entre la concentration de cette hormone et celle des gibbérellines détermine souvent si la graine restera en dormance ou germera. L'ajout d'acide abscissique dans des graines qui ont commencé à germer les fait reprendre leur dormance. De l'acide abscissique inactivé ou en concentrations faibles peut causer une germination précoce (hâtive) (**figure 39.12**). Ainsi, un plant de maïs mutant dont les grains germent quand ils sont encore sur l'épi se caractérise par l'absence d'un facteur de transcription fonctionnel nécessaire au déclenchement, par l'acide abscissique, de l'expression de certains gènes. La germination précoce des graines du palétuvier rouge, causée par de faibles concentrations d'acide abscissique, est en fait une adaptation qui aide les jeunes plantules à se fixer comme des dards dans la boue molle sous l'arbre parent.

La résistance à la sécheresse L'acide abscissique joue un rôle important dans le stimulus lié à la sécheresse. Quand une plante commence à flétrir, cette hormone s'accumule dans les feuilles et provoque la fermeture des stomates, ce qui réduit la transpiration et la perte d'eau. Par son action sur les seconds messagers tels que le calcium, l'acide abscissique provoque l'ouverture des canaux ioniques à K^+ des membranes des cellules stomatiques, lesquelles se vident d'une grande partie de leur potassium. La perte osmotique d'eau qui accompagne ce phénomène diminue la turgescence des cellules stomatiques et ferme les stomates (voir la figure 36.15, p. 903). Dans certains cas, le manque d'eau affaiblit le système racinaire avant le système caulinaire. L'acide abscissique transporté des

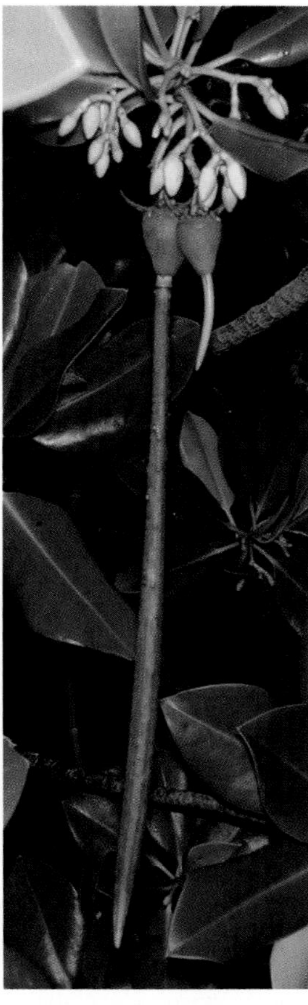

◀ Les graines du palétuvier rouge (*Rhizophora mangle*) ne produisent que de faibles concentrations d'acide abscissique, et elles germent alors qu'elles sont encore sur l'arbre. Dans ce cas, une germination hâtive représente une adaptation utile. Une fois sortie de la graine, la radicule de la plantule semblable à un dard s'enfonce profondément dans les vasières où poussent les palétuviers.

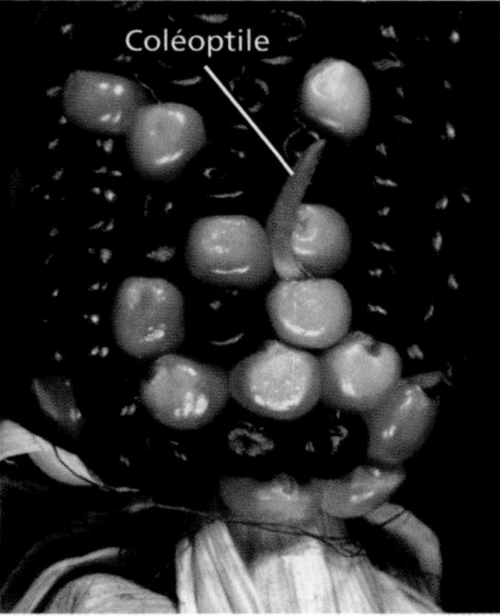

▲ La germination précoce sur ce plant de maïs mutant est causée par l'absence d'un facteur de transcription fonctionnel pour l'action de l'acide abscissique.

▲ **Figure 39.12 La germination précoce des graines sur un palétuvier de type sauvage et sur un plant de maïs mutant.**

racines aux feuilles peut alors agir comme un « système d'alarme précoce ». De nombreux mutants particulièrement prédisposés au flétrissement ne produisent pas d'acide abscissique.

Les strigolactones

Les hormones appelées **strigolactones** sont des stimulus mobiles ascendants qui provoquent la germination des graines, contribuent à l'établissement d'associations mycorhiziennes et, comme nous l'avons déjà mentionné, aident à la régulation de la dominance apicale. Leur découverte récente est associée à des études sur des plantes du genre *Striga*, composé de plantes parasites sans racines, au nom pittoresque, qui pénètrent les racines des autres plantes, détournant les nutriments essentiels à leur profit et freinant leur croissance. (Dans une légende roumaine, Striga est une créature vampirique qui vit pendant des milliers d'années sans avoir besoin de s'alimenter plus d'une fois tous les 25 ans environ.) Également connues sous le nom d'herbes des sorcières, les *Striga* peuvent s'avérer les plus grands obstacles à la production alimentaire en Afrique, infestant environ les deux tiers des régions consacrées aux cultures céréalières. Chaque plant de *Striga* produit des dizaines de milliers de graines minuscules qui peuvent rester en dormance dans le sol pendant de nombreuses années jusqu'à ce qu'un hôte approprié commence à croître. Par conséquent, on ne peut pas éradiquer les plants de *Striga* en faisant pousser des cultures non céréalières pendant de nombreuses années. Les strigolactones, exsudées par les racines hôtes, ont été identifiées pour la première fois comme étant les stimulus chimiques de la germination des graines de *Striga*.

L'éthylène

Dans les années 1800, quand on éclairait les rues au gaz de houille, ou gaz d'éclairage, les fuites provoquaient la chute précoce des feuilles des arbres situés près des conduites. En 1901, il a été démontré que l'**éthylène** était le principal facteur actif du gaz d'éclairage. Mais on n'accepta l'idée que l'éthylène était une hormone végétale seulement lorsqu'une technique appelée chromatographie en phase gazeuse eut permis de mesurer la quantité d'éthylène présent.

Les Végétaux sécrètent de l'éthylène en réaction à des stress comme les sécheresses, les inondations, les pressions externes exercées par un liquide ou un solide, les blessures et les infections. Ils en produisent également au cours de la maturation des fruits et de la mort programmée des cellules, ainsi que lorsqu'on leur donne des concentrations élevées d'auxines. En fait, de nombreux effets qu'on attribuait jadis à l'auxine, par exemple l'inhibition de l'allongement des racines, sont peut-être attribuables à la production d'éthylène déclenchée par l'auxine. Examinons quatre des nombreux effets de l'éthylène sur les Végétaux : la triple réponse aux contraintes physiques, la sénescence, l'abscission des feuilles et la maturation des fruits.

La triple réponse aux contraintes physiques Imaginons une plantule de pois poussant vers le haut dans le sol et butant contre une pierre. Lorsque l'apex délicat de la tige se heurte sur l'obstacle, la contrainte qu'exerce ce dernier entraîne une production d'éthylène dans la plantule. L'éthylène conduit la plantule à effectuer une manœuvre de croissance appelée **triple réponse** qui lui permet de contourner l'obstacle. Les trois parties de cette réaction sont le ralentissement de l'allongement de la tige, son épaississement (qui la rend plus forte) et sa courbure (qui la fait croître horizontalement). Lorsque les effets de l'impulsion initiale de l'éthylène diminuent, la tige reprend sa croissance verticale. Si elle rencontre de nouveau une barrière, une autre poussée de production d'éthylène survient, et la tige continue sa progression horizontale. Mais si elle ne touche aucun objet solide, la production d'éthylène diminue, et la tige, qui ne rencontre plus aucun obstacle, peut reprendre sa croissance normale vers le haut. C'est donc l'éthylène, plutôt que l'obstacle physique lui-même, qui est à l'origine de la croissance horizontale de la tige. En effet, des plantules poussant normalement et ne rencontrant aucun obstacle réagissent par une triple réponse quand on leur vaporise de l'éthylène (**figure 39.13**).

Les études qui ont été menées sur les mutants d'*Arabidopsis thaliana* affichant une triple réponse anormale montrent comment les biologistes procèdent pour isoler une voie de transduction du stimulus. Les mutants *ein* (pour *ethylene-insensitive*, « insensibles à l'éthylène ») ne manifestent pas de triple réponse après une exposition à l'éthylène (**figure 39.14a**). Certains d'entre eux sont insensibles à la présence de cette hormone en raison de l'absence de récepteurs d'éthylène fonctionnels. Des mutants d'un type différent présentent une triple réponse même hors du sol, dans l'air, où il n'y a aucun obstacle physique. Certains ont un défaut de régulation qui

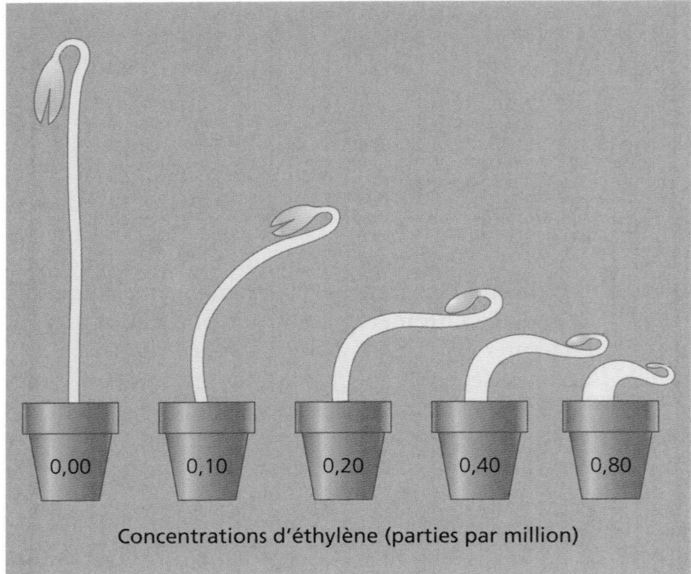

▲ **Figure 39.13 La triple réponse induite par l'éthylène.** En réponse à l'éthylène, une hormone végétale gazeuse, les plantules de pois qui croissent dans la pénombre présentent la triple réponse, c'est-à-dire un ralentissement de l'allongement de la tige, son épaississement et sa croissance horizontale. Plus la concentration d'éthylène est élevée, plus la réponse est grande.

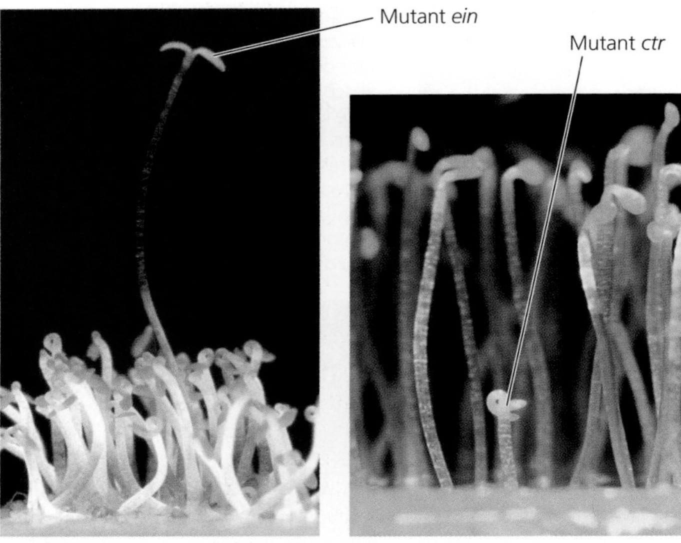

(a) Mutant *ein*. Un mutant *ein* (insensible à l'éthylène) n'affiche pas de triple réponse en présence d'éthylène.

(b) Mutant *ctr*. Un mutant *ctr* (présentant une triple réponse constitutive) affiche la triple réponse, même en l'absence d'éthylène.

▲ **Figure 39.14 La triple réponse à l'éthylène chez les mutants d'*Arabidopsis*.**

les fait produire de l'éthylène à une concentration 20 fois plus élevée que la normale. On peut faire retrouver le phénotype de type sauvage à ces mutants *eto* (pour *ethylene-overproducing*, « produisant de l'éthylène en excès ») en traitant les plantules avec des substances qui inhibent la synthèse de l'éthylène. D'autres mutants, appelés *ctr* (pour *constitutive triple-response*, « présentant une triple réponse constitutive »), présentent une triple réponse dans la partie aérienne du plant, mais ne réagissent pas aux substances qui inhibent la synthèse de l'éthylène (**figure 39.14b**). (Les gènes constitutifs sont des gènes qui sont continuellement exprimés dans toutes les cellules d'un organisme.) Chez les mutants *ctr*, la transduction du stimulus lié à l'éthylène est continuellement active, même en l'absence d'éthylène.

Le gène modifié chez les mutants *ctr* code pour une protéine kinase. Le fait que cette mutation *déclenche* la triple réponse à l'éthylène permet de penser que la kinase normale produite par l'allèle sauvage est un régulateur *négatif* de la transduction du stimulus lié à l'éthylène. Par conséquent, la fixation de l'éthylène sur le récepteur provoque habituellement une inactivation de la kinase ; et l'inactivation de ce régulateur négatif permet la synthèse des protéines nécessaires à la triple réponse.

La sénescence Observez la chute d'une feuille à l'automne ou la mort d'une plante annuelle après sa floraison. Ou bien pensez à la dernière étape de la différenciation d'un élément de vaisseau du xylème, dont le contenu vivant est alors détruit et qui devient ainsi un tube creux. Tous ces événements résultent de la **sénescence**, la mort programmée de certaines cellules ou de certains organes, ou même de la plante entière. Les cellules, les organes et les plantes génétiquement programmés pour mourir à un moment donné ne font pas qu'arrêter leur métabolisme cellulaire et attendre la mort. Au contraire, ils vivent l'un des moments les plus intenses de leur vie : à l'échelle moléculaire, l'apoptose, c'est-à-dire le déclenchement de la mort cellulaire, nécessite l'expression de nouveaux gènes (voir p. 251 à 253). Pendant l'apoptose, des enzymes nouvellement produites dégradent de nombreuses substances chimiques, notamment la chlorophylle, l'ADN, l'ARN, les protéines et les lipides membranaires. La plante peut alors récupérer une grande partie des produits de ces dégradations. Une poussée de production d'éthylène est presque toujours associée à l'apoptose des cellules au cours de la sénescence.

L'abscission des feuilles La chute des feuilles des arbres à feuillage caduc prévient la dessiccation au cours des saisons de stress climatique pendant lesquelles les racines ont un accès très limité à l'eau qu'elles peuvent absorber. Avant l'abscission des feuilles mortes, plusieurs de leurs nutriments essentiels se dirigent vers les cellules parenchymateuses de la tige pour y être entreposés. Ils retourneront ensuite dans les jeunes feuilles au printemps. Les couleurs automnales des feuilles résultent d'un mélange de pigments rouges nouvellement fabriqués et de carotènes jaunes et orange déjà existants (voir le chapitre 10) que la chlorophylle masquait pendant l'été.

Quand une feuille tombe, à l'automne, une zone d'abscission se forme d'abord près de la base de son pétiole (**figure 39.15**). La paroi des petites cellules parenchymateuses de cette zone devient très mince et aucune cellule fibreuse n'entoure le tissu conducteur. En outre, des enzymes hydrolysent les polysaccharides de la paroi cellulaire, ce qui affaiblit encore la zone d'abscission. Enfin, la masse de la feuille et l'action du vent provoquent une rupture dans la zone d'abscission. Avant même la chute de la feuille, une couche de suber cicatrise le rameau pour empêcher les agents pathogènes d'envahir la plante.

L'abscission résulte d'une modification du rapport entre la concentration de l'éthylène et celle de l'auxine. Une vieille feuille produit de moins en moins d'auxine, ce qui rend les cellules de la zone d'abscission plus sensibles à l'éthylène. Quand l'éthylène domine dans la zone d'abscission, les cellules produisent des enzymes qui dégradent la cellulose et d'autres constituants de la paroi cellulaire.

La maturation des fruits Les fruits charnus immatures sont généralement aigres, durs et verts, des propriétés qui aident à protéger les graines en formation contre les herbivores. Après leur maturation, les fruits aident à *attirer* les animaux qui dispersent les graines (voir les figures 30.8 et 30.9, p. 726). Dans de nombreux cas, une poussée de production d'éthylène dans les fruits déclenche cette maturation. La dégradation enzymatique des constituants des parois cellulaires ramollit le fruit, et la transformation de l'amidon et des acides en glucides le rend plus sucré. La production des nouveaux arômes et l'apparition des nouvelles couleurs des fruits aident à attirer des animaux, qui les mangent et en dispersent les graines.

Une cascade de réactions a lieu durant la maturation du fruit. Tout d'abord, l'éthylène déclenche la maturation, qui, en retour, provoque la production de plus d'éthylène. Il en résulte une grande poussée de production d'éthylène. L'éthylène étant un gaz, le stimulus de maturation se propage de fruit en fruit. Si on cueille ou achète un fruit vert, on peut en accélérer la maturation en l'enveloppant dans un sac de papier, où l'éthylène s'accumulera. À l'échelle commerciale, les producteurs font mûrir de nombreux types de fruits dans d'énormes conteneurs dans lesquels ils introduisent de l'éthylène. À l'inverse, il leur arrive aussi de retarder la maturation causée par l'éthylène naturel. Ainsi, ils entreposent les pommes dans des caissons où ils injectent du dioxyde de carbone. La circulation de l'air empêche l'accumulation de l'éthylène, et le dioxyde de carbone inhibe la synthèse de nouvelles molécules d'éthylène. Grâce à cette méthode, les pomiculteurs vendent pendant l'été les pommes qu'ils ont cueillies l'automne précédent.

▲ **Figure 39.15 L'abscission d'une feuille d'érable (*Acer sp.*).** L'abscission résulte d'une modification du rapport entre la concentration de l'éthylène et celle de l'auxine. La zone d'abscission apparaît dans cette section longitudinale sous la forme d'une bande verticale, à la base du pétiole. Après la chute de la feuille, une couche protectrice de suber ferme la cicatrice foliaire, ce qui empêche les agents pathogènes d'envahir l'arbre (MP).

Étant donné l'importance que revêt l'éthylène pour la physiologie des fruits après récolte, la manipulation génétique du mécanisme de transduction du stimulus lié à l'éthylène pourrait avoir des applications commerciales très intéressantes. Par exemple, en trouvant une façon d'inhiber la transcription d'un des gènes nécessaires à la synthèse de l'éthylène, les biologistes moléculaires ont créé des tomates qui mûrissent à la demande. On cueille ces fruits quand ils sont encore verts, et ils ne mûrissent pas tant qu'on ne les expose pas à l'éthylène. L'amélioration de ce genre de méthode permettra de réduire le gaspillage de fruits et de légumes, un problème qui conduit à la perte de près de la moitié des récoltes aux États-Unis et au Canada.

La biologie des systèmes et les interactions hormonales

Comme nous l'avons expliqué, les réponses des Végétaux aux divers stimulus entraînent souvent des interactions entre plusieurs hormones et leurs voies de transduction. L'étude des interactions hormonales peut être complexe. Par exemple, comme nous l'avons vu dans la description de la dominance apicale, la croissance des bourgeons latéraux est régie par les interactions entre les voies de transduction du stimulus activées par les cytokinines, les auxines et les strigolactones. Imaginez que vous êtes biologiste moléculaire et que vous devez modifier génétiquement un phénotype de plante afin qu'elle soit plus ramifiée. Les cibles moléculaires les plus propices à la manipulation génétique seraient-elles une enzyme qui inactive l'acide indolacétique ? Une enzyme qui produit plus de cytokinines ? Un récepteur de strigolactones ? La stratégie est difficile à prévoir, et ce n'est pas une exception. Presque toutes les réponses des Végétaux dont nous avons discuté dans le présent chapitre sont d'une complexité équivalente. En raison de cette complexité inévitable, de nombreux phytobiologistes choisissent d'aborder leur domaine en utilisant une nouvelle approche fondée sur les systèmes.

Au chapitre 1, nous avons donné une description générale de la biologie des systèmes, qui vise à mieux comprendre les propriétés biologiques qui se dégagent des interactions entre les nombreuses composantes d'un système (par exemple l'ARNm, les protéines, les hormones et les métabolites). À l'aide de techniques génomiques, les biologistes peuvent maintenant isoler tous les gènes d'une plante. Ils ont déjà séquencé les génomes de nombreuses espèces de plantes, notamment *Arabidopsis thaliana*, le riz (*Oryza sativa*), le raisin (*Vitis vinifera*), le maïs (*Zea mays*) et les peupliers (*Populus spp.*). En outre, au moyen de techniques utilisant les microréseaux et la protéomique (voir les chapitres 20 et 21), les scientifiques peuvent déterminer quels gènes sont activés ou inactivés au cours de la croissance ou en réponse à une modification de l'environnement. Or, relever tous les gènes et toutes les protéines (éléments d'un système) d'un organisme se compare à dresser la liste de toutes les pièces d'un avion. On obtient alors un catalogue des composants, mais cela ne suffit pas pour comprendre le fonctionnement complexe du système intégré ; il faut aussi savoir comment les différents éléments du système interagissent.

L'approche fondée sur les systèmes peut changer du tout au tout la façon d'étudier les Végétaux. Quel biologiste ne rêve pas de laboratoires équipés de numériseurs robotisés à haute capacité qui indiqueraient quels gènes du génome d'une plante sont activés, dans quelles cellules et dans quelles conditions ? L'analyse d'ensembles de données aussi complets conduira à de nouvelles hypothèses et à de nouvelles pistes de recherche. En fin de compte, un des objectifs de la biologie des systèmes est de représenter une plante vivante entière par un modèle. Armés de connaissances aussi détaillées, les biologistes qui tentent de modifier génétiquement une plante pour qu'elle soit plus ramifiée pourraient avancer beaucoup plus efficacement. S'ils étaient capables de représenter une plante vivante par un modèle fiable, les chercheurs pourraient prédire le résultat d'une manipulation génétique avant même de mettre les pieds dans un laboratoire.

RETOUR SUR LE CONCEPT **39.2**

1. Proposez une raison pour laquelle les fleurs coupées, comme les œillets, sont souvent traitées avec des cytokinines avant d'être expédiées.
2. La fusicoccine est une toxine fongique qui stimule la pompe à protons de la membrane plasmique des cellules végétales. Comment cette toxine peut-elle nuire à la croissance de sections isolées de la tige ?
3. ET SI ? Si une plante possède la double mutation *ctr* et *ein*, quel est le phénotype résultant de la triple réponse ? Expliquez votre réponse.
4. FAITES DES LIENS Quel type de processus de rétroaction est illustré par la production d'éthylène au cours de la maturation des fruits ? Expliquez votre réponse. (Voir la figure 1.13 à la page 11.)

Voir les réponses proposées à la fin du chapitre.

CONCEPT **39.3**

Les réponses des Végétaux à la lumière sont vitales pour leur survie

La lumière est un facteur environnemental particulièrement important dans la vie des Végétaux. Essentielle à la photosynthèse, elle active aussi de nombreux événements clés de leur croissance et de leur développement, et leur fournit une indication du temps qui passe, des jours et des saisons. L'action de la lumière sur la morphologie des Végétaux est appelée **photomorphogenèse**.

Les Végétaux perçoivent non seulement la présence de la lumière, mais aussi sa direction, son intensité et sa longueur d'onde (couleur). Comme nous l'avons vu à la figure 10.10b (p. 214) pour la photosynthèse, un graphique appelé **spectre d'action** décrit l'efficacité relative des différentes longueurs d'onde émises par un rayonnement dans le déroulement d'un processus donné. Les spectres d'action sont utiles dans l'étude de *tout* processus qui dépend de la lumière, comme le phototropisme (**figure 39.16**). En comparant les spectres d'action correspondant aux réponses de diverses plantes, les chercheurs peuvent déterminer les réponses qui font intervenir les mêmes photorécepteurs (pigments). Ils comparent également les spectres d'action aux spectres d'absorption des pigments ; une corrélation étroite pour un pigment donné permet de penser que le pigment est le photorécepteur qui régule la réponse. Les spectres d'action révèlent que la lumière rouge et la lumière bleue sont les couleurs les plus importantes dans la régulation de la photomorphogenèse d'une plante. Ils ont permis aux chercheurs de distinguer deux grands groupes de photorécepteurs : les **photorécepteurs sensibles à la lumière bleue** et les **phytochromes**, absorbant la plus grande partie de la lumière rouge.

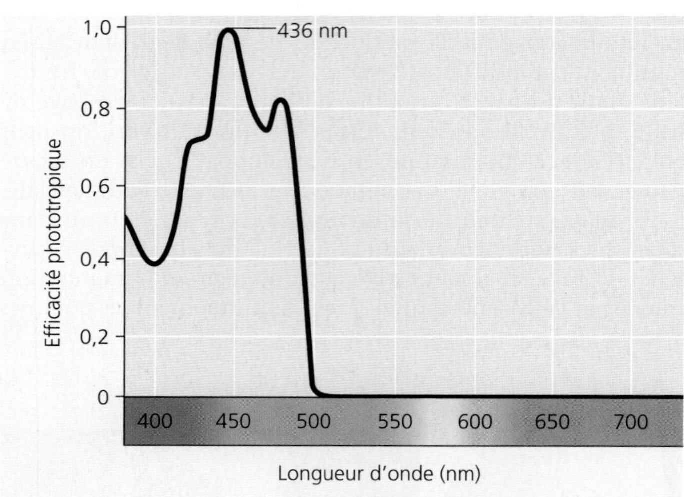

(a) Ce spectre d'action illustre que seule la lumière de longueur d'onde inférieure à 500 nm (lumière bleue et violette) induit la courbure.

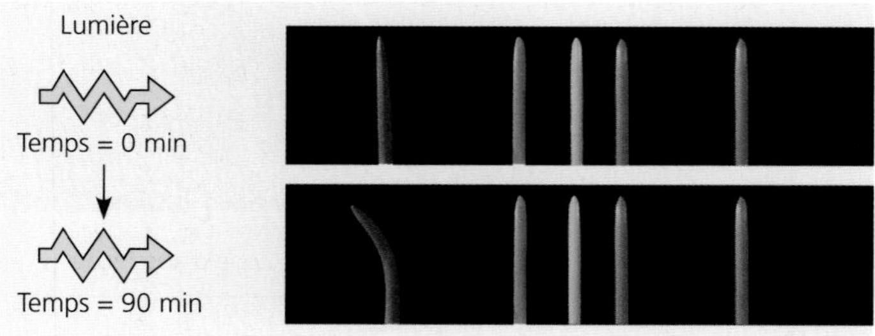

(b) Ces photos montrent des coléoptiles avant et après une exposition de 90 minutes à une lumière de la couleur indiquée.

▲ **Figure 39.16** **Le spectre d'action pour le phototropisme induit par la lumière bleue dans les coléoptiles de maïs.** La courbure phototropique vers la lumière est régulée par la phototropine, un photorécepteur sensible à la lumière bleue et violette, principalement la lumière bleue.

Les photorécepteurs sensibles à la lumière bleue

La lumière bleue est le facteur de déclenchement pour diverses réponses des Végétaux, y compris le phototropisme, l'ouverture des stomates provoquée par la lumière (voir la figure 36.14, p. 903) et le ralentissement de l'allongement de l'hypocotyle causé par la lumière lorsqu'une plantule perce le sol. Dans les années 1970, les phytophysiologistes avaient tellement de mal à définir l'identité biochimique du photorécepteur de la lumière bleue qu'ils utilisaient l'expression «cryptochrome» (du grec *kruptos*, «caché», et *khrôma*, «couleur») pour faire référence à ce récepteur présumé. Une vingtaine d'années plus tard, les biologistes moléculaires qui analysaient les plants mutants d'*Arabidopsis thaliana* ont constaté que les plantes utilisaient au moins trois types de pigments différents pour percevoir la lumière bleue. Les *cryptochromes*, des molécules apparentées aux enzymes de réparation de l'ADN, interviennent dans l'inhibition induite par la lumière bleue de l'allongement de la tige qui se produit, par exemple, lorsqu'une plantule émerge du sol. La *phototropine* est une protéine kinase qui joue un rôle dans la régulation des courbures phototropiques, comme celles étudiées dans les plantules de Graminées par les Darwin, et dans les déplacements des chloroplastes en réponse à la lumière. Il y a actuellement un grand débat pour savoir si c'est la phototropine ou un photorécepteur à base de carotène appelé *zéaxanthine* qui est le principal photorécepteur de lumière bleue contribuant à l'ouverture des stomates déclenchée par celle-ci.

Les phytochromes: des photorécepteurs

Quand, au début du présent chapitre, nous avons présenté le mécanisme de transduction des stimulus chez les Végétaux, nous avons parlé du rôle que jouent, dans le verdissement, les pigments végétaux appelés phytochromes. Les phytochromes régulent de nombreuses réponses des Végétaux à la lumière. Voyons deux autres exemples: la germination des graines et l'héliophilie.

Les phytochromes et la germination des graines

Ce sont les études sur la germination des graines qui ont conduit à la découverte des phytochromes. En raison de leur réserve de nutriments limitée, de nombreuses sortes de graines, surtout les petites, ne germent que dans des conditions quasi optimales, notamment les conditions de luminosité. Il est courant que ces graines restent en dormance durant des années, attendant la luminosité appropriée. Par exemple, la mort d'un arbre qui faisait de l'ombre ou le labourage d'un champ peuvent créer une luminosité favorable.

Dans les années 1930, les scientifiques du United States Department of Agriculture (ministère de l'Agriculture des États-Unis) ont déterminé le spectre d'action pour la germination des graines de laitue (*Lactuca sativa*), un processus déclenché par la lumière. Durant quelques minutes, ils ont exposé des graines gorgées d'eau à des lumières monochromes (d'une seule couleur) de différentes longueurs d'onde, avant de les mettre à l'obscurité. Deux jours plus tard, ils ont noté le nombre de graines ayant germé dans chacune des conditions. Ils ont découvert qu'une lumière rouge ayant une longueur d'onde de 660 nm a le plus augmenté le pourcentage de germination chez les graines de laitue, tandis qu'une lumière rouge lointain, c'est-à-dire une lumière ayant une longueur d'onde proche de la limite supérieure du spectre visible pour l'humain (730 nm), a *inhibé* la germination des graines de laitue, par comparaison avec les témoins (**figure 39.17**).

▼ **Figure 39.17** INVESTIGATION

Comment la séquence des éclairs de lumière rouge et de lumière rouge lointain influe-t-elle sur la germination des graines?

EXPÉRIENCE Des scientifiques du United States Department of Agriculture ont exposé brièvement des échantillons de graines de laitue à la lumière rouge et à la lumière rouge lointain pour en étudier les effets sur la germination. Après l'exposition à la lumière, ils ont placé les graines à l'obscurité et comparé les résultats avec les graines témoins, qui n'avaient pas été exposées à la lumière.

RÉSULTATS La barre sous chaque photo indique la séquence d'exposition aux éclairs de lumière rouge, aux éclairs de lumière rouge lointain et à l'obscurité. Le pourcentage de germination a été considérablement plus élevé chez les graines dont la dernière exposition avait été à la lumière rouge (à gauche). La germination a été inhibée chez les échantillons de graines dont la dernière exposition avait été à la lumière rouge lointain (à droite).

Obscurité (graines témoins)

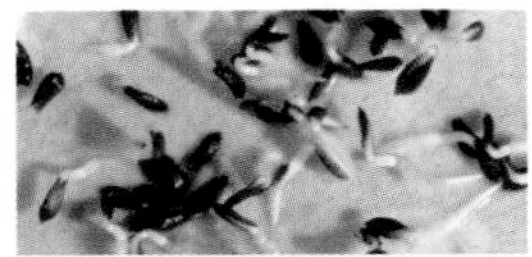

Rouge | Obscurité

Rouge | Rouge lointain | Obscurité

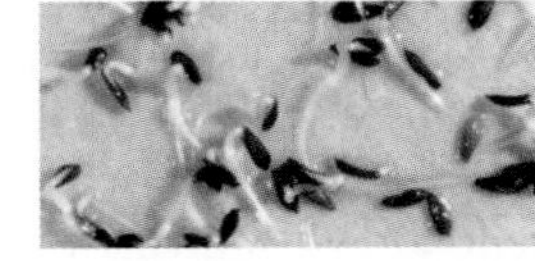

Rouge | Rouge lointain | Rouge | Obscurité

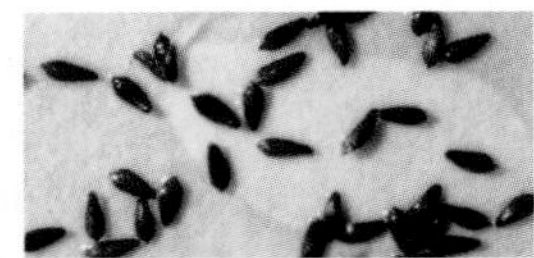

Rouge | Rouge lointain | Rouge | Rouge lointain

CONCLUSION La lumière rouge stimule la germination, tandis que la lumière rouge lointain l'inhibe. La dernière exposition à la lumière est déterminante. Les effets de la lumière rouge et de la lumière rouge lointain sont réversibles.

SOURCE H. Borthwick *et al.*, A reversible photoreaction controlling seed germination, *Proceedings of the National Academy of Sciences, USA* 38: 662-666 (1952).

ET SI? Le phytochrome répond plus rapidement à la lumière rouge qu'à la lumière rouge lointain. Si les graines avaient été exposées à la lumière blanche au lieu d'être placées à l'obscurité après les traitements à la lumière rouge et à la lumière rouge lointain, les résultats auraient-ils été différents?

Que se passe-t-il si on expose les graines de laitue à un éclair de lumière rouge puis à un éclair de lumière rouge lointain, ou inversement, à un éclair de lumière rouge lointain puis à un éclair de lumière rouge? C'est le *dernier* éclair qui détermine la réponse de la graine: les effets de la lumière rouge et de la lumière rouge lointain sont réversibles.

Les photorécepteurs qui sont à l'origine des effets opposés de la lumière rouge et de la lumière rouge lointain sont des phytochromes. Un phytochrome possède deux sous-unités identiques, consistant chacune en une composante polypeptidique liée par covalence à un *chromophore* non polypeptidique, la partie de la sous-unité qui absorbe la lumière (**figure 39.18**). Jusqu'à maintenant, les chercheurs ont découvert, chez *Arabidopsis thaliana*, cinq phytochromes affichant chacun une légère différence dans la structure de son chromophore.

Le chromophore d'un phytochrome est photoréversible; il prend, en alternance, deux formes isomères, selon la couleur de la lumière à laquelle il est exposé (voir la figure 4.7 pour une révision des isomères). Sous la forme P_r, il absorbe la lumière rouge; sous la forme P_{rl}, il absorbe la lumière rouge lointain:

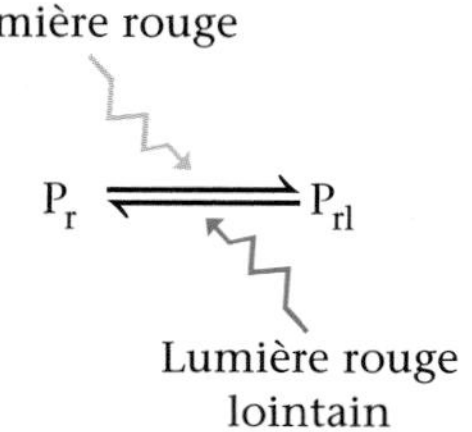

L'interconversion $P_r \longleftrightarrow P_{rl}$ sert d'interrupteur pour les divers événements du développement des Végétaux qui sont déclenchés par la lumière (**figure 39.19**). La forme P_{rl} du phytochrome déclenche de nombreuses réponses à la lumière chez les Végétaux. Ainsi, le phytochrome P_r présent dans les graines de laitue exposées à la lumière rouge est converti en P_{rl}, ce qui déclenche les réponses cellulaires conduisant à la germination. Quand on expose à la lumière rouge lointain les graines qui avaient déjà été exposées à la lumière rouge, le P_{rl} se reconvertit en P_r, ce qui inhibe la germination.

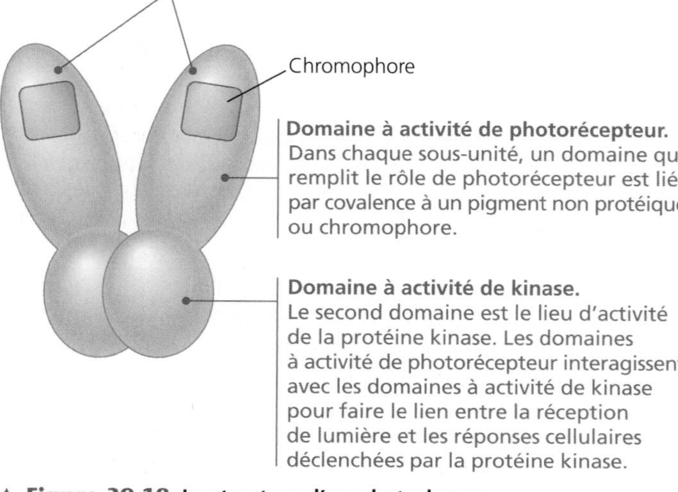

Deux sous-unités identiques. Chaque sous-unité possède deux domaines.
Chromophore
Domaine à activité de photorécepteur. Dans chaque sous-unité, un domaine qui remplit le rôle de photorécepteur est lié par covalence à un pigment non protéique, ou chromophore.
Domaine à activité de kinase. Le second domaine est le lieu d'activité de la protéine kinase. Les domaines à activité de photorécepteur interagissent avec les domaines à activité de kinase pour faire le lien entre la réception de lumière et les réponses cellulaires déclenchées par la protéine kinase.

▲ **Figure 39.18 La structure d'un phytochrome.**

Comment l'interconversion des phytochromes explique-t-elle le déclenchement de la germination par la lumière dans la nature? Les Végétaux synthétisent la forme P_r du phytochrome. Si leurs graines sont à l'obscurité, le pigment reste à peu près sous cette forme (voir la figure 39.19). La lumière du soleil contient la lumière rouge et la lumière rouge lointain, mais la conversion en P_{rl} est plus rapide que la conversion en P_r. Par conséquent, le rapport entre la forme P_{rl} et la forme P_r augmente au soleil. Lorsque les graines sont exposées à la lumière solaire adéquate, la production et l'accumulation de P_{rl} provoquent la germination.

Les phytochromes et l'héliophilie

Le phytochrome renseigne aussi la plante sur la *qualité* de la lumière. Comme les rayonnements de la lumière solaire comprennent à la fois le rouge et le rouge lointain, dans la journée, la transformation $P_r \longleftrightarrow P_{rl}$ atteint un équilibre dynamique où le rapport entre les deux formes du phytochrome traduit les quantités respectives de lumière rouge et de lumière rouge lointain. Ce mécanisme de perception permet aux Végétaux de s'adapter aux variations de luminosité. Prenons l'exemple d'un arbre héliophile, c'est-à-dire qui a besoin d'une intensité lumineuse relativement forte. Si d'autres arbres lui font de l'ombre, le rapport entre les deux formes du phytochrome penche en faveur de P_r, car le couvert forestier bloque plus de lumière rouge que de lumière rouge lointain. En effet, la chlorophylle des feuilles du couvert forestier absorbe la lumière rouge et laisse passer la lumière rouge lointain. Ce rapport favorisant la lumière rouge lointain pousse l'arbre à consacrer la majeure partie de ses ressources à la croissance en hauteur. Au contraire, la lumière solaire directe augmente la proportion de P_{rl}, ce qui provoque la ramification et inhibe la croissance verticale.

Outre le fait qu'ils leur permettent de percevoir la lumière, les phytochromes font que les Végétaux peuvent suivre la succession des jours et des saisons. Pour comprendre le rôle qu'ils jouent dans ce rapport au temps, nous devons d'abord examiner la nature de l'horloge interne des Végétaux.

L'horloge biologique et les rythmes circadiens

Chez les Végétaux, de nombreux processus, comme la transpiration et la synthèse de certaines enzymes, subissent une oscillation au cours d'une journée. Certaines de ces variations cycliques sont des réactions aux changements de luminosité, de température et d'humidité relative qui accompagnent le cycle de 24 heures du jour et de la nuit. On peut régir ces facteurs externes en faisant pousser des plantes dans des chambres de culture où l'on maintient des conditions précises de lumière, de température et d'humidité. Même dans ces conditions artificielles constantes, de nombreux processus physiologiques des Végétaux, comme l'ouverture et la fermeture des stomates et la production des enzymes photosynthétiques, continuent d'osciller selon une période approximative de 24 heures (une période est la durée d'un cycle). Ainsi, chez de nombreuses Légumineuses, les feuilles s'abaissent pendant la nuit pour se redresser au petit matin (**figure 39.20**). Un plant de haricot, par exemple, présente des mouvements

► **Figure 39.19 Le phytochrome: un mécanisme de conversion moléculaire.** L'absorption de la lumière rouge pousse le P_r à se transformer en P_{rl}. La lumière rouge lointain inverse cette conversion. Dans la plupart des cas, c'est la forme P_{rl} du pigment qui déclenche les réponses physiologiques et le développement chez les Végétaux.

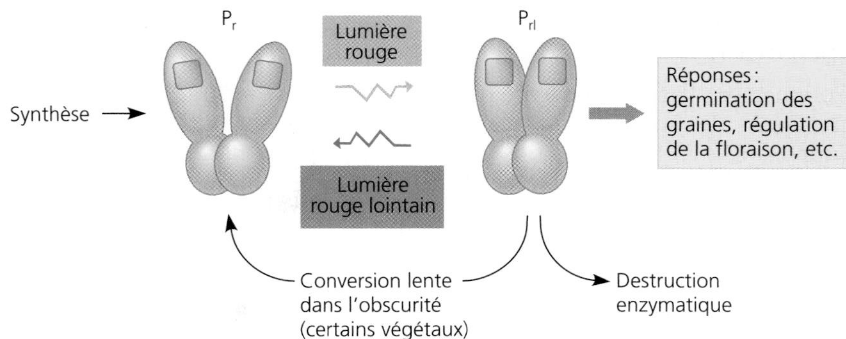

nyctinastiques («au rythme de l'alternance des jours et des nuits»), même si on l'expose à une lumière ou à une obscurité constante. Par conséquent, ce ne sont pas uniquement le coucher et le lever du soleil qui provoquent une réaction au niveau des feuilles. On appelle **rythmes circadiens** (du latin *circa*, «autour», et *dies*, «jour») les cycles physiologiques dont la période est d'environ 24 heures et qui ne sont pas directement régis par une variable environnementale.

Les recherches récentes appuient l'hypothèse voulant que l'horloge des rythmes circadiens soit interne et qu'elle ne constitue pas une réponse à certains cycles environnementaux subtils mais envahissants, comme le géomagnétisme ou les radiations cosmiques. Les organismes, notamment les Végétaux et les Humains, gardent une activité rythmique, qu'on les place au fond d'une mine ou en orbite autour de la Terre. Toutefois, cette horloge se règle précisément sur une période de 24 heures grâce aux stimulus extérieurs quotidiens.

Lorsqu'un organisme est maintenu dans un milieu stable, la période de ses rythmes circadiens ne reste pas à 24 heures. En effet, elle varie entre 21 et 27 heures, selon la réaction étudiée. Ainsi, les mouvements nyctinastiques d'un plant de haricot ont une période de 26 heures dans l'obscurité continue. L'allongement et le raccourcissement des périodes ne traduisent pas une défaillance de l'horloge biologique. Celle-ci marque encore parfaitement le temps, mais elle n'est plus synchrone avec le monde extérieur. Pour essayer de comprendre les mécanismes qui régissent les rythmes circadiens, il faut d'abord faire la différence entre l'horloge et le processus cyclique qu'elle régit. Par exemple, les feuilles du plant de haricot, à la figure 39.20, représentent les «aiguilles» de l'horloge biologique, mais leurs mouvements ne sont pas l'horloge elle-même. Si on attache des feuilles de haricot durant plusieurs heures, aussitôt déliées, elles prennent la position correspondant au moment de la journée. On peut entraver une manifestation du rythme biologique, mais pas le rythme lui-même.

Midi

Minuit

▲ **Figure 39.20 Les mouvements nyctinastiques du haricot (*Phaseolus vulgaris*).** Les mouvements des feuilles résultent de changements réversibles de la pression de turgescence dans les cellules situées des deux côtés des pulvini (organes moteurs), des renflements situés à la base des feuilles qui entraînent les mouvements.

Au cœur des mécanismes moléculaires qui régissent les rythmes circadiens, il y a des oscillations dans la transcription de certains gènes. L'observation d'*Arabidopsis* sur un cycle de 24 heures a révélé qu'environ 5% de ses ARNm subissent un rythme circadien lors de la synthèse. Certains de ces ARNm sont plus abondants à l'aube, d'autres au crépuscule et certains au milieu de la journée. Des modèles mathématiques proposent que la période de 24 heures provienne de boucles de rétro-inhibition (rétroaction négative) qui font intervenir la transcription de quelques gènes centraux de l'horloge interne. Certains gènes de l'horloge interne peuvent coder pour les facteurs de transcription qui inhibent, après un décalage de temps, la transcription du gène qui code pour le facteur de transcription lui-même. Ces boucles de rétro-inhibition, de concert avec un décalage de temps, suffisent à produire des oscillations.

Les chercheurs ont récemment utilisé une nouvelle technique pour identifier les mutants du rythme circadien chez *Arabidopsis thaliana*. L'un des principaux rythmes circadiens chez les Végétaux est la production quotidienne de protéines associées à la photosynthèse. Les biologistes moléculaires ont relié la source de ce rythme au promoteur qui déclenche la transcription des gènes responsables de ces protéines de photosynthèse. Pour trouver les mutants du rythme circadien, les scientifiques ont abouté à ce promoteur le gène codant pour une enzyme responsable de la bioluminescence des lucioles, appelée luciférase. Lorsqu'elle active le promoteur dans le génome d'*Arabidopsis thaliana*, l'horloge biologique stimule également la production de luciférase. La plante commence alors à luire en suivant un rythme circadien. On a ainsi pu isoler les mutants du rythme circadien en sélectionnant les individus qui luisaient plus longtemps ou moins longtemps que la normale. Les gènes modifiés de certains de ces mutants transforment les protéines qui se lient normalement aux photorécepteurs. Il est possible que les mutations en question perturbent un mécanisme qui règle l'horloge biologique en fonction de la luminosité.

Les effets de la lumière sur l'horloge biologique

Comme nous l'avons vu chez le haricot, la période de rythmes circadiens des mouvements des feuilles est de 26 heures. Supposons que, à l'aube, nous placions un plant de haricot dans un placard sombre durant 72 heures. Les feuilles ne se redresseraient, la deuxième journée, que deux heures après l'aube réelle, et la troisième, que quatre heures après, etc. Coupée des stimulus environnementaux, une plante se désynchronise par rapport à son milieu naturel. On observe également ce phénomène de désynchronisation quand on traverse plusieurs fuseaux horaires. À destination, les horloges fixées aux murs ne sont pas synchrones avec notre horloge interne. La plupart des organismes sont probablement sujets au décalage horaire.

C'est la lumière qui règle l'horloge biologique sur une période quotidienne précise de 24 heures. Les phytochromes et les photorécepteurs sensibles à la lumière bleue peuvent régler les rythmes circadiens chez les Végétaux. Mais on connaît mieux le fonctionnement des phytochromes que celui des autres photorécepteurs. Ce mécanisme implique le déclenchement et l'arrêt de réponses cellulaires au moyen de l'interconversion $P_r \longleftrightarrow P_{rl}$.

Réexaminons la réaction photoréversible illustrée à la figure 39.19. Dans l'obscurité, le rapport des phytochromes penche progressivement en faveur de la forme P_r. Cette réaction est en partie attribuable au cycle des phytochromes en général. En effet, ces pigments sont synthétisés sous la forme P_r, et les enzymes détruisent plus la forme P_{rl} que la forme P_r. Chez certaines espèces végétales, P_{rl} se convertit progressivement en P_r au coucher du soleil. Dans l'obscurité, le P_r ne peut se transformer en P_{rl}, mais, au lever du soleil, la conversion du P_r se fait rapidement et provoque l'augmentation de la concentration de P_{rl}. C'est cette augmentation quotidienne du P_{rl} à l'aube qui règle l'horloge biologique: les feuilles de haricot atteignent leur position nocturne maximale 16 heures après l'aube.

Dans la nature, les interactions entre les phytochromes et l'horloge biologique permettent aux Végétaux d'évaluer la durée de la nuit et du jour. Cependant, les durées relatives de la nuit et du jour changent tout au cours de l'année (sauf à l'équateur). Ce changement permet aux Végétaux d'adapter leurs activités selon les saisons.

Le photopériodisme et les réactions aux changements de saison

Imaginons ce qui se passerait si une plante produisait des fleurs au moment où les insectes pollinisateurs sont absents, ou si un arbre à feuillage caduc produisait des feuilles au milieu de l'hiver. L'alternance des saisons revêt une grande importance dans le cycle de développement de la plupart des Végétaux. La germination, la floraison, ainsi que le début et la fin de la dormance des bourgeons représentent des stades de développement qui se situent généralement à des moments précis de l'année. La photopériode, c'est-à-dire la répartition, dans la journée, entre la durée du jour et celle de la nuit, est le stimulus environnemental qui permet à la majorité des Végétaux de déceler la période de l'année. Une réaction physiologique à la photopériode, comme la floraison, est appelée **photopériodisme**.

Le photopériodisme et la régulation de la floraison

Au début du 20e siècle, en étudiant la variété mutante de tabac (*Nicotiana tabacum*) « Maryland Mammoth », des chercheurs levèrent le voile sur le mécanisme qui permet aux Végétaux de déceler les saisons. Les plants atteignaient une hauteur exceptionnelle, mais ne fleurissaient pas pendant l'été. Ils finirent par fleurir en serre au mois de décembre. Après avoir tenté de déclencher la floraison en faisant varier la température, l'humidité et l'apport de nutriments minéraux, les chercheurs s'aperçurent que c'était le raccourcissement des jours pendant l'hiver qui provoquait la floraison. Lorsqu'ils laissaient les plants dans des boîtes noires et simulaient le jour à l'aide de lampes, ils n'obtenaient une floraison que si la durée du jour était de moins de 14 heures. Les plants de « Maryland Mammoth » ne fleurissaient pas en été parce que, à la latitude du Maryland, les jours y sont trop longs.

Les chercheurs qualifièrent la variété « Maryland Mammoth » de **plante de jour court**, ou nyctipériodique, parce qu'elle semblait avoir besoin, pour fleurir, d'une photopériode *inférieure* à une durée critique. Parmi les plantes de jour court, on trouve les chrysanthèmes (*Chrysanthemum spp.*), les poinsettias (*Euphorbia pulcherrima*) et certaines variétés de soja (*Glycine max*). Ces plantes fleurissent à la fin de l'été, en automne ou en hiver. Un autre groupe de plantes dont la floraison dépend de la photopériode ne fleuriront que si la photopériode est *supérieure* à un certain nombre d'heures. Ces plantes sont dites **plantes de jour long**, ou héméropériodiques, et fleurissent généralement à la fin du printemps ou au début de l'été. L'épinard (*Spinacia oleracea*), par exemple, fleurit lorsque les jours durent plus de 14 heures. Le radis (*Raphanus sativus*), la laitue (*Lactuca sativa*), la betterave (*Beta vulgaris*), les iris (*Iris spp.*) et de nombreuses variétés de Graminées sont également des plantes de jour long. Les **plantes indifférentes**, comme la tomate (*Solanum lycopersicum*), le maïs (*Zea mays*), le riz (*Oryza sativa*) et le pissenlit (*Taraxacum officinale*), ne subissent pas l'influence de la photopériode; elles fleurissent quand elles arrivent à maturité, quelle que soit la durée du jour.

La durée critique de la nuit Dans les années 1940, les chercheurs découvrirent que c'était la durée de la nuit, et non celle du jour, qui régissait la floraison et d'autres réactions photopériodiques. Plusieurs d'entre eux étudiaient la lampourde (*Xanthium strumarium*), une plante de jour court qui fleurit uniquement quand les jours durent moins de 16 heures (et les nuits plus de 8 heures). S'ils interrompaient la période de lumière par une brève exposition à l'obscurité, les plantes fleurissaient quand même. En revanche, s'ils interrompaient la période d'obscurité par quelques minutes d'exposition à une faible lumière, les lampourdes ne fleurissaient pas. On observa le même phénomène chez d'autres plantes de jour court (**figure 39.21a**). Les lampourdes sont insensibles à la durée du jour, mais ont besoin d'au moins 8 heures d'obscurité continue pour fleurir. Il serait ainsi plus exact de parler de plantes de nuit longue plutôt que de plantes de jour court, mais cette dernière expression du lexique de la physiologie végétale a été consacrée. De même, les plantes de jour long sont en réalité des plantes de nuit courte. En effet, une plante de jour long qui ne fleurit pas dans des photopériodes de longues nuits produit des fleurs si on interrompt les longues périodes d'obscurité par quelques minutes de lumière (**figure 39.21b**). Notons que la distinction entre plantes de jour long et plantes de jour court repose *non pas* sur la durée absolue de la nuit, mais sur le fait que la floraison exige un nombre d'heures d'obscurité maximal (plantes de jour long) ou minimal (plantes de jour court). Dans les deux cas, la durée critique réelle de la nuit est propre à chaque espèce végétale.

La lumière rouge est celle qui interrompt le plus efficacement la période d'obscurité. Le spectre d'action et les expériences de photoréversibilité montrent que les phytochromes perçoivent la lumière rouge (**figure 39.22**). Par exemple, si un éclair de lumière rouge (R) est immédiatement suivi d'un éclair de lumière rouge lointain (RL) pendant la période d'obscurité, la plante ne perçoit aucune interruption dans la durée de la nuit. Comme dans le cas de la germination des graines régie par les phytochromes, la photoréversibilité $P_r \longleftrightarrow P_{rl}$ se manifeste lors de la floraison.

Les Végétaux perçoivent avec précision la durée de la nuit. Ainsi, certaines plantes de jour court ne fleurissent pas si la nuit dure une seule minute de moins que le temps critique. Les fleurs de certaines espèces éclosent exactement le même jour tous les ans. Les Végétaux évaluent la durée de la nuit grâce à leur horloge biologique, qui se règle avec l'aide des phytochromes, ce qui leur permet de connaître la saison. L'industrie de la floriculture (production de fleurs) utilise ce concept pour produire des fleurs hors saison. Par exemple, les chrysanthèmes sont des plantes de jour court qui fleurissent normalement en automne. Pour retarder leur floraison jusqu'à la fête des Mères, en mai, les floriculteurs ponctuent chaque longue nuit d'un éclair de lumière pour en faire deux courtes nuits.

Certaines plantes fleurissent après avoir été éclairées une seule journée correspondant à la photopériode qui convient à leur floraison. D'autres ont besoin de plusieurs jours de la durée appropriée ou encore ne réagissent à la photopériode qu'après avoir été exposées à un premier stimulus environnemental, telle une période de froid. Ainsi, le blé d'hiver ne fleurit qu'après une exposition de plusieurs semaines à des températures inférieures à 10 °C. On appelle **vernalisation** (d'un mot latin signifiant «printemps») l'exposition au froid nécessaire à la floraison. Quelques semaines après la vernalisation du blé d'hiver, les jours longs (les nuits courtes) entraînent la floraison.

Existe-t-il une hormone de la floraison?

Bien que les fleurs se forment à partir des méristèmes de bourgeons apicaux ou axillaires, ce sont les feuilles qui décèlent les changements de la photopériode et envoient des stimulus moléculaires aux bourgeons pour qu'ils fleurissent. Pour déclencher la floraison d'une plante de jour court ou d'une plante de jour long, il suffit dans bien des cas d'exposer une seule feuille aux conditions correspondant à la photopériode appropriée. De fait, s'il ne reste même qu'une feuille sur la plante, cette feuille décèle la photopériode, et les boutons floraux se développent. Cependant, une plante qui a perdu toutes ses feuilles ne décèle pas la photopériode.

Des expériences classiques ont révélé que le stimulus de floraison pouvait se déplacer à travers une greffe provenant d'une plante dont la floraison a été provoquer vers une plante dont la floraison n'a pas débuté, et ainsi provoquer la floraison. De plus, le stimulus de la floraison semble être de même nature chez les plantes de jour court que chez les plantes de

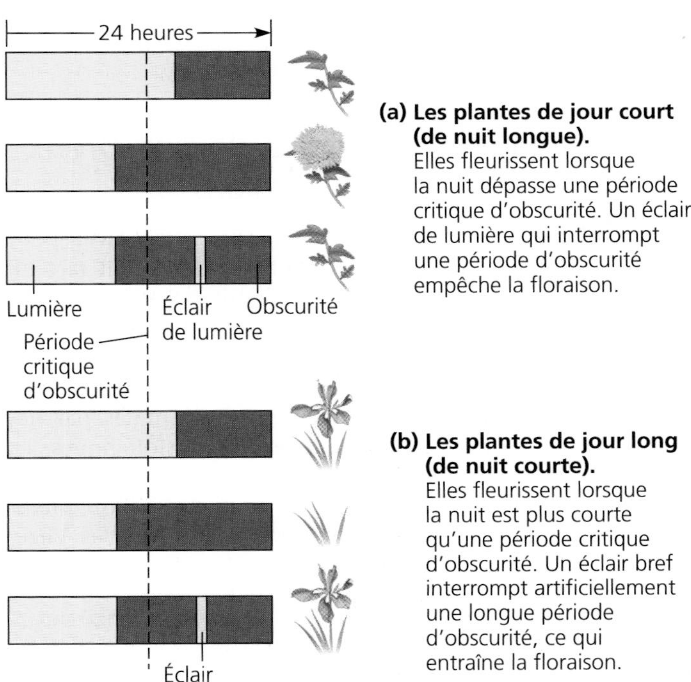

(a) Les plantes de jour court (de nuit longue). Elles fleurissent lorsque la nuit dépasse une période critique d'obscurité. Un éclair de lumière qui interrompt une période d'obscurité empêche la floraison.

(b) Les plantes de jour long (de nuit courte). Elles fleurissent lorsque la nuit est plus courte qu'une période critique d'obscurité. Un éclair bref interrompt artificiellement une longue période d'obscurité, ce qui entraîne la floraison.

▲ **Figure 39.21 La régulation photopériodique de la floraison.**

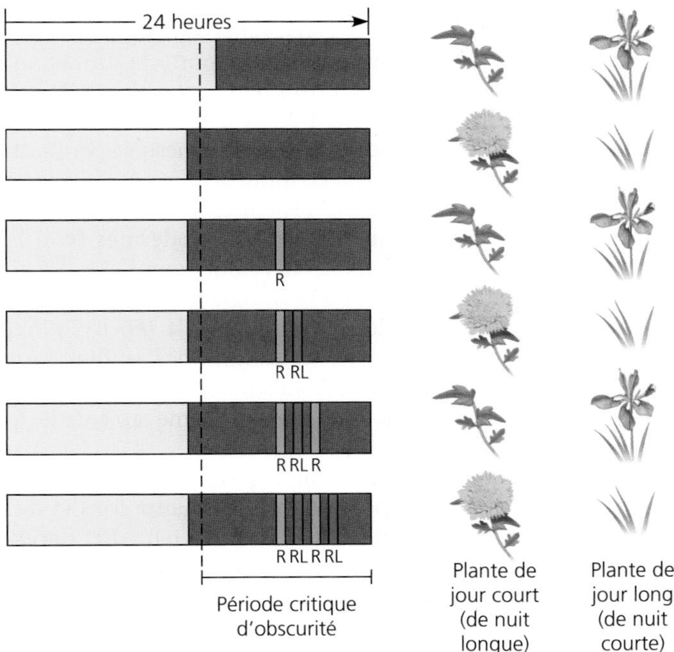

▲ **Figure 39.22 Les effets réversibles de la lumière rouge et de la lumière rouge lointain sur la réaction photopériodique.** Un éclair de lumière rouge (R) raccourcit la période d'obscurité. L'éclair de lumière rouge lointain (RL) qui suit annule l'effet de la lumière rouge.

? *Quel serait l'effet d'un seul éclair de lumière à spectre complet sur chaque plante?*

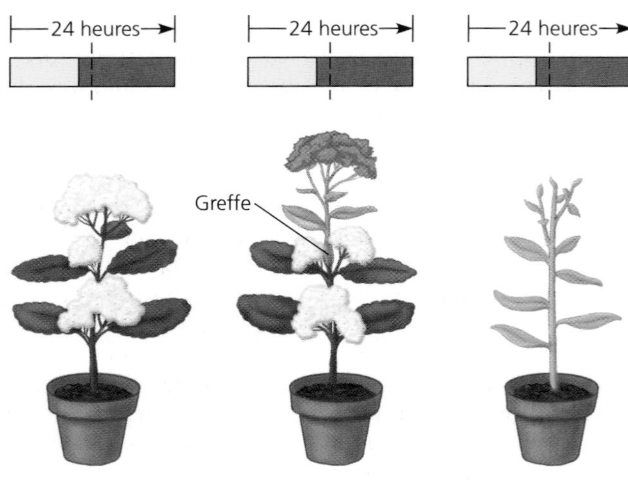

▲ **Figure 39.23 Preuve expérimentale de l'existence d'une hormone de floraison.** Une plante de jour court fleurit et une plante de jour long ne fleurit pas si elles sont cultivées séparément dans des conditions de jour court. Cependant, les deux fleurissent si elles sont greffées l'une sur l'autre et exposées à des jours courts. Ce résultat indique qu'une substance qui déclenche la floraison (florigène) est transmise à travers la greffe et induit la floraison chez les plantes de jour court et de jour long.

ET SI? *Si la floraison était inhibée dans les deux parties des plantes greffées, que pourrait-on conclure?*

jour long, malgré les différentes conditions photopériodiques requises pour que les feuilles envoient ce message (**figure 39.23**). Le stimulus moléculaire hypothétique pour la floraison, appelé **florigène**, est resté inconnu pendant plus de 70 ans alors que les scientifiques concentraient leur attention sur de petites molécules semblables à des hormones. Cependant, comme nous l'avons expliqué au chapitre 36, de grosses macromolécules, comme l'ARNm et des protéines, peuvent se déplacer dans la voie symplastique par les plasmodesmes (voir la figure 36.6, p. 893) et réguler le développement des Végétaux. Il semble actuellement que le florigène soit une macromolécule. Un gène appelé locus de floraison t (*FLOWERING LOCUS T* ou *FT*) est activé dans les cellules des feuilles dans des conditions qui favorisent la floraison, et la protéine FT se déplace dans le symplasme vers le méristème apical de la pousse et déclenche la floraison.

Quelle que soit la combinaison des stimulus environnementaux (comme la photopériode ou la vernalisation) et des stimulus moléculaires internes (comme la protéine FT) nécessaire à la floraison, le résultat est que le méristème d'un bourgeon passe d'un état végétatif à un état de floraison. Cette transition nécessite des modifications dans l'expression des gènes qui régulent le plan d'organisation. Tout d'abord, les gènes d'identité du méristème floral qui commandent au bourgeon de produire une fleur au lieu d'une pousse végétative doivent être activés. Puis, les gènes d'identité des organes qui déterminent l'organisation spatiale des pièces florales (sépales, pétales, étamines et carpelles) sont activés dans les régions appropriées du méristème (voir la figure 35.34, p. 883).

RETOUR SUR LE CONCEPT 39.3

1. Si une enzyme dans des feuilles de soja cultivé en plein champ est plus active à midi et moins active à minuit, est-ce que son activité est sous régulation circadienne?
2. Une nuit, un gardien allume par distraction les lumières dans une serre, mais les plantes fleurissent à la date prévue. Proposez deux raisons pour lesquelles elles n'ont pas été influencées par l'interruption de l'obscurité.
3. Les plantules de certaines vignes croissent vers l'obscurité jusqu'à ce qu'elles atteignent une structure droite. Cette adaptation aide la vigne à «trouver» un objet ombragé sur lequel elle grimpera. Comment pourrait-on vérifier si ce phototropisme négatif est favorisé par des photorécepteurs sensibles à la lumière bleue ou par un phytochrome?
4. **ET SI?** Une plante fleurit dans une chambre de culture à conditions contrôlées où l'on maintient un cycle quotidien de 10 heures de lumière et 14 heures d'obscurité. Est-ce une plante de jour court? Expliquez votre réponse.
5. **FAITES DES LIENS** Les plantes décèlent la qualité de leur environnement lumineux en utilisant les photorécepteurs sensibles à la lumière bleue et les phytochromes qui absorbent la lumière rouge. Après avoir revu la figure 10.10 (p. 214), énoncez une raison pour laquelle les plantes sont si sensibles à la longueur d'onde de ces couleurs.

Voir les réponses proposées à la fin du chapitre.

CONCEPT 39.4

Les Végétaux réagissent à de nombreux stimulus autres que la lumière

ÉVOLUTION Les Végétaux ne peuvent se déplacer pour aller jusqu'à une source d'eau quand la pluie se fait rare ou chercher un abri contre le vent. Une graine qui atterrit à l'envers ne peut se mettre toute seule dans la bonne position. Les plantes sont immobiles, mais la sélection naturelle a fait apparaître des mécanismes qui leur permettent de s'adapter à tout un éventail de conditions environnementales par des processus de croissance et des processus physiologiques. La lumière est si importante pour le développement d'une plante que nous lui avons consacré toute la section précédente. Nous étudierons maintenant les réponses des Végétaux à certains autres stimulus environnementaux courants.

La gravité

Comme les Végétaux sont des organismes qui puisent leur énergie dans la lumière du soleil, il n'est pas surprenant qu'au cours de leur évolution soient apparus des mécanismes qui leur permettent de croître en direction de celle-ci. Mais qu'est-ce qui pousse la plantule à croître vers le haut quand elle est sous terre et ne peut percevoir de lumière? De même, quel facteur environnemental pousse la racine à croître vers le bas? La réponse à ces deux questions est la gravité.

Si on couche une plante sur le côté, sa tige se courbera vers le haut et sa racine, vers le bas. La réaction des racines à la gravité est appelée **gravitropisme positif** (**figure 39.24a**), tandis que celle des tiges est un **gravitropisme négatif**. Le gravitropisme se manifeste dès la germination, de sorte que la racine s'enfonce dans le sol et que la pousse recherche la lumière, quelle que soit la position de la graine lorsqu'elle tombe sur le sol.

Les Végétaux distinguent le haut du bas parce que des **statolithes**, des constituants cytoplasmiques denses, se déposent sous l'influence de la gravité dans la partie inférieure des cellules. Les statolithes des Vasculaires sont des plastes spécialisés contenant des grains d'amidon denses (**figure 39.24b**). Dans les racines, les statolithes se trouvent à l'intérieur de certaines cellules de la coiffe. Une hypothèse propose que le regroupement des statolithes dans la partie inférieure de ces cellules déclenche une nouvelle répartition du calcium, qui elle-même provoque le transport latéral de l'auxine dans la racine. Le calcium et l'auxine s'accumulent du côté inférieur de la zone d'allongement de la racine. À forte concentration, l'auxine inhibe l'élongation cellulaire, ce qui ralentit la croissance du côté inférieur de la racine. L'élongation des cellules supérieures étant plus rapide que celui des cellules inférieures, la racine se courbe en croissant. Ce tropisme agit jusqu'à ce que la racine descende verticalement.

Grâce à leurs nouvelles expériences, les phytophysiologistes étoffent l'hypothèse de la «chute des statolithes» dans l'explication du gravitropisme des racines. Par exemple, ils ont découvert des mutants d'*Arabidopsis thaliana* et de *Nicotiana tabacum* (tabac) qui ne possèdent pas d'organites agissant comme statolithes, mais qui présentent quand même un gravitropisme, bien que plus lent que celui des plantes de type sauvage. Il se pourrait que toute la cellule aide la racine à percevoir la gravité par une attirance physique des protéines qui attachent le protoplasme à la paroi cellulaire. Cette attirance étirerait les protéines du côté supérieur des cellules et les comprimerait du côté inférieur. Les organites denses (en plus des grains d'amidon) peuvent également contribuer au gravitropisme en tordant le cytosquelette au fur et à mesure qu'ils sont attirés par la gravité. En raison de leur densité, les statolithes amplifieraient la perception de la gravité par un mécanisme qui fonctionne plus lentement en leur absence.

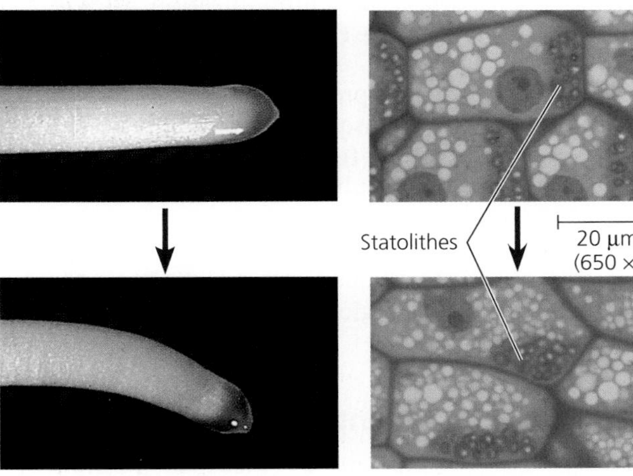

(a) Au fil des heures, une racine primaire de maïs orientée horizontalement se courbera graduellement par gravitropisme jusqu'à ce que sa pointe soit orientée à la verticale (MP).

(b) Quelques minutes après qu'on a placé la racine à l'horizontale, des plastes appelés statolithes migrent vers les parties inférieures des cellules de la coiffe. Cette accumulation des statolithes dans la partie inférieure des cellules constitue peut-être le mécanisme de perception de la gravité qui entraîne la nouvelle répartition de l'auxine et une différence de vitesse d'élongation cellulaire entre les deux côtés de la racine (MP).

▲ **Figure 39.24 L'hypothèse des statolithes expliquant le gravitropisme positif des racines.**

Les stimulus physiques

Un arbre qui pousse sur le flanc d'une montagne exposé au vent aura habituellement un tronc plus court et plus trapu qu'un arbre de la même espèce qui pousse dans un endroit abrité. Cet arrêt de croissance lui permet de résister aux fortes bourrasques. Le terme **thigmomorphogenèse** (du grec *thigma*, «toucher») désigne les variations de forme qui résultent d'une perturbation physique. Les plantes sont très sensibles aux contraintes physiques: le fait même de mesurer une feuille avec une règle influe sur la croissance de celle-ci. Si on frotte quelques fois par jour les tiges d'un jeune plant, la plante sera plus courte à maturité qu'une plante témoin (**figure 39.25**).

▲ **Figure 39.25 La modification de l'expression génique par le toucher chez *Arabidopsis thaliana*.** On a frotté, deux fois par jour, la plante courte, à gauche. Par contre, on n'a pas touché la plante de droite, qui a poussé beaucoup plus haut.

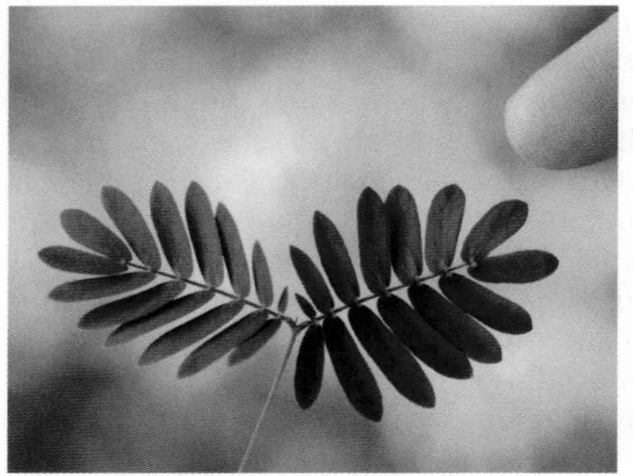

(a) En l'absence de stimulus, les folioles sont déployées.

(b) Après un contact, les folioles se replient les unes sur les autres.

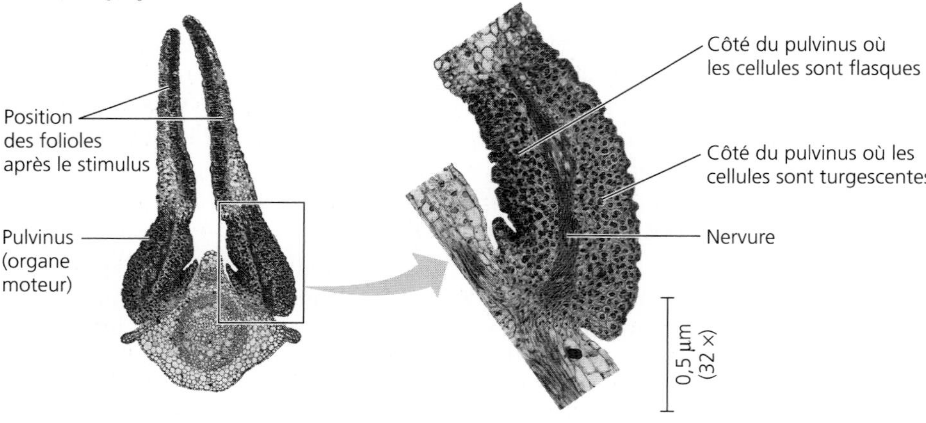

(c) Coupes transversales d'une paire de folioles stimulées (MP). Le pulvinus (organe moteur) se courbe lorsque les cellules motrices perdent de l'eau et deviennent flasques, alors que du côté opposé elles conservent leur turgescence.

▲ **Figure 39.26 Le changement rapide de la turgescence dans le mouvement des folioles de la sensitive (*Mimosa pudica*).**

Au cours de leur évolution, certaines espèces végétales sont devenues des « spécialistes du toucher ». La capacité de ces plantes à réagir de manière précise aux stimulus physiques fait partie intégrante de leurs « stratégies de développement ». Ainsi, la plupart des vignes et des plantes grimpantes portent des vrilles qui s'enroulent autour des objets (voir la figure 35.7, p. 863). Ces structures de préhension poussent droit, jusqu'à ce qu'elles touchent un objet. En réponse à ce contact, leurs cellules se mettent à croître à des vitesses différentes selon le côté où elles se trouvent. On appelle **thigmotropisme** la réaction d'orientation consécutive au contact (stimulus tactile). Cette réaction permet aux vignes de profiter de supports pour grimper aux arbres et aux arbustes.

Il existe également des plantes spécialistes du toucher qui réagissent à un stimulus physique par des mouvements rapides des feuilles. Ainsi, lorsqu'on touche la feuille composée de la sensitive (*Mimosa pudica*), ses folioles se replient (**figure 39.26**). Cette réaction, qui se produit une ou deux secondes seulement après le contact, est provoquée par une diminution rapide de la turgescence dans les cellules des pulvini, des organes moteurs spécialisés situés dans les articulations des feuilles. Les cellules motrices perdent leurs ions potassium, puis se vident de leur eau par osmose et deviennent brusquement flasques. Au bout d'une dizaine de minutes, les cellules retrouvent leur turgescence, et la feuille reprend sa forme habituelle. La fonction de cette réaction reste encore obscure. On pense que le repliement des feuilles et la diminution de leur surface permettent à la plante de prévenir la déshydratation par vents forts. On présume aussi que cette réaction décourage les herbivores, car le repliement des feuilles découvre les épines de la tige.

Les mouvements rapides des feuilles ont ceci de remarquable que le stimulus se propage dans toute la plante. Si on touche une foliole de sensitive, elle se replie. Puis la foliole voisine en fait autant, et ainsi de suite jusqu'à ce que toutes les folioles se soient repliées. À partir du point de contact, le stimulus se répand dans toute la plante à la vitesse d'environ 1 cm/s. De plus, si on fixe des électrodes à la feuille, on peut déceler une impulsion électrique voyageant à la même vitesse. Cette impulsion, appelée **potentiel d'action**, ressemble à l'influx nerveux détecté chez les Animaux, mais elle est des milliers de fois plus lente. Le potentiel d'action est présent chez un grand nombre d'Algues et de Végétaux. Il constitue peut-être une forme de communication interne. Par exemple, chez la dionée attrape-mouches (*Dionaea muscipula*), les potentiels d'action se propagent des poils sensitifs du piège jusqu'aux cellules qui le ferment (voir la figure 37.15, p. 929). Dans le cas de la sensitive, un stimulus violent tel que le fait de toucher une feuille avec une aiguille chaude provoque le fléchissement de *toutes* les feuilles et folioles de la plante. Cette réaction générale implique la transduction de stimulus moléculaires venant de la région lésée jusque vers les autres parties de la pousse.

Les stress environnementaux

Des facteurs environnementaux peuvent changer au point de menacer la survie, la croissance et la reproduction d'une plante. Les stress environnementaux tels que les inondations, la sécheresse ou des températures extrêmes peuvent avoir un effet dévastateur sur le rendement des cultures. Dans les écosystèmes naturels, les plantes qui ne peuvent supporter un stress environnemental meurent ou sont délogées par d'autres plantes, ce qui conduit à leur extinction locale. Par conséquent, les stress environnementaux jouent un rôle important dans la répartition géographique des Végétaux. Voyons maintenant quelques stress **abiotiques** (facteurs non vivants) que les Végétaux subissent couramment. Dans la dernière section du présent chapitre, nous aborderons les réactions de défense des Végétaux aux stress **biotiques** (facteurs vivants) courants, comme les herbivores et les agents pathogènes.

La sécheresse

Au cours d'une journée ensoleillée et sèche, une plante peut flétrir parce qu'elle perd de l'eau par transpiration plus rapidement qu'elle peut en absorber du sol par les racines. Une sécheresse prolongée peut causer un stress aux cultures et aux plantes en milieu naturel pendant des semaines, voire des mois. Il est certain qu'une grave pénurie d'eau tue une plante, comme tout un chacun l'a sans doute constaté après avoir négligé une plante d'intérieur. Heureusement, les Végétaux possèdent des systèmes de régulation qui leur permettent de résister à de petits manques d'eau.

Un grand nombre de réponses d'une plante à la sécheresse lui permettent de conserver son eau en réduisant sa transpiration. Tout d'abord, le manque d'eau dans une feuille provoque une perte de turgescence des cellules stomatiques, un mécanisme de régulation simple qui ralentit la transpiration en fermant les stomates (voir la figure 36.15, p. 903). Ensuite, le manque d'eau entraîne également l'augmentation de la synthèse de l'acide abscissique et de sa sécrétion dans la feuille. Cette hormone contribue à maintenir les stomates en position fermée en agissant sur la membrane plasmique des cellules stomatiques. Enfin, les feuilles réagissent au manque d'eau de plusieurs autres façons. Par exemple, lorsqu'elles flétrissent à cause d'un manque d'eau, les feuilles de Graminées s'enroulent en forme de tubes pour réduire la surface exposée à l'air et au vent secs, et ainsi ralentir la transpiration. D'autres plantes, comme l'ocotillo (*Fouquieria splendens*; voir la figure 36.16, p. 905), perdent leurs feuilles en réaction à des sécheresses saisonnières. Les réponses des feuilles aident les plantes à conserver leur eau, mais elles réduisent également la photosynthèse. C'est l'une des raisons pour lesquelles la sécheresse diminue le rendement des cultures.

La croissance des racines réagit également au manque d'eau. Lors d'une sécheresse, ce sont les couches supérieures du sol qui commencent habituellement par sécher. Cela inhibe la croissance des racines de surface, en partie parce que les cellules ne peuvent pas maintenir la turgescence nécessaire à leur élongation. Cependant, les racines profondes entourées d'un sol toujours humide continuent de croître. Ainsi, le système racinaire prolifère de façon à maximiser son exposition à l'eau du sol.

L'inondation

L'excès d'eau cause également un problème aux plantes. Par exemple, une plante d'intérieur trop arrosée peut suffoquer en raison du manque d'espaces d'air (lacunes) fournissant le dioxygène nécessaire à la respiration cellulaire dans les racines. Toutefois, certaines plantes ont une structure adaptée aux habitats très humides. Par exemple, les palétuviers (*Rhizophora spp.*), ces arbres qui poussent dans les marais côtiers, ont des racines submergées qui communiquent avec des racines aériennes. Ces dernières leur fournissent un accès au dioxygène (voir la figure 35.4, p. 861). Mais comment les plantes moins adaptées aux milieux aquatiques font-elles dans les sols gorgés d'eau, lorsque le dioxygène vient à manquer? En fait, la carence en dioxygène entraîne la production d'éthylène, qui provoque l'apoptose de certaines des cellules dans le cortex de la racine. La destruction de ces cellules crée des canaux d'air qui font office de «tubas» et amènent le dioxygène aux racines submergées (**figure 39.27**).

La salinité

Un excès de chlorure de sodium ou d'autres sels dans le sol menace les plantes pour deux raisons. Premièrement, en abaissant le potentiel hydrique de la solution du sol, le sel peut provoquer une carence en eau dans les Végétaux, même si le sol contient beaucoup d'eau. En effet, si elles se trouvent dans un milieu dont le potentiel hydrique est plus faible que celui de leurs tissus, les racines perdent de l'eau au lieu d'en absorber (voir le chapitre 36). Deuxièmement, le sodium et certains autres ions présents dans un sol salin sont toxiques pour les plantes quand leur concentration est élevée au point qu'ils submergent les capacités de perméabilité sélective des membranes cellulaires des racines. De nombreux végétaux peuvent réagir à une salinité modérée du sol en produisant des solutés bien tolérés à des concentrations élevées. Ce sont surtout des composés organiques qui maintiennent le potentiel hydrique des cellules à un niveau inférieur à celui de la solution du sol sans toutefois permettre l'absorption de quantités toxiques de sel. Cependant, la plupart des plantes ne peuvent survivre longtemps à une salinité élevée. Les halophytes représentent l'exception. Ces plantes sont munies de glandes spécialisées qui expulsent les sels de l'épiderme des feuilles.

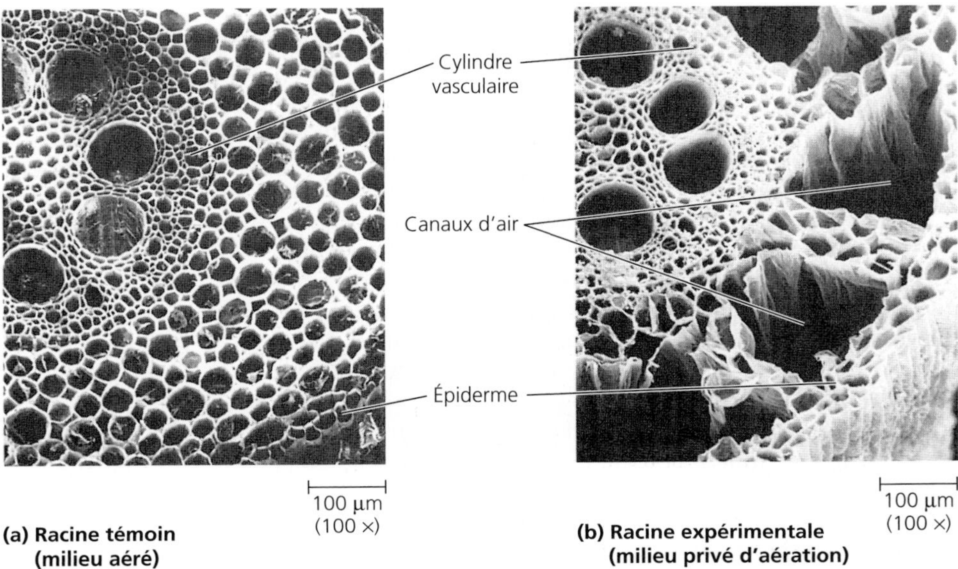

▲ **Figure 39.27 Le changement de structure des racines du maïs en réaction à l'inondation et au manque de dioxygène. (a)** Coupe transversale d'une racine témoin qui a poussé dans un milieu hydroponique aéré. **(b)** Racine qui a poussé dans un milieu hydroponique privé d'aération. L'apoptose (mort cellulaire programmée) déclenchée par l'éthylène a créé les canaux d'air (MEB).

La chaleur

Comme c'est le cas pour d'autres organismes, une température excessive peut affaiblir et même tuer une plante en dénaturant ses enzymes et en perturbant son métabolisme. Une plante peut supporter une certaine chaleur grâce à la transpiration, qui permet le refroidissement par évaporation. Ainsi, par une journée chaude, la température d'une feuille peut être de 3 à 10 °C inférieure à celle de l'air ambiant. Un temps chaud et sec tend également à déshydrater de nombreux végétaux. La fermeture des stomates en réaction à ce stress permet à la plante de conserver son eau, mais au détriment du refroidissement par évaporation. Ce dilemme est l'une des raisons pour lesquelles les journées très chaudes et très sèches font autant de victimes chez les Végétaux.

La plupart des Végétaux déclenchent une réponse de secours qui leur permet de survivre à un stress thermique. Au-dessus d'une certaine température, soit environ 40 °C chez la plupart des plantes vivant dans les régions tempérées, les cellules commencent à synthétiser des **protéines de choc thermique**, ou protéines du stress, qui contribuent à protéger les autres protéines du stress thermique. Ce type de réponse existe également chez les Animaux et les microorganismes. Certaines des protéines de choc thermique sont des protéines chaperonnes (les chaperonines), qui, en temps normal, servent de support temporaire et aident les autres protéines à acquérir leur structure fonctionnelle (voir le chapitre 5). En réponse à un choc thermique, ces molécules se lieraient à d'autres protéines pour prévenir leur dénaturation.

Le froid

Le problème que rencontrent les Végétaux quand la température extérieure chute est le changement de fluidité dans les membranes cellulaires. Nous avons vu au chapitre 7 qu'une membrane biologique est une mosaïque fluide dans laquelle les protéines et les phosphoglycérolipides se déplacent latéralement. Lorsque la température d'une membrane descend sous une valeur critique, les phosphoglycérolipides se figent dans des structures cristallines, et la fluidité de la membrane diminue. Ce phénomène affecte le transport des solutés à travers la membrane et a un effet négatif sur les fonctions des protéines membranaires. Les Végétaux réagissent au froid en modifiant la composition lipidique de leurs membranes. Ainsi, la proportion d'acides gras insaturés augmente dans les membranes. Ces lipides favorisent la fluidité à basse température en prévenant la formation de cristaux (voir la figure 7.8a, p. 142). Une telle modification prend de quelques heures à quelques jours. C'est pourquoi des températures froides hors saison sont généralement plus dommageables pour les Végétaux que la diminution progressive de la température de l'air à l'automne.

Le gel constitue un autre type de stress dû au froid. À des températures se situant sous le point de congélation, de la glace se forme dans la paroi des cellules et dans les espaces intercellulaires, chez la plupart des Végétaux. Généralement, le cytosol ne gèle pas aussi rapidement que le milieu environnant, parce qu'il contient plus de solutés que la solution très diluée présente dans la paroi cellulaire. La présence de solutés abaisse le point de congélation d'une solution. La diminution de la quantité d'eau liquide dans la paroi cellulaire provoquée par la formation de glace abaisse le potentiel hydrique extracellulaire, ce qui fait sortir l'eau du cytosol. La cellule est endommagée et peut même mourir à cause de l'augmentation de la concentration d'ions dans le cytosol. La survie de la cellule dépend grandement de sa capacité à résister à la déshydratation. Les plantes indigènes des régions où les hivers sont rigoureux sont adaptées au stress dû au gel. Ainsi, avant l'arrivée de l'hiver, les cellules de nombreuses espèces qui résistent au gel augmentent la concentration cytosolique de certains de leurs solutés, comme les glucides, dont ils supportent bien les concentrations élevées et qui les aident à limiter la perte d'eau causée par le gel extracellulaire. Les lipides membranaires augmentent également leur proportion en acides gras insaturés, ce qui permet de maintenir des niveaux appropriés de fluidité des membranes.

De nombreux organismes, parmi lesquels certains vertébrés, eumycètes, bactéries et de nombreuses espèces de végétaux, possèdent des protéines spéciales qui retardent la croissance des cristaux de glace, ce qui les aide à éviter les dommages causés par le gel. Décrites pour la première fois chez les poissons de l'Arctique dans les années 1950, ces *protéines antigel* permettent la survie à des températures inférieures à 0 °C. Les protéines antigel se lient aux petits cristaux de glace et inhibent leur croissance ou, dans le cas des Végétaux, empêchent la cristallisation de la glace. Les cinq principales classes de protéines antigel se distinguent de façon marquée par leurs séquences d'acides aminés, mais elles possèdent des structures tridimensionnelles semblables, ce qui semble indiquer une évolution convergente. Étonnamment, les protéines antigel du seigle d'hiver (*Secale cereale*) sont homologues aux protéines antifongiques appelées protéines RP dont nous parlerons plus loin dans le présent chapitre, mais elles sont produites en réponse aux températures froides et aux jours plus courts, et non en réaction aux agents pathogènes fongiques. On accomplit des progrès dans l'augmentation de la tolérance au gel des cultures en modifiant génétiquement les gènes des protéines antigel dans leurs génomes.

RETOUR SUR LE CONCEPT 39.4

1. Les images thermiques sont des photographies de la chaleur émise par un objet. Les chercheurs ont utilisé des images thermiques de plantes pour isoler des mutants qui produisent de l'acide abscisique en excès. Essayez d'expliquer pourquoi ces mutants sont plus chauds que les plantes sauvages dans des conditions normalement non stressantes.
2. Un employé d'une serre trouve que les chrysanthèmes installés près des allées sont souvent moins hauts que ceux poussant plus au centre des tablettes. Donnez une explication de cet effet de bordure très fréquent en horticulture.
3. **ET SI ?** Si on enlève la coiffe d'une racine, est-ce que la racine réagira encore à la gravité ? Expliquez votre réponse.

Voir les réponses proposées à la fin du chapitre.

CONCEPT 39.5

Les Végétaux réagissent aux attaques des herbivores et des agents pathogènes

ÉVOLUTION Grâce à la sélection naturelle, de nombreux types d'interactions avec d'autres espèces de leurs communautés sont apparus chez les Végétaux. Certaines de ces interactions interspécifiques sont bénéfiques aux deux parties – par exemple, l'association de certains végétaux avec des champignons mycorhiziens (voir la figure 37.13, p. 927) ou avec des pollinisateurs (voir la figure 38.4, p. 937 et 938). Cependant, la plupart des interactions avec d'autres organismes n'apportent aucun avantage aux Végétaux. En tant que producteurs primaires, les Végétaux se trouvent à la base de la plupart des réseaux alimentaires et peuvent se faire manger par un grand nombre d'herbivores (animaux qui se nourrissent de plantes). Ils sont également sujets aux infections par différents virus, bactéries et eumycètes qui peuvent léser leurs tissus, et même causer leur mort. Afin de contrer ces menaces, les Végétaux recourent à différents moyens de défense pour dissuader les herbivores, prévenir les infections et combattre les agents pathogènes qui les contaminent.

Les défenses contre les herbivores

Les herbivores représentent un danger pour les Végétaux dans tous les écosystèmes. Les plantes se défendent contre les herbivores en utilisant des moyens physiques, comme des épines et les trichomes (poils), et chimiques, comme la production de composés désagréables au goût ou toxiques. Ainsi, certaines plantes produisent un acide aminé inhabituel, la *canavanine*, qui doit son nom à l'une de ses sources de production, le pois-sabre (*Canavalia ensiformis*). La canavanine ressemble à l'arginine, l'un des 20 acides aminés que les organismes intègrent dans leurs protéines. Quand un insecte mange une plante qui contient de la canavanine, celle-ci prend la place de l'arginine dans ses protéines. Comme la canavanine diffère suffisamment de l'arginine pour avoir un effet négatif sur la structure et, par conséquent, la fonction des protéines, l'insecte meurt.

Certaines plantes attirent même des animaux prédateurs afin qu'ils les aident à se défendre contre certains herbivores. Prenons l'exemple des insectes appelés guêpes parasitoïdes qui pondent leurs œufs dans les chenilles herbivores. Ces œufs éclosent à l'intérieur des chenilles, puis les larves dévorent leur hôte de l'intérieur. La plante, qui bénéficie de la destruction de ces organismes, participe activement à ce drame écologique. En effet, une plante endommagée par des chenilles libère des composés volatils qui attirent les guêpes parasitoïdes. Cette réponse est provoquée par la combinaison des lésions physiques de la feuille causées par la mastication et d'un composé présent dans la salive de la chenille (**figure 39.28**).

Les molécules volatiles que certaines plantes libèrent en réaction aux lésions causées par les herbivores peuvent également avertir du danger les plantes voisines de la même espèce. Ainsi, les plants de haricot de Lima (*Phaseolus lunatus*) infestés d'araignées rouges (ou tétranyques, un type d'Acariens) libèrent des substances chimiques, notamment l'acide méthyljasmonique, qui avertissent de l'attaque les plants de haricot de Lima voisins non infestés. Ces derniers amorcent alors des modifications biochimiques qui les rendent moins vulnérables, comme la libération de composés chimiques volatils attirant une autre espèce d'Acariens qui est prédatrice des araignées rouges. Les chercheurs ont même modifié génétiquement les plants d'*Arabidopsis thaliana* pour qu'ils produisent deux substances chimiques volatiles qu'*Arabidopsis* ne produit pas normalement, mais qui avaient déjà attiré des acariens prédateurs carnivores chez d'autres plants. Les acariens prédateurs deviennent alors attirés par les plants d'*Arabidopsis* génétiquement modifiés, une découverte qui pourrait avoir des conséquences en génie génétique pour la lutte contre la résistance des Insectes dans les cultures.

Les défenses contre les agents pathogènes

Les tissus de revêtement des plantes constituent une barrière physique qui représente la première ligne de défense contre les infections. Dans la structure primaire, il s'agit de l'épiderme et, dans la structure secondaire, du périderme (voir la figure 35.19, p. 874). Mais cette première ligne de défense n'est pas impénétrable. Les lésions physiques des feuilles causées par les herbivores, par exemple, offrent des ouvertures à l'invasion par les agents pathogènes. Même quand les tissus végétaux sont intacts, les Virus, les Bactéries ainsi que les spores et les hyphes des Eumycètes peuvent quand même s'introduire dans les plantes par des ouvertures naturelles telles que les stomates.

Aussi, lorsqu'un agent pathogène envahit une plante, celle-ci réagit en créant une deuxième ligne de défense, une riposte chimique visant à le détruire et à le contenir dans le site d'infection. L'efficacité de cette deuxième ligne de défense est accrue par la capacité héréditaire de la plante à reconnaître certains agents pathogènes. Par contre, certains agents pathogènes réussissent à provoquer des maladies parce qu'ils échappent à ce mécanisme de reconnaissance ou suppriment les mécanismes de défense de leur hôte.

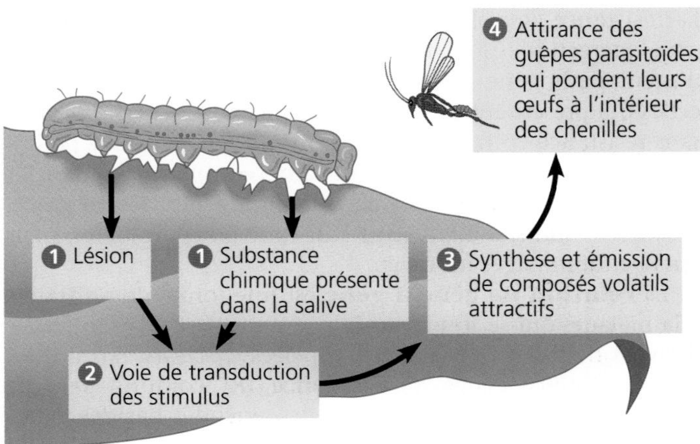

▲ **Figure 39.28 Feuille de maïs attirant une guêpe parasitoïde pour se défendre contre un herbivore comme la chenille des noctuelles (famille des Noctuidés).**

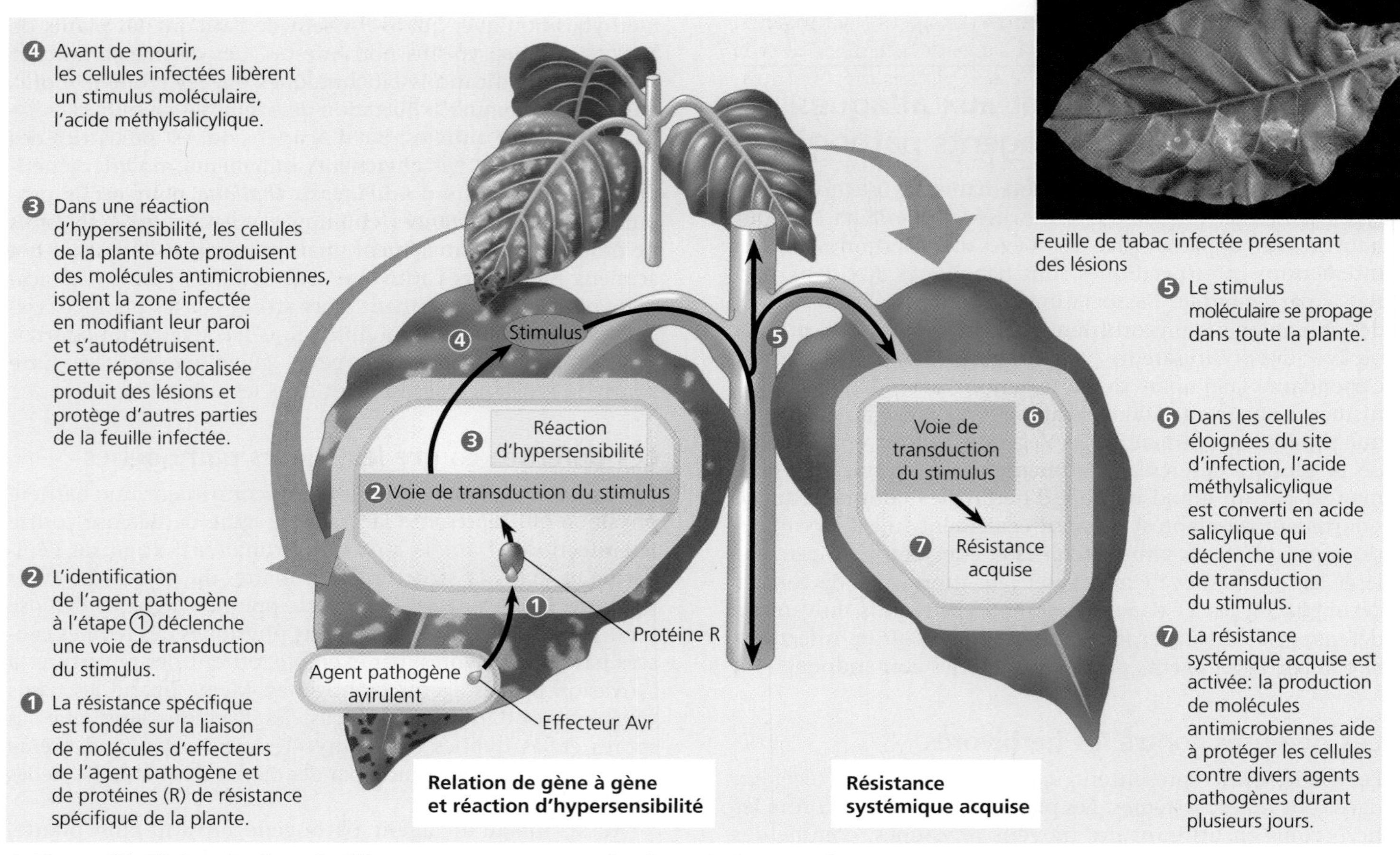

❹ Avant de mourir, les cellules infectées libèrent un stimulus moléculaire, l'acide méthylsalicylique.
❸ Dans une réaction d'hypersensibilité, les cellules de la plante hôte produisent des molécules antimicrobiennes, isolent la zone infectée en modifiant leur paroi et s'autodétruisent. Cette réponse localisée produit des lésions et protège d'autres parties de la feuille infectée.
❷ L'identification de l'agent pathogène à l'étape ① déclenche une voie de transduction du stimulus.
❶ La résistance spécifique est fondée sur la liaison de molécules d'effecteurs de l'agent pathogène et de protéines (R) de résistance spécifique de la plante.
Stimulus
Réaction d'hypersensibilité
Voie de transduction du stimulus
Protéine R
Agent pathogène avirulent
Effecteur Avr
Relation de gène à gène et réaction d'hypersensibilité
Voie de transduction du stimulus
Résistance acquise
Résistance systémique acquise
Feuille de tabac infectée présentant des lésions
❺ Le stimulus moléculaire se propage dans toute la plante.
❻ Dans les cellules éloignées du site d'infection, l'acide méthylsalicylique est converti en acide salicylique qui déclenche une voie de transduction du stimulus.
❼ La résistance systémique acquise est activée: la production de molécules antimicrobiennes aide à protéger les cellules contre divers agents pathogènes durant plusieurs jours.

▲ **Figure 39.29 Les réactions de défense contre un agent pathogène avirulent.** Les plantes peuvent souvent empêcher la propagation systémique d'une infection en déclenchant une réaction d'hypersensibilité. Cette réponse isole l'agent pathogène en produisant des lésions qui forment des cercles de nécrose autour de la zone d'infection.

La coévolution hôte-agent pathogène

Les agents pathogènes contre lesquels la plante n'a que peu de moyens de défense sont dits **virulents**. Les agents pathogènes qui endommagent légèrement leur hôte, sans le faire mourir, sont dits **avirulents**. Les agents pathogènes virulents constituent toutefois l'exception. Autrement, les hôtes et les agents pathogènes périraient rapidement ensemble. La résistance complète à un agent pathogène a souvent un coût énergétique pour la plante, cependant, et en l'absence d'agent pathogène les plantes résistantes sont vaincues par celles qui présentent moins de résistance. Bien sûr, les plantes sans résistance vont succomber à une attaque d'agents pathogènes. Ainsi, il s'est établi un certain «compromis» entre les Végétaux et la plupart des agents pathogènes. Ces derniers s'infiltrent suffisamment dans leur hôte pour proliférer, mais sans l'endommager ni le tuer.

La **relation de gène à gène** est une forme de résistance à la maladie qui se fonde sur la reconnaissance de molécules dérivées de l'agent pathogène, appelées *effecteurs*, par un des très nombreux gènes de résistance (*R*) compris dans le génome d'une plante. Les effecteurs, encodés par des gènes avirulents (*Avr*), peuvent faciliter l'infection des plantes qui ne possèdent pas la protéine R appropriée en redirigeant le métabolisme de l'hôte à l'avantage de l'agent pathogène. Cependant, chez les plantes qui possèdent la protéine R appropriée, ces effecteurs peuvent déclencher une cascade de fortes réactions de défense. La reconnaissance des effecteurs par les protéines R déclenche des voies de transduction du stimulus qui provoquent l'activation d'une panoplie de réactions de défense, notamment une défense locale appelée réaction d'hypersensibilité et une défense générale appelée résistance systémique acquise. Les réponses locales et systémiques aux agents pathogènes exigent des modifications génétiques considérables et l'engagement de ressources cellulaires. Par conséquent, une plante n'active ces défenses qu'après avoir décelé l'invasion par un agent pathogène.

La réaction d'hypersensibilité

La **réaction d'hypersensibilité** est une réaction de défense qui cause la mort des cellules et des tissus près du site d'infection, ce qui limite la propagation de l'agent pathogène. Après avoir élaboré une défense chimique et isolé la zone attaquée, les cellules du site d'infection s'autodétruisent. Comme le montre la **figure 39.29**, la réaction d'hypersensibilité est déclenchée lorsque les effecteurs des agents pathogènes se lient aux protéines R et stimulent la production de phytoalexines, des composés qui possèdent des propriétés fongicides et bactéricides. La réaction d'hypersensibilité provoque également la production de *protéines RP* (reliées à la pathogenèse), dont beaucoup sont des enzymes qui hydrolysent les constituants des parois cellulaires des agents pathogènes. L'infection provoque également la formation de lignine et la réticulation dans la paroi cellulaire des plantes, des réactions qui entravent la propagation de l'agent pathogène vers d'autres parties de la plante. Une réaction d'hypersensibilité se manifeste par des lésions à la surface d'une feuille, comme l'illustre la photographie dans la partie supérieure droite de la figure 39.29. Bien qu'elle semble « malade », la feuille survivra. De plus, sa réaction de défense aidera à protéger le reste de la plante.

La résistance systémique acquise

La réaction d'hypersensibilité est localisée et spécifique. Cependant, comme nous l'avons déjà signalé, les invasions par les agents pathogènes peuvent également produire des stimulus moléculaires qui « sonnent l'alarme » d'une infection dans toute la plante. La **résistance systémique acquise** qui en résulte provient de l'expression, dans toute la plante, de gènes de défense. Cette résistance est non spécifique et fournit une protection de plusieurs jours à la plante contre divers agents pathogènes. La recherche d'un stimulus moléculaire qui se déplace du site d'infection afin de susciter une résistance systémique acquise a mené à l'identification de l'*acide méthylsalicylique* comme le candidat le plus probable. L'acide méthylsalicylique est produit autour du site d'infection et transporté par le phloème dans toute la plante, où il est converti en **acide salicylique** dans des endroits éloignés des sites d'infection. L'acide salicylique déclenche une voie de transduction du stimulus qui entraîne la production de protéines RP et la résistance à l'attaque d'un agent pathogène (voir la figure 39.29).

Les épidémies de maladies des plantes, comme la brûlure de la pomme de terre (voir p. 681), qui a causé la famine en Irlande dans les années 1840, peuvent causer des souffrances humaines incalculables. D'autres maladies, comme la maladie hollandaise de l'orme (voir p. 754) et l'encre des chênes rouges (voir p. 1398), peuvent modifier radicalement les structures des communautés. Les épidémies végétales sont souvent le résultat du transport de plantes ou de bois d'œuvre infectés partout dans le monde. Avec la mondialisation du commerce, ces épidémies vont devenir beaucoup plus fréquentes. Afin de s'y préparer, les phytobiologistes accumulent les graines des plantes sauvages apparentées aux cultures dans des installations spéciales d'entreposage. Des scientifiques espèrent que des plantes non domestiquées apparentées auraient des gènes qui pourront freiner la prochaine épidémie végétale. Ces scientifiques, ainsi que des milliers d'autres phytobiologistes, perpétuent la très ancienne tradition de curiosité qui nous pousse à enrichir nos connaissances sur ces producteurs qui nourrissent notre espèce et la biosphère.

RETOUR SUR LE CONCEPT 39.5

1. Quels sont quelques-uns des inconvénients causés par l'arrosage des champs avec des insecticides à usage général ?
2. Les insectes broyeurs endommagent les plantes et réduisent la surface disponible pour la photosynthèse des feuilles. De plus, ils rendent les plantes plus vulnérables aux attaques des agents pathogènes. Expliquez pourquoi.
3. De nombreux agents pathogènes fongiques obtiennent leur nourriture en forçant les cellules végétales à sécréter des nutriments dans les espaces intracellulaires. Serait-il avantageux pour le champignon de tuer la plante hôte de façon à ce que tous les nutriments puissent en sortir ?
4. ET SI ? Supposons qu'un scientifique découvre qu'une population de Végétaux poussant dans un endroit venteux est plus sujette à la défoliation par les Insectes qu'une population de la même espèce poussant dans un endroit à l'abri du vent. Formulez une hypothèse qui pourrait expliquer cette observation.

Voir les réponses proposées à la fin du chapitre.

RÉVISION DU CHAPITRE 39

RÉSUMÉ DES CONCEPTS CLÉS

CONCEPT 39.1

Les voies de transduction du stimulus font le lien entre la réception des stimulus et les réponses des Végétaux (p. 955 à 958)

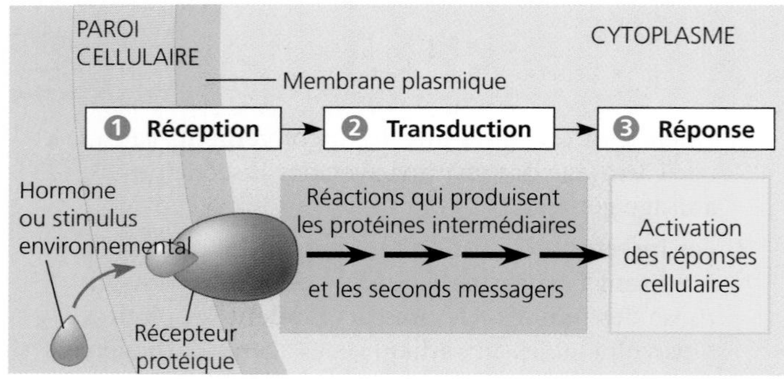

? *Quels sont les deux moyens courants par lesquels les voies de transduction du stimulus favorisent l'activité d'enzymes spécifiques?*

CONCEPT 39.2

Les hormones végétales coordonnent la croissance, le développement et les réponses aux stimulus (p. 958 à 970)

- Les hormones régissent la croissance et le développement des plantes en influant sur la division, l'élongation et la différenciation cellulaires. Certaines hormones régulent également les réponses des Végétaux aux stimulus environnementaux.

Hormone végétale	Principales réactions
Auxines	Stimulent l'allongement cellulaire; régulent la ramification et la courbure des organes.
Cytokinines	Stimulent la division cellulaire des Végétaux; favorisent la croissance tardive des bourgeons; retardent la mort des organes.
Gibbérellines	Stimulent l'allongement des tiges; aident les graines à sortir de la dormance et à utiliser les réserves emmagasinées.
Brassinostéroïdes	Chimiquement analogues aux hormones sexuelles des Animaux; provoquent l'allongement et la division cellulaires.
Acide abscissique	Favorise la fermeture des stomates en réaction aux sécheresses; favorise la dormance des graines.
Strigolactones	Régulent la dominance apicale, la germination des graines et les associations mycorhiziennes.
Éthylène	Régule la maturation des fruits.

? *Le vieil adage selon lequel «une pomme pourrie gâte tout le panier» est-il vrai? Expliquez votre réponse.*

CONCEPT 39.3

Les réponses des Végétaux à la lumière sont vitales pour leur survie (p. 970 à 976)

- Les **photorécepteurs sensibles à la lumière bleue** régulent l'allongement de l'hypocotyle, l'ouverture des stomates et le phototropisme.
- Les **phytochromes** agissent comme des interrupteurs moléculaires. La lumière rouge active les phytochromes et la lumière rouge lointain les désactivent. Les phytochromes régulent l'héliophilie et la germination de nombreux types de graines.

Formes photoréversibles d'un phytochrome:

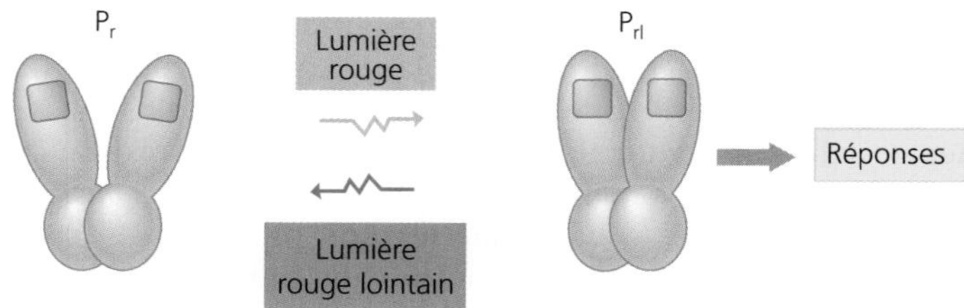

- La conversion des phytochromes fournit également des informations sur les durées relatives du jour et de la nuit (photopériode) et, par conséquent, sur le temps de l'année. Le photopériodisme régule le temps de la floraison chez de nombreuses espèces. Les **plantes de jour court** nécessitent une nuit plus longue que la durée critique pour la floraison. Les **plantes de jour long** nécessitent une nuit plus courte que la période critique pour la floraison.
- De nombreux rythmes circadiens du comportement des Végétaux sont régis par une horloge circadienne interne. Les cycles circadiens continuent d'osciller sur une période d'environ 24 heures, mais se règlent précisément sur une période de 24 heures grâce aux effets de l'aube et du crépuscule sur la forme (P_r et P_{rl}) des phytochromes.

? *Pourquoi les phytophysiologistes ont-ils proposé l'existence d'une molécule mobile (florigène) qui déclenche la floraison?*

CONCEPT 39.4

Les Végétaux réagissent à de nombreux stimulus autres que la lumière (p. 976 à 980)

- Le **gravitropisme** est la courbure d'un organe en réaction à la gravité. Les racines ont un gravitropisme positif, tandis que les tiges présentent un gravitropisme négatif. Les **statolithes**, des plastes remplis d'amidon, permettent aux racines d'une plante de percevoir la gravité.
- Les plantes sont très sensibles au toucher. Le **thigmotropisme** est une réaction d'orientation consécutive au contact. Les mouvements rapides de la feuille sont produits grâce à la transmission d'impulsions électriques appelées *potentiels d'action.*
- Les plantes sont sensibles aux stress environnementaux, notamment la sécheresse, l'inondation, la salinité et les extrêmes de température.

Stress environnemental	Principale réaction
Sécheresse	Production d'acide abscissique, ce qui réduit les pertes d'eau par la fermeture des stomates
Inondation	Formation de canaux d'air qui aident les racines à survivre à la privation d'oxygène
Salinité	Évitement de la perte d'eau par osmose par la production de solutés tolérés à des concentrations élevées
Chaleur	Synthèse de protéines de choc thermique qui réduisent la dénaturation des protéines à des températures élevées
Froid	Rajustement de la fluidité des membranes; évitement de la perte d'eau par osmose; production de protéines antigel

? *Les plantes qui se sont acclimatées à la sécheresse sont souvent plus résistantes au gel. Proposez une explication à ce phénomène.*

CONCEPT 39.5

Les Végétaux réagissent aux attaques des herbivores et des agents pathogènes (p. 981 à 983)

- En plus des défenses physiques telles que les épines et les poils (trichomes), les Végétaux produisent des substances chimiques qui prennent la forme de composés toxiques ou au goût désagréable, de même que des substances qui attirent les animaux carnivores afin qu'ils détruisent les herbivores.
- La **réaction d'hypersensibilité** isole l'infection et détruit l'agent pathogène ainsi que les cellules hôtes situées dans la zone d'infection. La **résistance systémique acquise** est une réaction de défense généralisée dans les organes éloignés du site d'infection.

? *Comment les insectes broyeurs rendent-ils les plantes plus vulnérables aux attaques des agents pathogènes?*

ÉVALUATION

NIVEAU 1: CONNAISSANCES ET COMPRÉHENSION

1. L'hormone qui aide les plantes à répondre à la sécheresse est:
a) l'auxine.
b) la gibbérelline.
c) la cytokinine.
d) l'éthylène.
e) l'acide abscissique.

2. L'auxine favorise l'élongation cellulaire de toutes les façons suivantes, *sauf* par:
a) l'absorption accrue de solutés.
b) l'activation génique.
c) la dénaturation, induite par un acide, des protéines des parois cellulaires.
d) l'activité accrue des pompes à protons des membranes plasmiques.
e) le relâchement des parois cellulaires.

3. Charles et Francis Darwin ont découvert que:
a) l'auxine est responsable de la courbure phototropique.
b) l'auxine peut traverser la gélose.
c) la lumière détruit l'auxine.
d) la lumière est perçue par l'apex des coléoptiles.
e) la lumière rouge est plus efficace dans le phototropisme des pousses.

4. Comment une plante peut-elle réagir à une chaleur *extrême*?
a) Elle peut orienter ses feuilles pour augmenter le refroidissement par évaporation.
b) Elle peut créer des canaux d'air pour la ventilation.
c) Elle peut amorcer une réponse de résistance systémique acquise.
d) Elle peut augmenter la proportion d'acides gras insaturés dans ses membranes cellulaires pour en réduire la fluidité.
e) Elle peut produire des protéines de choc thermique, lesquelles empêchent ses propres protéines de se dénaturer.

NIVEAU 2: APPLICATION ET ANALYSE

5. Une plante de jour long peut émettre un stimulus moléculaire de floraison prématurément si on l'expose à un éclair de:
a) lumière rouge lointain pendant la nuit.
b) lumière rouge pendant la nuit.
c) lumière rouge, suivi d'un éclair de lumière rouge lointain pendant la nuit.
d) lumière rouge lointain pendant le jour.
e) lumière rouge pendant le jour.

6. Si la durée critique de la nuit est de 9 heures pour une plante de jour long, lequel des cycles de 24 heures empêche sa floraison?
a) 16 heures de lumière et 8 heures d'obscurité.
b) 14 heures de lumière et 10 heures d'obscurité.
c) 15,5 heures de lumière et 8,5 heures d'obscurité.
d) 4 heures de lumière, 8 heures d'obscurité, 4 heures de clarté et 8 heures d'obscurité.
e) 8 heures de lumière, 8 heures d'obscurité, un éclair lumineux et 8 heures d'obscurité.

7. Un mutant qui présente une courbure gravitropique normale, mais qui n'emmagasine pas l'amidon dans ses plastes, devrait nécessiter une réévaluation du rôle ________ dans le gravitropisme.
a) de l'auxine.
b) du calcium.
c) des statolithes.
d) de la lumière.
e) de la croissance différentielle.

8. Quel type de mutant est le plus susceptible de produire un phénotype plus ramifié?
a) Un surproducteur d'auxines.
b) Un surproducteur de strigolactones.
c) Un sous-producteur de cytokinines.
d) Un surproducteur de gibbérellines.
e) Un sous-producteur de strigolactones.

9. **FAITES UN DESSIN** Indiquez la réponse à chacune des conditions suivantes en dessinant une plantule qui pousse droit ou qui présente la triple réponse.

	Témoin	Présence d'éthylène	Ajout d'un inhibiteur de l'éthylène
Type sauvage			
Mutant *ein* (insensible à l'éthylène)			
Mutant *eto* (produisant de l'éthylène en excès)			
Mutant *ctr* (présentant une triple réponse constitutive, en l'absence d'éthylène)			

NIVEAU 3: SYNTHÈSE ET ÉVALUATION

10. LIEN AVEC L'ÉVOLUTION
Proposez une raison pour laquelle, en règle générale, la germination sensible à la lumière est plus prononcée pour les petites graines que pour les grosses graines.

11. INTÉGRATION
Un phytobiologiste qui observait des chenilles se nourrissant d'un buisson tropical remarqua un phénomène particulier. Il constata que, lorsqu'elle avait fini de manger une feuille, une chenille ignorait les feuilles voisines pour manger les feuilles situées à une certaine distance de la première. Il faut noter que le simple fait d'arracher une feuille n'empêchait pas les chenilles de manger les feuilles voisines. Le biologiste émit l'hypothèse que la feuille endommagée par l'insecte répandait une substance chimique qui avertissait les feuilles voisines du danger. Comment peut-il tester son hypothèse?

12. SCIENCE, TECHNOLOGIE ET SOCIÉTÉ
Décrivez la façon dont les agriculteurs et les horticulteurs ont utilisé les mécanismes de régulation des Végétaux.

13. ÉCRIVEZ UN TEXTE
Les interactions environnementales Dans un court texte (de 100 à 150 mots), résumez le rôle des phytochromes dans la modification de la croissance des pousses dans le but de favoriser la capture de la lumière.

RÉPONSES DU CHAPITRE 39

Questions des figures

Figure 39.4 La case B de la figure 11.18 illustre une voie de transduction du stimulus qui se subdivise, comme la voie dépendante du phytochrome, jouant un rôle dans le verdissement, qui se scinde. **Figure 39.5** Pour déterminer quelles longueurs d'onde de la lumière sont les plus efficaces dans le phototropisme, on pourrait utiliser un prisme de verre pour séparer la lumière blanche en ses composantes de couleur et voir quelles couleurs causent la courbure le plus rapidement (la réponse est le bleu; voir la figure 39.16). **Figure 39.6** Plus d'auxine se déplacerait en descendant le long du côté sans la bille de gélose contenant l'acide triiodobenzoïque, ce qui causerait un allongement plus grand de ce côté et, par conséquent, la courbure du coléoptile s'effectuerait vers le côté où on a placé la bille. **Figure 39.7** Non. Le transport polaire de l'auxine dépend de la répartition des protéines de transport de l'auxine à l'extrémité basale des cellules. **Figure 39.17** Oui. La lumière blanche, qui comprend la lumière rouge, stimulerait la germination des graines dans tous les traitements. **Figure 39.22** La plante de jour court ne fleurirait pas. La plante de jour long fleurirait. **Figure 39.23** Si c'était vrai, le florigène serait un inhibiteur de la floraison, et non un inducteur.

Retour sur le concept 39.1

1. Les plantules qui croissent à l'obscurité sont étiolées: elles ont de longues tiges, des systèmes racinaires sous-développés, de petites feuilles, et leurs pousses ne possèdent pas de chlorophylle. La croissance étiolée est avantageuse pour les graines qui germent à l'obscurité dans le sol. En consacrant plus d'énergie à l'allongement de la tige et moins au déploiement des feuilles et à la croissance des racines, une plante accroît la probabilité que la pousse atteigne la lumière du soleil avant l'épuisement de ses réserves de nutriments. **2.** Le cycloheximide devrait inhiber le verdissement en empêchant la synthèse des nouvelles protéines nécessaires au verdissement. **3.** Non. Comme l'injection de GMP cyclique décrite dans le chapitre, le Viagra ne devrait causer qu'un léger verdissement. Le verdissement complet exigerait l'activation de la partie du calcium de la voie de transduction du stimulus.

Retour sur le concept 39.2

1. Parce que les cytokinines ralentissent la sénescence des feuilles et que les parties florales sont des feuilles modifiées, celles-ci ralentissent également la sénescence des fleurs coupées. **2.** La capacité de la fusicoccine à accroître l'activité des pompes à protons (H^+) de la membrane plasmique a un effet comparable à celui de l'auxine et favorise l'allongement des cellules de la tige. **3.** La plante présentera une triple réponse constitutive. Comme la kinase qui inhibe normalement la triple réponse est dysfonctionnelle, la plante aura une triple réponse, peu importe si l'éthylène est présent ou si le récepteur d'éthylène est fonctionnel. **4.** Étant donné que l'éthylène stimule souvent sa propre synthèse, il est sous la régulation d'une rétroactivation (rétroaction positive).

Retour sur le concept 39.3

1. Pas nécessairement. De nombreux facteurs environnementaux dans les champs, comme la température et la lumière, changent au cours d'une période de 24 heures. Pour déterminer si l'enzyme est sous régulation circadienne, un scientifique doit démontrer que son activité oscille même quand les conditions environnementales restent constantes. **2.** La floraison de l'espèce pourrait être insensible à la photopériode ou exiger de multiples expositions à des nuits courtes. **3.** L'expérience pourrait consister à utiliser un spectre d'action pour déterminer quelles longueurs d'onde de la lumière sont les plus efficaces. Si le spectre d'action indique un phytochrome, on pourrait mener une autre expérience sur la photosensibilité à la lumière rouge et à la lumière rouge lointain. **4.** C'est impossible à dire. Pour savoir si cette espèce est une plante de jour court, il faut évaluer la durée critique de la nuit pour la floraison et déterminer si cette espèce fleurit uniquement quand la nuit est plus longue que cette durée critique. **5.** D'après le spectre d'action de la photosynthèse, la lumière rouge et la lumière bleue sont les plus efficaces dans la photosynthèse. Donc, il n'est pas étonnant que les plantes évaluent leur environnement lumineux à l'aide des photorécepteurs qui absorbent la lumière rouge et la lumière bleue.

Retour sur le concept 39.4

1. Une plante qui produit de l'acide abscissique en excès se refroidit moins par évaporation parce que ses stomates sont moins ouverts. **2.** Les plantes près des allées sont plus exposées aux contraintes physiques causées par les déplacements des employés et les courants d'air. Les plantes situées plus au milieu des tablettes peuvent aussi être plus hautes à cause de l'ombre et du fait qu'elles subissent moins de stress par évaporation. **3.** Non. Comme les coiffes des racines contribuent à la perception de la gravité, les racines dont les coiffes ont été enlevées sont presque complètement insensibles à la gravité.

Retour sur le concept 39.5

1. Certains insectes accroissent la productivité des plantes en se nourrissant d'insectes nuisibles ou en aidant à la pollinisation. **2.** Les lésions physiques franchissent la première ligne de défense de la plante contre l'infection, soit ses tissus de revêtement. **3.** Non. Si les agents pathogènes tuaient leurs hôtes, ils viendraient à manquer de victimes et pourraient eux-mêmes disparaître. **4.** Le vent fait peut-être diminuer localement la concentration d'un composé volatil de défense que les plantes ont produit.

Questions du résumé des concepts clés

39.1 Les voies de transduction du stimulus activent souvent les protéines kinases, les enzymes qui effectuent la phosphorylation d'autres protéines. Les protéines kinases peuvent activer directement certaines enzymes déjà existantes en les phosphorylant, ou elles peuvent réguler la transcription génique (et la production d'enzymes) en phosphorylant des facteurs de transcription spécifiques. **39.2** Oui, il y a du vrai dans le vieil adage selon lequel une pomme pourrie gâte tout le panier. L'éthylène, une hormone gazeuse qui stimule la maturation, est produit par les fruits endommagés, infectés ou trop mûrs. L'éthylène peut alors diffuser vers les fruits sains dans le «panier» et stimuler leur maturation rapide. **39.3** Les phytophysiologistes ont proposé l'existence d'un facteur qui favorise la floraison (le florigène) en s'appuyant sur le fait qu'une plante induite à fleurir peut déclencher la floraison dans une deuxième plante à laquelle elle a été greffée, même si la deuxième plante n'est pas dans des conditions environnementales qui provoquent normalement la floraison de cette espèce. **39.4** Les plantes soumises à la sécheresse sont souvent plus résistantes au gel parce que ces deux types de stress sont très semblables. Le gel de l'eau dans les espaces extracellulaires provoque la diminution des concentrations de l'eau libre à l'extérieur des cellules. Cela force alors l'eau à sortir de la cellule par osmose, entraînant la déshydratation du cytoplasme, ce qui est tout à fait semblable à ce qui se passe lors de la sécheresse. **39.5** Les insectes broyeurs rendent les plantes plus vulnérables aux attaques des agents pathogènes en brisant la cuticule cireuse des pousses, créant dès lors une ouverture pour l'infection. De plus, les substances libérées par les cellules endommagées peuvent servir de nutriments pour les agents pathogènes invasifs.

ÉVALUATION

1. e; **2.** c; **3.** d; **4.** e; **5.** b; **6.** b; **7.** c; **8.** e;
9.

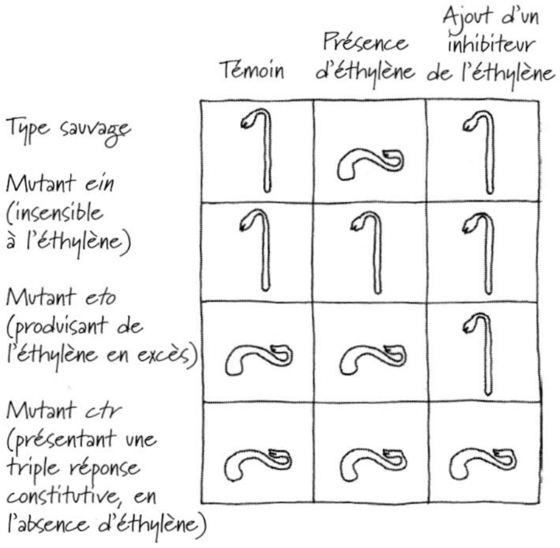

40

La structure et la fonction chez les Animaux : principes fondamentaux

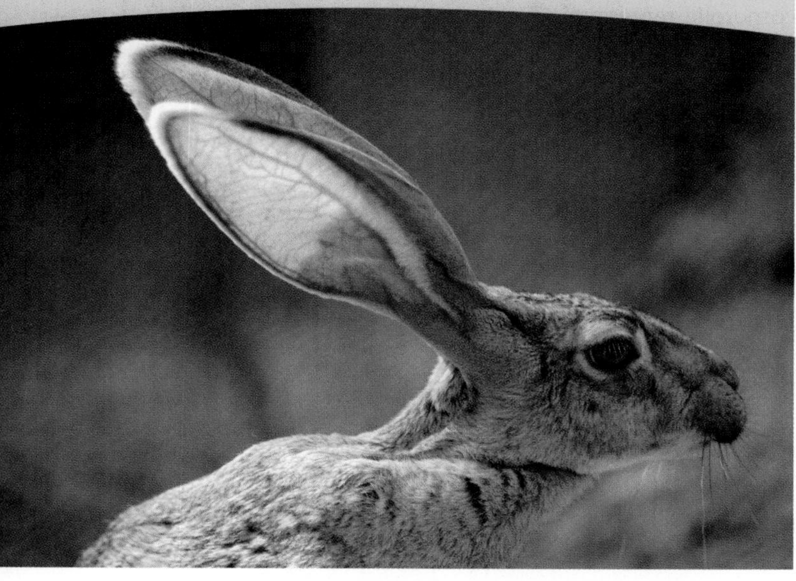

▲ **Figure 40.1 Comment le lièvre antilope maintient-il sa température corporelle ?**

CONCEPTS CLÉS

40.1 **Il y a une corrélation entre les structures et les fonctions animales à tous les niveaux d'organisation**

40.2 **De nombreux animaux maintiennent leur milieu interne à l'aide de mécanismes de rétroaction**

40.3 **Les processus homéostatiques qui président à la thermorégulation font intervenir la forme, la fonction et le comportement**

40.4 **Les besoins énergétiques sont fonction de la taille, de l'activité et de l'environnement**

INTRODUCTION

Formes diverses, défis communs

Les oreilles du lièvre antilope (*Lepus alleni*) qu'on voit sur cette page (**figure 40.1**) sont minces et singulièrement longues. Elles donnent au lièvre antilope une ouïe remarquablement fine qui le protège contre les prédateurs. Elles l'aident également à évacuer la chaleur produite en trop par l'animal en la faisant passer dans l'air ambiant grâce au sang qui parcourt le réseau vasculaire de chaque oreille. Mais, lorsque l'air ambiant est plus chaud que le lièvre, celui-ci pourrait absorber de la chaleur et sa température corporelle risquerait d'atteindre une valeur dangereuse. Alors, comment expliquer que le lièvre antilope arrive à survivre dans la fournaise du désert? Pour répondre à cette question, il faut examiner de plus près la structure biologique, ou **anatomie**, de cet animal.

Au cours de sa vie, le lièvre antilope doit relever les mêmes défis que les autres Animaux, qu'il s'agisse d'une hydre, d'un faucon ou d'un humain. Tous les Animaux doivent se procurer de l'oxygène et des nutriments, lutter contre les infections et tenter de se reproduire. Comme ces besoins sont communs à tous les Animaux, pourquoi les espèces varient-elles autant du point de vue de la constitution, de la complexité, de l'organisation et de la morphologie? La réponse réside dans l'adaptation: la sélection naturelle favorise les variations qui, au sein d'une population, améliorent la capacité de survie (voir le chapitre 23). Les attributs qui permettent de surmonter les obstacles à la survie varient d'un environnement à l'autre et d'une espèce à l'autre, mais elles relèvent souvent de l'adéquation entre la structure et la fonction.

Il existe une corrélation entre la structure et la fonction. Aussi l'anatomie renseigne-t-elle sur la **physiologie**, c'est-à-dire sur la fonction biologique. Dans le cas du lièvre antilope, les chercheurs ont noté que ses grandes oreilles rosées deviennent plus pâles lorsque la température de l'air dépasse 40 °C, soit la température corporelle normale du lièvre. Ce changement de coloration rend compte du rétrécissement temporaire du diamètre des vaisseaux sanguins en réaction à la chaleur ambiante. En réduisant l'irrigation sanguine, la chaleur absorbée par les oreilles du lièvre ne risquera pas de faire surchauffer le reste du corps. Lorsque l'air se refroidit, la circulation sanguine augmente et les oreilles peuvent à nouveau libérer la chaleur excédentaire.

Dans le présent chapitre, nous étudierons la structure et la fonction chez les Animaux. Pour commencer, nous traiterons des niveaux d'organisation corporelle des Animaux ainsi que des systèmes qui coordonnent les activités des diverses parties du corps. Ensuite, nous examinerons la thermorégulation pour comprendre comment s'effectue la régulation du milieu interne. Enfin, nous verrons comment l'anatomie et la physiologie interviennent dans le rapport de l'animal à son milieu et dans la façon dont il utilise son énergie.

CONCEPT **40.1**

Il y a une corrélation entre les structures et les fonctions animales à tous les niveaux d'organisation

La taille, la morphologie et la symétrie d'un animal sont des caractéristiques fondamentales de la structure et des fonctions déterminant le mode d'interaction de celui-ci avec son milieu. Pour les biologistes, il y a lieu de parler de *plan d'organisation* corporelle. Le fait d'employer ce terme ne signifie pas que nous laissons entendre que les formes corporelles d'un animal sont le produit d'une invention consciente. Ce plan résulte des modalités de développement programmées par le génome, qui est lui-même le produit de millions d'années d'évolution.

L'évolution de la taille et de la forme des Animaux

ÉVOLUTION Un nombre considérable de plans d'organisation corporelle ont vu le jour au cours de l'évolution, mais les variations possibles ne sont pas infinies. En effet, les lois de la physique, qui régissent la puissance, la diffusion, le mouvement et l'échange d'énergie, limitent la diversité des formes animales.

Pour illustrer comment les lois de la physique limitent l'évolution, voyons de quelle manière les lois de l'hydrodynamique restreignent les formes possibles des animaux capables de nager très vite. Il faut savoir que la masse volumique de l'eau est environ 1 000 fois plus grande que celle de l'air; c'est pourquoi toute irrégularité à la surface du corps qui accentue la friction nuit beaucoup plus à un animal nageur qu'à un animal qui court ou qui vole. La vitesse maximale des thons et des autres poissons rapides à nageoires rayonnées (Actinoptérygiens) peut atteindre 80 km/h. Les requins, les pingouins (des Oiseaux), les dauphins et les phoques sont aussi des nageurs rapides. Comme on peut le remarquer dans la **figure 40.2**, tous ces animaux se ressemblent par leur apparence profilée: leur morphologie est fusiforme, c'est-à-dire qu'elle est effilée aux deux extrémités. Le fait que ces nageurs rapides possèdent une telle morphologie est un exemple d'évolution convergente (voir le chapitre 22). La sélection naturelle produit des adaptations semblables quand divers organismes doivent faire face aux mêmes contraintes environnementales, par exemple s'opposer à la résistance de l'eau lorsqu'ils nagent.

Les lois de la physique influent aussi sur la taille maximale de l'animal. Plus la taille d'un animal est grande, plus son squelette doit être robuste afin de lui fournir un soutien adéquat. Cette solidité a cependant des limites, ce qui vaut autant pour le squelette interne, comme celui des Vertébrés, que pour le squelette externe, comme celui des Insectes et des autres Arthropodes. Par ailleurs, à mesure que la taille du corps augmente, les muscles nécessaires à la locomotion doivent représenter une fraction toujours plus élevée de la masse corporelle totale. Or, cette augmentation de la masse musculaire ne peut pas se poursuivre indéfiniment, puisqu'elle finirait par réduire la mobilité de l'animal. En examinant la fraction de la masse corporelle représentée par les muscles des jambes et l'efficacité du travail produit par ces muscles, les scientifiques arrivent à estimer la vitesse maximale à la course associée à une grande diversité de plans d'organisation corporelle. Ainsi, le dinosaure *Tyrannosaurus rex*, qui mesurait 6 m de haut, pouvait probablement atteindre une vitesse de 30 km/h, soit à peu près celle du plus rapide des humains.

Les échanges avec l'environnement

Les échanges entre un animal et son environnement imposent des limites à son plan d'organisation corporelle (comme pour tout organisme multicellulaire). Les échanges avec

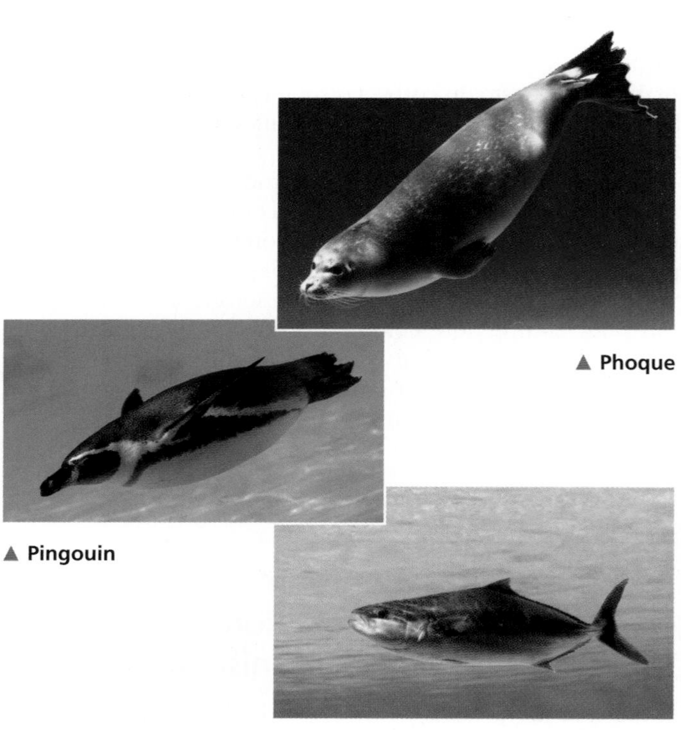

▲ **Figure 40.2 L'évolution convergente des organismes se déplaçant rapidement dans l'eau.**

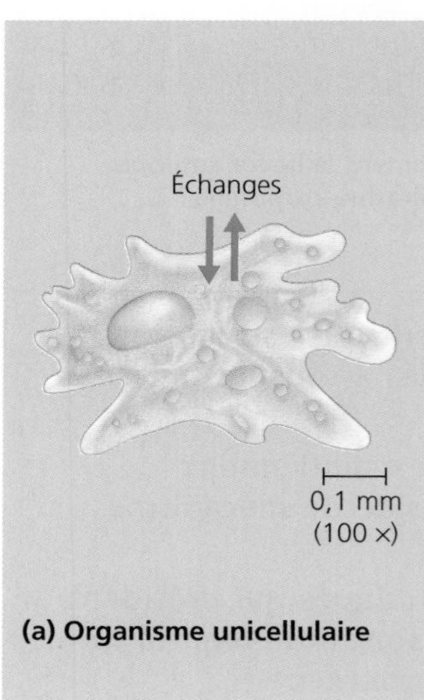

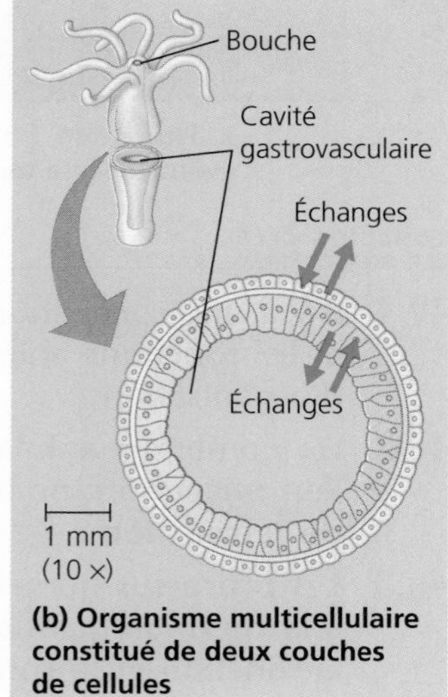

▲ **Figure 40.3 Le contact avec le milieu. (a)** Toute la surface des organismes unicellulaires, tels que cette amibe, est en contact avec le milieu environnant. **(b)** Même si tous les Animaux sont multicellulaires, l'organisation de certains d'entre eux est tellement simple que pratiquement toutes leurs cellules sont en contact avec le milieu. Par exemple, l'hydre comporte deux couches de cellules. Pendant que le milieu aqueux circule dans cet organisme multicellulaire en entrant et en sortant par sa bouche, presque toutes les cellules de l'hydre peuvent échanger des substances directement avec le milieu environnant.

l'environnement se déroulent à travers la membrane plasmique par le transport actif ou passif de substances. La vitesse des échanges de nutriments, de déchets et de gaz est proportionnelle à la surface membranaire, tandis que la quantité de substances qu'un animal doit échanger pour vivre est proportionnelle au volume de la cellule.

Le nombre d'échanges dépend du nombre de cellules dans le corps de l'organisme. Comme l'indique la **figure 40.3a**, la membrane d'un Protiste unicellulaire offre une surface de contact avec l'environnement suffisamment grande pour permettre tous les échanges nécessaires. Par comparaison, les organismes multicellulaires sont composés de nombreuses cellules, et chacune est dotée de sa propre membrane plasmique. Les échanges ne sont possibles que si toutes les cellules de l'animal ont accès à un milieu aqueux approprié, à l'intérieur ou à l'extérieur de son corps.

Beaucoup d'animaux dotés d'une organisation interne simple ont un plan d'organisation corporelle qui permet des échanges directs entre presque toutes leurs cellules et le milieu externe. Ainsi, l'hydre, un invertébré sacciforme (en forme de sac), possède une mince enveloppe corporelle formée de deux couches cellulaires (**figure 40.3b**). Comme sa cavité gastrovasculaire s'ouvre sur l'extérieur, les couches cellulaires externe et interne sont en contact direct avec l'eau de l'étang. La forme corporelle plane de certains organismes constitue une autre façon d'optimiser le contact avec le milieu externe. Par exemple, le ténia, un ver parasite, peut mesurer plusieurs mètres de longueur (voir la figure 33.12, p. 788), mais il est très mince, de sorte que la majorité de ses cellules baignent dans le liquide intestinal de son hôte vertébré (qui lui procure les éléments nutritifs).

La plupart des animaux sont formés de masses compactes de cellules et leur organisation interne est beaucoup plus complexe que celle d'une hydre ou d'un ténia. Le fait qu'ils sont formés d'une masse compacte de cellules diminue leur surface externe, laquelle est relativement petite comparativement à leur volume total. Par exemple, le rapport entre la surface et le volume d'une baleine (ou rorqual) est des centaines

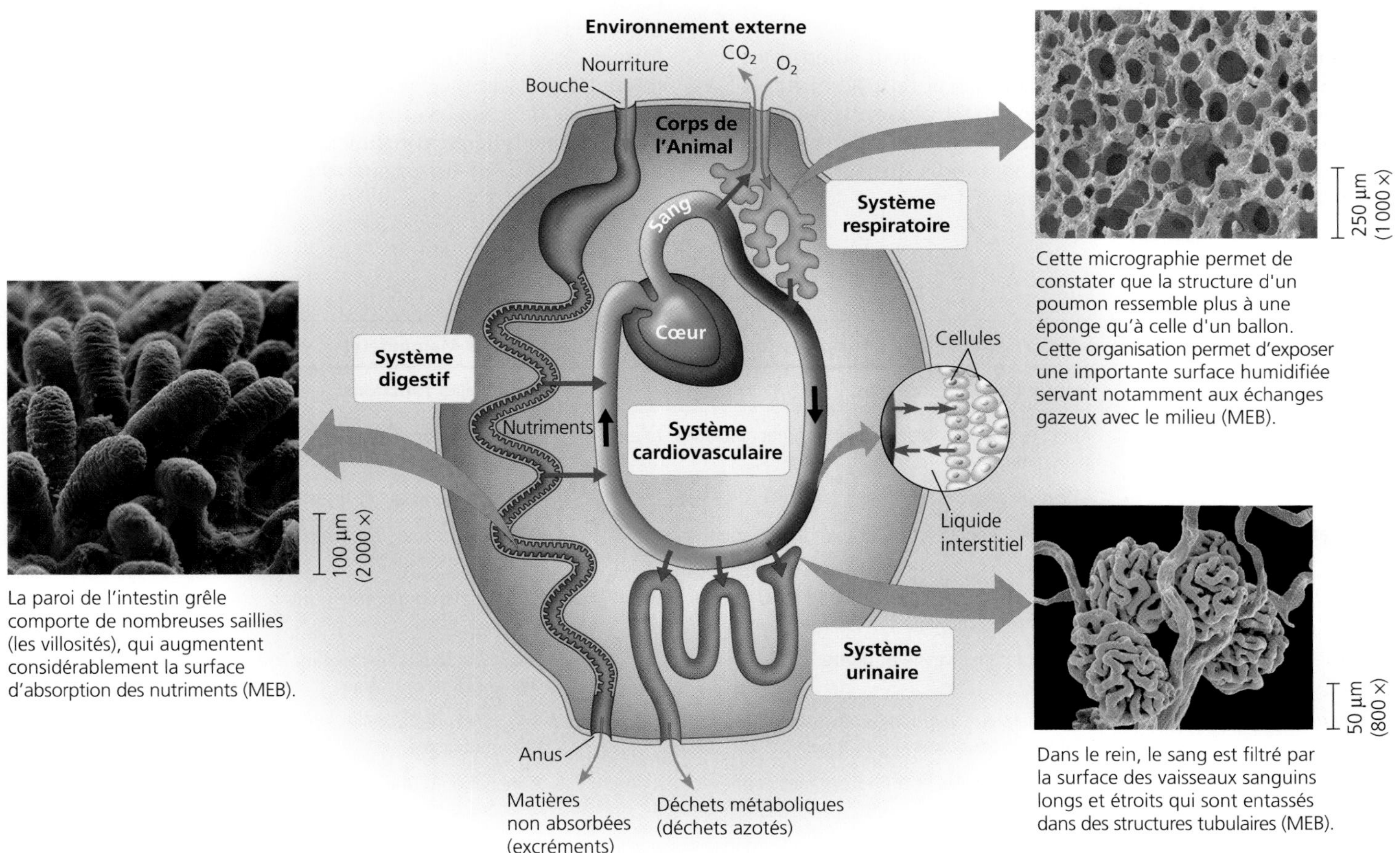

Cette micrographie permet de constater que la structure d'un poumon ressemble plus à une éponge qu'à celle d'un ballon. Cette organisation permet d'exposer une importante surface humidifiée servant notamment aux échanges gazeux avec le milieu (MEB).

La paroi de l'intestin grêle comporte de nombreuses saillies (les villosités), qui augmentent considérablement la surface d'absorption des nutriments (MEB).

Dans le rein, le sang est filtré par la surface des vaisseaux sanguins longs et étroits qui sont entassés dans des structures tubulaires (MEB).

▲ **Figure 40.4 Les surfaces d'échanges internes des animaux complexes.** Ce schéma illustre les échanges chimiques entre l'environnement et un animal. La plupart des animaux échangent des éléments chimiques avec le milieu par l'intermédiaire de surfaces spécialisées. Ces surfaces sont généralement internes, mais elles sont reliées au milieu externe par des ouvertures du corps (comme la bouche). Elles sont caractérisées par de fines ramifications ou de multiples replis, ce qui en fait des zones extrêmement étendues. Les systèmes digestif, respiratoire et urinaire sont tous munis de surfaces spécialisées de ce genre. Les éléments chimiques transportés à travers celles-ci sont ensuite répartis dans le corps grâce au système cardiovasculaire.

? *Que veut-on dire lorsqu'on affirme que les surfaces d'échange telles que la muqueuse du système digestif sont à la fois internes et externes ?*

de milliers de fois plus faible que celui d'une puce d'eau (*Daphnia*). Pourtant, chaque cellule de la baleine doit être entourée de liquide et recevoir du dioxygène, des nutriments et d'autres ressources. Comment cela se passe-t-il?

Les baleines et la plupart des autres animaux possèdent des surfaces internes comportant de nombreux replis ou des ramifications étendues (**figure 40.4**). Il s'agit d'adaptations évolutives qui leur permettent d'entretenir des échanges suffisants avec le milieu. En règle générale, ces surfaces d'échange se trouvent à l'intérieur du corps. Ainsi, les tissus délicats se trouvent protégés de l'abrasion ou de la déshydratation et le corps peut prendre une forme profilée. Chez les humains, les surfaces d'échange internes des systèmes digestif, respiratoire et circulatoire sont chacune 25 fois plus grandes que la peau.

Le milieu interne renferme des liquides qui mettent indirectement en communication les surfaces d'échange et chacune des cellules. Chez de nombreux animaux, les espaces entre les cellules sont remplis d'un liquide appelé **liquide interstitiel** (d'un mot latin qui signifie «espace»). En outre, les animaux dotés d'un plan d'organisation corporelle complexe possèdent aussi un liquide circulatoire tel que le sang. Les échanges entre les liquides interstitiel et circulatoire permettent aux cellules de tout le corps d'obtenir des nutriments et de se débarrasser des déchets (voir la figure 40.4).

Bien que les échanges avec le milieu extérieur soient plus laborieux, les plans d'organisation corporelle complexes présentent des avantages dont les plans plus simples sont dépourvus. Par exemple, un squelette externe peut protéger un animal contre les prédateurs, tandis que ses organes sensoriels peuvent le renseigner de façon détaillée sur son environnement. De leur côté, les organes de digestion interne permettent de décomposer graduellement les aliments et de libérer progressivement l'énergie emmagasinée. Quant aux systèmes de filtration spécialisés, ils règlent constamment la composition de la solution dans laquelle baignent les cellules. Ce faisant, les animaux sont en mesure de maintenir un milieu interne relativement stable, indépendamment des variations que subit le milieu externe dans lequel ils se trouvent. En somme, un plan d'organisation corporelle complexe s'avère particulièrement avantageux pour les animaux vivant sur la terre ferme où le milieu externe peut fluctuer énormément.

La hiérarchie des niveaux d'organisation

C'est grâce à leurs propriétés émergentes que les cellules forment un animal fonctionnel. Au chapitre 1, nous avons vu que les propriétés émergentes résultent de niveaux d'organisation structurale et fonctionnelle de complexité croissante. Les cellules sont groupées en **tissus**, qui sont des ensembles de cellules dotées d'une structure et d'une fonction communes. Les différents types de tissus se combinent à leur tour pour former des unités fonctionnelles appelées **organes**. (Les animaux les plus simples, telles les éponges, n'ont pas d'organes ou même de tissus véritables.) Les groupes d'organes qui travaillent en synergie constituent des **systèmes** (**tableau 40.1**). Ainsi, la peau est un organe du système tégumentaire qui

Tableau 40.1 Les principales composantes et les principales fonctions des systèmes chez les Mammifères

Systèmes	Principales composantes	Principales fonctions
Digestif	Bouche, pharynx, œsophage, estomac, intestins, foie, pancréas et anus	Transformation des aliments (ingestion, digestion, absorption et élimination)
Cardiovasculaire	Cœur, vaisseaux sanguins et sang	Collecte, transport et distribution interne de substances
Respiratoire	Poumons, trachée et autres conduits respiratoires	Échanges gazeux (absorption de dioxygène et rejet de dioxyde de carbone)
Immunitaire et lymphatique	Moelle osseuse, nœuds lymphatiques, thymus, rate, vaisseaux lymphatiques et globules blancs	Défense de l'organisme (lutte contre les infections et le cancer)
Urinaire	Reins, uretères, vessie et urètre	Excrétion de déchets métaboliques; régulation de l'équilibre osmotique du sang
Endocrinien	Hypothalamus, hypophyse, thyroïde, pancréas et autres glandes productrices d'hormones	Régulation des activités corporelles (par exemple digestion et métabolisme)
Reproducteur	Ovaires, testicules et autres organes connexes	Conception d'une descendance et transmission des caractères héréditaires
Nerveux	Encéphale, moelle épinière, nerfs et organes sensoriels	Régulation des activités corporelles; perception des stimulus, intégration et réponse aux stimulus
Tégumentaire	Peau et annexes cutanées (notamment poils, ongles, griffes et glandes)	Protection contre les blessures, les infections et la déshydratation; thermorégulation
Osseux	Squelette (os, tendons, ligaments et cartilages)	Soutien corporel, protection des organes internes, mouvement
Musculaire	Muscles squelettiques	Mouvement, déplacement et posture

protège contre les infections et aide à régulariser la température corporelle.

Plusieurs organes se composent de tissus qui remplissent des fonctions physiologiques distinctes. Dans certains cas, ces rôles sont tellement différents qu'on pourrait croire que l'organe appartient à plus d'un système. Par exemple, le pancréas produit des enzymes essentielles au fonctionnement du système digestif, mais il participe également à la régulation du taux de sucre dans le sang, ce qui fait de cet organe un élément vital du système endocrinien.

De la même façon que l'étude de l'organisation corporelle «de bas en haut» (des cellules aux systèmes) révèle les propriétés émergentes, une étude «de haut en bas» de la hiérarchie révèle la nature multicouches de la spécialisation. Pensons au système digestif humain: la bouche, le pharynx, l'œsophage, l'estomac, l'intestin grêle et le gros intestin, les organes accessoires et l'anus. Chaque organe accomplit des fonctions distinctes dans la digestion. Une des fonctions de l'estomac, par exemple, est d'amorcer la dégradation des protéines. Ce processus requiert une phase de malaxage par les muscles de l'estomac, de même que la sécrétion des sucs digestifs par la muqueuse de l'estomac. La production de ces sucs exige l'intervention de trois types de cellules hautement spécialisées: certaines fabriquent une enzyme qui digère les protéines, d'autres produisent de l'acide chlorhydrique concentré et d'autres encore sécrètent un mucus qui protège la muqueuse de l'estomac.

Les systèmes spécialisés et complexes observés chez les Animaux sont issus d'un ensemble limité de types de cellules et de tissus. Par exemple, les poumons et les vaisseaux sanguins remplissent des fonctions distinctes, mais ils sont recouverts de tissus du même type et aux propriétés semblables.

Les tissus sont classés en quatre grandes catégories: le tissu épithélial, le tissu conjonctif, le tissu musculaire et le tissu nerveux. Ils sont présentés à la **figure 40.5** des trois pages suivantes, de même que leurs structures et leurs fonctions. Dans les chapitres ultérieurs, nous verrons comment les tissus décrits ici contribuent au fonctionnement de chaque système.

Coordination et régulation

Les tissus, les organes et les systèmes des Animaux doivent agir de concert. Par exemple, quand le phoque de la figure 40.2 reste longtemps sous l'eau, sa fréquence cardiaque ralentit, ses poumons s'affaissent et sa température corporelle diminue pendant que ses nageoires le propulsent vers l'avant. La coordination des activités dans le corps d'un animal exige que les différentes composantes communiquent entre elles. Mais quels sont les signaux émis? Comment se transmettent-ils à l'intérieur du corps? Il existe deux ensembles de réponses à ces questions, parce qu'il y a deux grands systèmes de régulation et de coordination des réactions aux stimulus (**figure 40.6**): le système endocrinien et le système nerveux.

Dans le système endocrinien, les signaux sont des molécules que les cellules endocrines libèrent dans la circulation sanguine qui les emporte partout dans le corps. Dans le système nerveux, ce sont les neurones qui transmettent des signaux, appelés influx nerveux, entre certaines régions du corps. Dans chacun de ces deux systèmes, le type de voie utilisé est le même, peu importe que le signal parcoure toute la longueur du corps ou seulement une distance de quelques cellules.

On donne le nom d'**hormones** aux molécules servant de signaux qui sont produites par le système endocrinien. Chaque hormone déclenche des effets particuliers et seules les cellules pourvues des récepteurs compatibles avec une hormone donnée réagissent (**figure 40.6a**). Une hormone peut exercer des effets sur une seule partie du corps ou sur son ensemble, tout dépend des récepteurs concernés. Par exemple, seules les cellules de la glande thyroïde possèdent le récepteur de la thyréostimuline (TSH) sécrétée et libérée par l'hypophyse. Lorsque la TSH parvient aux cellules de la thyroïde, celles-ci libèrent l'hormone thyroïdienne qui, elle, agit directement sur les cellules de presque tous les tissus afin d'accroître la consommation d'oxygène et la production de chaleur.

Les hormones agissent de manière relativement lente. Par exemple, il faut plusieurs secondes à la TSH et à d'autres hormones pour être libérées dans la circulation sanguine et acheminées dans le corps. Toutefois, les hormones exercent souvent des effets à long terme, car elles demeurent dans le sang pendant plusieurs secondes, plusieurs minutes, voire plusieurs heures.

Dans le système nerveux, les signaux ne sont pas acheminés dans tout le corps. Chaque influx nerveux se rend plutôt aux cellules cibles en empruntant des voies de communication particulières, essentiellement des axones (**figure 40.6b**). Il existe quatre types de cellules susceptibles de recevoir les influx nerveux d'un neurone: d'autres neurones, les cellules musculaires, les cellules endocrines et les cellules exocrines. Contrairement au système endocrinien, le système nerveux achemine l'information selon la *voie* empruntée par l'influx. Par exemple, une personne distinguera différentes notes de musique parce que la fréquence de chaque note activera différents neurones reliant l'oreille au cerveau.

La communication au sein du système nerveux fait intervenir habituellement plus d'un type de signal. Les influx nerveux parcourent les axones, parfois sur de longues distances, sous la forme d'une variation de voltage. Dans bien des cas, toutefois, la transmission d'informations d'un neurone à un autre fait intervenir des signaux chimiques de très courte portée. Dans l'ensemble, la transmission est extrêmement rapide; les influx nerveux atteignent instantanément leur cible et leur durée est de l'ordre de la fraction de seconde.

Étant donné que les types de signaux, de même que leur transmission, leur vitesse et leur durée, diffèrent selon qu'ils appartiennent au système endocrinien ou au système nerveux, ils accomplissent des fonctions distinctes. Le système endocrinien intervient dans la coordination des changements graduels qui touchent le corps entier, par exemple la croissance et le développement, la reproduction, les réactions métaboliques et la digestion. De son côté, le système nerveux prend part à la régulation des réactions rapides et immédiates à l'environnement, par exemple les mouvements et les réponses rapides.

Même si les fonctions du système endocrinien et du système nerveux sont différentes, les deux systèmes collaborent étroitement et contribuent ainsi au maintien d'un milieu interne stable, thème auquel nous allons à présent nous consacrer.

▼ **Figure 40.5**

PANORAMA La structure et la fonction des tissus animaux

Tissu épithélial

Les **tissus épithéliaux**, ou **épithéliums**, sont formés de couches de cellules. Ils constituent l'enveloppe externe du corps dont ils tapissent les organes et les cavités internes. Comme les cellules épithéliales sont étroitement juxtaposées et souvent réunies par des jonctions serrées (voir la figure 6.32, p. 132), elles servent de barrière contre les lésions mécaniques, les agents pathogènes et la perte de liquide. L'épithélium qui tapisse les voies nasales est vital pour l'olfaction, le sens de l'odorat. Remarquez que la forme et l'arrangement des cellules servent bien le fonctionnement du type de tissu auquel elles appartiennent.

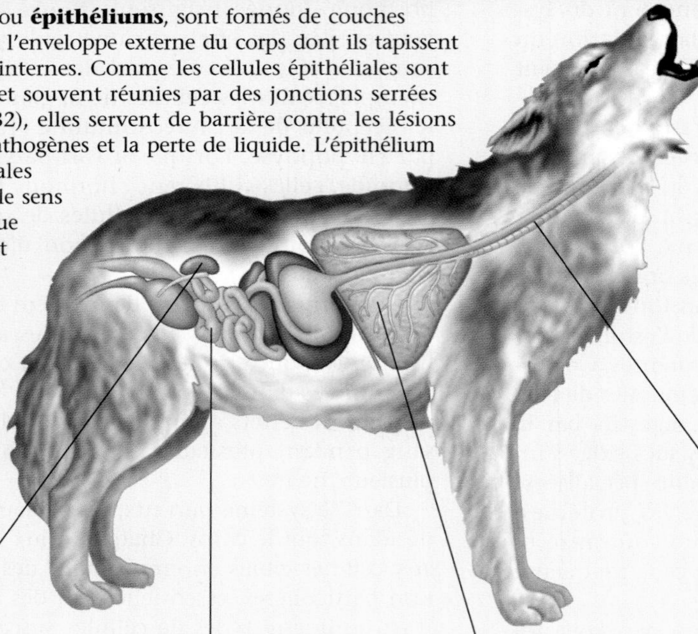

Épithélium stratifié squameux

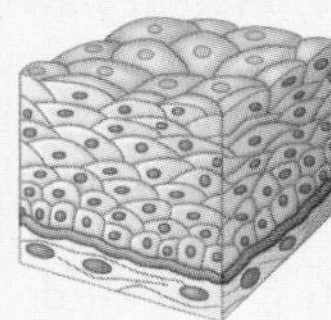

L'épithélium stratifié squameux est multicouches et se régénère rapidement. Les nouvelles cellules qui naissent par division près de la membrane basale (voir la micrographie ci-dessous) sont poussées vers la surface libre de façon à remplacer celles qui desquament continuellement. Ce type d'épithélium se situe généralement sur les surfaces soumises à l'abrasion, comme la partie externe de la peau, ou encore sur les muqueuses de l'œsophage, de l'anus et du vagin.

Épithélium cubique

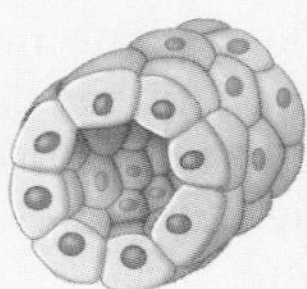

L'épithélium cubique, composé de cellules en forme de dés et spécialisé dans la sécrétion, constitue l'épithélium des tubules rénaux (représenté ici) et de nombreuses glandes, dont la thyroïde et les glandes salivaires.

Épithélium simple prismatique

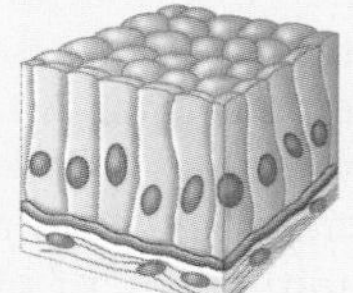

L'épithélium simple prismatique se compose de grosses cellules en forme de briques. Il recouvre souvent les régions dans lesquelles la sécrétion ou l'absorption active de substances représentent des fonctions importantes. Par exemple, il tapisse les intestins, y sécrète des sucs digestifs et absorbe des nutriments.

Épithélium simple squameux

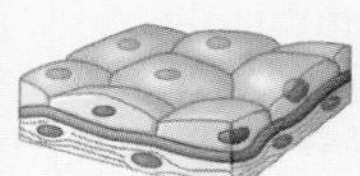

La couche unique de cellules plates qui forme l'épithélium simple squameux se spécialise dans le transport des substances par diffusion. Plutôt mince et perméable, ce type d'épithélium tapisse la face interne des vaisseaux sanguins et des alvéoles pulmonaires où la diffusion des nutriments et des gaz est vitale.

Épithélium pseudostratifié prismatique et cilié

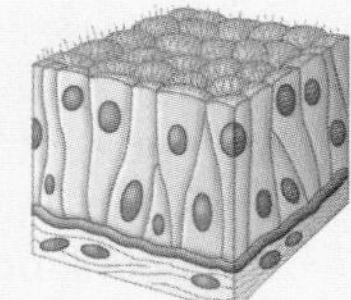

L'épithélium pseudostratifié prismatique et cilié se compose d'une couche unique de cellules de hauteur variable. Chez beaucoup de Vertébrés, cet épithélium forme une muqueuse ciliée qui tapisse une partie des voies respiratoires. Les cils vibratiles font glisser la pellicule de mucus le long de la surface.

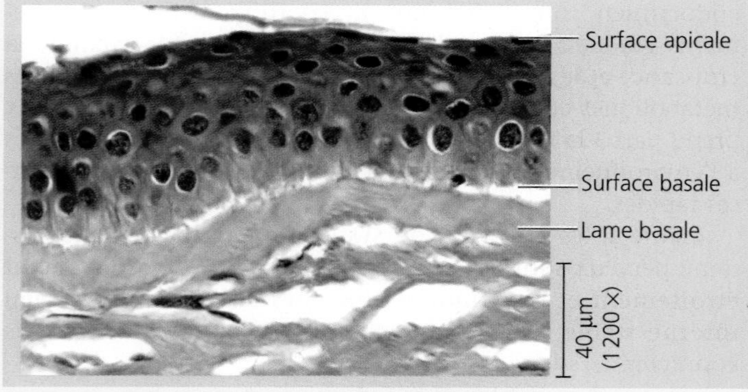

Surface apicale

Surface basale

Lame basale

40 µm (1200 ×)

Polarité de l'épithélium

Tous les épithéliums sont polarisés, c'est-à-dire que leurs deux faces sont différentes. La face *apicale* est orientée vers la lumière (cavité), ou extérieur, de l'organe; elle est exposée à des liquides ou à l'air. Des prolongements spécialisés recouvrent souvent cette face. Par exemple, la face apicale de l'épithélium qui tapisse l'intestin grêle est recouverte de microvillosités, des prolongements de la membrane plasmique qui accroissent la surface d'absorption des nutriments. La face opposée de chaque épithélium est la face *basale*. Celle-ci est attachée à la *lame basale*, une couche compacte de la matrice extracellulaire.

Tissu conjonctif

Le **tissu conjonctif** a surtout pour fonction de fixer et de soutenir les autres tissus. Les tissus conjonctifs contiennent peu de cellules. Celles-ci sont dispersées dans une matrice extracellulaire, généralement composée d'un réseau de fibres enchâssées dans une substance fondamentale homogène, qui est liquide, gélatineuse ou solide. Dans la matrice se trouvent de nombreuses cellules, appelées **fibroblastes**, qui sécrètent les substances protéiques des fibres extracellulaires, et les **macrophagocytes**, qui détruisent par phagocytose les particules étrangères et les débris de cellules mortes (voir le chapitre 6).

Les fibres des tissus conjonctifs sont classées en trois catégories: les *fibres collagènes*, résistantes et souples; les *fibres réticulaires*, qui joignent le tissu conjonctif aux tissus voisins; et les fibres élastiques, qui rendent les tissus extensibles. Si vous pincez la peau qui recouvre le dos de votre main, les fibres collagènes et réticulaires empêchent que la peau qui adhère aux muscles sous-jacents soit arrachée, tandis que les fibres élastiques redonnent rapidement à votre peau sa forme originale. Divers mélanges de fibres et de matrices forment les principaux types de tissus conjonctifs présentés ci-dessous.

Tissu conjonctif lâche

Le tissu conjonctif le plus répandu chez les Vertébrés est le **tissu conjonctif aréolaire**. Il fait partie du *tissu conjonctif lâche* et sert à fixer l'épithélium aux tissus sous-jacents; il a aussi pour rôle d'envelopper les organes afin de les maintenir en place et de les protéger. On qualifie ce tissu de *lâche* parce que ses fibres, peu nombreuses et disséminées dans la substance fondamentale, s'entrecroisent de manière espacée. Il renferme les trois sortes de fibres. On le trouve dans la peau et un peu partout dans le corps.

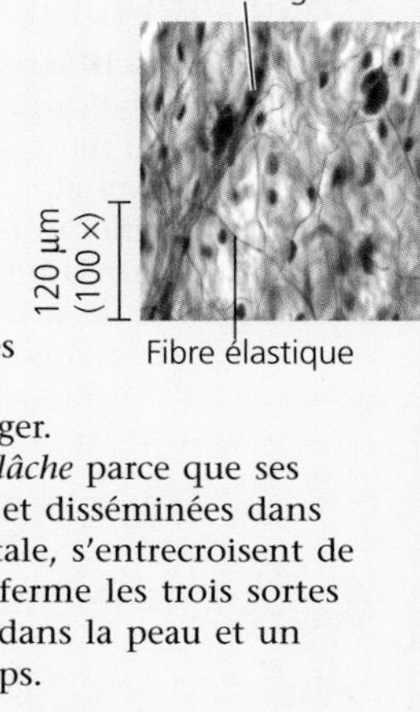

Tissu conjonctif dense

Le *tissu conjonctif dense* est compact, car il contient beaucoup de fibres collagènes. On trouve le tissu conjonctif dense régulier principalement dans les **tendons**, qui relient les muscles aux os, et dans les **ligaments**, qui unissent les os à l'endroit des articulations.

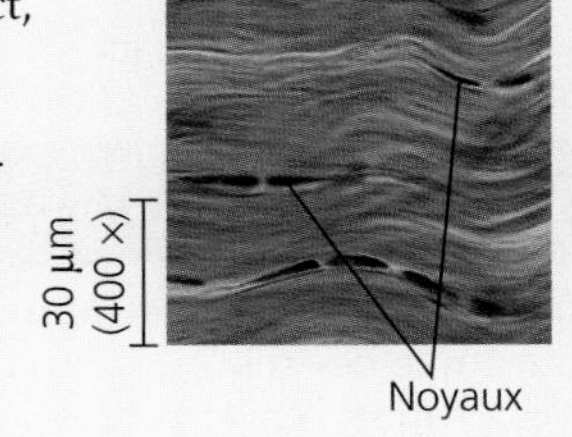

Tissu osseux

Chez la plupart des Vertébrés, le squelette se compose de **tissu osseux**, c'est-à-dire d'un tissu conjonctif minéralisé. Des cellules appelées *ostéoblastes* sécrètent une matrice de collagène. Puis, en s'imprégnant de calcium, de magnésium et de phosphate, la matrice du tissu conjonctif durcit et se transforme en substance rigide. Chez les Mammifères, la structure microscopique du tissu osseux compact présente une succession d'unités appelées *ostéons* (ou systèmes de Havers). Chaque ostéon possède des couches concentriques (*lamelles*) de matrice minéralisée, déposées autour d'un canal central contenant des vaisseaux sanguins nourriciers et des neurofibres régulatrices.

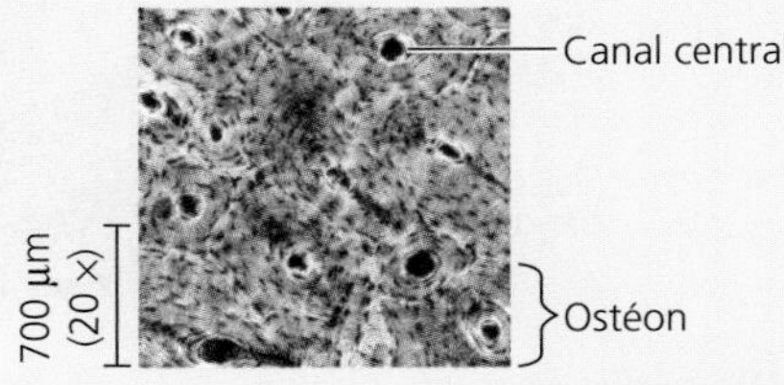

Tissu sanguin

Le **tissu sanguin** possède une matrice liquide appelée plasma et composée d'eau, de sels et de diverses protéines solubles. Trois éléments baignent dans le plasma: les érythrocytes (globules rouges), les leucocytes (globules blancs) et des fragments de cellules appelés plaquettes. Les érythrocytes transportent l'oxygène, les leucocytes assurent la défense immunitaire et les plaquettes interviennent dans la coagulation du sang.

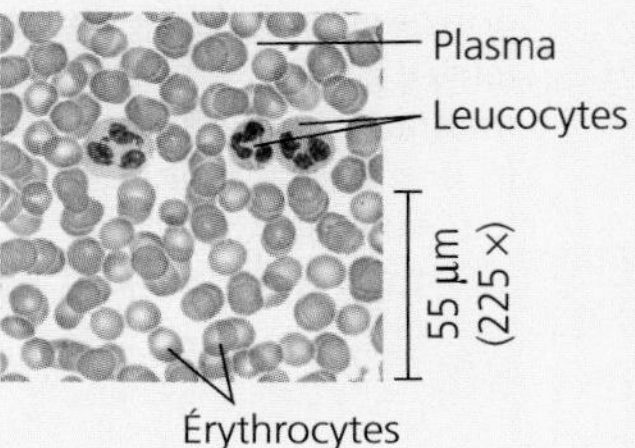

Tissu adipeux

Le **tissu adipeux** est une forme spécialisée de tissu conjonctif lâche, qui emmagasine les graisses dans les cellules adipeuses (ou adipocytes) disséminées dans sa matrice. Il contribue à réduire les pertes de chaleur du corps (isolation), à amortir les chocs et à emmagasiner de l'énergie sous forme de molécules de gras (voir la figure 4.6, p. 67). Une cellule adipeuse renferme une gouttelette de graisse dont le volume s'accroît lorsque l'organisme emmagasine des lipides et qui diminue lorsqu'il en utilise comme source d'énergie.

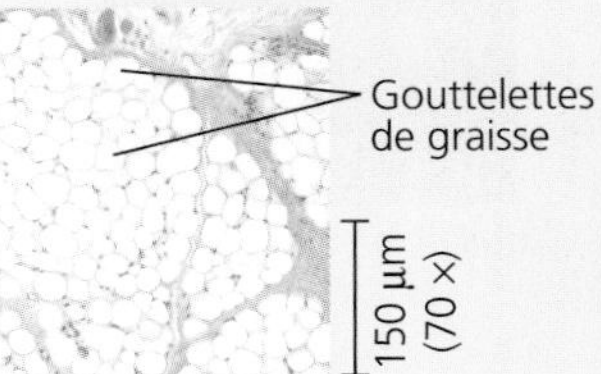

Tissu cartilagineux

Le **tissu cartilagineux** comporte des fibres collagènes, enchâssées dans une substance fondamentale caoutchouteuse (ou matrice) appelée chondroïtine-sulfate (polysaccharides de la catégorie glycosaminoglycane). Le sulfate de chondroïtine et le collagène sont sécrétés par des cellules appelées *chondroblastes*; lorsque ceux-ci sont matures, ils portent le nom de *chondrocytes*. L'association des fibres collagènes et du chondroïtine-sulfate fait du cartilage un matériau de soutien à la fois résistant et flexible. De nombreux Vertébrés possèdent un squelette cartilagineux au cours de leur stade embryonnaire, mais cette structure est remplacée par du tissu osseux à mesure que l'embryon se développe. Néanmoins, du cartilage subsiste à certains endroits; pensons notamment aux disques intervertébraux (cartilage fibreux), qui jouent le rôle d'amortisseurs entre les vertèbres.

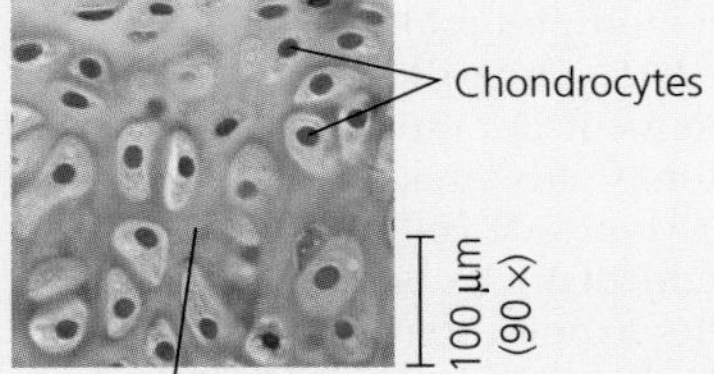

Tissu musculaire

Le **tissu musculaire** est un tissu sollicité dans presque tous les types de mouvements du corps. Toutes les cellules musculaires comportent des filaments de protéines appelées actine et myosine, dont le travail conjoint permet aux muscles de se contracter. Il existe trois types de tissu musculaire chez les Vertébrés : le tissu musculaire squelettique, le tissu musculaire lisse et le tissu musculaire cardiaque.

Tissu musculaire squelettique

Le **tissu musculaire squelettique**, ou *muscle strié*, est fixé aux os par des tendons. Il intervient dans les mouvements volontaires. Le muscle squelettique se compose de faisceaux de longues cellules appelées fibres musculaires. Au cours du développement, les fibres musculaires naissent de la fusion de plusieurs cellules, de sorte que chaque cellule ou chaque fibre musculaire contient plusieurs noyaux. La disposition des unités contractiles, ou sarcomères, donne aux cellules leur apparence rayée (striée). Chez les mammifères adultes, l'augmentation de la masse musculaire n'accroît pas le nombre de cellules musculaires, seulement leur volume.

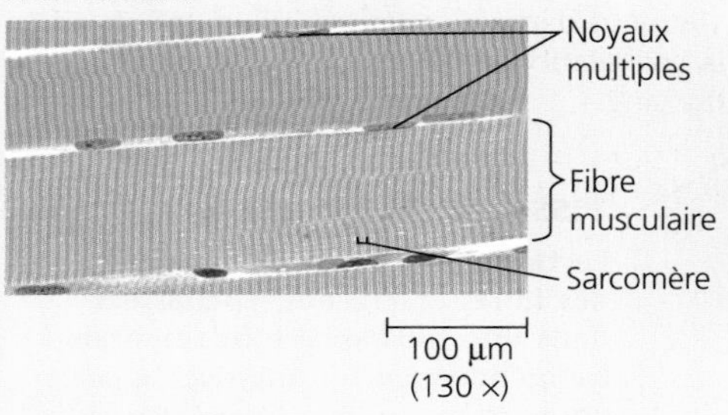

Tissu musculaire lisse

Le **tissu musculaire lisse**, dépourvu de stries, se trouve dans la paroi du tube digestif, de la vessie, des artères et d'autres organes internes. Les muscles lisses sont associés aux activités corporelles involontaires, notamment au péristaltisme du tube digestif ou à la constriction des artères.

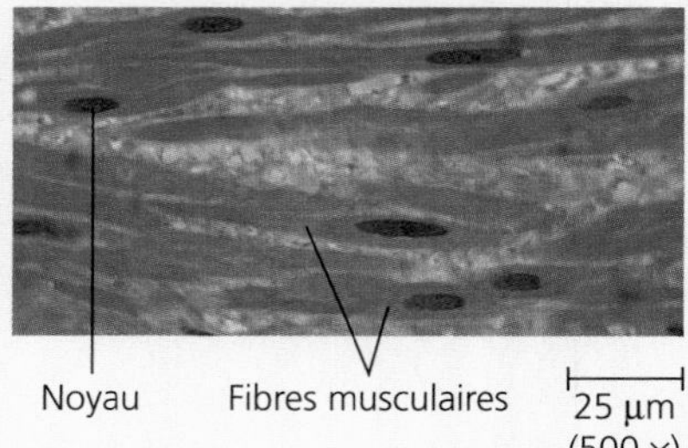

Tissu musculaire cardiaque

Le **tissu musculaire cardiaque** forme la paroi contractile (myocarde) du cœur. Il est strié, à l'instar du tissu musculaire squelettique, et possède les mêmes propriétés contractiles. Toutefois, le tissu musculaire cardiaque se distingue du muscle squelettique par la présence de fibres ramifiées et reliées par des disques intercalaires. Ces structures facilitent la transmission de l'influx nerveux d'une cellule cardiaque à l'autre et contribuent à synchroniser les contractions cardiaques.

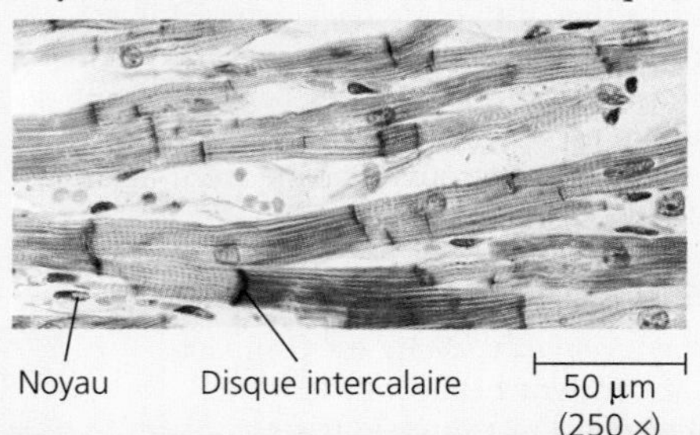

Tissu nerveux

Le **tissu nerveux** perçoit, traite et transmet les stimulus. Il contient des **neurones**, ou cellules nerveuses, spécialisés dans la conduction des influx nerveux, ainsi que des cellules de soutien appelées **cellules gliales**. Chez de nombreux animaux, un amas de tissu nerveux forme l'encéphale, dans lequel est effectué le traitement de l'information.

Neurones

Le **neurone** est l'unité fondamentale du système nerveux. Il reçoit des influx nerveux d'autres neurones par l'intermédiaire de son corps cellulaire et de multiples prolongements appelés dendrites. Les neurones acheminent des influx à d'autres neurones, aux muscles et à divers types de cellules, par l'intermédiaire de prolongements appelés axones, souvent groupés en faisceaux de nerfs.

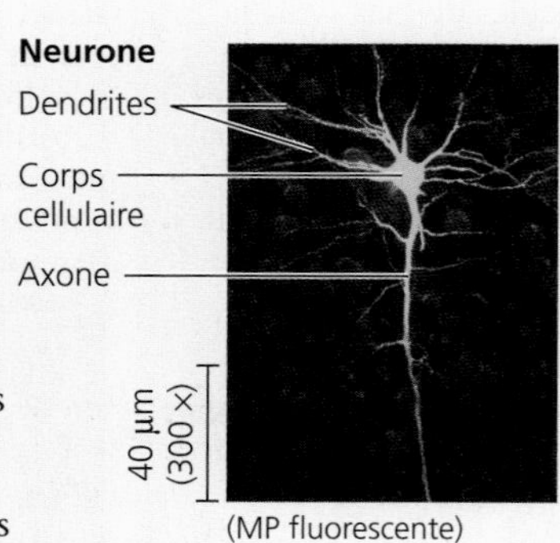

(MP fluorescente)

Cellules gliales

Les divers types de cellules gliales aident à nourrir, à isoler et à régénérer les neurones. Dans certains cas, elles aident aussi à moduler la fonction neuronale.

(MP confocale)

▼ **Figure 40.6 Les signaux émis par le système endocrinien et le système nerveux.**

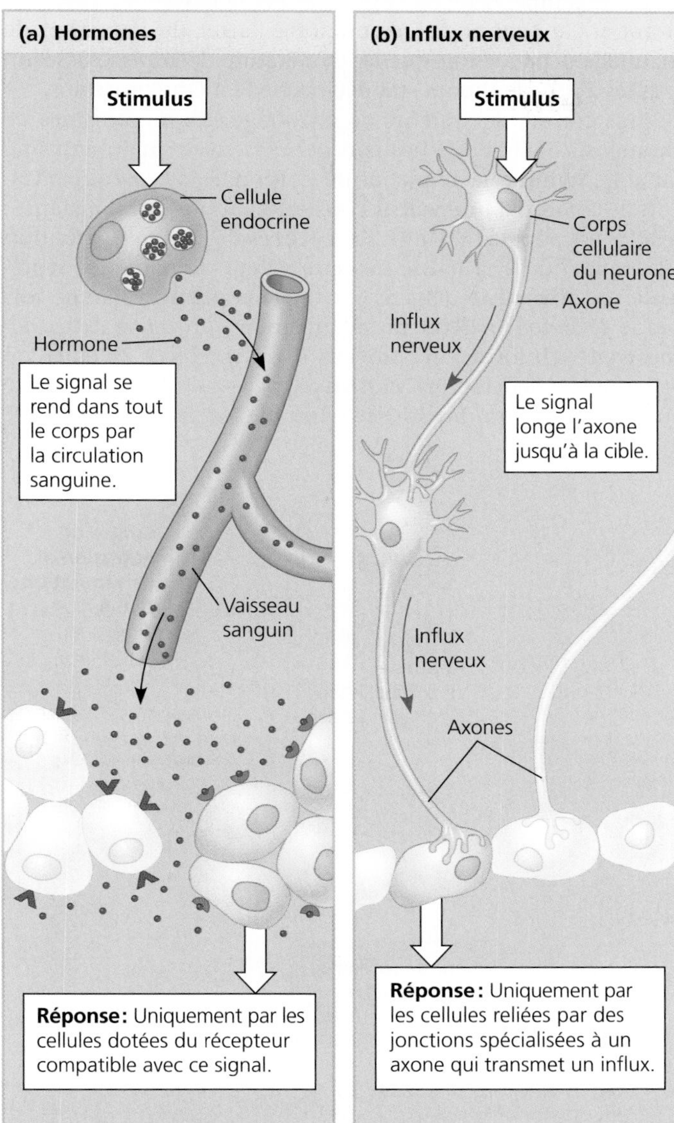

RETOUR SUR LE CONCEPT **40.1**

1. Quelles propriétés tous les types d'épithéliums ont-ils en commun?
2. Par temps froid, les lièvres antilopes plaquent parfois leurs oreilles contre leur corps. À votre avis, quel avantage et quel inconvénient cela a-t-il au regard de la survie?
3. **ET SI?** Imaginez que vous vous tenez sur le bord d'une falaise et que vous trébuchez subitement: vous parvenez tout juste à garder l'équilibre et à éviter de plonger dans le vide... Votre cœur bat la chamade, vous sentez en vous une explosion d'énergie, causée par un afflux de sang dans les vaisseaux dilatés de vos muscles et par une hausse soudaine de votre taux de glucose sanguin. À votre avis, qu'est-ce que cette réaction «de fuite ou de lutte» a exigé de votre système nerveux et de votre système endocrinien?

Voir les réponses proposées à la fin du chapitre.

CONCEPT **40.2**

De nombreux animaux maintiennent leur milieu interne à l'aide de mécanismes de rétroaction

Imaginez ce qui se passerait si votre température corporelle grimpait chaque fois que vous prenez une douche ou buvez un café bien chaud. Le maintien du milieu interne est une tâche sans répit pour le corps d'un animal. Devant les fluctuations environnementales, les Animaux maintiennent la stabilité de leur milieu interne par la régulation et la tolérance.

La régulation et la tolérance

On qualifie un animal de **régulateur** au regard d'une variable environnementale particulière s'il utilise des mécanismes de régulation interne pour atténuer les changements dans son milieu interne lorsque son environnement externe fluctue. Par exemple, la loutre de rivière (*Lontra canadensis*), à la **figure 40.7**, est considérée comme un régulateur quant

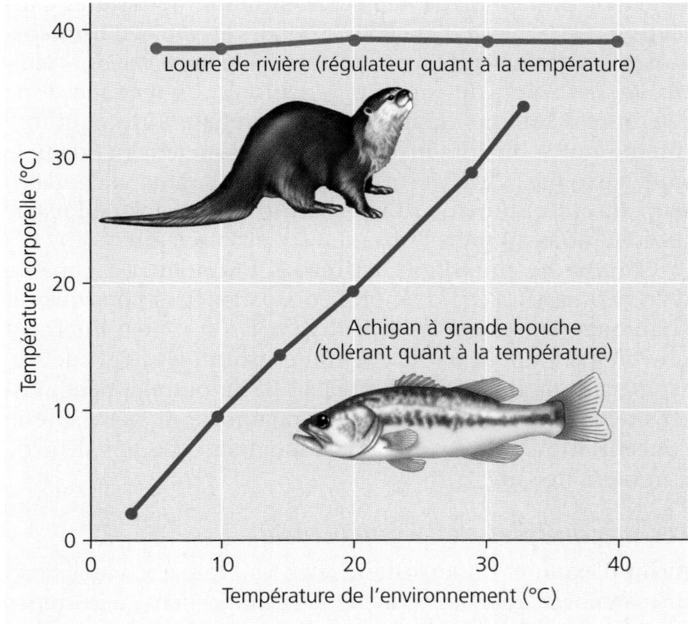

▲ **Figure 40.7 Les rapports entre les températures corporelles d'un régulateur et d'un tolérant aquatiques, et la température de l'environnement.** La loutre de rivière maintient une température interne stable, indépendamment de la température de l'environnement. L'achigan à grande bouche, par contre, engendre relativement peu de chaleur métabolique et s'adapte à la température de l'eau.

à la température: elle maintient sa température corporelle à une valeur complètement indépendante de celle de l'eau dans laquelle elle nage.

On qualifie un animal de **tolérant** au regard d'une variable environnementale particulière s'il supporte les variations de son milieu interne liées à certains changements dans l'environnement externe. Par exemple, l'achigan à grande bouche (*Micropterus salmoides*) de la figure 40.7 est tolérant en ce qui a trait à la température du lac où il vit. Sa température interne varie au gré des fluctuations de la température de l'eau. Certains animaux sont tolérants dans des environnements aux conditions plus constantes. Par exemple, de nombreux invertébrés marins, comme les araignées de mer du genre *Libinia*, vivent dans des milieux où la concentration de solutés (la salinité) est relativement stable.

Les animaux qui sont tolérants stricts ou régulateurs stricts représentent les deux extrêmes d'un continuum. La plupart des animaux se situent entre ces deux limites. En outre, un animal peut maintenir son homéostasie en assurant la régulation de certaines conditions internes et en en laissant d'autres fluctuer au gré des conditions environnementales. Par exemple, un achigan est capable de maintenir une concentration interne stable de solutés dans son sang et dans son liquide interstitiel, même si cette concentration est différente de celle des solutés de l'eau dans laquelle il vit. L'anatomie et la physiologie de ce poisson lui permettent d'atténuer les changements internes occasionnés par les variations de la concentration des solutés. (Nous en apprendrons davantage sur les mécanismes de cette régulation au chapitre 44.)

L'homéostasie

Le maintien de la température corporelle de la loutre de rivière ou la stabilité de de la concentration des solutés dans les tissus de l'achigan d'eau douce sont des exemples d'**homéostasie**. Les racines grecques de ce terme sont *homoios*, « semblable », et *stasis*, qui signifie « position ». Ce mot fait donc référence à un état stable ou, si on préfère, à un équilibre interne qui se maintient en dépit des changements dans le milieu externe. L'homéostasie permet aux Animaux de maintenir un milieu interne relativement constant, même lorsque les conditions du milieu externe varient fortement.

Comme de nombreux animaux, l'humain est capable d'homéostasie à l'égard de plusieurs paramètres physiques et chimiques. Par exemple, il peut garder son milieu interne à une température de 37 °C environ et maintenir le pH de son sang et de son liquide interstitiel à 7,4. En outre, il peut ajuster la concentration du glucose sanguin de manière que la concentration ne s'écarte jamais longtemps de la valeur de 5 mmol/L de sang.

Les mécanismes de l'homéostasie

Avant d'explorer l'homéostasie chez les Animaux, établissons une analogie avec un système mécanique, en l'occurrence avec celui qui régule la température d'une pièce (**figure 40.8**). Supposons que l'on veuille garder cette pièce à 20 °C, une température confortable pour une activité normale. Pour ce faire, on règle le centre de régulation (le thermostat) à 20 °C et le thermomètre inclus dans l'appareil détecte la température ambiante. Si celle-ci est inférieure à la valeur fixée (20 °C), le thermostat déclenche la mise en marche de l'appareil de chauffage (radiateur, four, etc.) et celui-ci fonctionne jusqu'à ce que la température de la pièce atteigne la valeur fixée. À ce moment, le thermostat commande l'arrêt de l'appareil de chauffage. Chaque fois que la température de la pièce descend sous les 20 °C, le thermostat déclenche le même processus.

Tout comme le système de chauffage, les mécanismes de l'homéostasie de l'être humain permettent de maintenir une variable, comme la température corporelle ou la concentration de solutés, à une valeur constante ou presque constante; celle-ci est appelée **valeur de référence**. Toute fluctuation à la hausse ou à la baisse de cette valeur de référence représente un **stimulus** détecté par un **récepteur**. Chaque fois que le récepteur perçoit un changement, un *centre de régulation* traite l'information provenant du récepteur et émet un signal qui déclenche une **réponse**, c'est-à-dire une activité physiologique qui favorise le retour de la variable à sa valeur

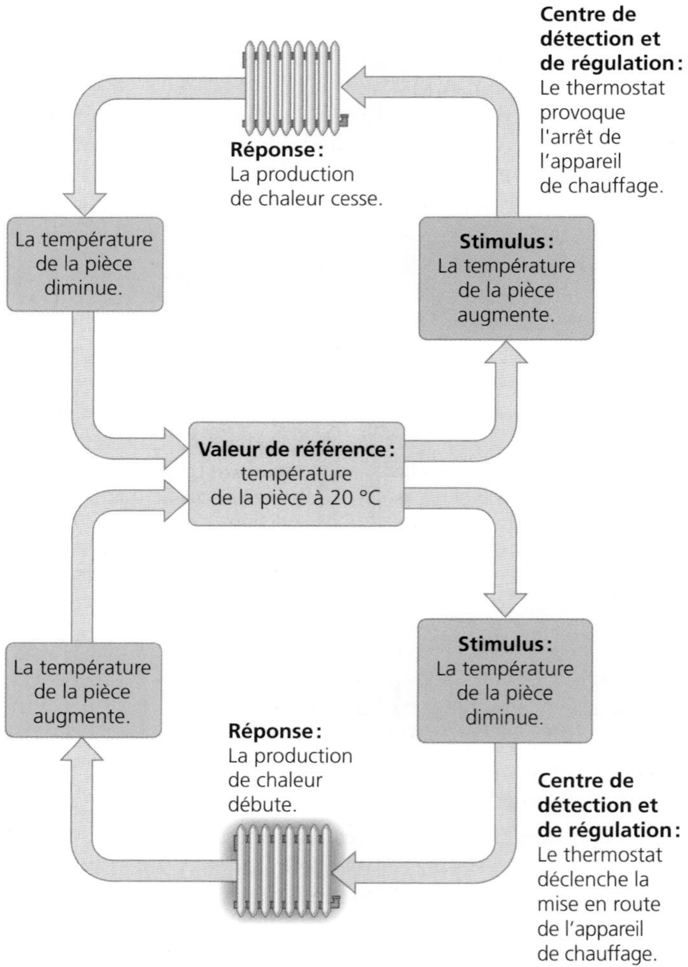

Centre de détection et de régulation: Le thermostat provoque l'arrêt de l'appareil de chauffage.
Réponse: La production de chaleur cesse.
La température de la pièce diminue.
Stimulus: La température de la pièce augmente.
Valeur de référence: température de la pièce à 20 °C
La température de la pièce augmente.
Stimulus: La température de la pièce diminue.
Réponse: La production de chaleur débute.
Centre de détection et de régulation: Le thermostat déclenche la mise en route de l'appareil de chauffage.

▲ **Figure 40.8 Exemple mécanique de régulation thermique: la régulation de la température dans une pièce.** La régulation de la température ambiante d'une pièce dépend d'un centre de régulation (thermostat). Celui-ci décèle les variations de température et active des mécanismes visant à la ramener à une valeur de référence.

? *En quoi l'ajout d'un climatiseur au système contribuerait-il à l'homéostasie?*

de référence. Dans l'exemple du système de chauffage, la baisse de la température correspond au stimulus, le thermostat constitue le récepteur et le centre de régulation, et l'appareil de chauffage produit la réponse.

Le rôle de la rétroaction dans l'homéostasie

À l'instar du circuit de régulation illustré à la figure 40.8, l'homéostasie chez les Animaux dépend en grande partie de la **rétro-inhibition**, un mécanisme de régulation qui atténue le stimulus initial ou en diminue l'intensité. Par exemple, lorsque vous faites un exercice intense, vous produisez de la chaleur, laquelle fait monter votre température corporelle. Votre système nerveux détecte cette augmentation de température et déclenche le mécanisme de la transpiration. Lorsque vous transpirez, l'évaporation de la sueur de la peau rafraîchit votre corps, favorisant ainsi le retour de la température corporelle à sa valeur de référence.

L'homéostasie est un état d'équilibre dynamique. C'est l'interaction entre des facteurs externes susceptibles d'influer sur le milieu interne, d'une part, et les mécanismes de régulation internes qui s'opposent à cette influence, d'autre part. Remarquez que les réponses physiologiques aux stimulus ne sont pas instantanées, de la même façon qu'une pièce ne se réchauffe pas aussitôt qu'on met en marche l'appareil de chauffage. En somme, l'homéostasie modère les fluctuations du milieu interne, mais ne les élimine pas. Les fluctuations sont plus importantes si une variable s'inscrit dans un *intervalle normal* – caractérisé par une limite supérieure et une limite inférieure – au lieu d'avoir une valeur de référence unique. C'est ce qui arrive lorsque le système de chauffage commence à produire de la chaleur quand la température de la pièce descend à 19 °C et cesse d'en produire quand elle atteint 21 °C. Que la valeur de référence soit unique ou qu'elle s'inscrive dans un intervalle de référence, l'homéostasie est facilitée par des adaptations qui amortissent les fluctuations, par exemple l'isolation, dans le cas de la température, ainsi que les tampons physiologiques, dans le cas du pH.

Contrairement à la rétro-inhibition, la **rétroactivation** est un mécanisme qui amplifie le stimulus initial au lieu de l'atténuer (voir la figure 1.13, p. 11). Chez les Animaux, les mécanismes de rétroactivation ne jouent pas un rôle crucial dans l'homéostasie; ils contribuent plutôt à conduire certains processus à leur terme. Au cours du travail de l'accouchement, par exemple, la pression exercée par la tête du bébé sur les récepteurs situés dans le col utérin intensifie les contractions utérines. En s'amplifiant, ces contractions augmentent la pression sur le bébé, donc sur le col utérin, lequel se dilate et s'ouvre de plus en plus. La rétroactivation amène ainsi l'accouchement à son terme.

Les variations de l'homéostasie

Les valeurs de référence et les limites normales de l'homéostasie peuvent changer dans certaines conditions. En fait, les *changements régulés* dans le milieu interne sont essentiels aux fonctions corporelles normales, car certains d'entre eux sont associés à des fonctions physiologiques particulières ou à des périodes spécifiques du développement. Pensons, par exemple, au changement radical que connaît l'équilibre hormonal au cours de l'adolescence ou aux variations hormonales cycliques qui président au cycle menstruel de la femme (voir la figure 46.14, p. 1172).

Chez tous les Animaux (et les Végétaux), certaines variations cycliques du métabolisme suivent un **rythme circadien**, lequel est un ensemble de changements physiologiques qui surviennent sur une période de 24 heures environ. Par exemple, durant cet intervalle, votre température corporelle augmente et diminue de plus de 0,6 °C de façon cyclique. Étonnamment, ce rythme de variation est réglé par une horloge biologique qui fonctionne indépendamment des variations de l'activité humaine, de la température ambiante et de l'intensité lumineuse (**figure 40.9a**). Le rythme circadien est donc un facteur endogène du corps humain, bien que l'horloge biologique soit normalement synchronisée avec le cycle

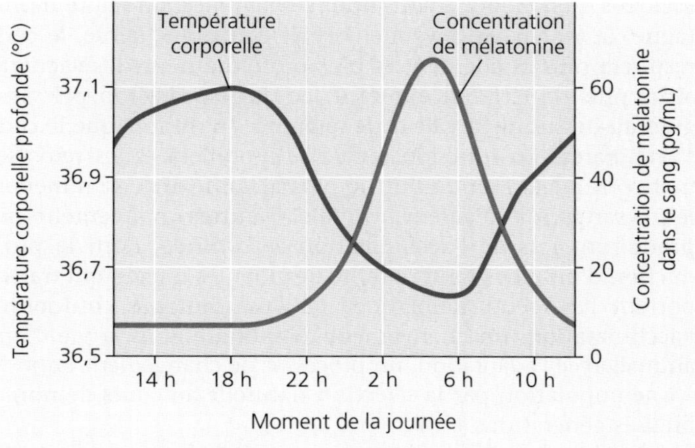

(a) Variations de la température corporelle profonde et concentration de mélatonine dans le sang. Des chercheurs ont mesuré ces deux variables chez des sujets au repos, mais éveillés, se trouvant dans une chambre d'isolement peu éclairée où la température était constante. (La mélatonine est une hormone qui semble intervenir dans les cycles veille-sommeil; voir le chapitre 45).

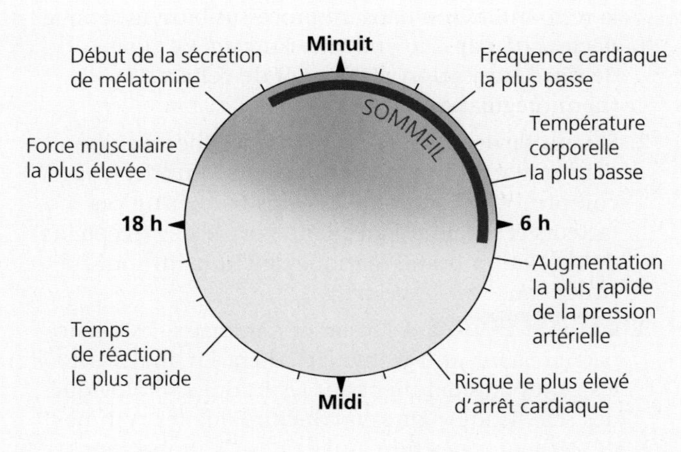

(b) L'horloge biologique humaine. Les activités métaboliques suivent des cycles quotidiens déterminés par le rythme circadien. Comme on peut le constater dans ce schéma représentant l'horloge chez une personne qui se lève tôt le matin, mange vers midi et dort la nuit, les variations métaboliques sont présentes tant la nuit que le jour.

▲ **Figure 40.9 Le rythme circadien chez les humains.**

clarté-obscurité de l'environnement (**figure 40.9b**). Ce cycle est régulé par la mélatonine, une hormone sécrétée la nuit; la sécrétion est plus intense durant les nuits plus longues de l'hiver. L'horloge biologique est également sensible à certains stimulus externes, mais l'effet n'est pas immédiat. C'est ce qui explique pourquoi un voyageur qui traverse rapidement (en avion) plusieurs fuseaux horaires souffre de décalage horaire. Ce syndrome résulte de l'absence de concordance entre le rythme circadien et l'environnement local; il persiste jusqu'à ce que l'horloge s'ajuste, ce qui peut prendre plusieurs jours.

L'**acclimatation** est un des mécanismes mis à profit par l'homéostasie pour s'adapter à une nouvelle gamme de valeurs environnementales. Par ce processus graduel, l'organisme animal s'adapte aux changements dans son milieu externe. Par exemple, quand un cerf ou un autre mammifère passe d'un lieu situé au niveau de la mer à une région sise en altitude, son organisme subit un certain nombre de changements physiologiques qui l'aident à accomplir ses activités. En haute montagne, la teneur en oxygène de l'air étant plus faible, le cerf respirera plus rapidement et plus profondément. Il évacuera alors plus de CO_2 en expirant, ce qui élèvera son pH sanguin au-dessus de la valeur de référence. À mesure que le cerf s'acclimatera, sa fonction rénale se modifiera et les reins se mettront à excréter de l'urine plus alcaline afin de ramener le pH sanguin à sa valeur normale. D'autres changements se produiront lors de l'acclimatation à l'altitude, dont la production d'un plus grand nombre de globules rouges, qui transportent l'oxygène. Remarquez qu'il ne faut pas confondre l'acclimatation, un changement temporaire dans la vie d'un animal, avec l'adaptation, un processus de changement imposé à une population par la sélection naturelle au cours de nombreuses générations.

RETOUR SUR LE CONCEPT 40.2

1. **FAITES DES LIENS** La figure 8.21 (p. 178) illustre la rétro-inhibition dans un processus biosynthétique déclenché par une enzyme. En quoi ce type de rétro-inhibition diffère-t-il de celui de la thermorégulation?
2. Si vous deviez décider où placer des thermostats dans une maison, de quels facteurs tiendriez-vous compte? Quel lien pouvez-vous faire entre ces facteurs et le fait qu'une grande partie des récepteurs de régulation homéostatique de l'humain sont situés dans son cerveau?
3. **FAITES DES LIENS** À l'instar des Animaux, les Cyanobactéries ont un rythme circadien. En analysant les gènes qui maintiennent les horloges biologiques, des scientifiques ont pu conclure que les rythmes de 24 heures des humains et des Cyanobactéries témoignent d'une évolution convergente (voir le concept 26.2, p. 623 à 625). Quelles données ont pu contribuer à cette conclusion?

Voir les réponses proposées à la fin du chapitre.

CONCEPT 40.3

Les processus homéostatiques qui président à la thermorégulation font intervenir l'anatomie, la physiologie et le comportement

Dans la présente section, nous examinerons la régulation de la température corporelle pour illustrer comment la forme et la fonction d'un animal contribuent à contrôler son environnement interne. Nous étudierons les autres mécanismes qui jouent un rôle dans le maintien de l'homéostasie dans les chapitres ultérieurs de ce module.

La **thermorégulation** est le mécanisme par lequel les Animaux maintiennent leur température interne dans un intervalle compatible avec la vie. Cette capacité est essentielle à la survie parce que la plupart des processus biochimiques et physiologiques sont extrêmement sensibles aux variations de la température corporelle. La vitesse de la plupart des réactions enzymatiques diminue d'un facteur de deux ou trois pour chaque diminution de température de 10 °C. L'élévation de la température engendre une légère accélération de la vitesse des réactions enzymatiques jusqu'à ce qu'elle devienne critique et que les protéines commencent à se dénaturer. Par exemple, à mesure que la température s'élève, l'hémoglobine se lie moins efficacement à l'oxygène dont elle assure le transport dans le sang. La température influe également sur les propriétés des membranes: celles-ci deviennent de plus en plus rigides ou fluides selon que la température monte ou baisse, respectivement.

Chaque espèce animale a son propre intervalle optimal de température. La thermorégulation permet de maintenir la température corporelle dans cet intervalle, ce qui permet à ses cellules de fonctionner efficacement même si la température externe fluctue.

L'endothermie et l'ectothermie

Le métabolisme interne et l'environnement externe sont les sources de chaleur de la thermorégulation. Les Oiseaux et les Mammifères sont principalement des **endothermes**, ce qui signifie que les activités métaboliques constituent leur principale source de chaleur. Quelques Reptiles, certains Poissons et de nombreuses espèces d'Insectes sont également des endothermes. La plupart des Invertébrés, des Poissons, des Amphibiens, des lézards, des serpents et des tortues sont, eux, des **ectothermes**. Ils tirent presque toute leur chaleur de leur environnement.

Lorsqu'on dit d'un animal qu'il est endotherme ou ectotherme, on veut dire qu'il est *principalement* l'un ou l'autre. Il faut garder à l'esprit que l'endothermie et l'ectothermie ne sont pas des modes de thermorégulation mutuellement exclusifs. Par exemple, un oiseau est d'abord un endotherme, mais il peut se réchauffer au soleil par temps froid, à l'instar d'un lézard, qui est un ectotherme.

Les endothermes arrivent à maintenir une température interne très stable même quand la température de l'environnement fluctue. C'est pourquoi peu d'ectothermes sont actifs durant les quelques mois où règne un froid glacial sur une grande partie de la surface de la Terre; par contre, de nombreux endothermes vivent fort bien quand la température est inférieure au point de congélation (**figure 40.10a**). Quand il se trouve dans un environnement froid, un endotherme produit assez de chaleur pour maintenir son corps à une température passablement plus élevée que celle de l'environnement. Quand il fait chaud, les Vertébrés endothermes possèdent des mécanismes qui leur permettent d'évacuer une partie de la chaleur excédentaire; grâce à eux, ils peuvent supporter des températures que la plupart des ectothermes sont incapables de tolérer.

Étant donné que la principale source de chaleur des ectothermes provient de l'environnement, ces derniers doivent généralement consommer beaucoup moins d'aliments que les endothermes de taille équivalente; c'est un avantage important quand les réserves de nourriture sont limitées. La plupart des ectothermes peuvent également tolérer de plus grandes fluctuations dans leur température interne. Même s'ils ne produisent pas assez de chaleur pour assurer leur thermorégulation, la plupart d'entre eux arrivent à réguler leur température interne en adoptant des comportements appropriés. Selon qu'il fait froid ou chaud, par exemple, ils se chaufferont au soleil ou chercheront de l'ombre (**figure 40.10b**). Dans l'ensemble, l'ectothermie est une stratégie efficace dans la plupart des environnements, comme nous le montre l'abondance et la diversité des animaux ectothermes.

(a) Le morse est un endotherme.

(b) Le lézard est un ectotherme.

▲ **Figure 40.10 L'endothermie et l'ectothermie.**

Les variations de la température corporelle

La température corporelle des Animaux peut varier ou être constante. Un animal dont la température corporelle varie en fonction de celle de l'environnement est un *poïkilotherme* (du grec *poikilos*, qui signifie «variable»). À l'inverse, un *homéotherme* est un animal qui maintient une température interne relativement stable. Par exemple, l'achigan à grande bouche est un poïkilotherme, tandis que la loutre de rivière est un homéotherme (voir la figure 40.7).

La description des ectothermes et des endothermes peut donner à penser que tous les ectothermes sont poïkilothermes et que tous les endothermes sont homéothermes. En fait, il n'existe pas de lien direct entre la source de chaleur et la stabilité de la température corporelle. Par exemple, de nombreux poissons marins et des Invertébrés habitent des eaux dont les températures sont si stables que leur température corporelle varie encore moins que celle des humains et d'autres Mammifères. À l'inverse, certains endothermes connaissent de grandes variations de leur température interne. Par exemple,

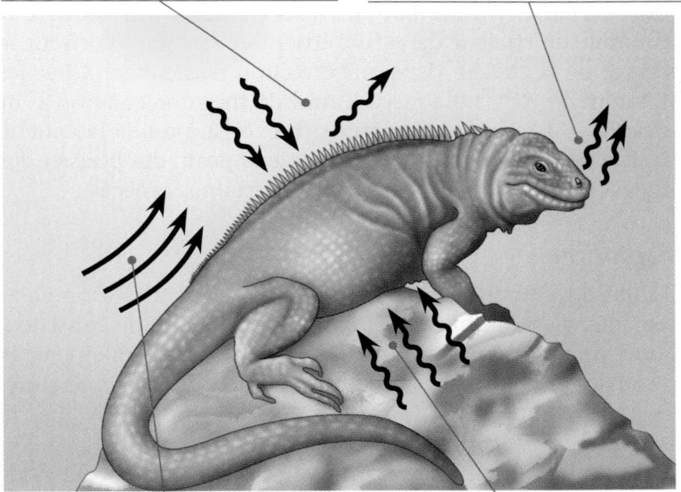

Le **rayonnement** désigne l'émission d'ondes électromagnétiques par tous les objets dont la température est supérieure au zéro absolu. Ici, un lézard absorbe de la chaleur irradiée par le Soleil et il transfère une petite partie de l'énergie à l'air ambiant.
La **vaporisation** désigne le retrait de chaleur à la surface d'un liquide, qui perd certaines de ses molécules du fait de leur passage à l'état gazeux. La vaporisation de l'eau à la surface humide d'un lézard a un effet de refroidissement important.
La **convection** est le processus par lequel l'air ou un liquide qui se réchauffe à la surface d'un corps se dilate et tend à s'éloigner de ce corps, faisant place à l'air ou au liquide plus froids. Par exemple, le vent facilite la déperdition thermique par convection à la surface d'un lézard ayant une peau sèche; le sang en circulation déplace la chaleur de l'intérieur du corps pour la transférer par convection aux extrémités plus froides. Chez les animaux, la convection contribue plus souvent à une perte de chaleur qu'à un gain.
La **conduction** désigne le transfert direct de chaleur entre les molécules de deux corps en contact ou celles de deux parties d'un même corps, par exemple quand un lézard se tient sur une roche préalablement chauffée au soleil.

▲ **Figure 40.11 Les échanges thermiques entre un organisme et son environnement.**

les chauves-souris et les colibris peuvent entrer périodiquement dans un état léthargique marqué par une diminution de leur température corporelle.

L'idée que les ectothermes sont des animaux à «sang froid» et que les endothermes sont des animaux à «sang chaud» constitue une autre idée fausse courante. La température corporelle des ectothermes n'est pas nécessairement basse. En fait, quand ils se chauffent au soleil, la température interne de beaucoup de lézards ectothermes est supérieure à celle des Mammifères. Par conséquent, la plupart des scientifiques préfèrent ne pas employer les termes *à sang froid* et *à sang chaud*, qui peuvent induire en erreur.

L'équilibre entre la perte et le gain de chaleur

La thermorégulation relève de la capacité d'un animal à moduler l'échange de chaleur avec son environnement. Comme tous les objets, les organismes ectothermes et endothermes échangent de la chaleur par quatre processus physiques: la conduction, la convection, le rayonnement et la vaporisation. La **figure 40.11** caractérise chacun de ces mécanismes par lesquels la chaleur circule dans l'organisme et se diffuse dans l'environnement. Il faut bien noter que la chaleur se propage toujours d'un objet où la température est élevée vers un objet où elle est plus basse.

La thermorégulation consiste à maintenir une quantité de chaleur équivalente à la quantité de chaleur perdue. Les Animaux y parviennent par des mécanismes qui réduisent l'échange de chaleur dans son ensemble ou qui favorisent le passage de la chaleur dans une direction particulière. Chez les Mammifères, plusieurs mécanismes de thermorégulation sont associés au **système tégumentaire**, c'est-à-dire à la couche externe de l'organisme, constituée de la peau, des poils et des ongles (les griffes ou les sabots chez certaines espèces).

L'isolation

L'isolation constitue une grande adaptation thermorégulatrice chez les Mammifères et chez les Oiseaux. Elle consiste à réduire le flux thermique entre le corps et l'environnement, et à abaisser le coût énergétique du maintien de la température. Les poils, les plumes et les couches de graisse formées par le tissu adipeux contribuent à l'isolation.

De nombreux animaux qui comptent sur l'isolation pour assurer leur thermorégulation disposent de couches isolantes dont ils peuvent tirer profit pour réduire les pertes de chaleur. La plupart des mammifères terrestres et de nombreux oiseaux réagissent au froid en gonflant leur fourrure ou leurs plumes. Ce faisant, ils emprisonnent une couche d'air plus épaisse, ce qui augmente passablement la capacité isolante du plumage ou de la fourrure. Pour repousser l'eau qui réduirait la capacité isolante de leurs plumes ou de leurs poils, certains animaux sécrètent des substances huileuses, comme celles que les oiseaux appliquent sur leurs plumes lors du lissage. Les humains n'ont ni plumes ni fourrure. Lorsque nous avons froid, nous avons la chair de poule: c'est un réflexe qui rappelle le gonflement de la fourrure de nos ancêtres plus velus.

L'isolation est tout particulièrement importante pour les mammifères marins tels que les baleines et les morses. Ces animaux nagent dans une eau dont la température est bien plus froide que celle de l'intérieur de leur corps. Un grand nombre de ces espèces passent au moins une partie de l'année dans des mers polaires où l'eau atteint presque le point de congélation. Leur thermorégulation est d'autant plus difficile que, dans l'eau, la perte de chaleur par conduction est de 50 à 100 fois plus rapide que dans l'air. C'est pourquoi les mammifères marins possèdent une couche très épaisse de gras isolant sous leur peau, appelée lard. Ce lard est tellement efficace qu'il maintient une température corporelle de l'ordre de 36 à 38 °C et son métabolisme est comparable à celui des mammifères placentaires terrestres de taille équivalente.

La régulation de la circulation sanguine

Les systèmes circulatoires jouent un rôle important dans l'échange de chaleur entre le milieu interne et l'environnement. Les adaptations qui régulent la circulation du sang proche de la surface du corps ou qui gardent la chaleur au centre du corps sont essentielles à la thermorégulation.

En réaction aux variations de température de leur environnement, de nombreux animaux peuvent modifier la quantité de sang (et donc de chaleur) qui circule entre les parties internes de leur corps et leur peau. Un apport sanguin élevé dans la peau résulte normalement de la **vasodilatation**, soit l'augmentation du diamètre des vaisseaux sanguins superficiels (ceux qui sont situés près de la surface du corps). La vasodilatation est déclenchée par des influx nerveux produisant un relâchement des fibres musculaires de la paroi des vaisseaux. Ceux-ci se dilatent, entraînant alors une augmentation de la circulation sanguine. Chez les endothermes, la vasodilatation réchauffe généralement la peau, ce qui accroît le transfert de la chaleur du corps à l'environnement par radiation, conduction et convection (voir la figure 40.11). Le processus inverse est la **vasoconstriction**, qui réduit l'apport sanguin et le transfert thermique en diminuant le diamètre des vaisseaux superficiels. C'est le mécanisme de la vasoconstriction dans les oreilles qui permet au lièvre de la figure 40.1 de ne pas souffrir d'un coup de chaleur sous le soleil du désert.

Comme les endothermes, certains ectothermes modulent l'échange de chaleur en régulant l'apport de sang. Ainsi, lorsque l'iguane marin des îles Galápagos nage dans l'eau froide de l'océan, ses vaisseaux sanguins superficiels subissent une vasoconstriction. De plus grandes quantités de sang étant acheminées vers les régions profondes du corps, l'iguane conserve sa chaleur.

Pour réduire la déperdition thermique, de nombreux Oiseaux et Mammifères doivent compter sur l'**échange thermique à contre-courant**, c'est-à-dire sur le transfert de chaleur (ou de solutés) entre des liquides qui circulent dans des directions opposées. Dans un échangeur thermique à contre-courant, les artères et les veines passent à proximité les unes des autres (**figure 40.12**). Grâce à cet agencement des vaisseaux sanguins, le sang chaud qui arrive du centre du corps par les artères se trouve à transférer sa chaleur au sang moins chaud qui revient des extrémités par les veines. Étant donné que le sang des veines et des artères circule dans des directions opposées, le transfert de chaleur s'effectue sur toute la longueur de l'échangeur, ce qui maximise le processus d'échange.

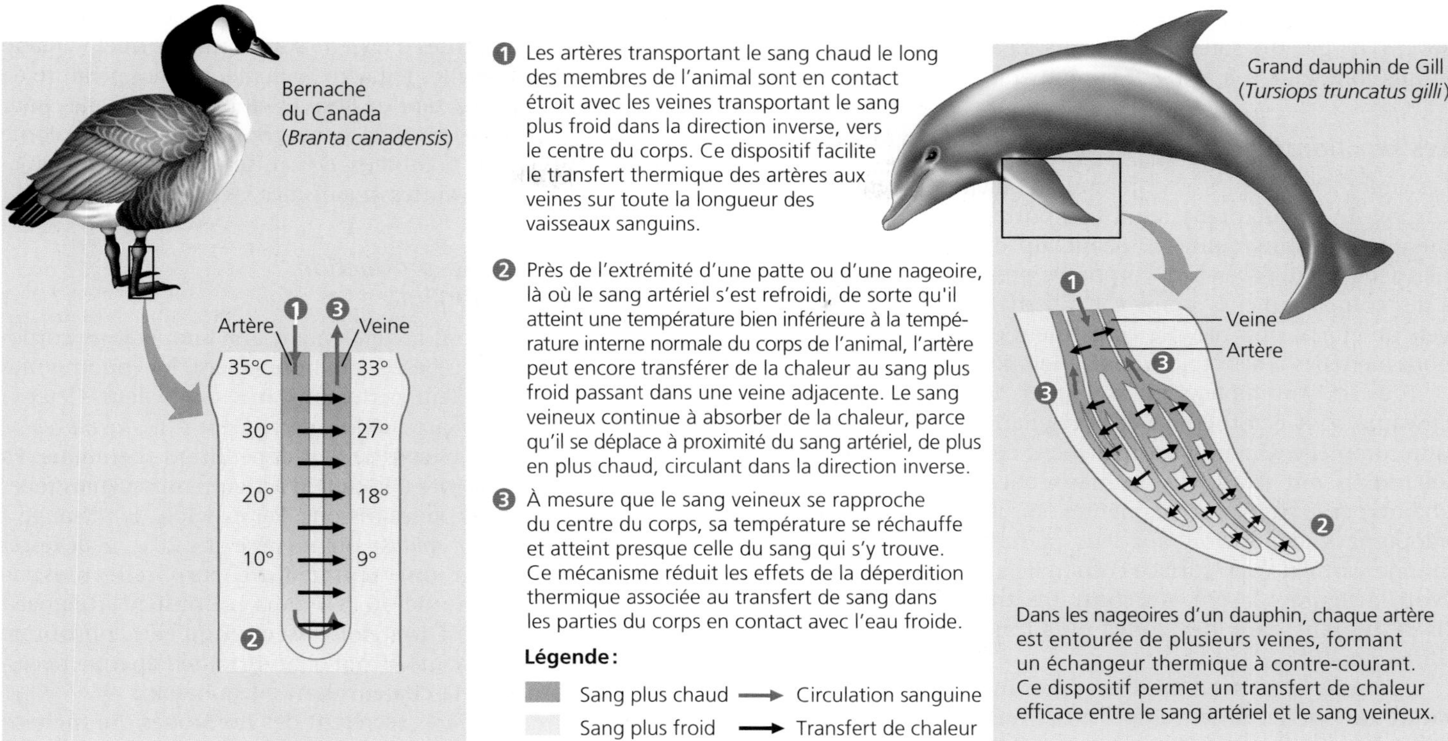

Bernache
du Canada
(*Branta canadensis*)
Artère
Veine
35°C
33°
30°
27°
20°
18°
10°
9°
1 Les artères transportant le sang chaud le long des membres de l'animal sont en contact étroit avec les veines transportant le sang plus froid dans la direction inverse, vers le centre du corps. Ce dispositif facilite le transfert thermique des artères aux veines sur toute la longueur des vaisseaux sanguins.
2 Près de l'extrémité d'une patte ou d'une nageoire, là où le sang artériel s'est refroidi, de sorte qu'il atteint une température bien inférieure à la température interne normale du corps de l'animal, l'artère peut encore transférer de la chaleur au sang plus froid passant dans une veine adjacente. Le sang veineux continue à absorber de la chaleur, parce qu'il se déplace à proximité du sang artériel, de plus en plus chaud, circulant dans la direction inverse.
3 À mesure que le sang veineux se rapproche du centre du corps, sa température se réchauffe et atteint presque celle du sang qui s'y trouve. Ce mécanisme réduit les effets de la déperdition thermique associée au transfert de sang dans les parties du corps en contact avec l'eau froide.
Légende:
Sang plus chaud
Sang plus froid
Circulation sanguine
Transfert de chaleur
Grand dauphin de Gill
(*Tursiops truncatus gilli*)
Veine
Artère
Dans les nageoires d'un dauphin, chaque artère est entourée de plusieurs veines, formant un échangeur thermique à contre-courant. Ce dispositif permet un transfert de chaleur efficace entre le sang artériel et le sang veineux.

▲ **Figure 40.12 Les échangeurs thermiques à contre-courant.** Ce mécanisme aide à retenir la chaleur au centre du corps, réduisant ainsi la déperdition thermique par les extrémités, surtout lorsqu'elles sont immergées dans de l'eau froide ou en contact avec de la glace ou de la neige. En fait, la chaleur du sang artériel provenant du centre du corps est transférée directement au sang veineux qui retourne vers cette partie du corps, au lieu de se dissiper dans l'environnement.

Des requins, des poissons et des insectes utilisent également l'échangeur thermique à contre-courant. Bien que les requins et les poissons soient des animaux tolérants au regard de la chaleur, certains d'entre eux, dont le grand requin blanc, le thon rouge et l'espadon, disposent d'échangeurs thermiques à contre-courant. Cette adaptation favorise l'activité vigoureuse et soutenue de ces animaux, car elle leur permet de garder leurs principaux muscles natatoires à une température supérieure de quelques degrés à celle des tissus de la surface du corps. De même, de nombreux insectes endothermes (les bourdons, les abeilles domestiques et certaines noctuelles) ont un mécanisme d'échange thermique à contre-courant qui maintient une température élevée dans leur thorax, où leurs muscles alaires sont situés.

En régulant les gains et les pertes de chaleur, certaines espèces modulent l'apport sanguin vers l'échangeur thermique à contre-courant. Selon qu'ils laissent passer le sang dans l'échangeur thermique ou qu'ils le détournent vers d'autres vaisseaux sanguins, ces animaux modifient la vitesse de la déperdition de chaleur en fonction de leur état physiologique ou des changements environnementaux. Par exemple, les insectes qui volent par temps chaud courent le risque de ressentir une chaleur excessive en raison de la quantité importante de chaleur produite par les muscles alaires. Certaines espèces sont capables de désactiver le mécanisme d'échange thermique à contre-courant de façon à dissiper la chaleur dégagée par leurs muscles: elle passe du thorax à l'abdomen, puis à l'environnement.

Le refroidissement par perte de chaleur du fait de la vaporisation

Beaucoup de Mammifères et d'Oiseaux habitent dans des milieux où la thermorégulation fait intervenir des mécanismes de refroidissement et de réchauffement. Si la température du milieu est supérieure à celle de son corps, l'animal acquiert de la chaleur, car l'environnement lui en transmet alors même que son métabolisme continue à en produire. Dans ce cas, l'évaporation constitue pour lui l'unique façon d'éviter que sa température corporelle augmente rapidement. Des animaux terrestres perdent de l'eau par évaporation à travers la peau et par la respiration. L'eau absorbe une quantité considérable de chaleur quand elle s'évapore (voir le chapitre 3). Cette chaleur s'éloigne de la surface du corps en même temps que la vapeur d'eau.

Certains animaux bénéficient d'adaptations qui peuvent augmenter sensiblement cet effet de refroidissement. Le halètement joue un rôle important chez les Oiseaux et chez de nombreux Mammifères (le chien, par exemple). Certains oiseaux sont pourvus d'un sac spécialisé, très vascularisé, dans le plancher de leur cavité buccale, et dont le gonflement et le dégonflement rapide favorisent la vaporisation. Du moment que les pigeons ont assez d'eau, ils peuvent faire appel au refroidissement par vaporisation pour conserver une température corporelle proche de 40 °C dans un milieu où la température de l'air atteint jusqu'à 60 °C. Transpirer ou s'asperger d'eau mouille la peau et augmente le refroidissement par vaporisation. De nombreux mammifères terrestres possèdent des glandes sudoripares régulées par le système nerveux et qui contribuent à abaisser la température corporelle.

Les réactions comportementales

Les endothermes et les ectothermes modulent leur température corporelle en adaptant leurs comportements aux changements environnementaux. Beaucoup d'ectothermes maintiennent une température corporelle presque constante grâce à des comportements simples. L'hibernation ou la migration vers un climat plus propice constituent des adaptations comportementales à des conditions de température extrêmes.

Tous les Amphibiens et la plupart des Reptiles (sauf les Oiseaux) sont ectothermes et la régulation de leur température corporelle dépend principalement de leur comportement. Quand ils ont froid, ces animaux cherchent des endroits chauds ; en outre, pour augmenter leur apport thermique, ils adoptent une position qui leur permet d'exposer la plus grande partie de leur surface corporelle à la source de chaleur (voir la figure 40.10b). Au contraire, quand ils ont chaud, ils se retirent dans des zones plus fraîches ou s'orientent différemment.

De nombreux invertébrés terrestres modifient leur température interne en faisant appel à des mécanismes comportementaux similaires à ceux des Vertébrés ectothermes. Par exemple, le criquet pèlerin (*Schistocerca gregaria*) doit atteindre une certaine température avant de pouvoir prendre son envol ; les jours froids, il se place de manière à optimiser son exposition aux rayons solaires. D'autres invertébrés terrestres adoptent certaines postures qui leur donnent la capacité d'accroître ou d'abaisser leur absorption de chaleur solaire (**figure 40.13**).

Les abeilles domestiques (*Apis mellifera*) font appel à un mécanisme de thermorégulation qui dépend d'un comportement social. Quand il fait froid, elles augmentent leur production de chaleur et s'entassent les unes sur les autres pour mieux la conserver. Certaines d'entre elles se déplacent, allant de la périphérie du regroupement vers le centre, où il fait plus chaud, ce qui permet de faire circuler et de distribuer la chaleur. Même quand elles s'entassent, les abeilles doivent dépenser une énergie considérable pour maintenir une température vitale durant de longues périodes de temps froid. (C'est la principale fonction du stockage, dans la ruche, d'importantes quantités d'énergie sous forme de miel.) Quand il fait chaud, les abeilles régulent également la température de la ruche en y transportant de l'eau et en battant des ailes pour faciliter la vaporisation et la convection. Ainsi, une colonie d'abeilles utilise de nombreux mécanismes de thermorégulation observés chez d'autres organismes vivant en solitaires.

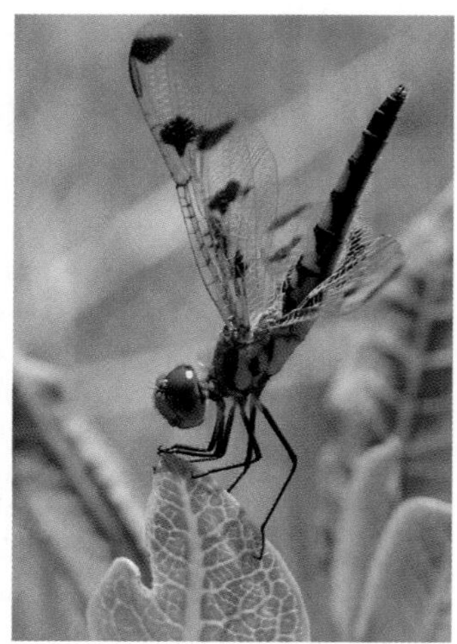

▶ **Figure 40.13 Le comportement de thermorégulation chez la libellule.** La position dite *en obélisque* que prend cette libellule est une adaptation qui réduit au minimum la surface corporelle exposée au soleil. Cette posture aide à réduire les gains de chaleur par rayonnement.

L'ajustement de la production de chaleur métabolique

Étant donné qu'ils ont généralement une température corporelle plus élevée que celle de l'environnement, les endothermes doivent compenser leur perte constante de chaleur. Ceux-ci peuvent ajuster leur production de chaleur – la *thermogenèse* – en fonction de la vitesse de leur déperdition thermique. La thermogenèse augmente à la suite d'activités musculaires telles que les mouvements ou les frissons. Par exemple, la mésange à tête noire (*Poecile atricapillus*), qui ne pèse que 20 g, peut rester active et maintenir une température corporelle presque constante, de l'ordre de 40 °C, dans un milieu atteignant parfois −40 °C. Il est toutefois essentiel qu'elle consomme suffisamment d'aliments afin d'obtenir toute l'énergie nécessaire pour produire la chaleur dont elle a besoin.

Certains mammifères sécrètent des hormones qui incitent les mitochondries à accroître leur activité métabolique et à produire de la chaleur au lieu de l'ATP. Cette *thermogenèse sans frisson* peut avoir lieu dans tout le corps. D'autres mammifères ont aussi des *tissus adipeux bruns* (la couleur brune est attribuable à l'abondance des mitochondries dans les cellules). Situés dans le cou et entre les épaules, ces tissus sont spécialisés dans la production rapide de chaleur. (Chez les bébés humains, le tissu adipeux brun représente environ 5 % de la masse corporelle totale. En 2009, on a découvert du tissu adipeux brun pour la première fois chez des humains adultes, en plus grande quantité lorsque les températures extérieures étaient plus basses.) Grâce aux frissons et à la thermogenèse sans frisson, les Mammifères et les Oiseaux vivant dans des milieux froids peuvent produire de cinq à dix fois plus de chaleur métabolique qu'ils ne le font quand la température extérieure est plus chaude.

Quelques grands Reptiles deviennent endothermes dans des circonstances particulières. Au début des années 1960, Herndon Dowling a observé ce phénomène chez un python birman femelle (*Python molurus bivittatus*). Après avoir placé sur le python un appareil qui enregistrait la température, Dowling a constaté que le serpent maintenait une température corporelle supérieure d'environ 6 °C à celle de l'air environnant pendant qu'il couvait ses œufs. D'où venait cette chaleur ? D'autres expériences effectuées par Dowling et des collègues ont montré que les pythons, comme les Mammifères et les Oiseaux, peuvent augmenter leur température corporelle en frissonnant (**figure 40.14**). Ces travaux ainsi que d'autres études ont apporté un nouvel éclairage sur la thermorégulation des Reptiles ; ils étayent une hypothèse encore controversée selon laquelle certains groupes de dinosaures du Mésozoïque étaient endothermes (voir le chapitre 34).

Comme nous l'avons mentionné précédemment, beaucoup d'espèces d'insectes volants, notamment les abeilles et les noctuelles (papillons de nuit), sont endothermes. Ce sont

▼ **Figure 40.14** INVESTIGATION

Comment un python birman femelle produit-il de la chaleur pendant qu'il couve ses œufs ?

EXPÉRIENCE Au Bronx Zoo de New York, Herndon Dowling, l'étudiant Allen Vinegar et le directeur de recherche de ce dernier, Victor Hutchison, ont constaté que, lorsqu'un python birman femelle couvait ses œufs en enroulant son corps autour d'eux, il augmentait sa température corporelle et contractait souvent les muscles de ses enroulements. Pour savoir si ces contractions musculaires élevaient sa température corporelle, les chercheurs ont installé le python et ses œufs dans une chambre. Ils ont ensuite fait varier la température de cette chambre et enregistré les contractions musculaires du python ainsi que sa consommation d'oxygène, laquelle renseigne sur la vitesse de la respiration cellulaire.

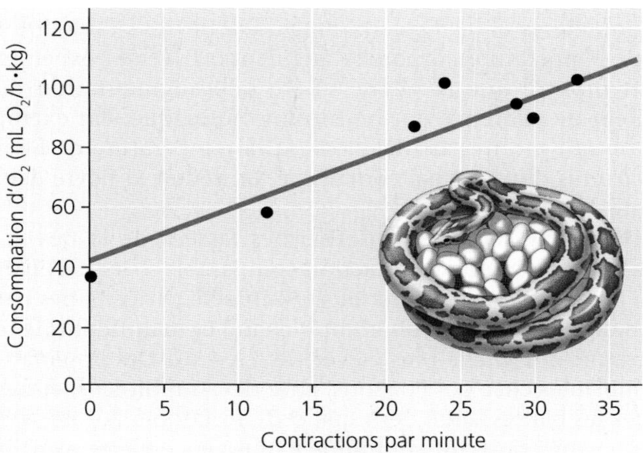

RÉSULTATS La consommation d'oxygène du python augmentait lorsque la température de la chambre diminuait. Sa consommation d'oxygène augmentait également en fonction de la fréquence des contractions musculaires.

CONCLUSION Étant donné que la consommation d'oxygène produit de la chaleur par la respiration cellulaire et augmente de manière linéaire en fonction de la fréquence des contractions musculaires, les chercheurs ont conclu que les contractions musculaires, une forme de frisson, expliquaient la hausse de la température corporelle du python birman.

SOURCE V. H. Hutchison, H. G. Dowling et A. Vinegar, Thermoregulation in a brooding female Indian python, *Python molurus bivittatus*, *Science* 151 : 694-696 (1966).

ET SI ? Supposez que vous faites varier la température de l'air et que vous mesurez la consommation d'oxygène d'un python birman femelle sans sa couvée d'œufs. Comme le python n'aura pas de frissons, comment fera-t-il, à votre avis, pour adapter sa température corporelle en fonction de la température ambiante ?

les plus petits de tous les endothermes. La capacité de ces insectes à faire monter leur température corporelle dépend de muscles alaires puissants, qui produisent des quantités élevées de chaleur quand ils sont en action. De nombreux insectes endothermes font appel aux frissons pour se réchauffer avant de s'envoler : ils contractent les muscles alaires antagonistes en synchronie. Le résultat de ces contractions est une production de chaleur considérable. Les réactions chimiques, dont celles de la respiration cellulaire, s'accélèrent dans les muscles alaires réchauffés, ce qui permet aux insectes en question de voler même par temps froid, de jour comme de nuit (**figure 40.15**).

L'acclimatation dans la thermorégulation

L'acclimatation contribue à la thermorégulation chez beaucoup d'espèces animales. Chez les Oiseaux et les Mammifères, l'acclimatation passe généralement par une modification de la quantité d'isolant cutané (la fourrure s'épaissit en vue de l'hiver, puis elle s'éclaircit en été, lors de la mue, par exemple). De tels changements aident ces animaux à conserver une température corporelle à peu près constante, indépendamment de la saison.

L'acclimatation des ectothermes comprend souvent des modifications au niveau cellulaire. Les cellules peuvent produire des variantes d'enzymes (isoenzymes) ayant la même fonction, mais des températures optimales différentes. La proportion de lipides saturés et insaturés dans les membranes peut aussi changer ; les lipides insaturés permettent aux membranes de garder leur fluidité malgré les changements de température (voir la figure 7.5, p. 141). Certains ectothermes, dont la température corporelle peut descendre au-dessous de zéro, se protègent en produisant des composés « antigel » qui préviennent la formation de cristaux de glace dans les cellules. Dans l'océan Arctique et l'océan Austral (Antarctique), ces composés permettent à certaines espèces de poissons de survivre dans des eaux dont la température peut atteindre −2 °C, un seuil bien inférieur au point de congélation des liquides corporels non protégés (environ −1 °C).

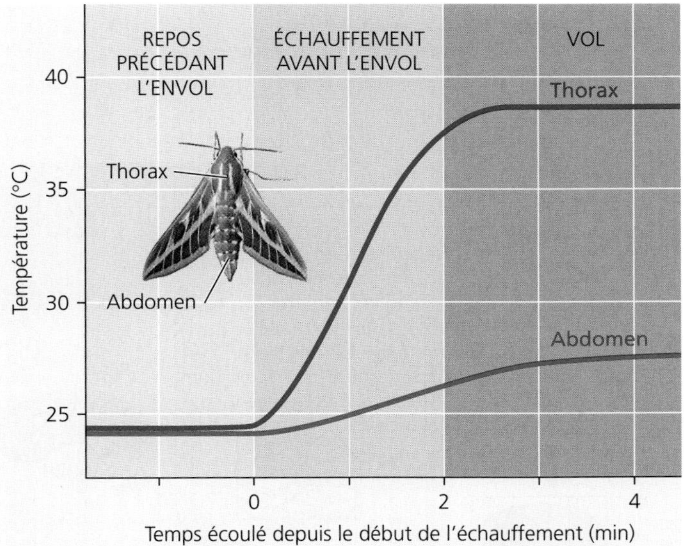

▲ **Figure 40.15 L'échauffement du sphinx avant l'envol.** Le sphinx du tabac (*Manduca sexta*) fait partie des nombreux insectes qui recourent à un mécanisme semblable aux frissons pour réchauffer leurs muscles alaires thoraciques avant de s'envoler. Ces derniers produisent alors suffisamment d'énergie pour que l'animal soit capable de s'envoler. Une fois en vol, la température thoracique du sphinx du tabac reste élevée grâce à l'activité de ses muscles alaires.

Les thermostats physiologiques et la fièvre

La régulation de la température corporelle de l'humain et d'autres Mammifères est une fonction complexe que facilitent divers mécanismes de rétroaction. Les récepteurs associés à la thermorégulation se trouvent dans une région de l'encéphale appelée *hypothalamus*. Ce dernier contient un groupe de neurones régulateurs qui fonctionnent comme un véritable thermostat: ils réagissent aux changements de la température corporelle situés au-dessus ou au-dessous d'un intervalle de référence. L'hypothalamus active des mécanismes favorisant la déperdition ou le gain thermique (**figure 40.16**). Des récepteurs de chaleur indiquent au thermostat hypothalamique les augmentations de température; des récepteurs du froid lui signalent aussi les baisses de température. Comme ce sont les mêmes vaisseaux sanguins qui desservent l'hypothalamus et les oreilles, la prise de la température corporelle dans l'oreille donne une indication précise de la température à laquelle est réglé le thermostat hypothalamique. Lorsque la température du corps est inférieure à l'intervalle des valeurs de référence, le centre de la thermogenèse inhibe les mécanismes de déperdition de chaleur et active ceux de la conservation de chaleur – notamment la constriction des vaisseaux superficiels et l'érection des poils –, tout en stimulant les mécanismes de production de chaleur (la thermogenèse par les frissons ou sans frisson). Une fois que la température corporelle dépasse la valeur de référence fixée par le thermostat, le centre de la thermolyse désactive les mécanismes de conservation de la chaleur et enclenche le refroidissement du corps par la vasodilatation, la sudation ou le halètement.

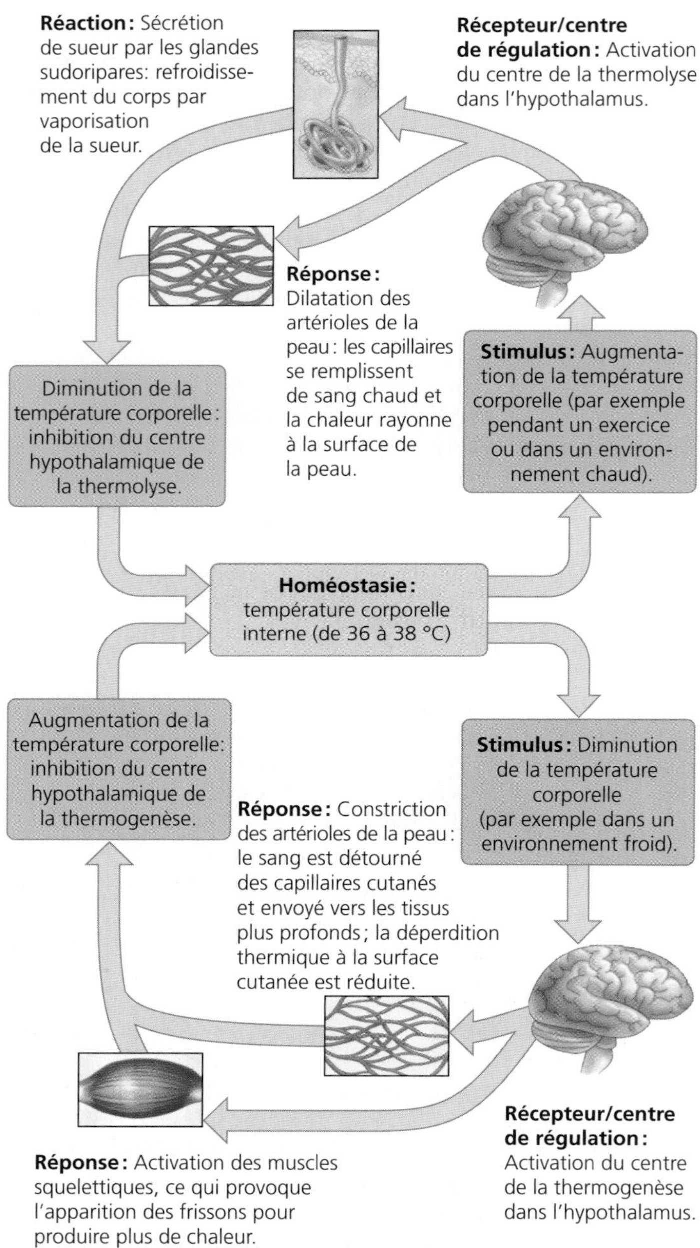

Réaction: Sécrétion de sueur par les glandes sudoripares: refroidissement du corps par vaporisation de la sueur.
Récepteur/centre de régulation: Activation du centre de la thermolyse dans l'hypothalamus.
Réponse: Dilatation des artérioles de la peau: les capillaires se remplissent de sang chaud et la chaleur rayonne à la surface de la peau.
Stimulus: Augmentation de la température corporelle (par exemple pendant un exercice ou dans un environnement chaud).
Diminution de la température corporelle: inhibition du centre hypothalamique de la thermolyse.
Homéostasie: température corporelle interne (de 36 à 38 °C)
Augmentation de la température corporelle: inhibition du centre hypothalamique de la thermogenèse.
Stimulus: Diminution de la température corporelle (par exemple dans un environnement froid).
Réponse: Constriction des artérioles de la peau: le sang est détourné des capillaires cutanés et envoyé vers les tissus plus profonds; la déperdition thermique à la surface cutanée est réduite.
Réponse: Activation des muscles squelettiques, ce qui provoque l'apparition des frissons pour produire plus de chaleur.
Récepteur/centre de régulation: Activation du centre de la thermogenèse dans l'hypothalamus.

▲ **Figure 40.16 Le rôle prépondérant de l'hypothalamus dans la thermorégulation humaine.**

Au cours de certaines infections bactériennes ou virales, les Mammifères et les Oiseaux font de la fièvre, c'est-à-dire que leur température corporelle augmente. Diverses expériences ont montré que la fièvre reflète une augmentation de la valeur de référence du thermostat biologique. Par exemple, si on fait monter artificiellement la température de l'hypothalamus d'un animal contaminé, on réduit la fièvre dans le reste du corps!

Bien que seuls les endothermes fassent de la fièvre, les lézards présentent une réaction comparable. Lorsque l'iguane du désert (*Dipsosaurus dorsalis*) est infecté par certaines bactéries, il s'installe dans un endroit chaud et maintient une température corporelle plus élevée de 2 à 4 °C. Des observations semblables chez des Poissons, chez des Amphibiens, et même chez les blattes, indiquent que cette réaction à l'égard de certaines infections est commune à plusieurs espèces animales.

Comme nous avons exploré en détail la thermorégulation, nous allons à présent nous pencher sur d'autres mécanismes de consommation d'énergie ainsi que sur les différentes façons dont les Animaux dépensent, utilisent et conservent l'énergie.

RETOUR SUR LE CONCEPT 40.3

1. Quel mode d'échange thermique intervient dans le «refroidissement éolien», lorsque l'air en mouvement nous paraît plus froid que l'air immobile, qui est pourtant à la même température? Expliquez votre réponse.
2. Les fleurs n'ont pas toutes les mêmes besoins en matière d'ensoleillement. Quelle importance ce fait peut-il avoir pour un colibri cherchant du nectar par un matin frais?
3. **ET SI?** Imaginez que, au terme d'une longue séance de jogging par temps chaud, vous constatez qu'il ne reste plus de boissons froides dans la glacière. Si, voulant à tout prix vous rafraîchir, vous plongez la tête dans la glacière, comment l'eau glacée influera-t-elle sur la vitesse à laquelle votre température corporelle reviendra à la normale?

Voir les réponses proposées à la fin du chapitre.

CONCEPT 40.4

Les besoins énergétiques sont fonction de la taille, de l'activité et de l'environnement

La vie dépend du transfert et de la transformation de l'énergie; c'est là un des thèmes intégrateurs de la biologie, présentés au chapitre 1. Comme tous les autres organismes, les Animaux ont besoin d'énergie chimique pour assurer leur croissance, la réparation de leurs tissus, leurs processus physiologiques, leur régulation et leur reproduction. Le transfert et la transformation de l'énergie qui se produisent chez un animal sont qualifiés de **processus bioénergétiques**. Ces processus déterminent les besoins nutritionnels d'un animal; ils dépendent de sa taille, de son activité et de son environnement.

Les allocations et les utilisations énergétiques

Comme nous l'avons indiqué dans les chapitres précédents, on peut classer les organismes selon les sources d'approvisionnement en énergie auxquelles ils font appel. Les autotrophes, comme les Végétaux, utilisent l'énergie solaire pour élaborer des molécules organiques riches en énergie. Ils dégradent ensuite ces molécules organiques pour produire de l'énergie. La plupart des hétérotrophes, comme les Animaux, dépendent des aliments, qui constituent leur source d'énergie chimique. Les aliments contiennent en effet des molécules organiques déjà synthétisées par d'autres organismes.

Les Animaux utilisent l'énergie chimique des aliments qu'ils consomment pour alimenter leur métabolisme et leur activité (**figure 40.17**). Ces aliments sont digérés par hydrolyse enzymatique (voir la figure 5.2b, p. 76), les molécules riches en énergie sont ensuite absorbées par les cellules du corps. À l'intérieur des cellules, la plupart de ces molécules servent à produire de l'ATP (adénosine triphosphate) par l'intermédiaire de la respiration cellulaire ou de la fermentation. L'énergie disponible permet aux cellules, aux organes et aux systèmes d'accomplir les fonctions vitales de l'organisme. L'énergie contenue dans l'ATP sert aussi à la biosynthèse, un processus qui rend possible la croissance et la réparation des tissus, l'élaboration des substances de stockage (comme le gras) ainsi que la production des gamètes. La production et l'utilisation de l'ATP engendrent de la chaleur, que l'organisme animal rejette par la suite dans le milieu ambiant.

La mesure des besoins énergétiques

Combien d'énergie (sur le total de l'énergie obtenue à partir des aliments) faut-il à un animal simplement pour rester en vie? Quelle quantité consommera-t-il pour les déplacements, la marche, la course, la nage ou le vol? Quelle fraction de l'apport d'énergie utilisera-t-il pour la reproduction? Les physiologistes répondent à ces questions en mesurant la vitesse à laquelle les Animaux utilisent l'énergie chimique ainsi que les variations de la vitesse du métabolisme selon les circonstances.

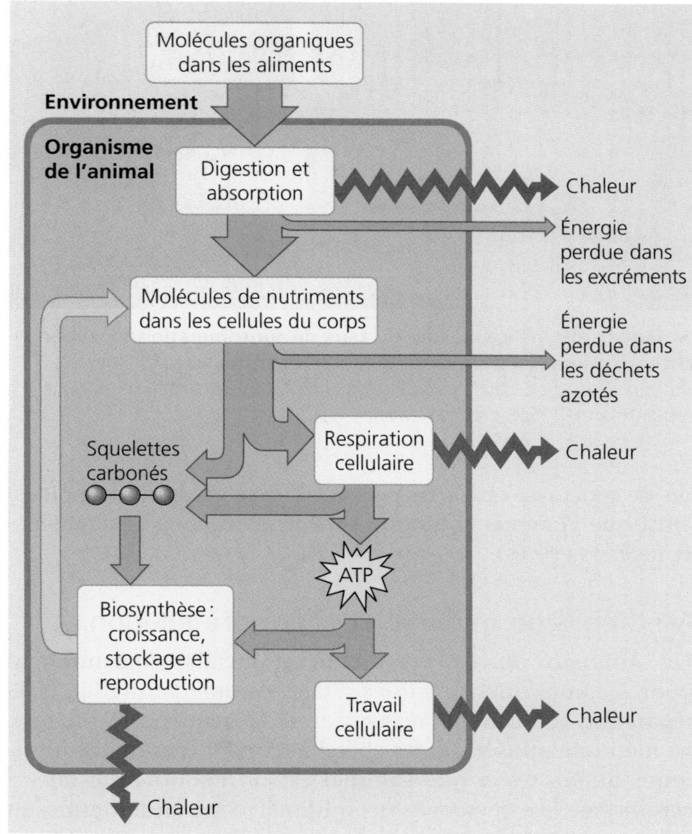

▲ **Figure 40.17 Vue d'ensemble de la bioénergétique d'un animal.**

FAITES DES LIENS *Revoyez la notion de couplage énergétique, au concept 8.3 (p. 166 à 169). Ensuite, servez-vous de cette notion pour expliquer de quelle manière l'absorption des nutriments, la respiration cellulaire et la synthèse des biopolymères produisent de la chaleur.*

La **vitesse du métabolisme** correspond à la quantité d'énergie employée par un animal pendant une période donnée; c'est la somme de toutes les réactions biochimiques associées à une dépense d'énergie qui surviennent pendant cette période. L'énergie se mesure en kilojoules (kJ); la vitesse du métabolisme peut s'exprimer en kilojoules par heure et par kilogramme de masse corporelle, ou, plus généralement, en kilojoules par unité de temps.

Il est possible de déterminer la vitesse du métabolisme de plusieurs façons. Étant donné que presque toute l'énergie chimique utilisée au cours de la respiration cellulaire finit par se transformer en chaleur, on peut évaluer la vitesse du métabolisme en mesurant la déperdition de chaleur d'un animal. Pour ce faire, les chercheurs se servent d'un calorimètre, un appareil constitué d'une chambre fermée et isolée, munie d'un dispositif de mesure de la perte de chaleur de l'animal. On peut également mesurer le métabolisme en déterminant la quantité de dioxygène consommé ou celle du dioxyde de carbone produit au cours de la respiration cellulaire (**figure 40.18**). En outre, quand les chercheurs veulent mesurer le métabolisme sur de longues périodes, ils notent la quantité d'aliments consommés, calculent l'énergie qu'ils renferment (de 19 à 21 kJ environ par gramme de protéines

▲ **Figure 40.18 La mesure du taux de consommation d'oxygène chez un requin en train de nager.** Un chercheur enregistre la baisse du taux d'oxygène dans l'eau de recirculation de l'aquarium d'un jeune requin-marteau (*Sphyrna mokarran*).

ou de glucides, et à peu près 38 kJ par gramme de lipides) ainsi que l'énergie chimique perdue en déchets (excréments et déchets azotés).

Métabolisme minimal et thermorégulation

Les Animaux doivent maintenir un métabolisme minimal pour accomplir des fonctions vitales comme l'entretien et la réparation cellulaire, la respiration et la fréquence cardiaque. La méthode utilisée par les chercheurs pour mesurer ce minimum diffère selon que l'animal est un endotherme ou un ectotherme. Le métabolisme minimal d'un endotherme au repos, qui a terminé sa croissance, qui a l'estomac vide et qui ne subit aucun stress correspond au **métabolisme basal** (**MB**). Le MB se mesure dans un environnement maintenu à une température «confortable» pour l'animal, c'est-à-dire une température à laquelle il ne produit ni ne perd de chaleur. Dans le cas des ectothermes, le métabolisme minimal doit être déterminé à une température externe bien précise, parce que les variations thermiques de l'environnement influent sur la température corporelle, donc sur la vitesse du métabolisme. Le métabolisme d'un ectotherme qui est au repos, à jeun et non stressé s'appelle **métabolisme standard** (**MS**).

La comparaison des métabolismes minimaux montre que l'endothermie et l'ectothermie se caractérisent par des dépenses énergétiques différentes. Celles-ci se situent entre 6 700 et 7 500 kJ/j (kilojoules par jour) chez un homme adulte, et entre 5 400 et 6 300 kJ/j chez une femme adulte. Ces dépenses d'énergie équivalent approximativement à celle d'une ampoule électrique de 75 W employée pendant 24 heures. Par comparaison, le MS d'un alligator américain ne dépasse pas 250 kJ par jour, à 20 °C. Comme cette valeur représente moins du vingtième de l'énergie utilisée par un humain adulte de taille comparable, on comprend aisément que la dépense énergétique est moindre pour un ectotherme.

Les facteurs influant sur la vitesse du métabolisme

Outre le fait d'être endotherme ou ectotherme, de nombreux autres facteurs influent sur la vitesse du métabolisme des Animaux. L'âge, le sexe, la taille, l'activité, la température et l'alimentation font partie des facteurs clés. Examinons ici l'influence de la taille et de l'activité.

La taille et la vitesse du métabolisme

Les Animaux de grande taille ont une masse corporelle plus importante et requièrent donc plus d'énergie chimique. Étonnamment, la relation entre la vitesse du métabolisme et la masse corporelle est constante pour un grand nombre de tailles et de formes, comme on peut le voir dans la **figure 40.19a**, qui illustre cette observation chez les Mammifères. En fait, même pour une gamme très large de tailles, allant de celle de la bactérie à celle de la baleine, le métabolisme demeure approximativement proportionnel à la masse corporelle à la puissance trois quarts ($m^{3/4}$). Les chercheurs continuent d'étudier les causes fondamentales de cette relation qui s'applique à la fois aux ectothermes et aux endothermes.

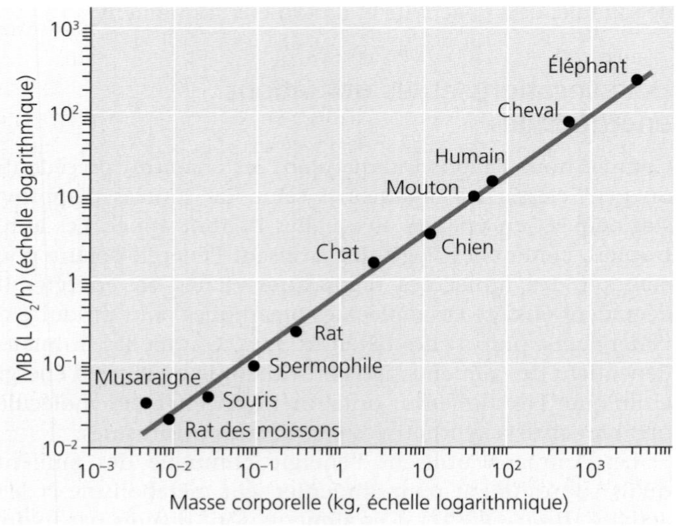

(a) Rapports entre le métabolisme basal (MB) et la taille corporelle chez divers Mammifères. L'éléphant est un million de fois plus gros que la musaraigne.

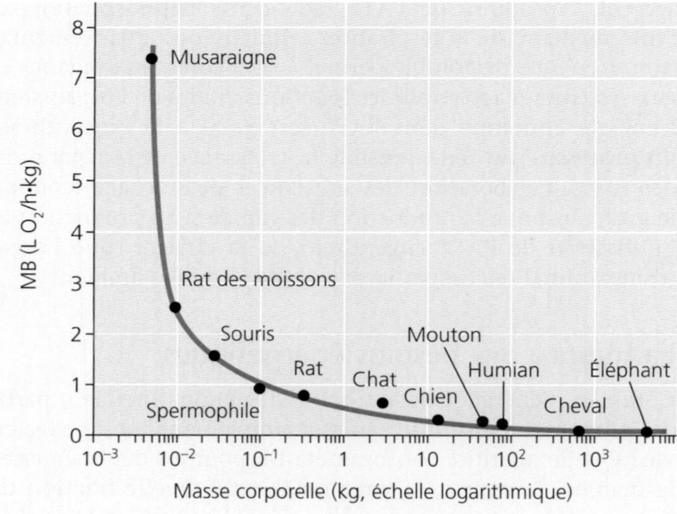

(b) Rapports entre le MB par kilogramme de masse corporelle et la taille corporelle chez les mêmes Mammifères qu'en (a).

▲ **Figure 40.19 Les rapports entre le métabolisme basal et la taille du corps.**

La relation entre le métabolisme basal et la taille influe fortement sur la consommation d'énergie par les cellules et les tissus de l'organisme. Comme le montre la **figure 40.19b**, la quantité d'énergie nécessaire pour maintenir chaque kilogramme de masse corporelle est inversement proportionnelle à la taille du corps. Par exemple, chaque kilogramme de masse corporelle de la souris commune (*Mus musculus*) consomme environ 20 fois plus de kilojoules qu'un kilogramme de masse corporelle de l'éléphant d'Afrique (*Loxodonta africana*). Si on considère la masse totale de chacun de ces animaux, il va sans dire que l'éléphant d'Afrique dépense beaucoup plus de kilojoules que la souris commune. Mais le métabolisme basal des tissus d'un petit animal étant relativement élevé, sa vitesse d'approvisionnement en dioxygène est proportionnellement plus grande. Pour soutenir son métabolisme plus intense, sa fréquence respiratoire doit être plus rapide, son volume sanguin, plus grand (comparativement à sa taille) et sa fréquence cardiaque, plus élevée. Il doit donc également consommer beaucoup plus d'aliments par unité de masse corporelle.

Les principes bioénergétiques associés à la taille d'un animal mettent en évidence l'influence des échanges d'énergie sur l'évolution des plans d'organisation corporelle. Plus la taille du corps est petite, plus le coût énergétique par gramme de tissu est élevé. Plus la taille est grande, plus le coût énergétique par gramme de tissu diminue, mais alors une fraction toujours plus grande des tissus corporels est sollicitée pour l'échange, le soutien et la locomotion.

L'activité et le métabolisme

L'activité des ectothermes et des endothermes influe grandement sur leur métabolisme. Tout comportement (que ce soit, pour un être humain, le fait de lire tranquillement à son bureau ou, pour un insecte, de déplier ses ailes) se traduit par une dépense d'énergie dépassant le métabolisme standard ou le métabolisme basal. Les métabolismes maximaux (les vitesses d'utilisation de l'ATP les plus élevées) sont observés pendant une activité de pointe, comme le soulèvement de masses lourdes, la course ou la nage rapide. En général, le métabolisme maximal d'un animal est inversement proportionnel à la durée de l'activité.

La vitesse moyenne de la consommation d'énergie quotidienne chez la plupart des animaux terrestres (ectothermes et endothermes) est de deux à quatre fois celle du métabolisme standard ou du métabolisme basal. Les humains de la plupart des pays développés ont un métabolisme journalier moyen d'environ 1,5 fois le métabolisme basal; cela correspond à un mode de vie relativement sédentaire.

Les allocations énergétiques

Comme nous venons de le voir, les diverses espèces d'animaux utilisent l'énergie chimique des aliments selon leur environnement, leur comportement, leur taille et leur thermorégulation. Pour comprendre comment ces facteurs influent sur les processus bioénergétiques du corps d'un animal, prenons l'exemple de l'«allocation énergétique annuelle» typique de quatre vertébrés terrestres dont la taille et les stratégies de thermorégulation diffèrent: un humain (*Homo sapiens*), plus précisément une femme de 60 kg, un manchot d'Adélie mâle (*Pygoscelis adeliae*) de 4 kg, une souris sylvestre femelle (*Peromyscus maniculatus*) de 25 g, un serpent indigo femelle (*Drymarchon corais*) de 4 kg (**figure 40.20**). Nous incluons la reproduction dans les allocations énergétiques annuelles, parce que la reproduction peut avoir une grande influence sur les dépenses d'énergie et parce qu'elle est vitale pour la survie d'une espèce.

La femme, un mammifère endotherme, consacre une partie importante de son allocation énergétique annuelle à son métabolisme basal, et une autre plus petite à ses activités et à sa régulation thermique. La faible quantité d'énergie destinée à sa croissance, environ 1%, équivaut à l'ajout de 1 kg de graisse corporelle ou de 5 à 6 kg de tissus autres qu'adipeux. Les coûts en énergie de neuf mois de grossesse et de plusieurs mois d'allaitement représentent uniquement de 5 à 8% des besoins énergétiques annuels de la mère. (Notez que la croissance n'est pas prise en compte dans les allocations du manchot et de la souris parce que ces animaux ne prennent habituellement pas de poids une fois parvenus à l'âge adulte.)

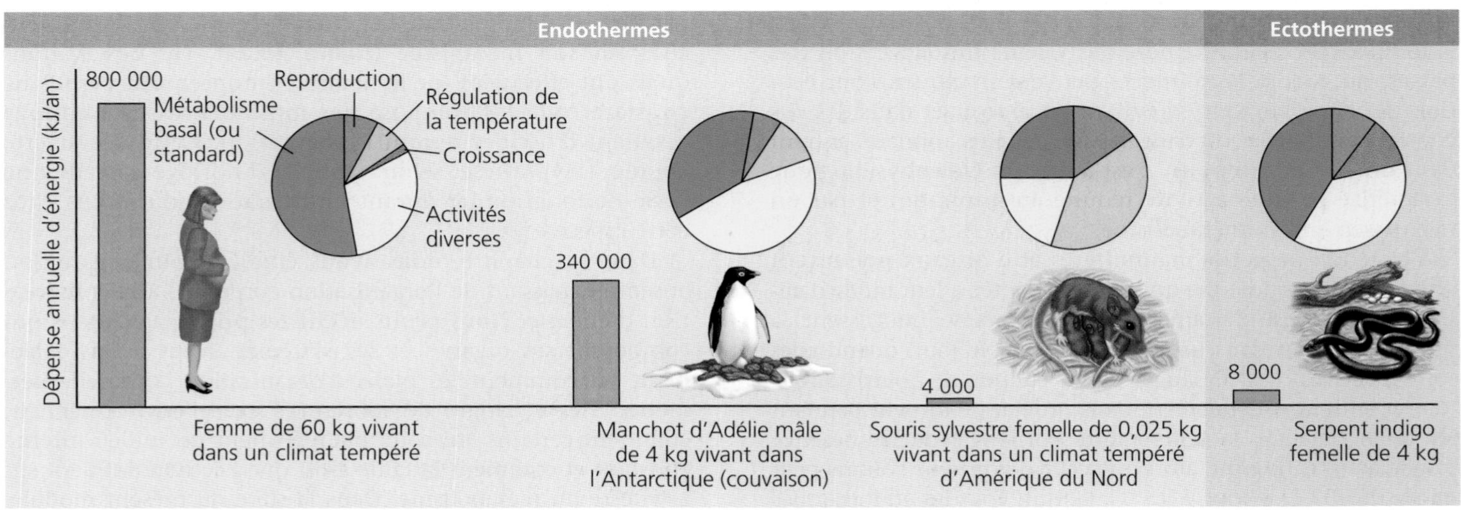

▲ **Figure 40.20 Comparaison des allocations énergétiques de quatre animaux.** Les diagrammes circulaires indiquent la répartition des dépenses d'énergie suivant les diverses fonctions.

Le manchot d'Adélie mâle consacre la plus grande part de ses dépenses d'énergie à l'activité musculaire, car il doit nager pour capturer les poissons dont il se nourrit. Sa couche de graisse isolante est efficace et il est assez dodu; il a donc des coûts de régulation thermique plutôt faibles, même s'il habite dans l'environnement glacial de l'Antarctique. Les coûts énergétiques associés à sa reproduction correspondent à environ 6% de ses dépenses annuelles en énergie; ils sont principalement attribuables à l'incubation de ses œufs (couvaison) et à l'alimentation de ses poussins (le mâle partage cette tâche avec la femelle).

Bien que vivant dans un climat tempéré, la souris sylvestre femelle, elle, consacre une part importante de son allocation énergétique à sa régulation thermique. Étant donné son rapport surface-volume élevé, lequel est inhérent à sa petite taille, elle perd rapidement sa chaleur corporelle. Elle doit donc constamment produire de la chaleur métabolique pour maintenir sa température corporelle.

Comparativement à ces trois endothermes, le serpent indigo, qui est ectotherme, ne dépense pas d'énergie pour sa régulation thermique. Comme la plupart des serpents, il continue de grandir toute sa vie. Dans l'exemple de la figure 40.20, la femelle a gagné environ 750 g de nouveaux tissus. Elle a aussi pondu environ 650 g d'œufs. Sa stratégie ectothermique économique est mise en évidence par sa très faible dépense énergétique annuelle: celle-ci équivaut à uniquement 1/40 de l'énergie dépensée par le manchot d'Adélie, un endotherme d'une masse pourtant comparable.

Chez tous les animaux de la figure 40.20, la locomotion et les autres activités représentent une grande part des allocations énergétiques. Certains animaux peuvent conserver leur énergie en réduisant temporairement leur activité à un niveau très bas, une stratégie que nous allons étudier dans la prochaine section.

La torpeur et la conservation de l'énergie

En dépit de leurs nombreuses adaptations homéostatiques, les Animaux sont obligés occasionnellement de faire face à des situations qui les poussent aux limites de leur capacité à équilibrer leurs allocations énergétiques. Par exemple, pendant certaines saisons de l'année (ou certains moments de la journée), la température peut atteindre des valeurs très élevées ou très basses, ou encore les aliments peuvent manquer. Pour économiser l'énergie tout en évitant de se trouver dans des circonstances difficiles ou dangereuses, certains animaux entrent dans un état de **torpeur**, c'est-à-dire un état physiologique caractérisé par une activité réduite au minimum et par un ralentissement du métabolisme.

Beaucoup de petits mammifères et d'oiseaux présentent une torpeur quotidienne qui semble adaptée à leur mode d'alimentation. Ainsi, certaines chauves-souris se nourrissent la nuit et tombent dans un état de torpeur le jour, quand elles sont inactives. Les mésanges et les colibris se nourrissent le jour et entrent généralement dans un état de torpeur pendant les nuits fraîches; la température corporelle de la mésange tombe à 10 °C, la nuit, alors que celle de certains colibris peut passer de 40 °C, le jour, à 15 °C, la nuit. Tous les endothermes qui manifestent une torpeur quotidienne sont relativement petits, les gros mammifères étant incapables d'abaisser rapidement leur température interne. Quand ils sont actifs, la vitesse de leur métabolisme est accélérée et ils consomment beaucoup d'énergie.

L'**hibernation** est un état de torpeur prolongée, qui constitue une adaptation au froid hivernal et à la pénurie d'aliments pendant cette saison. Quand un mammifère entre en hibernation, sa température corporelle diminue; en fait, le thermostat de son corps est réglé à une température plus basse, mais il continue de fonctionner. La réduction de la température peut être considérable et se faire assez rapidement (en quelques heures): certains mammifères en hibernation maintiennent une température de 1 à 2 °C; dans au moins un cas, celui du spermophile arctique (*Spermophilus parryii*), la température corporelle peut même descendre légèrement au-dessous de 0 °C, ce qui laisse le spermophile dans un état de surfusion (sans congélation). Périodiquement, environ toutes les deux semaines, les animaux en hibernation se réveillent; leur température corporelle augmente et ils s'activent brièvement avant de retomber en hibernation. Néanmoins, les économies d'énergie résultant d'un ralentissement du métabolisme et d'une baisse de la production thermique sont énormes: pendant l'hibernation, le métabolisme peut être 20 fois plus lent que lorsque l'animal maintient sa température à sa valeur normale (entre 36 et 38 °C). Les animaux qui hibernent, comme les spermophiles, sont donc en mesure de survivre aux longs mois d'hiver en disposant de réserves limitées d'énergie, emmagasinées dans les tissus de leur corps ou entassées dans leur terrier. De la même façon, le ralentissement du métabolisme et l'inactivité qui caractérisent l'*estivation*, ou torpeur estivale, permettent à certains animaux de survivre aux longues périodes de chaleur en comptant sur des réserves limitées d'eau.

Qu'arrive-t-il au rythme circadien d'un animal en hibernation? Dans le passé, certains chercheurs avaient observé des rythmes biologiques quotidiens chez des animaux en hibernation. Toutefois, dans certains cas, ces animaux se trouvaient probablement dans un état de torpeur dont ils pouvaient facilement émerger, plutôt qu'en hibernation «profonde». Récemment, un groupe de chercheurs français a abordé la question sous un angle différent. Au lieu d'examiner les rythmes régulés par l'horloge biologique, ces chercheurs se sont plutôt penchés sur son mécanisme (**figure 40.21**). Les observations qu'ils ont effectuées sur le hamster européen ont permis de constater que les composantes moléculaires de l'horloge cessaient d'osciller durant l'hibernation. Cette découverte appuie l'hypothèse selon laquelle l'horloge circadienne cesse de fonctionner durant l'hibernation, du moins chez cette espèce.

Dans ce chapitre, nous avons étudié l'Animal dans son ensemble, passant de l'organisation corporelle à la conservation d'énergie. Nous avons décrit les principaux tissus qui composent ses organes et ses systèmes. Nous avons également vu comment les plans d'organisation corporelle permettent les échanges de substances avec l'environnement, comment certains animaux maintiennent un milieu interne constant et comment la taille ainsi que l'activité influent sur la vitesse du métabolisme. Dans la suite du présent module, nous verrons surtout comment les organes et systèmes spécialisés permettent aux Animaux de survivre.

▼ **Figure 40.21** INVESTIGATION

Qu'arrive-t-il à l'horloge circadienne durant l'hibernation ?

EXPÉRIENCE Pour déterminer si l'horloge biologique de 24 heures continue de fonctionner durant l'hibernation, Paul Pévet et ses collègues de l'Université Louis-Pasteur à Strasbourg, en France, ont étudié les composantes moléculaires de l'horloge circadienne chez le hamster européen (*Cricetus cricetus*). Ils ont mesuré les taux d'ARN de deux gènes des rythmes circadiens – *Per2* et *Bmal1* – durant l'activité normale (euthermie) et durant l'hibernation, qui se déroulait dans une obscurité continuelle. Les échantillons d'ARN provenaient des noyaux suprachiasmatiques (SNC), une paire de structures de l'encéphale mammalien qui régulent les rythmes circadiens.

RÉSULTATS

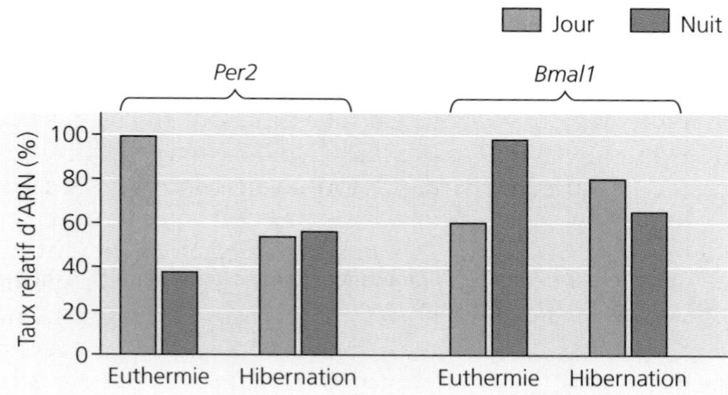

CONCLUSION L'hibernation modifie la variation circadienne des taux d'ARN des deux gènes des rythmes circadiens du hamster. Des expériences subséquentes ont montré que cette modification n'était pas simplement due à l'obscurité durant l'hibernation. En effet, chez les animaux qui n'étaient pas en hibernation, le degré de luminosité n'affectait pas le taux d'ARN. Les chercheurs ont conclu que l'horloge biologique cessait de fonctionner chez le hamster européen en hibernation et peut-être aussi chez d'autres Mammifères au cours de cet état léthargique.

SOURCE F. G. Revel *et al.*, The circadian clock stops ticking during deep hibernation in the European hamster, *Proceedings of the National Academy of Sciences USA* 104 : 13816-13820 (2007).

ET SI ? Imaginez que vous découvrez un nouveau gène chez le hamster et que vous constatez que les taux d'ARN de ce gène sont constants durant l'hibernation. Quelle conclusion en tireriez-vous au sujet des taux d'ARN diurnes et nocturnes durant l'euthermie ?

RETOUR SUR LE CONCEPT 40.4

1. Si une souris et un petit lézard de même masse (tous les deux au repos) sont placés dans un respiromètre, dans des conditions ambiantes identiques, quel animal consommerait du dioxygène à une vitesse plus grande ? Expliquez votre réponse.
2. Lequel, du chat domestique ou du lion d'Afrique (en cage dans un zoo), doit manger quotidiennement des aliments correspondant à une plus grande proportion de son poids ? Expliquez votre réponse.
3. **ET SI ?** Si vous enregistriez les allocations énergétiques du pingouin de la figure 40.20 pendant quelques mois plutôt que durant toute une année, vous constateriez peut-être que la catégorie « croissance » représenterait une part considérable du diagramme circulaire. Comme les pingouins adultes ne grandissent plus une fois adultes, comment expliqueriez-vous votre observation ?

Voir les réponses proposées à la fin du chapitre.

RÉVISION DU CHAPITRE 40

RÉSUMÉ DES CONCEPTS CLÉS

CONCEPT 40.1

Il y a une corrélation entre les structures et les fonctions animales à tous les niveaux d'organisation (p. 989 à 997)

- Les lois de la physique limitent l'évolution de la taille et de la morphologie d'un animal. Cette limite contribue à l'évolution convergente, caractérisée par des adaptations indépendantes les unes des autres, chez différentes espèces vivant dans des conditions environnementales semblables.
- Chacune des cellules d'un animal multicellulaire doit avoir accès à un environnement aqueux. Les organismes sacciformes ou plats, constitués de deux couches de cellules, optimisent les échanges avec le milieu environnant. Les structures corporelles plus complexes font appel à des surfaces intérieures aux replis multiples, spécialisées dans l'échange des substances avec l'environnement.
- Dans l'organisation hiérarchique du corps d'un animal, les cellules qui ont une structure et une fonction communes sont groupées en **tissus**. Différents tissus se combinent pour former des **organes**. Les groupes d'organes qui travaillent en synergie forment des **systèmes**. Les quatre principaux types de tissus remplissent des fonctions distinctes. Les **tissus épithéliaux** recouvrent l'extérieur du corps et des organes, et tapissent les cavités internes. Les **tissus conjonctifs** servent à fixer et à soutenir les autres tissus. Le **tissu musculaire** se contracte et amène le corps à se mouvoir. Le **tissu nerveux** transmet des influx nerveux dans tout l'organisme de l'animal.
- Le système endocrinien et le système nerveux sont les deux principaux systèmes de communication entre les diverses parties du corps. Le système endocrinien émet dans la circulation sanguine des molécules appelées **hormones** qui servent de signaux. Chaque hormone exerce ses effets propres, mais elle n'agit que sur les cellules dotées des récepteurs spécifiques qui les rendent sensibles à l'action de cette hormone. Le système nerveux envoie des messages à diverses parties du corps. Pour ce faire, il utilise des circuits cellulaires spécialisés qui font intervenir des signaux électriques et chimiques.

? *Au regard des échanges de substances avec l'environnement, en quoi une forme sphérique est-elle désavantageuse pour un Animal de grande taille?*

CONCEPT 40.2

De nombreux animaux maintiennent leur milieu interne à l'aide de mécanismes de rétroaction (p. 997 à 1000)

- Les Animaux réagissent aux fluctuations du milieu en assurant la *régulation* de certaines conditions internes, tout en en laissant d'autres *s'adapter* aux changements externes.
- L'**homéostasie** se définit comme le maintien de l'équilibre interne malgré les changements dans le milieu externe.
- Les mécanismes de l'homéostasie font habituellement intervenir la **rétro-inhibition**, dans laquelle la **réponse** atténue le **stimulus**.
- À l'inverse, la **rétroactivation** déclenche une réponse qui intensifie le stimulus et, souvent, provoque un changement d'état, par exemple durant le travail de l'accouchement.
- Certains changements régulés du milieu interne sont essentiels aux fonctions normales. Les **rythmes circadiens** sont des fluctuations quotidiennes du métabolisme et du comportement. Ils suivent le cycle de clarté et d'obscurité de l'environnement. D'autres changements environnementaux déclenchent l'**acclimatation**, un changement temporaire de l'état d'équilibre.

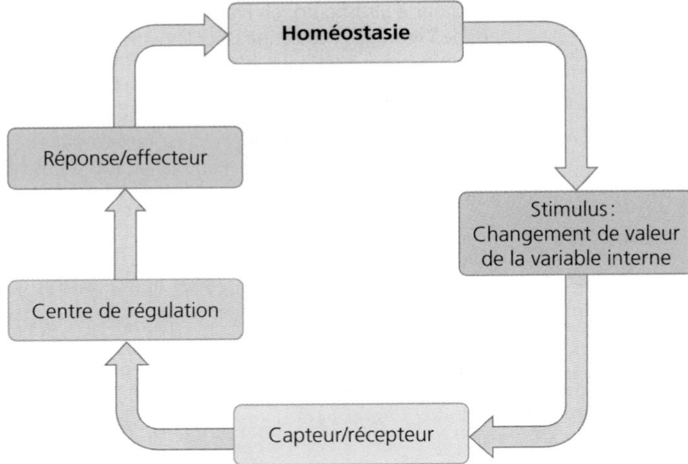

? *Est-il exact de définir l'homéostasie comme étant un milieu interne constant? Expliquez votre réponse.*

CONCEPT 40.3

Les processus homéostatiques qui président à la thermorégulation font intervenir la forme, la fonction et le comportement (p. 1000 à 1006)

- Un Animal maintient sa température interne dans un intervalle compatible avec la vie grâce au processus de **thermorégulation**. Les **endothermes** obtiennent la majeure partie de leur chaleur par leur métabolisme. Les **ectothermes** l'obtiennent principalement de sources externes. L'endothermie requiert une plus grande dépense énergétique que l'ectothermie. La température corporelle peut varier selon la température du milieu externe, comme chez les *poïkilothermes*, ou être relativement constante, comme chez les *homéothermes*.
- Dans la thermorégulation, des adaptations physiologiques et comportementales contribuent à équilibrer les gains et les pertes de chaleur, lesquels ont lieu par **radiation**, **évaporation**, **convection** et **conduction**. L'**isolation** et l'**échangeur thermique à contre-courant** réduisent les pertes de chaleur, tandis que le halètement, la sudation et la baignade augmentent la vaporisation, ce qui refroidit le corps. Les ectothermes et les endothermes modifient la vitesse des échanges thermiques avec le milieu par vasoconstriction ou vasodilatation ainsi que par l'intermédiaire de réactions comportementales.
- Beaucoup de Mammifères et d'Oiseaux modifient leur niveau d'isolation thermique selon les variations de la température de l'environnement. Chez les ectothermes, divers changements cellulaires favorisent l'acclimatation aux changements de température.
- Chez les Mammifères, l'**hypothalamus** est le thermostat qui régule la température corporelle. La fièvre entraîne une réinitialisation du thermostat à une valeur de référence plus élevée en réaction à une infection.

? *Compte tenu du fait que les humains recourent à la thermorégulation, expliquez pourquoi votre peau est plus fraîche que le centre de votre corps.*

CONCEPT 40.4

Les besoins énergétiques sont fonction de la taille, de l'activité et de l'environnement (p. 1007 à 1011)

- Les Animaux se procurent de l'énergie chimique en consommant des aliments. Ils transforment ensuite l'énergie de ces aliments en ATP pour une utilisation à court terme. Chez les Animaux, la vitesse du métabolisme est la quantité totale d'énergie utilisée par unité de temps. La vitesse du métabolisme des endothermes est généralement plus élevée que celle du métabolisme des ectothermes.
- Dans des conditions similaires et pour des animaux de même taille, le **métabolisme basal** des endothermes est considérablement plus rapide que le **métabolisme standard** des ectothermes. La vitesse du métabolisme par unité de masse est en relation inverse avec la taille du corps chez les animaux d'espèces semblables. Un animal dépense de l'énergie en fonction de son métabolisme basal ou de son métabolisme standard, de ses activités, de son homéostasie (par exemple la régulation thermique), de sa croissance et de sa reproduction.
- La **torpeur** est un ralentissement de l'activité et du métabolisme. Elle sert à conserver l'énergie pendant les variations extrêmes de l'environnement. Cet état de torpeur peut se produire en hiver (**hibernation**), en été (estivation) ou durant les périodes de sommeil (torpeur quotidienne).

? *La plupart des Animaux qui hibernent sont de petite taille. Examinez à nouveau la figure 40.19, puis tentez d'expliquer cette observation.*

ÉVALUATION

NIVEAU 1: CONNAISSANCES ET COMPRÉHENSION

1. Le tissu qui se trouve principalement à l'extérieur des cellules est:
a) le tissu épithélial.
b) le tissu conjonctif.
c) le muscle squelettique.
d) le muscle lisse.
e) le tissu nerveux.

2. Parmi les éléments suivants, lequel *ne constitue pas* un mécanisme visant à réduire les échanges thermiques entre un animal et son milieu?
a) Les plumes ou les poils.
b) La vasoconstriction.
c) La thermogenèse sans frisson.
d) L'échangeur thermique à contre-courant.
e) La couche de graisse.

3. Examinez l'allocation énergétique d'un humain, d'un éléphant, d'un manchot, d'une souris et d'un serpent. Parmi ces organismes, lequel aura la dépense d'énergie annuelle totale la plus élevée et lequel aura la plus grande dépense d'énergie par unité de masse?
a) L'éléphant; la souris.
b) L'éléphant; l'humain.
c) L'humain; le manchot.
d) La souris; le serpent.
e) Le manchot; la souris.

NIVEAU 2: APPLICATION ET ANALYSE

4. Soit deux cellules de forme identique, l'une étant plus petite que l'autre. Chez la plus grande:
a) la surface est plus faible.
b) la surface par unité de volume est plus faible.
c) le rapport surface-volume est identique à celui de la petite cellule.
d) la distance moyenne entre les mitochondries et la source externe de dioxygène est plus courte.
e) le rapport entre le cytoplasme et le noyau est plus faible.

5. Chez un animal, les gains d'énergie et de matière dépassent les pertes d'énergie et de matière:
a) s'il est endotherme, car il doit toujours absorber davantage d'énergie en raison de son métabolisme élevé.
b) s'il est à la recherche de nourriture.
c) s'il est en hibernation.
d) s'il est en période de croissance et que sa masse augmente.
e) Aucune de ces réponses: cela n'arrive jamais, car l'homéostasie équilibre toujours les allocations d'énergie et de matière.

6. Vous étudiez un grand reptile tropical dont la température corporelle est élevée et relativement stable. Parmi les arguments suivants, lequel vous permet de déterminer s'il est endotherme ou ectotherme?
a) Sa température élevée et constante vous permet d'affirmer que c'est un endotherme.
b) Comme il ne s'agit ni d'un oiseau ni d'un mammifère, ce reptile est nécessairement ectotherme.
c) Il s'agit d'un ectotherme puisque sa température corporelle et son métabolisme changent en fonction de la température ambiante.
d) Il s'agit d'un ectotherme, car sa température corporelle correspond à la température du milieu quand celle-ci est élevée et stable.
e) La vitesse de son métabolisme étant plus élevée que celle d'une espèce apparentée qui vit dans les forêts tempérées, ce reptile est endotherme et son cousin est ectotherme.

7. Parmi les animaux suivants, lequel consacre le pourcentage le plus important de son allocation énergétique à sa régulation homéostatique?
a) L'hydre.
b) La méduse (un invertébré).
c) Le serpent dans une forêt tempérée.
d) L'insecte dans le désert.
e) L'oiseau dans le désert.

8. **FAITES UN DESSIN** Faites un schéma illustrant les circuits de commande qui vous permettraient de conduire une voiture à une vitesse à peu près constante sur une route accidentée. Indiquez les caractéristiques qui représentent un récepteur, un stimulus ou une réponse.

NIVEAU 3: SYNTHÈSE ET ÉVALUATION

9. **LIEN AVEC L'ÉVOLUTION**
En 1847, le biologiste allemand Carl Bergmann a constaté que les Mammifères et les Oiseaux vivant à des latitudes plutôt éloignées de l'équateur sont en moyenne plus grands et plus lourds que les espèces apparentées observées à proximité de l'équateur. En vous appuyant sur la théorie de l'évolution, proposez une hypothèse susceptible de justifier cette observation.

10. **INTÉGRATION**
La chenille de la livrée d'Amérique (*Malacosoma americanum*), un papillon de nuit, vit en groupes assez importants dans des cocons, ou des tentes, qu'elle tisse dans les cerisiers. Elle est l'un des premiers insectes à devenir actifs au printemps, quand la température du jour oscille entre le point de congélation et une chaleur intense. L'observation d'une colonie au cours d'une journée vous permet de constater des différences marquées dans le comportement au sein des groupes. Tôt le matin, les chenilles noires se reposent en une masse bien compacte du côté de la tente exposée à l'est (en direction du soleil levant). Au milieu de l'après-midi, le groupe se tient sous la surface de son abri, et chaque chenille est suspendue par seulement quelques-unes de ses pattes. Proposez une hypothèse susceptible d'expliquer ce comportement. Comment vérifieriez-vous la validité de votre hypothèse?

11. SCIENCE, TECHNOLOGIE ET SOCIÉTÉ
Des chercheurs en médecine ont entrepris des études sur la création de substituts artificiels à divers tissus humains. Dans quelles situations la peau et le sang artificiels pourraient-ils être utiles ? Quelles caractéristiques ces tissus devraient-ils posséder pour remplir efficacement leur fonction dans le corps ? Pourquoi les véritables tissus sont-ils plus efficaces que les substituts ? Pourquoi ne pas utiliser des tissus véritables s'ils conviennent davantage ? Selon vous, quels autres types de tissus artificiels pourraient être utiles ?
À quels problèmes les chercheurs pourraient-ils se heurter lors de l'élaboration et de l'utilisation de ces tissus artificiels ?

12. ÉCRIVEZ UN TEXTE
Les mécanismes de régulation rétroactive Dans un court texte (de 100 à 150 mots) au sujet du rôle de la rétroaction dans la thermorégulation, expliquez pourquoi la fièvre s'accompagne parfois de frissons.

RÉPONSES DU CHAPITRE 40

Questions des figures

Figure 40.4 Ces surfaces d'échange sont qualifiés d'« internes » du fait qu'elles se trouvent à l'intérieur du corps, mais elles communiquent également avec des ouvertures qui débouchent sur la surface externe du corps, donc sur le milieu externe. **Figure 40.8** Le climatiseur formerait un second circuit de commande, refroidissant la maison lorsque la température de l'air dépasse la valeur de référence. Des circuits de commande en sens opposés, ou antagonistes, augmentent l'efficacité d'un mécanisme homéostatique. **Figure 40.14** Si un python birman femelle ne couvait pas d'œufs, sa consommation d'oxygène diminuerait lorsque la température augmente, comme chez les autres ectothermes. **Figure 40.17** L'acheminement des nutriments de part et d'autre des membranes ainsi que la synthèse de l'ARN et des protéines sont couplés à l'hydrolyse de l'ATP. Ces réactions ont lieu spontanément parce qu'il y a une perte globale d'énergie libre ; l'énergie excédentaire se dissipe sous forme de chaleur. De la même façon, moins de la moitié de l'énergie libre du glucose est utilisée dans les réactions couplées de la respiration cellulaire. L'énergie restante est libérée sous forme de chaleur. **Figure 40.21** Aucune conclusion. En effet, même si des gènes qui s'expriment par des variations circadiennes durant l'euthermie comportent des taux constants d'ARN durant l'hibernation, il est tout à fait possible qu'un gène s'exprime de manière constante durant l'hibernation et durant l'euthermie.

Retour sur le concept 40.1

1. Tous les types d'épithélium se composent de cellules densément groupées qui tapissent une surface, sont situées sur une membrane basale et forment une interface vivante et protectrice avec le milieu externe. **2.** En plaquant ses oreilles sur son dos, le lièvre réduit la surface de son corps exposée à l'environnement ; il limite ainsi les pertes de chaleur. Toutefois, en plaçant ses oreilles de cette façon, le lièvre est moins en mesure de détecter la présence des prédateurs. **3.** Votre système nerveux doit percevoir le danger et provoquer une réaction musculaire extrêmement rapide pour vous empêcher de tomber. Toutefois, le système nerveux n'est pas en communication directe avec les vaisseaux sanguins ou avec les cellules qui stockent le glucose dans le foie. Il déclenche plutôt la libération par le système endocrinien d'une hormone (appelée épinéphrine ou adrénaline) qui active presque instantanément une modification des tissus.

Retour sur le concept 40.2

1. Dans cette réaction biosynthétique déclenchée par l'enzyme, le produit d'une voie (ici l'isoleucine) inhibe le processus biosynthétique qui l'a produit. Par contre, dans la thermorégulation, le produit de la voie (un changement de température) ralentit l'activité de la voie en atténuant le stimulus. **2.** Il faudrait placer le thermostat près de l'endroit où vous passez le plus de temps. Il ne doit pas être exposé aux perturbations environnementales telles que la lumière directe du soleil, ni placé trop près du radiateur. De la même façon, les centres de contrôle de l'homéostasie situés dans le cerveau humain ne sont pas exposés directement aux perturbations environnementales. C'est ainsi qu'ils peuvent réguler le fonctionnement des tissus cibles. **3.** Dans l'évolution convergente, le même trait biologique émerge de manière indépendante chez deux espèces, ou plus. L'analyse génétique peut montrer que ces origines sont indépendantes. Plus précisément, si la séquence des nucléotides des gènes auquel est lié ce caractère chez une espèce ne ressemble pas suffisamment à celle des gènes correspondants chez une autre espèce, on peut conclure que l'origine génétique de ce caractère est distincte chez les deux espèces, donc indépendante. Dans le cas des rythmes circadiens, les gènes de l'horloge chez les cyanobactéries ne semblent pas présenter de lien avec ceux qu'on trouve chez les humains.

Retour sur le concept 40.3

1. Le « refroidissement éolien » est une perte de chaleur par convection : l'air en mouvement contribue à la perte de chaleur par la surface de la peau. **2.** Comme le colibri est un endotherme de très petite taille, la vitesse de son métabolisme est très élevée. Lorsque certaines fleurs absorbent la chaleur du soleil et réchauffent ainsi leur nectar, le colibri qui butine ce nectar économise la dépense métabolique qu'il aurait dû faire pour le réchauffer lui-même. **3.** L'eau glacée refroidirait les tissus de votre tête, y compris le sang qui circulerait ensuite ailleurs dans votre corps. Cela contribuerait à ramener la température corporelle à sa valeur normale. Mais si de l'eau glacée parvenait au tympan et refroidissait le vaisseau sanguin qui dessert l'hypothalamus, alors le thermostat de l'hypothalamus réagirait en inhibant la transpiration et en contractant les vaisseaux sanguins de la peau, ce qui aurait finalement pour effet de ralentir le refroidissement de votre corps.

Retour sur le concept 40.4

1. Étant un endotherme, la souris a un métabolisme basal plus élevé que le métabolisme standard du lézard, qui est un ectotherme. **2.** Le chat domestique ; plus l'animal est petit, plus la vitesse du métabolisme par kilogramme de masse corporelle est élevée. Par conséquent, la demande en aliments par unité de masse augmente. **3.** Même si les pingouins cessent de grandir une fois adultes, leur masse fluctue en fonction de l'énergie qu'ils stockent ou dépensent. Une quantité considérable d'énergie peut être emmagasinée sous forme de graisses durant une partie de l'année, puis être utilisée ultérieurement. Si on mesure les allocations énergétiques uniquement durant la période où l'énergie est stockée en graisses, on conclut à tort que le pingouin est en croissance.

Questions du résumé des concepts clés

40.1 Les animaux échangent des substances avec leur environnement par la surface de leur corps ; or, la forme sphérique est celle qui possède la plus petite surface par unité de volume. À mesure que la taille augmente, le rapport surface/volume diminue. **40.2** Non ; même si l'animal assure la régulation de certains paramètres de son environnement interne, cet environnement fluctue légèrement autour d'une valeur de référence. L'homéostasie est un état dynamique. Certains changements, par exemple les augmentations radicales de la concentration d'hormones, se produisent à des moments précis au cours de la croissance d'un animal, car ils sont ainsi programmés. **40.3** L'échange de chaleur par la peau est un mécanisme de régulation de la température centrale du corps ; c'est pourquoi la température de la peau est plus basse que la température centrale. **40.4** Étant donné que les petits animaux ont le rapport MB par unité de masse le plus élevé, c'est chez eux que les économies d'énergie par unité de masse durant l'hibernation sont les plus grandes. Par conséquent, la pression sélective qui favorise l'hibernation au cours de l'évolution est d'une grande importance chez les petits animaux.

ÉVALUATION

1. b; **2.** c; **3.** a; **4.** b; **5.** d; **6.** c; **7.** e;
8.

Réponse/frein
La voiture ralentit.
Stimulus: vitesse trop rapide
Le conducteur lit l'indicateur de vitesse (récepteur)
La voiture accélère.
Stimulus: vitesse trop lente
Réponse / accélérateur

41

La nutrition chez les Animaux

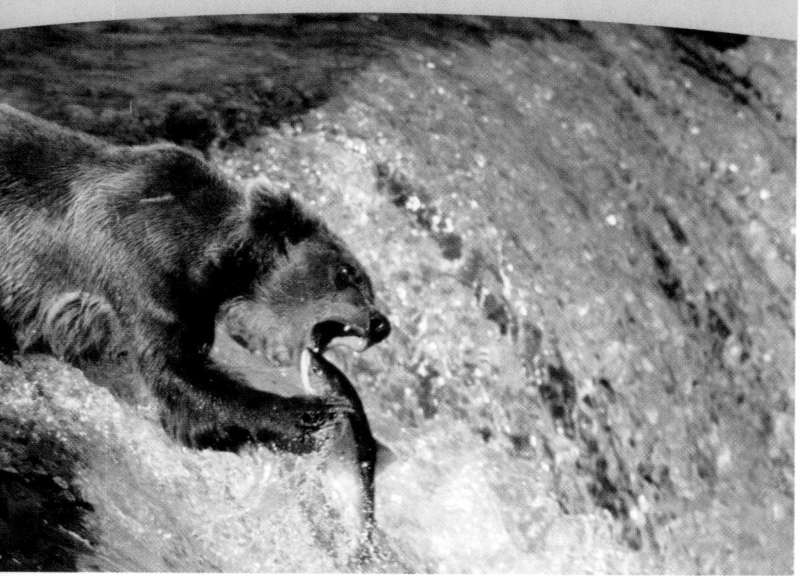

▲ **Figure 41.1 Comment un ours peut-il fabriquer des graisses à partir d'un poisson maigre ?**

CONCEPTS CLÉS

41.1 Le régime alimentaire des Animaux doit fournir de l'énergie chimique, des molécules organiques ainsi que les éléments nutritifs essentiels

41.2 Les principales étapes du traitement de la nourriture sont l'ingestion, la digestion, l'absorption et l'élimination

41.3 Les différents organes du système digestif des Mammifères assurent un traitement progressif de la nourriture

41.4 Les adaptations évolutives du système digestif des Vertébrés sont liées au régime alimentaire

41.5 Des circuits de rétroaction assurent la régulation de la digestion, du stockage de l'énergie et de l'appétit

INTRODUCTION

La nécessité de s'alimenter

C'est l'heure du repas pour le kodiak de l'Alaska de la **figure 41.1** (et pour le saumon également, quoique dans un tout autre sens). Les mâchoires de l'ours mettront en pièces la peau, les muscles et les autres parties du poisson ; son système digestif dégradera tous ces petits morceaux de nourriture sous l'action des acides et des enzymes du système digestif et les transformera en petites molécules. Finalement, celles-ci seront absorbées par le corps de l'ours. Ce traitement des aliments illustre la **nutrition** chez les Animaux : ils ingèrent de la nourriture, la décomposent et l'absorbent.

Évidemment, ce ne sont pas tous les animaux qui pêchent leur repas directement dans une rivière, mais ils ont tous en commun de consommer d'autres organismes, que ceux-ci soient morts ou vivants, entiers ou en morceaux. Contrairement aux Végétaux, les Animaux doivent ingérer de la nourriture pour obtenir leur énergie et pour se procurer les molécules organiques qui entreront dans la constitution des nouvelles molécules, des nouvelles cellules et des nouveaux tissus. Partageant ce besoin fondamental de se procurer de la nourriture, les Animaux diffèrent par leur mode d'alimentation. Les **herbivores**, tels que les bovins, les concombres de mer et les termites, se nourrissent principalement de plantes ou d'algues. Les **carnivores**, notamment les requins, les buses et les araignées, dévorent d'autres animaux. Enfin, les ours et les autres **omnivores** (du latin *omni*, qui signifie « tout ») ne mangent pas réellement tout ce qu'ils trouvent, mais leur régime alimentaire est très varié, puisqu'il se compose d'animaux aussi bien que de plantes ou d'algues. Les humains que nous sommes sont également omnivores, à l'instar des cafards et des corbeaux.

Les termes *herbivore*, *carnivore* et *omnivore* correspondent aux types d'aliments *généralement* consommés. En réalité, la plupart des animaux ont un comportement opportuniste à l'égard de l'alimentation ; ils consomment de la nourriture qui ne relève pas de leur régime alimentaire courant quand leurs aliments favoris ne sont pas disponibles. Par exemple, les cerfs sont herbivores, mais en plus de se nourrir d'herbe et d'autres plantes, il leur arrive de consommer des petits animaux tels que des insectes ou des vers, ou des œufs d'oiseaux. Notons que tous les animaux consomment malgré eux des microorganismes quand ils ingèrent des aliments.

Tous les animaux ont besoin de manger. Cependant, pour survivre et se reproduire, ils doivent également assurer un équilibre entre l'énergie qu'ils tirent de leurs aliments, celle qu'ils emmagasinent et celle qu'ils utilisent. Par exemple, les ours se préparent à l'hibernation en stockant de l'énergie, principalement sous la forme de tissus adipeux. Une alimentation excessive, insuffisante ou inappropriée peut compromettre la santé des animaux. Dans le présent chapitre, nous nous pencherons sur les besoins nutritionnels des Animaux ; nous évaluerons certaines des adaptations auxquelles ils font appel pour obtenir des aliments et les traiter. Enfin, nous examinerons la régulation des apports énergétiques et des dépenses énergétiques.

CONCEPT 41.1

Le régime alimentaire des Animaux doit fournir de l'énergie chimique, des molécules organiques et des éléments nutritifs essentiels

Dans l'ensemble, une alimentation adéquate doit satisfaire trois grands besoins nutritionnels : fournir de l'énergie chimique pour les processus cellulaires ; apporter des molécules organiques pour la fabrication de macromolécules ; et procurer des nutriments essentiels.

Le fonctionnement des cellules, des tissus et des organes, ainsi que les activités des animaux eux-mêmes, dépendent des sources d'énergie chimique fournies par les aliments. Cette énergie sert à produire l'ATP qui entretient les réactions cellulaires, depuis la réplication de l'ADN et la mitose jusqu'à la vision et à la locomotion. Pour satisfaire les besoins continus en ATP, les animaux ingèrent et digèrent des nutriments, dont des glucides, des protéines et des lipides, qu'ils utilisent dans la respiration cellulaire et qu'ils emmagasinent.

En plus de fournir aux animaux l'énergie destinée à la production de l'ATP, l'alimentation doit procurer les matériaux nécessaires à la biosynthèse. Pour bâtir les molécules complexes essentielles à la croissance et au maintien des tissus, un animal doit trouver deux types de précurseurs organiques dans les aliments : une source de carbone organique (comme les monosaccharides et les disaccharides) et une source d'azote organique (généralement les acides aminés provenant de la digestion des protéines). À partir de ces matériaux, il peut fabriquer une grande variété de molécules organiques.

Les matériaux nécessaires aux cellules que les animaux sont incapables de synthétiser eux-mêmes sont appelés **nutriments essentiels**. Ces matériaux doivent être présents dans les aliments, par exemple les minéraux et les molécules organiques préassemblées. Certains nutriments sont indispensables à tous les animaux, mais d'autres ne sont utiles qu'à certaines espèces. Ainsi, l'acide ascorbique (vitamine C) est un nutriment essentiel aux humains et aux autres Primates, aux cochons d'Inde (*Cavia porcellus*), à certains oiseaux et serpents, mais non à la plupart des autres Animaux.

Les nutriments essentiels

On classe les nutriments essentiels en quatre catégories : les acides aminés essentiels, les acides gras essentiels, les vitamines et les minéraux.

Les acides aminés essentiels

Les Animaux ont besoin de 20 acides aminés pour fabriquer leurs protéines (voir la figure 5.16, p. 87). La plupart des espèces possèdent les enzymes qu'il faut pour en synthétiser environ la moitié, du moment que leur régime alimentaire comporte du soufre et une source d'azote organique. Les autres acides aminés doivent se trouver préformés dans les aliments, d'où leur nom d'**acides aminés essentiels**. Pour la plupart des animaux, y compris les humains, huit acides aminés sont indispensables (et un neuvième, l'histidine, est nécessaire au nourrisson).

▲ **Figure 41.2 La mise en réserve de protéines destinées à la croissance.** Les manchots, tels que ce spécimen de manchot d'Adélie (*Pygoscelis adeliae*) habitant l'Antarctique, doivent synthétiser beaucoup de nouvelles protéines au moment de la mue et du remplacement du plumage. Au moment où ils perdent leur revêtement de plumes isolantes, ils ne sont pas en mesure de nager ni de s'alimenter. D'où tirent-ils alors les acides aminés indispensables à la production des protéines constitutives des plumes ? Avant de muer, les manchots augmentent considérablement leur masse musculaire. Durant la mue, ils dégradent les protéines supplémentaires des muscles et récupèrent les acides aminés nécessaires à la croissance des nouvelles plumes.

FAITES DES LIENS *À partir des exemples de la figure 5.15 (p. 86), quelle généralisation pouvez-vous faire au sujet des circonstances dans lesquelles bien des animaux utilisent des protéines pour stocker des acides aminés ?*

Les protéines des produits animaux sont dites *complètes*, c'est-à-dire qu'elles contiennent tous les acides aminés essentiels, dans des proportions adéquates. En revanche, la plupart des protéines végétales sont *incomplètes*, car il leur manque un ou plusieurs acides aminés essentiels. Ainsi, le maïs ne contient pas de tryptophane ni de lysine, tandis que les légumineuses sont dépourvues de méthionine. Les personnes végétariennes peuvent néanmoins obtenir facilement tous les acides aminés essentiels en consommant un large éventail de protéines végétales.

Certains animaux présentent des adaptations particulières qui leur permettent de traverser des périodes de leur vie durant lesquelles leur corps devra utiliser d'énormes quantités de protéines. Par exemple, pendant la mue, les manchots peuvent dégrader les protéines de leurs muscles et récupérer les acides aminés dont ils ont besoin pour synthétiser les nouvelles protéines nécessaires au remplacement des plumes perdues (**figure 41.2**).

Les acides gras essentiels

Les Animaux synthétisent la plupart des acides gras dont ils ont besoin, mais pas tous. Les **acides gras essentiels**, c'est-à-dire ceux qu'ils ne peuvent fabriquer eux-mêmes, sont des acides gras insaturés qui renferment une ou plusieurs liaisons doubles (voir la figure 5.11, p. 83). Par exemple, l'acide linoléique doit faire partie du régime alimentaire des humains, car il sert à fabriquer certains phosphoglycérolipides membranaires. Les carences sont rares, car les graines, les produits céréaliers,

Tableau 41.1 Les besoins en vitamines chez les humains

Vitamines	Principales sources alimentaires	Principales fonctions	Symptômes de carence
Vitamines hydrosolubles			
Vitamine B_1 (thiamine)	Porc, légumineuses, arachides et céréales à grains entiers	Coenzyme utilisée pour éliminer le CO_2 des composés organiques	Béribéri (picotements, troubles de la coordination, altération de la fonction cardiaque)
Vitamine B_2 (riboflavine)	Produits laitiers, viandes, céréales enrichies et légumes	Constituant des coenzymes FAD et FMN	Lésions cutanées, notamment fissures aux commissures des lèvres
Niacine (vitamine B_3)	Noix, viandes et céréales à grains entiers	Constituant des coenzymes NAD^+ et $NADP^+$	Lésions cutanées et gastro-intestinales, hallucinations, confusion mentale
Acide pantothénique (vitamine B_5)	Viandes, produits laitiers, céréales à grains entiers, fruits, légumes	Constituant de la coenzyme A	Fatigue, perte de sensibilité, picotements dans les mains et les pieds
Vitamine B_6 (pyridoxine)	Viandes, légumes et céréales à grains entiers	Coenzyme utilisée dans le métabolisme des acides aminés	Irritabilité, convulsions, secousses musculaires et anémie
Biotine (vitamine B_8)	Légumineuses, autres végétaux et viandes	Coenzyme dans la synthèse des lipides, du glycogène et des acides aminés	Inflammation et desquamation cutanées, troubles neuromusculaires
Acide folique (folacine, vitamine B_9)	Légumes verts, oranges, noix, légumineuses et céréales à grains entiers	Coenzyme participant au métabolisme des acides aminés et des acides nucléiques	Anémie et malformations congénitales
Vitamine B_{12}	Viandes, œufs et produits laitiers	Production des acides nucléiques et des globules rouges	Anémie, perte de sensibilité, troubles de l'équilibre
Vitamine C (acide ascorbique)	Agrumes, brocoli, tomate	Utilisée pour la synthèse du collagène ; antioxydant	Scorbut (dégénérescence de la peau et des dents) ; cicatrisation lente
Vitamines liposolubles			
Vitamine A (rétinol)	Légumes vert foncé et orange ; fruits, produits laitiers	Constituant des pigments visuels ; entretien des tissus épithéliaux	Cécité ; problèmes cutanés, affaiblissement du système immunitaire
Vitamine D	Produits laitiers et jaune d'œuf	Facilite l'absorption et l'utilisation du calcium et du phosphore	Rachitisme (difformités osseuses) chez les enfants, ostéomalacie chez les adultes
Vitamine E (tocophérol)	Huiles végétales, noix et graines	Antioxydant ; protège les membranes cellulaires	Dégénérescence du système nerveux
Vitamine K (phylloquinone)	Légumes verts et thé (est aussi élaborée par les Bactéries du gros intestin)	Facilite la coagulation du sang	Troubles de la coagulation du sang

les légumes et les poissons de l'alimentation des humains fournissent suffisamment d'acides gras essentiels pour couvrir les besoins.

Les vitamines

Albert Szent-Gyorgyi, récipiendaire du prix Nobel, affirmait : « Une vitamine est une substance qui vous rend malade *si vous n'en consommez pas* ». Les **vitamines** sont des molécules organiques qui remplissent diverses fonctions dans l'organisme. Par exemple, la vitamine B_2 est convertie dans l'organisme en FAD, une coenzyme intervenant dans de nombreux processus métaboliques, dont la respiration cellulaire (voir la figure 9.12, p. 192). Chez les humains, on a isolé 13 vitamines essentielles. Toutes les vitamines sont nécessaires en très petites quantités : les doses sont infimes et varient, selon la vitamine, entre 0,01 et 100 mg/j.

Les vitamines se divisent en deux catégories, selon qu'elles sont hydrosolubles ou liposolubles (**tableau 41.1**). Les vitamines hydrosolubles comprennent les vitamines du groupe B, des composés servant généralement de coenzymes, et la vitamine C, nécessaire à la production des tissus conjonctifs. Parmi les vitamines liposolubles, il y a la vitamine A, incorporée aux pigments visue ls, et la vitamine K, qui intervient dans la coagulation du sang. Quant à la vitamine D, elle contribue à l'absorption du calcium et à la formation des os. Les besoins en vitamine D sont variables, car nous la synthétisons à partir d'autres molécules lorsque la peau est exposée au soleil.

On conseille aux personnes dont l'alimentation est déséquilibrée de consommer des suppléments de vitamines qui fournissent la quantité quotidienne recommandée. On ne sait pas encore si des doses massives de vitamines sont bénéfiques ou nuisibles pour la santé. Les apports supplémentaires de vitamines hydrosolubles sont probablement inoffensifs, puisque les vitamines hydrosolubles en trop sont excrétées dans l'urine. Par contre, comme les vitamines liposolubles tendent à s'accumuler dans les graisses corporelles au lieu d'être éliminées, l'accumulation toxique est possible.

Les minéraux

Les **minéraux** fournis par les aliments, comme le fer ou le soufre, sont des nutriments inorganiques. Ils sont habituellement requis en très petites quantités, les apports nécessaires variant de moins de 1 mg/j à environ 2 500 mg/j. Comme le montre le **tableau 41.2**, les minéraux remplissent plusieurs fonctions physiologiques chez les Animaux. Certains sont des cofacteurs entrant dans la constitution de diverses enzymes. Par exemple, le magnésium fait partie intégrante des enzymes intervenant dans l'hydrolyse de l'ATP. De leur côté, le sodium, le potassium et le chlore jouent un rôle important dans le fonctionnement du système nerveux et dans le maintien de l'équilibre osmotique entre les cellules et le liquide interstitiel. Les Vertébrés ont besoin d'iode, tout spécialement pour fabriquer les hormones thyroïdiennes régulant la vitesse du métabolisme. Ils ont également besoin d'une quantité relativement élevée de calcium et de phosphore pour la formation et l'entretien des os.

La consommation de grandes quantités de certains minéraux peut perturber l'équilibre homéostatique et nuire à la santé. Par exemple, l'excès de sel (chlorure de sodium) est associé à l'hypertension artérielle. Il s'agit d'un problème répandu en Amérique du Nord, où les gens consomment en moyenne environ 20 fois plus de sel que l'exigent les besoins physiologiques. Une grande partie de ce sel est cachée dans les aliments apprêtés, sous emballage, même dans ceux qui n'ont pas de goût salé. Une quantité excessive de fer peut également être toxique : les lésions hépatiques causées par une surabondance de fer touchent jusqu'à 10 % de la population humaine dans certaines régions d'Afrique où l'eau potable est trop riche en fer.

Les carences nutritionnelles

Quand l'alimentation est inadéquate et que le régime alimentaire est dépourvu d'un ou de plusieurs nutriments essentiels, un état de *malnutrition* risque de s'installer et de nuire à la santé et à la survie. (La *sous-alimentation*, elle, renvoie à un apport énergétique insuffisant.)

Tableau 41.2 Les besoins en minéraux chez les humains*

	Minéraux	Principales sources alimentaires	Principales fonctions	Symptômes de carence
Apport quotidien recommandé de plus de 200 mg	Calcium (Ca)	Produits laitiers, légumes vert foncé et légumineuses	Formation des os et des dents ; coagulation sanguine ; fonctions musculaire et nerveuse	Retard de croissance, perte de masse osseuse, tétanie musculaire
	Phosphore (P)	Produits laitiers, viandes et céréales	Formation des os et des dents ; équilibre acidobasique ; synthèse des nucléotides	Faiblesse, déminéralisation des os, perte de calcium
	Soufre (S)	Protéines de nombreuses sources	Constituant de certains acides aminés	Retard de croissance, fatigue, œdèmes
	Potassium (K)	Viandes, produits laitiers, nombreux fruits et légumes, céréales	Équilibre acidobasique ; équilibre hydrique ; transmission de l'influx nerveux, synthèse protéique	Faiblesse musculaire, paralysie, nausées, insuffisance cardiaque
	Chlore (Cl)	Sel de table	Équilibre acidobasique ; formation du suc gastrique ; équilibre osmotique	Crampes musculaires, diminution de l'appétit
	Sodium (Na)	Sel de table	Équilibre acidobasique ; équilibre hydrique ; transmission de l'influx nerveux	Crampes musculaires, diminution de l'appétit
	Magnésium (Mg)	Céréales à grains entiers et légumes verts feuillus	Cofacteur enzymatique ; bioénergétique de l'ATP	Troubles neuromusculaires
Fer (Fe)		Viandes, œufs, légumineuses, céréales à grains entiers et légumes verts feuillus	Constituant de l'hémoglobine et des transporteurs d'électrons ; cofacteur enzymatique	Anémie ferriprive, faiblesse, affaiblissement du système immunitaire, troubles de la thermorégulation
Fluor (F)		Eau fluorée, thé et fruits de mer	Entretien de la structure des dents (et sans doute des os)	Fréquence accrue des caries dentaires
Iode (I)		Fruits de mer, produits laitiers et sel iodé	Constituant des hormones thyroïdiennes	Goitre (hypertrophie thyroïdienne), hypothyroïdie, myxœdème

*D'autres minéraux sont requis en quantités infimes : le chrome (Cr), le cobalt (Co), le cuivre (Cu), le manganèse (Mn), le molybdène (Mo), le sélénium (Se) et le zinc (Zn). En outre, tous ces minéraux sont nocifs si leur apport est excessif.

Les carences en nutriments essentiels

Un apport insuffisant de nutriments essentiels peut entraîner des déformations, des maladies, voire causer la mort. Par exemple, les os des bovins et des autres herbivores peuvent devenir dangereusement fragiles si ces animaux se nourrissent de plantes poussant dans un sol dépourvu de phosphore. Certains animaux de pâturage ne peuvent obtenir tous leurs minéraux essentiels qu'en consommant des sources concentrées de sel ou d'autres minéraux (**figure 41.3**). Parmi les carnivores, on sait que les araignées remédient à leurs carences nutritionnelles en changeant de proies de manière à maintenir leur équilibre nutritionnel.

Comme tous les animaux, il arrive que les humains aient des carences en nutriments essentiels. Un régime auquel il manque un ou plusieurs acides aminés essentiels entraîne une *carence protéique*. C'est la déficience nutritionnelle la plus courante chez l'humain. Par exemple, un bébé peut souffrir d'une carence protéique si son alimentation passe du lait maternel à des aliments solides qui fournissent la presque totalité de l'apport nutritionnel sous forme d'amidon et d'autres glucides. Lorsqu'ils survivent, ces enfants subissent souvent un retard dans leur développement physique et mental.

Au sein des populations qui se nourrissent exclusivement de riz, les cas de carence en vitamine A sont fréquents. Cette carence peut causer la cécité ou la mort. Afin de prévenir cette déficience et ses conséquences, des scientifiques ont mis au point une variété de riz qui synthétise du bêta-carotène, un pigment orange présent en grande quantité dans les carottes. Une fois absorbé dans l'organisme, le bêta-carotène est converti en vitamine A. Les bienfaits potentiels de ce « riz doré » (voir le chapitre 38) sont énormes, car de 1 à 2 millions d'enfants de partout dans le monde meurent chaque année d'une déficience en vitamine A.

▲ **Figure 41.3 L'obtention de nutriments essentiels.** Ce jeune chamois (*Rupicapra rupicapra*), un herbivore, lèche les sels et les minéraux présents à la surface de son habitat, ici une zone alpine rocheuse. Ce comportement est courant chez les herbivores qui vivent là où les sols et les plantes ne fournissent pas assez de nutriments essentiels, tels le sodium, le calcium, le phosphore et le fer.

La sous-alimentation

Une alimentation qui ne fournit pas suffisamment d'énergie chimique entraîne une *sous-alimentation*. Dans ce cas, l'organisme réagit de plusieurs manières : il utilise ses réserves de glucides et de graisses, puis il commence à dégrader ses propres protéines pour obtenir l'énergie dont il a besoin. Les muscles s'atrophient et le cerveau peut manquer de protéines. Si l'apport énergétique demeure inférieur à la dépense d'énergie, l'animal peut mourir. Si la sous-alimentation est grave et que l'animal survit, les dommages risquent être irréversibles.

Chez l'humain, la sous-alimentation existe surtout quand une sécheresse, une guerre ou une autre crise perturbent gravement l'approvisionnement d'une population en nourriture. En Afrique subsaharienne, où l'épidémie du sida a détruit des communautés tant rurales qu'urbaines, environ 200 millions d'enfants et d'adultes sont sous-alimentés.

La sous-alimentation n'est pas uniquement liée au manque de nourriture et peut résulter de troubles du comportement alimentaire. Par exemple, l'anorexie mentale, qui se rencontre surtout chez les jeunes femmes, se caractérise par le refus de manger.

L'évaluation des besoins nutritionnels

Pour les scientifiques, la détermination du régime alimentaire idéal pour la population humaine est une question importante et difficile. En effet, l'humain n'est pas un objet d'étude facile. Contrairement aux animaux de laboratoire, les humains sont génétiquement divers. Par ailleurs, ils vivent dans des environnements très différents les uns des autres, contrairement aux milieux stables et uniformes utilisés par les scientifiques pour comparer plus aisément leurs expériences en laboratoire. Enfin, les préoccupations d'ordre éthique constituent un autre obstacle. Par exemple, il n'est pas acceptable d'étudier les besoins nutritionnels des enfants par des méthodes qui pourraient nuire à leur croissance et à leur développement.

Les méthodes employées pour étudier la nutrition humaine ont beaucoup changé au fil du temps. Au siècle dernier, les chercheurs testaient sur eux-mêmes les effets des vitamines qu'ils venaient de découvrir pour ne pas causer de tort à d'autres personnes. Aujourd'hui, les chercheurs misent plutôt sur l'étude des anomalies génétiques qui altèrent l'ingestion, le stockage et l'utilisation des aliments. Par exemple, il existe un trouble génétique appelé hémochromatose, qui cause une accumulation de fer dans l'organisme même quand l'ingestion de fer ou l'exposition au fer est normale. Heureusement, cette anomalie courante est très facile à traiter : en prélevant régulièrement du sang, on retire de l'organisme suffisamment de fer pour rétablir l'homéostasie. En étudiant les gènes défectueux qui peuvent causer cette maladie, les scientifiques en ont appris beaucoup sur la régulation de l'absorption du fer.

Une bonne partie des connaissances sur la nutrition humaine nous vient de l'*épidémiologie*, qui est l'étude de la santé et de la maladie chez les populations humaines. Dans les années 1970, par exemple, les chercheurs ont découvert que les enfants nés de mères issues d'un milieu socioéconomique défavorisé présentaient un risque plus élevé de souffrir d'une anomalie particulière du tube neural, caractérisée par un défaut de fermeture de la moelle épinière (voir le chapitre 47). Le scientifique anglais Richard Smithells a émis l'hypothèse que cette

▼ Figure 41.4 **INVESTIGATION**

L'alimentation a-t-elle une incidence sur la fréquence des malformations congénitales?

EXPÉRIENCE Richard Smithells, chercheur à la University of Leeds, en Angleterre, a étudié l'effet d'une supplémentation vitaminique sur le risque de malformation du tube neural chez des femmes qui avaient eu un ou plusieurs bébés présentant une telle anomalie. Il a réparti ces femmes en deux groupes: le groupe expérimental comprenait celles qui avaient planifié leur grossesse et commencé à prendre des multivitamines au moins quatre semaines avant de concevoir. Le groupe témoin, lui, comprenait les femmes qui ne prenaient pas de suppléments, notamment celles qui avaient refusé de le faire et celles qui étaient déjà enceintes. Smithells a ensuite noté le nombre de cas d'anomalies du tube neural parmi les bébés des femmes des deux groupes.

RÉSULTATS

Groupe	Nombre de bébés ou fœtus étudiés	Nombre de bébés ou fœtus atteints
Avec suppléments vitaminiques (groupe expérimental)	141	1 (0,7 %)
Sans suppléments vitaminiques (groupe témoin)	204	12 (5,9 %)

CONCLUSION Cette étude a montré que les suppléments vitaminiques diminuaient le risque d'anomalie du tube neural, du moins après la première grossesse. Des études de suivi ont montré que les suppléments contenant uniquement de l'acide folique exerçaient un effet protecteur équivalent.

SOURCE R. W. Smithells *et al.*, Possible prevention of neural-tube defects by periconceptional vitamin supplementation, *Lancet* 315: 339-340 (1980).

ET SI? On a par la suite effectué des études pour déterminer si les suppléments d'acide folique prévenaient les anomalies du tube neural chez les primipares (femmes dont c'est la première grossesse). Pour décider du nombre de sujets requis, de quelle information additionnelle les chercheurs avaient-ils besoin?

malformation résultait d'une malnutrition avant le début de la grossesse. Comme le montre la **figure 41.4**, ce chercheur a constaté que les suppléments vitaminiques réduisaient considérablement le risque de malformation du tube neural. D'autres études lui ont fourni des données probantes indiquant qu'il s'agissait d'une carence en acide folique (vitamine B_9). Cette découverte fut confirmée par d'autres chercheurs. À partir de ces données, le Canada et les États-Unis ont commencé en 1998 à exiger qu'on ajoute de l'acide folique aux produits céréaliers enrichis, notamment à ceux qu'on utilise dans la fabrication du pain et des céréales. Des études de suivi ont démontré que ce programme réduit effectivement la fréquence des anomalies du tube neural. La microchirurgie et les techniques d'imagerie médicale ultramodernes volent souvent la vedette lorsqu'on entend parler des progrès de la médecine. Pourtant, un simple changement dans l'alimentation, comme l'ajout d'acide folique ou la consommation de «riz doré», représente également une grande avancée en matière de santé humaine.

RETOUR SUR LE CONCEPT **41.1**

1. La fabrication des protéines animales requiert 20 acides aminés. Pourquoi ces acides aminés ne sont-ils pas tous essentiels dans l'alimentation d'un animal?
2. **FAITES DES LIENS** Relisez la section sur le rôle des enzymes dans les réactions métaboliques, abordé au concept 8.4 (p. 169 à 175). Ensuite, expliquez pourquoi les vitamines sont nécessaires, en très petites quantités, dans l'alimentation.
3. **ET SI?** Supposez qu'un animal en captivité (dans un zoo) qui mange abondamment présente des signes de malnutrition. Expliquez comment un chercheur pourrait déterminer le nutriment essentiel qui manque à l'alimentation de cet animal.

Voir les réponses proposées à la fin du chapitre.

CONCEPT **41.2**

Les principales étapes du traitement de la nourriture sont l'ingestion, la digestion, l'absorption et l'élimination

Maintenant que nous avons présenté les besoins nutritionnels des Animaux, nous décrirons les principales étapes du traitement de leurs aliments, au nombre de quatre: l'ingestion, la digestion, l'absorption et l'élimination (**figure 41.5**). La première étape, l'**ingestion**, est l'acte de manger ou de se nourrir à proprement parler. Autrement dit, l'ingestion est le mécanisme par lequel la nourriture est introduite dans l'organisme. La **figure 41.6** montre et classifie les modes d'ingestion apparues chez les Animaux. Compte tenu de la diversité des sources alimentaires d'une espèce animale à l'autre, il n'est guère étonnant d'observer d'importantes variations dans les stratégies employées pour extraire les composantes utiles de la nourriture. Nous nous intéresserons surtout aux processus communs, en prenant toutefois le temps d'explorer certaines adaptations à des régimes alimentaires ou environnements particuliers.

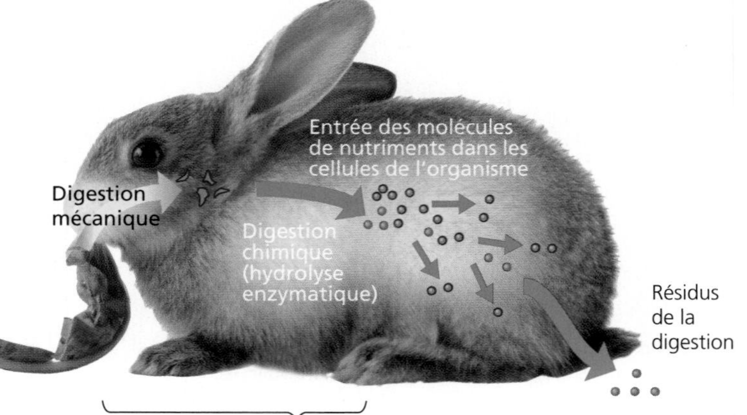

▲ **Figure 41.5 Les quatre étapes du traitement de la nourriture.**

▼ Figure 41.6

PANORAMA Les quatre principaux modes d'ingestion des aliments par les animaux

L'ingestion par filtration

Les **suspensivores** sont des animaux aquatiques qui se nourrissent de matières en suspension, c'est-à-dire qu'ils filtrent les petits organismes ou les particules d'aliments contenus dans l'eau. Par exemple, les palourdes et les huîtres se servent de leurs branchies pour retenir des particules nutritives que des cils vibratiles propulsent ensuite, en même temps qu'une pellicule de mucus, vers leur bouche. Ce rorqual à bosse (*Megaptera novaeangliae*) se nourrit par filtration: il utilise ses fanons – deux rangées de lames cornées en forme de peigne suspendues à sa mâchoire supérieure – pour filtrer d'énormes quantités d'eau contenant des petits invertébrés et des poissons.

L'ingestion du substrat

Les Animaux qui se nourrissent par **ingestion du substrat** vivent sur leur source de nourriture ou à l'intérieur de celle-ci. Cette chenille processionnaire du chêne, la larve d'un papillon de nuit (*Thaumetopoea processionea*), se fraye un chemin en mangeant le tissu mou d'une feuille de chêne et en laissant une traînée de matières fécales noirâtres sur son passage. Les asticots (larves de mouches), qui se nourrissent de cadavres d'animaux, font également partie de cette catégorie.

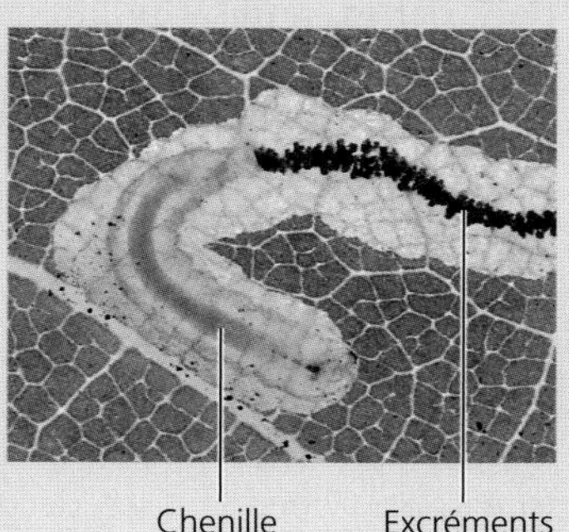

L'ingestion par aspiration

Les espèces qui ont recours à un mécanisme d'**ingestion par aspiration** tirent des liquides riches en nutriments d'un hôte vivant. Ce moustique a perforé l'épiderme de son hôte humain au moyen d'une pièce buccale semblable à une aiguille hypodermique. Il remplit de sang son tube digestif (MEB colorée). De même, les pucerons puisent la sève élaborée du phloème de certains végétaux. Contrairement à ces parasites qui nuisent à leurs hôtes, d'autres espèces qui utilisent l'ingestion par aspiration rendent service à ces derniers. Par exemple, les colibris et les abeilles transportent du pollen quand ils visitent les fleurs à la recherche de nectar.

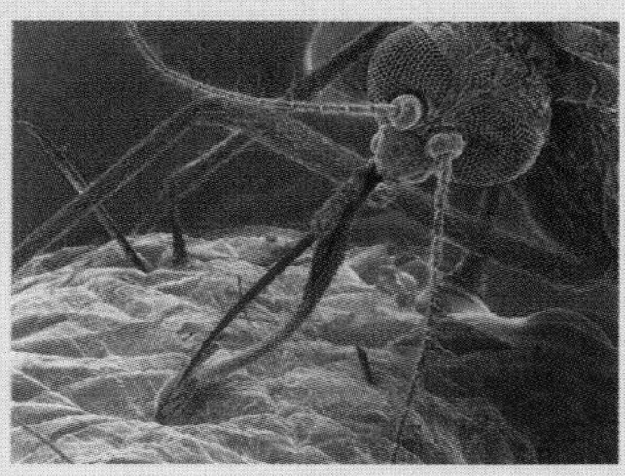

L'ingestion en vrac

La plupart des animaux, notamment les humains, se nourrissent par **ingestion en vrac**. Ils utilisent différentes parties anatomiques pour tuer les proies, déchirer la chair ou arracher des matières végétales: des tentacules, des pinces, des griffes, des crochets venimeux, des mâchoires et des dents. Ils consomment des morceaux de nourriture relativement gros. Dans cette scène étonnante, un python de Séba (*Python sebae*) commence à ingérer une gazelle qu'il a capturée et tuée. (On a déjà trouvé les restes d'un adulte humain dans le tube digestif d'un python indien, *Python molurus*.) Les serpents sont incapables de déchiqueter leur proie et de les mâcher pour les diviser en morceaux. Ils doivent avaler la proie tout entière, même si elle excède leur propre diamètre. Ils en sont capables parce que leur mâchoire inférieure est attachée lâchement à leur crâne par un ligament élastique qui permet à la bouche et à la gorge de s'ouvrir très grand. Il faudra plus d'une heure au python pour avaler cette gazelle. Il passera ensuite au moins deux semaines dans un lieu calme situé à proximité pour digérer son repas.

La **digestion** constitue la deuxième étape du traitement de la nourriture. Elle consiste à décomposer les aliments en molécules suffisamment petites pour être absorbées par le corps. Cette décomposition chimique est généralement précédée d'une fragmentation mécanique des aliments, par la mastication, par exemple. Un aliment fragmenté en morceaux plus petits présente une plus grande surface exposée aux processus chimiques. La digestion chimique est nécessaire parce que les Animaux ne peuvent utiliser directement les protéines, les glucides, les acides nucléiques, les lipides et les phospholipides contenus dans les aliments, pour deux raisons. Premièrement, les polymères sont trop gros pour passer à travers les membranes et pénétrer dans les cellules des Animaux. Deuxièmement, les macromolécules des aliments ne sont pas semblables à celles dont les Animaux ont besoin pour leurs tissus et leurs fonctions. Cependant, en décomposant les macromolécules de la nourriture en leurs composantes, ils en libèrent les constituants qu'ils utilisent pour assembler leurs propres molécules. Par exemple, même si les mouches à fruits et les humains ont des alimentations très différentes, ils convertissent tous deux les protéines de leur nourriture pour obtenir les 20 mêmes acides aminés à partir desquels ils élaborent toutes les protéines spécifiques de leur espèce.

Nous avons vu au chapitre 5 qu'une cellule fabrique une macromolécule ou un lipide en réunissant des composantes plus petites; elle y arrive en éliminant une molécule d'eau pour chaque nouvelle liaison covalente formée. La digestion chimique inverse ce processus: elle rompt chaque liaison en ajoutant une molécule d'eau (voir la figure 5.2, p. 76). Ce processus de décomposition des macromolécules s'appelle **hydrolyse enzymatique**. Certaines variétés d'enzymes catalysent la digestion des macromolécules présentes dans les aliments. Les polysaccharides et les disaccharides sont décomposés en monosaccharides; les protéines sont décomposées en acides aminés et les acides nucléiques sont réduits en nucléotides et en leurs composantes. L'hydrolyse enzymatique libère également des acides gras et d'autres composantes que renferment les lipides et les phospholipides.

Les deux dernières étapes du traitement de la nourriture surviennent après la digestion. Au cours de la troisième étape, l'**absorption**, les cellules absorbent les petites molécules telles que les acides aminés et les glucides simples. Lors de la dernière étape, l'**élimination**, les matières qui n'ont pas subi de digestion ni d'absorption quittent l'organisme selon l'une des façons décrites dans la section suivante.

Les compartiments de la digestion

Dans notre brève étude du traitement de la nourriture chez les Animaux, nous avons vu que les matériaux biologiques (protéines, lipides, glucides, etc.) hydrolysés par les enzymes digestives sont les mêmes matériaux que ceux qui composent le corps de ces animaux. Comment, alors, arrivent-ils à digérer la nourriture sans se digérer eux-mêmes? En fait, ils réussissent ce tour de force en traitant la nourriture dans des compartiments spécialisés qui constituent une adaptation évolutive répandue chez de nombreuses espèces animales. Ces compartiments peuvent être intracellulaires, sous la forme de vacuoles, ou extracellulaires, sous la forme d'organes et de systèmes digestifs.

La digestion intracellulaire

Les vacuoles digestives sont des organites cellulaires servant à décomposer les aliments sans que les enzymes hydrolytiques qu'elles contiennent dégradent le cytoplasme de la cellule. C'est la sorte de cavité digestive la plus simple. Cette digestion, appelée **digestion intracellulaire**, commence dans la cellule une fois que celle-ci a incorporé les aliments par phagocytose ou par pinocytose (voir la figure 7.22, p. 154). Les vacuoles digestives nouvellement formées fusionnent avec des lysosomes, des organites contenant des enzymes hydrolytiques. Les aliments sont donc en contact avec les enzymes. La digestion peut se dérouler en toute sécurité dans une cavité délimitée par une membrane protectrice. Les Éponges se distinguent des autres animaux parce qu'elles digèrent entièrement leur nourriture grâce à ce mécanisme intracellulaire (voir la figure 33.4, p. 781).

La digestion extracellulaire

Chez la plupart des animaux, au moins une partie de l'hydrolyse s'effectue au cours de la **digestion extracellulaire**, c'est-à-dire un processus de dégradation des aliments qui survient dans des compartiments communiquant avec l'extérieur du corps des animaux. Le fait de disposer de compartiments extracellulaires servant à la digestion permet à un animal de dévorer des proies beaucoup plus grosses que celles qui sont phagocytées et digérées à l'intérieur d'une cellule.

De nombreux animaux caractérisés par un plan d'organisation corporelle simple possèdent une cavité digestive à une seule ouverture (**figure 41.7**). Cette structure en forme de sac, appelée **cavité gastrovasculaire**, sert à la fois à la digestion des nutriments et à leur circulation dans tout l'organisme (d'où le qualificatif *vasculaire*). L'hydre (*Hydra sp.*), un Cnidaire, illustre bien le fonctionnement de la cavité gastrovasculaire. Cet animal carnivore utilise ses tentacules pour porter la

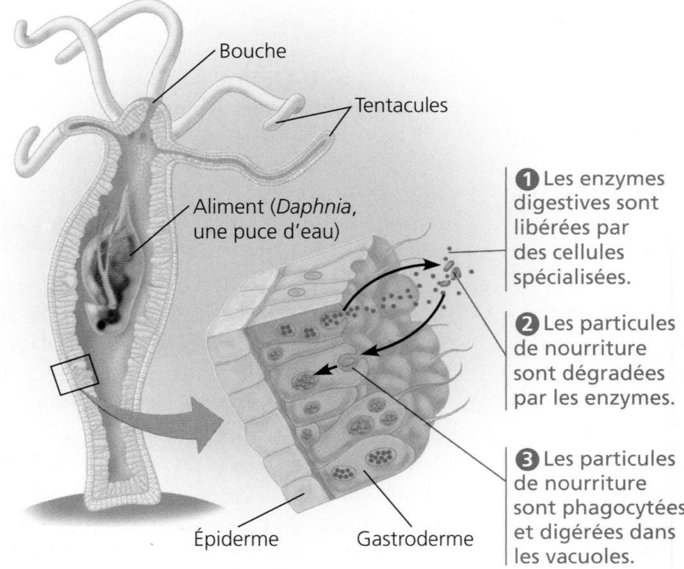
Bouche
Tentacules
Aliment (*Daphnia*, une puce d'eau)
1 Les enzymes digestives sont libérées par des cellules spécialisées.
2 Les particules de nourriture sont dégradées par les enzymes.
3 Les particules de nourriture sont phagocytées et digérées dans les vacuoles.
Épiderme
Gastroderme

▲ **Figure 41.7 La digestion chez l'hydre.** La digestion commence dans la cavité gastrovasculaire. Elle se poursuit dans les cellules gastrodermiques, une fois que les petites particules d'aliments y sont entrées par phagocytose.

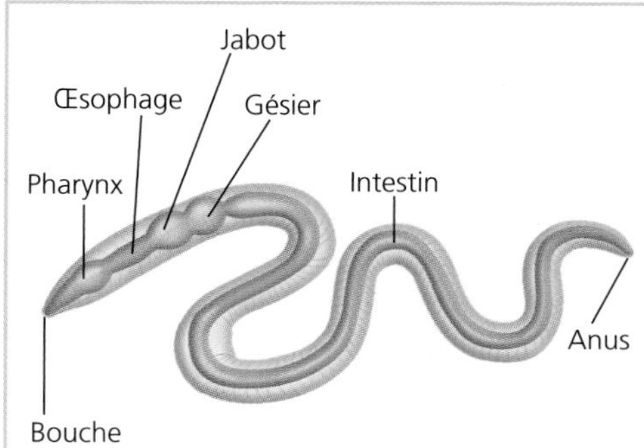

(a) Ver de terre. Le tube digestif du ver de terre commence par la bouche. Les aliments y entrent par un mouvement d'aspiration déclenché par le pharynx musculeux. Ils passent ensuite dans l'œsophage, avant d'atteindre le jabot, où ils sont emmagasinés et humidifiés. La digestion mécanique a lieu dans le gésier musculeux, qui contient de petits morceaux de sable et de gravier facilitant le broyage de la nourriture. La digestion et l'absorption s'effectuent dans l'intestin.

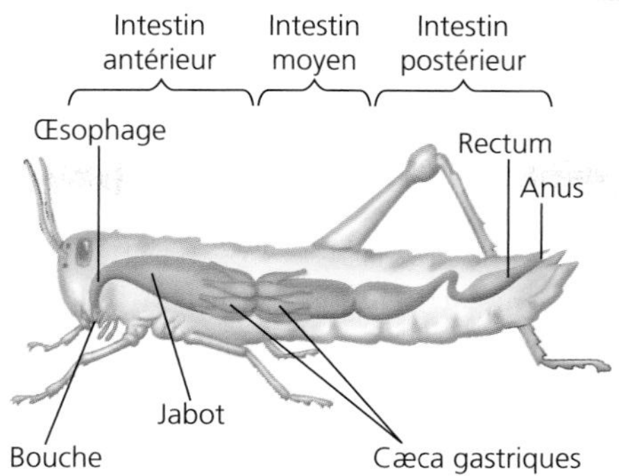

(b) Sauterelle. La sauterelle possède plusieurs cavités digestives, groupées en trois régions principales : l'intestin antérieur (comportant l'œsophage et le jabot), l'intestin moyen et l'intestin postérieur. Les aliments sont humidifiés et emmagasinés dans le jabot, mais la majeure partie de la digestion s'effectue dans l'intestin moyen. Des cæca gastriques, soit des structures en forme de sac émergeant de l'intestin moyen, servent à absorber les nutriments.

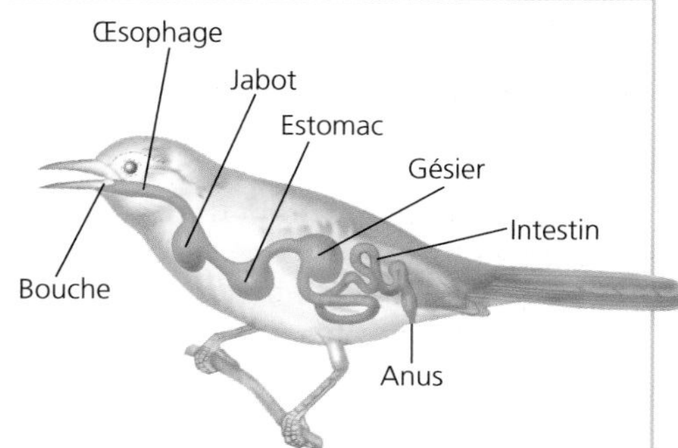

(c) Oiseau. De nombreux oiseaux possèdent un jabot pour emmagasiner la nourriture ainsi qu'un estomac et un gésier pour la digérer mécaniquement. La digestion chimique et l'absorption des nutriments se déroulent dans l'intestin.

▲ **Figure 41.8 Différents tubes digestifs.**

nourriture à sa bouche et l'introduire dans sa cavité gastrovasculaire. Des cellules spécialisées du gastroderme (le tissu tapissant la cavité) sécrètent alors des enzymes digestives qui séparent les tissus mous de la proie en petits fragments. Ensuite, d'autres cellules gastrodermiques ingèrent par phagocytose les particules d'aliments, et la plus grande partie de l'hydrolyse des macromolécules se fait à l'intérieur des cellules, comme chez les Éponges; la digestion chez les Cnidaires n'est donc que partiellement extracellulaire. Une fois qu'elle a digéré son repas, l'hydre élimine les matières non digérées restant dans sa cavité gastrovasculaire (les exosquelettes de petits crustacés, par exemple) par son unique orifice, qui lui sert à la fois de bouche et d'anus. De nombreux vers plats possèdent aussi une cavité gastrovasculaire munie d'un seul orifice (voir la figure 33.10, p. 786).

Contrairement aux Cnidaires et aux Plathelminthes (vers plats), l'appareil digestif de la plupart des animaux est formé d'une succession de compartiments reliant deux ouvertures: la bouche et l'anus (**figure 41.8**). Cet ensemble s'appelle **tube digestif**, *tractus digestif* ou *canal alimentaire*. Pareille structure a pu apparaître chez les Animaux grâce à une importante innovation évolutive, la cavité interne ou cœlome, dont il a été question au chapitre 32. Comme la nourriture se déplace dans une seule direction, le tube digestif peut comprendre plusieurs compartiments spécialisés effectuant graduellement la digestion des aliments et l'absorption des nutriments. Un autre avantage d'un tube digestif complet est de rendre possible l'ingestion de nourriture avant que les repas précédents aient été entièrement digérés. La digestion se déroule donc de façon continue et la nourriture digérée reste relativement séparée de celle qui ne l'est pas encore. Les animaux munis d'une simple cavité gastrovasculaire n'ont pas ce privilège. Dans la prochaine section, nous allons explorer l'organisation anatomique et fonctionnelle d'un tube digestif.

RETOUR SUR LE CONCEPT **41.2**

1. Quelle est la principale différence anatomique entre une cavité gastrovasculaire et un canal alimentaire?
2. Pourquoi considère-t-on que les nutriments ingérés lors d'un repas ne sont pas vraiment «à l'intérieur» de notre organisme avant l'absorption, une des étapes de la transformation des aliments?
3. ET SI? De manière générale, quelles ressemblances y a-t-il entre la digestion dans le corps d'un animal et la dégradation de l'essence dans une voiture? (Il n'est pas nécessaire de s'y connaître en mécanique automobile pour répondre à cette question.)

Voir les réponses proposées à la fin du chapitre.

CONCEPT **41.3**

Les différents organes du système digestif des Mammifères assurent un traitement progressif de la nourriture

Étant donné que la plupart des animaux, dont les Mammifères, possèdent un tube digestif, nous prendrons l'exemple du système digestif des Mammifères pour illustrer les principes généraux du traitement de la nourriture. Chez ces derniers, le système digestif se compose d'un tube auquel sont raccordés divers organes annexes et glandes. Certaines de ces glandes déversent des sucs digestifs dans le tube par l'intermédiaire de conduits (**figure 41.9**). Les organes annexes du système digestif mammalien sont les trois paires de glandes salivaires, le pancréas, le foie et la vésicule biliaire.

Les aliments avancent dans le canal alimentaire grâce au **péristaltisme**, c'est-à-dire un mouvement produit par une succession de contractions rythmiques résultant de l'action des muscles lisses de la paroi du tube digestif. À certains points de jonction des segments spécialisés du tube digestif, la couche musculaire forme un anneau appelé **sphincter** (ou muscle sphincter). Celui-ci ferme le tube à la manière d'un nœud coulant et régule le passage des aliments d'un compartiment à l'autre.

En nous appuyant sur l'exemple de l'humain, nous allons maintenant suivre le trajet des aliments dans le tube digestif et examiner en détail ce qu'ils deviennent à chaque étape de leur traitement.

La cavité buccale, le pharynx et l'œsophage

L'ingestion et les premières étapes de la digestion ont lieu dans la bouche, ou **cavité buccale**. La digestion mécanique débute lorsque les dents de diverses formes coupent, écrasent et broient les aliments. Elles facilitent ainsi leur déglutition et augmentent leur surface de contact, accélérant l'action des enzymes. La présence d'aliments dans la cavité buccale déclenche un réflexe nerveux qui incite les **glandes salivaires** à sécréter de la salive. Celle-ci parvient dans la cavité par l'intermédiaire de conduits. La salivation peut se produire par anticipation, avant même que les aliments aient pénétré dans la bouche, en raison d'associations entre l'action de manger et le moment de la journée, les odeurs de cuisson ou n'importe quel autre stimulus adéquat.

La salive amorce la digestion chimique et protège la cavité buccale. La salive contient en effet de l'**amylase salivaire**, une enzyme digestive hydrolysant l'amidon (polymère de glucose synthétisé par les végétaux) et le glycogène (polymère de glucose produit par des animaux). Sous son action, ces macromolécules sont transformées en polysaccharides plus petits et en maltose, un disaccharide. Quant aux propriétés protectrices de la salive, elles proviennent notamment d'une glycoprotéine (complexe formé d'un glucide et d'une protéine) lubrifiante appelée *mucine*, qui entre dans la composition du **mucus**. Cette dernière protège les muqueuses de la bouche contre l'abrasion ; elle lubrifie aussi les aliments pour faciliter leur déglutition. La salive contient également des solutions tampons qui aident à prévenir la carie dentaire en neutralisant les substances acides introduites dans la bouche. En outre, les agents antibactériens salivaires (tels que le lysozyme, voir la figure 5.18) protègent contre les bactéries ingérées avec la nourriture.

À la manière d'un portier qui contrôle et oriente les personnes qui entrent dans un édifice, la langue participe à la digestion en évaluant certaines qualités des substances ingérées. Elle joue un rôle crucial, puisqu'elle détermine quels aliments poursuivront leur chemin dans le tube digestif. (Voir le chapitre 50 pour une description du sens du goût.) Une fois la nourriture jugée acceptable, la mastication débute et les mouvements de la langue façonnent les aliments en une boule appelée **bol alimentaire**. Pendant la déglutition, la langue a également pour fonction de pousser le bol alimentaire vers l'arrière de la cavité buccale, dans le pharynx.

La région que nous appelons *gorge* correspond au **pharynx**. C'est un carrefour qui communique aussi bien avec l'œsophage qu'avec les voies respiratoires (trachée). L'**œsophage**

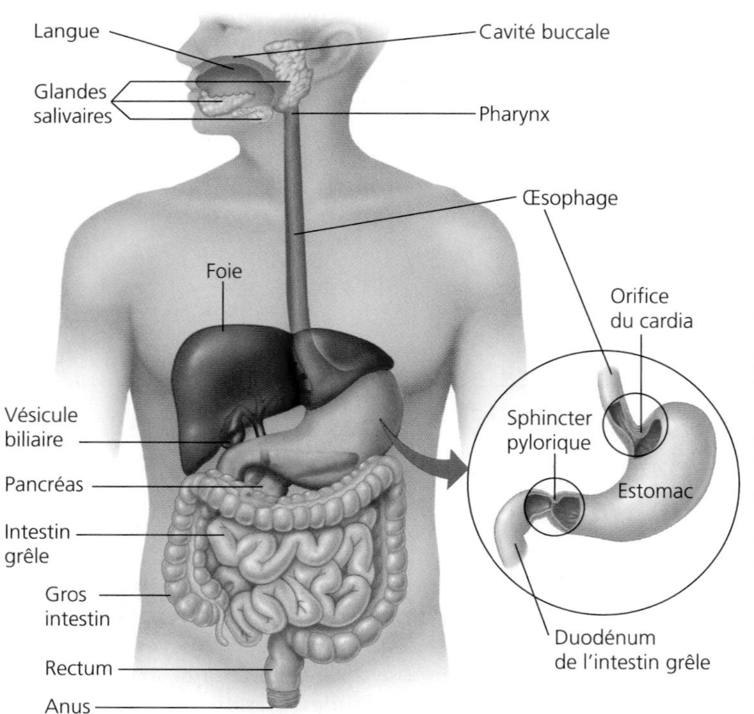

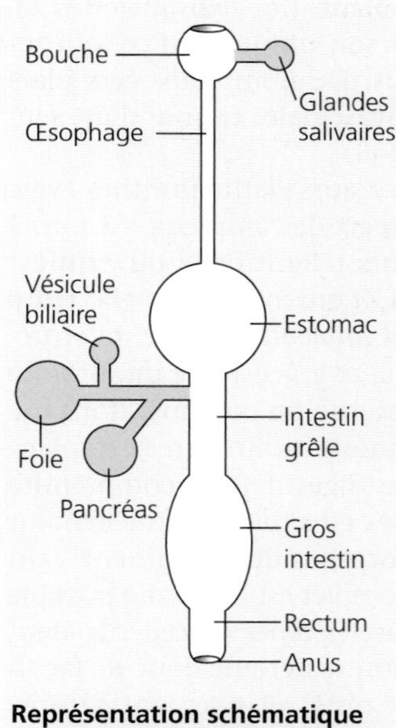

Représentation schématique du système digestif de l'humain (glandes annexes en mauve)

◄ **Figure 41.9 Le système digestif de l'humain.** Après la mastication et la déglutition des aliments, il faut à peine de 5 à 10 s pour qu'ils parcourent l'œsophage et entrent dans l'estomac. Ils y restent de 2 à 6 h et sont partiellement digérés. La majeure partie de la digestion et de l'absorption des nutriments se produit dans l'intestin grêle ; elle dure de 5 à 6 h. En 12 à 24 h, tous les résidus de la digestion passent par le gros intestin et les matières fécales sont expulsées par l'anus.

s'ouvre sur l'estomac, tandis que la trachée mène aux poumons. Le mécanisme de la déglutition doit donc se dérouler correctement pour que la nourriture ne s'introduise pas dans les voies respiratoires. Lorsque nous avalons, un rabat cartilagineux appelé *épiglotte* recouvre la *glotte* – les cordes vocales et l'ouverture entre elles. Guidé par les mouvements du *larynx*, qui est la partie supérieure des voies respiratoires, ce réflexe de déglutition dirige chaque bol alimentaire vers l'entrée de l'œsophage (**figure 41.10**, ❶ - ❹). Si le réflexe de déglutition est inadéquat, de la nourriture ou des liquides peuvent entrer dans la trachée, obstruer les voies respiratoires, causant ainsi un étouffement. Il s'ensuit un manque d'air dans les poumons qui peut être fatal si la cause de l'obstruction n'est pas expulsée rapidement par une toux vigoureuse ou une forte pression sur le diaphragme, vers le haut (manœuvre de Heimlich).

L'œsophage contient du tissu musculaire lisse et strié (voir la figure 40.5, p. 994 à 996). Situé dans la région supérieure de ce conduit, le tissu musculaire strié joue un rôle actif durant la déglutition. Quant aux autres parties de l'œsophage, elles renferment du tissu musculaire lisse, qui participent au péristaltisme. Les ondes de contraction rythmiques font avancer chaque bol alimentaire vers l'estomac (voir la figure 41.10, étape ❻). À l'instar d'autres parties du système digestif, la forme de l'œsophage correspond à sa fonction et varie d'une espèce animale à l'autre. Par exemple, les poissons étant dépourvus de poumons, ils ont un œsophage très court. Par contre, la girafe possède évidemment un très long œsophage.

La digestion dans l'estomac

L'**estomac**, situé immédiatement sous le diaphragme, entrepose la nourriture et entame la digestion des protéines. Grâce à ses replis en accordéon et à sa paroi extrêmement élastique, il peut s'étirer de façon à contenir environ 2 L d'aliments et de liquides. Comme il peut recevoir un repas entier, nous n'avons pas à nous nourrir constamment. L'estomac sécrète le **suc gastrique**, une solution digestive qui se mélange aux aliments grâce aux contractions des muscles lisses de la paroi stomacale. La bouillie formée par les aliments et les sucs gastriques est appelée chyme.

La digestion chimique dans l'estomac

Deux composantes du suc gastrique accomplissent la digestion chimique. La première, l'acide chlorhydrique (HCl), démantèle la matrice extracellulaire qui assemble les cellules des tissus végétaux et animaux. Sa concentration est si élevée que le pH du suc gastrique est d'environ 2, ce qui est suffisamment acide pour dissoudre du fer (et tuer la plupart des bactéries). Ce pH très bas dénature (déplie) les protéines de la nourriture et expose ainsi leurs liaisons peptidiques. Les liaisons exposées sont alors attaquées par la deuxième composante du suc gastrique, la pepsine, qui est une protéase (c'est-à-dire une enzyme qui hydrolyse les protéines). La pepsine fait partie des rares enzymes efficaces dans un milieu fortement acide. Elle brise les liaisons peptidiques associant des acides aminés spécifiques, ce qui dégrade les protéines en polypeptides

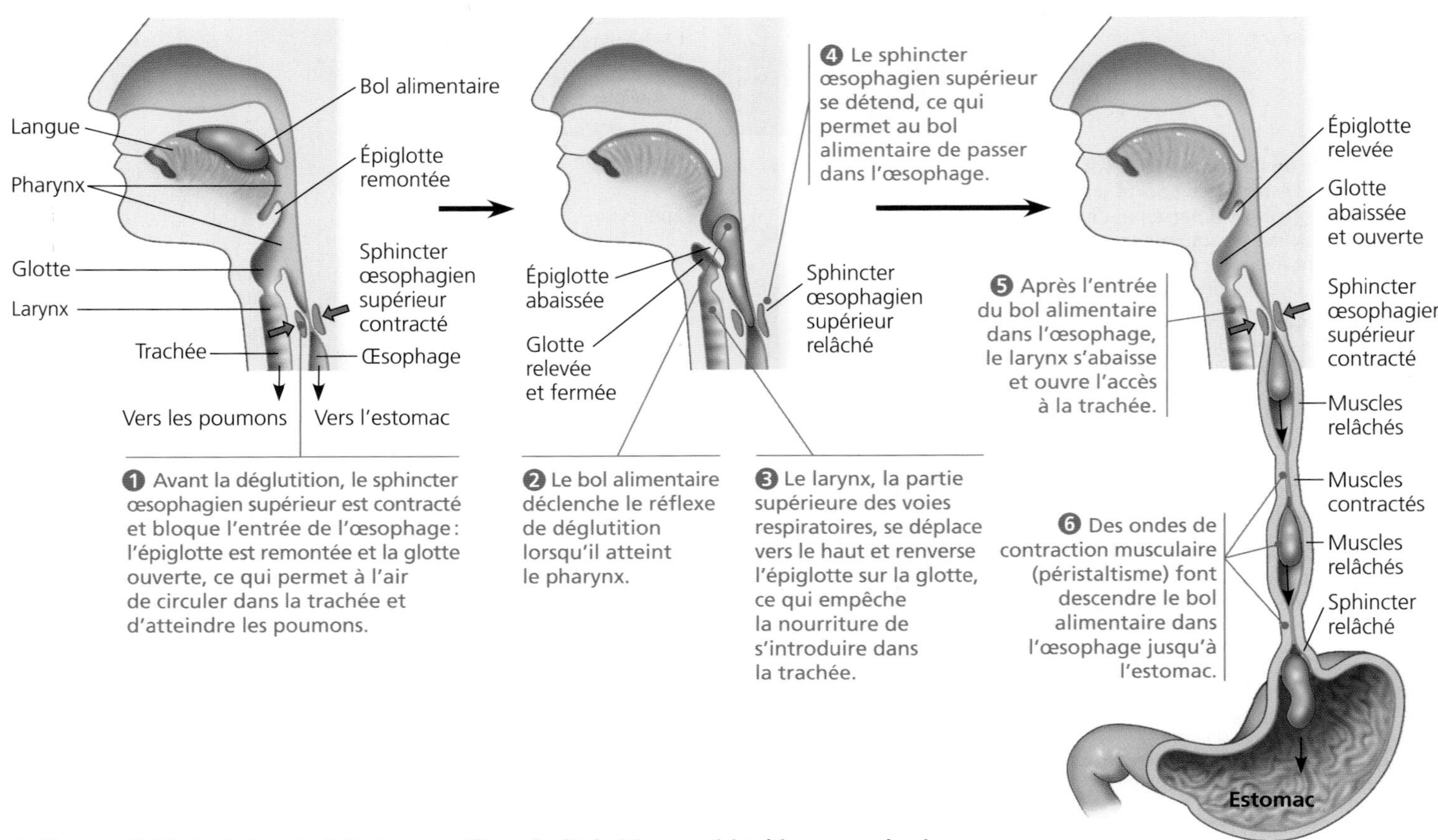

▲ **Figure 41.10 De la bouche à l'estomac: réflexe de déglutition et péristaltisme œsophagien.**

plus petits dont la digestion s'achève par la suite dans l'intestin grêle.

Qu'est-ce qui empêche la pepsine de détruire les cellules de la muqueuse gastrique qui la produisent ? Tout d'abord, la pepsine est inactive jusqu'à sa libération dans la lumière (cavité) de l'estomac. Les composantes du suc gastrique sont produites par différentes cellules contenues dans les glandes gastriques de l'estomac (**figure 41.11**). Les *cellules pariétales* sécrètent séparément des ions hydrogène et chlorure, qui composent le HCl. Les ions hydrogène sont expulsés à l'aide d'une pompe activée par l'ATP, tandis que les ions chlorure sont rejetés indépendamment par des canaux membranaires spécifiques. Ce n'est qu'une fois mis en présence dans la lumière stomacale que ces constituants se combinent pour donner le HCl. Dans l'intervalle, les *cellules principales* libèrent la pepsine dans la lumière, sous une forme inactive appelée pepsinogène. Le HCl convertit le pepsinogène en pepsine (active) en retirant un fragment de la molécule et en exposant son site actif. Au cours de ces processus, c'est donc dans la lumière de l'estomac, et non dans les cellules des glandes gastriques, que se forment le HCl et la pepsine.

Une fois que le HCl a converti une petite quantité de pepsinogène en pepsine, cette pepsine active elle-même le reste du pepsinogène. Comme le HCl, la pepsine peut réagir sur le pepsinogène pour exposer le site actif de l'enzyme. Cette réaction produit plus de pepsine, laquelle active davantage de pepsinogène, ce qui accroît les quantités d'enzyme active. L'activation du pepsinogène constitue un exemple de rétroactivation, un mécanisme qui amplifie l'effet d'un stimulus.

Comment se fait-il que les cellules qui tapissent l'intérieur de l'estomac ne soient pas endommagées par le HCl et par la pepsine, bien qu'elles soient sensibles au suc gastrique de même qu'aux agents pathogènes (présents dans la nourriture ou dans l'eau) qui sont capables de survivre dans un milieu très acide ? S'il en est ainsi, c'est que l'estomac se protège de l'autodigestion grâce à une couche de mucus sécrété par les cellules épithéliales de la muqueuse gastrique. De plus, ces cellules épithéliales se multiplient continuellement et, tous les trois jours, une nouvelle couche se forme et remplace les cellules érodées par les sucs gastriques. Malgré cela, il arrive que des lésions, appelées ulcères gastriques, apparaissent. Pendant des décennies, les scientifiques ont attribué les ulcères

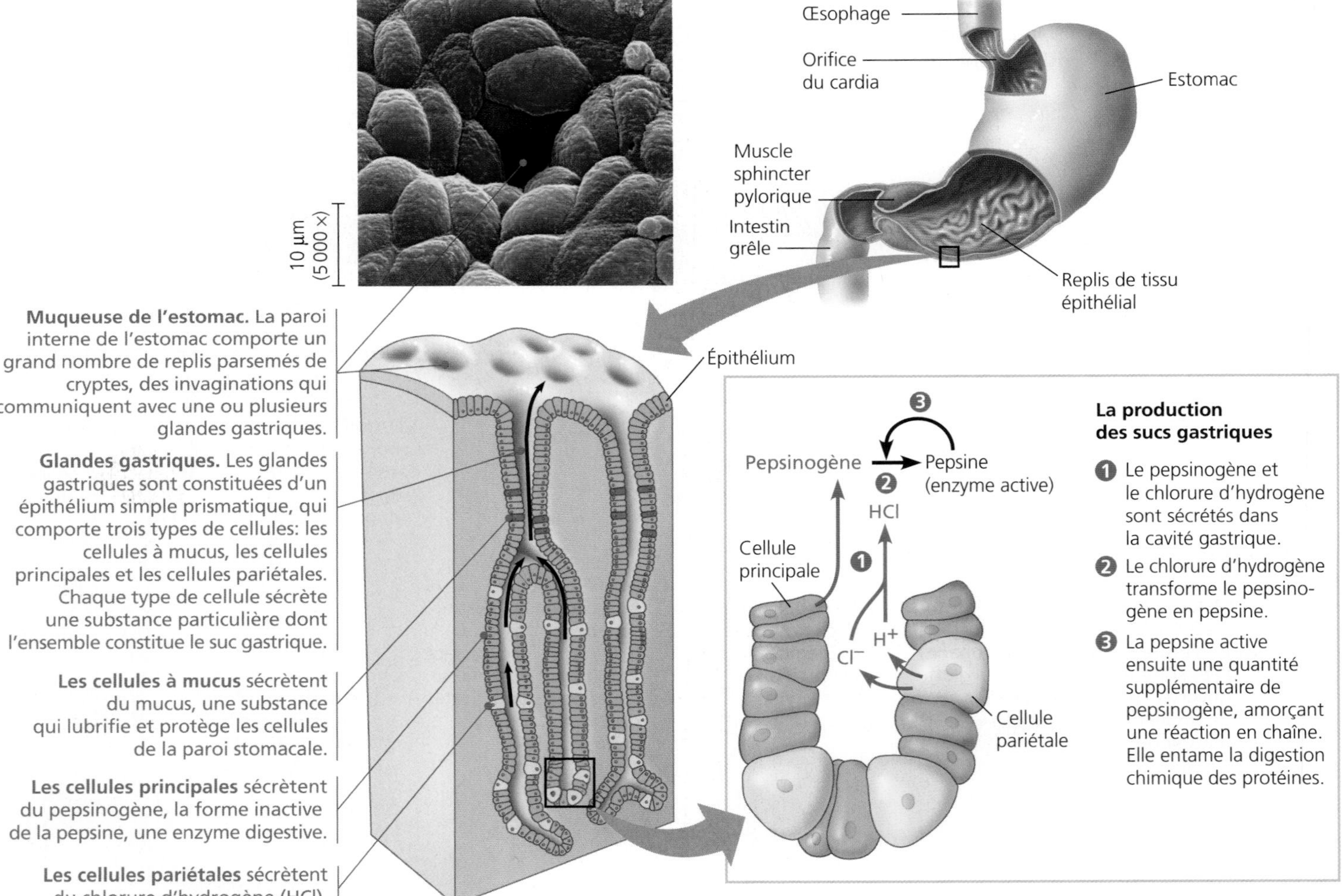

Œsophage
Orifice du cardia
Estomac
Muscle sphincter pylorique
Intestin grêle
Replis de tissu épithélial
10 µm (5000 ×)
Muqueuse de l'estomac. La paroi interne de l'estomac comporte un grand nombre de replis parsemés de cryptes, des invaginations qui communiquent avec une ou plusieurs glandes gastriques.
Glandes gastriques. Les glandes gastriques sont constituées d'un épithélium simple prismatique, qui comporte trois types de cellules: les cellules à mucus, les cellules principales et les cellules pariétales. Chaque type de cellule sécrète une substance particulière dont l'ensemble constitue le suc gastrique.
Les cellules à mucus sécrètent du mucus, une substance qui lubrifie et protège les cellules de la paroi stomacale.
Les cellules principales sécrètent du pepsinogène, la forme inactive de la pepsine, une enzyme digestive.
Les cellules pariétales sécrètent du chlorure d'hydrogène (HCl).
Épithélium
Pepsinogène
Pepsine (enzyme active)
HCl
Cellule principale
H^+
Cl^-
Cellule pariétale
La production des sucs gastriques
❶ Le pepsinogène et le chlorure d'hydrogène sont sécrétés dans la cavité gastrique.
❷ Le chlorure d'hydrogène transforme le pepsinogène en pepsine.
❸ La pepsine active ensuite une quantité supplémentaire de pepsinogène, amorçant une réaction en chaîne. Elle entame la digestion chimique des protéines.

▲ **Figure 41.11 L'estomac et ses sécrétions.** La micrographie (MEB colorée) illustre une crypte gastrique située sur la paroi interne de l'estomac à travers laquelle les sucs digestifs sont sécrétés.

au stress et à son influence sur la sécrétion d'acide par l'estomac. En 1982, cependant, les chercheurs australiens Barry Marshall et Robin Warren ont découvert que les ulcères gastriques étaient principalement causés par la bactérie *Helicobacter pylori*. Ils ont également montré qu'une antibiothérapie pouvait guérir la plupart des ulcères gastriques. En 2005, ces découvertes ont valu le prix Nobel aux deux chercheurs.

La digestion mécanique dans l'estomac

L'action de malaxage de l'estomac facilite la digestion chimique par le suc gastrique. Toutes les 20 s environ, les muscles lisses de l'estomac brassent et pétrissent son contenu. Le bol alimentaire qui se mélange au suc gastrique devient rapidement une bouillie riche en éléments nutritifs, appelée chyme acide. La plupart du temps, l'estomac est fermé à ses deux extrémités (voir la figure 41.9). L'orifice du cardia, par lequel l'estomac communique avec l'œsophage, ne se dilate habituellement qu'à l'arrivée d'un bol alimentaire. Parfois, cependant, le reflux de chyme acide dans la partie inférieure de l'œsophage cause des aigreurs (les « brûlures d'estomac »).

Après un repas, l'estomac met environ 2 à 6 heures à se vider. Dans la partie inférieure de l'estomac, qui débouche sur l'intestin grêle, se trouve le sphincter pylorique, un muscle qui règle le passage du chyme dans l'intestin, un jet à la fois.

La digestion dans l'intestin grêle

Bien que la digestion chimique de certains nutriments commence dans la cavité buccale ou dans l'estomac, la majeure partie de l'hydrolyse enzymatique des macromolécules alimentaires se déroule dans l'**intestin grêle** (**figure 41.12**). D'une longueur de plus de 6 m chez l'humain, l'intestin grêle

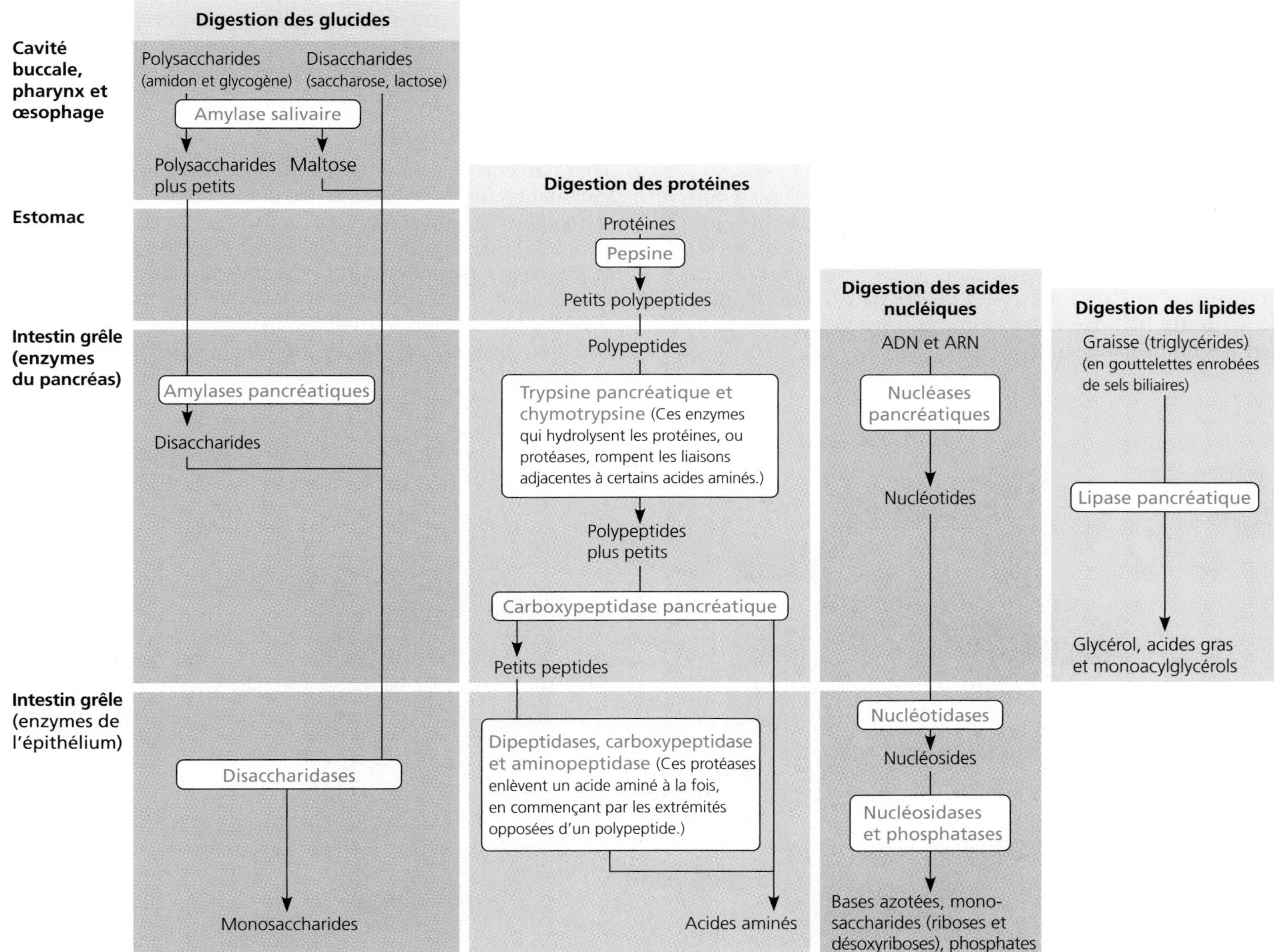

▲ **Figure 41.12 Représentation schématique de la digestion enzymatique dans le système digestif humain.**

? *La pepsine tolère l'effet de dénaturation du milieu très acide de l'estomac. À partir des divers processus digestifs qui ont lieu dans l'intestin grêle, quelle est, à votre avis, l'adaptation commune aux enzymes digestives de ce compartiment spécialisé ?*

forme le segment le plus long du tube digestif. Son nom vient de son petit diamètre, en comparaison de celui du gros intestin. Le premier segment de 25 cm environ s'appelle **duodénum**. C'est là que le chyme acide en provenance de l'estomac se mélange aux sucs digestifs issus du pancréas, du foie, de la vésicule biliaire et des cellules glandulaires de la muqueuse intestinale. Comme nous le verrons au concept 41.5, les hormones libérées par l'estomac et le duodénum régulent les sécrétions gastriques dans le tube digestif.

Les sécrétions pancréatiques

Le **pancréas** participe à la digestion chimique en sécrétant une solution alcaline riche en ions hydrogénocarbonate (HCO^{-}_3) ainsi que plusieurs enzymes. Les ions hydrogénocarbonate neutralisent l'acidité du chyme de l'estomac et agissent comme substance tampon. Les enzymes pancréatiques comprennent la trypsine et la chymotrypsine, des protéases déversées dans le duodénum sous une forme inactive (voir la figure 41.12). Dans une réaction en chaîne semblable à l'activation de la pepsine dans l'estomac, les protéases pancréatiques sont activées une fois parvenues en sûreté dans l'espace extracellulaire du duodénum.

La production de bile par le foie

La digestion des graisses et autres lipides commence dans l'intestin grêle et requiert la production de **bile**, un mélange de substances fabriquées dans le **foie**. La bile contient des sels biliaires, qui servent d'émulsifiants (détergents) pour faciliter la digestion et l'absorption des lipides dans l'intestin grêle. La **vésicule biliaire** emmagasine et concentre la bile qui ne sert pas immédiatement.

La production de bile fait partie intégrante d'une autre fonction vitale du foie : la dégradation des globules rouges non fonctionnels. En produisant de la bile, le foie incorpore certains pigments qui proviennent de la dégradation des globules rouges. Ces pigments biliaires sont expulsés de l'organisme dans les matières fécales. Dans certaines affections du foie ou du sang, les pigments présents dans la bile s'accumulent dans la peau et entraînent ainsi une coloration jaune appelée ictère.

Les sécrétions de l'intestin grêle

La paroi épithéliale du duodénum est la source de plusieurs enzymes digestives (voir la figure 41.12). Quelques-unes de ces enzymes sont sécrétées dans la cavité du duodénum, alors que d'autres sont en fait liées à la surface des cellules épithéliales.

Au cours de l'hydrolyse enzymatique, le péristaltisme déplace le mélange de chyme et de sucs digestifs dans l'intestin grêle. La majeure partie de la digestion se déroule dans le duodénum. Les deux derniers segments de l'intestin grêle, le *jéjunum* et l'*iléon*, prennent en charge l'absorption des nutriments et de l'eau.

L'absorption des nutriments dans l'intestin grêle

Pour parvenir au sein de l'organisme, les nutriments qui s'accumulent dans la cavité digestive doivent d'abord traverser la muqueuse du tube digestif. La majeure partie de l'absorption se produit dans la surface très plissée de l'intestin grêle, comme le montre la **figure 41.13**. Les grands plis de sa muqueuse enveloppent l'intestin et sont parsemés de prolongements digitiformes appelés **villosités intestinales**. Chaque cellule épithéliale d'une villosité intestinale possède, à son tour,

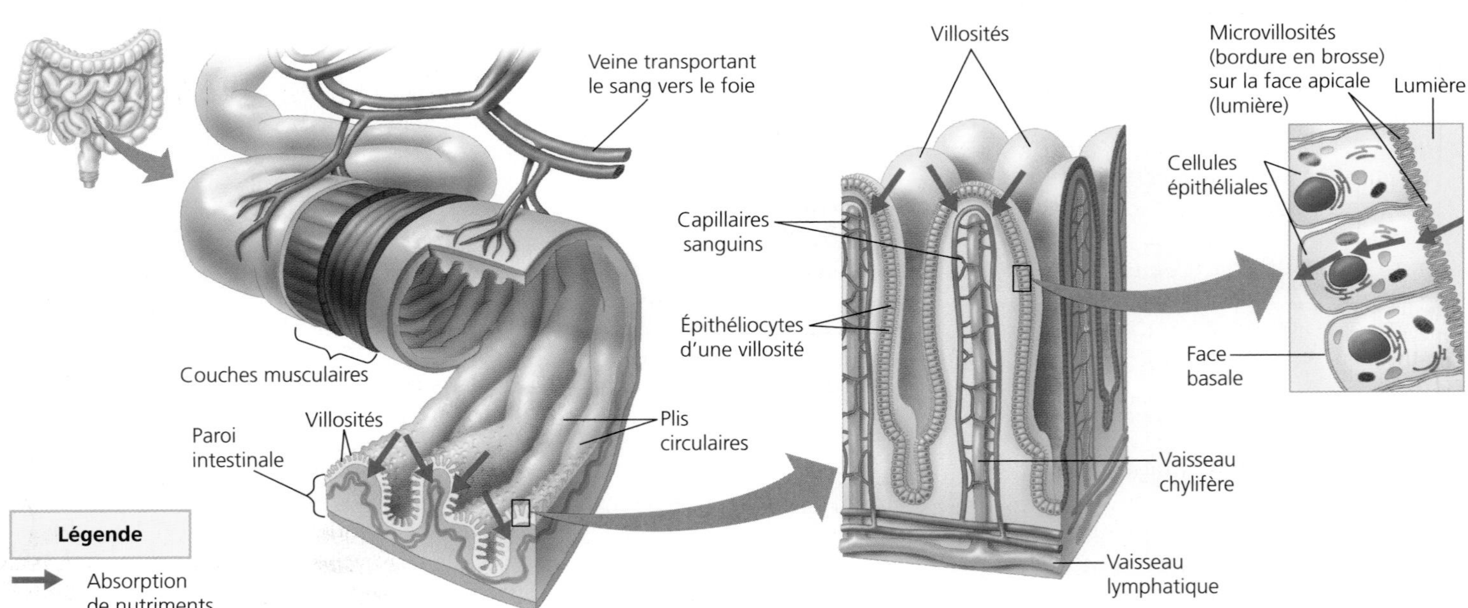

▲ **Figure 41.13 L'anatomie de l'intestin grêle.**

? *Les vers plats infectent parfois les humains et s'accrochent à la paroi de l'intestin grêle. À partir de ce que vous savez sur la compartimentation de la digestion dans le tube digestif mammalien, quelles fonctions digestives ces parasites ont-ils, à votre avis ?*

des milliers d'appendices microscopiques, les **microvillosités**, qui sont en contact avec le contenu de l'intestin. Densément alignées, les microvillosités confèrent à l'épithélium intestinal un aspect qui lui vaut le nom de *bordure en brosse*. Collectivement, ces plis, villosités et microvillosités possèdent une aire immense d'environ 300 m², soit à peu près l'équivalent d'un court de tennis. Cette énorme surface de microvillosités constitue une adaptation qui permet d'accélérer considérablement l'absorption des nutriments.

Le transport des nutriments de part et d'autre de la membrane des cellules épithéliales fait intervenir des mécanismes passifs ou actifs, selon le nutriment (voir le chapitre 7). Par exemple, le fructose, un monosaccharide, se déplace par diffusion suivant son gradient de concentration, de la cavité intestinale jusque dans les cellules épithéliales. De là, le fructose quitte la face basale et passe dans des vaisseaux sanguins microscopiques, ou capillaires, qui parcourent le centre de chaque villosité. D'autres nutriments, dont les acides aminés, les petits peptides, les vitamines et la plupart des molécules de glucose, sont pompés contre leur gradient de concentration par les membranes épithéliales. Grâce au transport actif, l'intestin peut absorber une proportion beaucoup plus élevée de nutriments que ne le permettrait la seule diffusion passive.

Les capillaires et les veines des villosités qui transportent le sang riche en éléments nutritifs se déversent tous dans la **veine porte hépatique**, un vaisseau sanguin qui communique directement avec les capillaires du foie. Quand le sang sort de cet organe, il se rend au cœur puis à toutes les parties du corps. Grâce à cette position stratégique, le foie est en mesure d'exercer simultanément deux fonctions cruciales. Premièrement, il régule la distribution des nutriments dans le reste du corps. Comme cet organe est capable d'interconvertir plusieurs types de molécules organiques, la composition nutritionnelle du sang qui sort du foie peut être très différente du sang qui y pénètre par la veine porte hépatique. Deuxièmement, le foie peut débarrasser le sang des substances toxiques avant que celui-ci circule vers toutes les autres régions du corps. Le foie est le principal lieu de détoxication d'un grand nombre de molécules organiques, dont les médicaments, qui sont des substances étrangères pour l'organisme.

La plupart des nutriments quittent l'intestin par la circulation sanguine, sauf les produits de la digestion des lipides (triglycérides), qui empruntent une voie différente. Comme le montre la **figure 41.14**, l'hydrolyse des lipides par la lipase donne des acides gras libres et des monoglycérides (glycérol lié à un acide gras simple). Après leur absorption par les cellules épithéliales, le glycérol et les acides gras reforment des triglycérides. Ils sont ensuite recouverts de phospholipides, de cholestérol et de protéines, de façon à former de petits globules hydrosolubles appelés **chylomicrons**.

En sortant de l'intestin, les chylomicrons sont d'abord acheminés d'une cellule épithéliale à un **vaisseau chylifère**, un vaisseau situé au centre de chaque villosité (voir les figures 41.13 et 41.14). Les vaisseaux chylifères font partie du système lymphatique des Vertébrés. Ils forment un réseau de vaisseaux remplis d'un liquide clair appelé lymphe. À partir des vaisseaux chylifères, la lymphe qui contient les chylomicrons se déverse dans les plus gros vaisseaux du système lymphatique et finit par rejoindre les grandes veines qui renvoient le sang au cœur.

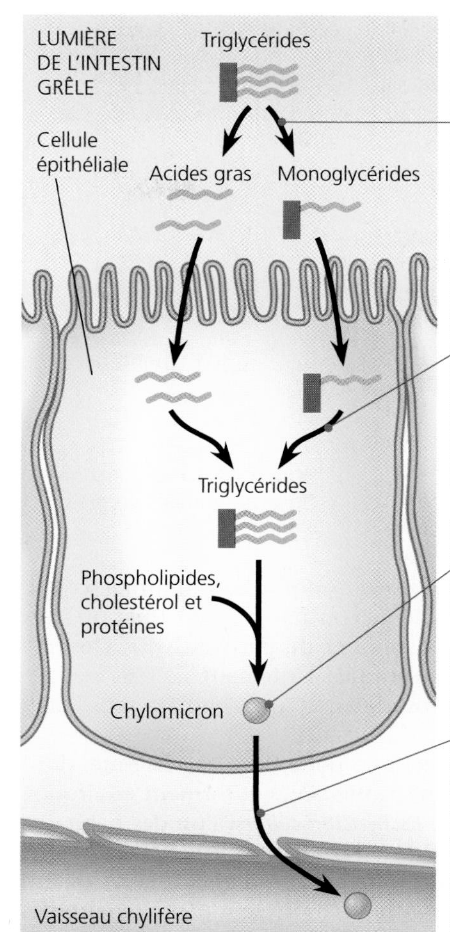

LUMIÈRE DE L'INTESTIN GRÊLE
Triglycérides
Cellule épithéliale
Acides gras
Monoglycérides
Triglycérides
Phospholipides, cholestérol et protéines
Chylomicron
Vaisseau chylifère
❶ Dans la lumière, les triglycérides à la surface des gouttelettes de lipides (non montrées) sont hydrolysés par la lipase, une enzyme qui dégrade les triglycérides en acides gras et en monoglycérides.
❷ Après leur diffusion dans les cellules épithéliales, les monoglycérides et les acides gras reforment des triglycérides. (Certains glycérols et acides gras passent directement dans les capillaires.)
❸ Les triglycérides sont incorporés dans des globules hydrosolubles appelés chylomicrons.
❹ Les chylomicrons quittent les cellules épithéliales par exocytose et entrent dans les chylifères où circule la lymphe qui les transporte hors de l'intestin. Ils gagnent ensuite les vaisseaux lymphatiques avant de parvenir dans les grandes veines.

▲ **Figure 41.14 L'absorption des lipides.** Comme les lipides sont insolubles dans l'eau, leur digestion et leur absorption fait appel à des adaptations particulières. Les sels biliaires (non montrés) fractionnent les grosses gouttelettes de lipides en fines gouttelettes (émulsion) dans la lumière de l'intestin, augmentant ainsi la surface d'action pour l'hydrolyse enzymatique de ces lipides. Les acides gras et les monoglycérides libérés par l'hydrolyse peuvent diffuser dans les cellules épithéliales. Là, les lipides sont réassemblés et incorporés dans des chylomicrons hydrosolubles qui passent dans le système lymphatique.

L'absorption dans le gros intestin

Le tube digestif se termine par le **gros intestin**, qui comprend le côlon, le cæcum et le rectum. Il s'abouche à l'intestin grêle par une jonction en T (**figure 41.15**). L'un des bras du T forme le **côlon**, qui mesure 1,5 m de longueur et mène au rectum et à l'anus. L'autre bras du T forme un renflement appelé **cæcum**. Ce segment en forme de cul-de-sac joue un rôle important dans la fermentation des matières ingérées, surtout chez les herbivores. En comparaison de nombreux autres Mammifères, l'humain possède un cæcum relativement petit, portant un prolongement digitiforme, l'**appendice vermiforme**, qui joue un rôle immunologique mineur dont on peut se passer.

L'une des fonctions principales du côlon est d'absorber l'eau entrée plus haut dans le tube digestif en tant que solvant des divers sucs digestifs. En tout, le tube digestif sécrète quotidiennement près de 7 L d'eau. À eux deux, l'intestin grêle et le côlon absorbent environ 90% de l'eau présente dans le tube digestif. Il n'y a pas de mécanisme de transport actif de l'eau. Elle est réabsorbée par osmose quand le Na^+ et d'autres ions sont pompés à l'extérieur de la cavité du côlon.

Les résidus de la digestion avancent dans le côlon sous l'effet du péristaltisme et forment les **matières fécales**, qui se solidifient progressivement. Leur mouvement est lent; il faut de 12 à 24 h aux résidus pour traverser l'organe d'un bout à l'autre. Lorsque la muqueuse du côlon est irritée à la suite d'une infection virale ou bactérienne, par exemple, la réabsorption d'eau diminue, ce qui cause la diarrhée. Le problème contraire, la constipation, survient par suite du ralentissement du péristaltisme. Comme les matières fécales progressent plus lentement, de plus grandes quantités d'eau sont réabsorbées, ce qui rend les selles trop compactes et plus difficiles à évacuer.

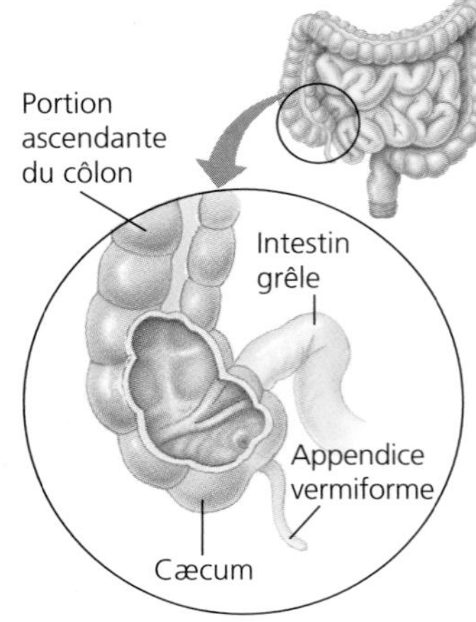

▲ Figure 41.15 La jonction de l'intestin grêle et du gros intestin.

Le gros intestin héberge une riche flore bactérienne, dont la plupart des espèces sont inoffensives et forment environ le tiers des matières fécales. *Escherichia coli* est l'un des habitants communs du gros intestin de l'humain. Cette bactérie est si répandue que sa présence dans les lacs et les rivières est un indicateur utile de la contamination fécale provenant des eaux usées non traitées. Au cours de leurs activités métaboliques, de nombreuses bactéries du côlon produisent des gaz, notamment du méthane et du sulfure de dihydrogène. Ces gaz dont l'odeur est désagréable sont expulsés par l'anus en même temps que l'air ingéré. Certaines bactéries intestinales produisent des vitamines, par exemple de la biotine, de l'acide folique, de la vitamine K et plusieurs vitamines du groupe B. Ces substances sont absorbées dans le sang et contribuent aux apports alimentaires en vitamines.

Les matières fécales contiennent des quantités importantes de bactéries, ainsi que de la cellulose et d'autres matières non digérées. Les fibres de cellulose ne possèdent aucune valeur énergétique pour l'humain, mais elles facilitent le déplacement du bol alimentaire dans le tube digestif.

Le segment terminal du gros intestin s'appelle **rectum**; c'est là que les matières fécales s'accumulent avant d'être éliminées. Entre le rectum et l'anus se trouvent deux sphincters qui ferment l'orifice distal du tube digestif. L'un est involontaire (le muscle sphincter interne de l'anus, un muscle lisse), l'autre, volontaire (le muscle sphincter externe de l'anus, un muscle squelettique). Une ou plusieurs fois par jour, de puissantes contractions du côlon provoquent le besoin de déféquer. Ce besoin se fait souvent sentir après un repas parce que le remplissage de l'estomac déclenche un réflexe qui renforce le rythme des contractions dans le côlon.

Nous avons suivi un repas à partir d'une ouverture du tube digestif (la bouche) jusqu'à l'autre ouverture (l'anus). Dans la prochaine section, nous verrons certaines adaptations du système digestif des Animaux au cours de l'évolution.

RETOUR SUR LE CONCEPT 41.3

1. Dans l'espace, comment les aliments ingérés en apesanteur par un astronaute peuvent-ils atteindre l'estomac?
2. Expliquez pourquoi un inhibiteur de la pompe à protons, par exemple le médicament Prilosec, soulage les symptômes du reflux gastrique.
3. ET SI? Que se passera-t-il si vous mélangez un suc gastrique et des aliments broyés dans une éprouvette?

Voir les réponses proposées à la fin du chapitre.

CONCEPT 41.4

Les adaptations évolutives du système digestif des Vertébrés sont liées au régime alimentaire

ÉVOLUTION Les différents systèmes digestifs des Mammifères et des autres Vertébrés représentent des variations d'un même plan d'organisation; il existe toutefois de nombreuses adaptations remarquables, souvent associées au régime alimentaire de l'animal. Afin d'illustrer comment la forme sert la fonction, nous présenterons quelques-unes de ces adaptations.

Les adaptations de la dentition

La dentition, c'est-à-dire l'ensemble des dents d'un animal, constitue un exemple de variation structurale reflétant le régime alimentaire (**figure 41.16**). L'adaptation de la dentition des Mammifères au traitement de divers types d'aliments constitue l'une des principales raisons qui expliquent le succès de cette catégorie de Vertébrés au cours de l'évolution. Les mécanismes adaptatifs touchent un grand nombre d'aspects de la dentition. C'est le cas notamment de la forme des dents, de leur constitution et de leur nombre (32 chez l'humain adulte, mais des milliers pour d'autres espèces). Parmi les autres adaptations, mentionnons l'emplacement des dents (sur plusieurs os du squelette buccal ou seulement sur les arcades dentaires des maxillaires), le rythme de remplacement (certains animaux ont une centaine de dentitions au cours de leur vie), leur mode d'implantation (soudée à l'os ou reliée à lui par un ligament) ainsi que leur croissance (limitée ou non). Les Mammifères possèdent généralement une dentition plus spécialisée que celle des autres Vertébrés, mais il existe des exceptions intéressantes (la «dent» du narval et les défenses de l'éléphant). Par exemple, les serpents venimeux, comme les crotales, sont armés de crochets: ce sont des dents modifiées qui injectent du venin dans les proies. Certains crochets sont creux comme des seringues, tandis que d'autres laissent tomber le venin goutte à goutte le long de rainures parcourant la surface des dents.

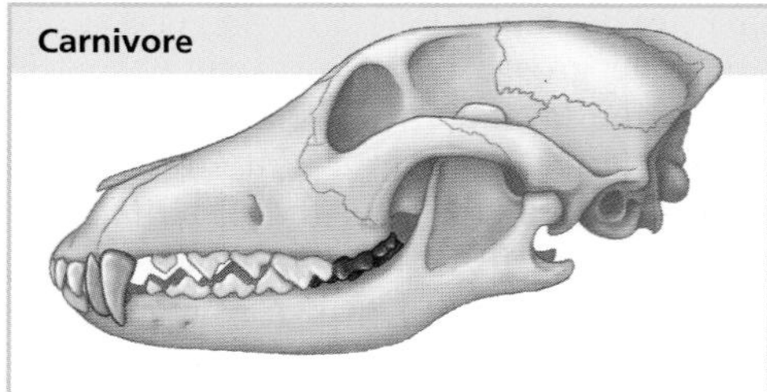

Les animaux carnivores, tels que les chiens et les chats, possèdent généralement des incisives et des canines pointues, qui leur servent à tuer une proie et à déchirer des morceaux de chair. Les prémolaires et les molaires, à la surface irrégulière, écrasent et déchiquettent la nourriture.

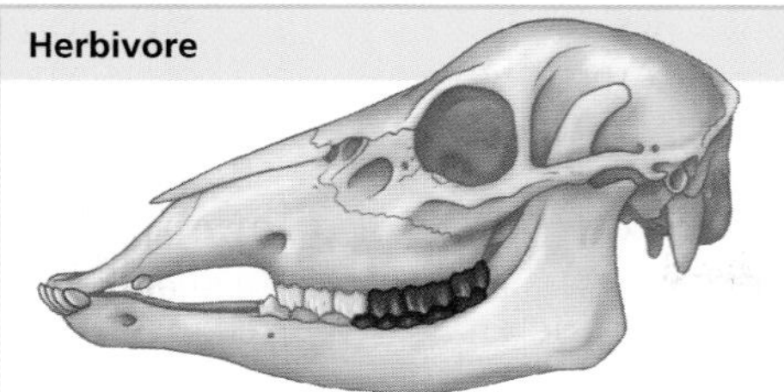

Les herbivores, comme les chevaux et les cerfs, possèdent habituellement des molaires et prémolaires à surface large et crénelée qui broient la matière végétale résistante. Leurs incisives et leurs canines sont généralement modifiées pour trancher les végétaux qu'ils broutent. Certains herbivores sont dépourvus de canines.

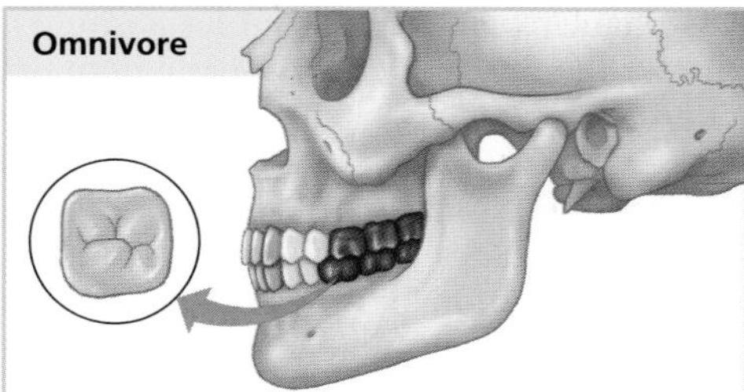

Les humains, des omnivores équipés pour manger des matières végétales et de la viande, possèdent une dentition relativement peu spécialisée. À partir du milieu des mâchoires supérieure et inférieure, on trouve deux incisives tranchantes servant à couper les aliments, une canine pointue permettant de les déchirer, deux prémolaires destinées à les broyer et enfin trois molaires aidant à les écraser (en médaillon).

Légende Incisives Canines Prémolaires Molaires

▲ **Figure 41.16 La dentition et le régime alimentaire.**

Les adaptations de l'estomac et de l'intestin

Les vertébrés carnivores sont souvent dotés d'un grand estomac extensible. Comme il leur arrive d'être privés de nourriture durant de longues périodes, ils doivent consommer autant de nourriture que possible quand ils réussissent à capturer une proie. Ainsi, un lion d'Afrique (*Panthera leo*) de 200 kg est capable de consommer jusqu'à 40 kg de viande en un seul repas!

La longueur du système digestif des Vertébrés a aussi des rapports avec le régime alimentaire. En général, les herbivores et les omnivores ont des tubes digestifs un peu plus longs que ceux des carnivores. Les produits végétaux contiennent des parois cellulaires riches en cellulose, un polysaccharide difficile à digérer. Un tube digestif plus long est utile dans la mesure où il permet de prolonger la digestion et d'augmenter la zone de surface essentielle à l'absorption des nutriments. Examinez l'exemple montré à la **figure 41.17**. Les deux Mammifères ont environ la même taille, mais le tube digestif du koala (*Phascolarctos cinereus*) est beaucoup plus long que celui du coyote (*Canis latrans*). Cette adaptation favorise le traitement des feuilles d'eucalyptus – qui sont fibreuses et pauvres en protéines – dont ce marsupial tire la totalité ou presque de son apport énergétique et hydrique.

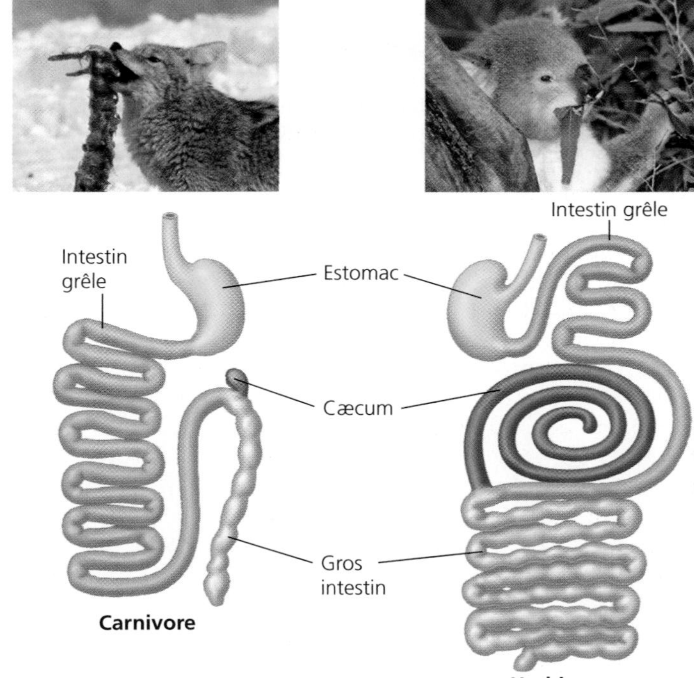

▲ **Figure 41.17 Le tube digestif d'un carnivore (coyote) et celui d'un herbivore (koala).** Le tube digestif du koala est adapté à la digestion des feuilles d'eucalyptus. La mastication prolongée permet de découper les feuilles ingérées en tout petits fragments, ce qui augmente la surface exposée aux sucs digestifs. Dans le très long cæcum et la portion supérieure du côlon, les bactéries symbiotiques dégradent les feuilles déchiquetées et produisent des substances plus nutritives.

Les adaptations mutualistes

Certaines adaptations digestives font intervenir la symbiose mutualiste, une interaction mutuellement bénéfique entre deux espèces (voir le chapitre 54). Par exemple, les microorganismes aident les herbivores à digérer les végétaux. La majorité de l'énergie chimique contenue dans le régime alimentaire d'un herbivore doit être extraite de la cellulose de la paroi des cellules végétales. Toutefois, ces animaux ne produisent pas eux-mêmes les enzymes (cellulases) nécessaires à l'hydrolyse de la cellulose. De nombreux Vertébrés (ainsi que les termites, qui s'alimentent en consommant du bois composé de cellulose) règlent le problème en abritant d'énormes populations de Bactéries et de Protistes symbiotiques (des Trichomonadines, dans le cas des termites) ou encore d'Eumycètes dans des chambres de fermentation spéciales, situées le long de leur tube digestif. Ces microorganismes mutualistes possèdent des enzymes capables de digérer la cellulose et de la convertir en monosaccharides et en d'autres composés absorbables par l'animal qui les abrite. Dans bien des cas, les microorganismes peuvent également utiliser les monosaccharides issus de la digestion de la cellulose et les minéraux présents dans le tube digestif pour fabriquer toutes sortes de nutriments essentiels à l'animal hôte, notamment des vitamines, des acides aminés et des acides gras.

La localisation des microorganismes mutualistes varie en fonction de l'hôte. Voici quelques exemples.

- L'hoazin (*Opisthocomus hoazin*), un oiseau herbivore des forêts tropicales d'Amérique du Sud, possède un grand jabot musculeux (une poche œsophagienne) abritant des microorganismes symbiotiques. Des rainures rigides situées dans la paroi du jabot broient les feuilles en fragments, et les microorganismes se chargent de décomposer la cellulose.
- De nombreux mammifères herbivores, notamment les chevaux (*Equus caballus*), abritent des microorganismes symbiotiques dans un grand cæcum. Le koala possède lui aussi un très grand cæcum où des bactéries mutualistes assurent la fermentation des fragments de feuilles d'eucalyptus.
- Les bactéries mutualistes des lapins (*Sylvilagus sp.*) et d'autres rongeurs vivent dans le gros intestin ainsi que dans le cæcum. Étant donné que la plupart des nutriments sont absorbés dans l'intestin grêle, ceux qui résultent de la fermentation bactérienne dans le gros intestin quittent l'organisme en même temps que les matières fécales. Pour récupérer ces nutriments, les lapins et certains rongeurs ingèrent une partie de leurs matières fécales (cæcotrophie), faisant ainsi repasser les aliments dans leur tube digestif. Les crottes de lapin qui ne sont pas réingérées constituent les selles (ou fèces) éliminées une fois que la nourriture est passée de nouveau dans le tube digestif.
- Les adaptations les plus complexes associées à un régime herbivore ont évolué chez les **Ruminants**, c'est-à-dire chez des animaux comme les cerfs, les girafes, les bovins et les ovins (**figure 41.18**).

Même si nous nous sommes intéressés tout particulièrement aux Vertébrés, il existe beaucoup d'adaptations relatives à la digestion chez les autres animaux. Certaines sont

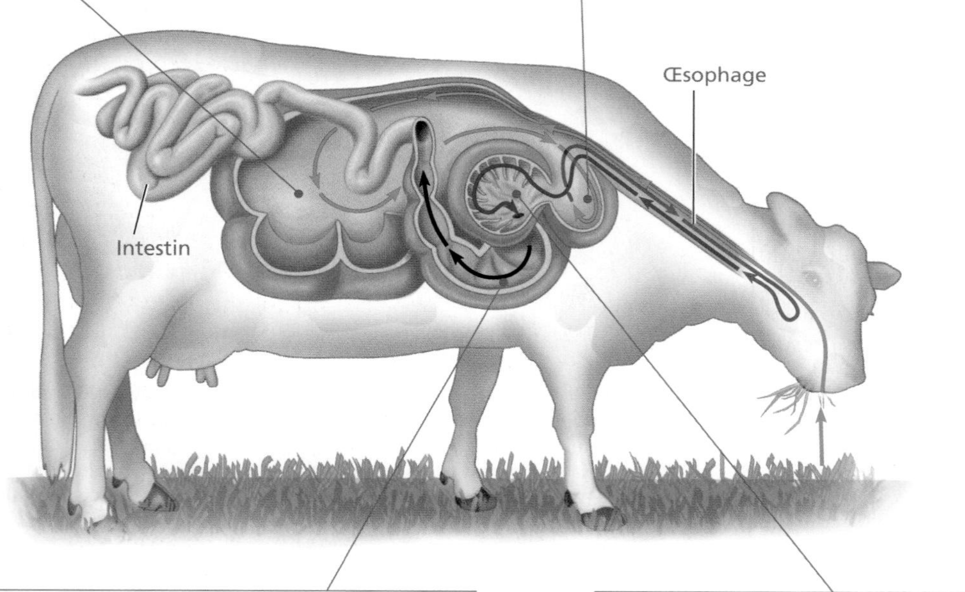

1 Panse (ou rumen). Lorsqu'une vache mâche une bouchée d'herbe pour la première fois et qu'elle la déglutit, le bol alimentaire (flèches vertes) pénètre dans sa panse.
2 Bonnet (ou réticulum). Une partie du bol alimentaire pénètre aussi dans le bonnet. La panse et le bonnet renferment des Procaryotes et des Protistes mutualistes (principalement des microorganismes ciliés) qui s'attaquent au repas, riche en cellulose. Ces microorganismes libèrent dans le chyme, comme sous-produits métaboliques, des acides gras à courtes chaînes qui seront absorbés, de même que des gaz (dioxyde de carbone et méthane) qui seront libérés par éructation (flatulences) dans l'atmosphère. La vache régurgite régulièrement et rumine, c'est-à-dire qu'elle mâche de nouveau les aliments (flèches rouges) et les enrobe de salive. Cette opération assure une meilleure décomposition des fibres et les prépare à une action bactérienne encore plus poussée.
Œsophage
Intestin
3 Caillette (ou abomasum). Les matières ruminées, qui contiennent une énorme quantité de microorganismes, passent ensuite dans la caillette (la seule des quatre cavités qui joue véritablement le rôle d'estomac) pour y être digérées par les propres enzymes de la vache (le suc gastrique contient un lysozyme qui dégrade la paroi bactérienne) (flèches noires).
4 Feuillet (ou omasum). La vache déglutit à nouveau les matières ruminées (flèches bleues), qui passent dans le feuillet, où leur eau est extraite.

◄ **Figure 41.18 La digestion chez les Ruminants.** L'estomac des Ruminants comporte quatre cavités qui abritent des microorganismes mutualistes. Par suite de la présence des microorganismes dans leur panse, l'herbe et le foin qu'ils consomment ne constituent pas la seule source d'approvisionnement en nutriments. En effet, les Ruminants se procurent bon nombre des nutriments nécessaires à leurs besoins en digérant les microorganismes mutualistes qui se reproduisent assez rapidement dans leur panse pour maintenir une population stable.

remarquables, notamment celles des vers tubicoles géants (*Riftia pachyptila*). Ces vers, qui mesurent plus de 3 m de long, tolèrent des pressions de l'ordre de 260 atmosphères et vivent à proximité des cheminées hydrothermales des grands fonds océaniques (voir la figure 52.16, p. 1337). Ils n'ont ni bouche ni système digestif et comptent plutôt sur des bactéries mutualistes pour produire de l'énergie et des nutriments à partir du dioxyde de carbone, de l'oxygène, du sulfure d'hydrogène et du nitrate qui s'échappent de ces cheminées. En somme, pour les Invertébrés aussi bien que pour les Vertébrés, la symbiose mutualiste a été, au cours de l'évolution, une stratégie générale pour multiplier les sources de nutriments disponibles.

Maintenant que nous avons vu comment les Animaux optimisent l'extraction des nutriments contenus dans la nourriture, nous allons examiner la façon dont ils utilisent ces nutriments de manière équilibrée.

RETOUR SUR LE CONCEPT 41.4

1. Nommez deux avantages que procure un tube digestif long au regard du traitement des matières végétales difficiles à digérer.
2. Quelles caractéristiques du tube digestif d'un Mammifère en font un habitat de choix pour les microorganismes mutualistes ?
3. **ET SI ?** Certaines personnes souffrent d'intolérance au lactose, ce qui se manifeste par des crampes, des ballonnements ou de la diarrhée quand elles mangent des produits laitiers. Elles sont en effet incapables de sécréter la lactase, l'enzyme qui dégrade le lactose du lait. Supposons qu'une de ces personnes mange du yogourt contenant des bactéries productrices de lactase. Pourquoi l'ingestion de ce yogourt ne fera-t-elle, au mieux, que soulager temporairement les symptômes ?

Voir les réponses proposées à la fin du chapitre.

CONCEPT 41.5

Des circuits de rétroaction assurent la régulation de la digestion, du stockage de l'énergie et de l'appétit

Nous venons d'étudier les processus qui permettent aux Animaux d'obtenir les nutriments dont ils ont besoin. Dans la dernière section de ce chapitre sur la nutrition, nous analyserons la gestion de ces processus en fonction des circonstances et des besoins.

La régulation de la digestion

Chez bien des animaux, les repas sont très espacés et le système digestif n'a pas besoin de fonctionner continuellement. Chaque étape de la digestion est activée au moment où la nourriture arrive dans un nouveau compartiment du tube digestif. L'entrée de la nourriture déclenche la sécrétion de substances qui activent l'étape suivante de la digestion chimique ainsi que les contractions musculaires qui font avancer la nourriture dans le canal alimentaire. Par exemple, nous avons vu que des réflexes nerveux stimulent la libération de salive lorsque de la nourriture est introduite dans la cavité buccale et orchestrent la déglutition quand un bol alimentaire entre dans le pharynx. De la même façon, l'arrivée de nourriture dans l'estomac active le malaxage et la libération des sucs gastriques. Une partie du système nerveux appelée *composante entérique*, spécialisée dans les organes de la digestion, régule ces étapes ainsi que le péristaltisme dans l'intestin grêle et le gros intestin.

Le système endocrinien joue aussi un rôle crucial dans la régulation de la digestion. Comme l'illustre la **figure 41.19**, les hormones libérées par l'estomac et le duodénum font en sorte que les sécrétions gastriques interviennent seulement au moment voulu. Comme toutes les hormones, celles qui sont libérées par l'estomac et le duodénum circulent dans le sang, y compris la gastrine dont la cible (l'estomac) est aussi l'organe qui la sécrète.

La régulation des réserves d'énergie

Au chapitre 40, nous avons vu que, lorsqu'un animal consomme plus d'énergie qu'il n'en a besoin pour son métabolisme et ses activités, l'excédent d'énergie est emmagasiné. Pour terminer notre survol de la nutrition, voyons de plus près comment les Animaux gèrent leurs allocations énergétiques.

Chez l'humain, ce sont d'abord les cellules du foie et les cellules musculaires qui emmagasinent l'énergie sous forme de glycogène, un polymère composé de nombreuses unités de glucose (voir la figure 5.6b, p. 79). Quand l'organisme a fait toutes les réserves possibles de glycogène, il transforme généralement l'excédent en triglycérides (graisses) dans les tissus adipeux.

À l'inverse, quand la quantité d'énergie absorbée est inférieure à celle qui est dépensée, par exemple lors d'une période d'exercice physique intense ou en raison d'un manque de nourriture, le corps humain commence habituellement par consommer le glycogène du foie. Ensuite, il puise dans le glycogène musculaire et, enfin, dans les graisses. Les triglycérides sont particulièrement riches en énergie. L'oxydation d'un gramme de lipides libère environ deux fois plus d'énergie que l'oxydation d'un gramme de glucides ou de protéines. C'est pour cette raison que le tissu adipeux est la façon la plus efficace, au regard de l'espace disponible, de stocker de grandes quantités d'énergie. La plupart des personnes en bonne santé disposent de suffisamment de réserves de graisses pour supporter plusieurs semaines de jeûne.

La régulation de la glycémie

La synthèse et la dégradation du glycogène sont des processus vitaux non seulement pour le stockage de l'énergie, mais également pour le maintien de l'équilibre métabolique par l'intermédiaire de la régulation de la glycémie. En effet, tous les tissus du corps doivent compter sur l'oxydation du glucose pour produire de l'ATP et permettre le déroulement des activités cellulaires (voir le chapitre 9). L'insuline et le glucagon, des hormones pancréatiques, maintiennent la glycémie en régulant étroitement la synthèse et la dégradation du glycogène.

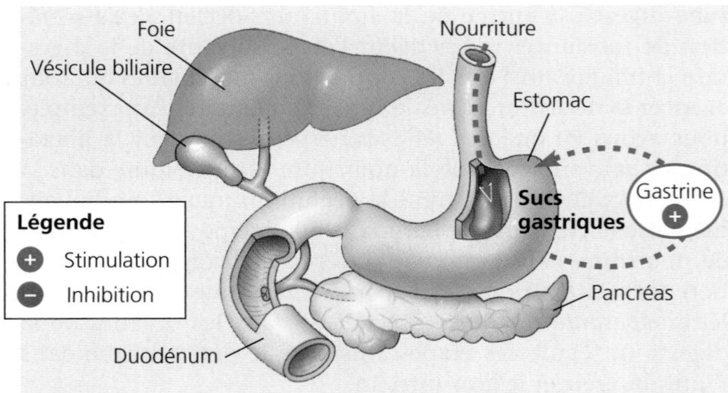

1 L'entrée de nourriture dans l'estomac provoque l'étirement des parois, un stimulus qui déclenche la libération de **gastrine**. Cette hormone emprunte la circulation sanguine pour atteindre l'estomac où elle stimule la production de sucs gastriques.

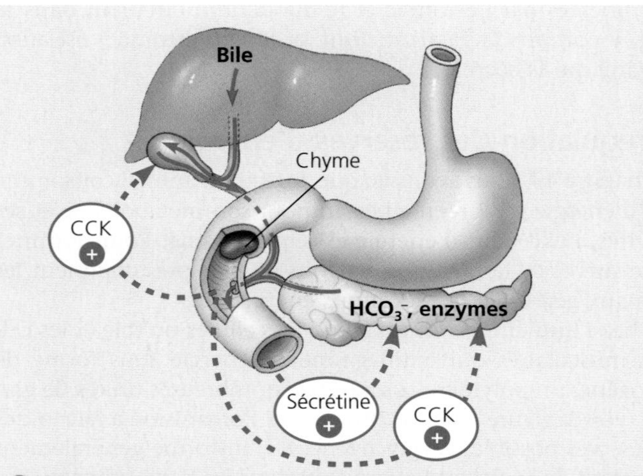

2 Après un certain temps, le chyme (une bouillie acide formée par la nourriture partiellement digérée) passe de l'estomac au duodénum. Le duodénum réagit aux acides aminés ou aux acides gras du chyme en libérant des hormones digestives : la cholécystokinine et la sécrétine. La **cholécystokinine** (**CCK**) déclenche à son tour la sécrétion d'enzymes digestives par le pancréas et de bile par la vésicule biliaire. Sous l'effet de la **sécrétine**, le pancréas libère de l'hydrogénocarbonate de sodium qui neutralise le chyme acide.

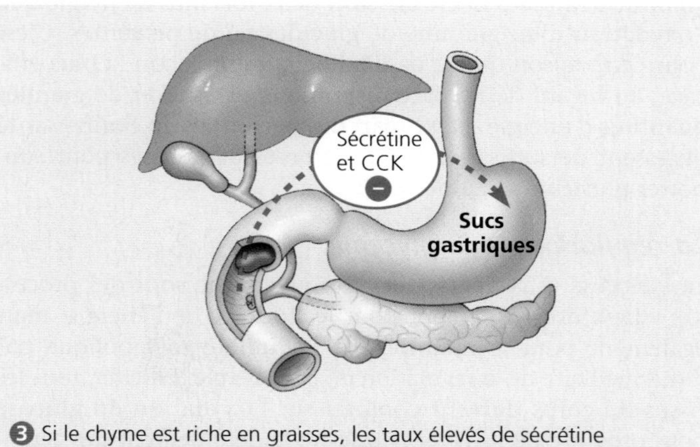

3 Si le chyme est riche en graisses, les taux élevés de sécrétine et de CCK libérées incitent l'estomac à inhiber le péristaltisme et la sécrétion de sucs gastriques, ralentissant ainsi la digestion.

▲ **Figure 41.19 La régulation hormonale de la digestion.**

Le foie est un organe clé dans la régulation de la glycémie (**figure 41.20**). Quand les taux d'insuline s'élèvent après un repas riche en glucides, le glucose qui entre dans le foie par la veine porte hépatique est mis en réserve sous forme de glycogène. Entre les repas, alors que le sang dans la veine porte hépatique contient beaucoup moins de glucose, le glucagon stimule la dégradation du glycogène hépatique, ce qui entraîne la libération de glucose dans le sang. L'action combinée de l'insuline et du glucagon fait en sorte que la concentration du glucose dans le sang qui sort du foie se situe presque tout le temps entre 3,9 et 6,1 mmol par litre.

Nous reviendrons sur le mécanisme de régulation de la glycémie (et explorerons les conséquences de son déséquilibre) lorsque nous étudierons le système endocrinien, au chapitre 45.

La régulation de l'appétit et de l'apport énergétique

La **suralimentation** désigne un état dans lequel l'apport calorique dépasse la quantité requise pour satisfaire les besoins métaboliques. Elle cause l'obésité, qui se manifeste par l'accumulation excessive de graisses dans l'organisme. L'obésité est associée à de nombreux problèmes de santé, notamment le type de diabète le plus courant (type 2), les cancers du côlon et du sein, ainsi que les maladies cardiovasculaires, telles les crises cardiaques, et les accidents vasculaires cérébraux. Les États-Unis ont peut-être le triste record du nombre de personnes souffrant d'obésité, mais celle-ci est devenue un phénomène mondial que plusieurs décrivent comme une véritable épidémie.

Les chercheurs ont découvert plusieurs mécanismes homéostatiques qui participent à la régulation de la masse corporelle. Fonctionnant comme des circuits de rétroaction, ces mécanismes régissent la mise en réserve et le métabolisme des graisses corporelles. Plusieurs hormones assurent la régulation de l'appétit, à court et à long terme, en influant sur un «centre de la satiété» situé dans l'encéphale (**figure 41.21**). De plus, un réseau de neurones transmet et traite l'information envoyée par l'estomac pour réguler la libération des hormones. Dans une large mesure, ce réseau neuronal fonctionne indépendamment des influx envoyés par le système nerveux central.

La découverte de mutations qui entraînent l'obésité chronique chez la souris a aidé les chercheurs à comprendre les mécanismes de la satiété. Les souris présentant des mutations dans le gène *ob* ou *db* ont un appétit considérable et deviennent beaucoup plus grosses que la normale. Doug Coleman a cherché à comprendre comment les mutations *ob* et *db* perturbaient la régulation de l'appétit (**figure 41.22**). À partir de ses expériences, Coleman a conclu que le gène *ob* était nécessaire pour produire le facteur de satiété, tandis que le gène *db* l'était pour réagir à ce facteur.

Le clonage du gène *ob* a permis de démontrer qu'il code pour l'hormone maintenant connue sous le nom de **leptine** (du grec *lepto*, qui signifie «mince»). Le gène *db*, lui, code pour le récepteur de la leptine. La leptine et son récepteur sont des composantes clés des circuits de régulation de l'appétit à long terme. Étant donné que la leptine est un produit des cellules adipeuses, son taux augmente quand la quantité de tissu adipeux augmente, indiquant ainsi au cerveau d'inhiber l'appétit (voir la figure 41.20). À l'inverse, la perte de tissu adipeux

L'insuline favorise le transport membranaire du glucose dans les cellules du corps, et incite les cellules du foie et des muscles à l'entreposer sous forme de glycogène. Par conséquent, la concentration molaire volumique de glucose dans le sang (glycémie) diminue.

Certaines cellules du pancréas sécrètent de l'insuline, une hormone circulant dans le sang.

Stimulus : La glycémie s'élève après un repas.

Homéostasie : de 3,9 à 6,1 mmol de glucose par litre de sang

Stimulus : La glycémie tombe sous la valeur de référence.

Le glucagon favorise la dégradation du glycogène dans le foie et le transfert du glucose dans le sang, ce qui hausse la glycémie.

Certaines cellules du pancréas sécrètent du glucagon dans le sang.

◄ **Figure 41.20 La régulation de la glycémie, une des sources d'énergie cellulaire.** Après la digestion d'un repas, le glucose et les autres monomères sont absorbés par les tissus du tube digestif et passent dans le sang. Le corps humain régule l'utilisation et l'entreposage du glucose, qui constitue une importante source d'énergie cellulaire.

FAITES DES LIENS *Quel mécanisme de régulation par rétroaction chacun de ces circuits de régulation illustre-t-il (voir le concept 40.2, p. 999) ?*

abaisse le taux de leptine, signalant au cerveau d'augmenter l'appétit. C'est ainsi que les signaux de rétroaction émis par la leptine maintiennent la masse adipeuse dans un intervalle de référence.

Ces découvertes sur la leptine vont peut-être déboucher sur des traitements contre l'obésité, mais certains éléments demeurent incompris. D'une part, les fonctions de la leptine sont complexes, notamment dans le développement du système nerveux. D'autre part, la plupart des personnes obèses ont un taux de leptine anormalement élevé qui, on ne sait trop comment, est incapable de provoquer l'activation du centre de satiété du cerveau. En somme, il reste encore beaucoup à apprendre dans ce domaine important de la physiologie humaine.

Obésité et évolution

ÉVOLUTION Le lien entre l'accumulation de graisses et les adaptations évolutives chez les Animaux est parfois complexe. Prenons l'exemple des oisillons très dodus d'un pétrel géant (*Macronectes sp.*), un oiseau de mer (**figure 41.23**). Leurs parents doivent parcourir de grandes distances pour trouver de la nourriture, et la majeure partie de celle qu'ils rapportent est très riche en lipides. Comme les lipides contiennent deux fois plus de calories par gramme que les glucides et les protéines, c'est une façon de réduire au minimum les longs déplacements à faire pour nourrir leurs petits. Toutefois, les jeunes pétrels ont aussi besoin

La **ghréline**, découverte en 1999, est sécrétée par l'estomac; c'est l'un des médiateurs qui déclenche la sensation de faim quand l'heure des repas approche. Chez les personnes qui suivent un régime amaigrissant, la concentration de ghréline augmente, ce qui expliquerait pourquoi il est si difficile de faire preuve de persévérance.

L'élévation de la glycémie après un repas stimule la sécrétion de l'**insuline** par le pancréas (voir la figure 41.20). En plus de ses autres fonctions, l'insuline inhibe l'appétit en agissant sur l'encéphale.

La **leptine**, découverte en 1994, est produite par les cellules adipeuses; l'augmentation de sa concentration supprime l'appétit. Lorsque les graisses corporelles diminuent, la concentration de leptine baisse et l'appétit augmente.

Le PYY (pour peptide agissant sur les récepteurs de type Y2 de l'hypothalamus), découvert en 2002, est une hormone sécrétée par l'intestin grêle et le côlon après les repas; elle agit comme un suppresseur d'appétit et se comporte comme un antagoniste de la ghréline, qui stimule de l'appétit.

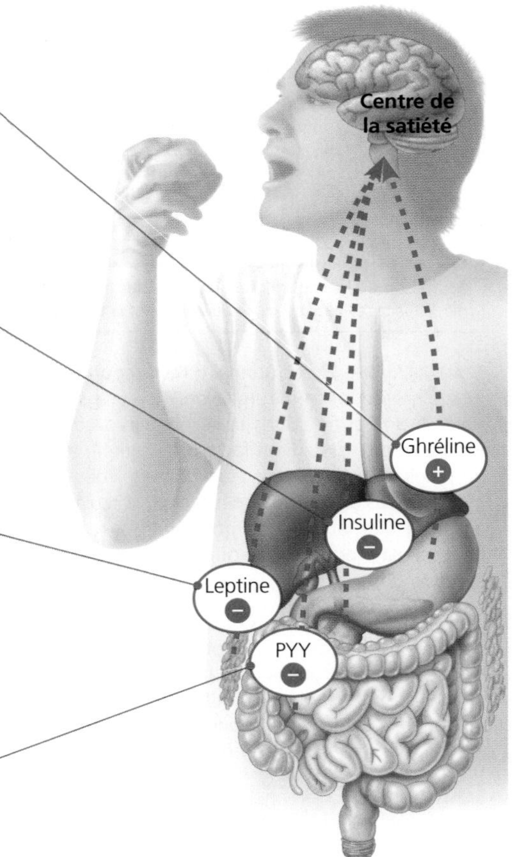

▲ **Figure 41.21 Quelques hormones de régulation de l'appétit.** Les hormones sécrétées par divers organes et tissus atteignent l'encéphale par l'intermédiaire de la circulation sanguine. Ces signaux agissent sur l'hypothalamus, une région de l'encéphale, qui à son tour régit le « centre de la satiété ». Ce dernier génère les influx nerveux à l'origine de la sensation de faim ou de satiété. L'hormone ghréline stimule l'appétit ; les trois autres l'inhibent.

▼ **Figure 41.22** INVESTIGATION

Quel rôle les gènes *ob* et *db* jouent-ils dans la régulation de l'appétit ?

EXPÉRIENCE Margaret Dickie, Katherine Hummel et Doug Coleman, du laboratoire Jackson à Bar Harbor, dans le Maine, ont découvert que les souris porteuses de la mutation du gène *ob* (gène *ob ob*) ou de la mutation du gène *db* (*db db*) mangent énormément et grossissent beaucoup plus que les souris porteuses des formes sauvages (non mutantes) des deux gènes (désignés ob^+ et db^+).

Souris obèse porteuse du gène *ob* mutant (à gauche) et souris porteuse de la forme sauvage du gène.

Pour mieux comprendre les rôles des deux gènes, Coleman a mesuré les masses corporelles de jeunes souris possédant des génotypes différents. Après quoi, il a relié chirurgicalement le système circulatoire de chaque sujet à celui d'une autre souris de telle sorte que tout facteur présent dans la circulation sanguine d'une des souris soit transféré à l'autre. Après huit semaines, il a mesuré à nouveau la masse de chaque sujet.

RÉSULTATS

Appariement des génotypes (les gènes mutants sont en rouge)		Changement moyen de la masse corporelle (g) du sujet
Sujet	Apparié avec	
$ob^+ ob^+$, $db^+ db^+$	$ob^+ ob^+$, $db^+ db^+$	8,3
ob ob, $db^+ db^+$	*ob ob*, $db^+ db^+$	38,7
ob ob, $db^+ db^+$	*ob ob*, $db^+ db^+$	8,2
ob ob, $db^+ db^+$	*ob ob*, *db db*	−14,9*

*En raison d'une importante perte de poids et de l'affaiblissement, les sujets de ces paires ont été pesés à nouveau avant la fin de la période de huit semaines.

CONCLUSION Étant donné qu'une souris *ob* prend moins de poids lorsqu'elle est reliée chirurgicalement à une souris ob^+ que lorsqu'elle est reliée à une autre souris *ob*, Coleman a conclu que la souris *ob* était incapable de produire un facteur de satiété, mais qu'elle était en mesure de réagir à ce facteur s'il était présent. Pour expliquer la perte de poids chez la souris ob qui reçoit des facteurs circulants de la souris *db*, Coleman a conclu que la mutation *db* bloque la réaction au facteur de satiété, mais pas sa production, ce qui entraîne une surproduction du facteur par la souris *db*.

Des études moléculaires subséquentes ont démontré la validité des deux conclusions de Coleman. Le produit du gène *ob* est la leptine (le facteur de satiété), tandis que le produit du gène *db* est le récepteur de la leptine. La souris porteuse de la mutation *ob* est donc incapable de produire de la leptine, tandis que la souris porteuse de la mutation *db* produit de la leptine, mais ne peut pas y réagir.

SOURCE D. L. Coleman, Effects of parabiosis of obese mice with diabetes and normal mice. *Diabetologia* 9 : 294-298 (1973).

ET SI ? Supposons que vous avez prélevé une série d'échantillons de sang sur une souris porteuse de la forme sauvage du gène et sur une souris porteuse de la forme *db* dans le courant de la journée. Quels changements prévoyez-vous observer dans le taux de leptine (facteur de satiété) de chaque souris ? Expliquez votre raisonnement.

de grandes quantités de protéines pour former de nouveaux tissus. Or, les régimes riches en graisses en contiennent relativement peu. Pour obtenir toutes les protéines dont ils ont besoin, les oisillons doivent donc consommer beaucoup plus de nourriture que leurs besoins en énergie et ils finissent par devenir obèses. Les dépôts de graisses des jeunes pétrels remplissent néanmoins une fonction importante, puisqu'ils les aident à survivre pendant les périodes où leurs parents sont incapables de trouver suffisamment de nourriture. Si la nourriture ne manque pas, les jeunes océanites prennent tellement de poids qu'à la fin de leur croissance ils sont beaucoup plus lourds que leurs parents. Ils doivent alors se soumettre à une période de jeûne de plusieurs jours pour être capables de voler.

Bien qu'elle puisse, à notre époque, constituer un désavantage pour la santé, l'accumulation de graisses a pu être un atout au cours de l'évolution de notre espèce. Nos lointains ancêtres de la savane africaine vivaient de chasse et de cueillette ; ils ont probablement survécu en s'alimentant surtout de graines et d'autres produits végétaux, un régime alimentaire qu'ils n'enrichissaient qu'à l'occasion de gibier qu'ils chassaient ou de matières organiques mortes qu'ils prélevaient sur des animaux tués par d'autres prédateurs. Dans un environnement où alternaient abondance et famine, la sélection naturelle peut avoir favorisé les individus que la physiologie poussait à se gaver d'aliments en ces rares occasions où de tels festins étaient possibles. Les individus possédant les gènes qui favorisaient l'accumulation de molécules à haute teneur énergétique durant ces repas copieux avaient plus de chances de survivre aux famines que leurs congénères plus maigres. Notre goût actuel pour les aliments riches en triglycérides, qui contribue à l'épidémie d'obésité, est donc probablement un vestige de l'époque où les disettes étaient fréquentes.

Dans le prochain chapitre, nous constaterons que l'obtention de la nourriture, la digestion ainsi que l'absorption des nutriments s'intègrent à un ensemble de fonctions. La distribution des aliments dans toutes les cellules du corps (circulation) et l'échange de gaz respiratoires avec l'environnement contribuent à la nutrition.

▲ **Figure 41.23 Océanite dodu.** Trop lourd pour voler, cet oisillon (à droite) doit perdre du poids avant de s'envoler. En attendant, ses réserves de graisses lui fournissent l'énergie dont il a besoin pendant les périodes où ses parents sont incapables de trouver suffisamment de nourriture.

RETOUR SUR LE CONCEPT **41.5**

1. Expliquez comment un individu peut devenir obèse, même s'il mange relativement peu de lipides alimentaires comparativement à son ingestion de glucides.
2. Après avoir examiné la figure 41.21, expliquez comment la PYY et la leptine contribuent conjointement à la régulation de la masse corporelle.
3. **ET SI?** Vous étudiez deux groupes de personnes obèses porteuses d'anomalies génétiques liées à la voie de la leptine. Dans un groupe, les taux de leptine sont anormalement élevés; dans l'autre groupe, ils sont anormalement bas. Comment le taux de leptine de chaque groupe changera-t-il si les deux groupes suivent un régime amaigrissant pendant une longue période? Expliquez votre réponse.

Voir les réponses proposées à la fin du chapitre.

RÉVISION DU CHAPITRE 41

RÉSUMÉ DES CONCEPTS CLÉS

- Les Animaux ont divers régimes alimentaires. Les **herbivores** consomment surtout des plantes et les **carnivores**, principalement d'autres animaux. Les **omnivores** ingèrent régulièrement des matières animales et végétales. Tous les Animaux doivent équilibrer l'apport, l'entreposage et la dépense d'énergie.

CONCEPT **41.1**

Le régime alimentaire des Animaux doit fournir de l'énergie chimique, des molécules organiques et des nutriments essentiels (p. 1018 à 1022)

- La nourriture procure aux Animaux l'énergie dont ils ont besoin pour produire de l'ATP, des squelettes carbonés pour la biosynthèse et des **nutriments essentiels**, qui doivent être fournis sous une forme préassemblée. Les nutriments essentiels comprennent certains acides aminés et acides gras que les Animaux sont incapables de synthétiser eux-mêmes; des **vitamines**, qui sont des molécules organiques; et des **minéraux**, qui sont des substances inorganiques.
- Les Animaux peuvent souffrir de deux formes de malnutrition: un apport inadéquat de nutriments essentiels et le manque de sources d'énergie chimique. Les études sur les malformations génétiques et sur la maladie au sein des populations aident les chercheurs à déterminer les besoins nutritionnels de l'humain.

? *Proposez une raison pour laquelle le régime alimentaire de nombreux Mammifères ne comprend nécessairement de vitamine C, une substance pourtant importante dans la synthèse du collagène.*

CONCEPT **41.2**

Les principales étapes du traitement de la nourriture sont l'ingestion, la digestion, l'absorption et l'élimination (p. 1022 à 1025)

- Chez les Animaux, le traitement des aliments passe par l'**ingestion** (l'acte de manger), la **digestion** (la décomposition enzymatique des macromolécules alimentaires en monomères), l'**absorption** (l'assimilation des nutriments par les cellules) et l'**élimination** (le rejet des substances non digérées sous forme de matières fécales).
- Les modes d'ingestion des aliments varient d'une espèce animale à l'autre. La plupart des animaux, notamment les humains, se nourrissent par **ingestion en vrac**. Ils consomment des morceaux de nourriture relativement gros.
- La compartimentation du tube digestif permet d'éviter l'autodigestion. Dans la digestion intracellulaire, les particules alimentaires pénètrent dans les cellules par endocytose, puis elles sont digérées au sein de vacuoles nutritives. La plupart des Animaux font appel à la digestion extracellulaire. Dans ce cas, l'hydrolyse enzymatique est effectuée à l'extérieur des cellules, dans une **cavité gastrovasculaire** ou dans un **tube digestif**.

? *Proposez un régime alimentaire artificiel qui éliminerait une des trois premières étapes du traitement de la nourriture.*

CONCEPT **41.3**

Les différents organes du système digestif des Mammifères assurent un traitement progressif de la nourriture (p. 1025 à 1032)

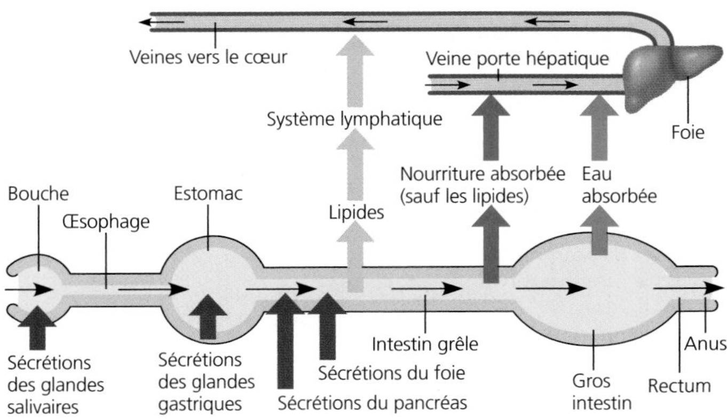

? *Quelle caractéristique structurale de l'intestin grêle fait de lui un organe mieux adapté que l'estomac à l'absorption des nutriments?*

CONCEPT **41.4**

Les adaptations évolutives du système digestif des Vertébrés sont liées au régime alimentaire (p. 1032 à 1035)

- Chez les Vertébrés, plusieurs adaptations évolutives sont reliées au régime alimentaire. Par exemple, la dentition, qui est l'ensemble des dents, correspond généralement au régime alimentaire. De même, les herbivores ont habituellement un tube digestif plus long que celui des carnivores, car il faut plus de temps pour digérer les matières végétales que les matières animales. Beaucoup d'herbivores possèdent des chambres de fermentation spéciales, dans lesquelles des microorganismes mutualistes digèrent la cellulose.

? *Quelles caractéristiques de notre anatomie nous donnent à penser que nos ancêtres n'étaient pas végétariens?*

CONCEPT 41.5

Des circuits de rétroaction assurent la régulation de la digestion, du stockage de l'énergie et de l'appétit (p. 1035 à 1039)

- La régulation de la nutrition intervient à plusieurs niveaux. La présence de nourriture dans le tube digestif déclenche des réactions nerveuses et hormonales qui provoquent la sécrétion des sucs gastriques et qui facilitent le déplacement de la nourriture ingérée dans le tube digestif. La disponibilité du glucose pour la production d'énergie est régulée par l'insuline et le glucagon, deux hormones qui président à la synthèse et à la dégradation du glycogène, respectivement.
- Les Vertébrés emmagasinent l'énergie excédentaire sous forme de glycogène (dans le foie et dans les muscles), ainsi que sous forme de triglycérides (dans les cellules adipeuses). Ils peuvent puiser dans ces réserves quand ils dépensent plus d'énergie qu'ils n'en ingèrent. S'ils consomment plus de calories qu'ils n'en ont besoin pour leur métabolisme, la suralimentation qui en résulte peut causer un problème de santé sérieux: l'obésité.
- Plusieurs hormones, notamment la leptine et l'insuline, agissent sur le centre de la satiété dans le cerveau et régulent ainsi l'appétit. La difficulté que nous éprouvons à maintenir un poids santé pourrait provenir en partie de notre passé évolutif, lorsque l'accumulation de triglycérides était importante pour la survie.

 *Expliquez pourquoi votre estomac peut gargouiller lorsque vous sautez un repas.*

ÉVALUATION

NIVEAU 1: CONNAISSANCES ET COMPRÉHENSION

1. Parmi les associations suivantes, laquelle comporte une erreur?
a) Lion et ingestion du substrat.
b) Baleine à fanons et ingestion par filtration.
c) Puce et ingestion par aspiration.
d) Palourde et ingestion par filtration.
e) Serpent et ingestion en vrac.

2. Chez les Mammifères, la trachée et l'œsophage débouchent sur:
a) le gros intestin.
b) l'estomac.
c) le pharynx.
d) le rectum.
e) l'épiglotte.

3. Voici une liste d'organes associés chacun à une fonction. Parmi ces associations, laquelle est *erronée*?
a) Estomac: digestion des protéines.
b) Cavité buccale: digestion de l'amidon.
c) Gros intestin: digestion des graisses.
d) Intestin grêle: absorption des nutriments.
e) Pancréas: production d'enzymes.

4. Parmi les activités suivantes, laquelle n'est pas une des principales activités de l'estomac?
a) La digestion mécanique.
b) La sécrétion de HCl.
c) La sécrétion de mucus.
d) L'absorption de nutriments.
e) La sécrétion d'enzymes.

NIVEAU 2: APPLICATION ET ANALYSE

5. Après avoir subi l'ablation de la vésicule biliaire du fait d'une infection, une personne doit faire particulièrement attention à ce qu'elle mange et restreindre sa consommation:
a) d'amidon.
b) de protéines.
c) de glucides.
d) de lipides.
e) d'eau.

6. Si vous allez courir sur une distance de 2 km quelques heures après avoir mangé, à quelle source d'énergie votre organisme fera-t-il d'abord appel?
a) Aux protéines des muscles.
b) Au glycogène des muscles et du foie.
c) Aux graisses emmagasinées dans le foie.
d) Aux graisses des tissus adipeux.
e) Aux protéines du sang.

NIVEAU 3: SYNTHÈSE ET ÉVALUATION

7. **FAITES UN DESSIN** Faites un schéma du cheminement parcouru par la nourriture partiellement digérée lorsqu'elle quitte l'estomac. Utilisez les termes suivants: sécrétion de bicarbonate, circulation, diminution de l'acidité, sécrétion de sécrétine, augmentation de l'acidité, détection de signaux. À côté de chacun de ces termes, indiquez le ou les compartiments concernés. Vous pouvez utiliser le même terme plus d'une fois.

8. **LIEN AVEC L'ÉVOLUTION**
L'œsophage et la trachée de l'humain partagent un passage qui fait suite à la bouche et aux voies nasales. Cette structure cause parfois des problèmes. Après avoir revu l'évolution des Vertébrés au chapitre 34, expliquez l'origine évolutive de cette «imperfection» anatomique.

9. **INTÉGRATION**
Chez les populations humaines du nord de l'Europe, une maladie appelée hémochromatose entraîne une accumulation de fer de source alimentaire. Elle touche 1 personne sur 200, les hommes 10 fois plus fréquemment que les femmes. Proposez une hypothèse expliquant cette différence de vulnérabilité entre les deux sexes à l'égard de cette maladie.

10. **ÉCRIVEZ UN TEXTE**
Les propriétés émergentes. Un cheveu est principalement composé de kératine, une protéine. Rédigez un court texte (de 100 à 150 mots) qui explique pourquoi un shampoing contenant cette protéine ne peut pas remplacer efficacement la kératine d'un cheveu endommagé.

RÉPONSES DU CHAPITRE 41

Questions des figures

Figure 41.2 Tout comme les protéines des muscles du pingouin fournissent des acides aminés pour la repousse d'une grande quantité de plumes après la mue, l'ovalbumine et la caséine fournissent des acides aminés pour la croissance d'un œuf fécondé ou pour l'allaitement. Dans les deux cas, il y a une période de développement rapide.
Figure 41.4 Comme dans l'étude décrite, les chercheurs ont besoin d'un échantillon suffisamment vaste pour pouvoir observer l'apparition d'un certain nombre de cas d'anomalies du tube neural dans le groupe témoin. L'information nécessaire pour déterminer la taille appropriée de l'échantillon est la fréquence des anomalies du tube neural dans les premières grossesses au sein de la population en général.
Figure 41.12 Puisque les enzymes sont des protéines et que les protéines sont hydrolysées dans l'intestin grêle, les enzymes digestives de ce compartiment doivent résister à toutes les ruptures de liaisons, sauf à celles qui leur permettent de s'activer. **Figure 41.13** Aucune. Comme la digestion se déroule dans l'intestin grêle, ces vers absorbent simplement les nutriments prédigérés grâce à la grande surface de leur corps.
Figure 41.20 L'insuline et le glucagon interviennent toutes deux dans la rétro-inhibition. **Figure 41.22** La souris de type sauvage produit de la leptine après un repas. À mesure que la souris puise dans ses réserves de graisses, la production de leptine diminue. La souris finit par retrouver l'appétit; quand elle mange, le taux de leptine augmente à nouveau. Les taux de leptine oscillent donc durant la journée. Comme il n'y a pas de réaction à la leptine chez la souris *db*, ses réserves de graisses s'accumulent sans cesse en raison d'un apport énergétique excessif. La leptine est ainsi produite continuellement et elle présente, par conséquent, une très grande concentration dans le sang.

Retour sur le concept 41.1

1. Les seuls acides aminés essentiels sont ceux qu'un animal est incapable de synthétiser à partir d'autres molécules. **2.** Plusieurs vitamines sont des cofacteurs enzymatiques qui, comme les enzymes elles-mêmes, ne sont pas modifiés par les réactions chimiques auxquelles ils participent. Voilà pourquoi seules de très petites quantités de vitamines sont nécessaires. **3.** Pour savoir quel est le nutriment essentiel qui manque à l'alimentation d'un animal, un chercheur peut supplémenter l'alimentation en divers nutriments, un à la fois, et déterminer lequel élimine les signes de malnutrition.

Retour sur le concept 41.2

1. Une cavité gastrovasculaire est une cavité digestive en forme de sac à une seule ouverture; cette cavité sert à la fois à la digestion et à l'élimination. Un canal alimentaire est un tube digestif doté d'une bouche et d'un anus aux deux extrémités. **2.** Tant qu'ils se trouvent dans la cavité du canal alimentaire, les nutriments se déplacent dans un compartiment qui communique avec l'extérieur par l'intermédiaire de la bouche et de l'anus; ils n'ont pas encore traversé de membrane pour entrer dans l'organisme. **3.** Tout comme la nourriture demeure dans le tube digestif du corps, l'essence se déplace du réservoir au moteur et les déchets sont évacués par le tuyau d'échappement sans jamais pénétrer dans l'habitacle de la voiture. De plus, l'essence, comme la nourriture, est dégradée dans un compartiment spécialisé, de sorte que le reste de la voiture (du corps) ne se dégrade pas. Dans les deux cas, des combustibles riches en énergie sont consommés, des molécules complexes sont décomposées en molécules plus simples et des déchets sont évacués.

Retour sur le concept 41.3

1. Le péristaltisme peut faire cheminer les aliments le long de l'œsophage, même sans l'aide de la gravité. **2.** Étant donné que les cellules pariétales pompent les ions hydrogène vers la lumière de l'estomac, afin de produire du HCl, un inhibiteur de pompe à protons ralentit l'excrétion des ions H^+, réduisant ainsi l'acidité du chyme et l'irritation causée par le reflux du chyme dans l'œsophage. **3.** Les protéines seraient dénaturées et dégradées en peptides. Pour obtenir une digestion plus avancée, produisant des acides aminés, il faudrait ajouter les sécrétions enzymatiques de l'intestin grêle. Aucune digestion de glucides ou de lipides n'aurait lieu.

Retour sur le concept 41.4

1. La nourriture qui séjourne plus longtemps dans le tube digestif peut subir une digestion plus poussée. En outre, les surfaces d'absorption sont plus grandes. **2.** Le système digestif d'un mammifère abrite des microbes mutualistes qui bénéficient d'un environnement dans lequel ils sont protégés des autres microbes par la salive et les sucs gastriques. De plus, la température est constante et propice à l'action enzymatique, et l'apport de nutriments est régulier. **3.** Pour que le traitement au yogourt soit efficace, les bactéries du yogourt doivent établir une relation mutualiste avec l'intestin grêle, où les disaccharides sont dégradés et les glucides simples, absorbés. Les conditions de l'intestin grêle sont probablement très différentes de celles de la culture bactérienne du yogourt. Les bactéries seraient tuées avant d'arriver à l'intestin grêle, ou alors elles seraient incapables de s'y multiplier suffisamment pour faciliter la digestion.

Retour sur le concept 41.5

1. À long terme, le corps transforme l'énergie excédentaire en triglycérides, qu'elle ait été consommée sous forme de triglycérides, de glucides ou de protéines. **2.** Les deux hormones inhibent l'appétit au niveau du centre de la satiété de l'encéphale. Au cours d'une journée, la PYY, sécrétée par l'intestin grêle, coupe l'appétit après les repas. À plus long terme, la leptine, produite par le tissu adipeux, réduit normalement l'appétit à mesure que l'accumulation de gras augmente. **3.** Chez les personnes présentant un poids santé, les taux de leptine baissent durant le jeûne. Les personnes du groupe dont les taux de leptine sont bas présentent probablement un déficit en leptine, de sorte que les taux de cette hormone demeureront bas, quel que soit l'apport de nourriture.
Les personnes du groupe dont les taux de leptine sont élevés présentent probablement un déficit du récepteur de la leptine, mais elles peuvent tout de même inhiber la production de leptine quand les réserves de triglycérides sont épuisées.

Questions du résumé des concepts clés

41.1 Étant donné que le collagène est présent chez tous les Mammifères, une explication possible serait que les Mammifères autres que les primates et les cobayes synthétisent la vitamine C à partir d'autres molécules organiques. **41.2** Un régime alimentaire liquide, contenant du glucose, des acides aminés et d'autres nutriments, pourrait être ingéré et absorbé sans digestion mécanique ou chimique. **41.3** La surface d'absorption de l'intestin grêle est beaucoup plus grande que celle de l'estomac. **41.4** Notre dentition et la faible longueur de notre cæcum donnent à penser que les systèmes digestifs de nos ancêtres n'étaient pas spécialisés dans la digestion de matières végétales. **41.5** Quand l'heure du repas approche, les influx nerveux du cerveau indiquent à l'estomac de se préparer à digérer de la nourriture, c'est-à-dire de libérer ses sécrétions et de se contracter.

ÉVALUATION

1. a; **2.** c; **3.** c; **4.** d; **5.** d; **6.** b;
7.

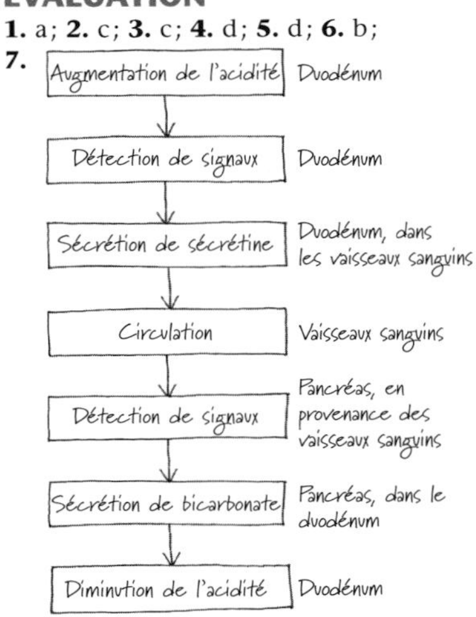

42

La circulation et les échanges gazeux

▲ **Figure 42.1 Comment des appendices plumeux aident-ils cet animal à survivre ?**

CONCEPTS CLÉS

INTRODUCTION

Les échanges avec le milieu extérieur

L'animal de la **figure 42.1** ressemble à une créature de film de science-fiction, mais il s'agit d'un animal réel, appelé axolotl (*Ambystoma mexicanum*), une salamandre vivant dans les étangs peu profonds du Mexique. Les appendices plumeux rouges qui coiffent la tête de cet adulte albinos sont des branchies. Bien que les branchies externes soient rares chez les animaux adultes, elles permettent à l'axolotl d'accomplir une fonction vitale, commune à tous les animaux : échanger des substances avec le milieu extérieur.

Les échanges entre un axolotl (ou tout autre animal) et le milieu extérieur se déroulent au niveau cellulaire. Les ressources nécessaires aux cellules animales, notamment les nutriments et le dioxygène (O_2), traversent leur membrane plasmique pour pénétrer dans le cytoplasme ; quant aux déchets métaboliques, notamment le dioxyde de carbone (CO_2), ils quittent la cellule en traversant la même membrane. Chez les organismes unicellulaires, les échanges avec le milieu externe s'établissent directement. Par contre, la plupart des organismes multicellulaires sont incapables d'effectuer des échanges directs de substances entre chacune de leurs cellules et le milieu extérieur. Les organismes multicellulaires possèdent donc des systèmes spécialisés où ont lieu les échanges avec le milieu et qui transportent ensuite les substances reçues vers le reste du corps.

La coloration rougeâtre ainsi que la structure ramifiée des branchies de l'axolotl rendent compte d'un lien étroit entre les échanges et le transport. De minuscules vaisseaux sanguins se trouvent tout près de la surface de chacun des filaments des branchies. Le dioxygène (O_2) dissous dans l'eau environnante diffuse à travers cette surface pour pénétrer dans le sang, tandis que le dioxyde de carbone (CO_2) diffuse vers l'eau. Cette diffusion est rapide, car la distance à franchir est très courte. Les contractions du cœur de l'axolotl propulsent ensuite le sang oxygéné des filaments branchiaux vers tous les tissus du corps. Là, d'autres échanges se produisent, auxquels participent des nutriments, le dioxygène, le dioxyde de carbone, et certains déchets.

Les échanges gazeux et le transport interne font l'objet d'un lien fonctionnel non seulement chez les axolotls, mais également chez la plupart des animaux ; c'est pourquoi nous étudierons simultanément le système cardiovasculaire et le système respiratoire. À partir d'un certain nombre d'exemples, nous explorerons la diversité remarquable des formes et de l'organisation de ces deux systèmes. Nous verrons aussi comment ces deux systèmes contribuent à maintenir l'homéostasie dans un éventail de conditions physiologiques et environnementales.

CONCEPT 42.1

Les systèmes cardiovasculaires mettent en relation les surfaces d'échange et toutes les cellules de l'organisme

Toutes les cellules de l'organisme doivent participer aux échanges moléculaires qu'un animal entretient avec son environnement afin d'absorber du O_2 et des nutriments, d'une part, et de rejeter du CO_2 et d'autres déchets, d'autre part. Comme nous l'avons vu au chapitre 7, les petites molécules non polaires telles que le O_2 et le CO_2 peuvent se déplacer par diffusion entre les cellules et leur environnement immédiat. Toutefois, la diffusion est inefficace au-delà de quelques millimètres, car le temps que prend une substance pour diffuser d'un endroit à l'autre est proportionnel au *carré* de la distance. Ainsi, s'il faut 1 s à une certaine quantité de glucose pour diffuser sur 100 mm, il faut 100 s pour que la même quantité diffuse sur 1 mm, et près de 3 h pour 1 cm. Le rapport du temps de diffusion à la distance impose donc une contrainte rigoureuse au plan d'organisation corporelle d'un animal.

Étant donné que la diffusion ne se déroule rapidement que sur de très petites distances, comment chaque cellule d'un animal peut-elle participer aux échanges? La sélection naturelle a apporté deux solutions d'ensemble à ce problème. La première a été mise à profit par les organismes dont la taille et la forme du corps permettent un contact direct entre la majorité ou la totalité des cellules et le milieu externe. On trouve ce plan d'organisation corporelle uniquement chez certains Invertébrés, dont les Cnidaires et les vers plats. L'autre solution est celle que l'on observe chez les autres animaux: un système cardiovasculaire qui fait circuler du liquide entre l'environnement immédiat de chaque cellule et les tissus spécialisés dans les échanges avec le milieu externe.

Les cavités gastrovasculaires

Examinons d'abord des animaux dépourvus de système cardiovasculaire. Chez les Éponges, les hydres et d'autres Cnidaires, une enveloppe corporelle renferme une cavité gastrovasculaire centrale, utilisée tant pour la digestion que pour la distribution des substances dans le corps (voir la figure 41.7, p. 1024). Le liquide présent dans la cavité communique avec l'eau du milieu externe par un orifice; de cette manière, les couches cellulaires interne et externe sont en contact avec le liquide environnant. Chez l'hydre, de minces prolongements de la cavité gastrovasculaire constituent les tentacules. Les Éponges et d'autres Cnidaires sont dotés d'une cavité gastrovasculaire encore plus complexe (**figure 42.2a**).

Chez les animaux dotés d'une cavité gastrovasculaire, les couches de tissus internes et externes baignent dans le liquide, ce qui facilite les échanges de gaz et de déchets cellulaires. Seules les cellules de la couche interne de la cavité ont un accès direct aux nutriments libérés par la digestion. Toutefois, comme la paroi du corps ne comprend que deux couches cellulaires, les nutriments n'ont pas à diffuser sur une grande distance pour atteindre les cellules de la couche externe.

Les planaires et la plupart des autres vers plats sont également dépourvus de systèmes cardiovasculaires. Leur cavité gastrovasculaire, combinée à la forme aplatie de leur corps, est bien adaptée à l'échange de substances avec le milieu externe (**figure 42.2b**). Un corps aplati optimise en effet les échanges par diffusion, car la surface est accrue et les distances de diffusion, réduites au minimum.

La diversité évolutive des systèmes cardiovasculaires

ÉVOLUTION Chez les animaux constitués de plusieurs couches de cellules, les distances de diffusion sont trop importantes pour permettre un échange efficace des nutriments et des déchets. La présence d'un système cardiovasculaire chez ces animaux réduit au minimum la distance que les substances doivent franchir pour entrer dans une cellule ou en sortir par diffusion.

Les propriétés générales des systèmes cardiovasculaires

Un système cardiovasculaire a trois composantes structurales: un liquide circulatoire, un réseau de vaisseaux et une pompe musculaire, en l'occurrence un **cœur**. Le cœur fait circuler le sang en utilisant de l'énergie métabolique pour élever sa pression hydrostatique. Le sang circule dans l'organisme, puis revient au cœur.

▶ Figure 42.2 Le transport interne dans les cavités gastrovasculaires.

ET SI? *Supposons qu'une cavité gastrovasculaire comporte une ouverture à chacune de ses deux extrémités et que le liquide entre dans la cavité par une extrémité pour en ressortir par l'autre. Comment cette organisation changerait-elle le fonctionnement de la cavité au regard des échanges gazeux et de la digestion?*

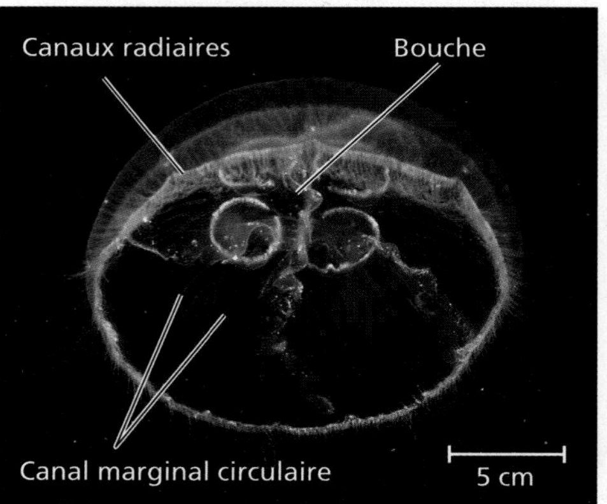

(a) Méduse *Aurelia sp.*, un Cnidaire. On voit ici la face inférieure de la méduse (pôle oral). La bouche conduit à une cavité gastrovasculaire complexe, dont les canaux radiaires communiquent avec un canal circulaire. Les liquides circulent dans la cavité sous l'action des cellules ciliées qui tapissent les canaux.

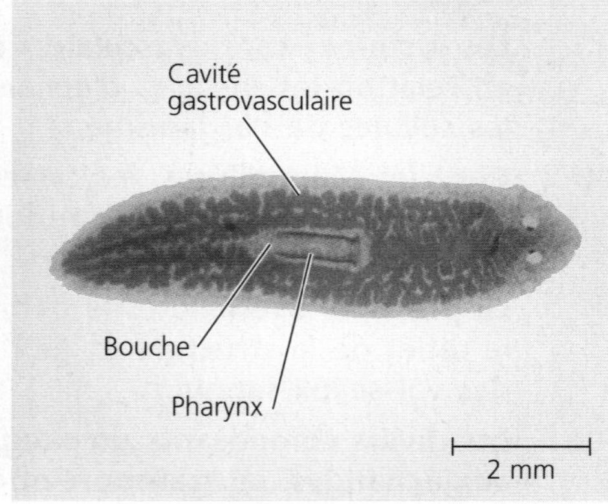

(b) Planaire *Dugesia*, un ver plat. La bouche et le pharynx sur la face ventrale du ver conduisent à une cavité gastrovasculaire très ramifiée, montrée en rouge foncé sur ce spécimen (MEB).

En transportant un liquide dans tout le corps, le système circulatoire établit un lien fonctionnel entre le milieu aqueux des cellules du corps et les organes qui échangent des gaz, absorbent des nutriments et éliminent les déchets. Chez les Mammifères, par exemple, le O_2 de l'air inhalé diffuse à travers à peine deux couches de cellules dans les poumons avant d'atteindre le sang. Grâce aux contractions du cœur, le système cardiovasculaire peut ensuite acheminer le sang oxygéné dans toutes les parties du corps. Lorsque ce sang arrive dans les tissus par de minuscules vaisseaux sanguins, le O_2 qu'il contient n'a plus qu'à diffuser sur une très courte distance pour pénétrer dans le liquide qui baigne les cellules.

Plusieurs des principaux types de systèmes cardiovasculaires sont apparus au cours de l'évolution, chacun doté d'adaptations répondant aux contraintes imposées par l'anatomie et l'environnement. Les systèmes cardiovasculaires sont soit clos, soit ouverts; leur structure varie selon le nombre de circuits dans l'organisme et ils fonctionnent grâce à une pompe dont la structure et l'organisation diffèrent. Nous allons donc examiner chacune de ces variations de même que leurs répercussions physiologiques.

Les systèmes cardiovasculaires ouverts et les systèmes cardiovasculaires clos

Les Arthropodes et la plupart des Mollusques possèdent un **système cardiovasculaire ouvert**, les organes baignant directement dans un liquide circulatoire (**figure 42.3a**). Chez ces animaux, le liquide circulatoire, appelé **hémolymphe**, constitue aussi le *liquide interstitiel* qui entoure les cellules du corps. Un ou plusieurs cœurs pompent l'hémolymphe dans le réseau de cavités entourant les organes, c'est-à-dire les sinus. C'est dans ces sinus que se produisent les échanges chimiques entre l'hémolymphe et les cellules. L'hémolymphe retourne au cœur quand celui-ci se relâche; en chemin, elle traverse des pores pourvus de valves, lesquelles se ferment quand le cœur se contracte. Les mouvements du corps compriment périodiquement les sinus, ce qui facilite la circulation de l'hémolymphe. Le système cardiovasculaire des gros Crustacés, comme les homards et les crabes, possède un réseau de vaisseaux plus développé de même qu'un organe de pompage accessoire.

Dans un **système cardiovasculaire clos**, un liquide circulatoire appelé **sang** est confiné dans les vaisseaux et constitue un liquide distinct du liquide interstitiel (**figure 42.3b**). Un ou plusieurs cœurs pompent le sang dans de grands vaisseaux qui se divisent en plus petits vaisseaux parcourant les organes. Les échanges chimiques se déroulent entre le sang et le liquide interstitiel, ainsi qu'entre le liquide interstitiel et les cellules du corps. Les Annélides (dont les vers de terre), les Céphalopodes (dont les calmars et les pieuvres) et tous les Vertébrés ont un système cardiovasculaire clos.

La présence généralisée chez tous les Animaux d'un système cardiovasculaire ouvert ou clos donne à penser que chacun offre des avantages. Par exemple, la pression hydrostatique plus faible associée aux systèmes cardiovasculaires ouverts les rend moins coûteux sur le plan énergétique que les systèmes clos. Aussi, chez certains Invertébrés, les systèmes cardiovasculaires ouverts remplissent bien d'autres fonctions. Par exemple, les araignées utilisent la pression hydrostatique produite par leur système cardiovasculaire ouvert pour étirer leurs pattes.

Les systèmes circulatoires clos présentent différents avantages. La pression artérielle plus élevée qui y règne favorise un transport plus efficace des liquides circulatoires, ce qui permet aux tissus et aux cellules des animaux les plus gros et les plus actifs de satisfaire promptement leurs besoins métaboliques élevés. Par exemple, parmi les Mollusques, seules les espèces les plus grosses et les plus actives, telles que les calmars et les pieuvres, ont des systèmes cardiovasculaires clos. Par ailleurs, les systèmes clos sont particulièrement bien adaptés à la régulation de la distribution du sang dans les organes, comme nous le verrons plus loin dans ce chapitre. Dans notre étude plus détaillée des systèmes cardiovasculaires clos, nous nous intéresserons notamment aux Vertébrés.

▼ Figure 42.3 Les systèmes cardiovasculaires ouverts et les systèmes cardiovasculaires clos.

(a) Système cardiovasculaire ouvert

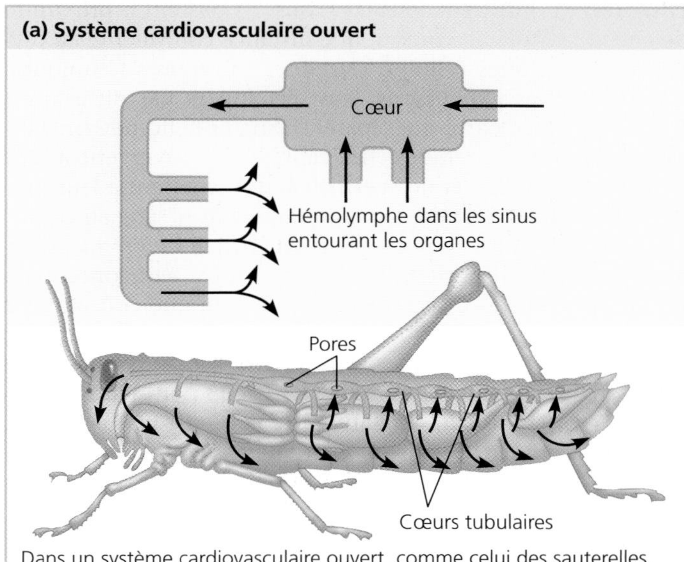

Dans un système cardiovasculaire ouvert, comme celui des sauterelles, l'hémolymphe entourant les tissus est aussi le liquide qui circule dans les vaisseaux.

(b) Système cardiovasculaire clos

Cœur
Liquide interstitiel
Sang
Petits vaisseaux ramifiés dans chaque organe
Vaisseau dorsal (cœur principal)
Cœurs auxiliaires
Vaisseaux ventraux

Dans un système cardiovasculaire clos, comme celui des vers de terre, le liquide interstitiel entourant les tissus est distinct du liquide qui circule dans les vaisseaux, en l'occurrence le sang.

L'organisation des systèmes cardiovasculaires chez les Vertébrés

Les humains et les autres Vertébrés ont un système cardiovasculaire clos, appelé simplement **système cardiovasculaire**. Pompé par le cœur, le sang circule dans un réseau extraordinairement élaboré de vaisseaux. Chez un humain adulte, la longueur totale des vaisseaux sanguins équivaut à deux fois la circonférence de la Terre à l'équateur!

Les artères, les veines et les capillaires sont les trois principaux types de vaisseaux sanguins. Dans chaque type, le sang circule dans une seule direction. Les **artères** acheminent le sang propulsé par le cœur vers les organes du corps. Au sein des organes, les artères se divisent en **artérioles**: ce sont de plus petits vaisseaux transportant le sang vers les capillaires. Les **capillaires** sont des vaisseaux microscopiques à la paroi poreuse et très mince. Des réseaux de ces vaisseaux, les **lits capillaires**, infiltrent tous les tissus. Ils passent à proximité de chaque cellule du corps, à une distance équivalente au diamètre de quelques cellules. Certaines substances chimiques, notamment les gaz dissous, sont échangées par diffusion à travers la mince paroi qui sépare le sang et le liquide interstitiel entourant les cellules. Les capillaires convergent à leur extrémité pour former des **veinules**, qui se jettent à leur tour dans des **veines**, les vaisseaux qui ramènent le sang au cœur.

Les artères et les veines se distinguent par la *direction* dans laquelle elles transportent le sang, et non par leur contenu en O_2 ou par d'autres caractéristiques du sang que contiennent ces vaisseaux. Toutes les artères transportent le sang du cœur *vers* les capillaires; toutes les veines renvoient au cœur le sang *en provenance* des capillaires. Seules les veines portes font exception: elles achemine le sang entre des paires de lits capillaires. Par exemple, la veine porte hépatique achemine le sang des lits capillaires du système digestif vers ceux du foie (voir le chapitre 41). De là, le sang entre dans les veines hépatiques qui l'amènent au cœur.

Le cœur de tous les Vertébrés comporte deux cavités musculaires ou plus. Les cavités qui reçoivent le sang revenant au cœur sont les **oreillettes**, tandis que les cavités qui pompent le sang hors du cœur sont les **ventricules**. Le nombre de cavités ainsi que la façon dont elles sont séparées les unes des autres diffèrent considérablement selon les groupes de Vertébrés, comme nous le constaterons dans la section suivante. Ces différences importantes traduisent l'adéquation à laquelle la sélection naturelle a donné lieu entre la forme et la fonction.

La circulation simple

Chez les Poissons osseux ainsi que chez les raies et les requins, le cœur comprend deux cavités: une oreillette et un ventricule. Le sang passe dans le cœur une fois par circuit, un arrangement appelé **circulation simple** (**figure 42.4a**). Le sang qui entre dans le cœur s'accumule dans l'oreillette avant d'atteindre le ventricule. La contraction du ventricule pousse ensuite le sang vers les branchies, où il y a une diffusion nette de O_2 dans le sang et de CO_2 hors du sang. Quand le sang quitte les branchies, les capillaires convergent dans un vaisseau qui achemine le sang oxygéné vers les lits capillaires de tout le corps. Le sang retourne ensuite au cœur.

Dans la circulation simple, le sang qui sort du cœur doit traverser deux lits capillaires avant de retourner au cœur. Lorsque ce liquide passe dans un lit capillaire, la force motrice qui le propulse, soit la pression artérielle, chute de façon importante, pour des raisons que nous verrons plus loin. Cette baisse de la pression artérielle dans les branchies limite la vitesse à laquelle le sang se rend dans le reste du corps. Quand l'animal nage, toutefois, la contraction et le relâchement de ses muscles aident à accélérer la circulation, plutôt lente.

▼ Figure 42.4 La circulation simple et la circulation double chez les Vertébrés.

(a) Circulation simple

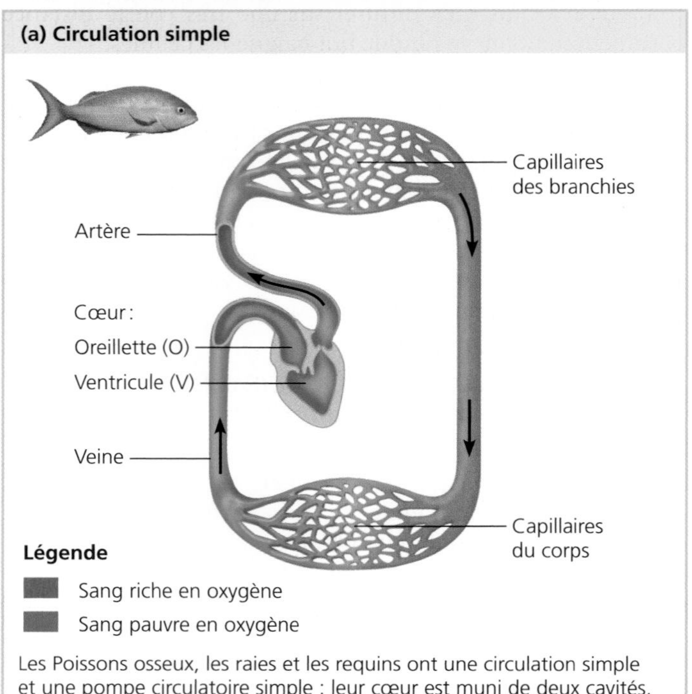

Les Poissons osseux, les raies et les requins ont une circulation simple et une pompe circulatoire simple : leur cœur est muni de deux cavités.

(b) Circulation double

Circuit pulmonaire

Capillaires des poumons

O — O

V — V

Droite Gauche

Capillaires systémiques

Circuit systémique

Chez les Amphibiens, les Reptiles et les Mammifères, la circulation sanguine comporte deux circuits et deux pompes, qui fusionnent en un cœur à plusieurs cavités. Notons que les systèmes circulatoires sont montrés ici comme si l'animal nous faisait face. C'est pourquoi le côté droit de leur cœur est à gauche sur la page, et vice versa.

La circulation double

Les Amphibiens, les Reptiles et les Mammifères sont pourvus de deux circuits dont l'ensemble est appelé **circulation double** (**figure 42.4b**). Les pompes des deux circuits forment un seul organe : le cœur. Le fait d'avoir deux pompes dans un seul cœur simplifie la coordination des cycles de contractions.

Une première pompe, le côté droit du cœur, achemine le sang désoxygéné vers les lits capillaires des tissus où s'effectuent les échanges gazeux, là où le sang capte du O_2 et rejette du CO_2. Cette partie de la circulation est appelée **circulation pulmonaire** si ces lits capillaires sont confinés dans les poumons, comme chez les Reptiles et les Mammifères. Elle est appelée **circulation pulmocutanée** si les lits capillaires où ont lieu les échanges gazeux se trouvent tant dans les poumons que dans la peau, comme chez beaucoup d'Amphibiens.

Après avoir quitté les organes où se font les échanges gazeux, le sang oxygéné entre dans la seconde pompe, le côté gauche du cœur. La contraction du cœur propulse alors ce sang riche en O_2 vers les lits capillaires de tous les tissus du corps. Une fois que les tissus ont capté le O_2 de même que les nutriments et rejeté le CO_2 et les déchets, le sang appauvri en O_2 revient vers le cœur. Ainsi s'achève la **circulation systémique**.

Ce système de circulation double assure un apport vigoureux de sang à l'encéphale, aux muscles et aux autres organes, parce que le sang est pompé une seconde fois après que sa pression a chuté dans les lits capillaires des poumons ou de la peau. De fait, la pression du sang est souvent plus élevée dans le circuit systémique que dans le circuit d'échanges gazeux. C'est là une grande différence d'avec la circulation simple, où le sang circule sous une faible pression directement des organes d'échanges gazeux aux autres organes du corps.

Pour mieux comprendre les diverses adaptations qui sont apparues chez les Vertébrés selon leurs besoins particuliers, nous terminons ce survol des systèmes circulatoires par la **figure 42.5**. Dans la section suivante, nous examinerons de plus près la circulation chez les Mammifères ainsi que l'anatomie et la physiologie de l'organe maître de la circulation : le cœur.

RETOUR SUR LE CONCEPT 42.1

1. En quoi la circulation de l'hémolymphe dans un système circulatoire ouvert ressemble-t-elle à la circulation de l'eau dans une fontaine extérieure ?

2. On a affirmé que les cœurs à trois cavités munis d'une cloison incomplète étaient moins bien adaptés à la fonction circulatoire que les cœurs des Mammifères. Quel avantage ce point de vue négligeait-il ?

3. **ET SI ?** Le cœur d'un fœtus qui se développe normalement comporte un petit orifice entre l'oreillette droite et l'oreillette gauche. Il arrive que cet orifice ne se referme pas complètement juste après la naissance. S'il n'y a pas de correction par chirurgie, quel sera son effet sur le contenu en O_2 du sang qui entre dans la circulation systémique ?

Voir les réponses proposées à la fin du chapitre.

CONCEPT 42.2

Chez les Mammifères, les cycles coordonnés des contractions du cœur rendent possible la circulation double

La distribution de O_2 aux organes du corps ne peut tolérer d'interruption. D'ailleurs, cet apport est si vital que certaines cellules du cerveau meurent au bout de quelques minutes si elles manquent de O_2. Comment le système cardiovasculaire des Mammifères réussit-il à s'acquitter des besoins incessants, mais variables, de l'organisme en O_2 ? Pour répondre à cette question, nous devons examiner les composantes de ce système et le fonctionnement de chacune d'entre elles.

La circulation chez les Mammifères

En lisant l'explication détaillée sur la circulation sanguine dans le système cardiovasculaire des Mammifères, reportez-vous aux chiffres correspondants de la **figure 42.6** (page 1049). Nous allons commencer par la circulation pulmonaire (poumons). ❶ La contraction du ventricule droit pompe le sang vers les poumons par l'intermédiaire du tronc pulmonaire, qui se subdivise en artères pulmonaires droite et gauche ❷. À mesure qu'il s'écoule dans les lits capillaires des poumons droit et gauche ❸, le sang capte du O_2 et perd du CO_2. Le sang enrichi en O_2 revient des poumons par l'intermédiaire des veines pulmonaires droites et gauches pour rejoindre l'oreillette gauche du cœur ❹. Ensuite, le sang riche en O_2 s'écoule dans le ventricule gauche du cœur ❺, à mesure que le ventricule s'ouvre et que l'oreillette gauche se contracte. Le ventricule gauche expulse le sang riche en O_2 vers les tissus du corps par l'intermédiaire de la circulation systémique. Le sang quitte le ventricule gauche par l'aorte ❻, qui transporte le sang aux autres artères parcourant le corps. Les premières branches de l'aorte sont les artères coronaires (elles ne figurent pas sur le schéma), lesquelles apportent du sang au muscle cardiaque lui-même. Puis les branches suivantes de l'aorte débouchent sur les lits capillaires de la tête et des bras ❼ (ou des membres antérieurs). L'aorte descend ensuite dans l'abdomen et fournit du sang riche en O_2 aux lits capillaires des organes abdominaux et des jambes ❽ (ou des membres postérieurs). Dans les capillaires, il y a une diffusion nette de O_2 du sang vers les tissus, et de CO_2 (produit par la respiration cellulaire) des tissus vers le sang. Les capillaires se rejoignent pour former des veinules dont le sang s'écoule dans les veines. Le sang appauvri en O_2 provenant de la tête, du cou et des membres antérieurs est canalisé dans une grande veine appelée veine cave supérieure ❾. Une autre grande veine, la veine cave inférieure, recueille le sang du tronc et des membres postérieurs ❿. Les deux veines caves déversent leur sang dans l'oreillette droite, à partir de laquelle le sang appauvri en O_2 se déverse dans le ventricule droit avant de retourner aux poumons ⓫.

Le cœur des Mammifères : *étude détaillée*

Un examen plus détaillé du cœur humain nous permettra de mieux comprendre le fonctionnement du cœur des Mammifères

▼ **Figure 42.5**

PANORAMA La double circulation chez les Vertébrés

Les Amphibiens

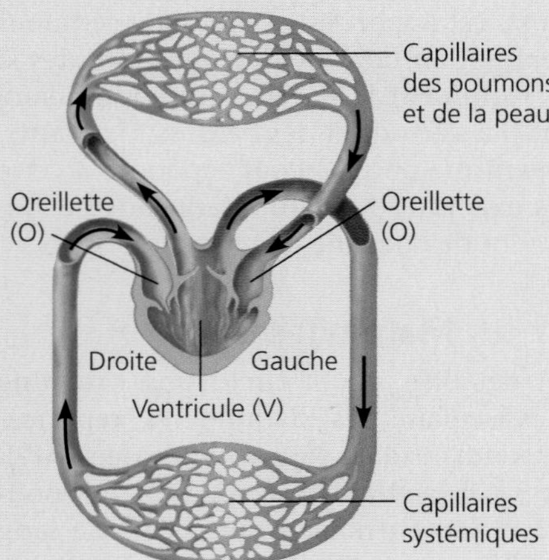

Les grenouilles et les autres Amphibiens sont pourvus d'un cœur à trois cavités: deux oreillettes et un ventricule. Le ventricule est muni d'une crête qui dévie la majeure partie (environ 90%) du sang riche en O_2 de l'oreillette gauche vers la circulation systémique et qui dévie la majeure partie du sang appauvri en O_2 de l'oreillette droite vers la circulation pulmocutanée. Lorsqu'elle est sous l'eau, la grenouille modifie sa circulation. En gros, elle coupe l'arrivée de sang vers ses poumons temporairement non fonctionnels. Le sang poursuit plutôt sa route vers la peau, qui devient l'unique organe d'échanges gazeux pendant que la grenouille est sous l'eau.

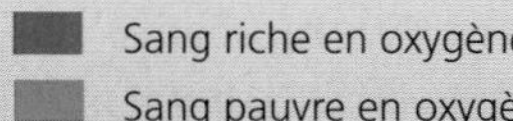

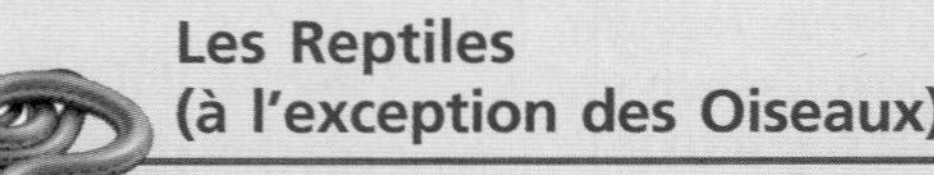

Les Reptiles (à l'exception des Oiseaux)

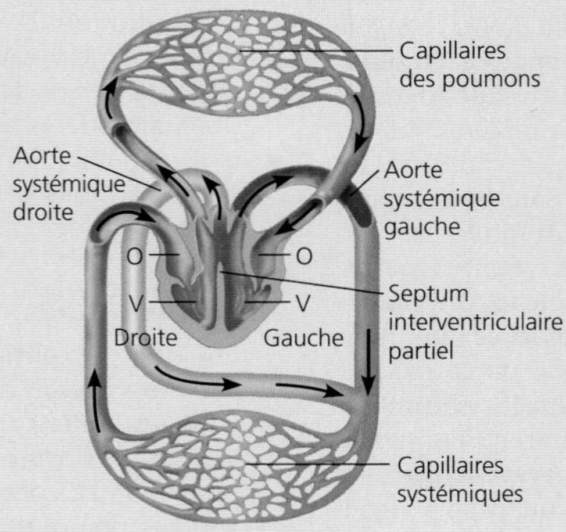

Le cœur des tortues, des serpents et des lézards comporte trois cavités et l'unique ventricule est partiellement cloisonné en deux cavités séparées: celle de droite et celle de gauche. Les deux grosses artères, appelées aortes, sortent du cœur et donnent naissance à la circulation systémique. L'anatomie détaillée du cœur varie parmi les trois groupes de Reptiles; certaines adaptations permettent de moduler la quantité relative de sang circulant vers les poumons et le reste du corps.

Chez les alligators, les caïmans et d'autres Crocodiliens, les ventricules sont complètement séparés par un septum (non montré), mais la circulation pulmonaire et la circulation systémique se rejoignent là où les artères quittent le cœur. Cette communication permet aux valvules artérielles de détourner le sang de la circulation pulmonaire vers la circulation systémique quand l'animal est sous l'eau.

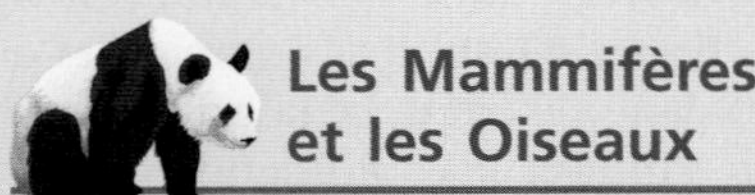

Les Mammifères et les Oiseaux

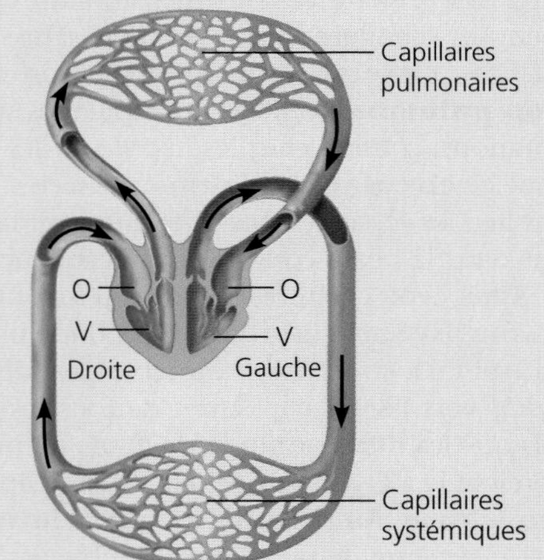

Chez les Mammifères et les Oiseaux, le cœur comporte deux oreillettes et deux ventricules complètement cloisonnés. La partie gauche du cœur ne reçoit et ne pompe que du sang riche en O_2, tandis que la partie droite ne traite que du sang pauvre en O_2. (Chez les Oiseaux, les principaux vaisseaux près du cœur sont légèrement différents de ceux qui sont illustrés ici.) Comme ce sont des endothermes, les Mammifères et les Oiseaux utilisent environ 10 fois plus d'énergie que les ectothermes de taille équivalente; par conséquent, leur système cardiovasculaire doit fournir environ 10 fois plus d'énergie et de O_2 aux tissus (et retirer 10 fois plus de CO_2 et d'autres déchets). Ces échanges importants de substances sont rendus possibles grâce à l'indépendance des circulations systémique et pulmonaire, ainsi qu'à l'intervention d'un cœur gros et puissant, capable de pomper le volume nécessaire de sang. Les Oiseaux et les Mammifères descendent d'ancêtres reptiliens distincts. Leur cœur puissant à quatre cavités a donc évolué indépendamment. C'est un exemple d'évolution convergente (voir le chapitre 34).

(**figure 42.7**). Le cœur humain est situé derrière le sternum; il a environ la taille d'un poing fermé et se compose surtout de tissu musculaire cardiaque (voir la figure 40.5, p. 994 à 996). Les deux oreillettes ont une paroi relativement mince et servent de réservoirs au sang qui retourne au cœur; la majeure partie s'écoule dans les ventricules lorsque ceux-ci se relâchent. Le reste est transféré par la contraction des oreillettes avant que les ventricules commencent à se contracter. Ces derniers ont une paroi plus épaisse et leurs contractions sont beaucoup plus puissantes, surtout celles du ventricule gauche, qui doit envoyer le sang à tous les organes du corps par la circulation systémique. Bien que la contraction du ventricule gauche soit plus forte que celle du ventricule droit, les deux ventricules pompent la même quantité de sang à chaque contraction.

Le cœur se contracte et se relâche de façon rythmique. Lorsqu'il se contracte, il agit telle une pompe foulante et expulse le sang dans le tronc pulmonaire et dans l'aorte. Lorsqu'il se relâche, il agit telle une pompe aspirante et ses cavités se remplissent de sang. Un cycle complet, comportant une phase d'éjection et une autre, de remplissage, se nomme

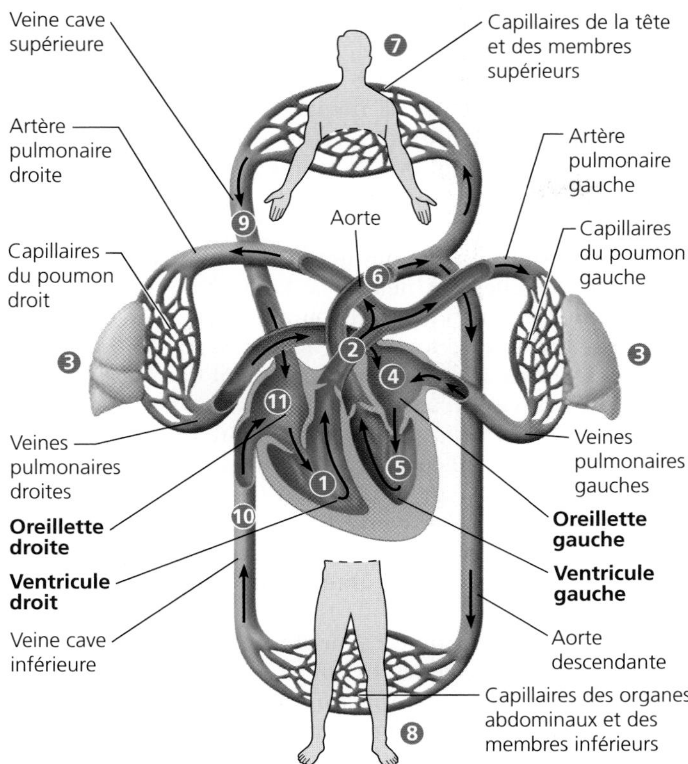

▲ **Figure 42.6 Le système cardiovasculaire des Mammifères : vue d'ensemble.** Il faut comprendre que les deux circulations travaillent simultanément et non en série, comme la numérotation du schéma pourrait le faire croire. Les deux ventricules pompent le liquide en même temps, ou presque ; une partie du sang est acheminée vers la circulation pulmonaire, tandis que le reste se déplace dans la circulation systémique.

révolution cardiaque. La phase de contraction de la révolution cardiaque s'appelle **systole** et la phase de relaxation **diastole** (**figure 42.8**).

Le **débit cardiaque** (**D_c**) correspond au volume de sang éjecté par minute par chaque ventricule. Il dépend de deux facteurs : le nombre de contractions par unité de temps, c'est-à-dire la **fréquence cardiaque** (**f_c**, autrement dit, le nombre de battements cardiaques par minute) et le **volume systolique** (**V_s**), c'est-à-dire la quantité de sang expulsée par un des ventricules à chaque contraction. Le volume systolique moyen de l'humain s'élève à environ 70 mL par battement (0,070 L/batt.). Si on multiplie ce volume systolique par une fréquence cardiaque au repos de 72 batt./min, on obtient un débit cardiaque de 5 L/min. C'est à peu près l'équivalent du volume sanguin total du corps humain. Le débit cardiaque peut être multiplié par cinq pendant un exercice intense.

Le cœur comporte quatre valves qui empêchent le sang de refluer et qui contribuent à l'orienter dans la bonne direction (voir les figures 42.7 et 42.8). Composées de replis de tissu conjonctif, ces valves s'ouvrent quand elles sont poussées d'un côté et se referment quand elles sont poussées de l'autre côté. Entre chaque oreillette et chaque ventricule se trouve une **valve auriculoventriculaire** (**valve AV**). Les valves AV sont ancrées dans les ventricules par de fins cordons de collagène (les cordages tendineux) qui les empêchent de

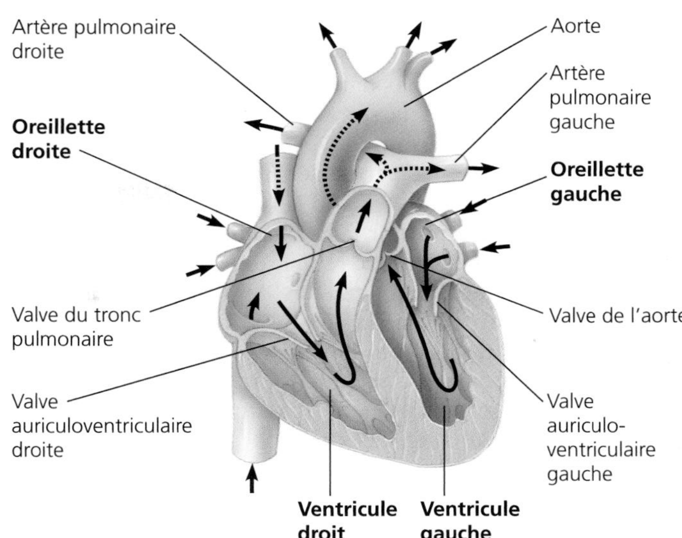

▲ **Figure 42.7 Le cœur des Mammifères : étude détaillée.** Notez la présence des valves, qui empêchent le sang de refluer dans le cœur, de même que l'épaisseur différente des parois musculaires des oreillettes et des ventricules gauche et droit.

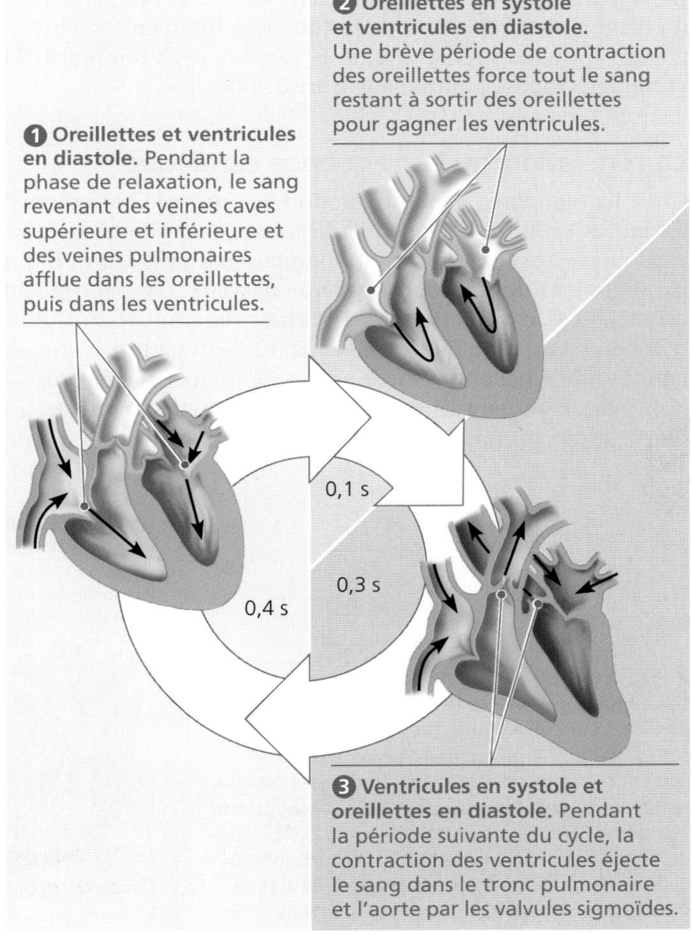

❶ Oreillettes et ventricules en diastole. Pendant la phase de relaxation, le sang revenant des veines caves supérieure et inférieure et des veines pulmonaires afflue dans les oreillettes, puis dans les ventricules.
❷ Oreillettes en systole et ventricules en diastole. Une brève période de contraction des oreillettes force tout le sang restant à sortir des oreillettes pour gagner les ventricules.
0,1 s
0,3 s
0,4 s
❸ Ventricules en systole et oreillettes en diastole. Pendant la période suivante du cycle, la contraction des ventricules éjecte le sang dans le tronc pulmonaire et l'aorte par les valvules sigmoïdes.

▲ **Figure 42.8 La révolution cardiaque.** Chez un humain adulte au repos dont la fréquence cardiaque est d'environ 72 batt./min, une révolution cardiaque prend environ 0,8 s. Notez que, durant la majeure partie de la révolution cardiaque, soit 0,7 s, les oreillettes sont relâchées et se remplissent du sang issu des veines.

remonter dans les oreillettes. La pression produite par la puissante contraction des ventricules ferme les valves AV, empêchant le sang de retourner dans les oreillettes. La **valve de l'aorte** ferme l'artère à la sortie du ventricule gauche et la **valve du tronc pulmonaire** sépare ce dernier du ventricule droit. Ces valves sont ouvertes de force par la pression des contractions ventriculaires. Quand les ventricules se relâchent, le sang commence à revenir vers le cœur, fermant les valves au passage. Cela l'empêche de refluer dans les ventricules.

Vous pouvez entendre la fermeture des deux séries de valves cardiaques avec un stéthoscope ou en pressant votre oreille sur la poitrine d'un ami (ou d'un chien que vous connaissez bien). Vous entendrez le claquement produit par la fermeture des valves. Ils comprennent deux temps, répétés à l'infini jusqu'à la mort: « toc-tac ». Le premier (soit le « toc ») correspond au reflux du sang contre les valves AV. Le second (le « tac »), plus clair, correspond au reflux du sang contre les valves du tronc pulmonaire et de l'aorte.

Le refoulement du sang par une valve défectueuse peut provoquer un bruit du cœur anormal appelé **souffle cardiaque**. Certaines personnes naissent avec un souffle au cœur; chez d'autres, les valves sont endommagées à la suite d'une infection (causée par le rhumatisme articulaire aigu, par exemple). La plupart des souffles cardiaques ne réduisent pas l'efficacité du débit sanguin au point de justifier une intervention chirurgicale. Toutefois, lorsque c'est le cas, on peut remplacer la valve défectueuse par une valve artificielle.

La régulation de la fréquence cardiaque

Chez les Vertébrés, le cœur produit ses propres battements. Certaines cellules du muscle cardiaque sont autoexcitables; elles peuvent se contracter spontanément, c'est-à-dire indépendamment des influx du système nerveux. On peut même observer ces contractions rythmiques dans un tissu qu'on retire du cœur et qu'on dépose dans un contenant de verre en laboratoire! Chacune possède sa propre fréquence de contraction. Mais comment leurs contractions sont-elles coordonnées dans un cœur intact? La réponse réside dans un groupe de cellules autoexcitables qui sont logées près de l'endroit où la veine cave supérieure pénètre dans le cœur. Ce groupe de cellules est appelé **nœud sinusal**, ou **centre rythmogène** (*pacemaker*). C'est lui qui fixe la fréquence et la synchronisation des contractions de toutes les cellules du muscle cardiaque. (Contrairement à celui des Vertébrés, le centre rythmogène de certains Arthropodes se trouve dans le système nerveux, à l'extérieur du cœur.)

Le nœud sinusal émet des impulsions électriques (influx) semblables à celles des neurones. Étant donné que les cellules du muscle cardiaque sont couplées sur le plan électrique par des jonctions ouvertes (voir la figure 6.32, p. 132), les influx du nœud sinusal se propagent rapidement dans les tissus du cœur. De plus, ces influx produisent des courants électriques qui atteignent la peau par l'intermédiaire des liquides corporels. On peut d'ailleurs en détecter les variations à l'aide d'électrodes collées sur la peau à différents endroits; puis un appareil enregistreur convertit les variations d'amplitude des impulsions électriques en un tracé qu'on peut interpréter. On obtient ainsi un **électrocardiogramme** (**ECG**) (**figure 42.9**).

Les impulsions du nœud sinusal se propagent rapidement dans la paroi des oreillettes, ce qui en provoque la contraction simultanée. Durant la contraction des oreillettes, les impulsions provenant du nœud sinusal gagnent d'autres cellules autoexcitables situées dans la paroi qui sépare les deux oreillettes. Ces cellules forment un point de relais appelé **nœud auriculoventriculaire**. Ici, les influx sont retardés d'environ 0,1 s avant d'atteindre l'apex du cœur, ce qui permet aux oreillettes de se vider complètement avant que les ventricules commencent à se contracter. Puis des fibres musculaires spécialisées, appelées branches du faisceau auriculoventriculaire (faisceau de His) et myofibres de conduction cardiaque (ou fibres de Purkinje), transmettent les influx à l'apex du cœur et dans toutes les parois ventriculaires.

Certains signaux physiologiques influent sur le nœud sinusal et peuvent ainsi modifier le rythme du cœur. Cette influence relève principalement de deux parties du système nerveux: le système nerveux sympathique et le système

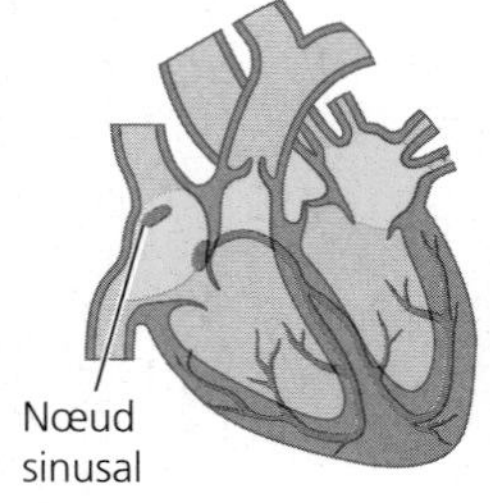

❶ Les influx (en jaune) du nœud sinusal se propagent dans les oreillettes.
Nœud sinusal
ECG

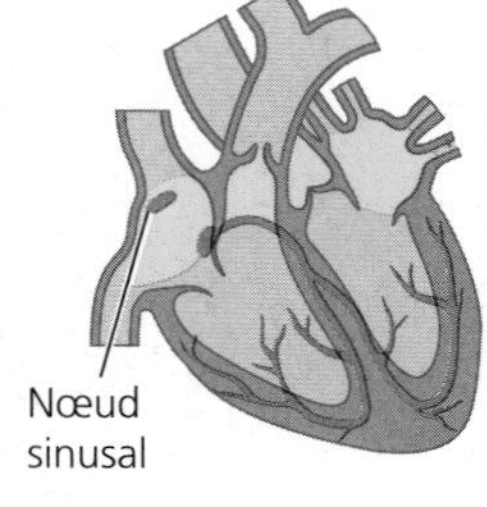
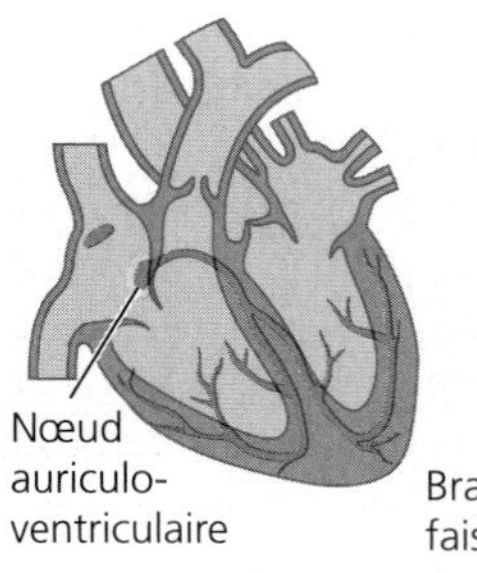

❷ Les influx sont retardés au nœud auriculoventriculaire.
Nœud auriculo-ventriculaire

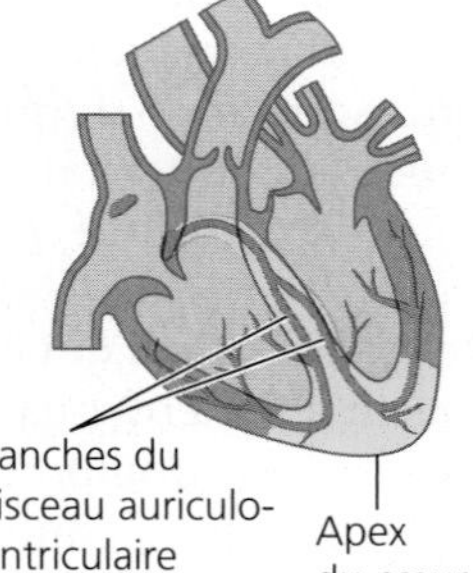

❸ Les branches du faisceau auriculo-ventriculaire transmettent les influx à l'apex du cœur.
Branches du faisceau auriculo-ventriculaire (faisceau de His)
Apex du cœur

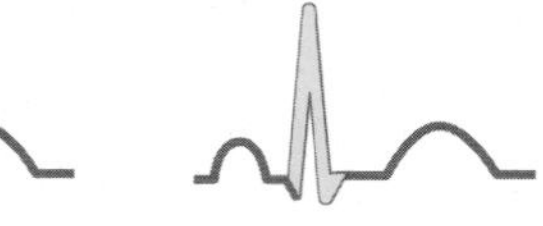

❹ Les influx se propagent dans les ventricules.
Myofibres de conduction cardiaque (fibres de Purkinje)

▶ **Figure 42.9 La régulation de la fréquence cardiaque.** La séquence des événements électriques dans le cœur est indiquée par les étapes ❶ à ❹. Les parties en rouge montrent les cellules musculaires spécialisées dans la régulation électrique du rythme cardiaque. Les régions colorées correspondent aux différentes phases enregistrées lors de l'électrocardiogramme (ECG). À l'étape ❹, la partie en noir de l'ECG, à la droite du pic, correspond à l'activité électrique qui prépare les ventricules à réagir à la série d'influx excitateurs suivante.

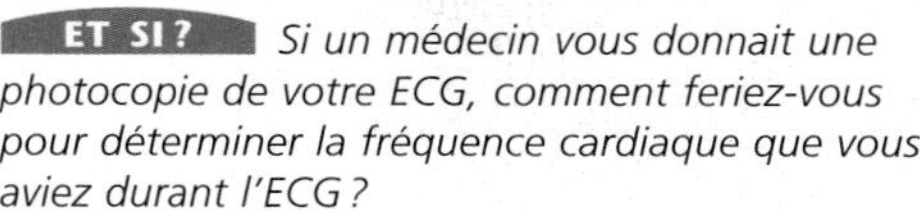
ET SI? *Si un médecin vous donnait une photocopie de votre ECG, comment feriez-vous pour déterminer la fréquence cardiaque que vous aviez durant l'ECG?*

nerveux parasympathique. Ces deux parties fonctionnent comme les éperons et les rênes utilisés par le cavalier en selle : le système nerveux sympathique accélère la fréquence cardiaque, tandis que le système nerveux parasympathique la ralentit. Par exemple, quand vous vous levez et marchez, le système nerveux sympathique augmente votre fréquence cardiaque. C'est une adaptation qui permet au système cardiovasculaire de fournir aux muscles qui travaillent le O_2 supplémentaire dont ils ont besoin. Lorsque vous vous rassoyez, le système nerveux parasympathique réduit votre fréquence cardiaque, une adaptation qui permet de conserver l'énergie. Le nœud sinusal subit aussi l'influence d'hormones sécrétées dans le sang. Par exemple, l'adrénaline, une hormone associée au stress et produite par les surrénales, élève la fréquence cardiaque. La température corporelle est un autre facteur influant sur l'activité du nœud sinusal. Il suffit d'une augmentation de 1 °C de la température corporelle pour que la fréquence cardiaque augmente d'environ 10 batt./min. C'est pourquoi le pouls d'une personne fiévreuse est beaucoup plus rapide que la normale. Maintenant que nous avons examiné le fonctionnement du cœur, nous consacrerons la section suivante aux forces et aux structures qui influent sur la circulation sanguine dans les vaisseaux de chaque circuit.

RETOUR SUR LE CONCEPT 42.2

1. Expliquez pourquoi la concentration en O_2 du sang des veines pulmonaires est supérieure à celle du sang des veines caves.
2. Pourquoi est-il important que le nœud auriculoventriculaire diminue ou retarde les influx électriques qui passent du nœud sinusal et des parois auriculaires aux ventricules ?
3. **ET SI ?** Après avoir fait de l'exercice régulièrement pendant plusieurs mois, vous constatez que votre fréquence cardiaque au repos a diminué. Quel autre changement vous attendez-vous à observer dans le fonctionnement de votre cœur au repos ? Expliquez votre réponse.

Voir les réponses proposées à la fin du chapitre.

CONCEPT 42.3

La pression artérielle et le débit sanguin sont le reflet de la structure et de l'agencement des vaisseaux sanguins

Le système cardiovasculaire des Vertébrés permet au sang de distribuer l'oxygène et les nutriments et d'éliminer les déchets dans tout le corps. Ces fonctions sont rendues possibles grâce au réseau ramifié de vaisseaux de ce système, semblable aux installations de plomberie qui alimentent une ville en eau et en évacuent les eaux usées. Les mêmes lois de la physique qui régissent ces systèmes de plomberie jouent également un rôle dans le fonctionnement des systèmes cardiovasculaires.

La structure et la fonction des vaisseaux sanguins

Les vaisseaux sanguins comportent une lumière (cavité) centrale tapissée d'un **endothélium**, une couche simple de cellules épithéliales aplaties. La surface lisse de l'endothélium réduit au minimum la résistance à la circulation sanguine. L'endothélium est entouré de couches de tissus dont la nature varie selon que le vaisseau sanguin est un capillaire, une artère ou une veine. Cette différence est en rapport avec les fonctions spécialisées de chaque type de vaisseau.

De tous les vaisseaux sanguins, les capillaires sont les plus petits. Leur diamètre ne dépasse pas de beaucoup celui d'un globule rouge (**figure 42.10**). Leur paroi très mince se compose uniquement d'un endothélium et d'une membrane basale. Cette organisation structurale facilite les échanges de substances entre le sang et le liquide interstitiel.

Les parois des artères et des veines sont plus complexes que celles des capillaires. En effet, l'endothélium de ces types de vaisseaux est entouré de deux couches de tissus différents : une couche externe de tissu conjonctif renfermant des fibres élastiques qui permettent aux vaisseaux de s'étirer et de reprendre leur forme, puis une couche moyenne contenant des fibres musculaires lisses et davantage de fibres élastiques. Les parois des artères sont toutefois différentes des parois des veines, car elles sont toutes deux adaptées à leurs fonctions respectives dans la circulation.

La paroi des artères est épaisse et résistante, ce qui leur permet de transporter un sang pompé à forte pression par le cœur. Par ailleurs, grâce à son élasticité, la paroi contribue au maintien de la pression artérielle et à l'acheminement du sang vers les capillaires, même quand le cœur se relâche entre les contractions. Les influx du système nerveux ainsi que les hormones circulant dans le sang agissent sur le tissu musculaire lisse dans les artères et les artérioles ; ils peuvent déclencher la dilatation ou la constriction de ces vaisseaux et réguler ainsi l'irrigation sanguine de diverses parties du corps.

Comme les veines ramènent le sang au cœur sous une pression plus faible, elles n'ont pas besoin d'une paroi épaisse. Dans un vaisseau sanguin d'un calibre donné, l'épaisseur de la paroi d'une veine équivaut au tiers environ de celle de la paroi d'une artère. Les veines sont munies de valvules qui maintiennent une circulation unidirectionnelle, malgré la faible pression.

Nous allons maintenant voir comment la circulation du sang vers les différentes parties du corps est influencée par le diamètre des vaisseaux sanguins, le nombre de vaisseaux et la pression à l'intérieur des vaisseaux.

La vitesse de la circulation sanguine

Pour comprendre comment le diamètre d'un vaisseau influe sur le débit sanguin, examinons l'exemple de l'eau qui circule dans un gros tuyau d'arrosage branché à un robinet. Quand on ouvre le robinet, l'eau s'écoule à la même vitesse partout dans le tuyau. Toutefois, si on branche une buse étroite à l'extrémité du boyau, l'eau sortira de la buse plus rapidement. La raison en est la suivante : comme l'eau est incompressible, le volume d'eau qui passe dans la buse à n'importe quel moment doit être le même que le volume qui se déplace

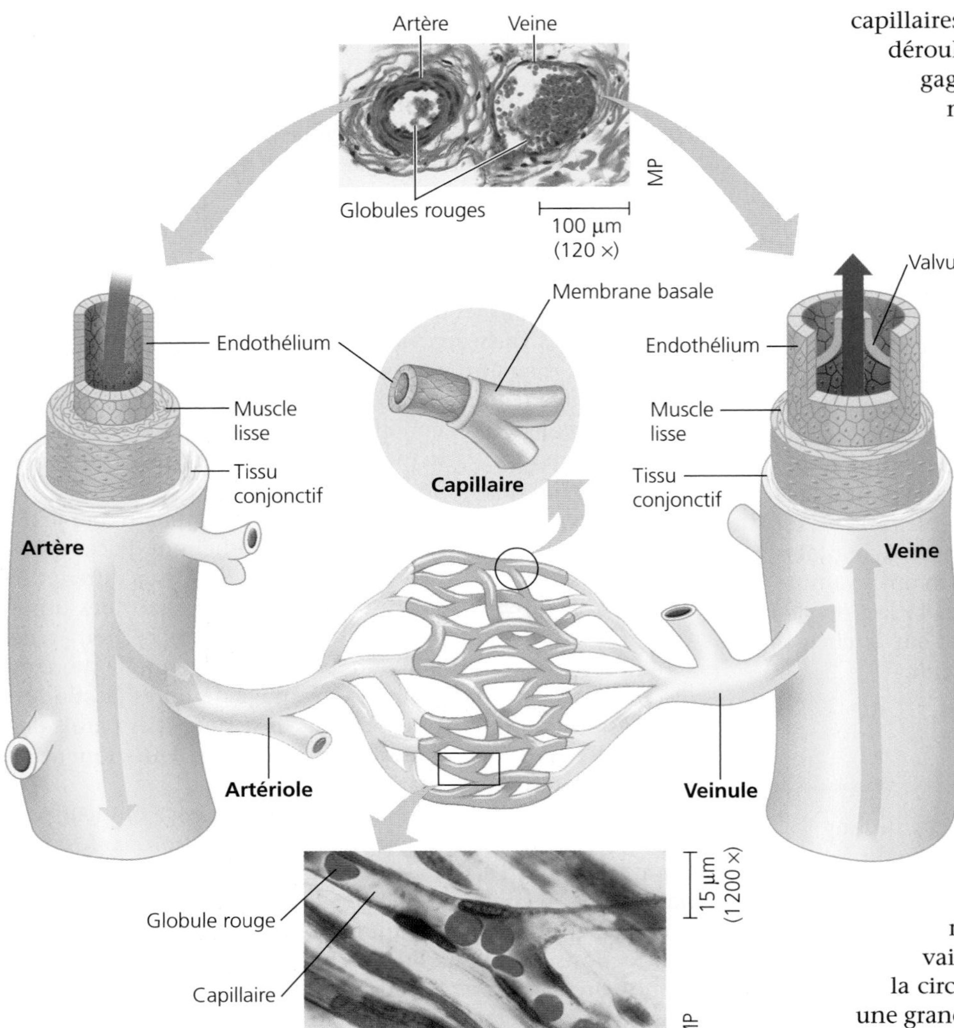

▲ **Figure 42.10 La structure des vaisseaux sanguins.**

dans le reste du tuyau. Comme le calibre de la buse est inférieur à celui du boyau, l'eau sort de la buse à une vitesse plus élevée.

La situation est un peu la même dans le système cardiovasculaire, et pourtant le sang *ralentit* lorsqu'il se déplace des artères aux artérioles puis aux capillaires. Pourquoi ? Parce que le nombre de capillaires est très élevé. Chaque artériole conduit le sang à un nombre considérable de capillaires, de sorte que, cumulativement, le calibre total des conduits dans les lits capillaires est en fait bien supérieur à celui de toute autre partie du système cardiovasculaire (**figure 42.11**). C'est pourquoi la vitesse de la circulation sanguine ralentit fortement à partir de l'aorte, dont la section est de 5 cm^2, jusqu'aux capillaires : le sang se déplace 500 fois plus lentement dans les capillaires (environ 0,1 cm/s) que dans l'aorte (environ 48 cm/s).

La circulation plus lente du sang dans les capillaires est essentielle au fonctionnement du système circulatoire. Les échanges de substances entre le sang et le liquide interstitiel ont lieu seulement dans les capillaires, parce que seuls les capillaires ont des parois suffisamment minces pour permettre ces échanges. La diffusion, toutefois, n'est pas instantanée. C'est pourquoi le sang doit s'écouler plus lentement dans les capillaires afin de laisser à ces échanges le temps de se dérouler. Quand le sang quitte les capillaires pour gagner les veinules et les veines, il accélère de nouveau, parce que les veinules et les veines ont, collectivement, un calibre *total* plus petit que celui des capillaires.

La pression sanguine

Comme tous les liquides, le sang se déplace toujours des zones de forte pression vers les zones de plus faible pression. C'est dans le cœur, où se produit la contraction, que la pression sanguine est la plus élevée. Cette pression sanguine exerce une force dans toutes les directions et celle qui s'exerce dans le sens de la longueur dans une artère chasse le sang du cœur et le pousse dans les vaisseaux. Sous l'effet de la pression exercée par le sang, la paroi élastique des artères s'étire, avant de reprendre sa forme. Ces mouvements de dilatation de la paroi contribuent grandement à maintenir la pression sanguine et à assurer la progression du sang dans les vaisseaux, durant toute la durée de la révolution cardiaque. Lorsque le sang entre dans les millions de minuscules artérioles et capillaires, le petit diamètre de ces vaisseaux produit une résistance considérable à la circulation sanguine. Cette résistance aura amorti une grande partie de la pression générée par les contractions cardiaques lorsque le sang entrera dans les veines.

Les changements de la pression sanguine durant la révolution cardiaque

La pression sanguine atteint un maximum dans les artères au moment où le cœur se contracte durant la systole ventriculaire. À cet instant, la pression est appelée **pression systolique** (voir la figure 42.11). Les pics de la pression sanguine causés par les puissantes contractions des ventricules dilatent les artères. Quand vous prenez votre **pouls** en plaçant les doigts sur la face interne du poignet, à l'endroit où l'artère radiale passe tout près de la peau, vous sentez en fait le gonflement de cette artère à chaque battement du cœur. Cette onde pulsatile est en partie causée par le diamètre réduit des artérioles, qui entrave la sortie du sang des artères. Par conséquent, lorsque le cœur se contracte, le sang entre dans les artères plus vite qu'il ne peut en sortir et les vaisseaux se dilatent sous l'effet de la pression.

La paroi élastique des artères revient en place pendant la diastole. Par conséquent, la pression sanguine est plus faible, mais elle est encore considérable lorsque les ventricules sont relâchés (**pression diastolique**). Le cœur se contracte de nouveau avant qu'une quantité suffisante de sang ait circulé dans les artérioles de façon à dissiper complètement la pression artérielle (ou tension artérielle). Étant donné que la pression persiste dans les artères tout au long de la révolution cardiaque (voir la figure 42.11), le sang circule continuellement dans les artérioles et les capillaires.

La régulation de la pression sanguine

Les variations de la pression artérielle ne se limitent pas à l'oscillation inhérente à chaque révolution cardiaque. La pression sanguine varie également sur des périodes plus longues en réaction à des stimulus qui modifient l'état des muscles lisses dans les parois des artérioles. Par exemple, un stress physique ou émotionnel peut déclencher des réactions nerveuses et hormonales qui provoquent la contraction des muscles lisses dans les parois des artérioles. À ce moment-là, les artérioles se resserrent; cette réaction est appelée **vasoconstriction**. La constriction des artérioles augmente la pression sanguine en amont dans les artères. Lorsque les muscles lisses se relâchent, il se produit une réaction contraire, appelée **vasodilatation**, au cours de laquelle le calibre des artérioles augmente, ce qui s'accompagne d'une baisse de la pression sanguine dans les artères.

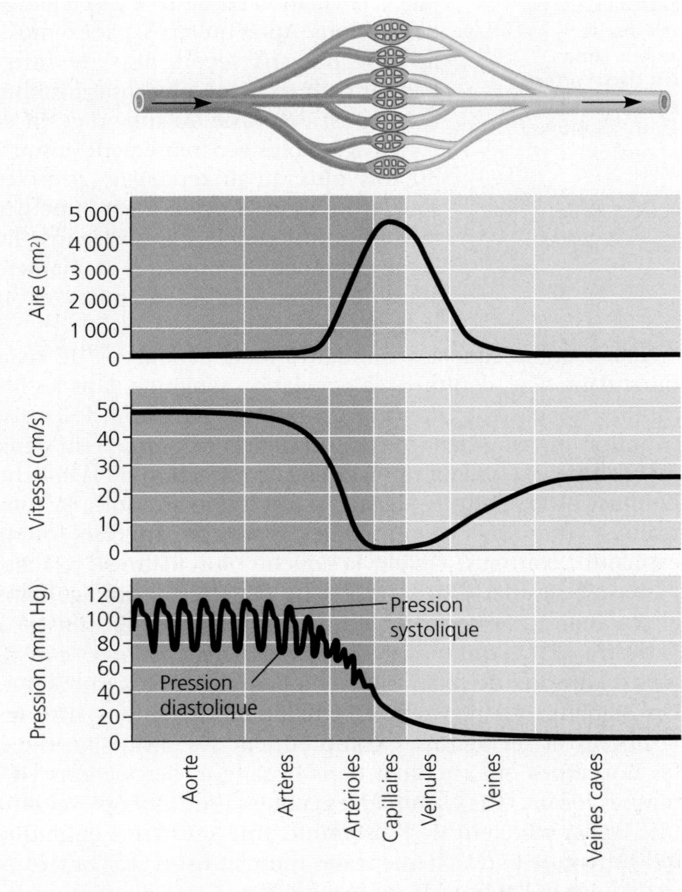

▲ **Figure 42.11 Les rapports entre la vitesse de la circulation sanguine, la section transversale totale des vaisseaux et la pression sanguine.** En raison de l'augmentation de la section transversale totale, le sang ralentit considérablement dans les artérioles et se déplace très lentement dans les capillaires. La pression artérielle, qui est la principale force conduisant le sang du cœur aux capillaires, atteint son niveau le plus haut dans l'aorte.

Des chercheurs ont constaté que les réactions de vasodilatation et de vasoconstriction sont engendrées par des substances chimiques produites par les vaisseaux sanguins en réaction à des informations transmises par les systèmes nerveux et endocrinien. Le monoxyde d'azote (NO), un gaz, est un important déclencheur de la vasodilatation et le peptide appelé endothéline est le plus puissant déclencheur de la vasoconstriction. Chacune de ces molécules se lie à un récepteur spécifique dont l'activation met en branle un mécanisme qui renforce la contraction des muscles lisses, réduisant ainsi le diamètre des vaisseaux sanguins.

La vasoconstriction et la vasodilatation s'accompagnent souvent de variations du débit cardiaque, lesquelles influent également sur la pression sanguine. Cette coordination des mécanismes de régulation permet d'assurer une circulation sanguine adéquate, selon les besoins auxquels le système cardiovasculaire doit répondre. Par exemple, pendant une activité physique intense, les artérioles des muscles sollicités se dilatent afin de fournir plus de sang riche en O_2 aux muscles. Pour éviter que la vasodilatation locale fasse chuter la pression sanguine (donc la circulation sanguine) dans d'autres régions du corps, le débit cardiaque augmente en conséquence de façon à maintenir la pression artérielle et à concourir à l'augmentation de la circulation sanguine dont les muscles ont besoin.

La pression sanguine et la gravitation

La pression sanguine se mesure généralement dans une artère du bras maintenu à la même hauteur que le cœur (**figure 42.12**). Chez un sujet de 20 ans en bonne santé et au repos, la pression artérielle dans la circulation systémique est habituellement d'environ 120 millimètres de mercure (mm Hg) durant la systole et de 70 mm Hg durant la diastole, notée comme suit: 120/70. (La pression artérielle dans la circulation pulmonaire est de 6 à 10 fois plus basse.)

La gravitation exerce un effet considérable sur la pression sanguine. Lorsque vous êtes debout, par exemple, le sang doit monter d'environ 35 cm pour passer du cœur au cerveau et la pression artérielle dans votre cerveau est inférieure d'environ 27 mm Hg à celle qui est à proximité de votre poitrine. Si la pression sanguine dans votre cerveau est trop faible pour assurer une circulation sanguine suffisante, vous perdrez probablement connaissance. En vous évanouissant, vous tombez au sol: votre tête se trouvant au même niveau que votre cœur, la circulation sanguine dans votre cerveau augmente rapidement et rétablit la situation.

Le défi consistant à pomper le sang contre la gravité est beaucoup plus grand dans le cas des Animaux au long cou. Par exemple, chez une girafe en position debout, la pression systolique dans la région cardiaque doit être supérieure à 250 mm Hg pour que le sang puisse se rendre jusqu'à l'encéphale. Quand la girafe baisse la tête pour boire, des valvules faisant office de clapets antiretour, ainsi que les sinus et des mécanismes de rétro-inhibition réduisant le débit cardiaque, empêchent cette forte pression d'endommager les tissus de l'encéphale. Chez un dinosaure doté d'un cou pouvant atteindre 10 m de longueur, la pression systolique devait être encore plus forte – près de 760 mm Hg – pour arriver à pomper le sang au cerveau lorsque la tête était en position verticale. Toutefois, des données nous indiquent que le cœur

❶ Le sphygmomanomètre, constitué d'un manchon gonflable relié à un manomètre, sert à mesurer la pression artérielle. Le manchon est enroulé autour de la partie supérieure du bras; on le gonfle jusqu'à ce que la pression ferme l'artère brachiale et bloque complètement la circulation sanguine en aval du manchon. La pression exercée par ce dernier dépasse alors la pression dans l'artère.

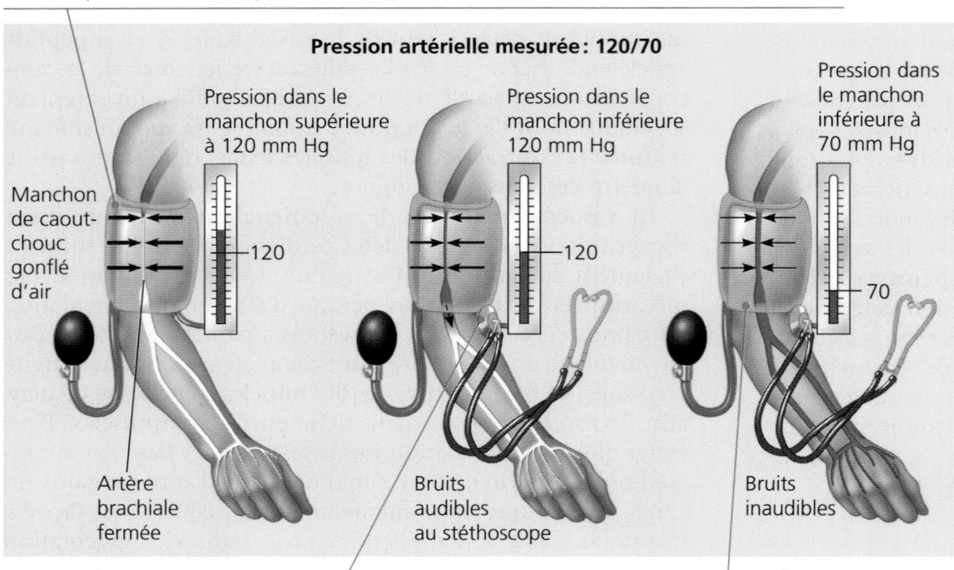

❷ On dégonfle progressivement le manchon. Lorsque la pression qu'il exerce s'abaisse juste sous celle qui s'exerce dans l'artère, le sang recommence à circuler dans l'avant-bras et on peut entendre les bruits causés par la pulsation du sang au moyen d'un stéthoscope. La pression mesurée alors correspond à la pression systolique.

❸ On continue à dégonfler le manchon jusqu'à ce que le sang puisse circuler librement dans l'artère et que les bruits en aval du manchon disparaissent. La pression observée alors correspond à la pression diastolique.

▲ **Figure 42.12 La mesure de la pression artérielle.** La pression artérielle est notée à l'aide de deux nombres séparés par une barre oblique; la première valeur représente la pression systolique, la seconde la pression diastolique.

des Dinosaures était incapable d'engendrer une telle pression. En s'appuyant sur cette analyse et sur des études portant sur la structure des os du cou, des biologistes en sont arrivés à la conclusion que les dinosaures à long cou se nourrissaient en gardant la tête près du sol plutôt que de l'élever pour manger le feuillage se trouvant en hauteur.

La gravitation a également un effet sur la circulation veineuse, particulièrement sur celle des membres inférieurs. Même si la pression sanguine est relativement basse dans les veines, plusieurs mécanismes concourent au retour du sang veineux vers le cœur. Tout d'abord, les contractions rythmiques des muscles lisses de la paroi des veinules et des veines favorisent la circulation du sang. Mais c'est surtout l'activité des muscles squelettiques sollicités durant l'activité physique qui facilite la circulation en comprimant le sang dans les veines et en le poussant vers le cœur (**figure 42.13**). De plus, au moment de l'inspiration, le changement de pression dans la cavité thoracique provoque la dilatation et le remplissage de la veine cave, ainsi que ceux d'autres grosses veines voisines du cœur.

Dans quelques cas, une insuffisance cardiaque peut se produire chez un athlète qui interrompt brusquement un exercice intense. Lorsque les muscles des jambes cessent soudainement de se contracter et de se relâcher tour à tour, le cœur reçoit moins de sang, bien qu'il continue momentanément de battre rapidement. Si le cœur est affaibli ou endommagé, une réduction brutale de l'apport sanguin peut provoquer une défaillance. Pour éviter d'exposer le cœur à un stress excessif, les athlètes devraient toujours terminer une activité intense par une période d'activité modérée, comme la marche, afin de «calmer» le cœur jusqu'à ce que sa fréquence revienne à sa valeur au repos.

La fonction des capillaires

À tout moment, le sang n'irrigue que de 5 à 10% des capillaires du corps. Cependant, tous les tissus sont irrigués par de nombreux capillaires, permettant ainsi aux différentes parties du corps de recevoir du sang en permanence. Les capillaires de l'encéphale, du cœur, des reins et du foie sont généralement remplis à pleine capacité. Dans de nombreux autres organes, l'approvisionnement en sang varie en fonction des besoins à mesure que la circulation est dérivée vers d'autres destinations. Après un repas, par exemple, le tube digestif reçoit plus de sang. Pendant un exercice physique intense, le sang est détourné du tube digestif et il va irriguer plus généreusement (jusqu'à 30 fois plus qu'au repos) les muscles squelettiques et la peau. C'est l'une des raisons pour lesquelles il est déconseillé de faire de l'activité physique de manière soutenue immédiatement après avoir mangé copieusement.

Étant donné que les capillaires sont dépourvus de tissu musculaire lisse, comment la circulation sanguine dans les lits capillaires peut-elle fluctuer? En fait, la régulation de la distribution du sang dans les lits capillaires fait intervenir deux mécanismes. Le premier provoque la contraction de la couche de muscles lisses située dans la paroi d'une artériole; le vaisseau est comprimé, ce qui réduit l'apport de sang vers les lits capillaires contigus. Quand la couche musculaire se relâche, l'artériole se dilate, laissant le sang pénétrer davantage dans les capillaires. Le second mécanisme régulateur est illustré à la **figure 42.14**, qui montre les *sphincters précapillaires* constitués d'anneaux de muscles lisses à l'entrée des lits capillaires. Les signaux qui régissent la circulation sanguine entre les artérioles et les veinules comprennent les influx nerveux, les hormones qui circulent dans le sang et des facteurs chimiques locaux. Par exemple, les cellules d'un tissu présentant une lésion sécrètent de l'histamine, une substance chimique qui provoque le relâchement des muscles lisses; les vaisseaux se dilatent et l'apport de sang augmente. Cette dilatation permet également aux globules blancs de se rendre plus facilement auprès des envahisseurs pathogènes afin de les éliminer.

Comme nous l'avons vu précédemment, l'échange de substances entre le sang et le liquide interstitiel dans lequel baignent les cellules revêt une importance primordiale. Ce processus se déroule à travers la mince paroi endothéliale des

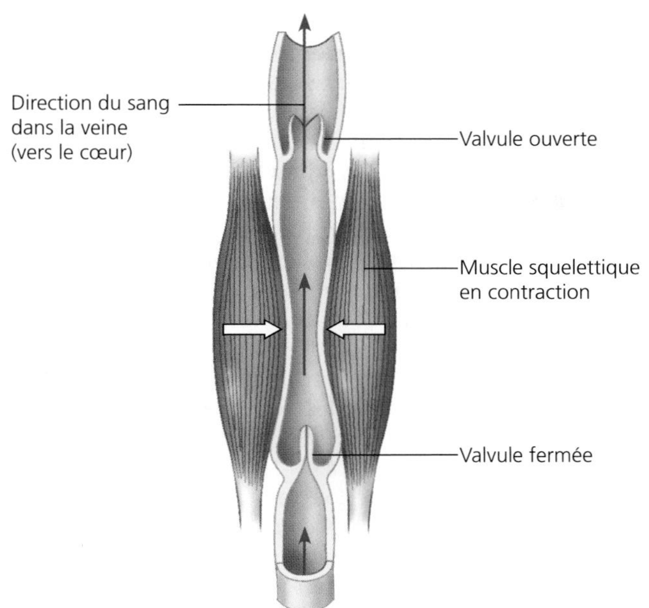

▲ **Figure 42.13 La circulation sanguine dans les veines.** La contraction des muscles squelettiques comprime les veines. Les replis du tissu endothélial des veines agissent comme des valvules bloquant le reflux du sang, de sorte que celui-ci ne peut se déplacer qu'en direction du cœur. Les personnes qui restent assises ou debout trop longtemps constatent parfois que leurs pieds enflent : l'immobilité ralentit le retour veineux et de plus grandes quantités de sang stagnent dans les extrémités.

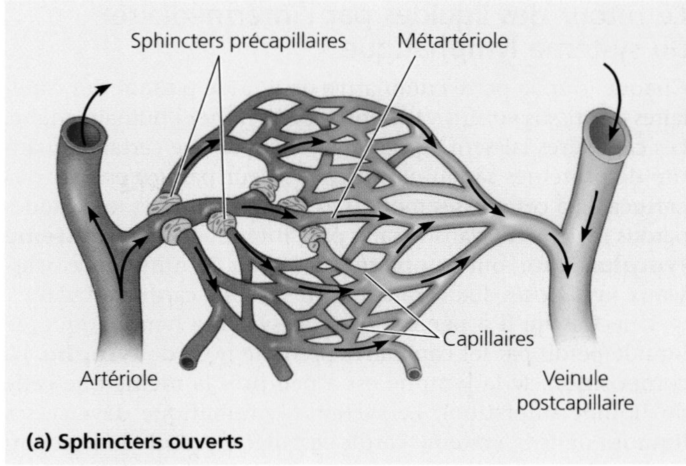

(a) Sphincters ouverts

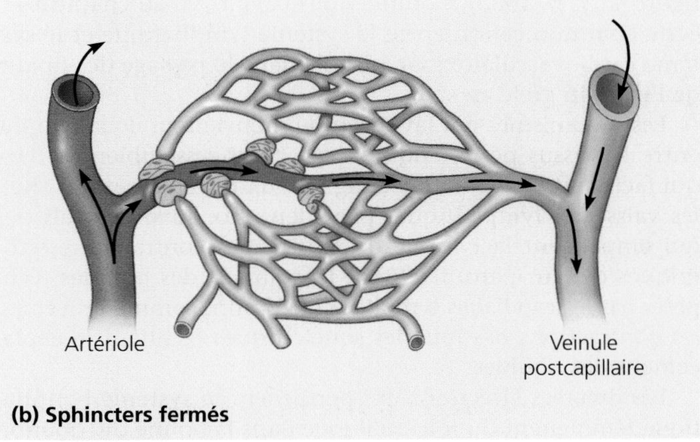

(b) Sphincters fermés

▲ **Figure 42.14 La circulation sanguine dans les lits capillaires.** Les sphincters précapillaires régulent le passage du sang dans les lits capillaires. Une certaine quantité de sang passe directement des artérioles aux veinules par l'intermédiaire de capillaires appelés *métartérioles*; celles-ci sont toujours ouvertes.

capillaires. Certaines substances sont acheminées à travers la paroi d'une cellule endothéliale dans des vésicules formées par endocytose sur un côté de la cellule. Le contenu des vésicules est exporté par exocytose du côté opposé. Les petites molécules neutres, notamment celles du O_2 et du CO_2, diffusent à travers les cellules endothéliales. Dans certains tissus, la diffusion peut aussi s'effectuer par des pores intercellulaires de la paroi capillaire. Ces pores permettent également de faire passer des petits solutés tels que des glucides, des sels et de l'urée, ainsi que les courants de masse des liquides poussés par la pression sanguine dans les capillaires.

Deux forces opposées régulent le mouvement des liquides entre les capillaires et les tissus voisins : la pression sanguine pousse les liquides vers l'extérieur des capillaires, tandis que la présence de protéines sanguines tend à ramener le liquide à l'intérieur (**figure 42.15**). Bien des protéines sanguines (et toutes les cellules sanguines) sont trop grosses pour traverser facilement l'endothélium, de sorte qu'elles restent prisonnières des capillaires. Ces protéines dissoutes sont à l'origine d'une bonne partie de la *pression osmotique* du sang (la pression produite par la différence entre la concentration de soluté d'un côté de la membrane et la concentration de soluté de l'autre côté). La différence de pression osmotique entre le sang et le liquide interstitiel s'oppose au mouvement vers l'extérieur des capillaires. Habituellement, la pression sanguine est plus élevée que les forces opposées. Il y a donc une perte nette de liquide des capillaires. Celle-ci est généralement plus importante à l'extrémité artérielle de ces vaisseaux, là où la pression est la plus élevée.

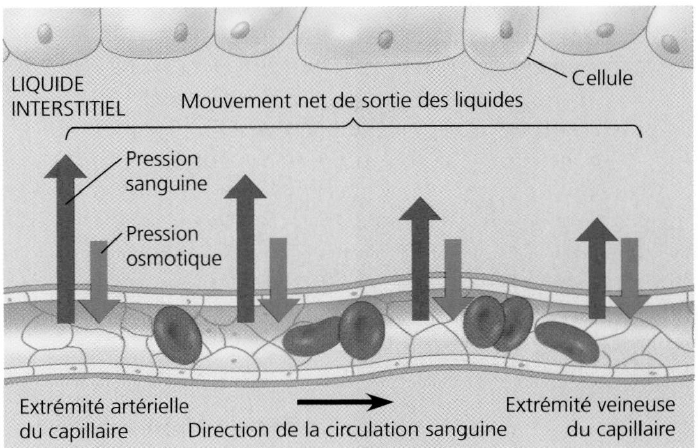

▲ **Figure 42.15 Le mouvement des liquides entre les capillaires et le liquide interstitiel.** Ce diagramme illustre un capillaire dans lequel la pression sanguine est supérieure à la pression osmotique sur toute la longueur du capillaire. Dans d'autres capillaires, la pression sanguine peut être plus élevée que la pression osmotique sur toute la longueur du capillaire ou uniquement sur une partie.

Le retour des liquides par l'intermédiaire du système lymphatique

Chaque jour, la perte cumulative de liquide passant des capillaires aux tissus voisins varie entre 4 et 8 L chez l'humain adulte. Les capillaires laissent également échapper une certaine quantité de protéines sanguines, même si leur paroi n'est pas très perméable à ces grosses molécules. Les protéines et les liquides perdus reviennent dans le sang par l'intermédiaire du **système lymphatique**, qui comprend un réseau de minuscules vaisseaux juxtaposés aux capillaires du système cardiovasculaire.

Une fois qu'il a pénétré dans le système lymphatique, le liquide perdu par les capillaires prend le nom de **lymphe**. La composition de la lymphe est à peu près la même que celle du liquide interstitiel. Le système lymphatique déverse ses liquides dans le système cardiovasculaire près de la jonction de la veine cave supérieure avec l'oreillette droite (voir la figure 43.7, p. 1083). Comme nous l'avons vu au chapitre 41, cette communication entre le système lymphatique et le système cardiovasculaire joue un rôle dans le passage des lipides de l'intestin grêle au sang.

Les mécanismes qui favorisent le mouvement de la lymphe entre les tissus périphériques et le cœur ressemblent à ceux qui facilitent la circulation sanguine dans les veines. En effet, les vaisseaux lymphatiques possèdent eux aussi des valvules qui empêchent la lymphe de refluer. Les contractions rythmiques de leur paroi facilitent le drainage des liquides récupérés par les capillaires lymphatiques. Enfin, comme les veines, les contractions des muscles squelettiques facilitent le déplacement des liquides.

Les diverses affections qui perturbent le système lymphatique témoignent du rôle qu'il joue dans la bonne distribution des liquides dans le corps. Si du liquide interstitiel s'accumule au lieu de retourner dans le sang par le système lymphatique, les tissus et les cavités corporelles gonflent, causant de l'*œdème*. Certains vers parasites se logent dans les vaisseaux lymphatiques et peuvent obstruer l'écoulement de la lymphe au point de faire enfler à l'extrême les membres et d'autres parties du corps, une affection qu'on appelle *éléphantiasis*.

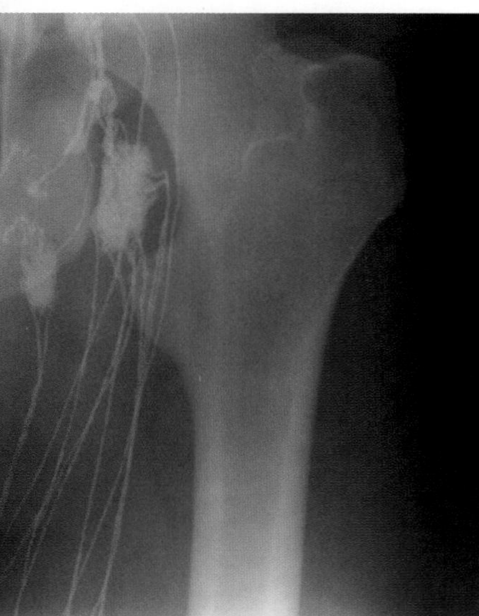

◄ **Figure 42.16 Les nœuds et les vaisseaux lymphatiques chez l'humain.** Cette radiographie colorée montre les nœuds et vaisseaux lymphatiques de l'aine (en jaune), à côté de l'extrémité supérieure de l'os de la cuisse (fémur).

Le long des vaisseaux lymphatiques se trouvent des organes appelés **nœuds lymphatiques** (ou *ganglions lymphatiques*) (**figure 42.16**). Ceux-ci filtrent la lymphe et s'attaquent aux bactéries et aux virus envahisseurs; ils jouent donc un rôle clé dans l'immunité. Ces nœuds lymphatiques renferment un réseau réticulé de tissu conjonctif dont les espaces sont occupés par des globules blancs (leucocytes) spécialisés dans la défense de l'organisme. Lorsque le corps lutte contre une infection, ces cellules se multiplient rapidement. Les nœuds enflent alors et deviennent sensibles. (Le médecin palpe les nœuds lymphatiques du cou pour voir s'ils sont gonflés et douloureux.) Comme les nœuds lymphatiques exercent des fonctions de filtrage et de surveillance, les médecins examinent les nœuds lymphatiques des patients cancéreux pour déceler la dissémination des cellules cancéreuses.

Au cours des dernières années, les recherches ont montré que le système lymphatique joue aussi un rôle dans les réactions immunitaires indésirables comme celles qui provoquent l'asthme. Grâce à ces découvertes et à d'autres encore, le système lymphatique, peu étudié avant les années 1990, est devenu un domaine de recherche très actif et très prometteur de la biomédecine.

RETOUR SUR LE CONCEPT 42.3

1. Quelle est la principale cause de la lenteur de la circulation sanguine dans les capillaires?
2. Quels changements de courte durée dans le fonctionnement cardiovasculaire pourraient le mieux aider les muscles squelettiques d'un animal qui cherche à éviter un danger?
3. **ET SI?** Imaginez que vous avez plusieurs cœurs dans votre corps. Nommez un avantage et un inconvénient liés à cette particularité anatomique.

Voir les réponses proposées à la fin du chapitre.

CONCEPT 42.4

Les divers composants du sang participent aux échanges, au transport et à l'immunité

Comme nous l'avons vu précédemment, le liquide transporté par un système cardiovasculaire ouvert est le même que celui qui entoure toutes les cellules du corps; il a donc la même composition. Chez les Vertébrés, par contre, le liquide acheminé par un système cardiovasculaire clos est beaucoup plus spécialisé.

La composition et la fonction du sang

Le sang des Vertébrés est un tissu conjonctif composé de diverses sortes de cellules en suspension dans une matrice liquide appelée **plasma**. Les ions, les protéines et les cellules sanguines qu'il renferme participent à la régulation osmotique et interviennent dans le transport et l'immunité. Lorsqu'on sépare les composantes du sang en le centrifugeant, on constate que les éléments figurés (soit les cellules et les fragments cellulaires) occupent environ 45 % du volume sanguin (**figure 42.17**). Le reste est le plasma.

Le plasma

Le plasma contient une grande diversité de solutés, notamment des sels inorganiques sous forme d'ions dissous, qu'on peut appeler *électrolytes* (voir la figure 42.17). Même si le plasma est composé d'eau à 90 %, les sels dissous constituent un élément essentiel du sang. Plusieurs ions participent à l'effet tampon, grâce auquel il est possible de maintenir le pH sanguin normal à environ 7,4 (valeur de référence chez l'humain). Les sels jouent également un rôle important dans le maintien de l'équilibre osmotique du sang. De plus, la concentration des ions du plasma a un effet direct sur la composition du liquide interstitiel ; beaucoup d'ions interviennent de façon déterminante dans l'activité musculaire et nerveuse. Pour que les électrolytes du plasma accomplissent efficacement leur rôle, leur concentration doit demeurer très stable ; nous étudierons cette fonction homéostatique en détail au chapitre 44.

Les protéines plasmatiques exercent un effet tampon qui contribue à maintenir le pH aux environs de la valeur de référence, elles équilibrent la pression osmotique entre le sang et le liquide interstitiel, et elles contribuent à la viscosité du sang. Les différentes sortes de protéines plasmatiques remplissent également des fonctions particulières. Les immunoglobulines, ou anticorps, aident à lutter contre les virus et les autres agents pathogènes qui s'introduisent dans le corps (voir le chapitre 43). D'autres servent au transport des lipides, qui sont insolubles dans l'eau : ceux-ci ne peuvent circuler dans le sang qu'une fois liés à des protéines. Enfin, certaines protéines plasmatiques sont des facteurs de coagulation qui contribuent à colmater les fuites lorsqu'un vaisseau sanguin subit une lésion. (Le plasma sanguin dont les facteurs de coagulation ont été retirés porte le nom de *sérum*.)

Le plasma contient également une vaste gamme de substances en transit (notamment des nutriments, des déchets métaboliques, des gaz respiratoires et des hormones), qui utilisent le sang pour se déplacer d'une partie du corps à l'autre. Le plasma sanguin et le liquide interstitiel ont une composition semblable, sauf que le plasma contient une concentration beaucoup plus élevée de protéines (rappelons-nous que la paroi des capillaires n'est pas très perméable aux protéines).

Plasma 55 %	
Composants	**Principales fonctions**
Eau	Solvant pour le transport d'autres substances
Ions (électrolytes sanguins) Sodium Potassium Calcium Magnésium Chlorure Hydrogénocarbonate	Équilibre osmotique, effet tampon sur le pH et régulation de la perméabilité des membranes
Protéines plasmatiques	
Albumine	Équilibre osmotique et effet tampon sur le pH
Fibrinogène	Coagulation
Immunoglobulines	Défense de l'organisme (anticorps)
Autres substances transportées par le sang Nutriments (par exemple glucose, acides gras et vitamines) Déchets métaboliques Gaz respiratoires (O_2 et CO_2) Hormones	

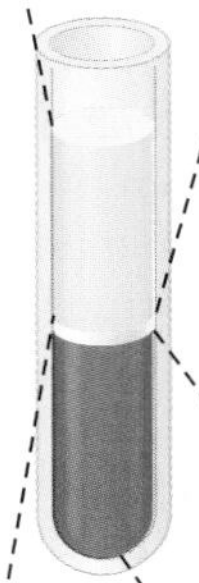

Séparation des éléments figurés

Éléments figurés : 45 %		
Types de cellule	**Nombre** par litre de sang	**Fonctions**
Leucocytes (globules blancs) 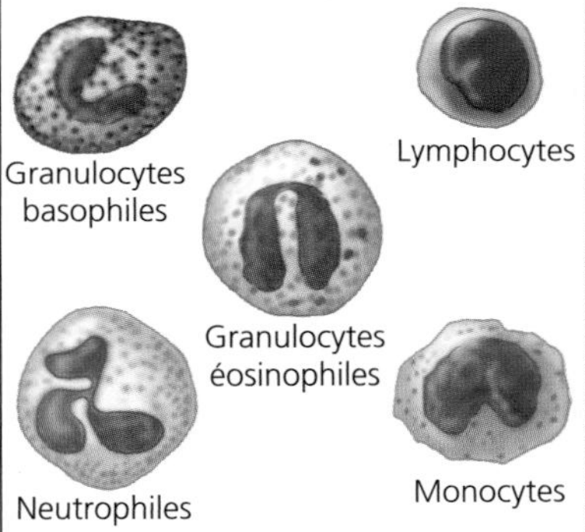 Granulocytes basophiles Lymphocytes Granulocytes éosinophiles Neutrophiles Monocytes	$5 - 10 \times 10^9$	Défense et immunité
Plaquettes 	$250 - 400 \times 10^9$	Coagulation
Érythrocytes (globules rouges) 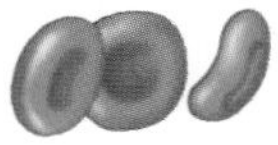	$5 - 6 \times 10^{12}$	Transport du O_2 et contribution au transport du CO_2

▲ **Figure 42.17 La composition du sang des Mammifères.**

Les éléments figurés

Le plasma sanguin renferme deux types de cellules en suspension (voir la figure 42.17): les **globules rouges**, qui transportent le O_2 et une partie du CO_2; les **globules blancs**, qui sont une des composantes du système immunitaire. Un troisième élément est aussi contenu dans le plasma sanguin: les **plaquettes**, soit des fragments de cellules contribuant à la coagulation.

Les érythrocytes Les globules rouges, ou **érythrocytes**, sont de loin les cellules sanguines les plus nombreuses. Chaque litre de sang humain en contient de 5 à 6 $\times$ 10^{12} (le volume sanguin du corps est d'environ 5 L; il contient environ 25 millions de millions de ces cellules). Leur fonction principale est le transport de l'oxygène et leur structure est en relation avec cette fonction. Chez l'humain, les érythrocytes sont de petits disques biconcaves (d'environ 7 à 8 µm de diamètre), plus minces au centre qu'au bord. Cette forme augmente leur surface de contact, de sorte que la diffusion de l'oxygène est plus rapide à travers la membrane plasmique. Les érythrocytes des Mammifères sont dépourvus de noyau. Cette caractéristique cellulaire inhabituelle leur permet de contenir plus de molécules d'**hémoglobine**, une protéine contenant quatre ions ferreux (Fe^{2+}) transportant chacun une molécule de O_2 (voir la figure 5.20, p. 90). Les érythrocytes sont également dépourvus de mitochondries et ils produisent leur ATP exclusivement par métabolisme anaérobie. Si leur métabolisme nécessitait une respiration aérobie, le transport du dioxygène serait moins efficace, car une partie du dioxygène transporté serait consommé en cours de route.

Malgré sa petite taille, un érythrocyte contient environ 250 millions de molécules d'hémoglobine. Étant donné que chaque molécule d'hémoglobine fixe jusqu'à quatre molécules d'oxygène, un érythrocyte peut en transporter environ un milliard. Quand les érythrocytes passent dans les lits capillaires des poumons, des branchies ou des autres organes respiratoires, le dioxygène diffuse dans les érythrocytes et se fixe à l'hémoglobine. Dans les capillaires irriguant les tissus, le dioxygène se dissocie de l'hémoglobine et diffuse dans les cellules du corps.

Dans l'**anémie à hématies falciformes** (ou drépanocytose), l'hémoglobine a une forme anormale (Hb^s) et elle constitue des agrégats. Comme la concentration d'hémoglobine dans les érythrocytes est très forte, ces amas sont assez gros pour déformer les érythrocytes, qui deviennent courbes et allongés comme des faucilles, d'où le terme *falciforme*. Comme nous l'avons appris au chapitre 5, cette anomalie est la conséquence d'une simple modification de la séquence des acides aminés de l'hémoglobine (voir la figure 5.21, p. 92).

L'anémie à hématies falciformes altère considérablement la fonction du système cardiovasculaire. Les cellules déformées bloquent souvent les artérioles et les capillaires et empêchent la distribution du dioxygène et des nutriments, ainsi que le retrait du dioxyde de carbone et des autres déchets. L'obstruction des vaisseaux sanguins cause une enflure des organes, souvent douloureuse. De plus, les cellules falciformes ont tendance à se rompre, réduisant le nombre de globules rouges disponibles pour le transport du dioxygène. En outre, la durée de vie moyenne d'une hématie falciforme est de 20 jours seulement, soit six fois moins que celle d'une hématie (érythrocyte) normale. La perte d'érythrocytes excède la capacité de remplacement par la moelle osseuse. Le traitement à court terme comprend le remplacement des érythrocytes par transfusion sanguine. À long terme, les traitements consistent généralement à inhiber l'agrégation de Hb^s.

Les leucocytes On dénombre cinq grands types de globules blancs, aussi appelés **leucocytes**. Leur rôle est de combattre les infections. Certains sont des phagocytes qui absorbent et digèrent les microorganismes de même que les débris de cellules mortes de l'organisme. Comme nous le verrons au chapitre 43, d'autres leucocytes, appelés lymphocytes, se transforment en lymphocytes B et en lymphocytes T, lesquels participent à la réaction immunitaire. En temps normal, un litre de sang humain contient de 5 à 10 $\times$ 10^9 leucocytes, mais leur nombre augmente provisoirement chaque fois que le corps combat une infection. Contrairement aux érythrocytes, les leucocytes sont présents aussi hors du système cardiovasculaire, où ils patrouillent dans le liquide interstitiel et le système lymphatique.

Les plaquettes Enfin, les plaquettes, qui représentent la troisième catégorie d'éléments figurés du sang, sont des fragments de cellules mesurant de 2 à 3 µm de diamètre. Elles sont dépourvues de noyau. Les plaquettes remplissent des fonctions structurales et moléculaires essentielles à la coagulation.

La coagulation du sang

De temps à autre, il nous arrive de nous couper ou de nous égratigner. Nous ne perdons alors pas tout notre sang, car certaines composantes sanguines colmatent les vaisseaux lésés. Une lésion de la paroi d'un vaisseau sanguin a pour effet d'exposer des protéines qui attirent les plaquettes et déclenchent la coagulation, c'est-à-dire la conversion des éléments liquides du sang en une masse solide, le caillot. Le coagulant, ou scellant, circule sous sa forme inactive, appelée *fibrinogène*. Lorsqu'un vaisseau sanguin est lésé, les plaquettes libèrent des facteurs de coagulation qui activent des réactions menant à la formation de thrombine, une enzyme qui transforme le fibrinogène en *fibrine*. La fibrine nouvellement constituée s'agglutine en filaments qui composent le caillot. La thrombine active aussi un facteur qui catalyse la formation d'une quantité encore plus grande de thrombine, un processus de rétroactivation (voir le chapitre 40) qui achève la coagulation. Les étapes de la coagulation sont présentées dans le schéma de la **figure 42.18**. Toute mutation génétique qui entrave une étape de la coagulation peut causer l'hémophilie, une maladie héréditaire caractérisée par un saignement excessif, à la moindre coupure ou meurtrissure (voir le chapitre 15).

Normalement, les facteurs anticoagulants du sang empêchent la coagulation spontanée en l'absence de lésion. Quelquefois, cependant, des amas de plaquettes et de fibrine coagulent dans un vaisseau sanguin et bloquent la circulation du sang. Ces caillots sont appelés **thrombus**. Nous verrons plus loin dans ce chapitre comment un thrombus se forme et les dangers qu'il représente.

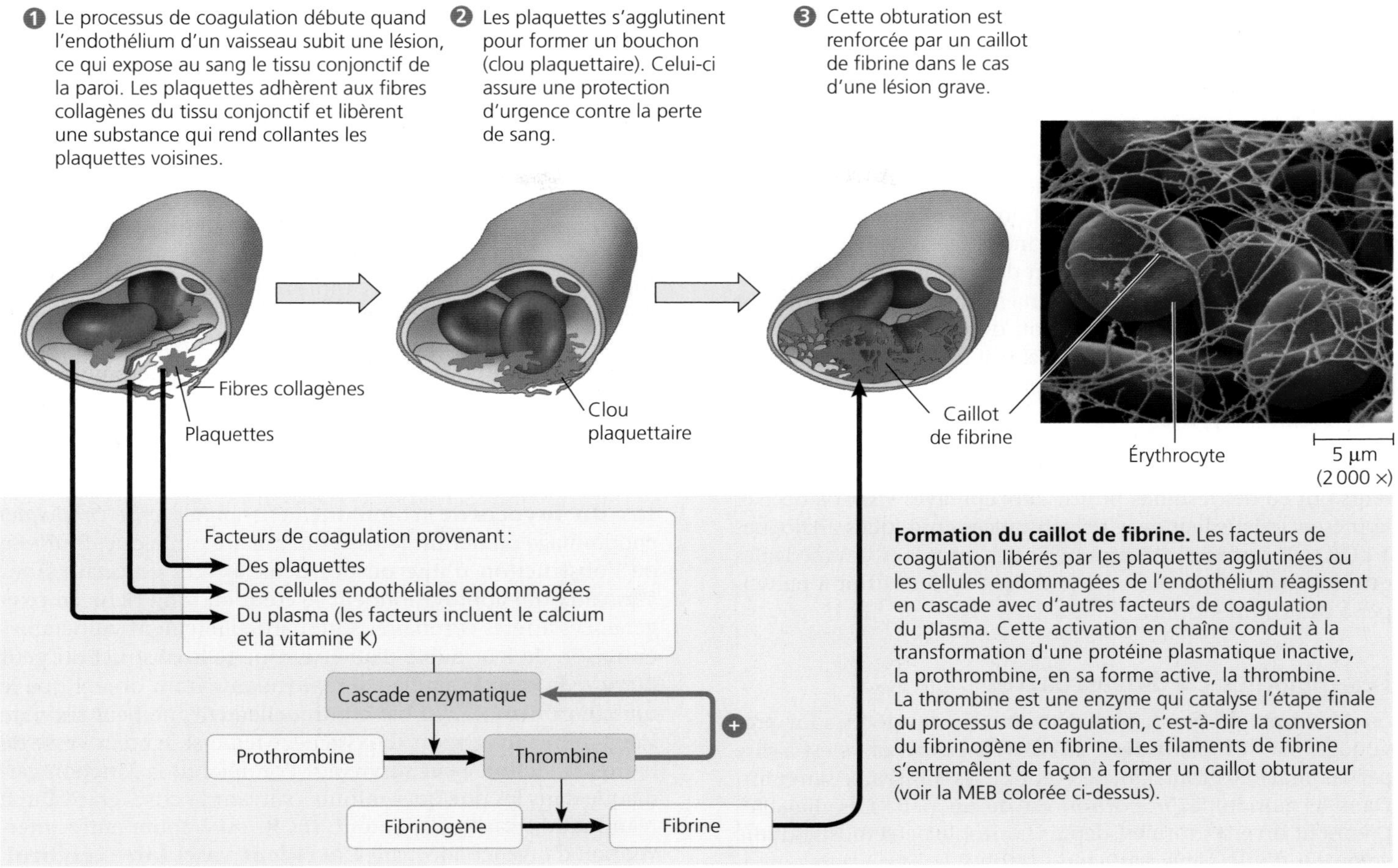

❶ Le processus de coagulation débute quand l'endothélium d'un vaisseau subit une lésion, ce qui expose au sang le tissu conjonctif de la paroi. Les plaquettes adhèrent aux fibres collagènes du tissu conjonctif et libèrent une substance qui rend collantes les plaquettes voisines.

❷ Les plaquettes s'agglutinent pour former un bouchon (clou plaquettaire). Celui-ci assure une protection d'urgence contre la perte de sang.

❸ Cette obturation est renforcée par un caillot de fibrine dans le cas d'une lésion grave.

Fibres collagènes

Plaquettes

Clou plaquettaire

Caillot de fibrine

Érythrocyte

5 µm (2 000 ×)

Facteurs de coagulation provenant:
- Des plaquettes
- Des cellules endothéliales endommagées
- Du plasma (les facteurs incluent le calcium et la vitamine K)

Cascade enzymatique

+

Prothrombine → Thrombine

Fibrinogène → Fibrine

Formation du caillot de fibrine. Les facteurs de coagulation libérés par les plaquettes agglutinées ou les cellules endommagées de l'endothélium réagissent en cascade avec d'autres facteurs de coagulation du plasma. Cette activation en chaîne conduit à la transformation d'une protéine plasmatique inactive, la prothrombine, en sa forme active, la thrombine. La thrombine est une enzyme qui catalyse l'étape finale du processus de coagulation, c'est-à-dire la conversion du fibrinogène en fibrine. Les filaments de fibrine s'entremêlent de façon à former un caillot obturateur (voir la MEB colorée ci-dessus).

▲ **Figure 42.18 La coagulation du sang.**

Les cellules souches et le remplacement des éléments figurés du sang

Les érythrocytes, les leucocytes et les plaquettes se développent à partir d'une source commune: les **cellules souches** *pluripotentes*, ou **hémocytoblastes** (du grec *haima*, qui veut dire «sang», *kutos*, «cellule», et *blastos*, «germe»), des cellules dont la fonction est de réapprovisionner le sang en éléments figurés (**figure 42.19**). Les cellules souches qui produisent les cellules sanguines se trouvent dans la moelle rouge des os, particulièrement dans les côtes, les vertèbres, le sternum et le bassin. On dit de ces cellules qu'elles sont *pluripotentes* parce qu'elles sont en mesure de se différencier pour former n'importe quel élément figuré du sang, en l'occurrence les souches myéloïdes et lymphoïdes. Quand une cellule souche se divise, une des cellules filles demeure une cellule souche, tandis que l'autre cellule fille est assignée à une fonction spécialisée.

Durant toute la vie, les cellules souches donnent naissance à des érythrocytes, à des leucocytes et à des plaquettes pour remplacer les vieux éléments figurés du sang. Par exemple, les érythrocytes ne restent généralement en circulation que durant quatre mois environ. Avant d'être remplacés, ils sont détruits par des phagocytes dans le foie et la rate. La production de nouveaux érythrocytes fait intervenir la récupération de matériaux ayant déjà servi, comme le fer extrait des globules rouges phagocytés qui sert à fabriquer de nouvelles molécules d'hémoglobine.

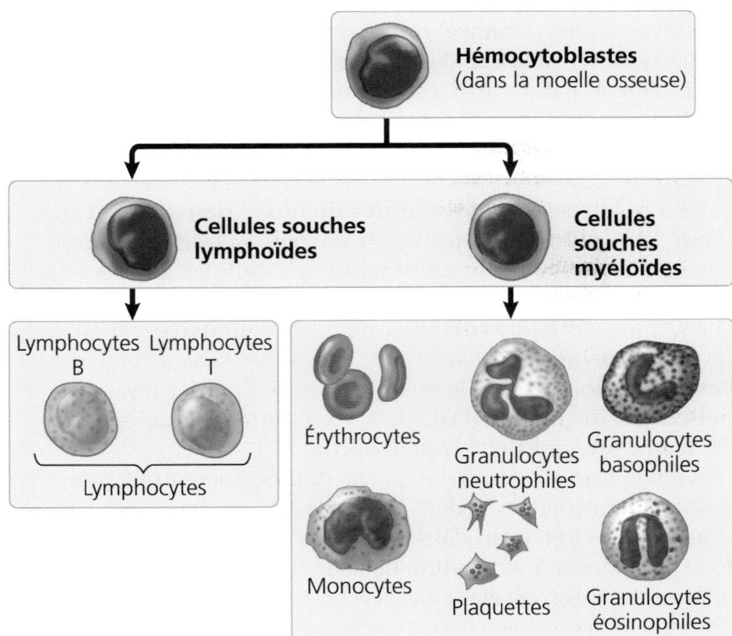

▲ **Figure 42.19 La différenciation des cellules sanguines.** Certaines cellules souches pluripotentes (les hémocytoblastes) se différencient pour former des cellules souches lymphoïdes. Celles-ci constituent ensuite des lymphocytes B et des lymphocytes T, deux catégories de cellules associées à la réaction immunitaire (voir le chapitre 43). Toutes les autres cellules sanguines se différencient à partir des cellules souches myéloïdes.

La production de globules rouges dépend d'un mécanisme de rétro-inhibition sensible à la concentration molaire volumique d'oxygène qui atteint les tissus par l'intermédiaire du sang. Si les tissus ne reçoivent pas suffisamment d'oxygène, le rein synthétise et sécrète une hormone appelée **érythropoïétine** (**EPO**), qui stimule la production d'érythrocytes par les cellules souches myéloïdes. Inversement, un apport excessif d'oxygène réduit la sécrétion d'EPO et ralentit la production d'érythrocytes. Les médecins utilisent de l'EPO de synthèse pour traiter les sujets qui ont des problèmes de santé tels que l'anémie, soit un appauvrissement du sang caractérisé par la diminution de la concentration d'hémoglobine. Certains athlètes font cependant un usage abusif de l'EPO en s'injectant ce produit afin d'augmenter leur taux d'érythrocytes. Cette pratique, appelée dopage sanguin, est interdite par le Comité international olympique et d'autres fédérations sportives. Au cours des dernières années, bon nombre de cyclistes et de coureurs ont eu des résultats positifs aux épreuves visant à déceler la présence dans leur sang de substances chimiques analogues à l'EPO; ils ont ainsi été dépouillés des records et des médailles qui leur avaient été accordés ainsi que de leur droit à participer à des compétitions.

Les maladies cardiovasculaires

En Amérique du Nord, plus de la moitié des décès sont provoqués par les **maladies cardiovasculaires**, c'est-à-dire par les maladies touchant le cœur et les vaisseaux sanguins. Dans le monde, la proportion est de un tiers. Ces maladies prennent diverses formes, depuis la simple défectuosité d'une veine ou d'une valve cardiaque jusqu'à l'obstruction potentiellement mortelle de l'apport de sang au cœur ou au cerveau.

Le cholestérol joue un rôle de premier plan dans les maladies cardiovasculaires. Comme vous l'avez appris au chapitre 7, la présence de ce stéroïde dans les membranes cellulaires animales aide à maintenir la fluidité des membranes. Le cholestérol se déplace dans le sang principalement sous forme de particules composées de milliers de molécules de cholestérol et d'autres lipides liés à une protéine. Certaines de ces particules sont appelées **lipoprotéines de basse densité**, ou LDL (pour *low-density lipoproteins*), ou encore *mauvais cholestérol*. Les LDL fournissent du cholestérol aux cellules qui en ont besoin pour former leurs membranes. Un autre type de particules, appelées **lipoprotéines de haute densité**, ou HDL (pour *high-density lipoproteins*), ou encore *bon cholestérol*, retire l'excès de cholestérol et le renvoie au foie. Chez les personnes présentant un rapport LDL/HDL élevé, le risque de maladie cardiaque est considérablement accru.

L'*inflammation*, c'est-à-dire la réaction de l'organisme à une lésion, est un autre facteur des maladies cardiovasculaires. Comme nous le verrons dans le chapitre suivant, la lésion d'un tissu provoque la mobilisation de deux types de cellules immunitaires: les macrophages et les leucocytes. Ces cellules libèrent des signaux qui déclenchent l'écoulement de liquides hors des vaisseaux irriguant la région lésée. C'est l'accumulation de ces liquides dans les tissus qui entraîne l'enflure caractéristique de l'inflammation (voir la figure 43.8, p. 1084). Bien que l'inflammation soit habituellement une réaction normale et saine à une lésion, elle peut perturber considérablement la fonction cardiovasculaire, comme nous l'expliquons dans la section suivante.

L'athérosclérose, l'infarctus du myocarde et l'accident vasculaire cérébral

Le cholestérol circulant jumelé à l'inflammation peut contribuer à une maladie cardiovasculaire appelée **athérosclérose**, un durcissement des artères causé par l'accumulation de dépôts adipeux (**figure 42.20**). Dans une artère saine, la paroi est lisse et offre donc peu de résistance à la circulation sanguine. Une lésion ou une infection peut rendre cette paroi rugueuse et provoquer de l'inflammation. Des leucocytes sont attirés sur les lieux de la lésion et capturent des lipides circulants, dont du cholestérol. Un dépôt graisseux, appelé **athérome**, se forme peu à peu, auquel s'ajoutent du tissu conjonctif fibreux et davantage de cholestérol. À mesure que l'athérome grossit, la paroi de l'artère s'épaissit et perd de l'élasticité. C'est ainsi qu'une artère se bloque.

L'infarctus du myocarde et l'accident vasculaire cérébral résultent souvent d'une athérosclérose non traitée. L'**infarctus du myocarde** (communément appelé *crise cardiaque*) endommage ou détruit le tissu musculaire cardiaque. Il résulte de l'obstruction d'une ou des deux artères coronaires, les vaisseaux qui approvisionnent le cœur en sang riche en oxygène. Les artères coronaires sont particulièrement vulnérables en raison de leur faible diamètre. Une telle obstruction peut détruire le muscle cardiaque rapidement, étant donné que le muscle cardiaque, qui bat continuellement, ne peut survivre longtemps sans apport d'oxygène. Même si le cœur cesse de battre, la victime peut survivre si l'on rétablit la fonction cardiaque dans les quelques minutes suivant la crise, grâce à une réanimation cardiorespiratoire (RCR) ou à toute autre intervention d'urgence adéquate. L'**accident vasculaire cérébral**, lui, cause la mort de certains tissus de l'encéphale à cause d'un manque d'oxygène. L'accident vasculaire cérébral survient généralement à la suite de la rupture ou de l'obstruction d'une artère dans le crâne. Les effets d'un AVC et les possibilités de récupération dépendent de l'emplacement et de l'ampleur de la lésion dans les tissus de l'encéphale. L'administration rapide de médicaments thrombolytiques peut circonscrire les dommages de l'AVC ou de l'infarctus du myocarde.

Souvent, l'athérosclérose est diagnostiquée seulement lorsque l'obstruction d'un vaisseau sanguin est dangereuse, mais certains signes avant-coureurs peuvent se présenter. Par exemple, si une artère coronaire n'est que partiellement bloquée, le sujet atteint peut ressentir des douleurs thoraciques occasionnelles, affection appelée *angine de poitrine*. Ces douleurs apparaissent généralement quand le cœur travaille de manière plus intense que d'habitude, en période de stress physique ou émotif, et elles indiquent qu'une partie de l'organe ne reçoit pas suffisamment d'oxygène. Il est possible de désobstruer chirurgicalement une artère coronaire en insérant un treillis cylindrique, appelé endoprothèse coronaire, qui dilate l'artère, ou en greffant un vaisseau sanguin sain prélevé dans la poitrine ou dans un membre de manière à contourner l'obstruction.

Les facteurs de risque et le traitement des maladies cardiovasculaires

Dans une certaine mesure, la tendance à être atteint d'une maladie cardiovasculaire est héréditaire, mais le mode de vie joue également un rôle important. En effet, le tabagisme et un

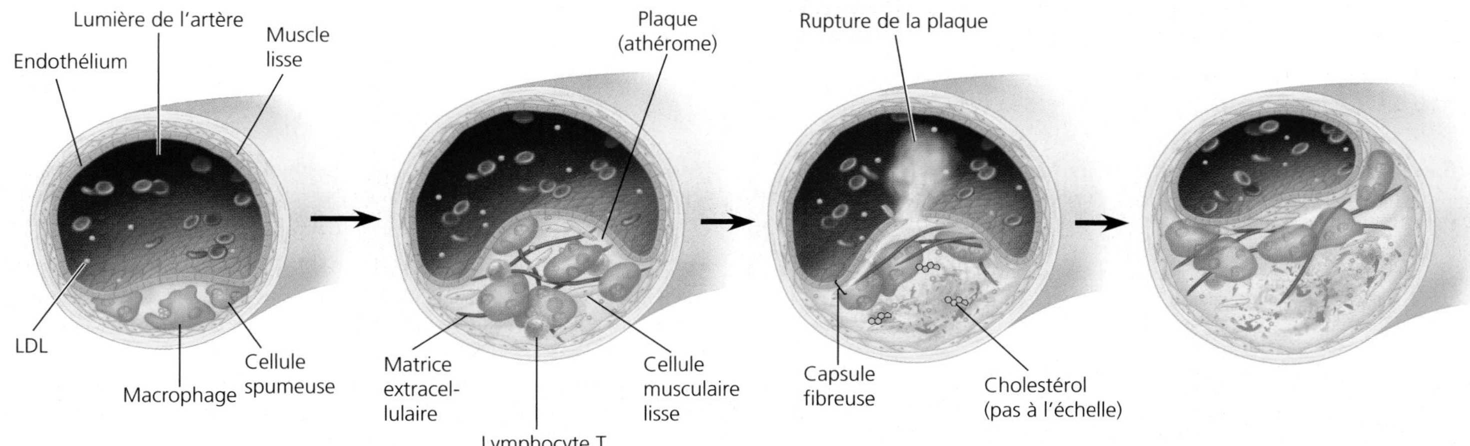

❶ Des lipoprotéines, comme les LDL, pénètrent dans la paroi de l'artère et forment des agrégats qui attirent les *macrophages*, des cellules immunitaires. L'absorption des lipoprotéines par les macrophages entraîne la production de *cellules spumeuses*, riches en lipides.

❷ La sécrétion des composantes de la matrice extracellulaire intensifie l'agrégation des lipoprotéines. Des lymphocytes T s'introduisent dans la plaque d'athérome et causent de l'inflammation. Les cellules musculaires lisses de la paroi de l'artère entrent également dans l'athérome.

❸ Les cellules musculaires lisses forment une capsule fibreuse qui sépare l'athérome du sang circulant. Dans l'athérome, les cellules spumeuses meurent et libèrent alors des débris cellulaires et du cholestérol. Si l'athérome se rompt, un caillot sanguin peut se former dans l'artère.

❹ Si l'athérome continue de grossir sans se rompre, l'artère se bouche de plus en plus.

▲ **Figure 42.20** **L'athérosclérose.** L'athérosclérose se caractérise par l'épaississement de la paroi d'une artère. Cet épaississement est causé par la formation de plaques (athéromes) qui, à la longue, peuvent obstruer la circulation du sang dans l'artère. Parfois, des fragments peuvent se détacher des plaques, se déplacer dans la circulation sanguine et se loger dans une autre artère. Si cette artère dessert le cœur ou le cerveau, l'obstruction causée par un de ces fragments risque de provoquer une crise cardiaque ou un accident vasculaire cérébral.

régime riche en matières grasses appelées *gras trans* (voir le chapitre 5) augmentent le rapport LDL-HDL; ils accroissent donc les risques de souffrir d'une maladie cardiovasculaire. Par contre, l'exercice contribue à réduire le rapport LDL-HDL.

Depuis une dizaine d'années, la prévention des maladies cardiovasculaires a beaucoup progressé. Bon nombre de personnes à haut risque sont maintenant traitées par des médicaments, appelés statines, qui abaissent le taux de cholestérol LDL et, par le fait même, diminuent le risque d'infarctus du myocarde. Une découverte récente, dont on fait état dans la **figure 42.21**, pourrait bien conduire à la mise au point de nouveaux médicaments susceptibles de réduire efficacement les taux de LDL dans le sang.

Si les traitements s'améliorent, c'est aussi parce qu'on connaît mieux le rôle capital de l'inflammation dans l'athérosclérose et la formation de thrombus. Par exemple, on a constaté que l'aspirine, qui inhibe la réaction inflammatoire, aide à prévenir la récurrence de l'infarctus du myocarde et de l'accident vasculaire cérébral. Les chercheurs étudient également les propriétés de la protéine C-réactive (CRP), une molécule produite par le foie et présente dans le sang durant les épisodes d'inflammation aiguë. À l'instar des taux élevés de LDL, l'élévation du taux de CRP dans le sang est un indicateur de risque qui est utile pour dépister les maladies cardiovasculaires.

L'**hypertension** (pression artérielle élevée) augmente également le risque de souffrir d'un infarctus ou d'un accident vasculaire cérébral. Il semble que l'hypertension chronique endommage l'endothélium tapissant les artères et stimule la formation d'athéromes. L'hypertension chez l'adulte se définit habituellement comme une pression systolique supérieure à 140 mm Hg ou une pression diastolique supérieure à 90 mm Hg. Heureusement, il est relativement facile de diagnostiquer l'hypertension et l'on peut généralement la maîtriser en changeant de régime alimentaire, en faisant de l'exercice ou en prenant des médicaments antihypertenseurs.

RETOUR SUR LE CONCEPT 42.4

1. Expliquez pourquoi un médecin peut demander une leucocytémie (taux de globules blancs) pour une personne présentant des symptômes d'infection.
2. La présence de caillots dans les artères peut causer des infarctus du myocarde et des accidents vasculaires cérébraux. Pourquoi, alors, traite-t-on les hémophiles en leur injectant des facteurs de coagulation dans le sang?
3. **ET SI?** On prescrit parfois de la nitroglycérine (un composé chimique qui entre également dans la fabrication de la dynamite) aux personnes souffrant d'une maladie cardiaque. Dans le corps, la nitroglycérine est convertie en monoxyde d'azote. Pourquoi pensez-vous que la nitroglycérine peut soulager la douleur thoracique chez ces personnes?

▼ **Figure 42.21** **INVESTIGATION**

L'inactivation d'une enzyme hépatique peut-elle abaisser le taux de LDL dans le plasma?

EXPÉRIENCE En 2003, des chercheurs français ont constaté que les taux plasmatiques de LDL sont plus élevés chez les individus présentant une mutation qui augmente l'activité d'une enzyme hépatique appelée *PCSK9*. Par la suite, Helen Hobbs et ses collègues, à Dallas, au Texas, se sont demandé si des mutations qui *inactiveraient* le gène *PCSK9* permettraient d'*abaisser* les taux de LDL. En effectuant un dépistage auprès de 15 000 participants d'une étude réalisée sur une période de 15 ans et qui portait sur les maladies cardiovasculaires, ces chercheurs ont découvert que 2 % des personnes d'origine africaine étaient porteuses de mutations engendrant l'inactivation d'une copie du gène *PCSK9*. Les chercheurs ont mesuré les taux plasmatiques de LDL chez des sujets présentant une de ces mutations et chez les sujets du groupe témoin.

RÉSULTATS

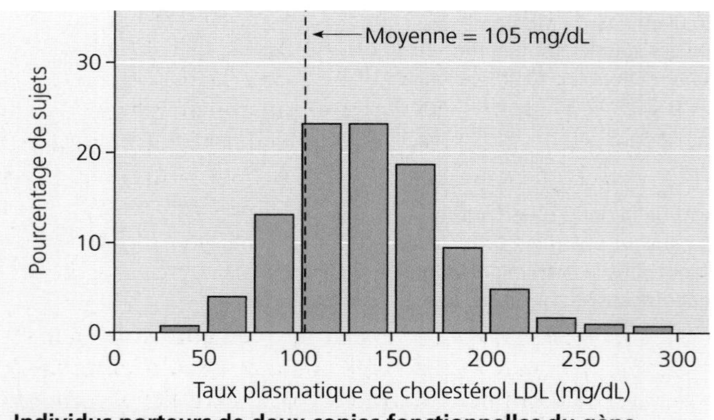

Individus porteurs de deux copies fonctionnelles du gène *PCSK9* (groupe expérimental)

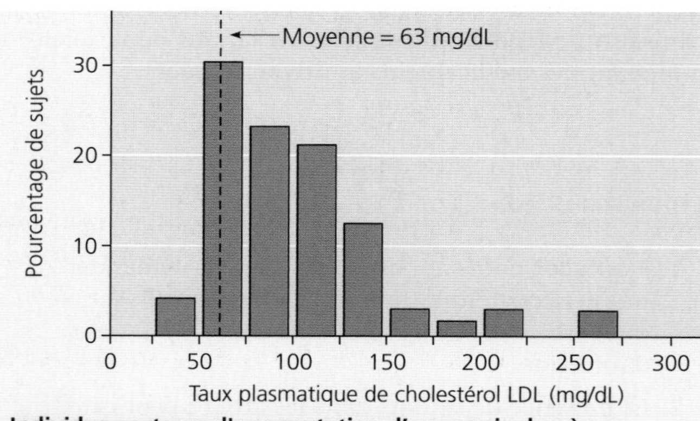

Individus porteurs d'une mutation d'une copie du gène *PCSK9* qui inactive l'enzyme

CONCLUSION L'inactivation d'une copie du gène *PCSK9* abaisse de 40 % le taux plasmatique moyen de LDL. À partir de ce résultat, Hobbs et ses collègues ont émis l'hypothèse que la réduction de l'activité de l'enzyme *PCSK9* diminuerait le risque de maladie cardiaque. L'analyse plus détaillée des résultats de l'étude effectuée sur 15 ans appuie cette hypothèse: chez les personnes présentant des mutations de *PCSK9*, le risque de souffrir d'une maladie cardiaque était inférieur de 88 % à celui du groupe témoin. On étudie actuellement la possibilité de mettre au point un médicament pouvant prévenir la maladie cardiaque à partir des molécules inhibant l'enzyme *PCSK9*.

SOURCE J. Cohen, A. Pertsemlidis, I. Kotowski, R. Graham, C. Garcia et H. Hobbs, Low LDL Cholesterol in individuals of African descent resulting from frequent nonsense mutations in *PCSK9, Nature Genetics* 37: 161-165 (2005).

ET SI? Supposons que vous puissiez mesurer l'activité de la *PCSK9* dans un échantillon de sang. À votre avis, quelle comparaison pourriez-vous faire entre l'activité de l'enzyme chez les sujets étudiés par les chercheurs français et chez les sujets étudiés par l'équipe du Dr Hobbs?

4. **FAITES DES LIENS** L'allèle qui code pour Hb^s est codominant par rapport à l'allèle qui code pour l'hémoglobine normale (Hb) (voir le concept 14.4, p. 314 à 321). Que pouvez-vous déduire au sujet des propriétés de Hb et de Hb^s en ce qui a trait à la formation d'agrégats et à la déformation des érythrocytes?

5. **FAITES DES LIENS** En quoi les cellules souches de la moelle osseuse d'un adulte diffèrent-elles des cellules souches embryonnaires (voir le concept 20.3, p. 477 à 481)?

Voir les réponses proposées à la fin du chapitre.

CONCEPT **42.5**

Les échanges gazeux s'effectuent à travers des surfaces respiratoires spécialisées

Dans le reste du chapitre, nous nous concentrerons sur les **échanges gazeux**. Toutefois, il ne faut pas confondre ce processus, souvent appelé *respiration*, avec les transformations énergétiques relevant de la respiration cellulaire proprement dite. Les échanges gazeux assistent la respiration cellulaire en lui fournissant les molécules de dioxygène (O_2) puisées dans l'environnement et en recueillant le dioxyde de carbone (CO_2) pour le rejeter dans l'environnement.

Les gradients de pression partielle dans les échanges gazeux

Pour comprendre les forces qui président aux échanges gazeux, il faut calculer la **pression partielle**, c'est-à-dire la pression exercée par un gaz donné dans un mélange de gaz. Pour ce faire, il importe de connaître la pression que le mélange exerce et la fraction que le gaz en question représente par rapport au mélange. Prenons l'exemple du dioxygène. Au niveau de la mer, l'atmosphère exerce une pression totale de

760 mm Hg. Étant donné qu'elle se compose de 21 % d'oxygène (en volume), la pression partielle d'oxygène (P_{O_2}) est de 0,21 × 760 mm Hg, soit environ 160 mm Hg. C'est la partie de la pression atmosphérique attribuable à la présence d'oxygène, d'où l'expression *pression partielle*. Beaucoup plus faible, la pression partielle du dioxyde de carbone (P_{CO_2}) au niveau de la mer n'est que de 0,29 mm Hg.

Les pressions partielles s'appliquent également aux gaz dissous dans un liquide, notamment dans l'eau. En effet, quand l'air entre en contact avec l'eau, un équilibre s'établit et la pression partielle d'un gaz dans l'eau est égale à la pression partielle de ce gaz dans l'air. Par conséquent, au niveau de la mer, la P_{O_2} de l'eau exposée à l'air est de 160 mm Hg, comme dans l'atmosphère. Toutefois, les *concentrations* en oxygène de l'air et de l'eau diffèrent considérablement, puisque l'oxygène est beaucoup moins soluble dans l'eau que dans l'air.

Une fois les pressions partielles calculées, nous pouvons facilement prévoir le résultat net de la diffusion à travers les surfaces d'échange : un gaz diffuse toujours de la région où la pression partielle est la plus élevée vers la région où la pression est plus faible.

Les milieux respiratoires

Les conditions des échanges gazeux varient beaucoup, selon que la source d'oxygène, appelée **milieu respiratoire**, est l'air ou l'eau. Comme nous l'avons vu précédemment, l'atmosphère est le réservoir principal d'oxygène de la Terre : elle est formée à 21 % environ de molécules d'oxygène. Comparativement à l'eau, l'air est beaucoup moins dense et visqueux, de sorte qu'il est facile à déplacer et qu'il passe aisément dans de petites ouvertures. Donc, la respiration est relativement facile et n'a pas à être particulièrement efficace. Les humains, par exemple, extraient seulement 25 % environ de l'oxygène présent dans l'air inhalé.

Les échanges gazeux sont beaucoup plus exigeants lorsqu'ils ont lieu dans l'eau. La quantité d'oxygène dissous dans un volume d'eau donné varie considérablement, mais elle reste très inférieure à celle de l'oxygène contenu dans un volume d'air équivalent. Les océans, les lacs et les autres plans d'eau ne contiennent que de 4 à 8 mL d'oxygène dissous par litre, soit près de 40 fois moins que la concentration dans 1 L d'air. En outre, plus l'eau est chaude et salée, moins elle contient d'oxygène dissous. Le faible taux d'oxygène de l'eau, sa grande densité et sa grande viscosité signifient que les échanges gazeux chez les Poissons et les Crustacés sont des processus qui requièrent beaucoup d'énergie. En raison de ces contraintes physicochimiques, des adaptations sont apparues au cours de l'évolution ; elles rendent les échanges gazeux beaucoup plus efficaces chez la plupart des animaux aquatiques. Plusieurs de ces adaptations ont trait à la structure des surfaces intervenant dans ces échanges.

Les surfaces respiratoires

La surface respiratoire est la surface corporelle de l'animal où se produisent les échanges gazeux avec le milieu ; sa structure est généralement bien adaptée au rôle qu'elle joue. Comme toute cellule vivante, les cellules qui accomplissent les échanges gazeux ont une membrane plasmique qui doit absolument être en contact avec une solution aqueuse. C'est pourquoi les surfaces respiratoires sont toujours humides.

Le transport membranaire des molécules de O_2 et de CO_2 s'effectue entièrement par diffusion simple. La vitesse de diffusion est directement proportionnelle à l'aire de la surface respiratoire, et inversement proportionnelle au *carré* de la distance que les molécules doivent couvrir pour traverser les membranes. Autrement dit, les échanges gazeux sont d'autant plus rapides que la surface de diffusion est grande et la distance de diffusion, réduite. C'est pourquoi les surfaces respiratoires sont généralement minces et étendues.

Chez certains animaux relativement simples, notamment les Éponges, les Cnidaires et les vers plats, la membrane plasmique de chaque cellule du corps est suffisamment proche de l'environnement externe pour que les gaz puissent diffuser vers l'extérieur et vers l'intérieur. Cependant, toutes les parties du corps de nombreux animaux ne peuvent accéder directement au milieu respiratoire. Dans leur cas, la surface respiratoire est un épithélium simple et humide.

Chez plusieurs groupes d'animaux, c'est la surface cutanée externe qui sert d'organe respiratoire. Le ver de terre, par exemple, possède une peau humidifiée et il échange les gaz par diffusion à travers toute sa surface corporelle. Immédiatement sous l'épiderme se trouve un réseau compact de capillaires. Comme la surface respiratoire doit rester humide, les vers de terre et les autres animaux à respiration cutanée (à l'instar de certains Amphibiens) doivent vivre dans l'eau ou dans des milieux humides.

La surface cutanée de la plupart des autres animaux est incapable d'assurer les échanges gazeux de la totalité de l'organisme. La solution apparue au cours de l'évolution pour résoudre ce problème est un organe respiratoire aux multiples replis ou ramifications. Ces dispositifs augmentent la surface respiratoire dévolue aux échanges gazeux. Les branchies, les trachées et les poumons sont les trois types d'organes respiratoires les plus courants.

Les branchies chez les animaux aquatiques

Les branchies sont des évaginations de la surface corporelle en contact avec l'eau. Comme le montre la **figure 42.22**, la disposition des branchies sur la surface corporelle peut varier considérablement. Indépendamment de leur position, l'aire totale des branchies est souvent bien supérieure à celle du reste du corps.

Le mouvement autour et au-dessus de la surface respiratoire est appelé **ventilation**. Ce processus maintient à travers les branchies les gradients de pression partielle du O_2 et du CO_2 sans lesquels les échanges gazeux ne pourraient se dérouler. Pour favoriser la ventilation, la plupart des animaux dotés de branchies les remuent dans l'eau ou bien déplacent de l'eau autour d'elles. Par exemple, les écrevisses et les homards possèdent des appendices ressemblant à des pagaies qui font circuler l'eau à proximité de leurs branchies. De leur côté, les moules et les palourdes remuent l'eau à l'aide de cils qui la font circuler autour des surfaces d'échange. Les pieuvres et les calmars ventilent leurs branchies en aspirant de l'eau et en la refoulant, et ils profitent de cette circulation d'eau pour se mouvoir. Chez les Poissons, la ventilation se fait par l'intermédiaire des mouvements qu'ils génèrent quand ils nagent,

(a) Polychète. De nombreux Polychètes, des vers marins de l'embranchement des Annélides, possèdent une paire d'appendices aplatis, appelés parapodes, sur chacun des segments de leur corps. Les parapodes servent de branchies ; ils facilitent aussi la natation et la reptation.

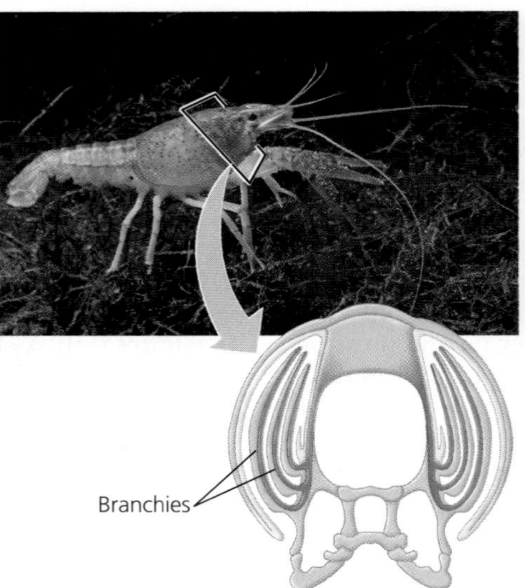

(b) Écrevisse. L'écrevisse et les autres Crustacés possèdent de longues branchies plumeuses situées sous l'exosquelette. Des appendices spécialisés font circuler l'eau sur la surface des branchies.

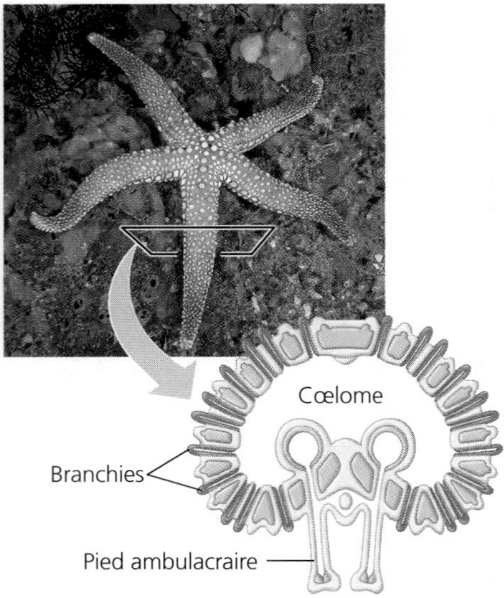

(c) Étoile de mer. Les branchies d'une étoile de mer sont de simples projections tubulaires de la peau. Elles sont creuses et communiquent directement avec le cœlome (cavité interne). Les échanges gazeux s'effectuent par diffusion simple à travers leur surface. Le liquide du cœlome circule dans les branchies et facilite le transport des gaz. Les surfaces des pieds ambulacraires en forme de tube jouent aussi un rôle dans les échanges gazeux.

▲ **Figure 42.22 La diversité dans la structure des branchies, qui sont des surfaces corporelles externes spécialisées dans les échanges gazeux.**

FAITES DES LIENS *Comme le montre la figure 32.11 (p. 771), les animaux à symétrie bilatérale forment trois embranchements. Quels sont ces embranchements ? Combien comprennent les animaux dotés de branchies illustrés ici ?*

d'une part, et par une série de mouvements coordonnés de leur bouche et de leurs branchies, d'autre part. Dans les deux cas, l'eau qu'ils aspirent par la bouche baigne leurs branchies et ressort du corps (**figure 42.23**).

La disposition des capillaires dans les branchies des poissons permet d'effectuer un **échange à contre-courant**, un processus extrêmement efficace qui consiste à échanger une substance ou de la chaleur entre deux liquides circulant dans des directions opposées (ici, l'eau et le sang). Dans les branchies des poissons, ce processus maximise l'efficacité des échanges gazeux. Puisque le sang circule dans la direction opposée à celle de l'eau traversant les branchies, il est toujours moins saturé en oxygène que l'eau qui se trouve à proximité (voir la figure 42.23). Quand le sang entre dans le capillaire branchial, il croise de l'eau qui termine son passage dans la branchie. Débarrassée de la plus grande partie de son oxygène dissous, cette eau a néanmoins une P_{O_2} supérieure à celle du sang qui pénètre dans cette branchie, ce qui permet à l'oxygène de diffuser. À mesure que le sang progresse dans le capillaire, sa P_{O_2} augmente régulièrement, puisqu'à chaque point successif du capillaire que parcourt le sang correspond un point que l'eau occupait en passant dans la branchie. Ce faisant, il s'établit un gradient de pression partielle favorisant la diffusion de l'oxygène de l'eau vers le sang sur toute la longueur du capillaire.

Les mécanismes d'échanges à contre-courant sont d'une telle efficacité que les branchies des poissons arrivent à récupérer plus de 80 % de l'oxygène dissous dans l'eau qui passe à proximité de la surface respiratoire. Ce mécanisme joue aussi un rôle important dans la régulation thermique (voir le chapitre 40), de même que dans le fonctionnement des reins chez les Mammifères, comme nous le verrons au chapitre 44.

Les branchies ne sont généralement pas utiles aux animaux terrestres. En effet, une vaste surface membranaire humidifiée qui serait exposée à l'air perdrait trop d'eau par vaporisation. De plus, les branchies s'affaisseraient, car les fins filaments de leur structure ne flotteraient plus dans l'eau et formeraient une masse compacte. Chez la plupart des animaux terrestres, les surfaces respiratoires se trouvent donc à l'intérieur du corps et communiquent avec l'extérieur par l'intermédiaire de conduits très étroits.

Le système trachéen chez les Insectes

Le poumon est la structure respiratoire la plus courante chez les animaux terrestres, mais c'est le **système trachéen** qui joue ce rôle chez les Insectes. Ce système se compose de tubes aériens qui se ramifient dans tout le corps ; il représente l'une des variations possibles sur le thème de la surface respiratoire interne. Les tubes les plus grands, les trachées, débouchent sur l'extérieur (**figure 42.24a**, page 1066). Les plus petites ramifications (les trachéoles) se rendent jusqu'à la surface de presque toutes les cellules. C'est là que les gaz sont échangés par

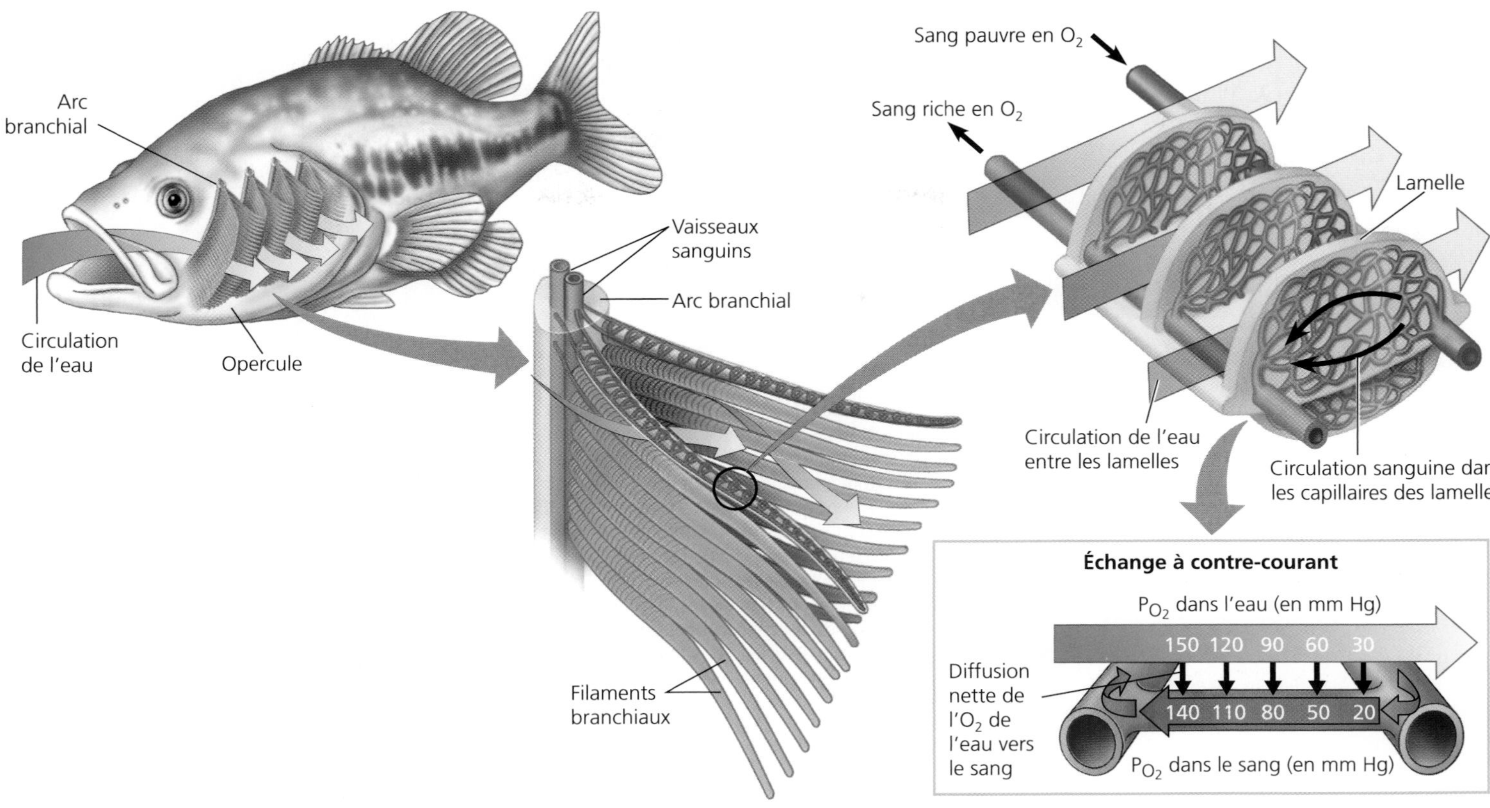

▲ **Figure 42.23 La structure et les fonctions des branchies chez les poissons.**

diffusion simple à travers l'hémolymphe qui remplit l'extrémité des trachéoles et à travers l'épithélium humide de ces dernières (**figure 42.24b**). Comme presque toutes les cellules du corps sont situées à proximité du milieu respiratoire, le système cardiovasculaire ouvert des Insectes n'intervient pas dans le transport du dioxygène et du dioxyde de carbone.

La diffusion par les trachées suffit à faire entrer assez de dioxygène dans le corps d'un insecte de petite taille et à en extraire suffisamment de dioxyde de carbone pour que la respiration cellulaire puisse se dérouler. Les insectes plus gros ont des besoins énergétiques plus importants et ventilent leur système trachéen par des mouvements rythmiques du corps. Ceux-ci compriment et dilatent les tubes aériens comme s'il s'agissait d'un soufflet. Un insecte en plein vol a ordinairement un métabolisme extrêmement rapide ; il consomme alors de 10 à 200 fois plus d'oxygène que lorsqu'il est au repos. Chez de nombreux insectes volants, l'alternance de la contraction et de la relaxation des muscles alaires produit une compression et une expansion corporelles qui permettent de pomper rapidement de l'air dans le système trachéen. Les cellules des muscles alaires sont dotées de nombreuses mitochondries qui rendent possible ce métabolisme très intense ; quant aux tubes trachéens, ils fournissent à chacun de ces organites producteurs d'ATP tout le dioxygène nécessaire (**figure 42.24c**). Ces adaptations des systèmes trachéens sont donc en étroite relation avec la bioénergétique.

Les poumons

Contrairement aux trachées, qui se ramifient dans tout le corps des Insectes, les **poumons** sont des organes respiratoires localisés. Leur surface, repliée vers l'intérieur, se compose d'une multitude de pochettes. Étant donné que la surface respiratoire pulmonaire n'est pas en contact direct avec toutes les parties du corps, le système cardiovasculaire doit assurer le transport des gaz entre les poumons et le reste du corps. Des poumons sont apparus chez des organismes pourvus d'un système cardiovasculaire clos, tels les araignées, les escargots terrestres aussi bien que chez les Vertébrés.

Chez les Vertébrés dépourvus de branchies, on observe diverses modalités d'utilisation des poumons pour assurer les échanges gazeux. Lorsqu'ils en possèdent, les Amphibiens ont des poumons relativement petits et dont la surface d'échange est limitée. Les échanges gazeux de ces animaux dépendent donc essentiellement de la diffusion qui a lieu à travers d'autres surfaces corporelles, par exemple à travers la peau. En revanche, la plupart des Reptiles (y compris tous les Oiseaux) et tous les Mammifères comptent exclusivement sur leurs poumons pour effectuer leurs échanges gazeux. Les tortues constituent une exception : leur respiration pulmonaire s'accompagne d'échanges gazeux qui s'accomplissent à travers les surfaces épithéliales humides de leur bouche et de leur anus. Par ailleurs, quelques Vertébrés aquatiques possèdent des poumons, ce

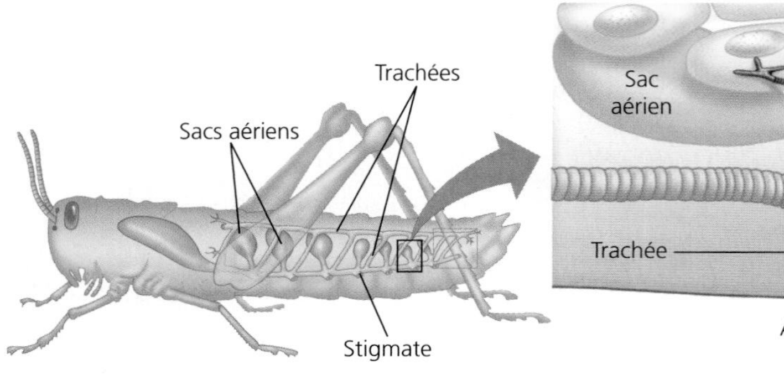

(a) Le système respiratoire des Insectes comporte des tubes internes ramifiés. Les tubes les plus grands, les trachées, sont reliés à des ouvertures (stigmates) situées sur la surface du corps. Les sacs aériens formés par l'élargissement des trachées sont situés à proximité des organes exigeant un apport élevé d'oxygène.

(b) Des anneaux de chitine empêchent les trachées de s'affaisser et permettent à l'air de circuler pour atteindre les tubes plus étroits, les trachéoles. Les ramifications de ces conduits fournissent l'air directement aux cellules de tout le corps. Elles possèdent des extrémités fermées, remplies de liquide (en gris dans l'illustration). Quand l'animal est en pleine activité et que ses besoins en oxygène sont très élevés, la plus grande partie de ce liquide est réabsorbée dans son corps. Cela accroît la surface des trachéoles remplies de liquide en contact avec les cellules.

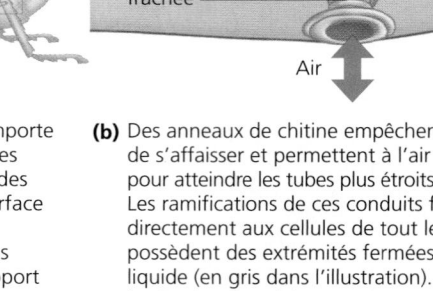

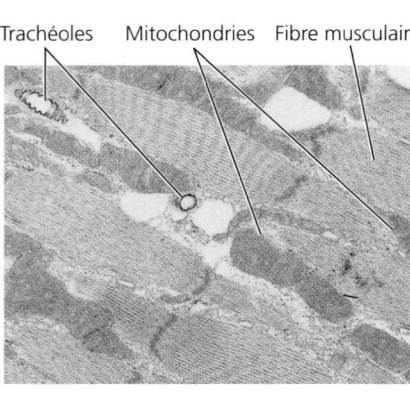

Trachéoles Mitochondries Fibre musculaire

2,5 µm (6000×)

(c) Cette micrographie montre une coupe transversale des trachéoles contenues dans un fragment de tissu musculaire alaire de l'insecte (MET). La distance séparant les trachéoles de chacune des nombreuses mitochondries des cellules musculaires est d'environ 5 µm.

▲ **Figure 42.24 Le système trachéen.**

qui leur permet d'inspirer directement l'oxygène de l'air (on les appelle *poissons pulmonés*); c'est une adaptation à la vie dans une eau pauvre en dioxygène ou à des séjours prolongés hors de l'eau (par exemple quand le niveau de l'eau d'une mare s'abaisse).

Le système respiratoire des Mammifères : étude détaillée

Chez les Mammifères, un système de conduits ramifiés transmet l'air aux poumons, situés dans la cavité thoracique (**figure 42.25**). L'air pénètre par les narines; il est alors filtré par des poils, réchauffé, humidifié, et les odeurs qu'il transporte sont analysées à mesure qu'il circule dans le dédale des espaces de la cavité nasale. Cette cavité conduit au pharynx, le carrefour des conduits aériens et digestifs. Lorsque nous avalons des aliments, le larynx (la partie supérieure du système respiratoire) se déplace vers le haut et fait basculer l'épiglotte sur la glotte (l'ouverture de la trachée). La nourriture déviée peut ainsi emprunter l'œsophage pour descendre dans l'estomac (voir la figure 41.11, p. 1028). Le reste du temps, la glotte est ouverte, nous permettant de respirer.

En quittant le larynx pour se diriger vers les poumons, l'air passe dans la **trachée**. Du cartilage renforce les parois du larynx et de la trachée, et les maintient ouvertes. Dans le larynx de la plupart des Mammifères, l'air expulsé des poumons au moment de l'expiration heurte au passage une paire de **cordes vocales**, qui sont deux replis muqueux du larynx. Les sons surviennent lorsque des muscles volontaires du larynx sont mis sous tension, ce qui provoque l'étirement des cordes vocales et leur vibration. Les sons aigus sont produits lorsque les cordes vocales sont très tendues et qu'elles vibrent rapidement; les sons graves, eux, sont émis par la vibration lente de cordes vocales moins tendues.

La trachée se divise en deux **bronches**, conduisant chacune à un poumon. Dans les poumons, les bronches se ramifient en conduits de plus en plus étroits appelés **bronchioles**. Tout le réseau de conduits aériens ressemble à un arbre à l'envers, dont la trachée serait le tronc. L'épithélium tapissant les principales ramifications de cet arbre respiratoire est recouvert de cils vibratiles et d'une mince pellicule de mucus. Celui-ci emprisonne les poussières, le pollen et d'autres particules de contaminants; le battement des cils fait remonter le mucus vers le pharynx, où il peut être avalé ou expectoré. Ce processus contribue à nettoyer le système respiratoire.

Chez les Mammifères, les échanges gazeux ont lieu dans les **alvéoles pulmonaires** (voir la figure 42.25). Les alvéoles sont des amas de minuscules cavités attachés aux extrémités des plus petites bronchioles. Les poumons humains contiennent plusieurs millions d'alvéoles. La surface d'échange formée par l'ensemble de ces alvéoles est d'environ 100 m^2, soit 50 fois l'aire de la peau. Le dioxygène de l'air apporté aux alvéoles se dissout dans la pellicule humide qui tapisse les surfaces internes et diffuse rapidement à travers l'épithélium vers un réseau de capillaires entourant chaque alvéole. Le dioxyde de carbone diffuse des capillaires dans la direction inverse et traverse l'épithélium des alvéoles pour passer dans les voies aériennes.

Comme elles sont dépourvues de cils et qu'elles ne sont pas exposées aux courants aériens susceptibles de déloger les particules de leur surface, les alvéoles sont très vulnérables

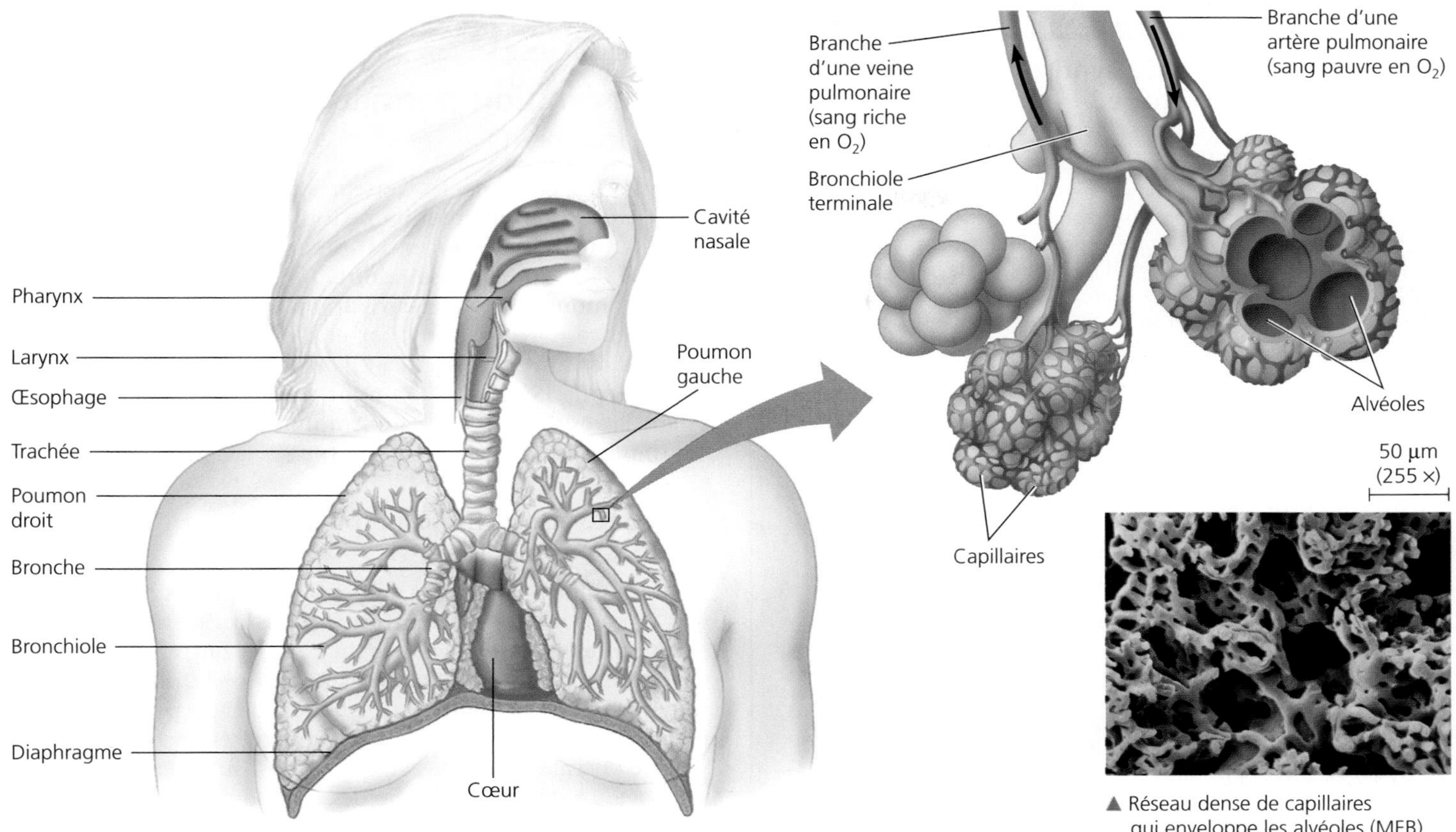

▲ Réseau dense de capillaires qui enveloppe les alvéoles (MEB)

▲ **Figure 42.25 Le système respiratoire des Mammifères.** L'air inhalé va de la cavité nasale au pharynx ; il traverse le larynx, la trachée et les bronches, avant de se disperser dans les plus petites bronchioles. Celles-ci se terminent par des sacs alvéolaires microscopiques, les alvéoles. Un épithélium mince et humide recouvre les cavités alvéolaires. Les ramifications des artères pulmonaires apportent du sang pauvre en oxygène aux alvéoles, tandis que les embranchements des veines pulmonaires transportent du sang riche en oxygène des alvéoles au cœur.

à la contamination. Habituellement, les globules blancs patrouillent dans les alvéoles et absorbent les particules étrangères, mais si les particules sont trop nombreuses, ils ne suffisent plus à la tâche. De l'inflammation peut alors apparaître et causer des dommages irréversibles. Par exemple, les particules de la fumée du tabac qui entre dans les alvéoles peuvent causer une diminution permanente de la capacité pulmonaire. Dans les mines de charbon, les mineurs inhalent de grandes quantités de poussière de charbon, ce qui peut causer la silicose, une maladie pulmonaire invalidante et irréversible, potentiellement mortelle.

La pellicule de liquide qui tapisse les alvéoles est sensible à la tension superficielle, une force d'attraction qui diminue la surface d'un liquide (voir le chapitre 3). Compte tenu de leur diamètre minuscule (environ 0,25 mm), comment se fait-il que les alvéoles ne s'affaissent pas sous la forte tension superficielle ? Certains chercheurs ont pensé que les alvéoles devaient être enrobées d'une substance qui réduit la tension superficielle. En 1955, le biophysicien anglais Richard Pattle a recueilli des données expérimentales qui confirmaient la présence de cette substance, aujourd'hui appelée **surfactant**. Pattle a aussi émis l'hypothèse que l'absence de surfactant pouvait engendrer le *syndrome de détresse respiratoire* (SDR), une affection courante chez les bébés prématurés, nés 6 semaines ou plus avant terme. Dans les années 1950, ce syndrome était à l'origine de 10 000 décès infantiles par année aux États-Unis seulement.

Toujours dans les années 1950, Mary Ellen Avery a mené la première expérience sur le lien entre le SDR et le manque de surfactant (**figure 42.26**). Les études subséquentes ont révélé que le surfactant, un mélange de phospholipides et de protéines, apparaît dans les poumons après la 33e semaine de gestation. (Une grossesse à terme dure en moyenne 38 semaines chez les humains.) Aujourd'hui, on utilise couramment du surfactant artificiel pour traiter les grands prématurés. Les bébés qui pèsent plus de 900 g à la naissance et qui reçoivent du surfactant survivent généralement sans problèmes de santé chroniques. Pour ses découvertes, Mary Ellen Avery a reçu la National Medal of Science en 1991.

Maintenant que nous avons exploré les voies empruntées par l'air que nous respirons, nous allons nous pencher sur le mécanisme de la respiration proprement dit.

▼ **Figure 42.26** INVESTIGATION

Quelle est la cause du syndrome de détresse respiratoire?

EXPÉRIENCE Mary Ellen Avery, une chercheure qui travaillait avec Jere Mead à l'école de médecine de l'université Harvard, s'est demandé si un manque de surfactant causait le syndrome de détresse respiratoire chez les bébés prématurés. Pour vérifier cette hypothèse, elle a employé des échantillons pulmonaires provenant de l'autopsie de bébés décédés du SDR et de bébés dont le décès avait d'autres causes. Elle a extrait des éléments des échantillons et les a laissés former une pellicule sur une surface aqueuse. Ensuite, elle a mesuré la tension superficielle (en dynes par centimètre) à la surface de l'eau, puis elle a noté la plus faible tension pour chaque échantillon.

RÉSULTATS

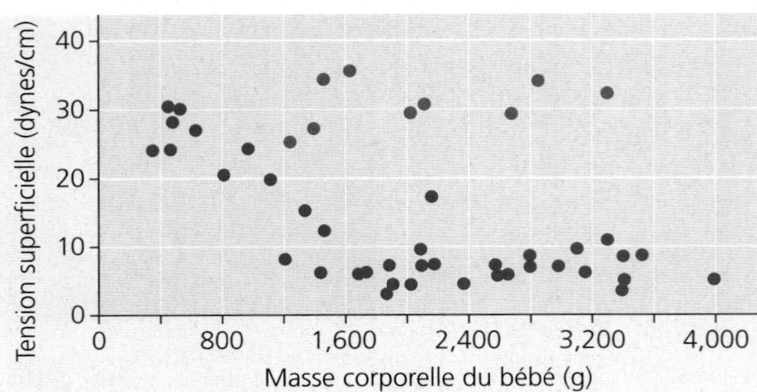

CONCLUSION Les poumons des bébés qui pesaient plus de 1 200 g contenaient une substance qui réduit la tension superficielle. Les poumons des bébés souffrant du SDR en étaient dépourvus.

SOURCE M. E. Avery et J. Mead, Surface properties in relation to atelectasis and hyaline membrane disease, *American Journal of Diseases of Children* 97 : 517-523 (1959).

ET SI? Imaginez que vous refaites cette expérience, mais que vous mesurez plutôt la quantité de surfactant dans les échantillons de poumons. Décrivez le graphique que vous obtiendriez si vous représentiez la quantité de surfactant en fonction de la masse corporelle des bébés.

RETOUR SUR LE CONCEPT 42.5

1. Pourquoi le repliement des tissus pulmonaires vers *l'intérieur* du corps représente-t-il un avantage pour les animaux terrestres?
2. Après une forte pluie, les vers de terre gagnent la surface. Expliquez ce comportement en tenant compte de ce dont les vers de terre ont besoin pour effectuer les échanges gazeux.
3. **FAITES DES LIENS** Expliquez comment les échanges à contre-courant peuvent favoriser à la fois la thermorégulation (voir le concept 40.3, p. 1000) et la respiration.

Voir les réponses proposées à la fin du chapitre.

CONCEPT 42.6

La respiration permet de ventiler les poumons

Comme les Poissons, les Vertébrés terrestres ont recours à la ventilation pour maintenir une forte concentration en dioxygène et une faible concentration en dioxyde de carbone au niveau de la surface respiratoire. Le processus de ventilation des poumons s'appelle **respiration**: celle-ci consiste en une alternance d'inspiration d'air et d'expiration. Divers mécanismes servant à déplacer l'air dans les poumons sont apparus au cours de l'évolution, comme nous le verrons en examinant la respiration chez les Amphibiens, les Oiseaux et les Mammifères.

Le mécanisme de la respiration chez les Amphibiens

Un Amphibien, comme la grenouille, ventile ses poumons par un mécanisme de **respiration à pression positive**, qui fait gonfler les poumons en forçant l'air à y entrer. Pendant un cycle respiratoire, des muscles abaissent le plancher de la cavité buccale, entraînant l'aspiration de l'air par les narines. Puis les narines et la bouche se ferment, et le plancher de la cavité buccale se soulève, ce qui oblige l'air à pénétrer dans la trachée. La détente élastique des poumons et la compression par la paroi musculaire du corps forcent l'air à ressortir des poumons pendant l'expiration. Quand la grenouille mâle se gonfle pour prendre une attitude agressive afin d'éloigner un prédateur ou pour faire la cour à une femelle, il se produit une modification du cycle respiratoire: l'animal prend plusieurs inspirations sans laisser l'air ressortir.

Le mécanisme de la respiration chez les Oiseaux

La ventilation chez les Oiseaux possède deux caractéristiques qui la rendent très efficace. Tout d'abord, quand un oiseau respire, l'air passe sur la surface d'échange gazeux dans une seule direction. Deuxièmement, l'air nouveau qui entre ne se mélange pas avec l'air qui a participé aux échanges gazeux.

Pour amener l'air dans leurs poumons, les oiseaux utilisent huit ou neuf sacs aériens qui se trouvent de chaque côté des poumons (**figure 42.27**). Ces sacs n'ont pas de fonction directe dans les échanges gazeux, mais ils servent de soufflets chargés de maintenir la circulation de l'air dans les poumons. Au lieu de présenter des alvéoles, qui sont des culs-de-sac, les poumons des oiseaux comportent de fins conduits appelés *parabronches*. Le passage de l'air dans tout le système – poumons et sacs aériens – requiert deux cycles inspiration-expiration. Dans certains conduits, la circulation de l'air change de direction (voir la figure 42.27). Dans les parabronches, cependant, l'air circule dans une seule direction.

Le mécanisme de la respiration chez les Mammifères

Contrairement aux Amphibiens, les Mammifères assurent la ventilation de leurs poumons au moyen d'un mécanisme de

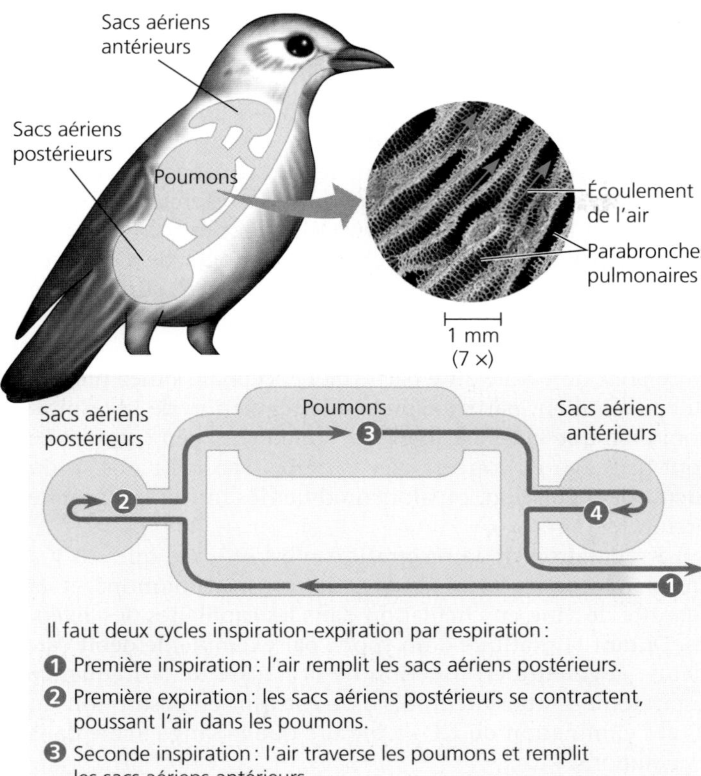

Il faut deux cycles inspiration-expiration par respiration :

1. Première inspiration : l'air remplit les sacs aériens postérieurs.
2. Première expiration : les sacs aériens postérieurs se contractent, poussant l'air dans les poumons.
3. Seconde inspiration : l'air traverse les poumons et remplit les sacs aériens antérieurs.
4. Seconde expiration : lorsque les sacs aériens antérieurs se contractent, l'air entré au cours de la première inspiration est poussé hors du corps.

▲ **Figure 42.27 Le système respiratoire des Oiseaux.** Ce diagramme montre une inspiration dans le système respiratoire d'un oiseau. Il faut une inspiration et une expiration pour renouveler l'air des poumons et un autre cycle respiratoire pour que l'air traverse tout le système et quitte l'organisme.

respiration à pression négative. Celle-ci se conforme au principe d'une pompe aspirante, l'air étant tiré vers les poumons (**figure 42.28**). En utilisant leurs muscles pour augmenter le volume de la cage thoracique, les Mammifères abaissent la pression de l'air dans leurs poumons, de sorte qu'elle devient inférieure à celle de l'air à l'extérieur de leur corps. Comme les gaz circulent toujours d'une zone où la pression est élevée vers une zone où elle est faible, l'air s'engouffre dans les narines et descend dans les conduits respiratoires vers les alvéoles. Pendant l'expiration, les muscles intercostaux et le diaphragme se relâchent, et le volume de la cavité diminue. L'augmentation de la pression de l'air dans les alvéoles expulse l'air, qui traverse les conduits respiratoires et quitte le corps. L'inspiration est donc toujours active et requiert de l'énergie, alors que l'expiration est habituellement passive.

L'augmentation du volume de la cavité thoracique durant l'inspiration sollicite les muscles intercostaux de l'animal de même que son **diaphragme**, un muscle squelettique large et en forme de dôme constituant le plancher de la cavité thoracique. La contraction des muscles intercostaux soulève les côtes ainsi que le sternum vers le haut et vers l'extérieur, provoquant une expansion de la cage thoracique. En même temps, la cage thoracique augmente de volume par suite de la contraction du diaphragme qui descend tel un piston.

À l'intérieur de la cavité thoracique, les poumons sont enveloppés dans une membrane à deux feuillets. Le feuillet interne de la membrane adhère à la face externe des poumons, tandis que le feuillet externe adhère à la cage thoracique. Un mince espace rempli de liquide sépare les deux feuillets. En raison de la tension superficielle, les feuillets se déplacent simultanément comme deux plaques de verre collées ensemble au moyen d'une pellicule d'eau. Ces plaques glissent sans difficulté l'une sur l'autre, mais elles sont difficiles à séparer. Le volume de la cavité thoracique et le volume des poumons changent donc en concordance.

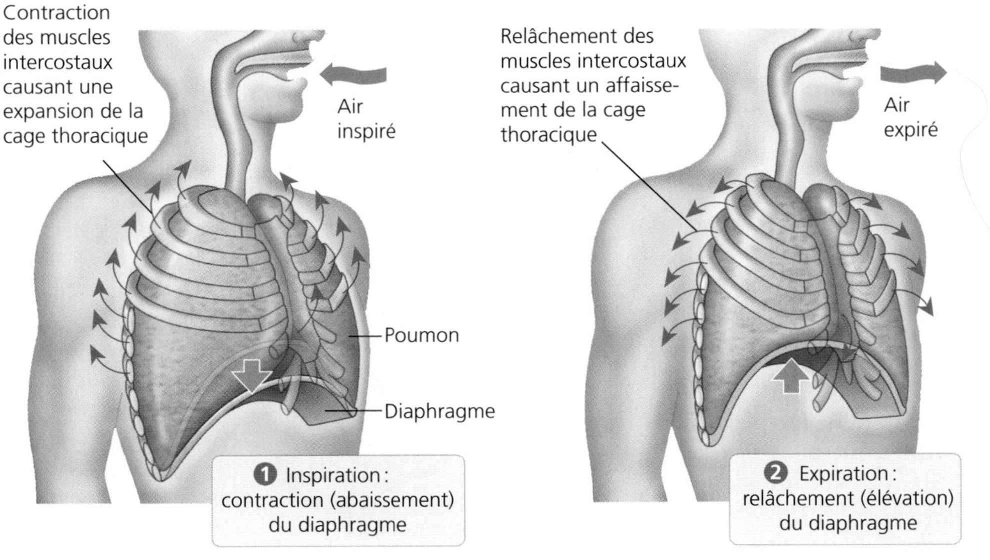

Contraction des muscles intercostaux causant une expansion de la cage thoracique

Air inspiré

Poumon

Diaphragme

1 Inspiration : contraction (abaissement) du diaphragme

Relâchement des muscles intercostaux causant un affaissement de la cage thoracique

Air expiré

2 Expiration : relâchement (élévation) du diaphragme

▲ **Figure 42.28 La respiration à pression négative.** Les Mammifères respirent en faisant varier la pression de l'air dans leurs poumons par rapport à la pression atmosphérique.

ET SI ? Les parois des alvéoles contiennent des fibres élastiques qui permettent aux alvéoles de se dilater et de se contracter à chaque respiration. Quel effet la perte de cette élasticité aurait-elle sur les échanges gazeux dans les poumons ?

Selon le degré d'activité du corps, d'autres muscles peuvent être sollicités par la respiration. Quand un mammifère est au repos, ses muscles intercostaux et son diaphragme suffisent pour faire varier le volume de ses poumons. Pendant une période d'exercice intense, toutefois, d'autres muscles, tels que ceux du cou, du dos et du thorax, participent à la dilatation de la cavité thoracique en amplifiant l'élévation de la cage thoracique. Chez les kangourous et quelques autres espèces, la locomotion s'accompagne de mouvements rythmiques qui amènent les organes abdominaux, dont l'estomac et le foie, à glisser à chaque foulée vers l'avant, puis vers l'arrière, dans la cavité corporelle. Ce mécanisme de pompage interne augmente davantage le volume de la ventilation en accentuant l'abaissement du diaphragme.

Le volume d'air inspiré et expiré à chaque respiration s'appelle **volume courant** (**VC**). Chez l'humain au repos, il s'élève en moyenne à 500 mL. On appelle **capacité vitale** (**CV**) le volume maximal d'air inspiré et expiré au cours d'une respiration forcée; elle est d'environ 3,4 L chez la femme et de 4,8 L chez l'homme. La quantité d'air qui demeure dans les poumons après une expiration forcée est la **capacité résiduelle fonctionnelle** (**CRF**). Avec l'âge, les poumons perdent de leur élasticité; la capacité résiduelle augmente donc, au détriment de la capacité vitale.

Comme les poumons ne se vident jamais complètement, dans des conditions normales, et qu'ils ne se remplissent pas totalement d'air nouveau à chaque cycle respiratoire, l'air qui est inhalé est mélangé à un volume d'air résiduel pauvre en dioxygène; par conséquent, la concentration maximale de dioxygène dans les alvéoles est très inférieure à celle de l'atmosphère. Les concentrations maximales de dioxygène dans les poumons sont plus élevées chez les Oiseaux que chez les Mammifères. C'est grâce à cette propriété, notamment, que les Oiseaux réagissent mieux que les Mammifères en haute altitude. Par exemple, l'organisme d'un alpiniste a de la difficulté à s'approvisionner en oxygène lorsqu'il gravit les sommets les plus élevés de la Terre, notamment le mont Everest, dans l'Himalaya (8 850 m). Par comparaison, diverses espèces d'Oiseaux (notamment l'oie à tête barrée, *Anser indicus*) survolent sans problèmes respiratoires la même chaîne de montagnes pendant leur migration.

La régulation de la respiration chez les humains

Les humains sont capables de retenir leur respiration pendant quelque temps ou de faire un effort pour respirer plus vite et plus profondément. Cependant, la plupart du temps, la respiration est régie par des automatismes. Le fonctionnement du système respiratoire doit se faire en coordination avec celui du système cardiovasculaire, compte tenu des exigences métaboliques en matière d'échanges gazeux.

Les neurones qui participent directement à la régulation de la respiration sont situés dans le bulbe rachidien, à la base de l'encéphale (**figure 42.29**). Les circuits neuronaux du bulbe rachidien forment un *centre de régulation de la respiration* qui fixe le rythme respiratoire. Lorsque nous inspirons profondément, un mécanisme de rétro-inhibition empêche nos poumons de se gonfler exagérément; des récepteurs de tension situés dans les tissus pulmonaires transmettent des influx nerveux inhibiteurs au centre inspiratoire du bulbe rachidien.

Les centres respiratoires du bulbe rachidien régulent l'activité respiratoire en réaction aux variations du pH du liquide cérébrospinal (aussi appelé *liquide céphalorachidien*) qui irrigue l'encéphale. Les concentrations en CO_2 dans le sang déterminent en général le pH de ce liquide. Le CO_2 passe du sang au liquide cérébrospinal où il réagit avec l'eau pour former de l'acide carbonique (H_2CO_3). L'acide carbonique peut ensuite se dissocier en un ion bicarbonate (HCO_3^-) et un ion hydrogène (H^+), d'où l'abaissement du pH:

$$CO_2 + H_2O \rightleftharpoons H_2CO_3 \rightleftharpoons HCO_3^- + H^+$$

L'augmentation de l'activité métabolique (durant une activité sportive, par exemple) abaisse le pH en augmentant la concentration de CO_2 dans le sang. Des chimiorécepteurs situés dans les vaisseaux sanguins et dans le bulbe rachidien détectent ce changement de pH. Le centre de régulation du bulbe rachidien réagit alors en augmentant la fréquence et l'amplitude des respirations et en maintenant cette fréquence jusqu'à ce que le CO_2 excédentaire soit éliminé dans l'air expiré et que le pH revienne à une valeur normale.

La concentration de l'O_2 dans le sang a généralement peu d'effet sur les centres de régulation de la respiration. Toutefois, quand la concentration en O_2 est très faible (en haute altitude, par exemple), des chimiorécepteurs de O_2 situés dans l'aorte et dans les artères du cou (carotides) stimulent le centre inspiratoire, qui réagit en faisant augmenter la fréquence respiratoire.

Le pont de Varole, une partie de l'encéphale située près du bulbe rachidien, participe aussi à la régulation de la respiration, bien que sa fonction exacte soit encore peu connue. Le pont peut agir de concert avec le bulbe rachidien au sein du circuit de régulation, ou alors moduler les influx quittant ce circuit.

La régulation de la respiration n'est efficace que s'il y a une concordance entre la ventilation des poumons et la quantité de sang en circulation dans les capillaires des alvéoles. Durant la pratique d'un sport, par exemple, le débit cardiaque augmente en fonction de la hausse de la fréquence respiratoire. Cette synchronisation maximise l'absorption du O_2 et l'élimination du CO_2 à mesure que le sang circule dans les poumons.

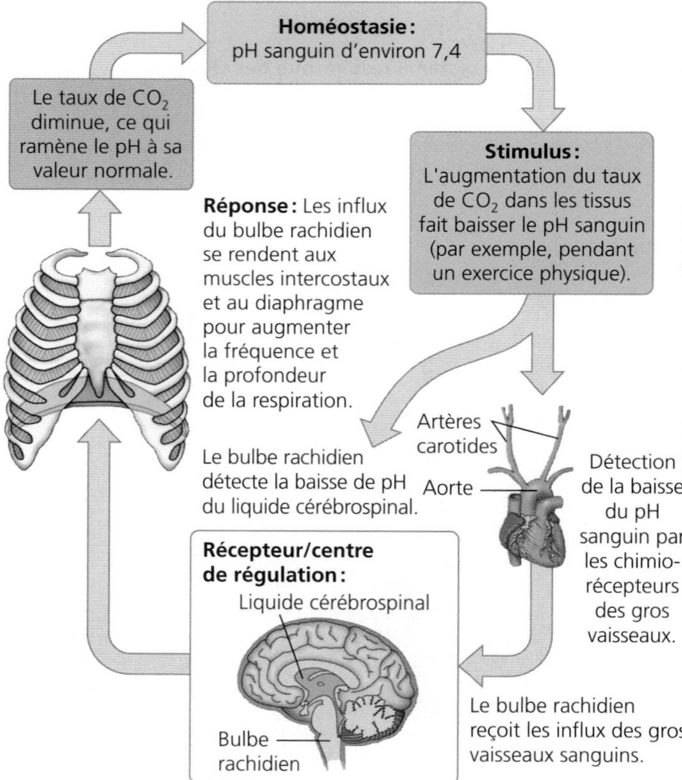

▲ **Figure 42.29 La régulation homéostatique de la respiration.**

ET SI? *Supposons qu'une personne se met à respirer très rapidement alors qu'elle est au repos. Décrivez l'effet de cette respiration sur le CO_2 sanguin et sur les étapes que devra suivre le circuit de rétro-inhibition illustré ici pour rétablir l'homéostasie.*

RETOUR SUR LE CONCEPT **42.6**

1. Quels sont les effets d'une augmentation de la concentration du CO_2 dans le sang sur le pH du liquide cérébrospinal ?
2. Une légère diminution du pH sanguin provoque une augmentation de la fréquence cardiaque. Quelle est la fonction de ce mécanisme de régulation ?
3. ET SI ? Supposez qu'un accident provoque une petite perforation dans les membranes enveloppant vos poumons, quels seraient les effets sur votre fonction pulmonaire ?

Voir les réponses proposées à la fin du chapitre.

CONCEPT **42.7**

Les pigments respiratoires qui captent les gaz et les transportent sont des adaptations qui favorisent les échanges gazeux

Pour satisfaire les besoins métaboliques élevés de nombreux animaux, il faut que le sang transporte de grandes quantités de O_2 et de CO_2. Dans ce chapitre, nous verrons comment certaines molécules du sang, appelées *pigments respiratoires*, participent aux échanges gazeux. Nous examinerons aussi les adaptations, apparues au cours de l'évolution, qui permettent aux Animaux d'être actifs dans des conditions où les besoins métaboliques sont élevés ou la concentration maximale de O_2, très limitée. En premier lieu, nous devons faire une récapitulation des échanges gazeux chez les humains.

La coordination de la circulation et des échanges gazeux

Les pressions partielles de O_2 et de CO_2 dans le sang varient aux différents endroits du système cardiovasculaire, comme on peut le voir à la **figure 42.30**. Le sang qui parvient aux capillaires alvéolaires possède une P_{O_2} plus faible et une P_{CO_2} plus élevée que celles de l'air des alvéoles. Quand le sang pénètre dans les capillaires alvéolaires, le CO_2 qu'il contient diffuse du sang jusqu'à l'air présent dans les alvéoles. Entretemps, le O_2 de l'air se dissout dans le liquide recouvrant l'épithélium alvéolaire et diffuse à travers la surface jusque dans le sang. Au moment où celui-ci quitte les poumons par les veines pulmonaires, sa P_{O_2} a augmenté et sa P_{CO_2} diminué. Après son retour au cœur, il est renvoyé dans la circulation systémique.

Dans les capillaires des tissus, les gradients de pression partielle favorisent la diffusion du O_2 du sang vers le liquide interstitiel et les cellules, et celle du CO_2 des cellules et du liquide interstitiel vers le sang. Si les gradients de pression partielle agissent en ce sens, c'est parce que la respiration cellulaire dans les mitochondries des cellules utilise le O_2 du liquide interstitiel et lui ajoute du CO_2. Après avoir libéré le O_2 et absorbé le CO_2, le sang retourne au cœur et est de nouveau pompé vers les poumons.

Même si cette description analyse très précisément les forces qui dirigent les échanges gazeux entre différents tissus, elle ne tient pas compte du rôle capital que jouent les protéines dans le transport de ces gaz. C'est ce que nous allons décrire maintenant.

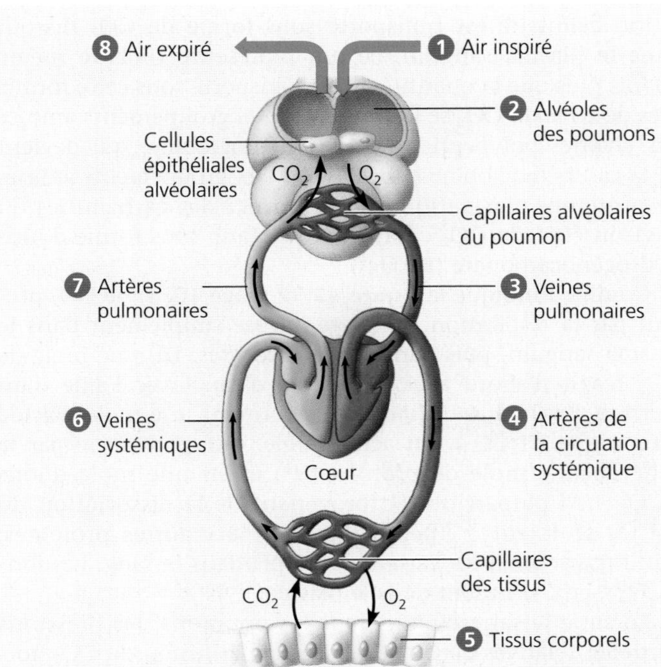

(a) Parcours des gaz respiratoires dans le système cardiovasculaire

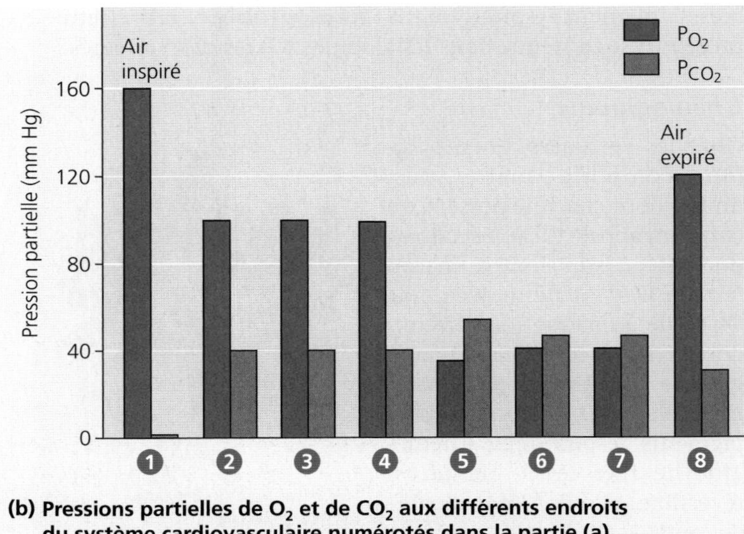

(b) Pressions partielles de O_2 et de CO_2 aux différents endroits du système cardiovasculaire numérotés dans la partie (a)

▲ **Figure 42.30 L'absorption et la libération des gaz respiratoires.**

ET SI ? *Si, à chaque expiration, vous faites sortir l'air de vos poumons volontairement et avec force, quel effet cela aura-t-il sur les valeurs indiquées dans la partie (b) de cette figure ?*

Les pigments respiratoires

La faible solubilité du O_2 dans l'eau (et par conséquent dans le sang) pose un problème pour les animaux qui dépendent d'un système cardiovasculaire pour le transport du O_2. Par exemple, pendant une période d'exercice intense, un humain peut consommer près de 2 L de O_2 à la minute et le tout doit être transporté par le sang qui sort des poumons pour se rendre jusqu'aux tissus actifs. Dans les poumons, à la température corporelle et à la pression atmosphérique normales, la solubilité du O_2 dans le sang n'est que de 4,5mL/L. Même si le sang pouvait transporter 80 % du O_2 en solution (pourcentage élevé, peu réaliste) jusqu'aux tissus, il faudrait que le cœur pompe 555 L de sang par minute!

Heureusement, la plupart des animaux transportent la plus grande partie du O_2 de leur sang non pas sous forme dissoute, mais en le fixant à des protéines spéciales, les **pigments respiratoires**. Ces pigments circulent avec le sang et sont souvent contenus dans des cellules spécialisées. Leur présence augmente considérablement la quantité de O_2 susceptible d'être transportée dans le sang (celle-ci atteint environ 200 mL par L de sang chez les Mammifères). Dans notre exemple d'une personne pratiquant un exercice, les pigments respiratoires permettent de réduire considérablement le travail cardiaque nécessaire au transport du O_2 (avec un rendement de 80 %) pour en arriver à un débit de 12,5 L de sang par minute.

Toute une gamme de pigments respiratoires est apparue au cours de l'évolution chez les diverses espèces d'Animaux. Sauf quelques exceptions, ces molécules ont une couleur particulière (d'où le terme *pigment*) et se composent d'une protéine liée à un métal. C'est notamment le cas de l'*hémocyanine*, que l'on trouve chez les Arthropodes et chez de nombreux Mollusques. Ce pigment contient du cuivre (Cu^{2+}) comme substance fixatrice de O_2, ce qui confère au sang une couleur bleuâtre. Chez presque tous les Vertébrés et chez un grand nombre d'Invertébrés, le pigment respiratoire est l'**hémoglobine** (**Hb**). Cette protéine est contenue dans les globules rouges des Vertébrés.

L'hémoglobine

Chez les Vertébrés, l'hémoglobine comporte quatre sous-unités, dont chacune possède un cofacteur appelé *groupement hème*, portant en son centre un ion ferreux (Fe^{2+}). Une molécule de O_2 se lie à chaque ion ferreux; donc, chaque molécule d'hémoglobine peut transporter quatre molécules de O_2. Comme tous les pigments respiratoires, l'hémoglobine fixe le O_2 de façon réversible; elle doit être capable de capter le O_2 dans les poumons ou dans les branchies et de le relâcher pour approvisionner les tissus des autres parties du corps. Le processus dépend de la coopération entre les sous-unités de la molécule d'hémoglobine (voir les pages 176 et 177). Quand une molécule de O_2 se fixe à l'une des chaînes polypeptidiques, les autres changent légèrement de forme, de sorte que leur affinité avec le O_2 augmente. Quand quatre molécules d'O_2 sont liées et qu'une chaîne polypeptidique libère son O_2, les trois autres l'imitent rapidement, car le changement de conformation de la première chaîne diminue l'affinité des autres chaînes à l'égard du O_2.

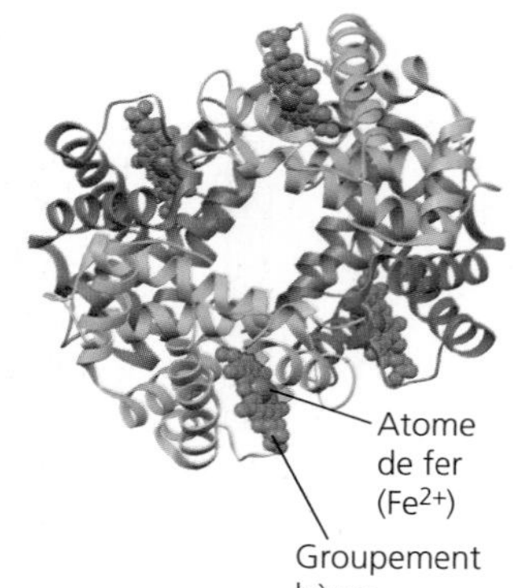

Hémoglobine

La *courbe de dissociation* de l'oxyhémoglobine (HbO_2) représente clairement le mécanisme de coopérativité qui a lieu au cours de la fixation et de la libération de O_2 (**figure 42.31a**). Dans l'intervalle de la P_{O_2} où la courbe de dissociation présente une pente abrupte, même une légère variation de la P_{O_2} amène l'hémoglobine à fixer ou à libérer une quantité importante de O_2. On constate que la partie abrupte de la courbe correspond à l'intervalle des P_{O_2} trouvées dans les tissus corporels. Quand les cellules d'un tissu particulier travaillent davantage – pendant un exercice physique, par exemple –, la P_{O_2} diminue dans la région avoisinante, car le O_2 est consommé par la respiration cellulaire. En raison des effets de la coopérativité entre les sous-unités de l'hémoglobine, une légère baisse de la P_{O_2} suffit à provoquer une augmentation relativement importante de la quantité de O_2 libéré par le sang.

Le CO_2 produit par la respiration cellulaire favorise la libération de O_2 par l'hémoglobine dans les tissus actifs. Comme nous l'avons vu, le CO_2 réagit avec l'eau pour former de l'acide carbonique (H_2CO_3), lequel abaisse le pH des tissus environnants. Une chute du pH diminue l'affinité de l'hémoglobine à l'égard du O_2; c'est un phénomène appelé **effet Bohr** (**figure 42.31b**). Donc, l'hémoglobine libérera plus de O_2 là où le CO_2 est le plus abondant, ce qui permet de répondre aux besoins de la respiration cellulaire.

Le transport du dioxyde de carbone

Outre son rôle dans le transport du dioxygène, l'hémoglobine favorise le transport du dioxyde de carbone et exerce un effet tampon dans le sang (elle permet d'éviter les changements de pH nocifs). Environ 7 % du CO_2 libéré par la respiration cellulaire est transporté sous forme de CO_2 dissous dans le plasma sanguin, ce qui représente tout de même 10 fois plus que la quantité de O_2 transporté sous cette forme. Près de 23 % du CO_2 se lie aux multiples groupements amines des chaînes polypeptidiques de l'hémoglobine, qui devient de la carbhémoglobine ($HbCO_2$), ou aux groupements amines de protéines plasmatiques pour former des carbamines. Et environ 70 % du CO_2 circule dans le sang sous forme d'ions hydrogénocarbonate (HCO_3^-).

Comme l'indique la **figure 42.32** (page 1074), le CO_2 produit par la respiration cellulaire diffuse simplement dans le plasma sanguin, puis dans les érythrocytes. Là, une mole de CO_2 réagit d'abord avec une mole d'eau (avec l'aide d'un enzyme, l'anhydrase carbonique), formant une mole d'acide carbonique (H_2CO_3), un acide faible, qui se dissocie par la suite en une mole de protons (H^+) et en une mole d'ions HCO_3^-. La plupart des H^+ provenant de la dissociation du H_2CO_3 se fixent à l'hémoglobine et à d'autres protéines, minimisant ainsi les variations du pH dans le sang. Les ions HCO_3^-, eux, diffusent dans le plasma.

Lorsque le sang circule dans les poumons, les pressions partielles relatives de CO_2 favorisent la diffusion du CO_2 hors du sang. À mesure que le CO_2 diffuse dans les alvéoles, la quantité de CO_2 dans le sang diminue. Cette diminution

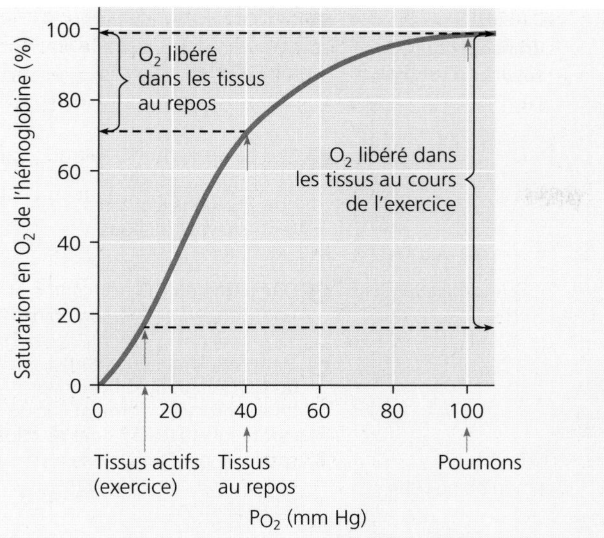

(a) P_{O_2} et dissociation de l'oxyhémoglobine à un pH de 7,4. La courbe montre les quantités relatives de O_2 lié à l'hémoglobine exposée à des solutions dont la pression partielle de O_2 dissous varie. À une P_{O_2} de 100 mm Hg, caractéristique des poumons, l'hémoglobine montre un taux de saturation en O_2 d'environ 98 %. À une P_{O_2} de 40 mm Hg, fréquente autour des tissus au repos, la saturation de l'hémoglobine est de 70 %. Elle possède donc encore une réserve de O_2 qu'elle peut libérer dans des tissus extrêmement actifs sur le plan métabolique, comme les tissus musculaires pendant un exercice physique.

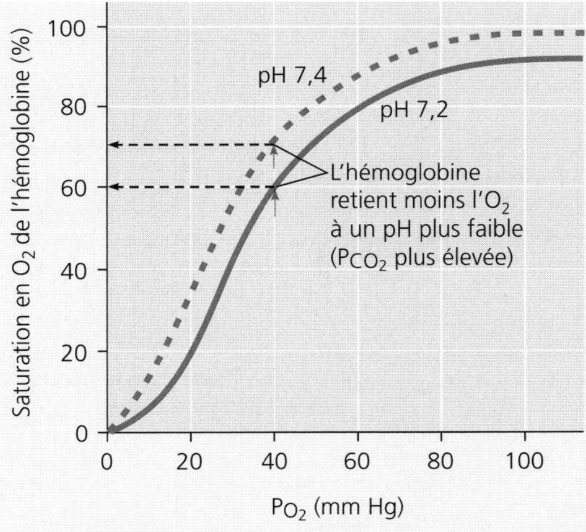

(b) pH et dissociation de l'oxyhémoglobine. Étant donné que les protons influent sur la conformation de l'hémoglobine, une chute du pH déphase la courbe de dissociation de l'oxyhémoglobine vers la droite (effet Bohr). À une P_{O_2} équivalant, par exemple, à 40 mm Hg, l'oxyhémoglobine libère plus de O_2 lorsque le pH est de 7,2 que lorsqu'il est de 7,4 (le pH normal du sang humain). Le pH diminue (donc l'acidité croît) dans les tissus très actifs, parce que le CO_2 produit par la respiration cellulaire réagit avec l'eau, engendrant de l'acide carbonique. L'hémoglobine libère alors plus de O_2, ce qui alimente la respiration cellulaire dans les tissus en activité.

▲ **Figure 42.31 La dissociation de l'oxyhémoglobine à une température de 37 °C.**

déplace l'équilibre chimique dans les érythrocytes en faveur de la conversion de l'ion HCO_3^- en CO_2, ce qui permet une diffusion nette accrue de CO_2 dans les alvéoles. Dans l'ensemble, le gradient de P_{CO_2} est suffisant pour réduire celle-ci d'environ 15 % durant le passage du sang dans les poumons.

Les adaptations respiratoires des mammifères plongeurs

ÉVOLUTION Les Animaux n'ont pas tous la même capacité de séjourner temporairement dans des environnements où ils n'ont pas accès à leur milieu respiratoire normal. C'est le cas, par exemple, des animaux qui d'habitude respirent de l'air, mais qui plongent aussi sous l'eau. La plupart des humains, même les plongeurs expérimentés, ne peuvent retenir leur respiration durant plus de deux ou trois minutes (bien que des temps dépassant huit minutes aient été dûment établis), et ils n'arrivent à nager qu'à des profondeurs maximales de 20 m environ. En revanche, le phoque de Weddell (*Leptonychotes weddelli*), vivant dans l'Antarctique, plonge couramment à des profondeurs allant de 200 à 500 m; il y reste immergé durant 20 minutes environ (parfois même plus d'une heure!). (Les humains peuvent demeurer en plongée pendant une période comparable, mais ils doivent alors être munis de matériel spécialisé et de bouteilles d'air comprimé.) Certaines espèces de phoques et de baleines font des plongées encore plus étonnantes. L'éléphant de mer septentrional (*Mirounga angustirostris*), qu'on peut observer sur la côte est du Pacifique, peut atteindre une profondeur de 1 500 m et rester immergé jusqu'à un maximum de deux heures. Un éléphant de mer septentrional portant un émetteur a passé 40 jours en mer sans jamais faire surface pendant plus de 6 minutes. Quelles sont donc les adaptations évolutives qui permettent à ces animaux de réaliser d'aussi remarquables exploits?

L'une des adaptations du phoque de Weddell et d'autres mammifères plongeurs réside dans leur capacité à stocker des quantités importantes de O_2. Le phoque de Weddell peut retenir environ deux fois plus de O_2 par kilogramme de masse corporelle que l'humain. Environ 36 % du O_2 total d'un humain se trouve dans ses poumons et 51 % dans son sang. En revanche, le phoque de Weddell ne garde que 5 % environ de son O_2 dans ses poumons, relativement petits (il expire parfois avant de plonger pour réduire sa flottabilité), mais il stocke 70 % du O_2 dans son sang. Il possède à peu près deux fois plus de sang par kilogramme de masse corporelle que l'humain. Les mammifères plongeurs possèdent également une forte concentration de **myoglobine** (protéine de mise en réserve du O_2 dont l'affinité pour le O_2 est plus élevée que celle de l'hémoglobine) dans leurs muscles. Ainsi, le phoque de Weddell, qui possède environ 10 fois plus de myoglobine que l'humain, peut entreposer environ 25 % de son O_2 dans ses muscles, comparativement à 13 % chez l'humain.

Non seulement les mammifères plongeurs entreprennent-ils leur voyage sous-marin munis d'une réserve relativement importante de O_2, mais ils bénéficient en outre d'adaptations leur permettant de conserver le O_2. Ils nagent en faisant un minimum d'efforts musculaires et ils font souvent appel à des changements de flottabilité pour glisser passivement vers le haut ou vers le bas. Leur fréquence cardiaque et leur consommation de O_2 diminuent pendant la plongée, et des mécanismes de régulation agissant sur leur résistance périphérique dirigent la majeure partie de leur sang vers l'encéphale, la moelle épinière, les yeux, les glandes surrénales et le placenta (dans le cas des femelles gravides). L'apport sanguin aux muscles est restreint ou complètement bloqué pendant les plongées les plus longues. Lorsque les plongées durent plus de 20 minutes, les muscles du phoque de Weddell épuisent le O_2 stocké dans leur myoglobine, puis tirent leur ATP de la fermentation plutôt que de la respiration cellulaire aérobie (voir le chapitre 9).

Le phoque de Weddell (comme d'autres animaux marins respirant de l'air) fait preuve d'une capacité étonnante lorsqu'il s'agit d'alimenter en énergie les parties les plus sollicitées de son corps pendant de longues plongées. Cette caractéristique met en évidence un des fils conducteurs de notre étude des organismes: l'interaction avec l'environnement. Celle-ci conduit à une adaptation physiologique à court terme, qui s'est développée à long terme grâce à la sélection naturelle.

RETOUR SUR LE CONCEPT 42.7

1. Qu'est-ce qui détermine si le O_2 et le CO_2 quittent ou réintègrent par diffusion les capillaires présents dans les tissus et à proximité des alvéoles pulmonaires? Expliquez votre réponse.
2. Comment l'effet Bohr contribue-t-il au transport de O_2 dans des tissus très actifs?
3. **ET SI?** Un médecin prescrit du bicarbonate (HCO_3^-) à une personne qui respire très rapidement. Quelle supposition fait-il à propos de la composition du sang chez cette personne?

Voir les réponses proposées à la fin du chapitre.

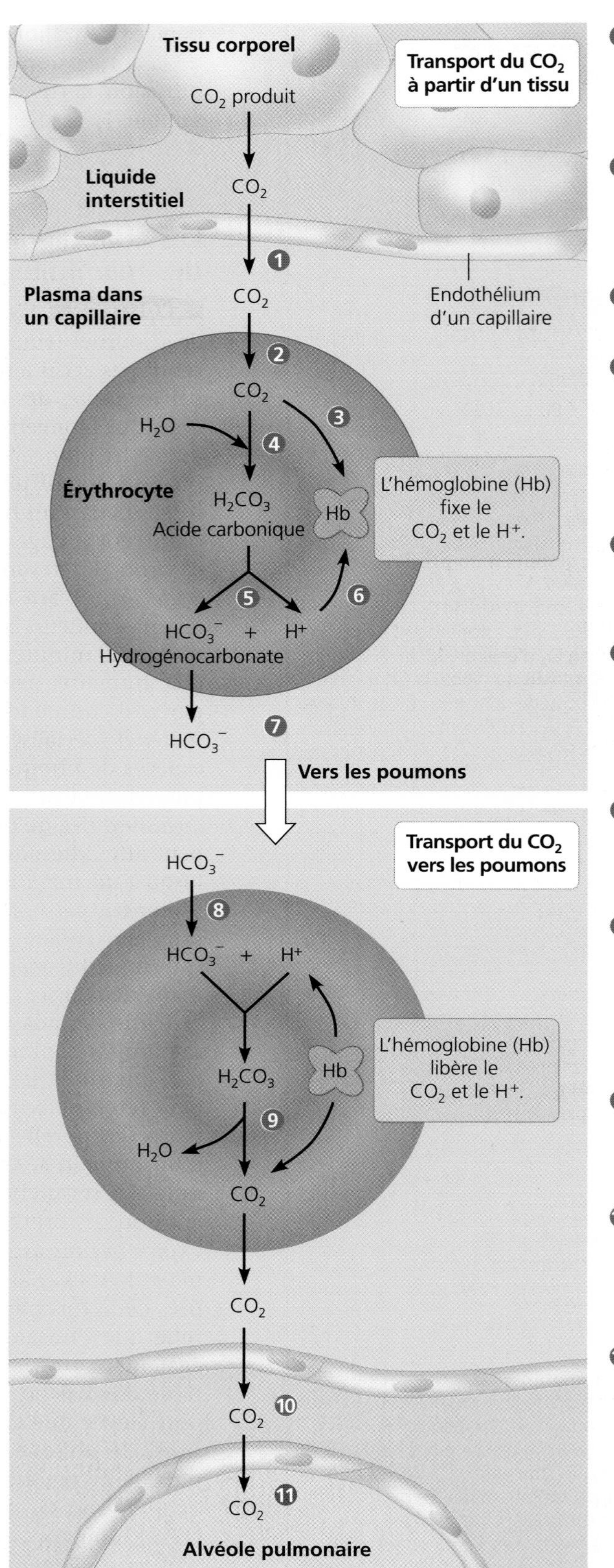

1. Le CO_2 produit par les tissus corporels diffuse dans le liquide interstitiel et le plasma.
2. Plus de 90 % du CO_2 diffuse dans les érythrocytes, ce qui ne laisse que 7 % dans le plasma, sous forme de CO_2 dissous.
3. Une partie du CO_2 est captée et transportée par l'hémoglobine.
4. Toutefois, la majeure partie du CO_2 réagit avec l'eau dans les érythrocytes, formant l'acide carbonique (H_2CO_3), une réaction catalysée par l'anhydrase carbonique contenue dans les érythrocytes.
5. L'acide carbonique se dissocie pour constituer un ion hydrogénocarbonate (HCO_3^-) et un proton (H^+).
6. L'hémoglobine fixe la majeure partie des H^+, ce qui empêche les protons d'acidifier le sang et prévient l'effet Bohr.
7. La majeure partie du HCO_3^- diffuse dans le plasma où la circulation sanguine l'entraîne vers les poumons.
8. Dans les poumons, le HCO_3^- diffuse du plasma vers les érythrocytes, en se combinant avec les H^+ libérés par l'hémoglobine et formant le H_2CO_3.
9. L'acide carbonique est transformé de nouveau en CO_2 et en eau. Du CO_2 est également libéré par l'hémoglobine.
10. Le CO_2 diffuse dans le plasma et le liquide interstitiel.
11. Le CO_2 diffuse dans l'alvéole pulmonaire d'où il est expulsé pendant l'expiration. La diminution de la concentration en CO_2 dans le plasma force la décomposition de H_2CO_3 en CO_2 et en eau dans les érythrocytes (voir l'étape 9), une inversion de la réaction qui a lieu dans les capillaires des tissus (voir l'étape 4).

▲ **Figure 42.32 Le transport du dioxyde de carbone dans le sang.**

? *Le CO_2 se déplace dans la circulation sanguine sous trois formes. Quelles sont-elles?*

RÉVISION DU CHAPITRE 42

RÉSUMÉ DES CONCEPTS CLÉS

CONCEPT 42.1

Les systèmes cardiovasculaires mettent en relation les surfaces d'échange et toutes les cellules de l'organisme (p. 1043 à 1047)

- Chez les animaux qui ont un plan d'organisation corporelle simple, c'est dans les cavités gastrovasculaires que se font par diffusion les échanges entre l'environnement et les cellules. Comme la diffusion est lente sur de longues distances, la plupart des animaux dotés d'un plan d'organisation complexe disposent d'un système de transport interne qui assure la circulation des liquides. Les Arthropodes et la plupart des mollusques ont un **système cardiovasculaire ouvert**, dans lequel l'**hémolymphe** baigne les organes. Les Vertébrés ont un **système cardiovasculaire fermé**, dans lequel circule le **sang**. Ce système comprend un réseau fermé, constitué de vaisseaux et de pompes.
- Les éléments du système cardiovasculaire fermé des Vertébrés sont le sang, les **vaisseaux sanguins** et un **cœur** comportant de deux à quatre cavités. Le sang pompé par un **ventricule** circule dans des **artères** jusqu'aux **capillaires**. Ceux-ci constituent des sites d'échange de substances chimiques entre le sang et le liquide interstitiel. Les **veines** ramènent le sang des capillaires à une **oreillette**, laquelle renvoie le sang à un ventricule. Les Poissons, les raies et les requins ont une seule pompe dans leur circulation. Les Vertébrés terrestres ont deux pompes formant un seul cœur. Les variations quant au nombre de ventricules ainsi qu'à la présence d'une cloison représentent des adaptations à des environnements et à des besoins métaboliques différents.

? *En ce qui a trait à la distance franchie, à la direction suivie et à l'énergie nécessaire, en quoi la circulation d'un liquide dans un système cardiovasculaire fermé est-elle différente du mouvement des molécules entre les cellules et leur environnement?*

CONCEPT 42.2

Chez les Mammifères, les cycles coordonnés des contractions du cœur rendent possible la circulation double (p. 1047 à 1051)

- Le ventricule droit pompe le sang vers les poumons où il capte le O_2 et libère le CO_2. Le sang riche en O_2 provenant des poumons entre dans le cœur par l'oreillette gauche et il est pompé vers les tissus de l'organisme par le ventricule gauche. Le sang retourne au cœur par l'oreillette droite.

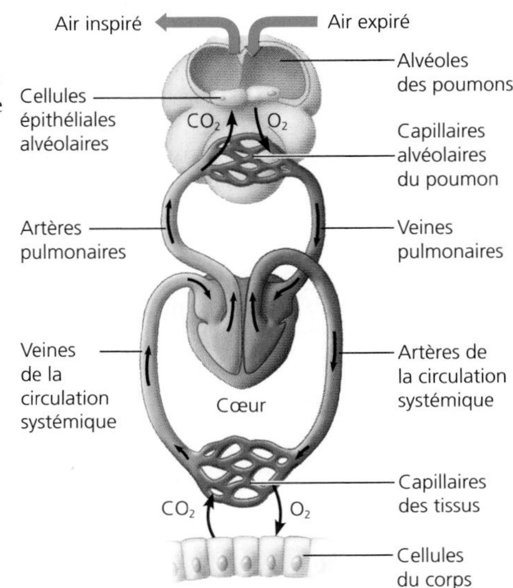

- La **révolution cardiaque** est un cycle qui comporte une phase d'éjection du sang, pendant une contraction appelée **systole**, et une phase de remplissage du cœur, pendant une relaxation appelée **diastole**. On peut évaluer la fonction cardiaque en mesurant le **pouls** (nombre de fois que le cœur bat en une minute) et le **débit cardiaque** (volume de sang éjecté dans la circulation systémique par minute).
- Le rythme cardiaque est issu des influx nerveux émis par le **nœud sinusal** (ou centre rythmogène) de l'oreillette droite. Ces influx déclenchent la contraction des deux oreillettes avant de se propager au **nœud auriculoventriculaire**. Après un certain temps, ils arrivent aux branches du faisceau auriculoventriculaire et aux fibres de Purkinje. Le centre rythmogène réagit en fonction de la stimulation produite par le système nerveux, par les hormones et par la température corporelle.

? *À votre avis, comment la fonction cardiaque change-t-elle après le remplacement chirurgical d'une valve cardiaque défectueuse?*

CONCEPT 42.3

La pression artérielle et le débit sanguin sont le reflet de la structure et de l'agencement des vaisseaux sanguins (p. 1051 à 1056)

- Les différences structurales entre les artères, les veines et les capillaires sont en rapport avec les fonctions de ces vaisseaux. Les capillaires ont un très petit diamètre et une paroi très mince. Les artères ont des parois élastiques et épaisses qui maintiennent la pression sanguine. Les veines comportent des valvules qui favorisent le retour du sang au cœur.
- Les lois de la physique relatives aux mouvements des fluides dans les conduits s'appliquent à la circulation et à la pression sanguine. La vitesse de la circulation sanguine varie dans le système cardiovasculaire. Elle est la plus lente dans les lits capillaires par suite de la résistance élevée et de l'importance de l'aire de la section transversale totale des artérioles ainsi que des capillaires. La pression sanguine est déterminée par le débit cardiaque et par la résistance périphérique imputable à la constriction variable des artérioles.
- Le **système lymphatique** renvoie dans le sang les liquides sortis des capillaires. Les liquides réintègrent la circulation par voie directe, à l'extrémité veineuse du capillaire, et par voie indirecte. Il intervient également dans la défense de l'organisme

? *Si vous placez votre avant-bras sur votre tête, quel effet cela aura-t-il sur votre pression artérielle?*

CONCEPT 42.4

Les divers composants du sang participent aux échanges, au transport et à l'immunité (p. 1056 à 1062)

- Le sang total se compose de cellules et de fragments de cellules (**plaquettes**) en suspension dans une matrice liquide qui porte le nom de **plasma**. Les protéines plasmatiques influent sur le pH sanguin, la pression osmotique et la viscosité du sang; elles contribuent au transport des lipides, à l'immunité (anticorps) et à la coagulation sanguine (fibrinogène). Les globules rouges, ou **érythrocytes**, transportent le O_2 et une faible partie du CO_2. Cinq types de globules blancs, ou **leucocytes**, jouent un rôle dans la défense immunitaire: ils phagocytent des virus, des bactéries et des débris, ou produisent des anticorps. Les plaquettes jouent un rôle dans la coagulation du sang. Ce processus repose sur le déroulement d'une cascade de réactions complexes qui aboutit à la conversion du fibrinogène plasmatique en fibrine.

- Diverses maladies cardiovasculaires portent atteinte au fonctionnement du système cardiovasculaire. Dans l'**anémie à hématies falciformes**, une **hémoglobine** anormale modifie la forme et la fonction des érythrocytes, ce qui cause une obstruction des petits vaisseaux sanguins et une diminution de la capacité du sang à transporter l'oxygène. Dans les maladies cardiovasculaires, l'inflammation causée par la lésion d'une paroi artérielle favorise les dépôts de lipides et de cellules; il en résulte une atteinte parfois mortelle au cerveau ou au cœur.

? *En l'absence d'infection, quel pourcentage des cellules du sang humain les leucocytes représentent-ils?*

CONCEPT 42.5

Les échanges gazeux s'effectuent à travers des surfaces respiratoires spécialisées (p. 1062 à 1068)

- Dans toutes les surfaces d'**échanges gazeux**, les gaz diffusent du milieu où leur **pression partielle** est élevée vers celui où leur pression partielle est faible. L'air est plus propice que l'eau aux échanges gazeux parce qu'il contient plus de O_2, est moins dense et moins visqueux. Les Animaux font appel à de grandes surfaces respiratoires humidifiées pour une diffusion adéquate des gaz respiratoires (O_2 et CO_2) entre les cellules et le milieu respiratoire, qu'il s'agisse de l'air ou de l'eau.
- La structure et l'organisation des surfaces respiratoires varient d'une espèce animale à l'autre. Les branchies résultent d'adaptations du système respiratoire de la plupart des animaux aquatiques. Elles sont des évaginations de la surface corporelle spécialisées dans les échanges gazeux. L'efficacité des échanges gazeux de certaines branchies, notamment celles des Poissons, est accrue grâce à la **ventilation** et à la **circulation à contre-courant** du sang et de l'eau. Chez les Insectes, les échanges gazeux ont lieu dans les trachées, des tubes ramifiés minuscules qui pénètrent dans le corps, apportant le O_2 directement aux cellules. Les araignées, les escargots terrestres et la plupart des vertébrés terrestres ont des **poumons** internes. Chez les Mammifères, l'air inhalé par les narines passe dans le pharynx pour se rendre dans la **trachée**, les **bronches**, les **bronchioles** et les alvéoles en culs-de-sac où se déroulent les échanges gazeux.

? *Pourquoi l'altitude n'a-t-elle presque aucun effet sur la capacité d'un animal de se débarrasser du CO_2 par échanges gazeux?*

CONCEPT 42.6

La respiration permet de ventiler les poumons (p. 1068 à 1071)

- Les mécanismes de ventilation varient considérablement chez les Vertébrés. Un amphibien ventile ses poumons par un mécanisme de **respiration à pression positive** qui force l'air à descendre dans la trachée. Les Oiseaux possèdent huit ou neuf sacs aériens qui servent de soufflets maintenant la circulation de l'air dans les poumons. L'air qui traverse les poumons suit un parcours unidirectionnel. À chaque expiration, ce système respiratoire permet le renouvellement complet de la masse d'air contenue dans les poumons. Les Mammifères ventilent leurs poumons par une **respiration à pression négative** qui tire l'air vers les poumons. La contraction des muscles intercostaux et du **diaphragme** modifie le volume des poumons.
- Les centres de régulation situés dans le pont et le bulbe rachidien de l'encéphale déterminent la fréquence et l'amplitude de la respiration. Des chimiorécepteurs détectent les variations de pH du liquide cérébrospinal (qui est en relation avec la concentration en CO_2 dans le sang). Le bulbe rachidien modifie la fréquence et l'amplitude de la respiration en fonction des besoins métaboliques du corps. Des chimiorécepteurs périphériques situés dans la paroi de l'aorte et dans les artères carotides (du cou) décèlent les changements dans le pH sanguin et dans les concentrations de O_2 et de CO_2 dans le sang.

? *En quoi la capacité vitale diffère-t-elle du volume d'air nouveau qui entre dans les poumons durant l'inspiration?*

CONCEPT 42.7

Les pigments respiratoires qui captent les gaz et les transportent sont des adaptations qui favorisent les échanges gazeux (p. 1071 à 1074)

- Dans les poumons, les gradients de pression partielle favorisent la diffusion du O_2 dans le sang et la diffusion du CO_2 hors du sang. C'est l'inverse dans les autres parties du corps. Les **pigments respiratoires** transportent les gaz et aident à stabiliser le pH du sang. Ils augmentent considérablement la quantité de O_2 que le sang peut transporter. De nombreux Arthropodes et Mollusques possèdent un type de pigment qui comporte du cuivre (Cu^{2+}) et qui est appelé *hémocyanine*. Les Vertébrés et un grand nombre d'Invertébrés possèdent un pigment, l'*hémoglobine*, qui comporte du fer (Fe^{2+}) et qui a un effet tampon dans le sang.
- Des adaptations évolutives permettent à certains animaux de répondre à des besoins exceptionnels en O_2. Les animaux qui plongent en eau profonde accumulent des réserves de O_2 qu'ils utilisent lentement.

? *En quoi le rôle d'un pigment respiratoire ressemble-t-il à celui d'une enzyme?*

ÉVALUATION

NIVEAU 1: CONNAISSANCES ET COMPRÉHENSION

1. Lequel des systèmes respiratoires suivants *n'est pas* étroitement associé à l'apport sanguin?
a) Les poumons des Vertébrés.
b) Les branchies des Poissons.
c) Le système trachéen des Insectes.
d) L'épiderme des vers de terre.
e) Les parapodes des Polychètes.

2. Chez les Mammifères, le sang qui revient au cœur par une veine pulmonaire se déverse d'abord dans:
a) la veine cave.
b) l'oreillette gauche.
c) l'oreillette droite.
d) le ventricule gauche.
e) le ventricule droit.

3. Le pouls constitue une mesure directe:
a) de la pression sanguine.
b) du volume systolique.
c) du débit cardiaque.
d) de la fréquence cardiaque.
e) de la fréquence respiratoire.

4. Lorsqu'une personne retient son souffle, lequel (ou lesquels) des changements suivants dans la concentration des gaz sanguins provoque(nt) tout d'abord l'envie pressante de respirer?
a) Une hausse de la concentration en O_2.
b) Une baisse de la concentration en O_2.
c) Une hausse de la concentration en CO_2.
d) Une baisse de la concentration en CO_2.
e) Une hausse de la concentration en CO_2 et une baisse de la concentration en O_2.

5. Une des caractéristiques communes aux Amphibiens et aux humains est la suivante:
a) le nombre de cavités cardiaques.
b) le type de surface des échanges gazeux.
c) une séparation complète entre les systèmes circulatoires.
d) le nombre de systèmes circulatoires.
e) une pression sanguine faible dans la circulation systémique.

NIVEAU 2 : APPLICATION ET ANALYSE

6. Si une molécule de CO_2 libérée dans le sang de votre orteil gauche est expirée par le nez, elle doit passer dans tous les conduits suivants, sauf un. Lequel ?
   a) La veine pulmonaire.
   b) Une alvéole.
   c) La trachée.
   d) L'oreillette droite.
   e) Le ventricule droit.

7. Comparativement au liquide interstitiel dans lequel baignent les cellules musculaires actives, le sang qui atteint la portion artérielle des capillaires a :
   a) une P_{O_2} plus élevée.
   b) une P_{CO_2} plus élevée.
   c) une concentration d'ions hydrogénocarbonate plus élevée.
   d) un pH plus faible.
   e) une pression osmotique plus faible.

8. Parmi les réactions suivantes, laquelle domine dans les érythrocytes traversant les capillaires pulmonaires (Hb : hémoglobine) ?
   a) $Hb + 4\ O_2 \rightarrow Hb(O_2)_4$
   b) $Hb(O_2)_4 \rightarrow Hb + 4\ O_2$
   c) $CO_2 + H_2O \rightarrow H_2CO_3$
   d) $H_2CO_3 \rightarrow H^+ + HCO_3^-$
   e) $Hb + 4\ CO_2 \rightarrow Hb(CO_2)_4$

NIVEAU 3 : SYNTHÈSE ET ÉVALUATION

9. **FAITES UN DESSIN** Représentez graphiquement la pression sanguine en fonction du temps durant une révolution cardiaque chez l'humain. Faites un premier tracé illustrant la pression dans l'aorte, un deuxième la pression dans le ventricule gauche et un troisième la pression dans le ventricule droit. Sous l'axe du temps, tracez une flèche verticale indiquant le moment où la pression sanguine devrait s'élever dans l'oreillette.

10. **LIEN AVEC L'ÉVOLUTION**
Le monstre des films *Godzilla* doit affronter de nombreux adversaires mutants ; l'un d'entre eux, Mothra, est un immense papillon de nuit dont l'envergure atteint plusieurs dizaines de mètres. Des créatures de science-fiction de ce type ne pourraient exister dans la réalité, car elles enfreignent les principes biomécaniques et physiologiques. En vous appuyant sur les principes de la respiration et des échanges gazeux que nous avons exposés dans le présent chapitre, donnez un aperçu des problèmes physiologiques que Mothra devrait affronter. Les Insectes les plus grands dont l'existence a pu être enregistrée sur Terre sont les libellules géantes du Paléozoïque, ayant une envergure d'environ 50 cm. D'après vous, pourquoi est-il peu probable que d'énormes Insectes existent réellement ?

11. **INTÉGRATION**
L'hémoglobine du fœtus humain diffère de celle de l'adulte. Comparez les courbes de dissociation des deux types d'oxyhémoglobine dans le graphique. Proposez une hypothèse afin d'expliquer l'avantage inhérent à cette différence entre les deux types d'oxyhémoglobine.

12. **SCIENCE, TECHNOLOGIE ET SOCIÉTÉ**
De nombreuses études ont démontré que le tabagisme était à l'origine de maladies pulmonaires et cardiovasculaires. Dans de nombreux pays, les autorités responsables de la santé publique ont établi que fumer (ou même respirer la fumée indirecte) est la principale cause de la mort prématurée des individus. Sous la pression des groupes antifumeurs, bien des pays ont adopté des lois bannissant la publicité portant sur les cigarettes et interdisant aux gens de fumer dans les lieux publics. Qu'en pensez-vous ? Croyez-vous que des lois de ce genre réduiront le tabagisme ? Sont-elles justifiées ? Portent-elles atteinte aux droits fondamentaux ?

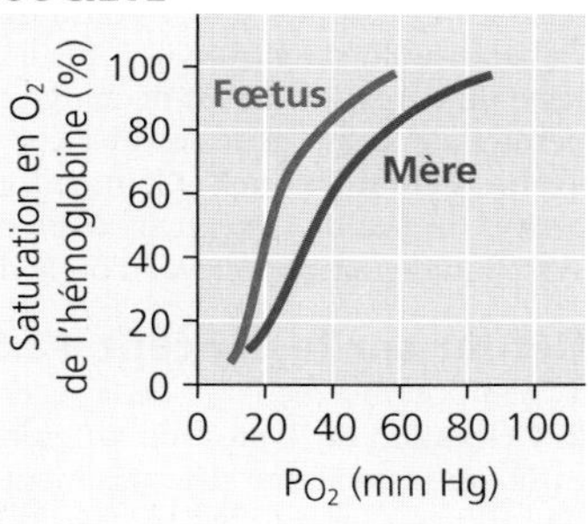

13. **ÉCRIVEZ UN TEXTE**
Les interactions environnementales Pour se préparer à des compétitions qui ont lieu au niveau de la mer, certains athlètes dorment dans une tente où la P_{O_2} est maintenue à un niveau peu élevé. Lorsqu'ils doivent escalader de très hautes montagnes, certains alpinistes utilisent pour respirer des bouteilles contenant du O_2 pur. Dans un court texte (de 100 à 150 mots), expliquez le lien entre ces stratégies et le mécanisme de transport du O_2 dans le corps humain, puis entre ces stratégies et les interactions physiologiques que nous entretenons avec notre environnement gazeux.

RÉPONSES DU CHAPITRE 42

Questions des figures

Figure 42.2 L'écoulement régulier du liquide dans une seule direction améliorerait peut-être les échanges gazeux, mais si le liquide s'écoulait ainsi dans la cavité, il se pourrait que la nourriture et les nutriments n'aient pas le temps d'être digérés et absorbés. **Figure 42.9** Chaque partie du tracé de l'ECG, par exemple le pic très marqué, se produit une seule fois par révolution cardiaque. Si vous utilisez l'axe des x pour calculer le temps en secondes entre les pics successifs et que vous divisez ce nombre par 60, vous obtiendrez la fréquence cardiaque, c'est-à-dire le nombre de révolutions par minute. **Figure 42.21** Les mutations étudiées par l'équipe de la D[re] Hobbs inactivent l'enzyme. Chez les porteurs de ces mutations, l'activité de la *PCSK9* devrait être environ deux fois moins élevée que l'activité normale. Or, les mutations étudiées par les chercheurs français ont, sur les taux de LDL, un effet contraire aux mutations inactivantes. Il y aurait donc une augmentation de l'activité de la *PCSK9* chez les sujets porteurs de ces mutations. **Figure 42.22** Les trois principaux groupes sont *Deuterostomia*, *Lophotrochozoa* et *Ecdysozoa*. Ils sont tous trois représentés par les animaux montrés à la figure 42.22. Les Polychètes (embranchement des Annélides) sont des Lophotrochozoaires, les écrevisses (embranchement des Arthropodes) sont des Ecdysozoaires et les étoiles de mer (embranchement des Echinodermata) sont des Deutérostomes. **Figure 42.26** La présence du surfactant explique la diminution de la tension superficielle. Il est donc possible de prévoir que la quantité de surfactant sera pratiquement nulle chez les bébés de moins de 1 200 g, mais beaucoup plus importante chez les bébés de plus de 1 200 g. **Figure 42.28** Étant donné que l'expiration est surtout passive, les fibres élastiques des alvéoles permettent à ces petites cavités de se rétracter et de chasser l'air des poumons. Lorsque les alvéoles ont perdu de leur élasticité, comme c'est le cas dans l'emphysème, l'expiration de l'air est moins efficace. Comme il reste davantage d'air dans les poumons après l'expiration, le volume d'air nouveau insufflé à l'inspiration suivante est plus faible. Il s'ensuit une diminution du gradient de pression partielle qui détermine les échanges gazeux. **Figure 42.29** Quand on respire à une fréquence supérieure à la fréquence nécessaire pour répondre aux besoins métaboliques (hyperventilation), la concentration sanguine de CO_2 diminue. Les chimiorécepteurs des gros vaisseaux sanguins et du bulbe rachidien enverraient donc aux centres de régulation de la respiration des informations permettant de ralentir la fréquence de la contraction du diaphragme et celle des muscles intercostaux. Il s'ensuivrait une diminution de la fréquence respiratoire et le rétablissement de la concentration normale de CO_2 dans le sang et les autres tissus. **Figure 42.30** Il en résulterait une augmentation de la capacité vitale qui améliorerait la ventilation dans les poumons, mais qui augmenterait la P_{O_2} et abaisserait la P_{CO_2} dans les alvéoles. **Figure 42.32** Une partie du CO_2 est dissoute dans le plasma, une partie est liée à l'hémoglobine et une autre partie est convertie en ions bicarbonate (HCO_3^-), lesquels sont dissous dans le plasma.

Retour sur le concept 42.1

1. Dans un système ouvert, tout comme dans une fontaine, le liquide est pompé dans un conduit, puis retourne à la pompe après avoir été recueilli dans un bassin. **2.** La capacité de cesser l'apport sanguin aux poumons quand l'animal est immergé. **3.** Le contenu en O_2 serait anormalement bas parce qu'une partie du sang pauvre en oxygène renvoyé à l'oreillette droite depuis la circulation systémique se mélangerait au sang riche en oxygène dans l'oreillette gauche.

Retour sur le concept 42.2

1. Les veines pulmonaires transportent du sang qui vient de passer dans les lits capillaires des poumons, où il a absorbé du O_2. La veine cave transporte du sang qui vient juste de passer dans les lits capillaires du reste du corps, où il s'est déchargé de son O_2 dans les tissus. **2.** Ce retard permet à l'oreillette de se vider complètement et de remplir le ventricule avant sa contraction. **3.** Comme tout autre muscle, le cœur se renforce quand on fait de l'exercice. Votre cœur serait plus fort et votre débit systolique serait plus élevé, d'où la diminution de la fréquence cardiaque.

Retour sur le concept 42.3

1. L'importance de l'aire de la section transversale totale des capillaires. **2.** L'élévation de la pression sanguine par suite de l'augmentation du débit cardiaque associée au détournement de la majeure partie de la circulation du sang vers les muscles squelettiques accroît la capacité d'agir en accélérant la vitesse de la circulation sanguine ainsi que de l'apport du O_2 et de nutriments aux muscles squelettiques. **3.** La présence de cœurs supplémentaires peut améliorer le retour du sang depuis les jambes. Toutefois, il peut être difficile de coordonner l'activité de plusieurs cœurs, de même que de maintenir une circulation sanguine adéquate en direction des cœurs situés loin des organes où s'effectuent les échanges gazeux.

Retour sur le concept 42.4

1. L'augmentation des leucocytes peut indiquer que le sujet combat une infection. **2.** Les facteurs de coagulation n'activent pas le mécanisme de la coagulation, mais ils sont essentiels aux étapes de la coagulation. En outre, les caillots qui forment un thrombus découlent habituellement d'une réaction inflammatoire à un athérome, et non à une lésion.
3. La douleur thoracique est causée par un apport sanguin insuffisant dans les artères coronaires. La vasodilatation causée par l'oxyde nitrique de la nitroglycérine augmente la circulation sanguine et fournit ainsi au cœur davantage d'oxygène, ce qui soulage la douleur. **4.** Quand un allèle mutant est codominant par rapport à un allèle de type sauvage, le phénotype des hétérozygotes est à mi-chemin entre celui de l'hétérozygote de type sauvage et celui du type mutant. Donc, en présence de Hb de type sauvage, l'agrégation de Hb^s qui engendre la déformation doit être réduite de manière significative. C'est sur ce principe que reposent certains traitements de ce type d'anémie qui visent à intensifier l'expression adulte d'un autre gène de l'hémoglobine dans le corps, comme celui qui s'exprime habituellement chez le fœtus. **5.** Les cellules souches de la moelle osseuse sont pluripotentes plutôt que multipotentes, ce qui signifie qu'elles peuvent donner naissance à de nombreux types de cellules plutôt qu'à seulement quelques-uns.

Retour sur le concept 42.5

1. Ce repliement vers l'intérieur permet aux surfaces respiratoires de rester humides. Si ces prolongements étaient tournés vers l'extérieur, dans le milieu aérien, ces surfaces s'assécheraient rapidement, ce qui bloquerait la diffusion et les échanges de O_2 et de CO_2 à travers la membrane. **2.** Les vers de terre doivent garder leur peau humide pour assurer leurs échanges gazeux, mais ils ont aussi besoin de l'air qui se trouve à l'extérieur de la couche humide. Quand il pleut, ils doivent quitter leurs galeries remplies d'eau. S'ils restaient dans la terre, ils suffoqueraient, car ils seraient incapables d'obtenir autant de O_2 en puisant dans l'eau qu'en puisant dans l'air. **3.** Dans les extrémités des membres de certains Vertébrés, le sang des veines s'écoule dans la direction opposée à celui qui s'écoule dans les artères. Cet agencement à contre-courant permet de récupérer la chaleur du sang qui arrive du centre du corps par les artères, une adaptation importante pour la thermorégulation dans les environnements froids. De même, lorsque l'eau passe sur les lamelles des branchies, le sang s'écoule en direction opposée dans les capillaires, maximisant ainsi l'extraction du O_2 de l'eau sur toute la longueur de la surface d'échange; cela permet de continuer à capter le O_2 parce que le sang riche en O_2 en aval rencontre l'eau encore plus riche en O_2 qui ne fait qu'amorcer son passage sur les lamelles.

Retour sur le concept 42.6

1. L'augmentation de la concentration en CO_2 du sang accroît la vitesse de diffusion du CO_2 dans le liquide cérébrospinal. Dans ce liquide, le CO_2 réagit avec l'eau pour former de l'acide carbonique. La dissociation de l'acide carbonique libère des protons, ce qui a pour effet d'abaisser le pH du liquide cérébrospinal. **2.** Une fréquence cardiaque accrue augmente la vitesse à laquelle le sang riche en CO_2 est acheminé vers les poumons où il est libéré. **3.** Une petite déchirure laisserait entrer l'air dans l'espace entre le feuillet interne et le feuillet externe de la double membrane. Il en résulterait une affection appelée pneumothorax. Les deux feuillets n'adhéreraient plus l'un à l'autre, et le poumon situé du côté de la déchirure s'affaisserait et cesserait de fonctionner.

Retour sur le concept 42.7

1. Les variations de la pression partielle; un gaz diffuse toujours du milieu où sa pression partielle est la plus élevée vers le milieu où elle est la plus faible. **2.** L'effet Bohr incite l'hémoglobine à libérer du O_2 à un pH plus faible, comme celui qu'on trouve à proximité de tissus bénéficiant d'une fréquence respiratoire et d'une libération de CO_2 élevées.
3. Le médecin estime que la respiration rapide est une réaction de l'organisme à une baisse du pH sanguin. L'acidose métabolique, c'est-à-dire la baisse du pH sanguin, peut avoir plusieurs causes, dont les complications de certains types de diabète, l'état de choc (pression sanguine extrêmement basse) et l'intoxication.

Questions du résumé des concepts clés

42.1 Dans un système cardiovasculaire clos, une pompe musculaire alimentée par l'ATP déplace habituellement les liquides dans une seule direction, sur une distance allant de quelques millimètres à quelques mètres. L'échange de substances entre les cellules et leur milieu dépend de la diffusion, à laquelle participent des molécules qui se déplacent au hasard. Les gradients de concentration des molécules sur les surfaces d'échange peuvent donner lieu à une diffusion nette qui est rapide sur de courtes distances, de l'ordre de 1 mm ou moins. **42.2** Le remplacement d'une valve défectueuse devrait augmenter le débit systolique. Une fréquence cardiaque plus faible suffirait alors pour maintenir le même débit cardiaque. **42.3** La pression sanguine dans ce bras chuterait de 25 à 30 mm Hg, la même différence que celle qui est observée entre votre cœur et votre cerveau. **42.4** Un litre de sang contient environ 5×10^{12} érythrocytes et 5×10^9 leucocytes; ces derniers représentent donc 0,1 % environ des cellules sanguines, en l'absence d'infection. **42.5** Étant donné que le CO_2 représente une très petite fraction des gaz atmosphériques (0,29 mm Hg/760 mm Hg, soit moins de 0,04 %), le gradient de pression partielle du CO_2 entre la surface respiratoire et l'environnement favorise toujours de beaucoup la libération de CO_2 dans l'atmosphère. **42.6** Puisque les poumons ne se vident pas complètement à chaque expiration, l'air qui entre et celui qui sort se mélangent, de sorte que le volume courant n'est pas entièrement composé d'air frais. **42.7** Une enzyme accélère une réaction sans en perturber l'équilibre et sans être détruite. De la même façon, un pigment respiratoire accélère le déplacement des gaz dans le corps sans en perturber l'équilibre et sans être détruit.

ÉVALUATION

1. c; **2.** b; **3.** d; **4.** c; **5.** d; **6.** a; **7.** a; **8.** a;
9.

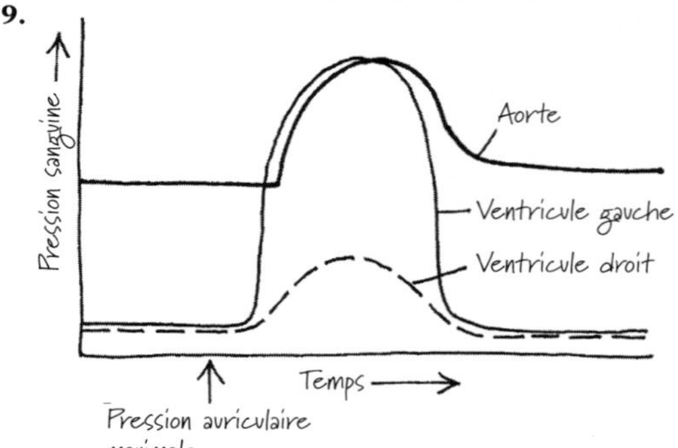

43

Le système immunitaire

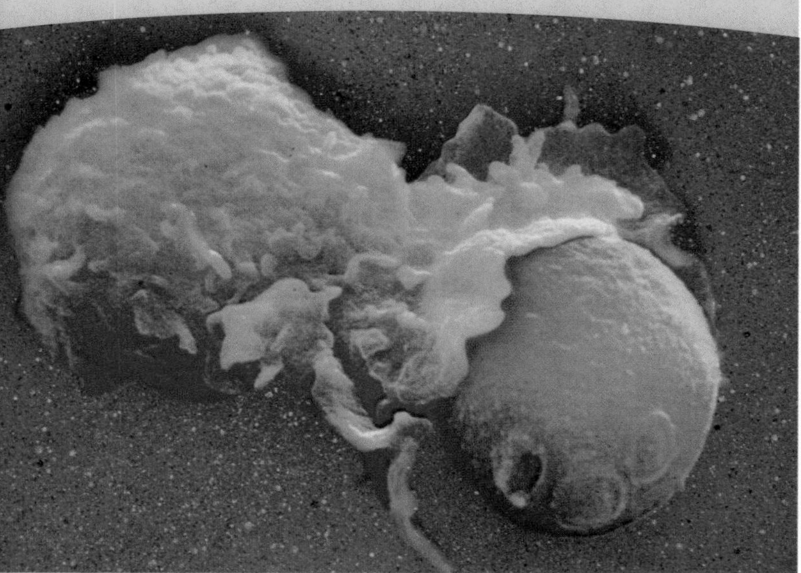

▲ **Figure 43.1 Comment les cellules immunitaires d'un animal reconnaissent-elles des cellules étrangères ?**

CONCEPTS CLÉS

43.1 **Dans l'immunité innée, la reconnaissance et la réponse reposent sur des caractères communs à des groupes de pathogènes**

43.2 **Dans l'immunité adaptative, la reconnaissance repose sur des récepteurs spécifiques des pathogènes**

43.3 **L'immunité adaptative combat l'infection des liquides corporels et des cellules de l'organisme**

43.4 **Un dérèglement de la fonction immunitaire peut entraîner ou exacerber des maladies**

INTRODUCTION

Reconnaissance et réaction

Les pathogènes sont des microorganismes capables de causer la maladie et d'infecter beaucoup d'Animaux. Pour des Virus, des Bactéries, des Eumycètes ou d'autres pathogènes, le milieu interne d'un animal est un habitat presque idéal : il offre une source de nutriments abondante, un environnement protégé, des conditions propices à la croissance et à la reproduction, et même un moyen de transport vers de nouveaux environnements. Du point de vue d'un virus, comme celui du rhume ou de la grippe, nous sommes les hôtes rêvés. Il est évident que nous ne voyons pas les choses de la même façon. Heureusement, des adaptations sont apparues au cours de l'évolution et permettent aux Animaux de se protéger contre de nombreux envahisseurs.

Les liquides et tissus corporels de la plupart des animaux contiennent des cellules immunitaires particulières qui interagissent de manière spécifique avec des pathogènes et les détruisent. Comme on peut le voir dans la **figure 43.1** (une micrographie électronique à balayage colorée), une cellule immunitaire appelée macrophage (en bleu) peut absorber une levure (en vert). La mise en œuvre de la réponse immunitaire à l'égard de l'infection peut prendre diverses formes. Par exemple, certaines réponses immunitaires font intervenir des protéines qui percent la membrane d'une bactérie ou empêchent un virus d'entrer dans les cellules du corps. Ces défenses, et bien d'autres encore, font partie du **système immunitaire**, qui permet à un animal d'éviter un grand nombre d'infections ou d'en atténuer la gravité. Le système immunitaire déclenche parfois des réponses contre toutes sortes de substances ou de cellules, mais nous nous pencherons ici sur la fonction immunitaire qui défend l'organisme contre les agents dits pathogènes.

Tous les animaux ont une défense appelée **immunité innée**, qui se met en branle dès l'exposition à l'infection et qui demeure la même, que l'organisme ait déjà rencontré le pathogène auparavant ou non. L'immunité innée est constituée d'une barrière externe, comme la peau ou une coquille, laquelle protège l'organisme hôte de l'introduction des pathogènes. Il est cependant impossible de sceller toute la surface d'un organisme, car les échanges gazeux, l'alimentation et la reproduction requièrent des ouvertures sur l'environnement. Par conséquent, des sécrétions chimiques qui emprisonnent et tuent les microbes défendent les entrées et les sorties du corps, tandis que les muqueuses du tube digestif, des voies respiratoires et des autres surfaces d'échange forment d'autres barrières contre l'infection.

Lorsqu'un pathogène réussit à franchir la première ligne de défense et pénètre à l'intérieur des liquides et des tissus de l'organisme, la nature de la réponse contre ce pathogène change radicalement : l'étranger devient un envahisseur. Pour combattre une infection, le système immunitaire des animaux doit reconnaître les particules et cellules qui sont étrangères à son corps. Autrement dit, un système immunitaire pleinement fonctionnel doit être en mesure de distinguer le soi du non-soi. Cette distinction du non-soi se fait par *reconnaissance moléculaire*, un processus au cours duquel des molécules réceptrices se lient spécifiquement aux molécules des cellules étrangères.

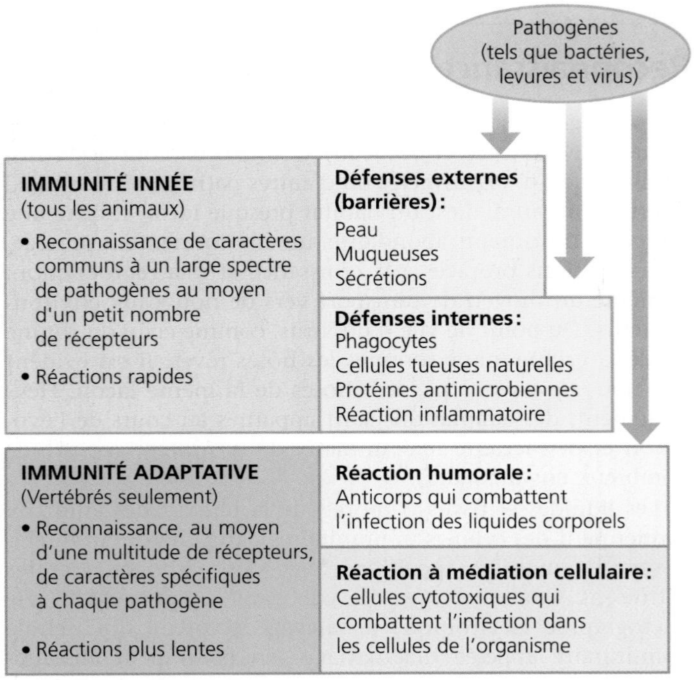

Pathogènes
(tels que bactéries,
levures et virus)

IMMUNITÉ INNÉE
(tous les animaux)
- Reconnaissance de caractères communs à un large spectre de pathogènes au moyen d'un petit nombre de récepteurs
- Réactions rapides

Défenses externes (barrières):
Peau
Muqueuses
Sécrétions

Défenses internes:
Phagocytes
Cellules tueuses naturelles
Protéines antimicrobiennes
Réaction inflammatoire

IMMUNITÉ ADAPTATIVE
(Vertébrés seulement)
- Reconnaissance, au moyen d'une multitude de récepteurs, de caractères spécifiques à chaque pathogène
- Réactions plus lentes

Réaction humorale:
Anticorps qui combattent l'infection des liquides corporels

Réaction à médiation cellulaire:
Cellules cytotoxiques qui combattent l'infection dans les cellules de l'organisme

▲ **Figure 43.2 Vue d'ensemble de l'immunité chez les Animaux.** Chez les Animaux, les réponses immunitaires sont de deux ordres: elles sont innées ou adaptatives. Certaines composantes de l'immunité innée contribuent à l'activation de l'immunité adaptative.

Dans l'immunité innée, un petit groupe prédéfini de protéines réceptrices se lient aux molécules ou structures qui sont absentes du corps de l'animal, mais communes à un groupe de virus, de bactéries ou d'autres agents pathogènes. La liaison d'un récepteur immunitaire inné à une molécule étrangère mobilise les défenses internes et permet de réagir à une très vaste gamme de pathogènes.

Dans l'**immunité adaptative**, qui est exclusive aux Vertébrés, c'est un autre type de reconnaissance moléculaire qui entre en jeu. Les animaux dotés d'une immunité adaptative produisent un imposant arsenal de récepteurs, et chacun de ces récepteurs reconnaît une structure caractéristique située sur une région particulière d'une molécule présente chez un pathogène donné. Dans l'immunité adaptative, la reconnaissance et la réponse sont donc hautement spécifiques.

La réponse immunitaire adaptative, aussi appelée réponse immunitaire acquise, ne s'active qu'après la réponse immunitaire innée et se déroule plus lentement que cette dernière. Les termes *adaptative* et *acquise* font référence au fait que cette réponse immunitaire est renforcée par l'exposition à un pathogène qui déclenche l'infection. La synthèse de protéines qui inactivent des toxines bactériennes de même que la destruction ciblée d'une cellule du soi infectée par un virus sont des exemples de réponses adaptatives.

La **figure 43.2** présente un résumé de l'immunité innée et de l'immunité adaptative. Dans le présent chapitre, nous verrons comment chaque type d'immunité protège les animaux contre la maladie. Nous verrons aussi comment les pathogènes arrivent à prendre le dessus sur le système immunitaire ou à échapper à son action, et comment les perturbations du fonctionnement du système immunitaire constituent une menace pour la santé.

CONCEPT **43.1**

Dans l'immunité innée, la reconnaissance et la réponse reposent sur des caractères communs à des groupes de pathogènes

Tous les Animaux disposent d'une immunité innée (ainsi que les Végétaux). Nous entreprendrons notre exploration de l'immunité innée en examinant les Invertébrés, qui combattent l'infection avec ce seul type d'immunité. Ensuite, nous nous pencherons sur les Vertébrés, chez qui l'immunité innée est à la fois une défense immédiate contre l'infection et la première ligne de l'immunité adaptative.

Les mécanismes d'immunité chez les Invertébrés

La bonne cohabitation des Insectes avec toutes sortes de microorganismes dans les habitats terrestres et dulcicoles révèle toute l'efficacité de l'immunité innée chez les Invertébrés. Dans chacun de ces environnements, l'exosquelette des Insectes agit comme première ligne de défense contre l'infection. Principalement composé d'un polysaccharide appelé chitine, l'exosquelette forme une barrière efficace contre la plupart des pathogènes. Une couche protectrice renfermant de la chitine tapisse également les intestins des Insectes; elle bloque l'infection que pourraient causer de nombreux pathogènes ingérés avec la nourriture. Le **lysozyme**, une enzyme qui dégrade les parois des cellules bactériennes, protège aussi le tube digestif des Insectes.

Les pathogènes qui réussissent à franchir les barrières immunitaires externes d'un insecte rencontrent un certain nombre de défenses internes. L'équivalent du sang chez les Insectes, l'hémolymphe, contient des cellules en circulation appelées *hémocytes*. Certains hémocytes ingèrent et digèrent les bactéries et d'autres substances étrangères par **phagocytose** (**figure 43.3**). D'autres hémocytes déclenchent la production de substances chimiques qui tuent les pathogènes et aident à emprisonner les gros parasites, comme *Plasmodium*, le parasite du moustique qui transmet le paludisme. En outre, la présence de pathogènes dans l'hémolymphe incite des hémocytes et certaines autres cellules à sécréter des *peptides antimicrobiens*, qui sont de courtes chaînes d'acides aminés. Les peptides antimicrobiens circulent dans tout le corps de l'insecte (**figure 43.4**) et inactivent ou détruisent les Eumycètes et les Bactéries en altérant leurs membranes plasmiques.

Les cellules immunitaires des Insectes se lient à des molécules présentes uniquement sur les membranes externes des Eumycètes et des Bactéries. Les parois cellulaires des Eumycètes renferment certains polysaccharides uniques, tandis que les parois cellulaires des Bactéries contiennent des polymères composés d'un mélange de glucides et d'acides aminés dont les cellules animales sont dépourvues. Ces macromolécules servent de cartes d'identité dans le processus de reconnaissance des pathogènes. Les cellules immunitaires des Insectes sécrètent des protéines spécialisées dans la reconnaissance, et chacune d'elles peut se lier à une macromolécule caractéristique des Eumycètes ou des Bactéries.

Les réactions immunitaires innées varient selon la classe de pathogènes en cause. Par exemple, lorsque *Neurospora crassa*, un Eumycète, infecte une drosophile, des fragments de la paroi cellulaire de ce mycète se lient à une protéine de reconnaissance. Ensemble, le complexe active la protéine Toll, un récepteur situé à la surface des hémocytes. La transduction du signal du récepteur Toll jusqu'au noyau de la cellule déclenche la synthèse d'une série de peptides antimicrobiens qui agissent contre le champignon. Cependant, si la drosophile est plutôt infectée par la bactérie *Micrococcus luteus*, elle active une protéine de reconnaissance, et la drosophile produit un ensemble différent de peptides antimicrobiens qui sont efficaces contre *M. luteus* et plusieurs bactéries apparentées.

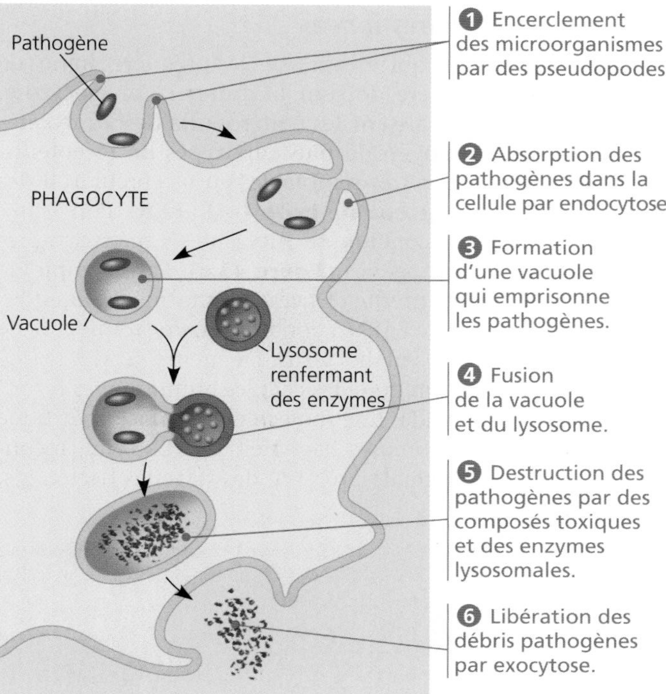

Pathogène
PHAGOCYTE
Vacuole
Lysosome renfermant des enzymes
❶ Encerclement des microorganismes par des pseudopodes.
❷ Absorption des pathogènes dans la cellule par endocytose.
❸ Formation d'une vacuole qui emprisonne les pathogènes.
❹ Fusion de la vacuole et du lysosome.
❺ Destruction des pathogènes par des composés toxiques et des enzymes lysosomales.
❻ Libération des débris pathogènes par exocytose.

▲ **Figure 43.3 La phagocytose.** Ce schéma illustre l'absorption et la destruction d'un microorganisme par un phagocyte.

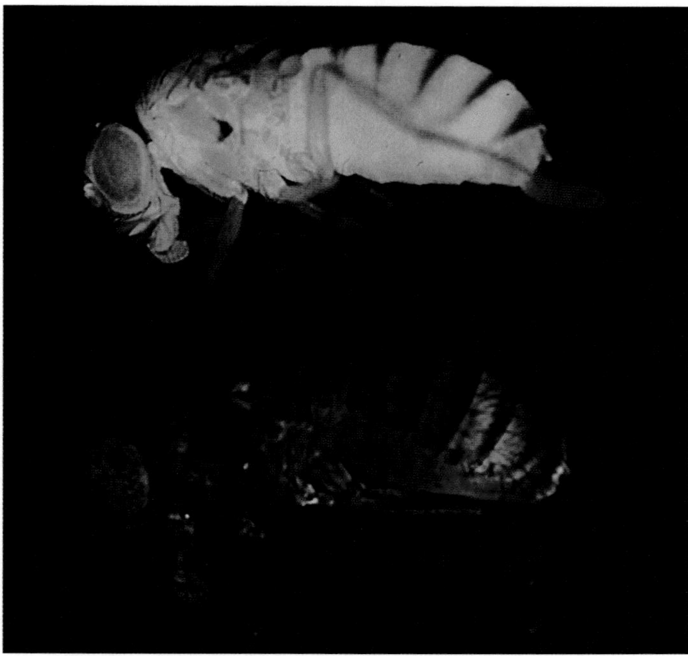

▲ **Figure 43.4 Une réaction immunitaire innée inductible.** Ces drosophiles ont été génétiquement modifiées pour exprimer le gène de la protéine verte fluorescente (GFP) lors de l'activation de la réaction immunitaire innée. On a injecté des bactéries dans le corps de la mouche du haut, mais celle du bas n'en a pas reçu. Seules les mouches infectées activent les gènes codant pour le peptide antimicrobien et produisent la GFP qui leur donne un aspect vert brillant sous un éclairage fluorescent.

Étant donné que les drosophiles sécrètent de nombreux peptides antimicrobiens différents en réaction à une même infection, il est difficile d'étudier l'activité d'un seul peptide. Pour contourner ce problème, Bruno Lemaitre et ses collègues ont eu recours à des techniques de génétique modernes pour reprogrammer le système immunitaire de la drosophile (**figure 43.5**). Ils ont constaté que la synthèse d'un seul type de peptides antimicrobiens peut fournir une réponse immunitaire efficace et que des peptides antimicrobiens particuliers agissent contre différentes sortes d'agents pathogènes.

L'immunité innée chez les Vertébrés

Chez les Vertébrés, les défenses immunitaires innées coexistent avec l'immunité adaptative, apparue plus tard dans l'évolution. Comme la plupart des découvertes récentes sur l'immunité innée des Vertébrés proviennent d'études sur les souris et les humains, nous nous pencherons ici sur les Mammifères. Nous examinerons les défenses innées, semblables à celles des Invertébrés, et qui comprennent les barrières externes, la phagocytose et les peptides antimicrobiens. Nous verrons aussi quelques-uns des aspects de l'immunité innée propres aux Vertébrés, par exemple les cellules tueuses naturelles, les interférons et la réaction inflammatoire.

Les barrières externes

Chez les Mammifères, les tissus épithéliaux constituent un obstacle que beaucoup de pathogènes ne peuvent franchir. Cette barrière externe comprend non seulement la peau, mais aussi les muqueuses qui tapissent les voies digestives, respiratoires et génito-urinaires. Certaines cellules de ces muqueuses sécrètent également du *mucus*, un liquide épais (visqueux) qui retient les microorganismes et les autres particules. Dans la trachée, par exemple, des cellules épithéliales ciliées refoulent vers le pharynx le mucus et les microorganismes qu'il emprisonne, ce qui empêche leur introduction dans les poumons. La salive, les larmes et les sécrétions des muqueuses nettoient la surface de divers épithéliums exposés à l'environnement, ce qui empêche les Eumycètes et les Bactéries de s'y implanter.

Outre leur rôle de barrière physique qui entrave l'entrée des microorganismes, les sécrétions corporelles créent un milieu hostile à beaucoup d'agents pathogènes. Le lysozyme présent dans la salive, les larmes et les sécrétions des muqueuses peut détruire les bactéries susceptibles de s'introduire dans les voies respiratoires supérieures et dans les cavités dans lesquelles sont logés les yeux. Les microorganismes présents dans les aliments ou dans l'eau, ou ceux qui sont avalés avec le mucus provenant des voies respiratoires supérieures, doivent affronter l'environnement extrêmement acide de l'estomac qui détruit la plupart des agents pathogènes avant qu'ils pénètrent dans

▼ **Figure 43.5** INVESTIGATION

Un seul peptide antimicrobien peut-il protéger une drosophile contre l'infection ?

EXPÉRIENCE En 2002, Bruno Lemaitre et ses collègues français ont conçu une nouvelle stratégie permettant de tester la fonction d'un seul peptide antimicrobien. Pour commencer, ils ont examiné une souche mutante de drosophiles dont le système immunitaire reconnaît des pathogènes mais dont les molécules de communication ne déclenchent pas les réactions innées. Ces mouches sont donc incapables de fabriquer des peptides antimicrobiens. Les chercheurs ont ensuite procédé à des modifications génétiques pour que le système de certaines de ces mouches exprime des quantités considérables d'un peptide antimicrobien particulier, soit de la drosomycine ou de la défensine. Les chercheurs ont infecté les mouches avec *Neurospora crassa*, un Eumycète, et ils ont étudié leur survie sur une période de cinq jours. Ils ont refait l'expérience avec *Micrococcus luteus*, une bactérie.

RÉSULTATS

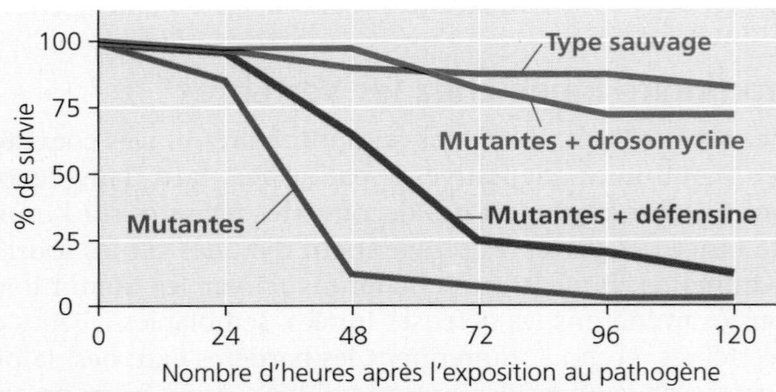

Survie des drosophiles après infection par l'Eumycète *N. crassa*

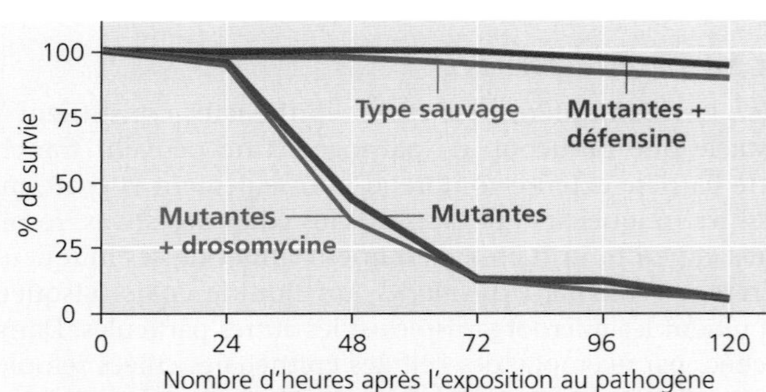

Survie des drosophiles après infection par la bactérie *M. luteus*

CONCLUSION Chacun des deux peptides antimicrobiens a produit une réponse immunitaire protectrice. De plus, chaque peptide combattait des pathogènes différents. La drosomycine était efficace contre *N. crassa* et la défensine, contre *M. luteus*.

SOURCE P. Tzou, J. Reichhart et B. Lemaitre, Constitutive expression of a single antimicrobial peptide can restore wild-type resistance to infection in immunodeficient *Drosophila* mutants, *Proceedings of the National Academy of Sciences USA* 99 : 2152-2157 (2002).

ET SI ? Si un peptide antimicrobien particulier n'avait pas eu d'effet bénéfique dans une expérience de ce genre, pourquoi pourrait-il quand même être avantageux pour les mouches ?

l'intestin grêle. De même, les sécrétions des glandes sébacées et sudoripares donnent à la peau un pH variant entre 3 et 5, donc suffisamment acide pour empêcher de nombreux microorganismes de s'y établir.

Les défenses cellulaires innées

Les microorganismes qui traversent la première ligne de défense d'un Mammifère doivent affronter la phagocytose. Les phagocytes reconnaissent les composants des Eumycètes et des Bactéries au moyen de plusieurs types de récepteurs, dont quelques-uns sont très semblables au récepteur Toll des Insectes. Chaque **récepteur de type Toll** (**TLR**) d'un Mammifère se lie à des fragments de molécules caractéristiques d'un ensemble de pathogènes (**figure 43.6**). Par exemple, le TLR3, situé sur la face interne des vésicules formées par endocytose, est le récepteur de l'ARN à double brin, une forme d'acide nucléique spécifique à certains virus. De même, le TLR4 situé sur les membranes plasmiques des cellules immunitaires reconnaît le lipopolysaccharide, une molécule de surface spécifique présente chez de nombreuses bactéries. Le TLR5, lui, reconnaît la flagelline, principale protéine des flagelles bactériens.

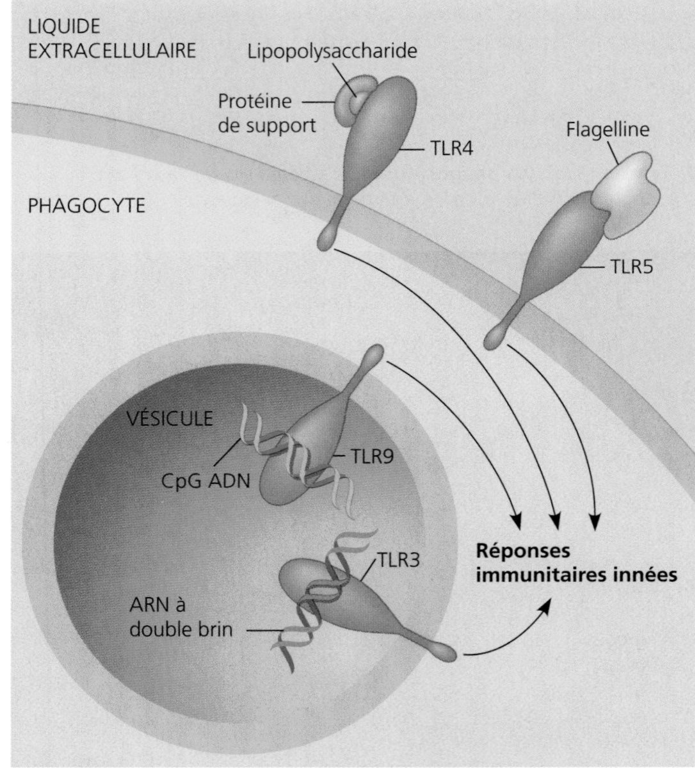

▲ **Figure 43.6 Les récepteurs de type Toll (TLR).** Chaque récepteur de type Toll des Mammifères reconnaît un composant moléculaire spécifique d'un groupe de pathogènes. Le lipopolysaccharide, la flagelline, l'ADN CpG (ADN contenant des séquences CG non méthylées) et l'ARN à double brin caractérisent les Bactéries, les Eumycètes ou les Virus, mais pas les cellules animales. De concert avec d'autres facteurs de reconnaissance et de réponse, les protéines TLR déclenchent la mobilisation des défenses cellulaires internes innées.

? *Certaines protéines TLR sont situées à la surface des cellules, tandis que d'autres se trouvent à l'intérieur de vésicules. Nommez un avantage possible de cette répartition.*

Dans chaque cas, la macromolécule reconnue est normalement absente du corps des Vertébrés et appartient spécifiquement à certains groupes de pathogènes.

Après avoir reconnu un microorganisme, le phagocyte l'englobe dans une vacuole nutritive, qui fusionne avec un lysosome (voir la figure 43.3). Le lysosome peut détruire un microorganisme de deux manières: soit en produisant des gaz qui empoisonnent le microorganisme absorbé par phagocytose, soit en décomposant les constituants microbiens à l'aide d'enzymes.

Chez les Mammifères, les deux principaux types de phagocytes sont les granulocytes neutrophiles et les macrophages. Les **granulocytes neutrophiles**, qui circulent dans le sang, sont attirés par des signaux émis par les tissus infectés et s'y rendent pour détruire les microorganismes en les absorbant. Les **macrophages** («gros mangeurs»), ou macrophagocytes, comme celui montré à la figure 43.1, sont des cellules plus volumineuses. Certains macrophages migrent dans le corps, tandis que d'autres résident en permanence dans certains tissus susceptibles d'être infectés par des pathogènes. Par exemple, certains macrophages se tiennent dans la rate, un organe dans lequel les microorganismes circulant dans le sang sont emprisonnés.

Deux autres types de phagocytes assurent des fonctions différentes dans l'immunité innée: les cellules dendritiques et les granulocytes éosinophiles. Les **cellules dendritiques** se trouvent principalement dans les tissus en contact avec l'environnement, par exemple la peau. Ces cellules stimulent le développement de l'immunité acquise contre les pathogènes qu'elles rencontrent et absorbent, comme nous le verrons plus loin. Quant aux *granulocytes éosinophiles*, souvent présents dans les muqueuses, ils ont une faible activité phagocytaire, mais leur rôle est essentiel dans la défense contre des envahisseurs multicellulaires comme les vers parasites. Pour combattre de tels parasites, les granulocytes éosinophiles déchargent des enzymes destructrices.

Les **cellules tueuses naturelles** jouent également un rôle important dans les défenses innées des Vertébrés. Ces cellules circulent dans tout l'organisme et détectent les arrangements anormaux de protéines membranaires des cellules cancéreuses ou de certaines cellules infectées par un virus. Les cellules tueuses naturelles n'absorbent pas les cellules capturées. Elles libèrent plutôt des substances chimiques qui les détruisent et les empêchent de se disséminer.

Chez les Vertébrés, un grand nombre de défenses innées cellulaires reposent sur la participation du système lymphatique, un réseau qui distribue dans tout l'organisme un liquide appelé lymphe (**figure 43.7**). Certains macrophages résident en permanence dans des structures appelées nœuds lymphatiques, où ils capturent les pathogènes qui sont passés du

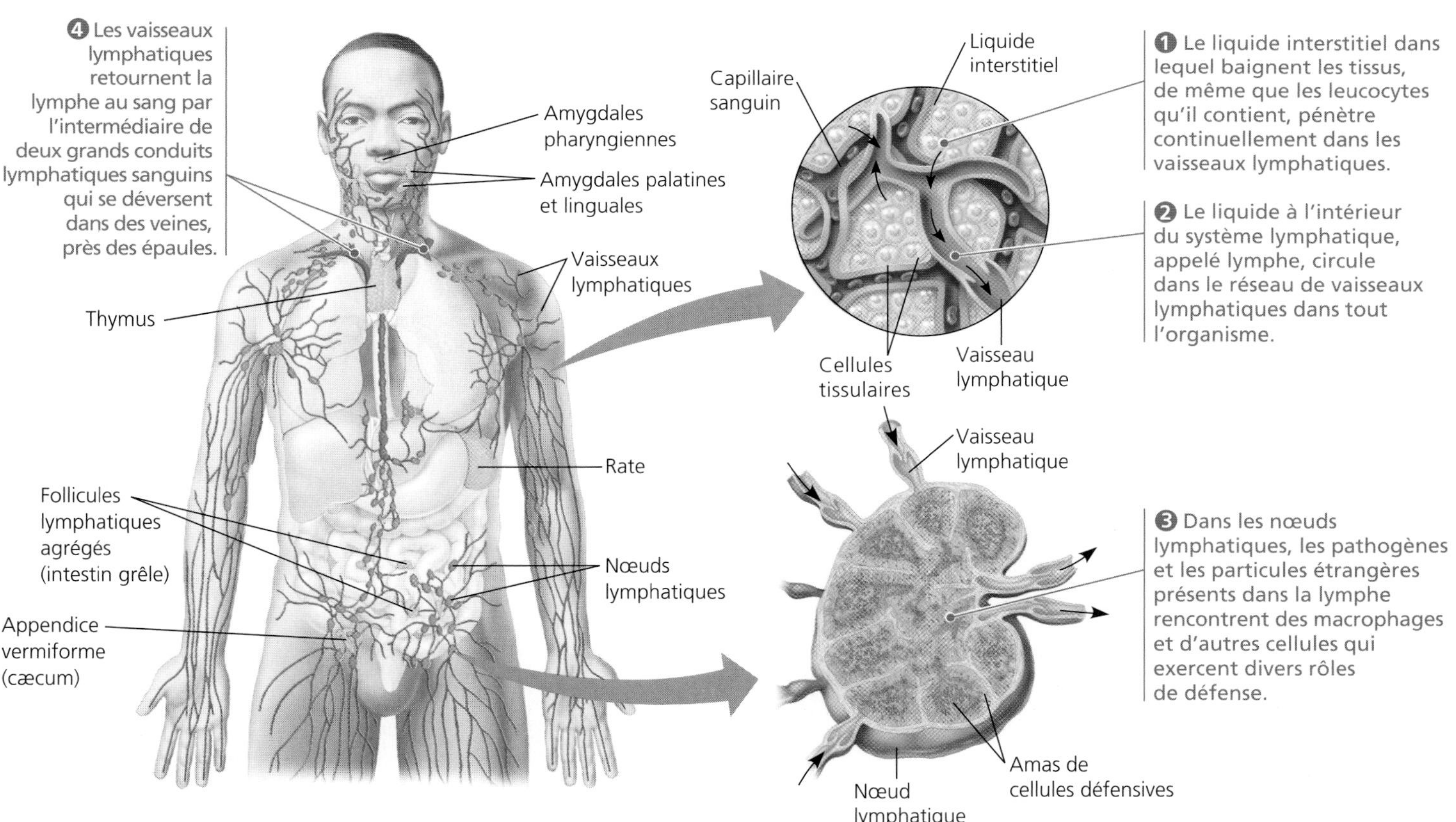
④ Les vaisseaux lymphatiques retournent la lymphe au sang par l'intermédiaire de deux grands conduits lymphatiques sanguins qui se déversent dans des veines, près des épaules.
Amygdales pharyngiennes
Amygdales palatines et linguales
Vaisseaux lymphatiques
Thymus
Rate
Follicules lymphatiques agrégés (intestin grêle)
Nœuds lymphatiques
Appendice vermiforme (cæcum)
Capillaire sanguin
Liquide interstitiel
① Le liquide interstitiel dans lequel baignent les tissus, de même que les leucocytes qu'il contient, pénètre continuellement dans les vaisseaux lymphatiques.
② Le liquide à l'intérieur du système lymphatique, appelé lymphe, circule dans le réseau de vaisseaux lymphatiques dans tout l'organisme.
Cellules tissulaires
Vaisseau lymphatique
Vaisseau lymphatique
③ Dans les nœuds lymphatiques, les pathogènes et les particules étrangères présents dans la lymphe rencontrent des macrophages et d'autres cellules qui exercent divers rôles de défense.
Nœud lymphatique
Amas de cellules défensives

▲ **Figure 43.7 Le système lymphatique humain.** Le système lymphatique est composé de vaisseaux lymphatiques (en vert), dans lesquels circule la lymphe, et de diverses structures qui capturent les substances étrangères. Ces structures comprennent les nœuds lymphatiques (en orange) et les organes lymphoïdes (en jaune): les amygdales (ou tonsilles) pharyngiennes, les amygdales palatines et linguales, les nœuds lymphatiques, la rate, les follicules lymphatiques agrégés et l'appendice vermiforme. Les étapes 1 à 4 montrent le trajet de la lymphe et illustrent le rôle essentiel des nœuds lymphatiques dans l'activation de l'immunité adaptative. (Voir aussi la page 1056, où l'on décrit la relation entre le système lymphatique et le système cardiovasculaire.)

liquide interstitiel à la lymphe. Les cellules dendritiques vivent hors du système lymphatique, mais elles migrent vers les nœuds lymphatiques après leur rencontre avec des pathogènes. Une fois dans les nœuds lymphatiques, elles interagissent avec d'autres cellules immunitaires de manière à stimuler l'immunité adaptative.

Les protéines et peptides antimicrobiens

Chez les Mammifères, la reconnaissance des pathogènes déclenche la production et la libération de divers peptides et protéines qui détruisent les pathogènes ou inhibent leur reproduction. Certaines de ces molécules de défense agissent comme les peptides antimicrobiens: elles s'attaquent à de vastes groupes de pathogènes en altérant l'intégrité de leur membrane. D'autres, dont les interférons et les protéines du complément, sont propres aux systèmes immunitaires des Vertébrés.

Les **interférons** assurent une défense innée contre les infections virales. Ce sont des protéines que sécrètent les cellules infectées par des virus; elles amènent les cellules voisines qui ne sont pas encore infectées à produire d'autres substances inhibant la réplication virale. C'est pourquoi les interférons limitent la transmission des virus d'une cellule à l'autre à l'intérieur de l'organisme. Ils permettent ainsi de mieux maîtriser les infections virales, notamment les rhumes et la grippe. Certains lymphocytes sécrètent un autre type d'interféron, qui contribue à activer les macrophages en augmentant leur capacité phagocytaire. Aujourd'hui, les compagnies pharmaceutiques utilisent la technique de l'ADN recombiné pour produire en série des interférons qui aident au traitement des infections virales comme l'hépatite C.

Le **système du complément** comprend une trentaine de protéines qui sont présentes dans le plasma sanguin et qui combattent l'infection. En temps normal, ces protéines demeurent en circulation à l'état inactif. Elles sont activées par des substances présentes à la surface de beaucoup de microorganismes. Leur activation donne lieu à une cascade de réactions biochimiques qui peuvent mener à la lyse (éclatement) des cellules étrangères. Le système du complément contribue également à déclencher l'inflammation, notre prochain sujet, et joue un rôle dans la défense adaptative, dont nous parlerons plus loin dans ce chapitre.

La réaction inflammatoire

La douleur et l'enflure qui vous signalent la présence d'une écharde sous votre peau sont les manifestations d'une **réaction inflammatoire localisée**. Ces manifestations sont causées par la libération de médiateurs chimiques en présence d'une lésion ou d'une infection (**figure 43.8**). L'**histamine** est un des médiateurs les plus actifs de l'inflammation. Elle est emmagasinée dans les granules (vésicules) des **mastocytes**, des cellules situées dans le tissu conjonctif. L'histamine libérée dans les tissus lésés provoque la dilatation des vaisseaux avoisinants et augmente ainsi leur perméabilité. Les macrophages et les neutrophiles activés sécrètent alors des médiateurs appelés **cytokines**, qui stimulent la réaction immunitaire. Les cytokines augmentent l'apport de sang aux tissus lésés ou infectés. C'est cet afflux de sang qui est à l'origine de la rougeur et de la sensation de chaleur (le terme *inflammation* vient du latin *inflammare*, « mettre le feu à »). L'enflure (ou œdème), un autre signe de l'inflammation, est un des effets de l'augmentation du débit des capillaires: gorgés de sang, ces petits vaisseaux transmettent davantage de liquide aux tissus avoisinants.

Au cours de la réaction inflammatoire, des cycles de détection et de réponse transforment les tissus touchés. Les protéines du complément activées continuent de stimuler la libération d'histamine, de sorte que d'autres phagocytes envahissent les tissus lésés (voir la figure 43.8) et renforcent la phagocytose. Parallèlement, l'augmentation du flux sanguin

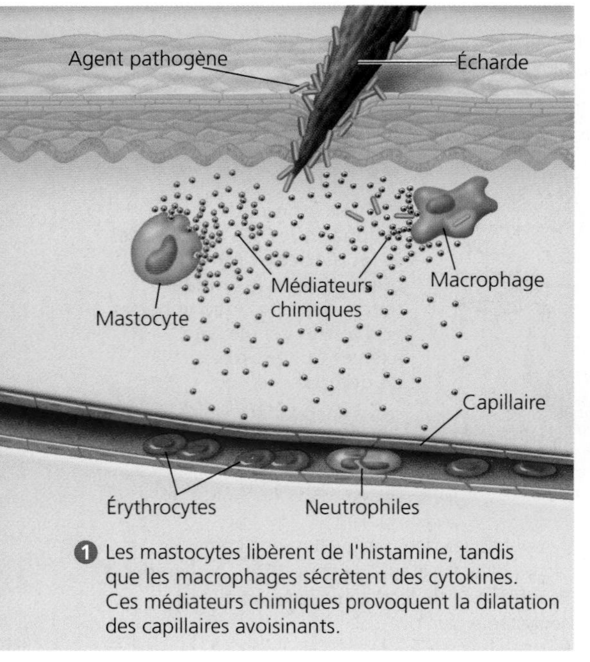

❶ Les mastocytes libèrent de l'histamine, tandis que les macrophages sécrètent des cytokines. Ces médiateurs chimiques provoquent la dilatation des capillaires avoisinants.

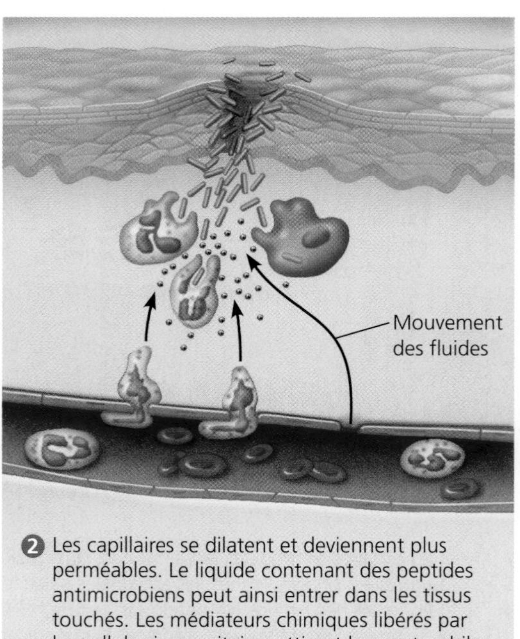

❷ Les capillaires se dilatent et deviennent plus perméables. Le liquide contenant des peptides antimicrobiens peut ainsi entrer dans les tissus touchés. Les médiateurs chimiques libérés par les cellules immunitaires attirent les neutrophiles.

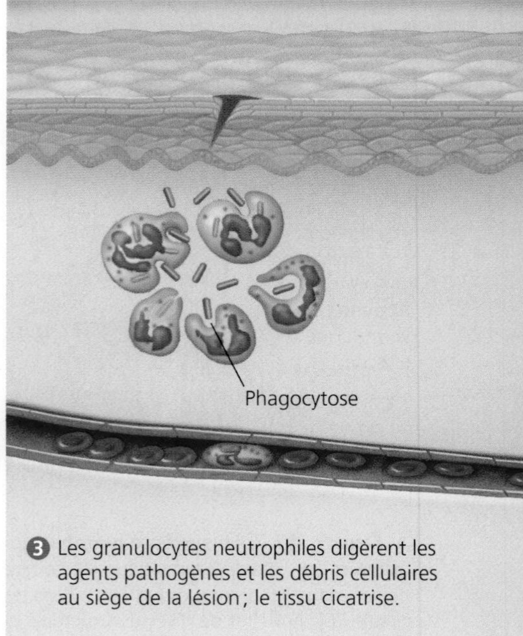

❸ Les granulocytes neutrophiles digèrent les agents pathogènes et les débris cellulaires au siège de la lésion; le tissu cicatrise.

▲ **Figure 43.8 Les principaux événements de la réaction inflammatoire localisée.**

dans les tissus touchés favorise la migration des peptides antimicrobiens. Il en résulte une accumulation de *pus*, un liquide riche en globules blancs, en pathogènes morts et en débris cellulaires provenant des tissus endommagés.

Une lésion mineure cause une inflammation localisée. Toutefois, le corps peut aussi déclencher une réaction systémique (généralisée) dans le cas d'une lésion importante ou d'une infection. Les cellules endommagées lancent un appel à l'aide : elles sécrètent des molécules qui stimulent la production de granulocytes neutrophiles supplémentaires par la moelle osseuse rouge. Dans le cas d'une infection grave, comme la méningite ou l'appendicite, le nombre de leucocytes dans le sang peut s'élever considérablement en quelques heures après le début de la réaction inflammatoire.

La fièvre constitue une autre réaction inflammatoire systémique contre l'infection. Elle peut être déclenchée par les toxines produites par les agents pathogènes ou par des substances libérées par les macrophages activés qui règlent le thermostat de l'organisme à une température plus élevée que la normale (voir le chapitre 40). Les avantages de la fièvre demeurent controversés. Une des nombreuses hypothèses à l'étude veut qu'une fièvre modérée favorise la phagocytose et augmente la vitesse de la réparation tissulaire en accélérant les réactions dans l'organisme.

Certaines infections bactériennes peuvent provoquer une réaction inflammatoire systémique, entraînant une affection potentiellement mortelle appelée *choc septique*. Le choc septique se caractérise par une fièvre très élevée, une pression artérielle très basse et un fort ralentissement de la circulation sanguine dans les capillaires. Il touche surtout les personnes très âgées ou très jeunes. Ce syndrome est fatal dans plus du tiers des cas et tue plus de 90 000 personnes chaque année aux États-Unis seulement.

L'inflammation chronique (continue) peut aussi compromettre la santé. Par exemple, des millions de personnes dans le monde souffrent de la maladie de Crohn et de colite ulcéreuse, des maladies souvent invalidantes qui se caractérisent par un dysfonctionnement de la réaction inflammatoire qui altère la fonction intestinale.

La capacité des pathogènes d'échapper à l'immunité innée

Quelques microorganismes possèdent des adaptations qui les protègent de la phagocytose. Ainsi, les phagocytes ne peuvent capturer les bactéries dont la paroi est entourée d'une capsule, puisque celle-ci masque les polysaccharides. Une de ces bactéries, *Streptococcus pneumoniae*, a grandement aidé les chercheurs à découvrir que l'ADN peut transmettre du matériel génétique (voir la figure 16.2, p. 354). D'autres bactéries, comme le bacille de la tuberculose (*Mycobacterium tuberculosis*), se laissent fixer et englober, mais résistent par la suite à la destruction des lysosomes. Au lieu d'être détruit à l'intérieur des cellules hôtes, le bacille de la tuberculose croît et se reproduit à l'abri des défenses acquises de l'organisme. Ce mécanisme, parmi d'autres, lui permet d'éviter la destruction par le système immunitaire et accroît la menace pathogène de nombreux Eumycètes et Bactéries. De fait, la tuberculose tue plus d'un million de personnes par année dans le monde.

RETOUR SUR LE CONCEPT 43.1

1. On pense souvent que le pus est un signe d'infection, mais c'est aussi le signe que les défenses immunitaires sont actives. Expliquez pourquoi.
2. **FAITES DES LIENS** En quoi les molécules qui activent la voie de transduction de signal TLR chez les Vertébrés sont-elles différentes des ligands de la plupart des autres voies, comme celles montrées au concept 11.2 (p. 237 à 242)?
3. **ET SI?** Supposons que les humains constituent un hôte idéal pour une certaine espèce de Bactéries. À votre avis, quelle est la température optimale pour la croissance de cette espèce? Expliquez votre réponse.

Voir les réponses proposées à la fin du chapitre.

CONCEPT 43.2

Dans l'immunité adaptative, la reconnaissance repose sur des récepteurs spécifiques des pathogènes

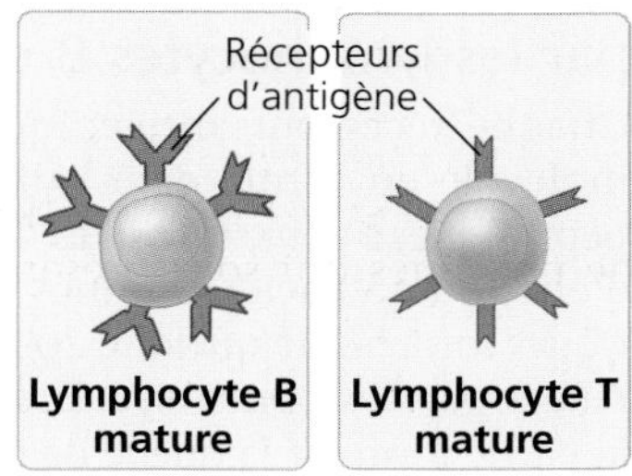

Les Vertébrés bénéficient d'un système immunitaire unique : en plus de leurs défenses innées, ils disposent de défenses immunitaires adaptatives. La réponse immunitaire adaptative repose sur deux types de **lymphocytes** (globules blancs) : les lymphocytes T et les lymphocytes B. Comme toutes les autres cellules sanguines, les lymphocytes sont issus des cellules souches de la moelle osseuse. Certains lymphocytes migrent de la moelle osseuse vers le **thymus**, un organe situé dans la cavité thoracique, au-dessus du cœur (voir la figure 43.7). Ces lymphocytes deviennent des **lymphocytes T** (*T* pour *thymus*). Les lymphocytes qui restent dans la moelle osseuse et qui y poursuivent leur maturation deviennent des **lymphocytes B**. (Des lymphocytes d'un troisième type demeurent dans le sang et deviennent les cellules tueuses naturelles de l'immunité innée.)

Toute substance qui suscite une réponse de la part d'un lymphocyte B ou T est un **antigène**. Dans l'immunité adaptative, la reconnaissance a lieu quand un lymphocyte B ou T se lie à un antigène tel qu'une protéine bactérienne ou virale par l'intermédiaire d'une protéine appelée **récepteur d'antigène**. Un récepteur d'antigène a suffisamment de spécificité pour se lier à une partie précise d'une molécule d'un pathogène, par exemple une espèce bactérienne ou une souche virale. Même si les cellules du système immunitaire produisent des millions de récepteurs d'antigène différents, tous les récepteurs d'antigène produits par un même lymphocyte B ou T sont identiques. Ainsi, une infection par un virus, une bactérie ou un autre agent pathogène mobilise les lymphocytes B ou T munis des récepteurs d'antigène spécifiques des parties de ce pathogène. Les illustrations montrées sur la page précédente présentent des lymphocytes B et T munis de quelques récepteurs seulement; dans la réalité, il y a environ 100 000 récepteurs d'antigène à la surface d'un seul lymphocyte B ou T.

Les antigènes sont pour la plupart des macromolécules, soit des protéines ou des polysaccharides. Plusieurs antigènes font saillie à la surface des cellules étrangères ou des virus. D'autres types d'antigènes, notamment les toxines sécrétées par des bactéries, sont dissous dans le liquide extracellulaire.

Sur un antigène, la petite portion accessible qui se lie à un récepteur d'antigène est appelée **épitope**, ou *déterminant antigénique*. Un groupe d'acides aminés d'une certaine protéine est un exemple d'épitope. Un même antigène comporte généralement plusieurs épitopes différents. Chacun est capable de se lier à un récepteur différent selon sa propre spécificité. Étant donné que tous les récepteurs d'antigène produits par un même lymphocyte B ou T sont identiques, ils se lient au même épitope. Donc, chaque lymphocyte B ou T a une *spécificité* pour tel ou tel épitope, et cette spécificité le rend capable de réagir avec tous les pathogènes qui produisent des molécules dotées de cet épitope.

Les récepteurs d'antigène des lymphocytes B et T ont des composantes semblables, mais ils se lient chacun à leur façon aux antigènes. Nous allons maintenant voir comment.

La reconnaissance des antigènes par les lymphocytes B et les anticorps

Chaque récepteur antigénique d'un lymphocyte B est une molécule en forme de Y comprenant quatre chaînes polypeptidiques: deux **chaînes lourdes** identiques constituées d'environ 450 acides aminés et deux **chaînes légères** identiques formées de quelque 200 acides aminés. Les chaînes sont reliées par des ponts disulfure (**figure 43.9**). Une région dans la partie formant la queue de la molécule, la région transmembranaire, attache le récepteur dans la membrane plasmique de la cellule; une courte région à l'extrémité de la molécule se prolonge dans le cytoplasme.

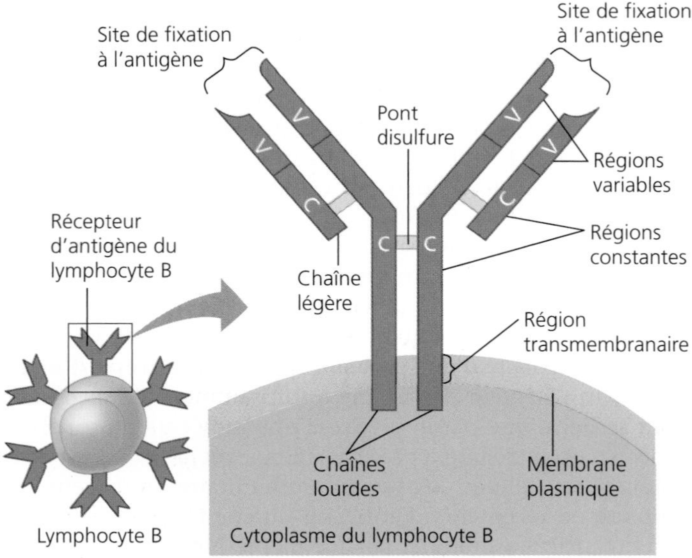

▲ **Figure 43.9 La structure d'un récepteur d'antigène de lymphocyte B.**

▼ **Figure 43.10 La reconnaissance des antigènes par les lymphocytes B et les anticorps.**

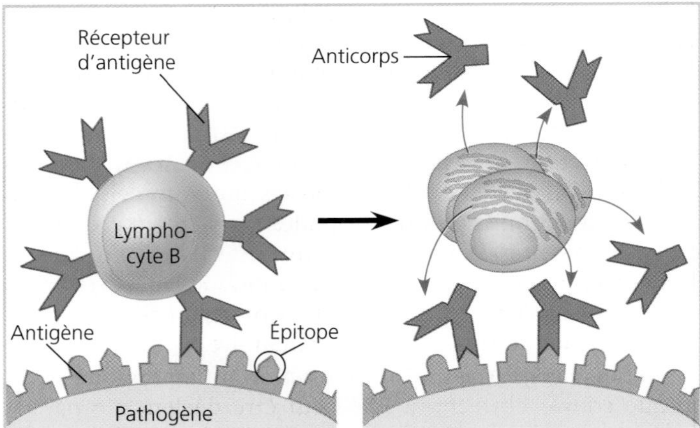

(a) Les récepteurs antigéniques et les anticorps des lymphocytes B. Un récepteur antigénique de lymphocyte B se lie à un épitope, une région spécifique de l'antigène. Après liaison, le lymphocyte B produit un groupe de cellules (ou clone) qui sécrètent la forme soluble du récepteur antigénique. Le récepteur soluble, appelé anticorps, est spécifique du même épitope que le lymphocyte B dont il est issu.

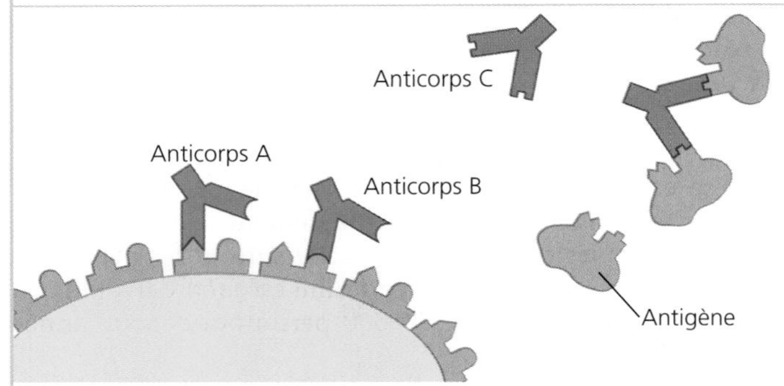

(b) La spécificité du récepteur antigénique. Différents anticorps peuvent reconnaître différents épitopes sur le même antigène. De plus, les anticorps peuvent reconnaître aussi bien les antigènes libres que les antigènes membranaires d'un pathogène.

FAITES DES LIENS *Les interactions montrées ici reposent sur la liaison hautement spécifique entre un antigène et un récepteur, comme nous le montre la figure 5.19 (p. 89). En quoi ce type de liaison est-il semblable à l'interaction enzyme-substrat montrée à la figure 8.14 (p. 171)?*

Les chaînes légères et les chaînes lourdes comportent chacune une *région constante* (*C*), où les séquences d'acides aminés varient très peu d'un lymphocyte B à l'autre. La région C comprend la portion transmembranaire (queue) de la chaîne lourde et tous les ponts disulfures. Les deux branches écartées du Y portent des chaînes légères et lourdes qui ont chacune une *région variable* (*V*), appelée ainsi parce que la séquence de leurs acides aminés varie considérablement d'un lymphocyte B à l'autre. Ensemble, les portions variables des chaînes lourdes et des chaînes légères déterminent un site asymétrique de liaison avec l'antigène. Comme le montre la figure 43.9, chaque récepteur de l'antigène d'un lymphocyte B porte deux sites de liaison identiques.

La liaison du récepteur d'antigène d'un lymphocyte B avec un antigène amorce l'activation du lymphocyte B, laquelle conduit à la naissance de cellules qui sécréteront une forme soluble du récepteur (**figure 43.10a**). Ce récepteur soluble est une protéine appelée **anticorps**, ou **immunoglobuline (Ig)**. Les anticorps ont la même organisation en Y que les récepteurs d'antigène des lymphocytes B, mais ils sont sécrétés au lieu de rester fixés à la membrane. Ce sont donc les anticorps, et non les lymphocytes B eux-mêmes, qui combattent les pathogènes. Comme nous le verrons plus loin, les anticorps ont des fonctions bien à eux.

Le site de fixation à l'antigène d'un récepteur lié à la membrane ou d'un anticorps a une forme unique qui correspond à un épitope spécifique, exactement comme une clé dans une serrure. De nombreuses liaisons multiples non covalentes stabilisent l'interaction entre un site de fixation à l'antigène et son antigène correspondant. Ce sont les différences entre les séquences d'acides aminés des régions variables qui confèrent la diversité des surfaces de liaison, diversité nécessaire pour assurer l'établissement de liaisons hautement spécifiques.

Les récepteurs d'antigène des lymphocytes B ainsi que les anticorps sécrétés se lient à des antigènes intacts dans le sang et la lymphe. Comme l'indique la **figure 43.10b**, les anticorps se fixent aux antigènes exprimés à la surface des pathogènes ou circulant dans les liquides corporels. Les récepteurs d'antigène des lymphocytes T fonctionnent très différemment, comme nous allons le voir.

La reconnaissance des antigènes par les lymphocytes T

Chaque **récepteur antigénique d'un lymphocyte T** est constitué de deux chaînes polypeptidiques différentes, une *chaîne* α et une *chaîne* β, reliées par un pont disulfure (**figure 43.11**). Près de la base du récepteur se trouve une région transmembranaire; c'est par cette région hydrophobe que les deux chaînes de la molécule s'attachent aux phospholipides de la membrane plasmique du lymphocyte. À la pointe externe de la molécule, les régions variables (V) des chaînes α et β forment un site unique de fixation à l'antigène. Le reste de la molécule est constitué des régions constantes (C).

Les récepteurs antigéniques des lymphocytes T et B ont beaucoup de caractéristiques communes, mais ils fonctionnent de manières fondamentalement différentes. Les récepteurs des lymphocytes B se lient aux épitopes d'antigènes intacts circulant dans les liquides corporels, tandis que ceux des lymphocytes T se lient seulement aux fragments d'antigènes exposés, ou *présentés,* à la surface des cellules hôtes. La protéine hôte qui présente le fragment d'antigène à la surface de la cellule est appelée *molécule du CMH.* On la désigne ainsi parce qu'elle est encodée par une famille de gènes appelée **complexe majeur d'histocompatibilité (CMH)**.

La reconnaissance des antigènes protéiques par des lymphocytes T commence lorsque des cellules particulières, appelées cellules présentatrices de l'antigène, capturent un pathogène ou une partie de celui-ci (**figure 43.12a**). À l'intérieur de la cellule présentatrice de l'antigène, les enzymes découpent l'antigène en petits peptides. Chaque peptide, appelé *fragment d'antigène,* se lie alors à une molécule du CMH dans la cellule.

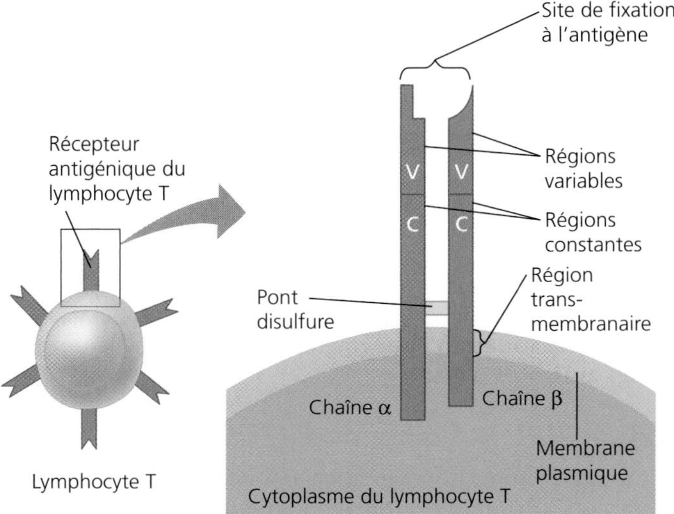

▲ **Figure 43.11 La structure d'un récepteur antigénique de lymphocyte T.**

▼ **Figure 43.12 La reconnaissance de l'antigène par les lymphocytes T.**

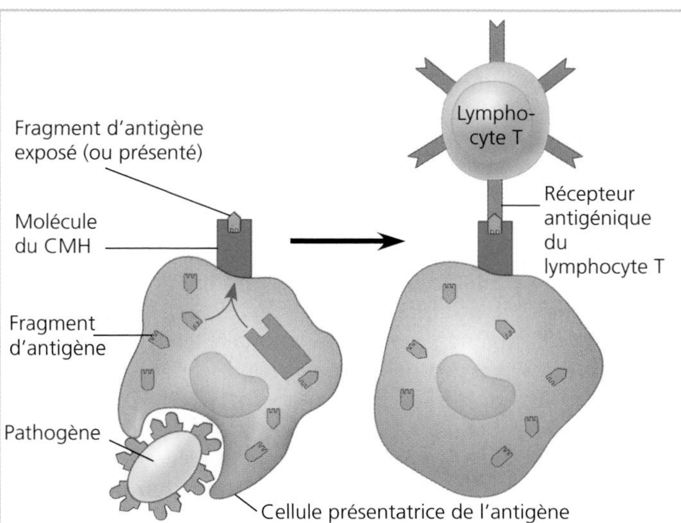

(a) Reconnaissance d'un antigène par un lymphocyte T. Un fragment d'antigène d'un agent pathogène présent à l'intérieur de la cellule présentatrice de l'antigène s'associe à une molécule du CMH, puis il est transporté à la surface de la cellule, où il est exposé (ou présenté). Le complexe CMH-antigène est alors reconnu par le lymphocyte T.

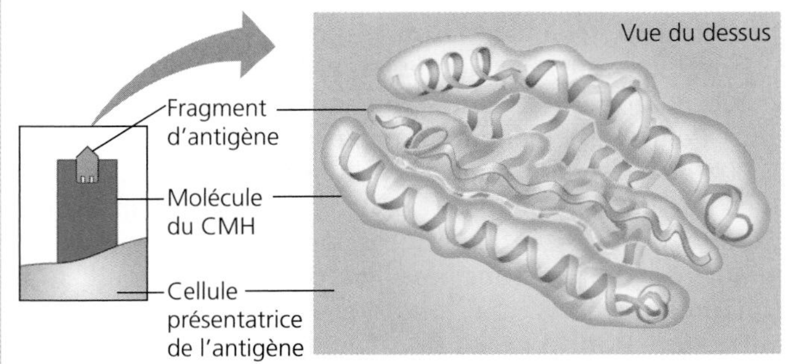

(b) Détails de la présentation de l'antigène. Comme on le voit dans ce schéma agrandi présentant une vue du dessus, le haut de la molécule CMH enserre un fragment d'antigène, un peu comme un pain à hot dog enveloppe une saucisse. Une molécule du CMH peut présenter plusieurs fragments d'antigène différents, mais chaque récepteur antigénique d'un lymphocyte ne reconnaît un seul type de fragment d'antigène.

Le mouvement qui amène la molécule du CMH et le fragment antigénique à la surface de la cellule présentatrice de l'antigène porte le nom de **présentation de l'antigène**, qui consiste à présenter au récepteur du lymphocyte T le fragment d'antigène préalablement disposé dans un sillon de la protéine du CMH. La **figure 43.12b** illustre la présentation de l'antigène, comparable à une enseigne qui avertit de la présence d'une substance étrangère dans la cellule hôte. Si un lymphocyte T porteur du récepteur spécifique du complexe antigène-CMH croise la cellule qui présente le fragment d'antigène, alors le récepteur antigénique de ce lymphocyte T peut se lier à la fois au fragment d'antigène et à la molécule du CMH. Comme nous le verrons plus loin, cette interaction entre la molécule du CMH, le fragment d'antigène et le récepteur antigénique est essentielle à la mobilisation du lymphocyte T dans la réaction immunitaire adaptative.

Le développement des lymphocytes B et T

Maintenant que nous avons appris comment les lymphocytes reconnaissent les antigènes, examinons quatre grandes caractéristiques de l'immunité adaptative. Premièrement, il existe une immense diversité de lymphocytes et de récepteurs. C'est ce qui permet au système immunitaire de détecter des pathogènes qu'il n'a jamais rencontrés. Deuxièmement, l'immunité adaptative est normalement tolérante à l'égard du soi, c'est-à-dire qu'elle ne lancera pas d'attaque contre les propres cellules et molécules d'un animal. Troisièmement, la prolifération cellulaire déclenchée par la rencontre d'un antigène augmente le nombre de lymphocytes B et T qui sont spécifiques à cet antigène. Quatrièmement, la réaction immunitaire adaptative à l'égard d'un antigène déjà rencontré est plus intense et plus rapide grâce à l'intervention d'un mécanisme appelé *mémoire immunologique*.

La diversité des récepteurs ainsi que la tolérance du soi se développent au cours de la maturation d'un lymphocyte. La prolifération des cellules ainsi que la formation de la mémoire immunologique ont lieu plus tard, une fois qu'un lymphocyte parvenu à maturation a reconnu et fixé un antigène spécifique. Nous allons nous pencher sur ces quatre caractéristiques dans l'ordre où elles apparaissent.

La production de la diversité des lymphocytes B et T

On estime que chaque personne possède jusqu'à un million de récepteurs antigéniques de lymphocytes B et dix millions de récepteurs antigéniques de lymphocytes T, tous différents. Pourtant, le génome humain ne renferme pas plus de 20 000 gènes codant pour des protéines. Comment se fait-il, alors, que l'organisme puisse générer une aussi grande diversité de récepteurs antigéniques ? La réponse réside dans le nombre de combinaisons possibles, ce que reflète d'ailleurs la structure des récepteurs. Imaginons que vous devez choisir une voiture dont il existe trois couleurs intérieures possibles et six couleurs extérieures possibles. Il existe donc 18 (3×6) combinaisons de couleurs possibles. De la même façon, en combinant des composants variables, le système immunitaire arrive à assembler une multitude de récepteurs différents à partir d'un ensemble restreint d'éléments.

Pour comprendre l'origine de la diversité des récepteurs, examinons un gène d'immunoglobuline (Ig) qui code pour la chaîne légère des anticorps sécrétés (immunoglobulines) et des récepteurs antigéniques membranaires d'un lymphocyte B. Nous n'analyserons qu'un seul gène de chaîne légère d'Ig, mais tous les récepteurs antigéniques de lymphocytes T et B subissent des remaniements similaires.

La capacité de générer de la diversité repose sur la structure même des gènes d'Ig. Trois segments de gènes codent pour la chaîne légère d'un récepteur : un segment variable (*V*), un segment de jonction (*J*) et un segment constant (*C*). Les segments *V* et *J* codent ensemble pour la région variable de la chaîne du récepteur, tandis que le segment *C* code pour la région constante. Le gène de la chaîne légère d'immunoglobuline contient un seul segment *C*, une série de 40 segments *V* différents et 5 segments *J* différents. Touts ces fragments codant pour les régions *V* et *J* sont disposés en séries dans le gène (**figure 43.13**). Comme un gène fonctionnel est issu d'une copie de chaque type de segment, les morceaux peuvent être combinés de 200 manières différentes ($40\ V \times 5\ J \times 1\ C$). Le nombre de combinaisons différentes de chaînes lourdes est encore plus grand, ce qui contribue d'autant à la diversité.

L'assemblage d'un gène d'Ig fonctionnel exige que l'ADN se recombine. Au début de la différenciation d'un lymphocyte B, un ensemble d'enzymes appelées collectivement *recombinase* relie un segment de gène *V* à un segment de gène *J*. Cette recombinaison élimine le long bout d'ADN qui les séparait, entraînant ainsi la formation d'un unique exon constitué d'un segment du gène *V* et d'un segment du gène *J*. Comme il y a seulement un intron entre les segments *J* et *C*, aucun autre réarrangement de l'ADN n'est nécessaire. Les segments *J* et *C* du produit de la transcription d'ARN se réuniront plutôt lorsque l'épissage retirera l'ARN intercalaire (voir la figure 17.11, p. 388, qui décrit l'épissage de l'ARN).

L'action de la recombinase est aléatoire, c'est-à-dire qu'elle peut lier n'importe quel des 40 segments de gènes *V* à n'importe quel des 5 segments de gènes *J*. Les gènes de chaîne lourde subissent le même type de remaniement. Dans une même cellule, toutefois, seulement un allèle du gène de chaîne légère et un allèle du gène de chaîne lourde sont remaniés. Ces remaniements sont permanents et transmis aux cellules filles durant la division du lymphocyte.

Une fois que le remaniement des gènes de chaîne légère et de chaîne lourde a eu lieu, les récepteurs d'antigène peuvent être fabriqués. Les gènes remaniés sont transcrits, et les produits de la transcription subissent une traduction. Après la traduction, la chaîne légère et la chaîne lourde s'unissent et forment un récepteur d'antigène (voir la figure 43.13). Chaque paire de chaînes lourde et légère remaniée au hasard donne un site anticorps différent. Dans le cas de la population totale de lymphocytes B du corps humain, on a établi le nombre de combinaisons possibles de sites anticorps à $3{,}5 \times 10^6$. Par ailleurs, les mutations qui ont lieu durant la recombinaison *VJ* ajoutent à la variation et augmentent encore plus le nombre de sites anticorps possibles.

L'origine de la tolérance au soi

Comment l'immunité adaptative fait-elle pour distinguer le soi du non-soi ? Étant donné que les remaniements des gènes de récepteurs antigéniques s'effectuent au hasard, certains lymphocytes non encore parvenus à maturation produisent

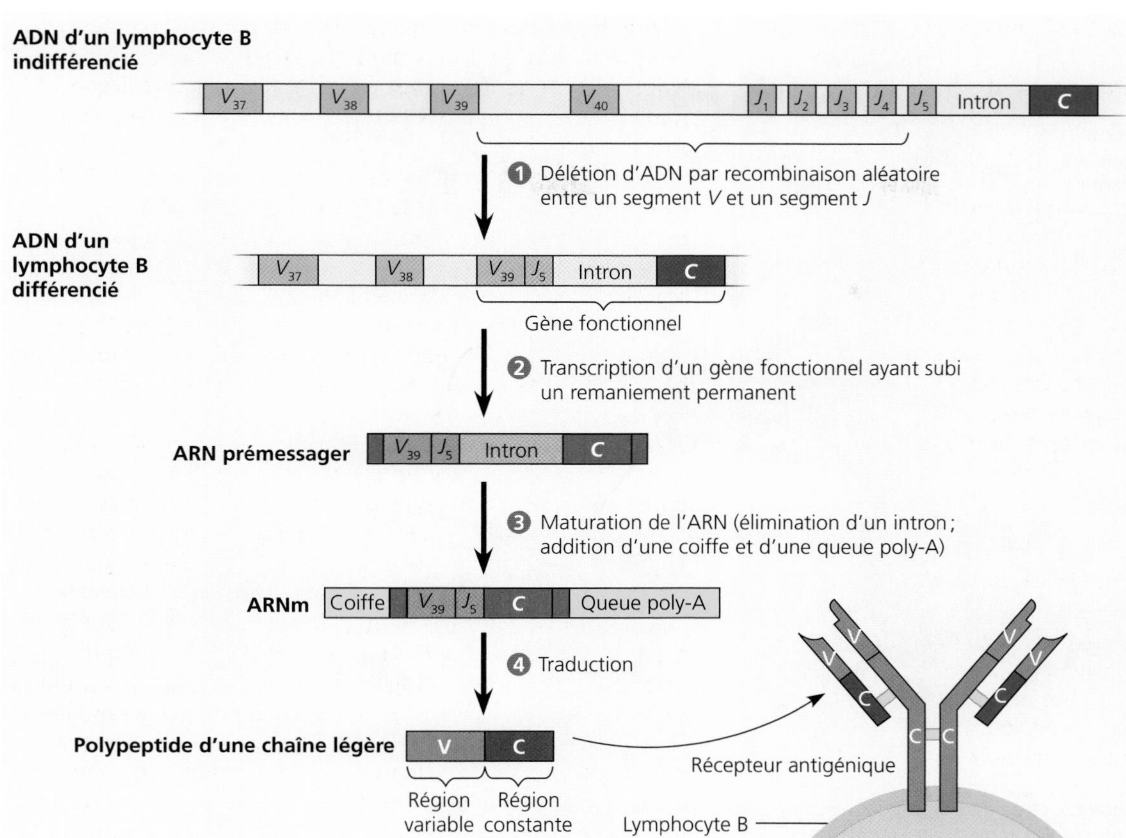

◄ **Figure 43.13**
Le remaniement d'un gène d'immunoglobuline (anticorps). Un gène fonctionnel qui encode le polypeptide à chaîne légère du récepteur d'un lymphocyte B résulte de l'assemblage aléatoire des segments de gènes *V* et *J* (V_{39} et J_5 dans le présent exemple). La transcription, l'épissage et la traduction donnent une chaîne légère qui se combine avec un polypeptide issu d'un gène de chaîne lourde indépendamment remanié pour former un récepteur fonctionnel. Les lymphocytes B (et T) parvenus à maturation sont des exceptions au principe voulant que toutes les cellules somatiques d'un organisme renferment exactement la même copie d'ADN.

FAITES DES LIENS
L'épissage alternatif (voir la figure 18.13, p. 420) et la jonction des segments V et J par recombinaison donnent des produits génétiques divers à partir d'un ensemble limité de segments de gènes. En quoi ces deux processus diffèrent-ils ?

des récepteurs antigéniques qui sont spécifiques d'épitopes des molécules de l'organisme lui-même. Si ces lymphocytes autoréactifs n'étaient pas éliminés ou inactivés, le système immunitaire ne pourrait pas distinguer le soi du non-soi et attaquerait les protéines, les cellules et les tissus du soi. Heureusement, pendant la maturation des lymphocytes B et T dans la moelle osseuse rouge et le thymus, un contrôle des récepteurs antigéniques permet de déceler une éventuelle autoréactivité. Une partie des lymphocytes B et T munis de récepteurs spécifiques de molécules du soi sont détruits par *apoptose,* ou mort cellulaire programmée (voir le chapitre 11). Le reste des lymphocytes autoréactifs deviennent habituellement non fonctionnels. Ne resteront que ceux qui réagissent aux molécules étrangères. Ainsi, en temps normal, le corps ne comporte aucun lymphocyte mature qui réagit contre ses propres molécules, ce qui confère au système immunitaire une caractéristique essentielle, la *tolérance au soi.*

La prolifération des lymphocytes B et T

Malgré l'immense diversité des récepteurs antigéniques, seule une infime fraction est spécifique d'un épitope donné. Dans ces conditions, comment se fait-il que l'immunité adaptative soit aussi efficace ? La réponse réside dans le résultat de la présentation de l'antigène. L'antigène est présenté à des lymphocytes enfermés dans les nœuds lymphatiques (voir la figure 43.7). Lorsqu'il rencontre un récepteur antigénique qui lui est complémentaire, il s'y fixe. Cette réunion déclenche alors des changements qui augmenteront le nombre de lymphocytes pouvant fixer cet antigène ainsi que leur activité.

La fixation d'un récepteur antigénique à un épitope provoque des événements qui activent le lymphocyte. Une fois activé, le lymphocyte B ou T se divise plusieurs fois. La division de chaque lymphocyte activé donne un clone, c'est-à-dire une population de cellules identiques à la cellule mère. Une partie des cellules du clone deviennent des **cellules effectrices**. Les cellules effectrices ont une courte durée de vie et se mettent immédiatement à combattre l'antigène et tous les pathogènes produisant cet antigène. Les cellules effectrices des lymphocytes B sont des cellules plasmatiques, qui sécrètent des anticorps, tandis que les cellules effectrices des lymphocytes T sont des lymphocytes T auxiliaires ou des lymphocytes T cytotoxiques, dont nous explorerons les rôles au concept 43.3. Les autres cellules du clone deviennent des **cellules mémoire**, dotées d'une longue durée de vie et pouvant donner naissance à des cellules effectrices si l'organisme entre à nouveau en contact avec le même antigène plus tard au cours de sa vie.

La **figure 43.14** résume la prolifération d'un lymphocyte B en un clone après sa liaison avec un antigène. Ce clonage de lymphocytes en fonction d'un antigène particulier s'appelle **sélection clonale**, parce que la rencontre avec un antigène active de façon *sélective* le lymphocyte, qui se divisera pour donner naissance à une population *clonale* de milliers de lymphocytes spécifiques de cet épitope.

La mémoire immunologique

On appelle *mémoire immunologique* la protection à long terme acquise contre certaines maladies après exposition

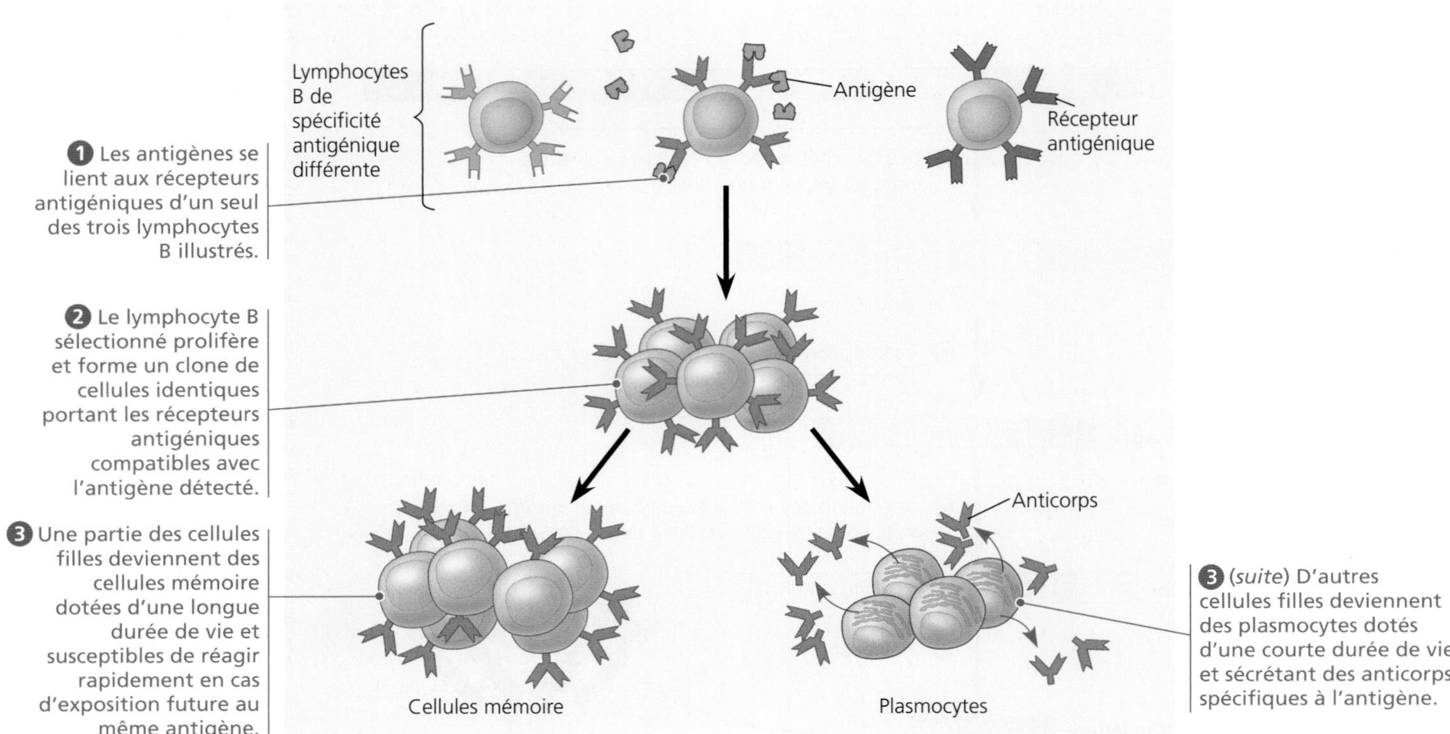
Lymphocytes B de spécificité antigénique différente
Antigène
Récepteur antigénique
❶ Les antigènes se lient aux récepteurs antigéniques d'un seul des trois lymphocytes B illustrés.
❷ Le lymphocyte B sélectionné prolifère et forme un clone de cellules identiques portant les récepteurs antigéniques compatibles avec l'antigène détecté.
❸ Une partie des cellules filles deviennent des cellules mémoire dotées d'une longue durée de vie et susceptibles de réagir rapidement en cas d'exposition future au même antigène.
Anticorps
❸ (suite) D'autres cellules filles deviennent des plasmocytes dotés d'une courte durée de vie et sécrétant des anticorps spécifiques à l'antigène.
Cellules mémoire
Plasmocytes

▲ **Figure 43.14 La sélection clonale.** Cette figure illustre la sélection clonale des lymphocytes B. Après avoir reconnu un antigène et les signaux des cellules immunitaires (non montrés ici), un lymphocyte B se divise et forme un clone de cellules. Les autres lymphocytes B ne réagissent pas, car leurs récepteurs antigéniques sont spécifiques à d'autres antigènes. Le clone de cellules issues du lymphocyte B activé donne naissance à des cellules mémoire B et à des plasmocytes producteurs d'anticorps. Les lymphocytes T subissent un processus semblable, mais leurs clones comprennent des cellules mémoire T et des cellules T effectrices (lymphocytes T cytotoxiques et lymphocytes T auxiliaires).

aux pathogènes responsables, que ce soit naturellement ou par l'intermédiaire de la vaccination. La varicelle est un exemple d'une telle maladie. Cette protection a été reconnue voilà 2 400 ans par l'historien grec Thucydide d'Athènes, qui rapporte dans ses écrits que les pestiférés malades étaient soignés par ceux qui avaient survécu à la maladie, «car nul ne souffrait de la peste à deux reprises».

L'exposition antérieure à un antigène modifie la vitesse, l'intensité et la durée de la réaction immunitaire. La **réaction immunitaire primaire** correspond à la production de cellules effectrices à partir d'un clone de lymphocytes lors de la toute première exposition à un antigène. Cette réaction primaire atteint son maximum de 10 à 17 jours environ après l'exposition initiale. Pendant cette période, les lymphocytes B et T donnent naissance à leurs formes effectrices. Si la même personne entre de nouveau en contact avec le même antigène, la réaction de défense sera beaucoup plus rapide (de deux à sept jours), plus longue et plus intense. C'est ce qu'on appelle la **réaction immunitaire secondaire**, qui caractérise l'immunité adaptative, ou acquise. Étant donné que les lymphocytes B sélectionnés donnent naissance à des cellules effectrices qui sécrètent des anticorps, la mesure des concentrations d'anticorps spécifiques dans le sang au fil du temps permet de distinguer la réaction immunitaire primaire et la réaction immunitaire secondaire (**figure 43.15**).

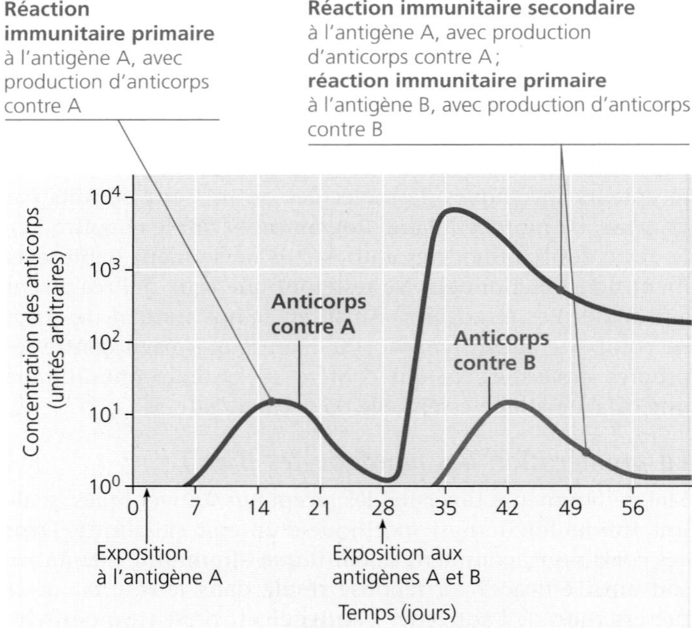
Réaction immunitaire primaire à l'antigène A, avec production d'anticorps contre A
Réaction immunitaire secondaire à l'antigène A, avec production d'anticorps contre A ; réaction immunitaire primaire à l'antigène B, avec production d'anticorps contre B
Concentration des anticorps (unités arbitraires)
10^4
10^3
10^2
10^1
10^0
Anticorps contre A
Anticorps contre B
0 7 14 21 28 35 42 49 56
Exposition à l'antigène A
Exposition aux antigènes A et B
Temps (jours)

▲ **Figure 43.15 La spécificité de la mémoire immunitaire.** Les cellules mémoire à longue durée de vie engendrées au cours de la réaction immunitaire primaire à l'antigène A donnent naissance à une réaction immunitaire secondaire plus intense au même antigène, mais n'influent pas sur la réaction primaire à un antigène différent (B).

La réaction immunitaire secondaire dépend des clones de cellules mémoire B et T formés en réponse à la première exposition à un antigène. Comme ces cellules ont une longue durée de vie, ce sont elles qui assurent la mémoire immunologique, qui peut s'étendre sur plusieurs décennies. (Les cellules effectrices ont une durée de vie plus courte, d'où l'atténuation de la réaction immunitaire après la guérison d'une première infection.) Quand l'organisme entre en contact avec le même antigène plus tard dans sa vie, les cellules mémoire spécifiques de cet antigène donnent immédiatement naissance à des clones de milliers de cellules effectrices également spécifiques à cet antigène. Il en résulte une défense immunitaire encore plus efficace.

Les processus de la reconnaissance des antigènes, de la sélection clonale et de la mémoire immunologique sont similaires pour les lymphocytes B et les lymphocytes T, mais ces deux classes de lymphocytes combattent l'infection par des moyens différents et dans des circonstances différentes, comme nous allons le voir dans la prochaine section.

RETOUR SUR LE CONCEPT **43.2**

1. **FAITES UN DESSIN** Dessinez un récepteur antigénique de lymphocyte B et indiquez les régions V et C des chaînes légères et lourdes. Indiquez ensuite les parties suivantes : ponts disulfure, sites de fixation à l'antigène et région transmembranaire. Où ces dernières parties sont-elles situées par rapport aux régions V et C ?
2. Nommez deux avantages que procurent les cellules mémoire quand notre organisme entre en contact avec un pathogène pour la seconde fois.
3. **ET SI ?** Si deux copies d'un gène de chaîne légère et d'un gène de chaîne lourde se recombinaient dans chaque lymphocyte B (diploïde), en quoi la maturation du lymphocyte B serait-elle différente ?

Voir les réponses proposées à la fin du chapitre.

CONCEPT **43.3**

L'immunité adaptative combat l'infection des liquides corporels et des cellules de l'organisme

Maintenant que nous avons exploré la production des clones des lymphocytes, nous allons voir comment ces cellules aident à combattre les infections et à atténuer les dommages causés par les agents pathogènes. L'activité des lymphocytes B et T se divise en deux types de réactions : la réaction immunitaire humorale et la réaction immunitaire à médiation cellulaire. La **réaction immunitaire humorale** a lieu dans le sang et la lymphe, autrefois appelés humeurs (liquides). Dans cette réaction, les anticorps aident à neutraliser ou à détruire les toxines et les pathogènes présents dans le sang et la lymphe. Dans la **réaction immunitaire à médiation cellulaire**, des lymphocytes T spécialisés détruisent directement des cellules infectées. Les réactions humorale et à médiation cellulaire comprennent toutes deux une réponse immunitaire primaire et une réponse immunitaire secondaire ; ce sont les cellules mémoire qui permettent à la réaction secondaire d'avoir lieu.

Les lymphocytes T auxiliaires réagissent à presque tous les antigènes

Un des types de lymphocytes T, appelé **lymphocyte T auxiliaire**, déclenche à la fois la réaction humorale et la réaction à médiation cellulaire, mais il ne participe qu'indirectement à ces réactions. Les lymphocytes T auxiliaires émettent plutôt des signaux qui stimulent la production d'anticorps, lesquels neutralisent les pathogènes et activent des lymphocytes T spécialisés dans la destruction des cellules infectées.

L'activation des réactions immunitaires adaptatives par un lymphocyte T auxiliaire ne peut se faire qu'à deux conditions. Premièrement, une molécule étrangère doit se lier spécifiquement au récepteur antigénique du lymphocyte T. Deuxièmement, cet antigène doit être exposé à la surface d'une **cellule présentatrice d'antigène**. La cellule présentatrice d'antigène peut être une cellule dendritique, un macrophage ou un lymphocyte B.

Quand des cellules sont infectées ou malades, elles exposent, elles aussi, les antigènes à leur surface. Quelle différence, donc, y a-t-il entre ces cellules et les cellules présentatrices d'antigène ? En fait, la différence réside dans l'existence de deux classes de molécules du CMH. La plupart des cellules de l'organisme possèdent seulement des molécules du CMH de classe I, alors que les cellules présentatrices d'antigène ont à la fois les molécules du CMH de classe I et celles du CMH de classe II. Ce sont les molécules du CMH de classe II qui donnent à la cellule présentatrice d'antigène une signature moléculaire reconnaissable.

La présentation d'un épitope spécifique met en œuvre des interactions d'une très grande complexité entre un lymphocyte T auxiliaire et une cellule présentatrice d'antigène (**figure 43.16**). Les récepteurs antigéniques de surface du lymphocyte T auxiliaire se lient au fragment d'antigène et à la molécule du CMH de classe II qui présente ce fragment sur la cellule présentatrice d'antigène. Au même moment, une protéine accessoire à la surface du lymphocyte T auxiliaire se lie à cette molécule du CMH de classe II afin d'aider les cellules à demeurer réunies. Durant cette interaction entre les deux cellules, des signaux émis sous la forme de cytokines sont échangés dans les deux directions. Par exemple, quand elle présente un antigène à un lymphocyte T auxiliaire, une cellule dendritique sécrète des cytokines qui, en collaboration avec l'antigène présenté, viennent activer le lymphocyte T auxiliaire, qui produit alors son propre ensemble de cytokines. Le contact prolongé entre les surfaces cellulaires donne aussi lieu à d'autres échanges d'information.

L'interaction entre une cellule présentatrice d'antigène et un lymphocyte T auxiliaire varie selon le type de cellule présentatrice d'antigène. Par exemple, la présentation d'un antigène par une cellule dendritique ou un macrophage active un lymphocyte T auxiliaire. Celui-ci se divise ensuite et donne

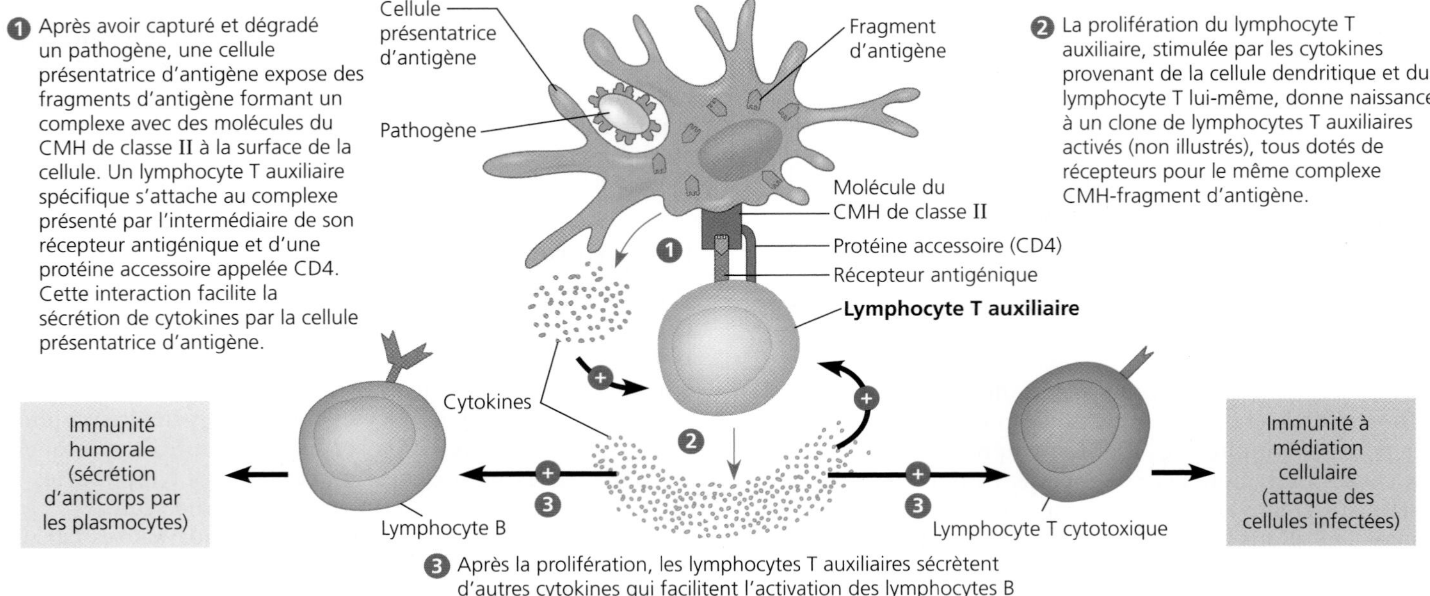

1 Après avoir capturé et dégradé un pathogène, une cellule présentatrice d'antigène expose des fragments d'antigène formant un complexe avec des molécules du CMH de classe II à la surface de la cellule. Un lymphocyte T auxiliaire spécifique s'attache au complexe présenté par l'intermédiaire de son récepteur antigénique et d'une protéine accessoire appelée CD4. Cette interaction facilite la sécrétion de cytokines par la cellule présentatrice d'antigène.
Cellule présentatrice d'antigène
Pathogène
Fragment d'antigène
2 La prolifération du lymphocyte T auxiliaire, stimulée par les cytokines provenant de la cellule dendritique et du lymphocyte T lui-même, donne naissance à un clone de lymphocytes T auxiliaires activés (non illustrés), tous dotés de récepteurs pour le même complexe CMH-fragment d'antigène.
Molécule du CMH de classe II
Protéine accessoire (CD4)
Récepteur antigénique
Lymphocyte T auxiliaire
Cytokines
Immunité humorale (sécrétion d'anticorps par les plasmocytes)
Lymphocyte B
Lymphocyte T cytotoxique
Immunité à médiation cellulaire (attaque des cellules infectées)
3 Après la prolifération, les lymphocytes T auxiliaires sécrètent d'autres cytokines qui facilitent l'activation des lymphocytes B et des lymphocytes T cytotoxiques.

▲ **Figure 43.16 Le rôle central des lymphocytes T auxiliaires dans les réactions immunitaires humorales et à médiation cellulaire.** Dans cet exemple, un lymphocyte T auxiliaire réagit à une cellule dendritique qui présente un antigène microbien.

naissance à un clone de lymphocytes T auxiliaires activés. Les lymphocytes B, eux, présentent des antigènes aux lymphocytes T auxiliaires *déjà* activés, qui à leur tour activent les lymphocytes B eux-mêmes. Les lymphocytes T auxiliaires activés aident également à stimuler les lymphocytes T cytotoxiques, comme nous le verrons dans la section qui vient.

Les lymphocytes T cytotoxiques réagissent aux cellules infectées

Dans la réaction immunitaire à médiation cellulaire, les **lymphocytes T cytotoxiques** sont les cellules effectrices. Le terme *cytotoxique* fait référence à la capacité de détruire des cellules infectées par le biais de produits toxiques génétiquement codés. Pour devenir actifs, les lymphocytes T cytotoxiques doivent recevoir des stimulus moléculaires émis par des lymphocytes T auxiliaires et interagir avec une cellule présentatrice d'un antigène. Une fois activés, les lymphocytes T cytotoxiques peuvent éliminer des cellules infectées par des virus ou d'autres pathogènes intracellulaires.

Les fragments de protéines étrangères synthétisées dans des cellules hôtes infectées s'associent aux molécules du CMH de classe I et sont exposés à la surface des cellules, où ils peuvent être reconnus par les lymphocytes T cytotoxiques (**figure 43.17**). Comme c'est le cas pour les lymphocytes T auxiliaires, les lymphocytes T cytotoxiques possèdent une protéine accessoire (CD8) qui se lie à la molécule du CMH afin d'aider à garder les deux cellules en contact, le temps que le lymphocyte T soit activé.

La destruction d'une cellule hôte infectée par un lymphocyte T cytotoxique fait appel à la sécrétion de protéines qui altèrent l'intégrité de la membrane et provoquent l'apoptose (voir la figure 43.17). Non seulement la mort de la cellule infectée prive l'agent pathogène d'un lieu de reproduction, mais elle l'expose aussi aux anticorps en circulation. La liaison des anticorps aux antigènes et l'élimination du pathogène s'en trouvent facilitées. Après avoir détruit la cellule infectée, un lymphocyte T cytotoxique s'attaque à d'autres cellules infectées à l'aide du même agent pathogène.

Les lymphocytes B et les anticorps réagissent aux pathogènes extracellulaires

La sécrétion d'anticorps par des lymphocytes B issus de la sélection clonale est la principale caractéristique de la réaction immunitaire humorale. Avant d'explorer le fonctionnement des anticorps, examinons le processus conduisant à l'activation des lymphocytes B.

L'activation des lymphocytes B

L'activation de la réaction immunitaire humorale repose habituellement sur l'intervention des lymphocytes B et des lymphocytes T auxiliaires, à laquelle s'ajoute la présence des protéines de surface des agents pathogènes. Comme le montre la **figure 43.18**, l'activation d'un lymphocyte B par un pathogène fait intervenir les cytokines sécrétées par des lymphocytes T auxiliaires qui sont entrés en contact avec le même antigène. Stimulé par l'antigène et les cytokines, le lymphocyte B prolifère et se différencie en lymphocytes B mémoire et en cellules effectrices sécrétrices d'anticorps appelées **plasmocytes**.

La voie du traitement d'un antigène et de sa présentation chez les lymphocytes B diffère de celles des autres cellules présentatrices d'antigène. Alors que le macrophage et la cellule dendritique présentent des fragments provenant d'une grande variété d'antigènes protéiques, le lymphocyte B présente seulement l'antigène auquel il se lie spécifiquement.

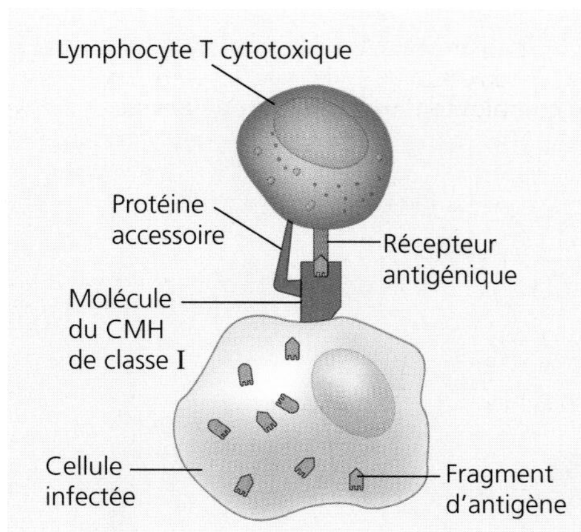

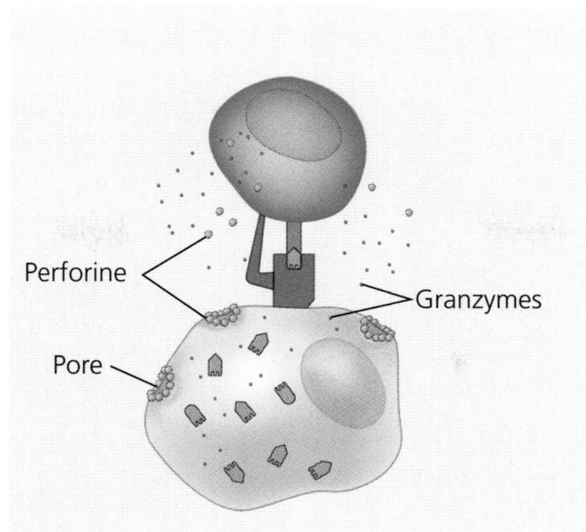

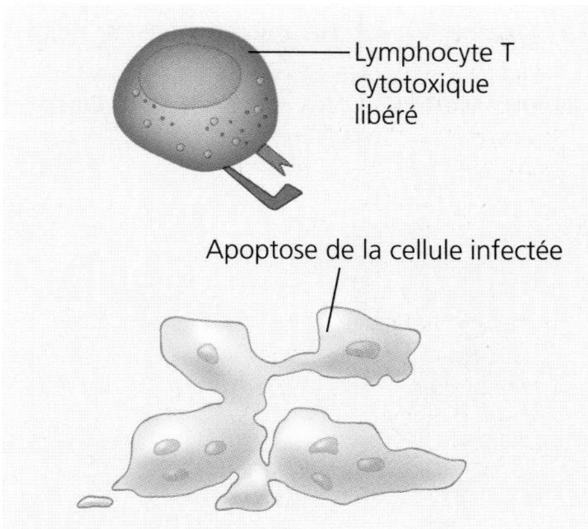

1. Un lymphocyte T cytotoxique se fixe au complexe formé par le CMH de classe I et le fragment d'antigène sur une cellule infectée. Cette liaison s'établit par l'intermédiaire de son récepteur antigénique avec l'aide d'une protéine accessoire (CD8).

2. Le lymphocyte T libère des molécules de perforine, qui créent des pores dans la membrane de la cellule infectée, et des granzymes (enzymes qui dégradent des protéines), qui pénètrent dans la cellule infectée par endocytose.

3. Les granzymes amorcent l'apoptose dans la cellule infectée, ce qui mène à la fragmentation du noyau et du cytoplasme et, par la suite, à la mort de la cellule. Après la destruction de la cellule, le lymphocyte T cytotoxique peut attaquer d'autres cellules infectées.

▲ **Figure 43.17 La destruction d'une cellule hôte infectée par des lymphocytes T cytotoxiques.** Un lymphocyte T cytotoxique activé libère des molécules qui percent des pores dans la membrane de la cellule infectée ainsi que des enzymes qui dégradent les protéines et provoquent la mort cellulaire.

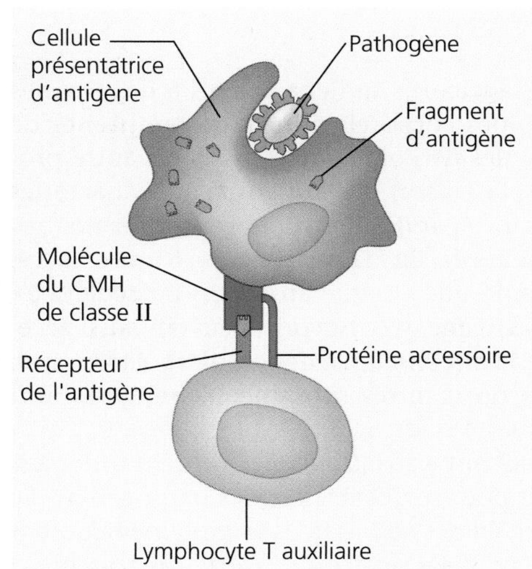

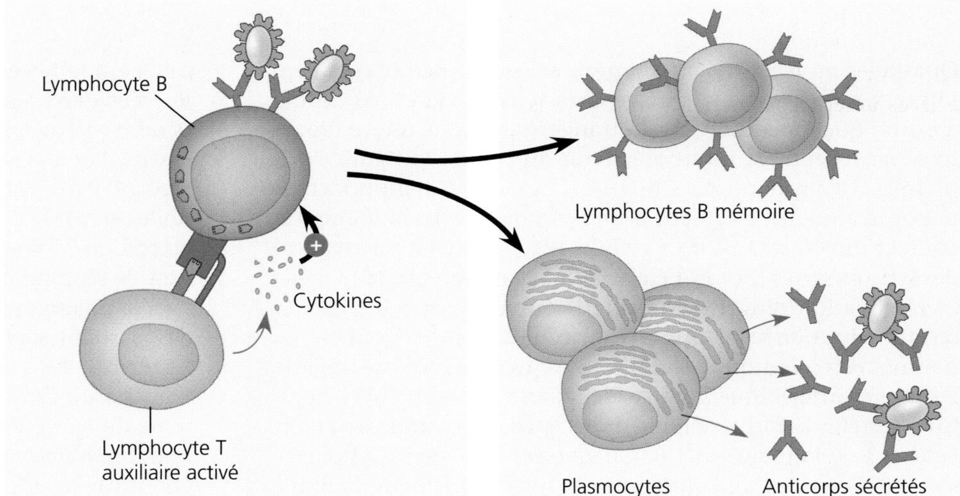

1. Après avoir absorbé et dégradé un pathogène, la cellule présentatrice d'antigène présente un fragment d'antigène associé à une molécule du CMH de classe II. Un lymphocyte T auxiliaire qui reconnaît le complexe présenté est activé par des cytokines sécrétées par la cellule présentatrice d'antigène.

2. Le lymphocyte B muni de récepteurs pour le même épitope absorbe l'antigène. Il présente ensuite un fragment de cet antigène associé à une molécule du CMH de classe II. Un lymphocyte T auxiliaire activé portant des récepteurs spécifiques du fragment présenté se lie au lymphocyte B. Cette interaction, avec l'aide des cytokines du lymphocyte T, active le lymphocyte B.

3. Le lymphocyte B activé prolifère et se différencie en lymphocytes B mémoire et en plasmocytes sécrétant des anticorps. Les anticorps sécrétés sont spécifiques du même antigène bactérien qui a amorcé la réaction.

▲ **Figure 43.18 L'activation d'un lymphocyte B dans la réaction immunitaire humorale.** La plupart des antigènes protéiques nécessitent l'intervention des lymphocytes T cytotoxiques pour amorcer une réaction humorale. Un macrophage (illustré ici) ou une cellule dendritique peuvent activer un lymphocyte T auxiliaire qui, à son tour, permet au lymphocyte B de donner naissance à des plasmocytes sécréteurs d'antigènes.

? *Quelle fonction les récepteurs antigéniques de surface accomplissent-ils pour les cellules mémoire B ?*

▼ Figure 43.19 Les mécanismes de destruction des antigènes par l'intermédiaire des anticorps.

Neutralisation

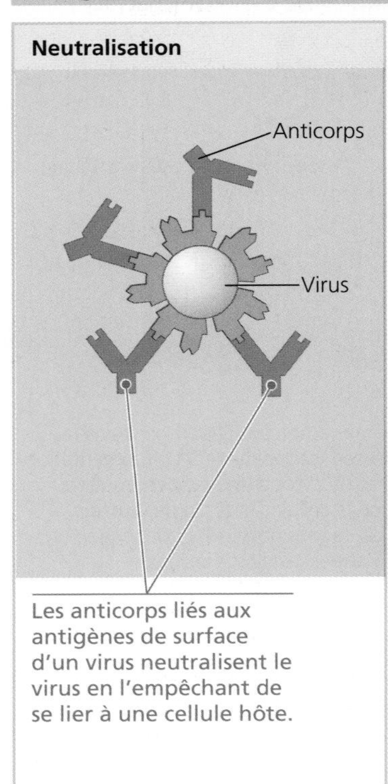

Les anticorps liés aux antigènes de surface d'un virus neutralisent le virus en l'empêchant de se lier à une cellule hôte.

Opsonisation

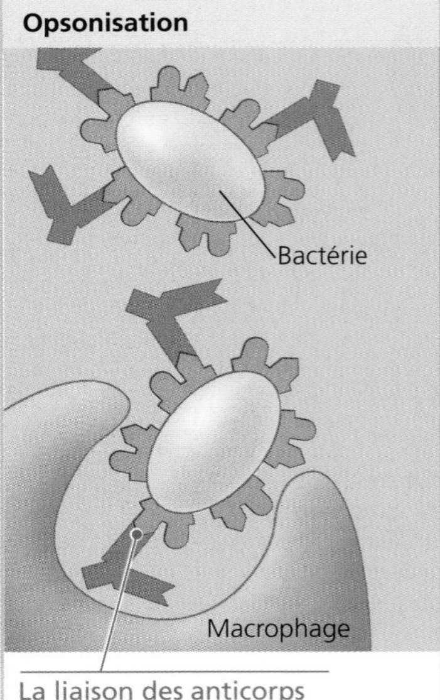

La liaison des anticorps aux antigènes de surface des bactéries facilite la phagocytose par les macrophages et les neutrophiles.

Activation du système du complément et formation de pores

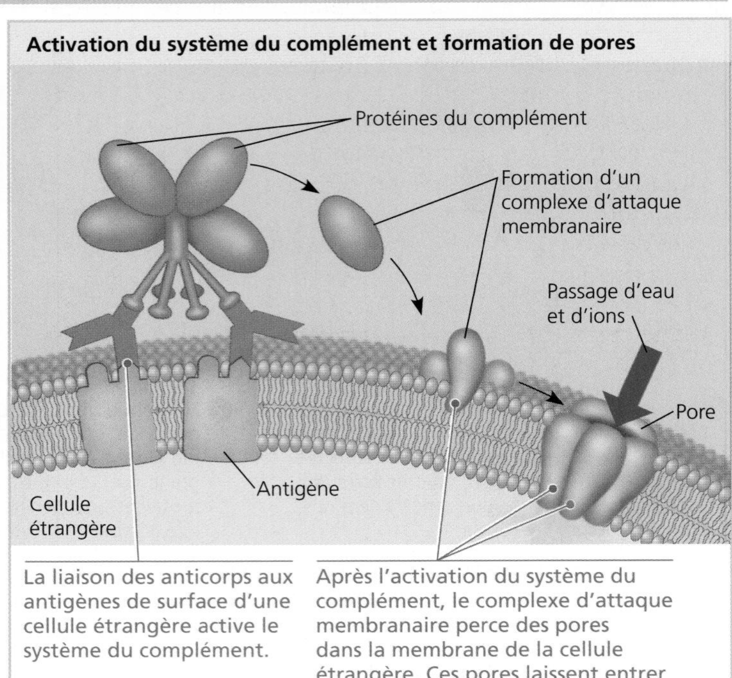

La liaison des anticorps aux antigènes de surface d'une cellule étrangère active le système du complément.

Après l'activation du système du complément, le complexe d'attaque membranaire perce des pores dans la membrane de la cellule étrangère. Ces pores laissent entrer de l'eau et des ions. La cellule gonfle et finit par mourir.

Quand les molécules d'un antigène se fixent pour la première fois aux récepteurs à la surface d'un lymphocyte B, la cellule absorbe quelques molécules étrangères grâce à une endocytose par récepteurs interposés (voir au bas de la figure 7.22, p. 154). La protéine du CMH de classe II du lymphocyte B présente alors un fragment à un lymphocyte T auxiliaire. Ce contact direct, de cellule à cellule, est essentiel à l'activation des lymphocytes B (voir l'étape 2 dans la figure 43.18).

L'activation d'un lymphocyte B provoque une imposante réaction immunitaire humorale: la naissance de milliers de plasmocytes identiques. Ces plasmocytes cessent d'exprimer le récepteur antigénique lié à la membrane et commencent plutôt à sécréter la forme soluble du récepteur: des anticorps (voir l'étape 3 de la figure 43.18). Chaque plasmocyte sécrète environ 2 000 molécules d'anticorps par seconde pendant la durée de vie de la cellule (de 4 à 5 jours). En outre, comme la plupart des antigènes reconnus pas les lymphocytes B contiennent de multiples épitopes, une exposition à un seul antigène activera donc normalement une grande variété de lymphocytes B dont les différents plasmocytes produiront des anticorps dirigés contre les différents épitopes de l'antigène commun.

La fonction des anticorps

Les anticorps ne détruisent pas les pathogènes. En se liant aux antigènes, ils procèdent plutôt au marquage des pathogènes, de diverses manières, afin de les inactiver ou de les préparer à être détruits. Le mécanisme de marquage le plus simple est la *neutralisation*: l'anticorps se fixe à une protéine de surface d'un virus (**figure 43.19**, à gauche). En se liant à ces protéines, les anticorps neutralisent les virus et les empêchent d'infecter une cellule hôte. Les anticorps se lient parfois à des toxines libérées dans les liquides corporels afin de les empêcher de pénétrer dans les cellules de l'organisme. Dans un autre processus, l'*opsonisation*, la liaison des anticorps à des bactéries favorise la reconnaissance par des macrophages ou des neutrophiles et, par le fait même, facilite la phagocytose (**figure 43.19**, au milieu). Étant donné que chaque anticorps possède deux sites de fixation de l'antigène, les anticorps peuvent aussi accélérer la phagocytose en liant ensemble des cellules bactériennes, des particules virales ou d'autres substances étrangères afin de former des agrégats.

Les anticorps travaillent parfois avec les protéines du système du complément pour se débarrasser des pathogènes. (Le nom *complément* fait référence au fait que ces protéines ajoutent à l'efficacité des attaques des anticorps contre les bactéries.) La liaison d'une protéine du complément à un complexe antigène-anticorps sur une cellule étrangère (ou un virus enrobé) amorce une cascade de réactions dans laquelle chaque protéine du système du complément active la protéine suivante. Après une série d'étapes, les protéines du complément activées produisent un *complexe d'attaque membranaire* qui perce un pore dans la membrane de la cellule étrangère. Ce pore laisse des ions et de l'eau pénétrer dans la cellule, qui gonfle et meurt (**figure 43.19**, à droite). Qu'elle soit déclenchée dans le cadre des défenses innées ou dans le cadre des défenses adaptatives, cette cascade d'activités aboutit à la lyse des cellules étrangères et à la production de facteurs qui provoquent l'inflammation ou stimulent la phagocytose.

Quand des anticorps facilitent la phagocytose (voir la figure 43.19, au centre), ils contribuent également à mieux cibler la réaction immunitaire humorale. Rappelez-vous que la phagocytose permet aux macrophages et aux cellules dendritiques de présenter des antigènes aux lymphocytes T auxiliaires et de les stimuler afin que ceux-ci, à leur tour, stimulent des lymphocytes B, ceux-là mêmes qui ont donné naissance aux anticorps déjà mobilisés pour la phagocytose. Cette rétroaction entre l'immunité innée et l'immunité adaptative permet le déploiement d'une réaction efficace et coordonnée contre l'infection.

Les anticorps mènent leurs principales batailles dans les liquides corporels, mais il existe un autre mécanisme par lequel ils peuvent détruire des cellules infectées. Quand un virus détourne le mécanisme biosynthétique d'une cellule hôte pour produire ses propres protéines virales, celles-ci peuvent apparaître à la surface de la cellule infectée. Si des anticorps spécifiques des épitopes de ces protéines virales se lient aux protéines exposées, la présence de tels complexes peut mobiliser une cellule tueuse naturelle. Celle-ci libérera alors des protéines qui provoqueront l'apoptose de la cellule infectée.

Les lymphocytes B peuvent exprimer cinq formes d'immunoglobulines (Ig). Pour un lymphocyte B donné, chaque forme ou *classe* possède la même spécificité de fixation à l'antigène, mais les régions C de leurs chaînes lourdes sont différentes. Le récepteur antigénique appelé IgD est lié à la membrane. Les quatre autres classes sont des anticorps solubles. Les IgM sont les premiers anticorps produits. Les IgG viennent ensuite; ce sont les anticorps les plus abondants dans le sang. À mesure que nous explorerons le rôle des anticorps dans l'immunité et la maladie, nous verrons comment fonctionnent les IgG ainsi que les deux autres classes (IgA et IgE).

La réaction immunitaire à médiation cellulaire et la réaction immunitaire humorale: récapitulation

Comme nous l'avons vu, la réaction immunitaire humorale et la réaction immunitaire à médiation cellulaire peuvent comporter des réactions immunitaires primaires et secondaires. Les cellules mémoire de chaque type de réaction – lymphocyte T auxiliaire, lymphocyte B et lymphocyte T cytotoxique – font partie de la réaction secondaire. Par exemple, quand les liquides corporels sont réinfectés par un pathogène antérieurement responsable d'une infection, les lymphocytes B mémoire et les lymphocytes T auxiliaires mémoire enclenchent une réaction humorale secondaire. La **figure 43.20** schématise les événements qui déclenchent les réactions immunitaires à médiation humorale et à médiation cellulaire. Elle fait également ressortir le rôle central des lymphocytes T auxiliaires et résume utilement l'immunité adaptative.

L'immunisation active et l'immunisation passive

Jusqu'à maintenant, nous avons axé notre exploration sur l'**immunité active**, celle qui s'obtient naturellement après une exposition à un agent infectieux et qui se manifeste par une réaction immunitaire primaire ou secondaire. Un autre type d'immunité est conféré lorsque les anticorps IgG d'une femme enceinte sont transmis au fœtus par l'intermédiaire du placenta. Les anticorps transférés peuvent immédiatement réagir et détruire les microorganismes pour lesquels ils sont spécifiques. C'est ce qu'on appelle l'**immunité passive**, parce que les anticorps fournis par la mère protègent le bébé contre des pathogènes qu'il n'a encore jamais rencontrés. Étant donné que l'immunité passive ne sollicite pas l'action des lymphocytes B et T du receveur, elle procure une protection immédiate, mais dont la durée ne dépasse pas celle des anticorps produits (quelques semaines à quelques mois).

Après la naissance, la mère qui allaite continue de transmettre des anticorps à l'enfant. Les anticorps IgA protègent le tube digestif du bébé contre les infections jusqu'à ce que son propre système immunitaire se soit développé. Plus tard, les IgA participent à l'immunité active: les anticorps IgA sécrétés dans les larmes, la salive et le mucus protègent les muqueuses des humains adultes.

L'immunité active et l'immunité passive peuvent toutes deux être acquises artificiellement. L'immunité active peut être conférée par l'introduction d'antigènes dans le corps, c'est-à-dire par l'**immunisation**. En 1796, le médecin britannique Edward Jenner observa que les femmes travaillant dans les laiteries qui avaient contracté la vaccine, une infection virale des vaches, résistaient à la variole, une maladie beaucoup plus dangereuse. Jenner a pratiqué la toute première immunisation connue (aussi appelée **vaccination**, du latin *vacca*, «vache»): il a utilisé le virus de la vaccine des vaches pour induire l'immunité adaptative contre le virus de la variole, très semblable. Les vaccins modernes se composent d'une grande variété d'antigènes, dont des toxines bactériennes inactives, des microorganismes morts ou des fragments d'un agent pathogène. D'autres encore contiennent des virus atténués ou des microorganismes vivants mais affaiblis, donc inoffensifs, et même des gènes qui codent pour des protéines microbiennes. Tous ces agents déclenchent une réaction immunitaire immédiate et la mémoire immunitaire à long terme, grâce aux cellules mémoire (voir la figure 43.15). Une personne vaccinée qui entre en contact avec l'agent pathogène contre lequel elle a été immunisée manifestera la même réaction qu'une personne ayant déjà eu la maladie.

Les programmes de vaccination ont permis de mettre un frein à beaucoup de maladies qui, autrefois, tuaient ou handicapaient des milliers de personnes. À la fin des années 1970, une campagne de vaccination à l'échelle mondiale a mené à l'éradication de la variole. Dans les pays développés, les vaccinations courantes des nourrissons et des enfants ont considérablement réduit l'incidence de maladies infectieuses comme la poliomyélite, la rougeole et la coqueluche. Toutefois, on ne dispose pas de vaccins pour lutter contre certains agents infectieux et, malheureusement, certains vaccins ne sont pas disponibles facilement dans les régions défavorisées du monde.

La désinformation au sujet de la sécurité des vaccins et de possibles effets secondaires a porté certains parents à refuser de faire administrer à leurs enfants des vaccins efficaces et disponibles. Cette situation cause un problème de santé publique considérable qui va croissant. Prenons l'exemple de la rougeole. Les effets secondaires de l'immunisation sont remarquablement rares: moins de 1 enfant sur 1 million présente une réaction allergique grave au vaccin contre la rougeole. La maladie, par contre, est très dangereuse: environ 1 patient sur 1 000 est atteint d'*encéphalite*, c'est-à-dire une inflammation de

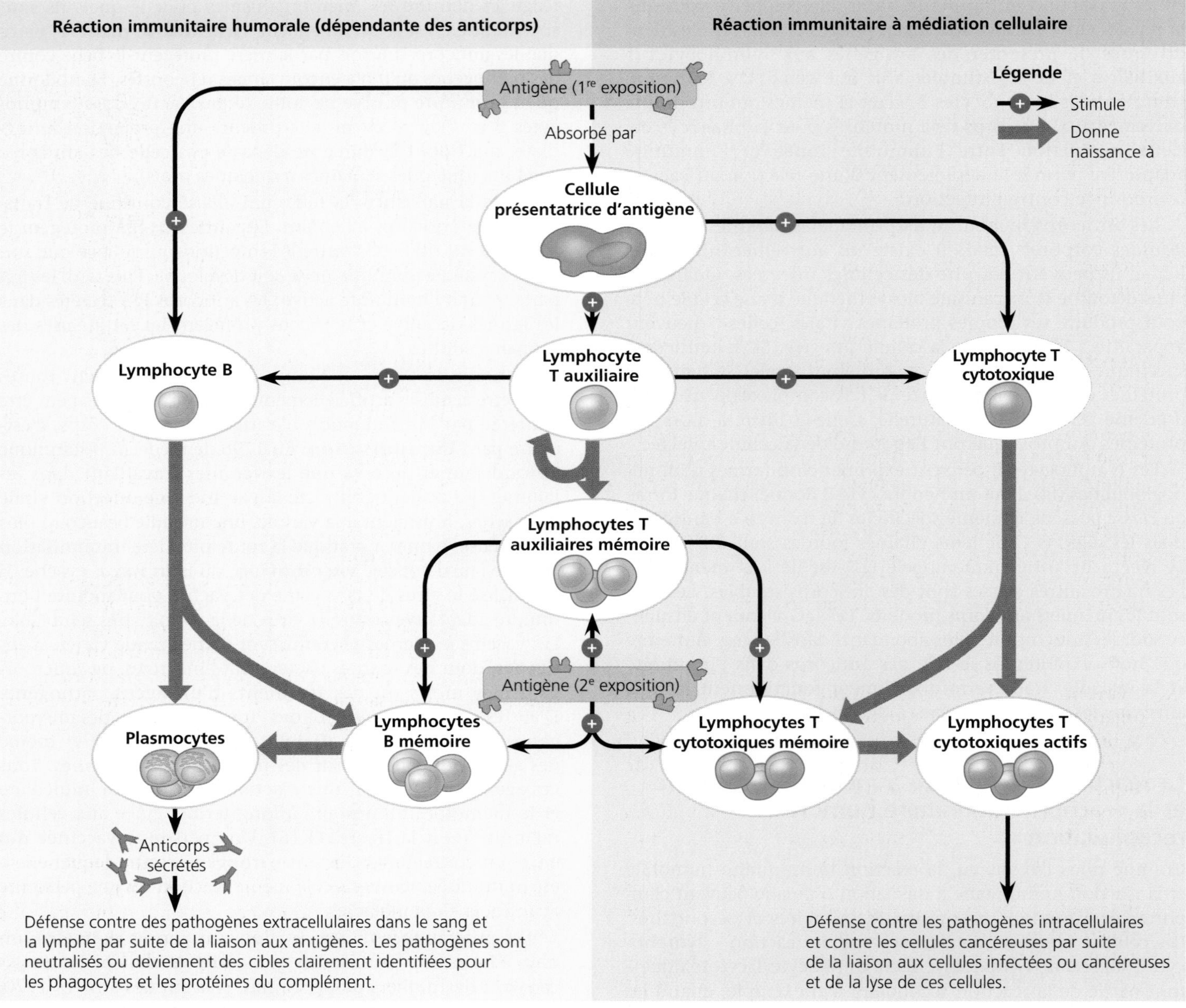

▲ **Figure 43.20 La réponse immunitaire adaptative.**

? *Indiquez ce que chaque flèche noire ou brune représente dans chacune des réactions.*

l'encéphale. Dans le monde, la rougeole tue plus de 200 000 personnes par année. Malheureusement, la baisse des taux de vaccination contre la rougeole aux Pays-Bas, en Russie et aux États-Unis a récemment entraîné une augmentation de l'incidence de la maladie et un nombre considérable de décès évitables.

Dans l'immunisation passive artificielle, les anticorps d'un animal qui a déjà acquis l'immunité sont injectés à un autre animal qui n'est pas immunisé. Par exemple, une personne qui a été mordue par un serpent venimeux est parfois traitée avec un sérum antivenimeux, que l'on a obtenu de moutons ou de chevaux immunisés contre le venin d'une ou plusieurs espèces de serpents. Quand le sérum antivenimeux est administré dans les instants suivant la morsure, les anticorps du sérum administré peuvent neutraliser les toxines du venin avant qu'elles ne causent d'importants dommages.

Les anticorps: des outils

L'énorme potentiel de la spécificité des anticorps et de la fixation antigène-anticorps a été mis à profit dans les domaines de la recherche, du diagnostic et de la thérapeutique. Certains anticorps sont *polyclonaux*: ils sont les produits de nombreux clones différents de plasmocytes, qui correspondent chacun spécifiquement à un épitope différent (**figure 43.21**). Les anticorps produits dans l'organisme à la suite d'une exposition à un antigène microbien sont polyclonaux. En revanche, il est possible d'obtenir en laboratoire des **anticorps monoclonaux** que l'on prépare à partir d'une seule lignée clonale de lymphocytes B mis en culture. Tous les anticorps monoclonaux produits dans une telle culture sont identiques et spécifiques au même type d'épitope d'un antigène.

Les anticorps monoclonaux ont grandement contribué aux progrès récents accomplis par la médecine. Par exemple, les tests de grossesse font appel à des anticorps monoclonaux pour révéler la présence de l'hormone gonadotrophique chorionique (HCG). Étant donné que l'HCG est produite dès l'implantation de l'embryon dans l'utérus (voir le chapitre 46), sa présence dans l'urine est un indicateur fiable de la grossesse et permet donc de la détecter très tôt. En milieu clinique, on a recours aux anticorps monoclonaux pour traiter de nombreuses maladies humaines. Dans ce type de traitement, les chercheurs utilisent des clones de lymphocytes B de souris pour trouver les anticorps spécifiques d'un épitope situé sur des cellules malades. Ensuite, ils modifient les gènes des anticorps de souris afin qu'ils puissent coder pour des anticorps qui semblent moins étrangers aux défenses immunitaires adaptatives de l'humain. Les scientifiques utilisent ensuite ces gènes « humanisés » pour produire de grandes quantités d'anticorps qui pourront être injectés aux patients.

Le rejet immunitaire

Le système immunitaire effectue la distinction entre les cellules de l'organisme et les agents pathogènes envahisseurs. Il peut tout autant attaquer les cellules provenant d'autres individus. Par exemple, un fragment de peau greffé sur une personne génétiquement différente du donneur aura une apparence saine pendant environ une semaine, mais il sera détruit (rejeté) ensuite par la réaction immunitaire du receveur. N'oublions pas que la réaction de défense du corps contre la transfusion d'un sang incompatible ou contre des tissus ou des organes complets greffés ne correspond pas à un trouble du système immunitaire. Il s'agit plutôt d'une réaction normale: le système immunitaire sain réagit aux antigènes étrangers. (On ne comprend pas encore exactement pourquoi la femme enceinte ne rejette pas son fœtus comme s'il s'agissait d'un corps étranger.)

Les groupes sanguins et les transfusions sanguines

Pour éviter que du sang transfusé soit considéré comme une substance étrangère par le système immunitaire du receveur, la transfusion doit tenir compte du système sanguin ABO du donneur et du receveur. Au chapitre 14, nous avons vu que les érythrocytes du groupe sanguin A portent le glucide A à leur surface. De la même façon, les érythrocytes du groupe B portent le glucide B et ceux du groupe AB portent à la fois les glucides A et B. Quant aux érythrocytes du groupe O, ils ne portent aucun de ces glucides (voir la figure 14.11, p. 311).

Pour comprendre l'incidence des groupes sanguins sur les transfusions, prenons l'exemple de la réaction immunitaire chez une personne du groupe A. Tout d'abord, il s'avère que certaines bactéries normalement présentes dans l'organisme possèdent des épitopes très semblables aux glucides A et B. En réagissant à l'épitope bactérien semblable au glucide B, une personne du groupe A fabrique des anticorps qui réagiront au glucide de type B. Elle ne fabriquera toutefois pas d'anticorps visant les épitopes bactériens semblables aux glucides A, parce que les lymphocytes qui réagissent aux molécules du soi sont inactivés ou détruits au cours du développement. Si cette personne du groupe A reçoit une transfusion de sang du groupe B, ses anticorps anti-B déclencheront donc une réaction immunitaire immédiate et catastrophique. Les érythrocytes transfusés subiront la lyse, une réaction qui s'accompagne de frissons, de fièvre, d'un état de choc et de troubles rénaux. De même, les anticorps anti-A présents dans le sang du groupe B donné agiront contre les érythrocytes du groupe A du receveur. Bien que ce type de réaction empêche les personnes du groupe O de recevoir des transfusions de tout autre groupe sanguin, la récente découverte d'enzymes pouvant éliminer les glucides A et B à la surface des érythrocytes pourrait contourner le problème.

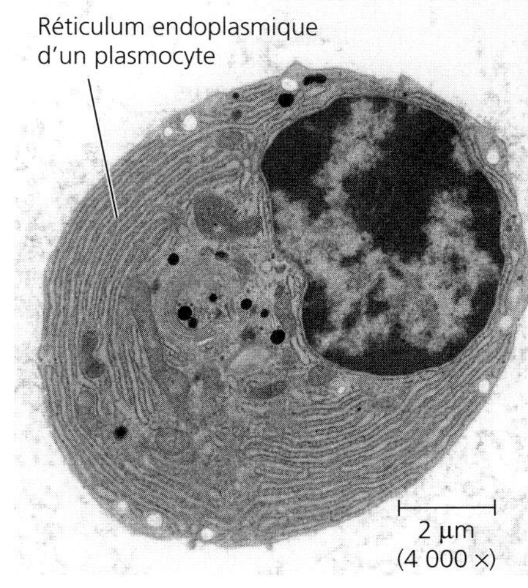

▲ **Figure 43.21 Un plasmocyte.** Un plasmocyte contient un abondant réticulum endoplasmique, une caractéristique commune aux cellules spécialisées dans la production de protéines de sécrétion (MEB).

Les greffes de tissus et les transplantations d'organes

Dans le cas des greffes de tissus et des transplantations d'organes, ce sont les molécules du complexe majeur d'histocompatibilité (CMH) qui stimulent la réponse immunitaire responsable du rejet. Chez les Vertébrés, chaque espèce possède de nombreux allèles pour chaque gène du CMH, de sorte que les cellules peuvent présenter des fragments d'antigène dont la forme et la charge électrique nette varient. La diversité des molécules du CMH rend pratiquement impossible le fait que deux personnes, sauf deux jumeaux homozygotes, puissent posséder un ensemble de molécules du CMH parfaitement identique. Par conséquent, chez la grande majorité des receveurs, la greffe d'un tissu ou d'un organe déclenche une réaction de rejet parce que quelques molécules du CMH sur le tissu du donneur sont étrangères au receveur. Pour atténuer le risque de rejet dans le cas de transplants non identiques, il faut utiliser le tissu d'un donneur dont les molécules du CMH présentent un maximum de compatibilité avec celles du receveur. De plus, le receveur doit absorber divers médicaments pour supprimer les réactions immunitaires (mais ces médicaments le rendront plus susceptible de souffrir d'une infection).

Une transplantation de la moelle osseuse d'une personne à une autre peut aussi provoquer une réaction immunitaire, mais pour une raison différente. Ce genre de transplantation sert à traiter la leucémie et d'autres types de cancer, ainsi que diverses maladies hématologiques (touchant les cellules sanguines). Avant la transplantation de moelle osseuse, le receveur est généralement soumis à un traitement par irradiation qui vise à éliminer ses propres cellules de moelle osseuse, notamment celles qui sont anormales. Ce traitement détruit provisoirement son système immunitaire, ce qui réduit considérablement les probabilités d'un rejet de la greffe. Toutefois, le danger principal de ce type d'intervention est la possibilité que les lymphocytes de la moelle transplantée réagissent contre le receveur. Cette *réaction du greffon contre l'hôte* est limitée si les molécules du CMH du donneur et du receveur sont bien appariées. Les programmes de donneurs de moelle osseuse du monde entier sont toujours à la recherche de donneurs bénévoles. Étant donné l'immense variabilité du CMH, il est essentiel de disposer d'un vaste échantillon de donneurs éventuels.

RETOUR SUR LE CONCEPT **43.3**

1. Si un enfant naît sans thymus, quelles sont les cellules et les fonctions qui feront défaut à son organisme? Expliquez votre réponse.
2. Lorsqu'on traite des anticorps avec une certaine protéase, les chaînes lourdes sont coupées en deux, de sorte que les deux bras de la molécule en forme de Y sont libres. Comment ces anticorps peuvent-ils continuer à fonctionner?
3. **ET SI?** Une personne mordue par un serpent venimeux reçoit un sérum antivenimeux. Pourquoi le même traitement pourrait-il avoir des résultats différents dans le cas d'une seconde morsure?

Voir les réponses proposées à la fin du chapitre.

CONCEPT **43.4**

Un dérèglement de la fonction immunitaire peut entraîner ou exacerber des maladies

L'immunité adaptative confère une protection considérable contre une foule de pathogènes, mais elle n'est pas infaillible. Dans la dernière partie de ce chapitre, nous nous pencherons sur les problèmes de santé causés par la suppression ou l'altération du système immunitaire. Nous verrons ensuite certaines adaptations qui sont apparues chez les microorganismes au cours de l'évolution et qui leur permettent d'échapper au système immunitaire de leurs hôtes.

Les réactions immunitaires excessives, autodirigées ou diminuées

Les interactions des lymphocytes avec des substances étrangères et les interactions des lymphocytes entre eux ou avec les autres cellules du corps sont extrêmement complexes. Elles offrent une protection extraordinaire contre de nombreux pathogènes. Il arrive toutefois que les allergies, les affections auto-immunes ou certaines formes d'immunodéficience perturbent ce fragile équilibre et soient à l'origine de troubles souvent sérieux et parfois mortels.

Les allergies

Les allergies sont des réactions d'hypersensibilité (réactions excessives) à certains antigènes, appelés **allergènes**. Les allergies les plus courantes font intervenir des anticorps de la classe des IgE. Par exemple, la rhinite allergique (ou «rhume des foins») affecte actuellement environ 10% de la population au Québec et plus de 15% de la population âgée de 15 à 50 ans en France. Cette réaction survient lorsque les plasmocytes sécrètent des anticorps IgE qui se lient spécifiquement aux allergènes à la surface des grains de pollen (**figure 43.22**). Certains des anticorps IgE s'attachent par leur base aux mastocytes présents dans les tissus conjonctifs. C'est ainsi qu'une personne prédisposée est sensibilisée à l'antigène spécifique du pollen. Par la suite, chaque fois qu'un grain de pollen pénètre dans son corps et lie simultanément deux IgE adjacentes, les mastocytes libèrent dans leur environnement de l'histamine et d'autres agents inflammatoires à partir de vésicules appelées granules. Ces médiateurs agissent sur différentes cellules et sont à l'origine des symptômes typiques de l'allergie: les éternuements, l'écoulement nasal, les larmes et les contractions des muscles lisses, qui peuvent provoquer des difficultés respiratoires. Les antihistaminiques sont des médicaments qui atténuent les symptômes d'allergie en bloquant les récepteurs de l'histamine.

Une réaction allergique aiguë peut causer un *choc anaphylactique*, soit une réaction de tout l'organisme, qui survient en quelques secondes après l'exposition à des allergènes et qui est susceptible de provoquer la mort. Le choc anaphylactique se produit lorsque la libération massive du contenu des mastocytes provoque une dilatation démesurée des vaisseaux sanguins périphériques, ce qui produit une chute subite de la pression sanguine ainsi qu'une constriction des bronchioles. La mort peut survenir en quelques minutes. Des réactions allergiques au venin d'abeille ou à la pénicilline peuvent provoquer un choc anaphylactique chez les personnes qui sont extrêmement allergiques à ces substances. De même, certains individus très allergiques aux arachides, au poisson et à d'autres aliments peuvent mourir après avoir consommé de toutes petites quantités de ces allergènes. Ils doivent donc toujours porter sur eux une seringue avec une dose d'épinéphrine auto-injectable par voie intramusculaire. En effet, l'épinéphrine est une hormone qui neutralise la réaction allergique grâce à son effet vasoconstricteur et bronchodilatateur puissant (voir la figure 45.8, p. 1135).

Les maladies auto-immunes

Chez certains individus, il peut arriver que le système immunitaire attaque des molécules du soi, provoquant une **maladie auto-immune**. Cette perte de tolérance du soi peut se manifester de diverses façons. Dans le cas du *lupus érythémateux systémique*, le système immunitaire produit des anticorps qui s'attaquent notamment aux histones et à l'ADN libérés

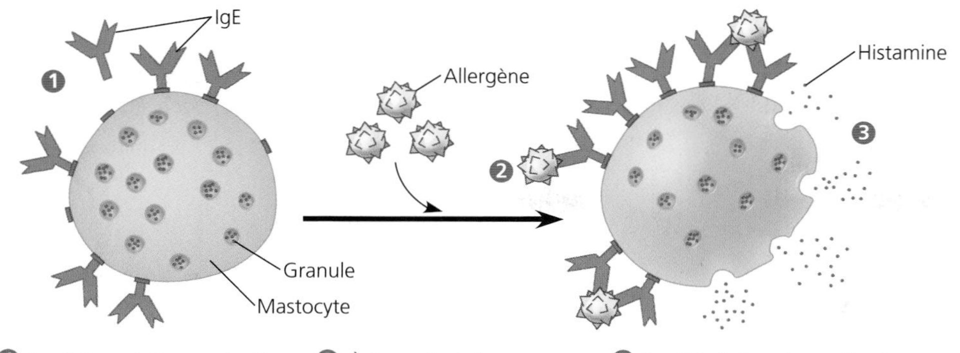

1 Les IgE produites en réaction à la première exposition à l'allergène s'attachent aux récepteurs des mastocytes.

2 À l'occasion d'une exposition subséquente au même allergène, des IgE attachées aux mastocytes reconnaissent et fixent l'allergène.

3 La réticulation des molécules d'IgE adjacentes libère de l'histamine et d'autres substances chimiques, ce qui cause des symptômes d'allergie.

▲ **Figure 43.22 Les mastocytes, les IgE et la réaction allergique.** Dans cet exemple, des grains de pollen constituent l'allergène.

par la dégradation normale des cellules du corps. Les anticorps autoréactifs causent des éruptions cutanées, de la fièvre, de l'arthrite et des troubles rénaux. La *polyarthrite rhumatoïde* est une autre maladie auto-immune attribuable aux anticorps, qui se manifeste par la dégradation et l'inflammation douloureuse du cartilage et des os des articulations (**figure 43.23**). Au Canada, 300 000 personnes en souffrent. Dans le cas du *diabète de type 1* (diabète insulinodépendant), les cellules bêta du pancréas sont la cible de lymphocytes T cytotoxiques auto-immuns. Enfin, mentionnons la *sclérose en plaques*, la maladie neurologique chronique la plus courante dans les pays industrialisés. Dans cette maladie, les lymphocytes T infiltrent le système nerveux central et détruisent la gaine de myéline qui entoure certains neurones (voir la figure 48.12, p. 1220). Les personnes touchées par cette affection souffrent d'un certain nombre d'anomalies neurologiques graves.

Plusieurs facteurs influent sur la prédisposition aux maladies auto-immunes, dont le sexe, les gènes et l'environnement. Par exemple, les membres de certaines familles sont davantage prédisposés à certaines maladies auto-immunes, et les femmes en sont plus fréquemment atteintes que les hommes. Ainsi, la sclérose en plaques et la polyarthrite rhumatoïde touchent deux à trois fois plus de femmes que d'hommes, et le lupus, neuf fois plus. Les causes de cette prédisposition liée au sexe, de même que l'incidence accrue des maladies auto-immunes dans les pays industrialisés, demeurent controversées et font l'objet de plusieurs recherches. En somme, il reste beaucoup à comprendre sur ces maladies souvent dévastatrices.

L'effort, le stress et le système immunitaire

L'effort et le stress influent sur la fonction immunitaire. Prenons comme exemple la vulnérabilité au rhume et aux autres infections des voies respiratoires supérieures. L'exercice modéré améliore la fonction du système immunitaire et diminue considérablement le risque d'infection respiratoire. En revanche, l'exercice jusqu'à l'épuisement peut augmenter la fréquence des infections et en aggraver les symptômes. Des études effectuées chez des marathoniens appuient la conclusion selon laquelle l'intensité de l'exercice est une variable très importante. Globalement, ces coureurs sont moins malades que leurs congénères sédentaires durant leurs périodes d'entraînement, où l'intensité de leur activité physique est modérée, mais ils tombent plus souvent malades durant la période qui suit immédiatement l'épreuve épuisante que constitue un marathon. De même, il a été démontré que le stress psychologique dérègle le système immunitaire parce qu'il altère les interactions entre les systèmes hormonal, nerveux et immunitaire (voir la figure 45.21, p. 1149). Des recherches récentes confirment également que le repos est important pour l'immunité : les adultes qui dorment moins de 7 heures par jour en moyenne contractent trois fois plus souvent le virus du rhume lorsqu'ils y sont exposés que les adultes qui dorment en moyenne au moins 8 heures par jour.

Les maladies de l'immunodéficience

L'incapacité du système immunitaire à protéger le corps contre des agents pathogènes ou des cellules cancéreuses qu'il devrait normalement pouvoir combattre est appelée **déficit immunitaire**. Une maladie de l'immunodéficience causée par un défaut génétique ou une anomalie du développement est classée comme un *déficit immunitaire héréditaire* ou *primaire*. Par ailleurs, une maladie de l'immunodéficience qui se manifeste au cours de la vie à la suite d'une exposition à divers agents chimiques et biologiques est considérée comme un *déficit immunitaire acquis* ou *secondaire*. Quelles que soient la cause et la nature de l'immunodéficience, une personne atteinte d'une telle maladie est sujette à des infections fréquentes et récurrentes, et est également plus susceptible de souffrir d'un cancer.

Les déficits immunitaires héréditaires sont attribuables à des anomalies dans le développement de diverses cellules du système immunitaire ou dans la production de protéines particulières, notamment les anticorps ou certaines composantes du complément. Selon le défaut génétique spécifique, les défenses innées, les défenses spécifiques, ou les deux, peuvent être insuffisantes. Dans le cas d'un *déficit immunitaire combiné sévère*, les deux types de défense, humorale et à médiation cellulaire, cessent de fonctionner. Sans système

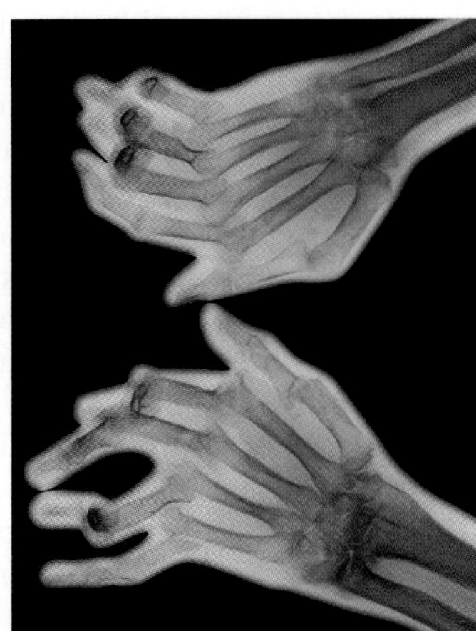

▲ **Figure 43.23 Radiographie de mains déformées par l'arthrite rhumatoïde.**

immunitaire fonctionnel, les personnes atteintes de cette maladie génétique sont sujettes aux infections telles que la pneumonie et la méningite, lesquelles peuvent être fatales en bas âge. Le traitement consiste à greffer des cellules souches ou de la moelle osseuse.

L'exposition à certains agents entraîne parfois un trouble immunitaire au cours de la vie. Par exemple, des médicaments utilisés pour lutter contre les maladies auto-immunes ou pour empêcher le rejet d'un transplant inhibent le fonctionnement du système immunitaire, ce qui provoque un état d'immunodéficience. Par ailleurs, certains cancers détruisent le système immunitaire, surtout la maladie de Hodgkin, qui endommage le système lymphatique. Les déficits immunitaires acquis vont d'états temporaires, qui peuvent survenir à l'occasion d'un stress physiologique, au **syndrome d'immunodéficience acquise** (**sida**), aux conséquences catastrophiques, causé par un virus. Nous nous pencherons sur le cas du sida dans la prochaine section, consacrée aux adaptations qui permettent à certains pathogènes d'échapper aux réactions immunitaires adaptatives.

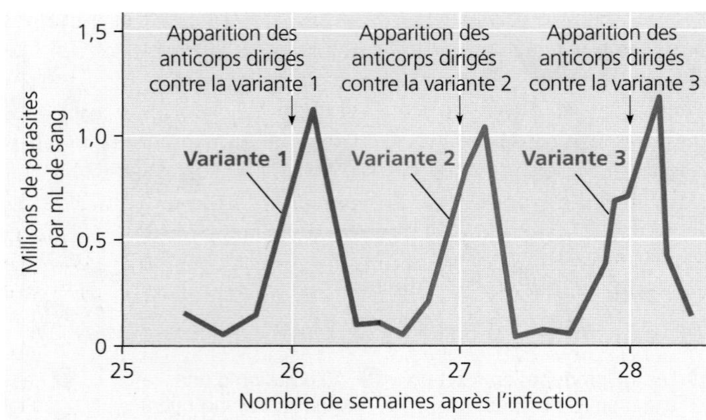

▲ **Figure 43.24 La variation antigénique chez le parasite responsable de la maladie du sommeil.** Des échantillons de sang prélevés chez un patient souffrant d'une infection chronique causée par le parasite de la maladie du sommeil révèlent la variation cyclique des protéines de surface du trypanosome. L'infection devient chronique parce que cette variation hebdomadaire permet au parasite d'échapper aux défenses immunitaires adaptatives.

Les adaptations évolutives qui permettent aux pathogènes d'échapper au système immunitaire

ÉVOLUTION De la même façon que les systèmes immunitaires qui combattent les pathogènes ont évolué chez les Animaux, les mécanismes qui suscitent des réponses immunitaires ont évolué chez les pathogènes. Nous prendrons l'exemple des pathogènes humains pour décrire trois mécanismes communs: la variation antigénique, la latence et l'attaque directe du système immunitaire.

La variation antigénique

Un des mécanismes utilisés par les pathogènes pour échapper au système immunitaire de leur hôte consiste à modifier leur apparence. La mémoire immunologique est un répertoire des épitopes étrangers qu'un animal a déjà rencontrés. Si un pathogène qui exprimait certains épitopes répertoriés ne les exprime plus, il peut réinfecter l'hôte ou y vivre sans déclencher la réaction rapide et intense des cellules mémoire. La modification de l'expression des épitopes, appelée *variation antigénique*, se produit régulièrement chez certains virus et parasites. Le parasite qui cause la maladie du sommeil (trypanosomiase africaine) en est un exemple. Ce parasite, appelé trypanosome, possède environ 1 000 versions différentes de la protéine qui recouvre sa surface; en changeant périodiquement de version, ce pathogène peut continuer à vivre dans le corps de son hôte sans susciter de réaction immunitaire adaptative efficace (**figure 43.24**).

Le mécanisme de la variation antigénique explique pourquoi le virus de l'influenza, ou grippe, demeure un problème de santé publique majeur. Lors de sa réplication d'un humain à l'autre, le virus de l'influenza humain mute. Le fait que tout changement dans son génome rende le virus méconnaissable pour le système immunitaire constitue un avantage sélectif, et ce virus accumule les mutations au fil du temps. La transformation progressive des protéines de surface du virus de la grippe explique pourquoi il faut fabriquer chaque année un nouveau vaccin antigrippal. Certaines modifications sont beaucoup plus dangereuses que d'autres, notamment celles qui mettent en cause l'échange de gènes entre le virus humain de la grippe et les virus grippaux qui touchent les animaux d'élevage comme le porc ou le poulet. Lorsque cela se produit, l'influenza peut prendre une apparence tellement différente qu'aucune cellule mémoire de la population humaine n'est en mesure de reconnaître la nouvelle souche. C'est une mutation de ce genre qui a causé l'épidémie de grippe de 1918-1919. Cette épidémie a tué près d'un demi-million de personnes aux États-Unis (voir la figure 19.9, p. 452) et plus de 20 millions de personnes dans le monde, soit davantage que la Première Guerre mondiale.

L'année 2009 a été marquée par l'apparition d'un nouveau virus de l'influenza appelé H1N1. Il possédait une nouvelle combinaison de gènes issus à la fois des virus qui infectent normalement les porcs, les oiseaux et les humains. La dissémination rapide du virus H1N1 au sein de la population humaine a causé une *pandémie*, c'est-à-dire une épidémie d'envergure mondiale. Heureusement, la fabrication rapide d'un vaccin contre la souche H1N1 a donné aux autorités en matière de santé publique un excellent moyen de ralentir la propagation du virus et de réduire les conséquences de l'épidémie.

La latence

Après avoir infecté un hôte, certains virus entrent dans un état pratiquement inactif appelé *latence*. Comme les virus latents cessent de fabriquer la plupart de leurs protéines virales et ne produisent habituellement plus de particules virales libres, ils ne suscitent pas de réaction immunitaire adaptative. Cependant, le génome viral persiste dans le noyau des cellules infectées, soit comme petite molécule d'ADN distincte, soit comme copie intégrée dans le génome de l'hôte. Cet état de latence se poursuit jusqu'à l'apparition de conditions favorables à la transmission virale ou défavorables à la survie de l'hôte, par exemple lorsque l'hôte est infecté par un autre pathogène. Ces conditions déclenchent la synthèse et la libération de particules virales qui peuvent infecter de nouveaux hôtes.

Les virus de l'herpès simplex, qui s'établissent eux-mêmes dans les neurones sensitifs humains, sont un bon exemple de latence. Le virus de type 1 cause la plupart des cas d'herpès buccal, tandis que le virus de type 2 est responsable de la plupart des cas d'herpès génital. Comme les neurones sensitifs expriment relativement peu de molécules du CMH I, les cellules infectées ne présentent pas efficacement les antigènes viraux aux lymphocytes circulants. Des stimulus tels que la fièvre, le stress émotionnel ou la menstruation réactivent le virus, qui se reproduit alors et infecte les tissus épithéliaux voisins. L'activation du type 1 peut causer des vésicules autour de la bouche qu'on appelle «feux sauvages». Le virus de type 2, lui, peut causer des vésicules génitales, mais les personnes infectées par le type 1 ou 2 sont souvent asymptomatiques. L'infection par le virus de type 2, transmissible sexuellement, représente une importante menace pour la santé des bébés de mères infectées et peut augmenter le risque de transmission du VIH, le virus qui cause le sida.

L'attaque du système immunitaire par le VIH

Le virus de l'immunodéficience humaine (VIH), qui cause le sida, est capable à la fois d'échapper au système immunitaire et de l'attaquer. Une fois qu'il a pénétré dans l'organisme, le VIH infecte les lymphocytes T auxiliaires avec beaucoup d'efficacité. Pour infecter ces cellules, le virus se lie spécifiquement à la protéine accessoire CD4 (voir la figure 43.16). Le virus infecte également d'autres types de cellules, notamment les macrophages et les neurones. Dans la cellule, le génome d'ARN du VIH fait l'objet d'une transcription inverse. L'ADN produit est intégré dans le génome de la cellule hôte et dirige la production de nouvelles particules virales (voir la figure 19.8). Sous cette forme, le génome viral peut diriger la production de nouvelles particules virales.

Le système immunitaire réagit adéquatement à l'infection par le VIH et lance des attaques qui détruisent une bonne partie des virus, mais certains d'entre eux lui échappent invariablement. Cet échec est en partie attribuable à la variation antigénique. Le VIH présente un taux de mutation très rapide durant sa réplication. La modification des protéines de surface de certains virus mutants rend difficile l'interaction avec les anticorps et les lymphocytes T cytotoxiques, de sorte que certains mutants survivent, se multiplient et subissent d'autres mutations. Le VIH se trouve donc à évoluer constamment dans l'organisme. Le mécanisme de latence contribue également à la présence persistante du VIH. Quand l'ADN du virus s'incorpore au chromosome d'une cellule hôte, mais sans produire de nouvelles protéines ou particules virales, il se protège du système immunitaire en restant ainsi tapi et inactif. Cet ADN viral est alors protégé non seulement du système immunitaire, mais également des médicaments antiviraux présentement utilisés contre le VIH, puisque ces médicaments n'attaquent que les virus en cours de réplication active.

Au fil du temps et en l'absence de traitement, l'infection par le VIH ne fait pas qu'échapper au système immunitaire: elle le supprime (**figure 43.25**). La reproduction du virus et la destruction des cellules par celui-ci provoquent la disparition des lymphocytes T auxiliaires, de sorte que les réactions immunitaires humorale et à médiation cellulaire deviennent déficientes. C'est alors que se manifeste le syndrome d'immunodéficience acquise (sida), caractérisé par une grande vulnérabilité à des infections et à des cancers que le système immunitaire est normalement capable de combattre. Par exemple, une infection causée par *Pneumocystis carinii*, un Eumycète très répandu, peut provoquer des pneumonies graves chez une personne atteinte du sida, alors qu'elle est repoussée chez un individu bien portant. De même, le sarcome de Kaposi est un cancer extrêmement rare qui survient fréquemment chez les sidéens. Ces maladies opportunistes, de même que les troubles neurologiques et un affaiblissement généralisé, sont les principales causes de décès chez les sidéens, et non le VIH lui-même.

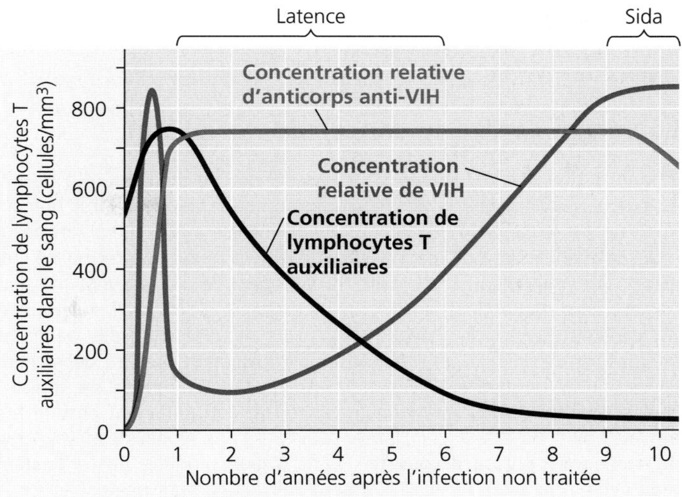

▲ **Figure 43.25 L'évolution d'une infection par le VIH en l'absence de traitement.**

Pour l'instant, l'infection au VIH est incurable, bien que certains médicaments puissent ralentir la reproduction du virus et l'évolution de la maladie jusqu'au stade du sida. Malheureusement, les changements mutationnels qui se produisent à chaque cycle de reproduction du virus peuvent engendrer des souches de VIH résistantes aux médicaments. On peut amoindrir l'effet de la résistance aux médicaments en appliquant une trithérapie (combinaison de médicaments); les virus nouvellement résistants à l'un des médicaments peuvent être vaincus par un autre. Mais l'apparition de souches multirésistantes réduit l'efficacité des «coquetels» chez certains patients. Les mutations des antigènes de surface du VIH rendent très difficile la mise au point d'un vaccin efficace. En 2008, environ 2 millions de personnes sont mortes du sida, et la maladie est aujourd'hui la principale cause de décès en Afrique.

Le VIH se transmet d'une personne à l'autre par l'intermédiaire de liquides corporels infectés, notamment le sperme, le sang et le lait maternel. Les relations sexuelles non protégées (c'est-à-dire sans utilisation de préservatif) et l'emploi de seringues contaminées par le VIH (généralement par des toxicomanes s'injectant des drogues intraveineuses) sont à l'origine de la plupart des cas d'infection au VIH. Le virus peut pénétrer dans le corps par les muqueuses du vagin, de la vulve, du pénis ou du rectum durant les rapports sexuels ou par la bouche lors des pratiques sexuelles orales. Le risque d'infection est accru en présence de facteurs qui altèrent ces muqueuses, notamment d'autres infections transmissibles sexuellement qui causent des ulcères ou de l'inflammation.

▼ **Figure 43.26**

IMPACT

Le vaccin contre le cancer du col utérin

Dans les années 1970, Harald zur Hausen, un chercheur vivant à Heidelberg en Allemagne, a posé l'hypothèse que le papillomavirus humain (VPH) causait le cancer du col utérin. Son hypothèse a laissé perplexes beaucoup de scientifiques qui imaginaient difficilement que ce cancer puisse être associé à une infection par le VPH, le pathogène le plus souvent transmis sexuellement. Cependant, après plus de dix années de travail, zur Hausen fut capable d'isoler deux types particuliers de VPH chez des patientes atteintes du cancer du col utérin. Il en a rapidement préparé des échantillons afin de permettre à d'autres scientifiques de corroborer ses travaux. Des vaccins très efficaces contre le cancer du col utérin ont ensuite été mis au point. En 2008, zur Hausen a reçu le prix Nobel de physiologie ou médecine pour sa découverte. Cette image produite par ordinateur montre une particule du VPH. On peut voir les nombreuses copies de la protéine capside (en jaune) qu'on utilise comme antigène dans le vaccin.

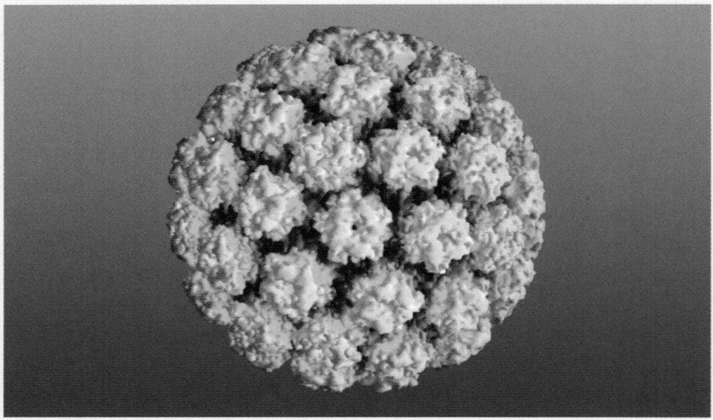

POURQUOI C'EST IMPORTANT Le cancer du col utérin compte pour 4 à 6 % des cancers féminins en Amérique du Nord et en Europe et pour 20 à 30 % dans les pays du tiers monde, et il est responsable de 270 000 décès annuellement. Il s'agit du cinquième cancer le plus répandu chez les femmes dans le monde. Les préadolescentes et les jeunes femmes qui reçoivent le vaccin contre le VPH, soit Gardasil ou Cervarix, présentent un risque beaucoup plus faible d'être infectées par les types de VPH qui causent la plupart des cancers du col utérin.

POUR EN SAVOIR PLUS L. R. Badenet *et al.*, Human Papillomavirus vaccine: Opportunity and challenge, *New England Journal of Medicine* 356: 1990-1991 (2007).

ET SI ? Supposons que vous étudiez la santé des femmes infectées par les types de VPH qui causent le cancer. Pourquoi seule une fraction de ces femmes souffrira d'un cancer du col utérin ? (*Indice :* consultez la figure 18.25 à la page 435 ainsi que le texte qui l'accompagne.)

Les personnes infectées par le VIH peuvent transmettre la maladie au cours des semaines qui suivent l'exposition au virus, c'est-à-dire *avant* de produire des anticorps qu'une analyse sanguine révélerait (voir la figure 43.25). À l'heure actuelle, entre 10 et 50 % de tous les nouveaux cas d'infections par le VIH semblent causés par des personnes infectées depuis peu.

Le cancer et l'immunité

Lorsque l'immunité adaptative est déficiente, l'incidence de certains cancers augmente de façon spectaculaire. Par exemple, le risque de souffrir d'un sarcome de Kaposi est 20 000 fois plus grand chez les sidéens non traités que chez les gens bien portants. Cette observation est inattendue : si le système immunitaire reconnaît seulement le non-soi, alors il devrait être incapable de reconnaître la croissance anarchique des cellules du soi, laquelle caractérise le cancer. Toutefois, il semble que les virus contribuent à 15 ou 20 % environ de tous les cancers humains. Comme le système immunitaire peut reconnaître la nature étrangère des protéines virales, il peut combattre les virus qui causent le cancer ainsi que les cellules cancéreuses qui abritent ces virus.

Des scientifiques ont identifié six virus susceptibles de causer le cancer chez l'humain, dont l'herpèsvirus responsable du sarcome de Kaposi. Le virus de l'hépatite B, qui peut causer le cancer du foie, en fait aussi partie. Un vaccin contre le virus de l'hépatite B, mis au point en 1986, a d'ailleurs été le tout premier vaccin contribuant à prévenir un cancer humain. D'autres progrès ont été réalisés depuis ce temps dans le domaine des cancers associés à des virus. Ainsi, en 2006, on a mis sur le marché un vaccin contre le cancer du col utérin causé par le papillomavirus humain (ou virus du papillome humain, VPH) ; ce vaccin s'avère très efficace contre ce cancer qui touche plus d'un demi-million de femmes chaque année dans le monde (**figure 43.26**).

RETOUR SUR LE CONCEPT 43.4

1. La myasthénie, une affection provoquée par les anticorps qui fixent et bloquent les récepteurs de l'acétylcholine aux jonctions neuromusculaires, empêche la contraction musculaire. Cette maladie est-elle une maladie de l'immunodéficience, une maladie auto-immune ou une allergie ? Expliquez votre réponse.
2. Les personnes atteintes de l'herpès simplex de type 1 ont souvent des feux sauvages autour de la bouche en même temps qu'un rhume ou une infection de ce genre. Pourquoi cet emplacement est-il avantageux pour le virus ?
3. **ET SI ?** Comment un déficit en macrophages est-il susceptible de nuire aux défenses innées et adaptatives ?

Voir les réponses proposées à la fin du chapitre.

RÉVISION DU CHAPITRE 43

RÉSUMÉ DES CONCEPTS CLÉS

CONCEPT 43.1

Dans l'immunité innée, la reconnaissance et la réponse reposent sur des caractères communs à des groupes de pathogènes (p. 1080 à 1085)

- Chez les Invertébrés et les Vertébrés, l'**immunité innée** est assurée par des barrières chimiques et physiques ainsi que des barrières cellulaires. L'activation des réactions immunitaires innées repose sur la reconnaissance de protéines spécifiques d'une grande variété de **pathogènes**. Chez les Insectes, les pathogènes qui franchissent les défenses externes sont ingérés par des cellules de l'hémolymphe, laquelle libère également des peptides antimicrobiens.
- Chez les Vertébrés, la peau intacte et les muqueuses constituent des barrières physiques qui interdisent l'entrée des pathogènes. Le mucus produit par les cellules de ces membranes, le faible pH de la peau et de l'estomac ainsi que l'action du **lysozyme** préviennent également l'infection par des agents pathogènes. Les phagocytes, dont des **macrophages** et des **cellules dendritiques**, ingèrent les microorganismes qui pénètrent les défenses innées externes. Les **cellules tueuses naturelles** font aussi partie des défenses cellulaires et peuvent détruire les cellules infectées par des virus. Les protéines du **système du complément**, les **interférons** et d'autres peptides antimicrobiens jouent également un rôle dans la défense de l'organisme. Dans la **réaction inflammatoire**, l'**histamine** et d'autres substances chimiques libérées par des cellules lésées agissent sur les vaisseaux sanguins qui laissent passer dans les tissus des liquides, plus de phagocytes et des peptides antimicrobiens. Les cellules tueuses naturelles peuvent entraîner la mort par apoptose des cellules infectées par un virus ou des cellules tumorales.
- Certains pathogènes réussissent cependant à échapper aux défenses immunitaires innées. Par exemple, certaines bactéries ont une capsule qui empêche le système immunitaire de les reconnaître, tandis que d'autres pathogènes sont résistants à la dégradation dans les lysosomes.

? *Comment l'immunité innée protège-t-elle le tube digestif des Mammifères?*

CONCEPT 43.2

Dans l'immunité adaptative, la reconnaissance repose sur des récepteurs spécifiques des pathogènes (p. 1085 à 1091)

- L'**immunité adaptative** repose sur l'intervention des lymphocytes, qui se développent à partir de cellules souches de la moelle osseuse. Les **lymphocytes B** arrivent à maturité dans la moelle osseuse, tandis que les **lymphocytes T** terminent leur développement dans le **thymus**. Les lymphocytes possèdent des **récepteurs antigéniques** membranaires qui se lient spécifiquement aux molécules étrangères. Tous les récepteurs antigéniques situés sur un même lymphocyte B ou T sont spécifiques du même antigène, mais les millions de lymphocytes B et T du corps ont des récepteurs qui reconnaissent des molécules différentes. Une infection active les lymphocytes B et T spécifiques. Certains lymphocytes T aident d'autres lymphocytes; d'autres détruisent les cellules hôtes infectées. Les lymphocytes B appelés **plasmocytes** produisent des protéines réceptrices solubles appelées **anticorps**, qui se lient aux molécules et aux cellules étrangères. Les lymphocytes activés appelés **cellules mémoire** défendent l'organisme contre une infection par un pathogène qu'ils ont déjà rencontré.
- La reconnaissance des molécules étrangères sollicite la liaison des régions variables des récepteurs avec les **épitopes**, de petites régions situées sur les antigènes. Les lymphocytes B et les anticorps reconnaissent les épitopes à la surface des antigènes qui circulent dans le sang ou la lymphe. Les lymphocytes T reconnaissent les épitopes protéiques dans les petits fragments d'antigène (peptides) qui sont présentés à la surface des cellules hôtes et qui forment un complexe avec les protéines de surface cellulaire appelées **molécules du complexe majeur d'histocompatibilité (CMH)**.
- Les quatre principales caractéristiques du développement des lymphocytes B et T sont la diversification cellulaire, la tolérance à l'égard du soi immunologique, la prolifération et la mémoire immunologique.

La figure suivante illustre la sélection clonale des lymphocytes B.

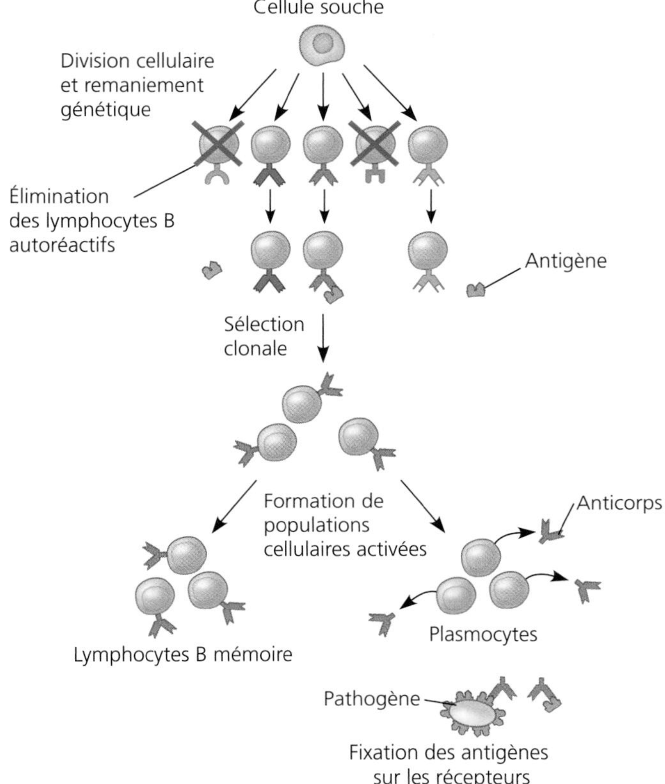

? *Pourquoi la réaction immunitaire adaptative à une infection initiale est-elle plus lente que la réaction innée?*

CONCEPT 43.3

L'immunité adaptative combat l'infection des liquides corporels et des cellules de l'organisme (p. 1091 à 1098)

- Les **lymphocytes T auxiliaires** interagissent avec des fragments d'antigène présentés par des molécules du CMH de classe II situées à la surface des cellules dendritiques, des macrophages et des lymphocytes B (**cellules présentatrices d'antigène**). Les lymphocytes T auxiliaires activés sécrètent des **cytokines** qui stimulent d'autres lymphocytes dans les réactions à presque tous les antigènes. Les **lymphocytes T cytotoxiques** se fixent aux complexes formés par les molécules du CMH de classe I et les antigènes présents sur les cellules infectées. Dans la **réaction immunitaire à médiation cellulaire**, les lymphocytes T cytotoxiques activés sécrètent des protéines qui amorcent la destruction des cellules infectées. Tous les lymphocytes T ont une protéine accessoire qui facilite la liaison des complexes CMH-fragment d'antigène.

Dans la **réaction immunitaire humorale**, les récepteurs antigéniques des lymphocytes B et les anticorps se lient aux substances étrangères extracellulaires dans le sang et la lymphe. La liaison des anticorps aide à détruire les antigènes au moyen de la phagocytose et de la lyse par le CMH. Les cinq principales classes d'anticorps diffèrent par leur distribution et leurs fonctions.

- L'**immunité active** se développe en réaction à une infection ou par l'intermédiaire d'un vaccin (immunisation) préparé à partir d'un agent non pathogène ou d'une partie d'un pathogène. L'immunité active comporte une réaction contre un pathogène ou fait intervenir la mémoire immunologique à l'égard de ce pathogène. L'**immunité passive** assure une protection immédiate à court terme. Ce processus se fait naturellement – quand des IgG passent du placenta d'une femme enceinte au fœtus ou quand des IgA passent d'une mère au nourrisson qu'elle allaite – ou artificiellement – quand les anticorps sont injectés dans une personne non immunisée.
- Les tissus ou les cellules transplantés d'une personne à une autre peuvent être rejetés par le système immunitaire. Les molécules du CMH sont responsables de la stimulation du rejet des greffes de tissus et d'organes. Lors d'une transplantation de moelle osseuse d'une personne à une autre, les lymphocytes du receveur peuvent causer une réaction du greffon contre l'hôte.

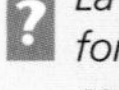
La mémoire immunologique après une infection naturelle est-elle fondamentalement différente de la mémoire immunologique conférée après une vaccination ? Expliquez votre réponse.

CONCEPT 43.4

Un dérèglement de la fonction immunitaire peut entraîner ou exacerber des maladies (p. 1098 à 1102)

- Un dérèglement de la régulation ou de la fonction du système immunitaire peut exacerber les réactions immunitaires, les atténuer ou les diriger contre les cellules du soi. Dans le cas des allergies localisées, les molécules d'IgE associées aux **mastocytes** stimulent la cellule à libérer de l'histamine et d'autres médiateurs qui causent des changements vasculaires et des symptômes allergiques. La perte de la tolérance au soi du système immunitaire peut provoquer des **maladies auto-immunes**, comme la sclérose en plaques. Le **déficit immunitaire** héréditaire (primaire) est attribuable à des anomalies héréditaires ou congénitales qui empêchent le bon fonctionnement des défenses innées, humorales ou à médiation cellulaire. Le **sida** est une immunodéficience acquise (secondaire) causée par le virus de l'immunodéficience humaine (VIH).
- La variation antigénique, la latence et l'attaque directe du système immunitaire permettent à certains pathogènes d'échapper au système immunitaire. L'infection par le VIH détruit des lymphocytes T auxiliaires et rend le patient vulnérable aux infections. Les défenses immunitaires contre le cancer semblent faire intervenir d'abord des actions contre des virus en cause dans le processus de cancérisation ainsi que des actions contre les cellules cancéreuses qui abritent des virus.

? *Diriez-vous qu'être infecté par le VIH ou avoir le sida, cela signifie la même chose ? Expliquez votre réponse.*

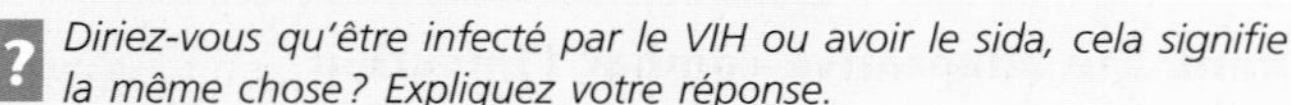

ÉVALUATION

NIVEAU 1 : CONNAISSANCES ET COMPRÉHENSION

1. Parmi les composantes suivantes, laquelle *ne fait pas* partie du système de défense immunitaire d'un insecte contre les infections ?
a) L'activation enzymatique de substances tueuses de microbes.
b) L'activation des cellules tueuses naturelles.
c) La phagocytose par les hémocytes.
d) La production de peptides antimicrobiens.
e) Un exosquelette protecteur.

2. À quelle partie d'un anticorps un épitope se lie-t-il ?
a) Au pont disulfure.
b) Aux régions constantes de la chaîne lourde seulement.
c) Aux régions variables de la chaîne lourde et de la chaîne légère.
d) Aux régions constantes de la chaîne légère.
e) Au domaine effecteur de l'anticorps.

3. Parmi les énoncés suivants, lequel décrit le mieux la différence entre les réactions des lymphocytes B effecteurs (plasmocytes) et celles des lymphocytes T cytotoxiques ?
a) Les lymphocytes B confèrent une immunité active ; les lymphocytes T cytotoxiques confèrent une immunité passive.
b) Les lymphocytes B tuent les pathogènes directement ; les lymphocytes T cytotoxiques tuent les cellules infectées.
c) Les lymphocytes B sécrètent des anticorps contre un pathogène ; les lymphocytes T cytotoxiques tuent les cellules infectées par un pathogène.
d) Les lymphocytes B accomplissent l'immunité à médiation cellulaire ; les lymphocytes T cytotoxiques accomplissent l'immunité humorale.
e) Les lymphocytes B réagissent la première fois que l'envahisseur est présent ; les lymphocytes T cytotoxiques réagissent par la suite.

NIVEAU 2 : APPLICATION ET ANALYSE

4. Parmi les énoncés suivants, lequel est *faux* ?
a) Un anticorps a plus d'un site de fixation à l'antigène.
b) Un antigène peut avoir plusieurs épitopes.
c) Un pathogène produit plus d'un antigène.
d) Un lymphocyte a des récepteurs pour plusieurs antigènes différents.
e) Une cellule hépatique fabrique une classe de molécules du CMH.

5. Parmi les éléments suivants, lequel devrait être identique chez de vrais jumeaux ?
a) L'ensemble des anticorps produits.
b) L'ensemble des molécules du CMH produites.
c) L'ensemble des récepteurs antigéniques des lymphocytes T.
d) La vulnérabilité à un virus donné.
e) L'ensemble de cellules immunitaires détruites en raison de leur autoréactivité.

NIVEAU 3 : SYNTHÈSE ET ÉVALUATION

6. La vaccination augmente :
a) le nombre de récepteurs différents qui reconnaissent un pathogène.
b) le nombre de lymphocytes dont les récepteurs peuvent se lier avec le pathogène.
c) le nombre d'épitopes que le système immunitaire peut reconnaître.
d) le nombre de macrophages spécifiques de ce pathogène.
e) le nombre de molécules du CMH qui peuvent présenter un antigène.

7. Parmi les énoncés suivants, lequel *n'aiderait pas* un virus à éviter le déclenchement d'une réaction immunitaire adaptative ?
a) Subir des mutations fréquentes dans les gènes des protéines de surface.
b) Infecter des cellules qui produisent très peu de molécules du CMH.
c) Produire des protéines très semblables à celles des autres virus.
d) Infecter et détruire des lymphocytes T auxiliaires.
e) Se fabriquer une couche protectrice à partir des protéines de l'hôte.

8. **FAITES UN DESSIN** Imaginez une protéine en forme de crayon et munie de deux épitopes : Y (l'extrémité « gomme à effacer ») et Z (l'extrémité « mine »). Ces épitopes sont reconnus par les anticorps A1 et A2, respectivement. Dessinez les anticorps qui forment avec les protéines un complexe capable de déclencher l'endocytose par un macrophage, puis indiquez-en les diverses parties.

9. **FAITES DES LIENS** Comparez la théorie de Lamarck sur l'hérédité des caractères acquis, décrite au concept 22.1 (p. 524 à 526), avec la sélection clonale des lymphocytes.

10. LIEN AVEC L'ÉVOLUTION
Décrivez un mécanisme de défense des Invertébrés et expliquez dans quelle mesure ce mécanisme comprend une adaptation conservée par le système immunitaire des Vertébrés au cours de l'évolution.

11. INTÉGRATION
Dans un des tests diagnostiques de la tuberculose, on injecte un antigène (issu de la bactérie responsable de la tuberculose) sous la peau, puis on attend quelques jours pour voir si une réaction apparaît. Ce test *n'est pas* utile pour diagnostiquer la tuberculose chez les sidéens. Pourquoi?

12. ÉCRIVEZ UN TEXTE
Le fondement génétique de la vie Parmi toutes les cellules nucléées du corps, seuls les lymphocytes B et T perdent leur ADN au cours de leur développement et de leur maturation. Dans un court texte (de 100 à 150 mots), expliquez la relation entre cette perte et le fait que l'ADN soit une information biologique héréditaire. Faites ressortir les ressemblances entre les générations de cellules et d'organismes.

RÉPONSES DU CHAPITRE 43

Questions des figures

Figure 43.5 Les peptides apparemment inactifs peuvent protéger contre des pathogènes autres que ceux étudiés. Aussi, certains peptides antimicrobiens sont plus efficaces lorsqu'ils sont combinés. **Figure 43.6** Les récepteurs Toll à la surface des cellules reconnaissent des pathogènes détectables par les molécules de surface, tandis que les récepteurs Toll présents dans les vésicules reconnaissent les pathogènes détectables par les molécules internes après la dégradation des pathogènes. **Figure 43.10** Une partie de l'enzyme ou du récepteur antigénique fournit une «armature» qui maintient la forme générale, tandis que l'interaction a lieu à la surface, à la manière d'une clé dans une serrure, avec le substrat ou l'antigène. L'effet combiné des interactions non covalentes multiples au niveau du site actif ou du site de fixation est une interaction de haute affinité caractérisée par une grande spécificité. **Figure 43.13** Après le remaniement des gènes, un lymphocyte et ses cellules filles donnent une seule version du récepteur antigénique. En revanche, l'épissage alternatif n'est pas héréditaire et peut donner naissance à divers produits génétiques dans une même cellule. **Figure 43.18** Ces récepteurs permettent aux cellules mémoire de présenter un antigène de surface à un lymphocyte T auxiliaire. Cette présentation de l'antigène est nécessaire pour activer des cellules mémoire dans une réaction immunitaire secondaire. **Figure 43.20** Réaction primaire: les flèches qui partent d'Antigène (1re exposition), Cellule présentatrice d'antigène, Lymphocyte T auxiliaire, Plasmocytes, Lymphocyte T cytotoxique et Lymphocytes T cytotoxiques actifs; réaction secondaire: les flèches qui partent d'Antigène (2e exposition), Lymphocytes T auxiliaires mémoire, Lymphocytes B mémoire et Lymphocytes T cytotoxiques mémoire. **Figure 43.26** La croissance cellulaire anarchique qui caractérise le cancer comporte de nombreuses perturbations dans la régulation des gènes. Le VPH et d'autres virus peuvent provoquer certaines de ces modifications, mais il doit se produire d'autres mutations dans une cellule infectée pour entraîner la cancérisation de la cellule.

Retour sur le concept 43.1

1. Étant donné que le pus contient des globules blancs, du liquide et des débris cellulaires, il indique une réaction inflammatoire active et au moins partiellement efficace contre les pathogènes. **2.** Le ligand du récepteur Toll est une molécule étrangère, contrairement au ligand de plusieurs voies de transduction de signal, qui est une molécule produite par l'animal lui-même. **3.** La croissance de ces bactéries serait probablement optimale à la température corporelle normale ou, si la fièvre était fréquente, à une température de quelques degrés de plus.

Retour sur le concept 43.2

1.Voir la figure 43.9. Les régions transmembranaires se trouvent dans les régions C, qui portent également les ponts disulfures. Les sites de fixation de l'antigène se trouvent toutefois dans les régions V. **2.** La production de cellules mémoire permet deux choses: qu'un récepteur spécifique d'un épitope donné soit présent et que le nombre de lymphocytes munis de cette spécificité soit plus élevé que dans un hôte n'ayant jamais rencontré l'antigène. **3.** Si chaque lymphocyte produisait deux chaînes légères et lourdes différentes pour ses récepteurs antigéniques, les diverses combinaisons donneraient quatre récepteurs différents. Si un des lymphocytes était autoréactif, il serait éliminé à l'apparition de la tolérance au soi. Donc, un plus grand nombre de lymphocytes B seraient éliminés, et la réponse de ceux qui pourraient réagir avec un antigène étranger serait moins efficace à cause de la variété des récepteurs (et des anticorps) qu'ils exprimeraient.

Retour sur le concept 43.3

1. Un enfant dépourvu de thymus ne posséderait pas de lymphocytes T fonctionnels. Sans lymphocytes T auxiliaires pour aider à activer les lymphocytes B, il serait incapable de produire des anticorps contre les bactéries extracellulaires. Sans lymphocytes T cytotoxiques ou lymphocytes T auxiliaires pour aider à les activer, le système immunitaire serait incapable de tuer les cellules infectées par des virus. **2.** Étant donné que le site de fixation de l'antigène est intact, les fragments d'anticorps pourraient neutraliser des virus et opsoniser des bactéries **3.** Si la victime acquérait une sensibilité aux protéines contenues dans un sérum antivenimeux, une autre injection pourrait provoquer une réaction immunitaire grave. Le système immunitaire de la victime pourrait maintenant produire des anticorps qui neutraliseraient le venin.

Retour sur le concept 43.4

1. La myasthénie est considérée comme une maladie auto-immune parce que le système immunitaire produit des anticorps contre les molécules du soi (les récepteurs de l'acétylcholine). **2.** Une personne ayant un rhume produit des sécrétions nasales et buccales qui facilitent le transfert viral. De plus, étant donné qu'une maladie peut causer une perte fonctionnelle ou même la mort, un virus programmé pour sortir de l'hôte en période de stress physiologique a l'occasion de trouver de nouveaux hôtes advenant que son hôte actuel meure. **3.** Une personne qui présente un déficit de macrophages souffrirait de fréquentes infections. Cela serait attribuable à des réactions immunitaires innées inadéquates, notamment un affaiblissement de la phagocytose et de la réaction inflammatoire. De plus, les réactions acquises seraient inexistantes ou insuffisantes étant donné le rôle des macrophages dans la présentation des antigènes aux lymphocytes T auxiliaires.

Questions du résumé des concepts clés

43.1 Le lysozyme dans la salive détruit les parois des cellules bactériennes; la viscosité du mucus aide à emprisonner les bactéries; le pH acide de la muqueuse de l'estomac détruit beaucoup de bactéries; et la densité des cellules qui tapissent la muqueuse intestinale constitue une barrière physique à l'infection. **43.2** Il y a toujours un nombre suffisant de cellules participant à une réaction immunitaire innée, tandis que la réaction adaptative requiert la sélection et la prolifération d'une population cellulaire spécifique du pathogène responsable de l'infection qui est très petite au départ. **43.3** Non. La mémoire immunologique acquise après une infection naturelle et celle acquise après la vaccination sont très semblables. Il existe de légères différences dans les antigènes particuliers susceptibles d'être reconnus dans une infection subséquente. **43.4** Non. Le sida désigne la perte de la fonction immunitaire qui peut se produire au fil du temps chez une personne infectée par le VIH, et non l'infection virale elle-même. Chez les personnes infectées par le VIH, certaines combinaisons de médicaments ou de rares variations génétiques empêchent habituellement l'évolution du sida.

ÉVALUATION

1. b; **2.** c; **3.** c; **4.** d; **5.** b; **6.** b; **7.** c;
8. Une seule réponse possible:

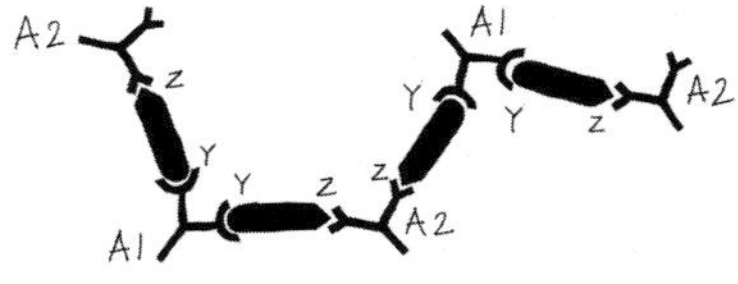

44

L'osmorégulation et l'excrétion

▲ **Figure 44.1 Comment l'albatros hurleur (*Diomedea exulans*) peut-il ne boire que de l'eau de mer sans être malade ?**

CONCEPTS CLÉS

44.1 L'osmorégulation établit un équilibre entre l'apport et la perte d'eau et de solutés

44.2 Les Animaux produisent des déchets azotés qui reflètent leur phylogenèse et leur habitat

44.3 Les divers systèmes urinaires constituent des variations de tubules spécialisés

44.4 La structure du néphron est adaptée au traitement par étapes du filtrat sanguin

44.5 Des circuits hormonaux influent en même temps sur la fonction rénale, l'équilibre hydrique et la pression artérielle

INTRODUCTION

Une question d'équilibre

Avec ses 3,5 m d'envergure, l'albatros hurleur (*Diomedea exulans*), qui est le plus grand de tous les Oiseaux vivants, ne passe jamais inaperçu lorsqu'il plane au-dessus de la mer (**figure 44.1**). L'albatros est remarquable non seulement pour sa taille, mais aussi parce qu'il reste au large à longueur d'année, jour et nuit, et ne retouche terre que pour se reproduire. Un humain qui ne boirait que de l'eau de mer mourrait de déshydratation. L'albatros, lui, le fait sans aucun problème.

Qu'il soit humain ou albatros, un animal doit entretenir le milieu liquide de ses cellules, de ses tissus et de ses organes. Cela signifie que les concentrations relatives d'eau et de solutés dans son corps doivent se maintenir dans des limites relativement étroites. Cela signifie aussi que des ions tels le sodium et le calcium doivent demeurer dans des concentrations qui autorisent l'activité normale des muscles, des neurones et des autres cellules du corps. L'homéostasie commande donc une **osmorégulation**, un terme général qui désigne les processus par lesquels les Animaux régulent les concentrations de solutés et équilibrent les apports et les pertes d'eau.

Un certain nombre de stratégies d'osmorégulation sont apparues au cours de l'évolution, qui rendent compte des diverses difficultés, parfois grandes, que l'environnement peut imposer à un animal au regard de l'osmorégulation. Par exemple, l'environnement aride d'un désert peut rapidement épuiser l'eau du corps d'un animal. L'habitat de l'albatros et des animaux marins est très différent du désert, mais il peut tout aussi bien causer la déshydratation. La survie des animaux marins repose entièrement sur la conservation de l'eau et, dans le cas de plusieurs oiseaux et poissons marins, sur l'élimination des sels excédentaires. En revanche, les animaux d'eau douce vivent dans un environnement externe qui menace d'envahir et de diluer leurs liquides corporels. Ils présentent donc des adaptations qui conservent les solutés et absorbent les sels.

En même temps qu'ils doivent maintenir leur milieu liquide interne, les Animaux doivent également traiter les métabolites toxiques produits par la décomposition des protéines et des acides nucléiques. La dégradation des déchets *azotés* (contenant de l'azote) libère de l'ammoniac, un composé très toxique. Au cours de l'évolution sont apparus divers mécanismes d'**excrétion**, un processus par lequel l'organisme élimine les métabolites azotés et autres déchets métaboliques. Étant donné que l'excrétion et l'osmorégulation sont liées du point de vue structurel et fonctionnel chez beaucoup d'Animaux, le présent chapitre sera consacré à ces deux processus.

CONCEPT 44.1

L'osmorégulation établit un équilibre entre l'apport et la perte d'eau et de solutés

La thermorégulation dépend de l'équilibre entre les gains et les pertes de chaleur (voir le chapitre 40). De la même manière, la régulation de la composition chimique des liquides corporels repose sur l'équilibre entre l'apport et la perte d'eau et de solutés. Ce processus d'osmorégulation se fonde principalement sur les mouvements contrôlés des solutés entre les liquides internes et le milieu externe. Comme le mouvement de l'eau suit les solutés par osmose, il en résulte un équilibre entre les solutés et l'eau.

L'osmose et l'osmolarité

Tous les Animaux doivent arriver à équilibrer le gain et la perte d'eau, quels que soient leur habitat ou les déchets qu'ils produisent. Si un animal absorbe trop d'eau, ses cellules gonflent et éclatent; s'il perd trop d'eau, elles se ratatinent (deviennent crénelées) et meurent (voir la figure 7.15, p. 149).

L'eau pénètre dans la cellule et en sort par osmose. Nous avons vu au chapitre 7 que l'osmose est un mode de transport passif; elle se réalise par le mouvement de l'eau à travers une membrane dont la perméabilité est sélective. Ce déplacement se produit quand deux solutions séparées par une membrane n'ont pas la même pression osmotique, ou **osmolarité** (il s'agit de la concentration molaire volumique totale de solutés; elle est exprimée en moles de solutés par litre de solution). Dans le présent chapitre, les mesures de l'osmolarité sont données en millimoles (ou 10^{-3} mol) par litre (mmol/L). L'osmolarité de l'eau de mer s'élève à quelque 1 000 mmol/L (l'équivalent d'une concentration totale de solutés de 1 *M*), tandis que celle du sang humain est d'environ 300 mmol/L.

Deux solutions séparées par une membrane à perméabilité sélective sont qualifiées d'*isoosmotiques* si elles ont la même osmolarité. Les molécules d'eau traversent continuellement la membrane, mais dans ces conditions, elles le font à la même vitesse dans les deux directions. Il n'y a donc aucun mouvement *net* d'eau par osmose entre deux solutions isoosmotiques. En revanche, quand deux solutions n'ont pas la même osmolarité, celle qui a la concentration la plus grande de solutés est dite *hyperosmotique*, tandis que la solution plus diluée est dite *hypoosmotique* (**figure 44.2**). L'eau passe par osmose d'une solution hypoosmotique à une solution hyperosmotique*.

Les défis de l'osmose

Compte tenu des principes chimiques qui gouvernent le mouvement osmotique, un animal peut maintenir l'équilibre hydrique de deux manières. La première est le fait des **osmotolérants**, c'est-à-dire les animaux qui sont isoosmotiques avec l'environnement. La seconde est caractéristique des **osmorégulateurs**, c'est-à-dire des animaux qui régulent leur osmolarité interne quelle que soit celle de leur environnement.

Tous les osmotolérants sont des animaux marins. Comme leur osmolarité interne est la même que celle du milieu, les osmotolérants n'ont pas tendance à acquérir ni à perdre de l'eau. Beaucoup d'osmotolérants vivent dans une eau dont la composition est très stable. C'est pourquoi leur osmolarité interne varie très peu.

* Dans le présent chapitre, nous employons les termes *isoosmotique*, *hypoosmotique* et *hyperosmotique*, qui désignent particulièrement l'osmolarité, et non *isotonique*, *hypotonique* et *hypertonique*. Ces derniers s'appliquent à la réaction des cellules (qui gonflent ou qui rétrécissent) dans des solutions dont les concentrations en solutés sont connues.

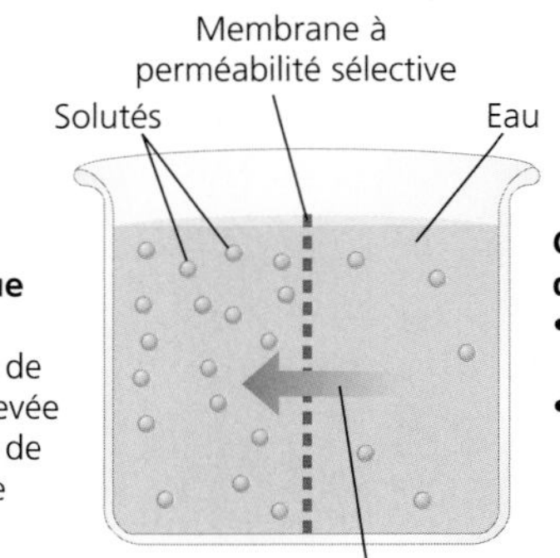

▲ **Figure 44.2 La concentration de solutés et l'osmose.**

FAITES DES LIENS *Revoyez les types de protéines membranaires et leurs fonctions aux concepts 7.1 et 7.2 (p. 139 à 147). Quelles protéines membranaires permettent à l'eau, mais pas aux solutés, de diffuser à travers une bicouche de lipides?*

L'osmorégulation permet aux Animaux de vivre dans des milieux où les osmotolérants sont incapables de survivre, notamment les habitats d'eau douce et les milieux terrestres. Pour survivre dans un milieu hypoosmotique, un osmorégulateur doit éliminer l'eau en excès. Dans un environnement hyperosmotique, un osmorégulateur doit, à l'inverse, absorber de l'eau pour compenser la perte osmotique. L'osmorégulation permet aussi à de nombreux animaux marins de maintenir une osmolarité interne différente de celle de l'eau de mer.

La plupart des Animaux, qu'ils soient osmotolérants ou osmorégulateurs, ne peuvent supporter les changements importants de l'osmolarité externe. Ils sont donc dits *sténohalins* (du grec *stenos*, «étroit», et *halos*, «sel»). En revanche, les Animaux *euryhalins* (du grec *eurys*, «large») peuvent résister à des fluctuations importantes de l'osmolarité externe (cette catégorie comprend des osmotolérants et des osmorégulateurs). Les osmotolérants euryhalins comprennent plusieurs balanes communes et les moules, qui sont continuellement recouvertes et découvertes au fil des marées. Parmi les osmorégulateurs euryhalins, citons le bar d'Amérique et diverses espèces de saumons.

Nous allons maintenant nous pencher de plus près sur certaines adaptations d'osmorégulation qui ont évolué chez les animaux marins, les animaux dulcicoles et les animaux terrestres.

Les animaux marins

La plupart des Invertébrés marins sont osmotolérants. Leur osmolarité est la même que celle de l'eau de mer. Ils n'ont donc pas de difficulté à maintenir leur équilibre hydrique. Toutefois, comme la concentration de *certains* de leurs solutés diffère considérablement de l'eau de mer, ils doivent compter sur le transport actif de ces solutés pour maintenir l'homéostasie. Par exemple, bien que la concentration des ions magnésium (Mg^{2+}) de l'eau de mer soit de 50 mmol/L, les mécanismes d'homéostasie du homard (*Homarus americanus*) donnent une concentration de Mg^{2+} de moins de 9 mmol/L dans l'hémolymphe (liquide circulatoire) de cet animal.

Les Vertébrés marins et quelques Invertébrés marins sont des osmorégulateurs. Pour la plupart de ces animaux, l'océan est un environnement très déshydratant. Par exemple, les poissons marins tels que la morue (*Gadus morhua*) de la **figure 44.3a** perdent constamment de l'eau par osmose. Pour compenser ces pertes, ils boivent de grandes quantités d'eau de mer. Ils utilisent leurs branchies et leurs reins pour se débarrasser des sels. Dans leurs branchies, des cellules spéciales, les cellules à chlorure (ou ionocytes), procèdent au transport actif des ions chlorure (Cl^-) vers l'extérieur, et les ions sodium (Na^+) suivent passivement. Les reins, eux, éliminent d'autres ions excédentaires, dont le calcium, le magnésium et les sulfates, tout en n'excrétant que de petites quantités d'eau.

Les requins et la plupart des autres Chondrichthyens (des animaux cartilagineux; voir le chapitre 34) font appel à une stratégie d'osmorégulation différente. Comme c'est le cas des «Poissons osseux» (un terme que nous emploierons pour désigner collectivement les Poissons à nageoires lobées et rayonnées dans ce chapitre), leur concentration interne en sels est bien inférieure à celle de l'eau de mer. Ils acquièrent donc du sel par diffusion à travers les surfaces corporelles, particulièrement les branchies. Contrairement aux Poissons osseux, cependant, les requins marins ne sont pas hypoosmotiques par rapport à l'eau de mer. Cela est dû au fait que les tissus des requins contiennent une forte concentration d'urée, un déchet azoté issu du métabolisme des protéines et de l'acide nucléique (voir la figure 44.8). Les liquides corporels du requin contiennent également de l'oxyde de triméthylamine, une molécule organique qui protège les protéines contre les effets dommageables de l'urée. Ensemble, les sels, l'urée, l'oxyde de triméthylamine et les autres composés présents dans les liquides corporels du requin donnent une osmolarité très proche de celle de l'eau de mer. C'est pourquoi les requins sont souvent considérés comme des osmotolérants. Cependant, comme la concentration de solutés de leurs liquides corporels est légèrement supérieure à 1 000 mmol/L, l'eau *pénètre* lentement dans le corps des requins par osmose, ainsi que par les aliments (les requins ne boivent pas). Cette faible entrée d'eau est excrétée dans l'urine produite par les reins en même temps qu'une partie des sels qui diffuse dans le corps du requin. (Le reste est expulsé par la glande rectale ou disséminé dans les selles.)

Les animaux dulcicoles

Les problèmes d'osmorégulation des animaux dulcicoles sont tout à l'opposé de ceux auxquels se heurtent les animaux marins. Les liquides corporels des animaux dulcicoles doivent être hyperosmotiques, car les cellules animales ne peuvent pas tolérer des concentrations de sel aussi faibles que celles des lacs ou des rivières. L'osmolarité de leurs liquides internes étant beaucoup plus élevée que celle de leur milieu, les animaux dulcicoles acquièrent constamment de l'eau par osmose et perdent des sels par diffusion. Beaucoup d'animaux dulcicoles, dont des Poissons osseux, maintiennent leur équilibre hydrique en ne buvant presque pas d'eau et en excrétant des quantités importantes d'urine très diluée. Les sels perdus par diffusion et dans l'urine sont remplacés par ceux qui sont contenus dans les aliments. Certains poissons dulcicoles, comme la perchaude (*Perca flavescens*) de la **figure 44.3b**, remplacent les sels par absorption à travers leurs branchies; des cellules à chlorure dans les branchies procèdent au transport actif du Cl^- vers l'intérieur, et le Na^+ suit.

Les saumons et les autres poissons euryhalins qui passent de l'eau douce à l'eau salée vivent des changements rapides et importants sur le plan de l'osmorégulation (**figure 44.4**). Quand ils se trouvent dans les rivières et les ruisseaux, les saumons assurent leur osmorégulation comme les autres poissons dulcicoles, c'est-à-dire en produisant une quantité importante d'urine diluée et en absorbant par leurs branchies le sel du milieu dilué. Quand ils migrent dans l'océan, les saumons s'acclimatent. Ils se mettent à produire davantage de cortisol, une hormone stéroïde qui augmente le nombre et la taille des cellules à chlorure sécrétrices de sel. Grâce à ce mécanisme d'acclimatation, entre autres, le saumon vivant dans l'eau salée excrète le sel excédentaire par les branchies et n'excrète que de petites quantités d'urine, comme les poissons qui passent leur vie entière dans l'eau salée.

Les animaux vivant dans des habitats aquatiques précaires

La déshydratation extrême, ou *dessiccation*, condamnerait la plupart des animaux à une mort certaine. Cependant, certains Invertébrés aquatiques vivant dans des étangs temporaires ou

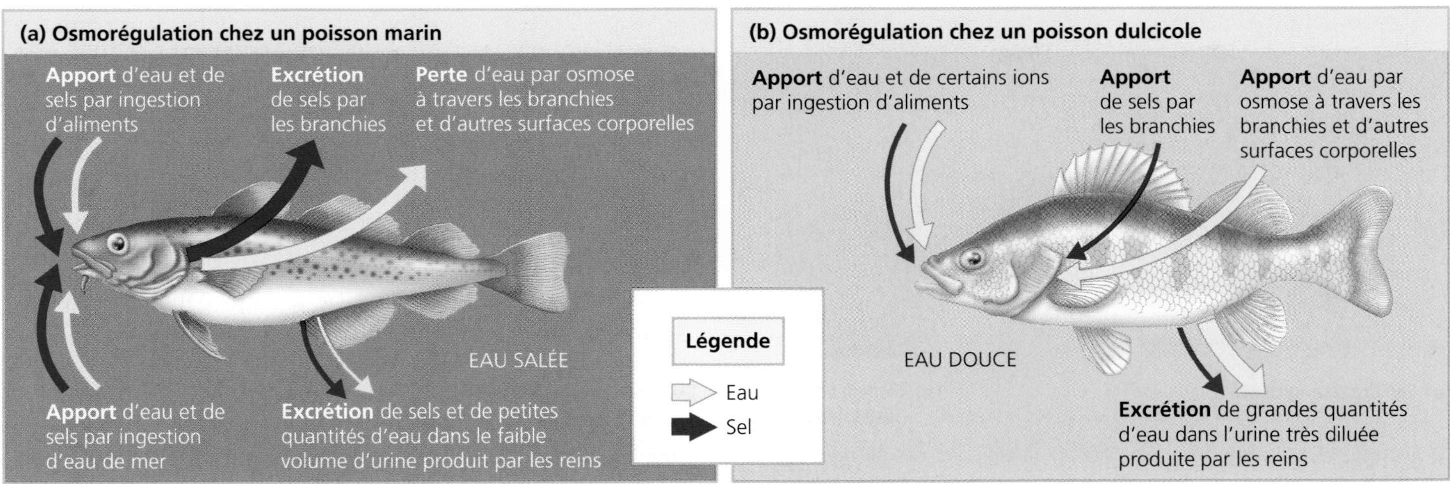

▲ **Figure 44.3 Comparaison de l'osmorégulation chez les poissons osseux marins et dulcicoles.**

▲ **Figure 44.4** **Le saumon rouge (*Oncorhynchus nerka*), un osmorégulateur euryhalin.**

dans des pellicules d'eau entourant des particules de sol peuvent perdre presque toute leur eau et survivre dans un état d'inactivité lorsque leur habitat se dessèche. Cette adaptation remarquable s'appelle **anhydrobiose** («vie sans eau»). Parmi les exemples les plus frappants figurent les Tardigrades, de minuscules Acariens qui mesurent moins de 1 mm de long (**figure 44.5**). Ces minuscules Invertébrés vivent dans l'eau douce, dans l'eau salée et dans les milieux terrestres humides. Dans leur phase active et hydratée, l'eau représente environ 85 % de leur masse, mais ils peuvent se déshydrater jusqu'à ce qu'elle ne représente plus que 2 % de leur masse. Ils survivent alors dans un état d'inactivité, secs comme de la poussière, pendant une décennie ou plus. Il suffit qu'il y ait de nouveau un peu d'eau pour que les Tardigrades réhydratés se déplacent et se nourrissent.

Les animaux capables d'anhydrobiose doivent posséder des adaptations qui protègent leurs membranes cellulaires. Les chercheurs commencent à peine à comprendre comment les Tardigrades arrivent à survivre une fois qu'ils sont desséchés. Les études sur certains vers ronds (Nématodes, voir le chapitre 33) capables d'anhydrobiose montrent que les sujets déshydratés contiennent des quantités importantes de glucides (jusqu'à 15 % de la masse sèche). En particulier, un disaccharide appelé *tréhalose* semble protéger les cellules en remplaçant l'eau qui hydrate habituellement les membranes et les protéines, et les autres macromolécules. De nombreux insectes qui survivent à la congélation en hiver utilisent aussi le tréhalose pour protéger leurs membranes, tout comme le font les plantes résistantes à la dessiccation.

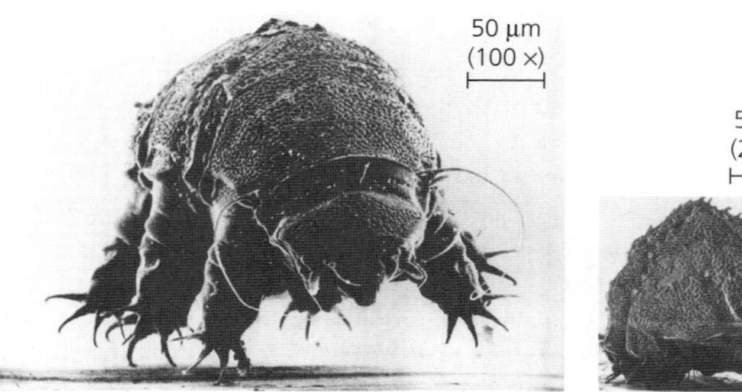

(a) Tardigrade hydraté **(b) Tardigrade déshydraté**

▲ **Figure 44.5** **L'anhydrobiose.** MEB de Tardigrades, des Acariens minuscules qui croissent dans des étangs temporaires et dans des gouttelettes d'eau présentes sur le sol ou sur des plantes.

Les animaux terrestres

La menace posée par la déshydratation est le problème de régulation le plus important que les végétaux et les animaux terrestres doivent affronter. L'humain, par exemple, meurt s'il perd environ 12 % de son contenu en eau (dans le désert, les chameaux peuvent supporter une déshydratation deux fois plus importante). Les adaptations qui réduisent la perte d'eau sont essentielles à la survie sur la terre ferme. Tout comme les plantes terrestres ont une cuticule cireuse qui contribue à leur survie, la plupart des animaux terrestres ont des surfaces corporelles qui aident à prévenir la déshydratation. On peut donner comme exemples la chitine (un polysaccharide) de l'exosquelette des Insectes que recouvrent des couches cireuses (lipides), la coquille des escargots terrestres, ou encore les couches de cellules épidermiques mortes kératinisées qui recouvrent la plupart des vertébrés terrestres et qui forment une couche cornée imperméable constituée de protéines et de lipides. De nombreux animaux terrestres, surtout ceux qui vivent en milieu désertique, ont un mode de vie nocturne. Ce faisant, ils réduisent les pertes d'eau par évaporation en profitant des températures plus basses et de l'humidité relative plus élevée de l'air pendant la nuit.

Malgré ces adaptations, les sources de pertes d'eau demeurent nombreuses chez la plupart des animaux terrestres : ils en perdent en effet au niveau des surfaces humidifiées des organes d'échanges gazeux, de même qu'à travers la peau, dans leur urine et dans leurs excréments. Ces animaux équilibrent leur allocation hydrique en buvant et en consommant des aliments hydratés, et en produisant de l'eau par des moyens métaboliques comme la respiration cellulaire. Certains animaux du désert, notamment de nombreux oiseaux et reptiles qui se nourrissent d'insectes, sont si bien adaptés à la réduction des pertes d'eau qu'ils peuvent y survivre sans même boire. Les rats-kangourous (*Dipodomys spp.*) sont un exemple remarquable : ils perdent si peu d'eau que celle qu'ils produisent par des moyens métaboliques leur permet de compenser 90 % de leurs pertes (**figure 44.6**). Les 10 % manquants proviennent de la faible quantité d'eau contenue dans les graines qu'ils consomment. En période de canicule, les rats-kangourous ajoutent à leur alimentation des insectes juteux, contribuant ainsi à maintenir leur équilibre hydrique.

L'énergétique de l'osmorégulation

Le maintien de l'osmolarité entre le corps d'un animal et son milieu externe a toujours un coût énergétique. Étant donné que le phénomène de la diffusion tend à égaliser les concentrations, les osmorégulateurs doivent en effet dépenser de l'énergie pour maintenir les gradients osmotiques grâce auxquels l'eau entre et sort du corps. Pour ce faire, ils font appel au transport actif et modifient au besoin les concentrations de solutés dans leurs liquides corporels.

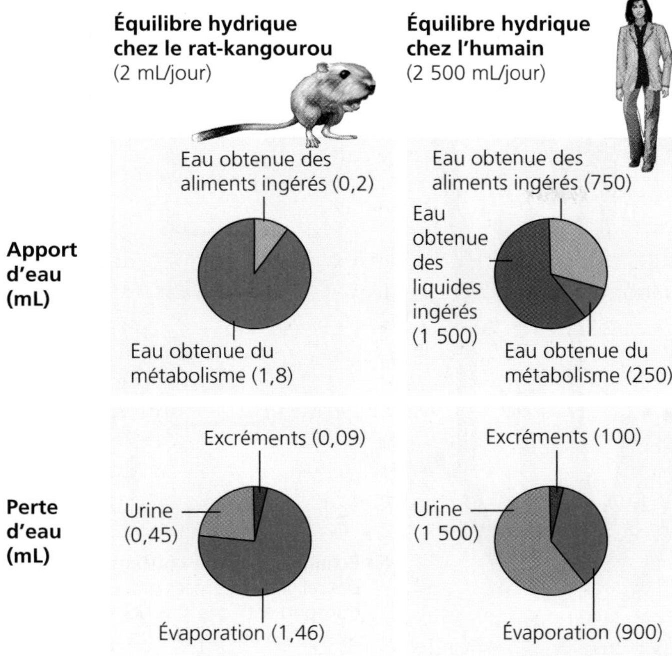

▲ **Figure 44.6 L'équilibre hydrique chez deux mammifères terrestres.** Le rat-kangourou, qui vit dans le Sud-Ouest américain, consomme essentiellement des graines desséchées; il ne boit pas d'eau. Cet animal couvre ses besoins en eau principalement grâce au métabolisme cellulaire et perd de l'eau surtout par évaporation pendant les échanges gazeux. En revanche, l'humain absorbe l'eau dans les boissons et les aliments et en perd la majeure partie dans l'urine.

Le coût énergétique de l'osmorégulation dépend de plusieurs facteurs: l'écart entre l'osmolarité de l'animal et celle de l'environnement, la facilité avec laquelle l'eau et les solutés traversent la surface de l'animal et la quantité de travail nécessaire pour pomper les solutés et effectuer le transport membranaire. L'osmorégulation compte pour près de 5% du métabolisme au repos de nombreux poissons osseux marins et dulcicoles. Par exemple, chez les artémies (*Artemia salina*), de petits Crustacés vivant dans des lacs très salés, le gradient entre les osmolarités interne et externe est très grand. Aussi le coût de l'osmorégulation est-il extrêmement élevé: il peut compter pour 30% du métabolisme au repos.

L'adaptation des liquides corporels à la salinité de l'habitat d'un animal diminue l'énergie que celui-ci doit déployer pour maintenir l'équilibre hydrique et ionique dans son organisme. Les liquides corporels de la plupart des animaux dulcicoles (dont l'osmolarité varie entre 0,5 et 15 mmol/L) ont une concentration de solutés inférieure à celle des liquides corporels de leurs propres parents qui vivent dans l'eau salée (1 000 mmol/L). Par exemple, la concentration de solutés des liquides corporels des mollusques marins est d'environ 1 000 mmol/L, tandis que celle des mollusques d'eau douce n'est que de 40 mmol/L. Dans chaque cas, les mécanismes qui minimisent la différence osmotique entre les liquides corporels et le milieu externe réduisent l'énergie que l'animal doit dépenser pour l'osmorégulation.

Les épithéliums de transport dans l'osmorégulation

La fonction première de l'osmorégulation est de maintenir les concentrations de solutés dans les cellules, mais la plupart des Animaux le font indirectement en ajustant la composition du liquide interstitiel dans lequel baignent leurs cellules. Chez les Insectes et d'autres animaux dotés d'un système cardiovasculaire ouvert, ce liquide s'appelle *hémolymphe*. Chez les Vertébrés et d'autres animaux dotés d'un système cardiovasculaire clos, les cellules baignent dans un liquide interstitiel dont la composition dépend indirectement de celle du sang. Le maintien de la composition des liquides dépend de structures spécialisées qui vont des cellules qui régulent le mouvement des solutés aux organes complexes comme les reins, chez les Vertébrés.

Chez la plupart des Animaux, un ou plusieurs types d'**épithéliums de transport** (une ou plusieurs couches de cellules épithéliales spécialisées, régulant le mouvement des solutés) sont des composants essentiels de l'osmorégulation et de l'élimination des déchets métaboliques. Les épithéliums de transport déplacent des solutés particuliers en des quantités contrôlées et dans une direction particulière. Certains épithéliums de transport sont en communication directe avec l'environnement externe, tandis que d'autres tapissent des voies reliées à l'extérieur par une ouverture à la surface du corps.

Ce n'est que récemment qu'on a commencé à élucider le mystère de l'épithélium de transport qui permet à l'albatros de survivre en buvant uniquement de l'eau salée. Des chercheurs ont émis l'hypothèse que les oiseaux marins ne boivent pas d'eau à proprement parler: ils prennent de l'eau dans leur bouche, mais ils ne l'avalent pas. Pour étudier cette hypothèse, Knut Schmidt-Nielsen et ses collègues du laboratoire Mount Desert Island, dans le Maine, aux États-Unis, ont donné à boire uniquement de l'eau de mer à des oiseaux marins en captivité. Les chercheurs ont constaté que l'urine de ces oiseaux contient très peu de sel, mais que le liquide qui dégoutte le long de leur bec est une solution concentrée de sel (NaCl). D'où provient ce liquide? Comme l'a ensuite démontré Schmidt-Nielsen, cette solution salée est produite par une paire de structures appelées glandes nasales. Des structures similaires, appelées glandes à sel, éliminent le sel excédentaire du corps des tortues de mer et des iguanes marins.

Comme le montre la **figure 44.7**, les glandes à sel retirent du sang le NaCl (sous la forme Na^+ et Cl^-) par le mécanisme d'échange à contre-courant. Au chapitre 40, nous avons décrit le principe de l'échange à contre-courant, qui se déroule entre deux liquides séparés par une ou plusieurs membranes et qui s'écoulent en sens opposés. Dans la glande nasale de l'albatros, le résultat net est la sécrétion d'un liquide beaucoup plus salé que l'eau de l'océan. Par conséquent, même si la consommation d'eau de mer lui apporte beaucoup de sel, l'albatros est en mesure d'en arriver à un gain net d'eau. Par contre, l'humain qui boit une certaine quantité d'eau de mer doit utiliser un *plus grand* volume d'eau pour excréter la charge saline; le résultat est la déshydratation.

Souvent, les épithéliums de transport qui assurent le maintien de l'équilibre hydrique contribuent également à l'élimination des déchets métaboliques. Nous allons maintenant examiner cette double fonction en étudiant l'exemple du ver de terre ainsi que les systèmes excréteurs des Insectes et le rein des Vertébrés.

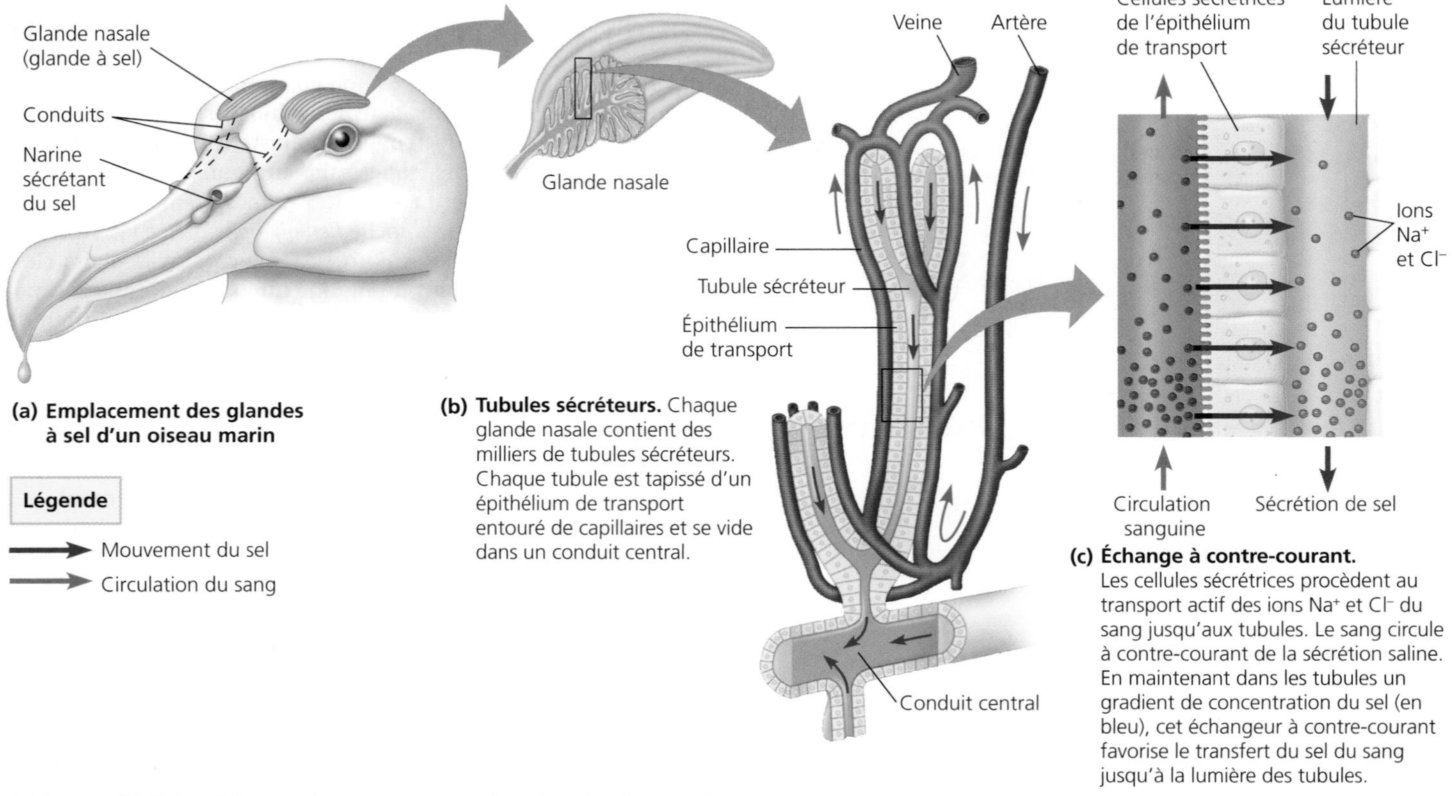

(a) Emplacement des glandes à sel d'un oiseau marin

(b) Tubules sécréteurs. Chaque glande nasale contient des milliers de tubules sécréteurs. Chaque tubule est tapissé d'un épithélium de transport entouré de capillaires et se vide dans un conduit central.

(c) Échange à contre-courant. Les cellules sécrétrices procèdent au transport actif des ions Na^+ et Cl^- du sang jusqu'aux tubules. Le sang circule à contre-courant de la sécrétion saline. En maintenant dans les tubules un gradient de concentration du sel (en bleu), cet échangeur à contre-courant favorise le transfert du sel du sang jusqu'à la lumière des tubules.

▲ **Figure 44.7 Les échanges à contre-courant dans les glandes nasales.**

RETOUR SUR LE CONCEPT 44.1

1. Le passage de sels dans le sang d'un poisson dulcicole à partir de l'eau de son milieu nécessite une dépense énergétique sous forme d'ATP. Pourquoi?
2. Pourquoi aucun animal dulcicole n'est-il osmotolérant?
3. **ET SI?** Des chercheurs ont constaté qu'un chameau exposé au soleil avait besoin de beaucoup plus d'eau lorsque sa fourrure était rasée, même si sa température corporelle demeurait la même. Que pouvez-vous en déduire au regard de la relation entre l'osmorégulation et l'isolation fournie par la fourrure?

Voir les réponses proposées à la fin du chapitre.

CONCEPT **44.2**

Les Animaux produisent des déchets azotés qui reflètent leur phylogenèse et leur habitat

Comme la plupart des déchets métaboliques des Animaux doivent être dissous dans de l'eau quand ils sont éliminés du corps, leur type et leur quantité ont une incidence importante sur l'équilibre hydrique. À cet égard, les déchets les plus déterminants sont les produits azotés issus de la dégradation des acides nucléiques et des protéines (**figure 44.8**). Quand les protéines et les acides nucléiques sont hydrolysés pour fournir de l'énergie aux cellules, ou encore quand ces composés sont convertis en glucides ou en lipides, des enzymes retirent l'azote qu'ils renferment et forment avec celui-ci de l'**ammoniac** (NH_3). L'ammoniac est une molécule extrêmement toxique, notamment parce que son ion, l'ammonium (NH_4^+), contrecarre la phosphorylation oxydative. Certains animaux peuvent excréter l'ammoniac directement, mais de nombreuses espèces le convertissent d'abord en des composés organiques moins toxiques.

Les formes de déchets azotés

Les Animaux excrètent des déchets azotés sous la forme d'ammoniac, d'urée ou d'acide urique. La toxicité et le coût énergétique de ces déchets varient considérablement d'un animal à l'autre.

L'ammoniac

Comme l'ammoniac ne peut être toléré qu'à de très faibles concentrations, les animaux excrétant des déchets azotés sous cette forme ont besoin d'avoir accès à beaucoup d'eau. C'est

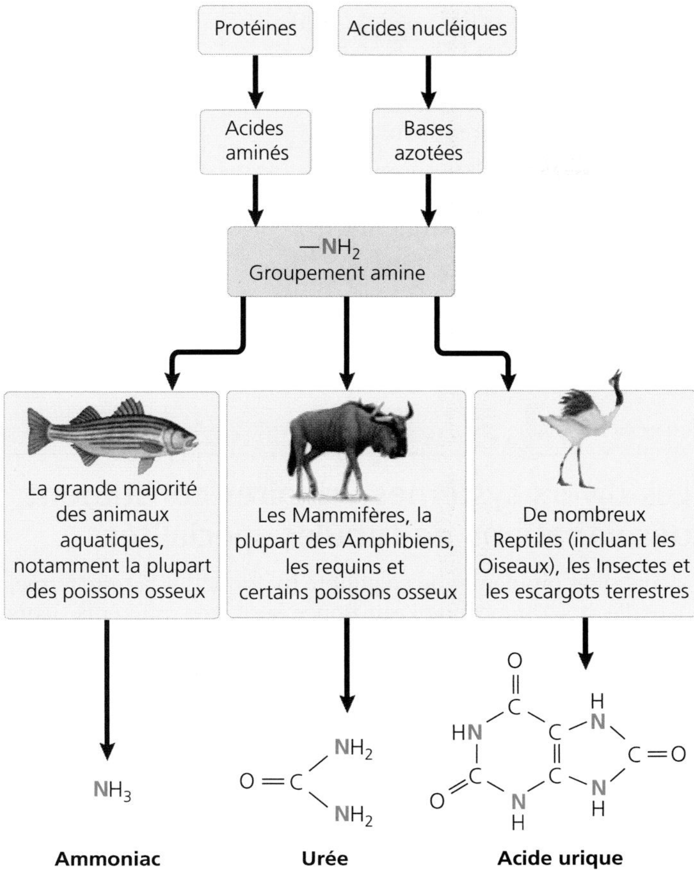

▲ **Figure 44.8 Les diverses formes de déchets azotés.**

pourquoi l'excrétion d'ammoniac est surtout courante chez les espèces aquatiques. Extrêmement solubles, les molécules d'ammoniac traversent facilement la membrane plasmique et sont aisément éliminées par diffusion dans l'eau environnante. Chez de nombreux Invertébrés, la diffusion de l'ammoniac se fait sur toute la surface corporelle. Chez les Poissons, la majeure partie est éliminée sous forme d'ions ammonium (NH_4^+), à travers l'épithélium des branchies; les reins n'excrètent que de faibles quantités de déchets azotés.

L'urée

L'excrétion de l'ammoniac convient à de nombreuses espèces aquatiques, mais elle ne réussit pas aussi bien aux animaux terrestres. En effet, l'ammoniac est si toxique qu'il ne peut être transporté et excrété que dans des volumes importants de solutions très diluées. Or, la plupart des animaux terrestres et de nombreuses espèces marines (qui ont tendance à perdre de l'eau au profit de l'environnement, par osmose) n'ont pas accès à assez d'eau pour excréter quotidiennement de l'ammoniac. Par conséquent, les Mammifères, la plupart des Amphibiens adultes, les requins et certains poissons osseux marins ainsi que des tortues marines excrètent surtout de l'**urée**, une substance produite dans le foie des Vertébrés par un cycle métabolique combinant l'ammoniac au dioxyde de carbone (CO_2).

L'avantage principal de l'urée est sa très faible toxicité. Les animaux peuvent transporter et stocker l'urée en toute sécurité à de fortes concentrations. De plus, la quantité d'eau nécessaire pour l'excrétion de l'azote est considérablement réduite: en effet, la perte d'eau est beaucoup plus faible (environ 10 fois moins) quand une quantité donnée d'azote est excrétée sous forme de solution concentrée d'urée que sous forme de solution diluée d'ammoniac.

Le désavantage principal de l'urée réside dans le fait que les animaux doivent dépenser de l'énergie pour la produire à partir de l'ammoniac. Sur le plan bioénergétique, on pourrait présumer que ceux qui passent une partie de leur vie dans l'eau et une autre partie sur la terre ferme recourent tour à tour à l'excrétion d'ammoniac (pour économiser de l'énergie) et à l'excrétion d'urée (pour réduire la perte d'eau). De fait, de nombreux Amphibiens sécrètent principalement de l'ammoniac quand ils sont au stade aquatique de têtard, puis produisent de l'urée une fois qu'ils sont adultes et qu'ils évoluent sur la terre ferme.

L'acide urique

Les Insectes, les escargots terrestres et de nombreux Reptiles, incluant les Oiseaux, excrètent de l'**acide urique** comme principal déchet azoté. (Les excréments des oiseaux, ou *guano*, sont un mélange d'acide urique blanc et de matières fécales brunes.) L'acide urique est relativement peu toxique et est presque insoluble dans l'eau. Il peut donc être sécrété comme une pâte semi-solide, ce qui limite la perte d'eau. C'est un grand avantage pour les animaux qui n'ont pas accès à beaucoup d'eau, mais il y a toutefois un désavantage: l'acide urique est encore plus coûteux à produire que l'urée sur le plan énergétique; il nécessite une quantité considérable d'ATP pour sa synthèse à partir de l'ammoniac.

Étant donné que l'acide urique libère des nitrates dans le sol, on peut utiliser le guano des oiseaux comme engrais pour les cultures. Avant l'avènement des engrais de synthèse, ce «déchet» était si prisé que des pays se disputaient certaines îles d'Amérique latine recouvertes de guano d'oiseaux marins; dans certaines régions, la couche de guano pouvait avoir une épaisseur équivalente à la hauteur d'un édifice de 12 étages! L'intérêt croissant à l'égard des engrais organiques a récemment ravivé le commerce du guano (**figure 44.9**).

Même s'ils ne sont pas de grands producteurs d'acide urique, les humains et quelques autres animaux en émettent une petite quantité par dégradation de la purine. Les maladies qui altèrent ce processus mettent en évidence les problèmes que peut représenter un produit métabolique insoluble. Par exemple, il existe une anomalie génétique qui altère le métabolisme de la purine chez les chiens dalmatiens et qui les prédispose à la formation de calculs d'acide urique dans la vessie. Chez l'humain, les hommes adultes sont particulièrement sujets à la goutte, une inflammation douloureuse des articulations causée par des dépôts d'acide urique sous forme de cristaux d'urate. Une alimentation qui contient trop de produits animaux riches en purine peut accroître le risque de goutte. Il semble que certains dinosaures aient été touchés par ce type d'inflammation: l'analyse d'os fossilisés de *Tyrannosaurus rex* a révélé la présence des caractéristiques articulaires de la goutte.

▲ **Figure 44.9 Le recyclage des déchets azotés.** La nidification d'oiseaux marins sur des îles au large du Pérou produit chaque année 12 000 tonnes de guano. Après avoir été ramassé, il sera vendu comme engrais organique.

L'influence de l'évolution et de l'environnement sur les déchets azotés

ÉVOLUTION En général, les types de déchets azotés excrétés dépendent de l'histoire évolutive (phylogenèse) et de l'habitat d'un animal, en particulier la disponibilité de l'eau. Par exemple, les tortues terrestres (qui habitent souvent dans des zones sèches) excrètent surtout de l'acide urique, tandis que les tortues aquatiques sécrètent de l'urée et de l'ammoniac. L'environnement immédiat des œufs des Animaux est un autre facteur qui influe sur le principal type de déchets azotés. Par exemple, les déchets solubles peuvent diffuser vers l'extérieur des œufs sans coquille, comme ceux des Amphibiens, ou bien être transportés par le sang de la mère de l'embryon chez les Mammifères. Toutefois, les œufs à coquille des Oiseaux et des autres Reptiles (voir la figure 34.25, p. 830) sont perméables aux gaz mais non aux liquides: les déchets azotés solubles produits par l'embryon seraient donc emmagasinés dans l'œuf et s'accumuleraient, atteignant des concentrations toxiques (l'urée est beaucoup moins toxique que l'ammoniac, mais elle finit par devenir nuisible à de très fortes concentrations). L'évolution a donc favorisé la production d'acide urique parce qu'il ne reste pas en solution: il précipite, et il peut être stocké dans l'œuf en tant que solide extraembryonnaire inoffensif.

Quel que soit le type de déchets azotés produits, la quantité dépend de l'allocation énergétique. Ainsi, les endothermes, qui utilisent de l'énergie à une vitesse élevée, consomment plus d'aliments que les ectothermes et produisent davantage de déchets azotés. La quantité de déchets azotés est également fonction du régime alimentaire. Les prédateurs, qui tirent la majeure partie de leur énergie des protéines, doivent excréter plus d'azote que les animaux qui dégradent surtout des lipides ou des glucides pour obtenir leur énergie.

Maintenant que nous avons exploré les diverses formes de déchets azotés et les liens qu'on peut établir avec l'évolution, l'habitat et la consommation d'énergie, nous examinerons les mécanismes et les systèmes qui permettent aux Animaux d'excréter les déchets azotés et les autres déchets.

RETOUR SUR LE CONCEPT 44.2

1. Quel avantage l'acide urique offre-t-il comme déchet azoté dans les milieux arides?
2. **ET SI?** Supposons qu'un oiseau et un humain ont la goutte. Pourquoi la diminution de l'apport alimentaire en purine aidera-t-elle davantage l'humain que l'oiseau?

Voir les réponses proposées à la fin du chapitre.

CONCEPT 44.3

Les divers systèmes urinaires constituent des variations de tubules spécialisés

Même si les problèmes de l'équilibre hydrique sur la terre ferme, dans l'eau salée et dans l'eau douce sont très différents, leurs solutions dépendent toutes de la régulation du mouvement des solutés entre les liquides internes et le milieu externe. La majeure partie de ces fonctions sont exécutées par les systèmes urinaires: ceux-ci jouent un rôle essentiel dans l'homéostasie, parce qu'ils éliminent les déchets métaboliques et régulent la composition des liquides corporels en limitant les pertes de solutés particuliers. Avant de décrire les systèmes urinaires particuliers, nous examinerons le processus de base de l'excrétion.

Les processus d'excrétion

Une très grande variété d'espèces animales produisent un déchet liquide appelé urine grâce à un processus en plusieurs étapes qu'illustre la **figure 44.10**. À la première étape, le liquide corporel (sang, lymphe, liquide interstitiel, liquide cœlomique ou hémolymphe) entre en contact avec la membrane à perméabilité sélective d'un épithélium de transport. Dans la plupart des cas, la pression hydrostatique (pression sanguine chez de nombreux animaux) enclenche un processus de **filtration**. Les cellules, les protéines et les autres macromolécules ne peuvent pas traverser la membrane épithéliale et sont donc retenues dans le liquide corporel. Par contre, l'eau et les petits solutés, notamment les sels, les monosaccharides, les acides aminés et les déchets azotés, traversent la membrane et forment une solution appelée **filtrat**.

Le filtrat est converti en un déchet liquide grâce au transport spécifique des substances qui sont retenues dans le filtrat ou qui en sortent. Le processus de **réabsorption** sélective récupère les petites molécules essentielles ainsi que l'eau du filtrat et les retourne aux liquides corporels. Le transport actif permet de réabsorber les solutés précieux, notamment du glucose, certains ions, des vitamines, des hormones et des acides aminés. Les solutés superflus et les déchets sont laissés dans le filtrat ou y sont ajoutés par une **sécrétion** sélective, laquelle fait également appel au transport actif. Le transport membranaire des divers solutés permet aussi de modifier le mouvement osmotique de l'eau qui pénètre dans le filtrat ou qui en sort. Dans la dernière étape – l'excrétion –, le filtrat traité est expulsé du corps sous forme d'urine.

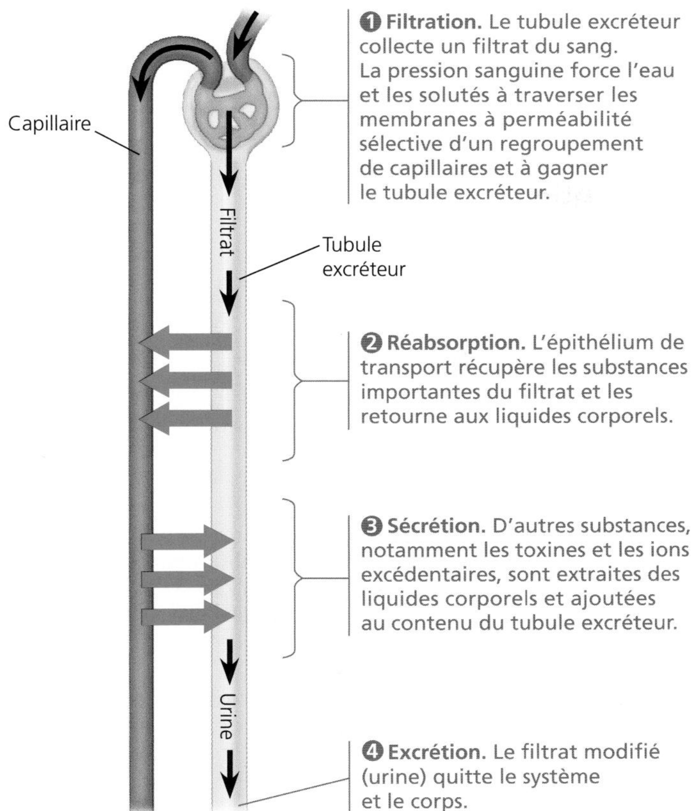

Capillaire
❶ Filtration. Le tubule excréteur collecte un filtrat du sang. La pression sanguine force l'eau et les solutés à traverser les membranes à perméabilité sélective d'un regroupement de capillaires et à gagner le tubule excréteur.
Filtrat
Tubule excréteur
❷ Réabsorption. L'épithélium de transport récupère les substances importantes du filtrat et les retourne aux liquides corporels.
❸ Sécrétion. D'autres substances, notamment les toxines et les ions excédentaires, sont extraites des liquides corporels et ajoutées au contenu du tubule excréteur.
Urine
❹ Excrétion. Le filtrat modifié (urine) quitte le système et le corps.

▲ **Figure 44.10 Les étapes clés des fonctions importantes des systèmes urinaires.** La plupart des systèmes urinaires produisent un filtrat par un processus de filtration sous pression des liquides organiques, puis en modifient le contenu. Ce schéma représente le système urinaire des Vertébrés.

Les systèmes urinaires: *un aperçu*

Les systèmes qui effectuent les fonctions excrétoires de base varient énormément selon les groupes d'Animaux. Cependant, ils forment généralement un réseau complexe de tubules qui fournissent de grandes surfaces permettant l'échange efficace et rapide d'eau et de solutés, notamment des déchets azotés. Nous allons maintenant examiner les systèmes urinaires des vers plats, des vers de terre, des Insectes et des Vertébrés. Ces exemples témoignent de la diversité évolutive des réseaux de tubules.

La protonéphridie

Les vers plats (embranchement des Plathelminthes) et les animaux acœlomates ont un système urinaire constitué d'organes appelés **protonéphridies**. Une protonéphridie est un réseau de tubules qui se terminent en cul-de-sac (**figure 44.11**). Ouverts sur l'extérieur, les tubules se ramifient dans tout le corps, qui est dépourvu de cœlome, ou cavité corporelle. Des cellules bulbeuses, qui portent le nom de *cellules-flammes*, referment les branches de chaque protonéphridie. Chaque cellule-flamme possède une touffe de cils vibratiles qui forment saillie dans le tubule. Durant la filtration, le battement des cils attire l'eau et les solutés du liquide interstitiel et les fait circuler dans la cellule-flamme jusqu'au réseau tubulaire. (Les cils vibratiles en action ressemblent à une flamme vacillante, d'où l'appellation *cellule-flamme*.) Ensuite, le filtrat traité est propulsé dans les tubules jusqu'à ce que ceux-ci se vident sous forme d'urine dans l'environnement externe par des ouvertures appelées *néphridiopores*. L'urine excrétée par les vers plats d'eau douce a une faible concentration de solutés, ce qui équilibre l'entrée d'eau du milieu environnant par osmose.

On trouve aussi des protonéphridies chez les Rotifères, certains Annélides, les larves des Mollusques et les amphioxus, qui sont des Cordés invertébrés (voir la figure 34.4, p. 815). La fonction des protonéphridies varie d'un de ces animaux à l'autre. Chez les vers plats d'eau douce, l'osmorégulation est la principale fonction des protonéphridies: la plupart des déchets métaboliques sont excrétés à travers la surface corporelle ou dans la cavité gastrovasculaire, puis éliminés par la bouche (voir la figure 33.10, p. 786). Toutefois, chez certains vers plats parasites, isoosmotiques par rapport aux liquides environnants de leur hôte, les protonéphridies servent surtout à excréter les déchets azotés. La sélection naturelle a fait en sorte que les protonéphridies se soient adaptées selon les milieux.

Les métanéphridies

La plupart des Annélides, notamment le ver de terre (*Lumbricus terrestris*), ont des **métanéphridies**. Ce sont des organes excréteurs qui recueillent le liquide directement du cœlome (**figure 44.12**). Chaque segment du ver de terre possède sa propre paire de métanéphridies. Celles-ci sont immergées dans le liquide cœlomique et enveloppées d'un réseau de capillaires. L'ouverture interne d'une métanéphridie est entourée d'un entonnoir cilié, le néphrostome. Sous l'effet du battement

▼ **Figure 44.11 Les protonéphridies: le système urinaire à cellules-flammes de la planaire (ver plat).** Les protonéphridies sont des tubules internes ramifiés, spécialisés dans l'osmorégulation.

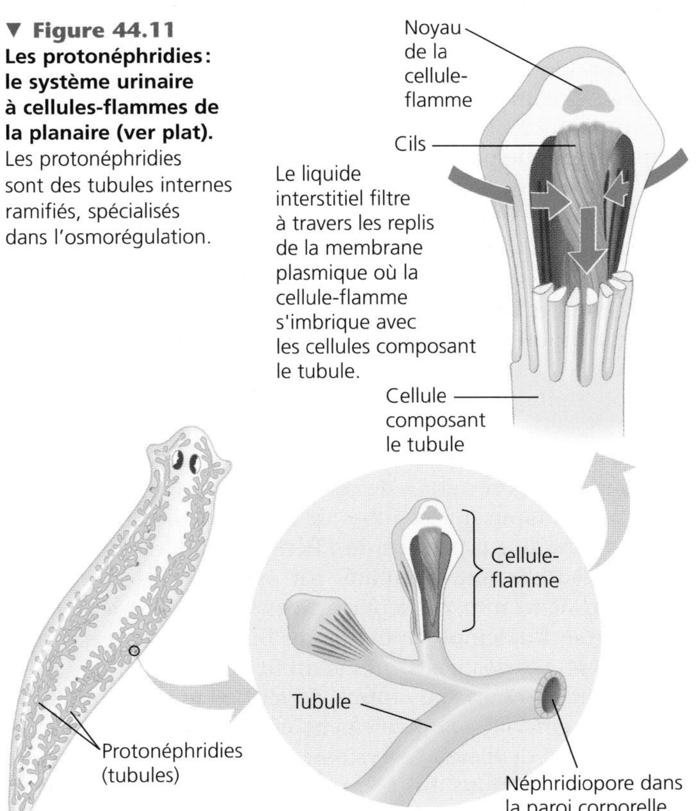

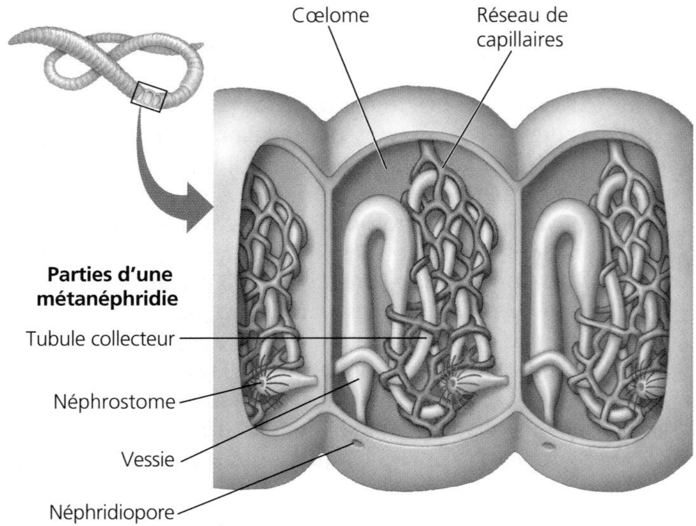

▲ **Figure 44.12 Les métanéphridies du ver de terre (*Lumbricus terrestris*).** Chaque segment du ver de terre est doté d'une paire de métanéphridies, qui drainent le liquide cœlomique du segment antérieur adjacent. (Seulement une métanéphridie de chaque paire est illustrée ici.)

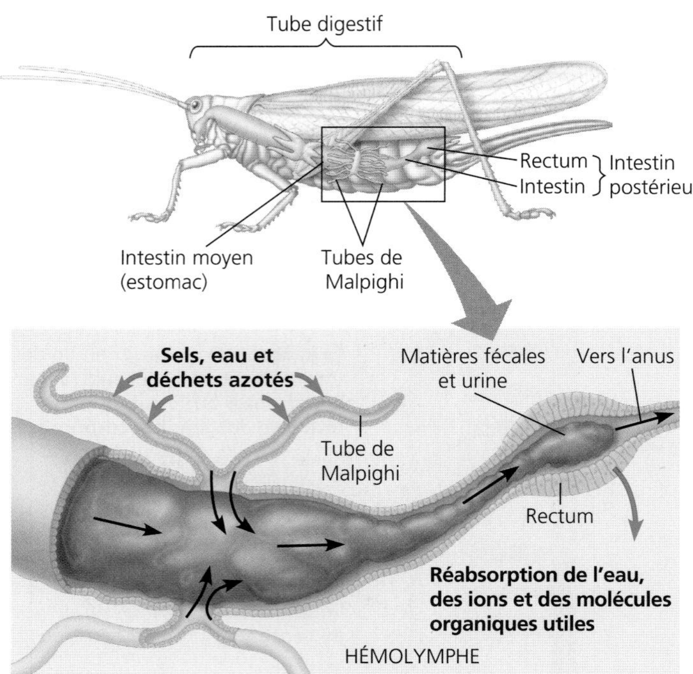

▲ **Figure 44.13 Les tubes de Malpighi des Insectes.** Les tubes de Malpighi sont des poches excroissantes du tube digestif. Ils sont le siège de l'élimination des déchets azotés et jouent un rôle dans l'osmorégulation.

des cils, le liquide pénètre dans un tubule collecteur, lequel comprend une vessie communiquant avec l'extérieur grâce au néphridiopore.

Les métanéphridies du ver de terre ont des fonctions excrétrices et osmorégulatrices. À mesure que l'urine circule dans le tubule collecteur, l'épithélium de transport bordant la lumière réabsorbe la plupart des solutés et les ramène au sang par les capillaires. Les déchets azotés restent dans le tubule et sont évacués vers l'extérieur. Les vers de terre vivent dans la terre humide et absorbent généralement de l'eau par osmose à travers la cuticule et l'épiderme. Les métanéphridies équilibrent l'apport hydrique en produisant de l'urine diluée (hypoosmotique par rapport aux liquides corporels).

Les tubes de Malpighi

Le système urinaire des Insectes et des autres Arthropodes terrestres est constitué d'organes appelés **tubes de Malpighi**, qui retirent les déchets azotés et jouent un rôle dans l'osmorégulation (**figure 44.13**). Chaque tube est ainsi constitué que l'une de ses extrémités est en cul-de-sac et immergée dans l'hémolymphe (liquide circulatoire), tandis que l'autre extrémité débouche dans le tube digestif. L'étape de filtration qui caractérise certains systèmes excréteurs est absente. Elle est remplacée par la sécrétion de certains solutés par l'épithélium de transport tapissant les tubes de Malpighi, notamment des déchets azotés, qui passent de l'hémolymphe dans la cavité du tubule. L'eau suit les solutés par osmose, puis la solution passe dans le rectum, où la plupart des solutés sont réabsorbés et retournés à l'hémolymphe, tandis que l'eau est réabsorbée par osmose. Les déchets azotés (surtout de l'acide urique insoluble) sont éliminés sous forme de résidus presque secs avec les excréments. Remarquablement efficace sur le plan de la conservation de l'eau, le système urinaire des Insectes est l'une des adaptations qui a le plus contribué à l'énorme succès de ces Animaux sur la terre ferme.

Plusieurs insectes terrestres possèdent une adaptation supplémentaire qui les aide à assurer leur équilibre hydrique : la région rectale de leur tube digestif leur donne la possibilité de récupérer l'eau présente dans la vapeur d'eau de l'atmosphère. Alors que certaines espèces absorbent l'eau seulement lorsque l'air est saturé d'humidité, d'autres insectes, comme les puces (genre *Xenopsylla*), réussissent à capter l'eau quand le taux d'humidité atmosphérique se situe aux alentours de 50 %.

Les reins

Chez les Vertébrés et quelques autres Cordés, un organe spécialisé appelé rein exerce des fonctions d'osmorégulation et d'excrétion. À l'instar des organes excréteurs de la plupart des Animaux, les reins se composent de tubules. Les nombreux tubules de ces organes compacts sont disposés selon une structure précise et étroitement associés à un dense réseau de capillaires. Le système urinaire des Vertébrés comporte aussi des conduits et d'autres structures de transport de l'urine hors des tubules et du rein, et aussi hors de l'organisme.

Habituellement, les reins des Vertébrés ne sont pas segmentés. Cependant, chez les myxines, des Invertébrés faisant partie des Cordés, les reins comportent des tubules excréteurs disposés en segments. Cette organisation particulière donne à penser que les structures excrétrices des ancêtres des Vertébrés étaient aussi segmentées.

Comme la structure du rein fait partie intégrante de sa fonction, familiarisez-vous avec les termes et les schémas de la **figure 44.14** (pages 1118 et 1119), qui décrit l'anatomie du rein et des structures qui lui sont associées chez les Mammifères, avant d'aborder le traitement du filtrat dans les reins, sujet de la prochaine section.

RETOUR SUR LE CONCEPT 44.3

1. Comparez les différentes façons dont les déchets métaboliques entrent dans le système urinaire des vers plats, des vers de terre et des Insectes.
2. Quelle est la fonction de l'étape de filtration dans le système urinaire?
3. **ET SI?** L'insuffisance rénale est souvent traitée par hémodialyse, qui consiste à faire passer le sang du corps dans une machine qui le filtre puis à le faire circuler le long d'une membrane semi-perméable. Un liquide appelé dialysat circule en sens opposé de l'autre côté de la membrane. Comme le dialysat remplace la réabsorption et la sécrétion des solutés dans un rein fonctionnel, sa composition de départ est capitale. Quelle composition initiale de solutés serait adéquate?

Voir les réponses proposées à la fin du chapitre.

CONCEPT 44.4

La structure du néphron est adaptée au traitement par étapes du filtrat sanguin

Nous poursuivons ici notre exploration du néphron en décrivant le processus de la filtration. Ensuite, nous examinerons de plus près le travail conjoint des tubules, des capillaires et des tissus voisins.

Les capillaires poreux et les cellules spécialisées de la capsule glomérulaire rénale (capsule de Bowman) sont perméables à l'eau et aux petits solutés, mais pas aux éléments figurés du sang ni aux macromolécules (comme les protéines plasmatiques). Le filtrat de la capsule glomérulaire rénale contient donc des ions, du glucose, des acides aminés et des vitamines, des déchets azotés et d'autres petites molécules. Étant donné que ces molécules circulent librement entre les capillaires glomérulaires et la capsule de Bowman, les concentrations de ces substances dans le filtrat initial sont les mêmes que dans le plasma sanguin.

Du filtrat à l'urine: *une étude détaillée*

Dans la présente section, nous suivrons le filtrat sur son trajet dans le néphron et le tubule rénal collecteur afin de comprendre comment chaque région contribue, étape par étape, à la transformation du filtrat en urine. Les chiffres encerclés correspondent aux chiffres indiqués dans la **figure 44.15** (page 1120).

➊ **Tubule contourné proximal.** La réabsorption dans le tubule contourné proximal est essentielle à la recapture des ions, de l'eau et des nutriments utiles présents dans l'énorme volume du filtrat initial. Le NaCl (sel) du filtrat diffuse dans les cellules de l'épithélium, où le Na^+ est transporté activement vers le liquide interstitiel. Ce transfert de charge positive hors du tubule est équilibré par le transport passif de Cl^-, de même que le mouvement d'une plus grande quantité de Na^+ de la lumière aux cellules de la paroi du tubule s'effectue par des mécanismes de diffusion facilitée et de cotransport (voir les figures 7.17 et 7.21, p. 150 et 153).

À mesure que l'ion Na^+ passe du filtrat au liquide interstitiel, l'eau suit par osmose. Le Na^+ et l'eau ramenés dans le liquide interstitiel retournent alors dans les capillaires péritubulaires par diffusion. Le glucose, les acides aminés, les ions potassium (K^+) et d'autres substances essentielles passent également, par transport actif ou passif, du filtrat au liquide interstitiel, puis dans les capillaires péritubulaires.

Le traitement du filtrat dans le tubule contourné proximal favorise le maintien d'un pH relativement stable dans les liquides corporels. Les cellules de l'épithélium de transport sécrètent des ions H^+ dans la lumière du tubule, mais elles synthétisent et sécrètent aussi de l'ammoniac, qui agit comme tampon pour neutraliser les ions H^+ sous la forme d'ions ammonium (NH_4^+). Plus le filtrat est acide, plus les cellules de l'épithélium de transport produisent de plus grandes quantités d'ammoniac, de sorte que l'urine d'un mammifère contient toujours un peu d'ammoniac provenant de cette source (même si la plupart des déchets azotés sont excrétés sous forme d'urée). En outre, le tubule contourné proximal réabsorbe par diffusion facilitée environ 90 % des ions hydrogénocarbonate (HCO_3^-), qui jouent un rôle important dans le sang: en tant que substance tampon, ils contribuent à maintenir un pH équilibré dans les liquides corporels.

Pendant que le filtrat passe dans le tubule contourné proximal, les substances à excréter deviennent plus concentrées. Beaucoup de déchets quittent les liquides corporels durant la filtration non sélective et demeurent dans le filtrat pendant que l'eau et les sels sont réabsorbés. L'urée, par exemple, est retournée dans le sang beaucoup plus lentement que le sel et l'eau. Certaines substances toxiques sont sécrétées activement dans le filtrat en provenance de tissus voisins. Par exemple, les médicaments et les toxines que le foie a déjà traités passent des capillaires péritubulaires au liquide interstitiel, puis ils entrent dans le tubule contourné proximal où ils sont activement sécrétés par l'épithélium de transport dans la lumière du tubule.

➋ **Partie descendante de l'anse du néphron.** La réabsorption de l'eau se poursuit pendant que le filtrat se déplace dans le tubule vers la partie descendante de l'anse du néphron. À cet endroit, les nombreux canaux formés par la protéine **aquaporine** rendent l'épithélium de transport tout à fait perméable à l'eau. Par contre, il n'y a presque pas de canaux pour le sel et les autres petits solutés. La perméabilité à ces substances est donc très faible.

Pour que l'eau sorte du tubule par osmose, le liquide interstitiel dans lequel baigne le tubule doit être hyperosmotique par rapport au filtrat. L'osmolarité du liquide interstitiel augmente graduellement à mesure qu'on avance de la face externe du cortex rénal vers la médulla rénale interne. C'est pourquoi le filtrat qui se déplace du cortex vers la médulla, dans la partie descendante de l'anse du néphron, continue de perdre de l'eau au profit du liquide interstitiel, dont l'osmolarité est croissante, ce qui augmente la concentration en solutés du filtrat.

➌ **Partie ascendante de l'anse du néphron.** Le filtrat atteint le fond de l'anse, puis remonte vers le cortex rénal dans

▼ **Figure 44.14**

PANORAMA Le système urinaire des Mammifères

Les organes excréteurs

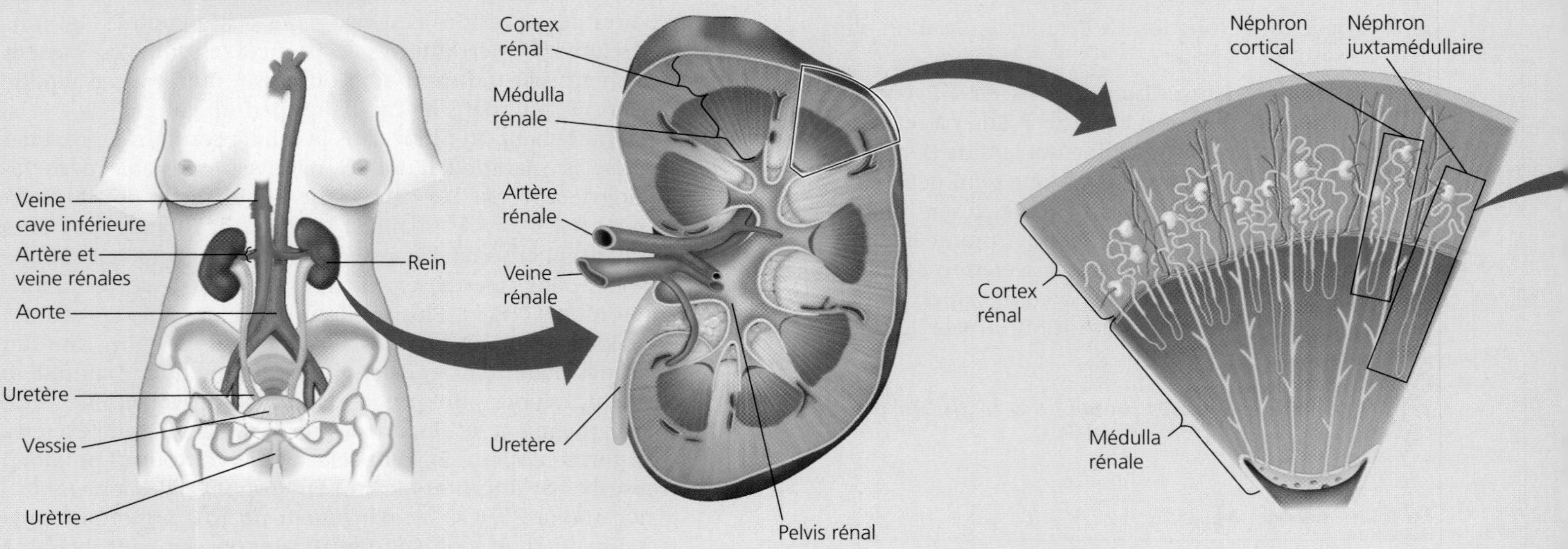

Chez l'humain, le système urinaire comprend une paire de **reins**, en forme de haricot et mesurant environ 10 cm de longueur, ainsi que des structures spécialisées dans le transport et le stockage de l'urine. L'urine produite par chaque rein s'écoule dans un conduit appelé **uretère**; les deux uretères se déversent dans un sac commun appelé **vessie**. Durant la miction, l'urine est expulsée de la vessie par un tube appelé **urètre**, qui s'ouvre à l'extérieur du corps. L'urètre débouche à proximité du vagin chez la femme et à l'extrémité du pénis chez l'homme. Des sphincters (des muscles) à proximité de la jonction de l'urètre et de la vessie régulent la miction.

La structure du rein

Chaque rein possède une enveloppe externe, le **cortex rénal**, et une enveloppe interne, la **médulla rénale**. Ces deux régions sont desservies par une artère rénale et drainées par une veine rénale. Le cortex et la médulla abritent des tubules excréteurs densément alignés ainsi que des vaisseaux sanguins associés. Le **pelvis rénal**, à l'intérieur, reçoit l'urine des tubules excréteurs et l'achemine à la vessie.

Les néphrons

Enchevêtrés dans le cortex rénal et la médulla rénale, les **néphrons** sont les unités fonctionnelles du rein des Vertébrés. Un rein humain contient environ 1 million de néphrons, dont 85 % sont des **néphrons corticaux**, qui s'avancent peu dans la médulla. Le reste est constitué de **néphrons juxtamédullaires** qui, eux, descendent profondément dans la médulla. Les néphrons juxtamédullaires sont essentiels à la production de l'urine, qui est hyperosmotique par rapport aux liquides corporels, une adaptation importante pour la conservation de l'eau chez les Mammifères.

la partie ascendante de l'anse du néphron. Contrairement à l'épithélium de transport de la partie descendante, l'épithélium de transport de la partie ascendante, dépourvu d'aquaporines, est imperméable à l'eau, mais il est perméable aux ions. En fait, l'imperméabilité à l'eau des membranes biologiques est très rare, mais elle revêt une importance capitale pour le bon fonctionnement de la partie ascendante de l'anse.

La partie ascendante possède deux régions spécialisées: le segment grêle près du fond de l'anse et le segment large conduisant au tubule contourné distal. À mesure que le filtrat monte dans le segment grêle, le Na^+ et le Cl^-, devenus concentrés dans la partie descendante, traversent le tubule par diffusion facilitée et se retrouve dans le liquide interstitiel. Cette perte aide à maintenir l'osmolarité du liquide interstitiel présent dans la médulla rénale. Le retrait du Na^+ et du Cl^- du filtrat se poursuit dans le segment large de la partie ascendante; cependant, dans cette région, l'épithélium procède au transport actif du Na^+ et du Cl^- vers le liquide interstitiel. En perdant du sel sans perdre d'eau, le filtrat se dilue progressivement, à mesure qu'il remonte vers le cortex rénal dans la partie ascendante de l'anse du néphron.

❹ **Tubule contourné distal.** Le tubule contourné distal joue un rôle clé dans la régulation de la concentration du K^+ ainsi que du Na^+ et du Cl^- dans les liquides corporels: il fait varier la quantité de K^+ sécrétée dans le filtrat et la quantité de Na^+ et de Cl^- réabsorbée du filtrat par cotransport ou par transport actif primaire. À l'instar du tubule contourné proximal, le tubule contourné distal participe à la régulation du pH, et ce, par la sécrétion contrôlée de H^+ et par la réabsorption des ions hydrogénocarbonate (HCO_3^-).

❺ **Tubule rénal collecteur.** Le tubule rénal collecteur transporte le filtrat à travers la médulla rénale jusqu'au pelvis rénal. L'épithélium de transport du néphron et du tubule

La structure du néphron

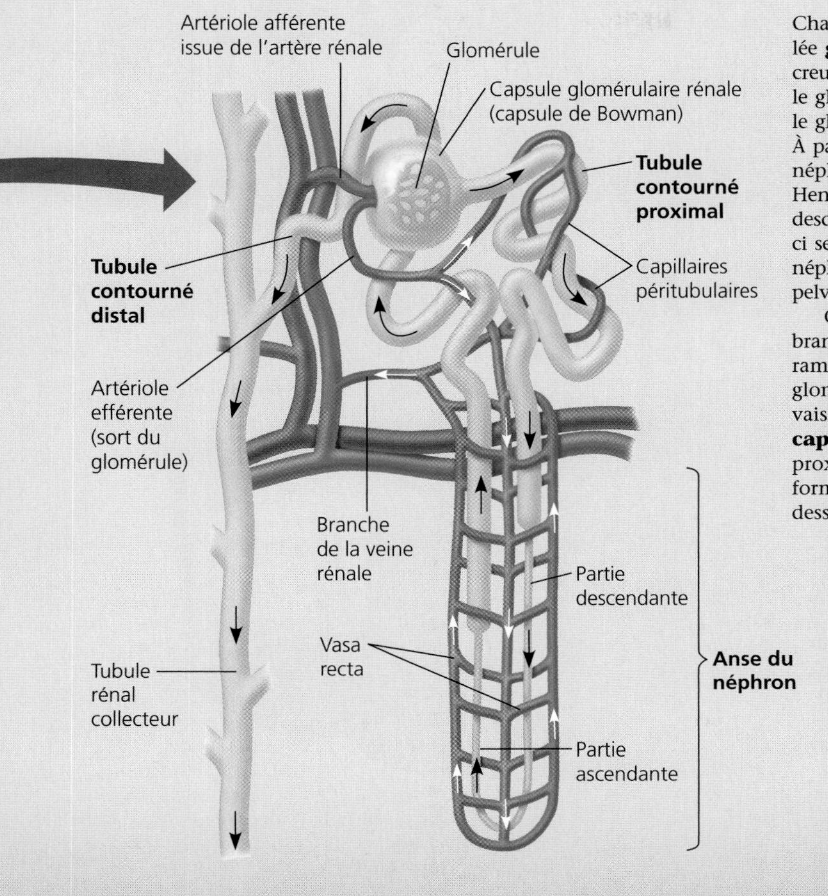

Chaque néphron comprend un seul long tubule et une boule de capillaires appelée **glomérule**. L'extrémité fermée du tubule forme un réceptacle sphérique et creux, la **capsule glomérulaire rénale** (ou capsule de Bowman), qui entoure le glomérule. Le filtrat se forme quand la pression artérielle pousse le sang dans le glomérule, plus précisément dans la cavité de la capsule glomérulaire rénale. À partir de la capsule glomérulaire rénale, le filtrat traverse trois régions du néphron : le **tubule contourné proximal**, l'**anse du néphron** (ou anse de Henle), qui est une boucle en forme d'épingle à cheveux constituée d'une partie descendante et d'une partie ascendante, et le **tubule contourné distal**. Celui-ci se déverse dans un **tubule rénal collecteur**, qui reçoit le filtrat de plusieurs néphrons. Le filtrat s'écoule des nombreux tubules rénaux collecteurs dans le pelvis rénal, compartiment en forme d'entonnoir qui débouche dans l'uretère.

Chaque néphron est approvisionné en sang par une *artériole afférente*, une branche d'une artère interlobulaire elle-même issue d'une artère rénale, qui se ramifie pour former les capillaires du glomérule. À leur sortie de la capsule glomérulaire rénale, les capillaires convergent en une *artériole efférente*. Ce vaisseau se subdivise à son tour en un réseau secondaire de capillaires, les **capillaires péritubulaires**, qui s'enchevêtrent avec les tubules contournés proximal et distal du néphron. D'autres capillaires se dirigent vers le bas pour former les **vasa recta**, des capillaires en forme d'épingle à cheveux qui desservent la médulla rénale et longent l'anse des néphrons juxtamédullaires.

► Dans cette MEB des bouquets denses de vaisseaux sanguins d'un rein humain, les artérioles et les capillaires péritubulaires sont en rose et les glomérules en jaune.

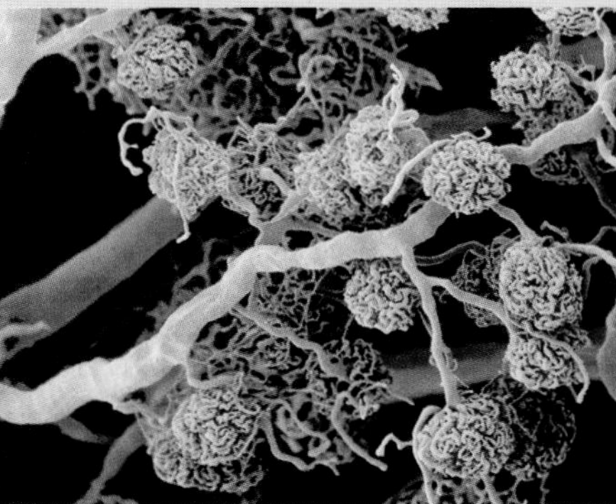

rénal collecteur transforme le filtrat pour former l'urine. L'une des fonctions les plus importantes de cet épithélium réside dans la réabsorption des solutés et de l'eau. Dans des conditions normales, environ 1 600 L de sang passent chaque jour dans les deux reins : c'est un volume qui équivaut à environ 300 fois le volume total de sang dans le corps. En traitant cet énorme volume de sang, les néphrons et les tubules rénaux collecteurs produisent environ 180 L de filtrat initial. Presque tous les monosaccharides, les vitamines et les autres nutriments organiques de ce filtrat, ainsi que près de 99 % de son eau, sont réabsorbés et passent dans le sang, ce qui ne laisse que 1,5 L d'urine environ à excréter.

Pendant que le filtrat passe sur l'épithélium de transport du tubule rénal collecteur, la régulation hormonale de la perméabilité et du transport détermine la concentration de l'urine.

Quand les reins conservent l'eau, les canaux d'aquaporine du tubule rénal collecteur permettent aux molécules d'eau de traverser l'épithélium. En même temps, l'épithélium demeure imperméable au Na^+ et au Cl^- et, dans le cortex rénal, à l'urée. Ainsi, à mesure que le tubule rénal collecteur traverse le gradient d'osmolarité dans le rein, le filtrat se concentre de plus en plus en perdant de l'eau par osmose au profit du liquide interstitiel hyperosmotique. Dans la médulla rénale interne, l'épithélium du tubule rénal collecteur devient perméable à l'urée. En raison de sa concentration élevée dans le filtrat à ce moment, une certaine partie de l'urée diffuse hors du tubule vers le liquide interstitiel. Avec le Na^+ et le Cl^-, cette urée interstitielle contribue de manière importante à l'osmolarité élevée du liquide interstitiel présent dans la médulla rénale. Et c'est cette osmolarité élevée du liquide interstitiel qui permet au rein de conserver de l'eau en excrétant une urine hyperosmotique par rapport aux liquides corporels en général.

En produisant une urine diluée plutôt qu'une urine concentrée, le rein réabsorbe activement les sels sans permettre à l'eau de suivre par osmose. L'épithélium est alors dépourvu de canaux, de sorte que du Na^+ et du Cl^- sortent

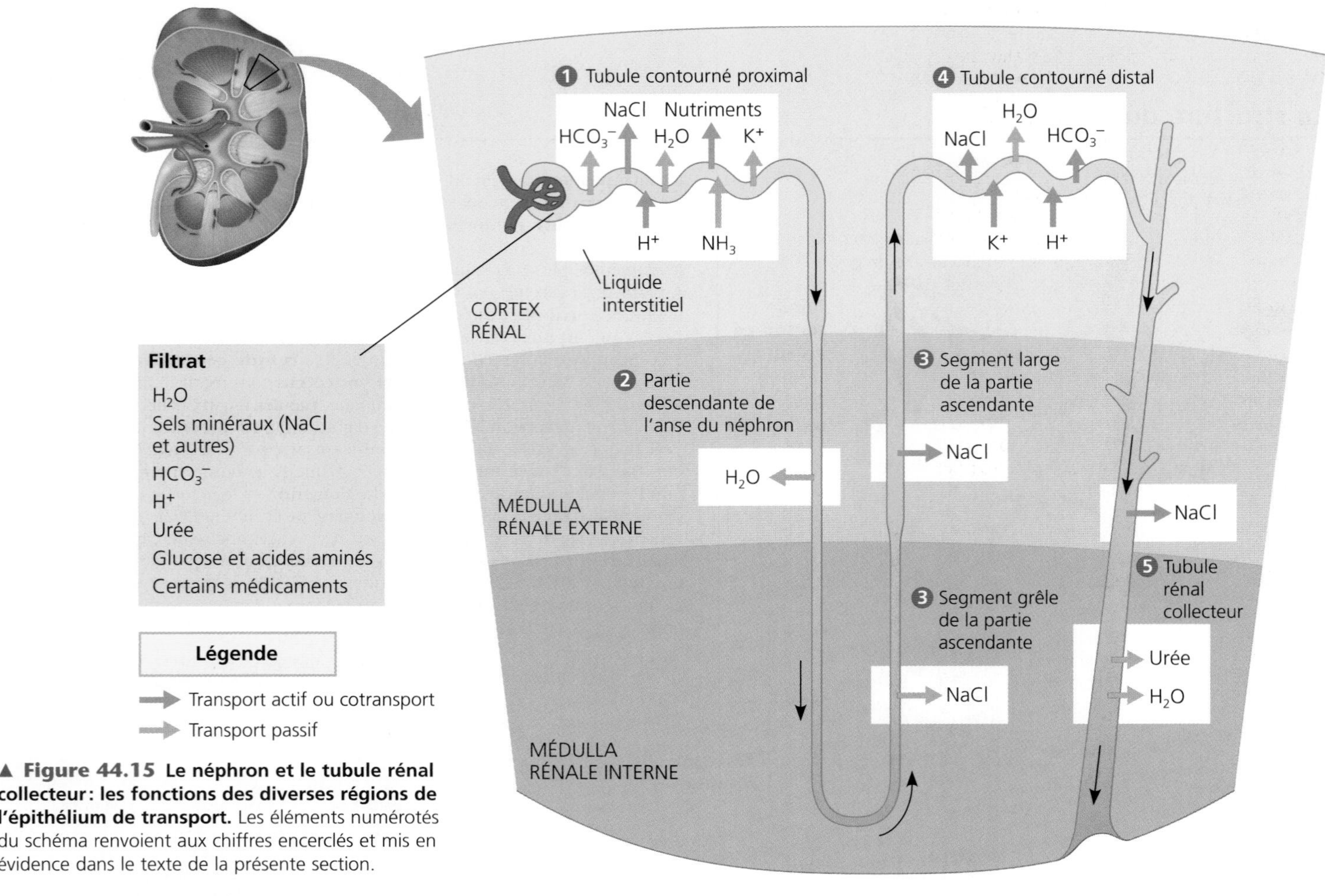

▲ **Figure 44.15 Le néphron et le tubule rénal collecteur : les fonctions des diverses régions de l'épithélium de transport.** Les éléments numérotés du schéma renvoient aux chiffres encerclés et mis en évidence dans le texte de la présente section.

? *Certaines cellules qui tapissent les tubules du rein fabriquent des solutés organiques afin de maintenir un volume cellulaire normal. Où se trouvent ces cellules dans le rein ? Expliquez votre réponse.*

du filtrat par transport actif. Comme nous le verrons dans la prochaine section, l'état de l'épithélium du tubule rénal collecteur est régulé par des hormones qui maintiennent l'homéostasie au regard de l'osmolarité, de la pression artérielle et du volume sanguin.

Les gradients de solutés et la conservation de l'eau

La capacité du rein mammalien de conserver l'eau est une adaptation essentielle à la vie terrestre. L'osmolarité du sang humain est de l'ordre de 300 mmol/L, mais le rein peut excréter une urine jusqu'à 4 fois plus concentrée (dont l'osmolarité atteint 1 200 mmol/L). Quelques Mammifères peuvent faire encore mieux. Par exemple, la souris sauteuse australienne (*Notomys sp.*), qui vit dans un milieu très sec, produit parfois de l'urine dont la concentration atteint 9 300 mmol/L. Cette urine est donc 9 fois plus concentrée que l'eau de mer et 25 fois plus concentrée que les liquides corporels de l'animal.

Dans les reins des Mammifères, le maintien des gradients osmotiques et la production d'urine hyperosmotique ne sont possibles qu'au prix d'une dépense considérable d'énergie pour assurer le transport actif ou le cotransport des solutés contre les gradients de concentration. En fait, on peut considérer le néphron, et particulièrement l'anse du néphron, comme une machine minuscule consommatrice d'énergie, dont la fonction est de créer une zone de forte osmolarité dans le rein afin d'extraire l'eau de l'urine contenue dans le tubule rénal collecteur. Les deux solutés primaires de ce gradient d'osmolarité sont le Na^+ et le Cl^-, réabsorbés dans la médulla rénale par l'anse du néphron, et l'urée, qui passe à travers l'épithélium des tubules rénaux collecteurs dans la médulla rénale interne.

Le modèle à deux solutés

Afin de mieux comprendre comment la physiologie du rein mammalien permet de conserver l'eau, examinons à nouveau le trajet du filtrat dans le tubule excréteur, mais en insistant cette fois sur la façon dont les néphrons juxtamédullaires maintiennent un gradient d'osmolarité dans le rein et utilisent ce gradient pour excréter une urine hyperosmotique (**figure 44.16**). Quand le filtrat sort de la capsule glomérulaire

▶ Figure 44.16 La concentration de l'urine par le rein humain : le modèle à deux solutés. Deux solutés contribuent à l'augmentation de l'osmolarité du liquide interstitiel : le NaCl (l'écriture abrégée désigne collectivement le Na^+ et le Cl^-) et l'urée. L'anse du néphron fait en sorte qu'il y ait toujours un gradient de NaCl entre le filtrat et le liquide interstitiel, dont la concentration augmente continuellement depuis le cortex rénal jusqu'à la médulla rénale. L'urée s'ajoute au liquide interstitiel de la médulla rénale par diffusion hors du tubule rénal collecteur (la majeure partie de l'urée du filtrat reste dans le tubule rénal collecteur et est excrétée). Le filtrat traverse trois fois le cortex et la médulla du rein : d'abord vers le bas, jusqu'au fond de l'anse du néphron, puis vers le haut, jusqu'au tubule contourné distal, puis de nouveau vers le bas, dans le tubule rénal collecteur. À mesure que le filtrat s'écoule dans le tubule rénal collecteur, longeant un liquide interstitiel dont l'osmolarité est croissante, de plus en plus d'eau sort du tubule par osmose. Ce mécanisme concentre les solutés, notamment l'urée, qui restent dans le filtrat.

ET SI ? *Le furosémide, un médicament, bloque les cotransporteurs du Na^+ et du Cl^- dans la partie ascendante de l'anse du néphron. À votre avis, quel est l'effet de ce médicament sur le volume de l'urine ?*

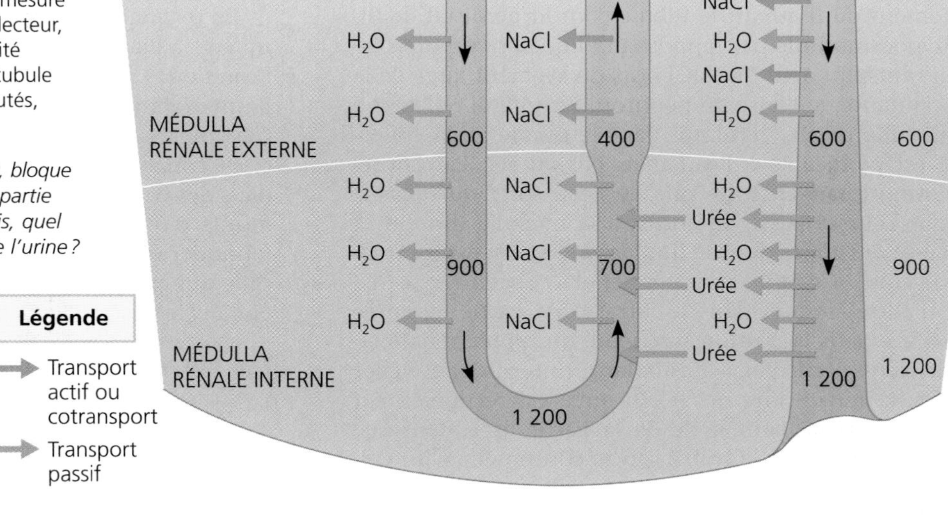

rénale et se dirige vers le tubule contourné proximal, son osmolarité est d'environ 300 mmol/L, ce qui équivaut à celle du sang. À mesure que le filtrat s'écoule dans le tubule contourné proximal (à l'intérieur du cortex rénal), une grande quantité d'eau *et* de sel est réabsorbée ; ainsi, le volume de filtrat diminue substantiellement, mais, en raison de la perte de sel, son osmolarité reste à peu près la même.

À mesure que le filtrat s'écoule du cortex rénal à la médulla rénale par la partie descendante de l'anse du néphron, l'eau sort du tubule par osmose. L'osmolarité du filtrat augmente alors à mesure que les solutés, dont le NaCl, se concentrent. L'osmolarité la plus élevée (environ 1 200 mmol/L) est observée dans la courbure de l'anse du néphron. La diffusion de sel vers l'extérieur du tubule atteint un maximum lorsque le filtrat quitte la courbure et entre dans la partie ascendante de l'anse du néphron, qui, rappelons-le, réabsorbe le sel mais pas l'eau. Le NaCl diffuse de la partie ascendante pour maintenir une osmolarité élevée dans le liquide interstitiel de la médulla rénale.

L'anse du néphron possède certaines caractéristiques d'un échangeur à contre-courant, dont le mécanisme se compare à celui des échanges qui optimisent l'absorption de dioxygène (O_2) dans les branchies (voir la figure 42.22, p. 1064). On peut aussi penser aux mécanismes de réduction de la perte thermique chez les endothermes (voir la figure 40.12, p. 1003). Dans ces exemples, les mécanismes d'échange à contre-courant font intervenir un mouvement passif le long d'un gradient de concentration de O_2 ou d'un gradient thermique. En revanche, le système à contre-courant qui met en jeu l'anse du néphron consomme de l'énergie pour le transport actif du NaCl du filtrat dans le haut de la partie ascendante de l'anse. Ces systèmes à contre-courant, qui dépensent de l'énergie pour créer des gradients de concentration, s'appellent **systèmes à contre-courant multiplicateurs**. Celui qui fait intervenir l'anse du néphron maintient une concentration élevée de sel dans le liquide interstitiel du rein, ce qui lui donne la capacité de produire une urine concentrée.

Qu'est-ce qui empêche les capillaires des vasa recta d'éliminer le gradient d'osmolarité en ramenant dans la circulation veineuse principale la forte concentration de NaCl présente dans le liquide interstitiel de la médulla rénale ? En examinant la figure 44.14, on constate que les vasa recta constituent aussi un échangeur à contre-courant : ils comportent des vaisseaux ascendant et descendant qui transportent le sang dans des directions opposées, au fil du gradient d'osmolarité du rein. À mesure que le vaisseau descendant transporte le sang vers la médulla rénale interne, l'eau quitte le sang vers le liquide interstitiel, et le NaCl contenu dans ce dernier diffuse vers le sang. Ces flux sont inversés quand le sang retourne au cortex rénal par le vaisseau ascendant : l'eau retourne dans le sang et le NaCl diffuse hors de celui-ci. Les vasa recta peuvent donc fournir au rein des nutriments et d'autres substances importantes transportées par le sang, et ce, sans nuire au gradient d'osmolarité dans la médulla interne et externe.

Le processus d'échange à contre-courant de l'anse du néphron et des vasa recta facilite le maintien du gradient osmotique prononcé entre la médulla et le cortex du rein. Cependant, tout gradient osmotique sera éventuellement annulé par la diffusion, à moins que de l'énergie ne soit dépensée pour le protéger. Dans le rein, cette dépense se fait principalement dans le segment large de la partie ascendante de l'anse du néphron. C'est là que le NaCl est transporté activement hors du tubule. Même avec les avantages de l'échange à contre-courant, ce processus (ainsi que d'autres systèmes de transport actif rénal) consomme une quantité importante d'ATP. Aussi, au regard de leur taille, les reins présentent-ils un métabolisme dont la vitesse est bien supérieure à celle de la plupart des autres organes.

Au moment où il atteint le tubule contourné distal, le filtrat est hypoosmotique par rapport aux liquides corporels en raison du transport actif de NaCl hors du segment large de la partie ascendante de l'anse du néphron. Ensuite, il redescend vers la médulla rénale, cette fois dans le tubule rénal collecteur, qui est perméable à l'eau mais pas au sel. Par conséquent, l'osmose fait en sorte que de l'eau sorte du filtrat à mesure que celui-ci passe du cortex à la médulla du rein et qu'il traverse des zones dont le liquide interstitiel est d'osmolarité croissante. Ce processus permet de concentrer le sel, l'urée et d'autres solutés dans le filtrat. Une partie de l'urée est réabsorbée dans la portion inférieure du tubule rénal collecteur et vient participer à l'osmolarité interstitielle élevée de la médulla rénale interne. (Cette urée est récupérée par diffusion dans le segment grêle de la partie ascendante de l'anse du néphron, mais sa réabsorption continuelle par l'épithélium de transport du tubule rénal collecteur maintient une concentration interstitielle d'urée élevée.) Quand le rein concentre l'urine au maximum, l'urine a une osmolarité atteignant celle du liquide interstitiel de la médulla rénale interne, qui peut s'élever à 1 200 mmol/L. Même si elle est *isoosmotique* par rapport au liquide interstitiel de la médulla rénale interne, l'urine est en fait *hyperosmotique* par rapport au sang et au liquide interstitiel du reste du corps. Cette osmolarité élevée permet aux solutés qui restent dans l'urine d'être excrétés hors du corps avec une perte minimale d'eau.

L'évolution a amené les reins des Vertébrés à s'adapter à des habitats différents

ÉVOLUTION Les Vertébrés occupent des habitats qui s'étendent des forêts pluviales aux déserts et des étendues d'eau parmi les plus salées aux eaux pures des lacs de hautes montagnes. Les variations de la structure et de la fonction des néphrons permettent aux reins des Vertébrés d'exercer une osmorégulation liée au type d'habitat. La comparaison d'espèces qui habitent une vaste gamme d'environnements et celle des réactions des divers groupes de Vertébrés à des conditions environnementales semblables révèlent mieux les adaptations du rein de ces derniers.

Les Mammifères

Par sa capacité de concentrer l'urine, le néphron juxtamédullaire est une adaptation essentielle à la vie terrestre, car il permet aux Mammifères d'éliminer les sels et les déchets azotés sans gaspiller l'eau. Comme nous l'avons vu, la capacité remarquable du rein mammalien à produire une urine hyperosmotique dépend totalement de la disposition précise des tubules et des conduits collecteurs dans le cortex rénal et la médulla rénale. À cet égard, le rein illustre très bien la corrélation entre la structure et la fonction d'un organe.

Les mammifères qui excrètent l'urine la plus hyperosmotique, notamment la souris sauteuse australienne, les rats-kangourous d'Amérique du Nord et d'autres mammifères du désert, ont des néphrons dont l'anse est exceptionnellement longue. Cette caractéristique structurale permet de maintenir un gradient osmotique important dans le rein et force l'urine à se concentrer quand elle passe du cortex rénal à la médulla rénale dans les tubules rénaux collecteurs.

En revanche, les castors, les rats musqués et d'autres mammifères aquatiques qui passent la plupart de leur temps dans l'eau douce et qui ont rarement à affronter des problèmes de déshydratation possèdent des néphrons pourvus d'une anse très courte; cette structure réduit considérablement leur capacité à concentrer l'urine. Les mammifères terrestres qui vivent dans des conditions d'humidité importante ont des néphrons munis d'une anse de longueur moyenne et la capacité de fabriquer une urine de concentration moyenne par rapport à celle que produisent les mammifères vivant dans l'eau douce et dans le désert.

Les Oiseaux et les autres Reptiles

La plupart des Oiseaux, y compris l'albatros (voir la figure 44.1) et le grand géocoucou (*Geococcyx californianus*) (**figure 44.17**), vivent dans des environnements très propices à la déshydratation. Comme les Mammifères, les Oiseaux ont des reins dotés de néphrons juxtamédullaires conçus pour conserver l'eau. Toutefois, leurs néphrons possèdent une anse beaucoup plus courte que celle des néphrons mammaliens. Leurs reins ne peuvent donc concentrer l'urine autant que ceux des Mammifères. Même s'ils peuvent produire une urine hyperosmotique afin de conserver de l'eau, les Oiseaux excrètent l'azote sous forme d'acide urique, qui peut être rejeté sous une forme pâteuse, ce qui réduit le volume d'urine.

▲ **Figure 44.17 Le grand géocoucou (*Geococcyx californianus*) est un animal bien adapté à son environnement sec.**

Les reins des autres Reptiles se composent uniquement de néphrons corticaux. Leur urine peut être isoosmotique par rapport aux liquides corporels, mais sans plus. Toutefois, l'épithélium de leur cloaque contribue à la conservation des liquides en réabsorbant une partie de l'eau présente dans l'urine et les excréments. En outre, comme les Oiseaux, la plupart des Reptiles terrestres excrètent les déchets azotés sous forme d'acide urique.

Les poissons dulcicoles et les Amphibiens

Les poissons dulcicoles doivent excréter l'eau excédentaire, parce qu'ils sont hyperosmotiques par rapport à leur milieu. Contrairement aux Mammifères et aux Oiseaux, ils excrètent de grands volumes d'urine très diluée. Leurs reins, qui sont pourvus d'un grand nombre de néphrons, produisent un filtrat à toute vitesse. Les poissons d'eau douce gardent les sels en réabsorbant les ions du filtrat contenu dans leurs tubules contournés distaux, et ne retiennent pas l'eau.

Les reins des Amphibiens fonctionnent à peu près comme ceux des poissons d'eau douce. Quand les grenouilles se tiennent dans l'eau douce, leurs reins excrètent une urine diluée, alors que leur peau et l'épithélium de leur vessie concentrent certains sels extraits de l'eau. Sur la terre ferme, quand la déshydratation constitue le principal défi au regard de l'osmorégulation, elles conservent leurs liquides corporels en réabsorbant de l'eau à travers l'épithélium de leur vessie.

Les poissons osseux marins

Parce qu'ils sont hypoosmotiques par rapport à l'eau de mer, les poissons osseux marins perdent de l'eau et gagnent des sels excédentaires de leur milieu. Leurs défis environnementaux sont donc à l'opposé de ceux des poissons dulcicoles. Comparativement aux poissons dulcicoles, les poissons marins ont moins de néphrons et ces derniers sont plus petits et dépourvus de tubules contournés distaux. En outre, les reins de la plupart des poissons marins possèdent de petits glomérules, et quelques-uns n'en ont pas du tout. Par conséquent, les reins des poissons marins ont des vitesses de filtration faibles et excrètent très peu d'urine.

Les reins des poissons marins servent surtout à débarrasser l'organisme des ions bivalents (qui portent deux charges positives ou négatives), notamment les ions calcium (Ca^{2+}), magnésium (Mg^{2+}) et sulfate (SO_4^{2-}), que les poissons absorbent en buvant constamment de l'eau de mer. Les poissons marins éliminent ces ions en les sécrétant dans les tubules contournés proximaux des néphrons et en les évacuant avec l'urine. La sécrétion par les branchies maintient des concentrations appropriées d'ions monovalents (charge de 1+ ou de 1−) comme le Na^+ et le Cl^-.

RETOUR SUR LE CONCEPT 44.4

1. Que nous indiquent le nombre de néphrons et leur longueur au sujet de l'habitat d'un poisson? Quelle corrélation existe-t-il avec la production d'urine?
2. Certains médicaments rendent l'épithélium du tubule rénal collecteur moins perméable à l'eau. Comment cette altération se répercute-t-elle sur la fonction rénale?
3. **ET SI?** Comment une diminution de la pression artérielle dans l'artériole qui mène au glomérule influe-t-elle sur la vitesse de filtration du sang dans la capsule glomérulaire rénale? Expliquez votre réponse.

Voir les réponses proposées à la fin du chapitre.

CONCEPT 44.5

Des circuits hormonaux influent en même temps sur la fonction rénale, l'équilibre hydrique et la pression artérielle

L'une des caractéristiques les plus importantes du rein mammalien est sa capacité à adapter le volume ainsi que l'osmolarité de l'urine, et ce, en fonction de l'équilibre hydrique et électrolytique, et aussi de la vitesse de production de l'urée. Quand il absorbe beaucoup de sel et qu'il n'a pas accès à une grande quantité d'eau, un mammifère peut excréter de l'urée et du sel et perdre très peu d'eau en produisant un faible volume d'urine hyperosmotique. Inversement, s'il absorbe peu de sel mais beaucoup d'eau, il peut éliminer l'eau excédentaire et ne perdre que peu de sel en produisant un volume important d'urine hypoosmotique. À ce moment, la dilution peut atteindre 70 mmol/L, comparativement à 300 mmol/L environ dans le cas du sang humain.

Le vampire commun (*Desmodus rotundus*) d'Amérique du Sud présenté à la **figure 44.18** illustre bien la polyvalence du rein mammalien. Cette espèce de chauve-souris se nourrit la nuit du sang de grands oiseaux et de mammifères. Elle utilise ses dents acérées pour faire une petite incision dans la peau de

▲ Figure 44.18 Le vampire commun (*Desmodus rotundus*), une chauve-souris aux prises avec une situation d'excrétion particulière.

sa victime, puis aspire le sang qui s'écoule de la plaie (la proie n'est habituellement pas blessée sérieusement). Des agents anticoagulants contenus dans sa salive permettent au sang de rester liquide. Étant donné qu'il cherche souvent un animal pendant des heures et qu'il doit parcourir de grandes distances, le vampire a avantage à consommer autant de sang que possible quand il trouve une proie. Mais, après s'être alimenté, il est parfois trop lourd pour s'envoler. Cependant, ses reins excrètent de grandes quantités d'urine diluée pendant qu'il boit du sang, ce qui lui permet de perdre jusqu'à 24% de sa masse corporelle par heure. Une fois qu'il a perdu suffisamment d'eau pour prendre son envol, le vampire revient à son perchoir, dans une cave ou un arbre creux, et y passe la journée.

Mais une fois perché, il doit affronter un problème de régulation très différent: sa nourriture contient surtout des protéines, et la digestion de celles-ci produit de grandes quantités d'urée. Or, les chauves-souris ne peuvent diluer ce composé, car elles n'ont généralement pas accès à de l'eau dans leur aire de repos. C'est pourquoi leurs reins, contrairement à la normale, produisent de petites quantités d'urine extrêmement concentrée (jusqu'à 4 600 mmol/L). Cette adaptation leur permet d'éliminer le surplus d'urée tout en conservant autant d'eau que possible. La capacité du vampire commun à passer de la production de grandes quantités d'urine diluée à celle de petites quantités d'urine hyperosmotique, et vice versa, constitue un facteur essentiel de son adaptation à une source d'alimentation inhabituelle.

L'hormone antidiurétique

La fonction osmorégulatrice du rein mammalien est gérée par divers contrôles nerveux et hormonaux. L'**hormone antidiurétique** (**ADH**, pour *antidiuretic hormone*) joue un rôle important dans la régulation de l'équilibre hydrique. Elle est produite dans l'hypothalamus de l'encéphale et est emmagasinée puis libérée par le lobe postérieur de l'hypophyse (neurohypophyse), un organe situé juste au-dessous de l'hypothalamus. Les osmorécepteurs de l'hypothalamus surveillent l'osmolarité du sang et contrôlent la libération de l'ADH.

Pour comprendre le rôle de l'ADH, observons ce qui se produit quand l'osmolarité du sang augmente, par exemple après un repas riche en sel ou après une transpiration abondante (**figure 44.19**). Lorsque l'osmolarité du sang dépasse la valeur de référence (chez l'humain) de 300 mmol/L, une quantité supplémentaire d'ADH est libérée dans la circulation sanguine et se rend jusqu'aux reins. Une fois sur place, l'ADH provoque des changements qui rendent l'épithélium plus perméable à l'eau. Il s'ensuit une augmentation de la réabsorption de l'eau, ce qui a pour effet de concentrer l'urine, de réduire le volume de celle-ci et d'abaisser l'osmolarité sanguine. (Seule l'ingestion d'aliments ou de boissons contenant de l'eau peut ramener l'osmolarité sanguine à 300 mmol/L.) Par un mécanisme de rétro-inhibition, l'osmolarité décroissante du sang réduit l'activité des osmorécepteurs dans l'hypothalamus, et la sécrétion d'ADH diminue (ce processus n'est pas montré dans la figure).

Une baisse de l'osmolarité sanguine en deçà de sa valeur de référence produit l'effet contraire. Par exemple, l'ingestion d'une grande quantité d'eau réduit de beaucoup la sécrétion d'ADH. La faible concentration d'ADH diminue alors la

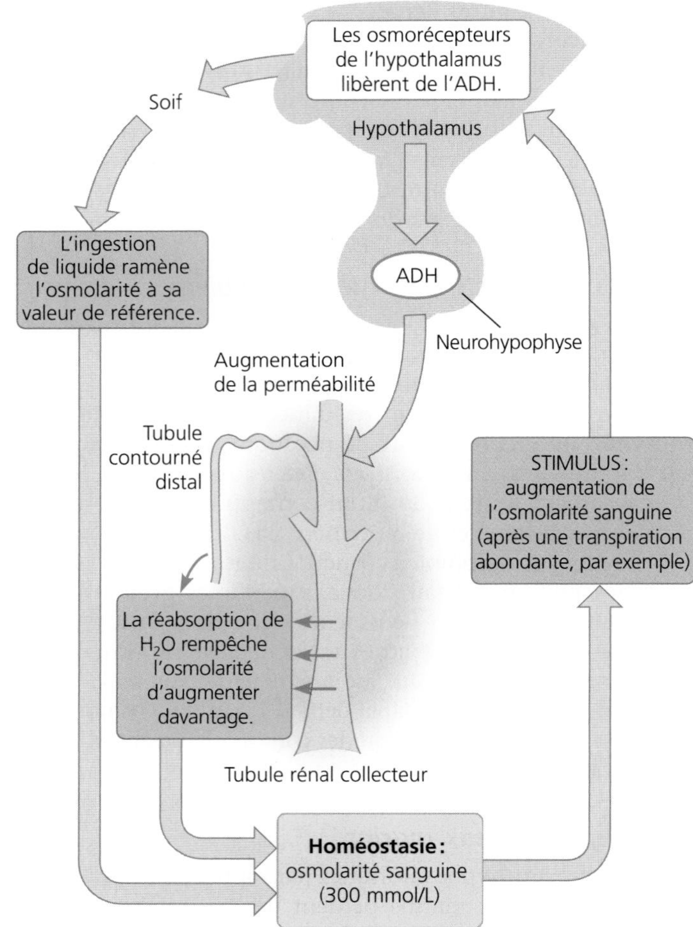

▲ **Figure 44.19 La régulation de la rétention liquidienne dans le rein par l'hormone antidiurétique (ADH).**

perméabilité des tubules contournés distaux et des tubules rénaux collecteurs, de sorte que la réabsorption de l'eau est réduite, ce qui amène l'organisme à produire davantage d'urine diluée. (Le terme *diurèse* signifie «élimination urinaire»; c'est parce que l'ADH diminue la production d'urine qu'on l'appelle hormone *anti*diurétique.)

C'est en régulant l'ouverture des canaux perméables à l'eau formés par les aquaporines que l'ADH contrôle l'absorption de l'eau dans les tubules collecteurs des reins. La liaison de l'ADH à des molécules réceptrices provoque une augmentation temporaire du nombre d'aquaporines dans les membranes des cellules des tubules collecteurs (**figure 44.20**). Des canaux additionnels réabsorbent encore plus d'eau, de sorte que le volume urinaire baisse.

Certaines mutations inhibent la production d'ADH ou inactivent le gène de son récepteur, de sorte que le nombre de canaux perméables à l'eau n'augmente pas, ni les taux d'ADH. La maladie qui en résulte peut entraîner une grave déshydratation et un déséquilibre des solutés, car l'urine produite est anormalement abondante et très diluée. Ces symptômes sont à l'origine du nom de cette maladie: le *diabète insipide* (une expression formée de mots grecs signifiant «qui traverse» et «qui n'a pas de goût»).

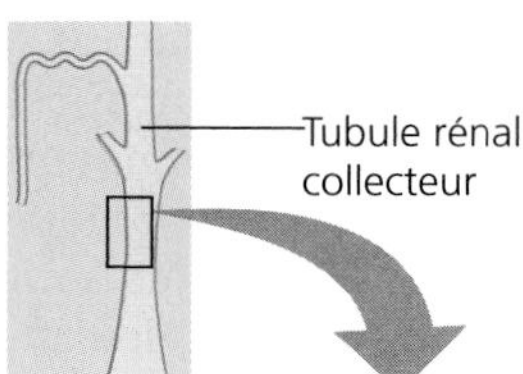

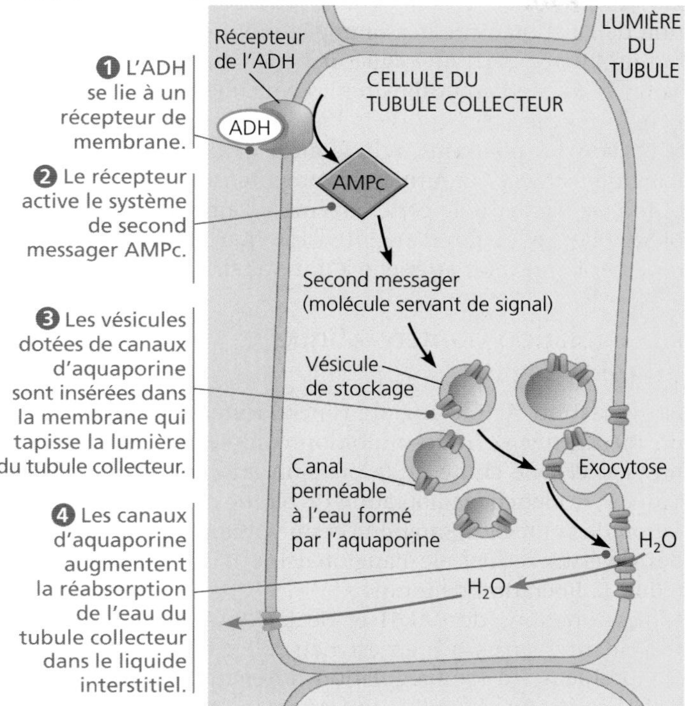

① L'ADH se lie à un récepteur de membrane.
② Le récepteur active le système de second messager AMPc.
③ Les vésicules dotées de canaux d'aquaporine sont insérées dans la membrane qui tapisse la lumière du tubule collecteur.
④ Les canaux d'aquaporine augmentent la réabsorption de l'eau du tubule collecteur dans le liquide interstitiel.
Récepteur de l'ADH
ADH
CELLULE DU TUBULE COLLECTEUR
LUMIÈRE DU TUBULE
AMPc
Second messager (molécule servant de signal)
Vésicule de stockage
Canal perméable à l'eau formé par l'aquaporine
Exocytose
H_2O
H_2O

▲ **Figure 44.20 La voie de la réaction de l'ADH dans le tubule rénal collecteur.**

Des chercheurs néerlandais se sont demandé si des mutations du gène même de l'aquaporine pouvaient causer le diabète insipide. Après avoir trouvé un patient présentant des mutations de ce gène, ils ont tenté de déterminer si cette altération rendait non fonctionnels les canaux perméables à l'eau (**figure 44.21**).

Si on la relie à certaines études antérieures, l'expérience décrite à la figure 44.21 montre qu'une grande variété d'anomalies génétiques peuvent entraver la régulation de l'équilibre hydrique de l'organisme par l'ADH. Toutefois, la régulation de l'osmolarité peut être perturbée même en l'absence d'anomalies génétiques. Par exemple, l'alcool peut perturber l'équilibre hydrique en inhibant la libération d'ADH, ce qui cause une perte excessive d'eau dans l'urine et déshydrate l'organisme (certains symptômes de la «gueule de bois» sont probablement associés à cette déshydratation). En temps normal, l'osmolarité du sang, la libération d'ADH et la réabsorption d'eau dans le rein sont liées entre elles par un mécanisme de rétroaction qui contribue à l'homéostasie.

Le système rénine-angiotensine-aldostérone

Il existe un deuxième mécanisme qui contribue à l'homéostasie en agissant sur le rein: la **régulation rénine-angiotensine-aldostérone** (**RRAA**). La RRAA fait intervenir un tissu spécialisé appelé **appareil juxtaglomérulaire** (**AJG**). Celui-ci est

▼ **Figure 44.21** INVESTIGATION

Des mutations de l'aquaporine peuvent-elles causer le diabète insipide?

EXPÉRIENCE Bernard van Oost et ses collègues de l'Université de Nijmegen, aux Pays-Bas, ont étudié un patient souffrant de diabète insipide mais possédant un gène normal pour le récepteur de l'ADH. Le séquençage de l'ADN du patient a révélé deux mutations différentes, une sur chaque copie d'un gène transcrit et traduit pour l'aquaporine. Pour savoir si l'une ou l'autre de ces mutations bloquait la formation des canaux perméables à l'eau, les chercheurs ont étudié les protéines mutantes dans une cellule qui pouvait être manipulée et étudiée à l'extérieur du corps. Ils ont choisi d'utiliser des ovocytes de grenouille, des cellules qu'il est possible de prélever en abondance chez une femelle adulte et dans lesquelles les gènes étrangers peuvent être exprimés. Les chercheurs ont donc synthétisé l'ARN messager à partir de clones de type sauvage et de gènes mutants de l'aquaporine et ils ont injecté l'ARNm synthétique dans les ovocytes. À l'intérieur des ovocytes, le mécanisme cellulaire a traduit l'ARNm en aquaporines. Pour savoir si les protéines mutantes des aquaporines obtenues rendaient fonctionnels les canaux perméables à l'eau situés dans la membrane plasmique, les chercheurs ont transféré les ovocytes d'une solution à 200 mmol à une solution à 10 mmol. Ils ont ensuite mesuré le gonflement par microscopie photonique et calculé la perméabilité des ovocytes à l'eau.

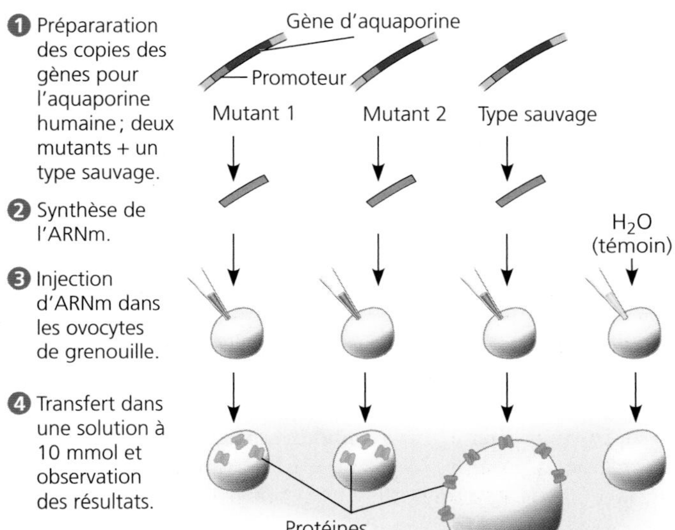

① Prépararation des copies des gènes pour l'aquaporine humaine; deux mutants + un type sauvage.
② Synthèse de l'ARNm.
③ Injection d'ARNm dans les ovocytes de grenouille.
④ Transfert dans une solution à 10 mmol et observation des résultats.
Gène d'aquaporine
Promoteur
Mutant 1
Mutant 2
Type sauvage
H_2O (témoin)
Protéines d'aquaporine

RÉSULTATS

ARN injecté	Perméabilité (µm/s)
Aquaporine de type sauvage	196
Aucun	20
Aquaporine – mutant 1	17
Aquaporine – mutant 2	18

CONCLUSION Étant donné que chaque mutation inactive la capacité de l'aquaporine d'agir comme canal perméable à l'eau, la maladie du patient peut être attribuée à ces mutations.

SOURCE P. M. Deen, M. A. Verdijk, N. V. Knoers, B. Wieringa, L. A. Monnens, C. H. van Os et B. A. van Oost, Requirement of human renal water channel aquaporin-2 for vasopressin-dependent concentration of urine, *Science* 264: 92-95 (1994).

ET SI? À votre avis, si vous mesuriez les taux d'ADH chez des patients ayant des récepteurs d'ADH mutants et chez des patients ayant des aquaporines mutantes, que constateriez-vous comparativement à des sujets de type sauvage?

constitué de quelques cellules de l'artériole afférente qui irrigue le glomérule et de tissus voisins du tubule contourné distal (**figure 44.22**). Lorsque la pression sanguine ou le volume sanguin dans l'artériole glomérulaire afférente chute (par exemple à la suite d'une déshydratation), l'AJG libère dans le sang une enzyme appelée *rénine*. Cette dernière active un ensemble de réactions chimiques, qui convertissent une protéine plasmatique appelée angiotensinogène en un peptide qui porte le nom d'**angiotensine II**.

L'angiotensine II agit comme une hormone et fait augmenter la pression sanguine ainsi que le volume sanguin en produisant une vasoconstriction des artérioles, ce qui diminue l'apport sanguin à de nombreux capillaires (notamment ceux des reins). L'angiotensine II stimule en outre les glandes surrénales, qui libèrent l'**aldostérone**. Cette hormone agit sur le tubule contourné distal des néphrons et sur le tubule rénal collecteur, qui se mettent alors à réabsorber davantage de sodium (Na^+) et d'eau, de sorte que le volume sanguin et la pression artérielle augmentent.

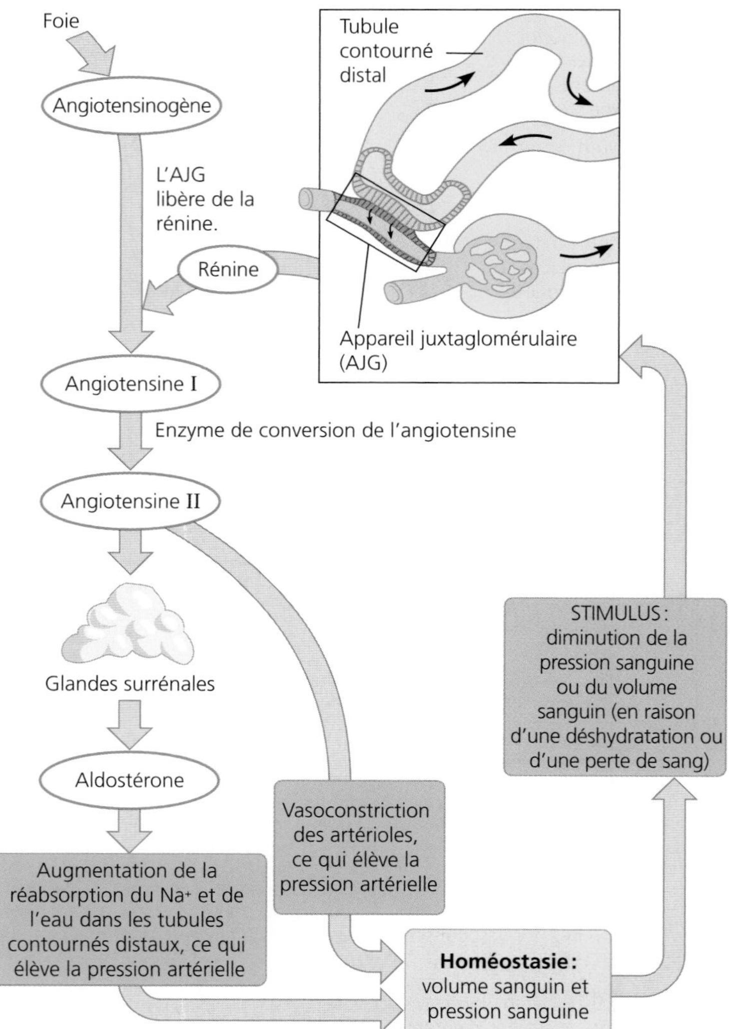

▲ **Figure 44.22 La régulation du volume sanguin et de la pression artérielle par le système rénine-angiotensine-aldostérone (RRAA).**

Comme l'angiotensine II contribue de plusieurs façons à l'augmentation de la pression artérielle, on fait souvent appel à des médicaments inhibiteurs de la production d'angiotensine II pour traiter l'hypertension artérielle (élévation chronique de la pression artérielle). Plusieurs de ces médicaments sont des inhibiteurs spécifiques de l'enzyme de conversion de l'angiotensine, laquelle catalyse la deuxième étape de la production de l'angiotensine II. Comme le montre la figure 44.22, la rénine libérée par l'AJG agit sur l'angiotensinogène (dans le sang) et forme l'angiotensine I. L'enzyme de conversion de l'angiotensine présente dans l'endothélium vasculaire, surtout dans les poumons, scinde alors deux acides aminés de l'angiotensine I pour former de l'angiotensine II active. L'inhibition de l'activité de cette enzyme à l'aide de médicaments bloque la production d'angiotensine II et permet souvent de ramener la pression artérielle à une valeur normale.

La régulation homéostatique du rein

La régulation rénine-angiotensine-aldostérone s'effectue par un mécanisme de rétro-inhibition complexe qui assure l'homéostasie. Une chute de la pression artérielle et du volume sanguin déclenche la libération de rénine de l'AJG. L'augmentation de la pression sanguine et du volume sanguin résultant des diverses actions de l'angiotensine II et de l'aldostérone réduit la libération de rénine.

Les fonctions de l'ADH et de la RRAA peuvent sembler redondantes, mais il n'en est rien: elles interviennent dans des problèmes d'osmorégulation différents. La libération de l'ADH se fait en réaction à une augmentation de l'osmolarité du sang; elle se produit, par exemple, quand le corps est déshydraté par suite d'une perte trop importante d'eau ou d'une absorption insuffisante. Par contre, quand l'organisme subit une très importante perte de sels et de liquides corporels (à la suite d'une blessure ou d'une diarrhée grave, par exemple), il s'ensuit une réduction du volume sanguin *sans* augmentation de l'osmolarité. Cette situation ne provoque pas de changement dans la libération de l'ADH; cependant, la RRAA permet de détecter la diminution du volume sanguin et de la pression sanguine. Elle intervient alors en augmentant la réabsorption d'eau et de Na^+. En somme, l'ADH et la RRAA agissent de concert dans l'homéostasie: l'ADH pourrait, si elle agissait seule, abaisser la concentration sanguine de Na^+ en stimulant la réabsorption de l'eau dans les reins, mais la RRAA aide à maintenir l'équilibre électrolytique en stimulant la réabsorption de Na^+.

Une autre hormone, un peptide appelé **facteur natriurétique auriculaire** (**FNA**), s'oppose à l'action de la RRAA. La paroi des oreillettes, lorsqu'elle est étirée par suite d'une augmentation du volume sanguin et de la pression sanguine, libère le FNA. Le FNA inhibe la réabsorption de Na^+ par les tubules rénaux collecteurs (d'où la dénomination de ce facteur, *natrium* signifiant sodium en latin) ainsi que la libération de rénine de l'AJG. De plus, ce facteur réduit la libération d'aldostérone par les glandes surrénales. Il s'ensuit une diminution du volume sanguin et de la pression sanguine. Ainsi, l'ADH, la RRAA et le FNA font partie d'un mécanisme complexe de vérification et d'équilibre, qui régule la capacité du rein à contrôler l'osmolarité, la concentration de sels, le volume et la pression artérielle du sang. Le rôle précis de régulation du FNA est un domaine de recherche actif.

Chez tous les Animaux, les appareils physiologiques complexes qu'on appelle organes travaillent sans cesse à maintenir un équilibre des solutés et de l'eau et à excréter les déchets azotés. Les détails que nous avons examinés dans le présent chapitre ne font qu'évoquer la grande complexité des mécanismes des systèmes nerveux et hormonal dans la régulation de ces processus homéostatiques. Dans le chapitre suivant, nous nous concentrerons plus précisément sur la régulation hormonale de l'homéostasie.

RETOUR SUR LE CONCEPT 44.5

1. Comment l'alcool influe-t-il sur la régulation de l'équilibre hydrique dans le corps?
2. En quoi peut-il être dangereux de boire une très grande quantité de liquide en un très court laps de temps?
3. **ET SI?** Le syndrome de Conn est causé par une tumeur du cortex surrénal qui est responsable de la sécrétion irrégulière de grandes quantités d'aldostérone. À votre avis, quel est le principal symptôme de ce syndrome?
4. **FAITES DES LIENS** Comparez l'activité de la rénine et de l'enzyme de conversion de l'angiotensine dans la RRAA avec l'activité des kinases (des enzymes) dans une cascade de phosphorylations, telle que celle montrée à la figure 11.10 (p. 243). En quoi les rôles des kinases sont-ils semblables et différents dans les deux voies de régulation?

Voir les réponses proposées à la fin du chapitre.

RÉVISION DU CHAPITRE 44

RÉSUMÉ DES CONCEPTS CLÉS

CONCEPT 44.1

L'osmorégulation établit un équilibre entre l'apport et la perte d'eau et de solutés (p. 1107 à 1112)

- Les cellules équilibrent les apports et les pertes d'eau par divers mécanismes d'**osmorégulation**, un processus basé sur le mouvement régulé des solutés entre le liquide interstitiel et l'environnement externe ainsi que sur le mouvement de l'eau, qui suit par osmose. Les **osmotolérants** sont isoosmotiques par rapport à leur environnement marin et ne régulent pas leur **osmolarité**. En revanche, les **osmorégulateurs** contrôlent les entrées et les sorties d'eau dans un milieu hyperosmotique ou hypoosmotique respectivement. Les animaux terrestres combattent la déshydratation grâce à des organes d'excrétion conservant l'eau. Les animaux vivant dans des habitats aquatiques précaires peuvent être **anhydrobiotiques** pendant une période de leur vie.

Animal	Entrée/sortie	Urine
Poisson dulcicole. Vit dans une eau moins concentrée que les liquides corporels ; a tendance à acquérir de l'eau et à perdre du sel.	Ne boit pas. Gain de sel (transport actif par les branchies) Absorption de H_2O Perte de sel	▶ Volume urinaire élevé ▶ Urine moins concentrée que les liquides corporels
Poisson marin. Vit dans une eau plus concentrée que les liquides corporels ; a tendance à perdre de l'eau et à acquérir du sel.	Boit de l'eau. Gain de sel Perte de H_2O Perte de sel (transport actif par les branchies)	▶ Volume urinaire faible ▶ Urine légèrement moins concentrée que les liquides corporels
Vertébré terrestre. Vit sur la terre ferme ; a tendance à rejeter de l'eau dans l'environnement.	Boit de l'eau. Gain de sel (par la bouche) Perte de H_2O et de sel	▶ Volume urinaire moyen ▶ Urine plus concentrée que les liquides corporels

- Les **épithéliums de transport** contiennent des couches de cellules épithéliales spécialisées qui régulent le mouvement des solutés nécessaires à l'élimination des déchets et atténuent les variations dans les liquides corporels.

? *Dans quelles conditions environnementales l'eau se déplace-t-elle dans une cellule par osmose ?*

CONCEPT 44.2

Les Animaux produisent des déchets azotés qui reflètent leur phylogenèse et leur habitat (p. 1112 à 1114)

- Le métabolisme des protéines et des acides nucléiques produit de l'**ammoniac**. La plupart des animaux aquatiques évacuent l'ammoniac. Les Mammifères et la plupart des amphibiens adultes convertissent l'ammoniac en **urée**, moins toxique. Celle-ci est transportée dans les reins, où elle est concentrée et excrétée avec une perte d'eau minimale. L'**acide urique** est un précipité insoluble excrété dans l'urine pâteuse des escargots terrestres, des insectes, des oiseaux et de nombreux reptiles.
- Les types de déchets azotés excrétés dépendent de l'histoire évolutive et de l'habitat d'un animal. La quantité de déchets azotés produits dépend de l'allocation énergétique de l'animal et du taux de protéines de son alimentation.

FAITES UN DESSIN *Construisez un tableau qui présente les trois principaux types de déchets azotés et leur toxicité relative, leur contenu en énergie et la perte d'eau associée durant l'excrétion.*

CONCEPT 44.3

Les divers systèmes urinaires constituent des variations de tubules spécialisés (p. 1114 à 1117)

- Les fonctions clés de la plupart des systèmes urinaires sont la **filtration**, la **réabsorption**, la **sécrétion** et l'**excrétion**. Chez les vers plats, les **protonéphridies** des cellules-flammes excrètent un **filtrat** dilué. Chez les vers de terre, chaque segment produit de l'urine au moyen d'une paire de **métanéphridies** dont les conduits s'ouvrent à l'extérieur. Chez les Insectes, l'osmorégulation et le retrait des déchets azotés de l'hémolymphe sont effectués par les **tubes de Malpighi.** Les **reins**, organes excréteurs des Vertébrés, servent à la fois à l'excrétion et à l'osmorégulation.
- Les tubules excréteurs (qui se composent d'un **néphron** et d'un **tubule rénal collecteur**) ainsi que des vaisseaux sanguins connexes forment les reins. La filtration se fait à mesure que la pression artérielle pousse le sang dans le **glomérule**, plus précisément dans la cavité de la **capsule glomérulaire rénale**. Après la réabsorption et la sécrétion, le filtrat s'écoule dans un tubule rénal collecteur. L'**uretère** transporte l'urine du **pelvis rénal** à la **vessie**.

? *Étant donné qu'un système urinaire absorbe et sécrète des substances de manière sélective, à quoi sert la filtration ?*

CONCEPT 44.4

La structure du néphron est adaptée au traitement par étapes du filtrat sanguin (p. 1117 à 1123)

- À l'intérieur des néphrons, la sécrétion et la réabsorption sélectives dans le **tubule contourné proximal** modifient considérablement le volume et la composition du filtrat. La *partie descendante* de l'**anse du néphron** est perméable à l'eau mais non au sel ; l'eau se déplace par osmose dans le liquide interstitiel hyperosmotique. La *partie ascendante* de l'anse du néphron est perméable au sel mais pas à l'eau ; au fur et à mesure que le filtrat monte dans le tube, le sel en sort par diffusion et transport actif. Le **tubule contourné distal** et le tubule rénal collecteur jouent un rôle clé dans la régulation de la concentration du K^+ et du NaCl dans les liquides corporels. Le tubule rénal collecteur, en réaction à des hormones, peut réabsorber plus d'eau.
- Dans les reins des Mammifères, le **système à contre-courant multiplicateur**, qui comprend l'anse du néphron, assure une concentration

élevée de sel à l'intérieur du rein. Sous l'action des hormones, les reins produisent une urine plus ou moins concentrée. L'urée diffuse aussi hors du tubule et, avec le sel, forme le gradient osmotique qui permet au rein de produire de l'urine hyperosmotique par rapport au sang.

- La sélection naturelle a façonné la structure et la fonction des néphrons de divers types de Vertébrés pour répondre aux défis de l'osmorégulation associés aux divers habitats des Animaux. Chez les Mammifères du désert, qui excrètent l'urine la plus hyperosmotique, les néphrons possèdent une anse exceptionnellement longue et profondément enfoncée dans la **médulla rénale**. En revanche, chez les animaux vivant dans des habitats humides ou aquatiques, les néphrons sont pourvus d'une anse très courte et excrètent une urine moins concentrée.

? *Quelles sont les différences entre les néphrons corticaux et juxtamédullaires du point de vue de la réabsorption de nutriments et de la concentration de l'urine?*

CONCEPT 44.5

Des circuits hormonaux influent en même temps sur la fonction rénale, l'équilibre hydrique et la pression artérielle (p. 1123 à 1127)

- Le lobe postérieur de l'hypophyse libère l'**hormone antidiurétique** (**ADH**) quand l'osmolarité du sang dépasse sa valeur de référence, par exemple à cause d'un apport hydrique insuffisant. L'ADH augmente la perméabilité à l'eau dans les tubules rénaux collecteurs en augmentant le nombre de canaux épithéliaux perméables à l'eau. Si la pression artérielle ou le volume sanguin baissent dans l'artériole afférente, l'**appareil juxtaglomérulaire** (**AJG**) libère de la **rénine**. L'**angiotensine II** formée en réaction à la rénine provoque une constriction des artérioles et déclenche la libération de l'hormone **aldostérone**, ce qui élève la pression artérielle et abaisse le taux de rénine. Les fonctions de la **régulation rénine-angiotensine-aldostérone** (**RRAA**) s'ajoutent à celles de l'ADH et s'opposent à celles du **facteur natriurétique auriculaire** (**FNA**).

? *Ce ne sont pas tous les patients souffrant de diabète insipide qui répondent au traitement à l'ADH. Pourquoi?*

ÉVALUATION

NIVEAU 1: CONNAISSANCES ET COMPRÉHENSION

1. *Contrairement* aux métanéphridies des vers de terre, les néphrons mammaliens:
a) sont étroitement associés à un réseau de capillaires.
b) forment l'urine en changeant la composition des liquides dans le tubule excréteur.
c) jouent un rôle dans l'osmorégulation et dans l'excrétion des déchets azotés.
d) assurent le traitement du sang, non du liquide cœlomique.
e) possèdent un épithélium de transport.

2. Quel est le processus le *moins* sélectif lié au néphron?
a) La sécrétion.
b) La réabsorption.
c) Le transport actif.
d) La filtration.
e) Le pompage de sel par l'anse du néphron.

3. Lequel des animaux suivants a généralement la plus faible production d'urine?
a) Une chauve-souris vampire.
b) Un saumon dans de l'eau douce.
c) Un Poisson osseux marin.
d) Un Poisson osseux d'eau douce.
e) Un requin dans de l'eau douce du lac Nicaragua, en Amérique centrale.

NIVEAU 2: APPLICATION ET ANALYSE

4. L'osmolarité élevée de la médulla rénale est maintenue par tous les éléments suivants, *sauf*:
a) la diffusion du sel dans la partie ascendante de l'anse du néphron.
b) le transport actif du sel dans le segment large de la partie ascendante de l'anse du néphron.
c) l'arrangement spatial des néphrons juxtamédullaires.
d) la diffusion de l'urée à partir du tubule rénal collecteur.
e) la diffusion de sel quittant le filtrat dans la partie descendante de l'anse du néphron.

5. Chez quelle espèce, parmi les suivantes, la sélection naturelle favorise-t-elle la plus grande proportion de néphrons juxtamédullaires?
a) Une loutre de rivière.
b) Une espèce de souris qui vit dans la forêt tropicale humide.
c) Une espèce de souris qui vit dans une forêt tempérée décidue.
d) Une espèce de souris qui vit dans le désert.
e) Un castor.

6. Le dipneuste africain (*Protopterus annectens*), qui se trouve souvent dans de petites nappes d'eau dormante, produit de l'urée comme déchet azoté. Quel est l'avantage de cette adaptation?
a) Il faut moins d'énergie pour synthétiser l'urée que l'ammoniac.
b) Les petites nappes d'eau dormantes ne fournissent pas assez d'eau pour diluer l'ammoniac toxique.
c) L'urée hautement toxique rend la nappe d'eau inhabitable pour des compétiteurs potentiels.
d) L'urée forme un précipité et ne s'accumule pas dans l'eau environnante.
e) Une accumulation d'urée dans le sang rend le dipneuste hypoosmotique par rapport à son milieu.

NIVEAU 3: SYNTHÈSE ET ÉVALUATION

7. FAITES UN DESSIN À partir de l'exemple de la figure 44.3, faites un dessin qui illustre l'échange de sel (NaCl) et d'eau entre un requin et son environnement marin.

8. **LIEN AVEC L'ÉVOLUTION**
Le rat-kangourou de Merriam (*Dipodomys merriami*) a colonisé divers habitats de l'ouest de l'Amérique du Nord, qui vont des régions boisées tempérées et humides aux endroits les plus chauds et secs du continent. En supposant que la sélection naturelle qui agit sur les populations locales a entraîné des différences dans la conservation de l'eau chez ces populations, proposez une hypothèse concernant les vitesses relatives de perte d'eau par évaporation chez des populations qui vivent dans un environnement sec comparativement à celles qui habitent dans un environnement humide. Comment pourriez-vous vérifier votre hypothèse en vous servant d'un détecteur d'humidité pour évaluer cette perte d'eau par les rats-kangourous?

9. **INTÉGRATION**
Vous étudiez la fonction rénale chez les rats-kangourous. Vous mesurez le volume et l'osmolarité de l'urine, ainsi que la quantité de chlorure (Cl^-) et d'urée dans l'urine. Si on remplace la source habituelle d'eau des animaux (l'eau du robinet) par une solution à 2% de NaCl, quel changement y aura-t-il dans l'osmolarité de leur urine, à votre avis? Comment déterminerez-vous si ce changement est dû à un ajustement de l'excrétion de Cl^- ou de l'urée?

10. ÉCRIVEZ UN TEXTE
Structure et fonction Dans un court texte (de 100 à 150 mots), comparez la façon dont les structures membranaires dans l'anse du néphron et le tube rénal collecteur du rein mammalien permettent à l'eau du filtrat d'être réabsorbée dans le processus d'osmorégulation.

RÉPONSES DU CHAPITRE 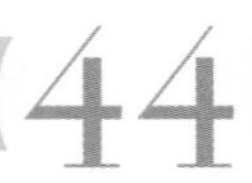

Questions des figures

Figure 44.2 Les aquaporines, qui sont des canaux perméables à l'eau. **Figure 44.15** Ces cellules tapissent les tubules à l'endroit où ils traversent la médulla rénale. Étant donné que l'osmolarité du liquide extracellulaire de la médulla rénale est très forte, la production de solutés par les cellules tubulaires dans cette région maintient l'osmolarité intracellulaire à une valeur élevée et, donc, un volume normal. **Figure 44.16** Le furosémide augmente le volume urinaire. (C'est donc un médicament diurétique.) L'absence de transport d'ions dans la partie ascendante laisse le filtrat trop concentré pour qu'il y ait une diminution substantielle de volume dans le tubule contourné distal et le tubule rénal collecteur. **Figure 44.21** Les taux d'ADH seraient probablement élevés chez les patients des deux groupes présentant des mutations, car chacune des mutations empêche la réabsorption de l'eau qui pourrait ramener l'osmolarité sanguine à une valeur normale.

Retour sur le concept 44.1

1. Parce que le sel se déplace contre le gradient de concentration, d'un milieu hypoosmotique (eau douce) vers un milieu hyperosmotique (sang). **2.** Un osmotolérant dulcicole aurait des fluides corporels trop dilués pour effectuer les processus vitaux. **3.** S'il est privé de sa couche de fourrure isolante, le chameau doit recourir à l'effet rafraîchissant de la perte d'eau par évaporation pour maintenir sa température corporelle; on constate là le lien entre la thermorégulation et l'osmorégulation.

Retour sur le concept 44.2

1. Étant donné son insolubilité dans l'eau, l'acide urique peut être excrété sous forme de pâte semi-solide, ce qui a pour effet de réduire la perte d'eau chez un animal. **2.** Les humains produisent de l'acide urique au cours de la dégradation de la purine; une diminution de purine de source alimentaire aide souvent à atténuer la goutte. Toutefois, les Oiseaux produisent de l'acide urique comme déchet du métabolisme azoté général. Ils auraient donc besoin d'une alimentation faible en composés azotés, et non seulement en purine.

Retour sur le concept 44.3

1. Chez les vers plats, les cellules ciliées entraînent les liquides interstitiels contenant des déchets dans les protonéphridies. Chez les vers de terre, les déchets passent du liquide interstitiel au cœlome, où des cils les déplacent dans des métanéphridies par un entonnoir situé autour de l'ouverture interne des métanéphridies. Chez les Insectes, les tubes de Malpighi pompent les liquides de l'hémolymphe, qui reçoit les déchets au cours des échanges avec les liquides interstitiels qui circulent. **2.** La filtration produit un liquide d'échange dépourvu de cellules et de grosses molécules, lesquelles sont utiles à l'animal et ne sont pas absorbées facilement. **3.** S'il y avait du Na^+ et d'autres ions (électrolytes) dans le dialysat, il serait plus difficile de les enlever du filtrat durant la dialyse. La bonne concentration des électrolytes dans le dialysat initial permet de restaurer la concentration adéquate d'électrolytes dans le plasma. De la même façon, l'absence d'urée et d'autres déchets dans le dialysat initial permet de mieux débarrasser le filtrat des déchets.

Retour sur le concept 44.4

1. De nombreux néphrons et des glomérules bien développés sont des caractéristiques des reins des poissons d'eau douce, alors qu'un nombre réduit de néphrons et des glomérules plus petits indiquent un milieu marin. Les nombreux néphrons et les glomérules bien développés des poissons d'eau douce permettent de produire de l'urine rapidement; par contre, si les néphrons sont peu nombreux et les glomérules peu développés, l'urine est fabriquée plus lentement. **2.** La médulla rénale réabsorbera moins d'eau, donc le médicament augmentera la perte d'eau dans l'urine. **3.** Une baisse de la pression artérielle dans l'artériole afférente réduirait la vitesse de filtration en déplaçant moins de substances dans les vaisseaux.

Retour sur le concept 44.5

1. L'alcool inhibe la libération d'ADH, ce qui cause une augmentation de la perte d'eau urinaire et une augmentation des risques de déshydratation. **2.** La consommation d'une grande quantité d'eau dans un laps de temps très court, et sans un apport adéquat de solutés, peut abaisser le taux de sodium dans le sang à un niveau dangereux. Il en résulte un déséquilibre appelé hyponatrémie, qui cause de la désorientation et, parfois, une détresse respiratoire. Elle survient à l'occasion chez des coureurs de marathon qui ont bu de l'eau plutôt que des boissons pour sportifs. (Cette affection a aussi causé la mort d'un étudiant dans un rituel d'initiation où il fallait boire beaucoup d'eau, ainsi que la mort d'un participant à un concours de consommation d'eau.) **3.** L'hypertension artérielle. **4.** Chaque molécule de rénine ou de l'enzyme de conversion de l'angiotensine active un grand nombre de molécules de la protéine suivante dans la séquence. Il en est de même pour les kinases. Il existe au moins deux différences entre les protéases et les kinases: l'action des protéases est irréversible; et elles ne requièrent pas l'activation par une autre enzyme.

Questions du résumé des concepts clés

44.1 L'eau entre dans une cellule par osmose quand le liquide à l'extérieur des cellules est hypoosmotique (dont la concentration de solutés est inférieure à celle du cytosol).

44.2

Caractéristique du déchet	Ammoniac	Urée	Acide urique
Toxicité	Élevée	Très faible	Faible
Contenu en énergie	Faible	Moyen	Élevé
Perte d'eau par excrétion	Élevée	Moyenne	Faible

44.3 La filtration retient les grosses molécules qui traverseraient difficilement la membrane. **44.4** Les deux types de néphrons possèdent des tubules contournés proximaux qui peuvent réabsorber des nutriments, mais seuls des néphrons juxtamédullaires ont des anses qui pénètrent très profondément dans la médulla rénale. Donc, seuls les reins dotés de néphrons juxtamédullaires peuvent produire de l'urine plus concentrée que le sang. **44.5** Les patients qui ne produisent pas d'ADH sont soulagés par un traitement de remplacement de cette hormone, mais chez beaucoup de patients souffrant de diabète insipide, les récepteurs pour l'ADH ne sont pas fonctionnels.

ÉVALUATION

1. d; **2.** d; **3.** c; **4.** e; **5.** d; **6.** b;

7.

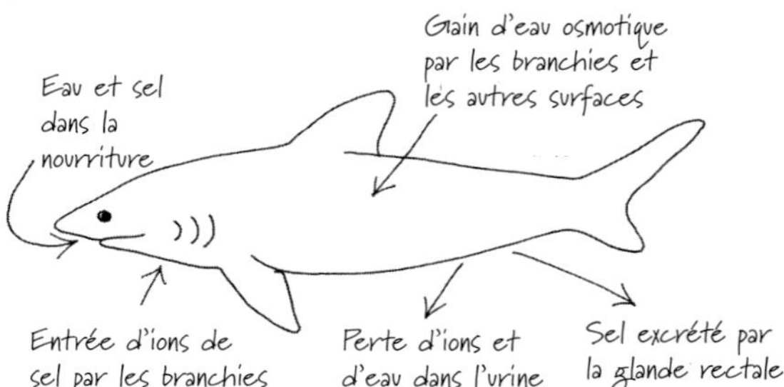

45

Les hormones et le système endocrinien

▲ **Figure 45.1 Quels signaux permettent à un papillon de se développer dans le corps d'une chenille ?**

CONCEPTS CLÉS

45.1 **Les hormones et d'autres molécules de signalisation se fixent aux récepteurs des cellules cibles pour activer des voies de communication spécifiques**

45.2 **La régulation des systèmes endocriniens fait surtout intervenir la rétroaction et des paires d'hormones antagonistes**

45.3 **La régulation endocrinienne repose en grande partie sur l'hypothalamus et l'hypophyse**

45.4 **Les glandes endocrines réagissent à divers stimulus dans la régulation de l'homéostasie, du développement et du comportement**

INTRODUCTION

Les régulateurs à longue distance de l'organisme

On dit souvent qu'un papillon, comme le porte-queue (*Papilio zelicaon*) de la **figure 45.1**, a déjà été une chenille. Ce n'est pas tout à fait exact, car les cellules qui formeront le papillon ont commencé à se développer dès le stade embryonnaire. En effet, dans la chenille à l'état larvaire, ces cellules constituent des îlots de tissus qui reçoivent déjà les nutriments qui en feront un jour les yeux, les ailes, l'encéphale et les autres structures du papillon. Lorsque la chenille dodue et rampante se transforme en une pupe immobile, ces cellules de l'adulte en devenir s'éveillent : elles terminent leur programme de développement pendant qu'une bonne partie des tissus larvaires subissent la mort cellulaire programmée. Le résultat final est un papillon adulte qui vole librement, aussi délicat que la chenille était dodue, très différent de la larve et de la nymphe dont il est issu.

Comment une transformation aussi totale de la forme corporelle, ou *métamorphose,* est-elle possible ? L'explication de ce changement et de beaucoup d'autres processus biologiques réside dans un type de molécule appelé **hormone** (du grec *hormôn*, « exciter »). Chez les Animaux, les hormones sont sécrétées dans le liquide extracellulaire, circulent dans le sang ou l'hémolymphe, et transmettent des commandes régulatrices à tout l'organisme. Dans le cas de la chenille, c'est une hormone appelée **ecdysone** (*ecdysis* signifie mue) qui stimule la croissance des cellules adultes, la mort cellulaire programmée des cellules larvaires, de même que les comportements qui aboutissent au stade immobile de la pupe. Les commandes transmises par l'ecdysone et d'autres hormones régulent également le moment de la métamorphose et assurent la coordination du développement des diverses parties corporelles du porte-queue adulte.

À chaque hormone correspondent des récepteurs spécifiques dans le corps. Bien que chaque hormone atteigne toutes les cellules de l'organisme, seulement quelques cellules portent les récepteurs qui lui correspondent. Une hormone déclenchera donc une réaction – par exemple une modification du métabolisme – uniquement chez les *cellules cibles*, c'est-à-dire les cellules dotées du récepteur spécifique de cette hormone. Les cellules qui en sont dépourvues ne réagiront pas à l'hormone.

La communication chimique par les hormones est la fonction même du **système endocrinien**, un des deux principaux systèmes de communication et de régulation de l'organisme. Les hormones sécrétées par les cellules endocriniennes régulent la reproduction, le développement, le métabolisme énergétique, la croissance et le comportement. L'autre système de communication et de régulation important est le **système nerveux**, un réseau de cellules spécialisées – les neurones – qui transmettent des signaux dans des voies dédiées. À leur tour, ces signaux régulent les neurones, les cellules musculaires et les cellules endocriniennes. Comme les signaux émis par des neurones peuvent réguler la libération d'hormones, les fonctions du système nerveux et du système endocrinien se chevauchent souvent.

Dans le présent chapitre, nous allons explorer les différents types de signaux chimiques chez les Animaux ainsi que la coordination des activités des systèmes endocrinien et nerveux. Nous verrons ensuite comment les hormones régulent les cellules cibles, comment la sécrétion hormonale est régulée et comment les hormones concourent à maintenir l'homéostasie. Pour terminer, nous examinerons le rôle des hormones dans la croissance, le développement et la reproduction, des sujets sur lesquels nous reviendrons aux chapitres 46 et 47.

CONCEPT 45.1

Les hormones et d'autres molécules de signalisation se fixent aux récepteurs des cellules cibles pour activer des voies de communication spécifiques

La communication endocrinienne n'est pas le seul mode de communication entre les cellules d'un animal. Voyons les ressemblances et les différences entre les divers mécanismes de communication.

La communication intercellulaire

Les modes de transmission de l'information entre les cellules d'un animal sont souvent classés selon deux critères: le type de cellule sécrétrice et la voie empruntée par le signal pour atteindre sa cible.

La communication endocrine

Comme le montre la **figure 45.2a**, les hormones sécrétées dans les liquides extracellulaires par les cellules endocrines atteignent les cellules cibles par la circulation sanguine (ou l'hémolymphe). La communication endocrine maintient l'homéostasie, provoque indirectement des réactions aux stimulus environnementaux et régule la croissance et le développement. Par exemple, les hormones coordonnent les réactions du corps soumis au stress, à la déshydratation et à la baisse de la glycémie. En outre, elles déclenchent des changements comportementaux et physiques qui participent au développement sexuel et à la reproduction.

La communication paracrine et autocrine

Plusieurs types de cellules produisent et sécrètent des **régulateurs locaux**, c'est-à-dire des molécules qui agissent sur de courtes distances et atteignent leurs cibles par seule diffusion. Les cytokines, par exemple, sont des régulateurs locaux qui permettent aux cellules immunitaires de communiquer entre elles (voir les figures 43.16 et 43.18, p. 1092 et 1093). Selon la cellule cible, la communication par les régulateurs locaux peut être paracrine ou autocrine. Dans la communication **paracrine** (du grec *para*, «à côté de»), les cellules cibles se trouvent près de la cellule sécrétrice (**figure 45.2b**). Dans la communication **autocrine** (du grec *auto*, «soi-même»), les cellules cibles sont les cellules sécrétrices elles-mêmes (**figure 45.2c**). Comme nous le verrons plus loin dans ce chapitre, la communication paracrine et autocrine intervient dans de nombreux processus physiologiques, dont la régulation de la pression artérielle, la fonction nerveuse et la reproduction.

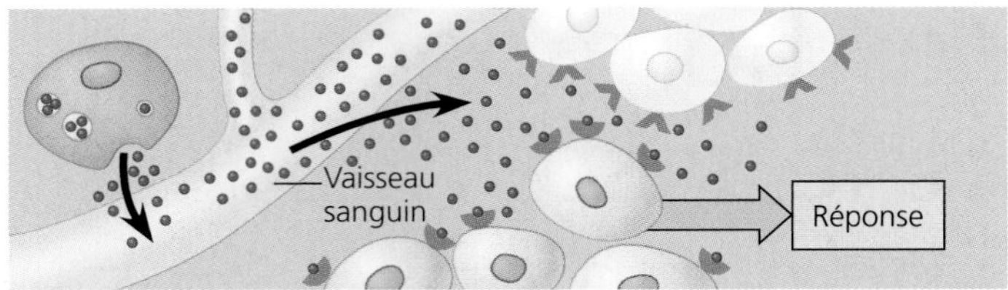

(a) Dans la **communication endocrine**, des molécules sécrétées diffusent dans la circulation sanguine et déclenchent des réactions dans les cellules cibles de tout le corps.

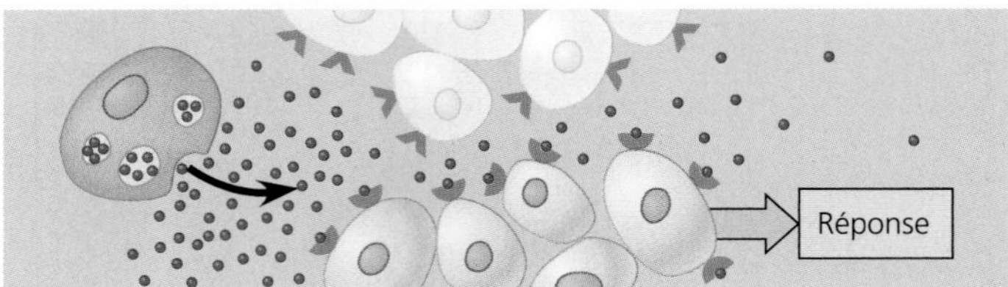

(b) Dans la **communication paracrine**, des molécules sécrétées diffusent localement et déclenchent une réponse dans les cellules voisines.

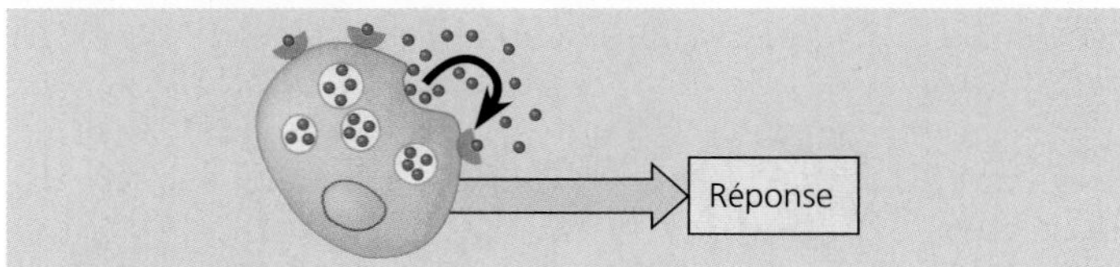

(c) Dans la **communication autocrine**, des molécules sécrétées diffusent localement et déclenchent une réponse dans les cellules qui les sécrètent.

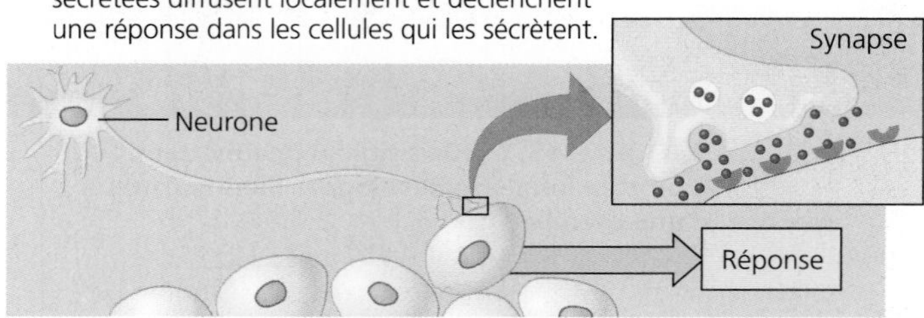

(d) Dans la **communication synaptique**, des neurotransmetteurs diffusent à travers les synapses et déclenchent des réponses dans les cellules des tissus cibles (neurones, muscles ou glandes).

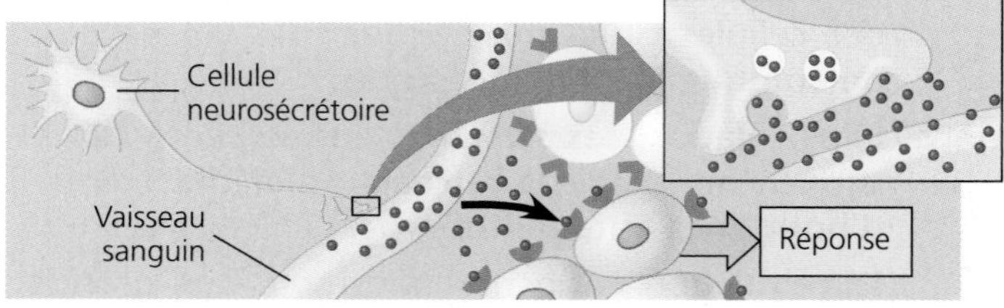

(e) Dans la **communication neuroendocrine**, des neurohormones diffusent dans la circulation sanguine et déclenchent des réponses dans le corps.

▲ **Figure 45.2 La communication intercellulaire par des molécules sécrétées.** Dans chaque type de communication, des molécules sécrétées (•) se lient à un récepteur protéique spécifique (◡) exprimé par les cellules cibles. Certains récepteurs se trouvent à l'intérieur des cellules; cependant, par commodité, les illustrations de ce chapitre les montreront toutes à la surface des cellules.

▲ **Figure 45.3 La communication à l'aide de phéromones.** Avec leurs antennes abaissées, ces fourmis légionnaires asiatiques (*Leptogenys distinguenda*) suivent une piste marquée par les phéromones pendant qu'elles transportent des pupes et des larves vers un nouveau site de nidification.

La communication synaptique et neuro-endocrine

Les molécules sécrétées jouent un rôle crucial dans deux types de communication qui mettent en jeu les neurones. Dans la *communication synaptique*, les neurones forment des jonctions spécialisées appelées synapses avec les cellules cibles, tels d'autres neurones ou des cellules musculaires. Aux synapses, les neurones sécrètent des molécules appelées **neurotransmetteurs**, qui diffusent sur une très courte distance pour se lier aux récepteurs des cellules cibles (**figure 45.2d**). Les neurotransmetteurs sont indispensables à la sensation, à la mémoire, à la cognition et au mouvement, comme nous le verrons aux chapitres 48 à 50.

Dans la *communication neuroendocrine*, des neurones spécialisés appelés cellules neurosécrétoires sécrètent des molécules qui diffusent des extrémités des neurones et parviennent à la circulation sanguine (**figure 45.2e**). Ces molécules, qui se rendent aux cellules cibles par la circulation sanguine, forment une classe d'hormones appelées **neurohormones**. L'hormone antidiurétique, aussi appelée vasopressine, en est un exemple. L'hormone antidiurétique est essentielle à la fonction rénale et à l'équilibre hydrique (voir le chapitre 44).

La communication par les phéromones

Les molécules de signalisation sécrétées n'agissent pas toutes à l'intérieur du corps. Les membres d'une même espèce animale communiquent parfois par **phéromones**, des substances chimiques qui sont libérées dans l'environnement. Par exemple, quand une fourmi fourragère découvre une nouvelle source de nourriture, elle retourne au nid en marquant son trajet avec une phéromone. Les fourmis utilisent également les phéromones pour s'orienter lorsqu'une colonie migre dans un nouvel endroit (**figure 45.3**).

Les phéromones exercent plusieurs fonctions. Elles servent notamment à définir des territoires, à prévenir de la présence de prédateurs et à attirer les partenaires sexuels potentiels. Le polyphème d'Amérique (*Antheraea polyphemus*) constitue un exemple remarquable: la femelle de ce papillon émet dans l'air des phéromones sexuelles qui lui permettent d'attirer un mâle de son espèce éloigné de plus de 4,5 km.

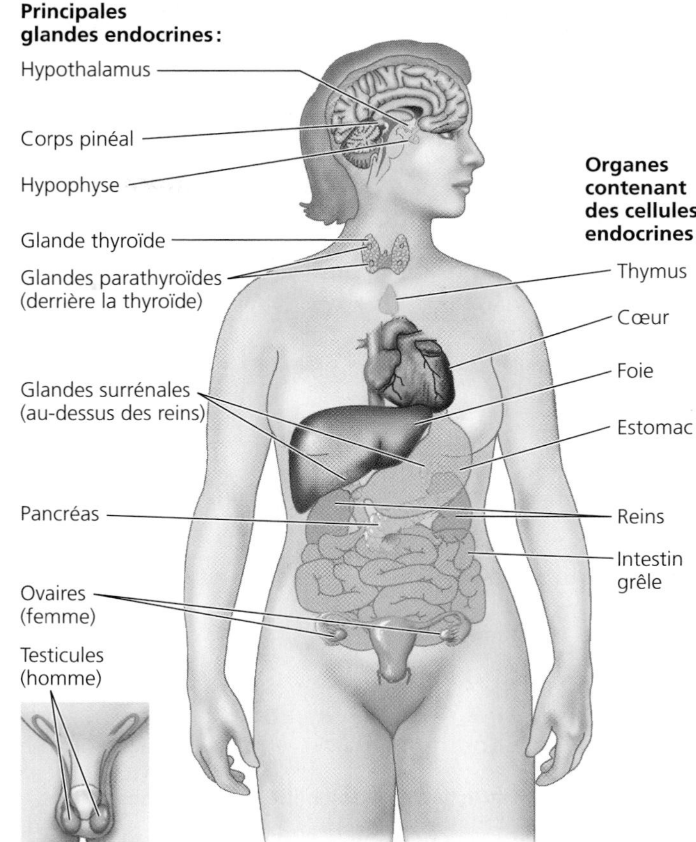

▲ **Figure 45.4 Les principales glandes endocrines de l'humain.**

Les tissus et organes endocriniens

Certaines cellules du système endocrinien se trouvent dans des organes qui font partie d'autres systèmes. Par exemple, dans le système digestif de l'humain, l'estomac contient des amas de cellules endocrines isolés qui côtoient les différents types de cellules et de tissus qui prédominent dans l'estomac. Dans d'autres cas, les cellules endocrines sont regroupées dans des organes dépourvus de conduits appelés **glandes endocrines**, par exemple les glandes thyroïde et parathyroïdes, situées dans la région du cou. Les glandes et les organes qui possèdent des fonctions endocriniennes dans le corps humain sont illustrés à la **figure 45.4**. Cette figure sera une référence utile au fur et à mesure que vous avancerez dans le chapitre.

Remarquez que les glandes endocrines sécrètent les hormones directement dans le liquide environnant. Elles sont donc différentes des *glandes exocrines*, telles les glandes salivaires, dont les conduits déversent les substances sécrétées sur les surfaces du corps ou dans des cavités corporelles. Leurs noms témoignent de ces particularités: les mots grecs *endo* («en dedans») et *exo* («au-dehors») indiquent si la sécrétion se fait à l'intérieur ou à l'extérieur du corps, tandis que le mot *crine* (d'un mot latin signifiant «séparation») indique l'éloignement par rapport à la cellule sécrétrice.

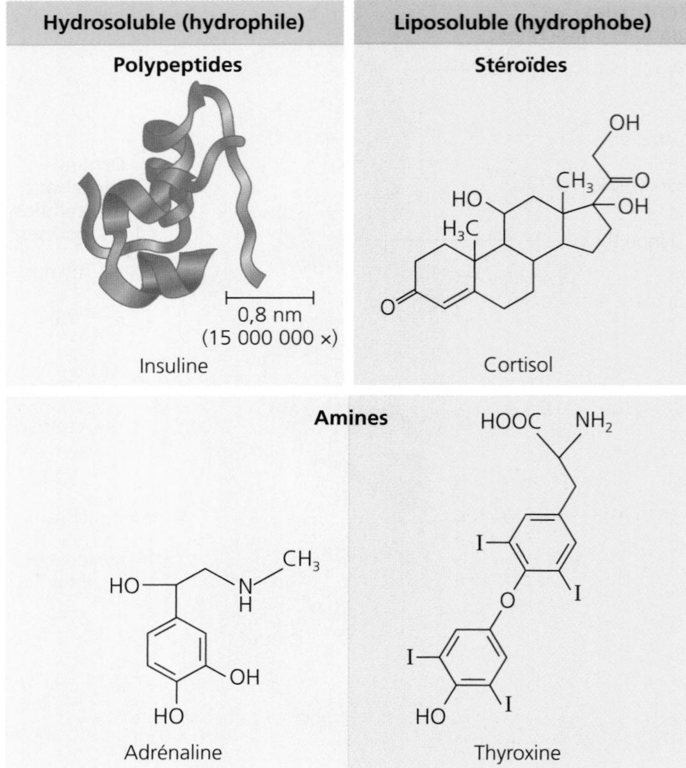

▲ **Figure 45.5 La structure et la solubilité des hormones varient.**

FAITES DES LIENS La biosynthèse de l'adrénaline met en jeu la dégradation d'un seul lien de la tyrosine, un acide aminé (voir la figure 5.16, p. 87). Quel est ce lien ?

Les classes chimiques d'hormones

La taille et les propriétés chimiques des molécules des hormones varient considérablement. On le constate aisément lorsqu'on examine quelques exemples des trois principales classes chimiques d'hormones : les polypeptides (protéines et peptides), les stéroïdes et les amines (**figure 45.5**). L'insuline, une hormone de la classe des polypeptides, se compose de deux chaînes polypeptidiques. Comme la plupart des hormones de ce groupe, l'insuline se forme par la segmentation d'une longue chaîne polypeptidique. Les hormones stéroïdes, comme le cortisol et l'ecdysone, sont des lipides constitués de quatre cycles carbonés attachés les uns aux autres. Tous les stéroïdes sont des dérivés d'un même stéroïde : le cholestérol (voir la figure 5.14, p. 85). L'adrénaline et la thyroxine, elles, font partie des hormones dérivées d'amines, c'est-à-dire synthétisées à partir d'un seul acide aminé, soit la tyrosine ou le tryptophane.

Comme la figure 45.5 l'indique, la solubilité des hormones dans les milieux aqueux ou riches en lipides varie. Les polypeptides et la plupart des hormones dérivées des amines sont hydrosolubles. Comme elles sont insolubles dans les lipides, ces hormones ne traversent pas les membranes des cellules. Elles se lient plutôt à des récepteurs de surface qui transmettent l'information au noyau par des voies intracellulaires. Les hormones stéroïdes, elles, ainsi que d'autres hormones essentiellement non polaires (hydrophobes), comme la thyroxine, sont liposolubles et traversent aisément les membranes cellulaires. Les récepteurs auxquels se lient les hormones liposolubles se trouvent habituellement dans le cytoplasme ou le noyau.

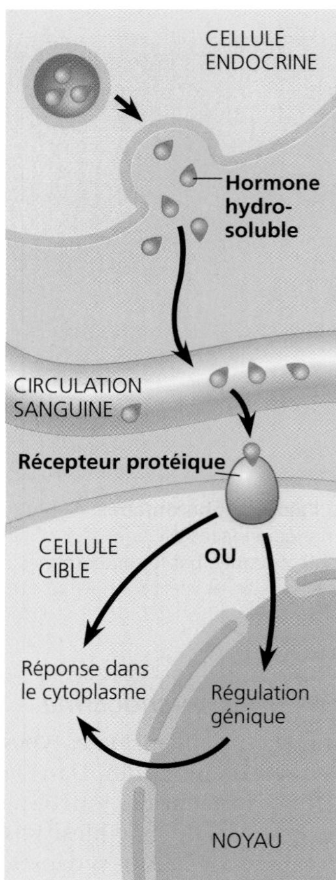

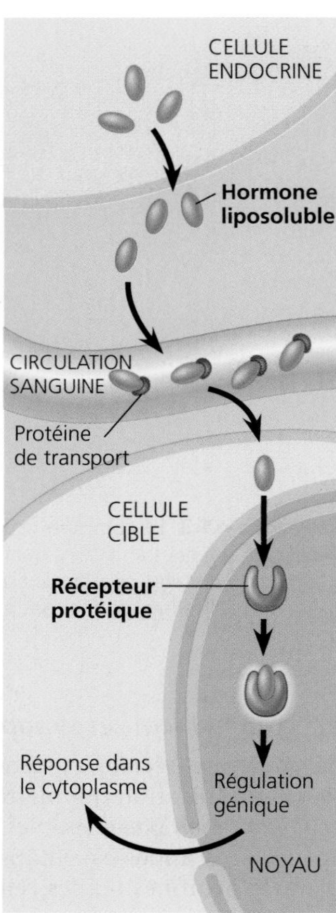

(a) Récepteur protéique situé dans la membrane plasmique

(b) Récepteur protéique situé dans le noyau

▲ **Figure 45.6 L'emplacement du récepteur varie selon le type d'hormone. (a)** Une hormone hydrosoluble se fixe à un récepteur protéique situé à la surface de la cellule cible. Cette interaction déclenche des événements qui entraînent une modification de l'expression génique ou de molécules cytoplasmiques. **(b)** Une hormone liposoluble traverse la membrane plasmique pour se fixer à un récepteur situé à l'intérieur de la cellule cible, soit dans le cytoplasme, soit dans le noyau (illustré ici). Le complexe médiateur-récepteur agit comme un facteur de transcription, activant généralement l'expression génique.

? *Imaginez que vous étudiez la réponse d'une cellule à une hormone. Vous constatez que la cellule a continué de réagir à l'hormone même après avoir été traitée avec une substance chimique qui bloque la transcription. Que pouvez-vous supposer au sujet de cette hormone et de son récepteur ?*

Les voies de réponse cellulaires

Il existe plusieurs différences entre les voies de réponse des hormones hydrosolubles et celles des hormones liposolubles. Une de ces différences est l'emplacement des récepteurs des cellules cibles (**figure 45.6**). Les hormones hydrosolubles sont sécrétées par exocytose ; elles sont transportées par la circulation sanguine et se lient aux récepteurs de surface des cellules. La liaison de ces hormones aux récepteurs provoque des changements dans les molécules cytoplasmiques et parfois dans la transcription génique (synthèse des molécules de l'ARN messager). De leur côté, les hormones liposolubles diffusent à travers les membranes des cellules endocrines. Une fois à l'extérieur de ces dernières, elles se lient à des protéines de transport

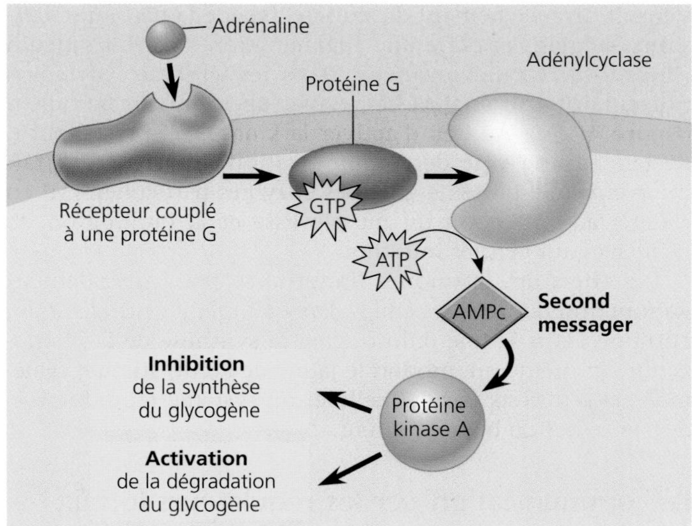

▲ **Figure 45.7 Les récepteurs de surface des hormones déclenchent la transduction du signal.**

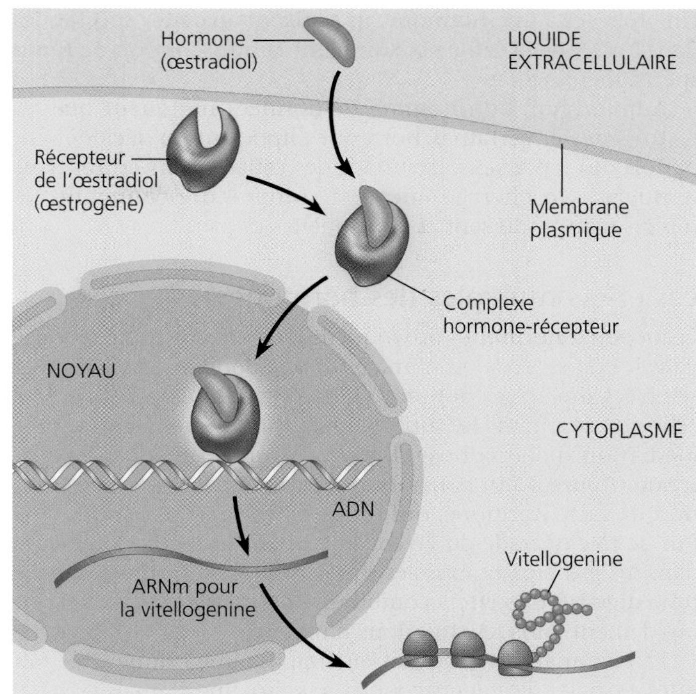

▲ **Figure 45.8 Les récepteurs d'hormones stéroïdes régulent directement l'expression génique.**

qui les gardent solubles dans l'environnement aqueux de la circulation sanguine. Quand elles quittent celle-ci, ces hormones diffusent dans les cellules cibles, se lient aux récepteurs intracellulaires et déclenchent des changements dans la transcription génique.

Pour mieux comprendre les réponses différentes des cellules aux hormones hydrosolubles et aux hormones liposolubles, nous examinerons tour à tour les deux voies.

La voie des hormones hydrosolubles

La liaison d'une hormone hydrosoluble à son récepteur provoque des événements tels sur la membrane plasmique que la cellule produit une réponse. Cette dernière peut être l'activation d'une enzyme, un changement de l'absorption ou de la sécrétion de molécules spécifiques, ou le réarrangement du cytosquelette. Il arrive aussi que des récepteurs à la surface cellulaire activent des protéines dans le cytoplasme; celles-ci se déplacent alors vers le noyau et modifient la transcription de gènes spécifiques.

L'ensemble des modifications qui se produisent dans les protéines cellulaires et qui convertissent un signal chimique extracellulaire en une réponse intracellulaire est appelé **transduction du signal**. Comme nous l'avons vu au chapitre 11, une voie de transduction du signal comporte habituellement plusieurs étapes, chacune avec ses propres interactions moléculaires.

Pour explorer le rôle de la transduction du signal dans la communication hormonale, examinons une réponse au stress. Quand vous vivez une situation de stress, par exemple lorsque vous courez pour ne pas rater votre autobus, vos glandes surrénales sécrètent de l'**adrénaline**, une hormone également appelée *épinéphrine*. Quand l'adrénaline arrive au foie, elle se lie à un récepteur couplé à une protéine G dans la membrane plasmique des cellules cibles, comme nous l'avons vu au chapitre 11 et revu dans la **figure 45.7**. La liaison de l'hormone au récepteur déclenche une cascade d'événements qui comprend la synthèse de l'AMP cyclique (AMPc), qui devient un *second messager* de courte durée. L'activation de la protéine kinase A par l'AMPc entraîne celle d'une enzyme nécessaire à la dégradation du glycogène et l'inactivation d'une enzyme nécessaire à la synthèse du glycogène. Il en résulte que le foie libère du glucose dans la circulation sanguine et vous fournit ainsi l'énergie requise pour courir après cet autobus.

La voie des hormones liposolubles

Les récepteurs intracellulaires auxquels se lient les hormones liposolubles accomplissent en entier la tâche de la transduction du signal dans une cellule cible. L'hormone active le récepteur et celui-ci déclenche alors directement la réponse de la cellule. Dans la plupart des cas, la réponse à une hormone liposoluble est une modification de l'expression génique.

Les récepteurs d'hormones stéroïdes se trouvent déjà dans le cytosol avant de se lier à une hormone. La fixation d'une hormone stéroïde à son récepteur cytoplasmique forme un complexe hormone-récepteur qui se déplace vers le noyau. Une fois dans ce dernier, la partie récepteur du complexe modifie la transcription de gènes spécifiques en interagissant avec une protéine de liaison à l'ADN (voir la figure 18.9, p. 416). Prenons l'exemple des œstrogènes, qui sont des hormones stéroïdes nécessaires au système reproducteur femelle des Vertébrés. Chez les Oiseaux et les grenouilles, les cellules du foie possèdent un récepteur spécifique pour l'œstradiol. La liaison de l'œstradiol à ce récepteur active la transcription du gène codant pour la protéine vitellogenine (**figure 45.8**). Après la traduction de l'ARN messager, la vitellogenine est sécrétée et transportée par le sang vers le système reproducteur, où elle sert à produire le jaune de l'œuf.

Les récepteurs de la thyroxine, de la vitamine D et d'autres hormones liposolubles non stéroïdes sont habituellement situés dans le noyau des cellules. Ils se lient aux molécules hormonales qui sortent de la circulation sanguine, puis traversent par diffusion la membrane plasmique et l'enveloppe du noyau.

Une fois liés à une hormone, ils se fixent aux sites spécifiques dans l'ADN de la cellule et stimulent la transcription de gènes spécifiques.

Aujourd'hui, bon nombre de données indiquent que les œstrogènes et certaines hormones liposolubles déclenchent parfois des réponses à la surface des cellules sans entrer dans le noyau. On cherche encore à comprendre comment ces réponses se produisent et dans quelles circonstances.

Les effets multiples des hormones

Beaucoup d'hormones provoquent plusieurs types de réponse dans le corps. Les effets d'une hormone donnée peuvent varier selon les molécules qui reçoivent ou produisent la réponse à celle-ci. Examinons les multiples effets de l'adrénaline dans la médiation de la réponse de l'organisme à un stress à court terme (**figure 45.9**) pour illustrer cette affirmation. Sous l'action de cette hormone, qui prépare l'organisme à lutter ou à fuir, le foie dégrade du glycogène, le débit sanguin augmente dans les principaux muscles squelettiques et diminue dans le tube digestif. Ces effets combinés aident l'organisme à réagir rapidement dans les situations d'urgence.

La reconnaissance de l'adrénaline par une cellule cible fait intervenir des récepteurs couplés à la protéine G, mais les réactions diffèrent d'un tissu à l'autre, car elles ne font pas intervenir les mêmes récepteurs ni les mêmes voies de transduction du signal. Dans le foie, les cellules portent un récepteur de type β qui active l'enzyme kinase A qui, à son tour, régule des enzymes dans le métabolisme du glycogène (**figure 45.9a**). Dans les vaisseaux sanguins qui irriguent le muscle squelettique, la même kinase activée par le même récepteur de l'adrénaline inactive une enzyme spécifique du muscle. Il s'ensuit un relâchement du muscle lisse de la paroi des vaisseaux sanguins et donc une augmentation du débit sanguin (**figure 45.9b**). En revanche, dans les vaisseaux sanguins intestinaux, l'adrénaline se lie avec un récepteur de type α (**figure 45.9c**). Au lieu d'activer la kinase A, le récepteur α déclenche une voie de communication différente qui fait intervenir une protéine G et des enzymes particulières. Il en résulte la contraction du muscle lisse et la diminution du débit sanguin vers les intestins.

Les effets des hormones liposolubles varient également en fonction des cellules cibles. Par exemple, l'œstrogène qui entraîne, dans le foie d'un oiseau, la synthèse de la vitellogenine (protéine qui produit le jaune de l'œuf) stimule également la synthèse, par des cellules du système reproducteur, des protéines du blanc de l'œuf.

La communication par les régulateurs locaux

Rappelez-vous que les régulateurs locaux sont des molécules sécrétées qui mettent en communication des cellules voisines (communication paracrine) ou qui régulent directement la cellule qui les sécrète (communication autocrine). Une fois sécrétés par les cellules qui les fabriquent, les régulateurs locaux agissent presque instantanément sur les cellules cibles, le temps d'action étant de l'ordre de la seconde, voire de quelques millisecondes. La réponse qu'ils déclenchent est donc beaucoup plus rapide que celle des hormones. Cependant, les voies qu'empruntent ces régulateurs sont les mêmes que celles activées par les hormones. (Bien que la définition des hormones englobe parfois les régulateurs locaux, nous utiliserons ici le mot *hormone* pour désigner les substances chimiques qui se rendent aux cellules cibles par le sang ou l'hémolymphe.)

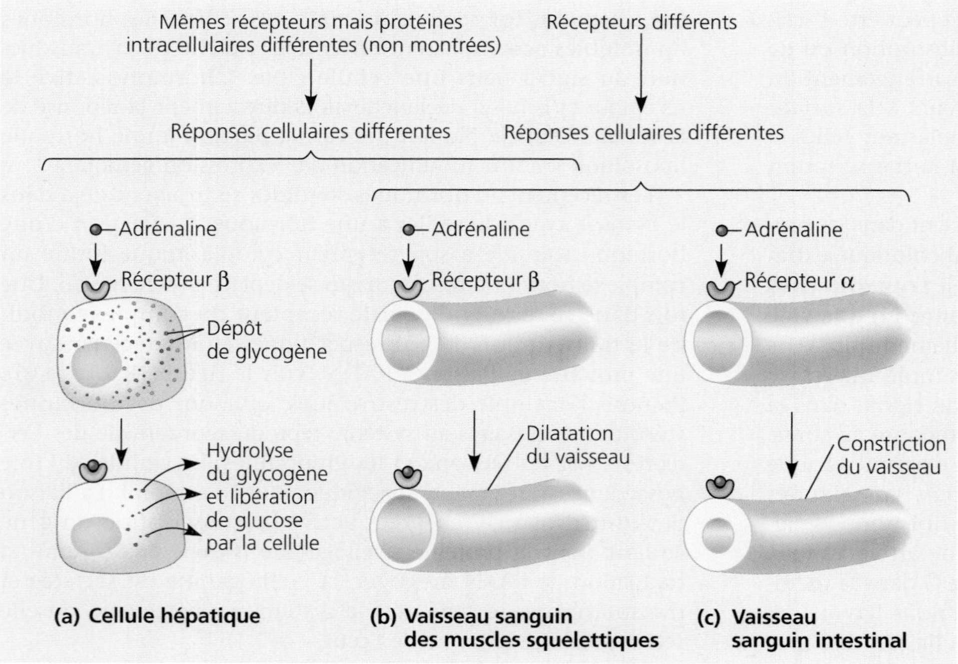

Plusieurs types de composés chimiques agissent comme régulateurs locaux. Certains de ces régulateurs sont des dérivés d'acides aminés, notamment les neurotransmetteurs, qui jouent des rôles clés dans le système nerveux. D'autres sont des polypeptides ; parmi ceux-ci, on trouve les cytokines, que nous avons déjà mentionnées, et la plupart des **facteurs de croissance**, qui stimulent la prolifération et la différenciation des cellules. Sans la présence de ces facteurs dans le milieu extracellulaire, certains types de cellules seraient incapables de croître, de se diviser et de se développer normalement.

Le **monoxyde d'azote** (**NO**) se comporte dans l'organisme comme un neurotransmetteur et comme un régulateur local. Lorsque la concentration sanguine de dioxygène (O_2) chute, les cellules endothéliales dans les parois des vaisseaux sanguins synthétisent et libèrent du NO. Celui-ci active une enzyme qui provoque la relaxation des cellules des muscles lisses voisines et, ce faisant, dilate les vaisseaux et facilite la circulation sanguine vers les tissus.

▲ **Figure 45.9 Différentes réactions à une même hormone.** L'adrénaline, la principale hormone qui prépare l'organisme à la lutte ou à la fuite, entraîne diverses réponses selon les cellules cibles. Les cellules cibles ayant le même récepteur présentent des réponses différentes si elles possèdent des voies de transduction du signal ou des protéines effectrices différentes (comparez **a** avec **b**). Des différences entre les récepteurs d'une hormone peuvent aussi être à l'origine de cette disparité (comparez **b** avec **c**).

Fortement réactif et potentiellement toxique, il déclenche habituellement des modifications dans une cellule cible en quelques secondes seulement, puis se dégrade. L'effet vasodilatateur du NO joue également un rôle dans la fonction sexuelle du mâle en augmentant l'afflux de sang dans le pénis et en produisant ainsi une érection. Le Viagra (citrate de sildénafil), utilisé pour traiter la dysfonction érectile chez l'homme, maintient l'érection en inhibant l'enzyme (une phosphodiestérase; voir la figure 11.11, p. 244) qui, normalement, détruit le messager secondaire (GMP cyclique) dans la voie de réponse du NO; il prolonge donc ainsi l'activité de cette voie.

Un groupe de régulateurs locaux appelés **prostaglandines** (**PG**) sont des acides gras modifiés à 20 atomes de carbone produits à partir des phospholipides des membranes cellulaires. On les a nommés ainsi parce qu'on les a d'abord découverts parmi les sécrétions de la prostate qui contribuent au liquide séminal, chez l'homme. Produites par de nombreuses catégories de cellules, les PG exercent diverses fonctions. Les PG présentes dans le sperme qui atteint le système reproducteur femelle provoquent la contraction des muscles lisses de la paroi utérine, ce qui facilite le transport des spermatozoïdes vers l'ovule. Au cours de l'accouchement, les PG sécrétées par les cellules du placenta stimulent les muscles utérins et accroissent leur excitabilité, ce qui déclenche le travail à la fin de la gestation (voir la figure 46.18, p. 1177).

Dans le système immunitaire, les PG favorisent l'apparition de la fièvre et de la réaction inflammatoire; elles amplifient aussi la sensation de douleur. L'action inhibitrice de l'aspirine et de l'ibuprofène sur la synthèse des prostaglandines explique leurs effets anti-inflammatoires et analgésiques. Les prostaglandines participent également à la régulation de l'agrégation plaquettaire, une étape initiale de la coagulation sanguine. Étant donné que les caillots sanguins peuvent causer des accidents vasculaires s'ils obstruent la circulation sanguine dans les vaisseaux qui irriguent le cœur (voir le chapitre 42), certains médecins prescrivent de l'aspirine aux personnes présentant des risques élevés de crises cardiaques. Toutefois, comme les prostaglandines aident également à protéger le revêtement de l'estomac, un traitement à l'aspirine peut à la longue causer une grave irritation ce dernier.

La coordination de la communication neuroendocrine et de la communication endocrine

Chez tous les Animaux, à l'exception des Invertébrés les plus simples, le système endocrinien et le système nerveux travaillent généralement de concert pour réguler la reproduction et le développement. Pour illustrer cette coordination, examinons l'exemple du cycle de vie du papillon, que nous avons abordé plus tôt dans le chapitre.

La larve d'un papillon croît par étapes. Comme son exosquelette n'est pas extensible, la larve doit périodiquement muer, se débarrasser de son vieil exosquelette et en sécréter un nouveau. Les signaux qui dirigent la mue proviennent du cerveau (**figure 45.10**), où des cellules neurosécrétoires produisent l'**hormone prothoracotrope**, qui fait partie des polypeptides. Cette hormone provoque la sécrétion d'ecdysone

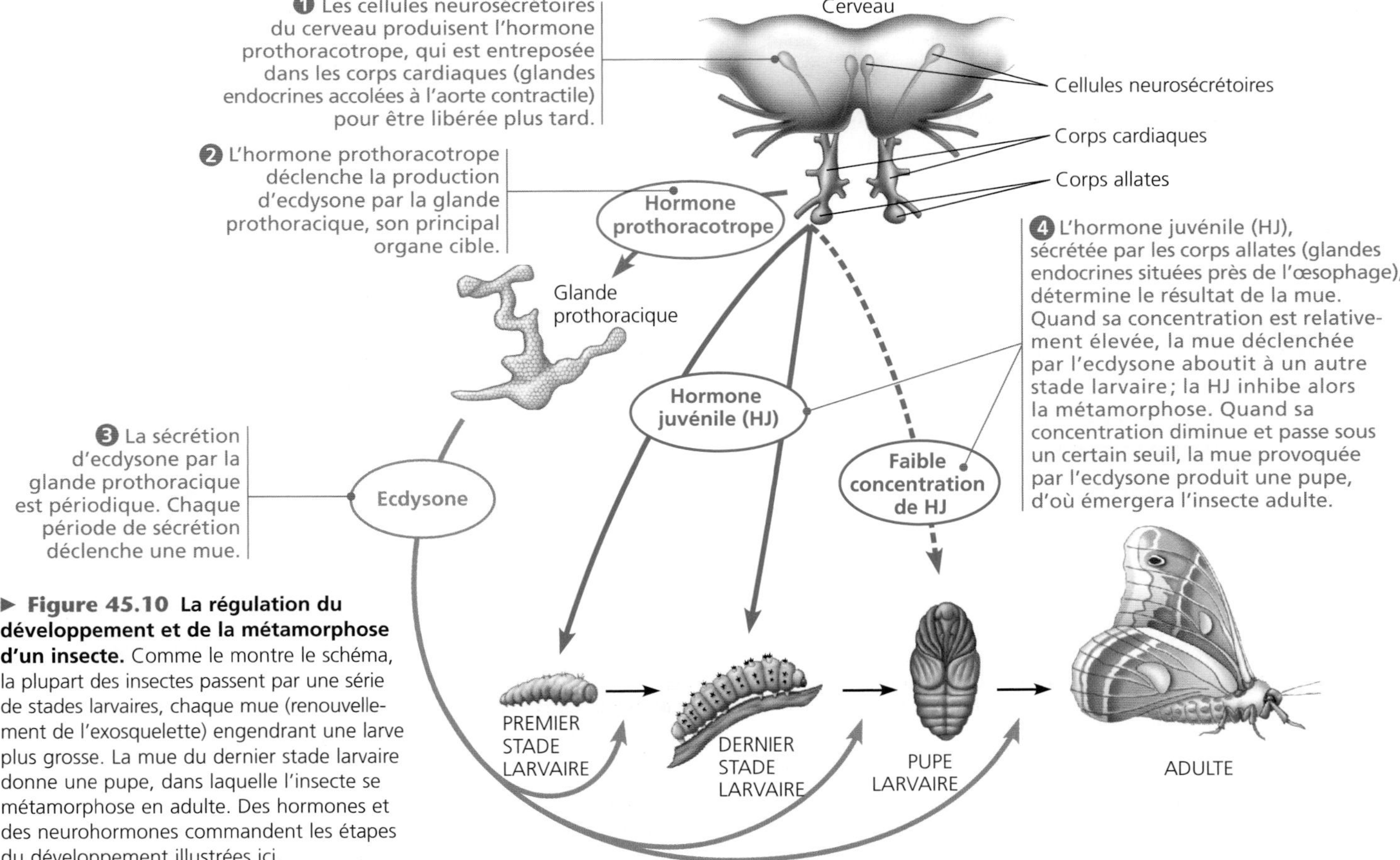

1 Les cellules neurosécrétoires du cerveau produisent l'hormone prothoracotrope, qui est entreposée dans les corps cardiaques (glandes endocrines accolées à l'aorte contractile) pour être libérée plus tard.
Cerveau
Cellules neurosécrétoires
Corps cardiaques
Corps allates
2 L'hormone prothoracotrope déclenche la production d'ecdysone par la glande prothoracique, son principal organe cible.
Hormone prothoracotrope
Glande prothoracique
4 L'hormone juvénile (HJ), sécrétée par les corps allates (glandes endocrines situées près de l'œsophage), détermine le résultat de la mue. Quand sa concentration est relativement élevée, la mue déclenchée par l'ecdysone aboutit à un autre stade larvaire; la HJ inhibe alors la métamorphose. Quand sa concentration diminue et passe sous un certain seuil, la mue provoquée par l'ecdysone produit une pupe, d'où émergera l'insecte adulte.
Hormone juvénile (HJ)
Faible concentration de HJ
3 La sécrétion d'ecdysone par la glande prothoracique est périodique. Chaque période de sécrétion déclenche une mue.
Ecdysone
PREMIER STADE LARVAIRE
DERNIER STADE LARVAIRE
PUPE LARVAIRE
ADULTE

► **Figure 45.10 La régulation du développement et de la métamorphose d'un insecte.** Comme le montre le schéma, la plupart des insectes passent par une série de stades larvaires, chaque mue (renouvellement de l'exosquelette) engendrant une larve plus grosse. La mue du dernier stade larvaire donne une pupe, dans laquelle l'insecte se métamorphose en adulte. Des hormones et des neurohormones commandent les étapes du développement illustrées ici.

par les glandes prothoraciques, une paire de glandes endocrines situées juste derrière la tête. En plus de provoquer chacune des mues successives, l'ecdysone favorise la transformation de la chenille en papillon durant la dernière mue.

Étant donné que l'ecdysone déclenche à la fois la mue et la métamorphose, qu'est-ce qui détermine le moment de cette dernière ? La réponse réside dans une troisième molécule, l'*hormone juvénile*, sécrétée par une autre paire de petites glandes endocrines situées derrière le cerveau. Comme son nom le laisse deviner, une des principales fonctions de l'hormone juvénile est de maintenir les caractéristiques larvaires (juvéniles). Elle contrebalance l'action de l'ecdysone. Tant que le taux d'hormone juvénile est élevé, l'ecdysone stimule la mue larvaire. Lorsque les taux d'hormone juvénile baissent, la mue stimulée par l'ecdysone commence à produire la pupe à l'intérieur de laquelle la métamorphose se déroulera.

La connaissance de la communication endocrine chez les Insectes est importante pour la lutte contre les ravageurs en agriculture. Par exemple, les substances chimiques qui peuvent se lier au récepteur de l'ecdysone font muer la larve prématurément, de sorte qu'elle meurt.

RETOUR SUR LE CONCEPT 45.1

1. Quelles sont les différences entre les mécanismes d'induction de réponses dans les cellules cibles pour les hormones hydrosolubles et les hormones stéroïdes ?
2. En quoi une des actions décrites des prostaglandines est-elle semblable à celle des phéromones ?
3. **FAITES DES LIENS** Quelles analogies pouvez-vous faire entre les propriétés et les effets de l'adrénaline et ceux de l'hormone végétale appelée auxine (voir le concept 39.2, p. 958 à 970) ?

Voir les réponses proposées à la fin du chapitre.

CONCEPT 45.2

La régulation des systèmes endocriniens fait surtout intervenir la rétroaction et des paires d'hormones antagonistes

Jusqu'à maintenant, nous avons exploré les formes de communication intercellulaire ainsi que la structure des hormones, les mécanismes de reconnaissance et la réponse. Nous allons maintenant voir comment les voies de régulation de la sécrétion hormonale sont organisées.

Les voies hormonales simples

Pour mieux comprendre la régulation de la sécrétion hormonale, commençons par décrire deux des principaux types d'organisation : la voie endocrine simple et la voie neuroendocrine simple. Dans une *voie endocrine simple*, les cellules endocrines répondent directement à un stimulus interne ou environnemental en sécrétant une hormone particulière (**figure 45.11**). Cette hormone emprunte alors la circulation sanguine pour se rendre aux cellules cibles, où elle interagit avec ses récepteurs spécifiques. La transduction du signal à l'intérieur des cellules cibles déclenche ensuite une réponse physiologique.

Dans l'exemple de voie endocrine simple montré à la figure 45.11, le stimulus est la libération du contenu acide de l'estomac dans le duodénum (première portion de l'intestin grêle). Une baisse du pH dans le duodénum incite certaines cellules endocrines qui s'y trouvent, appelées cellules S, à sécréter l'hormone *sécrétine*. Celle-ci passe dans la circulation sanguine et se rend au **pancréas**, une glande située derrière l'estomac (voir la figure 45.4). Les cellules cibles du pancréas libèrent ensuite du bicarbonate dans les conduits qui mènent au duodénum, afin d'élever le pH.

Dans une *voie neuroendocrine simple*, le stimulus est reçu par un neurone sensitif, qui stimule une cellule neurosécrétoire (**figure 45.12**). En réaction, cette cellule sécrète une neurohormone qui diffuse dans la circulation et se rend jusqu'aux cellules cibles. C'est une voie semblable qui régule la sécrétion lactée durant l'allaitement chez les Mammifères. La succion du bébé stimule les neurones sensitifs des mamelons, et des signaux sont alors envoyés au système nerveux, plus précisément à l'hypothalamus. En réponse, ce dernier envoie

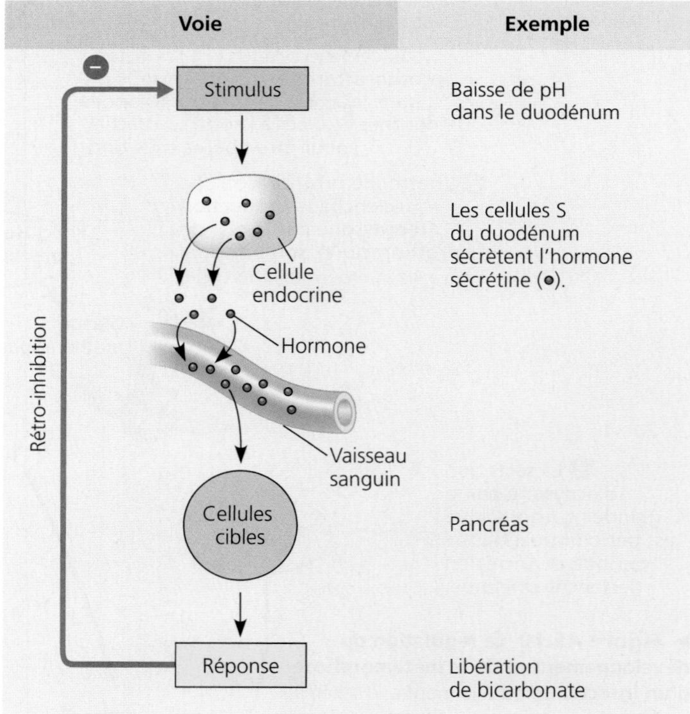

▲ **Figure 45.11 La voie endocrine simple.** Les cellules endocrines détectent un changement dans une variable interne ou externe – le stimulus – et sécrètent des molécules hormonales qui déclenchent une réponse spécifique de la part des cellules cibles. Dans le cas de la communication par la sécrétine, la voie endocrine simple est automodératrice puisque la réponse à la sécrétine (libération de bicarbonate) atténue le stimulus (baisse du pH) par rétro-inhibition.

un signal qui déclenche la libération d'**ocytocine** par la neurohypophyse. L'ocytocine provoque la sécrétion de lait par les glandes mammaires.

La régulation par rétroaction

Les voies de régulation comportent une boucle de rétroaction qui relie la réponse au stimulus initial. Pour beaucoup d'hormones, la réponse comporte une **rétro-inhibition**, un mécanisme dans lequel la réponse de la cellule cible réduit le stimulus initial. Dans le cas de la sécrétine (voir la figure 45.11), la libération de bicarbonate par le pancréas augmente le pH dans l'intestin, supprime le stimulus, entraînant ainsi la fermeture de la voie. En diminuant ou en bloquant le signal hormonal, le mécanisme de rétro-inhibition empêche une réaction excessive du système.

Contrairement à la rétro-inhibition qui inhibe le stimulus, la **rétroactivation** l'amplifie et provoque une réponse encore plus intense. La voie de l'ocytocine, décrite à la figure 45.12, en est un bon exemple. La présence d'ocytocine dans la circulation sanguine stimule la sécrétion de lait. La sécrétion lactée qui se produit en réponse au signal de l'ocytocine amène le bébé à effectuer davantage de succion, ce qui a pour effet d'accroître la sécrétion d'ocytocine. L'activation de la voie se poursuit jusqu'à ce que le bébé cesse de téter.

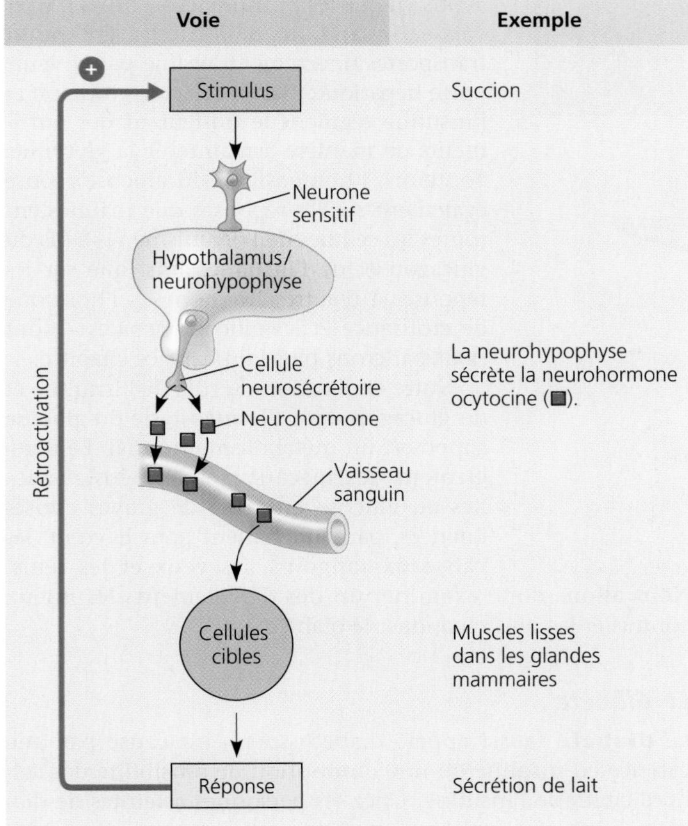

▲ **Figure 45.12 La voie neuroendocrine simple.** Les neurones sensitifs réagissent au stimulus en envoyant des influx nerveux à une cellule neurosécrétoire, qui sécrète alors une neurohormone. Cette dernière est transportée par la circulation sanguine jusqu'aux cellules cibles. La liaison de l'hormone et du récepteur active la transduction du signal qui produit une réponse spécifique. Dans cette voie neuroendocrine, la réponse augmente le stimulus, de sorte qu'une boucle de rétroactivation amplifie celui-ci.

Le rôle de l'ocytocine dans la reproduction ne se limite pas à la régulation des glandes mammaires. Lorsqu'un Mammifère met bas, l'ocytocine commande aux cellules cibles de déclencher les contractions utérines. Cette régulation par l'ocytocine se produit elle aussi par rétroactivation, jusqu'à ce que l'accouchement soit terminé.

La rétroactivation amplifie à la fois le stimulus et la réponse, tandis que la rétro-inhibition favorise le retour à l'état initial. Il n'est donc pas étonnant que les voies hormonales intervenant dans le maintien de l'homéostasie sollicitent davantage la rétro-inhibition que la rétroactivation. En fait, certains systèmes de contrôle homéostatiques reposent sur des voies hormonales de rétro-inhibition qui fonctionnent en paires parce qu'elles se contrebalancent mutuellement. Pour voir comment ces systèmes fonctionnent, nous examinerons la régulation des concentrations de glucose, c'est-à-dire de la glycémie.

L'insuline et le glucagon : la régulation de la glycémie

Chez l'humain, le maintien de l'équilibre métabolique exige que la glycémie demeure dans un intervalle de référence compris entre 3,9 et 6,1 mmol/L. Comme le glucose est l'une des principales sources d'énergie de la respiration cellulaire ainsi qu'une réserve essentielle d'atomes de carbone pour la synthèse d'autres composés organiques, il est crucial que la glycémie reste à l'intérieur de cet intervalle.

La concentration du glucose sanguin, ou glycémie, est régulée par deux hormones antagonistes (opposées), l'insuline et le glucagon (**figure 45.13**). Chacune accomplit ses fonctions par voie endocrine simple régulée par un mécanisme de rétro-inhibition. Lorsque la glycémie dépasse la valeur supérieure de référence, la libération d'**insuline** active la captation de glucose du sang par les cellules du corps afin d'abaisser celle-ci. Lorsqu'elle tombe sous la valeur inférieure de référence, du **glucagon** est produit afin que du glucose mis en réserve (sous forme de glycogène dans le foie, par exemple) soit libéré dans le sang, ce qui provoque son élévation. Comme l'insuline et le glucagon ont des effets opposés, la combinaison de leurs activités permet la régulation précise de la glycémie.

Le glucagon et l'insuline sont produits par le pancréas dans des amas de cellules endocrines, appelés îlots pancréatiques, disséminés dans les autres tissus de cette glande digestive. Chaque îlot abrite une population d'*endocrinocytes alpha*, qui produisent le glucagon, et une population d'*endocrinocytes bêta*, qui fabriquent l'insuline. Comme toutes les hormones, l'insuline et le glucagon sont sécrétés dans le liquide interstitiel et ont accès au système circulatoire.

Dans l'ensemble, les cellules productrices d'hormones représentent seulement de 1 à 2 % de la masse du pancréas. D'autres cellules du pancréas produisent et sécrètent des ions bicarbonate et des enzymes digestives qui sont déversés dans des petits conduits et transportés vers l'intestin grêle par l'intermédiaire du conduit pancréatique. Ainsi, le pancréas est un organe à la fois exocrine et endocrine dont les rôles sont à la fois digestifs et endocriniens.

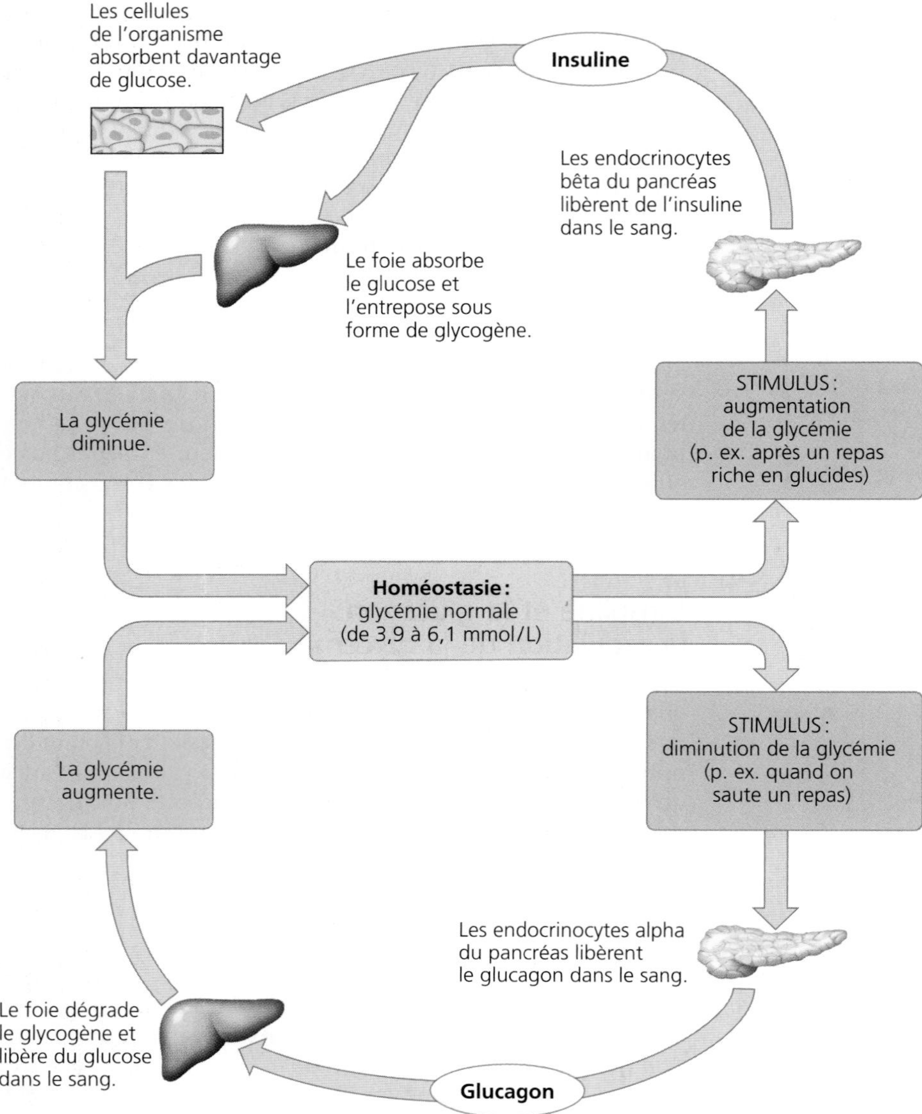
Les cellules
de l'organisme
absorbent davantage
de glucose.
Insuline
Les endocrinocytes
bêta du pancréas
libèrent de l'insuline
dans le sang.
Le foie absorbe
le glucose et
l'entrepose sous
forme de glycogène.
La glycémie
diminue.
STIMULUS :
augmentation
de la glycémie
(p. ex. après un repas
riche en glucides)
Homéostasie :
glycémie normale
(de 3,9 à 6,1 mmol/L)
STIMULUS :
diminution de la glycémie
(p. ex. quand on
saute un repas)
La glycémie
augmente.
Les endocrinocytes alpha
du pancréas libèrent
le glucagon dans le sang.
Le foie dégrade
le glycogène et
libère du glucose
dans le sang.
Glucagon

▲ **Figure 45.13 La régulation de la glycémie par l'insuline et le glucagon.** Les effets antagonistes de l'insuline et du glucagon contribuent à maintenir la glycémie près de ses valeurs de référence.

Les tissus cibles de l'insuline et du glucagon

L'insuline est captée par un récepteur à activité tyrosine kinase (voir la figure 11.7, p. 239 à 241). Elle fait diminuer la glycémie en commandant l'entrée du glucose sanguin dans toutes les cellules de l'organisme, à l'exception de celles de l'encéphale. (Les cellules de l'encéphale ont la capacité exceptionnelle d'absorber le glucose en l'absence d'insuline. Par conséquent, celui-ci a presque continuellement accès à une source d'énergie présente dans la circulation.) L'insuline abaisse aussi la glycémie en ralentissant la dégradation du glycogène dans le foie et en inhibant la transformation des acides aminés et du glycérol (provenant des graisses) en glucose.

Le glucagon agit sur ses cellules cibles en s'unissant à un récepteur couplé à une protéine G. C'est surtout par ses effets sur les cellules cibles du foie que le glucagon influe sur la glycémie. Le foie, les muscles squelettiques et les tissus adipeux emmagasinent de grandes quantités de molécules énergétiques. Le foie et les muscles entreposent les glucides sous forme de glycogène (glycogenèse). De leur côté, les cellules adipeuses, ou adipocytes, transforment les glucides en graisses. Quand la glycémie baisse et approche la limite inférieure de sa valeur de référence (de 3,9 à 6,1 mmol/L), un des principaux rôles du glucagon est d'inciter les cellules du foie à hydrolyser de plus grandes quantités de glycogène (glycogénolyse), tout en inhibant l'enzyme qui permet sa synthèse, à transformer les acides aminés et le glycérol en glucose (néoglucogenèse) afin de libérer du glucose dans le sang. La glycémie retourne alors à sa valeur de référence.

Sans les actions antagonistes du glucagon et de l'insuline, l'organisme serait incapable de gérer avec précision l'entreposage et la consommation d'énergie dans les cellules. Pour ces deux hormones, comme nous l'avons déjà mentionné, le foie constitue une cible vitale. Dans le chapitre 41, nous avons vu que les nutriments absorbés par les vaisseaux sanguins de l'intestin grêle sont transportés directement au foie par la veine porte hépatique. Dans le foie, le glucagon et l'insuline régulent le traitement des nutriments de manière à maintenir la glycémie. Toutefois, l'homéostasie du glucose repose également sur les réponses que manifestent toutes les cellules de l'organisme vis-à-vis du glucagon et de l'insuline, ainsi que sur les réponses à d'autres hormones – l'hormone de croissance et les glucocorticoïdes – dont nous parlerons plus loin dans ce chapitre.

Notre explication du rôle de l'insuline et du glucagon dans l'homéostasie du glucose supposait un métabolisme normal. Le dérèglement des mécanismes homéostatiques liés au glucose entraîne de graves conséquences, particulièrement pour le cœur, les vaisseaux sanguins, les yeux et les reins. Nous allons donc examiner un des dérèglements les mieux connus et les plus répandus : le diabète.

Le diabète

Le **diabète** (aussi appelé diabète sucré) est causé par une carence en insuline ou une diminution de sensibilité des cellules cibles de l'insuline. Chez les personnes atteintes de diabète, la glycémie s'élève, mais les cellules sont incapables d'absorber suffisamment de glucose pour satisfaire aux besoins métaboliques. Ce sont plutôt les graisses qui doivent en grande partie alimenter la respiration cellulaire aérobie. Dans les cas graves de diabète, les métabolites acides issus de la dégradation des graisses s'accumulent dans le sang, en font diminuer le pH et causent la perte d'ions sodium et potassium, ce qui met en danger la vie de l'individu.

Chez les personnes atteintes de diabète, la glycémie peut excéder la capacité de réabsorption des reins, et le glucose excédentaire qui demeure dans le filtrat du rein doit être excrété. Voilà pourquoi il est possible de détecter cette maladie en recherchant la présence de glucose dans l'urine. Comme l'augmentation de la concentration de glucose dans l'urine s'accompagne de l'accroissement du volume d'eau éliminée, le volume d'urine est excessif. Le terme *diabète* vient du mot grec *diabêtês* signifiant «qui traverse», en raison de la miction abondante. (Le *diabète insipide*, décrit au chapitre 44, est une affection rénale rare qui se caractérise par l'excrétion de grandes quantités d'urine diluée, mais sans dérèglement important du métabolisme du glucose.)

Il existe en fait deux formes de diabète sucré dont les causes sont très différentes, mais qui sont caractérisées par une glycémie élevée. Selon l'OMS, les deux formes de diabète réunies touchaient 346 millions de personnes dans le monde en 2011 (dont plus de 3 millions en France, environ 2,5 millions au Canada et 650 000 au Québec). Le *diabète de type 1* (diabète insulinodépendant ou juvénile) est une affection auto-immune dans laquelle le système immunitaire détruit les cellules bêta du pancréas. Cette maladie, qui survient généralement pendant l'enfance, détruit la capacité d'un individu à produire de l'insuline. Le traitement consiste en des injections d'insuline, habituellement plusieurs fois par jour. Auparavant, cette insuline était extraite de pancréas d'animaux, mais ce procédé est désormais remplacé par les techniques du génie génétique qui permettent maintenant de fabriquer de l'insuline humaine à faible coût à partir de bactéries (voir la figure 20.2, p. 460). L'implantation d'îlots pancréatiques provenant d'humains décédés, la production de cellules bêta à partir d'autres cellules bêta ou par transformation de certaines cellules pancréatiques constituent d'autres voies de recherche qui déboucheront peut-être sur un traitement efficace de ce type de diabète.

Le *diabète de type 2* (diabète non insulinodépendant ou de la maturité) se caractérise par l'incapacité des cellules cibles de répondre normalement à l'insuline. De l'insuline est produite, mais les cellules cibles sont incapables d'absorber le glucose disponible dans le sang, de sorte que la glycémie demeure élevée. Bien que l'hérédité puisse jouer un rôle dans le diabète de type 2, des recherches indiquent qu'un excès de poids et le manque d'exercice augmentent le risque de façon importante. Cette forme de diabète survient généralement au cours de la quarantaine, mais des jeunes personnes sédentaires et présentant un excès pondéral sont aussi atteintes par la maladie. Plus de 90 % des diabétiques souffrent du diabète de type 2. Beaucoup d'entre eux parviennent à maîtriser leur glycémie simplement en faisant de l'exercice et en surveillant leur régime alimentaire, mais d'autres doivent prendre des médicaments (principalement la metformine). Il reste que le diabète de type 2 peut réduire l'espérance de vie d'une personne de 5 à 10 ans.

Dans le diabète de type 2, la résistance à l'insuline est parfois due à une anomalie génétique du récepteur de l'insuline ou de la voie de transduction du signal. La plupart du temps, cependant, ce sont des événements survenant dans les cellules cibles qui inhibent l'activité d'une voie de transduction du signal dont le fonctionnement est par ailleurs normal. Une des causes de cette inhibition semble être des signaux inflammatoires émis par la composante innée du système immunitaire (voir le chapitre 43). Les chercheurs qui travaillent avec des humains et des animaux de laboratoire tentent actuellement de comprendre comment l'obésité et la sédentarité influent sur ce dérèglement.

RETOUR SUR LE CONCEPT **45.2**

1. Dans un test de tolérance au glucose, on mesure la glycémie d'une personne à intervalles réguliers après lui avoir fait boire une solution riche en glucose. Chez un individu sain, la glycémie augmente modérément pour ensuite retomber près de la valeur normale en l'espace de deux ou trois heures. Prédisez le résultat de ce test pratiqué chez une personne qui souffre de diabète. Expliquez votre réponse.
2. Si la voie d'une hormone permet une réponse transitoire à un stimulus, quel effet une diminution de la durée du stimulus aura-t-elle sur la nécessité d'une rétro-inhibition?
3. ET SI? Un patient diabétique a des antécédents familiaux de diabète de type 2, mais il est actif et ne souffre pas d'obésité. Pour savoir quels gènes sont défectueux chez ce patient, quels sont ceux que vous examineriez en premier?

Voir les réponses proposées à la fin du chapitre.

CONCEPT **45.3**

La régulation endocrinienne repose en grande partie sur l'hypothalamus et l'hypophyse

Maintenant que nous avons examiné les voies de régulation hormonale, tournons-nous à nouveau vers le rôle du système nerveux dans la régulation des voies endocrines. Nous nous attarderons à l'encéphale et au système endocrinien des Vertébrés.

La coordination entre le système endocrinien et le système nerveux chez les Vertébrés

Chez les Vertébrés, l'**hypothalamus** joue un rôle capital dans l'intégration du système endocrinien et du système nerveux. Il est une des glandes endocrines situées dans l'encéphale (**figure 45.14**). L'hypothalamus reçoit de l'information en provenance des nerfs périphériques et des autres régions de l'encéphale, et amorce une régulation hormonale en fonction des conditions du milieu. Ainsi, chez de nombreux Vertébrés, certaines régions de l'encéphale transmettent à l'hypothalamus, par l'intermédiaire d'influx nerveux, de l'information sensorielle concernant les changements saisonniers ou la disponibilité d'un partenaire sexuel. L'hypothalamus déclenche alors la libération des hormones sexuelles nécessaires à la reproduction.

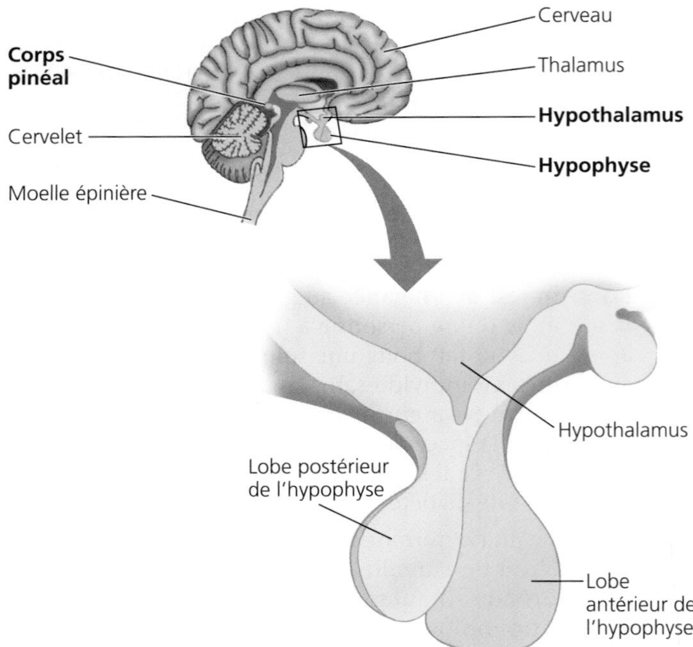

▲ **Figure 45.14 Les glandes endocrines dans l'encéphale humain.** Cette vue latérale de l'encéphale montre la position de l'hypothalamus, de l'hypophyse et du corps pinéal. (Le corps pinéal participe à la régulation du biorythme.)

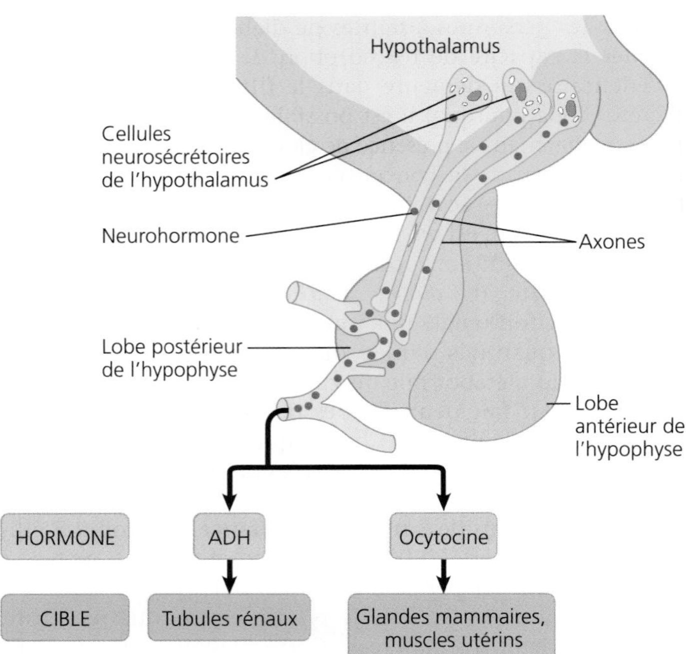

▲ **Figure 45.15 La production et la libération d'hormones par la neurohypophyse.** Le lobe postérieur de l'hypophyse (neurohypophyse) est un prolongement de l'hypothalamus. Certaines cellules neurosécrétoires de l'hypothalamus synthétisent l'hormone antidiurétique (ADH) et l'ocytocine, qui sont transportées jusqu'à la neurohypophyse, où elles sont entreposées. Des influx nerveux provenant de l'encéphale déclenchent la libération de ces neurohormones.

Les signaux émis par l'hypothalamus se rendent dans l'**hypophyse** (voir la figure 45.14). Ce petit organe de la taille d'un haricot de Lima est situé à la base de l'hypothalamus. L'hypophyse comprend deux lobes distincts, antérieur et postérieur, qui sécrètent divers ensembles d'hormones.

Le **lobe postérieur de l'hypophyse**, ou **neurohypophyse**, est un prolongement de l'hypothalamus. La neurohypophyse emmagasine deux hormones fabriquées par certaines cellules neurosécrétoires de l'hypothalamus, et les longs processus (axones) de ces cellules transportent les hormones vers elle. Quant au **lobe antérieur de l'hypophyse**, ou **adénohypophyse** (le préfixe *adéno* signifie «glande»), c'est une glande endocrine qui produit et sécrète des hormones à la demande de l'hypothalamus. Plusieurs des hormones sécrétées par l'adénohypophyse sont des **stimulines**, c'est-à-dire des hormones qui régulent la fonction d'autres cellules endocrines ou d'organes endocriniens.

Les hormones neurohypophysaires

Les cellules neurosécrétoires de l'hypothalamus produisent les deux hormones de la neurohypophyse, à savoir l'ocytocine et l'hormone antidiurétique (ADH). Après s'être rendues à la neurohypophyse par les longs axones des cellules neurosécrétoires, les hormones sont emmagasinées dans les cellules de cette dernière et ne sont libérées qu'en réponse aux influx nerveux transmis par l'hypothalamus (**figure 45.15**).

Comme nous l'avons vu au concept 45.2 (voir la figure 45.12), l'ocytocine régule la sécrétion lactée dans les glandes mammaires ainsi que les contractions utérines lors de l'accouchement. Elle a aussi des cellules cibles dans le cerveau, où elle influe sur les comportements associés aux soins maternels, à l'attachement et à l'activité sexuelle; elle aurait aussi un effet antalgique (antidouleur) chez les nouveau-nés, qui se prolongerait quelques heures après la naissance.

À l'instar de l'ocytocine, l'**hormone antidiurétique** (**ADH**, pour *antidiuretic hormone*), aussi appelée vasopressine, régule à la fois la physiologie et le comportement. Comme nous l'avons vu au chapitre 44, l'ADH est une des hormones qui règle la fonction rénale. Plus précisément, elle augmente la rétention d'eau dans les reins et diminue donc le volume d'urine (diurèse). Elle contribue ainsi à maintenir l'osmolarité du sang à une valeur normale. L'ADH joue également un rôle important dans le comportement social, comme nous le verrons en détail au chapitre 51.

Les hormones adénohypophysaires

Ce sont des signaux endocriniens émis par l'hypothalamus qui assurent la régulation hormonale de l'adénohypophyse (**figure 45.16**). Chaque hormone hypothalamique est soit une *hormone de libération,* ou *libérine*, qui provoque la sécrétion d'hormones par l'adénohypophyse, soit une *hormone d'inhibition,* ou *inhibine,* qui stoppe la sécrétion d'hormones par cette dernière. Par exemple, l'*hormone de libération de la prolactine* est une hormone hypothalamique qui stimule l'adénohypophyse pour qu'elle sécrète de la **prolactine**, laquelle participe à la production de lait par les glandes mammaires. Toutes les hormones adénohypophysaires sont régulées par au moins une hormone de libération. Certaines, comme la prolactine, obéissent à la fois à une hormone de libération et à une hormone d'inhibition.

L'hypothalamus sécrète ses hormones de libération et ses hormones d'inhibition dans des capillaires de la région située

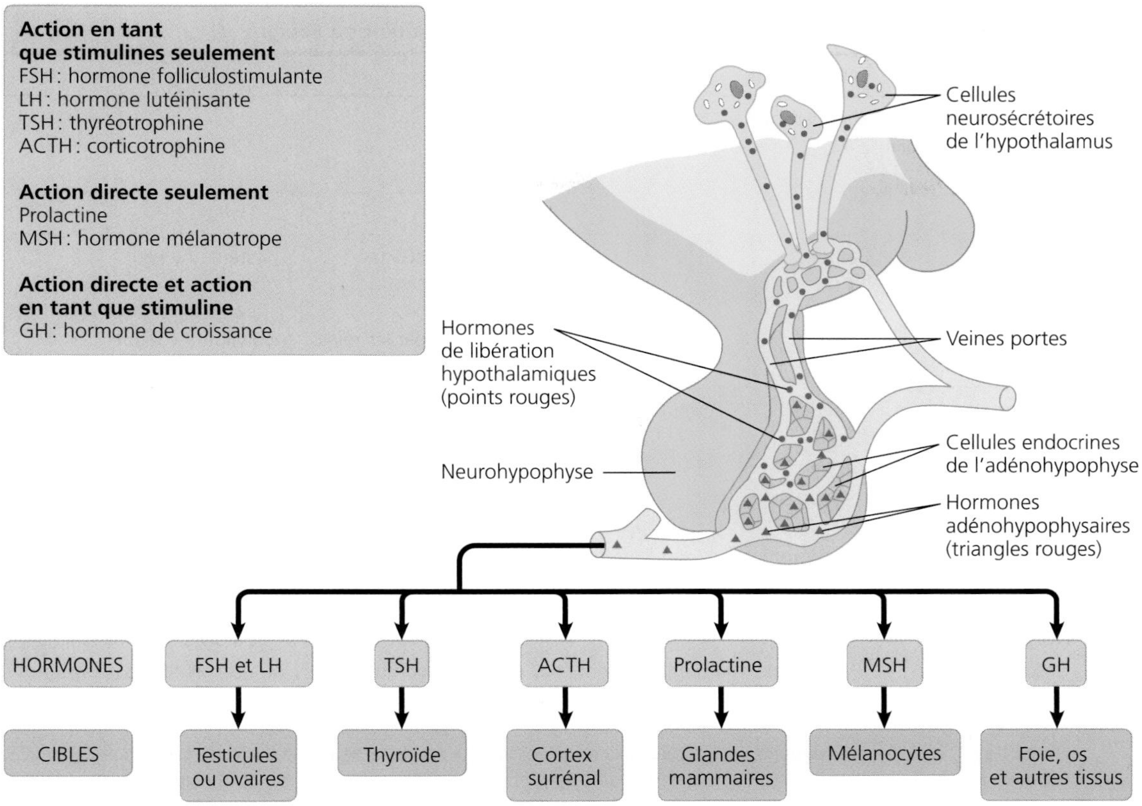

◄ **Figure 45.16**
La production et la libération d'hormones par l'adénohypophyse. Les hormones de libération et les hormones d'inhibition de l'hypothalamus commandent la libération des hormones synthétisées dans l'adénohypophyse. Les cellules neurosécrétoires de l'hypothalamus sécrètent les hormones hypothalamiques dans un réseau de capillaires à l'intérieur de l'hypothalamus. Ces capillaires se déversent dans des veines portes, puis dans un second réseau de capillaires situé dans l'adénohypophyse.

à sa base. Ces capillaires rejoignent de courtes veines portes qui se ramifient pour donner un second lit de capillaires à l'intérieur de l'adénohypophyse (alors que les veines ramènent généralement le sang au cœur directement, sans traverser d'autres capillaires). Ainsi, les hormones hypothalamiques ont un accès direct à la glande qu'elles commandent.

Les hormones sécrétées par l'adénohypophyse régulent plusieurs ensembles de fonctions dans le corps humain, y compris le métabolisme, l'osmorégulation et la reproduction. Nous allons maintenant explorer ces hormones et les fonctions qu'elles accomplissent, en commençant par les hormones de la glande thyroïde. Le **tableau 45.1** (page suivante) résume les effets des principales hormones du système endocrinien et leurs fonctions physiologiques. Consultez-le au fur et à mesure que vous étudiez le chapitre.

La régulation de la thyroïde : une voie en cascade

Les hormones de l'hypothalamus, de l'adénohypophyse et des glandes endocrines cibles suivent souvent une *voie en cascade* (**figure 45.17**), tel l'effet domino. Des stimulus envoyés à l'encéphale déclenchent la libération d'une neurohormone hypothalamique qui provoque ou inhibe la libération d'une stimuline par l'adénohypophyse. Cette dernière agit alors sur son tissu endocrinien cible, déclenchant la sécrétion d'une autre hormone qui exerce des effets systémiques sur le métabolisme ou le développement.

Pour bien comprendre comment une voie en cascade fonctionne, examinons l'activation de la glande thyroïde lorsqu'un bébé est exposé au froid (voir la figure 45.17). Quand la température corporelle d'un jeune enfant baisse, l'hypothalamus sécrète la thyrolibérine (TRH : hormone de libération de la thyréostimuline). En réaction, l'hypophyse sécrète la thyréostimuline (TSH), également appelée thyréotrophine. La TSH provoque alors la libération d'hormones thyroïdiennes par la **glande thyroïde**, un organe composé de deux lobes situés sur la face antérieure de la trachée (voir la figure 42.24, p. 1066). À mesure que les hormones thyroïdiennes s'accumulent, elles augmentent la vitesse du métabolisme, de sorte que de l'énergie thermique est libérée, ce qui élève la température corporelle.

Comme les voies hormonales simples, les voies en cascade font habituellement intervenir des mécanismes de rétro-inhibition. Dans le cas de la voie de l'hormone thyroïdienne, la rétro-inhibition est assurée par les hormones thyroïdiennes elles-mêmes. Étant donné que ces dernières bloquent la libération de TSH par l'adénohypophyse et la libération de TRH par l'hypothalamus, la boucle de rétro-inhibition empêche leur surproduction. Dans l'ensemble, la voie en cascade donne lieu à une réponse automodératrice au stimulus initial dans les cellules cibles.

Chez les humains et les Vertébrés, les hormones thyroïdiennes régulent la bioénergétique ; elles aident à maintenir la pression artérielle, la fréquence cardiaque et le tonus musculaire à des valeurs normales ; en outre, elles régulent les fonctions digestives et reproductrices. La présence d'une quantité excessive ou insuffisante d'hormones thyroïdiennes dans le sang peut entraîner de graves dérèglements métaboliques.

Tableau 45.1 Les principales glandes endocrines humaines et certaines des hormones qu'elles sécrètent ou libèrent

Glandes	Hormones	Molécules	Principaux effets	Régulateurs
Hypothalamus	Hormones libérées par la neurohypophyse et hormones régulant l'adénohypophyse (voir ci-dessous)			
Hypophyse				
Neurohypophyse (libère les neurohormones produites par l'hypothalamus)	Ocytocine	Peptide	Déclenche la contraction des muscles utérins et des cellules des glandes mammaires.	Système nerveux
	Hormone antidiurétique (ADH)	Peptide	Stimule la réabsorption d'eau par les reins.	Équilibre hydrique et électrolytique
Adénohypophyse	Hormone de croissance (GH)	Protéine	Stimule la croissance (du squelette en particulier) et les fonctions métaboliques.	Hormones hypothalamiques
	Prolactine (PRL)	Protéine	Déclenche la production et la sécrétion de lait.	Hormones hypothalamiques
	Hormone folliculo-stimulante (FSH)	Glycoprotéine	Provoque la maturation du follicule ovarien et la spermatogenèse.	Hormones hypothalamiques
	Hormone lutéinisante (LH)	Glycoprotéine	Stimule la production d'hormones sexuelles. Chez la femme, déclenche l'ovulation.	Hormones hypothalamiques
	Thyréotrophine (TSH)	Glycoprotéine	Régit les sécrétions de la glande thyroïde.	Thyroxine dans le sang; hormones hypothalamiques
	Corticotrophine (ACTH)	Polypeptide	Régit la production et la sécrétion de glucocorticoïdes et de gonadocorticoïdes par le cortex surrénal.	Glucocorticoïdes; hormones hypothalamiques
	Hormone mélanotrope (MSH)	Polypeptide	Active les cellules pigmentaires de la peau chez certains Vertébrés.	Système nerveux; hormones hypothalamiques
Glande thyroïde	Tri-iodothyronine (T_3) et thyroxine (T_4)	Amine	Stimulent et entretiennent les processus métaboliques.	TSH
	Calcitonine	Polypeptide	Diminue la calcémie.	Calcémie
Glandes parathyroïdes	Parathormone (PTH)	Polypeptide	Augmente la calcémie.	Calcémie
Pancréas	Insuline	Protéine	Diminue la glycémie.	Glycémie
	Glucagon	Polypeptide	Augmente la glycémie.	Glycémie
Glandes surrénales				
Médulla surrénale	Adrénaline et noradrénaline	Amines	Augmentent la glycémie. Augmentent les activités métaboliques. Entraînent la constriction de certains vaisseaux sanguins.	Système nerveux
Cortex surrénal	Glucocorticoïdes (p. ex. cortisol)	Stéroïdes	Augmentent la glycémie.	ACTH
	Minéralocorticoïdes (p. ex. aldostérone)	Stéroïdes	Stimulent la réabsorption de Na^+ et la sécrétion de K^+ par les reins.	K^+ sanguin; angiotensine II
	Gonadocorticoïdes (p. ex. androgènes, œstrogènes)	Stéroïdes	Déclencheraient la puberté. Seraient associés à la libido féminine et constitueraient une source d'œstrogènes après la ménopause.	ACTH
Gonades				
Testicules	Androgènes	Stéroïdes	Maintiennent la spermatogenèse. Font apparaître et entretiennent les caractères sexuels secondaires masculins.	FSH et LH
Ovaires	Œstrogènes	Stéroïdes	Stimulent le développement de l'endomètre utérin. Font apparaître et entretiennent les caractères sexuels secondaires féminins.	FSH et LH
	Progestines (p. ex. progestérone)	Stéroïdes	Préparent l'endomètre utérin à recevoir l'embryon.	FSH et LH
Corps pinéal	Mélatonine	Amine	Intervient dans les rythmes circadiens.	Cycles jour-nuit

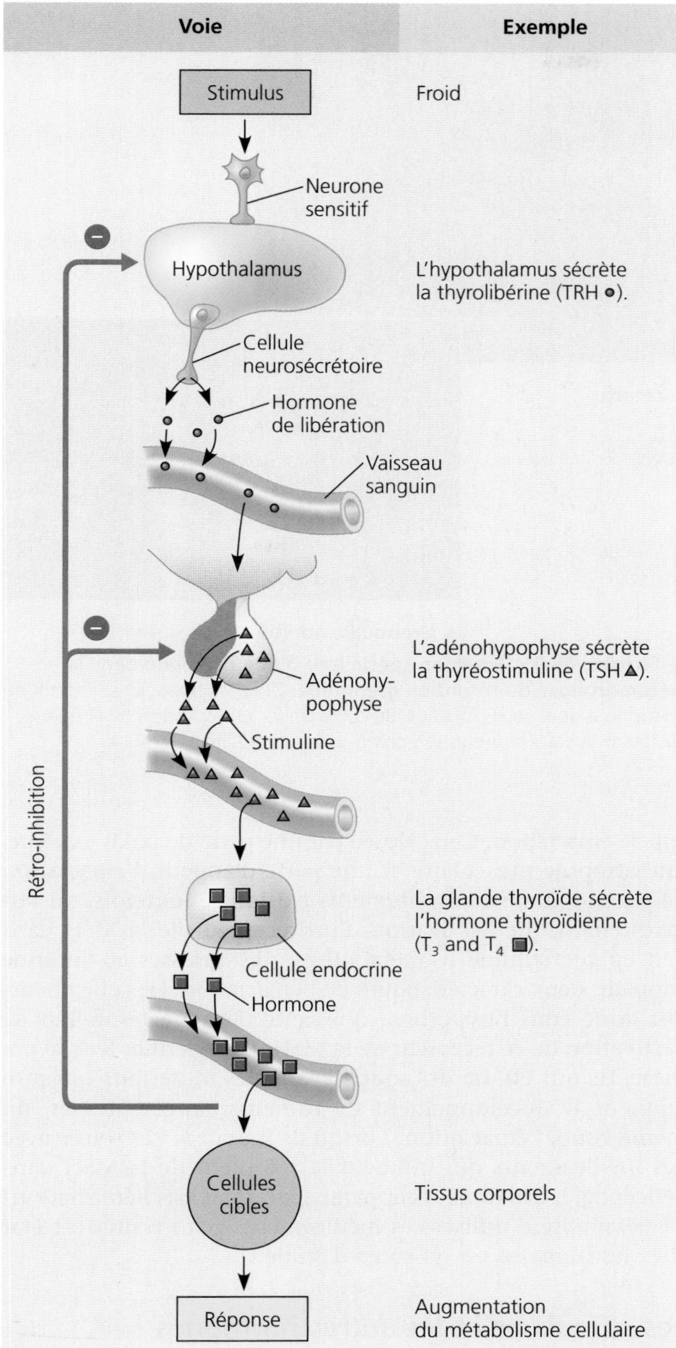

▲ **Figure 45.17 La voie hormonale en cascade.** En réponse au stimulus, l'hypothalamus sécrète une hormone de libération qui cible l'adénohypophyse. En réaction, celle-ci sécrète une stimuline, qui entre dans la circulation sanguine jusqu'à une glande endocrine. Cette dernière sécrète alors une hormone qui se rend aux cellules cibles, où elle provoque une réponse. Dans l'exemple de la régulation des hormones thyroïdiennes, celles-ci exercent une rétro-inhibition sur l'hypothalamus et l'adénohypophyse. Cette rétro-inhibition bloque la libération de la TRH et de la TSH, permettant d'éviter une réaction excessive au stimulus (comme la baisse de la température corporelle dans le cas d'un jeune enfant).

? *Supposons que deux patients subissent des analyses de laboratoire. Chacun souffre d'une production excessive d'hormones thyroïdiennes. Les analyses révèlent des taux élevés de TSH chez un des patients, mais pas chez l'autre. Cela signifie-t-il que le diagnostic d'un des patients est erroné ? Expliquez votre réponse.*

Les perturbations de la fonction et de la régulation des hormones thyroïdiennes

Chez les humains, l'hypothyroïdie, c'est-à-dire une sécrétion insuffisante d'hormones thyroïdiennes, peut se manifester par des symptômes tels qu'un gain pondéral, un état léthargique et une sensibilité extrême au froid chez les adultes. À l'inverse, la sécrétion excessive d'hormones thyroïdiennes, appelée hyperthyroïdie, provoque une température corporelle élevée, des sueurs abondantes, une perte pondérale, de l'irritabilité et de l'hypertension.

La forme la plus courante de l'hyperthyroïdie est la maladie de Graves (ou de Basedow). Cette dernière se caractérise notamment par une saillie des globes oculaires (exophtalmie) causée par une prolifération du tissu fibreux à l'arrière des yeux. Dans cette affection auto-immune, le corps produit des anticorps qui se lient au récepteur de la TSH et l'activent. Il s'ensuit une production continuelle d'hormones thyroïdiennes.

La malnutrition peut également perturber la production des hormones thyroïdiennes. Le lien spécifique entre l'alimentation et la synthèse des hormones thyroïdiennes rend compte de la nature chimique de celles-ci. Les *hormones thyroïdiennes* sont en fait deux hormones très semblables dérivées de la tyrosine (un acide aminé) : la **tri-iodothyronine (T_3)**, qui contient trois atomes d'iode, et la tétra-iodothyronine, ou **thyroxine (T_4)**, qui en compte quatre (voir la figure 45.5). Chez les Mammifères, les deux hormones ont le même récepteur. La thyroïde sécrète principalement la T_4, mais les cellules cibles convertissent la plus grande partie de cette hormone en T_3 en éliminant un atome d'iode.

Bien que l'iode soit abondant dans les fruits de mer et le sel iodé, le régime alimentaire de certaines personnes vivant dans plusieurs régions du monde ne leur en fournit pas assez. Il leur est donc impossible de synthétiser suffisamment de T_3 et de T_4. Comme elles sont en concentrations sanguines insuffisantes, ces hormones ne peuvent assurer la rétro-inhibition habituelle sur l'hypothalamus et l'adénohypophyse (voir la figure 45.17). Par conséquent, l'hypophyse continue de sécréter la TSH, qui s'accumule excessivement et provoque un gonflement de la thyroïde, caractéristique d'une affection appelée goitre.

Chez les humains et autres Vertébrés, les hormones thyroïdiennes sont nécessaires au bon fonctionnement des cellules responsables de la formation des os ainsi qu'à la ramification des cellules nerveuses au cours du développement embryonnaire de l'encéphale. Chez les humains, l'hypothyroïdie congénitale, une forme d'insuffisance thyroïdienne héréditaire appelée *crétinisme,* se manifeste par un retard de la croissance du squelette et une arriération mentale. Il est possible de prévenir ces anomalies, du moins en partie, par un traitement précoce à l'aide d'hormones thyroïdiennes. La carence en iode durant l'enfance cause les mêmes anomalies, mais on peut l'éviter facilement en ajoutant du sel iodé dans la préparation des repas.

Le fait que l'iode de l'organisme soit responsable de la production des hormones thyroïdiennes permet désormais de diagnostiquer les troubles de la fonction thyroïdienne. En effet, grâce à une technique faisant appel à des isotopes de l'iode, il est possible d'obtenir des images spécifiques de la glande thyroïde (**figure 45.18**).

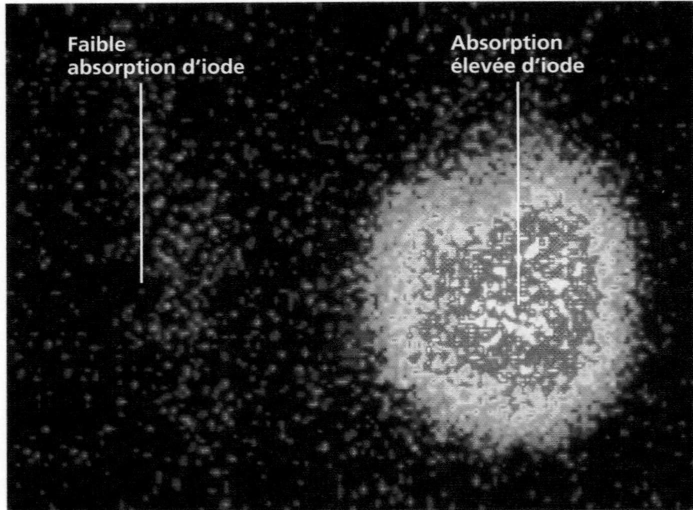

▲ **Figure 45.18 La scintigraphie thyroïdienne.** L'iode radioactif permet aux médecins de visualiser les défauts d'absorption de l'iode qui peuvent se manifester au cours d'un dérèglement thyroïdien.

▲ **Têtard**

▲ **Grenouille adulte**

▲ **Figure 45.19 Fonction spécialisée d'une hormone dans la métamorphose du têtard en grenouille.** Chez les batraciens, l'hormone thyroxine a pour seule fonction de commander la résorption de la queue du têtard lorsque la grenouille prend sa forme adulte.

L'évolution de la fonction hormonale

ÉVOLUTION Au cours de l'évolution, les fonctions exercées par des hormones se sont diversifiées et singularisées au sein de certaines espèces. Par exemple, les hormones thyroïdiennes jouent un rôle dans la régulation du métabolisme de plusieurs lignées évolutives. Chez la grenouille, toutefois, les hormones thyroïdiennes (la thyroxine) ont pour unique fonction de stimuler la résorption de la queue du têtard quand celui-ci se métamorphose en grenouille (**figure 45.19**).

Les fonctions des hormones ont évolué chez beaucoup d'autres espèces de Vertébrés. Par exemple, la prolactine, un produit de l'adénohypophyse, est responsable d'une gamme particulièrement large d'activités. Elle favorise la croissance des glandes mammaires, déclenche et maintient la synthèse du lait durant la période d'allaitement chez les Mammifères. Elle assure également la régulation du métabolisme des graisses et de la reproduction chez les Oiseaux, retarde la métamorphose chez les Amphibiens, et intervient dans l'équilibre hydrique et électrolytique chez les Poissons dulcicoles. Ces rôles très divers donnent à penser que la prolactine est une hormone ancienne dont les fonctions se sont diversifiées au cours de l'évolution, dans les divers groupes de Vertébrés.

L'**hormone mélanotrope** (**MSH**, pour *melanocyte-stimulating hormone*) est un autre exemple d'hormone adénohypophysaire dont les fonctions se sont diversifiées au cours de l'évolution. Chez les Amphibiens, les Poissons et les Reptiles, la MSH régule la coloration de la peau en contrôlant la distribution des pigments dans les cellules cutanées appelées mélanocytes. En revanche, chez les Mammifères, elle joue un rôle dans l'appétit et le métabolisme, mais ne participe à peu près pas à la pigmentation de la peau.

L'évolution de la fonction spécialisée de la MSH dans l'encéphale mammalien pourrait être d'une grande importance dans le domaine médical. Beaucoup de patients atteints du cancer, du sida, de la tuberculose et de certaines affections liées au vieillissement souffrent d'un amaigrissement important appelé émaciation. Caractérisée par une perte de poids extrême, une atrophie musculaire et une perte d'appétit, l'émaciation ne répond guère aux traitements existants. Toutefois, on sait maintenant que l'activation d'un récepteur de la MSH dans l'encéphale stimule le métabolisme des graisses et diminue l'appétit, deux caractéristiques de l'émaciation. Des chercheurs ont donc émis l'hypothèse que cette dernière résulterait de l'activation de ce récepteur de la MSH. Pour vérifier leur hypothèse, ils ont étudié des souris ayant des mutations qui provoquent le développement de tumeurs cancéreuses et, du même coup, l'émaciation. Lorsqu'ils traitaient ces souris avec des médicaments qui inhibent le récepteur de la MSH dans l'encéphale, des tumeurs apparaissent, mais pas l'émaciation! La possibilité d'utiliser ces médicaments pour traiter cet état chez les humains est en cours d'étude.

Les stimulines et les autres hormones hypophysaires

Comme nous l'avons vu, la TSH régule la glande thyroïde. Elle est ainsi un exemple de stimuline. Bien que la MSH et la prolactine ne régulent pas des cellules endocrines ou des glandes endocrines, trois autres stimulines sécrétées par l'adénohypophyse agissent essentiellement ou exclusivement comme des stimulines: l'**hormone folliculostimulante** (**FSH**, pour *follicle-stimulating hormone*), l'**hormone lutéinisante** (**LH**, pour *luteinizing hormone*) et la **corticotrophine** (**ACTH**, pour *adrenocorticotropic hormone*).

La FSH et la LH sont aussi appelées **gonadotrophines** parce qu'elles augmentent l'activité des gonades mâles et femelles, c'est-à-dire des testicules et des ovaires. Toutes deux sont régulées par l'*hormone de libération des gonadotrophines*

(*GnRH*). Au chapitre 46, nous verrons comment les gonadotrophines assurent la régulation des fonctions reproductrices.

L'ACTH stimule la production et la sécrétion d'hormones stéroïdiennes par le cortex surrénal. Nous verrons la voie hormonale de l'ACTH plus loin dans ce chapitre.

L'**hormone de croissance** (**GH**, pour *growth hormone*) régit la croissance par ses actions à la fois comme stimuline et comme hormone à action directe. Sa principale action en tant que stimuline consiste à faire produire par le foie des *facteurs de croissance insulinomimétiques* (ou IGF pour *insulin-like growth factor*) qui circulent dans le sang et activent la croissance osseuse et cartilagineuse. (Ces facteurs semblent aussi jouer un rôle clé dans le vieillissement de plusieurs espèces animales.) En l'absence de GH, la croissance squelettique d'un animal immature cesse. La GH exerce également sur le métabolisme divers effets qui tendent à augmenter la glycémie, s'opposant ainsi aux effets de l'insuline.

Chez l'humain, on associe divers troubles de la croissance à une production anormale d'hormone de croissance. Ils sont déterminés par l'âge auquel le problème apparaît et varient selon qu'ils mettent en jeu une hypersécrétion (sécrétion excessive) ou une hyposécrétion (sécrétion insuffisante). Une hypersécrétion de GH pendant l'enfance peut mener au gigantisme, trouble caractérisé par un accroissement exagéré de la taille (jusqu'à 2,7 m), bien que les proportions du corps demeurent à peu près normales. Un excès de GH à l'âge adulte, maladie qui porte le nom d'*acromégalie*, cause, quant à lui, un accroissement anormal des régions osseuses encore sensibles à l'action de l'hormone, notamment la figure, les mains et les pieds.

L'hyposécrétion de GH pendant l'enfance peut retarder la croissance des os longs et provoquer le nanisme hypophysaire. La taille des sujets atteints de cette affection dépasse rarement 1,2 m, bien que les proportions du corps demeurent à peu près normales. S'il est diagnostiqué avant la puberté, le nanisme hypophysaire peut être traité avec succès par injection d'hormone de croissance humaine. Au milieu des années 1980, les spécialistes du génie génétique ont réussi la synthèse de GH en insérant dans des bactéries un ADN codant pour l'hormone (voir le chapitre 20). On se sert maintenant de cette GH du génie génétique de façon courante pour traiter des enfants atteints de nanisme hypophysaire.

RETOUR SUR LE CONCEPT 45.3

1. Quelles sont les différences de fonctionnement des deux glandes fusionnées de l'hypophyse?
2. Expliquez pourquoi la régulation hypothalamique de l'ocytocine ne requiert pas de facteur de libération.
3. **ET SI?** Proposez une explication au fait que les personnes présentant des troubles des voies endocrines ont habituellement des anomalies dans la glande se trouvant à la fin de ces voies plutôt que dans l'hypothalamus ou l'hypophyse.

Voir les réponses proposées à la fin du chapitre.

CONCEPT 45.4

Les glandes endocrines réagissent à divers stimulus dans la régulation de l'homéostasie, du développement et du comportement

Maintenant que nous avons vu comment les glandes endocrines de l'encéphale activent des voies hormonales en cascade, revenons à la question plus large que nous posions au début: comment la communication endocrine régule-t-elle la physiologie des Animaux? Nous nous concentrerons sur l'homéostasie, le développement et le comportement, et nous laisserons de côté le sujet de la reproduction, dont nous parlerons en détail dans des chapitres ultérieurs. Dans la section qui vient, nous présenterons d'autres exemples de régulation hormonale par des stimulus métaboliques, par des influx nerveux et par des hormones adénohypophysaires. Pour commencer, examinons un autre exemple de voie hormonale simple: la régulation de la concentration d'ions calcium (calcémie) dans le système circulatoire.

La parathormone et la vitamine D: la régulation de la calcémie

La régulation homéostatique rigoureuse de la calcémie est vitale, car la disponibilité d'ions calcium (Ca^{2+}) en circulation est essentielle au fonctionnement normal de toutes les cellules. Une forte baisse de la calcémie provoque des contractions convulsives des muscles squelettiques. Non traitée, cette maladie appelée *tétanie* est mortelle. À l'inverse, une augmentation marquée de la calcémie peut entraîner la formation de dépôts de phosphate de calcium dans les tissus corporels, ce qui peut causer des dommages étendus aux organes. Chez les Mammifères, quatre petites structures appelées **glandes parathyroïdes** sont enchâssées dans la face postérieure de la thyroïde (voir la figure 45.4) et jouent un rôle primordial dans le maintien de la concentration sanguine de Ca^{2+}. Lorsque la calcémie tombe sous sa valeur de référence d'environ 2,4 à 2,6 mmol/L, les glandes parathyroïdes sécrètent la **parathormone** (**PTH**, pour *parathyroid hormone*).

La PTH élève la concentration de Ca^{2+} sanguin en agissant directement ou indirectement (**figure 45.20**). Dans le tissu osseux, elle provoque la décomposition de la matrice minéralisée renfermant du phosphate de calcium et la libération de Ca^{2+} dans le sang. Dans les reins, elle stimule directement la réabsorption de Ca^{2+} par les tubules rénaux. Elle exerce également une action indirecte sur les reins en favorisant la conversion de la vitamine D en sa forme active (D_3 ou cholécalciférol). La forme inactive de la **vitamine D**, une molécule dérivée d'un stéroïde, est obtenue dans l'alimentation ou est synthétisée dans la peau exposée au soleil. Son activation commence dans le foie et est complétée dans les reins, un processus accéléré par la PTH. La forme active de la vitamine D agit directement sur les intestins, où elle stimule l'absorption du Ca^{2+} présent dans les aliments et par conséquent augmente l'effet de la PTH. Une boucle de rétro-inhibition fait cesser la libération de PTH par les glandes parathyroïdes (non montrée à la figure 45.20).

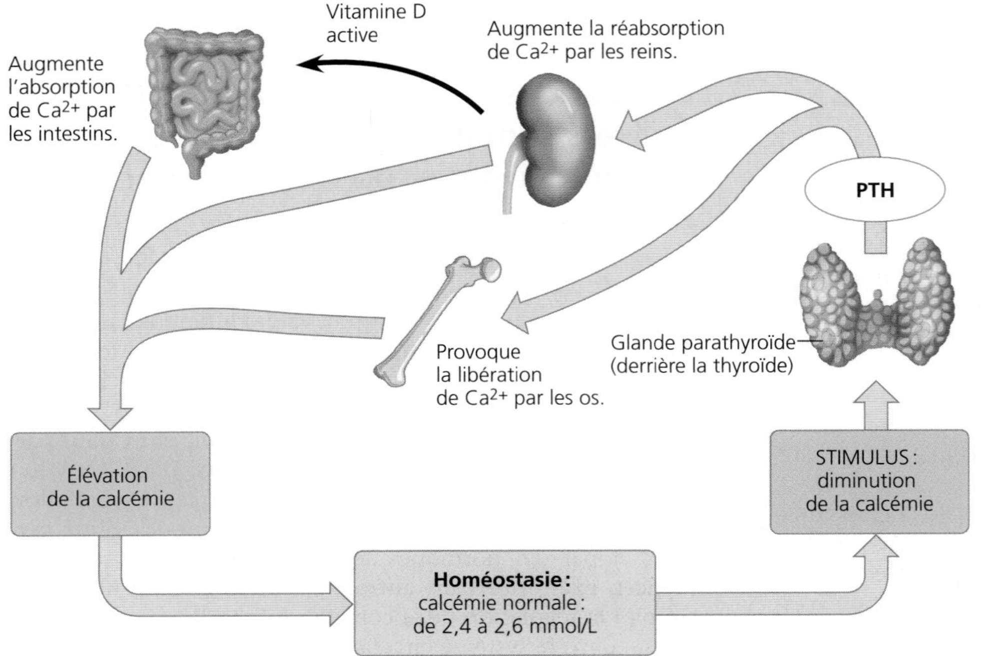

▲ **Figure 45.20 Le rôle de la parathormone (PTH) dans la régulation hormonale de la calcémie chez les Mammifères.**

La glande thyroïde participe elle aussi à l'homéostasie du calcium: si la calcémie dépasse la valeur de référence, elle libérera de la **calcitonine**, une hormone qui inhibe la résorption osseuse et stimule l'excrétion de Ca^{2+} par les reins. Chez les Poissons et les rongeurs ainsi que chez certains autres Animaux, la calcitonine participe à l'homéostasie du Ca^{2+}. Chez les humains, toutefois, elle ne semble nécessaire que dans l'enfance, durant les périodes intensives de croissance osseuse.

Les hormones surrénales: la réponse au stress

Les **glandes surrénales** des Vertébrés coiffent les reins. Chez les Mammifères, chaque glande surrénale est en fait constituée de deux glandes qui se distinguent par leurs types de cellules, leurs fonctions et leur origine embryonnaire. Elles se composent en effet du *cortex surrénal*, ou portion externe, et de la *médulla surrénale*, ou portion interne. Le cortex surrénal est constitué de cellules endocrines véritables, alors que les cellules sécrétrices de la médulla surrénale viennent de la crête neurale, une structure nerveuse embryonnaire. À l'instar de l'hypophyse, chaque glande surrénale se compose d'une glande endocrine et d'une glande neuroendocrine. Chez les autres Vertébrés, les mêmes tissus sont disposés de façon différente.

Les catécholamines de la médulla surrénale

Supposez que vous marchez en forêt une fois la nuit tombée et que vous entendez un grognement. Vous vous demandez si un ours approche. Votre fréquence cardiaque augmente, votre respiration s'accélère, vos muscles se tendent, vos pensées se bousculent. Ces réactions presque instantanées à la perception d'un danger font partie de la réaction «de lutte ou de fuite», ou stress aigu. Il s'agit de changements physiologiques coordonnés qui sont déclenchés par l'**adrénaline** et la **noradrénaline**, deux hormones produites par la médulla surrénale. Celles-ci font partie de la classe de composés qu'on appelle les **catécholamines** et sont synthétisées à partir d'un acide aminé, la tyrosine.

La sécrétion d'adrénaline et de noradrénaline par la médulla surrénale a lieu sous l'effet de facteurs de stress tant positifs que négatifs (pouvant aller d'un plaisir extrême à la perception d'un danger mortel). Une des principales fonctions de ces hormones est d'accélérer la dégradation du glycogène dans le foie et les muscles squelettiques, de provoquer la libération de glucose par les hépatocytes et de stimuler la libération d'acides gras par les adipocytes. Ce glucose et ces acides gras circulent dans le sang et les cellules de l'organisme peuvent les utiliser comme source d'énergie.

Outre qu'elles augmentent la disponibilité des sources d'énergie, l'adrénaline et la noradrénaline ont des effets importants sur les systèmes cardiovasculaire et respiratoire. Par exemple, elles font augmenter à la fois la fréquence cardiaque et le débit systolique, et elles dilatent les bronchioles des poumons, actions qui accélèrent le transport du O_2 jusqu'aux cellules de l'organisme. C'est pourquoi les médecins prescrivent parfois de l'adrénaline comme stimulant cardiaque et comme bronchodilatateur en cas de crise d'asthme. Les catécholamines provoquent aussi la contraction des muscles lisses de certains vaisseaux sanguins et le relâchement de certains autres (voir la figure 45.9). Ce mécanisme vise à diminuer l'apport de sang à la peau, aux intestins et aux reins, et à augmenter le débit vers le cœur, l'encéphale et les muscles squelettiques. L'adrénaline agit surtout sur la fréquence cardiaque et le métabolisme, alors que le rôle principal de la noradrénaline consiste à garder la pression artérielle constante.

La sécrétion d'hormones par la médulla surrénale est stimulée par des influx nerveux provenant de l'encéphale par l'intermédiaire de la partie sympathique du système nerveux autonome. Sous l'effet d'un stimulus de stress, l'hypothalamus produit des impulsions nerveuses qui se rendent à la médulla surrénale, où elles déclenchent la libération de catécholamines par les cellules neurosécrétoires (**figure 45.21a**). L'action de l'adrénaline et de la noradrénaline sur les tissus constitue un exemple de voie neurohormonale simple. Comme nous le verrons au chapitre 48, ces hormones peuvent également agir comme des neurotransmetteurs.

Les hormones stéroïdes du cortex surrénal

Les hormones du cortex surrénal jouent également un rôle dans la réponse de l'organisme au stress. Mais, contrairement à la médulla surrénale, qui réagit à des influx nerveux, le cortex surrénal répond à des signaux hormonaux. Sous l'effet d'un stimulus de stress, l'hypothalamus produit une libérine

▼ **Figure 45.21** Stress et glandes surrénales.

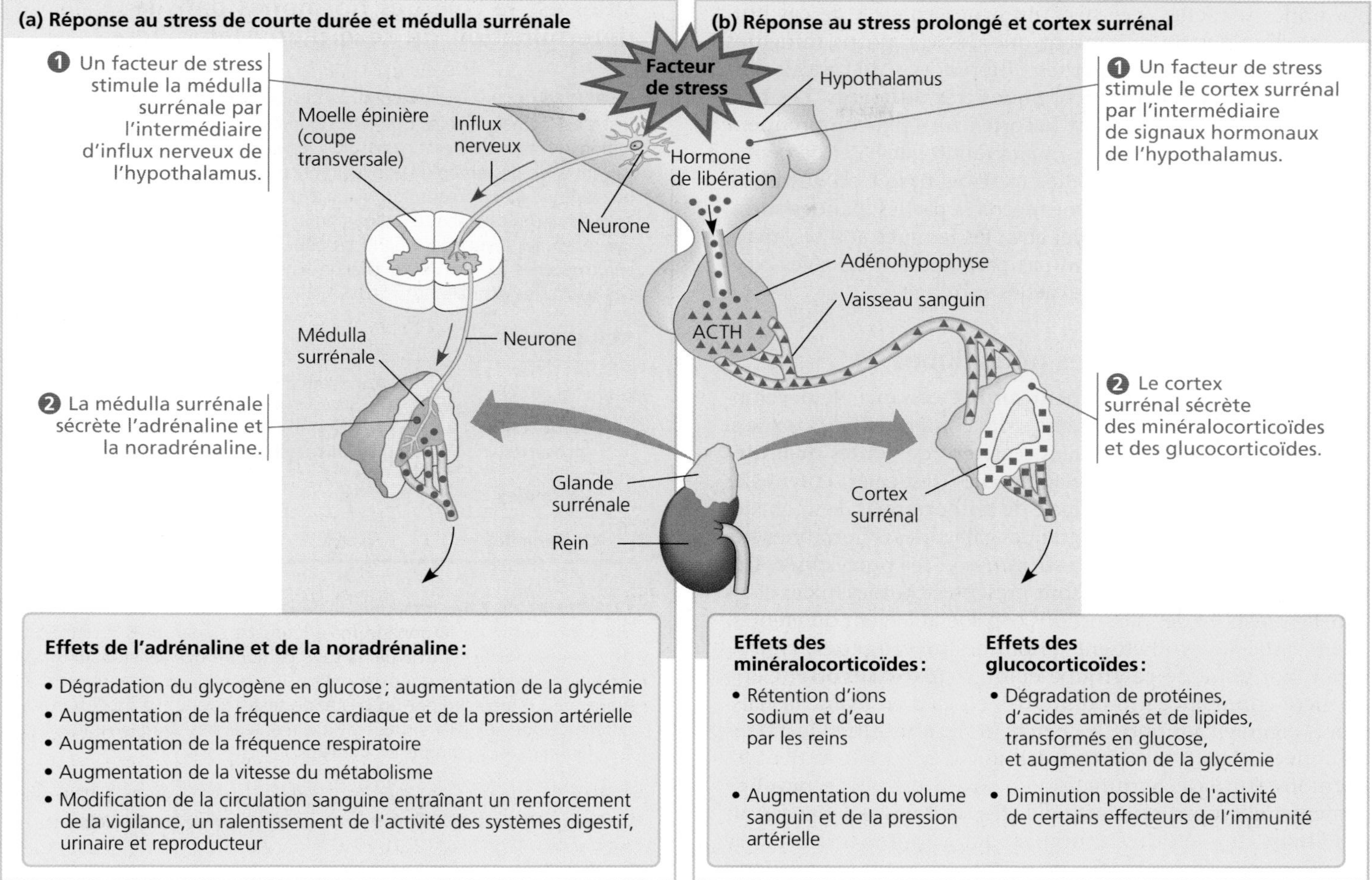

(a) Réponse au stress de courte durée et médulla surrénale
1 Un facteur de stress stimule la médulla surrénale par l'intermédiaire d'influx nerveux de l'hypothalamus.
Facteur de stress
Moelle épinière (coupe transversale)
Influx nerveux
Neurone
Médulla surrénale
Neurone
2 La médulla surrénale sécrète l'adrénaline et la noradrénaline.
Glande surrénale
Rein
(b) Réponse au stress prolongé et cortex surrénal
Hypothalamus
1 Un facteur de stress stimule le cortex surrénal par l'intermédiaire de signaux hormonaux de l'hypothalamus.
Hormone de libération
Adénohypophyse
Vaisseau sanguin
ACTH
2 Le cortex surrénal sécrète des minéralocorticoïdes et des glucocorticoïdes.
Cortex surrénal
Effets de l'adrénaline et de la noradrénaline:
• Dégradation du glycogène en glucose; augmentation de la glycémie
• Augmentation de la fréquence cardiaque et de la pression artérielle
• Augmentation de la fréquence respiratoire
• Augmentation de la vitesse du métabolisme
• Modification de la circulation sanguine entraînant un renforcement de la vigilance, un ralentissement de l'activité des systèmes digestif, urinaire et reproducteur
Effets des minéralocorticoïdes:
• Rétention d'ions sodium et d'eau par les reins
• Augmentation du volume sanguin et de la pression artérielle
Effets des glucocorticoïdes:
• Dégradation de protéines, d'acides aminés et de lipides, transformés en glucose, et augmentation de la glycémie
• Diminution possible de l'activité de certains effecteurs de l'immunité

qui provoque la libération d'ACTH (stimuline) par l'adénohypophyse. Lorsqu'elle atteint le cortex surrénal en passant par la circulation sanguine, l'ACTH agit sur les cellules endocrines qui synthétisent et sécrètent une famille d'hormones stéroïdes appelées **corticostéroïdes** (**figure 45.21b**). Chez l'humain, les deux principaux types de corticostéroïdes sont les glucocorticoïdes et les minéralocorticoïdes.

Comme leur nom l'indique, les **glucocorticoïdes** agissent principalement sur le métabolisme du glucose. En intensifiant les effets du glucagon pancréatique, qui mobilise les sources d'énergie, les glucocorticoïdes favorisent la synthèse du glucose à partir de sources qui ne sont pas des glucides, comme les protéines, et augmentent la glycémie. Les glucocorticoïdes, comme le cortisol (voir la figure 45.5), agissent sur les muscles squelettiques, dans lesquels ils provoquent la dégradation des protéines. Les acides aminés issus de cette dégradation sont transportés jusqu'au foie et aux reins, où ils sont convertis en glucose et libérés dans le sang. La synthèse du glucose à partir des protéines musculaires apporte une quantité supplémentaire d'énergie quand l'activité en nécessite plus que ce que la réserve de glycogène du foie peut fournir.

Quand les glucocorticoïdes sont présents en concentrations trop élevées dans le corps, ils exercent un effet suppresseur sur certaines composantes du système immunitaire. En raison de cet effet anti-inflammatoire, les glucocorticoïdes sont parfois utilisés pour traiter des maladies inflammatoires telles que l'arthrite. Cependant, l'usage prolongé de ces substances peut présenter des effets secondaires indésirables à cause de leurs actions métaboliques; de plus, ces médicaments peuvent entraîner une sensibilité accrue aux infections en raison de leurs actions immunosuppressives. C'est pourquoi on préfère traiter les maladies inflammatoires chroniques à l'aide d'anti-inflammatoires non stéroïdiens (AINS).

Les minéralocorticoïdes, nommés ainsi en raison de leur action sur le métabolisme des minéraux, agissent surtout sur l'équilibre électrolytique et hydrique et jouent donc, comme la parathormone, un rôle vital dans l'organisme. Ainsi, dans le rein, l'*aldostérone* participe à l'homéostasie des ions et de l'eau dans le sang. Une baisse de la pression artérielle ou du volume sanguin provoque la production d'angiotensine II, laquelle stimule la sécrétion d'aldostérone (voir la figure 44.22, p. 1126). À son tour, cette dernière stimule les cellules des reins, qui réabsorbent alors des ions sodium et de l'eau du filtrat de façon à accroître le volume sanguin et la pression artérielle. L'aldostérone contribue aussi à la réaction du corps au stress chronique: lorsqu'une personne est exposée à ce type de stress, l'augmentation de la concentration d'ACTH dans le sang accélère la sécrétion d'aldostérone, de même que des glucocorticoïdes, par le cortex surrénal.

Les corticostéroïdes produits par le cortex surrénal incluent de petites quantités d'hormones stéroïdes qui agissent comme hormones sexuelles. Les structures moléculaires de ces hormones stéroïdes ne présentent que des variations mineures (voir la p. 69), mais ces petites différences structurales sont associées à des effets physiologiques très différents. Les hormones sexuelles que produit le cortex surrénal comprennent principalement les hormones mâles (androgènes) et de petites quantités d'hormones femelles (œstrogènes et progestines). On observe que les androgènes sécrétés par les glandes surrénales stimulent le désir sexuel chez les femmes adultes, mais, par ailleurs, on ne comprend pas parfaitement les rôles physiologiques des hormones sexuelles surrénales.

Les hormones sexuelles gonadiques

Les hormones sexuelles influent sur la croissance, le développement, les cycles reproducteurs et les comportements sexuels. Bien que les glandes surrénales sécrètent de petites quantités d'hormones sexuelles, les gonades mâles (testicules) et femelles (ovaires) sont la source principale de ces hormones. Les gonades produisent et sécrètent trois grandes catégories d'hormones stéroïdes: les androgènes, les œstrogènes et les progestines. Ces trois catégories d'hormones sont présentes chez les mâles et les femelles, mais en des proportions considérablement différentes.

Les testicules synthétisent surtout des **androgènes**, la principale hormone de ce groupe étant la **testostérone**. Cette dernière commence à produire des effets bien avant la naissance, comme l'a montré le chercheur français Alfred Jost dans les années 1940. Jost se demandait quelle influence avaient les hormones sur la détermination du sexe au cours du développement embryonnaire. Alors qu'il effectuait des expériences sur des lapins, une étude chirurgicale lui a fourni une réponse simple mais étonnante (**figure 45.22**): chez les Mammifères (mais pas chez tous les Animaux), le développement de l'individu femelle est le processus embryonnaire par défaut.

▼ **Figure 45.22** **INVESTIGATION**

Quel est le rôle des hormones dans la détermination du sexe d'un Mammifère?

EXPÉRIENCE Dans son laboratoire du Collège de France à Paris, Alfred Jost s'est demandé si les hormones gonadiques présidaient à la détermination du sexe de l'embryon selon les chromosomes présents. En travaillant avec des embryons de lapin encore dans l'utérus de leur mère, à un stade où la différenciation sexuelle n'est pas encore observable, Jost a enlevé chirurgicalement à chaque embryon la portion qui deviendrait les ovaires ou les testicules. Quand les bébés lapins sont nés, Jost a noté les chromosomes présents chez chacun ainsi que la différenciation sexuelle des structures génitales.

RÉSULTATS

Chromosomes présents	Apparence des organes génitaux	
	Aucune chirurgie	Ablation des gonades embryonnaires
XY (mâle)	Mâle	Femelle
XX (femelle)	Femelle	Femelle

CONCLUSION Chez les lapins, le développement du mâle requiert un signal hormonal de la gonade mâle. Sans ce signal, tous les embryons deviennent femelles. Jost a par la suite démontré que les embryons développaient des organes génitaux mâles si la gonade enlevée chirurgicalement était remplacée par un cristal de testostérone. Le processus de la différenciation sexuelle se déroule de manière très semblable chez tous les Mammifères, y compris les humains.

SOURCE A. Jost, Recherches sur la différenciation sexuelle de l'embryon de lapin, *Archives d'anatomie microscopique et de morphologie expérimentale* 36: 271-316 (1947).

ET SI? Quel résultat Jost aurait-il obtenu si le développement de la femelle avait lui aussi nécessité un signal hormonal de la gonade?

Les androgènes jouent un rôle majeur à la puberté: ils provoquent l'apparition des caractères sexuels secondaires. Chez les garçons, des concentrations élevées stimulent la pilosité et la mue de la voix; elles causent également un gain de masse musculaire et la croissance osseuse. L'action de la testostérone et d'autres stéroïdes anabolisants sur le développement des muscles a motivé certains athlètes à en prendre comme suppléments malgré leur interdiction dans presque tous les sports. Les stéroïdes anabolisants sont efficaces pour augmenter la masse musculaire, mais ils peuvent causer des poussées d'acné graves et des dommages au foie ainsi qu'une diminution du nombre de spermatozoïdes et du volume des testicules.

Les **œstrogènes**, dont le plus important est l'**œstradiol**, sont responsables du fonctionnement du système reproducteur femelle et de l'apparition des caractères sexuels secondaires féminins. Chez les Mammifères, les fonctions des **progestines**, dont fait partie la **progestérone**, ont surtout trait à la mise en place de la phase sécrétoire du cycle utérin ainsi qu'à la préparation et au maintien des tissus de l'utérus, qui assurent la croissance et le développement de l'embryon.

Les œstrogènes et les androgènes font partie des voies hormonales en cascade. Leur synthèse est régulée par les gonadotrophines (FSH et LH) de l'adénohypophyse (voir la figure 45.16). La sécrétion de FSH et de LH est elle-même régie par la gonadolibérine (GnRH, pour *gonadotropin-releasing hormone*). Au chapitre 46, nous décrirons en détail la rétroaction complexe qui détermine la sécrétion des stéroïdes par les gonades.

Les modulateurs endocriniens

Entre 1938 et 1971, on a prescrit un œstrogène synthétique appelé diéthylstilbestrol (DES) à certaines femmes présentant une grossesse à risque, car on pensait alors que ce médicament prévenait les fausses-couches (avortements spontanés) et les accouchements prématurés. Malheureusement, on a découvert en 1971 que l'exposition au DES pouvait altérer le développement du système génital du fœtus. Chez les filles des femmes qui ont reçu du DES, certaines affections génitales sont beaucoup plus fréquentes, notamment une forme de cancer du vagin et du col utérin. On constate également que ces jeunes femmes présentent plus souvent certaines malformations génitales et courent plus de risques de faire des fausses-couches. On craint même que les petites-filles des femmes exposées au DES connaissent aussi des troubles de reproduction à cause de mécanismes propres à l'hérédité épigénétique (voir le chapitre 18). On sait maintenant que le DES est un *modulateur endocrinien*, c'est-à-dire une molécule qui perturbe le fonctionnement normal d'une voie hormonale. En se fixant au récepteur protéique de l'hormone, cette molécule peut soit imiter l'effet de l'hormone, soit bloquer l'accès de celle-ci à son récepteur.

Au cours des dernières années, on a émis l'hypothèse que certaines molécules de l'environnement se comporteraient comme des modulateurs endocriniens. Des molécules similaires aux œstrogènes, dont celles que contient la fève de soja et d'autres produits alimentaires végétaux, semblent réduire le risque du cancer du sein. Par contre, d'autres substances interféreraient avec la fonction reproductrice et le développement. C'est le cas notamment du bisphénol A, une substance chimique utilisée dans la fabrication de certains plastiques (et présents notamment dans les biberons et les jouets pour bébés de même qu'à la face interne des parois de boîtes de conserve métalliques). Des travaux effectués chez le rat ont en effet montré une réduction de la fertilité, ainsi qu'une modification de l'âge de la puberté chez les femelles. La preuve qu'il en est de même chez l'humain reste à faire. Les chercheurs ont du mal à élucider les effets des modulateurs endocriniens, notamment parce que les enzymes du foie altèrent les propriétés de ces molécules qui pénètrent dans l'organisme par les voies digestives. En outre, un polluant susceptible de se comporter comme modulateur endocrinien est rarement isolé dans l'environnement; or, les effets combinés de plusieurs modulateurs sont imprévisibles. Quoi qu'il en soit, au Canada, l'emploi de bisphénol A dans les biberons et les gobelets pour enfants est interdit depuis 2008.

La mélatonine et les biorythmes

Nous terminons notre étude du système endocrinien des Vertébrés par le **corps pinéal** (ainsi nommé en raison de sa ressemblance avec un petit cône de pin), une petite masse de tissu située près du centre de l'encéphale (voir la figure 45.14). Le corps pinéal synthétise et sécrète l'hormone nommée **mélatonine**, qui est un acide aminé (tryptophane) modifié.

La mélatonine régule les fonctions associées à la luminosité et à la durée de l'éclairement diurne selon les saisons. Bien que, chez de nombreux Vertébrés, elle agisse sur la pigmentation de la peau, ses principales fonctions sont liées aux rythmes circadiens qui interviennent dans la reproduction et le niveau d'activité diurne. Comme la sécrétion de mélatonine se fait la nuit, la quantité produite dépend de la durée de l'obscurité. Ainsi, en hiver, la longueur des nuits en favorise la production. Il semblerait également que l'augmentation nocturne des taux de mélatonine contribue grandement à favoriser le sommeil. En 2011, des chercheurs de l'Université McGill à Montréal ont découvert les rôles opposés que jouent deux principaux récepteurs de la mélatonine dans la régulation du sommeil. Cette découverte permettra peut-être de mettre au point des médicaments contre l'insomnie plus efficaces que les médicaments actuels, en favorisant sélectivement le sommeil profond.

La libération de mélatonine par le corps pinéal est régie par un groupe de neurones hypothalamiques appelé noyau suprachiasmatique (SCN). Ce noyau fonctionne comme une horloge biologique et reçoit des influx de certains neurones photosensibles de la rétine de l'œil. Même si le noyau suprachiasmatique régule la production de mélatonine durant le cycle jour/nuit de 24 heures, cette dernière influe elle aussi sur l'activité de ce noyau. Nous verrons plus en détail les rythmes biologiques au chapitre 49, où nous analyserons des expériences sur la fonction de ce noyau.

Dans le prochain chapitre, nous nous pencherons sur la reproduction chez les Vertébrés et les Invertébrés. Nous aurons alors l'occasion de constater que le système endocrinien est vital non seulement pour la survie de l'individu, mais aussi pour la propagation des espèces.

RETOUR SUR LE CONCEPT 45.4

1. En quoi le rôle de neurotransmetteurs des deux hormones de la médulla surrénale rend-il compte de l'origine développementale de la glande surrénale?
2. Si les récepteurs des corticostéroïdes dans l'hypothalamus étaient moins nombreux, quel effet cela aurait-il sur les concentrations sanguines de corticostéroïdes?
3. ET SI? Si vous recevez une injection de cortisone (un glucocorticoïde) dans une articulation enflammée, de quelles propriétés glucocorticoïdiennes bénéficierez-vous? Si un comprimé de glucocorticoïde était également efficace pour traiter l'inflammation, pourquoi demeurerait-il préférable d'utiliser ce médicament localement?

Voir les réponses proposées à la fin du chapitre.

RÉVISION DU CHAPITRE 45

RÉSUMÉ DES CONCEPTS CLÉS

CONCEPT 45.1

Les hormones et d'autres molécules de signalisation se fixent aux récepteurs des cellules cibles pour activer des voies de communication spécifiques (p. 1132 à 1138)

- Les formes de communication entre les cellules d'un animal diffèrent selon la cellule sécrétrice et selon la voie empruntée pour diriger le signal vers sa cible. La communication **endocrine** s'effectue par des **hormones** qui sont sécrétées dans les liquides extracellulaires par des cellules endocrines ou des glandes endocrines. Les hormones se rendent aux cellules cibles par le sang et les autres liquides circulatoires. La communication **paracrine** se réalise par des régulateurs locaux agissant sur les cellules voisines, tandis que le régulateur dans la communication **autocrine** agit sur la cellule sécrétrice elle-même. Les **neurotransmetteurs** agissent aussi localement, mais les **neurohormones** peuvent intervenir dans tout l'organisme. Les **phéromones** sont libérées dans l'environnement pour permettre la communication entre individus (animaux) de même espèce.

- Chez les Insectes, la mue et le développement sont régulés par trois hormones principales : l'hormone prothoracotrope, une neurohormone stimuline ; l'**ecdysone**, dont la libération est déclenchée par l'hormone prothoracotrope ; et l'hormone juvénile. La coordination des signaux du système nerveux et du système endocrinien ainsi que la modulation de l'activité d'une hormone par une autre hormone provoquent une série de stades de développement qui aboutissent à la forme adulte.
- Les hormones hydrosolubles et les hormones liposolubles provoquent des réponses cellulaires différentes. Les hormones peptidiques ou protéiques et la plupart de celles qui sont dérivées d'acides aminés sont hydrosolubles et se fixent à des récepteurs enchâssés dans la membrane plasmique. La fixation de ces hormones déclenche une **voie de transduction du signal** qui provoque des réponses spécifiques dans le cytoplasme ou qui modifient l'expression génique. Par contre, les hormones stéroïdes et thyroïdiennes, qui sont liposolubles, pénètrent aisément dans les cellules cibles. Elles se fixent à des récepteurs protéiques spécifiques dans le cytoplasme ou dans le noyau. Les complexes hormone-récepteur agissent ensuite comme des facteurs de transcription dans le noyau en régulant la transcription de certains gènes. La même hormone peut exercer différents effets sur les cellules cibles qui possèdent des récepteurs différents pour cette hormone, différentes voies de transduction du signal ou différentes protéines effectrices.
- Les **régulateurs locaux** sont responsables de la communication paracrine et autocrine. Ils comprennent les cytokines et les **facteurs de croissance** (protéiques ou peptidiques), le **monoxyde d'azote** (gaz) et les **prostaglandines** (acides gras modifiés).

? *Qu'arriverait-il si vous injectiez une hormone hydrosoluble directement dans le cytosol d'une cellule cible ?*

CONCEPT 45.2

La régulation des systèmes endocriniens fait surtout intervenir la rétroaction et des paires d'hormones antagonistes (p. 1138 à 1141)

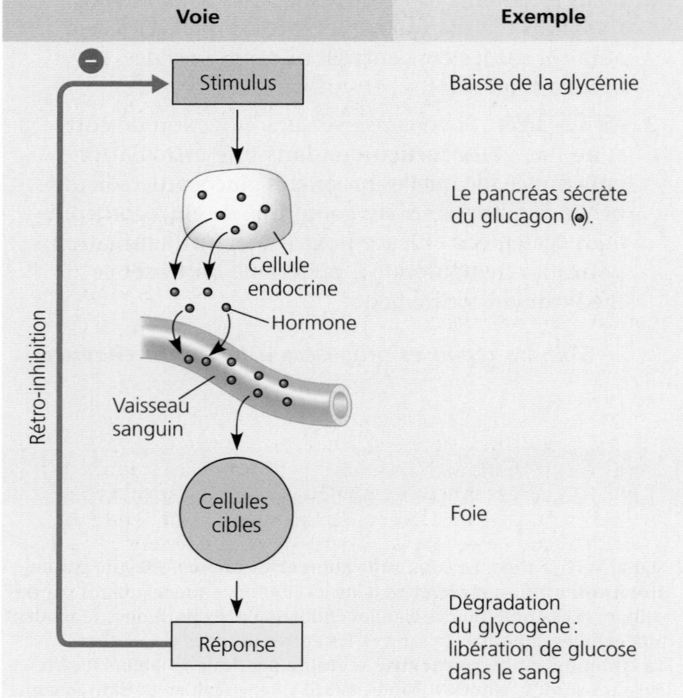

- Les voies hormonales peuvent être régulées par **rétro-inhibition**, un mécanisme dans lequel la réponse de la cellule cible réduit le stimulus initial, ou par **rétroactivation**, qui amplifie le stimulus et provoque une réponse encore plus intense. Les voies régulées par rétro-inhibition sont parfois appariées à une voie antagoniste, comme dans le maintien de l'homéostasie du glucose par le **glucagon** (produit par les cellules alpha du **pancréas**) et l'**insuline** (produite par les cellules bêta du pancréas). L'insuline réduit la glycémie en stimulant l'absorption du glucose par les cellules, la formation du glycogène dans le foie, la synthèse des protéines et l'entreposage des graisses. Le **diabète**, caractérisé par une glycémie élevée, peut être causé par une production inadéquate d'insuline (type 1) ou une perte de sensibilité des cellules cibles à celle-ci (type 2).

? *L'administration d'un médicament qui bloque l'action du glucagon atténuera-t-il les symptômes du diabète ou les aggravera-t-il ? Expliquez votre réponse.*

CONCEPT 45.3

La régulation endocrinienne repose en grande partie sur l'hypothalamus et l'hypophyse (p. 1141 à 1147)

- L'**hypothalamus**, une région située à la base de l'encéphale, contient différents ensembles de cellules neurosécrétoires. Certaines de ces cellules produisent des hormones à action directe qui sont emmagasinées dans la **neurohypophyse**, d'où elles sont libérées. D'autres cellules hypothalamiques produisent des hormones que les vaisseaux portes acheminent jusqu'à l'**adénohypophyse**, où elles stimulent ou inhibent la libération de certaines hormones.
- Les deux hormones libérées par la neurohypophyse agissent directement sur les tissus non endocriniens. L'**ocytocine** déclenche la contraction des muscles utérins et provoque l'éjection du lait, et l'**hormone antidiurétique** (ADH) commande l'augmentation de la rétention d'eau par les reins.
- Souvent, les hormones de l'adénohypophyse agissent en cascade. Par exemple, la thyréotrophine (TSH) est régulée par la libération de la thyréolibérine (TRH). La TSH stimule la **glande thyroïde**, qui sécrète alors les **hormones thyroïdiennes**, une combinaison d'hormones iodées appelées $\mathbf{T_3}$ et $\mathbf{T_4}$. Les hormones thyroïdiennes augmentent la vitesse du métabolisme et agissent sur le développement et la maturation.
- Les hormones ont parfois acquis des rôles différents d'une espèce à l'autre au cours de l'évolution. La **prolactine** déclenche la lactation chez les Mammifères, mais elle provoque bien d'autres effets chez les diverses espèces de Vertébrés. L'**hormone mélanotrope** (MSH) influence la pigmentation de la peau chez certains Vertébrés et le métabolisme des graisses chez les Mammifères.
- Bien que la prolactine et la MSH agissent sur des cibles non endocrines, la plupart des hormones de l'adénohypophyse sont des stimulines et agissent sur des tissus endocriniens ou des glandes endocrines pour réguler la sécrétion des hormones. Les **stimulines** de l'adénohypophyse sont la **thyréostimuline** (TSH), l'**hormone folliculostimulante** (FSH), l'**hormone lutéinisante** (LH) et la **corticotrophine** (ACTH). L'**hormone de croissance** (GH) est à la fois une stimuline et une hormone à action directe. Elle intervient directement dans la croissance, elle exerce divers effets sur le métabolisme et elle favorise également la production de facteurs de croissance par d'autres tissus.

? *Quels organes endocriniens importants sont régulés sans l'intervention de l'hypothalamus et de l'hypophyse ? Expliquez votre réponse.*

CONCEPT 45.4

Les glandes endocrines réagissent à divers stimulus dans la régulation de l'homéostasie, du développement et du comportement (p. 1147 à 1151)

- La **parathormone** (PTH), sécrétée par les **glandes parathyroïdes**, favorise la libération de Ca^{2+} des os vers le sang et stimule la réabsorption du Ca^{2+} par les reins, ce qui élève la calcémie. La PTH intervient aussi indirectement en stimulant dans les reins la conversion de la vitamine D en sa forme active. La forme active de la vitamine D agit sur les intestins, où elle renforce l'absorption du Ca^{2+} contenu dans les aliments. La **calcitonine**, sécrétée par la thyroïde, a les effets opposés de la PTH sur les os et les reins. Elle joue un rôle essentiel dans l'homéostasie du calcium (Ca^{2+}) de certains Vertébrés adultes, mais pas chez les humains.

- Sous l'effet du stress, des cellules neurosécrétoires dans la médulla surrénale libèrent l'**adrénaline** et la **noradrénaline**, deux hormones assurant les différentes réactions permettant la lutte ou la fuite. Le cortex surrénal sécrète des glucocorticoïdes, comme le cortisol, qui agissent sur le métabolisme du glucose et le système immunitaire, ainsi que des **minéralocorticoïdes**, surtout l'aldostérone, qui agissent sur l'équilibre électrolytique et hydrique.
- Le cortex surrénal produit également de petites quantités d'hormones sexuelles, mais ce sont les gonades (testicules et ovaires) qui produisent la majeure partie des hormones sexuelles de l'organisme : les **androgènes**, les **œstrogènes** et les **progestines**. Les mâles et les femelles produisent les trois types d'hormones, mais dans des proportions différentes.
- Le **corps pinéal**, situé dans l'encéphale, sécrète la **mélatonine**. Il semble que la principale fonction de cette hormone soit liée aux rythmes biologiques associés à la reproduction et au sommeil. La libération de mélatonine est régulée par le noyau suprachiasmatique, une région de l'encéphale qui agit comme une horloge biologique.

? *L'ADH et l'adrénaline agissent comme des hormones lorsqu'elles sont libérées dans la circulation sanguine, mais comme des neurotransmetteurs lorsqu'elles sont libérées dans les synapses entre les neurones. Quel est le point commun entre les glandes endocrines qui produisent ces deux molécules ?*

ÉVALUATION

NIVEAU 1 : CONNAISSANCES ET COMPRÉHENSION

1. Parmi les affirmations suivantes sur les hormones, laquelle est *fausse* ?
a) Les hormones sont des médiateurs chimiques qui atteignent leurs cellules cibles en passant par le système cardiovasculaire.
b) Les hormones assurent souvent l'homéostasie par leurs fonctions antagonistes.
c) Les hormones de la même classe chimique exercent habituellement des fonctions similaires.
d) Les hormones sont sécrétées par des cellules spécialisées habituellement situées dans des glandes endocrines.
e) Les hormones sont souvent régulées par des mécanismes de rétroaction.

2. Parmi les propositions suivantes, laquelle donne un exemple d'hormones antagonistes régulant l'homéostasie ?
a) La thyroxine et la parathormone dans l'équilibre calcique.
b) L'insuline et le glucagon dans le métabolisme du glucose.
c) Les progestines et les œstrogènes dans la différenciation sexuelle.
d) L'adrénaline et la noradrénaline dans la réaction de lutte ou de fuite.
e) L'ocytocine et la prolactine dans la production du lait.

3. Les facteurs de croissance sont des régulateurs locaux qui :
a) sont produits par l'adénohypophyse.
b) sont des acides gras modifiés qui provoquent la croissance des os et des cartilages.
c) se trouvent à la surface des cellules cancéreuses et provoquent une division cellulaire anormale.
d) sont des protéines qui se lient aux récepteurs de la membrane plasmique et provoquent la croissance et le développement des cellules cibles.
e) acheminent les messages entre les neurones.

4. Parmi les hormones suivantes, laquelle *n'est pas* associée à son action ?
a) Ocytocine : déclenche les contractions utérines pendant l'accouchement.
b) Thyroxine : régit les processus métaboliques.
c) Insuline : provoque la dégradation du glycogène dans le foie.
d) ACTH : provoque la libération des glucocorticoïdes par le cortex surrénal.
e) Mélatonine : influe sur les cycles biologiques et la reproduction saisonnière.

NIVEAU 2 : APPLICATION ET ANALYSE

5. Quelle caractéristique les hormones stéroïdes et peptidiques partagent-elles habituellement ?
a) Elles proviennent des mêmes composantes de base.
b) Elles sont solubles dans les membranes cellulaires.
c) Elles se déplacent dans la circulation sanguine.
d) Leurs récepteurs sont situés au même endroit.
e) Elles dépendent de la transduction du signal dans la cellule.

6. Parmi les propositions suivantes, laquelle rend le mieux compte d'une hypothyroïdie chez un patient dont la concentration d'iode dans le sang est normale ?
a) Une production disproportionnée de T_3 et de T_4.
b) Une hyposécrétion de TSH.
c) Une hypersécrétion de TSH.
d) Une hypersécrétion de MSH.
e) Une diminution de sécrétion de calcitonine par la glande thyroïde.

7. Après un repas riche en glucides :
a) le foie absorbe le glucose et le transforme en glycogène grâce à l'insuline.
b) les cellules alpha du pancréas se mettent à sécréter de l'insuline.
c) il y a dégradation du glycogène et libération de glucose grâce au glucagon.
d) la glycémie augmente jusqu'à atteindre la valeur de référence, mais ne la dépasse pas.
e) les cellules de l'organisme absorbent davantage de glucose grâce au glucagon.

8. La relation entre l'ecdysone et l'hormone prothoracotrope :
a) est un exemple d'interaction entre le système endocrinien et le système nerveux.
b) illustre le maintien de l'homéostasie par rétroactivation.
c) montre que les hormones dérivées des acides aminés agissent de manière moins spécialisée que les stéroïdes.
d) illustre le fait que l'homéostasie est maintenue par des hormones antagonistes.
e) démontre une inhibition compétitive de diverses hormones qui se lient aux mêmes récepteurs.

9. **FAITES UN DESSIN** Chez les Mammifères, la sécrétion lactée par les glandes mammaires est régie par la prolactine et l'hormone de libération de la prolactine. Faites un schéma simple de cette voie hormonale, en y incluant les glandes et les tissus, les hormones, les voies des hormones et leurs effets.

NIVEAU 3 : SYNTHÈSE ET ÉVALUATION

10. **LIEN AVEC L'ÉVOLUTION**
Il y a suffisamment de ressemblance entre la structure des récepteurs protéiques intracellulaires utilisés par les hormones stéroïdes et ceux utilisés par les hormones thyroïdiennes pour que l'on puisse considérer ces récepteurs comme faisant partie d'une même « superfamille » de protéines. Émettez une hypothèse expliquant comment les gènes de ces récepteurs peuvent avoir évolué. (*Indice* : voir la figure 21.13, p. 509.) Comment pourriez-vous vérifier votre hypothèse à l'aide de données sur les séquences d'ADN ?

11. **SCIENCE, TECHNOLOGIE ET SOCIÉTÉ**
Une augmentation chronique des taux de glucocorticoïdes peut entraîner l'obésité, la faiblesse musculaire et la dépression, une combinaison de symptômes qu'on appelle syndrome de Cushing. L'hyperactivité de l'hypophyse ou de la glande surrénale peut en être la cause. Pour déterminer laquelle des deux glandes a une activité anormale chez un patient, les médecins utilisent la

dexaméthasone, un médicament à base de glucocorticoïde synthétique qui bloque la libération d'ACTH. D'après le diagramme ci-dessous, laquelle des deux glandes fonctionne mal chez le patient X?

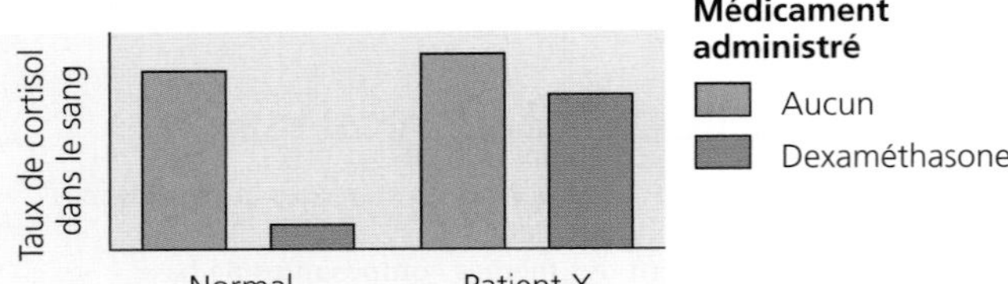

12. ÉCRIVEZ UN TEXTE

Les interactions environnementales Dans un court texte (de 100 à 150 mots), expliquez le rôle des hormones dans les réactions d'un animal aux changements dans son environnement, à l'aide d'exemples précis.

RÉPONSES DU CHAPITRE 45

Questions des figures

Figure 45.5 La synthèse de l'adrénaline requiert la rupture du lien entre le groupe carboxyl (−COOH) et le carbone-α de la tyrosine. **Figure 45.6** L'hormone est hydrosoluble et possède un récepteur de surface. Ce type de récepteur, contrairement à celui des hormones liposolubles, peut causer des changements observables dans les cellules sans transcription de gène dépendante des hormones. **Figure 45.17** Les deux diagnostics pourraient être justes. Dans un cas, la glande thyroïde peut produire trop d'hormones thyroïdiennes malgré des signaux hormonaux normaux de l'hypothalamus et de l'hypophyse. Dans l'autre cas, des signaux hormonaux trop nombreux peuvent causer l'hyperactivité de la thyroïde. **Figure 45.22** Le résultat de la chirurgie aurait été le même pour les deux sexes: l'absence de différenciation sexuelle des structures génitales.

Retour sur le concept 45.1

1. Les hormones hydrosolubles, qui ne peuvent pas traverser la membrane plasmique, se fixent à des récepteurs de surface. Cette interaction déclenche une suite d'événements à l'intérieur de la cellule: une transduction du signal qui, au bout du compte, modifie l'activité d'une protéine cytoplasmique préexistante ou change la transcription de gènes spécifiques dans le noyau. Étant liposolubles, les hormones stéroïdes peuvent traverser la membrane plasmique et pénétrer dans la cellule, où elles se fixent à des récepteurs situés dans le cytoplasme ou le noyau. Dans les deux cas, le complexe hormone-récepteur agit directement comme facteur de transcription qui se fixe à l'ADN de la cellule cible et active ou inhibe la transcription de gènes spécifiques. **2.** En stimulant les contractions utérines, les prostaglandines présentes dans le sperme agissent comme molécules de communication qui sont transférées d'un individu à un autre de la même espèce (comme les phéromones), et contribuent donc à la reproduction. **3.** L'adrénaline, chez les Animaux, et l'auxine, chez les Végétaux, agissent comme des hormones et déclenchent des réponses cellulaires spécifiques qui varient selon les tissus d'un organisme.

Retour sur le concept 45.2

1. Chez un non-diabétique, l'insuline libérée en réponse à l'augmentation initiale de la glycémie déclenche l'absorption du glucose par les cellules de l'organisme. Chez un diabétique, cependant, une production inadéquate d'insuline ou une sensibilité déficiente des cellules cibles à l'insuline diminue la capacité de l'organisme à éliminer l'excès de glucose du sang. L'augmentation initiale de la glycémie est donc plus grande chez une personne diabétique et elle le demeure pendant plus longtemps. **2.** Si la fonction de la voie est de fournir une réponse transitoire, un stimulus de courte durée dépendrait moins de la rétro-inhibition. **3.** Étant donné que les patients atteints de diabète de type 2 produisent de l'insuline, mais sans pouvoir maintenir une glycémie normale, vous pourriez prédire qu'il y a peut-être des mutations dans les gènes pour le récepteur de l'insuline ou dans la voie de transduction du signal que l'insuline active. De fait, de telles mutations ont été observées chez des patients souffrant de diabète de type 2.

Retour sur le concept 45.3

1. La neurohypophyse est un prolongement de l'hypothalamus où se terminent les axones des cellules neurosécrétoires. Elle constitue le site dans lequel sont emmagasinées et libérées deux neurohormones: l'ocytocine et l'hormone antidiurétique (ADH). L'adénohypophyse est composée de cellules endocrines qui synthétisent au moins six hormones différentes. La sécrétion des hormones adénohypophysaires est régulée par les hormones hypothalamiques qui sont apportées à l'adénohypophyse par l'intermédiaire de veines portes. **2.** Étant donné que les réponses à l'ocytocine ont lieu par rétroactivation (par l'intermédiaire de neurones) lors de la succion, la voie ne requiert pas un stimulus hormonal soutenu. **3.** L'hypothalamus et l'hypophyse participent à de nombreuses voies endocrines. La présence de plusieurs anomalies dans ces glandes, par exemple des anomalies qui perturbent la croissance ou l'organisation, est donc susceptible de toucher plusieurs voies hormonales. Seule une anomalie très précise, par exemple une mutation touchant tel ou tel récepteur d'hormone, altérera une seule voie endocrine. La situation est très différente si le problème touche la glande qui termine une voie, par exemple la glande thyroïde. Dans ce cas, un vaste éventail d'anomalies qui perturbent le fonctionnement de la glande empêchera seulement le fonctionnement de la voie de la glande ou un petit ensemble de voies dans lesquelles cette glande joue un rôle.

Retour sur le concept 45.4

1. La médulla surrénale dérive d'une structure nerveuse durant le développement. Il n'est donc pas étonnant qu'elle soit un organe endocrinien qui produit deux molécules – l'adrénaline et la noradrénaline – agissant toutes deux comme des hormones et des neurotransmetteurs. **2.** Les concentrations de ces hormones dans le sang deviendraient très élevées en raison de l'absence de rétro-inhibition sur les neurones hypothalamiques; en effet, ce sont ces derniers neurones qui sécrètent l'hormone de libération stimulant la sécrétion de l'ACTH par l'hypophyse. **3.** En injectant le médicament localement, on limite son action aux tissus atteints en exploitant l'action anti-inflammatoire du glucocorticoïde. En même temps, le traitement localisé évite les effets que produirait l'action du glucocorticoïde sur le métabolisme du glucose et le système immunitaire si on l'administrait oralement et qu'il allait partout dans le corps par la circulation sanguine.

Questions du résumé des concepts clés

45.1 Étant donné que les récepteurs des hormones hydrosolubles sont situés à la surface de la cellule, faisant face à l'espace extracellulaire, l'injection de l'hormone dans le cytoplasme ne déclencherait pas de réponse. **45.2** Cela atténuerait les symptômes. Le glucagon agit de manière antagoniste par rapport à l'insuline, de sorte que la diminution des effets du glucagon sera semblable à l'augmentation des concentrations ou de l'activité de l'insuline. **45.3** Les activités du pancréas, des glandes parathyroïdes et du corps pinéal sont régulées sans l'intervention de l'hypothalamus et de l'hypophyse. Dans le cas du pancréas, la régulation de la sécrétion s'effectue par l'intermédiaire de deux hormones antagonistes qui maintiennent la glycémie constante. Dans celui des glandes parathyroïdes, les variations de sécrétion de la parathormone sont commandées par la variation du taux de calcium sanguin. Enfin, la sécrétion de mélatonine par le corps pinéal est sous le contrôle d'un noyau particulier de l'hypothalamus, mais l'hypophyse n'intervient pas dans ce contrôle. **45.4** L'hypophyse et les glandes surrénales se forment par fusion de tissu neural et de tissu non neural. L'ADH est sécrétée par la portion neurosécrétoire de l'hypophyse, tandis que l'adrénaline est sécrétée par la portion neurosécrétoire de la glande surrénale.

ÉVALUATION

1. c; **2.** b; **3**. d; **4.** c; **5**. c; **6**. b; **7.** a; **8.** a;
9.

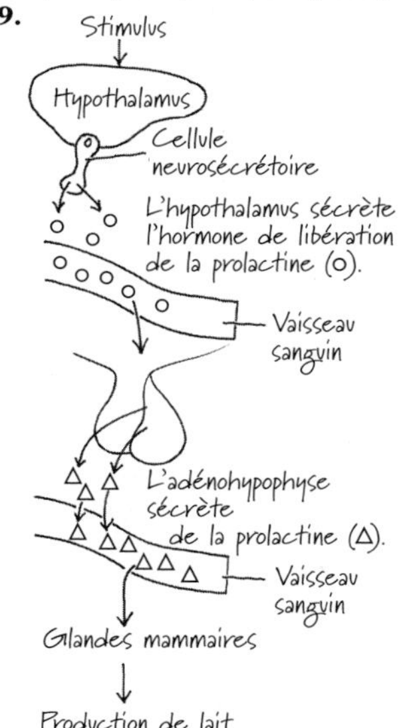

46

La reproduction chez les Animaux

▲ **Figure 46.1 Comment ces deux limaces de mer peuvent-elles être à la fois mâles et femelles?**

CONCEPTS CLÉS

46.1 Il existe deux modes de reproduction animale: sexuée et asexuée

46.2 La fécondation repose sur des mécanismes qui permettent la rencontre d'un spermatozoïde et d'un ovule appartenant à la même espèce

46.3 Les organes reproducteurs produisent et transportent les gamètes

46.4 L'interaction complexe entre les stimulines et les hormones sexuelles régule la reproduction chez les Mammifères

46.5 Chez les Mammifères placentaires, le développement embryonnaire se déroule entièrement dans l'utérus

INTRODUCTION

L'accouplement en vue de la reproduction sexuée

Les deux limaces de mer, ou nudibranches (*Nembrotha rutilans*), de la **figure 46.1** sont en train de s'accoupler. À moins d'être dérangés, ces mollusques marins peuvent rester ainsi unis durant plusieurs heures. Des spermatozoïdes seront transférés et féconderont des ovules. Dans quelques semaines, les œufs donneront naissance à de nouveaux individus, et ce sera l'aboutissement de cette reproduction sexuée. Mais lequel des deux parents sera la mère des petits? La réponse est simple mais plutôt étonnante: les deux. En fait, chaque concombre de mer produit à la fois des ovules et des spermatozoïdes.

Pour les humains que nous sommes, la reproduction signifie l'accouplement d'un mâle et d'une femelle, la fusion d'un spermatozoïde et d'un ovule. Toutefois, la reproduction chez les Animaux prend de multiples formes. Chez certaines espèces, les individus changent de sexe au cours de leur vie; chez d'autres espèces, comme les concombres de mer, les individus sont à la fois mâles et femelles. Il existe même des animaux qui peuvent féconder leurs propres ovules, puis d'autres encore dont la reproduction est asexuée. Enfin, au sein de certaines espèces, telles les abeilles, seuls quelques individus peuvent se reproduire.

L'existence d'une population ne peut dépasser la durée de vie limitée de ses membres que grâce à la reproduction, c'est-à-dire à la production de nouveaux organismes à partir de ceux qui existent déjà. Dans le présent chapitre, nous étudierons la reproduction animale. Tout d'abord, nous comparerons les divers modes et mécanismes de reproduction apparus au cours de l'évolution du règne animal. Ensuite, nous examinerons plus en détail la reproduction des Mammifères, en particulier celle de l'humain. Au prochain chapitre, nous verrons en profondeur le développement embryonnaire; pour le moment, nous concentrerons notre étude sur la physiologie de la reproduction, surtout en ce qui a trait aux parents.

CONCEPT 46.1

Il existe deux modes de reproduction animale: sexuée et asexuée

Il existe deux principaux modes de reproduction chez les Animaux: sexuée et asexuée. On dit qu'il y a **reproduction sexuée** lorsque les descendants proviennent de la fusion de gamètes haploïdes donnant un **zygote** (œuf fécondé) diploïde. Les gamètes se forment par méiose d'une cellule animale (voir la figure 13.8, p. 288 et 289). Le gamète femelle, l'**ovule**, est une cellule relativement grosse et immobile*. Le gamète mâle, le **spermatozoïde**, est généralement une cellule flagellée beaucoup plus petite. On parle de **reproduction asexuée** lorsque les gènes des descendants proviennent d'un seul individu et qu'il n'y a pas de fusion entre un gamète femelle et un gamète mâle. Dans la plupart des cas, la reproduction asexuée repose entièrement sur la mitose.

* Pour simplifier, nous employons pour le moment le terme plus familier d'*ovule*, mais c'est en réalité un ovocyte de deuxième ordre, comme nous le verrons un peu plus loin.

Pour la grande majorité des Animaux, la reproduction est essentiellement ou exclusivement sexuelle. Il existe cependant des espèces qui ont un mode de reproduction principalement asexué, dont quelques espèces, toutes des femelles, chez qui la reproduction est exclusivement asexuée. Parmi celles-ci se trouvent les microscopiques rotifères bdelloïdes (voir la page 293) ainsi que certaines espèces de lézards téiidés (*Aspidoscelis spp.*), dont nous parlerons un peu plus loin.

Les mécanismes de la reproduction asexuée

Certaines formes de reproduction asexuée s'observent uniquement chez les Invertébrés. L'une d'elles est la **scissiparité**, un mécanisme dans lequel le parent se scinde pour donner deux individus de taille à peu près égale (**figure 46.2**). Le **bourgeonnement** est aussi un mécanisme de reproduction asexuée courant chez les Invertébrés. Dans ce cas, de nouveaux individus se forment à partir d'excroissances à la face externe du parent (voir la figure 13.2, p. 282). Ainsi, chez les coraux durs, le nouvel individu se forme à partir de la surface corporelle du parent et y reste associé, ce qui finira par former une colonie de plus d'un mètre de diamètre et qui contient plusieurs milliers d'individus accolés. Certains Invertébrés, notamment les Éponges, disposent d'un autre mécanisme de reproduction asexuée: ils libèrent des groupes de cellules variées qui donnent naissance à de nouveaux individus.

Il existe un autre mécanisme de reproduction asexuée: la *fragmentation*, qui se déroule en deux étapes. Au cours de ce processus, le corps se dissocie en plusieurs fragments, qui subissent une *régénération,* durant laquelle les parties perdues se reconstituent. Si plus d'un morceau croît et se développe en un individu complet, il y a reproduction. Par exemple, certains Annélides peuvent se scinder en plusieurs fragments, chacun devenant un ver entier en moins d'une semaine. La reproduction par fragmentation et régénération est possible chez de nombreuses espèces d'Éponges, de Cnidaires, de Polychètes et d'Urocordés.

La **parthénogenèse** (de *parthenos*, qui signifie «vierge») est un mode de reproduction dans lequel un œuf se développe sans avoir été fécondé. Les Invertébrés tels que certaines espèces d'abeilles, les guêpes et les fourmis se reproduisent par parthénogenèse. La progéniture peut être haploïde ou diploïde. Si les descendants sont haploïdes, ils deviennent des adultes qui fabriquent leurs œufs ou leurs spermatozoïdes sans méiose. Chez les abeilles, les mâles, appelés *faux bourdons*, sont des adultes haploïdes fertiles qui sont nés par parthénogenèse, tandis que les femelles, c'est-à-dire les ouvrières stériles et les femelles reproductrices (reines), proviennent d'œufs fécondés. Parmi les Vertébrés, on a observé la parthénogenèse chez environ une espèce sur mille. Récemment, des gardiens de zoo ont observé la parthénogenèse chez un lézard de grande taille, un varan appelé dragon de Komodo (*Varanus komodoensis*) et chez une espèce de requin-marteau (*Sphyrna tiburo*). Dans les deux cas, les femelles avaient été gardées complètement isolées des mâles de leur espèce, mais elles s'étaient néanmoins reproduites.

▲ **Figure 46.2 La reproduction asexuée d'une anémone de mer (*Anthopleura elegantissima*).** La grosse anémone qu'on voit au centre de cette photographie subit une scissiparité, mécanisme de reproduction asexuée. En se divisant en deux parties approximativement égales, le parent se transforme en deux individus plus petits. Ses descendants lui sont génétiquement identiques.

La reproduction sexuée: une énigme dans l'évolution

ÉVOLUTION La reproduction sexuée doit favoriser la production de descendants ou leur survie, sinon elle aurait rapidement disparu. Afin de comprendre pourquoi, prenons l'exemple d'une population animale dans laquelle la moitié des femelles se reproduisent par mode sexué et l'autre moitié par mode asexué (**figure 46.3**). Nous supposerons que le nombre de descendants par femelle est une constante; dans ce cas-ci, nous supposerons qu'il est de deux. Les deux descendants d'une femelle asexuée seront des filles qui donneront chacune naissance à deux autres filles capables de se reproduire. Par contre, chez la femelle sexuée, la moitié des descendants seront des mâles. Le nombre de descendants sexués demeurera le même dans chaque génération puisqu'il faut un mâle et une femelle pour produire des descendants. Par conséquent, l'état asexué augmentera en fréquence à chaque génération. Toutefois, malgré ce «double coût», le sexe des descendants reste égal chez les espèces animales qui peuvent aussi se reproduire de manière asexuée.

Quel avantage la reproduction sexuée comporte-t-elle? La réponse n'est pas claire. La plupart des hypothèses tournent autour des combinaisons génétiques uniques qui dérivent des gènes parentaux lors de la recombinaison méiotique et de la fécondation. En engendrant une progéniture aux génotypes variés, la reproduction sexuée augmente les chances de survie d'une espèce compte tenu des changements relativement rapides de l'environnement (y compris les agents pathogènes). En revanche, on suppose que la reproduction asexuée est plus avantageuse dans les environnements stables et favorables puisqu'elle conserve les génotypes favorables avec fidélité et précision.

Plusieurs raisons expliquent pourquoi les combinaisons génétiques uniques issues de la reproduction sexuée sont avantageuses. L'une d'elles veut que les combinaisons génétiques favorables consécutives à la recombinaison accélèrent vraisemblablement l'adaptation. L'idée semble évidente, mais cet avantage théorique ne vaut que si le taux de mutations est élevé et que la taille de la population est petite. Selon une autre explication, la recombinaison génétique associée à la reproduction sexuée permettrait peut-être à une population

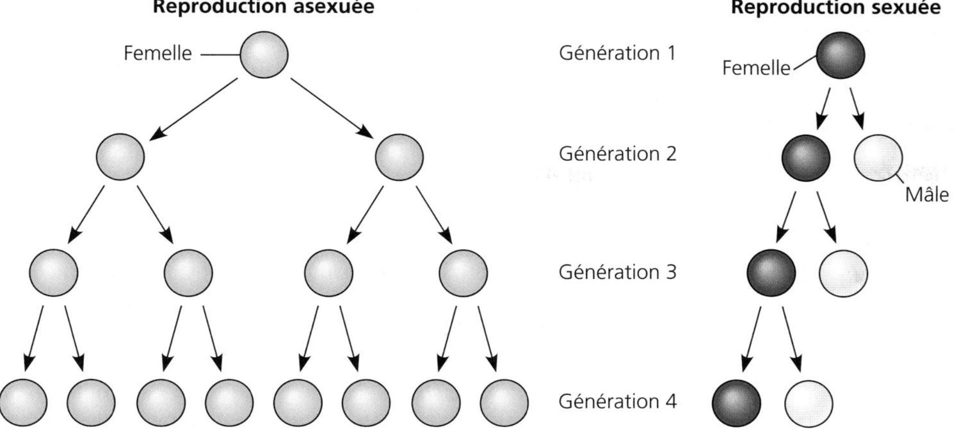

▲ **Figure 46.3 Le « handicap » de la reproduction sexuée.** Ces diagrammes comparent la reproduction de femelles (cercles bleus) sur quatre générations par le mode sexué et le mode asexué, en supposant que deux individus par femelle survivent. La population asexuée dépasse rapidement la population sexuée.

de se défaire plus rapidement des lots génétiques nuisibles. Des expériences de laboratoire ont cours un peu partout pour vérifier ces hypothèses parmi d'autres.

Les cycles de reproduction

Chez la plupart des Animaux, l'activité de reproduction suit un cycle qui est souvent associé à des changements saisonniers. De cette manière, les Animaux peuvent économiser leurs ressources et s'y consacrer seulement lorsqu'ils disposent des sources ou des réserves d'énergie nécessaires et lorsque les conditions du milieu favorisent la survie des jeunes. Par exemple, les brebis ont un cycle reproducteur qui dure de 15 à 19 jours au milieu duquel elles ovulent. L'**ovulation** est la libération d'ovules matures et a lieu au milieu de chaque cycle. Les cycles de la brebis ne surviennent toutefois qu'à l'automne et au début de l'hiver, et la durée de chaque grossesse est de cinq mois. Ainsi, la plupart des agneaux naissent à la fin de l'hiver ou au printemps, à un moment où leurs chances de survie sont maximales. Les cycles reproducteurs sont déterminés par un ensemble de facteurs hormonaux qui, eux, dépendent de déclencheurs environnementaux tels que la température, les précipitations, la photopériode et les cycles lunaires.

Étant donné que la température saisonnière est souvent un déclencheur important dans la reproduction, les changements climatiques risquent de perturber cette dernière. Des chercheurs danois ont démontré un tel effet chez le caribou (renne sauvage). Au printemps, les caribous migrent vers des terrains de mise bas pour se nourrir de végétaux en germination, mettre bas et prendre soin de leurs petits (**figure 46.4**). C'est le changement dans la longueur des journées qui déclenche la migration du caribou, au moment où l'augmentation saisonnière de la température dégèle la toundra et fait germer les plantes. Avant 1993, l'arrivée du caribou sur les terrains de mise bas coïncidait avec la brève période durant laquelle les plantes étaient nutritives et digestes. Entre 1993 et 2006, les températures printanières moyennes dans ces zones de mise bas ont augmenté de plus de 4 °C, de sorte que les plantes germent maintenant deux semaines plus tôt. N'étant pas affectée par la température, la longueur des journées déclenche la migration des caribous toujours au même moment qu'auparavant. Résultat: la mise bas des caribous ne coïncide plus avec la germination des plantes. Or, sans nutrition adéquate pour les femelles qui allaitent, le nombre de petits a baissé de 75%.

On observe également des cycles de reproduction chez les Animaux qui peuvent se reproduire de façon sexuée ou asexuée. Plusieurs genres de Poissons, d'Amphibiens et de Reptiles se reproduisent exclusivement selon un type complexe de parthénogenèse au cours de laquelle les chromosomes se dédoublent après la méiose, de sorte que les descendants sont diploïdes. Ainsi, environ 15 espèces de lézards queue-en-fouet (genre *Cnemidophorus*) se reproduisent uniquement par parthénogenèse. Il n'y a pas de mâles chez ces espèces, mais les individus imitent les comportements de parade nuptiale et d'accouplement qu'on observe chez les espèces sexuées du même genre. Pendant la saison de reproduction, l'une des femelles du couple joue le rôle du mâle (**figure 46.5a**). Les femelles changent ainsi de rôle deux ou trois fois dans la saison. Chaque individu adopte le comportement femelle avant l'ovulation, lorsque la quantité d'œstradiol est élevée. Puis, il adopte le comportement mâle après l'ovulation, lorsque la concentration de progestérone est à son maximum (**figure 46.5b**). Les chances qu'il y ait une ovulation sont accrues si l'individu est monté par un pseudomâle pendant la période critique du cycle hormonal. Les lézards qui vivent isolément pondent moins d'œufs que ceux qui s'accouplent, même si dans les deux cas il n'y a pas de

▲ **Figure 46.4 Un caribou femelle (*Rangifer tarandus*) et son petit.** À cause du changement climatique mondial, le nombre de bébés caribous répertoriés par une étude dans l'ouest du Groenland est quatre fois moins grand qu'avant.

(a) Sur cette photographie, les deux lézards sont des femelles d'*A. uniparens*. La femelle du dessus joue le rôle du mâle. Pendant la saison de reproduction, les individus changent de rôle toutes les deux ou trois semaines.

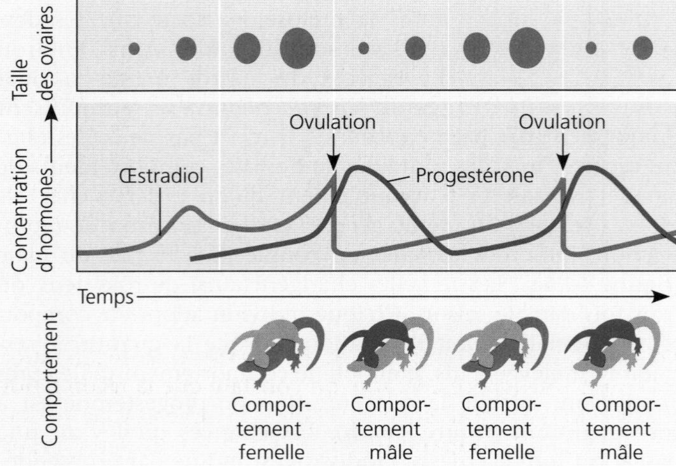

(b) Il y a une corrélation entre le comportement sexuel d'*A. uniparens* et son cycle de sécrétion hormonale et d'ovulation. Lorsque la concentration sanguine d'œstradiol s'élève, le volume des ovaires augmente et l'animal se comporte comme une femelle. Après l'ovulation, la concentration d'œstradiol diminue brusquement et celle de la progestérone augmente. L'animal se comporte alors comme un mâle.

▲ **Figure 46.5 Le comportement sexuel chez les lézards parthénogénétiques.** Le lézard à queue en fouet (*Aspidoscelis uniparens*), qui vit dans les déserts semi-arides, est une espèce composée uniquement de femelles. Ces dernières se reproduisent par parthénogenèse, c'est-à-dire par la formation d'un œuf non fécondé. Cependant, l'ovulation est favorisée par le comportement d'accouplement.

fécondation. Il semble que les lézards parthénogénétiques, qui descendent d'espèces comprenant deux sexes chez des individus distincts, aient encore besoin d'une certaine stimulation sexuelle pour assurer le meilleur succès reproductif.

Diverses adaptations dans la reproduction sexuée

Pour beaucoup d'animaux, il n'est pas facile de trouver un partenaire pour s'accoupler. Des adaptations ingénieuses apparues au cours de l'évolution de certaines espèces permettent de contourner le problème d'une façon originale, en escamotant les séparations strictes entre mâles et femelles. De telles adaptations sont apparues chez les animaux sessiles (stationnaires), comme la bernacle; chez les animaux fouisseurs, comme les palourdes; et chez certains parasites, comme les ténias. En effet, ces animaux n'ont guère d'occasions de rencontrer un représentant de l'autre sexe puisqu'ils ne peuvent se déplacer. L'**hermaphrodisme** leur offre une solution. Chaque individu possède un appareil génital mâle et un appareil génital femelle. (*Hermaphrodite* est la contraction d'« Hermès » et d'« Aphrodite », qui désignent respectivement le dieu grec messager des Olympiens et la déesse grecque de l'amour et de la fécondité.) Comme chaque hermaphrodite joue alors à la fois le rôle du mâle et celui de la femelle, *tous* les individus rencontrés sont des partenaires potentiels. Chacun peut donner et recevoir des spermatozoïdes durant l'accouplement, comme les concombres de mer de la figure 46.1. Chez certaines espèces, les hermaphrodites sont également capables d'autofécondation, ce qui signifie qu'ils n'ont pas besoin de partenaires pour se reproduire.

La girelle à tête bleue (*Thalassoma bifasciatus*), un poisson-labre qu'on trouve dans la mer des Caraïbes, est un exemple abondamment étudié d'un mode de reproduction unique. Chaque mâle vit seul avec un harem de femelles. Lorsque cet unique mâle du harem meurt, la reproduction pourrait devenir impossible, mais il n'en est rien: une des femelles du harem change de sexe et devient le nouveau mâle. En moins d'une semaine, l'individu ainsi transformé produit des spermatozoïdes au lieu d'œufs. Les scientifiques ont constaté que c'est la plus grosse femelle du harem (habituellement la plus vieille également) qui change de sexe. En quoi cela a-t-il pu constituer un avantage au cours de l'évolution de cette girelle? Eh bien, comme le mâle défend le harem contre les intrus, il se peut bien que, du point de vue de la reproduction, une grande taille présente un avantage plus important pour les mâles que pour les femelles.

Certaines espèces d'huîtres subissent également une inversion de sexe. Dans leur cas, les individus se reproduisent en tant que mâles et par la suite en tant que femelles, lorsque leur taille augmente. Comme la production de gamètes augmente habituellement avec la taille, le fait de passer du sexe mâle au sexe femelle (plutôt que l'inverse) maximise la production de gamètes femelles. Le succès reproductif s'en trouve amélioré: les huîtres étant des animaux sédentaires et libérant leurs gamètes dans l'eau environnante au lieu de s'accoupler, le fait de libérer plus de gamètes augmente le nombre de descendants.

RETOUR SUR LE CONCEPT 46.1

1. Faites la différence entre la reproduction asexuée et la reproduction sexuée et faites ressortir les résultats de ces deux modes de reproduction.
2. La parthénogenèse est le mode de reproduction asexuée le plus répandu chez les animaux qui, à d'autres moments, se reproduisent sexuellement. Quelle caractéristique de la parthénogenèse pourrait expliquer cette observation?

3. **ET SI?** Si un hermaphrodite s'autoféconde, sa progéniture sera-t-elle identique au parent? Expliquez votre réponse.

4. **FAITES UN DESSIN** Chez les Végétaux, quels exemples de reproduction ressemblent le plus à la reproduction asexuée des Animaux? (Voir le concept 38.2, page 943.)

Voir les réponses proposées à la fin du chapitre.

CONCEPT **46.2**

La fécondation repose sur des mécanismes qui permettent la rencontre d'un spermatozoïde et d'un ovule appartenant à la même espèce

La **fécondation**, c'est-à-dire l'union du spermatozoïde et de l'ovule, peut être externe ou interne. Chez les espèces à **fécondation externe**, la femelle libère les ovules dans l'environnement, où le mâle les féconde. Chez d'autres, la **fécondation** est **interne**: le mâle dépose les spermatozoïdes à l'intérieur ou à l'entrée du système reproducteur de la femelle, de sorte que la fécondation se fait dans l'organisme de cette dernière. (Nous aborderons en détail les mécanismes cellulaires et moléculaires de la fécondation au chapitre 47.)

La fécondation externe nécessite presque toujours un habitat humide, à la fois pour empêcher les gamètes, dont la production est généralement excessivement abondante, de se dessécher et pour permettre au spermatozoïde de circuler librement jusqu'à l'ovule. De nombreux Invertébrés aquatiques libèrent tout simplement leurs œufs et leurs spermatozoïdes dans le milieu externe. La fécondation s'effectue alors sans qu'il y ait contact physique entre les parents. Cependant, un certain synchronisme est nécessaire pour que les spermatozoïdes matures rencontrent des ovules mûrs.

Chez certaines espèces à fécondation externe, les individus regroupés en un même lieu libèrent leurs gamètes dans l'eau simultanément, un processus appelé *frai*. Cette synchronicité de la libération des gamètes est déclenchée soit par des substances chimiques libérées en même temps que les gamètes d'un des individus de la population, soit par des facteurs environnementaux tels que la température ou la photopériode. Par exemple, le ver palolo (*Palola viridis*) qui vit dans les récifs de corail du Pacifique Sud synchronise son frai avec la saison et le cycle lunaire. Au printemps, lorsque la lune est dans son dernier quartier, les vers palolo se divisent en deux et libèrent des segments de queue gorgés de spermatozoïdes ou d'ovules. Ces segments montent à la surface de l'océan et éclatent en si grand nombre que la mer semble laiteuse. Les spermatozoïdes fécondent rapidement les ovules flottants, de sorte qu'en quelques heures seulement, la frénésie reproductrice annuelle des vers palolo est terminée.

Lorsque la fécondation externe n'est pas synchrone au sein d'une population, des individus peuvent avoir un comportement sexuel qui permet à un mâle de féconder les œufs d'une femelle (**figure 46.6**). Un tel comportement de « parade nuptiale » présente deux avantages: il permet le choix du partenaire (voir le chapitre 23) et constitue un élément déclencheur provoquant la libération des gamètes, ce qui augmente les chances de succès de la fécondation.

La fécondation interne est essentiellement une adaptation à la vie terrestre qui permet à un spermatozoïde d'atteindre un ovule lorsque les organismes reproducteurs vivent dans un environnement sec. Elle exige la collaboration des individus, pour l'accouplement, et nécessite des systèmes reproducteurs complexes et compatibles. L'organe copulateur du mâle libère les spermatozoïdes, tandis que les voies génitales de la femelle sont souvent dotées de réceptacles pour entreposer ces spermatozoïdes et les conduire jusqu'aux ovules.

Quel que soit le mode de fécondation, les animaux qui s'accouplent peuvent utiliser les *phéromones*, des médiateurs chimiques qui, libérés par un individu, influent sur la physiologie ou le comportement d'autres individus de la même espèce. Ces petites molécules volatiles ou hydrosolubles se dispersent facilement dans le milieu et, à l'instar des hormones, sont actives en infime quantité (voir le chapitre 45). De nombreuses phéromones sont des substances exerçant une attraction sexuelle. Un Insecte mâle, comme le bombyx du mûrier (*Bombyx mori*), peut détecter les phéromones d'une femelle de son espèce se trouvant à plus de 10 km. (Nous aborderons de nouveau les phéromones au chapitre 51.)

La protection de l'embryon

Lorsqu'on compare la fécondation interne et la fécondation externe d'une espèce à l'autre, on constate que la fécondation interne produit habituellement moins de gamètes mais permet la survie d'un plus grand nombre de zygotes. Ce taux de survie supérieur relève en partie du fait que le développement interne des ovules fécondés met les embryons à l'abri des

▲ **Figure 46.6 La fécondation externe.** De nombreuses espèces d'Amphibiens se reproduisent par fécondation externe. Chez la plupart de ces espèces, des adaptations comportementales font en sorte qu'un mâle est présent quand la femelle pond. Dans l'exemple de fécondation externe qu'illustre cette photographie, une grenouille femelle étreinte par un mâle (sur le dessus) vient juste de pondre dans l'eau. Au même moment, le mâle a arrosé les œufs de son sperme (non illustré), et la fécondation externe est alors survenue dans l'eau.

prédateurs potentiels. De plus, la fécondation interne est associée à des structures qui assurent une meilleure protection à l'embryon et des soins parentaux aux petits. Par exemple, les embryons de nombreuses espèces d'animaux terrestres se développent dans des œufs dotés d'adaptations qui préviennent les pertes d'eau et les dommages physiques. Chez les Oiseaux et autres Reptiles, ainsi que chez les Monotrèmes (Mammifères qui pondent des œufs), les zygotes sont des œufs dont la coquille est constituée de calcium et de protéines et qui contiennent des membranes internes (voir la figure 34.25, p. 830). En comparaison, les œufs des Poissons et des Amphibiens ne sont dotés que d'un revêtement gélatineux et n'ont pas de membranes internes.

Au lieu de se développer dans une coquille protectrice, l'embryon de nombreux animaux se développe dans le système reproducteur de la femelle. Les Mammifères marsupiaux comme les kangourous et les opossums n'abritent l'embryon dans leur utérus que durant un court laps de temps. Celui-ci rampe ensuite seul jusqu'à l'extérieur, pour terminer son développement fœtal accroché à une glande mammaire, dans la poche ventrale (marsupium) de la mère. Les embryons des Mammifères placentaires, quant à eux (les humains, notamment), se développent entièrement à l'intérieur de l'utérus. Les nutriments qui leur sont nécessaires leur viennent de la circulation sanguine maternelle par l'intermédiaire d'un organe particulier appelé *placenta*. Les embryons de certains poissons et requins terminent également leur développement à l'intérieur de la mère, sans qu'il y ait toutefois d'échanges nutritionnels entre la mère et l'embryon.

Quand un aiglon sort de son œuf ou qu'un petit humain naît, le nouveau-né est dépendant. Les Oiseaux doivent nourrir leurs oisillons et les Mammifères, donner la tétée. En fait, les animaux qui prennent soin de leurs petits sont beaucoup plus nombreux qu'on le pense. Par exemple, de nombreux invertébrés prodiguent des soins parentaux à leur progéniture (**figure 46.7**). Chez les Vertébrés, la grenouille à incubation stomacale (genre *Rheobatrachus*), qui vit en Australie, était un exemple très particulier de soins parentaux avant son extinction dans les années 1980. En effet, durant la période de reproduction, la femelle abritait les têtards dans son estomac jusqu'à ce qu'ils subissent leur métamorphose et sortent de sa bouche.

▲ **Figure 46.7 Les soins parentaux prodigués par un invertébré.** Par rapport à beaucoup d'autres Insectes, la femelle de la punaise d'eau géante (*Belostoma spp.*) produit relativement peu de descendants, mais elle fournit des soins parentaux efficaces. Après la fécondation interne, la femelle colle les œufs fécondés sur le dos du mâle (sur la photo). Le mâle les porte sur son dos durant des jours. Il fait circuler de l'eau sur les œufs, afin de conserver leur humidité, de les oxygéner et de les protéger contre les parasites.

La production et la rencontre des gamètes

La reproduction sexuée nécessite la présence de groupes de cellules qui sont les précurseurs des ovules et des spermatozoïdes. Un groupe de cellules dédié à cette fonction apparaît souvent très tôt au cours du développement embryonnaire, mais il demeure inactif pendant que le plan d'organisation corporelle se met en place. Les cycles de croissance et de mitose augmentent ensuite, ou *amplifient*, le nombre de cellules disponibles pour la fabrication des ovules ou des spermatozoïdes.

Chez les Animaux, les systèmes reproducteurs qui produisent des gamètes à partir des cellules précurseurs amplifiées et qui les rendent disponibles pour la fécondation sont très variés. Les plus simples ne comportent même pas de **gonades**, organes qui fabriquent les gamètes chez la plupart des Animaux. C'est le cas du ver palolo et de la plupart des Polychètes (embranchement des Annélides), qui ont des sexes séparés mais ne possèdent pas de gonades à proprement parler. Les ovules et les spermatozoïdes proviennent de cellules indifférenciées qui tapissent le cœlome (cavité corporelle). Au fur et à mesure que les gamètes arrivent à maturité, ils se détachent de la paroi corporelle et remplissent le cœlome. Selon l'espèce, les ouvertures du système urinaire libèrent les gamètes parvenus à maturité, ou bien le gonflement de la masse d'œufs fait éclater l'individu, ce qui provoque sa mort et l'éparpillement des œufs dans le milieu externe (un tel phénomène se produit également chez certains Insectes).

Des systèmes reproducteurs plus élaborés comportent des tubes accessoires et des glandes qui transportent, alimentent et protègent les gamètes et, quelquefois, les embryons en développement. La plupart des Insectes ont des sexes séparés et des systèmes reproducteurs complexes (**figure 46.8**). Chez le mâle, les spermatozoïdes sont produits par deux testicules et cheminent dans un conduit sinueux vers les vésicules séminales, où ils sont entreposés. Pendant l'accouplement, ils sont éjaculés dans le système reproducteur de la femelle. Chez cette dernière, les ovules se développent dans les ovaires, au nombre de deux, et sont transportés dans des conduits jusque dans l'utérus. Les œufs sont fécondés dans l'utérus puis expulsés afin de se développer à l'extérieur du corps. Chez de nombreuses espèces, le système reproducteur de la femelle comporte également une **spermathèque**, un sac dans lequel les spermatozoïdes sont entreposés durant plusieurs semaines (drosophiles), voire plusieurs années (abeilles). Comme la

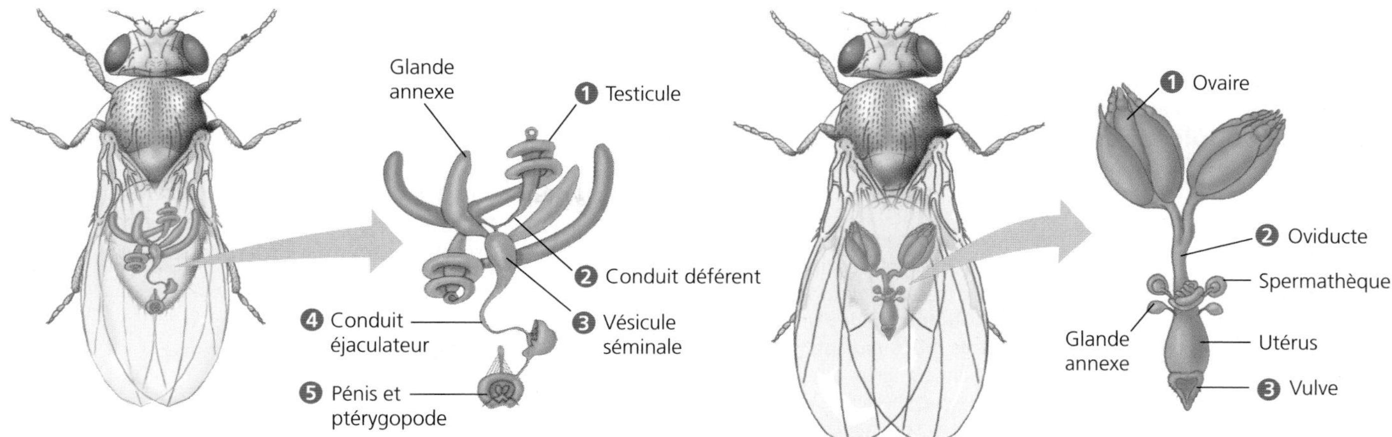

(a) Drosophile mâle. Les spermatozoïdes se forment dans les testicules, circulent dans un conduit déférent et sont entreposés dans une vésicule séminale. Au cours de l'éjaculation, le mâle libère des spermatozoïdes et du liquide provenant des glandes annexes. (Certaines espèces d'Insectes et d'autres Arthropodes possèdent des appendices appelés ptérygopodes qui servent à retenir la femelle pendant l'accouplement.)

(b) Drosophile femelle. Les ovules se forment dans les ovaires, passent dans les oviductes et se déposent dans l'utérus. Après l'accouplement, les spermatozoïdes sont entreposés dans la spermathèque, sac relié au vagin par un court conduit. La femelle utilise un spermatozoïde entreposé pour féconder chaque œuf au moment où il entre dans l'utérus avant de l'expulser par la vulve.

▲ **Figure 46.8 L'anatomie du système reproducteur des Insectes.** Les numéros encerclés indiquent l'ordre dans lequel se déplacent les spermatozoïdes et les ovules.

femelle libère des gamètes mâles de la spermathèque uniquement en réponse à certains stimulus, la fécondation a lieu dans des conditions propices au développement embryonnaire. De nombreux animaux dont le plan d'organisation corporelle est relativement simple possèdent un système reproducteur très complexe. C'est le cas des vers plats parasites.

Les systèmes reproducteurs des Vertébrés présentent des structures générales assez semblables, mais aussi quelques variantes importantes. Ainsi, chez de nombreux Vertébrés autres que les Mammifères, les systèmes digestif, urinaire et reproducteur ont tous le même orifice, à l'extrémité postérieure du corps: le **cloaque**. Il en était probablement de même chez les ancêtres des Vertébrés. Par contre, chez la plupart des Mammifères, le système digestif possède son propre orifice, à l'extrémité postérieure du corps. De plus, la plupart des femelles ont des orifices distincts pour les systèmes urinaire et reproducteur. Chez la majorité des Vertébrés, l'utérus comporte deux branches pour le développement des embryons. Pour ce qui est des humains et des autres Mammifères, dont l'utérus n'abrite qu'un petit nombre d'embryons à la fois, mais aussi des Oiseaux et de nombreux serpents, l'utérus ne comporte qu'une cavité pour le développement embryonnaire. Les différences entre les systèmes reproducteurs mâles ont surtout trait aux organes de copulation. De nombreux Vertébrés autres que les Mammifères, dont tous les Reptiles et les Amphibiens, n'ont pas de pénis bien développé; ils éjaculent par simple éversion du cloaque.

Bien que la fécondation comporte l'union d'un seul ovule et d'un spermatozoïde, les Animaux s'accouplent souvent avec plus d'un membre de l'autre sexe. De fait, la monogamie, c'est-à-dire la formation d'un couple exclusif pendant une période prolongée, est relativement rare chez les Animaux, y compris la plupart des Mammifères. Au cours de l'évolution, cependant, des mécanismes ont évolué qui favorisent la reproduction d'un mâle avec une seule femelle et réduisent la possibilité que cette dernière se reproduise avec un autre partenaire. Par exemple, certains insectes mâles transfèrent des sécrétions qui rendent la femelle moins réceptive à la parade des autres mâles, réduisant ainsi les chances qu'elle s'accouple avec un autre partenaire.

Les femelles peuvent-elles également influencer le succès reproductif relatif de leurs partenaires? Cette question intriguait deux scientifiques et collègues européens, Rhonda Snook et David Hosken. En étudiant des drosophiles femelles qui copulaient avec un mâle puis avec un second mâle, ces chercheurs ont tenté de déterminer ce qui arrivait aux spermatozoïdes du premier accouplement. Comme le montre la **figure 46.9**, ils ont constaté que la drosophile femelle exerce une influence déterminante sur l'issue de ses accouplements multiples. Cependant, les mécanismes par lesquels les gamètes et les individus se font concurrence durant la reproduction ne sont pas encore bien compris et demeurent des domaines de recherche très actifs.

RETOUR SUR LE CONCEPT 46.2

1. De quelle façon la fécondation interne facilite-t-elle la vie terrestre?
2. Quels mécanismes sont apparus au cours de l'évolution chez les Animaux (a) à fécondation externe et (b) à fécondation interne pour assurer la survie de leur descendance jusqu'à l'âge adulte?
3. **FAITES UN DESSIN** Quelles sont les différences et les ressemblances entre l'utérus d'un insecte et l'ovaire d'une plante à fleurs? (Voir la figure 38.6 à la page 939.)

Voir les réponses proposées à la fin du chapitre.

▼ **Figure 46.9** INVESTIGATION

Pourquoi l'utilisation des spermatozoïdes est-elle biaisée lorsque la drosophile femelle s'accouple deux fois ?

EXPÉRIENCE Quand une drosophile s'accouple deux fois, 80 % de ses descendants sont issus du second accouplement. Des scientifiques ont émis l'hypothèse que l'éjaculat du deuxième accouplement déplaçait les spermatozoïdes entreposés. Pour vérifier leur hypothèse, Rhonda Snook de la University of Sheffield, en Angleterre, et David Hosken, de l'Université de Zurich, en Suisse, ont utilisé deux sortes de mâles mutants dont les systèmes reproducteurs n'étaient pas fonctionnels. Bien que tous puissent s'accoupler, les premiers ne produisaient « pas d'éjaculat », tandis que les seconds produisaient des éjaculats « sans spermatozoïdes ». Les chercheurs ont accouplé une première fois des femelles avec des mâles de type sauvage, puis, une seconde fois avec des mâles de type sauvage, ou avec des mâles sans spermatozoïdes ou avec des mâles sans éjaculat. Les femelles du groupe témoin ne s'accouplaient qu'une fois. Les chercheurs ont ensuite disséqué chaque femelle au microscope et noté si les spermatozoïdes étaient absents de la spermathèque, principal organe d'entreposage des spermatozoïdes.

RÉSULTATS

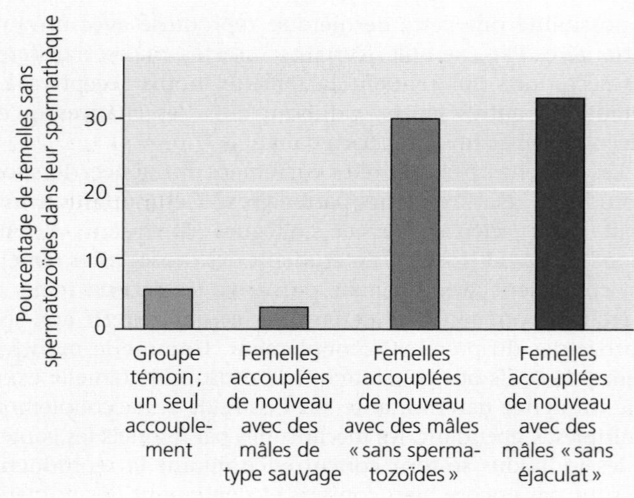

CONCLUSION Étant donné que le second accouplement réduit l'entreposage des spermatozoïdes alors qu'aucun spermatozoïde ou liquide n'est transféré, l'hypothèse selon laquelle l'éjaculat d'un second accouplement déplace les spermatozoïdes entreposés est incorrecte. Il semble plutôt que les femelles se débarrassent parfois des spermatozoïdes entreposés en réaction à un nouvel accouplement. Cela pourrait être une façon pour elles de remplacer la réserve de spermatozoïdes probablement moins vigoureux par de nouveaux.

SOURCE R. R. Snook et D. J. Hosken, Sperm death and dumping in *Drosophila, Nature* 428 : 939-941 (2004).

ET SI ? Si les mâles du premier accouplement avaient un allèle mutant pour le caractère dominant qui correspond à des yeux de petite taille, quelle fraction des femelles produiraient des descendants avec ce type d'yeux ?

CONCEPT **46.3**

Les organes reproducteurs produisent et transportent les gamètes

Maintenant que nous avons exploré les caractéristiques générales de la reproduction chez les Animaux, nous consacrerons le reste du chapitre aux humains, en commençant par l'anatomie du système génital de chaque sexe.

L'anatomie du système reproducteur de la femme

Chez la femme, les structures externes du système reproducteur sont le clitoris et deux paires de lèvres, situées de part et d'autre du clitoris et de l'ouverture du vagin (au milieu de ces structures, le méat urinaire). Les organes génitaux internes sont deux gonades, qui produisent les ovules et des hormones de reproduction, et un ensemble de conduits et de cavités qui permettent le passage des gamètes, et abritent l'embryon et le fœtus (**figure 46.10**).

Les ovaires

Les gonades femelles, appelées **ovaires**, se situent dans la cavité pelvienne, de part et d'autre de l'utérus, auquel elles sont rattachées par des ligaments. La couche extérieure de chaque ovaire est remplie de follicules. Chaque **follicule** est constitué d'un ovule immature en développement, l'**ovocyte**, entouré d'un groupe de cellules de soutien. Ces cellules nourrissent et protègent l'ovocyte durant une grande partie de la formation et du développement de l'ovule. Ensemble, les ovaires contiennent entre 1 et 2 millions de follicules, mais seulement 500 follicules environ parviennent à maturité entre la puberté et la ménopause. Au cours d'un cycle menstruel typique de 4 semaines, un des follicules mûrit et expulse son ovocyte, un processus appelé ovulation. Avant l'ovulation, les cellules du follicule sécrètent la principale hormone sexuelle femelle : l'œstradiol (un type d'œstrogènes). Après l'ovulation, le reste du tissu folliculaire croît à l'intérieur de l'ovaire et se transforme en une masse compacte appelée **corps jaune**. Celui-ci produit de l'œstradiol, mais aussi de la progestérone, une hormone qui entretient l'endomètre utérin pendant la grossesse. S'il n'y a pas de fécondation, le corps jaune dégénère et un nouveau follicule parvient à maturité au cycle suivant.

Les oviductes et l'utérus

Un **oviducte**, ou trompe de Fallope, relie chaque ovaire avec l'utérus. Le diamètre de la trompe varie sur sa longueur. À proximité de l'utérus, la lumière d'une trompe est aussi étroite qu'un cheveu. À l'ovulation, l'ovocyte est libéré dans la cavité pelvienne, près de l'ouverture de l'oviducte en forme d'entonnoir. Les battements des cils de son épithélium interne permettent de recueillir l'ovocyte en produisant un effet d'aspiration sur le liquide de la cavité corporelle. Les battements des cils et des mouvements ondulatoires font aussi avancer l'ovocyte dans l'oviducte, le conduisant dans l'**utérus**. Cet organe épais et musculeux qu'est l'utérus peut se distendre suffisamment pour contenir un fœtus de 4 kg. L'**endomètre**,

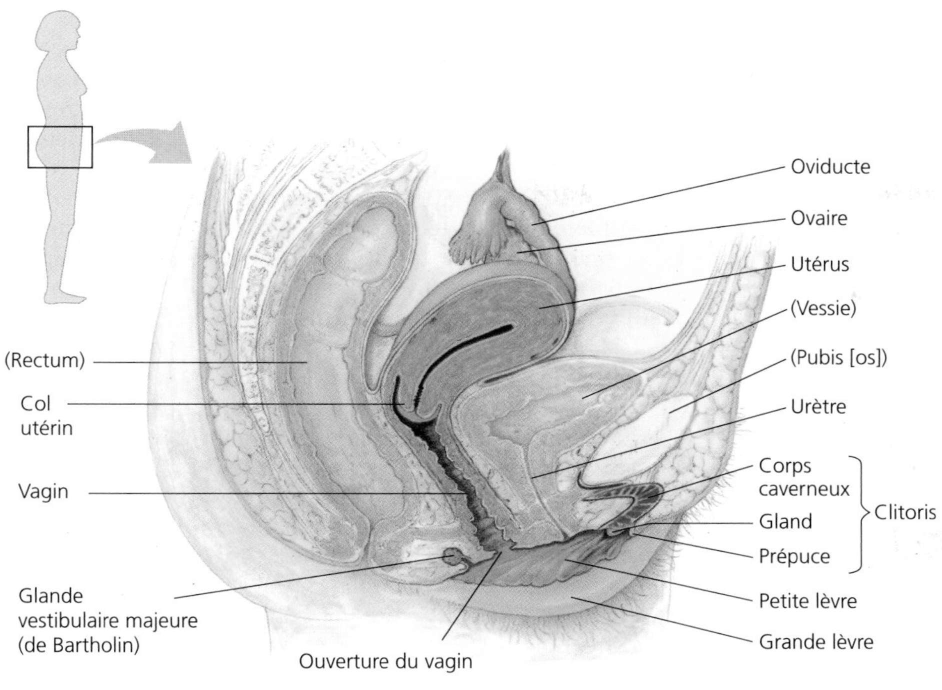

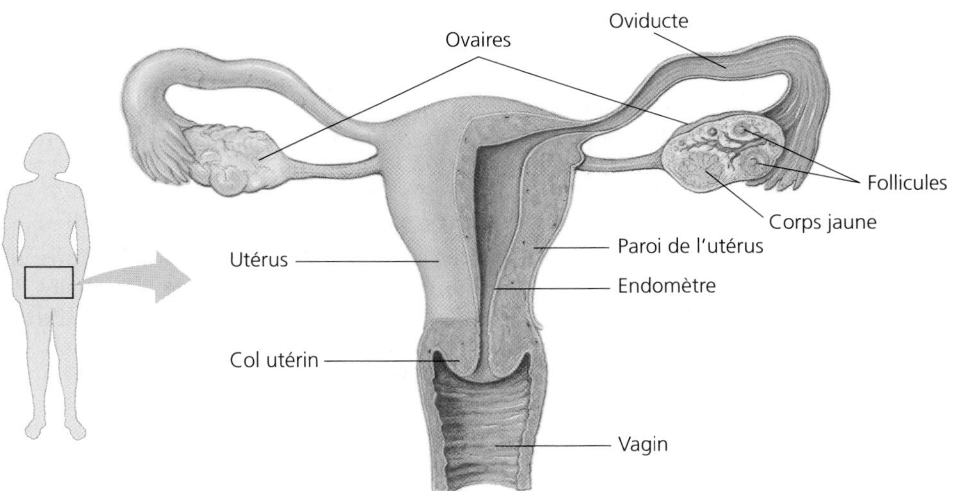

▲ **Figure 46.10 L'anatomie du système reproducteur de la femme.** En guise de guide, certaines structures qui ne servent pas à la reproduction sont placées entre parenthèses.

revêtement interne de l'utérus, est une muqueuse richement vascularisée. L'orifice étroit de l'utérus, appelé **col utérin**, communique avec le vagin.

Le vagin et la vulve

Le **vagin** est une cavité à la paroi mince, musculaire et élastique qui reçoit le pénis et les spermatozoïdes au cours des rapports sexuels et qui permet le passage du bébé à l'accouchement. Il communique avec l'extérieur par la **vulve**, le terme qui désigne l'ensemble des organes génitaux externes de la femme.

Le reste de la vulve est protégé et partiellement recouvert par des replis épais et charnus, les **grandes lèvres**. L'entrée du vagin ainsi que l'ouverture de l'urètre, un peu plus haut, sont situées dans une cavité délimitée par des replis de peau mince appelés **petites lèvres**. Chez la femme, de la naissance jusqu'aux premières relations sexuelles, ou avant si un exercice physique vigoureux cause une rupture, l'orifice vaginal est partiellement recouvert d'une mince membrane de tissu appelée **hymen**. Situé à l'extrémité antérieure des petites lèvres, le **clitoris** est constitué d'un corps caverneux (tissu érectile) court portant un **gland** arrondi recouvert d'une peau, le **prépuce**. Au cours de l'excitation sexuelle, le clitoris, le vagin et les petites lèvres se gorgent de sang et gonflent. Le clitoris, riche en terminaisons nerveuses, représente l'un des points les plus sensibles à la stimulation sexuelle. Au cours de l'excitation sexuelle, les glandes vestibulaires majeures, situées près de l'ouverture du vagin, sécrètent du mucus dans le vestibule, pour le lubrifier et faciliter la pénétration.

Les glandes mammaires

Les **glandes mammaires** sont présentes chez les deux sexes, mais ne sont fonctionnelles que chez la femme. Bien qu'elles ne fassent pas partie du système reproducteur en tant que tel, ces structures jouent un rôle important dans la reproduction. Les glandes mammaires comportent de petites alvéoles de tissu épithélial qui sécrètent le lait. Celui-ci se déverse dans un réseau de conduits débouchant au niveau du mamelon. La masse de la glande mammaire se compose de tissus conjonctifs et, principalement, de tissus adipeux. Chez le mâle, la petite quantité d'œstradiol empêche à la fois le développement des structures lactifères et le dépôt de graisses, de sorte que les seins ne sont habituellement pas saillants.

L'anatomie du système reproducteur de l'homme

Chez l'humain, les organes génitaux externes mâles sont le scrotum et le pénis. Les organes génitaux internes sont les gonades, qui produisent les spermatozoïdes et les hormones, les glandes annexes, qui sécrètent des substances essentielles à la mobilité des spermatozoïdes, et des conduits destinés au transport des spermatozoïdes et des sécrétions glandulaires (**figure 46.11**).

Les testicules

Les gonades mâles, appelées **testicules**, produisent des spermatozoïdes dans deux conduits enroulés de façon compacte et entourés de plusieurs épaisseurs de tissu conjonctif. Ces conduits sont les **tubules séminifères contournés**, dans lesquels se forment les spermatozoïdes. Les **cellules interstitielles du testicule** (cellules de Leydig) disséminées entre ces tubules fabriquent la testostérone et d'autres androgènes (voir le chapitre 45).

Chez la plupart des Mammifères, la bonne formation des spermatozoïdes se fait seulement si la température des testicules est inférieure à la température normale du corps. C'est pourquoi les testicules des humains et de la plupart des Mammifères sont situés à l'extérieur de la cavité pelvienne, dans l'enveloppe de peau qu'est le **scrotum**. Grâce à ce dernier, la température des testicules est inférieure d'environ 2 °C à celle du reste du corps. Les testicules se forment un peu plus haut dans la cavité pelvienne et descendent dans le scrotum juste avant la naissance. Chez de nombreux Rongeurs, les canaux par lesquels les testicules descendent dans le scrotum restent ouverts; les gonades peuvent donc se rétracter à l'intérieur de la cavité pelvienne entre les saisons d'accouplement, ce qui interrompt la maturation des spermatozoïdes. Chez certains Mammifères dont la température corporelle est suffisamment basse pour permettre la formation des spermatozoïdes, par exemple chez les baleines et les éléphants, ils restent en permanence dans la cavité pelvienne.

Les canaux

Venant des tubules séminifères contournés des testicules, les spermatozoïdes pénètrent dans les canalicules efférents qui forment l'**épididyme**. Il leur faut environ trois semaines pour traverser les 6 m de canalicules qui forment chaque épididyme de l'homme. Durant cette migration, ils acquièrent leur mobilité et leur fécondité, mais ils ne deviennent capables de féconder un ovule qu'après avoir été exposés au milieu chimique du système génital de la femme. À l'**éjaculation**, ils sont expulsés de l'épididyme et passent par le **canal déférent**, dont les parois sont constituées d'épaisses couches musculaires. Chacun des deux conduits déférents (un pour chaque épididyme) quitte le scrotum, contourne la vessie et rejoint derrière elle le conduit provenant de la vésicule séminale, pour former un court **canal éjaculateur**. Les deux canaux éjaculateurs aboutissent dans l'**urètre**, conduit qui draine à la fois le système urinaire et le système reproducteur. L'urètre passe au centre du pénis et débouche sur l'extérieur par le méat urétral (situé à l'extrémité du pénis).

Les glandes accessoires

Trois types de glandes annexes ajoutent leurs sécrétions au **sperme**, le liquide qui est éjaculé: les vésicules séminales, la prostate et les glandes bulbo-urétrales. Les deux **vésicules séminales** produisent environ 60 % du volume total du

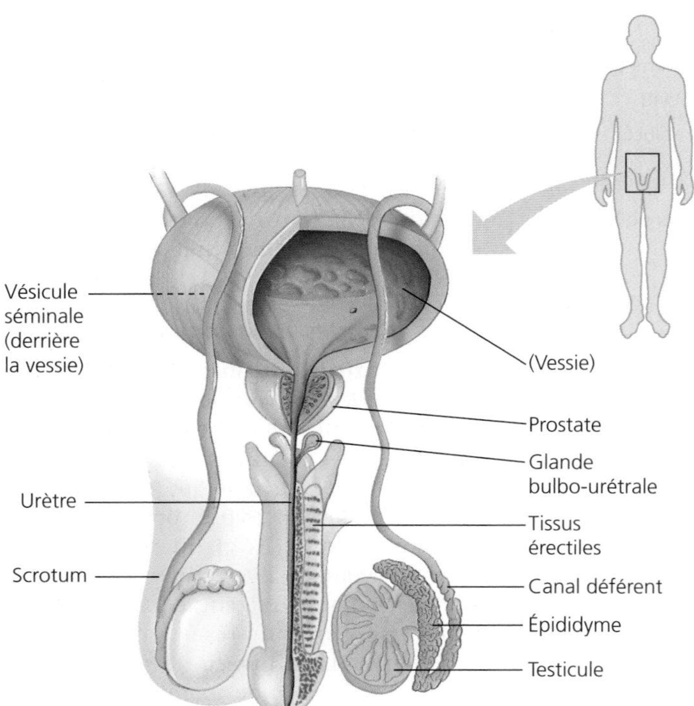

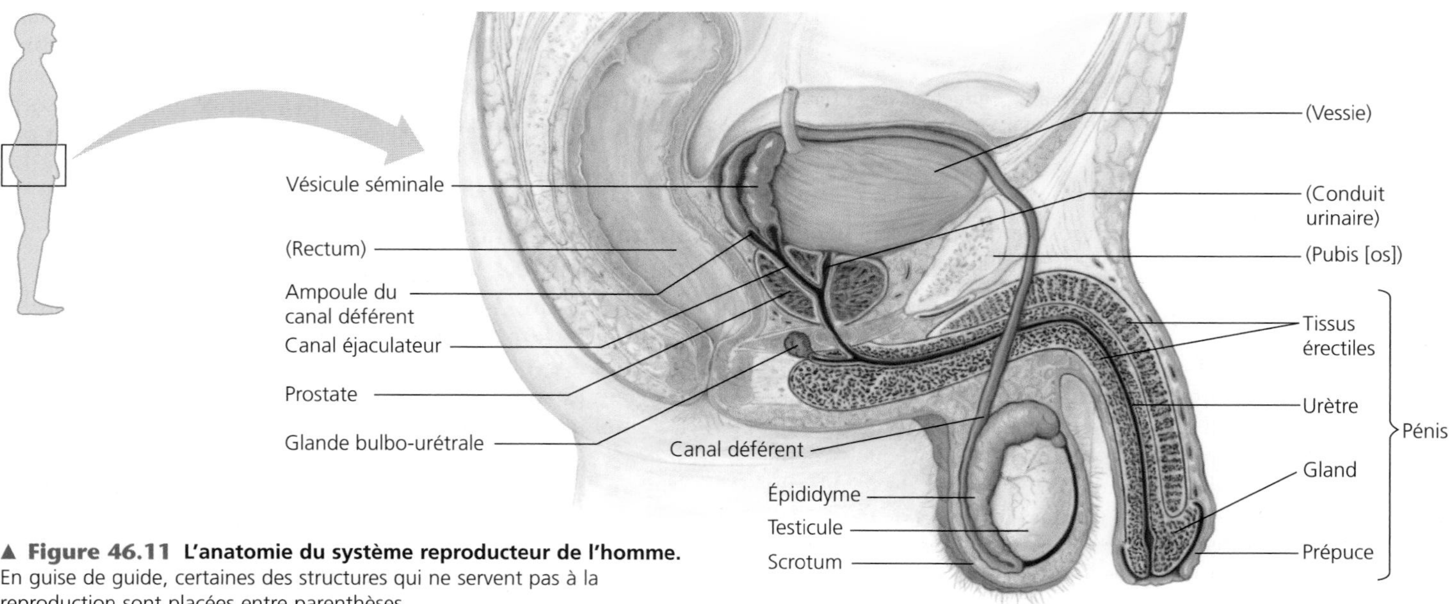

▲ **Figure 46.11 L'anatomie du système reproducteur de l'homme.** En guise de guide, certaines des structures qui ne servent pas à la reproduction sont placées entre parenthèses.

sperme. Le liquide provenant des vésicules séminales est visqueux, jaunâtre et alcalin. Il renferme du mucus, du fructose (source d'énergie pour les spermatozoïdes), une enzyme de coagulation, de l'acide ascorbique et des régulateurs locaux appelés prostaglandines (voir le chapitre 45).

La **prostate** déverse directement ses sécrétions dans l'urètre, par plusieurs petits conduits. Le liquide prostatique est clair et laiteux. Il contient des enzymes anticoagulantes et du citrate (nutriment destiné aux spermatozoïdes). La prostate est le siège de problèmes médicaux courants chez l'homme ayant dépassé la quarantaine. Plus de la moitié des hommes de ce groupe d'âge et presque tous les hommes de plus de 70 ans souffrent d'un gonflement bénin (non cancéreux) de la prostate. Le cancer de la prostate est l'un des plus courants chez l'homme, le plus souvent après l'âge de 65 ans.

Les *glandes bulbo-urétrales* sont une paire de petites glandes situées à proximité du bulbe du pénis, sous la prostate, qui déversent leurs sécrétions dans l'urètre. Avant l'éjaculation, elles sécrètent un liquide clair qui neutralise l'acidité de l'urine restant dans l'urètre. Comme le liquide bulbo-urétral entraîne avec lui des spermatozoïdes libérés avant l'éjaculation, la méthode contraceptive du coït interrompu connaît un taux d'échec élevé.

Le pénis

Le **pénis** humain comprend l'urètre ainsi que trois cylindres de tissus érectiles spongieux. Au cours de l'excitation sexuelle, les tissus érectiles, issus de veines et de capillaires modifiés, s'emplissent de sang artériel. L'augmentation progressive de pression dans ces tissus finit par comprimer les veines drainant le pénis, lequel se gorge alors de sang. L'érection qui en résulte permet l'insertion du pénis dans le vagin. La dysfonction érectile, qui est une incapacité temporaire d'obtenir une érection, peut résulter d'une consommation d'alcool ou de certains médicaments, être la manifestation de troubles émotifs ou être due au vieillissement. Les hommes souffrant d'une dysfonction érectile chronique peuvent recourir à certains médicaments, comme le Viagra, qui favorisent l'action du monoxyde d'azote (NO; voir le chapitre 45). Ce régulateur local provoque un relâchement des muscles lisses dans les vaisseaux sanguins du pénis. Le sang peut alors pénétrer abondamment dans les tissus érectiles et maintenir une érection. Bien que tous les Mammifères doivent compter sur l'érection du pénis pour s'accoupler, le pénis des Rongeurs, des ratons laveurs, des morses et de plusieurs autres Mammifères renferme en outre un os, appelé baculum, qui semble contribuer à raidir le pénis lors de l'accouplement.

Une peau assez épaisse enveloppe le corps principal du pénis. Le revêtement qui entoure le gland du pénis (l'extrémité du pénis) est, quant à lui, beaucoup plus fin, ce qui le rend beaucoup plus sensible à la stimulation. Chez l'homme, un repli de peau appelé prépuce recouvre le gland. La circoncision consiste en l'ablation du prépuce.

La gamétogenèse

La plupart des caractéristiques anatomiques qui différencient les systèmes reproducteurs mâles et femelles reflètent les différences structurales et fonctionnelles des deux types de gamètes. Les spermatozoïdes sont petits et motiles et doivent passer du mâle à la femelle, tandis que les ovules, qui contiennent les premiers nutriments destinés au futur embryon, sont habituellement plus volumineux et accomplissent leur fonction dans les voies génitales femelles. Les ovocytes doivent synchroniser leur développement avec les tissus qui soutiendront l'embryon. En raison de ces différences, le développement du spermatozoïde et celui de l'ovocyte ne suivent pas la même division méiotique. Nous soulignerons ces différences lorsque nous explorerons la **gamétogenèse**, c'est-à-dire la production des gamètes.

La **spermatogenèse**, soit la formation de spermatozoïdes mûrs par le mâle adulte, est un processus continu et très productif. Pour produire des centaines de millions de spermatozoïdes par jour, des processus de division cellulaire et de développement ont lieu dans les tubules séminifères contournés des testicules. Il faut environ sept semaines pour le développement complet d'un seul spermatozoïde.

L'**ovogenèse** est la formation d'ovocytes matures (ovocytes de deuxième ordre). Chez la femme, il s'agit d'un long processus. Les ovocytes immatures se forment dans l'ovaire dès le stade embryonnaire, mais ils ne parviennent à maturité que des années plus tard, souvent des décennies.

La spermatogenèse diffère de l'ovogenèse par trois aspects importants. En premier lieu, au cours de la spermatogenèse, les quatre cellules filles issues de la méiose deviennent des spermatozoïdes matures, tandis que durant l'ovogenèse la cytocinèse de la méiose est inégale, de sorte que presque tout le cytoplasme se retrouve dans une seule des cellules filles, l'ovocyte de deuxième ordre. Cette grosse cellule pourra devenir un ovule, alors que les trois cellules plus petites, appelées *globules polaires*, vont dégénérer. En deuxième lieu, la spermatogenèse commence à l'adolescence et se poursuit tout au long de l'âge adulte; par comparaison, les divisions mitotiques de l'ovogenèse sont vraisemblablement déjà terminées à la naissance, et la production de gamètes matures cesse vers l'âge de 50 ans. En troisième lieu, la spermatogenèse produit des spermatozoïdes matures sans interruption à partir de précurseurs (spermatogonies), tandis que l'ovogenèse traverse de longues périodes de dormance. La **figure 46.12** des deux prochaines pages présente une comparaison des étapes et de l'organisation de la spermatogenèse et de l'ovogenèse chez l'humain.

RETOUR SUR LE CONCEPT 46.3

1. Pourquoi le fait d'utiliser fréquemment un spa peut-il rendre la conception difficile pour un couple?
2. L'ovogenèse est souvent définie comme étant la production d'un ovule haploïde par méiose; chez certains animaux, toutefois, dont les humains, cette définition n'est pas tout à fait juste. Expliquez votre réponse.
3. **ET SI?** Si on obturait chirurgicalement chacun des canaux déférents d'un homme, quels changements se produiraient, selon vous, dans la réponse sexuelle et la composition de l'éjaculat?

Voir les réponses proposées à la fin du chapitre.

▼ **Figure 46.12**

PANORAMA La gamétogenèse humaine

La spermatogenèse

Ces diagrammes mettent en correspondance les étapes mitotiques et méiotiques de la formation des spermatozoïdes et l'histologie des tubules séminifères contournés. Les cellules germinales initiales, ou *primordiales* (cellules souches), des testicules de l'embryon se différencient en **spermatogonies**. À leur tour, ces cellules deviennent des spermatocytes, également par mitose. Chaque spermatocyte donne naissance à quatre spermatides à l'issue de divisions cellulaires méiotiques qui réduisent le double assortiment de chromosomes homologues ($2n = 46$ chez l'humain) en un assortiment simple ($n = 23$); on dit que la cellule reproductrice passe du stade diploïde au stade haploïde. La forme et l'organisation des spermatides subissent des changements importants au cours de la différenciation en spermatozoïdes.

Dans les tubules séminifères contournés, les étapes de la spermatogenèse se déroulent de manière concentrique. Les cellules souches se trouvent en périphérie des tubules. À mesure que la spermatogenèse se déroule, ces cellules se déplacent vers le centre en passant par les stades du spermatocyte et de la spermatide. Au cours de la dernière étape, le spermatozoïde mature est libéré dans la lumière du tubule. Une fois dans ce dernier, le spermatozoïde migre vers l'épididyme, dans lequel il acquiert sa mobilité.

Il y a une corrélation évidente entre la structure d'un spermatozoïde et sa fonction. Chez l'humain, comme chez la plupart des espèces, la tête d'un spermatozoïde renferme le noyau haploïde recouvert d'une structure spécifique, l'**acrosome**, qui contient les enzymes permettant au spermatozoïde de pénétrer dans l'ovocyte. Derrière la tête et formant une gaine se trouvent de nombreuses mitochondries (ou une seule mitochondrie volumineuse chez certaines espèces) qui fournissent l'ATP nécessaire au mouvement du flagelle.

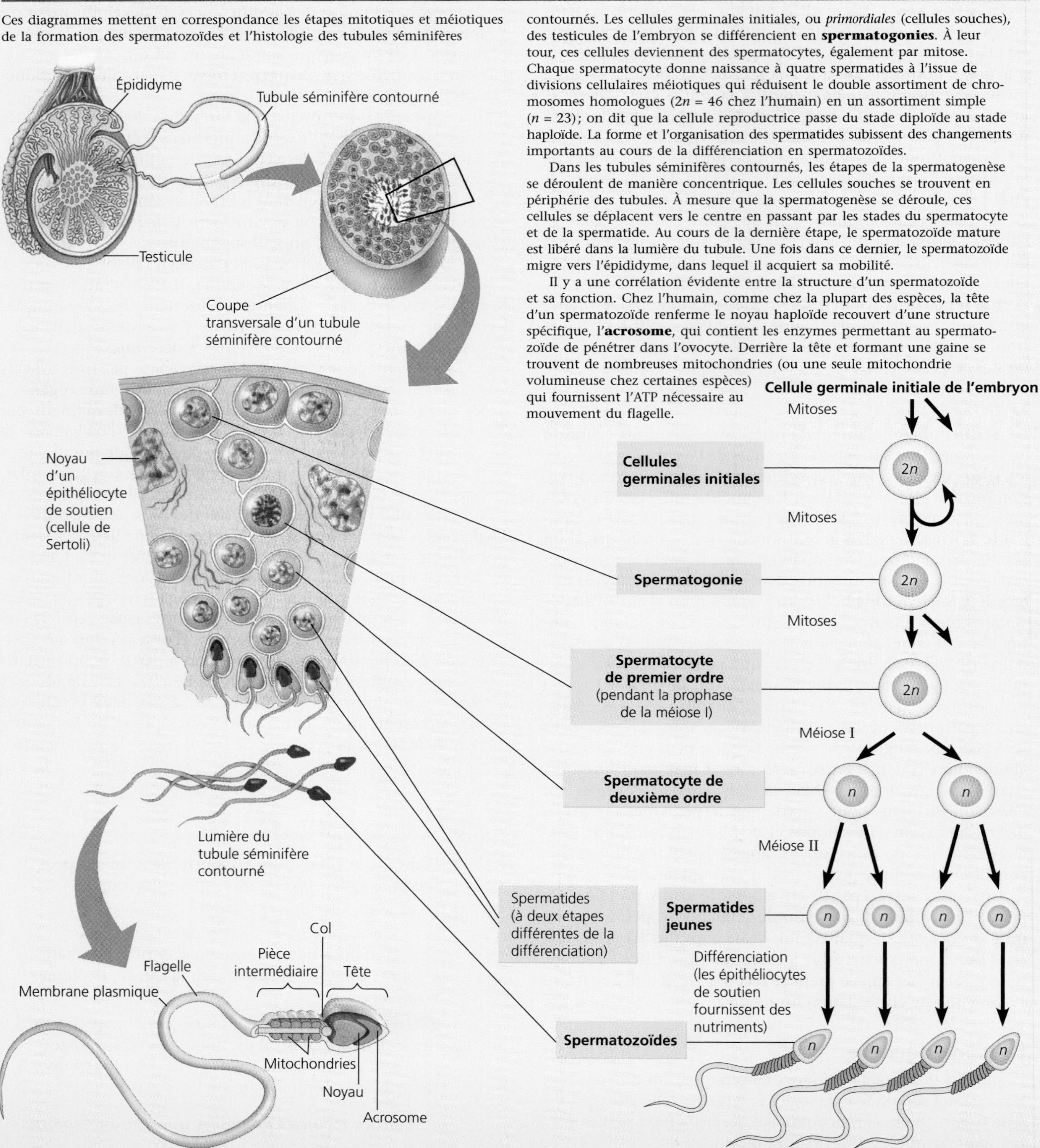

L'ovogenèse

L'ovogenèse commence dans l'embryon par la production d'**ovogonies** à partir de cellules germinales primordiales. Une ovogonie se multiplie d'abord par mitose pour former des cellules qui amorcent la méiose, mais le processus s'arrête à la prophase I avant la naissance. Ces cellules dont le développement est interrompu, appelées **ovocytes de premier ordre**, restent alors en dormance dans des petits follicules, qui sont des cavités recouvertes d'une couche de cellules protectrices. Puis, à la puberté, l'hormone folliculostimulante (FSH) déclenche périodiquement la croissance d'un petit groupe de follicules, qui poursuit alors sa croissance et son développement. Habituellement, un seul follicule par mois parvient à maturité, lorsque l'ovocyte de premier ordre qui s'y trouve termine la méiose I. La seconde division méiotique commence alors, mais elle s'interrompt à la métaphase. Ainsi arrêté à la méiose II, l'**ovocyte de deuxième ordre** est libéré pendant l'ovulation lorsque son follicule se rompt. L'ovocyte de deuxième ordre reprend sa méiose seulement si un spermatozoïde le pénètre. (Chez d'autres espèces animales, le spermatozoïde peut pénétrer dans l'ovocyte à cette même étape de la méiose, ou avant ou après cette étape.) Au cours des divisions méiotiques, la cytocinèse est inégale ; les plus petites cellules auxquelles elles donnent naissance deviennent des globules polaires qui dégénèrent ensuite (le premier globule polaire peut encore se diviser). Donc, le produit fonctionnel de l'ovogenèse complète est un seul ovocyte mature contenant déjà la tête d'un spermatozoïde ; la définition proprement dite de la fécondation est la fusion des noyaux haploïdes du spermatozoïde et de l'ovocyte de second ordre, même si on dit communément que c'est l'entrée du spermatozoïde dans l'ovule.

Après l'ovulation, le follicule rompu restant dans l'ovaire se transforme en corps jaune. Si l'ovocyte n'est pas fécondé et ne poursuit pas l'ovogenèse, le corps jaune dégénère (lutéolyse).

Selon les connaissances actuelles, tous les ovocytes primaires d'une femme sont présents à la naissance, aucun autre ne se formant après celle-ci. Notons, cependant, que des chercheurs ont réfuté en 2004 une conclusion semblable au sujet de la plupart des autres Mammifères après avoir observé des ovogonies qui se multipliaient dans les ovaires de souris adultes et qui se développaient en ovocytes. Si l'on constate la même chose chez les humains, alors il est possible que le déclin marqué de fertilité qui survient chez les femmes vieillissantes soit causé non seulement par le vieillissement des ovocytes, mais aussi par une dégénérescence graduelle des ovogonies.

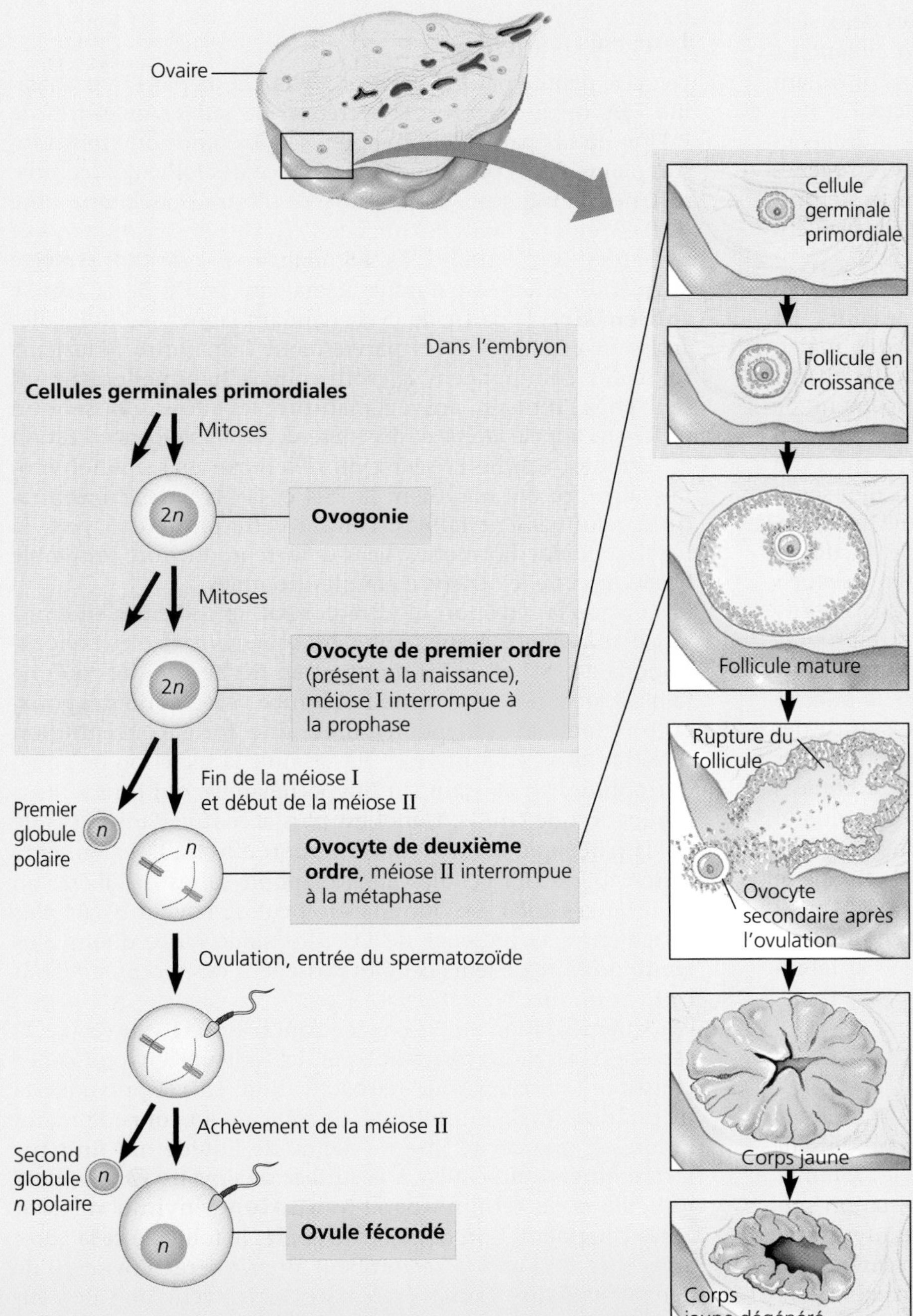

ET SI ? Imaginez que vous analysez l'ADN de globules polaires formés durant l'ovogenèse humaine. Si, chez la mère, une mutation survient dans le gène d'une maladie connue, l'analyse de cet ADN lui permettra-t-elle de savoir si la mutation est présente dans l'ovocyte mature ? Expliquez votre réponse.

CONCEPT 46.4

L'interaction complexe entre les stimulines et les hormones sexuelles régule la reproduction chez les Mammifères

Tant chez les hommes que chez les femmes, la reproduction est régie par les actions coordonnées des hormones de l'hypothalamus, de l'hypophyse et des gonades. L'hypothalamus sécrète l'hormone de libération des gonadotrophines (GnRH) qui, elle, stimule la sécrétion des gonadotrophines par l'hypophyse, soit l'hormone folliculostimulante (FSH) et l'hormone lutéinisante (LH) (voir la figure 45.16, p. 1143). Ces deux hormones régulent la gamétogenèse directement, en ciblant les tissus dans les gonades, ainsi qu'indirectement, en contrôlant la production des hormones sexuelles. Les principales hormones sexuelles sont les hormones stéroïdes : les androgènes chez les hommes, surtout la testostérone ; et les œstrogènes chez les femmes, en particulier l'œstradiol, et la progestérone. Comme les gonadotrophines, les hormones sexuelles régulent la gamétogenèse tant directement qu'indirectement.

Outre la production des gamètes, les hormones sexuelles ont plusieurs fonctions. Chez beaucoup de Vertébrés, les androgènes sont responsables des vocalisations des mâles, par exemple les chants territoriaux des Oiseaux ou les chants nuptiaux des grenouilles. Au cours du développement de l'embryon humain, les androgènes déterminent l'apparition des caractères sexuels primaires, c'est-à-dire les structures qui participent directement à la reproduction : les vésicules séminales et les conduits associés, ainsi que les organes génitaux externes. À la puberté, les hormones sexuelles des mâles et des femelles déclenchent l'apparition des caractères sexuels secondaires, c'est-à-dire les caractères physiques et comportementaux qui ne participent pas directement à la reproduction. Chez les hommes, les androgènes sont responsables de la mue de la voix, de la répartition particulière de la pilosité sur le visage et la région pubienne, et de la croissance des muscles (les androgènes stimulent la synthèse protéique). Les androgènes favorisent également certains comportements sexuels et la libido, et ils augmentent le niveau général d'agressivité. De la même façon, les œstrogènes ont des effets multiples chez la femme. À la puberté, l'œstradiol stimule le développement des seins et des poils pubiens. Il influe aussi sur le comportement sexuel féminin, entraîne l'accumulation de graisses dans les seins et les hanches, augmente la rétention d'eau et altère le métabolisme du calcium.

La régulation hormonale des cycles reproducteurs des femelles

Une fois parvenus à maturité sexuelle, les hommes produisent continuellement des spermatozoïdes, tandis que les femmes produisent des gamètes de manière cyclique. L'ovulation survient seulement quand l'endomètre (muqueuse utérine) a commencé à s'épaissir et à se vasculariser, phénomène qui prépare l'utérus à l'implantation éventuelle d'un embryon. S'il n'y a pas de grossesse, l'endomètre se détache et un autre cycle commence. Le détachement cyclique de l'endomètre richement vascularisé de l'utérus produit un saignement appelé **menstruation**, qui s'écoule par le col utérin et le vagin.

Il existe deux types de cycles chez les femmes. Les modifications qui surviennent dans l'utérus font partie du **cycle menstruel**, aussi appelé **cycle utérin**. Le cycle menstruel humain dure en moyenne 28 jours (il peut toutefois varier de 20 à 40 jours). Les événements cycliques qui ont lieu dans les ovaires, eux, déterminent le **cycle ovarien**. L'activité hormonale coordonne les deux cycles ; elle synchronise la croissance du follicule ovarien et l'ovulation avec l'épaississement de l'endomètre en vue du développement d'un embryon.

Examinons plus en détail le cycle reproducteur de la femme (**figure 46.13**).

Le cycle ovarien

Le cycle débute par la libération de la GnRH par l'hypothalamus ❶, ce qui favorise la sécrétion de faibles quantités de FSH et de LH par l'adénohypophyse ❷. L'hormone folliculostimulante (FSH) provoque la croissance des follicules (comme son nom l'indique), avec l'aide de l'hormone lutéinisante (LH) ❸, et les cellules des follicules en croissance commencent à sécréter de l'œstradiol ❹. La quantité d'œstradiol sécrétée augmente lentement durant la majeure partie de la **phase folliculaire**, la partie du cycle pendant laquelle les follicules croissent et les ovocytes parviennent à maturité. (Plusieurs follicules commencent à croître, mais habituellement un seul, chez l'humain, arrive à maturité ; les autres subissent un processus appelé *atrésie* et dégénèrent.) La faible concentration d'œstradiol inhibe la sécrétion des hormones adénohypophysaires, ce qui maintient la FSH et la LH à des concentrations relativement faibles. Durant cette partie du cycle, la régulation des hormones liées à la reproduction ressemble beaucoup à celle observée chez les hommes.

Lorsque la sécrétion d'œstradiol par les follicules en croissance commence à augmenter brusquement ❺, les concentrations de FSH et de LH montent en flèche ❻. Alors qu'une faible concentration d'œstradiol inhibe la sécrétion des gonadotrophines adénohypophysaires, une forte concentration d'œstradiol a l'effet inverse : elle stimule la sécrétion de gonadotrophines en agissant sur l'hypothalamus, qui intensifie sa production de GnRH. L'effet est plus accentué dans le cas de la LH parce que la forte concentration d'œstradiol augmente la sensibilité des cellules adénohypophysaires de libération de LH à la GnRH. En outre, les follicules peuvent réagir plus fortement à la présence de LH à ce stade parce qu'un plus grand nombre de leurs cellules possèdent des récepteurs pour cette hormone.

L'augmentation de la concentration de LH causée par la sécrétion accrue d'œstradiol par le follicule en croissance constitue un exemple de rétroactivation. La LH provoque la maturation finale du follicule. Le follicule en cours de maturation est une cavité interne pleine de liquide qui finit par former une protubérance à la surface de l'ovaire ❼. La phase folliculaire se termine par l'**ovulation**, environ un jour après l'augmentation brusque de la LH : le follicule et la paroi adjacente de l'ovaire se rompent pour libérer l'ovocyte de deuxième ordre. Certaines femmes perçoivent une douleur au bas-ventre au moment de l'ovulation ; elles ressentent

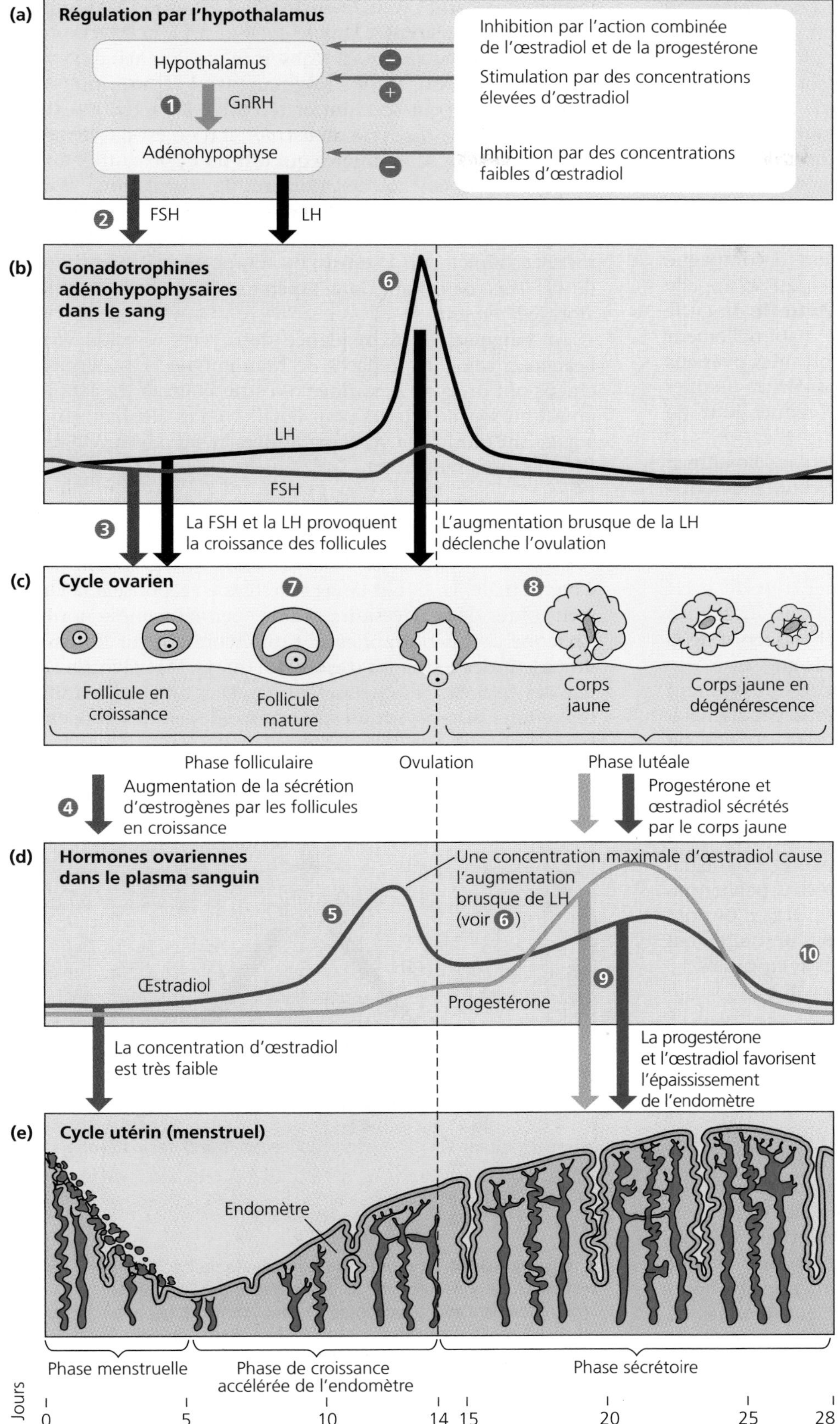

▲ **Figure 46.13 Le cycle reproducteur de la femme.** Cette figure montre comment les variations de concentrations des hormones dans le plasma sanguin, décrites dans les parties **(a)**, **(b)** et **(d)**, assurent la régulation **(c)** du cycle ovarien et **(e)** du cycle utérin (menstruel). L'échelle de temps au bas de la figure s'applique aux parties **(b)** à **(e)**.

cette douleur à gauche ou à droite, selon l'ovaire qui libère un follicule durant le cycle.

La **phase lutéale** du cycle ovarien suit l'ovulation. La LH déclenche la transformation des tissus folliculaires qui sont restés dans l'ovaire ❽. Ces tissus deviennent le corps jaune, qui est une structure glandulaire. Sous l'effet de la LH, qui exerce une stimulation continue pendant la phase lutéale du cycle ovarien, le corps jaune sécrète la progestérone et l'œstradiol. Au fur et à mesure que leurs concentrations augmentent, la progestérone et l'œstradiol combinent leurs actions pour exercer une rétro-inhibition sur l'hypothalamus et l'adénohypophyse. Cette rétro-inhibition réduit la sécrétion de LH et de FSH à de très faibles taux et empêche un autre ovule de mûrir lorsqu'il y a eu fécondation.

Vers la fin de la phase lutéale, le corps jaune dégénère en raison des faibles concentrations de gonadotrophines. Par conséquent, les concentrations d'œstradiol et de progestérone diminuent fortement. Cette chute libère l'hypothalamus et l'adénohypophyse de l'inhibition exercée par ces hormones ovariennes. L'adénohypophyse se met alors à sécréter une quantité suffisante de FSH pour déclencher la croissance de nouveaux follicules dans l'ovaire, marquant le début du cycle ovarien suivant.

Le cycle utérin (menstruel)

Avant l'ovulation, les hormones stéroïdes ovariennes stimulent l'utérus pour le préparer au développement de l'embryon. L'œstradiol, sécrété en quantités de plus en plus importantes par les follicules en croissance, provoque l'épaississement de l'endomètre. De cette façon, la phase folliculaire du cycle ovarien est coordonnée avec la **phase de croissance accélérée de l'endomètre** du cycle utérin. Après l'ovulation ❾, l'œstradiol et la progestérone sécrétés par le corps jaune stimulent la suite du développement et le maintien de la couche fonctionnelle de l'endomètre. Ce processus inclut le grossissement des artérioles et la croissance des glandes de la couche fonctionnelle de l'endomètre qui sécrètent un liquide contenant des nutriments. Ces nutriments permettent au jeune embryon de survivre avant qu'il ne s'implante dans la couche fonctionnelle de l'endomètre. Il y a donc bien une coordination entre la phase lutéale du cycle ovarien et ce qu'on appelle la **phase sécrétoire** du cycle utérin.

La chute rapide de la concentration d'hormones ovariennes pendant la dégénérescence du corps jaune provoque la constriction des artérioles de la couche fonctionnelle de l'endomètre ⑩. Par suite du manque d'irrigation sanguine, les deux tiers intérieurs de la couche fonctionnelle de l'endomètre se désintègrent, et l'utérus se contracte sous l'effet des prostaglandines. Les petits vaisseaux sanguins dans l'endomètre se resserrent et libèrent le sang qu'ils contenaient, accompagné de liquide et de tissus endométriaux. C'est ce qu'on appelle la menstruation, c'est-à-dire la **phase menstruelle** du cycle utérin. Durant la menstruation, qui dure habituellement quelques jours, un ensemble de nouveaux follicules ovariens commence à croître. Par convention, on considère le premier jour de la menstruation comme étant le premier jour du cycle utérin (et ovarien).

À chaque cycle, la maturation de l'ovocyte dans l'ovaire et sa libération sont synchrones avec les modifications de l'utérus, l'organe qui abrite l'embryon s'il y a fécondation. Si un embryon ne s'est pas implanté dans l'endomètre avant la fin de la phase sécrétoire du cycle utérin, une nouvelle phase menstruelle commence, marquant le premier jour du cycle suivant. Plus loin dans le présent chapitre, nous étudierons certains mécanismes qui empêchent la dégénérescence de la couche fonctionnelle de l'endomètre en cas de grossesse.

Environ 7% des femmes en âge de procréer souffrent d'**endométriose**, une affection qui se caractérise par la migration de certaines cellules de l'endomètre vers un endroit anormal, ou **ectopique** (du grec *ektopos*, « au dehors »). Une fois migré dans une structure telle qu'une trompe, un ovaire ou le gros intestin, le tissu ectopique réagit aux hormones présentes dans la circulation sanguine. Comme il le ferait dans l'endomètre, le tissu se met alors à épaissir et à se dégrader à chaque cycle ovarien, causant des douleurs pelviennes et des saignements dans l'abdomen. Les chercheurs n'ont pas encore trouvé les causes de l'endométriose, mais un traitement hormonal ou la chirurgie peut en atténuer les symptômes.

La ménopause

Après environ 500 cycles, les femmes atteignent la **ménopause**, période où l'ovulation et les menstruations s'arrêtent, habituellement entre 46 et 54 ans. Vers cet âge, les ovaires perdent la capacité de répondre aux gonadotrophines (FSH et LH) provenant de l'adénohypophyse. Il s'ensuit une diminution de la production d'œstradiol.

La ménopause est un phénomène exceptionnel. En effet, chez la plupart des espèces, les femelles et les mâles conservent toute leur vie la capacité de se reproduire. L'évolution explique-t-elle ce phénomène? Une hypothèse intéressante avance qu'au début de l'humanité l'apparition de la ménopause après la naissance de quelques enfants permettait aux femmes de garder une meilleure forme physique. L'incapacité de se reproduire leur aurait permis de bien prendre soin de leurs enfants et de leurs petits-enfants. Cela aurait ainsi favorisé la survie des individus portant leurs gènes.

Le cycle menstruel et le cycle œstral

Chez toutes les femelles des Mammifères, l'endomètre s'épaissit avant l'ovulation, mais seuls les humains et quelques autres Primates ont des cycles menstruels. Les autres Mammifères ont un **cycle œstral**. Dans le cycle œstral, la couche fonctionnelle de l'endomètre est réabsorbée par l'utérus; il n'y a pas de saignement ou, s'il y a saignement, il est minime. Alors que la femme peut se montrer réceptive à l'activité sexuelle tout au long de son cycle menstruel, il n'en est pas de même des femelles des Mammifères qui ont un cycle œstral. Celles-ci ne s'accouplent qu'au moment de l'ovulation, période d'activité sexuelle appelée **œstrus** (mot latin signifiant « frénésie », « passion »), qui est le seul moment où le vagin permet l'accouplement. L'œstrus, ou rut, porte également le nom de *chaleurs* parce que la température corporelle augmente alors légèrement.

La longueur et la fréquence des cycles œstraux varient beaucoup selon les espèces de Mammifères. Les ours et les chiens ont un cycle par année (l'œstrus étant de 16 à 25 jours pour l'ours et de 9 jours pour le chien). Les éléphants, quant à eux, ont plusieurs cycles par année. Le rat a un cycle œstral de cinq jours seulement.

La régulation hormonale du système reproducteur mâle

Chez le mâle, la FSH et la LH sécrétées en réponse à la GnRH sont toutes deux nécessaires à une spermatogenèse normale. Chacune de ces hormones agit différemment sur les tissus à l'intérieur des testicules (**figure 46.14**). La FSH favorise l'activité des épithéliocytes de soutien. Dans les tubules séminifères, ces cellules nourrissent les spermatozoïdes en développement

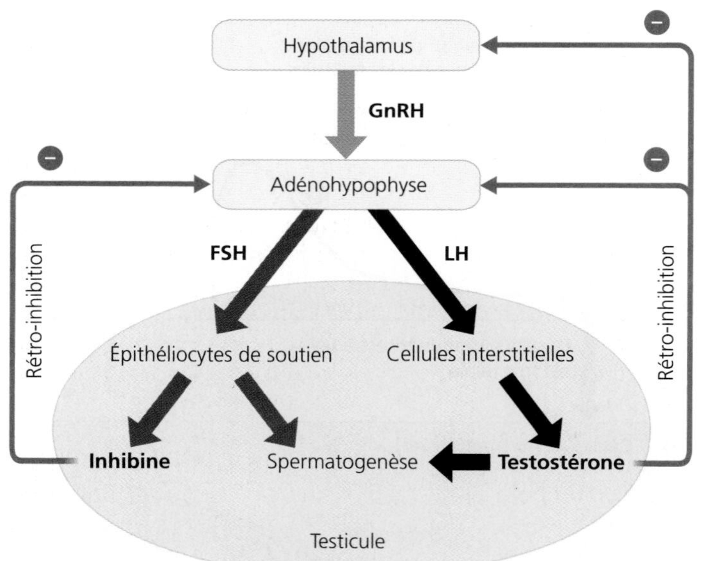

▲ **Figure 46.14 La régulation hormonale de l'activité dans les testicules.** La gonadolibérine (GnRH) produite par l'hypothalamus favorise la sécrétion par l'adénohypophyse de deux hormones gonadotrophiques qui agissent différemment sur les testicules: l'hormone lutéinisante (LH) et l'hormone folliculostimulante (FSH). La FSH agit sur les épithéliocytes de soutien, qui nourrissent les spermatozoïdes en voie de développement. La LH agit sur les cellules interstitielles des testicules qui produisent les androgènes, surtout la testostérone. Celle-ci exerce une rétro-inhibition sur l'hypothalamus et l'adénohypophyse, le principal mécanisme qui assure la constance de la concentration de LH, de FSH et de GnRH. La sécrétion de FSH est également sujette à la rétro-inhibition sous l'effet d'une hormone appelée inhibine, sécrétée par les épithéliocytes de soutien.

(voir la figure 46.12). La LH régule les cellules interstitielles des testicules entre les tubules séminifères. Sous l'effet de la LH, celles-ci sécrètent de la testostérone et d'autres androgènes, lesquels stimulent la spermatogenèse dans les tubules. Tant la sécrétion d'androgènes que la spermatogenèse ont lieu de manière continue à partir de la puberté.

Deux mécanismes de rétro-inhibition assurent la régulation de la production hormonale chez les hommes (voir la figure 46.14). La testostérone régule les concentrations sanguines de GnRH, de FSH et de LH en inhibant l'hypothalamus et l'hypophyse. En outre, l'**inhibine**, une hormone produite par les épithéliocytes de soutien, agit sur l'adénohypophyse, qui réduit sa sécrétion de FSH. Ensemble, ces mécanismes de rétro-inhibition maintiennent la production d'androgènes à des niveaux optimaux.

La réponse sexuelle chez l'humain

La documentation sur la régulation hormonale de l'ovogenèse et de la spermatogenèse est très abondante, mais il en est tout autrement au sujet du désir sexuel et de la réponse sexuelle. La testostérone, la prolactine et l'ocytocine semblent influer sur la fonction sexuelle des hommes et des femmes, mais leurs rôles précis demeurent mal compris. Jusqu'à maintenant, l'étude de la réponse sexuelle humaine portait surtout sur les changements physiologiques associés à l'activité sexuelle.

Comme nous l'avons mentionné précédemment, de nombreux animaux présentent des comportements sexuels très élaborés. Chez les humains, l'excitation sexuelle est encore plus complexe; elle fait intervenir une variété de facteurs psychologiques aussi bien que physiques. Les structures génitales de l'homme et de la femme sont très différentes, mais elles ont des fonctions semblables. Ces similarités reflètent leur origine commune. Par exemple, le gland et le clitoris sont issus des mêmes tissus embryonnaires; il en est également ainsi pour le scrotum et les grandes lèvres, de même que pour la peau du pénis et les petites lèvres.

La réponse sexuelle humaine suit un modèle physiologique commun chez les hommes et les femmes. On observe deux types de réactions physiologiques chez l'un et l'autre sexe. Le premier type de réaction est la **vasocongestion**, qui est l'engorgement d'un tissu causé par un afflux de sang circulant dans ses artérioles. Le second est la **myotonie**, soit l'augmentation de la tension musculaire. Les muscles squelettiques et les muscles lisses peuvent effectuer des contractions continues ou rythmiques, notamment des contractions associées à l'orgasme.

On peut diviser la réponse sexuelle en quatre phases: l'excitation, le plateau, l'orgasme et la résolution. La phase d'excitation a une fonction importante consistant à préparer le vagin et le pénis en vue du **coït** (rapport sexuel). Pendant cette phase, la vasocongestion se manifeste surtout par l'érection du pénis et du clitoris, par le gonflement des testicules, des petites lèvres (repoussant les grandes lèvres vers l'extérieur) ainsi que des seins, et par la lubrification du vagin. Il peut également y avoir une myotonie provoquant l'érection des mamelons ou une tension dans les bras et les jambes.

Dans la phase de plateau, les réactions de la phase d'excitation continuent. Chez la femme, il y a vasocongestion du tiers extérieur du vagin et dilatation légère, en diamètre et en longueur, des deux tiers intérieurs. S'accompagnant de l'élévation de l'utérus, ces changements produisent une dépression qui attire le sperme au fond du vagin. La respiration s'accélère, la fréquence cardiaque augmente (parfois jusqu'à 150 batt./min) et la pression artérielle s'élève. Il ne s'agit pas d'une réaction à l'effort physique que représente l'activité sexuelle, mais d'une réaction involontaire à la stimulation du système nerveux autonome (voir la figure 49.8, p. 1235).

L'**orgasme** se manifeste chez les deux sexes par des contractions rythmiques et involontaires de certaines parties du système reproducteur. Pendant l'orgasme masculin, les contractions des glandes et des conduits du système reproducteur projettent d'abord le sperme dans l'urètre (c'est ce qu'on appelle l'*émission*). Puis, l'urètre se contracte à son tour et expulse le sperme à l'extérieur du corps (c'est l'*éjaculation* proprement dite). Pendant l'orgasme féminin, l'utérus et le tiers du vagin situé à proximité du vestibule, mais pas les deux tiers intérieurs du vagin, se contractent. Cette phase est la plus courte des phases de la réponse sexuelle. Elle ne dure habituellement que quelques secondes. Chez les deux sexes, les contractions se suivent à des intervalles d'environ 0,8 s et peuvent mettre à contribution le muscle sphincter externe de l'anus et plusieurs muscles abdominaux.

La phase de résolution termine le cycle et met un terme aux réactions des étapes précédentes. Les organes qui ont été le siège d'une vasocongestion retrouvent leur taille et leur couleur normales. Les muscles se relâchent. La plupart des modifications qui se produisent pendant la résolution prennent fin en moins de cinq minutes. Cependant, l'érection du pénis et du clitoris peut mettre plus de temps à disparaître complètement. Après l'orgasme, l'homme a une période réfractaire qui peut durer de quelques minutes à plusieurs heures, durant laquelle l'érection et l'orgasme ne sont pas possibles. La femme n'a pas de période réfractaire, de sorte qu'elle peut avoir des orgasmes multiples dans un court laps de temps.

RETOUR SUR LE CONCEPT 46.4

1. La FSH et la LH tirent leur nom d'événements du cycle reproducteur de la femelle, mais elles exercent également une action chez le mâle. Quels sont les points communs entre ces fonctions chez la femelle et chez le mâle?
2. Quelle est la différence entre un cycle œstral et un cycle menstruel? Chez quels types d'Animaux trouve-t-on les deux sortes de cycles?
3. **ET SI?** Si une femme commence à prendre de l'œstradiol et de la progestérone immédiatement après le début d'un nouveau cycle menstruel, quel effet cela aura-t-il sur l'ovulation?
4. **FAITES UN DESSIN** La coordination des événements développementaux est caractéristique des cycles reproducteurs de la femme et d'un virus à ARN enveloppé (voir la figure 19.7, p. 449). Quelle est la nature de cette coordination dans chacun de ces cycles?

Voir les réponses proposées à la fin du chapitre.

CONCEPT 46.5

Chez les Mammifères placentaires, le développement embryonnaire se déroule entièrement dans l'utérus

Maintenant que nous avons exploré les cycles ovarien et utérin de la femme, nous allons nous pencher sur la reproduction à proprement parler, en commençant par les événements qui transforment un ovule en embryon.

La conception, le développement embryonnaire et la naissance

Lors des rapports sexuels humains, de 2 à 5 mL de sperme sont transférés, à raison de 70 à 130 millions de spermatozoïdes par millilitre. L'alcalinité du sperme aide à neutraliser l'environnement acide du vagin, ce qui protège les spermatozoïdes et augmente leur mobilité. Au moment de l'éjaculation, le sperme coagule. Il semble que cette coagulation contribue à éviter la dispersion des spermatozoïdes jusqu'à ce qu'ils aient atteint le col utérin. Peu après, les anticoagulants liquéfient le sperme, et les spermatozoïdes commencent à nager vers l'utérus et les trompes utérines.

La fécondation d'un ovule (ovocyte fécondé) par un spermatozoïde (aussi appelée **conception**, chez les humains) a lieu dans la trompe utérine (**figure 46.15a**). Vingt-quatre heures plus tard environ, le zygote commence à se diviser. Ce processus qu'on appelle **segmentation** se poursuit, et l'embryon forme une boule de 16 cellules lorsqu'il atteint l'utérus, 3 ou 4 jours après la fécondation. Environ cinq jours après la fécondation, la segmentation a produit le **blastocyste**, une sphère de cellules creusée d'une cavité remplie de liquide, le blastocœle.

Quelques jours après la formation du blastocyste, l'embryon s'implante dans l'endomètre (**figure 46.15b**). C'est seulement après s'être implanté qu'un embryon peut se transformer en un fœtus.

L'embryon implanté sécrète des hormones qui signalent sa présence et exercent une régulation sur le système reproducteur de la mère. L'une des hormones embryonnaires, la **gonadotrophine chorionique humaine** (**hCG**, pour *human chorionic gonatotropin*), agit de la même façon que l'hormone lutéinisante (LH) adénohypophysaire. Elle maintient la sécrétion de progestérone et d'œstradiol par le corps jaune durant les premiers mois de la grossesse. Si elle n'était pas là, l'inhibition de l'adénohypophyse par la progestérone causerait une baisse de LH maternelle, le corps jaune se détériorerait et les taux de progestérone chuteraient, provoquant l'apparition

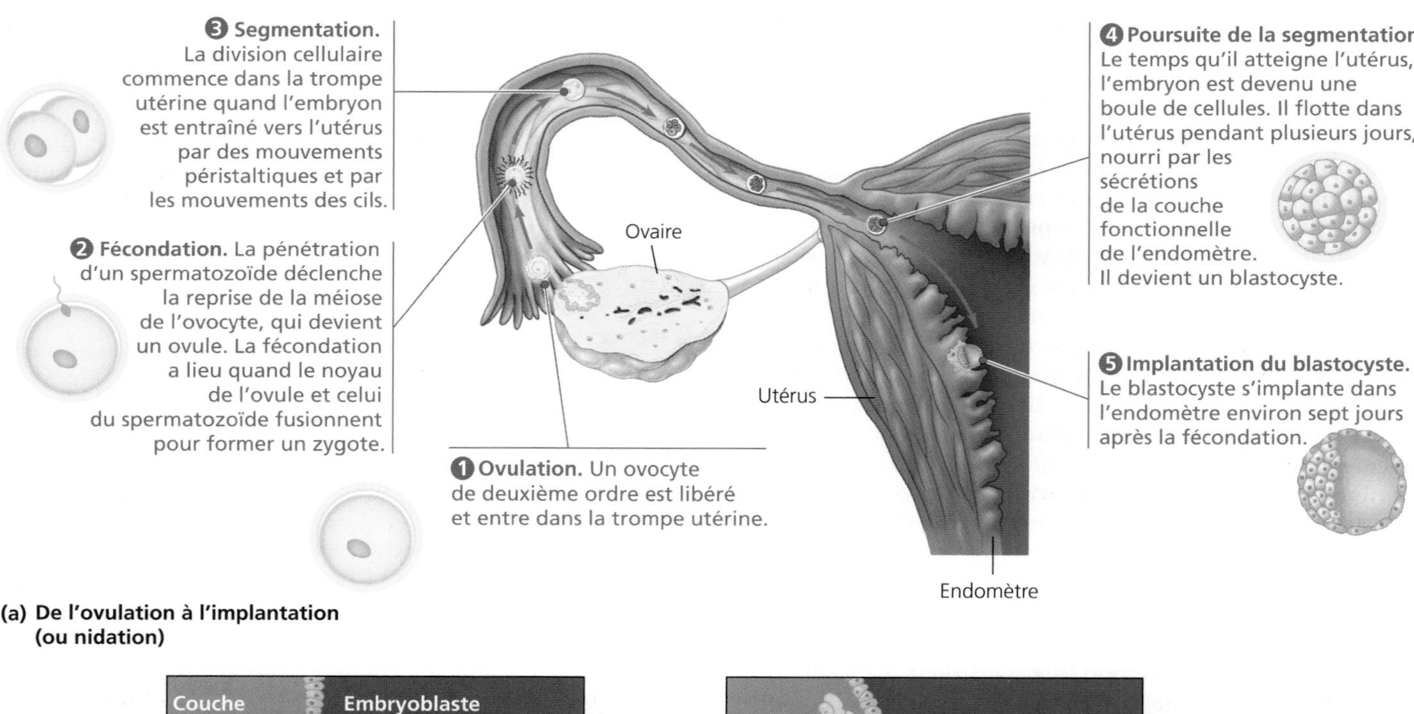

❸ Segmentation. La division cellulaire commence dans la trompe utérine quand l'embryon est entraîné vers l'utérus par des mouvements péristaltiques et par les mouvements des cils.
❷ Fécondation. La pénétration d'un spermatozoïde déclenche la reprise de la méiose de l'ovocyte, qui devient un ovule. La fécondation a lieu quand le noyau de l'ovule et celui du spermatozoïde fusionnent pour former un zygote.
❶ Ovulation. Un ovocyte de deuxième ordre est libéré et entre dans la trompe utérine.
Ovaire
Utérus
Endomètre
❹ Poursuite de la segmentation. Le temps qu'il atteigne l'utérus, l'embryon est devenu une boule de cellules. Il flotte dans l'utérus pendant plusieurs jours, nourri par les sécrétions de la couche fonctionnelle de l'endomètre. Il devient un blastocyste.
❺ Implantation du blastocyste. Le blastocyste s'implante dans l'endomètre environ sept jours après la fécondation.

(a) De l'ovulation à l'implantation (ou nidation)

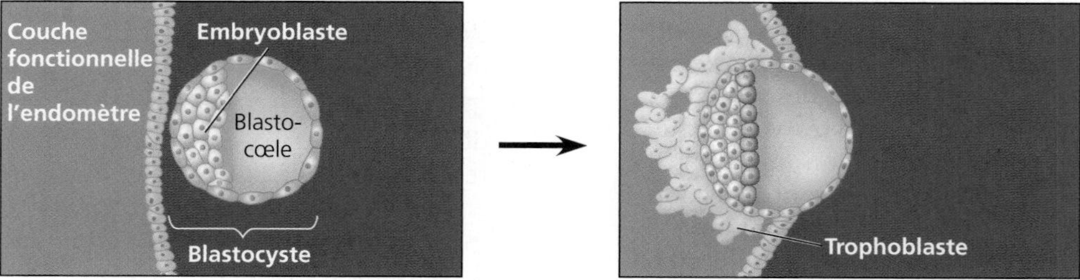

(b) Implantation du blastocyste

▲ **Figure 46.15 La formation du zygote et les événements suivant la fécondation.**

des menstruations et la perte de l'embryon. Le sang contient une telle concentration de hCG qu'une certaine quantité de cette hormone est excrétée dans l'urine. C'est d'ailleurs sur la détection de cette hormone que reposent les tests immunologiques de diagnostic précoce de la grossesse.

La **gestation** (**grossesse** chez l'humain) est le fait de porter dans l'utérus un ou plusieurs embryons. Chez l'humain, la grossesse dure en moyenne 266 jours (38 semaines) à partir de la fécondation de l'ovule, ou 40 semaines à partir du début du dernier cycle menstruel. Chez les autres mammifères placentaires, la période de gestation varie en fonction de la taille de l'animal et du développement du jeune à la naissance. Chez de nombreux rongeurs, elle est d'environ 21 jours. Chez les chiens, elle s'étend sur près de 60 jours. Chez les bovins, elle dure en moyenne 270 jours (presque celle de l'humain). Enfin, elle est de 420 jours chez les girafes et de plus de 600 jours chez les éléphants.

Ce ne sont pas tous les ovules fécondés qui se développent complètement. De nombreuses grossesses se terminent spontanément à cause d'anomalies chromosomiques ou développementales. Beaucoup plus rarement, l'ovule fécondé se loge dans une trompe utérine et aboutit à une grossesse tubaire, ou ectopique. Ces grossesses non viables peuvent faire éclater la trompe et causer de graves hémorragies internes. Un certain nombre d'affections, dont l'endométriose, augmentent le risque de grossesse tubaire. Il en est de même des infections bactériennes contractées lors d'un accouchement (par le biais des interventions médicales) ou des *infections transmissibles sexuellement* (ITS), qui laissent des cicatrices sur les trompes.

Les ITS sont les causes les plus importantes d'infertilité qu'il est possible d'éviter. En Amérique du Nord, les taux les plus élevés d'ITS s'observent chez les jeunes âgés de 15 à 24 ans. Le nombre de femmes infectées est en réalité beaucoup plus élevé, car la plupart des femmes atteintes d'une ITS n'ont pas de symptômes et ignorent donc qu'elles sont infectées. On estime que 40 % des femmes souffrant de chlamydia ou de gonorrhée non traitées présenteront des symptômes inflammatoires qui peuvent causer l'infertilité ou augmenter le risque de grossesses ectopiques potentiellement fatales.

Le premier trimestre

Pour simplifier, on peut diviser la gestation humaine en trois périodes d'environ trois mois chacune: les **trimestres**. Les changements les plus importants, tant pour la mère que pour l'embryon, se produisent pendant le premier trimestre. Au cours de l'implantation (ou nidation), le blastocyste s'enfonce dans la couche fonctionnelle de l'endomètre, qui réagit en le recouvrant. Les cellules et les tissus se différencient alors en structures corporelles spécialisées. (Nous étudierons plus en détail le développement embryonnaire au chapitre 47.)

Ainsi, durant les deux à quatre premières semaines de son développement, l'embryon obtient ses nutriments directement de l'endomètre. Entre-temps, la couche externe du blastocyste, appelée **trophoblaste**, sort de l'embryon en formation et pénètre dans la couche fonctionnelle de l'endomètre, contribuant ainsi à la formation ultérieure du **placenta**. Cet organe en forme de disque qui contient des vaisseaux sanguins embryonnaires et maternels grossit au point d'atteindre la taille d'une grande assiette; à la fin de la grossesse, il pèse près de 1 kg. La diffusion de matières entre les systèmes cardiovasculaires maternel et embryonnaire permet l'échange de gaz respiratoires et le transfert de nutriments, ainsi que l'évacuation des déchets produits par l'embryon. Le sang provenant de l'embryon arrive au placenta en passant par des artères du cordon ombilical, et en repart par la veine ombilicale (**figure 46.16**).

Au cours du premier mois du développement, la division de l'embryon peut donner des vrais jumeaux, ou *monozygotes* (un seul ovule). Les faux jumeaux, ou *jumeaux dizygotes*, sont plutôt issus de la maturation de deux follicules au cours du même cycle, suivie de la fécondation et de l'implantation indépendantes de deux embryons génétiquement distincts.

Le premier trimestre est également la principale période où s'effectue l'**organogenèse**, c'est-à-dire la formation des organes (**figure 46.17**) à partir de trois feuillets cellulaires, appelés *feuillets embryonnaires*, dont nous reparlerons au chapitre 47. C'est durant l'organogenèse que l'embryon est le plus vulnérable à certaines menaces, telles que les radiations et les médicaments, qui peuvent provoquer des malformations. À huit semaines, l'embryon, désormais appelé **fœtus**, possède les principales structures de l'adulte sous forme rudimentaire. Le cœur commence à battre dès la quatrième semaine, et on peut l'entendre au stéthoscope à la fin du premier trimestre, vers la neuvième semaine. À la fin du troisième mois, le fœtus déjà bien différencié ne mesure toutefois que 5 cm.

Durant le premier trimestre, la femme enceinte subit également des changements rapides. La forte concentration sanguine de progestérone entraîne diverses modifications dans son système reproducteur. Ainsi, la quantité de mucus augmente de manière considérable dans le col utérin, pour former un bouchon protecteur contre l'infection. De plus, la partie maternelle du placenta grossit, le volume de l'utérus augmente, et l'ovulation et le cycle menstruel s'arrêtent (par rétro-inhibition au niveau de l'hypothalamus et de l'adénohypophyse). Enfin, les seins grossissent rapidement et sont souvent assez sensibles. Environ 75 % des femmes enceintes ont des nausées au cours du premier trimestre.

La mère et le fœtus étant reliés par le placenta, celui-ci laisse passer aussi bien les substances toxiques que les substances nutritives. C'est pourquoi la consommation d'alcool durant la grossesse comporte des risques importants. L'alcool qui se rend au système nerveux central du fœtus en développement peut causer le syndrome d'alcoolisation fœtale, qui se manifeste par un retard mental et des malformations congénitales graves. De même, le tabagisme durant la grossesse augmente le risque d'avoir un bébé de faible poids à la naissance ou souffrant d'autres problèmes de santé.

Le deuxième trimestre

Au cours du deuxième trimestre, l'utérus prend suffisamment de volume pour que la grossesse devienne évidente. Le fœtus atteint rapidement la taille de 30 cm et se montre assez actif. La mère peut sentir ses mouvements dès la première partie du deuxième trimestre, et on peut le voir bouger à travers la paroi abdominale vers le milieu de cette période. La concentration hormonale se stabilise, tandis que la quantité d'hCG diminue. Le corps jaune se résorbe et le placenta sécrète sa propre progestérone, ce qui maintient la grossesse; chez d'autres espèces de Mammifères, le corps jaune persiste durant toute la gestation.

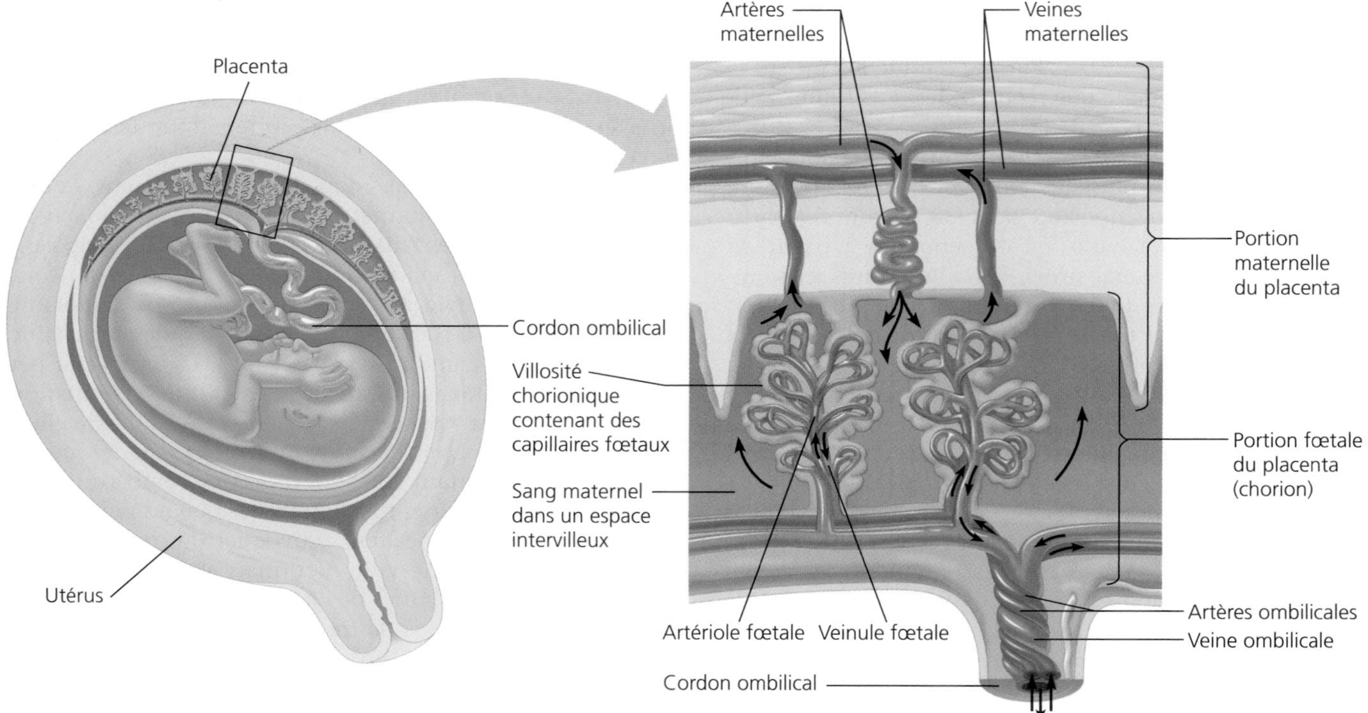

▲ **Figure 46.16 La circulation placentaire.** De la quatrième semaine à la naissance, le placenta, organe composé de tissus maternels et fœtaux, permet le transport de nutriments et d'anticorps (IgG) maternels, l'échange de gaz respiratoires entre la mère et le fœtus, et l'évacuation des déchets produits par ce dernier. Le sang maternel arrive dans le placenta par des artères, traverse des espaces sanguins intervilleux situés dans la couche fonctionnelle de l'endomètre et ressort par des veines. Le sang embryonnaire ou fœtal, qui reste dans des vaisseaux, arrive dans le placenta par des artères et passe à travers les capillaires dans les villosités chorioniques digitiformes, où il absorbe le dioxygène (O_2) et les nutriments. L'illustration montre que les capillaires embryonnaires ou fœtaux et les villosités chorioniques pénètrent dans la partie maternelle du placenta. Le sang embryonnaire ou fœtal quitte le placenta par des veines qui le ramènent au fœtus. L'échange de substances entre le lit de capillaires du fœtus et les espaces sanguins intervilleux s'effectue par diffusion, par transport passif ou actif, selon la nature des substances.

? *Dans une rare anomalie génétique, l'absence d'une certaine enzyme cause une augmentation de la sécrétion de testostérone. Lorsque le fœtus est atteint de cette anomalie, la pilosité de la mère, durant la grossesse, ressemble à celle d'un homme. Expliquez pourquoi.*

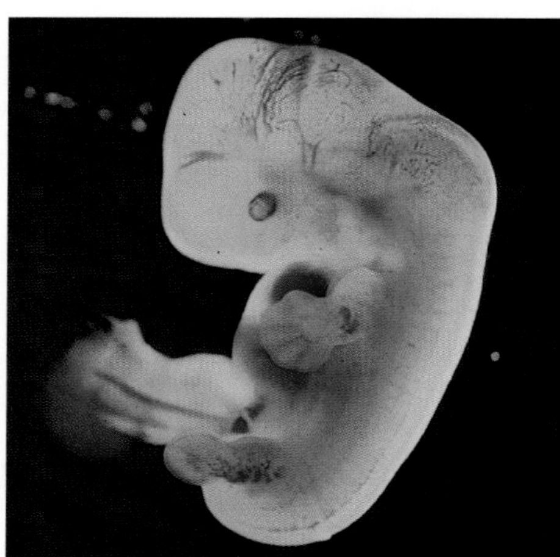

(a) 5 semaines. Les bourgeons des membres, les yeux, le cœur, le foie et les ébauches de tous les autres organes ont commencé à se former dans l'embryon, qui ne mesure que 1 cm de longueur.

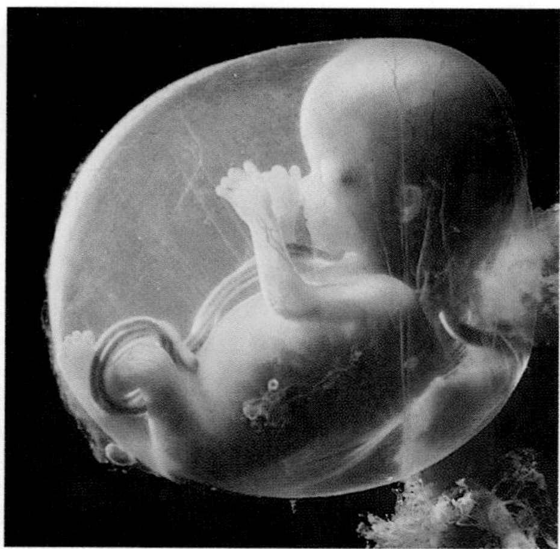

(b) 14 semaines. La croissance et le développement du nouvel individu, maintenant appelé *fœtus*, se poursuivent pendant le deuxième trimestre. Ce fœtus mesure 6 cm environ (à ce stade, on mesure la distance entre le point le plus élevé de la tête, ou vertex, et le coccyx).

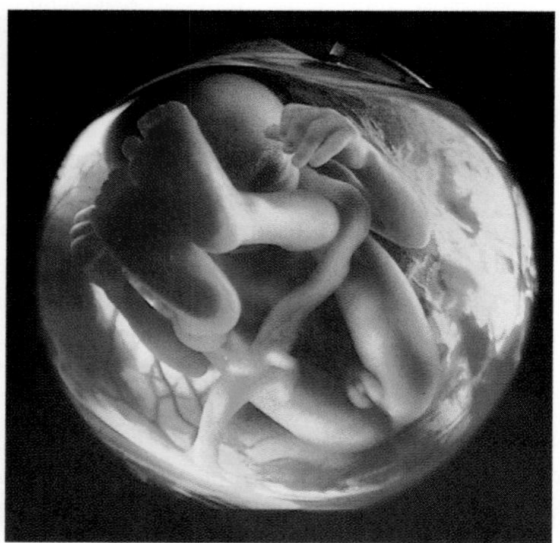

(c) 20 semaines. Lorsque le fœtus atteint environ 20 cm de longueur, la position fœtale s'impose (tête contre genoux) en raison de l'espace limité dont il dispose.

▲ **Figure 46.17 Le développement du fœtus humain.**

Le troisième trimestre

Pendant le dernier trimestre, le fœtus croît rapidement. Il atteint ainsi une taille de 50 cm environ et une masse de 3 à 4 kg. Son activité diminue au fur et à mesure qu'il remplit l'espace disponible à l'intérieur des membranes fœtales. Tandis qu'il grossit et que l'utérus s'agrandit autour de lui, les organes abdominaux de la mère se trouvent comprimés et déplacés. Cela entraîne des mictions fréquentes et des blocages du tube digestif.

L'accouchement commence par le **travail**, une série de contractions utérines de plus en plus intenses et rapprochées qui poussent le fœtus et le placenta hors du corps. Des études récentes donnent à penser que le travail est déclenché lorsque le fœtus à terme produit des hormones et certaines protéines pulmonaires qui provoquent une réaction inflammatoire (voir le chapitre 43) chez la mère. D'autres recherches seront cependant nécessaires pour déterminer si l'inflammation est effectivement à l'origine du travail de l'accouchement.

Une fois le travail commencé, les contractions utérines sont régulées par le biais d'une interaction complexe entre certaines hormones (surtout l'œstradiol et l'ocytocine) et des régulateurs locaux (prostaglandines) (**figure 46.18**). L'action de l'ocytocine installe une boucle de rétroactivation (voir le chapitre 45) : chaque contraction utérine stimule la sécrétion d'ocytocine qui, à son tour, déclenche la contraction suivante.

Le travail comprend trois périodes (**figure 46.19**). La première période est celle de la dilatation du col utérin, qui s'ouvre et s'amincit. La dilatation complète du col en marque la fin. La deuxième période est celle de l'expulsion, ou naissance, de l'enfant. Les contractions vigoureuses et continues forcent le fœtus à descendre et à sortir de l'utérus et du vagin. Enfin, la troisième et dernière période est celle de la délivrance, consistant en l'expulsion du placenta, qui suit normalement la sortie de l'enfant.

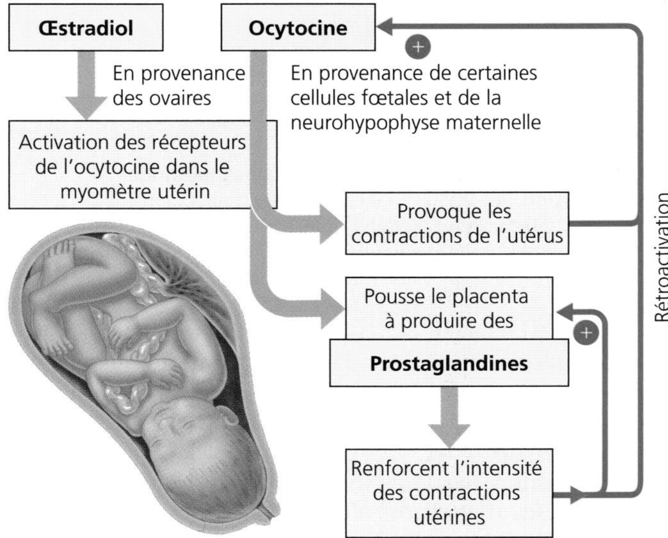

▲ **Figure 46.18 La rétroactivation du travail de l'accouchement.**

? *À votre avis, quel est l'effet d'une seule dose d'ocytocine administrée à une femme enceinte à la fin de la 39e semaine de gestation ?*

La **lactation**, c'est-à-dire la production et la sécrétion de lait par les glandes mammaires, fait partie des soins postnataux propres aux Mammifères. Après la naissance, la diminution de la concentration d'œstradiol ainsi que la succion du bébé font cesser la rétro-inhibition qui s'exerçait sur l'adénohypophyse et permettent la sécrétion de prolactine. La prolactine provoque la production de lait. La succion du bébé stimule également la sécrétion d'ocytocine par la neurohypophyse, avec pour résultat l'éjection du lait par les glandes mammaires (voir la figure 45.15, p. 1142).

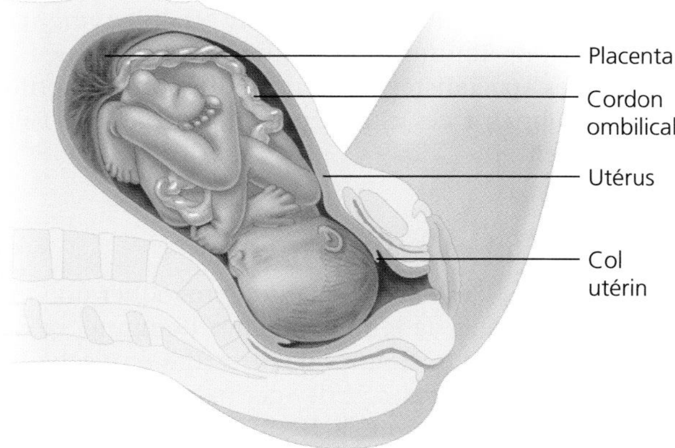

❶ Dilatation du col utérin

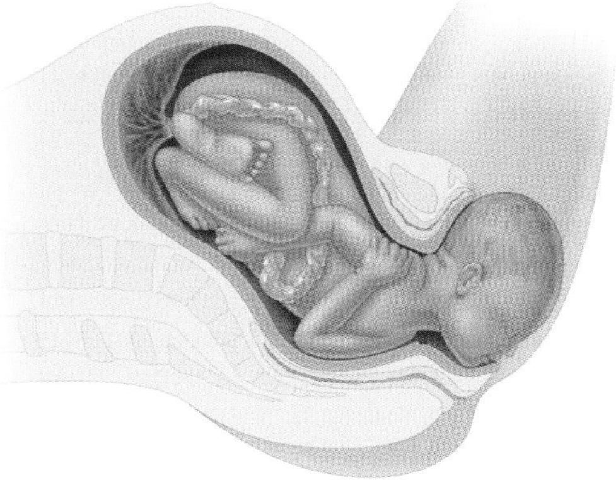

❷ Expulsion : naissance de l'enfant

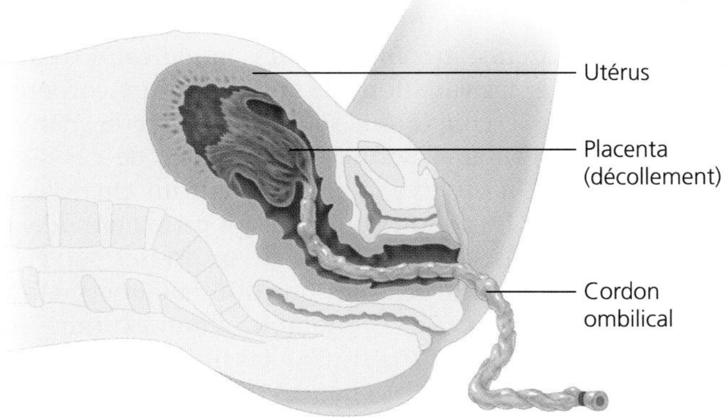

❸ Délivrance : expulsion du placenta

▲ **Figure 46.19 Les trois périodes du travail.**

La tolérance immunitaire de l'embryon et du fœtus de la part de la mère

Du point de vue immunologique, la grossesse constitue une énigme. En effet, la moitié des gènes de l'embryon viennent du père. Ainsi, de nombreux marqueurs embryonnaires présents à la surface des cellules sont étrangers à la mère. Pourquoi donc la mère ne rejette-t-elle pas ce corps étranger comme elle rejetterait un greffon portant des antigènes venant d'une autre personne? Le lien entre certaines maladies auto-immunes et la grossesse pourrait aider à résoudre le mystère. Par exemple, les symptômes de la polyarthrite rhumatoïde, une affection articulaire auto-immune, s'atténuent durant la grossesse. La régulation générale du système immunitaire subirait une série de modifications aboutissant à un affaiblissement de certaines réactions immunitaires durant la grossesse. Les immunologistes spécialistes de la reproduction essaient de comprendre comment ces changements protègent le fœtus en développement.

La contraception et l'avortement

La **contraception**, c'est-à-dire le fait de provoquer une infécondité temporaire chez la femme ou chez l'homme, recourt à différentes méthodes. Certaines d'entre elles empêchent la libération d'ovocytes matures et de spermatozoïdes mûrs par les gonades. D'autres rendent la fécondation impossible en empêchant les spermatozoïdes et les ovules de se rencontrer. D'autres encore consistent à empêcher l'implantation de l'embryon. La courte présentation qui suit traite des aspects biologiques de ces méthodes et n'a pas les objectifs d'un guide de contraception (**figure 46.20**). Pour obtenir de l'information complémentaire, on consultera un médecin ou un autre spécialiste de la santé.

On peut éviter la fécondation en s'abstenant d'avoir des relations sexuelles ou en utilisant l'une des diverses barrières qui empêchent les spermatozoïdes d'entrer en contact avec l'ovocyte de deuxième ordre. L'abstinence périodique, souvent appelée **méthode naturelle** de contraception, consiste à ne pas avoir de relations sexuelles pendant la période féconde. Comme l'ovocyte peut survivre dans la trompe utérine durant 24 à 48 heures et les spermatozoïdes jusqu'à 72 heures, un couple qui pratique l'abstinence périodique devrait éviter les relations sexuelles quelques jours avant et quelques jours après la date de l'ovulation. Concernant la prévision de la date d'ovulation, les méthodes les plus efficaces recourent à plusieurs indicateurs, notamment les modifications de la glaire cervicale et les variations de la température corporelle. Par conséquent, le couple qui souhaite utiliser la méthode naturelle doit avoir une bonne connaissance de ces signes physiologiques. On observe le plus souvent un taux d'échec de 10 à 20 % chez les couples qui utilisent cette méthode. (Le taux d'échec représente le nombre de grossesses survenant chaque année pour 100 femmes qui utilisent une méthode de contraception donnée, ce nombre étant exprimé sous forme de pourcentage.) Certains couples utilisent la méthode naturelle afin d'*augmenter* les chances de conception.

Le *coït interrompu*, c'est-à-dire le retrait du pénis avant l'éjaculation, n'est pas une méthode de contraception fiable. En effet, les sécrétions qui précèdent l'éjaculation peuvent contenir des spermatozoïdes. De plus, l'homme ne peut pas toujours faire preuve de la maîtrise de soi nécessaire et il suffit de moins d'une seconde pour éjaculer des dizaines de millions de spermatozoïdes.

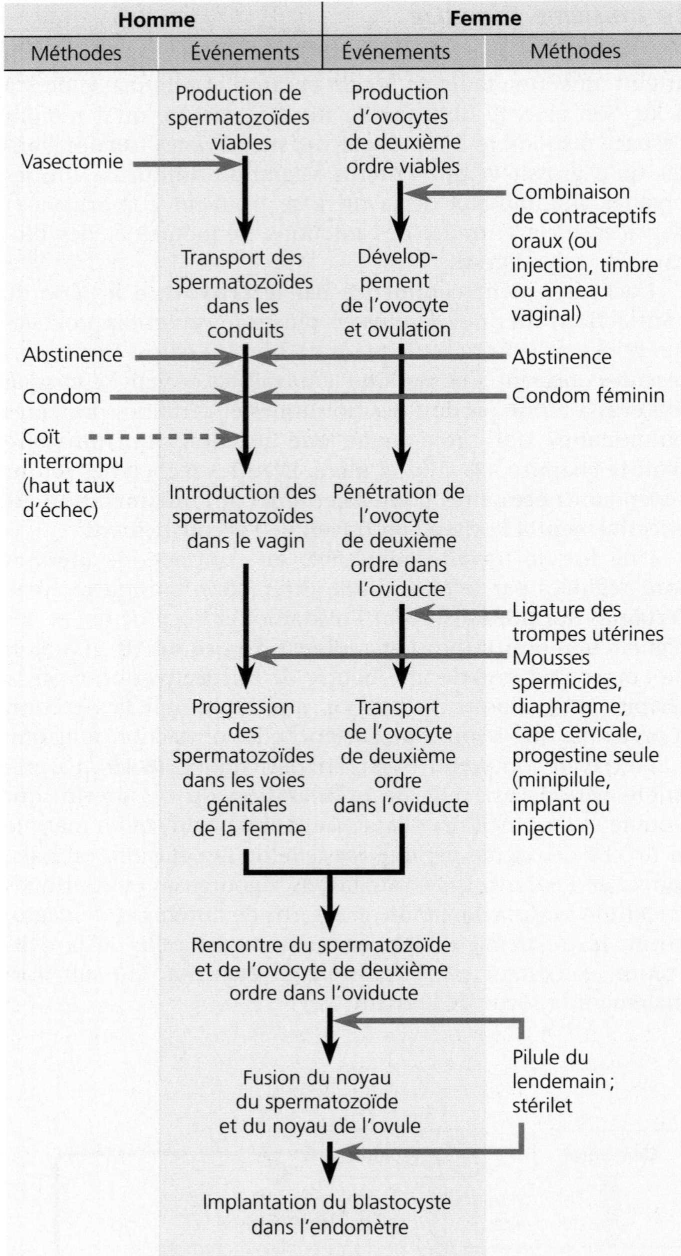

▲ **Figure 46.20 Les mécanismes de certaines méthodes de contraception.** Les flèches rouges indiquent à quel moment ces méthodes, dispositifs ou produits interviennent dans le processus menant de la production de spermatozoïdes ou d'ovocytes de premier ordre à un embryon implanté et en développement.

Les différentes barrières mécaniques qui empêchent les spermatozoïdes d'atteindre l'ovocyte connaissent un taux d'échec inférieur à 10 %. Le **préservatif masculin**, ou **condom**, est une fine membrane naturelle ou un étui de latex qui s'ajuste sur le pénis de façon à recueillir le sperme. Pour les individus actifs sexuellement, seuls les condoms en latex fournissent une protection contre les maladies qui se transmettent sexuellement, notamment le sida. (Cependant, cette protection n'est pas absolue.) Le **diaphragme**, barrière mécanique la plus utilisée par les femmes, est une coupole de caoutchouc mince qu'on place dans la partie profonde du vagin avant le rapport sexuel. L'efficacité de ces deux méthodes augmente lorsqu'on les combine avec une mousse ou un gel spermicides (qui tue les spermatozoïdes). Parmi les autres barrières mécaniques, on trouve la cape cervicale, préservatif féminin qui s'ajuste étroitement au col utérin et peut rester longtemps en place par succion, et la pochette vaginale, ou « condom féminin ».

À part l'abstinence complète, les méthodes visant à empêcher la libération des gamètes constituent les moyens de régulation des naissances les plus efficaces. La stérilisation (abordée plus loin) s'avère efficace à 100 % ou presque. Le stérilet présente un taux d'échec de 1 % ou moins; c'est la méthode réversible la plus répandue à l'extérieur des États-Unis. Inséré par un médecin, le stérilet empêche la fécondation et l'implantation. Les **contraceptifs oraux** (la « pilule ») connaissent eux aussi un taux d'échec inférieur à 1 %.

Les contraceptifs oraux les plus utilisés se composent d'un mélange d'œstrogènes et de progestines synthétiques (hormones semblables à la progestérone). Cette combinaison d'hormones exerce une rétro-inhibition qui bloque la libération de gonadolibérine (GnRH) par l'hypothalamus, ainsi que la libération d'hormone folliculostimulante (FSH) et d'hormone lutéinisante (LH) par l'hypophyse. En empêchant la libération de LH, les progestines bloquent l'ovulation. En inhibant la sécrétion de FSH, la faible dose d'œstrogènes dans la pilule entrave le développement de tout follicule. Une semblable combinaison d'hormones est également disponible sous forme d'injection, dans un anneau inséré dans le vagin ou sous forme de timbre. Des combinaisons de contraceptifs oraux à fortes doses peuvent constituer des « pilules du lendemain ». Pris dans les trois jours qui suivent une relation non protégée, ces contraceptifs empêchent la fécondation ou l'implantation. Leur efficacité est d'environ 75 %.

Deuxième type de contraceptif oral, la minipilule n'est composée que d'une seule progestine (noréthindrone). Elle prévient la fécondation principalement en épaississant la glaire cervicale, afin que celle-ci bloque l'accès de l'utérus au sperme. La progestine provoque également une diminution de la fréquence de l'ovulation et des modifications de la couche fonctionnelle de l'endomètre qui empêchent l'implantation s'il y a eu fécondation. Elle peut être administrée sous forme de capsule à action retardée de la grosseur d'une allumette qu'on implante sous la peau et qui agit pendant une période pouvant atteindre cinq ans. La progestine se présente également sous forme de produit qu'on injecte tous les trois mois ainsi que sous forme de comprimé (minipilule). Les taux d'échec sont minimes.

Les contraceptifs hormonaux ont des effets bénéfiques et des effets nuisibles. Les troubles cardiovasculaires suscitent les plus fortes inquiétudes pour les femmes qui utilisent la pilule sous la forme de combinaison hormonale. Consommer du tabac tout en recourant à la contraception chimique multiplie par dix ou même plus les risques de décès par maladie cardiovasculaire. Chez les non-fumeuses, les contraceptifs oraux augmentent légèrement les risques de formation de caillots, de pression artérielle élevée, de crise cardiaque et d'accident vasculaire cérébral. Bien qu'ils constituent un facteur de risque pour les maladies cardiovasculaires, les contraceptifs oraux éliminent les risques liés à la grossesse; les femmes qui en prennent présentent un taux de mortalité égal à la moitié de celui des femmes enceintes. En outre, la pilule diminue les risques de cancers de l'ovaire et de l'endomètre.

Les contraceptifs chimiques pour hommes se sont révélés peu satisfaisants parce que les substances chimiques qui modifient les concentrations de testostérone altèrent les caractères sexuels secondaires ainsi que la spermatogenèse. Toutefois, des chercheurs ont récemment commencé à s'intéresser à des combinaisons d'hormones qui suppriment la libération de gonadotrophines et qui bloquent ainsi la spermatogenèse. La testostérone contenue dans ces combinaisons a deux effets bénéfiques: elle inhibe les fonctions reproductrices de l'hypothalamus et de l'hypophyse, et elle maintient les caractères sexuels secondaires. Bien qu'ils soient prometteurs, les contraceptifs chimiques pour hommes sont encore au stade expérimental.

La stérilisation empêche la libération des gamètes dans les voies génitales de manière permanente. Chez la femme, on procède à la **ligature des trompes**, une opération qui consiste à cautériser ou à lier une section des trompes utérines afin d'empêcher la progression des ovocytes matures jusqu'à l'utérus. Chez l'homme, on procède à la **vasectomie**, c'est-à-dire à la section des conduits déférents, pour empêcher les spermatozoïdes d'entrer dans l'urètre. La stérilisation de l'homme ou de la femme ne présente à peu près aucun danger et ne compte pas d'effets secondaires notables. Elle ne perturbe pas la sécrétion d'hormones sexuelles ni la fonction sexuelle, et elle n'altère pas les cycles menstruels de la femme ou le volume de l'éjaculat de l'homme. Même si la stérilisation est considérée comme définitive, les deux interventions sont réversibles par microchirurgie.

L'**avortement** (ou IVG, pour « interruption volontaire de grossesse ») est l'interruption d'une grossesse en cours. L'avortement spontané, ou fausse couche, survient fréquemment (un cas sur trois pour l'ensemble des grossesses, souvent même avant que la femme sache qu'elle est enceinte). Par ailleurs, chaque année, environ 200 000 femmes en France, 30 000 au Québec et 850 000 aux États-Unis choisissent l'avortement pratiqué par un médecin. La pilule abortive RU486 (pour *Roussel-Uclaf 486*), ou mifépristone, conçue en France dans les années 1980, permet aux femmes d'avorter dans les sept premières semaines de leur grossesse sans recourir à la chirurgie. Ayant une composition chimique semblable à celle de la progestérone, elle occupe les récepteurs de progestérone situés dans l'utérus. Elle agit comme inhibiteur compétitif et empêche la progestérone de maintenir la grossesse. On l'administre avec une petite quantité de prostaglandines afin de déclencher des contractions utérines.

Les technologies modernes en reproduction

Des découvertes scientifiques et techniques récentes ont permis de prendre des mesures à l'égard de plusieurs problèmes de reproduction, y compris les anomalies génétiques et l'infertilité.

Le dépistage des maladies durant la grossesse

Il est maintenant possible de diagnostiquer de nombreuses maladies et anomalies génétiques chez le fœtus. L'échographie, une technique non effractive qui utilise des ultrasons pour observer le fœtus, permet d'évaluer la taille et l'état du fœtus. L'amniocentèse et la biopsie des villosités chorioniques sont des techniques effractives qui consistent à prélever des cellules dans le liquide ou les tissus autour de l'embryon en vue d'analyses génétiques (voir la figure 14.19, p. 320). Enfin, il existe une nouvelle technique qui s'appuie sur le fait qu'une petite quantité de cellules fœtales traversent le placenta et passent dans le sang de la mère. On isole ces cellules avec des anticorps spécifiques (qui se lient à des protéines situées à la surface des cellules fœtales), puis on les analyse pour détecter les anomalies génétiques.

Le diagnostic de maladies génétiques chez le fœtus soulève d'importantes questions d'éthique. Jusqu'à présent, presque toutes les maladies qu'on peut détecter sont impossibles à soigner dans l'utérus. De plus, pour beaucoup d'entre elles, il n'existe aucun traitement, même après la naissance. Les parents peuvent ainsi être obligés de faire un choix difficile: mettre fin à la grossesse ou accepter d'avoir un enfant qui pourrait souffrir d'une anomalie grave ou dont l'espérance de vie serait limitée. Il n'est pas facile de prendre de telles décisions. Cela demande une réflexion éclairée et les conseils de personnes compétentes.

Le traitement de l'infertilité

L'infertilité (incapacité de concevoir) est assez répandue. Elle touche environ un couple sur dix dans le monde. Les causes de l'infertilité varient et ont leur origine chez les deux sexes dans des proportions presque égales. Chez les femmes, toutefois, la difficulté à concevoir et les risques d'anomalies génétiques fœtales augmentent graduellement après l'âge de 35 ans. Selon plusieurs études, la durée prolongée de la méiose des ovocytes serait en grande partie responsable de l'augmentation des risques.

Les techniques de reproduction peuvent aider à résoudre de nombreux problèmes d'infertilité. L'hormonothérapie peut parfois augmenter la production de spermatozoïdes et d'ovules, tandis que la chirurgie peut corriger des troubles comme les trompes utérines bloquées. De nombreux couples infertiles se tournent vers des méthodes de fécondation appelées **techniques de reproduction assistée**. Après un traitement hormonal, on prélève les ovocytes de deuxième ordre par voie chirurgicale. On féconde ces ovocytes, puis on les réimplante dans l'utérus. On peut aussi congeler les ovules, les spermatozoïdes et les embryons dans le but de les utiliser plus tard.

La **fécondation *in vitro*** (**FIV**) est la technique de reproduction assistée la plus courante. Le procédé consiste à mettre en présence des ovocytes et des spermatozoïdes dans des boîtes de Petri. Lorsque le zygote a atteint le stade de huit cellules, on l'insère dans l'utérus en espérant qu'il s'implante. Quand les spermatozoïdes sont peu mobiles, peu nombreux (moins de 20 millions par millilitre d'éjaculat), voire absents, on peut souvent rétablir la fertilité à l'aide d'une technique appelée **injection intracytoplasmique d'un spermatozoïde** (**IICS**). Dans ce type de fécondation *in vitro*, on aspire la tête d'une spermatide ou d'un spermatozoïde dans une seringue et on l'injecte directement dans un ovocyte pour le féconder.

Chaque tentative de fécondation *in vitro* est coûteuse, mais on estime que plus d'un million de couples ont réussi à concevoir grâce à cette méthode. Dans certains cas, la tentative se fait avec les spermatozoïdes ou les ovules d'un donneur. Jusqu'à maintenant, les anomalies liées à cette technique se sont avérées rares.

Peu importe comment la fécondation a eu lieu, il s'ensuit un plan de développement qui transforme le zygote unicellulaire en organisme multicellulaire. Quelle que soit la technique utilisée, si la fécondation survient, le programme de développement transforme le zygote unicellulaire en un organisme multicellulaire. Les mécanismes de ce remarquable programme de développement chez les humains et d'autres Animaux font l'objet du chapitre 47.

RETOUR SUR LE CONCEPT 46.5

1. Pourquoi la gonadotrophine chorionique humaine (hCG) ne sert-elle aux tests de grossesse que dans les premiers mois? Quel est son rôle dans la grossesse?
2. En quoi la ligature des trompes est-elle semblable à la vasectomie?
3. ET SI? Si le noyau d'une spermatide est utilisé pour une IICS (injection intracytoplasmique d'un spermatozoïde), quelles étapes de la gamétogenèse et de la conception évite-t-on?

Voir les réponses proposées à la fin du chapitre.

RÉVISION DU CHAPITRE 

RÉSUMÉ DES CONCEPTS CLÉS

CONCEPT 46.1

Il existe deux modes de reproduction animale: sexuée et asexuée (p. 1157 à 1161)

- La reproduction animale est sexuée ou asexuée. La **reproduction sexuée** nécessite la fusion de gamètes mâle et femelle pour former un **zygote** diploïde. La **reproduction asexuée** produit des descendants dont les gènes proviennent tous d'un seul parent. La scissiparité, le bourgeonnement, la fragmentation accompagnée d'une régénération et la **parthénogenèse** sont des mécanismes qui permettent la reproduction asexuée chez de nombreux Invertébrés. La possibilité de conserver ou de rejeter certains lots de gènes pourrait expliquer pourquoi la reproduction sexuée est répandue chez les Animaux.
- Les Animaux peuvent se reproduire de manière exclusivement sexuée ou exclusivement asexuée, ou bien passer d'un mode de reproduction à l'autre. La parthénogenèse, l'**hermaphrodisme** et l'inversion de sexe sont des variantes des deux modes de reproduction. Les cycles reproducteurs sont régulés par des hormones et des stimulus environnementaux.

? *Une paire de descendants haploïdes produits par parthénogenèse sont-ils génétiquement identiques?*

CONCEPT 46.2

La fécondation repose sur des mécanismes qui permettent la rencontre d'un spermatozoïde et d'un ovule appartenant à la même espèce (p. 1161 à 1164)

- La fécondation peut être externe ou interne par rapport au corps de la mère. Dans le cas de la fécondation externe, la femelle répand ses œufs, que le sperme féconde dans le milieu extérieur. La synchronisation des modes de fécondation externes et internes revêt une importance cruciale. Elle est généralement assurée par des stimulus environnementaux, des phéromones ou des stimulus comportementaux. La fécondation interne est souvent associée à une progéniture relativement peu nombreuse et à des soins parentaux destinés à protéger les petits. Le plus simple des systèmes reproducteurs est constitué de cellules indifférenciées qui produisent des gamètes dans la cavité pelvienne. Le plus complexe comporte des **gonades** liées à divers conduits et à des glandes annexes qui transportent et protègent les gamètes et l'embryon en développement. La reproduction sexuée nécessite la participation d'un partenaire, mais elle permet la concurrence entre individus et entre gamètes.

? *Parmi les éléments suivants, nommez celui qui est propre aux Mammifères: un utérus chez la femelle et un conduit déférent chez le mâle; un développement interne complexe; des soins parentaux aux petits.*

CONCEPT 46.3

Les organes reproducteurs produisent et transportent les gamètes (p. 1164 à 1169)

- Les organes génitaux externes de la femme comprennent principalement les **lèvres** et le **gland** du **clitoris**. Les organes génitaux internes sont le **vagin**, l'**utérus**, les **oviductes** et les **ovaires**. Les ovocytes sont dans les ovaires; après avoir été fécondés, ils se développent dans l'utérus. Chez l'homme, les spermatozoïdes sont produits dans les **testicules**, qui sont suspendus à l'extérieur du corps dans le **scrotum**. Des conduits dans le scrotum relient les testicules aux glandes accessoires internes et à l'extrémité du **pénis**.

Les hommes et les femmes ont des **glandes mammaires**, mais la production de lait se fait uniquement chez les femmes. Pendant les rapports sexuels, les hommes et les femmes connaissent l'érection de certains tissus, causée par une **vasocongestion** et une **myotonie**. Ce phénomène aboutit à un point culminant au cours de l'**orgasme**.

- Chez les femelles, la forme de gamétogenèse, c'est-à-dire la production de gamètes, est l'**ovogenèse**, tandis que chez le mâle c'est la **spermatogenèse**. La méiose de l'ovogenèse est discontinue et cyclique, et produit un seul ovocyte volumineux. Par contre, la spermatogenèse produit quatre spermatozoïdes chez l'humain et la production de spermatozoïdes est continue.

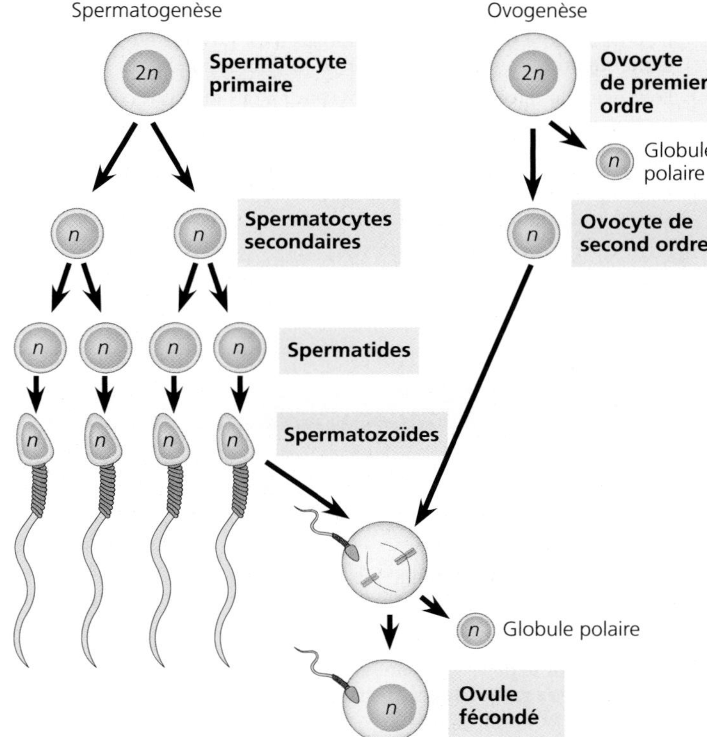

? *Quel lien peut-on faire entre les tailles et les contenus différents du spermatozoïde et de l'ovule, d'une part, et leurs fonctions respectives dans la reproduction, d'autre part?*

CONCEPT 46.4

L'interaction complexe entre les stimulines et les hormones sexuelles régule la reproduction chez les Mammifères (p. 1170 à 1173)

- Chez l'homme, les androgènes (surtout la testostérone) élaborés par les testicules déclenchent le développement des caractères sexuels primaires et secondaires. La sécrétion d'androgènes et la production de spermatozoïdes sont régulées par des hormones hypothalamiques et adénohypophysaires.
- Chez la femme, les sécrétions cycliques de la GnRH hypothalamique, de la FSH et de la LH adénohypophysaires orchestrent le cycle reproducteur. La FSH et la LH provoquent des modifications complexes dans les ovaires et l'utérus par l'intermédiaire des œstrogènes, surtout l'œstradiol, et de la progestérone. Le follicule en développement et le corps jaune sécrètent aussi des hormones. Des mécanismes de rétroactivation et de rétro-inhibition assurent la régulation des concentrations des cinq hormones qui coordonnent ce cycle.

- Le **cycle menstruel** est différent du **cycle œstral**. Dans le cycle œstral, l'endomètre ne se détache pas ; il est réabsorbé. Aussi, dans ce cycle, la réceptivité sexuelle est limitée à la période de chaleurs (le rut).

? *Pourquoi les stéroïdes anabolisants causent-ils une diminution du nombre de spermatozoïdes ?*

CONCEPT 46.5

Chez les Mammifères placentaires, le développement embryonnaire se déroule entièrement dans l'utérus (p. 1174 à 1180)

- Après la fécondation de l'ovocyte et la fin de la méiose dans l'oviducte, la segmentation transforme le zygote en blastocyste avant son implantation dans l'endomètre. La formation des organes se fait en huit semaines. L'absence de rejet du fœtus de la part de la femme enceinte n'est pas encore très bien comprise, mais il est possible qu'elle résulte d'une suppression partielle de la réaction immunitaire dans l'utérus.
- Pour éviter les grossesses, on peut recourir à des méthodes de contraception qui empêchent les gonades de libérer des gamètes matures, empêchent la fécondation ou bloquent l'implantation de l'embryon. La technologie moderne contribue à détecter des problèmes avant la naissance, sans compter qu'elle peut aider les couples infertiles grâce à la fécondation *in vitro*.

? *Quelle voie l'oxygène du sang de la mère doit-il suivre pour se rendre dans les cellules du corps du fœtus ?*

ÉVALUATION

NIVEAU 1 : CONNAISSANCES ET COMPRÉHENSION

1. Parmi les phénomènes suivants, lequel caractérise la parthénogenèse ?
a) Un individu peut changer de sexe au cours de sa vie.
b) Des groupes spécialisés de cellules peuvent devenir de nouveaux individus.
c) Un organisme est d'abord mâle, puis femelle.
d) Un œuf se développe sans avoir été fécondé.
e) Les deux partenaires sexuels possèdent les organes génitaux mâles et femelles.

2. Chez les Mammifères mâles, les systèmes excréteur et reproducteur ont en commun :
a) les testicules.
b) l'urètre.
c) l'uretère.
d) le conduit déférent.
e) la prostate.

3. Parmi les structures mâles et femelles qui suivent, lesquelles sont le *plus* éloignées du point de vue de la fonction ?
a) Tubules séminifères contournés : col utérin.
b) Cellules interstitielles : cellules folliculaires.
c) Testostérone : œstradiol.
d) Scrotum : grandes lèvres.
e) Conduit déférent : oviducte.

4. Les pics de production d'hormone lutéinisante (LH) et d'hormone folliculostimulante (FSH) se produisent :
a) pendant la phase menstruelle du cycle menstruel (utérin).
b) au début de la phase folliculaire du cycle ovarien.
c) juste avant l'ovulation.
d) à la fin de la phase lutéale du cycle ovarien.
e) pendant la phase sécrétoire du cycle menstruel.

5. Au cours de la grossesse, les ébauches de tous les organes se forment :
a) pendant le premier trimestre.
b) pendant le deuxième trimestre.
c) pendant le troisième trimestre.
d) pendant que l'embryon se trouve dans la trompe utérine.
e) au stade du blastocyste.

NIVEAU 2 : APPLICATION ET ANALYSE

6. Parmi les énoncés suivants, lequel est vrai ?
a) Tous les Mammifères ont des cycles menstruels.
b) La couche fonctionnelle de l'endomètre se détache dans le cycle menstruel, alors qu'elle est généralement réabsorbée dans le cycle œstral.
c) Le cycle œstral se produit plus souvent que le cycle menstruel.
d) Le cycle œstral n'est pas déterminé par des hormones.
e) Dans le cycle œstral, l'ovulation se produit avant l'épaississement de l'endomètre.

7. Parmi les nombres suivants, lequel est le même durant l'ovogenèse et la spermatogenèse ?
a) Le nombre de fois que la méiose s'interrompt.
b) Le nombre de gamètes fonctionnels produits par méiose.
c) Le nombre de divisions méiotiques requis pour produire chaque gamète.
d) Le nombre de gamètes produits au cours d'une période donnée.
e) Le nombre de types de cellules produits par méiose.

8. Parmi les énoncés suivants au sujet de la reproduction humaine, lequel est *faux* ?
a) La fécondation a lieu dans l'oviducte.
b) Les contraceptifs hormonaux efficaces sont disponibles uniquement pour les femmes.
c) L'ovocyte termine la méiose après qu'un spermatozoïde a pénétré à l'intérieur.
d) Les premières étapes de la spermatogenèse se déroulent tout près de la lumière des tubules séminifères contournés.
e) La spermatogenèse et l'ovogenèse requièrent des températures différentes.

NIVEAU 3 : SYNTHÈSE ET ÉVALUATION

9. **FAITES UN DESSIN** Au cours de la spermatogenèse humaine, la mitose des cellules souches donne naissance à une cellule qui reste à l'état de cellule souche et à une autre cellule qui devient une spermatogonie. (a) Dessinez quatre divisions mitotiques pour une cellule souche, puis indiquez les cellules filles. (b) Pour une spermatogonie, dessinez les cellules qu'elle produira après une division mitotique suivie d'une méiose. Identifiez les cellules, puis indiquez la mitose et la méiose. (c) Qu'arriverait-il si les cellules souches se divisaient comme les spermatogonies ?

10. **LIEN AVEC L'ÉVOLUTION**
Parmi les Animaux, on trouve surtout l'hermaphrodisme chez les espèces immobiles (dont les individus sont fixés à une surface). Les espèces mobiles présentent rarement ce caractère. Pourquoi en est-il ainsi, selon vous ?

11. **INTÉGRATION**
Vous découvrez une nouvelle espèce de ver qui pond des œufs. Vous disséquez quatre adultes et trouvez dans chacun à la fois des ovocytes et des spermatozoïdes. Les cellules à l'extérieur de la gonade contiennent cinq paires de chromosomes. Sans variants génétiques, comment pourriez-vous savoir si les vers peuvent s'autoféconder ?

12. **ÉCRIVEZ UN TEXTE**
Le transfert d'énergie Quand ils se reproduisent, les Animaux transfèrent de l'énergie à leur progéniture. Dans un court texte (de 100 à 150 mots), expliquez comment les investissements d'énergie par les femelles contribuent au succès reproducteur d'une grenouille, d'un poulet et d'un humain.

RÉPONSES DU CHAPITRE 46

Questions des figures

Figure 46.9 Selon le diagramme, environ un tiers des femelles rejetteraient tous les spermatozoïdes du premier accouplement. En d'autres mots, les deux tiers conserveraient une partie des spermatozoïdes du premier accouplement. Nous pourrions donc prédire que les deux tiers des femelles auraient des descendants issus de la mutation portée par les mâles du premier accouplement et qui posséderaient le phénotype des yeux de petite taille. **Figure 46.12** L'analyse serait révélatrice, car les globules polaires contiennent tous les chromosomes maternels qui ne sont pas dans l'ovule. Par exemple, la présence de deux copies du gène défectueux dans les globules polaires indiquerait son absence dans l'ovule. On utilise parfois cette méthode de dépistage génétique lorsque les ovocytes recueillis d'une femelle sont fécondés avec des spermatozoïdes dans une boîte de Petri, au laboratoire. **Figure 46.16** La testostérone peut emprunter la circulation placentaire et passer ainsi du sang fœtal au sang maternel, perturbant temporairement l'équilibre hormonal de la mère. **Figure 46.18** L'ocytocine déclencherait probablement le travail parce qu'elle activerait une boucle de rétroactivation qui régulerait le travail jusqu'à la fin. En fait, l'ocytocine synthétique est souvent utilisée pour déclencher le travail quand la grossesse se prolonge et devient risquée pour la mère ou le fœtus.

Retour sur le concept 46.1

1. Du point de vue génétique, les descendants provenant de la reproduction sexuée sont beaucoup plus diversifiés. Toutefois, la reproduction asexuée peut produire plus de descendants après plusieurs générations.
2. Contrairement à d'autres formes de reproduction asexuée, la parthénogenèse comporte une production de gamètes. En vérifiant si les œufs haploïdes sont fécondés ou non, des espèces comme les abeilles peuvent aisément passer de la reproduction asexuée à la reproduction sexuée.
3. Non. En raison de la répartition aléatoire des chromosomes durant la méiose, les descendants peuvent recevoir la même copie ou différentes copies d'un chromosome parental particulier provenant du spermatozoïde et de l'ovule. De plus, la recombinaison génétique durant la méiose donnera un nouvel ensemble de gènes entre les paires de chromosomes parentaux. **4.** La segmentation et le bourgeonnement chez les Animaux sont équivalents aux processus de la reproduction asexuée des Végétaux.

Retour sur le concept 46.2

1. La fécondation interne permet au spermatozoïde d'atteindre l'ovule sans qu'aucun des deux gamètes ne se dessèche. **2.** (a) Les animaux à fécondation externe libèrent simultanément de nombreux gamètes, ce qui entraîne la production de nombres élevés de zygotes. Cette stratégie a pour effet d'augmenter les chances de survie de quelques-uns jusqu'à l'âge adulte. (b) Les animaux à fécondation interne produisent moins de descendants. Toutefois, les embryons bénéficient généralement d'une plus grande protection et les jeunes, de soins parentaux. **3.** Comme l'utérus d'un insecte, l'ovaire d'une plante est le siège de la fécondation. Contrairement à l'ovaire de la plante, l'utérus de l'insecte n'est pas le lieu où les ovules sont produits. De plus, l'ovule fécondé de l'insecte est expulsé de l'utérus, alors que l'embryon de la plante se développe dans une graine à l'intérieur de l'ovaire.

Retour sur le concept 46.3

1. La spermatogenèse a normalement lieu seulement lorsque les testicules sont à une température moins élevée que la température corporelle normale. L'utilisation fréquente d'un spa (ou le port de sous-vêtements très serrés) peut causer une diminution de la qualité des spermatozoïdes et de leur nombre, par suite de l'élévation de la température du scrotum.
2. Chez les humains, l'ovocyte de second ordre fusionne avec un spermatozoïde avant de terminer sa deuxième division méiotique. Par conséquent, l'ovogenèse se termine après la fécondation, et non avant.
3. Le seul effet de la fermeture de chaque conduit déférent est l'absence de spermatozoïdes dans l'éjaculat. La réponse sexuelle et le volume de l'éjaculat demeurent inchangés. La ligature de ces conduits, appelée *vasectomie*, est une intervention chirurgicale courante pour les hommes qui ne souhaitent pas (ou plus) concevoir d'enfant.

Retour sur le concept 46.4

1. Dans les testicules, la FSH stimule les épithéliocytes de soutien qui nourrissent les spermatozoïdes en croissance. La LH stimule la production d'androgènes (surtout la testostérone), qui eux-mêmes activent la production de spermatozoïdes. Chez la femelle et le mâle, la FSH favorise la croissance de cellules qui nourrissent les gamètes en croissance (cellules folliculaires chez la femelle et épithéliocytes de soutien chez le mâle) et leur permettent de survivre. Quant à la LH, elle stimule la production d'hormones sexuelles qui interviennent dans la gamétogenèse (les œstrogènes, surtout l'œstradiol, chez les femelles et les androgènes, notamment la testostérone, chez les mâles). **2.** Dans le cycle œstral, qui se produit chez la plupart des Mammifères femelles, la couche fonctionnelle de l'endomètre est réabsorbée (au lieu d'être expulsée) en l'absence de fécondation. Le cycle œstral ne se produit souvent qu'une ou quelques fois dans une année, et la femelle n'est habituellement réceptive à la copulation que pendant la période entourant l'ovulation. Seules les femmes et les femelles de quelques autres Primates ont un cycle menstruel. **3.** La combinaison de l'œstradiol et de la progestérone aurait un effet de rétro-inhibition sur l'hypothalamus, ce qui bloquerait la libération de GnRH. Cela interférerait avec la sécrétion de LH par l'hypophyse et, donc, empêcherait l'ovulation. C'est d'ailleurs un des principes d'action de la plupart des contraceptifs hormonaux. **4.** Dans le cycle de reproduction virale, la production de nouveaux génomes viraux est coordonnée avec l'expression de la capside protéique et avec la production des phospholipides des enveloppes virales. Dans le cas de la femme, le développement de l'ovocyte est coordonné du point de vue hormonal avec le développement des tissus de soutien de l'utérus.

Retour sur le concept 46.5

1. La hCG sécrétée par le jeune embryon favorise la production de progestérone par le corps jaune ; cette hormone contribue au maintien de la grossesse. Au cours du deuxième trimestre, cependant, la production de hCG diminue, le corps jaune dégénère et le placenta prend le contrôle complet de la production de progestérone. **2.** La ligature des trompes et la vasectomie bloquent le déplacement des gamètes des gonades vers le lieu de fécondation. **3.** En introduisant le noyau d'une spermatide directement dans un ovocyte, l'IICS permet d'éviter l'étape où le spermatozoïde acquiert sa mobilité dans l'épididyme, celle où il nage à la rencontre de l'ovule dans la trompe et celle où il fusionne avec l'ovule.

Questions du résumé des concepts clés

46.1 Non. Étant donné que la parthénogenèse comporte une méiose, la mère transmettra à chacun de ses descendants une combinaison aléatoire, donc distincte, des chromosomes qu'elle a elle-même reçus de ses parents. **46.2** Aucun de ces éléments. **46.3** Le spermatozoïde a une petite taille et est dépourvu de cytoplasme : ce sont des adaptations qui conviennent bien à sa fonction, qui est de transporter de l'ADN. L'ovule, lui, est gros et pourvu d'un cytoplasme riche, ce qui lui permet de soutenir la croissance et le développement de l'embryon. **46.4** Les stéroïdes anabolisants qui circulent imitent la régulation par rétroaction de la testostérone, ce qui inhibe les signaux émis par l'hypophyse aux testicules. Il s'ensuivra un blocage de la libération des hormones nécessaires à la spermatogenèse. **46.5** Le sang riche en oxygène des artères maternelles circule dans les espaces intervilleux de l'endomètre et l'oxygène diffuse dans les capillaires fœtaux des villosités chorioniques du placenta ; de là, il entre dans le système circulatoire du fœtus.

ÉVALUATION

1. d; **2.** b; **3.** a; **4.** c; **5.** a; **6.** b; **7.** c; **8.** d;
9.

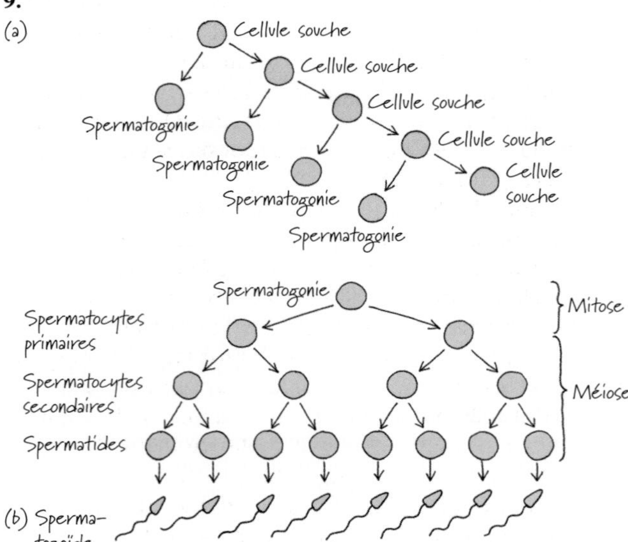

(c) La réserve de cellules souches serait épuisée et la spermatogenèse ne pourrait continuer.

47

Le développement chez les Animaux

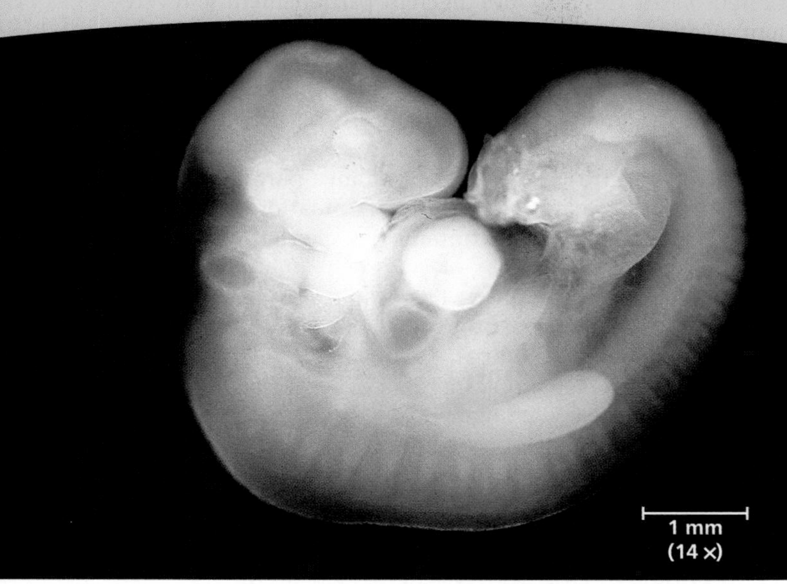

▲ **Figure 47.1 Comment une seule et unique cellule peut-elle engendrer un embryon aussi complexe ?**

CONCEPTS CLÉS

47.1 **La fécondation et la segmentation amorcent le développement embryonnaire**

47.2 **Chez les Animaux, la morphogenèse comporte des modifications touchant la forme, l'emplacement et la survie des cellules**

47.3 **Les déterminants cytoplasmiques et les signaux d'induction contribuent à la destinée des cellules**

INTRODUCTION

Le plan de développement des Animaux

L'embryon humain de la **figure 47.1** est âgé de sept semaines seulement, mais il a déjà franchi un nombre impressionnant d'étapes dans son développement. Son cœur (le point rouge, au centre) a commencé à battre et son tube digestif traverse toute la longueur de son corps. L'encéphale prend forme dans le crâne (en haut, à gauche), tandis que les groupes de tissus précurseurs des vertèbres s'alignent sur le dos.

Le cycle de vie d'un animal est marqué par différentes phases de développement (**figure 47.2**). Chez la grenouille, par exemple, un des stades importants du développement est la métamorphose, durant laquelle la larve (têtard) se transforme en adulte. D'autres événements du développement ont lieu dans les gonades adultes et produisent des spermatozoïdes et des ovocytes (gamètes).

Certains stades du développement embryonnaire sont communs à beaucoup d'espèces animales et se déroulent dans un ordre prédéterminé. Comme le montre la figure 47.2, le premier stade est la fécondation ; le spermatozoïde fusionne avec l'ovocyte pour former le zygote. Le développement se poursuit avec le stade de la segmentation, durant laquelle une série de divisions cellulaires font du zygote un embryon multicellulaire. Habituellement rapides, les divisions de la segmentation ne sont pas suivies d'une croissance cellulaire. Elles convertissent l'embryon en une sphère creuse de cellules appelée blastula. Ensuite, la blastula se replie sur elle-même et devient un embryon à trois feuillets, la gastrula, par un processus appelé gastrulation. Durant l'organogenèse, dernière étape du développement embryonnaire, des modifications locales et générales changent la forme des cellules et leur emplacement. Apparaissent alors les organes rudimentaires qui se transformeront en structures adultes.

Grâce à la génétique moléculaire et à l'embryologie classique, les spécialistes du développement animal en ont appris beaucoup sur la transformation de l'ovule fécondé en animal adulte. Lorsque l'embryon se développe, divers mécanismes d'expression génique dirigent les cellules vers des destinées différentes. Même si les Animaux possèdent des plans d'organisation très variés, ils ont en commun plusieurs mécanismes fondamentaux de développement et ils utilisent le même

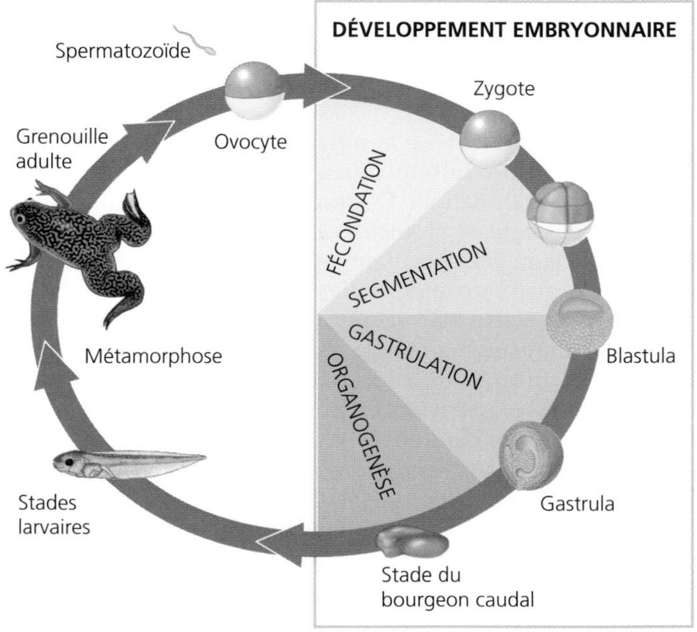

▲ **Figure 47.2 Les phases de développement dans le cycle de vie d'une grenouille.**

ensemble de gènes régulateurs. Par exemple, le gène qui précise l'emplacement du cœur chez l'embryon humain (comme celui de la figure 47.1) a une contrepartie dotée d'une fonction presque identique chez la mouche *Drosophila*. (En constatant que cette mouche ne se développe pas si le gène est défectueux, les chercheurs ont appelé ce gène *tinman* en raison du personnage du film *Le magicien d'Oz*.)

Lorsqu'ils étudient le développement, les biologistes utilisent souvent des **organismes modèles**, c'est-à-dire des espèces choisies pour leur facilité d'utilisation en laboratoire. La drosophile est l'une de ces espèces: son cycle de vie est court et les mutants sont faciles à repérer et à étudier (voir les chapitres 15 et 18). Dans le présent chapitre, nous nous concentrerons sur quatre autres organismes modèles: l'oursin, la grenouille, le poulet et le nématode (ver rond). Nous explorerons également certains aspects du développement embryonnaire humain. Même si les humains ne sont pas des organismes modèles, ils constituent une espèce qui nous intéresse au plus haut point.

Pour commencer, nous allons décrire les principaux stades du développement embryonnaire, ceux qu'ont en commun la plupart des animaux. Ensuite, nous examinerons les mécanismes cellulaires et moléculaires qui aboutissent à un animal dans sa forme achevée. Enfin, nous verrons le processus par lequel les cellules embryonnaires empruntent les voies de différenciation appropriées pour arriver à jouer leur rôle.

CONCEPT 47.1

La fécondation et la segmentation amorcent le développement embryonnaire

En nous fondant sur le survol que nous venons de faire du développement embryonnaire, nous examinerons de plus près les événements de la **fécondation**, c'est-à-dire la formation d'un zygote diploïde à partir d'un ovocyte et d'un spermatozoïde haploïdes.

La fécondation

Les molécules présentes à la surface de l'ovocyte et les événements qui s'y produisent jouent un rôle crucial à chaque étape de la fécondation. D'abord, le spermatozoïde dissout ou pénètre la couche protectrice qui enveloppe l'ovocyte afin d'atteindre la membrane plasmique. Ensuite, les molécules de surface du spermatozoïde se lient aux récepteurs de surface de l'ovocyte. Cette liaison spécifique prévient l'entrée dans l'ovocyte d'un spermatozoïde provenant d'une autre espèce. Enfin, certaines modifications de la surface de l'ovocyte empêchent la *polyspermie*, c'est-à-dire l'entrée d'autres noyaux de spermatozoïdes dans l'ovocyte. Si la polyspermie avait lieu, il y aurait alors dans l'embryon un nombre de chromosomes anormal et potentiellement fatal.

C'est chez les oursins de mer qu'on a effectué le plus d'études sur la fécondation (embranchement des Échinodermes; voir la figure 33.43, p. 806). Les gamètes des oursins sont faciles à recueillir et la fécondation est externe. Les chercheurs peuvent ainsi réunir ces gamètes dans de l'eau de mer, en laboratoire, et observer facilement les événements qui accompagnent la fécondation. Les oursins fournissent par ailleurs un bon modèle général pour l'étude du même processus chez les Vertébrés.

La réaction acrosomiale

La fécondation des ovocytes de deuxième ordre est externe chez les oursins; elle se produit une fois que leurs gamètes ont été libérés dans l'eau de mer où ils vivent. La couche gélatineuse qui enveloppe l'ovocyte de deuxième ordre exsude des molécules solubles qui attirent les spermatozoïdes, lesquels nagent alors vers l'ovocyte de deuxième ordre. Aussitôt que la tête d'un spermatozoïde entre en contact avec cette couche gélatineuse, les molécules qui composent le revêtement déclenchent la **réaction acrosomiale** (**figure 47.3**). Ce processus commence lorsque l'**acrosome**, vésicule spécialisée située à l'extrémité antérieure du spermatozoïde, libère des hydrolases. Ces enzymes digèrent partiellement le revêtement gélatineux, ce qui permet au *tubule acrosomial* de traverser le revêtement gélatineux de l'ovocyte en s'allongeant. La pointe du tubule acrosomial ainsi allongé est recouverte de molécules protéiques qui se lient à certains récepteurs situés à la surface de l'ovocyte. Cette reconnaissance moléculaire du type «clé et serrure» revêt une importance particulière pour les oursins et pour d'autres espèces à fécondation externe, car leur milieu aquatique peut contenir des spermatozoïdes provenant d'une autre espèce.

Le contact de l'extrémité de l'acrosome avec les récepteurs membranaires de l'ovocyte provoque la fusion des membranes plasmiques des deux gamètes. Le noyau du spermatozoïde pénètre alors dans le cytoplasme de l'ovocyte par les canaux ioniques ouverts de la membrane de l'ovocyte. Les ions sodium diffusent dans la cellule et provoquent la *dépolarisation,* c'est-à-dire une diminution du potentiel de membrane (voir le chapitre 7). Cette dépolarisation se produit de une à trois secondes après qu'un spermatozoïde s'est attaché à la membrane vitelline. Elle donne lieu à un **blocage rapide de la polyspermie** parce qu'elle empêche la liaison d'autres spermatozoïdes avec la membrane plasmique de l'ovocyte.

La réaction corticale

La dépolarisation de la membrane est très brève (une minute environ), mais elle est suivie d'un blocage plus long de la polyspermie qui fait intervenir des vésicules logées sous la membrane plasmique de l'ovocyte, dans la partie du cytoplasme appelée *cortex*. Quelques secondes après la liaison d'un spermatozoïde avec l'ovocyte, ces vésicules, appelées granules corticaux, fusionnent avec la membrane plasmique de l'ovocyte (voir la figure 47.3 ❹). Ces granules libèrent leur contenu dans l'espace entre la membrane plasmique et la *membrane vitelline* environnante, une structure formée par la matrice extracellulaire de l'ovocyte. Les enzymes et les autres macromolécules des granules corticaux déclenchent une réaction corticale au cours de laquelle la membrane vitelline s'écarte de la membrane plasmique; la membrane vitelline devient alors une membrane protectrice de la fécondation. D'autres enzymes détachent les portions externes des protéines réceptrices encore fixées à la membrane vitelline, de même que tout spermatozoïde demeuré attaché. La membrane de fécondation et d'autres modifications de la surface de l'ovule préviennent l'entrée d'autres spermatozoïdes et assurent de façon durable un **blocage lent de la polyspermie**.

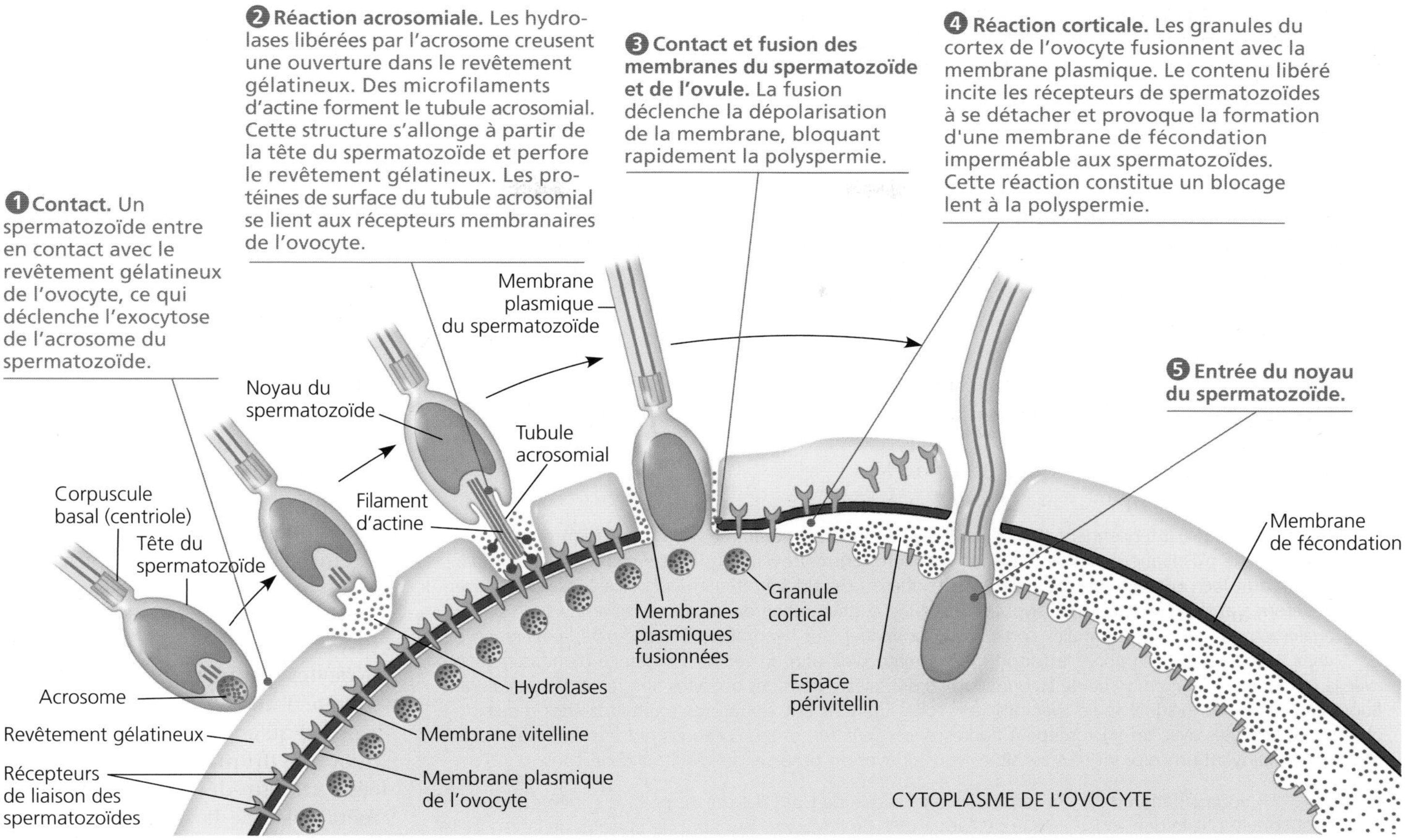

1 Contact. Un spermatozoïde entre en contact avec le revêtement gélatineux de l'ovocyte, ce qui déclenche l'exocytose de l'acrosome du spermatozoïde.

2 Réaction acrosomiale. Les hydrolases libérées par l'acrosome creusent une ouverture dans le revêtement gélatineux. Des microfilaments d'actine forment le tubule acrosomial. Cette structure s'allonge à partir de la tête du spermatozoïde et perfore le revêtement gélatineux. Les protéines de surface du tubule acrosomial se lient aux récepteurs membranaires de l'ovocyte.

3 Contact et fusion des membranes du spermatozoïde et de l'ovule. La fusion déclenche la dépolarisation de la membrane, bloquant rapidement la polyspermie.

4 Réaction corticale. Les granules du cortex de l'ovocyte fusionnent avec la membrane plasmique. Le contenu libéré incite les récepteurs de spermatozoïdes à se détacher et provoque la formation d'une membrane de fécondation imperméable aux spermatozoïdes. Cette réaction constitue un blocage lent à la polyspermie.

5 Entrée du noyau du spermatozoïde.

Corpuscule basal (centriole)
Tête du spermatozoïde
Acrosome
Revêtement gélatineux
Récepteurs de liaison des spermatozoïdes
Noyau du spermatozoïde
Filament d'actine
Tubule acrosomial
Membrane plasmique du spermatozoïde
Hydrolases
Membrane vitelline
Membrane plasmique de l'ovocyte
Membranes plasmiques fusionnées
Granule cortical
Espace périvitellin
Membrane de fécondation
CYTOPLASME DE L'OVOCYTE

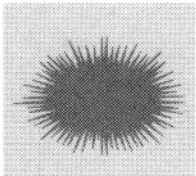

▲ **Figure 47.3 Les réactions acrosomiale et corticale pendant la fécondation chez l'oursin.** Les événements qui suivent l'entrée en contact d'un seul spermatozoïde avec l'ovocyte de deuxième ordre ne permettent qu'à un seul noyau de spermatozoïde de pénétrer dans le cytoplasme.

L'icône ci-dessus est un dessin simplifié d'un oursin adulte. Tout au long du chapitre, cet icône d'oursin ainsi que d'autres illustrations représentant une grenouille, un nématode ou un humain indiqueront les animaux dont l'embryon est montré.

La formation de la membrane de fécondation requiert une forte concentration d'ions calcium (Ca^{2+}) dans l'ovocyte. Un changement de la concentration de Ca^{2+} déclencherait-il la réaction corticale ? Pour répondre à cette question, des chercheurs de la University of California, à Berkeley, ont utilisé un colorant sensible au calcium pour évaluer la quantité de Ca^{2+} et sa répartition dans l'ovocyte durant la fécondation. Comme le décrit le texte de la **figure 47.4**, à la page suivante, ils ont constaté que le Ca^{2+} se disséminait dans l'ovocyte en une vague qui correspond à l'apparence de la membrane de fécondation. D'autres expériences ont montré que la libération de Ca^{2+} dans le cytosol par le réticulum endoplasmique est régie par une voie de transduction de stimulus activée par la liaison du spermatozoïde. Sous l'effet de l'augmentation de la concentration de Ca^{2+}, les granules corticaux fusionnent avec la membrane plasmique. C'est chez l'oursin qu'on a le plus étudié ces événements, mais la réaction corticale déclenchée par le Ca^{2+} se produit également chez les Vertébrés, par exemple les Poissons et les Mammifères.

L'activation de l'ovocyte de deuxième ordre

La fécondation a pour principale fonction de réunir les assortiments haploïdes de chromosomes de deux individus différents dans une cellule diploïde unique, appelée zygote. De plus, les événements de la fécondation ont pour effet d'« activer » l'ovocyte de deuxième ordre en déclenchant en son sein des réactions métaboliques qui préparent le développement embryonnaire. Par exemple, après la fécondation, on observe une augmentation substantielle de la vitesse de la respiration cellulaire et de la synthèse protéique.

Qu'est-ce qui active l'ovocyte de deuxième ordre ? On a montré expérimentalement que l'injection de Ca^{2+} dans un ovocyte non fécondé active le métabolisme de l'ovocyte chez de nombreuses espèces, même en l'absence de spermatozoïde. Les chercheurs ont donc conclu que l'augmentation de la concentration de Ca^{2+} qui provoque la réaction corticale entraîne aussi l'activation de l'ovocyte. D'autres expériences ont révélé qu'on peut même activer artificiellement un ovocyte de deuxième ordre dont on a enlevé le noyau. Ces observations

▼ **Figure 47.4** INVESTIGATION

Existe-t-il une corrélation entre la distribution du Ca^{2+} dans l'ovocyte et la formation de la membrane de fécondation ?

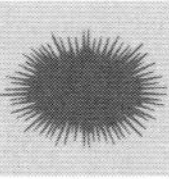

EXPÉRIENCE Durant la fécondation, la fusion des granules corticaux avec la membrane plasmique de l'ovocyte fait en sorte que la membrane de fécondation s'élève et entoure l'ovocyte dans un mouvement qui débute au site de liaison du spermatozoïde.

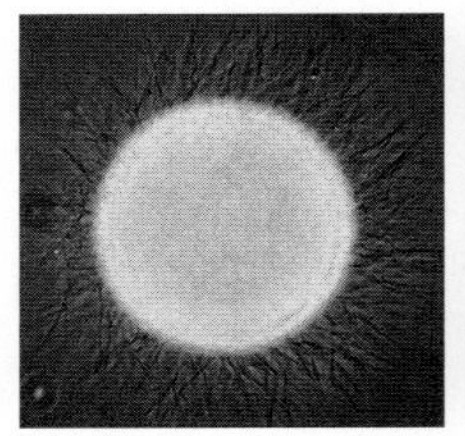
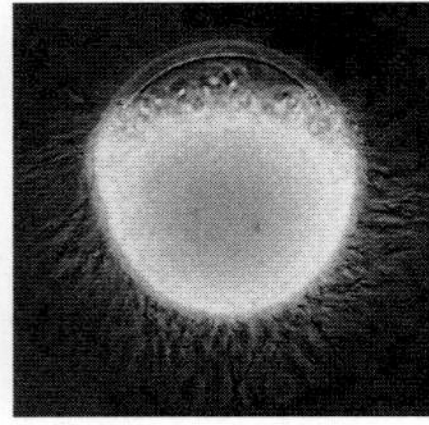
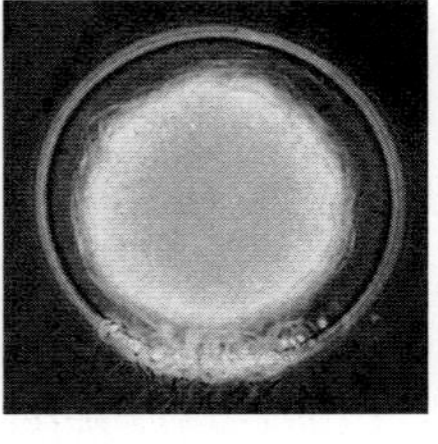
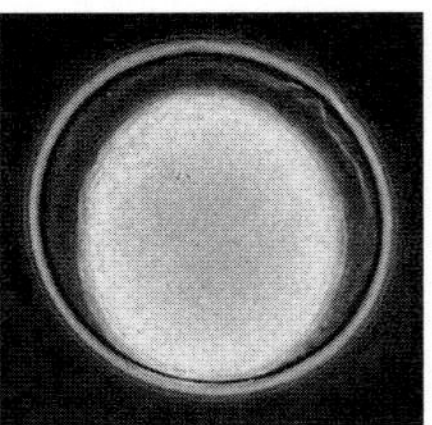

10 s après la fécondation — 25 s — 35 s — 1 min — 500 µm (150 ×)

Les ions calcium (Ca^{2+}) interviennent dans plusieurs phénomènes, notamment dans la fusion des vésicules avec la membrane plasmique durant la libération de neurotransmetteurs, dans la sécrétion d'insuline et dans la formation du tube pollinique des plantes. Rick Steinhardt, Gerald Schatten et leurs collègues de la University of California at Berkeley ont émis l'hypothèse qu'une augmentation de la concentration de Ca^{2+} déclenchait également la fusion des granules corticaux. Pour vérifier leur hypothèse, ils ont étudié la libération de Ca^{2+} chez l'ovocyte d'oursin après la liaison du spermatozoïde afin de vérifier l'existence d'une corrélation avec la formation de la membrane de fécondation. Ils ont injecté dans des ovocytes non fécondés un colorant fluorescent qui brille lorsqu'il se lie avec du Ca^{2+} libre. Enfin, ils ont ajouté des spermatozoïdes d'oursin et observé les ovocytes avec un microscope à fluorescence. Schatten et ses collègues ont ensuite refait l'expérience en employant un colorant plus sensible ; vous pouvez en observer les résultats ci-dessous.

RÉSULTATS L'augmentation de la concentration cytosolique de Ca^{2+} débute au point d'entrée du spermatozoïde et continue telle une vague jusque de l'autre côté de l'ovocyte. Peu après le passage de la vague, la membrane de fécondation s'écarte de la membrane plasmique.

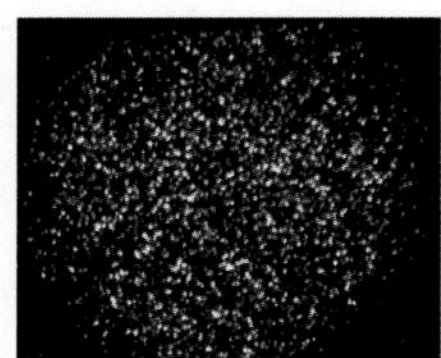
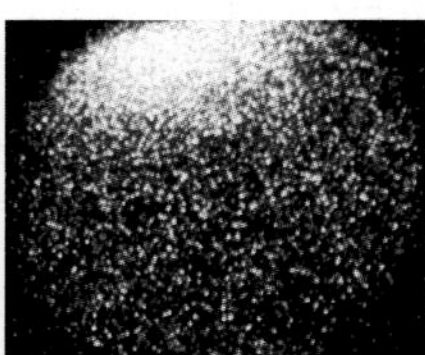
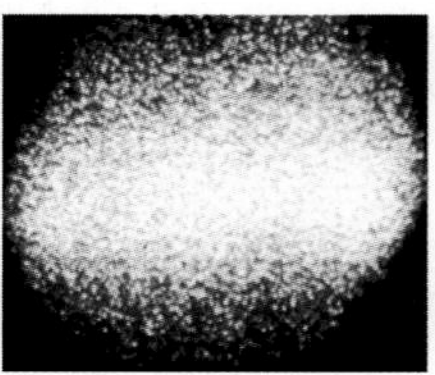
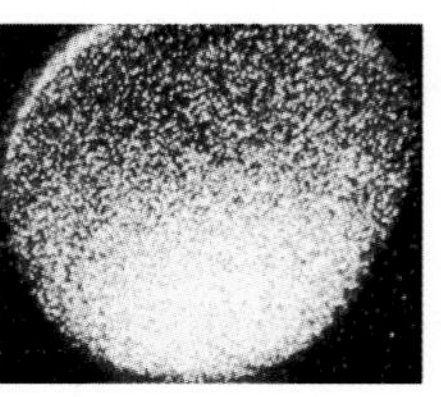

1 s avant la fécondation — 10 s après la fécondation — 20 s — 30 s — 500 µm (250 ×)

CONCLUSION Les chercheurs ont conclu qu'il y a une corrélation entre la libération de Ca^{2+} et la réaction corticale ainsi qu'avec la formation de la membrane de fécondation. L'expérience confirme donc l'hypothèse selon laquelle la fusion des granules corticaux est déclenchée par une augmentation de la concentration de Ca^{2+}.

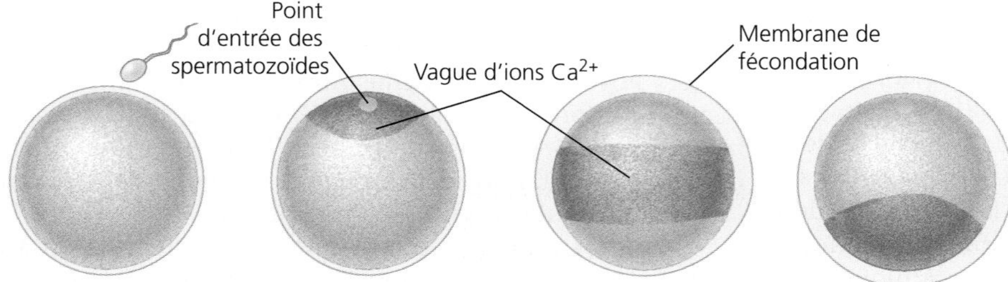

SOURCES R. Steinhardt *et al.*, Intracellular calcium release at fertilization in the sea urchin egg, *Developmental Biology* 58 : 185-197 (1977) ; M. Hafner *et al.*, Wave of free calcium at fertilization in the sea urchin egg visualized with Fura-2, *Cell Motility and the Cytoskeleton* 9 : 271-277 (1988).

ET SI ? Supposons que vous disposez d'un composé chimique qui peut entrer dans l'ovocyte, se lier au Ca^{2+} et ainsi en bloquer le fonctionnement. Comment utiliseriez-vous ce composé pour vérifier l'hypothèse selon laquelle une augmentation de la concentration de Ca^{2+} déclenche la fusion des granules corticaux ?

montrent que les protéines et l'ARNm présents dans le cytoplasme de l'ovule non fécondé suffisent pour activer l'ovule.

Environ 20 minutes après l'entrée du noyau du spermatozoïde dans l'ovule de l'oursin, le noyau de l'ovule et le noyau du spermatozoïde fusionnent. La synthèse de l'ADN commence et la première division cellulaire a lieu au bout de 90 minutes environ. Ainsi se termine l'étape de la fécondation.

Chez les autres espèces, la fécondation ressemble à ce qui se passe chez les oursins. Cependant, le moment et la durée des événements varient d'une espèce à l'autre, de même que le stade de la méiose atteint par l'ovocyte au moment de la fécondation. Lorsqu'ils sont libérés par la femelle, les ovules des oursins ont terminé la méiose. Dans les ovocytes d'autres espèces, la méiose s'arrête à un certain stade et elle ne reprend qu'après la fécondation. Les ovocytes humains, par exemple, cessent leur développement à la métaphase de la méiose II (voir la figure 46.12, p. 1168 et 1169).

La fécondation chez les Mammifères

Chez les animaux terrestres, notamment chez les Mammifères, la fécondation est interne, ce qui n'est pas le cas chez les oursins et chez la plupart des autres Invertébrés marins. Chez les Mammifères, les sécrétions du système reproducteur de la femelle non seulement forment un milieu humide pour les spermatozoïdes, mais influent sur leur motilité et leur structure. C'est seulement après avoir subi ces modifications que les spermatozoïdes ont la capacité de féconder un ovocyte. Chez les humains, ce processus de *capacitation* a lieu au cours des six premières heures suivant l'entrée des spermatozoïdes dans le système reproducteur de la femme.

Durant et après l'ovulation, l'ovocyte des Mammifères est recouvert de cellules folliculaires (voir la figure 46.12). Le spermatozoïde doit traverser cette couche de cellules folliculaires pour atteindre la **zone pellucide**, matrice extracellulaire

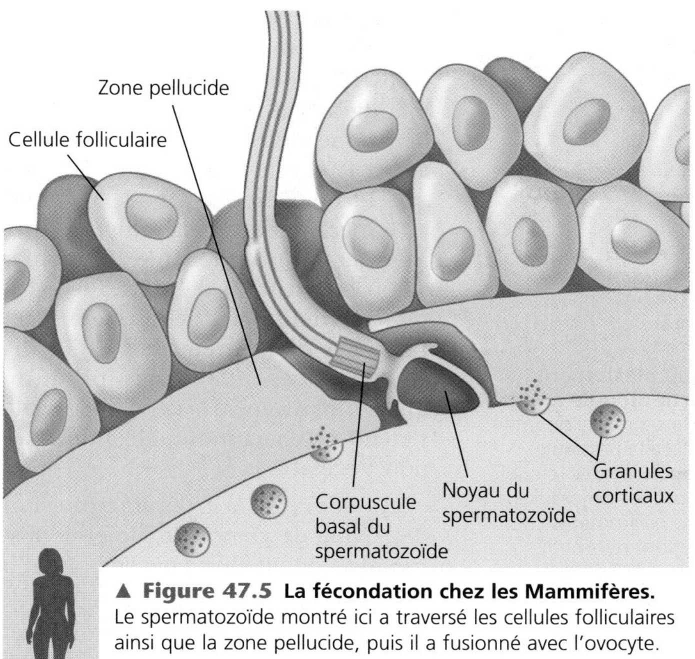

▲ **Figure 47.5 La fécondation chez les Mammifères.** Le spermatozoïde montré ici a traversé les cellules folliculaires ainsi que la zone pellucide, puis il a fusionné avec l'ovocyte. La réaction corticale est déclenchée et provoque les événements qui font qu'un seul spermatozoïde pénètre dans le cytoplasme de l'ovocyte.

de l'ovocyte. À l'intérieur de la zone pellucide se trouve une composante qui joue le rôle de récepteur. La liaison d'un spermatozoïde avec ce récepteur provoque une réaction acrosomiale qui aide le spermatozoïde à traverser la zone pellucide et à se rendre jusqu'à l'ovocyte. Cette liaison expose également une protéine de la membrane du spermatozoïde qui se lie à la membrane plasmique de l'ovocyte. C'est à ce moment que les deux cellules fusionnent (**figure 47.5**).

Comme pendant la fécondation chez l'oursin, la liaison du spermatozoïde et de l'ovocyte de deuxième ordre, chez les Mammifères, provoque des changements à l'intérieur de l'ovocyte. En effet, cet événement déclenche une réaction corticale au cours de laquelle les granules du cortex de l'ovocyte déversent leurs enzymes à l'extérieur de la cellule. Ces enzymes catalysent des modifications de la zone pellucide qui assurent le blocage lent de la polyspermie. (Il ne semble pas y avoir de blocage rapide de la polyspermie chez les Mammifères.)

Après la fusion des membranes de l'ovocyte et du spermatozoïde, le noyau entier du spermatozoïde pénètre dans l'ovocyte. Une fois les membranes des deux noyaux haploïdes dissoutes, les chromosomes du spermatozoïde et de l'ovocyte (à présent l'ovule) se disposent sur seul fuseau mitotique. Ce n'est qu'à la fin de cette première division mitotique qu'un véritable noyau diploïde se forme, entouré de sa propre membrane. Dans l'ensemble, la fécondation est beaucoup plus lente chez les Mammifères que chez les oursins; en effet, la première division cellulaire a lieu de 12 à 36 heures après la liaison du spermatozoïde chez les Mammifères, comparativement à environ 90 minutes chez les oursins. Cette division cellulaire marque la fin de la fécondation et le début de l'étape suivante: la segmentation.

La segmentation

Chez beaucoup d'espèces animales, une succession rapide de divisions cellulaires survient après la fécondation. Cette période, appelée **segmentation**, est le début du développement. Durant la segmentation, les cellules passent de la phase S (synthèse d'ADN) à la phase M (mitose) du cycle cellulaire. Les cellules sautent souvent les phases G_1 et G_2 (G pour *gap*, « absence de réplication de l'ADN »), de sorte que la synthèse de protéines est absente ou faible (voir la figure 12.5, p. 261, pour une description du cycle cellulaire). La segmentation divise le cytoplasme de la grosse cellule fécondée qu'est le zygote en un grand nombre de petites cellules appelées **blastomères** (**figure 47.6**).

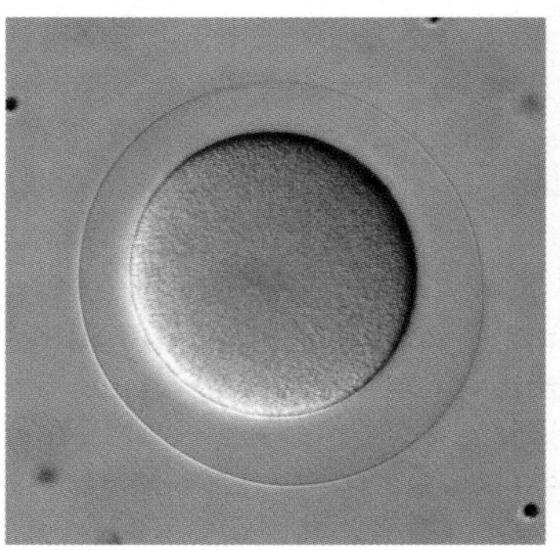

(a) Ovocyte fécondé. On voit ici le zygote peu avant la première division de la segmentation, encore entouré de la membrane de fécondation.

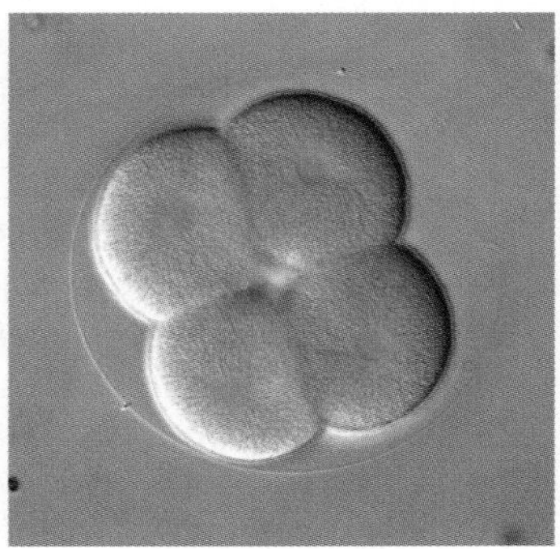

(b) Stade à quatre blastomères (morula). On peut observer les vestiges du fuseau mitotique entre les deux paires de cellules qui achèvent la deuxième division de la segmentation.

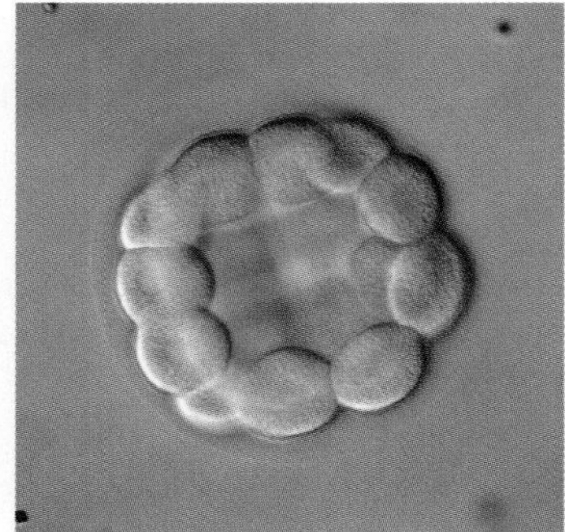

(c) Formation de la blastula. Après des divisions répétées, l'embryon est devenu une sphère multicellulaire encore recouverte de la membrane de fécondation. Le blastocèle a commencé à se former au centre.

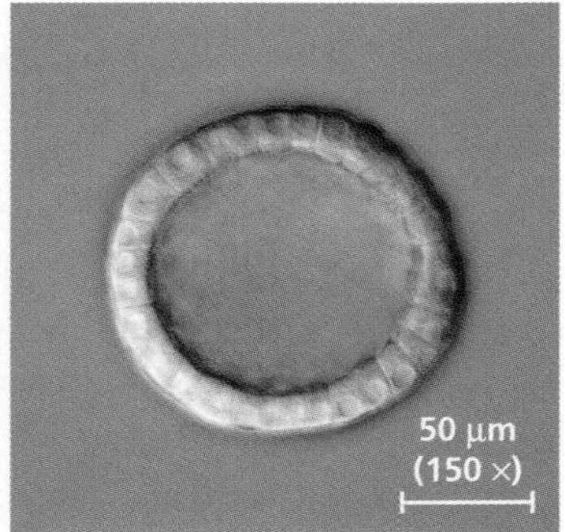

(d) Blastula. Une seule couche de cellules entoure maintenant le blastocèle agrandi. Bien qu'on ne la voie pas ici, la membrane de fécondation est encore présente; l'embryon va bientôt s'y développer et commencer à nager.

▲ **Figure 47.6 La segmentation d'un embryon d'Échinoderme.** La segmentation est constituée d'une série de divisions cellulaires qui transforment le zygote en blastula, c'est-à-dire en une sphère de cellules beaucoup plus petites, appelées *blastomères*. Ces photos prises au microscope photonique montrent les étapes de la segmentation de l'embryon du dollar des sables, qui sont presque identiques à celles de l'oursin.

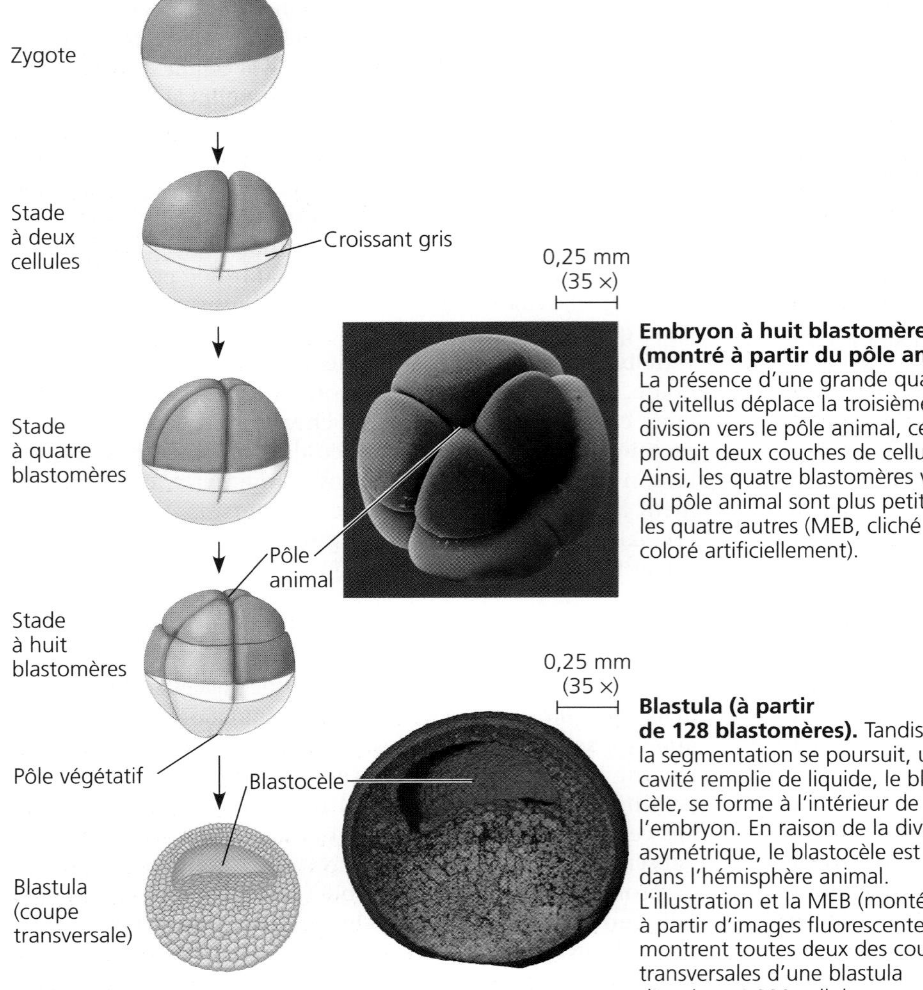

Zygote
Stade
à deux
cellules
Croissant gris
Stade
à quatre
blastomères
Stade
à huit
blastomères
Pôle
animal
Pôle végétatif
Blastocèle
Blastula
(coupe
transversale)
0,25 mm
(35 ×)
Embryon à huit blastomères
(montré à partir du pôle animal).
La présence d'une grande quantité de vitellus déplace la troisième division vers le pôle animal, ce qui produit deux couches de cellules. Ainsi, les quatre blastomères voisins du pôle animal sont plus petits que les quatre autres (MEB, cliché coloré artificiellement).
0,25 mm
(35 ×)
Blastula (à partir
de 128 blastomères).
Tandis que la segmentation se poursuit, une cavité remplie de liquide, le blastocèle, se forme à l'intérieur de l'embryon. En raison de la division asymétrique, le blastocèle est situé dans l'hémisphère animal. L'illustration et la MEB (montée à partir d'images fluorescentes) montrent toutes deux des coupes transversales d'une blastula d'environ 4 000 cellules.

▲ **Figure 47.7 La segmentation d'un embryon de grenouille.** Les plans de segmentation des première et deuxième divisions vont du pôle animal au pôle végétatif, mais la troisième division est perpendiculaire à l'axe polaire. Chez certaines espèces, la première division sépare en deux le croissant gris, une région pâle qui apparaît du côté opposé au point d'entrée du spermatozoïde.

Les cinq à sept premières divisions produisent une sphère creuse de cellules qu'on appelle **blastula**. À l'intérieur de la blastula se forme une cavité appelée **blastocèle**, pleine de liquide (voir la figure 47.6).

Les modes de segmentation

Chez de nombreuses grenouilles et d'autres espèces animales, la distribution du **vitellus** (des substances de réserve) est un facteur déterminant pour la suite de la segmentation. La concentration de vitellus est souvent plus forte au **pôle végétatif** de l'ovocyte; elle diminue considérablement à mesure qu'on se rapproche du pôle opposé, appelé **pôle animal**. Cette répartition inégale du vitellus fait que les hémisphères animal et végétatif sont différents (**figure 47.7**).

Durant la division cellulaire, un sillon appelé *sillon de segmentation* se creuse dans la surface de la cellule pendant que la cytocinèse divise la cellule en deux. Comme le montre la **figure 47.7**, les deux premiers sillons de segmentation chez la grenouille se creusent parallèlement à la ligne (ou méridien) qui relie les deux pôles. La deuxième division cellulaire débute avant la fin de la première, de sorte que le deuxième sillon de segmentation commence déjà à diviser l'hémisphère animal lorsque le premier sillon est en train de diviser le cytoplasme vitellin de l'hémisphère végétatif. Les deux premières divisions finissent cependant par produire quatre blastomères de taille égale s'étendant chacun du pôle animal au pôle végétatif.

Au cours de la troisième division de l'ovule de grenouille, l'inégale distribution du vitellus dans l'embryon a des effets sur la taille relative des cellules produites dans les deux hémisphères. Cette division est équatoriale (perpendiculaire à la ligne qui relie les pôles) et produit un embryon à huit cellules. Cependant, lorsque chacun des quatre blastomères entre en division, la forte concentration de vitellus autour du pôle végétatif déplace l'appareil mitotique vers le pôle animal. Par conséquent, le sillon de segmentation se déplace aussi du vitellus central vers le pôle animal, faisant en sorte que les quatre blastomères de l'hémisphère animal sont plus petits que ceux de l'hémisphère végétatif. Cet effet de déplacement du vitellus se poursuit au cours des divisions subséquentes qui produisent la blastula. Chez les grenouilles, en raison des divisions inégales, le blastocèle se situe entièrement dans l'hémisphère animal (voir la figure 47.7).

Bien que le vitellus ne fasse pas partie intégrante de la formation de l'embryon dans les œufs de grenouilles et d'autres amphibiens, le sillon de segmentation traverse l'œuf en entier. Chez les Amphibiens, il s'agit d'une **segmentation holoblastique** (du grec *holos*, «complet»). La segmentation holoblastique s'observe chez beaucoup d'autres groupes d'Animaux, dont les Échinodermes, les Mammifères et les Annélides. L'orientation des sillons de segmentation varie au sein de ces groupes, de sorte que l'aspect des blastulas varie également beaucoup. Chez les animaux dont les œufs contiennent relativement peu de vitellus, le blastocèle se forme au centre et les blastomères ont souvent la même taille, surtout durant les premières divisions (voir la figure 47.6). C'est le cas des humains, dont l'embryon effectue trois divisions au cours des trois premiers jours après la fécondation.

Par contre, dans les œufs des Oiseaux, des autres Reptiles, des Insectes et de nombreux Poissons, le volume du vitellus, présent en abondance, influe fortement sur la segmentation. Chez ces animaux, le sillon de segmentation ne peut pas traverser le vitellus, de sorte que la segmentation se produit seulement dans la région qui en est dépourvue. Cette segmentation incomplète d'un œuf riche en vitellus est appelée **segmentation méroblastique** (du grec *meros*, « partiel »).

Chez les Oiseaux, la partie de l'œuf qu'on appelle communément le *jaune* correspond en fait à la totalité de l'ovocyte de deuxième ordre, gonflé en raison de la grande quantité de substances nutritives du vitellus. Les divisions cellulaires ont lieu dans une petite région blanchâtre située au pôle animal. Ces divisions produisent un amas de cellules qui forment les feuillets inférieur et supérieur. La cavité entre les deux feuillets est la version aviaire du blastocèle.

Dans les œufs de drosophile et de la plupart des autres Insectes, le noyau du spermatozoïde et le noyau de l'ovocyte fusionnent *à l'intérieur* de la masse de vitellus. Plusieurs divisions mitotiques ont lieu sans qu'il y ait de cytocinèse. Autrement dit, aucune membrane cellulaire ne se forme autour des premiers noyaux. Les premières centaines de noyaux se disséminent d'abord dans le vitellus, puis migrent à la périphérie de l'œuf. Après plusieurs autres mitoses, une membrane plasmique se forme autour de chacun des noyaux. L'embryon, qui est devenu l'équivalent d'une blastula, est alors constitué d'une seule couche d'environ 6 000 cellules entourant une masse de vitellus (voir la figure 18.22, p. 430).

La régulation de la segmentation

Le nombre de divisions de la segmentation varie d'un animal à l'autre, mais il semble régi par le même mécanisme. Les données expérimentales étayent l'hypothèse selon laquelle un embryon animal termine l'étape de la segmentation lorsque le rapport entre le matériel de chaque noyau et celui du cytoplasme est suffisamment élevé. Certains résultats probants proviennent d'expériences dans lesquelles les chercheurs ont modifié la quantité initiale de cytoplasme pour ensuite compter les divisions de segmentation qui se sont produites. Par exemple, lorsque la moitié de la quantité normale de cytoplasme entoure le noyau du zygote nouvellement formé, il se produit une division de moins, ce qui concorde avec le fait que le rapport noyau-cytoplasme atteint le seuil après un cycle cellulaire de moins.

Quel est l'avantage adaptatif de cette corrélation entre la durée de la segmentation et le rapport du matériel nucléaire au matériel cytoplasmique ? Le noyau unique de l'ovule nouvellement fécondé a trop peu d'ADN pour produire la quantité d'ARN messager nécessaire pour fournir les nouvelles protéines dont la cellule a besoin. Au lieu de cela, les premières étapes du développement sont dirigées par l'ARN et par les protéines qui se sont accumulés dans l'ovocyte durant l'ovogenèse. Après la segmentation, le cytoplasme de l'ovule se répartit entre les nombreux blastomères, de sorte que chacun possède son propre noyau. Étant donné que chaque blastomère est beaucoup plus petit que le zygote ou l'embryon entier, son noyau peut fabriquer assez d'ARN pour programmer le métabolisme de la cellule et le développement qui suivra. L'augmentation du nombre de cellules détermine également la morphogenèse, c'est-à-dire la transformation de l'organisation et de la forme de l'embryon.

RETOUR SUR LE CONCEPT 47.1

1. Comment la membrane de fécondation se forme-t-elle chez l'oursin ? Quelle est sa fonction ?
2. **ET SI ?** Qu'arriverait-il si vous injectiez du Ca^{2+} dans l'œuf non fécondé d'un oursin ?
3. **FAITES UN DESSIN** Consultez la figure 12.17, à la page 272. À votre avis, l'activité du MPF fluctuera-t-elle ou demeurera-t-elle stable durant la segmentation ? Expliquez votre réponse.

Voir les réponses proposées à la fin du chapitre.

CONCEPT 47.2

Chez les Animaux, la morphogenèse comporte des modifications touchant la forme, l'emplacement et la survie des cellules

Après la segmentation, la division cellulaire ralentit considérablement à mesure que le cycle cellulaire normal se rétablit. Les deux dernières étapes du développement embryonnaire régulent la **morphogenèse**, durant laquelle les tissus et les cellules se spécialisent pour donner forme à l'animal. Durant la **gastrulation**, des cellules situées à la surface ou près de celle-ci se déplacent vers l'intérieur de la blastula, entraînant la formation de feuillets cellulaires, puis d'un tube digestif rudimentaire. D'autres transformations surviennent durant l'**organogenèse**, la formation des organes. Nous examinerons ces deux étapes l'une après l'autre en nous concentrant chaque fois sur le développement de quelques organismes modèles.

La gastrulation

La **gastrulation** est un remaniement radical de la blastula qui, de la sphère creuse qu'elle était, devient un embryon tridimensionnel à trois feuillets appelé **gastrula**. Les trois feuillets issus de la gastrulation sont des tissus embryonnaires qu'on réunit collectivement sous le nom de **feuillets embryonnaires**. L'**ectoderme** correspond au feuillet externe de la gastrula, tandis que l'**endoderme** tapisse le tube digestif de l'embryon. Chez les Cnidaires et quelques autres animaux possédant une symétrie radiale, seuls ces deux feuillets embryonnaires se forment durant la gastrulation. Ces animaux sont donc dits diploblastes (voir le chapitre 32). Les Animaux ayant une symétrie bilatérale, eux, sont qualifiés de triploblastes parce que leur embryon comporte un troisième feuillet interne, appelé **mésoderme**, situé entre l'ectoderme et l'endoderme.

Toutes les parties d'un animal adulte proviennent de ces trois feuillets de cellules (**figure 47.8**). Certains organes ou systèmes de l'animal adulte sont issus de plus d'un feuillet. Par exemple, la glande surrénale possède des tissus ectodermiques et mésodermiques, et plusieurs autres glandes endocrines contiennent des tissus endodermiques.

ECTODERME (couche externe)

- Épiderme de la peau et annexes cutanées (notamment glandes sébacées, follicules pileux)
- Système nerveux
- Hypophyse, médulla surrénale
- Mâchoire et dents
- Cellules germinales

MÉSODERME (couche intermédiaire)

- Systèmes osseux et musculaire
- Systèmes cardiovasculaire et lymphatique
- Systèmes reproducteur et urinaire (sauf les cellules germinales)
- Derme de la peau
- Cortex surrénal

ENDODERME (couche interne)

- Muqueuses du tube digestif et organes annexes (foie, pancréas)
- Muqueuses du système respiratoire, du système urinaire et des voies génitales
- Glande thyroïde, glandes parathyroïdes, thymus

▲ **Figure 47.8 Les principales structures dérivées des trois feuillets embryonnaires chez les Vertébrés.**

La gastrulation chez l'oursin

Chez l'oursin, la gastrulation commence au pôle végétatif de la blastula (**figure 47.9**), où des cellules appelées *cellules mésenchymateuses* se détachent de la paroi de la blastula et pénètrent dans le blastocèle. Les cellules qui restent près du pôle végétatif s'aplatissent légèrement, de sorte que l'extrémité de l'embryon se replie vers l'intérieur à la suite de remaniements dont il sera question plus loin. Ce processus par lequel un feuillet cellulaire se replie vers l'intérieur est appelé *invagination*. Les cellules de la plaque végétative ainsi incurvée subissent alors un remaniement important qui transforme l'invagination peu prononcée en un tube profond et étroit dont une des extrémités est fermée et qu'on appelle **archentéron**, ou *intestin primitif*. L'ouverture de l'archentéron, qui deviendra l'anus, porte le nom de **blastopore**. Une seconde ouverture, qui deviendra la bouche, se forme lorsque l'extrémité opposée de l'archentéron entre en contact avec la face interne de l'ectoderme et que les deux feuillets fusionnent, contribuant ainsi à former un tube digestif rudimentaire.

Comme nous l'avons vu au chapitre 32, on peut classer les Animaux selon que leur bouche est issue de la première ouverture qui se forme dans l'embryon (protostomes) ou de la seconde ouverture (deutérostomes). Les oursins et les autres Échinodermes sont des deutérostomes, à l'instar des Cordés dont font partie les humains et d'autres Vertébrés.

Au terme de la gastrulation, l'embryon de l'oursin devient une larve ciliée qui dérive, sous forme de plancton, près de la surface de l'océan, où elle se nourrit de bactéries et d'algues unicellulaires. Après un certain temps, la larve se métamorphose en oursin adulte, qui commence sa vie au fond de l'océan.

La gastrulation chez la grenouille

L'hémisphère végétatif de la blastula de la grenouille contient de grosses cellules remplies de vitellus et, chez la plupart des espèces, la paroi du blastocèle comporte plusieurs couches de cellules. Au chapitre 32, nous avons vu que les grenouilles et les autres animaux à symétrie bilatérale ont une face dorsale (haut) et une face ventrale (bas), un côté gauche et un côté droit, ainsi qu'une extrémité antérieure (avant) et une extrémité postérieure (arrière). Comme le montre la **figure 47.10**, la gastrulation chez la grenouille commence par l'invagination d'un groupe de cellules sur la face dorsale de la blastula. Cette invagination forme un repli à l'emplacement du croissant gris (voir la figure 47.7). On peut comparer ce repli à deux lèvres minces, pressées l'une contre l'autre. La partie au-dessus du pli devient la face dorsale du blastopore, appelée **lèvre dorsale**.

Durant la formation du blastopore, une couche de cellules commence à s'étendre au-delà de l'hémisphère animal. Certaines de ces cellules s'enfoncent à l'intérieur de l'embryon en glissant par-dessus la bordure de la lèvre, selon un mécanisme appelé *involution*. Une fois dans l'embryon, elles s'éloignent du blastopore, se rapprochent du pôle animal et se regroupent pour former le mésoderme et l'endoderme (ce dernier à l'intérieur). Les cellules continuent de recouvrir la gastrula, de sorte que le blastopore se déplace et s'affaisse. À l'intérieur de l'embryon, un archentéron se forme à mesure que le blastocèle rétrécit, jusqu'à disparaître.

Vers la fin du processus, les cellules qui restent à la surface constituent l'ectoderme; le tube de l'endoderme forme la couche interne, tandis que le mésoderme se trouve entre les deux. Comme chez l'oursin, l'anus de l'amphibien se développe à partir du blastopore, tandis que la bouche se forme à partir de l'autre extrémité de l'archentéron.

La gastrulation chez le poulet

Chez l'Oiseau, la gastrulation commence lorsque l'embryon comporte deux feuillets cellulaires (l'*épiblaste* et l'*hypoblaste*) surmontant la masse du vitellus. Toutes les cellules qui formeront l'embryon viennent de l'épiblaste. Au cours de la gastrulation, certaines cellules de l'épiblaste se déplacent vers la ligne médiane du blastoderme, puis se détachent et s'enfoncent en direction du vitellus (**figure 47.11**). L'accumulation de cellules au milieu de la surface, puis vers l'intérieur de l'embryon à partir de la ligne médiane du blastoderme, produit un sillon appelé **ligne primitive**. Bien qu'aucune cellule de l'embryon ne provienne de l'hypoblaste, celui-ci est indispensable au développement normal et semble contribuer directement à la formation de la ligne primitive avant le début de la gastrulation. Plus tard, les cellules de l'hypoblaste se détachent de l'endoderme et finissent par faire partie d'une poche contenant le vitellus ainsi que d'un pédicule reliant la masse vitelline et l'embryon.

La gastrulation chez l'humain

Contrairement aux gros ovocytes de deuxième ordre riches en vitellus qu'on trouve chez beaucoup de Vertébrés, les ovocytes de deuxième ordre des humains sont assez petits et contiennent peu de nutriments. La fécondation se produit dans l'oviducte et les premières étapes du développement ont lieu pendant que l'embryon continue de descendre l'oviducte jusqu'à l'utérus (voir la figure 46.15, p. 1174). Ce que nous savons de la gastrulation chez les humains provient donc en grande partie de ce que les chercheurs ont pu extrapoler à partir des autres Mammifères, par exemple la souris, à partir de l'observation de très jeunes embryons issus de fécondations *in vitro*.

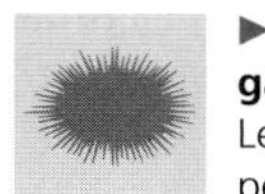

▶ **Figure 47.9 La gastrulation chez l'oursin.** Le mouvement des cellules pendant la gastrulation produit un embryon pourvu d'un tube digestif primitif et de trois feuillets embryonnaires. Certaines des cellules mésenchymateuses du mésoderme qui migrent vers l'intérieur (étape ❶) vont ultérieurement sécréter du carbonate de calcium et former un squelette interne simple. Les embryons des étapes ❶ à ❸ sont vus de face, et ceux des étapes ❹ et ❺ le sont de côté.

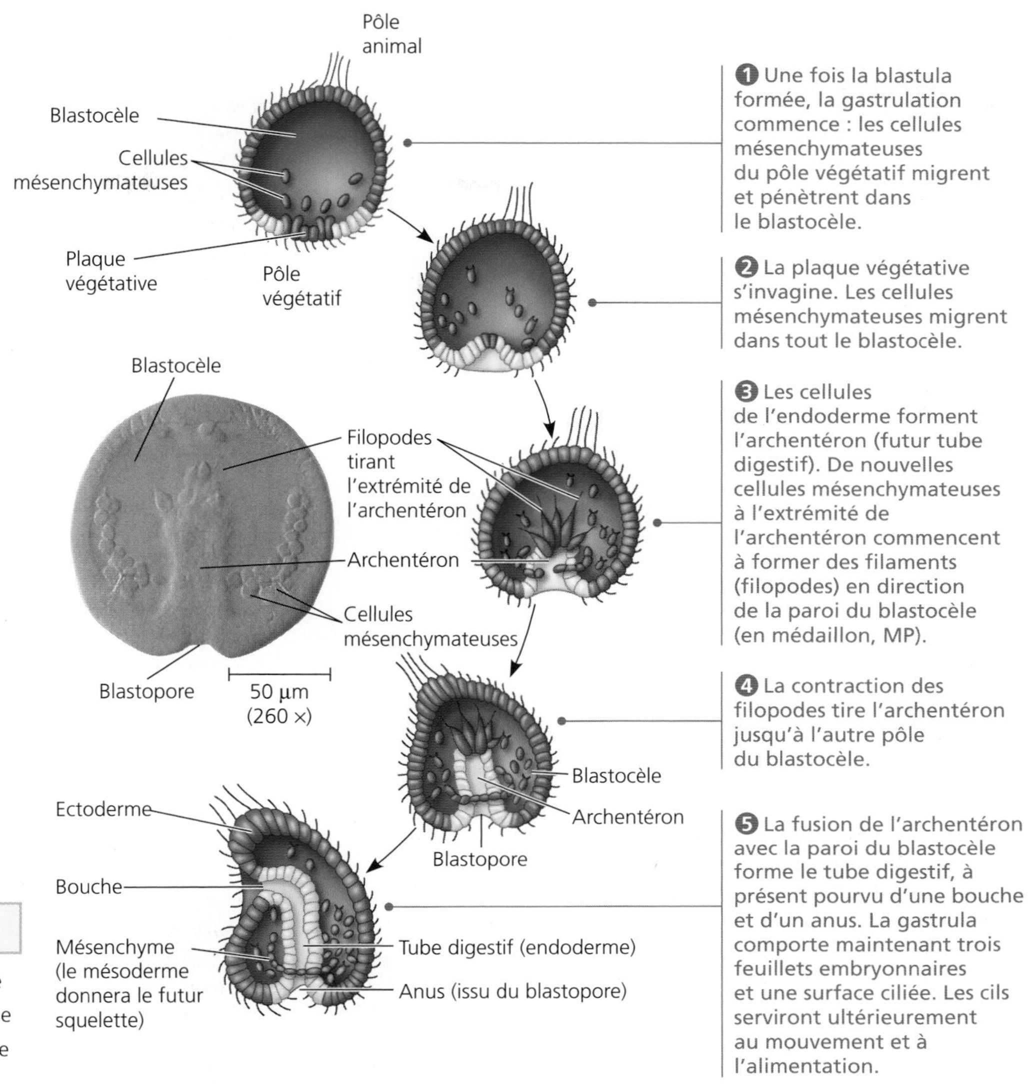

Pôle animal
Blastocèle
Cellules mésenchymateuses
Plaque végétative
Pôle végétatif
❶ Une fois la blastula formée, la gastrulation commence : les cellules mésenchymateuses du pôle végétatif migrent et pénètrent dans le blastocèle.
❷ La plaque végétative s'invagine. Les cellules mésenchymateuses migrent dans tout le blastocèle.
Blastocèle
Filopodes tirant l'extrémité de l'archentéron
Archentéron
Cellules mésenchymateuses
Blastopore
50 µm (260 ×)
❸ Les cellules de l'endoderme forment l'archentéron (futur tube digestif). De nouvelles cellules mésenchymateuses à l'extrémité de l'archentéron commencent à former des filaments (filopodes) en direction de la paroi du blastocèle (en médaillon, MP).
❹ La contraction des filopodes tire l'archentéron jusqu'à l'autre pôle du blastocèle.
Blastocèle
Archentéron
Blastopore
Ectoderme
Bouche
Mésenchyme (le mésoderme donnera le futur squelette)
Tube digestif (endoderme)
Anus (issu du blastopore)
❺ La fusion de l'archentéron avec la paroi du blastocèle forme le tube digestif, à présent pourvu d'une bouche et d'un anus. La gastrula comporte maintenant trois feuillets embryonnaires et une surface ciliée. Les cils serviront ultérieurement au mouvement et à l'alimentation.
Légende
Futur ectoderme
Futur mésoderme
Futur endoderme

La **figure 47.12** décrit le développement de l'embryon humain à partir d'environ six jours après la fécondation. La numérotation en bleu dans le texte correspond à la numérotation de la même couleur dans la figure.

❶ Quand la segmentation est terminée, l'embryon, qui compte plus de 100 cellules délimitant une cavité centrale, a parcouru l'oviducte jusqu'à l'utérus. Ce stade embryonnaire est appelé **blastocyste**; il est la version mammalienne de la blastula. Un amas de cellules nommé **embryoblaste** fait saillie à une extrémité de la cavité du blastocyste. Il deviendra l'embryon proprement dit. Les lignées de cellules souches embryonnaires viennent des cellules du très jeune blastocyste.

❷ Le **trophoblaste** (ou trophectoderme), épithélium externe entourant le blastocyste, ne contribue pas à l'embryon lui-même. Son rôle consiste plutôt à soutenir la croissance de l'embryon de diverses manières. Il amorce l'implantation en sécrétant des enzymes qui dégradent les molécules de l'endomètre, le revêtement interne de l'utérus. Ce processus permet au blastocyste d'envahir l'endomètre. À mesure qu'il s'épaissit par divisions cellulaires, le trophoblaste produit des prolongements digitiformes (en forme de doigt) dans le tissu maternel environnant, riche en vaisseaux sanguins. Cette invasion par le trophoblaste entraîne l'érosion des capillaires de l'endomètre et le sang qui s'en déverse finit par immerger les tissus du trophoblaste. À peu près au même moment que l'implantation, l'embryoblaste devient un disque comportant une couche cellulaire supérieure, l'*épiblaste*, et une couche cellulaire inférieure, l'*hypoblaste*, qui sont homologues de celles qu'on trouve dans l'embryon des Oiseaux. Comme celui-ci, l'embryon des Mammifères se développe presque entièrement à partir des cellules de l'épiblaste.

❸ Après l'implantation, le trophoblaste continue de s'étendre dans l'endomètre et quatre nouvelles membranes apparaissent. Ces **membranes extraembryonnaires** sont formées par l'embryon, mais elles renferment des structures spécialisées, situées à l'extérieur de l'embryon. Au terme de l'implantation, la gastrulation commence. Les cellules de

❶ La gastrulation se manifeste d'abord par l'apparition d'un petit repli, la lèvre dorsale du blastopore, sur un côté de la blastula. Ce repli se développe sous l'action de cellules qui changent de forme et s'invaginent. Puis, des couches extérieures de cellules passent par-dessus la lèvre dorsale (involution) et s'enfoncent dans la gastrula en s'éloignant du blastopore. Pendant ce temps, les cellules du pôle animal recouvrent la surface de l'embryon (processus appelé épibolie).

VUE SUPERFICIELLE
COUPE TRANSVERSALE
Pôle animal
Blastocèle
Lèvre dorsale du blastopore
Lèvre dorsale du blastopore
Blastopore
Gastrula au début de sa formation
Pôle végétatif

❷ Le blastopore croît des deux côtés de l'embryon (flèches noires) à mesure que les cellules s'invaginent. Lorsque les extrémités se rejoignent, le blastopore forme un cercle qui devient de plus en plus petit à mesure que l'ectoderme s'étend vers le bas en surface. À l'intérieur, l'involution continue d'étirer l'endoderme et le mésoderme, et l'archentéron commence à se former. Les dimensions du blastocèle diminuent encore.

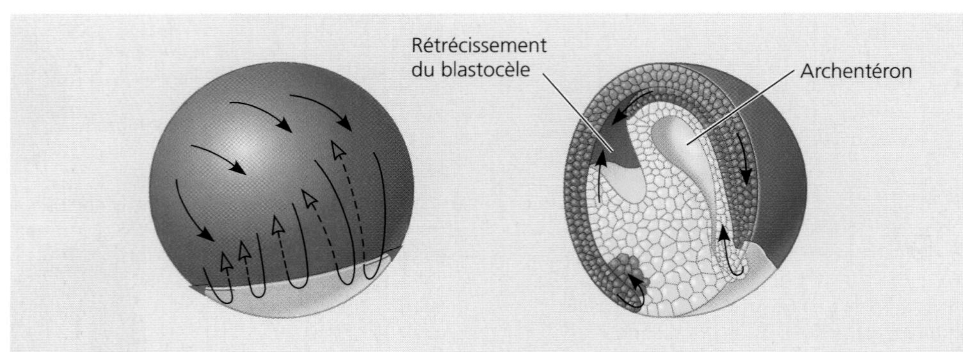

❸ Vers la fin de la gastrulation, l'archentéron tapissé par l'endoderme a complètement remplacé le blastocèle et les trois feuillets embryonnaires sont en place. Le blastopore circulaire entoure un bouchon formé par les cellules de vitellus (le bouchon vitellin).

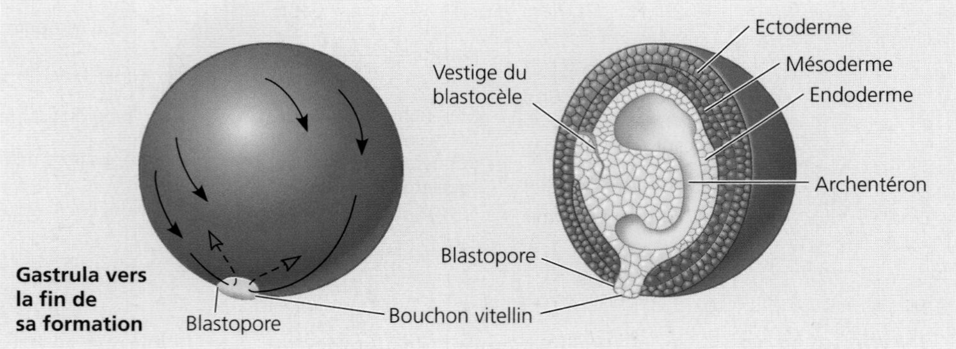

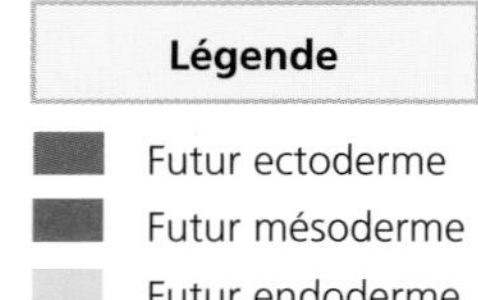

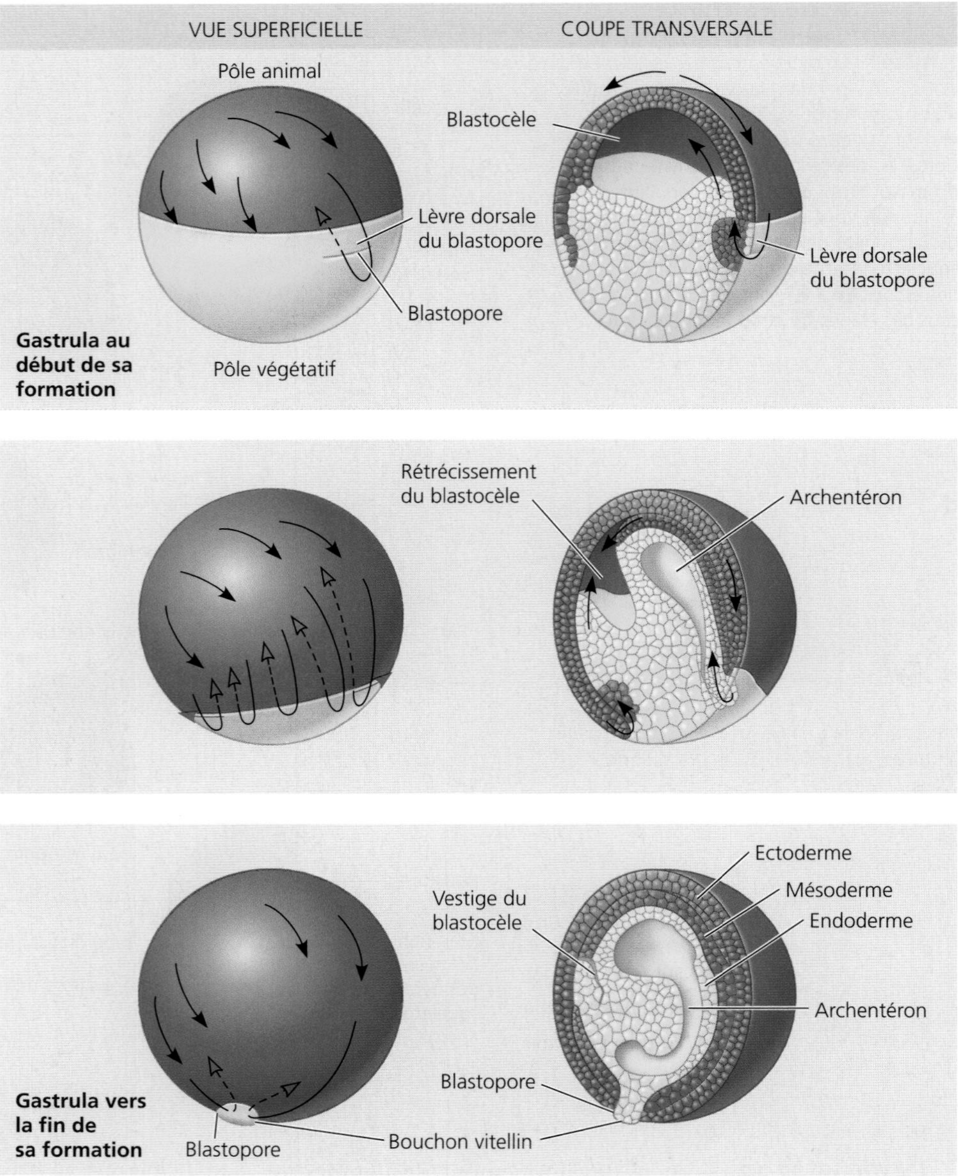

▲ **Figure 47.10 La gastrulation dans un embryon de grenouille.** Dans la blastula de grenouille, le blastocèle est repoussé vers le pôle animal et délimité par une paroi comportant plusieurs épaisseurs de cellules. Les mouvements cellulaires qui amorcent la gastrulation se produisent sur la face dorsale de la blastula, à l'extrémité opposée au point d'entrée du spermatozoïde.

l'épiblaste s'enfoncent à l'intérieur en passant par la ligne primitive, où elles forment le mésoderme et l'endoderme, tout comme chez le poulet (voir la figure 47.11).

❹ Vers la fin de la gastrulation, les feuillets embryonnaires sont formés. L'embryon à trois feuillets est maintenant enveloppé dans les prolongements du mésoderme extraembryonnaire et les quatre membranes extraembryonnaires. À mesure que le développement progresse, le placenta se forme à partir du trophoblaste de plus en plus envahissant, des cellules issues de l'épiblaste et du tissu endométrial adjacent. Le placenta est l'organe vital qui assure les échanges de nutriments, de gaz et de déchets entre l'embryon et la mère (voir la figure 46.16, p. 1176).

Les adaptations développementales chez les Amniotes

ÉVOLUTION Comme nous l'avons vu au chapitre 34, les Oiseaux et les autres Reptiles, tout comme les Mammifères, ont quatre membranes extraembryonnaires. Chez tous ces groupes, les membranes extraembryonnaires constituent le « système de maintien des fonctions vitales » qui permet à l'embryon de continuer à se développer. Il y a lieu de se demander pourquoi cette adaptation est apparue durant l'évolution des Reptiles et des Mammifères, mais pas chez d'autres Vertébrés tels que les Poissons et les Amphibiens. On peut formuler une hypothèse plausible en examinant certains éléments fondamentaux du développement embryonnaire. Tous les embryons de Vertébrés

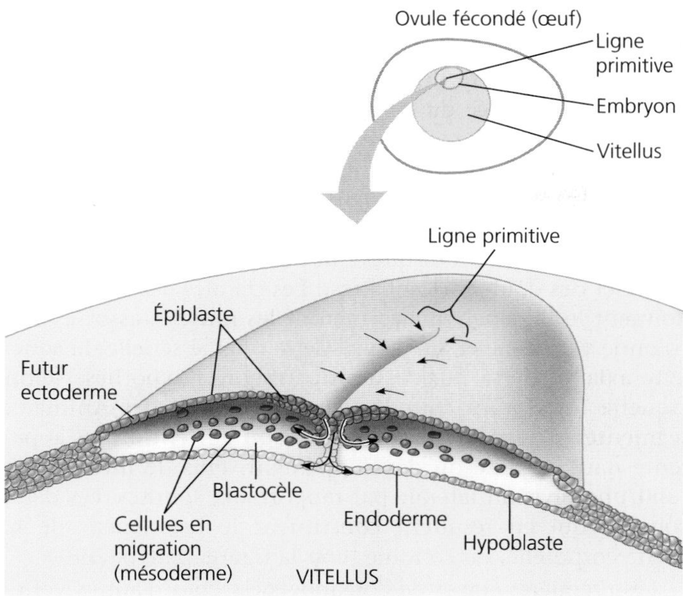

▲ **Figure 47.11 La gastrulation chez l'embryon de poulet.** Chez le poulet, la blastula est constituée d'un feuillet supérieur (l'épiblaste) et d'un feuillet inférieur (l'hypoblaste), séparés par un espace (le blastocèle). On voit ici une coupe transversale à angle droit de la ligne primitive à partir d'une vue antérieure d'un embryon en cours de gastrulation. Durant la gastrulation, certaines cellules de l'épiblaste migrent (flèches) à l'intérieur de l'embryon en passant par la ligne primitive. Certaines de ces cellules se déplacent vers le bas pour former l'endoderme, tandis que d'autres migrent latéralement pour former le mésoderme. Les cellules qui seront demeurées à la surface de l'embryon à la fin de la gastrulation constitueront l'ectoderme.

ont besoin d'un milieu aqueux pour se développer. Dans le cas des Poissons et des Amphibiens, les embryons se développent dans la mer ou en eau douce, et ils n'ont pas besoin d'une cavité remplie d'eau. Par contre, lorsque les Vertébrés ont commencé à vivre sur la terre ferme, leurs structures ont dû s'adapter au problème de la reproduction en milieu sec. Deux structures sont alors apparues, qui existent encore aujourd'hui : (1) les œufs à coquille des Oiseaux et des autres Reptiles ainsi que de quelques Mammifères (monotrèmes) ; et (2) l'utérus des Mammifères marsupiaux et euthériens (placentaires). À l'intérieur de la coquille ou de l'utérus, l'embryon de ces animaux baigne dans du liquide contenu dans un sac constitué d'une membrane appelée amnios. C'est pourquoi les Reptiles (y compris les Oiseaux) et les Mammifères sont qualifiés d'**amniotes** (voir le chapitre 34).

Afin de mieux comprendre l'évolution des membranes extraembryonnaires, on peut comparer leurs fonctions chez divers groupes d'Amniotes. Dans la section qui suit, vous trouverez utile de consulter la figure 34.26 (p. 831), qui décrit les fonctions des membranes extraembryonnaires dans l'œuf d'un Reptile.

Comme on pourrait s'y attendre en raison de leur origine évolutive commune, les membranes extraembryonnaires remplissent à peu près les mêmes fonctions chez les Mammifères et chez les Reptiles. Le chorion joue un rôle dans les échanges gazeux, tandis que le liquide contenu dans l'amnios protège

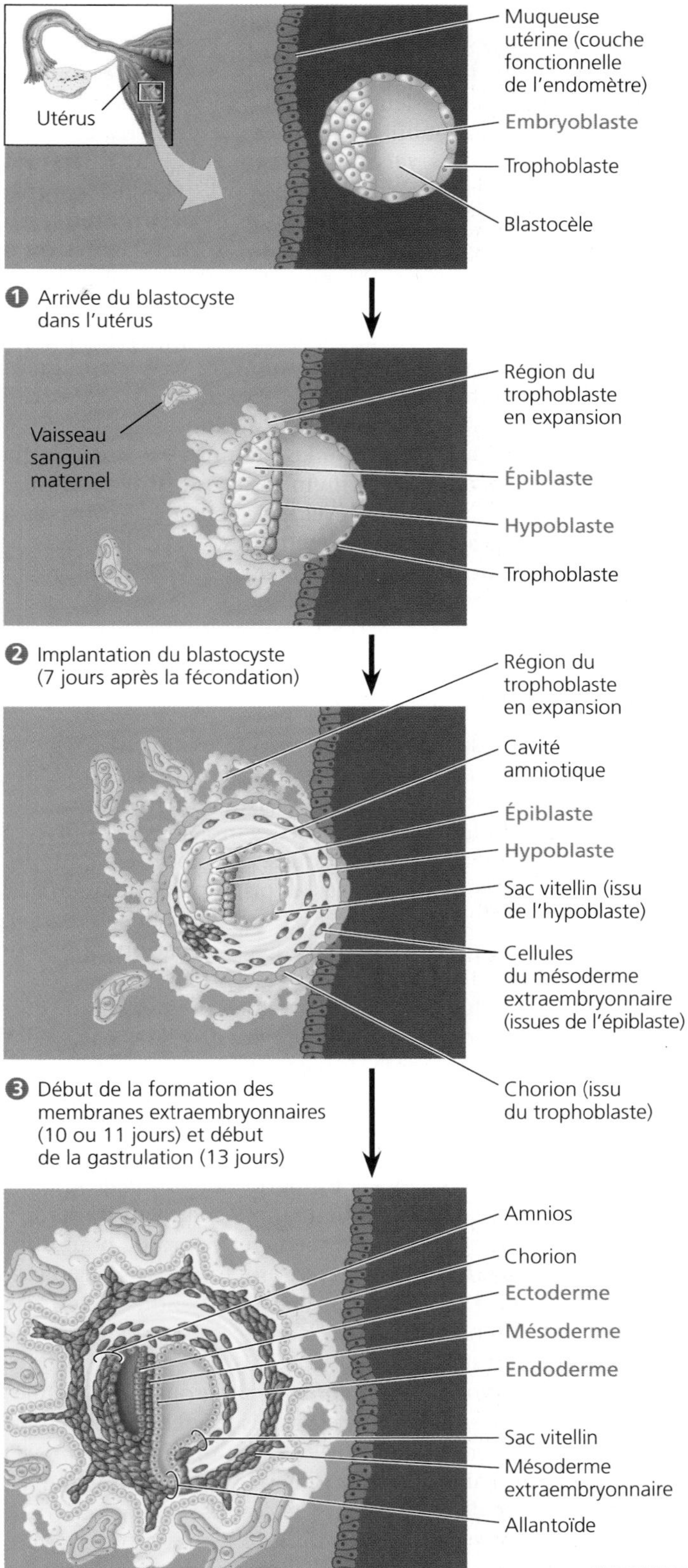

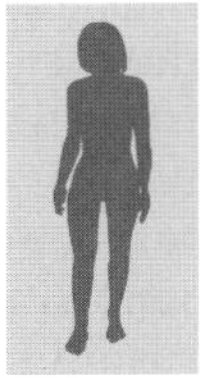

❶ Arrivée du blastocyste dans l'utérus

❷ Implantation du blastocyste (7 jours après la fécondation)

❸ Début de la formation des membranes extraembryonnaires (10 ou 11 jours) et début de la gastrulation (13 jours)

❹ Gastrulation produisant un embryon à trois feuillets et quatre membranes extraembryonnaires

▲ **Figure 47.12 Les quatre stades au début du développement d'un embryon humain.**

l'embryon en développement. (Le liquide de cette cavité constitue les « eaux » qui sont expulsées en passant par le vagin de la mère lorsque l'amnios se déchire, juste avant l'accouchement.) L'allantoïde, qui débarrasse l'œuf reptilien des déchets, s'intègre au cordon ombilical chez les Mammifères et elle y donne naissance à des vaisseaux sanguins. Ces derniers ont pour fonction de transporter le dioxygène (O_2) et les nutriments du placenta jusqu'à l'embryon et de débarrasser celui-ci du dioxyde de carbone (CO_2) et des déchets azotés qu'il produit. La quatrième membrane extraembryonnaire, le sac vitellin, enveloppe le vitellus dans les œufs des Reptiles. Chez les Mammifères, la membrane du sac vitellin est le site de production des premiers globules sanguins, lesquels migrent ensuite vers l'embryon lui-même. Les membranes extra-embryonnaires des œufs à coquille ont donc été conservées lorsque, au cours de l'évolution, les Mammifères ont divergé des Reptiles. Cependant, ces membranes se sont modifiées de manière à permettre le développement de l'embryon à l'intérieur des voies génitales maternelles.

Lorsque la gastrulation est terminée et que les membranes extraembryonnaires sont formées, l'étape suivante du développement peut commencer, soit l'organogenèse.

L'organogenèse

Pendant le processus d'**organogenèse**, les diverses régions des trois feuillets embryonnaires donnent naissance à des ébauches d'organes. Alors que la gastrulation comporte des mouvements cellulaires de masse, l'organogenèse fait place à des changements morphogénétiques plus localisés dans les tissus et les cellules. Pour illustrer les principes fondamentaux de ce processus, nous nous concentrerons sur la *neurulation*, c'est-à-dire sur les premières étapes de la formation de l'encéphale et de la moelle épinière chez les Vertébrés.

La neurulation débute quand les cellules du mésoderme dorsal se rejoignent pour former la **corde dorsale**, également appelée notocorde. La corde dorsale est la tige qui traverse la face dorsale de l'embryon des Cordés. La **figure 47.13a** montre la corde dorsale d'une grenouille. Les signaux chimiques envoyés par la corde dorsale à l'ectoderme situé immédiatement au-dessus provoquent la formation de la *plaque neurale*. Ensuite, les cellules de la plaque neurale changent de forme; celle-ci se replie bientôt sur elle-même et s'enroule pour donner le **tube neural**, qui longe l'axe antéropostérieur de l'embryon (**figure 47.13b**). Le tube neural deviendra le système nerveux central (encéphale dans la boîte crânienne et moelle épinière dans le reste du corps).

Dans les embryons de Vertébrés, deux groupes de cellules se développent près du tube neural, puis migrent ailleurs dans le corps. Le premier groupe de cellules est une bande, appelée **crête neurale**, qui se forme le long de la ligne de séparation du tube neural et de l'ectoderme. Les cellules de la crête neurale migreront vers plusieurs régions de l'embryon et donneront divers tissus, dont les nerfs périphériques ainsi que les dents et les os du crâne. Le second ensemble de cellules migratoires se forme quand des groupes de cellules situées dans des bandes de mésoderme se séparent pour former des structures distinctes, appelées **somites** (**figure 47.13c**). Ces somites sont disposés en série de part et d'autre de la corde dorsale, sur toute sa longueur. Certaines parties de ces structures se dissocient en cellules mésenchymateuses autonomes (libres), qui migrent vers de nouvelles régions.

Les somites jouent un rôle majeur dans l'organisation de la structure segmentée du corps des Vertébrés. Une des principales fonctions des cellules mésenchymateuses qui quittent les somites est la formation des vertèbres. Bien que la corde dorsale disparaisse avant la naissance, certaines de ses parties persistent chez les adultes sous la forme de disques intervertébraux. (Ce sont ces disques qui peuvent devenir « herniés » et causer des douleurs lombaires.) Les cellules des somites qui donnent le mésenchyme formeront les muscles associés à la colonne vertébrale et aux côtes. Cette origine sérielle du squelette axial et de sa musculature corrobore l'hypothèse selon laquelle les Cordés sont fondamentalement des Animaux segmentés. Cependant, la segmentation devient moins apparente dans la suite du développement. Puis, le mésoderme subit une division latérale par rapport aux somites. Les deux couches qui en résultent constituent le revêtement de la cavité corporelle, ou cœlome (voir la figure 32.8, p. 768).

Les premières étapes de l'organogenèse chez d'autres Vertébrés présentent de nombreux points communs avec celle de la grenouille. Chez le poulet, par exemple, les rebords du blastoderme se replient vers le bas pour se rejoindre. Ce faisant, ils compriment l'embryon en un tube à trois feuillets qui, sous le point milieu du corps, communique avec le vitellus (**figure 47.14a**). Lorsque l'embryon de poulet est âgé de trois jours, les ébauches des principaux organes sont déjà visibles, dont le cerveau, les yeux et le cœur (**figure 47.14b**).

Chez les humains, une erreur survenue dans la formation du tube neural est à l'origine d'une malformation congénitale, le *spina bifida*, caractérisée par un développement incomplet du tube neural ou par un défaut de fermeture de ce tube. Dans le monde, le spina bifida touche 1 ou 2 enfants par 1 000 naissances. Ce défaut de développement ou de fermeture laisse dans la colonne vertébrale une ouverture qui entraîne une atteinte nerveuse. Une intervention chirurgicale pratiquée peu après la naissance permet de refermer l'ouverture, mais l'atteinte nerveuse est permanente et cause divers degrés de paralysie des membres inférieurs.

L'organogenèse est quelque peu différente chez les Invertébrés, ce qui n'a rien d'étonnant, puisque leurs plans d'organisation corporelle sont très différents de ceux des Vertébrés. Les mécanismes sous-jacents font néanmoins intervenir plusieurs activités cellulaires semblables: la migration cellulaire, la transmission de signaux entre différents tissus et des changements de forme qui conduisent à la constitution de nouveaux organes. Chez les Insectes, par exemple, les tissus du système nerveux se forment quand l'ectoderme bordant l'axe antéropostérieur s'enroule de manière à créer un tube à l'intérieur de l'embryon, comme dans le cas du tube neural des Vertébrés. Il est intéressant de noter que ce tube est situé sur la face ventrale de l'embryon de l'insecte plutôt que sur sa face dorsale comme chez les Vertébrés. Même si leur emplacement diffère, les voies de communication moléculaire qui déclenchent les événements sont très semblables chez les Insectes et chez les Vertébrés. Ces points communs rappellent, encore une fois, leur origine évolutive commune.

Comme nous l'avons constaté dans notre étude de la gastrulation et de l'organogenèse, les changements de forme et

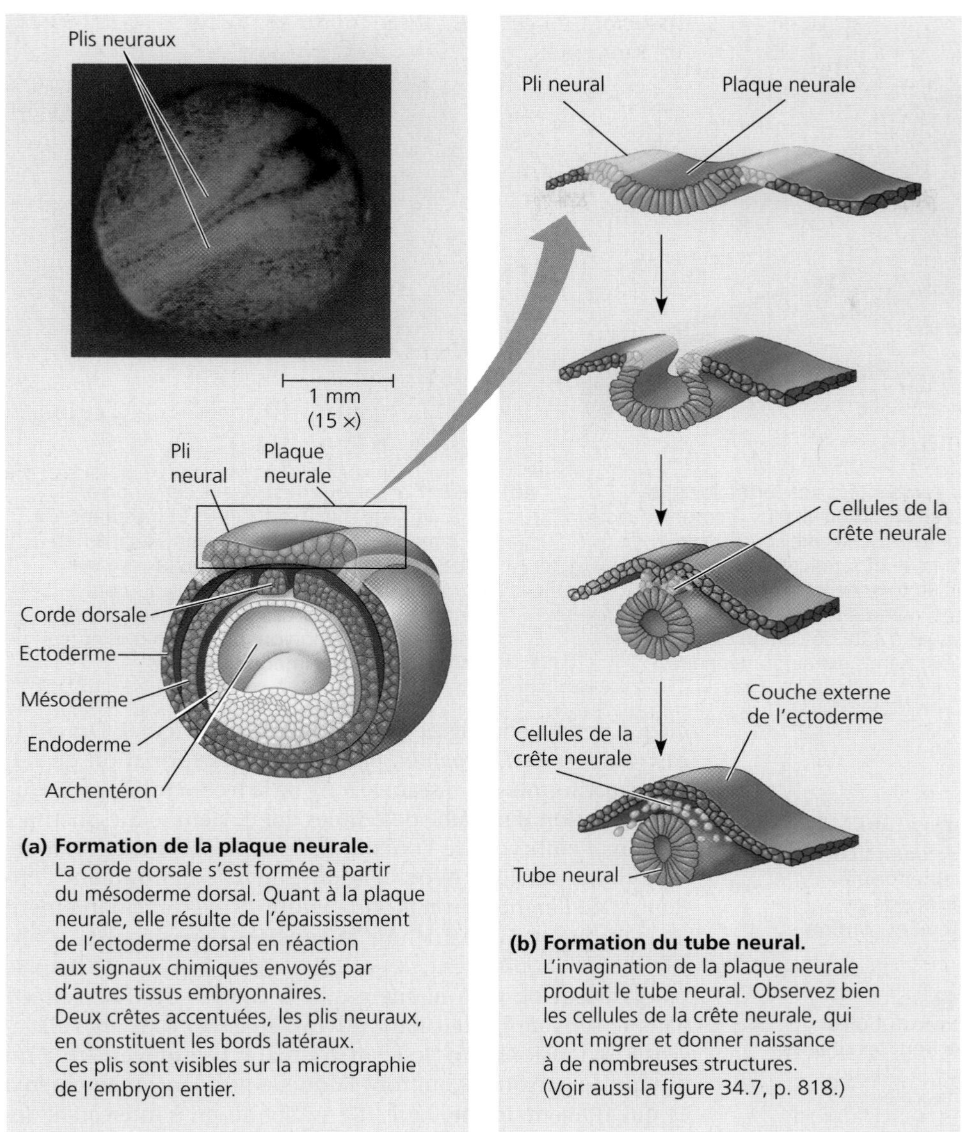

(a) Formation de la plaque neurale. La corde dorsale s'est formée à partir du mésoderme dorsal. Quant à la plaque neurale, elle résulte de l'épaississement de l'ectoderme dorsal en réaction aux signaux chimiques envoyés par d'autres tissus embryonnaires. Deux crêtes accentuées, les plis neuraux, en constituent les bords latéraux. Ces plis sont visibles sur la micrographie de l'embryon entier.

(b) Formation du tube neural. L'invagination de la plaque neurale produit le tube neural. Observez bien les cellules de la crête neurale, qui vont migrer et donner naissance à de nombreuses structures. (Voir aussi la figure 34.7, p. 818.)

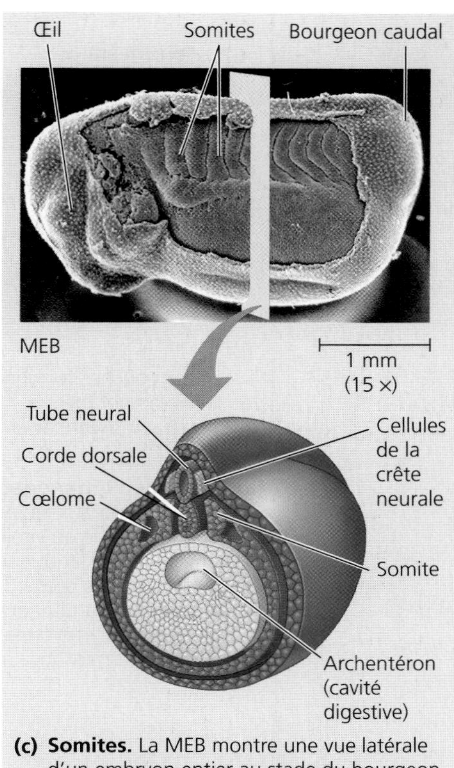

(c) Somites. La MEB montre une vue latérale d'un embryon entier au stade du bourgeon caudal. Une partie de l'ectoderme a été enlevée pour mettre en évidence les somites, qui donneront naissance à des structures segmentaires telles que les vertèbres et les muscles squelettiques. Le schéma montre un embryon au même stade après la formation du tube neural complet, comme si l'embryon de la MEB était coupé pour apparaître en coupe transversale. À cette étape, le mésoderme latéral a commencé à se dissocier pour donner les deux couches cellulaires qui recouvrent le cœlome; les somites, issus du mésoderme, sont disposés de part et d'autre de la corde dorsale.

▲ **Figure 47.13 La neurulation dans un embryon de grenouille.**

de position sont essentiels aux premières étapes du développement. Voyons donc de plus près comment se produisent ces remaniements.

Les mécanismes de la morphogenèse

La morphogenèse est l'un des principaux aspects du développement chez les Animaux et les Végétaux. Cependant, c'est seulement chez les Animaux que ce processus fait intervenir le *déplacement* des cellules. Chez les Végétaux, la paroi rigide qui entoure les cellules empêche les mouvements complexes comme ceux qui ont lieu durant la gastrulation et l'organogenèse. Chez les Animaux, le déplacement de certains composants cellulaires permet aux cellules de changer de forme ou de se déplacer à l'intérieur de l'embryon. Nous verrons ici quelques-uns des composants qui contribuent à ces événements, en commençant par le rôle joué par les microtubules et les microfilaments qui composent le cytosquelette (voir le tableau 6.1, p. 124).

Le rôle du cytosquelette dans la morphogenèse

Les changements de forme des cellules résultent habituellement d'un remaniement du cytosquelette. En guise d'exemple, revenons à la neurulation. Lorsque le tube neural commence à se former, les microtubules orientés parallèlement à l'axe dorsoventral de l'embryon étirent les cellules dans cette direction (**figure 47.15**). À l'extrémité dorsale de chaque cellule se trouve un réseau de microfilaments d'actine parallèles et orientés dans le sens de la largeur. Ces microfilaments se contractent et donnent à la cellule la forme d'un coin, ce qui force la couche d'ectoderme à s'incurver vers l'intérieur. Les cellules subissent des changements de forme de cette nature là où la

► **Figure 47.14 L'organogenèse dans un embryon de poulet.**

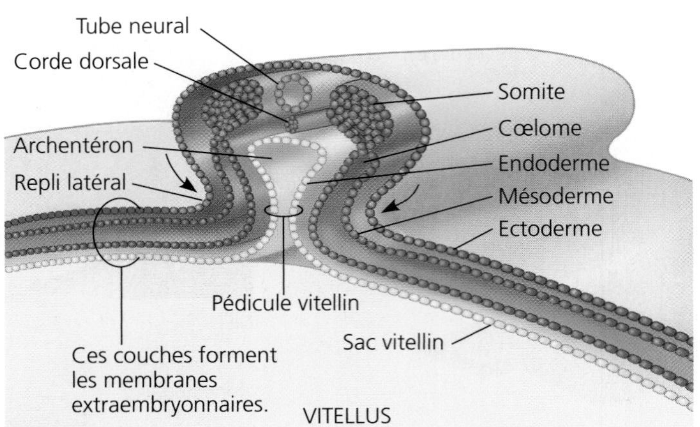

(a) Début de l'organogenèse. L'archentéron se forme lorsque des replis latéraux éloignent l'embryon du vitellus. L'embryon reste cependant relié au vitellus par le pédicule vitellin, situé vers le milieu de sa longueur, comme le montre cette coupe transversale. La corde dorsale, le tube neural et les somites se développent ultérieurement, comme ils le font chez la grenouille. Les feuillets embryonnaires situés à côté de l'embryon proprement dit donnent naissance aux membranes extraembryonnaires.

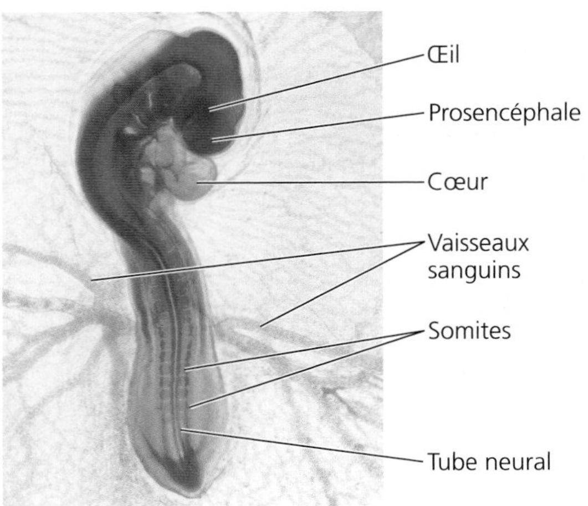

(b) Fin de l'organogenèse. Dans cet embryon de poulet âgé d'environ 3 jours et mesurant de 2 à 3 mm de longueur se trouvent déjà, à l'état d'ébauche, la plupart des principaux organes. Les membranes extraembryonnaires seront bientôt irriguées par des vaisseaux sanguins qui sortent de l'embryon; on voit ici plusieurs vaisseaux sanguins importants (MP).

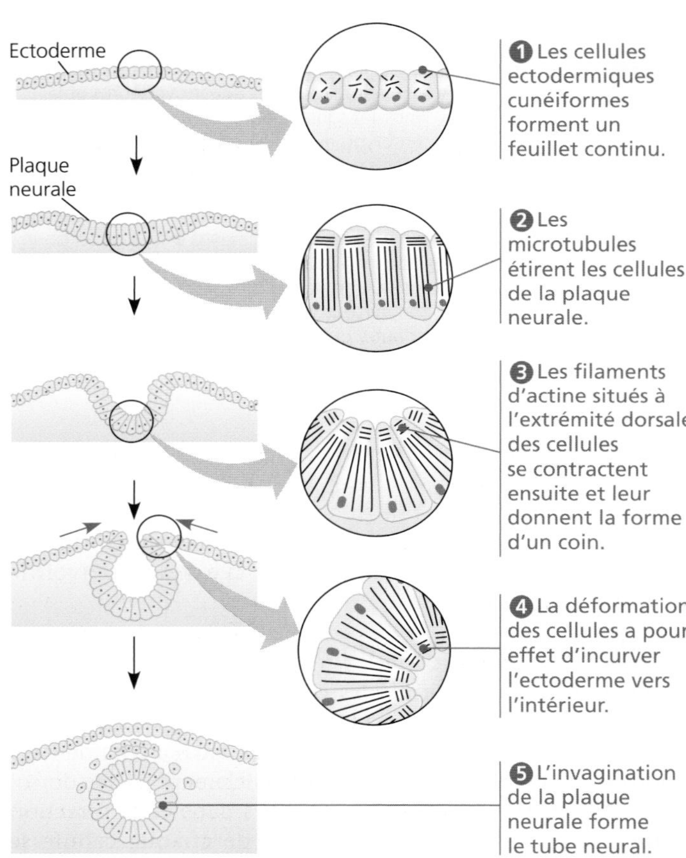

Ectoderme
Plaque neurale
❶ Les cellules ectodermiques cunéiformes forment un feuillet continu.
❷ Les microtubules étirent les cellules de la plaque neurale.
❸ Les filaments d'actine situés à l'extrémité dorsale des cellules se contractent ensuite et leur donnent la forme d'un coin.
❹ La déformation des cellules a pour effet d'incurver l'ectoderme vers l'intérieur.
❺ L'invagination de la plaque neurale forme le tube neural.

▲ **Figure 47.15 Les changements de forme des cellules pendant la morphogenèse.** Les modifications morphogénétiques observées dans les tissus embryonnaires sont associées à un remaniement du cytosquelette cellulaire, comme on le voit ici au cours de la formation du tube neural des Vertébrés.

plaque neurale s'invagine pour former le tube neural. Durant la gastrulation de *Drosophila*, par exemple, la formation de cellules cunéiformes (en biseau) le long de la face ventrale provoque l'invagination d'un tube de cellules qui devient le mésoderme.

Dans l'embryon de l'oursin, le remaniement du cytosquelette dirige un autre type de mouvement en entraînant l'étirement de l'archentéron (voir la figure 47.9). Ce remaniement du cytosquelette entraîne une **extension convergente**. Dans ce type de mouvement, les cellules d'une couche de tissu se réorganisent de telle manière que la couche de tissu rétrécit dans le sens de l'intercalation (convergence) tout en s'allongeant (extension). On pourrait comparer ce mouvement à un groupe de personnes qui font la queue pour entrer au cinéma et qui doivent former une file indienne en s'intercalant les unes entre les autres: en devenant plus étroite, la file s'allonge. Dans l'embryon, les cellules s'allongent et leurs extrémités pointent dans la direction où elles migreront; elles s'intercaleront alors les unes entre les autres pour former des cordons plus fins et plus allongés (**figure 47.16**). L'extension convergente joue un rôle important dans d'autres processus, dont l'involution de la gastrula de grenouille. Dans ce dernier cas, l'extension convergente fait en sorte que la gastrula sphérique prend la forme d'un sous-marin, comme l'embryon de grenouille de la figure 47.13c.

Le cytosquelette intervient non seulement dans les changements de forme des cellules, mais aussi dans leur migration. Durant l'organogenèse des Vertébrés, les cellules de la crête neurale et des somites migrent un peu partout dans l'embryon. Les cellules se déplacent au sein de l'embryon en utilisant les fibres de leur cytosquelette pour allonger ou rétracter les protrusions cytoplasmiques. Ce type de motilité s'apparente au mouvement amiboïde illustré à la figure 6.27b (p. 128). Des glycoprotéines transmembranaires appelées *molécules d'adhérence cellulaire* jouent un rôle clé dans la migration cellulaire en aidant les paires de cellules à rester ensemble. La migration cellulaire repose également sur l'intervention de la *matrice extracellulaire*,

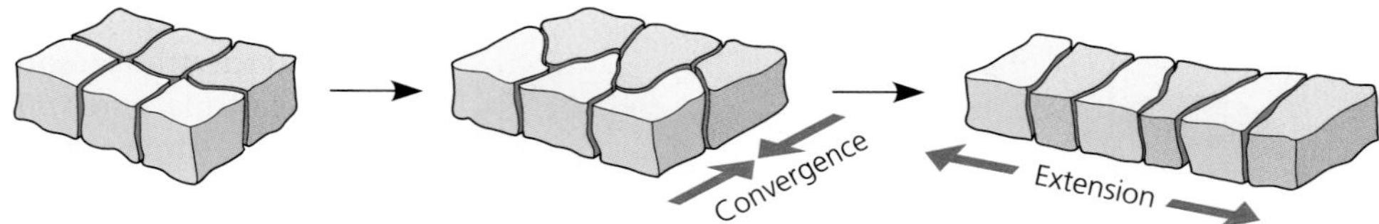

▶ **Figure 47.16 L'extension convergente d'une couche de cellules.** Dans ce schéma simplifié, les cellules s'étirent dans une certaine direction et s'intercalent les unes entre les autres (*convergence*). Il en résulte une *extension* de la couche cellulaire, qui devient également plus étroite.

un tissu composé des glycoprotéines sécrétées et d'autres macromolécules situées à l'extérieur des membranes plasmiques des cellules (voir la figure 6.30, p. 131). La matrice extracellulaire aide aussi à orienter les cellules dans divers types de mouvements, par exemple dans la migration de cellules individuelles et dans les changements de forme des feuillets cellulaires. Les cellules qui tapissent les voies de migration régulent le déplacement des cellules migratoires en sécrétant des molécules spécifiques dans la matrice extracellulaire.

La mort cellulaire programmée

Tout comme certaines cellules de l'embryon sont programmées pour changer de forme ou de position, d'autres sont programmées pour mourir. En fait, l'**apoptose**, ou *mort cellulaire programmée*, survient fréquemment au cours du développement des Animaux. À divers moments du développement, des cellules individuelles, des groupes de cellules ou des tissus entiers cessent de se développer et sont absorbés par les cellules voisines. Dans certains cas, une structure fonctionne dans la larve ou dans une autre forme immature d'un organisme, puis elle est éliminée plus tard au cours du développement. Les cellules de la queue du têtard sont un exemple classique de cellules subissant l'apoptose: durant la métamorphose du têtard en grenouille, ces cellules meurent (voir la figure 45.19, p. 1146) et la queue disparaît complètement. L'apoptose peut aussi survenir quand des cellules se font concurrence pour survivre. Ainsi, chez les Vertébrés, les neurones produits durant le développement du système nerveux sont beaucoup plus nombreux que ceux du système nerveux adulte. En général, les neurones survivent s'ils établissent des connexions fonctionnelles avec d'autres neurones; autrement, ils meurent.

Certaines cellules qui subissent l'apoptose semblent dépourvues de fonction dans l'embryon en développement. Pourquoi donc ces cellules apparaissent-elles? L'évolution des Amphibiens, des Oiseaux et des Mammifères permet de répondre à cette question. Lorsque ces groupes ont commencé à diverger, le programme de développement du corps vertébré était déjà en place. Les différences qu'on observe dans le corps des Vertébrés d'aujourd'hui dérivent de modifications de ce programme de développement commun (d'où la grande ressemblance entre les très jeunes embryons de tous les Vertébrés). Durant l'évolution de ces groupes, plusieurs structures produites par le programme ancestral ont été la cible d'une apoptose parce qu'elles ne procuraient plus d'avantages sélectifs. Par exemple, le programme de développement commun génère des palmures entre les doigts au stade embryonnaire, mais ces palmures sont éliminées par apoptose chez beaucoup d'Oiseaux et chez les Mammifères (voir la figure 11.22, p. 253).

Comme nous l'avons vu, le comportement des cellules ainsi que certains des mécanismes moléculaires qui le sous-tendent participent activement à la morphogenèse de l'embryon. Dans la prochaine section, nous allons voir que les mêmes processus cellulaires et génétiques font en sorte que les différents types de cellules se retrouvent aux bons endroits dans chaque embryon.

RETOUR SUR LE CONCEPT 47.2

1. Dans l'embryon de grenouille, l'extension convergente allonge la corde dorsale le long de l'axe antéropostérieur. Comment fonctionne ce processus morphogénétique?
2. **ET SI?** Juste avant la formation du tube neural, vous traitez les embryons en utilisant un produit qui bloque le fonctionnement des microfilaments. Que va-t-il se passer? Expliquez votre réponse.
3. **FAITES UN DESSIN** Contrairement à certains types de malformation congénitale, les anomalies du tube neural se préviennent aisément. Expliquez votre réponse. (Voir la figure 41.4, p. 1022.)

Voir les réponses proposées à la fin du chapitre.

CONCEPT 47.3

Les déterminants cytoplasmiques et les signaux d'induction contribuent à la destinée des cellules

Durant le développement embryonnaire, les cellules naissent par division, s'installent en des endroits précis du corps, puis adoptent une structure et fonction spécialisées. L'endroit occupé par une cellule, son apparence ainsi que ses tâches définissent sa destinée. Les biologistes utilisent le terme **détermination** pour désigner le processus qui scelle la destinée d'une cellule ou d'un groupe de cellules, et le terme **différenciation** pour désigner la spécialisation qui s'ensuit dans la structure et la fonction de cette cellule.

Toutes les cellules diploïdes formées durant le développement d'un animal possèdent le même génome. À l'exception de certaines cellules immunitaires parvenues à maturité, les gènes présents demeurent les mêmes durant toute la vie d'une cellule. Alors, comment les cellules en arrivent-elles à bifurquer vers des destinées différentes les unes des autres? Comme nous l'avons vu au concept 18.4, certains tissus (et souvent certaines cellules à l'intérieur d'un tissu) sont différents des autres, car ils expriment des gènes particuliers au sein de ce génome commun.

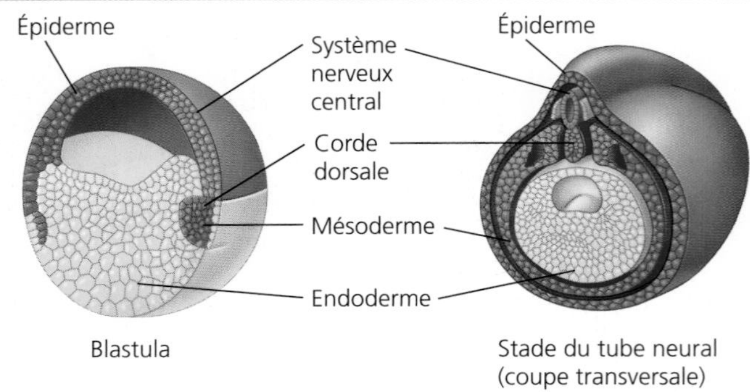

(a) Carte des territoires présomptifs d'un embryon de grenouille. On a pu déterminer en partie les destinées des cellules d'un embryon de grenouille (à gauche). Pour ce faire, on a marqué différentes régions de la surface de la blastula à l'aide de divers colorants. Puis, on a observé l'emplacement des cellules colorées à différents stades du développement. On a ensuite sectionné les embryons à divers stades de développement, comme ici, au stade du tube neural (à droite). On a alors déterminé les emplacements des cellules colorées. Les deux stades embryonnaires montrés ici représentent le résultat de nombreuses expériences du même type.

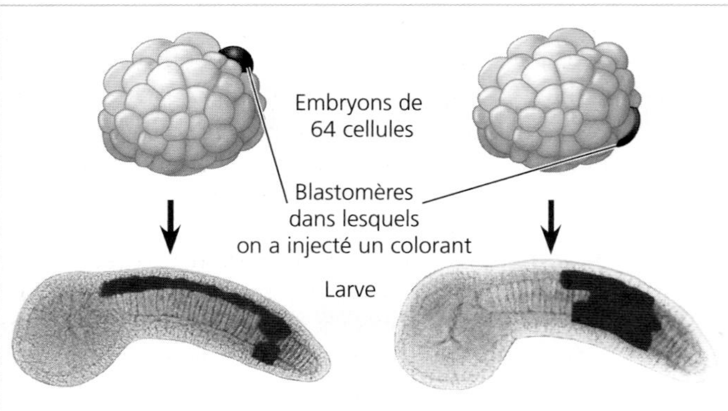

(b) Analyse des lignées cellulaires chez un urocordé. Dans l'analyse des lignées cellulaires, on injecte un colorant dans une seule cellule pendant la segmentation, comme le montrent les schémas représentant des embryons d'Urocordés (Cordé invertébré ou Tunicier) au stade de 64 cellules. Les régions sombres qu'on distingue sur les micrographies photoniques de larves correspondent aux cellules qui se sont développées à partir des deux blastomères mis en évidence dans les schémas.

▲ **Figure 47.17 La carte des territoires présomptifs de deux Cordés.**

Les mécanismes qui régissent l'expression génique et, par le fait même, les différentes destinées des cellules au cours du développement font l'objet de recherches très actives en biologie. Pour tenter d'élucider cette question, les chercheurs étudient l'origine embryonnaire des divers types de tissus et de cellules.

La carte des territoires

L'observation directe au microscope est un des moyens utilisés pour comprendre l'origine des cellules embryonnaires. Ce type d'examen a permis à plusieurs chercheurs de produire les premières **cartes des territoires présomptifs**, c'est-à-dire des diagrammes qui montrent à quelles structures chaque région de l'embryon donne naissance. Ainsi, dans les années 1920, l'embryologiste allemand W. Vogt a reconstitué la carte des territoires présomptifs pour déterminer à quels endroits de la gastrula se retrouvaient certains groupes de cellules de la blastula (**figure 47.17a**). Plus tard, d'autres chercheurs ont mis au point des techniques plus perfectionnées permettant de marquer individuellement un blastomère au moment de la segmentation, puis de suivre ce marqueur tandis qu'il était transmis à l'ensemble des descendants mitotiques de la cellule (**figure 47.17b**).

Des chercheurs ont poussé beaucoup plus loin leur étude des cartes des territoires présomptifs avec le nématode *Caenorhabditis elegans*, qui vit dans le sol. Ce ver rond mesure environ 1 mm de longueur, son corps est simple et transparent, il ne possède que quelques types de cellules et, au laboratoire, il devient un hermaphrodite adulte en seulement trois jours et demi. Ces caractéristiques ont permis à Sydney Brenner, Robert Horvitz et John Sulston de déterminer toute la lignée cellulaire de *C. elegans*. Ils ont constaté que chaque hermaphrodite adulte comporte exactement 959 cellules somatiques qui descendent du zygote à peu près de la même façon chez tous les individus. Des biologistes ont suivi au microscope toutes les divisions cellulaires qui se produisent à partir de la formation du zygote, tout en effectuant des expériences consistant à détruire certaines cellules ou certains groupes de cellules par laser ou par mutation. Ils ont ainsi pu établir la provenance de chaque cellule de l'adulte, comme le montre la **figure 47.18**.

Pour illustrer la destinée d'une cellule donnée, nous allons nous pencher sur les cellules germinales, c'est-à-dire sur les cellules embryonnaires qui donnent naissance aux ovocytes ou aux spermatozoïdes. Chez tous les animaux étudiés, des complexes d'ARN et de protéines participent à la détermination de la destinée des cellules germinales. Chez *C. elegans*, ces complexes, appelés *granules P*, persistent tout au long du développement et on peut les détecter dans les cellules germinales de la gonade adulte (**figure 47.19**).

En suivant la position des granules P, on obtient des données très éclairantes sur les instructions qui déterminent la destinée d'une cellule durant le développement embryonnaire. Les granules P sont répartis dans tout l'ovule nouvellement fécondé, mais ils se déplacent vers l'extrémité postérieure du zygote avant la première segmentation (**figure 47.20** ❶ et ❷), le résultat étant que seul l'arrière des deux cellules formées par la première division contient des granules P (**figure 47.20** ❸). Les granules P continuent de se positionner de manière asymétrique durant les divisions suivantes (**figure 47.20** ❹). Par conséquent, les granules P se comportent en déterminants cytoplasmiques (voir le concept 18.4): ils dirigent la destinée de la cellule germinale au tout début du développement de *C. elegans*.

La carte des territoires présomptifs de *C. elegans* a ouvert la voie à des découvertes importantes sur la mort cellulaire programmée. Les analyses des lignées ont montré qu'exactement 131 cellules meurent durant le développement normal de *C. elegans*. Dans les années 1980, des chercheurs ont constaté que l'inactivation d'un seul gène, par mutation, permet à ces 131 cellules de vivre. D'autres expériences encore ont révélé que ce gène fait partie d'une voie qui régule et effectue l'apoptose chez bon nombre d'animaux, y compris chez les humains. En 2002, Brenner, Horvitz et Sulston ont reçu le prix Nobel de médecine pour leur utilisation de la carte des territoires présomptifs de *C. elegans* dans leurs expériences sur la mort cellulaire programmée et sur l'organogenèse.

À partir des cartes des territoires présomptifs, des chercheurs ont pu répondre à certaines questions concernant les mécanismes sous-jacents; ils ont déterminé notamment comment les axes embryonnaires s'établissent, un processus appelé formation des axes.

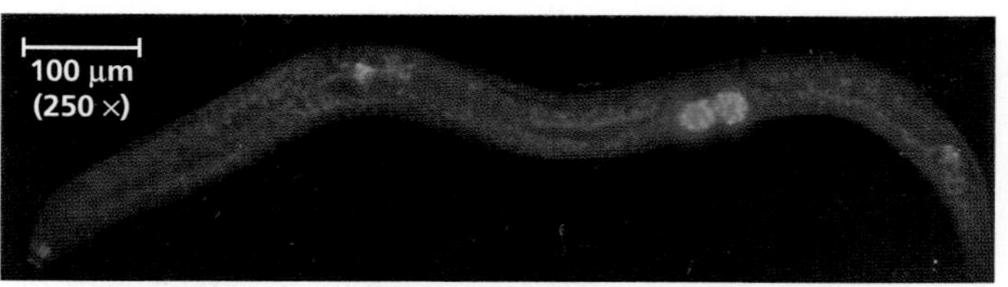

▲ **Figure 47.19 La détermination de la destinée d'une cellule germinale de *C. elegans*.** En marquant une protéine de granule P au moyen d'un anticorps spécifique (en vert), on peut observer l'incorporation spécifique des granules P dans les cellules du ver adulte qui produiront des spermatozoïdes ou des ovocytes.

La formation des axes

Beaucoup d'animaux possèdent un plan d'organisation corporelle à symétrie bilatérale, dont les Nématodes, les Échinodermes et les Vertébrés (voir le chapitre 32). Comme le montre la **figure 47.21a**, le plan d'organisation corporelle du têtard de la grenouille présente une asymétrie sur les axes dorsoventral et antéropostérieur. L'axe droite-gauche est fortement symétrique, les deux côtés étant à peu près des images inversées l'un de l'autre. Ces trois axes corporels s'établissent tôt au cours du développement.

L'axe antéropostérieur de l'embryon de grenouille s'établit durant l'ovogenèse. L'asymétrie est déjà évidente au moment de la formation des deux hémisphères: des granules de mélanine foncés sont enchâssés dans le cortex de l'hémisphère animal, tandis que du vitellus jaune remplit l'hémisphère végétatif. Cette asymétrie animal-végatatif détermine l'endroit où l'axe antéropostérieur se formera dans l'embryon. Notons, cependant, que les axes antéropostérieur et animal-végétatif ne coïncident pas; autrement dit, la tête de l'embryon ne se forme pas au pôle animal.

L'axe dorsoventral de l'embryon de grenouille ne s'établit qu'à la fécondation. Lorsque l'ovocyte et le spermatozoïde fusionnent, la surface de l'ovocyte, soit la membrane plasmique et le cortex voisin, effectue une rotation par rapport au cytoplasme intérieur. Ce mouvement est appelé *rotation corticale*. Du pôle animal, cette rotation se fait toujours vers le point d'entrée du spermatozoïde (**figure 47.21b**).

Comment la rotation corticale établit-elle l'axe dorsoventral? La rotation corticale permet aux molécules d'une région donnée du cortex végétatif d'interagir avec les molécules du cytoplasme à l'intérieur de l'hémisphère animal. Ces interactions inductives activent des facteurs de régulation dans des régions particulières du cortex végétatif; cette activation provoque des expressions géniques différentes dans les régions dorsale et ventrale de l'embryon.

Chez le poulet, il semble que la gravité contribue à la détermination de l'axe antérieur-postérieur lorsque l'ovocyte descend l'oviducte avant d'être pondu par la poule. Par la suite, ce sont des différences de pH entre les deux faces des cellules du blastoderme qui établissent l'axe dorsoventral. Si le pH est artificiellement inversé dans les régions situées au-dessus ou au-dessous du blastoderme, la partie faisant face à l'albumen de l'œuf deviendra le ventre (face ventrale) et le côté faisant face au vitellus formera le dos (face dorsale), soit le contraire de leurs destinées habituelles.

Chez les Mammifères, il semble que la polarité n'apparaisse qu'après la segmentation, mais des recherches récentes donnent à penser que l'orientation des

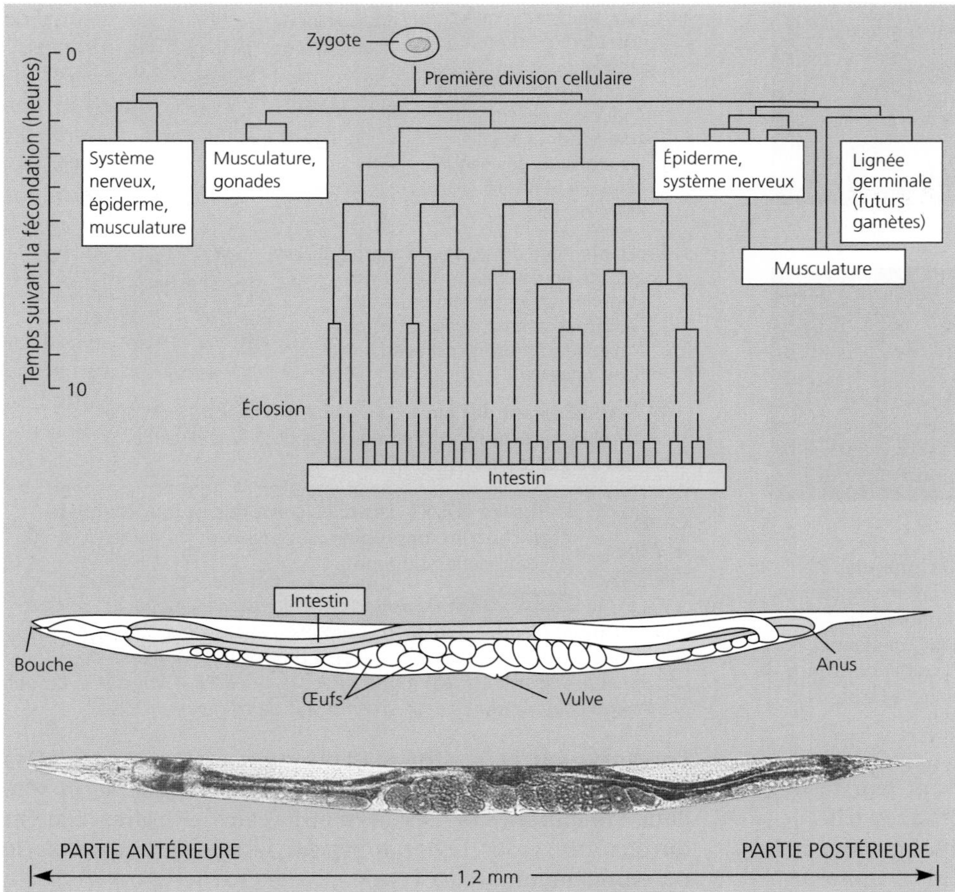

▲ **Figure 47.18 La lignée cellulaire de *Caenorhabditis elegans*.** Le Nématode *Caenorhabditis elegans* est transparent. Grâce à cette caractéristique, il a été possible de reconstituer la lignée de chacune de ses cellules, du zygote à l'adulte (MP). La seule lignée cellulaire que le schéma montre en détail est celle de l'intestin (en jaune); celui-ci descend entièrement de l'une des quatre premières cellules formées à partir du zygote. Les grosses cellules blanches sont des ovules qui seront fécondés de façon interne et libérés en passant par la vulve.

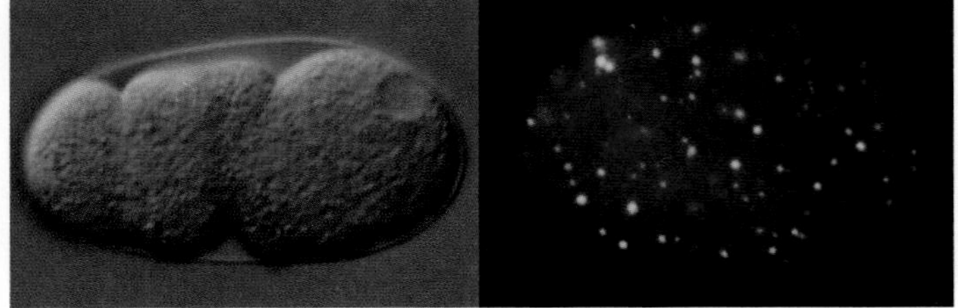

❶ Ovule nouvellement fécondé

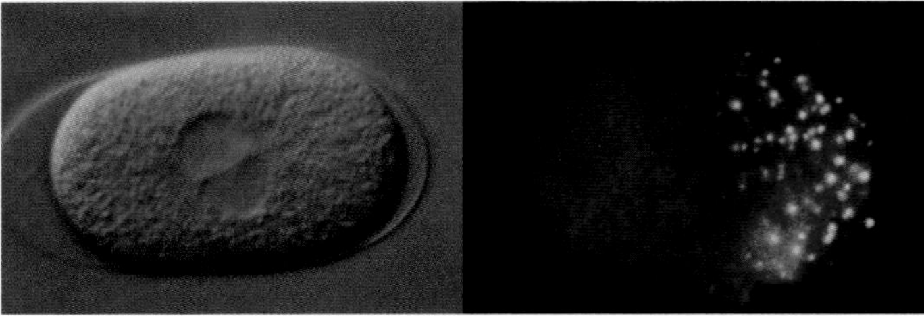

❷ Zygote avant la première division

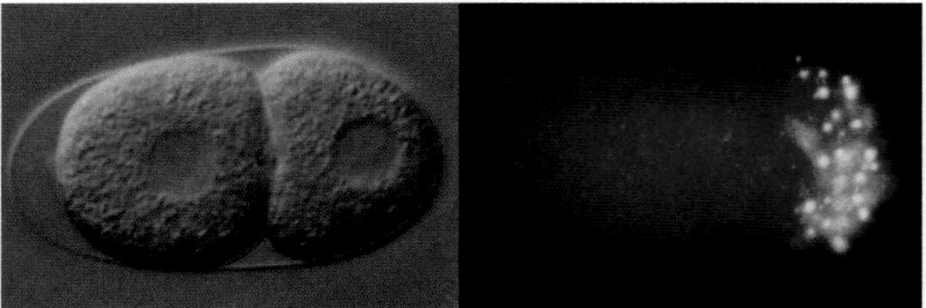

❸ Embryon à deux cellules

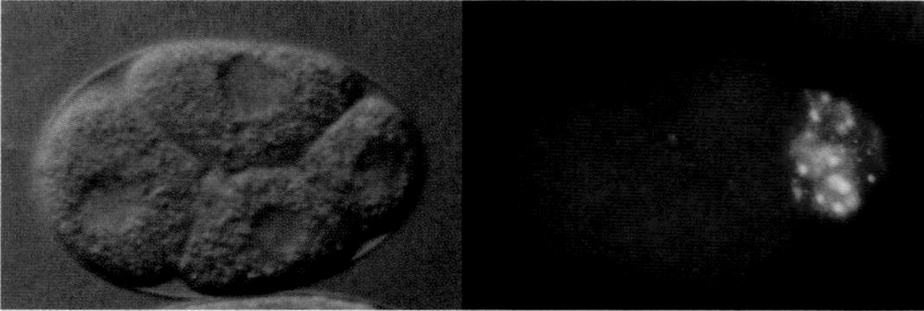

❹ Embryon à quatre cellules

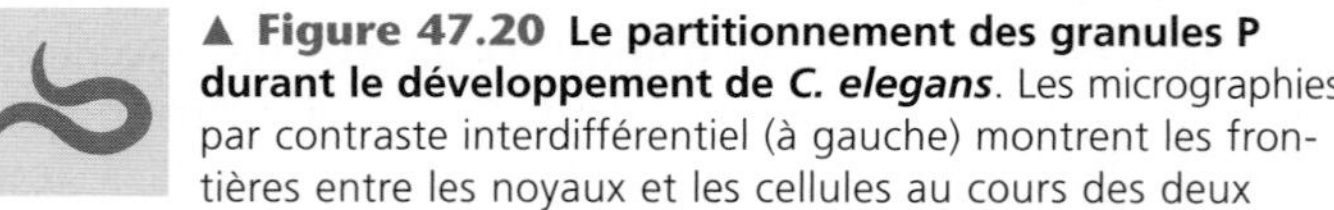

▲ **Figure 47.20 Le partitionnement des granules P durant le développement de *C. elegans*.** Les micrographies par contraste interdifférentiel (à gauche) montrent les frontières entre les noyaux et les cellules au cours des deux premières divisions cellulaires. Les micrographies par immunofluorescence (à droite) montrent les mêmes stades embryonnaires colorés à l'aide d'un anticorps marqué, spécifique d'une protéine de granule P.

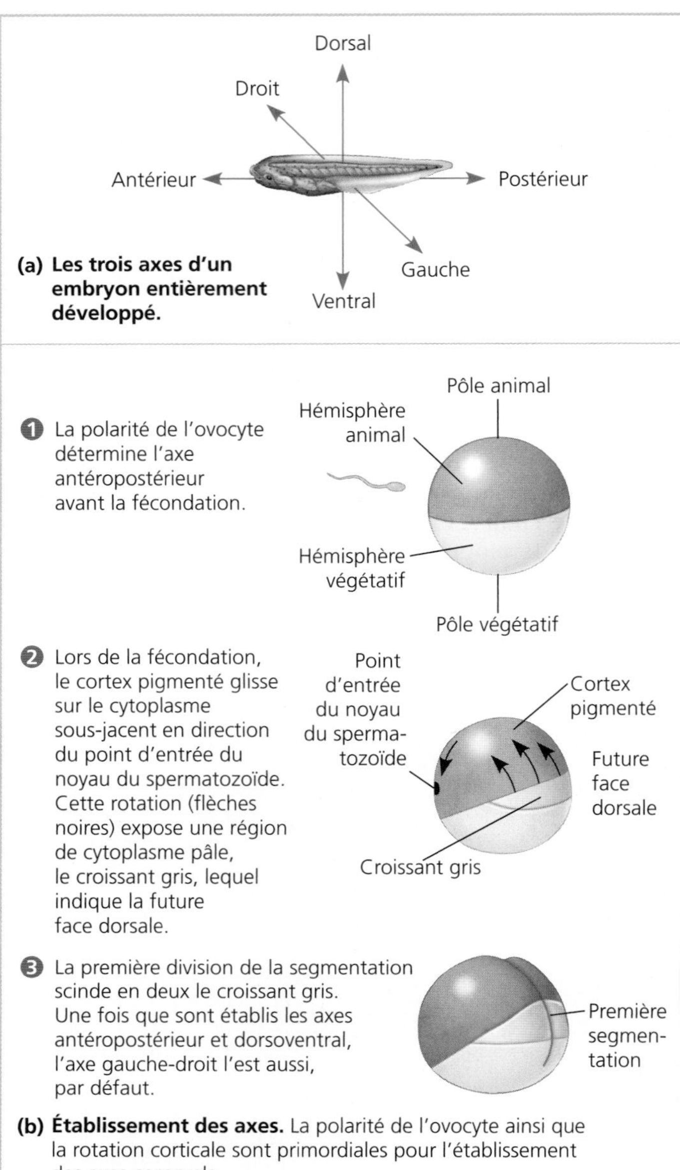

Dorsal
Droit
Antérieur
Postérieur
Gauche
Ventral
(a) Les trois axes d'un embryon entièrement développé.
❶ La polarité de l'ovocyte détermine l'axe antéropostérieur avant la fécondation.
Pôle animal
Hémisphère animal
Hémisphère végétatif
Pôle végétatif
❷ Lors de la fécondation, le cortex pigmenté glisse sur le cytoplasme sous-jacent en direction du point d'entrée du noyau du spermatozoïde. Cette rotation (flèches noires) expose une région de cytoplasme pâle, le croissant gris, lequel indique la future face dorsale.
Point d'entrée du noyau du spermatozoïde
Cortex pigmenté
Future face dorsale
Croissant gris
❸ La première division de la segmentation scinde en deux le croissant gris. Une fois que sont établis les axes antéropostérieur et dorsoventral, l'axe gauche-droit l'est aussi, par défaut.
Première segmentation

(b) Établissement des axes. La polarité de l'ovocyte ainsi que la rotation corticale sont primordiales pour l'établissement des axes corporels.

▲ **Figure 47.21 Les axes corporels et leur établissement chez un amphibien.** Les trois axes s'établissent avant la segmentation du zygote.

ET SI ? *Pour étudier l'établissement des axes, les chercheurs peuvent bloquer la rotation corticale ou la provoquer dans une direction donnée. Une expérience de ce type a produit un embryon à deux têtes parce que le « dos » s'est développé sur les deux côtés. À votre avis, qu'ont fait les chercheurs pour obtenir un embryon de ce genre ?*

noyaux de l'ovocyte et du spermatozoïde avant leur fusion pourrait jouer un rôle dans la détermination des axes. Chez les Insectes, les gradients morphogénétiques établissent à la fois l'axe antéropostérieur et l'axe dorsoventral (voir le chapitre 18).

Lorsque les axes antéropostérieur et dorsoventral sont établis, la position de l'axe gauche-droite l'est aussi, par défaut. Cependant, certains mécanismes moléculaires doivent déterminer le côté qui sera le gauche et celui qui sera le droit. Chez les Vertébrés, il existe des différences gauche-droite marquées entre les positions des organes internes ainsi que dans l'organisation et la structure du cœur et du cerveau. Des recherches récentes ont révélé que les cils jouent un rôle dans l'établissement de l'asymétrie gauche-droite. À la fin du chapitre, nous reviendrons sur le rôle des cils dans le développement.

L'affaiblissement du potentiel de développement de chaque cellule

Nous avons vu précédemment que la détermination est l'établissement de la destinée d'une cellule donnée. La destinée d'une cellule est-elle définitive, ou y a-t-il une période durant laquelle elle peut être modifiée ? Le zoologiste allemand Hans Spemann s'est penché sur cette question en 1938. En manipulant des embryons de manière à perturber leur développement normal, puis en examinant la destinée de la cellule après manipulation, il a cerné la notion de *potentiel de développement* d'une cellule, c'est-à-dire la gamme de structures auxquelles cette cellule peut donner naissance (**figure 47.22**). Spemann démontra que la destinée des cellules embryonnaires dépend non seulement de la répartition des déterminants cytoplasmiques, mais également de la façon dont cette répartition est influencée par le type de segmentation du zygote. Les travaux de Spemann et d'autres chercheurs ont également révélé que les deux premiers blastomères de l'embryon de grenouille sont **totipotents**, c'est-à-dire capables de devenir n'importe lequel des types cellulaires présents chez l'adulte.

Chez les Mammifères, les cellules de l'embryon restent totipotentes jusqu'au stade à 8 cellules, soit nettement plus longtemps que chez beaucoup d'autres animaux. Des recherches récentes indiquent toutefois que, dans un embryon normal, les toutes premières cellules (même les deux premières) ne sont pas réellement équivalentes. Quand elles sont séparées, leur totipotence signifie vraisemblablement que ces cellules peuvent orienter leur destinée en réaction à l'environnement embryonnaire. Une fois atteint le stade à 16 cellules, les cellules des Mammifères forment le trophoblaste ou la masse cellulaire interne. Bien que les cellules présentent un potentiel de développement plus limité à partir de ce stade, leurs noyaux demeurent totipotents, comme le montrent les expériences de clonage décrites à la figure 20.19 (p. 479).

Comme nous l'avons vu au chapitre 46, il arrive que des vrais jumeaux (monozygotes) se développent quand les cellules embryonnaires se séparent. Si la séparation a lieu avant la différenciation du trophoblaste et de la masse cellulaire interne, deux embryons se forment, chacun doté de son propre chorion et de son propre amnios. C'est ce qui se produit chez le tiers environ des vrais jumeaux. Dans les autres cas, les deux embryons en développement partagent le même chorion et, très rarement, lorsque la séparation est particulièrement tardive, le même amnios également.

Quel que soit le degré de ressemblance ou de différence entre les cellules d'un jeune embryon d'une espèce donnée, l'affaiblissement progressif du potentiel cellulaire est une caractéristique générale du développement chez tous les animaux. De façon générale, dans une gastrula qui a atteint un stade avancé de développement, la destinée des cellules propres à chaque tissu est déjà déterminée, ce qui n'est pas toujours le cas dans une jeune gastrula. Par exemple, si on remplace expérimentalement l'ectoderme dorsal par de l'ectoderme prélevé à un autre endroit de la même gastrula, le tissu transplanté devient une plaque neurale. Toutefois, si on effectue la même expérience sur une gastrula arrivée à un stade avancé, l'ectoderme transplanté ne réagit pas à son nouvel emplacement et ne devient pas une plaque neurale.

▼ **Figure 47.22** **INVESTIGATION**

Comment la distribution du croissant gris influe-t-elle sur le potentiel de développement des deux premières cellules filles ?

EXPÉRIENCE Hans Spemann, de la Albert-Ludwigs-Universität Freiburg, en Allemagne, a réalisé l'expérience suivante, en 1938, dans le but de vérifier si des substances étaient situées de manière asymétrique dans le croissant gris.

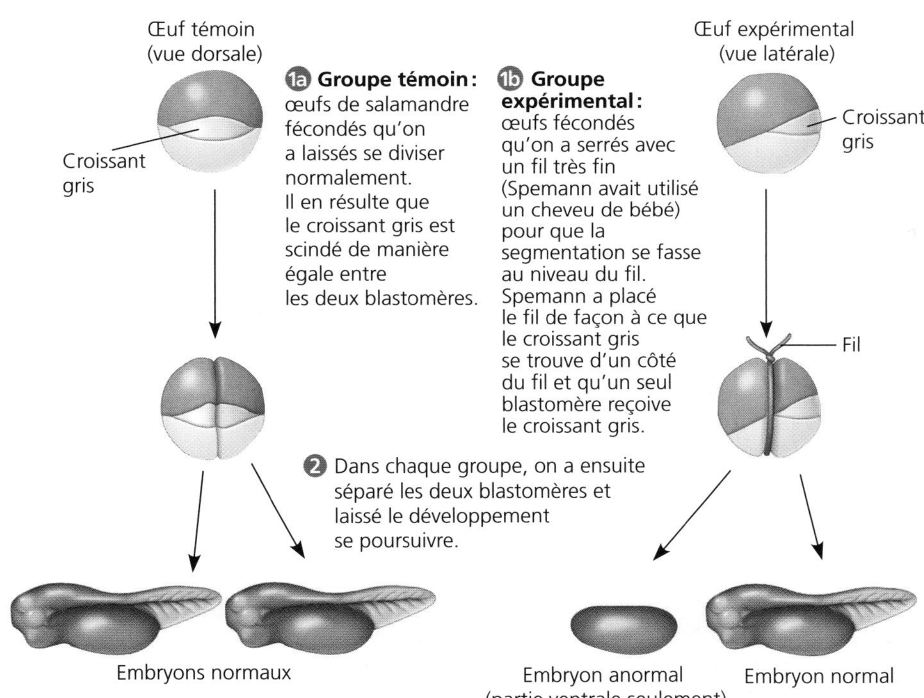

RÉSULTATS Les blastomères qui reçoivent la moitié ou la totalité du croissant gris forment des embryons normaux, mais un blastomère qui ne reçoit rien du croissant gris donne un embryon anormal, dépourvu de structures dorsales.

CONCLUSION Le potentiel de développement des deux blastomères normalement formés durant la première division dépend des déterminants cytoplasmiques situés dans le croissant gris.

SOURCE H. Spemann, *Embryonic Development and Induction*, Yale University Press, New Haven, CT (1938).

ET SI ? Dans une expérience similaire réalisée 40 ans plus tôt, l'embryologiste Hans Roux a laissé la première segmentation se produire, puis il a détruit un seul blastomère à l'aide d'une aiguille. L'embryon qui s'est développé à partir du blastomère restant (ainsi que des débris cellulaires) était anormal et avait l'aspect d'un demi-embryon. Émettez une hypothèse qui pourrait expliquer pourquoi les résultats de Roux étaient différents des résultats du groupe témoin de Spemann.

La détermination des destinées et le mode de formation par les stimulus d'induction

Au fur et à mesure que la division des cellules embryonnaires crée des cellules différentes les unes des autres, les cellules se mettent à influencer la destinée les unes des autres par induction. À l'échelle moléculaire, l'effet de l'induction (la réponse à un stimulus d'induction) est généralement l'activation d'un ensemble de gènes menant à la différenciation des cellules cibles en tissus spécifiques. Nous allons examiner deux exemples d'induction, un mécanisme essentiel dans le développement de nombreux tissus chez la plupart des Animaux.

L'« organisateur » de Spemann et Mangold

Avant ses expériences sur la totipotence des cellules des œufs fécondés de grenouille, Hans Spemann avait étudié la détermination des destinées cellulaires durant la gastrulation. Dans ces expériences, Spemann et son étudiante Hilde Mangold ont transplanté des tissus d'une jeune gastrula à une autre. À partir des résultats de leur expérience la plus célèbre, résumée à la **figure 47.23**, les deux scientifiques ont fait une découverte remarquable : non seulement la lèvre dorsale transplantée du blastopore de la jeune gastrula continuait d'être une lèvre de blastopore, mais elle déclenchait la gastrulation dans les tissus voisins. C'est ainsi qu'ils ont pu conclure que la lèvre dorsale du blastopore de la jeune gastrula jouait un rôle d'« organisateur » essentiel dans le développement embryonnaire en amorçant une série d'inductions aboutissant à la formation de la corde dorsale, du tube neural et d'autres organes.

Un siècle plus tard, les biologistes du développement continuent d'étudier les fondements moléculaires de l'induction exercée par l'*organisateur de Spemann et Mangold* (aussi appelé *organisateur de la gastrula* ou, simplement, *organisateur*). L'étude d'un facteur de croissance appelé *protéine 4 de la morphogenèse osseuse* (ou BMP-4, pour *bone morphogenetic protein 4*) a donné des indices importants à cet égard. (Les protéines de la morphogenèse osseuse forment une famille comptant une vingtaine de protéines apparentées, remplissant diverses fonctions dans le développement. Elles doivent leur nom aux membres de ce groupe qui jouent un rôle important dans la formation des os et des cartilages.) L'une des principales fonctions de l'organisateur semble être d'*inactiver* la protéine 4 sur la face dorsale de l'embryon. Cette inactivation permet à la face dorsale de former des structures dorsales comme la corde dorsale et le tube neural. On trouve également des protéines apparentées à la protéine 4 et à ses inhibiteurs chez d'autres espèces animales, notamment chez les Invertébrés comme la drosophile, où elles régulent également l'axe dorsoventral.

La formation d'un membre chez les Vertébrés

Les stimulus d'induction jouent un rôle essentiel dans la réalisation des **plans d'organisation**, c'est-à-dire dans la création de la structure générale tridimensionnelle d'un animal, ou encore dans la disposition caractéristique de ses tissus et organes. On désigne l'ensemble des indices moléculaires qui déterminent les plans d'organisation par l'expression génique **information de positionnement**. Ces indices situent chaque cellule par rapport à ses voisines et par rapport aux axes de l'organisme animal. Ils contribuent également à déterminer

▼ **Figure 47.23** INVESTIGATION

La lèvre dorsale du blastopore peut-elle inciter les cellules d'une autre partie de l'embryon amphibien à changer leur destinée ?

EXPÉRIENCE En 1924, à la Albert-Ludwigs-Universität Freiburg, en Allemagne, Hans Spemann et Hilde Mangold ont prélevé, sur une gastrula pigmentée de triton (gastrula précoce et non âgée), un fragment de la lèvre dorsale du blastopore. Ils l'ont transplanté sur la face ventrale d'une jeune gastrula non pigmentée de triton dans le but d'étudier la capacité d'induction de la lèvre dorsale. On voit ici des coupes transversales des gastrulas.

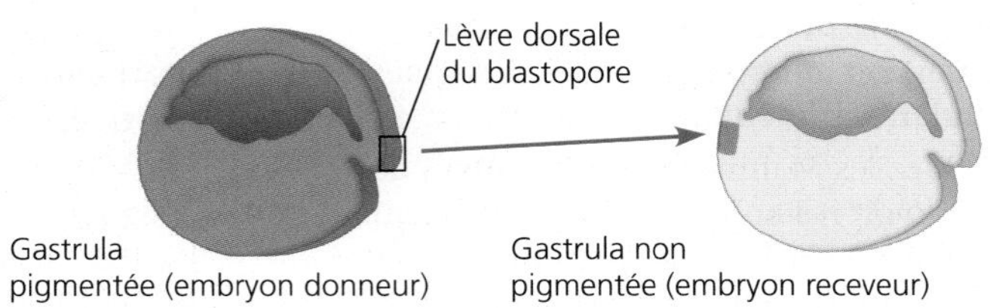

RÉSULTATS Sur l'embryon receveur, dans la région du greffon, une seconde corde dorsale et un second tube neural sont apparus. Puis, un autre embryon s'est formé presque complètement. En examinant l'intérieur du double embryon, Spemann et Mangold ont constaté que de nombreuses cellules des structures secondaires provenaient de l'individu receveur (non pigmenté) et non de l'individu donneur du greffon (pigmenté).

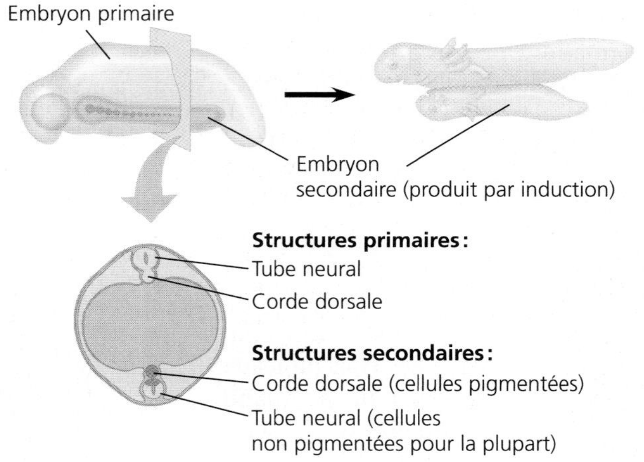

CONCLUSION La lèvre dorsale transplantée dans une autre région du receveur a incité les cellules à former des structures différentes de celles qu'elles étaient censées former. Le greffon a « organisé » le développement futur d'un embryon entier.

SOURCE H. Spemann et H. Mangold, Induction of embryonic primordia by implantation of organizers from a different species, traduction de V. Hamburger (1924). Repris dans *International Journal of Developmental Biology* 45 : 13-38 (2001).

ET SI ? Étant donné que la lèvre dorsale transplantée a engendré une transformation inattendue dans le tissu du receveur, cela signifie que la lèvre dorsale a probablement émis un signal quelconque. Si vous connaissiez une protéine capable d'émettre un signal de ce genre, comment vérifieriez-vous si les signaux sont véritablement transmis ?

la réaction de chaque cellule et celle de ses cellules filles vis-à-vis des autres stimulus moléculaires.

Au chapitre 18, nous avons examiné la réalisation des plans d'organisation en analysant le développement des segments de la drosophile. Pour l'étude des plans d'organisation chez les Vertébrés, le développement des membres chez le poulet est un modèle très utile. Les ailes et les pattes, comme tous les membres des Vertébrés, apparaissent d'abord sous la forme d'ébauches de tissu appelées *bourgeons de membres* (**figure 47.24a**). Chaque partie du membre du poulet (os ou muscle) se forme à un endroit précis et selon une orientation bien déterminée par rapport à trois axes: l'axe proximodistal (de la racine du membre au bout des doigts), l'axe antéropostérieur (du bord avant au bord arrière du membre, ou du pouce à l'auriculaire) et l'axe dorsoventral (de la face supérieure à la face inférieure, ou du dos de la main à la paume). Les cellules embryonnaires d'un bourgeon de membre réagissent à l'information de positionnement indiquant leur emplacement selon ces trois axes (**figure 47.24b**).

Deux régions situées dans les bourgeons de membres influent beaucoup sur le développement du membre. Ces deux régions sont présentes dans tous les bourgeons des membres de Vertébrés, qu'il s'agisse des membres antérieurs (ailes, bras, nageoires pectorales) ou postérieurs (pattes, jambes, nageoires pelviennes). Ces régions sécrètent des protéines qui fournissent une information de positionnement essentielle aux autres cellules du bourgeon.

Le premier organisateur est la **crête ectodermique apicale**, région épaissie de l'ectoderme, située au sommet du bourgeon (voir la figure 47.24a). Cette crête est indispensable à la croissance du membre selon l'axe proximodistal et à la réalisation des plans d'organisation selon ce même axe. Les cellules qui la composent sécrètent plusieurs protéines se comportant comme des stimulus et appartenant à la famille des facteurs de croissance des fibroblastes. Ces protéines déclenchent la croissance du bourgeon de membre. Si on enlève la crête ectodermique apicale par voie chirurgicale et qu'on la remplace par des billes imprégnées de facteurs de croissance des fibroblastes, un membre presque normal se forme. En 2006, des chercheurs ont repéré une crête ectodermique apicale sécrétrice d'un facteur de croissance des fibroblastes qui semble être à l'origine de la formation des nageoires non appariées (médianes) du requin. Cette découverte donne à penser que la fonction précise de la crête ectodermique apicale est apparue avant les membres appariés chez les Vertébrés.

L'autre organisateur important du bourgeon de membre est la **zone d'activité polarisante**, une masse de tissu mésodermique située sous l'ectoderme, à l'endroit où le bourgeon rejoint le tronc, du côté postérieur (voir la figure 47.24a). La zone d'activité polarisante est nécessaire à la réalisation des plans d'organisation le long de l'axe antéropostérieur du membre, et les cellules qui en sont les plus proches donnent les structures postérieures, comme le plus postérieur des trois doigts du poulet (l'homologue de notre auriculaire). Les cellules les plus éloignées donnent les structures antérieures, comme le plus antérieur des doigts du poulet (l'homologue de notre pouce).

La **figure 47.25** illustre une transplantation expérimentale qui corrobore l'hypothèse selon laquelle la zone d'activité polarisante émet un stimulus d'induction qui transmet une

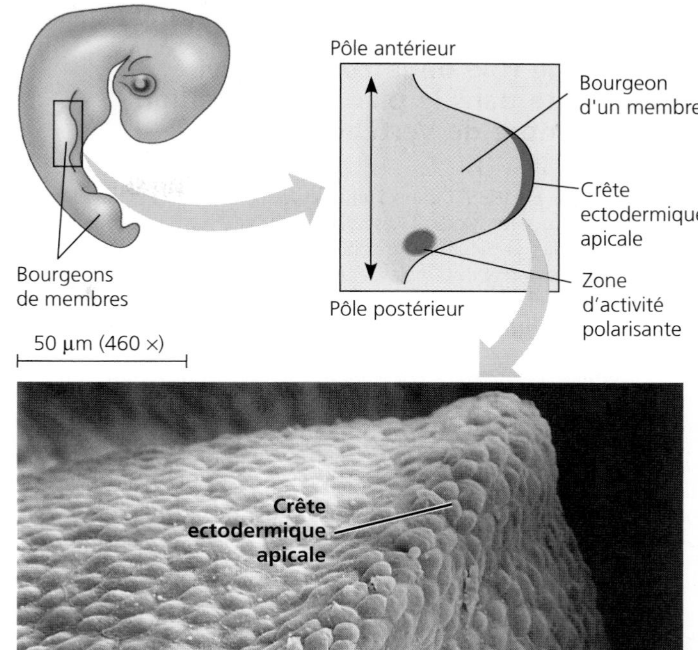

(a) Les « organisateurs ». Chez les Vertébrés, les membres se développent à partir d'excroissances appelées bourgeons de membres. Chaque bourgeon de membre est constitué de cellules de mésoderme recouvertes d'une couche d'ectoderme. Deux régions sont des « organisateurs » essentiels dans la réalisation des plans d'organisation du membre: la crête ectodermique apicale (montrée dans cette MEB) et la zone d'activité polarisante.

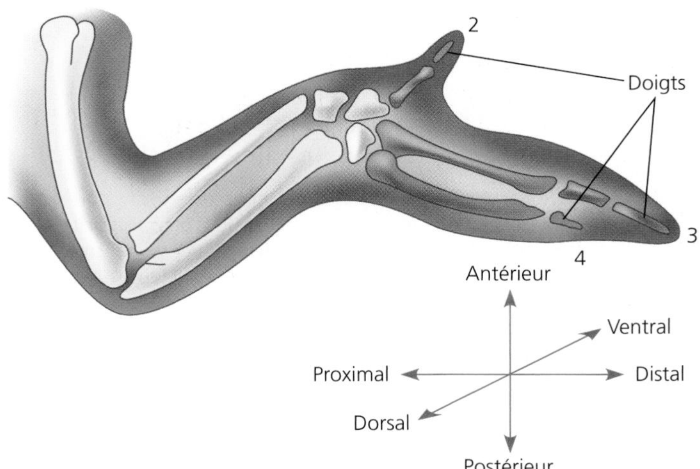

(b) Aile d'un embryon de poulet. Au fur et à mesure que le bourgeon devient un membre, un certain agencement des tissus apparaît. Par exemple, les trois doigts sont toujours présents dans l'agencement de l'aile montrée ici. Pour que les plans d'organisation se réalisent, chaque cellule embryonnaire doit recevoir une information de positionnement indiquant son emplacement par rapport aux trois axes du membre. La crête ectodermique apicale et la zone d'activité polarisante sécrètent des molécules qui transmettent cette information. (Les chiffres désignent les doigts selon une convention propre aux membres des Vertébrés. L'aile d'un poulet possède seulement quatre doigts; le premier doigt pointe vers l'arrière et n'est pas montré dans ce diagramme.)

▲ **Figure 47.24 Le développement d'un membre chez les Vertébrés.**

▼ **Figure 47.25** **INVESTIGATION**

Quel est le rôle de la zone d'activité polarisante dans le plan d'organisation d'un membre de Vertébré?

EXPÉRIENCE En 1985, Dennis Summerbell et Lawrence Honig, alors au National Institute for Medical Research à Mill Hill, près de Londres, souhaitaient étudier la nature de la zone d'activité polarisante. Ils ont donc prélevé une zone d'activité polarisante chez un embryon de poulet donneur et l'ont transplantée sous l'ectoderme de la région antérieure d'un bourgeon de membre d'un autre poulet, faisant en sorte que l'animal receveur possède désormais deux zones d'activité polarisante.

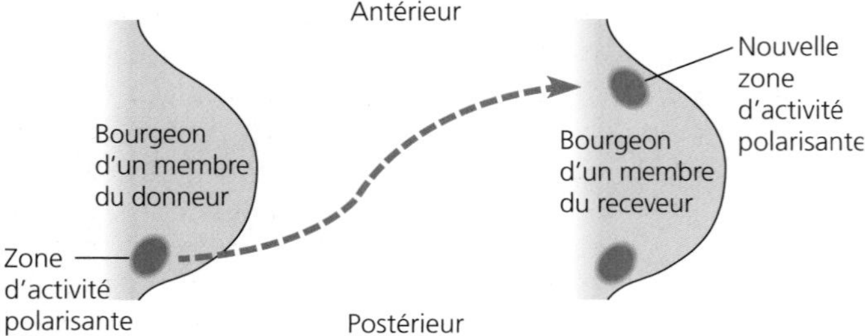

RÉSULTATS La structure qui apparaît dans le membre en formation de l'embryon greffé est une image en miroir des doigts normaux, qui se sont formés aussi (reportez-vous à la figure 47.24b pour voir un diagramme d'une aile de poulet normale).

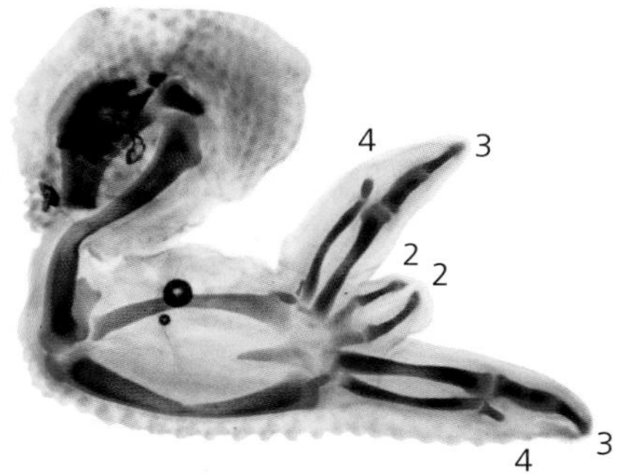

CONCLUSION L'arrangement en miroir qu'on observe dans cette expérience donne à penser que les cellules de la zone d'activité polarisante sécrètent un stimulus chimique qui diffuse de sa source et transmet une information de positionnement correspondant à « postérieur ». À mesure que la distance de la zone d'activité polarisante augmente, la concentration du stimulus chimique diminue, d'où la formation de doigts davantage antérieurs.

SOURCE L. S. Honig et D. Summerbell, Maps of strength of positional signaling activity in the developing chick wing bud, *Journal of Embryology and experimental Morphology* 87 : 163-174 (1985).

ET SI? Supposons que vous avez appris que la zone d'activité polarisante se forme après la crête ectodermique apicale. Vous émettez donc l'hypothèse que la crête ectodermique apicale est indispensable à la formation de la zone d'activité polarisante. À partir de ce que vous savez sur les molécules sécrétées par la crête ectodermique apicale et par la zone d'activité polarisante (voir le texte), comment vérifieriez-vous votre hypothèse?

information positionnelle, en l'occurrence « postérieur ». En effet, on a découvert que les cellules de la zone d'activité polarisante sécrétaient un facteur de croissance protéinique important, appelé *Sonic hedgehog* (ou SHH, pour *Sonic hedgehog homolog*). Le nom de ce facteur renvoie à la ressemblance de la protéine avec une autre protéine, appelée *Hedgehog*, qui intervient dans la segmentation de l'embryon de la drosophile. C'est également le nom d'un personnage de jeu vidéo. Le nom *hedgehog* vient du fait que la molécule est hérissée de pointes, comme un hérisson.

Si des cellules modifiées génétiquement pour produire de grandes quantités de *Sonic hedgehog* sont greffées dans la région antérieure d'un bourgeon de membre normal, une structure en miroir se forme (comme si on avait greffé une zone d'activité polarisante au même endroit). D'après des études sur la variante de *Sonic hedgehog* propre aux souris, la présence de doigts surnuméraires chez cette espèce (et peut-être également chez les humains) serait attribuable à la production de la protéine à un emplacement anormal sur le bourgeon. La protéine SHH et d'autres protéines similaires participent au développement de bon nombre d'organismes et accomplissent diverses fonctions ; elles participent notamment aux plans d'organisation chez la drosophile ainsi qu'à la régulation de la destinée des cellules et de leur nombre dans le système nerveux des Vertébrés.

La protéine SHH joue un rôle vital dans le développement des bourgeons de membres, mais qu'est-ce qui détermine si un bourgeon de membre doit devenir un membre antérieur ou un membre postérieur? Les cellules qui reçoivent les stimulus *Hedgehog* émis par la crête ectodermique apicale et la zone d'activité polarisante réagissent en fonction de leurs antécédents touchant le développement. Avant que la crête ectodermique apicale ou la zone d'activité polarisante aient libéré leurs substances chimiques, d'autres stimulus ont défini les plans d'organisation spatiale déterminés par l'expression des gènes *Hox* (voir la figure 21.18, p. 516). Des différences dans l'expression des gènes *Hox* font en sorte que les cellules des bourgeons des membres antérieurs et postérieurs réagissent différemment aux mêmes indices de positionnement.

La protéine SHH, le facteur de croissance des fibroblastes ainsi que la BMP-4 ne sont que quelques-unes des nombreuses molécules de communication qui régissent la destinée des cellules chez les Animaux. Maintenant qu'ils connaissent les rôles fondamentaux de ces molécules dans le développement embryonnaire, les chercheurs peuvent étudier leurs fonctions dans l'organogenèse, plus particulièrement dans le développement du cerveau.

Le rôle des cils dans la destinée des cellules

Pendant des années, les biologistes du développement ont accordé bien peu d'attention aux organites cellulaires que sont les cils. Ce n'est plus le cas. Des recherches récentes donnent à penser que la fonction ciliaire est essentielle aux instructions qui définissent la destinée des cellules embryonnaires.

À l'instar des autres Mammifères, les humains ont des cils immobiles et des cils vibratiles (voir la figure 6.24, p. 126). Les cils primaires immobiles, ou *monocils*, sont des prolongements simples qui garnissent la surface de presque toutes les cellules. Les cils vibratiles, eux, se trouvent sur les cellules qui déplacent du liquide à leur surface, comme les cellules épithéliales des voies respiratoires, ainsi que sur les spermatozoïdes (sous la forme de flagelles, lesquels permettent aux spermatozoïdes de se déplacer). Les cils immobiles et les cils vibratiles jouent un rôle essentiel dans le développement.

En 2003, des généticiens ont découvert que certaines mutations qui entravaient le développement du système nerveux de la souris gênaient aussi les gènes participant à la fabrication des monocils. D'autres chercheurs ont constaté que certaines mutations à l'origine d'une maladie rénale grave chez la souris altèrent un gène important pour le transport de substances le long des monocils. On a également établi des liens entre les mutations qui inhibent le fonctionnement des monocils et la polykystose rénale chez les humains.

Étant donné que les monocils sont immobiles, comment participent-ils au développement? La réponse réside dans la fonction qu'ils accomplissent à la surface des cellules: tels des antennes, ils reçoivent des informations de plusieurs protéines de communication, dont la SHH. Lorsque les monocils sont défectueux, la communication s'en trouve perturbée.

Les recherches sur le rôle des cils vibratiles dans le développement se sont multipliées lorsqu'on a constaté la présence, chez certaines personnes, d'un ensemble de symptômes similaires auquel on a donné le nom de syndrome de Kartagener. Ces personnes étaient sujettes aux infections des sinus nasaux et des bronches. Les hommes atteints de ce syndrome produisaient également des spermatozoïdes immobiles. Dans ce syndrome, toutefois, le plus étonnant était un *situs inversus*, c'est-à-dire la disposition inverse, «en miroir», de tous les organes viscéraux par rapport au plan gauche-droite (**figure 47.26**). Par exemple, dans le situs inversus, le cœur se situe du côté droit plutôt que du côté gauche. (Environ une personne sur 10 000 a un situs inversus, lequel ne cause en soi aucun problème de santé.)

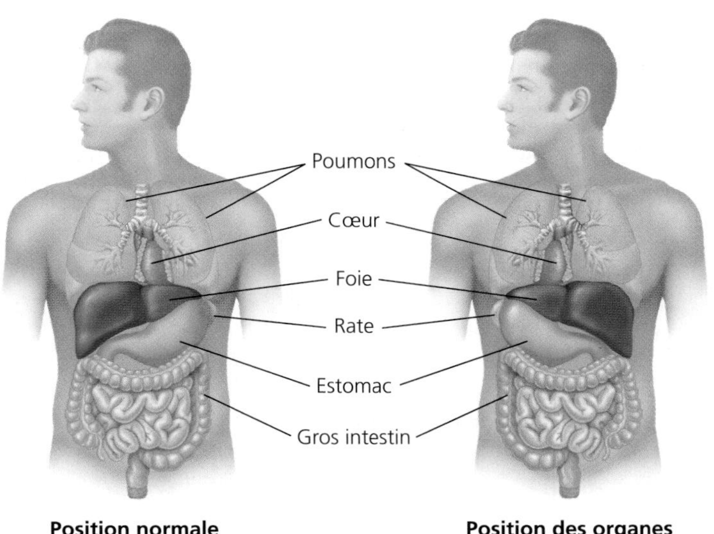

▲ **Figure 47.26 Le *situs inversus*, une inversion de l'asymétrie normale gauche-droite dans le thorax et l'abdomen.**

Les caractéristiques du syndrome de Kartagener découlent toutes d'une anomalie qui rend les cils immobiles. Sans motilité, la queue du spermatozoïde est incapable de battre, et les cils des voies respiratoires ne peuvent pas déloger le mucus et les microbes. Qu'est-ce qui cause le situs inversus? Selon le modèle actuel, le mouvement ciliaire dans une région particulière de l'embryon est essentiel au développement normal. Les données indiquent que le mouvement des cils produit un courant qui déplace les liquides vers la gauche et rompt ainsi la symétrie entre les côtés gauche et droit. Sans ce courant, l'asymétrie gauche-droite se produit de manière aléatoire; un situs inversus apparaît chez la moitié de ces embryons.

Si nous nous éloignons de la détermination des destinées des cellules pour avoir une vue d'ensemble du développement, une séquence d'événements se détache, ponctuée par des cycles de stimulus et de différenciation. Au début du développement, des asymétries cellulaires permettent à différents types de cellules de s'inciter les unes les autres à exprimer différents ensembles de gènes. Les produits de ces gènes font ensuite en sorte que les cellules se différencient en types particuliers. En coordination avec la morphogenèse, diverses voies de formation s'établissent dans toutes les parties de l'embryon en développement. Et ces processus aboutissent à la production d'un agencement complexe de nombreux tissus et organes, chaque organe et chaque tissu jouant son rôle à l'endroit prévu, de sorte que l'organisme constitue une entité coordonnée.

RETOUR SUR LE CONCEPT 47.3

1. En quoi la formation des axes et les plans d'organisation diffèrent-ils?
2. FAITES DES LIENS En quoi un gradient morphogénétique se distingue-t-il des déterminants cytoplasmiques et des interactions inductives à l'égard du groupe de cellules sur lequel il agit (voir le concept 18.4, p. 424 à 431)?
3. ET SI? Si les cellules ventrales de la jeune gastrula d'un amphibien sont forcées, en laboratoire, d'exprimer une grande quantité d'une protéine qui inhibe la BMP-4, un second embryon pourrait-il se développer? Expliquez votre réponse.
4. ET SI? Si vous retirez la crête ectodermique apicale d'un bourgeon de membre et que vous insérez une bille imbibée de SHH au milieu du bourgeon de membre, quel résultat obtiendrez-vous, à votre avis?

Voir les réponses proposées à la fin du chapitre.

RÉVISION DU CHAPITRE 47

RÉSUMÉ DES CONCEPTS CLÉS

CONCEPT 47.1

La fécondation et la segmentation amorcent le développement embryonnaire (p. 1186 à 1191)

- La **fécondation** réunit les noyaux du spermatozoïde et de l'ovule pour former un zygote diploïde et activer l'ovocyte de deuxième ordre. Ce dernier amorce alors le développement embryonnaire. La **réaction acrosomiale**, qui se produit lorsque le spermatozoïde entre en contact avec l'ovocyte, libère des hydrolases. Ces dernières traversent en la digérant la substance qui entoure l'ovocyte. Le contact ou la fusion des gamètes dépolarise la membrane cellulaire de l'ovocyte et instaure un **blocage rapide de la polyspermie** chez de nombreux animaux. La fusion du spermatozoïde et de l'ovocyte déclenche également la réaction corticale.

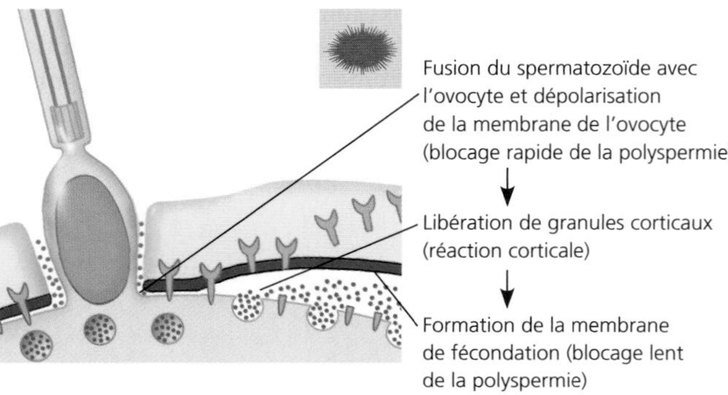

- Chez les Mammifères, au cours de la fécondation, la réaction corticale modifie la zone pellucide et établit ainsi le **blocage lent de la polyspermie**.

- La fécondation est suivie de la **segmentation**, étape de division cellulaire accélérée, sans croissance. Il en résulte un grand nombre de cellules appelées **blastomères**. Chez bien des espèces, la segmentation crée une sphère multicellulaire, appelée **blastula**, qui contient une cavité remplie de liquide, le **blastocèle**. La segmentation **holoblastique** (division de l'ensemble du zygote) se produit chez les espèces dont les œufs ne contiennent pas beaucoup de **vitellus** (comme les oursins, les Amphibiens et les Mammifères). La segmentation **méroblastique** (division incomplète du zygote) caractérise les espèces dont les œufs sont riches en vitellus (comme les Oiseaux et les autres Reptiles).

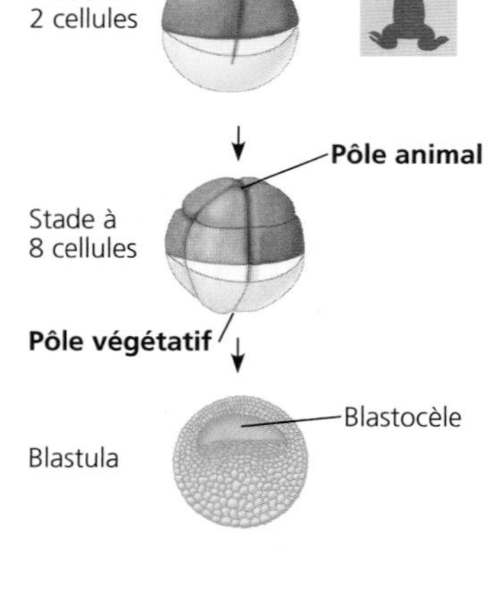

> *Quelle barrière située à la surface de la cellule empêche la fécondation d'un ovocyte par le spermatozoïde d'une autre espèce?*

CONCEPT 47.2

Chez les Animaux, la morphogenèse comporte des modifications touchant la forme, l'emplacement et la survie des cellules (p. 1191 à 1199)

- La **gastrulation** transforme la blastula en une **gastrula** constituée d'un tube digestif rudimentaire et de trois **feuillets embryonnaires**: l'**ectoderme** (en bleu), le **mésoderme** (en rouge) et l'**endoderme** (en jaune).

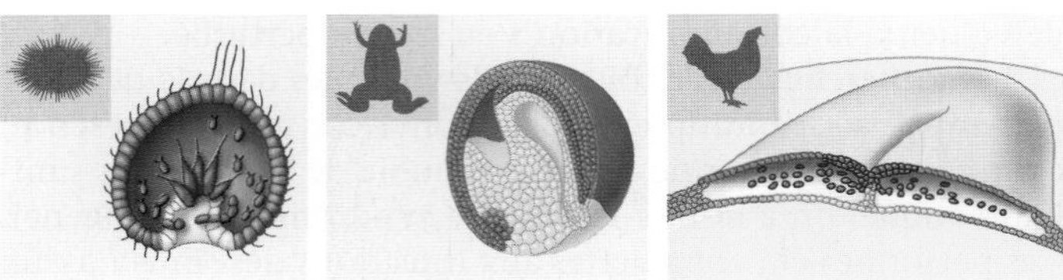

- Les zygotes des Mammifères sont petits et contiennent peu de réserves de nutriments. Ils subissent une segmentation holoblastique, sans polarité évidente. Cependant, la gastrulation et l'organogenèse ressemblent à celles des Oiseaux et des autres Reptiles. Après la fécondation et le début de la segmentation, qui se déroulent dans l'un des oviductes, le **blastocyste** s'implante dans l'utérus. Le **trophoblaste** amorce alors la formation de la partie fœtale du placenta. L'embryon proprement dit se développe à partir d'une seule couche de cellules, l'épiblaste, à l'intérieur du blastocyste.
- Chez les Oiseaux, les autres Reptiles et les Mammifères, les embryons se développent dans un sac rempli de liquide, qui est lui-même contenu dans une coquille ou dans l'utérus maternel. Dans ces organismes, les trois feuillets embryonnaires produisent non seulement l'embryon proprement dit, mais aussi les quatre **membranes extraembryonnaires**: l'amnios, le chorion, le sac vitellin et l'allantoïde.
- Les organes du corps de l'animal se développent à partir de portions précises des trois feuillets embryonnaires. Chez les Vertébrés, les premières étapes de l'**organogenèse** constituent la neurulation, c'est-à-dire la formation de la **corde dorsale** par les cellules du mésoderme dorsal et la formation du **tube neural** du fait du repliement de la plaque neurale de l'ectoderme.

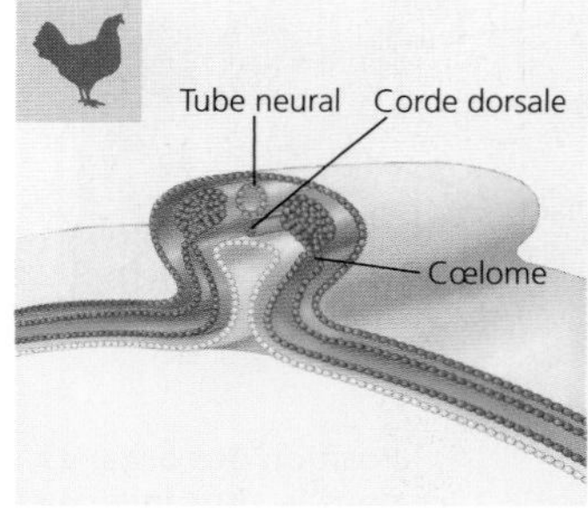

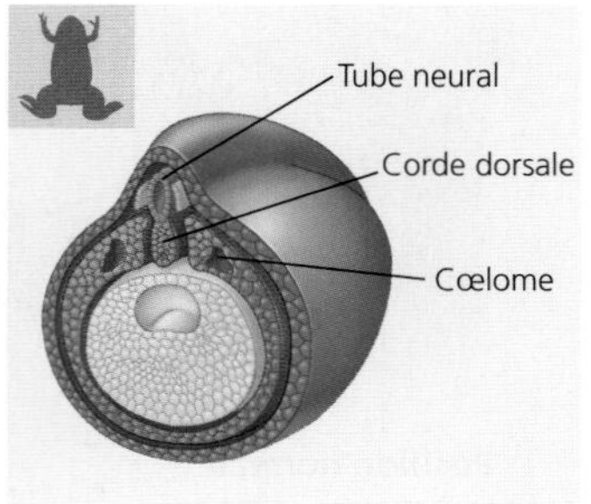

- Des remaniements du cytosquelette font en sorte que les cellules changent de forme et se déplacent au cours de la gastrulation et de l'organogenèse. Les invaginations et l'**extension convergente** sont des exemples de ce processus. Le cytosquelette joue aussi un rôle dans la migration cellulaire. Celle-ci est régie par les molécules d'adhérence cellulaire ainsi que par la matrice extracellulaire, qui aident les cellules à se rendre en des endroits précis.

> *Comment le tube neural se forme-t-il? Comment les cellules de la crête neurale se forment-elles?*

CONCEPT 47.3

Les déterminants cytoplasmiques et les signaux d'induction contribuent à la destinée des cellules (p. 1199 à 1207)

- Les **cartes des territoires présomptifs** établies par des moyens expérimentaux montrent que des régions données du zygote ou de la blastula deviennent en se développant des parties des embryons plus âgés. Les scientifiques ont établi la lignée complète des cellules de *C. elegans*. Certains mécanismes créent des asymétries cellulaires, dont les gradients morphogéniques, les déterminants localisés et les signaux d'induction. À mesure que le développement embryonnaire progresse, le potentiel de développement des cellules est de plus en plus limité au sein de toutes les espèces.
- Dans un embryon en cours de développement, les cellules reçoivent et interprètent une **information de positionnement** qui leur indique l'emplacement qu'elles doivent occuper. Cette information prend souvent la forme de molécules de communication sécrétées par les cellules de certaines régions de l'embryon appelées *organisateurs*. Ces régions sont, par exemple, la lèvre dorsale du blastopore de la gastrula, chez les Amphibiens, ou la **crête ectodermique apicale** et la **zone d'activité polarisante** d'un bourgeon de membre, chez les Vertébrés. Dans les cellules qui les reçoivent, les molécules de communication influent sur l'expression génique et entraînent la **différenciation** et la formation de structures déterminées.

? *Supposons que vous avez découvert deux classes de mutations chez la souris, une qui nuit uniquement au développement des membres et l'autre qui entrave à la fois le développement des membres et des reins. Laquelle des deux classes sera la plus susceptible d'altérer le fonctionnement des monocils? Expliquez votre réponse.*

ÉVALUATION

NIVEAU 1: CONNAISSANCES ET COMPRÉHENSION

1. Chez l'oursin, la réaction corticale a pour conséquence directe:
a) la formation d'une membrane de fécondation.
b) le blocage rapide de la polyspermie.
c) la libération d'hydrolases par le spermatozoïde.
d) la production d'une impulsion électrique par l'ovocyte de deuxième ordre.
e) la fusion du noyau de l'ovule et de celui du spermatozoïde.

2. Parmi les éléments énumérés ci-dessous, lesquels se retrouvent à la fois dans le développement des Oiseaux et dans celui des Mammifères?
a) La segmentation holoblastique.
b) L'épiblaste et l'hypoblaste.
c) Le trophoblaste.
d) Le bouchon vitellin.
e) Le croissant gris.

3. L'archentéron devient:
a) le mésoderme.
b) le blastocèle.
c) l'endoderme.
d) le placenta.
e) la lumière du tube digestif.

4. Quelle adaptation structurale permet à la poule de pondre des œufs dans un milieu sec plutôt que dans l'eau?
a) Des membranes extraembryonnaires.
b) Le vitellus.
c) La segmentation.
d) La gastrulation.
e) Le développement de l'encéphale à partir de l'ectoderme.

NIVEAU 2: APPLICATION ET ANALYSE

5. Si on traite un ovocyte en employant de l'EDTA, une substance chimique qui lie les ions calcium et magnésium:
a) la réaction acrosomiale sera bloquée.
b) la fusion du spermatozoïde et de l'ovocyte sera bloquée.
c) le blocage rapide de la polyspermie ne se produira pas.
d) la membrane de fécondation ne se formera pas.
e) le zygote ne contiendra pas les chromosomes maternels et paternels.

6. Chez les humains, des vrais jumeaux peuvent se présenter parce que:
a) les déterminants cytoplasmiques sont répartis inégalement dans les ovocytes non fécondés.
b) les cellules extraembryonnaires interagissent avec le noyau du zygote.
c) une extension convergente a lieu.
d) les blastomères nouvellement formés peuvent donner un embryon complet s'ils sont isolés.
e) le croissant gris divise l'axe dorsoventral en nouvelles cellules.

7. Des cellules prélevées dans le tube neural d'un embryon de grenouille ont été transplantées dans la face ventrale d'un autre embryon. Les cellules ont donné naissance à des tissus du système nerveux. Ce résultat indique que les cellules transplantées étaient:
a) totipotentes.
b) déterminées.
c) différenciées.
d) mésenchymateuses.
e) apoptotiques.

8. **FAITES UN DESSIN** Remplissez les quatre espaces vides dans la figure ci-dessous et tracez des flèches qui montrent le mouvement de l'ectoderme, du mésoderme et de l'endoderme.

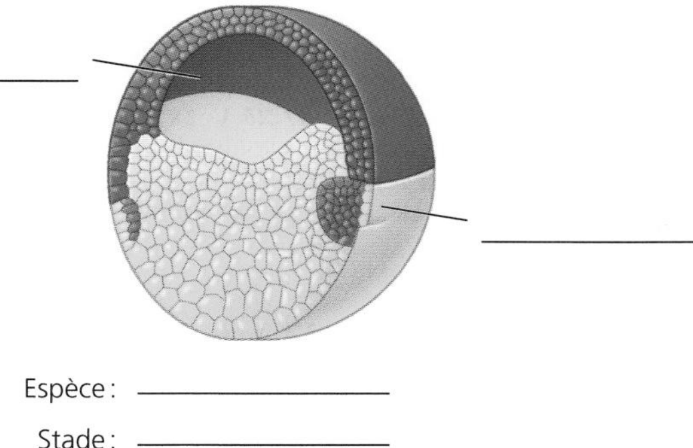

Espèce: ______________

Stade: ______________

NIVEAU 3: SYNTHÈSE ET ÉVALUATION

9. LIEN AVEC L'ÉVOLUTION
Chez les Insectes et les Vertébrés, au cours de l'évolution, des segments de l'organisme se sont répétés. Puis, certains d'entre eux ont fusionné et donné une structure et une fonction spécialisées. Quelles parties anatomiques des Vertébrés reflètent cette segmentation?

10. INTÉGRATION
Le «museau» d'un têtard de grenouille porte une ventouse. Au même endroit, le têtard de salamandre porte un organe en forme de moustache appelé *balancier*. Vous faites une expérience consistant à transplanter l'ectoderme du flanc d'un jeune embryon de salamandre sur le museau d'un embryon de grenouille. Le têtard qui se forme porte un balancier. Si vous transplantez l'ectoderme du flanc d'un embryon de salamandre un peu plus âgé sur le museau d'un embryon de grenouille, le museau du têtard qui se forme comporte un morceau de peau de salamandre. Émettez une hypothèse, concernant les mécanismes de développement, pour expliquer les résultats de cette expérience. Comment pourriez-vous vérifier votre hypothèse?

11. **SCIENCE, TECHNOLOGIE ET SOCIÉTÉ**
De nombreux scientifiques croient que la transplantation de tissus fœtaux pourrait un jour traiter la maladie de Parkinson, l'épilepsie, le diabète, la maladie d'Alzheimer et les lésions de la moelle épinière. Pour quelle raison les tissus fœtaux pourraient-ils être si utiles pour remplacer des cellules malades ou endommagées? Certains voudraient permettre uniquement l'utilisation de tissus provenant de fausses couches. Cependant, la plupart des chercheurs préféreraient se servir de tissus provenant d'avortements provoqués chirurgicalement. Pourquoi? Énoncez votre position dans ce débat controversé et justifiez-la.

12. **ÉCRIVEZ UN TEXTE**
Les propriétés émergentes Dans un court texte (de 100 à 150 mots), décrivez comment les propriétés émergentes des cellules de la gastrula déterminent le développement embryonnaire.

RÉPONSES DU CHAPITRE 47

Questions des figures

Figure 47.4 Vous pourriez injecter le composé dans un ovocyte non fécondé, exposer l'ovocyte aux spermatozoïdes et vérifier si la membrane de fécondation se forme. **Figure 47.21** Les chercheurs ont permis à la rotation corticale normale de se produire, ce qui a activé les déterminants qui «forment le dos». Ils ont ensuite provoqué la rotation opposée, ce qui a établi un autre dos sur la face opposée. Les molécules sur la face normale étant déjà activées, le fait de provoquer la rotation opposée n'a apparemment pas «annulé» l'établissement du dos amorcé par la première rotation. **Figure 47.22** Dans le groupe témoin de Spemann, les deux blastomères étaient séparés physiquement, et chacun se développait dans un embryon entier. Dans l'expérience de Roux, les restes du blastomère détruit étaient encore en contact avec le blastomère vivant, lequel est devenu un demi-embryon. Par conséquent, les molécules présentes dans les restes de la cellule détruite pourraient avoir communiqué avec la cellule vivante, l'empêchant de fabriquer toutes les structures embryonnaires. **Figure 47.23** Vous pourriez injecter la protéine isolée, ou un ARNm qui code pour cette protéine, dans les cellules ventrales d'une jeune gastrula. La formation de structures dorsales sur la face ventrale étayerait l'idée selon laquelle cette protéine est la molécule de communication sécrétée ou présentée par la lèvre dorsale. Vous devriez également concevoir une expérience contrôlée pour vous assurer que ce n'est pas le processus d'injection lui-même qui a provoqué la formation des structures dorsales. **Figure 47.25** Vous pourriez retirer la crête ectodermique apicale et chercher de l'ARNm ou une protéine sécrétant la SHH comme marqueur de la zone d'activité polarisante. L'absence de l'une ou de l'autre molécule appuierait votre hypothèse. Vous pourriez aussi bloquer le fonctionnement du facteur de croissance des fibroblastes et voir si la zone d'activité polarisante se forme (en cherchant la SHH).

Retour sur le concept 47.1

1. La membrane de fécondation se forme une fois que les granules corticaux ont rejeté leur contenu à l'extérieur de l'ovocyte: la membrane vitelline s'écarte alors et durcit. **2.** L'augmentation de Ca^{2+} provoquera la fusion des granules corticaux avec la membrane plasmique. Les granules libéreront alors leur contenu et une membrane de fécondation se formera, même si aucun spermatozoïde n'a pénétré à l'intérieur. Cela empêcherait la fécondation. **3.** Elle fluctuera. La fluctuation du MPF détermine la transition entre la réplication de l'ADN (phase S) et la mitose (phase M), laquelle est encore nécessaire dans le cycle cellulaire abrégé de la segmentation.

Retour sur le concept 47.2

1. Les cellules de la corde dorsale migrent vers la ligne médiane de l'embryon; elles se réarrangent d'une telle manière qu'il y a moins de cellules dans l'épaisseur de la corde dorsale, mais davantage de cellules dans son grand axe; de ce fait, la corde dorsale s'allonge (voir la figure 47.16). **2.** Étant donné que les microfilaments seraient incapables de se contracter et de réduire les dimensions de l'une des extrémités de la cellule, le repli vers l'intérieur au milieu du tube neural de même que le repli vers l'extérieur des régions postérieures sur la bordure seraient tous deux bloqués. **3.** L'apport d'acide folique d'origine alimentaire réduit grandement la fréquence des anomalies du tube neural.

Retour sur le concept 47.3

1. La formation des axes établit l'emplacement et la polarité des trois axes qui constituent les coordonnées du développement. Les plans d'organisation indiquent la position de certains tissus et organes dans l'espace tridimensionnel défini par ces coordonnées. **2.** Les gradients morphogénétiques ont pour fonction de préciser la destinée d'une cellule parmi d'autres en faisant varier la quantité de déterminants. Les gradients morphogénétiques agissent donc plus globalement que les déterminants cytoplasmiques ou les stimulus d'induction entre les paires de cellules. **3.** Oui, un second embryon pourrait se développer parce que l'inhibition de la BMP-4 aurait le même effet que la transplantation d'un organisateur. **4.** Le membre qui se développerait aurait probablement une position inversée: les doigts les plus postérieurs seraient au milieu et les doigts les plus antérieurs seraient à l'autre extrémité.

Questions du résumé des concepts clés

47.1 La liaison d'un spermatozoïde à un récepteur de surface de l'ovocyte est très spécifique et ne se produira probablement pas si les deux gamètes n'appartiennent pas à la même espèce. Or, sans la liaison du spermatozoïde, il ne peut y avoir de fusion des membranes du spermatozoïde et de l'ovocyte. **47.2** Le tube neural se forme quand la plaque neurale, une bande de tissu ectodermique orientée dans l'axe antéropostérieur de la face dorsale de l'embryon, se courbe longitudinalement pour former un tube et s'invagine par rapport au reste de l'ectoderme. Les cellules de la crête neurale apparaissent en groupes de cellules dans les régions entre les bords du tube neural, et l'ectoderme s'éloigne du tube neural. **47.3** Les mutations qui entravent à la fois le développement des membres et des reins seraient plus susceptibles d'altérer le fonctionnement des monocils, car ces organites sont importants dans plusieurs voies de communication. Les mutations qui gênent uniquement le développement des membres seraient plus susceptibles d'altérer une seule voie, par exemple la voie de la SHH.

ÉVALUATION

1. a; **2.** b; **3.** e; **4.** a; **5.** d; **6.** d; **7.** b;
8.

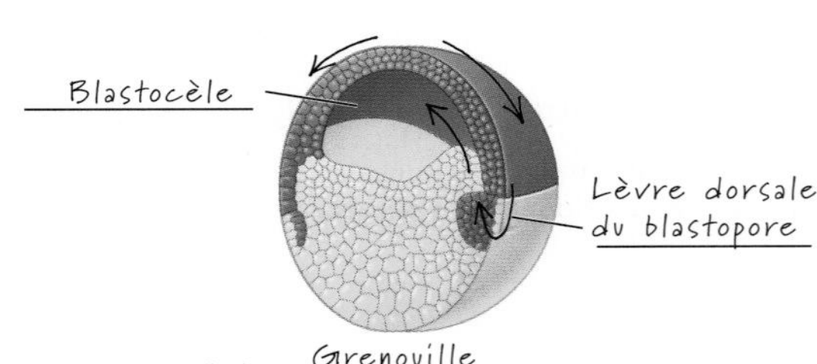

48

Les neurones, les synapses et la communication

▲ **Figure 48.1 Pourquoi cet escargot cône est-il un dangereux prédateur ?**

CONCEPTS CLÉS

48.1 L'organisation et la structure du neurone reflètent sa fonction dans la transmission d'information

48.2 Les pompes et les canaux ioniques établissent le potentiel de repos du neurone

48.3 Les potentiels d'action sont les influx transmis par les axones

48.4 Les neurones communiquent avec d'autres cellules aux synapses

INTRODUCTION

Les voies de communication

L'escargot cône de la **figure 48.1** (*Conus geographus*), qui vit dans les régions tropicales, est beau mais dangereux. C'est un escargot marin carnivore de 7,5 à 10 cm, qui attaque des poissons, les tue et les mange. Pour tuer sa proie, le cône lui injecte un venin au moyen d'une structure creuse en forme de harpon qui fait partie de sa bouche. En quelques secondes, la proie est paralysée. Le venin est si puissant que des plongeurs malchanceux sont morts à la suite d'une seule injection. Qu'est-ce qui rend ce venin aussi rapide et létal ? En fait, le poison injecté contient un mélange de molécules qui désactive les **neurones**, c'est-à-dire les cellules nerveuses qui transmettent de l'information dans le corps. Comme le venin paralyse presque instantanément le contrôle neuronal de la locomotion et de la respiration, l'animal attaqué par le cône ne peut ni se défendre, ni s'échapper.

La communication neuronale consiste essentiellement en signaux électriques sur de longues distances et en signaux chimiques sur de courtes distances. La structure spécialisée des neurones leur permet d'utiliser des impulsions électriques pour recevoir, envoyer et réguler le flux d'information dans le corps, et ce, sur de longues distances. Pour transmettre de l'information d'une cellule à une autre, les neurones font souvent intervenir des signaux chimiques qui agissent sur de très courtes distances. Si le venin de l'escargot cône est si puissant, c'est justement parce qu'il perturbe à la fois la communication électrique et chimique des neurones.

Les neurones transmettent de l'information sensorielle, régulent la fréquence cardiaque, coordonnent le mouvement main-œil, enregistrent les souvenirs, produisent les rêves, pour ne nommer que quelques-unes de leurs fonctions. Toute cette information circule à l'intérieur des neurones sous forme de signaux électriques. L'identité du type d'information transmise est encodée par les connexions qu'établit le neurone actif. L'interprétation des signaux présents dans le système nerveux requiert donc la présence d'un réseau complexe de voies et de connexions neuronales. Chez les animaux plus complexes, le traitement évolué de l'information s'effectue principalement dans des groupes de neurones qui forment un **encéphale** ou dans des amas plus simples appelés **ganglions**.

Dans le présent chapitre, nous examinerons la structure du neurone ainsi que les molécules et les principes physiques qui régissent la communication neuronale. Au chapitre 49, nous nous pencherons sur l'organisation des systèmes nerveux et sur le traitement évolué de l'information chez les Vertébrés. Au chapitre 50, nous étudierons les systèmes qui captent les stimulus environnementaux, de même que les systèmes responsables des réponses de l'organisme à ces derniers. Enfin, au chapitre 51, nous verrons comment les fonctions du système nerveux s'intègrent aux activités et aux interactions qui font partie du comportement animal.

CONCEPT 48.1

L'organisation et la structure du neurone reflètent sa fonction dans la transmission d'information

Avant d'étudier en détail l'activité du neurone, jetons un coup d'œil sur le fonctionnement d'ensemble des neurones dans la circulation de l'information à l'intérieur du corps. Nous prendrons pour exemple le calmar, un organisme dont les neurones de grande taille ont grandement contribué à l'étude de la communication neuronale.

Le traitement de l'information : *un aperçu*

Comme le cône de la figure 48.1, le calmar de la **figure 48.2** est un prédateur actif. Il surveille son environnement en utilisant son cerveau pour traiter l'information captée par ses yeux qui forment des images. Quand il détecte une proie, des signaux passent de son cerveau aux neurones de son manteau et déclenchent des contractions musculaires qui le propulsent vers l'avant.

Les systèmes nerveux traitent l'information en trois étapes : la réception de l'information sensorielle, l'intégration et l'émission de commandes motrices (**figure 48.3**). Chez beaucoup d'animaux, les neurones responsables de l'intégration forment un **système nerveux central** (**SNC**), qui comprend le cerveau et un cordon nerveux longitudinal. Les neurones qui transmettent l'information au SNC ou qui en reçoivent de ce dernier constituent le **système nerveux périphérique**. Groupés en faisceaux, ces neurones forment des **nerfs**.

Chez tous les Animaux, à l'exception des plus simples, ces trois étapes sont gérées par des groupes spécialisés de neurones. Les **neurones sensitifs** transmettent l'information perçue par les yeux et d'autres récepteurs sensoriels qui détectent tant les stimulus externes (perception de la lumière, du son, du toucher, de la chaleur, de l'odeur et du goût) que les conditions internes (comme la pression artérielle, la concentration de CO_2 dans le sang et la tension musculaire). L'information sensorielle est ensuite transmise aux centres de traitement de l'encéphale ou à des ganglions. Les neurones du cerveau ou des ganglions intègrent l'information (l'analysent et l'interprètent), en tenant compte à la fois du contexte immédiat et de l'expérience passée de l'animal. La grande majorité des neurones du cerveau sont des **interneurones**. Ces interneurones forment des circuits locaux qui relient les neurones les uns aux autres dans le cerveau. Les commandes motrices dépendent de neurones qui ont des prolongements à l'extérieur des centres de traitement et déclenchent l'activité musculaire ou glandulaire. Par exemple, les **neurones moteurs** transmettent des signaux aux cellules musculaires pour provoquer leur contraction. Pour mieux comprendre comment l'information est acheminée dans le système nerveux, penchons-nous dès maintenant sur la structure particulière du neurone.

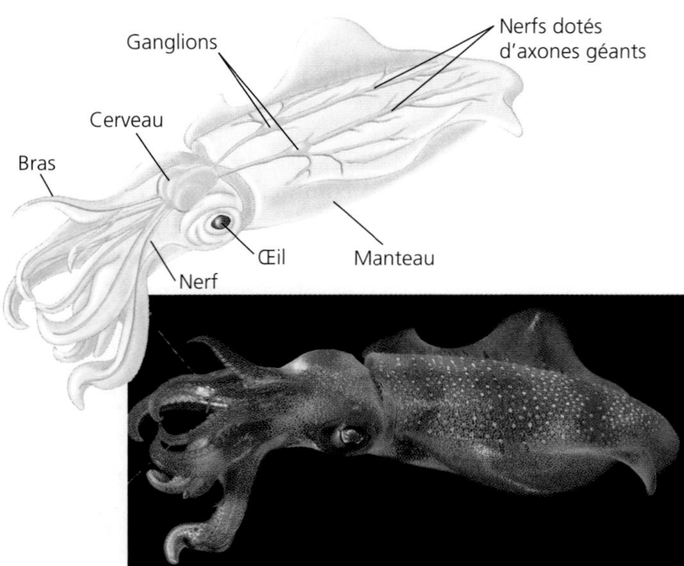

▲ **Figure 48.2 Un aperçu du système nerveux du calmar.** Les signaux du cerveau se rendent au manteau musculaire par des *axones géants* ; chez le calmar, ces prolongements des neurones ont un diamètre exceptionnel.

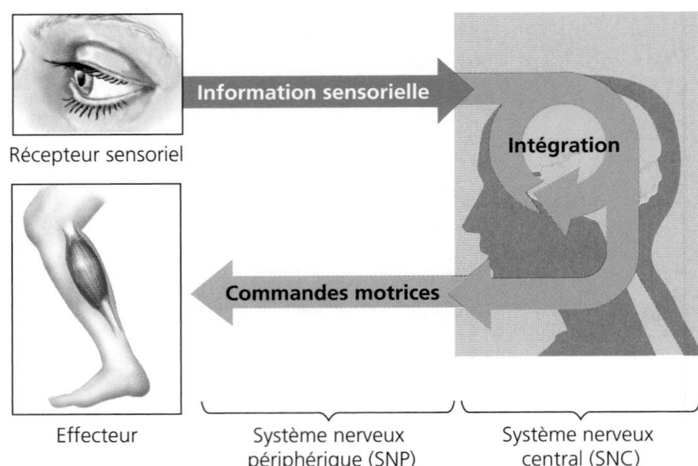

▲ **Figure 48.3 Vue d'ensemble du traitement de l'information par les systèmes nerveux.**

La structure et la fonction du neurone

La capacité du neurone à recevoir et à transmettre de l'information relève de son organisation cellulaire hautement spécialisée (**figure 48.4**). La plupart des organites du neurone, y compris son noyau, sont situés dans le **corps du neurone**. Le neurone possède généralement de nombreux prolongements très ramifiés appelés **dendrites** (du grec *dendron*, « arbre »). Avec le corps du neurone, les dendrites *reçoivent* les influx provenant d'autres neurones. Le neurone possède aussi un seul **axone**, un prolongement qui *transmet* des influx aux autres cellules. Les axones sont généralement beaucoup plus longs que les dendrites. Certains axones, comme ceux qui relient la moelle épinière d'une girafe aux cellules des muscles de ses pieds, peuvent mesurer plus d'un mètre de longueur. La région conique de l'axone, au point de jonction avec le corps du neurone, s'appelle *cône d'implantation de l'axone* ; comme nous le verrons, c'est en général dans cette région que sont émis les influx transmis par l'axone. Près de son extrémité, l'axone se divise habituellement en plusieurs branches (ou ramifications terminales).

Chaque extrémité ramifiée d'un axone transmet de l'information à une autre cellule par une jonction appelée **synapse** (voir la figure 48.4). La partie de chaque ramification axonale qui forme cette jonction spécialisée est appelée *corpuscule nerveux terminal*. La plupart du temps, l'information passe du neurone transmetteur à la cellule réceptrice au moyen de messagers chimiques appelés **neurotransmetteurs**. Quand nous décrirons la synapse, nous utiliserons le terme *cellule présynaptique* pour désigner le neurone transmetteur et le terme *cellule postsynaptique* pour désigner le neurone, le muscle ou la glande qui reçoit l'information.

La complexité de la forme du neurone dépend du nombre de synapses par lesquelles il communique avec les autres neurones (**figure 48.5**). Les axones très ramifiés peuvent transmettre de l'information à un grand nombre de cellules cibles. De même, les neurones dotés de dendrites hautement ramifiées peuvent recevoir beaucoup d'influx en provenance de très nombreuses synapses d'axones; certains interneurones en portent jusqu'à 100 000.

Les neurones des Vertébrés et de la plupart des Invertébrés ont besoin de cellules de soutien appelées **gliocytes**, ou **cellules gliales** (du grec *gloios*, « glu ») ou **cellules de soutien** (**figure 48.6**). Les gliocytes nourrissent les neurones, isolent les axones et régulent la composition du liquide extracellulaire dans lequel baignent les neurones. Dans l'encéphale des Mammifères, on compte de 10 à 50 gliocytes pour chaque neurone. Nous examinerons les fonctions de certains gliocytes plus loin dans ce chapitre ainsi qu'au chapitre 49.

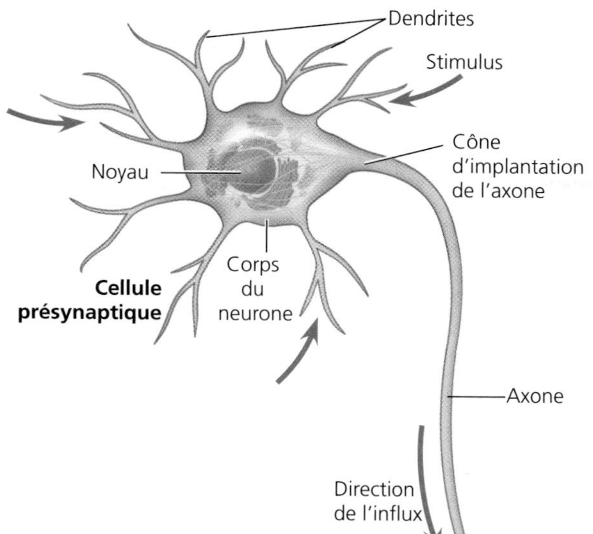

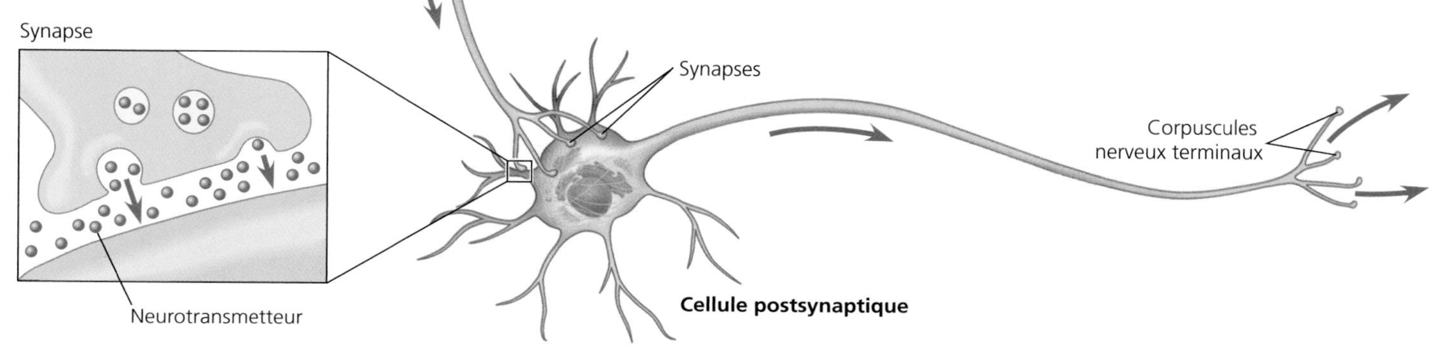

▲ **Figure 48.4 La structure et l'organisation d'un neurone.**

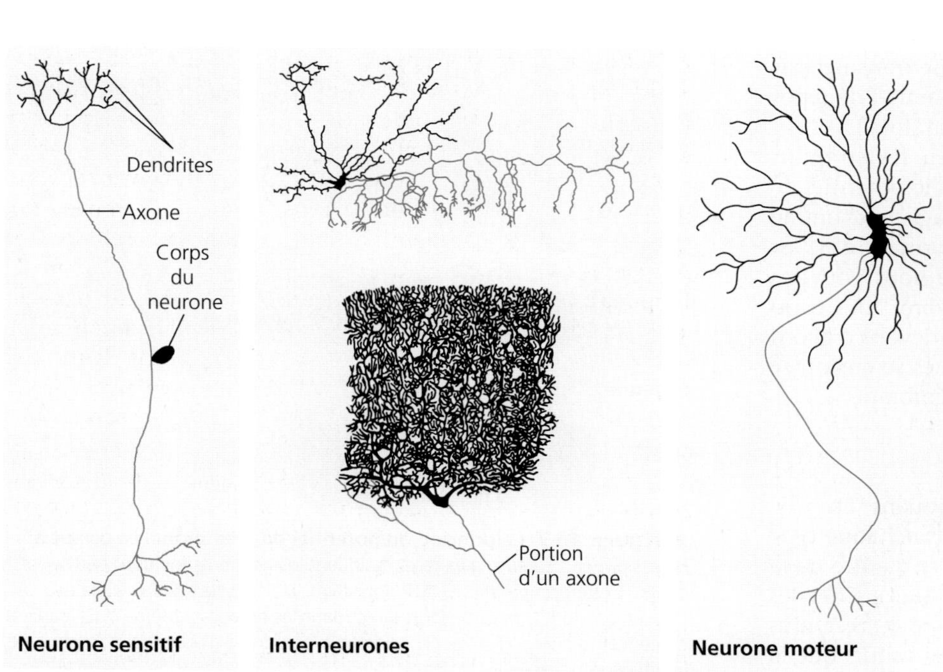

▲ **Figure 48.5 La diversité structurale des neurones des Vertébrés.** Dans ces schémas, les corps des neurones et les dendrites apparaissent en noir, et les axones en rouge. Le neurone sensitif se distingue des autres neurones illustrés par son corps situé à mi-chemin sur l'axone qui achemine les influx provenant des dendrites jusqu'à ses ramifications terminales.

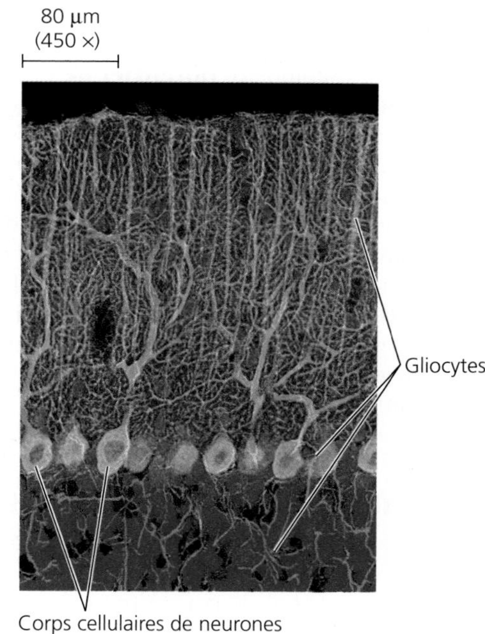

▲ **Figure 48.6 Les gliocytes dans l'encéphale des Mammifères.** Cette micrographie (confocale à balayage laser avec marqueurs fluorescents) montre un fragment du cerveau d'un rat, rempli de gliocytes et d'interneurones. Les gliocytes apparaissent en rouge, l'ADN des noyaux en bleu et les dendrites neuronaux en vert.

RETOUR SUR LE CONCEPT 48.1

1. Décrivez la principale voie qu'empruntent les neurones pour acheminer l'information et qui vous font tourner la tête quand quelqu'un vous appelle par votre prénom.
2. **ET SI?** En quoi le nombre élevé de ramifications d'un axone aide-t-il un neurone à coordonner les réponses aux influx émis par le système nerveux?
3. **FAITES UN DESSIN** Rappelez-vous comment la communication se fait au sein d'une colonie de bactéries (voir la figure 11.3, p. 235). De manière générale, quelles ressemblances et quelles différences y a-t-il entre cette communication et la transmission d'un influx nerveux par un neurone?

Voir les réponses proposées à la fin du chapitre.

CONCEPT 48.2

Les pompes et les canaux ioniques établissent le potentiel de repos du neurone

Comme nous l'avons vu au chapitre 7, les ions ne sont pas répartis également entre l'intérieur des cellules et le liquide à l'extérieur de la cellule. L'intérieur des cellules a une charge négative par rapport à l'extérieur. Comme l'attraction entre les charges opposées de part et d'autre de la membrane est une source d'énergie potentielle, la différence de charge électrique (ou tension) est appelée **potentiel de membrane**. Le potentiel de membrane d'un neurone au repos (qui ne transmet pas d'influx) s'appelle **potentiel de repos**. Ce potentiel de repos se situe en général entre -60 mV et -80 mV (millivolts).

Les influx provenant d'autres neurones ou les stimulus spécifiques provoquent des changements dans le potentiel de membrane d'un neurone. De tels changements agissent comme des signaux qui transmettent et traitent l'information. C'est grâce à ces variations rapides de potentiel que nous pouvons voir une fleur, lire un livre ou grimper à un arbre. Pour comprendre le fonctionnement des neurones, nous devons d'abord voir comment les forces chimiques et électriques se créent, se maintiennent et modifient les potentiels de membrane.

La création du potentiel de repos

Les ions potassium (K^+) et sodium (Na^+) jouent un rôle essentiel dans la création du potentiel de repos. Chaque type d'ion a un gradient de concentration de part et d'autre de la membrane plasmique d'un neurone (**tableau 48.1**). Chez les Mammifères, par exemple, la concentration de K^+ est plus élevée à l'intérieur de la cellule qu'à l'extérieur, tandis que la concentration de Na^+ est plus élevée à l'extérieur qu'à l'intérieur. Les gradients de Na^+ et de K^+ sont maintenus par les *pompes à potassium et à sodium* enchâssées dans la membrane plasmique. Comme nous l'avons vu au chapitre 7, ces pompes utilisent l'énergie fournie par l'hydrolyse de l'ATP pour expulser du Na^+ de la cellule et y faire entrer du K^+, par transport direct dans les deux cas (**figure 48.7**). Il existe aussi des gradients de concentration pour les ions chlorure (Cl^-) et d'autres anions, comme le montre le tableau 48.1, mais nous n'en tiendrons pas compte pour l'instant.

Tableau 48.1 Concentrations d'ions à l'intérieur et à l'extérieur des neurones des Mammifères

Ion	Concentration intracellulaire (m*M*)	Concentration extracellulaire (m*M*)
Potassium (K^+)	140	5
Sodium (Na^+)	15	150
Chlorure (Cl^-)	10	120
Anions volumineux (A^-) à l'intérieur de la cellule, comme des protéines	100	(ne s'applique pas)

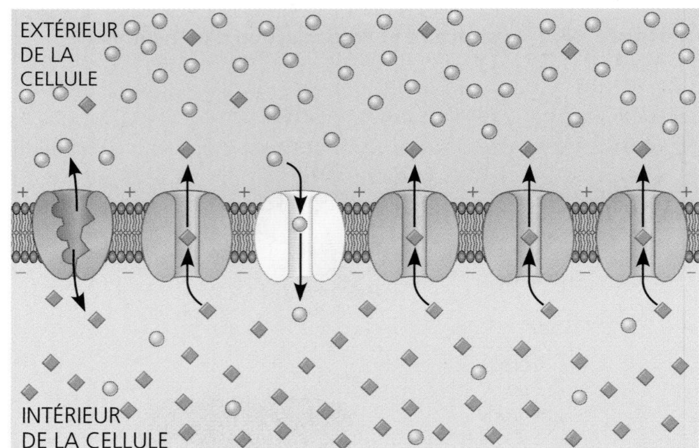

Légende

Na⁺
K⁺

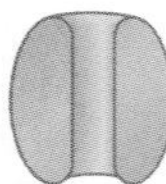

▲ **Figure 48.7 Le principe du potentiel de membrane.** La *pompe à potassium et à sodium* génère et maintient les gradients ioniques de Na^+ et de K^+. Cette pompe utilise l'ATP pour faire sortir du Na^+ de la cellule et y faire entrer du K^+, par transport direct dans les deux cas. Même si le gradient de concentration du Na^+ est considérable de part et d'autre de la membrane, la diffusion nette de Na^+ est très faible, car il y a très peu de canaux à sodium ouverts. En revanche, le grand nombre de canaux à potassium ouverts permet une importante sortie nette de K^+. Étant donné que la membrane est faiblement perméable aux ions chlorure et aux autres anions, la sortie de K^+ laisse une charge négative nette à l'intérieur de la cellule.

Une pompe à sodium et à potassium retourne trois ions Na^+ à l'extérieur du neurone chaque fois qu'elle y fait entrer deux ions K^+. Bien que cet échange donne lieu à une sortie nette d'une charge positive, la différence de tension qui en résulte est de quelques millivolts seulement. Pourquoi, alors, y a-t-il une différence de tension de −60 à −80 mV dans un neurone au repos? La réponse réside dans le passage de l'ion dans les **canaux ioniques**, qui sont en fait des pores membranaires formés par des amas de protéines spécialisées. Ces canaux permettent aux ions de traverser la membrane par diffusion. En traversant ainsi la membrane, ces ions emportent avec eux leurs unités de charge électrique. Chaque déplacement qui se solde par une charge positive ou négative *nette* provoque un potentiel de membrane, c'est-à-dire une différence de tension de part et d'autre de la membrane.

Les gradients de concentration de K^+ et de Na^+ de part et d'autre de la membrane représentent une forme chimique d'énergie potentielle. La conversion de cette énergie potentielle chimique en énergie potentielle électrique repose sur la *perméabilité sélective* des canaux ioniques, qui permet à certains ions seulement de passer. Par exemple, un canal à potassium laisse le K^+ diffuser librement dans la membrane, mais pas les autres ions tels que le Na^+.

La diffusion de K^+ dans les canaux à potassium ouverts est essentielle à la création du potentiel de repos. La concentration de K^+ est de 140 m*M* à l'intérieur de la cellule, mais de seulement 5 m*M* à l'extérieur. Le gradient de concentration chimique favorise donc une sortie nette de K^+. De plus, un neurone au repos possède beaucoup de canaux à potassium ouverts, mais très peu de canaux à sodium ouverts (voir la figure 48.7). Étant donné que le Na^+ et d'autres ions ne peuvent pas traverser facilement la membrane, la sortie de K^+ donne une charge négative nette à l'intérieur de la cellule. Cette accumulation de charge négative dans le neurone est la principale source de potentiel de membrane.

Qu'est-ce qui fait cesser l'accumulation de charges négatives? Les charges négatives excédentaires à l'intérieur de la cellule exercent une force d'attraction qui s'oppose à la sortie d'autres ions potassium chargés positivement. La séparation de la charge (tension) entraîne donc un gradient de concentration qui compense le gradient de concentration chimique du K^+.

Le modèle du potentiel de repos

La diffusion nette de K^+ à l'extérieur du neurone se poursuit jusqu'à ce que les forces chimiques et électriques soient en équilibre. Mais, comment chacune de ces deux forces contribue-t-elle au potentiel de repos d'un neurone mammalien? Pour répondre à cette question, considérons un modèle simple constitué de deux compartiments séparés par une membrane artificielle (**figure 48.8a**). Pour commencer, imaginons que la membrane contient des canaux ioniques qui ne laissent passer que le K^+. Afin d'obtenir un gradient de concentration de K^+ semblable à celui d'un neurone de Mammifère, nous mettons dans les compartiments: 140 mmol/L de chlorure de potassium (KCl) dans le compartiment intérieur et 5 mmol/L dans le compartiment extérieur. Dans ces conditions, le K^+ diffusera selon son gradient de concentration, soit vers le compartiment extérieur. Toutefois, étant donné que les ions chlorure ne peuvent pas traverser la membrane, il y aura une charge négative excédentaire dans le compartiment intérieur.

Lorsque notre neurone artificiel atteindra l'équilibre, le gradient électrique compensera exactement le gradient chimique, de sorte qu'il n'y aura aucune diffusion nette de K^+ à travers la membrane. La valeur du potentiel de membrane d'un ion donné au point d'équilibre est appelée **potentiel d'équilibre** (***E*ion**). Le potentiel d'équilibre se calcule à l'aide d'une formule, l'équation de Nernst. Pour un ion possédant une charge nette de +1, comme le K^+ ou le Na^+, à 37 °C, l'équation de Nernst est:

$$E_{\text{ion}} = 62\,\text{m}V\left(\log\frac{[\text{ion}]_{\text{extérieur}}}{[\text{ion}]_{\text{intérieur}}}\right)$$

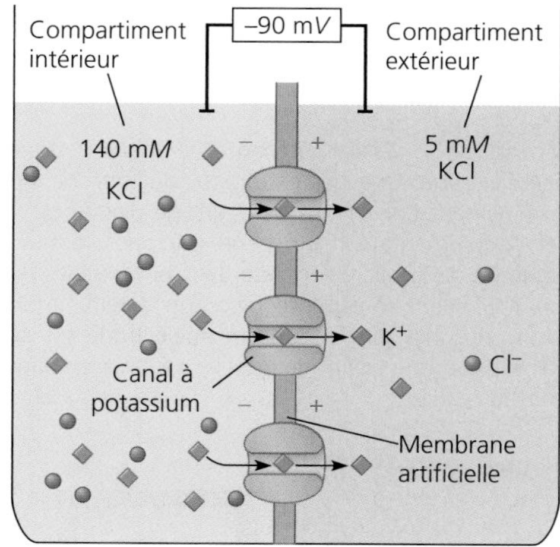

(a) Membrane laissant passer seulement le K^+

Équation de Nernst pour le potentiel d'équilibre de K^+ à 37 °C:

$$E_K = 62\text{ mV}\left(\log\frac{5\text{ m}M}{140\text{ m}M} = -90\text{ mV}\right)$$

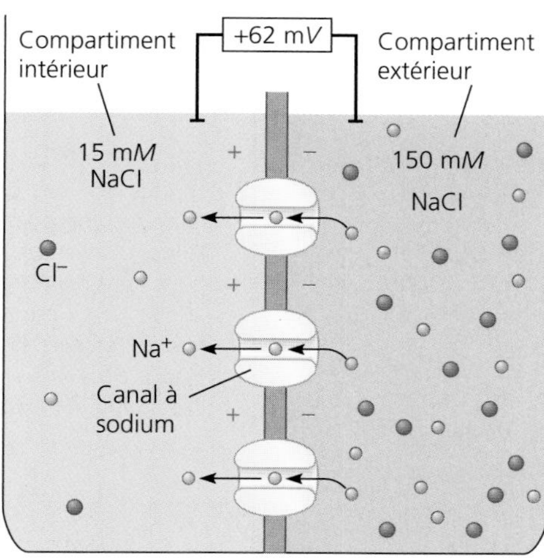

(b) Membrane laissant passer seulement le Na^+

Équation de Nernst pour le potentiel d'équilibre de Na^+ à 37 °C:

$$E_{Na} = 62\text{ mV}\left(\log\frac{150\text{ m}M}{15\text{ m}M} = +62\text{ mV}\right)$$

◄ **Figure 48.8 La perméabilité sélective d'une membrane au K^+ et au Na^+.** Chaque contenant est divisé en deux compartiments par une membrane artificielle. Les canaux ioniques laissent diffuser librement certains ions, ce qui donne le flux d'ions net représenté par les flèches. **(a)** En raison de l'ouverture des canaux à potassium, la membrane à perméabilité sélective ne laisse passer que le K^+, et le compartiment intérieur contient une concentration de K^+ 28 fois plus élevée que le compartiment extérieur; au point d'équilibre, la charge négative de l'intérieur de la membrane dépasse de 90 mV celle de l'extérieur. **(b)** La membrane sélective ne laisse passer que le Na^+, et le compartiment intérieur contient une concentration de Na^+ 10 fois moins élevée que le compartiment extérieur; au point d'équilibre, la charge positive de l'intérieur de la membrane dépasse de 62 mV celle de l'extérieur.

ET SI? *Si on ajoute à la membrane en (b) des canaux laissant passer un certain type d'ion, on modifierait le potentiel de membrane. Quel ion passerait dans ces canaux, et dans quelle direction le potentiel de membrane changerait-il?*

Si on résout l'équation pour la concentration de K^+, on constate que le potentiel d'équilibre de K^+ (E_K) est −90 mV (voir la figure 48.8a). Le signe « − » indique que le K^+ est en état d'équilibre lorsque la charge négative de l'intérieur de la membrane dépasse de 90 mV celle de l'extérieur.

Bien que le potentiel d'équilibre du K^+ soit de −90 mV, le potentiel de repos d'un neurone mammalien est un peu moins négatif. Cette différence rend compte du déplacement faible mais constant du Na^+ dans les quelques canaux à sodium qui sont ouverts dans un neurone au repos. Le gradient de concentration du Na^+ a une direction opposée à celui du K^+ (voir le tableau 48.1). Le Na^+ diffuse donc dans la cellule et rend l'intérieur de celle-ci moins négatif.

Si nous modifions notre neurone expérimental en utilisant une membrane contenant des canaux ioniques qui ne laissent passer que le Na^+, nous verrons qu'une concentration de Na^+ 10 fois plus élevée dans le compartiment extérieur donne un potentiel d'équilibre (E_{Na}) de +62 mV (**figure 48.8b**). Dans un véritable neurone, le potentiel de repos (de −60 à −80 mV) est beaucoup plus proche de E_k que de E_{Na}, parce qu'il y a beaucoup de canaux à potassium ouverts mais peu de canaux à sodium ouverts.

Étant donné que ni le K^+ ni le Na^+ ne sont en état d'équilibre, il y a un flux net de chaque ion (un courant) de part et d'autre de la membrane au repos. Le potentiel de repos demeure stable, ce qui signifie que les courants de K^+ et de Na^+ sont égaux et contraires. Les concentrations ioniques de part et d'autre de la membrane demeurent également stables. Il ne faut pas oublier que le mouvement ionique requis pour créer un potentiel de repos est extrêmement faible (environ 10^{-12} mol/cm^2 de membrane) et considérablement inférieur à celui qu'il faudrait pour modifier le gradient de concentration chimique.

Si un facteur quelconque fait augmenter la perméabilité de la membrane au Na^+, le potentiel de membrane se rapprochera de E_{Na} et s'éloignera de E_K. Comme nous le verrons dans la prochaine section, c'est précisément ce qui se produit lorsque des influx nerveux sont générés.

RETOUR SUR LE CONCEPT 48.2

1. Dans quelles conditions des ions pourraient-ils passer dans les canaux ioniques d'une région de faible concentration ionique à une région de forte concentration ionique?
2. ET SI? Supposons que le potentiel de membrane d'une cellule passe de −70 mV à −50 mV. Quelles modifications de la perméabilité de la membrane au K^+ ou au Na^+ pourraient être à l'origine de ce changement?
3. ET SI? La ouabaïne, une substance utilisée par certains peuples pour empoisonner des pointes de flèches, désactive la pompe à sodium et à potassium. À votre avis, quel changement y aura-t-il dans le potentiel de repos si vous traitez un neurone avec de la ouabaïne? Expliquez votre réponse.
4. FAITES DES LIENS La figure 7.13, à la page 147, illustre la diffusion de molécules de colorant. La diffusion éliminerait-elle le gradient de concentration d'un colorant qui a une charge nette? Expliquez votre réponse.

Voir les réponses proposées à la fin du chapitre.

CONCEPT 48.3

Les potentiels d'action sont les influx transmis par les axones

Le potentiel de membrane d'un neurone change sous l'effet de divers stimulus. En utilisant la méthode de l'enregistrement intracellulaire, il est possible d'enregistrer et de représenter graphiquement la variation du potentiel de membrane en fonction du temps (**figure 48.9**). Le potentiel de membrane varie parce que les neurones contiennent des **canaux ioniques à ouverture contrôlée**, c'est-à-dire des canaux qui s'ouvrent ou se ferment en réaction à des stimulus. L'ouverture ou la fermeture de ces canaux change la perméabilité de la membrane à certains ions, laquelle modifie à son tour le potentiel de membrane.

L'hyperpolarisation et la dépolarisation

Pour comprendre comment le potentiel de membrane change, voyons comment les canaux à potassium à ouverture contrôlée

▼ **Figure 48.9** MÉTHODE DE RECHERCHE

L'enregistrement intracellulaire du potentiel de membrane

APPLICATION Les électrophysiologistes utilisent l'enregistrement intracellulaire pour mesurer le potentiel de membrane des neurones et d'autres cellules.

TECHNIQUE Un tube capillaire de verre contenant une solution saline conductrice sert de microélectrode. Une des extrémités du tube se termine en une pointe extrêmement fine (moins de 1 µm de diamètre). À l'aide d'un microscope, l'expérimentateur utilise un micropositionneur pour faire pénétrer l'extrémité de la microélectrode dans une cellule. Un appareil enregistreur (habituellement un oscilloscope ou un système informatisé) mesure la tension entre l'extrémité de la microélectrode qui se trouve à l'intérieur de la cellule et une électrode de référence placée dans la solution, à l'extérieur de la cellule.

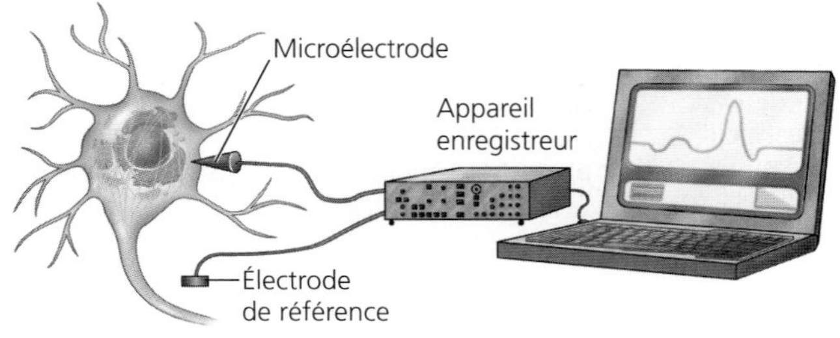

réagissent sous l'effet d'un stimulus qui en commande l'ouverture. L'ouverture des canaux à K^+ augmente la perméabilité de la membrane au K^+. La diffusion nette de K^+ à l'extérieur du neurone augmente alors, de sorte que le potentiel de membrane s'approche de E_K (−90 mV à 37 °C). Cette augmentation de l'amplitude du potentiel de membrane, appelée **hyperpolarisation**, rend l'intérieur de la membrane plus négatif (**figure 48.10a**). Dans un neurone au repos, l'hyperpolarisation peut être causée par tout stimulus qui augmente la sortie des ions positifs ou l'entrée d'ions négatifs.

Bien que l'ouverture des canaux à K^+ dans un neurone au repos provoque l'hyperpolarisation, l'ouverture d'autres types de canaux ioniques entraîne l'effet contraire et rend l'intérieur de la membrane moins négatif (**figure 48.10b**). Une diminution de l'amplitude du potentiel de membrane est appelée **dépolarisation**. Dans un neurone, la dépolarisation fait souvent intervenir les canaux à Na^+ à ouverture contrôlée. Quand un stimulus provoque l'ouverture de tels canaux dans un neurone, la perméabilité de la membrane au Na^+ augmente. Le Na^+ diffuse dans la cellule selon son gradient de concentration, de sorte qu'il y a dépolarisation, et le potentiel s'approche alors de E_{Na} (+62 mV à 37 °C).

Les potentiels gradués et les potentiels d'action

Parfois, l'hyperpolarisation ou la dépolarisation entraîne une simple variation du potentiel de membrane. L'amplitude de cette variation, appelée **potentiel gradué**, dépend de l'intensité du stimulus: plus celui-ci est important, plus le changement provoqué dans la perméabilité membranaire l'est également. Les potentiels gradués induisent un faible courant électrique qui fuit du neurone lorsqu'il se propage le long de la membrane. Les potentiels gradués diminuent donc à mesure qu'ils s'éloignent de leur source. Les potentiels gradués ne sont pas les influx nerveux qui se propagent sur les axones, mais leur effet est important sur l'émission des influx nerveux.

Si une dépolarisation change le potentiel de membrane suffisamment, il en résulte un changement radical dans la tension de la membrane, appelé **potentiel d'action**. Contrairement aux potentiels gradués, les potentiels d'action ont une amplitude constante et peuvent se régénérer dans les régions voisines de la membrane. Ils peuvent donc se propager le long des axones et transmettre des influx sur de longues distances.

Les potentiels d'action se créent parce que certains canaux ioniques des neurones sont des **canaux tensiodépendants**, c'est-à-dire des canaux qui s'ouvrent ou se ferment en fonction des variations du potentiel de membrane. Si une dépolarisation ouvre des canaux tensiodépendants à sodium, le flux de Na^+ qui en résulte dans le neurone a pour effet d'accroître la dépolarisation. Comme les canaux à sodium sont tensiodépendants, une dépolarisation accrue provoque l'ouverture d'autres canaux à sodium, de sorte que le flux de courant s'accroît également. Il s'ensuit une *rétroactivation* (voir la figure 1.13, p. 11) qui déclenche l'ouverture très rapide de tous les canaux tensiodépendants à sodium ainsi qu'un changement radical du potentiel de membrane qui définit le potentiel d'action (**figure 48.10c**).

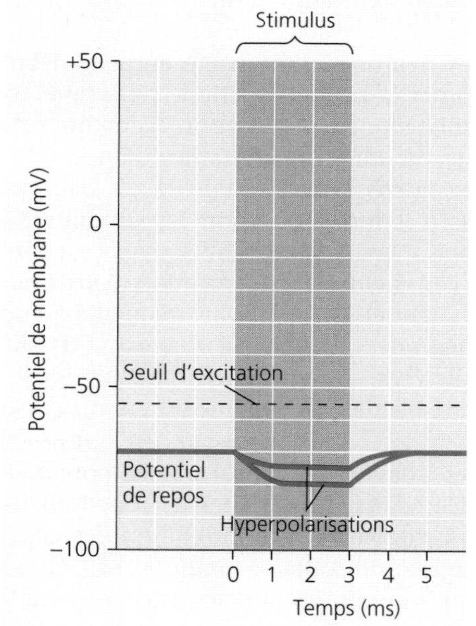

(a) Hyperpolarisations graduées produites par deux stimulus qui augmentent la perméabilité de la membrane au K^+. Le stimulus le plus intense entraîne l'hyperpolarisation la plus importante.

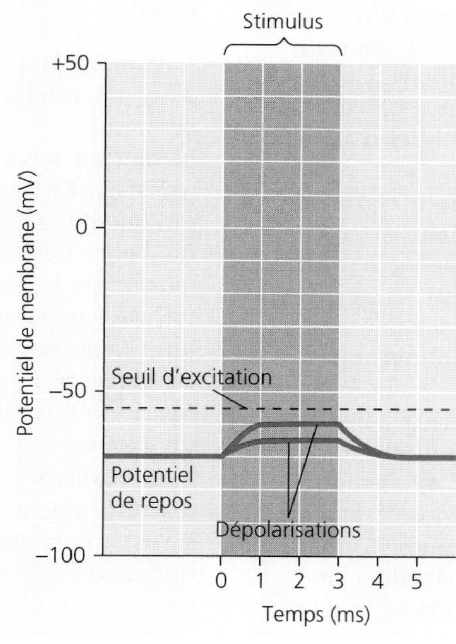

(b) Dépolarisations graduées produites par deux stimulus qui augmentent la perméabilité de la membrane au Na^+. Le stimulus le plus intense entraîne la dépolarisation la plus importante.

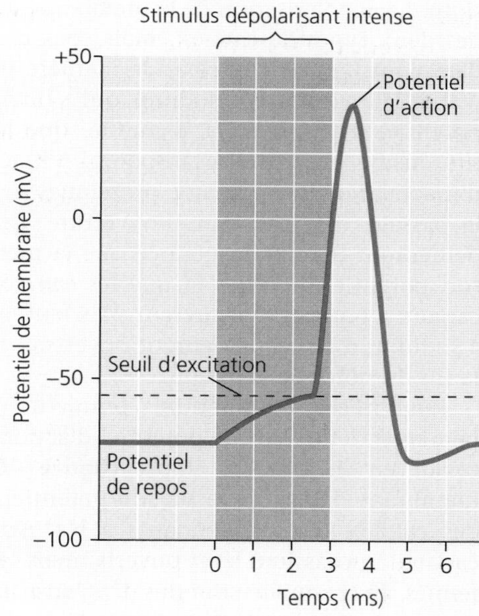

(c) Potentiel d'action déclenché par une dépolarisation qui atteint le seuil d'excitation

▲ **Figure 48.10 Les potentiels gradués et le potentiel d'action dans un neurone.**

FAITES UN DESSIN *Refaites le graphique (c) en prolongeant l'axe des y. Ensuite, indiquez les positions de E_k et de E_{Na+}.*

Un potentiel d'action est créé chaque fois qu'une dépolarisation élève la tension de la membrane à une certaine valeur de tension appelée **seuil d'excitation**. Dans le cas des neurones mammaliens, le seuil est un potentiel de membrane d'environ −55 mV. Une fois qu'un potentiel d'action est amorcé, son amplitude est indépendante de l'intensité du stimulus dépolarisant de départ. Le potentiel d'action est un phénomène du type *tout ou rien*: il se produit ou il ne se produit pas. Cette propriété rend compte du fait que la dépolarisation provoque l'ouverture des canaux tensiodépendants à sodium, laquelle accroît la dépolarisation. Cette boucle de rétroactivation de la dépolarisation et de l'ouverture des canaux déclenche un potentiel d'action chaque fois que le potentiel de membrane atteint son seuil d'excitation.

Ce sont les scientifiques anglais Andrew Huxley et Alan Hodgkin qui ont élucidé le fonctionnement des potentiels d'action dans les années 1940 et 1950. Comme il n'existait aucune méthode pour étudier les événements électriques dans les petites cellules, ces deux chercheurs ont enregistré l'activité électrique des neurones géants du calmar (voir la figure 48.2). Leurs expériences ont donné naissance à un nouveau modèle, présenté dans la prochaine section, qui leur a valu un prix Nobel en 1963.

La production de potentiels d'action: *une étude détaillée*

La forme caractéristique du graphique d'un potentiel d'action (voir la figure 48.10c) montre bien le changement radical du potentiel de membrane que provoque le déplacement des ions dans les canaux tensiodépendants à sodium et à potassium. La dépolarisation de la membrane déclenche l'ouverture des deux types de canaux, mais ceux-ci réagissent indépendamment l'un de l'autre et de manière séquentielle. Ce sont d'abord les canaux à sodium qui s'ouvrent et amorcent le potentiel d'action. Puis, à mesure que le potentiel d'action s'intensifie, les canaux à sodium s'inactivent: une boucle d'inactivation des canaux protéiques se déplace et bloque le passage des ions dans l'ouverture. Les canaux à sodium demeurent inactifs jusqu'à ce que la membrane ait retrouvé son potentiel de repos et que les canaux soient fermés. Les canaux à potassium s'ouvrent plus lentement que les canaux à sodium, mais ils demeurent ouverts et fonctionnels jusqu'à la fin du potentiel d'action.

Pour mieux comprendre comment les canaux tensiodépendants définissent le potentiel d'action, examinons le processus en suivant ses étapes (**figure 48.11**). ❶ Quand la membrane de l'axone est à son potentiel de repos, la plupart des canaux tensiodépendants à Na^+ sont fermés. Certains canaux à potassium sont ouverts, mais la plupart demeurent fermés. ❷ Lorsqu'un stimulus dépolarise la membrane, certains canaux à Na^+ tensiodépendants s'ouvrent, de sorte qu'une quantité additionnelle de Na^+ diffuse dans la cellule. Avec l'arrivée du Na^+, la membrane se dépolarise de nouveau, ce qui entraîne l'ouverture d'autres canaux à Na^+ à ouverture contrôlée, suivie d'une nouvelle diffusion de Na^+ dans la cellule, et ainsi de suite. ❸ Une fois que le seuil d'excitation est franchi, ce cycle de rétroaction positive entraîne rapidement le potentiel de membrane vers une valeur qui s'approche de E_{Na} pendant la *phase de dépolarisation*. ❹ Toutefois, deux événements empêchent le potentiel de membrane d'atteindre effectivement E_{Na}: la plupart des canaux tensiodépendants à Na^+ se ferment, stoppant du même coup l'afflux de Na^+; et la plupart des canaux tensiodépendants à K^+ s'ouvrent, entraînant une sortie rapide de K^+. Les deux événements ramènent rapidement le potentiel de membrane vers E_K. Il s'agit de la *phase de repolarisation*. ❺ En fait, pendant la phase finale du potentiel d'action, appelée *hyperpolarisation*, la perméabilité de la membrane au K^+ est plus grande qu'à l'état de repos, de sorte que le potentiel de membrane est plus près de E_K pendant cette phase qu'il ne l'est à l'état de repos. Les vannes d'activation des canaux à K^+ se ferment par la suite, et le potentiel de membrane retourne à l'état de repos.

Les canaux à Na^+ demeurent fermés pendant la repolarisation et le début de l'hyperpolarisation. Par conséquent, si un deuxième stimulus dépolarisant survient pendant cette période, il ne pourra déclencher de potentiel d'action. Cette période d'insensibilité pendant laquelle un deuxième potentiel d'action ne peut être amorcé est appelée **période réfractaire**. Elle détermine la fréquence maximale à laquelle les potentiels d'action peuvent être déclenchés. Comme nous le verrons bientôt, la période réfractaire fait également en sorte que tous les influx se propageant dans un axone le font dans une seule direction, soit du corps du neurone vers les corpuscules nerveux terminaux.

Il faut se rappeler que la période réfractaire est due à l'inactivation des canaux à sodium, et non à un changement des gradients de concentration de part et d'autre de la membrane. Les particules chargées qui se déplacent durant un potentiel d'action sont bien trop peu nombreuses pour changer significativement la concentration d'un côté ou de l'autre de la membrane.

Pour la plupart des neurones, l'intervalle entre le début d'un potentiel d'action et la fin de la période réfractaire est de l'ordre de 1 à 2 millisecondes (ms) environ. Cette brièveté permet au neurone de produire des centaines d'impulsions par seconde. De plus, la fréquence à laquelle un neurone produit des potentiels d'action varie selon les stimulus. La fréquence des potentiels d'action renseigne souvent sur l'intensité du stimulus. Par exemple, la perception d'un bruit fort déclenchera des potentiels d'action plus fréquents qu'un bruit faible dans les neurones qui relient l'oreille au cerveau. La durée de l'intervalle entre les potentiels d'action constitue, en fait, la seule variable dans la transmission d'influx par un axone.

Les canaux ioniques à ouverture contrôlée et les potentiels d'action jouent un rôle capital dans toutes les fonctions du système nerveux. Par conséquent, toute mutation des gènes qui encodent les protéines des canaux ioniques peut causer des affections touchant les nerfs, les muscles, le cerveau ou le cœur. Le type d'affection dépend en grande partie de l'endroit du corps où s'exprime le gène de la protéine de canal ionique. Par exemple, une mutation qui altère les canaux tensiodépendants à sodium dans les cellules des muscles squelettiques peut entraîner de la myotonie, laquelle se caractérise par des spasmes musculaires périodiques. De même, une mutation des canaux à sodium du cerveau peut causer l'épilepsie, qui se manifeste par des convulsions dues à de puissantes décharges synchronisées de certains groupes de neurones.

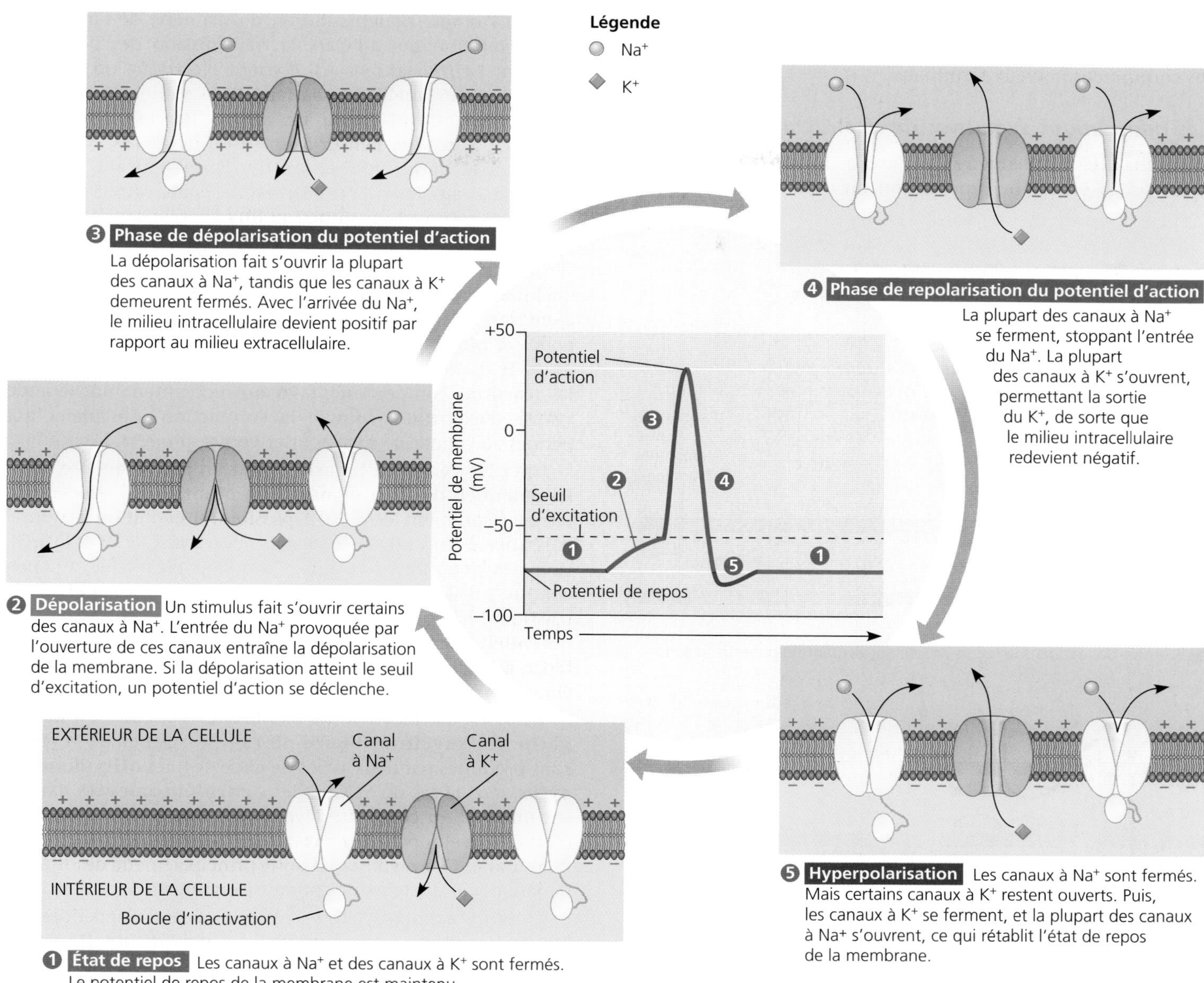

Légende
Na+
K+
3 Phase de dépolarisation du potentiel d'action
La dépolarisation fait s'ouvrir la plupart des canaux à Na+, tandis que les canaux à K+ demeurent fermés. Avec l'arrivée du Na+, le milieu intracellulaire devient positif par rapport au milieu extracellulaire.
4 Phase de repolarisation du potentiel d'action
La plupart des canaux à Na+ se ferment, stoppant l'entrée du Na+. La plupart des canaux à K+ s'ouvrent, permettant la sortie du K+, de sorte que le milieu intracellulaire redevient négatif.
+50
0
−50
−100
Potentiel de membrane (mV)
Potentiel d'action
Seuil d'excitation
Potentiel de repos
Temps
2 Dépolarisation Un stimulus fait s'ouvrir certains des canaux à Na+. L'entrée du Na+ provoquée par l'ouverture de ces canaux entraîne la dépolarisation de la membrane. Si la dépolarisation atteint le seuil d'excitation, un potentiel d'action se déclenche.
EXTÉRIEUR DE LA CELLULE
Canal à Na+
Canal à K+
INTÉRIEUR DE LA CELLULE
Boucle d'inactivation
1 État de repos Les canaux à Na+ et des canaux à K+ sont fermés. Le potentiel de repos de la membrane est maintenu.
5 Hyperpolarisation Les canaux à Na+ sont fermés. Mais certains canaux à K+ restent ouverts. Puis, les canaux à K+ se ferment, et la plupart des canaux à Na+ s'ouvrent, ce qui rétablit l'état de repos de la membrane.

▲ **Figure 48.11 Le rôle des canaux tensiodépendants dans la production d'un potentiel d'action.** Les numéros encerclés dans le graphique du centre de la figure correspondent aux cinq schémas qui se trouvent autour et qui représentent des canaux tensiodépendants à Na^+ et des canaux tensiodépendants à K^+ dans la membrane plasmique d'un neurone. (Les schémas ne montrent pas de canaux à ouverture non contrôlée.)

La propagation des potentiels d'action

À l'endroit où un potentiel d'action est déclenché (en général, le cône d'implantation de l'axone), le Na^+ qui entre pendant la dépolarisation crée un courant électrique, ce qui entraîne la dépolarisation de la région voisine de la membrane plasmique (**figure 48.12**). Cette dépolarisation est suffisamment intense pour atteindre le seuil d'excitation, de sorte qu'un nouveau potentiel d'action est déclenché à cet endroit. Ce processus se répète à de nombreuses reprises pendant que le potentiel d'action se propage le long de l'axone. Étant donné qu'un potentiel d'action est un événement de type tout ou rien, son amplitude et sa durée sont égales en tout point le long de l'axone. Il en résulte un influx nerveux qui se déplace du corps du neurone jusqu'aux corpuscules nerveux terminaux, un peu comme une série de dominos s'effondrer en une cascade déclenchée par la chute du premier domino.

Un potentiel d'action qui commence au cône d'implantation de l'axone se déplace le long de l'axone dans une seule direction : vers les corpuscules nerveux terminaux. Pourquoi ? Immédiatement derrière la zone de dépolarisation qui se déplace grâce à l'entrée de Na^+ se trouve une zone où la sortie du K^+ produit une repolarisation. Dans la zone repolarisée, les canaux à Na^+ demeurent inactivés. Par conséquent, l'entrée d'ions qui entraîne la dépolarisation de la membrane plasmique *devant* le potentiel d'action ne peut produire un autre potentiel d'action *derrière* lui. Ce phénomène empêche les potentiels d'action de revenir vers le corps de la cellule.

Ainsi, une fois qu'il est amorcé, le potentiel d'action ne se déplace normalement que dans une seule direction, soit vers les corpuscules nerveux terminaux.

Les adaptations évolutives de la structure axonale

ÉVOLUTION Le diamètre de l'axone influe considérablement sur la vitesse de propagation du potentiel d'action le long de l'axone. L'augmentation du diamètre de l'axone est une adaptation qui accélère la transmission des potentiels d'action. La résistance à un courant électrique est inversement proportionnelle à la surface de la section transversale du conducteur (un fil ou un axone, par exemple). Pour mieux comprendre, pensez à un tuyau d'arrosage: plus son diamètre est grand, moins il offre de résistance à l'écoulement de l'eau. De même, un axone épais offre moins de résistance qu'un axone mince au flux dépolarisant associé au potentiel d'action.

Chez les Invertébrés, la vitesse de propagation varie de quelques centimètres par seconde dans les axones très minces à environ 30 m/s dans les axones géants de certains Arthropodes et Mollusques (voir la figure 48.2). Ces axones géants (dont le diamètre peut atteindre 1 mm) interviennent dans les réactions comportementales qui nécessitent une grande vitesse d'exécution, comme la contraction musculaire qui permet au calmar de se propulser vers sa proie.

Chez les Vertébrés, les axones ont un petit diamètre, mais les potentiels d'action se propagent néanmoins à une grande vitesse. Comment cela est-il possible? L'évolution a donné naissance à un autre mécanisme pour accélérer la transmission des potentiels d'action: l'isolation électrique, un peu comme l'isolation des fils électriques par un matériau de plastique. L'isolation permet au flux dépolarisant associé au potentiel d'action de se propager sur une plus longue distance à l'intérieur de l'axone, de sorte que des régions plus éloignées atteignent plus rapidement le seuil d'excitation.

L'isolant qui recouvre les axones des Vertébrés est appelé **gaine de myéline** (**figure 48.13**). Les gaines de myéline sont produites par deux types de gliocytes: les **oligodendrocytes** dans le cas du SNC, et les **neurolemmocytes** dans le cas du SNP. Au cours du développement, ces gliocytes spécialisés enveloppent les axones dans plusieurs couches de membrane. Ces membranes sont principalement des lipides, de faibles conducteurs de courant électrique.

Dans un axone myélinisé, les canaux tensiodépendants à Na^+ se trouvent seulement dans les **nœuds de Ranvier**, petits intervalles dénudés situés le long de l'axone (voir la figure 48.13). Le liquide extracellulaire n'entre en contact avec la membrane de l'axone qu'à la hauteur des nœuds, si bien que les potentiels d'action ne peuvent pas être engendrés dans les régions qui se trouvent entre ces derniers. Le flux vers l'intérieur produit à la hauteur du nœud pendant la phase de dépolarisation du potentiel d'action se propage plutôt jusqu'au prochain nœud, où il dépolarise la membrane et engendre un nouveau potentiel d'action (**figure 48.14**). Le fait que la fermeture et l'ouverture des canaux ioniques surviennent uniquement à certains endroits de l'axone représente une économie de temps. Ce mécanisme est appelé **conduction saltatoire** (du latin *saltare*, «danser, bondir»), parce que le potentiel d'action semble «sauter» d'un nœud à l'autre, le long de l'axone.

L'avantage sélectif de la myélinisation est l'économie d'espace. Dans un axone myélinisé de 20 µm de diamètre, la vitesse de propagation est sensiblement la même que dans un axone géant de calmar, dont le diamètre est 40 fois plus élevé. En outre, plus de 2 000 de ces axones myélinisés pourraient tenir dans l'espace occupé par un seul axone géant.

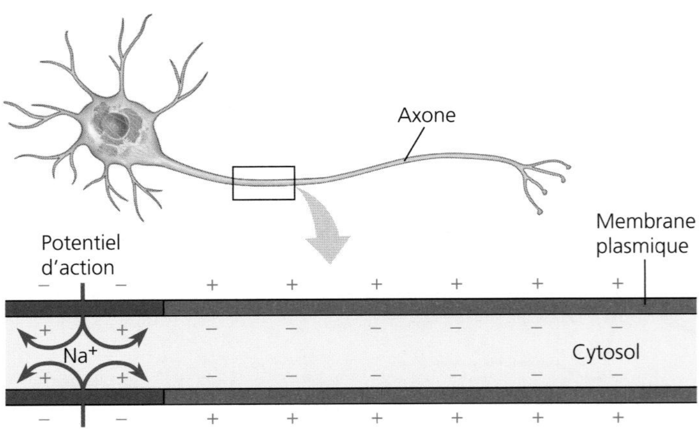

❶ L'entrée de Na^+ dans la cellule produit localement un potentiel d'action.

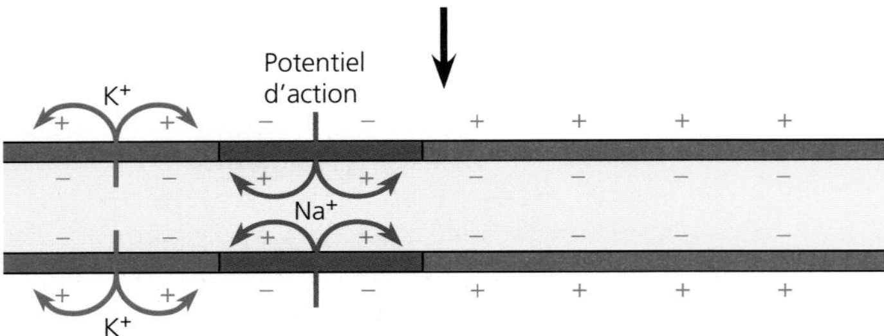

❷ La dépolarisation qui est à l'origine du premier potentiel d'action s'étend à la région voisine de la membrane plasmique, ce qui produit un potentiel d'action à cet endroit. À la gauche de cette région, la sortie du K^+ entraîne la repolarisation de la membrane plasmique.

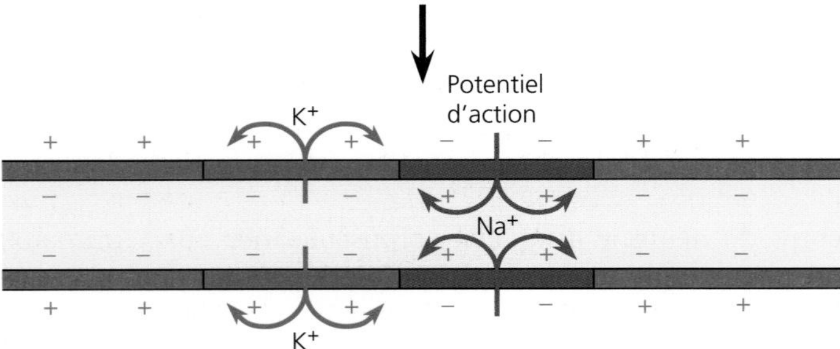

❸ Le processus de dépolarisation et de repolarisation se répète dans la région suivante de la membrane plasmique. Ainsi, les flux d'ions *à travers* la membrane plasmique permettent la propagation du potentiel d'action *le long* de l'axone.

▲ **Figure 48.12 La propagation d'un potentiel d'action.** Cette figure illustre les événements qui se produisent à trois moments successifs, au fur et à mesure que le potentiel d'action se propage de gauche à droite. À chacune des étapes, le long de l'axone, les canaux tensiodépendants subissent la série de changements décrits à la figure 48.10. Les couleurs de la membrane correspondent à celles des phases de la production d'un potentiel d'action représentées à la figure 48.10.

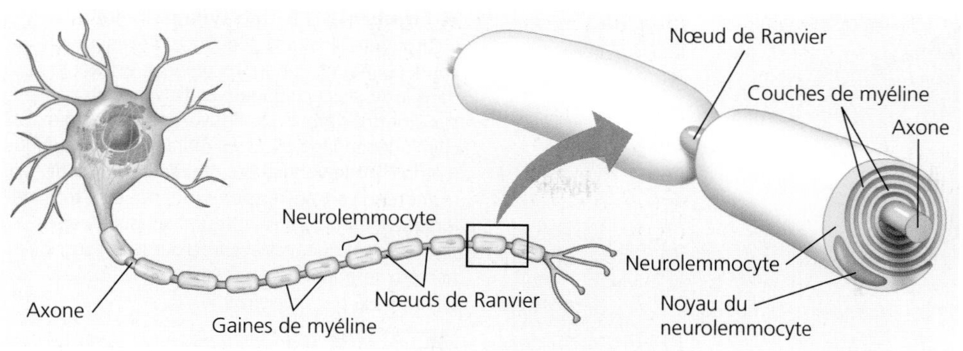

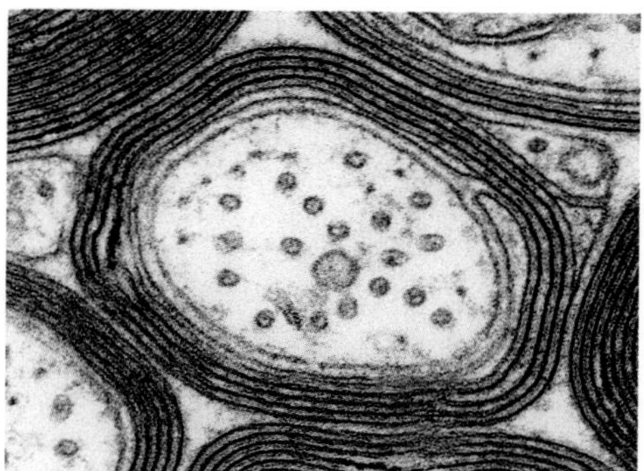

▲ **Figure 48.13 Les neurolemmocytes et la gaine de myéline.** Dans le SNP, des cellules de soutien appelées *neurolemmocytes* enveloppent de nombreux axones de couches de myéline. Les intervalles entre deux neurolemmocytes voisins portent le nom de *nœuds de Ranvier* (ou *nœuds de la neurofibre*). La micrographie (MET) présente une coupe transversale d'un axone myélinisé.

► **Figure 48.14 La conduction saltatoire.** Dans un axone myélinisé, le courant ionique créé par un potentiel d'action à un nœud de Ranvier se déplace, à l'intérieur de l'axone, jusqu'au nœud suivant (flèches bleues), où les canaux tensiodépendants à sodium reproduisent le potentiel d'action. Le potentiel d'action « saute » donc d'un nœud à l'autre le long de l'axone (flèches rouges).

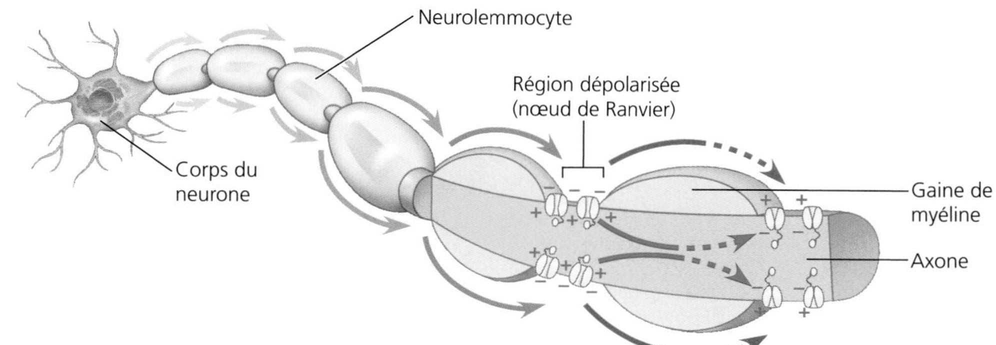

RETOUR SUR LE CONCEPT 48.3

1. En quoi un potentiel d'action diffère-t-il d'un potentiel gradué ?
2. Dans la sclérose en plaques (du grec *skleris*, « dur »), les gaines de myéline se durcissent et se détériorent. Comment cela altère-t-il le fonctionnement du système nerveux ?
3. **ET SI ?** Supposons que, à la suite d'une mutation, les vannes d'inactivation de canaux à Na^+ demeurent fermées plus longtemps, une fois qu'un potentiel d'action a été produit. En quoi cela modifiera-t-il la fréquence maximale de création des potentiels d'action ?

Voir les réponses proposées à la fin du chapitre.

CONCEPT 48.4

Les neurones communiquent avec d'autres cellules aux synapses

La plupart du temps, les potentiels d'action ne sont pas transmis des neurones à d'autres cellules. Il n'en reste pas moins que l'information, elle, est communiquée et que c'est au niveau des synapses que cette transmission s'effectue. Certaines synapses, appelées *synapses électriques*, contiennent des jonctions ouvertes (voir la figure 6.32, p. 132) qui permettent *effectivement* au courant électrique de circuler directement d'une cellule à l'autre. Chez les Vertébrés et les Invertébrés, les synapses électriques synchronisent l'activité des neurones responsables de certains comportements rapides et invariables. Par exemple, les synapses électriques associées aux axones géants des homards et des calmars facilitent l'exécution rapide de réactions de fuite. Il y a également beaucoup de synapses électriques dans le cerveau des Vertébrés.

La majorité des synapses sont des *synapses chimiques*, qui donnent lieu à la libération d'un neurotransmetteur chimique par le neurone présynaptique. À l'intérieur de chaque corpuscule nerveux terminal, le neurone présynaptique synthétise le neurotransmetteur et l'enferme dans des compartiments membranaires multiples appelés *vésicules synaptiques*. Lorsqu'il atteint un corpuscule nerveux terminal, un potentiel d'action dépolarise sa membrane en y ouvrant des canaux tensiodépendants qui laissent entrer du Ca^{2+} dans le corpuscule terminal (**figure 48.15**). Il s'ensuit une augmentation de la concentration de Ca^{2+}, laquelle entraîne la fusion de certaines vésicules synaptiques avec la membrane du corpuscule et la libération du neurotransmetteur.

Une fois libéré, le neurotransmetteur traverse par diffusion la *fente synaptique*, un espace étroit séparant la cellule présynaptique de la cellule postsynaptique. Le temps de diffusion est très court, car la fente synaptique mesure moins de 50 nm

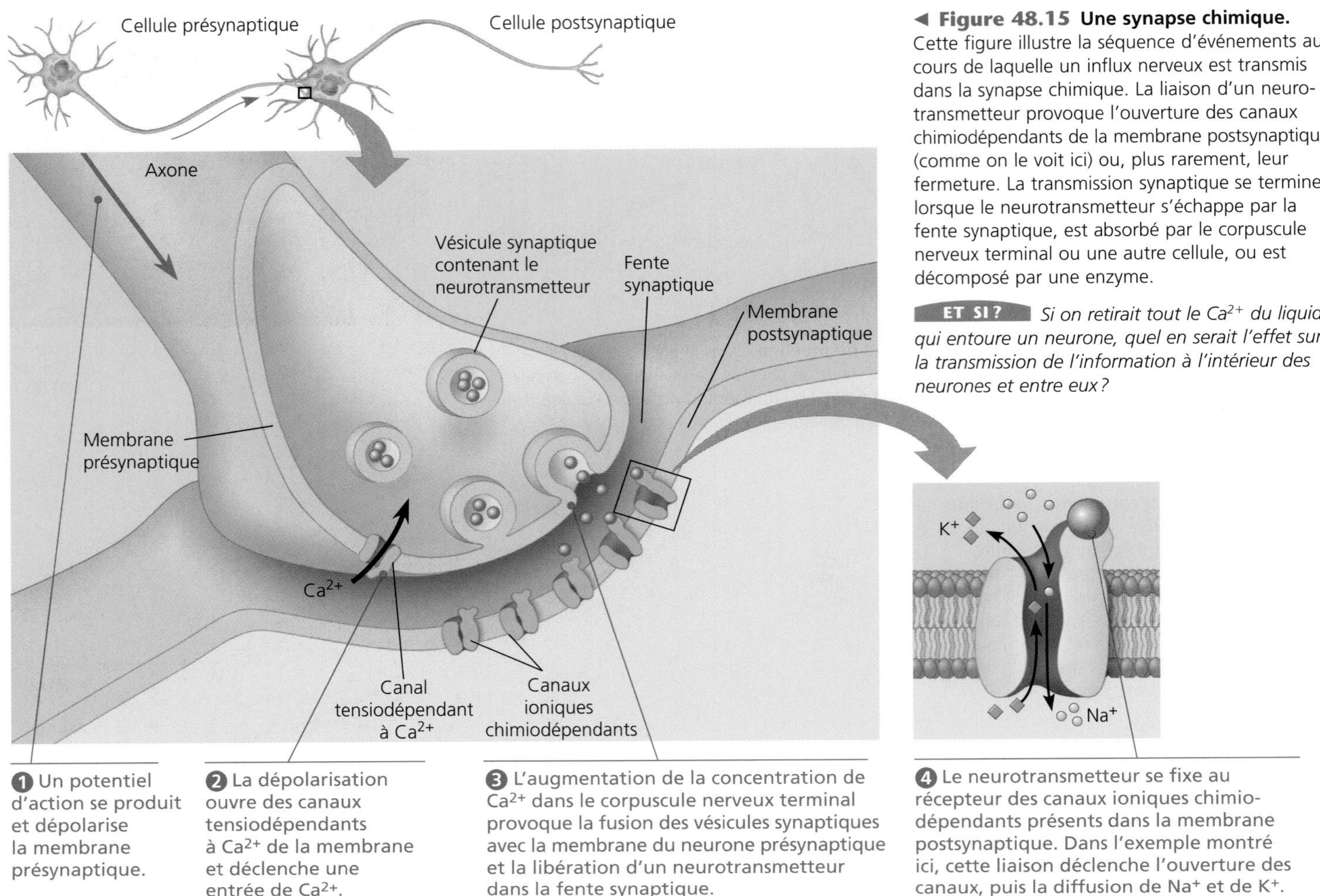
Cellule présynaptique
Cellule postsynaptique
Axone
Vésicule synaptique contenant le neurotransmetteur
Fente synaptique
Membrane postsynaptique
Membrane présynaptique
Ca^{2+}
Canal tensiodépendant à Ca^{2+}
Canaux ioniques chimiodépendants
K^+
Na^+
❶ Un potentiel d'action se produit et dépolarise la membrane présynaptique.
❷ La dépolarisation ouvre des canaux tensiodépendants à Ca^{2+} de la membrane et déclenche une entrée de Ca^{2+}.
❸ L'augmentation de la concentration de Ca^{2+} dans le corpuscule nerveux terminal provoque la fusion des vésicules synaptiques avec la membrane du neurone présynaptique et la libération d'un neurotransmetteur dans la fente synaptique.
❹ Le neurotransmetteur se fixe au récepteur des canaux ioniques chimiodépendants présents dans la membrane postsynaptique. Dans l'exemple montré ici, cette liaison déclenche l'ouverture des canaux, puis la diffusion de Na^+ et de K^+.

◄ **Figure 48.15 Une synapse chimique.** Cette figure illustre la séquence d'événements au cours de laquelle un influx nerveux est transmis dans la synapse chimique. La liaison d'un neurotransmetteur provoque l'ouverture des canaux chimiodépendants de la membrane postsynaptique (comme on le voit ici) ou, plus rarement, leur fermeture. La transmission synaptique se termine lorsque le neurotransmetteur s'échappe par la fente synaptique, est absorbé par le corpuscule nerveux terminal ou une autre cellule, ou est décomposé par une enzyme.

ET SI ? *Si on retirait tout le Ca^{2+} du liquide qui entoure un neurone, quel en serait l'effet sur la transmission de l'information à l'intérieur des neurones et entre eux ?*

de largeur. Une fois rendu à la membrane postsynaptique, le neurotransmetteur se lie à un récepteur spécifique de la membrane et l'active.

Le transfert d'information est beaucoup plus rapidement modifiable aux synapses chimiques qu'aux synapses électriques. Divers facteurs peuvent influer sur la quantité de neurotransmetteur libérée ou sur la réceptivité de la cellule postsynaptique. Ces variations sont à la base de la capacité de l'animal à modifier son comportement en réaction à un changement; elles gouvernent aussi l'apprentissage et la mémoire, comme nous le verrons au chapitre 49.

La production de potentiels postsynaptiques

À de nombreuses synapses chimiques, le récepteur protéinique qui lie les neurotransmetteurs et y réagit est un **canal ionique chimiodépendant**, souvent appelé *récepteur ionotropique*. Les canaux ioniques chimiodépendants sont groupés dans la membrane de la cellule postsynaptique, directement en face du corpuscule nerveux terminal. La liaison du neurotransmetteur (le ligand du récepteur) à une partie particulière du canal, le récepteur, déclenche l'ouverture du canal et permet à certains ions de diffuser à travers la membrane postsynaptique. Il en résulte un *potentiel postsynaptique*, soit un potentiel gradué dans la membrane postsynaptique.

À certaines synapses, par exemple, le canal ionique chimiodépendant est perméable à la fois au Na^+ et au K^+ (voir la figure 48.15). Lorsque ce canal s'ouvre, le potentiel de membrane se dépolarise et s'approche d'une valeur qui se situe à peu près à mi-chemin entre E_K et E_{Na}. Comme elles entraînent le potentiel de membrane vers le seuil d'excitation, ces dépolarisations portent le nom de **potentiels postsynaptiques excitateurs** (**PPSE**).

À d'autres synapses, le canal chimiodépendant est perméable uniquement au K^+ ou au Cl^-. Lorsque ce canal s'ouvre, la membrane postsynaptique s'hyperpolarise. Ces hyperpolarisations sont appelées **potentiels postsynaptiques inhibiteurs** (**PPSI**) parce qu'elles ont pour effet d'éloigner le potentiel de membrane du seuil d'excitation.

Divers mécanismes retirent rapidement les neurotransmetteurs de la fente synaptique et limitent ainsi la durée des potentiels postsynaptiques. À de nombreuses synapses, le neurotransmetteur s'échappe simplement par diffusion de la fente synaptique. Certains neurotransmetteurs sont ramenés par transport actif dans le neurone, où ils sont enfermés dans des vésicules synaptiques, ou encore transportés dans des gliocytes, où ils sont métabolisés et transformés en combustible. Dans d'autres cas, le neurotransmetteur s'échappe de la fente synaptique par simple diffusion ou avec une enzyme qui catalyse son hydrolyse.

La sommation des potentiels postsynaptiques

Le corps du neurone et les dendrites d'un neurone postsynaptique peuvent recevoir des influx des synapses chimiques dotées de centaines ou même de milliers de corpuscules nerveux terminaux (**figure 48.16**). L'amplitude du potentiel postsynaptique à n'importe quelle synapse dépend d'un certain nombre de facteurs, dont la quantité de neurotransmetteur libérée par le neurone présynaptique. Comme le potentiel postsynaptique est un potentiel gradué, il diminue à mesure qu'il s'éloigne de la synapse. Par conséquent, un seul PPSE est habituellement trop faible pour déclencher un potentiel d'action dans un neurone postsynaptique (**figure 48.17a**).

Parfois, deux PPSE se produisent coup sur coup à une même synapse, et le second commence avant que le potentiel de membrane du neurone postsynaptique ait fait place au potentiel de repos à la suite du premier PPSE. Lorsque cela se produit, les PPSE ont un effet cumulatif appelé **sommation temporelle** (**figure 48.17b**). En outre, les PPSE produits presque simultanément par des synapses *différentes* dans un même neurone postsynaptique peuvent aussi avoir un effet cumulatif appelé **sommation spatiale** (**figure 48.17c**). Les sommations temporelle et spatiale permettent à plusieurs PPSE de dépolariser jusqu'au seuil d'excitation la membrane dans la région du cône d'implantation de l'axone, de sorte que le neurone postsynaptique crée un potentiel d'action. La sommation s'applique aussi aux PPSI. Deux ou plusieurs PPSI qui se produisent presque simultanément ou coup sur coup ont un effet hyperpolarisateur plus important qu'un seul PPSI. Par sommation, un PPSI peut aussi contrebalancer l'effet d'un PPSE (**figure 48.17d**).

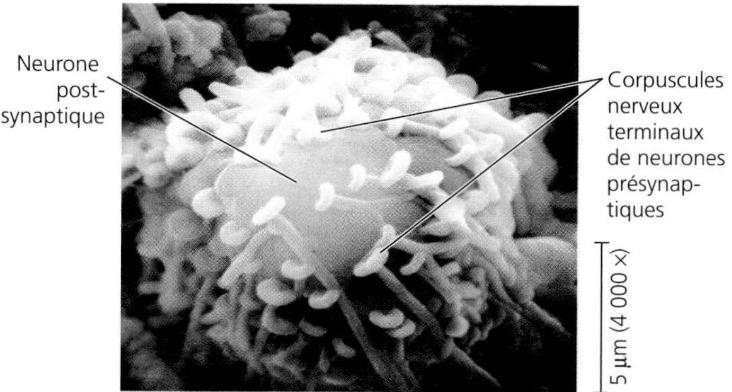

▲ **Figure 48.16 Les corpuscules nerveux terminaux sur le corps d'un neurone postsynaptique** (MEB, cliché artificiellement coloré).

Cette interaction entre de multiples facteurs excitateurs et inhibiteurs est à la base de l'intégration dans le système nerveux. Le cône d'implantation de l'axone est le centre d'intégration du neurone, c'est-à-dire la région où, à chaque instant, le potentiel de membrane représente le résultat des effets cumulatifs de tous les PPSE et PPSI. Chaque fois que le potentiel de membrane du cône d'implantation de l'axone atteint le seuil d'excitation, le potentiel d'action ainsi créé se propage le long de l'axone jusqu'aux corpuscules nerveux terminaux. Après la période réfractaire, le neurone peut produire un autre potentiel d'action si le seuil d'excitation est de nouveau atteint dans la région du cône d'implantation de l'axone.

La communication modulée aux synapses

Jusqu'ici, nous nous sommes penchés sur la transmission synaptique directe, dans laquelle un neurotransmetteur se

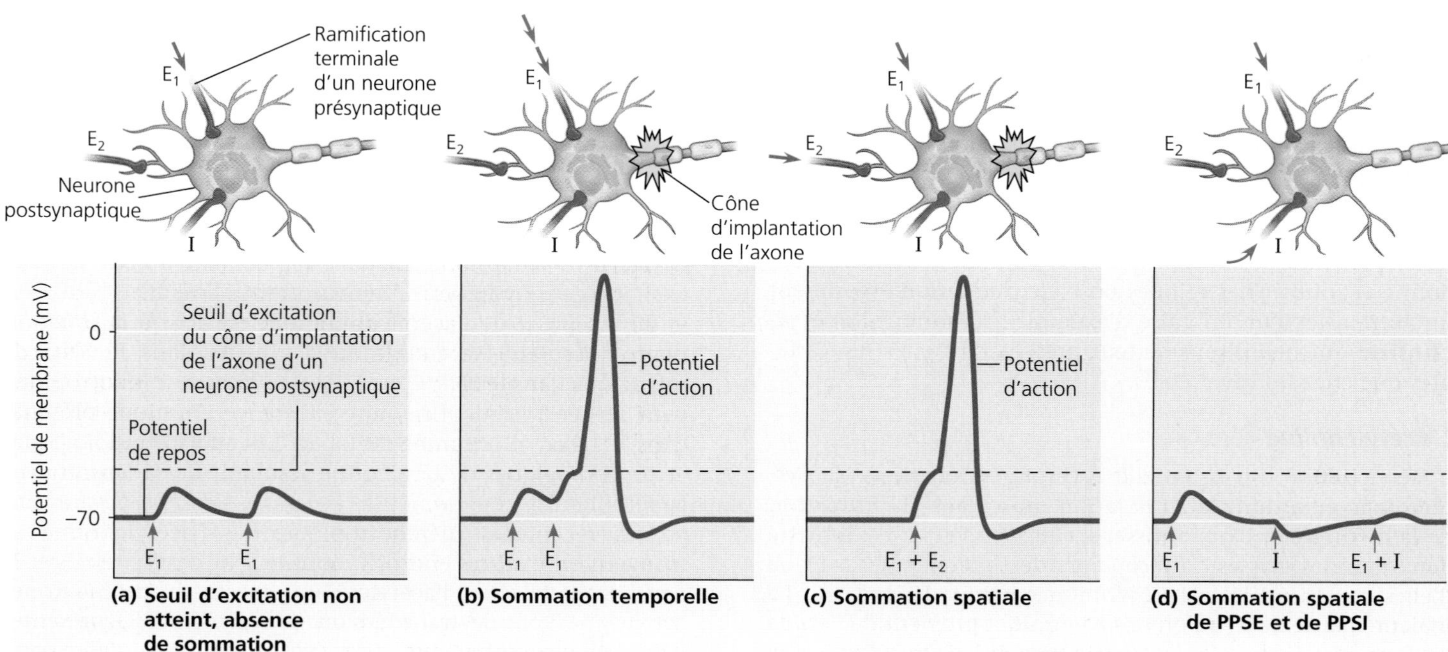

▲ **Figure 48.17 La sommation des potentiels postsynaptiques.** Ces graphiques représentent les variations du potentiel de membrane dans la région du cône d'implantation de l'axone d'un neurone postsynaptique. Les flèches indiquent les moments où les potentiels postsynaptiques se produisent à deux synapses excitatrices (E_1 et E_2, en vert dans les diagrammes au-dessus des graphiques) et à une synapse inhibitrice (I, en rouge). Comme la plupart des PPSE, ceux qui sont produits en E_1 ou en E_2 ne peuvent atteindre le seuil d'excitation que par sommation.

fixe directement à un canal ionique et le fait s'ouvrir. Il existe toutefois des synapses dans lesquelles le récepteur du neurotransmetteur ne fait *pas* partie d'un canal ionique. À ces synapses, le neurotransmetteur se lie à un *récepteur métabotropique,* appelé ainsi parce que l'ouverture ou la fermeture des canaux qui a lieu dépend d'une ou de plusieurs étapes métaboliques. La liaison d'un neurotransmetteur à un récepteur métabotropique active une voie de transduction qui met en jeu un second messager dans la cellule postsynaptique (voir le chapitre 11). Comparativement aux potentiels postsynaptiques produits par des canaux chimiodépendants, les effets de ces systèmes à second messager apparaissent plus lentement, mais durent plus longtemps (jusqu'à plusieurs minutes, voire des heures). Les seconds messagers modulent de plusieurs façons la réceptivité des neurones postsynaptiques aux influx, par exemple en modifiant le nombre de canaux à potassium ouverts.

Diverses voies de transduction jouent un rôle dans la modulation de la transmission synaptique. Dans l'une des voies les mieux connues, le second messager est l'AMP cyclique (AMPc). Par exemple, lorsque le neurotransmetteur noradrénaline se lie à son récepteur métabotropique, le complexe neurotransmetteur-récepteur active une protéine G, qui elle-même active l'adénylcyclase, l'enzyme qui convertit l'ATP en AMPc (voir la figure 11.11, p. 244). L'AMPc stimule la protéine kinase A, qui phosphoryle certaines protéines des canaux de la membrane postsynaptique, entraînant leur ouverture ou leur fermeture. En raison de l'effet amplificateur de la voie de transduction, la fixation d'une molécule de neurotransmetteur à un récepteur métabotropique peut provoquer l'ouverture ou la fermeture de nombreux canaux ioniques.

Les neurotransmetteurs

Les scientifiques ont répertorié plus de 100 neurotransmetteurs appartenant à cinq groupes: l'acétylcholine, les acides aminés, les amines biogènes, les neuropeptides et les gaz (**tableau 48.2**). La réaction déclenchée dépend du type de récepteur exprimé par la cellule postsynaptique. Un seul neurotransmetteur peut se lier spécifiquement à plus d'une douzaine de récepteurs différents, dont des récepteurs ionotropiques et métabotropiques. Un neurotransmetteur peut exciter des cellules postsynaptiques qui expriment un récepteur donné et inhiber des cellules postsynaptiques qui expriment un autre récepteur. En guise d'exemple, examinons l'**acétylcholine**, un neurotransmetteur présent tant chez les Vertébrés que chez les Invertébrés.

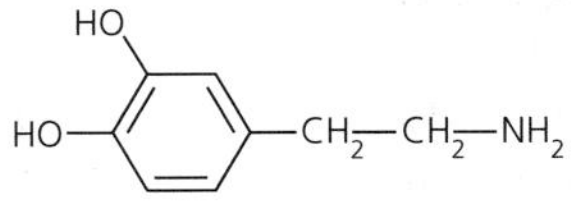

Tableau 48.2 Les principaux neurotransmetteurs

Neurotransmetteur	Structure
Acétylcholine	$H_3C-C(=O)-O-CH_2-CH_2-N^+(CH_3)_3$
Acides aminés	
Acide gamma-aminobutyrique	$H_2N-CH_2-CH_2-CH_2-COOH$
Glycine	$H_2N-CH(COOH)-CH_2-CH_2-COOH$
Acide glutamique	H_2N-CH_2-COOH
Amines biogènes	
Noradrénaline	$(HO)_2C_6H_3-CH(OH)-CH_2-NH_2$
Dopamine	$(HO)_2C_6H_3-CH_2-CH_2-NH_2$
Sérotonine	HO–indole (C=CH–NH)–$CH_2-CH_2-NH_2$
Neuropeptides (groupe très divers dont deux exemples seulement sont présentés)	
Substance P	Arg—Pro—Lys—Pro—Gln—Gln—Phe—Phe—Gly—Leu—Met
Mét-enképhaline (endorphine)	Tyr—Gly—Gly—Phe—Met
Gaz	
Oxyde nitrique	N=O

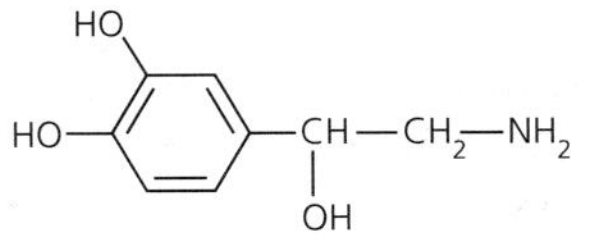

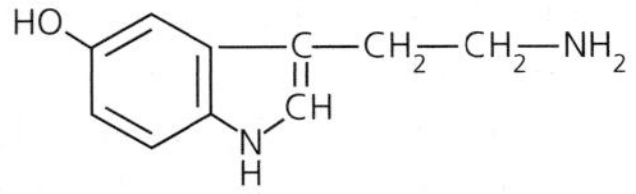

L'acétylcholine

L'acétylcholine est essentielle à certaines fonctions du système nerveux, dont la stimulation musculaire, la formation de la mémoire et l'apprentissage. Chez les Vertébrés, il existe deux grandes classes de récepteurs de l'acétylcholine. L'une d'elles comprend les canaux ioniques chimiodépendants. La majeure partie de ce qu'on sait à leur sujet provient de l'étude de leur fonction à la *jonction neuromusculaire,* c'est-à-dire dans les synapses entre un neurone moteur et une cellule musculaire squelettique. Quand l'acétylcholine libérée par le neurone moteur se fixe à ce récepteur, le canal ionique s'ouvre et produit un PPSE. L'acétylcholinestérase, une enzyme de la fente synaptique, met fin rapidement à cette activité excitatrice en hydrolysant le neurotransmetteur.

Le récepteur de l'acétylcholine qui est actif à la jonction neuromusculaire se trouve aussi ailleurs dans le SNC de même que dans le SNP. C'est là que ce récepteur ionotropique peut se lier à la nicotine, une substance chimique présente dans le tabac et la fumée du tabac. Les effets physiologiques et psychologiques de la nicotine résultent de sa liaison avec ce récepteur.

Des récepteurs métabotropiques de l'acétylcholine se trouvent en d'autres endroits, dont le SNC des Vertébrés et le cœur. Dans le cœur, l'acétylcholine libérée par des neurones active une voie de transduction. Les protéines G présentes dans cette voie inhibent l'adénylcyclase et ouvrent des canaux à K^+ dans la membrane de la cellule musculaire. Ces deux effets réduisent l'intensité et la fréquence des contractions du myocarde. L'effet de l'acétylcholine dans le muscle cardiaque est inhibiteur plutôt qu'excitateur.

Un certain nombre de toxines naturelles et synthétiques perturbent la neurotransmission par l'acétylcholine. Par exemple, le sarin, un gaz neurotoxique, inhibe l'acétylcholinestérase. L'acétylcholine s'accumule tellement qu'elle entraîne la paralysie et habituellement la mort. Certaines bactéries produisent une toxine qui inhibe la libération présynaptique d'acétylcholine. Cette toxine provoque une forme d'empoisonnement alimentaire rare mais grave appelée botulisme. En l'absence de traitement, le botulisme est généralement fatal, car le blocage de la libération d'acétylcholine empêche les muscles de la respiration de se contracter. Aujourd'hui, cette même toxine du botulisme est utilisée en chirurgie esthétique, sous la marque de commerce Botox. Son injection atténue les rides autour des yeux ou de la bouche en bloquant la transmission synaptique qui contrôle certains muscles du visage.

Les acides aminés

Les acides aminés figurent parmi les neurotransmetteurs actifs dans le SNC et le SNP des Vertébrés. Dans le système nerveux, l'**acide glutamique** est le neurotransmetteur le plus abondant. Quand l'acide glutamique se lie à l'un des types de canaux chimiodépendants, il a un effet excitateur sur les cellules postsynaptiques. Les synapses auxquelles l'acide glutamique est le neurotransmetteur jouent un rôle clé dans la formation de la mémoire à long terme, comme nous le verrons au chapitre 49.

L'acide aminé appelé **acide gamma-aminobutyrique** est le neurotransmetteur le plus abondant aux synapses inhibitrices de l'encéphale. Il produit des PPSI en augmentant la perméabilité de la membrane postsynaptique au Cl^-. Le diazépam (Valium), un médicament abondamment prescrit, réduit l'anxiété en se liant à un récepteur de l'acide gamma-aminobutyrique.

Un troisième acide aminé, la glycine, agit à des synapses inhibitrices présentes dans des régions du SNC situées à l'extérieur de l'encéphale. Dans ces régions, la glycine se lie à un récepteur ionotropique qui est inhibé par la strychnine, une substance chimique souvent utilisée comme poison à rat.

Les amines biogènes

Les neurotransmetteurs du groupe des **amines biogènes** sont dérivés des acides aminés et comprennent la **noradrénaline**, produite à partir de la tyrosine. La noradrénaline est un neurotransmetteur excitateur du système nerveux autonome, une branche du SNP dont nous parlerons au chapitre 49. À l'extérieur du système nerveux, la noradrénaline remplit des fonctions distinctes mais connexes en tant qu'hormone, tout comme l'*adrénaline*, une amine biogène apparentée (voir le chapitre 45).

Autre amine biogène, la **dopamine**, synthétisée à partir de tyrosine, et la **sérotonine**, synthétisée à partir de tryptophane, sont libérées en de nombreux endroits de l'encéphale et agissent sur le sommeil, l'humeur, l'attention et l'apprentissage. Certaines drogues psychotropes, notamment le LSD (acide lysergique diéthylamide) et la mescaline, produisent apparemment des hallucinations en se liant aux récepteurs de la sérotonine et de la dopamine dans l'encéphale.

Les amines biogènes sont en cause dans certains troubles du système nerveux et jouent un rôle important dans le traitement de ces affections (voir le chapitre 49). Ainsi, la maladie de Parkinson, une affection dégénérative, est associée à un déficit de dopamine dans l'encéphale. La dépression, elle, est souvent traitée à l'aide de médicaments qui augmentent les concentrations d'amines biogènes, comme la noradrénaline ou la sérotonine. Le Prozac, par exemple, élève la concentration de sérotonine en inhibant son absorption une fois qu'elle est libérée.

Les neuropeptides

Plusieurs **neuropeptides**, qui sont des chaînes relativement courtes d'acides aminés, servent de neurotransmetteurs. Ceux-ci fonctionnent avec des récepteurs métabotropiques. Ces peptides sont habituellement produits par clivage de précurseurs de protéines beaucoup plus gros. Le neuropeptide appelé *substance P* est un neurotransmetteur excitateur important qui intervient dans la perception de la douleur. À l'inverse, les **endorphines** jouent le rôle d'analgésiques naturels en diminuant la perception de la douleur.

Dans les années 1970, Candace Pert, alors doctorante à la Johns Hopkins University, et Solomon Snyder, son directeur de recherche, ont découvert les endorphines dans le cadre de leur recherche sur la biochimie du comportement. Des études précédentes avaient donné à penser que l'encéphale contenait des récepteurs pour les opiacés, des substances analgésiques telles que la morphine et l'héroïne. Pour trouver ces récepteurs, Pert et Snyder ont eu l'heureuse idée d'appliquer ce que l'on savait alors de l'activité de diverses substances sur le cerveau (**figure 48.18**). Dans une seule expérience, toute simple, ils ont montré que des récepteurs spécifiques des opiacés existaient. Lorsqu'ils ont voulu déterminer les molécules normalement présentes dans l'encéphale qui pouvaient également activer ces récepteurs, ils ont découvert les endorphines.

Les endorphines sont fabriquées par l'encéphale quand il est soumis à des stress physiques ou émotionnels, par exemple pendant le travail de l'accouchement. Outre qu'elles atténuent la douleur, les endorphines diminuent la production d'urine, ralentissent la respiration, provoquent l'euphorie et produisent d'autres effets psychiques. Comme les opiacés se lient aux mêmes récepteurs protéiniques que les endorphines, ils agissent comme elles et produisent plusieurs de ses effets physiologiques (voir la figure 2.18, p. 44).

Les gaz

Comme de nombreux autres types de cellules, certains neurones des Vertébrés libèrent des gaz dissous, notamment le monoxyde d'azote (NO), qui servent d'agents de régulation locale. Par exemple, pendant le phénomène d'excitation sexuelle chez l'homme, certains neurones diffusent du NO dans les tissus érectiles du pénis. Dans ces tissus, les cellules composant les muscles lisses de la paroi des vaisseaux sanguins se dilatent. Le corps spongieux se remplit alors de sang, ce qui produit l'érection. Comme l'indique le chapitre 45, le médicament Viagra contre la dysfonction érectile et les autres médicaments du même type permettent à l'homme d'obtenir et de maintenir une érection plus facilement en inhibant l'action d'une enzyme qui ralentit les effets de relaxation musculaire du NO.

▼ **Figure 48.18** **INVESTIGATION**

L'encéphale contient-il un récepteur protéique spécifique aux opiacés ?

EXPÉRIENCE En 1973, Candace Pert et Solomon Snyder, alors chercheurs à la Jonhs Hopkins University, ont réalisé des expériences dans le but de trouver un récepteur de l'opiacé dans l'encéphale mammalien. Ils savaient déjà que la naloxone, un médicament, était un antagoniste (opposé) des narcotiques opiacés. Pert et Snyder ont émis l'hypothèse que la naloxone agissait comme antagoniste des opiacés en se liant étroitement au récepteur de l'opiacé, mais sans activer ce récepteur. Ils ont préparé de la naloxone radioactive et l'ont laissée incuber avec un mélange protéique préparé à partir de cerveaux de rat. Si des protéines pouvant se lier à la naloxone étaient présentes, la radioactivité s'associerait de manière stable au mélange protéique. En outre, les chercheurs pouvaient déterminer si un récepteur spécifique était présent en comparant la capacité des opiacés et des non-opiacés à interférer avec la liaison.

Naloxone radioactive

❶ La naloxone radioactive et un médicament de contrôle sont incubés avec le mélange protéique.

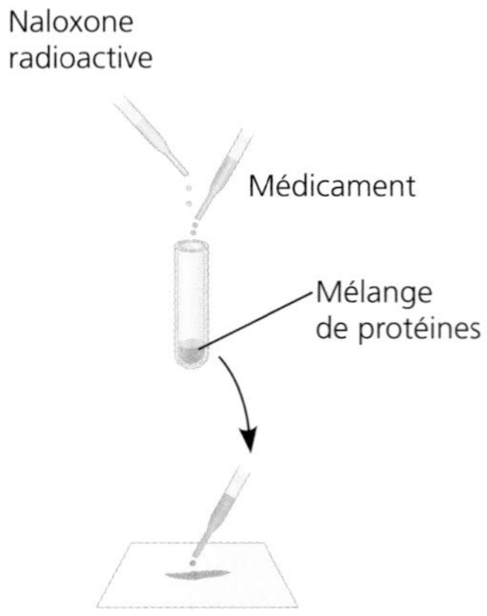

Médicament

Mélange de protéines

❷ Les protéines sont captées dans un filtre. On détecte la naloxone en mesurant la radioactivité.

RÉSULTATS

Médicament	Opiacé	Concentration qui bloquait la liaison de naloxone
Morphine	Oui	6×10^{-9} *M*
Méthadone	Oui	2×10^{-8} *M*
Lévorphanol	Oui	2×10^{-9} *M*
Phénobarbital	Non	Aucun effet à 10^{-4} *M*
Atropine	Non	Aucun effet à 10^{-4} *M*
Sérotonine	Non	Aucun effet à 10^{-4} *M*

CONCLUSION Étant donné que les opiacés interféraient avec la liaison de la naxolone, mais que les médicaments non apparentés n'interféraient pas, Pert et Snyder ont conclu que l'activité de liaison présentait la spécificité qu'ils supposaient par rapport au récepteur des opiacés. Ils ont également découvert l'existence d'une activité de liaison dans les tissus des régions de l'encéphale qui participent à la perception de la douleur, mais pas dans les tissus du cervelet, une région qui coordonne l'activité motrice.

SOURCE C. B. Pert et S. H. Snyder, Opiate receptor : demonstration in nervous tissue, *Science* 179 : 1011-1014 (1973).

ET SI ? Imaginez que vous découvrez une substance qui bloque la liaison de la naloxone à une concentration de 10^{-8} *M*, mais qui n'a pas d'effet narcotique sur les Animaux. Comment pourriez-vous expliquer ce résultat ?

Contrairement aux neurotransmetteurs courants, le NO ne peut être stocké dans des vésicules cytoplasmiques. Les cellules doivent donc le synthétiser à la demande. Ce gaz diffuse dans les cellules cibles voisines, y produit un changement et est dégradé, tout cela en quelques secondes. Dans de nombreuses cibles, notamment les cellules des muscles lisses, le NO a une action semblable à celle de plusieurs hormones : il stimule une enzyme fixée à la membrane plasmique pour l'amener à synthétiser un second messager chimique influant directement sur le métabolisme cellulaire.

Il peut être mortel d'inhaler de l'air contenant du monoxyde de carbone (CO), mais le corps des Vertébrés produit une petite quantité de CO dont une partie fonctionne comme un neurotransmetteur. Le CO est généré par l'oxygénase, une enzyme de l'hème, dont une des formes se trouve dans certaines populations de neurones de l'encéphale et du SNP. Dans l'encéphale, le CO régule la libération d'hormones hypothalamiques. Dans le SNP, il agit en tant que neurotransmetteur inhibiteur qui hyperpolarise la membrane plasmique des cellules musculaires lisses de l'intestin.

Dans le prochain chapitre, nous allons voir comment les mécanismes cellulaires et biochimiques dont nous avons parlé jusqu'ici contribuent au fonctionnement du système nerveux dans son ensemble.

RETOUR SUR LE CONCEPT 48.4

1. Comment est-il possible que les effets produits par un neurotransmetteur dans différents tissus soient opposés ?
2. Les pesticides organophosphorés agissent en inhibant l'acétylcholinestérase, l'enzyme qui dégrade le neurotransmetteur acétylcholine. Expliquez comment ces pesticides peuvent affecter les PPSE produits par l'acétylcholine.
3. **ET SI ?** Si un médicament imitait l'activité de l'acide gamma-aminobutyrique dans le SNC, quel effet général aurait-il sur le comportement, à votre avis ? Expliquez votre réponse.
4. **FAITES DES LIENS** Chez les oursins et d'autres animaux, la fécondation nécessite un changement dans la concentration d'ions calcium (voir la figure 47.3, p. 1187). Quelle activité membranaire la fécondation et la libération de neurotransmetteurs ont-elles en commun ?

Voir les réponses proposées à la fin du chapitre.

RÉVISION DU CHAPITRE 48

RÉSUMÉ DES CONCEPTS CLÉS

CONCEPT 48.1

L'organisation et la structure du neurone reflètent sa fonction dans la transmission d'information (p. 1211 à 1214)

- Le **système nerveux central** (**SNC**) et le **système nerveux périphérique** (**SNP**) traitent l'information en trois étapes: la réception d'information sensorielle, l'intégration et l'émission de commandes motrices aux cellules effectrices.
- La plupart des neurones comportent des **dendrites** très ramifiées qui reçoivent des influx de récepteurs sensitifs ou d'autres neurones ainsi qu'un **axone** unique qui transmet les influx à d'autres cellules, aux **synapses**. Les **gliocytes** remplissent diverses fonctions essentielles au fonctionnement des neurones: elles assurent leur soutien, les isolent et les régulent.

? *Si on sectionne un axone, quel sera l'effet sur la circulation de l'information dans le neurone?*

CONCEPT 48.2

Les pompes et les canaux ioniques établissent le potentiel de repos du neurone (p. 1214 à 1216)

- Le **potentiel de membrane** est déterminé par les gradients ioniques qui existent de part et d'autre de la membrane plasmique. La concentration de Na^+ est plus élevée dans le liquide extracellulaire que dans le cytosol, et c'est l'inverse pour le K^+. Dans la membrane plasmique d'un neurone non stimulé, les canaux à K^+ ouverts sont nombreux, tandis que les canaux à Na^+ ouverts le sont peu. La diffusion du K^+ et du Na^+ à travers ces canaux génère de part et d'autre de la membrane une différence de charge électrique qui crée le **potentiel de repos**.

? *Supposons que vous placez un neurone isolé dans une solution semblable au liquide extracellulaire et que, par la suite, vous transférez le neurone dans une solution dépourvue d'ions sodium. À votre avis, quel changement observeriez-vous dans le potentiel de repos?*

CONCEPT 48.3

Les potentiels d'action sont les influx transmis par les axones (p. 1216 à 1221)

- Les neurones possèdent des canaux ioniques à ouverture contrôlée qui s'ouvrent et se ferment en réaction aux stimulus, ce qui produit des changements dans le potentiel de membrane. Une augmentation de l'amplitude du potentiel de membrane représente une **hyperpolarisation**, et une diminution de l'amplitude du potentiel de membrane correspond à une **dépolarisation**. Les variations du potentiel de membrane déterminées par l'intensité du stimulus se nomment **potentiels d'action gradués**.
- Un **potentiel d'action** consiste en une dépolarisation brève, du type tout ou rien, de la membrane plasmique du neurone. Lorsqu'une dépolarisation graduée atteint le seuil d'excitation, de nombreux **canaux** à Na^+ **tensiodépendants** s'ouvrent, déclenchant un afflux de Na^+ qui amène rapidement le potentiel de membrane à une valeur positive. Le potentiel de membrane revient à sa valeur de repos normale grâce à l'inactivation des canaux à Na^+ et à l'ouverture de nombreux canaux à K^+ tensiodépendants, laquelle accélère la sortie du K^+. Le potentiel d'action est suivi d'une **période réfractaire** qui correspond à l'intervalle pendant lequel les canaux à Na^+ sont inactivés.

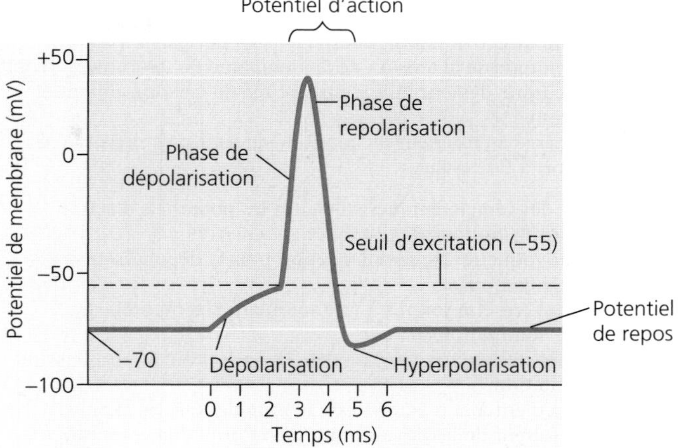

- Un influx nerveux se déplace du cône d'implantation vers les corpuscules nerveux terminaux par la propagation de séries de potentiels d'action le long de l'axone. Plus le diamètre de l'axone est grand, plus la propagation du potentiel d'action est rapide; chez les Vertébrés, de nombreux axones sont **myélinisés**, ce qui accélère aussi la propagation des potentiels d'action. Dans un axone myélinisé, les potentiels d'action sautent d'un **nœud de Ranvier** à l'autre: ce processus est appelé **conduction saltatoire**.

? *De quelles façons la rétroactivation et la rétro-inhibition contribuent-elles à la forme d'un potentiel d'action?*

CONCEPT 48.4

Les neurones communiquent avec d'autres cellules aux synapses (p. 1221 à 1226)

- Dans une **synapse** électrique, le courant électrique circule directement d'une cellule à l'autre. Dans une synapse chimique, la dépolarisation provoque la fusion des vésicules synaptiques avec la membrane plasmique du corpuscule et la diffusion du **neurotransmetteur** dans la fente synaptique.
- À plusieurs synapses, le neurotransmetteur se fixe aux **canaux ioniques chimiodépendants** présents dans la membrane postsynaptique et produit un **potentiel postsynaptique excitateur** ou **inhibiteur** (**PPSE** ou **PPSI**). Après sa libération, le neurotransmetteur s'échappe par la fente synaptique, est absorbé par les cellules avoisinantes ou décomposé par des enzymes. La **sommation temporelle** et la **sommation spatiale** des PPSE et des PPSI au cône d'implantation de l'axone déterminent la production des potentiels d'action par le neurone.
- Un même neurotransmetteur peut produire différents effets sur divers types de cellules. La fixation du neurotransmetteur à certains récepteurs active des voies de transduction, qui produisent dans la cellule postsynaptique des effets lents à apparaître mais durables. Les principaux neurotransmetteurs connus sont l'acétylcholine, les acides aminés (acide gamma-aminobutyrique, acide glutamique et glycine), les amines biogènes et les neuropeptides, de même que des gaz, dont le monoxyde d'azote (NO).

? *Pourquoi certains médicaments utilisés pour traiter les affections du système nerveux ou qui perturbent la fonction cérébrale ciblent-ils des récepteurs spécifiques plutôt que des neurotransmetteurs spécifiques?*

ÉVALUATION

NIVEAU 1 : CONNAISSANCES ET COMPRÉHENSION

1. Parmi les événements suivants, lequel se produit quand un stimulus dépolarise la membrane plasmique du neurone ?
a) Il se produit une diffusion nette de Na^+ à l'extérieur de la cellule.
b) Le potentiel d'équilibre pour le K^+ (E_K) devient plus positif.
c) L'amplitude de la tension de la membrane du neurone est réduite.
d) Le neurone devient moins susceptible de créer un potentiel d'action.
e) La charge à l'intérieur de la cellule devient plus négative par rapport à l'extérieur.

2. Laquelle des caractéristiques suivantes les potentiels d'action présentent-ils toujours ?
a) Ils provoquent l'hyperpolarisation puis la dépolarisation de la membrane.
b) Ils peuvent être soumis à une sommation temporelle et à une sommation spatiale.
c) Ils sont déclenchés par une dépolarisation qui atteint le seuil d'excitation.
d) Ils circulent à la même vitesse le long de tous les axones.
e) Ils résultent de la diffusion du Na^+ et du K^+ dans les canaux chimiodépendants.

3. Les récepteurs des neurotransmetteurs sont situés sur :
a) la membrane nucléaire.
b) les nœuds de Ranvier.
c) la membrane postsynaptique.
d) la membrane des vésicules synaptiques.
e) la gaine de myéline.

4. La sommation temporelle fait toujours intervenir :
a) des influx inhibiteurs et excitateurs.
b) des synapses de plusieurs endroits.
c) des influx qui ne sont pas simultanés.
d) des synapses électriques.
e) des influx multiples à une seule synapse.

NIVEAU 2 : APPLICATION ET ANALYSE

5. Les potentiels d'action se propagent généralement dans une seule direction, le long d'un axone, parce que :
a) les nœuds de Ranvier ne conduisent l'influx que dans une direction.
b) la brève période réfractaire empêche l'ouverture des canaux tensiodépendants à Na^+.
c) le cône d'implantation de l'axone a un potentiel membranaire plus élevé que celui des corpuscules nerveux terminaux de l'axone.
d) les ions ne peuvent circuler le long de l'axone que dans une direction.
e) les canaux tensiodépendants à Na^+ ou à K^+ ne s'ouvrent que dans une direction.

6. La dépolarisation de la membrane présynaptique de l'axone provoque *directement* :
a) l'ouverture, dans la membrane présynaptique, de canaux ioniques tensiodépendants à Ca^{2+}.
b) la fusion des vésicules synaptiques et de la membrane présynaptique.
c) un potentiel d'action dans la cellule postsynaptique.
d) l'ouverture de canaux chimiodépendants qui permettent à des neurotransmetteurs de diffuser dans la fente synaptique.
e) la présence de potentiels postsynaptiques excitateurs ou inhibiteurs dans la cellule postsynaptique.

NIVEAU 3 : SYNTHÈSE ET ÉVALUATION

7. **FAITES UN DESSIN** Imaginez qu'un chercheur introduise une paire d'électrodes à deux endroits au milieu d'un axone disséqué de calmar. En appliquant un stimulus de dépolarisation, le chercheur amène la membrane plasmique des deux endroits au seuil d'excitation. À partir de l'illustration ci-dessous, faites deux dessins qui montrent où chaque potentiel d'action se terminerait.

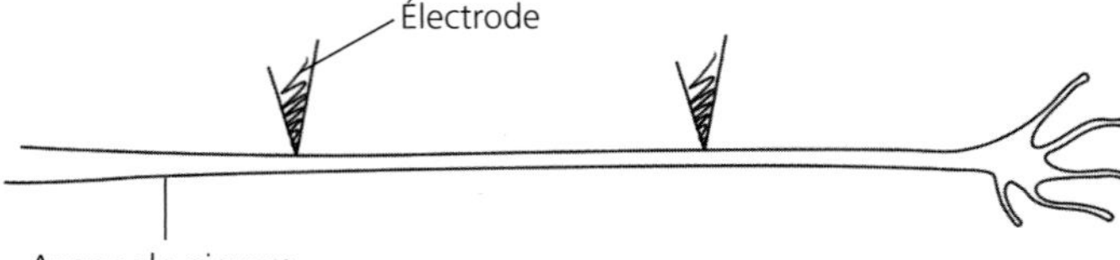

8. **LIEN AVEC L'ÉVOLUTION**
Le potentiel d'action est une réaction du type tout ou rien. Cette communication déclenchée par un interrupteur (seuil d'excitation) constitue, du point de vue de l'évolution, une adaptation des Animaux, qui doivent percevoir l'environnement complexe dans lequel ils se trouvent et réagir en conséquence. On pourrait imaginer un système nerveux dans lequel les potentiels d'action seraient gradués, leur amplitude étant fonction de l'intensité du stimulus. Quels avantages présente un système nerveux dont les potentiels d'action suivent le principe du tout ou rien, par rapport à un système nerveux dont les potentiels d'action seraient gradués ?

9. **INTÉGRATION**
En vous inspirant de ce que vous savez sur les potentiels d'action et les synapses, proposez deux ou trois hypothèses expliquant l'action antidouleur de divers analgésiques.

10. **ÉCRIVEZ UN TEXTE**
Le fondement cellulaire de la vie Dans un court texte (de 100 à 150 mots), expliquez en quoi la structure et les propriétés électriques des neurones des Vertébrés reflètent les ressemblances et les différences par rapport aux autres animaux.

RÉPONSES DU CHAPITRE 48

Questions des figures

Figure 48.8 L'ajout de canaux à chlorure rend le potentiel de membrane moins positif. L'ajout de canaux à sodium ou à potassium n'aurait aucun effet, car le mouvement du sodium est déjà équilibré et il n'y a pas d'ions potassium présents. **Figure 48.10**

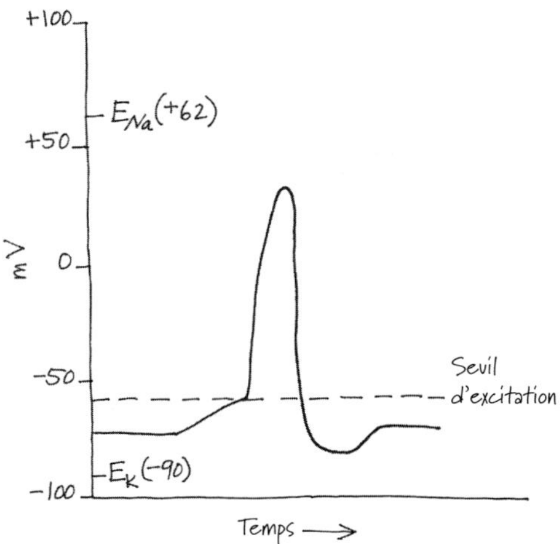

Figure 48.15 La production et la transmission de potentiels d'action ne changeraient pas. Toutefois, les potentiels d'action arrivant aux synapses chimiques ne pourraient pas déclencher la libération de neurotransmetteurs. La communication à ces synapses serait donc bloquée. **Figure 48.18** Le médicament est peut-être détruit très rapidement dans l'organisme, n'atteint pas le SNC ou se lie au récepteur mais ne l'active pas.

Retour sur le concept 48.1

1. Les récepteurs sensoriels de l'oreille transmettent l'information à votre cerveau, où l'activité des interneurones dans les centres de traitement vous permet de reconnaître votre nom. À ce signal, des influx transmis par les neurones moteurs font contracter les muscles qui vous permettent de tourner le cou. **2.** Des ramifications plus nombreuses permettraient de contrôler un plus grand nombre de cellules postsynaptiques, améliorant ainsi la coordination des réponses aux influx du système nerveux. **3.** La communication par les bactéries fait intervenir toutes les cellules d'une colonie, tandis que la communication par les neurones fait seulement appel à quelques cellules dans le corps d'un animal. De plus, les neurones dirigent les influx d'une région à une autre, tandis que les cellules bactériennes communiquent dans toutes les directions.

Retour sur le concept 48.2

1. Les ions peuvent s'opposer à un gradient de concentration chimique s'il y a un gradient électrique opposé d'une amplitude plus grande. **2.** Une diminution de la perméabilité de la membrane au K^+, une augmentation de la perméabilité de la membrane au Na^+, ou les deux. **3.** L'activité de la pompe à sodium et à potassium est essentielle au maintien du potentiel de membrane. Quand cette pompe est inactivée, les gradients de concentration du sodium et du potassium disparaissent graduellement, de sorte que le potentiel de repos est considérablement réduit. **4.** Des molécules de colorant électriquement chargées pourraient s'équilibrer seulement si d'autres molécules chargées peuvent aussi traverser la membrane. Si ce n'est pas le cas, un potentiel de membrane peut se former et contrebalancer le gradient chimique.

Retour sur le concept 48.3

1. L'amplitude du potentiel gradué varie en fonction de l'intensité du stimulus, tandis que celle du potentiel d'action, qui est un processus du type tout ou rien, est indépendante de l'intensité du stimulus. **2.** La perte des propriétés isolantes de la gaine de myéline altère la propagation des potentiels d'action le long des axones. Les canaux tensiodépendants à sodium se trouvent seulement aux nœuds de Ranvier, et sans la propriété isolante de la myéline, le courant vers l'intérieur produit à un nœud durant un potentiel d'action ne peut pas dépolariser la membrane jusqu'au seuil d'excitation au prochain nœud. **3.** La fréquence maximale diminuerait parce que la période réfractaire serait prolongée.

Retour sur le concept 48.4

1. Il peut se lier à différents types de récepteurs, chacun déclenchant une réponse spécifique dans les cellules postsynaptiques. **2.** Ces toxines prolongent les PPSE produits par l'acétylcholine. **3.** Comme cet acide est un neurotransmetteur inhibiteur du SNC, la substance qui l'imite freinerait l'activité cérébrale. Une diminution de l'activité cérébrale pourrait ralentir ou réduire l'activité comportementale. Beaucoup de sédatifs ont cet effet. **4.** La fusion des membranes.

Questions du résumé des concepts clés

48.1 Cette rupture empêcherait l'information d'être transmise loin du corps du neurone le long de l'axone. **48.2** Comme il y a très peu de canaux à sodium ouverts dans un neurone au repos, le potentiel de repos ne changerait pas ou deviendrait un peu plus négatif (hyperpolarisation). **48.3** La rétroactivation est responsable de l'ouverture rapide de beaucoup de canaux tensiodépendants à sodium, ce qui entraîne un afflux rapide d'ions sodium et donne lieu à la phase de dépolarisation du potentiel d'action. À mesure que le potentiel de membrane devient positif, des canaux tensiodépendants à potassium s'ouvrent, amorçant une rétro-inhibition qui favorise la repolarisation du potentiel d'action. **48.4** Un neurotransmetteur donné peut se lier à de nombreux récepteurs qui diffèrent par leur localisation et leur action. Les médicaments qui ciblent l'action d'un neurotransmetteur plutôt que sa libération ou sa stabilité ont donc plus de chances d'être spécifiques et d'avoir moins d'effets secondaires indésirables.

ÉVALUATION

1. c; **2.** c; **3.** c; **4.** e; **5.** b; **6.** a; **7.** Comme le montrent les deux illustrations ci-dessous, une paire de potentiels d'action se déplacerait vers l'extérieur dans les deux directions à partir de chaque électrode. (Les potentiels d'action sont unidirectionnels seulement s'ils commencent à une extrémité d'un axone.) Toutefois, en raison de la période réfractaire, les deux potentiels d'action entre les électrodes cesseraient tous deux à leur point de rencontre. Donc, un seul potentiel d'action atteindrait les corpuscules nerveux terminaux.

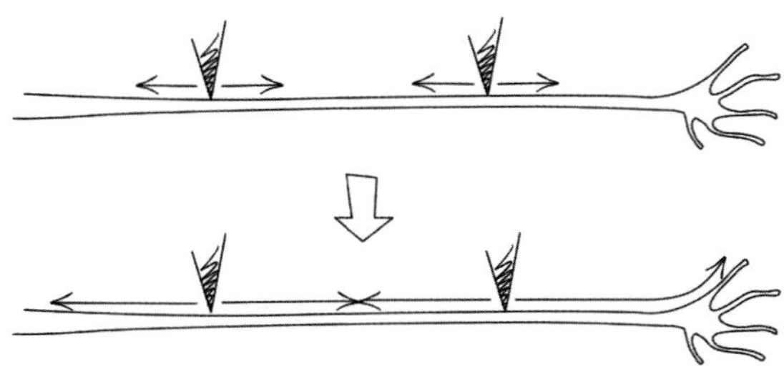

49

Les systèmes nerveux

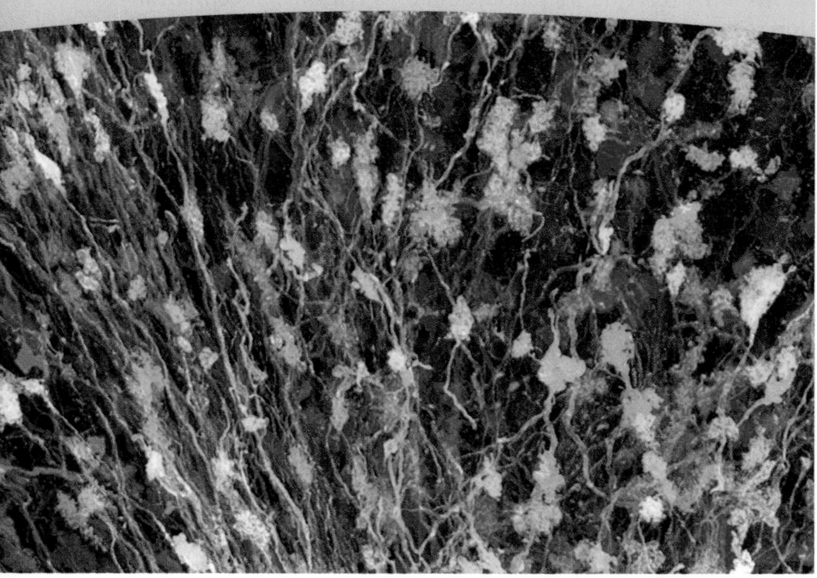

▲ **Figure 49.1** **Comment les scientifiques distinguent-ils les neurones dans le cerveau ?**

CONCEPTS CLÉS

49.1 Les systèmes nerveux sont constitués de circuits de neurones et de cellules de soutien

49.2 L'encéphale des Vertébrés comporte des régions spécialisées

49.3 Le cortex cérébral contrôle les mouvements volontaires et les fonctions cognitives

49.4 La mémoire et l'apprentissage reposent sur des changements dans les connexions synaptiques

49.5 Des dérèglements moléculaires sont à l'origine de nombreuses affections du système nerveux

INTRODUCTION

Un centre de commande et de contrôle

Que se passe-t-il dans votre cerveau lorsque vous résolvez un problème mathématique ou que vous écoutez de la musique ? Jusqu'à récemment, les scientifiques avaient peu d'espoir de trouver une réponse à cette question. On estime que le cerveau humain contient 10^{11} (100 milliards) de neurones. Chaque neurone peut communiquer avec des milliers d'autres à l'intérieur de circuits de traitement de l'information si complexes que, à côté d'eux, les ordinateurs électroniques les plus puissants paraissent rudimentaires. Autrefois, il était impossible d'observer les circuits du cerveau humain en activité, mais ce n'est plus le cas, notamment grâce à de nouvelles techniques très prometteuses.

L'une de ces techniques d'exploration du cerveau est une méthode qui permet l'expression de combinaisons aléatoires de protéines fluorescentes dans les cellules de l'encéphale et grâce à laquelle chaque cellule apparaît dans une couleur différente. Le résultat de cette technique de marquage est un « brainbow » (mot anglais associant *brain* et *rainbow*, « cerveau » et « arc-en-ciel ») comme celui de la **figure 49.1**, qui montre les neurones du cerveau d'une souris. Sur cette image, chaque neurone exprime une des combinaisons de couleurs possibles – plus de 90 – à partir de 4 protéines fluorescentes. À l'aide de la technique *brainbow*, les chercheurs en neurologie espèrent élaborer des cartes détaillées des connexions qui acheminent l'information entre les différentes régions du cerveau.

Les plus récentes techniques d'imagerie permettent même d'observer le cerveau en pleine activité. Les scientifiques peuvent ainsi visualiser plusieurs régions du cerveau humain d'un sujet en train d'accomplir diverses tâches, comme parler, bouger la main, regarder des images ou se représenter mentalement un objet ou le visage d'une autre personne. Ils peuvent utiliser ces techniques pour étudier les liens entre les diverses tâches et l'activité de certaines régions du cerveau.

Dans le présent chapitre, nous étudierons l'organisation et l'évolution des systèmes nerveux des Animaux en examinant le fonctionnement de groupes de neurones dans les circuits spécialisés chargés d'accomplir différentes tâches. Nous nous pencherons d'abord sur la spécialisation des régions de l'encéphale des Vertébrés, puis nous verrons comment l'activité cérébrale permet de conserver et d'organiser de l'information. Enfin, nous traiterons de plusieurs affections du système nerveux qui font actuellement l'objet d'intenses recherches.

CONCEPT 49.1

Les systèmes nerveux sont constitués de circuits de neurones et de cellules de soutien

La capacité de percevoir et de réagir est apparue il y a des milliards d'années chez les Procaryotes, qui pouvaient détecter les changements survenus dans leur milieu et y réagir de façon à améliorer leurs chances de survie et leur succès reproductif : par exemple, les bactéries se déplacent dans une direction donnée jusqu'à ce qu'elles trouvent des quantités suffisantes de nourriture. Plus tard, la modification de ce simple processus de perception et de réaction a fourni aux organismes multicellulaires un mécanisme permettant la communication entre les cellules. À l'époque de l'explosion du Cambrien, il y a 500 millions d'années (voir le chapitre 32), les systèmes de neurones grâce auxquels les Animaux pouvaient percevoir et réagir rapidement existaient déjà, pour l'essentiel, sous leurs formes actuelles.

Les animaux les plus simples dotés d'un système nerveux sont les Hydres, les Éponges et d'autres Cnidaires. Comme nous l'avons vu aux chapitres 33 et 41, leur corps présente une symétrie radiaire et s'organise autour d'un tube digestif central appelé cavité gastrovasculaire. Chez la plupart des Cnidaires, les neurones qui commandent la contraction et l'expansion de la cavité gastrovasculaire sont disposés en **réseaux nerveux** diffus (**figure 49.2a**). Contrairement aux systèmes nerveux des autres animaux, le réseau nerveux des Cnidaires est dépourvu de groupes de neurones spécialisés dans une fonction particulière.

Chez les animaux plus complexes, les axones de plusieurs cellules nerveuses sont souvent groupés en faisceaux qui forment des **nerfs**. Ces prolongements neuronaux filamenteux acheminent et organisent le flux d'information dans les voies spécifiques du système nerveux. Par exemple, les étoiles de mer possèdent un ensemble de nerfs radiaux reliés à un anneau nerveux central (**figure 49.2b**). Dans chacune des branches de l'étoile de mer, les nerfs radiaux sont reliés à un réseau nerveux duquel ils reçoivent des influx et auquel ils envoient des signaux qui contrôlent la contraction des muscles.

Les animaux qui ont un corps allongé et une symétrie bilatérale possèdent des systèmes nerveux encore plus complexes. Ces animaux présentent une céphalisation, laquelle est une tendance évolutive à la formation de faisceaux de neurones dans un cerveau situé près de l'extrémité antérieure. Ces neurones antérieurs communiquent avec des cellules se trouvant ailleurs dans le corps, y compris des neurones situés dans un ou plusieurs cordons nerveux qui se prolongent vers l'extrémité postérieure (arrière). Chez les vers non segmentés, comme la planaire illustrée à la **figure 49.2c**, un petit cerveau et des cordons nerveux longitudinaux constituent le plus simple *système nerveux central* (*SNC*) nettement délimité. Chez certains de ces animaux, le système nerveux est entièrement issu de quelques cellules seulement, comme l'indiquent les études sur un autre ver non segmenté, le nématode *Caenorhabditis elegans*. Chez cette espèce, un ver adulte (hermaphrodite) a exactement 302 neurones, ni plus ni moins. Les invertébrés plus complexes, comme les vers segmentés (Annélides; **figure 49.2d**) et les Arthropodes (**figure 49.2e**), possèdent un bien plus grand nombre de neurones. Le comportement de ces invertébrés est régi par un cerveau plus compliqué et des cordons nerveux ventraux contenant des faisceaux de neurones segmentaires appelés ganglions.

Au sein d'un groupe d'animaux, il existe une corrélation entre l'organisation du système nerveux et le mode de vie. Par exemple, chez les mollusques sessiles ou aux mouvements lents tels que les palourdes et les chitons, la céphalisation est peu importante, voire inexistante, et les organes sensoriels sont relativement simples (**figure 49.2f**). Par contre, parmi les Invertébrés, les mollusques prédateurs dont le mode de vie est actif, comme les calmars et les pieuvres (**figure 49.2g**), sont ceux qui possèdent le système nerveux le plus complexe; il rivalise même avec celui de certains Vertébrés. Grâce à leurs grands yeux qui forment des images et à leur cerveau contenant des millions de neurones, les pieuvres sont capables d'apprendre à reconnaître des formes visuelles et d'accomplir des tâches complexes.

Chez les Vertébrés (**figure 49.2h**), le SNC est constitué de l'encéphale et de la moelle épinière. Ce sont des nerfs et des ganglions qui forment le *système nerveux périphérique (SNP)*. La spécialisation des diverses régions caractérise les deux systèmes, comme nous le verrons plus loin dans le présent chapitre.

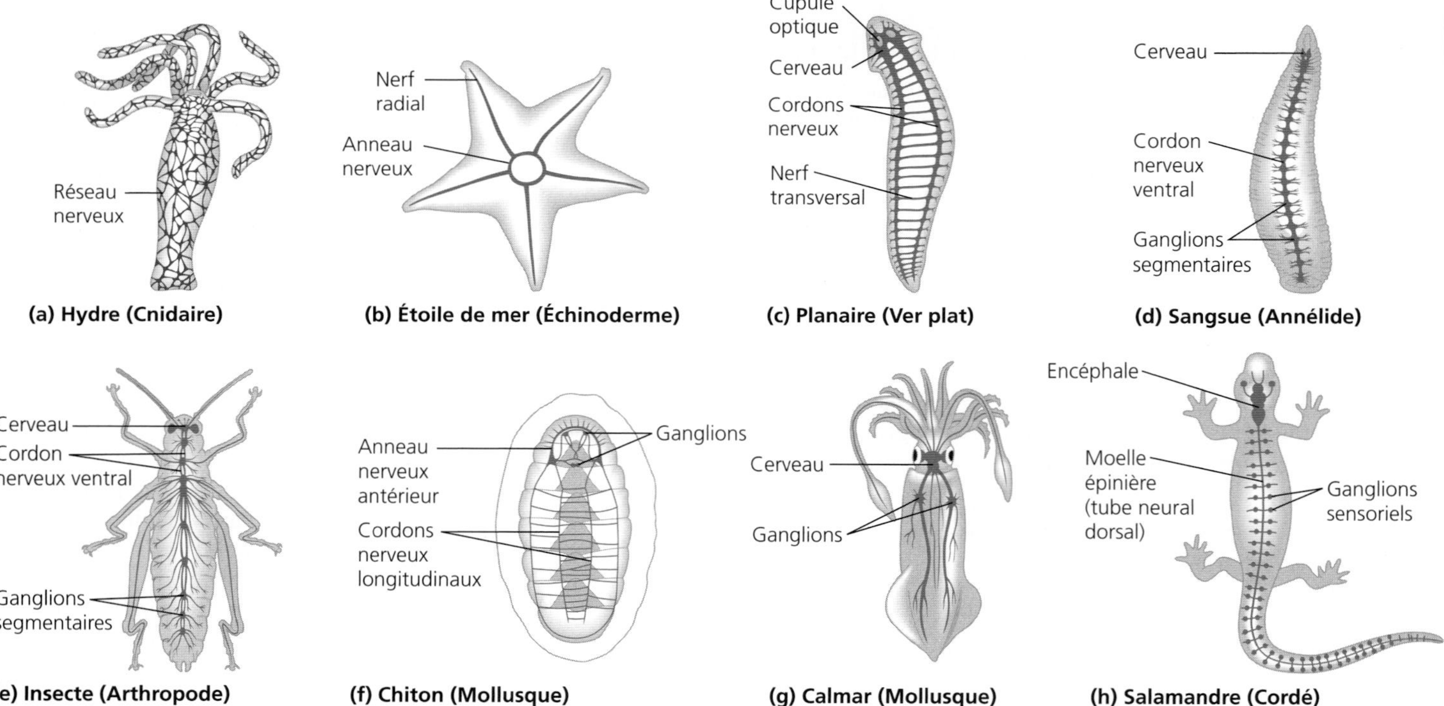

▲ **Figure 49.2 L'organisation de différents systèmes nerveux. (a)** Une hydre contient des neurones individuels (en violet) organisés en un réseau nerveux diffus. **(b à h)** Les animaux dotés de systèmes nerveux plus complexes contiennent des groupes de neurones (en bleu) organisés en nerfs et, souvent, en un ganglion et en un encéphale.

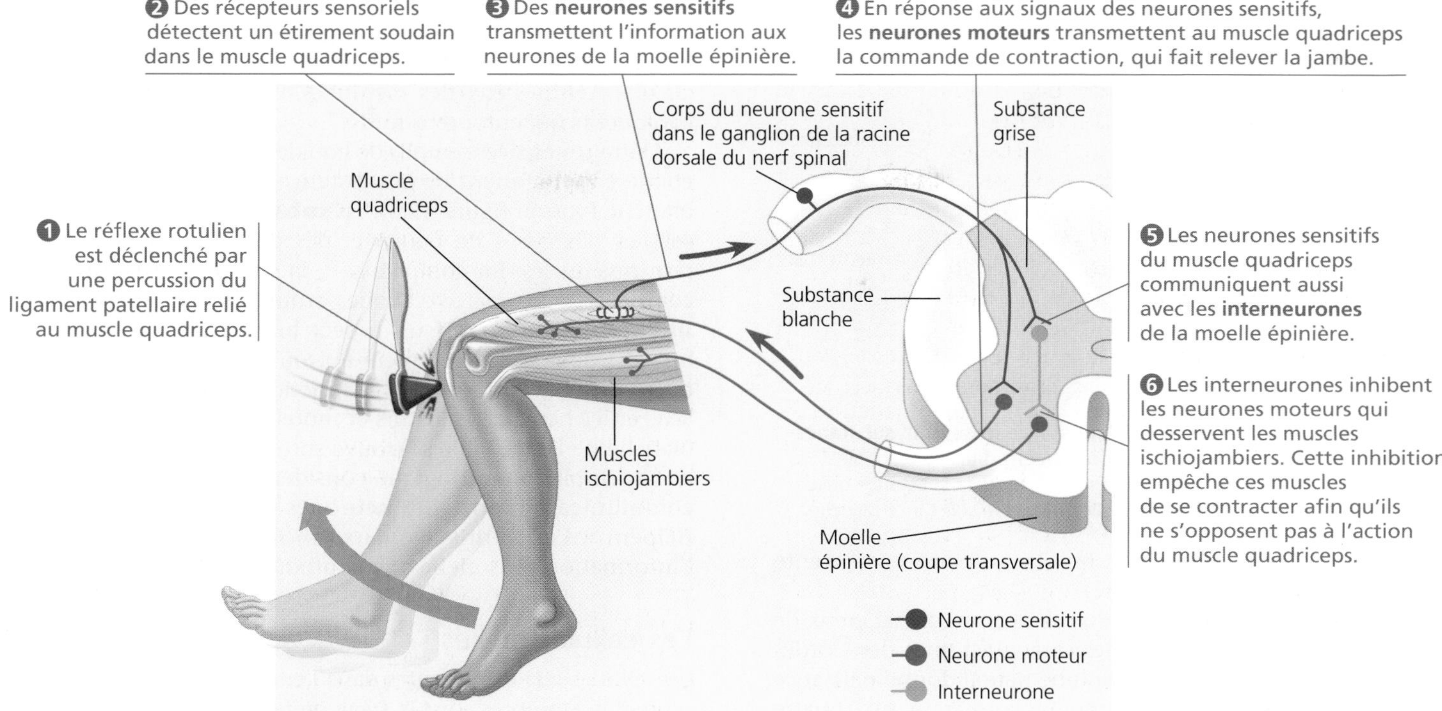

❷ Des récepteurs sensoriels détectent un étirement soudain dans le muscle quadriceps.
❸ Des **neurones sensitifs** transmettent l'information aux neurones de la moelle épinière.
❹ En réponse aux signaux des neurones sensitifs, les **neurones moteurs** transmettent au muscle quadriceps la commande de contraction, qui fait relever la jambe.
Corps du neurone sensitif dans le ganglion de la racine dorsale du nerf spinal
Substance grise
Muscle quadriceps
❶ Le réflexe rotulien est déclenché par une percussion du ligament patellaire relié au muscle quadriceps.
❺ Les neurones sensitifs du muscle quadriceps communiquent aussi avec les **interneurones** de la moelle épinière.
Substance blanche
❻ Les interneurones inhibent les neurones moteurs qui desservent les muscles ischiojambiers. Cette inhibition empêche ces muscles de se contracter afin qu'ils ne s'opposent pas à l'action du muscle quadriceps.
Muscles ischiojambiers
Moelle épinière (coupe transversale)
Neurone sensitif
Neurone moteur
Interneurone

▲ **Figure 49.3 Le réflexe rotulien.** Pour simplifier, le schéma ne représente qu'un neurone de chaque type, mais le réflexe fait intervenir de nombreux neurones de chaque type.

FAITES DES LIENS *À partir des signaux nerveux envoyés aux muscles ischiojambiers et quadriceps dans cet exemple du réflexe rotulien, proposez un modèle de régulation de l'activité des muscles lisses dans l'œsophage durant le réflexe de déglutition (voir la figure 41.10, p. 1027).*

L'organisation du système nerveux des Vertébrés

Dans le système nerveux des Vertébrés, les fonctions de l'encéphale et de la moelle épinière sont étroitement coordonnées. L'encéphale fournit le pouvoir d'intégration qui permet aux Vertébrés de manifester des comportements complexes. La moelle épinière, qui s'étend longitudinalement à l'intérieur de la colonne vertébrale, transmet de l'information à l'encéphale, lequel lui en communique également, et produit les modes de locomotion de base. La moelle épinière agit, elle aussi, indépendamment de l'encéphale dans les circuits nerveux simples responsables des **réflexes**, c'est-à-dire les réactions automatiques de l'organisme à certains stimulus.

Un réflexe est une réaction rapide et involontaire qui protège le corps sous l'effet d'un stimulus. Par exemple, si vous mettez la main sur un objet très chaud, un réflexe vous fait retirer celle-ci bien avant que la sensation de douleur soit traitée par votre cerveau. De même, si vos genoux cèdent pendant que vous saisissez un objet lourd, la tension provoquée dans ceux-ci déclenchera un réflexe qui contractera les muscles des cuisses et vous permettra de rester debout et de porter l'objet. Lors de l'examen physique, le médecin déclenche le réflexe rotulien avec un marteau afin d'évaluer la fonction du système nerveux (**figure 49.3**).

Chez de nombreux Invertébrés, le cordon nerveux est situé ventralement, tandis que chez les Vertébrés la moelle épinière s'étend dorsalement (**figure 49.4**). La disposition des neurones à l'intérieur de la moelle épinière de même que la répartition des nerfs spinaux et des ganglions à l'extérieur

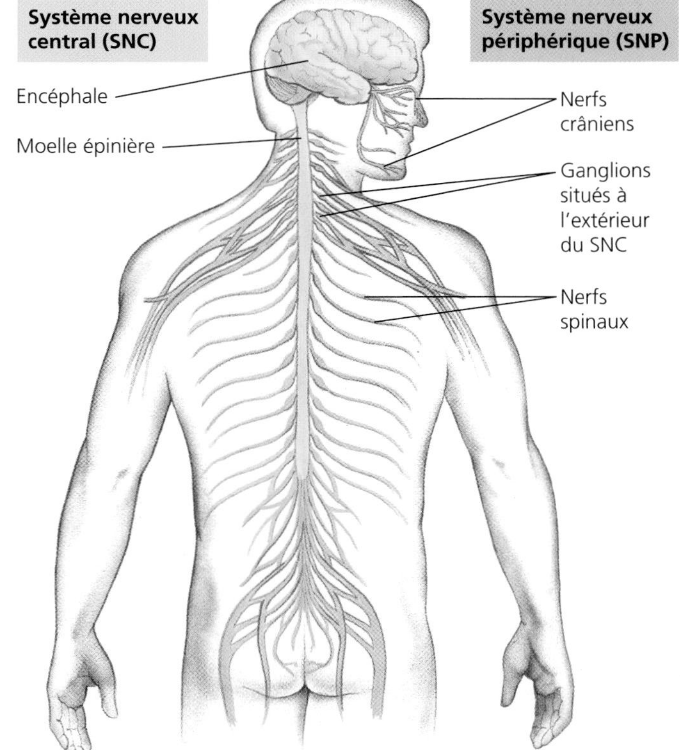

▲ **Figure 49.4 Un exemple de système nerveux des Vertébrés.** L'encéphale et la moelle épinière (en jaune) constituent le SNC. Les nerfs crâniens, les nerfs spinaux (qui partent de la moelle épinière) et les ganglions composent le SNP (en ocre).

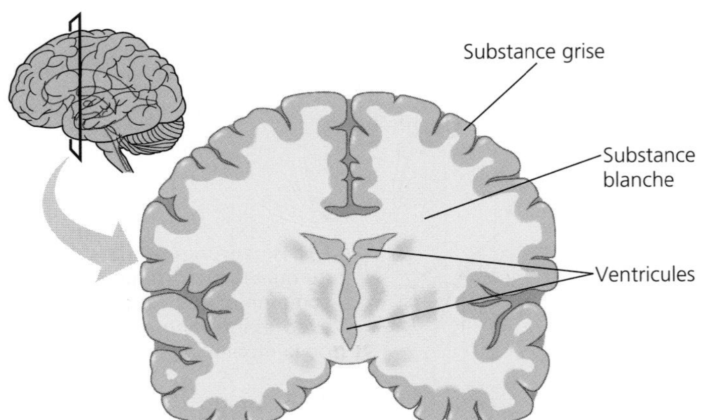

▲ **Figure 49.5 Les ventricules, la substance grise et la substance blanche.** Les ventricules, enfouis profondément dans l'encéphale, contiennent du liquide cérébrospinal. Presque toute la substance grise se trouve à la surface de l'encéphale ; elle entoure la substance blanche.

de celle-ci montrent clairement que la structure sous-jacente est segmentée.

Le SNC des Vertébrés dérive du tube neural dorsal creux de l'embryon, tube qui est l'une des caractéristiques des Cordés (voir le chapitre 34). La cavité du tube neural donne naissance à l'étroit **canal central** de la moelle épinière et aux quatre **ventricules** de l'encéphale (**figure 49.5**). Les ventricules et le canal central sont remplis de **liquide cérébrospinal**, issu de la filtration du sang dans l'encéphale. Le liquide cérébrospinal circule lentement dans le canal central de la moelle épinière et dans les ventricules, puis retourne dans les veines. Cette circulation approvisionne l'encéphale en éléments nutritifs et en hormones et permet l'élimination des déchets. Chez les Mammifères, le liquide cérébrospinal joue un rôle de protection mécanique pour l'encéphale et pour la moelle épinière en circulant entre deux des méninges, des enveloppes de tissus conjonctifs qui entourent le SNC.

Outre ces espaces remplis de liquide, l'encéphale et la moelle épinière contiennent de la substance grise et de la substance blanche (voir la figure 49.5). La **substance grise** comprend surtout des corps de neurone, des dendrites et des axones non myélinisés. En comparaison, la **substance blanche** se compose de faisceaux d'axones entourés de gaines de myéline qui leur donnent un aspect blanchâtre. La substance blanche de la moelle épinière se trouve sur la face externe de celle-ci, ce qui correspond à sa fonction de médiation entre le SNC et les neurones sensitifs et moteurs du SNP. La substance blanche de l'encéphale se trouve surtout à l'intérieur de celui-ci, un emplacement logique considérant sa fonction dans la communication entre les neurones de l'encéphale qui participent à l'apprentissage, aux émotions, au traitement de l'information sensorielle et à la production de commandes.

Les cellules gliales

Les cellules gliales présentes dans l'encéphale et la moelle épinière des Vertébrés sont le siège de fonctions vitales pour les activités du système nerveux. La **figure 49.6** montre les principales cellules gliales dans le système nerveux d'un adulte et donne un aperçu de la façon dont elles assurent l'apport nutritif, le soutien et la régulation du fonctionnement des neurones.

Les cellules gliales jouent aussi un rôle capital dans le développement du système nerveux. Dans l'embryon, les *cellules*

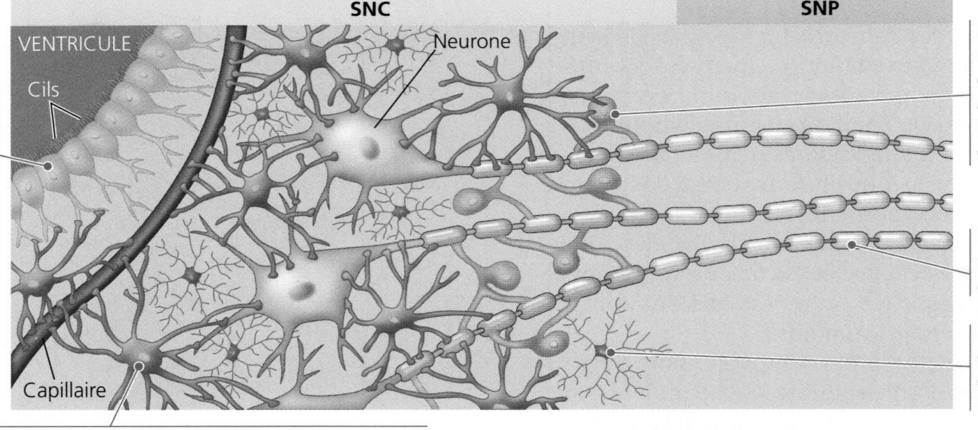

Les épendymocytes tapissent les ventricules et possèdent des cils qui facilitent la circulation du liquide céphalorachidien.

Les oligodendrocytes myélinisent les axones du SNC. La myélinisation accroît considérablement la vitesse de conduction des potentiels d'action.

Les neurolemmocytes myélinisent les axones du SNP.

Les gliocytes sont des cellules immunitaires qui protègent contre les agents pathogènes.

Les **astrocytes** (du grec *astron*, « étoile ») facilitent le transfert de l'information aux synapses et, dans certains cas, libèrent des neurotransmetteurs. Les astrocytes adjacents aux neurones actifs provoquent aussi la dilatation des vaisseaux sanguins situés à proximité et assurent aux neurones un apport plus rapide en dioxygène et en glucose. Les astrocytes ont également pour fonction de réguler les concentrations extracellulaires d'ions et de neurotransmetteur.

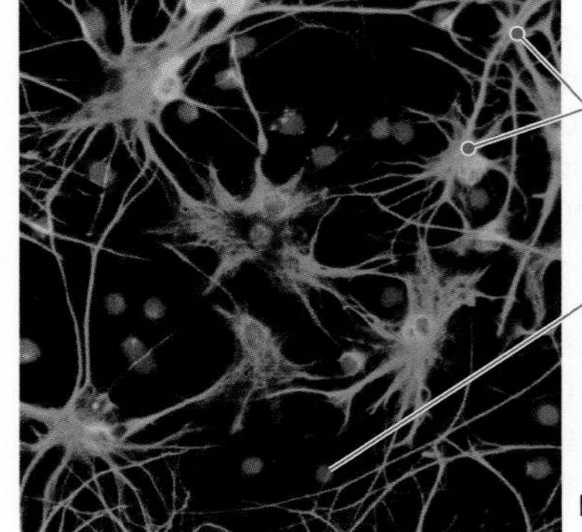

Les cellules vertes de ce tissu de l'encéphale mammalien sont des astrocytes marqués par des anticorps fluorescents.

Un colorant bleu qui lie l'ADN dans le noyau de toutes les cellules révèle l'enchevêtrement des astrocytes avec d'autres cellules, principalement des neurones.

► **Figure 49.6 Les cellules gliales du système nerveux des Vertébrés.**

gliales radiales forment des fibres protéiques le long desquelles les neurones migrent ou poussent à partir du tube neural pour former la structure qui deviendra le SNC (voir la figure 47.13, p. 1197). Plus tard, les astrocytes entraînent la formation de jonctions serrées entre les cellules qui tapissent les capillaires du SNC (voir la figure 6.32, p. 132). Ces cellules forment ainsi la *barrière hématoencéphalique*, qui contrôle la composition chimique de l'environnement extracellulaire du SNC en empêchant l'entrée de la plupart des substances apportées par le sang.

Les cellules gliales radiales et les astrocytes peuvent aussi jouer le rôle de cellules souches et donner ainsi naissance à des neurones et à d'autres gliocytes. Les chercheurs sont d'avis que ces précurseurs multipotents pourraient servir à remplacer les neurones et les gliocytes détruits par une blessure ou une maladie, sujet dont traitera le concept 49.4.

Le système nerveux périphérique

Le SNP assure la transmission de l'information reçue ou envoyée par le SNC et joue un rôle important dans la régulation des mouvements et du milieu interne chez les Animaux (**figure 49.7**). L'information sensorielle se rend au SNC par des neurones du SNP qu'on dit *afférents* (d'un mot latin signifiant « apporter »). Après avoir été traitée dans le SNC, l'information se rend aux muscles, aux glandes et aux cellules endocrines grâce à des neurones *efférents* (d'un mot latin signifiant « emporter »). La plupart des nerfs contiennent à la fois des neurones afférents et efférents. Le nerf olfactif est un de ceux qui font exception : il achemine uniquement l'information sensorielle du nez au cerveau.

Le SNP comprend deux composantes efférentes : le système moteur et le système nerveux autonome (voir la figure 49.7). Le **système moteur** comporte des neurones qui apportent les influx aux muscles squelettiques. Le contrôle des muscles squelettiques peut être volontaire, comme lorsque vous levez la main pour poser une question, ou involontaire, comme dans le cas du réflexe rotulien contrôlé par la moelle épinière. Au contraire, la régulation des muscles lisses et du muscle cardiaque par le **système nerveux autonome** est généralement involontaire. Les trois subdivisions du système nerveux autonome (sympathique, parasympathique et entérique) coordonnent le fonctionnement des organes des systèmes digestif, cardiovasculaire, urinaire et endocrinien.

Les systèmes sympathique et parasympathique du système nerveux autonome ont des rôles essentiellement antagonistes (opposés) dans la régulation des fonctions organiques (**figure 49.8**). Le **système nerveux sympathique**,

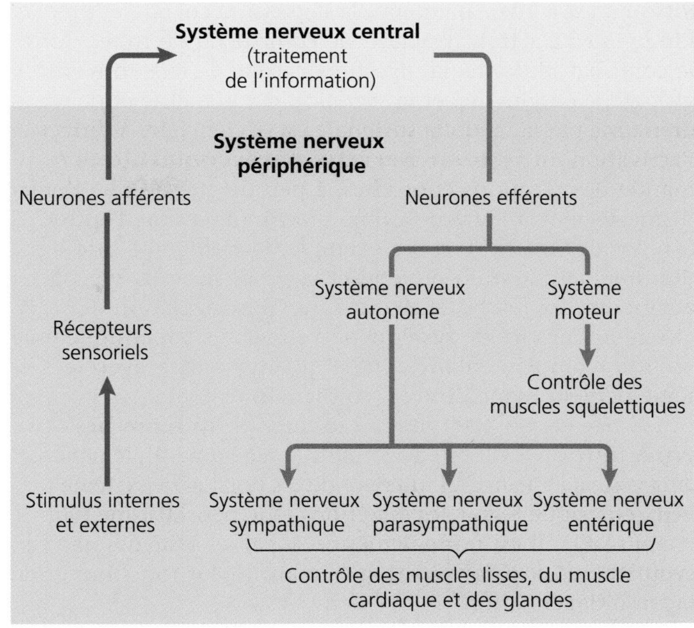

▲ **Figure 49.7 La hiérarchie fonctionnelle du système nerveux périphérique des Vertébrés.**

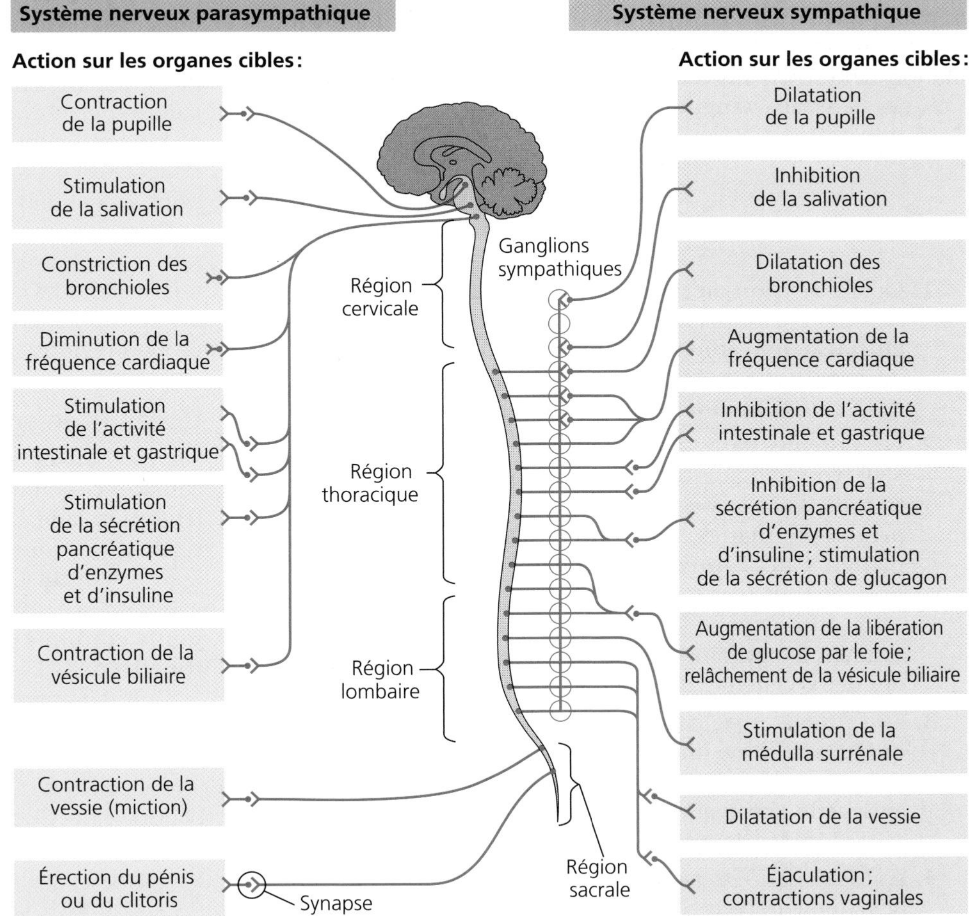

▲ **Figure 49.8 Les subdivisions du système nerveux autonome : systèmes nerveux parasympathique et sympathique.** La plupart des voies de chacun des systèmes sont constituées de neurones préganglionnaires (dont le corps se trouve dans le SNC) et de neurones postganglionnaires (dont le corps se trouve dans le SNP).

lorsqu'il est activé, augmente la dépense d'énergie et prépare l'individu à l'action (réaction de combat ou de fuite). Ainsi, le cœur bat plus vite, la digestion s'arrête, le foie convertit le glycogène en glucose, et la sécrétion d'adrénaline et de noradrénaline par la médulla surrénale est déclenchée. À l'inverse, l'activation du **système nerveux parasympathique** commande des réactions contraires, à peu de chose près: l'organisme revient à l'état de calme et aux fonctions d'entretien («repos et digestion»). Par exemple, la fréquence cardiaque diminue, la digestion reprend et la production de glycogène augmente. Toutefois, en ce qui a trait à la régulation de l'activité reproductrice, le système nerveux parasympathique joue un rôle complémentaire plutôt qu'antagoniste avec le système nerveux sympathique (voir la figure 49.8).

Les réseaux de neurones qui forment le **système nerveux entérique** du SNP sont actifs dans le tube digestif, le pancréas et la vésicule biliaire. À l'intérieur de ces organes, le système nerveux entérique régule les sécrétions et le péristaltisme (voir le chapitre 41). Il est normalement régi par les systèmes nerveux sympathique et parasympathique, mais il peut fonctionner de façon indépendante.

L'homéostasie repose souvent sur la collaboration entre les systèmes nerveux somatique et autonome. Par exemple, en réaction à une baisse de température, l'hypothalamus commande, par l'intermédiaire du système nerveux autonome, le frisson, pour réduire la perte de chaleur. Au même moment, pour augmenter la production de chaleur, il transmet une commande au système nerveux somatique, qui cause la constriction des vaisseaux sanguins.

RETOUR SUR LE CONCEPT **49.1**

1. Quelle division du système nerveux autonome serait la plus susceptible d'être activée si, en arrivant en classe, une étudiante apprend qu'elle a oublié de se préparer pour l'examen qu'elle doit faire dans cinq minutes? Expliquez votre réponse.
2. Les systèmes parasympathique et sympathique du SNP (voir la figure 49.8) utilisent les mêmes neurotransmetteurs aux corpuscules axonaux des neurones préganglionnaires, mais différents neurotransmetteurs aux corpuscules axonaux des neurones postganglionnaires. Quelle est la corrélation entre cette différence et la fonction des axones qui assurent la circulation des influx dans les ganglions des deux systèmes?
3. **ET SI?** Imaginez qu'une personne a un accident qui lui sectionne un petit nerf essentiel au mouvement de quelques doigts de sa main droite. À votre avis, cette lésion aura-t-elle aussi un effet sur la sensation des doigts?
4. **FAITES DES LIENS** La plupart des tissus régulés par le système nerveux autonome reçoivent des influx sympathiques et parasympathiques des neurones postganglionnaires. Les réactions sont habituellement locales. La médulla surrénale, elle, reçoit uniquement les influx du système sympathique, et seulement des neurones préganglionnaires. Pourtant, les réactions se font sentir dans tout le corps. Expliquez pourquoi (voir la figure 45.21, p. 1149).

Voir les réponses proposées à la fin du chapitre.

CONCEPT **49.2**

L'encéphale des Vertébrés comporte des régions spécialisées

Maintenant que nous avons étudié certaines des fonctions de base du SNP, nous allons nous pencher sur l'encéphale. Les images vulgarisées de l'encéphale nous montrent presque toujours le cerveau, c'est-à-dire la partie de l'encéphale dont la surface se trouve directement sous le crâne. Le cerveau est responsable de nombreuses activités couramment associées à l'encéphale, comme le calcul, la réflexion et la mémoire. Cependant, d'autres structures de l'encéphale se trouvent sous le cerveau et ont des activités importantes et diverses, dont l'homéostasie, la coordination et le transfert d'information.

La **figure 49.9** décrit l'origine, la forme et la fonction des principales régions de l'encéphale. Elle explique comment ses structures apparaissent au cours du développement embryonnaire, précise leur taille, leur forme et leur emplacement chez l'adulte, et résume leurs principales fonctions. Cette figure décrit sommairement les régions spécialisées de l'encéphale et peut servir de référence lorsque nous aborderons les fonctions spécifiques de celui-ci.

Pour mieux comprendre la correspondance entre l'organisation de l'encéphale et la fonction cérébrale, nous étudierons d'abord les cycles d'activité de l'encéphale et la physiologie des émotions. Ensuite, au concept 49.3, nous verrons de plus près les régions spécialisées de l'encéphale.

L'éveil et le sommeil

S'il vous est déjà arrivé de vous endormir en écoutant une conférence (ou en lisant un livre), alors vous savez que l'attention et la vigilance peuvent changer rapidement. Le tronc cérébral et d'autres parties de l'encéphale contrôlent le sommeil et l'éveil. L'éveil est un état de conscience du monde extérieur. Le sommeil est un état durant lequel une personne continue de recevoir des stimulus, mais sans en être consciente.

Contrairement aux apparences, le sommeil est un état actif, du moins pour l'encéphale. Lorsqu'on applique des électrodes à divers endroits sur le cuir chevelu, on peut enregistrer l'activité électrique de l'encéphale sous la forme d'ondes cérébrales. Le tracé obtenu, appelé électroencéphalogramme (EEG), montre que la fréquence des ondes cérébrales varie au fil du sommeil, à mesure que l'encéphale franchit différentes étapes.

Le sommeil est essentiel à la survie, mais on sait encore très peu de choses sur sa fonction. Une des hypothèses veut que le sommeil et les rêves contribuent à la consolidation de l'apprentissage et de la mémoire. À l'appui de cette hypothèse, des données ont montré que des personnes qu'on garde

▼ **Figure 49.9**

PANORAMA L'organisation de l'encéphale humain

L'encéphale est l'organe le plus complexe du corps humain. Protégé par les os épais du crâne, il comprend diverses structures distinctes, dont certaines sont visibles sur l'IRM de la tête d'un adulte, comme celle montrée ici, à droite. Les figures ci-dessous schématisent le développement des structures dans l'embryon. Leurs principales fonctions sont décrites à la page suivante.

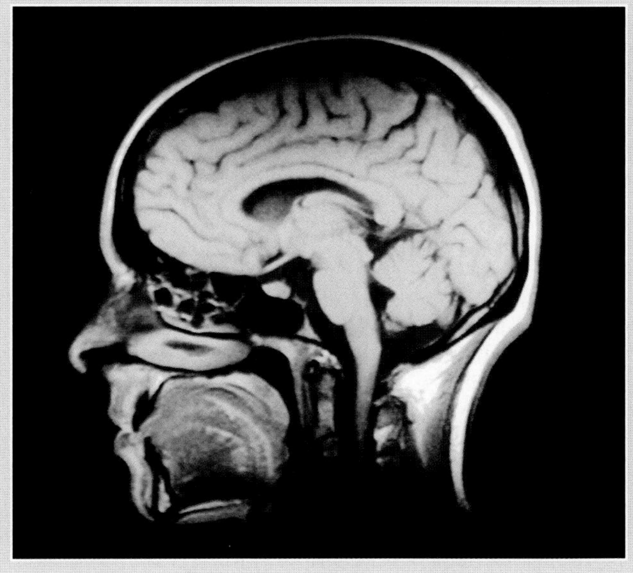

Le développement de l'encéphale humain

Durant le développement de l'embryon humain, le tube neural forme trois renflements (le **prosencéphale**, le **mésencéphale** et le **rhombencéphale**) qui deviendront l'encéphale. Le mésencéphale ainsi qu'une partie du rhombencéphale donnent naissance au **tronc cérébral**, une tige reliée à la moelle épinière à la base de l'encéphale. Le reste du rhombencéphale donne naissance au **cervelet**, situé directement derrière le tronc cérébral. Le troisième renflement antérieur, le prosencéphale, devient le diencéphale, comprenant les tissus neuroendocriniens de l'encéphale, et le télencéphale, dont est issu le **cerveau**. Aux deuxième et troisième mois, la croissance rapide et importante du télencéphale amène la partie extérieure du cerveau, appelée cortex cérébral, à recouvrir une grande partie du reste de l'encéphale.

Régions de l'encéphale embryonnaire		Structures de l'encéphale adulte
Prosencéphale	Télencéphale	Cerveau (cortex cérébral, substance blanche et noyaux basaux)
	Diencéphale	Diencéphale (thalamus, hypothalamus et épithalamus)
Mésencéphale	Mésencéphale	Mésencéphale (portion du tronc cérébral)
Rhombencéphale	Métencéphale	Pont (portion du tronc cérébral) et cervelet
	Myélencéphale	Bulbe rachidien (portion du tronc cérébral)

Mésencéphale
Rhombencéphale
Prosencéphale

Embryon d'un mois

Mésencéphale
Métencéphale
Diencéphale
Myélencéphale
Moelle épinière
Télencéphale

Embryon de cinq semaines

Cerveau
Diencéphale
Mésencéphale
Pont
Bulbe rachidien
Cervelet
Moelle épinière

Enfant

▼ **Figure 49.9** (*suite*)

PANORAMA L'organisation de l'encéphale humain

Le cerveau

Le cerveau contrôle la contraction des muscles squelettiques et constitue le centre de l'apprentissage, des émotions, de la mémoire et de la perception. Il est divisé en deux **hémisphères cérébraux** : l'hémisphère droit et l'hémisphère gauche. Le **cortex cérébral** est essentiel à la perception, aux mouvements volontaires et à l'apprentissage. Comme le reste du cerveau, le cortex cérébral se divise en deux hémisphères droit et gauche commandant chacun à la région opposée du corps. L'hémisphère gauche reçoit l'information du côté droit du corps et commande les mouvements de ce même côté. C'est l'inverse pour l'hémisphère droit. Une épaisse bande d'axones constitue le **corps calleux**, qui établit la communication entre les hémisphères droit et gauche. Des amas de neurones appelés *noyaux basaux* sont situés profondément dans la substance blanche. Les noyaux basaux sont d'importants centres de planification et d'apprentissage de l'enchaînement des mouvements. Les lésions causées à cette région peuvent entraîner la paralysie cérébrale, une affection due à une altération de la transmission des commandes motrices aux muscles.

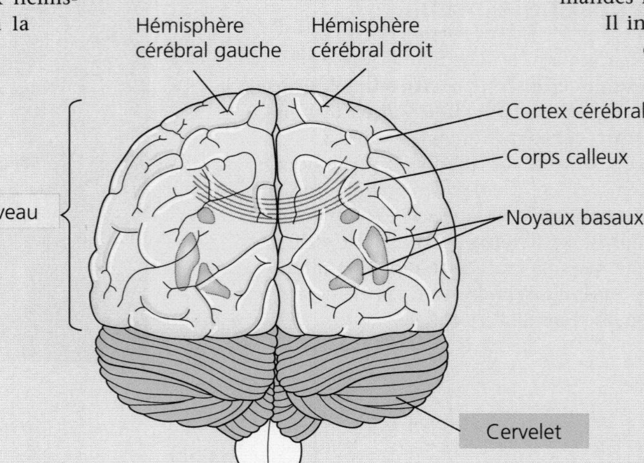

Vue de l'arrière du cerveau humain

Le cervelet

Le cervelet coordonne le mouvement et l'équilibre et aide à l'apprentissage ainsi qu'à la mémorisation des habiletés motrices. Il reçoit de l'information sensitive sur la position des articulations et le niveau d'étirement des muscles, ainsi que des données provenant des organes auditifs et visuels. Il reçoit aussi de l'information relative aux commandes motrices émises par le cerveau. Il intègre ces informations sensitives et motrices afin de les coordonner et de corriger certaines erreurs susceptibles de se produire pendant les activités motrices et perceptuelles. La coordination motrice entre la main et l'œil en est un exemple. En cas de lésion du cervelet, les yeux peuvent suivre un objet que la main déplace, mais ne s'arrêtent pas au même endroit que l'objet quand la main interrompt le mouvement. En outre, le mouvement de la main s'approchant de l'objet sera erratique.

Le diencéphale

Le diencéphale donne naissance à l'épithalamus, au thalamus et à l'hypothalamus. Le **thalamus** est le principal centre de relais pour l'information sensitive qui arrive au cerveau. Les données provenant de tous les organes sensoriels sont triées dans le thalamus, puis dirigées vers les centres supérieurs appropriés, qui poursuivront leur traitement. Le thalamus est issu de deux masses de taille à peu près égale, en forme de noix. L'**hypothalamus**, quant à lui, ne pèse que quelques grammes et contient le thermostat du corps ainsi que son horloge biologique. En contrôlant l'hypophyse, il régule la faim et la soif, il joue un rôle dans les comportements sexuels et l'accouplement, et il régit la réaction de combat ou de fuite. Aussi, l'hypothalamus contrôle les hormones de la neurohypophyse et celles de libération ou d'inhibition qui agissent sur l'adénohypophyse (voir les figures 45.15, p. 1142, et 45.17, p. 1145). L'*épithalamus* comprend le corps pinéal et le plexus choroïde, l'un des divers regroupements de capillaires qui produisent le liquide cérébrospinal à partir du sang. Le thalamus et l'hypothalamus sont deux importants centres d'intégration.

Diencéphale
Thalamus
Corps pinéal
Hypothalamus
Hypophyse
Tronc cérébral
Mésencéphale
Pont
Bulbe rachidien
Moelle épinière

Le tronc cérébral

Le tronc cérébral comprend le mésencéphale, le **pont** et le **bulbe rachidien**. Le mésencéphale reçoit et intègre plusieurs types d'information sensorielle et envoie celle-ci à des régions spécifiques du prosencéphale. Tous les axones sensoriels associés à l'audition se terminent dans le mésencéphale ou le traversent pour se rendre au cerveau. En outre, ce dernier coordonne les réflexes visuels, par exemple le fait de voir un objet du coin de l'œil et l'action de tourner la tête automatiquement vers celui-ci sans que l'encéphale doive en produire une image. Une des principales fonctions du pont et du bulbe rachidien consiste à transférer l'information entre le SNP et le mésencéphale et le prosencéphale. Le pont et le bulbe rachidien participent également à la coordination des mouvements corporels d'envergure, comme la course et l'escalade. La plupart des axones qui transmettent les commandes motrices du cortex cérébral à la moelle épinière changent de côté dans le bulbe rachidien. On parle alors de *décussation*. Ainsi, l'hémisphère droit régit une grande partie des mouvements effectués par le côté gauche, et l'hémisphère gauche, une partie importante des mouvements faits par le côté droit. Le bulbe rachidien contient des centres qui régulent diverses fonctions viscérales (automatiques et homéostatiques), notamment la respiration, l'activité cardiovasculaire, la déglutition, le vomissement et la digestion. Le pont participe aussi à certaines de ces activités; il régule, par exemple, les centres respiratoires dans le bulbe rachidien.

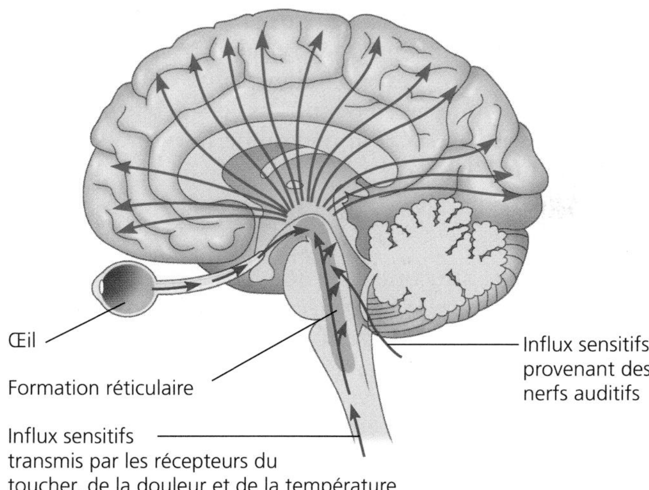

▲ **Figure 49.10 La formation réticulaire.** Cet ensemble de neurones répartis dans le tronc cérébral filtre les influx sensitifs (flèches bleues), bloquant l'information de routine qui est sans cesse transmise au système nerveux. Il dirige les influx filtrés vers le cortex cérébral (flèches vertes).

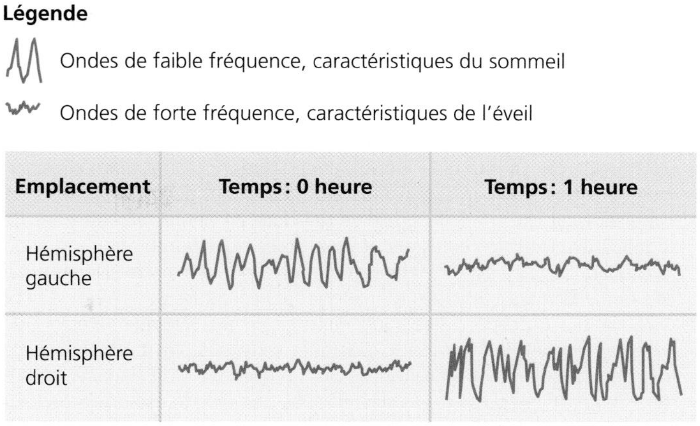

Légende

Ondes de faible fréquence, caractéristiques du sommeil

Ondes de forte fréquence, caractéristiques de l'éveil

Emplacement	Temps : 0 heure	Temps : 1 heure
Hémisphère gauche		
Hémisphère droit		

▲ **Figure 49.11 Les dauphins peuvent être à la fois endormis et éveillés.** Les EEG ont été enregistrés séparément pour les deux hémisphères des dauphins. Le tracé montre une activité de faible fréquence dans un hémisphère et une activité de haute fréquence dans l'autre hémisphère.

éveillées durant 36 heures ont de la difficulté à se rappeler à quel moment certains événements sont survenus, même si elles se stimulent avec de la caféine. D'autres expériences indiquent que certaines régions du cerveau qui sont activées par une tâche d'apprentissage peuvent se réactiver durant le sommeil.

Un réseau de neurones situé au centre du tronc cérébral, appelé **formation réticulaire**, contribue à la régulation du sommeil et de l'éveil (**figure 49.10**). La formation réticulaire agit comme un filtre sensitif en déterminant les éléments d'information qui atteignent le cortex cérébral. Plus le cortex reçoit d'information, plus la personne est éveillée et attentive, bien que certains stimulus soient souvent mis de côté pendant que l'encéphale traite activement d'autres données. Outre la formation réticulaire diffuse, certaines régions du tronc cérébral interviennent dans la régulation du sommeil et de l'éveil : le pont et le bulbe rachidien contiennent ainsi des noyaux qui provoquent le sommeil lorsqu'ils sont stimulés ; de son côté, le mésencéphale intervient dans la régulation de l'éveil.

Tous les Oiseaux et les Mammifères présentent des cycles veille-sommeil caractéristiques, et la mélatonine, hormone produite par le corps pinéal, semble aussi jouer un rôle important dans ces cycles. Comme l'explique le chapitre 45, la sécrétion maximale de mélatonine se produit la nuit.

Au cours de l'évolution, certains animaux ont acquis des adaptations qui leur permettent une activité considérable durant le sommeil. Par exemple, les dauphins à gros nez dorment en nageant, remontant à la surface périodiquement pour respirer de l'air. Comment cela est-il possible ? En 1964, le physiologiste américain John Lilly a découvert que les dauphins dormaient avec un œil ouvert et l'autre fermé. Comme chez les humains et les autres Mammifères, le prosencéphale des dauphins est physiquement et fonctionnellement divisé en deux moitiés, les hémisphères droit et gauche. Lilly a émis l'hypothèse que dormir avec un seul œil fermé signifiait qu'un seul hémisphère de l'encéphale dormait. En 1977, le scientifique russe Lev Mukhametov a voulu vérifier l'hypothèse de Lilly. Il a enregistré les EEG de chaque hémisphère de dauphins qui dormaient (**figure 49.11**). Les résultats de Mukhametov démontrent qu'un seul hémisphère à la fois dort lorsqu'un dauphin dort.

La régulation de l'horloge biologique

Les cycles veille-sommeil ne sont qu'un exemple de rythme circadien, qui est le cycle quotidien de l'activité biologique. Ces cycles s'observent chez toutes sortes d'organismes : Bactéries, Mycètes, Végétaux, Insectes, Oiseaux et humains. Comme chez d'autres organismes, les rythmes circadiens des Mammifères dépendent d'une **horloge biologique**, un mécanisme moléculaire qui dirige l'expression génique et l'activité cellulaire périodiques. L'horloge biologique est habituellement synchronisée avec les cycles jour-nuit de l'environnement, mais elle peut suivre un cycle d'à peu près 24 heures même en l'absence de signaux environnementaux (voir la figure 40.9, p. 999). Par exemple, chez des humains maintenus dans un environnement exempt de fluctuations, le cycle a une longueur de 24,2 heures et varie très peu d'un individu à l'autre.

Qu'est-ce qui lie normalement l'horloge biologique d'un animal aux cycles jour-nuit de l'environnement ? Chez les Mammifères, les rythmes circadiens sont coordonnés par un groupe de neurones situé dans l'hypothalamus et appelé **noyaux suprachiasmatiques**. (Certains amas de neurones du SNC sont appelés « noyaux ».) L'information visuelle concernant l'intensité de la lumière que reçoivent les noyaux suprachiasmatiques permet à l'horloge mammalienne de rester synchrone avec le cycle naturel du jour et de la nuit. En observant le comportement d'animaux de laboratoire à qui on avait retiré chirurgicalement le SNC, des scientifiques ont démontré que celui-ci est essentiel aux rythmes circadiens : chez les animaux sans SNC, le comportement et l'activité électrique de l'encéphale sont dépourvus de rythme. Ces expériences n'ont toutefois pas permis de déterminer si les rythmes provenaient du SNC ou d'ailleurs. En 1990, les

▼ **Figure 49.12** INVESTIGATION

Quelles cellules contrôlent le rythme circadien des Mammifères ?

EXPÉRIENCE La mutation τ (tau) altère la période du rythme circadien des hamsters dorés (*Mesocricetus auratus*). Alors que les hamsters de type sauvage ont un cycle circadien qui dure 24 heures en l'absence de signaux externes, les hamsters homozygotes pour la mutation τ ont un cycle dont la durée est de 20 heures environ. Pour savoir si le SNC contrôle le rythme circadien, Michael Menaker et ses collègues de la University of Virginia ont procédé à l'ablation chirurgicale du SNC de hamsters de type sauvage et de hamsters τ. Quelques semaines plus tard, chacun de ces hamsters a reçu un greffon de SNC provenant d'un hamster possédant le génotype opposé. Les scientifiques ont ensuite mesuré la période du cycle circadien des receveurs de greffons.

RÉSULTATS Chez 80 % des hamsters dépourvus de SNC, la transplantation de tissu du SNC d'un autre hamster a rétabli le rythme circadien. Pour les hamsters chez qui une transplantation du SNC a rétabli le rythme circadien, l'effet net des deux interventions (destruction du SNC et remplacement) sur le rythme circadien est représenté graphiquement ci-dessous. Chacune des huit droites représente le changement observé dans la période du cycle circadien pour un hamster.

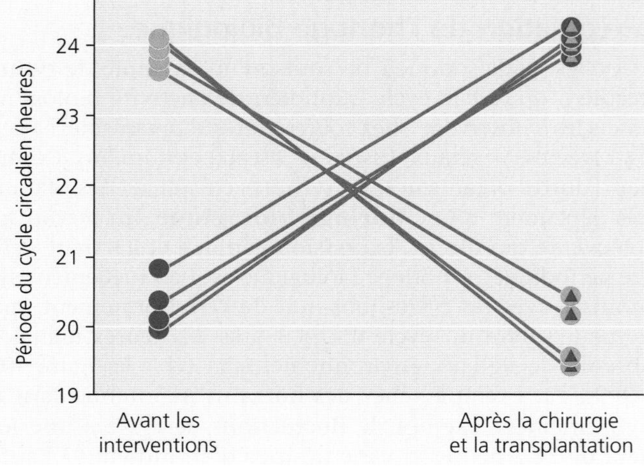

CONCLUSION Comme le rythme circadien de l'animal qui a reçu la greffe était celui de l'animal donneur, peu importe si le receveur était du type mutant ou τ, les cellules associées aux noyaux suprachiasmatiques doivent déterminer la période du rythme circadien.

SOURCE M. R. Ralph, R. G. Foster, F. C. Davis et M. Menaker, Transplanted suprachiasmatic nucleus determine circadian period, *Science* 247 : 975-978 (1990).

ET SI ? Imaginez qu'au cours de votre recherche, vous avez identifié un hamster mutant qui n'avait pas de rythme circadien. Comment pourriez-vous utiliser ce mutant dans des expériences de transplantation avec des hamsters de type sauvage et τ affin de démontrer que la mutation altère le contrôle du rythme circadien par le SNC ?

scientifiques ont répondu à cette question en observant l'effet d'une mutation qui change le rythme circadien des hamsters (**figure 49.12**). Après avoir transplanté du tissu cérébral entre hamsters normaux et mutants, ces scientifiques ont montré que c'est le SNC qui détermine le rythme circadien de tout l'animal.

Les émotions

Alors qu'une seule structure de l'encéphale régule l'horloge biologique, la génération et l'expérience des émotions dépendent de plusieurs structures de l'encéphale, dont le corps amygdaloïde, l'hippocampe et certaines parties du thalamus (**figure 49.13**). Ces structures bordent le tronc cérébral mammalien et forment donc ensemble le *système limbique* (du latin *limbus*, « bordure »). Toutefois, le système limbique n'est pas dédié uniquement aux émotions. Il participe aussi à la motivation, à l'olfaction (sens de l'odorat), au comportement et à la mémoire.

Outre le système limbique, certaines parties de l'encéphale participent à la génération et à l'expérience des émotions. Par exemple, en interagissant avec les aires sensitives du néocortex et d'autres centres supérieurs, ces structures produisent les émotions primaires qui s'expriment dans des comportements comme les pleurs ou le rire. Mais le système limbique donne aussi des contenus émotionnels aux comportements primaires qui doivent assurer la survie (tels que l'alimentation, l'agressivité et la sexualité) et qui font intervenir les structures du tronc cérébral.

Les expériences émotionnelles sont souvent conservées sous forme de souvenirs que des circonstances semblables peuvent rappeler. Dans le cas de la peur, la mémoire émotionnelle est conservée séparément du système de mémoire qui contient les détails explicites des événements qui ont suscité ces émotions. La structure de l'encéphale qui joue le rôle le plus important dans la conservation de la mémoire émotionnelle est le **corps amygdaloïde**, une masse de noyaux en forme d'amande (amas de neurones) situés près de la base du cerveau.

Pour étudier la fonction du corps amygdaloïde humain, les scientifiques présentent à des sujets adultes une image

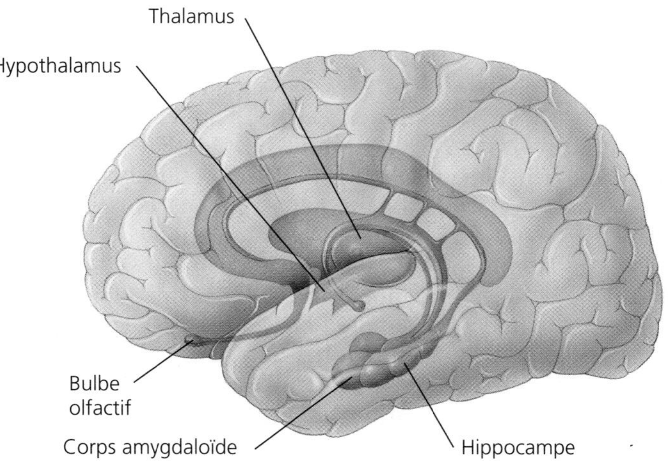

▲ **Figure 49.13 Le système limbique.**

qu'ils font suivre d'un stimulus désagréable, par exemple une faible décharge électrique. Après plusieurs essais, les participants à l'étude présentent un éveil autonome (qu'on mesure par une augmentation de la fréquence cardiaque ou de la sudation) s'ils revoient l'image. Les sujets ayant une lésion cérébrale qui touche uniquement le corps amygdaloïde peuvent se rappeler l'image parce que leur mémoire explicite est intacte, mais ils ne présentent aucun éveil autonome, ce qui indique que la lésion au corps amygdaloïde cause une altération de la mémoire émotionnelle.

À l'heure actuelle, le corps amygdaloïde et d'autres structures du cerveau sont étudiés à l'aide de méthodes d'imagerie fonctionnelles qui modifient notre compréhension de l'encéphale normal et de l'encéphale malade (**figure 49.14**).

RETOUR SUR LE CONCEPT **49.2**

1. Lorsque vous saluez de la main, quelle partie de votre encéphale amorce l'action?
2. Lorsqu'un policier arrête un conducteur pour conduite dangereuse et le soupçonne d'être en état d'ébriété, il peut lui demander de fermer les yeux et de toucher son nez. Que pouvez-vous déduire de ce test au sujet d'une des régions cérébrales touchées par l'alcool?
3. **ET SI?** Imaginez que vous examinez des personnes présentant des lésions au SNC qui ont provoqué un coma (état prolongé d'inconscience) ou une paralysie générale (perte de la fonction musculaire squelettique dans tout le corps). Par rapport à la position de la formation réticulaire, dites où se trouve la lésion dans chaque groupe de patients.

Voir les réponses proposées à la fin du chapitre.

CONCEPT **49.3**

Le cortex cérébral contrôle les mouvements volontaires et les fonctions cognitives

Nous allons maintenant nous pencher sur le cerveau, une partie de l'encéphale essentielle à la conscience de l'environnement, au langage, à la cognition et à la mémoire. Comme le montre la figure 49.9, le cerveau est la structure la plus volumineuse de l'encéphale humain. Comme l'encéphale dans son ensemble, le cerveau comporte des régions spécialisées. Les fonctions cognitives résident en majeure partie dans le cortex, la couche extérieure du cerveau. À l'intérieur du cortex, les aires sensitives reçoivent et traitent l'information sensorielle, les aires associatives intègrent l'information et les aires motrices transmettent l'information aux autres parties du corps.

▼ **Figure 49.14**

IMPACT

L'utilisation de l'imagerie cérébrale fonctionnelle pour dresser la carte du cerveau actif

Les techniques permettant de dresser la carte de l'activité du cerveau ont transformé l'étude de la fonction cérébrale humaine. La première technique couramment utilisée a été la tomographie par émission de positons (voir la figure 2.7, p. 36). Après l'injection de glucose radioactif dans le sang d'un sujet, les chercheurs peuvent utiliser la tomographie pour enregistrer l'activité métabolique dans l'encéphale. La méthode d'imagerie par résonance magnétique (IRM) fonctionnelle a également contribué à notre compréhension des fonctions cérébrales. Dans cette méthode, le sujet est allongé, la tête placée au centre d'un gros aimant en forme de beignet. Quand on analyse l'encéphale par balayage à l'aide d'ondes électromagnétiques (tomodensitométrie), la variation de la concentration sanguine d'oxygène dans les parties actives de l'encéphale produit des signaux qu'on peut enregistrer.

L'imagerie cérébrale fonctionnelle a été appliquée à l'étude de la cognition, de la conscience et de l'émotion chez l'humain. Par exemple, l'imagerie fonctionnelle donne à penser que la conscience est une propriété émergente de l'encéphale basée sur l'activité de plusieurs parties du cortex. Dans l'expérience montrée ici, les chercheurs ont mis en évidence des différences dans l'activité cérébrale associée à la musique que les sujets décrivent comme joyeuse ou triste. L'écoute de musique joyeuse activait l'*accumbens*, une structure cérébrale qui joue un rôle important dans la perception du plaisir. À l'inverse, les sujets qui écoutaient de la musique triste présentaient une activité accrue dans le corps amygdaloïde, une structure cérébrale qui est le centre de la mémoire émotionnelle.

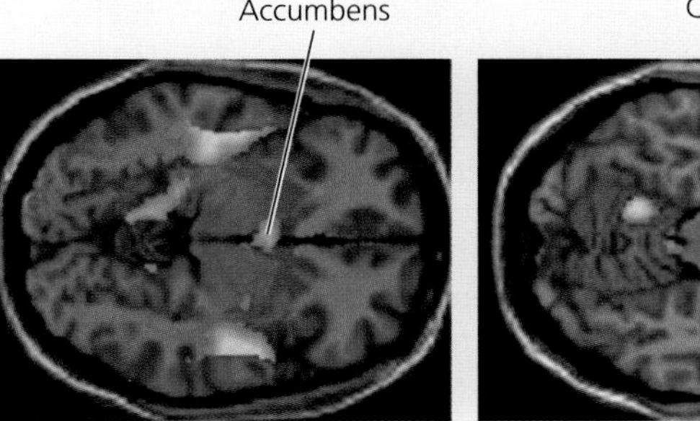

POURQUOI C'EST IMPORTANT L'imagerie cérébrale fonctionnelle aide à mieux comprendre le rétablissement qui suit l'accident vasculaire cérébral (AVC) et d'autres traumatismes cérébraux et permet de localiser les anomalies responsables des migraines, de la dyslexie et de plusieurs affections psychiatriques. Par ailleurs, elle fournit une précieuse contribution à la chirurgie cérébrale. Par exemple, chez les patients atteints d'épilepsie qui ne répondent pas au traitement médicamenteux, l'imagerie fonctionnelle permet de localiser la région responsable de cette maladie. L'efficacité de la chirurgie s'en trouve améliorée, de même que le rétablissement. Enfin, l'imagerie fonctionnelle a servi à explorer les différences qui existent entre le SNC des femmes et celui des hommes. On a ainsi démontré, par exemple, que l'apport sanguin au cerveau est plus élevé en moyenne chez les femmes que chez les hommes.

POUR EN SAVOIR PLUS R. C. deCharms, Applications of real-time fMRI, *Nature Reviews Neuroscience* 9: 720-729 (2008).

ET SI? Dans l'expérience décrite ci-dessus, certaines régions du cerveau étaient actives dans toutes les conditions. Quelles sont les fonctions possibles de ces régions?

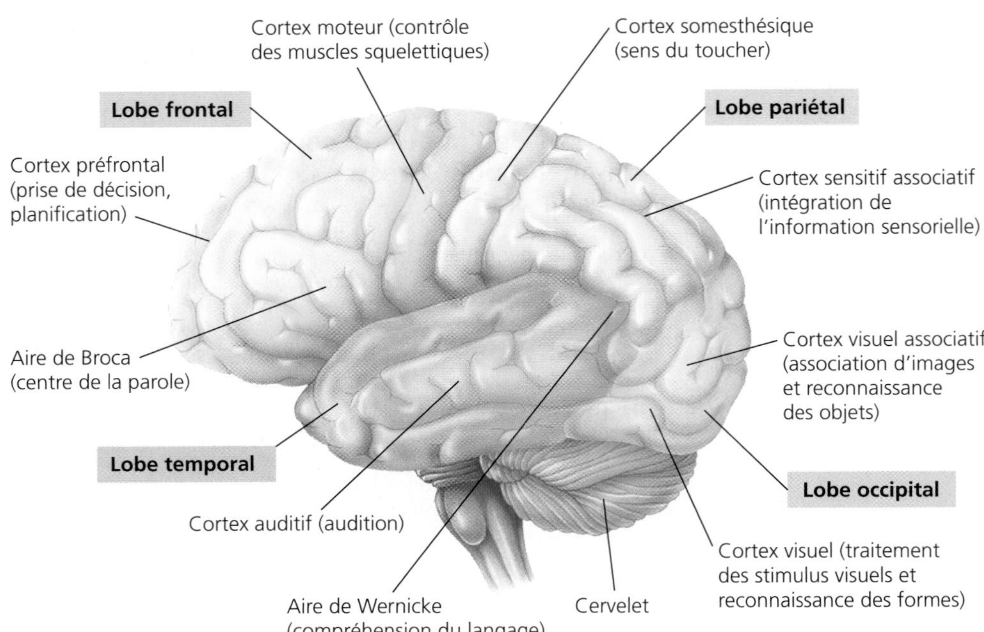

◄ **Figure 49.15 Le cortex cérébral humain.** Chaque hémisphère du cortex cérébral est divisé en cinq lobes, et chaque lobe est spécialisé dans certaines fonctions, dont quelques-unes sont indiquées ici. Certaines régions de l'hémisphère gauche du cerveau (montré ici) ont des fonctions différentes de celles de l'hémisphère droit (non montré).

Lorsque les neurobiologistes veulent localiser les fonctions particulières du cortex, ils se réfèrent souvent à quatre régions, ou lobes, comme repères physiques. Comme le montre la **figure 49.15**, chaque hémisphère du cortex cérébral est divisé en un lobe frontal, en un lobe temporal, en un lobe occipital et en un lobe pariétal (chaque lobe est nommé d'après l'os crânien adjacent).

Le langage et la parole

Le début de la cartographie des fonctions cognitives supérieures, associées à des aires spécifiques du cerveau, date des années 1800. Des médecins ont alors appris que des lésions touchant certaines parties du cortex causées par des blessures, des AVC ou des tumeurs pouvaient entraîner des modifications comportementales caractéristiques. Le médecin français Pierre Broca (1824-1880) a procédé à des autopsies pour examiner le cerveau de patients capables de comprendre le langage mais incapables de s'exprimer. Il a découvert que bon nombre d'entre eux présentaient des lésions dans une petite région du lobe frontal gauche, aujourd'hui appelée *aire de Broca*, qui commande les muscles du visage. Le médecin allemand d'origine polonaise Karl Wernicke (1848-1905) a montré que les lésions touchant la partie postérieure du lobe temporal, aujourd'hui appelée *aire de Wernicke*, pouvaient faire disparaître la capacité de comprendre le langage mais pas celle de parler.

Plus d'un siècle plus tard, des études portant sur l'activité cérébrale ont confirmé que l'aire de Broca est active pendant la production de la parole (**figure 49.16**, image inférieure gauche), et l'aire de Wernicke, pendant l'audition de la parole (figure 49.16, image supérieure gauche). Les chercheurs ont également constaté que l'aire de Broca et l'aire de Wernicke font partie d'un réseau beaucoup plus étendu de régions cérébrales associées au langage. La lecture silencieuse d'un mot imprimé active l'aire visuelle (figure 49.16, image supérieure droite), tandis que sa lecture à haute voix active à la fois l'aire visuelle et l'aire de Broca. Quant aux aires frontale et temporale, elles s'activent lorsque le sujet doit attacher un sens à des mots, comme trouver des verbes pour accompagner des noms ou grouper des mots ou des concepts connexes (figure 49.16, image inférieure droite).

La latéralisation des fonctions corticales

Les aires de Broca et de Wernicke sont situées dans l'hémisphère cortical gauche. Cela signifie que le côté gauche du cerveau joue un rôle beaucoup plus important que le côté droit dans le langage. Les deux hémisphères ont d'autres fonctions distinctes, mais la différence est moins importante que dans le cas du langage. Par exemple, l'hémisphère gauche

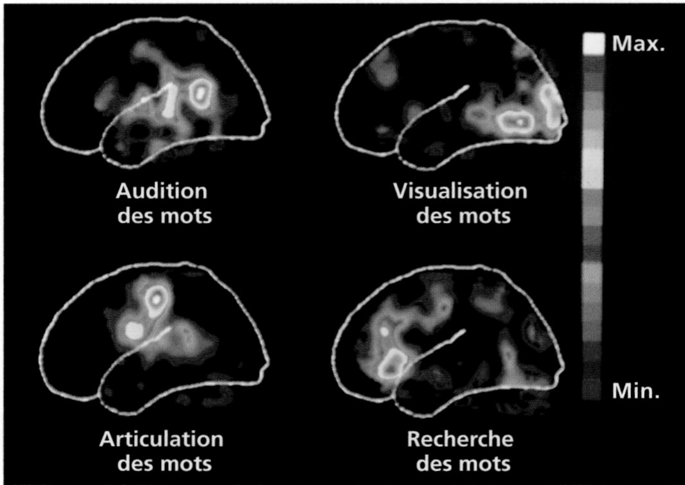

▲ **Figure 49.16 Cartographie des aires associées au langage dans le cortex cérébral.** Ces images obtenues grâce à la tomographie par émission de positons (TEP) montrent les niveaux d'activité cérébrale d'une personne au cours de quatre activités, toutes associées au langage.

est le siège de capacités particulières pour les mathématiques et les opérations logiques, alors que l'hémisphère droit semble se spécialiser dans le traitement des images et de la communication non verbale. La reconnaissance des visages et des formes, les relations spatiales, le contenu émotionnel du langage et des expressions corporelles, la perception des formes et de l'espace, la production du contenu émotionnel du langage et le traitement simultané de divers types d'information sont donc des fonctions dans lesquelles l'hémisphère droit intervient de façon prépondérante. L'établissement de ces différences dans la fonction des hémisphères porte le nom de **latéralisation**.

Il existe un minimum de latéralisation dans la prévalence manuelle, c'est-à-dire l'utilisation prédominante de l'une ou de l'autre main. Environ 90% des humains sont plus habiles de la main droite que de la main gauche. Des études effectuées à l'aide de l'IRMf ont montré comment le traitement du langage se fait selon qu'on est droitier ou gaucher. Lorsque les sujets pensent à des mots sans les dire à haute voix, l'activité du cerveau est localisée dans l'hémisphère gauche chez 96% des sujets droitiers, mais chez seulement 76% des gauchers.

Les deux hémisphères collaborent normalement de façon harmonieuse, échangeant de l'information par l'intermédiaire des fibres du corps calleux. L'observation des patients épileptiques dont on a sectionné le corps calleux en vue de faire échec à leurs crises révèle l'importance de ces échanges (il s'agit d'une intervention de dernier recours pour les formes les plus graves d'épilepsie, une affection se manifestant par des convulsions). Les personnes ayant subi cette intervention ont un «cerveau dédoublé». Lorsqu'elles voient un mot familier dans leur champ de vision gauche, elles ne peuvent le lire parce que l'information sensorielle qui se propage du champ de vision gauche à l'hémisphère droit ne peut atteindre les centres du langage dans l'hémisphère gauche. Chez elles, chaque hémisphère fonctionne indépendamment de l'autre.

Le traitement de l'information

Comme vous le verrez au chapitre 50, une partie de l'information sensorielle que reçoit le cortex cérébral provient de récepteurs regroupés dans des organes sensoriels spécialisés, par exemple les yeux et le nez. Une autre partie de l'information sensorielle vient de récepteurs individuels situés dans les mains, le cuir chevelu et ailleurs dans le corps. Ces récepteurs de l'information somatique, ou *récepteurs somesthésiques* (du grec *soma*, «corps»), acheminent de l'information relative au toucher, à la douleur, à la pression, à la température et à la position des muscles et des membres.

La majeure partie de l'information sensorielle est relayée par le thalamus vers les aires sensitives primaires des lobes du cortex cérébral. Le thalamus achemine différents types d'information à différents endroits. Par exemple, l'information visuelle parvient au lobe occipital, tandis que l'information auditive est dirigée vers le lobe temporal (voir la figure 49.15).

L'information reçue par les aires sensitives primaires est transmise aux aires associatives adjacentes, qui peuvent traiter des éléments particuliers des stimulus sensoriels reçus. Par exemple, dans le lobe occipital du cortex visuel primaire, certains groupes de neurones des aires visuelles primaires sont particulièrement sensibles aux rayons lumineux qui présentent une certaine orientation. Dans l'aire associative visuelle, l'information relative à ces caractéristiques est intégrée dans une région affectée à la reconnaissance d'images complexes, comme les visages.

L'information sensorielle intégrée se rend au cortex préfrontal, lequel aide à planifier les actions et les mouvements. Le cortex cérébral peut alors émettre des commandes motrices qui produisent des comportements précis: bouger un membre ou dire bonjour, par exemple. Ces commandes sont des potentiels d'action produits par les neurones dans l'aire motrice primaire, qui se situe à l'arrière du lobe frontal (voir la figure 49.15). Les potentiels d'action se propagent le long des axones jusqu'au tronc cérébral et à la moelle épinière, où ils excitent des neurones moteurs, qui à leur tour stimulent les cellules des muscles squelettiques.

Dans le cortex somesthésique et le cortex moteur, les neurones sont ordonnés en fonction de la partie du corps qui leur transmet les stimulus sensoriels ou reçoit d'eux les commandes motrices (**figure 49.17**). Ainsi, les neurones qui traitent l'information sensorielle provenant des jambes et des pieds sont situés dans la région du cortex somesthésique la plus près de la ligne médiane. Ceux qui commandent les muscles des jambes et des pieds se trouvent, quant à eux, dans la région correspondante de l'aire motrice. Dans la figure 49.17, notez que la portion du cortex consacrée à chaque partie du corps n'est pas en rapport avec la taille de cette partie, mais plutôt avec l'importance du contrôle neuronal requis (pour le cortex moteur) ou avec le nombre de neurones sensoriels qui prolongent les axones de cette partie (pour le cortex somesthésique). C'est pourquoi la portion consacrée au visage et aux mains est beaucoup plus importante que celle qui est dévolue au tronc, ce qui reflète l'importante participation des muscles faciaux à la communication.

La fonction du lobe frontal

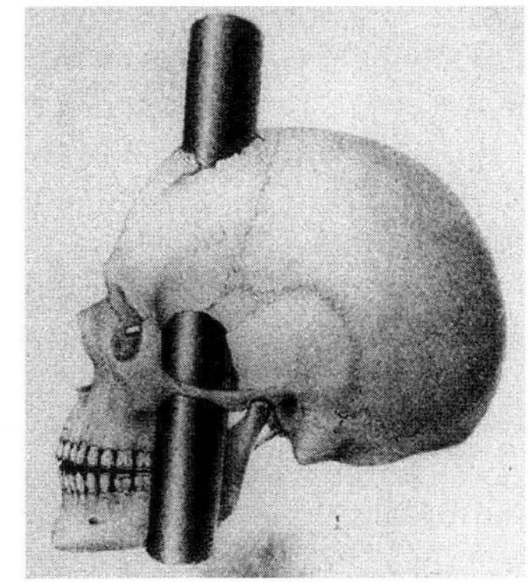

En 1848, un accident de travail horrible a permis de mieux comprendre le rôle du cortex préfrontal dans le tempérament et la prise de décision. Phineas Gage supervisait la construction d'une voie ferrée, au Vermont, lorsque, à la suite d'une explosion de dynamite, une tige de métal de 3 cm de diamètre lui a transpercé le crâne. La tige, entrée juste sous l'œil gauche, ressortit par le dessus de la boîte crânienne après avoir endommagé une grande partie de son lobe frontal. Contre toute attente, Gage s'est rétabli; il a même survécu durant 12 ans, mais sa personnalité s'était radicalement transformée. Il est devenu émotionnellement détaché, impatient et inconstant dans son comportement.

Le lien entre les lésions cérébrales de Gage et les changements survenus dans sa personnalité est controversé, mais on sait que les patients chez qui on diagnostique des tumeurs

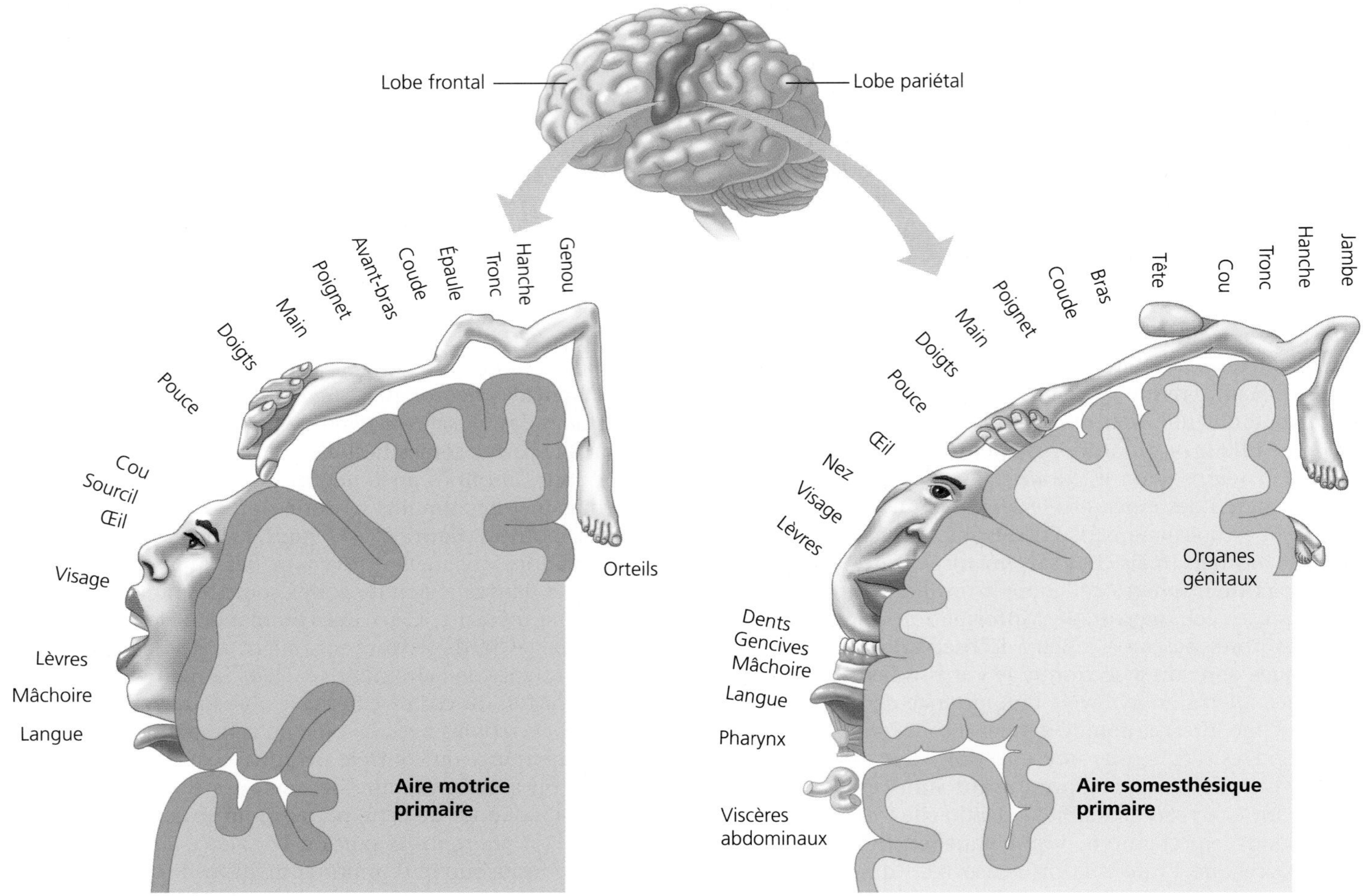

▲ **Figure 49.17 Représentation des parties du corps correspondant aux aires motrices et somesthésiques primaires du cortex cérébral.** La portion de cortex cérébral qui est consacrée à chacune des parties du corps est associée à la représentation graphique de cette même partie.

dans le lobe frontal souffrent parfois des mêmes symptômes. Leurs capacités intellectuelles et leur mémoire semblent intactes, mais la prise de décision est perturbée et les réactions émotionnelles sont diminuées. Au 20e siècle, on constatait les mêmes symptômes lorsqu'on pratiquait la lobotomie frontale, une intervention chirurgicale qui consistait en l'ablation du lien entre le cortex préfrontal et le système limbique. Ces observations montrent que les lobes frontaux jouent un rôle considérable dans les fonctions souvent dites «exécutives».

La lobotomie frontale était autrefois un traitement couramment utilisé pour soigner les personnes présentant des troubles de comportement graves, mais elle fut ensuite délaissée par la pratique médicale. On a maintenant recours à la pharmacothérapie pour traiter ce genre de patients, comme nous le verrons plus loin dans le chapitre.

L'évolution de la cognition chez les Vertébrés

ÉVOLUTION Chez les humains, le cortex cérébral représente 80% de la masse de l'encéphale et possède de nombreux gyrus (voir la figure 49.9). Grâce à ces derniers, le néocortex peut tenir dans le crâne malgré l'importance de son aire: chez l'humain, il mesure moins de 5 mm d'épaisseur, mais son aire totale est d'environ 0,1 m^2. La couche extérieure du cortex cérébral humain forme le *néocortex*, constitué de six couches parallèles de neurones qui s'étendent à la périphérie de l'encéphale.

On a longtemps cru que la *cognition* supérieure, c'est-à-dire la perception et le raisonnement qui permettent la connaissance, requérait un néocortex comportant beaucoup de circonvolutions. Les Primates et les Cétacés (baleines, dauphins et marsouins) ont des néocortex présentant de nombreux gyrus, contrairement aux Oiseaux. On croyait donc que les capacités cognitives des Oiseaux étaient beaucoup plus limitées. Toutefois, des expériences récentes ont réfuté cette idée. Par exemple, les geais buissonniers (*Aphelocoma californica*) sont capables de se rappeler le laps de temps relatif qui passe après avoir caché certains aliments. Quant aux corbeaux calédoniens (*Corvus moneduloides*), ils fabriquent et utilisent des outils avec beaucoup d'adresse, alors que l'on croyait que cette capacité était le privilège des humains et de quelques singes anthropoïdes. Par ailleurs, les perroquets gris (*Psittacus erithacus*) comprennent des concepts abstraits et numériques; ils sont capables de distinguer ce qui est « pareil » et « différent » et saisissent le concept de « rien ».

La région anatomique qui semble responsable du traitement supérieur de l'information chez les Oiseaux est un regroupement de noyaux dans le *pallium*, la partie supérieure ou externe de l'encéphale (**figure 49.18**). Ce regroupement est différent de celui observé chez les humains (le cortex cérébral), où il est constitué de six couches aplaties de cellules. Il existe donc deux types de pallium, chacun assurant une fonction cérébrale complexe et flexible.

Comment les différences entre le pallium aviaire et le pallium humain sont-elles apparues au cours de l'évolution? Selon le consensus actuel, l'ancêtre commun des Oiseaux et des Mammifères avait un pallium dans lequel les neurones étaient organisés en noyaux, comme c'est encore le cas aujourd'hui chez les Oiseaux. Tôt dans l'évolution mammalienne, cet agencement (regroupement) nucléaire des neurones s'est transformé en arrangement par couches. La capacité de connexion s'est maintenue durant cette transformation, de sorte que, par exemple, le thalamus achemine au pallium l'information sensorielle relative à la vue, à l'odeur et au toucher, et ce, chez les deux espèces.

Le traitement supérieur de l'information dépend non seulement de l'organisation globale de l'encéphale, mais aussi des changements qui se produisent à très petite échelle et qui permettent l'apprentissage et la mémoire. Dans la prochaine section, nous nous pencherons sur ces transformations telles qu'elles surviennent chez les humains.

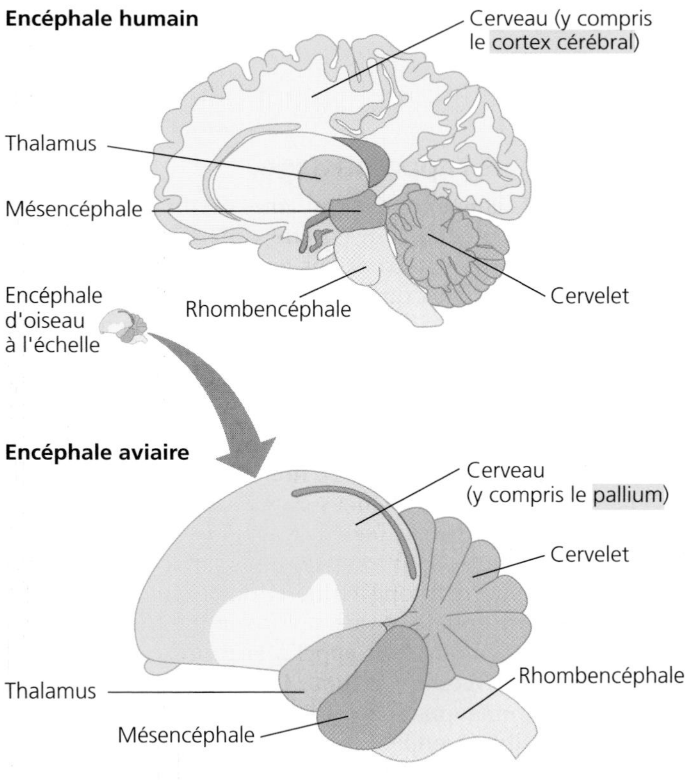

▲ **Figure 49.18 Comparaison des régions responsables de la cognition supérieure dans l'encéphale des Oiseaux et des humains.** Même s'ils sont structurellement différents, le cortex cérébral d'un humain (coupe transversale du haut) et le pallium cérébral d'un oiseau chanteur (coupe transversale du bas) jouent des rôles semblables dans les activités cognitives supérieures et établissent beaucoup de connexions similaires avec les autres structures cérébrales.

RETOUR SUR LE CONCEPT 49.3

1. En quoi l'étude de sujets souffrant de lésions dans certaines régions du cerveau peut-elle renseigner sur la fonction normale de ces régions?
2. L'aire de Broca et l'aire de Wernicke sont des aires cérébrales qui jouent un rôle déterminant dans le langage. Quel rapport y a-t-il entre le rôle de chacune de ces aires et son emplacement dans le cortex cérébral?
3. **ET SI?** Si on demandait à un sujet dont le corps calleux a été sectionné de regarder la photo d'un visage connu, d'abord dans son champ de vision gauche puis dans son champ de vision droit, pourquoi aurait-il de la difficulté à associer un nom à ce visage, quel que soit le champ de vision utilisé?

Voir les réponses proposées à la fin du chapitre.

CONCEPT 49.4

La mémoire et l'apprentissage reposent sur des changements dans les connexions synaptiques

Au cours du développement embryonnaire, la structure d'ensemble du système nerveux s'établit sous l'effet de l'expression génique régulée et de la transduction de signal (voir le chapitre 47). Par la suite, deux processus dominent le reste du développement et le modelage du système nerveux. Le premier processus est la concurrence entre les neurones pour la survie. Les neurones se font concurrence pour obtenir les facteurs de croissance que les tissus assurant leur croissance produisent en quantité limitée. Les cellules qui ne se rendent pas au bon emplacement cessent de recevoir ces facteurs et subissent l'apoptose. La concurrence est si forte que la moitié des neurones formés dans l'embryon disparaissent. Le résultat net est la survie préférentielle des neurones bénéficiant d'un emplacement adéquat dans le système nerveux.

L'élimination des synapses est le deuxième processus qui façonne le système nerveux. Un neurone en développement forme de nombreuses synapses, davantage qu'il n'en a besoin pour fonctionner correctement. L'activité de ce neurone stabilise ensuite certaines synapses et en déstabilise d'autres. À la fin du développement embryonnaire, les neurones ont, en moyenne, perdu plus de la moitié de leurs synapses initiales; celles qui restent seront encore là à l'âge adulte.

La mort neuronale et l'élimination des synapses établissent donc le réseau de base des cellules et des connexions requises dans le système nerveux durant toute la vie.

La plasticité neurale

Même si l'organisation d'ensemble du SNC s'établit durant le développement embryonnaire, elle peut changer après la naissance. Cette capacité que possède le système nerveux à se remodeler, particulièrement sous l'effet de sa propre activité, porte le nom de **plasticité neurale**.

Une bonne partie du remodelage du système nerveux a lieu aux synapses. Lorsque l'activité d'une synapse est en corrélation avec celle d'autres synapses, des changements peuvent se produire qui renforcent la connexion synaptique. À l'inverse, quand l'activité d'une synapse n'est pas de lien avec celle d'autres synapses, il arrive que ses connexions s'affaiblissent. Ainsi, les synapses appartenant à des circuits qui relient l'information de manière utile sont maintenues, tandis que celles qui acheminent de l'information sans contexte peuvent être perdues.

La **figure 49.19a** illustre comment ces processus peuvent donner lieu à l'ajout ou à la perte d'une synapse. Si on se représente les signaux qui circulent dans le système nerveux comme les voitures se déplaçant sur une autoroute, on peut comparer ces changements à l'ajout ou au retrait d'une rampe d'accès. Le résultat net est l'augmentation de signaux entre certaines paires de neurones et la diminution de ceux-ci entre d'autres paires. Comme le montre la **figure 49.19b**, certains changements peuvent aussi renforcer ou affaiblir la communication à une synapse. Dans notre analogie avec la circulation routière, ces changements se comparent à l'élargissement ou au rétrécissement d'une voie d'accès.

Les recherches indiquent que l'*autisme*, un trouble du développement d'apparition précoce, est causé par une altération du remodelage synaptique, défini par l'activité. Les enfants autistes ont de la difficulté à communiquer et à interagir socialement et présentent des comportements stéréotypés et répétitifs. Bien qu'on ne connaisse pas encore les causes sous-jacentes de l'autisme, cette maladie et d'autres qui lui sont apparentées présentent une forte composante génétique. Des recherches approfondies ont écarté tout lien avec les agents de conservation des vaccins, que certains considéraient comme un facteur de risque potentiel. Une meilleure compréhension de l'altération de la plasticité synaptique à laquelle l'autisme est associé permettra de mieux comprendre et de traiter ce trouble.

Le remodelage et l'achèvement du système nerveux se font dans plusieurs contextes. Par exemple, peu après la naissance, le cortex visuel de l'encéphale mammalien subit une réorganisation sous l'effet de l'information transmise par le nerf optique en réaction aux stimulus visuels. Des expériences ont montré que ce remodelage est une étape nécessaire dans le développement normal de la vision.

Les circuits cérébraux fonctionnels sont également l'objet d'un remodelage lorsque le système nerveux est touché par des affections ou des lésions dont il peut guérir en grande partie. C'est ce qui se passe au cours du traitement du syndrome du membre fantôme, une affection dans laquelle le sujet ressent de la douleur ou des malaises qui lui semblent venir d'un membre dont il a été amputé. Au cours de ce traitement, le patient s'exerce à visualiser le reflet du membre restant dans une boîte en miroir. Ce faisant, les connexions neurales du cerveau se réorganisent, de sorte que les sensations désagréables associées au membre perdu finissent par disparaître.

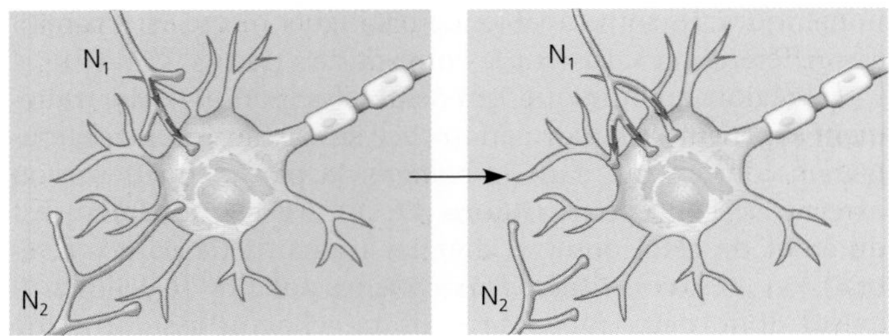

(a) Les connexions entre neurones sont renforcées ou affaiblies selon l'activité. Une activité intense à la synapse du neurone postsynaptique avec le neurone présynaptique N_1 provoque la mobilisation de corpuscules terminaux supplémentaires de ce neurone. L'absence d'activité à la synapse avec le neurone présynaptique N_2 entraîne une perte de connexions fonctionnelles avec ce neurone.

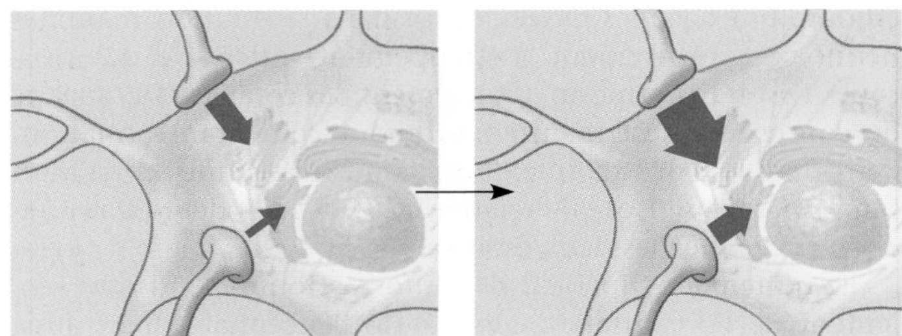

(b) Si deux synapses sur le même neurone postsynaptique sont souvent actives en même temps, alors la force de la réaction postsynaptique peut augmenter aux deux synapses.

▲ **Figure 49.19 La plasticité neurale.** Les connexions synaptiques peuvent changer avec le temps, selon le niveau d'activité à la synapse.

La mémoire et l'apprentissage

La formation de la mémoire est un autre exemple de plasticité neurale. Sans nécessairement en être conscients, nous effectuons sans cesse des comparaisons entre les événements présents, immédiats, et ceux qui se sont produits quelques instants avant seulement. Nous conservons momentanément l'information dans la **mémoire à court terme**, puis elle disparaît quand elle est devenue inutile. Par contre, si nous voulons retenir un nom ou un numéro de téléphone, nous activons les mécanismes de la **mémoire à long terme**. Par la suite, si nous souhaitons nous rappeler ce nom ou ce numéro de téléphone, nous pouvons l'évoquer grâce à cette mémoire à long terme et le replacer dans la mémoire à court terme.

Les scientifiques se sont longtemps demandé où étaient les sièges de la mémoire à long terme et de la mémoire à court terme dans l'encéphale. Nous savons aujourd'hui que les deux types de mémoire font appel à la conservation de l'information dans le cortex cérébral. Dans la mémoire à court terme, cette information est accessible par des liens temporaires formés dans l'hippocampe. Lorsque des souvenirs sont transférés dans la mémoire à long terme, les liens formés dans l'hippocampe sont remplacés par des connexions plus permanentes dans le cortex cérébral lui-même. Il semble qu'une partie de cette consolidation ait lieu durant le sommeil. Par ailleurs, la réactivation de l'hippocampe qui est nécessaire pour consolider des souvenirs semble constituer la base d'au moins une partie de nos rêves.

Selon notre connaissance actuelle de la mémoire, l'hippocampe est essentiel à l'acquisition de nouveaux souvenirs à long terme, mais pas à leur conservation. Cette hypothèse explique bien les symptômes de personnes qui ont subi des lésions à l'hippocampe: elles sont incapables d'acquérir de nouveaux souvenirs durables, tout en se rappelant aisément les événements antérieurs à leur accident. En effet, l'altération de la fonction normale de l'hippocampe les emprisonne dans le passé.

Du point de vue de l'évolution, quel avantage y a-t-il à avoir une organisation de la mémoire à court terme qui soit différente de celle de la mémoire à long terme? À l'heure actuelle, on croit que le laps de temps qui s'écoule avant la formation de connexions dans le cortex cérébral permet aux souvenirs à long terme de s'intégrer graduellement aux connaissances et aux expériences qui sont déjà conservées, afin que soient possibles des associations plus significatives. En ce sens, le transfert d'information de la mémoire à court terme à la mémoire à long terme est favorisé par l'association de nouvelles données avec de l'information déjà stockée dans la mémoire à long terme. Il est ainsi plus facile d'apprendre un nouveau jeu de cartes si on a déjà l'habitude de jouer aux cartes.

Les activités motrices telles que marcher, nouer ses lacets, monter à bicyclette ou écrire sont en général apprises par la répétition. On peut ensuite les exécuter sans faire un effort conscient pour se rappeler les étapes précises à suivre. Le rappel de compétences et de méthodes (par exemple quand on apprend à faire de la bicyclette) semble faire intervenir des mécanismes cellulaires très semblables à ceux qui sont associés à la croissance et au développement du cerveau. Les neurones mettent alors en place de nouvelles connexions. En revanche, la mémorisation des numéros de téléphone, des faits et des endroits (qui peut se faire très rapidement et n'exiger qu'une exposition à l'élément en question) pourrait dépendre de changements dans la force des connexions nerveuses existantes. Nous allons maintenant voir comment la force des connexions peut changer.

La potentialisation à long terme

En étudiant la physiologie de la mémoire, des chercheurs ont concentré leur attention sur les processus qui peuvent altérer une connexion synaptique et, ce faisant, la rendre plus ou moins efficace. Nous nous attarderons ici à la **potentialisation à long terme**, qui consiste en une augmentation durable de la force de la transmission synaptique.

D'abord observée dans les couches de tissu de l'hippocampe, la potentialisation à long terme fait intervenir un neurone présynaptique qui libère de l'acide glutamique, un neurotransmetteur excitatoire. Pour que la potentialisation se produise, une série de potentiels d'action brefs et répétés doivent avoir lieu dans ce neurone présynaptique. De plus, ces derniers doivent survenir au corpuscule terminal au moment même où la cellule postsynaptique reçoit un stimulus dépolarisant d'une autre synapse.

La potentialisation à long terme fait appel à deux types de récepteurs d'acide glutamique, dont le nom correspond à chacune des deux molécules qui activent artificiellement ce récepteur (AMPA ou NMDA). Comme l'explique la **figure 49.20**, ces

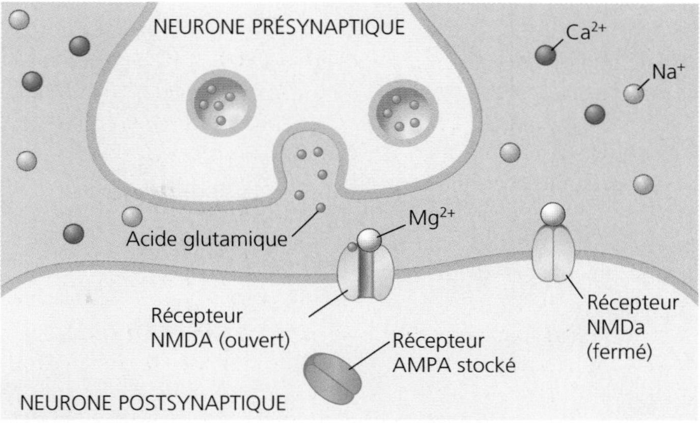

(a) La synapse avant la potentialisation à long terme. Les récepteurs NMDA s'ouvrent en réaction à l'acide glutamique, mais sont bloqués par le Mg^{2+}.

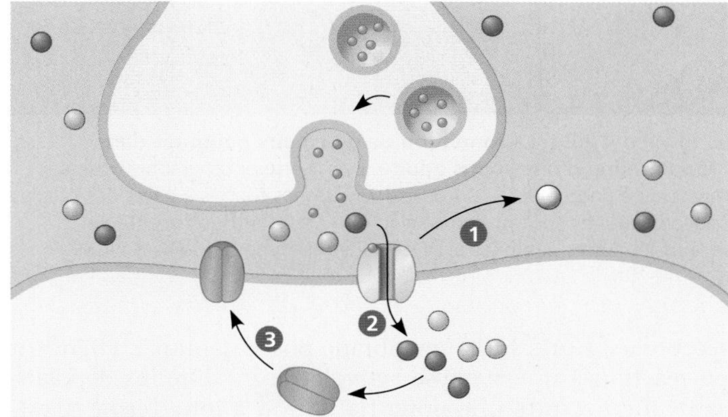

(b) L'établissement de la potentialisation à long terme. L'activité dans les synapses adjacentes (non montrées) dépolarise la membrane postsynaptique, ce qui entraîne la libération de Mg^{2+} par les récepteurs NMDA ❶. Les récepteurs non bloqués répondent à l'acide glutamique en laissant entrer du Na^+ et du Ca^{2+} ❷. L'arrivée de Ca^{2+} déclenche l'insertion, dans la membrane postsynaptique, des récepteurs AMPA stockés ❸.

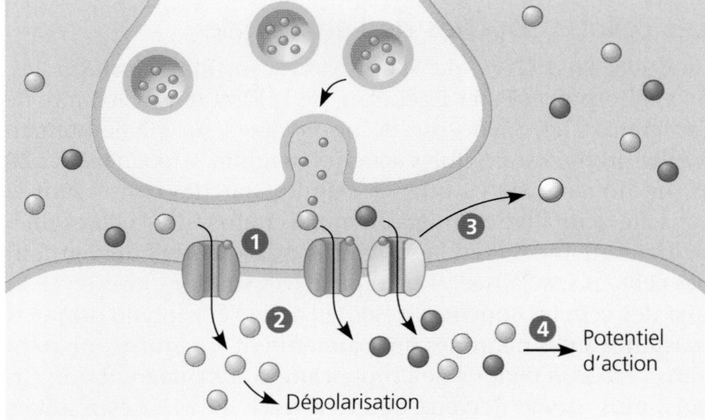

(c) Synapse présentant une potentialisation à long terme. La libération d'acide glutamique active les récepteurs AMPA ❶ qui déclenchent la dépolarisation ❷. La dépolarisation ouvre les récepteurs NMDA ❸. Ensemble, les récepteurs AMPA et NMDA déclenchent les potentiels postsynaptiques assez intensément pour amorcer des potentiels d'action sans influx provenant d'autres synapses ❹. Les mécanismes supplémentaires (non montrés) contribuent à la potentialisation à long terme, dont la modification du récepteur par les protéines kinases.

▲ **Figure 49.20 La potentialisation à long terme dans l'encéphale.**

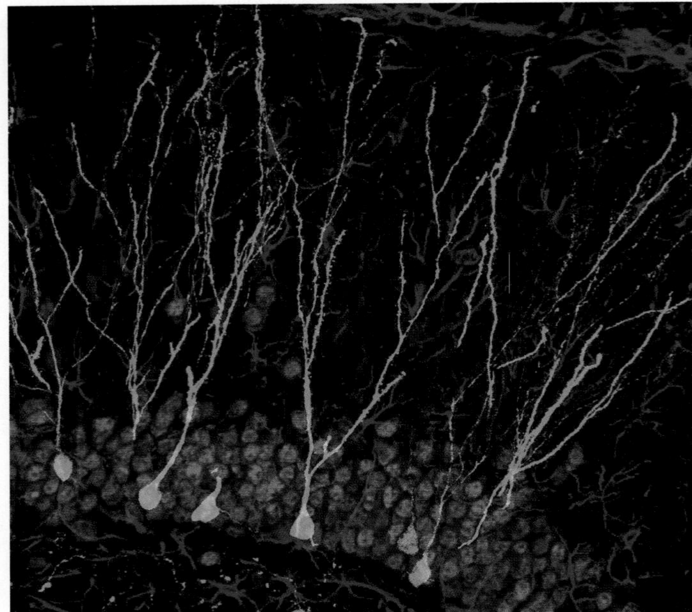

▲ **Figure 49.21 La formation de nouveaux neurones dans l'hippocampe d'une souris adulte.** Dans cette photographie prise au microscope photonique, les nouveaux neurones formés à partir des cellules souches adultes sont marqués avec une protéine fluorescente verte, et tous les autres neurones avec un colorant rouge qui se lie à l'ADN.

récepteurs, situés sur la membrane postsynaptique, changent en réaction à une synapse active et à un stimulus dépolarisant. Il en résulte une potentialisation à long terme, c'est-à-dire une augmentation stable de l'amplitude des potentiels postsynaptiques à la synapse. Comme elle peut durer des jours ou des semaines, la potentialisation à long terme représente peut-être un processus fondamental de stockage des souvenirs ou d'apprentissage.

Les cellules souches de l'encéphale

En 1998, Fred Gage, du Salk Institute for Biological Studies, en Californie, et Peter Ericksson, de l'Hôpital universitaire de Sahlgrenska, en Suède, ont découvert que l'encéphale humain adulte produit des cellules souches neurales. Aux chapitres 20 et 46, nous avons vu que les cellules souches conservent la capacité de se diviser indéfiniment. Certaines des cellules filles demeurent indifférenciées, tandis que d'autres deviennent des cellules spécialisées. Des expériences sur des souris révèlent que des cellules souches présentes dans l'encéphale donnent naissance à des neurones qui parviennent à maturité, migrent dans certaines régions de l'hippocampe et s'intègrent aux circuits du système nerveux adulte (**figure 49.21**). Les résultats d'autres expériences indiquent que ces neurones jouent un rôle essentiel dans l'apprentissage et la mémoire. Des cellules souches neuronales adultes contribuent donc à la plasticité qui permet le remodelage des circuits cérébraux sous l'effet de l'expérience.

Les chercheurs essaient présentement de voir comment on pourrait utiliser des cellules souches neuronales pour remplacer des tissus cérébraux qui ont cessé de fonctionner adéquatement. Contrairement au SNP, le SNC mammalien ne peut se réparer quand il est endommagé ou malade. L'encéphale humain peut établir de nouvelles connexions entre les neurones survivants et parfois compenser les lésions, comme le prouvent les guérisons remarquables de certaines victimes d'AVC. Mais, de manière générale, les blessures de la moelle épinière, les AVC, les lésions cérébrales et les maladies qui détruisent les neurones, comme la maladie de Parkinson et la maladie d'Alzheimer, ont des effets irréversibles.

Bien que la médecine n'en soit pas encore à traiter des patients avec des cellules souches neuronales, les scientifiques ont récemment fait une découverte très encourageante: l'expression de quatre gènes seulement permet de convertir des cellules adultes indifférenciées en cellules souches (voir le chapitre 20).

RETOUR SUR LE CONCEPT 49.4

1. Nommez deux mécanismes qui peuvent accroître la circulation de l'information entre deux neurones chez un adulte.
2. Les personnes qui souffrent d'une lésion cérébrale localisée ont considérablement contribué à l'étude de plusieurs fonctions cérébrales, mais il est peu probable qu'elles puissent aider à approfondir nos connaissances concernant la conscience. Pourquoi?
3. **ET SI?** Imaginez qu'une personne souffrant d'une lésion à l'hippocampe est incapable d'acquérir de nouveaux souvenirs à long terme. Pourquoi l'acquisition de souvenirs à court terme est-elle susceptible d'être altérée également?

Voir les réponses proposées à la fin du chapitre.

CONCEPT 49.5

Des dérèglements moléculaires sont à l'origine de nombreuses affections du système nerveux

Les affections du système nerveux, notamment la schizophrénie, la dépression, la toxicomanie, la maladie d'Alzheimer et la maladie de Parkinson, représentent un problème de santé publique majeur. Collectivement, elles sont responsables d'un plus grand nombre d'hospitalisations que les maladies du cœur ou le cancer. Pendant de nombreuses années, le seul traitement pour les personnes atteintes d'une maladie mentale était l'internement dans des établissements où la plupart demeuraient jusqu'à la fin de leurs jours. Aujourd'hui, plusieurs affections qui se manifestent par des troubles de l'humeur ou du comportement peuvent être traitées avec des médicaments, de sorte que la moyenne des séjours dans les hôpitaux psychiatriques n'est plus que de deux ou trois semaines. Par ailleurs, l'attitude des gens à l'égard de ces malades évolue lentement, car ils sont de plus en plus sensibilisés au fait que leur maladie est causée par des changements chimiques ou anatomiques qui se produisent dans l'encéphale. Plusieurs difficultés demeurent, cependant, surtout dans le cas de la maladie d'Alzheimer et d'autres maladies qui s'accompagnent d'une dégénérescence du système nerveux.

D'importantes recherches sont en cours pour identifier les gènes qui causent les affections du système nerveux ou y contribuent. L'identification de ces gènes permettra probablement de déterminer les causes de ces maladies, d'en prédire l'évolution et de mettre au point des traitements efficaces. Toutefois, les gènes ne sont pas l'unique facteur à prendre en compte chez les personnes atteintes de ces affections du système nerveux. Les facteurs environnementaux comptent également pour beaucoup. Malheureusement, ils sont généralement très difficiles à cerner.

Pour distinguer les variables génétiques et environnementales, les chercheurs étudient souvent les familles. Dans ces études, ils déterminent les liens génétiques entre les membres de la famille, identifient ceux qui sont atteints et ceux qui ont grandi ensemble. Ces études fournissent des renseignements particulièrement précieux lorsqu'un des membres atteints a un vrai jumeau ou encore un frère adoptif ou une sœur adoptive sans lien génétique. Les résultats de ces études indiquent que certaines affections du système nerveux, par exemple la schizophrénie, ont une composante héréditaire très importante (**figure 49.22**).

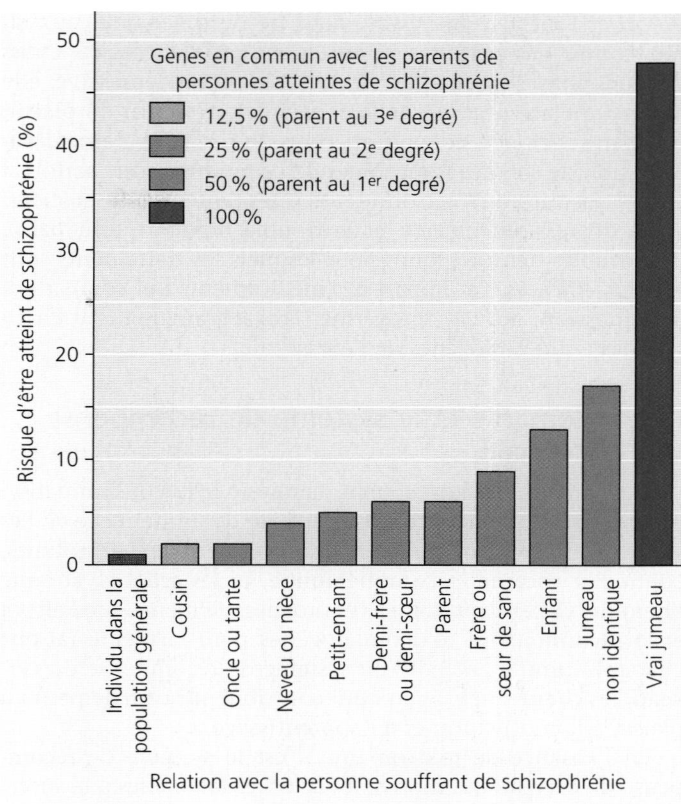

▲ **Figure 49.22 Les facteurs génétiques associés à la schizophrénie.** Les cousins, les oncles et les tantes d'une personne atteinte de schizophrénie courent deux fois plus de risques de souffrir de la maladie que des personnes non apparentées. Dans le cas des parents plus proches, les risques sont beaucoup plus grands.

La schizophrénie

Environ 1 % de la population mondiale souffre de **schizophrénie**, un trouble mental grave caractérisé par des épisodes psychotiques au cours desquels la personne atteinte a une perception déformée de la réalité. En général, les symptômes de la schizophrénie comprennent les hallucinations (la plupart du temps sous forme de « voix » que seul le malade entend) et les délires (par exemple l'idée que les autres complotent contre lui). Contrairement à la croyance populaire, les personnes atteintes de schizophrénie ne présentent pas nécessairement une personnalité multiple. Le terme *schizophrénie* (du grec *schizo*, « fendre », et *phren*, « esprit ») fait plutôt référence à la fragmentation de fonctions cérébrales normalement intégrées.

Deux éléments appuient l'hypothèse selon laquelle la schizophrénie perturbe les voies neuronales qui font intervenir la dopamine comme neurotransmetteur. Premièrement, l'amphétamine, une drogue qu'on appelle communément *speed*, stimule la libération de la dopamine et peut provoquer la même combinaison de symptômes que la schizophrénie. Deuxièmement, beaucoup des médicaments qui atténuent les symptômes de la schizophrénie bloquent les récepteurs de dopamine. La schizophrénie pourrait également altérer la communication par l'acide glutamique, puisque le PCP (phénylcyclidine), une drogue illicite aussi appelée *angel dust*, bloque les récepteurs d'acide glutamique et provoque des symptômes marqués semblables à ceux de la schizophrénie.

Heureusement, beaucoup de médicaments permettent d'atténuer les principaux symptômes de cette maladie. Même si plusieurs des premiers traitements entraînaient des effets secondaires néfastes, les médicaments plus récents sont tout aussi efficaces et comportent beaucoup moins d'effets indésirables. À l'heure actuelle, la recherche porte sur les mutations génétiques responsables de la schizophrénie ; elle pourrait apporter de nouvelles connaissances sur les causes de cette maladie et déboucher sur la mise au point de nouveaux traitements.

La dépression

La dépression est une affection qui se caractérise par l'abattement ainsi que par des troubles du sommeil, de l'appétit et de l'énergie. On connaît deux grandes formes de dépression : la dépression majeure et le trouble bipolaire. Pendant des périodes qui durent souvent plusieurs mois, les personnes qui font une **dépression majeure** n'éprouvent plus de plaisir ni d'intérêt à faire des activités qui leur étaient autrefois agréables. La dépression majeure est un des troubles neurologiques les plus répandus ; un adulte sur sept en souffre à un moment ou à un autre de sa vie, dont deux fois plus de femmes.

Le **trouble bipolaire**, ou maniacodépression, consiste en des changements d'humeur (alternance des états de surexcitation et des états d'abattement) et touche environ 1 % de la population mondiale. La phase maniaque est caractérisée par une forte estime de soi, un surcroît d'énergie, un foisonnement d'idées, une volubilité excessive et la témérité. Dans les formes bénignes, cette phase est parfois associée à une grande créativité, et certains artistes, musiciens ou écrivains de renom (dont Vincent Van Gogh, Robert Schumann, Virginia

Woolf et Ernest Hemingway, pour ne nommer que ceux-là) ont connu des périodes intensément productives au cours de leurs phases maniaques. Quant à la phase dépressive, elle amène une atténuation de la capacité de ressentir du plaisir, une perte d'intérêt, des perturbations du sommeil et une dévalorisation de soi. Les symptômes de cette phase sont parfois si graves que certaines personnes atteintes tentent de se suicider.

La dépression majeure et le trouble bipolaire font partie des troubles neurologiques pour lesquels les traitements sont les plus efficaces. La plupart des médicaments qui combattent la dépression, dont la fluoxétine (Prozac), augmentent l'activité des amines biogènes de l'encéphale.

La toxicomanie et le système de récompense de l'encéphale

La toxicomanie est un trouble marqué par la consommation compulsive d'une drogue et l'incapacité de limiter celle-ci. Les substances toxicomanogènes comprennent les stimulants, comme la cocaïne et l'amphétamine, et les sédatifs, comme l'héroïne. Cependant, toutes ces drogues, de même que l'alcool et la nicotine, sont toxicomanogènes pour la même raison: chacune stimule l'activité du système de récompense du cerveau, les circuits neuronaux qui contribuent normalement au plaisir, à la motivation et à l'apprentissage.

En l'absence de toxicomanie, c'est le système de récompense du cerveau qui motive les activités favorables à la survie et à la reproduction, comme manger quand on a faim, boire quand on a soif et avoir un rapport sexuel quand on en a envie. Chez les toxicomanes, le « besoin » est plutôt dirigé vers la consommation de la substance toxicomanogène.

Comme le montre la **figure 49.23**, l'information transmise au système de récompense est reçue par des neurones situés près de la base de l'encéphale, dans une région appelée *aire tegmentale ventrale* (ATV). Lorsqu'ils sont activés, les corpuscules terminaux des neurones libèrent de la dopamine dans certaines régions du cerveau, notamment dans les *nucleus accumbens* (voir la figure 49.14).

Les substances toxicomanogènes perturbent le système de récompense de plusieurs façons. Tout d'abord, chaque drogue exerce un effet immédiat et direct qui intensifie l'activité de la voie de la dopamine (voir la figure 49.23). À mesure que la toxicomanie s'installe, le circuit du système de récompense est le siège de changements durables. Il en résulte le besoin de consommer la substance, peu importe si du plaisir y est associé.

Les animaux de laboratoire ont beaucoup aidé les scientifiques à comprendre le fonctionnement du système de récompense du cerveau et les effets des diverses substances sur sa fonction. Les rats, par exemple, se mettent à consommer de la cocaïne, de l'héroïne ou des amphétamines si on met à leur disposition un système distributeur relié à un levier dans leur cage. Ils présenteront un comportement toxicomane dans ces circonstances, c'est-à-dire qu'ils continueront à consommer la drogue plutôt que de chercher à s'alimenter, même au point de s'affamer.

En comprenant mieux le système de récompense du cerveau ainsi que les diverses formes de toxicomanie, les scientifiques espèrent mettre au point des méthodes de prévention et de traitement plus efficaces.

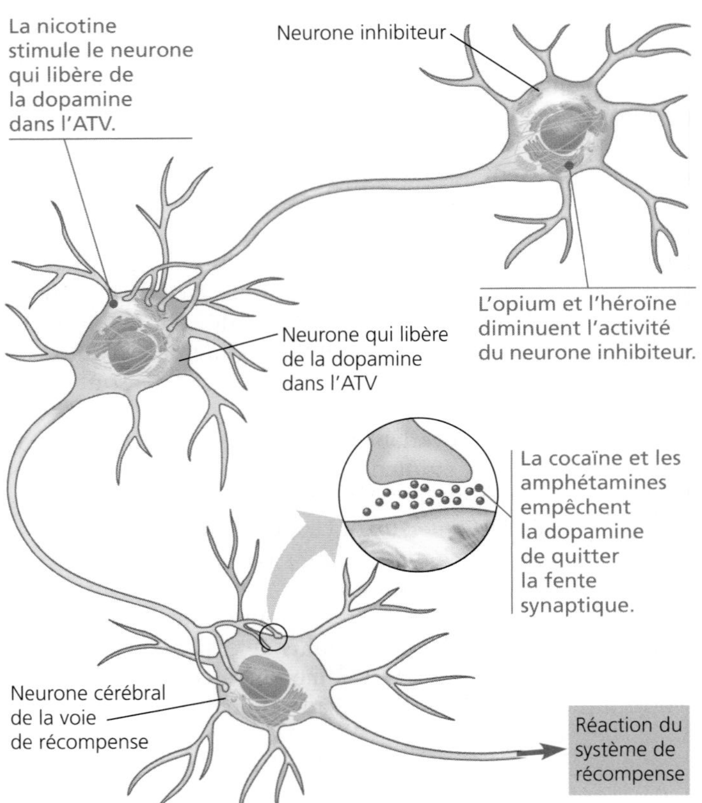
La nicotine stimule le neurone qui libère de la dopamine dans l'ATV.
Neurone inhibiteur
L'opium et l'héroïne diminuent l'activité du neurone inhibiteur.
Neurone qui libère de la dopamine dans l'ATV
La cocaïne et les amphétamines empêchent la dopamine de quitter la fente synaptique.
Neurone cérébral de la voie de récompense
Réaction du système de récompense

▲ **Figure 49.23 Les effets des substances toxicomanogènes sur le système de récompense de l'encéphale mammalien.** Les substances toxicomanogènes altèrent la transmission des signaux dans les voies formées par les neurones de l'aire tegmentale ventrale (ATV).

FAITES DES LIENS *À partir de ce que vous avez appris dans le concept 48.3 (p. 1216 à 1221), quel effet aurait la dépolarisation des neurones de l'aire tegmentale ventrale, à votre avis? Expliquez votre réponse.*

La maladie d'Alzheimer

La **maladie d'Alzheimer** se caractérise par une détérioration des fonctions mentales, ou démence, dont les principales manifestations sont la confusion et la perte de la mémoire. Son incidence est liée à l'âge: elle s'élève à environ 10 % à 65 ans et à environ 35 % à 85 ans. À mesure que la maladie évolue, les victimes perdent progressivement leur autonomie et finissent par ne plus être en mesure de s'habiller, de se laver et de s'alimenter par elles-mêmes. En outre, les patients perdent leur capacité de reconnaître les personnes, y compris les membres de leur famille immédiate, et peuvent manifester de la méfiance et de l'hostilité envers elles.

La maladie d'Alzheimer provoque la mort des neurones dans plusieurs régions de l'encéphale, y compris l'hippocampe et le cortex cérébral. Il en résulte souvent une atrophie massive des tissus cérébraux. L'examen après le décès met en évidence la dégénérescence neurofibrillaire et la présence de plaques séniles dans le tissu cérébral restant (**figure 49.24**).

Les plaques séniles sont des amas de β-amyloïde, un peptide insoluble résultant du clivage de la portion extracellulaire d'une protéine membranaire normalement présente dans les neurones. Des enzymes membranaires, appelées *secrétases*, catalysent le clivage, entraînant l'accumulation de la β-amyloïde

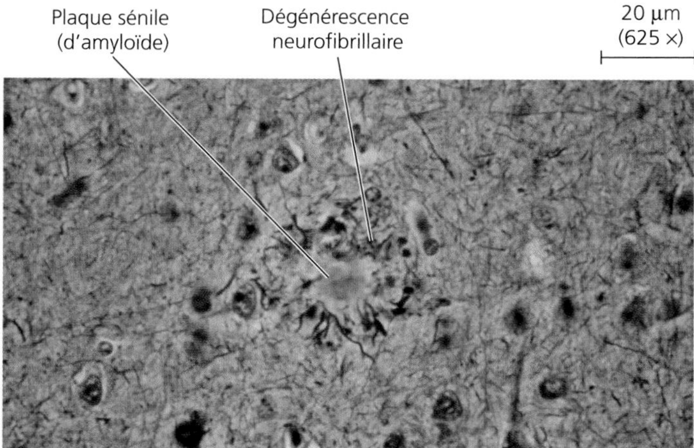

▲ **Figure 49.24 Les signes microscopiques de la maladie d'Alzheimer.** La maladie d'Alzheimer se caractérise par la présence d'une dégénérescence neurofibrillaire dans les tissus cérébraux situés autour de plaques séniles composées de β-amyloïde (MP).

en plaques à l'extérieur des neurones. Ces dernières semblent provoquer la mort des neurones voisins.

La dégénérescence neurofibrillaire résulte de la formation, à l'intérieur des neurones, d'écheveaux de filaments constitués de la protéine tau. (Cette protéine n'est aucunement apparentée à la mutation tau qui perturbe le rythme circadien chez les hamsters.) La protéine tau participe normalement à l'assemblage et au maintien des microtubules qui transportent les nutriments le long des axones. Dans la maladie d'Alzheimer, la protéine tau subit des changements qui la font se lier avec elle-même, d'où les écheveaux de filaments. Les observations montrent qu'une altération de la protéine tau est associée à l'apparition précoce de la maladie d'Alzheimer, une forme beaucoup moins courante que celle qui apparaît au cours de la vieillesse.

La maladie d'Alzheimer ne se guérit pas, mais la recherche a récemment permis de mettre au point des médicaments qui sont relativement efficaces pour soulager certains symptômes. Les médecins commencent également à utiliser l'imagerie cérébrale fonctionnelle pour diagnostiquer la maladie d'Alzheimer chez les patients qui présentent des signes précoces de démence.

La maladie de Parkinson

La **maladie de Parkinson** est un trouble moteur caractérisé par des tremblements musculaires, un manque d'équilibre, une posture repliée et une démarche traînante. Les muscles faciaux deviennent rigides et donnent aux personnes atteintes une expression figée. Comme la maladie d'Alzheimer, la maladie de Parkinson est une affection cérébrale dégénérative dont le risque augmente avec l'âge. L'incidence de la maladie de Parkinson est d'environ 1 % à 65 ans et d'environ 5 % à 85 ans. Environ 25 000 personnes en sont atteintes au Québec, et on en compte 100 000 en France.

Les symptômes de la maladie de Parkinson sont causés par la disparition des neurones dans le mésencéphale. Ces neurones libèrent normalement de la dopamine aux synapses des noyaux basaux. Comme dans la maladie d'Alzheimer, la protéine s'accumule en agrégats. Dans la plupart des cas, la maladie de Parkinson n'a pas de cause clairement discernable. Toutefois, une forme rare de la maladie qui apparaît chez des adultes relativement jeunes a une forte composante génétique. Les études moléculaires des mutations associées à cette forme précoce révèlent une altération des gènes nécessaires pour certaines fonctions mitochondriales. Les scientifiques tentent actuellement de savoir si cette défectuosité mitochondriale contribue aussi à la forme plus courante et plus tardive de la maladie.

À l'heure actuelle, la maladie de Parkinson est incurable. Divers moyens sont employés pour faire échec à ses symptômes, notamment la chirurgie du cerveau et la stimulation cérébrale profonde. On fait également appel à des médicaments comme la L-dopa, une molécule capable de franchir la barrière hémato-encéphalique et de se convertir en dopamine dans le SNC. Parmi les autres traitements possibles, on envisage d'implanter des neurones sécréteurs de dopamine soit dans le mésencéphale, soit dans les noyaux basaux. Les expériences en laboratoire sont prometteuses à cet égard : la transplantation de ces cellules chez des rats atteints d'une affection analogue à la maladie de Parkinson provoquée en laboratoire a conduit au rétablissement du contrôle moteur. Cette forme de traitement régénérateur donnera-t-elle les mêmes résultats chez les humains ? Cette question fait partie de celles sur lesquelles se penche la recherche moderne sur le cerveau.

RETOUR SUR LE CONCEPT 49.5

1. Comparez la maladie d'Alzheimer et la maladie de Parkinson.
2. En quoi l'activité de la dopamine est-elle liée à la schizophrénie, à la toxicomanie et à la maladie de Parkinson ?
3. **ET SI ?** Si vous pouviez détecter la forme précoce de la maladie d'Alzheimer, vous attendriez-vous à trouver des changements cérébraux semblables, quoique moins étendus, à ceux observés chez des patients décédés de la maladie ? Expliquez votre réponse.

Voir les réponses proposées à la fin du chapitre.

RÉVISION DU CHAPITRE 49

RÉSUMÉ DES CONCEPTS CLÉS

CONCEPT 49.1

Les systèmes nerveux sont constitués de circuits de neurones et de cellules de soutien (p. 1231 à 1236)

- Chez les Invertébrés, la diversité des systèmes nerveux s'étend des **réseaux nerveux** simples aux systèmes très centralisés comprenant un cerveau complexe et des cordons nerveux ventraux.

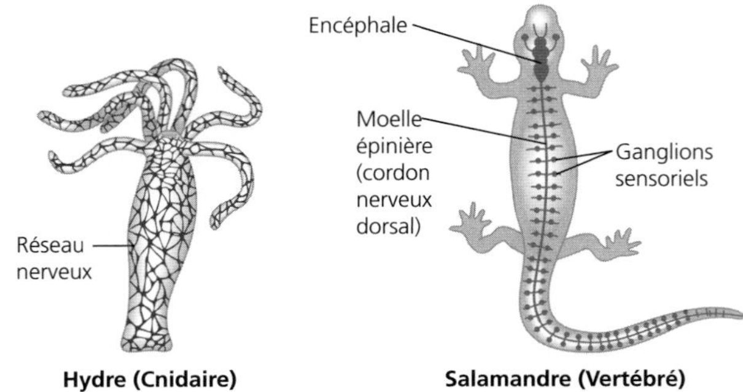

- Chez les Vertébrés, le système nerveux central (SNC) se compose de l'encéphale et de la moelle épinière. Le SNC intègre l'information, tandis que les **nerfs** du système nerveux périphérique (SNP) transmettent les influx sensitifs et moteurs entre le SNC et le reste du corps. Les circuits les plus simples du système nerveux des Vertébrés contrôlent les **réflexes**, dans lesquels l'information sensorielle reçue est liée à l'information motrice transmise, sans intervention de l'encéphale. Les neurones des Vertébrés sont soutenus par divers types de glyocytes, dont des **astrocytes**, des oligodendrocytes, des neurolemmocytes et des épendymocytes.

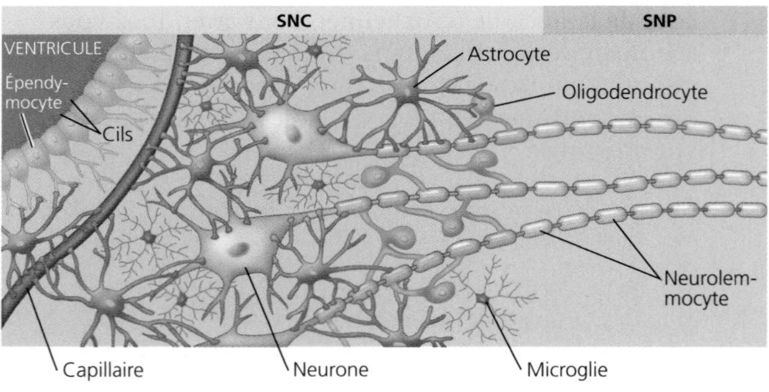

- Les neurones afférents acheminent de l'information sensorielle au SNC, tandis que les neurones efférents se trouvent soit dans le **système moteur**, qui achemine l'information aux muscles squelettiques, soit dans le **système nerveux autonome**, qui régule les muscles lisses et le muscle cardiaque. Le système nerveux autonome comprend lui-même trois subdivisions : le **système nerveux sympathique** et le **système nerveux parasympathique**, qui ont en général des effets antagonistes sur les organes cibles, et le **système nerveux entérique**, qui régule l'activité de plusieurs organes digestifs.

? *En quoi le circuit d'un réflexe permet-il une réponse rapide ?*

CONCEPT 49.2

L'encéphale des Vertébrés comporte des régions spécialisées (p. 1236 à 1241)

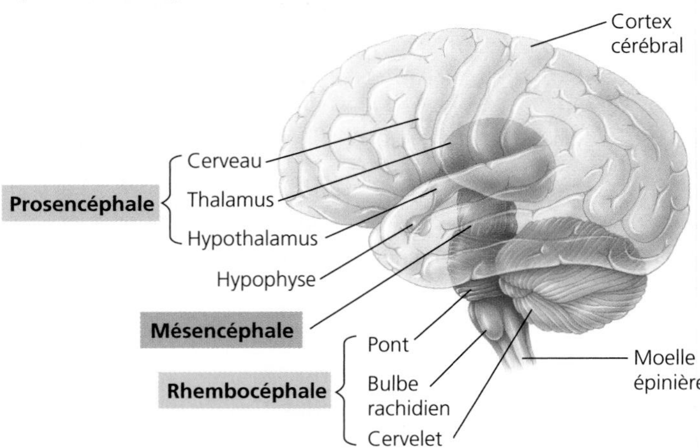

- Le cerveau se divise en deux hémisphères, chacun composé de **substance grise** corticale qui recouvre la **substance blanche** ainsi que les noyaux basaux, lesquels sont d'importants centres de planification et d'apprentissage des mouvements. Une épaisse bande d'axones, le **corps calleux**, établit la communication entre les hémisphères droit et gauche du cortex cérébral.
- Dans chaque région de l'encéphale, des structures particulières ont des fonctions spécialisées. Le **pont** et le **bulbe rachidien** sont des relais pour l'information acheminée entre le SNP et le cerveau. La **formation réticulaire**, un réseau de neurones dans le **tronc cérébral**, régule le sommeil et l'éveil. Le **cervelet** participe à la coordination des fonctions motrices, perceptuelles et cognitives. Il intervient aussi dans l'apprentissage et le rappel des habiletés motrices. Le **thalamus** est le principal centre de relais de l'information sensitive qui arrive au **cerveau** et de l'information motrice qui en part. L'**hypothalamus** régule l'homéostasie et les comportements vitaux fondamentaux. Dans l'hypothalamus, les **noyaux suprachiasmatiques** fonctionnent comme un régulateur des rythmes circadiens.
- Plusieurs régions participent à la production et à la perception des émotions. Cependant, le **corps amygdaloïde** joue un rôle clé dans la reconnaissance et le rappel d'un certain nombre d'émotions.

? *Quel rôle les régions particulières de l'encéphale jouent-elles dans la vision et les réactions aux stimulus visuels ?*

CONCEPT 49.3

Le cortex cérébral contrôle les mouvements volontaires et les fonctions cognitives (p. 1241 à 1245)

- Chacun des hémisphères du **cortex cérébral** est divisé en quatre lobes : le lobe frontal, le lobe temporal, le lobe occipital et le lobe pariétal. Chacun contient des aires sensitives primaires et des aires associatives. Les aires sensitives primaires reçoivent des catégories particulières d'information sensorielle. Les aires associatives intègrent l'information provenant de différentes aires sensitives.
- Certaines régions des lobes frontal et temporal, dont l'aire de Broca et l'aire de Wernicke, jouent un rôle essentiel dans la production et la compréhension du langage. Ces fonctions sont concentrées dans l'**hémisphère gauche**, comme les mathématiques et les opérations logiques. L'hémisphère droit se spécialise plutôt dans la reconnaissance des formes et des dimensions émotionnelles des expressions

corporelles, de même que dans la production du contenu émotionnel du langage. Au moins une partie de cette **latéralisation** des fonctions est liée à la prévalence manuelle.

- Dans les aires somesthésiques et motrices primaires, les neurones sont ordonnés en fonction de la partie du corps qui leur transmet les stimulus sensoriels ou reçoit d'eux les commandes motrices.
- Chez les Primates et les cétacés, dotés d'une cognition supérieure, le néocortex comporte beaucoup de circonvolutions (gyrus). Le néocortex cérébral est la couche externe du cortex cérébral. Chez les Oiseaux, une région appelée pallium contient des amas de noyaux dont les fonctions sont similaires à celles du cortex cérébral des Mammifères. Certains Oiseaux peuvent résoudre des problèmes et comprendre des abstractions, ce qui indique une cognition supérieure.

? *Après un accident, un patient présente un trouble du langage et une paralysie d'un des côtés de son corps. À votre avis, quel côté est paralysé ? Expliquez votre réponse.*

CONCEPT 49.4

La mémoire et l'apprentissage reposent sur des changements dans les connexions synaptiques (p. 1245 à 1248)

- Durant le développement embryonnaire, il y a plus de neurones et de synapses qu'à l'âge adulte. La mort cellulaire programmée des neurones ainsi que l'élimination des synapses dans les embryons établissent la structure de base du système nerveux. Chez l'adulte, un remodelage du système nerveux peut se produire par suite de la perte ou de l'ajout de synapses ou encore d'un renforcement ou d'un affaiblissement de la communication à certaines synapses. Cette capacité de remodelage est appelée **plasticité neurale**. Un remodelage défectueux des synapses est en partie responsable des anomalies développementales associées à l'autisme.
- La **mémoire à court terme** dépend des connexions temporaires dans l'hippocampe. Dans la **mémoire à long terme**, ces connexions temporaires sont remplacées par des connexions dans le cortex cérébral. Le transfert de l'information de la mémoire à court terme à la mémoire à long terme est favorisé par l'association des nouvelles données avec celles qui existent déjà dans la mémoire à long terme. La **potentialisation à long terme** se traduit par une augmentation durable de la force de la transmission synaptique et semble jouer un rôle important dans la conservation des souvenirs et l'apprentissage.
- L'encéphale humain contient des cellules souches qui peuvent se différencier pour devenir des neurones matures. Le recours à des cellules souches pourrait permettre de remplacer des neurones détruits à la suite d'une lésion ou d'une maladie.

? *L'apprentissage de plusieurs langues est habituellement plus facile durant l'enfance que plus tard dans la vie. En quoi cela concorde-t-il dans notre connaissance du développement neuronal ?*

CONCEPT 49.5

Des dérèglements moléculaires sont à l'origine de nombreuses affections du système nerveux (p. 1248 à 1251)

- La recherche a permis de déterminer la biochimie d'un certain nombre d'affections du système nerveux. La **schizophrénie** est caractérisée par des hallucinations, des délires et d'autres symptômes. Elle s'accompagne d'une altération des voies neuronales qui utilisent la dopamine comme neurotransmetteur. On utilise des médicaments qui augmentent l'activité des amines biogènes dans le cerveau pour traiter le **trouble bipolaire** et la **dépression majeure**. La toxicomanie se caractérise par une consommation compulsive de drogues par suite d'une altération de l'activité du système de récompense de l'encéphale, qui ne motive plus les comportements favorables à la survie ou à la reproduction.
- La **maladie d'Alzheimer** et la **maladie de Parkinson** sont des affections dégénératives habituellement liées au vieillissement. La maladie d'Alzheimer est une forme de démence qui provoque dans l'encéphale une dégénérescence neurofibrillaire et la formation de plaques séniles. La maladie de Parkinson est un trouble moteur causé par la mort des neurones à dopamine et associé à la présence d'agrégats de protéines.

? *Le fait que les amphétamines et le PCP provoquent des effets similaires aux symptômes de la schizophrénie donne à penser que la maladie a des causes complexes. Expliquez.*

ÉVALUATION

NIVEAU 1: CONNAISSANCES ET COMPRÉHENSION

1. L'éveil est régulé par la formation réticulaire, présente dans:
a) les noyaux basaux.
b) le cortex cérébral.
c) le tronc cérébral.
d) le système limbique.
e) la moelle épinière.

2. Parmi les structures ou les régions suivantes, laquelle *n'est pas associée correctement* à sa fonction ?
a) Système limbique: contrôle moteur de la parole.
b) Bulbe rachidien: centre de régulation homéostatique.
c) Cervelet: coordination des mouvements et de l'équilibre.
d) Corps calleux: communication entre les hémisphères gauche et droit.
e) Hypothalamus: régulation de la température, de la faim et de la soif.

3. Les patients qui présentent une lésion dans l'aire de Wernicke ont de la difficulté à:
a) coordonner le mouvement de leurs membres.
b) parler.
c) reconnaître les visages.
d) comprendre le langage.
e) ressentir les émotions.

4. Le cortex cérébral joue un rôle majeur dans toutes les fonctions suivantes, *sauf* une. Laquelle ?
a) La mémoire à court terme.
b) La mémoire à long terme.
c) Le rythme circadien.
d) Le rythme des tapements du pied.
e) Retenir son souffle.

NIVEAU 2: APPLICATION ET ANALYSE

5. Après un AVC, un patient peut voir des objets n'importe où devant lui, mais il prête attention uniquement à ceux qui sont dans son champ de vision droit. Lorsqu'on lui demande de décrire ces objets, il a de la difficulté à évaluer leur taille et leur distance. Quelle partie de l'encéphale est probablement endommagée par l'AVC ?
a) Le lobe frontal gauche.
b) Le lobe frontal droit.
c) Le lobe pariétal gauche.
d) Le lobe pariétal droit.
e) Le corps calleux.

6. Une lésion touchant l'hippocampe perturbera probablement:
a) la mémoire à court terme.
b) la coordination durant la locomotion.
c) les fonctions exécutives, comme la prise de décision.
d) le tri de l'information sensorielle.
e) la régulation de la température corporelle.

7. **FAITES UN DESSIN** Le réflexe qui vous fait retirer votre main quand vous vous coupez au doigt dépend d'un circuit neuronal simple à deux synapses dans la moelle épinière.

À l'aide d'un cercle qui représente une coupe transversale de la moelle épinière, dessinez le circuit, puis indiquez les types de neurones, la direction dans laquelle l'information circule dans chacun ainsi que l'emplacement des synapses. Faites également un schéma simple de l'encéphale et indiquez où la douleur serait perçue.

NIVEAU 3: SYNTHÈSE ET ÉVALUATION

8. LIEN AVEC L'ÉVOLUTION
Les scientifiques mesurent souvent la «cognition d'ordre supérieur» pour évaluer l'intelligence des Animaux autres que les humains. Par exemple, on considère que les Oiseaux ont des processus cognitifs supérieurs parce qu'ils peuvent utiliser des outils et saisir des concepts abstraits. D'après vous, quel problème y a-t-il à définir l'intelligence de cette façon?

9. INTÉGRATION
Imaginez une personne qui parlait couramment le langage gestuel avant de subir une lésion à l'hémisphère cérébral gauche. Après cet accident, elle peut encore comprendre le langage gestuel, mais elle est incapable de produire les signes qui représentent ses pensées. Formulez les deux hypothèses permettant d'expliquer cette situation, et expliquez comment vous pourriez en écarter une.

10. SCIENCE, TECHNOLOGIE ET SOCIÉTÉ
Grâce aux méthodes modernes permettant de révéler l'activité du cerveau, les scientifiques commencent à pouvoir détecter les émotions et les processus cognitifs d'une personne. À votre avis, quels seront les avantages et les inconvénients de ces nouvelles technologies lorsqu'on pourra les utiliser couramment?

11. ÉCRIVEZ UN TEXTE
Le fondement génétique de la vie Dans un court texte (de 100 à 150 mots), expliquez en quoi le génome n'exerce qu'une influence partielle sur la construction du système nerveux.

RÉPONSES DU CHAPITRE 49

Questions des figures

Figure 49.3 Durant la déglutition, les muscles de la paroi de l'œsophage se contractent et se décontractent alternativement, causant ainsi le péristaltisme. On peut expliquer cette alternance par le modèle suivant: chaque section du muscle reçoit des influx nerveux qui provoquent une succession d'excitations et d'inhibitions, tout comme le quadriceps et les ischio-jambiers reçoivent des influx opposés dans le réflexe rotulien.
Figure 49.12 Si la nouvelle mutation perturbe seulement le contrôle du rythme circadien, vous devriez pouvoir rétablir l'activité rythmique en retirant le SNC et en le remplaçant par un SNC de hamster de type sauvage ou mutant τ. Utiliser le nouveau mutant comme donneur ne renseignerait pas autant, car les transplantations ratées et réussies donneraient lieu toutes les deux à une absence d'activité rythmique.
Figure 49.14 Les régions qui devraient être actives sans égard au type de musique seraient celles qui sont importantes dans le traitement et l'interprétation des sons. **Figure 49.23** Si la dépolarisation amène le potentiel de membrane au seuil ou au-delà de celui-ci, elle devrait déclencher des potentiels d'action qui provoquent la libération de dopamine par les neurones de l'aire tegmentale ventrale (ATV). Ces potentiels devraient imiter la stimulation naturelle du système de récompense du cerveau, d'où les sensations positives et peut-être agréables.

Retour sur le concept 49.1

1. Le système nerveux sympathique, qui est responsable de la réaction de lutte ou de fuite dans des situations stressantes. **2.** Les neurones préganglionnaires utilisent le même neurotransmetteur et fonctionnent de la même façon dans chaque division (pour stimuler les neurones postganglionnaires). Les neurones postganglionnaires utilisent des neurotransmetteurs différents qui exercent habituellement des fonctions antagonistes sur les mêmes tissus cibles. **3.** Les nerfs contiennent des faisceaux d'axones, dont certains appartiennent aux neurones moteurs, qui acheminent les influx provenant du SNC vers la périphérie, et d'autres appartiennent aux neurones sensitifs, qui acheminent les influx de la périphérie vers le SNC. Par conséquent, on peut s'attendre à des effets à la fois sur le contrôle moteur et la sensation. **4.** Les cellules neurosécrétoires de la médullosurrénale sécrètent l'adrénaline et la noradrénaline, des hormones, en réaction aux influx préganglionnaires provenant des neurones sympathiques. Ces hormones circulent dans tout le corps et déclenchent des réactions dans de nombreux tissus.

Retour sur le concept 49.2

1. Le cortex cérébral de l'hémisphère gauche du cerveau amorce le mouvement volontaire du côté droit du corps. **2.** L'alcool inhibe l'activité du cervelet. **3.** La paralysie traduit l'incapacité d'exécuter les commandes motrices que le cerveau transmet à la moelle épinière. Vous pourriez supposer que ces patients présentent des lésions dans la région du SNC qui s'étend de la moelle épinière à la formation réticulaire, mais sans l'atteindre. Un coma reflète une altération des cycles du sommeil et d'éveil régulés par la communication entre la formation réticulaire et le cerveau. Vous pourriez supposer que ces patients souffrent de lésions dans la formation réticulaire ou dans la portion de l'encéphale du côté opposé de la formation réticulaire à partir de la moelle épinière.

Retour sur le concept 49.3

1. Une lésion cérébrale qui altère le comportement, la cognition, la mémoire ou d'autres fonctions indique que la région touchée par la lésion intervient de façon importante dans l'activité normale, qui est bloquée ou altérée. **2.** L'aire de Broca, qui s'active quand des mots sont articulés, est située près de la partie de l'aire motrice primaire qui commande les muscles du visage. L'aire de Wernicke, qui est active pendant l'audition des mots, est située près de la partie du lobe temporal associée à l'audition. **3.** Chaque hémisphère cérébral est spécialisé dans différentes parties de cette tâche: l'hémisphère droit intervient dans la reconnaissance des visages, et le gauche, dans le langage. Lorsque le corps calleux est sectionné, aucun des deux hémisphères ne peut profiter des capacités de traitement de l'autre.

Retour sur le concept 49.4

1. Les mécanismes peuvent être une augmentation du nombre de synapses entre les neurones ou un accroissement de la force des connexions synaptiques existantes. **2.** Si la conscience est une propriété émergente provenant de l'interaction entre les diverses régions de l'encéphale, alors il est peu probable qu'une lésion cérébrale localisée ait un effet précis sur cet état de conscience. **3.** L'hippocampe est responsable de l'organisation des informations nouvellement acquises. Sans lui, les liens nécessaires pour rappeler une information du néocortex ne pourraient s'établir, empêchant ainsi la mémorisation d'informations, que ce soit à court ou à long terme.

Retour sur le concept 49.5

1. Les deux sont des affections cérébrales évolutives dont l'incidence augmente avec l'âge. Elles résultent toutes deux de la mort des neurones cérébraux et sont associées à une accumulation d'agrégats de peptides ou de protéines. **2.** Les symptômes de la schizophrénie peuvent être provoqués par une drogue qui stimule les neurones dopaminergiques. Le système de récompense du cerveau, qui intervient dans la toxicomanie, se compose de neurones dopaminergiques qui relient l'aire tegmentale ventrale à des régions du cerveau. La maladie de Parkinson est causée par la mort de neurones à dopamine. **3.** Pas nécessairement. Les plaques, les écheveaux et les régions manquantes de l'encéphale qu'on observe après le décès sont des effets secondaires, des conséquences de changements invisibles qui sont les réels responsables de la défectuosité du cerveau.

Questions du résumé des concepts clés

49.1 Étant donné que les circuits d'un réflexe font intervenir quelques neurones seulement (le plus simple fait intervenir un neurone sensitif et un neurone moteur), la voie du transfert d'information est courte et simple, ce qui accélère la production de la réponse. **49.2** Le pont et le bulbe rachidien (mésencéphale) coordonnent les réflexes visuels; le cervelet contrôle la coordination des mouvements dépendant des stimulus visuels; le thalamus est un centre d'acheminement pour l'information visuelle; et le cerveau assure la conversion des stimulus visuels en images. **49.3** On peut s'attendre à ce que le côté droit du corps soit paralysé, car il est contrôlé par l'hémisphère cérébral gauche, où la parole et l'interprétation du langage sont situées. **49.4** L'apprentissage d'une nouvelle langue requiert habituellement le maintien de synapses qui sont formées au début du développement, mais qui sont perdues avant de parvenir à l'âge adulte. **49.5** Les amphétamines stimulent la libération de dopamine, tandis que le PCP bloque les récepteurs d'acide glutamique, ce qui donne à penser que la schizophrénie n'est pas associée à une altération de la fonction d'un seul neurotransmetteur.

ÉVALUATION

1. c; **2.** a; **3.** d; **4.** c; **5.** d; **6.** e;

7.

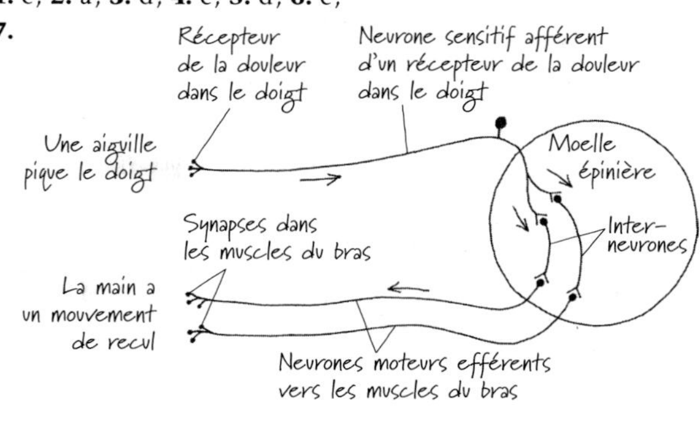

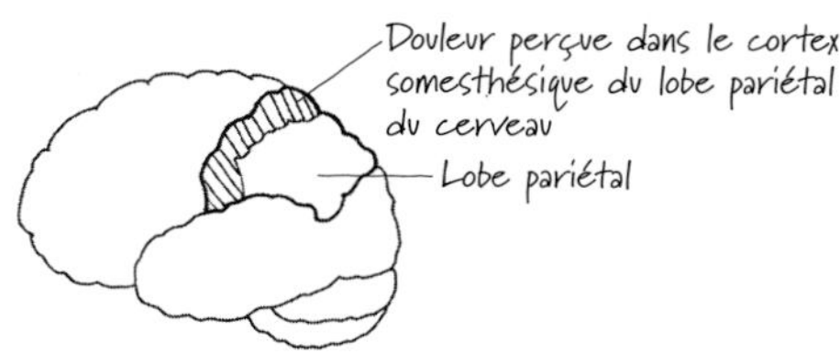

50

Les mécanismes sensoriels et moteurs chez les Animaux

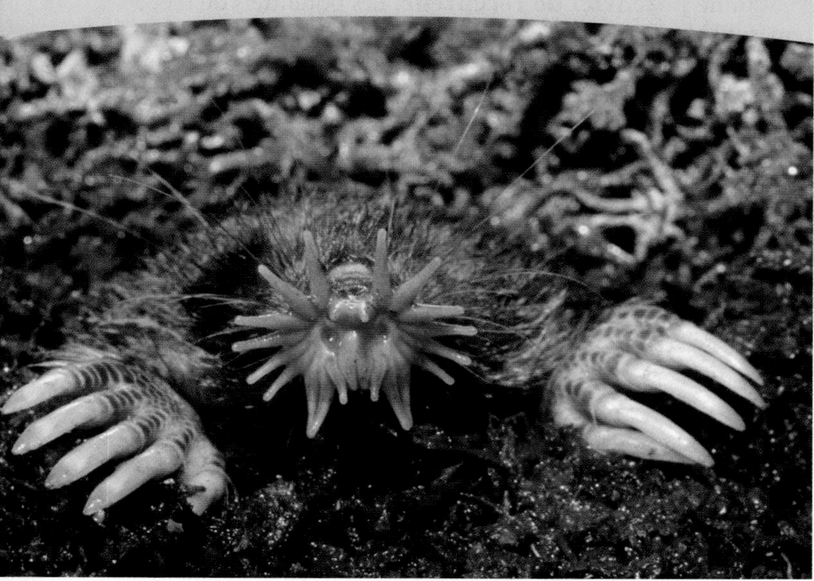

▲ **Figure 50.1 Ce nez en forme d'étoile est-il purement décoratif ?**

CONCEPTS CLÉS

50.1 Les récepteurs sensoriels convertissent l'énergie d'un stimulus en influx nerveux, qu'ils transmettent au système nerveux central

50.2 Les mécanorécepteurs associés à l'audition et à l'équilibre perçoivent le mouvement des liquides et le dépôt des particules

50.3 Chez divers animaux, les récepteurs visuels dépendent de pigments photorécepteurs

50.4 Les sens du goût et de l'odorat font appel aux mêmes groupes de récepteurs sensoriels

50.5 La fonction musculaire repose sur l'interaction physique de filaments protéiques

50.6 Les squelettes transforment la contraction musculaire en locomotion

INTRODUCTION

Les sensations et les réactions

Le condylure à nez étoilé (*Condylura cristata*), ou taupe à nez étoilé, a une drôle d'allure, c'est le moins qu'on puisse dire (**figure 50.1**). Onze paires d'appendices prolongent son museau et forment l'étoile rose très proéminente qui lui tient lieu de nez. Cependant, même si ses appendices nasaux ressemblent à des doigts, le condylure ne les utilise pas plus pour saisir des objets qu'il ne les utilise pour détecter des odeurs. Cette structure en étoile serait-elle donc une simple coquetterie de la nature ? Non, elle a une fonction spécialisée. Juste en dessous de la surface se trouvent quelque 25 000 récepteurs tactiles, soit plus qu'il n'y en a dans toute votre main.

Le condylure à nez étoilé vit dans les terres humides de la partie est de l'Amérique du Nord. Pratiquement aveugle, cette espèce de taupe creuse des tunnels et vit dans l'obscurité presque complète. Toutefois, grâce aux 100 000 neurones qui transmettent l'information tactile de son nez à son encéphale, le condylure trouve et saisit de la nourriture à une vitesse remarquable : il peut détecter et manger sa proie en aussi peu que 120 millisecondes (ms).

La détection et le traitement de l'information sensorielle, ainsi que la transmission de commandes de réactions motrices, constituent les bases physiologiques du comportement animal. Dans le présent chapitre, nous examinerons les mécanismes sensoriels et moteurs de différents groupes d'invertébrés et de vertébrés. Nous étudierons d'abord les mécanismes sensoriels qui transmettent à l'encéphale l'information relative aux milieux interne et externe. Nous verrons ensuite la structure et la fonction des squelettes et des muscles qui effectuent les mouvements commandés par l'encéphale. Pour finir, nous verrons en détail divers mécanismes responsables du mouvement chez les Animaux. Nous serons alors prêts pour l'étude du comportement animal, au chapitre 51.

CONCEPT **50.1**

Les récepteurs sensoriels convertissent l'énergie d'un stimulus en influx nerveux, qu'ils transmettent au système nerveux central

Tous les processus sensoriels commencent par des stimulus, et tous les stimulus représentent une forme d'énergie. Un récepteur sensoriel convertit l'énergie du stimulus en une modification du potentiel de membrane et régule ainsi la transmission de potentiels d'action au système nerveux central (SNC). Un stimulus n'a pas à représenter une grande quantité d'énergie pour activer un récepteur sensoriel. Certains récepteurs sensoriels peuvent, en fait, détecter la plus infime unité de stimulus possible. Ainsi, la majorité des récepteurs de lumière sont capables de détecter un seul quantum de lumière (photon).

Lorsque le système nerveux reçoit et traite un stimulus, il peut se produire une réaction motrice. Un réflexe, par exemple le réflexe rotulien montré à la figure 49.3 (p. 1233), est un des circuits stimulus-réponse les plus simples. Beaucoup d'autres comportements dépendent de processus plus élaborés qui nécessitent l'intégration de l'information sensorielle reçue. Par exemple, pensons à la façon dont le condylure creuse des tunnels dans le sol pour trouver de la nourriture (**figure 50.2**). Quand son museau entre en contact avec un objet dans le tunnel qu'il creuse, ses récepteurs nasaux sont activés et transmettent à l'encéphale l'information sensorielle concernant l'objet. Des circuits de l'encéphale intègrent alors l'information et amorcent l'une des deux voies de réponse, selon qu'il s'agit ou non de nourriture. Sous l'effet des commandes de réactions motrices que l'encéphale envoie aux muscles squelettiques, le condylure mord la nourriture ou continue de creuser son tunnel.

À la lumière de cette introduction, nous allons maintenant aborder l'organisation et l'activité générales des systèmes sensoriels des Animaux.

Les voies sensorielles

Les voies sensorielles ont quatre fonctions en commun: la réception sensorielle, la transduction, la transmission et la perception.

La réception sensorielle et la transduction

Une voie sensorielle commence par la **réception sensorielle**, c'est-à-dire la détection d'un stimulus par les cellules sensorielles. La plupart des cellules sensorielles sont des neurones spécialisés ou des cellules épithéliales. Certaines agissent individuellement, tandis que d'autres agissent en groupe à l'intérieur d'organes sensoriels tels que les yeux et les oreilles. Le terme **récepteur sensoriel** désigne une cellule sensorielle ou un organe sensoriel ainsi que la structure cellulaire qui interagit directement avec les stimulus. Plusieurs récepteurs sensoriels perçoivent les stimulus provenant du milieu extérieur, tels que la chaleur, la lumière, la pression et les substances chimiques, mais d'autres récepteurs perçoivent les stimulus provenant du milieu interne, tels que la pression artérielle et la position du corps.

Les Animaux utilisent un grand éventail de récepteurs pour détecter la vaste gamme de stimulus possibles, mais l'effet est le même dans tous les cas: l'ouverture ou la fermeture des canaux ioniques. Par exemple, les canaux ioniques s'ouvrent ou se ferment lorsqu'une substance chimique à l'extérieur de la cellule se lie à un récepteur chimique de la membrane plasmique. Le déplacement d'ions qui en résulte de part et d'autre de la membrane modifie le potentiel de membrane.

La conversion de l'énergie physique ou chimique d'un stimulus en une modification du potentiel de membrane d'un récepteur sensoriel porte le nom de **transduction du stimulus sensoriel**, et la modification du potentiel de membrane se nomme **potentiel de récepteur**. Les potentiels de récepteur sont des potentiels gradués, car leur amplitude varie en fonction de l'intensité du stimulus.

La transmission

L'information sensorielle circule dans le système nerveux sous forme d'influx nerveux, ou potentiels d'action. Dans beaucoup de cas, la transduction de l'énergie d'un stimulus en un potentiel de récepteur déclenche la **transmission** de potentiels d'action jusqu'au SNC.

Certains récepteurs sensoriels sont eux-mêmes des neurones spécialisés, tandis que d'autres sont des cellules spécialisées qui régulent des neurones (**figure 50.3**). Les neurones qui agissent directement comme récepteurs produisent des potentiels d'action et possèdent un axone qui s'étend jusqu'au SNC. Les cellules sensorielles réceptrices non neuronales forment des synapses chimiques avec des neurones sensoriels (afférents) et réagissent habituellement aux stimulus en augmentant la vitesse à laquelle les neurones afférents produisent les potentiels d'action. (Le système visuel des Vertébrés, dont traite le concept 50.3, fait exception.)

La réaction d'un récepteur sensoriel varie selon l'intensité du stimulus. La principale différence est l'intensité du potentiel de récepteur, qui influe sur la fréquence des potentiels d'action. Lorsque le récepteur est un neurone sensoriel, plus le potentiel de récepteur est intense, plus le seuil d'excitation est atteint rapidement et plus les potentiels d'action sont fréquents (**figure 50.4a**). Dans les cas où le récepteur n'est pas un neurone sensoriel, plus le potentiel de récepteur est intense, plus la quantité de neurotransmetteur libéré est grande, ce qui augmente généralement la production de potentiels d'action par le neurone postsynaptique.

De nombreux neurones sensoriels engendrent spontanément des potentiels d'action espacés dans le temps, de sorte qu'un stimulus ne déclenche pas ou n'interrompt pas vraiment la production de potentiels d'action: il module plutôt leur *fréquence*. Ainsi, ces neurones

Le condylure cherche de la nourriture en creusant un tunnel.
Présence de nourriture
Absence de nourriture
Le condylure mord.
Le condylure continue de creuser.
Information sensorielle reçue
Intégration
Réaction motrice
Le contact avec un objet active les récepteurs tactiles du nez, qui transmettent l'information à l'encéphale le long des nerfs sensoriels.
Des circuits de neurones dans l'encéphale intègrent l'information reçue et produisent des potentiels d'action dans les neurones moteurs.
Les muscles se contractent, de sorte que le condylure mord la nourriture ou continue d'avancer dans le tunnel.

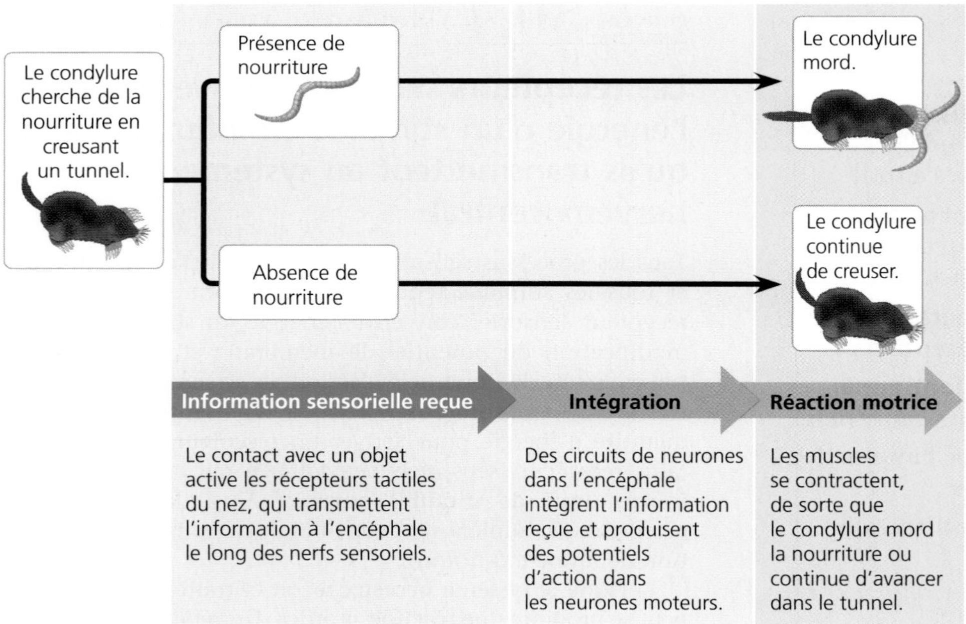

▲ **Figure 50.2 Une voie de réponse simple: la recherche de nourriture par le condylure.**

▼ **Figure 50.3** **Les classes de récepteurs sensoriels.**

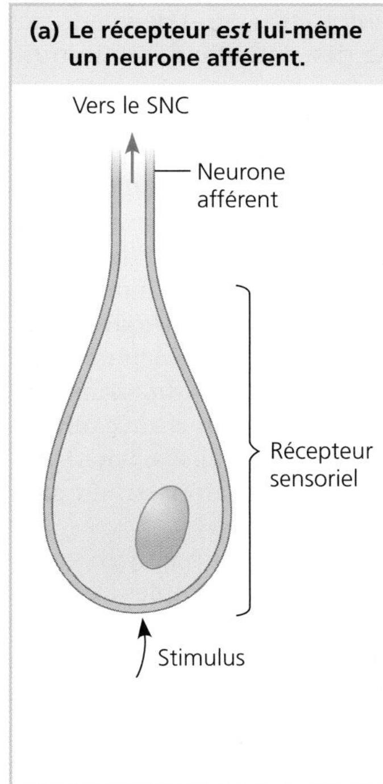

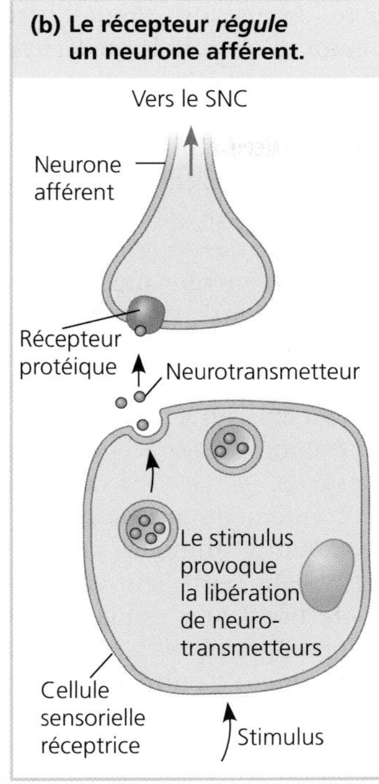

informent le SNC non seulement de la présence ou de l'absence de stimulus, mais aussi des variations de leur intensité ou de leur orientation.

Une différence d'intensité du stimulus peut modifier l'activité de chacun des récepteurs et avoir en outre une incidence sur le nombre de récepteurs activés (**figure 50.4b**). Lorsqu'un stimulus fort déclenche une réponse d'un plus grand nombre de récepteurs, un nombre accru d'axones transmettent des potentiels d'action. Cette augmentation du nombre d'axones transmetteurs de potentiels d'action est alors décodée par le système nerveux comme étant un stimulus plus fort.

Le traitement de l'information sensorielle peut avoir lieu avant, pendant ou après la transmission des potentiels d'action au SNC. Dans un grand nombre de cas, l'*intégration* se fait dès la réception de l'information. Les potentiels de récepteur produits par les stimulus transmis à différentes parties d'une cellule sensorielle réceptrice sont intégrés par sommation, comme le sont les potentiels postsynaptiques dans les neurones sensoriels qui forment des synapses avec de nombreux récepteurs (voir la figure 48.16, p. 1223). Comme nous le verrons plus loin dans le présent chapitre, les structures sensorielles telles que les yeux présentent des niveaux d'intégration supérieurs, et l'encéphale poursuit le traitement de tous les influx qui lui parviennent.

La perception

Lorsque les neurones sensoriels acheminent les potentiels d'action jusqu'à l'encéphale, des circuits de neurones interprètent l'information reçue et créent une **perception** des stimulus. Les perceptions telles que les couleurs, les odeurs, les sons et les goûts sont des créations de l'encéphale qui n'existent pas en dehors de lui. S'il n'y a personne pour entendre la chute d'un arbre, y a-t-il un bruit? L'arbre qui tombe produit sans aucun doute des ondes de pression dans l'air. Mais si on définit le son comme une perception, il n'existe que si les récepteurs sensoriels d'un animal détectent des ondes que l'encéphale perçoit.

Les potentiels d'action constituent des réactions du type tout ou rien (voir la figure 48.10c, p. 1217). Un potentiel d'action produit par la lumière qui atteint l'œil est de même nature qu'un potentiel d'action créé dans l'oreille par les vibrations de l'air. Par conséquent, comment distinguons-nous les stimulus visuels, sonores et autres? La réponse réside dans les connexions qui relient les récepteurs de l'encéphale. Les potentiels d'action des récepteurs se propagent le long de neurones associés à certains stimulus; ces neurones forment des synapses avec certains neurones du cerveau ou de la moelle épinière. Ainsi, l'encéphale peut distinguer un stimulus visuel d'un stimulus sonore simplement par la voie que les potentiels d'action empruntent pour se rendre au cerveau.

L'amplification et l'adaptation

La transduction du stimulus par les récepteurs sensoriels est sujette à deux types de modifications: l'amplification et l'adaptation. L'**amplification** est l'intensification d'un stimulus sensoriel durant la transduction. L'effet peut être considérable.

▼ **Figure 50.4** **Le codage de l'intensité d'un stimulus.**

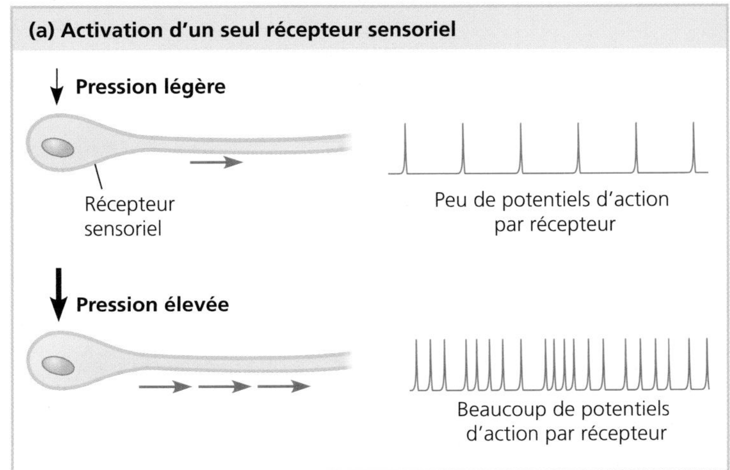

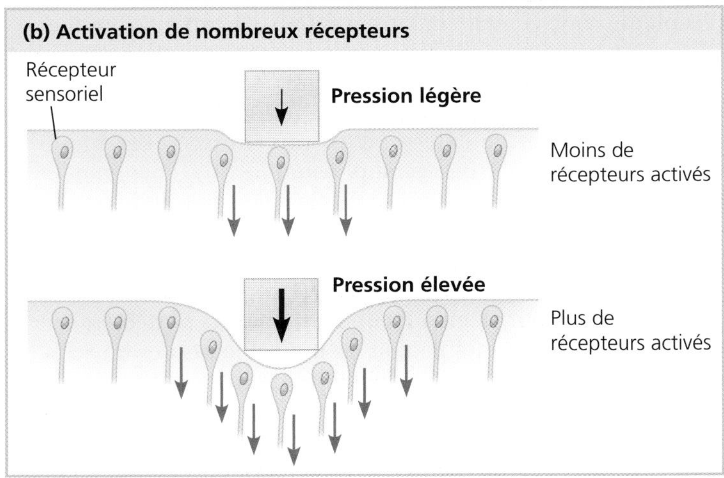

Ainsi, la transmission d'un potentiel d'action de l'œil au cerveau humain représente une énergie qui est près de 100 000 fois supérieure à celle des quelques photons qui ont donné naissance au potentiel d'action.

L'amplification qui se produit dans les cellules sensorielles réceptrices nécessite souvent des voies de transduction des stimulus auxquelles participent des messagers secondaires. Comme ces voies comportent des réactions qui catalysent des enzymes, elles amplifient le stimulus en formant plusieurs produits à partir d'une seule molécule d'enzyme. L'amplification peut aussi avoir lieu dans les structures annexes d'un organe sensoriel complexe. Ainsi, l'amplitude des ondes sonores est multipliée par 20 au moins avant que celles-ci atteignent les récepteurs de l'oreille interne.

Lorsqu'ils sont stimulés de façon continue, un grand nombre de récepteurs présentent une diminution de réactivité appelée **adaptation sensorielle**. Sans l'adaptation sensorielle, vous sentiriez chacun des battements de votre cœur et chaque fibre de vêtement sur votre corps. Grâce à elle, vous pouvez voir, entendre et sentir des changements dans l'environnement qui présentent une grande gamme d'intensité de stimulus.

Les types de récepteurs sensoriels

Une cellule sensorielle possède généralement un seul type de récepteur spécifique à un stimulus, par exemple la lumière ou le froid. Souvent, ce sont différentes cellules et différents récepteurs qui sont responsables des qualités particulières d'une sensation, par exemple la distinction entre le rouge et le bleu. Avant d'explorer ces spécialisations, nous allons examiner la fonction des récepteurs sensoriels à un niveau plus élémentaire. On classe les divers types de récepteurs sensoriels en cinq catégories, selon la nature des stimulus qu'ils convertissent: les mécanorécepteurs, les chimiorécepteurs, les récepteurs électromagnétiques, les thermorécepteurs et les nocicepteurs (ou récepteurs de la douleur).

Les mécanorécepteurs

Les **mécanorécepteurs** tirent leur nom du type de stimulation auquel ils réagissent. Ces récepteurs perçoivent les déformations physiques attribuables à des phénomènes représentant des formes d'énergie mécanique, tels que la pression, le toucher, l'étirement, le mouvement et le son. Les mécanorécepteurs sont généralement composés de canaux ioniques reliés à des structures qui s'étendent à l'extérieur de la cellule, tels des cils, ainsi qu'à des structures cellulaires internes, comme le cytosquelette. La courbure (ou inflexion) et l'étirement de la structure externe d'un mécanorécepteur modifient la perméabilité des canaux ioniques. Ce changement dans la perméabilité aux ions modifie à son tour le potentiel de membrane et provoque une dépolarisation ou une hyperpolarisation (voir le chapitre 48).

Le réflexe rotulien (voir la figure 49.3, p. 1233) est déclenché par le récepteur qui réagit à l'étirement chez les Vertébrés, soit un mécanorécepteur qui perçoit les mouvements des muscles. Ce récepteur est constitué de dendrites de neurones sensoriels qui s'enroulent autour de la partie centrale de petites fibres musculaires squelettiques. Des fuseaux neuromusculaires, qui contiennent chacun environ 2 à 12 de ces fibres entourées de tissu conjonctif, sont répartis dans le muscle, parallèlement aux autres fibres musculaires. Lorsque le muscle s'allonge, les fibres du fuseau s'étirent également. Cette action dépolarise les neurones sensoriels et déclenche des potentiels d'action qui sont envoyés à la moelle épinière.

Chez les Mammifères, le sens du toucher passe par des mécanorécepteurs qui sont en fait des dendrites de neurones sensoriels, souvent enfouies dans des couches de tissu conjonctif (voir la figure 50.4). La structure du tissu conjonctif et l'emplacement des récepteurs ont une incidence considérable sur le type d'énergie mécanique (pression légère, vibration ou forte pression) qui les stimule le plus efficacement (**figure 50.5**). Près de la surface de la peau se trouvent les récepteurs qui perçoivent les pressions légères ou les faibles vibrations. Ces récepteurs convertissent de très faibles stimulus mécaniques en potentiels de récepteur. Les récepteurs qui réagissent aux pressions élevées ou aux fortes vibrations sont situés plus profondément dans la peau.

Certains animaux utilisent des mécanorécepteurs pour réellement sentir leur environnement. Par exemple, les félins et de nombreux rongeurs ont des mécanorécepteurs extrêmement sensibles à la base de leurs moustaches. Comme le mouvement de différents poils des moustaches déclenche des potentiels d'action qui se rendent à différentes cellules dans l'encéphale, les moustaches renseignent précisément l'animal sur les objets à proximité.

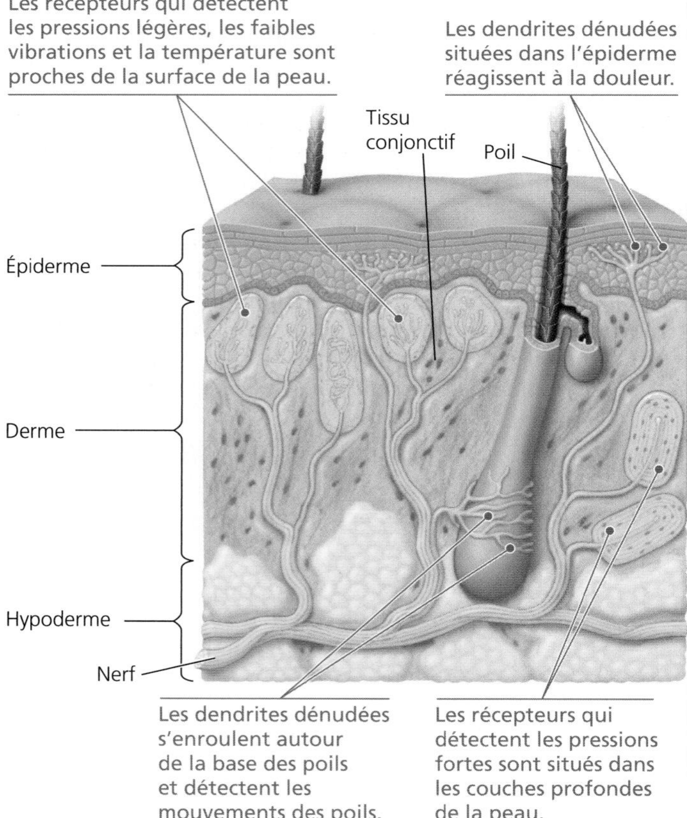

Les récepteurs qui détectent les pressions légères, les faibles vibrations et la température sont proches de la surface de la peau.
Les dendrites dénudées situées dans l'épiderme réagissent à la douleur.
Tissu conjonctif
Poil
Épiderme
Derme
Hypoderme
Nerf
Les dendrites dénudées s'enroulent autour de la base des poils et détectent les mouvements des poils.
Les récepteurs qui détectent les pressions fortes sont situés dans les couches profondes de la peau.

▲ **Figure 50.5 Les récepteurs sensoriels de la peau chez les humains.** La plupart des récepteurs du derme sont encapsulés dans du tissu conjonctif. Les récepteurs de l'épiderme sont des dendrites dénudées. C'est aussi le cas des récepteurs du mouvement des poils enroulés autour de la racine des poils dans le derme.

Les chimiorécepteurs

Les **chimiorécepteurs** comprennent à la fois des récepteurs généraux (ceux qui fournissent l'information sur la concentration totale de solutés dans une solution) et des récepteurs spécifiques qui réagissent à certains types de molécules. Ainsi, les osmorécepteurs situés dans l'encéphale des Mammifères sont des récepteurs généraux qui détectent les variations de la concentration totale de solutés dans le sang et qui provoquent la sensation de soif en cas d'augmentation de l'osmolarité (voir la figure 44.19, p. 1124). La plupart des Animaux sont pourvus de récepteurs spécifiques pour des molécules comme le glucose, le O_2 et le CO_2, et pour les acides aminés.

Deux des chimiorécepteurs les plus sensibles et les plus spécifiques, d'après ce qu'on connaît, se trouvent dans les antennes du mâle chez le bombyx du mûrier (*Bombyx mori*; **figure 50.6**). Ils détectent les deux composants chimiques des phéromones sexuelles femelles. Pour les phéromones et d'autres molécules détectées par les chimiorécepteurs, la molécule qui constitue le stimulus se fixe à un récepteur précis de la membrane de la cellule réceptrice et provoque des changements dans la perméabilité aux ions.

Les récepteurs électromagnétiques

Les **récepteurs électromagnétiques** détectent des formes d'énergie électromagnétique telles que la lumière visible, l'électricité et le magnétisme. Par exemple, les serpents disposent de récepteurs à infrarouge extrêmement sensibles qui peuvent distinguer la chaleur corporelle des proies (**figure 50.7a**). De même, l'ornithorynque (*Ornithorhyncus anatinus*), qui est un monotrème (voir le chapitre 34), a sur son bec des électrorécepteurs grâce auxquels il peut probablement détecter les champs électriques créés par les muscles de ses proies (Crustacés, grenouilles, petits poissons, etc.). Dans certains, cas, l'animal qui détecte un stimulus électromagnétique en est également la source: certains poissons produisent des courants électriques et ont recours à leurs électrorécepteurs pour localiser des objets tels que des proies qui modifient ces courants électriques.

De nombreux animaux migrateurs semblent utiliser les lignes du champ magnétique de la Terre pour s'orienter (**figure 50.7b**). On a trouvé de la magnétite, un minerai ferreux, dans le crâne de nombreux vertébrés (notamment les saumons, les pigeons, les tortues marines et les humains), dans l'abdomen des abeilles, dans les dents de certains mollusques et chez certains protistes et procaryotes s'orientant en fonction du champ magnétique terrestre. Il est par ailleurs possible que la magnétite utilisée autrefois par les marins, dans les boussoles, fasse partie du mécanisme d'orientation de nombreux animaux (voir le chapitre 51).

Les thermorécepteurs

Les **thermorécepteurs** détectent la chaleur et le froid. Situées dans la peau et dans la partie antérieure de l'hypothalamus, les cellules thermoréceptrices envoient de l'information au thermostat de l'organisme, situé dans la partie postérieure de l'hypothalamus. Notre connaissance de la thermoréception s'est considérablement approfondie récemment grâce à des scientifiques qui se sont intéressés aux aliments épicés. Les piments jalapeno et les piments de Cayenne «chauffent» la bouche parce qu'ils contiennent une substance naturelle

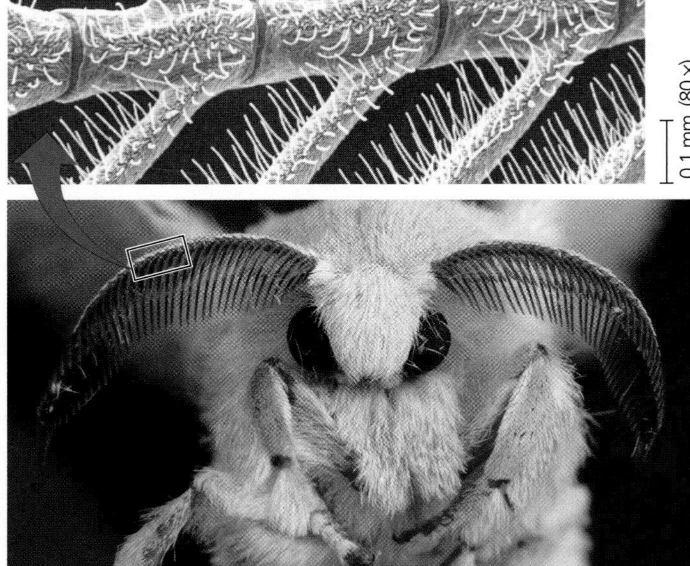

▲ **Figure 50.6 Les chimiorécepteurs chez un insecte.** Chez le bombyx du mûrier (*Bombyx mori*), le mâle possède des antennes recouvertes de cils sensoriels visibles dans cet agrandissement au microscope électronique à balayage. Les cils sont pourvus de chimiorécepteurs qui sont extrêmement sensibles aux phéromones sexuelles femelles.

(a) Les Vipéridés tels que ce crotale (*Crotalus sp.*) possèdent une paire de récepteurs à infrarouge, chacun d'eux étant situé d'un côté de la tête, entre l'œil et la narine. La sensibilité de ces récepteurs leur permet de détecter le rayonnement infrarouge émis par une souris vivante située à un mètre. Le serpent déplace sa tête d'un côté et de l'autre jusqu'à ce que les deux récepteurs détectent la même intensité de rayonnement, ce qui lui indique alors que la souris se trouve droit devant.

(b) Certains animaux migrateurs tels que ces bélugas (*Delphinapterus leucas*) peuvent apparemment détecter le champ magnétique terrestre grâce à leurs magnétorécepteurs et utiliser cette information, avec d'autres indices, pour s'orienter.

▲ **Figure 50.7 Les récepteurs électromagnétiques spécialisés.**

appelée capsaïcine. L'exposition de neurones sensoriels à la capsaïcine déclenche un influx d'ions calcium. Lorsque les scientifiques ont déterminé le récepteur protéique qui se lie à la capsaïcine, ils ont fait une découverte fascinante : le récepteur qui ouvre un canal ionique à calcium (Ca^{2+}) en réaction à la capsaïcine est le même que celui qui réagit à des températures élevées (42 °C ou plus). En somme, les aliments épicés « chauffent » parce qu'ils activent les mêmes récepteurs qu'une soupe chaude ou du café chaud.

Les Mammifères ont plusieurs types de thermorécepteurs, chacun réagissant à un intervalle précis de températures. Le récepteur de la capsaïcine et au moins cinq autres types de thermorécepteurs appartiennent au groupe des TRP (*transient receptor potential*), une classe de protéines de canaux ioniques. De la même façon que le récepteur de type TRP sensible aux températures élevées est également sensible à la capsaïcine, le récepteur des températures inférieures à 28 °C peut être activé par le menthol, une substance végétale qui cause une sensation « rafraîchissante ».

Les nocicepteurs

La pression extrême, la température extrême de même que certaines substances chimiques peuvent endommager les tissus d'un animal. Pour détecter ces stimulus nocifs, les Animaux doivent compter sur leurs **récepteurs de la douleur**, aussi appelés **nocicepteurs** (du latin *nocere*, « avoir mal »). La perception de la douleur revêt une très grande importance, parce que le stimulus déclenche une réaction défensive visant, par exemple, à éviter le danger.

Chez les humains, certaines dendrites dénudées agissent comme des nocicepteurs et perçoivent les stimulus thermiques, mécaniques ou chimiques qui sont nocifs. Le récepteur de capsaïcine est donc à la fois un thermorécepteur et un nocicepteur. C'est dans la peau que la densité des nocicepteurs est la plus forte, mais on en trouve également dans d'autres organes.

Parfois, le corps de l'animal produit des substances chimiques qui amplifient la perception de la douleur. Par exemple, les tissus endommagés produisent des prostaglandines dont la fonction est de réguler localement l'inflammation (voir le chapitre 45). Les prostaglandines accroissent la sensation de douleur parce qu'elles augmentent la sensibilité des nocicepteurs aux stimulus nocifs. L'aspirine et l'ibuprofène diminuent la sensation de douleur en inhibant la synthèse des prostaglandines.

Dans la prochaine section, nous nous pencherons sur les systèmes sensoriels. Nous commencerons par les systèmes qui maintiennent l'équilibre et perçoivent les sons.

RETOUR SUR LE CONCEPT 50.1

1. Parmi les cinq classes de récepteurs sensoriels, laquelle est principalement associée aux stimulus externes ?
2. Pourquoi l'ingestion de piments forts peut-elle faire transpirer ?
3. ET SI ? Si vous stimuliez électriquement un neurone sensoriel, comment cette stimulation serait-elle perçue ?

Voir les réponses proposées à la fin du chapitre.

CONCEPT 50.2

Les mécanorécepteurs associés à l'audition et à l'équilibre perçoivent le mouvement des liquides et le dépôt des particules

Chez la plupart des Animaux, les sens de l'ouïe et de l'équilibre sont associés. Ils font tous deux intervenir des mécanorécepteurs qui créent des potentiels de récepteur lorsque des particules qui se déposent ou un liquide en mouvement entraînent la déformation d'une partie quelconque de leur membrane.

La perception de la gravité et du son chez les Invertébrés

Chez la plupart des Invertébrés, des mécanorécepteurs appelés **statocystes** ont pour fonction de percevoir la gravité et de maintenir l'équilibre (**figure 50.8**). Dans un statocyste type, une couche de cellules sensorielles ciliées recouvre l'intérieur d'une cavité qui contient un ou plusieurs **statolithes**, c'est-à-dire des grains de sable ou d'autres granules denses. Sous l'effet de la gravité, les statolithes se déposent au fond de la cavité et stimulent les cellules sensorielles ciliées qui s'y trouvent. Dans des expériences où on a remplacé les statolithes par des particules métalliques, des chercheurs ont fait nager des écrevisses sur le dos en utilisant des aimants pour attirer les particules métalliques vers l'extrémité supérieure des statocystes situés à la base de leurs antennes.

Les poils sensoriels situés sur le corps de nombreux insectes (peut-être de la plupart) vibrent en réponse à des ondes sonores de certaines fréquences, selon leur rigidité et leur longueur. Par exemple, grâce aux poils sensoriels fins qui garnissent leurs antennes, les moustiques mâles détectent le bourdonnement produit par le battement d'ailes des femelles qui volent, ce qui leur permet de trouver une partenaire sexuelle. On peut démontrer facilement l'importance de ce système sensoriel dans l'attirance des mâles vers une partenaire potentielle : un diapason qu'on fait vibrer à la même fréquence que les ailes d'une femelle de moustique attirera lui aussi les mâles.

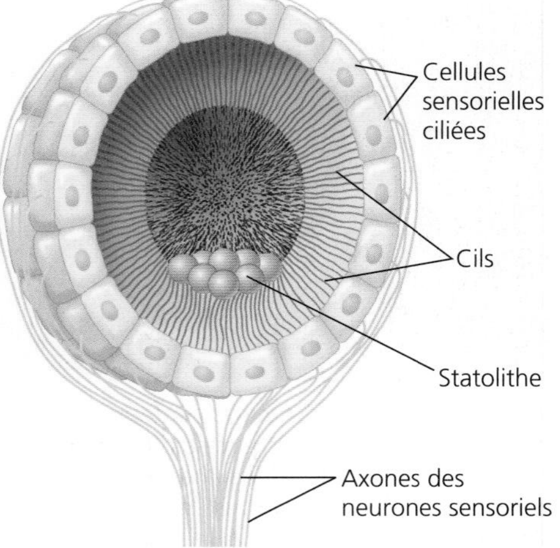

▶ Figure 50.8 Le statocyste d'un invertébré. L'accumulation des statolithes au fond de la cavité fait plier les cils situés sur les cellules réceptrices et donne ainsi au cerveau des indications sur l'orientation du corps en fonction de la gravité.

De nombreux insectes possèdent aussi des «oreilles» localisées à différents endroits. Ils ont une membrane constituant un tympan qui est tendue au-dessus d'une chambre aérifère interne (**figure 50.9**). Les ondes sonores font vibrer ce tympan, stimulant des cellules réceptrices fixées à l'intérieur. Des influx nerveux sont ainsi créés et transmis au cerveau. Plutôt qu'un tympan, les blattes ont dans chaque patte des organes sensibles aux vibrations. La présence de ces structures explique pourquoi il est si difficile d'écraser une blatte: l'insecte perçoit l'approche de votre pied et se déplace très rapidement pour l'éviter.

L'audition et l'équilibre chez les Mammifères

Chez les Mammifères et la plupart des autres vertébrés terrestres, les organes sensoriels de l'audition et de l'équilibre sont étroitement associés dans l'oreille. La **figure 50.10** présente une vue d'ensemble de la structure et des fonctions des organes de l'oreille humaine.

L'audition

Les objets qui vibrent, telles les cordes d'une guitare qu'on pince ou les cordes vocales d'une personne qui parle, créent des ondes de pression dans l'air environnant. On *entend* parce que l'oreille convertit ce stimulus mécanique (les ondes de pression) en influx nerveux que le cerveau perçoit comme un son. Si nous pouvons entendre de la musique, des paroles ou d'autres sons de notre environnement, c'est grâce aux **cellules sensorielles ciliées**, des récepteurs sensoriels dotés de prolongements filiformes qui détectent le mouvement. Toutefois, avant d'arriver aux cellules sensorielles ciliées, les ondes de vibration sont amplifiées et converties par plusieurs structures accessoires.

Les premiers événements qui concourent à l'audition font intervenir des structures de l'oreille qui convertissent les vibrations de l'air en mouvement en ondes de pression dans un liquide. Lorsque l'air en mouvement atteint l'oreille externe, il fait vibrer la membrane du tympan. Les mouvements des trois osselets de l'oreille moyenne transmettent ces vibrations à la fenêtre vestibulaire, une membrane située à la surface de la cochlée. Lorsqu'un des osselets de l'oreille, le stapès, déforme la fenêtre vestibulaire, il se crée des ondes de pression dans le liquide (périlymphe) qui se trouve dans la cochlée.

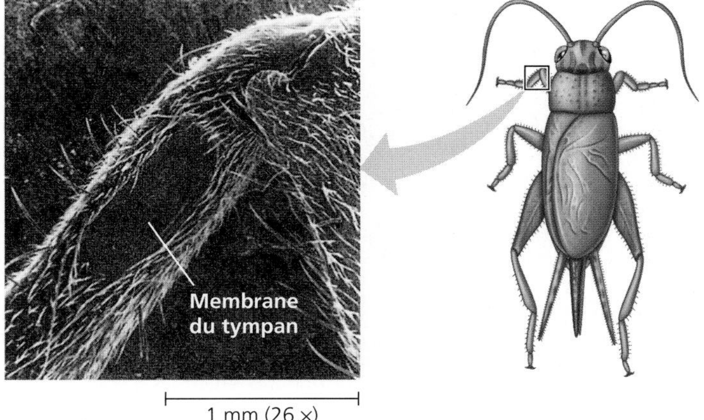

▲ **Figure 50.9 Une «oreille» d'insecte située sur une patte.** La membrane du tympan, située ici sur la patte antérieure du grillon (de la famille des Gryllidés), vibre en présence d'ondes sonores (MEB). Les vibrations stimulent les mécanorécepteurs qui sont fixés à l'intérieur du tympan.

Les ondes de pression qui traversent d'abord la rampe vestibulaire exercent une pression du haut vers le bas sur le conduit cochléaire et la lame basilaire. Sous l'effet des ondes de pression, la lame basilaire et les cellules sensorielles ciliées qui y sont reliées vibrent de haut en bas. Les cils des cellules sensorielles ciliées sont fléchis par la membrane de Corti, située directement au-dessus dans une position fixe (voir la figure 50.10). À chaque vibration, les cils vont d'abord dans une direction puis dans la direction opposée. Les mécanorécepteurs des cellules sensorielles ciliées réagissent en ouvrant ou en fermant des canaux ioniques. Comme le montre la **figure 50.11** (page 1265), l'inflexion des cils dans une certaine direction dépolarise les cellules sensorielles ciliées. Cette dépolarisation augmente la quantité de neurotransmetteur libéré et la fréquence des potentiels d'action qui longent le neurone sensoriel en direction du cerveau. L'inflexion des cils dans la direction opposée hyperpolarise les cellules sensorielles ciliées. Cette hyperpolarisation réduit la quantité de neurotransmetteur libéré et la fréquence des sensations dans le nerf cochléaire.

Qu'est-ce qui empêche les ondes de pression de se réverbérer dans l'oreille et de causer ainsi des sensations prolongées? Quand elles passent dans la rampe vestibulaire, les ondes de pression contournent le sommet de la cochlée (région appelée hélicotrème). Elles passent ensuite dans la rampe tympanique, puis se dissipent en atteignant la **fenêtre cochléaire**, ou **fenêtre ronde** (**figure 50.12a**, page 1266). Cet amortissement du son «réamorce» l'appareil pour les vibrations suivantes.

L'oreille transmet au cerveau de l'information sur deux caractères importants du son: son intensité et sa hauteur. L'*intensité* (volume) est déterminée par l'amplitude de l'onde sonore. Plus un son a une forte amplitude, plus la lame basilaire vibrera de façon énergique, plus les cellules sensorielles ciliées seront déformées et plus les neurones sensoriels produiront de potentiels d'action. La *hauteur* dépend de la fréquence des ondes sonores, c'est-à-dire du nombre de vibrations (ou cycles) par seconde, et s'exprime habituellement en hertz (Hz). Les ondes de fréquence élevée produisent des sons aigus, tandis que les ondes de fréquence basse correspondent à des sons graves. Les humains jeunes et en bonne santé peuvent entendre des sons qui se situent entre 20 et 20 000 Hz. Les chiens (Canidés) détectent les sons jusqu'à 40 000 Hz. Enfin, les chauves-souris émettent et perçoivent des sons (clics) d'une fréquence encore plus élevée (100 000 Hz), grâce auxquels elles localisent des objets.

La cochlée distingue les différentes hauteurs parce que la lame basilaire n'est pas uniforme. En effet, l'extrémité proximale de cette dernière, située près de la fenêtre vestibulaire, est relativement étroite et rigide, alors que l'extrémité distale, qui se trouve près de l'hélicotrème, est plus large et plus flexible. Chaque région de la lame basilaire répond plus particulièrement à une fréquence donnée (**figure 50.12b**). Les neurones sensoriels associés à la région qui vibre le plus à un instant donné sont alors ceux qui envoient le plus de potentiels d'action dans la voie neuronale qui mène au cerveau. C'est là, dans le cortex cérébral, que la perception de la hauteur du son se produit. Les axones du nerf cochléaire sont reliés à des aires auditives précises du cortex cérébral, en fonction de

▼ **Figure 50.10**

PANORAMA La structure de l'oreille humaine

1 Vue d'ensemble de la structure de l'oreille

L'oreille se divise en trois régions : l'oreille externe, l'oreille moyenne et l'oreille interne. L'**oreille externe** comporte le pavillon (ou auricule), situé à l'extérieur du corps et ayant perdu sa mobilité chez les Primates, ainsi que le conduit auditif externe. Ces deux structures concentrent les ondes sonores et les dirigent vers la **membrane du tympan**, qui représente la limite entre l'oreille externe et l'oreille moyenne. Dans l'**oreille moyenne**, trois **osselets**, le malléus (marteau), l'incus (enclume) et le stapès (étrier), transmettent les vibrations à la **fenêtre vestibulaire** (ou **fenêtre ovale**), une membrane située sous le stapès. L'oreille moyenne s'ouvre aussi sur la **trompe auditive** (ou **trompe d'Eustache**), un conduit relié au pharynx et qui équilibre la pression de l'air de chaque côté du tympan. L'**oreille interne** comprend des canaux remplis de liquide, notamment les **conduits semi-circulaires**, qui jouent un rôle dans l'équilibre, et un conduit osseux de forme enroulée, la **cochlée** (du latin *cochlea*, « escargot »), qui intervient dans l'audition.

2 La cochlée

La cochlée présente deux larges canaux (la rampe vestibulaire et la rampe tympanique) séparés par un canal plus étroit, le conduit cochléaire. Ces canaux sont remplis de liquide.

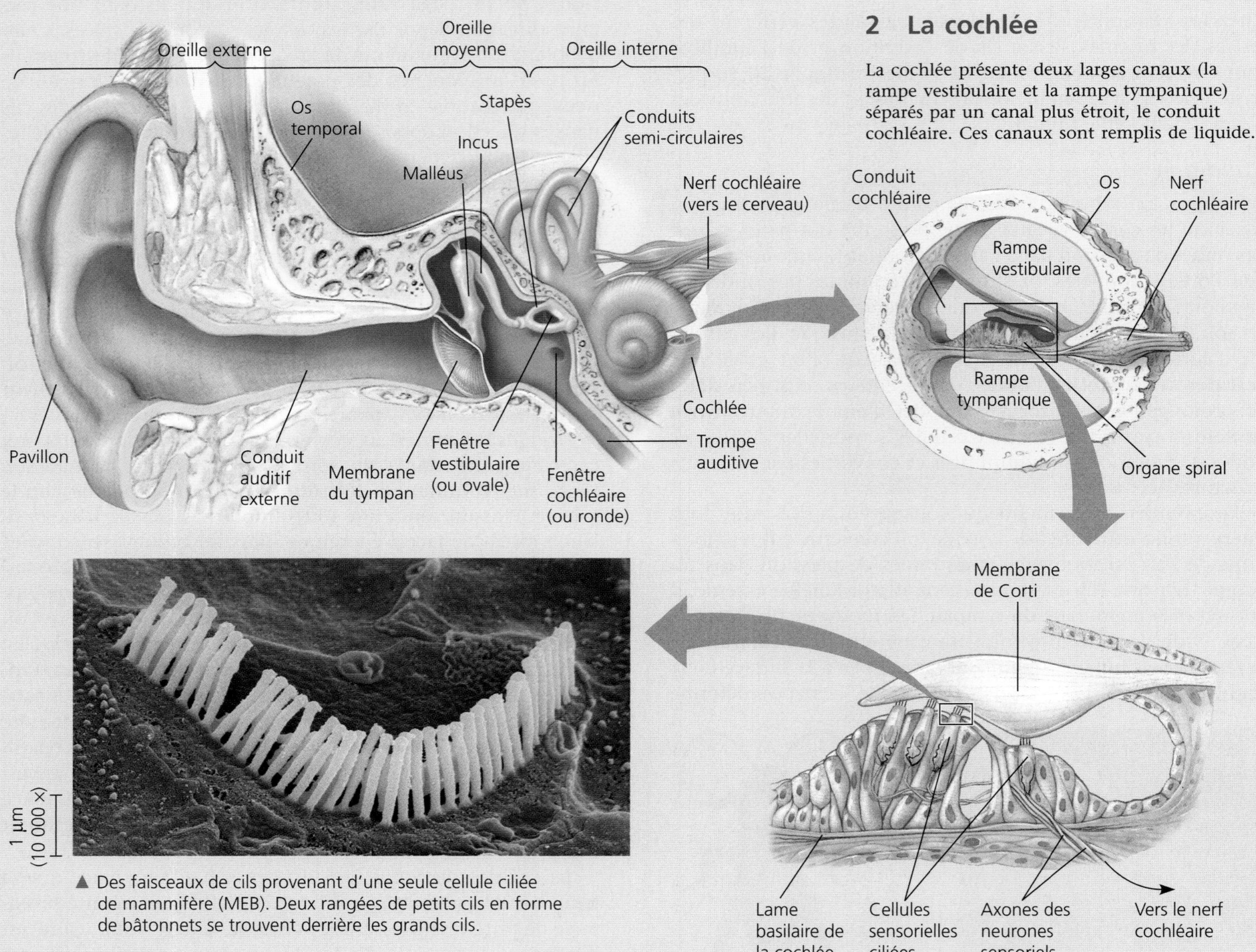

▲ Des faisceaux de cils provenant d'une seule cellule ciliée de mammifère (MEB). Deux rangées de petits cils en forme de bâtonnets se trouvent derrière les grands cils.

3 L'organe spiral

Sur le plancher du conduit cochléaire, la lame basilaire de la cochlée, se situe l'**organe spiral** (ou organe de Corti), qui contient les mécanorécepteurs de l'oreille, soit quatre rangées de cellules sensorielles ciliées (environ 15 000 cellules au total) dont les cils se projettent dans le conduit cochléaire. L'apex d'un grand nombre de ces cils se rattache à la membrane de Corti du conduit cochléaire, qui surplombe l'organe spiral comme une corniche. Les ondes sonores font vibrer la lame basilaire de la cochlée, ce qui fait courber les cils et entraîne la dépolarisation des cellules sensorielles ciliées.

4 Les cellules sensorielles ciliées

Chaque cellule sensorielle ciliée possède un prolongement qui constitue un faisceau de « cils » en forme de bâtonnets. Chacun de ces cils contient des filaments d'actine. La vibration de la lame basilaire en réaction au son élève ou abaisse les cellules sensorielles, ce qui cause l'inclinaison des cils contre le liquide environnant et la membrane de Corti. Lorsque les cils du faisceau sont déplacés, les mécanorécepteurs sont activés, ce qui change le potentiel de membrane de la cellule ciliée.

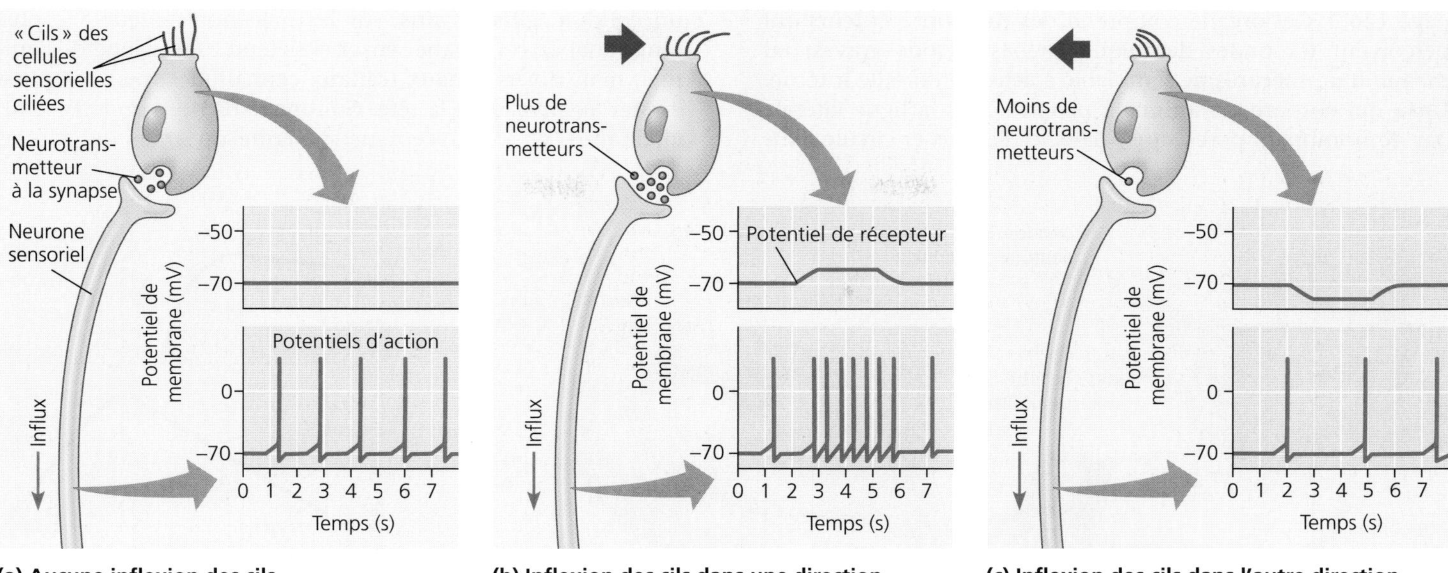

▲ **Figure 50.11 La réception par les cellules sensorielles ciliées.** Les cellules sensorielles ciliées des Vertébrés qui sont responsables de l'audition et de l'équilibre possèdent des « cils » disposés en un faisceau, qui fléchit au gré des mouvements du liquide environnant. Chaque cellule sensorielle ciliée libère un neurotransmetteur excitateur à une synapse dotée d'un neurone sensoriel, lequel transmet des potentiels d'action au SNC. L'inflexion du faisceau dans une direction dépolarise la cellule sensorielle, de sorte que celle-ci libère une plus grande quantité du neurotransmetteur et augmente la fréquence des potentiels d'action dans le neurone sensoriel. L'inflexion dans l'autre direction produit l'effet opposé.

la région de la lame basilaire qui a émis le stimulus. Lorsqu'un site donné de l'aire auditive du cortex est stimulé, on perçoit un son d'une certaine hauteur.

L'équilibre

Chez les humains et la plupart des autres mammifères, plusieurs organes de l'oreille interne perçoivent le mouvement, la position du corps et l'équilibre. Situées derrière la fenêtre vestibulaire se trouvent deux vésicules, l'**utricule** et le **saccule**, qui nous permettent de percevoir la position de notre corps par rapport à la gravité ou au mouvement linéaire (**figure 50.13**). Chaque vésicule contient une couche de cellules sensorielles dont les cils baignent dans une substance gélatineuse. Dans cette substance sont enchâssées de nombreuses petites particules de carbonate de calcium appelées otolithes (« pierres de l'oreille »). Lorsque nous penchons la tête sur le côté, les otolithes exercent une pression sur les cils qui sont entourés de la substance gélatineuse. Par l'intermédiaire des cellules sensorielles ciliées, cette inflexion des cils cause une modification de l'influx émis par les neurones sensoriels, qui indique au cerveau que notre tête est inclinée. Ce sont également les otolithes qui permettent de percevoir l'accélération lorsque, par exemple, la voiture immobile dans laquelle nous nous trouvons se met à avancer. Comme l'utricule est orienté à l'horizontale et le saccule, à la verticale, nous pouvons détecter tant les mouvements horizontaux que les mouvements verticaux.

Dans l'utricule prennent naissance les trois conduits semicirculaires qui forment le reste de l'organe de l'équilibre. Ils détectent les mouvements de rotation de la tête et les autres formes d'accélération angulaire (voir la figure 50.11). Dans chaque conduit, les cellules sensorielles ciliées forment un seul amas, et leurs cils sont entourés d'une masse gélatineuse appelée cupule. Comme les trois conduits sont disposés selon les trois plans de l'espace, ils peuvent détecter le mouvement angulaire de la tête dans toutes les directions. Par exemple, si on tourne la tête vers la gauche ou la droite, le liquide dans le conduit horizontal exerce une pression sur la cupule, de sorte qu'il y a inflexion des cils. Pour déterminer la position de la tête, le cerveau interprète les changements d'influx que créent les cellules sensorielles ciliées. Lorsque nous tournons sur nous-même, le liquide et le conduit finissent par s'équilibrer et demeurent ainsi jusqu'à ce que nous cessions de tourner. Lorsque nous cessons, le liquide en mouvement entre en contact avec la cupule immobile ; nous éprouvons alors une fausse sensation de mouvement angulaire, qu'on appelle étourdissement.

L'audition et l'équilibre chez d'autres vertébrés

Contrairement à l'organe auditif des Mammifères, l'oreille interne des Poissons ne comporte aucun tympan et ne communique pas avec l'extérieur de l'organisme. Les ondes sonores qui voyagent dans l'eau se propagent dans le squelette de la tête et atteignent une paire d'oreilles internes. C'est ainsi qu'elles mettent les otolithes en mouvement et stimulent les cellules sensorielles ciliées. La vessie natatoire, remplie d'air (voir la figure 34.16, p. 824), vibre aussi en présence d'ondes sonores. Certains poissons, dont les poissons-chats (de l'ordre des Siluriformes) et les Cyprinidés, possèdent une série d'os, portant le nom d'appareil de Weber, qui transmet les vibrations de la vessie natatoire à l'oreille interne.

Comme nous l'avons vu au chapitre 34, la plupart des Poissons et des amphibiens aquatiques ont, de chaque côté du corps, un organe sensoriel appelé **ligne latérale** (**figure 50.14**, page 1267). Cet organe comprend des mécanorécepteurs qui perçoivent les ondes de fréquence basse (sons graves) au moyen d'un mécanisme semblable à celui de l'oreille interne. L'eau qui entoure ces animaux pénètre dans la ligne latérale par de nombreux pores situés dans les écailles et circule dans un conduit, glissant ainsi sur les mécanorécepteurs; le plus long canal de cet organe sensoriel s'étend tout le long de l'animal, mais divers canaux (canaux céphaliques) peuvent aussi exister au niveau de la tête. Comme dans nos conduits semi-circulaires, chaque récepteur renferme un amas de cellules

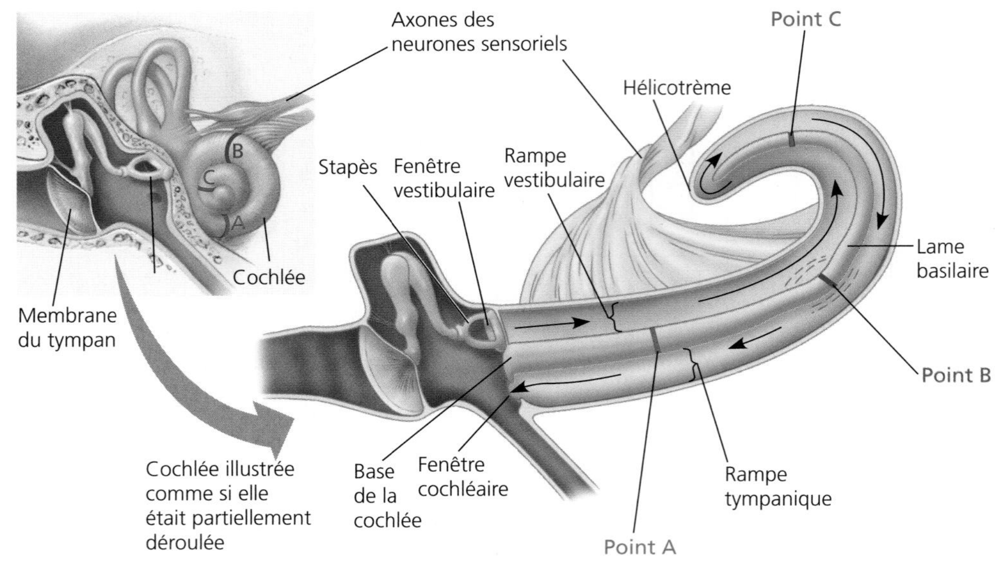

(a) Les vibrations du stapès sur la fenêtre vestibulaire produisent des ondes de pression (flèches noires) dans le liquide (la périlymphe, en bleu) de la cochlée. (Pour simplifier l'illustration, la cochlée, à droite, a été dessinée comme si elle était partiellement déroulée.) Les ondes se propagent jusqu'à l'hélicotrème en passant par la rampe vestibulaire, puis reviennent vers la base de la cochlée par la rampe tympanique. L'énergie des ondes fait vibrer la lame basilaire (en rose), ce qui stimule les cellules sensorielles ciliées (non montrées). Comme la lame basilaire n'a pas la même rigidité sur toute sa longueur, la vibration maximale de chaque partie de la lame correspond aux ondes d'une certaine fréquence.

(b) Ces courbes représentent la vibration en différents points de la lame basilaire pour trois fréquences différentes: haute (en haut), moyenne (au milieu) et basse (en bas). Plus la fréquence est élevée, plus la vibration est proche de la fenêtre vestibulaire.

▲ **Figure 50.12 La transduction des ondes sonores dans la cochlée.**

? *Un accord musical est une association de plusieurs notes, chacune étant formée par une onde sonore d'une fréquence différente. Lorsque vous entendez un accord, où, dans votre corps, les notes de l'accord sont-elles combinées?*

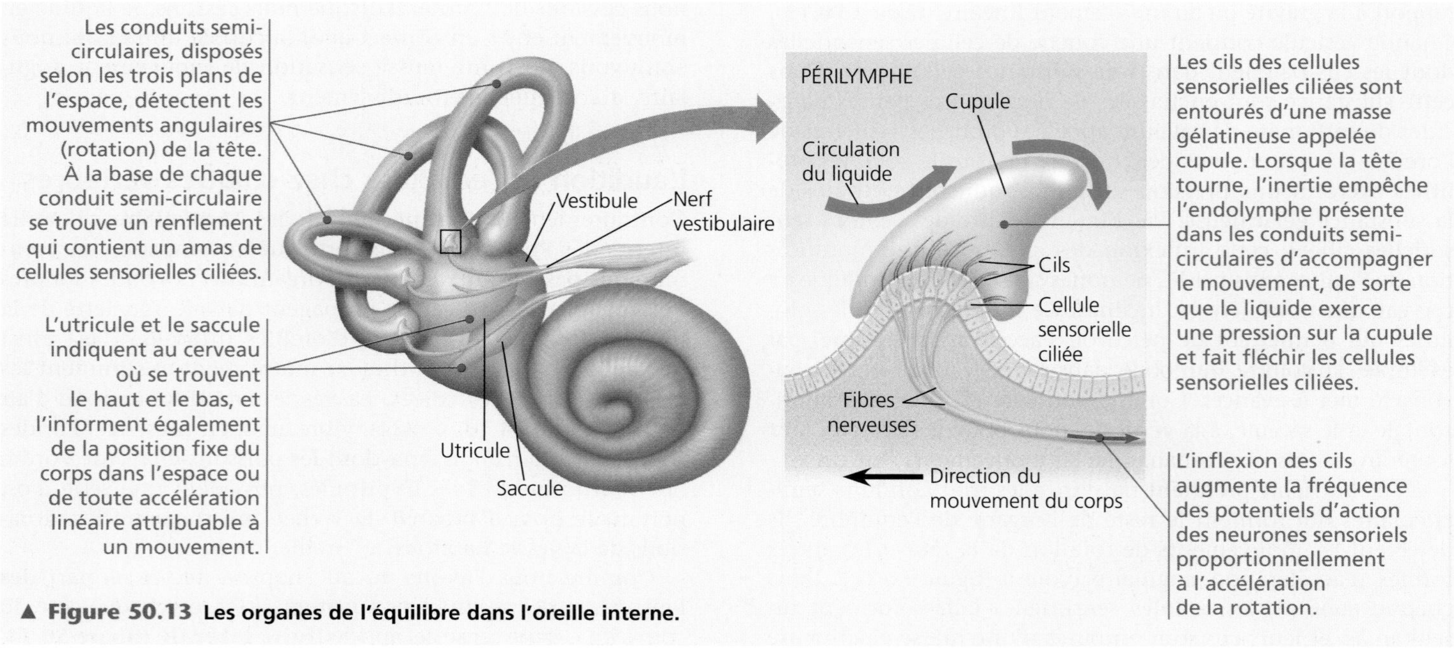

▲ **Figure 50.13 Les organes de l'équilibre dans l'oreille interne.**

sensorielles ciliées dont les cils sont enfermés dans une capsule gélatineuse, la cupule. La pression de l'eau en mouvement fait fléchir la cupule, ce qui dépolarise les cellules sensorielles ciliées et crée des potentiels d'action qui sont transmis au cerveau par les axones des neurones sensoriels. Grâce à cette information, les Poissons perçoivent leur propre mouvement dans la masse d'eau, ou la direction et la vitesse des courants à la surface de leur corps. La ligne latérale détecte aussi les mouvements de l'eau ou les vibrations créées par des proies, des prédateurs et d'autres objets en mouvement.

Chez les vertébrés terrestres, l'oreille interne est devenue le principal organe de l'audition et de l'équilibre. Certains amphibiens possèdent une ligne latérale au stade de têtards, mais pas au stade adulte, lorsqu'ils vivent sur la terre ferme. Les grenouilles et les crapauds ont un tympan à la surface du corps et un seul osselet pour transmettre à l'oreille interne les ondes sonores qui se propagent dans l'air. Comme les Mammifères, les Oiseaux et les autres reptiles ont une cochlée.

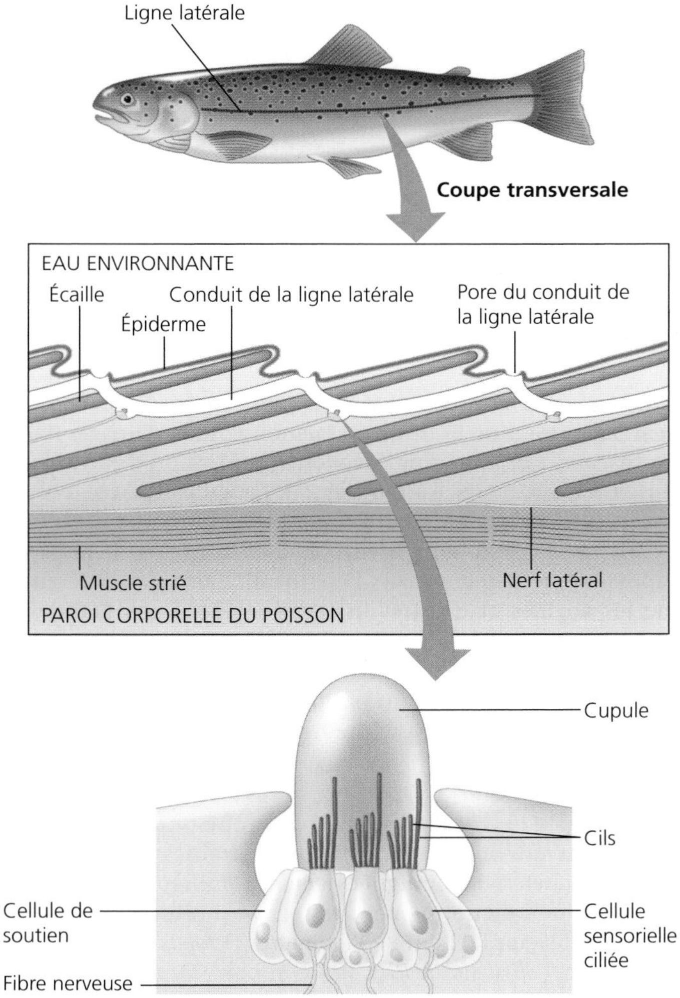

▲ **Figure 50.14 La ligne latérale chez les Poissons.** L'eau qui passe dans la ligne latérale fait fléchir les cellules sensorielles ciliées, lesquelles convertissent l'énergie en potentiels de récepteur. Ces derniers déclenchent des potentiels d'action qui se propagent jusqu'au cerveau. La ligne latérale (organe sensoriel longeant le corps) permet aux Poissons de percevoir les courants, les ondes de pression produites par les objets en mouvement et les sons graves qui se déplacent dans l'eau.

Cependant, comme chez les Amphibiens, le son circule de la membrane du tympan à l'oreille interne par l'intermédiaire d'un seul osselet (voir la figure 34.37, p. 839).

RETOUR SUR LE CONCEPT 50.2

1. En quoi les statocystes constituent-ils une adaptation pour les animaux qui vivent dans des terriers ou au fond de l'océan ?
2. **ET SI ?** Supposons qu'une série d'ondes de pression produit une vibration dans la lame basilaire de votre cochlée qui se déplace progressivement de l'hélicotrème vers la base de la cochlée. Comment votre cerveau interprétera-t-il ce stimulus ?
3. **ET SI ?** Si le stapès fusionnait avec les autres osselets de l'oreille moyenne ou avec la fenêtre vestibulaire, en quoi cela modifierait-il l'audition ? Expliquez votre réponse.

Voir les réponses proposées à la fin du chapitre.

CONCEPT 50.3

Chez divers animaux, les récepteurs visuels dépendent de pigments photorécepteurs

La capacité de détecter la lumière joue un rôle primordial dans l'interaction de presque tous les Animaux avec leur milieu. Les organes utilisés pour la vision varient d'un animal à l'autre, mais le mécanisme qui permet de capter la lumière est le même, ce qui donne à penser qu'ils ont une origine commune.

L'évolution de la perception visuelle

ÉVOLUTION Au cours de l'évolution sont apparus dans le règne animal de nombreux types de détecteurs de lumière, allant de simples amas de cellules qui ne captent que la direction et l'intensité de la lumière aux organes complexes qui produisent des images. Malgré leur diversité, tous ces détecteurs de lumière contiennent des photorécepteurs, c'est-à-dire des cellules renfermant des molécules de pigment qui absorbent les ondes lumineuses. De plus, des animaux aussi différents que les Plathelminthes, les Annélides, les Arthropodes et les Vertébrés possèdent les mêmes gènes anciens qui précisent où et quand les photorécepteurs se forment au cours du développement embryonnaire. Ainsi, les bases génétiques de tous les photorécepteurs seraient peut-être apparues chez les premiers animaux à symétrie bilatérale.

Les organes détecteurs de lumière

La plupart des Invertébrés possèdent des organes détecteurs de lumière. Ceux des planaires font partie des récepteurs visuels les plus simples (**figure 50.15**). Ils consistent en une paire d'ocelles, parfois appelés yeux primitifs, qui sont des yeux simples localisés dans la région de la tête. Sur trois de ses côtés,

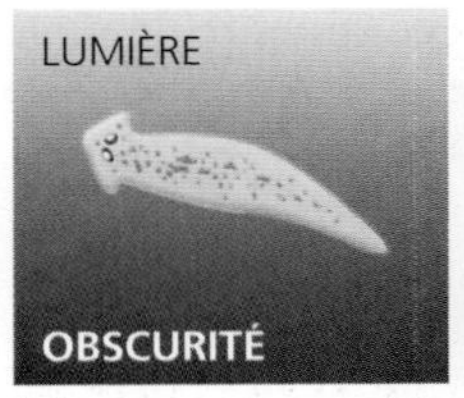

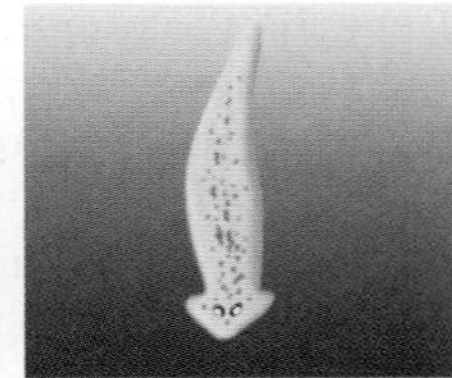

(a) Les ganglions cérébraux de la planaire commandent au corps de se déplacer jusqu'à ce que les sensations provenant des deux ocelles soient de même intensité et aussi faibles que possible. Cette réaction fait en sorte que l'animal s'oriente en s'éloignant de la source lumineuse.

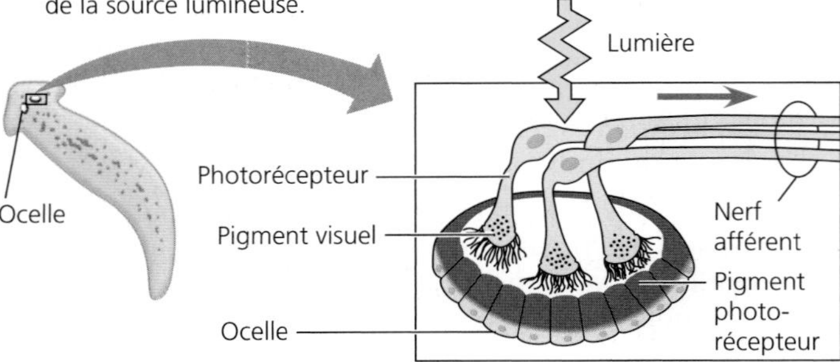

(b) La lumière qui frappe l'avant d'un ocelle excite les photorécepteurs, tandis que la lumière qui frappe l'arrière est bloquée par le pigment photorécepteur. Ainsi, l'ocelle indique la direction d'une source de lumière et déclenche le comportement qui permet de l'éviter.

▲ **Figure 50.15 Les ocelles et le comportement d'orientation d'une planaire.**

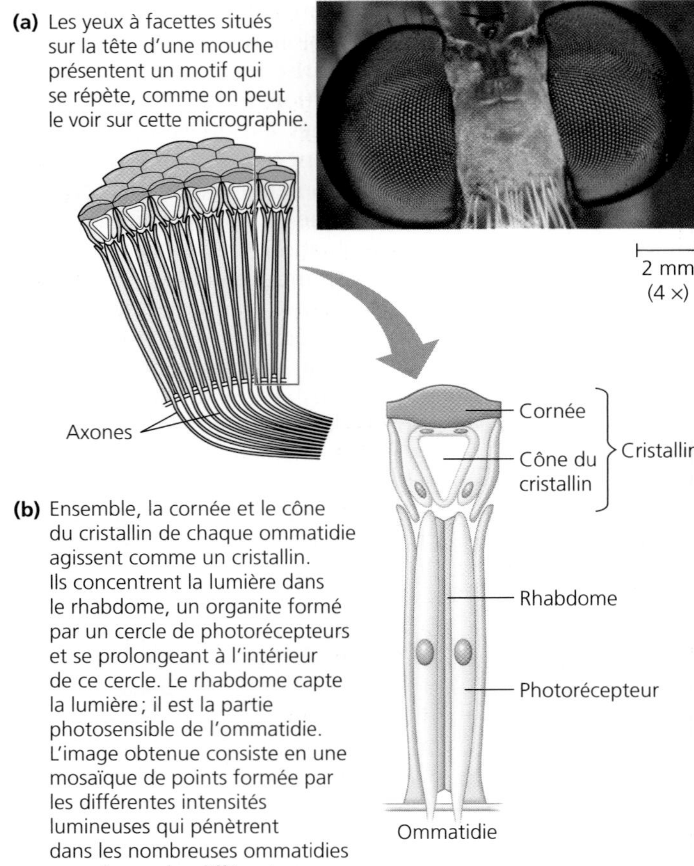

(a) Les yeux à facettes situés sur la tête d'une mouche présentent un motif qui se répète, comme on peut le voir sur cette micrographie.

(b) Ensemble, la cornée et le cône du cristallin de chaque ommatidie agissent comme un cristallin. Ils concentrent la lumière dans le rhabdome, un organite formé par un cercle de photorécepteurs et se prolongeant à l'intérieur de ce cercle. Le rhabdome capte la lumière ; il est la partie photosensible de l'ommatidie. L'image obtenue consiste en une mosaïque de points formée par les différentes intensités lumineuses qui pénètrent dans les nombreuses ommatidies sous des angles différents.

▲ **Figure 50.16 Les yeux composés.**

l'ocelle possède une couche de cellules pigmentées de couleur foncée qui arrêtent la lumière. Les photorécepteurs reçoivent de la lumière uniquement par une ouverture située sur le côté de l'ocelle qui est dépourvu de cellules pigmentées. L'ouverture de l'un des ocelles est orientée vers la gauche et légèrement vers l'avant, et celle de l'autre ocelle, vers la droite et l'avant. Ainsi, la lumière d'une zone déterminée du milieu environnant ne peut donc entrer que dans l'ocelle qui est situé du côté correspondant. Chez les planaires, les ganglions cérébraux qui tiennent lieu de cerveau comparent la fréquence des potentiels d'action issus des deux ocelles. La planaire se déplace ensuite de façon que la stimulation des deux ocelles soit la plus faible possible. Elle se déplace donc dans la direction opposée à la source de lumière, s'éloignant de celle-ci, jusqu'à ce qu'elle arrive dans un endroit sombre, sous une roche ou un autre objet susceptible de la protéger des prédateurs.

L'œil composé

L'**œil composé** se trouve chez les Insectes et les Crustacés (de l'embranchement des Arthropodes), et chez certains polychètes (de l'embranchement des Annélides). Il comprend plusieurs milliers de détecteurs de lumière appelés **ommatidies** (les «facettes» de l'œil), chacune étant pourvue d'une cornée et d'un cône cristallin (**figure 50.16**). Chaque ommatidie reçoit la lumière provenant d'une minuscule portion du champ visuel. L'œil composé détecte très bien le mouvement. C'est une adaptation importante pour les insectes volants et les petits animaux constamment menacés par des prédateurs. À titre de comparaison, l'œil humain peut distinguer des éclairs de lumière se succédant à une fréquence d'environ 50 par seconde. Par contre, les yeux composés de certains insectes détectent un clignotement six fois plus rapide. (Si ces insectes regardaient un film, ils distingueraient une suite d'images fixes.) Les Insectes ont aussi une excellente perception des couleurs. Certains d'entre eux (notamment les abeilles) perçoivent les rayons ultraviolets du spectre électromagnétique. Comme les rayons ultraviolets sont invisibles aux humains, il nous est impossible de détecter dans l'environnement des différences que les abeilles et d'autres insectes voient. Dans l'étude du comportement animal, nous ne pouvons pas utiliser notre expérience sensorielle pour l'appliquer aux autres animaux. En effet, les Animaux n'ont pas tous la même sensibilité ni la même organisation du système nerveux.

L'œil simple

L'**œil simple** (à cristallin unique), un autre type d'œil présent chez les Invertébrés, se trouve chez certaines méduses, certains polychètes, les Araignées et de nombreux mollusques. Son mode de fonctionnement ressemble à celui d'un appareil photo. Par exemple, l'œil de la pieuvre (*Octopus sp.*) ou du calmar (p. ex. *Loligo sp.* et *Illex sp.*) comporte une petite ouverture, la **pupille**, qui laisse entrer la lumière. Semblable au diaphragme d'un appareil photo dont l'ouverture peut se régler, l'**iris** de l'œil simple se ferme ou s'ouvre, modifiant ainsi le diamètre de la pupille. Cela permet de laisser entrer plus ou moins de lumière. Derrière la pupille, le cristallin concentre la lumière sur une couche de cellules photoréceptrices. Dans l'œil simple d'un invertébré, des muscles ciliaires déplacent le cristallin vers l'avant ou l'arrière pour faire la mise au point sur les objets à différentes distances, là encore comme dans un appareil photo.

Chez tous les Vertébrés, l'œil possède un seul cristallin. Chez les Poissons, la mise au point se fait comme chez les Vertébrés, c'est-à-dire que le cristallin se déplace vers l'avant ou l'arrière. Chez d'autres espèces, dont les Mammifères, la mise au point se fait par déformation du cristallin. C'est ce mécanisme que nous allons maintenant étudier en détail, de même que la perception visuelle, dans la section qui suit, consacrée à l'appareil visuel des Vertébrés.

L'appareil visuel des Vertébrés

L'œil humain servira ici à illustrer la vision chez les Vertébrés. Comme le montre de façon détaillée la **figure 50.17**, la vision commence lorsque des photons entrent dans l'œil et frappent les bâtonnets et les cônes. L'énergie de chaque photon est alors captée par un changement de configuration d'une seule liaison chimique dans la rétine.

Même si la détection de la lumière par l'œil constitue la première étape de la vision, rappelons-nous que c'est le cerveau qui «voit». Pour comprendre la vision, il nous faut donc étudier, dans un premier temps, la façon dont la captation de lumière par la rétine modifie la production des potentiels d'action, puis suivre ces stimulus jusqu'aux centres de la vision situés dans le cerveau, où s'effectue la perception visuelle.

La transduction du stimulus sensoriel dans l'œil

La transduction de l'information visuelle par le système nerveux commence par la conversion, déclenchée par la lumière, du rétinal *cis* en rétinal *trans*. Comme le montre la **figure 50.18** (page 1272), cette conversion active la rhodopsine, qui active une protéine G, qui à son tour active une enzyme capable d'hydrolyser le GMP cyclique (GMPc). Dans l'obscurité, le GMP cyclique présent dans les cellules photoréceptrices se lie aux canaux ioniques à sodium (Na^+) et les maintient ouverts. Quand cette voie dépendante de la protéine G est ainsi activée, le GMP cyclique est dégradé, les canaux ioniques à Na^+ se ferment et la cellule s'hyperpolarise.

Normalement, dans les cellules photoréceptrices, la voie de transduction du stimulus se ferme quand les enzymes reconvertissent le rétinal à sa forme *cis*, le ramenant à son état inactif. Cependant, lorsque la lumière est très intense, la rhodopsine demeure active, c'est-à-dire que le rétinal reste sous sa forme *trans*, de sorte que les bâtonnets en deviennent saturés. Si la quantité de lumière qui entre dans l'œil diminue brusquement, les bâtonnets mettent quelques minutes à redevenir fonctionnels. Voilà pourquoi vous ne voyez presque rien lorsque vous pénétrez dans un endroit sombre, par exemple une salle de cinéma, et que vous arrivez de dehors par une journée ensoleillée. (Comme l'activation par la lumière fait passer la couleur de la rhodopsine du violet au jaune, les bâtonnets dans lesquels la réponse à la lumière devient saturée sont souvent qualifiés de «décolorés».)

Le traitement de l'information visuelle dans la rétine

Le traitement de l'information visuelle commence dans la rétine même, où les bâtonnets et les cônes forment des synapses avec des cellules bipolaires (**figure 50.19**, page 1272). Dans l'obscurité, les bâtonnets et les cônes, qui sont dépolarisés, libèrent sans cesse à ces synapses du glutamate, un neurotransmetteur (voir le tableau 48.2, p. 1212). Cette libération constante de glutamate entraîne la dépolarisation de certaines cellules bipolaires et l'hyperpolarisation d'autres cellules bipolaires, selon le type de molécules réceptrices postsynaptiques qu'elles portent. En présence de lumière, les bâtonnets et les cônes subissent une hyperpolarisation et cessent de libérer du glutamate. Les cellules bipolaires dépolarisées par le glutamate subissent alors une hyperpolarisation, et les cellules bipolaires hyperpolarisées par le glutamate, une dépolarisation.

Outre les cellules bipolaires, trois autres types de neurones contribuent au traitement de l'information dans la rétine: les cellules ganglionnaires, les cellules horizontales et les cellules amacrines (voir la figure 50.17).

Dans la rétine, l'information visuelle provenant des bâtonnets et des cônes peut emprunter diverses voies. Une partie de l'information passe directement des cellules réceptrices aux cellules bipolaires, pour ensuite arriver aux cellules ganglionnaires. Dans d'autres cas, les cellules horizontales transmettent l'information d'un bâtonnet ou d'un cône à d'autres cellules réceptrices du même type et à plusieurs cellules bipolaires. Lorsqu'un bâtonnet ou un cône illuminé stimule une cellule horizontale, cette dernière inhibe les photorécepteurs plus éloignés et les cellules bipolaires qui ne reçoivent pas de lumière. Ainsi, le point lumineux paraît plus brillant, et la zone non éclairée qui l'entoure semble encore plus sombre. Cette sorte d'intégration, qu'on appelle **inhibition latérale**, rend les contours plus nets et améliore le contraste de l'image. Les cellules amacrines répartissent l'information issue d'une cellule bipolaire en la transmettant à plusieurs cellules ganglionnaires. L'inhibition latérale est reproduite dans les interactions entre les cellules amacrines et les cellules ganglionnaires, et se répète à tous les stades du traitement de l'information visuelle.

Une cellule ganglionnaire unique reçoit de l'information d'un grand nombre de bâtonnets et de cônes, et chaque bâtonnet ou cône réagit à l'énergie lumineuse venant d'une certaine direction. L'ensemble des bâtonnets et des cônes qui envoient de l'information à une cellule ganglionnaire unique forme le *champ récepteur* de cette cellule, c'est-à-dire la partie du champ visuel à laquelle la cellule est réceptive. Plus le nombre de bâtonnets ou de cônes dont une cellule ganglionnaire reçoit de l'information est petit, plus le champ récepteur est petit. Un petit champ récepteur donne une image plus nette, parce que l'information sur l'endroit où la lumière a atteint la rétine est plus précise. Les cellules ganglionnaires de la macula ont un champ récepteur très petit, de sorte que l'acuité visuelle (netteté) est très élevée dans cette zone.

Le traitement de l'information visuelle dans le cerveau

Les axones des cellules ganglionnaires forment les nerfs optiques, qui transmettent au cerveau les sensations provenant des yeux (**figure 50.20**, page 1272). Les nerfs optiques qui partent des deux yeux se croisent à la hauteur du **chiasma optique**, situé vers le centre de la base du cortex cérébral. Les axones des nerfs optiques sont acheminés vers le chiasma optique de telle sorte que les sensations provenant de la partie gauche du champ visuel des deux yeux sont transmises au côté droit du cerveau, et que les sensations provenant de la partie droite du champ visuel sont acheminées au côté gauche du cerveau. (Il importe de noter que chaque champ visuel reçoit les stimulus des deux yeux.)

À l'intérieur de l'encéphale, la plupart des axones des cellules ganglionnaires conduisent aux **corps géniculés latéraux**, dont les axones vont jusqu'au **cortex visuel primaire** du cerveau. D'autres neurones acheminent l'information jusqu'à des centres visuels situés ailleurs dans le cortex et où l'information visuelle subit un traitement et une intégration plus poussés.

L'image issue du champ visuel, composée de points, est transmise au cortex visuel primaire par l'intermédiaire de neurones. Comment le cerveau transforme-t-il une suite complexe de potentiels d'action représentant des images bidimensionnelles projetées sur nos rétines en des perceptions tridimensionnelles de notre milieu? Les chercheurs estiment qu'au moins 30% du cortex cérébral, c'est-à-dire des centaines de millions de neurones situés dans probablement des douzaines de centres d'intégration, participe à la formation de ce que nous «voyons» véritablement. La détermination de la façon dont ces centres combinent les composantes de notre vision telles que la couleur, le mouvement, la profondeur, la forme et le détail fait l'objet d'un effort de recherche passionnant, en constante évolution.

▼ **Figure 50.17**

PANORAMA La structure de l'œil humain

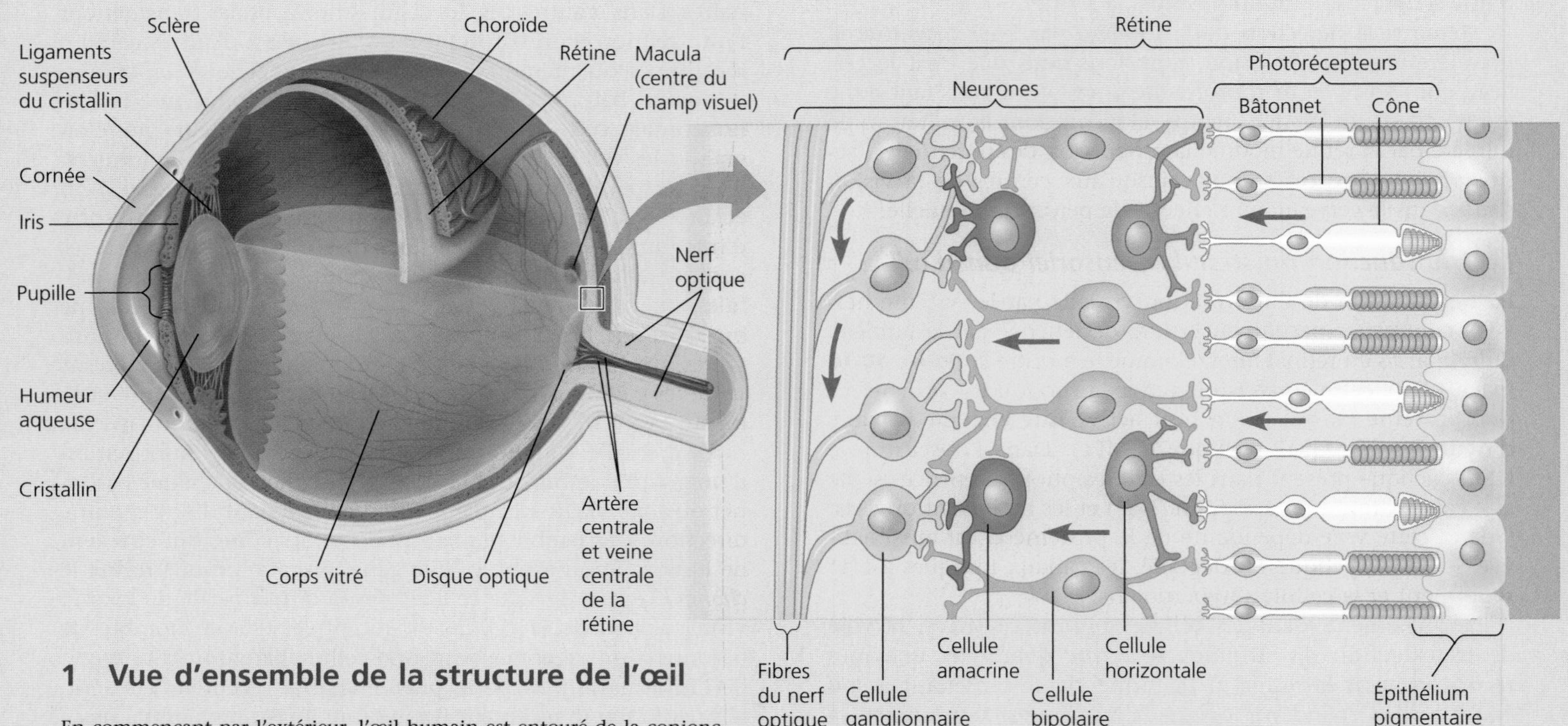

1 Vue d'ensemble de la structure de l'œil

En commençant par l'extérieur, l'œil humain est entouré de la conjonctive, une muqueuse (non montrée); de la sclère, un tissu conjonctif; et de la choroïde, une fine couche pigmentée. Sur le devant de l'œil, la sclère devient la *cornée*, la partie transparente, et la choroïde devient l'*iris*, la partie colorée. En changeant de taille, l'iris règle la quantité de lumière qui arrive dans la pupille, l'ouverture visible en son centre. Situés à l'intérieur de la choroïde, les neurones et les photorécepteurs de la **rétine** constituent la couche la plus profonde de l'œil, ou globe oculaire. Le nerf optique sort de l'œil au niveau du disque optique, ou papille optique.

Le **cristallin** est un disque protéique transparent qui divise l'œil en deux chambres. Devant le cristallin se trouve l'*humeur aqueuse*, un liquide transparent et incolore. Lorsque les conduits qui permettent l'écoulement de l'humeur aqueuse sont bouchés, il peut se former un glaucome. Cette maladie de l'œil cause une augmentation de la pression qui comprime la rétine, endommageant ainsi le nerf optique, ce qui peut entraîner la cécité. Derrière le cristallin se trouve le *corps vitré* (ou humeur vitrée), une substance gélatineuse (montrée ici dans la partie inférieure du globe oculaire).

2 La rétine

La lumière (venant de la gauche dans l'illustration ci-dessus) frappe la rétine et doit traverser plusieurs couches transparentes de neurones pour atteindre les bâtonnets et les cônes, deux types de photorécepteurs dont la forme diffère autant que la fonction. Les neurones de la rétine transmettent ensuite au nerf optique et au cerveau l'information visuelle captée par les photorécepteurs (les flèches rouges indiquent les voies empruntées). Chaque *cellule bipolaire* reçoit de l'information de plusieurs bâtonnets et cônes, et chaque *cellule ganglionnaire* en reçoit de plusieurs cellules bipolaires. Les *cellules horizontales* et les *cellules amacrines* intègrent l'information de part et d'autre de la rétine.

Le disque optique fait partie de la rétine. Comme il est dépourvu de photorécepteurs, il forme une «tache aveugle», c'est-à-dire une zone qui ne perçoit pas la lumière.

La vision des couleurs

Chez les Vertébrés, la plupart des Poissons, des Amphibiens, des Reptiles et des Oiseaux voient très bien les couleurs. Les Mammifères, en revanche, ne possèdent pas ce type de vision, à l'exception d'un petit nombre d'espèces dont font partie les humains et d'autres primates. La plupart des Mammifères sont nocturnes. La présence d'un grand nombre de bâtonnets dans leur rétine représente une adaptation qui leur donne une excellente vision la nuit. Ainsi, les chats (Félidés), qui sont habituellement plus actifs la nuit, ont une vision des couleurs limitée et voient probablement le monde dans des tons de pastel pendant le jour.

Chez les humains, la perception des couleurs dépend de la présence de trois sous-groupes de cônes, chacun ayant son propre pigment visuel : rouge, vert ou bleu. Les trois pigments visuels, appelés *photopsines*, sont formés par la liaison du rétinal à trois différents types d'opsine, une protéine. Les légères différences entre les opsines suffisent pour que chaque photopsine absorbe certaines ondes lumineuses mieux que d'autres. Bien que l'on qualifie les pigments visuels de rouges, verts ou bleus, leurs spectres d'absorption se chevauchent, de sorte que la perception de teintes intermédiaires résulte de la stimulation différentielle de deux types de cônes, ou des trois. Ainsi, lorsque les cônes rouges et verts

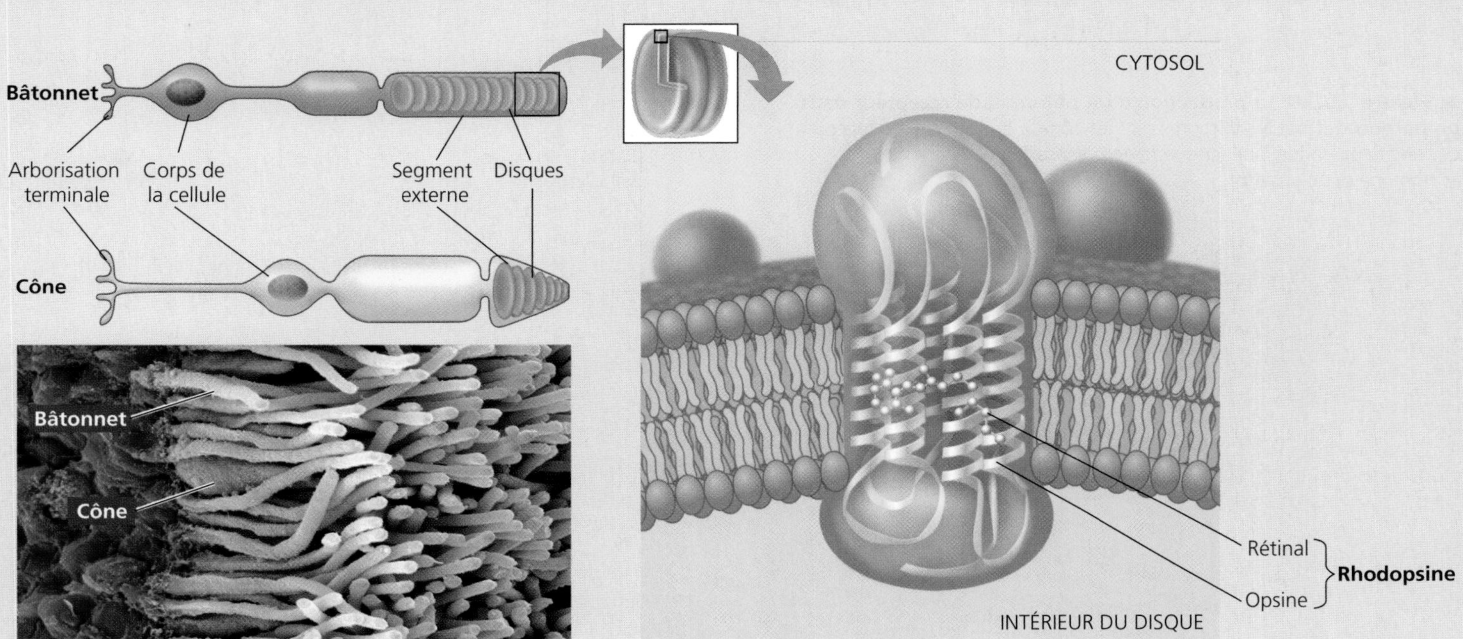

3 Les cellules photoréceptrices

Les humains ont deux types de cellules photoréceptrices : les bâtonnets et les cônes. À l'intérieur du segment externe d'un bâtonnet ou d'un cône se trouve un amas de disques membraneux dans lesquels sont enchâssés des *pigments visuels*. Les **bâtonnets** sont plus sensibles à la lumière que les **cônes**, mais ils ne distinguent pas les couleurs. Ils permettent la vision nocturne, mais seulement en noir et blanc. Les cônes, eux, permettent la vision des couleurs, mais n'interviennent presque pas dans la vision nocturne. Il existe trois types de cônes. Chaque type est sensible à une partie différente du spectre visible et permet une réception optimale de la lumière rouge, verte et bleue.

Le cliché artificiellement coloré (MEB) ci-dessus montre des cônes (en vert), des bâtonnets (en beige) et les neurones adjacents (en violet). L'épithélium pigmentaire, qu'on a retiré pour les besoins de l'illustration, se trouve à droite.

4 Les pigments visuels

Chez les Vertébrés, les pigments visuels sont constitués d'une molécule qui absorbe la lumière, appelée **rétinal** (un dérivé de la vitamine A), et qui est liée à une protéine membranaire appelée **opsine**. Sept hélices α de chaque molécule d'opsine traversent la membrane du disque. Le pigment visuel des bâtonnets, montré ici, est appelé **rhodopsine**.

Le rétinal se présente sous forme de deux isomères. Lorsque la lumière est absorbée, le pigment passe de l'isomère *cis* à l'isomère *trans*, ce qui provoque un changement de configuration de l'opsine, qui passe d'une forme anguleuse à une forme droite. Ce changement de configuration déstabilise et active l'opsine, la protéine à laquelle le rétinal est lié.

Rétinal : isomère *cis*

Lumière ↓ ↑ Enzymes

Rétinal : isomère *trans*

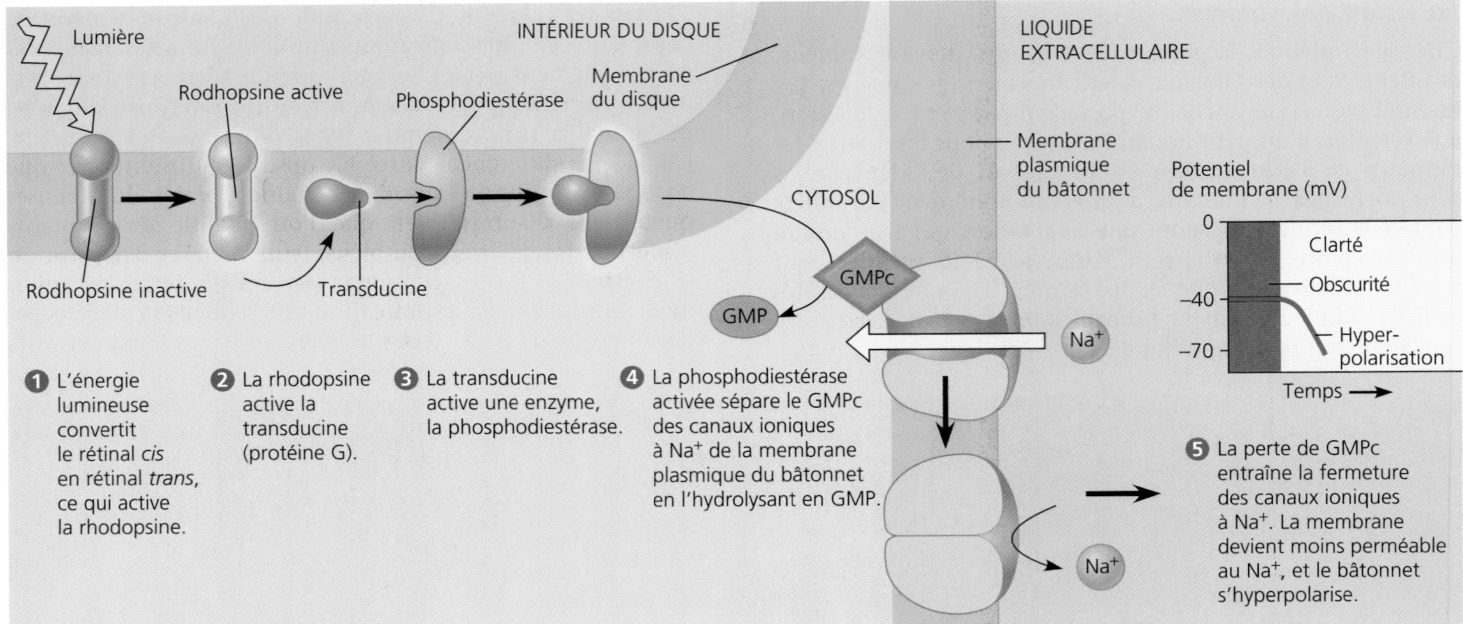

▲ **Figure 50.18 La production d'un potentiel de récepteur dans un bâtonnet.** Dans les bâtonnets (et les cônes), le potentiel de récepteur déclenché par la lumière est une *hyperpolarisation* de la membrane, et non une dépolarisation.

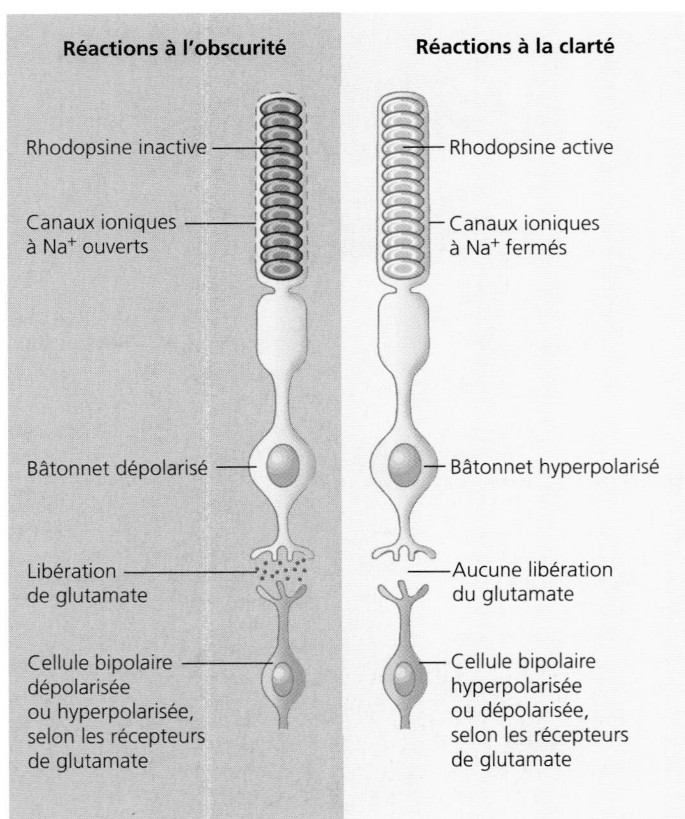

▲ **Figure 50.19 L'activité synaptique des bâtonnets à la lumière et à l'obscurité.**

? *Comme les bâtonnets, les cônes sont dépolarisés quand la rhodopsine est inactive. Dans le cas d'un cône, pourquoi pourrait-il être trompeur de parler de réaction à l'obscurité ?*

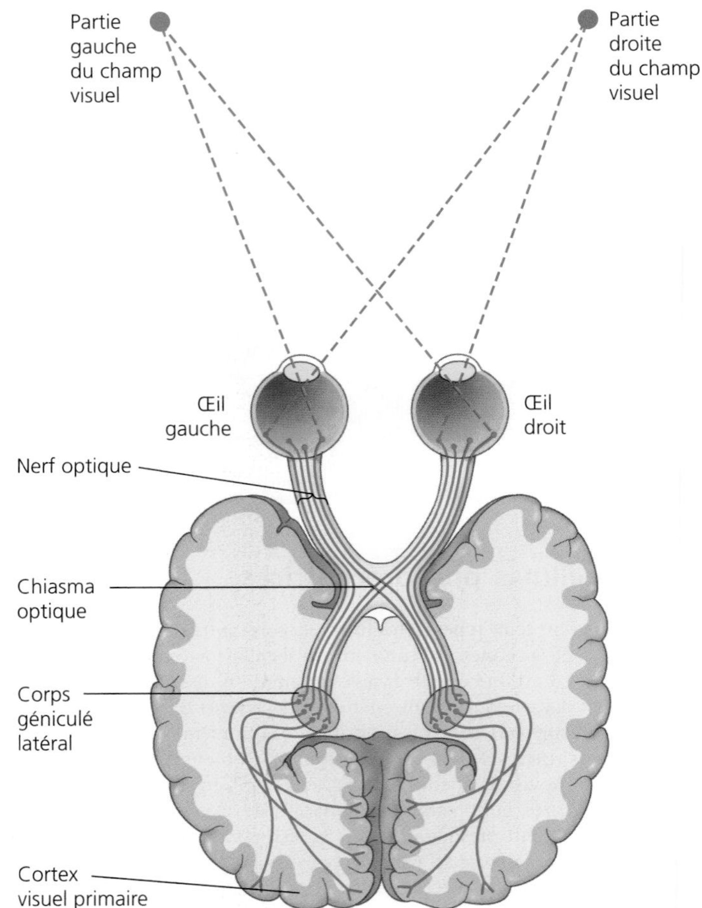

▲ **Figure 50.20 Les voies nerveuses de la vision.** Chaque nerf optique contient environ un million d'axones qui forment des synapses avec les interneurones dans les corps géniculés latéraux. Ces derniers acheminent les sensations jusqu'au cortex visuel primaire, considéré comme le premier des nombreux centres cérébraux qui participent à l'élaboration de nos perceptions visuelles.

▼ **Figure 50.21**

IMPACT

La thérapie génique pour la vision

Des chercheurs ont voulu savoir si on pouvait corriger une anomalie de la vision des couleurs chez un animal adulte. Ils ont choisi d'étudier les singes-écureuils, qui possèdent seulement deux gènes pour l'opsine. L'opsine codée par un de ces gènes est sensible à la lumière bleue, tandis que l'autre opsine est sensible à la lumière verte ou rouge, selon l'allèle. Comme le gène de l'opsine sensible au rouge ou au vert est lié à l'X, tous les mâles ne possèdent que la version sensible au rouge ou celle sensible au vert, et sont donc daltoniens pour le rouge et le vert. Dans une expérience sur la thérapie génique, les chercheurs ont injecté un virus contenant le gène de la version manquante dans la rétine des singes mâles adultes. Après 20 semaines, le nouvel allèle d'opsine s'exprimait dans les cônes, et les singes avaient commencé à distinguer le rouge du vert dans un champ de points colorés.

POURQUOI C'EST IMPORTANT Ces expériences démontrent que les circuits neuronaux nécessaires au traitement de l'information visuelle peuvent être créés ou activés même chez des adultes. Elles ouvrent une avenue prometteuse quant au traitement génique de plusieurs troubles de la vue. En fait, la thérapie génique a déjà été utilisée pour traiter l'amaurose congénitale de Leber, une affection héréditaire dégénérative de la rétine qui entraîne une grave perte de la vision à la naissance. Après avoir utilisé la thérapie génique pour corriger la vision chez des chiens et des souris atteints d'amaurose congénitale, des chercheurs ont réussi à traiter cette maladie chez des humains en injectant le gène fonctionnel dans un vecteur viral.

POUR EN SAVOIR PLUS F. P. M. Cremers et R. W. J. Collin, Promises and challenges of genetic therapy for blindness, *The Lancet* 374 : 1569-1570 (2009).

FAITES DES LIENS Le daltonisme rouge-vert est lié à l'X chez les singes-écureuils et les humains (voir la figure 15.7, p. 334). Pourquoi le mode de transmission de l'anomalie chez les humains ne se manifeste-t-il pas de la même façon chez les singes-écureuils ?

sont stimulés en même temps, nous percevons du jaune ou de l'orange, selon le type de cônes qui reçoit la plus forte stimulation.

Les anomalies de la perception des couleurs sont généralement associées à des mutations génétiques d'une ou de plusieurs photopsines. Comme les gènes humains pour les pigments rouges et verts sont situés sur le chromosome X, une seule copie défectueuse de l'un ou l'autre gène peut altérer la perception des couleurs chez les garçons (voir la figure 15.7, p. 334, concernant la génétique des caractères liés à l'X). Cela explique pourquoi le daltonisme est plus courant chez les hommes que chez les femmes (5 à 8 % des hommes, et moins de 1 % des femmes) et pourquoi il touche presque toujours la perception du rouge et du vert (le gène du pigment bleu se trouve sur le chromosome 7).

Chez les singes-écureuils (*Saimiri sciureus*), le daltonisme est également plus répandu chez les mâles. Le singe-écureuil est donc un bon modèle expérimental pour l'étude de ce trouble de la vue. En 2009, des chercheurs qui étudiaient le daltonisme chez les singes-écureuils ont fait une découverte importante dans le domaine de la thérapie génique (**figure 50.21**).

Le champ visuel

En plus de traiter l'information visuelle, le cerveau contrôle l'information captée, notamment par la mise au point. Comme nous l'avons vu précédemment et comme le montre la **figure 50.22**, le cristallin change de forme pour faire la mise au point. Ainsi, lorsqu'on regarde un objet rapproché, le cristallin devient presque sphérique. Pour faire la mise au point sur un objet éloigné, il s'aplatit. Quand on tourne la tête et qu'on dirige notre regard dans une direction particulière, notre cerveau détermine ce qui se trouve dans notre champ de vision.

Bien que notre vision périphérique nous permette de voir des objets sur presque 180°, la répartition des photorécepteurs

▼ **Figure 50.22 La mise au point dans un œil de mammifère.** Les muscles ciliaires régulent la forme du cristallin, qui dévie la lumière et la concentre sur la rétine. Plus le cristallin est épais (sphérique), plus l'angle de réfraction (déviation) de la lumière augmente.

(a) Vision rapprochée (accommodation)

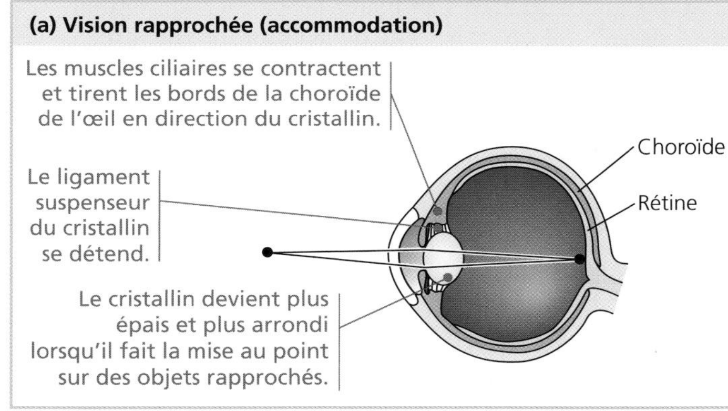

Les muscles ciliaires se contractent et tirent les bords de la choroïde de l'œil en direction du cristallin.
Choroïde
Rétine
Le ligament suspenseur du cristallin se détend.
Le cristallin devient plus épais et plus arrondi lorsqu'il fait la mise au point sur des objets rapprochés.

(b) Vision éloignée

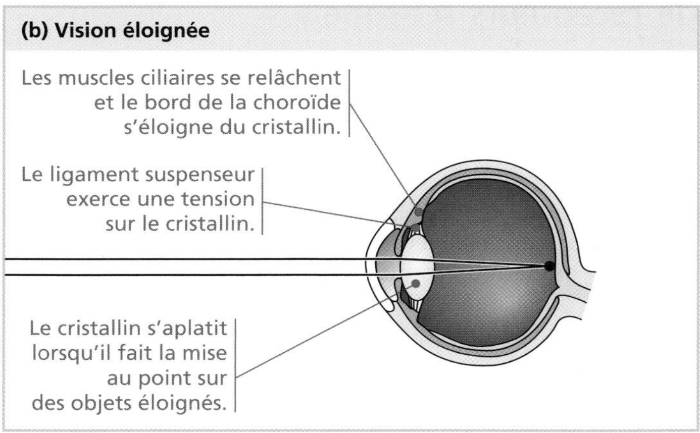

Les muscles ciliaires se relâchent et le bord de la choroïde s'éloigne du cristallin.
Le ligament suspenseur exerce une tension sur le cristallin.
Le cristallin s'aplatit lorsqu'il fait la mise au point sur des objets éloignés.

dans l'œil limite ce que nous voyons de même que l'acuité avec laquelle nous voyons. La rétine humaine comprend environ 125 millions de bâtonnets et 6 millions de cônes. Dans la **macula**, le centre du champ visuel, il n'y a aucun bâtonnet, mais une très forte densité de cônes, soit environ 150 000 récepteurs par mm^2. La quantité de bâtonnets par rapport aux cônes augmente à mesure qu'on s'éloigne de la macula; par contre, dans les régions périphériques, il n'y a que des bâtonnets. Le jour, on voit mieux en regardant directement les objets, parce que la lumière frappe directement les cônes densément disposés dans la macula. Par contre, la nuit, on voit moins bien si on regarde directement un objet faiblement éclairé, car les bâtonnets (les plus sensibles des photorécepteurs) se trouvent à l'extérieur de la macula. Ainsi, on verra mieux une étoile pâle si on fait la mise au point juste à côté.

RETOUR SUR LE CONCEPT 50.3

1. Comparez les organes photorécepteurs des planaires et des mouches. Expliquez comment chacun est adapté au mode de vie de l'animal.
2. Dans la presbytie, le cristallin perd son élasticité et demeure constamment aplati. Expliquez l'effet de cette affection sur la vision d'une personne.
3. **ET SI?** Si vous percevez un objet qui flotte dans votre champ de vision, comment pouvez-vous savoir si l'image perçue représente un objet réel ou s'il indique une anomalie dans votre œil ou dans un circuit neuronal de votre cerveau?
4. **FAITES DES LIENS** Comparez la fonction du rétinal dans votre œil avec celle de la chlorophylle, un pigment de la photosynthèse des végétaux (voir le concept 10.2, p. 212 à 221).

Voir les réponses proposées à la fin du chapitre.

CONCEPT 50.4

Les sens du goût et de l'odorat font appel aux mêmes groupes de récepteurs sensoriels

De nombreux animaux ont recours à leurs organes de détection chimique pour trouver des partenaires sexuels (comme les mâles chez le bombyx du mûrier qui sont attirés par les phéromones émises par les femelles); pour reconnaître un territoire marqué au moyen d'une substance chimique (comme les canidés et les félidés qui sentent les limites des territoires marqués par l'urine de leurs voisins); ou pour se repérer pendant leur migration (comme les saumons qui, grâce à leur odorat, reconnaissent le ruisseau où ils doivent aller frayer). La «communication» de nature chimique est particulièrement importante pour les animaux qui, comme les fourmis (famille des Formicidés) et les abeilles (famille des Apidés), vivent en grands groupes sociaux. Chez tous les Animaux, le goût et l'odorat jouent un rôle important dans le comportement alimentaire. Par exemple, l'hydre (de l'embranchement des Cnidaires) se met à déglutir dès que ses chimiorécepteurs détectent du glutathion, un composé que libèrent ses proies lorsqu'elle les capture avec ses tentacules.

Les sens du **goût** et de l'**odorat** reposent sur l'existence de chimiorécepteurs qui détectent des substances particulières dans le milieu. Chez les animaux terrestres, le goût permet de distinguer des substances chimiques appelées **molécules gustatives** sous forme de solutions et l'odorat sert à reconnaître les substances chimiques volatiles, les **molécules odorantes**, qui sont transportées par l'air. Il n'existe pas de distinction entre le goût et l'odorat dans les milieux aquatiques.

Chez les Insectes, les récepteurs du goût se trouvent à l'intérieur de cils sensoriels situés sur les pattes et les pièces buccales. Les Insectes se servent de leur sens du goût pour choisir les aliments. Un cil gustatif renferme plusieurs cellules chimioréceptrices, chacune étant particulièrement sensible à un certain type de molécule gustative, comme le sucré ou le salé. Les Insectes peuvent aussi détecter les substances chimiques présentes dans l'air au moyen de leurs cils olfactifs, localisés habituellement sur les antennes (voir la figure 50.6). La substance chimique appelée DEET (N,N-diéthyl-3-méthylbenzamide), qu'on vend comme répulsif à insectes, protège des piqûres en bloquant le récepteur olfactif des moustiques qui détecte l'odeur humaine.

Le goût chez les Mammifères

Les humains et autres mammifères reconnaissent cinq types de molécules gustatives. Quatre d'entre eux représentent les quatre sensations gustatives bien connues, soit le sucré, l'aigre, le salé et l'amer. Le cinquième goût, appelé umami (du mot japonais signifiant «savoureux»), provient d'une stimulation engendrée par le glutamate, un acide aminé excitateur. Le glutamate monosodique (MSG) est souvent utilisé comme exhausteur de goût, mais certains aliments, tels que la viande et le fromage vieilli, en contiennent naturellement, ce qui leur confère une saveur qualifiée parfois de salée. Les chercheurs ont découvert les récepteurs protéiques pour toutes les sensations gustatives à l'exception du salé.

Pendant des décennies, un grand nombre de chercheurs croyaient qu'une cellule gustative pouvait avoir plus d'un type de récepteur. D'autres estimaient que chaque cellule gustative avait un seul type de récepteur, ce qui programmait la cellule à reconnaître un seul des cinq goûts. Laquelle des deux hypothèses est vraie? En 2005, des scientifiques de la University of California, à San Diego, ont utilisé un clone du récepteur de goût amer pour reprogrammer génétiquement la perception des saveurs chez une souris (**figure 50.23**). À partir de leurs résultats et d'autres études, les chercheurs ont conclu qu'une cellule gustative exprime un seul type de récepteur et détecte des molécules gustatives correspondant uniquement à une des cinq sensations gustatives.

Chez les Mammifères, les cellules réceptrices du goût (ou cellules gustatives) sont des cellules épithéliales groupées en **bourgeons gustatifs** dispersés dans plusieurs régions de la langue et de la bouche (**figure 50.24**). La plupart des bourgeons gustatifs qui se trouvent à la surface de la langue sont associés à des papilles, qui font saillie sur la langue. Toutes

▼ **Figure 50.23** **INVESTIGATION**

Comment les Mammifères détectent-ils les molécules gustatives ?

EXPÉRIENCE Pour mieux comprendre la perception des saveurs chez les Mammifères, Ken Mueller, Nick Ryba et Charles Zuker ont utilisé une substance chimique appelée phényl-ß-D-glucopyranoside (PBDG). Les humains trouvent le goût du PBDG extrêmement amer. Toutefois, les souris ne semblent pas posséder de récepteur pour le PBDG ; elles évitent de boire de l'eau contenant d'autres substances amères, mais elles n'ont aucune aversion pour l'eau contenant du PBDG.

À l'aide d'une stratégie de clonage moléculaire, Mueller a produit des souris qui fabriquaient le récepteur de PBDG des humains dans des cellules qui, normalement, ont un récepteur du goût sucré ou un récepteur du goût amer. On donnait aux souris le choix entre deux bouteilles, l'une remplie d'eau pure et l'autre remplie d'eau contenant du PBDG à diverses concentrations. Les chercheurs observaient alors les souris pour voir si elles avaient une attirance ou une aversion pour le PBDG.

RÉSULTATS

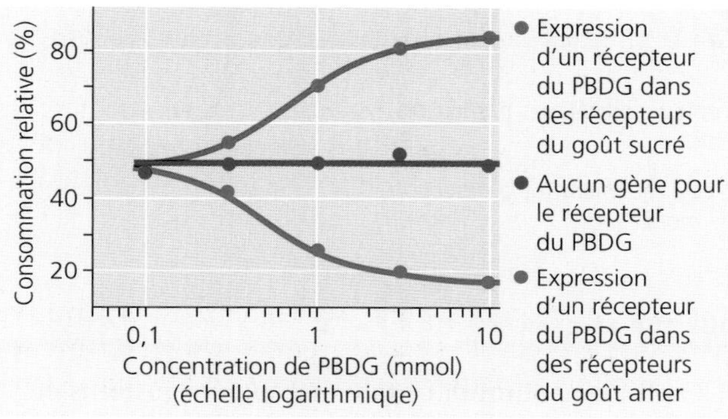

Consommation relative = (ingestion de liquide de la bouteille contenant du PBDG ÷ ingestion totale de liquide) × 100 %

CONCLUSION Les chercheurs ont constaté que la présence d'un récepteur du goût amer dans des cellules réceptrices du goût sucré suffit pour attirer les souris vers la substance chimique amère. Ils ont conclu que le cerveau mammalien doit donc percevoir le goût sucré ou amer uniquement en raison de l'activation de certains neurones sensoriels.

SOURCE K. L. Mueller *et al.*, The receptors and coding logic for bitter taste, *Nature* 434 : 225-229 (2005).

ET SI ? Supposons qu'au lieu d'un récepteur de PBDG, les chercheurs avaient utilisé le récepteur d'un édulcorant dont les humains raffolent, mais que les souris détestent. En quoi les résultats de l'expérience auraient-ils été différents ?

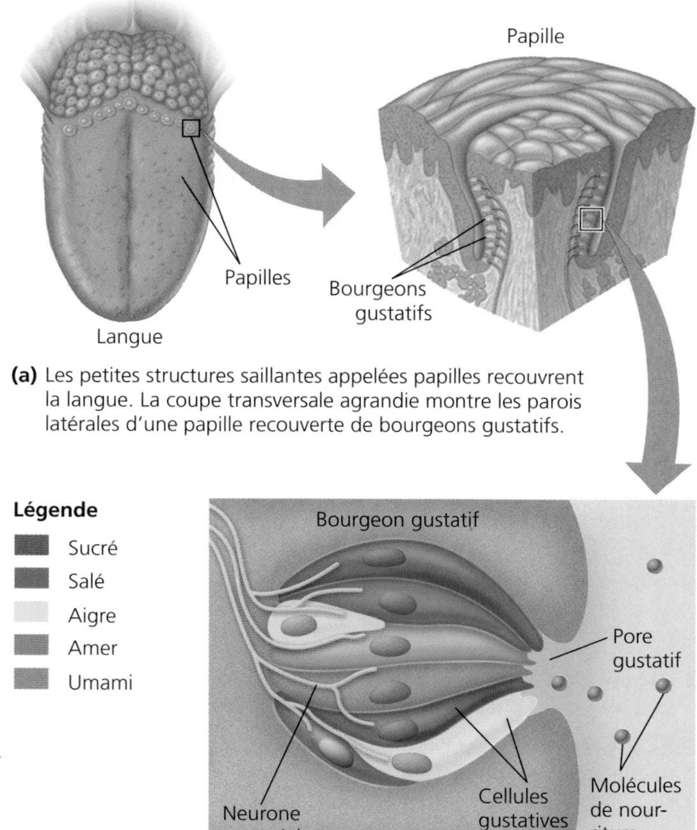

(a) Les petites structures saillantes appelées papilles recouvrent la langue. La coupe transversale agrandie montre les parois latérales d'une papille recouverte de bourgeons gustatifs.

(b) Les bourgeons gustatifs de toutes les parties de la langue contiennent des cellules sensorielles réceptrices, ou cellules gustatives, pour chacun des cinq types de goûts.

▲ **Figure 50.24** **Les récepteurs du goût chez les humains.**

les parties de la langue qui portent des bourgeons gustatifs peuvent détecter les cinq types de goûts. (Les « cartes des sensations gustatives » qu'on nous présente souvent ne sont donc pas exactes.)

Les récepteurs gustatifs se divisent en deux catégories, dont chacune est liée aux récepteurs des autres sens sur le plan de l'évolution. La sensation du sucré, de l'umami et de l'amer requiert un récepteur couplé à une protéine G (voir la figure 11.7, p. 249). Les humains possèdent plus de 30 récepteurs différents pour le goût amer, et chacun de ces récepteurs peut reconnaître plusieurs saveurs amères. Par contre, ils possèdent un seul type de récepteur du goût salé et un seul type de récepteur de l'umami, chacun étant composé d'une paire de protéines G différentes. D'autres protéines G interviennent dans l'odorat, comme nous le verrons dans la prochaine section.

Contrairement aux autres récepteurs gustatifs identifiés, le récepteur du goût aigre appartient au groupe des TRP (voir la p. 1262). Formé d'une paire de protéines TRP, le récepteur du goût aigre est semblable au récepteur de capsaïcine et à d'autres protéines thermoréceptrices. Dans les bourgeons gustatifs, les protéines TRP du récepteur du goût aigre s'assemblent dans un canal de la membrane plasmique de la cellule gustative. La liaison d'une substance aigre au récepteur déclenche un changement dans le canal ionique. La dépolarisation a lieu et active un neurone sensoriel.

L'odorat chez les humains

Contrairement aux cellules gustatives, les cellules olfactives sont des neurones. Les cellules olfactives garnissent la partie supérieure de la cavité nasale et envoient des influx directement au bulbe olfactif de l'encéphale (**figure 50.25**). Les extrémités réceptrices de ces cellules comportent des cils qui s'étendent dans la couche de mucus recouvrant la paroi de la cavité nasale. Lorsqu'une molécule odorante arrive dans cette région

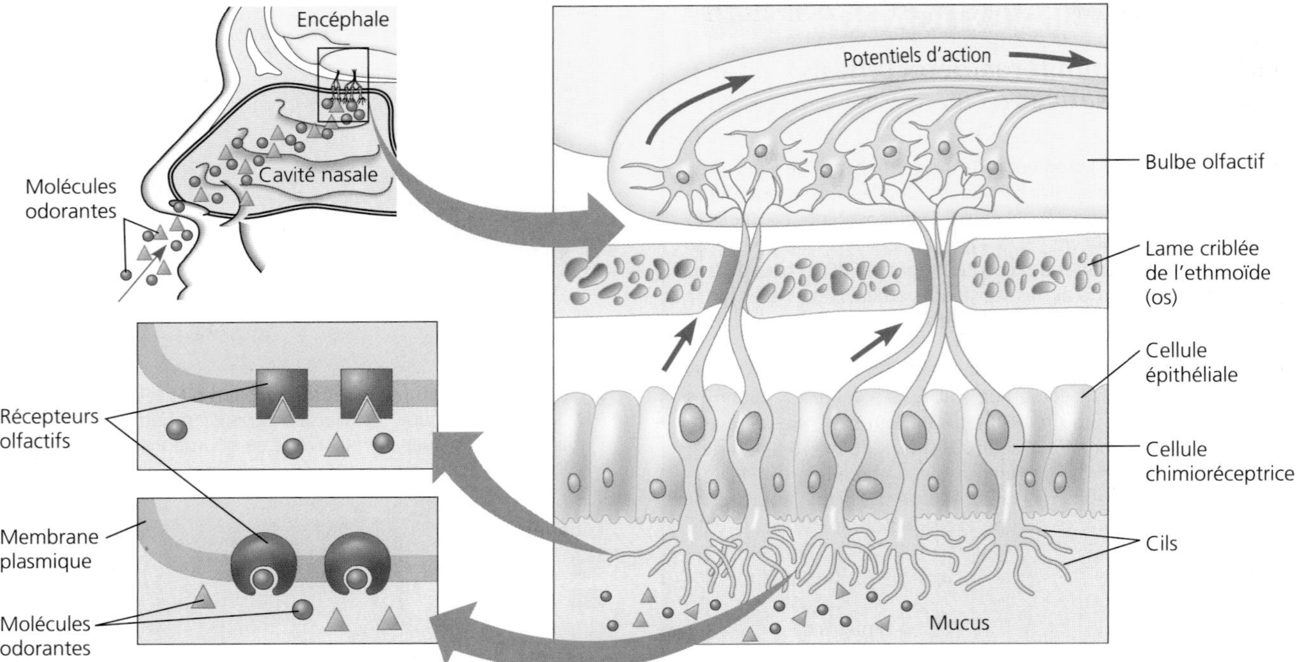

▲ **Figure 50.25 L'odorat chez l'humain.** Les molécules odorantes se fixent à des récepteurs protéiques particuliers dans la membrane plasmique des cellules chimioréceptrices et créent des potentiels d'action.

ET SI? *Si vous pulvérisez un «assainisseur d'air» dans une pièce qui sent le moisi, cela modifiera-t-il la détection, la transmission ou la perception des molécules odorantes responsables de cette senteur de moisi?*

par diffusion, elle se lie à une protéine G spécifique appelée récepteur olfactif, qui se trouve sur la membrane plasmique des cils olfactifs. Ce couplage amorce une voie de transduction du stimulus qui mène à la production d'AMP cyclique. Dans les cellules olfactives, l'AMP cyclique entraîne l'ouverture des canaux ioniques qui se trouvent dans la membrane plasmique, et qui sont perméables à la fois aux ions Na^+ et aux ions Ca^{2+}. L'entrée de ces ions dépolarise la membrane, de sorte que le récepteur olfactif produit des potentiels d'action.

Les humains peuvent distinguer des milliers d'odeurs, chacune étant produite par une molécule odorante distincte par sa structure. L'ampleur de cette discrimination sensorielle nécessite de nombreux types de récepteurs olfactifs. En 1991, Richard Axel et Linda Buck, de la Columbia University, ont découvert une famille de plus de 1 000 gènes de récepteurs olfactifs, soit environ 3% de tous les gènes humains. Chaque cellule olfactive exprime un seul de ces gènes. Les cellules sensibles à différentes molécules odorantes sont dispersées dans la cavité nasale, mais leurs axones se regroupent dans le bulbe olfactif. Les cellules qui expriment un même gène de récepteur olfactif transmettent les potentiels d'action à une même petite région du bulbe olfactif. En 2004, Richard Axel et Linda Buck ont reçu un prix Nobel pour leurs travaux sur la famille de gènes et les récepteurs responsables de l'odorat.

Bien que les récepteurs et les voies nerveuses du goût et de l'odorat soient indépendants, il existe des interactions entre les deux sens. En fait, une grande partie de ce que nous attribuons au goût dépend de l'odorat. Ainsi, si l'organe olfactif est congestionné en raison d'un rhume, les sensations du goût sont considérablement réduites.

RETOUR SUR LE CONCEPT 50.4

1. Expliquez pourquoi certains récepteurs gustatifs et tous les récepteurs olfactifs utilisent des récepteurs couplés à des protéines G, alors que seules les cellules olfactives produisent des potentiels d'action.
2. Les voies qui font intervenir les protéines G permettent une intensification du stimulus durant la transduction de ce dernier, un changement qu'on appelle amplification. En quoi cela peut-il être avantageux dans l'odorat?
3. **ET SI?** Si vous découvrez chez des souris une mutation qui modifie la capacité de goûter le sucré, l'amer et l'umami, mais pas l'aigre ni le salé, que pouvez-vous supposer à propos de l'endroit où la mutation agit dans les voies empruntées par ces récepteurs?

Voir les réponses proposées à la fin du chapitre.

CONCEPT 50.5

La fonction musculaire repose sur l'interaction physique de filaments protéiques

Tout au long de l'explication des mécanismes sensoriels, nous avons constaté que l'arrivée de l'information sensorielle dans le système nerveux déclenchait certains comportements chez les Animaux. Nous avons vu, comme exemples, le condylure à nez étoilé qui trouve sa nourriture par sensations tactiles, l'écrevisse qui nage sur le dos lors d'une expérience portant sur ses statocystes et la planaire qui s'éloigne de la lumière. Les diverses formes de comportement des Animaux reposent sur des mécanismes fondamentaux universels: pour qu'un animal se nourrisse, nage ou rampe, son système nerveux doit déclencher une activité musculaire.

La fonction des cellules musculaires repose sur les microfilaments, soit les constituants du cytosquelette composés d'actine. Au chapitre 6, nous avons vu que les microfilaments jouent un rôle important dans la mobilité cellulaire, tout comme les microtubules. La contraction musculaire a lieu grâce au mouvement des microfilaments activé par l'énergie chimique; par contre, l'extension musculaire se produit uniquement de manière passive. Pour comprendre le rôle des microfilaments dans la contraction musculaire, il faut analyser la structure des muscles et des fibres musculaires. Nous allons d'abord examiner les muscles squelettiques des Vertébrés, puis nous étudierons les autres types de muscles.

Les muscles squelettiques des Vertébrés

Les **muscles squelettiques** des Vertébrés, qui sont rattachés aux os et produisent le mouvement, se caractérisent par un emboîtement d'unités de plus en plus petites (**figure 50.26**). Un muscle squelettique consiste en un faisceau de longues fibres (certaines peuvent avoir plusieurs dizaines de centimètres) disposées dans le sens de la longueur. Outre qu'elle est une cellule unique munie de nombreux noyaux et résultant donc de la fusion d'un grand nombre de cellules embryonnaires, chaque fibre est un assemblage de **myofibrilles** placées dans le sens de la longueur. Les myofibrilles comprennent elles-mêmes des myofilaments minces et des myofilaments épais. Les **myofilaments minces** se composent de deux brins d'actine et d'un brin de protéine régulatrice qui sont enroulés les uns autour des autres. Les **myofilaments épais** constituent des groupes décalés de molécules de myosine.

Les muscles squelettiques présentent des stries en raison de la disposition régulière des myofilaments qui crée un motif répétitif de bandes claires et sombres, d'où leur nom de **muscles striés**. Chaque série de bandes constitue un **sarcomère**, l'unité structurale fondamentale du muscle. L'alignement des extrémités du sarcomère, appelées **lignes Z**, avec les myofibrilles voisines donne des bandes visibles au microscope photonique. Les myofilaments minces sont reliés aux lignes Z et se prolongent jusqu'au centre du sarcomère. Les myofilaments épais, quant à eux, sont reliés aux lignes M au centre du sarcomère. Au repos, les myofilaments minces et épais ne se recouvrent pas complètement. Près du bord du sarcomère, il y a uniquement des myofilaments minces, tandis que la zone du centre ne contient que des myofilaments épais. Cette disposition des myofilaments nous permet de comprendre la façon dont le sarcomère, et donc l'ensemble du muscle, se contracte.

Le modèle de contraction musculaire par glissement des myofilaments

Le fonctionnement d'une seule fibre musculaire permet d'expliquer en grande partie ce qui se produit lorsque le muscle entier se contracte (**figure 50.27**). Selon la **théorie de la contraction par glissement des myofilaments**, formulée par H. E. Huxley, J. Hanson et A. F. Huxley en 1954, ni les myofilaments minces ni les myofilaments épais ne changent de longueur lorsque le sarcomère raccourcit; ils glissent plutôt les uns sur les autres dans le sens de la longueur et se chevauchent de plus en plus.

C'est l'interaction des molécules d'actine et des molécules de myosine qui produit le glissement longitudinal des myofilaments. Ce type de molécule comporte une «queue», longue région fibreuse, et une «tête» globulaire pointant sur le côté. La queue adhère aux queues des autres molécules de myosine qui

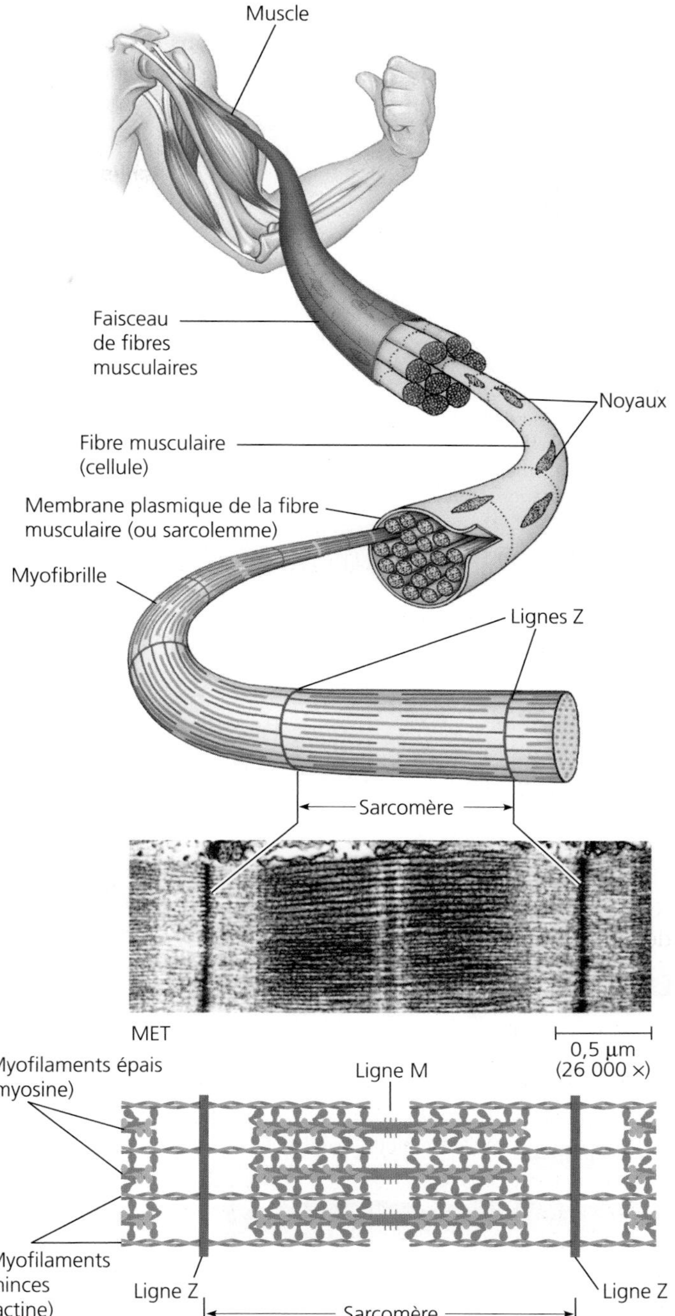

▲ **Figure 50.26 La structure d'un muscle squelettique.**

forment le myofilament épais. Les réactions bioénergétiques qui engendrent les contractions ont lieu dans la tête de molécules de myosine, ou tête de myosine. Celle-ci peut se lier à l'ATP et l'hydrolyser en ADP et en phosphate inorganique. Comme le montre la **figure 50.28**, l'hydrolyse de l'ATP déclenche des réactions au cours desquelles la myosine est convertie en sa configuration de haute énergie et se lie à l'actine, formant un pont et tirant le myofilament mince vers le centre du sarcomère. Le pont est rompu lorsqu'une nouvelle molécule d'ATP se lie à la tête de myosine.

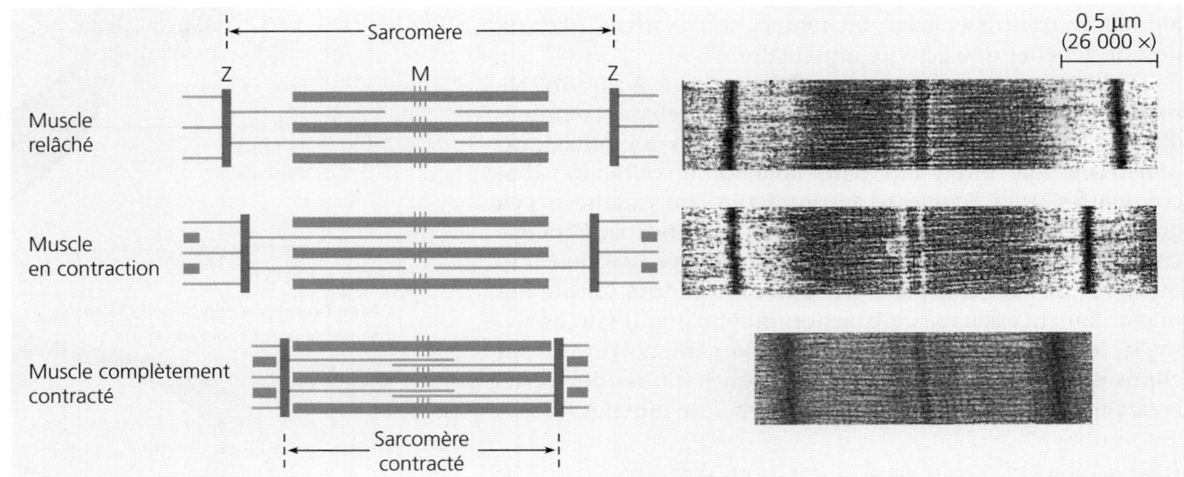

▶ **Figure 50.27** **Modèle de contraction musculaire par glissement des myofilaments.** Comme le montrent les illustrations de gauche, la longueur des myofilaments épais (myofilaments de myosine, représentés en violet) et des myofilaments minces (myofilaments d'actine, en orangé) reste la même pendant la contraction.

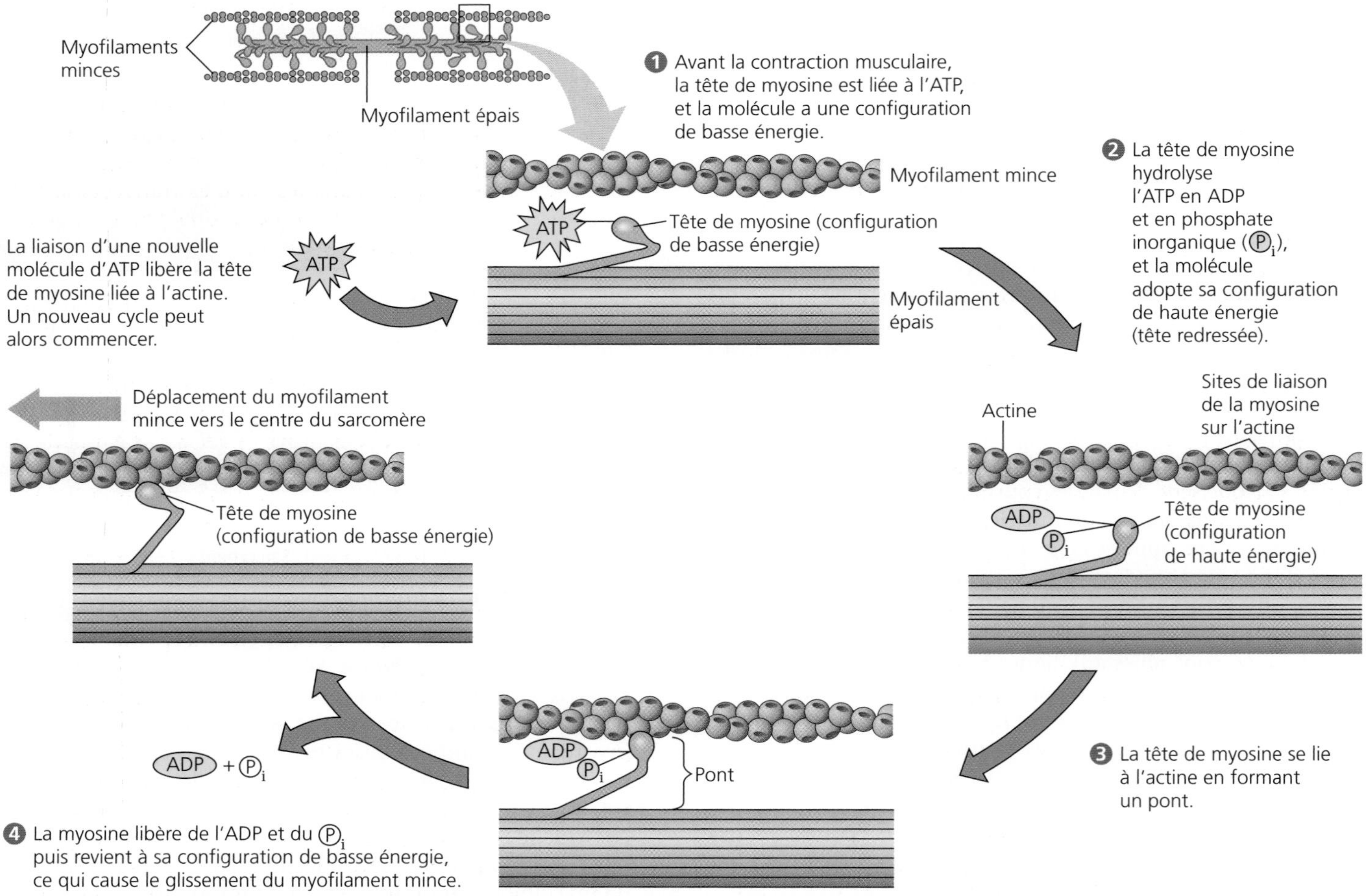

Myofilaments minces

Myofilament épais

❶ Avant la contraction musculaire, la tête de myosine est liée à l'ATP, et la molécule a une configuration de basse énergie.

Myofilament mince

ATP

Tête de myosine (configuration de basse énergie)

Myofilament épais

❷ La tête de myosine hydrolyse l'ATP en ADP et en phosphate inorganique (P_i), et la molécule adopte sa configuration de haute énergie (tête redressée).

Actine

Sites de liaison de la myosine sur l'actine

ADP

P_i

Tête de myosine (configuration de haute énergie)

❸ La tête de myosine se lie à l'actine en formant un pont.

Pont

❹ La myosine libère de l'ADP et du P_i puis revient à sa configuration de basse énergie, ce qui cause le glissement du myofilament mince.

ADP + P_i

Déplacement du myofilament mince vers le centre du sarcomère

Tête de myosine (configuration de basse énergie)

❺ La liaison d'une nouvelle molécule d'ATP libère la tête de myosine liée à l'actine. Un nouveau cycle peut alors commencer.

ATP

▲ **Figure 50.28** **Les interactions entre la myosine et l'actine à l'origine des contractions des fibres musculaires.**

? *Quand l'ATP se lie à la tête de molécules de myosine, qu'est-ce qui empêche les filaments de reprendre, par glissement, leurs positions initiales ?*

Durant la contraction musculaire, le cycle suivant se répète à de nombreuses reprises : la tête libre de la molécule de myosine dissocie le nouvel ATP, puis s'associe à un nouveau site de liaison situé sur une autre molécule d'actine, plus loin le long du myofilament mince. Chacune des quelque 350 têtes présentes sur un myofilament épais forme et reforme environ 5 ponts par seconde, ce qui provoque le glissement des myofilaments les uns sur les autres.

Une fibre musculaire au repos contient en général juste assez d'ATP pour quelques contractions (la réserve d'ATP se vide en six secondes). L'énergie nécessaire aux contractions répétées est emmagasinée dans deux autres composés : la phosphocréatine et le glycogène. La phosphocréatine fabrique rapidement de l'ATP en ajoutant un groupement phosphate à l'ADP. La réserve de phosphocréatine est suffisante pour alimenter les contractions pendant 15 à 30 secondes environ. Le glycogène, un composé formant un peu plus de 1 % de la masse d'une fibre musculaire, est décomposé en glucose, lequel peut servir à produire de l'ATP par l'intermédiaire de la glycolyse ou de la respiration aérobie (et de la fermentation lactique ; voir le chapitre 9). En utilisant la réserve de glucose d'une fibre musculaire typique, la glycolyse qui produit de l'ATP rapidement permet environ une minute de contractions soutenues, et la respiration aérobie presque une heure.

Le rôle du calcium et des protéines régulatrices

Les ions calcium (Ca^{2+}) et les protéines liées à l'actine jouent des rôles essentiels non seulement dans la contraction d'un muscle, mais également dans son relâchement. La **tropomyosine**, une protéine régulatrice, et le **complexe de troponine**, un ensemble de protéines régulatrices d'un autre type, sont liés aux brins d'actine des myofilaments minces. Lorsque la fibre musculaire est au repos, les sites de liaison de la myosine sur l'actine sont recouverts de tropomyosine, ce qui empêche l'actine et la myosine d'interagir (**figure 50.29a**). Pour qu'il y ait contraction, les sites de liaison de la myosine sur l'actine doivent être découverts. Cela se produit lorsque les ions Ca^{2+} s'accumulent dans le cytosol et se lient aux protéines du complexe de troponine. Cette liaison modifie la position du lien de la tropomyosine sur les brins d'actine et expose les sites de liaison de la myosine sur le myofilament mince (**figure 50.29b**). Lorsque la concentration de Ca^{2+} augmente dans le cytosol, le glissement des myofilaments minces et épais devient possible, et le muscle se contracte. Lorsque la concentration cytoplasmique de calcium diminue, les sites de liaison sont recouverts, et la contraction cesse.

Les neurones moteurs provoquent la contraction de la fibre musculaire squelettique en déclenchant la libération de Ca^{2+} dans le cytosol des cellules musculaires avec lesquelles ils forment des synapses. Cette régulation de la concentration du Ca^{2+} est un processus à plusieurs étapes qui fait intervenir un réseau de membranes et de compartiments dans la cellule musculaire. Tout en lisant la description qui suit, consultez le schéma de la **figure 50.30**.

L'arrivée d'un potentiel d'action aux corpuscules nerveux terminaux du neurone moteur libère un neurotransmetteur, l'acétylcholine. Cette réaction dépolarise la fibre musculaire postsynaptique et déclenche dans celle-ci un potentiel d'action. Ce potentiel d'action se propage jusque dans les profondeurs de la fibre musculaire en suivant des replis de la membrane plasmique, les **tubules transverses**. Ces derniers entrent en contact avec le **réticulum sarcoplasmique**, un réticulum endoplasmique spécialisé. À mesure que le potentiel d'action se propage dans les tubules transverses, il provoque dans le réticulum sarcoplasmique des changements qui entraînent l'ouverture des canaux ioniques à Ca^{2+}. Les ions Ca^{2+} accumulés à l'intérieur du réticulum sarcoplasmique empruntent alors les canaux ouverts, pénètrent dans le cytosol et se lient au complexe de troponine, ce qui déclenche la contraction de la fibre musculaire.

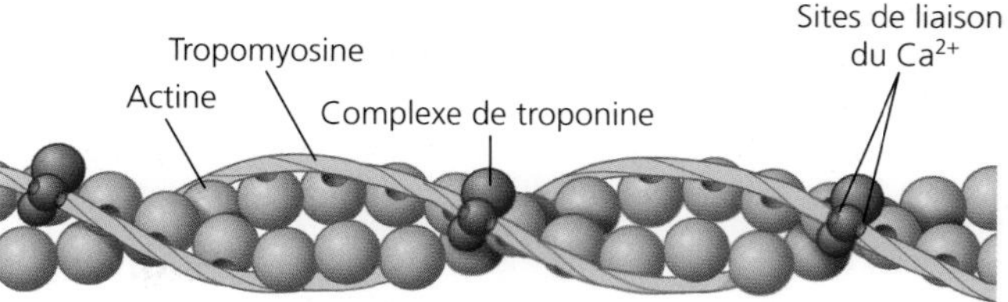

(a) Les sites de liaison de la myosine sur l'actine sont recouverts ; la contraction est empêchée.

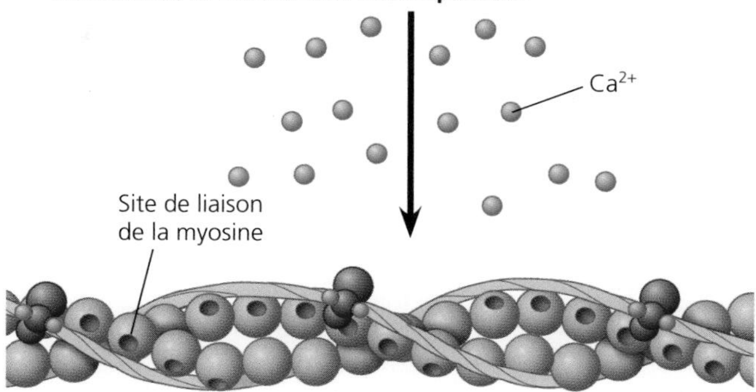

(b) Les sites de liaison de la myosine sur l'actine sont découverts ; la contraction peut se produire.

▲ **Figure 50.29 Le rôle des protéines régulatrices et du calcium dans la contraction de la fibre musculaire.** Chaque myofilament mince est constitué de deux brins d'actine, de tropomyosine et du complexe de troponine.

Lorsque le potentiel d'action du neurone moteur cesse, la cellule musculaire se relâche. Pendant qu'elle se relâche, les filaments reprennent leur position initiale. Au cours de cette phase, les protéines à l'intérieur de la cellule « réamorcent » le muscle pour le prochain cycle de contraction. Le relâchement du muscle commence quand les protéines de transport du réticulum sarcoplasmique retirent des ions Ca^{2+} du cytosol. Lorsque la concentration de Ca^{2+} dans le cytosol diminue, les protéines régulatrices liées au myofilament mince retournent à leur position de départ, bloquant de nouveau les sites de liaison de la myosine sur l'actine. Au même moment, les ions Ca^{2+} retirés du cytosol s'accumulent dans le réticulum sarcoplasmique et forment les réserves qui serviront au prochain potentiel d'action.

Plusieurs maladies entraînent la paralysie en nuisant à l'excitation des fibres musculaires squelettiques par les neurones moteurs. La sclérose latérale amyotrophique (SLA), ou maladie de Lou Gehrig (nom du célèbre joueur de baseball américain emporté par cette maladie en 1941), cause la dégénérescence des neurones moteurs de la moelle épinière et du tronc cérébral, et l'atrophie des fibres musculaires avec lesquelles ces neurones forment des synapses. La SLA est une

▼ **Figure 50.30**

PANORAMA La régulation de la contraction du muscle squelettique

Cette vue en coupe d'une cellule musculaire et le diagramme agrandi ci-dessous illustrent les événements électriques, chimiques et moléculaires qui régulent la contraction du muscle squelettique. Les potentiels d'action (flèches rouges) déclenchés par le neurone moteur se propagent dans la fibre dans toutes les directions et en profondeur, en passant par les tubules transverses. Ils provoquent les déplacements d'ions Ca^{2+} (points verts) qui régulent l'activité musculaire.

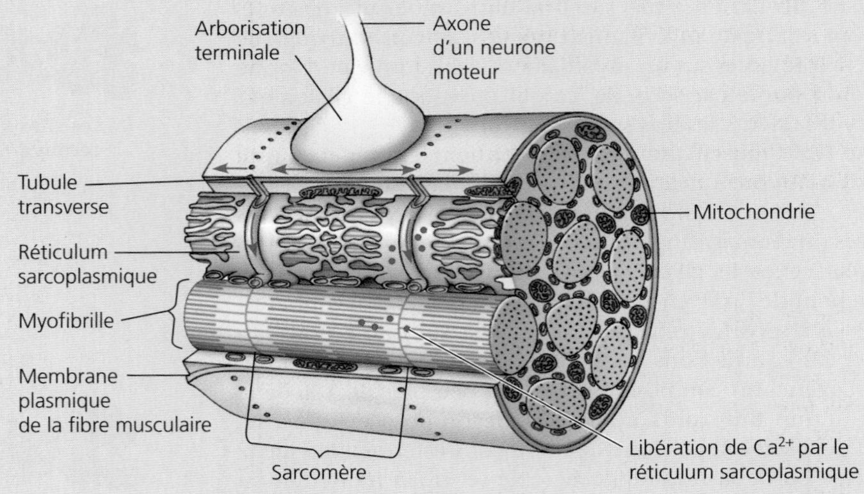

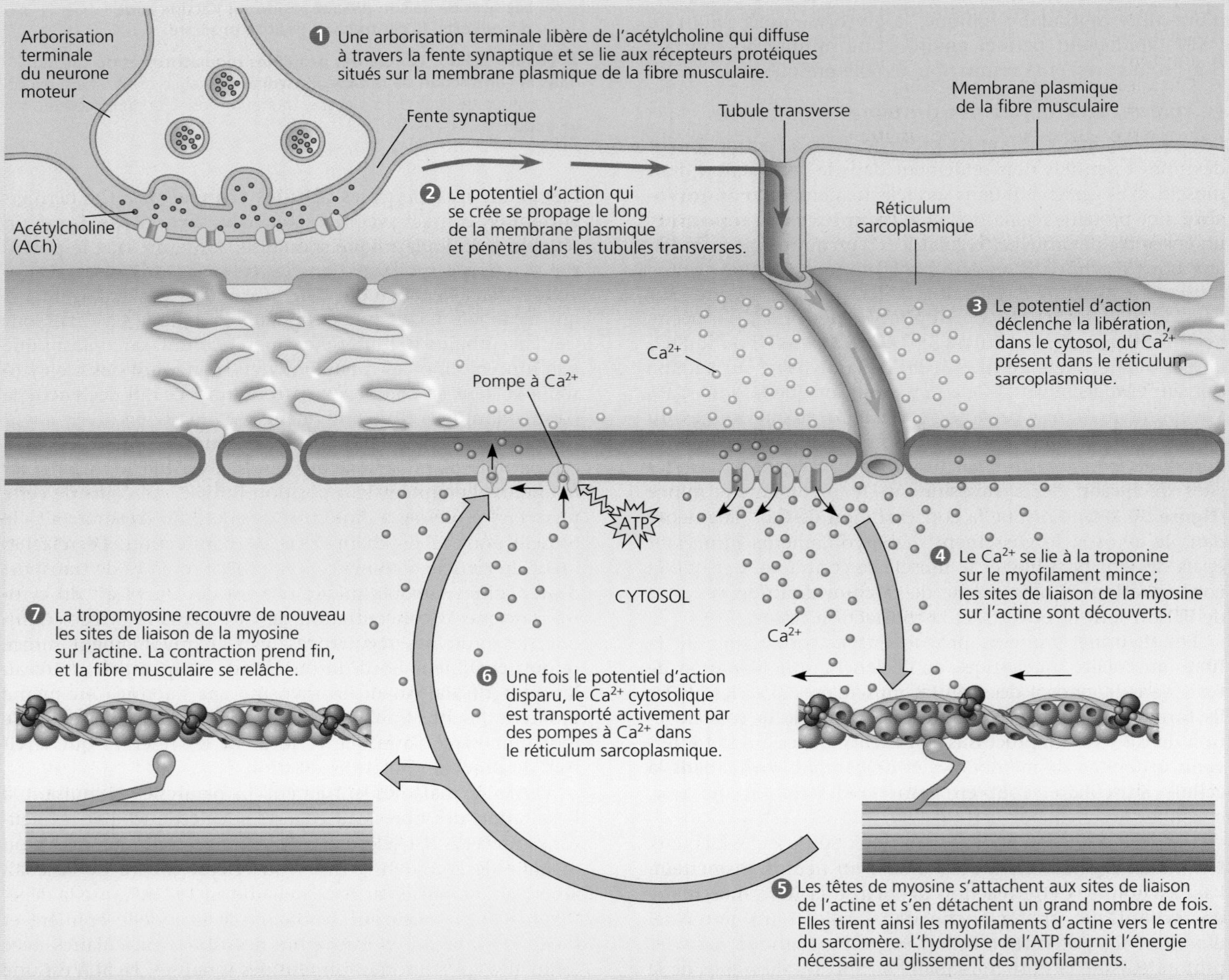

Arborisation terminale du neurone moteur

Acétylcholine (ACh)

Fente synaptique

Tubule transverse

Membrane plasmique de la fibre musculaire

Réticulum sarcoplasmique

Pompe à Ca^{2+}

Ca^{2+}

ATP

CYTOSOL

Ca^{2+}

❶ Une arborisation terminale libère de l'acétylcholine qui diffuse à travers la fente synaptique et se lie aux récepteurs protéiques situés sur la membrane plasmique de la fibre musculaire.

❷ Le potentiel d'action qui se crée se propage le long de la membrane plasmique et pénètre dans les tubules transverses.

❸ Le potentiel d'action déclenche la libération, dans le cytosol, du Ca^{2+} présent dans le réticulum sarcoplasmique.

❹ Le Ca^{2+} se lie à la troponine sur le myofilament mince ; les sites de liaison de la myosine sur l'actine sont découverts.

❺ Les têtes de myosine s'attachent aux sites de liaison de l'actine et s'en détachent un grand nombre de fois. Elles tirent ainsi les myofilaments d'actine vers le centre du sarcomère. L'hydrolyse de l'ATP fournit l'énergie nécessaire au glissement des myofilaments.

❻ Une fois le potentiel d'action disparu, le Ca^{2+} cytosolique est transporté activement par des pompes à Ca^{2+} dans le réticulum sarcoplasmique.

❼ La tropomyosine recouvre de nouveau les sites de liaison de la myosine sur l'actine. La contraction prend fin, et la fibre musculaire se relâche.

maladie progressive qui entraîne généralement la mort dans les cinq années qui suivent l'apparition des symptômes; il n'existe en ce moment aucun moyen de la traiter ou de la guérir. La myasthénie est une maladie auto-immune caractérisée par la production d'anticorps dirigés contre les récepteurs d'acétylcholine présents sur les fibres musculaires squelettiques. Le nombre de ces récepteurs diminue, et la transmission synaptique entre les neurones moteurs et les fibres musculaires devient moins efficace. Heureusement, il existe des traitements efficaces pour soigner cette maladie.

La régulation de la tension musculaire par les neurones

Alors que la contraction d'une fibre musculaire squelettique est une brève contraction du type tout ou rien, la contraction d'un *muscle entier* tel que le biceps brachial est graduée; nous pouvons faire varier volontairement l'étendue et la force de la contraction. Il existe deux mécanismes fondamentaux par lesquels le système nerveux produit des contractions graduées dans des muscles entiers: 1) il peut varier le nombre de fibres musculaires qui se contractent; et 2) il peut varier la fréquence à laquelle les fibres musculaires sont stimulées. Examinons chacun de ces mécanismes.

Chez les Vertébrés, chaque fibre (cellule) du muscle squelettique est innervée par un seul neurone moteur, mais chaque neurone moteur se ramifie et peut être en contact, au moyen de synapses, avec un grand nombre de fibres musculaires. Un muscle peut être commandé par des centaines de neurones moteurs, chacun étant en communication avec son propre faisceau de fibres musculaires réparties dans l'ensemble du muscle. Une **unité motrice** comprend un neurone moteur et toutes les fibres musculaires qu'il régit (**figure 50.31**). Lorsque le neurone moteur produit un potentiel d'action, toutes les fibres musculaires de l'unité motrice se contractent simultanément. La force de la contraction dépend donc du nombre de fibres musculaires avec lesquelles le neurone moteur est en contact.

Dans la plupart des muscles, le nombre de fibres musculaires présentes dans chaque unité motrice varie de quelques-unes à des centaines. Le système nerveux peut donc régler la force de contraction de l'ensemble du muscle en déterminant à la fois le nombre et la taille des unités motrices à activer à un moment donné. L'activation d'un nombre croissant de neurones moteurs commandant un muscle fait augmenter progressivement la force de contraction du muscle, un processus appelé *recrutement* des neurones moteurs. Selon le nombre de neurones moteurs que recrute notre système nerveux pour un travail donné et selon la taille des unités motrices, nous pouvons soulever une fourchette ou un objet beaucoup plus lourd, comme votre manuel de biologie.

Certains muscles, en particulier ceux grâce auxquels nous restons debout et maintenons notre posture, sont presque toujours partiellement contractés. Dans ces muscles, le système nerveux peut alterner l'activation des unités et réduire ainsi la durée de contraction des différents groupes de fibres. Une contraction prolongée engendre une fatigue musculaire parce que l'ATP s'épuise et que les gradients ioniques nécessaires au passage normal des stimulus électriques diminuent. L'accumulation d'acide lactique (voir la figure 9.17, p. 199) peut aussi contribuer à la fatigue musculaire, mais des études récentes indiquent que l'acide lactique favorise le fonctionnement musculaire.

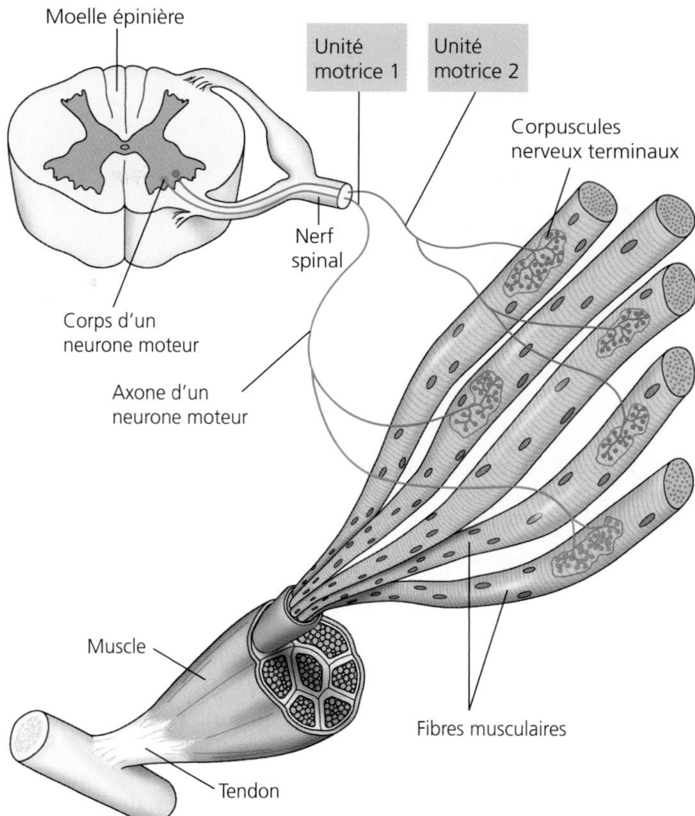

▲ **Figure 50.31 Les unités motrices dans un muscle squelettique de vertébré.** Chaque fibre musculaire (cellule) forme une synapse avec un seul neurone moteur. Par contre, habituellement, chaque neurone moteur est en contact, au moyen de synapses, avec un grand nombre de fibres musculaires. Un neurone moteur et toutes les fibres musculaires qu'il commande constituent une unité motrice.

Le second mécanisme par lequel le système nerveux fait se contracter un muscle entier de manière graduée consiste à modifier la fréquence de la stimulation des fibres musculaires. Un potentiel d'action unique produira une secousse musculaire élémentaire d'une durée de 100 millisecondes (ms) ou moins. Si un deuxième potentiel d'action survient avant le relâchement complet de la fibre musculaire, les secousses s'ajouteront l'une à l'autre, et la tension augmentera (**figure 50.32**). Si la fréquence de la stimulation augmente, la sommation se poursuivra. Lorsque la fréquence de la stimulation est assez élevée pour que tout relâchement de la fibre musculaire soit impossible entre les stimulus, les secousses fusionnent en une contraction uniforme et continue qu'on appelle **tétanie**. Les potentiels d'action des neurones moteurs se présentent habituellement sous la forme de salves rapides. Les tensions que crée leur sommation produisent une contraction continue qui ressemble plus à la tétanie qu'à des secousses musculaires distinctes. (Une contraction uniforme et continue fait partie de la fonction musculaire normale, tandis que le tétanos – caractérisé par des contractures intenses – est le nom d'une contraction musculaire persistante et incontrôlée, causée par une toxine bactérienne.)

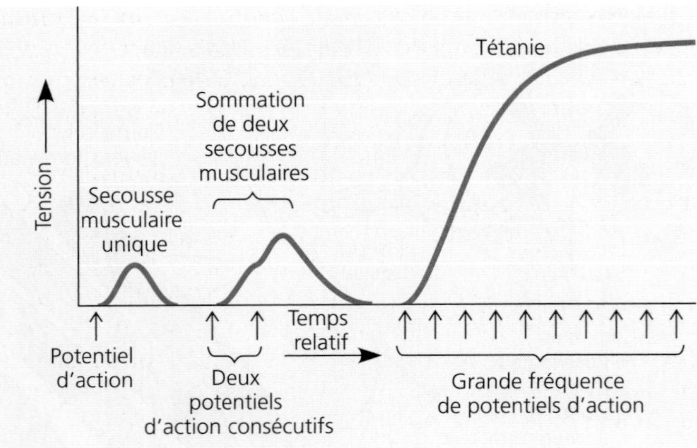

▲ **Figure 50.32 La sommation des secousses musculaires élémentaires.** Ce graphique illustre comment le nombre de potentiels d'action rapprochés dans le temps influe sur l'augmentation de la tension musculaire.

? *Comment le système nerveux peut-il provoquer la contraction la plus puissante dont un muscle squelettique est capable?*

La sommation et la tétanie font augmenter la tension parce que les fibres musculaires sont reliées aux os par des tendons et des tissus conjonctifs. Lorsqu'une fibre musculaire se contracte, ces structures élastiques (tendons et tissus conjonctifs) s'étirent puis transmettent la tension aux os. Lorsqu'il se produit une seule secousse musculaire élémentaire, la fibre musculaire commence à se relâcher avant que les structures élastiques soient complètement étirées. Toutefois, lorsqu'il y a sommation, les potentiels d'action très fréquents maintiennent une concentration élevée de calcium dans le cytosol de la fibre musculaire, ce qui prolonge le cycle de formation des ponts et provoque un plus grand étirement des structures élastiques. Pendant la tétanie, les structures élastiques sont complètement étirées, et toute la tension engendrée par la fibre musculaire est transmise aux os.

Les types de fibres musculaires squelettiques

Jusqu'à maintenant, nous nous sommes concentrés sur les propriétés générales des muscles squelettiques des Vertébrés. Il existe cependant d'autres types de fibres musculaires squelettiques, chacun étant adapté à certaines fonctions. Les scientifiques classent généralement ces types de fibres selon la source d'ATP qui alimente l'activité musculaire ou selon la vitesse de contraction. Nous allons maintenant examiner ces deux catégories.

Les fibres oxydatives et les fibres glycolytiques Les fibres qui utilisent surtout la respiration aérobie sont appelées fibres oxydatives. Ces fibres sont spécialisées dans la mise à profit d'un apport énergétique constant: bien irriguées, elles possèdent de nombreuses mitochondries et une grande quantité d'une protéine d'entreposage de l'oxygène, nommée **myoglobine**. La myoglobine, un pigment rouge-brun, a plus d'affinité pour le dioxygène que pour l'hémoglobine, de sorte qu'elle peut retirer efficacement l'oxygène du sang. Contrairement aux fibres oxydatives, les fibres glycolytiques utilisent surtout la glycolyse comme source d'ATP. Plus grosses que les fibres oxydatives, les fibres glycolytiques contiennent moins de myoglobine et se fatiguent donc beaucoup plus rapidement. La chair du poulet et celle du poisson montrent bien les différences entre les fibres oxydatives et glycolytiques: la viande foncée est faite de fibres oxydatives riches en myoglobine, tandis que la viande claire se compose de fibres glycolytiques.

Les fibres à contraction rapide et à contraction lente Les fibres musculaires squelettiques ne se contractent pas toutes à la même vitesse. Les **fibres à contraction rapide** se contractent deux ou trois fois plus vite que les **fibres à contraction lente**. Les fibres musculaires à contraction rapide servent aux contractions soudaines et puissantes. Les fibres musculaires à contraction lente, quant à elles, peuvent soutenir des contractions prolongées. Elles se trouvent souvent dans les muscles du maintien de la posture. Ces fibres possèdent moins de réticulum sarcoplasmique que les fibres musculaires à contraction rapide. Le Ca^{2+} reste donc plus longtemps dans le cytosol. C'est pourquoi la secousse de ces fibres musculaires dure environ cinq fois plus longtemps que celle des fibres musculaires à contraction rapide.

Cette différence entre la vitesse de contraction des fibres à contraction lente et celle des fibres à contraction rapide est principalement attribuable à la vitesse à laquelle les têtes de myosine hydrolysent l'ATP, vitesse qui elle-même dépend du type d'enzyme présent dans la fibre. Il n'existe toutefois pas de relation biunivoque entre la vitesse de contraction et la source d'ATP. Alors que toutes les fibres à contraction lente sont oxydatives, les fibres à contraction rapide peuvent être soit glycolytiques, soit oxydatives.

La plupart des muscles squelettiques humains contiennent à la fois des fibres à contraction lente et des fibres à contraction rapide. Cependant, les muscles des yeux et de la main ne contiennent que des fibres à contraction rapide. Dans les muscles qui contiennent les deux types de fibres, la proportion de chacun des types est déterminée par les gènes. Toutefois, si de tels muscles sont sollicités à maintes reprises pour des activités qui demandent une grande endurance, certaines fibres glycolytiques à contraction rapide peuvent se transformer en fibres oxydatives à contraction rapide. Comme les fibres oxydatives à contraction rapide résistent plus longtemps à la fatigue que les fibres glycolytiques à contraction rapide, tout le muscle acquerra une plus grande endurance.

Chez certains vertébrés, les fibres musculaires squelettiques se contractent beaucoup plus rapidement que chez les humains. Par exemple, ce sont des muscles extrêmement rapides qui permettent au crotale (*Crotalus sp.*) de faire trembler sa queue et à la colombe (sous-famille des Columbidés) de chanter. Les plus rapides sont cependant les muscles qui entourent la vessie natatoire remplie de gaz du poisson-crapaud mâle (**figure 50.33**). Lorsque le poisson-crapaud produit son chant nuptial, semblable au bruit d'une corne de brume, il peut contracter et relâcher ces muscles plus de 200 fois par seconde!

Les autres types de muscles

Il existe de nombreux types différents de muscles dans le règne animal. Cependant, comme nous l'avons remarqué, ils ont tous en commun le même mécanisme fondamental de contraction, c'est-à-dire le glissement de myofilaments d'actine et de myosine les uns sur les autres. À titre d'exemple, outre

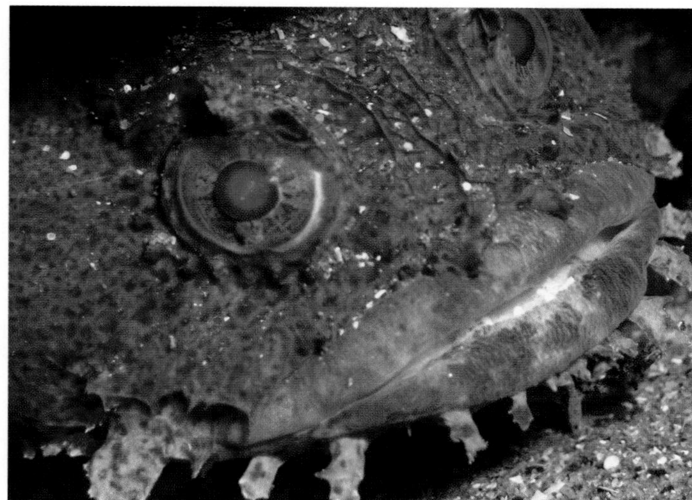

▲ **Figure 50.33** **La spécialisation des muscles squelettiques.** Le poisson-crapaud (*Opsanus tau*) utilise des muscles extrêmement rapides pour produire son chant nuptial.

les muscles squelettiques, les Vertébrés ont des muscles lisses et un muscle cardiaque (voir la figure 40.5, p. 996).

Chez les Vertébrés, le **muscle cardiaque** ne se trouve qu'à un endroit: le cœur. À l'instar du muscle squelettique, il est strié. Les principales différences entre les muscles squelettiques et le muscle cardiaque tiennent à leurs propriétés électriques et membranaires. Les fibres musculaires squelettiques ne produisent des potentiels d'action que si elles sont stimulées par un neurone moteur; la membrane plasmique des fibres du muscle cardiaque contient des canaux ioniques qui provoquent des dépolarisations rythmiques grâce auxquelles les potentiels d'action sont déclenchés sans qu'un stimulus soit envoyé par le système nerveux. Les potentiels d'action du muscle cardiaque durent jusqu'à 20 fois plus longtemps que ceux des fibres musculaires squelettiques. Les points de contact entre les cellules du muscle cardiaque comprennent des régions spécialisées appelées **disques intercalaires**, à la hauteur desquelles des jonctions ouvertes (voir la figure 6.32, p. 132) établissent un couplage électrique direct entre les cellules. Ainsi, lorsqu'il est produit dans une partie du cœur, par exemple dans l'oreillette droite, un potentiel d'action se propage aux cellules musculaires des deux oreillettes, qui se contractent alors. La longue période réfractaire des fibres musculaires cardiaques prévient la sommation et la tétanie.

Chez les Vertébrés, on trouve les **muscles lisses** surtout dans la paroi des organes creux, comme ceux du système digestif, et dans les vaisseaux sanguins. Ils ne présentent pas les stries qu'on peut observer sur les muscles squelettiques et cardiaque, parce que leurs myofilaments d'actine et de myosine ne sont pas tous disposés de façon régulière le long de la cellule, sous forme de sarcomères. En effet, les myofilaments épais sont dispersés dans le cytoplasme, et les myofilaments minces sont attachés à des structures appelées granules denses, dont certaines sont ancrées dans la membrane plasmique. Les muscles lisses contiennent moins de myosine que les muscles squelettiques et cardiaque, et cette myosine n'est pas associée à des myofilaments d'actine spécifiques. Certaines cellules de muscles lisses ne se contractent que si elles sont stimulées par les neurones du système nerveux autonome. D'autres peuvent engendrer des potentiels d'action sans stimulation neuronale et sont électriquement liées les unes aux autres. Les muscles lisses se contractent et se relâchent plus lentement que les muscles striés.

Bien que le Ca^{2+} régule la contraction des muscles lisses, le mécanisme de régulation de ce type de muscle diffère de celui des muscles squelettiques et cardiaque. Les cellules des muscles lisses ne possèdent ni de complexe de troponine ni de système de tubules transverses, et leur réticulum sarcoplasmique n'est pas très développé. Pendant le potentiel d'action, les ions calcium pénètrent dans le cytosol principalement par la membrane plasmique. Les ions Ca^{2+} provoquent la contraction en se liant à la calmoduline, laquelle active une enzyme qui phosphoryle la tête de myosine. La formation de ponts est alors possible.

Les Invertébrés possèdent des cellules musculaires semblables aux cellules musculaires squelettiques et lisses des Vertébrés. Les muscles squelettiques des Arthropodes sont presque identiques à ceux des Vertébrés. Mais les muscles du vol des Insectes peuvent produire des contractions rythmiques, indépendantes; dans ces muscles, un seul potentiel d'action est à l'origine de plusieurs cycles de contraction-relâchement. Les ailes de certains insectes peuvent ainsi battre plus rapidement (jusqu'à 1 000 battements/s) que n'arrivent du système nerveux central les potentiels d'action. On a découvert une autre adaptation issue de l'évolution dans les muscles adducteurs qui enferment les bivalves dans leur coquille. Les myofilaments épais des fibres de ces muscles contiennent une protéine particulière, appelée paramyosine, qui permet aux muscles de rester dans un état fixe de contraction, tout en consommant peu d'énergie, durant un mois.

RETOUR SUR LE CONCEPT 50.5

1. Comparez le rôle des ions Ca^{2+} dans la contraction d'une fibre de muscle squelettique et dans celle d'une cellule de muscle lisse.
2. ET SI ? Pourquoi les muscles d'un animal qui vient de mourir sont-ils habituellement raides ?
3. FAITES DES LIENS Quelle différence pouvez-vous établir entre l'activité de la tropomyosine et de la troponine durant la contraction musculaire et l'activité d'un inhibiteur compétitif durant une action enzymatique ? (Voir la figure 8.17, p. 174.)

Voir les réponses proposées à la fin du chapitre.

CONCEPT 50.6

Les squelettes transforment la contraction musculaire en locomotion

Pour que la contraction musculaire donne lieu au mouvement, il faut un squelette, c'est-à-dire une structure rigide à laquelle les muscles sont attachés. Un animal modifie la rigidité de son corps, sa forme ou sa position en contractant les muscles qui relient deux parties de son squelette.

Comme les muscles exercent une force seulement durant leur contraction, le mouvement de va-et-vient (en sens contraires) d'une partie du corps requiert habituellement deux muscles attachés à la même partie du squelette. La partie supérieure du bras humain et la patte d'une sauterelle (famille des Tettigoniidés) sont des exemples de ce type d'arrangement musculaire (**figure 50.34**). Ces paires de muscles sont dites antagonistes, mais ceux-ci fonctionnent en collaboration, le tout étant coordonné par le système nerveux. Par exemple, lorsque nous étirons le bras, des neurones moteurs déclenchent la contraction de notre triceps alors que l'inaction d'autres neurones moteurs permet à notre biceps de se relâcher.

Le squelette remplit trois fonctions principales : le soutien, la protection et le mouvement. La plupart des animaux terrestres s'affaisseraient sous leur propre masse s'ils n'avaient pas de squelette pour les soutenir. Un animal aquatique ne serait qu'une masse informe sans structure pour lui donner sa conformation. De nombreuses espèces possèdent un squelette rigide qui protège leurs tissus mous. Ainsi, les Vertébrés ont un crâne qui recouvre leur encéphale et des côtes qui forment une cage autour de leur cœur, de leurs poumons et de leurs autres organes internes.

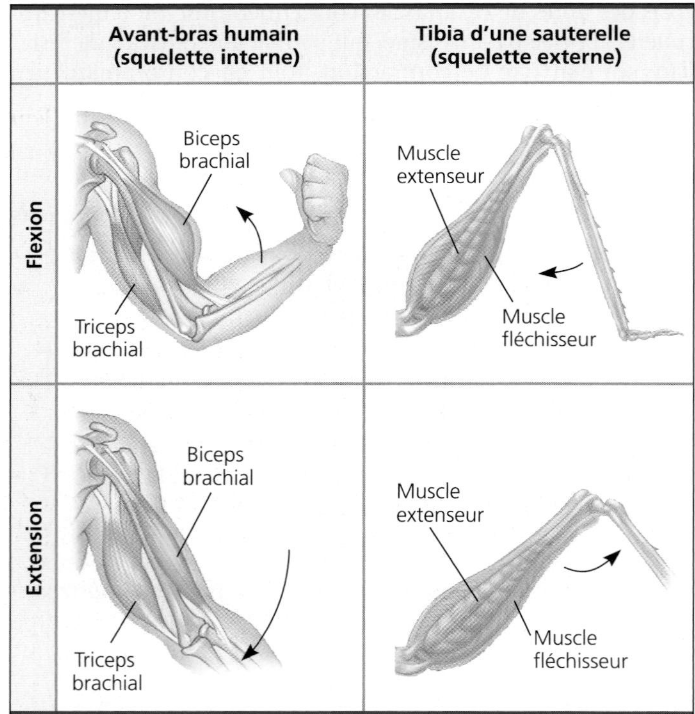

▲ **Figure 50.34 L'interaction des muscles et du squelette dans le mouvement.** En général, des muscles antagonistes génèrent les mouvements de va-et-vient d'une partie du corps, chacun ayant un effet opposé par rapport à l'autre. Ce principe vaut aussi bien pour un squelette interne, comme chez les Mammifères, que pour un squelette externe, comme chez les Insectes.

Les types de squelette

Un squelette n'est pas toujours un ensemble d'os reliés ensemble ; il en existe plusieurs types. Les structures de soutien rigides sont parfois externes (comme les exosquelettes), internes (comme les endosquelettes) ou même absentes (comme les hydrosquelettes, remplis de liquide).

Les hydrosquelettes

Un **hydrosquelette**, ou squelette hydrostatique, est un compartiment fermé de l'organisme qui contient un liquide maintenu sous pression. La plupart des Cnidaires, des Plathelminthes, des Nématodes et des Annélides ont un squelette de ce type (voir le chapitre 33). Ces animaux se déplacent en se servant de leurs muscles pour modifier la forme des compartiments remplis de liquide. Par exemple, chez l'hydre, qui fait partie des Cnidaires, c'est le liquide de la cavité gastrovasculaire qui sert d'hydrosquelette. Ainsi, l'animal s'allonge en fermant la bouche et en resserrant sa cavité gastrovasculaire au moyen des cellules contractiles de sa paroi corporelle. Comme l'eau est incompressible, la diminution du diamètre de la cavité provoque son allongement.

Les vers utilisent leur hydrosquelette de diverses façons pour se mouvoir dans leur environnement. Chez les planaires et d'autres vers plats (plathelminthes), c'est le liquide interstitiel maintenu sous pression dans la cavité gastrovasculaire qui joue le rôle d'hydrosquelette principal. Pour se déplacer, les planaires contractent les muscles de leur paroi corporelle et exercent ainsi des forces localisées sur cet hydrosquelette. Chez les vers ronds (Nématodes), c'est le liquide présent dans la cavité corporelle qui joue le rôle d'hydrosquelette. Ils maintiennent ce liquide sous pression, et l'action de leurs muscles longitudinaux produit des mouvements ondulatoires. Chez les vers de terre (Lumbricidés) et autres annélides, des muscles circulaires et longitudinaux modifient séparément la forme de chacun des segments, qui sont divisés par des cloisons. Ces annélides se servent de leur hydrosquelette pour se déplacer par **péristaltisme**, un type de locomotion produit par des ondes rythmiques de contractions musculaires le long du corps, de la tête à la queue (**figure 50.35**).

Les hydrosquelettes conviennent bien à la vie en milieu aquatique. Chez les animaux terrestres, ils peuvent protéger les organes internes contre les chocs et offrir un appui pour ramper et creuser la terre. Cependant, ils n'offrent aucun soutien aux formes de locomotion terrestre, telles que la marche ou la course, dans lesquelles le corps de l'animal est maintenu au-dessus du sol.

Les exosquelettes

Les coquilles que l'on trouve sur la plage ont déjà servi d'exosquelettes. L'**exosquelette** est une enveloppe rigide qui se trouve à la surface du corps de certains animaux. Par exemple, une coquille calcaire (trioxocarbonate de calcium, $CaCO_3$) enferme la plupart des Mollusques. Sécrétée par le manteau, elle constitue un prolongement, en forme d'enveloppe, de la paroi corporelle (voir la figure 33.15, p. 789). Les palourdes et autres bivalves ferment leur coquille, qui est articulée, en actionnant les muscles (muscles adducteurs) situés à l'intérieur de cet exosquelette. Au fur et à mesure qu'il grossit, l'animal agrandit le diamètre de sa coquille en élargissant le bord extérieur.

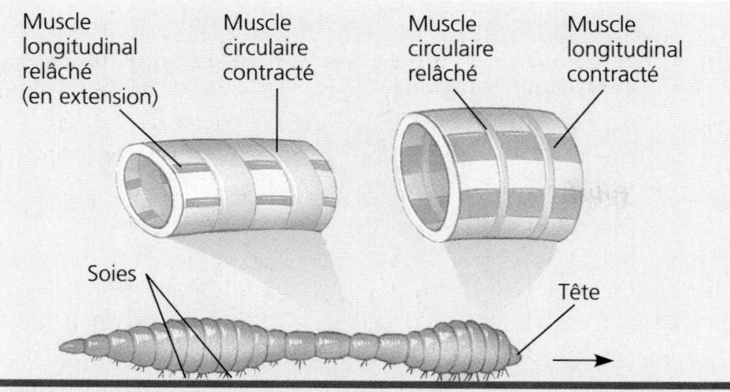

❶ Au moment décrit ici, les segments corporels du ver de terre situés au niveau de la tête et de la queue raccourcissent et s'épaississent (muscles longitudinaux contractés, muscles circulaires relâchés), et s'ancrent au sol au moyen des soies. Les autres segments se compriment et s'allongent (muscles circulaires contractés, muscles longitudinaux relâchés).

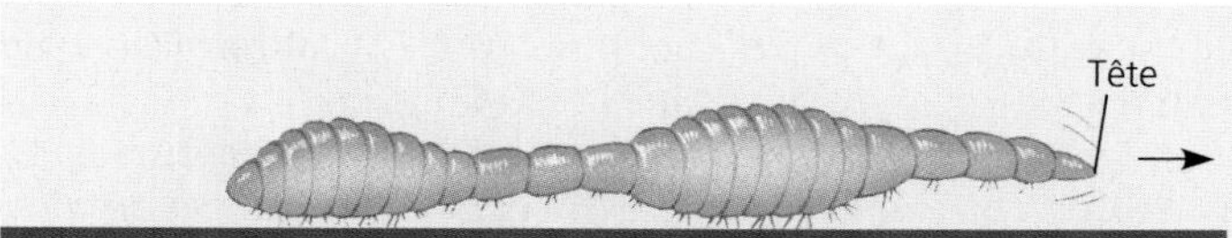

❷ La tête a avancé parce que les muscles circulaires des segments de la tête se sont contractés. Les segments situés derrière la tête et devant la queue se sont alors épaissis et ancrés, ce qui empêche le ver de reculer en glissant.

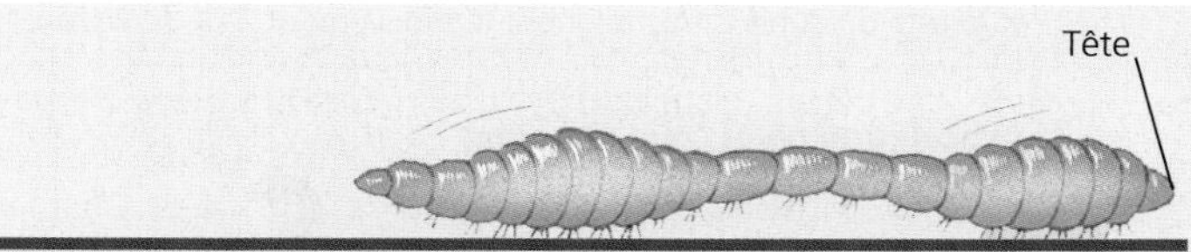

❸ Les segments de la tête s'épaississent de nouveau et s'ancrent dans une nouvelle position. Les autres segments ont lâché leur prise sur le sol et ont été tirés vers l'avant.

▲ **Figure 50.35 Ramper par péristaltisme.** La contraction des muscles longitudinaux épaissit et raccourcit le ver de terre, alors que la contraction des muscles circulaires le comprime et l'allonge.

Les Insectes et autres arthropodes ont un exosquelette articulé appelé cuticule, c'est-à-dire une enveloppe inerte qui est sécrétée par l'épiderme. Environ 30 à 50% de la cuticule des Arthropodes se compose de **chitine**, un polysaccharide semblable à la cellulose (voir la figure 5.9, p. 81). Une matrice protéique enrobe les fibrilles de chitine, formant ainsi un matériau composite qui allie solidité et flexibilité. Là où la protection est la plus importante, des composés organiques qui établissent des liens transversaux entre les protéines de l'exosquelette durcissent la cuticule. Chez certains crustacés comme les homards (*Homarus americanus*), des sels de calcium renforcent aussi certaines parties de l'exosquelette. Toutefois, dans les parties du corps qui doivent demeurer flexibles, par exemple les articulations des pattes, la cuticule ne durcit pas. Les muscles sont attachés à des appendices et à des plaques de la cuticule qui se prolongent à l'intérieur du corps. À chaque poussée de croissance, un arthropode doit se séparer de son exosquelette (mue) et le remplacer par un exosquelette plus grand.

Les endosquelettes

L'**endosquelette** se compose d'éléments de soutien rigides, tels que des os, qui sont enveloppés par les tissus mous de l'animal. Divers animaux, des Éponges aux Mammifères, possèdent un endosquelette. Les Éponges (embranchement des Porifères) ont des spicules rigides constitués de matériaux inorganiques ou des fibres plus souples faites de protéines pour renforcer leur structure (voir la figure 33.4, p. 781). Les Échinodermes sont pourvus d'un ensemble de plaques rigides, les ossicules, qui sont situées sous la peau. Ces ossicules comprennent des cristaux de trioxocarbonate de magnésium et de calcium. Les oursins ont un squelette formé d'ossicules étroitement reliés, tandis que les étoiles de mer (clade des Astérides) ont des ossicules reliés de manière plus lâche, ce qui leur permet de modifier la forme de leurs bras.

Les Cordés ont un endosquelette qui se compose de tissu cartilagineux, de tissu osseux ou d'une combinaison des deux (voir la figure 40.5, p. 995). Enfin, le squelette des Mammifères compte plus de 200 os. Certains de ces os sont fusionnés; d'autres sont reliés par des articulations pourvues de ligaments et offrant une certaine liberté de mouvement (**figures 50.36** et **50.37**).

Les dimensions et l'échelle des squelettes

Un exosquelette doit pouvoir couvrir et protéger le corps de l'animal, mais qu'en est-il d'un endosquelette? Quelle épaisseur doit-il avoir pour remplir ses fonctions? On peut répondre à cette question à l'aide des principes de la physique utilisés en génie civil. Ainsi, le poids d'un édifice augmente en fonction du cube de ses dimensions. Toutefois, la solidité des structures de soutien des édifices dépend de leur section transversale, qui augmente seulement en fonction du carré de leur diamètre. On peut donc prédire qu'une souris de la taille d'un éléphant aurait des pattes beaucoup trop fines pour supporter son poids si elle avait les mêmes proportions qu'une souris de taille normale. Le corps d'un animal de grande taille a des proportions bien différentes de celles du corps d'un petit animal.

En partant de l'analogie avec la construction d'édifices, on pourrait prédire que la taille des os des pattes d'un animal devrait être directement proportionnelle à la force qu'exerce la masse du corps. Mais notre prédiction ne serait pas exacte. En effet, le corps d'un animal est complexe et n'est pas rigide. La relation entre la taille des pattes et celle du corps ne constitue qu'une partie de la question. Ainsi, la posture, c'est-à-dire la position des pattes par rapport au reste du corps, est une caractéristique structurale plus importante pour le soutien de la masse corporelle, du moins chez les Mammifères et les Oiseaux. Les muscles et les tendons (tissus conjonctifs reliant un muscle à un os) maintiennent les pattes des gros mammifères assez droites sous leur corps et supportent la majeure partie de la charge.

Les types de locomotion

Le mouvement est l'un des caractères distinctifs des Animaux. Même les animaux fixés à une surface doivent mouvoir des parties de leur corps; ainsi, les Éponges font battre leurs flagelles de façon à créer des courants leur permettant d'attirer et de piéger de petites particules de nourriture; et les cnidaires sessiles sont munis de tentacules préhensiles qui leur permettent

▼ **Figure 50.36** **Les os et les articulations du squelette humain.**

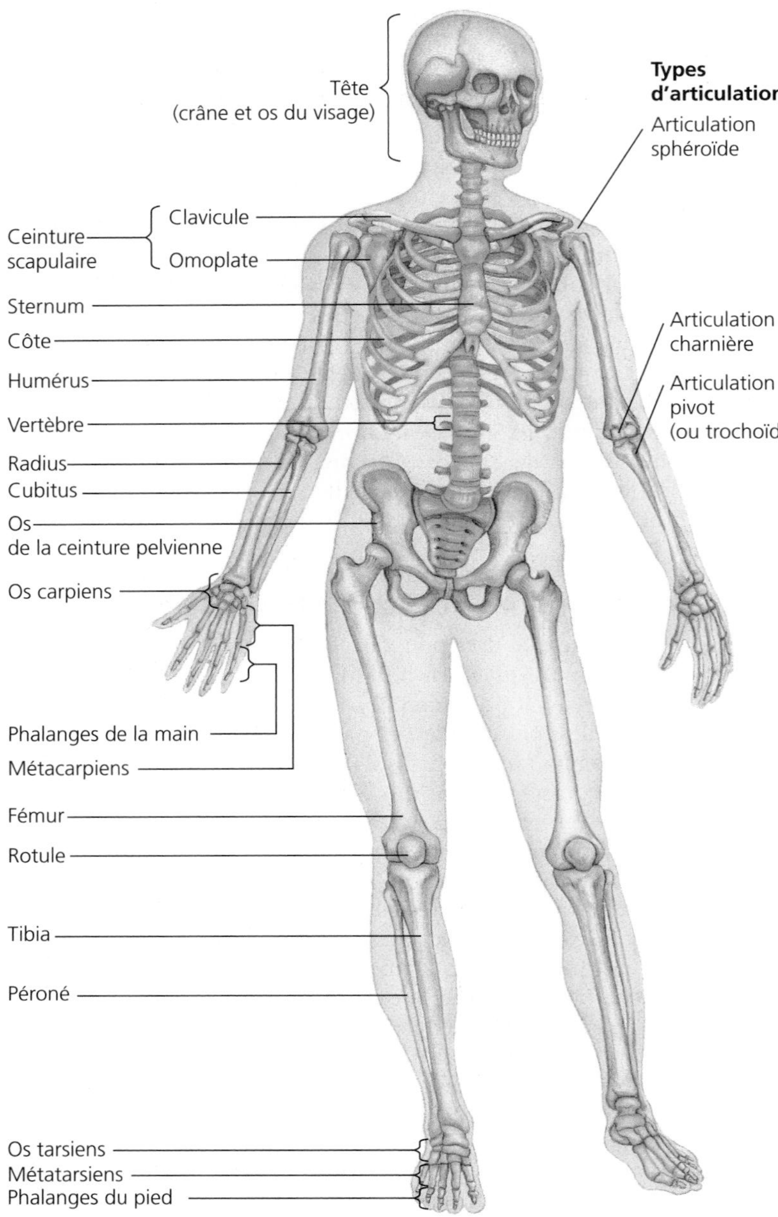

▼ **Figure 50.37** **Les types d'articulations.**

Articulation sphéroïde

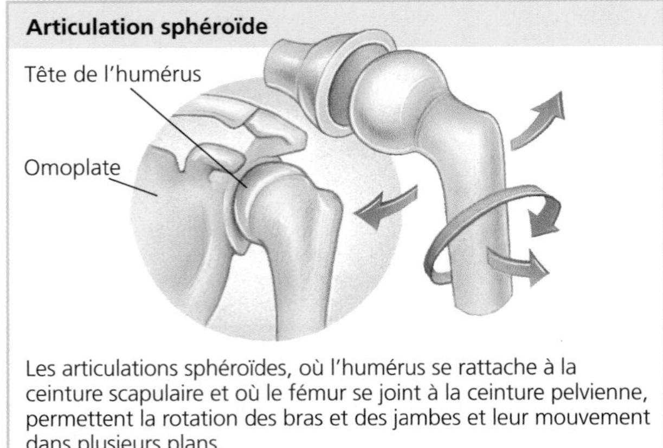

Les articulations sphéroïdes, où l'humérus se rattache à la ceinture scapulaire et où le fémur se joint à la ceinture pelvienne, permettent la rotation des bras et des jambes et leur mouvement dans plusieurs plans.

Articulation charnière

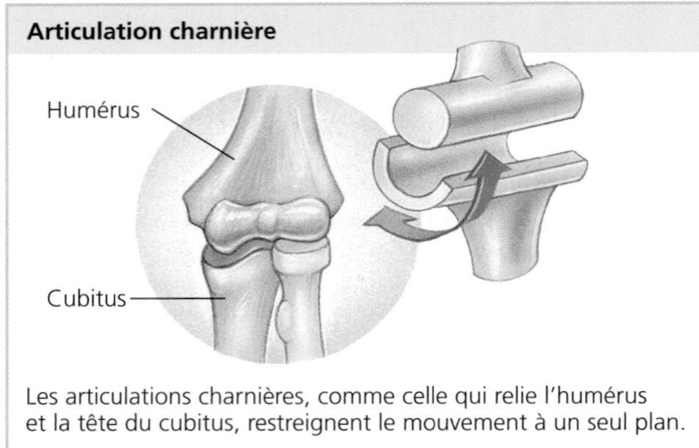

Les articulations charnières, comme celle qui relie l'humérus et la tête du cubitus, restreignent le mouvement à un seul plan.

Articulation pivot (ou trochoïde)

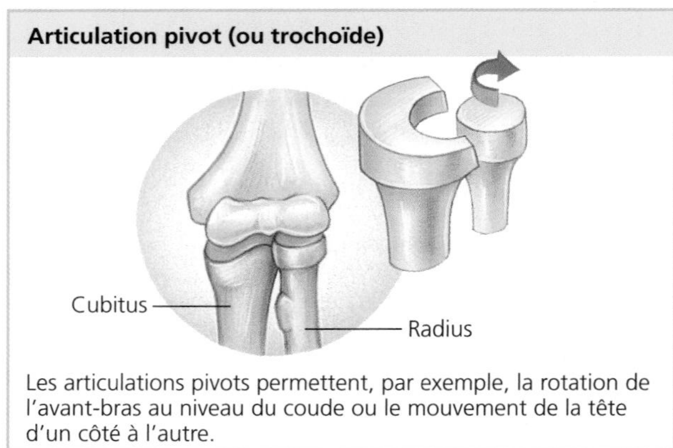

Les articulations pivots permettent, par exemple, la rotation de l'avant-bras au niveau du coude ou le mouvement de la tête d'un côté à l'autre.

de capturer leurs proies (voir le chapitre 33). Cependant, la plupart des Animaux sont mobiles et consacrent une partie importante de leur temps et de leur énergie à chercher activement de la nourriture, à échapper au danger et à tenter de trouver des partenaires sexuels. Ces activités supposent la **locomotion**, c'est-à-dire le déplacement actif d'un lieu à un autre.

La friction et la gravité sont des forces qui tendent à garder un animal immobile. Elles s'opposent donc à la locomotion. Pour se déplacer, un animal doit dépenser de l'énergie pour vaincre ces deux forces. Comme nous allons le voir, la quantité d'énergie nécessaire pour vaincre la friction ou la gravité est souvent réduite par le plan d'organisation corporelle de l'animal, qui est adapté au mouvement dans un milieu donné.

La locomotion sur la terre ferme

Sur le sol, un animal qui marche, court, saute ou rampe doit être capable de supporter sa propre masse et de vaincre la gravité. L'air, du moins à vitesse modérée, présente une résistance relativement faible. Lorsqu'un animal terrestre marche, court ou saute, les muscles de ses pattes consomment de l'énergie tant pour le propulser que pour l'empêcher de tomber. À chaque pas, lorsqu'il court ou marche, l'animal doit aussi vaincre l'inertie en faisant bouger l'une de ses pattes à partir d'une vitesse nulle. Pour le déplacement sur le sol, des muscles puissants et un squelette robuste sont donc plus importants qu'une forme aérodynamique.

Pour leurs déplacements au sol, les Vertébrés ont acquis et développé diverses adaptations. Par exemple, se déplaçant surtout par sauts, les kangourous (famille des Macropodidés) possèdent de grands muscles qui donnent beaucoup de puissance à leurs pattes arrière (**figure 50.38**). Quand ils retombent au sol, les tendons de leurs pattes arrière emmagasinent momentanément de l'énergie. Plus ils sautent haut, plus leurs tendons emmagasinent d'énergie pour le saut suivant, de la même façon que le mécanisme d'échasses à ressort retient une tension. Tout cela réduit d'autant la quantité d'énergie que ces animaux doivent dépenser pour leurs déplacements. L'analogie avec les échasses à ressort s'applique à de nombreux animaux terrestres. Ainsi, les pattes des Insectes, des chiens et des humains retiennent une certaine tension pendant la marche ou la course, bien que l'effet soit bien moindre que dans le cas des kangourous quand ils sautent.

Garder son équilibre constitue une autre condition de la marche, de la course et du saut. La grande queue des kangourous leur sert d'organe d'équilibre. Elle forme, avec les pattes arrière, un trépied quand ces animaux s'assoient ou se déplacent lentement. Les chats, les chiens et les chevaux (*Equus caballus*) utilisent ce même principe du trépied quand ils marchent, puisqu'ils gardent toujours trois pattes en contact avec le sol. Les animaux bipèdes, comme les humains et les Oiseaux, gardent au moins une partie de pied ou de patte en contact avec le sol quand ils marchent. Quand ils courent, les animaux peuvent faire quitter le sol à leurs quatre membres (ou à leurs deux membres dans le cas des bipèdes) pendant un instant. Dans ce cas-là, en raison de la vitesse, c'est la force d'impulsion (l'élan) plutôt que le contact des membres avec le sol qui maintient le corps droit.

La reptation pose un problème d'un tout autre ordre. Comme une grande partie de son corps est en contact avec le sol, l'animal qui rampe doit faire un effort considérable pour vaincre la friction. Nous avons appris que les vers de terre rampent grâce au péristaltisme. De nombreux serpents rampent en faisant onduler latéralement tout leur corps. Avec leurs écailles ventrales larges et mobiles, ils agrippent le sol et avancent. Les boas (*Boa spp.*) et les pythons (*Python spp.*) rampent en ligne droite. Ils sont poussés par des muscles qui soulèvent leurs écailles ventrales, les rabattent vers l'avant, puis les repoussent vers l'arrière en prenant appui sur le sol.

▲ **Figure 50.38 La locomotion terrestre écoénergétique.** Le principal mode de déplacement des kangourous consiste à sauter vers l'avant à l'aide de leurs fortes pattes arrière. L'énergie cinétique emmagasinée temporairement dans les tendons après chaque saut permet de réduire le coût énergétique du saut suivant. En fait, un gros kangourou qui se déplace à une vitesse de 30 km/h en sautant ne dépense pas plus d'énergie par minute que s'il se déplaçait à 6 km/h. Sa grande queue lui permet de garder son équilibre lorsqu'il saute ou qu'il est assis.

La nage

Comme la plupart des Animaux ont une assez bonne flottabilité, les espèces qui nagent ont moins de difficulté à vaincre la gravité que celles qui doivent se déplacer sur la terre ferme ou dans les airs. Cependant, l'eau est un milieu qui présente une masse volumique et une viscosité beaucoup plus grandes que l'air, et la résistance au mouvement (friction) représente une entrave importante pour les animaux aquatiques. L'évolution a doté de nombreux animaux nageurs rapides (voir la figure 40.2, p. 990) d'une forme élancée et fuselée (forme de torpille).

Bien que la plupart des embranchements des Animaux comptent des espèces qui nagent, les Animaux ne nagent pas tous de la même façon. Par exemple, de nombreux insectes et vertébrés quadrupèdes se servent de leurs pattes comme de rames pour avancer sur l'eau. Les calmars (ordre des Teuthides), les pétoncles (famille des Pectinidés) et certains cnidaires se propulsent en aspirant de l'eau puis en l'expulsant par jets. Les requins et les poissons osseux nagent en bougeant leur corps et leur queue d'un côté puis de l'autre. Les baleines (de l'ordre des Cétacés) et les dauphins (des familles des Delphinidés et des Platanistidés) se déplacent en faisant onduler leur corps et leur queue de haut en bas.

Le vol

Au cours de l'évolution, le vol actif (par opposition au fait de planer du haut d'un arbre) est apparu chez quelques groupes d'animaux seulement: des insectes, des reptiles (dont les Oiseaux) et, parmi les Mammifères, les chauves-souris (ordre des Chiroptères). Depuis l'extinction des Ptérosaures, un groupe de reptiles volants, il y a des millions d'années, les seuls vertébrés qui volent sont les Oiseaux et les chauves-souris.

Pour un animal qui vole, la gravité pose un problème important. En effet, pour que le vol soit possible, les ailes doivent créer une poussée suffisante pour vaincre complètement la force de gravité. Ainsi, l'élément fondamental du vol est la forme des ailes. Tous les types d'ailes, même celles des avions, ont une allure profilée, c'est-à-dire que ce sont des structures dont la forme modifie les courants d'air de façon à créer une portance, soit une force perpendiculaire au déplacement.

Les animaux volants sont relativement légers. Leur masse corporelle varie de moins de 1 g, pour certains insectes, à environ 20 kg, pour les plus gros oiseaux volants. Beaucoup d'animaux volants possèdent des adaptations structurales qui réduisent leur masse corporelle. Les Oiseaux, par exemple, présentent une structure osseuse lacunaire, et sont dépourvus de dents et de vessie (voir le chapitre 34).

Les coûts énergétiques de la locomotion

Durant les années 1960, trois chercheurs de la Duke University se sont intéressés à la bioénergétique de la locomotion. Les physiologistes déterminent habituellement la dépense énergétique d'un animal qui se déplace en mesurant sa consommation de O_2 ou sa production de CO_2 (voir le chapitre 40). Pour appliquer cette stratégie au vol, Vance Tucker a montré à des perroquets à voler dans une soufflerie aérodynamique avec un masque sur le bec (**figure 50.39**). En reliant le masque à un tube qui recueille l'air expiré pendant que le perroquet vole, Tucker a pu mesurer les échanges gazeux et calculer la dépense énergétique de l'oiseau. De leur côté, Dick Taylor et Knut Schmidt-Nielsen ont mesuré la consommation énergétique au repos et durant la locomotion chez des animaux de tailles très variées. Schmidt-Nielsen a ensuite calculé le coût énergétique de la locomotion : la quantité d'énergie nécessaire pour transporter une masse corporelle donnée sur une distance déterminée.

L'analyse de Schmidt-Nielsen a montré que le coût énergétique de la locomotion dépend à la fois du mode de locomotion et du milieu (**figure 50.40**). La nage est le mode de locomotion dont le coût énergétique est le moins élevé (pour les animaux spécialisés dans la nage). Les animaux coureurs dépensent en général plus d'énergie par mètre parcouru que les animaux nageurs d'une taille équivalente, en partie parce que la course ou la marche nécessite une dépense énergétique pour lutter contre la gravité. De plus, si on comparait la consommation d'énergie par minute plutôt que par mètre, on découvrirait que les animaux volants consomment davantage d'énergie que les animaux nageurs ou coureurs de masse corporelle semblable.

La figure 50.40 montre également qu'un gros animal se déplace plus efficacement qu'un petit animal, tous deux étant adaptés au même mode de locomotion. La pente descendante de chaque courbe du graphique montre bien ce rapport entre la taille et la dépense énergétique durant le déplacement. Ainsi, pour une même distance parcourue, un cheval de 450 kg dépense moins d'énergie *par kilogramme de masse corporelle* qu'un chat de 4 kg. Évidemment, la quantité totale d'énergie dépensée est plus élevée pour le gros animal.

L'énergie de source alimentaire que l'animal dépense pour la locomotion ne peut pas servir à d'autres activités, comme la croissance et la reproduction. Par conséquent, des adaptations structurales et comportementales qui maximisent l'efficacité de la locomotion augmentent ses chances de survie et de reproduction.

▲ **Figure 50.39 Mesure de la consommation d'énergie durant le vol.** Le tube est relié à un masque de plastique qui recueille les gaz que le perroquet expire pendant qu'il vole dans une soufflerie aérodynamique.

▼ **Figure 50.40** INVESTIGATION

Quels sont les coûts énergétiques de la locomotion ?

EXPÉRIENCE Knut Schmidt-Nielsen s'est demandé si des principes généraux gouvernaient les coûts énergétiques des divers types de locomotion au sein des espèces animales. Pour répondre à cette question, il s'est servi de ses propres expériences ainsi que de la documentation scientifique concernant la mesure de cette variable pour des animaux qui nagent dans une glissoire hydraulique, courent sur un tapis roulant ou volent dans une soufflerie aérodynamique. Il a ensuite converti toutes les données dans une même unité et les a représentées graphiquement.

RÉSULTATS

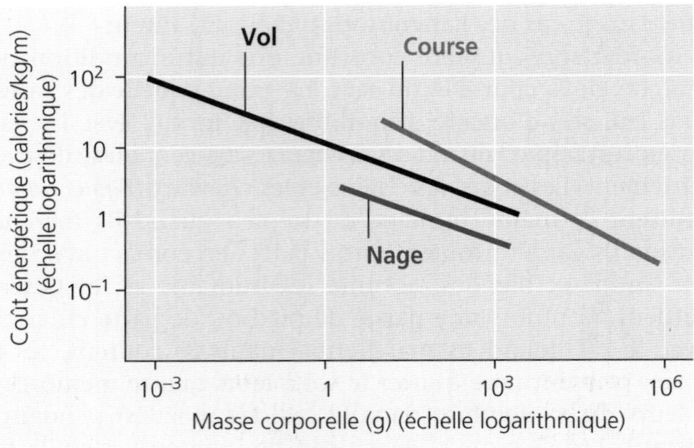

Ce graphique représente les coûts énergétiques, exprimés en calories par kilogramme de masse corporelle et par mètre parcouru, en fonction de la masse corporelle pour le déplacement des animaux spécialisés dans la course, le vol ou la nage. Notez que les deux axes représentent des échelles logarithmiques.

CONCLUSION Pour la plupart des animaux présentant une masse corporelle donnée, la nage est le mode de locomotion dont le coût énergétique est le moins élevé, et la course celui dont le coût énergétique est le plus élevé. Quel que soit le mode de locomotion utilisé, un petit animal dépense plus d'énergie par kilogramme de masse corporelle qu'un gros animal.

SOURCE K. Schmidt-Nielsen, Locomotion : Energy cost of swimming, flying, and running, *Science* 177 : 222-228 (1972).

ET SI ? Si, dans ce graphique, vous représentiez l'efficacité d'un canard en tant que nageur, où se trouverait la courbe, à votre avis, et pourquoi ?

Dans le présent chapitre, nous avons étudié séparément les récepteurs sensoriels et les muscles, qui font néanmoins partie d'un même système intégré grâce auquel le cerveau, le corps et le monde extérieur sont interreliés. Le comportement animal découle de ce système. Au chapitre 51, nous étudierons le comportement dans le contexte des structures et des fonctions chez les Animaux ainsi que dans le contexte de l'écologie, c'est-à-dire l'étude des interactions entre les organismes et leur milieu.

RETOUR SUR LE CONCEPT 50.6

1. De quelle façon les cloisons représentent-elles une caractéristique importante du squelette du ver de terre?
2. Comparez la nage et le vol en fonction des principaux problèmes qu'ils posent et des adaptations qui permettent aux animaux de surmonter ces problèmes.
3. ET SI? Lorsque vous posez vos mains sur les accoudoirs d'un fauteuil et que vous utilisez vos bras pour vous asseoir, vous fléchissez les bras sans utiliser vos biceps. Expliquez comment cela est possible. (*Indice:* pensez à la gravité comme à une force antagoniste.)

Voir les réponses proposées à la fin du chapitre.

RÉVISION DU CHAPITRE 50

RÉSUMÉ DES CONCEPTS CLÉS

CONCEPT 50.1

Les récepteurs sensoriels convertissent l'énergie d'un stimulus en influx nerveux, qu'ils transmettent au système nerveux central (p. 1257 à 1262)

- Les **récepteurs sensoriels** sont en général des neurones spécialisés ou des cellules épithéliales qui détectent les stimulus externes ou internes. La détection d'un stimulus par les cellules sensorielles précède la **transduction du stimulus sensoriel**, c'est-à-dire la transformation de l'énergie du stimulus en une modification du potentiel de membrane, nommée potentiel de récepteur. Le potentiel de récepteur ainsi produit contrôle la **transmission** des potentiels d'action au système nerveux central (SNC), où l'information sensorielle est intégrée pour produire des sensations. La fréquence des potentiels d'action dans un axone ainsi que le nombre d'axones activés déterminent l'intensité du stimulus. Le type d'axone qui transmet l'information détermine la nature ou la qualité du stimulus. Dans les cellules réceptrices, les voies de transduction du stimulus amplifient souvent le stimulus. À la suite de cette amplification, les cellules réceptrices produisent des potentiels d'action ou libèrent un neurotransmetteur aux synapses qu'elles forment avec des neurones sensoriels.
- Il existe cinq types de récepteurs sensoriels. Les **mécanorécepteurs** réagissent aux stimulus comme la pression, l'étirement, le mouvement et le bruit. Les **chimiorécepteurs** détectent la concentration totale de solutés dans une solution ou des molécules spécifiques. Les **récepteurs électromagnétiques** captent différentes formes de rayonnement électromagnétique. Divers types de **thermorécepteurs** donnent de l'information sur les températures superficielle et interne de l'organisme. La douleur est détectée par un groupe de **nocicepteurs** qui réagissent à la chaleur excessive, à la pression ou à certaines substances chimiques.

? *Pour simplifier la classification des récepteurs sensoriels, pourquoi pourrait-il être approprié de mettre les nocicepteurs dans une classe distincte?*

CONCEPT 50.2

Les mécanorécepteurs associés à l'audition et à l'équilibre perçoivent le mouvement des liquides et le dépôt des particules (p. 1262 à 1267)

- La plupart des Invertébrés perçoivent l'orientation de leur corps en fonction de la gravité au moyen de **statocystes**. Des **cellules sensorielles ciliées** sont spécialisées dans l'audition et l'équilibre chez les Mammifères et dans la détection du mouvement de l'eau chez les Poissons et les amphibiens aquatiques. Chez les Mammifères, la **membrane du tympan** transmet les ondes sonores aux trois osselets de l'oreille moyenne, qui les transmettent à leur tour à la fenêtre vestibulaire, puis au liquide contenu dans la **cochlée**, organe de forme enroulée qui se trouve dans l'oreille interne. Les ondes de pression présentes dans le liquide font vibrer la **lame basilaire**, ce qui entraîne la dépolarisation des cellules sensorielles ciliées de l'organe spiral et le déclenchement de potentiels d'action qui se propagent jusqu'au cerveau par le nerf auditif. Chaque région de la lame basilaire vibre plus intensément à une fréquence donnée et entraîne l'excitation d'un site précis de l'aire auditive du cortex cérébral. Les récepteurs situés dans l'oreille interne sont les organes de l'équilibre.

? *Quelle qualité du son détermine la direction du déplacement d'une cellule sensorielle ciliée donnée dans l'oreille, et comment cette qualité est-elle codée dans les influx transmis au cerveau?*

CONCEPT 50.3

Chez divers animaux, les récepteurs visuels dépendent de pigments photorécepteurs (p. 1267 à 1274)

- Parmi les organes qui détectent la lumière chez les Invertébrés, on trouve les ocelles photosensibles, les yeux composés produisant des images et les yeux simples, à cristallin unique. Dans l'œil des Vertébrés, un seul cristallin sert à projeter la lumière sur les **photorécepteurs** de la **rétine**. Les **bâtonnets** et les **cônes** contiennent un pigment appelé **rétinal**, lié à une protéine (opsine). L'absorption de la lumière par le rétinal établit une voie de transduction qui hyperpolarise les photorécepteurs, de sorte qu'ils libèrent moins de neurotransmetteur. Les synapses transmettent l'information provenant des photorécepteurs à des cellules qui intègrent l'information avant de l'envoyer au cerveau.

? *En quoi le traitement d'une information visuelle transmise au cerveau d'un vertébré diffère-t-il du traitement d'une information auditive ou olfactive?*

CONCEPT 50.4

Les sens du goût et de l'odorat font appel aux mêmes groupes de récepteurs sensoriels (p. 1274 à 1276)

- Le **goût** et l'**odorat** proviennent de la stimulation de chimiorécepteurs par de petites molécules dissoutes qui se lient à des protéines présentes dans la membrane plasmique. Chez les humains, chaque cellule sensorielle des bourgeons gustatifs exprime un seul type de récepteur gustatif correspondant à une des cinq sensations gustatives : le sucré, l'amer, le salé, l'aigre et l'umami (qui provient d'une stimulation attribuable au glutamate). Des cellules olfactives garnissent la partie supérieure de la cavité nasale et envoient, par l'intermédiaire de leur axone, de l'influx au bulbe olfactif de l'encéphale. Plus de 1 000 gènes codent pour des protéines membranaires qui se lient à certaines classes de molécules odorantes, et chaque cellule olfactive exprime seulement un de ces gènes.

? *Pourquoi la nourriture vous semble-t-elle fade lorsque vous avez le rhume ?*

CONCEPT 50.5

La fonction musculaire repose sur l'interaction physique de filaments protéiques (p. 1276 à 1283)

- Chez les Vertébrés, les cellules (fibres) des muscles squelettiques contiennent des myofibrilles constituées de **myofilaments minces** d'actine (principalement) et de **myofilaments épais** de myosine. Associés à des protéines accessoires, ces filaments sont disposés en unités appelées **sarcomères**. Les têtes de molécules de myosine, alimentées par l'hydrolyse de l'ATP, se lient aux myofilaments minces pour former des ponts. Lorsqu'elles se replient sur elles-mêmes, elles exercent une tension sur les myofilaments minces. Lorsque l'ATP se lie aux têtes de myosine, celles-ci se relâchent, prêtes à commencer un nouveau cycle. La répétition des cycles fait glisser les myofilaments épais et les myofilaments minces les uns sur les autres, ce qui a pour effet de raccourcir le sarcomère et de contracter la fibre musculaire.

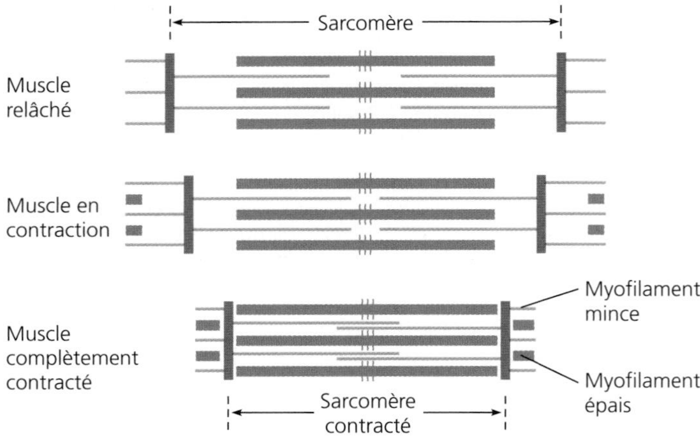

- Le neurone moteur déclenche la contraction en libérant de l'acétylcholine, qui dépolarise la fibre musculaire. Des potentiels d'action se propagent à l'intérieur de la fibre musculaire le long des tubules transverses, ce qui stimule la libération de Ca^{2+} par le **réticulum sarcoplasmique**. Lorsque les ions Ca^{2+} se lient au **complexe de troponine**, la **tropomyosine** change de position sur les myofilaments minces, ce qui expose les sites de liaison de la myosine sur l'actine et permet la formation de ponts. L'**unité motrice** comprend un neurone moteur et toutes les fibres musculaires qu'il innerve. Le recrutement de nombreuses unités motrices fait augmenter la force des contractions. La secousse musculaire élémentaire est produite par un seul potentiel d'action dans un neurone moteur. Lorsque des potentiels d'action se suivent rapidement, une contraction graduée se produit par sommation. Les fibres musculaires peuvent être à contraction lente ou à contraction rapide, et elles peuvent être oxydatives ou glycolytiques.
- Le muscle cardiaque, qu'on ne trouve que dans le cœur, se compose de cellules striées. Des disques intercalaires établissent un couplage électrique entre ces cellules, qui peuvent produire des potentiels d'action sans recevoir de stimulus des neurones. Les contractions des muscles lisses sont lentes et peuvent être déclenchées par les muscles eux-mêmes ou par un stimulus provenant des neurones du système nerveux autonome.

? *Quelles sont les deux principales fonctions de l'hydrolyse de l'ATP dans l'activité des muscles squelettiques ?*

CONCEPT 50.6

Les squelettes transforment la contraction musculaire en locomotion (p. 1283 à 1289)

- Les muscles squelettiques, qui se présentent souvent par paires antagonistes, permettent le mouvement en se contractant et en prenant appui sur le squelette. Il existe divers types de squelette : l'**hydrosquelette** est un compartiment fermé de l'organisme qui contient un liquide maintenu sous pression (chez les vers) ; l'**exosquelette** est une enveloppe rigide qui se trouve à la surface du corps (chez les Insectes) ; et l'**endosquelette** se compose d'éléments de soutien rigides enveloppés par les tissus mous de l'animal (chez les Vertébrés).
- Chaque mode de **locomotion** (nage, déplacement sur la terre ferme ou vol) présente ses propres difficultés. Par exemple, la friction représente une entrave importante pour les animaux nageurs, qui ont toutefois moins de difficulté à combattre la gravité que les animaux qui se déplacent sur la terre ferme ou qui volent. Les animaux spécialisés dans la nage dépensent moins d'énergie par mètre parcouru que les animaux de taille équivalente spécialisés dans le vol ou la course. Quel que soit le mode de locomotion, les gros animaux sont plus efficaces que les petits animaux.

? *Expliquez comment l'ancrage microscopique et macroscopique des myofilaments vous permet de fléchir le coude.*

ÉVALUATION

NIVEAU 1 : CONNAISSANCES ET COMPRÉHENSION

1. Quelle association de termes, parmi les suivantes se rapportant aux récepteurs sensoriels, est *erronée* ?
a) Cellule sensorielle ciliée – mécanorécepteur.
b) Fuseau neuromusculaire – mécanorécepteur.
c) Cellule gustative – chimiorécepteur.
d) Bâtonnet – récepteur électromagnétique.
e) Cellule olfactive – récepteur électromagnétique.

2. L'oreille moyenne convertit :
a) les ondes de pression dans l'air en ondes de pression dans un liquide.
b) les ondes de pression dans un liquide en ondes de pression dans l'air.
c) les ondes de pression dans l'air en influx nerveux.
d) les ondes de pression dans un liquide en influx nerveux.
e) des ondes de pression en mouvements des cellules sensorielles ciliées.

3. Durant la contraction d'une fibre musculaire squelettique, la fonction des ions Ca^{2+} consiste à :
a) dissocier les ponts en tant que cofacteurs de l'hydrolyse de l'ATP.
b) se lier à la troponine pour en modifier la configuration, de sorte que les sites de liaison de la myosine sur le myofilament d'actine soient découverts.
c) transmettre les potentiels d'action du neurone moteur à la fibre musculaire.
d) propager les potentiels d'action par les tubules transverses.
e) rétablir la polarisation de la membrane plasmique après le passage d'un potentiel d'action.

NIVEAU 2 : APPLICATION ET ANALYSE

4. Parmi les discriminations sensorielles suivantes, laquelle *n'est pas* codée par une différence dans le type de neurone ?
a) Le blanc et le rouge.
b) Le rouge et le vert.
c) Un son fort et un son faible.
d) Le salé et le sucré.
e) Le goût épicé et la sensation rafraîchissante.

5. La transduction des ondes sonores en potentiels d'action se produit:
   a) à l'intérieur de la membrane de Corti, lorsqu'elle est stimulée par les cellules sensorielles ciliées.
   b) lorsque les cellules sensorielles ciliées sont déformées au contact de la membrane de Corti, ce qui provoque une dépolarisation et la libération d'un neurotransmetteur qui stimule les neurones sensoriels.
   c) lorsque la lame basilaire de la cochlée devient plus perméable aux ions Na^+ et se dépolarise, ce qui produit un potentiel d'action dans un neurone sensoriel.
   d) lorsque la lame basilaire de la cochlée vibre à différentes fréquences, réagissant ainsi aux variations de l'intensité du son.
   e) à l'intérieur de l'oreille moyenne, lorsque les vibrations sont amplifiées par le malléus, l'incus et le stapès.

NIVEAU 3: SYNTHÈSE ET ÉVALUATION

6. Quelques espèces de requins ferment les yeux juste avant de mordre. Bien qu'ils ne voient pas leur proie, ils ne ratent pas leur cible. Des chercheurs ont remarqué que les requins sont attirés par les objets métalliques et qu'ils peuvent trouver des piles enfouies dans le sable d'un aquarium. Ces observations semblent indiquer que les requins localisent leur proie jusqu'à la dernière fraction de seconde avant de mordre, de la même façon:
   a) que le crotale trouve une souris dans son trou.
   b) qu'un mâle chez le bombyx du mûrier localise une femelle.
   c) que la chauve-souris trouve des papillons dans l'obscurité.
   d) que l'ornithorynque repère sa proie dans une rivière boueuse.
   e) que la planaire évite les sources lumineuses.

7. **FAITES UN DESSIN** À partir de l'information contenue dans le présent chapitre, complétez le graphique ci-dessous. Utilisez une droite pour représenter les bâtonnets et une autre pour représenter les cônes.

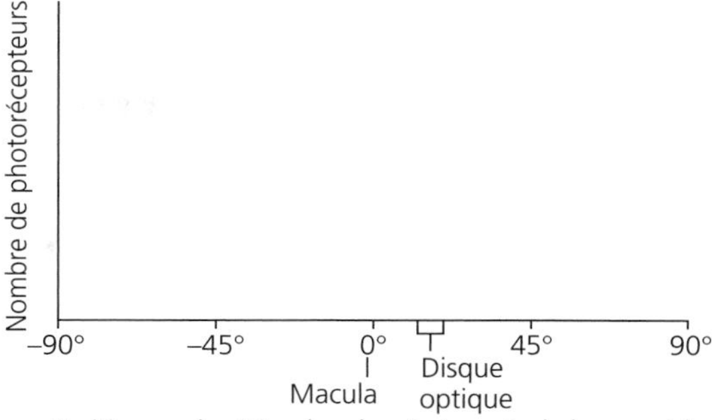

8. **LIEN AVEC L'ÉVOLUTION**
   En général, la locomotion sur la terre ferme nécessite plus d'énergie que la locomotion dans l'eau. En vous servant de tout ce que vous avez appris sur l'anatomie et la physiologie animales dans la septième partie (chapitres 40 à 51), exposez quelques-unes des adaptations attribuables à l'évolution chez les Mammifères qui confirment que les déplacements sur le sol demandent beaucoup d'énergie.

9. **INTÉGRATION**
   Bien que les muscles squelettiques se fatiguent généralement assez rapidement, les muscles des coquilles (ou valves) des bivalves possèdent une protéine aux propriétés uniques appelée *paramyosine*, qui leur permet de maintenir une contraction durant un mois. En vous appuyant sur ce que vous savez du mécanisme cellulaire de la contraction, proposez une hypothèse pour expliquer comment fonctionne la paramyosine. Comment pourriez-vous vérifier votre hypothèse de façon expérimentale?

10. **ÉCRIVEZ UN TEXTE**
    Structure et fonction Dans un court texte (de 100 à 150 mots), décrivez au moins trois caractéristiques qui font que le cristallin de l'œil humain est bien adapté à sa fonction visuelle.

RÉPONSES DU CHAPITRE 50

Questions des figures

Figure 50.12 Dans l'encéphale. Chaque note est détectée séparément dans l'oreille, et chacune provoque une vibration de la lame basilaire de la cochlée et une inflexion des cellules ciliées dans une certaine direction. Les neurones sensoriels de chaque région transmettent l'information sous la forme de potentiels d'action qui se propagent le long de certains axones du nerf auditif. Ce n'est qu'une fois rendues au cerveau que les notes individuelles sont détectées et perçues comme un accord musical. **Figure 50.19** Chacun des trois types de cônes est particulièrement sensible à un type de longueur d'onde de la lumière. Un cône peut être totalement dépolarisé en présence de lumière si cette lumière a une longueur d'onde éloignée de sa sensibilité optimale. **Figure 50.21** Chez les humains, un chromosome X dont le gène pour le rouge ou le vert est défectueux est beaucoup moins courant que le chromosome X de type sauvage. Le daltonisme saute habituellement une génération, car l'allèle défectueux est transmis d'un homme atteint à une femme porteuse, puis à un petit-fils, qui est alors atteint. Chez les singes-écureuils, aucun chromosome X ne confère la pleine vision des couleurs. Par conséquent, tous les mâles sont daltoniens et aucun mode héréditaire anormal n'est observé. **Figure 50.23** Les résultats de cette expérience auraient été identiques. L'important est l'activation d'un certain groupe de neurones, et non la façon dont ils sont activés. Tout stimulus venant d'un récepteur du goût amer sera interprété par le cerveau comme une sensation amère, quelle que soit la nature du composé et du récepteur qui participent à la sensation. **Figure 50.25** Seulement la perception. La liaison d'une molécule odorante à son récepteur produira des potentiels d'action qui seront transmis au cerveau. Même si un excès de cette molécule peut réduire la réponse par adaptation, une autre molécule odorante peut masquer la première seulement au niveau de la perception du cerveau. **Figure 50.28** Des centaines de têtes de myosine participent en faisant glisser chaque paire de myofilaments épais et mince les uns sur les autres. Comme la formation des ponts et leur dissociation ne sont pas synchronisées, un grand nombre de têtes de myosine exercent une force sur les myofilaments minces à tout moment durant la contraction musculaire. **Figure 50.32** En incitant tous les neurones moteurs qui contrôlent le muscle à produire des potentiels d'action à une fréquence suffisamment élevée pour causer une tétanie dans toutes les fibres musculaires. **Figure 50.40** Étant donné qu'un canard est plus spécialisé dans le vol que dans la nage, vous pourriez prédire qu'il consommera plus d'énergie par unité de masse corporelle et par distance nagée que ne le ferait, par exemple, un poisson. (En fait, si on représentait sur ce graphique la valeur pour un canard de 10^3 g [1 kg] qui nage, la courbe figurerait bien au-dessus de la courbe des nageurs, et juste au-dessus de la courbe des coureurs.)

Retour sur le concept 50.1

1. En général, les récepteurs électromagnétiques détectent seulement les stimulus externes. Les récepteurs non électromagnétiques, comme les chimiorécepteurs ou les mécanorécepteurs, peuvent agir comme capteurs internes ou externes. **2.** La capsaïcine, présente dans les piments, active le thermorécepteur des températures élevées. En réponse à une température élevée, le système nerveux déclenche la sudation afin qu'il y ait refroidissement par évaporation. **3.** Vous percevriez le stimulus électrique comme si les récepteurs sensoriels qui régulent ce neurone avaient été activés. Par exemple, la stimulation électrique du neurone sensoriel contrôlé par le thermorécepteur activé par le menthol serait probablement perçue comme un rafraîchissement local.

Retour sur le concept 50.2

1. Les statocystes détectent l'orientation du corps de l'animal en fonction de la gravité. Une telle information est essentielle dans les milieux où les indications lumineuses n'existent pas. **2.** Comme un son qui passe progressivement d'une hauteur très basse à une hauteur très élevée. **3.** Le stapès et les autres osselets de l'oreille moyenne transmettent à la fenêtre vestibulaire les vibrations provenant du tympan. La fusion de ces osselets (comme dans le cas d'une maladie appelée otosclérose) empêche cette transmission, ce qui entraîne une perte auditive.

Retour sur le concept 50.3

1. Les planaires possèdent des ocelles qui ne forment pas d'images, mais qui perçoivent l'intensité et la direction de la lumière. Elles obtiennent ainsi assez d'information pour s'abriter dans des endroits ombragés. Les mouches possèdent des yeux composés qui forment des images et détectent très bien les mouvements. **2.** Sans lunettes, la personne atteinte de presbytie est capable de distinguer les objets éloignés, mais non les objets rapprochés, car la vision rapprochée exige que le cristallin prenne une forme presque sphérique. Ce problème est fréquent chez les personnes âgées de 50 ans et plus. **3.** En fermant chaque œil tour à tour. Un objet flottant à la surface du globe oculaire apparaîtra seulement quand cet œil est ouvert. **4.** L'absorption de lumière par le rétinal convertit une structure isomère dans sa configuration *cis* en sa configuration *trans*, ce qui amorce le processus de la détection de la lumière. Par contre, un photon absorbé par la chlorophylle ne provoque pas d'isomérisation; il fait plutôt monter un électron à une orbitale de niveau énergétique plus élevé, ce qui provoque le flux d'électrons qui produit l'ATP et le NADPH.

Retour sur le concept 50.4

1. Les cellules gustatives et les cellules olfactives ont toutes deux, dans leur membrane plasmique, des récepteurs protéiques qui fixent certaines substances de façon à dépolariser la membrane en établissant une voie de transduction du stimulus où intervient une protéine G. Cependant, les cellules olfactives sont des neurones sensoriels, tandis que les cellules gustatives n'en sont pas. **2.** Étant donné que les Animaux dépendent de stimulus chimiques pour des comportements tels que la recherche d'un partenaire sexuel, le marquage du territoire et l'évitement de substances dangereuses, le système olfactif est adapté de manière à déployer une réponse intense à un très petit nombre de molécules odorantes. **3.** Comme le sucré, l'amer et l'umami font intervenir des récepteurs couplés à une protéine G mais pas le goût aigre, vous pourriez prédire que la mutation est dans une molécule qui intervient dans la voie de transduction du stimulus que partagent les divers récepteurs couplés à une protéine G.

Retour sur le concept 50.5

1. Dans une fibre de muscle squelettique, les ions Ca^{2+} se lient au complexe de troponine, qui éloigne la tropomyosine des sites de liaison de la myosine sur l'actine et permet la formation de ponts. Dans une cellule de muscle lisse, les ions Ca^{2+} se lient à la calmoduline, laquelle active une enzyme qui phosphoryle la tête de myosine et, par conséquent, permet la formation de ponts. **2.** La *raideur cadavérique* est due à la baisse d'ATP dans un muscle squelettique. Comme l'ATP est nécessaire pour libérer la myosine de l'actine et pour retirer du Ca^{2+} du cytosol, les muscles se contractent de manière chronique trois ou quatre heures après la mort. **3.** Un inhibiteur compétitif se lie au même site que le substrat de l'enzyme. Au contraire, la tropomyosine et le complexe de troponine masquent les sites de liaison de la myosine sur l'actine, mais ne s'y lient pas.

Retour sur le concept 50.6

1. Les cloisons divisent le cœlome et permettent ainsi le péristaltisme, une forme de locomotion qui nécessite le contrôle indépendant des différents segments du corps. **2.** Le principal problème posé par la nage est la résistance au mouvement (ou friction); un corps fusiforme permet de réduire cette résistance. Dans le cas du vol, le principal problème consiste à vaincre la gravité; les ailes, qui ont une allure profilée, créent une portance, et des adaptations comme la structure lacunaire des os réduisent la masse corporelle. **3.** Quand vous saisissez les accoudoirs du fauteuil, vous contractez les triceps pour garder vos bras en extension contre la force de gravité sur votre corps. À mesure que vous laissez descendre votre corps dans le fauteuil, vous diminuez graduellement le nombre d'unités motrices qui sont en contraction dans vos triceps. Si vos biceps étaient contractés, vous tomberiez, car vous ne vous opposeriez plus à la gravité.

Questions du résumé des concepts clés

50.1 Les nocicepteurs détectent certains des stimulus perçus par d'autres classes de récepteurs. Ils ne diffèrent des autres récepteurs que par la façon dont certains stimulus sont perçus. **50.2** La direction dans laquelle les cellules sensorielles ciliées se déplacent est déterminée par l'intensité du stimulus, laquelle est codée par la fréquence des potentiels d'action transmis au cerveau. **50.3** La principale différence est que les neurones de la rétine intègrent l'information de nombreux récepteurs sensoriels (photorécepteurs) avant de la transmettre au SNC. **50.4** Notre sens de l'odorat intervient dans la plupart des goûts distincts que nous percevons. Une congestion nasale causée par un rhume ou un autre problème bloque l'accès des molécules odorantes aux récepteurs qui tapissent certaines parties de la cavité nasale. **50.5** L'hydrolyse de l'ATP est nécessaire à la conversion de la myosine en sa configuration de haute énergie qui lui permet de se lier à l'actine et d'alimenter la pompe à Ca^{2+} qui retire des ions Ca^{2+} du cytosol durant le relâchement musculaire. **50.6** Les mouvements du corps humain dépendent de la contraction des muscles attachés à un endosquelette rigide. Les tendons relient les os et les muscles, qui se composent de fibres faites à partir d'une unité organisationnelle fondamentale, le sarcomère. Les myofilaments minces et épais ont des points d'attache séparés dans le sarcomère. Sous l'effet de réactions motrices commandées par le système nerveux, la formation et la dissociation des ponts entre les têtes de myosine et l'actine créent un glissement de ces filaments les uns sur les autres. Étant donné que les filaments sont attachés, ce mouvement de glissement raccourcit les fibres musculaires. En outre, comme les fibres elles-mêmes font partie des muscles attachés à chaque extrémité des os, la contraction musculaire fait bouger les os du corps les uns par rapport aux autres. C'est ainsi que les attaches structurales des muscles et des filaments permettent la fonction musculaire, par exemple fléchir le coude en contractant le biceps.

ÉVALUATION

1. e; **2.** a; **3.** b; **4.** c; **5.** b; **6.** d;
7.

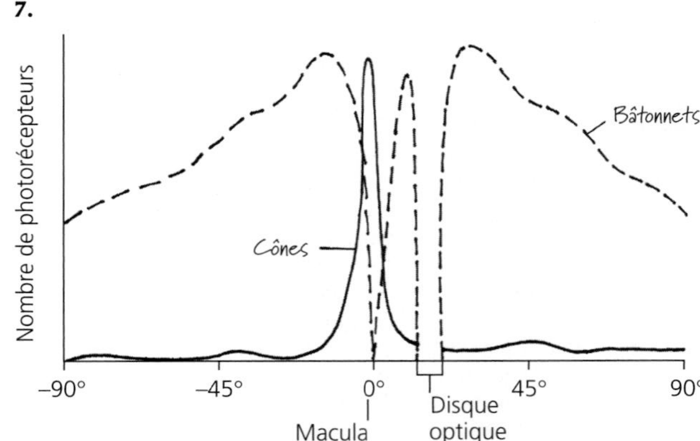

Ce graphique montre la répartition réelle des bâtonnets et des cônes de l'œil humain. Votre graphique peut différer de celui-ci, mais il devrait avoir les caractéristiques suivantes: seulement des cônes dans la macula; moins de cônes et plus de bâtonnets aux deux extrémités de l'axe des x; aucun photorécepteur dans le disque optique.

51

Le comportement animal

▲ **Figure 51.1** **Qu'est-ce qui pousse un crabe violoniste à agiter sa pince géante ?**

CONCEPTS CLÉS

51.1 Des stimulus sensoriels, même de faible intensité, peuvent déclencher des comportements simples ou complexes

51.2 L'apprentissage établit des liens précis entre l'expérience et le comportement

51.3 La plupart des comportements s'expliquent par le fait que la sélection naturelle favorise la survie et le succès reproductif de l'individu

51.4 Le concept d'adaptation globale explique en grande partie l'évolution du comportement, dont l'altruisme

INTRODUCTION

Le comment et le pourquoi du comportement animal

Contrairement à la plupart des Animaux, le crabe violoniste mâle (du genre *Uca*) est très asymétrique : une de ses pinces atteint des proportions géantes qui représentent la moitié de sa masse corporelle (**figure 51.1**). On l'appelle crabe *violoniste* en raison de son allure quand il mange des algues sur les vasières où il vit : sa pince antérieure, plus petite, porte les aliments à sa bouche devant sa pince géante. De temps à autre, le mâle agite sa grande pince, comme s'il saluait de la main. Qu'est-ce qui suscite ce comportement et à quoi sert-il ?

Ce comportement singulier du crabe violoniste a deux fonctions. Lorsqu'il agite sa pince, qui lui sert à se défendre, le crabe *repousse* les mâles qui s'approchent trop de son terrier. Lorsqu'il l'agite vigoureusement, il peut aussi *attirer* une femelle parmi celles qui parcourent la colonie à la recherche d'un partenaire. Après avoir attiré une femelle dans son terrier, le crabe violoniste en scelle l'ouverture avec de la boue ou du sable en vue de l'accouplement.

Qu'un animal soit solitaire ou social, que son comportement soit constant ou variable, celui-ci repose sur les systèmes et les processus physiologiques. Le **comportement** individuel est une action exécutée par des muscles et régie par le système nerveux en réaction à un stimulus. Ainsi, un animal utilisera les muscles de son thorax ou de sa gorge pour émettre un chant, libérera une odeur pour marquer son territoire ou, comme on l'a vu plus haut, agitera sa pince. Le comportement est essentiel pour trouver à manger et pour repérer un partenaire avec qui se reproduire. Le comportement contribue aussi à l'homéostasie, comme chez les abeilles qui s'entassent pour conserver leur chaleur (voir le chapitre 40). En somme, toute la physiologie d'un animal participe à son comportement, et le comportement d'un animal influe sur toute sa physiologie.

Comme le comportement est essentiel à la survie et à la reproduction, il est soumis à une importante sélection naturelle au fil du temps. Le processus évolutif de la sélection influe également sur l'anatomie, puisque la reconnaissance et la communication qui dictent beaucoup de comportements reposent sur la forme du corps et sur son apparence. Ainsi, la pince démesurée du crabe violoniste mâle est une adaptation qui lui permet de présenter des caractéristiques reconnaissables par les autres individus de l'espèce. De même, la position de ses yeux, au bout de pédoncules situés bien au-dessus de sa tête, lui permet de voir de loin d'éventuels intrus.

Dans le présent chapitre, nous verrons comment le comportement est régulé, comment il se développe au cours de la vie d'un animal, et comment il est influencé par les gènes et par l'environnement. Nous verrons également comment le comportement évolue sur plusieurs générations. Dans les chapitres précédents, nous avons étudié le fonctionnement interne de l'animal. En passant maintenant à l'étude de ses interactions avec le monde extérieur, nous nous dirigeons vers le sujet de la huitième partie : l'écologie.

CONCEPT 51.1

Des stimulus sensoriels, même de faible intensité, peuvent déclencher des comportements simples ou complexes

Quelle méthode les biologistes utilisent-ils pour déterminer les déclencheurs d'un comportement et les fonctions de ce comportement ? Le scientifique hollandais Niko Tinbergen, un pionnier de la biologie du comportement animal, a proposé quatre questions dont les réponses sont essentielles à la compréhension de tout comportement. On peut résumer ses questions comme suit:

1. Quel stimulus déclenche le comportement et quels mécanismes physiologiques participent à la réaction?
2. Comment l'expérience d'un animal au cours de sa croissance et de son développement influe-t-elle sur la réaction?
3. Comment le comportement contribue-t-il à la survie et à la reproduction?
4. Quelle est l'histoire de l'évolution du comportement?

Les deux premières questions de Tinbergen portent sur les *causes immédiates*, c'est-à-dire sur la façon dont un comportement a lieu ou est modifié, autrement dit le «comment». Les deux autres portent sur les *causes fondamentales*, c'est-à-dire sur les raisons du comportement dans le contexte de l'évolution, en d'autres termes le «pourquoi».

Aujourd'hui, les questions de Tinbergen ainsi que les notions de cause qui y sont associées servent de fondements à l'**écologie comportementale**, c'est-à-dire à l'étude des fondements écologiques et évolutifs du comportement animal. Au cours de notre exploration de ce domaine très dynamique de la recherche en biologie, nous nous pencherons sur quelques-unes des recherches effectuées par Tinbergen et par deux autres pionniers de ce domaine, Karl von Frisch et Konrad Lorenz, qui ont partagé un prix Nobel en 1973 pour leurs travaux.

Pour étudier la première question de Tinbergen, celle qui porte sur la nature des stimulus qui déclenchent le comportement, nous examinerons d'abord les réponses comportementales à des stimulus bien définis. Nous allons commencer par un exemple issu des expériences de Tinbergen.

La séquence stéréotypée d'actes instinctifs

Dans le cadre de ses recherches, Tinbergen a mis des épinoches à trois épines (*Gasterosteus aculeatus*) dans des aquariums. Les épinoches mâles, dont l'abdomen est rouge, attaquent les autres mâles qui empiètent sur leur territoire de nidification. Tinbergen a constaté que ses épinoches mâles réagissaient agressivement au passage d'un chariot rouge devant leur aquarium. Grâce à ce coup de chance, Tinbergen a mené des expériences qui ont montré que la coloration rouge est un élément essentiel au déclenchement du comportement agressif chez l'épinoche à trois épines mâle. L'épinoche à trois épines mâle n'attaque pas les intrus dépourvus d'abdomen rouge (il est important de noter que les épinoches femelles n'ont jamais l'abdomen rouge), mais il foncera sur tout ce qui porte du rouge, même s'il s'agit d'un leurre (**figure 51.2**).

La réaction territoriale des épinoches mâles est un exemple de **séquence stéréotypée d'actes instinctifs**, une suite d'actions non apprises qui sont liées à un seul stimulus. Les séquences stéréotypées d'actes instinctifs sont essentiellement invariables. Une fois la séquence déclenchée, l'animal la mène habituellement à terme. C'est un stimulus sensoriel externe, appelé **déclencheur** (stimulus signal), qui provoque une séquence stéréotypée d'actes instinctifs, par exemple la couleur rouge qui déclenche le comportement agressif d'une épinoche à trois épines mâle.

(a) Une épinoche à trois épines mâle attaque d'autres mâles qui empiètent sur son territoire de nidification. L'abdomen rouge de l'intrus (à gauche) est le déclencheur du comportement agressif.

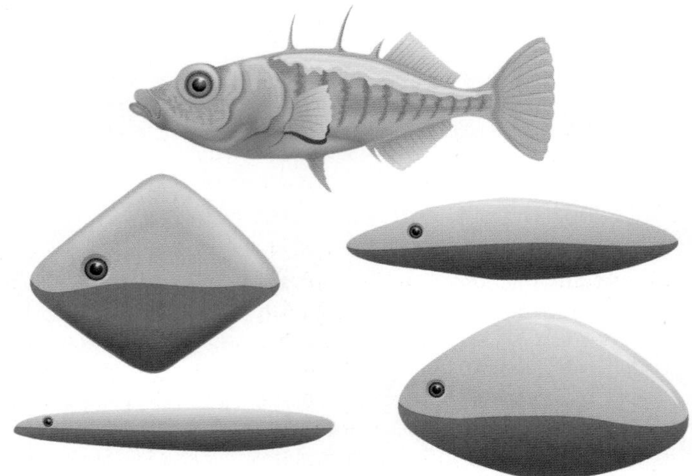

(b) Le leurre de forme réaliste, mais n'ayant pas l'abdomen rouge, en haut de la figure, ne provoque aucune réaction de la part de l'épinoche à trois épines. Tous les autres leurres, qui sont plutôt difformes, mais qui portent du rouge dans leur partie inférieure, provoquent par contre de fortes réactions.

▲ **Figure 51.2 Le rôle du déclencheur dans une séquence stéréotypée d'actes instinctifs typique.**

? *Expliquez pourquoi l'évolution a favorisé ce comportement (quelle en est la cause fondamentale).*

La migration

En plus de déclencher des comportements, les stimulus environnementaux constituent des signaux que les Animaux utilisent pour adopter ces comportements. Par exemple, un grand nombre d'oiseaux, de poissons et d'autres animaux attendent certains signaux de leur environnement pour entreprendre leur **migration**, c'est-à-dire le déplacement périodique d'une espèce animale sur une grande distance (**figure 51.3**).

Durant leur migration, de nombreux animaux migrateurs passent par des endroits où ils ne sont jamais allés auparavant. Comment font-ils, alors, pour trouver leur chemin?

Certains animaux migrateurs s'orientent par rapport au Soleil, même si la position du Soleil relativement à la Terre change tout au long de la journée. Les animaux s'adaptent à ces changements grâce à leur *horloge biologique*, un mécanisme interne qui maintient un rythme d'activité, ou cycle, de 24 heures (voir le chapitre 49). Par exemple, des expériences ont montré que les oiseaux migrateurs s'orientent de manière

▲ **Figure 51.3 La migration.** Chaque printemps, les oies des neiges (*Chen caerulescens*) migrent de leur aire d'hivernage, parfois située aussi loin que le Mexique au sud, vers leur aire de reproduction au Groenland, au Canada et en Alaska. À l'automne, elles regagnent leur aire d'hivernage.

différente par rapport au Soleil selon le moment de la journée. Les animaux nocturnes utilisent plutôt l'étoile du Nord (étoile Polaire), dont la position est constante la nuit.

Bien que le Soleil et les étoiles fournissent des repères utiles pour la navigation, la présence de nuages peut obscurcir ces repères. Comment les animaux migrateurs surmontent-ils cette difficulté ? Une expérience toute simple avec des pigeons voyageurs (*Columbia livia*) nous fournit une partie de la réponse. Si, par temps nuageux, on place un petit aimant sur la tête d'un pigeon voyageur, on l'empêche de retourner à son aire de repos. Les chercheurs en ont conclu que les pigeons peuvent percevoir leur position par rapport au champ magnétique terrestre et ainsi naviguer sans repères solaires ou célestes.

La manière dont les animaux détectent le champ magnétique terrestre demeure une question controversée. On sait que la tête des Poissons et des Oiseaux contient un peu de magnétite, un minerai de fer magnétique, ce qui porte certains chercheurs à supposer que l'attraction magnétique entre la Terre et les structures contenant de la magnétite déclenche la transmission d'influx nerveux au cerveau. D'autres chercheurs émettent plutôt l'hypothèse que les animaux migrateurs s'orientent grâce aux effets du champ magnétique terrestre sur les photorécepteurs de l'œil. L'idée que ces animaux puissent « voir » le champ magnétique trouve un appui dans les expériences qui montrent que les Oiseaux ont besoin d'une lumière possédant certaines longueurs d'onde pour s'orienter dans un champ magnétique, le jour ou la nuit.

Les rythmes du comportement

Si l'horloge biologique joue un rôle mineur – bien qu'important – dans la navigation de quelques espèces migratrices, elle remplit cependant une fonction majeure dans l'activité quotidienne de tous les Animaux. Comme nous l'avons vu aux chapitres 40 et 49, l'horloge maintient un rythme circadien, c'est-à-dire un cycle quotidien de repos et d'activité qui influe considérablement sur la physiologie du comportement. Cette horloge est normalement synchronisée avec les cycles de clarté et d'obscurité de l'environnement, mais elle peut maintenir une activité rythmique dans des conditions environnementales constantes telles que l'hibernation.

Certains comportements, tels que la migration et la reproduction, obéissent à des rythmes biologiques dont le cycle, ou période, dure plus longtemps que le rythme circadien. Les rythmes comportementaux liés au cycle annuel des saisons sont appelés *rythmes circannuels*. La migration et la reproduction sont habituellement liées à la disponibilité de la nourriture, mais ces comportements ne sont pas des réactions directes à une modification de l'apport alimentaire. À l'instar des rythmes circadiens, les rythmes circannuels sont plutôt influencés par les périodes de clarté et d'obscurité de l'environnement. Par exemple, des études sur plusieurs espèces d'Oiseaux ont montré qu'un environnement artificiel dans lequel on prolonge la durée de la clarté peut déclencher un comportement migratoire hors saison.

Ce ne sont pas tous les rythmes biologiques qui sont liés aux cycles de clarté et d'obscurité de l'environnement. Pensons, par exemple, au crabe violoniste de la figure 51.1. Le comportement que le mâle adopte pour la parade nuptiale, qui consiste à agiter sa pince géante, n'est pas lié à la durée du jour, mais plutôt au moment de la nouvelle lune et de la pleine lune. Pourquoi ? Les crabes violonistes commencent leur vie sous forme de plancton, puis s'installent dans des vasières au terme de plusieurs stades larvaires. En faisant leur parade nuptiale au moment de la nouvelle lune ou de la pleine lune, les crabes synchronisent leur reproduction avec les mouvements de marée les plus forts. Les marées dispersent les larves dans des eaux plus profondes, là où elles terminent le début de leur développement en relative sécurité avant de retourner aux replats de marée.

Les signaux et la communication chez les Animaux

L'agitation de la pince par le crabe violoniste durant la parade nuptiale illustre comment un animal (le crabe mâle) émet un stimulus qui guide le comportement d'un autre animal (le crabe femelle). Un **signal** est un stimulus qui est transmis d'un animal à l'autre, c'est-à-dire tout comportement d'un animal servant à transmettre des informations à un autre animal, entraînant une modification de comportement chez ce dernier. La transmission et la réception d'un signal ainsi que la réaction qui en résulte constituent la **communication**, un élément essentiel des interactions entre les individus.

Les formes de communication animale

Pour commencer notre exploration des quatre modes de communication courants des Animaux, soit visuel, chimique, tactile et auditif, examinons la parade nuptiale de la mouche du vinaigre (*Drosophila melanogaster*) (**figure 51.4**).

La parade nuptiale de la mouche du vinaigre forme une *chaîne stimulus-réponse* dans laquelle la réponse à chaque stimulus est elle-même le stimulus du comportement suivant. En premier lieu, le mâle repère une femelle de la même espèce et se tourne vers elle. Ainsi, il utilise la *communication visuelle*. Puis, grâce à son odorat, ou appareil olfactif, il détecte les substances chimiques libérées dans l'air par la femelle. Il s'agit alors de *communication chimique*, qui est la transmission et la réception de signaux sous la forme de molécules précises. Une fois

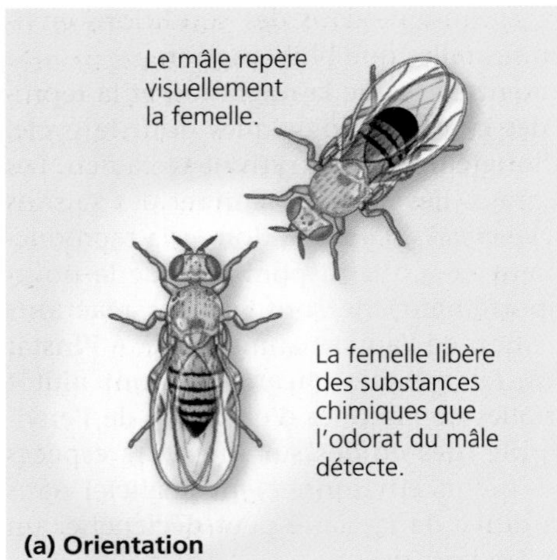
Le mâle repère
visuellement
la femelle.
La femelle libère
des substances
chimiques que
l'odorat du mâle
détecte.
(a) Orientation
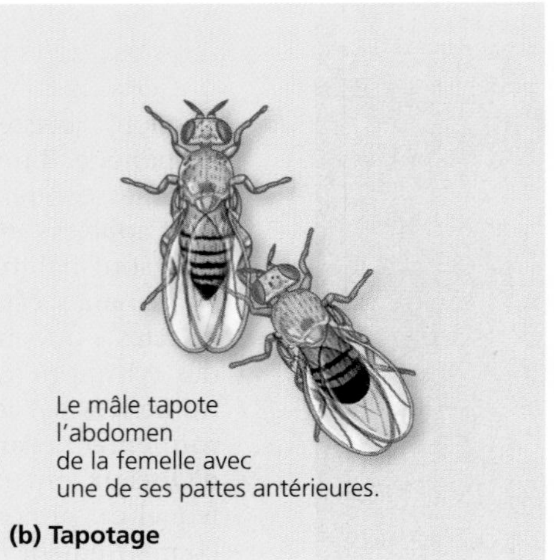
Le mâle tapote
l'abdomen
de la femelle avec
une de ses pattes antérieures.
(b) Tapotage
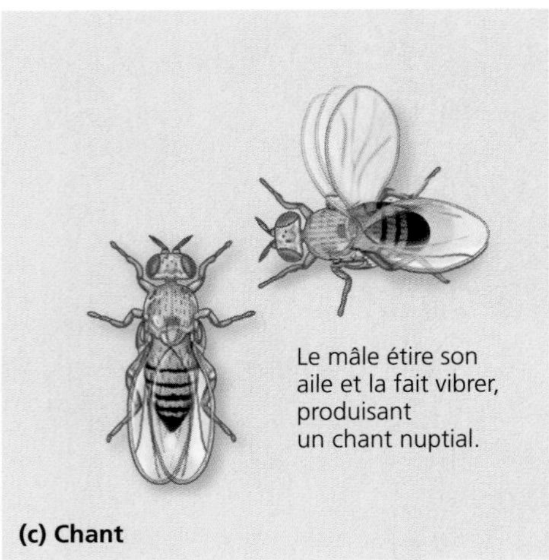
Le mâle étire son
aile et la fait vibrer,
produisant
un chant nuptial.
(c) Chant

▲ **Figure 51.4 Le comportement de parade nuptiale de la mouche du vinaigre, ou drosophile (*Drosophila melanogaster*).** La parade nuptiale de la mouche du vinaigre comprend une série de comportements qui se succèdent dans un ordre invariable.

que le mâle s'est tourné vers la femelle, il s'approche et lui tapote l'abdomen avec une de ces pattes antérieures. Ce toucher, ou *communication tactile*, indique à la femelle la présence du mâle. Pendant le tapotage, des substances chimiques se trouvant sur l'abdomen de la femelle sont transférées au mâle et lui confirment que la femelle est de la même espèce. En troisième lieu, le mâle étire son aile et la fait vibrer, ce qui émet un chant nuptial. Ce chant est un exemple de *communication auditive*; il informe la femelle que le mâle est de la même espèce. La femelle laissera le mâle tenter la copulation seulement si toutes ces communications réussissent.

L'information transmise dans la communication animale varie considérablement d'un animal à l'autre. Un des exemples les plus remarquables est le langage symbolique de l'abeille domestique (*Apis mellifera*), découvert au début des années 1900 par le chercheur autrichien Karl von Frisch. À l'aide de ruches d'observation en verre, lui et ses étudiants ont passé plusieurs décennies à observer les abeilles domestiques. Les enregistrements méthodiques des mouvements des abeilles ont permis à von Frisch de déchiffrer le «langage de la danse» que les butineuses revenant à la ruche utilisent pour prévenir leurs congénères de la direction à prendre et la distance à parcourir pour atteindre la source de nourriture découverte.

Comme le montre la **figure 51.5**, une abeille butineuse revenant à la ruche à la suite de sa recherche de nourriture devient le centre d'attention des autres abeilles, appelées abeilles suiveuses. Si la source de nourriture est proche de la ruche (moins de 50 m), l'abeille butineuse exécute des mouvements qui décrivent de petits cercles tout en remuant son abdomen latéralement. Ce comportement, appelé «danse en rond», incite les abeilles suiveuses à quitter la ruche et à se rendre à la source de nourriture.

Lorsque la source de nourriture est loin de la ruche, la butineuse exécute plutôt une «danse frétillante»: elle fait un demi-cercle dans une direction, puis un trajet rectiligne durant lequel elle frétille de l'abdomen, puis un demi-cercle dans l'autre direction. Cette danse indique aux suiveuses à la fois la distance et la direction de la source de nourriture par rapport à la ruche. L'angle du trajet rectiligne qu'elle décrit par rapport à la surface verticale de la ruche est le même que l'angle horizontal de la source de nourriture par rapport au Soleil. Par exemple, si l'abeille butineuse décrit un trajet à un angle de 30° à droite de la verticale, les abeilles suiveuses quittent la ruche à un angle de 30° à droite du Soleil à l'horizontale. Plus la partie rectiligne de la danse est longue et plus les frétillements abdominaux sont nombreux durant cette partie, plus la nourriture est loin de la ruche. Quand les abeilles suiveuses quittent la ruche, elles volent presque directement vers l'endroit indiqué par la danse frétillante. Grâce à l'odeur des fleurs et à d'autres indices, elles repèrent la source de nourriture à cet endroit.

Les phéromones

Les animaux qui communiquent par l'odeur ou le goût produisent des substances (signaux) chimiques appelées **phéromones**. La sécrétion de phéromones est particulièrement répandue parmi les Mammifères et les Insectes. De plus, elle est fréquemment liée à la reproduction. Par exemple, la communication chimique qui s'établit durant la parade de la mouche du vinaigre repose sur les phéromones (voir la figure 51.4). Les phéromones ne se limitent toutefois pas à la communication d'informations sur de courtes distances. Par exemple, les bombyx du mûrier femelles (*Bombyx mori*) émettent une phéromone que les mâles peuvent sentir à plusieurs kilomètres de distance (voir la figure 50.6, p. 1261). Une fois que les papillons nocturnes sont réunis, les phéromones déclenchent les comportements de la parade nuptiale.

Dans une colonie d'abeilles, les phéromones produites par la reine et ses filles, les ouvrières, maintiennent l'ordre social. Une des phéromones (autrefois appelée substance royale) a plusieurs effets: elle attire les ouvrières vers la reine, inhibe le développement des ovaires chez les ouvrières et attire les mâles (ou faux-bourdons) auprès de la reine durant ses vols nuptiaux à l'extérieur de la ruche.

Les phéromones peuvent aussi servir de signaux d'alarme. Ainsi, lorsqu'un méné (de la famille des Cyprinidés) ou un poisson-chat (par exemple *Ictalurus sp.*) est blessé, une substance stockée dans ses glandes cutanées est dispersée dans l'eau afin de donner l'alerte. Ce signal provoque une réaction de frayeur chez les autres poissons qui se trouvent à proximité:

ils deviennent alors plus vigilants et forment des bancs serrés, souvent près du fond, où ils risquent moins d'être attaqués (**figure 51.6**). Les phéromones peuvent être très efficaces, même à très faible concentration. Ainsi, la quantité de cette substance d'alarme contenue dans seulement 1 cm^2 de peau du méné tête-de-boule (*Pimephales promelas*) est suffisante pour provoquer une réaction de frayeur, même si elle est diluée dans 58 000 L d'eau.

Comme nous l'avons vu plus haut, les formes de communication animale utilisées pour transmettre de l'information sont très diverses. En général, le mode de communication utilisé par un animal est étroitement lié à son mode de vie et à son environnement. Par exemple, étant donné que les mammifères terrestres sont pour la plupart nocturnes, les signaux visuels sont relativement inefficaces. Puisque les signaux olfactifs et auditifs se propagent aussi bien dans l'obscurité que dans la clarté, ils sont donc les plus couramment employés par les Mammifères. Les Oiseaux, au contraire, sont presque tous diurnes (actifs surtout le jour) et emploient donc principalement des signaux visuels et auditifs. Les humains sont également diurnes; comme les Oiseaux, ils utilisent principalement la communication visuelle et auditive. Par conséquent, nous détectons les chants et les couleurs vives avec lesquels les Oiseaux communiquent entre eux, mais nous sommes incapables de détecter la multitude de signaux chimiques qui dictent le comportement d'autres mammifères.

Jusqu'ici, nous avons exploré les types de stimulus qui déclenchent des

(a) Des abeilles ouvrières se regroupent autour d'une abeille qui vient de rentrer à la ruche après avoir trouvé une source de nourriture.

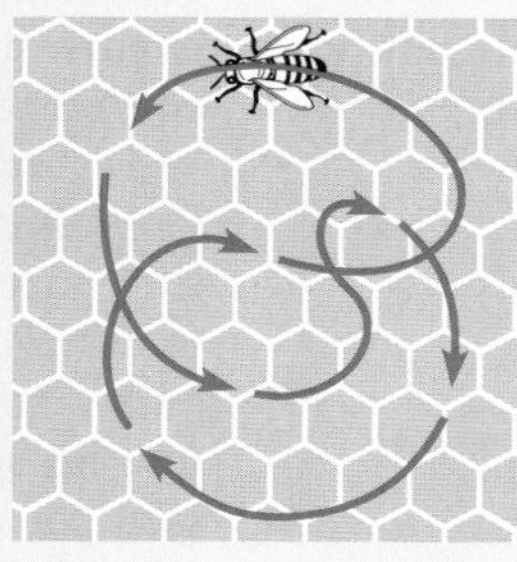

(b) La danse en rond indique que la nourriture est proche de la ruche.

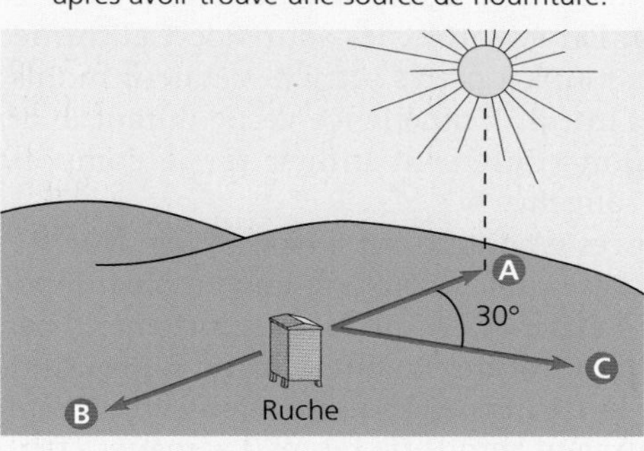

(c) La danse frétillante, exécutée si la source de nourriture est éloignée, ressemble à une figure en huit (ci-dessous). La distance est indiquée par le nombre de frétillements abdominaux qui sont exécutés durant la partie rectiligne de la danse, alors que la direction est indiquée par l'angle (par rapport à la verticale de la ruche) du trajet rectiligne.

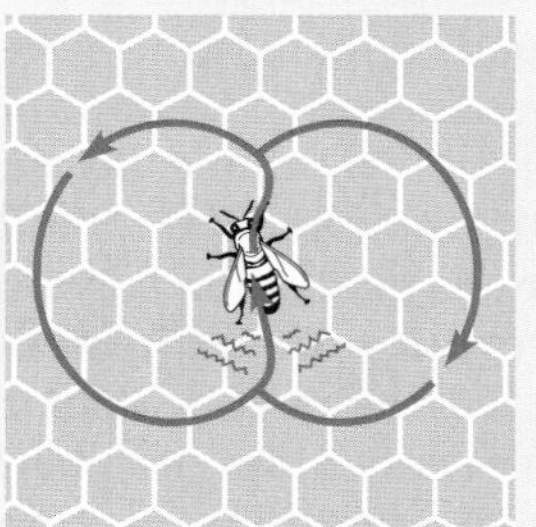

Emplacement A : La source de nourriture est dans la même direction que le Soleil.

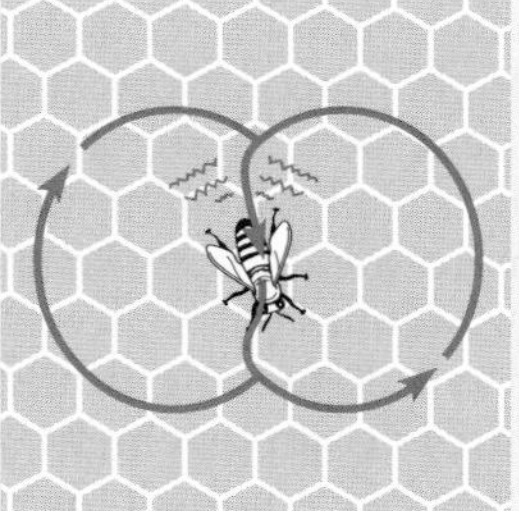

Emplacement B : La source de nourriture est dans la direction opposée au Soleil.

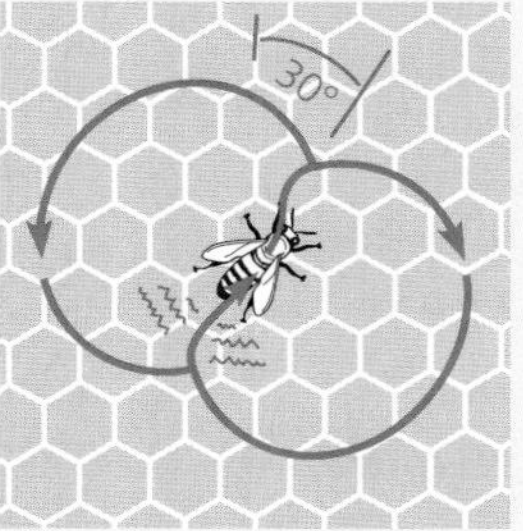

Emplacement C : La source de nourriture est à 30° à droite du Soleil.

▲ **Figure 51.5 Le langage de la danse chez les abeilles.** Les abeilles qui reviennent à la ruche au terme d'une recherche de nourriture indiquent l'emplacement de la source de nourriture à l'aide du langage symbolique d'une danse.

(a) Avant l'introduction d'une substance chimique destinée à donner l'alarme, les ménés sont dispersés dans l'aquarium.

(b) Quelques secondes après l'introduction de la substance d'alarme, les ménés se rassemblent près du fond de l'aquarium et ralentissent leur activité.

▲ **Figure 51.6 Ménés réagissant à la présence d'une substance d'alarme.**

comportements, un sujet qui correspond à la première partie de la première question de Tinbergen. La seconde partie de cette question (les mécanismes physiologiques qui participent à la réaction) était le principal objet d'étude des chapitres 49 et 50: des stimulus activent les systèmes sensoriels, sont traités par le système nerveux central et donnent lieu à des réactions motrices qui constituent le comportement. Vous pouvez réviser ces deux chapitres avant de passer au prochain concept, qui s'articule autour de la deuxième question de Tinbergen, à savoir comment l'expérience influe sur le comportement.

RETOUR SUR LE CONCEPT 51.1

1. Si un de ses œufs roule à l'extérieur du nid, l'oie cendrée (*Anser anser*) le récupérera en le poussant délicatement de son bec et de sa tête. Si des chercheurs retirent l'œuf ou le remplacent par une balle au cours de ce processus, l'oie continuera de pousser de son bec et de la tête jusqu'au nid. De quel type de comportement s'agit-il? Expliquez-le par une cause immédiate et par une cause fondamentale.
2. **FAITES UN DESSIN** Au regard du mécanisme et de la fonction, en quoi le moment de floraison d'une plante par rapport aux saisons est-il semblable au moment de la parade nuptiale d'un crabe violoniste par rapport au cycle lunaire? (Voir les pages 970 à 976 du concept 39.3.)
3. **ET SI?** Imaginez que vous exposez diverses espèces de poissons à la substance d'alarme libérée par les ménés. À partir de ce que vous savez sur la sélection naturelle, expliquez pourquoi certaines espèces pourraient réagir comme des ménés, d'autres pourraient accroître leur activité et d'autres encore pourraient ne pas réagir du tout.

Voir les réponses proposées à la fin du chapitre.

CONCEPT 51.2

L'apprentissage établit des liens précis entre l'expérience et le comportement

Pour bon nombre de comportements – tels que les séquences stéréotypées d'actes instinctifs, la chaîne stimulus-réponse d'une parade nuptiale et la communication par phéromones –, presque tous les individus d'une population présentent le même comportement, malgré les différences internes et externes du milieu dans lequel ils évoluent pendant leur développement et toute leur vie. Un comportement fixé de cette façon au cours du développement est appelé **comportement inné**. Dans d'autres cas, le comportement varie selon l'expérience.

L'expérience et le comportement

La deuxième question de Tinbergen porte sur l'influence des expériences qu'un animal vit au cours de sa croissance et de son développement sur sa réaction aux stimulus. Comment les chercheurs font-ils pour répondre à cette question? Les **expériences d'adoption interspécifique**, dans lesquelles les petits d'une espèce sont placés dans les nids d'une autre espèce, font partie des méthodes qui leur permettent d'en savoir davantage. Les modifications que cette situation engendre dans le comportement des petits renseignent les chercheurs sur l'influence du milieu social et physique sur le comportement d'un animal.

Les mâles de certaines espèces de souris présentent des différences comportementales qui facilitent les expériences d'adoption interspécifique. Par exemple, les souris de Californie mâles (*Peromyscus californicus*) sont très agressives envers les autres souris et s'occupent beaucoup de leurs petits, tandis que les souris à pattes blanches mâles (*Peromyscus leucopus*) sont peu agressives et s'occupent peu de leurs petits. Lorsqu'on a placé des souris à pattes blanches nouveau-nées dans des nids de souris de Californie, et vice versa, l'adoption interspécifique a modifié le comportement des deux espèces (**tableau 51.1**). Par exemple, les souris de Californie mâles élevées par des souris à pattes blanches étaient moins agressives envers les intrus. L'expérience vécue durant le développement peut donc fortement influer sur le comportement agressif de ces rongeurs.

Les expériences d'adoption interspécifique avec les souris ont permis de faire une découverte encore plus importante: l'influence de l'expérience sur le comportement peut être transmise à la progéniture. En effet, quand les souris de Californie d'adoption interspécifique avaient elles-mêmes des petits, elles passaient moins de temps à ramener ceux qui se glissaient hors du nid que les souris de Californie élevées par leur propre espèce. Donc, l'expérience vécue durant le développement peut changer la physiologie d'une manière qui modifie le comportement parental. Autrement dit, l'influence de l'environnement se transmet à la génération suivante.

Chez les humains, ce sont les **études sur les jumeaux** qui permettent d'étudier l'influence des gènes et de l'environnement sur le comportement. Dans ces études, les chercheurs comparent le comportement de vrais jumeaux (monozygotes) élevés séparément avec le comportement de ceux qui ont été élevés ensemble. Ce type d'étude a été déterminant dans la compréhension des troubles comportementaux humains tels que la schizophrénie, les troubles anxieux et

Tableau 51.1 L'influence de l'adoption interspécifique sur des souris mâles*

Espèce	Agressivité envers un intrus	Agressivité en situation neutre	Comportement parental
Souris de Californie élevées par des souris à pattes blanches	Diminution	Aucune différence	Diminution
Souris à pattes blanches élevées par des souris de Californie	Aucune différence	Augmentation	Aucune difference

* Ces souris ont été comparées avec des souris élevées par des parents de leur propre espèce.

l'alcoolisme. Comme nous l'avons vu au chapitre 49, les études sur les jumeaux ont révélé que les gènes ainsi que l'environnement (la nature *et* l'imprégnation) contribuent de façon importante aux comportements qui caractérisent ces affections chez les humains.

L'apprentissage

L'**apprentissage**, c'est-à-dire la modification d'un comportement à la suite d'expériences particulières, est l'une des plus puissantes influences de l'environnement sur le comportement. Nous allons maintenant nous pencher sur quelques types d'apprentissage, en commençant par l'imprégnation, une forme d'apprentissage que le biologiste autrichien Konrad Lorenz a été le premier à étudier.

L'imprégnation

L'**imprégnation** est un comportement qui comprend à la fois des éléments appris et des éléments innés. L'imprégnation consiste, à un stade précis du développement, en une réaction comportementale durable à un individu ou à un objet particulier. L'imprégnation se distingue des autres types d'apprentissage par le fait qu'elle est limitée à une **période critique**, ou période sensible, dans la vie de l'animal, un laps de temps pendant lequel l'apprentissage d'un comportement peut se faire. Au cours de cette période critique, les petits apprennent par imprégnation les comportements élémentaires de leur espèce, tandis que le parent apprend à reconnaître sa progéniture. Chez les goélands (*Larus spp.*), par exemple, la période critique de formation des liens entre le parent et les petits dure un jour ou deux. S'il ne s'établit pas de liens, le parent ne prendra pas soin du petit, ce qui entraînera une mort certaine pour ce dernier et un succès reproductif moindre pour le parent.

Mais comment les jeunes savent-ils sur qui – ou sur quoi – prendre modèle pour l'imprégnation ? Par exemple, comment les jeunes oies savent-elles qu'elles doivent suivre leur mère ? La tendance à réagir est innée chez ces oiseaux ; le *stimulus d'imprégnation*, c'est-à-dire l'objet vers lequel ils dirigent leur réaction, leur vient du monde extérieur. Des expériences menées sur de nombreuses espèces de sauvagine (oiseaux aquatiques sauvages) indiquent que chez elles la reconnaissance de la « mère » n'est pas innée. Ces oiseaux réagissent et s'identifient au premier objet qu'ils rencontrent, pour peu que ce dernier possède certaines caractéristiques essentielles. Dans une étude célèbre réalisée en 1930, l'éthologiste Konrad Lorenz a montré que le principal stimulus d'imprégnation chez l'oie cendrée (*Anser anser*) est le mouvement d'un objet proche qui s'éloigne. Des oisons couvés en incubateur passèrent les premières heures de leur vie avec Lorenz, et non avec leur mère. Ayant appris à le reconnaître par imprégnation, ils le suivaient fidèlement (**figure 51.7a**). De plus, ils ne reconnaissaient ni leur mère biologique ni les autres adultes de leur espèce.

L'imprégnation a été utilisée dans le cadre de programmes d'élevage en captivité destinés à sauver des espèces en voie de disparition, comme les grues blanches d'Amérique (*Grus americana*). Des chercheurs ont tenté d'élever ces grues en captivité en leur donnant des grues du Canada comme parents adoptifs. Toutefois, comme les grues blanches d'Amérique ont subi l'imprégnation de leurs parents adoptifs, aucune de ces grues blanches n'a formé de couple (lien d'attachement fort et durable) avec un autre membre de son espèce. Aujourd'hui, pour les besoins des programmes de reproduction en captivité, on isole donc les jeunes grues et on leur fait voir et entendre les membres de leur propre espèce.

(a) Ces jeunes oies cendrées ont reconnu Konrad Lorenz par imprégnation et le suivent fidèlement.

(b) Costumé en grue, le pilote d'un avion ultraléger joue le rôle de parent de substitution dans le but de montrer à ces oiseaux une nouvelle voie de migration.

▲ **Figure 51.7 L'imprégnation.** On peut modifier l'imprégnation pour **(a)** étudier le comportement animal ou **(b)** diriger le comportement animal.

ET SI ? *Imaginez que les oies qui suivent Lorenz s'accouplent entre elles. Comment l'imprégnation par Lorenz pourrait-elle influer sur leur progéniture ? Expliquez votre réponse.*

Par ailleurs, l'imprégnation a aussi été utilisée pour enseigner à des grues nées en captivité à emprunter de nouvelles voies de migration plus sûres. De jeunes grues blanches d'Amérique ayant subi une imprégnation de la part d'humains costumés en grues ont appris à suivre ces parents de substitution qui, aux commandes d'avions ultralégers, empruntaient de nouvelles voies de migration (**figure 51.7b**). Il est important de noter que ces grues ont formé des couples avec d'autres membres de leur espèce, ce qui indique que les costumes de grue possèdent les caractéristiques qui permettent une imprégnation « normale ».

L'apprentissage spatial et les cartes cognitives

Tout milieu naturel présente une certaine variation spatiale, notamment l'emplacement des sites de nidification, des dangers, de la nourriture et des partenaires potentiels. En conséquence, un individu peut être en mesure de mieux s'adapter grâce à sa capacité d'**apprentissage spatial**, soit la formation d'une mémoire qui rende compte de la structure spatiale du milieu.

Tinbergen s'est intéressé à l'idée d'un apprentissage de l'espace durant ses études de troisième cycle aux Pays-Bas. À cette époque, il étudiait les philanthes apivores femelles (guêpes fouisseuses européennes, *Philanthus triangulum*) qui nichent à l'intérieur de petits tunnels creusés dans des dunes. Tinbergen remarqua qu'au moment de quitter son nid pour aller chasser cette guêpe cachait l'entrée de son nid avec un peu de sable pour le protéger des intrus. À son retour, elle volait directement vers son nid sans se tromper, même si elle en avait dissimulé l'entrée, et même s'il y avait des centaines d'autres nids semblables à proximité. Tinbergen posa l'hypothèse selon laquelle une guêpe retrouve son nid en apprenant sa position par rapport à des repères visibles. Pour vérifier son hypothèse, il a réalisé une expérience dans l'habitat naturel de ces guêpes (**figure 51.8**). En déplaçant des objets autour des entrées des nids, il a pu démontrer que ces guêpes fouisseuses s'adonnent à l'apprentissage spatial. Son expérience était si simple et si éloquente qu'il put la résumer très succinctement. Tellement, en fait, que sa thèse de doctorat de 32 pages, écrite en 1932, demeure à ce jour la thèse la plus courte jamais approuvée par la Universiteit Leiden !

Chez de nombreuses espèces animales, l'apprentissage spatial est très complexe. Certains animaux orientent leurs activités à l'aide d'une **carte cognitive**, c'est-à-dire de la représentation que le système nerveux se fait des relations spatiales entre les objets se trouvant dans l'environnement de l'animal. Plutôt que de se déplacer d'un point de repère à l'autre dans son milieu, les animaux qui utilisent des cartes cognitives peuvent naviguer de manière plus flexible et plus efficace; ils établissent des relations entre leurs différents repères.

Un des exemples les plus remarquables de carte cognitive nous vient des cassenoix d'Amérique (*Nucifraga columbiana*). Ces derniers appartiennent à la famille des Corvidés, une famille d'Oiseaux dont font aussi partie les corbeaux, les corneilles et les geais. À l'automne, le cassenoix d'Amérique met en réserve quelque 30 000 graines de pin dans des milliers de caches dispersées sur des étendues pouvant atteindre 35 km^2. Au cours de l'hiver, les oiseaux repèrent une grande partie de leurs caches. Dans certaines expériences, des chercheurs ont modifié la distance entre les repères et découvert que les oiseaux observés pouvaient apprendre à trouver le point médian entre eux. Ce comportement semble indiquer que les cassenoix d'Amérique sont capables d'appliquer une règle de géométrie universelle, abstraite, qui ressemble en gros à

▼ Figure 51.8 **INVESTIGATION**

Le philanthe apivore utilise-t-il des repères pour retrouver son nid ?

EXPÉRIENCE Cette guêpe fouisseuse femelle dissimule l'entrée de son nid avant de s'absenter pour chercher de la nourriture, mais elle retrouve toujours son propre nid à son retour, 30 minutes plus tard ou davantage. Niko Tinbergen voulait vérifier l'hypothèse selon laquelle cette guêpe fouisseuse utilise des repères visuels pour localiser les endroits où sont situés ses nids. Tout d'abord, il a marqué un nid en l'encerclant de cônes de pin. Après avoir quitté son nid pour chercher de la nourriture, la guêpe l'a retrouvé.

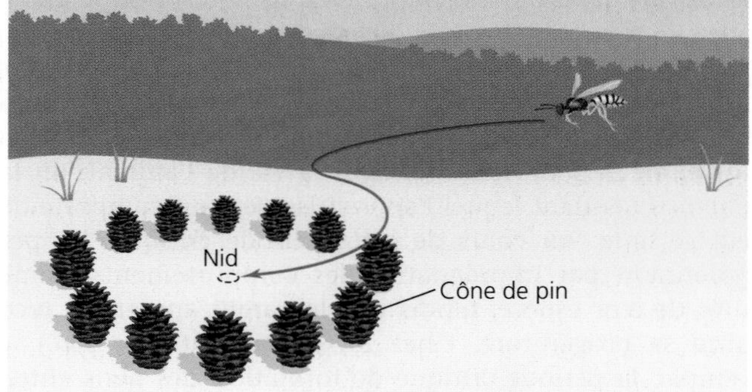

Deux jours plus tard, lorsque la guêpe s'est absentée de nouveau, Tinbergen a déplacé latéralement le cercle de cônes de pin de quelques mètres. Il a ensuite attendu pour observer le comportement de la guêpe.

RÉSULTATS Lorsqu'elle est revenue, la guêpe s'est dirigée vers le centre du cercle de cônes de pin et non vers le nid qui était tout près. Tinbergen a répété l'expérience avec de nombreuses guêpes et a obtenu les mêmes résultats.

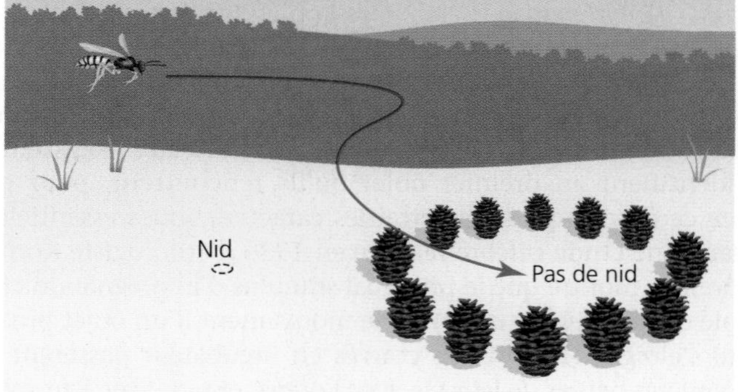

CONCLUSION L'expérience a confirmé l'hypothèse selon laquelle les guêpes fouisseuses utilisent des repères pour retrouver leurs nids.

SOURCE N. Tinbergen, *The Study of Instinct*, Clarendon Press, Oxford (1951).

ET SI ? Imaginez que la guêpe fouisseuse étudiée par Tinbergen retourne à son nid d'origine, même si les cônes de pin ont été déplacés. Quelles hypothèses pourriez-vous émettre pour expliquer comment la guêpe retrouve son nid et pourquoi le déplacement des cônes de pins ne l'empêche pas de s'orienter ?

celle-ci: «Les caches se trouvent à mi-chemin entre certains repères.» Les cartes cognitives se fondent sur des règles de ce genre, dont l'avantage est de réduire la quantité de détails à mémoriser pour retrouver un objet. Comme nous l'avons vu au chapitre 49, les Corvidés accomplissent également d'autres fonctions du système nerveux supérieur.

L'apprentissage associatif

L'apprentissage s'effectue souvent par associations entre les expériences. Prenons l'exemple du geai bleu (*Cyanocitta cristata*) qui ingère un monarque très coloré (*Danaus plexippus*). Les substances que le monarque accumule dans son organisme en se nourrissant d'asclépiade (*Asclepias syriaca*) font vomir le geai presque immédiatement après qu'il l'a ingéré (**figure 51.9**). À la suite de cette expérience, le geai bleu évitera d'attaquer des monarques et d'autres papillons semblables. La capacité qu'ont de nombreux animaux à associer une caractéristique de l'environnement (par exemple une couleur) à un autre caractéristique (un goût désagréable, par exemple) est appelée **apprentissage associatif**.

Parmi les comportements animaux, l'apprentissage associatif convient particulièrement bien aux expériences en laboratoire, parce qu'il fait appel soit au conditionnement classique (ou répondant), soit au conditionnement opérant. Dans le *conditionnement classique*, l'animal établit un lien entre un stimulus arbitraire et une récompense ou une punition. Le physiologiste russe Ivan Pavlov a réalisé les premières expériences de conditionnement classique. Il a montré que, s'il faisait tinter une cloche juste avant de nourrir un chien, le chien finissait par saliver quand la cloche tintait, sachant qu'on allait le nourrir. Dans le *conditionnement opérant*, aussi appelé apprentissage par essais et erreurs, un animal apprend à associer l'un de ses propres comportements à une récompense ou à une punition, puis il tend à répéter ou à éviter ce comportement (voir la figure 51.9). B. F. Skinner, un des premiers à avoir étudié le conditionnement opérant, a exploré ce type d'apprentissage en laboratoire. Par essais et erreurs, il a notamment montré à un rat à obtenir sa nourriture en actionnant un levier.

Des études révèlent que certains animaux peuvent apprendre à apparier des caractéristiques de leur environnement, mais pas toutes. Par exemple, les pigeons (*Columba spp.*) peuvent apprendre à associer le danger à un son, mais pas à une couleur.

▲ **Figure 51.9 L'apprentissage associatif.** Après avoir ingéré et vomi un monarque, un geai bleu a probablement appris à éviter cette espèce.

Ils peuvent toutefois associer une couleur à de la nourriture. Que faut-il comprendre de cela? Il semble que le développement et l'organisation du système nerveux des pigeons restreignent les associations pouvant être faites. Par ailleurs, ces restrictions ne se limitent pas aux Oiseaux. Les rats, par exemple, peuvent apprendre à éviter les aliments qui les rendent malades d'après leur odeur, mais pas d'après leurs caractéristiques visuelles ou sonores.

Considérant l'évolution du comportement, il paraît logique que certains animaux ne puissent pas apprendre à faire certaines associations. Les associations qu'un animal peut effectuer facilement rendent compte des relations susceptibles d'exister dans la nature. À l'inverse, les associations qui ne peuvent pas être faites sont celles qui ont peu de chance de représenter un avantage sélectif dans l'environnement natif de l'animal. Par exemple, dans le cas d'un rat dans son milieu naturel, il est plus probable qu'un aliment toxique soit associé à une certaine odeur qu'à un son en particulier.

La cognition et la résolution de problème

Les types d'apprentissage les plus complexes font appel à la **cognition**, le processus qui consiste à acquérir des connaissances par la perception, le raisonnement, la mémoire et le jugement. On croyait autrefois que seuls les Primates et certains mammifères marins avaient des processus mentaux d'ordre supérieur, mais des études de laboratoire semblent aujourd'hui montrer que la cognition est présente chez beaucoup d'autres groupes d'animaux, notamment chez les Insectes. Par exemple, des chercheurs ont réalisé une expérience comportant des labyrinthes en Y pour voir si les abeilles pouvaient faire la différence entre les concepts «pareil» et «différent». Dans un des labyrinthes, les ouvertures portaient des couleurs; dans l'autre labyrinthe, les ouvertures portaient des rayures noires et blanches, soit verticales ou horizontales. Deux groupes d'abeilles ont été dressées dans le labyrinthe de couleur. En entrant, une abeille voyait une certaine couleur et elle avait ensuite le choix entre un embranchement du labyrinthe dont l'ouverture portait la même couleur ou un embranchement d'une autre couleur. Un seul des deux embranchements renfermait une récompense sous forme de nourriture. Les abeilles du premier groupe étaient récompensées lorsqu'elles volaient dans le bras de la *même* couleur que celle de l'entrée principale (**figure 51.10a**), tandis que les abeilles du second groupe étaient récompensées lorsqu'elles choisissaient l'embranchement de couleur *différente*. Après les avoir ainsi dressées, on leur faisait essayer le labyrinthe à rayures, qui ne renfermait aucune nourriture en guise de récompense. Après avoir passé dans une entrée ornée de rayures noires et blanches, l'abeille avait le choix entre un embranchement dont l'ouverture portait le même motif et un autre portant un motif différent. Les abeilles du premier groupe ont le plus souvent choisi de passer par l'ouverture portant le même motif (**figure 51.10b**), tandis que les abeilles du second groupe choisissaient habituellement l'ouverture ayant un motif différent.

Les résultats de ces expériences semblent appuyer l'hypothèse selon laquelle les abeilles sont capables de distinguer deux objets selon qu'ils sont «pareils» ou «différents». Fait étonnant, une étude publiée en 2010 indique que les abeilles peuvent également apprendre à distinguer des visages humains.

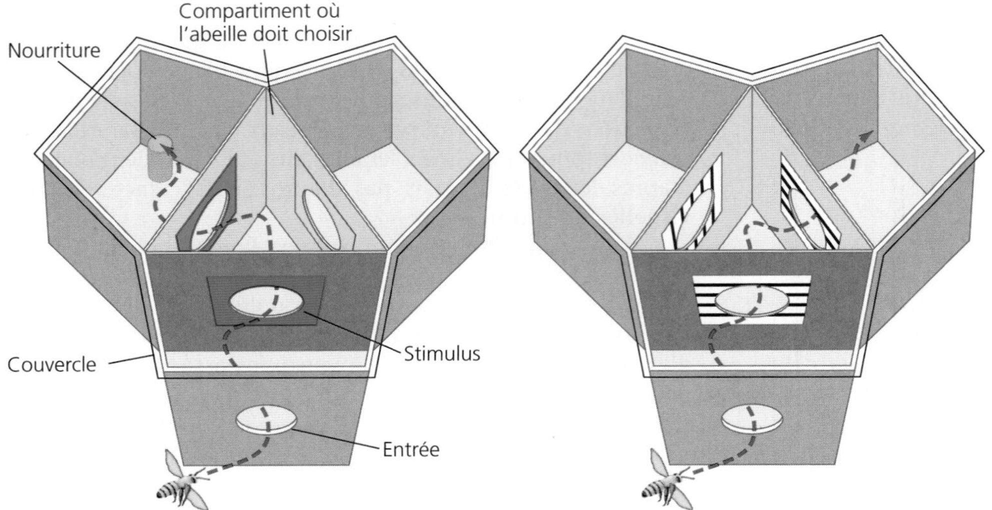

(a) Les abeilles sont dressées dans un labyrinthe dont les ouvertures portent des couleurs. Comme on le voit ici, les abeilles d'un des groupes sont récompensées lorsqu'elles choisissent la même couleur que le stimulus de départ.

(b) Les abeilles sont ensuite dirigées vers le labyrinthe dont les ouvertures portent des rayures noires et blanches. Les abeilles qui avaient été récompensées d'avoir choisi la même couleur choisissent le plus souvent l'ouverture portant le même motif que le stimulus de départ.

▲ **Figure 51.10 Épreuve du labyrinthe servant à mesurer la pensée abstraite chez les abeilles.** Ces labyrinthes sont conçus pour vérifier si les abeilles sont capables de distinguer deux objets selon qu'ils sont « pareils » ou « différents ».

L'aptitude d'un système nerveux à traiter l'information peut également se mesurer à la capacité dont il fait preuve dans la **résolution de problème**, c'est-à-dire dans l'activité cognitive qui consiste à concevoir une méthode visant à modifier une situation en présence d'obstacles, apparents ou réels. Par exemple, si on place un chimpanzé (*Pan troglodytes*) dans une pièce où une banane est suspendue hors de portée et où plusieurs boîtes se trouvent sur le sol, l'animal est capable d'évaluer la situation et d'empiler les boîtes afin d'atteindre la nourriture. Ce comportement original de résolution de problème est fortement développé chez certains mammifères, surtout chez les Primates et chez les dauphins (famille des Delphinidés); on en a aussi observé des exemples remarquables chez certaines espèces d'oiseaux, particulièrement chez les corneilles (*Corvus brachyrhynchos*), les corbeaux (*Corvus corax*) et les geais (*Cyanocitta spp.*). Dans une certaine expérience, les corbeaux devaient atteindre des aliments suspendus à une branche par un fil. Après avoir échoué dans sa tentative d'attraper la nourriture en vol, un des corbeaux a résolu le problème en utilisant une patte pour tirer progressivement sur le fil tout en retenant celui-ci à l'aide de l'autre patte pour que la nourriture ne retombe pas. D'autres corbeaux ont trouvé des solutions semblables. Cependant, certains corbeaux n'ont pas réussi à résoudre le problème, ce qui donne à penser que la capacité de résolution de problème, chez cette espèce comme chez d'autres, varie selon l'expérience et les capacités individuelles.

Le développement des comportements appris

La plupart des comportements appris que nous avons vus s'acquièrent dans un laps de temps relativement court. Certains comportements se développent toutefois sur une période plus longue. Par exemple, certaines espèces d'oiseaux apprennent leurs chants par étape.

Dans le cas du bruant à couronne blanche (*Zonotrichia leucophrys*), la première étape d'apprentissage a lieu au début de son développement, lorsque le jeune bruant entend le chant pour la première fois. Si un jeune bruant à couronne blanche est isolé pendant les 50 premiers jours de sa vie et qu'il n'entend ni les vrais bruants chanter ni des enregistrements de leurs chants, il ne réussit pas à produire le chant adulte caractéristique de son espèce. Bien que le jeune oiseau ne chante pas durant la période critique, il mémorise les chants de son espèce en écoutant les autres bruants à couronne blanche. Pendant cette période critique, il pépie davantage en entendant les chants propres à son espèce que ceux d'autres espèces. Donc, les jeunes bruants à couronne blanche apprennent les chants qu'ils émettront à l'âge adulte, mais cet apprentissage semble circonscrit par des préférences génétiques.

Après la période critique, pendant laquelle le bruant à couronne blanche apprend le chant caractéristique de son espèce, une deuxième étape d'apprentissage a lieu: l'oiseau juvénile essaie alors de chanter quelques notes que les chercheurs appellent préchant. Au cours de cette étape, l'oiseau juvénile s'écoute chanter et compare son chant à celui qu'il a mémorisé durant la période critique d'apprentissage. Lorsque le chant correspond au modèle mémorisé, il se fixe en tant que chant définitif. Pendant toute sa vie, l'oiseau ne reproduit plus que le chant du bruant à couronne blanche adulte

Le processus d'apprentissage du chant observé chez les bruants à couronne blanche est très différent de celui qu'on observe chez les serins des Canaries (*Serinus canaria*). Chez ces derniers, l'apprentissage n'est pas limité à une seule période critique. Le jeune serin commence par un préchant, mais la totalité de son chant ne se fixe pas de la même manière que chez le bruant à couronne blanche. Entre les périodes de reproduction, le chant redevient flexible et un mâle adulte peut apprendre chaque année de nouvelles « syllabes », qui prolongent le chant déjà appris.

L'apprentissage des chants est un des nombreux exemples de la façon dont les Animaux apprennent des autres individus de leur espèce. Pour clore notre exploration de l'apprentissage, nous allons examiner un certain nombre d'exemples qui illustrent de manière plus générale le phénomène de l'apprentissage social.

L'apprentissage social

Un grand nombre d'animaux apprennent à résoudre des problèmes en observant le comportement d'autres individus de leur espèce. Les jeunes chimpanzés sauvages, par exemple, apprennent à ouvrir des noix de palmier à huile (*Elaeis guineensis*) au moyen de deux pierres, en imitant leurs congénères expérimentés (**figure 51.11**). Ce type d'apprentissage par l'observation d'autres individus est appelé **apprentissage social**.

Les expériences effectuées avec des vervets (*Chlorocebus pygerythrus*) dans le parc national d'Amboseli, au Kenya, nous donnent un autre exemple de l'influence de l'apprentissage social sur le comportement. Ces singes, dont la taille est à peu près celle d'un chat domestique, émettent un ensemble complexe de cris d'alarme, qui diffèrent selon le prédateur qu'ils voient: léopard, aigle ou serpent. Quand ils aperçoivent un léopard (*Panthera pardus*), ils lancent un aboiement sonore. Quand ils voient un aigle (famille des Accipitridés), ils émettent une toux à double syllabe. Enfin, quand ils repèrent un serpent (sous-ordre des Serpentes), ils le signalent par un cri aigu et saccadé. Selon le cri d'alarme qu'ils entendent, les vervets se comportent de la façon appropriée: ils courent escalader un arbre s'ils entendent le cri d'alarme pour un léopard (ils sont plus agiles que les léopards dans un arbre); ils lèvent les yeux lorsqu'ils entendent le cri pour un aigle; et ils regardent par terre quand la présence d'un serpent leur est signalée (**figure 51.12**).

Les jeunes vervets lancent des cris d'alarme, mais manquent de discernement. Ainsi, ils donnent le signal de la présence d'un aigle dès qu'ils aperçoivent un oiseau, même s'il s'agit d'un inoffensif guêpier (famille des Meropidés). En vieillissant, ils s'améliorent et deviennent plus précis. En fait, les vervets adultes ne lancent le cri d'alarme qu'à la vue d'un aigle qui appartient à l'une des deux espèces qui s'attaquent à eux. Le mécanisme par lequel les jeunes apprennent à donner le bon signal d'alarme comporte probablement l'observation des autres membres du groupe et une confirmation sociale. En effet, si le jeune lance le cri au bon moment, c'est-à-dire s'il lance le cri d'alarme pour un aigle quand il y en a effectivement un qui survole le groupe, un autre membre du groupe crie aussi. Mais s'il lance le cri pour un aigle quand ce n'est qu'un guêpier qui survole le groupe, les adultes restent silencieux. Par conséquent, les vervets ont au départ une tendance innée à lancer un cri d'alarme quand ils voient des objets potentiellement menaçants dans leur environnement. Ensuite, l'apprentissage leur permet de perfectionner leur cri, de sorte que, parvenus à l'âge adulte, ils soient en mesure de donner l'alarme seulement en cas de danger réel et de perfectionner les cris d'alarme de la génération suivante.

▲ **Figure 51.11 Un jeune chimpanzé apprend à ouvrir les noix du palmier à huile en observant un chimpanzé plus âgé.**

▲ **Figure 51.12 Les vervets apprennent le bon usage des cris d'alarme.** Quand ils aperçoivent un python (au premier plan), les vervets poussent le cri d'alarme correspondant à la présence d'un serpent (en médaillon). Les membres du groupe se tiennent alors debout et regardent par terre.

L'apprentissage social constitue le fondement de la **culture**, qu'on peut définir comme un système de transfert d'information qui, par l'apprentissage social ou l'enseignement, influe sur le comportement des individus d'une population. Le transfert culturel d'information est susceptible de modifier les phénotypes comportementaux et, par ricochet, d'agir sur la valeur d'adaptation des individus.

Les modifications de comportement qui résultent de la sélection naturelle prennent beaucoup plus de temps que l'apprentissage à se produire. Dans le concept 51.3, nous examinerons les rapports entre les comportements particuliers et les processus de sélection qui touchent la survie et la reproduction.

RETOUR SUR LE CONCEPT 51.2

1. Comment l'apprentissage associatif peut-il expliquer pourquoi des insectes désagréables au goût ou des insectes piqueurs d'espèces différentes présentent des couleurs similaires?
2. **ET SI?** Comment pourriez-vous placer et manipuler des objets dans un laboratoire dans le but de vérifier si un animal peut utiliser une carte cognitive pour se rappeler l'emplacement d'une source de nourriture?
3. **FAITES UN DESSIN** Comment un comportement appris contribue-t-il à la spéciation? (Voir le concept 24.1, p. 565 à 567.)

Voir les réponses proposées à la fin du chapitre.

CONCEPT 51.3

La plupart des comportements s'expliquent par le fait que la sélection naturelle favorise la survie et le succès reproductif de l'individu

Maintenant que nous avons exploré la physiologie du comportement (comment les Animaux se comportent), nous allons voir les avantages que représentent certains comportements pour une espèce (pourquoi les Animaux se comportent comme ils le font). Plus précisément, nous tenterons de répondre à la troisième question de Tinbergen, portant sur les façons dont le comportement améliore les chances de survie et le succès reproductif d'une population. Nous allons commencer par une activité essentielle tant à la survie qu'au succès reproductif: la quête de nourriture.

Le comportement de quête de nourriture

S'alimenter est, faut-il le préciser, une activité essentielle à la survie et au succès reproductif. Aussi nous attendons-nous à ce que la sélection naturelle favorise les comportements qui augmentent l'efficacité de cette activité. Le comportement alimentaire, ou **quête de nourriture**, ne se résume pas à se nourrir, mais comprend aussi tous les mécanismes qu'un animal utilise pour rechercher, reconnaître et saisir des aliments ou capturer des proies.

L'évolution des comportements de quête de nourriture

La mouche du vinaigre permet de mieux comprendre l'évolution de la quête de nourriture. Une variation dans un gène nommé *forager* (*for*) régule la quête de nourriture chez la larve. En moyenne, les larves porteuses de l'allèle *for*^{R} (pour *Rover*, «Routier») se déplacent sur une distance deux fois plus grande pour se nourrir que les larves porteuses de l'allèle *for*^{S} (pour *Sitter*, «Sédentaire»). Des expériences ont montré que l'enzyme codée par le locus *forager* est plus active dans les larves *for*^{R} que dans les larves *for*^{S} et qu'elle possède les propriétés caractéristiques d'une enzyme dans une voie de transduction du stimulus (voir le chapitre 45).

Les allèles *for*^{R} et *for*^{S} sont tous deux présents dans les populations naturelles. Quels facteurs peuvent favoriser l'un plutôt que l'autre? Des chercheurs ont répondu à cette question en faisant des expériences dans lesquelles ils maintenaient des populations de mouches soit en faible ou en forte densité pendant plusieurs générations. Une nette divergence de comportement est apparue entre les lignées de larves, quant à la longueur moyenne des parcours effectués pour la quête de la nourriture (**figure 51.13**). Les larves maintenues au sein d'une population de faible densité sur plusieurs générations parcouraient des distances plus courtes pour se nourrir que celles qui étaient gardées dans des populations de forte densité. De plus, des tests génétiques ont montré que la fréquence de l'allèle *for*^{S} avait augmenté dans les populations de faible densité, tandis que c'est la fréquence de l'allèle *for*^{R} qui avait augmenté dans les populations de forte densité. Ces modifications sont logiques. Dans une population peu dense, la quête de nourriture sur de courtes distances fournit suffisamment de nourriture, sans compter que sur de longues distances elle représenterait une dépense énergétique inutile. Dans une population très dense, par contre, un long parcours permettrait aux larves d'atteindre des endroits plus riches en nourriture. En d'autres termes, ces expériences ont permis d'observer une évolution du comportement chez les populations élevées en laboratoire.

La théorie de la quête optimale de nourriture

Pour étudier les causes immédiates et les causes fondamentales de diverses stratégies de quête de nourriture, certains biologistes ont recours à une analyse de rendement semblable à celle qu'on utilise en économie. Dans cette optique, on considère la quête de nourriture comme un compromis entre les bénéfices de la nutrition et les coûts liés à l'obtention de la nourriture, tels que la dépense énergétique ou le risque d'être mangé par un prédateur au cours de cette activité. Selon la **théorie de la quête optimale de nourriture**, la sélection naturelle doit favoriser un comportement qui réduit au minimum les coûts de la quête de nourriture tout en maximisant ses bénéfices.

Pour illustrer l'application de la théorie de la quête optimale de nourriture, examinons le comportement alimentaire de la corneille d'Alaska (*Corvus caurinus*). Sur des îles au large de la Colombie-Britannique, les corneilles fouillent les bassins d'eau laissés à marée basse, à la recherche de gastéropodes appelés buccins (*Buccinum spp.*). Elles saisissent leur proie dans leur bec, puis s'envolent et laissent tomber le buccin sur les rochers pour en briser la coquille. Si l'opération réussit, elles peuvent se nourrir de la partie molle du gastéropode. Si la coquille ne se brise pas, elles s'envolent de nouveau et laissent encore tomber le buccin. Elles continuent ainsi jusqu'à ce que la coquille se brise. Qu'est-ce qui détermine la hauteur du vol de la corneille? Plus elles volent haut avant de laisser tomber le buccin, moins le nombre de tentatives pour briser la coquille est élevé. Mais un certain coût énergétique est associé à la hauteur du vol.

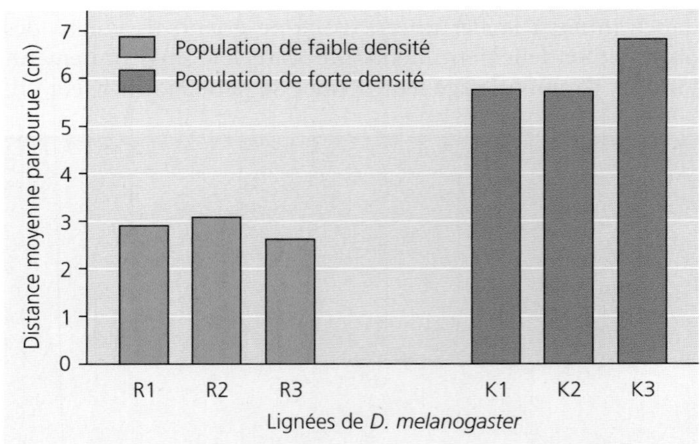

▲ **Figure 51.13 L'évolution du comportement de quête de nourriture chez des populations de *Drosophila melanogaster* élevées en laboratoire.** Après 74 générations passées au sein d'une population de faible densité, les larves de *D. melanogaster* (populations R1 à R3) parcouraient des distances beaucoup plus courtes pour se nourrir que les larves de *D. melanogaster* de la population de forte densité (populations K1 à K3).

Si le choix du comportement alimentaire de la corneille était dicté par des considérations énergétiques, la hauteur de vol moyenne représenterait un compromis entre les coûts liés à un vol plus haut et les bénéfices de repas plus fréquents. Pour vérifier cette idée, des chercheurs ont laissé tomber des coquilles de buccins de différentes hauteurs et ont noté le nombre de tentatives de chutes nécessaires pour briser la coquille. Pour chaque hauteur, ils ont calculé le nombre moyen de tentatives et la *hauteur totale de vol*, c'est-à-dire la hauteur de la chute multipliée par le nombre moyen de tentatives (**figure 51.14**). Les chercheurs ont constaté que, pour briser les coquilles, une hauteur de chute d'environ 5 m est optimale, car elle exige la plus petite hauteur totale de vol: en d'autres termes, la plus petite quantité de travail. Or, la hauteur de vol moyenne qu'atteignent les corneilles d'Alaska dans leur stratégie de quête de nourriture est de 5,23 m, valeur qui est très proche de la prédiction fondée sur le compromis optimal entre l'énergie gagnée (nourriture) et l'énergie dépensée (vol).

Cette quasi-égalité entre la hauteur de vol prédite et la hauteur de vol réelle semble indiquer que l'évolution de la quête optimale de nourriture est soumise à l'influence de la sélection naturelle. D'autres théories pourraient cependant expliquer adéquatement ces résultats. Par exemple, la hauteur de vol moyenne pourrait minimiser le *temps* moyen requis pour briser une coquille de buccin. Des expériences seraient nécessaires pour évaluer ces possibilités.

L'équilibre entre le risque et la récompense

L'un des principaux coûts possibles de la quête de nourriture est le risque de prédation. Il ne sert à rien de maximiser le gain d'énergie et de réduire au minimum la dépense énergétique si le comportement de quête de nourriture d'un animal fait en sorte qu'il devient lui-même la proie d'un prédateur. Il paraît donc logique que le risque de prédation influence également le comportement de quête de nourriture. Il semble que ce soit le cas chez le cerf mulet (*Odocoileus hemionus*), qui vit dans les régions montagneuses de l'ouest de l'Amérique du Nord. Une équipe de chercheurs a constaté que la nourriture était répartie à peu près uniformément dans les aires où les cerfs mulets étaient susceptibles de s'alimenter, la quantité étant toutefois un peu moindre dans les endroits ouverts, non boisés. Par contre, le risque de prédation différait grandement d'un endroit à l'autre; les pumas (*Puma concolor*), les principaux prédateurs, tuent la plupart des cerfs mulets à la lisière des forêts et seulement un petit nombre dans les endroits ouverts et à l'intérieur des forêts.

Quel lien peut-on faire entre le comportement alimentaire du cerf mulet et la variation du risque de prédation selon les endroits? Les cerfs mulets se nourrissent surtout dans les endroits ouverts. On peut donc penser que leur comportement alimentaire dépend davantage de l'importante variation du risque de prédation que de la faible variation de la disponibilité des aliments. Ce résultat met en évidence le fait que le comportement est souvent le reflet d'un compromis entre des contraintes concurrentes.

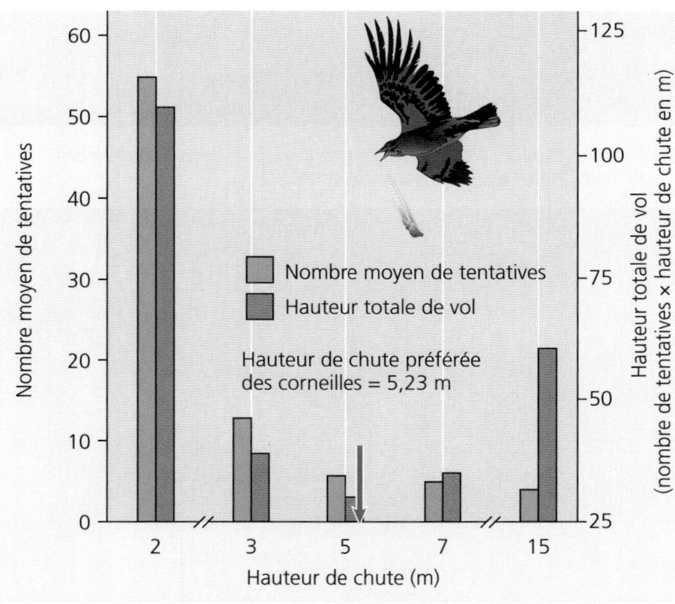

▲ **Figure 51.14 Le rendement énergétique du comportement de quête de nourriture.** Les résultats expérimentaux révèlent qu'en laissant tomber les coquillages d'une hauteur de 5 m on les brise en effectuant une plus petite quantité de travail. La hauteur de chute que les corneilles d'Alaska préfèrent dans les faits correspond presque à la hauteur qui exige la plus petite hauteur totale de vol.

Le comportement d'accouplement et le choix d'un partenaire

Le comportement d'accouplement et le choix d'un partenaire sont tout aussi déterminants pour le succès reproductif que la quête de nourriture l'est pour la survie de l'individu. Ces comportements comprennent la recherche ou la conquête de partenaires, le choix parmi les partenaires potentiels, la concurrence pour la conquête des partenaires et les soins parentaux. L'accouplement ne se résume pas à l'union sexuelle d'un mâle et d'une femelle; la relation entre les mâles et les femelles varie considérablement d'une espèce à l'autre, selon les systèmes d'accouplement.

Les systèmes d'accouplement et le dimorphisme sexuel

Les systèmes d'accouplement varient en ce qui a trait à la durée des relations et à leur nombre. Chez de nombreuses espèces animales, l'accouplement est fondé sur la **promiscuité**, et les liens d'attachement entre mâles et femelles ne sont ni forts ni durables. Les espèces où se forment des couples durables adoptent soit le système **monogame**, où les deux mêmes individus forment le couple, soit le système **polygame**, où un individu s'accouple avec plusieurs autres. La polygamie prend le plus souvent la forme de la *polygynie*, qui est l'accouplement d'un mâle avec plusieurs femelles, bien qu'il existe des cas de *polyandrie*, c'est-à-dire d'accouplement d'une femelle avec plusieurs mâles.

Le *dimorphisme sexuel*, c'est-à-dire la différence de morphologie entre le mâle et la femelle d'une même espèce, varie généralement en fonction du système d'accouplement (**figure 51.15**). Chez les espèces monogames, les mâles et les femelles présentent souvent une morphologie si semblable qu'il peut être difficile, voire impossible, de les distinguer en se fondant sur leurs caractéristiques externes. À l'opposé, les espèces polygames sont en général dimorphes, les mâles étant plus voyants et souvent plus gros que les femelles. Les espèces polyandres sont également dimorphes, mais, dans leur cas, les femelles sont habituellement plus ornées et plus grosses que les mâles.

Les systèmes d'accouplement et les soins parentaux

Les besoins des petits constituent un important facteur limitatif de l'évolution des systèmes d'accouplement. La plupart des oisillons, par exemple, n'ont aucune autonomie et leurs besoins nutritifs sont tels qu'un seul parent ne peut y pourvoir. Les mâles ont alors avantage, afin de favoriser la survie de leur progéniture, à aider une seule femelle. C'est pourquoi, sans doute, la plupart des Oiseaux sont monogames. Chez les oiseaux dont les petits deviennent autonomes très tôt après la naissance, comme le faisan et la caille (tous deux de la famille des Phasianidés), le mâle retire moins d'avantages à rester avec la femelle. Les mâles de ces espèces maximisent alors leur succès reproductif en approchant plusieurs femelles. De fait, la polygamie est relativement répandue parmi ces espèces. Dans le cas des Mammifères, le lait de la femelle constitue la seule nourriture des petits. Les mâles ne jouent souvent aucun rôle. Parmi les espèces où les mâles protègent les femelles et les petits, comme chez le lion (*Panthera leo*), le mâle entretient souvent un harem, seul ou en petit groupe.

La *certitude de paternité* est également un facteur déterminant dans le système d'accouplement et les soins parentaux. Les petits ou les œufs d'une femelle contiennent forcément les gènes de la femelle. Cependant, même chez les animaux habituellement monogames, il y a toujours la possibilité que les rejetons proviennent d'un autre mâle que le mâle habituel de la femelle. La certitude de paternité est relativement faible chez la plupart des espèces à fécondation interne, parce qu'un long délai sépare l'accouplement de la mise bas (ou l'accouplement de la ponte). Telle est peut-être la raison pour laquelle les soins des petits relèvent très rarement des mâles chez les Oiseaux et les Mammifères. En revanche, les mâles de nombreuses espèces à fécondation interne ont des comportements qui semblent renforcer la certitude de paternité, notamment monter la garde auprès des femelles, débarrasser l'appareil génital de la femelle de tout sperme avant la copulation et déloger le sperme des autres mâles en y introduisant de grandes quantités de sperme.

La certitude de paternité est beaucoup plus forte lorsque la ponte et l'accouplement se font simultanément, comme dans la fécondation externe. Voilà peut-être pourquoi, parmi les espèces d'invertébrés aquatiques, de poissons et d'amphibiens à fécondation externe, les soins parentaux, s'ils existent, proviennent autant des mâles que des femelles (**figure 51.16**). Les mâles s'occupent des petits dans seulement 7 % des familles de poissons et d'amphibiens à fécondation interne, mais dans 69 % des familles à fécondation externe.

Il est important de souligner que la *certitude de paternité* ne signifie pas que les animaux ont conscience des facteurs qui interviennent dans leur comportement. Il existe un lien entre le comportement parental et la certitude de paternité parce que la sélection naturelle l'a favorisé au fil des générations. Ce lien demeure un domaine qui fait l'objet de recherches actives, marquées de vives controverses.

▼ **Figure 51.15 Les rapports entre le système d'accouplement et la morphologie des mâles et des femelles.**

(a) Chez les espèces monogames, comme ces goélands d'Audubon (*Larus occidentalis*), les mâles et les femelles sont souvent si semblables qu'il est difficile de les distinguer uniquement d'après leurs caractéristiques externes.

(b) Chez les espèces polygynes, comme le wapiti (*Cervus canadensis*), le mâle (à droite) est souvent très orné.

(c) Chez les espèces polyandres, comme ces phalaropes de Wilson (*Phalaropus tricolor*), les femelles (en haut) sont généralement plus ornées que les mâles.

▲ **Figure 51.16 Soins parentaux donnés par l'opistognate à tête jaune (*Opistognathus aurifrons*).** L'opistognate mâle, qui vit dans les milieux marins tropicaux, garde dans sa bouche les œufs qu'il a fécondés afin d'assurer leur aération et de les protéger des prédateurs jusqu'à la naissance des petits.

▲ **Figure 51.17 Mouches aux yeux pédonculés mâles.** La portée des yeux du mâle joue un rôle dans le choix d'un partenaire par les femelles et, comme on le voit ici, dans les rituels de combat entre les mâles. Dans ces combats, deux mâles s'affrontent et le mâle aux pédoncules moins longs bat souvent en retraite avant même qu'un combat n'ait lieu.

La sélection sexuelle et le choix d'un partenaire

Comme l'indique le chapitre 23, le degré de dimorphisme sexuel au sein d'une espèce résulte de la sélection sexuelle, une forme de sélection naturelle dans laquelle les différences entre les individus en fait de succès reproductif sont une conséquence des différences relatives au succès de l'accouplement. Dans ce chapitre, on dit que la sélection sexuelle peut prendre la forme d'une *sélection intersexuelle* dans laquelle des individus de même sexe choisissent leurs partenaires en fonction de caractéristiques particulières de l'autre sexe, comme les chants nuptiaux (ce sont généralement les femelles qui choisissent les mâles), ou d'une *sélection intrasexuelle*, laquelle implique une concurrence entre des individus de même sexe pour gagner les faveurs d'un partenaire du sexe opposé. Examinons maintenant de plus près quelques preuves expérimentales de la sélection sexuelle.

Le choix du partenaire par les femelles Les préférences des femelles pour leurs partenaires jouent sans doute un rôle crucial dans l'évolution, par sélection intersexuelle, du comportement et de l'anatomie du mâle. Pour prendre un autre exemple de la façon dont le choix des femelles influe sur l'évolution des mâles, considérons la parade nuptiale des mouches aux yeux pédonculés (*Teleopsis dalmanni*). Les yeux de ces insectes sont situés aux extrémités de pédoncules qui sont plus longs chez les mâles que chez les femelles (**figure 51.17**). Durant la parade nuptiale, le mâle se présente face à une femelle. Or, les chercheurs ont remarqué que les femelles s'accouplaient davantage avec les mâles qui avaient des pédoncules oculaires assez longs. Pourquoi les femelles favoriseraient-elles ce caractère en apparence arbitraire ? Comme on l'explique au chapitre 23, les ornements des mâles, comme les longs pédoncules oculaires chez ces mouches ou les plumes de couleur vive chez les Oiseaux, ont en général un rapport avec leur santé et leur vitalité. Une femelle qui choisit un mâle sain augmente ses chances d'engendrer des petits en bonne santé qui survivent et se reproduisent.

L'imprégnation parentale peut aussi influencer le choix d'un partenaire, comme le révèlent des expériences réalisées avec des diamants mandarins (*Taeniopygia guttata*). Ces passereaux n'ont normalement pas d'aigrette sur la tête (**figure 51.18**). Pour savoir si l'aspect parental influait sur le choix d'un partenaire, indépendamment de tout facteur génétique, des chercheurs ont pourvu des diamants mandarins d'ornements artificiels. Ils ont fixé avec du ruban adhésif une plume rouge de 2,5 cm de long sur les plumes frontales des deux parents, ou uniquement sur celles du parent mâle ou du parent femelle, alors que les oisillons étaient âgés de 8 jours, soit approximativement 2 jours avant qu'ils ouvrent les yeux. Des diamants mandarins faisant partie d'un groupe témoin ont été élevés par des parents dépourvus d'ornement. Lorsque les oisillons de l'expérimentation sont parvenus à l'âge adulte, on leur a donné le choix entre des partenaires ornés d'une

▲ **Figure 51.18 Diamants mandarins tels qu'ils sont dans la nature.** Le mâle (à gauche) est orné de motifs plus frappants que ceux de la femelle et il est plus coloré qu'elle.

plume rouge ou non (**figure 51.19**). Les mâles n'ont montré aucune préférence. Les femelles n'ont montré aucune préférence si elles avaient été élevées par un couple dont le mâle n'était pas orné. Toutefois, les femelles élevées par un couple dont le mâle était orné ont choisi des mâles ornés pour partenaires. En conséquence, ces expériences semblent indiquer que les femelles subissent l'influence de leur père dans leur choix d'un partenaire.

L'**imitation du choix du partenaire**, en vertu de laquelle les individus d'une population imitent le choix de partenaire d'autres individus, a fait l'objet d'étude chez le guppy (*Poecilia reticulata*). Lorsqu'une femelle guppy choisit un mâle en l'absence d'autres femelles, elle choisit presque toujours le mâle dont la coloration orangée est la plus marquée (ayant la plus grande proportion de coloration sur l'ensemble de son corps). Pour vérifier si le comportement des autres femelles pouvait influer sur cette préférence, des chercheurs ont réalisé une expérience qui comportait des guppys femelles réels et des guppys femelles factices (**figure 51.20**). Si un guppy femelle voyait une femelle factice «courtiser» un mâle ayant une coloration moins marquée, elle imitait souvent la préférence de la femelle factice. Autrement dit, la femelle choisissait le mâle accompagné du guppy factice plutôt que le mâle ayant une coloration plus marquée. Les exceptions ont également fourni des informations. Le choix du partenaire ne changeait généralement pas quand la différence de coloration était particulièrement importante. En deçà d'un certain seuil de différence dans la couleur des mâles, l'imitation du choix du partenaire chez les guppys femelles peut donc masquer leurs préférences génétiques, dans ce cas pour les mâles orangés.

L'imitation du choix du partenaire, un type d'apprentissage social, a aussi été observée chez d'autres espèces de poissons et d'oiseaux. Quelle est l'influence de la sélection naturelle sur un tel mécanisme? Il se pourrait qu'une femelle qui s'accouple avec des mâles que d'autres femelles trouvent attirants augmente ses chances d'avoir une progéniture mâle attirante qui obtiendra un plus grand succès reproductif.

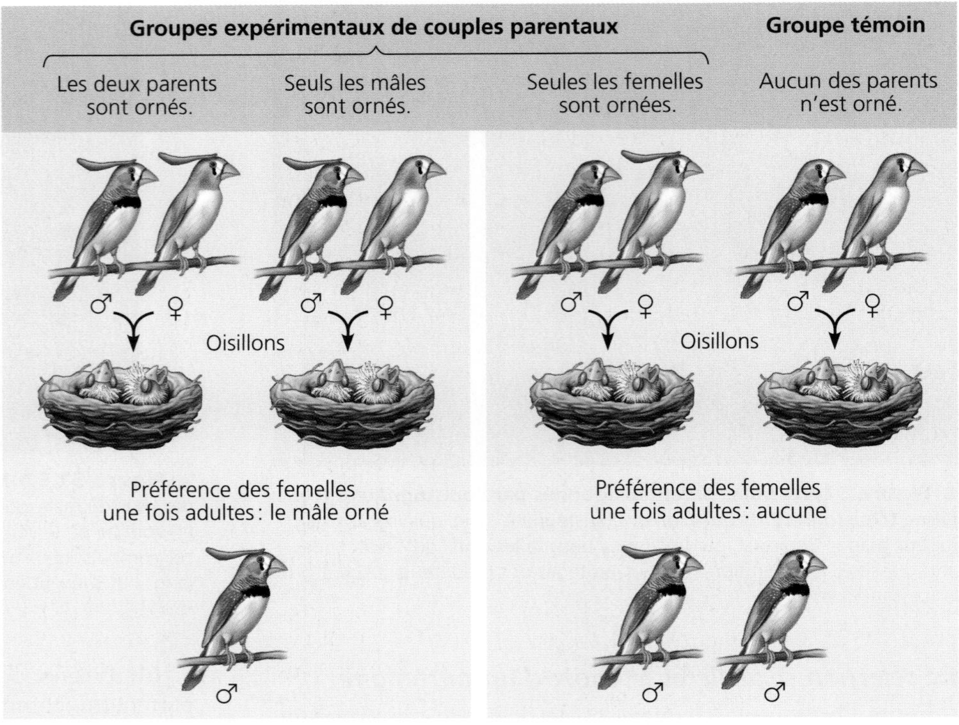

▲ **Figure 51.19 La sélection sexuelle influencée par l'imprégnation.** Des expériences ont montré que, chez le diamant mandarin, les oisillons femelles ayant subi l'imprégnation de la part de pères ornés ont préféré les mâles ornés d'une plume, une fois parvenus à l'âge adulte. Dans tous les groupes expérimentaux, les oisillons mâles parvenus à l'âge adulte n'ont montré aucune préférence pour les femelles ornées ou pour celles qui ne l'étaient pas.

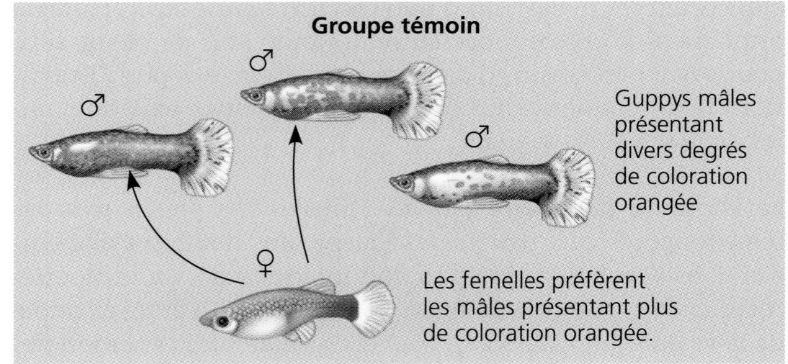

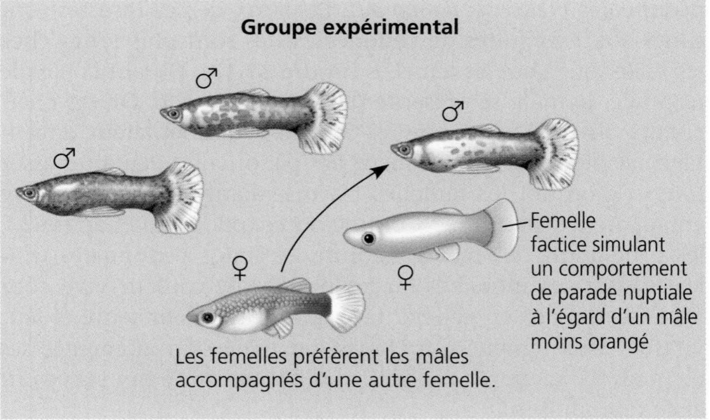

► **Figure 51.20 L'imitation du choix du partenaire chez les guppys femelles.** Les guppys femelles choisissent généralement les mâles présentant une coloration orangée plus marquée. Toutefois, parmi les mâles présentant le même pourcentage de coloration orange ou chez lesquels l'intensité de la coloration différait de 12 ou 24 %, les femelles du groupe expérimental ont choisi ceux qui avaient une coloration orangée *moins* marquée et qui étaient accompagnés d'une femelle factice. Les femelles négligeaient le choix présumé de la femelle factice uniquement quand un autre mâle avait 40 % de plus de coloration orangée.

La concurrence des mâles pour le choix des femelles Les exemples précédents montrent comment le choix du partenaire effectué par la femelle peut favoriser l'évolution d'un type de mâle idéal dans une situation donnée, un phénomène aboutissant à une faible variation entre les mâles. La concurrence des mâles pour le choix des femelles constitue une source de sélection intrasexuelle également susceptible de réduire cette variation chez les mâles. Cette concurrence peut donner lieu à un *comportement agonistique*, qui prend souvent la forme d'un combat ritualisé pour déterminer quel opposant aura accès à une ressource, par exemple à des aliments ou à des partenaires (**figure 51.21**). L'issue de tels combats peut dépendre de la force ou de la taille des opposants, mais les victoires sont parfois plus psychologiques que physiques (voir la figure 51.17).

Bien que cette concurrence tende à atténuer la variation entre les mâles, certains vertébrés, dont des poissons et des cervidés, ainsi qu'un grand nombre d'invertébrés, présentent des variations extrêmement prononcées quant au comportement et à la morphologie des mâles. Chez certaines espèces, la sélection sexuelle a donné lieu à l'évolution d'une autre possibilité de comportement d'accouplement et de morphologie. Comment les scientifiques analysent-ils ces situations où plus d'un comportement d'accouplement peut permettre la reproduction? Une des méthodes utilisées consiste à examiner les règles auxquelles les jeux obéissent.

▲ **Figure 51.21 Comportement agonistique.** Il arrive souvent que les kangourous géants mâles (*Macropus giganteus*) se battent pour déterminer celui qui s'accouplera avec une femelle. Habituellement, un des deux mâles émet un grognement fort avant de saisir l'autre par la tête et le cou avec ses pattes antérieures. D'autres grognements et d'autres prises s'ensuivent généralement. Si le mâle attaqué ne bat pas en retraite, le combat peut s'intensifier et chaque mâle se balance alors sur sa queue en frappant son rival avec les griffes de ses pattes postérieures.

▲ **Figure 51.22 Le polymorphisme chez les lézards à flancs maculés mâles (*Uta stansburiana*).** Un mâle à gorge orangée, à gauche; un mâle à gorge bleue, au centre; un mâle à gorge jaune, à droite.

L'application de la théorie des jeux

Souvent, la valeur d'adaptation d'un phénotype comportemental particulier est influencée par d'autres phénotypes présents dans la population. Les biologistes du comportement (ou écoéthologistes) qui étudient cette question utilisent une gamme d'outils, dont la théorie des jeux. À l'origine élaborée par John Nash et par d'autres mathématiciens afin de décrire le comportement économique des humains, la **théorie des jeux** évalue les différentes stratégies possibles dans des situations dont l'issue dépend de tous les individus qui participent à la situation.

Pour illustrer l'application de la théorie des jeux au comportement d'accouplement, examinons la situation des lézards à flancs maculés (*Uta stansburiana*) de Californie. Il existe trois types de mâles: les mâles à gorge orangée, les mâles à gorge bleue et les mâles à gorge jaune (**figure 51.22**). Les mâles à gorge orangée sont les plus agressifs et défendent de vastes territoires contenant de nombreuses femelles. Les mâles à gorge bleue sont aussi territoriaux, mais ils défendent des territoires plus restreints et de moins nombreuses femelles. Pour leur part, les mâles à gorge jaune sont des animaux non territoriaux qui imitent les femelles et utilisent des tactiques «sournoises» pour arriver à s'accoupler.

Des chercheurs ont constaté que le succès d'accouplement relatif de chaque type de mâle varie selon l'abondance relative des autres types de mâles au sein de la population. Il s'agit d'un exemple de sélection liée à la fréquence. Sur une période de plusieurs années, une des populations étudiées a compté tour à tour des nombres élevés de mâles à gorge bleue, de mâles à gorge orangée, puis de mâles à gorge jaune, et de nouveau un nombre élevé de mâles à gorge bleue.

Les chercheurs ont établi un lien entre les cycles de variation de la population des lézards à flancs maculés et la théorie des jeux. Ils ont comparé la concurrence entre les mâles chez cette espèce de lézards au jeu d'enfant appelé *roche, papier, ciseaux*. Dans ce jeu, le papier gagne contre la roche, la roche contre les ciseaux et les ciseaux contre le papier. Chaque élément figuré par la main gagne contre un des deux autres et perd contre le troisième. Selon des règles semblables, chaque type de mâle a un avantage sur les deux autres. Quand les mâles à gorge bleue sont nombreux, ils réussissent à défendre les quelques femelles de leurs territoires des avances des sournois mâles à gorge jaune. Toutefois, les mâles à gorge bleue ne peuvent défendre leurs territoires contre les hyperagressifs mâles à gorge orangée. Quand ces derniers deviennent les plus abondants, le plus grand nombre de femelles dans chaque territoire permet aux mâles à gorge jaune de se reproduire davantage. Les mâles à gorge jaune deviennent alors plus nombreux, mais ils perdent ensuite contre les mâles à gorge bleue dont les tactiques pour défendre de petits territoires leur permettent un meilleur succès reproductif.

La théorie des jeux permet de réfléchir à des problèmes complexes dans lesquels l'évolution du comportement s'explique par la réussite relative (succès reproductif par rapport aux autres phénotypes), et non par la réussite absolue. Cette théorie constitue un outil important, puisque c'est en comparant la réussite relative d'un phénotype à celle d'autres phénotypes que la valeur d'adaptation darwinienne peut être mesurée.

RETOUR SUR LE CONCEPT **51.3**

1. Pourquoi y a-t-il une corrélation entre le mode de fécondation et la présence ou l'absence de soins parentaux donnés par le mâle?
2. **FAITES UN DESSIN** Une sélection équilibrée peut maintenir la variation sur un locus (voir le concept 23.4, p. 555 à 561). À partir des expériences décrites dans le présent chapitre au sujet de la quête de nourriture, énoncez une hypothèse simple qui pourrait expliquer la présence des allèles for^R et for^S dans les populations naturelles de mouches.
3. **ET SI?** Imaginez qu'une infection tue beaucoup plus de mâles que de femelles dans une population de lézards à flancs maculés. Quel en serait l'effet immédiat sur la concurrence que se font les mâles pour se reproduire?

Voir les réponses proposées à la fin du chapitre.

CONCEPT **51.4**

Le concept d'adaptation globale explique en grande partie l'évolution du comportement, dont l'altruisme

ÉVOLUTION Nous allons maintenant explorer la quatrième question de Tinbergen: l'histoire évolutive des comportements. Pour commencer, nous examinerons des exemples qui mettent en évidence les fondements génétiques du comportement. Nous nous intéresserons ensuite aux variations génétiques qui sous-tendent l'évolution de certains comportements. Enfin, nous verrons comment le fait d'élargir la définition du concept de valeur d'adaptation afin qu'il comprenne plus que la survie individuelle permet d'expliquer le comportement altruiste.

Les fondements génétiques du comportement

Pour explorer les fondements génétiques du comportement, nous allons d'abord examiner le comportement de parade nuptiale de la mouche du vinaigre mâle montrée à la figure 51.4. Durant sa parade nuptiale, la mouche mâle accomplit une série complexe d'actions sous l'effet de multiples stimulus sensoriels. Des études génétiques ont montré qu'un seul gène, appelé *fru*, régit toute la parade nuptiale. Si le gène *fru* mute dans sa forme inactive, les mâles ne font pas de parade nuptiale ou ne s'accouplent pas avec des femelles. (Le nom *fru* vient de *fruitless*, qui signifie «sans fruit», en référence à l'absence de progéniture de ces mâles mutants.) Les mouches mâles et femelles normales expriment des formes distinctes du gène *fru*. Les femelles génétiquement modifiées pour exprimer la version mâle du gène *fru* sont attirées par d'autres femelles et jouent le rôle normalement dévolu au mâle. Comment un seul et unique gène peut-il réguler un comportement aussi complexe? Des expériences réalisées conjointement dans plusieurs laboratoires ont montré que le gène *fru* est un gène régulateur, appelé gène maître, qui dirige l'expression et l'activité de plusieurs autres gènes secondaires dotés de fonctions plus limitées. Du haut de cette hiérarchie génétique, le gène *fru* régit un ensemble de gènes secondaires dont dépendent diverses fonctions sexuelles du système nerveux de la mouche. Le gène *fru* programme la mouche pour la parade nuptiale du mâle en coordonnant ces gènes.

Des chercheurs ont également utilisé la parade nuptiale d'insectes pour étudier la variation génétique qui sous-tend les différences de comportement. Un des exemples abondamment étudiés est le chant nuptial de la chrysope verte (*Chrysoperla sp.*) (**figure 51.23**). Distribuées un peu partout, du centre au nord de l'Eurasie et en Amérique du Nord, ces insectes comprennent au moins 15 espèces différentes, chacune produisant un chant nuptial particulier. Lorsque des chercheurs de la University of Connecticut ont élevé des chrysopes vertes en laboratoire dans des conditions d'isolement, ils ont constaté qu'elles produisaient le chant propre à leur espèce. Ils en ont conclu que le chant nuptial était déterminé génétiquement. Ils ont ensuite croisé diverses espèces de chrysopes vertes en laboratoire et analysé les chants émis par les hybrides produits. Ces expériences ont révélé qu'un gène différent régit chaque élément ou propriété du chant nuptial. De plus, le chant nuptial distinct de chaque espèce de chrysope verte reflète des différences génétiques sur de nombreux locus indépendants.

Bien qu'une variation dans plusieurs gènes puisse être à l'origine de comportements distincts, comme c'est le cas pour le chant nuptial de la chrysope verte, une variation sur un seul locus suffit parfois pour entraîner des différences marquées dans le comportement. Un des exemples les plus éloquents est le comportement de deux espèces de campagnols étroitement apparentées. Les campagnols sont des petits rongeurs semblables à des souris. Les campagnols des prés (*Microtus pennsylvanicus*) mâles sont solitaires et ne créent pas de liens durables avec leurs partenaires. Après l'accouplement, ils s'occupent peu des petits. En revanche, le campagnol des Prairies (*Microtus ochrogaster*) mâle forme un couple durable avec une seule femelle après l'accouplement (**figure 51.24**). Quelques jours après la naissance des petits, il passe beaucoup de temps à tourner autour d'eux, à les lécher et à les promener tout en veillant à ce qu'aucun intrus ne s'en approche.

Les recherches effectuées semblent indiquer qu'un neurotransmetteur libéré pendant l'accouplement intervient dans la formation du couple et dans le comportement parental des campagnols mâles. Appelé ADH, ou vasopressine (voir le chapitre 44), ce peptide se lie à un récepteur spécifique du système nerveux central. Lorsqu'on traite des campagnols des Prairies mâles par une substance qui inhibe le récepteur cérébral à la vasopressine, ils ne forment pas de liens d'attachement durables après l'accouplement. Les chercheurs ont également constaté que le gène du récepteur à la vasopressine chez les campagnols des Prairies s'exprime fortement dans le cerveau, mais pas chez les campagnols des prés.

Pour vérifier si la quantité de récepteurs à la vasopressine dans le cerveau régule le comportement des campagnols après l'accouplement, les chercheurs ont introduit le gène du récepteur à la vasopressine des campagnols des Prairies dans des campagnols des prés mâles. Non seulement les campagnols des prés transgéniques présentaient un cerveau dans lequel les récepteurs étaient plus nombreux, mais ils manifestaient aussi bon nombre des comportements d'accouplement des campagnols des Prairies, dont la formation de liens d'attachement durables. Par conséquent, bien que de nombreux gènes influent sur la formation de liens d'attachement durables et sur le comportement parental, la quantité de récepteurs à la vasopressine détermine à elle seule quels comportements s'exprimeront.

▼ Figure 51.23 INVESTIGATION

Les chants des différentes espèces de chrysopes vertes sont-ils déterminés par plusieurs gènes?

EXPÉRIENCE Charles Henry, Lucía Martínez et Kent Holsinger ont croisé des mâles et des femelles appartenant à deux espèces de chrysopes morphologiquement identiques, mais émettant des chants nuptiaux différents: *Chrysoperla plorabunda* et *Chrysoperla johnsoni*.

ENREGISTREMENTS SONORES

Un parent *Chrysoperla plorabunda*

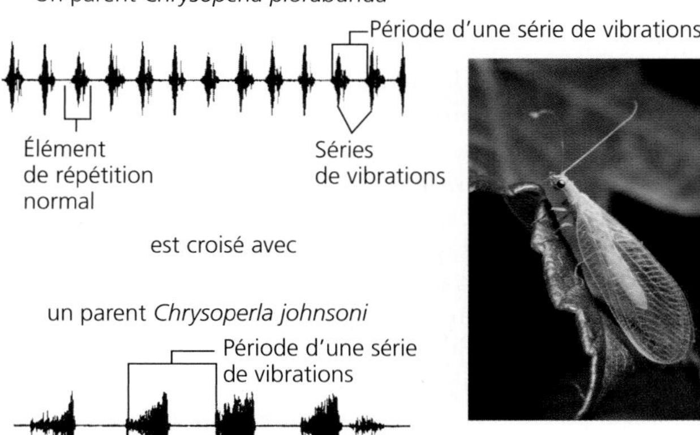

Les chercheurs ont comparé les chants des parents mâles et femelles avec ceux des petits hybrides élevés isolément des autres chrysopes.

RÉSULTATS Les hybrides F1 (première génération du croisement) émettent un chant dans lequel la durée de l'élément de répétition normal est similaire à celle du chant du parent *Chrysoperla plorabunda*, mais la période d'une série de vibrations, c'est-à-dire l'intervalle entre deux séries de vibrations, ressemble davantage au chant du parent *Chrysoperla johnsoni*.

Phénotype caractéristique des hybrides F_1

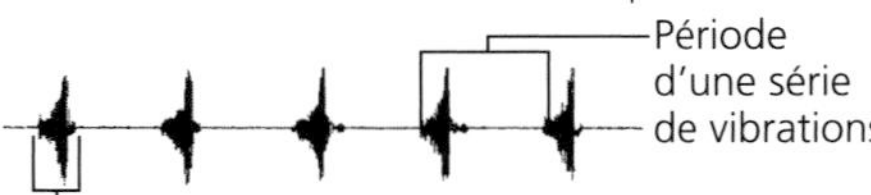

CONCLUSION Étant donné que les chants des hybrides présentent les caractéristiques des chants des deux parents, les résultats de cette expérience indiquent que les chants des espèces *Chrysoperla plorabunda* et *Chrysoperla johnsoni* sont génétiquement déterminés par plus d'un gène.

SOURCE C. S. Henry *et al.*, The inheritance of mating songs in two cryptic, sibling lacewing species, *Genetica* 116: 269-289 (2002).

ET SI? Imaginez que les hybrides produits dans cette expérience soient fertiles. L'aspect du chant hybride montré dans cette figure pourrait-il aboutir à la création d'une nouvelle espèce? Expliquez votre réponse.

La variation génétique et l'évolution du comportement

Les différences de comportement entre des espèces étroitement apparentées sont fréquentes. On observe aussi d'importantes différences de comportement *au sein* d'une même espèce, mais elles ne sont pas toujours évidentes. Lorsqu'elle correspond à une variation des conditions environnementales, la variation comportementale observée chez une même espèce peut témoigner d'une évolution antérieure.

Étude de cas: la variation dans le choix des proies

L'un des exemples les mieux connus d'une variation comportementale déterminée par les gènes au sein d'une même espèce est le choix des proies chez la couleuvre de l'Ouest (*Thamnophis*

◄ Figure 51.24 Couple de campagnols des Prairies blottis l'un contre l'autre. Les campagnols des Prairies d'Amérique du Nord sont monogames; le mâle forme des liens étroits avec sa partenaire, comme le montre la photo, et consacre beaucoup de temps au soin des petits.

▲ **Figure 51.25 Couleuvre de l'Ouest d'un habitat côtier mangeant une limace.** Des expériences indiquent que la préférence de ces couleuvres pour les limaces terrestres peut être déterminée principalement par les gènes plutôt que par le milieu.

elegans). Le régime alimentaire naturel de cette espèce diffère grandement au sein de son aire de distribution, en Californie. Les populations des régions côtières se nourrissent surtout de limaces terrestres (*Ariolimax californicus*) (**figure 51.25**). Pour leur part, les populations des régions intérieures se nourrissent de grenouilles, de sangsues et de poissons, mais pas de limaces. En fait, les limaces terrestres sont rares ou absentes dans les habitats intérieurs.

Lorsque les chercheurs présentaient des limaces terrestres à des couleuvres de l'Ouest des deux populations sauvages, la plupart des couleuvres des régions côtières mangeaient volontiers les limaces, tandis que les couleuvres des régions intérieures avaient tendance à les refuser. Jusqu'à quel point la variation génétique influe-t-elle sur la préférence alimentaire des couleuvres? Pour répondre à cette question, les chercheurs ont recueilli des couleuvres gestantes des deux populations sauvages et les ont installées en laboratoire, dans des cages séparées. Alors qu'elles étaient encore très jeunes, les couleuvres nées en laboratoire ont reçu un petit morceau de limace terrestre chaque jour pendant 10 jours. Plus de 60% des jeunes nés de mères des régions côtières ont mangé les limaces 8 fois sur 10 ou plus, alors que moins de 20% des jeunes nés de mères des régions intérieures en ont mangé à peine une fois.

Comment se fait-il qu'une différence de comportement alimentaire déterminée par les gènes concorde aussi bien avec l'habitat de ces couleuvres? Il se trouve que les populations des régions côtières et intérieures sont différentes également en ce qui concerne leur capacité de reconnaître les molécules odorantes produites par les limaces terrestres et de réagir à ces molécules. Les chercheurs ont avancé l'hypothèse que, lorsque les couleuvres des régions intérieures ont colonisé les habitats côtiers il y a plus de 10 000 ans, une partie de la population possédait la faculté de reconnaître les limaces terrestres grâce à des chimiorécepteurs. Ces couleuvres, qui ont profité de cette abondante source de nourriture, se sont mieux adaptées que celles des populations qui dédaignaient les limaces; par conséquent, la fréquence de la capacité à reconnaître les limaces comme des proies a augmenté dans la population des régions côtières au fil de centaines ou de milliers de générations. La différence de comportement entre les deux populations qu'on observe aujourd'hui semble témoigner de cette évolution.

Étude de cas: la variation des habitudes migratoires

La fauvette à tête noire (*Sylvia atricapilla*), une petite fauvette migratrice, nous fournit d'autres données éclairantes sur les variations de comportement. Les fauvettes à tête noire qui se reproduisent en Allemagne migrent généralement vers le sud-ouest jusqu'en Espagne, puis vers le sud jusqu'en Afrique, où elles passent l'hiver. Dans les années 1950, quelques fauvettes à tête noire ont commencé à passer leurs hivers en Grande-Bretagne et, avec le temps, elles ont formé une population comptant des milliers d'individus. Les bagues portées par certaines d'entre elles ont révélé que quelques-unes de ces fauvettes avaient migré vers l'ouest depuis le centre de l'Allemagne. Qu'est-ce qui donnait lieu à cette deuxième trajectoire de migration des fauvettes à partir de l'Allemagne? Pour répondre à cette question, des chercheurs du Max Planck Research Center à Radolfzell, en Allemagne, ont conçu une stratégie pour étudier l'orientation migratoire en laboratoire (**figure 51.26**). Les résultats ont montré que les deux trajectoires de migration reflétaient des différences génétiques entre les deux populations.

Cette étude indique que la modification du comportement migratoire des fauvettes à tête noire de l'ouest de l'Europe est à la fois récente et rapide. En effet, avant 1950, la migration des fauvettes à tête noire vers l'ouest était inconnue en Allemagne, mais dès les années 1990 ces mêmes fauvettes migratrices représentaient une proportion de 7 à 11% des populations de fauvettes à tête noire de l'Allemagne. Une fois commencée, la migration vers l'ouest a persisté et est devenue plus fréquente, peut-être en raison de l'usage répandu des mangeoires pour les oiseaux qui hivernent dans ce pays ainsi que la distance de migration plus courte.

L'altruisme

Pour retracer l'origine d'un comportement, il faut comprendre les fondements génétiques du comportement de même que l'avantage sélectif de ce comportement. On considère généralement que les Animaux ont des comportements égocentriques, c'est-à-dire qu'ils agissent dans leur propre intérêt, au détriment de l'intérêt des autres, particulièrement des concurrents. Par exemple, l'individu qui adopte les stratégies de quête de nourriture les plus efficaces laisse moins de nourriture aux autres. On comprend facilement la fréquence de l'égocentrisme si on admet que la sélection naturelle façonne le comportement, mais comment expliquer les manifestations d'altruisme, ou comportements «désintéressés»? Comment ces comportements peuvent-ils apparaître dans le contexte de la sélection naturelle? Pour répondre à cette question, examinons de plus près quelques exemples de comportement altruiste, puis voyons comment ils ont pu apparaître.

Il arrive que des animaux accomplissent des actes qui compromettent leur propre bien-être, mais profitent aux autres. Pour désigner ce type de comportement, nous emploierons le terme **altruisme**. Considérons l'exemple du spermophile de

▲ **Figure 51.26** INVESTIGATION

Les différences d'orientation migratoire au sein d'une espèce sont-elles déterminées génétiquement ?

EXPÉRIENCE Dans le sud de l'Allemagne, Peter Berthold et ses collègues ont élevé deux groupes de jeunes oiseaux dans le cadre de leur expérience. Un des groupes était composé des petits des fauvettes à tête noire capturées alors qu'elles hivernaient en Grande-Bretagne et qui se sont accouplées en Allemagne dans une volière extérieure. L'autre groupe était constitué de jeunes oiseaux capturés dans des nids près du laboratoire, puis élevés en volière. À l'automne, l'équipe de Berthold a placé pendant une heure et demie à deux heures des fauvettes appartenant aux deux groupes de l'étude dans de grandes cages en forme d'entonnoir recouvertes d'une vitre et doublées de papier carbone. Une fois les cages installées dehors la nuit, les marques que les oiseaux laissaient sur le papier en se déplaçant dans les entonnoirs indiquaient la direction vers laquelle ils essayaient de « migrer ».

RÉSULTATS Les oiseaux adultes en hivernage capturés en Grande-Bretagne de même que leurs petits élevés en laboratoire ont tenté de migrer vers l'ouest. Par contre, les jeunes oiseaux capturés dans des nids du sud-ouest de l'Allemagne ont tenté de migrer vers le sud-ouest.

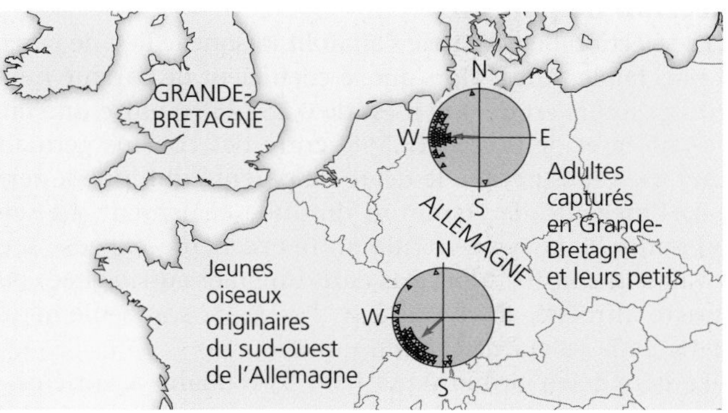

CONCLUSION L'étude indique que l'orientation migratoire est déterminée par les gènes, puisque les petits des fauvettes à tête noire de Grande-Bretagne et les jeunes oiseaux originaires d'Allemagne (groupe témoin), qui ont été élevés dans des conditions semblables, présentaient des orientations migratoires très différentes.

SOURCE P. Berthold *et al.*, Rapid microevolution of migratory behavior in a wild species, *Nature* 360 : 668-690 (1992).

ET SI ? Si les deux groupes d'oiseaux avaient eu la même orientation migratoire dans cette expérience, pourriez-vous en conclure que leur comportement migratoire n'est pas déterminé par les gènes ? Expliquez votre réponse.

Belding (*Spermophilus beldingi*), un petit rongeur voisin de l'écureuil qui vit dans les régions montagneuses de l'ouest des États-Unis et qui est pourchassé par les coyotes (*Canis latrans*), les faucons et d'autres rapaces diurnes (*Falco spp.*). Si un prédateur arrive, le spermophile pousse un cri d'alarme aigu et les autres se cachent dans leur terrier. Des observations minutieuses ont confirmé que le cri augmentait le risque de capture, car il révèle la position de son émetteur.

Les sociétés d'abeilles fournissent un autre exemple de comportement altruiste. En effet, les ouvrières sont stériles, mais travaillent pour le compte d'une reine unique qui, elle, est féconde. De plus, elles piquent les intrus, défendant ainsi la ruche au prix de leur vie.

L'hétérocéphale glabre, ou rat-taupe glabre (*Heterocephalus glaber*), un petit rongeur au comportement social très développé qui vit dans des galeries souterraines, en Afrique australe et en Afrique du Nord-Est, manifeste aussi un comportement altruiste. Cet animal est presque totalement dépourvu de fourrure et presque aveugle. Il vit en colonies de 75 à 250 individus ou plus (**figure 51.27**). Chaque colonie ne comporte qu'une seule femelle reproductrice, la reine, qui s'accouple avec un à trois mâles, les rois. Le reste de la colonie se compose de femelles et de mâles stériles qui fouillent le sol à la recherche de racines et de tubercules, et qui prennent soin de la reine, des rois et de la progéniture qui dépend encore de la reine. Les individus stériles sacrifient leur vie à essayer de protéger la reine ou les rois contre les serpents ou les autres prédateurs qui envahissent la colonie.

L'adaptation globale

Comment un hétérocéphale glabre, une abeille ouvrière ou un spermophile de Belding peuvent-ils augmenter leur valeur d'adaptation en aidant d'autres membres de la population, qui peuvent être leurs plus proches concurrents ? Comment un comportement altruiste, qui n'augmente pas les chances de survie et le succès reproductif de l'individu qui se sacrifie, peut-il apparaître et se maintenir au fil de l'évolution ?

Il est très facile de comprendre que la sélection naturelle favorise un tel comportement lorsqu'il s'applique à des parents qui se dévouent pour leur progéniture. En effet, des parents qui sacrifient leur bien-être pour engendrer et aider des petits augmentent leur propre valeur d'adaptation, car ils maximisent

▲ **Figure 51.27 Le comportement altruiste de l'hétérocéphale glabre (*Heterocephalus glaber*), une espèce de mammifère vivant en colonies.** On voit ici une reine qui nourrit la progéniture tout en étant entourée d'autres membres de la colonie.

leur représentation génétique dans la population. Mais pourquoi un individu aiderait-il d'autres animaux qui ne sont pas ses petits?

Le biologiste William Hamilton fut le premier à se rendre compte que les Animaux pouvaient augmenter leur représentation génétique dans la génération suivante en aidant de manière «altruiste» des parents proches qui ne sont pas leurs descendants. Comme les parents et leurs petits, les frères et sœurs ont la moitié de leurs gènes en commun. Par conséquent, il peut être avantageux pour un animal d'aider ses parents à produire d'autres petits ou d'aider directement ses frères et sœurs. De cette constatation naquit le concept d'**adaptation globale**, qui se définit comme l'effet global qu'a un individu sur la prolifération de ses gènes en produisant une descendance *et* en fournissant une aide qui permet à ses proches parents de se reproduire aussi.

La règle de Hamilton et la sélection de parentèle

Hamilton a proposé trois variables clés dans un acte altruiste: le bénéfice qu'en retire l'individu bénéficiaire, le coût pour l'individu altruiste et le coefficient de parenté. Le bénéfice (B) est le nombre moyen de descendants *supplémentaires* que le bénéficiaire d'un acte altruiste produit. Le coût (C) est le nombre de descendants produits *en moins* par l'altruiste. Le **coefficient de parenté** (r, pour *relatedness*, «parenté») est la probabilité qu'un individu ait reçu la même portion de gènes d'un parent qu'un autre individu. La sélection naturelle favorise l'altruisme si l'avantage qu'en retire l'individu bénéficiaire multiplié par le coefficient de parenté est supérieur au coût pour l'individu altruiste, c'est-à-dire si $rB > C$. Cette inégalité est appelée **règle de Hamilton**.

Pour mieux comprendre la règle de Hamilton, appliquons-la à une population humaine dans laquelle les individus comptent en moyenne deux enfants chacun. Imaginons qu'un jeune homme est sur le point de se noyer dans une mer agitée. Sa soeur risque sa propre vie en nageant et en le ramenant sain et sauf. Si le jeune homme s'était noyé, son efficacité de reproduction aurait été nulle; mais maintenant, si on utilise le nombre moyen de descendants, il peut engendrer 2 enfants. Son bénéfice est donc de deux descendants ($B = 2$). Qu'en est-il du risque pris par sa sœur? Supposons qu'elle avait 25% de risques de se noyer en tentant de sauver son frère. Le coût de son comportement altruiste est de 0,25 fois 2, soit le nombre de descendants qu'elle aurait pu avoir en théorie si elle était restée sur la rive ($C = 0{,}25 \times 2 = 0{,}5$). Enfin, on considère qu'un frère et une sœur ont en commun la moitié de leurs gènes en moyenne ($r = 0{,}5$). Une révision de la séparation des chromosomes homologues, qui a lieu quand des parents produisent des gamètes par méiose, permet de comprendre ce calcul (**figure 51.28**; voir aussi le chapitre 13).

Nous pouvons alors utiliser les valeurs de B, C et r pour voir si la sélection naturelle favorise l'acte altruiste de notre scénario fictif. Dans le cas étudié, $rB = 0{,}5 \times 2 = 1$ et $C = 0{,}5$. Étant donné que rB est supérieur à C, la règle de Hamilton est respectée, ce qui signifie que la sélection naturelle favoriserait cet acte altruiste d'une femme qui sauve la vie de son frère. En moyenne, sur plusieurs individus et générations, la femme altruiste transmettra chacun de ses gènes à un plus grand nombre de descendants si elle tente le sauvetage que si elle ne le fait pas. Et parmi les gènes ainsi transmis, certains peuvent en fait contribuer au comportement altruiste. La sélection naturelle qui favorise le comportement altruiste en accroissant le succès reproductif de parents est appelée **sélection de parentèle**.

La sélection de parentèle s'affaiblit lorsque le lien de parenté est plus faible. Ainsi, alors que le coefficient de parenté r entre frères et sœurs est de 0,5, il est de 0,25 (25%) entre une tante et sa nièce et de 0,125 (12,5%) entre des cousins germains. Notez qu'à mesure que le degré de parenté diminue le terme rB de l'inégalité de Hamilton diminue également. La sélection naturelle favoriserait-elle notre excellente nageuse si elle sauvait son cousin? Non, pas dans une mer aussi agitée; pour cet acte altruiste, $rB = 0{,}125 \times 2 = 0{,}25$, soit seulement la moitié de la valeur de C (0,5).

Le généticien britannique J. B. S. Haldane a anticipé les concepts d'adaptation globale et de sélection de parentèle en déclarant à la blague qu'il ne risquerait pas sa vie pour un frère, mais qu'il le ferait pour deux frères ou huit cousins.

Si la sélection de parentèle explique l'altruisme des Animaux, alors les comportements désintéressés que nous observons devraient avoir lieu entre parents proches. C'est effectivement ce qui se produit, mais selon des modalités complexes. Ainsi, chez les spermophiles de Belding comme chez la plupart des Mammifères, les femelles s'établissent à proximité de leur terrier natal, tandis que les mâles s'en éloignent (**figure 51.29**). Étant donné que presque tous les signaux d'alarme proviennent des femelles, elles ont plus de chances d'aider de proches parents. Dans le cas des abeilles, les ouvrières sont stériles, et

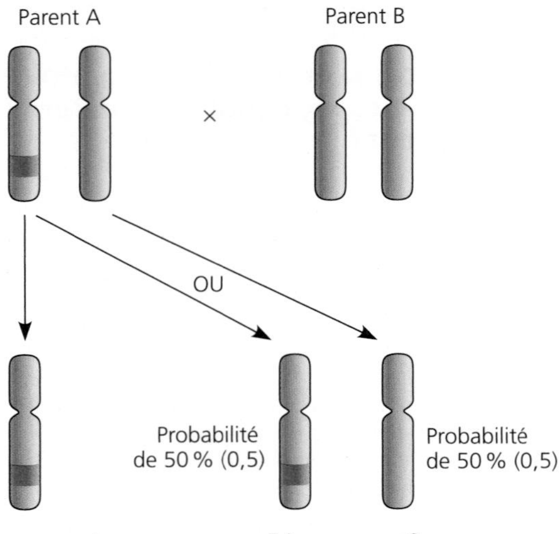

▲ **Figure 51.28 Le coefficient de parenté entre frères et sœurs.** La bande rouge indique la position d'un allèle (version d'un gène) donné sur un chromosome, mais pas de son homologue, chez le parent A. Le frère ou la sœur 1 a hérité de l'allèle du parent A. Il y a une probabilité de 50% que le frère ou la sœur 2 hérite aussi de cet allèle du parent A. Tout allèle présent sur un chromosome d'un des parents se comportera de la même façon. Le coefficient de parenté entre les deux frères ou sœurs est de 50%, ou 0,5.

ET SI? *Le coefficient de parenté entre un individu et son frère ou sa sœur (non jumeaux) est le même qu'entre l'individu et un de ses parents, soit 0,5. Cette valeur est-elle la même dans les cas de polyandrie et de polygynie?*

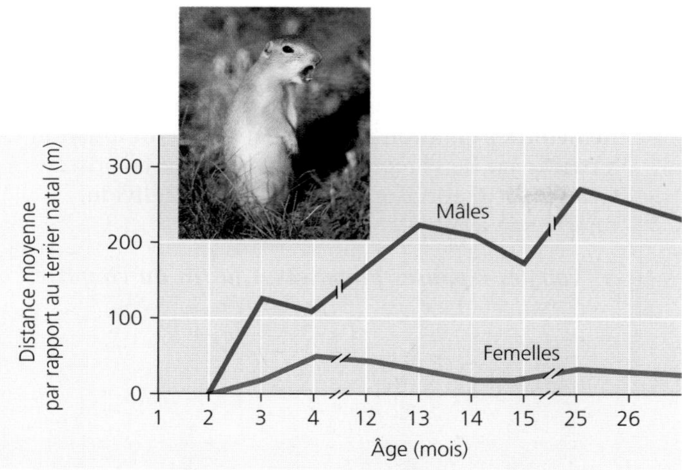

▲ **Figure 51.29 La sélection de parentèle et l'altruisme chez le spermophile de Belding (*Spermophilus beldingi*).** Ce graphique sert à expliquer les différences entre les spermophiles de Belding mâles et les spermophiles de Belding femelles en matière de comportement altruiste. Une fois sevrés (les petits sont allaités pendant environ un mois), les mâles s'établissent loin de leur terrier natal, tandis que les femelles restent à proximité. Par conséquent, les femelles ont plus de chances que les mâles de côtoyer des parents proches et de les prévenir du danger par des cris d'alarme ; elles augmentent ainsi leur propre adaptation globale.

tout ce qu'elles font au bénéfice de la ruche entière profite au seul membre permanent fécond, la reine, qui est leur mère.

Dans le cas de l'hétérocéphale glabre, les analyses d'ADN ont montré que tous les individus d'une colonie étaient parents proches. Génétiquement, il semble bien que la reine soit la sœur, la fille ou la mère des rois, et que les congénères stériles soient les descendants directs de la reine ou ses frères et sœurs. Par conséquent, quand un individu stérile augmente les chances de reproduction d'une reine ou d'un roi, il augmente les chances que des gènes identiques aux siens soient transmis à la génération suivante.

L'altruisme réciproque

Il arrive que des animaux manifestent de l'altruisme envers des individus avec lesquels ils ne sont pas apparentés. On voit ainsi des babouins (*Papio spp.*) aider un congénère dans un combat et des loups (*Canis lupus*) offrir de la nourriture à d'autres loups qui n'appartiennent pas à leur famille. Ce comportement est adaptatif dans la mesure où l'individu altruiste en bénéficie ultérieurement. On traduit cet échange d'aide par l'expression **altruisme réciproque** et on l'invoque fréquemment pour expliquer l'altruisme de l'humain. L'altruisme réciproque est rare chez les Animaux. Il ne s'observe que chez les espèces (les chimpanzés, par exemple) qui forment des groupes sociaux assez stables pour que les individus aient de nombreuses occasions de s'aider mutuellement. On estime généralement que l'altruisme réciproque est d'autant plus probable que les individus ont des chances de se revoir et que des conséquences défavorables peuvent être liées au fait de ne pas rendre les faveurs reçues par le passé, un modèle de comportement que les écoéthologistes appellent « tricherie ».

Toutefois, étant donné que la tricherie est susceptible de procurer un bénéfice important au tricheur, comment l'altruisme réciproque pourrait-il évoluer ? On peut trouver une réponse dans la théorie des jeux, plus précisément dans une stratégie comportementale nommée *un prêté pour un rendu*. Selon cette stratégie, un individu réserve à un autre le traitement qu'il en a reçu la dernière fois qu'ils se sont rencontrés. Les individus qui adoptent ce comportement sont toujours altruistes, ou coopératifs, à leur première rencontre avec un autre et ils le restent tant que l'altruisme est réciproque. Néanmoins, lorsque la coopération n'est pas mutuelle, ces individus se vengent immédiatement, mais reviennent à la coopération dès que l'autre se montre altruiste. La stratégie « un prêté pour un rendu » a été utilisée pour expliquer les quelques interactions apparemment altruistes observées chez les Animaux, que ce soit le partage de sang entre des chauves-souris vampires (sous-famille des Desmodontinés) non apparentées ou les activités sociales de toilettage chez les Primates.

L'évolution et la culture humaine

La discipline de la **sociobiologie** applique la théorie de l'évolution à l'étude de la culture humaine. La principale prémisse de la sociobiologie est que certaines caractéristiques du comportement existent parce qu'elles sont l'expression de gènes qui ont été perpétués par la sélection naturelle. Dans son ouvrage précurseur, publié en 1975 et intitulé *Sociobiology: The New Synthesis*, E. O. Wilson s'interroge sur l'origine de certains comportements sociaux chez les Animaux en général, de même que chez l'humain, notamment la culture. Le lien entre l'évolution biologique et la culture humaine fait encore l'objet d'un vif débat.

La gamme des comportements sociaux humains possibles est peut-être circonscrite par notre bagage génétique, mais cela ne veut pas dire que les gènes déterminent le comportement de manière rigide, loin de là. Ce sujet est au cœur du débat sur la sociobiologie. Les opposants à cette approche craignent qu'une interprétation sociobiologique du comportement humain puisse servir à justifier le statu quo dans la société humaine, et ainsi les injustices sociales actuelles. Les sociobiologistes, quant à eux, soutiennent qu'il s'agit là d'une simplification excessive et d'une méprise sur ce que les données nous apprennent à propos de la biologie humaine. La sociobiologie ne nous ramène pas au rang de robots sortis d'un moule génétique unique et rigide. Les caractères anatomiques varient considérablement entre les individus et il devrait en être de même pour le comportement. Le passage du génotype au phénotype est soumis à l'influence du milieu pour les caractères physiques et, dans une plus large mesure encore, pour les caractéristiques comportementales. Étant donné notre capacité d'apprentissage et notre polyvalence, notre comportement est sans doute plus malléable que celui de tout autre animal. Au cours de notre évolution récente, nous avons construit des sociétés qui, avec leurs gouvernements, leurs lois, leurs valeurs culturelles et leurs religions, permettent certains comportements et en interdisent d'autres, même si ces derniers ont le potentiel d'augmenter la valeur d'adaptation darwinienne d'un individu. Ce sont peut-être nos institutions sociales et culturelles qui nous différencient vraiment du reste du monde vivant. Il se pourrait fort bien que ces institutions soient la seule caractéristique qui ne s'inscrive pas dans un continuum entre l'humain et les autres animaux.

RETOUR SUR LE CONCEPT 51.4

1. Expliquez pourquoi la variation géographique dans le choix des proies observée chez les couleuvres de l'Ouest semble montrer que ce comportement a évolué par sélection naturelle.
2. **ET SI ?** Si un animal est incapable de distinguer entre des parents proches et des parents éloignés, le concept d'adaptation globale est-il encore applicable ?
3. **ET SI ?** Supposons que vous appliquiez le raisonnement de Hamilton à une situation où un individu a passé l'âge de se reproduire. La sélection favorisera-t-elle un acte altruiste de la part de cet individu, malgré son âge ?

Voir les réponses proposées à la fin du chapitre.

RÉVISION DU CHAPITRE 51

RÉSUMÉ DES CONCEPTS CLÉS

CONCEPT 51.1

Des stimulus sensoriels, même de faible intensité, peuvent déclencher des comportements simples ou complexes (p. 1293 à 1298)

- Le **comportement**, qui englobe l'activité musculaire et non musculaire, est l'ensemble des réactions aux stimulus externes et internes. Tinbergen a énoncé quatre questions qui mettent en évidence la complémentarité des causes immédiates et des causes fondamentales. Les questions portant sur les causes immédiates, le « comment », s'appliquent aux stimulus environnementaux éventuels qui déclenchent le comportement, de même qu'aux mécanismes génétiques, physiologiques et anatomiques qui les sous-tendent. Les questions portant sur les causes fondamentales, sur le « pourquoi », s'appliquent à la signification d'un comportement sur le plan de l'évolution.
- Une **séquence stéréotypée d'actes instinctifs** est un comportement essentiellement invariable, déclenché par un seul stimulus appelé **déclencheur**. Les mouvements migratoires font intervenir la navigation, qui peut s'appuyer sur l'orientation par rapport au Soleil, aux étoiles ou au champ magnétique de la Terre. Le comportement animal est parfois synchronisé avec le cycle quotidien, ou circadien, de clarté et d'obscurité de l'environnement ou avec des signaux environnementaux périodiques au cours des saisons.
- La **communication** chez les Aminaux est la transmission et la réception de signaux ainsi que la réaction qui en résulte. Les Animaux communiquent au moyen de signaux visuels, auditifs, chimiques (habituellement olfactifs) et tactiles, parfois dans le cadre d'une chaîne stimulus-réponse pour les comportements complexes. Des substances chimiques appelées phéromones transmettent dans l'environnement des informations propres à une espèce par des comportements variés, allant de la quête de nourriture à la parade nuptiale.

? *Dans quelle mesure la migration déterminée par les rythmes circannuels est-elle mal assortie au changement climatique mondial ?*

CONCEPT 51.2

L'apprentissage établit des liens précis entre l'expérience et le comportement (p. 1298 à 1303)

- Les expériences d'adoption interspécifique peuvent servir à mesurer l'influence du milieu social et de l'expérience sur le comportement.
- L'**apprentissage** est la modification d'un comportement à la suite d'expériences particulières. Il existe divers types d'apprentissage.

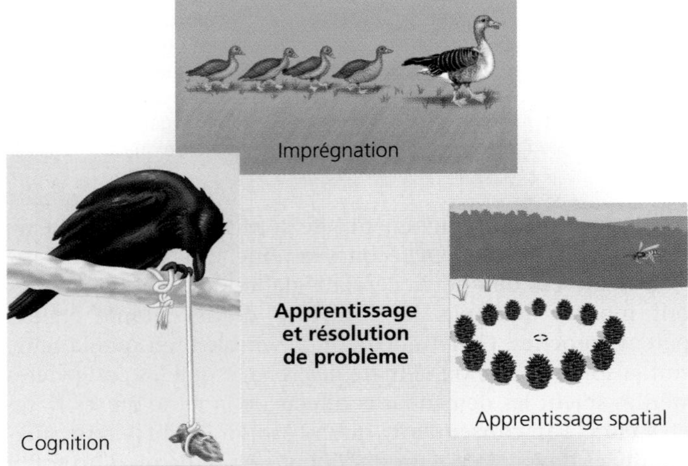

? *En quoi l'imprégnation chez les oies et le développement du chant chez les bruants diffèrent-ils quant au comportement qui en résulte ?*

CONCEPT 51.3

La plupart des comportements s'expliquent par le fait que la sélection naturelle favorise la survie et le succès reproductif de l'individu (p. 1304 à 1310)

- La **théorie de la quête optimale de nourriture** s'appuie sur l'idée que la sélection naturelle favorise les comportements qui réduisent au minimum les coûts de la quête de nourriture tout en maximisant les bénéfices.
- Il y a une corrélation entre le dimorphisme sexuel et le système d'accouplement entre les mâles et les femelles, notamment la **monogamie** et la **polygamie**. Le système d'accouplement et le mode de fécondation

influent sur la certitude de paternité, laquelle influe à son tour considérablement sur le comportement avec le partenaire et les soins parentaux.

- La théorie des jeux représente une manière d'envisager l'évolution dans des situations où la valeur d'adaptation d'un phénotype comportemental particulier est influencée par d'autres phénotypes présents dans la population.

? *Chez certaines espèces d'araignées, la femelle mange le mâle presque immédiatement après l'accouplement. À votre avis, comment ce comportement trouve-t-il sa raison d'être dans l'évolution ?*

CONCEPT 51.4

Le concept d'adaptation globale explique en grande partie l'évolution du comportement, dont l'altruisme (p. 1310 à 1316)

- Des expériences de laboratoire portant sur des populations d'insectes ont révélé l'existence de gènes régulateurs appelés gènes maîtres, qui régissent les comportements complexes. Subordonnés à ces gènes maîtres, de nombreux gènes secondaires influent sur des comportements particuliers, comme le chant nuptial. Des études portant sur deux espèces de campagnols ont montré que la variation dans un seul gène suffit parfois pour expliquer des différences dans des comportements complexes liés à l'accouplement et aux soins parentaux.
- Lorsqu'une variation de comportement au sein d'une espèce correspond à une variation dans les conditions environnementales, il peut témoigner d'une évolution antérieure. Des études sur le terrain et en laboratoire ont montré les fondements génétiques d'une modification du comportement migratoire de certains oiseaux ; elles ont révélé, chez des serpents, des différences comportementales qui sont liées à la variation géographique de la disponibilité de la nourriture (proies).
- Il arrive que des animaux accomplissent des actes qui compromettent leur propre bien-être, mais profitent aux autres. L'**altruisme** peut s'expliquer par le concept d'**adaptation globale**, qui se définit comme l'effet global qu'a un individu sur la prolifération de ses gènes en produisant une descendance *et* en fournissant une aide qui permet à ses proches parents de se reproduire aussi. Le **coefficient de parenté** et la **règle de Hamilton** permettent de mesurer l'influence de la sélection sur l'altruisme par rapport à son coût potentiel. La **sélection de parentèle** favorise l'altruisme, car elle accroît le succès reproductif des proches parents. L'altruisme envers des individus non apparentés peut être adaptatif dans la mesure où l'individu qui a reçu de l'aide rend la pareille ultérieurement : il s'agit d'un échange appelé altruisme réciproque.

? *Supposons que vous ayez étudié la génétique du chant nuptial de la chrysope verte, mais que vous ne sachiez rien des effets des mutations de la parade nuptiale chez les mouches ni des effets de la variation du gène des récepteurs à la vasopressine chez les campagnols. Quelles connaissances sur les fondements génétiques du comportement vous manquerait-il ?*

ÉVALUATION

NIVEAU 1 : CONNAISSANCES ET COMPRÉHENSION

1. Lequel des énoncés suivants s'applique aux comportements innés ?
a) Les gènes ont très peu d'influence sur l'expression des comportements innés.
b) Les comportements innés ont lieu avec ou sans stimulus environnementaux.
c) Seuls les Invertébrés présentent des comportements innés.
d) Les comportements innés s'expriment chez la plupart des individus d'une population.
e) Les Invertébrés et certains vertébrés ont des comportements innés, mais pas les Mammifères.

2. Selon la règle de Hamilton :
a) La sélection naturelle ne favorise pas l'altruisme si l'individu altruiste perd la vie.
b) La sélection naturelle favorise les actes altruistes quand le bénéfice qu'en retire l'individu bénéficiaire multiplié par le coefficient de parenté est supérieur au coût pour l'individu altruiste.
c) La sélection naturelle tend à favoriser les comportements altruistes dont bénéficie un descendant plutôt que ceux dont bénéficient un frère ou une sœur.
d) La sélection de parentèle est un facteur de sélection plus puissant que le succès reproductif d'un individu favorisé par la sélection naturelle.
e) L'altruisme est toujours réciproque.

3. La femelle du chevalier grivelé (*Actitis macularia*) courtise les mâles de façon agressive, puis, après l'accouplement, elle laisse le mâle assurer l'incubation de la couvée. Elle peut répéter cela plusieurs fois auprès de différents partenaires, jusqu'à ce qu'il n'y ait plus de mâles disponibles. Cela l'oblige alors à assurer l'incubation de sa dernière couvée. Parmi les termes suivants, lequel décrit le mieux ce comportement ?
a) Monogamie.
b) Polygynie.
c) Polyandrie.
d) Promiscuité.
e) Certitude de paternité.

NIVEAU 2 : APPLICATION ET ANALYSE

4. Chez le serin des Canaries (*Serinus canaria*), une région du prosencéphale rapetisse et se régénère chaque saison de reproduction. Cette découverte permet d'établir une corrélation avec :
a) la phase de modification du chant qui donne un nouveau chant, plus complexe.
b) la fixation du chant adulte à partir du préchant.
c) la période critique au cours de laquelle les parents imprègnent les nouveaux petits.
d) le renouvellement des activités de construction d'un nid et de reproduction.
e) l'élimination ou la suppression des chants mémorisés l'année précédente.

5. Bien que de nombreuses populations de chimpanzés vivent dans des milieux où on trouve des noix de palmier à huile, seuls les membres de certaines populations utilisent des pierres pour les ouvrir. L'explication la plus plausible pour cette différence de comportement entre populations est que :
a) elle résulte d'une différence génétique entre ces populations.
b) les besoins nutritionnels varient selon les populations.
c) l'utilisation des pierres est une tradition culturelle qui ne s'est imposée que dans certaines populations.
d) la capacité d'apprentissage varie selon les populations.
e) la dextérité varie selon les populations.

6. Lequel des énoncés suivants *ne s'applique pas* à l'évolution d'une caractéristique comportementale par sélection naturelle ?
a) Chez chaque individu, le type de comportement est entièrement déterminé par les gènes.
b) Le comportement diffère d'un individu à l'autre.
c) Le succès reproductif d'un individu dépend en partie de la façon dont il se comporte.
d) Le comportement est en partie héréditaire.
e) Le génotype d'un individu influe sur son phénotype comportemental.

NIVEAU 3 : SYNTHÈSE ET ÉVALUATION

7. **FAITES UN DESSIN** Vous étudiez deux modèles de quête optimale de nourriture chez l'huîtrier, un oiseau côtier qui se nourrit notamment de moules. Dans le modèle A, la récompense énergétique augmente uniquement en fonction de la taille des moules. Dans le modèle B, vous devez tenir compte du fait que les moules plus grosses sont plus difficiles à ouvrir. Faites un diagramme de la récompense (bénéfice énergétique sur une échelle de 0 à 10) en fonction de la longueur de la moule (échelle de 0 à 70 mm) pour chaque modèle. Supposez que les moules de moins de 10 mm de longueur ne donnent aucun bénéfice et que les oiseaux les ignorent. Supposez également que les moules commencent à être difficiles à ouvrir lorsqu'elles atteignent 40 mm et qu'elles sont impossibles à ouvrir lorsqu'elles mesurent 70 mm ou plus. À partir des diagrammes que vous avez faits, comment distinguez-vous les modèles en utilisant l'observation et la mesure de l'habitat de l'huîtrier?

8. **LIEN AVEC L'ÉVOLUTION**
Dans le contexte des activités humaines, on explique souvent notre comportement en fonction de sentiments subjectifs, de motifs ou de raisons. Au contraire, les explications fondées sur l'évolution font intervenir l'adaptation du système de reproduction. Quelle est la relation entre les deux types d'explication? Par exemple, pour un comportement comme «tomber amoureux», une explication humaine est-elle incompatible avec une explication fondée sur l'évolution?

9. **INTÉGRATION**
Des scientifiques ont découvert que, chez les geais à gorge blanche (*Aphelocoma coerulescens*), il arrive fréquemment que des «auxiliaires» aident les couples à élever leurs petits. Ces auxiliaires ne possèdent ni territoire ni partenaire, mais ils aident les individus qui se sont approprié un territoire à nourrir leur progéniture. Proposez une hypothèse susceptible d'expliquer en quoi ce comportement peut être plus avantageux pour les auxiliaires que la recherche d'un territoire et d'un partenaire bien à eux. Comment vérifierez-vous votre hypothèse? Si votre hypothèse est juste, quels résultats attendrez-vous de vos expériences?

10. **SCIENCE, TECHNOLOGIE ET SOCIÉTÉ**
Les chercheurs s'intéressent beaucoup aux vrais jumeaux (monozygotes) qui ont été élevés séparément dès la naissance. À ce jour, les données obtenues révèlent que ces jumeaux ont de nombreux points en commun. Leur personnalité, leur manière d'être, leurs habitudes et leurs centres d'intérêt se ressemblent souvent. Selon vous, à quelle question générale les chercheurs espèrent-ils répondre en étudiant des jumeaux élevés séparément? Pourquoi les jumeaux monozygotes font-ils de bons sujets pour ce genre de recherche? Dans quels pièges pourraient tomber ces recherches? Quels abus pourrait-on commettre si on n'évaluait pas de façon critique ces études?

11. **ÉCRIVEZ UN TEXTE**
Le fondement génétique de la vie L'apprentissage est la modification d'un comportement à la suite d'expériences particulières. Dans un court texte (de 100 à 150 mots), décrivez le rôle de l'information héréditaire dans l'acquisition de l'apprentissage, en vous appuyant sur des exemples d'imprégnation et d'apprentissage associatif.

RÉPONSES DU CHAPITRE 51

Questions des figures

Figure 51.2 La séquence stéréotypée d'actes instinctifs provoquée par le déclencheur «ventre rouge» permet au mâle de chasser tout mâle de son espèce qui empiète sur son territoire. En chassant ainsi les autres mâles, il réduit les chances qu'un autre mâle féconde les œufs pondus dans son territoire de nidification. **Figure 51.7** Il devrait n'y avoir aucun effet. L'imprégnation est un comportement inné qui se reproduit à chaque génération. Si le nid n'a pas été perturbé, les petits des oiseaux qui suivent Lorenz subiront l'imprégnation de leur vraie mère oie. **Figure 51.8** La guêpe n'utiliserait peut-être pas de repères visuels. Ou alors la guêpe reconnaîtrait les objets qui appartiennent naturellement à son territoire, mais pas les objets étrangers tels que les cônes de pin. Tinbergen a étudié ces questions avant de faire l'expérience des cônes de pin. Lorsqu'il a déplacé les pierres et les brindilles autour du nid, les guêpes n'arrivaient plus à trouver leur nid. S'il déplaçait les objets naturels qui appartenaient à l'environnement naturel, le déplacement des repères entraînait un déplacement du site auquel les guêpes retournaient. Enfin, s'il remplaçait les objets naturels autour du nid par des cônes de pin pendant que la guêpe était dans le nid, la guêpe retrouvait quand même son nid à son retour. **Figure 51.23** La production du chant nuptial doit s'appuyer sur la reconnaissance de ce chant. À moins que les gènes qui régissent la production d'éléments particuliers du chant régulent également la reconnaissance, les hybrides pourraient être incapables de trouver un partenaire sexuel, selon les aspects des chants qui sont importants pour la reconnaissance et l'acceptation du partenaire. **Figure 51.26** Il se pourrait que les oiseaux aient besoin d'un stimulus durant le vol pour exprimer leur préférence migratoire. Si c'était le cas, les oiseaux auraient alors la même orientation de vol dans l'expérience de l'entonnoir, malgré leur bagage génétique différent. **Figure 51.28** Cette valeur est juste dans certains cas, mais pas dans tous. Si un parent a plus d'un partenaire pour se reproduire, la progéniture des différents partenaires aura un coefficient de parenté inférieur à 0,5.

Retour sur le concept 51.1

1. Ce comportement est un exemple de séquence stéréotypée d'actes instinctifs. Sa cause immédiate pourrait être que la vue d'un objet se trouvant à l'extérieur du nid représente un stimulus signal déclenchant chez l'oie cendrée une série de mouvements qui, une fois entreprise, est exécutée jusqu'au bout. Quant à la cause fondamentale, elle pourrait être la suivante: en s'assurant que les œufs demeurent dans le nid, l'oie cendrée augmente ses chances d'avoir des rejetons en bonne santé. **2.** Dans les deux cas, la détection de la variation périodique dans l'environnement donne lieu à un cycle reproducteur coordonné avec les conditions environnementales qui maximisent les chances de succès. **3.** Il se pourrait que la sélection incite d'autres poissons-proies à détecter les poissons blessés parce que la source de la blessure peut les mettre en danger eux-mêmes. Parmi les prédateurs, la sélection peut favoriser ceux qui sont attirés par la substance d'alarme parce qu'ils seront plus susceptibles de repérer le poisson blessé. Les poissons qui peuvent se défendre adéquatement peuvent ne présenter aucun changement, parce qu'ils bénéficient d'un avantage sélectif s'ils ne gaspillent pas leur énergie à répondre à la substance.

Retour sur le concept 51.2

1. La sélection naturelle tend à favoriser la convergence des motifs colorés, car un prédateur qui apprend à associer un motif particulier à une piqûre ou à un goût désagréable évitera tous les autres individus présentant ce motif, peu importe leur espèce. **2.** Vous pourriez déplacer des objets autour afin d'établir une règle abstraite, par exemple «à partir du repère A, la même distance qu'entre A et le point de départ», tout en gardant un minimum de relations métriques fixes, c'est-à-dire en évitant de placer la nourriture immédiatement à côté du point de repère ou à une distance fixe. Comme vous pouvez le voir, ce n'est pas facile de concevoir une expérience qui produira des données éclairantes. **3.** Le comportement appris, tout comme le comportement inné, peut contribuer à l'isolement reproductif et donc à la spéciation. Par exemple, les chants d'oiseaux appris contribuent à la reconnaissance de l'espèce durant la parade nuptiale, ce qui permet de s'assurer que seuls des individus de la même espèce s'accouplent ensemble.

Retour sur le concept 51.3

1. La certitude de paternité est plus forte chez les espèces à fécondation externe. **2.** Il se peut que la sélection équilibrée maintienne les deux allèles sur le locus *forager* («comportement de quête de nourriture»), si la densité de population fluctue d'une génération à l'autre. Durant les périodes où la densité de population est faible, la larve sédentaire (porteuse de l'allèle for^S), qui conserve son énergie, serait favorisée, tandis qu'en période de forte densité de population la larve routière (allèle for^R), plus mobile, serait avantagée sur le plan de la sélection. **3.** Étant donné que les femelles seraient alors plus nombreuses que les mâles, les trois types de mâles devraient avoir un certain succès reproductif. Cependant, comme l'avantage sur lequel comptent les mâles à gorge bleue (un nombre limité de femelles dans leur territoire) serait absent, les mâles à gorge jaune deviendraient probablement plus nombreux à court terme.

Retour sur le concept 51.4

1. Cette variation géographique correspond à des différences dans la disponibilité des proies dans deux habitats de couleuvres de l'Ouest. Il semble donc que les couleuvres dotées de caractéristiques leur permettant de se nourrir de proies abondantes dans leur milieu particulier aient augmenté leurs chances de survie et leur succès reproductif, et que la sélection naturelle ait ainsi donné lieu à des comportements de quête de nourriture différents. **2.** Oui. La sélection de parentèle ne dépend d'aucune reconnaissance de parenté. **3.** L'individu âgé ne peut pas être le bénéficiaire parce qu'il ne peut plus avoir de petits. Toutefois, le coût est bas pour un individu âgé qui se montre altruiste, puisqu'il s'est déjà reproduit (mais peut-être prend-il encore soin d'un enfant ou d'un petit-enfant). La sélection peut donc favoriser un acte altruiste qui est posé par un individu ayant dépassé l'âge de se reproduire et qui profite à un individu plus jeune.

Questions du résumé des concepts clés

51.1 Les rythmes circannuels reposent habituellement sur les cycles de clarté et d'obscurité de l'environnement. Au fur et à mesure que le climat de la planète change, les animaux qui migrent en réaction à ces rythmes peuvent migrer dans un autre endroit avant ou après que les conditions environnementales locales soient optimales pour la reproduction et la survie. **51.2** L'oie a seulement besoin d'un objet à suivre. Dans le cas du bruant, c'est l'apprentissage qui aura lieu qui façonnera le comportement. **51.3** Comme l'alimentation de la femelle est susceptible d'améliorer son succès reproductif, les gènes du mâle sacrifié ont ainsi plus de chances de se trouver en abondance dans la progéniture. **51.4** Il vous manquerait l'idée selon laquelle des modifications qui surviennent dans un seul gène suffisent parfois à entraîner des effets à grande échelle, même sur des comportements complexes.

ÉVALUATION

1. d; **2.** b; **3.** c; **4.** a; **5.** c; **6.** a;

7.

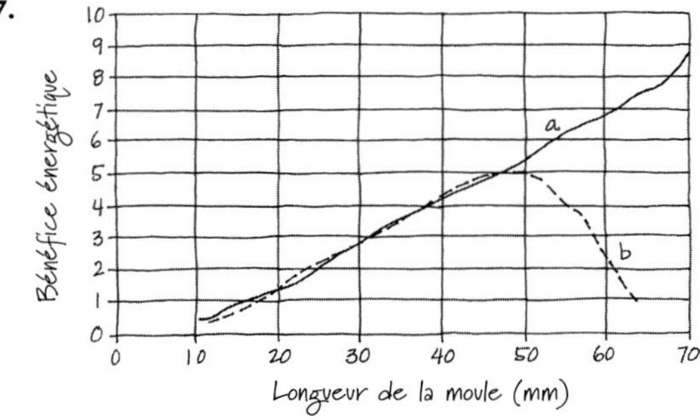

Vous pourriez mesurer la longueur de la moule que les huîtriers arrivent à ouvrir, puis comparer cette mesure avec la répartition des moules de différentes tailles dans l'habitat.

52

L'écologie et la biosphère : introduction

▲ **Figure 52.1 Qu'est-ce qui menace la survie de cet amphibien ?**

CONCEPTS CLÉS

52.1 **Le climat de la Terre varie selon la latitude et la saison, et change rapidement**

52.2 **Le climat et les perturbations déterminent la répartition et la structure des biomes terrestres**

52.3 **Les biomes aquatiques sont des systèmes diversifiés et dynamiques qui couvrent la majeure partie de la planète**

52.4 **Les interactions des organismes entre eux et avec leur milieu limitent la répartition des espèces**

INTRODUCTION

La découverte de l'écologie

Lorsqu'il partit passer l'été au Costa Rica, Justin Yeager, un étudiant du premier cycle de la University of Delaware, projetait de voir la forêt tropicale humide et d'améliorer son espagnol. Il redécouvrit plutôt une espèce d'amphibien, *Atelopus varius*, que l'on croyait disparue des flancs montagneux du Costa Rica et du Panamá, où elle vivait (**figure 52.1**). Au cours des années 1980 et 1990, près des deux tiers des 82 sous-espèces connues de ces crapauds multicolores ont disparu. Les scientifiques croient qu'un chytridiomycète pathogène, *Batrachochytrium dendrobatidis* (voir la figure 31.26, p. 755), serait à l'origine d'un grand nombre de ces extinctions. Pourquoi ce chytridiomycète a-t-il tout à coup autant proliféré dans la forêt tropicale ? Une couverture nuageuse plus importante et des nuits plus chaudes, combinées au réchauffement climatique, semblent avoir créé un environnement idéal à sa prolifération. Quant à l'espèce que trouva Yeager en 2009, il s'agissait de la seule population survivante connue comptant moins de 100 individus.

Quels sont les facteurs environnementaux limitant la répartition géographique du crapaud *Atelopus varius* ? Quelle influence les variations de leurs sources de nourriture et les interactions avec d'autres espèces, comme les agents pathogènes, exercent-elles sur la taille de leurs populations ? Ce type de questions concernent l'**écologie** (du grec *oikos*, « maison », et *logos*, « discours sur, science de »), l'étude scientifique des interactions entre les organismes, d'une part, et entre les organismes et leur milieu, d'autre part. Les interactions écologiques se produisent à diverses échelles, de celle de l'organisme jusqu'à l'échelle planétaire (**figure 52.2**).

L'écologie trouve sa source dans la fascination fondamentale de l'humain pour l'observation d'autres organismes. Des naturalistes, dont Aristote et Darwin, ont longtemps observé le monde vivant et consigné systématiquement leurs observations. L'écologie moderne, cependant, va plus loin que l'observation. C'est une science expérimentale rigoureuse qui fait appel à un vaste savoir biologique. Les écologistes formulent des hypothèses, manipulent des variables environnementales et observent les résultats. La huitième partie, commençant par ce chapitre, présente de nombreux exemples d'expériences en écologie, dont les défis complexes ont amené les écologistes à proposer de nouveaux concepts expérimentaux et des inférences statistiques inédites.

En plus de proposer un cadre conceptuel pour comprendre le domaine de l'écologie, la figure 52.2 présente le cadre organisationnel de notre dernière partie. Nous commençons ce chapitre en décrivant le climat terrestre et son importance, ainsi que celle d'autres facteurs physiques pour déterminer l'emplacement des principales zones de vie sur terre et dans les océans. Nous examinerons ensuite comment les écologistes déterminent les variables qui régissent la répartition et l'abondance des espèces. Les trois chapitres suivants étudient attentivement l'écologie des populations, des communautés et des écosystèmes, dont une approche de restauration des écosystèmes endommagés. Le dernier chapitre explore la biologie de la conservation et l'écologie à l'échelle planétaire. Plus particulièrement, nous y verrons comment les écologistes arrivent, à partir des connaissances en biologie, à prédire les conséquences mondiales des activités humaines et à préserver la biodiversité de la planète.

▼ **Figure 52.2**

PANORAMA La portée de la recherche en écologie

Les écologistes travaillent à divers niveaux de la hiérarchie biologique, de l'organisme à la planète. Nous présentons ci-dessous une question de recherche type propre à chaque niveau de la hiérarchie.

L'écologie planétaire

La **biosphère** constitue l'écosystème planétaire, qui englobe l'ensemble des écosystèmes et des paysages de la planète. L'**écologie planétaire** analyse la façon dont les échanges régionaux d'énergie et de matière influent sur le fonctionnement et la répartition des organismes dans la biosphère.

◄ Quelle influence la circulation océanique exerce-t-elle sur la répartition mondiale des Crustacés ?

L'écologie du paysage

Un **paysage** (terrestre ou marin) est une mosaïque d'écosystèmes reliés les uns aux autres. La recherche en **écologie du paysage** s'intéresse aux facteurs régissant les échanges d'énergie, de matière et d'organismes entre plusieurs écosystèmes.

◄ Dans quelle mesure les arbres bordant une rivière servent-ils de couloir de dispersion pour les animaux ?

L'écologie des écosystèmes

Un **écosystème** est la communauté d'organismes habitant une région et les facteurs physiques avec lesquels ces organismes interagissent. L'**écologie des écosystèmes** traite surtout des questions comme les transferts d'énergie et les cycles biochimiques entre les organismes et leur milieu.

◄ Quels facteurs contrôlent la productivité photosynthétique dans l'écosystème tempéré d'une prairie ?

L'écologie des communautés

Une **communauté** est un groupe de populations de différentes espèces dans une région. L'**écologie des communautés** examine l'influence qu'exercent les interactions entre les espèces, telles que la prédation et la compétition, sur la structure et l'organisation de la communauté.

◄ Quels facteurs influencent la diversité des espèces composant une forêt ?

L'écologie des populations

Une **population** est un groupe d'individus de la même espèce vivant dans une région. L'**écologie des populations** analyse les facteurs qui influent sur la taille d'une population et sur les causes et les mécanismes des changements qu'elle subit au fil du temps.

◄ Quels facteurs environnementaux influent sur le taux de fécondité des locustes (*Locusta spp.*) ?

L'autécologie

L'**autécologie**, ou *autoécologie*, qui englobe les sous-domaines suivants : l'écophysiologie, l'écologie de l'évolution et l'éthologie (ou écologie du comportement), se penche sur la manière dont les aspects morphologiques, physiologiques et comportementaux d'un organisme répondent aux contraintes de son milieu.

◄ Comment le requin-marteau (*Sphyrna sp.*) choisit-il un partenaire ?

CONCEPT 52.1

Le climat de la Terre varie selon la latitude et la saison, et change rapidement

Le **climat**, c'est-à-dire l'ensemble des conditions météorologiques à long terme propres à une région donnée, est ce qui influe le plus sur la répartition des organismes sur terre et dans les océans. Quatre facteurs abiotiques – la température, les précipitations, la lumière et le vent – constituent les principaux éléments du climat. Dans la présente section, nous décrivons les **régimes climatiques** à deux niveaux : celui du **macroclimat**, soit les régimes à l'échelle planétaire, régionale et locale ; et celui du **microclimat**, soit les régimes à petite échelle, localisés, comme ceux que connaît une communauté d'organismes vivant dans un microhabitat sous un arbre mort. Examinons d'abord le macroclimat de la Terre.

Les régimes climatiques à l'échelle planétaire

À l'échelle planétaire, les régimes climatiques sont en grande partie déterminés par l'apport d'énergie solaire et par les mouvements de la Terre dans l'espace. Les rayons solaires réchauffent l'atmosphère, le sol et l'eau. Ce réchauffement détermine les différences de température, les mouvements cycliques de l'air et de l'eau, et l'évaporation de l'eau à l'origine des phénomènes qui causent les grandes variations du climat. La **figure 52.3** résume les régimes climatiques de la Terre et la façon dont ils se forment.

Les facteurs régionaux et locaux agissant sur le climat

De nombreux facteurs influent sur les régimes climatiques, dont les variations saisonnières du climat, les grandes étendues d'eau et les chaînes de montagnes. Examinons chacun de ces facteurs.

Les variations saisonnières

Comme le montre la **figure 52.4**, l'axe incliné de la Terre et sa course annuelle autour du Soleil entraînent d'importants cycles saisonniers sous les latitudes moyennes et élevées. En plus des changements dans la photopériode, dans le rayonnement solaire et dans la température dans le monde entier, la variation de l'angle d'incidence des rayons solaires au cours de l'année provoque aussi des variations locales dans l'environnement. Par exemple, les ceintures d'air humide et d'air sec situées de part et d'autre de l'équateur se déplacent quelque peu vers le nord et vers le sud lorsque l'angle d'incidence des rayons solaires change. Par conséquent, les régions situées aux environs de 20° de latitude N. et de 20° de latitude S., où croissent les forêts décidues tropicales, connaissent une saison sèche et une saison des pluies bien délimitées. En outre, les changements saisonniers des vents font varier les courants marins, causant parfois une remontée des eaux de fond froides. Ces eaux riches en nutriments stimulent la croissance du phytoplancton qui vit à la surface de l'eau et des organismes qui s'en nourrissent.

Comme l'axe de la Terre est incliné par rapport au plan de l'orbite autour du Soleil, l'intensité du rayonnement solaire varie selon la saison. C'est dans les tropiques que la variation saisonnière est la moindre, alors qu'elle augmente à mesure qu'on s'approche des pôles.

Les étendues d'eau

Les courants marins influent sur le climat des côtes, car ils réchauffent ou refroidissent les masses d'air marin qui passent au-dessus des continents. Les régions côtières reçoivent d'ailleurs généralement plus de pluie que les régions intérieures de même latitude. Le courant froid de la Californie qui circule du nord au sud le long de la côte ouest de l'Amérique du Nord crée un climat frais et brumeux propice aux forêts pluvieuses de conifères le long de la côte du Pacifique et aux peuplements de séquoias géants (*Sequoia sempervirens*), un peu plus au sud. Inversement, le courant chaud du Gulf Stream, provenant de l'équateur, circule vers le nord et traverse l'Atlantique (**figure 52.5**), ce qui tempère le climat de la côte ouest de l'Europe du Nord. Par conséquent, le nord-ouest de l'Europe est plus chaud pendant l'hiver que le sud-est du Canada, qui se situe pourtant plus au sud, mais subit l'influence d'un courant froid, le courant du Labrador qui descend du Groenland.

En raison de la chaleur spécifique élevée de l'eau (voir le chapitre 3), les océans et les grandes étendues d'eau intérieures ont sur le climat des milieux terrestres voisins un effet modérateur. Ainsi, quand la terre ferme est plus chaude que l'eau, l'air situé au-dessus du sol se réchauffe et s'élève, et une brise fraîche venant de l'eau souffle vers la terre ferme (**figure 52.6**). La nuit, au contraire, parce que les températures baissent plus vite au-dessus du sol qu'au-dessus de l'eau, l'air au-dessus des eaux maintenant plus chaudes s'élève et crée une circulation qui attire l'air froid du sol vers l'eau et le remplace par de l'air chaud venu du large. Cependant, cet effet modérateur sur le climat se limite parfois à la côte. L'été, dans certaines régions comme le sud de la Californie et le sud-ouest de l'Australie, les brises de mer fraîches et sèches se réchauffent au contact de la terre ferme. Elles absorbent l'humidité et créent un climat chaud et sec à quelques kilomètres des côtes (voir la figure 3.5, p. 52). Ce régime climatique, qui existe aussi autour de la mer Méditerranée, est appelé *climat méditerranéen*.

Les montagnes

Comme les grandes étendues d'eau, les montagnes influencent la circulation d'air sur la terre ferme. À l'approche d'une montagne, l'air chaud et humide s'élève et refroidit. Il libère alors son humidité sur le versant exposé au vent (voir la figure 52.6). Sur le versant descendant qui est à l'abri du vent, l'air frais et sec descend, absorbe l'humidité et produit une région abritée des précipitations. C'est pourquoi les déserts sont généralement situés au pied du versant des chaînes de montagnes qui est à l'abri du vent. C'est ainsi le cas du désert du Grand Bassin et du désert Mojave dans l'ouest de l'Amérique du Nord, du désert de Gobi en Asie, et des petits déserts qui caractérisent les parties sud-ouest de certaines îles des Antilles.

Les montagnes ont aussi un effet important sur le rayonnement solaire, la température et les précipitations locales. Dans l'hémisphère Nord, le versant sud des montagnes reçoit

▼ **Figure 52.3**

PANORAMA Les régimes climatiques à l'échelle planétaire

La variation de l'intensité de la lumière solaire en fonction de la latitude

La forme ronde de la Terre est responsable de la variation de l'intensité de la lumière solaire en fonction de la latitude. Comme la lumière solaire frappe plus directement les **tropiques** (régions situées entre 23,5° de latitude N. et 23,5° de latitude S.), il parvient à cet endroit plus de chaleur et de lumière par unité de surface. Sous des latitudes plus élevées, la lumière solaire atteint la Terre obliquement, de sorte que l'énergie lumineuse est plus diffuse à sa surface.

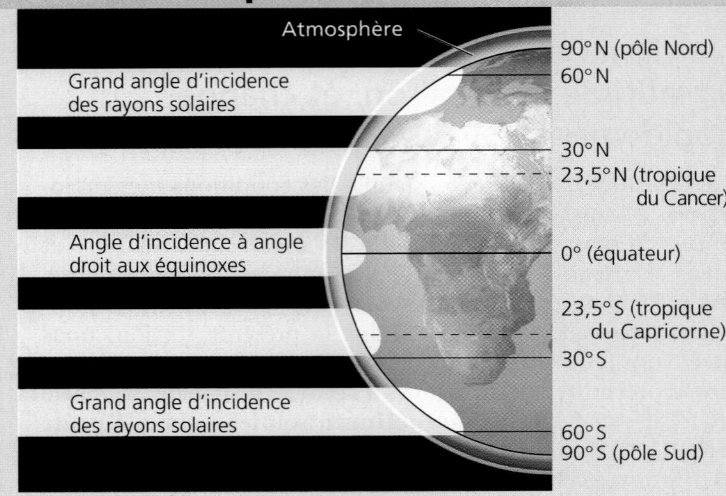

La circulation de l'air et les précipitations à l'échelle planétaire

L'intense rayonnement solaire près de l'équateur déclenche un système de circulation d'air et de précipitations autour du globe. Sous l'effet de la chaleur qui règne dans les tropiques, l'eau s'évapore depuis la surface terrestre. Des masses d'air chaud et humide s'élèvent dans l'atmosphère (flèches bleues) et se dirigent vers les pôles. Elles libèrent la majeure partie de leur contenu en eau et provoquent d'abondantes précipitations dans les régions tropicales. Une fois asséchées, les masses d'air circulant à haute altitude redescendent vers la Terre (flèches jaunes) à environ 30° de latitude N. et de latitude S., où elles absorbent l'humidité du sol et créent un climat aride propice à la formation des déserts, qui sont communs sous ces latitudes. Une partie de l'air qui descend se dirige vers les pôles. Autour de 60° de latitude N. et de latitude S., les masses d'air s'élèvent à nouveau et libèrent d'abondantes précipitations (quoique moins que sous les tropiques). Une partie de l'air froid et sec qui s'élève se dirige vers les pôles. Là, il redescend et retourne vers l'équateur, absorbant de l'humidité et créant les climats secs et extrêmement froids des régions polaires.

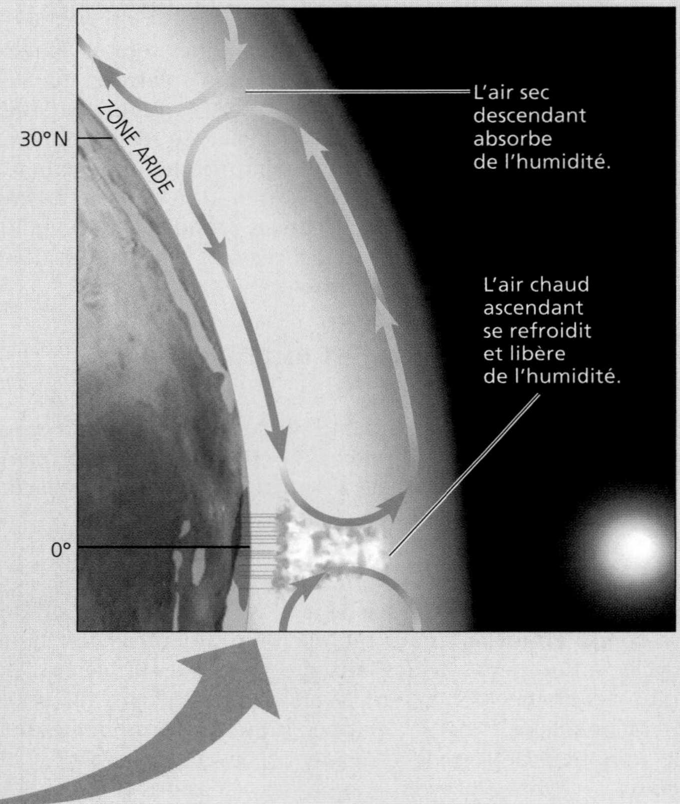

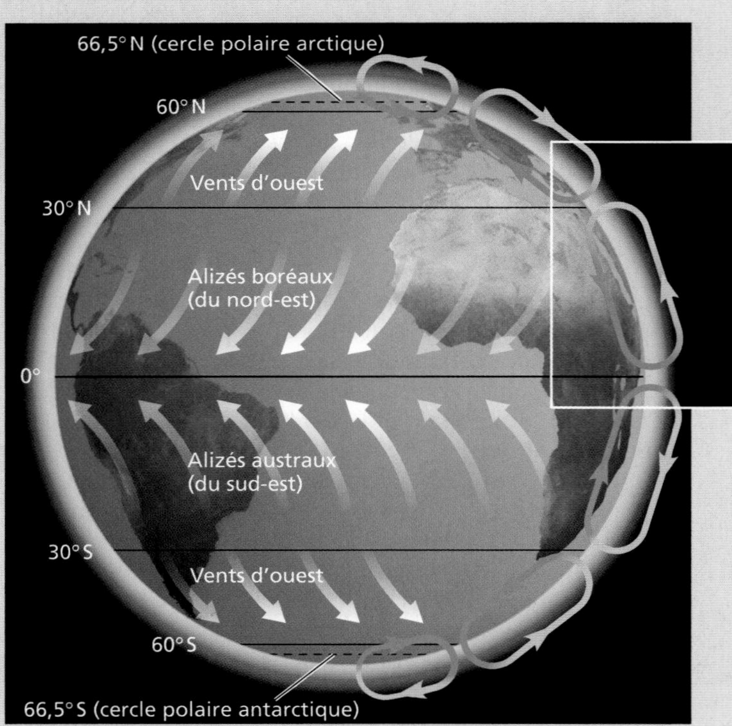

L'air qui circule près de la surface terrestre crée des configurations de vents prévisibles à l'échelle planétaire. Mais comme la Terre tourne sur son axe, le sol qui est situé près de l'équateur se déplace plus rapidement que celui qui est situé près des pôles. Les vents dévient ainsi par rapport aux trajets verticaux représentés ci-dessus et soufflent vers l'est et vers l'ouest (voir ci-contre). Dans les régions tropicales, des vents rafraîchissants appelés alizés soufflent d'est en ouest. Dans les zones tempérées, soit dans les régions situées entre le tropique du Cancer et le cercle polaire arctique, et entre le tropique du Capricorne et le cercle polaire antarctique, au contraire, les vents d'ouest dominants soufflent d'ouest en est.

plus de lumière solaire que le versant nord et est par conséquent plus chaud et plus sec. Ces différences physiques influent sur la répartition des espèces. Par exemple, sur de nombreuses montagnes de l'ouest de l'Amérique du Nord, on trouve des épinettes (*Picea spp.*) et d'autres conifères sur le versant nord, mais une végétation arbustive et résistante à la sécheresse sur le versant sud. De plus, la température de l'air diminue d'environ 6 °C par tranche de 1 000 m d'altitude. On obtiendrait un changement de température équivalent si on parcourait 880 km vers le nord. C'est l'une des raisons qui expliquent la ressemblance entre les communautés des montagnes et celles des zones de moindre altitude qui sont éloignées de l'équateur.

Le microclimat

Plusieurs phénomènes influent sur le microclimat en produisant de l'ombre, en modifiant l'évaporation de l'eau du sol et en changeant la configuration des vents. Par exemple, dans les forêts, les arbres tempèrent souvent le microclimat du milieu qu'ils abritent. En conséquence, les zones déboisées subissent en général de plus grandes variations de température que l'intérieur des forêts, en raison du plus grand rayonnement solaire et des vents plus forts qui résultent du réchauffement et du refroidissement rapides du sol découvert. Dans une forêt, les terres basses sont habituellement plus humides que les terres hautes et elles tendent à être occupées par des espèces d'arbres différentes. Enfin, sous une bûche ou une grosse pierre vivent des organismes comme des salamandres (Amphibiens), des vers (Oligochètes) et des Insectes, à l'abri des extrêmes de température et d'humidité. Dans tous les milieux de la planète, on trouve ainsi de petites différences entre les facteurs **abiotiques**, ou non vivants; ceux-ci sont des caractéristiques chimiques et physiques, telles que la température, la lumière, l'eau et les nutriments, qui influent sur la répartition locale des organismes. Plus loin dans le présent chapitre, nous examinerons également les facteurs **biotiques,** ou vivants, c'est-à-dire les autres organismes qui composent l'environnement d'un individu et qui influent sur la répartition et l'abondance de la vie sur Terre.

Les changements climatiques à l'échelle planétaire

En raison de l'influence de variables climatiques sur les aires de répartition de la plupart des Végétaux et des Animaux, tout changement à grande échelle du climat terrestre influe profondément sur la biosphère. En fait, nous assistons actuellement à une vaste «expérience» climatique du genre, ce dont nous discuterons en détail au chapitre 56. La combustion de carburants fossiles et la déforestation accroissent la concentration de CO_2 et d'autres gaz à effet de serre dans l'atmosphère. La Terre s'est ainsi réchauffée de 0,8 °C, en moyenne, depuis 1900, et on s'attend à ce qu'elle gagne de 1 à 6 °C de plus d'ici 2100.

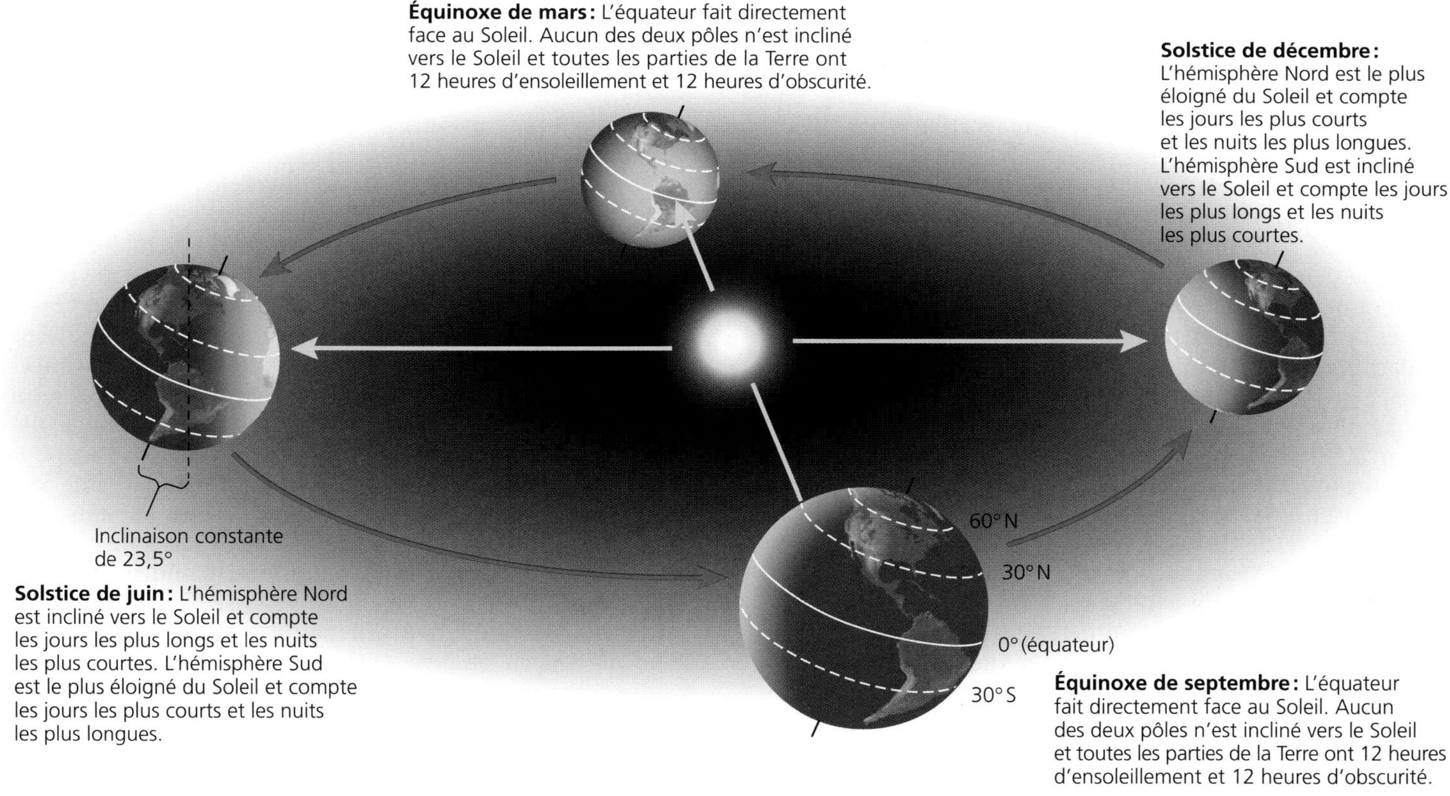

Équinoxe de mars: L'équateur fait directement face au Soleil. Aucun des deux pôles n'est incliné vers le Soleil et toutes les parties de la Terre ont 12 heures d'ensoleillement et 12 heures d'obscurité.
Solstice de décembre: L'hémisphère Nord est le plus éloigné du Soleil et compte les jours les plus courts et les nuits les plus longues. L'hémisphère Sud est incliné vers le Soleil et compte les jours les plus longs et les nuits les plus courtes.
Inclinaison constante de 23,5°
Solstice de juin: L'hémisphère Nord est incliné vers le Soleil et compte les jours les plus longs et les nuits les plus courtes. L'hémisphère Sud est le plus éloigné du Soleil et compte les jours les plus courts et les nuits les plus longues.
60° N
30° N
0° (équateur)
30° S
Équinoxe de septembre: L'équateur fait directement face au Soleil. Aucun des deux pôles n'est incliné vers le Soleil et toutes les parties de la Terre ont 12 heures d'ensoleillement et 12 heures d'obscurité.

▲ **Figure 52.4 La variation saisonnière en fonction de l'intensité de la lumière solaire.**

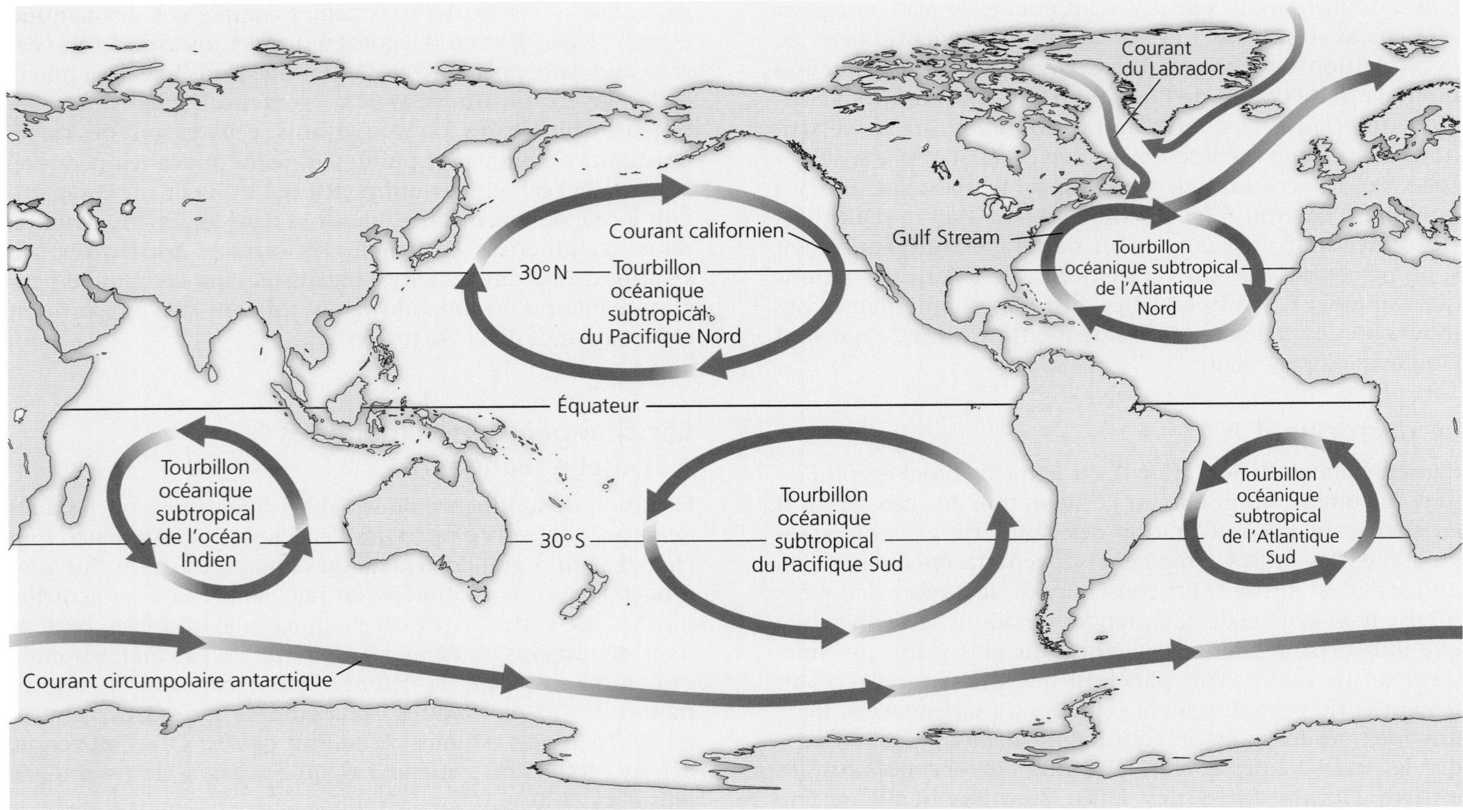

▲ **Figure 52.5 La circulation des eaux de surface des océans.** L'eau se réchauffe à l'équateur et circule vers les pôles Nord et Sud, où elle refroidit. On remarque les ressemblances entre le sens de la circulation de l'eau dans les tourbillons océaniques et le sens des alizés de la figure 52.3.

Pour avoir un aperçu des effets possibles des changements climatiques à venir sur la répartition des espèces, revenons sur les changements passés qui ont eu lieu dans les régions tempérées depuis la fin de la dernière période glaciaire. En Amérique du Nord et en Eurasie, les derniers glaciers continentaux ont commencé à se retirer il y a environ 16 000 ans. Le réchauffement du climat et le retrait des glaciers ont entraîné l'extension vers le nord de la répartition des arbres. Le pollen fossile déposé dans les lacs et les étangs permet de faire un historique de ces migrations. (Rappelez-vous le chapitre 38: le vent et des animaux peuvent disséminer les graines sur de longues distances.) En déterminant les limites climatiques de la répartition géographique actuelle des organismes, les chercheurs peuvent prédire comment le réchauffement climatique modifiera cette répartition.

Pour appliquer cette approche aux Végétaux, il faut se poser une question fondamentale: la dissémination des graines est-elle assez rapide pour assurer le déplacement de l'aire de répartition de chaque espèce au fur et à mesure que le climat change? Le pollen fossile montre que les espèces comme l'érable à sucre (*Acer saccharum*), dont les samares se dispersent relativement loin de l'arbre d'origine, se sont répandues rapidement dans le nord-est des États-Unis et du Canada à la fin de la dernière glaciation. Par contre, la dissémination vers le nord de la pruche de l'Est (*Tsuga canadensis*), dont les graines sont dépourvues d'ailes, a été retardée de près de 2 500 ans par rapport à l'établissement de son habitat.

Les Végétaux et les autres espèces pourront-ils s'adapter au réchauffement beaucoup plus rapide que les scientifiques projettent pour notre siècle? Les écologistes ont tenté de répondre à cette question au sujet du hêtre à grandes feuilles (*Fagus grandifolia*). Leurs modèles prédisent que la limite septentrionale potentielle de l'aire de répartition du hêtre à grandes feuilles se déplacera de 700 à 900 km vers le nord au cours du siècle à venir, et que la limite méridionale de son aire de répartition se déplacera également vers le nord sur une distance encore plus grande. La **figure 52.7** illustre les aires de répartition géographique actuelles et prévues du hêtre à grandes feuilles selon deux scénarios de changements climatiques. Dans le meilleur des cas, le hêtre à grandes feuilles devrait avancer vers le nord de 7 à 9 km par an pour suivre la vitesse du réchauffement climatique. Or, depuis la fin de la période glaciaire, il n'a migré qu'à une vitesse de 0,2 km par an pour atteindre son aire de répartition actuelle. Sans l'aide des humains pour se déplacer vers de nouveaux habitats, des espèces comme le hêtre à grandes feuilles risquent de voir leur aire de répartition géographique diminuer grandement, voire disparaître.

Des changements dans la répartition géographique d'espèces ont déjà été observés chez de nombreux groupes d'organismes terrestres, marins et dulcicoles, et portent la signature du réchauffement planétaire. L'écologiste Camille Parmesan a étudié les transformations dans l'aire de répartition d'espèces de papillons d'Europe, dont celle du tabac d'Espagne (*Argynnis paphia*; **figure 52.8**).

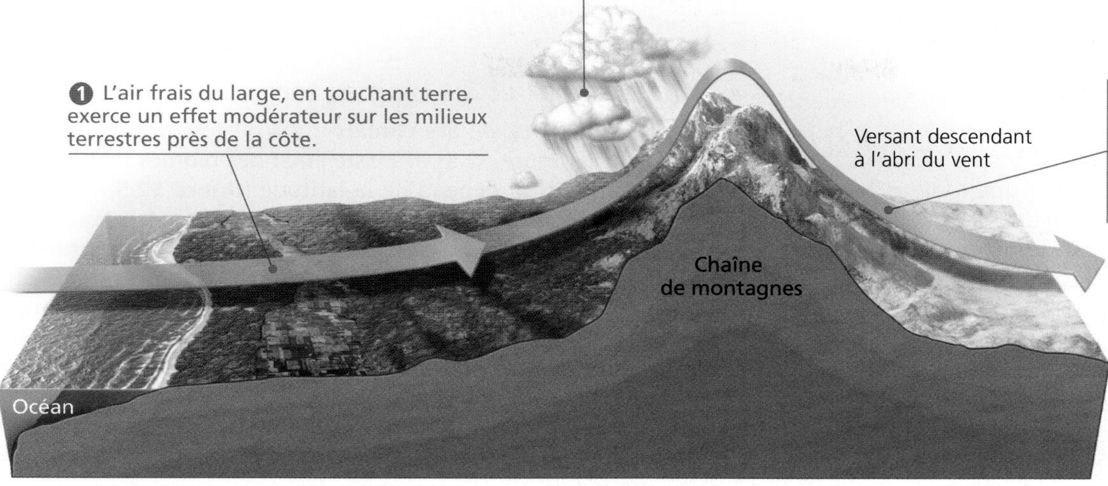

2 À l'approche d'une montagne, l'air s'élève et se refroidit en haute altitude en libérant de l'eau sous forme de pluie et de neige.
1 L'air frais du large, en touchant terre, exerce un effet modérateur sur les milieux terrestres près de la côte.
Versant descendant à l'abri du vent
3 L'air qui franchit l'autre versant est plus sec et libère donc peu de précipitations, ce qui crée des conditions désertiques de l'autre côté de la montagne.
Chaîne de montagnes
Océan

◄ **Figure 52.6 L'effet des grandes étendues d'eau et des montagnes sur le climat.** Cette figure illustre ce qui se passe par une chaude journée d'été.

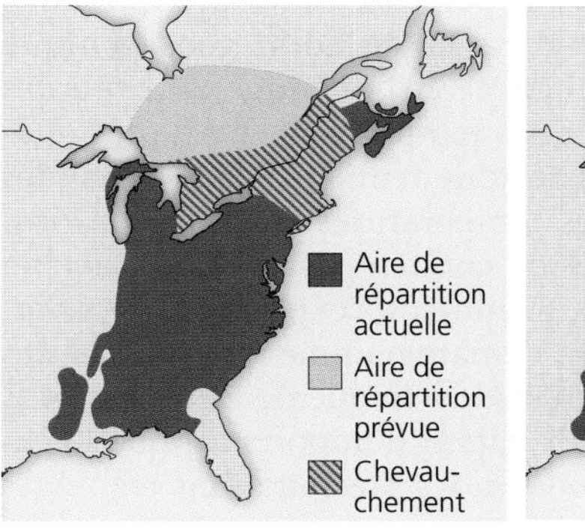

(a) Réchauffement de 4,5 °C au cours du prochain siècle

(b) Réchauffement de 6,5 °C au cours du prochain siècle

▲ **Figure 52.7 Les aires de répartition géographique actuelle et prévue du hêtre à grandes feuilles selon deux scénarios de changements climatiques.**

? *Ces scénarios ne s'appuient que sur des facteurs climatiques pour prédire de telles aires de répartition. Quels autres facteurs pourraient modifier la répartition de cette espèce?*

▲ **Figure 52.8 L'extension vers le nord de l'aire de répartition du tabac d'Espagne en Suède et en Finlande.** Ce papillon compte parmi les nombreuses espèces européennes ayant repoussé la limite nord de leur aire de répartition au cours des dernières décennies.

Parmesan et ses collègues ont constaté que 22 des 35 espèces de papillons sur lesquelles portait leur étude s'étaient déplacées de 35 à 240 km vers le nord au cours des périodes pour lesquelles des données existent, parfois depuis 1900. D'autres scientifiques ont signalé que des espèces de diatomées du Pacifique, *Neodenticula seminae*, avaient récemment colonisé l'océan Atlantique pour la première fois depuis 800 000 ans. Le recul des glaces de l'océan Arctique, au cours de la dernière décennie, a augmenté la circulation d'eau de l'océan Pacifique, qui a poussé ces diatomées au nord du Canada jusque dans l'Atlantique, où elles se sont rapidement établies. Le fait que de nombreuses espèces se déplacent sous l'effet des changements climatiques illustre l'importance du climat dans la répartition des espèces. C'est l'objet de la prochaine section.

RETOUR SUR LE CONCEPT 52.1

1. Expliquez comment le réchauffement inégal de la surface de la Terre par les rayons solaires entraîne la création de déserts aux environs de 30° de latitude au nord et au sud de l'équateur.

2. Nommez quelques différences entre le microclimat d'une terre agricole non cultivée et celui d'un cours d'eau bordé d'arbres et situé à proximité.

3. **ET SI ?** Les changements climatiques survenus à la fin de la dernière période glaciaire se sont produits graduellement, au cours de centaines et de milliers d'années. Si, comme on le prédit, le réchauffement planétaire auquel nous assistons survient très rapidement, quelle incidence pourrait-il avoir sur l'aptitude à évoluer d'arbres ayant une longue durée de vie, comparée à celle des plantes annuelles, dont la durée de maturation est beaucoup plus courte ?

4. **FAITES DES LIENS** Vous avez découvert, dans le concept 10.4 (p. 223 à 227), les différences importantes entre les plantes de type C_3 et celles de type C_4. En ne considérant que les effets de la température, diriez-vous que la distribution planétaire des plantes de type C_4 risque de s'étendre ou de diminuer sous l'effet du réchauffement planétaire ? Pourquoi ?

Voir les réponses proposées à la fin du chapitre.

CONCEPT 52.2

Le climat et les perturbations déterminent la répartition et la structure des biomes terrestres

Ce manuel vous a présenté de nombreux exemples de l'influence du climat et d'autres facteurs sur la répartition des espèces sur Terre (voir la figure 30.5, p. 722). Examinons maintenant le rôle du climat dans la nature et l'emplacement des **biomes** terrestres, qui sont d'importants écosystèmes caractérisés par un type de végétation (biomes terrestres) ou par le milieu physique (biomes aquatiques). Commençons par examiner l'influence du climat sur les biomes terrestres.

Le climat et les biomes terrestres

Comme il existe des climats qui sont fonction de la latitude (voir la figure 52.3), il existe aussi des biomes terrestres dont la répartition dépend de la latitude (**figure 52.9**). On peut se rendre compte de l'effet important du climat sur la répartition des organismes en construisant un **climatogramme**, c'est-à-dire une représentation graphique des températures et des précipitations mesurées dans une région donnée et exprimées en moyennes annuelles. La **figure 52.10** présente le climatogramme de quelques-uns des principaux biomes d'Amérique du Nord. Notez, par exemple, que la forêt de conifères (la taïga) reçoit presque autant de précipitations que la forêt décidue tempérée, mais que cette dernière connaît généralement des températures plus chaudes. Les prairies, en revanche, sont généralement plus sèches que les deux types de forêt, mais moins que les déserts.

D'autres facteurs que la température et les précipitations moyennes jouent un rôle dans la situation géographique des biomes. Par exemple, il existe en Amérique du Nord des régions où la combinaison de la température et des précipitations est propice à la forêt décidue tempérée, mais aussi des régions qui ont les mêmes températures et précipitations, mais où on trouve la forêt de conifères (voir le chevauchement dans la figure 52.10). Comment s'explique cette divergence ? Rappelez-vous qu'un climatogramme se fonde sur des *moyennes* annuelles. Or, il arrive souvent que les variations dans les régimes climatiques aient autant d'importance que le climat. Certaines régions reçoivent des précipitations régulières

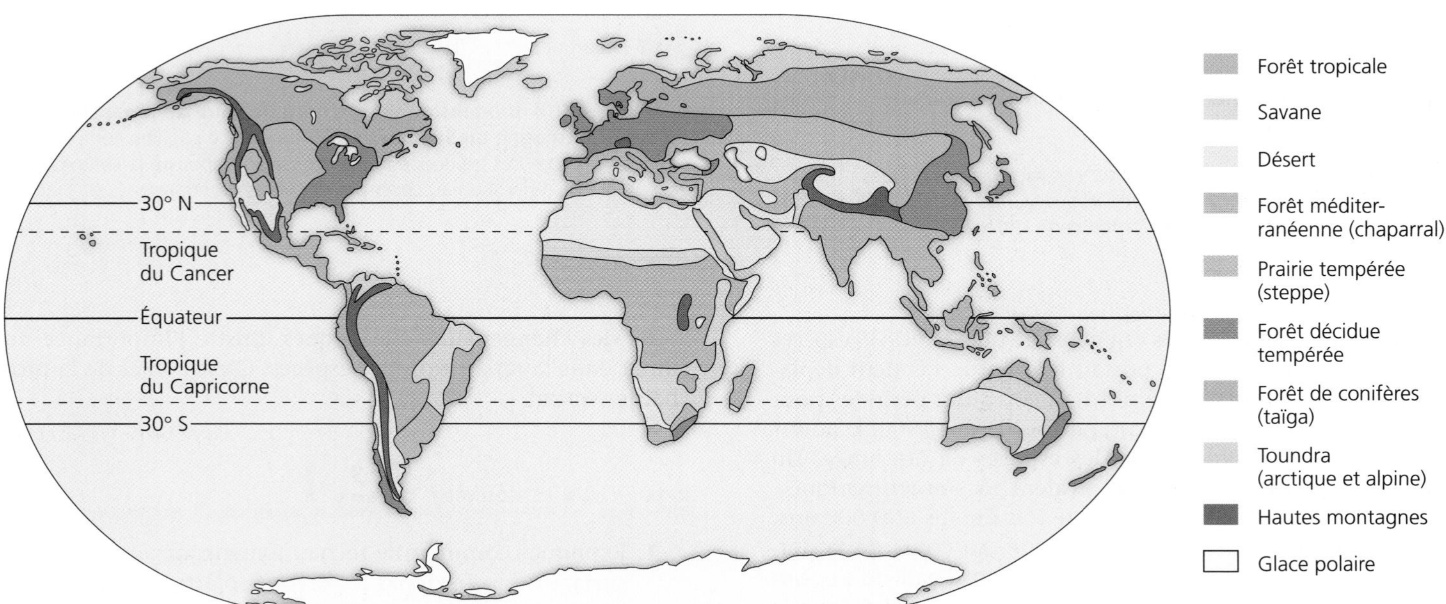

▲ **Figure 52.9 La répartition des principaux biomes terrestres.** Bien que sur cette carte les biomes terrestres aient des limites nettement définies, dans la réalité, ils s'interpénètrent, sur des étendues parfois relativement vastes.

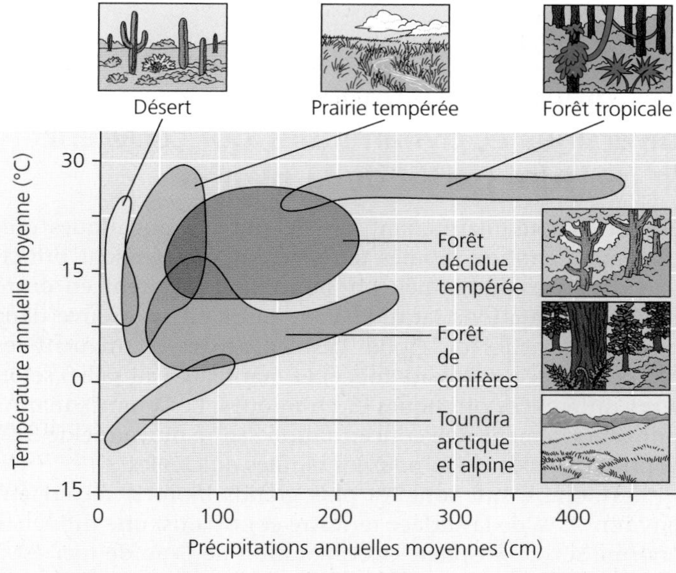

▲ **Figure 52.10 Le climatogramme de quelques-uns des principaux biomes d'Amérique du Nord.** Les régions colorées de ce graphique représentent les températures et les précipitations annuelles moyennes des biomes considérés.

pendant toute l'année, tandis que d'autres ont des saisons sèches et des saisons humides. Un phénomène semblable peut se produire avec la température. De plus, d'autres caractéristiques abiotiques telles que le substrat rocheux influent grandement sur la disponibilité des minéraux et sur la structure du sol, deux conditions déterminantes pour la composition de la végétation.

Les caractéristiques générales des biomes terrestres

On nomme souvent les biomes terrestres selon leurs principales caractéristiques physiques ou climatiques et selon la végétation qui y prédomine. Ainsi, les prairies tempérées sont dominées par différentes espèces de plantes herbacées et se situent généralement aux latitudes médianes, où le climat est plus modéré que dans les régions tropicales ou polaires (voir la figure 52.9). Chaque biome se caractérise aussi par des microorganismes, des eumycètes et des animaux qui y sont adaptés. Ainsi, par rapport aux forêts tempérées, les prairies tempérées sont plus susceptibles d'être peuplées de grands mammifères herbivores et d'abriter des mycorhizes à arbuscules (voir la figure 37.13, p. 927).

Bien que la figure 52.9 montre des limites bien nettes entre les biomes, ceux-ci s'interpénètrent généralement et ne laissent pas voir de démarcations claires. Les zones de chevauchement, appelées **écotones**, ou *zones de transition*, peuvent être larges ou étroites.

La stratification verticale constitue une caractéristique importante des biomes terrestres. La forme et la taille des plantes la déterminent en grande partie. Ainsi, de nombreuses forêts comportent plusieurs strates: une strate arborescente supérieure, appelée **canopée**, une strate arborescente inférieure, une strate arbustive, une strate herbacée, la litière (le sol forestier) et, enfin, une strate racinaire. Les autres biomes (non forestiers) présentent aussi une stratification verticale, mais comprennent généralement moins de strates. Ainsi, les prairies ont une strate herbacée dominante composée de graminées et de plantes herbacées à feuilles larges, une litière et une strate racinaire. La stratification verticale de la végétation d'un biome fournit de nombreux habitats pour les Animaux, en fonction de leur régime alimentaire. Ainsi, les chauves-souris (*Chiroptera spp.*) et les Oiseaux insectivores se nourrissent dans la strate arborescente, tandis que les petits mammifères, de nombreux vers et les Arthropodes fouillent la litière et la strate racinaire pour trouver de la nourriture.

Les espèces qui composent un biome varient d'un endroit à l'autre. Ainsi, dans la forêt de conifères (taïga) d'Amérique du Nord, l'épinette rouge (*Picea rubens*) se trouve en abondance dans l'Est, mais n'existe pas dans les autres régions, où ce sont l'épinette noire (*Picea mariana*) et l'épinette blanche (*Picea glauca*) qui dominent. Comme l'illustre la **figure 52.11**, les cactus vivant dans les déserts d'Amérique du Nord et d'Amérique du Sud ressemblent beaucoup aux euphorbes qu'on trouve dans les déserts d'Afrique. Or, puisque les cactus (famille des Cactacées) et les euphorbes (familles des Euphorbiacées) proviennent de lignées différentes, leurs ressemblances sont les fruits d'une évolution convergente (voir le concept 22.3).

Les perturbations et les biomes terrestres

Un biome est dynamique. C'est la perturbation naturelle qui est la règle générale, et non la stabilité. En écologie, une **perturbation** est un événement – tempête, incendie, activité

▲ ***Euphorbia canariensis***

◄ ***Cereus peruvianus***

▲ **Figure 52.11 L'évolution convergente d'un cactus et d'une euphorbe.** On trouve ce cactus, *Cereus peruvianus*, dans les Amériques. Cette euphorbe, *Euphorbia canariensis*, est une plante indigène des îles Canaries, au large de la côte nord-ouest de l'Afrique.

humaine, etc. – qui transforme une communauté, fait disparaître des organismes qui la composent et modifie la disponibilité des ressources. Par exemple, des incendies fréquents peuvent tuer les plantes ligneuses et empêcher une savane de devenir le boisé qui pourrait s'y trouver grâce au seul climat. Les ouragans et autres tempêtes créent des ouvertures pour de nouvelles espèces dans de nombreuses forêts tropicales et tempérées. Le feu et des invasions d'insectes nuisibles comme le dendroctone du pin (*Dendroctonus monticolae*) ou la tordeuse des bourgeons de l'épinette (*Choristoneura fumiferana*) créent des clairières permettant la croissance d'espèces décidues telles que le peuplier (*Populus sp.*) et le bouleau (*Betula sp.*). Ces perturbations entraînent une grande discontinuité dans les biomes, qui présentent plusieurs communautés au sein d'une même région.

Dans de nombreux biomes, même les végétaux dominants dépendent d'une perturbation périodique. Ainsi, le feu fait partie intégrante des prairies, des savanes, de la forêt méditerranéenne et de nombreuses forêts de conifères. En Amérique du Nord, les incendies sont rares, désormais, dans la région des grandes prairies parce que les écosystèmes qui s'y trouvaient ont été convertis en terres agricoles, qui sont rarement la proie des flammes. Avant le développement agricole et urbain, la majeure partie du sud-est des États-Unis était dominée par une seule espèce de conifère, le pin des marais (*Pinus palustris*). Or, sans des incendies périodiques, les feuillus tendent à remplacer les pins. De nos jours, on a toutefois compris qu'il est possible de se servir du feu comme outil pour entretenir de nombreuses forêts de conifères.

La **figure 52.12**, qui couvre les prochaines pages, présente les principales caractéristiques des biomes terrestres. Rappelez-vous, pendant votre lecture, que les humains ont transformé de nombreux endroits dans le monde en remplaçant les biomes naturels par des espaces urbains ou agricoles. Par exemple, la majeure partie de l'est des États-Unis est couverte de forêt décidue tempérée. Mais l'activité humaine n'a laissé qu'un infime pourcentage de forêt naturelle.

RETOUR SUR LE CONCEPT 52.2

1. D'après le climatogramme de la figure 52.10, quelle est la principale différence entre les prairies tempérées et les forêts décidues tempérées?
2. Déterminez le biome naturel dans lequel vous vivez et résumez ses caractéristiques abiotiques et biotiques. Ces caractéristiques correspondent-elles à votre environnement réel? Expliquez votre réponse.
3. **ET SI?** Si le réchauffement planétaire fait monter les températures moyennes de 4 °C au cours du présent siècle, quel biome est le plus susceptible de remplacer la toundra dans certaines régions? Expliquez votre réponse.

Voir les réponses proposées à la fin du chapitre.

CONCEPT 52.3

Les biomes aquatiques sont des systèmes diversifiés et dynamiques qui couvrent la majeure partie de la planète

Tournons-nous maintenant vers les biomes aquatiques qui, contrairement aux biomes terrestres, se caractérisent principalement par leur milieu physique. Ils présentent en outre moins de variations latitudinales puisqu'on les trouve dans toutes les parties du globe. Les écologistes distinguent les biomes dulcicoles (d'eau douce) et marins (d'eau salée) selon leurs différences physiques et chimiques. Les biomes marins ont généralement une concentration saline moyenne de 3 %, contre moins de 0,1 % pour les biomes dulcicoles.

Les océans, qui sont les plus grands biomes, recouvrent environ 75 % de la surface terrestre et ont ainsi une influence énorme sur la biosphère. L'évaporation de l'eau de mer est à l'origine de presque toutes les précipitations de la planète, et les températures océaniques ont un effet marqué sur le climat et les vents (voir la figure 52.3). En outre, les algues marines et les bactéries photosynthétiques produisent une partie substantielle du O_2 atmosphérique et consomment de très grandes quantités de CO_2.

Les biomes dulcicoles sont étroitement reliés aux sols et aux composantes biotiques des biomes terrestres qui les entourent. Leurs caractéristiques dépendent également des régimes d'écoulement des eaux et du climat auquel ils sont exposés.

La classification des biomes aquatiques en zones

De nombreux biomes aquatiques présentent une stratification verticale et horizontale pour ce qui est des variables physicochimiques; la **figure 52.13** illustre ce phénomène dans le cas d'un milieu lacustre et dans celui d'un milieu marin. La lumière est absorbée par l'eau et les organismes photosynthétiques qu'elle contient, ce qui fait que l'intensité lumineuse diminue rapidement avec la profondeur. Ainsi, les écologistes distinguent la **zone euphotique**, zone supérieure où la lumière pénètre suffisamment pour permettre la photosynthèse, de la **zone aphotique**, zone inférieure qui est privée de lumière. Ces deux zones combinées composent la **zone pélagique**. Tout au fond de la zone aphotique se trouve la **zone abyssale**, la partie de l'océan qui se situe à une profondeur de 2 000 à 6 000 m. Le substrat qui se trouve au fond de tous les biomes aquatiques est appelé **zone benthique**. Composée de sable et de sédiments organiques et inorganiques (« boue »), cette zone est occupée par un ensemble de communautés d'organismes qu'on appelle **benthos**. La matière organique morte, appelée **détritus**, qui « tombe » des eaux superficielles productives de la zone euphotique, constitue une importante source de nourriture pour les espèces benthiques.

L'eau de surface est réchauffée par l'énergie thermique du rayonnement solaire jusqu'à la limite de pénétration de la lumière. L'eau profonde, quant à elle, reste très froide. Dans

▼ **Figure 52.12**

PANORAMA Les biomes terrestres

La forêt tropicale

Répartition Régions équatoriales et subéquatoriales.

Précipitations Dans les **forêts tropicales humides**, les précipitations relativement constantes atteignent entre 200 et 400 cm par année. Dans les **forêts tropicales sèches**, les précipitations, très saisonnières, totalisent entre 150 et 200 cm annuellement; la saison sèche y dure de 6 à 7 mois.

Température La température de l'air est élevée toute l'année; elle se situe entre 25 et 29 °C et présente peu de variations saisonnières.

Végétaux Les forêts tropicales sont stratifiées, et la compétition pour la lumière y est intense. Les forêts humides présentent une strate d'arbres émergents dont la cime dépasse le couvert serré des autres arbres, une strate arborescente supérieure (la canopée), une ou deux strates arborescentes inférieures, de même qu'une strate arbustive et une strate herbacée (composée de végétaux non ligneux de petite taille). Dans les forêts tropicales sèches, les strates sont généralement moins nombreuses. Les arbres à feuilles larges persistantes dominent les forêts tropicales humides, tandis que dans les forêts tropicales sèches les arbres perdent leurs feuilles durant la saison sèche. Des plantes épiphytes telles que des orchidacées et des broméliacées couvrent en général les arbres de la forêt tropicale, mais elles sont moins abondantes dans les forêts sèches, où les arbustes épineux et les plantes succulentes (familles des Crassulacées) sont répandus.

Animaux Les forêts tropicales de la planète abritent des millions d'espèces, dont quelque 5 à 30 millions d'espèces d'insectes, d'araignées et d'autres arthropodes qui restent encore à décrire. En fait, la forêt tropicale est le biome terrestre qui présente la plus grande diversité animale. Les animaux qui y vivent, notamment des amphibiens, des oiseaux, des reptiles, des mammifères et des arthropodes, sont adaptés à ce milieu stratifié où ils passent souvent inaperçus.

Conséquences de l'activité humaine Il y a très longtemps, les humains ont établi des communautés florissantes dans les forêts tropicales. La croissance rapide de ces populations, qui ont eu recours à l'agriculture et au lotissement, détruit aujourd'hui les forêts tropicales.

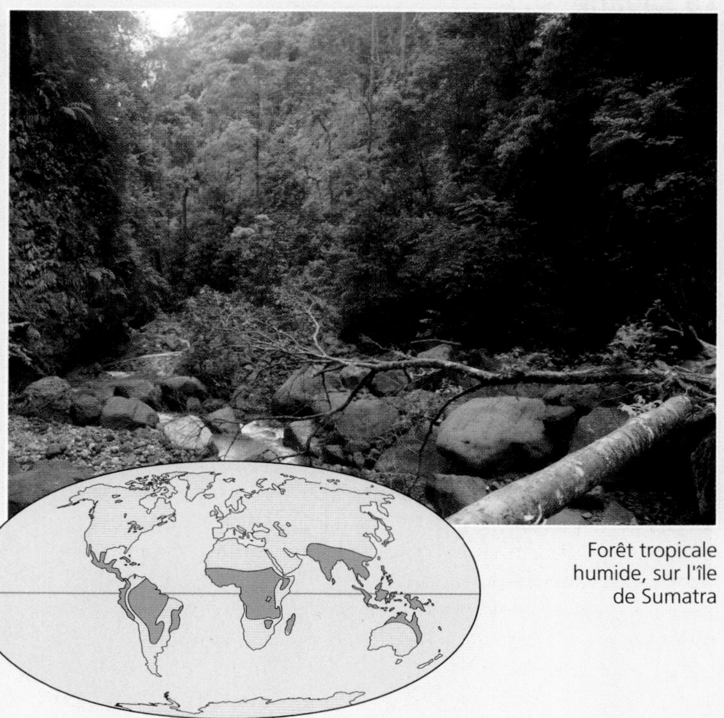

Forêt tropicale humide, sur l'île de Sumatra

Le désert

Désert, en Jordanie

Répartition Les **déserts** se trouvent dans une bande située entre 30° de latitude N. et 30° de latitude S. environ ou à d'autres latitudes à l'intérieur des continents (par exemple, le désert de Gobi, situé au nord de l'Asie centrale).

Précipitations Les précipitations sont faibles et très variables; elles totalisent en général moins de 30 cm par année.

Température La température varie à la fois en fonction des saisons et du moment de la journée. Dans les déserts chauds, la température maximale de l'air peut dépasser 50 °C; dans les déserts froids, il peut faire jusqu'à −30 °C.

Végétaux Les paysages des déserts sont dominés par une végétation basse, dispersée sur de grandes étendues; comparativement aux autres biomes terrestres, la proportion de sols dénudés y est élevée. Les déserts abritent des plantes succulentes, comme les cactus ou les euphorbes, des arbustes profondément enracinés et des herbes qui croissent pendant les rares périodes humides. Parmi les adaptations issues de l'évolution des plantes désertiques, on trouve la tolérance à la chaleur et à la sécheresse, la capacité d'emmagasiner de l'eau et la réduction de la surface des feuilles. Les moyens de défense physiques, telles les épines, et les moyens de défense chimiques, telles les toxines sécrétées par les feuilles des arbustes, sont fréquents. De nombreuses plantes désertiques présentent une adaptation photosynthétique: elles sont de type C4 ou CAM (voir le chapitre 10).

Animaux Les serpents et les lézards (classe des Sauropsidés), les scorpions (classe des Arachnides), les fourmis et les coléoptères (classe des Insectes), les oiseaux migrateurs et résidants (classe des Oiseaux) ainsi que les rongeurs granivores (classe des Mammifères) sont des animaux courants dans les déserts. Beaucoup de ces espèces sont nocturnes. Chez ces animaux, la conservation de l'eau est une adaptation répandue; en effet, certaines espèces survivent grâce à l'eau provenant de la dégradation métabolique des glucides contenus dans les graines.

Conséquences de l'activité humaine Grâce au transport de l'eau sur de grandes distances et à des puits profonds permettant d'atteindre les nappes d'eau souterraine, les humains ont maintenu des populations importantes dans les déserts. Le passage à la culture irriguée et l'urbanisation ont réduit la biodiversité naturelle de ces biomes.

La savane

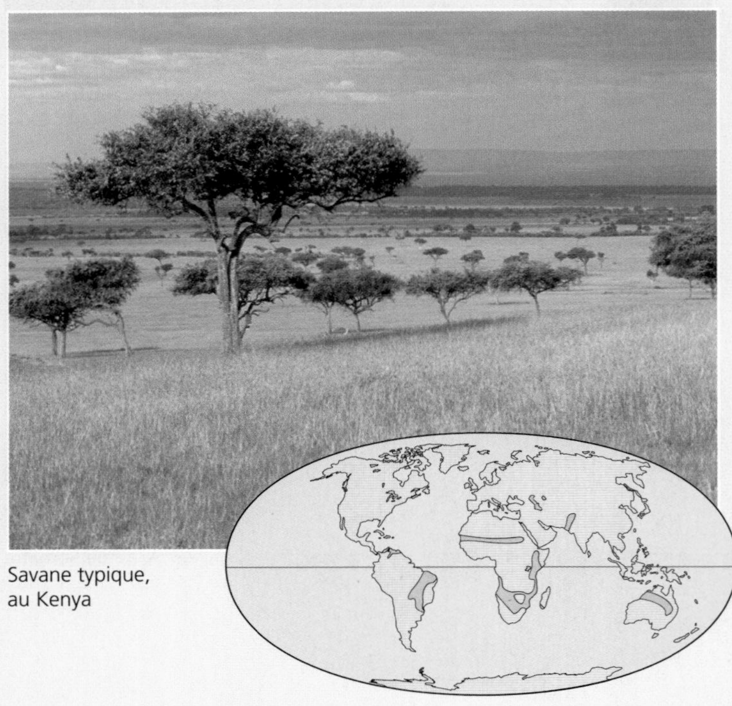

Savane typique, au Kenya

Répartition Régions équatoriales et subéquatoriales.

Précipitations Les précipitations, qui sont saisonnières, atteignent en moyenne de 30 à 50 cm par année. La saison sèche peut durer jusqu'à huit ou neuf mois.

Température Chaude toute l'année, la température de la **savane** se situe en moyenne entre 24 et 29 °C. La variation saisonnière est toutefois un peu plus marquée que dans les forêts tropicales.

Végétaux Les arbres dispersés qu'on trouve en groupes plus ou moins denses dans la savane sont souvent épineux et présentent de petites feuilles, une adaptation évidente aux conditions de relative sécheresse. Les incendies sont fréquents pendant la saison sèche, et les espèces végétales dominantes possèdent des adaptations leur permettant de résister au feu et à la sécheresse saisonnière. Les plantes qui couvrent le sol sont en majorité des graminées et des petites plantes herbacées à feuilles larges; elles croissent rapidement par suite des pluies saisonnières et tolèrent le broutage effectué par les grands mammifères et d'autres herbivores.

Animaux Les grands mammifères herbivores, comme les gnous (*Connochaetes spp.*) et les zèbres (*Equus zebra*), ainsi que leurs prédateurs, notamment les lions (*Panthera leo*) et les hyènes (*Hyaena spp.*, *Crocuta spp.* et autres), sont des espèces communes dans la savane. Toutefois, les herbivores qui dominent ce milieu sont en réalité les insectes, particulièrement les termites (ordre des Dictyoptères). Les grands mammifères herbivores migrent souvent vers des pâturages plus verts et des points d'eau dispersés pendant les sécheresses saisonnières.

Conséquences de l'activité humaine Il semble que les tout premiers humains aient vécu dans la savane. Les incendies allumés par les humains pourraient contribuer à la préservation de ce biome, quoique leur trop grande fréquence réduise la régénération des arbres en tuant les semis et les gaules (ou jeunes arbres). L'élevage des bestiaux et la chasse excessive ont entraîné des baisses dans les populations de grands mammifères.

La forêt méditerranéenne (chaparral)

Répartition La **forêt méditerranéenne** occupe les régions côtières de latitude moyenne de plusieurs continents, et ses nombreuses appellations témoignent de sa très vaste répartition: *chaparral* en Amérique du Nord, *matorral* en Espagne et au Chili, *garrigue* et *maquis* dans le sud de la France, et *fynbos* en Afrique du Sud.

Précipitations Les précipitations de la forêt méditerranéenne sont très saisonnières: les hivers y sont pluvieux, et les étés, secs. Les précipitations annuelles atteignent en général entre 30 et 50 cm.

Température L'automne, l'hiver et le printemps sont frais, avec des températures moyennes se situant entre 10 et 12 °C. En été, la température moyenne peut atteindre 30 °C, et la température diurne maximale dépasse parfois 40 °C.

Végétaux La végétation de ce biome se compose principalement d'arbustes et de petits arbres, ainsi que d'une très grande variété de graminées et d'herbes. Beaucoup des espèces extrêmement diverses qui y vivent se limitent à un territoire qui leur est spécifique, d'une superficie relativement petite. Les robustes feuilles persistantes des plantes ligneuses sont un exemple d'adaptation à la sécheresse, car elles permettent de mieux conserver l'eau. Les adaptations au feu sont aussi remarquables. En effet, certains arbustes produisent des graines qui ne germent qu'après une exposition au feu; ils emmagasinent des réserves de nourriture dans leur système racinaire résistant au feu, ce qui leur permet de repousser rapidement et d'utiliser les nutriments devenus disponibles grâce au feu.

Animaux Les mammifères indigènes de la forêt méditerranéenne comprennent des cerfs (*Cervus spp.*) et des chèvres (*Capra spp.*), qui se nourrissent des ramilles et des bourgeons des plantes ligneuses, de même qu'une grande diversité de petits mammifères. Ce biome abrite aussi de très nombreuses espèces d'amphibiens, d'oiseaux, de reptiles et d'insectes.

Conséquences de l'activité humaine Fortement colonisées, les forêts méditerranéennes ont beaucoup reculé à cause de l'agriculture et de l'urbanisation. Les humains contribuent au déclenchement des incendies qui balaient ce biome.

Végétation typique des fynbos dans la réserve du cap de Bonne-Espérance, en Afrique du Sud

La prairie tempérée (steppe)

Répartition Les **prairies tempérées** comprennent les *veldts* d'Afrique du Sud, les *pusztas* de Hongrie, les *pampas* d'Argentine et d'Uruguay, les *steppes* de Russie et les *plaines* et *prairies* du centre de l'Amérique du Nord.

Précipitations Les précipitations sont très saisonnières, les hivers étant relativement secs et les étés, humides. Les précipitations annuelles atteignent en moyenne entre 30 et 100 cm. Les sécheresses périodiques sont fréquentes.

Température En général, les hivers sont froids: les températures moyennes sont souvent inférieures à –10 °C. Les étés, dont les températures moyennes atteignent souvent près de 30 °C, sont chauds.

Végétaux Les végétaux dominants sont les graminées et les plantes herbacées à feuilles larges; certaines plantes ne mesurent que quelques centimètres, mais dans les hautes prairies, d'autres peuvent atteindre 2 m. Un grand nombre de ces plantes présentent des adaptations relatives aux sécheresses périodiques prolongées et au feu. Après un incendie, les graminées repoussent rapidement. La présence de grands mammifères herbivores est l'un des facteurs qui empêchent l'implantation d'arbustes et d'arbres ligneux.

Animaux Les mammifères indigènes comprennent de grands herbivores comme le bison (*Bison bison*) et le cheval sauvage (*Equus ferus*). Les prairies tempérées sont aussi habitées par des mammifères fouisseurs, comme les chiens de prairie (*Cynomys spp.*) en Amérique du Nord.

Conséquences de l'activité humaine Comme il est riche et épais, le sol des prairies est propice à l'agriculture, notamment la culture des céréales. Ainsi, la plupart des prairies de l'Amérique du Nord et un grand nombre de celles de l'Eurasie ont été converties en terres agricoles. Dans certaines prairies plus arides, le bétail et d'autres animaux brouteurs ont transformé une partie du biome en désert.

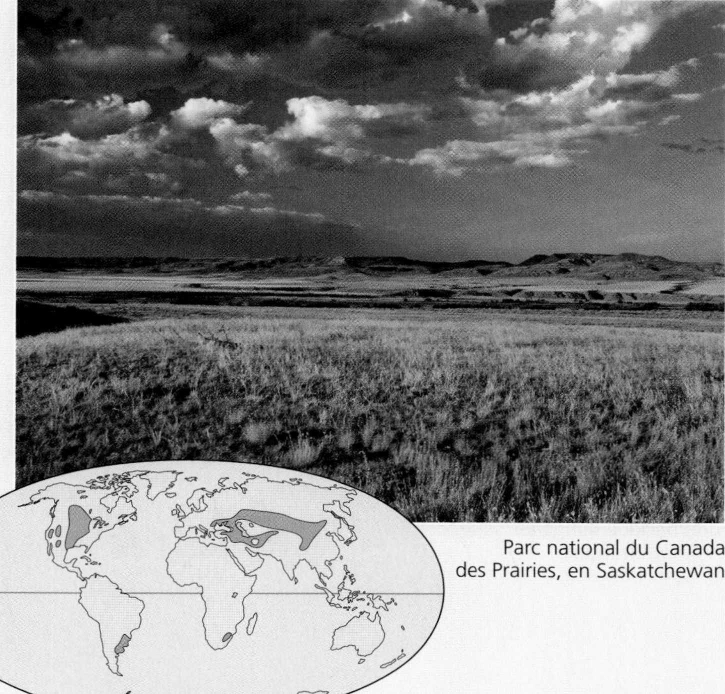

Parc national du Canada des Prairies, en Saskatchewan

La forêt de conifères (taïga)

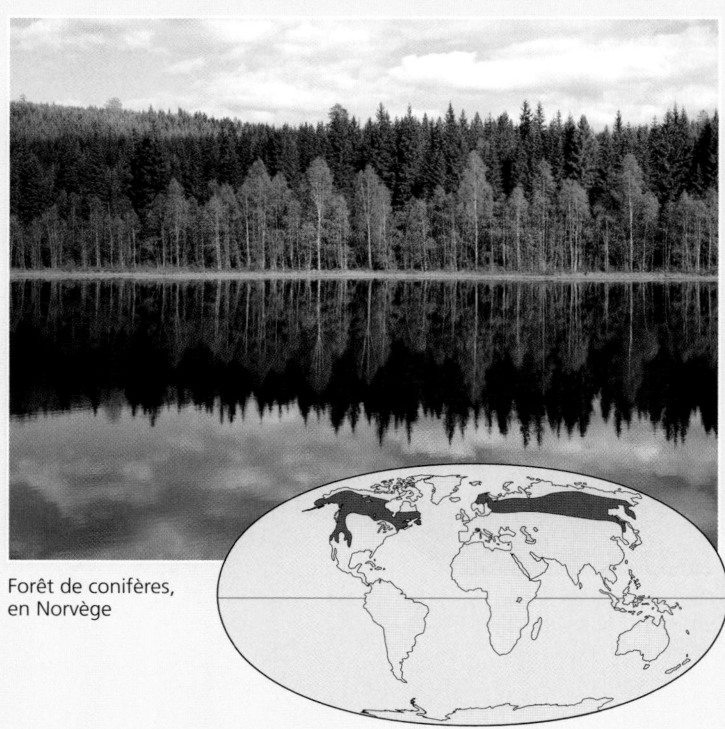

Forêt de conifères, en Norvège

Répartition Formant une large bande qui s'étend de l'Amérique du Nord à l'Eurasie, jusqu'à la limite méridionale de la toundra arctique, la **forêt de conifères**, ou taïga, est le plus vaste biome terrestre.

Précipitations Les précipitations annuelles atteignent en général entre 30 et 70 cm, et les sécheresses périodiques sont fréquentes. Toutefois, les forêts de conifères côtières des États du nord-ouest des États-Unis bordés par le Pacifique sont en fait des forêts pluviales tempérées qui peuvent recevoir plus de 300 cm d'eau par année.

Température Les hivers sont habituellement froids; les étés sont parfois chauds. Dans certaines forêts de conifères de la Sibérie, les températures peuvent varier entre −50 °C l'hiver et plus de 20 °C l'été.

Végétaux Les pins (*Pinus spp.*), les épinettes (*Picea spp.*), les sapins (*Abies spp.*) et les pruches (*Tsuga spp.*) dominent les forêts de conifères. Certains d'entre eux dépendent des incendies pour se régénérer. Grâce à la forme conique de nombreux conifères, la neige ne peut s'accumuler sur les branches et les briser; leurs aiguilles et leurs feuilles en écailles réduisent la déshydratation. Dans ces forêts, la diversité des végétaux des strates arbustive et herbacée est moins grande que dans les forêts décidues tempérées.

Animaux De nombreux oiseaux migrateurs nichent dans les forêts de conifères, et d'autres espèces y demeurent toute l'année. Ce biome abrite une grande variété de mammifères, dont les orignaux (*Alces alces*), les ours bruns (*Ursus arctos*) et les tigres de Sibérie (*Panthera tigris altaica*). Des pullulements périodiques d'insectes qui se nourrissent des espèces d'arbres dominantes peuvent en détruire de vastes étendues.

Conséquences de l'activité humaine Bien que les forêts de conifères n'aient pas été intensément colonisées par les humains, on y coupe du bois à un rythme tel que les peuplements anciens sont fortement menacés et pourraient disparaître en peu de temps.

La forêt décidue tempérée

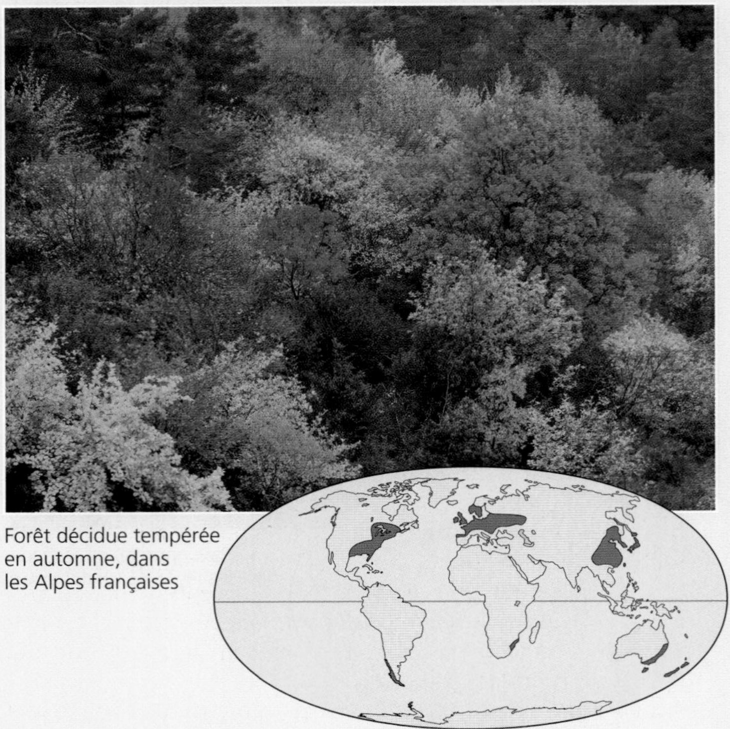

Forêt décidue tempérée en automne, dans les Alpes françaises

Répartition Les forêts décidues tempérées se situent principalement dans les régions de latitude moyenne de l'hémisphère Nord; on en trouve aussi au Chili, en Afrique du Sud, en Nouvelle-Zélande et en Australie, mais en moins grande quantité.

Précipitations Les précipitations annuelles moyennes peuvent varier entre 70 cm environ et plus de 200 cm. Toutes les saisons connaissent d'abondantes précipitations, y compris l'été, où il pleut, et l'hiver, où il neige (dans certaines forêts).

Température Les températures hivernales moyennes sont d'environ 0 °C. Chauds et humides, les étés connaissent des températures maximales de près de 35 °C.

Végétaux Les **forêts décidues tempérées** matures ont plusieurs strates de végétation distinctes, c'est-à-dire une canopée fermée, une ou deux autres strates arborescentes inférieures, une strate arbustive, une strate herbacée, une litière et une strate racinaire. Elles comptent peu d'épiphytes. Dans l'hémisphère Nord, les végétaux dominants sont des arbres à feuillage caduc, qui perdent leurs feuilles en automne, quand les températures sont trop basses pour une photosynthèse efficace et quand la perte d'eau par transpiration n'est pas facilement compensée, car le sol est gelé. En Australie, les eucalyptus à feuilles persistantes dominent ces forêts.

Animaux Dans l'hémisphère Nord, de nombreux mammifères hibernent pendant l'hiver, et certaines espèces d'oiseaux migrent vers des climats plus chauds. Les mammifères, les oiseaux et les insectes présents dans ces forêts profitent de toutes les strates verticales.

Conséquences de l'activité humaine Sur tous les continents, la forêt décidue tempérée a été intensément colonisée. Presque toutes les forêts décidues tempérées naturelles d'Amérique du Nord ont été réduites ou complètement détruites par la coupe du bois et le défrichage pour l'agriculture et le développement urbain. Toutefois, grâce à leur capacité de récupération, elles regagnent la majeure partie de leur ancienne aire de répartition.

La toundra

Répartition Les **toundras** couvrent une grande partie de l'Arctique, totalisant 20% des terres émergées de la planète. Les vents et le froid façonnent des communautés végétales semblables, appelées *toundras alpines*, sur les très hauts sommets, à toutes les latitudes, y compris les tropiques.

Précipitations Dans la toundra arctique, les précipitations atteignent en moyenne entre 20 et 60 cm par année, mais elles peuvent être supérieures à 100 cm dans la toundra alpine.

Température Les hivers sont froids, les températures moyennes étant de −30 °C dans certaines régions. Les températures estivales moyennes sont en général inférieures à 10 °C.

Végétaux La végétation de la toundra est en majeure partie herbacée. Elle se compose d'un mélange de mousses, de graminées et de plantes herbacées à feuilles larges, de même que de quelques arbres et arbustes nains, et des lichens. Une couche de sol gelé en permanence, appelé **pergélisol**, restreint la croissance des racines.

Animaux Parmi les grands herbivores qui habitent la toundra, on trouve les bœufs musqués (*Ovibos moschatus*), qui constituent une espèce résidante, et les caribous et les rennes (deux sous-espèces de *Rangifer tarandus*), qui sont des espèces migratrices. Des prédateurs tels que les ours (*Ursus spp.*), les loups (*Canis lupus*) et les renards (*Vulpes spp.*) y vivent aussi. Pendant l'été, les oiseaux migrateurs qui utilisent la toundra comme site de nidification sont extrêmement nombreux.

Conséquences de l'activité humaine Peu colonisée, la toundra est cependant devenue au cours des dernières années le siège d'une importante exploitation minière et pétrolière.

Parc national de Sarek, en Suède, le joyau de la Laponie

▼ Figure 52.13 Les zones des milieux aquatiques.

(a) Zones d'un milieu lacustre (lac)

On divise en général le milieu lacustre en diverses zones, d'après trois critères physiques : la pénétration de la lumière (zones euphotique et aphotique), la distance par rapport à la rive et la profondeur de l'eau (zones littorale et limnétique), et la distinction entre eau libre (zone pélagique) et fond lacustre (zone benthique).

(b) Zones d'un milieu marin

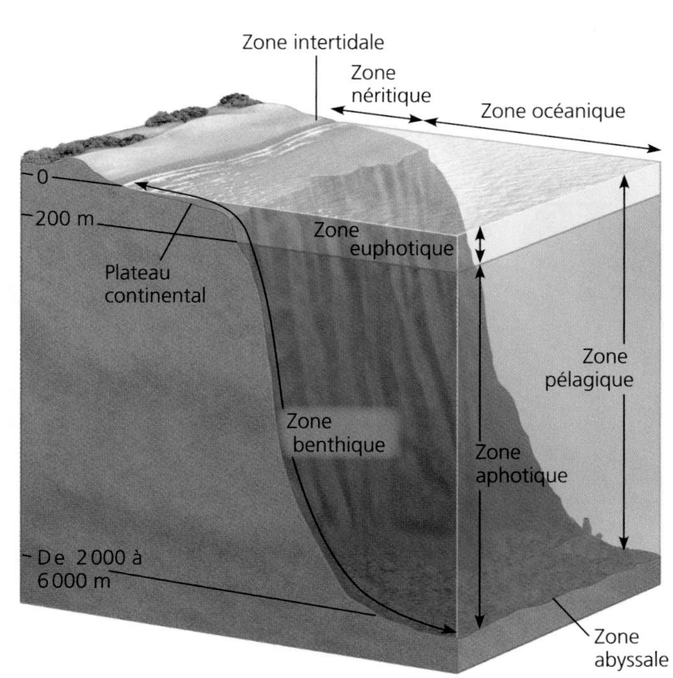

Comme celles d'un lac, les diverses zones d'un milieu marin sont déterminées en fonction de la pénétration de la lumière (zones euphotique et aphotique), de la distance par rapport au rivage et de la profondeur de l'eau (zones intertidale, néritique et océanique), et de la distinction entre eau libre (zone pélagique) et fond marin (zones benthique et abyssale).

l'océan et dans la plupart des lacs, la couche superficielle uniformément chaude et la couche profonde uniformément froide sont séparées par une mince couche, la **thermocline**, où le gradient thermique est abrupt. La température de l'eau dans les lacs est particulièrement sujette à la stratification, surtout durant l'été et l'hiver. Cependant, les eaux de nombreux lacs tempérés se mélangent deux fois par année à cause des changements de température (**figure 52.14**). Ce **brassage saisonnier des eaux**, comme on l'appelle, envoie l'eau enrichie en O_2 de la surface vers le fond, et amène l'eau riche en nutriments du fond vers la surface. Ces changements cycliques des propriétés abiotiques des lacs sont essentiels à la survie et à la croissance de tous les organismes de l'écosystème.

La répartition des communautés lacustres et marines est fonction de la profondeur de l'eau, de la pénétration de la lumière, de la distance par rapport à la rive ou au rivage et de la distinction entre l'eau libre et le fond lacustre ou marin. Les communautés marines illustrent très clairement les limites que fixent ces facteurs abiotiques sur la répartition des espèces. La zone euphotique, relativement peu profonde, est habitée par le plancton et de nombreuses espèces de poissons (voir la figure 52.13b). Comme l'eau absorbe beaucoup la lumière et que l'océan est très profond, l'obscurité règne dans la majeure partie de l'océan (zone aphotique), où les organismes vivants sont relativement peu abondants, à l'exception des microorganismes et des populations assez rares de poissons et d'invertébrés. Des facteurs semblables limitent la répartition des espèces dans les lacs profonds.

La **figure 52.15** montre l'emplacement des principaux biomes aquatiques de la planète. La **figure 52.16**, qui occupe les quatre pages suivantes, présente un tour d'horizon des principaux biomes aquatiques.

RETOUR SUR LE CONCEPT 52.3

1. Pourquoi est-ce le phytoplancton, et non les algues benthiques ou les plantes aquatiques à racines, qui constitue le principal ensemble d'organismes photosynthétiques dans la zone océanique pélagique ?
2. **FAITES DES LIENS** De nombreux organismes vivant dans les estuaires se retrouvent quotidiennement dans l'eau douce, puis dans l'eau salée, au gré des marées. D'après ce que vous avez appris au concept 44.1 (p. 1107 à 1112), expliquez de quelle façon ces conditions changeantes influent sur la survie de ces organismes.
3. **ET SI ?** L'eau puisée du réservoir d'un barrage provient souvent des strates profondes du réservoir. Selon vous, quelles espèces de poissons pourrait-on s'attendre à trouver l'été dans une rivière qui coule en aval du barrage : des espèces qui préfèrent l'eau plus froide ou plus chaude que celles qui nagent dans une rivière sans barrage ? Expliquez votre réponse.

Voir les réponses proposées à la fin du chapitre.

❶ En hiver, les eaux les plus froides du lac (0 °C) se trouvent juste sous la couche de glace superficielle. L'eau se réchauffe en profondeur, pour atteindre habituellement autour de 4 °C dans le fond.

❷ Au printemps, la fonte de la glace amène la température de la couche superficielle à 4 °C. L'eau de cette couche superficielle se mélange aux couches froides sous-jacentes, ce qui fait disparaître la stratification thermique qui s'est établie pendant l'hiver. Les vents printaniers contribuent au brassage des eaux; ainsi, les eaux profondes reçoivent du O_2 et les eaux superficielles, des nutriments.

❸ Pendant l'été, une stratification thermique réapparaît: l'eau chaude de la surface est séparée de l'eau froide du fond par la thermocline, une mince couche d'eau du lac où le gradient thermique est abrupt.

❹ À l'automne, l'eau de la couche superficielle refroidit rapidement au contact de l'air froid, et s'enfonce sous les couches sous-jacentes. Les eaux du lac se mélangent de nouveau, jusqu'à ce que la surface gèle. La stratification thermique hivernale se rétablit alors.

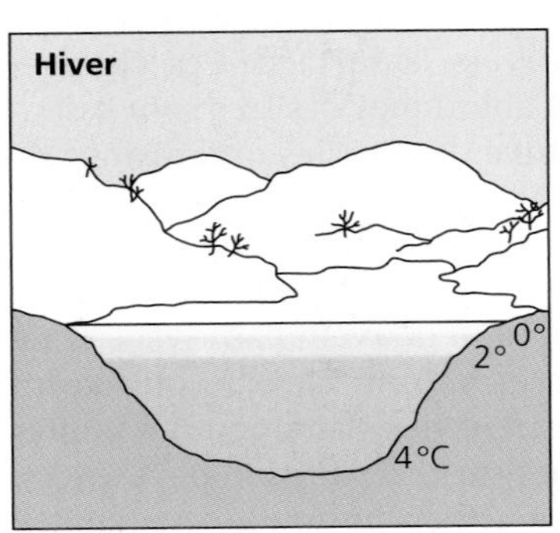

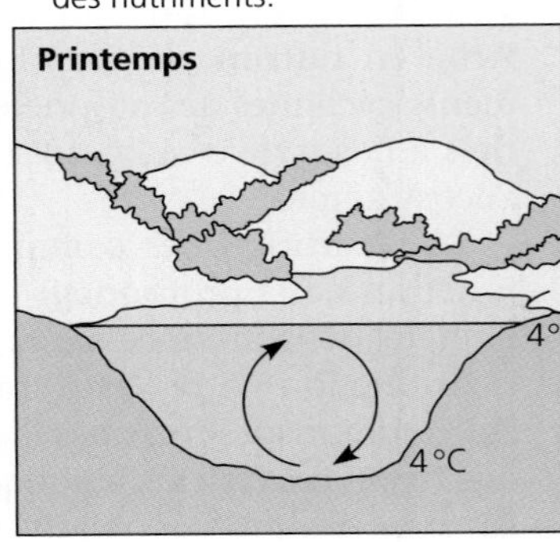

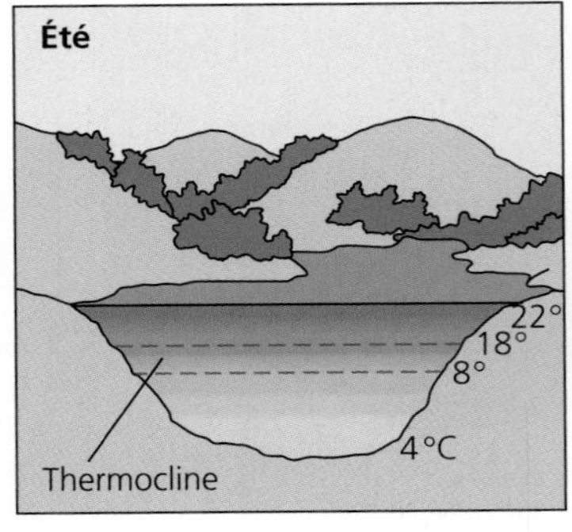

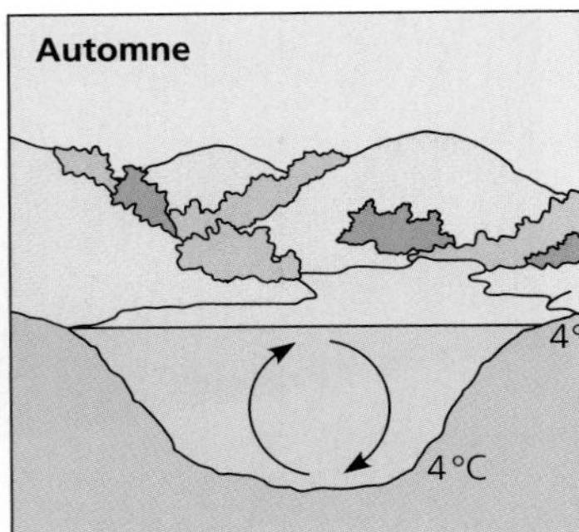

▲ **Figure 52.14 Le brassage saisonnier des eaux des lacs recouverts de glace en hiver.** Grâce au brassage saisonnier illustré ci-dessus, les eaux lacustres sont bien oxygénées au printemps et à l'automne; durant l'hiver et l'été, lorsque l'eau subit une stratification thermique, la concentration de O_2 est plus faible au fond du lac et plus élevée près de la surface.

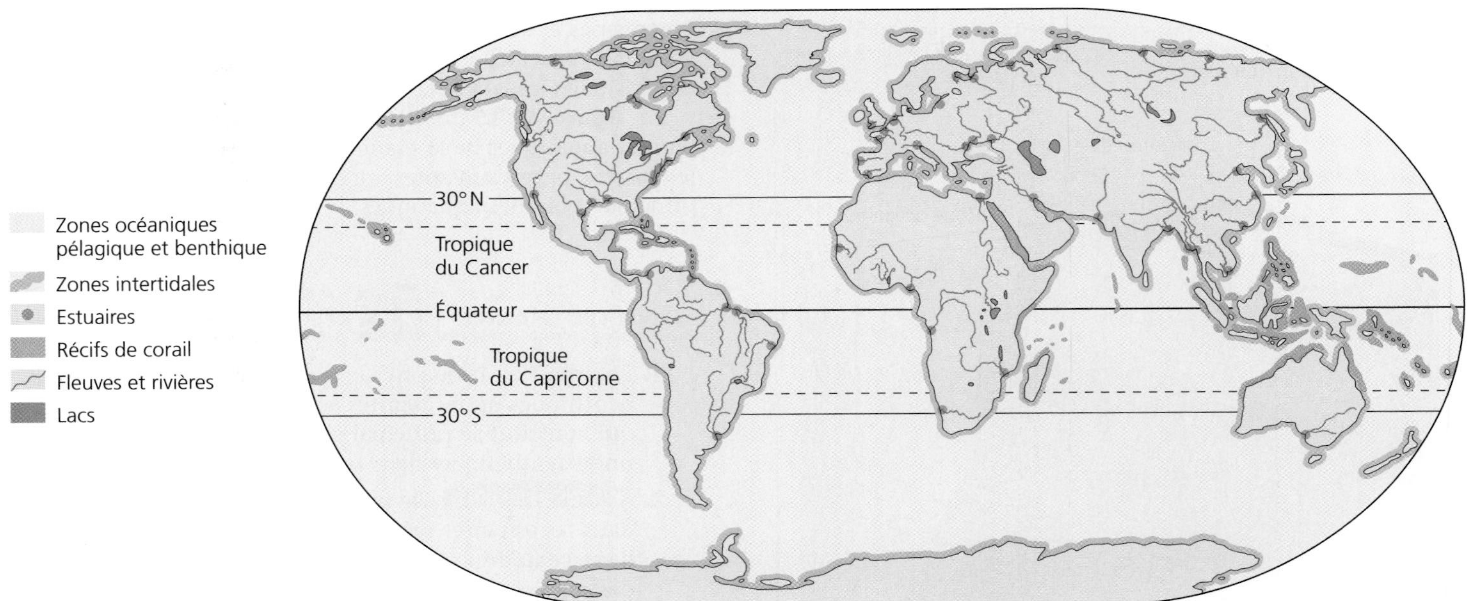

▲ **Figure 52.15 La répartition des principaux biomes aquatiques.**

CONCEPT 52.4

Les interactions des organismes entre eux et avec leur milieu limitent la répartition des espèces

Ce chapitre a traité jusqu'ici du climat de la planète et des caractéristiques des biomes terrestres et aquatiques. Nous avons également présenté les niveaux de la hiérarchie biologique auxquels s'intéressent les écologistes (voir la figure 52.2). Nous consacrons cette partie aux moyens que prennent ces derniers pour déterminer les facteurs qui régissent la répartition des espèces, comme *Atelopus varius,* l'amphibien présenté à la figure 52.1.

La répartition des espèces s'explique par les interactions biologiques et évolutives qui ont cours dans le temps. La survie et la reproduction différentielles des individus qui ont

▼ **Figure 52.16**

PANORAMA Les biomes aquatiques

Les lacs

Milieu physique Les étendues d'eau dormante vont des étangs de quelques mètres carrés aux lacs s'étendant sur plusieurs milliers de kilomètres carrés. L'intensité de la lumière diminue avec la profondeur, ce qui crée une stratification verticale (voir la figure 52.13a). Dans les lacs des zones tempérées, la thermocline peut être saisonnière (voir la figure 52.14); dans les lacs des basses terres tropicales, la thermocline est présente toute l'année.

Milieu chimique La salinité, la concentration en O_2 et la teneur en nutriments diffèrent beaucoup d'un lac à l'autre et peuvent varier selon les saisons. Les **lacs oligotrophes** sont pauvres en nutriments et généralement riches en O_2; les **lacs eutrophes**, quant à eux, sont riches en nutriments et présentent souvent une concentration de O_2 réduite lorsqu'ils sont recouverts de glace durant l'hiver, et dans leur partie la plus profonde au cours de l'été. La quantité de matière organique décomposable dans les sédiments benthiques est faible dans les lacs oligotrophes et élevée dans les lacs eutrophes; le taux élevé de décomposition dans les strates plus profondes des lacs eutrophes entraîne régulièrement une perte de O_2.

Caractéristiques géologiques Avec le temps, les lacs oligotrophes peuvent devenir eutrophes, à mesure que le ruissellement y apporte des sédiments et des nutriments. Les lacs oligotrophes tendent à avoir une moins grande superficie par rapport à leur profondeur que les lacs eutrophes.

Organismes photosynthétiques Les plantes aquatiques enracinées et flottantes abondent dans la **zone littorale**, soit dans les eaux peu profondes et bien éclairées qui se situent à proximité de la rive. Plus loin de la rive, la **zone limnétique**, où les eaux sont trop profondes pour permettre aux plantes aquatiques de s'enraciner, contient diverses espèces de phytoplancton, dont des cyanobactéries.

Organismes hétérotrophes Dans la zone limnétique, de petits hétérotrophes flottants, le zooplancton, se nourrissent de phytoplancton. La zone benthique est habitée par divers invertébrés, dont la composition en espèces dépend en partie des taux de O_2. Des poissons vivent dans toutes les zones des lacs qui contiennent suffisamment de O_2.

Conséquences de l'activité humaine L'enrichissement en nutriments des lacs, attribuable à la pollution causée par le ruissellement provenant des terres fertilisées et le déversement des déchets urbains, peut donner lieu à la prolifération des algues, à la réduction de la quantité de O_2 et à la mort des poissons.

Lac oligotrophe dans les montagnes Tatras, en Slovaquie

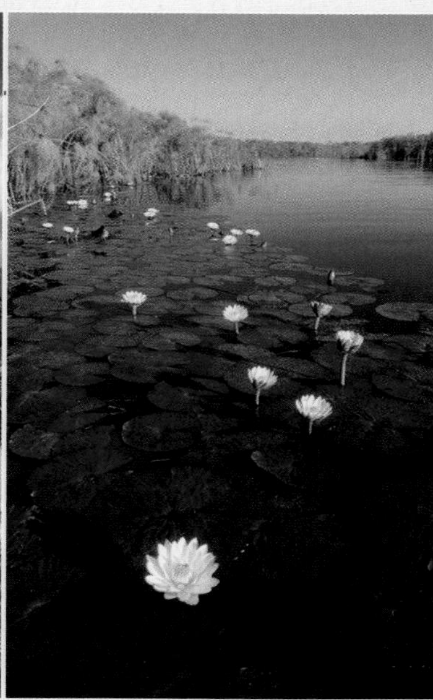

Lac eutrophe dans le delta de l'Okavango, au Botswana

Les terres humides

Milieu physique Au sens large, une **terre humide** est un habitat inondé au moins une partie de l'année et où vivent des plantes adaptées aux sols saturés d'eau. Certaines terres humides sont inondées de façon permanente, alors que d'autres ne le sont que périodiquement.

Milieu chimique En raison de la production élevée, par les plantes, de matières organiques et de leur décomposition par les microorganismes et autres organismes, l'eau et le sol sont périodiquement pauvres en O_2 dissous. Les terres humides possèdent une capacité élevée de filtrer les nutriments dissous et les polluants chimiques.

Une terre humide de bassin, au Royaume-Uni

Caractéristiques géologiques Les *terres humides de bassin* se forment dans des mares peu profondes, et varient de dépressions dans des milieux secs à des lacs et des étangs envahis par la végétation. Les *terres humides riveraines* se forment le long des rives peu profondes et périodiquement inondées des rivières et des cours d'eau peu profonds. Enfin, les *terres humides du littoral* se trouvent le long des côtes des grands lacs et océans, où l'eau effectue un mouvement de va-et-vient résultant du niveau d'eau des lacs qui s'élève ou de l'action des marées. Ainsi, ces terres humides font partie aussi bien du biome dulcicole que du biome marin.

Organismes photosynthétiques Les terres humides comptent parmi les biomes les plus productifs de la planète. Leurs sols saturés d'eau favorisent la croissance de plantes telles que les nénuphars (p. ex. *Nuphar spp.* et *Nymphaea spp.*), les quenouilles (*Typha spp.*), de nombreuses cypéracées, les mélèzes (*Larix laricina*) et les épinettes noires (*Picea mariana*), qui sont spécialement adaptées pour vivre dans l'eau ou dans un sol rendu périodiquement anaérobie par la présence de l'eau. Les plantes ligneuses dominent la végétation des marécages, et la sphaigne (*Sphagnum spp.*), celle des tourbières.

Organismes hétérotrophes Les terres humides constituent le milieu de vie d'une communauté variée d'invertébrés, d'oiseaux et de nombreux autres organismes. Les herbivores, des crustacés aux rats musqués (*Ondatra zibethicus*), en passant par les larves d'insectes aquatiques, consomment des algues, des détritus et des végétaux. Les terres humides abritent aussi de nombreuses espèces carnivores, dont les libellules (classe des Insectes), les loutres (classe des Mammifères), les grenouilles (classe des Amphibiens), les alligators (classe des Sauropsidés) et les hérons (classe des Oiseaux).

Conséquences de l'activité humaine L'assèchement et le remblayage ont détruit jusqu'à 90% des terres humides, qui contribuent à purifier l'eau et à réduire les pointes de crues.

▼ **Figure 52.16** (*suite*)

PANORAMA Les biomes aquatiques

Les ruisseaux, les rivières et les fleuves

Milieu physique La principale caractéristique physique des ruisseaux, des rivières et des fleuves est le courant. Tout en amont, l'eau des ruisseaux est froide, claire, agitée et coule rapidement. En aval, lorsque plusieurs affluents se sont rejoints pour former une rivière, l'eau est généralement plus chaude et plus trouble, car les rivières charrient d'ordinaire plus de sédiments que leurs eaux d'amont. Les fleuves, les rivières et les ruisseaux se stratifient en zones verticales, qui s'étendent de l'eau de surface à l'eau de fond.

Milieu chimique La teneur en sel et en nutriments des ruisseaux, des rivières et des fleuves est plus élevée en amont qu'à l'embouchure. L'eau d'amont est en général riche en O_2. En aval, l'eau peut aussi contenir une importante quantité de O_2, sauf là où l'eau est enrichie de matières organiques. Une grande partie des matières organiques contenues dans les fleuves et les rivières se compose de matières dissoutes ou très fragmentées qui sont transportées par le courant depuis les ruisseaux forestiers.

Caractéristiques géologiques En amont, les chenaux des ruisseaux sont souvent étroits; ils présentent un fond rocheux formé alternativement de portions peu profondes et de fosses. En aval, l'écoulement des eaux des rivières et des fleuves s'effectue dans des tronçons qui sont généralement larges et sinueux. Leur fond est souvent limoneux: des sédiments s'y sont déposés au fil du temps.

Organismes photosynthétiques En amont des ruisseaux qui coulent dans les prairies ou les déserts, l'eau est parfois riche en algues ou en plantes aquatiques à racines.

Organismes hétérotrophes Une grande diversité de poissons et d'invertébrés vivent dans les ruisseaux, les rivières et les fleuves non pollués. La répartition des espèces s'effectue selon les zones verticales. Dans les ruisseaux qui coulent dans les forêts tempérées ou tropicales, les matières organiques provenant de la végétation terrestre constituent la principale source d'alimentation des organismes aquatiques.

Conséquences de l'activité humaine La pollution urbaine, agricole et industrielle dégrade la qualité de l'eau et tue les organismes aquatiques. L'endiguement et la lutte contre les crues perturbent le fonctionnement naturel des écosystèmes que constituent les ruisseaux, les rivières et les fleuves, et menacent les espèces migratrices comme le saumon.

Ruisseau d'amont dans les Great Smoky Mountains, aux États-Unis

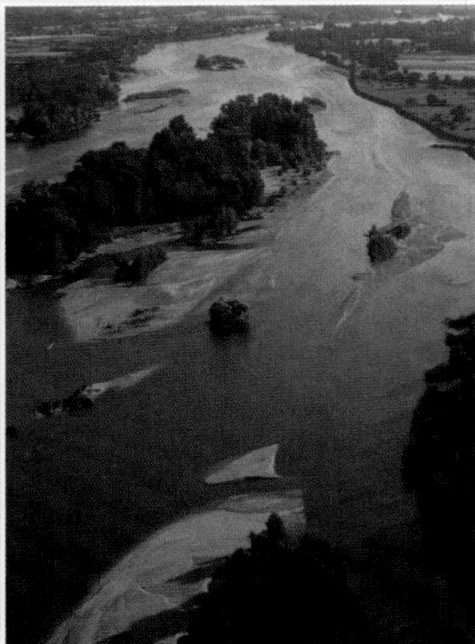

La Loire, en France, loin de ses eaux d'amont

Les estuaires

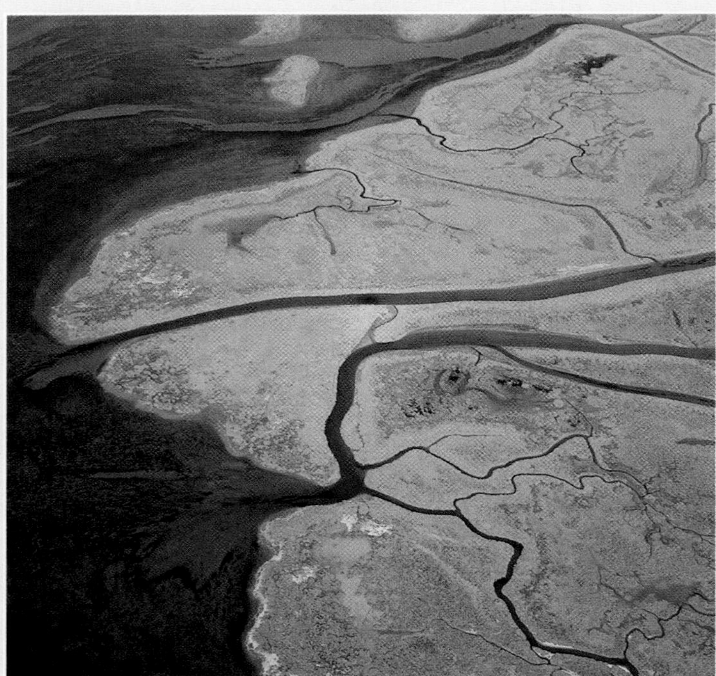

L'estuaire de la rivière Menderes, en Turquie

Milieu physique Un **estuaire** est une zone de transition entre un fleuve et l'océan. Lorsque la marée monte, l'eau de mer remonte le chenal de l'estuaire, puis se retire lorsque la marée descend. Souvent, le fond du chenal contient de l'eau de mer, de forte densité, qui se mélange peu avec l'eau fluviale de densité moindre, à la surface.

Milieu chimique Dans les estuaires, la salinité de l'eau n'est pas la même partout: elle varie de celle de l'eau douce à celle de l'eau de mer. La salinité varie également suivant le cycle quotidien des marées. Enrichis par les nutriments provenant des fleuves, les estuaires, comme les terres humides, comptent parmi les biomes les plus productifs de la planète.

Caractéristiques géologiques Les mouvements de l'eau des estuaires, conjugués aux sédiments charriés par les fleuves et les marées, créent un réseau complexe de chenaux de marée, d'îles, de levées alluviales naturelles et de vasières.

Organismes photosynthétiques Les graminées des marais maritimes (ou salés) et les algues, y compris le phytoplancton, sont les principaux producteurs des estuaires.

Organismes hétérotrophes Des vers, des huîtres, des crabes et de nombreuses espèces de poissons comestibles habitent aussi les estuaires. De nombreux invertébrés et poissons marins s'y reproduisent ou s'y arrêtent au cours de leur migration vers les habitats dulcicoles situés en amont. Enfin, les estuaires constituent des aires de nutrition pour les oiseaux de rivage et certains mammifères marins.

Conséquences de l'activité humaine Partout dans le monde, les polluants déversés en amont, de même que les travaux de remblayage et de dragage, portent atteinte aux estuaires.

Les zones intertidales

Milieu physique Une **zone intertidale** est tour à tour submergée et découverte au cours du cycle biquotidien des marées dans la plupart des rivages marins. Les zones supérieures sont plus longtemps exposées à l'air, et leur milieu physique présente de plus grandes variations de température et de salinité. Les différences dans les conditions physiques qui caractérisent les zones intertidales supérieure et inférieure limitent la répartition de nombreuses espèces d'organismes à certaines strates, comme l'illustre la photo.

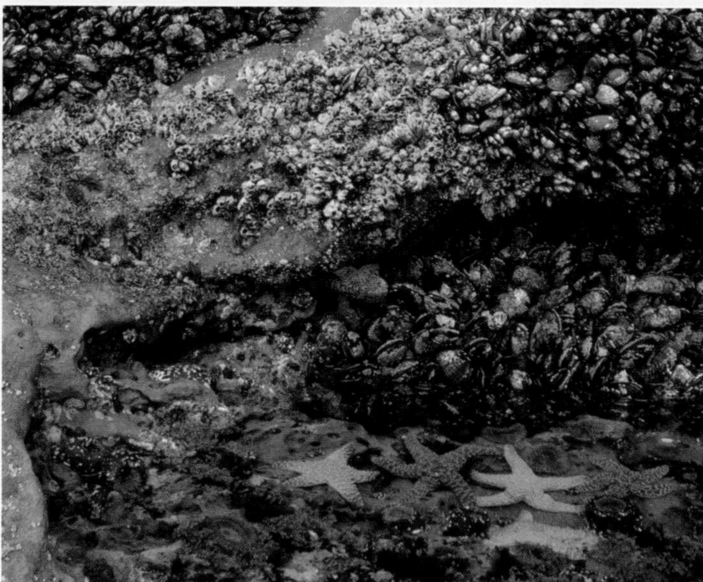

Zone intertidale rocheuse du littoral de l'Oregon, aux États-Unis

Milieu chimique Les concentrations de O_2 et de nutriments sont généralement élevées et se renouvellent à chaque retour de la marée.

Caractéristiques géologiques Les substrats des zones intertidales, qui sont en général rocheux ou sableux, déterminent des adaptations comportementales et anatomiques chez les organismes de la zone intertidale. La configuration des baies ou du littoral influe sur l'amplitude des marées et l'exposition relative des organismes intertidaux à l'action des vagues.

Organismes photosynthétiques Les zones intertidales rocheuses, surtout dans leur partie inférieure, abritent des algues marines enracinées dont la diversité et la biomasse sont considérables. En raison de l'instabilité du substrat, les zones sablonneuses exposées à de fortes vagues ne contiennent pas de plantes ni d'algues enracinées, alors que celles qui se trouvent dans des baies protégées ou des lagunes portent souvent de riches bancs d'algues et de plantes herbacées marines.

Organismes hétérotrophes Un grand nombre des animaux vivant dans les zones intertidales rocheuses possèdent des adaptations structurales qui leur permettent de se fixer au substrat dur. Dans la partie supérieure des zones intertidales, la composition, la densité et la diversité des espèces animales sont sensiblement différentes de celles de la partie inférieure.
Là où les substrats sont sablonneux ou vaseux, de nombreux animaux, tels les vers (classe des Oligochètes), les palourdes (classe des Bivalves) et les crustacés prédateurs (classe des Malacostracés), s'enfouissent dans le sable ou dans la vase et se nourrissent grâce à la nourriture apportée par la marée. On y trouve habituellement des éponges (classe des Démosponges), des anémones de mer (classe des Anthozoaires), des échinodermes, de même que de petits poissons.

Conséquences de l'activité humaine La pollution par le pétrole a eu des effets nuisibles sur de nombreuses zones intertidales. La construction de murs de roches et autres barrières pour réduire l'érosion par les vagues et les ondes de tempête a perturbé ces zones à certains endroits.

La zone océanique pélagique

Milieu physique La **zone océanique pélagique** est une vaste étendue d'eaux libres bleues, sans cesse agitées par les courants causés par les vents. En raison de la plus grande limpidité de ces eaux, la zone euphotique est plus profonde que celle des eaux côtières.

Milieu chimique En général, ces eaux présentent un taux de O_2 élevé et sont généralement plus pauvres en nutriments que les eaux côtières. Dans certaines régions tropicales, les eaux de la zone pélagique sont plus pauvres en nutriments que celles des océans tempérés parce que leur stratification thermique se maintient pendant toute l'année. Dans les zones euphotiques des zones océaniques tempérées et proches des pôles, le brassage des eaux qui se produit entre l'automne et le printemps permet le renouvellement des nutriments.

Caractéristiques géologiques Ce biome couvre approximativement 70 % de la surface de la Terre, et sa profondeur moyenne atteint près de 4 000 m. Le point le plus profond de l'océan se situe à plus de 10 000 m de la surface.

Pleine mer, au large de l'île d'Hawaï

Organismes photosynthétiques Le phytoplancton, qui comprend les bactéries photosynthétiques, forme le principal ensemble d'organismes photosynthétiques qui sont transportés par les courants océaniques. Le brassage des eaux printanier renouvelle les nutriments, ce qui provoque, dans les océans tempérés, une prolifération du phytoplancton. En raison de l'étendue de son biome, le plancton photosynthétique est à l'origine d'environ la moitié de l'activité photosynthétique effectuée sur Terre.

Organismes hétérotrophes L'ensemble d'organismes hétérotrophes le plus abondant dans ce biome est le zooplancton. Il est constitué de protistes, de vers, de copépodes, de krill (*Euphausia superba*), de méduses (classe des Scyphozoaires), ainsi que des petites larves d'invertébrés et de certains poissons qui se nourrissent de phytoplancton. Le biome océanique pélagique comprend aussi des animaux qui nagent librement, comme les calmars (classe des Céphalopodes), les poissons, les tortues de mer et les mammifères marins.

Conséquences de l'activité humaine La surpêche a appauvri les stocks de poissons de tous les océans de la Terre, qui ont aussi été pollués par les déchargements de déchets.

PANORAMA Les biomes aquatiques

Les récifs coralliens

Milieu physique Les **récifs coralliens** sont formés en grande partie du carbonate de calcium provenant des squelettes des coraux. Les récifs coralliens en eau peu profonde se trouvent dans la zone euphotique des milieux marins tropicaux relativement stables dont les eaux sont très limpides, notamment autour des îles et le long de côtes de certains continents. Ils sont affectés par les températures de moins de 18 à 20 °C et de plus de 30 °C. Moins connu, le corail de profondeur, que l'on trouve à une profondeur variant de 200 à 1 500 m, présente une diversité comparable à celle de nombreux récifs coralliens en eau peu profonde.

Milieu chimique Les coraux nécessitent des taux de O_2 élevés et ne peuvent vivre dans les milieux où l'apport en eau douce et en nutriments est important.

Caractéristiques géologiques Pour se fixer, les coraux ont besoin d'un substrat solide. D'abord *récif frangeant* sur une jeune île haute, il devient plus tard au cours de l'histoire de l'île un *récif-barrière* extracôtier, puis un *atoll*, une fois que l'île est submergée.

Organismes photosynthétiques Des algues unicellulaires vivent dans les tissus des coraux et créent une association mutualiste permettant à ces derniers d'obtenir des molécules organiques. Diverses algues marines multicellulaires rouges et vertes prolifèrent sur les récifs et sont responsables d'une grande partie de la photosynthèse effectuée sur les récifs coralliens.

Organismes hétérotrophes Les coraux eux-mêmes, constitués de divers groupes de cnidaires (voir le chapitre 33), sont les animaux qui prédominent sur les récifs coralliens. Toutefois, on y trouve aussi une diversité exceptionnelle de poissons et d'invertébrés. À l'échelle planétaire, la diversité des animaux vivant sur les récifs coralliens rivalise avec celle des forêts tropicales.

Conséquences de l'activité humaine La cueillette des squelettes coralliens et la surpêche ont réduit les populations de coraux et de poissons de récifs. Le réchauffement de la planète et la pollution sont aussi susceptibles de contribuer à la destruction à grande échelle des récifs de corail. Le développement de zones de mangroves pour l'aquaculture a également réduit les frayères de nombreuses espèces de poissons de récifs.

Récif de corail de la mer Rouge

La zone océanique benthique

Communauté d'organismes vivant à proximité d'une bouche hydrothermale sous-marine

Milieu physique La **zone océanique benthique** est constituée du plancher océanique qui se trouve sous les eaux de surface de la zone côtière, ou **zone néritique**, et sous celles de la zone extracôtière, ou zone pélagique (voir la figure 52.13b). À l'exception des eaux côtières peu profondes, la zone océanique benthique ne reçoit pas de lumière solaire. Dans ce milieu, plus on s'enfonce, plus la température est basse et plus la pression est élevée. Par conséquent, les organismes qui occupent la zone très profonde, ou zone abyssale, sont adaptés à un froid continu (environ 3 °C) et à une pression extrêmement élevée.

Milieu chimique Sauf en certains endroits riches en matières organiques, les concentrations de O_2 sont suffisantes pour faire vivre des animaux très divers.

Caractéristiques géologiques La majeure partie de la zone benthique est couverte de sédiments meubles. Toutefois, il existe des zones de substrat rocheux sur les récifs, les montagnes sous-marines et la nouvelle croûte océanique.

Organismes autotrophes Les organismes photosynthétiques, principalement le varech et les algues filamenteuses, n'occupent que les endroits peu profonds où la lumière parvient en quantité suffisante. Des communautés uniques d'organismes, comme celle qui apparaît sur la photo, prolifèrent près des **bouches hydrothermales sous-marines** d'origine volcanique qui se trouvent sur les dorsales océaniques. Dans ces milieux obscurs, chauds et pauvres en O_2, les organismes producteurs de nutriments sont des procaryotes chimioautotrophes (voir le chapitre 27) qui obtiennent leur énergie en oxydant le H_2S issu de la réaction entre l'eau chaude et le sulfate dissous (ou ion tétraoxosulfate, SO_4^{2-}).

Organismes hétérotrophes Les communautés de la zone benthique néritique se composent d'un grand nombre d'invertébrés et de poissons. Au-delà de la zone euphotique, la plupart des animaux dépendent entièrement des matières organiques qui proviennent des zones supérieures. Parmi les animaux des communautés vivant près des bouches hydrothermales sous-marines, on trouve des vers tubicoles géants (*Riftia pachyptyla*) atteignant parfois plus de 1 m de long. Il semble que ces vers se nourrissent de procaryotes chimioautotrophes qui vivent ensuite en leur sein en symbiose. De nombreux autres invertébrés, notamment des arthropodes et des échinodermes, abondent aux alentours des bouches hydrothermales.

Conséquences de l'activité humaine Dans la zone océanique benthique, la surpêche a décimé d'importantes populations de poissons, comme la morue des Grands Bancs de Terre-Neuve. De plus, le déchargement de déchets organiques y a créé des zones privées de O_2.

mené à l'évolution se sont produites à l'échelle du *temps écologique*, c'est-à-dire le cadre temporel à la minute près des interactions survenues entre les organismes et leur milieu. Par la sélection naturelle, les organismes s'adaptent à leur milieu selon un cadre temporel de plusieurs générations; c'est le *temps de l'évolution*. La sélection de la longueur et de l'épaisseur du bec des géospizes (des passereaux) dans les îles Galápagos (voir les figures 23.1 et 23.2, p. 543) illustre comment les événements à l'échelle du temps écologique ont favorisé l'évolution. Sur l'île Daphne Major, les géospizes pourvus d'un bec plus long et plus épais ont mieux survécu à une sécheresse parce qu'ils parvenaient à se nourrir des graines plus dures et plus grosses. Les géospizes pourvus d'un bec plus petit se nourrissaient de graines plus petites et plus molles, mais aussi plus rares en raison de la sécheresse. Ils ne se sont donc pas reproduits et n'ont pas survécu aussi bien que ceux à long bec. Puisque la longueur du bec est un caractère héréditaire chez cette espèce, la génération de géospizes nés après la sécheresse présentait un bec plus long que les géospizes des générations précédentes.

Les biologistes connaissent depuis longtemps les modèles, à l'échelle mondiale et régionale, de la répartition des organismes (voir la section traitant de la biogéographie au chapitre 22). Ainsi, on ne trouve des kangourous qu'en Australie. Les écologistes ne cherchent pas seulement à savoir *où* se trouvent les espèces, mais aussi *pourquoi* elles s'y trouvent: quels sont les facteurs qui déterminent leur répartition? Pour répondre à ces questions, les écologistes s'intéressent aux facteurs biotiques et abiotiques qui influent sur la répartition et l'abondance des organismes.

La **figure 52.17** illustre comment les deux types de facteurs peuvent influencer la répartition d'une espèce, en l'occurrence le kangourou roux (*Macropus rufus*). La figure montre que les kangourous roux sont plus abondants dans quelques régions de l'intérieur de l'Australie, où les précipitations sont plutôt faibles et variables. On ne trouve généralement pas de kangourous dans les régions situées en périphérie du continent. À première vue, cette répartition pourrait indiquer qu'un facteur abiotique – la quantité et la variabilité des précipitations – détermine de façon directe l'aire de répartition des kangourous roux. Cependant, le climat peut exercer une influence indirecte par la présence de facteurs biotiques, comme la présence d'agents pathogènes, de parasites, de prédateurs, de compétiteurs ou de nourriture. Les écologistes doivent généralement tenir compte de nombreux facteurs et considérer plusieurs hypothèses pour expliquer la répartition d'une espèce.

La série de questions présentée dans le schéma conceptuel de la **figure 52.18** montre comment les écologistes arrivent à de telles explications.

L'expansion et la répartition

Le déplacement par lequel les individus s'éloignent des centres où leur population est dense ou de leur région d'origine est appelé **expansion**. Ce facteur contribue grandement à la répartition mondiale des organismes. Le biogéographe qui étudie la répartition des espèces dans le contexte de la théorie de l'évolution pourrait envisager d'expliquer les raisons de l'absence de kangourous en Amérique du Nord par l'expansion: «Une barrière pourrait les avoir empêchés d'atteindre le continent.» Toutefois, si les kangourous, qui sont des animaux terrestres, n'ont pu atteindre l'Amérique du Nord par leurs propres moyens, il en est autrement pour d'autres organismes adaptés à l'expansion à grande distance, comme certains oiseaux. L'expansion des organismes est un processus crucial qui permet de comprendre à la fois l'isolement géographique

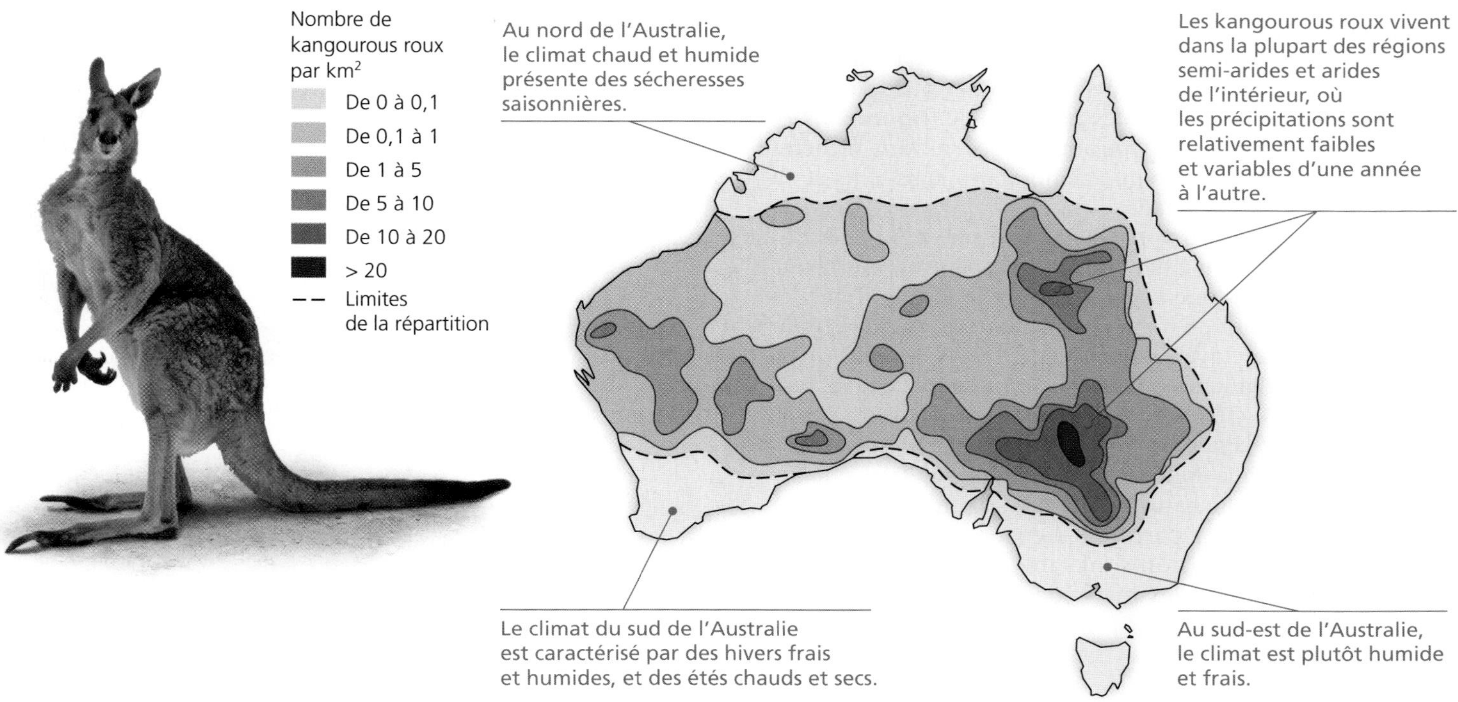
Nombre de kangourous roux par km²
De 0 à 0,1
De 0,1 à 1
De 1 à 5
De 5 à 10
De 10 à 20
> 20
Limites de la répartition
Au nord de l'Australie, le climat chaud et humide présente des sécheresses saisonnières.
Les kangourous roux vivent dans la plupart des régions semi-arides et arides de l'intérieur, où les précipitations sont relativement faibles et variables d'une année à l'autre.
Le climat du sud de l'Australie est caractérisé par des hivers frais et humides, et des étés chauds et secs.
Au sud-est de l'Australie, le climat est plutôt humide et frais.

▲ **Figure 52.17 La répartition et l'abondance relative du kangourou roux en Australie, d'après des inventaires aériens.**

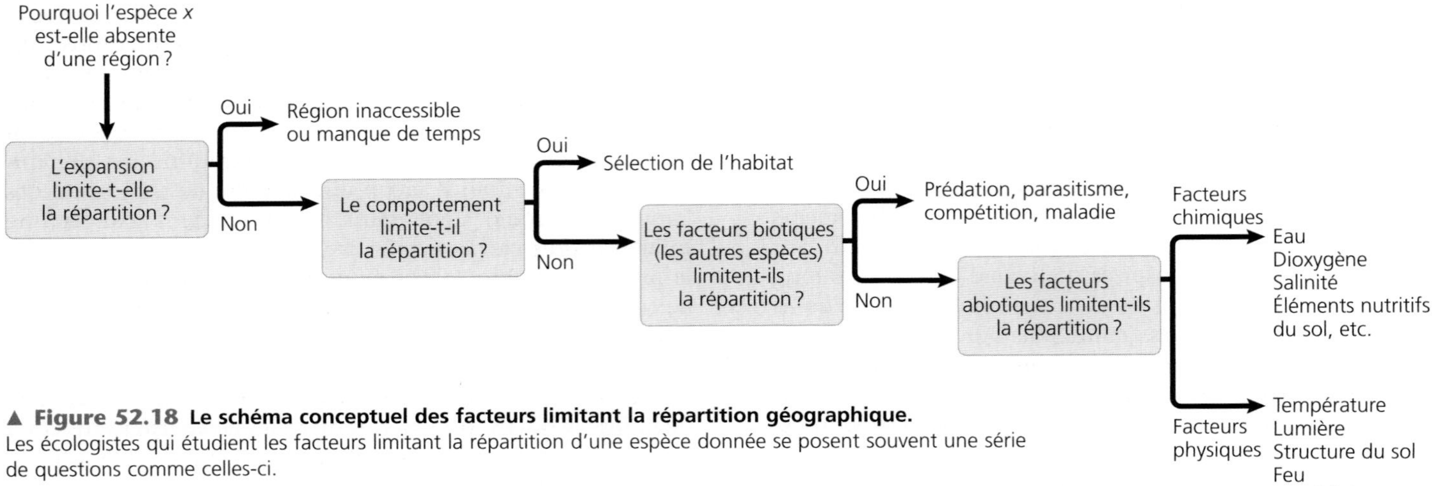

▲ **Figure 52.18 Le schéma conceptuel des facteurs limitant la répartition géographique.**
Les écologistes qui étudient les facteurs limitant la répartition d'une espèce donnée se posent souvent une série de questions comme celles-ci.

? *Les facteurs abiotiques ont-ils les mêmes effets sur les écosystèmes aquatiques et terrestres ?*

au cours de l'évolution (voir le chapitre 24) et les grands schémas actuels de répartition géographique des espèces, notamment celle des diatomées du Pacifique, mentionnée plus tôt dans ce chapitre.

L'extension de l'aire naturelle et la radiance adaptative

ÉVOLUTION L'importance de l'expansion devient évidente lorsque des organismes étendent leur aire naturelle en atteignant des régions qu'ils n'habitaient pas auparavant. Il y a 200 ans, par exemple, on ne trouvait le héron garde-bœufs (*Bubulcus ibis*) qu'en Afrique et dans le sud-ouest de l'Europe. Mais à la fin du 19e siècle, certains de ces robustes oiseaux réussirent à traverser l'océan Atlantique et à coloniser le nord-est de l'Amérique du Sud. De là, les hérons garde-bœufs se sont progressivement dispersés vers le sud et le nord: via l'Amérique centrale, ils sont parvenus jusqu'en Amérique du Nord, atteignant la Floride à la fin des années 1960 (**figure 52.19**). Aujourd'hui, on trouve des populations de ces oiseaux nicheurs à l'ouest jusque sur la côte du Pacifique des États-Unis et au nord jusqu'au sud du Canada.

Dans de rares cas, ce type d'expansion sur de longues distances peut donner lieu à des radiances adaptatives, c'est-à-dire l'évolution rapide d'une espèce ancestrale en de nouvelles espèces qui comblent de nombreuses niches écologiques (voir le chapitre 25). L'incroyable diversité des sabres d'argent (*Argyroxiphium spp.*) originaires d'Hawaï est un exemple de radiance adaptative qui n'a été possible que grâce à l'expansion sur de longues distances d'une espèce ancestrale, *Carlquistia muirii*, originaire d'Amérique du Nord (voir la figure 25.20, p. 606).

L'extension de l'aire naturelle montre clairement l'influence de l'expansion sur la répartition. Cependant, les occasions d'observer cette expansion sont rares, et les écologistes se tournent souvent vers les méthodes expérimentales pour mieux comprendre comment l'expansion contribue à limiter la distribution des espèces.

La transplantation d'espèces

Pour déterminer si l'expansion est un facteur limitant de la répartition d'une espèce, les écologistes peuvent observer ce qui se passe quand les humains transplantent accidentellement ou intentionnellement une espèce dans des régions où elle était absente. Pour qu'une transplantation soit réussie, certains organismes doivent non seulement survivre dans la nouvelle région, mais aussi pouvoir s'y reproduire de manière durable. Si une transplantation réussit, l'aire *potentielle* de répartition de l'espèce est alors plus étendue que son aire de répartition *réelle*; en d'autres termes, l'espèce *pourrait* vivre dans certaines régions où elle n'habite pas actuellement.

Les espèces introduites dans de nouvelles zones géographiques perturbent souvent les communautés et les écosystèmes

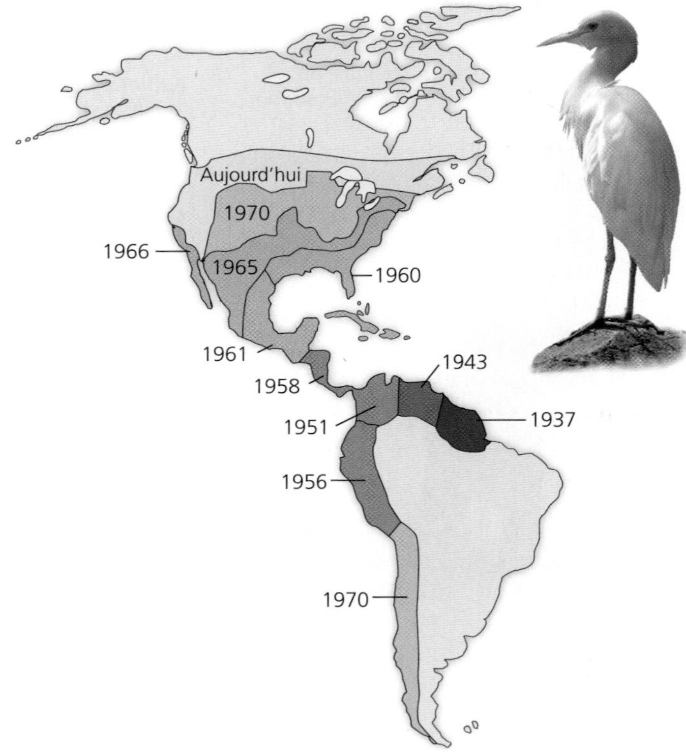

▲ **Figure 52.19 L'expansion du héron garde-bœufs.**
Originaire d'Afrique, le héron garde-bœufs a été signalé pour la première fois en Amérique du Sud en 1877.

de ces zones et se dispersent bien au-delà de la zone de transplantation visée (voir le chapitre 56). Par conséquent, les écologistes déplacent rarement des espèces dans de nouvelles régions. Ils se documentent plutôt sur les résultats obtenus lors de transplantations visant d'autres buts, comme l'introduction de gibiers ou de prédateurs d'une espèce nuisible, ou lorsqu'une espèce a été transplantée accidentellement.

Le comportement et la sélection d'un habitat

Comme le montrent les expériences de transplantation, certains organismes n'occupent pas entièrement leur aire potentielle de répartition, bien qu'ils soient physiquement aptes à se disperser dans des régions inoccupées. Selon le schéma conceptuel présenté à la figure 52.18, on peut se poser la question suivante: dans un tel cas, le comportement joue-t-il un rôle dans la limitation de la répartition? Lorsque des individus semblent éviter certains habitats, même favorables, leur répartition peut être limitée par leur comportement.

Bien que la façon dont les organismes choisissent le type d'habitat qu'ils occupent soit l'un des processus écologiques les moins bien compris, certains cas d'insectes ont été étudiés attentivement. Chez les insectes femelles, la ponte des œufs survient souvent en réaction à un ensemble très restreint de stimulus, ce qui peut limiter leur répartition locale à certaines plantes hôtes. Considérons, par exemple, la pyrale du maïs (*Ostrinia nubilalis*). Ses larves peuvent se nourrir d'une grande variété de plantes, mais on les trouve presque exclusivement sur le maïs, dont les odeurs volatiles attirent les femelles quand elles pondent leurs œufs. Le comportement associé à la sélection d'un habitat restreint manifestement cet insecte aux zones où pousse du maïs.

Les facteurs biotiques

Si ce n'est pas le comportement qui limite la répartition d'une espèce, la prochaine étape consiste à se demander si des facteurs biotiques – c'est-à-dire d'autres espèces – sont en cause. Souvent, des interactions négatives avec des prédateurs (des organismes qui tuent leurs proies) ou des herbivores (des organismes qui mangent des plantes ou des algues) limitent l'aptitude d'une espèce à survivre et à se reproduire dans un habitat. La **figure 52.20** décrit le cas particulier d'un herbivore, l'oursin, qui limite la répartition d'un groupe d'espèces dont il se nourrit.

Dans certains écosystèmes marins, il y a souvent une relation inverse entre l'abondance des oursins tels que *Centrostephanus rodgersii* et celle de certaines algues, comme les algues brunes qui forment le varech. On ne trouve pas d'importants peuplements de varech là où les oursins qui s'en nourrissent sont abondants. Comme l'explique la figure 52.20, les chercheurs australiens ont vérifié l'hypothèse selon laquelle les oursins constituent un facteur biotique limitant la répartition du varech. Lorsqu'ils ont retiré les oursins des zones étudiées, l'aire couverte par le varech s'est accrue de façon significative, ce qui a prouvé que les oursins limitent la répartition du varech.

En plus de la prédation et de l'herbivorisme, la présence ou l'absence d'agents de pollinisation, de ressources alimentaires, de parasites, d'agents pathogènes et d'organismes compétiteurs sont des facteurs biotiques susceptibles de limiter la

▼ Figure 52.20 **INVESTIGATION**

L'alimentation des oursins limite-t-elle la répartition du varech?

EXPÉRIENCE W. J. Fletcher, de la University of Sydney, en Australie, a énoncé que si les oursins de l'espèce *Centrostephanus rodgersii* constituent un facteur biotique dans un écosystème particulier, le varech (mélange d'algues marines) devrait alors occuper en plus grand nombre les zones d'où on a retiré les oursins. Pour isoler l'effet des oursins de celui des patelles (*Patelloida spp.* et autres), des mollusques qui se nourrissent de varech, il a retiré de zones voisines d'une aire témoin les oursins ou les patelles, ou les deux à la fois.

RÉSULTATS Fletcher a observé une importante différence dans la croissance du varech entre les zones où les oursins étaient présents et celles où ils ne l'étaient pas.

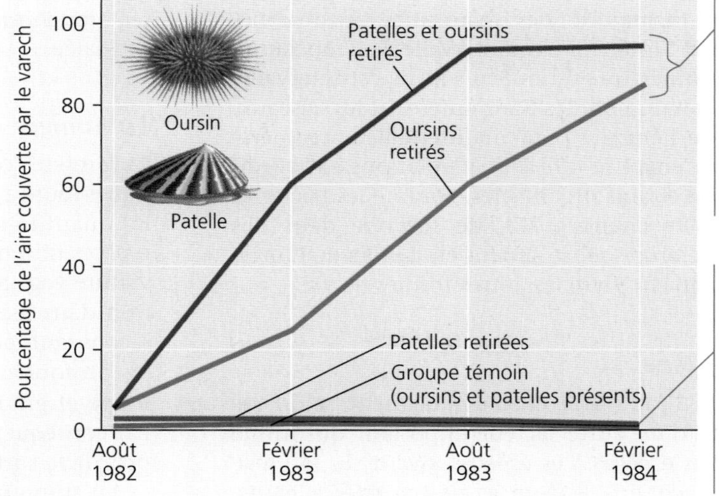
Pourcentage de l'aire couverte par le varech
100
80
60
40
20
0
Oursin
Patelle
Patelles et oursins retirés
Oursins retirés
Patelles retirées
Groupe témoin (oursins et patelles présents)
Août 1982
Février 1983
Août 1983
Février 1984
Le retrait des patelles et des oursins ou le retrait des oursins seulement ont accru de façon spectaculaire l'aire couverte par le varech.
Dans les zones où les oursins et les patelles étaient tous les deux présents et dans celles où seules les patelles étaient absentes, il n'y avait presque pas de varech.

CONCLUSION C'est dans les zones où les patelles et les oursins ont tous deux été retirés que l'aire couverte par le varech a le plus augmenté, ce qui indique que les deux espèces influent dans une certaine mesure sur la répartition de ces algues. Mais, puisque le retrait des oursins seulement a considérablement accru la croissance du varech et que celui des patelles seulement a eu peu d'effet, Fletcher a conclu que l'effet des oursins sur la limitation de la répartition du varech était beaucoup plus important que celui des patelles.

SOURCE W. J. Fletcher, Interactions among subtidal Australian sea urchins, gastropods, and algae: effects of experimental removals, *Ecological Monographs* 57: 89-109 (1987).

ET SI? Supposons que l'augmentation de l'aire couverte par le varech ait été la plus forte dans la zone où les oursins *et* les patelles ont été retirés. Comment pourrait-on expliquer ce résultat?

répartition des espèces. Certains des cas les plus remarquables s'observent quand les humains introduisent accidentellement ou volontairement des prédateurs ou des agents pathogènes exotiques dans de nouvelles régions, et anéantissent les espèces indigènes. Nous verrons des exemples de ces conséquences au chapitre 56, lorsque nous étudierons la biologie de la conservation.

Les facteurs abiotiques

La dernière question du schéma conceptuel de la figure 52.18 s'applique au rôle des facteurs abiotiques – tels que la température, l'eau, le dioxygène, la salinité, la lumière et le sol – dans la limitation de la répartition. Une espèce est introuvable sur un site dont les conditions physiques ne lui permettent pas de survivre et de se reproduire. Tout au long de cette section, rappelez-vous que la plupart des facteurs abiotiques varient considérablement dans l'espace et dans le temps. Les fluctuations journalières et annuelles des facteurs abiotiques peuvent atténuer ou accentuer les différences entre les régions. De plus, les organismes peuvent adopter certains comportements, comme la dormance ou l'hibernation, pour se mettre temporairement à l'abri de conditions difficiles.

La température

La température constitue un important facteur dans la répartition des organismes. En effet, elle influe sur les processus biologiques. Les cellules se rompent si l'eau qu'elles contiennent gèle (à des températures inférieures à 0 °C). Les protéines de la plupart des organismes se dénaturent à des températures supérieures à 45 °C. La majorité des organismes ont un fonctionnement optimal à l'intérieur d'un intervalle de température précis. Lorsque la température du milieu sort de cet intervalle, certains animaux, notamment les Mammifères et les Oiseaux, doivent déployer de l'énergie pour maintenir leur température interne (voir le chapitre 40). Des adaptations extraordinaires permettent à certains organismes, comme les bactéries thermophiles (voir le chapitre 27), de survivre dans des conditions de température qui se situent en dehors de l'intervalle dans lequel peuvent vivre les autres formes de vie.

L'eau et le dioxygène

La disponibilité de l'eau varie considérablement selon les habitats. Il s'agit là d'un autre facteur important qui influe sur la répartition des espèces. Les espèces vivant sur la grève ou dans des marais côtiers peuvent se déshydrater à marée basse. Les organismes terrestres doivent presque constamment combattre la déshydratation, et leur répartition à l'échelle de la planète témoigne de leur aptitude à obtenir de l'eau et à la conserver. De nombreux amphibiens, dont le crapaud de la figure 52.1, sont particulièrement vulnérables à la déshydratation parce que leur peau mince et humide sert aux échanges gazeux. Les organismes qui vivent en milieu désertique présentent diverses adaptations leur permettant d'obtenir et de conserver suffisamment d'eau, comme l'explique le chapitre 44.

L'eau influe sur la disponibilité du O_2 dans les milieux aquatiques et les sols inondés. Le O_2 diffuse lentement dans l'eau, si bien que sa concentration peut être faible dans certains sols et systèmes aquatiques, ce qui ralentit la respiration cellulaire et d'autres processus physiologiques. La concentration de O_2 peut s'avérer particulièrement faible dans l'eau et les sédiments des océans et des lacs profonds, où l'on trouve des matières organiques en abondance. Les sols des terres humides inondées présentent également de faibles concentrations de O_2. Les palétuviers et d'autres arbres sont dotés de racines particulières qui émergent de l'eau et assurent un apport en O_2 adéquat au système racinaire (voir la figure 35.4, p. 861). Contrairement à de nombreuses terres humides inondées, les eaux de surface des ruisseaux, des rivières et des fleuves contiennent généralement une importante quantité de O_2 grâce à l'échange rapide de gaz avec l'atmosphère.

La salinité

Comme nous l'avons vu au chapitre 7, la concentration saline de l'eau dans le milieu influe sur l'équilibre hydrique des organismes par effet d'osmose. La plupart des organismes aquatiques ne peuvent vivre que dans des habitats d'eau douce ou des habitats d'eau salée, en fonction de leur capacité limitée d'osmorégulation (voir le chapitre 44). Bien que la plupart des organismes terrestres soient capables d'excréter l'excès de sel soit par des glandes spécialisées, soit dans l'urine ou les excréments, les sebkhas et autres habitats très salins abritent généralement peu d'espèces végétales ou animales.

Le saumon, qui migre de l'eau douce des ruisseaux vers l'océan, recourt à des comportements et à des mécanismes physiologiques pour effectuer l'osmorégulation. Il ajuste la quantité d'eau qu'il ingère pour équilibrer sa teneur en sel, et ses branchies absorbent le sel en eau douce et l'excrètent en eau salée.

La lumière solaire

La lumière solaire qu'absorbent les organismes photosynthétiques fournit l'énergie qui anime presque tous les écosystèmes. En quantité insuffisante, elle peut limiter la répartition des espèces photosynthétiques. En forêt, l'ombre créée par la couverture végétale (la canopée) provoque une très forte compétition dans le sous-étage, particulièrement pour les semis qui recouvrent le sol. Dans les milieux aquatiques, chaque mètre de profondeur d'eau absorbe environ 45 % de la lumière rouge et environ 2 % de la lumière bleue qui le traversent. Par conséquent, la photosynthèse se produit en grande partie près de la surface.

En trop grande quantité, la lumière peut aussi restreindre la survie des organismes. Dans certains écosystèmes, tels les déserts, l'intensité élevée de la lumière peut accroître le stress thermique chez les animaux et les végétaux qui ne peuvent s'en protéger ou qui ne peuvent faire descendre leur température interne par évaporation (voir le chapitre 40). En haute altitude, les rayons du soleil risquent davantage d'endommager l'ADN et les protéines parce que l'atmosphère est plus mince et absorbe donc moins de rayons ultraviolets (UV). Combinés à d'autres stress abiotiques, les dommages que causent les rayons UV empêchent la survie des arbres au-delà d'une certaine altitude, ce qui explique la limite forestière observable à flanc de montagne (**figure 52.21**).

▲ **Figure 52.21 Vue des montagnes au-dessus de la limite forestière, au Parc national du Canada Banff, en Colombie-Britannique.** Les organismes qui vivent en haute altitude sont exposés à un rayonnement ultraviolet d'intensité élevée ainsi qu'à des températures glaciales, à un manque d'eau et à de forts vents. Au-dessus de la limite forestière, la combinaison de tels facteurs restreint la croissance et la survie des arbres.

Les roches et le sol

Dans les milieux terrestres, le pH, la composition minérale et la structure physique des roches et du sol limitent la répartition des végétaux et des animaux herbivores, et contribuent ainsi à la microrépartition des écosystèmes terrestres. Le pH du sol peut limiter la répartition d'organismes soit directement, par la présence de conditions acides ou basiques extrêmes, ou indirectement, en agissant sur la solubilité des nutriments et des toxines.

Dans les cours d'eau, la nature des roches et du sol qui composent le substrat (le lit) influe sur la composition chimique de l'eau, laquelle détermine à son tour quels organismes vont peupler les habitats aquatiques. En milieu dulcicole comme en milieu marin, la structure du substrat détermine les types d'organismes qui pourront s'y fixer ou s'y enfouir.

Tout au long du présent chapitre, nous avons vu l'influence des facteurs abiotiques et biotiques sur la répartition des biomes et des organismes. Nous poursuivons au chapitre suivant notre exploration de la hiérarchie biologique présentée à la figure 52.2, cette fois en examinant l'influence qu'exercent les facteurs abiotiques et biotiques sur l'écologie des populations.

RETOUR SUR LE CONCEPT 52.4

1. Donnez des exemples d'interventions humaines susceptibles de produire une extension de l'aire de répartition d'une espèce en modifiant (a) son expansion ou (b) ses interactions biotiques.
2. ET SI ? Vous soupçonnez les cerfs de restreindre la répartition d'une espèce d'arbre parce qu'ils sont friands des semis. Comment pourriez-vous vérifier cette hypothèse ?
3. FAITES DES LIENS Comme le montre la figure 25.20 (p. 606), le sabre d'argent a connu une remarquable radiance adaptative après que ses ancêtres eurent colonisé l'archipel d'Hawaï, alors que les îles étaient encore jeunes. Selon vous, les hérons garde-bœufs pourraient-ils connaître une radiance adaptative analogue dans les Amériques (voir la figure 52.19) ? Expliquez votre réponse.

Voir les réponses proposées à la fin du chapitre.

RÉVISION DU CHAPITRE 52

RÉSUMÉ DES CONCEPTS CLÉS

CONCEPT 52.1

Le climat de la Terre varie selon la latitude et la saison, et change rapidement (p. 1323 à 1328)

- Les **régimes climatiques** à l'échelle planétaire sont en grande partie déterminés par l'apport d'énergie solaire et par la rotation de la Terre autour du Soleil.
- La variation de l'angle d'incidence des rayons solaires au cours de l'année, les étendues d'eau et les montagnes exercent des effets saisonniers, régionaux et locaux sur le **macroclimat**.
- Des variations à petite échelle des facteurs **abiotiques** (non vivants), comme la lumière et la température, déterminent le **microclimat**.
- L'augmentation de la concentration des gaz à effet de serre réchauffe la Terre et modifie la répartition de nombreuses espèces. Certaines espèces ne parviendront pas à déplacer leur aire de répartition assez rapidement pour atteindre un nouvel habitat approprié.

? *Imaginez que la circulation de l'air à l'échelle planétaire change brusquement de direction, entraînant l'ascension des masses d'air à 30° de latitude N. et à 30° de latitude S., et la descente de l'air au-dessus de l'équateur. Selon ce scénario, à quelle latitude finirait-on probablement par trouver des déserts ?*

CONCEPT 52.2

Le climat et les perturbations déterminent la répartition et la structure des biomes terrestres (p. 1328 à 1330)

- Les **climatogrammes** montrent que la température et les précipitations sont en corrélation avec les **biomes**. Puisque d'autres facteurs abiotiques jouent un rôle dans l'emplacement géographique des biomes, ceux-ci se chevauchent.
- On nomme souvent les biomes terrestres selon leurs principales caractéristiques physiques ou climatiques et selon la végétation qui y prédomine. La stratification verticale est une caractéristique importante des biomes terrestres.

- Les **perturbations**, qu'elles soient naturelles ou causées par les humains, influent sur le type de végétation des biomes. Les humains ont transformé la majeure partie de la surface de la planète, en remplaçant des communautés terrestres naturelles présentées à la figure 52.12 par des communautés urbaines ou agricoles.

? *Certains écosystèmes arctiques de la toundra ne reçoivent pas plus de précipitations que les déserts; on y trouve pourtant une végétation beaucoup plus dense. Quels facteurs climatiques pourraient, d'après la figure 52.10, expliquer cette différence? Expliquez votre réponse.*

CONCEPT 52.3

Les biomes aquatiques sont des systèmes diversifiés et dynamiques qui couvrent la majeure partie de la planète (p. 1330 à 1335)

- Les biomes aquatiques se caractérisent principalement par leur milieu physique plutôt que par le climat, et présentent souvent une stratification verticale, pour ce qui est de la pénétration de la lumière, de la température et de la structure des communautés. Dans les biomes marins, la teneur en sel est plus élevée que dans les biomes dulcicoles.
- Dans l'océan et dans la plupart des lacs, la **thermocline**, un gradient thermique abrupt, sépare la couche superficielle uniformément chaude et la couche profonde, uniformément froide.

? *Dans quel biome aquatique pourrait-on trouver une zone aphotique?*

CONCEPT 52.4

Les interactions des organismes entre eux et avec leur milieu limitent la répartition des espèces (p. 1336 à 1345)

- Les écologistes ne cherchent pas seulement à savoir *où* se trouvent les espèces, mais aussi *pourquoi* elles s'y trouvent.

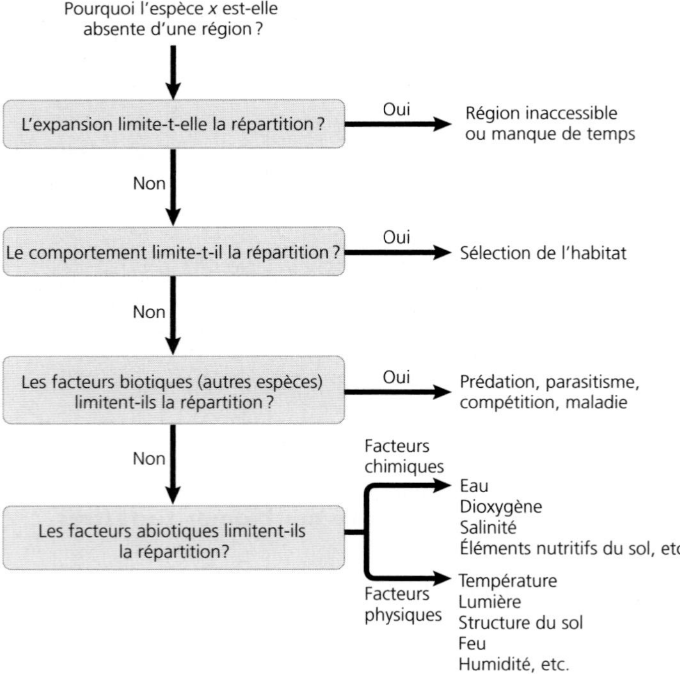

- L'**expansion**, le déplacement par lequel les individus s'éloignent de leur région d'origine; le comportement; ainsi que les facteurs **biotiques** (vivants) et les facteurs abiotiques, tels que les températures extrêmes, la salinité et la disponibilité de l'eau, peuvent limiter la répartition des espèces.

? *Si, à titre d'écologiste, vous vous intéressiez aux limites chimiques et physiques de la répartition des espèces, comment modifieriez-vous le schéma qui précède cette question?*

ÉVALUATION

NIVEAU 1: CONNAISSANCES ET COMPRÉHENSION

1. Parmi les domaines d'étude suivants, lequel s'intéresse à l'échange d'énergie, d'organismes et de matière entre les écosystèmes?
a) Écologie des populations.
b) Autécologie.
c) Écologie du paysage.
d) Écologie des écosystèmes.
e) Écologie des communautés.

2. Laquelle des zones suivantes serait absente d'un lac très peu profond?
a) Zone benthique.
b) Zone aphotique.
c) Zone pélagique.
d) Zone littorale.
e) Zone limnétique.

3. Parmi les énoncés suivants concernant les lacs oligotrophes et les lacs eutrophes, lequel est exact?
a) Les lacs oligotrophes sont davantage exposés à l'appauvrissement en O_2.
b) L'activité photosynthétique est plus faible dans les lacs eutrophes.
c) Dans l'eau des lacs eutrophes, les concentrations de nutriments sont plus faibles.
d) Les lacs eutrophes sont plus riches en nutriments.
e) Les lacs oligotrophes contiennent de plus grandes quantités de matières organiques décomposables.

4. Laquelle des associations suivantes d'un biome avec la description de son climat est exacte?
a) Savane: températures fraîches, précipitations uniformes pendant toute l'année.
b) Toundra: étés longs, hivers doux.
c) Forêt décidue tempérée: saison de végétation assez courte, hivers doux.
d) Prairies tempérées: hivers assez chauds, majeure partie des précipitations en été.
e) Forêts tropicales humides: photopériode et température presque constantes.

NIVEAU 2: APPLICATION ET ANALYSE

5. Parmi les caractéristiques suivantes, laquelle est commune à tous les biomes terrestres?
a) Précipitations moyennes annuelles dépassant 250 cm.
b) Répartition déterminée presque entièrement par la composition et la structure des roches et du sol.
c) Limites nettes entre des biomes adjacents.
d) Végétation présentant une stratification verticale.
e) Mois d'hiver froids.

6. Les océans influent sur la biosphère de toutes les façons suivantes, *sauf*:
a) en produisant une partie importante du O_2 de la biosphère.
b) en diminuant la quantité de CO_2 de l'atmosphère.
c) en modérant le climat des biomes terrestres.
d) en régulant le pH des biomes dulcicoles et des eaux souterraines.
e) en étant la source de la majeure partie des précipitations sur la planète.

7. Lequel des énoncés suivants concernant l'expansion est *inexact*?
   a) L'expansion est une composante commune des cycles de développement des Végétaux et des Animaux.
   b) La colonisation de zones dévastées par des inondations ou des éruptions volcaniques dépend de l'expansion.
   c) L'expansion n'a lieu qu'à l'échelle du temps de l'évolution.
   d) Les graines constituent une étape importante d'expansion dans les cycles de développement de la plupart des Angiospermes.
   e) La capacité à se disperser peut limiter la répartition géographique d'une espèce.

8. En escaladant les montagnes, on observe, dans les communautés biologiques, des transitions qui sont analogues aux changements que l'on rencontre:
   a) dans les biomes à différentes latitudes.
   b) à différentes profondeurs dans l'océan.
   c) dans une communauté au fil des saisons.
   d) dans un écosystème selon son évolution dans le temps.
   e) en voyageant d'est en ouest au Canada.

9. Si on tient pour acquis que le nombre d'espèces d'oiseaux est principalement fonction du nombre de strates verticales se trouvant dans le milieu, dans lequel des biomes suivants trouverait-on le plus grand nombre d'espèces d'oiseaux?
   a) Forêt tropicale humide.
   b) Savane.
   c) Taïga.
   d) Forêt décidue tempérée.
   e) Prairie tempérée.

NIVEAU 3: SYNTHÈSE ET ÉVALUATION

10. **ET SI?** Si le sens de rotation de la Terre se renversait, quel serait l'effet le plus prévisible?
   a) Il n'y aurait plus de jour ni de nuit.
   b) L'année serait beaucoup plus longue.
   c) Les vents souffleraient d'ouest en est le long de l'équateur.
   d) Les variations saisonnières diminueraient sous les latitudes élevées.
   e) Il n'y aurait plus de courants océaniques.

11. **FAITES UN DESSIN** Après avoir pris connaissance de l'expérience de W. J. Fletcher décrite à la figure 52.20, vous décidez de mener votre propre étude sur les relations alimentaires entre les loutres de mer, les oursins et le varech. Vous savez que les loutres mangent des oursins et que les oursins mangent des algues. Vous mesurez le pourcentage de l'aire couverte par les algues dans quatre sites côtiers. Vous passez ensuite une journée sur chaque site et relevez la présence ou l'absence de loutres toutes les cinq minutes, jusqu'au coucher du soleil. À partir des données ci-dessous, tracez un diagramme qui montre la relation entre la densité de population des loutres et l'abondance des algues. Formulez ensuite une hypothèse pour expliquer la tendance observée.

Site	Abondance des algues (% de l'aire couverte)	Densité des loutres (nombre d'observations/jour)
1	75	98
2	15	18
3	60	85
4	25	36

12. **LIEN AVEC L'ÉVOLUTION**
Comment le concept de temps s'applique-t-il aux situations écologiques et aux changements de l'évolution? Le temps écologique et le temps de l'évolution peuvent-ils parfois se chevaucher? Si oui, donnez quelques exemples.

13. **INTÉGRATION**
Jens Clausen et ses collègues du Carnegie Institution of Washington ont étudié la variation de la taille de différentes espèces d'achillées (*Achillea spp.*), qui colonisent les flancs de la Sierra Nevada, selon l'altitude. Ils ont constaté que les plants qui poussent à faible altitude étaient généralement plus grands que les plants poussant plus en hauteur, comme le montre le schéma ci-dessous.

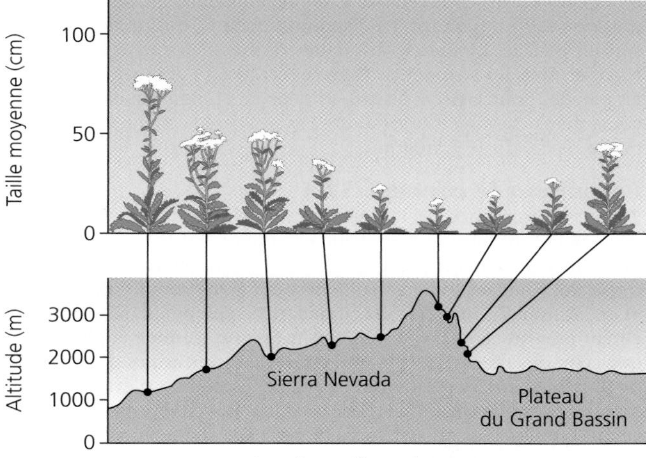

Source: J. Clausen *et al.*, Experimental studies on the nature of species. III. Environmental responses of climatic races of *Achillea*, *Carnegie Institution of Washington Publication* 541 (1948).

Clausen et ses collègues ont avancé deux hypothèses pour expliquer cette variation de l'espèce: 1) Les populations de plantes trouvées à des altitudes différentes présentent des différences génétiques. 2) L'espèce jouit d'une flexibilité sur le plan du développement et peut adopter une forme courte ou haute selon les facteurs abiotiques en présence. Si vous disposiez de graines d'achillée recueillies à faible et à haute altitude, quelles expériences feriez-vous pour vérifier ces hypothèses?

14. **ÉCRIVEZ UN TEXTE**
Les mécanismes de régulation rétroactive Le réchauffement planétaire se produit rapidement dans les écosystèmes aquatiques et terrestres de l'Arctique, y compris dans la toundra et dans les forêts de conifères (taïga). Dans ces régions, la neige et la glace reflètent les rayons solaires et fondent plus rapidement, découvrant ainsi des eaux, des plantes et des roches plus foncées. Dans un court texte (de 100 à 150 mots), expliquez comment ce processus peut représenter une boucle de rétroactivation.

RÉPONSES DU CHAPITRE 52

Questions des figures

Figure 52.7 Les limites à l'expansion, l'activité humaine (comme la conversion à grande échelle de forêts pour l'agriculture et la cueillette sélective) et de nombreux autres facteurs, y compris ceux présentés plus loin dans ce chapitre (voir la figure 52.18). **Figure 52.18** Certains facteurs comme le feu ne s'appliquent qu'aux systèmes terrestres. On pourrait penser à première vue qu'il en va autant de la disponibilité de l'eau. Cependant, les espèces vivant dans les zones intertidales des océans et sur les rives des lacs ne sont pas à l'abri de la déshydratation. Par ailleurs, les espèces vivant dans certains systèmes aquatiques et terrestres subissent un stress salin important. La disponibilité du O_2 est un facteur important surtout pour les espèces vivant dans certains systèmes aquatiques, dans le sol et dans les sédiments. **Figure 52.20** En l'absence des oursins, les patelles pourraient avoir crû en nombre et réduit quelque peu l'aire couverte par le varech (c'est-à-dire l'écart entre la droite violette et la droite bleue, sur le graphique).

Retour sur le concept 52.1

1. Sous les tropiques, les températures élevées entraînent l'évaporation de l'eau et font monter l'air chaud et humide. En montant, l'air se refroidit et libère la majeure partie de son eau sous forme de pluie sur les zones tropicales. L'air sec qui en résulte descend à environ 30° de latitude N. et de latitude S., où il crée un climat aride typique du désert. **2.** Le microclimat près du cours d'eau sera plus frais, plus humide et plus ombragé que celui de la terre agricole non cultivée. **3.** Les arbres qui ont besoin de plusieurs années pour arriver à maturité risquent d'évoluer plus lentement que les plantes annuelles en réaction aux changements climatiques, ce qui limitera leur capacité à s'adapter à des changements rapides.
4. Les plantes à photosynthèse en C_4 sont plus susceptibles d'étendre leur aire de répartition sous l'effet du réchauffement climatique. Comme nous le décrivons au concept 10.4, la photosynthèse en C_4 réduit au minimum la photorespiration et favorise la production de glucides, un atout particulièrement avantageux dans les régions chaudes du globe, où prolifèrent de nos jours les plantes de type C_4.

Retour sur le concept 52.2

1. Les forêts décidues tempérées reçoivent en moyenne plus de précipitations annuelles. **2.** Les réponses, qui varieront nécessairement selon les régions, doivent cependant se fonder sur l'information donnée à la figure 52.12. Évidemment, plus l'état naturel de votre biome a été modifié, moins ses caractéristiques correspondront à celles de votre environnement réel, surtout en ce qui concerne les végétaux et les animaux qu'on devrait y trouver. **3.** Les forêts de conifères risquent de remplacer la toundra le long des lignes de chevauchement de ces biomes. Pour comprendre pourquoi, notez que ces forêts longent la toundra partout en Amérique du Nord, dans le nord de l'Europe et en Asie (voir la figure 52.9) et que l'intervalle de température de la forêt de conifères se situe tout juste au-dessus de celui de la toundra (voir la figure 52.10).

Retour sur le concept 52.3

1. Dans la zone océanique pélagique, le fond de l'océan se trouve sous la zone euphotique, si bien que la lumière y est insuffisante pour que des algues benthiques ou des plantes aquatiques à racines puissent y vivre.
2. Comme l'explique le concept 44.1, les organismes aquatiques absorbent ou perdent de l'eau par osmose si l'osmolarité de leur milieu diffère de leur osmolarité interne. Les gains hydriques provoquent le gonflement des cellules alors que les pertes entraînent leur rétrécissement. Pour éviter les écarts excessifs du volume de leurs cellules, les organismes qui vivent dans les estuaires doivent pouvoir pallier les gains (dans des conditions dulcicoles) et les pertes (dans des conditions marines) hydriques. **3.** Les poissons nageant dans une rivière qui coule en aval d'un barrage seront plus probablement des espèces qui préfèrent l'eau froide. L'été, les couches profondes du réservoir sont plus froides que les couches superficielles; une rivière coulant en aval d'un barrage sera donc plus froide qu'une rivière sans barrage.

Retour sur le concept 52.4

1. (a) Les humains peuvent transplanter une espèce dans une région qui lui était inaccessible à cause d'une barrière géographique (modification de l'expansion). (b) Les humains peuvent modifier les interactions biotiques d'une espèce en éliminant d'une région une espèce prédatrice, comme les oursins. **2.** Vous pourriez clôturer une parcelle de terrain dans une région où pousse cette espèce d'arbre, de façon qu'aucun cerf n'y ait accès. Il ne vous resterait plus qu'à comparer l'abondance de semis de cette espèce d'arbre à l'intérieur et à l'extérieur de la zone clôturée au bout d'un certain temps. **3.** L'ancêtre du sabre d'argent a colonisé l'archipel d'Hawaï alors que les îles étaient encore jeunes; la compétition y était sans doute faible et il a pu remplir de nombreuses niches écologiques encore inoccupées. Il en va différemment des hérons garde-bœufs, qui ne se sont installés dans les Amériques que récemment alors qu'un groupe d'espèces y étaient déjà bien établies. Les possibilités de radiance adaptative y sont probablement beaucoup plus limitées.

Questions du résumé des concepts clés

52.1 Puisque l'air sec descendrait sur l'équateur plutôt qu'à 30° de latitude N. et de latitude S. (où l'on trouve des déserts aujourd'hui), on finirait probablement par trouver les déserts le long de l'équateur (voir la figure 52.3). **52.2** Comme le climat de la toundra est beaucoup plus frais que celui des déserts (voir la figure 52.10), l'eau s'évapore beaucoup moins durant la saison de croissance, et la toundra reste plus humide. **52.3** La zone aphotique se trouve plus vraisemblablement dans les eaux profondes d'un lac, dans la zone pélagique de l'océan ou dans sa zone benthique. **52.4** Vous pourriez tracer un schéma conceptuel débutant par les facteurs abiotiques limitants, de façon à déterminer d'abord les conditions physiques et chimiques permettant la survie d'une espèce, puis continuer le schéma avec les autres facteurs énumérés dans le schéma.

ÉVALUATION

1. c; **2.** b; **3.** d; **4.** e; **5.** d; **6.** d; **7.** c; **8.** a; **9.** a; **10.** c;
11.

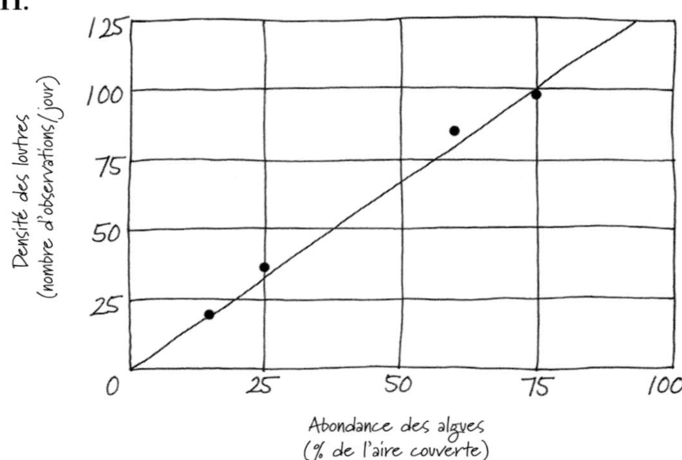

Selon ce que vous avez appris de la figure 52.20 et d'après la corrélation positive que vous avez observée sur le site entre l'abondance des algues et la densité des loutres, vous pourriez avancer que les loutres de mer réduisent la densité des oursins, ce qui réduit la consommation d'algues par les oursins.

53

L'écologie des populations

▲ **Figure 53.1 Qu'est-ce qui fait fluctuer la taille d'une population de moutons ?**

CONCEPTS CLÉS

53.1 **Des processus biologiques dynamiques influent sur la densité et la dispersion des populations de même que sur la démographie**

53.2 **Le modèle exponentiel décrit l'accroissement démographique dans un environnement idéal aux ressources illimitées**

53.3 **Le modèle logistique décrit comment l'accroissement démographique ralentit lorsqu'une population atteint la capacité limite du milieu**

53.4 **Les caractéristiques des cycles biologiques sont le produit de la sélection naturelle**

53.5 **De nombreux facteurs régissant la croissance des populations sont dépendants de la densité**

53.6 **La population humaine n'augmente plus de manière exponentielle, mais croît néanmoins rapidement**

INTRODUCTION

Le compte des moutons

Sur l'île accidentée de Hirta, en Écosse, des écologistes étudient une population de moutons de Soay (**figure 53.1**) depuis plus de 50 ans. Que vaut à ces bêtes l'honneur de faire l'objet de si longues études ? En fait, les moutons de Soay constituent une race primitive et rare, et sont les plus proches parents vivants des moutons domestiques qui vivaient en Europe il y a des milliers d'années. En 1932, dans l'espoir de préserver la race, des environnementalistes ont capturé des bêtes sur l'île de Soay, le seul foyer de l'espèce à l'époque, et les ont relâchées sur Hirta, une île voisine. Les moutons y sont devenus doublement précieux puisqu'ils fournissaient l'occasion d'étudier comment croît une population animale isolée lorsque la nourriture abonde et qu'aucun prédateur ne la menace. À leur grande surprise, les écologistes ont constaté que, indépendamment de ces conditions favorables, le nombre de moutons sur Hirta changeait radicalement, parfois du simple au double d'une année sur l'autre.

Pourquoi les populations de certaines espèces fluctuent-elles beaucoup, alors que celles d'autres espèces changent peu ? Pour répondre à cette question, il nous faut puiser à l'écologie des populations, une discipline qui étudie les populations sous l'angle de l'environnement. L'écologie des populations explore l'influence de facteurs biotiques et abiotiques sur la densité, la distribution, la taille et la pyramide des âges des populations.

Dans l'étude des populations présentée au chapitre 23, nous nous sommes attardés sur la relation entre la génétique des populations (la structure et la dynamique des patrimoines génétiques) et l'évolution. Les populations évoluent au gré des effets que la sélection naturelle exerce sur les variations génétiques parmi les individus, en modifiant la fréquence des allèles et des caractères au fil du temps. L'évolution reste un fil conducteur tandis que nous entreprenons, dans ce chapitre, l'étude des populations dans un contexte écologique.

Nous aborderons ce chapitre en examinant quelques-uns des aspects de la structure et de la dynamique des populations. Nous explorerons ensuite les outils et les modèles qu'utilisent les écologistes pour analyser les populations, ainsi que les facteurs qui régulent l'abondance des organismes. Enfin, nous examinerons certaines tendances récentes quant à la taille et à la composition de la population humaine à la lumière de ces principes fondamentaux.

CONCEPT 53.1

Des processus biologiques dynamiques influent sur la densité et la dispersion des populations de même que sur la démographie

Une **population** est un groupe d'individus de la même espèce vivant dans une aire géographique donnée, à un moment précis. Ces individus consomment les mêmes ressources et sont influencés par les mêmes facteurs écologiques. De plus, la probabilité qu'ils se reproduisent entre eux et interagissent est très élevée.

On décrit souvent les populations selon leurs frontières et leur taille (soit le nombre d'individus vivant à l'intérieur de ces frontières). Pour étudier la dynamique des populations, les écologistes commencent par définir des limites appropriées aux organismes observés et aux questions posées. Les limites d'une population peuvent être naturelles, comme dans le cas de l'île de Hirta et des moutons de Soay. Elles peuvent aussi être définies de façon arbitraire par les chercheurs, par exemple un comté du sud du Québec destiné à l'étude des chênes rouges.

La densité et la dispersion

La **densité** de population est le nombre d'individus par unité d'aire ou de volume, par exemple le nombre de chênes rouges par kilomètre carré dans un comté du sud du Québec ou le nombre de bactéries *Escherichia coli* par millilitre d'eau dans une éprouvette. La **dispersion**, quant à elle, définit le mode d'espacement des individus à l'intérieur des limites géographiques de la population.

La densité de population : une perspective dynamique

Dans de rares cas, on détermine la taille et la densité d'une population en comptant tous les individus qui se trouvent à l'intérieur de ses limites. Par exemple, on peut compter tous les moutons de Soay vivant sur l'île de Hirta, ou toutes les étoiles de mer dans une mare d'eau de mer laissée par la marée (ou étang à marée). On peut également dénombrer avec exactitude les troupeaux de grands Mammifères en les comptant du haut des airs, comme on le fait notamment pour les caribous des bois (*Rangifer tarandus caribou*) et les buffles africains (*Syncerus caffer*). Cependant, dans la plupart des cas, il est impossible de compter tous les individus d'une population. Les écologistes ont alors recours à diverses techniques d'échantillonnage pour estimer la densité et la taille des populations. Ainsi, pour évaluer la taille de la population de chênes blancs (*Quercus alba*) dans la totalité d'une zone, ils peuvent compter le nombre d'arbres qui se trouvent dans plusieurs lots (échantillons) de 100 m × 100 m choisis au hasard. Ils calculent ensuite la densité moyenne des arbres dans ces lots, puis ils extrapolent. L'exactitude des estimations augmente avec le nombre de lots étudiés et avec le degré d'homogénéité de l'habitat. Dans d'autres cas, au lieu de compter les organismes eux-mêmes, on estime la densité à partir d'un quelconque indice de la taille de la population, comme le nombre de nids, de terriers, de traces ou de déjections. La **technique de capture-recapture** est une technique d'échantillonnage que les écologistes utilisent communément pour estimer les populations d'animaux sauvages (**figure 53.2**).

La densité n'est pas une propriété statique; elle change au gré des ajouts et des retraits d'individus d'une population (**figure 53.3**). Les processus d'adjonction sont la natalité (quel que soit le mode de reproduction) et l'**immigration**, soit l'arrivée d'individus provenant d'autres régions. Les processus de soustraction sont la mortalité et l'**émigration**, soit le départ d'individus vers d'autres régions.

La densité de toutes les populations ne dépend pas uniquement de la natalité et de la mortalité : elle est également tributaire de l'immigration et de l'émigration, qui peuvent la faire varier de façon importante. Par exemple, des études à long terme portant sur le spermophile de Belding (*Spermophilus beldingi*) et menées dans les environs de Tioga Pass, dans la chaîne de la Sierra Nevada, en Californie, ont montré que certains de ces animaux quittent l'endroit où ils sont nés pour aller vivre à 2 km de là. Ce déplacement sur une longue distance en fait des immigrants au sein d'autres populations. En fait, on estime que ces immigrants représentent de 1 à 8 % des mâles et de 0,7 à 6 % des femelles de la population étudiée. Ces pourcentages peuvent sembler faibles, mais à long terme ils correspondent à des échanges significatifs entre les populations sur le plan biologique.

Les modes de dispersion d'une population

À l'intérieur de l'aire de distribution géographique, la densité de population peut présenter des variations locales considérables et produire des modes de dispersion différents. Les variations de la densité locale comptent parmi les principales caractéristiques étudiées par les écologistes, car elles permettent de comprendre les associations environnementales et les interactions sociales des individus de la population.

Le mode de dispersion le plus courant est la dispersion *en agrégats*, les individus formant des groupes. Les Végétaux et les Eumycètes sont regroupés en agrégats dans certains sites, parce que les conditions du sol et les autres facteurs écologiques favorisent la germination et la croissance. Par exemple, des Eumycètes peuvent se développer en groupe à l'intérieur ou à la surface de billes de bois en décomposition. Des insectes et des salamandres se regroupent sous les bûches, où l'humidité a tendance à être plus élevée que dans les endroits plus exposés. L'agrégation d'animaux est aussi liée au comportement sexuel. Ainsi, les éphémères, des insectes qui ne vivent qu'un ou deux jours dans leur phase d'adultes reproducteurs, forment des nuées pour accroître les chances de reproduction. Les étoiles de mer se regroupent dans les étangs à marée, où elles trouvent de la nourriture et peuvent se reproduire facilement (**figure 53.4a**). Le fait de vivre en groupe peut également assurer l'efficacité de certains prédateurs; par exemple, une meute de loups a davantage de chances qu'un individu seul de capturer une grosse proie comme un orignal, et une volée d'oiseaux a de meilleures chances qu'un seul d'être avertie d'un danger imminent.

La dispersion *uniforme*, dans laquelle les individus sont également répartis, résulte souvent d'interactions directes entre les membres de la population. Par exemple, certaines plantes sécrètent des substances chimiques qui inhibent autour d'elles la germination et la croissance d'espèces avec lesquelles elles sont en compétition pour les ressources. Dans les populations animales, une dispersion uniforme peut résulter d'interactions sociales agressives, notamment de la **territorialité**, un comportement qui consiste à empêcher d'autres individus de pénétrer dans un espace physique circonscrit (**figure 53.4b**). La dispersion uniforme n'est pas aussi courante que la dispersion en agrégats.

Selon la dispersion *aléatoire* (dispersion imprévisible), l'endroit qu'occupe chaque individu est indépendant de celui des autres. On observe ce mode de dispersion en l'absence d'attirances ou de répulsions marquées entre les individus d'une population ou quand les principaux facteurs physiques ou chimiques sont relativement homogènes dans le territoire étudié. Ainsi, les plantes qui poussent à partir de graines transportées par le vent, comme les pissenlits, sont quelquefois réparties au hasard dans un habitat assez uniforme (**figure 53.4c**). Les dispersions aléatoires n'apparaissent pas aussi fréquemment dans la nature que ce à quoi on pourrait s'attendre. La plupart des populations présentent en effet une tendance à la dispersion en agrégats.

La démographie

Les facteurs qui influent sur la densité et le mode de dispersion des populations, c'est-à-dire les besoins écologiques d'une espèce, la structure du milieu et les interactions entre les individus composant une population, ont aussi une incidence sur d'autres caractéristiques. L'étude quantitative des populations et de leurs variations au fil du temps est appelée **démographie**. Les démographes s'intéressent surtout aux taux de natalité et de mortalité. Les tables de survie constituent un moyen efficace de résumer certaines des statistiques démographiques d'une population.

Les tables de survie

Lorsque, il y a environ un siècle, fut instaurée l'assurance-vie, les compagnies d'assurances commencèrent à déterminer l'espérance de vie moyenne des personnes d'un âge donné. À cette fin, des démographes ont inventé la **table de survie**, qui est un recensement pour chaque âge du nombre d'individus vivants dans une population. Les écologistes ont adapté cette méthode à l'étude des populations en général.

Pour établir une table de survie, on peut suivre, de la naissance jusqu'à la mort, la destinée d'une **cohorte**, qui est un groupe d'individus du même âge. Pour la construire, on détermine le nombre d'individus qui meurent dans chaque groupe d'âge et on calcule la proportion de la cohorte qui survit d'un âge à l'autre.

▼ **Figure 53.2** MÉTHODE DE RECHERCHE

Comment déterminer la taille d'une population à l'aide de la technique de capture-recapture?

APPLICATION Les écologistes ne peuvent compter tous les individus d'une population si ceux-ci se déplacent trop rapidement ou s'ils ne sont pas visibles. Dans de telles situations, les chercheurs ont souvent recours à la technique de capture-recapture pour estimer la taille d'une population. Andrew Gormley et ses collègues de l'Université d'Otago ont appliqué cette méthode à une population menacée de dauphins d'Hector (*Cephalorhynchus hectori*) près de la péninsule de Banks, en Nouvelle-Zélande.

Dauphins d'Hector

TECHNIQUE Les scientifiques commencent généralement par capturer un échantillon aléatoire d'individus. Ils marquent les animaux à l'aide d'étiquettes, puis les relâchent. Pour certaines espèces, les chercheurs identifient des individus sans les capturer pour autant. Par exemple, Gormley et ses collègues ont identifié 180 dauphins d'Hector en photographiant, de leurs bateaux, les nageoires dorsales caractéristiques de cette espèce.

Après avoir laissé le temps aux individus marqués, ou identifiés autrement, de se mêler à la population – c'est-à-dire quelques jours ou quelques semaines –, les scientifiques capturent ou échantillonnent un deuxième groupe d'individus. Près de la péninsule de Banks, Gormley et son équipe sont tombés sur 44 dauphins lors de leur second échantillonnage, dont 7 qu'ils avaient photographiés la première fois. Le nombre d'animaux marqués capturés pour ce second échantillonnage (x), divisé par le nombre total d'individus capturés lors de cet échantillonnage (n), devrait correspondre au nombre d'individus marqués et relâchés lors du premier échantillonnage (s), divisé par la taille estimée de la population (N):

$$\frac{x}{n} = \frac{s}{N} \text{ ou, pour connaître la taille de la population: } N = \frac{sn}{x}$$

Cette méthode présume que les individus marqués et non marqués présentent la même probabilité d'être capturés ou échantillonnés, que les organismes marqués ont bien réintégré la population et qu'aucun individu n'est né, n'a immigré ou émigré entre les deux échantillonnages.

RÉSULTATS Selon ces données initiales, la population estimée de dauphins d'Hector près de la péninsule de Banks correspondrait à 180 × 44/7 = 1 131 individus. Les échantillons pris ultérieurement par Gormley et ses collègues laissent supposer que la population tourne plutôt autour de 1 100 individus.

SOURCE A. M. Gormley *et al.*, Capture-recapture estimates of Hector's dolphin abundance at Banks Peninsula, New Zeland, *Marine Mammal Science* 21 : 204-216 (2005).

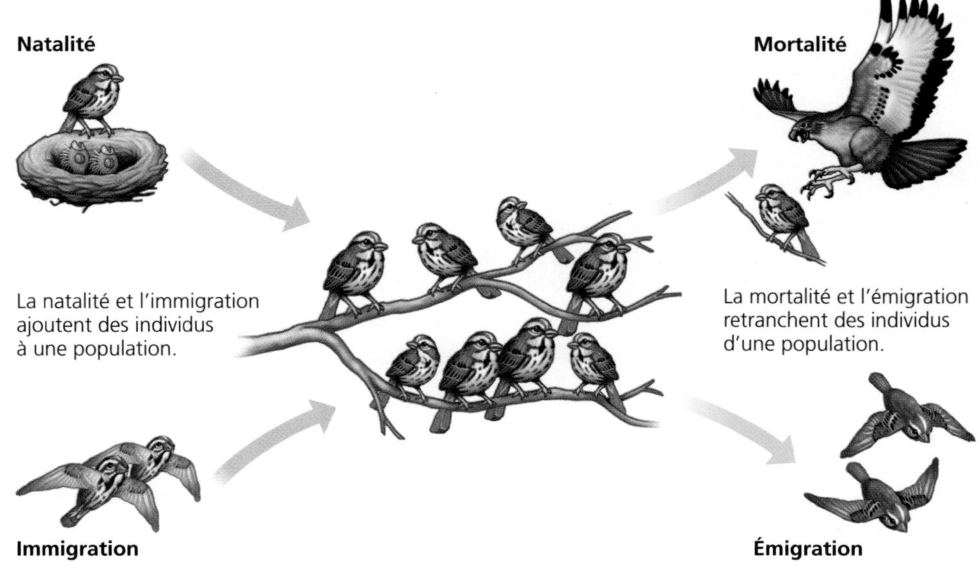
Natalité
Mortalité
La natalité et l'immigration ajoutent des individus à une population.
La mortalité et l'émigration retranchent des individus d'une population.
Immigration
Émigration

▲ **Figure 53.3 La dynamique des populations.**

(a) Dispersion en agrégats

De nombreux Animaux, comme ces étoiles de mer, se regroupent près de sources de nourriture.

(b) Dispersion uniforme

Les Oiseaux qui nichent sur de petites îles, comme ces manchots royaux (*Aptenodytes patagonica*) des îles Malouines, près de la pointe de l'Amérique du Sud, présentent souvent une dispersion uniforme maintenue par des interactions agressives entre voisins.

(c) Dispersion aléatoire

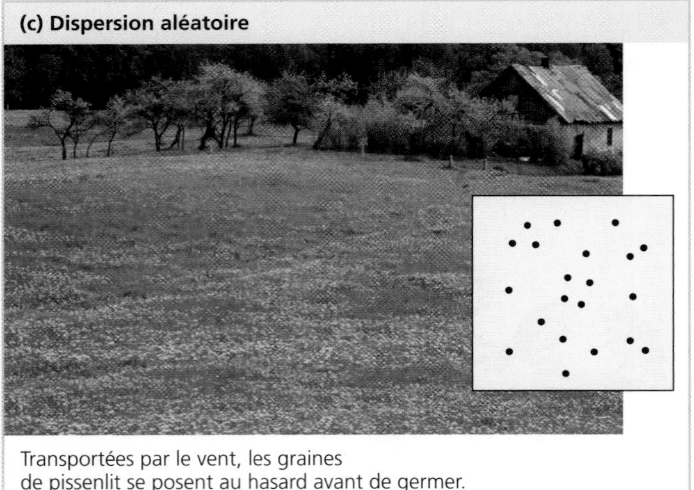

Transportées par le vent, les graines de pissenlit se posent au hasard avant de germer.

▲ **Figure 53.4 Les modes de dispersion à l'intérieur de l'aire géographique d'une population.**

ET SI? *Les modes de dispersion peuvent sembler différents selon l'échelle. Vu d'un avion survolant l'océan, à quoi pourrait ressembler le mode de dispersion des manchots?*

Les études réalisées sur le spermophile de Belding (*Spermophilus beldingi*) de Tioga Pass ont permis de produire la table de survie présentée au **tableau 53.1**. La table de survie nous apprend beaucoup de choses sur une population. Ainsi, les troisième et huitième colonnes montrent respectivement les proportions de femelles et de mâles d'une cohorte qui sont toujours en vie à un âge donné. En comparant les cinquième et dixième colonnes, on apprend que les taux de mortalité sont plus élevés chez les mâles que chez les femelles.

Les courbes de survie

On peut représenter graphiquement une partie des données que contient une table de survie en traçant une **courbe de survie**, c'est-à-dire en indiquant la proportion ou le nombre de survivants d'une cohorte en fonction de l'âge. À l'aide des données se rapportant aux spermophiles de Belding présentées au tableau 53.1, construisons une courbe de survie pour cette population. En général, on commence avec une cohorte de taille pertinente, disons 1 000 individus. Pour obtenir les autres points de la courbe pour la population de spermophiles de Belding, on multiplie la proportion de survivants du début de chaque intervalle (troisième et huitième colonnes du tableau 53.1) par 1 000 (la cohorte de départ hypothétique). On obtient ainsi le nombre de survivants au début de chaque intervalle. La **figure 53.5** montre un graphique opposant ces nombres à l'âge des femelles et des mâles. Les lignes assez droites du graphique indiquent des taux de mortalité relativement constants; toutefois, les mâles ont dans l'ensemble un taux de survie plus bas que les femelles.

La figure 53.5 ne représente qu'une des nombreuses courbes de survie qu'on trouve chez les populations naturelles. Malgré cette diversité, il existe trois grands types de courbes de survie (**figure 53.6**). La courbe de type I présente un segment initial relativement plat qui correspond à de faibles taux de mortalité chez les jeunes et les adultes. Puis, elle s'infléchit brusquement lorsque les taux de mortalité augmentent dans les groupes d'individus âgés. L'humain et de nombreux autres grands Mammifères qui produisent un nombre relativement faible de rejetons mais leur prodiguent beaucoup de soins ont une courbe de survie de type I. À l'opposé, la courbe de type III montre un segment initial très incliné, proche de la verticale, puis elle s'aplatit à un niveau qui correspond à ses valeurs faibles. Elle caractérise les populations à fort taux de mortalité chez les jeunes et à faible taux de mortalité chez les rares individus qui ont survécu à leurs premières années très risquées. Ce type de courbe s'observe chez des organismes qui, tels les plantes de grande longévité, de nombreux poissons et la plupart des invertébrés marins, produisent un très grand nombre de rejetons mais ne s'en occupent à peu près pas. Par exemple, une huître du genre *Ostrea* libère des millions d'œufs, mais la plupart des larves sont dévorées ou meurent. Cependant, les rares individus qui survivent assez longtemps pour se fixer à un substrat approprié et pour sécréter une coquille rigide ont une espérance de vie relativement longue. Enfin, la courbe de type II se situe à mi-chemin entre les deux autres. Elle correspond à un taux de mortalité constant au cours de la vie des individus d'une population. On obtient ce type de courbe pour les spermophiles de Belding (voir la figure 53.5) de même que pour

Tableau 53.1 Table de survie d'une cohorte de spermophiles de Belding (*Spermophilus beldingi*) de Tioga Pass, dans la chaîne de la Sierra Nevada, en Californie*										
	FEMELLES					MÂLES				
Âge (années)	Nombre d'individus vivants au début de l'intervalle	Proportion de survivants au début de l'intervalle	Nombre de morts pendant l'intervalle	Taux de mortalité†	Espérance de vie additionnelle moyenne (années)	Nombre d'individus vivants au début de l'intervalle	Proportion de survivants au début de l'intervalle	Nombre de morts pendant l'intervalle	Taux de mortalité†	Espérance de vie additionnelle moyenne (années)
0-1	337	1,000	207	0,61	1,33	349	1,000	227	0,65	1,07
1-2	252‡	0,386	125	0,50	1,56	248‡	0,350	140	0,6	1,12
2-3	127	0,197	60	0,47	1,60	108	0,152	74	0,69	0,93
3-4	67	0,106	32	0,48	1,59	34	0,048	23	0,68	0,89
4-5	35	0,054	16	0,46	1,59	11	0,015	9	0,82	0,68
5-6	19	0,029	10	0,53	1,50	2	0,003	0	1,00	0,50
6-7	9	0,014	4	0,44	1,61	0				
7-8	5	0,008	1	0,20	1,50					
8-9	4	0,006	3	0,75	0,75					
9-10	1	0,002	1	1,00	0,50					

Source : P. W. Sherman et M. L. Morton, Demography of Belding's Ground Squirrel, *Ecology* 65 : 1617-1628 (1984).
* La longévité étant différente pour les mâles et les femelles, on a établi une table de survie pour chaque sexe.
† Le taux de mortalité est la proportion d'individus qui meurent dans un intervalle de temps donné.
‡ Comprend 122 femelles et 126 mâles qui ont été capturés la première fois à l'âge de 1 an et qui ne sont donc pas inclus dans le nombre d'individus ayant entre 0 et 1 an.

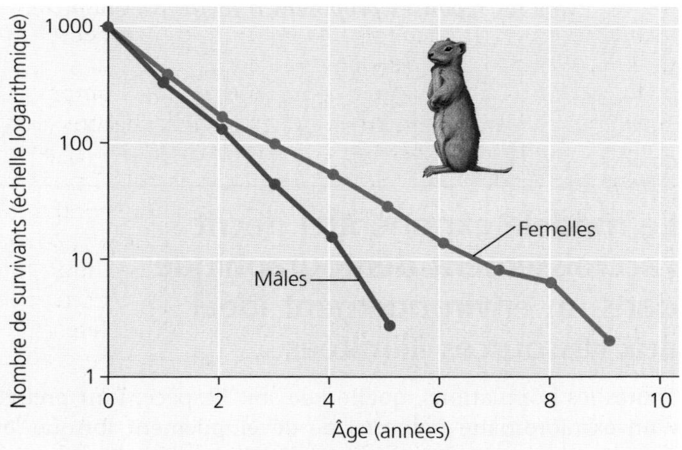

▲ **Figure 53.5 Courbes de survie des mâles et des femelles chez le spermophile de Belding.** L'échelle logarithmique employée ici permet d'observer les changements dans le nombre de survivants d'un bout à l'autre de l'intervalle de variation (de 2 à 1 000 individus) du graphique.

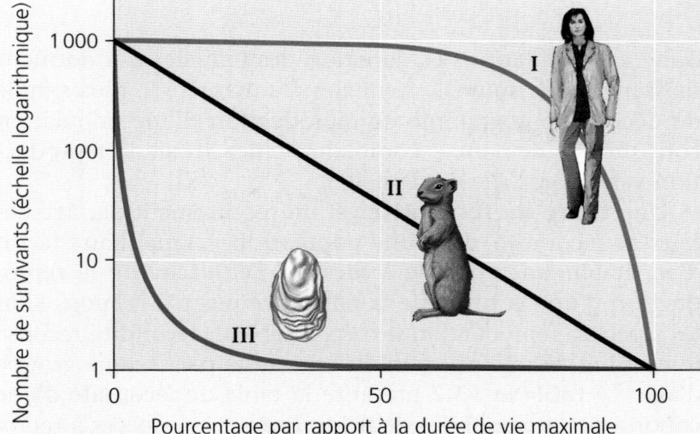

▲ **Figure 53.6 Les courbes de survie : types I, II et III.** L'axe des *y* est logarithmique et l'axe des *x* est relatif, si bien qu'on peut comparer sur un même graphique des espèces dont l'espérance de vie varie grandement.

certains autres Rongeurs, divers Invertébrés, quelques espèces de lézards et certaines plantes annuelles.

De nombreuses espèces se caractérisent par des courbes intermédiaires ou plus complexes que les courbes I, II et III. Ainsi, les Oiseaux ont un taux de mortalité souvent élevé parmi les individus les plus jeunes (comme dans la courbe de type III), mais plutôt constant parmi les adultes (comme dans la courbe de type II). Certains Invertébrés, tels que les crabes, ont une courbe « en escalier » : le taux de mortalité s'élève pendant les périodes de mue (durant lesquelles ces animaux sont vulnérables ou présentent des troubles physiologiques), puis il diminue pendant les périodes où l'exosquelette est rigide.

En l'absence d'immigration ou d'émigration, la survie constitue l'un des deux facteurs importants qui déterminent les variations de taille des populations. Nous allons maintenant étudier l'efficacité de la reproduction, l'autre facteur important qui influe sur la dynamique des populations.

Le taux de reproduction

Les démographes qui étudient les espèces à reproduction sexuée ne tiennent généralement pas compte des mâles et s'occupent surtout des femelles de la population, parce qu'elles seules donnent naissance à des rejetons. Ils envisagent

Tableau 53.2 Table de fécondité d'une cohorte de spermophiles de Belding (*Spermophilus beldingi*) de Tioga Pass

Âge (années)	Proportion de femelles ayant une portée	Nombre moyen d'individus par portée (mâles + femelles)	Nombre moyen de femelles par portée	Nombre moyen de rejetons femelles*
0-1	0,00	0,00	0,00	0,00
1-2	0,65	3,30	1,65	1,07
2-3	0,92	4,05	2,03	1,87
3-4	0,90	4,90	2,45	2,21
4-5	0,95	5,45	2,73	2,69
5-6	1,00	4,15	2,08	2,08
7-8	1,00	3,85	1,93	1,93
8-9	1,00	3,85	1,93	1,93
9-10	1,00	3,15	1,58	1,58

Source : P. W. Sherman et M. L. Morton, Demography of Belding's Ground Squirrel, *Ecology* 65 : 1617-1628 (1984).

* Le nombre moyen de rejetons femelles est la proportion de femelles ayant une portée multipliée par le nombre moyen de femelles par portée.

donc les populations en fonction des femelles qui donnent naissance à de nouvelles femelles. La manière la plus simple de décrire le programme de reproduction d'une population consiste à se demander comment l'efficacité de la reproduction varie avec l'âge des femelles.

Une **table de fécondité** est un recensement par âge des taux de fécondité, dans une population. La meilleure façon d'en établir une consiste à mesurer l'efficacité de la reproduction d'une cohorte de la naissance jusqu'à la mort. Pour les espèces à reproduction sexuée, la table de fécondité recense le nombre de rejetons femelles produits par chaque groupe d'âge. Le **tableau 53.2** présente la table de fécondité d'une cohorte de spermophiles de Belding. Pour les espèces à reproduction sexuée comme les Oiseaux et les Mammifères, les rejetons sont le produit de la proportion de femelles d'un âge donné qui se reproduisent et du nombre de rejetons femelles qu'elles engendrent. En faisant cette multiplication, on peut obtenir le nombre moyen de filles pour chaque femelle dans une classe d'âge donnée (dernière colonne du tableau 53.2). Pour les spermophiles de Belding, qui commencent à se reproduire à un an, le nombre de rejetons augmente jusqu'à atteindre un maximum chez les femelles âgées de quatre ans. Puis il diminue chez les plus vieilles.

Les tables de fécondité varient beaucoup selon les espèces. Les écureuils, par exemple, ont des portées de deux à six petits par année pendant moins d'une décennie, alors que les chênes laissent tomber des milliers de glands chaque année pendant des dizaines ou des centaines d'années. Les moules et d'autres invertébrés peuvent libérer des millions d'œufs et de spermatozoïdes dans un cycle de frai. Néanmoins, un taux de reproduction élevé n'entraînera pas une croissance rapide de la population à moins que les rejetons ne jouissent de conditions à peu près idéales à leur croissance et à leur survie. C'est ce que nous verrons dans la prochaine partie.

RETOUR SUR LE CONCEPT 53.1

1. FAITES UN DESSIN Chaque femelle d'une certaine espèce de Poissons produit chaque année des millions d'œufs. Dessinez la courbe de survie la plus plausible pour cette espèce et expliquez votre choix.
2. ET SI ? Comme le mentionne la figure 53.2, la technique de capture-recapture suppose que les individus marqués ont autant de chances d'être capturés que les individus non marqués. Décrivez une situation où cette supposition ne tiendrait pas et expliquez en quoi cela modifierait l'estimation de la taille de la population.
3. FAITES DES LIENS Comme le montre la figure 51.2a (p. 1294), l'épinoche à trois épines mâle attaque les autres mâles qui empiètent sur son territoire de reproduction. Présumez le mode de dispersion probable des mâles de cette espèce et expliquez votre raisonnement.

Voir les réponses proposées à la fin du chapitre.

CONCEPT 53.2

Le modèle exponentiel décrit l'accroissement démographique dans un environnement idéal aux ressources illimitées

Toutes les populations, quelle que soit l'espèce, font preuve d'un extraordinaire potentiel de développement lorsque les ressources sont abondantes. Pour avoir une idée du potentiel de croissance d'une population, imaginons une seule bactérie qui se reproduirait par scissiparité toutes les 20 minutes dans des conditions de laboratoire idéales. Il y aurait 2 bactéries au bout de 20 minutes, puis 4 au bout de 40 minutes et 8 au bout de 60 minutes. Si le processus se poursuivait à ce rythme pendant un jour et demi sans mortalité, la population bactérienne serait si nombreuse qu'elle formerait une couche de 30 cm d'épaisseur autour de la Terre. À l'opposé, un éléphant femelle donne naissance à 6 rejetons seulement au cours de ses 100 ans d'existence. Cependant, Charles Darwin a calculé qu'il ne faudrait pas plus de 750 ans à un couple d'éléphants pour produire une population de 19 millions d'individus. L'estimation de Darwin n'était pas tout à fait correcte, mais de telles analyses l'ont amené à reconnaître l'immense capacité d'accroissement de toutes les populations. Si l'accroissement sans limite ne dure jamais longtemps dans la nature, l'étude de l'accroissement démographique dans un environnement idéal aux ressources illimitées est utile, car elle révèle le potentiel d'augmentation des espèces et les conditions dans lesquelles celui-ci peut s'exprimer.

Le taux d'accroissement par individu

Imaginons une population composée de quelques individus vivant dans un milieu idéal, sans limites de ressources. Rien n'entrave l'obtention d'énergie, la croissance ni la reproduction de ces organismes. La taille de la population augmente chaque fois qu'un organisme naît ou immigre; elle diminue chaque fois qu'un organisme meurt ou émigre. L'équation descriptive suivante exprime la variation de la taille de la population au cours d'une période donnée:

$$\text{Variation de la taille de la population} = \text{Naissances} + \text{Immigrants} - \text{Morts} - \text{Émigrants}$$

Pour simplifier nos calculs, nous ne tiendrons pas compte de l'immigration ni de l'émigration (bien qu'une formulation plus complexe le ferait certainement). La notation mathématique permet aussi d'écrire cette équation simplifiée de façon plus concise. Ainsi, si N représente la taille de la population et t le temps, alors ΔN est la variation de taille de la population et Δt la période considérée (appropriée à la longévité et au temps de génération de l'espèce). La lettre grecque Δ indique une variation, comme dans la variation du temps. En utilisant B (pour *birth*) pour indiquer le nombre de naissances survenues dans la population pendant la période et M pour le nombre de morts, nous pouvons récrire l'équation descriptive comme suit:

$$\frac{\Delta N}{\Delta t} = \mathrm{B} - \mathrm{M}$$

Nous pouvons maintenant convertir cette équation simple en un modèle dans lequel les naissances et les morts sont exprimées sous forme de taux moyens par individu pour la période. Le *taux de natalité par individu* est le nombre de rejetons qu'engendre, par unité de temps, un membre représentatif de la population. Par exemple, une population de 1 000 individus qui connaît 34 naissances par année a un taux annuel de natalité par individu de 34/1 000, ou de 0,034. Si nous connaissons le taux de natalité par individu (symbolisé par b), nous pouvons utiliser la formule $B = bN$ pour calculer le nombre prévu de naissances par année dans une population de n'importe quelle taille. Par exemple, si le taux annuel de natalité par individu est de 0,034 et si la taille de la population est de 500,

$$B = bN$$
$$B = 0{,}034 \times 500$$
$$B = 17 \text{ par année}$$

De même, le *taux de mortalité par individu* (symbolisé par m) nous permet de prévoir le nombre de morts par unité de temps dans une population de n'importe quelle taille en recourant à la formule $D = mN$. Si $m = 0{,}016$ par année, nous pouvons estimer à 16 le nombre annuel de morts dans une population de 1 000 individus. Pour les populations observées dans la nature ou en laboratoire, nous pouvons calculer les taux de natalité et de mortalité par individu à l'aide d'estimations de la taille de la population, d'une table de survie et d'une table de fécondité (voir, par exemple, les tableaux 53.1 et 53.2).

Nous pouvons donc récrire l'équation exprimant l'accroissement démographique en utilisant cette fois les taux de natalité et de mortalité par individu au lieu des nombres absolus de naissances et de morts:

$$\frac{\Delta N}{\Delta t} = bN - mN$$

Une dernière simplification s'impose, étant donné que les écologistes des populations s'intéressent à la différence entre le taux de natalité par individu et le taux de mortalité par individu. Cette différence est le *taux d'accroissement par individu*, soit r:

$$r = b - m$$

Le taux d'accroissement par individu r indique si une population s'accroît ($r > 0$) ou décroît ($r < 0$). Une **croissance démographique nulle** se produit lorsque les taux de natalité et de mortalité par individu sont égaux et que r est égal à 0. Il survient encore des naissances et des morts dans la population, mais leurs nombres s'annulent.

En utilisant le taux d'accroissement par individu, nous récrivons l'équation comme suit:

$$\frac{\Delta N}{\Delta t} = rN$$

Gardez à l'esprit que cette équation s'applique pour un intervalle de temps discret, ou fixe (souvent établi à un an, comme dans l'exemple précédent) et qu'elle ne tient pas compte de l'immigration et de l'émigration. La plupart des écologistes préfèrent employer la notation du calcul différentiel pour exprimer l'accroissement démographique *instantanément* sous forme de taux d'accroissement à un moment précis:

$$\frac{dN}{dt} = r_{inst}N$$

Dans ce dernier cas, r_{inst} désigne simplement le taux d'augmentation instantané par individu. Si vous ne connaissez pas le calcul différentiel, ne vous laissez pas intimider par cette dernière équation. Elle est semblable à la précédente, sauf que la période Δt est très courte et est exprimée dans l'équation par dt. En fait, lorsque Δt raccourcit, la variable discrète r frôle la valeur r_{inst}.

L'accroissement exponentiel

Au début de la section, nous avons évoqué une population dont les membres ont tous accès à une nourriture abondante et se reproduisent autant que leur capacité physiologique le permet. L'accroissement démographique qui se produit alors est appelé **accroissement démographique exponentiel**. Dans de telles conditions, on peut supposer que le taux d'accroissement par individu équivaut au taux maximal d'accroissement pour l'espèce, qu'on représente par le symbole $r_{\max}$.

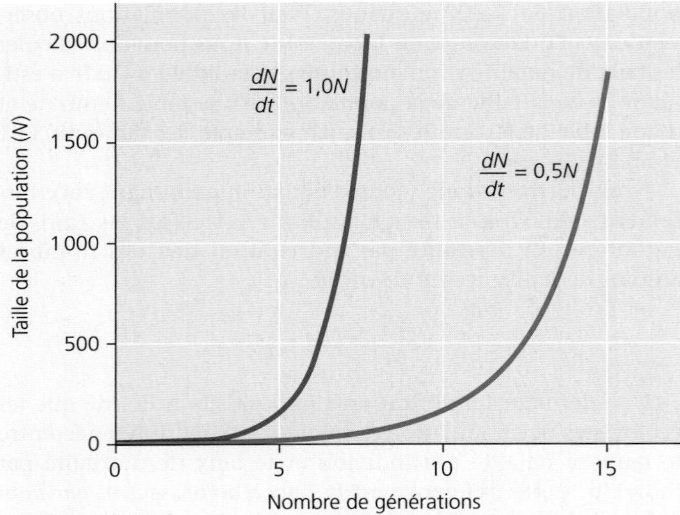

▲ **Figure 53.7 L'accroissement démographique selon le modèle exponentiel.** Ce graphique compare la croissance de deux populations pour lesquelles les valeurs r_{max} sont différentes. Lorsque cette valeur passe de 0,5 à 1,0, la taille de la population augmente plus rapidement avec le temps, comme en témoignent les pentes relatives des courbes, quelle que soit la taille de la population.

L'équation exprimant l'accroissement démographique exponentiel est ainsi :

$$\frac{dN}{dt} = r_{max}N$$

La taille d'une population qui s'accroît de façon exponentielle augmente à une vitesse constante. Quand on la représente sous forme graphique en fonction du temps, on obtient une courbe en J (**figure 53.7**). Bien que le *taux* intrinsèque d'accroissement soit constant, une grande population s'adjoint en fait plus de nouveaux individus par unité de temps qu'une petite population. Par conséquent, la pente des courbes montrées à la figure 53.7 devient plus prononcée avec le temps. En effet, l'accroissement dépend autant de N que de r_{max}, et les grandes populations connaissent plus de naissances (et de morts) que les petites populations ayant pourtant le même taux d'accroissement par individu. Il est également clair, d'après la figure 53.7, que sur deux populations celle qui a le taux maximum d'accroissement le plus élevé ($dN/dt = 1{,}0N$) s'accroîtra plus rapidement que celle qui a un taux d'accroissement plus bas ($dN/dt = 0{,}5N$).

La courbe de croissance exponentielle en forme de J est caractéristique de certaines populations introduites dans de nouveaux habitats ou de populations qui se mettent à augmenter après avoir été décimées par un événement catastrophique. Par exemple, la population d'éléphants dans le Kruger National Park, en Afrique du Sud, a connu une croissance exponentielle pendant environ 60 ans après qu'on eut pris des mesures pour les protéger des chasseurs (**figure 53.8**). La population de plus en plus grande d'éléphants a fini par endommager la végétation du parc à un point tel que la nourriture aurait pu commencer à manquer. La famine aurait alors mis fin à l'accroissement démographique. Pour protéger d'autres espèces et l'écosystème du parc avant que cela se produise, les autorités ont décidé de limiter la population d'éléphants en recourant à la contraception et en déportant des individus vers d'autres pays.

▲ **Figure 53.8 La croissance exponentielle de la population d'éléphants dans le Kruger National Park, en Afrique du Sud.**

RETOUR SUR LE CONCEPT 53.2

1. Expliquez pourquoi, dans une population, un taux d'accroissement constant (r_{max}) se traduit par une courbe de croissance en forme de J.
2. Sur quel territoire une population de plantes a-t-elle le plus de chances de connaître une croissance exponentielle : sur le site d'une forêt détruite par le feu ou dans une forêt humide mature, exempte de perturbations ? Pourquoi ?
3. **ET SI ?** En 2009, la population des États-Unis comptait environ 307 millions d'individus. S'il y a eu 14 naissances et 8 décès par 1 000 individus, quelle a été la croissance nette de la population cette année-là (sans tenir compte de l'immigration et de l'émigration, qui sont importantes) ? Selon vous, la population des États-Unis connaît-elle une croissance exponentielle ? Expliquez votre réponse.

Voir les réponses proposées à la fin du chapitre.

CONCEPT 53.3

Le modèle logistique décrit comment l'accroissement démographique ralentit lorsqu'une population atteint la capacité limite du milieu

Le modèle d'accroissement exponentiel suppose des ressources illimitées, ce qui se produit rarement dans la réalité. Si la densité d'une population augmente, la part des ressources revenant à chacun des membres s'amenuise. Par conséquent, le nombre d'individus qui peuvent occuper un habitat n'est pas infini. Les écologistes appellent **capacité limite du milieu** (ou capacité de support) le nombre maximal d'individus d'une population capables de vivre dans un milieu au cours d'une période donnée, sans dégradation de l'habitat. La capacité limite du milieu, notée *K*, varie dans le temps et dans l'espace en fonction de l'abondance des ressources. Cependant, l'énergie, les abris, les refuges contre les prédateurs, les éléments nutritifs, l'eau et les sites appropriés de nidification peuvent être des facteurs limitants. Par exemple, pour des chauves-souris, la capacité limite du milieu peut être élevée dans un habitat où les insectes aériens sont abondants et où il y a des cavernes pour le repos, et plus faible dans un habitat où la nourriture est abondante mais où les abris convenables font défaut.

La surpopulation et l'épuisement des ressources peuvent avoir un effet marqué sur le taux d'accroissement démographique. Si les individus n'obtiennent pas les ressources en quantité suffisante pour se reproduire, le taux de natalité par individu (*b*) décroît. S'ils ne peuvent consommer suffisamment d'énergie pour satisfaire leurs besoins, le taux de mortalité par individu (*m*) augmente. Une diminution de *b* ou une augmentation de *m* fait baisser le taux d'accroissement par individu (*r*).

Le modèle logistique d'accroissement démographique

Nous pouvons modifier notre modèle mathématique d'accroissement de population pour lui faire exprimer les variations que subit le taux d'accroissement au fur et à mesure que la taille de la population s'approche de la capacité limite du milieu. Selon le **modèle logistique d'accroissement démographique**, le taux d'accroissement par individu s'approche de zéro lorsque le milieu atteint sa capacité limite.

Mathématiquement, nous pouvons construire le modèle logistique en ajoutant au modèle exponentiel une expression qui réduit la valeur du taux d'accroissement par individu quand *N* augmente. Si la taille maximale de la population est *K*, l'expression $K - N$ indique le nombre d'individus qui peuvent s'ajouter au milieu, et l'expression $(K - N)/K$ représente le pourcentage de *K* qui admet encore un accroissement démographique. En multipliant le taux exponentiel d'accroissement $r_{max}N$ par $(K - N)/K$, nous réduisons la valeur du taux d'accroissement à mesure que *N* augmente:

$$\frac{dN}{dt} = r_{max}N\frac{(K - N)}{K}$$

Lorsque la valeur de *N* est faible comparée à celle de *K*, la valeur de $(K - N)/K$ s'approche de 1, et le taux d'accroissement par individu $r_{max}\,(K - N)/K$ s'approche du taux maximal d'accroissement. Mais quand la valeur de *N* est élevée et que les ressources diminuent, la valeur de $(K - N)/K$ avoisine 0, et le taux d'accroissement par individu est faible. La population se stabilise lorsque *N* égale *K*. Le **tableau 53.3** présente les valeurs de taux d'accroissement démographique pour une population hypothétique qui croît selon le modèle logistique, où $r_{max} = 1{,}0$ par individu par année. Remarquez que le taux d'accroissement démographique global est à son

Tableau 53.3 L'accroissement logistique d'une population hypothétique ($K = 1\,500$)

Taille de la population N	Taux maximal d'accroissement r_{max}	$\frac{K-N}{K}$	Taux d'accroissement par individu $r_{max}\left(\frac{K-N}{K}\right)$	Taux d'accroissement démographique* $r_{max}N\left(\frac{K-N}{K}\right)$
25	1,0	0,98	0,98	+25
100	1,0	0,93	0,93	+93
250	1,0	0,83	0,83	+208
500	1,0	0,67	0,67	+333
750	1,0	0,50	0,50	+375
1 000	1,0	0,33	0,33	+333
1 500	1,0	0,00	0,00	0

* Arrondi au nombre entier près.

maximum, soit + 375 individus par année, lorsque la population atteint 750, ce qui équivaut à la moitié de la capacité limite du milieu. Lorsque la taille de la population arrive à 750 individus, le taux d'accroissement par individu demeure relativement élevé (la moitié du taux maximal), et les individus reproducteurs (*N*) sont alors beaucoup plus nombreux que dans des populations de plus petite taille.

Comme le montre la **figure 53.9**, le modèle logistique d'accroissement démographique produit une courbe sigmoïde (en forme de S) quand on représente *N* sous forme graphique en fonction du temps (ligne rouge). L'accroissement est plus rapide dans le cas d'une population de taille intermédiaire, c'est-à-dire lorsque les individus reproducteurs sont nombreux,

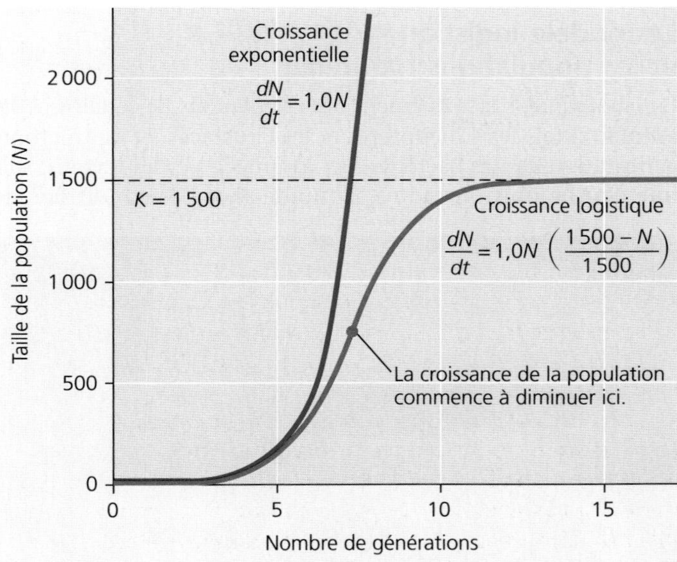

▲ **Figure 53.9 La prédiction de l'accroissement démographique au moyen du modèle logistique.** Le taux d'accroissement démographique diminue au fur et à mesure que la taille de la population (*N*) s'approche de la capacité limite du milieu (*K*). La ligne rouge représente l'accroissement logistique d'une population pour laquelle $r_{max} = 1{,}0$ et $K = 1\,500$ individus. Afin d'établir une comparaison, la ligne bleue représente l'accroissement d'une population qui continue de s'accroître de façon exponentielle avec le même r_{max}.

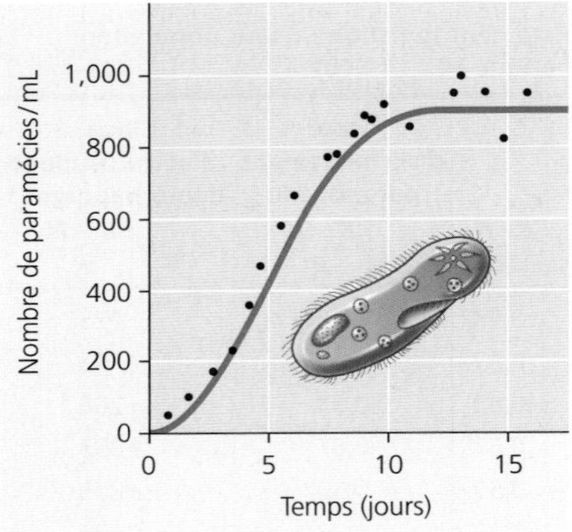

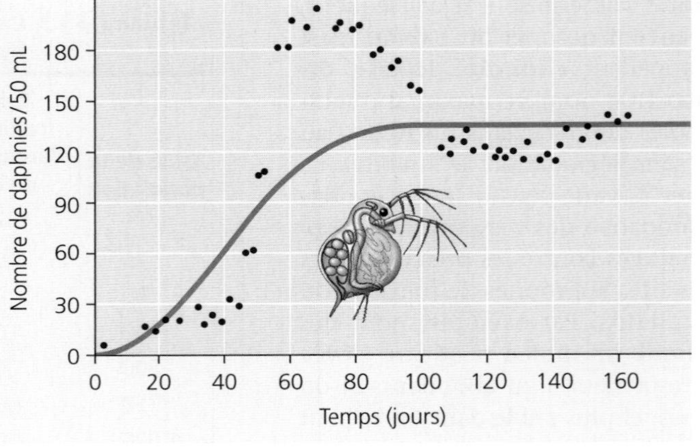

◀ **Figure 53.10 Le modèle logistique rend-il bien compte de l'accroissement de ces populations ?**

(a) Population de paramécies en culture. L'accroissement de paramécies (*Paramecium aurelia*) dans de petites cultures (points noirs) est presque conforme au modèle logistique (courbe en rouge) quand on maintient des conditions constantes.

(b) Population de daphnies en culture. L'accroissement d'une population de puces d'eau (*Daphnia spp.*) dans une petite culture (points noirs) n'est pas tout à fait conforme au modèle logistique (courbe en rouge). En effet, la population s'est accrue si rapidement qu'elle a dépassé la capacité limite de son milieu artificiel, avant de revenir à une taille relativement stable.

mais que l'espace et les autres ressources sont encore abondants. Le taux d'accroissement démographique diminue radicalement quand N s'approche de K.

Notez que nous n'avons rien dit de la cause du ralentissement de l'accroissement démographique quand N s'approche de K. Le taux de natalité b doit alors diminuer ou le taux de mortalité m augmenter, ou encore les deux événements doivent se produire. Plus loin dans le chapitre, nous examinerons quelques-uns des facteurs qui ont une incidence sur ces taux, notamment la présence de maladies et de prédateurs, et la quantité limitée de nourriture et d'autres ressources.

Le modèle logistique et les populations naturelles

En laboratoire, l'accroissement des populations de certains petits animaux, tels les Coléoptères et les Crustacés, et de microorganismes, telles les bactéries, les paramécies et les levures, suit une courbe plus ou moins sigmoïde sous des conditions de ressources limitées (**figure 53.10a**). Toutefois, ces populations expérimentales croissent dans un milieu constant où il n'y a ni prédation ni compétition susceptible de réduire l'accroissement démographique ; or, ces conditions idéales existent rarement dans la nature.

▲ **Figure 53.11 Un rhinocéros blanc (*Ceratotherium simum*) femelle et son petit.** Ces deux spécimens font partie d'une sous-espèce du Sud dont la population dépasse 10 000 individus. La sous-espèce du Nord est menacée de disparition et compte moins de 15 individus connus.

Certains des postulats sur lesquels repose le modèle logistique ne s'appliquent manifestement pas à toutes les populations. Ainsi, ce modèle suppose que les populations s'ajustent instantanément et s'approchent par une croissance régulière de la capacité limite du milieu. En réalité, il s'écoule un certain temps avant que les inconvénients de l'accroissement se fassent sentir. Ainsi, quand la nourriture vient à manquer pour une population, la reproduction finira par diminuer, mais les femelles utiliseront leurs réserves d'énergie pour continuer à se reproduire pendant une courte période. La population peut alors dépasser temporairement la capacité limite du milieu, comme le montre la **figure 53.10b** pour une population de daphnies ou puces d'eau (*Daphnia spp.*). Si la population passe ensuite sous la capacité limite du milieu, l'accroissement démographique ne reprendra qu'après la naissance d'un nombre de plus en plus grand de rejetons. Bien d'autres populations fluctuent grandement. Il est alors difficile d'estimer la capacité limite du milieu. Plus loin dans le chapitre, nous étudierons quelques raisons qui peuvent expliquer ces fluctuations.

Le modèle logistique veut aussi que chaque ajout d'individu exerce toujours le même effet négatif sur le taux d'accroissement, quelle que soit la densité de la population. Mais en réalité, certaines populations subissent l'*effet Allee* (nommé en l'honneur du chercheur W. C. Allee, de la University of Chicago, qui l'a découvert), selon lequel la survie et la reproduction sont difficiles quand la taille de la population est trop petite. Par exemple, une plante isolée subit l'assaut du vent et risque la déshydratation, alors qu'une plante faisant partie d'un groupe est protégée.

Le modèle logistique constitue un bon point de départ pour l'étude de l'accroissement démographique et pour l'élaboration de modèles plus complexes. Il est également utile dans le domaine de la biologie de conservation, car il permet d'évaluer la rapidité d'accroissement d'une population après qu'elle a beaucoup diminué, ou d'estimer des taux de récolte durables pour des populations d'espèces sauvages. Les protecteurs de la faune peuvent utiliser ce modèle pour estimer la taille critique en deçà de laquelle les populations de certains organismes, comme le rhinocéros blanc (*Ceratotherium simum*), risquent de disparaître (**figure 53.11**). Enfin, comme toutes les bonnes hypothèses, le modèle a stimulé la conduite d'études qui ont éclairé les chercheurs quant aux facteurs qui influent sur la croissance démographique.

RETOUR SUR LE CONCEPT 53.3

1. Expliquez pourquoi une population qui correspond au modèle logistique d'accroissement démographique s'accroît plus rapidement lorsqu'elle est de taille moyenne que lorsqu'elle est de grande ou de petite taille.
2. **ET SI ?** Ajoutez des rangées au tableau 53.3 pour les trois cases où $N > K$, soit $N = 1\ 600$, $1\ 750$ et $2\ 000$. Quel est le taux d'accroissement démographique dans chaque cas? Dans quelle portion de la figure 53.10b la population de *Daphnia spp.* change-t-elle conformément aux valeurs que vous avez calculées?
3. **FAITES DES LIENS** Le concept 19.3 (p. 451 à 455) traite des virus nocifs pour les Animaux et les Végétaux. En quoi la présence de tels agents pathogènes peut-elle modifier la capacité limite du milieu pour une population? Expliquez votre réponse.

Voir les réponses proposées à la fin du chapitre.

CONCEPT 53.4

Les caractéristiques des cycles biologiques sont le produit de la sélection naturelle

ÉVOLUTION La sélection naturelle favorise, chez les organismes, les caractéristiques qui améliorent les chances de survie et le succès reproductif. Chez toutes les espèces, il s'effectue des compromis entre la survie et les caractéristiques de reproduction telles que la fréquence de reproduction, l'investissement dans les soins parentaux et le nombre de rejetons (production de graines chez les Végétaux supérieurs et taille de la portée ou de la couvée chez les Animaux). Les caractéristiques qui influent sur la reproduction et la survie (la naissance, la reproduction et la mort) constituent le **cycle biologique** de tout organisme. Un cycle biologique comporte trois variables principales: le moment où la reproduction commence (l'âge lors de la première reproduction ou l'âge de la maturité), la fréquence de la reproduction et le nombre de rejetons produits au cours d'une période de reproduction.

À l'exception des humains, dont nous traiterons plus loin dans le chapitre, les organismes ne choisissent pas consciemment le moment de la reproduction ni le nombre de leurs rejetons. Les caractéristiques du cycle biologique des organismes sont des produits de l'évolution qui se reflètent dans le développement, la physiologie et le comportement de ceux-ci.

L'évolution et la diversité des cycles biologiques

L'idée fondamentale voulant que l'évolution explique la diversité du vivant s'exprime dans la grande variété de cycles biologiques observables dans la nature. Par exemple, les saumons du Pacifique (*Oncorhynchus keta*) éclosent en amont d'un cours d'eau, puis migrent vers la pleine mer, où ils atteignent leur maturité en une à quatre années. Ensuite, ils retournent vers leur cours d'eau natal, y frayent une seule fois et produisent des millions d'œufs avant de mourir. Les écologistes appellent ce cycle biologique **sémelparité** (du latin *semel*, « une fois », et *pario*, « engendrer »), selon lequel la vie de l'individu comprend une seule période de reproduction. La **figure 53.12** illustre ce mode de reproduction chez l'agave (*Agave shawii*). L'agave croît généralement dans des climats arides où les pluies sont imprévisibles et le sol, pauvre. Il se développe pendant des années en emmagasinant des nutriments dans ses tissus, jusqu'à ce que survienne une année inhabituellement humide. Il produit alors une hampe florale et des graines, avant de mourir. Le cycle biologique de l'agave est une adaptation aux rigueurs de son environnement désertique.

Les feuilles de la plante sont visibles à la base de la tige géante en fleurs qui est produite à la fin de sa vie.

L'**itéroparité** (du latin *itero*, « répéter », et *pario*, « engendrer ») s'oppose à la sémelparité. Selon ce mode de reproduction, les organismes produisent un nombre réduit de rejetons de bonne taille chaque fois qu'ils se reproduisent, mais veillent davantage sur eux. Par exemple, certains lézards pondent seulement quelques gros œufs chargés de nutriments chaque année, à compter de leur deuxième année de vie.

▶ Figure 53.12 Le cycle biologique de l'agave (*Agave shawii*) est un exemple de sémelparité.

Quels facteurs contribuent, du point de vue de l'évolution, à la sémelparité et à l'itéroparité ? Selon une hypothèse, deux facteurs sont déterminants : le taux de survie des rejetons et la probabilité que l'adulte survive et se reproduise à nouveau. Lorsque ce taux est faible, par exemple dans les milieux où les conditions sont très variables ou imprévisibles, la sémelparité est favorisée. Les chances de survie des adultes sont également plus faibles dans ce type d'environnement, si bien que la production d'un grand nombre de rejetons augmente la probabilité de survie d'au moins quelques-uns d'entre eux. L'itéroparité, par contre, est favorisée dans des milieux plus stables, où les adultes ont de meilleures chances de survivre et de se reproduire et où la compétition pour les ressources est parfois intense. Dans de tels milieux, quelques rejetons relativement gros, bien nourris, ont davantage de chances de survivre jusqu'à l'âge de la reproduction.

La nature abonde d'exemples de cycles de vie qui sont des compromis entre les deux extrêmes que représentent la sémelparité et l'itéroparité. C'est notamment le cas du chêne et de l'oursin, qui peuvent vivre longtemps, tout en produisant de façon répétée une quantité relativement importante de descendants.

Les «compromis» et les cycles biologiques

Il n'existe aucun organisme capable, à maintes reprises, de produire autant de rejetons qu'une espèce sémelpare et de les nourrir aussi bien qu'une espèce itéropare. Un compromis s'impose donc entre la reproduction et la survie. La **figure 53.13** décrit une étude portant sur les faucons crécerelles d'Eurasie (*Falco tinnunculus*) selon laquelle les parents qui prennent soin de nombreux petits voient leur taux de survie réduit. Dans une autre étude portant sur des cerfs élaphe (*Cervus elaphus*) en Écosse, des chercheurs ont découvert que les femelles qui se reproduisent l'été présentent, l'hiver suivant, un taux de mortalité plus élevé que celles qui ne se sont pas reproduites.

La pression de sélection influe également sur les compromis entre le nombre et la taille des rejetons. Les végétaux et les animaux dont les jeunes connaissent un taux de mortalité élevé engendrent souvent beaucoup de jeunes de petite taille. Ainsi, les végétaux qui colonisent des milieux inhospitaliers produisent habituellement beaucoup de petites graines dont très peu atteindront un milieu favorable. En effet, ces graines très légères ont plus de chances de se disséminer sur de longues distances et de permettre à certaines d'entre elles d'atteindre un éventail d'habitats plus large (**figure 53.14a**). Il en est de même des animaux soumis à une intense prédation, qui engendrent également de nombreux rejetons. Citons en exemple les cailles japonaises (*Coturnix japonica*), les sardines (*Sardina pilchardus*) et les souris communes (*Mus musculus*).

Chez d'autres organismes, un investissement supplémentaire fourni par les parents augmente considérablement les chances de survie des rejetons. Ainsi, les noyers (*Juglans spp.*) et les noyers d'Amazonie (*Bertholletia excelsa*) produisent de grosses graines renfermant d'importantes réserves de nutriments que les jeunes plants peuvent utiliser pour s'établir (**figure 53.14b**). Les Primates n'ont généralement qu'un ou deux rejetons à la fois. Or, pour l'adaptabilité de ces derniers, le soin parental et une période prolongée d'apprentissage dans les premières années de vie sont très importants. Ces soins additionnels s'avèrent particulièrement importants dans les habitats très densément peuplés.

▼ Figure 53.13 INVESTIGATION

Quelle incidence les soins prodigués aux petits ont-ils sur la survie des parents chez les faucons crécerelles ?

EXPÉRIENCE Aux Pays-Bas, Cor Dijkstra et ses collègues ont étudié les effets des soins parentaux chez les faucons crécerelles d'Eurasie sur une période de cinq ans. Ils ont changé les petits de nids de façon à obtenir des couvées moins nombreuses (trois ou quatre petits), des couvées normales (cinq ou six) et des couvées plus nombreuses (sept ou huit). Ils ont ensuite mesuré le pourcentage de parents mâles et femelles ayant survécu à l'hiver suivant. (Le mâle et la femelle s'occupent tous deux des petits.)

RÉSULTATS

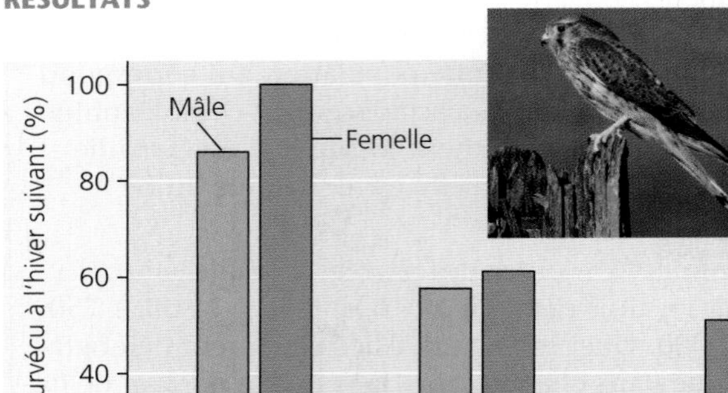

CONCLUSION Les taux de survie plus bas des faucons crécerelles dont les couvées sont les plus nombreuses indiquent que plus le nombre de rejetons est élevé, plus la survie des parents qui en prennent soin est réduite.

SOURCE C. Dijkstra *et al.*, Brood size manipulations in the kestrel (*Falco tinnunculus*) : effects on offspring and parent survival, *Journal of Animal Ecology* 59 : 269-285 (1990).

ET SI ? Chez certaines espèces d'oiseaux, les mâles ne donnent aucun soin aux petits. Si c'était le cas des faucons crécerelles, de quelle façon un tel comportement modifierait-il les résultats ci-dessus ?

Les écologistes ont tenté d'établir un lien entre des différences dans les caractéristiques favorisées par la sélection naturelle et le modèle logistique d'accroissement démographique présenté au concept 53.3. Lorsque la sélection favorise les caractéristiques des cycles biologiques qui dépendent de la densité de population, on parle de **sélection *K***, ou sélection dépendante de la densité. Par contre, lorsqu'elle favorise les caractéristiques qui maximisent le succès de reproduction dans les milieux où il y a peu d'individus (faibles densités), on parle de **sélection *r***, ou sélection indépendante de la densité. Ces termes proviennent des variables de l'équation logistique. La sélection K est réputée agir dans des populations vivant à une densité proche de la limite imposée par les ressources (capacité limite du milieu K), où règne une intense

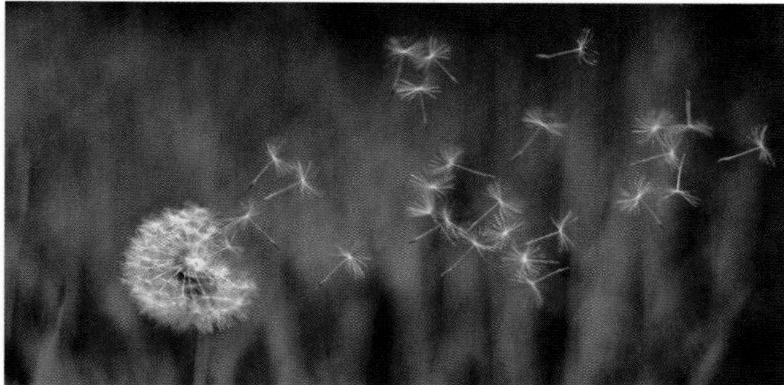

(a) Les pissenlits (*Taraxacum officinale*) croissent rapidement et produisent un grand nombre de graines, de sorte que quelques-unes au moins germent et se reproduisent à leur tour.

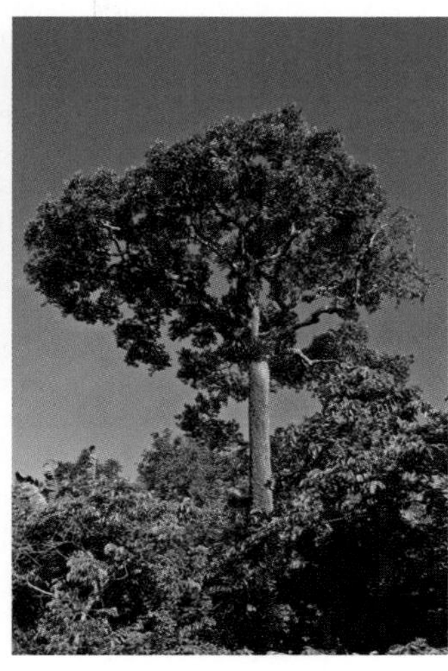

(b) Certaines espèces végétales, comme le noyer d'Amazonie (à droite), produisent un petit nombre de graines volumineuses insérées dans une gousse (ci-dessus). De grandes quantités d'albumen fournissent des nutriments à l'embryon, une adaptation qui favorise le succès d'une proportion relativement forte de rejetons.

▲ **Figure 53.14 Variation dans la grosseur des graines produites par les plantes.**

compétition entre les individus. Des arbres matures qui croissent dans une forêt primaire (ou forêt vierge) sont un exemple d'organismes à sélection *K*. De son côté, la sélection *r* maximise *r*, autrement dit le taux d'accroissement. On l'observe dans des milieux variables où les densités de population fluctuent bien au-dessous de la capacité limite ou lorsque les individus affrontent peu de concurrence. On trouve souvent ces conditions dans les habitats perturbés. Les racines qui envahissent une terre agricole abandonnée sont un exemple d'organismes de sélection *r*.

Les concepts de la sélection *r* et de la sélection *K* représentent les deux extrêmes d'une gamme de cycles biologiques réels. Les principes qui sous-tendent l'utilisation de la sélection *r* et de la sélection *K* s'appuient sur la notion de capacité limite du milieu et ont conduit les écologistes à proposer d'autres hypothèses sur l'évolution des cycles biologiques. À leur tour, ces hypothèses ont poussé les chercheurs à faire des études approfondies pour savoir comment des facteurs comme la perturbation, le stress et la fréquence d'une reproduction couronnée de succès modifient l'évolution des cycles biologiques. Elles ont aussi incité les écologistes à examiner l'importante question que nous avons éludée plus tôt: *pourquoi* le taux d'accroissement démographique diminue-t-il lorsque la population s'approche de la capacité limite du milieu? C'est ce que nous verrons dans la prochaine partie.

RETOUR SUR LE CONCEPT 53.4

1. Prenons deux rivières. La première est alimentée par une source et son volume et sa température sont constants tout au long de l'année; la seconde coule dans un milieu désertique et connaît des périodes de crue et d'assèchement qui se succèdent de façon imprévisible. Laquelle est la plus susceptible d'abriter des espèces d'animaux itéropares? Pourquoi?
2. *Symphodus tinca* est une espèce de poisson dont les femelles dispersent une partie de leurs œufs dans la nature et pondent les autres dans un nid. Seuls les rejetons qui naîtront dans le nid bénéficieront de soins de la part des parents. Expliquez le compromis qu'illustre ce comportement sur le plan de la reproduction.
3. **ET SI?** Il arrive que des souris abandonnent leurs petits lorsqu'elles subissent un stress, par exemple un manque de nourriture. Expliquez comment ce comportement pourrait être un produit de l'évolution dans le contexte des compromis relatifs à la reproduction et des cycles biologiques.

Voir les réponses proposées à la fin du chapitre.

CONCEPT 53.5

De nombreux facteurs régissant la croissance des populations sont dépendants de la densité

Quels facteurs écologiques empêchent une population de croître indéfiniment? Pourquoi la taille de certaines populations demeure-t-elle à peu près stable alors que celle d'autres populations, comme les moutons de Soay sur l'île de Hirta, ne l'est pas?

La régulation de l'accroissement démographique est un domaine de l'écologie aux nombreuses applications. Par exemple, les agriculteurs peuvent souhaiter réduire la quantité d'insectes nuisibles dans leurs champs ou freiner la croissance envahissante d'une mauvaise herbe. Les écologistes doivent connaître les facteurs environnementaux qui créent un habitat propice à l'alimentation ou à la reproduction d'une espèce en voie de disparition, comme le rhinocéros blanc (*Ceratotherium simum*) ou la grue blanche d'Amérique (*Grus americana*). Des programmes de gestion qui prennent en compte les facteurs de régulation de la taille des populations ont contribué à empêcher l'extinction de nombreuses espèces en voie de disparition.

Les variations démographiques et la densité de population

Pour comprendre pourquoi une population se stabilise, les écologistes étudient les variations des taux de natalité et de mortalité, de l'immigration et de l'émigration lorsque la densité de population augmente. Si l'immigration et l'émigration s'annulent, alors la population s'accroît quand le taux de natalité est supérieur au taux de mortalité, et diminue dans le cas contraire.

Un taux de natalité et un taux de mortalité qui *ne varient pas* avec la densité de population est dit **indépendant de la densité**. Dans une étude classique portant sur la régulation des populations, Andrew Watkinson et John Harper, de la University of Wales, ont découvert que la mortalité de la vulpie à glume (*Vulpia fasciculata*), une sorte graminée qui pousse dans les dunes, découle principalement de facteurs physiques qui tuent la même proportion d'individus dans une population locale, peu importe sa densité. Une sécheresse qui survient lorsque les racines des plantes sont dénudées est un exemple d'un facteur indépendant de la densité. À l'opposé, on dit d'un taux de mortalité qui s'élève quand la densité de population augmente et d'un taux de natalité qui diminue à mesure que la densité augmente qu'ils sont **dépendants de la densité**. Watkinson et Harper ont observé que, chez la vulpie à glume, la reproduction baisse lorsque la densité de population augmente, notamment parce que l'eau et la nourriture se font plus rares. Donc, dans cette population, les principaux facteurs de régulation du taux de natalité sont dépendants de la densité, tandis que les facteurs de régulation du taux de mortalité sont indépendants de celle-ci. La **figure 53.15** montre comment la reproduction dépendante de la densité combinée à la mortalité indépendante de la densité peut freiner la croissance démographique d'espèces comme la vulpie à glume et conduire à un point d'équilibre.

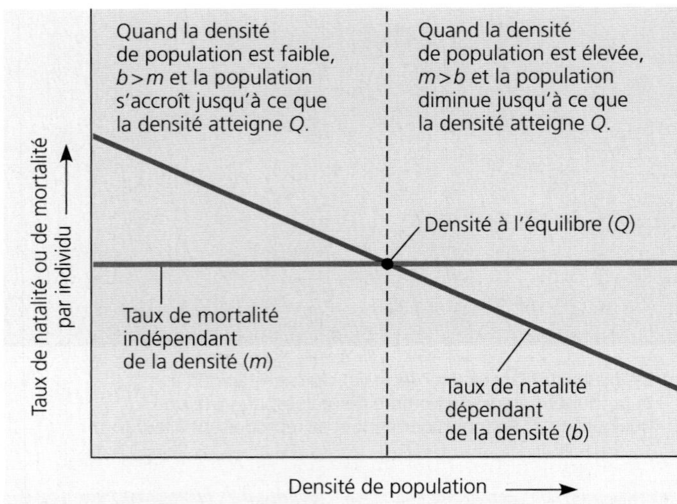

▲ **Figure 53.15 La détermination du point d'équilibre de la densité de population.** Ce modèle graphique simple ne tient compte que des taux de natalité et de mortalité (il suppose que les taux d'immigration et d'émigration sont soit nuls, soit égaux). Dans cet exemple, le taux de natalité varie selon la densité de population, tandis que le taux de mortalité est constant. Au point de densité à l'équilibre (*Q*), les taux de natalité et de mortalité s'équivalent.

FAITES UN DESSIN *Redessinez ce diagramme selon un scénario où les taux de natalité et de mortalité sont dépendants de la densité, comme on l'observe chez beaucoup d'espèces.*

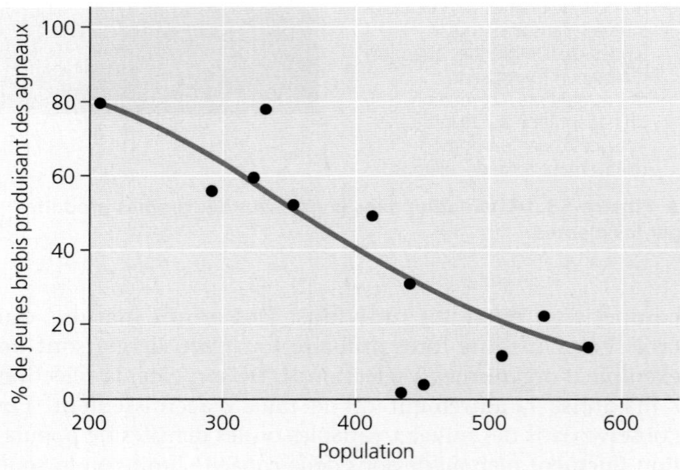

▲ **Figure 53.16 La diminution de la reproduction au sein des populations à haute densité.** La reproduction chez les jeunes moutons de Soay, sur l'île de Hirta, chute de façon importante lorsque la population s'accroît.

Les mécanismes de régulation dépendants de la densité

Le thème de la régulation par rétroaction (voir le chapitre 1), omniprésent en biologie, s'applique à la dynamique des populations. Aucune population ne cesserait de croître sans l'intervention d'une certaine forme de rétro-inhibition entre la densité de population et les taux de natalité et de mortalité. La régulation dépendante de la densité fournit cette rétro-inhibition par l'intermédiaire de mécanismes permettant de réduire le taux de natalité ou d'augmenter le taux de mortalité. Sur l'île de Hirta, par exemple, les moutons de Soay sont en compétition pour la nourriture et d'autres ressources. Pendant plusieurs années, les écologistes ont étudié de près la densité et la reproduction des moutons. La plus importante réduction du taux de natalité dépendant de la densité apparaît chez les jeunes brebis qui ont leur premier petit vers l'âge d'un an (**figure 53.16**). La **figure 53.17**, sur les deux pages suivantes, décrit plusieurs autres mécanismes de régulation dépendants de la densité, dont la compétition.

Ces divers exemples de régulation de la population par rétro-inhibition montrent que l'augmentation de la densité provoque la diminution de l'accroissement démographique par ses effets sur la reproduction, la croissance et le taux de survie des individus. Or, si la rétro-inhibition contribue à expliquer les raisons entraînant l'arrêt de l'accroissement d'une population, elle ne permet pas de comprendre pourquoi la taille de certaines populations fluctue énormément au fil du temps, alors que celle d'autres populations reste stable.

La dynamique des populations

Toutes les populations pour lesquelles nous disposons de données sur une longue période présentent des fluctuations

▼ **Figure 53.17**

PANORAMA Les mécanismes de régulation dépendants de la densité

Lorsque la population s'accroît, de nombreux mécanismes dépendants de la densité ralentissent ou freinent la croissance démographique en réduisant le taux de natalité ou en augmentant le taux de mortalité.

La compétition pour l'obtention des ressources

L'augmentation de la densité de population intensifie la compétition pour l'obtention de nourriture et des autres ressources, ce qui entraîne une baisse du taux de natalité. Les agriculteurs réduisent ces effets sur la croissance de céréales comme le blé (*Triticum aestivum*) et d'autres cultures en appliquant des engrais pour réduire les contraintes nutritives sur le rendement des récoltes.

Les déchets toxiques

Dans la fabrication du vin, les levures comme la levure de bière *Saccharomyces cerevisiae* servent à convertir les glucides en éthanol. L'éthanol accumulé dans le vin est toxique pour les levures et contribue à la régulation de la population de levures. La teneur du vin en alcool est généralement inférieure à 13 %, car c'est la concentration maximale d'éthanol que peuvent tolérer la plupart des levures utilisées en vinification.

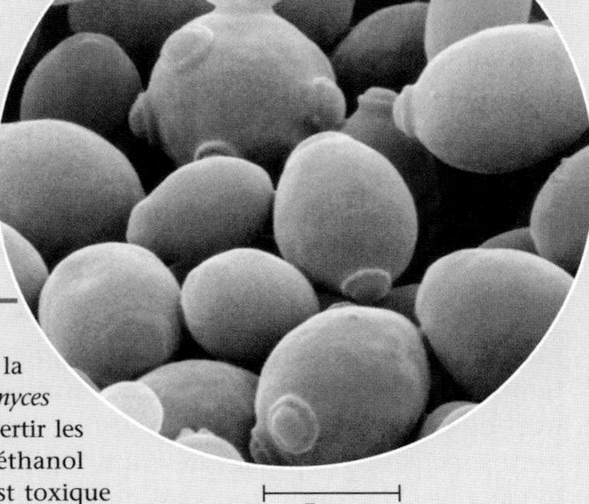

La prédation

Pour certaines populations, la prédation constitue aussi un important facteur de mortalité dépendant de la densité. En effet, un prédateur trouve et capture un nombre croissant de proies lorsque la densité de population des proies augmente. Il peut alors manifester une préférence pour cette espèce et capturer un pourcentage plus élevé d'individus. Certaines espèces de poissons, dont la truite fardée (*Oncorhynchus clarkii*), par exemple, se nourrissent pendant quelques jours d'une espèce d'insectes qui émerge de son stade larvaire aquatique, puis changent de proies quand une autre espèce d'insectes devient plus abondante.

Les facteurs intrinsèques

Des facteurs intrinsèques (physiologiques) déterminent parfois la taille des populations. Le taux de fécondité des souris à pattes blanches (*Peromyscus leucopus*) vivant dans une petite parcelle de terrain peut chuter même en présence de nourriture et de gîtes en abondance. Ce déclin de la fécondité est associé à des interactions agressives et à des changements hormonaux qui retardent la maturation sexuelle et affaiblissent le système immunitaire. Dans ce cas, les fortes densités provoquent une augmentation de la mortalité et une diminution des taux de natalité.

▼ **Figure 53.17** (*suite*)

PANORAMA Les mécanismes de régulation dépendants de la densité

La territorialité

La territorialité peut limiter la densité de population lorsque l'espace où établir un territoire devient la ressource qui fait l'objet d'une compétition. Les guépards (*Acinonyx jubatus*) utilisent un marqueur chimique contenu dans leur urine pour faire connaître aux autres membres de leur espèce les limites de leur territoire. Lorsqu'ils nichent, les fous de Bassan (*Morus bassanus*) défendent leur territoire avec force cris et coups de bec. Le maintien d'un territoire améliore les chances de l'animal de trouver suffisamment de nourriture pour se reproduire. La présence d'individus en surplus ou non reproducteurs constitue un bon indice que la territorialité restreint l'accroissement démographique.

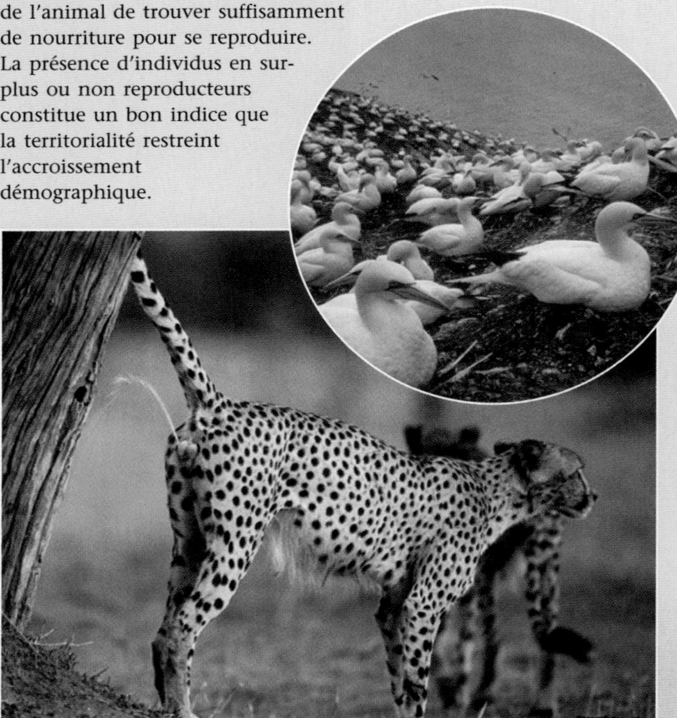

La maladie

L'impact d'une maladie sur une population peut dépendre de la densité de population si la vitesse de transmission de la maladie dépend d'un certain niveau de surpopulation. Chez les humains, des maladies respiratoires comme l'influenza et la tuberculose sont causées par des agents pathogènes qui se propagent dans l'air lorsqu'une personne infectée éternue ou tousse. Ces deux maladies frappent un plus fort pourcentage de personnes dans les villes densément peuplées qu'en milieu rural.

d'effectif. Ces fluctuations démographiques d'une année ou d'un endroit à l'autre sont influencées par de nombreux facteurs et se répercutent sur d'autres espèces, y compris la nôtre. Ce phénomène porte le nom de **dynamique des populations**. Par exemple, les fluctuations des populations de poissons influent sur les pêches saisonnières d'espèces importantes sur le plan commercial. L'étude de la dynamique des populations s'applique aux interactions complexes entre les facteurs biotiques et les facteurs abiotiques responsables des variations de la taille des populations.

La stabilité et la fluctuation

On présumait auparavant que les populations de grands Mammifères étaient plus ou moins stables, mais des études à long terme ont mis en doute cette idée. La population de moutons de Soay sur l'île de Hirta varie considérablement d'une année à l'autre, passant du simple au double, ou chutant dramatiquement. Comment expliquer d'aussi grandes fluctuations ? Les rigueurs du climat, particulièrement les hivers froids et humides, peuvent affaiblir les moutons et réduire la disponibilité de la nourriture, ce qui entraînerait une diminution de la population. Lorsque la population de moutons est élevée, d'autres facteurs, notamment une augmentation de la densité de parasites, entraînent une réduction du troupeau. À l'inverse, quand la population est réduite, le retour du beau temps et l'abondance de nourriture permettent de renflouer rapidement les rangs.

Comme la population de moutons de Soay, celle des orignaux de l'île Royale, dans le lac Supérieur, fluctue dans le temps. La prédation est un facteur supplémentaire de régulation de cette population. Vers 1900, des orignaux du continent sont venus peupler l'île, qu'ils ont atteinte en traversant le lac gelé. Les loups, qui s'alimentent principalement d'orignal, ont fait de même vers 1950. Toutefois, comme les eaux du lac n'ont pas gelé au cours des dernières années, les deux populations sont restées isolées, sans immigration ni émigration. Malgré cet isolement, la population d'orignaux a connu deux augmentations et diminutions majeures au cours des 50 dernières années (**figure 53.18**). La première chute de population coïncide avec un sommet dans la population de loups,

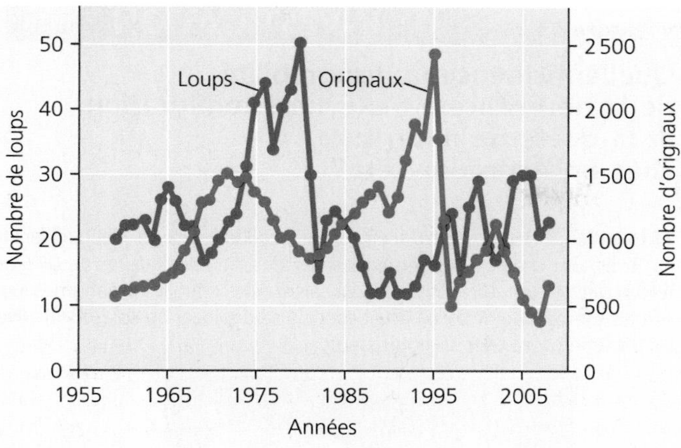

▲ **Figure 53.18 Les fluctuations des populations d'orignaux et de loups dans l'île Royale, de 1959 à 2008.**

de 1975 à 1980. La deuxième chute de population, survenue vers 1995, coïncide avec des conditions hivernales particulièrement rigoureuses, qui ont accru les besoins en énergie des bêtes et réduit l'accès à la nourriture, ensevelie sous une épaisse couche de neige.

Les cycles démographiques: la recherche scientifique

Si de nombreuses populations fluctuent de façon imprévisible, d'autres connaissent des cycles d'augmentation et de diminution d'une remarquable régularité. Ainsi, certains petits mammifères herbivores, comme le campagnol des champs (*Microtus pennsylvanicus*) et le lemming d'Ungava (*Dicrostonyx hudsonius*), présentent des cycles démographiques de trois ou quatre ans. Certains oiseaux, comme la gélinotte huppée (*Bonasa umbellus*) et le lagopède des saules (*Lagopus lagopus*), ont des cycles allant de 9 à 11 ans.

Parmi les cycles démographiques les plus remarquables, on compte les cycles de 10 ans du lièvre d'Amérique (*Lepus americanus*) et du lynx du Canada (*Felis canadensis*), dans les forêts septentrionales du Canada et de l'Alaska. Le lynx du Canada est un prédateur spécifique du lièvre d'Amérique; la corrélation entre le cycle du premier et celui du second n'est donc pas surprenante (**figure 53.19**).

Mais pourquoi l'augmentation et la diminution du nombre de lièvres d'Amérique se conforment-elles à un cycle de 10 ans? Il y a trois grandes hypothèses. Selon la première, c'est la pénurie de nourriture pendant l'hiver qui serait la cause des cycles. En effet, les lièvres d'Amérique se nourrissent alors des brindilles qui se trouvent à l'extrémité des branches d'arbrisseaux comme le saule (*Salix spp.*) et le bouleau (*Betula spp.*), mais il n'y a pas d'explication satisfaisante quant au fait que cette source de nourriture suive un cycle de 10 ans. Selon la deuxième hypothèse, les cycles seraient dus aux interactions entre le prédateur et sa proie. De nombreux prédateurs autres que le lynx du Canada mangent le lièvre d'Amérique, et il se peut que ces proies soient surexploitées. Enfin, selon une troisième hypothèse, la taille de la population de lièvres dépendrait de l'activité solaire, qui connaît également des changements cycliques. Lorsque l'activité solaire est faible, la production d'ozone atmosphérique diminue légèrement et la surface de

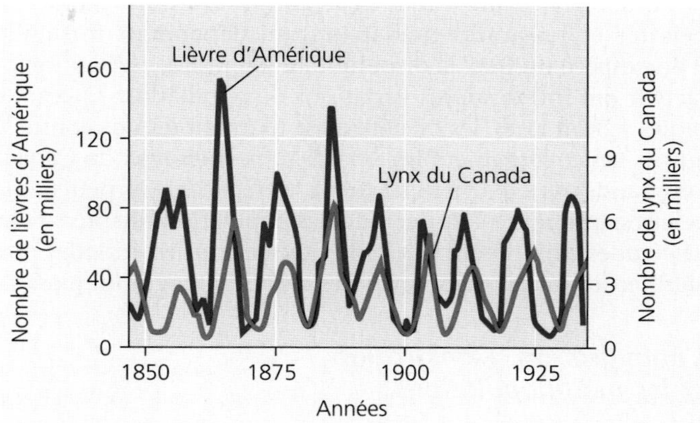

▲ **Figure 53.19 Les cycles démographiques du lièvre d'Amérique et du lynx du Canada.** L'effectif des populations se fonde sur le nombre de peaux vendues par les trappeurs à la Compagnie de la Baie d'Hudson.

? *Qu'observez-vous à propos de la relative correspondance des pointes de population de lièvres et de lynx? Qu'est-ce qui pourrait expliquer cette observation?*

la Terre reçoit légèrement plus de rayons UV. Les Végétaux produisent alors plus de substances chimiques pour s'en protéger et moins de substances qui repoussent les herbivores, ce qui accroît la qualité de la nourriture à laquelle les lièvres ont accès.

Examinons les faits à l'appui de ces trois hypothèses. Si les cycles du lièvre d'Amérique sont dus à la pénurie de nourriture en hiver, l'apport d'un supplément d'aliments devrait y mettre fin. Des chercheurs ont fait l'expérience au Yukon, pendant 20 ans, ce qui correspond à 2 cycles du lièvre d'Amérique. Ils ont constaté que la densité des populations du lièvre d'Amérique dans les aires où il y a eu un supplément de nourriture a triplé, mais que leur cycle est resté le même que celui des populations témoin qui n'ont pas reçu de nourriture supplémentaire. Par conséquent, les disponibilités alimentaires ne sont pas la cause du cycle du lièvre d'Amérique illustré à la figure 53.19. On peut donc écarter la première hypothèse.

À l'aide de colliers émetteurs, des chercheurs ont pu trouver les lièvres d'Amérique dès leur mort, afin d'en déterminer la cause. Presque 90% des lièvres morts ont été tués par des prédateurs; aucun lièvre ne semblait être mort de faim. Ces résultats confirment la deuxième hypothèse. Les écologistes ont alors exclu les prédateurs d'une aire à l'aide de clôtures électriques. Lorsqu'ils ont exclu les prédateurs d'une autre aire *en plus* d'y ajouter de la nourriture, les écologistes ont constaté que le cycle du lièvre d'Amérique était en grande partie régulé par une prédation excessive, mais que la disponibilité des ressources alimentaires jouait aussi un rôle important, surtout en hiver. Il se pourrait que les lièvres d'Amérique mieux nourris puissent échapper plus facilement à leurs prédateurs. Pour tester la troisième hypothèse, les écologistes ont comparé le cycle du lièvre d'Amérique avec celui de l'activité solaire, qui s'échelonne approximativement sur 11 ans. Comme prévu, les périodes de faible activité solaire ont été suivies d'un accroissement de la population de lièvres. Les résultats de ces expériences donnent à penser que la prédation et l'activité solaire régulent le cycle démographique du lièvre, et que la disponibilité de la nourriture joue un rôle moins important.

Pour le lynx du Canada, le grand-duc d'Amérique, les belettes et les autres prédateurs qui dépendent fortement d'une espèce unique, la disponibilité des proies est le principal facteur qui influe sur les variations de population. Quand les proies se font rares, les prédateurs se tournent les uns contre les autres. Les coyotes tuent les renards roux et les lynx du Canada. Les grands-ducs d'Amérique tuent les rapaces plus petits et les belettes, ce qui accélère la chute des populations de prédateurs. Les études expérimentales à long terme sont essentielles pour clarifier les causes complexes des cycles démographiques.

L'immigration, l'émigration et les métapopulations

Jusqu'ici, notre étude de la dynamique des populations s'est attachée principalement aux effets de la natalité et de la mortalité. Toutefois, comme nous l'avons déjà mentionné, l'immigration et l'émigration peuvent aussi modifier la taille des populations. L'émigration augmente souvent lorsqu'une population devient trop importante au point d'accroître la compétition pour les ressources (voir la figure 53.16). Chez les Acrasiomycètes du type *Dictyostelium discoideum,* lorsque la nourriture vient à manquer, des individus unicellulaires (appelés *amiboïdes*) s'agglomèrent pour former un amas semblable à une « limace » contenant des milliers de cellules (voir la figure 28.25, p. 688). Cette multicellularité découlerait notamment de la capacité que possède un amas de cellules de produire des sporocarpes qui, en s'élevant du sol, permettent aux spores de se disperser relativement loin. Une nouvelle étude a montré que la multicellularité procure un avantage supplémentaire à *Dictyostelium* (**figure 53.20**). En effet, l'agglomération facilite l'émigration et la recherche de nourriture : les amas de *Dictyostelium* se déplacent beaucoup plus facilement que ne le ferait un seul amiboïde, et ceux qui se détachent de l'amas atteignent des portions du sol et de la nourriture qui leur seraient autrement inaccessibles.

L'immigration et l'émigration sont particulièrement importantes lorsque des populations locales interagissent et forment une **métapopulation**. Par exemple, par l'intermédiaire de l'immigration et de l'émigration, la population de spermophiles de Belding dont il a été question plus tôt forme une métapopulation avec d'autres populations de son espèce.

Les populations locales d'une métapopulation peuvent être vues comme occupant des zones particulières d'un habitat approprié dans un océan d'autres habitats inappropriés. Ces zones varient selon leur taille, leur qualité et leur degré d'isolement par rapport aux autres, autant de facteurs qui influent sur le nombre d'individus qui se déplacent d'une population vers une autre. Les zones très populeuses peuvent constituer une source d'émigration pour d'autres populations. Si une population disparaît, la parcelle d'habitat qu'elle occupait pourra être colonisée à nouveau par des immigrants d'une autre population.

La Mélitée du plantain (*Melitaea cinxia*) illustre bien le mouvement des individus entre des populations. On trouve ce papillon dans environ 500 prés des îles Åland, en Finlande, mais son habitat potentiel dans les îles est beaucoup plus vaste et compte environ 4 000 zones convenables. De nouvelles

---

▼ Figure 53.20 **INVESTIGATION**

Quelle incidence la disponibilité de la nourriture a-t-elle sur l'immigration et la quête de nourriture chez un Acrasiomycète ?

EXPÉRIENCE Jennie Kuzdzal-Fick et ses collègues de la Rice University, au Texas, ont cherché à déterminer si les amas multicellulaires de *Dictyostelium discoideum*, un Protiste, réussissaient mieux que les organismes individuels (des amiboïdes) de cette espèce à se déplacer au sol pour trouver les bactéries dont elles se nourrissent.

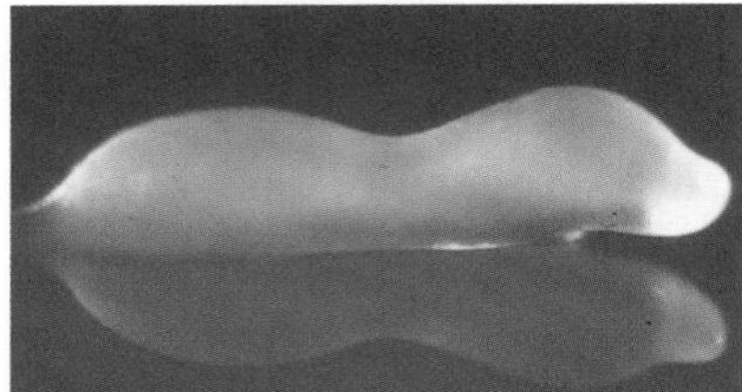

Un amas de *Dictyostelium discoideum*

Les chercheurs ont placé une couche de terre stérile sur une largeur de 6 cm dans une boîte de Petri remplie d'agar. Ils ont ensuite déposé des amiboïdes de *Dictyostelium* sur l'agar d'un côté de la couche de terre et ajouté des bactéries de l'autre côté.

Dans une boîte de Petri, les amiboïdes étaient des cellules de type sauvage, capables de former un amas ; dans une autre boîte de Petri, les amiboïdes étaient des cellules mutantes incapables de s'agglomérer.

RÉSULTATS Les amas de cellules parcourent une plus grande distance dans la terre que ne le font les amiboïdes. Les chercheurs ont également constaté que les amiboïdes qui se détachent de l'amas atteignent des zones autrement inaccessibles aux individus seuls.

CONCLUSION La multicellularité procure à *Dictyostelium* un avantage sur le plan de l'émigration et de la quête de nourriture.

SOURCE J. J. Kuzdzal-Fick *et al.*, Exploiting new terrain : an advantage to sociality in the slime mold *Dictyostelium discoideum, Behavioral Ecology* 18 : 433-437 (2007).

ET SI ? Même lors d'un grave manque de nourriture, les amiboïdes *Dictyostelium* ne s'agglomèrent pas toujours pour former un amas. Suggérez un inconvénient possible de l'agglomération pour une population de *Dictyostelium*.

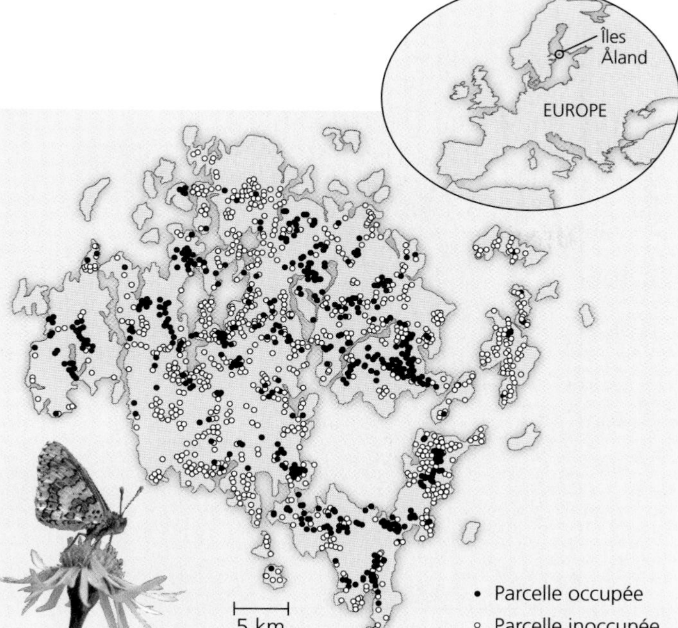

▲ **Figure 53.21 La Mélitée du plantain : une métapopulation.** Sur les îles Åland, des populations locales de ce papillon (les cercles noircis) se trouvent dans une fraction des parcelles d'habitats qui lui conviendrait (les cercles blancs). Les individus peuvent se déplacer d'une population à une autre et coloniser des parcelles inoccupées.

populations de ce papillon font régulièrement leur apparition, cependant que disparaissent les populations existantes, si bien que les 500 zones colonisées changent constamment (**figure 53.21**). Cet équilibre entre les extinctions et les recolonisations permet à l'espèce de survivre.

Le concept de métapopulation souligne l'importance de l'immigration et de l'émigration au sein des populations de papillons. Il aide en outre les écologistes à comprendre la dynamique des populations et la circulation des gènes entre des zones d'habitat, et leur procure un cadre de travail pour la conservation des espèces vivant dans un réseau d'habitats fragmentés et de réserves.

RETOUR SUR LE CONCEPT 53.5

1. Décrivez trois attributs de zones d'habitat susceptibles d'influer sur la densité de population et les taux d'immigration et d'émigration.
2. **ET SI ?** Imaginez que vous étudiez une espèce ayant un cycle démographique d'environ 10 ans. Combien de temps votre étude devrait-elle durer pour déterminer si la population est en déclin ? Expliquez votre réponse.
3. **FAITES DES LIENS** Le concept 40.2, à la page 997, décrit la rétro-inhibition comme un processus de régulation des systèmes biologiques. Expliquez en quoi le taux de natalité dépendant de la densité, chez la vulpie à glume, est un exemple de rétro-inhibition.

Voir les réponses proposées à la fin du chapitre.

CONCEPT 53.6

La population humaine n'augmente plus de manière exponentielle, mais croît néanmoins rapidement

Au cours des derniers siècles, la population humaine a crû à un rythme sans précédent, plus proche de celui de la population d'éléphants du Kruger National Park (voir la figure 53.8) que des populations dont le concept 53.5 expliquait les fluctuations. Cependant, aucune population ne peut s'accroître indéfiniment. Dans la dernière section de ce chapitre, nous allons appliquer les concepts de la dynamique des populations au cas particulier de la population humaine.

La population humaine à l'échelle mondiale

Le modèle d'accroissement exponentiel de la figure 53.7 décrit essentiellement l'explosion que connaît notre population depuis quatre siècles (**figure 53.22**). Du reste, c'est probablement la seule population de grands animaux à avoir gardé si longtemps un accroissement exponentiel. La population humaine a augmenté assez lentement jusqu'en 1650 environ. À cette époque, elle comptait environ 500 millions d'individus. Puis elle a doublé au cours des deux siècles qui suivirent. Elle avait à nouveau doublé en 1930, pour atteindre 2 milliards, puis à nouveau en 1975, en dépassant 4 milliards de personnes. La population humaine mondiale compte aujourd'hui plus de 6,8 milliards de personnes. Elle s'accroît de quelque 79 millions d'individus chaque année, c'est-à-dire d'environ 200 000 personnes par jour, un chiffre qui équivaut à la population d'une ville de la taille de la ville d'Amarillo au Texas ou de la nouvelle ville de Gatineau, au Québec. À ce rythme, il ne faudra que

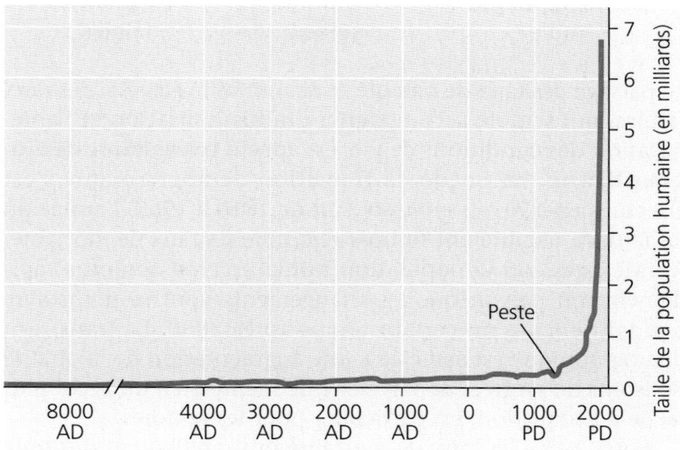

▲ **Figure 53.22 L'accroissement de la population humaine (données de 2009).** À l'échelle mondiale, la population humaine s'est accrue presque continuellement au cours de son histoire, mais elle est montée en flèche après la révolution industrielle. Bien que cela ne soit pas visible à cette échelle, son taux d'accroissement a ralenti au cours des dernières décennies, surtout à cause de la baisse des taux de natalité survenue un peu partout dans le monde. (Par souci de concision, nous avons remplacé « avant Jésus-Christ » par « AD » (*ante Domino*) et « après Jésus-Christ » par « PD » (*post Domino*), des emprunts de l'anglo-saxon.)

quatre ans pour ajouter à la population mondiale l'équivalent de la population des États-Unis. Selon les écologistes, en 2050, la Terre comptera entre 7,8 et 10,8 milliards d'humains.

Bien que la population mondiale continue d'augmenter, son *taux* d'accroissement a commencé à ralentir au cours des années 1960 (**figure 53.23**). Le taux d'augmentation de la population mondiale a atteint un sommet en 1962, alors qu'il était de 2,2%; en 2009, il était passé à 1,2%. Les modèles actuels annoncent un déclin constant du taux d'accroissement annuel jusqu'à environ 0,5% en 2050, un taux qui ajouterait néanmoins 45 millions de personnes chaque année si la population atteint les 9 milliards projetés. Cette baisse du taux d'accroissement, survenue au cours des quatre dernières décennies, indique que la population humaine s'écarte du modèle d'accroissement exponentiel véritable, qui suppose un taux constant. Elle est la conséquence des changements fondamentaux que des maladies, comme le sida, et la régulation démographique volontaire ont entraînés dans la dynamique des populations.

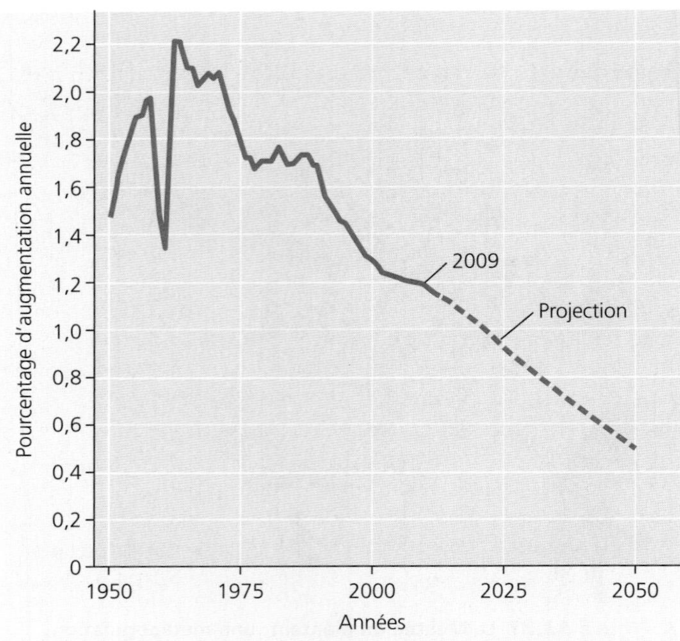

▲ **Figure 53.23 Le pourcentage d'augmentation annuelle de la population humaine mondiale (données de 2009).** Le fléchissement marqué des années 1960 est principalement imputable à une famine au cours de laquelle environ 60 millions de personnes sont mortes en Chine.

Les variations démographiques régionales

Nous avons parlé des variations de la population mondiale, mais la dynamique des populations est très différente d'une région à l'autre. Dans une population humaine régionale stable, le taux de natalité équivaut au taux de mortalité (en ne tenant pas compte des effets de l'émigration et de l'immigration). Ce type de population présente l'une ou l'autre des deux configurations suivantes:

Croissance démographique nulle	=	Taux de natalité élevés	−	Taux de mortalité élevés
		ou		
Croissance démographique nulle	=	Taux de natalité faibles	−	Taux de mortalité faibles

Le passage des taux de natalité et de mortalité élevés à des taux faibles, qui semble accompagner l'industrialisation et l'amélioration des conditions de vie, est appelé **transition démographique**. En Suède, la transition démographique s'est effectuée en 150 ans environ, soit de 1810 à 1960, l'année où les taux de natalité ont fini par rejoindre les taux de mortalité. Au Mexique, où la population humaine croît toujours rapidement, on prévoit que les changements vont se poursuivre pendant encore un certain temps après 2050. La transition démographique est associée à une augmentation de la qualité des soins de santé et de l'hygiène de même qu'à un accès plus facile à l'éducation, en particulier pour les femmes.

Après 1950, les taux de mortalité ont rapidement diminué dans la plupart des pays industrialisés. Les taux de natalité, eux, ont diminué de façon variable. En Chine, le recul a été exceptionnel. En 1970, le taux de natalité prévoyait une taille moyenne des familles de 5,9 enfants par femme (taux de fécondité total); en 2009, en grande partie à cause de la stricte politique gouvernementale de l'enfant unique, le taux de fécondité total prévu était de 1,8 enfant. Dans certains pays d'Afrique, la transition vers des taux de natalité plus faibles a également été rapide, bien que ceux-ci demeurent élevés dans la plupart des pays de l'Afrique subsaharienne. En Inde, les taux de natalité ont décru plus lentement.

Comment des taux de natalité aussi disparates influent-ils sur l'accroissement de la population mondiale? Dans les pays industrialisés, les populations tendent vers un équilibre (taux d'accroissement d'environ 0,1% par année), les taux de fécondité étant proches du niveau de remplacement (taux de fécondité total de 2,1 enfants par femme). En fait, dans de nombreux pays industrialisés, dont le Canada, l'Allemagne, le Japon et le Royaume-Uni, le taux de fécondité se situe *sous* le niveau de remplacement. Les populations en question vont tôt ou tard décroître s'il n'y a pas d'immigration et si le taux de natalité ne change pas. En fait, dans de nombreux pays de l'est et du centre de l'Europe, la population a déjà commencé à décroître. Actuellement, environ 80% de la population mondiale vit dans les pays en voie de développement. De plus, la majeure partie de l'accroissement démographique mondial (1,2% par année) se produit dans ces pays. L'accroissement de la population humaine a ceci de particulier qu'il peut être limité par la contraception et par les programmes de planification familiale. Dans plusieurs cultures, les changements sociaux, une plus grande instruction des femmes et leur aspiration à faire carrière les encouragent à retarder leur mariage et leur première grossesse. Les taux d'accroissement démographique s'en trouvent réduits. Or, il est plus facile de planifier une croissance démographique nulle lorsque les taux de natalité et de mortalité sont faibles. La solution, pour la transition démographique, réside dans la réduction de la taille des familles. Cependant, il existe de grandes divergences d'opinions sur l'importance du soutien à fournir aux programmes globaux de planification familiale et à l'éducation.

La pyramide des âges

La **pyramide des âges**, qui indique le pourcentage d'individus d'une population dans chacun des groupes d'âge, a une importance déterminante pour le taux d'accroissement démographique présent et futur d'un pays. La **figure 53.24** présente trois pyramides des âges. Celle de l'Afghanistan se caractérise par une base très large, ce qui signifie que le pays compte un très grand nombre de jeunes qui grandiront et qui, en engendrant des enfants, prolongeront l'explosion démographique. Pour leur part, les États-Unis ont une pyramide des âges relativement uniforme jusqu'aux groupes d'âge dépassant l'âge de procréation. Elle ne comporte qu'un renflement qui correspond au baby-boom survenu après la Seconde Guerre mondiale. Même si les hommes et les femmes nés pendant les 20 années du baby-boom ont moins de 2 enfants en moyenne par couple, le taux de natalité global du pays dépasse encore le taux de mortalité, parce que ceux-ci et leurs enfants sont encore en âge de procréer. Qui plus est, bien que le taux de fécondité totale actuel y soit de 2,1 enfants par femme, soit à peu près le niveau de remplacement, on prévoit que la population s'accroîtra lentement jusqu'en 2050 en raison de l'immigration. Quant à la pyramide de l'Italie, avec sa base étroite, elle indique que les individus qui n'ont pas encore atteint l'âge de procréation sont relativement sous-représentés. Cette situation confirme la projection selon laquelle la population continuera de décroître dans ce pays.

Les pyramides des âges ne révèlent pas seulement les tendances de l'accroissement démographique; elles peuvent également indiquer quelles seront les conditions sociales dans l'avenir. À l'aide des diagrammes de la figure 53.24, par exemple, on peut prédire que l'emploi et l'éducation continueront de représenter, dans un avenir prévisible, un problème important en Afghanistan. L'arrivée de nombreux jeunes gens dans la population de ce pays risque aussi de devenir une source de constante agitation sociale et politique, surtout si leurs besoins et leurs aspirations demeurent insatisfaits. En Italie et aux États-Unis, une proportion décroissante de personnes en âge de travailler supportera bientôt une proportion croissante de personnes issues du baby-boom et prenant leur retraite. Aux États-Unis, cette caractéristique démographique a fait de l'avenir des programmes de sécurité sociale et d'assurance maladie un enjeu politique majeur. Une bonne compréhension de la pyramide des âges peut nous aider à planifier l'avenir.

La mortalité infantile et l'espérance de vie

Les populations humaines se distinguent les unes des autres par des variations importantes dans la *mortalité infantile*, qui se définit comme le nombre de décès d'enfants au cours de la première année de vie pour 1 000 naissances vivantes, et dans l'*espérance de vie*, soit la durée moyenne de vie prévue à la naissance. Ces écarts témoignent de la qualité de vie dont jouissent les enfants à la naissance et influent sur les choix des parents. Si la mortalité infantile est élevée, les parents sont plus susceptibles d'avoir plus d'enfants pour accroître les chances que certains atteignent l'âge adulte. La **figure 53.25** compare la mortalité infantile et l'espérance de vie moyennes des pays industrialisés et des pays en voie de développement en 2008. Malgré leurs nettes différences, ces moyennes ne

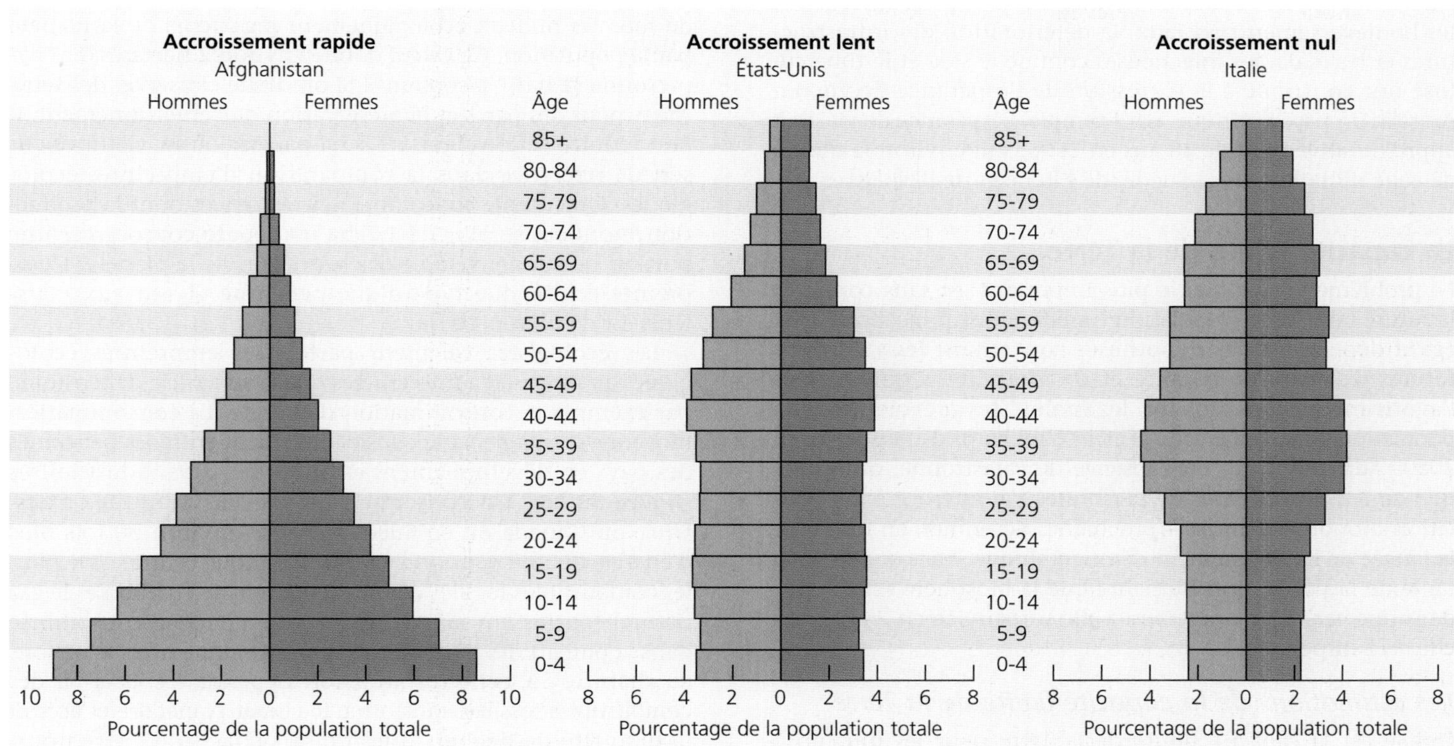

▲ **Figure 53.24 Les pyramides des âges des populations humaines de trois pays (données de 2009).** Le taux d'accroissement annuel de la population de l'Afghanistan était approximativement de 2,6 %, celui des États-Unis, de 1,0 %, alors que celui de l'Italie était nul.

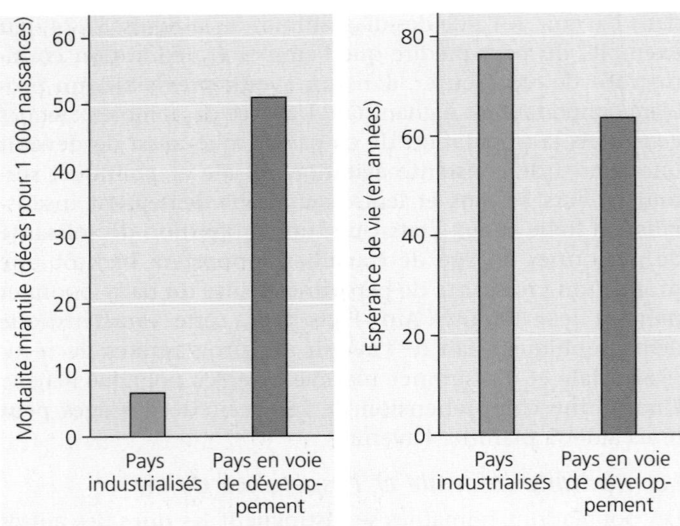

▲ **Figure 53.25 La mortalité infantile et l'espérance de vie à la naissance dans les pays industrialisés et dans les pays en voie de développement (données de 2008).**

révèlent rien de la vaste gamme des conditions humaines. En 2008, par exemple, le taux de mortalité infantile en Afghanistan était de 155 (15,5 %), alors qu'il n'était que de 3 (0,3 %) au Japon. De plus, l'espérance de vie à la naissance était de 44 ans en Afghanistan comparativement à 82 ans au Japon. À l'échelle mondiale, l'espérance de vie est à la hausse depuis environ 1950, mais plus récemment, elle a diminué dans un certain nombre de régions, dont certains pays de l'ex-Union soviétique et de l'Afrique subsaharienne. En effet, dans ces régions, les bouleversements sociaux, la détérioration des infrastructures et les maladies infectieuses comme le sida et la tuberculose ont contribué à la régression de l'espérance de vie. En Angola, un pays d'Afrique, par exemple, l'espérance de vie était approximativement de 38 ans en 2008, soit environ la moitié de celle du Japon, de la Suède, de l'Italie et de l'Espagne.

La capacité limite de la Terre

Le problème écologique le plus important est sans contredit la future taille de la population humaine. Les projections à cet égard dépendent des hypothèses concernant les variations futures des taux de natalité et de mortalité. Comme nous l'avons mentionné plus tôt, les écologistes prévoient que la population se situera entre 7,8 et 10,8 milliards de personnes en 2050. Autrement dit, en l'absence de catastrophe, on estime que de 1,2 à 4 milliards de personnes s'ajouteront à la population mondiale dans les 4 prochaines décennies, en raison de la lancée de l'accroissement démographique. Mais quelle est la taille de la population humaine que la biosphère est capable de supporter ? La planète sera-t-elle surpeuplée en 2050 ? Est-elle *déjà* surpeuplée ?

Les estimations de la capacité limite de la Terre

Quelle est la capacité limite de la Terre pour les humains ? Depuis plus de 300 ans, les scientifiques qui s'intéressent à la démographie se posent cette question. En 1679, Anton Van Leeuwenhoek, qui a découvert les Protistes (voir le chapitre 28), effectua la première évaluation connue de la capacité limite de la Terre, qu'il estima à 13,4 milliards de personnes. Depuis, l'estimation de la capacité limite a varié de moins de 1 milliard à plus de 1 000 milliards (1 billion de personnes). La moyenne de ces différentes estimations se situe aux environs de 10 à 15 milliards.

En fait, la capacité limite est difficile à estimer. Les scientifiques qui font ces estimations utilisent différentes méthodes. Certains chercheurs se servent de courbes comme celles que produit l'équation d'accroissement logistique (voir la figure 53.9) pour prédire la population humaine maximale. D'autres font une généralisation, à partir de la densité de population « maximale » existante, qu'ils multiplient par la superficie de territoire habitable. D'autres encore s'appuient sur un seul facteur limitant, comme la nourriture, et tiennent compte de nombreuses variables, comme la superficie des terres agricoles disponibles, le rendement moyen des récoltes, les habitudes alimentaires dominantes (végétarisme ou consommation de viande) et le nombre de calories nécessaires chaque jour à une personne.

Les limites à la taille de la population humaine

Une approche plus globale pour estimer la capacité limite de la Terre consiste à considérer que nous faisons face à de multiples contraintes : nourriture, combustibles, matériaux de construction et autres nécessités comme les vêtements et le transport. Selon le concept d'**empreinte écologique**, on calcule, pour chaque personne, ville ou pays, la superficie totale des terres et des eaux requises pour la production de toutes les ressources consommées et pour l'assimilation de tous les déchets. L'une des façons d'estimer l'empreinte écologique de la population humaine mondiale consiste à diviser la somme de tous les milieux écologiquement productifs de la planète par la population. Ce calcul donne environ 2 hectares (ha) par personne (1 ha = 10 000 m^2). Si on désire conserver des territoires pour des parcs et la préservation de l'environnement, il faut réduire cette valeur à 1,7 ha par personne. Cette valeur sert de référence dans la comparaison d'empreintes écologiques. Quiconque consomme des ressources dont la production monopolise plus de 1,7 ha est réputé consommer une portion non renouvelable des ressources de la planète. L'empreinte écologique type d'une personne vivant aux États-Unis est d'environ 10 ha.

Les écologistes calculent parfois les empreintes écologiques au moyen d'autres critères que la superficie de territoire, par exemple la consommation d'énergie. La consommation moyenne d'énergie varie considérablement entre les personnes des pays en développement et celles des pays industrialisés (**figure 53.26**). Un consommateur moyen vivant aux États-Unis, au Canada ou en Suède dépense environ 30 fois plus d'énergie qu'une personne vivant en Afrique centrale. De plus, les combustibles fossiles comme le pétrole, le charbon et le gaz naturel fournissent au moins 80 % de l'énergie consommée dans la plupart des pays industrialisés. Comme nous le verrons au chapitre 56, cette insoutenable dépendance vis-à-vis des combustibles fossiles transforme le climat planétaire et accroît la quantité de déchets que produit chacun d'entre nous. Ultimement, notre consommation individuelle combinée à la densité de la population détermine notre empreinte écologique mondiale.

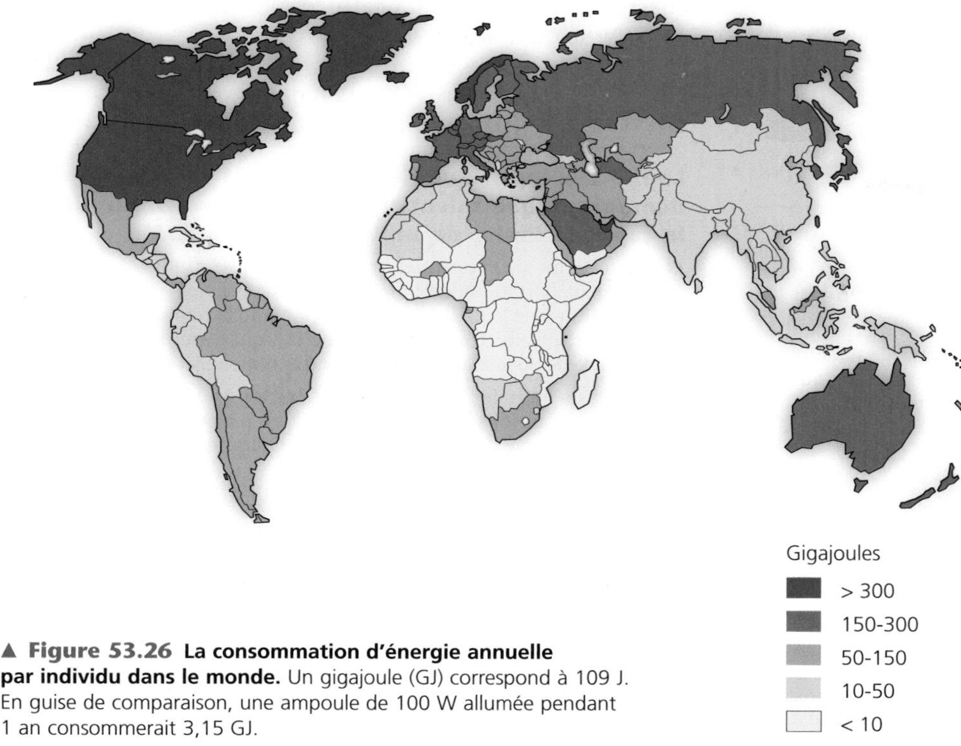

▲ **Figure 53.26 La consommation d'énergie annuelle par individu dans le monde.** Un gigajoule (GJ) correspond à 109 J. En guise de comparaison, une ampoule de 100 W allumée pendant 1 an consommerait 3,15 GJ.

On ne peut que spéculer sur la capacité limite définitive de la Terre pour la population humaine et sur les facteurs qui entraveront finalement notre accroissement. La nourriture sera peut-être le principal facteur. La malnutrition et les famines sont courantes dans certaines régions, mais sont surtout le fait d'une répartition inéquitable de la nourriture, et non d'une production inadéquate. Jusqu'à présent, les progrès technologiques dont a bénéficié l'agriculture ont permis aux ressources alimentaires de suivre l'accroissement démographique global. Cependant, nous savons que, pour des raisons relatives aux principes de flux énergétique au sein des écosystèmes (expliqués au chapitre 55), les milieux peuvent admettre plus d'herbivores que de carnivores. Si tout le monde mangeait autant de viande que les personnes les mieux nanties dans le monde, les récoltes actuelles ne pourraient nourrir que la moitié de la population mondiale.

L'espace suffisant sera peut-être finalement le facteur limitant. À coup sûr, le conflit concernant la façon d'utiliser l'espace s'amplifiera au fur et à mesure que notre population augmentera. De plus, des terres agricoles pourraient changer de vocation et être aménagées pour l'habitation. Toutefois, il semble y avoir peu de limites à la promiscuité dans laquelle les humains peuvent se trouver, tant que la nourriture et l'eau ne manquent pas, ni l'espace pour stocker leurs déchets.

Les humains pourraient manquer de ressources non renouvelables, comme certains métaux ou combustibles fossiles. En outre, dans de nombreuses populations, les besoins dépassent déjà de beaucoup les réserves locales et même régionales de la ressource renouvelable qu'est l'eau douce. En effet, plus de 1 milliard de personnes n'ont pas accès à des quantités d'eau suffisantes pour satisfaire leurs besoins de base en matière d'hygiène. Il est également possible que la population humaine soit en fin de compte limitée par la capacité de l'environnement à assimiler tous ses déchets. Les occupants actuels de la planète pourraient ainsi faire baisser à long terme la capacité limite de la Terre pour les générations futures.

Les progrès techniques ont sans aucun doute repoussé la capacité limite de la Terre pour les humains, mais, comme nous l'avons souligné, aucune population ne peut croître indéfiniment. Au terme de ce chapitre, vous devriez avoir compris que la capacité limite de la Terre n'est pas unique partout. Le nombre de personnes que notre planète peut accommoder dépend de la qualité de vie que nous souhaitons et de la distribution des richesses entre les individus et les pays. Ces sujets font l'objet de grandes inquiétudes et de débats politiques. Contrairement aux autres organismes vivants, nous pouvons choisir le moyen qui nous permettra d'arrêter notre croissance démographique : nous pouvons opter pour les changements sociaux issus des décisions que nous aurons prises, ou pour une augmentation de la mortalité attribuable au manque de ressources, aux fléaux, aux guerres et à la dégradation de l'environnement.

RETOUR SUR LE CONCEPT 53.6

1. Quelle incidence la pyramide des âges d'une population a-t-elle sur son taux d'accroissement ?
2. Quels changements l'accroissement de la population mondiale a-t-il connus au cours des dernières décennies ? Votre réponse doit tenir compte du taux d'accroissement et du nombre de personnes qui s'ajoutent chaque année.
3. **ET SI ?** Quels choix pouvez-vous faire pour modifier votre propre empreinte écologique ?

Voir les réponses proposées à la fin du chapitre.

RÉVISION DU CHAPITRE 53

RÉSUMÉ DES CONCEPTS CLÉS

CONCEPT 53.1

Des processus biologiques dynamiques influent sur la densité et la dispersion des populations de même que sur la démographie (p. 1349 à 1354)

- La **densité** de population, c'est-à-dire le nombre d'individus par unité d'aire ou de volume, est le reflet d'une interaction entre la natalité, la mortalité, l'immigration et l'émigration. Des facteurs écologiques ou sociaux influent sur la **dispersion** des individus dans l'espace.

Modes de dispersion

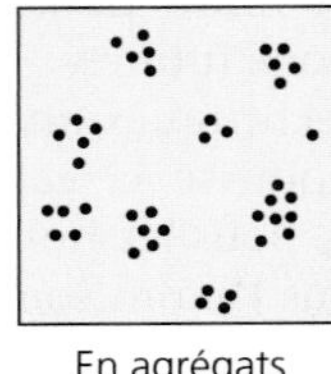

En agrégats

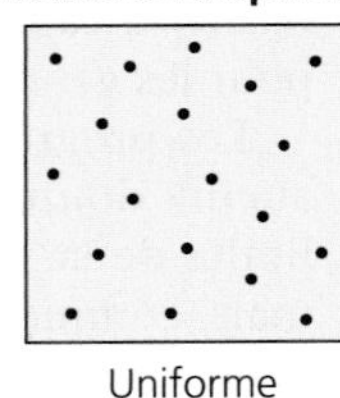

Uniforme

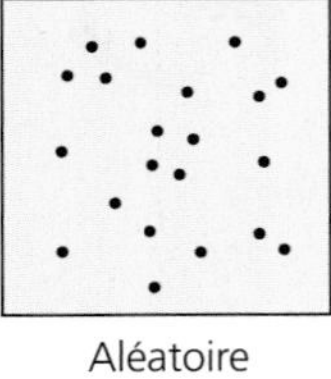

Aléatoire

- La natalité et l'**immigration** sont des facteurs d'accroissement des populations, et la mortalité et l'**émigration**, des facteurs de diminution. Les **tables de survie**, les **courbes de survie** et les **tables de fécondité** permettent d'obtenir une vue d'ensemble de certaines tendances en matière de **démographie**.

? *Des baleines grises (*Eschrichtius robustus*) convergent chaque hiver près de Baja California (ou péninsule de Basse-Californie, au Mexique) pour donner naissance à leurs petits. En quoi un tel comportement facilite-t-il la tâche des écologistes qui souhaitent estimer les taux de natalité et de mortalité de l'espèce?*

CONCEPT 53.2

Le modèle exponentiel décrit l'accroissement démographique dans un environnement idéal aux ressources illimitées (p. 1354 à 1356)

- Si on ne tient pas compte de l'immigration et de l'émigration, la différence entre le taux de natalité et le taux de mortalité détermine le taux d'accroissement démographique (taux d'accroissement par individu).
- L'équation d'**accroissement exponentiel** $dN/dt = r_{max}N$ représente l'accroissement potentiel d'une population dans un environnement aux ressources illimitées : r_{max} est le taux maximal d'accroissement par individu et N est le nombre d'individus dans une population.

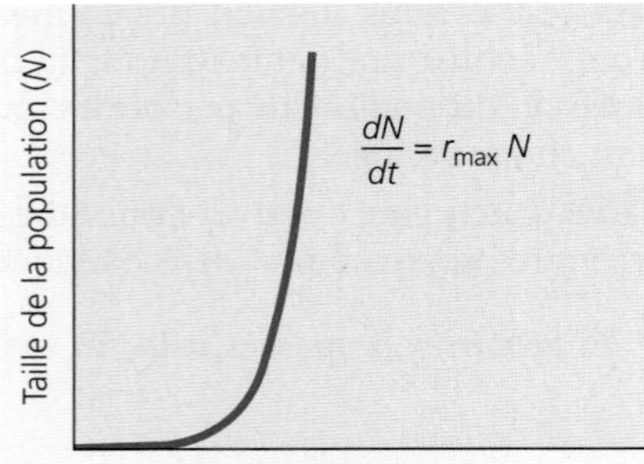

? *Supposons qu'une population présente un r_{max} deux fois plus important que celui d'une autre population. Quelle est la taille maximale qu'atteindront les deux populations avec le temps, selon le modèle exponentiel?*

CONCEPT 53.3

Le modèle logistique décrit comment l'accroissement démographique ralentit lorsqu'une population atteint la capacité limite du milieu (p. 1356 à 1359)

- L'accroissement exponentiel ne peut se maintenir indéfiniment dans une population. Le modèle logistique d'accroissement démographique, plus réaliste que le modèle exponentiel, limite l'accroissement en intégrant la **capacité limite du milieu** (K), qui correspond à la taille maximale de population que les ressources disponibles peuvent supporter.
- Selon l'équation de l'**accroissement logistique** $dN/dt = r_{max}N (K - N)/K$, l'accroissement de la population plafonne lorsque la taille de la population s'approche de la capacité limite du milieu.

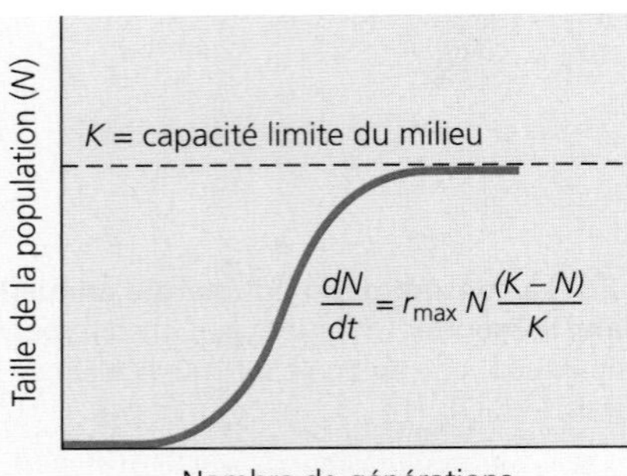

- Le modèle logistique décrit fort peu de populations naturelles avec exactitude, mais il permet d'estimer leurs possibilités d'accroissement.

? *À titre d'écologiste gestionnaire d'une réserve faunique, vous souhaitez accroître la capacité limite du milieu pour une espèce menacée. Comment vous y prendrez-vous?*

CONCEPT 53.4

Les caractéristiques des cycles biologiques sont le produit de la sélection naturelle (p. 1359 à 1361)

- Les caractéristiques des **cycles biologiques** résultent de l'évolution et se reflètent sur le développement, la physiologie et le comportement d'un organisme.
- La **sémelparité** s'applique aux organismes qui se reproduisent une seule fois, puis meurent. À l'opposé, l'**itéroparité** se rapporte aux organismes qui produisent des rejetons à maintes reprises.
- Les caractéristiques des cycles biologiques, comme le nombre et la taille des rejetons, l'âge de la maturité et les soins donnés aux rejetons par les parents, représentent des compromis entre les besoins divergents de temps, d'énergie et de nourriture, qui sont des ressources limitées. Il existe deux modèles de sélection naturelle qui favorisent les caractéristiques des cycles biologiques : la **sélection *K***, ou sélection dépendante de la densité, et la **sélection *r***, ou sélection indépendante de la densité. Ces modèles hypothétiques prêtent toutefois à la controverse.

? *Quels sont les deux facteurs qui semblent contribuer à l'évolution de la sémelparité par rapport à l'itéroparité?*

CONCEPT 53.5

De nombreux facteurs régissant la croissance des populations sont dépendants de la densité (p. 1361 à 1367)

- Selon la régulation de population **dépendante de la densité**, les taux de mortalité augmentent et les taux de natalité baissent au fur et à mesure que la densité augmente. Selon la régulation de population **indépendante de la densité**, l'augmentation de la densité n'a pas d'incidence sur les taux de natalité et de mortalité.

- Les variations des taux de natalité et de mortalité dépendantes de la densité freinent par rétro-inhibition l'accroissement démographique et peuvent à la longue stabiliser une population autour de sa capacité limite. Il existe de nombreux facteurs de régulation dépendants de la densité: la compétition intraspécifique pour une nourriture et un espace limités, l'augmentation de la prédation, la maladie, le stress causé par la surpopulation ou l'accumulation de substances toxiques.
- Toutes les populations connaissent des fluctuations plus ou moins importantes de leur taille en raison des perturbations qu'entraîne périodiquement la modification des conditions environnementales. De nombreuses populations connaissent des cycles réguliers d'accroissement et de diminution. Une **métapopulation** est un groupe de populations interreliées par l'immigration et l'émigration.

Nommez un facteur biotique et un facteur abiotique qui contribuent chaque année aux fluctuations de la taille de la population humaine.

CONCEPT 53.6

La population humaine n'augmente plus de manière exponentielle, mais croît néanmoins rapidement (p. 1367 à 1371)

- Depuis environ 1650, la population humaine a connu une croissance exponentielle, mais au cours des 50 dernières années, son taux d'accroissement a diminué presque de moitié. Les différences dans les **pyramides des âges** révèlent que si la taille de certaines populations croît rapidement, celle d'autres est stable ou en baisse. Dans les pays industrialisés et les pays en voie de développement, les taux de mortalité infantile et l'espérance de vie sont sensiblement différents.
- On ignore la taille de la population humaine que la Terre peut supporter. L'**empreinte écologique** se définit comme la superficie totale des terres et des eaux requises pour produire toutes les ressources que consomment une personne ou un groupe de personnes et absorber tous leurs déchets. C'est une mesure qui indique à quel point nous nous approchons de la capacité limite de la Terre. Alors que la population mondiale compte plus de 6,8 milliards de personnes, nous consommons déjà de nombreuses ressources d'une façon insoutenable.

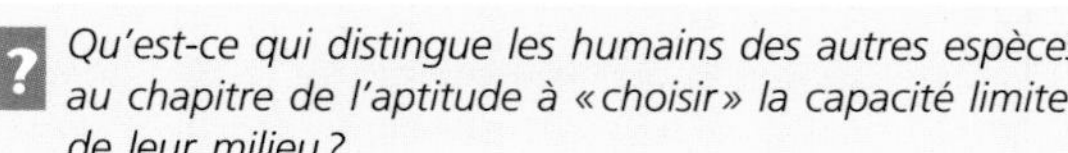
Qu'est-ce qui distingue les humains des autres espèces au chapitre de l'aptitude à « choisir » la capacité limite de leur milieu?

ÉVALUATION

NIVEAU 1: CONNAISSANCES ET COMPRÉHENSION

1. Les écologistes des populations suivent l'évolution des cohortes d'individus du même âge afin de déterminer:
a) la capacité limite du milieu pour une population.
b) le taux de natalité et de mortalité de chaque groupe dans une population.
c) si une population est régulée par des processus dépendants de la densité.
d) les facteurs qui régulent la taille d'une population.
e) si l'accroissement d'une population est cyclique.

2. La capacité limite du milieu pour une population:
a) peut varier selon les conditions du milieu.
b) peut être déterminée à l'aide du modèle logistique d'accroissement démographique.
c) demeure généralement constante à long terme.
d) augmente lorsque le taux d'accroissement par individu (r) diminue.
e) ne peut jamais être dépassée.

3. L'exemple des cycles démographiques du lièvre d'Amérique et de son prédateur, le lynx du Canada, indique que:
a) les prédateurs sont le seul facteur qui régule la taille des populations de proies.
b) les deux espèces ont évolué parallèlement, puisque leurs cycles biologiques sont liés.
c) de multiples facteurs biotiques et abiotiques influent sur le cycle biologique des populations de lièvres d'Amérique et de lynx du Canada.
d) les deux populations sont régulées par des facteurs abiotiques.
e) la population de lièvres d'Amérique est à sélection r, tandis que la population de lynx du Canada est à sélection K.

4. D'après le taux d'accroissement actuel, la taille de la population humaine en 2012 s'approchera de:
a) 2 milliards.
b) 3 milliards.
c) 4 milliards.
d) 7 milliards.
e) 10 milliards.

5. Selon une récente étude des empreintes écologiques (dont il est question dans le chapitre):
a) la capacité limite de la planète est d'environ 10 milliards.
b) la capacité limite de la planète serait plus élevée si la consommation de viande par individu augmentait.
c) la demande courante en ressources de la part des pays industrialisés est bien inférieure à leur empreinte écologique.
d) il est impossible que les progrès techniques accroissent la capacité limite de la Terre pour la population humaine.
e) les États-Unis ont une grande empreinte écologique parce que la consommation de ressources par individu est élevée.

NIVEAU 2: APPLICATION ET ANALYSE

6. Une population qui présente une distribution uniforme:
a) s'étend et élargit son aire de distribution.
b) vit dans un milieu où les ressources sont réparties de manière hétérogène.
c) est formée d'individus qui se font concurrence pour les ressources.
d) est formée d'individus entre lesquels il n'y a ni attirance ni répulsion marquée.
e) a une faible densité.

7. Selon l'équation du modèle logistique

$$\frac{dN}{dt} = r_{max}N\left(\frac{K-N}{K}\right)$$

a) le nombre d'individus qui s'ajoutent par unité de temps est plus grand quand N s'approche de zéro.
b) le taux d'accroissement par individu (r) augmente quand N s'approche de K.
c) la population stagne quand N est égal à K.
d) l'accroissement démographique devient exponentiel quand K est faible.
e) le taux de natalité (b) est proche de zéro quand N s'approche de K.

8. Quels termes décrivent le plus précisément les caractéristiques des cycles biologiques d'une population stable de loups?
a) La sémelparité et la sélection r.
b) La sémelparité et la sélection K.
c) L'itéroparité et la sélection r.
d) L'itéroparité et la sélection K.
e) L'itéroparité et la sélection N.

9. Une population qui croît de façon exponentielle:
a) croît par milliers d'individus.
b) croît à son taux maximal par individu.
c) atteint rapidement la capacité limite du milieu.
d) connaît des cycles.
e) perd des individus par phénomène d'émigration.

10. Parmi les énoncés suivants sur la population humaine dans les pays industrialisés, lequel est *incorrect*?
a) Les cycles biologiques sont de sélection *r*.
b) La famille moyenne est relativement petite.
c) La population a connu une transition démographique.
d) La courbe de survie est de type I.
e) Les cohortes sont réparties de façon relativement uniforme.

NIVEAU 3: SYNTHÈSE ET ÉVALUATION

11. **FAITES UN DESSIN** Pour estimer quelle cohorte d'âges, dans une population de femelles, produit le plus de rejetons femelles, vous devez connaître le nombre de rejetons engendrés par individu au sein de cette cohorte et le nombre d'individus vivants qui la composent. Faites cette estimation pour le spermophile de Belding en multipliant le nombre de femelles vivantes au début de l'intervalle (colonne 2 du tableau 53.1) par le nombre moyen de rejetons femelles par femelle (colonne 5 du tableau 53.2). Dessinez un diagramme en bâtons en plaçant l'âge des femelles sur l'axe des *x* (0-1, 1-2, etc.) et le nombre total de rejetons femelles engendrés pour chaque cohorte sur l'axe des *y*. Quelle cohorte de spermophiles de Belding femelles produit le plus de rejetons femelles?

12. **LIEN AVEC L'ÉVOLUTION**
En quelques lignes, comparez les conditions qui favorisent la reproduction par sémelparité aux conditions qui favorisent la reproduction par itéroparité.

13. **INTÉGRATION**
Vous vérifiez l'hypothèse selon laquelle l'accroissement de la densité de population d'une certaine espèce de plante accroît la vitesse à laquelle un Eumycète pathogène infecte cette plante. Comme l'Eumycète laisse des marques visibles sur les feuilles, il vous est facile de repérer les individus infectés. Imaginez une expérience qui vous permettra de vérifier cette hypothèse. Décrivez votre groupe témoin et votre groupe expérimental, la façon dont vous recueillerez les données et vous les interpréterez, ainsi que les résultats attendus, si votre hypothèse est correcte.

14. **SCIENCE, TECHNOLOGIE ET SOCIÉTÉ**
Bien des gens considèrent l'accroissement démographique rapide des pays en voie de développement comme le principal problème écologique de l'heure. D'autres pensent que l'accroissement démographique des pays industrialisés, bien que moindre, constitue une plus grande menace encore pour l'environnement. Quels problèmes résultent de l'accroissement démographique: (a) dans les pays en voie de développement? (b) dans les pays industrialisés? Selon vous, quel phénomène est le plus dangereux, et pourquoi?

15. **ÉCRIVEZ UN TEXTE**
Les interactions environnementales Dans un court texte (de 100 à 150 mots), déterminez le ou les facteurs dépendant de la densité (voir la figure 53.17) qui, selon vous, pourraient exercer l'influence la plus déterminante dans la régulation de la population humaine. Expliquez votre raisonnement.

RÉPONSES DU CHAPITRE 53

Questions des figures

Figure 53.4 Les manchots sembleraient probablement dispersés en agrégats si vous voliez au-dessus d'îles densément peuplées disséminées sur un océan peu peuplé. **Figure 53.13** Si les faucons crécerelles d'Eurasie mâles ne participaient pas aux soins donnés aux petits, la taille des couvées ne devrait pas influer sur leur taux de survie. Par conséquent, les trois barres représentant le taux de survie des mâles dans la figure 53.13 devraient être de taille semblable. Le taux de survie des femelles devrait quand même être inversement proportionnel à la taille des couvées, comme le montre la figure 53.13.
Figure 53.15

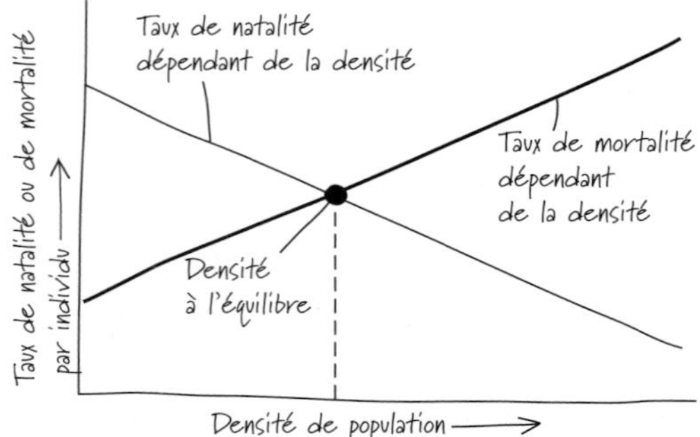

Figure 53.19 La population de lièvres d'Amérique culmine généralement avant celle de lynx du Canada. Le lynx dépend du lièvre, dont il se nourrit, mais on observe un délai entre l'augmentation de lièvres, source de nourriture, et l'augmentation de la reproduction chez les lynx. **Figure 53.20** L'agglomération des amiboïdes de *Dictyostelium* les rend vulnérables à la prédation par des Animaux.

Retour sur le concept 53.1

1.

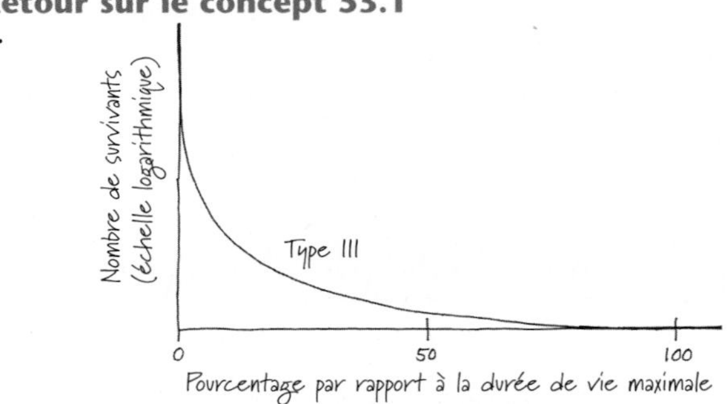

La probabilité d'obtenir une courbe de survie de type III est plus grande puisque les jeunes qui survivent risquent d'être très peu nombreux. **2.** Si l'on a capturé un animal en l'attirant avec de la nourriture, on risque de le recapturer s'il cherche la même nourriture. Le nombre d'animaux marqués capturés (x) constituerait une surestimation, et puisque la taille de la population (N) est égale à ns/x, N constituerait donc une sous-estimation. Par ailleurs, si l'animal a eu une mauvaise expérience lors de la capture et qu'il en garde le souvenir, il pourrait être plus difficile de le capturer de nouveau. Le cas échéant, x sera une sous-estimation et N, une surestimation. **3.** L'épinoche mâle à trois épines a probablement un mode de dispersion uniforme puisque ses interactions antagonistes contribuent au maintien d'un espace relativement constant entre lui et ses semblables.

Retour sur le concept 53.2

1. Bien que r_{max} soit constant, il y a augmentation de la taille de la population (N). Comme r_{max} s'applique à une valeur N de plus en plus élevée, la courbe de l'accroissement démographique ($r_{max}N$) présente une pente plus prononcée, d'où sa forme en J. **2.** La croissance exponentielle est plus probable dans une zone forestière détruite par le feu. Les premiers végétaux à s'y établir trouveront de l'espace, des nutriments et de la lumière en abondance. Dans la forêt intacte, la compétition pour ces ressources serait intense. **3.** L'accroissement démographique net est $\Delta N/\Delta t = bN - mN$. Le taux annuel de natalité par individu, *b*, équivaut à 14/1 000 ou 0,014, et le taux de mortalité par individu, *m*, équivaut à 8/10 000, ou 0,008. Par conséquent, l'accroissement démographique net en 2009 était :

$$\frac{\Delta N}{\Delta t} = (0{,}014 \times 307\ 000\ 000) - (0{,}008 \times 307\ 000\ 000)$$

ou 1,84 million de personnes. Une population ne croît de façon exponentielle que si son taux d'accroissement par individu équivaut à son taux maximal. Ce n'est pas le cas des États-Unis actuellement.

Retour sur le concept 53.3

1. Lorsque la valeur de la taille de la population (*N*) est faible, le nombre d'individus qui se reproduisent est relativement bas. Lorsque la valeur de *N* est élevée, s'approchant de la capacité limite du milieu, le taux d'accroissement par individu est relativement faible parce qu'il est limité par les ressources disponibles. Selon le modèle logistique d'accroissement démographique, le segment de la courbe dont la pente est la plus prononcée correspond à une population qui compte un nombre considérable d'individus reproducteurs, mais qui ne s'approche pas encore de sa capacité limite. **2.** En prenant l'exemple d'une population de 1 600 individus,

$$\frac{dN}{dt} = r_{\max} N \frac{(K-N)}{K} = \frac{1(1\ 600)(1\ 500\ -\ 1\ 600)}{1\ 500}$$

et le taux d'« accroissement » démographique est de –107 individus par année. La population diminue encore plus vite quand la valeur de *N* est plus éloignée de la capacité limite ; quand la valeur de *N* égale 1 750 et 2 000 individus, la population diminue de 292 et 667 individus respectivement par année. Ces taux de croissance négatifs correspondent plus étroitement au temps lorsque la population de *Daphnia* a dépassé sa capacité limite et diminue, soit durant les jours 65 à 100 dans la figure 53.10b. **3.** Lorsqu'une population dépasse la capacité limite du milieu, la probabilité de maladie et de mortalité risque de s'accroître sous l'effet des agents pathogènes. Ceux-ci peuvent donc réduire la capacité limite à long terme pour une population.

Retour sur le concept 53.4

1. La rivière stable alimentée par une source. Les milieux aux conditions physiques constantes abritent des populations plus stables, au sein desquelles la compétition pour les ressources est davantage probable. Dans ces conditions, les rejetons, plus gros et bien nourris propres aux espèces itéropares, ont de meilleures chances de survie. **2.** En prenant soin des œufs pondus dans le nid, *Symphodus tinca* accroît leurs chances de survie, contrairement à ceux que les femelles dispersent dans la nature. Comme elles ne s'en occupent pas, les chances de survie de ces œufs sont beaucoup plus faibles, du moins en certaines périodes, mais ils exigent beaucoup moins d'investissement de la part des adultes. (À cet égard, les adultes évitent de mettre tous leurs œufs dans le même panier, pour reprendre une formule populaire.) **3.** Si la santé du parent en situation de stress est grandement compromise par la nécessité de s'occuper de ses petits, le fait de les abandonner lui permet éventuellement de survivre, de recouvrer la santé et de donner naissance à de nouvelles portées dans des conditions plus favorables.

Retour sur le concept 53.5

1. La taille, la qualité et l'isolement sont trois attributs des zones d'habitat. Une zone plus grande ou de meilleure qualité a plus de chances d'attirer des immigrants et d'en procurer aux autres parcelles. Une zone relativement isolée enregistrera des flux moins fréquents. **2.** Il vous faudrait étudier la population pendant plus d'un cycle (plus de 10 ans, probablement au moins 20) avant d'avoir suffisamment de données pour examiner les fluctuations dans le temps. Autrement, vous ne pourriez déterminer si une diminution de la taille de la population reflète une tendance à long terme ou si elle s'inscrit dans un cycle normal. **3.** Dans une régulation par rétro-inhibition, un processus est ralenti par le produit fabriqué. Dans une population dont le taux de natalité est dépendant de la densité, comme dans le cas de la vulpie à glume, l'accroissement de la densité de population (plus d'individus) correspond à une accumulation du produit et ralentit le processus (la croissance démographique) en réduisant le taux de natalité.

Retour sur le concept 53.6

1. Une pyramide des âges très large dans sa partie inférieure, où les jeunes sont surreprésentés, signifie que la population connaîtra un accroissement continu lorsque ces jeunes commenceront à se reproduire. Par contre, une pyramide plus uniforme signifie que la taille de la population demeurera stable, et une pyramide inversée annonce une décroissance démographique parce que seul un nombre relativement faible de jeunes gens se reproduiront. **2.** Le taux d'accroissement de la population humaine mondiale a diminué depuis les années 1960, passant de 2,2 % en 1962 à 1,2 % aujourd'hui. Quoi qu'il en soit, l'accroissement n'a pas beaucoup ralenti parce que le plus faible taux d'accroissement est annulé par la taille accrue de la population ; le nombre d'individus qui s'ajoutent chaque année demeure énorme, soit environ 79 millions. **3.** Nous exerçons tous une influence sur notre empreinte écologique individuelle par notre mode de vie, c'est-à-dire notre alimentation, notre consommation d'énergie et la quantité de déchets que nous produisons, et par le nombre d'enfants que nous avons. Nous réduisons notre empreinte écologique en réduisant notre consommation des ressources.

Questions du résumé des concepts clés

53.1 Les écologistes peuvent estimer le taux de natalité en comptant le nombre de nouveaux rejetons chaque année, et estimer le taux de mortalité d'après les fluctuations du nombre d'adultes chaque année. **52.2** Selon le modèle de croissance exponentielle, les deux populations continueront à croître indéfiniment, quelle que soit la valeur de $r_{\max}$ (voir la figure 53.7). **53.3** Plusieurs avenues s'offrent à vous pour accroître la capacité limite de la réserve pour certaines espèces : augmenter la disponibilité de la nourriture, protéger ces espèces de leurs prédateurs et leur procurer plus de sites de nidification ou de reproduction. **53.4** Le taux de survie des rejetons et la possibilité, pour les adultes, de vivre suffisamment longtemps pour se reproduire à nouveau semblent deux facteurs clés. **53.5** Une maladie causée par un agent pathogène est un exemple de facteur biotique. Une catastrophe naturelle, comme une inondation ou un ouragan, est un exemple de facteur abiotique. **53.6** Seuls les humains ont l'aptitude potentielle de réduire leur population mondiale par la contraception et la planification des naissances. Les humains peuvent aussi faire en toute conscience des choix alimentaires et modifier leur mode de vie, et ces choix ont une incidence sur le nombre d'individus dont la Terre peut soutenir le développement.

ÉVALUATION

1. b ; **2.** a ; **3.** c ; **4.** d ; **5.** e ; **6.** c ; **7.** c ; **8.** d ; **9.** b ; **10.** a ;

11.

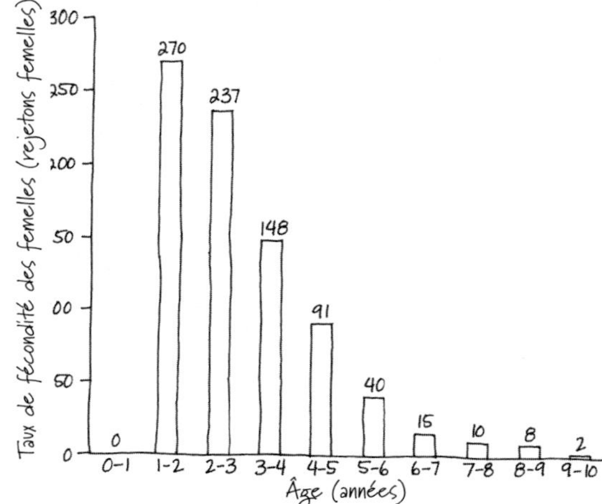

Le total de rejetons femelles produit est plus élevé chez les femelles de 1 à 2 ans. L'échantillon calculé pour les femelles de cette cohorte : 252 individus × 1,07 rejeton femelle/individu = 270 rejetons femelles.

54

L'écologie des communautés

▲ **Figure 54.1** **À quelle espèce cette interaction profite-t-elle ?**

CONCEPTS CLÉS

54.1 Les interactions d'une communauté sont classées selon qu'elles sont utiles, nuisibles ou sans effet sur les espèces concernées

54.2 La diversité et la structure trophique caractérisent les communautés biologiques

54.3 Les perturbations ont une incidence sur la diversité des espèces et sur la composition des communautés

54.4 Des facteurs biogéographiques influent sur la biodiversité des communautés

54.5 Des agents pathogènes modifient la structure des communautés locales et mondiales

INTRODUCTION

Les communautés en mouvement

Au fond du détroit de Lembeh, en Indonésie, un crabe de la famille des Homolidés arpente les fonds marins en portant un gros oursin (un échinidé) sur son dos (**figure 54.1**). Lorsque survient un poisson prédateur, le crabe s'enfouit rapidement dans les sédiments en se protégeant de son bouclier vivant. Le poisson s'élance et cherche à se saisir du crabe, qui pare les coups en orientant les piquants de l'oursin en direction de l'attaquant. Le poisson finit par se lasser et abandonne cette proie récalcitrante.

Le « crabe porteur » de la figure 54.1 tire visiblement un avantage à transporter un oursin sur son dos. Mais qu'en est-il de l'oursin ? Son association avec le crabe s'avère-t-elle nuisible, utile ou sans effet particulier sur sa survie et sa reproduction ? Pour répondre à cette question, les biologistes devront poursuivre leurs observations et leurs expériences.

Nous avons vu au chapitre 53 l'effet que peuvent avoir les individus d'une population sur leurs semblables. Ce chapitre s'intéresse aux interactions écologiques entre les populations d'espèces différentes. Les espèces qui vivent assez près les unes des autres pour pouvoir interagir forment une **communauté**.

Les écologistes déterminent les limites d'une communauté selon les besoins de leurs recherches. Par exemple, ils peuvent étudier la communauté de détritivores et d'autres organismes dans une souche d'arbre, la communauté benthique du lac Saint-Jean ou la communauté des arbres et des arbustes dans le parc Forillon, au Québec.

Nous commençons ce chapitre en explorant les types d'interactions entre les espèces qui forment une communauté, par exemple le crabe et l'oursin de la figure 54.1. Nous étudierons ensuite les facteurs les plus importants qui structurent une communauté, c'est-à-dire ceux qui déterminent le nombre d'espèces qui y vivent, leurs types et leur abondance relative. Enfin, nous appliquerons certains des principes de l'écologie des communautés à l'étude des maladies qui frappent les humains.

CONCEPT 54.1

Les interactions d'une communauté sont classées selon qu'elles sont utiles, nuisibles ou sans effet sur les espèces concernées

Les interactions d'un organisme avec les autres espèces de sa communauté comptent parmi les relations déterminantes de sa vie. Ces **interactions interspécifiques** sont la compétition, la prédation, l'herbivorisme, la symbiose (parasitisme, mutualisme et commensalisme) et la facilitation. Nous consacrons cette partie à les décrire, tout en rappelant que les écologistes ne s'entendent pas toujours sur les limites précises de chaque type d'interaction.

Nous allons ici utiliser les signes + et − pour indiquer l'effet que produit chaque interaction interspécifique sur la survie et la reproduction des deux espèces concernées. Par exemple, la prédation est une interaction +/−, car elle a un effet positif sur la survie et la reproduction de la population d'une espèce (le prédateur) et un effet négatif sur la population de l'autre (la proie). Le mutualisme est une interaction +/+, parce que la survie et la reproduction de chaque espèce s'améliorent en présence de l'autre. Le signe 0 indique que l'interaction n'a aucun effet connu sur une population.

Par le passé, la plupart des recherches en écologie étaient axées sur les interactions produisant un effet négatif sur au moins une espèce, comme la compétition et la prédation. Toutefois, les interactions positives sont omniprésentes, et leur rôle dans la structuration des communautés fait actuellement l'objet de nombreuses études.

La compétition

La **compétition interspécifique** est une interaction −/− qui se manifeste quand deux espèces se disputent des ressources essentielles à leur survie et à leur reproduction. Ainsi, dans un jardin, les mauvaises herbes sont en compétition avec les plantes potagères pour les nutriments du sol et l'eau. Dans les prairies, les sauterelles et les bisons (*Bison bison*) sont en compétition pour l'herbe qu'ils mangent. Dans les forêts septentrionales de l'Alaska et du Canada, les lynx (*Lynx canadensis*) et les renards (*Vulpes fulva*) se disputent une proie comme le lièvre d'Amérique (*Lepus americanus*). Certaines ressources, comme l'oxygène, ne sont généralement pas limitées. Même si la plupart des espèces les utilisent, elles ne se les disputent généralement pas.

L'exclusion compétitive

Qu'advient-il dans une communauté lorsque deux espèces se disputent des ressources limitées? En 1934, l'écologiste russe G. F. Gause étudia cette question en laboratoire en expérimentant sur deux espèces de Ciliés étroitement apparentées: *Paramecium aurelia* et *Paramecium caudatum*. Il cultiva les deux espèces séparément en leur fournissant des conditions constantes et un apport alimentaire régulier. Les deux populations s'accrurent et plafonnèrent à un niveau correspondant apparemment à la capacité limite du milieu (la figure 53.10a, p. 1358, présente une illustration du modèle de croissance logistique de *P. aurelia*). Gause cultiva ensuite les deux espèces ensemble. *P. caudatum* disparut alors de la boîte de Petri, sans doute parce que ce cilié était incapable de soutenir la compétition avec *P. aurelia*. L'expérience de Gause confirmait l'hypothèse voulant que deux espèces ayant des besoins pour les mêmes ressources limitées ne peuvent cohabiter de façon similaire. En l'absence de perturbation, l'une des deux espèces utilise les ressources de façon plus efficace et se reproduit par conséquent plus rapidement. Même un léger avantage reproductif finira par entraîner l'élimination locale du concurrent inférieur, un phénomène qu'on appelle **exclusion compétitive**.

Les niches écologiques et la sélection naturelle

ÉVOLUTION La **niche écologique** représente l'utilisation globale qu'une espèce fait des ressources biotiques et abiotiques de son milieu. L'écologiste étatsunien Eugene Odum propose l'analogie suivante pour en expliquer le concept: si l'habitat d'un organisme représente son «adresse», sa niche est sa «profession». La niche écologique d'un lézard arboricole des régions tropicales, par exemple, se caractérise notamment par l'intervalle de température qu'il tolère, la taille des branches où il se perche, le moment de la journée où il s'active ainsi que le type et la taille des insectes qu'il dévore. Ces facteurs définissent la niche du lézard, ou son rôle écologique, c'est-à-dire la place qu'il occupe dans un écosystème.

Nous pouvons maintenant reformuler le principe d'exclusion compétitive à l'aide du concept de la niche écologique: deux espèces ne peuvent coexister de façon permanente dans une communauté si leurs niches écologiques sont identiques. Toutefois, des espèces écologiquement semblables peuvent cohabiter si au moins une différence importante entre leurs niches émerge avec le temps. L'évolution par la sélection naturelle peut amener l'une des espèces à adopter d'autres ressources. La différenciation des niches, qui permet à des espèces semblables de coexister dans une communauté, est appelée **partage des ressources** (**figure 54.2**). On peut voir dans le partage des ressources la preuve indirecte qu'une compétition antérieure a été résolue grâce à une évolution menant à la différenciation des niches.

En raison de la compétition, la *niche fondamentale* d'une espèce, c'est-à-dire la niche qu'elle peut théoriquement occuper, peut être différente de sa *niche réelle*, soit la portion de la niche fondamentale qu'elle habite effectivement dans un milieu donné. Les écologistes peuvent déterminer la niche fondamentale d'une espèce en testant la gamme des conditions dans lesquelles elle vit et se reproduit en l'absence de compétiteurs. Ils peuvent aussi savoir si un compétiteur potentiel limite la niche réelle d'une espèce en le retirant pour voir

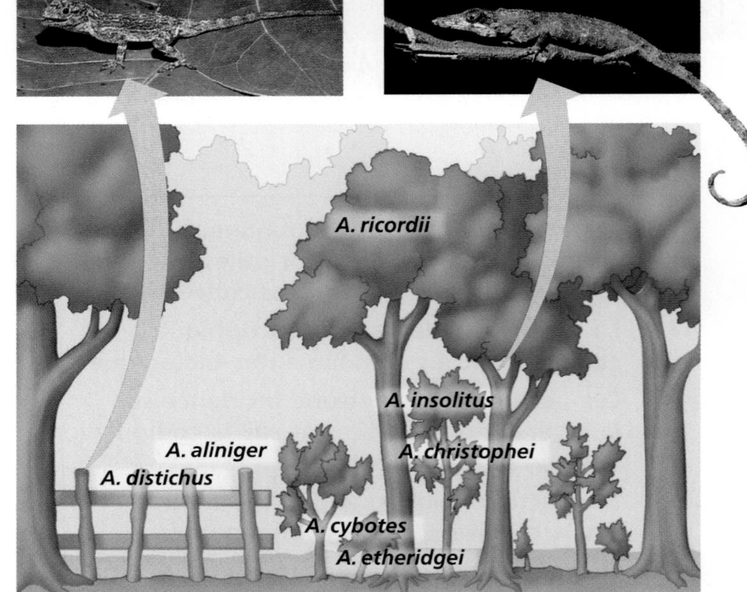
Anolis distichus se perche sur les poteaux de clôture et sur d'autres surfaces exposées au Soleil.
Anolis insolitus a l'habitude de se percher sur des branches ombragées.
A. ricordii
A. insolitus
A. aliniger
A. christophei
A. distichus
A. cybotes
A. etheridgei

▲ **Figure 54.2 Le partage des ressources entre des lézards de la République dominicaine.** Sept espèces de lézards du genre *Anolis* vivent à proximité les unes des autres, et toutes se nourrissent d'insectes et d'autres petits Arthropodes. Cependant, la compétition pour la nourriture se trouve réduite par le fait que chaque espèce se perche à des endroits différents, occupant ainsi une niche distincte.

▼ Figure 54.3 INVESTIGATION

La compétition interspécifique peut-elle avoir un effet sur la niche d'une espèce ?

EXPÉRIENCE L'écologiste Joseph Connell a étudié deux espèces de cirripèdes – *Balanus balanoides* et *Chthamalus stellatus* – qui présentent une répartition stratifiée sur des rochers situés le long de la côte de l'Écosse. *Chthamalus* colonise habituellement des strates rocheuses plus élevées que *Balanus*. Pour déterminer si la répartition de *Chthamalus* est le résultat d'une compétition interspécifique avec *Balanus*, Connell a enlevé des spécimens de *Balanus* de la roche en plusieurs endroits.

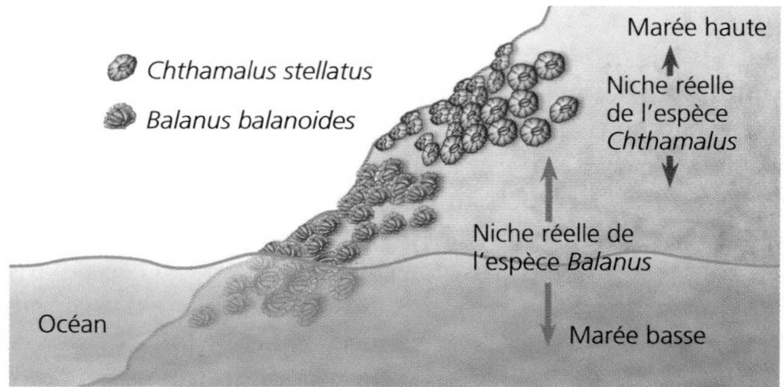

RÉSULTATS *Chthamalus* s'est répandu dans les zones libérées par *Balanus*.

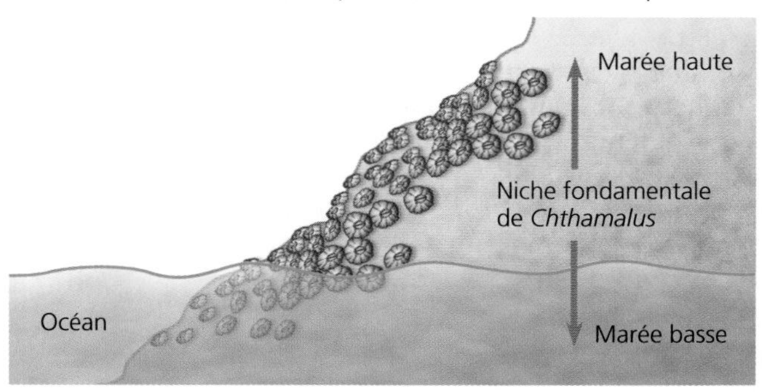

CONCLUSION En raison de la compétition interspécifique, la niche réelle de l'espèce *Chthamalus* est beaucoup plus petite que sa niche fondamentale.

SOURCE J. H. Connell, The influence of interspecific competition and other factors on the distribution of the barnacle *Chtamalus stellatus*, *Ecology* 42 : 710-723 (1961).

ET SI ? D'autres études ont montré que les balanes (*Balanus*) ne peuvent survivre sur les rochers les plus hauts, car elles se dessèchent quand la marée est basse. Comment pourriez-vous comparer la niche réelle avec la niche fondamentale de *Balanus* ?

si cette dernière se développe et occupe l'espace ainsi libéré. L'expérience classique décrite dans la **figure 54.3** montre clairement que la compétition entre deux espèces de cirripèdes empêche l'une d'elles d'occuper toute sa niche fondamentale.

Les espèces peuvent partager leur niche non seulement pour ce qui est de l'espace, comme le font les lézards et les cirripèdes, mais aussi selon le temps. Par exemple, la souris épineuse (*Acomys cahirinus*) et la souris épineuse dorée (*A. russatus*) vivent dans les habitats rocheux du Moyen-Orient et de l'Afrique, et partagent des microhabitats et des sources de nourriture semblables. Dans les endroits où les deux espèces coexistent, *A. cahirinus* est de type nocturne, alors qu'*A. russatus* est de type diurne. Or, la recherche a montré qu'*A. russatus* est naturellement une espèce nocturne. En présence de sa rivale, elle doit ignorer son horloge biologique pour s'activer durant le jour. Lorsque des chercheurs en Israël ont retiré toutes les souris *cahirinus* d'un site situé dans leur habitat naturel, les souris *russatus* qui y vivaient ont retrouvé un mode de vie nocturne, comme l'avait montré l'expérience en laboratoire. Cette modification du comportement permet de croire qu'il existe une compétition entre les deux espèces et qu'elles arrivent à coexister en adoptant un horaire de veille différent.

▲ Souris épineuse dorée (*Acomys russatus*)

Le déplacement du phénotype

Des comparaisons d'espèces étroitement apparentées dont les populations sont allopatriques en certains endroits (voir le chapitre 24) et sympatriques ailleurs (c'est-à-dire qu'elles sont apparues dans la même aire géographique que l'espèce mère) ont permis d'obtenir une série de données prouvant indirectement l'importance de la compétition. Dans certains cas, les populations allopatriques ont des morphologies semblables et utilisent les mêmes ressources. Au contraire, les populations sympatriques, qui pourraient être en compétition pour les ressources, présentent des disparités morphologiques et exploitent des ressources différentes. La tendance à une plus grande divergence entre les caractéristiques des populations sympatriques des deux espèces qu'entre les caractéristiques des populations allopatriques des mêmes deux espèces est appelée déplacement du phénotype. La variation de la taille des becs de deux populations différentes de géospizes des Galápagos fournit un bon exemple de **déplacement du phénotype** (**figure 54.4**).

La prédation

La **prédation** est une interaction +/− dans laquelle une espèce, le prédateur, tue et dévore une autre espèce, la proie. Le terme *prédation* évoque des images comme celle du lion qui tue et dévore l'antilope, mais il s'applique à un large éventail d'interactions. L'animal qui tue une plante parce qu'il en mange les tissus est également un prédateur. Dévorer et éviter de se faire dévorer sont des conditions du succès reproductif ; c'est pourquoi la sélection naturelle améliore autant les adaptations des prédateurs que celles des proies.

De nombreuses adaptations importantes des prédateurs sont évidentes et familières. Grâce à leurs sens développés, les prédateurs repèrent et reconnaissent les proies potentielles. Avec leurs serres, leurs dents, leurs crochets, leurs aiguillons et leur venin, ils capturent, immobilisent et mastiquent leurs prises. Par exemple, les crotales (*Crotalus spp.*) et d'autres Vipéridés ont entre les yeux et les narines des organes thermosensibles qui leur permettent de repérer leurs proies (voir la figure 50.7a, p. 1261). Ils tuent des oiseaux et des mammifères de petite taille en leur injectant des neurotoxines avec leurs

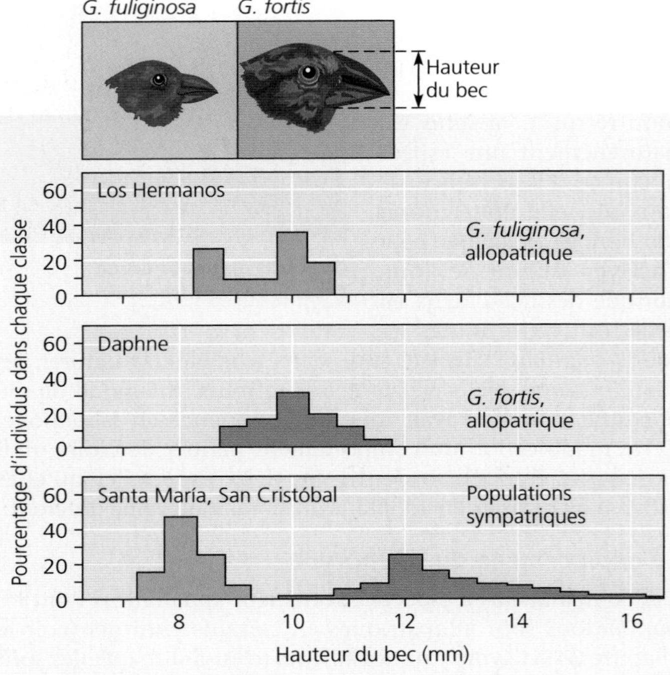

▲ **Figure 54.4 Le déplacement du phénotype : la preuve indirecte d'une compétition antérieure.** Deux populations allopatriques de *Geospiza fuliginosa* et de *Geospiza fortis* vivant sur les îles Daphne et Los Hermanos ont un bec semblable (voir les deux graphiques supérieurs) et, croit-on, mangent des graines de même taille. Mais les deux espèces sont sympatriques sur les îles Santa María et San Cristóbal. Là, *Geospiza fuliginosa* a un petit bec et *Geospiza fortis*, un bec plus haut, plus large (voir le graphique inférieur). Les deux espèces se sont adaptées à la consommation de graines de tailles différentes.

crochets. Les prédateurs qui pourchassent leurs proies sont généralement rapides et agiles, tandis que ceux qui tendent des embuscades se camouflent dans leur milieu.

Si les prédateurs possèdent des adaptations qui leur permettent de capturer leurs proies, les animaux pourchassés en possèdent d'autres qui les aident à échapper à leurs prédateurs. Pour se défendre, ces animaux peuvent notamment se cacher, s'enfuir ou se regrouper en hardes. Le combat est moins répandu que la fuite, bien que certains mammifères herbivores de grande taille défendent leurs jeunes avec acharnement contre les prédateurs comme le lion (*Panthera leo*). Les cris d'alarme font partie des comportements de défense qui attirent de nombreux individus de l'espèce poursuivie, lesquels houspillent ensuite le prédateur.

Diverses adaptations morphologiques et physiologiques permettent aussi aux Animaux de se défendre. Le camouflage, ou **homochromie**, rend difficile, pour les prédateurs, la détection de proies potentielles (**figure 54.5a**). Les défenses mécaniques ou chimiques protègent des espèces comme le porc-épic d'Amérique (*Erethizon dorsatum*) et la mouffette rayée (*Mephitis mephitis*). Certains animaux, comme la salamandre de feu (*Salamandra salamandra*) européenne, synthétisent des toxines, tandis que d'autres acquièrent des défenses chimiques passivement, en accumulant dans leurs tissus les toxines des plantes dont ils se nourrissent. Les animaux qui possèdent des défenses chimiques efficaces arborent souvent une coloration d'avertissement, ou **coloration aposématique**, comme celle de la grenouille dendrobate fraise (**figure 54.5b**). La coloration d'avertissement semble adaptative puisque les prédateurs évitent souvent d'attaquer une proie potentielle vivement colorée (voir le chapitre 1).

Certaines proies sont protégées par leur ressemblance à d'autres espèces. Le **mimétisme batésien** est l'imitation d'une espèce inappétente (espèce nocive) par une espèce appétente (espèce inoffensive). Par exemple, la larve d'une espèce de sphinx (*Hemeroplanes ornatus*) gonfle sa tête et son thorax quand on la perturbe, ce qui lui donne l'allure de la tête d'un petit serpent venimeux comme le serpent liane (*Leptophis ahaetulla*; **figure 54.5c**). Dans ce cas, le mimétisme fait même intervenir le comportement : la larve oscille de la tête et siffle comme un serpent. Le **mimétisme müllérien** est une ressemblance entre deux espèces inappétentes, comme l'abeille nomade (*Nomada sp.*) et la guêpe de l'Est (*Vespula maculifrons*; **figure 54.5d**). Il semble que plus les proies inappétentes sont nombreuses, plus les prédateurs apprennent rapidement et efficacement à éviter toutes les proies présentant cette particularité. Le mimétisme agit alors comme une sorte de coloration d'avertissement. Dans un exemple d'évolution convergente, les animaux de plusieurs taxons présentent des motifs de coloration semblables : le noir avec des rayures jaunes ou rouges caractérise des animaux inappétents aussi divers que la guêpe de l'Est (*Vespula maculifrons*) et le serpent-corail de l'Arizona (*Micruroides euryxanthus*; voir la figure 1.25, p. 22).

Diverses formes de mimétisme s'observent également chez les prédateurs. Par exemple, la langue de la tortue-alligator (*Macroclemys temmincki*) ressemble à un ver qui se tortille, et attire ainsi les petits poissons. Quand les poissons essaient ensuite de gober l'« appât », ils se trouvent eux-mêmes pris entre les mâchoires puissantes de l'animal.

L'herbivorisme

Les écologistes utilisent le terme **herbivorisme** pour désigner une interaction +/− dans laquelle un herbivore se nourrit de parties de végétaux ou d'algues. Les grands mammifères herbivores, comme les bovins, les ovins et les buffles d'Asie (*Bubalus bubalis*), sont bien connus ; pourtant, la plupart des herbivores sont en fait des Invertébrés, comme les sauterelles et les Coléoptères. Parmi les espèces d'herbivores qui habitent les océans, on compte les escargots, les oursins, des poissons tropicaux et certains mammifères, comme le lamantin (*Trichechus manatus*; **figure 54.6**).

Tout comme les prédateurs, les herbivores présentent des adaptations spécialisées. De nombreux insectes herbivores ont sur les pattes des chimiorécepteurs qui leur permettent de distinguer les plantes toxiques des plantes comestibles, et de détecter les plantes les plus nutritives. Certains mammifères herbivores, comme les chèvres, utilisent leur odorat pour détecter les plantes qu'ils doivent rejeter et celles qu'ils peuvent consommer. D'autres animaux ne se nourrissent que d'une certaine partie de la plante, comme les fleurs. Enfin, de nombreux herbivores sont aussi munis d'une dentition ou d'un système digestif spécialement adaptés au déchiquetage et à l'assimilation de la végétation (voir le chapitre 41).

Contrairement aux Animaux, les Végétaux ne peuvent fuir leurs prédateurs. Leur principal arsenal contre la prédation qui les menace consiste donc en toxines chimiques ou en des épines. Parmi les armes chimiques, on compte les poisons suivants: la strychnine, produite par une plante grimpante tropicale, *Strychnos toxifera*; la nicotine, dérivée du tabac (*Nicotiana tabacum*); et les tanins provenant de différentes espèces de plantes. Les plantes du genre *Astragalus* emmagasinent du sélénium; les bovins et les moutons qui en mangent s'intoxiquent et souffrent de locoïsme, qui compromet leur coordination et peut entraîner la mort. D'autres substances défensives non toxiques pour les humains peuvent avoir un goût désagréable pour les herbivores. C'est à cette catégorie de substances qu'appartiennent la cannelle, le clou de girofle et la menthe, aux saveurs particulières. Des plantes produisent même des composés chimiques qui perturbent le développement de certains des insectes qui s'en nourrissent.

▼ **Figure 54.5 La coloration comme moyen de défense chez les animaux.**

(a) Homochromie

► Rainette arénicolore (*Hyla arenicolor*)

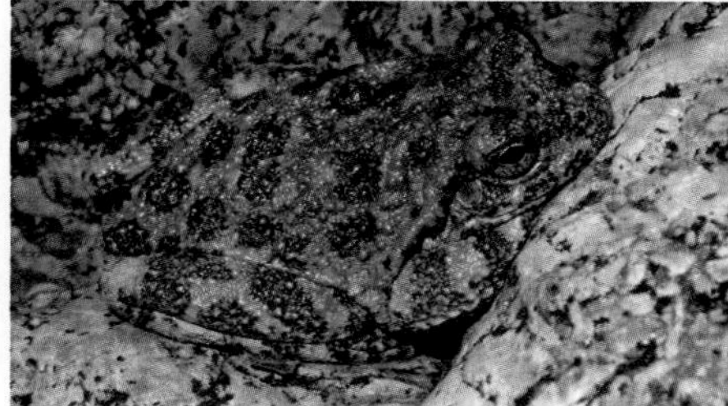

(b) Coloration d'avertissement

► Dendrobate fraise (*Dendrobates pumilio*)

(c) Mimétisme batésien: une espèce inoffensive imite une espèce nuisible

◄ Larve de sphinx

▼ Serpent liane (*Leptophis ahaetulla*)

(d) Mimétisme müllérien: ressemblance entre deux espèces inappétentes

◄ Abeille nomade (*Nomada sp.*)

▼ Guêpe de l'Est (*Vespula maculifrons*)

La symbiose

Lorsque des organismes de deux espèces ou plus vivent en contact direct et intime, leur relation relève de la **symbiose**. Nous adoptons dans cet ouvrage une définition générale de la symbiose pour désigner toutes les interactions de cet ordre, qu'elles soient nuisibles, bénéfiques ou neutres. Certains biologistes proposent une définition plus étroite de la symbiose, qu'ils présentent comme synonyme de mutualisme, une interaction bénéfique aux deux espèces.

Le parasitisme

Le **parasitisme** est une interaction symbiotique +/− dans laquelle un organisme, le **parasite**, se nourrit aux dépens de son **hôte** et lui porte préjudice. Les parasites qui vivent à l'intérieur des tissus de leurs hôtes, comme le ténia, ou ver solitaire (*Taenia solium*), sont appelés **endoparasites**. Ceux qui, pour se nourrir, font un court séjour sur la face externe de leurs hôtes, comme les moustiques et les pucerons, sont appelés **ectoparasites**. Selon un type spécial de parasitisme, des insectes parasitoïdes – généralement de petites guêpes – déposent leurs œufs sur un hôte vivant. Les larves se nourrissent alors du corps de l'hôte, qu'elles peuvent tuer. Certains écologistes estiment que le tiers, au moins, des espèces vivantes sont des parasites.

De nombreux parasites ont un cycle de vie complexe dans lequel un certain nombre d'hôtes interviennent. Le schistosome (*Schistosoma mansoni*), qui infecte environ 200 millions de personnes dans le monde, a besoin de deux hôtes à différent moment de son cycle de développement: l'humain et l'escargot (voir la figure 33.11, p. 787). Certains parasites modifient le comportement de leurs hôtes de façon à augmenter leurs chances d'être transportés d'un hôte à un autre. Par exemple, la présence d'un ver parasite appelé acanthocéphale (ver à tête épineuse) conduit les crustacés qui lui servent d'hôtes à adopter divers comportements atypiques, dont quitter leur abri pour se déplacer à découvert. En agissant ainsi, les crustacés risquent davantage d'être dévorés par des oiseaux qui constituent les seconds hôtes associés au cycle de vie de l'acanthocéphale.

▲ **Figure 54.6 Un lamantin des Antilles (*Trichechus manatus*) dans les eaux de la Floride.** Ce spécimen se nourrit d'hydrille verticillée, une espèce non indigène.

Les parasites peuvent avoir, directement ou indirectement, une forte incidence sur la survie, la reproduction et la densité de population de leurs hôtes. Par exemple, les tiques, des ectoparasites qui vivent sur les orignaux, affaiblissent leurs hôtes en se nourrissant de leur sang et en leur faisant perdre leurs poils. Affaiblis de la sorte, les orignaux risquent davantage de mourir de froid ou d'être la proie des loups (voir la figure 53.18, p. 1365).

Le mutualisme

Le **mutualisme** est une relation interspécifique qui profite aux deux organismes (+/+). Dans différents chapitres de ce manuel, nous avons décrit plusieurs adaptations mutualistes: la fixation de l'azote par les Bactéries du genre *Rhizobium* dans les nodosités des Légumineuses; la digestion de la cellulose par des microorganismes dans l'intestin des termites et des Ruminants; l'échange de nutriments dans les mycorhizes, qui sont des associations d'Eumycètes avec des racines; la photosynthèse par les Algues unicellulaires dans les tissus du corail. L'interaction entre les termites et les microorganismes de leur système digestif est un exemple de mutualisme obligatoire selon lequel au moins une des espèces a perdu la capacité de survivre sans son partenaire. En mutualisme facultatif, par exemple la relation entre les acacias (*Acacia hindsii*) et les fourmis porte-aiguillon (*Pseudomyrmex ferruginea*) présentés dans la **figure 54.7**, les deux espèces peuvent vivre sans l'autre.

La relation mutualiste requiert parfois une coévolution d'adaptations chez les deux espèces participantes. La modification d'une espèce peut influer sur la survie et la reproduction de l'autre. Ainsi, chez la plupart des plantes à fleurs (Angiospermes), on observe des adaptations, comme les fruits ou le nectar, qui attirent des animaux susceptibles de les polliniser ou de disséminer leurs graines (voir le chapitre 38). De leur côté, de nombreux animaux possèdent des adaptations qui les aident à trouver et à consommer le nectar.

Le commensalisme

Le **commensalisme** est une interaction avantageuse pour une espèce et sans effet pour l'autre (+/0). Ce type d'interaction est difficile à observer dans la nature, car toute association étroite est susceptible d'exercer une action, si minime soit-elle, sur les deux espèces concernées. Certaines personnes considèrent comme commensales les espèces qui se fixent à d'autres, telles les Algues qui croissent sur les carapaces des tortues et les cirripèdes qui s'attachent aux baleines. Ces espèces «autostoppeuses» accèdent ainsi à un substrat sans paraître produire beaucoup d'effet sur l'organisme qui les transporte. En fait, ces espèces dites commensales peuvent entraver la liberté de mouvement de leurs hôtes, les rendre moins aptes à obtenir leur nourriture et à fuir les prédateurs et, par le fait même, compromettre leur succès reproductif; en revanche, elles peuvent offrir à leur hôte un avantage, comme le camouflage.

(a) Certains acacias (*Acacia hindsii*) d'Amérique centrale et d'Amérique du Sud portent des épines creuses dans lesquelles s'introduisent les fourmis porte-aiguillon (*Pseudomyrmex ferruginea*). Ces fourmis se nourrissent des glucides produits par les nectaires et les corps de Belt (de couleur orangée sur la photographie), des renflements riches en protéines situés à l'extrémité des folioles.

(b) L'association est bénéfique pour les acacias, car les fourmis porte-aiguillon attaquent tout ce qui touche à leur source de nourriture, éliminent les spores fongiques et les débris, et détruisent le feuillage des plantes qui entrent en contact avec les acacias. Elles éliminent aussi la végétation qui pousse près de ces derniers.

▲ **Figure 54.7 Le mutualisme entre les acacias et les fourmis.**

▲ **Figure 54.8 Un exemple de commensalisme entre des hérons garde-bœufs et des buffles d'Asie.**

Certaines associations, qu'on présume commensales, comportent une espèce qui expose involontairement de la nourriture et une autre qui recueille celle-ci. Par exemple, les vachers (*Molothrus spp.*) et les hérons garde-bœufs (*Bubulcus ibis*) se nourrissent des insectes que les grands herbivores, tels les bisons, les bovins et les chevaux, font sortir de la végétation. Ces oiseaux, qui augmentent leur apport alimentaire en suivant le bétail, bénéficient clairement de l'association. La plupart du temps, la relation n'apporte ni bénéfice ni préjudice aux herbivores (**figure 54.8**). Cependant, à certaines occasions, les herbivores en tirent quelque bénéfice. En effet, les oiseaux qui s'alimentent des ressources disponibles enlèvent et mangent les tiques et autres ectoparasites qui vivent sur eux. Ils peuvent aussi avertir les herbivores de l'approche d'un prédateur.

La facilitation

Des espèces peuvent exercer des effets positifs (+/+ ou 0/+) sur la survie et la reproduction d'autres espèces sans vivre nécessairement la relation intime et directe de la symbiose. Ce type d'interaction, appelé **facilitation**, est particulièrement courant dans l'écologie des Végétaux. Par exemple, le jonc de Gérard (*Juncus gerardi*) rend le sol plus accueillant pour d'autres espèces de plantes dans certains marais salés de la Nouvelle-Angleterre (**figure 54.9a**). Grâce à l'ombre qu'ils procurent, les joncs préviennent l'accumulation de sel dans le sol en réduisant l'évaporation. En transportant le dioxygène dans les couches souterraines, les joncs préviennent aussi l'anoxie des sols des marais salés. Au cours d'une étude, des chercheurs ont constaté que l'élimination des joncs dans les zones situées dans la zone intertidale moyenne supérieure entraînait une diminution de 50% de la diversité des espèces végétales (**figure 54.9b**).

Les cinq types d'interactions décrits jusqu'à présent – la compétition, la prédation, l'herbivorisme, la symbiose et la facilitation – influent fortement sur la structure des communautés. Vous verrez d'autres exemples de ces interactions tout au long du chapitre.

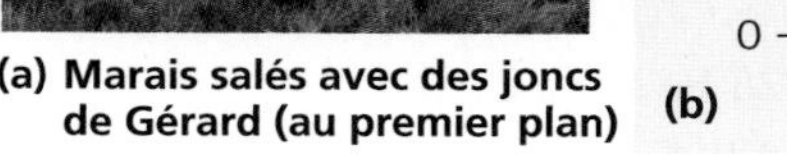

(a) Marais salés avec des joncs de Gérard (au premier plan)

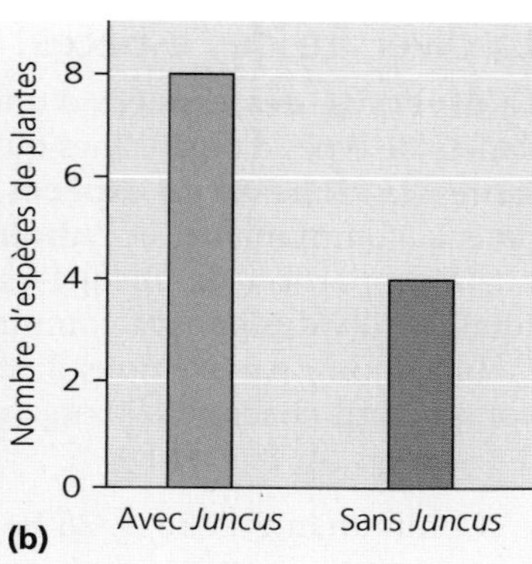

(b)

▲ **Figure 54.9 La facilitation exercée par le jonc de Gérard (*Juncus gerardi*) dans les marais salés de la Nouvelle-Angleterre.** Le jonc de Gérard facilite l'occupation de la zone moyenne supérieure du marais, ce qui augmente la richesse spécifique des végétaux présents.

RETOUR SUR LE CONCEPT 54.1

1. Expliquez comment les interactions interspécifiques que sont la compétition, la prédation et le mutualisme interfèrent sur les populations de deux espèces.
2. Selon le principe d'exclusion compétitive, quelle est l'issue prévue lorsque deux espèces sont en compétition pour une même ressource ? Pourquoi ?
3. **FAITES DES LIENS** La figure 24.14 (p. 577) illustre la formation d'une zone hybride et ses possibles effets au fil du temps. Imaginez que deux espèces de roselins colonisent une nouvelle île et sont capables de se reproduire par hybridation. L'île abrite deux espèces de plantes vivant dans des habitats isolés ; l'une produit de grosses graines et l'autre, de petites graines. En supposant que chaque espèce de roselin consomme uniquement une seule sorte de graines, dites si les barrières à la reproduction, dans la zone hybride, s'en trouveraient renforcées, affaiblies ou inchangées. Expliquez votre réponse.

Voir les réponses proposées à la fin du chapitre.

CONCEPT 54.2

La diversité et la structure trophique caractérisent les communautés biologiques

Outre les interactions spécifiques décrites dans la section précédente, les communautés se caractérisent par des attributs plus généraux, dont leur degré de diversité et les relations alimentaires de leurs espèces. Vous apprendrez dans cette section ce qui rend ces attributs écologiques importants. Vous découvrirez également comment quelques espèces ont parfois une forte influence sur la structure d'une communauté, particulièrement sur sa composition, sa relative abondance et la diversité de ses espèces.

La diversité des espèces

La **diversité des espèces** d'une communauté, c'est-à-dire la variété de types d'organismes qu'elle comporte, a deux composantes: la **richesse en espèces**, ou le nombre total d'espèces dans la communauté, et l'**abondance relative** des espèces, ou la proportion de chaque espèce par rapport au nombre total d'individus dans la communauté.

Imaginons, par exemple, 2 petites communautés forestières comprenant chacune 100 organismes, des arbres appartenant à 4 espèces (A, B, C et D):

Communauté 1: 25 A, 25 B, 25 C, 25 D

Communauté 2: 80 A, 5 B, 5 C, 10 D

La richesse en espèces est la même pour les deux communautés, qui comportent toutes les deux quatre espèces. Mais l'abondance relative est très différente (**figure 54.10**). Si nous observons la communauté 1, nous remarquons au premier coup d'œil la présence de quatre espèces. Mais si nous examinons la communauté 2, nous remarquons surtout la prédominance de l'espèce A. La plupart des gens diraient spontanément que la communauté 1 est plus diversifiée.

Les écologistes recourent à de nombreux outils pour comparer de façon quantitative la diversité de communautés dans le temps et l'espace. Ils calculent souvent des indices de diversité prenant en compte la richesse et la relative abondance des espèces. À cet égard, on a fréquemment recours à l'**indice de diversité de Shannon** (H):

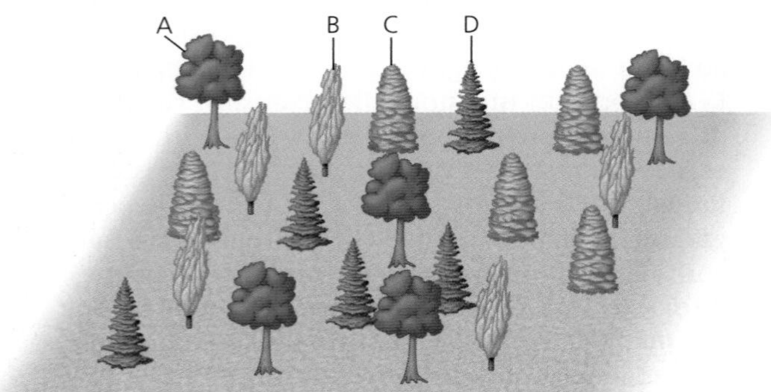

Communauté 1
A: 25 % B: 25 % C: 25 % D: 25 %

Communauté 2
A: 80 % B: 5 % C: 5 % D: 10 %

▲ **Figure 54.10 Quelle forêt est la plus diversifiée?**
Pour les écologistes, la communauté 1 présente une plus grande diversité spécifique, mesure déterminée à la fois par la richesse en espèces et leur abondance relative.

$$H = -\ (p_A \ln p_A + p_B \ln p_B + p_C \ln p_C + ...)$$

où A, B, C, etc., sont les espèces de la communauté, p est l'abondance relative de chaque espèce et ln est le logarithme naturel. Une valeur élevée de H indique une plus grande diversité de la communauté. Nous pouvons utiliser cette équation pour calculer l'indice de Shannon pour les deux communautés de la figure 54.10. Pour la communauté 1, p = 0,25 pour chaque espèce, alors

$$H = -4(0{,}25 \ln 0{,}25) = 1{,}39$$

Pour la communauté 2,

$$H = [0{,}8 \ln 0{,}8 + 2(0{,}5 \ln 0{,}5) + 0{,}1 \ln 0{,}1] = 0{,}71$$

Ces calculs confirment notre estimation d'une plus grande diversité de la communauté 1.

Déterminer le nombre et l'abondance relative d'espèces dans une communauté est plus facile à dire qu'à faire. On peut utiliser à cette fin diverses techniques d'échantillonnage, mais, comme la plupart des espèces d'une communauté sont relativement rares, il peut être difficile d'obtenir des échantillons assez importants pour être représentatifs. Il est particulièrement ardu de dénombrer les espèces très mobiles ou peu visibles, comme les microorganismes, les Nématodes, les créatures vivant au fond de la mer et les espèces nocturnes. La taille des microorganismes en rend le prélèvement particulièrement difficile, si bien que les écologistes utilisent maintenant des outils moléculaires pour déterminer la diversité microbienne (**figure 54.11**). Il est souvent difficile de procéder à la mesure de la diversité des espèces, mais elle est essentielle non seulement pour comprendre la structure des communautés, mais aussi pour conserver la biodiversité, comme nous le verrons au chapitre 56.

La diversité et la stabilité de la communauté

En plus de mesurer la diversité des espèces, les écologistes manipulent aussi la diversité de communautés expérimentales dans la nature et en laboratoire. Ces expériences leur permettent d'évaluer les avantages potentiels de la diversité, notamment l'amélioration de la productivité et de la stabilité des communautés biologiques.

Les chercheurs du secteur d'histoire naturelle de la réserve scientifique de Cedar Creek, au Minnesota, manipulent depuis deux décennies la diversité des Végétaux dans des communautés expérimentales (**figure 54.12**). Les communautés les plus diversifiées sont généralement plus productives et plus aptes à affronter les agents de stress environnemental, comme les sécheresses, et à s'en remettre. Les communautés plus diversifiées sont aussi plus stables d'une année à l'autre sur le plan de la productivité. Au cours d'une expérience étalée sur 10 ans, des chercheurs de Cedar Creek ont créé 168 placettes contenant 1, 2, 4, 8 ou 16 espèces de graminées vivaces. La densité de plants produits chaque année était 70 % plus stable dans les placettes présentant la plus grande diversification, comparativement à celles où ne poussait qu'une espèce.

Les communautés plus diversifiées résistent souvent mieux aux **espèces envahissantes**, des organismes qui s'établissent hors de leur aire de répartition naturelle. Des chercheurs œuvrant dans le détroit de Long Island, au large des côtes du

▼ **Figure 54.11** MÉTHODE DE RECHERCHE

Les outils moléculaires pour déterminer la diversité microbienne

APPLICATION Les écologistes recourent de plus en plus aux techniques moléculaires, comme le polymorphisme de taille des fragments de restriction (RFLP, de l'anglais *restriction fragment length polymorphism*; voir le chapitre 20), pour déterminer la diversité microbienne et la richesse d'échantillons environnementaux. Dans l'application qui nous intéresse, la technique du RFLP produit un profil d'ADN pour des taxons microbiens reposant sur des variations de séquences dans l'ADN qui code pour la sous-unité d'ARN ribosomique. Noah Fierer et Rob Jackson, de la Duke University, ont utilisé cette méthode pour comparer la diversité bactérienne des sols dans 98 habitats d'Amérique du Nord et d'Amérique du Sud. Ils souhaitaient ainsi déterminer les variables environnementales qui vont de pair avec une grande diversité bactérienne.

TECHNIQUE Les chercheurs ont d'abord extrait l'ADN de la communauté microbienne de chaque échantillon, avant de le purifier. Ils ont ensuite amplifié l'ADN ribosomique par la technique de l'amplification en chaîne de la polymérase (ACP) et procédé au marquage de l'ADN à l'aide d'un produit fluorescent (voir le chapitre 20). Après avoir coupé l'ADN marqué en fragments de différentes longueurs par des enzymes de restriction, ces fragments ont été séparés par électrophorèse sur gel. Leur nombre et leur abondance caractérisent le profil génétique de l'échantillon.

À partir de l'analyse du RFLP, Fierer et Jackson ont calculé la diversité de chaque échantillon selon l'indice de Shannon (H). Ils ont ensuite cherché une éventuelle corrélation entre H et diverses variables environnementales, comme le type de végétation, la température et les précipitations annuelles moyennes, le taux d'acidité et la qualité du sol de chaque site.

RÉSULTATS La diversité des communautés bactériennes dans les sols d'Amérique du Nord et d'Amérique du Sud était presque exclusivement liée au pH du sol; les sols neutres et à faible acidité présentaient la plus grande diversité selon l'indice de Shannon. Les échantillons de sols provenant des forêts tropicales d'Amazonie, caractérisées par une très grande diversité végétale et animale, présentaient les sols les plus acides et la plus faible diversité bactérienne.

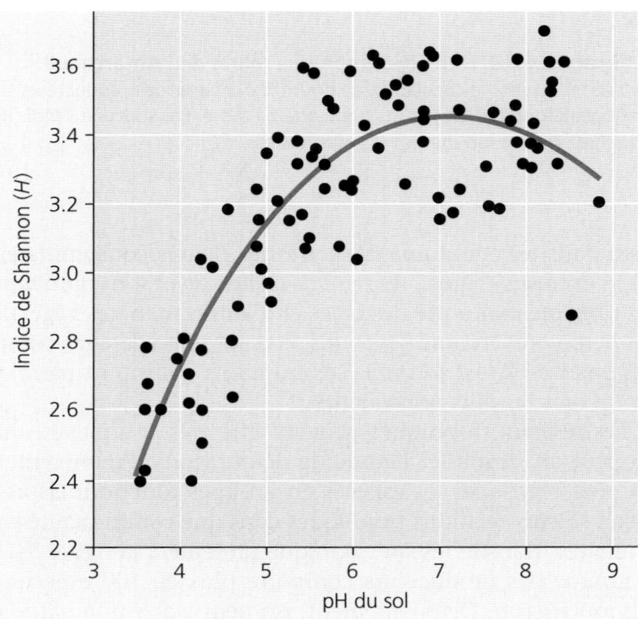

SOURCE N. Fierer et R. B. Jackson, The diversity and biogeography of soil bacterial communities, *Proceedings of the National Academy of Sciences USA* 103 : 626-631 (2006).

▲ **Figure 54.12 Les placettes-échantillons du secteur d'histoire naturelle de Cedar Creek, un site d'essais de longue durée pour la manipulation de la diversité végétale.**

Connecticut, ont créé des communautés de diversité variable composées d'Invertébrés marins sessiles, dont le tunicier (voir la figure 34.5, p. 816). Ils ont ensuite étudié la vulnérabilité de ces communautés expérimentales lorsqu'elles sont exposées à l'invasion d'un tunicier exotique. Ils ont constaté que les chances de survie du tunicier exotique étaient quatre fois supérieures dans les communautés peu diversifiées que dans les communautés plus diversifiées. Les chercheurs en ont conclu que les communautés relativement diversifiées accaparent davantage les ressources disponibles du système, ce qui en laisse moins à l'espèce envahissante et réduit ses chances de survie.

La structure trophique

Les expériences comme celles décrites ci-dessus s'intéressent souvent à l'importance de la diversité pour un même niveau trophique. La structure et la dynamique d'une communauté dépendent aussi en grande partie des relations alimentaires entre les organismes, c'est-à-dire de la **structure trophique** de la communauté. On désigne par l'expression **chaîne alimentaire** la circulation de l'énergie des nutriments vers le niveau trophique supérieur, depuis leur source dans les Végétaux et les autres organismes autotrophes (producteurs) en passant par les herbivores (consommateurs primaires) jusqu'aux carnivores (consommateurs secondaires, tertiaires et quaternaires) et finalement aux détritivores (**figure 54.13**).

Les réseaux trophiques

Dans les années 1920, le biologiste Charles Elton, de la Oxford University, remarqua que les chaînes alimentaires n'étaient pas des unités isolées, mais qu'elles étaient interreliées et formaient des **réseaux trophiques**. Les écologistes résument les relations trophiques d'une communauté dans un diagramme représentant le réseau alimentaire et comportant des flèches qui établissent des liens entre les espèces pour révéler ce qu'elles mangent et par qui elles sont mangées. Par exemple, dans une communauté pélagique antarctique, les producteurs constituent le phytoplancton. Celui-ci sert de nourriture aux herbivores dominants qui forment le zooplancton, surtout les Euphausiacés (krill) et les Copépodes, deux espèces de Crustacés (**figure 54.14**). À leur tour, ces organismes sont la proie

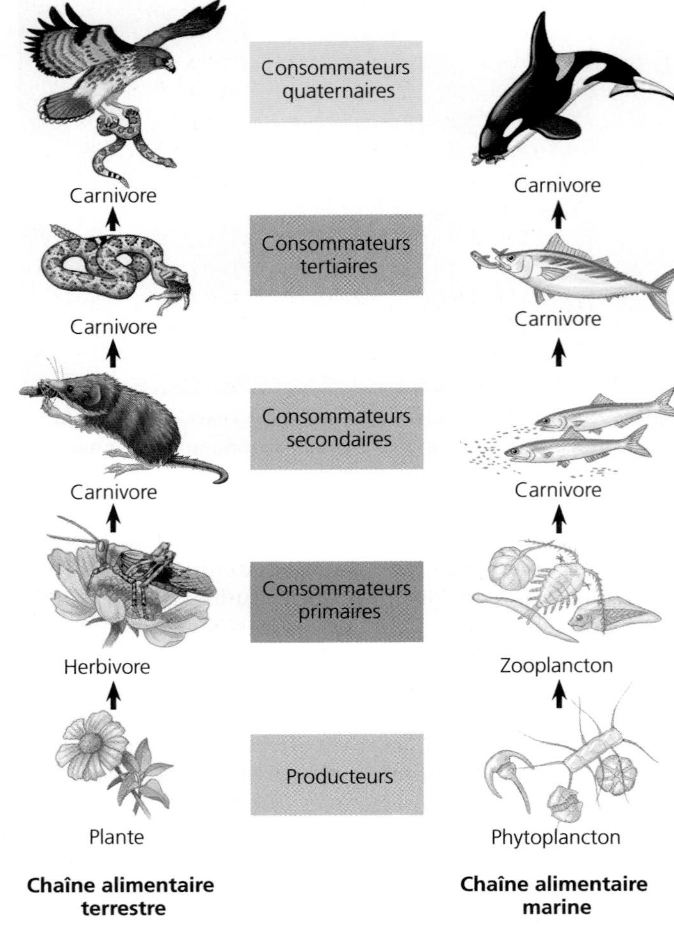

▲ **Figure 54.13 Des exemples de chaîne alimentaire terrestre et de chaîne alimentaire marine.** Les flèches indiquent le transfert d'énergie et de nutriments d'un niveau trophique à l'autre, dans une communauté, au fur et à mesure que les organismes s'alimentent. Les détritivores, qui se nourrissent d'organismes à tous les niveaux trophiques, n'apparaissent pas ici.

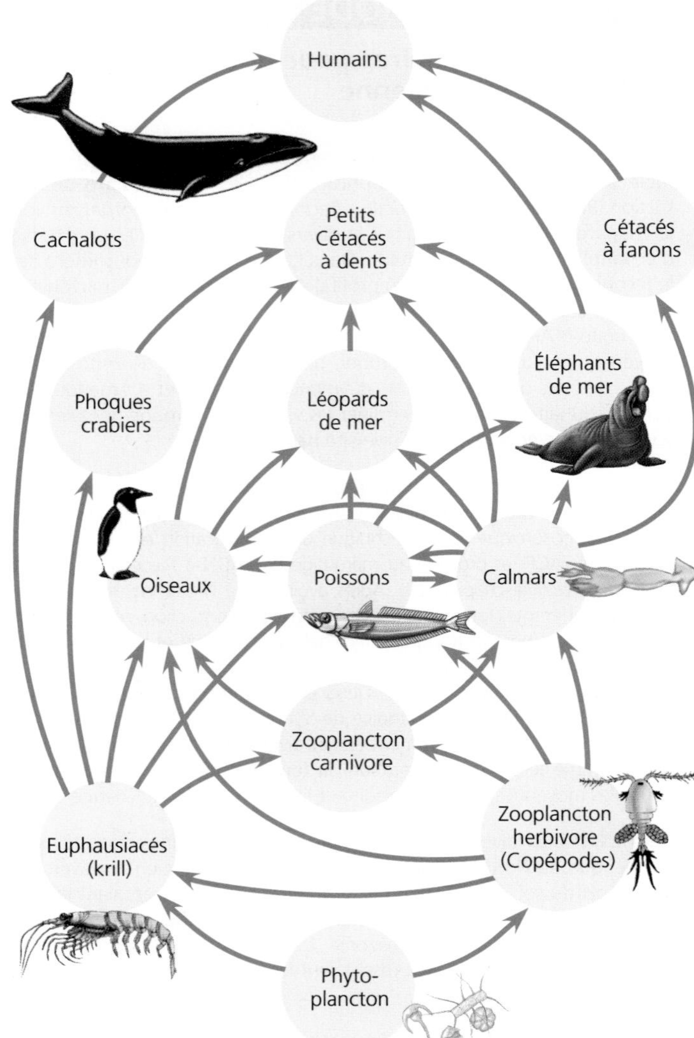

▲ **Figure 54.14 Le réseau trophique marin de l'Antarctique.** Les flèches suivent la circulation de nourriture à partir des producteurs (phytoplancton) et d'un niveau trophique à l'autre. Par souci de simplicité, ce diagramme ne montre pas les détritivores.

de différents carnivores parmi lesquels on trouve notamment d'autres espèces de plancton, les pingouins, les phoques, des poissons et les Cétacés à fanons. Un autre lien important dans ce réseau trophique est celui des calmars (*Loligo spp.*): ces carnivores se nourrissent de poissons aussi bien que de zooplancton et ils sont à leur tour mangés par des éléphants de mer et par des Cétacés à dents. À l'époque où ils pratiquaient la chasse à la baleine, les humains sont devenus les prédateurs dominants de ce réseau trophique. Ils ont ainsi fait diminuer le nombre de Cétacés. De nos jours, ils s'approvisionnent à des niveaux trophiques inférieurs, pêchant aussi bien le krill que des poissons.

Comment les chaînes alimentaires sont-elles reliées en réseaux trophiques? Une espèce donnée peut s'introduire dans le réseau à plus d'un niveau trophique. Ainsi, dans le réseau trophique de la figure 54.14, les Euphausiacés se nourrissent de phytoplancton, de même que d'espèces appartenant au zooplancton herbivore, comme les Copépodes. On trouve aussi dans les communautés terrestres de tels consommateurs «non exclusifs». Ainsi, les renards (*Vulpes spp.*) sont omnivores. Leur régime comporte des baies et d'autres matières végétales, des herbivores comme des souris, et d'autres prédateurs, comme des belettes (*Mustela spp.*). Les humains comptent parmi les omnivores les plus polyvalents.

Les réseaux trophiques peuvent être très complexes, mais on peut en simplifier l'étude de deux façons. Premièrement, on peut regrouper les espèces en groupes fonctionnels assez vastes si leurs relations trophiques dans une communauté sont similaires. Dans le réseau trophique présenté à la figure 54.14, le groupe des producteurs comporte plus de 100 espèces de phytoplancton. Deuxièmement, on peut isoler une partie du réseau qui interagit très peu avec le reste de la communauté. La **figure 54.15** illustre un réseau trophique partiel de la baie de Chesapeake, comprenant l'ortie-des-eaux (une espèce de cnidaire) et le bar rayé juvénile.

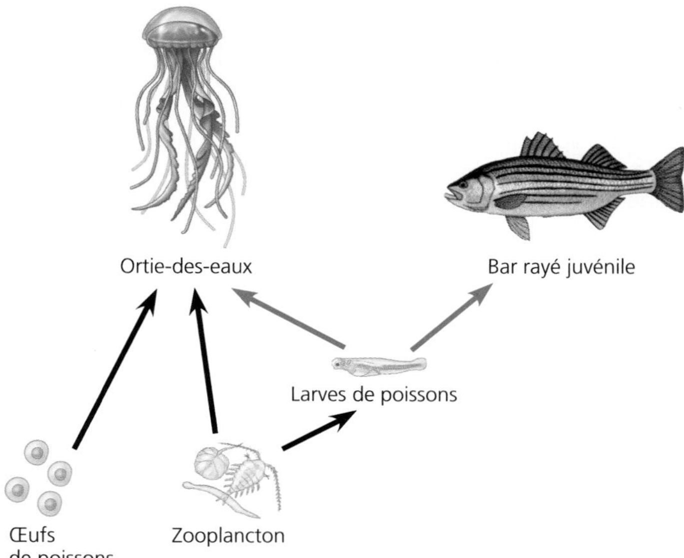

▲ **Figure 54.15 Le réseau trophique partiel de l'estuaire de la baie de Chesapeake, sur la côte atlantique des États-Unis.** L'ortie-des-eaux (*Chrysaora quinquecirrha*), une méduse, et le bar rayé juvénile (*Morone saxatilis*) sont les principaux prédateurs des larves de poissons (anchois américain et plusieurs autres espèces). Notez que les orties-des-eaux sont des consommatrices secondaires (flèches noires) du zooplancton et des consommatrices tertiaires (flèches rouges) des larves de poissons, qui elles-mêmes sont des consommatrices secondaires du zooplancton.

Les facteurs limitant le nombre de niveaux de la chaîne alimentaire

Au sein d'un réseau trophique, chacune des chaînes alimentaires ne possède habituellement que quelques niveaux. Par exemple, dans le réseau de l'Antarctique de la figure 54.14, il y a rarement plus de sept liens depuis les producteurs jusqu'à un prédateur de niveau supérieur, et ces liens sont encore moins nombreux dans la plupart des chaînes. En fait, presque tous les réseaux alimentaires que les écologistes ont étudiés jusqu'à maintenant comportent au maximum cinq liens.

Pourquoi les chaînes alimentaires comportent-elles si peu de niveaux? Deux grandes hypothèses ont été avancées. Selon l'**hypothèse énergétique**, l'inefficacité du transfert d'énergie le long d'une chaîne alimentaire limite le nombre de ses niveaux. Comme nous le verrons au chapitre 55, seulement 10% environ de l'énergie emmagasinée dans la matière organique de tout niveau trophique est convertie en matière organique au niveau trophique suivant. Ainsi, sur 100 kg de matière végétale, seulement 10 kg sont transformés en **biomasse** herbivore et 1 kg en biomasse carnivore. Conformément à l'hypothèse énergétique, les chaînes alimentaires sont plus élaborées dans les habitats à production photosynthétique élevée, car la quantité initiale d'énergie y est plus importante.

L'**hypothèse de la stabilité dynamique** constitue une autre explication plausible. Selon ce point de vue, les chaînes alimentaires très élaborées sont moins stables que les autres. Les fluctuations qui affectent les niveaux trophiques inférieurs sont amplifiées aux niveaux supérieurs, ce qui peut causer l'extinction locale des prédateurs clés (superprédateurs). Dans un milieu variable, les prédateurs de niveau trophique supérieur doivent pouvoir se remettre d'un choc écologique (comme un hiver rigoureux) qui peut réduire l'apport alimentaire d'un bout à l'autre de la chaîne, depuis les producteurs. Plus la chaîne comporte de niveaux, plus la vitesse de récupération des prédateurs sera lente après un accident écologique. Selon cette hypothèse, les chaînes alimentaires sont plus simples dans un milieu imprévisible.

La plupart des données disponibles viennent appuyer l'hypothèse énergétique. Ainsi, les écologistes ont voulu vérifier cette hypothèse en utilisant comme modèle expérimental des communautés colonisant les cavités creusées dans les troncs d'arbres des forêts tropicales. Ces cavités se forment quand les cicatrices laissées par les branches tombées se mettent à pourrir. L'eau retenue dans ces anfractuosités abrite de minuscules communautés composées de microorganismes détritivores, d'insectes qui se nourrissent de morceaux de feuilles mortes, ainsi que d'insectes prédateurs. La **figure 54.16** présente les résultats d'une série d'expériences dans lesquelles on a modifié la productivité en faisant varier la quantité de feuilles mortes tombant dans ces cavités. Comme le prédit l'hypothèse énergétique, les trous renfermant la plus grande quantité de feuilles mortes, et fournissant par conséquent le plus grand apport alimentaire au niveau des producteurs, favorisent les chaînes alimentaires les plus élaborées.

Il existe un autre facteur susceptible de restreindre le nombre de niveaux des chaînes alimentaires: les carnivores qui en font partie tendent à être plus gros d'un niveau trophique à l'autre (à l'exception des parasites). La taille d'un carnivore et son mécanisme d'alimentation déterminent les dimensions maximales des aliments qu'il peut ingérer. Sauf dans de rares cas, les grands carnivores ne peuvent vivre en se nourrissant de très petits aliments, car il leur est impossible d'en absorber assez pendant une période donnée pour satisfaire les besoins

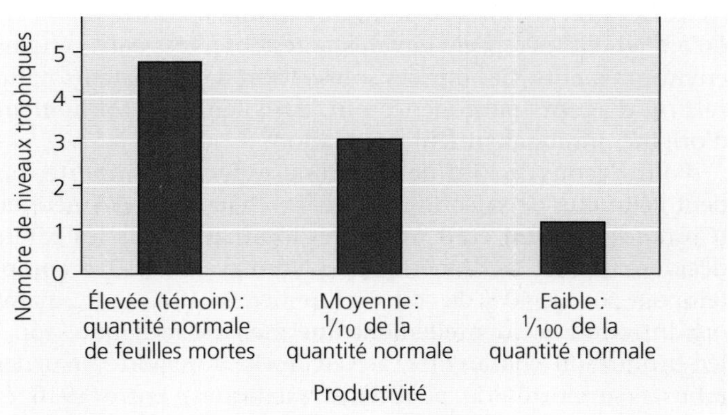

▲ **Figure 54.16 La vérification de l'hypothèse énergétique sur la restriction du nombre de niveaux des chaînes alimentaires.** Dans le Queensland, en Australie, des chercheurs ont modifié expérimentalement la productivité de communautés vivant dans des cavités d'arbres. Ils ont utilisé trois niveaux d'approvisionnement de feuilles mortes. La réduction de l'apport énergétique diminue le nombre de niveaux de la chaîne alimentaire, résultat qui est conforme à l'hypothèse énergétique.

? *Selon l'hypothèse de la stabilité dynamique, quel type de manipulation de la productivité donnerait la chaîne alimentaire la plus stable? Justifiez votre réponse.*

de leur métabolisme. Parmi les exceptions, on trouve les Cétacés à fanons, d'énormes Animaux suspensivores pourvus d'adaptations leur permettant de consommer des quantités énormes de krill et d'autres petits organismes (voir la figure 41.6, p. 1023).

Les espèces ayant une grande influence

Certaines espèces peuvent avoir une influence particulièrement cruciale sur des communautés entières, soit en raison de leur abondance, soit en raison de leur rôle central dans la dynamique des communautés. Ces espèces agissent par l'intermédiaire soit de leurs interactions trophiques, soit des effets qu'elles produisent sur le milieu physique.

Les espèces dominantes

Les **espèces dominantes** sont les espèces les plus nombreuses dans une communauté ou encore celles dont la biomasse est la plus élevée (masse sèche de matière organique de tous les individus d'une population, d'un habitat ou d'un écosystème). Ces espèces influent beaucoup sur la présence et la répartition d'autres espèces. Par exemple, l'érable à sucre (*Acer saccharum*) est l'espèce végétale dominante dans de nombreuses communautés forestières de l'est de l'Amérique du Nord et du sud du Québec. Son abondance influe grandement sur des facteurs abiotiques, comme la lumière qui atteint les strates inférieures et la composition du sol, qui à leur tour ont une incidence sur les autres espèces vivant dans la communauté.

On ne sait pas précisément pourquoi certaines espèces deviennent dominantes au sein d'une communauté. Certains croient que les espèces qui sont les plus compétitives dans l'exploitation de ressources limitées comme l'eau ou les nutriments ont le plus de chances de devenir dominantes. Pour d'autres, les espèces dominantes sont celles qui réussissent le mieux à éviter les prédateurs et les conséquences des maladies. Cette dernière hypothèse pourrait expliquer la forte biomasse qu'atteignent les espèces envahissantes observées dans certains environnements. Ces espèces sont à l'abri des prédateurs naturels ou d'agents pathogènes qui, dans leur environnement d'origine, limiteraient leur population.

Pour découvrir l'influence d'une espèce dominante, on peut l'éliminer de sa communauté. Le châtaignier d'Amérique (*Castanea dentata*) était un arbre dominant dans les forêts décidues de l'est de l'Amérique du Nord avant 1910. Il comptait pour plus de 40% du couvert forestier. En 1910, les humains ont introduit accidentellement une maladie fongique, appelée brûlure du châtaignier, à New York, transportée par des arbustes importés de pépinières asiatiques. Entre 1910 et 1950, la maladie a tué presque tous les châtaigniers de l'est de l'Amérique du Nord. Dans ce cas, les effets de la suppression de l'espèce dominante semblent avoir été mineurs sur certaines espèces, mais plus graves sur d'autres. Les forêts se sont remplies de diverses espèces: chênes (*Quercus sp.*), caryers (*Carya sp.*), hêtres (*Fagus grandifolia*) et érables rouges (*Acer rubrum*). Ces arbres sont devenus plus abondants et ont remplacé le châtaignier d'Amérique. Ni les Mammifères ni les Oiseaux n'ont paru être sérieusement affectés par la disparition de cette espèce dominante. Malgré tout, sept espèces de papillons qui se nourrissaient du châtaignier d'Amérique ont disparu.

Les espèces clés et les «ingénieurs» d'écosystèmes

Contrairement aux espèces dominantes, la plupart des **espèces clés** sont habituellement peu nombreuses dans une communauté. Elles conditionnent fortement la structure d'une communauté non pas tant par leur nombre que par leur rôle écologique, ou niche. La **figure 54.17** souligne l'importance d'une espèce clé, une étoile de mer, dans le maintien de la diversité d'une communauté intertidale.

La loutre de mer (*Enhydra lutris*), prédateur clé du Pacifique Nord, nous offre un autre exemple. Les loutres de mer se nourrissent d'oursins verts (*Strongylocentrotus droebachiensis*), qui eux-mêmes se nourrissent surtout de varech (*Fucus spp.*). Dans les zones où les loutres de mer sont abondantes, les oursins sont rares et les forêts de varech sont très développées. Là où les loutres de mer sont rares, les oursins sont communs, et le varech est presque absent. Au cours des 20 dernières années, les épaulards (*Grampus orca*) ont mangé des loutres de mer parce que leurs proies habituelles sont devenues moins abondantes. Les populations de loutres de mer ont chuté, parfois de 25% en une seule année, dans de grandes régions au large des côtes ouest de l'Alaska. La perte de cette espèce clé a permis aux populations d'oursins d'augmenter et a abouti à la destruction des forêts de varech (**figure 54.18**).

D'autres organismes exercent leur influence non pas par l'intermédiaire de leurs interactions trophiques, mais en provoquant dans le milieu des changements physiques. Les espèces qui transforment radicalement leur environnement sont qualifiées d'**ingénieurs d'écosystèmes**. Le castor (*Castor canadensis*) en est un exemple bien connu (**figure 54.19**). Ces ingénieurs peuvent exercer des effets positifs ou négatifs sur les autres espèces, selon les besoins de ces dernières.

La détermination ascendante et la détermination descendante

Des modèles simplifiés se fondant sur les relations qui existent entre des niveaux trophiques voisins s'avèrent utiles pour étudier l'organisation des communautés biologiques. Par exemple, considérons les trois relations possibles entre les végétaux (*V*) et les herbivores (*H*):

$$V \rightarrow H \qquad V \leftarrow H \qquad V \longleftrightarrow H$$

Les flèches indiquent qu'une variation de la biomasse d'un niveau trophique provoque une variation dans l'autre niveau trophique. Ainsi, $V \rightarrow H$ signifie qu'une augmentation de la végétation entraînera un accroissement du nombre d'herbivores ou de leur biomasse, et que cette influence s'exerce dans ce sens-là seulement. La végétation limite les herbivores, mais n'est pas limitée par l'herbivorisme. En revanche, $V \leftarrow H$ signifie qu'une augmentation de la biomasse des herbivores réduira la végétation, et que la relation est à sens unique. Enfin, une flèche double indique que la rétroaction fonctionne dans les deux sens, chaque niveau trophique réagissant aux variations de biomasse de l'autre.

En s'appuyant sur ces interactions possibles, on peut distinguer deux modèles d'organisation d'une communauté: le modèle ascendant et le modèle descendant. Le **modèle ascendant**, qui se caractérise par des liens $V \rightarrow H$, suppose une influence unidirectionnelle de bas en haut des niveaux trophiques. Dans ce cas, la présence ou l'absence de nutriments

▼ **Figure 54.17** INVESTIGATION

L'étoile de mer *Pisaster ochraceus* est-elle un prédateur clé ?

EXPÉRIENCE Dans les communautés de la zone intertidale rocheuse de l'ouest de l'Amérique du Nord, *Pisaster ochraceus*, une étoile de mer peu répandue, est un prédateur de la moule commune (*Mytilus californianus*), une espèce dominante et une concurrente importante pour l'espace disponible.

Robert Paine, de la University of Washington, retira l'étoile de mer d'une aire de la zone intertidale pour examiner l'effet de son absence sur la richesse spécifique.

RÉSULTATS En l'absence de *Pisaster ochraceus*, la moule commune réussit à monopoliser l'espace et à exclure les autres Invertébrés et les Algues des sites de fixation, réduisant ainsi la richesse spécifique de la zone étudiée. Celle-ci resta relativement stable dans une aire témoin d'où l'étoile de mer n'avait pas été retirée.

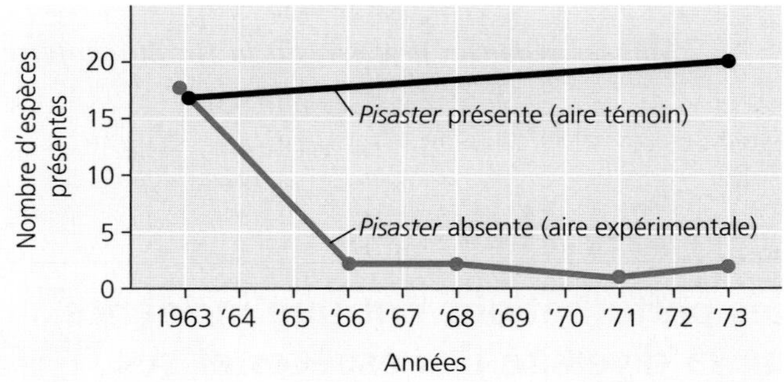

CONCLUSION *Pisaster ochraceus* est une espèce clé dont l'influence sur sa communauté n'est pas subordonnée à son abondance.

SOURCE R. T. Paine, Food web complexity and species diversity, *American Naturalist* 100 : 65-75 (1966).

ET SI ? Imaginons qu'un Eumycète envahissant tue la plupart des moules dans cette région. Quel effet le retrait de l'étoile de mer aurait-il alors sur la richesse spécifique du milieu ?

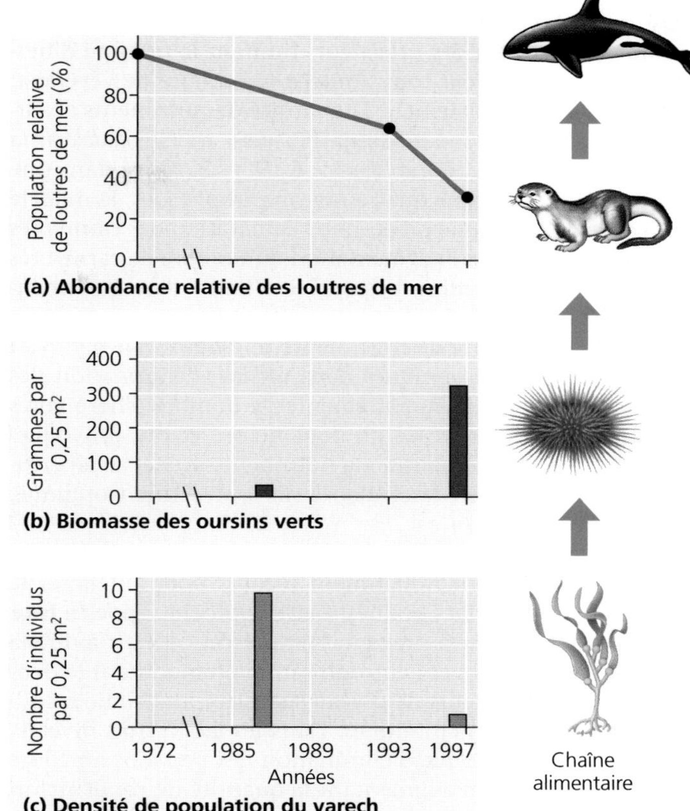

▲ **Figure 54.18 La loutre de mer (*Enhydra lutris*), un prédateur clé du Pacifique Nord.** Les graphiques ci-dessus mettent en corrélation les variations de **(a)** l'abondance des loutres de mer en fonction du temps et les variations de deux facteurs ; **(b)** la biomasse des oursins et **(c)** la densité du varech dans les forêts de varech de l'île Adak (qui fait partie de l'archipel des Aléoutiennes). Le schéma vertical présenté à droite représente la chaîne alimentaire après l'arrivée des épaulards.

▲ **Figure 54.19 Les castors, « ingénieurs » d'écosystèmes.** Ces animaux, qui abattent des arbres, construisent des barrages et créent des étangs, peuvent transformer de grandes superficies de forêt en milieux humides inondés.

minéraux (N) déterminent le nombre de végétaux (V), lesquels déterminent à leur tour le nombre d'herbivores (H), qui déterminent eux-mêmes le nombre de prédateurs (P). Le modèle ascendant simplifié est donc $N \rightarrow V \rightarrow H \rightarrow P$. Pour modifier la structure d'une communauté ascendante, il faut faire varier la biomasse aux niveaux trophiques inférieurs afin que l'effet des changements se propage aux autres niveaux. Par exemple, si on ajoute des nutriments minéraux pour stimuler la croissance des végétaux, alors tous les autres niveaux trophiques augmenteront également leur biomasse. Mais l'ajout de prédateurs dans une communauté ascendante ou leur élimination ne se répercutera pas de manière notable sur les niveaux trophiques inférieurs.

Le **modèle descendant**, lui, suppose le contraire: la prédation conditionne en grande partie l'organisation d'une communauté. Ainsi, les prédateurs limitent le nombre d'herbivores, lesquels à leur tour limitent le nombre de végétaux, ce qui détermine finalement la quantité de nutriments absorbés. Le modèle descendant simplifié, aussi appelé *modèle de la cascade trophique*, est donc $N \leftarrow V \leftarrow H \leftarrow P$. Ainsi, dans une communauté lacustre à quatre niveaux trophiques, le modèle de la cascade trophique prédit que l'élimination des carnivores supérieurs entraînera l'augmentation du nombre de carnivores primaires, la diminution du nombre d'herbivores, l'augmentation de la quantité de phytoplancton et finalement la diminution de la quantité de nutriments minéraux. S'il n'y avait que trois niveaux trophiques dans un lac, l'élimination des carnivores primaires ferait augmenter le nombre d'herbivores et diminuer la quantité de phytoplancton, ce qui provoquerait l'élévation de la quantité de nutriments. L'effet se répercutera donc de manière descendante sur la structure trophique, sous forme d'effets $+/-$.

Le modèle descendant comporte des applications pratiques. Des écologistes y ont notamment recours pour améliorer la qualité de l'eau des lacs pollués. Cette approche, appelée **biomanipulation**, vise à prévenir l'efflorescence, c'est-à-dire la prolifération d'algues et l'eutrophisation en modifiant la densité des consommateurs de niveau supérieur au lieu de recourir à des traitements chimiques. Dans les lacs à trois niveaux trophiques, par exemple, l'élimination des poissons améliore la qualité de l'eau en augmentant la quantité de zooplancton et, par conséquent, en diminuant les populations de phytoplancton. Dans les lacs à quatre niveaux trophiques, l'ajout de prédateurs clés devrait avoir le même effet. On peut résumer le scénario pour un lac à trois niveaux trophiques de la façon suivante:

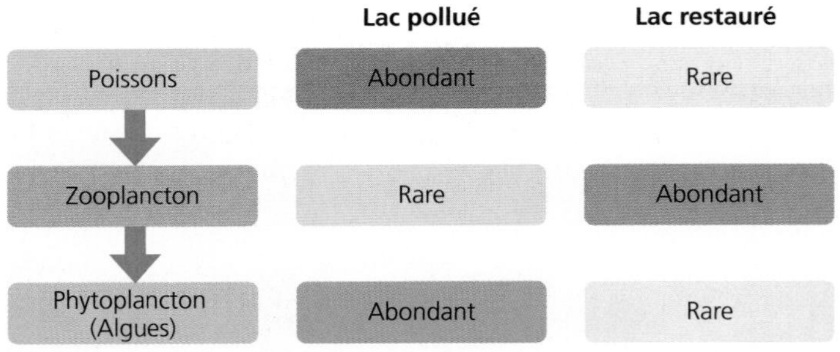

Des écologistes ont pratiqué la biomanipulation dans le lac Vesijärvi, situé dans le sud de la Finlande. Jusqu'en 1976, ce grand lac (110 km^2) peu profond était fortement pollué par des eaux d'égouts municipaux et des effluents industriels. Les luttes contre la pollution réduisirent ces rejets dans le lac, et la qualité de l'eau commença à s'améliorer. Or, dès 1986, des Cyanobactéries se mirent à proliférer massivement. Cette prolifération bactérienne coïncidait avec une population très dense de petits poissons appelés gardons (*Rutilus rutilus*). Ces poissons se sont multipliés au cours des années de pollution, marquées par un apport de nutriments minéraux. Le gardon mange le zooplancton qui, en temps normal, limite la quantité de Cyanobactéries et d'autres algues, qui se font alors plus abondantes. Pour inverser ces changements, les écologistes éliminèrent, entre 1989 et 1993, 1 018 tonnes de poissons du lac Vesijärvi. Ils réduisirent ainsi la population de gardons d'environ 80 %. En même temps, ils introduisirent dans le lac des dorés (*Stizostedion sp.*), qui sont des poissons prédateurs des gardons. L'eau devint claire, et la dernière efflorescence remonte à 1989. Le lac continue d'être clair, bien que l'élimination du gardon ait pris fin en 1993.

Comme l'illustrent ces exemples, le degré de la détermination descendante et ascendante varie d'une communauté à l'autre. Pour prendre des mesures à l'égard des terres agricoles, des parcs nationaux, des réservoirs et des pêcheries marines, les scientifiques doivent comprendre la dynamique de chacune des communautés qui y vivent.

RETOUR SUR LE CONCEPT 54.2

1. Décrivez les deux composantes de la diversité des espèces. Expliquez comment deux communautés contenant le même nombre d'espèces peuvent être différentes sur le plan de la diversité des espèces.
2. Présentez deux hypothèses expliquant pourquoi, en règle générale, les chaînes alimentaires comportent seulement quelques niveaux et indiquez ce que prédit principalement chacune de ces hypothèses.
3. ET SI? Imaginons une prairie à cinq niveaux trophiques: des végétaux, des sauterelles, des serpents, des ratons-laveurs et des lynx roux. Quel effet une augmentation de la population de lynx roux dans la prairie aurait-elle sur la biomasse des végétaux selon le modèle descendant? Quel serait l'effet selon le modèle ascendant?

Voir les réponses proposées à la fin du chapitre.

CONCEPT 54.3

Les perturbations ont une incidence sur la diversité des espèces et sur la composition des communautés

Il y a des dizaines d'années, la plupart des écologistes favorisaient la conception classique selon laquelle les communautés biologiques connaissent un équilibre plus ou moins stable, sauf si elles sont sérieusement perturbées par des activités humaines. Cette idée d'« équilibre naturel » suppose que la compétition interspécifique constitue le principal facteur déterminant la composition des communautés et qu'elle en maintient la stabilité. Dans ce contexte, le modèle de la *stabilité* exprime la tendance d'une communauté à atteindre et à maintenir un équilibre, c'est-à-dire à garder une composition relativement constante pour ce qui est des espèces.

Au début du 20e siècle, l'un des premiers défenseurs de ce point de vue, F. E. Clements, du Carnegie Institution à Washington, affirmait que la communauté de végétaux d'un site donné n'avait qu'un état d'équilibre, et que ce dernier n'était soumis qu'à l'influence du climat. Selon Clements, les interactions biotiques permettent aux espèces contenues dans une *communauté végétale climacique* de fonctionner de façon intégrée, en fait, comme un superorganisme. Le chercheur appuyait son raisonnement sur le fait que certaines espèces de végétaux semblent toujours pousser ensemble. C'est le cas du chêne, de l'érable, du bouleau et du hêtre, dans les forêts décidues du nord-est de l'Amérique du Nord.

D'autres écologistes se sont demandé si la plupart des communautés étaient en état d'équilibre ou fonctionnaient comme des touts intégrés. A. G. Tansley, d'Oxford University, a remis en question le concept de communauté végétale climacique en rappelant que les différents types de sols, la topographie et d'autres facteurs créaient de nombreuses communautés potentielles stables au sein d'une même région. Plutôt que des superorganismes, H. A. Gleason, de la University of Chicago, envisage plutôt les communautés comme des assemblages aléatoires d'espèces réunies par des exigences abiotiques semblables, notamment la température, les précipitations et le type de sol. Gleason et d'autres écologistes ont aussi réalisé que les perturbations empêchent de nombreuses communautés d'atteindre un état d'équilibre sur le plan de la diversité ou de la composition. Ces **perturbations** sont des événements comme les tempêtes, les incendies, les inondations, les sécheresses, le surpâturage et les activités humaines. Tous ces phénomènes endommagent les communautés, en éliminent des organismes et modifient la disponibilité des ressources.

Considérant cette importance du changement, on a récemment conçu le **modèle du déséquilibre**, selon lequel la plupart des communautés, à la suite des perturbations qu'elles connaissent, sont en continuel changement. Même les communautés relativement stables peuvent devenir rapidement déséquilibrées. Nous allons maintenant parler de l'incidence des perturbations sur la structure et la composition des communautés.

Les types de perturbations

Les types de perturbations, leur fréquence et leur intensité varient d'une communauté à l'autre. Les tempêtes perturbent presque toutes les communautés, même dans les eaux peu profondes des océans, où se fait sentir l'action des vagues. Les incendies sont à l'origine d'importantes perturbations auxquelles sont soumises la plupart des communautés terrestres; en fait, les biomes que sont les prairies tempérées et la forêt méditerranéenne dépendent des incendies pour maintenir leur structure et leur composition spécifique. De nombreux fleuves, lacs et étangs gèlent régulièrement. Le lit et le débit de nombreux cours d'eau et étangs sont perturbés par des inondations printanières et des sécheresses saisonnières. Les niveaux importants de perturbations sont en général déterminés par une intensité et une fréquence élevées, tandis que les bas niveaux de perturbations peuvent l'être soit par une faible intensité, soit par une faible fréquence.

Selon l'**hypothèse des perturbations de niveau intermédiaire**, les perturbations modérées peuvent créer des conditions qui favorisent une plus grande diversité des espèces que celles de niveau bas ou élevé. En effet, les perturbations d'intensité élevée réduisent la diversité des espèces de la communauté, car elles créent des contraintes environnementales qui dépassent leur seuil de tolérance ou se produisent à une fréquence telle que les espèces dont l'installation ou la croissance est lente ne peuvent vivre. À l'autre extrême, les perturbations de faible intensité peuvent amoindrir la diversité des espèces en permettant aux plus dominantes sur le plan de la compétition d'écarter les moins compétitives. Par contre, les perturbations modérées peuvent favoriser la diversité des espèces en permettant aux moins compétitives d'occuper de nouveaux habitats. Les conditions qu'elles provoquent ne sont pas défavorables au point de dépasser le seuil de tolérance du milieu ou la vitesse de régénération de membres potentiels de la communauté.

Les résultats de nombreuses études portant sur des communautés terrestres et aquatiques appuient l'hypothèse des perturbations modérées. L'une d'elles fut menée en Nouvelle-Zélande, où des écologistes ont comparé la richesse spécifique de taxons d'invertébrés vivant dans le lit de cours d'eau exposés à des inondations de fréquence et d'intensité variées (**figure 54.20**). La richesse spécifique était faible lorsque les inondations survenaient très fréquemment ou très rarement. Les inondations fréquentes empêchaient certaines espèces de s'établir dans le lit des rivières étudiées, mais en situation de rareté, certaines espèces étaient délogées par des compétiteurs plus forts. La richesse spécifique des invertébrés atteignait un sommet dans les ruisseaux inondés à une fréquence et selon une intensité modérées, comme le prédisait l'hypothèse.

Si les perturbations modérées semblent optimiser la diversité des espèces, les petites et grosses perturbations entraînent souvent des effets importants sur la structure des communautés. Les petites perturbations peuvent créer dans un territoire donné des zones d'habitats différents qui contribuent à maintenir la diversité dans la communauté. Les perturbations à grande échelle sont aussi le lot naturel de nombreuses communautés. La majeure partie du parc national de Yellowstone, par exemple, était occupée par le pin tordu (*Pinus contorta*), un arbre qui a besoin des effets rajeunissants d'incendies périodiques. Les cônes du pin tordu restent fermés tant qu'ils ne sont pas exposés à une chaleur intense. Quand un incendie de forêt détruit les arbres reproducteurs, les cônes s'ouvrent

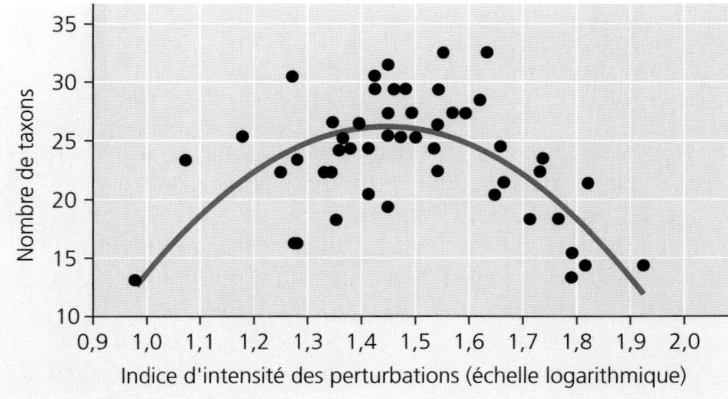

▲ **Figure 54.20 L'hypothèse des perturbations modérées mise à l'épreuve.** Des chercheurs ont identifié les taxons (espèces ou genre) d'invertébrés en 2 endroits dans chacun des 27 cours d'eau de la Nouvelle-Zélande. Ils ont évalué l'intensité des inondations en chaque endroit à l'aide d'un indice de perturbation des lits de rivière. Le nombre d'invertébrés atteignait un sommet dans les endroits où l'intensité des inondations atteignait un niveau intermédiaire.

et libèrent les graines. La nouvelle génération de pins tordus peut ensuite pousser et se développer grâce aux nutriments libérés par les arbres brûlés et grâce à la lumière du Soleil que masquaient les plus grands arbres.

Au cours de l'été 1988, de vastes portions du parc ont brûlé lors d'une grave sécheresse. Dès 1989, les zones incendiées du parc étaient déjà couvertes d'une généreuse végétation, ce qui donne à penser que les espèces de cette communauté sont adaptées pour se remettre rapidement d'un incendie (**figure 54.21**). Depuis des milliers d'années, en fait, les incendies rasent périodiquement les forêts de pins tordus de Yellowstone et d'autres régions situées plus au nord. À l'opposé, les forêts de pins situées plus au sud ont toujours essuyé des incendies plus fréquents mais de faible intensité. Dans ces forêts, un siècle d'interventions humaines pour étouffer les petits incendies a entraîné une accumulation importante de matières combustibles dans certaines régions et accru le risque d'incendie à grande échelle, auquel les espèces ne sont pas adaptées.

Des études portant sur la communauté forestière de Yellowstone, ainsi que sur de nombreuses autres, indiquent que ces communautés ne connaissent pas l'équilibre, car elles changent sans cesse en raison de perturbations naturelles et de processus internes de croissance et de reproduction. En outre, il est de plus en plus évident que les conditions de déséquilibre qui résultent des perturbations constituent en fait la norme pour la plupart des communautés.

La succession écologique

Les modifications de la composition et de la structure des communautés terrestres sont surtout manifestes lorsqu'une perturbation importante comme un glacier ou une éruption volcanique a rasé la végétation. Après de tels bouleversements, diverses espèces pionnières colonisent le territoire, puis, progressivement, cèdent leur place à d'autres espèces, lesquelles à leur tour sont remplacées par d'autres. On appelle ce processus **succession écologique**.

Le processus de la **succession écologique primaire** s'amorce dans un territoire stérile encore dépourvu de sol, par exemple sur une île volcanique nouvellement formée ou sur les débris de roches (till ou moraine) laissés par le retrait d'un glacier. Les seules formes de vie présentes alors sont souvent des bactéries autotrophes ainsi que des Protistes et des Procaryotes hétérotrophes. Puis, des lichens et des mousses croissant à partir de spores amenées par le vent constituent les premiers organismes photosynthétiques macroscopiques à coloniser le territoire. Le sol se développe graduellement, au fur et à mesure que se désagrège la roche et que s'accumule la matière organique en décomposition des espèces pionnières. Une fois que le sol s'est formé, les lichens et les mousses sont remplacés progressivement par un autre type de végétation, tels les herbes, les arbustes et les arbres qui poussent à partir des graines transportées par le vent ou des animaux. Pour finir, des végétaux peuvent coloniser un territoire et devenir la forme végétale dominante de la communauté. Pour qu'une succession écologique primaire donne une telle communauté, il faut des centaines, voire des milliers d'années.

On appelle **succession écologique secondaire** le processus qui se met en place après une perturbation qui a détruit la végétation, tout en laissant le sol intact. C'est ce qui s'est produit dans le parc de Yellowstone après les incendies de 1988 (voir la figure 54.21). Il arrive parfois que la succession écologique secondaire ramène le territoire à son état original ou presque. Par exemple, dans les régions déboisées à des fins agricoles et laissées à l'abandon, la première végétation qui recolonise le territoire est souvent constituée d'espèces herbacées qui poussent à partir de graines amenées là par le vent ou par des animaux. Si le territoire n'a pas subi un incendie ou un pâturage excessif, des arbustes finissent par remplacer la plupart des espèces herbacées. Par la suite, des peuplements d'arbres succèdent aux arbustes.

(a) Peu de temps après l'incendie. Le feu a laissé un paysage parcellisé. Remarquez les arbres intacts en arrière-plan.

(b) Un an après l'incendie. La communauté a commencé à se régénérer. Des plantes herbacées, différentes des espèces qui occupaient le tapis de l'ancienne forêt, recouvrent le sol.

▲ **Figure 54.21 La régénération après une perturbation à grande échelle.** En 1988, l'incendie du parc national de Yellowstone a détruit de grandes surfaces de forêts dominées par le pin tordu (*Pinus contorta*).

Trois grands processus peuvent intervenir dans la succession écologique entre les espèces pionnières et celles qui s'établissent ultérieurement. Les espèces pionnières peuvent *faciliter* l'apparition des espèces plus tardives en leur rendant le milieu plus favorable. Par exemple, elles peuvent rendre le sol plus fertile. Par ailleurs, les espèces pionnières peuvent *inhiber* l'établissement des espèces qui les remplacent. Ainsi, ces dernières réussissent à coloniser un territoire en dépit des activités des espèces pionnières et non à cause d'elles. Enfin, les espèces pionnières peuvent être complètement indépendantes de celles qui les suivent; autrement dit, elles *tolèrent* les conditions créées plus tôt, mais ne sont ni favorisées ni gênées par leurs prédécesseurs.

Examinons comment ces divers processus contribuent à la succession écologique primaire en étudiant l'exemple du till. La recherche la plus complète que les écologistes ont menée a porté sur la succession écologique primaire du till de Glacier Bay, dans le sud-est de l'Alaska, d'où les glaciers se sont retirés sur plus de 100 km depuis 1760 (**figure 54.22**).

En étudiant les communautés qui ont colonisé les tills en différents points depuis l'embouchure de la baie, les écologistes peuvent examiner des stades de succession différents. ❶ Le till exposé est colonisé par diverses espèces pionnières, dont les hépatiques, les mousses, les épilobes à feuilles étroites (*Epilobium angustifolium*), les dryades (*Dryas Drummondii* et *Dryas integrifolia*, des herbacées), les saules (*Salix spp.*) et les peupliers (*Populus spp.*). ❷ Environ trois décennies plus tard, les dryades dominent la communauté végétale. ❸ Puis, en quelques décennies, le territoire est envahi par les aulnes (*Alnus sp.*), qui finissent par former des bosquets denses d'une hauteur s'élevant parfois à 9 m. ❹ Au cours des deux siècles qui suivent, ces peuplements d'aulnes sont envahis par l'épinette de Sitka (*Picea sitchensis*), puis par une association de pruches de l'Ouest (*Tsuga heterophylla*) et subalpine (*Tsuga mertensiana*). Sur les surfaces mal drainées, les Sphaignes (*Sphagnum spp.*), qui contiennent de grandes quantités d'eau et acidifient le sol, envahissent le tapis forestier de cette forêt d'épinettes et de pruches, et finissent par les tuer. Ainsi, environ 300 ans après le retrait du glacier, la végétation se compose de tourbières à Sphaignes sur les plateaux mal drainés et de forêts d'épinettes et de pruches sur les pentes bien drainées.

Quelle est la relation entre la succession sur les tills et l'effet sur l'environnement de la végétation qui se transforme? Le pH du sol dénudé après le retrait du glacier est de 8,0 à 8,4, c'est-à-dire qu'il est très alcalin à cause des carbonates provenant de la roche mère. Toutefois, ce pH diminue brusquement à mesure que se développe la végétation. La décomposition des aiguilles acides des épinettes abaisse le pH de 7,0 à

▲ **Figure 54.22 Le retrait d'un glacier et la succession primaire à Glacier Bay, en Alaska.**
Les différents tons de bleu illustrent le recul du glacier depuis 1760, d'après des descriptions historiques.

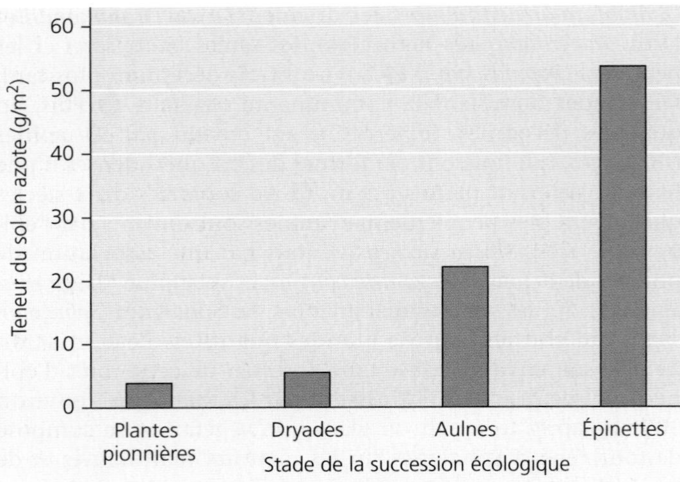

▲ **Figure 54.23 Les changements dans la concentration d'azote du sol durant la succession écologique à Glacier Bay.**

FAITES DES LIENS *Les figures 37.10 (p. 924) et 37.11 (p. 925) illustrent deux types de fixation de l'azote atmosphérique par des Procaryotes. Quel type de fixation de l'azote se produira durant les premiers stades de succession primaire, avant l'apparition de végétation?*

▲ **Figure 54.24 La perturbation du fond de l'océan par le chalutage.** Ces photos montrent le fond de l'océan au nord-ouest de l'Australie, avant (photo du haut) et après (photo du bas) le passage des chalutiers de pêche hauturière.

4,0 environ. Les concentrations de nutriments minéraux dans le sol changent également avec le temps. L'une des caractéristiques du sol dénudé après le retrait d'un glacier est sa faible teneur en azote. Presque toutes les espèces pionnières commencent la succession écologique par une faible croissance et des feuilles jaunes, en raison d'un apport en azote insuffisant. Les dryades et, particulièrement, les aulnes, font exception à cette règle. Ces espèces abritent des bactéries symbiotiques qui fixent le diazote atmosphérique (voir le chapitre 37). Dans le sol, la teneur en azote s'élève rapidement au cours du stade de succession des aulnes et continue d'augmenter durant le stade des épinettes (**figure 54.23**). Les plantes pionnières modifient les propriétés du sol, qui permet alors la croissance de nouvelles espèces. Ces dernières, à leur tour, changent le milieu de différentes façons, ce qui contribue à la succession écologique.

Les perturbations d'origine humaine

La succession écologique est une réaction à la perturbation de l'environnement, et le plus grand facteur de perturbation est aujourd'hui l'activité humaine. L'aménagement agricole a bouleversé ce qui était auparavant les vastes plaines herbeuses des prairies tempérées d'Amérique du Nord. L'exploitation forestière et le déboisement pour le développement urbain, l'exploitation minière et l'agriculture ont réduit de grandes bandes de forêts à de petites parcelles de boisés dispersées, dans de nombreuses parties de l'Amérique du Nord et de l'Europe. Quand on fait subir une coupe à blanc aux forêts et qu'on abandonne ce qui reste, une végétation d'herbacées et de bosquets colonise souvent le territoire et le domine pendant de nombreuses années. On trouve également ce type de végétation sur les terres agricoles laissées à l'abandon, sur les terrains vagues et sur les chantiers de construction.

Les perturbations d'origine humaine ne se limitent pas à l'Amérique du Nord et à l'Europe, pas plus qu'elles ne constituent un problème récent. On décime à une vitesse effrénée les forêts tropicales humides pour la production du bois de construction et pour le pâturage. En Afrique, des siècles de surpâturage et d'exploitation agricole anarchique ont transformé les prairies à rythme saisonnier en étendues stériles. Cette détérioration n'est sans doute pas étrangère aux famines qui frappent une partie de ce continent.

Les humains perturbent les écosystèmes marins tout autant que les écosystèmes terrestres. Le chalutage, une technique de pêche qui consiste à draguer le fond à l'aide de grands filets en forme d'entonnoir, produit des effets comparables à ceux de la coupe à blanc ou du labourage d'un champ (**figure 54.24**). Le chalut racle le fond océanique et déloge les coraux et les autres organismes qui y vivent ainsi que les sédiments marins. Au cours d'une année type, un chalutier drague 15 millions de kilomètres carrés de fonds marins, soit la superficie de l'Amérique du Sud, une zone 150 fois plus grande que la superficie de coupe à blanc effectuée chaque année.

Comme les perturbations d'origine humaine sont souvent graves, elles diminuent généralement la diversité spécifique au sein des communautés. Au chapitre 56, nous examinerons de plus près les conséquences des perturbations causées par les activités humaines sur la diversité de la vie.

RETOUR SUR LE CONCEPT 54.3

1. Pourquoi les perturbations de forte intensité et de faible intensité réduisent-elles la diversité des espèces? Pourquoi les perturbations d'intensité modérée la favorisent-elles?
2. Pendant la succession écologique, comment les espèces pionnières peuvent-elles faciliter l'arrivée d'autres espèces?

3. **ET SI ?** La plupart des prairies subissent périodiquement des incendies. Si ces perturbations étaient relativement modestes, en quoi la diversité des espèces de la prairie serait-elle probablement affectée si aucun incendie ne se produisait pendant 100 ans ? Expliquez votre réponse.

Voir les réponses proposées à la fin du chapitre.

CONCEPT 54.4

Des facteurs biogéographiques influent sur la biodiversité des communautés

Nous avons examiné jusqu'à maintenant les facteurs à petite échelle, ou locaux, qui influent sur la diversité des communautés, y compris les effets imputables aux interactions des espèces, aux espèces dominantes et aux nombreux types de perturbations. Les écologistes reconnaissent aussi que des facteurs biogéographiques à grande échelle contribuent à la prodigieuse diversité que présentent les communautés biologiques. Les contributions de deux facteurs biogéographiques en particulier – la latitude d'une communauté et la région qu'elle occupe – font l'objet d'études depuis plus d'un siècle.

Les gradients latitudinaux

Dans les années 1850, Charles Darwin et Alfred Wallace ont tous les deux signalé que la vie végétale et animale était généralement plus abondante et plus diversifiée dans les régions tropicales que dans les autres parties de la planète. Depuis, de nombreux chercheurs ont confirmé cette observation. Par exemple, une étude a permis de découvrir qu'un territoire de 6,6 ha (1 hectare [ha] = 10 000 m^2), en Malaisie tropicale, compte 711 espèces d'arbres. Comparez cette richesse spécifique avec une forêt décidue tempérée du Michigan, aux États-Unis, qui contient généralement de 10 à 15 espèces sur un terrain de 2 ha. L'Europe de l'Ouest au nord des Alpes, soit un territoire d'une superficie de plus de 2 millions de kilomètres carrés, ne possède, quant à elle, que 50 espèces d'arbres. On trouve plus de 200 espèces de fourmis au Brésil contre 7 en Alaska.

Les deux facteurs déterminants de ces gradients latitudinaux sont probablement l'évolution et le climat. À l'échelle du temps de l'évolution, la diversité des espèces peut augmenter dans une communauté parce qu'il se produit plus d'événements de spéciation (voir le chapitre 24). De plus, les communautés tropicales sont généralement plus vieilles que les communautés tempérées ou polaires parce que ces dernières ont dû « repartir à zéro » plusieurs fois à la suite de perturbations majeures qui ont pris la forme de glaciations. Cette différence d'âge s'explique aussi par le fait que la saison de croissance dans les forêts tropicales est environ cinq fois plus longue que celle des communautés de la toundra alpine. En effet, le temps biologique se déroule environ cinq fois plus vite dans les tropiques que près des pôles, si bien que les intervalles entre les événements de spéciation sont plus courts dans les tropiques.

Le climat est sans doute la principale cause du gradient latitudinal dans l'abondance et la diversité des espèces. Dans les communautés terrestres, les deux principaux facteurs climatiques qui influent sur la biodiversité sont l'apport d'énergie solaire et la disponibilité de l'eau, que les régions tropicales reçoivent en abondance. On peut combiner ces facteurs en mesurant la vitesse d'**évapotranspiration** d'une communauté, soit l'évaporation de l'eau du sol et la transpiration des plantes. L'évapotranspiration, qui est déterminée par le rayonnement solaire, la température et la disponibilité de l'eau, est beaucoup plus élevée dans les régions chaudes où les précipitations sont abondantes que dans les régions froides ou aux précipitations faibles. *L'évapotranspiration potentielle*, une mesure qui traduit la disponibilité de l'eau, dépend de l'importance du rayonnement solaire et de la température ; c'est dans les régions chaudes où le rayonnement solaire est important qu'elle est la plus élevée. Il existe une corrélation entre la richesse spécifique des Végétaux et des Animaux et les mesures d'évapotranspiration (**figure 54.25**).

Les effets de l'étendue géographique

En 1807, l'explorateur et naturaliste Alexander von Humboldt a décrit l'un des premiers profils de richesse en diversité des espèces, la **courbe aire-espèces** : tous les autres facteurs étant égaux, plus la région géographique d'une communauté est grande, plus le nombre d'espèces y est élevé. L'explication probable de cette courbe est que les régions étendues offrent une plus grande diversité d'habitats et de microhabitats que les petits territoires. En biologie de la conservation, il est possible de prédire comment la perte d'un certain habitat peut influer sur la biodiversité, en traçant des courbes aire-espèces pour les taxons importants d'une communauté.

La **figure 54.26** présente une courbe aire-espèces pour les oiseaux nicheurs (les populations qui nichent dans la région étudiée par opposition aux populations migrantes) d'Amérique du Nord. La pente de la courbe indique l'augmentation proportionnelle de la richesse en diversité des espèces selon l'aire occupée par la communauté. Si les pentes des différentes courbes aire-espèces varient, le concept fondamental de l'augmentation de la biodiversité en fonction de l'aire s'applique dans une multitude de situations, qui vont de l'étude de la diversité des fourmis en Nouvelle-Guinée au nombre d'espèces végétales sur des îles de tailles différentes. En fait, la biogéographie insulaire nous fournit quelques-uns des meilleurs exemples de courbes aire-espèces, comme nous allons le voir dans la prochaine section.

Le modèle de l'équilibre de la biogéographie insulaire

Étant donné leur isolement et leurs petites dimensions, les îles constituent d'excellents sites pour l'étude des facteurs biogéographiques qui influent sur la diversité spécifique. Par « îles », nous entendons non seulement les terres émergées de l'océan, mais aussi les enclaves du milieu terrestre comme les lacs et les pics montagneux séparés par des basses terres, ou des terrains boisés naturels entourés de secteurs perturbés par les humains. En d'autres mots, toute parcelle entourée d'un milieu non favorable pour les espèces de l'« île » est une île. Dans les années 1960, les écologistes américains Robert MacArthur et E. O. Wilson formulèrent une théorie générale de la biogéographie insulaire qui leur permettait de définir les facteurs importants de la diversité spécifique dans une île à partir d'un ensemble donné de caractéristiques physiques (**figure 54.27**).

Imaginons une île océanique nouvellement formée qui est située à une certaine distance du continent, d'où émigreront les espèces pionnières. Deux facteurs conditionnent le nombre d'espèces qui habiteront l'île: le taux d'immigration et le taux d'extinction.

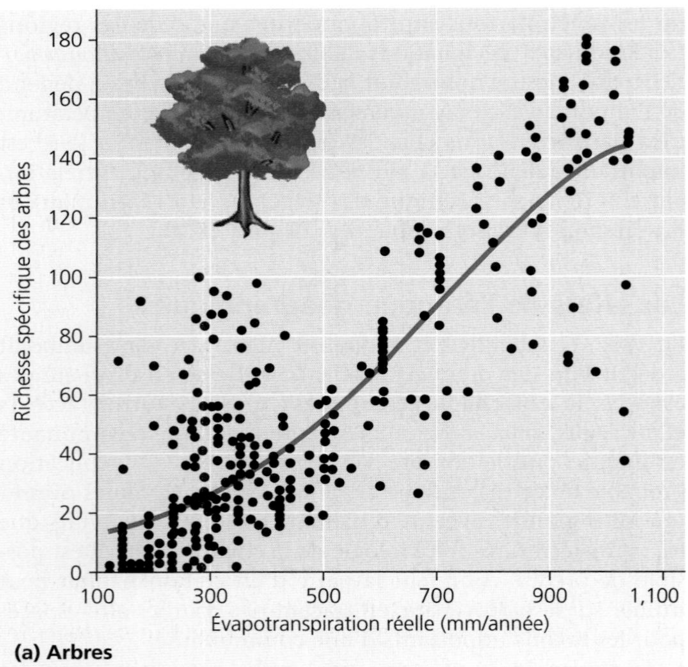

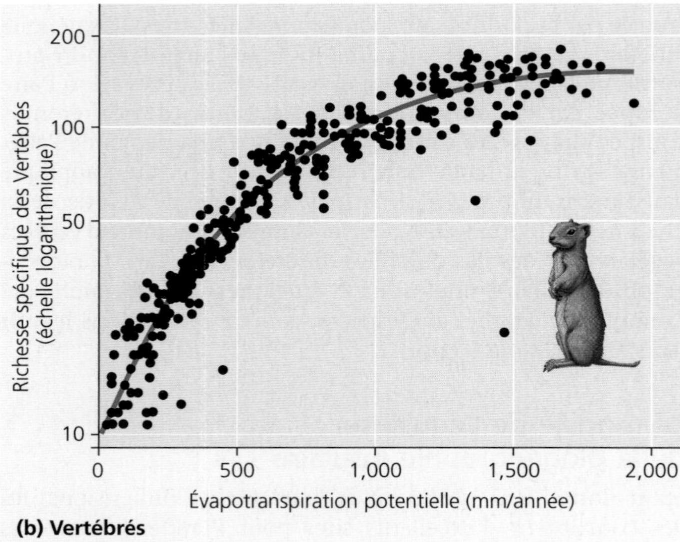

▲ **Figure 54.25 L'énergie, l'eau et la richesse spécifique.** **(a)** La mesure la plus prévisible de l'augmentation de la richesse spécifique des arbres d'Amérique du Nord est l'évapotranspiration réelle, tandis que **(b)** la mesure la plus prévisible de l'augmentation de la richesse des espèces de Vertébrés d'Amérique du Nord est l'évapotranspiration potentielle. Les valeurs d'évapotranspiration sont exprimées sous forme d'équivalents de précipitations.

Le taux d'immigration et le taux d'extinction dépendent du nombre d'espèces présentes dans l'île à un moment donné. Le taux d'immigration diminue au fur et à mesure qu'augmente le nombre d'espèces insulaires, car les nouveaux arrivants ont de plus en plus de chances d'appartenir à une espèce déjà représentée. Parallèlement, le taux d'extinction augmente, car la probabilité d'exclusion compétitive s'accroît au fur et à mesure qu'augmente le nombre d'espèces habitant l'île.

Ces facteurs dépendent eux-mêmes de deux variables importantes: les dimensions de l'île et la distance qui la sépare du continent. En règle générale, le taux d'immigration est faible dans les petites îles, car les colonisateurs potentiels ont plus de difficulté à « trouver » une petite île qu'une grande île. Ainsi, les oiseaux que le vent emporte ont certainement moins de chances d'atterrir par hasard sur une petite île que sur une grande. En outre, le taux d'extinction est plus élevé dans les petites îles que dans les grandes. En effet, comme les populations sont moins nombreuses dans les petites îles, elles trouvent peu de ressources et d'habitats à se partager. Quant à la distance entre l'île et le continent, elle importe dans la mesure où, à superficie égale, le taux d'immigration est généralement plus élevé dans une île rapprochée que dans une île éloignée. Enfin, en raison de leur taux d'immigration plus élevé, les îles rapprochées ont aussi un taux d'extinction plus bas, car, grâce à l'arrivée de nouveaux individus, les espèces peuvent plus facilement y maintenir leur présence et éviter l'extinction.

Le modèle de MacArthur et Wilson est appelé *modèle de l'équilibre insulaire*, car il cherche à montrer qu'un équilibre est atteint lorsque le taux d'immigration équivaut au taux d'extinction. À l'atteinte du point d'équilibre, le nombre d'espèces vivant sur l'île dépend des dimensions de l'île et de la distance qui la sépare du continent. Un équilibre écologique est, cela va de soi, toujours dynamique. L'immigration et l'extinction se poursuivent; la composition spécifique varie légèrement avec le temps.

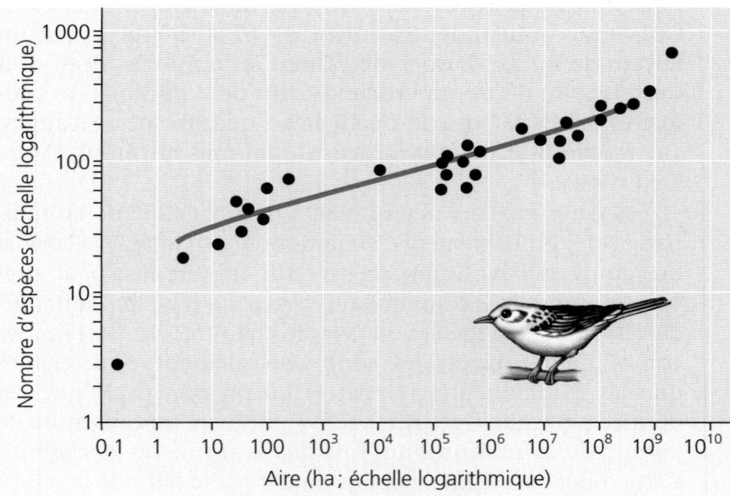

▲ **Figure 54.26 La courbe aire-espèces pour les oiseaux nicheurs d'Amérique du Nord.** On porte l'aire et le nombre d'espèces sur un graphique selon une échelle logarithmique. Les points des données s'échelonnent d'une parcelle de terrain de 0,2 ha comportant 3 espèces d'oiseaux en Pennsylvanie au territoire entier des États-Unis et du Canada (1,9 milliard d'hectares) comportant 625 espèces.

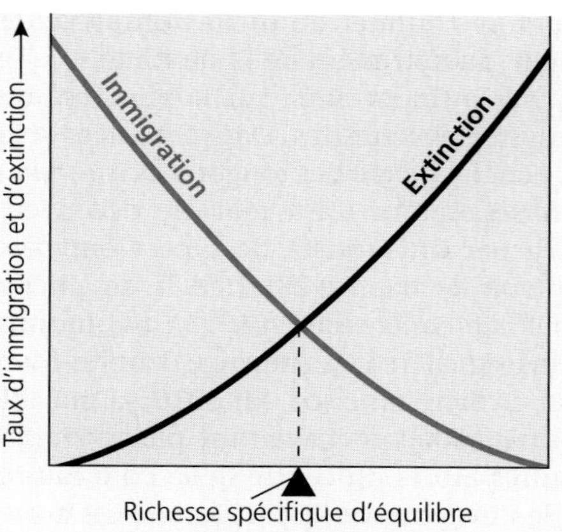

(a) Taux d'immigration et d'extinction. La richesse spécifique d'équilibre sur une île correspond à une égalité entre le taux d'immigration de nouvelles espèces et le taux d'extinction d'espèces déjà présentes.

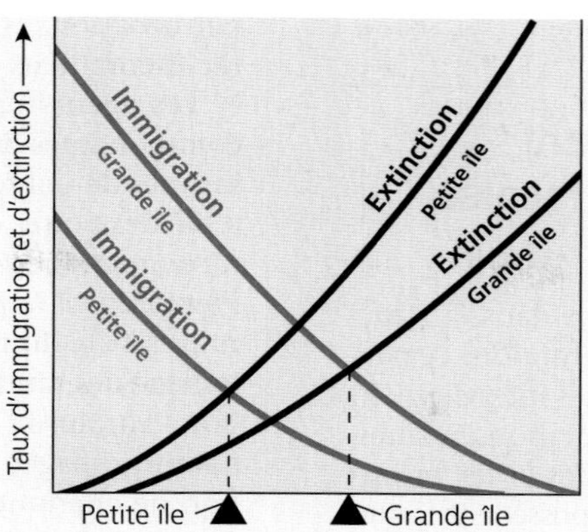

(b) Effet de la superficie de l'île. Dans les grandes îles, le taux d'immigration est plus élevé et le taux d'extinction plus faible que dans les petites îles. Ainsi, la richesse spécifique d'équilibre est supérieure dans les grandes îles.

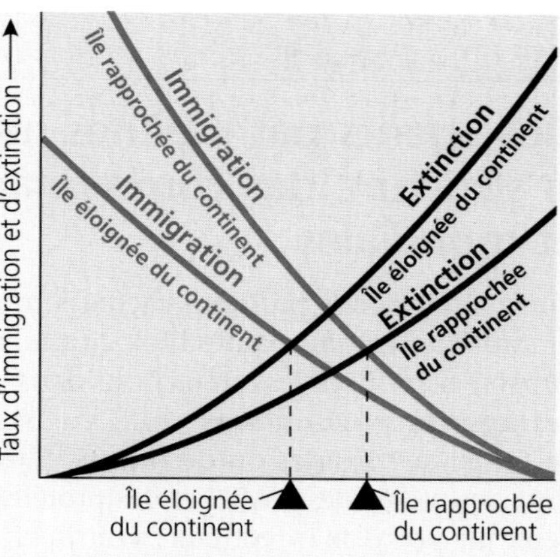

(c) Effet de la distance par rapport au continent. Les îles qui sont rapprochées du continent tendent à avoir une richesse spécifique d'équilibre supérieure à celle des îles éloignées, car le taux d'immigration est plus élevé et le taux d'extinction plus faible dans les premières que dans les secondes.

▲ **Figure 54.27 Le modèle de l'équilibre de la biogéographie insulaire.** Les triangles noirs représentent la richesse spécifique d'équilibre.

Les études de MacArthur et Wilson sur la diversité des Végétaux et des Animaux dans les archipels confirment que la richesse spécifique est proportionnelle à la superficie de l'île conformément au modèle de l'équilibre insulaire (**figure 54.28**). Les dénombrements indiquent aussi que le nombre d'espèces est d'autant plus petit que l'île est éloignée du continent.

Les prédictions basées sur le modèle de l'équilibre insulaire ne s'appliquent que dans un nombre limité de cas et sur des périodes relativement courtes où la colonisation est le principal processus agissant sur la composition spécifique. Sur de plus longues périodes, les perturbations abiotiques survenant sur les îles, comme les tempêtes, les adaptations et la spéciation, modifient généralement la composition spécifique et la structure des communautés. Néanmoins, le modèle est largement utilisé en biologie de la conservation, particulièrement pour la conception de réserves et comme point de départ pour prédire les effets de la perte d'habitats sur la diversité spécifique.

RETOUR SUR LE CONCEPT 54.4

1. Formulez deux hypothèses qui expliquent pourquoi la diversité des espèces est plus grande dans les régions tropicales que dans les régions tempérées et polaires.
2. Précisez comment les dimensions d'une île et la distance qui la sépare du continent influent sur sa richesse en diversité des espèces.
3. **ET SI ?** Selon le modèle de biogéographie insulaire de MacArthur et Wilson, à quelles différences pourrait-on s'attendre entre la diversité d'oiseaux sur les îles et la diversité de serpents et de lézards? Expliquez votre réponse.

Voir les réponses proposées à la fin du chapitre.

▼ **Figure 54.28** INVESTIGATION

Quelle est la relation entre la richesse en diversité des espèces et l'étendue géographique ?

ÉTUDE SUR LE TERRAIN Sur les îles Galápagos, dont les dimensions varient beaucoup, les écologistes Robert MacArthur et E. O. Wilson ont étudié la relation entre le nombre d'espèces végétales et l'aire de chaque île.

RÉSULTATS

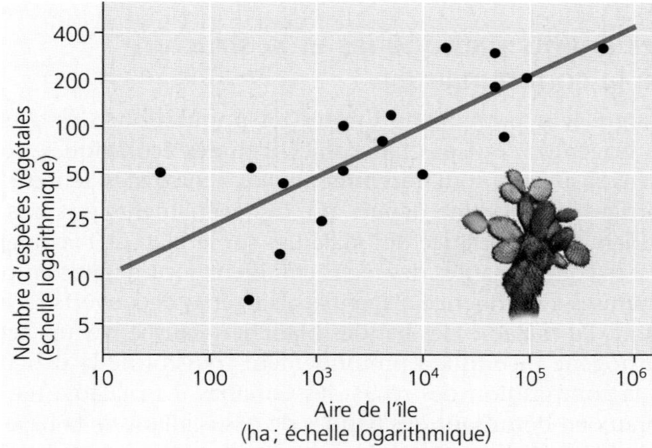

CONCLUSION La richesse spécifique est proportionnelle à l'aire de l'île, conformément au modèle de l'équilibre insulaire.

SOURCE R. H. MacArthur et E. O. Wilson, *The Theory of Island Biogeography*, Princeton University Press, Princeton, NJ (1967).

ET SI ? Quatre îles comprises dans cette étude ont une aire variant d'environ 40 à 10 000 ha chacune et contiennent en tout environ 50 espèces de plantes. Que révèle une telle variation au sujet des suppositions simples du modèle d'équilibre insulaire ?

CONCEPT 54.5

Des agents pathogènes modifient la structure des communautés locales et mondiales

Après avoir décrit plusieurs facteurs importants dans la structuration des communautés biologiques, nous terminons ce chapitre en examinant les interactions dans lesquelles interviennent des **agents pathogènes**, qu'il s'agisse de microorganismes, de virus, de viroïdes ou de prions. (Les viroïdes et les prions sont des molécules d'ARN et des protéines qui possèdent toutes deux un pouvoir infectieux; voir le chapitre 19.) Les scientifiques n'ont mesuré que récemment le caractère universel des effets des agents pathogènes au sein des communautés.

Comme nous le verrons plus loin, les agents pathogènes peuvent modifier rapidement et en profondeur la structure d'une communauté. Leurs effets sont particulièrement évidents lorsqu'ils sont introduits dans un nouvel habitat, comme dans le cas du chancre du châtaignier et du champignon parasite qui l'a causé (voir le concept 54.2). La virulence d'un agent pathogène dans un nouvel habitat s'explique par le fait que les hôtes n'ont pas eu le temps d'acquérir une résistance par la sélection naturelle. Le champignon responsable du chancre du châtaignier a eu des effets beaucoup plus remarquables sur le châtaignier d'Amérique (*Castanea dentata*) que sur les espèces de châtaigniers asiatiques que l'on trouve dans son habitat d'origine. Il en est de même des humains, eux aussi très vulnérables à l'égard des effets de maladies émergentes que notre économie de plus en plus mondialisée tend à répandre. Les écologistes mettent leurs connaissances à profit pour tenter de dépister et de contrôler les agents pathogènes à l'origine de ces maladies.

Les agents pathogènes et la structure de la communauté

Malgré leur pouvoir de limiter les populations, les agents pathogènes n'ont pas fait l'objet d'études écologiques nombreuses jusqu'à tout récemment. Les écologistes tentent de corriger cette lacune depuis que des événements ont mis en évidence l'importance des maladies sur le plan de l'écologie.

Les communautés des récifs coralliens sont de plus en plus soumises à l'influence d'agents pathogènes découverts récemment. La maladie des bandes blanches, causée par un agent pathogène inconnu, a profondément transformé la structure et la composition des récifs des Caraïbes. La maladie tue les coraux en détruisant des bandes de tissus allant de la base du corail jusqu'à l'extrémité de ses branches. Elle a ainsi entraîné la disparition de la corne de cerf (*Acropora cervicornis*) des Caraïbes depuis les années 1980. Dans la même région, les populations de cornes d'élan (*Acropora palmata*) ont également été décimées. Or, ces coraux constituent des habitats déterminants pour la langouste et le vivaneau (*Lutjanidae spp.*), et aussi pour d'autres espèces de poissons. Les coraux qui meurent sont rapidement envahis par les algues, et les poissons-chirurgiens (*Acanthuridae sp.*) et d'autres herbivores friands d'algues finissent par dominer la communauté. Tôt ou tard, les coraux s'étiolent sous l'effet des tempêtes et d'autres perturbations. La structure tridimensionnelle complexe des récifs coralliens disparaît, au détriment de la diversité.

Les agents pathogènes influent aussi sur la structure des communautés des écosystèmes terrestres. Dans les forêts et les savanes de Californie, l'encre des chênes rouges (*Quercus rubra*) a tué des arbres de diverses espèces. Cette maladie, découverte récemment, est causée par un Protiste de type Oomycète, *Phytophthora ramorum* (voir le chapitre 28). L'encre des chênes rouges a été décrite pour la première fois en 1995 en Californie, lorsque des randonneurs signalèrent la présence d'arbres mourants autour de la baie de San Francisco. En 2010, la maladie s'était propagée sur plus de 800 km et avait tué plus d'un million de chênes et d'autres arbres du centre de la côte californienne jusqu'au sud de l'Oregon. La disparition de ces arbres a causé une diminution de l'abondance d'au moins cinq espèces d'oiseaux, dont le pic glandivore (*Melanerpes formicivorus*) et la mésange unicolore (*Parus inornatus*), qui trouvaient dans ces forêts de chênes un habitat propice et une source d'alimentation. S'il n'existe pour l'instant aucun moyen d'enrayer l'encre des chênes rouges, les scientifiques ont récemment séquencé le génome de *P. ramorum* dans l'espoir de trouver un moyen de combattre cet agent pathogène.

Par leurs activités, les humains transportent les agents pathogènes partout dans le monde et le font à un rythme sans précédent. Les analyses génétiques de séquences simples d'ADN (voir le chapitre 21) donnent à penser que *P. ramorum* a probablement été introduit en Amérique du Nord depuis l'Europe par le commerce horticole. D'autres envahisseurs ont été suivis à la trace. C'est le cas d'*Ophiostoma ulmi*, originaire d'Asie, et qui a été introduit aux Pays-Bas, où il a commencé à attaquer les ormes, d'où le nom de *maladie hollandaise de l'orme* (graphiose de l'orme). Après s'être répandue dans toute l'Europe, la graphiose a fait son apparition en Amérique du Nord en 1928, causant d'immenses dégâts dans les populations d'orme américain (*Ulmus americana*). Les agents pathogènes responsables de maladies humaines se répandent aussi par le biais des échanges commerciaux et la circulation des personnes d'un continent à l'autre. Récemment, le virus H1N1, responsable de la «grippe porcine» chez l'humain, a été détecté pour la première fois à Veracruz, au Mexique, au début de 2009. Il a rapidement fait le tour du monde lorsque des personnes infectées ont pris l'avion pour se rendre dans d'autres pays. Au milieu de l'année suivante, la première pandémie mondiale de grippe en 40 ans avait tué plus de 17 000 personnes.

L'écologie des communautés et les zoonoses

Les **agents zoonotiques** sont à l'origine des trois quarts des maladies humaines émergentes et d'un grand nombre de maladies parmi les plus dévastatrices. Ces agents sont transmis aux humains par l'intermédiaire de certains animaux, soit par contact direct avec un animal infecté ou par l'entremise d'un **vecteur**, c'est-à-dire une espèce qui sert d'intermédiaire. Les vecteurs responsables de la propagation de zoonoses sont souvent des parasites, notamment les tiques, les poux et les moustiques. On peut prévenir une maladie en déterminant la communauté dans laquelle vivent les hôtes et les vecteurs d'un agent pathogène (**figure 54.29**).

La connaissance des cycles de développement des parasites permet aux scientifiques de concevoir des moyens de prévention

▼ **Figure 54.29**

IMPACT

L'identification des espèces hôtes de la maladie de Lyme

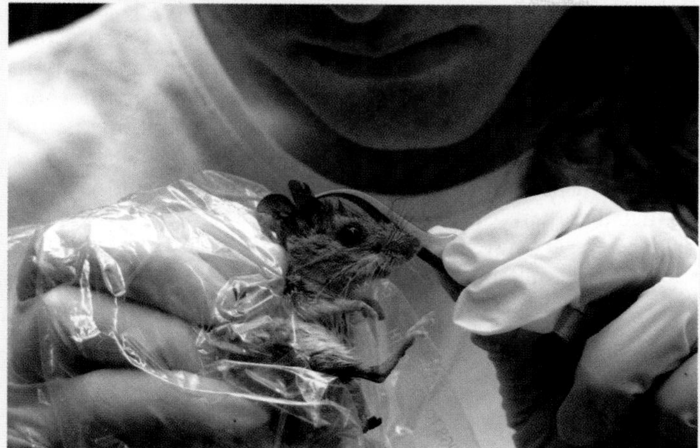

Une étudiante chercheuse recueille des tiques sur une souris à pattes blanches (*Peromyscus leucopus*).

Les scientifiques ont cru pendant des années que la souris à pattes blanches (*Peromyscus leucopus*) était l'hôte principal de l'agent pathogène responsable de la maladie de Lyme, car les souris sont une cible de choix pour les jeunes tiques. Or, après avoir relâché dans la nature des souris vaccinées contre la maladie de Lyme, les chercheurs ont constaté que le nombre de tiques infectées ne changeait pratiquement pas. Ce constat a poussé des biologistes de New York à chercher d'autres hôtes de l'agent zoonotique. Dans un premier temps, ils ont capturé dans un champ des individus de 11 espèces hôtes potentielles, puis ont mesuré la densité de larves de tiques sur chacun. Les chercheurs ont montré que chaque espèce hôte transmettait aux tiques un jeu d'allèles unique d'un gène qui code pour une protéine sur la surface externe de l'agent pathogène. Ils ont ensuite recueilli dans le champ des tiques qui s'étaient détachées de leur hôte, puis ils ont utilisé la base de données génétiques pour identifier le dernier hôte qui les avait portées. À leur grande surprise, ils ont découvert que deux espèces de musaraignes avaient été les hôtes de plus de la moitié des tiques examinées.

POURQUOI C'EST IMPORTANT En identifiant les espèces hôtes d'un agent zoonotique et en déterminant leur abondance et leur aire de répartition, les écologistes peuvent obtenir de l'information pour contrôler les principaux hôtes responsables de la propagation de maladies.

POUR EN SAVOIR PLUS D. Brisson *et al.*, Conspicuous impacts of inconspicuous hosts on the Lyme disease epidemic, *Proceedings of the Royal Society B* 275 : 227-235 (2008).

FAITES DES LIENS Le concept 23.1 (p. 544) décrit les variations génétiques entre des populations. Quel impact la variation génétique entre des populations de musaraignes provenant de deux endroits différents pourrait-elle avoir sur les résultats de cette étude ?

▲ **Figure 54.30 L'onchocercose.** La rivière Kaduna, au Nigéria, constitue un habitat propice pour les larves de la simulie. La micrographie (MEB) montre un nématode parasite (*Onchocerca volvulus*) sortant d'une des antennes d'une simulie adulte. Quand une simulie porteuse de ce nématode pique une personne, elle peut lui transmettre ce parasite, lequel causera l'onchocercose.

et de lutte contre les zoonoses. Par exemple, l'onchocercose est causée par un petit nématode (*Onchocerca volvulus*) transmis par la piqûre de la simulie (*Simulium yahense*), un petit insecte (**figure 54.30**). Quand l'Organisation mondiale de la santé a décidé de lancer un programme de lutte contre l'onchocercose, les médecins ne possédaient aucun moyen de traiter cette maladie. Les scientifiques ont plutôt cherché des moyens de contrôler les simulies, qui inoculent les nématodes pathogènes en piquant les humains. Ils ont donc répandu des pesticides biodégradables à l'aide d'avions (tout en s'assurant de réduire au minimum les dommages que risquaient de subir les communautés aquatiques). Il existe maintenant un médicament, l'ivermectine, mis au point en 1987, qui détruit les nématodes parasites. Ces traitements, combinés aux méthodes de contrôle des simulies, ont sauvé près de 300 000 personnes. Malheureusement, il semble que les nématodes soient en train de devenir résistants à l'ivermectine, si bien que le contrôle des simulies demeure toujours un élément clé de la lutte contre cette maladie. Les chercheurs tentent de mettre au point de nouveaux médicaments.

Les connaissances sur les interactions des communautés permettent aux écologistes de suivre la dissémination des zoonoses. La grippe aviaire, par exemple, est causée par des virus très contagieux transmis par la salive et les excréments des oiseaux (voir le chapitre 19). La plupart de ces virus sont peu virulents chez les oiseaux sauvages, mais ils causent souvent des symptômes beaucoup plus importants chez les oiseaux domestiques, qui constituent le réservoir le plus courant d'infections humaines. Depuis 2003, une souche virale en particulier, appelée H5N1, a décimé des centaines de millions de volailles et tué plus de 250 personnes. Des millions d'autres personnes risquent d'être infectées.

Les programmes de lutte qui consistent à mettre les oiseaux domestiques en quarantaine ou à suivre leurs déplacements risquent de s'avérer inefficaces si le virus de la grippe aviaire voyage naturellement grâce aux oiseaux sauvages. De 2003 à 2006, la souche virale H5N1 s'est propagée rapidement de l'Asie du Sud-Est vers l'Europe et l'Afrique, mais elle ne s'était toujours pas manifestée en Australie et dans les Amériques au milieu de l'année 2010. L'Alaska est le point d'entrée des Amériques le plus probable pour les oiseaux sauvages infectés, soit les canards, les oies et les oiseaux de rivage, qui migrent d'Asie en traversant la mer de Béring chaque année. Les écologistes étudient la propagation du virus en piégeant et en testant les oiseaux migrateurs et résidents en Alaska (**figure 54.31**). Ces détectives écologistes tentent d'intercepter la première vague de la maladie lorsqu'elle atteindra l'Amérique du Nord.

▲ **Figure 54.31 Sur la piste de la grippe aviaire.** Dans le cadre d'un projet de dépistage de la maladie, Travis Booms, étudiant de 3e cycle de la Boise State University, place une bague sur la patte d'un faucon gerfaut (*Falco rusticolus*).

L'écologie des communautés fournit les fondements pour comprendre le cycle de développement des agents pathogènes et leurs interactions avec leurs hôtes. Les interactions pathogènes sont également très sensibles aux modifications de l'environnement physique. Pour contrôler des agents pathogènes et les maladies qu'ils causent, les scientifiques doivent adopter une perspective écosystémique: celle-ci leur fournit une connaissance intime des modes d'interaction des agents pathogènes avec les autres espèces ainsi qu'avec tous les aspects de leur environnement. Les écosystèmes sont le sujet du chapitre 55.

RETOUR SUR LE CONCEPT 54.5

1. Qu'est-ce qu'un agent pathogène?
2. **ET SI?** La rage, une maladie virale chez les Mammifères, n'existe pas dans les îles Britanniques. Si vous y étiez responsable de la lutte contre les maladies, quelles mesures pratiques pourriez-vous adopter pour empêcher le virus de la rage d'atteindre ces côtes?

Voir les réponses proposées à la fin du chapitre.

RÉVISION DU CHAPITRE 54

RÉSUMÉ DES CONCEPTS CLÉS

CONCEPT 54.1

Les interactions d'une communauté sont classées selon qu'elles sont utiles, nuisibles ou sans effet sur les espèces concernées (p. 1377 à 1383)

- Diverses **interactions interspécifiques** ont une incidence sur la survie et la reproduction des espèces concernées. Ces interactions sont la **compétition interspécifique**, la **prédation**, l'**herbivorisme**, la **symbiose** et la **facilitation**. Le **parasitisme**, le **mutualisme** et le **commensalisme** sont des types d'interactions symbiotiques.
- L'**exclusion compétitive** pose que deux espèces se disputant les mêmes ressources ne peuvent coexister indéfiniment au même endroit. Le **partage des ressources** est la différenciation des niches qui permet à des espèces de coexister dans une communauté.

? *Donnez un exemple de deux espèces qui interagissent selon chacune des interactions énumérées dans le tableau ci-contre.*

Interaction interspécifique	Description
Compétition (−/−)	Deux espèces ou plus se disputent une ressource en quantité limitée.
Prédation (+/−)	Une espèce, le prédateur, en tue une autre – la proie – pour la manger. La prédation a entraîné diverses adaptations, dont le mimétisme.
Herbivorisme (+/−)	Un herbivore mange une partie d'une plante ou d'une algue. Les plantes renferment diverses défenses chimiques et mécaniques contre les herbivores, et ceux-ci ont des adaptations qui leur permettent de se nourrir.
Symbiose	Des individus appartenant à au moins deux espèces vivent en contact étroit. La symbiose peut prendre la forme du parasitisme, du mutualisme et du commensalisme.
Parasitisme (+/−)	Le **parasite** tire sa nourriture d'un autre organisme, son **hôte**, au détriment de ce dernier.
Mutualisme (+/+)	L'interaction bénéficie aux deux espèces.
Commensalisme (+/0)	L'interaction bénéficie à l'une des deux espèces, mais n'influe pas sur l'autre.
Facilitation (+/+ ou 0/+)	Des espèces ont des effets positifs sur la survie et la reproduction d'autres espèces, sans le contact intime de la symbiose.

CONCEPT 54.2

La diversité et la structure trophique caractérisent les communautés biologiques (p. 1383 à 1390)

- On mesure la **diversité des espèces** d'après le nombre d'espèces présentes dans une communauté, c'est-à-dire sa **richesse spécifique**, et d'après leur **abondance relative**. Une communauté où toutes les espèces présentent la même densité est plus diversifiée qu'une communauté où une ou deux espèces sont abondantes alors que toutes les autres sont rares.
- Les communautés plus diversifiées produisent généralement plus de **biomasse** et leur croissance varie moins d'une année à l'autre que les communautés moins diversifiées. Elles résistent également mieux à l'envahissement par des espèces exotiques.
- La **structure trophique** est un facteur déterminant dans la dynamique des communautés. Les **chaînes alimentaires** lient les niveaux trophiques, des producteurs aux carnivores de niveaux supérieurs. Les chaînes alimentaires ramifiées et les interactions trophiques complexes forment des **réseaux alimentaires**. Selon l'**hypothèse énergétique**, le nombre de niveaux d'une chaîne alimentaire est limité par l'inefficacité du transfert d'énergie le long de celle-ci.
- Les **espèces dominantes** sont celles qui deviennent les plus abondantes dans une communauté grâce à leurs grandes habiletés pour la compétition. Les **espèces clés** sont des espèces relativement rares qui, en raison de leur niche écologique, exercent une influence disproportionnée sur la structure d'une communauté. Les «**ingénieurs**» **d'écosystèmes** influent sur la structure d'une communauté par les changements qu'ils apportent au milieu physique.
- Le **modèle ascendant** suppose une influence unidirectionnelle de bas en haut des niveaux trophiques; selon ce modèle, les nutriments et d'autres facteurs abiotiques sont les principaux déterminants de la structure d'une communauté, y compris de l'abondance des producteurs primaires. Quant au **modèle descendant**, il suppose que chacun des niveaux trophiques est commandé par le niveau supérieur, ce qui fait que les prédateurs déterminent le nombre des herbivores, lesquels déterminent celui des producteurs primaires.

? *En analysant une communauté dotée d'une grande richesse en diversité des espèces à l'aide d'indices comme celui de Shannon, diriez-vous que cette communauté est toujours plus diversifiée qu'une communauté d'une richesse moindre en diversité des espèces? Expliquez votre réponse.*

CONCEPT 54.3

Les perturbations ont une incidence sur la diversité des espèces et sur la composition des communautés (p. 1390 à 1395)

- Il est de plus en plus évident que ce sont les **perturbations** et le déséquilibre, et non la stabilité et l'équilibre, qui sont la norme pour la plupart des communautés. Selon l'**hypothèse des perturbations de niveau intermédiaire**, les perturbations de moyenne importance peuvent favoriser une plus grande diversité que les perturbations de faible intensité ou celles d'intensité élevée.
- La série de changements que connaissent une communauté et un écosystème après une perturbation constitue la **succession écologique**. La **succession écologique primaire** se produit là où le sol n'est pas formé au début du processus. La **succession écologique secondaire** commence dans une aire où le sol est épargné après une perturbation. Parmi les mécanismes à l'origine des changements qui se produisent pendant la succession écologique, on compte la facilitation et l'inhibition.
- Les humains sont les principaux agents de perturbation des communautés et ils en diminuent souvent la diversité. Par leurs actions, ils préviennent également certaines perturbations naturelles, notamment les incendies, qui peuvent pourtant être importantes pour la structure des communautés.

? *La perturbation illustrée à la figure 54.24 est-elle davantage susceptible d'entraîner une succession écologique primaire ou secondaire? Expliquez votre réponse.*

CONCEPT 54.4

Des facteurs biogéographiques influent sur la biodiversité des communautés (p. 1395 à 1397)

- La richesse en diversité des espèces, qui est particulièrement grande dans les tropiques, diminue généralement selon un gradient latitudinal allant des tropiques aux pôles. L'âge plus avancé des milieux tropicaux pourrait expliquer leur plus grande richesse spécifique. Le climat influe aussi sur ce gradient de diversité par l'intermédiaire des facteurs que sont l'énergie (chaleur et lumière) et l'eau.
- La richesse en diversité des espèces dépend directement de l'étendue géographique d'une communauté. Ce principe écologique se représente sous forme de **courbes aire-espèces**.
- Sur les îles, la richesse en diversité des espèces dépend de la superficie et de la distance par rapport au continent. Le modèle de l'équilibre insulaire soutient que la richesse en diversité des espèces sur une île atteint un équilibre dynamique dans lequel le taux d'immigration équivaut au taux d'extinction. Ce modèle ne s'applique pas sur de longues périodes, durant lesquelles les perturbations abiotiques, l'évolution et la spéciation risquent de modifier la structure de la communauté.

? *Quelle influence les périodes de glaciation ont-elles exercée sur les modèles de diversité latitudinaux?*

CONCEPT 54.5

Des agents pathogènes modifient la structure des communautés locales et mondiales (p. 1398 à 1400)

- Des études récentes ont mis en lumière le rôle des **agents pathogènes** dans la structure des communautés terrestres et aquatiques.
- Les **agents zoonotiques** sont transmis aux humains par d'autres animaux et sont responsables de la plus vaste classe de maladies humaines émergentes. L'écologie des communautés fournit un cadre de travail pour déterminer les interactions interspécifiques associées à ces agents zoonotiques et pour nous aider à suivre leur progression afin de mieux la contrôler.

? *De quelle façon le vecteur d'un agent zoonotique se distingue-t-il de l'hôte de ce dernier?*

ÉVALUATION

NIVEAU 1: CONNAISSANCES ET COMPRÉHENSION

1. Les relations alimentaires entre les espèces d'une communauté déterminent:
   a) sa succession écologique secondaire.
   b) sa niche écologique.
   c) sa richesse en diversité des espèces.
   d) sa courbe aire-espèces.
   e) sa structure trophique.

2. Selon le principe d'exclusion compétitive:
   a) deux espèces ne peuvent pas cohabiter dans le même habitat.
   b) l'extinction et l'émigration sont les seuls résultats possibles de la compétition.
   c) la compétition intraspécifique fait que les individus les mieux adaptés prospèrent.
   d) deux espèces occupant exactement la même niche ne peuvent coexister dans une communauté.
   e) deux espèces cesseront de se reproduire jusqu'à ce que l'une des deux quitte l'habitat.

3. Selon l'hypothèse de la perturbation intermédiaire, la diversité des espèces d'une communauté augmente :
   a) lorsqu'elle connaît fréquemment des perturbations majeures.
   b) lorsqu'elle connaît des conditions stables, exemptes de perturbations.
   c) lorsqu'elle connaît des perturbations modérées.
   d) lorsque les humains interviennent pour éliminer les perturbations.
   e) lorsque les humains causent de profondes perturbations.

4. Selon la théorie de l'équilibre de la biogéographie insulaire, la richesse en diversité des espèces est maximale sur une île :
   a) grande et proche du continent.
   b) grande et éloignée du continent.
   c) petite et éloignée du continent.
   d) petite et proche du continent.
   e) écologiquement homogène.

NIVEAU 2 : APPLICATION ET ANALYSE

5. Dans une communauté, les prédateurs clés maintiennent la diversité des espèces s'ils :
   a) excluent par la compétition tous les autres prédateurs.
   b) s'attaquent à l'espèce dominante de la communauté.
   c) permettent l'immigration d'autres prédateurs.
   d) réduisent le nombre de perturbations dans la communauté.
   e) ne s'attaquent qu'aux espèces les moins abondantes de la communauté.

6. Dans les communautés, les chaînes alimentaires comportent parfois peu de niveaux, parce que :
   a) il se peut que deux espèces herbivores ne se nourrissent pas des mêmes espèces de plantes.
   b) l'extinction locale d'une espèce voue à leur perte toutes les autres espèces d'un réseau alimentaire.
   c) il y a une perte d'énergie d'un niveau trophique à l'autre, quand on monte dans les chaînes alimentaires.
   d) très peu d'espèces prédatrices ont évolué.
   e) la plupart des espèces végétales ne sont pas comestibles.

7. Parmi les propositions suivantes, laquelle peut être considérée comme un facteur de détermination descendante de la structure d'une communauté de prairie ?
   a) La limitation de la biomasse végétale par l'importance des précipitations.
   b) L'influence de la température sur la compétition entre les plantes.
   c) L'influence des nutriments du sol sur l'abondance des Graminées par opposition à celle des plantes à fleurs.
   d) L'effet de l'intensité du broutement effectué par les bisons sur la diversité spécifique des plantes.
   e) L'effet de l'humidité sur le taux de croissance des végétaux.

8. Parmi les hypothèses suivantes qui expliquent pourquoi la richesse en diversité des espèces est plus grande dans les régions tropicales que dans les régions tempérées, laquelle est la plus plausible ?
   a) Les communautés tropicales sont plus jeunes.
   b) Les régions tropicales présentent un rayonnement solaire plus intense et une plus grande disponibilité de l'eau.
   c) Les températures élevées donnent lieu à une spéciation plus rapide.
   d) La diversité augmente à mesure que l'évapotranspiration diminue.
   e) Les régions tropicales présentent des taux d'immigration très élevés et des taux d'extinction très faibles.

9. La communauté 1 contient 100 individus répartis en 4 espèces (A, B, C et D). La communauté 2 contient 100 individus répartis en 3 espèces (A, B et C).

   Communauté 1 : 5 A, 5 B, 85 C, 5 D
   Communauté 2 : 30 A, 40 B, 30 C

   Calculez l'indice de Shannon (H) pour chaque communauté. Quelle communauté est la plus diversifiée ?

NIVEAU 3 : SYNTHÈSE ET ÉVALUATION

10. **FAITES UN DESSIN** Le crabe bleu (*Callinectes sapidus*) est une autre espèce importante de l'estuaire de la baie de Chesapeake (voir la figure 54.15). Cet omnivore se nourrit de zostère marine et d'autres producteurs primaires, ainsi que de palourdes. C'est aussi un cannibale. Par ailleurs, le crabe sert de nourriture aux humains et aux tortues de Kemp, une espèce menacée. En tenant compte de ces données, tracez un réseau alimentaire incluant le crabe bleu. En présumant que ce réseau observe le modèle descendant, qu'adviendrait-il de l'abondance de la zostère marine si les humains cessaient de consommer du crabe bleu ?

11. **LIEN AVEC L'ÉVOLUTION**
    Expliquez pourquoi les adaptations des organismes à la compétition interspécifique ne représentent pas nécessairement des exemples de déplacement du phénotype. Que doit démontrer un chercheur au sujet d'une interaction entre deux espèces concurrentes pour prouver qu'il s'agit d'un déplacement du phénotype ?

12. **INTÉGRATION**
    Une écologiste qui étudie les plantes du désert délimite deux parcelles identiques comprenant quelques plants d'armoise tridentée (*Artemisia tridentata*) et un grand nombre de petites plantes à fleurs annuelles. Elle s'aperçoit que cinq espèces de plantes à fleurs sont représentées par un nombre semblable d'individus dans les deux parcelles. Elle clôture l'une des parcelles pour en bloquer l'accès au rat-kangourou (*Dipodomys spp.*), le granivore le plus répandu dans la région. Deux ans plus tard, quatre espèces de plantes à fleurs ont disparu de la parcelle clôturée et la cinquième s'est énormément multipliée. Aucun changement notable ne s'est produit dans la parcelle témoin. Proposez une hypothèse pour expliquer ce qui s'est produit. Employez la terminologie appropriée et faites référence aux principes de l'écologie des communautés. Quelle autre preuve confirmerait votre hypothèse ?

13. **SCIENCE, TECHNOLOGIE ET SOCIÉTÉ**
    En 1935, l'Alaska était le seul État américain où la chasse et le piégeage n'avaient pas éliminé les loups gris (*Canis lupus*). Ces derniers devinrent alors une espèce protégée. Des individus de cette espèce venus du Canada s'établirent dans les Rocheuses et au nord des Grands Lacs. Les écologistes souhaitent accélérer le processus de rétablissement en introduisant des loups gris dans le parc national de Yellowstone. Mais les éleveurs de la région s'y opposent, car ils craignent que les loups gris ne s'attaquent à leur bétail. Pour quelles raisons les écologistes ont-ils choisi le parc de Yellowstone ? Quelles pourraient être les conséquences de la réintroduction du loup gris sur les communautés du parc ? Quels arguments pourriez-vous fournir aux éleveurs pour les rassurer ?

14. **ÉCRIVEZ UN TEXTE**
    Le fondement génétique de la vie En vertu du mimétisme batésien, une espèce appétente (c'est à dire au goût agréable) se protège de ses prédateurs en imitant une espèce inappétente. Imaginez que plusieurs individus d'une espèce de mouche appétente et très colorée sont transportés par le vent vers trois îles éloignées. La première île n'abrite aucun prédateur de cette espèce de mouche ; la deuxième île abrite des prédateurs, mais aucune espèce inappétente de couleur comparable. La troisième île, enfin, abrite des prédateurs et une espèce de mouche inappétente de couleur comparable. Dans un court texte (de 100 à 150 mots), imaginez ce qu'il pourrait advenir de la coloration de l'espèce appétente sur chacune des îles, selon le temps de l'évolution, si la coloration est un caractère génétique. Expliquez vos prédictions.

RÉPONSES DU CHAPITRE 54

Questions des figures

Figure 54.3 Ses niches réelle et fondamentale seraient semblables, contrairement à celles de *Chthamalus*. **Figure 54.16** Le niveau le moins élevé d'approvisionnement présentait la chaîne la plus courte; celle-ci devrait donc être la plus stable. **Figure 54.17** La mort d'individus de l'espèce dominante *Mytilus* devrait permettre l'arrivée d'autres espèces et accroître la richesse en diversité des espèces, malgré l'absence de *Pisaster*. **Figure 54.23** Aux premiers stades de succession primaire, les bactéries vivant librement dans le sol transformeraient le diazote de l'atmosphère (N_2) en ammoniac (NH_3). La fixation de l'azote par symbiose ne pourrait se produire qu'en présence de végétaux. **Figure 54.28** D'autres facteurs non considérés dans le modèle doivent jouer un rôle dans le nombre d'espèces. **Figure 54.29** Les populations de musaraignes pourraient présenter des variations génétiques substantielles sur le plan de la vulnérabilité à l'agent pathogène selon leur provenance et leur habitat. Il faudrait d'autres études pour vérifier s'il est possible de généraliser les résultats de la figure 54.29.

Retour sur le concept 54.1

1. La compétition interspécifique produit des effets négatifs sur les deux espèces (−/−). La prédation profite à la population des prédateurs et nuit à celle des proies (+/−). Quant au mutualisme, il s'agit d'une symbiose bénéfique pour les deux espèces (+/+). **2.** L'une des espèces subira une élimination locale parce que le concurrent le plus efficace connaîtra un plus grand succès reproductif. **3.** En se spécialisant dans la consommation d'une espèce de plante, les individus de chaque espèce sont moins susceptibles d'avoir des contacts puisqu'ils occuperont des habitats distincts, ce qui renforcera les barrières à la reproduction.

Retour sur le concept 54.2

1. La richesse en diversité des espèces est le nombre d'espèces que compte une communauté. L'abondance relative est la proportion de la communauté représentée par chacune des diverses espèces qui la composent. Les deux contribuent à la diversité des espèces. Une communauté où toutes les espèces sont en proportions égales est considérée comme plus diversifiée qu'une communauté dans laquelle une espèce compte pour une proportion très élevée du total des individus. **2.** Selon l'hypothèse énergétique, l'inefficacité du transfert d'énergie le long d'une chaîne alimentaire limite le nombre de ses niveaux. Selon l'hypothèse de la stabilité dynamique, les chaînes alimentaires comptant de nombreux niveaux sont moins stables que les autres. L'hypothèse énergétique prédit que le nombre de niveaux des chaînes alimentaires sera élevé dans les habitats où la production primaire est importante. L'hypothèse de la stabilité dynamique prédit que les milieux aux conditions prévisibles permettront l'établissement de chaînes alimentaires avec un nombre élevé de niveaux. **3.** Selon le modèle ascendant, l'ajout de prédateurs aura peu d'effets sur les niveaux trophiques inférieurs, particulièrement sur la végétation. Si le modèle descendant s'appliquait, l'augmentation du nombre de lynx roux réduirait le nombre de ratons-laveurs, augmenterait le nombre de serpents, réduirait le nombre de sauterelles et augmenterait la biomasse des plantes.

Retour sur le concept 54.3

1. Les perturbations de forte intensité sont en général assez importantes pour éliminer de nombreuses espèces de la communauté, qui se trouve ainsi dominée par quelques espèces résistantes. Quant aux perturbations de faible intensité, elles permettent à des espèces dominantes d'exclure d'autres espèces de la communauté. En revanche, les perturbations d'intensité modérée peuvent faciliter la coexistence d'un plus grand nombre d'espèces dans la communauté en empêchant les espèces dominantes de devenir assez abondantes pour éliminer d'autres espèces. **2.** Les espèces pionnières peuvent faciliter l'installation d'autres espèces de nombreuses façons: elles peuvent notamment augmenter la fertilité du sol ou sa capacité de retenir l'eau, ou protéger les plantules du vent ou d'une exposition trop intense à la lumière. **3.** L'absence d'incendie pendant 100 ans constituerait un changement vers un niveau faible de perturbation. Selon l'hypothèse des perturbations modérées, ce changement devrait entraîner un déclin de la diversité puisque les espèces compétitives dominantes auront le temps d'écarter les espèces moins compétitives.

Retour sur le concept 54.4

1. Les écologistes avancent que la plus grande richesse en diversité des espèces des régions tropicales résulte d'une évolution plus longue, de même que d'un apport d'énergie solaire et d'une disponibilité de l'eau plus importants. **2.** Plus une île est éloignée du continent, moins le taux d'immigration y est élevé; plus la superficie de cette île est grande, et plus le taux d'immigration y est élevé. Plus une île est grande et moins elle est isolée, moins le taux d'extinction y est élevé. Comme le nombre d'espèces présentes dans les îles est en grande partie déterminé par la différence entre les taux d'immigration et d'extinction, on en compte un grand nombre dans les grandes îles rapprochées du continent et un nombre réduit dans les petites îles éloignées du continent. **3.** Plus mobiles, les oiseaux se dispersent vers les îles plus souvent que ne le font les serpents et les lézards; la diversité en espèces des oiseaux devrait donc être plus grande.

Retour sur le concept 54.5

1. Les agents pathogènes sont des microorganismes, des virus, des viroïdes ou des prions qui causent des maladies. **2.** Pour empêcher le virus de la rage d'entrer sur votre territoire, vous pourriez interdire l'importation de tout mammifère, y compris les animaux de compagnie. Vous pourriez aussi recommander la vaccination obligatoire contre la rage de tous les chiens des îles Britanniques. L'approche la plus pratique consisterait cependant à mettre en quarantaine tous les animaux de compagnie importés au pays et susceptibles d'être porteurs du virus. C'est d'ailleurs l'approche qu'utilise le gouvernement britannique.

Questions du résumé des concepts clés

Concept 54.1 Compétition: un renard et un lynx roux se disputant les mêmes proies. Prédation: un épaulard mangeant une loutre de mer. Herbivorisme: un bison broutant dans la prairie. Parasitisme: une guêpe parasitoïde pondant ses œufs sur une chenille. Mutualisme: un Eumycète et une Algue qui s'associent pour former un lichen. Commensalisme: un rémora qui s'attache à une baleine. Facilitation: une plante à fleurs et une abeille. **Concept 54.2** Pas nécessairement si la communauté qui compte plus d'espèces est dominée par une ou quelques espèces. **Concept 54.3** En raison de la présence antérieure d'espèces, la perturbation entraînera une succession secondaire, et ce, malgré l'allure dévastée de la zone. **Concept 54.4** Les glaciations ont gravement réduit la diversité dans les écosystèmes tempérés, boréaux et arctiques, comparativement aux écosystèmes tropicaux. **Concept 54.5** Contrairement au vecteur, l'hôte doit subir tout le cycle de développement de l'agent pathogène. Les vecteurs sont des espèces intermédiaires qui ne font que transporter l'agent pathogène jusqu'à son hôte.

ÉVALUATION

1. e; **2.** d; **3.** c; **4.** a; **5.** b; **6.** c; **7.** d; **8.** b; **9.** Communauté 1: $H = -(0{,}05 \ln 0{,}05 + 0{,}05 \ln 0{,}05 + 0{,}85 \ln 0{,}85 + 0{,}05 \ln 0{,}05) = 0{,}59$. Communauté 2: $H = -(0{,}30 \ln 0{,}30 + 0{,}40 \ln 0{,}40 + 0{,}30 \ln 0{,}30) = 1{,}1$. La communauté 2 est plus diversifiée.

10. Le nombre de crabes devrait augmenter, ce qui réduira l'abondance des zostères marines.

55

Les écosystèmes et l'écologie de la restauration

▲ **Figure 55.1 Qu'est-ce qui donne à ces glaces de l'Antarctique leur couleur rouge sang?**

CONCEPTS CLÉS

55.1 **Les lois de la physique gouvernent le flux d'énergie et les cycles des éléments chimiques dans les écosystèmes**

55.2 **La productivité primaire dans les écosystèmes est limitée par l'énergie et d'autres facteurs**

55.3 **Le transfert d'énergie entre les niveaux trophiques n'est généralement efficace qu'à 10%**

55.4 **Des processus biologiques et géochimiques recyclent les nutriments et l'eau dans les écosystèmes**

55.5 **L'écologie de la restauration contribue à ramener les écosystèmes dégradés à un état plus naturel**

INTRODUCTION

Un écosystème froid

À 300 mètres sous le glacier Taylor, en Antarctique, une singulière communauté bactérienne métabolise des ions sulfureux et ferreux. Les bactéries de cette communauté prolifèrent malgré l'absence de lumière ou de O_2, à une température de −10 °C qui ferait geler l'eau si sa teneur en sel n'était trois fois supérieure à celle de l'océan. Comment cette communauté a-t-elle survécu, isolée de la surface terrestre depuis au moins 1,5 million d'années? Ces bactéries chimioautotrophes tirent leur énergie en oxydant le sulfate dont regorge leur environnement (voir le chapitre 27). Elles utilisent le fer en tant qu'accepteur final d'électrons. Lorsque l'eau coule de la base du glacier et entre en contact avec l'air, le fer réduit contenu dans l'eau s'oxyde et devient rouge avant que l'eau ne gèle. La couleur particulière que prend l'eau a donné son nom à cette région du glacier: Blood Falls, c'est-à-dire «cascade de sang» (**figure 55.1**).

Ensemble, la communauté bactérienne et son environnement forment un **écosystème**, c'est-à-dire la somme des organismes vivant dans un milieu donné et les facteurs abiotiques avec lesquels ils interagissent. Un écosystème peut être très vaste, tels un lac ou une forêt, ou constituer un microcosme, comme celui qu'on trouve sous un tronc tombé au sol ou dans une oasis (**figure 55.2**). Comme celles des populations et des communautés, les limites d'un écosystème ne sont pas précises. Un grand nombre d'écologistes considèrent la biosphère comme un écosystème planétaire composé de tous les écosystèmes locaux de la Terre.

Quelle que soit l'étendue de l'écosystème, sa dynamique comporte deux processus que les mécanismes et les phénomènes relatifs aux populations et aux communautés ne peuvent complètement décrire: le flux d'énergie et les cycles biogéochimiques. L'énergie pénètre dans la plupart des écosystèmes principalement sous forme de lumière solaire. Elle est convertie en énergie chimique par les organismes autotrophes, transmise aux hétérotrophes par l'intermédiaire des composés organiques de la nourriture et dissipée sous forme de chaleur. Les éléments chimiques comme le carbone et l'azote circulent de manière cyclique entre les composantes biotiques et abiotiques de l'écosystème. Les organismes photosynthétiques et chimioautotrophes tirent ces éléments de l'air, du sol et de

▲ **Figure 55.2 Cette oasis forme un écosystème.**

l'eau sous forme inorganique. Ils les incorporent à leur biomasse, dont une partie est consommée par des animaux. Les éléments retournent dans l'environnement sous forme inorganique, après avoir participé au métabolisme des végétaux, des animaux et des autres organismes de l'écosystème, tels des bactéries et des eumycètes, qui décomposent les déchets organiques et les organismes morts.

L'énergie et la matière sont transformées dans les écosystèmes par la photosynthèse et les relations alimentaires. Mais contrairement à la matière, l'énergie ne peut être recyclée. Un écosystème doit donc continuellement recevoir de l'énergie d'une source externe, le Soleil dans la plupart des cas. L'énergie circule dans les écosystèmes, alors que la matière y est recyclée.

Les ressources essentielles à la survie et au bien-être des humains, des aliments que nous consommons jusqu'à l'oxygène que nous respirons, résultent des processus des écosystèmes. Dans le présent chapitre, nous allons décrire la dynamique du flux d'énergie et des cycles des éléments chimiques dans les écosystèmes en présentant les résultats d'expériences menées à ce propos. Les écologistes étudient les processus biogéochimiques des écosystèmes en examinant comment ceux-ci réagissent à la modification de facteurs environnementaux, comme la température et l'abondance de nutriments. Nous allons également étudier quelques-unes des conséquences de l'activité humaine dans ces processus. Enfin, nous explorerons l'écologie de la restauration, une discipline scientifique en plein essor, qui s'intéresse aux moyens de ramener des écosystèmes dégradés à un état plus naturel.

CONCEPT **55.1**

Les lois de la physique gouvernent le flux d'énergie et les cycles des éléments chimiques dans les écosystèmes

Nous avons vu, dans la deuxième partie, comment les cellules transforment l'énergie et la matière sous l'influence des principes de la thermodynamique. Comme les biologistes cellulaires, les écologistes qui s'intéressent aux écosystèmes étudient comment l'énergie et la matière y sont transformées et mesurent la quantité d'énergie et de matière consommées ou produites. En regroupant les espèces d'une communauté en niveaux trophiques, selon leur principale source de nourriture et d'énergie (voir le chapitre 54), on peut suivre la transformation de l'énergie dans l'ensemble de l'écosystème et la circulation des éléments chimiques.

La conservation de l'énergie

Pour analyser la dynamique des écosystèmes, les écologistes, qui étudient les interactions entre les organismes et leur milieu physique, s'appuient en grande partie sur les lois de la physique et de la chimie. Selon le premier principe de la thermodynamique, que nous avons étudiée au chapitre 8, l'énergie n'est ni créée ni détruite, mais seulement transférée ou transformée. Ainsi, dans tous les écosystèmes, on doit pouvoir suivre le transfert de l'énergie depuis son entrée sous forme de rayonnement solaire jusqu'à sa libération par les organismes sous forme de chaleur. Les Végétaux et les autres organismes photosynthétiques convertissent l'énergie solaire en énergie chimique, mais la quantité totale d'énergie ne change pas. La quantité d'énergie contenue dans les molécules organiques doit donc équivaloir à l'énergie solaire totale captée par les plantes, moins la quantité réfléchie et dissipée sous forme de chaleur. L'un des champs d'études de l'écologie des écosystèmes consiste à calculer les bilans énergétiques et à suivre le flux d'énergie dans des écosystèmes particuliers en vue de comprendre les facteurs qui déterminent ces transferts d'énergie. Ces derniers permettent de déterminer le nombre d'organismes que peut soutenir un habitat et la quantité de nourriture que les humains peuvent tirer d'un site.

Le deuxième principe de la thermodynamique, selon lequel tout échange d'énergie augmente l'entropie de l'univers, nous apprend que les processus de conversion d'énergie sont inefficaces et qu'une partie de l'énergie est toujours perdue sous forme de chaleur (voir le chapitre 8). On peut mesurer l'efficacité de la conversion énergétique en écologie de la même façon qu'on mesure l'efficacité des ampoules électriques et des moteurs d'automobile. L'énergie qui circule dans les écosystèmes se dissipe dans l'espace sous forme de chaleur. Donc, sans l'apport constant de l'énergie solaire à la Terre, les écosystèmes disparaîtraient.

La conservation de la masse

La matière, comme l'énergie, ne peut être créée ni détruite. Cette **loi de la conservation de la masse** est aussi importante pour les écosystèmes que celle des principes la thermodynamique. Parce que la masse est conservée, nous pouvons déterminer la portion d'un élément chimique qu'un écosystème recycle, ou qu'il perd ou gagne au fil du temps.

Contrairement à l'énergie, les éléments chimiques sont continuellement recyclés au sein des écosystèmes. Un atome de carbone contenu dans le CO_2 est libéré du sol par un décomposeur, capté par une plante herbacée grâce à la photosynthèse, puis consommé par un bison ou un autre herbivore avant de retourner dans le sol avec les excréments de l'animal. La mesure et l'analyse des cycles des éléments chimiques dans les écosystèmes et dans l'ensemble de la biosphère constituent un aspect important de l'écologie des écosystèmes.

Bien que les gains ou les pertes d'éléments ne soient pas importants à l'échelle planétaire, ils peuvent être obtenus ou perdus par un écosystème particulier. Dans un écosystème forestier, la plupart des nutriments minéraux – les éléments essentiels qu'une plante tire du sol – entrent sous forme de poussière ou de solutés présents dans l'eau de pluie ou détachés de roches dans le sol. L'azote découle aussi de processus biologiques de fixation de l'azote (voir la figure 37.10, p. 924). En ce qui concerne les pertes, certains éléments réintègrent l'atmosphère sous forme gazeuse alors que d'autres sont entraînés hors de l'écosystème par les cours d'eau. Comme les organismes, les écosystèmes sont des systèmes ouverts qui absorbent de l'énergie et de la masse, et libèrent de la chaleur et des déchets.

Dans la nature, les gains et les pertes des écosystèmes sont généralement faibles comparativement à la somme des éléments qui y sont recyclés. Néanmoins, le rapport entre la production et la consommation détermine si un écosystème s'enrichit ou s'appauvrit d'un élément donné. Si la consommation d'un nutriment minéral dépasse son apport, celui-ci limitera tôt ou tard la production dans ce système. Souvent, les activités humaines modifient considérablement le rapport entre la production et la consommation, comme nous le verrons plus loin dans ce chapitre et au chapitre 56.

L'énergie, la masse et les niveaux trophiques

Comme nous l'avons vu au chapitre 54, les écologistes se fondent sur la principale source de nourriture et d'énergie des espèces pour déterminer à quel niveau trophique elles appartiennent. Le niveau trophique sur lequel reposent en fin de compte tous les autres comprend les organismes autotrophes, appelés **producteurs**, ou *producteurs primaires*. La plupart des autotrophes sont des organismes photosynthétiques qui, grâce à l'énergie lumineuse, synthétisent des glucides et d'autres composés organiques destinés à servir de nutriments pour leur respiration cellulaire et de matériaux de base pour leur croissance. Les Végétaux, les Algues et les procaryotes photosynthétiques sont les principaux autotrophes de la biosphère, même si les procaryotes chimioautotrophes sont les producteurs dans des écosystèmes comme les bouches hydrothermales sous-marines (voir la figure 52.16, p. 1337) et les endroits profondément enfouis sous la roche ou la glace (voir la figure 55.1).

Les organismes des niveaux trophiques situés au-dessus des producteurs sont des hétérotrophes. Ils se nourrissent directement ou indirectement des produits photosynthétiques des producteurs, leur source d'énergie. Les herbivores, qui se nourrissent de végétaux et d'autres producteurs, sont des **consommateurs primaires**. Les carnivores qui se nourrissent d'herbivores sont des **consommateurs secondaires**. Ils sont à leur tour dévorés par d'autres carnivores, les **consommateurs tertiaires**.

Les **détritivores**, ou *décomposeurs*, constituent un autre groupe important. Ce sont des consommateurs qui puisent leur énergie des **détritus**, matières organiques non vivantes comme les restes d'organismes morts, les excréments, les feuilles mortes et le bois. De nombreux détritivores servent aussi de nourriture à des consommateurs secondaires et tertiaires. Les Procaryotes et les Eumycètes (**figure 55.3**) sont d'importants groupes de détritivores. Ces organismes sécrètent des enzymes qui dégradent la matière organique; ils peuvent ensuite absorber les produits décomposés et servent de lien entre les producteurs et les consommateurs d'un écosystème. Ainsi, dans la forêt, des oiseaux dévorent des vers de terre qui se sont nourris de la litière de feuilles mortes ainsi que des bactéries et des eumycètes associés à cette litière.

▲ **Figure 55.3 Des eumycètes décomposant un tronc d'arbre.**

Les détritivores jouent également un rôle crucial en recyclant les éléments chimiques et en les rendant disponibles pour les producteurs. Les détritivores convertissent la matière organique de tous les niveaux trophiques en composés inorganiques qu'utilisent les autotrophes, bouclant la boucle des cycles des éléments chimiques d'un écosystème. Les producteurs peuvent alors recycler ces éléments en les transformant en composés organiques. Si la décomposition s'arrêtait, toute vie terrestre cesserait, car les détritus s'accumuleraient tandis que s'épuiserait la réserve d'éléments chimiques nécessaires à la formation de nouvelles matières organiques. La **figure 55.4** résume les relations trophiques au sein d'un écosystème.

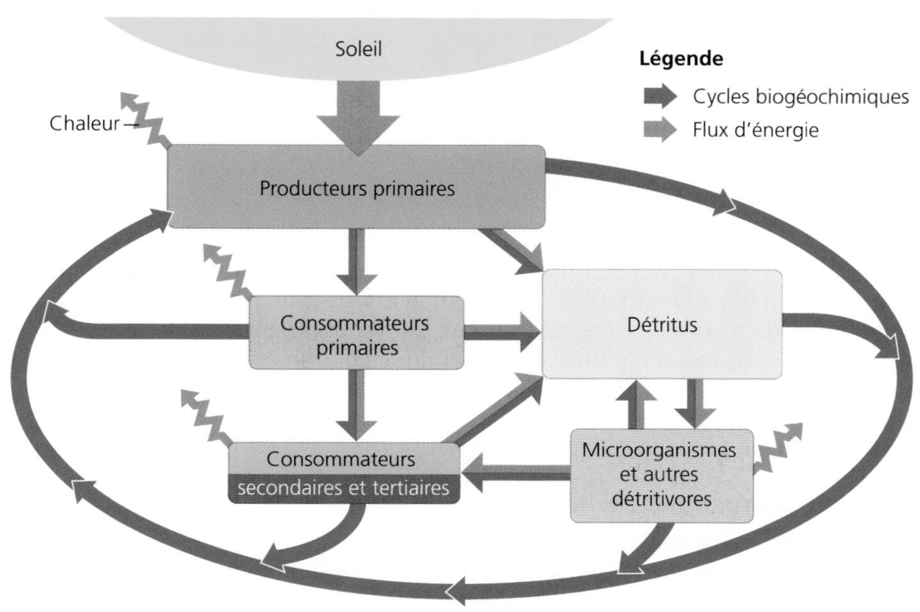

► **Figure 55.4 Vue d'ensemble de la dynamique de l'énergie et des nutriments dans un écosystème.** L'énergie pénètre dans l'écosystème, y circule et en ressort, tandis que les nutriments chimiques y sont constamment recyclés. Ce schéma général montre l'énergie (flèches orange) provenant du Soleil sous forme de rayonnement, puis se déplaçant sous forme d'énergie chimique dans le réseau trophique, pour finalement se dissiper en chaleur dans l'espace. La plupart des transferts de nutriments (flèches bleues) qui ont lieu entre les niveaux trophiques aboutissent à la formation de détritus; les nutriments recyclés reviennent ensuite aux producteurs.

RETOUR SUR LE CONCEPT 55.1

1. Pourquoi parle-t-on de flux d'énergie et non de cycle énergétique lorsqu'on fait référence au transfert d'énergie qui a lieu dans un écosystème?
2. **ET SI?** Vous étudiez le cycle de l'azote dans la plaine du Serengeti, en Afrique. Au cours de votre expérience, un troupeau de gnous (*Connochaetes spp.*) en migration s'arrête dans votre parcelle d'échantillonnage pour brouter. Que devriez-vous connaître pour mesurer l'effet de leur présence sur le bilan azoté de votre parcelle?
3. **FAITES DES LIENS** Relisez l'exposé sur le deuxième principe de la thermodynamique au concept 8.1 (p. 161). Comment cette loi de la physique explique-t-elle que la réserve d'énergie d'un écosystème doive être constamment renouvelée?

Voir les réponses proposées à la fin du chapitre.

CONCEPT 55.2

La productivité primaire dans les écosystèmes est limitée par l'énergie et d'autres facteurs

Comme nous l'avons mentionné au chapitre 1, le transfert d'énergie est le thème à la base de toutes les interactions biologiques. Dans la plupart des écosystèmes, la **productivité primaire** est la quantité d'énergie chimique (composés organiques) issue de la conversion de l'énergie lumineuse par les organismes autotrophes d'un écosystème, pendant une période déterminée. Ce résultat de l'activité photosynthétique constitue le point de départ de la plupart des études du métabolisme des organismes vivants d'un écosystème et du flux d'énergie. Dans les écosystèmes où les producteurs sont des chimioautotrophes (comme celui présenté en introduction de ce chapitre), l'énergie initiale est d'ordre chimique et les produits initiaux sont les composés organiques que synthétisent les microorganismes.

Le bilan énergétique des écosystèmes

Puisque la plupart des producteurs utilisent l'énergie lumineuse pour synthétiser des molécules organiques riches en énergie, les consommateurs se procurent leurs nutriments organiques de seconde (voire de troisième ou de quatrième) main par l'intermédiaire d'un réseau trophique comme celui de la figure 54.15 (p. 1387). Par conséquent, l'intensité de l'activité photosynthétique détermine le bilan énergétique de l'écosystème tout entier.

Le bilan énergétique mondial

Chaque jour, l'atmosphère terrestre reçoit environ 10^{22} joules (1 J = 0,239 cal) d'énergie sous forme de rayonnement solaire. Cette énergie est suffisante pour satisfaire les besoins de toute la population humaine pendant 25 ans, selon les niveaux de consommation de 2009. Comme nous l'expliquons au chapitre 52, l'intensité du rayonnement solaire qui atteint la Terre varie selon la latitude, de telle sorte que les tropiques constituent la partie de la planète qui en reçoit le plus. Le rayonnement solaire est en grande partie absorbé, réfracté ou réfléchi par les nuages et la poussière contenus dans l'atmosphère. La quantité de rayonnement solaire qui atteint la surface terrestre limite l'activité photosynthétique des différents écosystèmes.

Seule une petite fraction de la lumière qui atteint la Terre sert à la photosynthèse. La majeure partie du rayonnement solaire atteint des matières non photosynthétiques, comme la glace ou le sol. Quant à la lumière qui parvient à des organismes photosynthétiques, seules quelques longueurs d'onde sont absorbées par les pigments photosynthétiques (voir la figure 10.9, p. 214); le reste est transmis, reflété ou perdu sous forme de chaleur. Ainsi, seulement 1 % environ de la lumière visible qui atteint les organismes photosynthétiques est convertie en énergie chimique par la photosynthèse. Malgré tout, les producteurs fabriquent environ 150 milliards de tonnes de matière organique chaque année.

La productivité primaire brute et la productivité primaire nette

La productivité primaire totale pour un écosystème est ce qu'on appelle la **productivité primaire brute** (**PPB**), c'est-à-dire la quantité d'énergie provenant de la lumière (ou de substances chimiques, dans les systèmes chimioautotrophes) et convertie en énergie chimique sous forme de molécules organiques, par unité de temps. Les producteurs n'emmagasinent pas toute l'énergie chimique sous forme de matière organique. En effet, ils en utilisent une partie pour leur respiration cellulaire. Si on soustrait de la productivité primaire brute (PPB) cette énergie utilisée pour leur « respiration autotrophe » (R_a), on obtient la **productivité primaire nette** (**PPN**):

$$\text{PPN} = \text{PPB} - R_a$$

La PPN correspond en moyenne à la moitié de la PPB. C'est une mesure importante, car elle représente la quantité d'énergie chimique emmagasinée que les consommateurs de l'écosystème pourront utiliser.

On peut exprimer la PPN sous forme de quantité d'énergie par unité de surface et par unité de temps ($J/m^2 \cdot an$). On peut aussi l'exprimer sous forme de quantité de biomasse de producteurs ajoutée par unité de surface et par unité de temps ($g/m^2 \cdot an$). (On exprime généralement la biomasse sous forme de masse sèche de matière organique.) Il ne faut pas confondre la PPN d'un écosystème avec la biomasse totale des organismes autotrophes photosynthétiques présents, qui équivaut à la *biomasse mesurable* de ces organismes. La PPN représente la quantité de la *nouvelle* biomasse qu'ajoutent les producteurs à un écosystème, pendant une période déterminée. Une forêt a une faible PPN et une très grande biomasse mesurable, tandis qu'une prairie tempérée a une forte PPN et une petite biomasse. Dans une prairie tempérée, en effet, de nombreuses plantes sont dévorées par les herbivores, et les plantes herbacées se décomposent plus rapidement que les arbres.

Les satellites fournissent un moyen efficace d'étudier la répartition des zones de productivité primaire (**figure 55.5**). Les images produites par les données satellitaires montrent que la PPN varie considérablement selon les écosystèmes. Les forêts tropicales humides comptent parmi les écosystèmes terrestres les plus productifs et fournissent une importante partie de la PPN. Les estuaires et les récifs coralliens présentent aussi une PPN très élevée, mais leur contribution à l'échelle planétaire est petite parce que ces écosystèmes ne représentent qu'un dixième de la surface couverte par les forêts tropicales humides. À l'opposé, alors que les océans sont relativement peu productifs (**figure 55.6**), la surface importante qu'ils occupent fait qu'ensemble ils fournissent une productivité primaire nette mondiale comparable à celle des écosystèmes terrestres.

Alors qu'on peut définir la PPN comme étant la quantité de nouvelle biomasse ajoutée pendant une période déterminée, la **productivité nette de l'écosystème (PNE)** est une mesure de l'*accumulation totale de biomasse* au cours de la même période. On obtient la PNE en soustrayant de la PPB la respiration totale de tous les organismes de l'écosystème (R_T) – c'est-à-dire des décomposeurs et des autres hétérotrophes, et non seulement celle des producteurs comme on le fait pour calculer la PPN:

$$\text{PNE} = \text{PPB} - R_T$$

La PNE est utile aux écologistes parce que sa valeur détermine les gains et les pertes de carbone des écosystèmes au fil du temps. Une forêt peut présenter une PPN positive, mais perdre néanmoins du carbone si les hétérotrophes le libèrent sous forme de CO_2 avant que les producteurs l'aient intégré aux composés organiques.

La façon la plus courante d'estimer la PNE consiste à mesurer le flux net de CO_2 ou de O_2 qui pénètre ou quitte l'écosystème. Celui-ci emmagasine du carbone si le CO_2 entrant est supérieur au CO_2 sortant. Puisque les émissions de O_2 sont directement associées à la photosynthèse et à la respiration (voir la figure 9.2, p. 183), un écosystème qui libère du O_2 emmagasine aussi du carbone. En milieu terrestre, les écologistes ne mesurent généralement que le flux net de CO_2 des écosystèmes; il est difficile de détecter des changements mineurs dans un vaste bassin atmosphérique de O_2. Dans les océans, les chercheurs utilisent les deux approches. La recherche océanographique qui utilise les relevés de O_2 a montré une PNE étonnamment élevée dans certaines zones des eaux à faible teneur en nutriments que l'on trouve en haute mer (**figure 55.7**). Ces résultats amènent les biologistes à réévaluer les estimations régionales et mondiales de la productivité des océans et à étudier les contraintes liées à la productivité marine.

Qu'est-ce qui limite la productivité primaire dans les écosystèmes? En d'autres mots, quels facteurs peut-on faire varier pour augmenter la productivité dans un écosystème donné? Examinons d'abord les facteurs qui limitent la productivité primaire dans les écosystèmes aquatiques.

▼ **Figure 55.5** **MÉTHODE DE RECHERCHE**

Le recours aux satellites pour déterminer la productivité primaire

APPLICATION Puisque la chlorophylle capte la lumière visible, les organismes photosynthétiques absorbent plus de lumière à des longueurs d'onde visibles (de 380 à 750 nm environ) qu'au rayonnement infrarouge proche (de 750 à 1 100 nm). Les scientifiques tablent sur cette différence d'absorption pour estimer, à l'aide de satellites, le taux de photosynthèse dans différentes régions du globe.

TECHNIQUE La plupart des satellites déterminent ce qu'ils «voient» en comparant les proportions des différentes longueurs d'onde qui leur sont renvoyées par réflexion. La végétation réfléchit beaucoup plus de rayons infrarouges proches que de rayons visibles, et produit ainsi un schéma de réflectance (ou facteur de réflexion) très différent de ce que produisent les nuages, la neige, le sol et l'eau à l'état liquide.

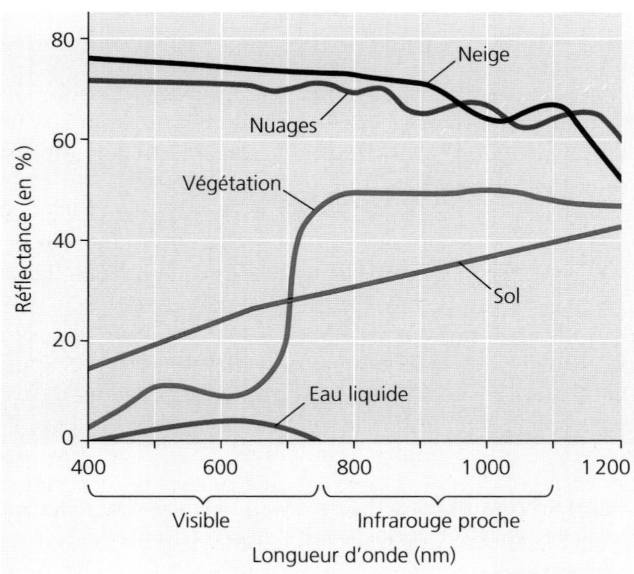

RÉSULTATS Les scientifiques utilisent les données satellitaires pour produire des cartes de productivité primaire comme celle de la figure 55.6.

La productivité primaire dans les écosystèmes aquatiques

Dans les écosystèmes aquatiques (marins et dulcicoles), la lumière et les nutriments déterminent en grande partie la productivité primaire.

L'effet limitatif de la lumière

Dans les océans, comme on s'y attend, la première variable qui détermine la productivité primaire est la lumière, puisque le rayonnement solaire alimente la photosynthèse. La profondeur à laquelle parvient la lumière influe sur la productivité primaire dans toute la zone euphotique d'un océan ou d'un lac (voir la figure 52.13, p. 1335). Les 15 premiers mètres d'eau absorbent environ la moitié du rayonnement solaire. Même dans l'eau «claire», 5 à 10% seulement du rayonnement atteint une profondeur de 75 m.

Si la lumière était la principale variable limitant la productivité primaire dans l'océan, on s'attendrait à une augmentation de la productivité le long d'un gradient partant des pôles allant jusqu'à l'équateur, où l'intensité lumineuse est la plus

▶ **Figure 55.6 La productivité primaire nette mondiale.** La carte est produite à partir de données satellitaires, comme la quantité de lumière absorbée par la végétation. On remarque que les régions terrestres tropicales présentent le taux de productivité le plus élevé (les zones jaunes et rouges).

? *Cette carte mondiale reflète-t-elle avec justesse l'importance de certains habitats très productifs, comme les milieux humides, les récifs coralliens et les zones côtières ? Expliquez votre réponse.*

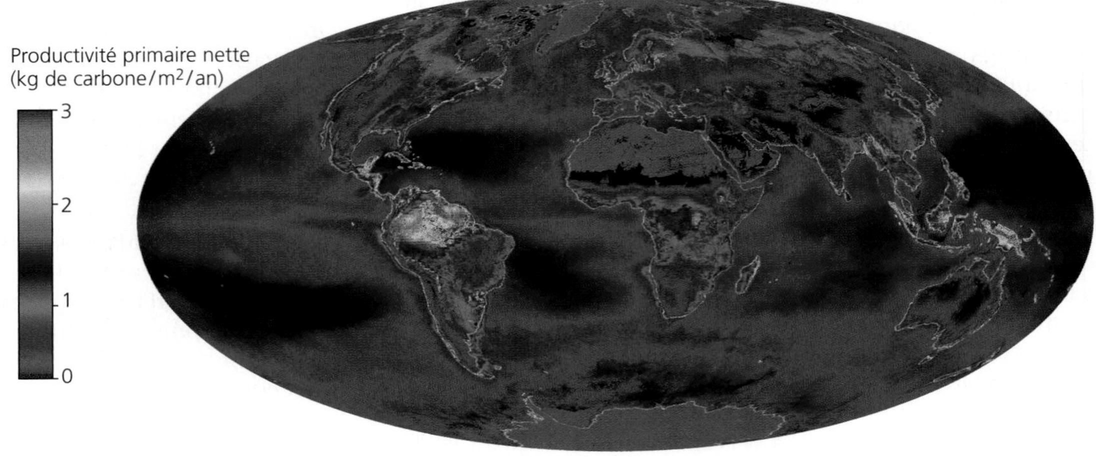

Productivité primaire nette
(kg de carbone/m2/an)
3
2
1
0

forte. Mais, à l'examen de la figure 55.6, on peut constater qu'il n'existe pas de tel gradient. Un autre facteur doit influencer fortement la productivité primaire des océans.

L'effet limitatif des nutriments

Ce sont les nutriments, plus que la lumière, qui limitent la productivité primaire dans la plupart des océans et des lacs. Les écologistes utilisent l'expression **nutriment limitant** pour désigner la substance chimique qu'il faut ajouter pour stimuler la productivité d'un milieu. L'azote et le phosphore sont les deux nutriments qui limitent le plus souvent la productivité primaire marine. Les concentrations d'azote et de phosphore sont généralement faibles dans la zone euphotique, parce que ces éléments sont rapidement consommés par le phytoplancton, et parce que les détritus ont tendance à descendre au fond de l'eau.

Comme l'explique la **figure 55.8**, des expériences d'enrichissement en éléments nutritifs ont confirmé que l'azote limitait la croissance du phytoplancton au large de la côte sud de Long Island, dans l'État de New York. La prévention de la prolifération d'algues, causée par la pollution par l'azote qui fertilise le phytoplancton, est l'une des applications pratiques de cette étude. Avant cette dernière, on croyait que la contamination par les phosphates était responsable de la prolifération d'algues dans l'océan. Or, il ne suffit pas d'éliminer les phosphates ; il faut aussi faire échec à la pollution par l'azote.

D'autres nutriments que l'azote et le phosphore limitent la productivité aquatique. Plusieurs régions étendues de l'océan ont une faible densité de population de phytoplancton, en dépit des concentrations relativement élevées d'azote. L'eau de la mer des Sargasses, une région subtropicale de l'océan Atlantique, est l'une des plus claires au monde, en raison de

▼ **Figure 55.7**

IMPACT

Gros plan sur la productivité des océans

La productivité nette de l'écosystème (PNE) est difficile à mesurer dans les eaux à faible teneur en nutriments, qui représentent la majeure partie des océans. Les taux de productivité primaire et de respiration totale sont faibles, et leur écart – la PNE –, encore plus. En principe, les scientifiques pourraient estimer la PNE en mesurant la quantité de O_2 présent dans l'eau, mais jusqu'à récemment ils ne disposaient pas des outils pour obtenir les données nécessaires. Cependant, en 2008, les chercheurs ont réussi à mesurer la PNE dans des parties de l'océan Pacifique à l'aide de senseurs de dioxygène à haute résolution déployés sur des flotteurs. Les flotteurs étaient « stationnés » à quelque 1 000 m de profondeur et, après avoir dérivé pendant 9 jours, remontaient automatiquement à la surface en mesurant les concentrations de O_2. Au cours des trois années qu'a duré l'étude, les chercheurs ont observé une PNE moyenne de 25 g de C/m^2.

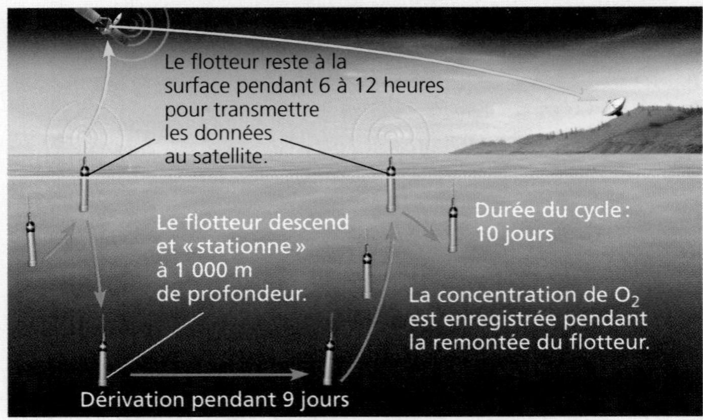

Le flotteur reste à la surface pendant 6 à 12 heures pour transmettre les données au satellite.
Le flotteur descend et « stationne » à 1 000 m de profondeur.
Durée du cycle : 10 jours
La concentration de O_2 est enregistrée pendant la remontée du flotteur.
Dérivation pendant 9 jours

POURQUOI C'EST IMPORTANT Les communautés de phytoplancton dans de vastes régions des océans sont plus productives que ne le croyaient les scientifiques il y a quelques années à peine. Les biologistes comprennent mieux le cycle du carbone à l'échelle planétaire et les facteurs qui limitent la productivité marine dans le monde.

POUR EN SAVOIR PLUS S. C. Riser et K. S. Johnson, Net production of oxygen in the subtropical ocean, *Nature* 451 : 323-325 (2008).

FAITES DES LIENS Relisez la section du concept 28.7 (p. 689) portant sur le rôle de producteur des protistes photosynthétiques dans les écosystèmes aquatiques. Quels facteurs, outre la lumière, sont susceptibles de limiter la productivité primaire dans les océans ?

la très faible densité de phytoplancton. Une série d'expériences sur l'enrichissement en éléments nutritifs a révélé que, dans ce cas, c'était la disponibilité du fer, un oligoélément, qui limitait la productivité primaire (**tableau 55.1**). La poussière que les vents balaient du continent vers les océans procure à ces derniers la majeure partie du fer qu'ils contiennent, mais par rapport à l'ensemble des océans, certaines régions, dont celle de la mer des Sargasses, en contiennent peu.

Les constatations selon lesquelles le fer limite la productivité dans certains écosystèmes océaniques ont encouragé les écologistes à mener récemment des expériences de fertilisation à grande échelle dans l'océan Pacifique. Leur recherche permettrait de déterminer l'efficacité de l'utilisation de la fertilisation des océans pour réduire la présence de CO_2, un gaz à effet de serre, dans l'atmosphère. Dans une de ces expériences, les chercheurs ont répandu dans l'océan, sur 72 km^2, de faibles concentrations de fer en solution. Puis, ils ont mesuré la variation de la densité de population du phytoplancton pendant sept jours. L'augmentation de la concentration de chlorophylle dans l'eau a corroboré la prolifération massive du phytoplancton observée. L'ajout de fer a stimulé la croissance de cyanobactéries qui fixent l'azote atmosphérique (voir le chapitre 27), et cet azote supplémentaire a stimulé la prolifération du phytoplancton.

La fertilisation par le fer demeure une approche controversée pour réduire le CO_2 atmosphérique. Les expériences menées à ce jour n'ont pas prouvé que le carbone organique descende au fond de l'eau et dans les sédiments. Il semble plutôt qu'il soit recyclé par des consommateurs secondaires et des décomposeurs dans les eaux peu profondes, et qu'il finisse par réintégrer l'atmosphère. Les écologistes s'inquiètent également des effets cumulés de la fertilisation à grande échelle sur les communautés marines. Il est donc peu probable que la fertilisation par le fer soit appliquée sur une vaste échelle à court terme.

Dans les océans, les zones de remontée des eaux, où les eaux profondes riches en nutriments viennent à la surface, ont une productivité primaire exceptionnellement élevée; ce phénomène confirme l'hypothèse selon laquelle la disponibilité des nutriments détermine la productivité primaire. Comme la remontée des eaux stimule la production de phytoplancton à la base des réseaux trophiques, ces zones abritent généralement des écosystèmes très productifs et diversifiés, et constituent des sites de pêche de premier ordre. Les plus grandes zones de remontée des eaux se situent dans l'océan Austral (aussi appelé océan Antarctique), le long de l'équateur et dans les eaux côtières situées au large du Pérou, de la Californie et de certaines parties de l'Afrique de l'Ouest.

L'effet limitatif des nutriments s'observe aussi communément dans les milieux dulcicoles. Au cours des années 1970, des scientifiques ont remarqué que les eaux usées et les eaux de ruissellement contenant des engrais, provenant des fermes et des jardins, ajoutent de grandes quantités de nutriments aux lacs. L'ajout de ces nutriments accélère la croissance des

▼ Figure 55.8 INVESTIGATION

Quel nutriment limite la production de phytoplancton dans les eaux côtières de Long Island?

EXPÉRIENCE Les fermes d'élevage de canards qui polluent les eaux côtières de Long Island (État de New York) par des composés azotés et phosphorés sont concentrées près de Moriches Bay. Pour déterminer quel nutriment limite la croissance du phytoplancton dans cette zone, John Ryther et William Dunstan, chercheurs à la Woods Hole Oceanographic Institution, ont préparé, dans de l'eau provenant de plusieurs sites désignés par les lettres A à G, des cultures de l'algue verte *Nannochloris atomus*. Ils ont ajouté de l'ammonium (NH_4^+) ou des phosphates (PO_4^{3-}) à certaines cultures.

RÉSULTATS L'addition d'ammonium a provoqué une forte croissance du phytoplancton dans les cultures, mais l'addition de phosphates n'a pas provoqué cet effet.

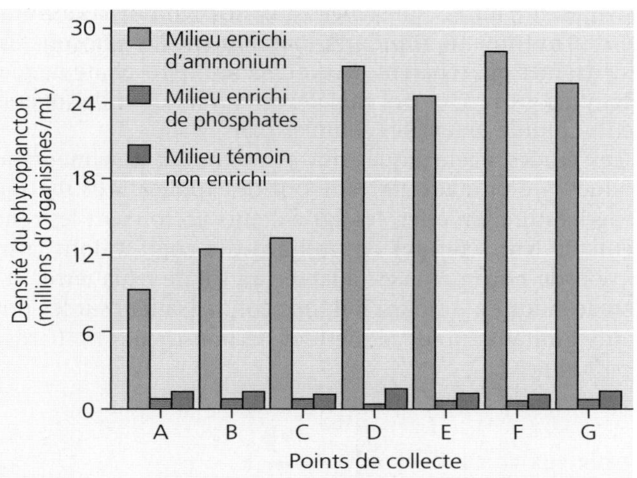

CONCLUSION Puisque l'addition de phosphore (sous forme de phosphates), lequel se trouvait déjà en concentration élevée, n'a pas accru la croissance de *Nannochloris atomus*, mais que l'addition d'azote (sous forme d'ammonium) en a augmenté considérablement la densité, les chercheurs ont conclu que l'azote était le nutriment limitant la croissance du phytoplancton dans cet écosystème.

SOURCE J. H. Ryther et W. M. Dunstan, Nitrogen, phosphorus and eutrophication in the coastal marine environment, *Science* 171 : 1008-1013 (1971).

ET SI? Si de nouvelles fermes d'élevage de canards augmentaient la pollution de l'eau de façon substantielle, quel effet cette pollution aurait-elle sur les résultats de l'expérience? Expliquez votre raisonnement.

Tableau 55.1 Les expériences d'enrichissement en éléments nutritifs sur des échantillons de phytoplancton provenant de la mer des Sargasses

Nutriments ajoutés à une culture en laboratoire	Absorption relative de ^{14}C par les cultures*
Aucun (témoins)	1,00
Azote (N) + phosphore (P) seulement	1,10
N + P + métaux (excepté le fer)	1,08
N + P + métaux (incluant le fer)	12,90
N + P + fer	12,00

* L'absorption du ^{14}C par les cultures permet de mesurer la productivité primaire.
Source : D. W. Menzel et J. H. Ryther, Nutrients limiting the production of phytoplancton in the Sargasso Sea, with special reference to iron, *Deep Sea Research* 7 : 276-281 (1961).

cyanobactéries et des algues, et finit par réduire la concentration de dioxygène et la clarté de l'eau. La disparition de nombreuses espèces de poissons (voir la figure 52.16, p. 1337) compte parmi les conséquences écologiques de ce processus, appelé **eutrophisation** (du terme grec *eutrophos*, qui signifie « bien nourri »).

Pour empêcher l'eutrophisation, il importe de savoir quel nutriment polluant provoque la prolifération des cyanobactéries. Alors que l'azote est rarement le nutriment qui limite la productivité primaire dans les lacs, une série d'expériences menées sur des lacs entiers a montré que la disponibilité en phosphore limitait la prolifération de cyanobactéries. Ces résultats et d'autres études écologiques ont conduit à l'utilisation de détergents sans phosphate et à des changements de normes quant à la qualité de l'eau.

La productivité primaire dans les écosystèmes terrestres

À l'échelle régionale et mondiale, la température et l'humidité sont les principaux facteurs qui déterminent la productivité primaire des écosystèmes terrestres. Les forêts tropicales humides sont les écosystèmes terrestres les plus productifs, en raison de leurs conditions de chaleur et d'humidité, qui sont favorables à la croissance des végétaux (voir la figure 55.6). À l'opposé, les écosystèmes qui ont une faible productivité sont généralement chauds et secs, comme de nombreux déserts, ou froids et secs, comme la toundra arctique. Entre ces extrêmes se trouvent les forêts et les prairies tempérées dont le climat est modéré, et le degré de productivité moyen.

Les variables climatiques que sont l'humidité et la température sont très utiles pour prédire la PPN des écosystèmes terrestres. En effet, la PPN est plus grande dans les écosystèmes plus humides, comme le montre la **figure 55.9**. Outre la moyenne annuelle de précipitations, l'*évapotranspiration réelle*, qui correspond à la quantité annuelle d'eau issue de la transpiration des plantes et de l'évaporation qui se produit dans un paysage, constitue un autre indice utile. L'évapotranspiration réelle augmente en fonction de la température et de l'énergie solaire disponible pour produire l'évaporation et la transpiration.

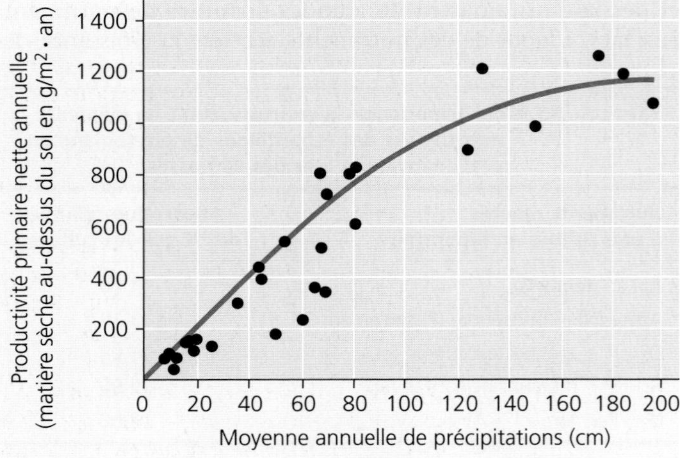

▲ **Figure 55.9 À l'échelle mondiale, rapport entre la productivité primaire nette et la moyenne annuelle de précipitations dans les écosystèmes terrestres.**

L'effet limitatif des nutriments et les adaptations pour y remédier

ÉVOLUTION Les nutriments minéraux du sol peuvent jouer un rôle important dans la limitation de la productivité primaire des écosystèmes terrestres. Comme dans les écosystèmes aquatiques, l'azote et le phosphore sont les principaux nutriments limitant la productivité primaire terrestre. De façon générale, l'azote est l'élément qui limite le plus la croissance des Végétaux. L'effet limitatif du phosphore est répandu dans les sols plus vieux où les molécules de phosphate ont été lessivées par l'eau, comme dans de nombreux écosystèmes tropicaux. La disponibilité du phosphore est souvent faible dans le sol des déserts et dans des écosystèmes à pH basique, où le phosphore est précipité et devient inaccessible aux végétaux présents dans ces milieux. L'ajout d'un nutriment non limitant, même rare, ne stimulera pas la productivité. En revanche, l'ajout d'un nutriment limitant augmentera la productivité jusqu'à ce qu'un autre nutriment devienne limitant.

Diverses adaptations ont permis aux plantes d'accroître leur absorption de nutriments limitants. Nous avons vu que la symbiose entre les racines d'une plante et des bactéries fixatrices d'azote constitue une forme importante de mutualisme, tout comme l'association mycorhizienne entre les racines des plantes et des eumycètes, qui procurent aux plantes le phosphore et d'autres nutriments limitants dont elles ont besoin (voir les chapitres 36 et 37). Les poils absorbants des plantes et d'autres caractéristiques anatomiques augmentent la zone de contact des racines avec le sol (voir le chapitre 35). En outre, de nombreux végétaux libèrent dans le sol des enzymes et d'autres substances qui augmentent la disponibilité des nutriments limitants, notamment les phosphatases, des enzymes qui séparent un groupement phosphate de molécules plus grosses, et des chélateurs, qui rendent des oligoéléments comme le fer plus solubles dans le sol.

Les études scientifiques qui associent les nutriments à la productivité primaire terrestre ont des applications pratiques en agriculture. En effet, les agriculteurs accroissent les rendements de leurs cultures en utilisant des engrais dont la proportion de nutriments est adaptée au sol de leurs terres et au type de cultures. Aujourd'hui, nos connaissances sur les nutriments limitants nous permettent de nourrir des milliards de personnes.

RETOUR SUR LE CONCEPT 55.2

1. Pourquoi les producteurs n'emmagasinent-ils qu'une petite partie de l'énergie solaire qui atteint l'atmosphère terrestre ?
2. Comment les écologistes peuvent-ils déterminer expérimentalement le facteur qui limite la productivité primaire dans un écosystème ?
3. FAITES DES LIENS Le concept 10.3 (p. 222 et 223) décrit le cycle de Calvin. Expliquez le rôle de l'azote et du phosphore, les nutriments limitants les plus courants, dans le fonctionnement du cycle de Calvin.

Voir les réponses proposées à la fin du chapitre.

CONCEPT 55.3

Le transfert d'énergie entre les niveaux trophiques n'est généralement efficace qu'à 10%

On appelle **productivité secondaire** l'augmentation, par conversion de l'énergie chimique de la nourriture, de la biomasse des consommateurs d'un écosystème pendant une période déterminée. Considérons le transfert de matière organique des producteurs aux herbivores, qui sont les consommateurs primaires. Dans la plupart des écosystèmes, les herbivores mangent seulement une petite fraction de la matière végétale produite; ils ne consomment en gros qu'un sixième de la production végétale totale. De plus, ils ne digèrent pas toute la matière végétale qu'ils ingèrent. Par conséquent, la grande majorité de la production d'un écosystème finit par être consommée par les détritivores. Examinons de plus près ce processus de transfert et de circulation d'énergie.

L'efficacité écologique

Examinons d'abord la productivité secondaire chez un organisme en particulier, la chenille (larve des Lépidoptères). Lorsque la chenille se nourrit de la feuille d'une plante, seuls environ 33 des 200 J de la feuille, soit un sixième de son énergie potentielle, servent à la productivité secondaire, ou croissance (**figure 55.10**). La chenille utilise une partie de l'énergie qui reste pour la respiration cellulaire et élimine le reste sous forme d'excréments. L'énergie contenue dans les excréments reste temporairement dans l'écosystème, mais la plus grande partie est perdue sous forme de chaleur une fois qu'ils ont été consommés par les détritivores. L'énergie qui sert à la respiration cellulaire de la chenille est, elle aussi, perdue sous forme de chaleur. C'est la raison pour laquelle on dit que l'énergie circule à travers un écosystème plutôt qu'elle y est recyclée.

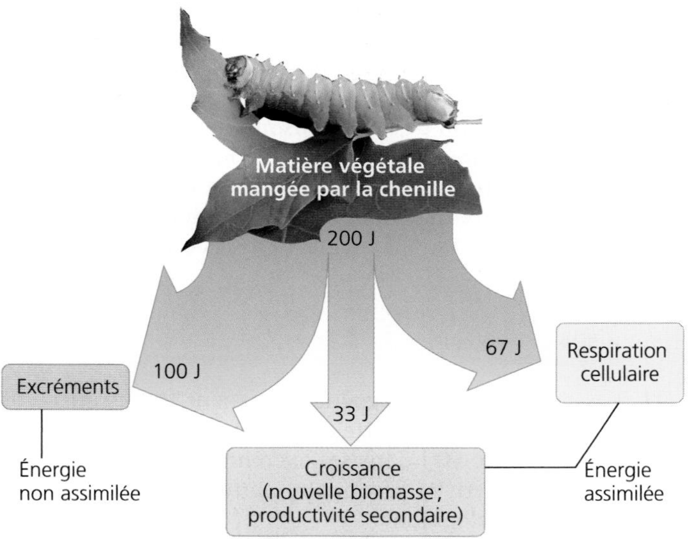

▲ **Figure 55.10 La répartition de l'énergie dans un niveau de chaîne trophique.** Moins de 17 % de la nourriture d'une chenille sert réellement à la productivité secondaire (croissance).

Seule l'énergie chimique que les herbivores emmagasinent sous forme de biomasse, par la croissance ou la production de descendants, peut servir de nourriture aux consommateurs secondaires.

On peut mesurer l'efficacité des animaux d'un écosystème, en tant que transformateurs d'énergie, à l'aide de l'équation suivante:

$$\text{Efficacité écologique} = \frac{\text{Productivité secondaire nette} \times 100\,\%}{\text{Assimilation de la productivité primaire}}$$

La productivité secondaire nette est l'énergie emmagasinée dans la biomasse, qui est représentée par la croissance et la reproduction. L'assimilation comprend l'énergie totale absorbée, à l'exception des pertes sous forme d'excréments, et utilisée pour la croissance, la reproduction et la respiration cellulaire. En d'autres mots, l'**efficacité écologique** est le pourcentage de l'énergie emmagasinée dans la nourriture assimilée qui *n'est pas* utilisée par les consommateurs pour la respiration cellulaire. Pour la chenille de la figure 55.10, l'efficacité écologique est de 33%; 67 des 100 J assimilés sont utilisés pour la respiration cellulaire. (L'énergie contenue dans la matière non digérée et éliminée sous forme d'excréments est exclue de l'assimilation.) Les Oiseaux et les Mammifères ont une faible efficacité écologique, qui varie de 1 à 3%, car ils utilisent beaucoup d'énergie pour maintenir leur température corporelle à un niveau élevé. Les Poissons, qui sont des organismes ectothermes (voir le chapitre 40), ont une efficacité écologique d'environ 10%. Les Insectes et les microorganismes sont encore plus efficaces: leur efficacité écologique, en tant que consommateurs, s'élève en moyenne à 40% ou plus.

L'efficacité trophique et les pyramides écologiques

Après avoir examiné l'efficacité écologique à l'échelle des consommateurs, étudions le flux d'énergie dans l'ensemble des niveaux trophiques.

L'**efficacité trophique** est le pourcentage de la productivité qui est transférée d'un niveau trophique donné au niveau supérieur. Cette efficacité est toujours inférieure à l'efficacité écologique, parce qu'elle tient compte non seulement de l'énergie perdue par la respiration cellulaire et dans les excréments, mais également de l'énergie qui se trouve dans la matière organique d'un niveau trophique inférieur et qui n'est pas consommée par le niveau trophique supérieur. L'efficacité trophique varie habituellement de 5 à 20%, selon le type d'écosystème. Autrement dit, 90% de l'énergie disponible à un niveau trophique *ne se rend pas* au niveau supérieur. Cette perte s'accroît sur toute la chaîne alimentaire. Ainsi, si 10% de l'énergie des producteurs vont aux consommateurs primaires, par exemple des chenilles, et que 10% de ces 10% vont aux consommateurs secondaires, les carnivores, cela signifie donc que ces derniers ne peuvent utiliser que 1% de la productivité primaire nette.

La perte progressive d'énergie le long d'une chaîne alimentaire limite sérieusement l'abondance de carnivores des niveaux supérieurs que peut soutenir un écosystème. À peine 0,1% de l'énergie chimique fixée par photosynthèse arrive à traverser le réseau trophique jusqu'aux consommateurs tertiaires que sont les serpents (des reptiles) ou les requins (des

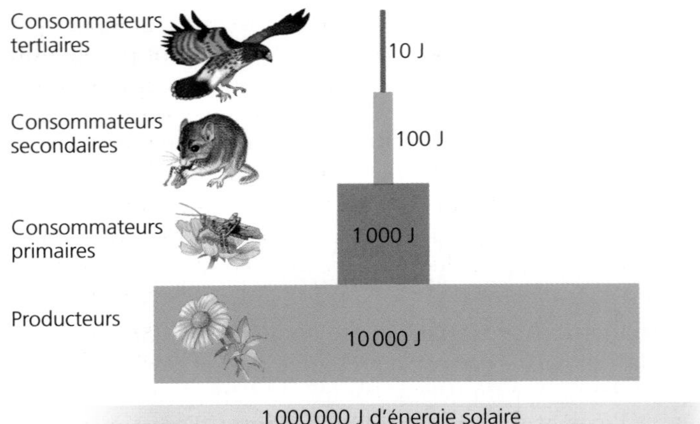

▲ **Figure 55.11 Une pyramide théorique de productivité nette.** Dans cet exemple d'écosystème, 10 % de l'énergie disponible à chaque niveau trophique sont convertis en nouvelle biomasse au niveau suivant, ce qui représente une efficacité trophique de 10 %. On remarque que les producteurs convertissent seulement 1 % de l'énergie solaire qui leur parvient ; ce pourcentage représente la productivité primaire.

poissons cartilagineux). Voilà qui explique pourquoi la plupart des réseaux trophiques ne comptent que quatre ou cinq niveaux trophiques (voir le chapitre 54).

On peut représenter les pertes d'énergie successives au moyen d'un diagramme appelé *pyramide de productivité nette*, où les niveaux trophiques sont présentés en étages (**figure 55.11**). La largeur de chaque étage est proportionnelle à la productivité nette, exprimée en unités d'énergie (joules), du niveau trophique correspondant. Le niveau le plus élevé, représentant les prédateurs du niveau trophique supérieur, contient relativement peu d'individus. La faible population des espèces situées à ce niveau trophique explique qu'elles soient sujettes à l'extinction (ainsi qu'aux conséquences évolutives associées à une démographie réduite ; voir le chapitre 23).

La faible efficacité de chaque niveau trophique a une conséquence écologique importante qu'on peut représenter à l'aide d'une *pyramide des biomasses*. Dans ce diagramme, la largeur de chaque étage est proportionnelle à la biomasse mesurable (masse sèche totale des organismes) du niveau trophique correspondant à un moment donné. En général, la pyramide des biomasses se rétrécit considérablement entre les producteurs de la base et les carnivores du sommet, étant donné l'inefficacité des transferts d'énergie entre les niveaux trophiques (**figure 55.12a**). Cependant, certains écosystèmes aquatiques ont une pyramide des biomasses inversée, la biomasse des consommateurs primaires étant supérieure à celle des producteurs (**figure 55.12b**). En effet, le zooplancton consomme le phytoplancton si rapidement que la population, ou biomasse mesurable, de ce dernier n'atteint jamais une taille importante. En d'autres termes, le phytoplancton a un **temps de renouvellement** rapide, ce qui signifie qu'il a une petite biomasse mesurable par rapport à sa productivité primaire nette :

$$\text{Temps de renouvellement} = \frac{\text{Biomasse mesurable (g/m}^2\text{)}}{\text{Productivité (g/m}^2 \cdot \text{jour)}}$$

Comme le temps de renouvellement de sa biomasse est rapide, le phytoplancton peut servir de nourriture à une biomasse de zooplancton plus grosse que la sienne. Néanmoins, la

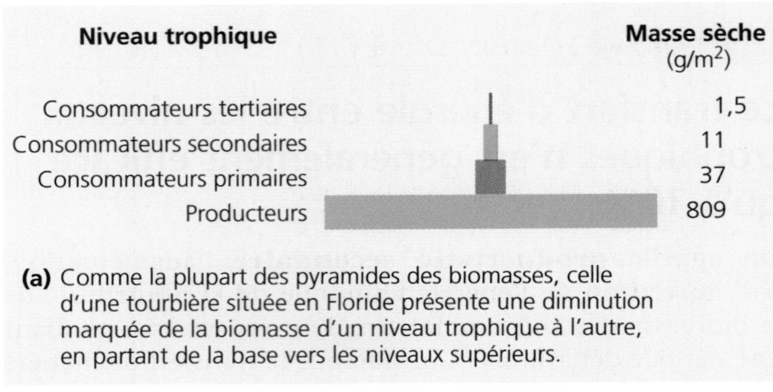

(a) Comme la plupart des pyramides des biomasses, celle d'une tourbière située en Floride présente une diminution marquée de la biomasse d'un niveau trophique à l'autre, en partant de la base vers les niveaux supérieurs.

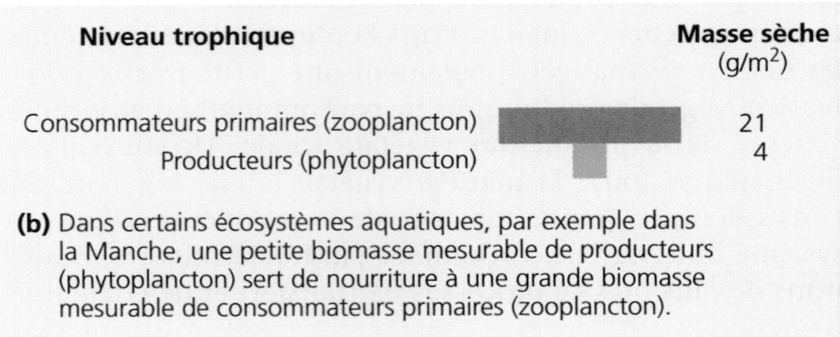

(b) Dans certains écosystèmes aquatiques, par exemple dans la Manche, une petite biomasse mesurable de producteurs (phytoplancton) sert de nourriture à une grande biomasse mesurable de consommateurs primaires (zooplancton).

▲ **Figure 55.12 Les pyramides des biomasses mesurables.** Les nombres indiquent la masse sèche totale des organismes de chaque niveau trophique.

pyramide de *productivité* de l'écosystème reste à l'endroit, c'est-à-dire plus large à sa base, comme celle de la figure 55.11, car la productivité du phytoplancton dépasse celle du zooplancton.

La dynamique du flux d'énergie dans les écosystèmes s'applique aussi à la population humaine. La consommation de viande représente un moyen relativement inefficace d'exploiter la production photosynthétique. Les 500 g de soja qu'une personne mange pour consommer des protéines végétales ne lui fourniraient qu'un cinquième ou moins de cette quantité en viande s'ils servaient d'abord à nourrir une vache. L'agriculture à l'échelle mondiale pourrait fournir de la nourriture à bien plus de gens et utiliser beaucoup moins de terres cultivables si nous étions tous végétariens et nous nourrissions plus efficacement, en tant que consommateurs primaires. Par conséquent, les estimations relatives à la capacité limite de la Terre pour les humains (voir le chapitre 53) varient considérablement selon notre régime alimentaire et la quantité de ressources que chacun de nous consomme.

Dans la prochaine section, nous allons voir comment le transfert des nutriments et de l'énergie qui a lieu entre les niveaux des réseaux trophiques s'intègre à un processus plus global, le recyclage des nutriments dans les écosystèmes.

RETOUR SUR LE CONCEPT 55.3

1. Un insecte mange des graines contenant 100 J d'énergie. Il utilise 30 J de cette énergie pour sa respiration et en élimine 50 J dans ses excréments. Quelle est sa productivité secondaire nette ? Quelle est son efficacité écologique ?
2. Les feuilles de tabac renferment de la nicotine, une substance nocive dont la production exige beaucoup

d'énergie de la part de la plante. Quel avantage celle-ci peut-elle en tirer pour consacrer une partie de ses ressources à produire de la nicotine?

3. **FAITES DES LIENS** La figure 40.20 (p. 1009) décrit le bilan énergétique relatif pour quatre animaux. Quelles sont les différences entre la dépense d'énergie de la chenille décrite à la figure 55.10 et celle de la femme illustrée à la figure 40.20?

Voir les réponses proposées à la fin du chapitre.

CONCEPT 55.4

Des processus biologiques et géochimiques recyclent les nutriments et l'eau dans les écosystèmes

Bien que la plupart des écosystèmes reçoivent de l'énergie solaire en grande quantité, les réserves d'éléments chimiques sont limitées. Par conséquent, la vie sur Terre repose sur le recyclage des éléments chimiques essentiels. Presque toutes les réserves de substances chimiques d'un organisme sont renouvelées continuellement par l'absorption de nutriments et le rejet de déchets. Quand l'organisme meurt, les décomposeurs dégradent ses molécules complexes et renvoient des composés simples dans l'atmosphère, l'eau ou le sol. La décomposition reconstitue les réserves d'éléments nutritifs inorganiques que les plantes et les autres autotrophes utilisent pour fabriquer de la nouvelle matière organique. Comme les cycles des nutriments font intervenir des composantes biotiques et abiotiques des écosystèmes, on les appelle aussi **cycles biogéochimiques**.

Les cycles biogéochimiques

Le déroulement des cycles biogéochimiques varie selon l'élément et la structure trophique des écosystèmes. Cependant, pour des raisons pratiques, on peut classer les cycles biogéochimiques en deux catégories: les cycles mondiaux et les cycles locaux. D'une part, le carbone, l'oxygène, le soufre et l'azote circulent dans l'atmosphère à l'état gazeux; leur cycle se réalise essentiellement à l'échelle mondiale. Ainsi, une partie des atomes de carbone et d'oxygène qu'une plante retire de l'air sous forme de CO_2 peut avoir été libérée dans l'atmosphère par la respiration d'une autre plante ou d'un animal vivant loin de cette plante. D'autres éléments comme le phosphore, le potassium et le calcium sont trop lourds pour se retrouver à l'état gazeux à la surface de la Terre, bien qu'ils soient transportés sous forme de poussière. Dans les écosystèmes terrestres, ces éléments sont recyclés plus localement et sont absorbés par les racines des plantes avant de retourner dans le sol grâce aux décomposeurs. Leur cycle se fait cependant à une plus grande échelle dans les écosystèmes aquatiques où, sous forme dissoute, ils sont transportés par les courants.

Penchons-nous d'abord sur un modèle général du recyclage des nutriments qui montre les principaux réservoirs de nutriments, de même que les processus de transfert entre les réservoirs (**figure 55.13**). Chaque réservoir se distingue par deux caractéristiques: son contenu (matière organique ou inorganique) et la disponibilité de celui-ci pour les organismes.

Les nutriments contenus dans les organismes vivants eux-mêmes et dans les détritus (le réservoir A de la figure 55.13) sont disponibles pour d'autres organismes quand les consommateurs se nourrissent et quand les détritivores consomment de la matière organique non vivante. Une partie de cette matière organique est passée du réservoir des organismes vivants au réservoir de la matière organique fossilisée (réservoir B) il y a des millions d'années, quand les organismes ont été convertis en charbon, en pétrole ou en tourbe (combustibles fossiles). Les nutriments contenus dans ces dépôts ne peuvent être assimilés directement.

Des substances inorganiques (éléments et composés) dissoutes dans l'eau ou présentes dans le sol ou l'air (réservoir C) sont disponibles comme nutriments. Les organismes assimilent cette matière directement. Ils la renvoient peu de temps après dans ce réservoir par la respiration, l'excrétion et la décomposition, des processus qui sont assez rapides. Bien que la plupart de ces organismes ne puissent pas utiliser directement les éléments retenus dans la roche (réservoir D), les nutriments sont lentement mis à leur disposition par la désagrégation et l'érosion. De même, la matière organique non disponible passe dans le réservoir contenant la matière inorganique disponible quand l'utilisation de combustibles fossiles produit des gaz qui s'échappent dans l'atmosphère.

La **figure 55.14**, qui occupe les deux prochaines pages, illustre en détail les cycles de l'eau, du carbone, de l'azote et du phosphore.

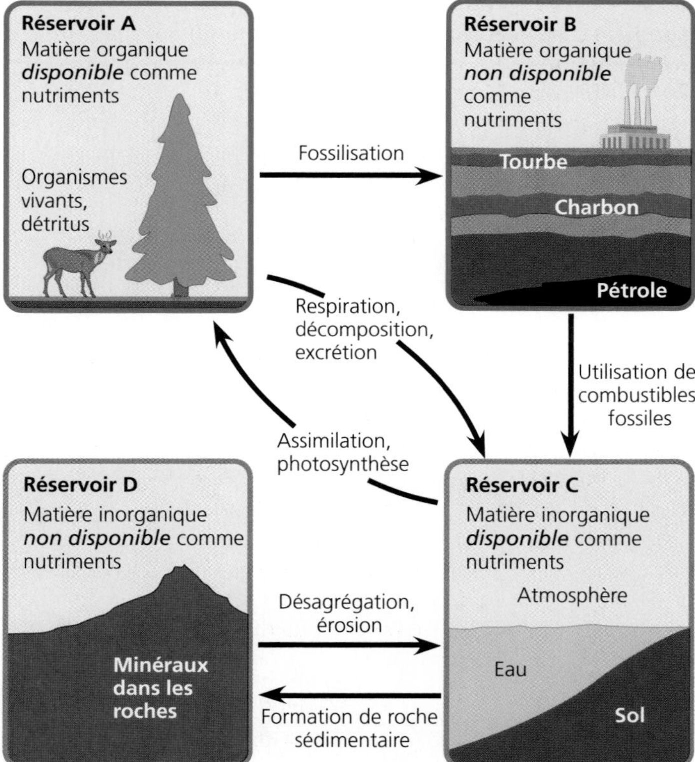

▲ **Figure 55.13 Le modèle général du recyclage des nutriments.** Les processus qui déplacent les nutriments d'un réservoir à l'autre sont indiqués près des flèches.

▼ **Figure 55.14**

PANORAMA Les cycles de l'eau et des nutriments

Examinez attentivement chacun de ces cycles, en portant attention aux principaux réservoirs d'eau, de carbone, d'azote et de phosphore, ainsi qu'aux processus qui les définissent. La largeur des flèches dans les schémas reflète la contribution relative de chaque processus au mouvement de l'eau ou d'un nutriment dans la biosphère.

Le cycle de l'eau

Importance biologique L'eau est essentielle à tous les organismes (voir le chapitre 3), et sa disponibilité influe sur la vitesse des processus des écosystèmes, en particulier sur la productivité primaire et la décomposition dans les écosystèmes terrestres.

Formes utilisables par les organismes vivants C'est à l'état liquide que l'eau est le plus souvent utilisée, quoique certains organismes soient en mesure de recueillir la vapeur d'eau. Le gel de l'eau du sol peut limiter la disponibilité de l'eau pour les plantes terrestres.

Réservoirs Les océans contiennent 97 % de l'eau de la biosphère. Approximativement 2 % de l'eau est retenue dans les glaciers et les calottes polaires. Les lacs, les cours d'eau et les nappes d'eau souterraines représentent le 1 % qui reste, la quantité d'eau contenue dans l'atmosphère étant négligeable.

Processus clés Les principaux processus responsables du cycle de l'eau sont l'évaporation de l'eau grâce à l'énergie solaire, la formation des nuages par condensation de la vapeur d'eau et les précipitations. La transpiration des plantes terrestres fait aussi circuler d'importants volumes d'eau dans l'atmosphère. Enfin, les eaux de surface et les eaux souterraines peuvent se déverser dans les océans, ce qui complète le cycle de l'eau.

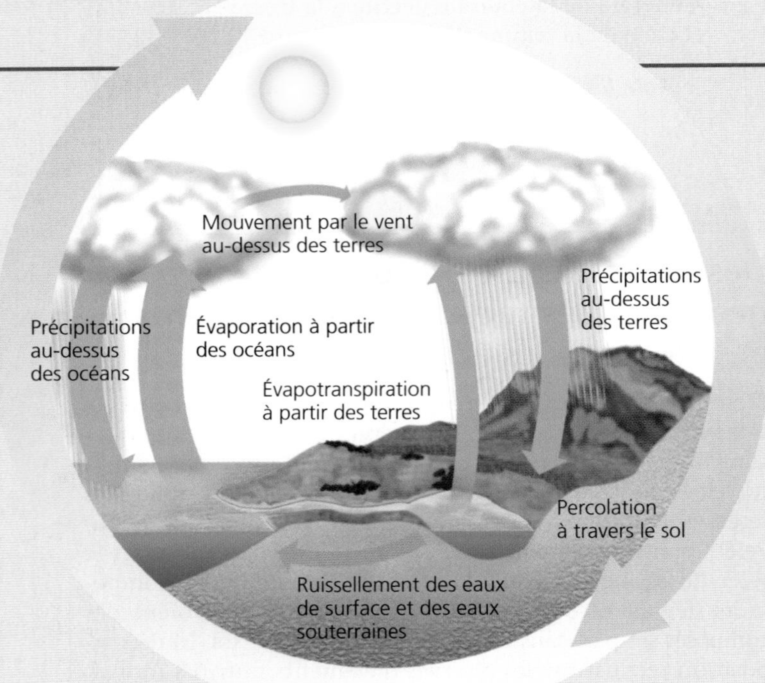

Le cycle du carbone

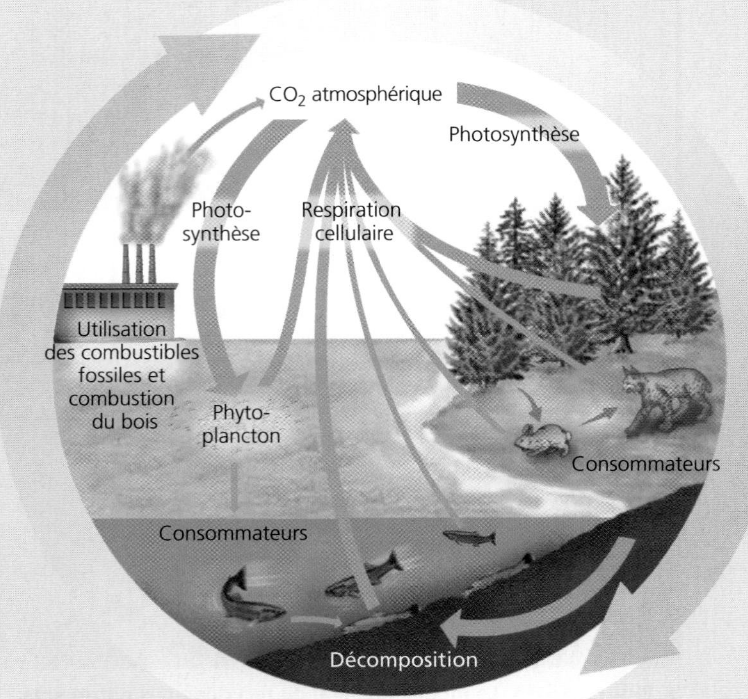

Importance biologique Le carbone constitue la charpente des molécules organiques essentielles à tous les organismes.

Formes utilisables par les organismes vivants Les organismes photosynthétiques utilisent du CO_2 au cours de la photosynthèse et convertissent le carbone en matière organique utilisée par les consommateurs, dont les Animaux, les Eumycètes, ainsi que les protistes et les procaryotes hétérotrophes.

Réservoirs Les principaux réservoirs de carbone sont les combustibles fossiles, les sols, les sédiments des écosystèmes aquatiques, les océans (composés de carbone dissous), la biomasse des Végétaux et des Animaux et l'atmosphère (CO_2). Ce sont les roches sédimentaires comme le calcaire qui constituent le plus important réservoir de carbone ; ce stock se renouvelle toutefois très lentement.

Processus clés La photosynthèse effectuée par les plantes et le phytoplancton élimine chaque année de l'atmosphère une quantité considérable de CO_2. Cette quantité est à peu près égale à celle du CO_2 qui s'ajoute à l'atmosphère par l'intermédiaire de la respiration cellulaire des producteurs et des consommateurs. L'utilisation des combustibles fossiles et la combustion du bois envoient dans l'atmosphère beaucoup de CO_2 supplémentaire. À l'échelle du temps géologique, les volcans représentent une importante source de CO_2.

Le cycle de l'azote

Importance biologique L'azote entre dans la composition des acides aminés, des protéines et des acides nucléiques; il constitue souvent pour les Végétaux un nutriment limitant.

Formes utilisables par les organismes vivants Les Végétaux peuvent métaboliser deux formes inorganiques d'azote – l'ammonium (NH_4^+) et le nitrate (NO_3^-) – et certaines formes organiques, comme les acides aminés. Diverses bactéries peuvent métaboliser toutes ces formes ainsi que le nitrite (NO_2^-). Chez les Animaux, seules les formes organiques de l'azote sont utilisables.

Réservoirs Le principal réservoir d'azote est l'atmosphère, qui se compose de 80% d'azote gazeux (N_2). Les autres réservoirs de composés azotés organiques et inorganiques sont les sols, les sédiments des lacs, des cours d'eau et des océans, les eaux de surface et les eaux souterraines, ainsi que la biomasse des organismes vivants.

Processus clés La principale voie qu'emprunte l'azote pour pénétrer dans un écosystème est la *fixation de l'azote*, processus par lequel des bactéries transforment le N_2 de manière qu'il puisse servir à la synthèse de composés organiques azotés. La foudre, de même que certaines bactéries, fixe l'azote naturellement. L'apport d'azote découlant des activités humaines dépasse aujourd'hui les contributions naturelles en milieu terrestre. Les engrais industriels et les cultures de légumineuses dont les nodules de racines contiennent des bactéries fixatrices d'azote constituent à cet égard deux sources importantes. D'autres bactéries dans le sol convertissent l'azote en différentes formes (voir la figure 37.10, p. 924). Certaines bactéries effectuent la *dénitrification,* c'est-à-dire la conversion des nitrates en azote gazeux. Les activités humaines libèrent en outre d'importantes quantités d'azote gazeux réactif dans l'atmosphère, notamment des oxydes d'azote.

Le cycle du phosphore

Importance biologique Les organismes ont besoin de phosphore, un des principaux éléments des acides nucléiques, des phosphoglycérolipides, de l'ATP et d'autres molécules qui emmagasinent l'énergie; le phosphore entre également dans la constitution des os et des dents.

Formes utilisables par les organismes vivants La forme inorganique de phosphore la plus importante sur le plan biologique est le phosphate (PO_4^{3-}), que les plantes absorbent et utilisent pour synthétiser les composés organiques.

Réservoirs Les plus importantes accumulations de phosphore se trouvent dans les roches sédimentaires d'origine marine. Les sols, les organismes et les océans contiennent aussi de grandes quantités de phosphore, sous forme dissoute dans le dernier cas. Comme les particules du sol se lient au PO_4^{3-}, le cycle du phosphore tend à être localisé dans les écosystèmes.

Processus clés La désagrégation des roches enrichit progressivement le sol en PO_4^{3-}; une partie des phosphates parvient par lessivage aux eaux souterraines et aux eaux de surface, et aboutit à la mer. Les phosphates absorbés par les producteurs et incorporés à des molécules biologiques peuvent être ingérés par les consommateurs. Les phosphates retournent dans le sol ou dans l'eau par l'intermédiaire de la décomposition de la biomasse ou de l'excrétion des consommateurs. Comme il existe peu de gaz contenant du phosphore, seules de petites quantités de phosphore circulent dans l'atmosphère, habituellement sous forme de poussière ou d'embrun.

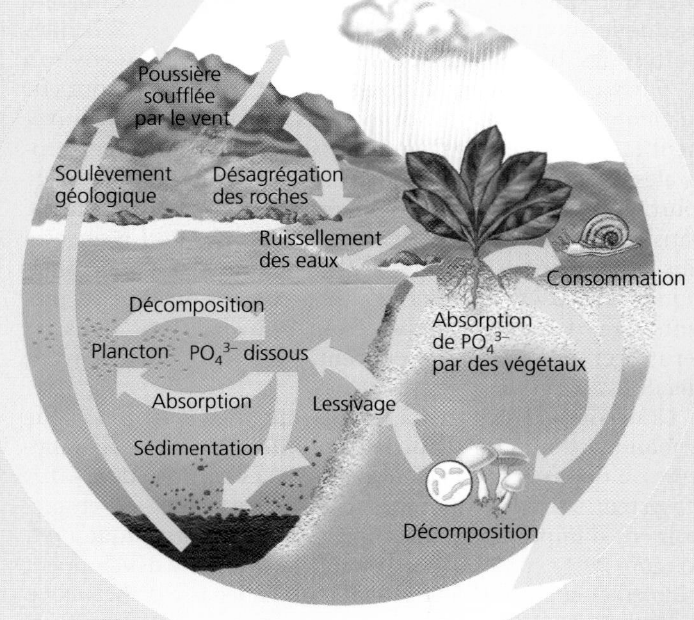

Comment les écologistes s'y sont-ils pris pour comprendre les cycles des éléments chimiques à l'œuvre dans les écosystèmes? Selon une première méthode répandue, on suit le mouvement d'isotopes non radioactifs naturels dans les composantes biotiques et abiotiques d'un écosystème (voir la figure 55.7). Une seconde méthode courante consiste à ajouter de faibles quantités d'isotopes radioactifs à des éléments ciblés et à suivre leur déplacement. Les scientifiques ont également réussi à utiliser le carbone radioactif (^{14}C) libéré dans l'atmosphère lors des essais atomiques réalisés dans les années 1950 et 1960. Les scientifiques repèrent les «pointes» de ^{14}C pour voir les zones et la vitesse de circulation du carbone dans les composantes des écosystèmes, notamment dans les plantes, les sols et les océans.

Les vitesses de décomposition et de recyclage des nutriments

Les schémas de la figure 55.14 font bien voir le rôle essentiel des décomposeurs (détritivores) dans le recyclage du carbone, de l'azote et du phosphore. La vitesse à laquelle se fait le recyclage de ces nutriments dans différents écosystèmes est très variable, en raison surtout des différences entre les vitesses de décomposition.

La décomposition est fonction des mêmes facteurs qui limitent la productivité primaire dans les écosystèmes terrestres et aquatiques (voir le concept 55.2). Ces facteurs sont notamment la température, l'humidité et la disponibilité des nutriments. De façon générale, les décomposeurs se développent et décomposent la matière plus rapidement dans les écosystèmes chauds (**figure 55.15**). Dans les forêts tropicales humides, la majeure partie de la matière organique se décompose en quelques années, voire en quelques mois. En revanche, dans les forêts tempérées, la décomposition prend en moyenne de quatre à six ans. Cette différence est en grande partie attribuable aux températures plus chaudes et aux précipitations plus abondantes des forêts tropicales.

Puisque la décomposition se produit rapidement dans les forêts tropicales humides, une faible proportion de la matière organique s'accumule sur le sol sous forme de litière de feuilles mortes; les troncs ligneux des arbres renferment environ 75% des nutriments de l'écosystème, et le sol n'en contient qu'environ 10%. Par conséquent, les concentrations relativement faibles de certains nutriments dans le sol des forêts tropicales humides sont attribuables à un temps de recyclage court, et non pas à la rareté des éléments dans l'écosystème. Dans les forêts tempérées, où la décomposition est beaucoup plus lente, le sol peut contenir 50% de toute la matière organique de l'écosystème. Une bonne partie des nutriments présents dans les forêts tempérées se trouvent donc dans les détritus et dans le sol. Ils peuvent y rester longtemps avant que des végétaux les assimilent.

La décomposition au sol est également plus lente lorsque le manque d'humidité nuit à la prolifération des décomposeurs ou qu'un excès d'humidité prive ces derniers de O_2. Les écosystèmes froids et humides, comme les tourbières, emmagasinent d'importantes quantités de matière organique (voir la figure 29.11, p. 707); les décomposeurs ne s'y développent pas bien et la productivité primaire nette dépasse de beaucoup la décomposition.

▼ Figure 55.15 **INVESTIGATION**

Quelle influence la température exerce-t-elle sur la décomposition de la litière d'un écosystème?

EXPÉRIENCE Des chercheurs du Service canadien des forêts (ou Forêts Canada) ont déposé une litière – des échantillons identiques de matière organique – sur le sol de 21 sites répartis dans tout le pays (et désignés par des lettres sur la carte ci-dessous). Trois ans plus tard, ils sont retournés sur les lieux pour constater l'état de décomposition de chaque échantillon.

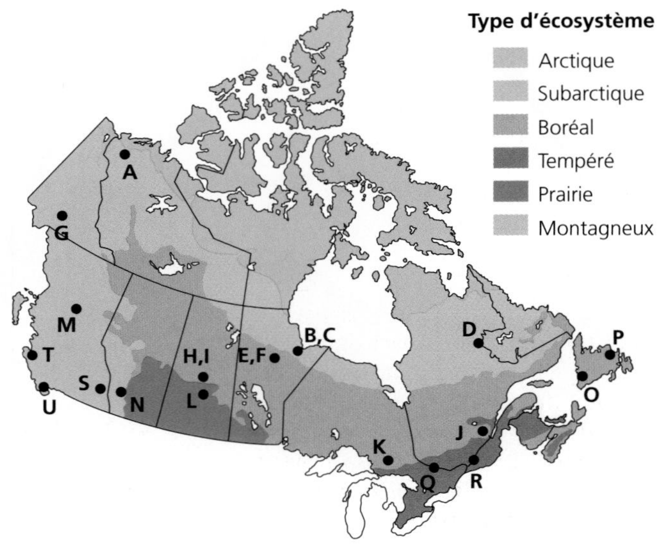

RÉSULTATS La masse de litière s'est décomposée quatre fois plus vite dans l'écosystème le plus chaud que dans l'écosystème le plus froid.

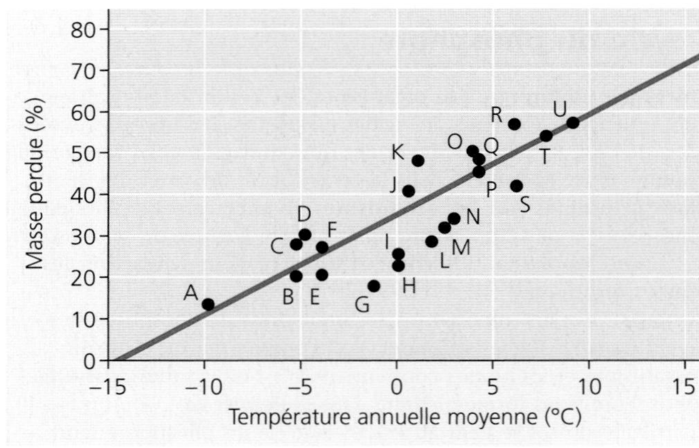

CONCLUSION Presque partout au Canada, la décomposition s'accélère à mesure qu'augmente la température.

SOURCE T. R. Moore *et al.*, Litter decomposition rates in Canadian forest, *Global Change Biology* 5: 75-82 (1999).

ET SI? À l'exception de la température, quels facteurs pourraient avoir varié d'un site à l'autre? En quoi cette variation a-t-elle influé sur l'interprétation des résultats?

Dans les écosystèmes aquatiques, la décomposition qui se produit dans les boues anaérobies peut s'étendre sur 50 ans ou plus. Les sédiments du fond sont comparables à la couche de détritus des écosystèmes terrestres. Mais, généralement, les Algues et les plantes aquatiques tirent les nutriments directement de l'eau. Par conséquent, les sédiments constituent souvent des puits d'éléments nutritifs. Les écosystèmes aquatiques ne peuvent donc être très productifs que s'il y a des échanges entre les couches d'eau du fond et celles de la surface (comme cela se produit dans les zones de remontée des eaux mentionnées plus tôt).

Étude de cas: le recyclage des nutriments dans la forêt expérimentale de Hubbard Brook

Depuis 1963, les écologistes Herbert Bormann, Eugene Likens et leurs collègues étudient les cycles des nutriments dans la forêt expérimentale de Hubbard Brook, située dans les White Mountains du New Hampshire, aux États-Unis. Ce site de recherche est une forêt décidue tempérée qui s'étend sur six petites vallées, chacune étant drainée par le même ruisseau. Le sol de la forêt repose sur un substrat rocheux imperméable.

Les chercheurs ont commencé par établir le bilan minéral des six vallées. Pour ce faire, ils ont mesuré les apports et les pertes de quelques nutriments essentiels. Pour mesurer la quantité d'eau et de minéraux dissous qui entrait dans l'écosystème, ils ont recueilli l'eau de pluie en différents endroits. Pour calculer les pertes d'eau et de minéraux, ils ont construit un petit barrage de béton, muni d'un déversoir en forme de V, en travers du ruisseau situé au fond de chaque vallée (**figure 55.16a**). Ils ont constaté qu'environ 60 % des eaux que recevait l'écosystème sous forme de pluie et de neige en ressortaient par le ruisseau. Les 40 % restants étaient perdus par évapotranspiration.

Les études préliminaires ont confirmé le fait que les cycles se déroulant à l'intérieur d'un écosystème terrestre conservaient la majeure partie des nutriments minéraux. Ainsi, la quantité de calcium (Ca^{2+}) qui sort d'une vallée par son ruisseau ne dépasse que d'environ 0,3 % la quantité fournie par l'eau de pluie. Or, cette perte minime est probablement compensée par la décomposition chimique du substrat rocheux. Au cours de la plupart des années, la forêt a connu de faibles gains nets pour quelques nutriments minéraux, notamment des composés azotés.

Le déboisement expérimental d'un bassin versant a accru considérablement la sortie de l'eau et des minéraux de la vallée (**figure 55.16b** et **c**). En trois ans, le ruissellement des eaux dans le bassin versant déboisé a augmenté de 30 à 40 % par rapport à un bassin versant témoin, manifestement parce qu'il n'y avait pas de plantes pour absorber l'eau du sol et l'évaporer par transpiration. Les pertes de minéraux dans le bassin versant modifié furent très importantes. La concentration de Ca^{2+} dans le ruisseau a quadruplé; celle du K^+ a été multipliée par 15. La perte la plus importante fut celle des nitrates, dont la concentration dans le ruisseau a été multipliée par 60, au point de rendre l'eau impropre à la consommation (figure 55.16c). L'expérience de déboisement de Hubbard Brook a montré que la quantité de nutriments quittant un écosystème forestier intact dépend principalement de la végétation en place. La conservation des nutriments d'un écosystème contribue à soutenir la productivité des écosystèmes et, dans certains cas, à éviter les problèmes causés par le ruissellement excessif des eaux contenant des nutriments (voir la figure 55.8).

(a) Les chercheurs ont fait construire des barrages et des déversoirs de béton en travers des ruisseaux qui drainaient les bassins versants de Hubbard Brook. Ils purent ainsi mesurer les sorties d'eau et de nutriments minéraux de l'écosystème.

(b) Les chercheurs ont déboisé complètement un bassin versant pour étudier les effets de la coupe à blanc sur le drainage et les cycles des nutriments. Ils laissèrent la matière végétale originale se décomposer sur place.

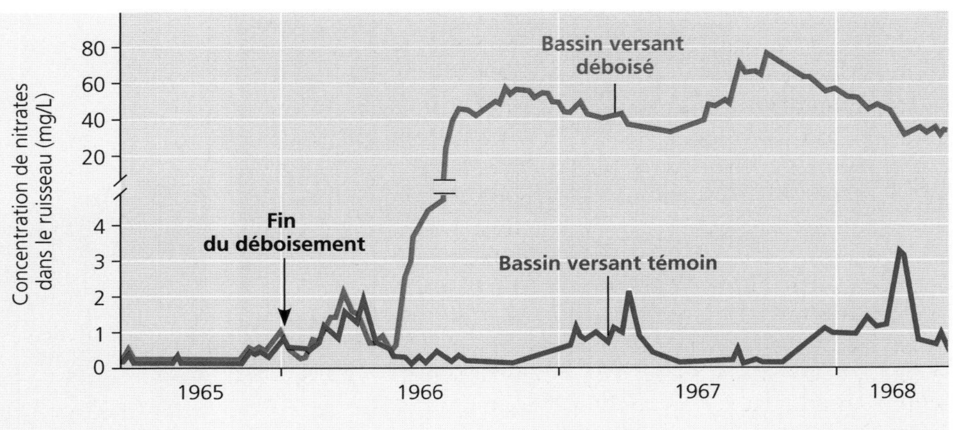

(c) Les eaux de ruissellement provenant du bassin versant déboisé contenaient 60 fois plus de nitrates que les eaux de ruissellement provenant d'un bassin versant témoin (non déboisé).

▲ **Figure 55.16 L'étude des cycles des nutriments dans la forêt expérimentale de Hubbard Brook: un exemple de recherche écologique à long terme.**

RETOUR SUR LE CONCEPT 55.4

1. FAITES UN DESSIN Pour chacun des quatre cycles biogéochimiques présentés en détail à la figure 55.14, tracez un diagramme simplifié montrant la voie que pourrait suivre un atome ou une molécule de chaque élément chimique, de ses réservoirs abiotiques à ses réservoirs biotiques, puis de ses réservoirs biotiques à ses réservoirs abiotiques.
2. Pourquoi le déboisement d'un bassin versant provoque-t-il l'augmentation de la concentration de nitrates dans les ruisseaux qui le drainent ?
3. ET SI ? Pourquoi la disponibilité des nutriments dans une forêt tropicale humide est-elle particulièrement touchée par l'exploitation forestière ?

Voir les réponses proposées à la fin du chapitre.

CONCEPT 55.5

L'écologie de la restauration contribue à ramener les écosystèmes dégradés à un état plus naturel

Les écosystèmes peuvent se remettre naturellement de la plupart des perturbations (y compris le déboisement expérimental de Hubbard Brook) grâce aux stades de succession écologique dont nous avons traité au chapitre 54. Cependant, il faut parfois des siècles pour rétablir la situation, particulièrement lorsque les humains ont dégradé l'environnement. Les régions tropicales défrichées à des fins agricoles peuvent devenir rapidement improductives en raison de la perte de nutriments. Les activités d'une exploitation minière peuvent s'étendre sur plusieurs décennies, après quoi les terres sont abandonnées, dans un mauvais état. De nombreux écosystèmes peuvent également être endommagés par l'accumulation de sels dans les sols trop irrigués ou par des produits chimiques toxiques ou des déversements de pétrole. Les biologistes sont de plus en plus appelés en renfort pour restaurer les écosystèmes endommagés.

L'écologie de la restauration vise à lancer ou à accélérer le rétablissement des écosystèmes endommagés. Selon une des hypothèses fondamentales, les dommages qu'a subis l'environnement sont partiellement réversibles. Cependant, une autre hypothèse fondamentale nuance cet optimisme : les communautés ne résistent pas indéfiniment aux dommages. C'est pourquoi les écologistes de la restauration cherchent à découvrir et à modifier les processus qui ralentissent le plus le rétablissement des écosystèmes perturbés. Lorsque la perturbation est trop importante pour qu'il soit envisageable de restaurer tout l'habitat, les écologistes tentent de rétablir le maximum d'un habitat ou d'un processus écologique, selon le budget et le temps dont ils disposent.

Dans les cas extrêmes, il peut être nécessaire de rétablir la structure physique d'un écosystème avant qu'une restauration biologique soit possible. Ainsi, pour contrer l'érosion des berges d'un ruisseau que l'on a redressé pour canaliser plus rapidement l'eau vers une banlieue, les écologistes de la restauration peuvent redonner au cours d'eau un parcours sinueux afin de ralentir le courant. Et pour restaurer une mine à ciel ouvert, des ingénieurs peuvent d'abord devoir niveler le site au moyen d'équipement lourd afin de rétablir une pente douce, avant d'y répandre une couche de terre superficielle (**figure 55.17**).

Une fois la reconstruction physique achevée – ou lorsqu'elle n'est pas nécessaire –, la prochaine étape est la restauration biologique. Cette dernière comprend deux stratégies clés : la biorestauration et l'accélération des processus écosystémiques.

La biorestauration

La **biorestauration** repose sur l'utilisation d'organismes, généralement des bactéries, des eumycètes ou des végétaux, pour détoxiquer les écosystèmes pollués (voir le chapitre 27). Certaines plantes et certains lichens adaptés à des sols renfermant des métaux lourds ont la capacité d'emmagasiner des concentrations élevées de métaux potentiellement toxiques,

(a) En 1991, avant la restauration

(b) En 2000, vers la fin de la restauration

▲ **Figure 55.17 Un site comprenant une carrière de gravier et une mine d'argile dans l'État du New Jersey, aux États-Unis, avant et après la restauration.**

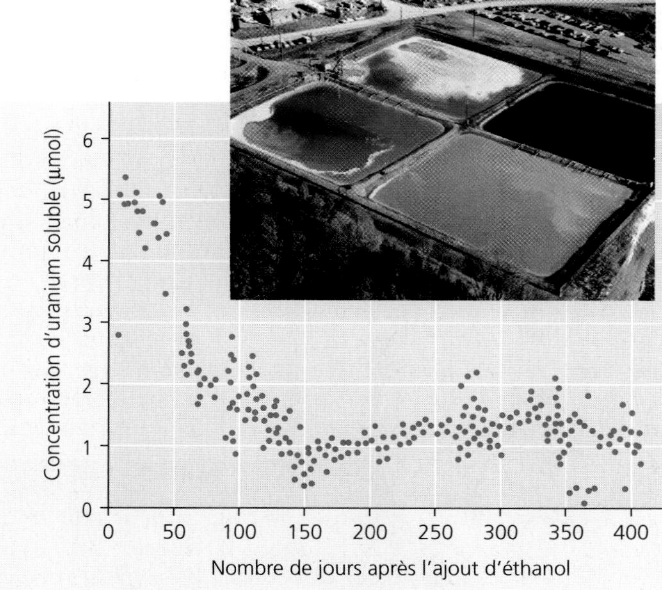

▲ **Figure 55.18 La biorestauration d'une nappe phréatique contaminée par l'uranium, au Oak Ridge National Laboratory, dans l'État du Tennessee, aux États-Unis.** Les déchets contenant de l'uranium ont été déversés dans 4 bassins sans revêtement (voir l'illustration en médaillon) pendant plus de 30 ans. Cette pratique a contaminé les sols et la nappe phréatique. Après l'addition d'éthanol, l'activité microbienne a fait chuter la concentration d'uranium soluble dans la nappe phréatique près des puits.

comme le zinc, le nickel et le cadmium. Les écologistes introduisent de telles espèces dans les sites pollués par l'exploitation minière et d'autres activités humaines, puis les récoltent pour débarrasser l'écosystème de ces métaux. Des chercheurs du Royaume-Uni ont découvert une espèce de lichen qui croît sur des sols pollués par la poussière d'uranium laissée par l'exploitation des mines. Ce lichen, qui peut être utile pour la biosurveillance de l'uranium et éventuellement comme restaurateur des sols, concentre l'uranium dans un pigment foncé.

Les écologistes mettent déjà les propriétés de nombreux procaryotes au service de la biorestauration des sols et de l'eau. Des scientifiques ont d'ailleurs séquencé le génome d'au moins dix espèces de procaryotes spécialement pour leur potentiel en matière de biorestauration. L'une d'elles, la bactérie *Shewanella oneidensis*, semble particulièrement prometteuse. Capable de métaboliser au moins une douzaine d'éléments dans des conditions aérobies et anaérobies, elle convertit ainsi des formes solubles d'uranium, de chrome et d'azote en des formes non solubles et donc moins susceptibles de s'infiltrer dans les ruisseaux et les nappes phréatiques. Des chercheurs du Oak Ridge National Laboratory, dans le Tennessee, ont stimulé la croissance de *Shewanella* et d'autres bactéries réductrices d'uranium en ajoutant de l'éthanol à une nappe phréatique contaminée par l'uranium ; l'éthanol devient alors une source d'énergie pour la bactérie. En cinq mois seulement, la concentration d'uranium soluble dans l'écosystème a chuté de 80 % (**figure 55.18**). On prévoit que le génie génétique deviendra de plus en plus important en tant qu'outil permettant d'améliorer la performance de certaines espèces de procaryotes et autres organismes servant de biorestaurateurs.

L'accélération des processus écosystémiques

Contrairement à la biorestauration, une stratégie qui consiste à enlever les substances nocives d'un écosystème, l'**accélération des processus écosystémiques** repose sur la présence d'organismes pour *ajouter* des matières essentielles à un écosystème dégradé. Pour accélérer les processus d'un écosystème, il faut déterminer quels nutriments chimiques ont été perdus par cet écosystème et ralentissent sa restauration.

En favorisant la croissance de plantes qui poussent bien dans des sols pauvres en nutriments, on accélère souvent la succession écologique et le rétablissement des écosystèmes. Dans les écosystèmes alpins de l'ouest des États-Unis, on plante souvent des végétaux fixateurs d'azote, comme des lupins (*Lupinus spp.*), pour accroître la concentration d'azote dans les sols perturbés par l'exploitation minière ou d'autres activités. Une fois ces premiers végétaux bien établis, les espèces indigènes ont plus de facilité à trouver l'azote nécessaire à leur survie. Dans des écosystèmes où le sol a été gravement perturbé ou qui sont totalement dépourvus de couche de terre superficielle, les racines des plantes ne trouvent pas les symbiotes mycorhiziens nécessaires pour combler leurs besoins nutritionnels (voir le chapitre 31). Les écologistes s'intéressant à la restauration d'une prairie d'herbes hautes dans l'État du Minnesota, aux États-Unis, ont constaté ce fait et ont accéléré le rétablissement des espèces indigènes en ajoutant des symbiotes mycorhiziens au sol qu'ils ont ensemencé.

La restauration de la structure physique et de la communauté végétale d'un écosystème ne garantit pas le retour et l'établissement des espèces animales qui y vivaient. Comme les animaux jouent un rôle essentiel dans l'écosystème, notamment pour ce qui est de la pollinisation, de la dissémination des graines et de l'herbivorisme, les écologistes de la restauration aident parfois la faune à réintégrer et à utiliser les écosystèmes restaurés. Ils relâchent des animaux sur le site, par exemple, ou aménagent des corridors biologiques pour relier le site restauré à d'autres sites où vivent les animaux recherchés. Ils peuvent aussi installer des perchoirs pour les oiseaux ou creuser des terriers. Ce ne sont là que quelques-unes des mesures susceptibles d'améliorer la biodiversité des écosystèmes restaurés et de soutenir la communauté.

Des projets de restauration aux quatre coins du monde

En raison de la relative nouveauté de l'écologie de la restauration, mais aussi de la complexité des écosystèmes, les écologistes de la restauration apprennent généralement par l'expérience. Un grand nombre d'entre eux prônent une gestion adaptative, qui consiste à utiliser la méthode expérimentale pour essayer plusieurs types de gestion prometteurs et trouver celui qui fonctionne le mieux.

L'objectif à long terme est de ramener l'écosystème à un état le plus près possible de celui dans lequel il était avant la perturbation. La **figure 55.19**, qui occupe les deux prochaines pages, présente plusieurs projets de restauration ambitieux qui ont été couronnés de succès un peu partout dans le monde. Le grand nombre de ces projets, l'enthousiasme des participants et les succès obtenus donnent à penser que l'écologie de la restauration est une discipline dont le développement se poursuivra pendant de nombreuses années.

▼ **Figure 55.19**

PANORAMA L'écologie de la restauration dans le monde

Les exemples présentés dans ces pages ne représentent que quelques-uns des nombreux projets réalisés dans le domaine de l'écologie de la restauration un peu partout dans le monde. Les points de couleur figurant sur la carte indiquent l'emplacement des projets.

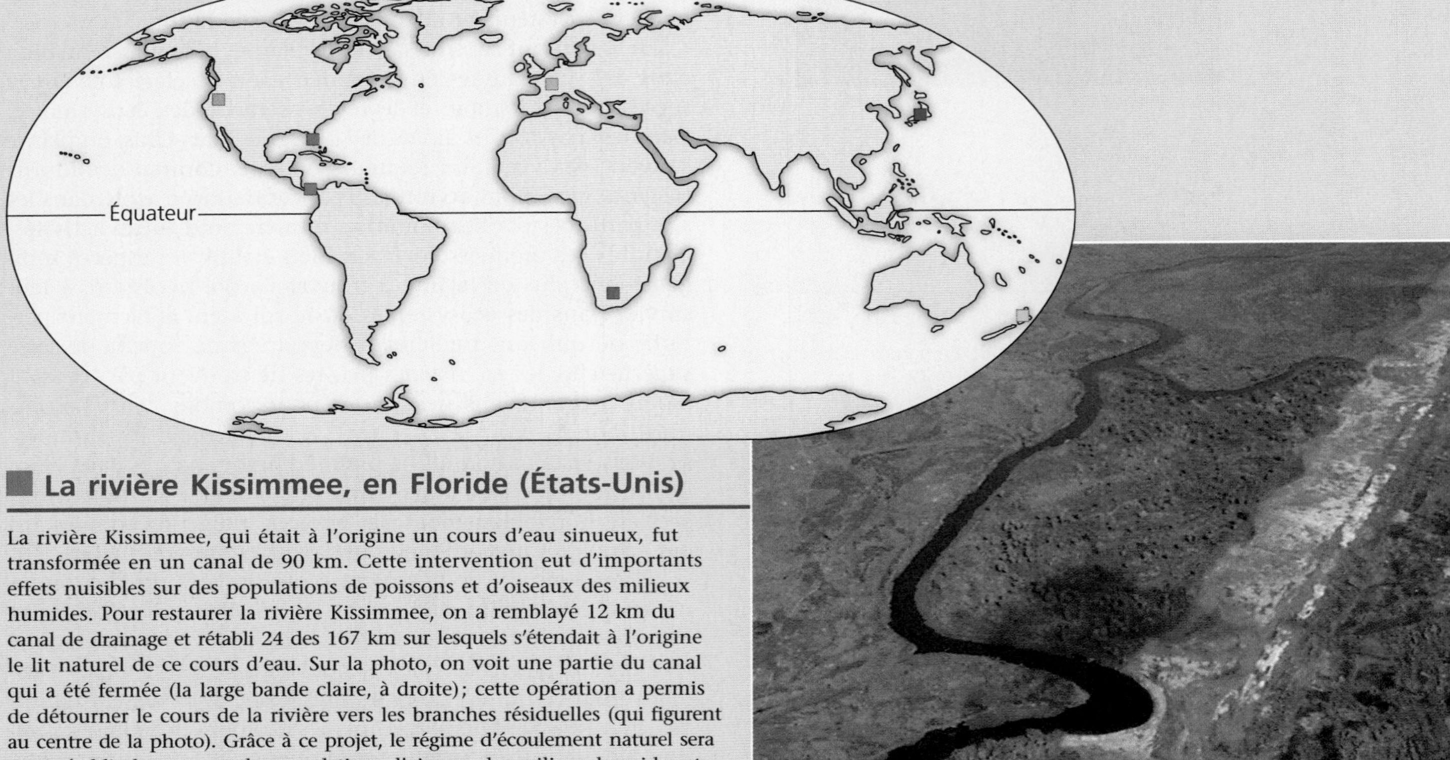

La rivière Kissimmee, en Floride (États-Unis)

La rivière Kissimmee, qui était à l'origine un cours d'eau sinueux, fut transformée en un canal de 90 km. Cette intervention eut d'importants effets nuisibles sur des populations de poissons et d'oiseaux des milieux humides. Pour restaurer la rivière Kissimmee, on a remblayé 12 km du canal de drainage et rétabli 24 des 167 km sur lesquels s'étendait à l'origine le lit naturel de ce cours d'eau. Sur la photo, on voit une partie du canal qui a été fermée (la large bande claire, à droite); cette opération a permis de détourner le cours de la rivière vers les branches résiduelles (qui figurent au centre de la photo). Grâce à ce projet, le régime d'écoulement naturel sera aussi rétabli, de sorte que les populations d'oiseaux des milieux humides et de poissons puissent subvenir à leurs propres besoins.

La rivière Truckee, au Nevada (États-Unis)

Les barrages et les dérivations de cours d'eau réalisés au cours du 20e siècle ont réduit le débit de la rivière Truckee, au Nevada, ce qui a entraîné la dégradation des forêts riveraines. Les écologistes ont collaboré avec les gestionnaires des eaux afin de s'assurer que, pendant la courte saison de dissémination des graines des peupliers (*Populus spp.*) et des saules (*Salix spp.*) indigènes, l'apport d'eau serait suffisant pour permettre aux plantules de s'établir. Après neuf ans de régulation de l'apport d'eau, on a obtenu le résultat qu'on voit sur la photo: le rétablissement spectaculaire des forêts riveraines de peupliers et de saules.

Une forêt tropicale sèche, au Costa Rica (Amérique centrale)

Le défrichage effectué à des fins agricoles, surtout pour faire paître le bétail, a éliminé approximativement 98 % de la forêt tropicale sèche en Amérique centrale et au Mexique. Renversant les rôles, les écologistes ont restauré la forêt tropicale sèche au Costa Rica en utilisant le bétail pour disperser des graines d'arbres indigènes dans les prairies. La photo montre un des premiers arbres (au centre, vers la droite) issu des graines dispersées par le bétail, qui a colonisé l'ancien pâturage. Ce projet est un modèle de partenariat entre l'écologie de la restauration et l'économie locale de même qu'avec les établissements d'enseignement d'une région.

Le fleuve Rhin, en Europe

Le dragage et la canalisation effectués pendant des siècles pour faciliter la navigation (voir les barges dans le canal le plus large, à droite de la photo) ont redressé le Rhin, autrefois sinueux, et l'ont séparé de sa plaine d'inondation et des milieux humides associés. Les pays situés le long du Rhin, en particulier la France, l'Allemagne, le Luxembourg, les Pays-Bas et la Suisse, travaillent conjointement à raccorder le fleuve aux canaux latéraux comme celui qu'on voit à gauche de la photo. Ces canaux augmentent la diversité des habitats accessibles aux organismes aquatiques, améliorent la qualité de l'eau et offrent une protection contre les inondations.

Les côtes du Japon (Asie)

Les bancs d'algues et de graminées marines sont d'importantes zones de reproduction pour une grande variété de poissons, de mollusques et de crustacés. Autrefois très étendus, mais aujourd'hui réduits par le développement, ces bancs sont en voie de restauration dans les régions côtières du Japon. Les techniques utilisées sont notamment la construction d'habitats de fond convenables, la transplantation de peuplements naturels à l'aide de substrats artificiels et l'ensemencement manuel (illustré par la photo).

Le Succulent Karoo, en Afrique du Sud

Dans cette région désertique d'Afrique du Sud, comme dans beaucoup de régions arides, le surpâturage a endommagé de vastes zones. Des propriétaires terriens et des organismes gouvernementaux sud-africains restaurent de grandes étendues de cette région unique, en rétablissant la végétation des terres et en employant une gestion des ressources plus durable. La photo donne un aperçu de l'exceptionnelle diversité végétale de Succulent Karoo; parmi les 5 000 espèces de plantes que compte cette région, on trouve la plus grande variété de plantes succulentes (famille des Crassulacées) au monde.

Maungatautari, en Nouvelle-Zélande

Les belettes, les rats, les porcs et d'autres espèces introduites en Nouvelle-Zélande menacent sérieusement certaines plantes et certains animaux indigènes, notamment les kiwis (*Apteryx spp.*), une espèce d'oiseaux terrestres incapables de voler. Le projet de restauration de Maungatautari, dans l'île du Nord, vise à exclure tous les mammifères exotiques d'une réserve de 3 400 hectares située sur un cône volcanique boisé. Une clôture conçue à cette fin entoure la réserve et élimine la nécessité de placer des pièges ou d'utiliser des poisons susceptibles de nuire aux espèces indigènes. En 2006, un couple de talèves takahés (*Porphyrio mantelli*, de la famille des Rallidés), des oiseaux coureurs menacés d'extinction, a été relâché dans la réserve dans l'espoir de rétablir une population féconde de cet oiseau coloré sur l'île du Nord de la Nouvelle-Zélande.

RETOUR SUR LE CONCEPT 55.5

1. Quel est l'objectif principal de l'écologie de la restauration ?
2. En quoi la biorestauration et l'accélération des processus écosystémiques diffèrent-elles ?
3. ET SI ? De quelle manière le projet de la rivière Kissimmee constitue-t-il une restauration plus complète que le projet de Maungatautari ? (Voir la figure 55.19.)

Voir les réponses proposées à la fin du chapitre.

RÉVISION DU CHAPITRE 55

RÉSUMÉ DES CONCEPTS CLÉS

CONCEPT 55.1

Les lois de la physique gouvernent le flux d'énergie et les cycles des éléments chimiques dans les écosystèmes (p. 1406 à 1408)

- Un **écosystème** comprend tous les organismes d'une communauté ainsi que tous les facteurs abiotiques avec lesquels ils interagissent. Les lois de la physique et de la chimie s'appliquent aux écosystèmes, particulièrement en ce qui concerne la conservation de l'énergie. Au cours des processus qui ont lieu dans les écosystèmes, l'énergie est conservée, mais transformée en chaleur.
- Les écologistes s'appuient sur la **loi de la conservation de la masse** pour déterminer quelle quantité d'un élément chimique entre et circule dans un écosystème ou en sort. Les gains et les pertes sont généralement faibles, comparativement aux quantités recyclées, mais leur rapport indique si un écosystème s'enrichit ou s'appauvrit d'un élément au fil du temps.

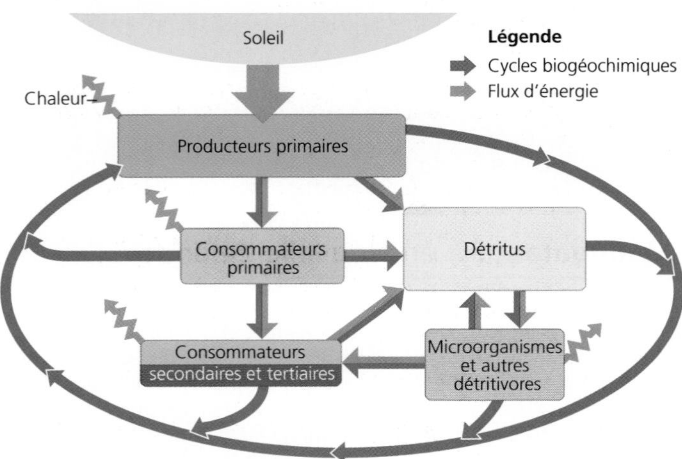

Selon le deuxième principe de la thermodynamique, diriez-vous que la biomasse type des producteurs d'un écosystème est plus grande ou plus faible que celle des consommateurs primaires du même écosystème ? Expliquez votre raisonnement.

CONCEPT 55.2

La productivité primaire dans les écosystèmes est limitée par l'énergie et d'autres facteurs (p. 1408 à 1412)

- La **productivité primaire** fixe les limites du bilan énergétique mondial. La **productivité primaire brute** (**PPB**) est l'énergie totale assimilée par un écosystème pendant une période déterminée. La **productivité primaire nette** (**PPN**), qui est l'énergie accumulée dans la biomasse des organismes autotrophes, c'est-à-dire les producteurs, correspond à la différence entre la productivité primaire brute et l'énergie utilisée par les producteurs pour la respiration cellulaire. La **productivité nette de l'écosystème** (**PNE**) est l'accumulation totale de la biomasse d'un écosystème, définie par la différence entre la productivité primaire brute et la respiration totale de l'écosystème.
- La lumière et les nutriments limitent la productivité primaire des écosystèmes aquatiques.
- Dans les écosystèmes terrestres, des facteurs climatiques comme la température et l'humidité déterminent la productivité primaire sur un vaste territoire géographique. À l'échelle locale, un nutriment du sol est souvent le facteur limitant de la productivité primaire.

Quelle autre variable doit-on connaître pour estimer la PNE à partir de la PPN ? Pourquoi cette variable peut-elle s'avérer difficile à mesurer dans un échantillon d'eau océanique, par exemple ?

CONCEPT 55.3

Le transfert d'énergie entre les niveaux trophiques n'est généralement efficace qu'à 10 % (p. 1413 à 1415)

- La quantité d'énergie disponible à chaque niveau trophique dépend de la productivité primaire nette et de l'**efficacité écologique**, c'est-à-dire l'efficacité avec laquelle l'énergie alimentaire est convertie en biomasse à chaque niveau de la chaîne alimentaire.
- Le pourcentage d'énergie transférée d'un niveau trophique à l'autre, appelé **efficacité trophique**, est généralement de 5 à 20 %, la valeur type étant de 10 %. Les pyramides de productivité nette et des biomasses rendent compte de la faiblesse relative de l'efficacité trophique.

Pourquoi la réserve énergétique (son efficacité écologique) d'un coureur de fond serait-elle normalement inférieure à celle d'une personne sédentaire ?

CONCEPT 55.4

Des processus biologiques et géochimiques recyclent les nutriments et l'eau dans les écosystèmes (p. 1415 à 1420)

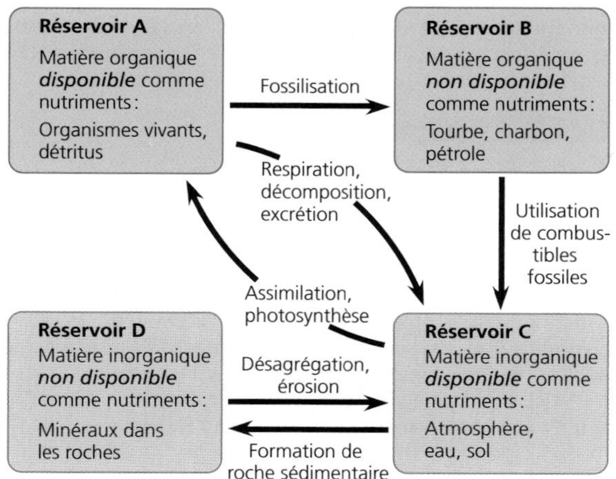

- Activé par l'énergie solaire, le cycle de l'eau se produit à l'échelle mondiale. Le cycle du carbone repose surtout sur la réciprocité de la photosynthèse et de la respiration cellulaire. L'azote entre dans les écosystèmes principalement par l'intermédiaire de dépôts atmosphériques et de la fixation de l'azote par des procaryotes. Mais la majeure partie du cycle de l'azote dans les écosystèmes naturels fait intervenir des cycles locaux reliant les organismes et le sol ou l'eau. Le cycle du phosphore est relativement localisé.
- La proportion d'un nutriment sous une forme particulière et son recyclage varient d'un écosystème à l'autre, surtout à cause de différences dans le rythme de décomposition.
- Le recyclage des nutriments est fortement déterminé par la végétation. L'étude menée dans la forêt de Hubbard Brook a montré que le déboisement augmente le ruissellement des eaux et entraîne des pertes considérables de minéraux. L'étude a également montré l'importance de mesurer les changements écologiques sur de longues périodes pour documenter l'apparition de problèmes environnementaux et le rétablissement des écosystèmes.

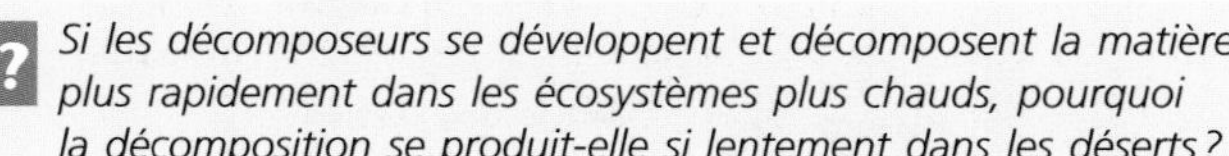

? *Si les décomposeurs se développent et décomposent la matière plus rapidement dans les écosystèmes plus chauds, pourquoi la décomposition se produit-elle si lentement dans les déserts?*

CONCEPT 55.5

L'écologie de la restauration contribue à ramener les écosystèmes dégradés à un état plus naturel (p. 1420 à 1424)

- Les écologistes de la restauration recourent à des organismes vivants pour détoxiquer les écosystèmes pollués selon l'approche de la **biorestauration**.
- Les écologistes facilitent l'**accélération des processus écosystémiques** en utilisant certains organismes pour ajouter des matières essentielles aux écosystèmes.

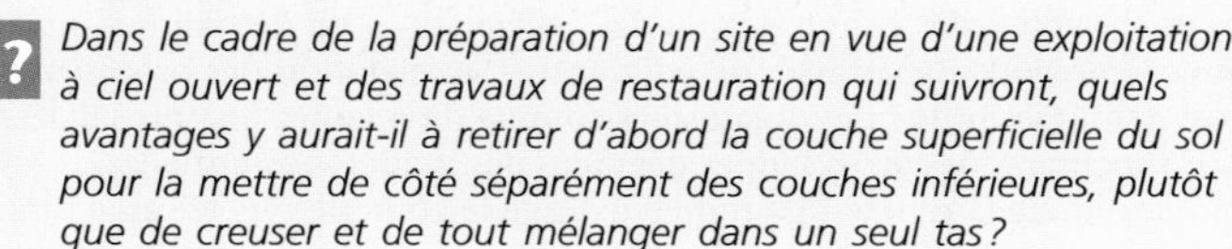

? *Dans le cadre de la préparation d'un site en vue d'une exploitation à ciel ouvert et des travaux de restauration qui suivront, quels avantages y aurait-il à retirer d'abord la couche superficielle du sol pour la mettre de côté séparément des couches inférieures, plutôt que de creuser et de tout mélanger dans un seul tas?*

ÉVALUATION

NIVEAU 1: CONNAISSANCES ET COMPRÉHENSION

1. Laquelle des associations suivantes est *inexacte*?
a) Cyanobactérie: producteur.
b) Sauterelle: consommateur primaire.
c) Zooplancton: producteur.
d) Aigle: consommateur tertiaire.
e) Eumycète: détritivore.

2. Lequel des écosystèmes ou biomes suivants a la *plus faible* productivité primaire nette par m^2?
a) Un marais maritime.
b) Un océan, en haute mer.
c) Un récif corallien.
d) Une prairie.
e) Une forêt tropicale humide.

3. La discipline qui consiste à appliquer les principes écologiques pour ramener un écosystème dégradé à un état plus naturel s'appelle:
a) analyse de la viabilité d'une population.
b) écologie des paysages.
c) écologie de la conservation.
d) écologie de la restauration.
e) conservation des ressources.

NIVEAU 2: APPLICATION ET ANALYSE

4. Le rôle des bactéries nitrifiantes dans le cycle de l'azote consiste surtout à:
a) convertir l'azote à l'état gazeux en ammoniac (NH_3).
b) libérer l'ammoniac des composés organiques et, ce faisant, le renvoyer dans le sol.
c) dénitrifier l'ammoniac et renvoyer du diazote dans l'atmosphère.
d) convertir l'ammonium en nitrates que les plantes pourront absorber.
e) incorporer l'azote à des acides aminés et à des composés organiques.

5. Lequel des phénomènes suivants contribue le plus à la vitesse du recyclage des nutriments dans un écosystème?
a) La vitesse de la productivité primaire de l'écosystème.
b) L'efficacité écologique des consommateurs.
c) La vitesse de décomposition dans l'écosystème.
d) L'efficacité trophique de l'écosystème.
e) L'endroit où se trouvent les réservoirs de nutriments dans l'écosystème.

6. Laquelle des conclusions suivantes *n'est pas* issue du déboisement expérimental d'un bassin versant de la forêt de Hubbard Brook?
a) La majeure partie des minéraux sont recyclés dans un écosystème forestier.
b) Dans un bassin versant naturel, les apports et les pertes de minéraux s'équilibrent.
c) Le déboisement augmente le ruissellement des eaux.
d) La concentration de nitrates augmente dangereusement dans les cours d'eau qui drainent un territoire déboisé.
e) Dans le sol des zones déboisées, les concentrations de calcium demeurent élevées.

7. Laquelle des mesures suivantes constitue un exemple de biorestauration?
a) L'ajout de microorganismes fixateurs d'azote dans un écosystème dégradé afin d'accroître la disponibilité de l'azote.
b) L'utilisation d'un bouteur pour niveler une mine à ciel ouvert.
c) Le dragage d'un lit de rivière pour en retirer les sédiments contaminés.
d) La reconfiguration du canal d'un cours d'eau.
e) L'ensemencement d'un sol contaminé au chrome par une espèce végétale qui emmagasine ce métal.

8. Quel effet l'application d'un fongicide sur un champ de maïs aurait-elle sur la vitesse de décomposition et sur la productivité nette de l'écosystème (PNE)?
a) La vitesse de décomposition et la PNE diminueraient.
b) La vitesse de décomposition et la PNE augmenteraient.
c) Elle n'aurait aucun effet.
d) La vitesse de décomposition augmenterait et la PNE diminuerait.
e) La vitesse de décomposition diminuerait et la PNE augmenterait.

NIVEAU 3: SYNTHÈSE ET ÉVALUATION

9. FAITES UN DESSIN Tracez un schéma simple du cycle de l'eau à l'échelle mondiale en y montrant l'océan, les terres, l'atmosphère et le ruissellement des eaux, du continent vers les océans. Intégrez à votre schéma les données annuelles suivantes: évaporation de l'eau des océans, 425 km^3; évaporation de l'eau des océans qui retourne dans les océans sous forme de précipitations, 385 km^3; évaporation de l'eau des océans qui tombe sous forme de précipitations sur le continent, 40 km^3; évapotranspiration des plantes et du sol qui tombe sous forme de précipitations au sol, 70 km^3; ruissellement des eaux vers les océans, 40 km^3. D'après ces données mondiales, combien de précipitations les terres reçoivent-elles au cours d'une année type?

10. LIEN AVEC L'ÉVOLUTION
Certains biologistes ont avancé l'idée que les écosystèmes étaient des entités vivantes, émergentes et capables d'évoluer. Ainsi, James Lovelock a formulé l'hypothèse Gaïa, selon laquelle la Terre elle-même est une entité vivante homéostatique, une sorte de superorganisme. Si les écosystèmes sont capables d'évoluer, dites pourquoi il s'agirait ou non d'une forme d'évolution darwinienne.

11. INTÉGRATION
Vous étudiez deux étangs voisins situés dans une forêt. Concevez une expérience contrôlée pour mesurer l'effet produit par les feuilles mortes sur la productivité primaire nette d'un étang.

12. ÉCRIVEZ UN TEXTE
Le transfert d'énergie Comme le décrit le concept 55.4, la décomposition se produit en général rapidement dans les forêts tropicales humides. Or, dans certaines de ces forêts, l'engorgement du sol finit par entraîner une accumulation de matière organique (ou tourbe; voir la figure 29.11, p. 707). Dans un court texte (de 100 à 150 mots), montrez la relation entre la productivité primaire nette, la productivité nette de l'écosystème et la décomposition pour ce type d'écosystème. Est-il probable que la PPN et la PNE soient positives? Selon vous, qu'adviendrait-il de la PNE si un propriétaire terrien décidait d'assécher la tourbière, ce qui exposerait la matière organique à l'air?

RÉPONSES DU CHAPITRE 55

Questions des figures

Figure 55.6 Les milieux humides, les récifs coralliens et les zones côtières couvrent des superficies trop petites pour apparaître clairement sur les cartes mondiales. **Figure 55.7** La disponibilité des nutriments, particulièrement celle de l'azote, du phosphore et du fer, est susceptible, comme la température, de limiter la productivité primaire dans les océans. **Figure 55.8** Si les nouvelles fermes d'élevage de canards rendaient la concentration d'azote élevée comme c'est déjà le cas pour celle du phosphore, l'ajout d'azote supplémentaire dans l'expérience n'augmenterait pas la densité de phytoplancton. **Figure 55.15** La disponibilité de l'eau est probablement aussi un facteur qui varie d'un site à l'autre. L'absence de tels facteurs du cadre de l'expérience pourrait compliquer l'interprétation des résultats. Puisque certains facteurs peuvent aussi présenter des covariations, les écologistes doivent s'assurer que le facteur à l'étude cause vraiment le résultat observé et qu'il ne s'agit pas plutôt d'une corrélation.

Retour sur le concept 55.1

1. L'énergie circule dans un écosystème: elle y pénètre sous forme de lumière solaire et le quitte sous forme de chaleur. Elle n'est pas recyclée à l'intérieur de l'écosystème. **2.** Vous devriez connaître la quantité de biomasse mangée par les gnous sur votre parcelle, ainsi que la quantité d'azote que contenait cette biomasse. **3.** Selon le deuxième principe de la thermodynamique, dans tout transfert ou toute transformation d'énergie, une partie de l'énergie se dissipe dans l'air ambiant sous forme de chaleur. La perte de l'énergie qui «s'échappe» d'un écosystème est contrebalancée par le constant rayonnement solaire.

Retour sur le concept 55.2

1. Seule une partie du rayonnement solaire atteint les plantes ou les Algues; seule une fraction de cette partie a des longueurs d'onde propices à la photosynthèse, et une grande partie de l'énergie est perdue sous forme de réflexion ou de chaleur. **2.** En agissant sur le niveau de facteurs importants, comme la disponibilité du phosphore ou l'humidité du sol, et en mesurant les réactions des producteurs. **3.** L'enzyme Rubisco, qui catalyse la première étape du cycle de Calvin, est la protéine la plus abondante sur la planète. Les organismes photosynthétiques ont besoin d'une grande quantité d'azote pour produire cette enzyme. Le phosphore est par ailleurs une composante de plusieurs métabolites du cycle de Calvin, de même que de l'ATP et du NADPH (voir la figure 10.19, p. 222).

Retour sur le concept 55.3

1. 20 J; 40 %. **2.** La nicotine protège la plante des herbivores. **3.** Contrairement à la femme présentée à la figure 40.20, la chenille n'a pas à consacrer d'énergie pour la thermorégulation ou pour la reproduction. Cependant, sa contribution relative à la croissance sera beaucoup plus importante que celle de la femme.

Retour sur le concept 55.4

1. Voici, à titre d'exemple, un diagramme pour le cycle du carbone:

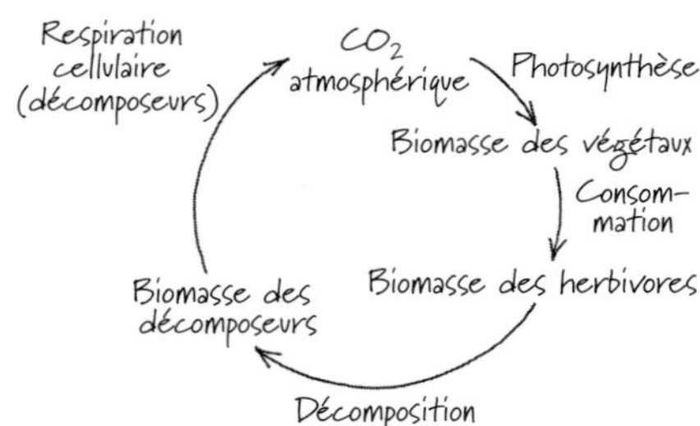

2. Le déboisement interrompt l'absorption de l'azote par le sol, ce qui permet l'accumulation de nitrates à cet endroit. Les nitrates sont ensuite emportés par les précipitations vers les ruisseaux. **3.** Dans une forêt tropicale humide, la plupart des nutriments se trouvent dans les arbres, si bien que le déboisement prive rapidement l'écosystème des nutriments dont il a besoin. Les précipitations abondantes ont tôt fait d'emporter les nutriments qui restent dans le sol vers les ruisseaux et les nappes phréatiques.

Retour sur le concept 55.5

1. L'objectif principal est de ramener les écosystèmes dégradés à un état plus naturel. **2.** La biorestauration utilise des organismes – généralement des procaryotes, des eumycètes ou des végétaux – pour détoxiquer un écosystème ou le débarrasser de polluants. L'accélération des processus écosystémiques utilise des organismes comme des plantes fixatrices d'azote pour procurer à des écosystèmes dégradés des matières essentielles.
3. Le projet de la rivière Kissimmee redirige le courant vers le canal d'origine, ce qui rétablira le régime d'écoulement naturel sans nécessiter d'autre

intervention. Les écologistes de la réserve de Maungatautari devront cependant maintenir la clôture en place indéfiniment, et l'écosystème ne sera jamais autosuffisant.

Questions du résumé des concepts clés

55.1 Puisque les processus de conversion d'énergie, en entraînant une perte inévitable de chaleur, sont inefficaces, on peut prévoir que la biomasse des producteurs sera plus importante que la biomasse des consommateurs primaires. **55.2** Pour estimer la PNE, on doit mesurer la respiration de tous les organismes de l'écosystème et non uniquement celle des producteurs. Dans un échantillon d'eau océanique, les producteurs et les autres organismes sont mélangés, si bien qu'il n'est pas facile de distinguer leur respiration respective. **55.3** Le coureur brûle normalement beaucoup plus de calories par la respiration, ce qui réduit sa réserve énergétique. **55.4** Outre la température, le manque d'eau et de nutriments ralentit la décomposition dans les déserts chauds. **55.5** Si la couche superficielle du sol est séparée des couches plus profondes, il devient possible de remettre ces dernières en premier, puis de recouvrir le site de la couche superficielle, plus fertile, pour améliorer les chances de végétalisation et des autres activités de restauration.

ÉVALUATION

1. c; **2.** b; **3.** d; **4.** d; **5.** c; **6.** e; **7.** a; **8.** e;
9.

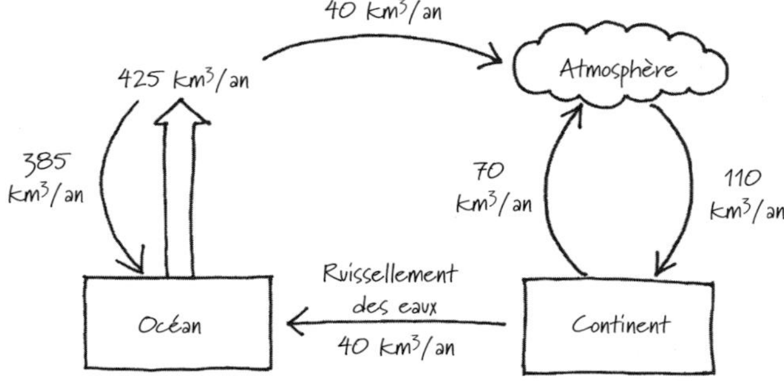

D'après ces données mondiales, le continent reçoit quelque 110 km^3 de précipitations par année.

56

La biologie de la conservation et les changements à l'échelle planétaire

▲ **Figure 56.1** **Quel sera le sort de cette nouvelle espèce d'oiseau?**

CONCEPTS CLÉS

56.1 **Les activités humaines menacent la biodiversité de la Terre**

56.2 **La conservation des populations est axée sur la taille, la diversité génétique et l'habitat essentiel des populations**

56.3 **La protection des sites et la conservation à l'échelle régionale contribuent à maintenir la biodiversité**

56.4 **La Terre change rapidement sous l'effet des activités humaines**

56.5 **Le développement durable vise à améliorer la condition humaine tout en conservant la biodiversité**

INTRODUCTION

Coup de chance

Dans les profondeurs de la jungle tropicale, un oiseau se pose sur une branche en repliant ses ailes. Le mouvement attire l'attention d'une biologiste de la conservation (Carol Beehler) qui scrute la branche à travers ses jumelles; la vue d'une tache de couleur orange doré la laisse interdite. Jamais décrite avant ce jour, cette espèce est, depuis, connue sous le nom de méliphage de Carol (*Melipotes carolae*) (**figure 56.1**). En 2005, une équipe de biologistes américains, indonésiens et australiens a vécu plusieurs fois ce type d'expérience lors d'une excursion d'un mois consacrée au catalogage des richesses insoupçonnées d'une lointaine chaîne de montagnes de l'Indonésie. Outre le méliphage de Carol, les biologistes ont découvert des dizaines d'espèces de grenouilles, de papillons et d'espèces végétales inconnues jusqu'alors, dont cinq espèces de palmiers.

À ce jour, les scientifiques ont décrit et nommé officiellement environ 1,8 million d'espèces d'organismes. Certains biologistes croient qu'il existe actuellement environ 10 millions d'espèces de plus; d'autres encore estiment ce nombre à 100 millions. Les plus grandes concentrations d'espèces se situent dans les tropiques. Malheureusement, on déboise les forêts tropicales humides à une vitesse alarmante pour faire place à la population humaine en pleine croissance et la faire vivre. Le rythme du déboisement en Indonésie est l'un des plus élevés au monde (**figure 56.2**). Qu'adviendra-t-il du méliphage de Carol et des autres espèces récemment découvertes en Indonésie si la déforestation se poursuit à ce rythme?

Dans toute la biosphère, les activités humaines modifient les structures trophiques, le flux d'énergie, les cycles biogéochimiques et les perturbations naturelles. Or, comme les autres espèces, nous dépendons des processus qui se déroulent dans les écosystèmes (voir le chapitre 55). Nous avons modifié près de 50 % des terres émergées de la planète et nous utilisons plus de la moitié de l'eau douce de surface accessible. Dans les océans, les stocks des principales ressources halieutiques sont en train de s'épuiser à cause de la surpêche. Selon certaines estimations, nous infligeons plus de dommages à la biosphère

▲ **Figure 56.2** **Déboisement de la forêt tropicale du Kalimantan Ouest, à Bornéo.**

et entraînons plus d'espèces vers la disparition que ne l'a fait l'énorme astéroïde responsable, semble-t-il, des extinctions de masse vers la fin de la période du Crétacé, il y a 65,5 millions d'années (voir la figure 25.16, p. 603).

La biologie est la science de la vie. Par conséquent, il est tout à fait approprié d'aborder dans le dernier chapitre de notre manuel une discipline qui vise à préserver la vie. La **biologie de la conservation** intègre l'écologie, la physiologie, la biologie moléculaire, la génétique et la biologie de l'évolution afin de préserver la diversité biologique à tous les niveaux. De plus, les mesures prises pour maintenir les processus des écosystèmes et freiner la perte de biodiversité établissent un lien entre les sciences de la vie et les sciences sociales, économiques et humaines.

Dans le présent chapitre, nous allons voir plus en détail la crise de la biodiversité et étudier quelques stratégies de conservation et de restauration que les biologistes utilisent dans leurs tentatives pour ralentir la disparition d'espèces. Nous verrons aussi les transformations qu'infligent les activités humaines à l'environnement par les changements climatiques, l'appauvrissement de l'ozone et d'autres processus mondiaux, en examinant leurs effets possibles sur la vie sur Terre.

CONCEPT 56.1

Les activités humaines menacent la biodiversité de la Terre

L'extinction est un phénomène naturel qui se produit depuis que la vie est apparue. Cependant, le *taux* élevé d'extinction est à l'origine de la crise actuelle de la biodiversité (voir le chapitre 25). Comme nous ne pouvons qu'estimer le nombre d'espèces existant actuellement, nous ne pouvons déterminer avec précision les pertes réelles d'espèces. Nous savons cependant que le taux d'extinction est élevé et que les activités humaines menacent la biodiversité terrestre à tous les niveaux.

Les trois niveaux de la biodiversité

Les trois niveaux de la biodiversité sont la diversité génétique, la diversité des espèces et la diversité des écosystèmes (**figure 56.3**).

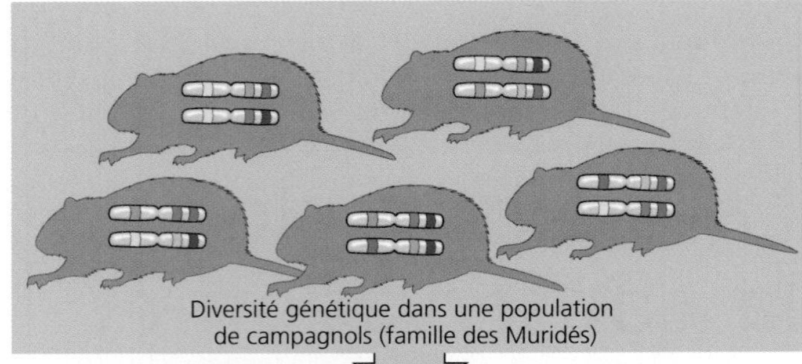

Diversité des espèces dans un écosystème côtier
de séquoias (famille des Cupressacées)

Diversité des communautés et des écosystèmes
dans le paysage d'une région entière

▲ **Figure 56.3 Les trois niveaux de la biodiversité.** Les gros chromosomes illustrés dans le schéma du haut symbolisent la variation génétique au sein d'une population.

La diversité génétique

La diversité génétique englobe non seulement la variation génétique individuelle *au sein* d'une population, mais aussi la variation génétique *entre* les populations, laquelle est souvent associée à des adaptations aux conditions locales (voir le chapitre 23). La disparition d'une population locale entraîne chez l'espèce la perte d'une partie de la diversité génétique responsable de la microévolution. Cette atteinte à la diversité génétique nuit, bien entendu, aux perspectives d'adaptation de l'espèce.

La diversité des espèces

Une grande partie du débat public suscité par la crise de la biodiversité est centrée sur la diversité des espèces, c'est-à-dire la variété des espèces dans un écosystème ou dans toute la biosphère (voir le chapitre 54). La diversité des espèces diminue à mesure que disparaissent les espèces. Une **espèce en voie de disparition** risque de disparaître dans l'ensemble ou dans une partie de son aire de répartition. Toute espèce qui sera vraisemblablement menacée d'extinction dans un avenir prévisible dans l'ensemble ou dans une partie de son aire de répartition est considérée comme une **espèce menacée**. Au Canada, la *Loi sur la protection d'espèces animales ou végétales sauvages* et la réglementation de leur commerce international et interprovincial ont pour but de protéger les espèces en voie de disparition et les espèces menacées. Cette loi est en application depuis 1996. Les quelques statistiques suivantes illustrent le problème que soulève la disparition d'espèces:

- Selon l'Union internationale pour la conservation de la nature (UICN), 12 % des quelque 10 000 espèces d'oiseaux connues dans le monde et 21 % des quelque 5 500 espèces de mammifères connues sont menacées.

- Une enquête qu'a menée le Center for Plant Conservation a démontré que, parmi les 20 000 espèces végétales connues aux États-Unis, 200 ont disparu depuis qu'on enregistre des données, et 730 autres espèces végétales sont en voie de disparition ou menacées.
- Plus de 30 % des espèces de poissons connues dans le monde ont disparu au cours de l'histoire ou sont sérieusement menacées.
- Depuis 1900, 123 espèces animales dulcicoles ont disparu en Amérique du Nord, et des centaines d'autres sont menacées. Le taux d'extinction pour la faune dulcicole d'Amérique du Nord est environ cinq fois supérieur à celui des animaux terrestres.
- Selon la revue *Science*, qui a publié en 2004 un rapport s'appuyant sur une évaluation globale effectuée par plus de 500 scientifiques, 32 % de toutes les espèces d'amphibiens connues sont à l'heure actuelle en voie de disparition, et un grand nombre sont très proches de l'extinction.

L'aigle des singes (*Pithecophaga jefferyi*)

Le dauphin d'eau douce de Chine (*Lipotes vexillifer*)

Le rhinocéros de Java (*Rhinoceros sondaicus*)

▲ **Figure 56.4 À 100 battements de cœur de l'extinction.** Voici trois exemples parmi les nombreuses espèces comptant moins de 100 individus. Elles font partie de ce que E. O. Wilson appelle lugubrement le Hundred Heartbeat Club (le Club des 100 battements de cœur). Le dauphin d'eau douce de Chine était même présumé disparu, jusqu'à ce qu'on signale la présence de quelques individus en 2007.

? *Quels facteurs spatiaux et temporels devriez-vous examiner pour documenter la disparition d'une espèce ?*

L'extinction des espèces peut être strictement locale. Par exemple, une espèce peut disparaître d'un réseau hydrographique, mais survivre dans un réseau voisin. L'extinction à l'échelle planétaire d'une espèce signifie qu'elle a disparu de *tous* les écosystèmes où elle vivait et que ceux-ci en sont privés définitivement (**figure 56.4**).

La diversité des écosystèmes

La variété des écosystèmes de la biosphère constitue le troisième niveau de la biodiversité. Dans tout écosystème, la communauté présente un réseau d'interactions reliant les populations des différentes espèces. L'extinction locale d'une espèce peut donc avoir des effets négatifs sur d'autres espèces de l'écosystème (voir la figure 54.17, p. 1389). La roussette des îles Mariannes (*Pteropus mariannus*), par exemple, est une chauve-souris des îles du Pacifique qui joue un rôle important sur le plan de la pollinisation et de la dissémination des graines. Or, cette espèce est de plus en plus considérée comme un aliment de luxe et fait l'objet d'une chasse intense (**figure 56.5**). Les biologistes de la conservation craignent que la disparition de la roussette nuise également aux plantes indigènes des îles Samoa, puisqu'elle pollinise et dissémine les graines de la très grande majorité des arbres (les quatre cinquièmes des espèces).

Certains écosystèmes ont déjà été gravement perturbés par les humains, et d'autres sont actuellement transformés à un rythme effréné. Depuis la colonisation européenne des États continentaux de l'Amérique du Nord, plus de la moitié des milieux humides ont été asséchés et convertis à des fins agricoles ou autres. En Californie, en Arizona et au Nouveau-Mexique, ainsi que dans les prairies de l'Ouest canadien (Manitoba, Alberta et Saskatchewan), approximativement 90 % des communautés riveraines naturelles ont été transformées par le surpâturage, la lutte contre les inondations, la dérivation des cours d'eau, l'abaissement du niveau des nappes phréatiques et l'envahissement par des plantes non indigènes.

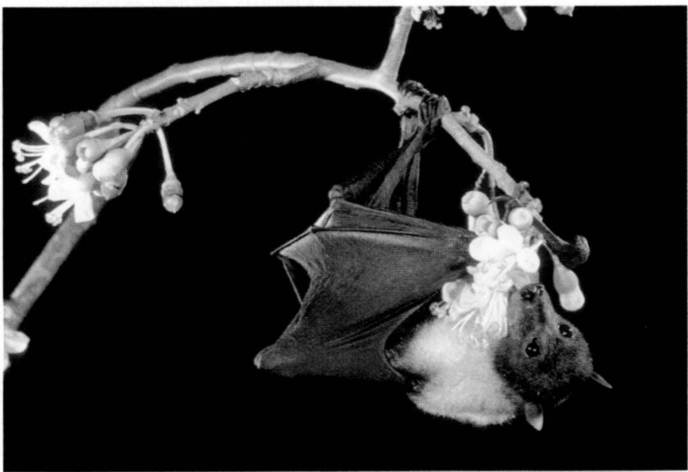

▲ **Figure 56.5 La roussette des îles Mariannes, une espèce en voie de disparition, est un important agent de pollinisation.**

La biodiversité et le bien-être des humains

Pourquoi s'inquiéter de la perte de biodiversité? D'abord pour ce que E. O. Wilson appelle la *biophilie*, c'est-à-dire notre sentiment d'appartenance à la nature et notre conscience de ce qui nous lie à tous les organismes vivants. L'idée selon laquelle les autres espèces sont importantes et devraient être protégées est un grand thème dans de nombreuses religions. C'est aussi le fondement de l'éthique qui nous dicte de protéger la biodiversité. Nous devons nous préoccuper également des générations futures. Voici une citation d'un vieux proverbe par l'écrivain Antoine de Saint-Exupéry: «Nous n'héritons pas de la terre de nos parents, nous l'empruntons à nos enfants.» Outre ces raisons philosophiques et morales, la biodiversité présente aussi pour nous de nombreux avantages pratiques.

Les bienfaits de la diversité des espèces et de la diversité génétique

Parmi les espèces menacées, un grand nombre pourraient fournir des aliments, des fibres et des médicaments aux humains, ce qui fait de la biodiversité une ressource naturelle primordiale. La perte de populations de plantes sauvages qui sont proches parentes d'espèces agricoles signifie la perte de ressources génétiques qui pourraient servir à améliorer la qualité des récoltes, notamment par la résistance aux maladies. Par exemple, devant les épidémies dévastatrices du virus du rabougrissement herbeux du riz (*Oryza sativa*), les phytogénéticiens ont scruté 7 000 populations de cette espèce et de ses proches parentes pour trouver une forme résistante au virus. Une population d'un riz indien (*Oryza nivara*) s'est avérée la bonne, et les chercheurs ont réussi à reproduire le caractère de résistance dans des variétés commerciales de riz. Aujourd'hui, la population résistante d'origine semble avoir disparu de la nature.

Aux États-Unis, 25 % de toutes les ordonnances préparées dans les pharmacies contiennent des substances issues de plantes. Dans les années 1970, des chercheurs ont découvert que la pervenche de Madagascar (*Catharanthus roseus*) renfermait des alcaloïdes qui inhibaient la croissance de cellules cancéreuses (**figure 56.6**). Cette découverte a permis la mise au point de traitements contre deux formes de cancer parmi les plus mortelles – la maladie de Hodgkin et la leucémie infantile –, avec rémission dans la plupart des cas. Il existe cinq autres espèces de pervenches à Madagascar, une île située au large des côtes de l'Afrique, et l'une d'entre elles est en voie de disparition. Or, si ces espèces disparaissaient, la possibilité de profiter de leurs propriétés médicinales disparaîtrait avec elles.

◄ **Figure 56.6 La pervenche de Madagascar (*Catharanthus roseus*): une plante à fleurs roses qui sauve des vies.**

Chaque nouvelle disparition d'espèce signifie la perte de gènes uniques dont certains codent peut-être pour des protéines d'une prodigieuse utilité. La Taq polymérase, une enzyme, a été extraite pour la première fois d'une bactérie, *Thermus aquaticus,* que l'on trouve dans les sources chaudes du parc national de Yellowstone. Cette enzyme est essentielle à l'amplification en chaîne par polymérase (ACP) en raison de sa stabilité aux hautes températures requises pour l'ACP automatisée (voir la figure 20.8, p. 468). L'ADN de nombreuses autres espèces de procaryotes vivant dans divers environnements est utilisé dans la production de masse de protéines destinées à la création de nouveaux médicaments, produits alimentaires, substituts du pétrole, produits chimiques industriels, etc. Toutefois, comme des millions d'espèces disparaîtront avant même que nous ayons pris connaissance de leur existence, nous risquons de perdre de façon irréversible le précieux potentiel génétique que renferment leurs génothèques respectives, qui sont uniques.

Les écoservices

Les bienfaits que des espèces particulières apportent aux humains sont substantiels. Mais la sauvegarde de certaines espèces n'est qu'une des raisons pour lesquelles il faut préserver les écosystèmes. Les humains ont évolué dans les écosystèmes de la Terre, et notre survie tient à ces écosystèmes et à leurs habitants. Les **écoservices** englobent tous les processus par lesquels les écosystèmes naturels contribuent à maintenir la vie humaine. Les écosystèmes purifient notre eau et notre air. Ils détoxiquent et décomposent nos déchets, et réduisent la gravité des sécheresses et des inondations. Les organismes des écosystèmes pollinisent nos cultures, limitent les parasites et préservent nos sols. De plus, les écosystèmes nous rendent ces services gratuitement.

Si nous sous-estimons généralement les services des écosystèmes naturels, c'est peut-être parce que nous ne leur attribuons aucune valeur pécuniaire. En 1997, l'écologiste Robert Costanza et ses collaborateurs ont estimé la valeur des écoservices à 33 billions de dollars par année, soit près du double du produit national brut de tous les pays de la planète (18 billions de dollars). Il est peut-être plus réaliste d'en faire la comptabilité à petite échelle. En 1996, la ville de New York investissait plus d'un milliard de dollars dans l'achat de terres et la restauration d'habitats dans les montagnes Catskill, principale source d'eau douce de la métropole. Cet investissement était motivé par la pollution croissante de l'eau par les égouts, les pesticides et les engrais. En misant sur les écoservices pour purifier son eau naturellement, New York a économisé 8 milliards de dollars, ce qu'aurait coûté la construction d'une nouvelle usine de traitement de l'eau, et 300 millions de dollars par année pour la gestion de l'usine.

On dispose de plus en plus de preuves montrant que le fonctionnement des écosystèmes, et donc leur capacité à fournir des services, joue un rôle clé dans la biodiversité. Plus les activités humaines réduisent la biodiversité, plus nous réduisons la capacité des écosystèmes à accomplir des processus essentiels à notre survie.

Les menaces pour la biodiversité

Un grand nombre d'activités humaines menacent la biodiversité tant à l'échelle locale qu'à l'échelle régionale et planétaire. Les menaces que posent ces activités sont de quatre types, soit la disparition d'habitats, l'introduction d'espèces, la surexploitation et les changements à l'échelle planétaire.

La disparition d'habitats

La transformation des habitats par les activités humaines constitue à elle seule la plus grande menace pour la biodiversité, dans toute la biosphère. La disparition des habitats est le fait de l'agriculture, du développement urbain, de la foresterie, de l'exploitation minière et de la pollution de l'environnement. Les changements climatiques à l'échelle planétaire modifient déjà les habitats, et leurs effets seront beaucoup plus importants dans l'avenir (nous y reviendrons sous peu). Lorsqu'une espèce ne dispose d'aucun habitat de remplacement ou qu'elle est incapable de se déplacer, la disparition d'un habitat peut mener à la disparition de cette espèce. Selon l'Union internationale pour la conservation de la nature, la destruction des habitats physiques serait responsable de la situation de 73 % des espèces disparues, en voie de disparition, ou devenues vulnérables ou rares au cours des derniers siècles.

La disparition et la fragmentation des habitats peuvent se produire sur de grands territoires. Ainsi, approximativement 98 % des forêts tropicales sèches de l'Amérique centrale et du Mexique ont été déboisées. Le déboisement de la forêt tropicale humide autour de Veracruz, au Mexique, surtout pour l'élevage des bovins, a entraîné la perte d'environ 90 % de la forêt originale et n'a laissé qu'un archipel de petits îlots forestiers. D'autres habitats naturels ont également été fragmentés par les activités humaines (**figure 56.7**).

Dans presque tous les cas, la fragmentation d'habitats cause la disparition d'espèces, car les petites populations des habitats fragmentés sont davantage exposées à l'extinction locale. Quand les premiers Européens sont arrivés dans le sud du Wisconsin, la prairie couvrait environ 800 000 hectares de cet État. Or, elle n'occupe plus maintenant que moins de 0,1 % de sa superficie originale. De 1948 à 1954, puis de 1987 à 1988, on a fait des relevés sur la diversité végétale dans 54 vestiges de prairies du Wisconsin. Au cours des quelques décennies qui séparent les deux études, les fragments de prairies ont perdu entre 8 et 60 % de leurs espèces végétales.

▲ **Figure 56.7 Fragmentation des habitats dans le pays de Galles, au Royaume-Uni.**

La disparition d'habitats constitue une menace importante pour la biodiversité aquatique, surtout le long des côtes continentales et près des récifs de corail. Environ 93 % des récifs coralliens, qui comptent parmi les communautés aquatiques possédant la plus grande diversité des espèces de la planète, ont été endommagés par les activités humaines. Si la destruction se poursuit au rythme actuel, de 40 à 50 % des récifs, qui abritent le tiers des espèces de poissons marins, pourraient disparaître au cours des 30 à 40 prochaines années. Les habitats dulcicoles sont aussi menacés, notamment par les barrages et les réservoirs, la modification du lit et la régularisation du débit qui touchent aujourd'hui la plupart des fleuves et des rivières du monde. Par exemple, les quelque 30 barrages et écluses construits sur le bassin fluvial du Mobile, dans le sud-est des États-Unis, ont modifié la profondeur et le débit du fleuve et contribué à la disparition de plus de 40 espèces de moules et d'escargots (embranchement des Mollusques).

L'introduction d'espèces

Les **espèces introduites**, aussi appelées espèces non indigènes ou exotiques, sont les espèces que les humains déplacent intentionnellement ou accidentellement de leur aire de répartition normale jusque dans de nouvelles régions géographiques. Les déplacements par bateau et par avion ont accéléré la transplantation d'espèces. En l'absence des prédateurs, des parasites et des agents pathogènes qui limitent leurs populations dans leurs habitats naturels, les espèces transplantées peuvent se répandre rapidement dans leur nouvelle région.

Certaines espèces introduites perturbent la communauté soit parce qu'elles se nourrissent des espèces indigènes, soit parce qu'elles rivalisent avec ces dernières pour les ressources. On a introduit accidentellement dans l'île de Guam le serpent brun arboricole (*Boiga irregularis*), provenant d'autres régions du Pacifique Sud, comme « passager clandestin » de cargos militaires après la Seconde Guerre mondiale (**figure 56.8a**). L'île de Guam, qui n'abritait aucun serpent jusqu'alors, a perdu depuis 12 espèces d'oiseaux et 6 espèces de lézards, devenues les proies de ce serpent. La moule zébrée (*Dreissena polymorpha*), un mollusque filtreur dévastateur, fut pour sa part introduite accidentellement dans les Grands Lacs de l'Amérique du Nord en 1988, fort probablement par l'eau de lestage de navires en provenance d'Europe. La moule zébrée atteint de fortes densités de population et a profondément perturbé des écosystèmes dulcicoles, menaçant la survie d'espèces aquatiques indigènes. En outre, elle a bouché des prises d'eau, ce qui a compromis des réserves d'eau domestiques et industrielles, et causé des milliards de dollars de dommages.

Beaucoup d'espèces introduites par les humains avec de bonnes intentions ont également produit des effets désastreux. Une plante grimpante japonaise appelée kuzu (*Pueraria lobata*), que le ministère de l'Agriculture des États-Unis a introduite dans le sud du pays pour contrer l'érosion, a envahi de grandes étendues du paysage (**figure 56.8b**). En 1890 à New York, un groupe de citoyens qui souhaitaient introduire dans Central Park tous les végétaux et les animaux que mentionnent les pièces de Shakespeare y libéra l'étourneau sansonnet (*Sturnus vulgaris*). Celui-ci se répandit rapidement dans toute l'Amérique

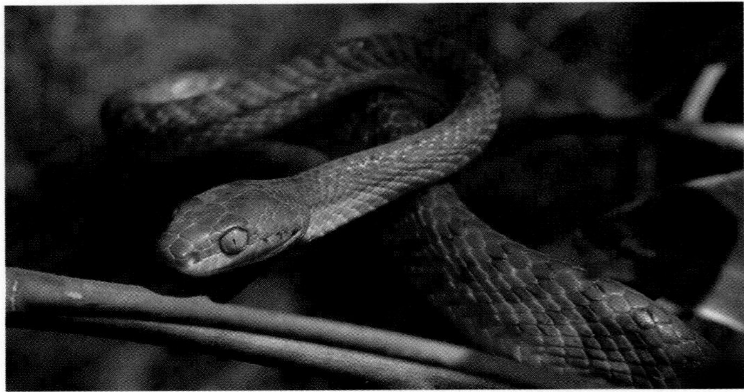

(a) Le serpent brun arboricole, introduit par des cargos dans l'île de Guam

(b) Le kuzu, qui prospère en Caroline du Sud

▲ **Figure 56.8 Deux espèces introduites.**

du Nord, où sa population dépasse maintenant 100 millions d'individus, chassant une multitude d'espèces d'oiseaux chanteurs indigènes.

Les espèces introduites constituent un problème international. Elles sont responsables d'environ 40% des espèces disparues enregistrées depuis 1750. De plus, le coût des dommages qu'elles occasionnent et des mesures prises pour les combattre atteint chaque année des milliards de dollars. Aux États-Unis seulement, il y a plus de 50 000 espèces introduites.

La surexploitation

La *surexploitation* désigne généralement l'exploitation par les humains d'organismes sauvages à un rythme qui dépasse la capacité de rétablissement des populations des espèces visées. Les espèces dont les habitats sont restreints, les petites îles par exemple, sont particulièrement vulnérables à la surexploitation. C'est le sort que connut le grand pingouin (*Pinguinus impennis*), un oiseau de mer incapable de voler et vivant sur des îles de l'Atlantique Nord. Recherché pour ses plumes, ses œufs et sa chair, le grand pingouin avait déjà disparu dans les années 1840.

Les grands organismes dont le taux de reproduction est faible, tels les éléphants, les baleines et les rhinocéros, sont également vulnérables à la surexploitation. Le déclin des populations d'éléphants d'Afrique (*Loxodonta africana*), les plus grands animaux terrestres qui existent encore, est un exemple classique des conséquences de la chasse excessive. Principalement à cause du commerce de l'ivoire, les populations d'éléphants ont diminué dans presque toute l'Afrique au cours des 50 dernières années. Une interdiction internationale relative à la vente de nouvel ivoire a provoqué une augmentation du braconnage, de sorte que cette mesure a eu peu d'effet dans la majorité des pays du centre et de l'est de l'Afrique. Il n'y a qu'en Afrique du Sud, où les troupeaux jadis décimés ont été bien protégés pendant presque un siècle, que les populations d'éléphants sont demeurées stables ou ont augmenté (voir la figure 53.8, p. 1356).

La biologie de la conservation mise de plus en plus sur les outils de la génétique moléculaire pour retracer l'origine de tissus prélevés sur des espèces en voie de disparition. Des chercheurs de la University of Washington ont dressé une carte de référence génétique de l'éléphant d'Afrique à partir d'ADN isolé d'excréments d'éléphant. En comparant cette carte de référence et de l'ADN isolé d'échantillons d'ivoire prélevé illégalement ou par braconnage, les chercheurs peuvent déterminer, à quelques centaines de kilomètres près, l'endroit où les éléphants ont été tués (**figure 56.9**). De même, à partir des analyses phylogénétiques de l'ADN mitochondrial (ADNmt), des biologistes ont montré que certains vendeurs des marchés poissonniers japonais vendaient de la chair de baleine provenant d'espèces chassées illégalement, notamment du rorqual commun (*Balaenoptera physalus*) et du rorqual à bosse (*Megaptera novaeangliae*), tous deux en voie de disparition (voir la figure 26.6, p. 623).

De nombreuses populations de poissons marins d'importance commerciale, qu'on croyait inépuisables, ont été décimées par la surpêche. En effet, en raison de la demande croissante de protéines pour une population humaine en pleine explosion démographique et des nouvelles techniques, comme la pêche à la palangre (ligne de fond) et les chalutiers modernes, leurs populations atteignent aujourd'hui des niveaux qui ne peuvent pas supporter une exploitation plus poussée. Le thon rouge de l'Atlantique Nord (*Thunnus thynnus*) en est un exemple. Il y a encore quelques décennies, on considérait le thon rouge comme un poisson de pêche sportive de faible valeur commerciale (il valait quelques cents le kilogramme et servait de nourriture pour chats). Puis, au début des années 1980, des grossistes commencèrent à transporter par avion, vers le Japon, du thon rouge frais conservé dans la glace, pour les sushis et les sashimis. Dans ce marché, le thon rouge rapporte maintenant jusqu'à 200 dollars le kilogramme (**figure 56.10**). Propulsée par ces prix élevés, il n'a fallu à la surpêche que 10 ans pour réduire la population du thon rouge de la partie ouest de l'Atlantique Nord à moins de 20% de sa taille de 1980. L'effondrement de la pêche à la morue de l'Atlantique (*Gadus morhua*) au large de Terre-Neuve, dans les années 1990, est un autre exemple de surexploitation d'une espèce très commune.

Les changements à l'échelle planétaire

La quatrième menace pour la biodiversité, les changements à l'échelle planétaire, transforme la trame des écosystèmes régionaux sur toute la planète. Les changements à l'échelle planétaire désignent notamment les modifications du climat, de la chimie atmosphérique et des grands systèmes écologiques qui réduisent la capacité de la Terre à assurer le maintien de la vie.

▼ **Figure 56.9**

IMPACT

L'écologie médicolégale et le braconnage des éléphants

Cet étalage de défenses d'éléphant fait partie d'une cargaison illégale de 6 000 kg d'ivoire interceptée en 2002, en route vers Singapour depuis l'Afrique. Les enquêteurs se demandaient si les éléphants abattus pour leurs défenses – on soupçonne qu'il y en avait 6 500 – avaient été tués en Zambie, d'où provenait la cargaison, ou dans diverses régions d'Afrique, ce qui indiquerait la présence d'un réseau de contrebande plus important. Samuel Wasser, de la University of Washington, et ses collègues ont recouru à l'amplification en chaîne par polymérase (ACP) pour augmenter le nombre de segment spécifiques d'ADN extraits des défenses. Ces segments comprenaient des chaînes d'ADN contenant des répétitions courtes en tandem (voir le concept 20.4, p. 482 à 489), ou microsatellites, dont le nombre varie d'une population d'éléphants à l'autre. Les chercheurs ont ensuite comparé les allèles à sept loci ou plus, en se référant à une base de données d'ADN constituée pour des éléphants dont on connaissait l'origine géographique. Ils ont ainsi pu montrer que les éléphants abattus provenaient tous d'une bande étroite s'étendant d'est en ouest de la Zambie.

POURQUOI C'EST IMPORTANT Les analyses d'ADN semblent indiquer que le taux de braconnage en Zambie était 30 fois supérieur à ce que l'on avait estimé. La nouvelle poussa le gouvernement de la Zambie à redoubler d'effort pour contrer ce fléau. La biologie de la conservation mise sur des techniques comme celle décrite ci-dessus pour dépister les chasseurs illégaux d'espèces en voie de disparition, qu'il s'agisse de rorquals, de requins ou d'orchidées.

POUR EN SAVOIR PLUS S. K. Wasser *et al.*, Forensic tools battle ivory poachers, *Scientific American* 399 : 68-76 (2009) ; S. K. Wasser *et al.*, Using DNA to track the origin of the largest ivory seizure since the 1989 trade ban, *Proceedings of the National Academy of Sciences USA* 104 : 4228-4233 (2007).

FAITES DES LIENS La figure 26.6 (p. 623) décrit un autre type d'utilisation des analyses d'ADN pour comparer des prélèvements avec une base de données de référence. En quoi ces exemples se ressemblent-ils, et qu'est-ce qui les distingue ? Quelles contraintes ces méthodes d'enquête médicolégales peuvent-elles présenter dans d'autres cas soupçonnés de braconnage ?

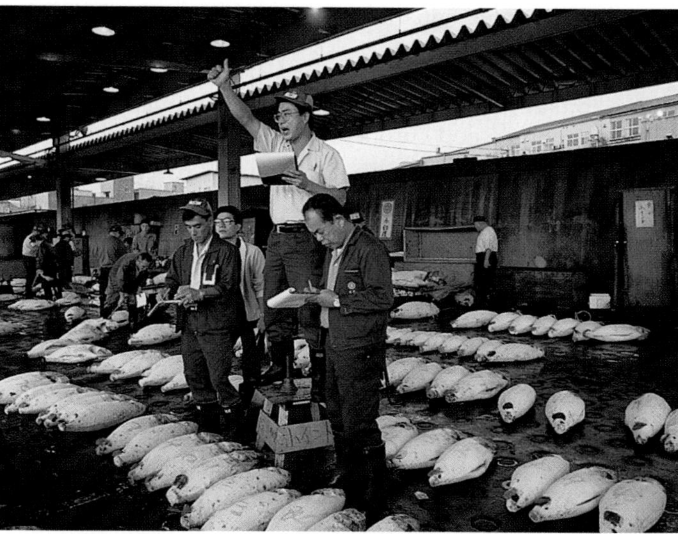

▲ **Figure 56.10 La surexploitation.** Thon rouge de l'Atlantique Nord vendu aux enchères sur un marché japonais.

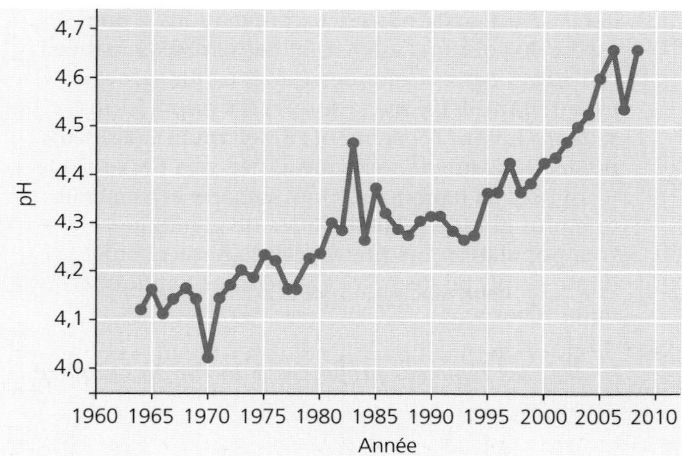

▲ **Figure 56.11 Le changement du pH des précipitations à Hubbard Brook, dans l'État du New Hampshire.** Bien qu'elles demeurent très acides, les précipitations que reçoit cette forêt du nord-est des États-Unis présentent un pH de plus en plus élevé depuis plus de trois décennies.

L'un des premiers types de changements planétaires préoccupants fut les *précipitations acides,* c'est-à-dire la pluie, la neige, la bruine ou le brouillard présentant un pH inférieur à 5.2. La combustion du bois et l'utilisation de combustibles fossiles libèrent des oxydes de soufre et d'azote qui, lorsqu'ils entrent en contact avec l'eau contenue dans l'air, forment des acides sulfuriques et nitriques. Ceux-ci finissent par retomber sur la Terre et nuisent à certains organismes aquatiques et terrestres.

Dans les années 1960, des écologistes ont déterminé que des organismes dulcicoles de l'est du Canada mouraient des suites de la pollution de l'air causée par les usines du Midwest des États-Unis. Les jeunes touladis, par exemple, meurent lorsque le pH descend au-dessous de 5.4. Dans le sud de la Suède et de la Norvège, les populations de poissons des lacs et des ruisseaux diminuaient en raison de la pollution produite en Grande-Bretagne et en Europe centrale. En 1980, le pH moyen des précipitations que recevaient de vastes régions d'Amérique du Nord et d'Europe oscillait entre 4 et 4,5, et descendait parfois à 3. (Le concept 3.3 explique en détail le pH.)

Au cours des dernières décennies, la réglementation environnementale et les nouvelles technologies ont permis à de nombreux pays de réduire leurs émissions de dioxyde de soufre (SO_2). Aux États-Unis, elles ont diminué de 40% entre 1993 et 2008, ce qui a graduellement réduit l'acidité des précipitations (**figure 56.11**). Les écologistes estiment cependant que les écosystèmes aquatiques mettront des décennies à s'en remettre. Pendant ce temps, les émissions d'oxyde d'azote (NO_x) augmentent aux États-Unis, et celles de SO_2 ainsi que les précipitations acides continuent d'endommager les forêts d'Europe centrale et d'Europe de l'Est.

Le concept 56.4 traite plus en détail de l'importance, pour la biodiversité, des changements à l'échelle planétaire; il y sera question de facteurs comme les changements climatiques à l'échelle planétaire et l'appauvrissement de l'ozone.

RETOUR SUR LE CONCEPT **56.1**

1. Expliquez pourquoi il est trop restrictif de définir la crise de la biodiversité comme une simple disparition d'espèces.
2. Indiquez les quatre principales menaces pour la biodiversité et précisez les effets dommageables de chacune sur celle-ci.
3. ET SI? Imaginons deux populations d'une espèce de poisson, l'une vivant dans la Méditerranée et l'autre, dans la mer des Caraïbes. Imaginez maintenant deux scénarios: 1) les populations se reproduisent séparément; 2) les adultes des deux populations migrent chaque année vers l'Atlantique Nord pour se reproduire. Quel scénario entraînerait une plus grande perte de diversité génétique si la population méditerranéenne faisait l'objet d'une surpêche jusqu'à l'extinction? Expliquez votre réponse.

Voir les réponses proposées à la fin du chapitre.

CONCEPT **56.2**

La conservation des populations est axée sur la taille, la diversité génétique et l'habitat essentiel des populations

Les biologistes qui s'intéressent à la conservation des populations et des espèces adoptent deux principales approches, que nous appellerons l'approche des petites populations et l'approche des populations en déclin.

L'approche des petites populations

Les petites populations sont particulièrement vulnérables à la surexploitation, à la disparition d'habitats et aux autres menaces pour la biodiversité dont traite le concept 56.1. C'est la petite taille même d'une population qui conduit finalement à sa disparition, une fois que des facteurs tels que ceux mentionnés plus haut ont fait de nombreuses victimes. Les biologistes de la conservation qui adoptent l'approche des petites populations étudient les processus qui peuvent causer la disparition des populations dont la taille a été gravement réduite.

La spirale d'extinction: les conséquences de la petite taille des populations sur l'évolution

ÉVOLUTION Une petite population est sujette à la consanguinité et à la dérive génétique. Celles-ci l'entraînent dans une **spirale d'extinction** au cours de laquelle sa taille se réduit progressivement, jusqu'à ce qu'il n'existe plus aucun individu (**figure 56.12**). Le facteur déterminant de la spirale d'extinction est la perte de variation génétique, c'est-à-dire de la capacité de la population d'évoluer de façon à s'adapter aux changements du milieu, comme l'arrivée de nouveaux agents pathogènes. La consanguinité et la dérive génétique peuvent toutes les deux causer une perte de variation génétique (voir le chapitre 23), et ces deux processus s'accentuent tandis que la population diminue. La consanguinité réduit souvent la valeur d'adaptation parce que les rejetons sont plus susceptibles de présenter des caractères récessifs nuisibles qui sont homozygotes.

Toutes les petites populations ne sont pas condamnées à une faible diversité génétique, et une variabilité génétique faible ne signifie pas nécessairement que la population sera petite de façon permanente. Ainsi, la chasse excessive de l'éléphant de mer boréal (*Mirounga angustirostris*), dans les années 1890, a réduit la population de l'espèce à seulement 20 individus. Il s'agit manifestement d'un effet de goulot d'étranglement qui a entraîné une faible variation génétique. Mais depuis, les populations d'éléphants de mer boréaux ont connu une forte augmentation et comptent aujourd'hui

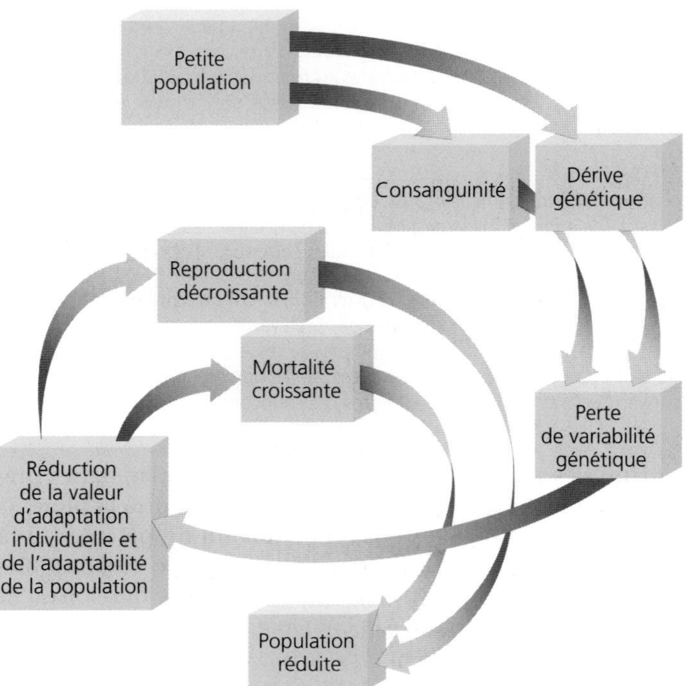

▲ **Figure 56.12 Le processus menant à une spirale d'extinction.**

environ 150 000 individus. La variation génétique demeure relativement faible dans ces populations. La faiblesse de la variabilité génétique semble également intrinsèque chez certaines espèces de végétaux. De nombreuses populations de la spartine anglaise (*Spartina anglica*), qui croissent dans les marais salés, sont génétiquement uniformes à de nombreux loci. La spartine anglaise est apparue il y a seulement un siècle. Elle est issue de l'hybridation et de l'allopolyploïdie de quelques plantes mères (voir la figure 24.11, p. 574). Cette espèce s'est disséminée par clonage naturel et domine maintenant de grands secteurs de vasières littorales en Europe et en Asie. Ainsi, la faible diversité génétique ne fait pas toujours obstacle à la croissance d'une population.

Étude de cas: *le tétras des prairies et la spirale d'extinction*

Quand les Européens sont arrivés en Amérique du Nord, le tétras des prairies (*Tympanuchus cupido*) était une espèce répandue de la Nouvelle-Angleterre à la Virginie et dans toutes les prairies de l'ouest du continent nord-américain. Nous avons vu au chapitre 23 que l'agriculture a fragmenté les populations de tétras des prairies, qui ont rapidement décru en abondance. À lui seul, l'Illinois abritait des millions de tétras au 19e siècle, alors qu'il n'en restait plus que 50 en 1993. Les chercheurs ont découvert que la diminution de la population de tétras dans la prairie de l'Illinois était liée à une diminution de la fécondité. Pour vérifier l'hypothèse de la spirale d'extinction, les scientifiques ont introduit une variation génétique en transplantant 271 oiseaux provenant d'autres populations (**figure 56.13**). La population de tétras de l'Illinois a connu une importante augmentation, ce qui a amené les chercheurs à conclure qu'elle s'acheminait vers la disparition avant qu'on la sauve par l'introduction d'une variation génétique provenant d'autres populations.

La taille minimale viable d'une population

Combien d'individus une population doit-elle perdre avant que sa taille ne l'entraîne dans une spirale d'extinction? La réponse varie selon divers facteurs, dont le type d'organisme. Les grands prédateurs qui se trouvent au sommet de la chaîne alimentaire ont généralement besoin d'une aire de répartition étendue, et présentent donc une faible densité de population. Par conséquent, la rareté chez les espèces n'est pas toujours un sujet d'inquiétude, bien que toutes les populations aient besoin d'un nombre minimal d'individus pour rester viables.

La taille minimale à laquelle une espèce arrive à maintenir son nombre et à survivre est appelée **taille minimale viable d'une population**. Pour une espèce donnée, on évalue habituellement la taille minimale viable d'une population à l'aide de modèles informatiques combinant de nombreux facteurs. Par exemple, le calcul peut inclure une estimation du nombre d'individus d'une petite population susceptibles d'être tués par une catastrophe naturelle comme une tempête. Une fois la spirale d'extinction amorcée, deux ou trois années de suite de climat défavorable peuvent achever une population dont la taille est déjà inférieure au minimum viable.

▼ Figure 56.13 INVESTIGATION

Quelle était la cause de la forte diminution de la population de tétras des prairies de l'Illinois?

EXPÉRIENCE Les chercheurs ont découvert que l'effondrement de la population de tétras des prairies dans l'État de l'Illinois (États-Unis) correspondait à une réduction de la fécondité, mesurée par le taux d'éclosion des œufs. En comparant des échantillons d'ADN provenant de la population de Jasper County, en Illinois, avec de l'ADN extrait des plumes de spécimens de musée, les biologistes sont arrivés à la conclusion que la variation génétique avait effectivement diminué dans la population étudiée (voir la figure 23.11, p. 553). En 1992, Ronald Westemeier, Jeffrey Brawn et leurs collègues ont entrepris de transplanter des tétras des prairies provenant du Minnesota, du Kansas et du Nebraska en vue d'accroître la variation génétique.

RÉSULTATS Après la transplantation (indiquée par la flèche bleue), la viabilité des œufs s'est rapidement améliorée, et la population a connu une importante augmentation.

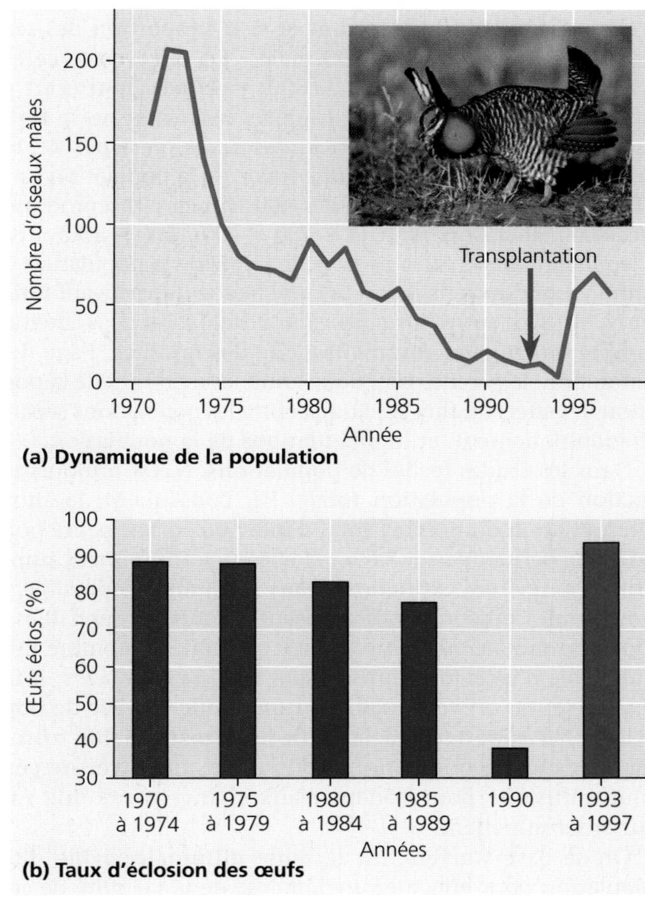

(a) Dynamique de la population

(b) Taux d'éclosion des œufs

CONCLUSION La diminution de la variation génétique a entraîné la population de tétras des prairies de Jasper County dans une spirale d'extinction.

SOURCE R. L. Westemeier *et al.*, Tracking the long-term decline and recovery of an isolated population, *Science* 282: 1695-1698 (1998).

ET SI? Devant l'efficacité de la transplantation de tétras des prairies pour accroître le pourcentage d'œufs éclos en Illinois, pourquoi n'y transplanterait-on pas dès maintenant *plus* d'individus?

La taille efficace d'une population

La variation génétique est l'enjeu principal de l'approche des petites populations. La taille *totale* d'une population peut être trompeuse, parce que seuls certains membres se reproduisent avec succès et transmettent leurs allèles à leur progéniture. Par conséquent, pour faire une estimation significative de la taille minimale viable, les chercheurs doivent déterminer la **taille efficace d'une population**, fondée sur le potentiel de reproduction.

La formule qui suit utilise la proportion des sexes entre les individus reproducteurs dans le calcul d'une estimation de la taille efficace d'une population, symbolisée par N_e:

$$N_e = \frac{4N_f\ N_m}{N_f + N_m}$$

où N_f et N_m sont respectivement le nombre de femelles et le nombre de mâles qui se reproduisent avec succès. Si on applique cette formule à une population théorique comptant au total 1 000 individus, on obtient également 1 000 pour N_e si chaque individu se reproduit et si la proportion des sexes est de 500 femelles pour 500 mâles. En effet, dans ce cas: $N_e = (4 \times 500 \times 500)/(500 + 500) = 1\ 000$. Tout écart par rapport à ces conditions (si tous les individus ne se reproduisent pas ou si la proportion des sexes n'est pas de 1:1) réduit N_e. Par exemple, si la taille totale de la population est de 1 000 individus, mais que seules 400 femelles se reproduisent avec 400 mâles, alors: $N_e = (4 \times 400 \times 400)/(400 + 400) = 800$. N_e équivaut ainsi à 80% de la taille totale de la population. De nombreuses caractéristiques du cycle biologique peuvent influer sur N_e. Ainsi, d'autres formules pour l'évaluation de N_e tiennent compte de facteurs comme la taille des familles, l'âge de la maturation, la parenté génétique entre les membres de la population, les effets du flux génétique entre les populations séparées géographiquement, et les fluctuations de la population.

Dans les études réelles de populations, N_e est toujours une fraction de la population totale. Par conséquent, la simple détermination du nombre total d'individus d'une petite population ne permet pas de savoir si elle est suffisamment importante pour éviter l'extinction. Dans la mesure du possible, les programmes de conservation visent à soutenir des tailles de population totale qui comprennent au moins le nombre minimal viable d'individus qui sont des *reproducteurs actifs*. Il faut se rappeler qu'on veut maintenir une taille efficace de population (N_e) supérieure à la taille minimale viable afin de s'assurer que les populations conservent une diversité génétique suffisante pour s'adapter aux changements que subit leur environnement.

On se base souvent sur la taille minimale viable d'une population pour effectuer une analyse de la viabilité de cette population. Le but de cette analyse est de prévoir ses chances de survie, laquelle est généralement exprimée en tant que probabilité spécifique de survie, comme 95% des chances, sur un intervalle précis, par exemple 100 ans. Une telle approche de modélisation permet aux biologistes de la conservation d'étudier les conséquences possibles de divers plans de gestion. Étant donné que la modélisation s'appuie sur des informations précises à propos de la population à l'étude, la biologie de la conservation est plus efficace lorsque la modélisation est combinée à des études sur le terrain.

Étude de cas: *l'analyse de populations de grizzlis*

Mark Shaffer, de la Duke University, a effectué en 1978 l'une des premières analyses de viabilité d'une population dans le cadre d'une étude à long terme sur les grizzlis (*Ursus arctos horribilis*) du parc national de Yellowstone, dans le Wyoming (États-Unis), et de ses environs (**figure 56.14**). Espèce menacée aux États-Unis, le grizzli n'habite que 4 des 48 États continentaux. De plus, sa population y a subi une réduction et une fragmentation majeures. En 1800, 100 000 grizzlis vivaient dans un habitat d'environ 500 millions d'hectares, alors qu'aujourd'hui 6 populations presque isolées comptant au total près de 1 000 individus occupent un territoire de moins de 5 millions d'hectares.

Dans sa tentative pour déterminer la taille viable des populations de grizzlis de Yellowstone, Shaffer a utilisé des données sur leur cycle biologique couvrant une période de 12 ans. Il a ensuite simulé les effets des facteurs écologiques sur la survie et la reproduction du grizzli. Selon ses modèles, une population totale de grizzlis comptant de 70 à 90 individus dans un habitat favorable a 95% de chances de survivre pendant 100 ans. À peine plus grosse, une population de 100 individus aurait 95% de chances de survivre deux fois plus longtemps, soit pendant près de 200 ans.

La population réelle de grizzlis dans le parc national de Yellowstone est-elle comparable aux estimations de taille minimale viable faites par Shaffer? Selon l'estimation actuelle, la population totale de grizzlis dans l'ensemble de l'écosystème de Yellowstone compterait environ 400 individus. La relation entre cette estimation de la population totale de grizzlis et la taille efficace d'une population, N_e, repose sur plusieurs facteurs. En général, seuls quelques mâles dominants se reproduisent. Or, ils peuvent avoir de la difficulté à trouver des femelles parce que la population est dispersée sur un très grand territoire. En outre, il se peut que les femelles ne se reproduisent que lorsque la nourriture est abondante. Par conséquent, N_e ne représente qu'environ 25% de la taille totale de la population, soit environ 100 individus.

Étant donné que la variation génétique des petites populations tend à s'affaiblir avec le temps, des équipes de recherche

▲ **Figure 56.14 La surveillance à long terme d'une population de grizzlis.** Cet écologiste installe un émetteur radio à un grizzli anesthésié, afin de pouvoir comparer ses déplacements à ceux d'autres grizzlis de la population du parc national de Yellowstone.

ont procédé à des analyses de protéines, d'ADN mitochondrial et de répétitions courtes en tandem (voir le chapitre 21) afin d'évaluer la variabilité génétique chez la population de grizzlis de Yellowstone. À ce jour, tous les résultats indiquent que cette population possède une variabilité génétique moindre que d'autres populations de grizzlis d'Amérique du Nord. Toutefois, l'isolement et la diminution de la variabilité génétique de la population de grizzlis de Yellowstone, qui se sont effectués progressivement au cours du 20e siècle, ne sont pas aussi prononcés qu'on le craignait. Les spécimens de musée analysés au début des années 1900 montrent que la variabilité génétique des grizzlis de Yellowstone a toujours été faible.

Comment les biologistes de la conservation peuvent-ils arriver à augmenter la taille efficace et la variation génétique de la population de grizzlis de Yellowstone? La taille efficace et la taille totale pourraient augmenter s'il y avait des migrations entre les populations isolées de grizzlis. Les modèles informatiques prédisent que l'introduction, tous les 10 ans, de 2 ours non apparentés dans des populations de 100 individus réduirait de près de la moitié la perte de variation génétique. Pour le grizzli, et probablement pour beaucoup d'autres espèces dont les populations sont très petites, l'un des besoins les plus urgents en matière de conservation est de trouver des façons de favoriser l'expansion des populations.

Cette étude de cas ainsi que celle portant sur le tétras des prairies font le lien entre la théorie des petites populations et les applications pratiques en biologie de la conservation. Dans la section suivante, nous allons examiner une autre approche biologique permettant de comprendre le phénomène qu'est l'extinction d'espèces.

L'approche des populations en déclin

L'approche des populations en déclin s'intéresse aux populations menacées ou en voie de disparition dont la taille tend à diminuer même si elle est bien supérieure au minimum viable. La distinction entre une population en déclin (qui n'est pas toujours petite) et une petite population (qui n'est pas toujours en déclin) est moins importante que les différences entre les priorités des deux approches. L'approche des petites populations fait valoir que la petite taille même est la cause première de la disparition des populations, en particulier à cause d'une perte de diversité génétique. En revanche, l'approche des populations en déclin met surtout l'accent sur les facteurs environnementaux qui causent le déclin d'une population. Si, par exemple, un secteur est déboisé, l'abondance des espèces qui dépendent des arbres diminuera et ces dernières disparaîtront localement, qu'elles conservent ou non une variation génétique.

Les étapes de l'analyse et de l'intervention

L'approche des populations en déclin demande que les chercheurs évaluent au cas par cas les baisses de population en analysant minutieusement les causes avant d'entreprendre des mesures correctives. Si une espèce envahissante comme le serpent brun arboricole dans l'île de Guam (voir la figure 56.8a) est nuisible pour une espèce d'oiseau indigène, les gestionnaires de la faune doivent réduire ou éliminer la présence de l'envahisseur pour rétablir les populations vulnérables de cet oiseau. La plupart des situations sont évidemment plus complexes, et les étapes suivantes sont utiles pour analyser les populations en déclin.

1. Confirmer, à l'aide de données démographiques, que l'espèce était auparavant plus abondante ou avait un habitat plus étendu.
2. Étudier l'évolution naturelle de l'espèce et des espèces apparentées, à l'aide notamment de comptes rendus de recherches, pour déterminer leurs besoins en matière environnementale.
3. Formuler des hypothèses pour expliquer toutes les causes possibles du déclin, dont les activités humaines et les événements naturels, et énumérer les prédictions liées à chaque hypothèse.
4. Étant donné que de nombreux facteurs peuvent être liés au déclin, vérifier d'abord l'hypothèse la plus vraisemblable. Par exemple, retirer l'agent soupçonné d'être responsable du déclin pour voir si la population expérimentale connaît une importante augmentation par rapport à la population témoin.
5. Appliquer les résultats du diagnostic à la gestion des espèces menacées et surveiller le rétablissement.

L'étude de cas qui suit est un exemple d'application de l'approche des populations en déclin à une espèce en voie de disparition.

Étude de cas: *le déclin des populations de pics à face blanche*

On ne trouve le pic à face blanche (*Picoides borealis*) que dans le sud-est des États-Unis. Cette espèce a besoin d'une forêt de pins arrivée à maturité et de préférence dominée par le pin des marais (*Pinus palustris*). Contrairement à la plupart des pics qui nichent dans des arbres morts, le pic à face blanche creuse une cavité dans des arbres vivants et matures. Il creuse aussi de petites cavités autour de l'entrée du nid. La résine coule alors et finit par enduire le tronc, ce qui semble décourager certains prédateurs, tel le serpent des blés (*Pantherophis guttatus*), qui dévorent les œufs et les oisillons.

Un autre facteur déterminant pour le pic à face blanche en matière d'habitat est la nécessité que la végétation du sous-bois autour des troncs de pins des marais soit basse (**figure 56.15a**). Les pics à face blanche nicheurs abandonnent leur nid quand la végétation autour des pins est dense et dépasse 4,5 m (**figure 56.15b**). Ces oiseaux ont besoin, semble-t-il, d'une trajectoire de vol dégagée entre l'arbre où ils nichent et les aires d'alimentation voisines. Par le passé, des incendies périodiques nettoyaient les forêts de pins des marais, ce qui maintenait le sous-bois à une hauteur adéquate.

L'un des facteurs ayant conduit au déclin des populations de pics à face blanche est la destruction ou la fragmentation des habitats qui lui conviennent par l'exploitation forestière et l'agriculture. La reconnaissance des facteurs clés en matière d'habitat et la protection d'un certain nombre de forêts de pins des marais, ainsi que le recours à des incendies contrôlés pour réduire la végétation du sous-bois, ont permis de restaurer des habitats où les populations peuvent atteindre une taille viable.

Toutefois, la conception d'un programme de restauration du pic à face blanche a été difficile, en raison de l'organisation

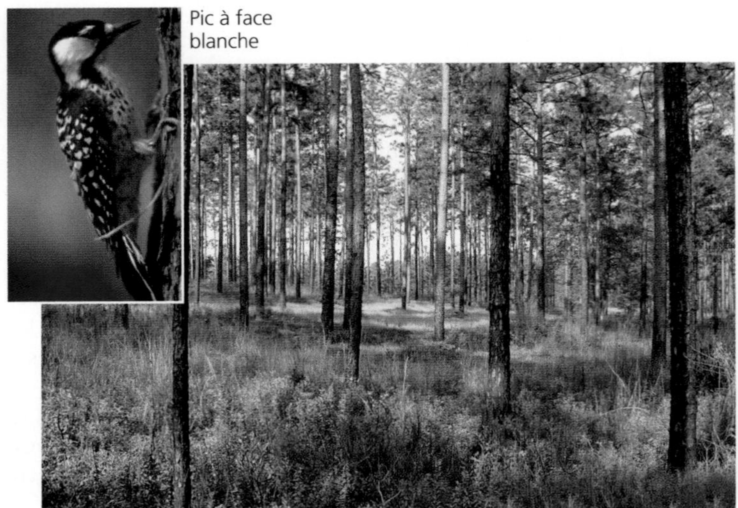

(a) Une forêt pouvant abriter les pics à face blanche comporte une végétation de sous-bois basse.

(b) Une forêt ne pouvant pas abriter de pics à face blanche comporte une végétation de sous-bois haute et dense qui gêne l'accès des oiseaux aux aires d'alimentation.

▲ **Figure 56.15 Un besoin en matière d'habitat du pic à face blanche.**

? *Pourquoi la perturbation de l'habitat du pic à face blanche est-elle essentielle à la survie à long terme de cette espèce?*

sociale de l'espèce. En effet, ces oiseaux vivent en groupes formés d'un couple reproducteur et de un à quatre congénères, surtout des mâles. Ces derniers sont des «assistants» et ne se dispersent pas pour se reproduire (ils constituent un exemple d'altruisme tel que nous l'avons décrit au chapitre 51), mais ils restent autour afin de participer à l'incubation des œufs et aux soins de la nichée du couple reproducteur. Certains jeunes peuvent finir par accéder au statut de reproducteurs lorsque les plus vieux oiseaux meurent. Mais l'attente peut durer des années, et encore, les assistants doivent entrer en compétition pour se reproduire. Les jeunes qui se dispersent afin de former de nouveaux groupes doivent surmonter des difficultés pour se reproduire avec succès. En effet, les nouveaux groupes occupent généralement des territoires abandonnés ou s'établissent dans de nouveaux sites où ils doivent creuser les cavités nécessaires à la nidification, ce qui peut prendre des mois. Ainsi, les individus ont généralement de meilleures chances de se reproduire s'ils restent avec le groupe que s'ils se dispersent et creusent des cavités dans de nouveaux territoires.

Pour vérifier l'hypothèse selon laquelle le comportement contribue au déclin des populations de pics à face blanche, des chercheurs ont creusé des cavités dans des pins des marais de 20 sites. Les résultats ont été remarquables: les pics à face blanche ont colonisé 18 des 20 sites, et de nouveaux groupes reproducteurs se sont formés uniquement aux endroits où on avait creusé des cavités artificielles. L'expérience a donc confirmé l'hypothèse selon laquelle cette espèce de pic abandonne des habitats tout à fait convenables en raison de l'absence de cavités pour les nids. À la suite de cette expérience, des agents de protection de la nature ont mis en place un programme d'entretien des habitats comprenant le déclenchement d'incendies contrôlés et le creusage de nouvelles cavités de nidification; ces mesures ont permis aux populations d'une espèce en voie de disparition de connaître un accroissement et de se rétablir peu à peu.

L'évaluation de besoins contraires

Déterminer l'effectif des populations et les besoins en matière d'habitat n'est qu'un aspect de l'effort visant à préserver des espèces. Les scientifiques doivent également évaluer, d'une part, les besoins biologiques et écologiques de chaque espèce et, d'autre part, les besoins contraires des humains. La biologie de la conservation met souvent au premier plan la relation entre la science, la technologie et la société. Par exemple, dans les États du nord-ouest des États-Unis bordés par le Pacifique a lieu un débat parfois animé: il oppose la préservation des habitats pour les populations de loups gris (*Canis lupus*), de grizzlis (*Ursus arctos horribilis*) et d'ombles à tête plate (*Salvelinus confluentus*) et les besoins en matière d'emploi dans le domaine de l'élevage du bétail et celui de l'extraction des ressources naturelles. De plus, quelques amateurs de plein air et de nombreux éleveurs s'opposent aux programmes visant à reconstituer les populations de loups gris à Yellowstone et à soutenir celles des grizzlis et d'autres grands mammifères: les premiers s'inquiètent pour leur sécurité, tandis que les seconds craignent d'éventuelles pertes de bétail hors du parc.

Les grands vertébrés vedettes ne sont pas toujours au centre des conflits, mais l'utilisation des habitats est presque toujours en cause. Faut-il poursuivre les travaux de construction d'un pont pour une nouvelle route s'ils menacent de détruire le seul habitat restant d'une espèce de moule d'eau douce? Si vous étiez propriétaire d'une plantation de café où croissent des variétés qui ont besoin de beaucoup de lumière, croyez-vous que vous seriez disposé à changer pour des variétés tolérant l'ombre qui sont moins productives et moins payantes, mais qui poussent sous des arbres abritant de nombreux oiseaux chanteurs?

Le rôle écologique des espèces représente aussi un facteur important. Étant donné notre incapacité à sauver toutes les espèces en voie de disparition, nous devons déterminer lesquelles sont les plus importantes pour la conservation de la biodiversité dans son ensemble. En déterminant les espèces clés et en trouvant des moyens pour maintenir leurs populations, on assure la survie de communautés et d'écosystèmes.

La gestion visant la conservation d'une seule espèce risque de nuire à des populations d'autres espèces. Ainsi, la gestion des forêts de pins des marais clairsemées pour le pic à face blanche pourrait avoir une incidence sur les oiseaux migrateurs qui utilisent les forêts décidues propres aux étapes ultérieures de la succession. Pour vérifier cette possibilité, les écologistes ont comparé les communautés d'oiseaux vivant près des cavités de nidification dans les forêts de pins gérées avec les communautés de forêts témoins. Contrairement à leurs attentes, le nombre et la diversité des autres oiseaux étaient plus élevés dans les sites gérés que dans les forêts témoins. Dans ce cas, les mesures prises pour conserver une seule espèce ont amélioré la diversité d'une communauté entière d'oiseaux. Toutefois, dans la plupart des situations, la conservation ne doit pas limiter ses préoccupations à des espèces prises séparément, mais prendre en considération une communauté ou un écosystème en entier comme unité importante de la biodiversité.

RETOUR SUR LE CONCEPT 56.2

1. En quoi la diversité génétique réduite des petites populations les rend-elle plus vulnérables à l'extinction ?
2. Puisque les deux populations de tétras des prairies de l'Illinois comptaient 50 individus en 1993, quelle était alors la taille efficace de la population si 15 femelles et 5 mâles se sont reproduits ?
3. **ET SI ?** En 2005, au moins 10 grizzlis de l'ensemble de l'écosystème de Yellowstone ont été tués par les humains. La plupart des décès sont survenus selon l'un des trois scénarios suivants : il s'est produit une collision avec une voiture ; des chasseurs (ou d'autres animaux) ont abattu une femelle qui les avait attaqués parce que ses petits se trouvaient à proximité ; des gestionnaires de la conservation des ressources ont tué des ours qui s'attaquaient continuellement au bétail. Si vous étiez gestionnaire de la conservation des ressources, quelles mesures pourriez-vous prendre pour réduire de telles rencontres dans le parc de Yellowstone et ses environs ?

Voir les réponses proposées à la fin du chapitre.

CONCEPT 56.3

La protection des sites et la conservation à l'échelle régionale contribuent à maintenir la biodiversité

Si presque tous les efforts de conservation se sont traditionnellement concentrés sur la sauvegarde de certaines espèces, de nos jours, la biologie de la conservation vise de plus en plus à assurer la biodiversité de communautés, d'écosystèmes et de paysages entiers. Un objectif aussi large demande l'application des principes de l'écologie des communautés, des écosystèmes et des paysages de même que de ceux qui se rapportent à la dynamique et à l'économie des populations humaines. L'écologie des paysages (voir le chapitre 52) a notamment pour but de comprendre les profils d'utilisation futurs des paysages et d'intégrer la conservation de la biodiversité à la planification de cette utilisation.

La structure des paysages et la biodiversité

La biodiversité d'un paysage est en grande partie fonction de la structure de celui-ci. Comprendre la structure des paysages est d'une importance capitale pour la conservation, car de nombreuses espèces utilisent plus d'une sorte d'écosystème, et un grand nombre d'espèces vivent à la limite de deux écosystèmes.

La fragmentation et les écotones

Les zones de transition, aussi appelées *écotones*, entre les écosystèmes (entre un lac et la forêt environnante, par exemple, ou entre une terre cultivée et une zone d'habitation en banlieue) sont des caractéristiques qui définissent les paysages (**figure 56.16**). Un écotone possède son propre ensemble de conditions physiques, qui diffèrent de celles existant de part et d'autre. Dans une zone de transition entre une parcelle de forêt et un secteur incendié, la surface du sol reçoit plus de rayonnement solaire et est généralement plus chaude et plus sèche que l'intérieur de la forêt, mais est par ailleurs plus fraîche et plus humide que la surface du sol incendié.

Certains organismes se développent dans des communautés d'écotones parce qu'ils ont besoin de ressources provenant des deux zones adjacentes. La gélinotte huppée (*Bonasa umbellus*) a besoin d'un habitat forestier pour nicher, se nourrir en hiver et s'abriter. Mais elle a également besoin d'éclaircies dans la forêt, occupées par des arbustes et des herbes denses pour se nourrir en été. Le cerf de Virginie (*Odocoileus virginianus*) vit aussi dans des habitats de zones de transition, où il peut brouter les buissons. Les populations de cerfs de Virginie s'accroissent souvent quand les forêts sont exploitées, car les zones de transition sont alors plus nombreuses.

La prolifération d'espèces dans les zones de transition peut avoir des effets positifs ou négatifs sur la biodiversité. Au cours d'une étude effectuée en 1997 sur des communautés d'écotones situées au Cameroun, en Afrique, on a comparé les populations de bulbul verdâtre (*Andropadus virens*, un petit oiseau des forêts tropicales humides) vivant dans les zones de transition et à l'intérieur des forêts. Les résultats ont indiqué que les zones de transition des forêts pourraient être d'importants sites de spéciation. Par ailleurs, les écosystèmes où les écotones sont le résultat de l'intervention des humains ont souvent une biodiversité réduite à cause de la prépondérance des espèces adaptées à ces zones. Ainsi, le vacher à tête brune (*Molothrus ater*) est une espèce adaptée aux zones de transition qui pond ses œufs dans les nids d'autres oiseaux, souvent ceux de certains oiseaux chanteurs migrateurs. Les vachers à tête brune ont besoin de forêts pour parasiter les nids d'autres

(a) Zones de transition naturelles. Dans le parc national du plateau des Bateke, au Gabon, en Afrique, des prairies cèdent la place à des écosystèmes forestiers.

(b) Zones de transition créées par l'activité humaine. Sur cette photo d'une forêt tropicale humide de Malaisie très exploitée, des zones de transition bien nettes (routes) entourent des zones de coupe à blanc.

▲ **Figure 56.16 Zones de transition entre des écosystèmes.**

▲ **Figure 56.17 La fragmentation de la forêt tropicale humide de l'Amazone dans le cadre du Biological Dynamics of Forest Fragments Project.**

oiseaux et aussi de champs pour trouver les insectes dont ils se nourrissent. Le nombre de vachers à tête brune augmente là où les forêts sont exploitées et fragmentées, des endroits où il y a beaucoup d'habitats d'écotones et de champs. Le parasitisme croissant du vacher à tête brune et la disparition d'habitats expliquent le déclin des populations de plusieurs espèces hôtes de cet oiseau.

L'influence de la fragmentation sur la structure des communautés a été examinée de près depuis 1979 dans le cadre d'une étude à long terme appelée Biological Dynamics of Forest Fragments Project. Située au cœur du bassin fluvial de l'Amazone, la région étudiée se compose de fragments de forêt tropicale humide séparés de la forêt non morcelée par des distances de 80 à 1 000 m (**figure 56.17**). De nombreux chercheurs de partout dans le monde ont clairement démontré les effets tant physiques que biologiques de cette fragmentation sur des organismes aussi variés que des bryophytes, des coléoptères et des oiseaux. Ils ont constaté à maintes reprises que les espèces adaptées aux habitats de l'intérieur de la forêt présentent les plus importantes diminutions de population lorsque les fragments sont les plus petits, ce qui semble indiquer que les paysages dominés par de petits fragments abritent un moins grand nombre d'espèces.

Les corridors entre les fragments d'habitats

Dans les habitats fragmentés, la présence d'un **corridor de déplacement**, soit une bande de terre étroite ou une série de petits massifs d'habitats naturels ou aménagés faisant le lien entre des parcelles autrement isolées, peut être un facteur déterminant pour la conservation de la biodiversité. Les habitats riverains, c'est-à-dire les habitats situés le long d'un cours d'eau, servent souvent de corridors de déplacement, et les politiques gouvernementales de certains pays interdisent la destruction de ces aires riveraines. Dans les zones où les activités humaines sont importantes, des corridors artificiels sont parfois construits. Ainsi, des ponts ou des tunnels peuvent réduire le nombre d'animaux tués alors qu'ils tentent de traverser une autoroute (**figure 56.18**).

Les corridors de déplacement peuvent également favoriser l'expansion et réduire la consanguinité dans des populations en déclin. On sait aussi qu'ils facilitent les échanges d'individus entre les populations de nombreux organismes comme les papillons, les campagnols et diverses plantes aquatiques. Ils sont particulièrement importants pour les espèces qui se déplacent entre différents habitats au fil des saisons. Toutefois, ils peuvent également être nuisibles. En effet, ils favorisent par exemple la propagation de maladies. Selon une étude menée en 2003 par un chercheur de l'Université de Saragosse, en Espagne, les corridors naturels facilitent les déplacements des tiques, vectrices de microorganismes pathogènes, dans des parcelles de forêt situées dans le nord de l'Espagne. On ne comprend pas encore très bien tous les effets des corridors, mais ils font l'objet d'actives recherches en biologie de la conservation.

▲ **Figure 56.18 Un corridor de déplacement artificiel.** Ce pont construit dans le Parc national Banff, au Canada, permet aux animaux de traverser un obstacle créé par les humains.

L'établissement de zones protégées

Afin de ralentir la perte de biodiversité, les biologistes de la conservation mettent en application leurs connaissances de la dynamique des paysages pour établir des zones protégées. Les gouvernements ont mis en réserve, sous différentes formes, environ 7 % des terres émergées de la planète. Lorsqu'ils choisissent des endroits et la façon d'aménager des réserves naturelles, les biologistes de la conservation ont de nombreux défis à relever. Faut-il gérer la réserve de façon à réduire au minimum les risques d'incendie et de prédation pour les espèces menacées ? Ou doit-on garder la réserve la plus naturelle possible et laisser des processus comme les incendies allumés par la foudre jouer leur rôle ? Ce n'est qu'un des problèmes qui se posent pour les gens ayant à cœur la santé écologique des parcs nationaux et des autres zones protégées.

La préservation des régions névralgiques de la biodiversité

Quand vient le moment de déterminer les priorités en matière de conservation, les biologistes concentrent souvent leur attention sur les régions névralgiques de la biodiversité. Une **région névralgique de la biodiversité** est une zone relativement petite qui comporte de nombreuses espèces endémiques (des espèces qui n'existent nulle part ailleurs) et un grand nombre d'espèces menacées ou en voie de disparition (**figure 56.19**). Près de 30 % de toutes les espèces d'Oiseaux se trouvent dans des régions névralgiques qui n'occupent que 2 % de la zone émergée du globe. Environ 50 000 espèces de plantes, soit un sixième de toutes les espèces connues, n'habitent que 18 régions névralgiques ne correspondant au total qu'à 0,5 % de la surface émergée du globe. Dans l'ensemble, les régions terrestres les plus « névralgiques » comptent pour moins de 1,5 % des terres de la planète, mais abritent le tiers de toutes les espèces de Végétaux, d'Amphibiens, de Reptiles (dont les Oiseaux) et de Mammifères. Les écosystèmes aquatiques comptent aussi des régions névralgiques, tels les récifs coralliens et certains réseaux hydrographiques.

Les régions névralgiques de la biodiversité constituent de bons choix pour des réserves naturelles. Cependant, il n'est pas toujours simple de reconnaître quelles sont ces zones. En effet, une région peut être névralgique pour un groupe taxinomique donné, comme les Oiseaux, mais pas pour un autre groupe, comme les papillons (ordre des Lépidoptères). Le fait de désigner une zone comme une région névralgique favorise souvent un groupe taxinomique comme les Vertébrés ou les Végétaux, aux dépens des Invertébrés et des microorganismes, auxquels on accorde moins d'attention. Certains biologistes craignent par ailleurs que la stratégie des régions névralgiques draine tout l'effort de conservation sur une très petite partie de la surface terrestre.

Les changements climatiques compliquent d'autant plus la préservation des régions névralgiques que les conditions qui favorisent une communauté particulière peuvent disparaître de cet endroit plus tard. La région névralgique de la biodiversité de la pointe sud-ouest de l'Australie (voir la figure 56.19) recèle des milliers d'espèces végétales endémiques et de nombreux vertébrés également endémiques. Les chercheurs ont récemment conclu qu'entre 5 et 25 % des espèces végétales qu'ils ont étudiées risquaient de disparaître d'ici 2080 parce qu'elles ne pourront tolérer l'aridité accrue qui menace cette région.

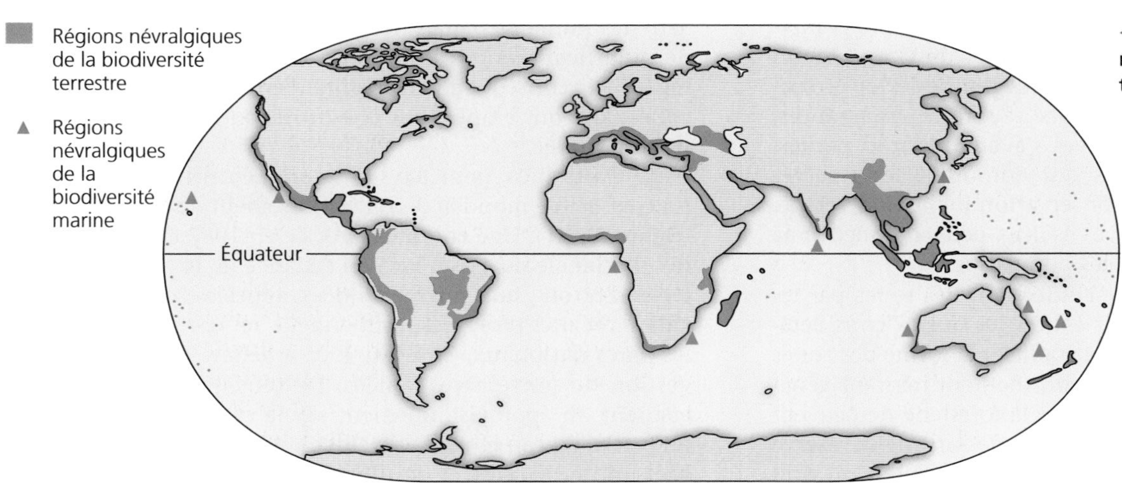

◄ **Figure 56.19 Les régions névralgiques de la biodiversité terrestre et marine de la Terre.**

L'optique des réserves naturelles

Les réserves naturelles sont des îlots de biodiversité dans une mer d'habitats dégradés par l'activité humaine. Or, ces «îlots» protégés ne sont pas isolés de leur environnement, et le modèle du déséquilibre dont il a été question au chapitre 54 s'applique autant aux réserves naturelles qu'aux paysages dans lesquels elles sont intégrées.

Une ancienne politique préconisait qu'on tienne à l'écart les zones protégées pour les garder indéfiniment intactes. Elle était fondée sur le vieux concept selon lequel un écosystème est une unité possédant son équilibre et son autorégulation propres. Cependant, comme nous l'avons vu au chapitre 54, la perturbation est une composante naturelle des écosystèmes. C'est pourquoi les politiques de gestion qui ne tiennent pas compte des perturbations naturelles ou tentent de les empêcher ont généralement échoué. Par exemple, mettre en réserve l'aire d'une communauté tributaire du feu, comme une partie d'une prairie d'herbes hautes, d'un chaparral ou d'une pinède sèche, avec l'intention de la préserver n'est pas réaliste si on empêche les incendies périodiques. Faute de perturbation dominante, les espèces qui sont adaptées au feu sont éliminées par la compétition avec les autres espèces. La biodiversité se trouve donc réduite.

Comme la perturbation et la fragmentation causées par les humains sont de plus en plus courantes, il est essentiel de comprendre la dynamique des perturbations, des populations, des zones de transition et des corridors de déplacement pour concevoir et gérer des zones protégées. En biologie de la conservation, la question suivante est importante: vaut-il mieux aménager quelques grandes réserves, ou un plus grand nombre de petites réserves? L'un des arguments en faveur des grandes réserves est que les grands animaux qui se déplacent sur de longues distances et dont les populations sont de faible densité, comme le grizzli, ont besoin de vastes habitats. En outre, les grandes réserves possèdent des périmètres proportionnellement plus petits que les petites réserves; les zones de transition les touchent donc moins.

Au fur et à mesure que les biologistes de la conservation ont appris à connaître les exigences rattachées aux tailles minimales viables de population des espèces en voie de disparition, ils se sont rendu compte que la plupart des parcs nationaux et des réserves sont beaucoup trop petits. L'aire nécessaire à la survie à long terme de la population de grizzlis de Yellowstone est plus de dix fois supérieure à l'aire combinée des parcs nationaux de Yellowstone et de Grand Teton (**figure 56.20**). Étant donné les réalités politiques et économiques, de nombreux parcs existants ne seront pas agrandis, et la plupart des nouvelles réserves s'avéreront trop petites. Les terres publiques et privées qui entourent les réserves devront donc contribuer à la conservation de la biodiversité. En revanche, les petites réserves isolées peuvent ralentir la propagation de maladies entre les populations.

D'un point de vue pratique, l'utilisation des terres par les humains l'emporte souvent sur toutes les autres considérations. Elle dicte en grande partie la taille et la forme des zones protégées. Les protecteurs de l'environnement héritent généralement des terres que l'agriculture et la foresterie ne peuvent exploiter. Mais, dans certains cas, comme lorsque la réserve est entourée de terres commercialement rentables, on doit intégrer dans les stratégies de conservation la façon dont l'agriculture et la foresterie les utilisent.

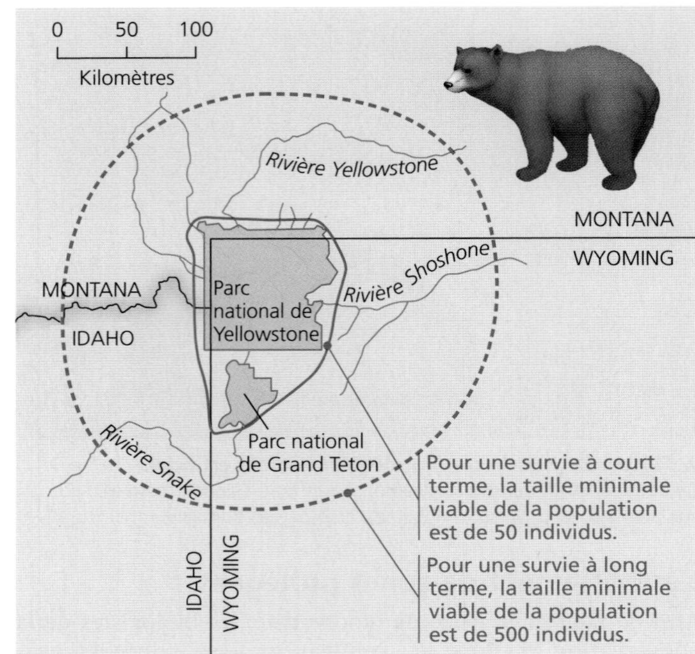

▲ **Figure 56.20 Les limites biotiques pour les grizzlis, dans les parcs nationaux de Yellowstone et de Grand Teton.** Les limites biotiques (en rouge) entourent les zones requises pour soutenir des populations de taille minimale viable de 50 et de 500 ours. Même la plus petite de ces zones est plus grande que l'aire des deux parcs combinés.

Les réserves zonées

Plusieurs pays ont adopté une approche de la gestion des paysages fondée sur les réserves zonées. Une **réserve zonée** est une région qui a généralement une grande superficie et qui comprend au moins une zone non perturbée par les humains. Cette dernière est entourée de zones modifiées par l'activité humaine et servant à des fins économiques. Le défi principal du concept des réserves zonées est l'instauration d'un climat social et économique dans les terres environnantes qui soit compatible avec la viabilité à long terme de la zone centrale protégée. Les zones environnantes continuent de servir les activités humaines, mais des règlements empêchent les types de modifications qui pourraient endommager la zone protégée. Par conséquent, les habitats environnants servent de zones tampons empêchant une intrusion au cœur de la zone non perturbée.

Le Costa Rica, petit pays d'Amérique centrale, est devenu un chef de file mondial dans l'établissement de réserves zonées (**figure 56.21**). Une entente négociée en 1987 a réduit la dette internationale du Costa Rica en échange de la préservation de terres. En tout, huit réserves zonées, appelées zones de conservation ou aires protégées, contiennent des terres classées parmi les parcs nationaux. Le Costa Rica améliore constamment la gestion de ses réserves zonées. De plus, les zones tampons assurent un approvisionnement stable et durable en produits forestiers, en eau et en énergie hydroélectrique, tout en favorisant une agriculture et un tourisme durables.

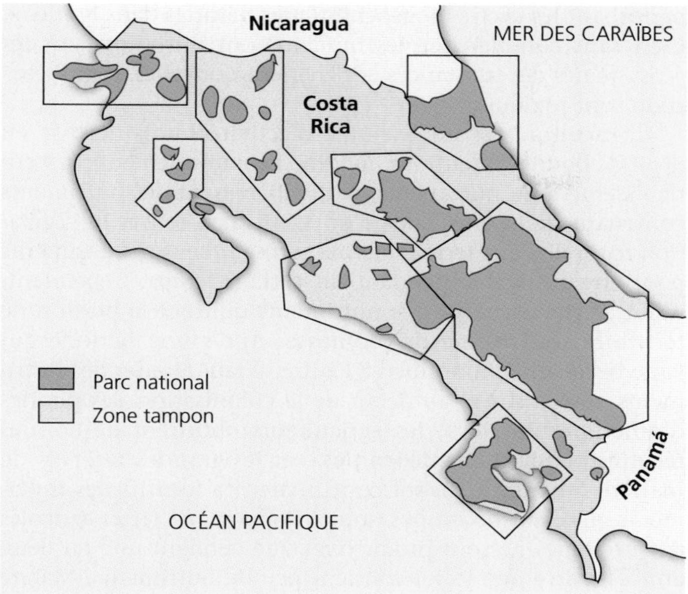

(a) Les lignes noires indiquent les limites des réserves zonées.

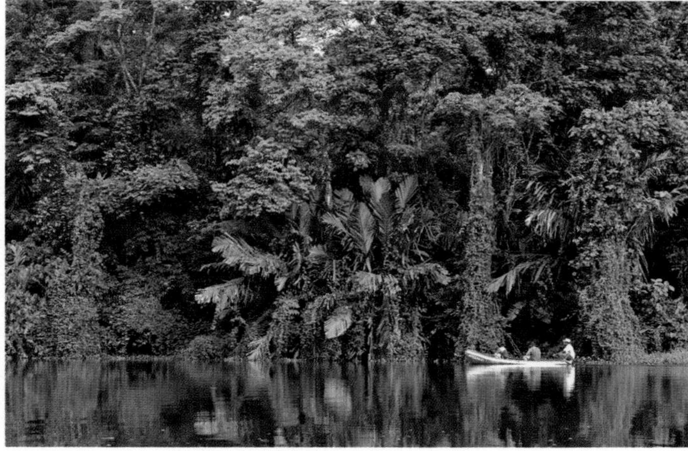

(b) Des touristes s'émerveillent de la diversité de la vie dans une réserve zonée du Costa Rica.

▲ **Figure 56.21 Les réserves zonées du Costa Rica.**

Les réserves zonées visent un objectif important, soit celui de donner une base économique stable aux habitants du pays. Écologiste de la University of Pennsylvania et leader dans le domaine de la conservation des milieux tropicaux, Daniel Janzen l'a bien dit: «La probabilité de la survie à long terme d'une aire naturelle protégée est directement proportionnelle à la santé économique et à la stabilité de la société dans laquelle cette aire est intégrée.» Les pratiques destructrices qui ne sont pas compatibles avec la conservation à long terme d'un écosystème et qui n'apportent souvent qu'un petit profit local, telles que l'exploitation forestière et l'agriculture à grande échelle ainsi que l'exploitation minière intense, sont en principe limitées aux zones périphériques les plus éloignées des zones tampons et sont peu à peu déconseillées.

Le Costa Rica compte sur son système de réserves zonées pour garder au moins 80% de ses espèces indigènes, mais ce système entraîne tout de même des problèmes. En 2003, une analyse portant sur les changements dans la couverture végétale entre 1960 et 1997 a révélé que le déboisement était négligeable à l'intérieur des parcs nationaux du Costa Rica et que la couverture forestière s'était accrue dans la zone tampon de 1 km autour des parcs. On a néanmoins découvert d'importantes pertes de couverture forestière dans les zones tampons de 10 km qui entourent tous les parcs nationaux, ce qui risque de faire de ces derniers des habitats isolés.

Bien que les écosystèmes marins soient profondément touchés par l'exploitation humaine, on trouve beaucoup moins de réserves dans les océans que sur la terre ferme. Partout dans le monde, de nombreuses populations de poissons se sont effondrées en raison de l'utilisation d'un matériel de plus en plus perfectionné permettant l'accès à presque tous les lieux de pêche potentiels. Devant cette situation, des scientifiques de la University of York, en Angleterre, ont proposé d'établir un peu partout dans le monde des réserves marines où la pêche serait interdite. Selon eux, il existe de fortes indications que ces réserves marines seraient un moyen d'augmenter les populations de poissons et d'améliorer le rendement de la pêche dans les zones adjacentes. Le système qu'ils proposent est une application contemporaine d'une pratique vieille de plusieurs siècles aux îles Fidji, où certaines zones ont traditionnellement été interdites à la pêche. Cet exemple démontre que le concept des réserves zonées ne date pas d'hier.

Les États-Unis ont adopté un tel système en créant un ensemble de 13 sanctuaires marins, dont le Florida Keys National Marine Sanctuary (sanctuaire marin national des Keys de la Floride), fondé en 1990 (**figure 56.22**). Les populations d'organismes marins, y compris celles de poissons et de homards, se sont rapidement rétablies une fois que la pêche fut interdite dans une réserve de 9 500 km^2. Aujourd'hui, des poissons plus gros et plus nombreux produisent des larves qui contribuent à repeupler les récifs coralliens et à améliorer la pêche à l'extérieur du sanctuaire. Ce regain de la vie marine dans le sanctuaire en fait aussi une destination prisée pour la plongée, ce qui accroît la valeur économique de cette réserve zonée.

▲ **Figure 56.22 Cette plongeuse mesure la taille du corail dans le sanctuaire marin national des Keys, en Floride.**

RETOUR SUR LE CONCEPT 56.3

1. En quoi consiste une région névralgique de la biodiversité?
2. Comment les réserves zonées offrent-elles des incitations économiques pour la préservation à long terme des zones protégées?
3. **ET SI?** Imaginons qu'un promoteur suggère de déboiser une forêt qui tient lieu de corridor entre deux parcs. Le promoteur propose de compenser la disparition de la forêt en ajoutant une aire de forêt équivalente à l'un des deux parcs. En tant qu'écologiste de la conservation, comment défendriez-vous le maintien du corridor?

Voir les réponses proposées à la fin du chapitre.

CONCEPT 56.4

La Terre change rapidement sous l'effet des activités humaines

Nous avons vu que la conservation des paysages et la conservation à l'échelle régionale contribuent à protéger les habitats et à préserver les espèces. Cependant, les modifications de l'environnement qu'entraînent les activités humaines posent de nouveaux défis. À cause des changements climatiques d'origine humaine, par exemple, certaines espèces vulnérables pourraient devoir vivre ailleurs, pour survivre, que dans les habitats qu'elles occupent actuellement. Que se produirait-il si un *grand nombre* d'habitats changeaient tellement vite que l'emplacement des réserves actuelles devenait inadéquat dans 10, 50 ou 100 ans pour les espèces qu'elles abritent? Ce scénario est de plus en plus envisageable.

La section suivante décrit quatre types de modifications de l'environnement causées par les activités humaines: l'enrichissement en nutriments, l'accumulation de toxines, le changement climatique et l'appauvrissement de l'ozone. Les conséquences de ces modifications et de bien d'autres sont observables non seulement dans les écosystèmes dominés par les humains, comme les villes et les régions agricoles, mais aussi dans les écosystèmes les plus reculés de la Terre.

L'enrichissement en nutriments

L'activité humaine retire souvent des nutriments d'une zone de la biosphère et les introduit ailleurs. Du point de vue le plus simple, une personne qui mange du brocoli à Montréal, au Québec, consomme des nutriments qui se trouvaient peu de temps auparavant dans le sol d'une autre région. Quelques jours plus tard, une partie de ces nutriments se retrouvera dans les eaux du fleuve Saint-Laurent, après être passée dans le système digestif de la personne et dans l'usine d'épuration municipale. Selon une optique plus globale, les nutriments contenus dans le sol des terres agricoles peuvent atteindre par ruissellement des cours d'eau et des lacs, provoquant ainsi un appauvrissement dans une région et un excès dans l'autre, et perturbant les cycles biogéochimiques naturels dans les deux. C'est sans compter que les humains ont introduit dans les écosystèmes des substances entièrement nouvelles, dont beaucoup sont toxiques.

L'agriculture est un exemple d'activité humaine qui, en dépit de bonnes intentions, modifie l'environnement par l'enrichissement en nutriments, particulièrement des nutriments contenant de l'azote. Lorsqu'on vient d'en retirer la végétation naturelle, une terre renferme suffisamment de nutriments pour être cultivable pendant un certain temps. Cependant, une très grande partie des nutriments quittent la portion de territoire sous forme de biomasse. Après une période qui varie beaucoup d'un milieu à l'autre, il faut ajouter des nutriments au sol. Ainsi, au début de la colonisation des prairies d'Amérique du Nord, les agriculteurs obtinrent de bonnes récoltes pendant des décennies, car les grandes réserves de matière organique du sol continuaient à fournir des nutriments grâce à la décomposition. À l'opposé, les terres agricoles des tropiques ne sont productives que pendant une ou deux années, parce que le sol contient peu de nutriments. Malgré ces différences, la réserve de nutriments naturels finit par s'épuiser partout où on pratique la culture intensive.

L'azote est le nutriment qui se perd le plus à cause de l'agriculture (voir la figure 55.14, p. 1416). Le labourage du sol mélange la terre et accélère la vitesse de décomposition de la matière organique. L'azote libéré pendant la décomposition est retiré des écosystèmes au moment de la récolte. L'épandage d'engrais sert alors à compenser cette perte dans les agroécosystèmes (**figure 56.23**). De plus, comme nous l'avons vu dans le cas de Hubbard Brook (voir la figure 55.16, p. 1419), en l'absence de plantes pour les absorber, les nitrates risquent de sortir de l'écosystème avec les eaux de ruissellement.

Des études récentes indiquent que les activités humaines ont plus que doublé la réserve mondiale d'azote fixé disponible pour les producteurs. Les engrais industriels fournissent l'apport d'azote le plus important. L'utilisation de combustibles fossiles libère aussi des oxydes d'azote qui pénètrent dans l'atmosphère et se dissolvent dans l'eau de pluie; l'azote finit par pénétrer dans les écosystèmes sous forme de nitrates.

▲ **Figure 56.23 La fertilisation d'un champ de maïs.** Pour remplacer les nutriments retirés par les cultures, les agriculteurs doivent épandre des engrais organiques – du fumier ou du compost, par exemple – ou synthétiques, comme ci-dessus.

Hiver Été

▲ **Figure 56.24 La prolifération du phytoplancton causée par l'excès d'azote dans le bassin du Mississippi crée une zone morte.** Dans ces images satellites datant de 2004, le rouge et l'orange représentent des concentrations élevées de phytoplancton dans le golfe du Mexique. Cette zone morte est beaucoup plus étendue en été qu'en hiver.

L'augmentation de la culture des légumineuses avec leurs symbiotes fixateurs d'azote est également une cause importante de l'enrichissement en azote des sols.

Les choses se compliquent lorsque la quantité d'un nutriment dans un écosystème dépasse la charge critique, c'est-à-dire la quantité du nutriment ajouté – en général l'azote ou le phosphore – que les végétaux peuvent absorber sans que cela nuise à l'intégrité des écosystèmes. Par exemple, lorsque les minéraux azotés contenus dans le sol dépassent la charge critique, ils finissent par se retrouver dans les eaux souterraines ou par atteindre les écosystèmes dulcicoles ou marins par ruissellement; ils contaminent alors les réserves d'eau et tuent les poissons. Dans la plupart des zones agricoles, les concentrations de nitrates des eaux souterraines sont aussi de plus en plus élevées et atteignent parfois des teneurs qui rendent l'eau impropre à la consommation.

De nombreux fleuves contaminés par les nitrates et l'ammonium contenus dans les eaux de ruissellement et les égouts se déversent à leur tour dans l'océan Atlantique. Les plus importantes contributions à cet égard proviennent du nord de l'Europe et des États centraux des États-Unis. L'azote qui se déverse dans le Mississippi se retrouve dans le golfe du Mexique et entraîne chaque été une prolifération du phytoplancton. Lorsque le phytoplancton meurt, sa décomposition par les détritivores crée une vaste zone morte (ou anoxique) le long de la côte (**figure 56.24**). Les poissons et autres animaux marins disparaissent de zones marines comptant parmi les plus importantes des États-Unis sur le plan économique. Pour réduire l'étendue de la zone morte, les agriculteurs ont commencé à faire un usage plus éclairé des engrais, et les gestionnaires de la conservation des ressources restaurent les milieux humides du bassin versant du Mississippi, deux changements qu'ont stimulés les résultats d'expériences menées sur les écosystèmes.

Les nutriments contenus dans les eaux de ruissellement entraînent aussi l'eutrophisation des lacs, comme nous l'avons vu au concept 55.2. La prolifération des algues et des cyanobactéries ainsi que l'anoxie qui survient lorsqu'elles meurent ressemblent étroitement à ce qui se produit dans les zones marines mortes. Ces conditions menacent la survie des organismes. Ainsi, dès les années 1960, l'eutrophisation du lac Érié, combinée à la surpêche, a causé la disparition d'espèces de poissons à valeur commerciale telles que le doré bleu (*Stizostedion vitreum glaucum*), le grand corégone (*Coregonus clupeaformis*) et le touladi (*Salvelinus namaycush*). Depuis, les règlements relatifs au rejet de déchets dans le lac sont devenus plus sévères. Quelques populations de poissons ont connu une importante augmentation. Cependant, plusieurs des espèces indigènes de poissons et d'invertébrés ne se sont pas rétablies.

La présence de toxines dans l'environnement

Les humains produisent une extraordinaire variété de substances toxiques, notamment des milliers de composés synthétiques qui n'ont jamais existé à l'état naturel. Ils déversent ces substances dans la nature sans s'inquiéter des conséquences écologiques de leur geste. Les organismes absorbent les substances toxiques en même temps que l'eau et les nutriments. Ils en métabolisent ou en excrètent certaines, mais en accumulent d'autres dans leurs tissus, souvent dans les tissus adipeux. Ces toxines sont particulièrement nocives, notamment du fait que leur concentration tissulaire augmente à chaque niveau d'un réseau trophique. Ce phénomène de **bioamplification** s'explique par le fait que la biomasse d'un niveau trophique donné est produite à partir de la biomasse beaucoup plus grande du niveau inférieur (voir le concept 55.3). Ainsi, les organismes carnivores des niveaux supérieurs du réseau trophique sont ceux qui subissent le plus les méfaits des composés toxiques libérés dans le milieu.

Les hydrocarbures chlorés, un groupe de composés synthétisés à l'échelle industrielle, fournissent un bon exemple de bioamplification. Ces composés comprennent de nombreux pesticides, dont des substances chimiques industrielles appelées BPC (biphényles polychlorés) et de nombreux pesticides comme le DDT (dichlorodiphényltrichloroéthane). Des recherches en cours mettent en cause beaucoup de ces composés dans les troubles du système endocrinien chez un grand nombre d'espèces animales, notamment l'humain (voir le chapitre 45, p. 1150 et 1151). La bioamplification des BPC a été observée dans le réseau trophique des Grands Lacs, où les concentrations de BPC dans les œufs de goéland argenté (*Larus argentatus*), qui occupe le niveau supérieur du réseau trophique, sont presque 5 000 fois plus élevées que dans le phytoplancton, qui se trouve à la base du réseau (**figure 56.25**).

Le DDT offre un exemple tristement célèbre de bioamplification ayant porté atteinte à des carnivores des niveaux supérieurs. Le DDT servait à éliminer des insectes piqueurs, comme les moustiques (famille des Culicidés), ou des parasites des cultures. Dans la décennie qui a suivi la Seconde Guerre mondiale, son utilisation s'est répandue rapidement alors que l'on ne comprenait pas encore bien ses conséquences écologiques. Dès le début des années 1950, les scientifiques ont commencé à comprendre la persistance du DDT dans l'environnement et son transport dans l'eau loin des zones d'épandage. L'un des premiers indices des effets écologiques du DDT fut le déclin des populations de pélicans (*Pelecanus spp.*), de balbuzards pêcheurs (*Pandion haliaetus*), de pygargues (*Haliaeetus spp.*) et

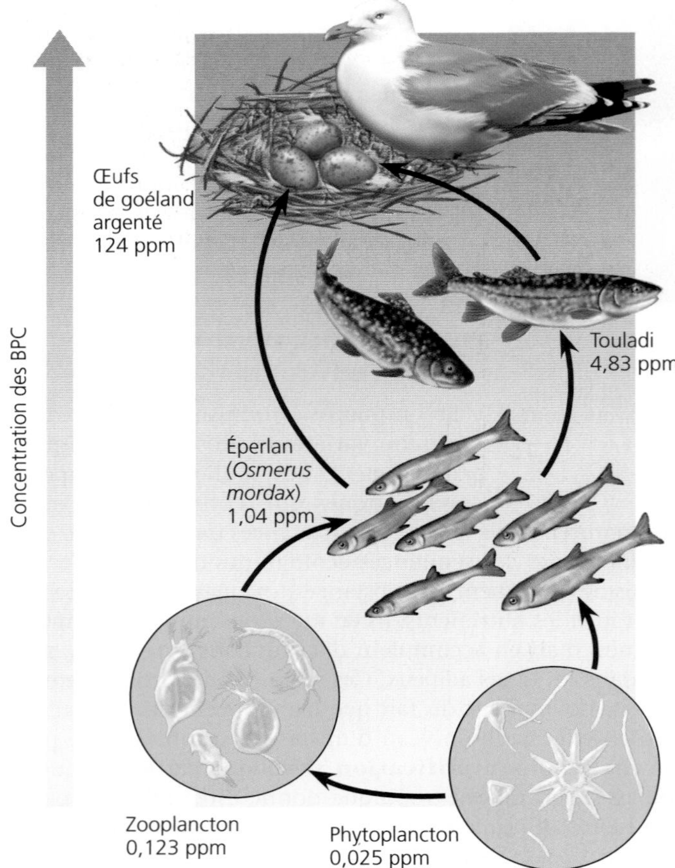

▲ **Figure 56.25 La bioamplification des BPC dans un réseau trophique des Grands Lacs.**

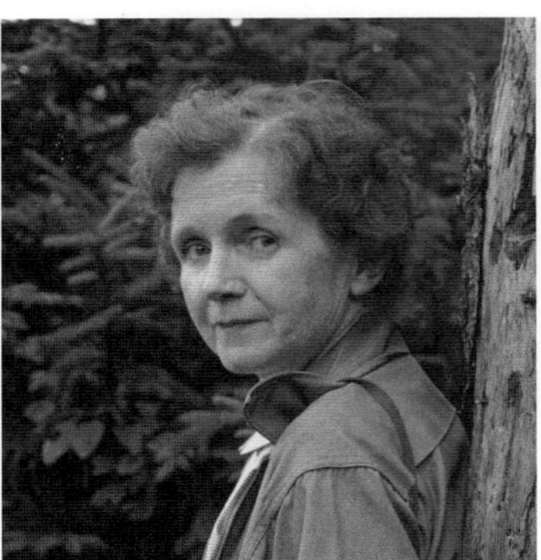

◄ **Figure 56.26**
Rachel Carson. Grâce à son livre et son témoignage devant le Congrès américain, la biologiste et auteure Rachel Carson a favorisé l'émergence d'une nouvelle éthique en environnement. Ses démarches ont entraîné l'interdiction du DDT aux États-Unis et la mise en place d'une réglementation plus sévère à l'égard de l'utilisation des substances chimiques.

d'aigles royaux (*Aquila chrysaetos*), des consommateurs quaternaires qui se trouvent au sommet de divers réseaux trophiques. L'accumulation de DDT (et de DDE, un produit de sa décomposition) dans les tissus de ces consommateurs quaternaires entravait la calcification des coquilles d'œufs. En effet, ces oiseaux brisaient leurs œufs en les couvant, et leur taux de reproduction diminuait de façon catastrophique. La publication de *Printemps silencieux*, de Rachel Carson, a contribué à alerter l'opinion publique dans les années 1960 (**figure 56.26**). Ainsi le DDT a-t-il été banni aux États-Unis en 1971. On a alors observé un spectaculaire rétablissement des populations d'espèces d'oiseaux touchées.

Dans la plupart des régions tropicales, on utilise encore le DDT pour contrôler les moustiques responsables de la transmission du paludisme et d'autres maladies. Dans ces régions, les sociétés doivent choisir entre sauver des vies humaines ou protéger d'autres espèces. L'usage parcimonieux du DDT, combiné à l'utilisation de toiles moustiquaires et d'autres moyens de protection reposant sur une technologie simple, semble constituer la meilleure approche. Le passé sombre du DDT illustre l'importance de comprendre les liens écologiques entre les maladies et les communautés (voir le concept 54.5).

De nombreuses toxines qui ne peuvent être dégradées par les microorganismes demeurent dans l'environnement pendant des années, voire des décennies. Dans d'autres cas, les composés chimiques introduits dans l'environnement sont relativement inoffensifs; toutefois, leur réaction avec d'autres substances ou le métabolisme des microorganismes les transforment en produits plus toxiques. Le mercure, un sous-produit de la fabrication du plastique et des centrales thermiques au charbon, a été systématiquement évacué dans les cours d'eau et la mer sous une forme insoluble. Or, les bactéries présentes dans les sédiments convertissent ce déchet en méthylmercure (CH_3Hg^+), un composé soluble dans l'eau extrêmement toxique qui s'accumule dans les tissus de certains organismes, dont les humains qui consomment des poissons provenant des eaux contaminées.

Les gaz à effet de serre et le réchauffement planétaire

De nombreuses activités humaines produisent des déchets gazeux, que nous pensions autrefois pouvoir impunément libérer dans l'immensité de l'atmosphère. Aujourd'hui, évidemment, nous savons que ces déchets peuvent modifier fondamentalement la composition de l'atmosphère et ses interactions avec le reste de la biosphère. Voyons comment la concentration grandissante de CO_2 atmosphérique et le réchauffement planétaire influent sur les espèces et les écosystèmes.

L'augmentation du CO_2 atmosphérique

Depuis la révolution industrielle, qui a débuté vers 1760 en Angleterre, la concentration atmosphérique de CO_2 n'a cessé d'augmenter, à cause de l'utilisation des combustibles fossiles liée au déboisement. Les scientifiques estiment que la concentration atmosphérique moyenne de CO_2 était d'environ 274 ppm avant 1850. En 1958, on commença à prendre des mesures très précises dans une station située au sommet du mont Mauna Loa, à Hawaï, à une altitude où l'air ne présente pas de variations attribuables aux grands centres urbains. La concentration était alors de 316 ppm (**figure 56.27**). À l'heure actuelle, elle dépasse 385 ppm, ce qui représente une augmentation de plus de 40 % depuis la moitié du 19e siècle. Si les émissions de CO_2 continuent d'augmenter à cette vitesse, la concentration de ce gaz aura doublé entre 1850 et 2075.

L'accroissement de la productivité végétale est l'une des conséquences prévisibles de l'augmentation de la concentration de CO_2. En effet, l'augmentation de la concentration de CO_2 dans les milieux expérimentaux tels que les serres a pour

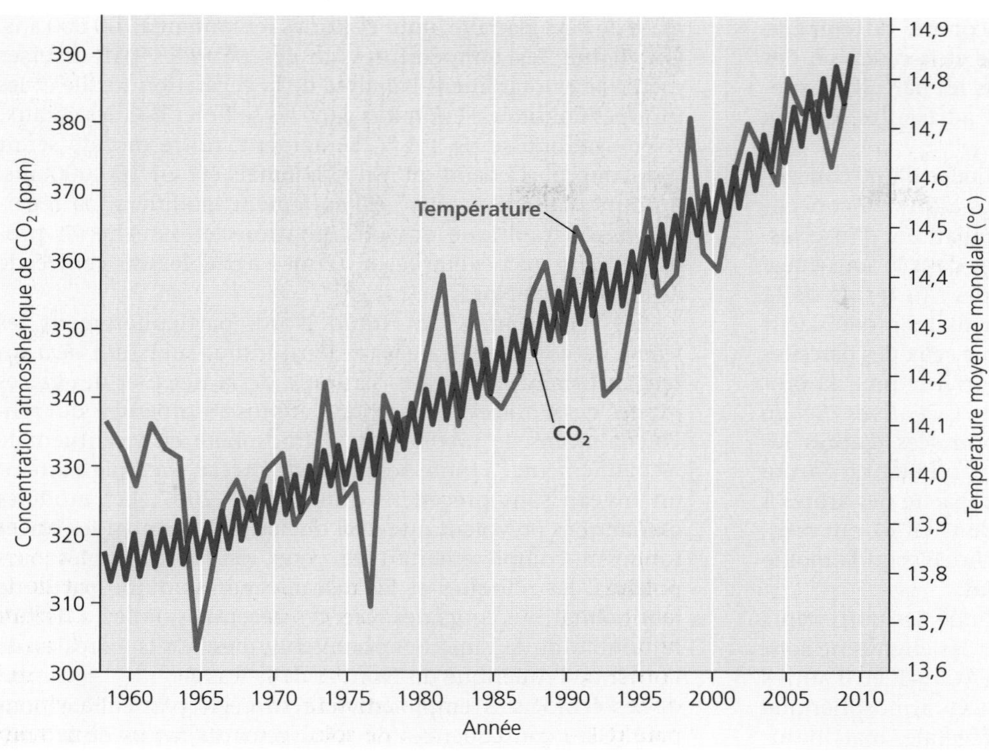

◀ **Figure 56.27 Augmentation de la concentration atmosphérique de CO_2, à Mauna Loa (Hawaï), et températures moyennes mondiales.** En plus des fluctuations saisonnières normales, la concentration de CO_2 (en bleu) a augmenté de façon constante de 1958 à 2009. Bien que les températures moyennes fluctuent grandement (en rouge) au cours de la même période, il y a une nette tendance au réchauffement.

effet d'accélérer la croissance de la plupart des plantes. Mais comme les plantes de type C_3 sont plus limitées que les plantes de type C_4 par la disponibilité du CO_2 (voir le concept 10.4), l'augmentation de la concentration de ce gaz pourrait avoir pour effet, à l'échelle mondiale, de favoriser la propagation des espèces de type C_3 dans les habitats terrestres qui sont actuellement plus propices aux plantes de type C_4. De tels changements pourraient influer sur le choix de cultiver le maïs (*Zea mays*), plante de type C_4 qui constitue la principale culture céréalière des États-Unis, ou le blé (*Triticum sp.*) et le soja (*Glycine max*), plantes de type C_3 dont le rendement dépasserait celui du maïs dans un milieu riche en CO_2. Par ailleurs, afin de prévoir les effets graduels et complexes qu'aurait l'augmentation de la concentration de CO_2 sur la productivité et la composition en espèces des communautés naturelles, les scientifiques ont recours à des expériences à long terme sur le terrain.

Les effets de la concentration élevée du CO_2 sur l'écologie des forêts : l'expérience FACTS-1

Afin d'évaluer les effets possibles sur les forêts tempérées de la concentration de plus en plus élevée du CO_2, des scientifiques de la Duke University ont mis sur pied, en 1995, une expérience sur le transfert et le stockage du CO_2 présent dans l'atmosphère des forêts (FACTS-1, sigle de Forest-Atmosphere Carbon Transfer and Storage). Les chercheurs font varier la concentration de CO_2 à laquelle sont exposés les arbres. L'expérience FACTS-1 porte sur six parcelles faisant partie d'une étendue de 80 ha de pins à encens (*Pinus taeda*) située dans la forêt expérimentale de la Duke University. Chaque parcelle consiste en une zone circulaire d'un diamètre approximatif de 30 m entourée de 16 tours (**figure 56.28**). Dans 3 des 6 parcelles, les tours produisent de l'air contenant environ 1,5 fois les concentrations de CO_2 actuelles. Des instruments placés sur une haute tour située au centre de chaque parcelle expérimentale mesurent la direction et la vitesse du vent, et modifient la distribution du CO_2 de façon à stabiliser sa

▲ **Figure 56.28 Une expérience à grande échelle portant sur les effets d'une concentration élevée de CO_2.** Des tours disposées en cercle dans la forêt expérimentale de la Duke University émettent suffisamment de CO_2 pour que sa concentration se maintienne à 200 ppm de plus que la concentration actuelle dans la moitié des parcelles expérimentales.

concentration. Tous les autres facteurs, comme la température, les précipitations ainsi que la vitesse et la direction des vents, varient normalement à la fois dans les parcelles expérimentales et dans les parcelles témoins adjacentes, qui ne sont exposées qu'au CO_2 atmosphérique.

Cette étude a pour but de vérifier l'incidence d'une concentration élevée de CO_2 sur la croissance des arbres, la concentration de carbone dans les sols, les populations d'insectes, l'humidité du sol, la croissance des plantes dans le sous-étage de la forêt, ainsi que sur d'autres facteurs. Au terme de la 12e année, les arbres des parcelles expérimentales produisaient environ 15 % plus de bois chaque année que ceux des parcelles témoins. Cette croissance accrue est importante pour la production de bois d'œuvre et le stockage de CO_2, mais s'avère nettement inférieure aux prédictions formulées d'après les résultats des expériences en serre. La disponibilité de l'azote et d'autres nutriments semble limiter la capacité des arbres à utiliser l'excédent de CO_2. Les chercheurs de FACTS-1 ont commencé à dépasser cette limite en 2005 en enrichissant la moitié de chaque parcelle de nitrate d'ammonium.

Dans la plupart des écosystèmes du monde, les nutriments limitent la productivité de l'écosystème et les engrais ne sont pas disponibles. Selon les résultats de FACTS-1 et d'autres expériences, l'augmentation du taux de CO_2 atmosphérique accroissera quelque peu la production végétale, mais beaucoup moins que ce que prédisaient les scientifiques il y a une décennie.

L'effet de serre et le climat

L'augmentation de la concentration de gaz à effet de serre persistant comme le CO_2 influe également sur le bilan thermique de la Terre. La majeure partie du rayonnement solaire qui atteint la planète est réfléchie et renvoyée dans l'espace. Mais bien que le CO_2, la vapeur d'eau et d'autres gaz à effet de serre présents dans l'atmosphère laissent passer la lumière visible, ils interceptent, absorbent et renvoient vers la Terre une bonne partie du rayonnement infrarouge préalablement réfléchi par cette dernière. Une partie de la chaleur solaire se trouve ainsi emprisonnée. Sans cet **effet de serre**, la température annuelle moyenne de l'air à la surface de la Terre ne dépasserait pas -18 °C, et la vie telle que nous la connaissons n'existerait pas.

La forte augmentation de la concentration de CO_2 atmosphérique au cours des 150 dernières années préoccupe les écologistes en raison de son lien avec l'augmentation de la température mondiale. Depuis plus d'un siècle, les scientifiques étudient le rôle des gaz à effet de serre et celui de l'utilisation des combustibles fossiles dans le réchauffement planétaire. La plupart sont convaincus que ce réchauffement est déjà amorcé et qu'il s'accélérera au cours du présent siècle (voir la figure 56.27).

Les modèles de circulation générale de l'atmosphère prévoient que la concentration de CO_2 atmosphérique aura plus que doublé d'ici la fin du 21e siècle, ce qui entraînera une augmentation d'environ 3 °C de la température moyenne mondiale. Une corrélation entre les concentrations de CO_2 et les données paléoclimatiques sur la température vient étayer ces modèles. Les climatologues peuvent mesurer la concentration antérieure de CO_2 dans des bulles d'air emprisonnées dans la glace de l'ère glaciaire, dont certaines remontent à 700 000 ans. On déduit les températures de ces périodes par diverses méthodes, notamment l'analyse de la végétation fossile et les isotopes chimiques contenus dans les sédiments et les coraux. Avec une hausse de 1,3 °C seulement, notre monde serait beaucoup plus chaud qu'il ne l'a jamais été en 100 000 ans. En outre, la tendance au réchauffement modifierait la répartition géographique des précipitations et assécherait probablement, par exemple, les zones agricoles du centre de l'Amérique du Nord.

Les écosystèmes du Grand Nord, particulièrement les forêts de conifères (taïgas) et la toundra, subissent *déjà* un réchauffement important. La fonte de la neige et des glaces expose des surfaces plus sombres et plus absorbantes, qui renvoient moins de rayons vers l'atmosphère et accentuent le réchauffement. La fonte des glaces de l'océan Arctique a atteint un niveau sans précédent durant l'été 2007. Les modèles climatiques prévoient que d'ici quelques décennies, les glaces fondront complètement l'été venu, privant ainsi les ours polaires, les phoques et les oiseaux marins d'une partie de leur habitat. Au cours des récentes décennies, le feu a détruit le double de la superficie habituelle des forêts boréales de l'ouest de l'Amérique du Nord et de la Russie.

Les écologistes emploient une stratégie particulière pour prédire les conséquences des changements futurs de la température et des précipitations : ils étudient les effets qu'ont eus, sur les communautés végétales, les périodes passées de réchauffement et de refroidissement. L'analyse de pollen fossile indique que les communautés végétales changent de façon considérable lorsque la température varie. Toutefois, dans le passé, les changements de climat se sont faits progressivement, et la plupart des populations végétales et animales ont pu migrer vers des régions où les conditions abiotiques leur permettaient de survivre.

De nombreux organismes, notamment les végétaux qui ne peuvent pas se disséminer rapidement sur de grandes distances, seront probablement incapables de survivre aux rapides changements climatiques qu'on prévoit à la suite du réchauffement planétaire. De plus, de nombreux habitats sont aujourd'hui plus fragmentés que jamais (voir le concept 56.3), ce qui réduit d'autant plus la capacité de nombreux organismes à migrer. Ces facteurs poussent des écologistes à envisager la **migration assistée**, c'est-à-dire la transplantation d'une espèce dans un habitat favorable situé hors de son aire de répartition d'origine, afin de la protéger des menaces que représente l'activité humaine. La plupart des écologistes voient dans la migration assistée une solution de dernier recours, notamment en raison des risques associés à l'introduction d'espèces potentiellement envahissantes dans de nouvelles régions. Les scientifiques n'ont pas encore réalisé de migration assistée. En 2008, cependant, en prévision des changements climatiques, des activistes ont transplanté des centaines de semis d'un conifère, *Torreya taxifolia*, en Caroline du Nord occidentale, à des centaines de kilomètres au nord de son aire de répartition naturelle en Floride, où l'espèce est en voie de disparition. Cette transplantation semble avoir été avant tout un coup de publicité. À l'heure actuelle, aucun cadre de travail écologique ne permet de déterminer la pertinence d'une migration assistée, pas plus que le moment et le lieu souhaitables pour le faire.

Nous ne pourrons ralentir le réchauffement planétaire qu'au prix de nombreuses approches. Les progrès les plus rapides passent par l'utilisation plus efficace de l'énergie et le remplacement des combustibles fossiles par des sources d'énergie renouvelable comme l'énergie solaire, éolienne et nucléaire, bien que cette dernière soit controversée. Le charbon, l'essence, le bois et d'autres combustibles de source organique occupent toujours une place de choix dans les sociétés industrialisées, et leur combustion libère invariablement du CO_2. La concertation internationale et des changements radicaux tant des modes de vie que des procédés industriels sont nécessaires pour stabiliser les émissions de CO_2. De nombreux écologistes sont d'avis que la concertation internationale a subi un important revers en 2001, quand les États-Unis se sont retirés du protocole de Kyoto, par lequel, en 1997, les pays industrialisés se sont engagés à réduire leur production de CO_2 d'environ 5 %. Il s'agirait d'un premier pas vers la stabilisation des concentrations de CO_2 atmosphérique. Les récentes négociations internationales, notamment la rencontre de Copenhague, au Danemark, en 2009, n'ont pas permis d'arriver à un accord mondial sur la façon de réduire les émissions de gaz à effet de serre.

La réduction du déboisement dans le monde, particulièrement dans les tropiques, constitue une autre approche importante pour ralentir le réchauffement planétaire. À l'heure actuelle, 12 % des émissions de gaz à effet de serre sont imputables au déboisement. Une recherche récente a montré qu'il était possible de réduire le rythme de déboisement de moitié en 10 à 20 ans en payant les pays concernés afin qu'ils *cessent* de déboiser. En plus de réduire l'accumulation de gaz à effet de serre dans l'atmosphère, la diminution du déboisement permettrait de sauvegarder les forêts indigènes et de préserver la biodiversité, ce dont tout le monde profiterait.

L'appauvrissement de l'ozone atmosphérique

Comme le CO_2 et d'autres gaz à effet de serre, la concentration d'ozone atmosphérique (O_3) a également changé en raison des activités humaines. Une couche d'ozone protège la vie sur Terre contre les effets nocifs du rayonnement ultraviolet. Elle se situe dans la stratosphère, à une altitude variant entre 17 et 25 km. Or, des études de l'atmosphère faites par satellite révèlent que la couche d'ozone observée au printemps au-dessus de l'Antarctique s'est amincie considérablement depuis le milieu des années 1970 (**figure 56.29**). La destruction de l'ozone atmosphérique découle principalement de l'accumulation de chlorofluorocarbones (CFC), des substances auparavant très utilisées dans les appareils réfrigérants et dans certains procédés industriels. Les atomes de chlore que libèrent les CFC dans la stratosphère réagissent avec d'autres molécules d'ozone et réduisent celui-ci en dioxygène (O_2) (**figure 56.30**). D'autres réactions chimiques libèrent ensuite le chlore, qui réagit alors avec d'autres molécules d'ozone dans une réaction catalytique en chaîne.

L'amincissement de la couche d'ozone est particulièrement visible au-dessus de l'Antarctique au printemps, alors que l'air froid et stable favorise ces réactions atmosphériques en chaîne. L'ampleur de l'appauvrissement en ozone et la dimension du trou de la couche d'ozone augmentent constamment depuis quelques années. Le trou s'étend quelquefois jusqu'au-dessus des régions de l'extrême sud de l'Australie, de la Nouvelle-Zélande et de l'Amérique du Sud (**figure 56.31**). Dans les régions plus peuplées se trouvant à des latitudes moyennes, la concentration de l'ozone a subi une diminution variant de 2 à 10 % au cours des 20 dernières années.

La diminution de la concentration d'ozone dans la stratosphère accroît l'intensité des rayons ultraviolets qui atteignent la Terre et pourrait avoir de graves conséquences pour la vie terrestre, particulièrement pour les Végétaux, les Animaux et

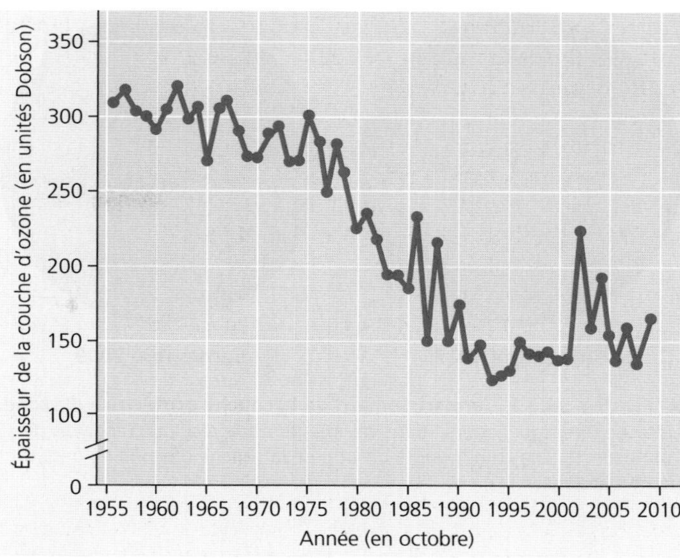

▲ **Figure 56.29 L'épaisseur de la couche d'ozone au-dessus de l'Antarctique, en unités Dobson.**

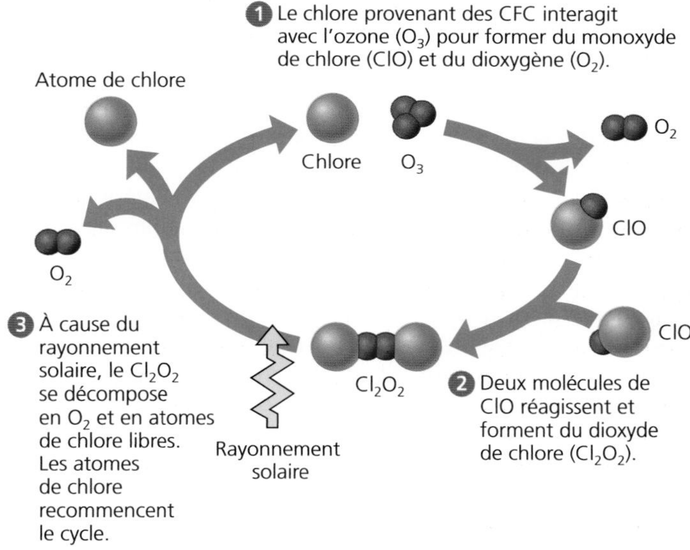

1 Le chlore provenant des CFC interagit avec l'ozone (O_3) pour former du monoxyde de chlore (ClO) et du dioxygène (O_2).
Atome de chlore
Chlore
O_3
O_2
ClO
ClO
Cl_2O_2
2 Deux molécules de ClO réagissent et forment du dioxyde de chlore (Cl_2O_2).
Rayonnement solaire
3 À cause du rayonnement solaire, le Cl_2O_2 se décompose en O_2 et en atomes de chlore libres. Les atomes de chlore recommencent le cycle.
O_2

▲ **Figure 56.30 La destruction de l'ozone par le chlore libéré dans l'atmosphère.**

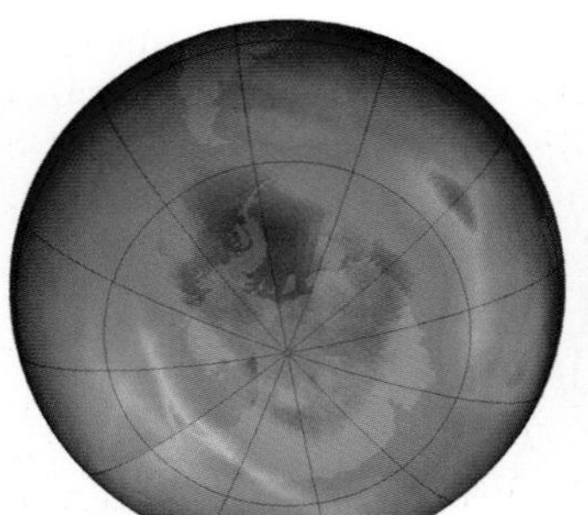

Septembre 1979

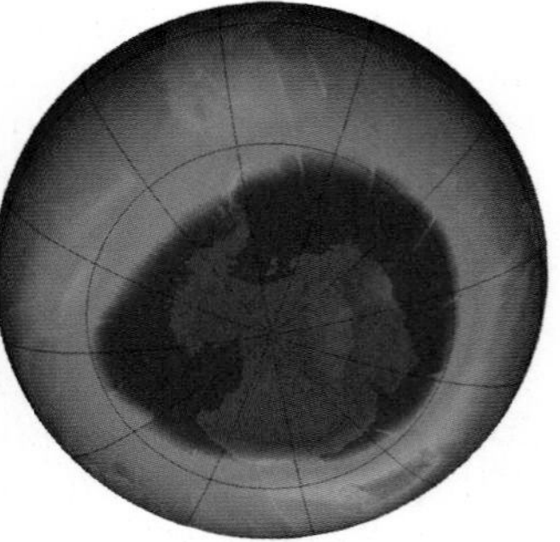

Septembre 2009

▲ **Figure 56.31 L'amincissement de la couche protectrice d'ozone.** La tache bleue qui apparaît dans ces images est le résultat d'analyses de l'atmosphère. Elle correspond à un trou de la couche d'ozone au-dessus de l'Antarctique.

les microorganismes. Certains scientifiques prévoient une augmentation des cataractes et de certaines formes de cancers de la peau chez les humains. Ils s'attendent aussi à ce que les cultures et les communautés naturelles, particulièrement le phytoplancton qui est à l'origine d'une forte proportion de la productivité primaire, subissent des dommages difficiles à prévoir.

Afin d'étudier les conséquences de l'appauvrissement de l'ozone, des écologistes ont mené des expériences sur le terrain dans lesquelles ils ont utilisé des filtres pour réduire ou bloquer les rayons UV du soleil. L'une de ces expériences fut réalisée dans un écosystème formé de broussailles situé près de la pointe de l'Amérique du Sud. Elle a permis de constater que la quantité de rayons UV atteignant la Terre augmentait brusquement lorsque le trou de la couche d'ozone se trouvait au-dessus de la région, entraînant une hausse des dommages à l'ADN chez les plantes qui n'étaient pas protégées par un filtre. Des scientifiques ont rapporté des dommages à l'ADN semblables et une réduction de la croissance du phytoplancton au moment de l'année où le trou de la couche d'ozone se situe au-dessus de l'océan Antarctique.

Heureusement, de nombreux gouvernements ont réagi promptement à l'égard du trou de la couche d'ozone. Depuis 1987, plus de 190 pays, dont le Canada et les États-Unis, ont ratifié le Protocole de Montréal, qui régit l'utilisation des substances chimiques responsables de l'appauvrissement de la couche d'ozone. La majorité des pays, y compris le Canada, ont cessé la production de CFC. Depuis l'application de ces mesures, les concentrations de chlore dans la stratosphère se sont stabilisées, et l'appauvrissement de l'ozone a ralenti. Cependant, même si les émissions de CFC sont maintenant quasi nulles, les molécules de chlore déjà présentes dans l'atmosphère continueront d'influer sur la concentration d'ozone stratosphérique pendant au moins 50 ans.

La destruction partielle de la couche d'ozone n'est qu'un autre exemple montrant à quel point les activités humaines peuvent perturber la dynamique des écosystèmes et la biosphère. Elle montre aussi notre capacité à résoudre des problèmes environnementaux lorsque nous nous y attaquons sérieusement.

RETOUR SUR LE CONCEPT 56.4

1. Comment la présence d'un excès de nutriments minéraux dans un lac peut-elle menacer les populations de poissons qui y vivent?
2. **FAITES DES LIENS** Les sols des forêts de conifères (taïgas) et de la toundra contiennent de vastes réserves de matière organique. D'après ce que vous a appris la figure 55.15 (p. 1418) sur la décomposition, expliquez pourquoi les scientifiques qui étudient le réchauffement planétaire surveillent étroitement ces réserves.
3. **FAITES DES LIENS** Le concept 17.5 (p. 383) décrit l'action des mutagènes, des agents chimiques ou physiques qui provoquent des mutations génétiques. Comment la réduction de la concentration d'ozone atmosphérique augmente-t-elle la probabilité de mutations chez divers organismes?

Voir les réponses proposées à la fin du chapitre.

CONCEPT 56.5

Le développement durable vise à améliorer la condition humaine tout en conservant la biodiversité

La perte et la fragmentation croissantes des habitats, les changements climatiques et celui que subit le milieu physique nous obligent à faire de difficiles compromis en matière de gestion des ressources mondiales. Il est impossible de préserver toutes les parcelles d'habitat, si bien que les biologistes doivent aider les sociétés à établir des priorités en matière de conservation en déterminant les parcelles les plus cruciales. Idéalement, le respect de ces priorités devrait améliorer la qualité de vie des populations locales. Les écologistes utilisent le concept de *durabilité* pour définir des priorités de conservation à long terme.

L'initiative pour une biosphère durable

Pour sauver des espèces de l'extinction et améliorer la qualité de la vie humaine, nous devons comprendre les relations d'interdépendance au sein de la biosphère. À cette fin, un grand nombre de pays, sociétés scientifiques et autres regroupements ont adopté le concept de **développement durable**, c'est-à-dire un développement économique qui répond aux besoins des sociétés humaines actuelles sans diminuer la capacité des générations futures de combler les leurs. L'Ecological Society of America, organisme d'avant-garde qui est aussi la plus grande association d'écologistes professionnels au monde, a adopté un programme de recherche appelé Sustainable Biosphere Initiative (Initiative pour une biosphère durable). L'objectif est d'acquérir les connaissances écologiques nécessaires à la gestion, à la conservation et au développement des ressources de la Terre de manière aussi responsable que possible. Il est question d'effectuer des études sur les changements à l'échelle planétaire, notamment sur les rapports entre le climat et les processus écologiques, sur la biodiversité et sur son rôle dans le maintien des processus écologiques, ainsi que sur les moyens de maintenir la productivité des écosystèmes naturels et artificiels. Le programme exige un engagement ferme de ressources humaines et économiques.

Le développement durable est un ambitieux projet. Pour maintenir les processus des écosystèmes et freiner la perte de biodiversité, nous devons faire le lien entre la science de la vie et les sciences sociales, économiques et humaines. Nous devons également réévaluer nos valeurs personnelles. Les personnes qui vivent dans les pays les plus riches ont une empreinte écologique plus grande que les populations des pays en voie de développement (voir le chapitre 53). En réduisant notre penchant pour le profit à court terme, nous pouvons redécouvrir la valeur des processus naturels qui assurent notre survie. L'étude de cas qui suit illustre comment, en alliant les efforts scientifiques et les efforts personnels, on peut apporter les importants changements indispensables à la création d'un monde véritablement durable.

Étude de cas: *le développement durable au Costa Rica*

Le succès du projet de conservation dont traite le concept 56.3 a nécessité un partenariat entre le gouvernement du pays, des organismes non gouvernementaux (ONG) et de simples citoyens. De nombreuses réserves naturelles établies par des particuliers ont été officiellement reconnues par le gouvernement et bénéficient d'importants avantages fiscaux. Toutefois, la conservation et la restauration de la biodiversité ne représentent qu'une dimension du développement durable; l'autre facteur clé est l'amélioration de la condition humaine.

Comment les conditions de vie des habitants du Costa Rica ont-elles évolué alors que le pays poursuivait ses objectifs de conservation? Comme nous l'avons expliqué au chapitre 53, deux des plus importants indicateurs des conditions de vie sont la mortalité infantile et l'espérance de vie. De 1930 à 2009, la mortalité infantile du Costa Rica est passée de 170 à 9 décès pour 1 000 naissances vivantes; durant la même période, l'espérance de vie est passée de 43 à 78 ans (**figure 56.32**). Le taux d'alphabétisation est un autre indicateur des conditions de vie. En 2004, ce taux était de 96% au Costa Rica, comparativement à 97% aux États-Unis. Ces statistiques montrent que les conditions de vie au Costa Rica se sont grandement améliorées pendant la période au cours de laquelle le pays s'est consacré à la conservation et à la restauration. Bien que ces résultats ne prouvent pas que la conservation *entraîne* l'amélioration du bien-être des humains, on peut affirmer que le développement de ce pays a été axé à la fois sur la nature *et* sur les personnes.

Malgré ces réussites, de nombreux problèmes subsistent. L'un des défis que doit relever le pays est de maintenir son engagement en matière de conservation en dépit de l'augmentation de sa population. En effet, le Costa Rica connaît une rapide transition démographique (voir le chapitre 53), et même si les taux de natalité baissent rapidement, la population continue de croître dans une proportion d'environ 1,5% par année. On prévoit que la population du Costa Rica, qui se chiffre actuellement à près de 4 millions, continuera d'augmenter jusqu'au milieu du siècle; elle se stabilisera alors approximativement à 6 millions. Si les récents succès sont garants de l'avenir, les défis que représente leur croissance démographique ne freineront pas les Costariciens dans leur quête de développement durable.

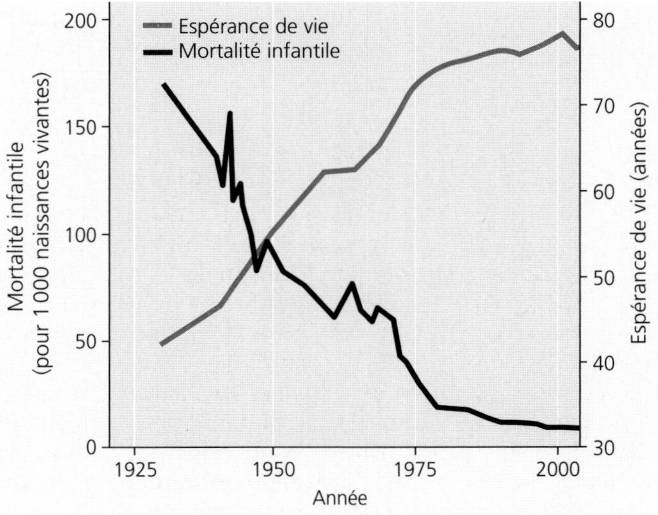

▲ **Figure 56.32 La mortalité infantile et l'espérance de vie au Costa Rica.**

L'avenir de la biosphère

La vie moderne est très différente de celle des humains primitifs, qui étaient chasseurs-cueilleurs. Les premières murales peintes sur les parois des cavernes (**figure 56.33a**) et les représentations stylisées de la vie qu'ils sculptaient dans les os ou l'ivoire (**figure 56.33b**) témoignent de leur lien étroit avec la nature.

Nos habitudes de vie reflètent l'affinité innée qu'il nous reste avec la nature et la biodiversité, le concept de *biophilie* que nous avons abordé au début du chapitre. Nous avons évolué dans des milieux naturels riches en biodiversité, auxquels nous sommes toujours attachés (**figure 56.33c** et **d**). Selon E. O. Wilson, notre biophilie est innée. Elle est un produit qui a évolué avec la sélection naturelle et qui a agi sur des espèces intelligentes dont la survie dépendait d'un lien étroit avec l'environnement et de la connaissance pratique des Végétaux et des Animaux.

Notre amour de la vie guide le domaine de la biologie d'aujourd'hui. Nous célébrons la vie lorsque nous déchiffrons le code génétique propre à chaque espèce. Nous embrassons la vie lorsque nous utilisons les fossiles et l'ADN pour documenter l'évolution dans le temps. Nous préservons la vie lorsque nous classifions et protégeons les millions d'espèces de la Terre. Nous respectons la vie lorsque nous faisons un usage responsable et respectueux de la nature pour améliorer notre mieux-être.

La biologie est l'expression scientifique de notre désir de connaître la nature. Nous préserverons très probablement ce que nous aimons, et aimerons très probablement ce que nous comprenons. En étudiant les processus et la diversité de la vie, nous ne pourrons faire autrement qu'approfondir notre connaissance de nous-mêmes et de notre place dans la biosphère. Nous espérons que ce manuel vous aidera dans cette aventure de toute une vie.

RETOUR SUR LE CONCEPT 56.5

1. Qu'entend-on par *développement durable*?
2. Comment la biophilie peut-elle nous pousser à conserver les espèces et à restaurer les écosystèmes?
3. **ET SI?** Imaginons qu'on découvre une nouvelle activité de pêche et qu'on vous désigne responsable de son développement durable. Quelles données écologiques relatives à la population de poissons concernée souhaiterez-vous connaître? Selon quels critères définirez-vous le développement de cette pêche?

Voir les réponses proposées à la fin du chapitre.

(a) Détail des animaux d'une peinture rupestre réalisée il y a 36 000 ans, à Lascaux, en France

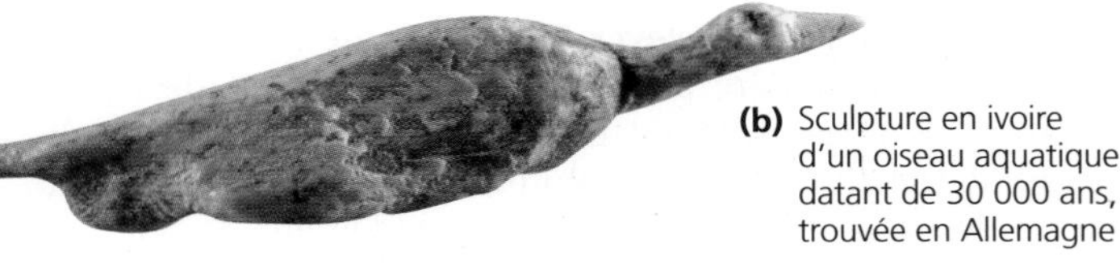

(b) Sculpture en ivoire d'un oiseau aquatique datant de 30 000 ans, trouvée en Allemagne

(c) Des amants de la nature lors d'une excursion d'observation

(d) Un jeune biologiste et un oiseau chanteur

▲ **Figure 56.33 La biophilie passée et présente.**

RÉVISION DU CHAPITRE 56

RÉSUMÉ DES CONCEPTS CLÉS

CONCEPT 56.1

Les activités humaines menacent la biodiversité de la Terre (p. 1430 à 1436)

- La biodiversité comprend trois niveaux :

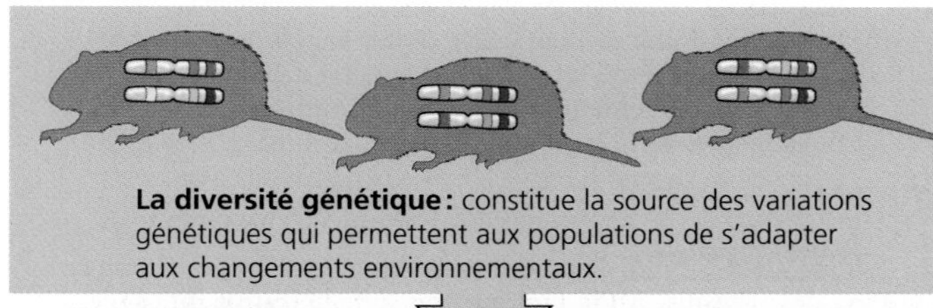

La diversité génétique : constitue la source des variations génétiques qui permettent aux populations de s'adapter aux changements environnementaux.

La diversité des espèces : assure le maintien de la structure des communautés et des réseaux trophiques.

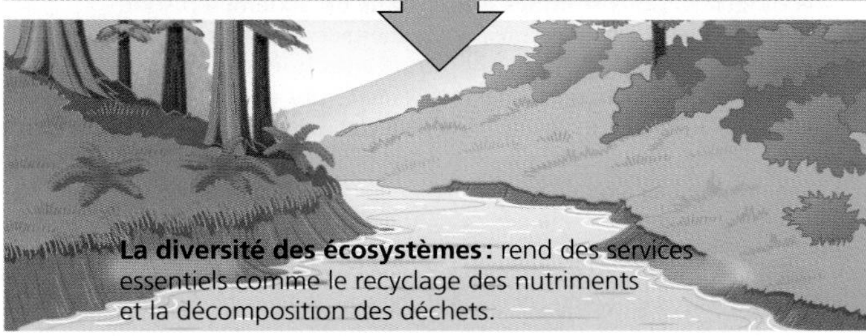

La diversité des écosystèmes : rend des services essentiels comme le recyclage des nutriments et la décomposition des déchets.

- Grâce à notre biophilie, nous reconnaissons que la biodiversité est précieuse en elle-même. De plus, les autres espèces fournissent aux humains de la nourriture, des fibres, des médicaments ainsi que des **écoservices**.
- Les quatre principales menaces pour la biodiversité sont la disparition d'habitats, les **espèces introduites**, la surexploitation et les changements à l'échelle planétaire.

? *Donnez au moins trois exemples d'écoservices clés que la nature nous procure.*

CONCEPT 56.2

La conservation des populations est axée sur la taille, la diversité génétique et l'habitat essentiel des populations (p. 1436 à 1441)

- Quand une population diminue au point d'atteindre une valeur inférieure à celle de la **taille minimale viable d'une population**, sa perte de variation génétique attribuable aux accouplements sélectifs et à la dérive génétique peut l'enfermer dans une **spirale d'extinction**.
- L'approche des populations en déclin s'intéresse aux facteurs écologiques qui causent le déclin, sans égard à la taille absolue de la population. C'est une stratégie de conservation proactive qui s'applique étape par étape.
- La conservation des espèces nécessite souvent la résolution de conflits entre les besoins en habitats des **espèces en voie de disparition** et les besoins des humains.

? *Pourquoi la taille minimale viable est-elle plus petite pour une population qui présente une grande diversité génétique que pour une autre qui présente une diversité génétique réduite ?*

CONCEPT 56.3

La protection des sites et la conservation à l'échelle régionale contribuent à maintenir la biodiversité (p. 1441 à 1446)

- La structure d'un paysage peut avoir une forte incidence sur la biodiversité. Lorsque la fragmentation des habitats augmente et que les zones de transition s'étendent, la biodiversité tend à diminuer. Les **corridors de déplacement** peuvent favoriser la dispersion et contribuer à maintenir les populations.
- Les territoires qu'on appelle **régions névralgiques de la biodiversité** sont également les régions névralgiques de l'extinction. Par conséquent, ce sont des candidats de premier ordre pour la protection. La préservation de la biodiversité dans les parcs et les réserves nécessite l'application de mesures visant à faire en sorte que les activités humaines dans les paysages environnants ne nuisent pas aux habitats protégés. Le système des **réserves zonées** tient compte du fait que les initiatives de conservation impliquent souvent une intervention dans des paysages que l'activité humaine a considérablement transformés.

? *À l'aide de deux exemples, démontrez comment la fragmentation d'habitats peut nuire à long terme à certaines espèces.*

CONCEPT 56.4

La Terre change rapidement sous l'effet des activités humaines (p. 1446 à 1452)

- L'agriculture retire des nutriments des écosystèmes et nécessite l'utilisation de grandes quantités d'engrais. Les nutriments contenus dans les engrais peuvent polluer les eaux souterraines et les eaux de surface des écosystèmes aquatiques, où ils peuvent favoriser la prolifération excessive d'algues (eutrophisation).
- Le rejet de déchets toxiques a pollué l'environnement avec des substances nocives qui y restent souvent longtemps et deviennent de plus en plus concentrées par **bioamplification** dans les réseaux trophiques.
- La combustion du bois et l'utilisation de combustibles fossiles ainsi que d'autres activités humaines sont à l'origine d'une augmentation constante de la concentration du CO_2 atmosphérique. Des scientifiques croient que cette augmentation aura des conséquences sur le climat et entraînera un réchauffement planétaire important et d'autres changements climatiques.
- La couche d'ozone réduit la pénétration du rayonnement ultraviolet dans l'atmosphère. Les activités humaines, particulièrement le rejet de polluants chlorés, ont aminci la couche d'ozone, mais les politiques gouvernementales contribuent à remédier au problème.

? *Dans un contexte de bioamplification des toxines, est-il plus sain de s'alimenter aux niveaux trophiques inférieurs ou supérieurs ? Expliquez votre réponse.*

CONCEPT 56.5

Le développement durable vise à améliorer la condition humaine tout en conservant la biodiversité (p. 1452 à 1454)

- L'objectif de la Sustainable Biosphere Initiative (Initiative pour une biosphère durable) est d'acquérir les connaissances écologiques nécessaires au développement, à la gestion et à la conservation des ressources de la Terre.
- Le succès du projet de conservation de la biodiversité du Costa Rica a nécessité un partenariat entre le gouvernement, divers organismes et de simples citoyens. Dans ce pays, les conditions de vie se sont améliorées parallèlement à la poursuite des objectifs de conservation.
- En connaissant mieux les processus biologiques et la diversité de la vie, nous prenons conscience de notre lien étroit avec l'environnement et de la valeur des autres organismes qui y vivent.

? *Pourquoi le développement durable est-il un objectif important pour les biologistes de la conservation?*

ÉVALUATION

NIVEAU 1: CONNAISSANCES ET COMPRÉHENSION

1. Laquelle des propositions suivantes indique le mieux qu'une population est dans une spirale d'extinction?
a) Son habitat est fragmenté.
b) Il s'agit d'un prédateur rare, de niveau supérieur.
c) Sa taille efficace est de beaucoup inférieure à sa taille totale.
d) Sa diversité génétique est très faible.
e) Elle est mal adaptée aux zones de transition.

2. La principale cause de l'augmentation de la concentration de CO_2 dans l'atmosphère au cours des 150 dernières années est:
a) l'augmentation de la productivité primaire à l'échelle mondiale.
b) l'augmentation de la biomasse mesurable à l'échelle mondiale.
c) une augmentation de la quantité de rayonnement infrarouge absorbé par l'atmosphère.
d) la combustion de quantités accrues de bois et de combustibles fossiles.
e) la respiration supplémentaire de la population humaine croissante.

3. Quelle est la plus grande menace pour la biodiversité?
a) La surexploitation d'espèces d'importance commerciale.
b) Les espèces introduites qui entrent en compétition avec les espèces indigènes.
c) La pollution de l'air, de l'eau et du sol de la Terre.
d) L'interruption de relations trophiques au fur et à mesure que les proies disparaissent.
e) L'altération, la fragmentation et la destruction d'habitats.

NIVEAU 2: APPLICATION ET ANALYSE

4. Lequel des phénomènes suivants est une conséquence de la bioamplification?
a) Les prédateurs qui occupent les niveaux trophiques supérieurs sont les plus touchés par les substances toxiques.
b) Les populations de prédateurs des niveaux supérieurs sont généralement plus petites que les populations de producteurs.
c) Dans un écosystème, la biomasse des producteurs est en général plus élevée que celle des consommateurs primaires.
d) Seule une petite partie de l'énergie absorbée par les producteurs est transmise aux consommateurs.
e) Dans un écosystème, la biomasse des producteurs diminue parallèlement à l'augmentation de leur temps de renouvellement.

5. Parmi les stratégies suivantes, laquelle ferait augmenter le plus rapidement la diversité génétique d'une population qui est dans une spirale d'extinction?
a) Capturer tous les individus restants pour qu'ils s'accouplent en captivité, puis les réintroduire dans leur milieu naturel.
b) Établir une réserve pour protéger l'habitat de la population.
c) Introduire des individus provenant d'autres populations de la même espèce.
d) Stériliser les individus les plus mal adaptés dans la population.
e) Limiter les populations de prédateurs et de compétiteurs de l'espèce en voie de disparition.

6. Lequel des énoncés suivants sur les zones protégées établies pour préserver la biodiversité est *faux*?
a) Actuellement, nous protégeons 25 % des terres émergées de la planète.
b) Les parcs nationaux ne constituent qu'un des nombreux types de zone protégée.
c) La plupart des zones protégées sont trop petites pour sauvegarder les espèces.
d) La gestion d'une zone protégée doit être coordonnée avec la gestion des terres situées en périphérie de cette zone.
e) Il est particulièrement important de protéger les régions névralgiques de la biodiversité.

NIVEAU 3: SYNTHÈSE ET ÉVALUATION

7. **FAITES UN DESSIN** Reproduisez la figure 56.27, puis prolongez l'axe des x jusqu'à 2100. Prolongez ensuite la courbe du CO_2 en présumant que sa concentration continuera d'augmenter au même rythme que de 1974 à 2009. Quelle sera alors la concentration approximative de CO_2 en 2100? Quels facteurs écologiques et quelles décisions humaines influeront sur l'augmentation réelle du CO_2? Quelles autres données scientifiques pourraient aider les sociétés à prédire cette valeur?

8. **LIEN AVEC L'ÉVOLUTION**
Le concept 25.4 (p. 600 à 606) décrit les cinq extinctions massives survenues au cours de l'histoire de la Terre. Selon de nombreux écologistes, nous sommes entrés dans un sixième épisode d'extinction massive en raison des menaces pesant sur la biodiversité et décrites dans le présent chapitre. Faites brièvement le point sur l'histoire des extinctions massives et le temps qu'il faut généralement à l'évolution pour rétablir la diversité des espèces. Expliquez pourquoi cela devrait nous inciter à mettre en œuvre des moyens de ralentir la perte de biodiversité.

9. **INTÉGRATION**
FAITES UN DESSIN Imaginez que vous devez faire le plan d'une réserve forestière. L'un de vos principaux objectifs consiste à sauvegarder les populations locales d'oiseaux forestiers du parasitisme des vachers à tête brune. Vous savez que les femelles des vachers à tête brune hésitent généralement à pénétrer à plus de 100 m dans une forêt et que le parasitisme diminue lorsque les oiseaux forestiers limitent leur aire de nidification aux régions centrales plus denses des forêts. La réserve dont vous vous occupez mesure environ 6 000 m d'est en ouest et 1 000 m du nord au sud. Elle est bordée à l'ouest d'un pâturage déboisé et, dans le coin sud-ouest, d'une terre agricole. Une forêt intacte entoure la réserve sur le reste du pourtour. Vous devrez aménager une route de 1 m de large qui traversera la réserve sur une distance de 1 000 m, du nord au sud, et construire un petit bâtiment d'entretien qui devrait occuper environ 100 m^2. Tracez une carte de la réserve et indiquez-y où vous construirez la route et le bâtiment afin de minimiser le potentiel d'intrusion des vachers à tête brune par les ouvertures ainsi créées. Expliquez votre raisonnement.

10. **ÉCRIVEZ UN TEXTE**
Les mécanismes de régulation rétroactive L'un des facteurs qui favorisent la croissance rapide de la population d'une espèce introduite est l'absence des prédateurs, des parasites et des agents pathogènes qui la limitaient dans la région où elle évoluait auparavant. Dans un court texte (de 100 à 150 mots), expliquez comment la sélection naturelle influerait sur le rythme auquel les prédateurs, les parasites et les agents pathogènes indigènes attaquent une espèce introduite.

RÉPONSES DU CHAPITRE 56

Questions des figures

Figure 56.4 Vous devriez connaître l'aire de répartition de l'espèce et savoir que cette dernière ne s'y trouve plus nulle part. Vous devriez pouvoir confirmer que l'espèce n'est pas simplement «cachée», comme le serait un animal qui hiberne sous terre ou une plante présente uniquement sous forme de graines ou de spores. **Figure 56.9** Dans les deux exemples, des segments d'ADN provenant d'échantillons récoltés ont été analysés et comparés avec des segments prélevés sur des spécimens dont on connaissait l'origine. Ce qui différencie les deux exemples, c'est que, d'une part, les chercheurs qui étudient les baleines ont examiné la parenté des spécimens selon l'espèce et la population dont elles faisaient partie pour déterminer s'il s'agissait d'espèces dont la chasse est interdite. D'autre part, les chercheurs qui s'intéressent aux éléphants ont déterminé la parenté des spécimens selon la population dont ils font partie pour déterminer le lieu exact des activités de braconnage. Par ailleurs, l'étude sur les baleines a porté sur l'ADN mitochondrial alors que celle sur les éléphants portait plutôt sur les répétitions courtes en tandem, ou microsatellites. Ces méthodes comportent des contraintes, notamment la nécessité de consulter (ou de constituer) une base de données de référence. De plus l'ADN des organismes doit présenter suffisamment de variations pour qu'il soit possible de démontrer la parenté entre des échantillons. **Figure 56.13** Comme la population de tétras des prairies de l'Illinois ne présente pas les mêmes caractéristiques génétiques que les populations d'autres régions, il importe de maintenir le plus possible la fréquence de gènes ou d'allèles bénéfiques qui lui sont exclusifs. En matière de restauration, il est aussi important de préserver la diversité génétique d'une espèce que d'accroître sa population. **Figure 56.15** Le régime naturel de perturbations de cet habitat comprend de fréquents incendies qui rasent le sous-bois sans endommager les grands pins matures. Sans ces incendies, la végétation du sous-bois prend rapidement toute la place et rend l'habitat inadéquat pour le pic à face blanche.

Retour sur le concept 56.1

1. En plus de la disparition d'espèces, la crise de la biodiversité implique la perte de diversité génétique au sein des populations et des espèces, ainsi que la dégradation d'écosystèmes entiers. **2.** La destruction des habitats, notamment par le déboisement, la modification du lit des rivières ou la transformation d'écosystèmes naturels pour les besoins de l'agriculture ou du développement urbain, prive les espèces d'endroits où vivre. Les espèces introduites, qui sont transportées par les humains à l'extérieur de leur aire de répartition normale, ne sont pas limitées par leurs agents pathogènes ou leurs prédateurs naturels et réduisent souvent la taille des populations d'espèces indigènes par la compétition ou la prédation. La surexploitation réduit les populations de plantes et d'animaux ou provoque leur extinction. Enfin, les changements à l'échelle planétaire modifient l'environnement en réduisant la capacité de la planète à rendre la vie possible. **3.** Si les deux populations se reproduisaient séparément, il n'y aurait pas de flux génétique entre elles, et celles-ci présenteraient un plus grand nombre de différences génétiques. Par conséquent, on assisterait à une plus grande perte de diversité génétique que si les deux populations se croisaient.

Retour sur le concept 56.2

1. Une population dont la diversité génétique est réduite est moins en mesure d'évoluer de manière à s'adapter aux changements. **2.** La taille efficace de la population, N_e, était de $(4 \times 15 \times 5)/(15 + 5) = 15$ oiseaux. **3.** Des millions de personnes fréquentent l'ensemble de l'écosystème de Yellowstone chaque année, si bien qu'il serait impossible d'éliminer tout contact entre les humains et les ours. Vous devriez plutôt tenter de réduire le type de rencontres entraînant la mort d'ours. Vous pourriez recommander de réduire la limite de vitesse sur les routes du parc et modifier les dates de la saison de la chasse ou le territoire de chasse afin de réduire le risque de contact avec des mères et leurs petits. Vous pourriez aussi offrir un encouragement financier aux propriétaires de bétail afin qu'ils essaient d'autres façons de protéger leurs bêtes, par exemple en recourant à des chiens bergers.

Retour sur le concept 56.3

1. Une région névralgique de la biodiversité est une petite zone abritant un grand nombre d'espèces endémiques ainsi qu'un grand nombre d'espèces en voie de disparition ou menacées. **2.** Les réserves zonées peuvent assurer de façon durable l'approvisionnement en produits forestiers, en eau et en énergie hydroélectrique, ainsi que des occasions de s'instruire et des revenus provenant du tourisme. **3.** Les corridors naturels peuvent favoriser les déplacements ou l'expansion des organismes entre les parcelles d'habitat et, par conséquent, activer le flux génétique entre les sous-populations. Ils contribuent ainsi à préserver la diversité génétique en réduisant la consanguinité. Ils peuvent aussi réduire les interactions entre les organismes et les humains lorsque les organismes se dispersent; la réduction de ces interactions est particulièrement souhaitable lorsque les organismes en question sont des prédateurs potentiels comme des ours ou des félins.

Retour sur le concept 56.4

1. L'ajout de nutriments entraîne la prolifération d'algues et d'organismes qui s'en nourrissent. L'augmentation de la respiration par les algues et les consommateurs, y compris les détritivores, réduit la concentration de O_2 dont les poissons ont besoin. **2.** La hausse des températures entraîne l'accélération de la décomposition; la matière organique contenue dans ces sols pourrait donc se décomposer rapidement en générant du CO_2, ce qui accélérerait le réchauffement planétaire. **3.** La concentration réduite d'ozone dans l'atmosphère accroît la quantité de rayons UV qui atteignent la Terre, et donc les organismes qui y vivent. Les rayons UV peuvent causer des mutations par la formation de dimères de thymine dans l'ADN.

Retour sur le concept 56.5

1. Le développement durable est orienté vers la prospérité à long terme des sociétés humaines et des écosystèmes qui les abritent. Cette approche exige qu'on fasse le lien entre les sciences de la vie et les sciences sociales, économiques et humaines. **2.** La biophilie, soit l'affinité qui existe entre les humains et la nature ainsi que toutes les formes de vie, peut être une importante motivation pour l'instauration d'une éthique environnementale dont l'objectif consiste à empêcher la disparition des espèces et la destruction des écosystèmes. Cette éthique est indispensable si nous voulons devenir des gardiens plus attentifs et plus efficaces de l'environnement. **3.** Vous devriez au moins connaître la taille de la population et le taux de reproduction moyen par individu. Pour garantir une activité de pêche durable, vous devrez fixer un taux d'exploitation qui assure le maintien de la population près de sa taille originale et qui permet d'en jouir à long terme plutôt qu'à court terme.

Questions du résumé des concepts clés

56.1 La nature nous rend de nombreux services, notamment en nous procurant une réserve d'eau potable, en produisant de la nourriture et des fibres, et en diluant et détoxiquant nos polluants. **56.2** Une population qui présente une plus grande diversité génétique est plus apte à affronter les maladies et les modifications de l'environnement, ce qui la rend moins sujette à une éventuelle disparition. **56.3** La fragmentation des habitats peut isoler les populations et favoriser la consanguinité et la dérive génétique; en outre, elle expose davantage les populations à l'extinction locale causée par des agents pathogènes, des parasites ou des prédateurs. **56.4** Il est plus sain de se nourrir à un niveau alimentaire inférieur parce que la bioamplification accroît la concentration de toxines aux niveaux supérieurs. **56.5** L'un des objectifs de la biologie de la conservation est de préserver le plus grand nombre d'espèces possible. La survie à long terme des organismes passe par l'adoption d'approches durables qui assurent le maintien de la qualité des habitats.

ÉVALUATION

1. d; **2.** d; **3.** e; **4.** a; **5.** c; **6.** a;

7.

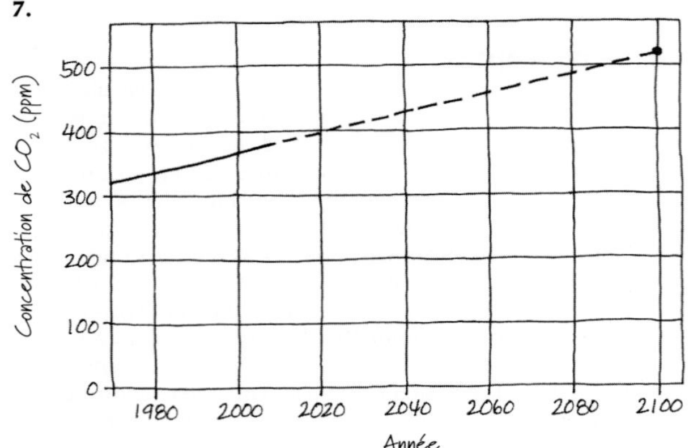

Entre 1974 et 2009, la concentration de CO_2 atmosphérique est passée d'environ 330 ppm à 390 ppm. Si ce taux d'augmentation annuelle de 1,7 ppm se poursuit, la concentration en 2100 sera d'environ 540 ppm. L'augmentation réelle de la concentration de CO_2 pourrait s'avérer plus ou moins grande selon la taille de la population mondiale, la consommation d'énergie par habitant et les mesures que prendront les sociétés pour réduire leurs émissions de CO_2. Ces mesures comprennent le remplacement des combustibles fossiles par des sources d'énergie renouvelable ou les combustibles nucléaires. L'apport de données scientifiques s'avérera important pour plusieurs raisons, notamment pour déterminer à quelle vitesse la biosphère absorbe les gaz à effet de serre, comme le CO_2, contenus dans l'atmosphère.

9.

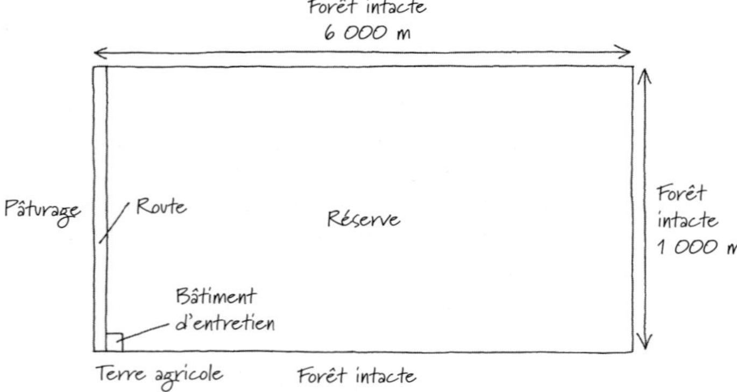

Pour réduire la zone de pénétration de la forêt par les vachers à tête brune, vous devriez aménager la route en bordure de la réserve. Tout autre emplacement augmenterait la zone touchée de l'habitat. De même, le bâtiment d'entretien devrait être construit dans un coin de la réserve, pour réduire au minimum la zone vulnérable aux vachers à tête brune.

Appendice A — Comparaison entre le microscope photonique et le microscope électronique

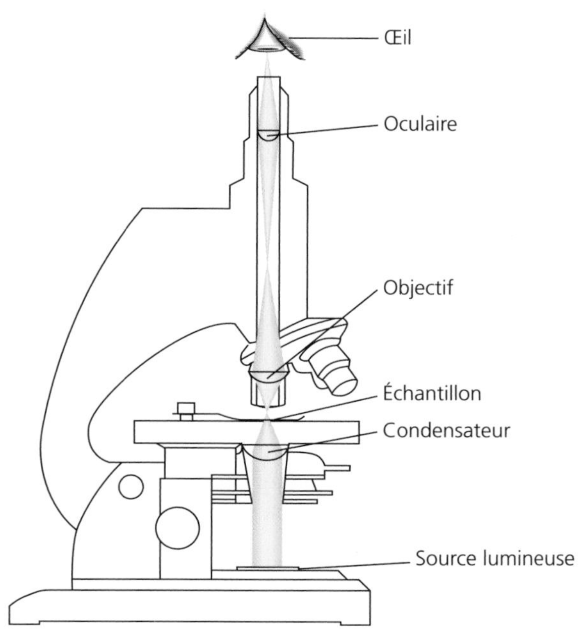

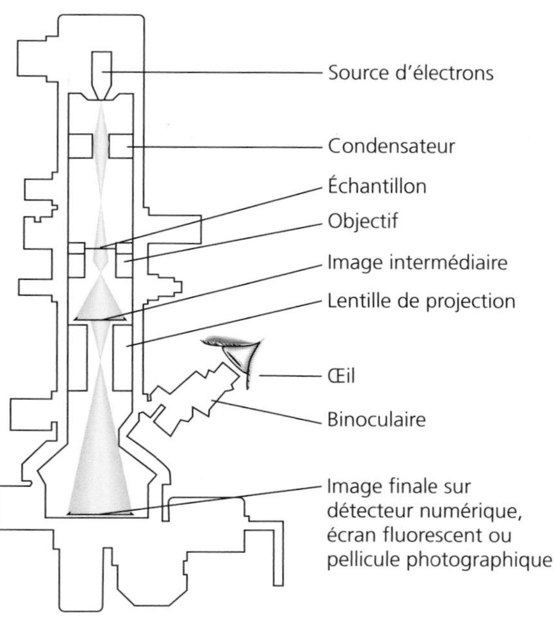

Microscope photonique

En microscopie photonique, un condensateur de verre concentre sur l'échantillon la lumière provenant de la source lumineuse (partie inférieure du microscope). Puis, un objectif et un oculaire grossissent l'image et la projettent dans l'œil, dans un appareil photo ou dans une caméra vidéo numérique.

Microscope électronique

En microscopie électronique, un condensateur qui est un électroaimant concentre sur l'échantillon un faisceau d'électrons (partie supérieure du microscope) qui se déplacent à l'intérieur d'une colonne où un vide poussé a été réalisé. Puis, les lentilles de l'objectif et une lentille de projection, qui sont elles aussi des électroaimants, grossissent l'image et la projettent sur un détecteur numérique, un écran fluorescent ou une pellicule photographique. Ce manuel contient des images prises avec un microscope à transmission (MET) ou avec un microscope à balayage (MEB), deux types de microscopes électroniques.

Appendice **B**
Classification des êtres vivants

Cet appendice présente la classification taxinomique des principaux groupes actuels dont il a été question dans ce manuel; tous les embranchements ne sont pas inclus. Cette taxinomie fondée sur trois domaines répartit les Procaryotes en deux domaines, celui des Bactéries et celui des Archées, et établit en domaine le groupe des Eucaryotes.

La cinquième partie du manuel présente les raisons qui motivent les changements que connaissent les systèmes de classification. Des débats ont lieu à propos du nombre de règnes et de leurs limites, et au sujet de la correspondance entre la classification de Linné et les données fournies par l'analyse cladistique moderne. Dans cette présentation d'une taxinomie des êtres vivants, les astérisques (*) indiquent les embranchements que certains systématiciens considèrent comme paraphylétiques.

DOMAINE DES BACTÉRIES

- **Protéobactéries**
- **Chlamydiées**
- **Spirochètes**
- **Bactéries à Gram positif**
- **Cyanobactéries**

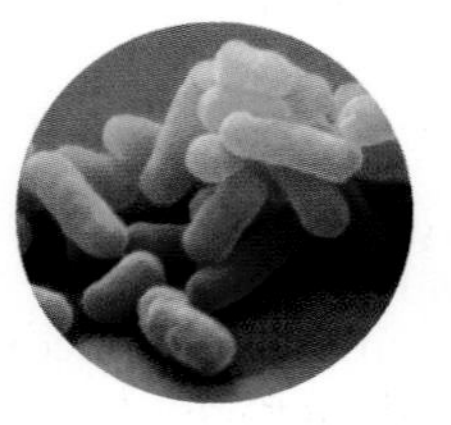

DOMAINE DES ARCHÉES

- **Korarchées**
- **Euryarchées (méthanogènes, halophiles, quelques thermophiles)**
- **Crénarchées (la plupart des thermophiles)**
- **Nanoarchées**

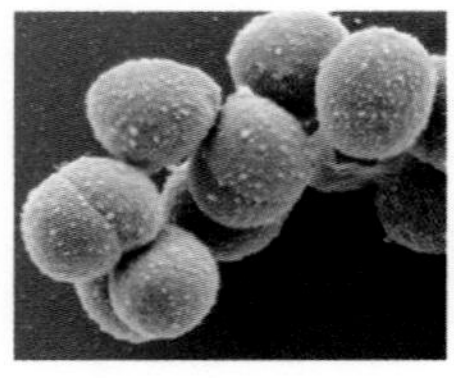

DOMAINE DES EUCARYOTES

Selon l'hypothèse phylogénétique présentée au chapitre 28, les principaux clades d'Eucaryotes sont rassemblés dans cinq supergroupes présentés ci-dessous en caractères bleus. Auparavant, tous les Eucaryotes généralement appelés Protistes étaient rassemblés dans un seul règne. Toutefois, la recherche en systématique a prouvé que les Protistes sont polyphylétiques: certains sont plus proches parents des Végétaux, des Eumycètes ou des Animaux qu'ils ne le sont des autres Protistes. Le règne des Protistes a donc été abandonné.

Excavobiontes
- Diplomonadines
- Parabasaliens
- Euglénobiontes (ou Euglénozoaires)
  - Kinétoplastidés
  - Euglénophytes

Chromalvéolés
- Alvéolobiontes
  - Dinophytes
  - Apicomplexés
  - Ciliés
- Straménopiles
  - Bacillariophyta (Diatomées)
  - Chrysophytes (Algues dorées)
  - Phaeophytes (Algues brunes)
  - Oomycètes

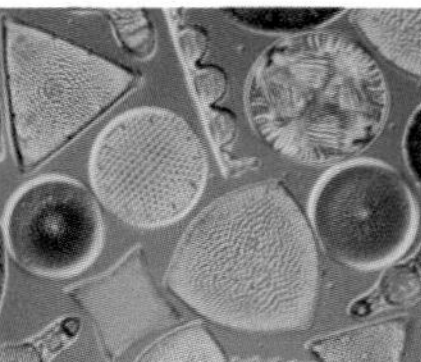

Archéplastides
- Algues rouges: Rhodophytes
- Algues vertes: Chlorophytes
- Algues vertes: Charophytes
- Végétaux terrestres
  - Plantes non vasculaires (Bryophytes):
    - Embranchement des Hépatiques
    - Embranchement des Bryophytes (Mousses et Sphaignes)
    - Embranchement des Anthocérotes
  - Plantes vasculaires sans graines:
    - Embranchement des Lycophytes (Lycopodes, Sélaginelles, Isoètes)
    - Embranchement des Ptérophytes (Fougères, Prêles, Psilotes)
  - Plantes vasculaires à graines:
    - Gymnospermes:
      - Embranchement des Ginkgophytes (Ginkgo biloba)
      - Embranchement des Cycadophytes (ex.: *Cycas*)
      - Embranchement des Gnétophytes (*Welwitschia, Gnetum* et *Ephedra*)
      - Embranchement des Pinophytes (Conifères)
    - Angiospermes:
      - Embranchement des Anthophytes (plantes à fleurs)

Rhizariens
- Radiolaires
- Foraminifères
- Cercozoaires

DOMAINE DES EUCARYOTES (*suite*)

Unichontes

- Amibozoaires
  - Myxomycètes
  - Acrasiomycètes
  - Gymnamibes
  - Entamibes
- Nucleariidae
- Eumycètes
  - Embranchement des Chytridiomycètes
  - Embranchement des Zygomycètes
  - Embranchement des Gloméromycètes
  - Embranchement des Basidiomycètes
  - Embranchement des Ascomycètes

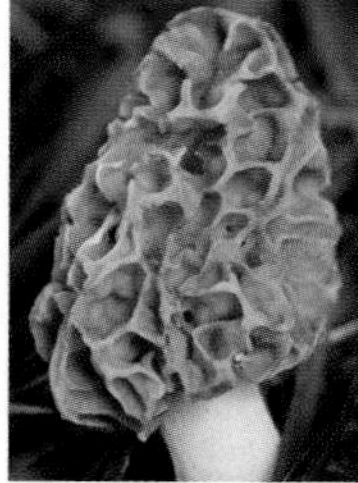

- Choanoflagellés
- Animaux
  - Embranchement des Porifères (Éponges)
  - Embranchement des Cténophores (Cténaires)
  - Embranchement des Cnidaires
    - Classe des Hydrozoaires (ex.: hydres)
    - Classe des Scyphozoaires (ex.: méduses)
    - Classe des Cubozoaires (ex.: guêpes de mer)
    - Classe des Anthozoaires (ex.: anémones de mer et la plupart des coraux)
  - Embranchement des Acoeles (Vers plats)
  - Embranchement des Placozoaires (seule espèce connue: *Tricoplax adaerens*)

Lophotrochozoaires

- Embranchement des Kinorhynques
- Embranchement des Plathelminthes (Vers plats)
  - Classe des Catenulida
  - Classe des Rhabditophores (Planaires, Trématodes, Cestodes)
- Embranchement des Némertes (Vers rubannés)
- Embranchement des Ectoproctes
- Embranchement des Brachiopodes
- Embranchement des Phoronidiens
- Embranchement des Rotifères
- Embranchement des Cycliophores (*Symbion pandora*)
- Embranchement des Mollusques
  - Classe des Polyplacophores (chitons)
  - Classe des Gastéropodes (escargots, limaces)
  - Classe des Bivalves (palourdes, moules, pétoncles, huîtres)
  - Classe des Céphalopodes (calmars, pieuvres, nautilus)
- Embranchement des Annélides (Vers annelés)
  - Classe des Polychètes (Vers annelés, marins pour la plupart)
  - Classe des Oligochètes (Vers annelés, terrestres et dulcicoles)
- Embranchement des Acanthocéphales (vers à tête épineuse)

Ecdysozoaires

- Embranchement des Loricifères
- Embranchement des Priapulides
- Embranchement des Nématodes (Vers ronds)
- Embranchement des Arthropodes (Les taxinomistes regroupent traditionnellement tous les Arthropodes dans un seul embranchement, mais certains zoologistes préfèrent les diviser en plusieurs embranchements.)
  - Sous-embranchement des Chélicérates (limules, Arachnides)
  - Sous-embranchement des Myriapodes (millipèdes, centipèdes)
  - Sous-embranchement des Hexapodes (Insectes, collemboles)
  - Sous-embranchement des Crustacés (ex.: crabes, homards, écrevisses, crevettes)
- Embranchement des Tardigrades
- Embranchement des Onychophores

Deutérostomiens

- Embranchement des Hémicordés (ex.: Vers à gland)
- Embranchement des Échinodermes
  - Classe des Astérides (étoiles de mer)
  - Classe des Ophiurides (ophiures)
  - Classe des Échinides (oursins et dollars des sables)
  - Classe des Crinoïdes (lis de mer)
  - Classe des Holothuroïdes (concombres de mer)
- Embranchement des Cordés
  - Sous-embranchement des Céphalocordés (amphioxus)
  - Sous-embranchement des Urocordés (Tuniciers)
  - Sous-embranchement des Crâniates
    - Vertébrés:
      - Classe des Myxinoïdes (myxines)
      - Classe des Céphalaspidomorphes (lamproies)
      - Classe des Chondrichthyens (Poissons cartilagineux: requins et raies)
      - Classe des Actinoptérygiens (Poissons à nageoires rayonnées)
      - Classe des Actinistiens (Poissons à nageoires creuses)
      - Classe des Dipneustes (Poissons pulmonés)
      - Classe des Amphibiens (ex.: grenouilles, crapauds, salamandres)
      - Classe des Reptiles (tortues, tuataras, lézards, serpents, Crocodiliens, Oiseaux)
      - Classe des Mammifères (ex.: ordre des Carnivores, ordre des Marsupiaux, ordre des Rongeurs)

Appendice C Éléments chimiques

TABLEAU PÉRIODIQUE DES ÉLÉMENTS

LÉGENDE

Numéro atomique — 3; Masse atomique (g/mol) (3) — 6,941; Masse volumique à 300 K (g/cm^3) (1) — 0,53; Électronégativité selon Pauling — 0,98; Symbole — Li; Nombre d'oxydation (2) — 1; Configuration électronique — $[He]2s^1$; Nom — Lithium

(1) Les entrées portant un astérisque réfèrent à la phase gazeuse à 273 K et 101 kPa et sont données en g/L.

(2) Le nombre correspondant à l'état le plus stable est indiqué en caractères gras.

(3) Basée sur le carbone-12 ; ( ) indique l'isotope le plus stable ou le mieux connu.

IA	IIA	IIIA	IVA	VA	VIA	VIIA	VIIIA	VIIIA	VIIIA	IB	IIB	IIIB	IVB	VB	VIB	VIIB	VIIIB
1 1,008 **H** 0,090* 2,20 1 $1s^1$ Hydrogène																	2 4,003 **He** 0,179* – – $1s^2$ Hélium
3 6,941 **Li** 0,53 0,98 1 $[He]2s^1$ Lithium	4 9,012 **Be** 1,85 1,57 2 $[He]2s^2$ Béryllium											5 10,81 **B** 2,34 2,04 3 $[He]2s^2 2p^1$ Bore	6 12,011 **C** 2,62 2,55 ±**4**,2 $[He]2s^2 2p^2$ Carbone	7 14,007 **N** 1,025* 3,04 ±**3**,5,4,2 $[He]2s^2 2p^3$ Azote	8 15,999 **O** 1,43* 3,44 -2 $[He]2s^2 2p^4$ Oxygène	9 18,998 **F** 1,070* 3,98 -1 $[He]2s^2 2p^5$ Fluor	10 20,179 **Ne** 0,901* – – $[He]2s^2 2p^6$ Néon
11 22,990 **Na** 0,97 0,93 1 $[Ne]3s^1$ Sodium	12 24,305 **Mg** 1,74 1,31 2 $[Ne]3s^2$ Magnésium											13 26,982 **Al** 2,70 1,61 3 $[Ne]3s^2 3p^1$ Aluminium	14 28,086 **Si** 2,33 1,90 4 $[Ne]3s^2 3p^2$ Silicium	15 30,974 **P** 1,82 2,19 ±3,**5**,4 $[Ne]3s^2 3p^3$ Phosphore	16 32,06 **S** 2,07 2,58 ±2,4,**6** $[Ne]3s^2 3p^4$ Soufre	17 35,453 **Cl** 3,17* 3,16 ±**1**,3,5,7 $[Ne]3s^2 3p^5$ Chlore	18 39,948 **Ar** 1,78* – – $[Ne]3s^2 3p^6$ Argon
19 39,098 **K** 0,86 0,82 1 $[Ar]4s^1$ Potassium	20 40,08 **Ca** 1,55 1,00 2 $[Ar]4s^2$ Calcium	21 44,966 **Sc** 3,0 1,36 3 $[Ar]4s^2 3d^1$ Scandium	22 47,90 **Ti** 4,50 1,54 **4**,3 $[Ar]4s^2 3d^2$ Titane	23 50,942 **V** 5,8 1,63 **5**,4,3,2 $[Ar]4s^2 3d^3$ Vanadium	24 51,996 **Cr** 7,19 1,66 6,**3**,2 $[Ar]4s^1 3d^5$ Chrome	25 54,938 **Mn** 7,43 1,55 7,6,4,**2**,3 $[Ar]4s^2 3d^5$ Manganèse	26 55,847 **Fe** 7,86 1,83 2,**3** $[Ar]4s^2 3d^6$ Fer	27 58,933 **Co** 8,90 1,88 **2**,3 $[Ar]4s^2 3d^7$ Cobalt	28 58,70 **Ni** 8,90 1,91 **2**,3 $[Ar]4s^2 3d^8$ Nickel	29 63,546 **Cu** 8,96 1,90 **2**,1 $[Ar]4s^1 3d^{10}$ Cuivre	30 65,38 **Zn** 7,14 1,65 2 $[Ar]4s^2 3d^{10}$ Zinc	31 69,72 **Ga** 5,91 1,81 3 $[Ar]4s^2 3d^{10} 4p^1$ Gallium	32 72,59 **Ge** 5,32 2,01 4 $[Ar]4s^2 3d^{10} 4p^2$ Germanium	33 74,922 **As** 5,72 2,18 ±**3**,5 $[Ar]4s^2 3d^{10} 4p^3$ Arsenic	34 78,96 **Se** 4,80 2,55 -2,4,6 $[Ar]4s^2 3d^{10} 4p^4$ Sélénium	35 79,904 **Br** 3,12 2,96 ±**1**,5 $[Ar]4s^2 3d^{10} 4p^5$ Brome	36 83,80 **Kr** 3,74* – – $[Ar]4s^2 3d^{10} 4p^6$ Krypton
37 85,468 **Rb** 1,53 0,82 1 $[Kr]5s^1$ Rubidium	38 87,62 **Sr** 2,6 0,95 2 $[Kr]5s^2$ Strontium	39 88,906 **Y** 4,5 1,22 3 $[Kr]5s^2 4d^1$ Yttrium	40 91,22 **Zr** 6,49 1,33 4 $[Kr]5s^2 4d^2$ Zirconium	41 92,906 **Nb** 8,55 1,6 **5**,3 $[Kr]5s^1 4d^4$ Niobium	42 95,94 **Mo** 10,2 2,16 **6**,5,4,3,2 $[Kr]5s^1 4d^5$ Molybdène	43 (98) **Tc** 11,5 1,9 7 $[Kr]5s^2 4d^5$ Technétium	44 101,07 **Ru** 12,2 2,2 2,**3**,**4**,6,8 $[Kr]5s^1 4d^7$ Ruthénium	45 102,906 **Rh** 12,4 2,28 2,**3**,4 $[Kr]5s^1 4d^8$ Rhodium	46 106,4 **Pd** 12,0 2,20 **2**,4 $[Kr]4d^{10}$ Palladium	47 107,868 **Ag** 10,5 1,93 1 $[Kr]5s^1 4d^{10}$ Argent	48 112,41 **Cd** 8,65 1,69 2 $[Kr]5s^2 4d^{10}$ Cadmium	49 114,82 **In** 7,31 1,78 3 $[Kr]5s^2 4d^{10} 5p^1$ Indium	50 118,69 **Sn** 7,30 1,96 **4**,2 $[Kr]5s^2 4d^{10} 5p^2$ Étain	51 121,75 **Sb** 6,68 2,05 ±**3**,5 $[Kr]5s^2 4d^{10} 5p^3$ Antimoine	52 127,60 **Te** 6,24 2,1 -2,4,6 $[Kr]5s^2 4d^{10} 5p^4$ Tellure	53 126,904 **I** 4,92 2,66 ±1,5,7 $[Kr]5s^2 4d^{10} 5p^5$ Iode	54 131,30 **Xe** 5,89* – – $[Kr]5s^2 4d^{10} 5p^6$ Xénon
55 132,905 **Cs** 1,87 0,79 1 $[Xe]6s^1$ Césium	56 137,33 **Ba** 3,5 0,89 2 $[Xe]6s^2$ Barium	57 138,906 **La** 6,7 1,10 3 $[Xe]6s^2 5d^1$ Lanthane	72 178,49 **Hf** 13,1 1,3 4 $[Xe]6s^2 4f^{14} 5d^2$ Hafnium	73 180,948 **Ta** 16,5 1,5 5 $[Xe]6s^2 4f^{14} 5d^3$ Tantale	74 183,85 **W** 19,3 2,36 **6**,4,3,2 $[Xe]6s^2 4f^{14} 5d^4$ Tungstène	75 186,207 **Re** 21,0 1,9 **7**,6,4,2,-1 $[Xe]6s^2 4f^{14} 5d^5$ Rhénium	76 190,2 **Os** 22,4 2,2 2,3,**4**,6,8 $[Xe]6s^2 4f^{14} 5d^6$ Osmium	77 192,22 **Ir** 22,5 2,20 2,3,**4**,6 $[Xe]6s^2 4f^{14} 5d^7$ Iridium	78 195,09 **Pt** 21,4 2,28 2,**4** $[Xe]6s^1 4f^{14} 5d^9$ Platine	79 196,966 **Au** 19,3 2,54 **3**,1 $[Xe]6s^1 4f^{14} 5d^{10}$ Or	80 200,59 **Hg** 13,53 2,00 **2**,1 $[Xe]6s^2 4f^{14} 5d^{10}$ Mercure	81 204,37 **Tl** 11,85 2,04 3,**1** $[Xe]6s^2 4f^{14} 5d^{10} 6p^1$ Thallium	82 207,2 **Pb** 11,4 2,33 4,**2** $[Xe]6s^2 4f^{14} 5d^{10} 6p^2$ Plomb	83 208,980 **Bi** 9,8 2,02 **3**,5 $[Xe]6s^2 4f^{14} 5d^{10} 6p^3$ Bismuth	84 (209) **Po** 9,4 2,0 **4**,2 $[Xe]6s^2 4f^{14} 5d^{10} 6p^4$ Polonium	85 (210) **At** – 2,2 ±**1**,3,5,7 $[Xe]6s^2 4f^{14} 5d^{10} 6p^4$ Astate	86 (222) **Rn** 9,91* – – $[Xe]6s^2 4f^{14} 5d^{10} 6p^6$ Radon
87 (223) **Fr** – 0,7 1 $[Rn]7s^1$ Francium	88 226,025 **Ra** 5 0,9 2 $[Rn]7s^2$ Radium	89 227,028 **Ac** 10,07 1,1 3 $[Rn]7s^2 6d^1$ Actinium	104 (261) **Rf** – – – $[Rn]5s^{14} 6d^2 7s^{2*}$ Rutherfordium	105 (262) **Ha** – – – $[Rn]5f^{14} 6d^3 7s^{2*}$ Dubnium	106 (263) **Sg** – – – $[Rn]5f^{14} 6d^4 7s^{2*}$ Seaborgium	107 (264) **Uns** – – – $[Rn]5f^{14} 6d^5 7s^{2*}$ Bohrium	108 (265) **Uno** – – – $[Rn]5f^{14} 6d^6 7s^{2*}$ Hassium	109 (268) **Une** – – – $[Rn]5f^{14} 6d^7 7s^{2*}$ Meitnerium	110 (269) **Uun** – – – $[Rn]5f^{14} 6d^8 7s^{2*}$ (Ununnilium)	111 (272) **Uuu** – – – $[Rn]5f^{14} 6d^9 7s^{2*}$ (Unununium)	112 (277) **Uub** – – – $[Rn]5f^{14} 6d^{10} 7s^{2*}$ (Ununbium)	113 **Uut** – – – (Ununtrium)	114 (285) **Uuq** – – – $[Rn]5f^{14} 6d^{10} 7s^2 p^{2*}$ (Ununquadium)	115 **Uup** (Ununpemtium)	116 **Uuh** (Ununhexium)	117 **Uus** (Ununseptium)	118 **Uuo** (Ununoctium)

58 140,12 **Ce** 6,78 1,12 **3**,4 $[Xe]6s^2 4f^1 5d^1$ Cérium	59 140,908 **Pr** 6,77 1,13 3,**4** $[Xe]6s^2 4f^3$ Praséodyme	60 144,24 **Nd** 7,00 1,14 3 $[Xe]6s^2 4f^4$ Néodyme	61 (145) **Pm** 6,48 1,13 3 $[Xe]6s^2 4f^5$ Prométhium	62 150,4 **Sm** 7,54 1,17 **3**,2 $[Xe]6s^2 4f^6$ Samarium	63 151,96 **Eu** 5,26 1,2 **3**,2 $[Xe]6s^2 4f^7$ Europium	64 157,25 **Gd** 7,89 1,20 3 $[Xe]6s^2 4f^7 5d^1$ Gadolinium	65 158,925 **Tb** 8,27 1,2 **3**,4 $[Xe]6s^2 4f^9$ Terbium	66 162,50 **Dy** 8,54 1,22 3 $[Xe]6s^2 4f^{10}$ Dysprosium	67 164,930 **Ho** 8,80 1,23 3 $[Xe]6s^2 4f^{11}$ Holmium	68 167,26 **Er** 9,05 1,24 3 $[Xe]6s^2 4f^{12}$ Erbium	69 168,934 **Tm** 9,33 1,25 **3**,2 $[Xe]6s^2 4f^{13}$ Thulium	70 173,04 **Yb** 6,98 1,1 **3**,2 $[Xe]6s^2 4f^{14}$ Ytterbium	71 174,967 **Lu** 9,84 1,27 3 $[Xe]6s^2 4f^{14} 5d^1$ Lutécium
90 232,038 **Th** 11,7 1,3 4 $[Rn]7s^2 6d^2$ Thorium	91 231,036 **Pa** 15,4 1,5 **5**,4 $[Rn]7s^2 5f^2 6d^1$ Protactinium	92 238,029 **U** 18,90 1,38 **6**,5,4,3 $[Rn]7s^2 5f^3 6d^1$ Uranium	93 237,048 **Np** 20,4 1,36 6,**5**,4,3 $[Rn]7s^2 5f^4 6d^1$ Neptunium	94 (244) **Pu** 19,8 1,28 6,5,**4**,3 $[Rn]7s^2 5f^6$ Plutonium	95 (243) **Am** 13,6 1,3 6,5,4,**3** $[Rn]7s^2 5f^7$ Américium	96 (247) **Cm** 13,51 1,3 3 $[Rn]7s^2 5f^7 6d^1$ Curium	97 (247) **Bk** – 1,3 4,**3** $[Rn]7s^2 5f^9$ Berkélium	98 (251) **Cf** – 1,3 3 $[Rn]7s^2 5f^{10}$ Californium	99 (252) **Es** – 1,3 – $[Rn]7s^2 5f^{11}$ Einsteinium	100 (257) **Fm** – 1,3 – $[Rn]7s^2 5f^{12}$ Fermium	101 (258) **Md** – 1,3 – $[Rn]7s^2 5f^{13}$ Mendélévium	102 (259) **No** – 1,3 – $[Rn]7s^2 5f^{14}$ Nobélium	103 (260) **Lr** – – – $[Rn]7s^2 5f^{14} 6d^1$ Lawrencium

Aux conditions ambiantes,
les éléments en noir sont **solides**,
en bleu sont **liquides**,
en rouge sont **gazeux**.

Les éléments en gris sont **synthétiques**.

Glossaire

A

Abiotique (adj.) Se dit d'un environnement non vivant ou dont les propriétés physiques et chimiques rendent la vie impossible.

Abondance relative (n. fém.) Abondance proportionnelle des diverses espèces formant une communauté.

Absorption (n. fém.) Troisième étape du traitement des aliments chez les Animaux, qui survient après la digestion : mode de nutrition qui consiste à laisser passer les petites molécules organiques vers les cellules.

Acanthodiens (n. masc.) Groupe d'anciens vertébrés aquatiques pourvus de mâchoires et vivant au Silurien et au Dévonien ; aujourd'hui disparus.

Accepteur primaire d'électrons (n. masc.) Dans la membrane des thylakoïdes d'un chloroplaste ou dans la membrane de certaines cellules procaryotes, molécule spécialisée qui, avec une molécule de chlorophylle *a* dont elle accepte l'un des électrons, forme le centre réactionnel d'un photosystème.

Accident vasculaire cérébral – AVC (n. masc.) Rupture ou obstruction d'une artère dans la tête qui entraîne la mort des tissus nerveux de l'encéphale.

Acclimatation (n. fém.) Réaction physiologique d'adaptation des organismes vivants au changement d'un facteur du milieu sur une période de plusieurs jours ou de plusieurs semaines.

Accroissement démographique exponentiel (n. masc.) Augmentation illimitée d'une population dans des conditions idéales, lorsque tous ses membres ont accès à une nourriture abondante et se reproduisent autant que leur capacité physiologique le permet. Représenté sous forme graphique en fonction du temps, cet accroissement prend l'allure d'une courbe en J.

Acétylation des histones (n. fém.) Ajout d'un groupement acétyle ($-COCH_3$) à certains acides aminés des histones, ce qui permet aux facteurs de transcription d'accéder aux gènes.

Acétylcholine (n. fém.) L'un des neurotransmetteurs les plus répandus. Se fixe à des récepteurs modifiant la perméabilité membranaire de la cellule postsynaptique, soit par dépolarisation, soit par hyperpolarisation de la membrane plasmique.

Acétyl-CoA – acétyl coenzyme A (n. masc.) Composé constitué d'un fragment du pyruvate et de la coenzyme A ; provient de la glycolyse et de l'oxydation des lipides et constitue le point de départ du cycle de l'acide citrique de la respiration cellulaire.

Acide (n. masc.) Substance qui accroît la concentration molaire volumique des protons d'une solution.

Acide abscissique (n. masc.) Hormone végétale qui ralentit la croissance, inhibant souvent les actions des hormones de croissance. Cette hormone stimule notamment la dormance et la résistance à la sécheresse.

Acide aminé (n. masc.) Molécule organique portant un groupement carboxyle et un groupement amine. Il existe une vingtaine d'acides aminés qui sont les monomères des polypeptides.

Acide aminé essentiel (n. masc.) Acide aminé qu'un animal ne peut pas synthétiser lui-même et qui doit être apporté par l'alimentation. Huit acides aminés sont essentiels dans le régime alimentaire d'un humain adulte.

Acide désoxyribonucléique – ADN (n. masc.) Molécule d'acides nucléiques, généralement constituée de deux chaînes hélicoïdales enroulées dans laquelle chaque brin de polynucléotides est formé de nucléotides monomères comportant chacun un désoxyribose, une base azotée adénine (A), cytosine (C), guanine (G) ou thymine (T) et un groupement phosphate ; fournit les directives de sa propre réplication et détermine la structure des protéines cellulaires.

Acide gamma-aminobutyrique (n. masc.) Acide aminé qui joue le rôle de principal neurotransmetteur inhibiteur dans le système nerveux central des Vertébrés.

Acide glutamique (n. masc.) Acide aminé qui joue le rôle de neurotransmetteur dans le système nerveux central et au niveau des jonctions neuromusculaires, chez les Invertébrés.

Acide gras (n. masc.) Acide carboxylique à chaîne hydrocarbonée, dont la longueur varie, de même que le nombre et la position des liaisons doubles ; trois acides gras liés à une molécule de glycérol forment une molécule de lipide, aussi appelée *triacylglycérol* ou *triglycéride*.

Acide gras essentiel (n. masc.) Acide gras insaturé que les Animaux ne peuvent fabriquer eux-mêmes.

Acide gras insaturé (n. masc.) Acide gras qui comporte une liaison double (mono-insaturé), ou plusieurs (polyinsaturé), entre les atomes de carbone de la chaîne hydrocarbonée. Ce type de liaison réduit le nombre d'atomes d'hydrogène liés au squelette carboné.

Acide gras saturé (n. masc.) Acide gras dans lequel tous les atomes de carbone de la chaîne hydrocarbonée sont unis par des liaisons simples, ce qui maximise le nombre d'atomes d'hydrogène fixés à cette chaîne.

Acide ribonucléique – ARN (n. masc.) Macromolécule composée de nucléotides (monomères) eux-mêmes constitués d'une molécule de ribose liée à un phosphate et à l'une des bases azotées suivantes : adénine (A), guanine (G), cytosine (C), uracile (U). Habituellement monocaténaire. Joue un rôle dans la synthèse des protéines, la régulation génique et sert de génome à certains virus.

Acide salicylique (n. masc.) Chez les végétaux, stimulus moléculaire qui peut être partiellement responsable de l'activation de la résistance systémique acquise.

Acide urique (n. masc.) Produit du métabolisme des protéines et des purines et principal déchet azoté qu'excrètent les escargots terrestres, les Insectes et de nombreux Reptiles. L'acide urique est relativement non toxique et très insoluble.

Acides nucléiques (n. masc.) Classe de macromolécules (polynucléotides) composées de nombreux nucléotides (monomères). Servent de plan pour la synthèse des protéines et, par l'intermédiaire des protéines, régulent toutes les activités cellulaires. Les deux types d'acides nucléiques sont l'ADN et l'ARN.

Acidification des océans (n. fém.) Diminution du pH des eaux de l'océan en raison de l'absorption de l'excès de CO_2 atmosphérique provenant de la combustion des combustibles fossiles.

Acœlomate (n. masc.) Animal triploblastique dont les organes sont situés dans un tissu appelé mésenchyme et non dans un cœlome, c'est-à-dire une cavité située entre le tube digestif et l'enveloppe externe (p. ex. : Plathelmintes).

Acrasiomycètes (n. masc.) Protistes caractérisés par des cellules amiboïdes solitaires, mais susceptibles de se regrouper pour former des amas de cellules et des corps reproductifs au cours de leur cycle de développement.

Acrosome (n. masc.) Chez la plupart des espèces d'Animaux, vésicule située dans la tête du spermatozoïde et contenant des hydrolases et d'autres protéines qui dissolvent l'enveloppe de l'ovocyte de deuxième ordre.

Actine (n. fém.) Protéine globulaire dont les sous-unités s'associent pour constituer des chaînes. Chez les Eucaryotes, chacune de ces chaînes torsadées deux à deux forme des microfilaments (filaments d'actine) dans les cellules musculaires et dans d'autres types de cellules.

Actinoptérygiens (n. masc.) Classe de Poissons osseux munis de nageoires soutenues par de longs rayons flexibles et à laquelle appartient la totalité ou presque des Poissons actuels.

Activateur (n. masc.) Protéine régulatrice qui se lie à l'ADN et stimule la transcription d'un gène. Chez les Procaryotes, les activateurs se fixent en amont du promoteur; chez les Eucaryotes, ils se fixent généralement aux éléments de contrôle dans les amplificateurs.

Adaptation (n. fém.) Ensemble de caractères héréditaires qui confèrent à un organisme la capacité de survivre et de se reproduire dans un environnement particulier.

Adaptation globale (n. fém.) Effet global qu'a un individu sur la prolifération de ses gènes en produisant une descendance et en fournissant une aide qui permet à ses proches parents de se reproduire aussi.

Adaptation sensorielle (n. fém.) Diminution de la réactivité d'un récepteur en cas de stimulation continue.

Adénosine triphosphate Voir *ATP (adénosine triphosphate)*.

Adénylate cyclase (n. fém.) Enzyme de la membrane plasmique qui catalyse la conversion de l'ATP en AMPc en réponse à un signal extracellulaire.

Adhérence (n. fém.) Attraction mutuelle entre deux substances, comme celle entre l'eau et les parois cellulaires des plantes, assurée par des liaisons hydrogène.

ADN (n. masc.) Voir *Acide désoxyribonucléique*.

ADN complémentaire – ADNc (n. masc.) Molécule d'ADN à double brin fabriquée *in vitro* à partir d'un ARNm et de réactions faisant intervenir des transcriptases inverses et des ADN polymérases. Une molécule d'ADNc correspond aux exons d'un gène.

ADN de simple séquence (n. masc.) Séquence d'ADN renfermant de nombreux exemplaires de courtes séquences répétitives en tandem.

ADN ligase (n. masc.) Enzyme qui relie les courts segments d'ADN (fragments d'Okazaki) pour former un seul brin d'ADN. Catalyse la formation d'une liaison covalente entre l'extrémité 3' d'un nouveau fragment d'ADN et l'extrémité 5' du brin d'ADN en croissance.

ADN polymérase (n. masc.) Enzyme qui catalyse l'élongation d'un nouveau brin d'ADN, au niveau de la fourche de réplication, en ajoutant des nucléotides à l'extrémité 3' d'une chaîne déjà formée. Il existe plusieurs ADN polymérases différentes; l'ADN polymérase III et l'ADN polymérase I jouent un rôle important dans la réplication de l'ADN d'*E. coli*.

ADN recombiné (n. masc.) Molécule d'ADN qui résulte de la combinaison *in vitro* de gènes provenant de diverses sources (souvent d'espèces différentes).

ADN répétitif (n. masc.) Grand nombre de copies de séquences nucléotidiques de l'ADN non codant présent dans un génome eucaryote. Les unités répétées peuvent être une série de courtes séquences maintes fois copiées (en tandem) ou une série de longues séquences dispersées dans le génome.

Adrénaline (n. fém.) Hormone catécholamine que sécrète la médulla surrénale en réponse à un facteur de stress et qui produit de nombreux effets. A aussi un rôle de neurotransmetteur.

Aérobie strict (n. masc.) Organisme qui utilise le dioxygène pour la respiration cellulaire et qui ne peut vivre sans celui-ci.

Agent oxydant (n. masc.) Accepteur d'électrons dans une réaction d'oxydoréduction.

Agent pathogène (n. masc.) Organisme, virus, viroïde ou prion qui peut causer une maladie.

Agent réducteur (n. masc.) Donneur d'électrons dans une réaction d'oxydoréduction.

Agent zoonotique (n. masc.) Agent à l'origine de maladies infectieuses humaines transmises aux humains par des animaux, soit par contact direct, soit par l'intermédiaire d'un vecteur.

Agriculture intégrée (n. fém.) Ensemble de méthodes de culture fondées sur la conservation des ressources, le respect de l'environnement et la rentabilité.

Agriculture sans labour (n. fém.) Méthode traditionnelle de culture, sans travail du sol, minimisant les perturbations, donc l'érosion, et exigeant moins de fertilisant.

Aire visuelle primaire (n. fém.) Chez les Vertébrés, aire du lobe occipital (région postérieure) des hémisphères cérébraux que rejoignent les axones des corps géniculés latéraux et qui reçoit l'information visuelle en provenance de la rétine.

Ajustement induit (n. masc.) Transformation structurale que subit le site actif d'une enzyme en positionnant ses groupements fonctionnels de manière à épouser étroitement le contour du substrat et à favoriser leur capacité à catalyser la réaction chimique. La transformation est provoquée par l'entrée du substrat dans le site actif.

Albumen (n. masc.) Chez les Angiospermes, tissu riche en nutriments formé par l'union d'un spermatozoïde avec deux noyaux polaires au cours de la double fécondation. Source de nourriture pour l'embryon dans les graines d'Angiospermes.

Aldostérone (n. fém.) Hormone stéroïde qui agit sur le tubule contourné distal des néphrons pour assurer la régulation du transport des ions sodium (Na^+) et des ions potassium (K^+).

Algues (n. fém.) Lignée diversifiée de Protistes photosynthétiques, comportant des formes unicellulaires et multicellulaires. Les espèces d'Algues sont classées dans trois des cinq super groupes eucaryotes (Chromalvéolés, Rhizariens et Archéplastides).

Algues brunes (n. fém.) Protistes photosynthétiques multicellulaires de couleur brune ou olive sous l'effet des pigments caroténoïdes contenus dans leurs plastes. Vivent en eau salée pour la plupart et certaines possèdent des organes qui ressemblent à ceux des Végétaux (thalle).

Algues dorées (n. fém.) – **Chrysophycées** (n. fém.) Algues flagellées dont le nom provient de leur couleur brun-jaune, attribuable aux pigments accessoires que sont les caroténoïdes.

Algues rouges (n. fém.) Protistes multicellulaires pour la plupart, marins et photosynthétiques, qui doivent leur couleur rougeâtre à un pigment photosynthétique qui masque le vert de la chlorophylle.

Algues vertes (n. fém.) – **Chlorophytes** (n. fém.) et **Charophytes** (n. fém.) Protistes photosynthétiques qui doivent leur nom à la couleur verte de leurs chloroplastes dont la structure et la composition en pigments sont semblables à celles des Végétaux terrestres. Les Algues vertes forment un groupe paraphylétique, dont certains des membres sont plus étroitement apparentés que d'autres aux Végétaux terrestres.

Allèle dominant (n. masc.) Allèle qui s'exprime pleinement dans le phénotype d'un organisme, lorsque les deux allèles du gène que possède un individu diffèrent.

Allèle récessif (n. masc.) Allèle qui ne produit pas d'effet notable sur l'apparence d'un organisme hétérozygote.

Allèles (n. masc.) Formes possibles d'un même gène qui produisent des effets phénotypiques reconnaissables.

Allergène (n. masc.) Antigène qui déclenche une réaction immunitaire exagérée.

Allopolyploïde (n. masc.) Se dit d'un individu fertile possédant plus de deux chromosomes et issu du croisement de deux espèces différentes combinant leurs chromosomes.

Alternance de générations (n. fém.) Cycle de développement dans lequel coexistent une forme diploïde multicellulaire, le sporophyte, et une forme haploïde multicellulaire, le gamétophyte. Caractéristique des Végétaux et de certaines Algues.

Altruisme (n. masc.) Comportement par lequel des animaux accomplissent des actions qui compromettent leur propre bien-être, mais qui sont bénéfiques pour d'autres.

Altruisme réciproque (n. masc.) Comportement altruiste que manifestent des animaux envers des individus de la même espèce avec lesquels ils n'ont pas de liens sociaux. Comportement adaptatif, dans la mesure où l'individu altruiste en tire des bénéfices ultérieurement.

Alvélobiontes (n. masc.) Protistes comportant des vésicules fixées à la membrane (alvéoles) située juste sous la membrane plasmique.

Alvéole (n. fém.) Sac aérien multilobé et en cul-de-sac qui sert de surface d'échanges gazeux dans les poumons des Mammifères.

Amibes (n. fém.) Classe de Protistes répartis dans de nombreux taxons d'Eucaryotes et caractérisés par la présence de pseudopodes.

Amibocyte (n. masc.) Sorte de cellule qui se déplace au moyen de pseudopodes. Présents dans le corps de la plupart des Animaux, les amibocytes remplissent des fonctions variables selon les espèces: digestion et distribution des nutriments, élimination des déchets, constitution des fibres squelettiques, lutte contre les infections ou transformation en d'autres types de cellules.

Amibozoaires (n. masc.) Divers groupes de Protistes d'un clade rassemblant de nombreuses espèces dotées de pseudopodes d'aspect lobé ou tubulaires.

Amidon (n. masc.) Polysaccharide de réserve glucidique des Végétaux, entièrement formé de molécules de glucose (monomères) unies par des liaisons glycosidiques α.

Amines biogènes (n. fém.) Neurotransmetteurs dérivés des acides aminés.

Aminoacyl-ARNt synthétase (n. fém.) Enzyme spécifique qui lie une sorte d'acide aminé à l'ARNt correspondant. Il existe une aminoacyl-ARNt synthétase pour chacun des 20 acides aminés présents dans les protéines.

Ammoniac (n. masc.) Molécule composée d'azote et d'hydrogène, produite lors de la dégradation des acides aminés et des acides nucléiques; constitue un déchet toxique du métabolisme.

Ammonites (n. fém.) Membres d'un groupe de Céphalopodes (classe de Mollusques) à coquille qui ont été d'importants prédateurs marins durant des centaines de millions d'années jusqu'à leur extinction à la fin du Crétacé (il y a 65,5 millions d'années).

Amniocentèse (n. fém.) Technique de diagnostic prénatal, qui s'effectue entre la 14e et la 16e semaine de grossesse, et qui consiste à prélever par aspiration un échantillon de liquide amniotique à l'aide d'une aiguille insérée dans la cavité utérine. Le liquide et les cellules de l'échantillon prélevé sont analysés afin de déterminer la présence de certaines anomalies génétiques ou congénitales.

Amniotes (n. masc.) Membres d'un clade de Tétrapodes dont le nom provient du principal caractère du clade, l'œuf amniotique contenant des membranes spécialisées qui protègent l'embryon. Les Reptiles (y compris les Oiseaux) et les Mammifères font partie de ce clade.

Amorce (n. fém.) Courte chaîne simple de nucléotides d'ARN dotée d'une extrémité 3′ libre qui se lie au brin matrice d'ADN et permet le début de la synthèse d'un nouveau brin d'ADN.

AMPc (n. masc.) Voir *AMP cyclique*.

AMP cyclique (AMPc) (n. masc.) Adénosine monophosphate cyclique, dérivée de l'ATP. Molécule de communication intracellulaire (second messager) courante chez les Eucaryotes (p. ex.: dans les cellules endocrines des Vertébrés). Régule aussi certains opérons bactériens.

Amphibiens (n. masc.) Classe des Tétrapodes regroupant les grenouilles, les salamandres et les cécilies.

Amphioxus (n. masc.) Membres du sous-embranchement des Céphalocordés; petits Cordés en forme de lame dépourvus de colonne vertébrale.

Amphipathique (adj.) Se dit d'une substance comportant une partie hydrophile et une partie hydrophobe.

Amplificateur (n. masc.) Séquence d'ADN eucaryote comportant de multiples éléments de contrôle, généralement situés loin du gène dont il régule la transcription.

Amplification (n. fém.) Augmentation de l'énergie d'un stimulus au cours de la transduction.

Amplification en chaîne par polymérase – ACP (n. fém.) Technique qui permet l'amplification rapide *in vitro* d'un segment spécifique d'ADN par incubation avec des amorces particulières, en présence de molécules d'ADN polymérase résistantes à la chaleur et d'une certaine quantité de nucléotides.

Amylase salivaire (n. fém.) Enzyme digestive qui hydrolyse l'amidon (polymère de glucose élaboré par les Végétaux) et le glycogène (polymère de glucose synthétisé par les Animaux) afin de les transformer en polysaccharides plus petits, puis en maltose, un disaccharide.

Anaérobie facultatif (n. masc.) Organisme qui peut fabriquer de l'ATP par respiration cellulaire aérobie quand le dioxygène est disponible, mais qui fait appel à la respiration anaérobie ou à la fermentation si cette molécule est absente.

Anaérobie strict (n. masc.) Organisme qui fait appel à la fermentation ou à la respiration anaérobie pour produire de l'énergie. Ces organismes ne peuvent pas utiliser de dioxygène, qui peut même les empoisonner.

Analogie (n. fém.) Ressemblance entre deux espèces attribuable à l'évolution convergente plutôt qu'à un ancêtre commun possédant le même caractère.

Analogue (adj.) Qui possède des caractéristiques semblables à cause de l'évolution convergente; différent de l'homologie.

Anaphase (n. fém.) Quatrième phase de la mitose. Les chromatides sœurs de chaque chromosome se séparent et deviennent des chromosomes fils qui se dirigent vers les pôles de la cellule.

Anatomie (n. fém.) Étude de la structure d'un organisme ou d'un organe.

Androgènes (n. masc.) Groupe d'hormones stéroïdes surtout synthétisées par les testicules, la principale étant la testostérone. Déclenchent la formation et la maturation du système reproducteur mâle et en assurent le fonctionnement. Chez l'humain, provoquent l'apparition des caractères sexuels secondaires à la puberté.

Anémie à hématies falciformes (n. fém.) Maladie héréditaire causée par un allèle récessif du gène de la β-globine dans lequel la modification d'un seul nucléotide entraîne la production d'une hémoglobine anormale, qui tend à s'agglomérer et à déformer les globules rouges, et qui occasionne de nombreux symptômes chez les individus affectés. Aussi appelée *drépanocytose*.

Aneuploïdie (n. fém.) Aberration chromosomique dans laquelle les cellules possèdent un nombre anormal de chromosomes.

Angiospermes (n. fém.) Plantes à fleurs portant des graines à l'intérieur d'un réceptacle protecteur appelé *ovaire*.

Angiospermes basales (n. fém.) Membres de l'un des trois clades d'anciennes lignées des plantes à fleurs, qui comprend *Amborella*, le nymphéa tubéreux ainsi que l'anis étoilé et les espèces apparentées.

Angiotensine II (n. fém.) Hormone peptidique qui stimule la constriction des artérioles précapillaires et augmente la réabsorption du chlorure de sodium (NaCl) et de l'eau par les tubes contournés proximaux des reins, ce qui fait augmenter le volume sanguin et la pression artérielle.

Anhydrobiose (n. fém.) État d'inactivité de certains organismes qui entraîne la perte de presque toute leur eau.

Anion (n. masc.) Ion de charge négative.

Annotation d'un gène (n. fém.) Analyse des séquences génomiques en vue d'identifier les gènes codant pour des protéines et de déterminer la fonction de leurs produits.

Anse du néphron (n. fém.) Dans le rein des Vertébrés, longue boucle aplatie du néphron, formée d'une partie descendante et d'une partie ascendante et qui intervient dans la réabsorption de l'eau et du sel. Aussi appelée *anse de Henle*.

Antérieure (adj.) Se dit de la région située à l'avant (tête) d'un animal à symétrie bilatérale.

Anthère (n. fém.) Dans la fleur des Angiospermes, sac situé à l'extrémité de l'étamine où se forment les grains de pollen contenant les gamétophytes mâles qui produisent les spermatozoïdes.

Anthéridie (n. fém.) Chez les Végétaux, gamétange mâle qui produit les spermatozoïdes.

Anthocérote (n. fém.) Petite plante non vasculaire herbacée membre de l'embranchement des Anthocérophytes.

Anthropoïdés (n. masc.) Sous-ordre des Primates dont font partie les singes de l'Ancien Monde, les singes du Nouveau Monde, les grands singes (gibbons, orangs-outans, gorilles, chimpanzés et bonobos) ainsi que les humains.

Anticodon (n. masc.) Triplet de nucléotides à l'extrémité d'une molécule d'ARN de transfert qui se lie au codon complémentaire de l'ARNm en obéissant aux règles d'appariement des bases azotées.

Anticorps (n. masc.) Protéine sécrétée par des cellules plasmatiques (lymphocytes B différenciés) qui se lie spécifiquement à un antigène donné. Aussi appelé *immunoglobuline*. Tous les anticorps ont la même structure en forme de Y et, dans la forme de monomère, contiennent deux chaînes lourdes identiques et deux chaînes légères identiques.

Anticorps monoclonal (n. masc.) Anticorps préparé en laboratoire à partir d'une seule lignée clonale de lymphocytes B mis en culture. Comme ces lymphocytes sont tous identiques, les anticorps monoclonaux produits à partir de la culture sont spécifiques d'un épitope donné d'un antigène.

Antigène (n. masc.) Substance qui déclenche une réaction immunitaire en se liant aux récepteurs des cellules immunitaires (lymphocytes B et lymphocytes T) et à ceux des anticorps.

Antiparallèle (adj.) Se dit de deux séquences de monomères disposées en sens inverse, comme les squelettes sucre-phosphate de la double hélice de l'ADN (dans le sens opposé 5' → 3').

Apicomplexés (n. masc.) Groupe de Protistes qui comporte de nombreuses espèces parasites des Animaux. Certains causent de graves maladies chez l'humain (le paludisme, notamment).

Apoenzyme (n. masc.) Partie protéinique d'une enzyme.

Apomixie (n. fém.) Mode de reproduction asexuée pratiqué par certaines espèces de Végétaux et dans lequel les graines se développent sans avoir été préalablement fécondées par un spermatozoïde.

Apoplasme (n. masc.) Chez les cellules végétales, toute structure externe aux membranes plasmiques d'une cellule végétale, ce qui inclut les parois cellulaires, les espaces extracellulaires et l'intérieur des cellules mortes comme les éléments de vaisseaux et les trachéides. Aussi appelé *apoplaste*.

Apoptose (n. fém.) Destruction cellulaire programmée sous l'action d'une cascade d'enzymes activées par divers stimulus et résultant de la dégradation de nombreuses substances chimiques dans la cellule.

Appareil de Golgi (n. masc.) Organite caractéristique des Eucaryotes constitué d'un empilement de saccules membraneux aplatis et dont la fonction consiste à modifier, à entreposer et à expédier les produits de sécrétion du réticulum endoplasmique et à synthétiser certaines substances, notamment des glucides non cellulosiques.

Appareil juxtaglomérulaire (n. masc.) Dans les néphrons, tissu spécialisé qui libère dans le sang une enzyme (appelée *rénine*) après une chute de la pression sanguine ou du volume sanguin. Joue un rôle déterminant dans le contrôle du flux sanguin rénal et de la filtration glomérulaire.

Appendice vermiforme (n. masc.) Section du gros intestin; prolongement digitiforme porté par un cæcum relativement petit, notamment chez l'humain, et dont les tissus abritent de nombreux leucocytes chargés de défendre l'organisme.

Apprentissage (n. masc.) Modification d'un comportement à la suite d'expériences particulières.

Apprentissage associatif (n. masc.) Capacité qu'ont de nombreux animaux à apprendre à associer un signal de l'environnement (une couleur, par exemple) à une autre caractéristique (un danger, par exemple).

Apprentissage social (n. masc.) Modification du comportement par observation de congénères expérimentés.

Apprentissage spatial (n. masc.) Formation d'une mémoire qui rend compte de la structure spatiale du milieu.

Aquaporine (n. fém.) Protéine présente dans la membrane plasmique des cellules des Végétaux, des Animaux ou des microorganismes et intervenant dans la formation de canaux assurant la circulation de l'eau par osmose et la diffusion de l'eau libre à travers la membrane.

Arachnides (n. masc.) Groupe important d'Arthropodes, les Chélicérates, dans lequel sont classés les araignées, les scorpions, les tiques et les mites.

Arbre phylogénétique (n. masc.) Diagramme arborescent hypothétique qui rend compte de l'histoire évolutive d'un groupe d'organismes et dans lequel chaque nœud représente l'ancêtre commun de ses descendants.

Archées (n. fém.) L'un des deux domaines de Procaryotes, l'autre étant celui des Bactéries.

Archégone (n. masc.) Chez les Végétaux, gamétange femelle en forme de vase qui produit une seule oosphère restant à sa base.

Archentéron (n. masc.) Chez l'animal, cavité tapissée d'endoderme qui apparaît au cours de la gastrulation pour donner l'intestin primitif de l'embryon et qui participe à la formation du tube digestif de l'adulte.

Archéplastides (n. masc.) Membres d'un des cinq supergroupes d'Eucaryotes nouvellement proposés dans le cadre d'une hypothèse récente de l'histoire évolutive des Eucaryotes. Ce groupe monophylétique, qui comprend les Algues rouges et vertes, ainsi que les Végétaux terrestres, descend d'un ancêtre protiste qui a absorbé et incorporé une cyanobactérie (endosymbiose). Voir aussi *Excavobiontes, Chromalvéolés, Rhizariens* et *Unichontes*.

Archives géologiques (n. fém.) Division de l'histoire de la Terre, qui se divise en périodes regroupées en trois éons – l'Archéen, le Protérozoïque et le Phanérozoïque –, eux-mêmes subdivisés en ères, en périodes et en époques.

Archosauriens (n. masc.) Groupe des Reptiles qui compte les Crocodiliens et les Dinosauriens, dont il ne reste plus que les Oiseaux.

ARN de transfert – ARNt (n. masc.) Type de molécule d'ARN qui joue le rôle de traducteur entre le langage des acides nucléiques et celui des protéines en acheminant des molécules d'acides aminés spécifiques vers un ribosome, où ils reconnaissent les codons appropriés alignés sur une molécule d'ARNm.

ARN interférence – ARNi (n. masc.) Technique utilisée pour inhiber l'expression de gènes choisis. L'ARNi utilise des molécules synthétiques d'ARN bicaténaire dont la séquence est identique à celle d'un gène particulier pour déclencher la désactivation de l'ARN messager du gène.

ARN messager – ARNm (n. masc.) Type d'ARN synthétisé à partir d'une matrice d'ADN. S'attache à des ribosomes du cytoplasme et spécifie la structure primaire d'une protéine. (Chez les Eucaryotes, le transcrit primaire d'ARN doit subir une maturation de l'ARN avant de devenir l'ARNm.)

ARN polymérase (n. masc.) Enzyme qui lie les ribonucléotides à une chaîne d'ARN en cours de synthèse; assemble les nucléotides de l'ARN complémentaire au brin matrice de l'ADN.

ARN ribosomique – ARNr (n. masc.) Type de molécule d'ARN le plus abondant qui, avec des protéines, entre dans la composition des ribosomes.

Artère (n. fém.) Vaisseau qui transporte le sang pompé par le cœur vers les organes du corps.

Artériole (n. fém.) Petit vaisseau qui transporte le sang entre une artère et un lit capillaire.

Arthropodes (n. masc.) Cœlomates dont le corps est formé de différents groupes de segments, portant des appendices articulés et recouvert d'un exosquelette rigide. Les exemples familiers incluent les Insectes, les Araignées, les millipèdes et les crabes.

Ascocarpe (n. masc.) Appareil sporifère renfermant les asques des Ascomycètes.

Ascomycètes (n. masc.) Embranchement des Eumycètes dont les membres produisent des spores sexuées dans des asques, qui sont des structures en forme de sac.

Asque (n. masc.) Structure sporifère en forme de sac contenue dans un ascocarpe et située à l'extrémité de l'hyphe dicaryotique d'un ascomycète.

Aster (n. masc.) Formation étoilée de courts microtubules faisant partie du fuseau de division qui rayonnent de chaque centrosome vers la membrane plasmique de la cellule pendant la mitose.

Astrocyte (n. masc.) Cellule gliale qui exerce diverses fonctions auxiliaires des neurones, notamment le soutien structural, la régulation du milieu extracellulaire et de l'apport sanguin au cerveau, ainsi que le transfert de l'information vers les synapses.

Athérosclérose (n. fém.) Maladie cardiovasculaire dans laquelle des amas lipidiques appelés *plaques (athéromes)* se déposent sur la tunique interne des artères qu'ils obstruent et qu'ils durcissent.

Atome (n. masc.) La plus petite unité de matière possédant les propriétés de l'élément auquel elle appartient.

ATP – adénosine triphosphate (n. masc.) Nucléoside triphosphate contenant de l'adénine. Libère de l'énergie au cours de l'hydrolyse de ses liaisons phosphate. Cette énergie libre alimente les réactions endergoniques qui ont lieu dans les cellules.

ATP synthase (n. masc.) Complexe formé de plusieurs protéines membranaires qui fonctionne par chimiosmose en association avec une chaîne adjacente de transport d'électrons. Cette « turbine » moléculaire utilise un flux de protons (H^+) pour fabriquer l'ATP. Les ATP synthases se trouvent dans la membrane mitochondriale interne des cellules eucaryotes et la membrane plasmique des Procaryotes.

Augmentation biologique (n. fém.) Principe écologique de régénération qui fait appel à des organismes pour augmenter l'apport de matières essentielles à un écosystème dégradé.

Autécologie (écologie physiologique) (n. fém.) Subdivision de l'écologie qui étudie les aspects morphologiques, physiologiques et comportementaux des réactions d'un organisme aux conditions biotiques et abiotiques de son milieu.

Autocrine (adj.) Se dit d'une molécule qui agit sur la cellule qui l'a sécrétée.

Auto-incompatibilité (n. fém.) Capacité qu'ont les Végétaux de rejeter leur propre pollen ou celui d'un proche parent. Mécanisme qui empêche le plus souvent l'autofécondation.

Autopolyploïde (adj.) Se dit d'un individu possédant plus de deux ensembles de chromosomes provenant d'une même espèce.

Autosome (n. masc.) Tout chromosome qui n'intervient pas directement dans la détermination du sexe, autrement dit, qui n'est pas un chromosome sexuel.

Autotrophie (n. fém.) Mode de nutrition par lequel des organismes fabriquent des molécules organiques sans devoir ingérer d'autres organismes ou les substances qui les composent. Les organismes autotrophes utilisent l'énergie provenant du Soleil ou de l'oxydation de substances inorganiques pour synthétiser leurs molécules organiques à partir de molécules inorganiques.

Auxines (n. fém.) Composés désignant surtout l'acide indolacétique, une hormone végétale naturelle qui exerce différents effets, notamment l'allongement des cellules, la croissance secondaire et le développement des pousses, des feuilles et des fruits.

Avantage hétérozygote (n. masc.) Avantage dont bénéficient les individus hétérozygotes pour un locus donné et qui leur procure de meilleures chances de survie et de reproduction que les homozygotes. Protège la variation dans le patrimoine génétique.

Avirulent (adj.) Se dit d'un agent pathogène qui réussit à s'introduire chez un hôte pour proliférer, et dans lequel il cause des dommages légers qui ne le tuent pas.

Avortement – IVG (n. masc.) Interruption volontaire d'une grossesse.

Axone (n. masc.) Prolongement du neurone qui est généralement plus long que les dendrites et qui transmet aux autres cellules des influx émis par le corps du neurone.

B

Bactéries (n. fém.) L'un des deux domaines de Procaryotes, l'autre étant celui des Archées.

Bactériophage (n. masc.) Virus infectant une bactérie.

Bactéroïde (adj.) Chez les Légumineuses, forme que prend, dans une nodosité, la bactérie *Rhizobium*, qui se trouve dans des vésicules apparaissant à l'intérieur de certaines cellules racinaires.

Bande de Caspary (n. fém.) Chez les Végétaux, cadre composé de cire et imperméable à l'eau ceinturant les cellules endodermiques afin d'empêcher l'eau et les solutés de pénétrer passivement dans la stèle, en passant à travers la paroi cellulaire.

Banque d'ADNc (n. fém.) Collection de gènes renfermant des clones qui portent des séquences d'ADN complémentaire (ADNc). Ne contient que la portion des gènes transcrits dans les cellules à partir desquelles l'ARNm a été isolé pour fabriquer l'ADNc.

Banque génomique (n. fém.) Ensemble de clones cellulaires, renfermant tous les segments d'ADN issu d'un génome, intégrés dans un plasmide, un chromosome bactérien artificiel (CBA) ou un autre vecteur de clonage.

Barrière postzygotique (n. fém.) Mécanisme d'isolement reproductif intervenant après la fécondation d'un ovule par un spermatozoïde d'une autre espèce afin d'empêcher le zygote hybride de devenir un adulte viable et fécond. Par exemple, un mulet ne peut se reproduire avec d'autres mulets ou avec les espèces parentales (âne et jument).

Barrière prézygotique (n. fém.) Mécanisme d'isolement reproductif qui empêche la fécondation en rendant impossible l'accouplement entre membres d'espèces différentes, en faisant échouer une tentative d'accouplement avant qu'elle réussisse, ou encore en bloquant la fécondation si l'accouplement a eu lieu.

Base (n. fém.) Substance qui réduit la concentration molaire volumique des protons d'une solution soit en acceptant des ions hydrogène (p. ex. : NH_3), soit en libérant des ions hydroxyde qui se combinent par la suite aux ions hydrogène de la solution (p. ex. : NaOH).

Baside (n. fém.) Structure en forme de massue qui produit les spores sexuées sur les lamelles des Basidiomycètes.

Basidiocarpe (n. masc.) Appareil sporifère complexe d'un mycélium dicaryotique, chez les Basidiomycètes.

Basidiomycètes (n. masc.) Embranchement des Eumycètes dont les membres possèdent une structure en forme de massue, la baside, qui apparaît pendant le stade diploïde du cycle de développement. Les « champignons à chapeau » font partie de ce groupe.

Bâtonnet (n. masc.) L'une des deux sortes de photorécepteurs qui se trouvent dans la rétine des Vertébrés et de certains Invertébrés. Permet la vision nocturne, mais seulement en noir et blanc.

Benthos (n. masc.) Ensemble de communautés d'organismes qui occupent la zone benthique d'un plan d'eau.

Bêta-oxydation (n. fém.) Processus catabolique au cours duquel les acides gras sont dégradés en fragments à deux atomes de carbone sous forme d'acétyl-CoA, lequel est dirigé vers le cycle de l'acide citrique.

Bicoïd (n. masc.) Gène à effet maternel codant pour une protéine responsable de l'établissement de l'extrémité antérieure de *Drosophila melanogaster*.

Bilatériens (n. masc.) Membres d'un clade d'Animaux possédant une symétrie bilatérale et trois feuillets embryonnaires.

Bile (n. fém.) Mélange alcalin de substances produites dans le foie qui est emmagasiné dans la vésicule biliaire ; sécrétée dans le duodénum, elle émulsifie les lipides, qui forment de très fines gouttelettes de graisses, ce qui facilite la digestion et l'absorption de ces composés.

Bioamplification (n. fém.) Processus par lequel la concentration tissulaire des toxines augmente d'un niveau trophique à l'autre, dans une chaîne alimentaire.

Biocarburant (n. masc.) Carburant produit à partir de matières organiques sèches ou d'huiles combustibles produites par des végétaux.

Bioénergétique (n. fém.) (1) Circulation et transformation de l'énergie dans un organisme. (2) Étude de la circulation de l'énergie dans les organismes.

Biofilm (n. masc.) Colonie formée d'une ou de plusieurs espèces de Procaryotes formant un film adhérant à un substrat. Ces Procaryotes amorcent une coopération métabolique.

Biogéographie (n. fém.) Étude de la répartition géographique des espèces.

Bio-informatique (n. fém.) Domaine de recherche multidisciplinaire faisant appel aux compétences des biologistes, des informaticiens et des mathématiciens dans le but de traiter et d'intégrer des données biologiques provenant de grands ensembles de données.

Biologie (n. fém.) Étude scientifique des êtres vivants.

Biologie de la conservation (n. fém.) Étude intégrée de l'écologie, de la biologie évolutive, de la physiologie, de la biologie moléculaire et de la génétique, dont l'objectif est de soutenir la biodiversité à tous les niveaux.

Biologie des systèmes (n. fém.) Méthode d'étude de la biologie qui vise à décrire le comportement dynamique de systèmes biologiques entiers en étudiant les interactions entre les différents éléments du système.

Biomanipulation (n. fém.) Approche fondée sur le modèle descendant de l'organisation des communautés dans le but de transformer les caractéristiques d'un écosystème. Par exemple, les écologistes peuvent empêcher la prolifération des algues et l'eutrophisation en modifiant la densité des consommateurs de niveau supérieur dans des lacs plutôt qu'en faisant des traitements chimiques.

Biomasse (n. fém.) Masse totale de matière organique de tous les individus d'une population, d'un habitat ou d'un écosystème.

Biome (n. masc.) Toute importante région écologique souvent classée selon le type de végétation (biomes terrestres) et l'environnement physique (biomes aquatiques) et qui se caractérise par les adaptations des organismes à cet environnement particulier.

Biome océanique pélagique (n. masc.) Majeure partie des eaux de l'océan qui se situent loin du rivage, où elles sont sans cesse brassées par les courants. Comporte de la vie à toute profondeur.

Biopsie des villosités chorioniques (n. fém.) Technique de diagnostic prénatal permettant de dépister des maladies héréditaires. Pratiquée entre la 8e et la 10e semaine de grossesse, la biopsie consiste à insérer un tube mince dans l'utérus par le col utérin et à aspirer une petite quantité de tissu fœtal en provenance du placenta en vue de l'analyser.

Biorestauration (n. fém.) Technique de restauration des écosystèmes pollués et dégradés qui repose sur l'utilisation d'organismes pour réduire ou éliminer les composés toxiques accumulés.

Biosphère (n. fém.) Superécosystème qui englobe l'ensemble des écosystèmes de la planète.

Biotechnologie (n. fém.) Ensemble des méthodes et des applications recourant à la manipulation d'organismes ou de leurs composantes à des fins théoriques, techniques ou industrielles.

Biotique (adj.) Relatif aux facteurs vivants – les organismes – dans un environnement.

Blastocèle (n. masc.) Cavité remplie de liquide qui se forme au centre de la blastula.

Blastocyste (n. masc.) Stade de blastula du développement embryonnaire mammalien, constitué d'un amas interne de cellules, d'une cavité et d'une couche externe, le trophoblaste. Chez l'humain, le blastocyste se forme une semaine environ après la fécondation.

Blastomère (n. masc.) Chacune des nombreuses petites cellules issues de la segmentation du zygote, au début de la formation de l'embryon.

Blastopore (n. masc.) Première ouverture de l'archentéron qui se forme au stade de gastrula et qui donne naissance à la bouche chez les Protostomiens et à l'anus chez les Deutérostomiens.

Blastula (n. fém.) Chez la plupart des Animaux, stade multicellulaire du développement qui prend la forme d'une sphère creuse et qui marque la fin du stade de la segmentation.

Blocage lent de la polyspermie (n. masc.) À la fécondation, réaction de la membrane de fécondation et autres modifications de la surface de l'ovule qui empêchent la liaison de nouveaux spermatozoïdes avec la membrane plasmique de l'ovule, lorsque le blocage rapide de la polyspermie ne fonctionne plus. Commence environ une minute après la fécondation.

Blocage rapide de la polyspermie (n. masc.) Réaction de blocage survenant de deux à trois secondes après la fixation d'un spermatozoïde à la membrane vitelline et destinée à empêcher la liaison d'autres spermatozoïdes avec la membrane plasmique de l'ovule. Cette réaction est déclenchée par un phénomène de dépolarisation de la membrane plasmique d'un ovule et dure environ une minute.

Boîte homéotique (n. fém.) Séquence d'ADN d'environ 180 nucléotides composant des gènes homéotiques et certains autres gènes développementaux, et qui est généralement conservée chez les Animaux. Les Végétaux et les Levures possèdent également de telles séquences.

Boîte TATA (n. fém.) Séquence de l'ADN des promoteurs eucaryotes essentielle dans la formation du complexe d'initiation de la transcription.

Bol alimentaire (n. masc.) Masse de nourriture mastiquée, en forme de boule, que prépare la langue avant la déglutition.

Bourgeon apical (n. masc.) Bourgeon situé à l'extrémité de la tige d'une plante; aussi appelé *bourgeon terminal*.

Bourgeon axillaire (n. masc.) Chez les Végétaux, excroissance située à l'intersection (aisselle) d'une feuille et de la tige et capable de donner une pousse latérale.

Bourgeonnement (n. masc.) Mécanisme de reproduction asexuée courant chez les Invertébrés. À l'issue d'une mitose, un nouvel individu se détache de son parent ou bien les deux restent associés, ce qui finit par donner une importante colonie.

Brachiopodes (n. masc.) Lophophoriens marins dont la coquille se compose de deux valves, l'une dorsale et l'autre ventrale.

Brassage saisonnier des eaux (n. masc.) Mélange printanier ou automnal des eaux des lacs et des étangs qui sont situées dans la zone tempérée et par lequel l'eau enrichie en O_2 de la surface s'enfonce et l'eau riche en nutriments du fond remonte. Phénomène attribuable aux changements de température. Aussi appelé *renouvellement*.

Brassinostéroïde (n. masc.) Stéroïde végétal exerçant divers effets; provoque l'allongement cellulaire, retarde la chute des feuilles (abscission) et favorise la différenciation du xylème.

Brin codant (n. masc.) Brin d'ADN qui sert de matrice pour l'agencement des séquences de nucléotides du transcrit d'ARN par appariement de bases complémentaires.

Brin directeur (n. masc.) Nouveau brin d'ADN complémentaire continu synthétisé le long du brin matrice vers la fourche de réplication dans le sens obligatoire, c'est-à-dire 5′ → 3′.

Brin discontinu (n. masc.) Nouveau brin d'ADN synthétisé par segments; son élongation se réalise au moyen de fragments d'Okazaki, chacun étant synthétisé dans le sens 5′ → 3′ en s'éloignant de la fourche de réplication.

Bronche (n. fém.) L'un des deux conduits respiratoires qui sont issus de la division de la trachée et qui conduisent chacun à un poumon.

Bronchiole (n. fém.) Chacune des ramifications étroites des bronches qui conduisent l'air jusqu'aux alvéoles.

Bryophytes (n. fém.) Terme général désignant les Mousses, les Hépatiques et les Anthocérotes; plantes non vasculaires vivant sur la terre ferme, mais sans posséder certaines des adaptations terrestres caractéristiques des Vasculaires.

Bulbe rachidien (n. masc.) Partie inférieure de l'encéphale des Vertébrés. Renflement du rhombencéphale situé au sommet de la moelle épinière et dans lequel se trouvent les centres de régulation de diverses fonctions viscérales (automatiques et homéostatiques), notamment la respiration, l'activité cardiovasculaire, la déglutition, le vomissement et la digestion.

Buvardage de Northern (n. masc.) Technique permettant de détecter la présence de certaines séquences de nucléotides dans un échantillon d'ARNm. Des molécules d'ARNm sont séparées par électrophorèse sur gel, transférées sur une membrane de nitrocellulose (buvardage), puis hybridées avec une sonde marquée qui reconnaîtra spécifiquement les séquences recherchées.

Buvardage de Southern (n. masc.) Technique combinant l'électrophorèse sur gel de molécules d'ADN et leur transfert sur une membrane (buvardage) et l'hybridation des acides nucléiques à l'aide d'une sonde marquée qui permet de repérer certaines séquences de nucléotides dans un échantillon d'ADN.

C

Cadre de lecture (n. masc.) Processus de traduction des nucléotides d'une molécule d'ARNm dans le bon sens et selon les bons groupements (trois par trois, sans chevauchement).

Cæcum (n. masc.) Segment en cul-de-sac formant une section du gros intestin.

Cal (n. masc.) Masse de cellules indifférenciées qui se forme sur la cicatrice d'un fragment de tige et à partir de laquelle poussent des racines adventives.

Calcitonine (n. fém.) Hormone sécrétée par la glande thyroïde, qui abaisse la concentration de calcium (Ca^{2+}) sanguin en favorisant les dépôts de calcium dans les os et l'excrétion de calcium par les reins. N'est pas essentielle chez l'humain adulte.

Calicule gustatif (n. masc.) Regroupement de cellules épithéliales modifiées qui constituent les cellules réceptrices du goût (ou cellules gustatives) et qui sont disséminées sur plusieurs régions de la langue et de la bouche, chez les humains et la plupart des autres Mammifères. Aussi appelé *bourgeon du goût*.

Calorie – cal (n. fém.) Unité de mesure qui équivaut à la quantité de chaleur nécessaire (une calorie) pour élever de 1 °C la température de 1 g d'eau; aussi quantité de chaleur libérée quand 1 g d'eau refroidit de 1 °C. La calorie équivaut à 4,184 joules dans un environnement à 15 °C environ.

Cambium libéroligneux (n. masc.) Chez les Végétaux ligneux, cylindre de cellules méristématiques entourant le xylème et la moelle; produit le xylème secondaire (bois) et le phloème secondaire.

Canal alimentaire (n. masc.) Chez la plupart des Animaux, succession de compartiments reliant deux ouvertures, la bouche et l'anus. Aussi appelé *tube digestif* ou *tractus digestif*.

Canal central (n. masc.) Chez les Vertébrés, cavité étroite située au centre de la moelle épinière et communiquant avec les ventricules remplis de liquide de l'encéphale.

Canal ionique (n. masc.) Canal protéique transmembranaire qui permet à un ion donné de diffuser à travers la membrane contre son gradient de concentration ou son gradient électrochimique.

Canal ionique à ouverture contrôlée (n. masc.) Canal ionique spécifique à un ion qui s'ouvre ou se ferme en réponse à un stimulus, ce qui produit des changements dans le potentiel de membrane.

Canal ionique à ouverture régulée par un ligand (n. masc.) Type de récepteur membranaire dont le canal protéique s'ouvre ou se ferme en réponse à une molécule de communication (ligand), pour faire pénétrer ou non des ions spécifiques tels que Na^+, K^+ ou Ca^{2+}.

Canal sélectif (n. masc.) Canal protéique dans une membrane plasmique qui s'ouvre ou se ferme en réponse à un stimulus particulier.

Canal tensiodépendant (n. masc.) Canal ionique spécialisé qui s'ouvre ou se ferme en réaction à une variation du potentiel de membrane.

Canopée (n. fém.) Strate arborescente supérieure dans un biome terrestre. Aussi appelée *couvert forestier*.

Capacité limite du milieu (n. fém.) Nombre maximal d'individus d'une population qui peuvent vivre dans un milieu au cours d'une période donnée, sans dégradation de l'habitat. Cette capacité, notée *K*, varie dans le temps et dans l'espace en fonction de l'abondance des ressources. Aussi appelée *capacité de support du milieu*.

Capacité résiduelle fonctionnelle – CRF (n. fém.) Volume d'air restant dans les poumons même après une expiration forcée.

Capacité vitale – CV (n. fém.) Volume maximal d'air inspiré et expiré au cours d'une respiration forcée.

Capillaire (n. masc.) Vaisseau sanguin microscopique dont la paroi comporte une seule couche de cellules endothéliales. Les capillaires s'associent pour former des réseaux qui pénètrent dans tous les tissus et sont le siège des échanges entre le sang et le liquide interstitiel.

Capillaires péritubulaires (n. masc.) Réseau de capillaires qui prolonge l'artériole efférente et qui s'enchevêtre avec les tubules contournés proximal et distal du néphron.

Capside (n. fém.) Coque de protéines qui entoure le génome d'un virus. Selon le type de virus, la capside peut être de forme hélicoïdale (ressemblant à un bâtonnet), polyédrique ou plus complexe encore.

Capsule (n. fém.) (1) Chez de nombreux Procaryotes, couche gluante, dense et bien délimitée, composée de polysaccharides ou de protéines; en entourant la paroi cellulaire, elle protège la cellule et permet aux Procaryotes d'adhérer à leur substrat ou à d'autres cellules. (2) Sporange d'un Bryophyte (Mousses, Hépatiques ou Anthocérotes).

Capsule glomérulaire rénale (n. fém.) Dans le rein des Vertébrés, réceptacle sphérique et creux formant le segment initial du néphron et recevant le filtrat provenant du sang. Aussi appelée *capsule de Bowman*.

Caractère (n. masc.) Propriété héréditaire observable qui peut varier d'un individu à un autre.

Caractère ancestral commun (n. masc.) Caractère partagé par les membres d'un clade particulier, mais provenant d'un ancêtre qui n'est pas membre de ce clade.

Caractère dérivé commun (n. masc.) Innovation apparue au cours de l'évolution qui relève exclusivement d'un clade particulier.

Caractère quantitatif (n. masc.) Dans une population d'individus, caractère qui présente une variation continue sur une étendue plutôt qu'une variation dichotomique (p. ex.: la couleur de la peau).

Caractères polygéniques plurifactoriels (n. masc.) Caractères polygéniques influencés par des gènes multiples et des facteurs environnementaux.

Carnivore (n. masc.) Animal qui se nourrit principalement d'autres animaux.

Caroténoïde (n. masc.) Pigment accessoire dont la couleur varie du jaune à l'orangé et présent dans les chloroplastes des plantes ou chez certains Procaryotes. En absorbant la lumière de longueurs d'onde qui sont différentes de celles de la lumière absorbée par la chlorophylle, les caroténoïdes élargissent le spectre des longueurs d'onde de la lumière visible qui alimentent la photosynthèse.

Carpelle (n. masc.) Organe reproducteur de la fleur composé du stigmate, du style et de l'ovaire et dans lequel sont produites les mégaspores donnant naissance aux gamétophytes.

Carte cognitive (n. fém.) Représentation que le système nerveux se fait des relations spatiales entre les objets se trouvant dans l'environnement de l'animal.

Carte cytogénétique (n. fém.) Schéma d'un chromosome représentant l'emplacement des gènes en prenant pour repères des caractéristiques chromosomiques visibles au microscope.

Carte de liaison génétique (n. fém.) Carte des gènes dressée à partir des fréquences de recombinaison entre les marqueurs au cours de l'enjambement entre des chromosomes homologues; représente les positions relatives des gènes situés sur le même chromosome.

Carte des territoires présomptifs (n. fém.) Diagramme du développement embryonnaire par territoires, qui montre à quelles structures chaque région de l'embryon donne naissance.

Carte génétique (n. fém.) Liste ordonnée des loci (gènes ou autres marqueurs génétiques) situés sur un chromosome.

Carte physique (n. fém.) Méthode de cartographie des gènes dans laquelle les distances physiques entre les gènes ou d'autres marqueurs génétiques sont exprimées généralement en fonction du nombre de paires de bases d'ADN.

Caryogamie (n. fém.) Chez les Eumycètes, fusion des noyaux haploïdes provenant de chacun des parents; une des étapes de la reproduction sexuée, précédée par la plasmogamie.

Caryotype (n. masc.) Représentation standard des paires de chromosomes d'une cellule selon leur forme et leur taille.

Catalyseur (n. masc.) Agent chimique qui modifie la vitesse d'une réaction sans être altéré par cette réaction.

Catastrophisme (n. masc.) Hypothèse selon laquelle les changements survenus dans la flore et la faune étaient dus à de terribles catastrophes géologiques causées par des mécanismes différents des mécanismes contemporains et dont la trace a été conservée dans les différentes strates géologiques. Voir *Uniformitarisme*.

Catécholamines (n. fém.) Classe de neurotransmetteurs et d'hormones, comprenant l'adrénaline et la noradrénaline, qui sont synthétisés à partir de la tyrosine, un acide aminé.

Catégorie de tissus (n. fém.) Groupe d'au moins un type de tissus formant une unité fonctionnelle qui relie les organes d'une plante.

Cation (n. masc.) Ion de charge positive (p. ex.: Na^+, Ca^{2+}).

Cavité buccale (n. fém.) Bouche d'un animal.

Cavité corporelle (n. fém.) Chez la plupart des Animaux, espace rempli de liquide ou d'air situé entre le tube digestif et l'enveloppe corporelle. Aussi appelée *cœlome*.

Cavité gastrovasculaire (n. fém.) Cavité centrale digestive ayant une seule ouverture, chez les Cnidaires et certains Plathelminthes. Structure en forme de sac qui sert à la fois à la digestion des nutriments et à leur circulation dans l'organisme.

Cavité palléale (n. fém.) Chez les Mollusques, compartiment rempli d'eau dans lequel se trouvent les branchies, l'anus et les pores excréteurs.

Cellule (n. fém.) Unité structurale et fonctionnelle fondamentale de la vie.

Cellule amacrine (n. fém.) Dans l'œil des Vertébrés, interneurone de la rétine qui assure l'intégration de l'information avant son acheminement jusqu'au cerveau.

Cellule bipolaire (n. fém.) Neurone qui transmet l'information entre les photorécepteurs et les cellules ganglionnaires dans la rétine.

Cellule compagne (n. fém.) Type de cellule végétale qui communique avec une cellule d'un tube criblé par l'intermédiaire de nombreux plasmodesmes. Son noyau et ses ribosomes peuvent servir à une ou plusieurs cellules criblées voisines, qui en sont dépourvues.

Cellule de la gaine fasciculaire (n. fém.) Chez les plantes de type C_4, type de cellule photosynthétique qui s'entasse avec d'autres autour des nervures de la feuille.

Cellule de soutien (n. fém.) Voir *Gliocyte*.

Cellule de transfert (n. fém.) Chez les Végétaux, (1) cellule compagne dont la paroi forme de nombreuses invaginations qui augmentent la surface de contact et favorisent le transfert de solutés entre l'apoplasme et le symplasme; (2) cellule spécialisée qui favorise le transfert des nutriments du parent à l'embryon.

Cellule dendritique (n. fém.) Un des types de cellules présentatrices d'antigène, situées principalement dans les tissus lymphatiques et la peau, et particulièrement efficaces dans la présentation des antigènes aux lymphocytes T auxiliaires, ce qui déclenche une réaction immunitaire primaire.

Cellule diploïde (n. fém.) Cellule contenant deux jeux haploïdes de chromosomes ($2n$) dont les gènes représentent les lignées paternelle et maternelle.

Cellule effectrice (n. fém.) (1) Cellule musculaire ou glandulaire qui effectue les réactions du corps aux stimulus. Répond aux commandes du système nerveux central. (2) Clone de lymphocytes ayant une courte durée de vie et capable d'assister une réponse immunitaire adaptative.

Cellule eucaryote (n. fém.) Type de cellule d'organisation complexe qui renferme divers organites membraneux et un noyau véritable délimité par une enveloppe nucléaire. Le noyau contient l'ADN. Caractérise l'organisation cellulaire des Protistes, des Végétaux, des Eumycètes et des Animaux.

Cellule fibreuse (n. fém.) Cellule sclérenchymateuse longue, mince et fusiforme qui s'organise généralement avec d'autres pour former des faisceaux. Ce type de cellules mortes renferme de la lignine et renforce le xylème des Angiospermes; elles sont spécialisées dans le soutien des structures végétales.

Cellule ganglionnaire (n. fém.) Dans l'œil des Vertébrés, cellule qui communique avec des cellules bipolaires et dont l'axone envoie des sensations visuelles (sous forme de potentiels d'action) au cerveau.

Cellule gliale (n. fém.) Voir *Gliocyte*.

Cellule haploïde (n. fém.) Cellule qui renferme un seul jeu de chromosomes (n).

Cellule horizontale (n. fém.) Dans l'œil des Vertébrés, neurone de la rétine qui assure l'intégration de l'information avant son acheminement jusqu'au cerveau.

Cellule mémoire (n. fém.) Lymphocyte à longue durée de vie produit au cours de la réaction immunitaire primaire. Les cellules mémoire forment des clones et séjournent dans un organe lymphatique avant d'être activées à la suite d'une nouvelle exposition à l'antigène qui en a déclenché la production. La cellule mémoire activée déclenche la réaction immunitaire secondaire.

Cellule parenchymateuse (n. fém.) Chez les Végétaux, type de cellule végétale peu différenciée dans laquelle se déroule la majeure partie des réactions métaboliques, et qui synthétise et emmagasine des substances organiques. Se différencie à la maturité.

Cellule présentatrice d'antigène (n. fém.) Cellule spécialisée qui ingère un agent pathogène ou des protéines d'agents pathogènes et les découpe en petits fragments peptidiques. Ces fragments sont ensuite associés à des molécules du CMH de classe II et présentés sur la surface membranaire aux lymphocytes T. Les principales cellules présentatrices d'antigène sont les macrophages, les cellules dendritiques et les lymphocytes B.

Cellule procaryote (n. fém.) Type de cellule dépourvue de noyau et d'organites entourés d'une membrane. Seuls les organismes faisant partie des Bactéries et des Archées sont des cellules procaryotes.

Cellule reproductrice (n. fém.) – **gamète** (n. masc.) Cellule haploïde: spermatozoïde ou ovule. Les gamètes s'unissent pendant la reproduction sexuée pour produire un zygote diploïde.

Cellule sclérenchymateuse (n. fém.) Type de cellule végétale rigide qui perd généralement son protoplasme après s'être dotée d'une paroi secondaire épaisse composée de lignine à maturité. Constitue un tissu de soutien.

Cellule sensorielle ciliée (n. fém.) Type de mécanorécepteur qui modifie la transmission au système nerveux lorsque les prolongements filiformes à la surface de la cellule sont déformés.

Cellule somatique (n. fém.) Toute cellule d'un organisme multicellulaire qui n'est pas un spermatozoïde ou un ovule.

Cellule souche (n. fém.) Cellule peu spécialisée, chez l'embryon ou l'adulte, qui, en une seule division, peut se séparer en une cellule fille identique et en une cellule fille plus spécialisée, laquelle peut à son tour se différencier.

Cellule tueuse naturelle (n. fém.) Type de globule blanc qui n'attaque pas directement les microorganismes, mais détruit les cellules de l'organisme infectées notamment par des virus, ainsi que les cellules anormales qui pourraient devenir cancéreuses. Composante importante de l'immunité naturelle.

Cellules collenchymateuses (n. fém.) Cellules de soutien des parties en croissance des végétaux qui forment des cylindres ou des fibres et qui sont capables de s'allonger tant que la plante croît.

Cellules interstitielles du testicule (n. fém.) Cellules disséminées entre les tubules séminifères contournés du testicule et qui fabriquent la testostérone et d'autres androgènes.

Cellules stomatiques (n. fém.) Chez les Végétaux, deux cellules qui bordent l'ostiole d'un stomate et régissent l'ouverture et la fermeture d'un pore.

Cellulose (n. fém.) Polysaccharide structural de la paroi cellulaire des Végétaux, constitué de monomères de glucose unis par des liaisons glycosidiques β.

Cénocyte (n. masc.) Hyphe sans cloison de certains Eumycètes; masse cytoplasmique multinucléée qui résulte de divisions répétées du noyau, sans division cytoplasmique.

Centre réactionnel (n. masc.) Complexe protéique associé à deux molécules spéciales de chlorophylle *a* et à un accepteur primaire d'électrons. Situé au centre d'un photosystème, ce complexe déclenche les réactions photochimiques de la photosynthèse. Stimulée par l'énergie lumineuse, la paire de molécules de chlorophylle *a* cède un électron à l'accepteur primaire d'électrons, qui transmet alors un électron à une chaîne de transport d'électrons.

Centriole (n. masc.) Structure dans le centrosome d'une cellule animale composée de neuf triplets de microtubules disposés selon un arrangement « 9 + 0 ». Un centrosome contient une paire de centrioles.

Centromère (n. masc.) Région d'un chromosome qui maintient étroitement réunies les chromatides sœurs par l'intermédiaire de protéines, elles-mêmes fixées à des séquences spécifiques d'ADN; ce lien étroit donne au chromosome condensé sa constriction. (Un chromosome non condensé et non dédoublé possède un seul centromère, identifié par sa séquence d'ADN.) C'est par leur centromère que les chromatides sont déplacées vers les pôles opposés de la cellule lors de la division cellulaire.

Centrosome (n. masc.) Structure cytoplasmique des cellules animales qui organise les microtubules et qui joue un rôle important dans la division cellulaire. Un centrosome possède deux centrioles.

Céphalisation (n. fém.) Chez l'animal, évolution de l'extrémité antérieure du corps dans laquelle sont regroupés les organes sensoriels. Caractéristique des Animaux à symétrie bilatérale, surtout des Vertébrés.

Cercozoaires (n. masc.) Protistes amiboïdes et flagellés qui se nourrissent à l'aide de pseudopodes filiformes.

Cerveau (n. masc.) Régions dorsales gauche et droite du prosencéphale des Vertébrés; centre d'intégration de la mémoire, de l'apprentissage, des émotions et des autres fonctions complexes associées au système nerveux central.

Cervelet (n. masc.) Organe du rhombencéphale des Vertébrés situé en arrière du tronc cérébral; participe à la coordination inconsciente des mouvements et de l'équilibre.

Chaîne alimentaire (n. fém.) Circulation de l'énergie des nutriments vers le niveau trophique supérieur depuis leur source dans les Végétaux et d'autres organismes photosynthétiques (producteurs) jusqu'aux carnivores (consommateurs secondaires, tertiaires et quaternaires), puis aux détritivores, en passant par les herbivores (consommateurs primaires).

Chaîne de transport d'électrons (n. fém.) Ensemble de molécules protéiques complexes situées dans la membrane interne des mitochondries et qui transportent des électrons au cours d'une cascade de réactions rédox libérant à plusieurs niveaux de l'énergie pour la synthèse de l'ATP.

Chaîne légère (n. fém.) Chacune des deux chaînes polypeptidiques qui composent un anticorps et un récepteur de lymphocyte B. Formée d'une région variable, qui contribue au site de liaison à l'antigène, et d'une région constante, très semblable d'un anticorps à l'autre.

Chaîne lourde (n. fém.) Chacune des deux chaînes polypeptidiques qui contribuent à la structure d'un anticorps et d'un récepteur de lymphocyte B. Comprend une région variable, qui est le site de liaison à l'antigène, et une région constante.

Chaleur (n. fém.) Énergie cinétique totale résultant du mouvement aléatoire des atomes ou des molécules d'un corps en mouvement; aussi appelée *énergie thermique*.

Chaleur d'évaporation (n. fém.) Quantité de chaleur que doit absorber 1 g de liquide, à température constante, pour passer de l'état liquide à l'état gazeux.

Chaleur spécifique (n. fém.) Nombre de joules nécessaire pour augmenter de 1 °C la température de 1 g d'une substance donnée.

Changement climatique mondial (n. masc.) Augmentation de la température et changements climatiques partout sur la Terre, causés surtout par les quantités de CO_2 atmosphérique libéré par la combustion des carburants fossiles. L'augmentation de la température, appelée *réchauffement planétaire*, constitue un aspect important du changement climatique global.

Changement de phase (n. masc.) Chez les Végétaux, passage d'un stade de développement à un autre.

Chaparral (n. masc.) Biome composé de bosquets d'arbrisseaux, de buissons épineux à feuilles persistantes et de broussailles. Occupe les régions côtières de latitude moyenne où circulent les courants froids de l'océan; caractérisé par des hivers doux et pluvieux et des étés longs, chauds et secs.

Chaperonines (n. fém.) Complexe protéique qui favorise le repliement adéquat des autres protéines.

Charge critique (n. fém.) Quantité d'un nutriment ajouté par les humains, habituellement de l'azote ou du phosphore, que les Végétaux peuvent absorber sans nuire à l'intégrité des écosystèmes.

Chélicérates (n. masc.) Arthropodes qui possèdent des pièces buccales appelées chélicères et dont le corps se compose d'un céphalothorax et d'un abdomen; comprennent notamment les araignées de mer, les limules et les scorpions, les tiques et les araignées.

Chélicère (n. fém.) Pièce buccale en forme de pince qui permet aux Chélicérates de s'alimenter.

Chiasma (n. masc.) Région en forme de X visible au microscope où un enjambement s'est produit au stade initial de la prophase I entre des chromatides non sœurs de chromosomes homologues. Les chiasmas deviennent visibles à la fin de la synapsis, les deux chromosomes homologues demeurant appariés par la cohésion des chromatides sœurs.

Chiasma optique (n. masc.) Dans le cerveau, point de croisement des deux nerfs optiques où les axones représentant les côtés distincts du champ visuel sont séparés les uns des autres.

Chimie organique (n. fém.) Branche de la chimie qui étudie les composés du carbone (composés organiques).

Chimioautotrophe (adj.) Se dit d'un organisme qui obtient son énergie en oxydant des substances inorganiques et dont la seule source de carbone est le dioxyde de carbone.

Chimiohétérotrophe (adj.) Se dit d'un organisme qui doit consommer des molécules organiques pour se procurer énergie et carbone.

Chimiorécepteur (n. masc.) Type de récepteur sensoriel des Animaux qui répond à des stimulus chimiques comme un soluté ou une phéromone.

Chimiosmose (n. fém.) Mécanisme de couplage d'énergie par lequel certaines membranes utilisent l'énergie chimique pour déplacer des protons, puis l'énergie emmagasinée dans le gradient de protons pour des activités cellulaires, notamment la synthèse de l'ATP. Dans des conditions aérobies, la majeure partie de la synthèse de l'ATP dans les cellules se produit par chimiosmose.

Chitine (n. fém.) Polysaccharide structural de la paroi cellulaire de nombreux Eumycètes et de l'exosquelette de tous les Arthropodes et dont le monomère de glucose possède une chaîne latérale contenant de l'azote.

Chlorophylle (n. fém.) Pigment vert contenu dans les membranes des chloroplastes des Végétaux et des Algues et dans les membranes de certains Procaryotes. La chlorophylle *a* participe directement aux réactions photochimiques qui convertissent l'énergie solaire en énergie chimique.

Chlorophylle *a* (n. fém.) Type de pigment photosynthétique bleu-vert qui participe directement aux réactions photochimiques qui convertissent l'énergie solaire en énergie chimique.

Chlorophylle *b* (n. fém.) Type de pigment accessoire jaune-vert qui transfère à la chlorophylle *a* l'énergie captée pendant la photosynthèse.

Chloroplaste (n. masc.) Organite présent chez les Végétaux et les Protistes photosynthétiques qui absorbe la lumière du Soleil et l'utilise pour synthétiser des composés organiques à partir du dioxyde de carbone et de l'eau.

Choanocytes (n. masc.) Chez les Éponges, cellules flagellées qui tapissent l'intérieur du spongocœle. Aussi appelés *cellules à collerette*, en raison du cylindre membraneux qui entoure la base de leur flagelle.

Cholestérol (n. masc.) Stéroïde présent dans les cellules animales et jouant d'importants rôles structuraux dans la membrane plasmique, dont il assure la stabilité et la rigidité, et remplissant des fonctions métaboliques, en particulier en tant que précurseur des hormones stéroïdiennes.

Chondrichthyens (n. masc.) Classe de Poissons cartilagineux au squelette relativement flexible presque entièrement cartilagineux et dont font partie les requins et les raies.

Chromalvéolés (n. masc.) Membres d'un des cinq supergroupes d'Eucaryotes nouvellement proposé selon une hypothèse récente de l'histoire évolutive des Eucaryotes. Les Chromalvéolés pourraient être le fruit d'une endosymbiose secondaire et réunissent deux grands clades de protistes, les Alvélobiontes et les Straménophiles. Voir aussi *Excavobiontes, Archéplastides, Rhizariens* et *Unichontes*.

Chromatides sœurs (n. fém.) Deux exemplaires d'un chromosome dupliqué qui sont unis par des protéines au centromère et, parfois, le long des bras. Lorsqu'elles sont unies, deux chromatides sœurs forment un chromosome avant de se séparer pendant la mitose ou la méiose II.

Chromatine (n. fém.) Masse de matériel génétique composée d'ADN et de protéines qu'on observe chez les Eucaryotes, sauf durant l'interphase, où elle existe sous forme de fibres minces et très longues constituant un amas diffus invisible au microscope photonique. Voir aussi *Euchromatine* et *Hétérochromatine*.

Chromosome (n. masc.) Structure cellulaire porteuse de l'information génétique contenue dans le noyau des cellules eucaryotes. Chaque chromosome contient une très longue molécule d'ADN et des protéines associées. (Un chromosome bactérien contient généralement une seule molécule d'ADN circulaire et des protéines associées. Elle est située dans la région du nucléoïde qu'aucune membrane ne sépare du reste de la cellule.) Voir aussi *Chromatine*.

Chromosome bactérien artificiel – CBA (n. masc.) Vecteur de clonage conçu expérimentalement, qui agit comme un chromosome bactérien et dans lequel on peut insérer de 100 000 à 300 000 paires de bases (de 100 à 300 kb).

Chromosome recombiné (n. masc.) Chromosome issu d'un enjambement, lequel se produit pendant la synapsis, à la prophase I de la méiose, et qui porte des gènes provenant de chacun des deux parents.

Chromosomes homologues (n. masc.) Chromosomes d'une même paire, identiques par leur longueur, la position de leurs centromères et la disposition de leurs bandes de couleur; portent les gènes qui déterminent les mêmes caractères héréditaires. Chacun des parents transmet un chromosome de chaque paire.

Chromosomes sexuels – hétérochromosomes (n. masc.) Chromosomes qui déterminent le sexe de l'individu.

Chylomicron (n. masc.) Globule de transport des lipides composé de graisses et de cholestérol associés et recouverts de protéines spéciales.

Chyme (n. masc.) Mélange d'aliments et de sucs gastriques partiellement digérés qui se forme dans l'estomac.

Chytridiomycètes (n. masc.) Eumycètes primitifs généralement aquatiques qui produisent des spores (zoospores) et des gamètes flagellés. Représentent la lignée fongique la plus primitive.

Cil (n. masc.) Dans les cellules eucaryotes, court appendice contenant des microtubules. Un cil mobile est spécialisé dans la locomotion et le déplacement de l'eau autour de la cellule; il se compose d'un groupe de neuf doublets de microtubules qui forment un anneau autour de deux microtubules non jumelés (la disposition «9 + 2») engainés dans un prolongement de la membrane plasmique. Un cil primaire est généralement non mobile et joue un rôle sensoriel et de transmission des signaux; il est dépourvu de la paire de microtubules centraux et présente une disposition de «9 + 0».

Ciliés (n. masc.) Groupe de Protistes, appartenant aux Alvélobiontes, qui se déplacent et se nourrissent à l'aide de milliers de cils.

Circulation double (n. fém.) Mode de circulation sanguine à deux circuits, l'un étant pulmonaire ou pulmocutané, l'autre étant systémique, dans lequel le sang passe par le cœur après avoir complété chaque circuit.

Circulation pulmocutanée (n. fém.) Chez les Amphibiens, circulation qui conduit le sang jusqu'aux capillaires des organes où se déroulent les échanges gazeux (poumons et peau) et où le sang capte du dioxygène.

Circulation pulmonaire (n. fém.) Circulation du sang à travers les poumons qui achemine le sang désoxygéné aux lits capillaires des tissus responsables des échanges gazeux, là où le sang capte du O_2 et rejette du CO_2.

Circulation simple (n. fém.) Système circulatoire constitué d'une pompe simple et d'un circuit simple dans lesquels le sang passe des sites d'échanges gazeux au reste du corps avant de retourner au cœur.

Circulation systémique (n. masc.) Partie de l'appareil circulatoire transportant le sang oxygéné aux organes avant d'acheminer le sang pauvre en dioxygène par les veines vers l'oreillette droite.

Clade (n. masc.) Groupe d'espèces monophylétique comprenant une espèce ancestrale et tous ses descendants.

Cladistique (n. fém.) Approche de la systématique dans laquelle les organismes sont rassemblés dans des groupes appelés *clades*. Le principal critère de la classification est l'ancêtre commun.

Classe (n. fém.) Dans la classification de Linné, catégorie taxinomique située au-dessus de l'ordre.

Climat (n. masc.) Ensemble des conditions météorologiques à long terme propres à une région donnée, c'est-à-dire la température, les précipitations, la lumière et le vent principalement.

Climographe (n. masc.) Tracé de la température et des précipitations pour une région donnée.

Cline (n. masc.) Changement graduel d'un caractère d'un organisme le long d'un axe géographique.

Clitoris (n. masc.) Dans le système reproducteur de la femme, organe composé d'un corps caverneux court portant un gland arrondi recouvert de peau, le prépuce. Situé à l'extrémité antérieure du vestibule, cet organe érectile se gorge de sang et gonfle pendant l'excitation sexuelle.

Cloaque (n. masc.) Chambre dans laquelle aboutissent les systèmes digestif, urinaire et reproducteur chez de nombreux Vertébrés, à l'exception de la plupart des Mammifères. Communique avec l'extérieur par une seule ouverture.

Cloison (n. fém.) Paroi transverse qui divise les hyphes des Eumycètes en cellules. Possède généralement des pores assez grands pour que les ribosomes, les mitochondries et même les noyaux puissent circuler d'une cellule à l'autre.

Clonage génique (n. masc.) Production d'un grand nombre de copies d'un gène.

Clone (n. masc.) (1) Lignée de cellules génétiquement identiques, produites par mitose. (2) En langage populaire, organisme génétiquement identique à un autre.

Cloner (verbe) Reproduire par clonage un individu, une cellule, un gène. Voir aussi *Clonage génique*.

Cnidocyte (n. masc.) Cellule spécialisée propre aux Cnidaires qui assure la défense de l'organisme et la capture des proies; le cnidocyte se compose d'une capsule (le mématocyste) dans laquelle se trouve un filament urticant. Un contact avec une proie déclenche la projection de ce filament et la libération d'une substance toxique qui paralyse les proies.

Cochlée (n. fém.) Organe complexe de l'audition, de forme enroulée, qui est situé dans l'oreille interne de certains Vertébrés et qui renferme l'organe spiral.

Code à triplets (n. masc.) Système d'information génétique dans lequel une série de «mots» composés de trois nucléotides détermine les acides aminés pour les chaînes polypeptidiques.

Codominance (n. fém.) Situation dans laquelle les phénotypes des deux allèles se manifestent chez l'hétérozygote parce que les deux allèles influent sur le phénotype entièrement et de manière indépendante.

Codon (n. masc.) Triplet de nucléotides d'un ARN messager qui détermine quel acide aminé sera inséré à une position donnée du polypeptide. Unité de base du code génétique.

Coefficient de parenté (n. masc.) Fraction des gènes qui, en moyenne, sont partagés par deux individus.

Cœlomates (n. masc.) Animaux dotés d'un vrai cœlome (p. ex.: Annélides). Voir *Cœlome.*

Cœlome (n. masc.) Cavité remplie de liquide et enfouie dans les tissus dérivés du mésoderme.

Coenzyme (n. fém.) Molécule organique qui joue le rôle de cofacteur dans les réactions enzymatiques. La plupart des vitamines sont des coenzymes dans des réactions métaboliques importantes.

Cœur (n. masc.) Chez les Animaux, pompe musculaire qui fait circuler le sang en utilisant de l'énergie métabolique, afin d'élever la pression hydrostatique du liquide circulatoire (sang ou hémolymphe). Le sang circule dans l'organisme en suivant un gradient de pression, puis revient au cœur.

Coévolution (n. fém.) Influence réciproque qui s'exerce entre deux espèces pendant leur évolution.

Cofacteur (n. masc.) Substance non protéique (vitamine ou dérivé de vitamine) ou ion (Mg, Cu, Fe, Zn, etc.) nécessaire au fonctionnement d'une enzyme. Peut se lier fortement au site actif de façon permanente ou s'y lier faiblement et de manière réversible, en même temps que le substrat, pendant la catalyse.

Cognition (n. fém.) Capacité que possède le cerveau d'un animal et de l'humain à percevoir, à mémoriser, à traiter et à utiliser l'information recueillie et qui rend possibles le raisonnement et le jugement.

Cohésion (n. fém.) Association des molécules d'une substance qui se fait généralement au moyen de liaisons hydrogène.

Cohorte (n. fém.) En démographie, groupe d'individus du même âge.

Coiffe (n. fém.) Partie d'une racine semblable à un dé à coudre qui en recouvre l'extrémité et protège le méristème fragile contre la rugosité du sol dans lequel elle s'enfonce.

Coiffe 5' (n. fém.) Forme modifiée de la guanine, par suite de l'incorporation d'un groupement méthyle, qui s'ajoute à l'extrémité 5' d'une molécule d'ARN prémessager pendant la maturation.

Coït (n. masc.) Pénétration du pénis dans le vagin. Aussi appelé *rapport sexuel.*

Col utérin (n. masc.) Orifice étroit par lequel l'utérus communique avec le vagin.

Coléoptile (n. masc.) Gaine qui enserre la tige embryonnaire des graines de Graminées.

Coléorhize (n. fém.) Gaine qui recouvre la racine de l'embryon des graines de Graminées.

Collagène (n. masc.) Glycoprotéine de la matrice extracellulaire qui forme des fibres résistantes à l'extérieur des cellules animales. Abondant dans le tissu conjonctif et les os. Protéine la plus abondante dans le règne animal.

Colloïde (n. masc.) Mélange composé d'un liquide et de particules qui demeurent en suspension, en raison de leur grande taille, plutôt que de se dissoudre dans ce liquide.

Côlon (n. masc.) Partie tubulaire du canal alimentaire des Vertébrés située entre l'intestin grêle et l'anus. Sa fonction consiste à absorber l'eau et à former les matières fécales.

Coloration d'avertissement (n. fém.) – **aposématisme** (n. masc.) Signal d'avertissement sous forme de couleurs vives arborées par des animaux dotés de défenses physiques ou chimiques efficaces pour se protéger des prédateurs.

Coloration de Gram (n. fém.) Technique de coloration différentielle qui permet de distinguer deux catégories de Bactéries d'après l'une des caractéristiques de leur paroi cellulaire; utile en médecine pour déterminer le traitement à administrer en cas d'infection. Voir *Gram négatif* et *Gram positif.*

Commensalisme (n. masc.) Relation symbiotique dans laquelle un seul organisme retire des avantages, sans toutefois nuire à l'autre ou l'aider de manière importante.

Communauté (n. fém.) Ensemble des organismes de la même espèce ou des groupes de populations de différentes espèces qui habitent une aire donnée et qui vivent assez près les uns des autres pour pouvoir établir des interactions.

Communication (n. fém.) (1) Dans le comportement animal, processus comportant la transmission et la réception d'un stimulus ainsi que la réponse qui en résulte. (2) Le terme décrit également les relations établies entre des organismes, de même qu'entre les cellules individuelles d'organismes multicellulaires.

Compétition interspécifique (n. fém.) Compétition entre des individus de deux ou plusieurs espèces quand les ressources sont en quantités limitées.

Complexe collecteur de lumière (n. masc.) Ensemble constitué de protéines associées à des molécules de pigments (notamment la chlorophylle *a*, la chlorophylle *b* et des caroténoïdes) qui captent l'énergie lumineuse et la transfèrent au centre réactionnel d'un photosystème.

Complexe d'épissage (n. masc.) Ensemble volumineux de protéines et de petites ribonucléoprotéines nucléaires (pRNPn) qui effectue l'épissage de l'ARN en interagissant avec les extrémités d'un intron d'ARN. Libère l'intron, puis unit les deux exons voisins.

Complexe d'initiation de la transcription (n. masc.) Ensemble constitué de l'ARN polymérase II et des facteurs de transcription liés au promoteur.

Complexe de troponine (n. masc.) Dans les muscles des Vertébrés, ensemble de protéines régulatrices qui déterminent la position de la tropomyosine sur le myofilament mince.

Complexe enzyme-substrat (n. masc.) Complexe temporaire qui se forme lorsqu'une enzyme se lie aux molécules de son substrat.

Complexe majeur d'histocompatibilité – CMH (n. masc.) Système de reconnaissance du soi immunologique génétiquement codé. Intervient dans la présentation des antigènes, la détection des cellules anormales et cancéreuses ainsi que dans le rejet des greffes.

Comportement (n. masc.) Individuellement, action exécutée par des muscles ou des glandes commandés par le système nerveux en réaction à un stimulus; collectivement, l'ensemble des réponses d'un animal aux stimulus externes et internes.

Comportement inné (n. masc.) Comportement animal lié au développement et génétiquement contrôlé. Se manifeste de façon stéréotypée chez tous les individus d'une population malgré les différences environnementales internes et externes prévalant au cours du développement et toute leur vie durant.

Composé (n. masc.) Substance formée de deux ou de plusieurs éléments combinés dans des proportions définies (p. ex.: NaCl, H_2O, $C_6H_{12}O_6$).

Composé ionique (n. masc.) Composé formé de liaisons ioniques (p. ex.: NaCl, $MgCl_2$); aussi appelé *sel.*

Concentration molaire volumique – c (n. fém.) Mesure de la concentration des solutions aqueuses exprimée en nombre de moles de soluté par litre de solution (p. ex.: solution de glucose de 2 mol/L).

Concept biologique de l'espèce (n. masc.) Définition selon laquelle l'espèce est une population ou un groupe de populations dont les individus sont en mesure de se reproduire entre eux dans la nature, pour produire une descendance viable et fertile, sans pouvoir en faire autant avec les membres d'autres populations. Voir les autres concepts de l'espèce.

Concept écologique de l'espèce (n. masc.) Définition de l'espèce établie en fonction de la niche écologique, de la somme des interactions des membres d'une espèce avec les parties biotiques et abiotiques de son milieu.

Concept évo-dévo (n. masc.) En biologie de l'évolution du développement, domaine d'étude dont l'objet consiste à comparer les processus de développement de divers organismes multicellulaires pour comprendre comment ces mécanismes sont apparus et comment des changements dans ceux-ci peuvent modifier les caractéristiques existantes d'un organisme ou en créer de nouvelles.

Concept morphologique de l'espèce (n. masc.) Définition de l'espèce en fonction d'un ensemble unique de caractéristiques structurales. Voir les autres concepts de l'espèce.

Concept phylogénétique de l'espèce (n. masc.) Définition de l'espèce selon laquelle celle-ci serait le plus petit groupe d'individus à avoir un ancêtre commun et à former une branche de l'arbre de la vie.

Conception (n. fém.) Chez les humains, fécondation de l'ovule par un spermatozoïde.

Condom (n. masc.) Préservatif masculin. Fine membrane naturelle ou étui de latex imperméable au sang et aux sécrétions, qui s'ajuste sur le pénis de façon à recueillir le sperme.

Conduction (n. fém.) Transfert direct de chaleur (mouvement thermique) entre les molécules de deux corps en contact.

Conduction saltatoire (n. fém.) Propagation rapide d'un courant d'ions Na^+ d'un nœud de Ranvier à l'autre, le long de l'axone du neurone. Créé par un potentiel d'action dans un nœud, ce courant se transmet au nœud suivant où il provoque une dépolarisation et la production d'un nouveau potentiel d'action. Le potentiel d'action semble «sauter» d'un nœud à l'autre, le long de l'axone.

Conduit déférent (n. masc.) Tube du système reproducteur mâle dans lequel se déplacent les spermatozoïdes de l'épididyme jusqu'à l'urètre.

Conduit éjaculateur (n. masc.) Chez les Mammifères, courte section des voies spermatiques que forment en se rejoignant le conduit déférent et le conduit excréteur de la vésicule séminale. Amène les spermatozoïdes du conduit déférent jusqu'à l'urètre.

Conduit semi-circulaire (n. masc.) Chez les humains et la plupart des autres Mammifères, l'un des trois conduits situés dans l'oreille interne et qui constitue une partie de l'organe de l'équilibre.

Cône (n. masc.) Dans la rétine, cellule d'aspect conique (photorécepteur) spécialisée dans la détection des couleurs.

Conidie (n. fém.) Spore haploïde qui apparaît à l'extrémité d'hyphes spécialisés, chez les Ascomycètes, au cours de la reproduction asexuée.

Conifères (n. masc.) Membres du plus grand embranchement des Gymnospermes. La plupart des Conifères sont des arbres dont l'appareil reproducteur est le cône, comme le pin et le sapin.

Conjugaison (n. fém.) (1) Chez les Procaryotes, transfert direct de matériel génétique entre deux cellules temporairement réunies. Lorsque les deux cellules sont membres d'espèces différentes, la conjugaison provoque un transfert de gènes horizontal. (2) Chez les Ciliés, processus sexuel au cours duquel deux cellules échangent des micronoyaux haploïdes, mais ne se reproduisent pas.

Conodontes (n. masc.) Vertébrés primitifs caractérisés par un corps flexible, des yeux proéminents et des structures minéralisées semblables à des dents.

Consommateur primaire (n. masc.) Dans une chaîne ou le réseau alimentaire d'un écosystème, organisme du niveau trophique des herbivores qui se nourrit de producteurs (Végétaux, Algues ou Procaryotes photosynthétiques).

Consommateur secondaire (n. masc.) Dans une chaîne ou dans le réseau alimentaire d'un écosystème, organisme carnivore qui se nourrit d'herbivores.

Consommateur tertiaire (n. masc.) Dans une chaîne ou dans le réseau alimentaire d'un écosystème, organisme carnivore qui se nourrit surtout d'autres carnivores.

Contraceptif oral (n. masc.) Méthode de contraception visant à empêcher, de manière temporaire, la libération des gamètes. Composé d'œstrogènes et de progestines synthétiques, ce mélange inhibe l'ovulation, retarde le développement folliculaire ou modifie la glaire cervicale pour qu'elle bloque l'accès de l'utérus au sperme.

Contraception (n. fém.) Fait de provoquer une infécondité temporaire chez la femme ou chez l'homme.

Convection (n. fém.) Processus par lequel l'air ou un liquide qui se réchauffe à la surface d'un corps se dilate et tend à s'éloigner de ce corps, faisant place à de l'air ou à du liquide plus froids.

Conversion du stimulus (n. fém.) Transformation de l'énergie d'un stimulus en une modification du potentiel de membrane d'un récepteur sensoriel.

Coopérativité (n. fém.) Type de régulation allostérique dans lequel un changement de structure de l'une des sous-unités d'une protéine causé par la liaison du substrat est transmis à toutes les autres sous-unités, favorisant la liaison de molécules additionnelles de substrat avec ces sous-unités.

Copépodes (n. masc.) Groupe de petits Crustacés faisant partie du plancton des milieux marins et dulcicoles.

Corde dorsale (n. fém.) Dans l'embryon des cordés, tige flexible longitudinale composée de cellules du mésoderme qui s'étend sous la face dorsale selon l'axe antéropostérieur.

Cordés (n. masc.) Membres d'un embranchement d'Animaux caractérisés par la présence, à une étape ou à une autre de leur vie – au stade embryonnaire bien souvent –, d'une corde dorsale, d'un tube neural dorsal creux, de fentes branchiales et d'une queue musculaire postanale.

Corépresseur (n. masc.) Petite molécule organique qui se fixe à un répresseur bactérien et modifie la structure de la protéine lui permettant de se lier à l'opérateur et d'inactiver un opéron.

Corps amygdaloïde (n. masc.) Structure dans le lobe temporal de l'encéphale qui joue un rôle important dans le traitement des émotions.

Corps calleux (n. masc.) Faisceau épais de neurofibres (substance blanche cérébrale) qui relie les hémisphères droit et gauche chez les Mammifères, permettant aux hémisphères d'établir la communication entre eux.

Corps du neurone (n. masc.) Partie du neurone qui contient le noyau et la plupart des autres organites.

Corps géniculé latéral (n. masc.) Chez les Vertébrés, noyau situé dans le thalamus et où arrivent la plupart des axones des cellules ganglionnaires formant les nerfs optiques.

Corps jaune (n. masc.) Masse compacte de tissu folliculaire qui croît à l'intérieur de l'ovaire après l'ovulation et qui sécrète des progestines et des œstrogènes.

Corps pinéal (n. masc.) Petite glande endocrine située sur la face dorsale de l'encéphale, chez les Mammifères. Sécrète la mélatonine, une hormone.

Corpuscule basal (n. masc.) Dans la cellule eucaryote, structure constituée de neuf triplets de microtubules disposés en cercle. Structure semblable à un centriole. Organise et fixe à la cellule l'ensemble des microtubules d'un cil ou d'un flagelle.

Corpuscule de Barr (n. masc.) Chez la femelle des Mammifères, masse compacte de chromatine accolée sur la face interne de l'enveloppe nucléaire et constituée du chromosome X inactif de chaque cellule.

Corridor de déplacement (n. masc.) Bande de terre étroite ou série de petits massifs d'habitats naturels ou aménagés qui fait le lien entre des parcelles autrement isolées et qui facilitent la circulation des individus ou les échanges.

Cortex (n. masc.) Couche périphérique du cytoplasme dans les cellules eucaryotes, située juste sous la membrane plasmique, qui a une consistance plus gélatineuse que les couches internes en raison de la présence de multiples microfilaments.

Cortex cérébral (n. masc.) Surface du cerveau ; partie la plus volumineuse et la plus complexe de l'encéphale des Mammifères et aussi celle qui a subi le plus de changements au cours de l'évolution. Renferme les corps de neurones du cerveau.

Cortex rénal (n. masc.) Région externe du rein des Vertébrés.

Corticostéroïdes (n. masc.) Famille de stéroïdes produits et sécrétés par le cortex surrénal. Comprennent les glucocorticoïdes, les minéralocorticoïdes et des hormones sexuelles.

Corticotrophine – ACTH (n. fém.) Stimuline libérée par l'adénohypophyse qui provoque la production et la sécrétion d'hormones stéroïdes par le cortex surrénal.

Cotransport (n. masc.) Couplage du transport «ascendant» d'une substance se déplaçant contre son gradient de concentration (transport actif) et de la diffusion «descendante» d'une seconde substance (transport passif).

Cotylédon (n. masc.) Chez les Angiospermes, feuille embryonnaire contenant des substances de réserves permettant à l'embryon de poursuivre son développement. Les Monocotylédones en possèdent un seul, et les Dicotylédones en ont deux.

Couche d'hydratation (n. fém.) Enveloppe de molécules d'eau entourant chaque ion dissous.

Couche électronique (n. fém.) Niveau énergétique qui est fonction de la distance à laquelle se trouve un électron par rapport au noyau d'un atome.

Couplage d'énergie (n. masc.) Dans le métabolisme cellulaire, processus qui consiste à employer l'énergie dégagée par une réaction exergonique pour déclencher une réaction endergonique.

Courant de masse (n. masc.) Mouvement d'un fluide causé par une différence de pression entre deux endroits.

Courbe aire-espèces (n. fém.) Modèle de biodiversité qui indique que plus la région géographique d'une communauté échantillonnée est grande, plus le nombre d'espèces y est élevé. Décrite en premier par Alexander von Humboldt.

Courbe de survie (n. fém.) Représentation graphique qui indique la proportion ou le nombre de survivants d'une cohorte en fonction de l'âge; façon de représenter le taux de mortalité au cours de la vie des individus d'une population.

Crampon (n. masc.) Structure semblable à une racine et faisant partie d'un thalle. Permet aux algues de s'agripper aux rochers.

Crâniates (n. masc.) Animaux du clade des Cordés pourvus d'un crâne.

Crête (n. fém.) Dans les mitochondries, repli formé par la membrane interne. La membrane interne renferme la chaîne de transport d'électrons et les molécules des enzymes catalysant la synthèse de l'ATP (ATP synthase).

Crête ectodermique apicale (n. fém.) Région d'ectoderme épaissie située au sommet du bourgeon d'un membre et qui contrôle la croissance du bourgeon de membre.

Crête neurale (n. fém.) Chez les Vertébrés, région située près des replis dorsaux du tube neural en développement. Les cellules de la crête neurale migrent vers diverses parties de l'embryon et forment notamment les cellules pigmentaires de la peau, différentes parties du crâne, les dents, les glandes surrénales et le système nerveux périphérique.

Cristallin (n. masc.) L'une des lentilles de l'œil des Vertébrés et de certains Invertébrés qui focalise la lumière sur la rétine.

Cristallographie par diffraction aux rayons X (n. fém.) Technique employée pour déterminer la structure tridimensionnelle d'une molécule. Permet de détecter la déviation (diffraction) d'un faisceau de rayons X sur chacun des atomes présents dans une molécule cristallisée.

Croisement de contrôle (n. masc.) Croisement d'un homozygote récessif et d'un individu ayant un phénotype dominant, mais un génotype inconnu. Permet de déterminer si le génotype du parent au phénotype dominant est homozygote ou hétérozygote.

Croisement dihybride (n. masc.) Croisement entre deux organismes qui sont chacun hétérozygote pour les deux caractères observés (ou autopollinisation d'une plante qui est hétérozygote pour les deux caractères).

Croisement monohybride (n. masc.) Croisement entre deux organismes hétérozygotes pour le caractère étudié (ou autopollinisation d'une plante hétérozygote).

Croissance (n. fém.) Augmentation irréversible, chez les Végétaux, de la masse qui résulte de la division et de l'expansion cellulaires.

Croissance définie (n. fém.) Mode de croissance caractéristique des Animaux et de certains organes végétaux dont la croissance s'achève dès qu'ils atteignent une taille déterminée.

Croissance démographique nulle (n. fém.) Période de stabilité dans la taille d'une population qui se produit lorsque l'accroissement de la population par les naissances et l'immigration est équilibré par la soustraction due à la mortalité et à l'émigration.

Croissance indéfinie (n. fém.) Croissance qui ne se limite pas aux périodes embryonnaire et juvénile, mais qui peut durer toute la vie; caractéristique de certains Végétaux.

Croissance primaire (n. fém.) Chez les Végétaux, croissance en longueur des racines et des pousses produite par les méristèmes apicaux.

Croissance secondaire (n. fém.) Chez plusieurs plantes ligneuses, élargissement des racines et des pousses par suite de la croissance en épaisseur des méristèmes latéraux.

Crustacés (n. masc.) Membres d'un sous-embranchement rassemblant surtout des Arthropodes aquatiques possédant deux paires d'antennes et des appendices ramifiés, comme les homards, les écrevisses, les crabes, les crevettes et les balanes.

Culture (n. fém.) Système de transfert d'information qui, par l'intermédiaire de l'observation et de l'enseignement, influe sur le comportement des individus d'une population.

Culture hydroponique (n. fém.) Technique consistant à faire pousser des plantes sans sol, dans des solutions minérales.

Cuticule (n. fém.) (1) Chez les Végétaux, couche de substance cireuse recouvrant les feuilles et les tiges, et grâce à laquelle les plantes ont pu s'adapter à la vie terrestre en se protégeant du dessèchement. (2) Chez les Arthropodes, exosquelette constitué de couches de protéines et de chitine dont la composition varie selon leur fonction. (3) Tissu résistant qui recouvre le corps d'un Nématode.

Cycle biogéochimique (n. masc.) Tout cycle chimique varié se déroulant dans un écosystème faisant intervenir des composantes biotiques et abiotiques.

Cycle biologique (n. masc.) Ensemble des caractéristiques qui influent sur la reproduction et la survie (la naissance, la reproduction et la mort) de tout organisme.

Cycle cellulaire (n. masc.) Suite ordonnée d'événements qui marquent la vie d'une cellule, depuis la division de sa cellule mère jusqu'à sa propre division en deux cellules filles. Chez les Eucaryotes, le cycle cellulaire est composé de l'interphase (comportant les sous-phases G_1, S et G_2) et de la phase M (comprenant la mitose et la cytocinèse).

Cycle de Calvin (n. masc.) Seconde phase de la photosynthèse (après celle des réactions photochimiques), qui comprend la fixation du dioxyde de carbone atmosphérique et la réduction du carbone fixé en phosphoglycéraldéhyde.

Cycle de développement (n. masc.) Suite d'étapes se déroulant depuis le moment où un organisme est conçu jusqu'au moment où il produit ses propres descendants.

Cycle de l'acide citrique (n. masc.) Cycle chimique qui achève la dégradation métabolique des molécules de glucose amorcée dans la glycolyse par l'oxydation de l'acétyl-CoA (provenant du pyruvate) ultimement transformé en dioxyde de carbone; ce processus, qui comprend huit étapes, se déroule dans les mitochondries des cellules eucaryotes et dans le cytosol des Procaryotes; avec l'oxydation du pyruvate, il constitue le deuxième stade important de la respiration cellulaire.

Cycle de l'azote (n. masc.) Processus naturel par lequel l'azote provenant soit de l'atmosphère, soit de la matière organique décomposée, est converti par les bactéries du sol en composés assimilés par les végétaux. Cet azote assimilé est alors absorbé par les autres organismes puis libéré, sous l'action des bactéries, et de nouveau rendu disponible dans le milieu non vivant.

Cycle lysogénique (n. masc.) Cycle de réplication virale dans lequel le génome viral s'intègre au chromosome bactérien sous forme de prophage, ce qui n'entraîne pas la destruction de la bactérie hôte.

Cycle lytique (n. masc.) Cycle de réplication virale entraînant la mort ou la lyse (éclatement) de la cellule hôte et la libération des nouveaux phages fabriqués avant qu'elle n'éclate.

Cycle menstruel (n. masc.) Cycle reproducteur des femelles qui a lieu chez la plupart des Primates et au terme duquel, en l'absence de grossesse, la couche fonctionnelle de l'endomètre se détache de l'utérus et est expulsée par le col utérin et le vagin, ce qui produit un saignement appelé *menstruation*.

Cycle œstral (n. masc.) Cycle reproducteur des femelles des Mammifères, à l'exception des humains et de certains Primates, caractérisé par une réponse sexuelle des femelles seulement durant l'ovulation (au cours d'une période appelée *œstrus*) et, en l'absence de grossesse, par la réabsorption par l'utérus de la couche fonctionnelle de l'endomètre sans entraîner de saignement, ou presque.

Cycle ovarien (n. masc.) Dans l'ovaire des Mammifères, répétition cyclique, régulée par des hormones, de la phase folliculaire, de l'ovulation et de la phase lutéale.

Cycle utérin (n. masc.) Ensemble des changements qui se produisent dans l'utérus au cours du cycle reproducteur de la femme. Aussi appelé *cycle menstruel*.

Cycline (n. fém.) Protéine régulatrice du cycle cellulaire dont la concentration dans la cellule fluctue de façon cyclique. Régit le cycle cellulaire en s'unissant avec des kinases cyclines-dépendantes avec lesquelles elle forme des complexes.

Cyclose (n. fém.) Mouvement circulaire du cytoplasme mettant en jeu des microfilaments d'actine et des filaments de myosine. Accélère la distribution intracellulaire des substances.

Cytochrome – Cyt (n. masc.) Protéine contenant du fer et faisant partie de la chaîne de transport d'électrons des mitochondries et des chloroplastes des cellules eucaryotes et des membranes plasmiques des cellules procaryotes.

Cytocinèse (n. fém.) Division du cytoplasme et de ses éléments constitutifs immédiatement après la mitose, la méiose I ou la méiose II, et dont le résultat est la formation de deux cellules filles.

Cytokine (n. fém.) Glycoprotéine que sécrètent certaines cellules, notamment les macrophages et les lymphocytes T auxiliaires, pour stimuler les lymphocytes et les autres cellules du système immunitaire et pour réguler le fonctionnement de ce dernier.

Cytokinines (n. fém.) Catégorie d'hormones végétales qui retardent la sénescence et agissent de concert avec l'auxine pour provoquer la division cellulaire, influer sur la différenciation et régir la dominance apicale.

Cytoplasme (n. masc.) Substance semi-liquide dans laquelle baignent les organites cellulaires et limitée par la membrane plasmique; dans la cellule eucaryote, le noyau ne fait pas partie du cytoplasme.

Cytosol (n. masc.) Portion semi-liquide du cytoplasme.

Cytosquelette (n. masc.) Réseau de microtubules, de microfilaments et de filaments intermédiaires qui parcourt le cytoplasme et assure le soutien structural, la motilité de la cellule et la transmission de signaux.

D

Dalton (n. masc.) Mesure de la masse des atomes et des particules élémentaires; identique à l'unité de masse atomique, ou *u*.

Datation radiométrique (n. fém.) Méthode utilisée en paléontologie pour déterminer l'âge des roches et des fossiles suivant une chronologie absolue, au moyen de la demi-vie des isotopes radioactifs.

Débit cardiaque – D_c (n. masc.) Volume de sang expulsé par le ventricule gauche chaque minute dans la circulation systémique.

Décalage du cadre de lecture (n. masc.) Type de mutation qui apparaît chaque fois que le nombre de nucléotides insérés ou enlevés n'est pas un multiple de trois. Tous les nucléotides situés en aval de la modification sont alors groupés en codons erronés.

Décapodes (n. masc.) Vaste groupe dans lequel sont classés les Crustacés, qui possèdent cinq paires de pattes, dont font partie notamment les homards, les écrevisses, les crabes et les crevettes.

Déclencheur (n. masc.) Stimulus sensoriel externe qui engendre une séquence stéréotypée d'actes instinctifs. Aussi appelé *stimulus signal*.

Décomposeur (n. masc.) Organisme qui se nourrit de matières organiques mortes, tels des cadavres, des débris de plantes et des déchets d'organismes vivants, qu'il décompose et transforme en matières inorganiques; un détritivore.

Déficit immunitaire (n. masc.) Incapacité d'un système immunitaire à protéger le corps contre des agents pathogènes.

Délétion (n. fém.) (1) Pour un chromosome, perte d'un fragment au cours de la division cellulaire, à la suite d'une cassure. (2) Perte par mutation, dans un gène, d'une paire ou plus de nucléotides.

Demi-vie (n. fém.) Temps nécessaire à la désintégration de 50% de la masse initiale d'un isotope radioactif. Ce temps peut varier (selon l'isotope) d'une milliseconde à des millions d'années, voire plus.

Démographie (n. fém.) Étude quantitative des populations et de leurs variations au fil du temps et qui s'intéresse notamment aux taux de natalité et de mortalité.

Dénaturation (n. fém.) Dans le cas des protéines, processus au cours duquel une molécule se déroule et perd sa conformation originelle, devenant alors biologiquement inactive. Dans le cas de l'ADN, séparation de deux brins de la double hélice. Se produit *in vitro* dans des conditions extrêmes de pH, de concentration de sel et de température. Peut être réversible ou irréversible.

Dendrite (n. fém.) L'un des nombreux prolongements du neurone. Fibre courte, ramifiée et afférente, qui reçoit de l'information de l'environnement et du milieu interne ainsi que des messages transmis par d'autres cellules nerveuses et les conduit jusqu'au corps du neurone.

Densité de population (n. fém.) Nombre d'organismes par unité d'aire ou de volume.

Dépendant de la densité (adj.) En démographie, se dit d'un taux de natalité ou de mortalité qui varie à mesure que la densité de population augmente.

Déplacement du phénotype (n. masc.) Tendance à une plus grande divergence entre les caractéristiques des populations sympatriques (qui sont apparues dans la même aire géographique que l'espèce mère) de deux espèces qu'entre les caractéristiques des populations allopatriques (qui sont apparues à d'autres endroits que l'espèce mère) des mêmes espèces.

Dépolarisation (n. fém.) Variation du potentiel de membrane qui rend l'intérieur de la membrane moins négatif par rapport à l'extérieur. Par exemple, la membrane d'un neurone est dépolarisée si un stimulus augmente son potentiel de repos de -70 mV tendant vers zéro.

Dépression majeure (n. fém.) Trouble neurologique caractérisé par l'abattement, le manque d'estime de soi, une humeur déprimée et la perte d'intérêt à faire des activités.

Dérive génétique (n. fém.) Processus dans lequel des événements aléatoires causent des fluctuations imprévisibles dans les fréquences alléliques d'une génération à l'autre. Les effets de la dérive génétique sont plus marqués dans les petites populations.

Dernier niveau énergétique (n. masc.) Couche périphérique d'un atome contenant les électrons de valence qui participent aux réactions chimiques de l'atome.

Désert (n. fém.) Biome terrestre caractérisé par un taux de précipitation très faible.

Desmosome (n. masc.) Type de jonction ressemblant à un rivet qui retient solidement les cellules animales et confère une grande résistance aux tissus.

Désoxyribose (n. fém.) Glucide entrant dans la structure de l'ADN. Possède un groupement hydroxyle de moins que le ribose, glucide entrant dans la structure de l'ARN.

Déterminant cytoplasmique (n. masc.) Substance maternelle contenue dans l'ovocyte secondaire, par exemple une protéine ou un ARN, qui influe sur le déroulement du début du développement. Assure la régulation de l'expression des gènes qui déterminent la destinée des cellules.

Détermination (n. fém.) Restriction progressive du potentiel de développement au cours de laquelle la destinée de chaque cellule devient plus limitée à mesure qu'un embryon se développe. À la fin de la détermination, la destinée d'une cellule est scellée.

Détritivore (n. masc.) Organisme qui tire son énergie et ses nutriments à partir de matières organiques inertes, tels des cadavres, des débris de plantes et des déchets d'organismes vivants ; un décomposeur.

Détritus (n. masc.) Matière organique morte.

Deutéromycètes (n. masc.) Dans la classification traditionnelle, groupe de Mycètes dans lequel sont classées les espèces dont le stade sexuel est encore inconnu.

Deuxième principe de la thermodynamique (n. masc.) Principe selon lequel tout échange ou toute transformation d'énergie augmente le désordre (entropie) de l'Univers. Les formes utilisables de l'énergie sont au moins partiellement converties en chaleur.

Développement (n. masc.) Somme de toutes les transformations qui façonnent graduellement le corps d'un organisme, passant d'une forme simple à une forme plus complexe ou spécialisée.

Développement deutérostomien (n. masc.) Chez les Animaux, mode de développement au cours duquel l'anus se forme à partir du blastopore. Ce développement s'accompagne souvent d'une segmentation radiaire et de la formation de la cavité corporelle à partir d'évaginations du mésoderme.

Développement durable (n. masc.) Développement économique qui répond aux besoins des sociétés humaines actuelles sans grever la capacité des générations futures de combler les leurs.

Développement protostomien (n. masc.) Chez les Animaux, mode de développement caractérisé par la formation de la bouche à partir du blastopore, par la segmentation radiaire et par la formation de la cavité corporelle à partir de fentes situées dans les masses du mésoderme.

Diabète – diabète sucré (n. masc.) Affection endocrinienne caractérisée par l'incapacité de maintenir une glycémie normale. Le diabète de type I est attribuable à une destruction auto-immune des cellules sécrétrices d'insuline ; le traitement habituel comprend plusieurs injections quotidiennes d'insuline. Le diabète de type II est généralement dû à une réactivité réduite des cellules cibles de l'insuline ; l'obésité et le manque d'exercice sont des facteurs de risque.

Diacylglycérol – DAG (n. masc.) Second messager produit par l'hydrolyse d'un phosphoglycérolipide de la membrane plasmique et qui joue un rôle dans une voie de transduction.

Diaphragme (n. masc.) (1) Chez les Mammifères, muscle plat et large formant le plancher de la cavité thoracique et participant à la respiration. (2) Coupole de caoutchouc mince qu'on place dans la partie profonde du vagin avant le rapport sexuel. Sert de barrière mécanique afin d'empêcher les spermatozoïdes d'atteindre l'ovocyte de deuxième ordre.

Diapsides (n. masc.) L'un des trois groupes d'Amniotes dont les membres se différencient par une ouverture de chaque côté du crâne et auxquels appartiennent les Lépidosauriens et les Archosauriens.

Diastole (n. fém.) Phase de relaxation et de remplissage des cavités du cœur pendant la révolution cardiaque.

Dicaryon (n. masc.) Mycélium des Eumycètes dans lequel les différents noyaux haploïdes provenant des parents se sont appariés sans toutefois fusionner. Cas particulier d'hétérocaryon.

Dicotylédones (n. fém.) Sous-groupe des Angiospermes dont les membres possèdent deux feuilles embryonnaires, appelées *cotylédons*. Selon des recherches moléculaires récentes, les Dicotylédones ne forment pas un clade et elles ont été séparées en Eucotylédones, en Magnoliidées et en plusieurs lignées d'Angiospermes basales.

Différenciation cellulaire (n. fém.) Processus par lequel les cellules acquièrent des structures et des fonctions spécialisées au cours du développement d'un organisme multicellulaire.

Diffusion (n. fém.) Tendance qu'ont les substances (ions ou molécules) à se déplacer d'une zone où elles sont plus concentrées vers une zone où elles le sont moins, afin de se répartir uniformément.

Diffusion facilitée (n. fém.) Passage de molécules ou d'ions à travers une membrane biologique suivant leur gradient électrochimique, facilité par des protéines de transport transmembranaire, sans dépense d'énergie.

Digestion (n. fém.) Deuxième étape du traitement de la nourriture par les Animaux au cours de laquelle la nourriture est dégradée en molécules suffisamment petites pour être absorbées par l'organisme animal.

Digestion extracellulaire (n. fém.) Processus de dégradation des aliments qui a lieu dans des compartiments communiquant avec l'extérieur du corps des Animaux.

Dihybride (adj.) Organisme hétérozygote pour deux gènes particuliers. Tous les descendants issus d'un croisement entre des parents doublement homozygotes pour différents allèles sont des individus dihybrides. Par exemple, des parents de génotypes *AABB* et *aabb* produisent un dihybride de génotype *AaBb*.

Dimorphisme sexuel (n. masc.) Ensemble des différences morphologiques dépendantes des caractères sexuels secondaires des mâles et des femelles, qui touchent notamment la taille, la couleur, l'ornementation et le comportement.

Dinophytes (n. masc.) Membres d'un groupe appartenant aux Alvélobiontes et rassemblant principalement des Protistes unicellulaires photosynthétiques ou hétérotrophes qui possèdent deux flagelles fixés perpendiculairement dans deux sillons creusés dans une armure de plaques internes de cellulose.

Dinosauriens (n. masc.) Groupe extrêmement divers de Reptiles anciens chez qui la taille, la forme du corps et l'habitat variaient considérablement. Les Oiseaux sont les seuls Dinosauriens encore vivants.

Dioïque (adj.) Se dit d'une espèce végétale dont les organes reproducteurs mâles et femelles sont portés par des individus distincts de la même espèce (p. ex. : les peupliers et les saules).

Diploblastique (adj.) Qualifie un animal qui ne possède que deux feuillets embryonnaires (p. ex. : les Cnidaires).

Diplomonadines (n. fém.) Sous-groupe de Métamonadines pourvu de plusieurs flagelles, de deux noyaux distincts et d'un cytosquelette simple (comparé à celui d'autres Eucaryotes), mais dépourvu de plastes et de mitochondries.

Disaccharide (n. masc.) Glucide formé de deux monosaccharides unis par une liaison glycosidique au cours d'une réaction de condensation (p. ex. : le saccharose formé par l'union du glucose et du fructose).

Dispersion (n. fém.) Mode de répartition des organismes à l'intérieur des limites géographiques de la population.

Disque intercalaire (n. masc.) Chez les Vertébrés, point de contact spécialisé entre les cellules du muscle cardiaque à la hauteur duquel des jonctions ouvertes établissent un couplage électrique direct entre les cellules.

Diversité des espèces (n. fém.) Nombre d'espèces et leur abondance relative dans une communauté biologique. Appelée *hétérogénéité* par les écologistes.

Division cellulaire (n. fém.) Mode de reproduction des cellules.

Domaine (n. masc.) (1) Catégorie taxinomique la plus vaste au-dessus du règne. Les trois domaines établis à ce jour sont les Archées, les Bactéries et les Eucaryotes. (2) Région structurale et fonctionnelle d'un polypeptide qui est codée par un exon précis. Région globulaire d'une protéine dotée d'une structure tertiaire.

Dominance apicale (n. fém.) Phénomène par lequel la croissance a tendance à se concentrer à l'extrémité de la pousse d'une plante parce que le bourgeon apical inhibe partiellement la croissance des bourgeons axillaires.

Dominance complète (n. fém.) Forme d'hérédité qui ne permet pas de distinguer le phénotype d'un hétérozygote de celui d'un homozygote dominant.

Dominance incomplète (n. fém.) Forme d'hérédité dans laquelle aucun des allèles n'est complètement dominant, faisant en sorte que les hybrides de la génération F_1 expriment un phénotype intermédiaire, situé entre les phénotypes de chacune des deux variétés parentales.

Données (n. fém.) Observations enregistrées constituant une base pour la recherche scientifique.

Dopamine (n. fém.) Neurotransmetteur de la classe des catécholamines, étroitement apparenté à l'adrénaline et à la noradrénaline.

Dormance (n. fém.) Chez les Végétaux, état métabolique extrêmement lent dans lequel la croissance et le développement sont interrompus.

Dorsale (adj.) Se dit de la moitié supérieure (dessus) d'un animal à symétrie radiale ou bilatérale.

Double fécondation (n. fém.) Chez les Angiospermes, processus de fécondation dans lequel deux spermatozoïdes s'unissent à deux cellules du sac embryonnaire pour donner le zygote et l'albumen.

Double hélice (n. fém.) Forme que prend spontanément l'ADN nouvellement synthétisé, dont les deux brins de polynucléotides sont enroulés en spirale autour d'un axe imaginaire.

Duodénum (n. masc.) Premier segment de l'intestin grêle où le chyme acide venant de l'estomac se mélange aux sucs digestifs sécrétés par le pancréas et des cellules glandulaires de la muqueuse intestinale, et à la bile sécrétée par le foie et libérée par la vésicule biliaire.

Duplication (n. fém.) Aberration chromosomique attribuable à des mutagènes ou à une erreur au cours de la méiose. Résulte de la fixation, sur l'un des deux chromosomes homologues, d'un fragment chromosomique, à la suite de l'enjambement, ce qui entraîne la présence d'une copie supplémentaire de certains gènes.

Dynamique des populations (n. fém.) Étude des fluctuations démographiques d'une année ou d'un endroit à l'autre influencées par des interactions complexes entre les facteurs biotiques et abiotiques.

Dynéine (n. fém.) Dans les cils et les flagelles, complexe protéique à fonction motrice associé à un doublet de microtubules s'accrochant au doublet voisin. L'hydrolyse de l'ATP fournit l'énergie nécessaire aux changements de forme des dynéines qui participent à la flexion des cils et des flagelles.

E

Ecdysone (n. fém.) Hormone stéroïde sécrétée par les glandes prothoraciques et qui déclenche la mue chez les Arthropodes munis d'un exosquelette.

Ecdysozoaire (n. masc.) Membre d'un groupe de phylums d'animaux (les Bilatériens) dotés d'un développement protostomien, qui se fait par mues successives. Selon certains taxinomistes, ces animaux forment un clade.

Échange à contre-courant (n. masc.) Transfert d'une substance ou de chaleur entre deux liquides qui s'écoulent dans des directions opposées. Par exemple, le sang circule dans les capillaires dans une direction opposée à celle de l'eau dans les branchies, ce qui maximise le captage de dioxygène et le rejet de dioxyde de carbone.

Échange de cations (n. masc.) Mécanisme par lequel les plantes peuvent absorber des minéraux chargés positivement, les protons du sol venant déloger ces minéraux des particules d'argile.

Échange gazeux (n. masc.) Processus qui assiste la respiration cellulaire en lui fournissant les molécules de dioxygène puisées dans l'environnement et en recueillant le dioxyde de carbone pour le rejeter dans l'environnement.

Échelle Celsius (n. fém.) Échelle de température utilisant le degré Celsius ou °C. Au niveau de la mer, l'eau gèle à 0 °C et bout à 100 °C.

Échinodermes (n. masc.) Deutérostomiens marins qui comprennent les Astérides (étoiles de mer), les Ophiurides (ophiures), les Échinides (oursins et dollars des sables), les Comatulides, les Crinoïdes (lis de mer) et les Holothurides (concombres de mer). Ces animaux sont sessiles ou se déplacent lentement; ils possèdent un système aquifère et les larves présentent une symétrie bilatérale.

Écologie (n. fém.) Étude scientifique des interactions entre les organismes, d'une part, et entre les organismes et leur milieu, d'autre part.

Écologie comportementale (n. fém.) Étude des causes écologiques et évolutives du comportement animal.

Écologie des écosystèmes (n. fém.) Étude des flux d'énergie et des cycles biogéochimiques des diverses composantes biotiques et abiotiques d'un écosystème.

Écologie des populations (n. fém.) Analyse des facteurs qui influent sur la taille d'une population et sur les causes et les mécanismes de changement dans le temps.

Écologie du paysage (n. fém.) Étude des profils d'utilisation des paysages passés, présents et futurs, de la gestion des écosystèmes et de la biodiversité des écosystèmes en interaction.

Écologie globale (n. fém.) Étude de la façon dont les échanges régionaux d'énergie et de matériaux influent sur le fonctionnement et la distribution des organismes dans la biosphère.

Écorce (n. fém.) Chez les Végétaux, dans une racine ou une tige de dicotylédone, tissu situé entre le tissu vasculaire et l'épiderme.

Écoservice (n. masc.) Tout processus par l'intermédiaire duquel les écosystèmes naturels et les espèces qui les habitent contribuent à maintenir la vie humaine sur Terre.

Écosystème (n. masc.) Somme des organismes vivant dans une aire donnée et les facteurs abiotiques avec lesquels ils interagissent; une ou plusieurs communautés et le milieu physique qui les entourent.

Écotone (n. masc.) Zone de transition d'un type d'habitat ou d'un écosystème à un autre (p. ex.: la transition entre une forêt et une prairie).

Ectoderme (n. masc.) Chez les Animaux, feuillet embryonnaire externe dont dérivent l'enveloppe externe et, dans certains cas, le système nerveux central, l'oreille interne et le cristallin de l'œil.

Ectomycorhize (n. fém.) Type de mycorhize dans lequel le mycélium forme une enveloppe dense, ou manteau, qui s'étend à la surface de la racine, mais sans provoquer l'invagination des membranes plasmiques des cellules de la plante hôte.

Ectoparasite (n. masc.) Parasite qui, pour se nourrir, séjourne brièvement sur la face externe de ses hôtes.

Ectopique (adj.) Qui se produit dans un endroit anormal ou qui n'occupe pas sa position normale.

Ectoprocte (n. masc.) Lophophorien sessile et colonial généralement appelé *Bryozoaire*, dont plusieurs espèces sont d'importants constructeurs de récifs de corail.

Ectotherme (adj.) Se dit d'un organisme qui absorbe la chaleur externe, au lieu de produire entièrement sa propre chaleur, et qui utilise des adaptations comportementales pour réguler sa température corporelle. Les Reptiles (autres que les Oiseaux), les Poissons et les Amphibiens sont ectothermes.

Effet Bohr (n. masc.) Diminution de l'affinité de l'hémoglobine à l'égard du dioxygène lors d'une chute de pH. Ce phénomène favorise la libération de dioxygène par les molécules d'hémoglobine se trouvant à proximité de tissus actifs.

Effet de goulot d'étranglement (n. masc.) Dérive génétique résultant de la réduction de taille d'une population, généralement causée par un désastre, et faisant en sorte que la population survivante n'est plus représentative de la population initiale quant à sa composition génétique.

Effet de serre (n. masc.) Réchauffement de la Terre causé par l'accumulation atmosphérique de dioxyde de carbone et de certains autres gaz, qui absorbent les rayons infrarouges réfléchis par la Terre et en retournent une bonne partie vers la surface terrestre.

Effet fondateur (n. masc.) Dérive génétique qui résulte de l'établissement d'une colonie par un petit nombre d'individus provenant d'une population de départ, de sorte que la population de la colonie n'est pas représentative de la population de départ.

Efficacité écologique (n. masc.) Pourcentage de l'énergie tirée de la nourriture qui n'est pas utilisée pour la respiration cellulaire ou éliminée sous forme de déchet.

Efficacité trophique (n. fém.) Dans un écosystème, pourcentage de la productivité qui est transférée d'un niveau trophique donné au niveau supérieur.

Éjaculation (n. fém.) Projection du sperme, de l'épididyme à l'urètre, en passant par le canal déférent et le canal éjaculateur, jusqu'à l'extérieur des voies spermatiques du mâle.

Électrocardiogramme – ECG (n. masc.) Enregistrement graphique des influx électriques qui se propagent dans les tissus du cœur au cours du cycle cardiaque.

Électron (n. masc.) Particule élémentaire constitutive gravitant autour du noyau d'un atome, possédant une unité de charge négative et une masse d'environ 1/2 000 de celle d'un neutron ou d'un proton. Le nombre d'électrons d'un atome est généralement égal au nombre de protons.

Électron de valence – électron périphérique (n. masc.) Électron présent dans la couche électronique périphérique.

Électronégativité (n. fém.) Attraction qu'un atome exerce sur les électrons qu'il met en commun avec un autre atome dans le cadre d'une liaison covalente. L'oxygène est un des éléments les plus électronégatifs.

Électrophorèse sur gel (n. fém.) Technique de séparation des acides nucléiques ou des protéines en fonction de leur taille, de leur charge électrique et d'autres propriétés physiques en mesurant la vitesse de leur déplacement dans un gel sous l'effet d'une tension électrique.

Électroporation (n. fém.) Technique d'introduction d'ADN recombiné dans les cellules consistant à soumettre une suspension de cellules à de brèves impulsions électriques. Le courant électrique crée dans la membrane plasmique des trous temporaires qui permettent à l'ADN de pénétrer dans les cellules.

Élément (n. masc.) Matière impossible à décomposer en substances plus simples par des réactions chimiques. On compte 92 éléments naturels, dont l'oxygène, le carbone, l'hydrogène et l'azote, qui sont les plus abondants dans la matière vivante.

Élément de contrôle (n. masc.) Segment d'ADN non codant qui contribue à réguler la transcription d'un gène en servant de site de liaison pour un facteur de transcription. De nombreux éléments de contrôle sont présents dans l'amplificateur d'un gène eucaryote.

Élément de tube criblé (n. fém.) Chez les Angiospermes, cellule vivante qui achemine les sucres et les autres nutriments organiques dans le phloème. Forme des chaînes avec d'autres pour constituer les tubes criblés du phloème.

Élément de vaisseau (n. masc.) Cellule morte spécialisée, courte et large, qui se trouve dans le xylème de la plupart des Angiospermes et chez quelques Gymnospermes et Vasculaires sans graines. Les éléments de vaisseau s'alignent avec d'autres pour former des tubes continus assurant la circulation de la sève brute.

Élément essentiel (n. masc.) Élément chimique dont un organisme a besoin pour survivre, croître et se reproduire.

Élément majeur (n. masc.) Élément nutritif essentiel dont une plante a besoin en quantités relativement importantes (par ex. : l'azote). Voir aussi *Élément mineur*.

Élément mineur (n. masc.) Élément nutritif essentiel dont un organisme a besoin en très petite quantité. Voir aussi *Élément majeur*.

Élément trace (n. masc.) Élément minéral essentiel existant en quantité infime dans un organisme ou dans des milieux divers.

Élément transposable (n. masc.) Segment d'ADN qui peut se déplacer d'un endroit à l'autre à l'intérieur du génome cellulaire par l'intermédiaire d'un ADN ou d'un ARN; aussi appelé *élément génétique transposable*.

Élimination (n. fém.) Quatrième et dernière étape du traitement des aliments par les Animaux au cours de laquelle les matières qui n'ont pas subi de digestion ou d'absorption sont rejetées hors de l'organisme.

Embranchement (n. masc.) Dans la classification de Linné, catégorie taxinomique située au-dessus de la classe.

Embryoblaste (n. masc.) Amas de cellules faisant saillie à une extrémité de la cavité du blastocyste mammalien; deviendra plus tard l'embryon proprement dit et certaines des membranes extraembryonnaires.

Embryophytes (n. masc.) Clade qui rassemble des organismes dont le caractère dérivé commun est l'existence d'embryons multicellulaires dépendants. Terme synonyme de *Végétaux terrestres*.

Émigration (n. fém.) Déplacement des individus qui quittent une population vers d'autres lieux.

Empreinte écologique (n. fém.) Superficie totale des terres et des eaux requises pour la production de toutes les ressources consommées et pour l'assimilation de tous les déchets calculée pour chaque personne, ville ou pays.

Empreinte génomique (n. fém.) Effet parental sur l'expression des gènes par lequel les mêmes allèles peuvent avoir différents effets selon que l'allèle provient de la mère ou du père.

Énantiomères (n. masc.) Composés qui forment une image l'un de l'autre dans un miroir et dont la structure est différente en raison de la présence d'un carbone asymétrique.

Encéphale (n. masc.) Organe du système nerveux central assurant le traitement et l'intégration de l'information.

Endémique (adj.) Se dit d'une espèce animale ou végétale confinée dans une région géographique précise et relativement petite.

Endocytose (n. fém.) Processus de transport actif permettant l'entrée de nutriments dans une cellule par l'intermédiaire de vacuoles qui se forment à même des régions spécialisées de la membrane plasmique.

Endocytose par récepteur interposé (n. fém.) Transport actif de substances vers l'intérieur de la cellule, au moyen de vésicules membraneuses tapissées de protéines dont les sites récepteurs sont spécifiques aux molécules introduites. Permet à une cellule d'acquérir des quantités appréciables de substances données, même si celles-ci ne sont pas très concentrées dans le liquide extracellulaire.

Endoderme (n. masc.) (1) Chez l'Animal, le plus profond des trois feuillets embryonnaires; tapisse l'intestin primitif et donne naissance, notamment, aux poumons des Vertébrés, ainsi qu'au revêtement intérieur du tube digestif et à ses glandes annexes, tels le foie et le pancréas. (2) Chez la plante, couche la plus profonde dans l'écorce des racines. Couche de cellules formant une barrière entre l'écorce et le cylindre vasculaire.

Endomètre (n. masc.) Muqueuse richement vascularisée qui tapisse la surface interne de l'utérus.

Endométriose (n. fém.) Affection résultant de la présence de tissu endométrial à l'extérieur de l'utérus.

Endonucléase (n. fém.) Enzyme qui découpe l'ADN ou l'ARN, soit en enlevant une ou quelques bases, soit en hydrolysant complètement l'ADN ou l'ARN en nucléotides.

Endoparasite (n. masc.) Parasite qui vit à l'intérieur des tissus de son hôte.

Endophyte (n. masc.) Eumycète vivant à l'intérieur des feuilles ou d'autres parties de la plante sans nuire à celle-ci.

Endorphines (n. fém.) Hormones (neuropeptides) produites par l'adénohypophyse et par certains neurones d'autres parties de l'encéphale et dont la fonction est d'inhiber la perception de la douleur.

Endospore (n. fém.) Cellule résistante entourée d'une épaisse enveloppe protectrice que produisent certaines bactéries quand elles sont exposées à des milieux hostiles.

Endosquelette (n. masc.) Squelette interne constitué d'un ensemble d'éléments de soutien rigides, tels que les os, qui supportent les tissus mous des Animaux.

Endosymbiose (n. fém.) Processus par lequel un organisme unicellulaire (l'« hôte ») absorbe une autre cellule qui vit dans la cellule hôte et devient un organite dans cette cellule. Voir aussi *Théorie de l'endosymbiose*.

Endosymbiose en série (n. fém.) Hypothèse selon laquelle une séquence d'événements endosymbiotiques serait à l'origine des Eucaryotes dont les mitochondries et les chloroplastes, et peut-être d'autres structures cellulaires, qui proviendraient de la transformation de petits organismes procaryotes ayant vécu dans des cellules plus grandes.

Endosymbiose secondaire (n. fém.) Phénomène qui se produit dans l'évolution eucaryote après qu'une cellule eucaryote photosynthétique qui a été phagocytée par un Protiste hétérotrophe a survécu en symbiose dans ce Protiste.

Endothélium (n. masc.) Couche simple de cellules aplaties (squameuses) formant la tunique interne d'un vaisseau sanguin parfaitement lisse, réduisant ainsi au minimum la résistance à la circulation sanguine. Le seul tissu de la paroi très mince des capillaires.

Endotherme (adj.) Se dit d'un animal qui tire la majeure partie de sa chaleur corporelle de son propre métabolisme. Cette chaleur maintient généralement une température corporelle stable plus élevée que celle du milieu. Les Oiseaux et les Mammifères sont endothermes.

Endotoxine (n. fém.) Lipopolysaccharide toxique situé dans la membrane externe de la paroi de certaines Bactéries à Gram négatif et qui est libéré lors de la rupture de la paroi, quand la bactérie meurt. Est responsable de divers symptômes tels que la fièvre, la diarrhée, une inflammation, un état de faiblesse ou de choc, etc.

Énergie (n. fém.) Capacité d'un système physique de produire un changement, par exemple un travail (pour imprimer un mouvement à la matière et vaincre les forces qui s'y opposent).

Énergie chimique (n. fém.) Forme d'énergie potentielle emmagasinée dans les liaisons chimiques des molécules.

Énergie cinétique (n. fém.) Énergie de mouvement qui est directement proportionnelle à la vitesse de ce mouvement.

Énergie d'activation (n. fém.) Quantité d'énergie que doivent absorber des réactifs pour qu'une réaction chimique se déclenche. Aussi appelée *énergie libre d'activation*. Le rôle des enzymes consiste à abaisser l'énergie libre d'activation.

Énergie libre (n. fém.) Portion de l'énergie d'un système qui peut produire du travail à une température et à une pression constantes. La variation de l'énergie libre d'un système (ΔG) est calculée à l'aide de l'équation $\Delta G = \Delta H - T\Delta S$, où ΔH est la variation d'enthalpie (dans les systèmes biologiques, équivaut à l'énergie totale), T est la température absolue et ΔS est la variation d'entropie.

Énergie potentielle (n. fém.) Énergie emmagasinée par la matière grâce à sa structure ou à sa position par rapport à d'autres objets.

Énergie thermique (n. fém.) Voir *Chaleur*.

Enjambement (n. masc.) Mécanisme d'échange de gènes entre deux chromatides non sœurs pendant la synapsis, qui se produit à la prophase I de la méiose.

Enraciné (adj.) Se dit d'un arbre phylogénétique qui contient un nœud (souvent dessiné à l'extrême gauche) représentant l'ancêtre commun le plus récent de tous les taxons de l'arbre.

Entre-nœuds (n. masc.) Segment de la tige des plantes qui se trouve entre deux nœuds.

Entropie (n. fém.) Fonction que les scientifiques utilisent pour mesurer le désordre de l'Univers. Symbolisée par *S*.

Enveloppe nucléaire (n. fém.) Dans les cellules eucaryotes, membrane double entourant le noyau, perforée de pores qui régulent les échanges avec le cytoplasme. La membrane nucléaire externe se poursuit par le réticulum endoplasmique.

Enveloppe virale (n. fém.) Membrane, constituée d'une partie de la membrane plasmique de la cellule hôte, qui recouvre la capside renfermant le génome viral.

Enzyme (n. fém.) Macromolécule généralement de nature protéique servant de catalyseur, c'est-à-dire d'agent chimique augmentant la vitesse d'une réaction sans intervenir à proprement parler dans la réaction et sans être modifié par elle.

Enzyme de restriction (n. fém.) Endonucléase qui reconnaît et découpe l'ADN étranger à une bactérie afin de restreindre la capacité d'infection des phages. L'enzyme coupe au niveau d'une séquence spécifique de nucléotides (sites de restriction).

Épicotyle (n. masc.) Dans les graines des Angiospermes, partie de l'axe embryonnaire située au-dessus du point d'attache des cotylédons et au-dessous de la première paire de feuilles miniatures.

Épidémie (n. fém.) Flambée générale d'apparition d'une maladie qui se propage rapidement.

Épiderme (n. masc.) (1) Chez les plantes non ligneuses, tissu de revêtement des organes jeunes consistant habituellement en une couche unique de cellules serrées. (2) Chez les Animaux, enveloppe externe.

Épididyme (n. masc.) Petit organe accolé au testicule constitué de canalicules efférents dans lesquels les spermatozoïdes séjournent et acquièrent leur mobilité et leur fécondité.

Épiphyte (n. masc.) Plante qui, tout en ayant la capacité de se nourrir par elle-même, croît sur une autre plante, généralement sur les branches ou les troncs des arbres.

Épissage de l'ARN (n. masc.) Après la synthèse d'un transcrit primaire dans la cellule eucaryote, élimination des parties non codantes (introns) qui ne seront pas incluses dans l'ARNm, puis fusion des parties restantes (exons).

Épissage différentiel de l'ARN (n. masc.) Pendant la maturation de l'ARN prémessager, type de régulation dans lequel un même transcrit primaire produit différentes molécules d'ARNm, selon que les segments d'ARN prémessager sont traités en exons ou en introns.

Épistasie (n. fém.) Phénomène d'interaction par lequel un gène situé sur un locus donné agit sur les effets phénotypiques d'un autre gène situé sur un autre locus.

Épithélium (n. masc.) Tissu épithélial.

Épithélium de transport (n. masc.) Chez la plupart des Animaux, tissu composé d'une ou de plusieurs couches de cellules épithéliales spécialisées qui effectuent et régulent le mouvement des solutés.

Épitope (n. masc.) Fragment accessible de la surface de l'antigène à laquelle se lient les anticorps ou les récepteurs d'antigène. Aussi appelé *déterminant antigénique*.

Équilibre chimique (n. masc.) Situation d'une réaction chimique réversible, lorsque la réaction directe et la réaction inverse s'effectuent à la même vitesse, de sorte que les concentrations relatives des réactifs et des produits demeurent constantes.

Équilibre ponctué (n. masc.) Modèle théorique de l'évolution selon lequel les espèces divergent au cours de changements soudains et relativement brefs alternant avec de longues périodes d'apparente stabilité (absence de changement).

Érythrocyte (n. masc.) Cellule sanguine de certains Invertébrés et des Vertébrés qui contient de l'hémoglobine, laquelle sert au transport du dioxygène et d'une partie du dioxyde de carbone. Communément appelé *globule rouge*.

Érythropoïétine – EPO (n. fém.) Hormone qui stimule la production d'érythrocytes; produite par les reins quand les tissus ne reçoivent pas suffisamment de dioxygène.

Espèce (n. fém.) Population ou groupe de populations dont les membres sont en mesure de se reproduire entre eux dans un environnement naturel pour produire une descendance viable et fertile, mais qui ne peuvent pas en faire autant avec les membres d'autres populations.

Espèce clé (n. fém.) Espèce qui n'est pas particulièrement abondante dans une communauté mais qui conditionne fortement sa structure, non pas tant par le nombre de ses membres que par son rôle écologique, ou niche. Une communauté peut contenir plusieurs espèces clés.

Espèce dominante (n. fém.) Espèce qui est la plus nombreuse dans une communauté ou dont la biomasse est la plus élevée. Elle exerce une influence déterminante sur la présence d'autres espèces et leur distribution. Il peut y avoir plusieurs espèces dominantes dans une communauté.

Espèce en voie d'extinction, de disparition (n. fém.) Espèce qui risque de disparaître dans un avenir rapproché dans l'ensemble ou dans une partie de son aire de répartition.

Espèce envahissante (n. fém.) Espèce qui s'établit à l'extérieur de son aire de distribution indigène. Habituellement introduite par des humains.

Espèce introduite (n. fém.) Espèce que les humains déplacent intentionnellement ou accidentellement de son aire de distribution normale jusque dans une nouvelle aire géographique. Aussi appelée *espèce exotique*.

Espèce menacée (n. fém.) Toute espèce qui sera vraisemblablement menacée d'extinction dans un avenir prévisible dans l'ensemble ou dans une partie de son aire de distribution.

Essai sur microréseau à ADN (n. masc.) Technique permettant de détecter et de mesurer simultanément l'expression de milliers de gènes, qui peuvent représenter l'ensemble du génome d'un organisme. Dans ce test, d'infimes quantités d'un grand nombre de fragments d'ADN monocaténaire représentant différents gènes préalablement fixées sur une plaque de verre sont mises en présence de divers échantillons de molécules d'ADNc avec lesquelles ils peuvent s'hybrider. Des marqueurs de différents types sont ensuite utilisés pour révéler les fragments hybridés et identifier les gènes recherchés.

Estomac (n. masc.) Organe volumineux situé dans la cavité abdominale supérieure, sous le diaphragme. Entrepose la nourriture durant un certain temps et s'acquitte de fonctions digestives importantes. Sécrète le suc gastrique.

Estuaire (n. masc.) Zone de transition entre un fleuve et l'océan dans lequel il se jette.

Étamine (n. fém.) Organe reproducteur de la fleur, composé d'un filet et d'une anthère dans laquelle le pollen est produit et entreposé.

Éthylène (n. masc.) Seule hormone végétale sous forme gazeuse. Responsable de la réaction au stress mécanique, de la mort cellulaire programmée, de la maturation des fruits et de l'abscission des feuilles.

Étiolement (n. masc.) Ensemble d'adaptations morphologiques et physiologiques qui permettent à une plante de s'allonger de façon exagérée dans l'obscurité.

Étude d'associations sur l'ensemble du génome (n. fém.) Analyse à grande échelle des génomes d'un grand nombre de personnes atteintes d'une anomalie ou d'une maladie phénotypique pour essayer de repérer des particularités génétiques qu'elles ont en commun en comparant leur génome avec celui des personnes exemptes de ces maladies. Les variations du génome ne touchant qu'une seule paire de bases sont appelées polymorphismes mononucléotidiques (SNP) et sont des marqueurs très précieux dans ces études.

Étude sur les jumeaux (n. fém.) Étude dans laquelle les chercheurs comparent le comportement de jumeaux vrais élevés séparément avec le comportement de ceux élevés ensemble, afin de déterminer l'influence des gènes et de l'environnement sur le comportement.

Eucaryotes (n. masc.) Domaine du vivant qui regroupe les Protistes, les Eumycètes, les Végétaux et les Animaux.

Euchromatine (n. fém.) Chez les Eucaryotes, type de chromatine destinée à la transcription qui est moins compacte que l'hétérochromatine.

Eudicotylédones (n. fém.) Clade réunissant la majorité des Dicotylédones, plantes à fleurs avec deux feuilles embryonnaires ou cotylédons. Comprend notamment les roses, les pois, les renoncules, les tournesols, les chênes et les érables.

Euglénobiontes (n. masc.) Forment un clade diversifié de Protistes flagellés dont font partie des prédateurs hétérotrophes, des autotrophes photosynthétiques et des parasites pathogènes.

Euglénophytes (n. masc.) Groupe de Protistes auquel appartiennent l'euglène et les espèces apparentées, qui se distinguent par la présence de chloroplastes et de deux flagelles émergeant d'une dépression antérieure, ainsi que par la production de paramylon, un polymère de glucose qui leur sert de substance de réserve.

Eumétazoaires (n. masc.) Membres d'un clade du règne animal rassemblant tous les Animaux, sauf les Éponges. Leurs membres possèdent de vrais tissus.

Eumycètes ectomycorhiziens (n. masc.) Voir *Ectomycorhize*.

Eumycètes mycorhiziens à arbuscules (n. masc.) Eumycètes symbiotiques dont les hyphes s'enfoncent dans la paroi des cellules des racines végétales pour s'introduire dans les cellules de la racine et croître dans des tubes formés par l'invagination de la membrane plasmique de ces cellules.

Euryptérides (n. masc.) Groupe aujourd'hui disparu de Chélicériformes carnivores, des prédateurs appelés aussi *scorpions de mer* pouvant atteindre 3 m de longueur.

Euthériens (n. masc.) Mammifères placentaires dont l'embryon se développe complètement dans l'utérus, où un placenta bien développé le relie à sa mère.

Eutrophisation (n. fém.) Dégradation d'un milieu aquatique par suite de l'accumulation excessive de certains nutriments, surtout le phosphore et l'azote d'origine agricole, ce qui entraîne une croissance accrue d'organismes tels que les Algues.

Évapotranspiration (n. fém.) Quantité totale d'eau qui s'évapore annuellement des plantes par transpiration, dans un écosystème, et qu'on mesure habituellement en millimètres.

Évolution (n. fém.) Descendance avec modification ; théorie selon laquelle les espèces vivantes descendent d'espèces ancestrales différentes des espèces contemporaines. Au sens plus strict, peut se définir comme l'ensemble des changements dans la composition génétique d'une population de génération en génération.

Évolution convergente (n. fém.) Évolution de caractéristiques analogues dans des lignées évolutives indépendantes.

Excavobiontes (n. masc.) Membres d'un des cinq supergroupes d'Eucaryotes pour rendre compte d'une hypothèse récente de l'histoire évolutive des Eucaryotes proposée à la suite d'études révélant une caractéristique cytosquelettique unique. Certaines espèces d'Excavobiontes s'alimentent par un cytostome, une zone creusée sur le côté du corps cellulaire. Voir aussi *Chromalvéolés, Rhizariens, Archéplastides* et *Unichontes*.

Exclusion compétitive (n. fém.) Concept selon lequel des populations de deux espèces semblables ne peuvent cohabiter lorsqu'elles sont en compétition pour les mêmes ressources limitées : une des populations utilisera les ressources plus efficacement et acquerra un avantage reproductif qui finira par éliminer l'autre population.

Excrétion (n. fém.) Phénomène par lequel le produit de la sécrétion est acheminé en dehors de la structure qui l'a élaboré, généralement par l'intermédiaire d'un conduit excréteur.

Exocytose (n. fém.) Transport actif de macromolécules vers le milieu extracellulaire, par la fusion de vésicules de sécrétion avec la membrane plasmique.

Exon (n. masc.) Séquence dans un transcrit primaire qui reste dans l'ARN après sa maturation ; désigne également le segment d'ADN situé à l'intérieur de la séquence codante d'un gène, dans la cellule eucaryote.

Exosquelette (n. masc.) Revêtement solide du corps d'un animal, comme la coquille des Mollusques ou la cuticule des Arthropodes. Protège l'animal et fournit des points d'attache aux muscles.

Exotoxine (n. fém.) Protéine toxique sécrétée par un Procaryote ou un autre agent pathogène et qui peut avoir des effets sur l'organisme hôte même en l'absence du Procaryote qui l'a sécrétée.

Expansine (n. fém.) Enzyme végétale qui rompt les ponts transversaux (liaisons hydrogène) entre les microfibrilles de cellulose et d'autres composants de la paroi cellulaire et qui en affaiblit la trame.

Expansion (n. fém.) Mouvement d'individus ou de gamètes qui s'éloignent de leur aire d'origine, ce qui contribue à la répartition géographique d'une population ou d'une espèce.

Expérience contrôlée (n. fém.) Expérience dans laquelle on compare un groupe expérimental avec un groupe témoin qui varie seulement en fonction du facteur étudié.

Expérience d'adoption interspécifique (n. fém.) Étude de comportement en vertu de laquelle les petits d'une espèce sont placés dans les nids d'une autre espèce.

Explosion du Cambrien (n. fém.) Période de temps relativement courte dans l'histoire géologique, comprise entre 542 et 525 millions d'années environ, marquée par l'apparition soudaine dans les archives géologiques (fossiles) de nombreux embranchements d'animaux actuels. Cette augmentation phénoménale des changements évolutifs a permis l'émergence des premiers grands animaux munis de structures externes dures.

Expression génétique différentielle (n. fém.) Expression de différents ensembles de gènes par des cellules possédant le même génome.

Expression génique (n. fém.) Processus par lequel l'ADN régit la synthèse de protéines ou, dans certains cas, d'ARN qui ne sont pas traduits en protéines.

Extension convergente (n. fém.) Au cours de la morphogenèse et de la différenciation cellulaire, processus par lequel des cellules d'une couche de tissu se réarrangent de telle manière que la couche de cellules rétrécit dans le sens de l'intercalation (convergence) tout en s'allongeant (extension).

Extinction massive (n. fém.) Disparition soudaine d'un nombre considérable d'espèces de la surface de la Terre sous l'effet de modifications environnementales planétaires brutales.

Extrémité cohésive (n. fém.) Extrémité monocaténaire (constituée d'une seule chaîne) d'un fragment de restriction d'ADN, qui est bicaténaire (constitué de deux chaînes) ; ces extrémités peuvent former des liaisons hydrogène avec leurs parties complémentaires.

Extrémophiles (n. masc.) Organismes capables de vivre dans des milieux aux conditions extrêmes que la plupart des autres espèces sont incapables de supporter. Comprennent les halophiles extrêmes et les thermophiles extrêmes.

F

Facilitation (n. fém.) Interaction dans laquelle une espèce exerce un effet positif sur la survie et la reproduction d'autres espèces sans nécessairement établir une relation symbiotique.

Facteur de croissance (n. masc.) (1) Protéine qui doit être présente dans le milieu extracellulaire (milieu de culture ou corps d'un animal) pour qu'aient lieu la croissance et le développement normal de certains types de cellules. (2) Protéine régulatrice produite localement par certaines cellules qui agit sur les cellules voisines pour en stimuler la prolifération et la différenciation.

Facteur F (n. masc.) Chez les Bactéries, segment d'ADN qui contrôle la formation de pili pour la conjugaison et les fonctions associées requises pour le transfert d'ADN de la cellule donneuse à la cellule receveuse. Le facteur F peut exister sous forme de plasmide ou être intégré dans un chromosome bactérien.

Facteur natriurétique auriculaire – FNA (n. masc.) Hormone peptidique sécrétée par les cellules de l'oreillette droite du cœur en réaction à une pression sanguine élevée. Les effets du FNA sur les reins modifient le mouvement des ions et de l'eau et abaisse la pression sanguine.

Facteurs de transcription (n. masc.) Chez les Eucaryotes, ensemble de protéines qui se lient à l'ADN et qui permettent la liaison de l'ARN polymérase et le début de la transcription.

Famille (n. fém.) Dans la classification de Linné, catégorie taxinomique située au-dessus du genre.

Famille multigénique (n. fém.) Ensemble de gènes identiques ou très semblables probablement issus d'un même gène ancestral.

Faune d'Ediacara (n. fém.) Anciens fossiles faisant partie d'un groupe primitif d'Eucaryotes multicellulaires à corps mou et âgés de 565 à 550 millions d'années.

Faux fruit (n. masc.) Fruit, ou association de fruits, dont les parties charnues se sont développées en grande partie de tissus et d'éléments de la fleur autres que l'ovaire.

Fécondation (n. fém.) Union de gamètes haploïdes produisant un zygote diploïde. Aussi appelée *syngamie*.

Fécondation externe (n. fém.) Chez les Animaux, fécondation dans laquelle les œufs sont libérés par la femelle et fécondés par le mâle dans le milieu externe.

Fécondation *in vitro* (n. fém.) Technique de procréation consistant à stimuler la croissance des follicules par un traitement hormonal, puis à prélever les ovocytes matures par voie chirurgicale. On féconde ensuite ces ovocytes en laboratoire dans des boîtes de Petri, puis on les introduit dans l'utérus.

Fécondation interne (n. fém.) Chez les Animaux, fécondation qui se déroule dans l'organisme de la femelle, après que le mâle a déposé, par copulation ou coït, les spermatozoïdes à l'intérieur ou à l'entrée de son système reproducteur.

Fenêtre de la cochlée (n. fém.) Dans l'oreille des Mammifères, point de contact où les vibrations du stapès créent une série d'ondes de pression dans le liquide de la cochlée.

Fenêtre vestibulaire – (fenêtre ovale) (n. fém.) Dans l'oreille moyenne de certains Vertébrés, membrane située sous le stapès, qui reçoit les vibrations produites par les trois os de l'oreille moyenne et les conduit à l'oreille interne.

Fentes branchiales (n. fém.) Chez les embryons des Cordés, fentes qui se forment à partir des rainures branchiales et qui communiquent avec l'extérieur. Peuvent se développer par la suite en branchies chez de nombreux Vertébrés.

Fermentation (n. fém.) Catabolisme anaérobie qui produit une quantité limitée d'ATP à partir du glucose (ou d'autres molécules organiques), sans faire appel à une chaîne de transport d'électrons ; produit de l'éthanol ou du lactate.

Fermentation alcoolique (n. fém.) Glycolyse suivie de la réduction du pyruvate en alcool éthylique régénérant le NAD^+ et libérant du dioxyde de carbone.

Fermentation lactique (n. fém.) Mode de production d'énergie anaérobie faisant appel à la glycolyse, à l'issue de laquelle le pyruvate est réduit en lactate, une réaction qui régénère du NAD^+ sans libération de dioxyde de carbone.

Feuille (n. fém.) Principal organe photosynthétique des plantes vasculaires.

Feuillet embryonnaire (n. masc.) Chacun des tissus concentriques et superposés qui se forment dans un embryon, au cours de la gastrulation, et qui donnent les différents tissus et organes des Animaux. Certains animaux se développent à partir de deux feuillets, les autres à partir de trois.

Feuillet plissé bêta (β) (n. masc.) Type de structure secondaire des protéines dans laquelle deux ou plusieurs brins de la même chaîne polypeptidique forment une série de plis tout en se côtoyant dans le même plan, grâce à la formation de liaisons hydrogène entre les atomes du squelette polypeptidique (et non ceux des chaînes latérales).

Fibre musculaire à contraction lente (n. fém.) Chez les Vertébrés, fibre musculaire qui peut soutenir des contractions prolongées.

Fibre musculaire à contraction rapide (n. fém.) Chez les Vertébrés, fibre musculaire qui sert aux contractions soudaines et puissantes.

Fibroblaste (n. masc.) Type de cellules qui sont dispersées dans la trame fibreuse du tissu conjonctif lâche et qui sécrètent les ingrédients protéiques des fibres extracellulaires.

Fibronectine (n. fém.) Glycoprotéine extracellulaire sécrétée par les cellules animales qui concourt à fixer les cellules animales à la matrice.

Fibrose kystique (n. fém.) Chez l'humain, maladie héréditaire touchant les enfants ayant reçu deux allèles récessifs pour la protéine assurant le transport des ions chlorure. Caractérisée par une sécrétion abondante de mucus qui contribue à l'apparition d'infections, la maladie, aussi appelée *mucoviscidose*, est mortelle si elle n'est pas traitée.

Filament intermédiaire (n. masc.) Élément du cytosquelette dont le diamètre est supérieur à celui des microfilaments mais inférieur à celui des microtubules. Constitué de protéines dont font partie les kératines.

Filet (n. masc.) Chez les Angiospermes, tige de l'étamine, l'organe producteur de pollen dans la fleur.

Filtrat (n. masc.) Liquide sans cellules que le système excréteur extrait des liquides corporels.

Filtration (n. fém.) Extraction par les néphrons de l'eau et de petites molécules, notamment les déchets métaboliques, provenant du sang, pour les faire passer dans le système urinaire.

Fimbriæ (n. fém.) Courts et fins appendices permettant à certains Procaryotes d'adhérer les uns aux autres ou à un substrat.

Fixation de l'azote (n. fém.) Processus au cours duquel un organisme convertit du diazote atmosphérique (N_2) en ammoniac (NH_3). La fixation du diazote atmosphérique est effectuée par des Procaryotes dont certains entretiennent des relations mutualistes avec les plantes.

Fixation du carbone (n. fém.) Processus métabolique effectué par un organisme autotrophe (une plante, un autre organisme photosynthétique ou un Procaryote chimiotrophe) quand il incorpore du carbone provenant du dioxyde de carbone dans les molécules organiques.

Flagelle (n. masc.) Long appendice cellulaire spécialisé dans la locomotion. Comme les cils mobiles, les flagelles des Eucaryotes comportent neuf doublets de microtubules externes disposés autour de deux microtubules non jumelés (disposition de type « 9 + 2 »). Ce groupe de microtubules est recouvert par un prolongement de la membrane plasmique. Les flagelles des Procaryotes ont une structure différente.

Flasque (adj.) Qui manque de rigidité ou de fermeté. Se dit d'une plante poussant dans un milieu où elle a tendance à perdre son eau. (La cellule végétale devient flasque si son potentiel hydrique est supérieur à celui de son milieu, ce qui entraîne une déperdition d'eau.)

Flétrissement (n. masc.) Chez les végétaux, perte de rigidité des feuilles et des tiges non ligneuses causée par un manque d'eau ou sous l'effet d'autres facteurs.

Fleur (n. fém.) Chez les Angiospermes, structure composée de quatre verticilles de feuilles modifiées et qui sert à la reproduction.

Fleur complète (n. fém.) Fleur qui possède les quatre principaux organes floraux, c'est-à-dire les sépales, les pétales, les étamines et le pistil.

Fleur incomplète (n. fém.) Fleur chez laquelle au moins un ensemble de pièces florales (sépales, pétales, étamines ou pistil) est manquant ou non fonctionnel.

Florigène (n. fém.) Phytohormone de floraison, une protéine, produite dans les feuilles dans certaines conditions et qui migre vers les méristèmes apicaux de la pousse, ce qui fait passer ces tissus de l'état végétatif à l'état de croissance reproductive.

Flux génétique (n. masc.) Migration d'individus féconds ou échange de gamètes entre des populations différentes. Entraîne une perte ou un gain d'allèles dans une population.

Fœtus (n. masc.) Mammifère en cours de développement qui possède les principales structures de l'adulte. Chez l'humain, désigne l'embryon depuis la neuvième semaine de développement jusqu'à la naissance.

Foie (n. masc.) Chez les Vertébrés, le plus gros des organes. Remplit une multitude de fonctions, notamment la production de bile, le maintien de la glycémie et la détoxication des poisons dans le sang.

Follicule (n. masc.) (1) Structure en forme de sac enfouie dans un tissu. (2) Structure microscopique de l'ovaire qui renferme un ovocyte en développement et sécrète des œstrogènes.

Foraminifères (n. masc.) Protistes marins qui sécrètent une coque poreuse dure contenant du carbonate de calcium et de laquelle émergent des pseudopodes.

Force de Van der Waals (n. fém.) Attraction faible entre des molécules ou entre différentes régions d'une même molécule résultant de changements localisés des charges.

Force protonmotrice (n. fém.) Énergie potentielle présente sous la forme d'un gradient électrochimique produit par le passage de protons (H^+) à travers les membranes biologiques au cours de la chimiosmose.

Forêt de conifères (n. fém.) Biome terrestre caractérisé par des hivers longs et froids, et dominé par des arbres porteurs de cônes.

Forêt décidue tempérée (n. fém.) Biome terrestre situé dans les régions de latitude moyenne où l'humidité est suffisante pour supporter la croissance de grands arbres décidus à feuilles larges.

Forêt tropicale humide (n. fém.) Biome terrestre caractérisé par des températures et des précipitations relativement élevées toute l'année.

Forêt tropicale sèche (n. fém.) Biome terrestre caractérisé par des températures et des précipitations relativement élevées dans l'ensemble, mais en alternance avec une saison sèche bien délimitée.

Formation réticulaire (n. fém.) Réseau de neurones diffus situé au centre du tronc cérébral. Régit notamment le sommeil et l'éveil, et agit comme un filtre sensitif en sélectionnant l'information qui atteint le cortex cérébral.

Forme polype (n. fém.) Forme sessile et cylindrique de la structure corporelle des Cnidaires. L'autre forme est la méduse.

Fossile (n. masc.) Vestige ou empreinte d'organisme ancien qui s'est conservé dans une roche sédimentaire.

Fourche de réplication (n. fém.) Région en forme de Y située à chaque extrémité d'un œil de réplication et où les brins parentaux sont déroulés et les nouveaux brins d'ADN sont synthétisés.

Fractionnement cellulaire (n. masc.) Technique de séparation des organites et des structures subcellulaires en soumettant les cellules d'un échantillon à des centrifugations successives effectuées à des vitesses de plus en plus rapides.

Fragment d'Okazaki (n. masc.) Court segment d'ADN synthétisé en s'éloignant de la fourche de réplication sur un brin complémentaire pendant la réplication de l'ADN. Un brin discontinu d'ADN nouvellement synthétisé se compose de plusieurs fragments d'Okazaki.

Fragment de restriction (n. masc.) Portion d'ADN obtenue après coupure de l'ADN par une enzyme de restriction.

Fragmentation (n. fém.) Mécanisme de reproduction asexuée dans lequel le corps se scinde en plusieurs morceaux, dont certains ou l'ensemble se transformeront en adultes complets. S'observe chez plusieurs Porifères, Cnidaires, Polychètes (Annélides) et Tuniciers (Urocordés).

Fréquence cardiaque – f_c (n. fém.) Nombre de battements cardiaques par unité de temps (généralement une minute).

Fronde (n. fém.) (1) Chez les Algues, structure semblable à une feuille et constituant la majeure partie de la surface de photosynthèse. (2) Feuille des Fougères.

Fruit (n. masc.) Ovaire mature de la fleur qui protège les graines en dormance et contribue à leur dispersion.

Fruit agrégé (n. masc.) Fruit qui, comme la framboise, provient d'une fleur unique qui possédait plus d'un carpelle.

Fruit multiple (n. masc.) Fruit qui, comme l'ananas, se forme à partir d'une inflorescence.

Fruit simple (n. masc.) Fruit formé par un seul carpelle ou par plusieurs carpelles fusionnés.

Fuseau de division (n. masc.) Ensemble de fibres constituées de microtubules associés à des protéines. Régit les déplacements des chromosomes au cours de la division cellulaire, chez les Eucaryotes.

Fusion de protoplastes (n. fém.) Technique qui consiste à fusionner deux protoplastes issus d'espèces différentes et incompatibles sur le plan de la reproduction.

G

Gaine de myéline (n. fém.) Couche isolante formée par l'enroulement de la membrane plasmique des neurolemmocytes ou des oligodendrocytes et entourant l'axone d'un neurone. Elle est interrompue par les nœuds de Ranvier où les potentiels d'action sont générés.

Gamétanges (n. masc.) Structures végétales multicellulaires dans lesquelles se forment les gamètes. Les gamétanges femelles s'appellent *archégones* et les gamétanges mâles, *anthéridies*.

Gamète (n. masc.) Voir *Cellule reproductrice*.

Gamétogenèse (n. fém.) Processus par lequel les gamètes sont produits.

Gamétophore (n. masc.) Chez les Mousses, structure qui porte les gamètes; avec le protonéma, constitue le gamétophyte.

Gamétophyte (n. masc.) Forme haploïde multicellulaire chez les Végétaux et certaines Algues dont le cycle de développement comporte une alternance de générations. Produit par mitose des gamètes haploïdes qui fusionnent pour donner des sporophytes.

Ganglion (n. masc.) Regroupement de corps de neurones exerçant généralement une fonction semblable. Situé dans le système nerveux périphérique.

Gastrula (n. fém.) Stade de développement associé à la gastrulation et caractérisé par la formation d'un embryon à trois feuillets: l'ectoderme, le mésoderme et l'endoderme.

Gastrulation (n. fém.) Dans le développement animal, série de migrations de cellules et de tissus que subit un embryon quand la blastula s'invagine et que se différencient les feuillets des tissus embryonnaires des diverses parties d'un organisme animal.

Gène (n. masc.) Unité d'information génétique située sur les chromosomes et constituée d'une séquence spécifique de nucléotides dans l'ADN (ou dans l'ARN, chez certains Virus).

Gène à effet maternel (n. masc.) Gène qui, lorsqu'il est mutant chez la mère, produit un phénotype mutant chez le descendant, quel que soit le génotype de ce descendant. Aussi appelé *gène de polarité de l'œuf*, ce gène a été découvert en premier chez *Drosophila melanogaster*.

Gène d'identité des organes (n. masc.) Gène homéotique d'une plante qui établit le type de structure florale qui se formera à partir d'un méristème.

Gène homéotique (n. masc.) Gène maître régulateur intervenant au cours du développement embryonnaire qui dirige l'emplacement et le plan d'organisation des parties du corps chez les Animaux, les Végétaux et les Eumycètes en commandant la destinée des groupes de cellules.

Gène lié au chromosome X (n. masc.) Gène situé sur le chromosome X; ces gènes entraînent un mode de transmission héréditaire différent.

Gène lié au sexe (n. masc.) Gène porté par un chromosome sexuel. La majorité des gènes liés au sexe sont situés sur le chromosome X – il y en a très peu sur le chromosome Y – et présentent des modes de transmission héréditaire qui leur sont propres.

Gène régulateur (n. masc.) Gène codant pour une protéine, tel un répresseur, qui régule la transcription d'un autre gène ou d'un groupe de gènes.

Gène suppresseur de tumeurs (n. masc.) Gène contrôlant la synthèse de protéines qui inhibent la division cellulaire, contribuant ainsi à empêcher une croissance cellulaire anarchique qui risque de déclencher un cancer.

Gène suppresseur de tumeurs *p53* (n. masc.) Gène codant pour un facteur de transcription intervenant dans la synthèse de protéines qui bloque le cycle cellulaire et protège les cellules contre la cancérisation. Une mutation du gène *p53* peut mener à une croissance cellulaire anarchique et à la formation d'une tumeur maligne.

Génération F_1 (n. fém.) Première génération filiale, constituée des hybrides (hétérozygotes) issus du croisement parental (génération P).

Génération F_2 (n. fém.) Deuxième génération filiale, constituée des descendants issus d'un croisement (ou de l'autofécondation) entre des hybrides F_1.

Génération P (n. fém.) Génération des parents de lignée pure (homozygotes) desquels sont issus les descendants hybrides de la génération F_1, dans une expérience de croisement. P signifie «parentale».

Gènes de polarité de l'œuf (n. masc.) Gène contrôlant la régulation de l'orientation (polarité) de l'œuf; aussi appelés *gènes à effet maternel*.

Gènes d'identité du méristème floral (n. masc.) Gènes végétaux codant pour des facteurs de transcription qui régulent les gènes nécessaires à la conversion des méristèmes végétatifs indéfinis en méristèmes floraux définis.

Gènes liés (n. masc.) Gènes localisés tellement proches l'un de l'autre sur le même chromosome qu'ils sont habituellement transmis ensemble.

Gènes orthologues (n. masc.) Gènes homologues présents dans des espèces différentes, et dont la divergence remonte aux évènements de spéciation qui les ont produites.

Gènes paralogues (n. masc.) Gènes homologues présents dans le même génome en raison de la duplication génétique.

Génétique (n. fém.) Étude scientifique de l'hérédité et de la variation entre les individus.

Génie génétique (n. masc.) Ensemble de techniques portant sur la manipulation directe des gènes à des fins pratiques.

Génome (n. masc.) Matériel génétique d'un organisme ou d'un virus; ensemble complet des gènes d'un organisme ou d'un virus, ainsi que ses séquences d'acides nucléiques non codantes.

Génomique (n. fém.) Étude des ensembles complets de gènes et de leurs interactions dans une espèce, ainsi que les comparaisons des génomes entre les espèces.

Génotype (n. masc.) Constitution allélique d'un individu pour un ou plusieurs caractères.

Genre (n. masc.) Catégorie taxinomique située au-dessus de l'espèce. Dans la nomenclature binominale, désigné par le premier mot du nom scientifique de l'espèce.

Géotropisme (n. masc.) Réaction d'une plante ou d'un animal vis-à-vis de la gravitation; les racines ont un géotropisme positif – elles sont attirées vers le bas – et les tiges un géotropisme négatif.

Gestation (n. fém.) Chez les femelles des Mammifères placentaires, fait de porter un ou plusieurs embryons dans son utérus. Appelée *grossesse* chez l'humain.

Gibbérellines (n. fém.) Catégorie d'hormones végétales qui provoquent la croissance de la tige et des feuilles, déclenchent la germination des graines, mettent un terme à la dormance des bourgeons et, de concert avec l'auxine, stimulent le développement du fruit.

Gland (n. masc.) Structure arrondie à l'extrémité du clitoris ou du pénis sensible à la stimulation sexuelle.

Glande endocrine (n. fém.) Glande dépourvue de conduit, qui libère les hormones qu'elle produit directement dans le liquide interstitiel, d'où elles diffusent dans la circulation sanguine.

Glande mammaire (n. fém.) Glande exocrine caractéristique des Mammifères qui comporte de petites alvéoles de tissu épithélial sécrétant le lait pour nourrir la progéniture.

Glande parathyroïde (n. fém.) Chacune des quatre petites glandes endocrines qui sont enchâssées dans la thyroïde; joue un rôle primordial dans la régulation de la concentration sanguine du calcium en sécrétant la parathormone (PTH).

Glande salivaire (n. fém.) Glande exocrine associée à la cavité buccale et dont la sécrétion contient des substances qui lubrifient les aliments et commencent le processus de la digestion chimique.

Glande surrénale (n. fém.) Chez les Mammifères, glande endocrine coiffant chaque rein et composée d'une portion externe (le cortex) et d'une portion interne (la médulla). En réponse à la corticotrophine (ACTH), le cortex sécrète des hormones stéroïdiennes qui aident à maintenir l'homéostasie pendant un stress prolongé. Les cellules neurosécrétoires de la médulla sécrètent de l'adrénaline et de la noradrénaline en réponse aux influx nerveux provoqués par un stress de courte durée.

Glande thyroïde (n. fém.) Glande endocrine située sur la face antérieure de la trachée et composée de deux lobes. Sécrète des hormones contenant de l'iode, soit la tri-iodothyronine (T_3) et la thyroxine (T_4), ainsi que la calcitonine.

Gliocyte (n. masc.) Cellule du système nerveux assurant le soutien, la régulation et le fonctionnement normal des neurones. Aussi appelé *cellule gliale* ou *cellule de soutien*.

Gloméromycète (n. masc.) Embranchement d'Eumycètes dont les membres forment un type distinct d'endomycorhize appelé *mycorhize à arbuscules*.

Glomérule (n. masc.) Amas de capillaires artériels associés à la capsule glomérulaire rénale du néphron et servant de site de filtration dans les reins des Vertébrés.

Glucagon (n. masc.) Hormone sécrétée par les cellules endocrines pancréatiques alpha afin d'élever la concentration de glucose sanguin. Favorise la dégradation du glycogène et la libération du glucose par le foie.

Glucides (n. masc.) Classe de composés organiques qui comprend les monosaccharides (un seul monomère), les disaccharides (deux monomères) et les polysaccharides (polymères).

Glucocorticoïdes (n. masc.) Groupe d'hormones sécrétées par le cortex surrénal et agissant sur le métabolisme du glucose et la fonction immunitaire.

Glycogène (n. masc.) Polysaccharide de réserve très ramifié emmagasiné dans les cellules du foie et des muscles, chez les Animaux.

Glycolipide (n. masc.) Lipide uni par covalence à un ou à plusieurs glucides.

Glycolyse (n. fém.) Voie catabolique présente dans presque toutes les cellules à l'issue de laquelle une mole de glucose est dégradée en deux moles de pyruvate; premier stade de la fermentation et de la respiration cellulaire.

Glycoprotéine (n. fém.) Protéine unie par covalence à un ou à plusieurs glucides. Par exemple, les glycoprotéines situées sur la membrane des globules rouges et qui déterminent les groupes sanguins.

Gnathostomes (n. masc.) Clade de Vertébrés dont les représentants sont munis de mâchoires et, pour la plupart, de deux paires d'appendices. Comprend les poissons cartilagineux (Chondrichthyens), les poissons osseux (Ostéichthyens) et les Tétrapodes.

Gonade (n. fém.) Chez les Animaux, organes dans lesquels sont élaborés les gamètes femelles (ovaires) et mâles (testicules).

Gonadotrophine chorionique humaine – hCG (n. fém.) Hormone fabriquée par l'embryon afin de maintenir la sécrétion de progestérone et d'œstrogènes par le corps jaune au long du premier trimestre de la grossesse.

Goût (n. masc.) Sens qui repose sur l'existence de chimiorécepteurs qui permettent de percevoir la saveur des aliments et de ce qui est porté à la bouche.

Grade (n. masc.) Dans un arbre phylogénétique, grande ramification qui regroupe les organismes présentant les mêmes caractéristiques d'organisation corporelle ou une adaptation importante commune.

Gradient de concentration (n. masc.) Expression utilisée pour exprimer la variation de la concentration molaire volumique d'une substance chimique entre deux points, par exemple de part et d'autre d'une membrane.

Gradient électrochimique (n. masc.) Combinaison du gradient chimique (relié à la concentration d'un soluté) et du gradient électrique (relié aux charges électriques des ions et au potentiel de membrane). Détermine la direction nette de la diffusion des ions.

Grain de pollen (n. masc.) Chez les Vasculaires à graines, structure formée d'une paroi résistante et contenant les gamétophytes mâles.

Graine (n. fém.) Structure composée d'un embryon végétal et d'une réserve de nourriture protégée par une enveloppe résistante. Adaptation des Végétaux terrestres.

Graisse (n. fém.) Lipide formé d'une molécule de glycérol et de trois molécules d'acides gras. Aussi appelée *triacylglycérol* ou *triglycéride*.

Gram négatif (n. masc.) Réaction négative à la coloration de Gram des Bactéries dont la paroi présente une structure plus complexe et moins riche en peptidoglycane que celle des Bactéries à Gram positif. Les Bactéries à Gram négatif sont souvent plus toxiques que celles à Gram positif.

Gram positif (n. masc.) Réaction positive à la coloration de Gram des Bactéries qui possèdent une paroi de structure plus simple et contenant une forte proportion de peptidoglycane. Les Bactéries à Gram positif sont souvent moins toxiques que celles à Gram négatif, mais, dans certains cas, causent de graves dégâts.

Grandes lèvres (n. fém.) Dans le système reproducteur de la femme, replis épais et charnus qui recouvrent et protègent le reste de la vulve.

Granulocyte neutrophile (n. masc.) Type le plus abondant de leucocyte. Les granulocytes neutrophiles sont doués de phagocytose, mais leur durée de vie est limitée à quelques jours en raison de leur tendance à s'autodétruire avec les envahisseurs étrangers qu'ils éliminent.

Granum (n. masc.) Empilement de membranes thylakoïdiennes à l'intérieur du chloroplaste. Les grana (pluriel de *granum*) jouent un rôle dans les réactions photochimiques de la photosynthèse.

Gras *trans* (n. masc.) Gras insaturé, produit artificiellement au cours de l'hydrogénation des huiles, qui comporte une ou plusieurs liaisons doubles *trans*.

Greffon (n. masc.) Chez les végétaux, ramille ou bourgeon qu'on implante sur un porte-greffe.

Grille de Punnett (n. fém.) Tableau qui permet de prédire facilement les résultats de croisements génétiques entre individus de génotype connu.

Gros intestin (n. masc.) Partie tubulaire du canal alimentaire des Vertébrés située entre l'intestin grêle et l'anus. Sa fonction consiste à absorber l'eau et à former les matières fécales.

Grossesse (n. fém.) Chez la femme, processus au cours duquel se développent un ou plusieurs embryons et qui s'étend de la fécondation jusqu'à l'accouchement.

Groupe extérieur (n. masc.) Espèce ou groupe d'espèces d'une lignée ayant divergé avant celle dont font partie les espèces à l'étude. On choisit un groupe extérieur (ou groupe de référence) en considérant que ses membres sont proches du groupe des espèces étudiées, tout en ayant avec ces dernières un lien plus lâche que celui qui unit ses membres.

Groupe intérieur (n. masc.) Espèce ou groupe d'espèces dont on veut déterminer les relations découlant de l'évolution.

Groupe paraphylétique (n. masc.) Groupe d'espèces qui comprend un ancêtre et une partie seulement de ses descendants.

Groupement amine (n. masc.) Groupement chimique formé d'un atome d'azote lié à deux atomes d'hydrogène; peut agir comme une base en solution en acceptant un ion hydrogène et en obtenant une charge de 1+.

Groupement carbonyle (n. masc.) Groupement chimique présent dans les aldéhydes et les cétones se composant d'un atome de carbone et d'un atome d'oxygène liés par une liaison double.

Groupement carboxyle (n. masc.) Groupement chimique présent dans les acides organiques. Se compose d'un atome de carbone lié par une liaison double à un atome d'oxygène, l'atome de carbone étant lui-même lié à un groupement hydroxyle.

Groupement fonctionnel (n. masc.) Composante des molécules organiques qui participe à des réactions chimiques (p. ex.: groupement hydroxyle, groupement amine).

Groupement hydroxyle (n. masc.) Groupement fonctionnel constitué d'un atome d'hydrogène et d'un atome d'oxygène liés par une liaison covalente polaire. L'atome d'oxygène est fixé à la chaîne carbonée d'une molécule organique. Les plus petites molécules qui possèdent ce groupement sont solubles dans l'eau et sont appelées *alcools*.

Groupement méthyle (n. masc.) Groupement chimique constitué d'un atome de carbone lié à trois atomes d'hydrogène. Le groupement méthyle peut être lié à un carbone ou à un atome différent.

Groupement phosphate (n. masc.) Groupement chimique constitué d'un atome de phosphore lié à quatre atomes d'oxygène; joue un rôle important dans le transfert d'énergie.

Groupement thiol (n. masc.) Groupement fonctionnel constitué d'un atome de soufre et d'un atome d'hydrogène, l'atome de soufre étant lié à une chaîne carbonée. Deux groupements thiols forment un pont disulfure stabilisant la structure des protéines.

Groupes frères (n. masc.) Groupes d'organismes ayant le même ancêtre direct. Chacun est donc le plus proche parent de l'autre.

Guttation (n. fém.) Écoulement de gouttelettes d'eau qu'on peut observer le matin à l'extrémité des brins d'herbe ou sur la bordure des feuilles de certaines plantes. Phénomène causé par la pression racinaire.

Gymnospermes (n. fém.) Vasculaires portant des graines nues, c'est-à-dire qui ne sont pas enfermées dans un compartiment spécialisé.

H

Halophiles extrêmes (n. masc.) Organismes vivant dans des milieux à très forte salinité, tels que la mer Morte, au Proche-Orient, et le Grand Lac Salé, aux États-Unis.

Hélicase (n. fém.) Enzyme qui intervient dans l'angle de la fourche de réplication pour dérouler la double hélice et séparer les deux brins parentaux d'ADN, ce qui les rend disponibles pour servir de brins matrices.

Hélice alpha – α (n. fém.) Agencement en spirale d'une chaîne polypeptidique stabilisée par des liaisons hydrogène situées à intervalles réguliers entre les spires et constituant un type de structure secondaire des protéines.

Hémisphère cérébral (n. masc.) Chacune des deux parties, gauche et droite, du cerveau des Vertébrés.

Hémoglobine (n. fém.) Type de pigment respiratoire des globules rouges de la plupart des Vertébrés. Comporte quatre sous-unités, dont chacune possède un cofacteur appelé *groupement hème*, portant en son centre un ion ferreux (Fe^{2+}) qui assure la fixation du dioxygène.

Hémolymphe (n. fém.) Liquide biologique dans lequel baignent directement les organes internes chez les Invertébrés qui possèdent un système cardiovasculaire ouvert.

Hémophilie (n. fém.) Chez l'humain, affection héréditaire de la coagulation sanguine attribuable à un caractère récessif lié au sexe. Se caractérise par un saignement excessif à la moindre lésion.

Hépatiques (n. fém.) – **Marchantiophytes** ou **Hépatophytes** (n. fém.) Embranchement des Bryophytes regroupant des petites plantes herbacées (non ligneuses) non vasculaires qui doivent leur nom au fait que la forme de leurs gamétophytes évoque un foie.

Herbivore (n. masc.) Animal qui se nourrit principalement de végétaux ou d'algues.

Herbivorisme (n. masc.) Interaction au cours de laquelle un herbivore mange des parties de plante ou des algues.

Hérédité (n. fém.) Ensemble des phénomènes par lesquels des caractères des êtres vivants sont transmis d'une génération à la suivante.

Hérédité épigénétique (n. fém.) Hérédité de traits transmis par des mécanismes dans lesquels la séquence des nucléotides d'un génome n'intervient pas directement.

Hérédité polygénique (n. fém.) Effet cumulatif de deux gènes ou plus sur un même phénotype.

Hermaphrodisme (n. masc.) Présence chez un même individu d'un appareil génital mâle et d'un appareil génital femelle qui lui permettent de produire des spermatozoïdes et des ovules. L'hermaphrodisme existe chez de nombreuses espèces animales.

Hermaphrodite (adj.) Se dit d'un individu qui possède à la fois un système reproducteur mâle et un système reproducteur femelle, et qui produit donc des spermatozoïdes et des ovules.

Hétérocaryon (n. masc.) Mycélium fongique comportant deux ou plusieurs noyaux haploïdes par noyau.

Hétérochromatine (n. fém.) Chez les Eucaryotes, type de chromatine interphasique non transcrite, visible au microscope photonique en raison de sa forte condensation et situé notamment au niveau des centromères.

Hétérochronie (n. fém.) Ensemble des changements qui, au cours de l'évolution, touchent le rythme ou le déroulement des étapes du développement d'un organisme.

Hétérocyste (n. fém.) Chez quelques cyanobactéries filamenteuses, cellule spécialisée qui fixe l'azote.

Hétéromorphe (adj.) Se dit des générations dans lesquelles le gamétophyte et le sporophyte ont une structure différente au cours de l'alternance des générations qui marque le cycle de développement de tous les Végétaux actuels et de certaines algues.

Hétérosporée (adj.) Se dit d'une plante dont le sporophyte produit deux types de spores : des mégaspores, qui deviennent des gamétophytes femelles, et des microspores, qui deviennent des gamétophytes mâles.

Hétérotrophe (n. masc.) Dans une chaîne ou le réseau alimentaire d'un écosystème, organisme qui se nourrit directement ou indirectement des produits photosynthétiques des producteurs.

Hétérozygosité moyenne (n. fém.) Pourcentage moyen des loci d'une population qui sont hétérozygotes chez les membres de cette population.

Hétérozygote (n. masc.) Individu qui possède une paire d'allèles différents pour un caractère donné (p. ex. : *Aa*).

Hexapode (n. masc.) Insecte ou Arthropode apparenté, sans ailes et pourvu de six pattes.

Hibernation (n. fém.) État de torpeur saisonnier caractérisé par une diminution de la vitesse du métabolisme, un ralentissement du système cardiovasculaire et du système respiratoire et une baisse de la température corporelle à un niveau inférieur à la normale.

Histamine (n. fém.) Médiateur chimique libéré par les cellules lésées (des leucocytes appelés *granulocytes basophiles* et les mastocytes) et qui cause une vasodilatation au cours de la réaction inflammatoire et allergique.

Histone (n. fém.) Chez les Eucaryotes, petite protéine qui joue un rôle clé dans la structure de la chromatine ; très riche en acides aminés chargés positivement, elle se lie solidement à l'ADN, chargé négativement.

Homéostasie (n. fém.) État d'équilibre dynamique de tout organisme. Maintien de la stabilité du milieu interne en dépit des fluctuations du milieu externe.

Homininés (n. fém.) Groupe dans lequel sont rassemblées les espèces plus proches des humains que des chimpanzés ou des gorilles, et comprenant les Australopithèques, apparus les premiers et aujourd'hui disparus, ainsi que les individus du genre *Homo*, dont toutes les espèces sont éteintes, sauf une : *Homo sapiens*.

Homochromie (n. fém.) Camouflage qui rend difficile, pour les prédateurs, la détection de proies potentielles, lesquelles harmonisent leur couleur à celle du milieu ambiant.

Homologie (n. fém.) Ressemblance de caractères résultant d'une ascendance commune.

Homoplasie (n. fém.) Structure ou séquence moléculaire semblable (analogue) qui a évolué indépendamment chez deux espèces.

Homosporée (adj.) Se dit d'une plante, telles les Fougères, dont le sporophyte produit un seul type de spores. Chaque spore devient un gamétophyte qui porte à la fois des organes sexuels femelles et des organes sexuels mâles.

Homozygote (adj.) Se dit d'un individu qui possède une paire d'allèles identiques pour un caractère donné (p. ex. : *AA*).

Horizon (n. masc.) Couche d'un sol dont les caractéristiques physiques diffèrent de celles des couches se trouvant au-dessus ou au-dessous d'elle.

Horloge biologique (n. fém.) Horloge interne qui régit les rythmes biologiques d'un être vivant, dont le rythme veille-sommeil. Mesure le temps avec ou sans indices externes, mais nécessite souvent des stimulus externes pour maintenir les cycles synchronisés avec une période appropriée. Voir aussi *Rythme circadien*.

Horloge moléculaire (n. fém.) Méthode de datation qui sert à situer l'origine des groupes taxinomiques dans le temps. Se fonde sur le principe voulant que certaines régions du génome évoluent à des rythmes constants.

Hormone (n. fém.) L'un des nombreux signaux chimiques qui circulent dans tous les organismes multicellulaires. Synthétisée dans des cellules spécialisées, une hormone circule dans les liquides biologiques et se rend jusqu'à des cellules cibles, avec lesquelles elle interagit afin d'en réguler les activités.

Hormone antidiurétique – ADH (n. fém.) Hormone peptidique, aussi appelée *vasopressine*, qui favorise la rétention d'eau par les reins. Produite dans l'hypothalamus et libérée par le lobe postérieur de l'hypophyse, l'ADH joue également un rôle dans le comportement social.

Hormone de croissance – GH (n. fém.) Hormone protéique produite et sécrétée par l'adénohypophyse. Agit directement ou en tant que stimuline sur un large éventail de tissus cibles. Intervient directement dans la croissance, en particulier celle du squelette et des muscles, mais aussi indirectement en provoquant la synthèse de différents facteurs de croissance.

Hormone folliculostimulante – FSH (n. fém.) Glycoprotéine sécrétée par l'adénohypophyse qui déclenche la production d'ovocytes par les ovaires et de spermatozoïdes par les testicules.

Hormone lutéinisante – LH (n. fém.) Glycoprotéine produite et sécrétée par l'adénohypophyse qui déclenche l'ovulation chez la femelle et la production d'androgènes chez le mâle.

Hormone mélanotrope – MSH (n. fém.) Hormone produite et sécrétée par l'adénohypophyse qui commande de nombreuses activités, notamment le comportement des cellules pigmentaires de la peau chez certains Vertébrés.

Hormone prothoracotrope (n. fém.) Hormone que produisent les neurones sécrétoires du cerveau des Insectes et qui assure le développement en provoquant la sécrétion d'ecdysone par les glandes prothoraciques.

Hôte (n. masc.) Dans une relation symbiotique, organisme le plus gros qui fournit souvent abri et nourriture à l'organisme plus petit.

Humus (n. masc.) Résidu de matière organique partiellement décomposée.

Hybridation (n. fém.) En génétique, croisement entre deux individus différant par un ou plusieurs caractères héréditaires.

Hybridation *in situ* (n. fém.) Méthode qui utilise l'hybridation des acides nucléiques avec des sondes marquées pour repérer le site d'un ARNm spécifique dans un tissu ou des cellules.

Hybridation moléculaire (n. fém.) Appariement des bases d'un gène et d'une séquence complémentaire présente sur une autre molécule d'acide nucléique.

Hybride (n. masc.) Descendant qui provient de l'accouplement entre individus de deux espèces différentes ou de deux variétés de lignée pure de la même espèce.

Hydrocarbure (n. masc.) Molécule organique formée uniquement de carbone et d'hydrogène (p. ex.: C_5H_{12}).

Hydrolyse (n. fém.) Réaction chimique au cours de laquelle des liaisons entre deux molécules sont rompues sous l'action de l'eau; décompose les polymères en monomères.

Hydrolyse enzymatique (n. fém.) Chez les Animaux, réaction chimique de décomposition des macromolécules contenues dans les fragments de nourriture au cours de laquelle interviennent des molécules d'eau.

Hydrophile (adj.) Se dit d'une substance ayant une affinité pour l'eau. Les groupements polaires sont hydrophiles.

Hydrophobe (adj.) Se dit d'une substance qui ne se dissout pas dans l'eau et n'a aucune affinité pour elle (p. ex.: les lipides).

Hydrosquelette (n. masc.) Soutien apporté par un compartiment fermé de l'organisme qui contient un liquide maintenu sous pression. Présent chez la plupart des Cnidaires, des Plathelminthes, des Nématodes et des Annélides.

Hymen (n. masc.) Fine membrane qui recouvre partiellement l'ouverture du vagin chez la femme jusqu'aux premiers rapports sexuels. Peut aussi se rompre au cours d'un exercice physique vigoureux.

Hyperpolarisation (n. fém.) Augmentation de l'amplitude du potentiel de membrane qui rend l'intérieur de la membrane plasmique plus négatif que l'extérieur. Réduit la possibilité pour un neurone de transmettre un influx nerveux.

Hypertension (n. fém.) Pression artérielle chroniquement trop élevée.

Hypertonique (adj.) Se dit d'une solution qui, lorsqu'elle entoure une cellule, lui fait perdre de l'eau.

Hyphe (n. fém.) Réseau de filaments qui compose le mycélium et forme l'appareil végétatif des Eumycètes.

Hypocotyle (n. masc.) Dans les graines des Angiospermes, partie de l'axe embryonnaire situé sous le point d'attache des cotylédons et se terminant par la radicule.

Hypophyse (n. fém.) Glande endocrine située à la base de l'hypothalamus. Formée d'un lobe postérieur (neurohypophyse), qui emmagasine et libère deux hormones produites par l'hypothalamus, et d'un lobe antérieur (adénohypophyse), qui produit et sécrète de nombreuses hormones régulatrices de diverses fonctions de l'organisme.

Hypothalamus (n. masc.) Région de l'encéphale des Vertébrés formée à partir du diencéphale embryonnaire (l'une des divisions du prosencéphale). Participe au maintien de l'homéostasie, notamment dans l'intégration des systèmes endocrinien et nerveux; sécrète les hormones que libère la neurohypophyse ainsi que des hormones de libération dont la cible est l'adénohypophyse.

Hypothèse (n. fém.) Supposition vérifiable d'un ensemble d'observations reposant sur les données disponibles et guidée par un raisonnement inductif. La portée d'une hypothèse est beaucoup moins vaste que celle d'une théorie.

Hypothèse ABC (n. fém.) Hypothèse concernant le développement floral qui définit trois classes d'identité des organes régissant la formation des quatre types d'organes floraux.

Hypothèse de cohésion-tension (n. fém.) Explication principale de la montée de la sève brute du xylème selon laquelle la transpiration crée un effet d'aspiration, ce qui met la sève brute sous une pression négative et crée un mouvement ascendant. La cohésion des molécules d'eau transmet ce mouvement ascendant sur toute la longueur du xylème, des racines jusqu'aux feuilles.

Hypothèse de la perturbation de niveau intermédiaire (n. fém.) Concept selon lequel des perturbations de niveau modéré peuvent favoriser une diversité d'espèces plus grande que celles de niveau faible ou élevé.

Hypothèse de la stabilité dynamique (n. fém.) Hypothèse selon laquelle les chaînes alimentaires très complexes sont moins stables que les autres.

Hypothèse énergétique (n. fém.) Hypothèse selon laquelle l'inefficacité du transfert d'énergie le long d'une chaîne alimentaire limite le nombre de ses niveaux trophiques.

Hypotonique (adj.) Se dit d'une solution qui, lorsqu'elle entoure une cellule, lui fait gagner de l'eau.

I

Imbibition (n. fém.) Processus physique par lequel la surface interne d'une graine absorbe de l'eau lors de la germination en raison de son faible potentiel hydrique.

Imitation du choix du partenaire (n. fém.) Comportement en vertu duquel les individus d'une population imitent le choix de partenaire d'autres individus, apparemment le résultat d'un apprentissage social.

Immigration (n. fém.) Arrivée dans une population de nouveaux individus venant d'autres régions.

Immunisation (n. fém.) Processus par lequel un individu acquiert un état d'immunité par des moyens artificiels. Dans l'immunisation active, aussi appelée *vaccination*, on administre des toxines ou des agents microbiens rendus inoffensifs dans le but d'activer les lymphocytes B et T et la mémoire immunologique. Dans l'immunisation passive, on administre les anticorps spécifiques d'un microbe donné, ce qui confère une protection immédiate mais temporaire.

Immunité active (n. fém.) Défense résultant de l'action des lymphocytes B et T et de la formation de cellules mémoires B et T spécifiques d'un pathogène. Généralement de longue durée, cette forme d'immunité s'obtient naturellement par la guérison d'une maladie infectieuse ou artificiellement par la vaccination.

Immunité adaptative (n. fém.) Forme de défense immunitaire exclusive aux Vertébrés, qui repose sur l'intervention des lymphocytes B et T et qui se caractérise par sa spécificité, la reconnaissance du soi et du non-soi et la mémoire immunologique. Aussi appelée *immunité acquise*.

Immunité innée (n. fém.) Forme de défense commune à tous les Animaux, qui se met en branle dès l'exposition aux agents pathogènes et qui demeure la même, que l'organisme ait déjà rencontré le pathogène auparavant ou non.

Immunité passive (n. fém.) Immunité temporaire qui s'obtient par l'administration d'anticorps préparés ou par le transfert des anticorps maternels au fœtus ou au bébé nourri au sein.

Immunoglobulines – Ig (n. fém.) Catégorie de protéines globulaires sériques dont la fonction est de reconnaître et d'attaquer les agents envahisseurs de l'organisme. Divisées en cinq classes selon leur distribution dans le corps et selon leur mode de destruction des antigènes.

Imprégnation (n. fém.) Dans le comportement animal, installation, à un stade précis du développement appelé période critique, d'une réponse comportementale durable à l'égard d'un individu ou d'un objet particulier. Voir aussi *Empreinte génomique*.

Indépendant de la densité (adj.) En démographie, se dit d'un taux de natalité ou de mortalité qui ne varie pas à mesure que la densité de population augmente.

Indice de diversité de Shannon (n. fém.) Indice de la diversité de communautés symbolisé par H et représenté par l'équation $H = -(p_A \ln p_A + p_B \ln p_B + p_C \ln p_C + \ldots)$, où A, B, C… sont des espèces, p est l'abondance relative de chaque espèce, et ln, le logarithme naturel.

Inducteur (n. masc.) Petite molécule spécifique qui se lie à un répresseur protéique bactérien et modifie sa structure pour l'empêcher de se fixer au promoteur, ce qui désactive un opéron.

Induction (n. fém.) Mécanisme par lequel un groupe de cellules embryonnaires influe sur le développement d'un autre, en provoquant des changements dans l'expression génique.

Infarctus du myocarde (n. masc.) Destruction du tissu musculaire cardiaque par suite de la privation d'oxygène résultant de l'obstruction prolongée d'une des artères coronaires, ou des deux. Communément appelé *crise cardiaque*.

Inflorescence (n. fém.) Groupe de fleurs étroitement regroupées sur une même tige.

Information de positionnement (n. fém.) Dans la structure embryonnaire d'un animal ou d'un végétal, ensemble des indices moléculaires déterminant le plan d'organisation en indiquant la position de chaque cellule par rapport aux axes du corps de l'organisme. Ces indices déclenchent une réponse sous le contrôle des gènes régulateurs du développement.

Ingénieur d'écosystème (n. masc.) Organisme qui influe positivement ou négativement sur la structure d'une communauté par les changements qu'il apporte au milieu physique.

Ingestion (n. fém.) Première étape du traitement de la nourriture par les Animaux : action de manger.

Ingestion du substrat (n. fém.) Mécanisme d'ingestion des Animaux, comme des chenilles, qui vivent sur leur source de nourriture ou dans les tissus de celle-ci, se frayant un chemin en mangeant.

Ingestion en vrac (n. fém.) Mécanisme d'ingestion chez certains animaux, comme les serpents, qui absorbent des morceaux de nourriture relativement volumineux, voire des proies entières.

Ingestion par aspiration (n. fém.) Mécanisme d'ingestion d'un animal, comme un moustique, qui aspire des liquides riches en nutriments, chez des hôtes vivants.

Inhibine (n. fém.) Hormone produite dans les gonades mâles et femelles dont la fonction consiste en partie à réguler l'activité de l'adénohypophyse par rétroaction négative.

Inhibiteur compétitif (n. masc.) Substance qui réduit l'activité d'une enzyme en déformant le site actif ou en prenant la place du substrat auquel elle ressemble.

Inhibiteur non compétitif (n. masc.) Substance qui entrave les réactions enzymatiques en se liant à une région de l'enzyme éloignée du site actif. Cette interaction déforme la molécule enzymatique de telle manière que le site actif catalyse la réaction moins efficacement.

Inhibition de contact (n. fém.) Phénomène, observé dans une culture de cellules animales normales, par lequel des cellules qui entrent en contact étroit les unes avec les autres cessent de se diviser.

Inhibition latérale (n. fém.) Dans le fonctionnement de l'œil des Vertébrés, processus d'intégration qui rend les contours plus nets et améliore le contraste de l'image en inhibant les récepteurs situés à côté de ceux qui ont réagi à la lumière.

Injection intracytoplasmique d'un spermatozoïde – IICS (n. fém.) Fécondation d'un ovule au laboratoire par injection directe d'un seul spermatozoïde.

Inositol triphosphate – IP_3 (n. masc.) Second messager produit par l'hydrolyse d'un phosphoglycérolipide de la membrane plasmique et jouant le rôle d'intermédiaire entre certaines molécules de communication et un second messager subséquent, Ca^{2+}, en provoquant une augmentation de la concentration cytoplasmique des ions Ca^{2+}.

Insertion (n. fém.) Mutation correspondant à l'ajout d'une ou de plusieurs paires de nucléotides dans un gène.

Insuline (n. fém.) Hormone peptidique aux effets hypoglycémiants sécrétée par les cellules endocrines bêta des îlots pancréatiques. Active la captation du glucose sanguin par presque toutes les cellules de l'organisme, ainsi que la synthèse et le stockage du glycogène par celles du foie; stimule également la synthèse des protéines et des graisses.

Intégrine (n. fém.) Dans les cellules animales, protéine réceptrice transmembranaire comportant deux sous-unités qui réunit la matrice extracellulaire et le cytosquelette. Du fait de sa position, cette protéine transmet des informations de part et d'autre de la membrane plasmique qui peuvent modifier l'action de la cellule.

Interaction hydrophobe (n. fém.) Type d'interaction chimique faible causée lorsque des molécules hydrophobes, c'est-à-dire qui ne se mélangent pas avec l'eau, forment un agrégat pour repousser l'eau.

Interaction interspécifique (n. fém.) Relation entre les individus de deux ou plusieurs espèces dans une communauté.

Interféron (n. masc.) Protéine aux fonctions antivirales ou immunitaires régulatrices. L'interféron alpha et l'interféron bêta, que sécrètent des cellules infectées par des virus, aident les cellules adjacentes à résister aux infections virales; l'interféron gamma, sécrété par les lymphocytes T, stimule les macrophages.

Intermédiaire phosphorylé (n. masc.) Molécule (souvent un réactif) qui a reçu un groupement phosphate, ce qui la rend plus réactive (moins stable) que la même molécule non phosphorylée.

Interneurone (n. masc.) Neurone d'association; cellule nerveuse du système nerveux central qui forme des synapses avec des neurones sensitifs ou des neurones moteurs et intègre l'information sensorielle et les commandes motrices.

Interphase (n. fém.) Phase du cycle cellulaire pendant laquelle la cellule ne se divise pas. Représente généralement 90 % de la durée du cycle. Pendant l'interphase, l'activité métabolique est élevée, la cellule croît (phases G_1, S et G_2) et copie ses chromosomes (phase S) en préparation de la division cellulaire.

Intestin grêle (n. masc.) Partie de l'intestin située entre l'estomac et le gros intestin, formant le segment le plus long du tube digestif, dans lequel se produit la majeure partie de l'hydrolyse enzymatique des macromolécules alimentaires et la majeure partie de l'absorption des éléments nutritifs dans le sang.

Intron (n. masc.) Séquence non codante située à l'intérieur d'un transcrit primaire qui est enlevé du transcrit au cours de la maturation de l'ARN; désigne également la région d'ADN à partir de laquelle cette séquence a été transcrite.

Inversion (n. fém.) Aberration chromosomique attribuable à une erreur au cours de la méiose ou à des mutagènes. Survient lorsque, après une cassure, un fragment chromosomique se rattache à son chromosome d'origine, mais à l'envers.

Invertébrés (n. masc.) Animaux dépourvus de colonne vertébrale. Les Invertébrés constituent 95 % des espèces animales.

Ion (n. masc.) Atome (ou molécule) chargé, qui a gagné ou perdu au moins un électron (p. ex. : Na^+, Cl^-, Ca^{2+}).

Ion hydrogène (n. masc.) Atome d'hydrogène qui a perdu son unique électron et généralement appelé proton. La dissociation d'une molécule d'eau (H_2O) génère un ion hydroxyde (OH^-) et un ion hydrogène (H^+); H^+ n'existe pas seul dans l'eau, mais il est associé avec une autre molécule d'eau pour former un ion hydronium.

Ion hydronium (n. masc.) Proton qui se lie à une molécule d'eau; H_3O^+ représenté par convention par H^+.

Ion hydroxyde – OH^- (n. masc.) Molécule d'eau qui a perdu un proton (H^+).

Iris (n. masc.) Dans l'œil des Vertébrés et de certains Invertébrés, partie antérieure de la choroïde. A une forme de beignet et donne sa couleur à l'œil. En variant son diamètre, règle la quantité de lumière qui traverse la pupille.

Isolement reproductif (n. masc.) Mécanisme reposant sur divers facteurs biologiques (barrières) qui empêchent les membres de deux espèces de produire des hybrides viables et féconds.

Isomères (n. masc.) Composés ayant la même formule moléculaire brute mais une configuration et des propriétés différentes. Les trois types d'isomères sont les isomères de structure, les isomères *cis-trans* et les énantiomères.

Isomères *cis-trans* (n. masc.) Composés qui possèdent la même formule moléculaire brute et le même ensemble de liaisons covalentes avec les mêmes atomes ou groupes d'atomes, mais dont l'arrangement spatial de ces derniers diffère en raison de la rigidité de la liaison double; anciennement *isomères géométriques*.

Isomères de structure (n. masc.) Composés qui possèdent la même formule moléculaire brute, mais qui diffèrent par la disposition de leurs liaisons covalentes.

Isomorphe (adj.) Dans l'alternance de générations chez les Végétaux et certaines Algues, se dit des générations dans lesquelles le sporophyte et le gamétophyte semblent identiques, mais ne possèdent pas le même nombre de chromosomes.

Isopodes (n. masc.) L'un des groupes de Crustacés les plus nombreux, qui comprend des espèces terrestres, aquatiques et marines. Parmi les Isopodes terrestres se trouvent les cloportes.

Isotonique (adj.) Se dit d'une solution qui, lorsqu'elle entoure une cellule, ne cause aucune entrée ou sortie nettes d'eau de la cellule.

Isotope (n. masc.) L'une des nombreuses formes atomiques d'un élément. Chaque isotope contient le même nombre de protons, mais un nombre différent de neutrons et a par conséquent une masse atomique propre (p. ex.: ^{12}C, ^{13}C et ^{14}C sont trois isotopes du carbone).

Itéroparité (n. fém.) Cycle biologique pendant lequel des adultes produisent des descendances nombreuses sur une période de plusieurs années. Aussi appelée *reproduction répétée*.

J

Jonction ouverte – jonction communicante (n. fém.) Type de jonction intercellulaire constituée de protéines entourant un pore que peuvent franchir de petits ions et de petites molécules pour circuler entre les cellules.

Jonction serrée (n. fém.) Jonction entre les cellules animales qui empêche le liquide extracellulaire de passer entre deux cellules.

Joule – J (n. masc.) Unité de mesure servant à quantifier toute énergie. Un joule équivaut à 0,239 cal.

K

Kilocalorie – kcal (n. fém.) 1 000 calories; quantité de chaleur requise pour élever de 1 °C la température de 1 kg d'eau.

Kinase cycline-dépendante – Cdk (n. fém.) Protéine kinase qui joue un rôle dans la régulation du cycle cellulaire et qui n'est active que lorsqu'elle est liée à une cycline particulière.

Kinétochore (n. masc.) Structure constituée de protéines associées à certaines portions d'ADN du centromère qui lie chaque chromatide sœur au fuseau de division mitotique.

Kinétoplastidés (n. masc.) Groupe de Protistes symbiotiques, appartenant aux Euglénobiontes, dont fait partie *Trypanosoma*. Se distinguent par leur unique mitochondrie volumineuse associée à un seul organite, le kinétoplaste, qui contient l'ADN extranucléaire.

L

Lac eutrophe (n. masc.) Lac peu profond et riche en matières nutritives. Son phytoplancton est très productif et ses eaux sont troubles.

Lactation (n. fém.) Chez les Mammifères, production et sécrétion de lait par les glandes mammaires.

Lamelle moyenne (n. fém.) Chez les Végétaux, mince couche riche en polysaccharides adhésifs appelés *pectines* placée entre les parois primaires des jeunes cellules végétales voisines.

Lamina nucléaire (n. fém.) Revêtement qui tapisse la face interne de l'enveloppe nucléaire. Se compose d'un entrelacement de filaments protéiques grâce auquel le noyau acquiert sa forme.

Larve (n. fém.) Forme sexuellement immature qui vit à l'état libre, dans quelques cycles de développement animaux. Sa morphologie, ses besoins nutritifs et son habitat diffèrent parfois de ceux de l'Animal adulte.

Larve trocophore (n. masc.) Stade larvaire distinctif observé chez certains Lophotrochozoaires, notamment, certains Annélides et Mollusques.

Larynx (n. masc.) Partie supérieure du système respiratoire de certains Vertébrés. Organe de phonation renfermant les cordes vocales.

Latéralisation (n. fém.) Séparation des fonctions dans le cortex de l'hémisphère gauche ou droit du cerveau.

Lenticelle (n. fém.) Ouverture, en des endroits localisés, du périderme des plantes. Permet aux cellules vivantes situées à l'intérieur du tronc d'effectuer des échanges respiratoires avec l'air ambiant.

Lépidosauriens (n. masc.) Groupe des Reptiles constitué des lézards, des serpents et de deux espèces animales néo-zélandaises appelées *tuataras*.

Leptine (n. fém.) Hormone produite par les cellules adipeuses qui assure la régulation de l'appétit en influant sur le «centre de la satiété».

Létale au stade embryonnaire (adj.) Se dit d'une mutation qui produit un phénotype conduisant à la mort d'un embryon ou d'une larve.

Leucocyte (n. masc.) Élément figuré du sang de certains Invertébrés et des Vertébrés dont la fonction consiste à lutter contre les agents pathogènes et les cellules identifiées au non-soi. Communément appelé *globule blanc*.

Lèvre dorsale (n. fém.) Région au-dessus du blastopore sur la face dorsale de l'embryon chez les Amphibiens.

Levures (n. fém.) Eumycètes unicellulaires qui se reproduisent par voie asexuée, par scissiparité ou bourgeonnement des cellules parentales.

Liaison chimique (n. fém.) Force d'attraction entre deux atomes résultant du partage d'électrons périphériques ou de la présence de charges de signes opposés dans les atomes. Par cette mise en commun, les atomes liés remplissent leur dernier niveau énergétique, ou leur dernière orbitale.

Liaison covalente (n. fém.) Liaison chimique forte entre deux atomes qui mettent en commun une ou plusieurs paires d'électrons de valence.

Liaison covalente non polaire (n. fém.) Type de liaison covalente dans lequel les électrons se répartissent également entre deux atomes de même électronégativité dans une molécule (p. ex.: entre deux atomes d'hydrogène ou deux atomes d'oxygène).

Liaison covalente polaire (n. fém.) Liaison covalente entre deux atomes d'électronégativité différente. Les électrons qui font la liaison sont davantage attirés par l'atome le plus électronégatif. Ainsi, celui-ci a une charge partielle négative, tandis que l'autre atome a une charge partielle positive (p. ex.: entre l'atome d'oxygène et les deux atomes d'hydrogène dans la molécule d'eau).

Liaison double (n. fém.) Liaison covalente double dans laquelle deux atomes partagent deux paires d'électrons de valence.

Liaison glycosidique (n. fém.) Liaison covalente établie entre deux monosaccharides à la suite d'une réaction de déshydratation.

Liaison hydrogène (n. fém.) Liaison chimique faible se produisant lorsqu'un atome d'hydrogène (de charge partielle positive) déjà lié par covalence à un atome électronégatif dans une molécule subit l'attraction d'un autre atome électronégatif dans une autre molécule ou une autre position de la même molécule. S'établit le plus souvent entre l'hydrogène et l'oxygène ou entre l'hydrogène et l'azote.

Liaison ionique (n. fém.) Liaison chimique produite par l'attraction entre des ions de charges opposées (p. ex.: entre Na^+ et Cl^- pour former le composé NaCl).

Liaison peptidique (n. fém.) Liaison covalente qui s'établit entre le groupement carboxyle d'un acide aminé et le groupement amine d'un autre au cours d'une réaction de déshydratation.

Liaison simple (n. fém.) Liaison covalente simple; partage d'un doublet d'électrons entre deux atomes.

Lichen (n. masc.) Groupe symbiotique fondé sur le mutualisme entre un Eumycète et une Chlorophycée photosynthétique (Algue verte) ou une Cyanobactérie.

Ligament (n. masc.) Bande de tissu conjonctif dense régulier qui relie des os, des cartilages et des viscères.

Ligand (n. masc.) Molécule qui se lie spécifiquement et de façon généralement réversible à une autre molécule, généralement plus grosse.

Ligature des trompes (n. fém.) Chez la femme, méthode de contraception qui consiste à cautériser ou à lier une section des trompes utérines afin d'empêcher la progression des ovocytes matures jusqu'à l'utérus.

Lignage (n. masc.) Arbre généalogique qui représente à l'aide de symboles conventionnels la transmission des caractères entre parents et enfants d'une génération à l'autre.

Ligne primitive (n. fém.) Épaississement le long du futur axe antéropostérieur qui se forme à la surface d'un nouvel embryon aviaire ou mammalien, causé par l'accumulation de cellules sur le milieu de la surface, puis vers l'intérieur de l'embryon à partir de la ligne médiane du blastoderme.

Lignée pure (n. fém.) Groupe d'individus qui, au fil des générations, n'engendrent après autofécondation que des descendants de la même variété pour un caractère particulier.

Lignine (n. fém.) Polymère phénolique enchâssé dans la matrice cellulosique de la paroi cellulaire des Vasculaires et qui constitue une adaptation importante pour le support des plantes terrestres.

Limon argilosableux (n. masc.) Sol le plus fertile (aussi appelé *terre franche* au Québec). Se compose d'un mélange, en quantités à peu près égales, de sable, de limon (particules de taille intermédiaire) et d'argile.

Lipides (n. masc.) Classe de composés organiques généralement insolubles dans l'eau, dont font partie les graisses, les phosphoglycérolipides et les stéroïdes.

Lipoprotéine de faible densité – LDL (n. fém.) Particule composée de milliers de molécules de cholestérol et d'autres lipides entourés d'une couche simple de phosphoglycérolipides dans lesquels des protéines sont encastrées. Les lipoprotéines de ce type transportent le cholestérol du foie vers les membranes cellulaires dans lesquelles ils seront incorporés. Un taux sanguin élevé de ces lipoprotéines correspond à une augmentation du risque d'obstruction vasculaire et de cardiopathie.

Lipoprotéine de haute densité – HDL (n. fém.) Particule en suspension dans le sang; constituée de milliers de molécules de cholestérol et d'autres lipides liés à une protéine. Ramène le cholestérol en excès au foie, qui en assure l'élimination.

Liquide cérébrospinal (n. masc.) Chez les Vertébrés, liquide issu de la filtration du sang dans l'encéphale et contenu dans les ventricules cérébraux et les cavités de la moelle épinière. Exerce des fonctions nourricières et protectrices, notamment contre les infections, et en faisant office d'amortisseur pour atténuer les chocs auxquels sont soumis l'encéphale et la moelle épinière.

Liquide interstitiel (n. masc.) Milieu interne dans lequel baignent les cellules des Vertébrés.

Lit capillaire (n. masc.) Réseau de capillaires dans un tissu ou un organe.

Lobe antérieur de l'hypophyse (n. masc.) Portion de l'hypophyse qui se développe à partir de tissu non neuronal. Constitué de cellules endocrines qui synthétisent et sécrètent plusieurs hormones tropiques (stimulines) et non tropiques. Aussi appelé *adénohypophyse*.

Lobe postérieur de l'hypophyse (n. masc.) Prolongement de l'hypothalamus composé de cellules nerveuses dans lequel sont temporairement emmagasinées l'ocytocine et l'hormone antidiurétique, produites par l'hypothalamus. Aussi appelé *neurohypophyse*.

Locomotion (n. fém.) Déplacement actif d'un lieu à un autre.

Locus (n. masc.) Emplacement exact d'un gène sur un chromosome.

Loi de Hardy-Weinberg (n. fém.) Principe selon lequel les fréquences alléliques et les génotypes d'une population restent constants de génération en génération, à condition que seules la ségrégation mendélienne et la recombinaison d'allèles soient à l'œuvre.

Loi de l'assortiment indépendant des caractères (n. fém.) Deuxième loi de Mendel, selon laquelle les paires d'allèles sont indépendantes les unes des autres et se séparent de manière aléatoire au moment de la formation des gamètes. Loi qui s'applique quand les allèles correspondant à deux ou à plusieurs caractères sont situés sur différentes paires de chromosomes homologues ou lorsqu'ils sont suffisamment éloignés l'un de l'autre sur le même chromosome pour se comporter comme s'ils se trouvaient sur des chromosomes différents.

Loi de la conservation de la masse (n. fém.) Loi physique selon laquelle la matière peut changer de forme, mais ne peut être créée ou détruite. Dans un système fermé, la masse du système est constante.

Loi mendélienne de la ségrégation (n. fém.) Première loi de Mendel, selon laquelle les deux allèles du gène que possède un individu se séparent au cours de la formation des gamètes.

Longueur d'onde (n. fém.) Distance qui sépare deux crêtes d'ondes électromagnétiques.

Lophophore (n. masc.) Chez certains Lophophoriens, dont les Brachiopodes, appendice de nutrition circulaire recouvert d'une couronne de tentacules ciliés entourant la bouche.

Lophotrochozoaires (n. masc.) Membres d'un groupe de phyla qui forment un clade sur la base de données moléculaires. Rassemblent des organismes caractérisés par la présence de lophophore ou d'une larve trochophore.

Lumière visible (n. fém.) Segment du spectre électromagnétique que l'œil humain interprète comme des couleurs; bande de longueurs d'onde comprises entre 380 et environ 750 nm.

Lycophytes (n. masc.) Embranchement des Vasculaires sans graines qui rassemble les Lycopodes, les Sélaginelles et les Isoètes.

Lymphe (n. fém.) Chez les Vertébrés, liquide incolore dont la composition ressemble à celle du liquide interstitiel et que le système lymphatique draine et ramène au système circulatoire.

Lymphocyte B (n. masc.) Chez les Vertébrés, type de lymphocyte qui parvient à maturité dans la moelle osseuse. Sous l'effet d'une stimulation appropriée, les lymphocytes B se transforment en cellules effectrices qui interviennent dans l'immunité humorale.

Lymphocyte T (n. masc.) Type de leucocyte qui achève son développement dans le thymus, où il acquiert l'immunocompétence le rendant apte à intervenir dans l'immunité à médiation cellulaire.

Lymphocyte T auxiliaire – T_A (n. masc.) Type de lymphocyte T dont l'activation déclenche la sécrétion de cytokines, des substances qui accroissent la réaction des lymphocytes B (immunité humorale) et des lymphocytes T cytotoxiques (immunité à médiation cellulaire) à l'égard des antigènes.

Lymphocytes (n. masc.) Globules blancs qui produisent deux types de réponses immunitaires à médiation humorale et à médiation cellulaire. Les deux classes principales sont les lymphocytes B et les lymphocytes T.

Lysosome (n. masc.) Sac membraneux rempli d'enzymes hydrolytiques et présent dans le cytoplasme des cellules animales et de certains Protistes. Dégrade des macromolécules et parfois certains organites de la cellule.

Lysozyme (n. masc.) Enzyme qui détruit les parois cellulaires des bactéries; chez les mammifères, entre dans la composition de la sueur, des larmes et de la salive.

M

Macroclimat (n. masc.) Variations climatiques considérées sur une grande échelle. Climat d'une région entière.

Macroévolution (n. fém.) Étude des changements évolutifs à un niveau supérieur à l'espèce, comme le clade, tels que l'émergence de nouveaux groupes d'organismes qui résulte d'une série de phénomènes de spéciation ou encore les conséquences des extinctions de masse sur la diversité de la vie et son rétablissement subséquent. Comparer avec *microévolution*.

Macromolécule (n. fém.) Molécule organique de très grosse taille et constituée de milliers de molécules plus petites, généralement formée par une réaction de déshydratation (p. ex. : protéines, acides nucléiques).

Macrophage (n. masc.) Cellule amiboïde qui s'infiltre dans les tissus, ou résidant dans certains organes, dans le but de phagocyter les agents pathogènes et les débris de cellules mortes. Intervient dans l'immunité naturelle en détruisant les microbes et dans l'immunité acquise en agissant comme cellule présentatrice d'antigène. Aussi appelé *macrophagocyte*.

Macula (n. fém.) Centre du champ visuel de l'œil des humains; région de la rétine dépourvue de bâtonnets et qui possède la plus forte densité de cônes.

Magnoliidées (n. fém.) Membres du clade des Angiospermes qui sont plus étroitement apparentées aux Monocotylédones et aux Eudicotylédones. Parmi celles qui existent encore, on compte les magnolias, les lauriers et le poivrier noir.

Maladie auto-immune (n. fém.) Maladie causée par des réactions inappropriées du système immunitaire dirigées contre les molécules du soi.

Maladie d'Alzheimer (n. fém.) Maladie neurodégénérative observée chez les personnes âgées et caractérisée par une détérioration progressive des fonctions cognitives, entraînant confusion, perte de mémoire et plusieurs autres symptômes.

Maladie de Huntington (n. fém.) Maladie héréditaire attribuable à un allèle dominant létal; se caractérise par des mouvements incontrôlables du corps et une détérioration du système nerveux; généralement fatale de 10 à 20 ans après l'apparition des symptômes.

Maladie de Parkinson (n. fém.) Affection neurologique dégénérative d'apparition progressive marquée par des troubles moteurs provoquant une difficulté à amorcer des mouvements, la lenteur des mouvements et la rigidité.

Maladie de Tay-Sachs (n. fém.) Maladie neurodégénérative mortelle chez les homozygotes récessifs qui fabriquent une enzyme défectueuse ne réussissant pas à métaboliser un certain type de lipides (gangliosides) dans le cerveau. Se manifeste quelques mois après la naissance par des crises convulsives, la cécité et une dégénérescence des capacités motrices et mentales.

Mammifères (n. masc.) Classe de Vertébrés endothermes; amniotes qui possèdent des glandes mammaires (qui produisent du lait) et des poils.

Mandibule (n. fém.) Appendice mobile de la mâchoire présent chez les Myriapodes, les Hexapodes et les Crustacés. Maxillaire inférieur des Vertébrés.

Manteau (n. masc.) Chez les Mollusques, une des trois principales parties; tunique de tissu recouvrant la masse viscérale et pouvant sécréter une coquille. Voir aussi *Pied, Masse viscérale*.

Marsupiaux (n. masc.) Mammifères, tels les koalas, les kangourous et les opossums, dont les petits, pour la plupart des espèces, terminent leur développement fœtal dans une poche ventrale maternelle appelée *marsupium*.

Masse atomique (n. fém.) Masse totale d'un atome, qui équivaut à la masse en grammes d'une mole de cet atome.

Masse moléculaire (n. fém.) Somme des masses de tous les atomes dans une molécule. Parfois appelée *poids moléculaire*.

Masse viscérale (n. fém.) Une des trois principales parties d'un Mollusque; masse contenant la plupart des organes internes. Voir aussi *Pied, Manteau*.

Mastocyte (n. masc.) Chez les Vertébrés, cellule présente dans le tissu conjonctif qui produit l'histamine et d'autres molécules responsables de la réaction inflammatoire en réponse à une infection ou à une réaction allergique.

Matière (n. fém.) Tout ce qui occupe un espace et possède une masse.

Matières fécales (n. fém.) Résidus de la digestion.

Matrice extracellulaire (n. fém.) Substance entourant les cellules animales et synthétisée puis sécrétée par elles; composée de glycoprotéines, de polysaccharides et de protéoglycanes.

Matrice mitochondriale (n. fém.) Compartiment de la mitochondrie situé dans l'espace délimité par la membrane interne; renferme les enzymes et les substrats nécessaires au cycle de l'acide citrique, ainsi que des ribosomes et de l'ADN.

Maturation de l'ARN (n. fém.) Modifications que subissent les transcrits primaires de l'ARN, notamment l'excision des introns, la réunion des exons par épissage et la modification des extrémités 5' et 3'.

Mécanisme de régulation du cycle cellulaire (n. masc.) Mécanisme faisant intervenir un ensemble de molécules qui, de manière périodique, déclenchent et coordonnent les événements clés de ce cycle.

Mécanorécepteur (n. masc.) Type de récepteur sensoriel qui perçoit les déformations physiques attribuables à des phénomènes représentant tous des formes d'énergie mécanique, tels que la pression, le toucher, l'étirement, le mouvement corporel et le son.

Médulla rénale (n. fém.) Chez les Vertébrés, région interne du rein située sous le cortex rénal.

Méduse (n. fém.) Forme motile des Cnidaires, flottante, aplatie, avec la bouche tournée vers le bas et un plan d'organisation corporelle des Cnidaires. L'autre forme est la forme fixe polype.

Mégapascal – MPa (n. masc.) Unité de pression équivalant à une pression de 10 atmosphères environ.

Mégaphylle (n. fém.) Grande feuille des plantes vasculaires contemporaines qui renferme un réseau vasculaire très ramifié. Voir *Microphylle*.

Mégaspore (n. fém.) Spore produite par le sporophyte d'une plante hétérosporée. Devient un gamétophyte femelle.

Méiose (n. fém.) Division cellulaire en deux étapes qu'effectuent des organismes à reproduction sexuée, mais comportant une seule étape de réplication de l'ADN. Produit des cellules filles non identiques et contenant deux fois moins de chromosomes que la cellule mère.

Méiose I (n. fém.) Première des deux étapes de la division cellulaire qu'effectuent des organismes à reproduction sexuée. S'achève à la séparation des chromosomes homologues et donne deux cellules filles contenant deux fois moins de chromosomes que la cellule mère.

Méiose II (n. fém.) Seconde des deux étapes de la division cellulaire des organismes à reproduction sexuée. Mène à la séparation des chromatides sœurs.

Mélatonine (n. fém.) Hormone sécrétée par le corps pinéal et intervenant dans la régulation des fonctions associées aux rythmes biologiques et au sommeil.

Membrane du tympan (n. fém.) Membrane entre l'oreille externe et l'oreille moyenne.

Membrane extraembryonnaire (n. fém.) L'une des quatre enveloppes spécialisées (le sac vitellin, l'amnios, le chorion et l'allantoïde) qui protègent l'embryon des Reptiles et des Mammifères. Permet les échanges gazeux, l'entreposage des déchets et le transfert des nutriments mis en réserve.

Membrane plasmique (n. fém.) Enveloppe extérieure de la cellule, constituée de phosphoglycérolipides et de protéines, qui tient lieu de barrière sélective et qui joue un rôle dans la composition chimique de la cellule.

Mémoire à court terme (n. fém.) Capacité des Animaux les plus évolués à conserver et à réutiliser l'information, les attentes et les objectifs pendant un temps relativement court, puis à les effacer quand ils sont devenus inutiles.

Mémoire à long terme (n. fém.) Capacité des Animaux les plus évolués de conserver, d'associer et de se rappeler certains éléments d'information tout au long de leur vie.

Ménopause (n. fém.) Chez la femme, période où l'ovulation et la menstruation s'arrêtent, ce qui marque la fin de la capacité de se reproduire (entre l'âge de 46 et 54 ans).

Menstruation (n. fém.) Dans le cycle menstruel, saignement accompagnant le détachement de la couche fonctionnelle de l'endomètre et expulsé par le col utérin et le vagin.

Méristème (n. masc.) Tissu végétal qui conserve ses propriétés embryonnaires durant toute la vie d'une plante, rendant ainsi possible une croissance indéfinie.

Méristème apical (n. masc.) Tissu végétal embryonnaire situé à l'extrémité des racines et dans les bourgeons des pousses, où il constitue une zone de croissance permettant à la plante de croître en longueur.

Méristème latéral (n. masc.) Méristème qui épaissit les racines et les pousses des plantes ligneuses. Le cambium libéroligneux et le phellogène sont des méristèmes latéraux.

Méroblastique (adj.) Se dit d'une segmentation dans laquelle il y a division incomplète d'un œuf riche en vitellus. Caractéristique du développement des Oiseaux.

Mésencéphale (n. masc.) (1) L'une des trois régions embryonnaires de l'encéphale produites au cours de l'évolution des Vertébrés. (2) Partie inférieure de l'encéphale des Vertébrés située au-dessus du pont.

Renferme les centres de perception et d'intégration de plusieurs types d'information sensorielle.

Mésoderme (n. masc.) Dans l'embryon des animaux triploblastiques, feuillet embryonnaire situé entre l'endoderme et l'ectoderme; donne naissance à la corde dorsale, à la muqueuse du cœlome, aux muscles, au squelette, aux gonades, aux reins et à la plus grande partie du système cardiovasculaire chez les espèces qui possèdent ces structures.

Mésoglée (n. fém.) Couche gélatineuse qui sépare les deux feuillets de cellules, dans le corps des Éponges.

Mésophylle (n. masc.) Tissu foliaire fondamental spécialisé dans la photosynthèse. Dans les plantes de type C_3 et de type CAM, les cellules du mésophylle sont situées entre l'épiderme supérieur et l'épiderme inférieur; dans les plantes de type C_4, elles sont situées entre les cellules de la gaine fasciculaire et l'épiderme.

Métabolisme (n. masc.) Ensemble des réactions biochimiques d'un organisme, comprenant des voies cataboliques et des voies anaboliques qui transforment la matière et l'énergie de l'organisme.

Métabolisme acide crassulacéen (CAM, pour *crassulacean acid metabolism*), (n. masc.) Voir *Plante de type CAM.*

Métabolisme basal – MB (n. masc.) Vitesse du métabolisme d'un endotherme ayant terminé sa croissance et qui est au repos, à jeun et ne subit aucun stress. Se mesure dans un environnement dans lequel une température est «confortable» pour l'animal.

Métabolisme standard (n. masc.) Vitesse du métabolisme d'un ectotherme qui est au repos, à jeun et ne subit aucun stress, à une température donnée.

Métagénomique (n. fém.) Technique d'analyse consistant à extraire et à séquencer l'ADN d'un groupe d'espèces provenant généralement d'un échantillon de microorganismes prélevé dans l'environnement, puis à utiliser un logiciel pour trier les séquences fragmentaires et les assembler en séquences de génomes des espèces individuelles composant l'échantillon.

Métamorphose (n. fém.) Transformation développementale que subit la larve et qui permet à un animal d'acquérir soit sa forme adulte, soit une forme juvénile d'adulte sans la maturité sexuelle.

Métamorphose complète (n. fém.) Type de développement de certains Insectes qui subissent un stade larvaire, qu'on appelle notamment *asticot* ou *chenille*, au cours duquel l'apparence et la structure du corps de l'insecte juvénile diffèrent radicalement de celles de l'adulte.

Métamorphose incomplète (n. fém.) Type de développement de certains Insectes, comme les sauterelles, dans lequel le corps de la larve (appelée *nymphe*) ressemble à celui de l'adulte, bien qu'il soit plus petit et proportionné différemment. Une série de mues amène le jeune à ressembler progressivement à l'adulte, jusqu'à ce qu'il atteigne sa taille définitive.

Métanéphridies (n. fém.) Chez de nombreux Invertébrés, organe excréteur constitué généralement de tubules qui relient les néphrostomes à des tubules collecteurs communiquant avec des vessies qui débouchent dans des ouvertures externes.

Métaphase (n. fém.) Troisième phase de la mitose caractérisée par la présence d'un fuseau complet et des chromosomes attachés à des microtubules kinétochoriens et tous alignés sur la plaque équatoriale.

Métapopulation (n. fém.) Groupe de populations d'individus d'une espèce qui vivent isolées les unes des autres, mais qui sont interreliées par l'immigration et l'émigration.

Métastase (n. fém.) Foyer secondaire d'une affection (p. ex.: le cancer) qui s'est propagée par les vaisseaux sanguins ou lymphatiques.

Méthanogènes (n. masc.) Groupes d'Archées qui obtiennent leur énergie en utilisant le dioxyde de carbone pour oxyder le dihydrogène (H_2) et produire ainsi du méthane.

Méthode naturelle (n. fém.) Méthode de contraception correspondant à l'abstinence périodique et consistant à ne pas avoir de rapports sexuels pendant la période féconde.

Méthylation de l'ADN (n. fém.) Réaction au cours de laquelle des groupements méthyle se fixent sur les bases de l'ADN (généralement la cytosine) des Végétaux, des Animaux et des Eumycètes. (Le terme désigne également le processus d'addition de groupements méthyle aux bases de l'ADN.)

MicroARN – miARN (n. masc.) Petite molécule d'ARN simple brin produite à partir d'une structure en épingles à cheveux sur un précurseur d'ARN transcrit d'un gène particulier. Le miARN s'associe à une ou à plusieurs protéines dans un complexe qui peut décomposer ou empêcher la traduction de l'ARN messager ayant une séquence complémentaire.

Microclimat (n. masc.) Conditions climatiques localisées qui s'appliquent à une zone très petite et à des communautés d'organismes vivant dans un microhabitat, par exemple sous une roche ou sous un tronc d'arbre tombé sur le sol.

Microévolution (n. fém.) Étude des changements évolutifs à un niveau inférieur à l'espèce et qui se produisent dans les fréquences alléliques d'une population d'une génération à l'autre. Comparer avec *Macroévolution.*

Microfilament (n. masc.) Cylindre composé d'actine présent dans le cytoplasme de presque toutes les cellules eucaryotes. Fait partie du cytosquelette et joue, seul ou avec la myosine, un rôle dans la contraction cellulaire. Aussi appelé *filament d'actine.*

Microphylle (n. fém.) Chez les Lycophytes, petite feuille parcourue d'une seule nervure non ramifiée. Voir aussi *Mégaphylle.*

Micropyle (n. masc.) Pore dans le ou les téguments d'un ovule par où pénètre le tube pollinique.

Microscope électronique – ME (n. masc.) Microscope qui utilise un faisceau d'électrons dirigé vers une préparation (l'échantillon) qu'il traverse ou dont il balaie la surface, ce qui donne un pouvoir de résolution 100 fois supérieur à celui d'un microscope photonique.

Microscope électronique à balayage – MEB (n. masc.) Microscope électronique permettant de balayer à l'aide d'un faisceau d'électrons la surface d'un échantillon préalablement recouvert d'une pellicule d'atomes métalliques, afin de révéler les détails de la surface d'une structure cellulaire.

Microscope électronique à transmission – MET (n. masc.) Microscope permettant d'étudier l'ultrastructure interne de cellules en projetant un faisceau d'électrons à travers une coupe très mince d'un spécimen coloré au moyen d'atomes de métaux lourds.

Microscope photonique – MP (n. masc.) Instrument d'optique muni de lentilles de verre qui réfractent (dévient) la lumière de façon à grossir l'image projetée dans l'œil.

Microspore (n. fém.) Spore produite par le sporophyte d'une plante hétérosporée. Devient un gamétophyte mâle.

Microtubule (n. masc.) Cylindre creux faisant partie du cytosquelette et composé de tubuline, une protéine globulaire. Présent dans le cytoplasme de tous les Eucaryotes, de même que dans les cils et les flagelles.

Microvillosité (n. fém.) L'un des très nombreux replis microscopiques situés à la surface des cellules épithéliales d'une villosité intestinale et qui augmentent considérablement la surface d'absorption.

Migration (n. fém.) Déplacement saisonnier qu'effectuent les animaux migrateurs sur des distances relativement longues.

Migration assistée (n. fém.) Déplacement d'individus d'une population (translocation) vers un habitat favorable situé hors de son aire de distribution d'origine, afin de la protéger des menaces de l'activité humaine.

Mimétisme batésien (n. masc.) Phénomène par lequel une espèce inoffensive prend l'apparence d'une espèce nocive dans le but d'échapper aux prédateurs qui ont appris à ne pas attaquer cette espèce nocive.

Mimétisme müllérien (n. masc.) Ressemblance (couleurs, motifs) entre deux espèces inappétentes destinée à tromper les prédateurs.

Minéralocorticoïdes (n. masc.) Groupe d'hormones sécrétées par le cortex surrénal, qui agissent sur l'équilibre des sels minéraux et de l'eau.

Minéraux (n. masc.) (1) Éléments chimiques essentiels que les végétaux puisent dans le sol sous forme d'ions inorganiques. (2) Nutriments inorganiques et qui ne peuvent donc pas être synthétisés par un organisme animal. Les besoins en minéraux, comme les besoins en vitamines, varient d'une espèce à l'autre.

Mitochondrie (n. fém.) Chez les Eucaryotes, organite dans lequel se déroule la respiration cellulaire ; utilise de l'oxygène pour la décomposition des molécules organiques et la synthèse de l'ATP.

Mitose (n. fém.) Mécanisme de division cellulaire des Eucaryotes qui comprend cinq phases : la prophase, la prométaphase, la métaphase, l'anaphase et la télophase. Les chromosomes répliqués sont répartis également entre les cellules filles, et le nombre de chromosomes reste le même d'une génération à l'autre.

Mixotrophe (adj.) Se dit des Protistes qui tirent leur énergie à la fois de la photosynthèse et de la nutrition hétérotrophe.

Modèle ascendant (n. masc.) Modèle d'organisation d'une communauté dans lequel les nutriments minéraux sont les facteurs les plus importants, parce qu'ils déterminent la grandeur des populations de plantes et de phytoplancton, lesquelles déterminent à leur tour le nombre d'herbivores, ceux-ci déterminant par ailleurs le nombre de prédateurs.

Modèle de la mosaïque fluide (n. masc.) Modèle le plus représentatif des connaissances actuelles sur la structure des membranes cellulaires et selon lequel la membrane est constituée d'une « mosaïque » de protéines diverses incorporées à sa bicouche fluide de phosphoglycérolipides dans laquelle elles flottent.

Modèle descendant (n. masc.) Modèle d'organisation d'une communauté dans lequel la prédation conditionne en grande partie cette organisation, parce que les prédateurs déterminent le nombre d'herbivores, lesquels à leur tour déterminent le nombre de Végétaux, lesquels enfin déterminent la quantité de nutriments. Aussi appelé *modèle de la cascade trophique*.

Modèle du déséquilibre (n. masc.) Modèle selon lequel les communautés sont en continuel changement sous l'effet des perturbations auxquelles elles sont exposées.

Modèle logistique d'accroissement démographique (n. masc.) Taux d'accroissement par individu qui s'approche de zéro lorsque le milieu atteint sa capacité limite. L'accroissement est plus rapide dans le cas d'une population de taille intermédiaire, c'est-à-dire lorsque les individus reproducteurs sont nombreux, mais que l'espace et les autres ressources sont encore abondants.

Modèle semi-conservateur (n. masc.) Modèle de réplication de l'ADN selon lequel chacune des deux molécules filles doit être formée d'un brin de la molécule parentale et d'un nouveau brin complémentaire.

Moelle (n. fém.) Dans une tige, tissu fondamental situé au cœur du tissu vasculaire dans une tige. Dans les racines de nombreuses Monocotylédones, cellules parenchymateuses qui forment le cœur du cylindre vasculaire.

Moisissures (n. fém.) Terme courant désignant des Eumycètes qui se reproduisent de façon asexuée en se développant sous forme de filaments produisant des spores haploïdes par mitose ; elles forment un mycélium visible.

Mole – mol (n. fém.) Unité de mesure correspondant au nombre de grammes d'une substance qui est égal à sa masse molaire en unités de masse atomique et qui contient le nombre d'Avogadro de molécules.

Molécule (n. fém.) Deux atomes ou plus unis par des liaisons covalentes.

Molécule gustative (n. masc.) Substance chimique qui stimule les récepteurs sensoriels dans les calicules gustatifs.

Molécule odorante (n. fém.) Molécule détectée par les récepteurs sensoriels du système olfactif.

Molécule polaire (n. fém.) Molécule (comme la molécule d'eau) dont la charge électrique globale est inégalement distribuée dans ses différentes régions.

Monocotylédones (n. masc.) Membres d'un clade des Angiospermes qui ne possèdent qu'une feuille embryonnaire, appelée *cotylédon*. Portent des feuilles parallélinerves, c'est-à-dire des feuilles aux nervures principales disposées longitudinalement, grossièrement parallèles et convergeant à la base et au sommet du limbe.

Monogame (adj.) Se dit d'une relation entre animaux dans laquelle un mâle s'accouple de façon durable avec une seule femelle.

Monohybride (n. masc.) Organisme hétérozygote pour un seul gène particulier, donc pour un seul caractère. Tous les descendants d'un croisement entre des parents homozygotes pour différents allèles sont monohybrides. Par exemple, les parents de génotypes *AA* et *aa* produisent un monohybride de génotype *Aa*.

Monomère (n. masc.) Unité structurale de base des polymères (p. ex : un acide aminé est un monomère des protéines).

Monophylétique (adj.) Se dit d'un groupe de taxons qui comprend l'espèce ancestrale et tous ses descendants. Un taxon monophylétique est équivalent à un clade.

Monosaccharide (n. masc.) Glucide le plus simple, qui peut jouer un rôle par lui-même ou entrer comme monomère dans la composition d'un disaccharide ou d'un polysaccharide. Possède habituellement une formule moléculaire qui est un multiple de CH_2O.

Monosomique (adj.) Se dit d'une cellule diploïde contenant une seule copie d'un chromosome particulier au lieu de deux.

Monotrèmes (n. masc.) Mammifères qui pondent des œufs, comme l'ornithorynque et les échidnés. Comme tous les Mammifères, les Monotrèmes sont poilus et fabriquent du lait pour leurs petits, mais sont dépourvus de mamelons.

Monoxyde d'azote – NO (n. masc.) Gaz que produisent de nombreux types de cellules et qui agit comme régulateur local et comme un neurotransmetteur.

Morphogène (n. masc.) Substance, comme la protéine Bicoïde chez *Drosophila*, dont le gradient fixe l'orientation des axes de l'embryon et d'autres caractéristiques de sa forme.

Morphogenèse (n. fém.) Processus qui donne sa forme à un tissu, à un organe ou à un organisme et détermine les positions des différents types de cellules.

Mousses – Muscinées (n. fém.) Plantes herbacées de petite taille, non vasculaires, membres de l'embranchement des Bryophytes.

MPF – *maturation-promoting factor* (n. masc.) Complexe protéique qui permet à la cellule de passer de la fin de l'interphase (phase G_2) à la mitose. Le MPF actif se compose de deux protéines, une kinase cycline-dépendante et une cycline.

Mucus (n. masc.) Mélange visqueux et fluide composé de glycoprotéines, de cellules, de sels et d'eau ; lubrifie et protège les membranes qui tapissent les cavités du corps ouvertes vers l'extérieur.

Mue (n. fém.) Processus qui permet aux Ecdysozoaires de se débarrasser de leur exosquelette pour croître et d'en sécréter un nouveau, plus grand.

Multiplication végétative (n. fém.) Mode de reproduction asexuée, tel le bouturage, qui permet aux Végétaux d'engendrer des clones.

Muscinées Voir *Mousses*.

Muscle cardiaque (n. masc.) Type de muscle strié qui forme la paroi contractile (myocarde) du cœur. Les extrémités de ses cellules sont réunies par des disques intercalaires qui permettent de transmettre d'une cellule cardiaque à l'autre l'influx nerveux qui commande la contraction musculaire.

Muscle lisse (n. masc.) Chez les Vertébrés, type de tissu musculaire dépourvu des stries présentes dans les muscles squelettiques et le muscle cardiaque, qui sont dues à la disposition régulière des filaments de myosine dans les cellules. Responsable des mouvements involontaires.

Muscle squelettique (n. masc.) Faisceau de longues fibres disposées dans le sens de la longueur. Aussi appelé *muscle strié* en raison de la disposition régulière des myofilaments, qui crée un motif répétitif de bandes claires et sombres.

Mutagène (adj. et n. masc.) Agent chimique ou physique qui interagit avec l'ADN et provoque des mutations.

Mutagenèse *in vitro* (n. fém.) Technique utilisée pour découvrir la fonction d'un gène en le clonant. Après avoir effectué des changements spécifiques dans la séquence du gène cloné, on réintroduit ce gène muté dans une cellule et on étudie le phénotype du mutant.

Mutation (n. fém.) Modification de la séquence nucléotidique de l'ADN d'un organisme ou dans l'ADN ou l'ARN d'un Virus.

Mutation faux sens (n. fém.) Mutation résultant de la substitution d'un nucléotide par un autre faisant en sorte que le codon transcrit sera traduit en un acide aminé différent et que la chaîne polypeptidique sera modifiée.

Mutation non-sens (n. fém.) Mutation causée par la substitution d'un codon correspondant à un acide aminé donné par un codon d'arrêt, ce qui interrompt prématurément la traduction. Plus courte que la normale, la protéine synthétisée est généralement non fonctionnelle.

Mutation ponctuelle (n. fém.) Modification chimique touchant une seule paire de nucléotides au sein d'un gène.

Mutation silencieuse (n. fém.) Substitution d'une paire de nucléotides qui n'a aucun effet observable sur le phénotype; par exemple, à l'intérieur du gène, mutation qui peut donner un codon qui se traduit par le même acide aminé.

Mutualisme (n. masc.) Relation symbiotique bénéficiant aux deux symbiontes.

Mycélium (n. masc.) Chez les Eumycètes, réseau dense d'hyphes ramifiés.

Mycorhize (n. fém.) Association mutualiste entre des Eumycètes et les racines de certains Végétaux.

Mycose (n. fém.) Terme général désignant les infections fongiques.

Myofibrille (n. fém.) Sous-unité d'une fibre musculaire qui s'assemble avec d'autres dans le sens de la longueur. Constituée de myofilaments épais de myosine, de myofilaments minces d'actine et de microfilaments de tropomyosine, une protéine régulatrice.

Myofilament épais (n. masc.) Dans les muscles squelettiques des Vertébrés et de certains Invertébrés, type de myofilament composé d'ensembles décalés de molécules de myosine.

Myofilament mince (n. masc.) Dans les muscles squelettiques des Vertébrés et de certains Invertébrés, le plus petit des deux types de myofilaments. Se compose de deux brins d'actine et d'un brin de protéine régulatrice qui sont enroulés les uns autour des autres. Composante des myofibrilles dans les fibres musculaires.

Myoglobine (n. fém.) Protéine de mise en réserve du dioxygène présente dans les muscles des Vertébrés.

Myopathie de Duchenne (n. fém.) Maladie dont la transmission est liée au sexe et qui se caractérise par un type progressif et létal de dystrophie musculaire (affaiblissement progressif des muscles et perte de la coordination). Aussi appelée *dystrophie musculaire progressive de Duchenne*.

Myosine (n. fém.) Type de protéine motrice formant des filaments qui interagissent avec d'autres filaments pour produire la contraction de la cellule.

Myotonie (n. fém.) Chez l'humain, augmentation de la tension musculaire, caractéristique de l'excitation sexuelle dans certains tissus.

Myriapode (n. masc.) Arthropode terrestre composé de nombreux segments corporels, chacun d'eux portant une ou deux paires de pattes. Les Diplopodes et les Chilopodes constituent les deux classes de Myriapodes actuels.

Myxomycètes (n. masc.) Protistes amiboïdes, dotés de cellules flagellées et formant un plasmode pendant le stade de croissance de leur cycle de développement.

N

NAD^+ – nicotinamide adénine dinucléotide (oxydée) (n. masc.) Coenzyme qui joue un rôle dans le transfert d'électrons en passant facilement de l'état oxydé (NAD^+) à l'état réduit (NADH).

$NADP^+$ – nicotinamide adénine dinucléotide phosphate (n. masc.) Accepteur d'électrons qui, sous la forme de NAPH, stocke temporairement les électrons riches en énergie libérés lors des réactions photochimiques.

Nématocyste (n. masc.) Dans les cnidocytes des Cnidaires, capsule urticante contenant un filament enroulé qui peut être projeté et s'enfoncer dans la proie et lui injecter un poison.

Néphron (n. masc.) Unité tubulaire excrétrice du rein des Vertébrés.

Néphron cortical (n. masc.) Chez les Mammifères et les Oiseaux, néphron qui possède une anse raccourcie et qui est presque entièrement confiné au cortex rénal.

Nerf (n. masc.) Fibre composée surtout d'axones de neurones du SNP groupés en faisceaux.

Neurohormone (n. fém.) Hormone sécrétée par un neurone, qui se rend aux cellules cibles par la circulation sanguine et modifie leurs fonctions.

Neurolemmocyte (n. masc.) Gliocyte qui forme avec d'autres une gaine isolante de myéline autour de l'axone de nombreux neurones du système nerveux périphérique. Aussi appelé *cellule de Schwann*.

Neurone (n. masc.) Cellule nerveuse. Unité fonctionnelle du système nerveux des Animaux dont la structure et les propriétés lui permettent d'acheminer des influx nerveux en tirant profit des variations de tension de part et d'autre de sa membrane plasmique.

Neurone moteur (n. masc.) Cellule nerveuse qui achemine les influx issus de l'encéphale ou de la moelle épinière jusqu'aux cellules effectrices (musculaires ou glandulaires).

Neurone sensitif (n. masc.) Cellule nerveuse qui reçoit l'information d'un récepteur sensoriel détectant les changements que connaît une variable (p. ex.: la lumière, la pression ou la concentration d'une substance chimique). Transmet cette information au système nerveux central.

Neuropeptide (n. masc.) Classe de neurotransmetteurs composés d'une chaîne relativement courte d'acides aminés.

Neurotransmetteur (n. masc.) Substance libérée par les corpuscules nerveux terminaux d'un neurone dans une synapse chimique. Traverse la fente synaptique par diffusion et se lie à une cellule postsynaptique, ce qui déclenche une réponse.

Neutron (n. masc.) Particule élémentaire constitutive du noyau d'un atome n'ayant pas de charge électrique (électriquement neutre) et ayant une masse d'environ $1{,}7 \times 10^{-24}$ g.

Niche écologique (n. fém.) Utilisation globale qu'une espèce fait des ressources biotiques et abiotiques de son milieu.

Nocicepteur (n. masc.) Récepteur sensoriel qui réagit à des stimulations nocives ou douloureuses; aussi appelé *récepteur de la douleur*.

Nodosité (n. fém.) Dans les racines de certaines Légumineuses, comme les pois ou les haricots, renflement de la racine renfermant des cellules végétales abritant des bactéries fixatrices d'azote du genre *Rhizobium* qui incorporent l'azote atmosphérique dans des substances organiques.

Nœud (n. masc.) Point d'attache d'une feuille ou d'une branche le long de la tige des plantes.

Nœud auriculoventriculaire (n. masc.) Chez les Mammifères, région spécialisée du tissu musculaire cardiaque située entre l'oreillette droite et la gauche dans laquelle les influx électriques s'arrêtent temporairement durant 0,1 s environ avant de se propager aux ventricules et d'en provoquer la contraction.

Nœud de Ranvier (n. masc.) Petit intervalle dénudé dans la gaine de myéline de certains axones où sont générés des potentiels d'action qui se déplacent en «sautant» d'un nœud à l'autre le long de l'axone durant la conduction saltatoire.

Nœud lymphatique (n. masc.) Chez les Vertébrés, organe situé le long des vaisseaux lymphatiques et qui filtre la lymphe et contribue à la défense de l'organisme contre des virus et des bactéries.

Nœud sinusal (n. masc.) Chez les Mammifères, région spécialisée du tissu musculaire cardiaque, située dans la paroi de l'oreillette droite, qui fixe la fréquence et la synchronisation des contractions de toutes les cellules du muscle cardiaque. Aussi appelé *centre rythmogène*.

Nombre d'oxydation (n. masc.) Capacité de liaison d'un atome qui est généralement égale au nombre d'électrons non liés situés dans la couche périphérique de l'atome.

Nombre de masse (n. masc.) Somme des protons et des neutrons que contient le noyau d'un atome. S'écrit au moyen d'un exposant situé à gauche du symbole de l'élément.

Nomenclature binominale (n. fém.) Nomenclature utilisée par les taxinomistes pour nommer chaque espèce. Appellation formée de deux mots latins : le premier indique le genre auquel l'espèce appartient ; le second désigne l'espèce en tant que telle.

Non-disjonction (n. fém.) Erreur durant la méiose ou la mitose faisant en sorte que des chromosomes homologues ou des chromatides sœurs ne se séparent pas. Par conséquent, l'un des gamètes ou l'une des cellules reçoit les deux chromosomes de la même paire, alors que l'autre n'en reçoit aucun.

Noradrénaline (n. fém.) Catécholamine chimiquement et fonctionnellement semblable à l'adrénaline, agissant comme une hormone ou un neurotransmetteur.

Norme de réaction (n. fém.) Gamme des possibilités phénotypiques produites par un seul génotype en raison d'influences environnementales.

Noyau (n. masc.) (1) Centre d'un atome contenant les protons et les neutrons. (2) Organite d'une cellule eucaryote contenant le matériel génétique sous forme de chromosomes. (3) Regroupement de corps de neurones dans l'encéphale des Vertébrés.

Noyau atomique (n. masc.) Centre dense de l'atome, contenant des protons et des neutrons.

Noyaux suprachiasmatiques (n. masc.) Chez les Mammifères, groupe de neurones de l'hypothalamus qui fonctionnent comme une horloge biologique.

Nucleariidae (n. masc.) Membres d'un groupe de Protistes amiboïdes unicellulaires, plus étroitement apparentés aux Eumycètes qu'à un autre groupe de Protistes.

Nucléoïde (n. masc.) Région non liée à une membrane dans une cellule procaryote où se trouve concentré l'ADN.

Nucléole (n. masc.) Dans le noyau d'une cellule eucaryote, structure spécialisée constituée de régions chromosomiques contenant des gènes d'ARN ribosomal (ARNr) ainsi que des protéines importées du cytoplasme produites par les ribosomes ; site de la synthèse de l'ARNr et des sous-unités ribosomiques. Voir aussi *Ribosome.*

Nucléosome (n. masc.) Chez les Eucaryotes, unité de base de la condensation de l'ADN constituée d'un segment d'ADN enroulé autour d'un noyau protéique, lui-même composé de deux molécules de chacun des quatre types d'histones.

Nucléotide (n. masc.) Constituant d'un acide nucléique composé d'un glucide à cinq carbones lié par des liaisons covalentes à une base azotée et à un ou à plusieurs groupements phosphate.

Numéro atomique (n. masc.) Nombre de protons constituant le noyau d'un atome. Propre à chaque élément, il s'écrit au moyen d'un indice situé à gauche du symbole de l'élément.

Nutriment essentiel (n. masc.) Substance que les Animaux doivent trouver à l'état préformé dans leurs aliments, parce que leurs cellules ne sont pas en mesure de la fabriquer à partir de matières brutes, quelles qu'elles soient. Chez les humains, les nutriments essentiels sont les vitamines, les minéraux, des acides aminés et des acides gras.

Nutriment limitant (n. masc.) Substance chimique qu'il faut ajouter pour stimuler la productivité d'un milieu (par ex. : le phosphore ou l'azote).

Nutrition (n. fém.) Ensemble des processus par lequel un animal ou un végétal absorbe des substances alimentaires pour entretenir son métabolisme.

O

Ocytocine (n. fém.) Chez les Vertébrés, hormone produite par l'hypothalamus et libérée par la neurohypophyse. Provoque la contraction des muscles utérins pendant l'accouchement et déclenche l'éjection du lait par les glandes mammaires au cours de l'allaitement. Cette hormone influe aussi sur certains comportements (soins maternels, activité sexuelle, etc.).

Odorat (n. masc.) Sens permettant de percevoir les odeurs par le biais de chimiorécepteurs qui détectent certaines substances dans le milieu. Chez les animaux terrestres, sert à reconnaître les substances chimiques volatiles transportées par l'air.

Œil composé (n. masc.) Chez les Insectes et les Crustacés, type d'œil à facettes multiples qui comprend plusieurs milliers de lentilles convergentes (les ommatidies) pouvant détecter la lumière.

Œil simple (n. masc.) Œil à cristallin unique dont le mode de fonctionnement ressemble à celui d'un appareil photo. Se trouve chez les méduses, les Polychètes, les araignées et de nombreux Mollusques.

Œsophage (n. masc.) Tube musculomembraneux qui, grâce au péristaltisme, fait passer les aliments du pharynx à l'estomac, sans leur faire subir de transformations.

Œstradiol (n. masc.) Hormone stéroïde qui stimule le développement et le fonctionnement du système reproducteur femelle et l'apparition des caractères sexuels secondaires ; le plus important œstrogène chez les Mammifères.

Œstrogènes (n. masc.) Hormones stéroïdes, notamment l'œstradiol, qui stimulent le développement et le fonctionnement du système reproducteur femelle et l'apparition des caractères sexuels secondaires.

Œuf amniotique (n. masc.) Œuf dans lequel l'embryon est entouré de membranes spécialisées protectrices et intervenant dans le transfert de nutriments et les échanges gazeux. L'apparition de l'œuf amniotique au cours de l'évolution a constitué une innovation déterminante puisqu'elle a permis à l'embryon des Tétrapodes de se développer sur la terre ferme dans un sac rempli de liquide et non plus dans un environnement aqueux.

Oligodendrocyte (n. masc.) Gliocyte qui forme avec d'autres une gaine isolante de myéline autour de l'axone de nombreux neurones du système nerveux central.

Oligotrophe (adj.) Se dit d'un lac profond pauvre en nutriments et riche en dioxygène, dont le phytoplancton de la zone limnétique est rare et peu productif, et dont les eaux sont claires.

Ommatidie (n. fém.) Chacune des facettes de l'œil composé des Arthropodes et de certains Polychètes. Pourvue d'une cornée et d'un cristallin, reçoit la lumière provenant d'une minuscule portion du champ visuel. Les différences d'intensité lumineuse arrivant jusqu'aux nombreuses ommatidies donnent une image en mosaïque.

Omnivore (n. masc.) Animal hétérotrophe qui se nourrit régulièrement d'animaux, de végétaux ou d'algues.

Oncogène (n. masc.) Gène présent dans les génomes viraux ou cellulaires participant directement au déclenchement d'événements moléculaires à l'origine de la cancérisation.

Oomycètes (n. masc.) Protistes pourvus de cellules flagellées. Comprennent les Saprolégniales, les Rouilles blanches et les agents du mildiou, qui se procurent leurs nutriments surtout en décomposant divers organismes ou en les parasitant.

Opérateur (n. masc.) Dans l'ADN des Bactéries et des Phages, séquence de nucléotides située près de l'origine d'un opéron et à laquelle peut se fixer un répresseur actif. La liaison du répresseur empêche l'ARN polymérase de se lier au promoteur et de transcrire les gènes de l'opéron.

Opercule (n. masc.) Chez les Osteichthyens, plaque osseuse qui protège les branchies.

Opéron (n. masc.) Unité fonctionnelle de gènes de structure présente chez les Bactéries et les Phages. Constitué d'un promoteur, d'un opérateur et d'un ensemble de gènes à régulation coordonnée dont les produits interviennent dans une voie commune.

Opisthochontes (n. masc.) Clade rassemblant les organismes pourvus d'un flagelle postérieur et comprenant les Eumycètes, les Animaux et certains Protistes.

Opsine (n. fém.) Dans l'œil des Vertébrés et de certains Invertébrés, protéine membranaire à laquelle se lie le rétinal.

Orbitale (n. fém.) Espace tridimensionnel où l'électron passe 90 % de son temps.

Ordre (n. masc.) Dans la classification de Linné, catégorie taxinomique située au-dessus de la famille.

Oreille externe (n. fém.) L'une des trois principales régions de l'oreille des Reptiles (y compris les Oiseaux) et des Mammifères. Comporte le méat acoustique externe et, chez de nombreux Oiseaux et Mammifères, le pavillon.

Oreille interne (n. fém.) L'une des trois principales régions de l'oreille de certains Vertébrés. Labyrinthe de conduits et de canaux creusés dans l'os temporal du crâne, qui sont enveloppés d'une membrane et dans lesquels un liquide se déplace en réponse aux sons ou aux mouvements de la tête. Comporte la cochlée (qui comprend l'organe spiral) et les conduits semi-circulaires.

Oreille moyenne (n. fém.) L'une des trois principales régions de l'oreille de certains Vertébrés; chez les Mammifères, forme une cavité contenant trois osselets (petits os), le malléus, l'incus et le stapès, qui amplifient et transmettent les vibrations du tympan à la fenêtre du vestibule.

Oreillette (n. fém.) Cavité du cœur des Vertébrés qui reçoit le sang des veines et le transfère au ventricule.

Organe (n. masc.) Chez la plupart des Animaux et des Végétaux, centre fonctionnel spécialisé constitué de différents tissus disposés selon une organisation précise.

Organe cible (n. masc.) Chez les Végétaux, organe dans lequel des glucides sont consommés ou emmagasinés. Les racines en croissance, l'extrémité des pousses axillaires et de la tige, et les fruits constituent des organes cibles alimentés en glucides par le phloème.

Organe sensoriel de la ligne latérale (n. masc.) Chez les Poissons et les Amphibiens aquatiques, organe composé de mécanorécepteurs sensibles aux variations de la pression ambiante et qui comprennent des pores et des unités réceptrices disposés longitudinalement, de chaque côté du corps. Détecte les vibrations de l'eau causées par l'animal lui-même, par des proies, des prédateurs ou d'autres objets en mouvement.

Organe source (n. masc.) Chez les Végétaux, organe dans lequel des glucides sont produits soit par photosynthèse, soit par hydrolyse de l'amidon. Les feuilles matures sont les principaux organes sources.

Organe spiral – organe de Corti (n. masc.) Organe de l'audition proprement dit de l'oreille de certains Vertébrés. Situé dans l'oreille interne sur le plancher du conduit cochléaire, ou lame basilaire. Renferme les cellules réceptrices (cellules sensorielles ciliées) de l'oreille.

Organe vestigial (n. masc.) Type de structure homologue atrophiée dont l'utilité pour l'organisme est devenue secondaire ou nulle. Représente un témoignage historique d'une structure qui remplissait une fonction importante chez les ancêtres des organismes qui le portent (p. ex. : l'appendice vermiforme, chez l'humain).

Organisme génétiquement modifié – OGM (n. masc.) Organisme auquel on a ajouté un ou plusieurs gènes par des moyens artificiels; ces gènes peuvent provenir ou non d'une autre espèce.

Organisme modèle (n. masc.) Espèce qu'on choisit d'étudier dans le but d'établir les principes biologiques généraux du développement en raison de sa facilité de manipulation en laboratoire et du fait que les découvertes réalisées sur un organisme modèle s'avèrent souvent transférables à beaucoup d'autres espèces (p. ex. : la drosophile et l'arabette des dames).

Organites (n. masc.) Diverses structures limitées par une ou des membranes dans le cytosol des cellules eucaryotes, exerçant une fonction déterminée.

Organogenèse (n. fém.) Processus dans lequel les rudiments d'organes se forment à partir des trois feuillets embryonnaires après la gastrulation. S'effectue au premier trimestre de la grossesse.

Orgasme (n. masc.) Ensemble des contractions rythmiques et involontaires de certaines parties du système reproducteur chez les deux sexes, pendant le cycle de la réponse sexuelle.

Origine de réplication (n. fém.) Région d'une molécule d'ADN où commence la réplication, constituée d'une séquence spécifique de nucléotides.

Oscillation (n. fém.) Relâchement des règles d'appariement des bases azotées qui permet à la troisième base (extrémité 5') d'un anticodon d'ARNt de former des liaisons hydrogène avec plus d'une sorte de base se trouvant en troisième position (extrémité 3') d'un codon d'ARNm.

Oscule (n. masc.) Chez les Éponges, grande ouverture qui relie le spongocœle au milieu environnant.

Osmolarité (n. fém.) Concentration molaire volumique totale des solutés, exprimée en moles de solutés par litre de solution.

Osmorégulateur (n. masc.) Animal qui régule son osmolarité interne, indépendamment de son milieu externe.

Osmorégulation (n. fém.) Régulation des concentrations de solutés et de l'équilibre hydrique par une cellule ou un organisme.

Osmose (n. fém.) Diffusion de l'eau libre à travers une membrane à perméabilité sélective.

Osmotolérant (adj.) Se dit d'un animal dont l'osmolarité interne est la même que celle du milieu et qui, de ce fait, n'a pas tendance à acquérir ni à perdre de l'eau.

Ostéichthyens (n. masc.) Poissons membres d'un clade de Vertébrés pourvus de mâchoires et, pour la majorité, d'un squelette osseux.

Ovaire (n. masc.) (1) Chez les fleurs, partie du carpelle dans laquelle se développent les ovules contenant des oosphères. (2) Chez les Animaux, structure qui produit les gamètes femelles et les hormones sexuelles.

Ovipare (adj.) Se dit d'un type de développement dans lequel les femelles pondent des œufs qui vont éclore en dehors de leur corps.

Ovocyte (n. masc.) Cellule du système reproducteur de la femme qui se différencie pour former un ovule.

Ovocyte de deuxième ordre (n. masc.) Ovocyte qui a complété la première des deux divisions méiotiques.

Ovocyte de premier ordre (n. masc.) Cellule sexuelle diploïde qui se forme avant la fin de la méiose I.

Ovogenèse (n. fém.) Processus de formation d'ovocytes dans les ovaires.

Ovogonie (n. fém.) Cellule sexuelle diploïde des ovaires qui, après s'être multipliée par mitose, donne naissance aux ovocytes de premier ordre.

Ovovivipare (adj.) Se dit d'un type de développement dans lequel les femelles gardent les œufs fécondés dans l'oviducte jusqu'à l'éclosion.

Ovulation (n. fém.) Expulsion d'un ovocyte de deuxième ordre par un ovaire. Chez la femme, un follicule ovarien libère un ovocyte de deuxième ordre à chaque cycle utérin (menstruel).

Ovule (n. masc.) (1) Chez les Vasculaires à graines, ensemble constitué par le tégument, le mégasporange (organe du sporophyte, siège de la méiose) et la mégaspore. (2) Chez les Animaux, gamète femelle, œuf haploïde non fécondé qui est habituellement une cellule relativement grosse et immobile.

Oxydation (n. fém.) Perte complète ou partielle des électrons par une substance participant à une réaction d'oxydoréduction.

P

Paléoanthropologie (n. fém.) Étude de l'origine de l'humain et de son évolution.

Paléontologie (n. fém.) Science fondée sur l'étude des fossiles, qui étudie les êtres vivants ayant existé au cours des temps géologiques et leurs relations évolutives.

Pancréas (n. masc.) Glande exocrine et endocrine. La partie exocrine sécrète des enzymes digestives et une solution alcaline dans l'intestin grêle, par l'intermédiaire d'un conduit; la partie endocrine, sans conduit, participe à l'homéostasie et sécrète et libère des hormones dans le sang, l'insuline et le glucagon, notamment.

Pandémie (n. fém.) Épidémie à l'échelle mondiale.

Pangée (n. fém.) Mégacontinent qui s'est formé, à la fin du Paléozoïque (il y a environ 250 millions d'années), lorsque les mouvements des plaques tectoniques ont réuni tous les continents.

Parabasaliens (n. masc.) Groupe de Protistes dépourvus de mitochondries comprenant les Trichomonadines (microorganismes flagellés parasites dont le plus connu, *Trichomonas vaginalis*, cause des infections vaginales).

Paracrine (adj.) Se dit d'une glande ou d'une sécrétion dont l'action est locale.

Parareptile (n. masc.) Premier groupe important de Reptiles, la plupart des herbivores quadrupèdes massifs ; disparu il y a environ 200 millions d'années, à la fin du Trias.

Parasite (n. masc.) Organisme vivant à l'intérieur ou à l'extérieur d'un organisme hôte et qui se nourrit des contenus cellulaires, des tissus ou des fluides corporels de cet hôte. Porte préjudice à son hôte, mais généralement sans le tuer.

Parasitisme (n. masc.) Relation symbiotique dans laquelle l'un des organismes (le parasite) vit aux dépens d'un autre, l'hôte, vivant à l'intérieur ou à l'extérieur de ce dernier.

Parathormone – PTH (n. fém.) Hormone peptidique que sécrètent les glandes parathyroïdes et qui accroît la concentration de Ca^{2+} sanguin en favorisant la libération de calcium par les os et la rétention de calcium par les reins.

Parcimonie maximale (n. masc.) En science, principe selon lequel toute théorie doit proposer l'explication la plus simple possible dans le respect des faits.

Paroi cellulaire (n. fém.) Nom donné à la couche externe protectrice de la membrane plasmique de la cellule végétale, des Procaryotes, des Eumycètes et de certains Protistes. Les composantes structurales importantes des parois cellulaires sont des polysaccharides : la cellulose (chez les Végétaux et certains Protistes), la chitine (chez les Eumycètes) et le peptidoglycane (chez les Bactéries).

Paroi primaire (n. fém.) Paroi relativement mince et flexible qui entoure la membrane plasmique d'une cellule végétale immature.

Paroi secondaire (n. fém.) Matrice résistante et durable, souvent constituée de couches successives de fibres de cellulose, d'autres polysaccharides et de protéines, qui protège et soutient la cellule végétale.

Partage des ressources (n. masc.) Différenciation des niches écologiques qui permet à des espèces semblables de coexister dans une communauté.

Parthénogenèse (n. fém.) Mode de reproduction asexuée dans lequel les femelles donnent naissance à une progéniture à partir d'œufs non fécondés.

Particule de reconnaissance du signal (n. fém.) Complexe moléculaire constitué de six protéines et d'un petit ARN ; responsable de la reconnaissance de la séquence signal d'un peptide au moment où il émerge du ribosome et assiste son transport du ribosome au réticulum endoplasmique en se liant à une protéine réceptrice sur le RE.

Patrimoine génétique (n. masc.) Ensemble de toutes les copies de chaque type d'allèle à tous les loci dans chaque individu d'une population. Dans un sens plus restreint, le terme désigne également l'ensemble des allèles pour seulement un ou quelques loci dans une population. Aussi appelé *pool génétique* ou *fonds génétique*.

Paysage (n. masc.) En écologie, mosaïque d'écosystèmes reliés les uns aux autres par des échanges d'énergie, de matière et d'organismes.

Pédicelle (n. masc.) Chez les végétaux, tige allongée du sporophyte d'un Bryophyte, telle une Mousse. Aussi appelé *soie*.

Pédomorphose (n. fém.) Persistance, chez un organisme adulte, de structures qui étaient strictement juvéniles chez son ancêtre (p. ex. : la persistance des branchies chez la salamandre adulte).

Pelvis rénal (n. masc.) Compartiment en forme d'entonnoir qui reçoit le filtrat traité des tubules collecteurs du rein et l'achemine vers l'uretère.

Pénis (n. masc.) Chez les Mammifères mâles, organe de la copulation.

PEP carboxylase (n. masc.) Avant la photosynthèse, dans les cellules du mésophylle des plantes de type C_4, enzyme qui ajoute du dioxyde de carbone au phosphoénolpyruvate (PEP), pour donner de l'oxaloacétate, lequel entre dans le cycle de Calvin.

Pepsine (n. fém.) Enzyme du suc gastrique qui amorce l'hydrolyse des protéines.

Pepsinogène (n. masc.) Forme inactive sous laquelle est sécrétée la pepsine par les cellules principales situées dans les cryptes de la muqueuse de l'estomac.

Peptidoglycane (n. masc.) Type de polymère situé dans la paroi cellulaire des Bactéries. Se compose de monosaccharides modifiés et réunis transversalement par de courts polypeptides variant d'une espèce à l'autre.

Perception (n. fém.) Interprétation que donne le cerveau des sensations chez les Animaux.

Pergélisol (n. masc.) Couche de sol gelée en permanence.

Péricycle (n. masc.) Dans la racine des Végétaux, couche de cellules la plus extérieure du cylindre vasculaire d'où émergent les racines latérales.

Périderme (n. masc.) Couche protectrice, composée de liège et de phellogène, qui remplace l'épiderme des plantes ligneuses pendant la croissance secondaire. Remplit notamment des fonctions de protection.

Période critique (n. fém.) Laps de temps limité dans la vie de l'animal pendant lequel celui-ci peut faire l'apprentissage d'un comportement.

Période réfractaire (n. fém.) Court intervalle de temps qui suit immédiatement un potentiel d'action et pendant lequel le neurone reste insensible à tout stimulus par suite de l'inactivation des canaux à sodium.

Péristaltisme (n. masc.) (1) Chez les Animaux, ondes rythmiques produites par la contraction et la relaxation des muscles lisses de la paroi du tube digestif qui forcent les aliments à avancer. (2) Mode de déplacement terrestre produit par les ondes rythmiques de contractions musculaires allant de l'avant vers l'arrière, typiques de nombreux Annélides.

Péristome (n. masc.) Chez les Mousses, anneau de structures dentelées qui s'interpénètrent sur la partie supérieure du sporange couverte d'un opercule. Libère progressivement les spores.

Perméabilité sélective (n. fém.) Propriété permettant aux membranes biologiques de se laisser traverser plus facilement par certaines substances que par d'autres.

Peroxysome (n. masc.) Organite contenant des enzymes qui transfèrent les atomes d'hydrogène de divers substrats au dioxygène (O_2), produisant du peroxyde d'hydrogène (H_2O_2) qu'il dégrade par la suite.

Perturbation (n. fém.) Événement naturel ou causé par des activités humaines comme les tempêtes ou les incendies, qui décime les communautés, en élimine des organismes, modifie la disponibilité des ressources.

Pétale (n. masc.) Chez les Angiospermes, pièce florale entourant l'appareil reproducteur, formée d'une feuille modifiée généralement de couleur vive. Contribue à attirer les Insectes et les autres pollinisateurs.

Pétiole (n. masc.) Queue de la feuille des plantes, qui relie la feuille à un nœud de la tige.

Petit ARN interférent – pARNi (n. masc.) Une des nombreuses molécules d'ARN monocaténaire de petite taille générées par les structures cellulaires à partir d'une longue molécule linéaire d'ARN bicaténaire. Le pARNi forme un complexe avec une ou plusieurs protéines qui peuvent dégrader un ARNm ou empêcher sa traduction avec une séquence complémentaire. Dans certains cas, le pARNi peut également désactiver des gènes.

Petites lèvres (n. fém.) Dans le système reproducteur de la femme, replis de peau mince qui délimitent les ouvertures du vagin et de l'urètre.

pH (n. masc.) Mesure de la concentration des ions hydrogène égale à $-\log [H^+]$ (logarithme négatif, à base 10, de la concentration molaire volumique des protons en solution aqueuse). Sa valeur se situe entre 0 et 14. Une solution acide a un pH inférieur à 7 ; une solution alcaline ou basique a un pH supérieur à 7.

Phage (n. masc.) Virus infectant une bactérie. Abréviation de *bactériophage*.

Phage virulent (n. masc.) Phage qui se multiplie uniquement suivant un cycle lytique.

Phagocytose (n. fém.) Forme d'endocytose accomplie par certains Protistes et par certaines cellules immunitaires des Animaux (chez les Mammifères, surtout par les macrophages, les neutrophiles et les cellules dendritiques) et au cours de laquelle ces cellules ingèrent de grosses particules ou de petits organismes.

Pharynx (n. masc.) (1) Chez les Vertébrés, région de la gorge qui constitue un carrefour entre les voies digestives (œsophage) et les voies respiratoires (trachée). (2) Chez le ver de terre, tube musculeux saillant du côté ventral de l'Animal et se terminant dans la bouche.

Phase de croissance accélérée de l'endomètre (n. fém.) Partie du cycle utérin (menstruel) au cours de laquelle la fine couche basale de l'endomètre commence à régénérer la couche fonctionnelle, qui s'épaissit durant une ou deux semaines.

Phase folliculaire (n. fém.) Partie du cycle ovarien marquée par le début de la croissance de plusieurs follicules de l'ovaire et par le développement des ovocytes.

Phase G_0 (n. fém.) Stade durant lequel une cellule ne se divise plus et est dans un état de « repos ».

Phase G_1 (n. fém.) Première période de croissance de l'interphase et du cycle cellulaire. Précède la phase S de synthèse de l'ADN.

Phase G_2 (n. fém.) Troisième période de croissance de l'interphase et du cycle cellulaire. Suit la synthèse de l'ADN.

Phase lutéale (n. fém.) Partie du cycle ovarien pendant laquelle les cellules endocrines du corps jaune sécrètent des hormones femelles.

Phase menstruelle (n. fém.) Partie du cycle utérin (menstruel) au cours de laquelle se produisent les saignements.

Phase mitotique – phase M (n. fém.) Phase du cycle cellulaire qui comprend la mitose et la cytocinèse.

Phase S (n. fém.) Deuxième période de croissance de l'interphase et du cycle cellulaire. Phase de synthèse de l'ADN pendant laquelle a lieu la réplication de l'ADN, après la phase G_1 et avant la phase G_2.

Phase sécrétoire (n. fém.) Partie du cycle utérin (menstruel) pendant laquelle la couche fonctionnelle de l'endomètre continue de s'épaissir, devient plus vascularisée et produit des glandes qui sécrètent un liquide riche en glycogène.

Phellogène (n. masc.) Tissu méristématique de forme cylindrique chez les plantes. Produit des cellules de liège destinées à remplacer l'épiderme des tiges et des racines, au cours de la croissance secondaire. Aussi appelé *cambium subérophellodermique*.

Phénotype (n. masc.) Ensemble des caractères physiques et physiologiques observables d'un organisme, déterminé par son patrimoine génétique.

Phénotype sauvage (n. masc.) Phénotype normal (le plus répandu) pour un caractère donné, dans les populations naturelles; désigne également l'individu qui exprime ce phénotype.

Phéromone (n. fém.) Chez les Animaux et les Eumycètes, petite molécule libérée dans l'environnement qui joue un rôle dans la communication entre les membres d'une même espèce. Chez les Animaux, agit comme une hormone pour influencer la physiologie et le comportement d'un autre individu de la même espèce.

Phloème (n. masc.) Chez les Végétaux, tissu vasculaire composé de cellules vivantes en forme de tube allongé par lequel les glucides et les autres nutriments organiques sont acheminés dans l'ensemble de la plante.

Phosphoglycérolipide (n. masc.) Lipide composé de glycérol lié à deux acides gras et à un groupement phosphate. Les chaînes hydrocarbonées des acides gras se comportent comme des queues non polaires hydrophobes, et le reste de la molécule, comme une tête polaire hydrophile. Les phosphoglycérolipides forment des bicouches qui se comportent comme des membranes biologiques.

Phosphorylation au niveau du substrat (n. fém.) Mode de synthèse de l'ATP dans lequel une enzyme transfère directement un groupement phosphate d'un substrat à l'adénosine diphosphate.

Phosphorylation oxydative (n. fém.) Synthèse de l'ATP alimentée par les réactions d'oxydoréduction de la chaîne de transport d'électrons; troisième stade de la respiration cellulaire.

Photoautotrophe (adj.) Se dit d'un organisme qui utilise la lumière comme source d'énergie pour synthétiser des composés organiques à partir du dioxyde de carbone.

Photohétérotrophe (adj.) Se dit d'un organisme qui utilise la lumière pour produire de l'ATP, mais qui doit se procurer son carbone sous forme organique.

Photomorphogenèse (n. fém.) Action de la lumière sur la morphologie des Végétaux.

Photon (n. masc.) Quantum, ou quantité discrète, d'énergie lumineuse, qui se comporte comme s'il était une particule.

Photopériodisme (n. masc.) Chez les végétaux et les animaux, réaction physiologique à la photopériode, c'est-à-dire à la durée du jour au fil des saisons (p. ex.: la floraison des plantes, l'hibernation ou le comportement sexuel des animaux).

Photophosphorylation (n. fém.) Production d'ATP par l'ajout d'un groupement phosphate à l'ADP au cours des réactions photochimiques de la photosynthèse; processus réalisé par chimiosmose et au moyen de la force protonmotrice engendrée à travers les membranes thylakoïdiennes du chloroplaste ou les membranes de certains Procaryotes.

Photorécepteur (n. masc.) Récepteur d'ondes électromagnétiques qui détecte la lumière visible chez certains Animaux et certains Protistes.

Photorécepteur à lumière bleue (n. masc.) Chez les plantes, type de photorécepteurs qui active diverses réactions comme le phototropisme et le ralentissement de l'élongation de l'hypocotyle.

Photorespiration (n. fém.) Voie métabolique qui consomme du dioxygène et de l'ATP, libère du dioxyde de carbone et réduit le rendement de la photosynthèse. Provoquée par la chaleur, la sécheresse et l'ensoleillement, lorsque les stomates se ferment et que le rapport O_2/CO_2 dans la feuille augmente, favorisant la fixation du O_2 plutôt que celle du CO_2 par la Rubisco.

Photosynthèse (n. fém.) Conversion de l'énergie lumineuse en énergie chimique, laquelle est emmagasinée dans des glucides et d'autres molécules organiques. A lieu chez les Végétaux, les Algues et certaines cellules procaryotes.

Photosystème (n. masc.) Unité photoréceptrice constituée d'un centre réactionnel entouré de nombreux complexes collecteurs de lumière et présente dans la membrane thylakoïdienne du chloroplaste ou dans la membrane de certains Procaryotes. Il y a deux types de photosystèmes, I et II, chacun absorbant mieux la lumière à des longueurs d'onde particulières.

Photosystème I – PS I (n. masc.) L'une des deux unités photoréceptrices de la membrane thylakoïdienne du chloroplaste ou de la membrane de certains Procaryotes. Son centre réactionnel est constitué de deux molécules de chlorophylle *a* P700; seul photosystème à intervenir dans le transport cyclique des électrons.

Photosystème II – PS II (n. masc.) L'une des deux unités photoréceptrices de la membrane thylakoïdienne du chloroplaste ou de la membrane de certains Procaryotes; son centre réactionnel est constitué de deux molécules de chlorophylle *a* P680.

Phototropisme (n. masc.) Réaction de croissance de la pousse d'une plante en direction de la lumière (phototropisme positif) ou dans la direction opposée (phototropisme négatif).

Phragmoplaste (n. masc.) Structure formée d'éléments du cytosquelette et de vésicules dérivées de l'appareil de Golgi qui s'alignent le long de l'axe médian de la cellule végétale en division.

Phyllotaxie (n. fém.) Disposition des feuilles sur la tige des plantes.

PhyloCode – Code international de nomenclature phylogénétique (n. masc.) Système de classification des organismes proposé qui ne prend en compte que les liens évolutifs; ne nomme que des groupes comprenant un ancêtre commun et tous ses descendants sans référence au rang.

Phylogenèse (n. fém.) Histoire de l'évolution d'une espèce ou d'un groupe d'espèces apparentées.

Physiologie (n. fém.) Étude des processus et des fonctions d'un organisme.

Phytochromes (n. masc.) Type de photorécepteurs chez les Végétaux. Les phytochromes absorbent surtout la lumière rouge et régissent plusieurs des réactions de la plante, y compris la germination des graines et l'héliophilie.

Phytoremédiation (n. fém.) Nouvelle technique de biotechnologie qui respecte le paysage et fait appel à la capacité de certaines espèces végétales d'absorber des polluants du sol et de les concentrer dans des parties de la plante faciles à récolter, ce qui permet de récupérer les polluants et de les éliminer de façon sécuritaire.

Pied (n. masc.) (1) Partie du sporophyte par lequel une mousse obtient les éléments nutritifs fournis par l'organisme maternel par l'intermédiaire de cellules de transfert. (2) Chez les Mollusques, organe musculeux servant habituellement au déplacement. Voir aussi *Manteau, Masse viscérale*.

Pied ambulacraire (n. masc.) Chez les Échinodermes, chacun des nombreux prolongements érectiles du réseau de canaux hydrauliques qui compose le système ambulacraire. Sert à la locomotion et à la capture des proies.

Pigment (n. masc.) Substance qui absorbe la lumière visible, chez les organismes photoautotrophes (p. ex.: la chlorophylle *a*).

Pigment respiratoire (n. masc.) Chez les animaux, type de protéine qui transporte la plus grande partie du dioxygène dans le sang ou l'hémolymphe.

Pili (n. masc.) Chez les Bactéries, structures qui servent à réunir deux cellules au début de la conjugaison; aussi appelés *pili sexuels*. (Au singulier: *pilus*.)

Pinocytose (n. fém.) Type d'endocytose dans lequel la cellule absorbe des gouttelettes de liquide extracellulaire avec les solutés qui y sont dissous.

Pistil (n. masc.) Organe reproducteur femelle de la fleur qui se compose d'un seul carpelle ou de plusieurs carpelles groupés.

Placenta (n. masc.) Structure formée d'une partie de la muqueuse utérine maternelle et des membranes extraembryonnaires, et à travers laquelle les nutriments gagnent le sang de l'embryon ou du fœtus.

Placodermes (n. masc.) Classe de Poissons fossiles dotés de mâchoires et protégés par une cuirasse.

Plan d'organisation (n. masc.) Dans un organisme multicellulaire, processus d'induction contribuant au développement d'une organisation spatiale dans laquelle les tissus et les organes occupent un emplacement caractéristique.

Plan d'organisation corporelle (n. masc.) Chez les Animaux, le plan corporel fixe la disposition des éléments constitutifs d'un organisme pour en faire un ensemble intégré déterminé par les gènes homéotiques.

Planaire (n. fém.) Plathelminthe libre qui vit dans les étangs et les ruisseaux non pollués.

Plante de jour court (n. fém.) Plante qui fleurit habituellement à la fin de l'été, à l'automne ou en hiver, lorsque la durée de la nuit dépasse celle du jour. Voir *Plante de jour long*.

Plante de jour long (n. fém.) Plante qui semble fleurir uniquement lorsque la période de clarté dépasse une durée critique, habituellement à la fin du printemps ou au début de l'été. Voir *Plante de jour court*.

Plante de type CAM (n. fém.) Plante qui utilise une adaptation photosynthétique à l'aridité. Découvert chez les Crassulacées et, pour cette raison, qualifié de métabolisme acide crassulacéen (CAM, pour *crassulacean acid metabolism*), ce processus transforme le dioxyde de carbone entré dans les stomates ouverts pendant la nuit en acides organiques; pendant le jour (lorsque les stomates sont fermés), ces acides organiques libèrent le CO_2 mis en réserve pour alimenter le cycle de Calvin.

Plante indifférente (n. fém.) Plante dont la floraison ne dépend pas de la photopériode ni de la longueur du jour.

Plantes de type C_3 (n. fém.) Plantes chez lesquelles le CO_2 atmosphérique est incorporé à la matière organique dès la première étape du cycle de Calvin, produisant ainsi un composé à trois carbones comme premier intermédiaire stable.

Plantes de type C_4 (n. fém.) Plantes chez lesquelles des réactions commencent par incorporer le CO_2 dans un composé à quatre atomes de carbone avant de le rendre disponible pour le cycle de Calvin.

Plaque cellulaire (n. fém.) Vésicule aplatie située à l'équateur de la cellule mère pendant la cytocinèse, au cours de la division des cellules végétales. Siège de la formation de la nouvelle paroi cellulaire.

Plaque criblée (n. masc.) Chez les Angiospermes, paroi poreuse qui joint les extrémités de deux cellules d'un tube criblé. Facilite la circulation du liquide d'une cellule à l'autre.

Plaque équatoriale (n. fém.) À la métaphase, plan imaginaire situé à mi-chemin entre les deux pôles de la cellule et sur lequel se trouvent les centromères de tous les chromosomes répliqués.

Plaquette (n. fém.) Fragment de cellules sanguines dépourvues de noyau qui contribue à la coagulation. Résulte de la fragmentation du cytoplasme de grandes cellules dans la moelle osseuse rouge.

Plasma (n. masc.) Matrice liquide du sang des Vertébrés renfermant plusieurs types de cellules en suspension.

Plasmide (n. masc.) Petite molécule d'ADN circulaire distincte du chromosome bactérien et capable de se répliquer de façon autonome; utilisé comme vecteur de clonage permettant de transporter 10 000 paires de bases environ (10 kn) d'ADN. Présent aussi dans certaines cellules eucaryotes, comme les levures.

Plasmide F (n. masc.) Forme plasmide du facteur F.

Plasmide R (n. masc.) Sorte de plasmide bactérien comprenant des gènes de résistance aux antibiotiques.

Plasmide Ti (n. masc.) Plasmide provenant d'une bactérie (*Agrobacterium tumefaciens*) qui produit des tumeurs dans les plantes infectées. Insère un segment de son ADN (ADN-T) dans l'ADN chromosomique des cellules végétales hôtes. Fréquemment utilisé comme vecteur en génie génétique appliqué à des plantes.

Plasmocyte (n. masc.) Cellule effectrice de l'immunité humorale qui sécrète des anticorps. Provient de la différenciation d'un lymphocyte B activé par un antigène.

Plasmode (n. masc.) Masse de cytoplasme qui renferme plusieurs noyaux diploïdes et qui se forme pendant le stade de croissance du cycle de développement des Myxomycètes.

Plasmodesme (n. masc.) Canal qui traverse la paroi des cellules végétales et relie les cytoplasmes de cellules voisines, ce qui permet à l'eau et aux petits solutés ainsi qu'à certaines molécules plus grosses de diffuser librement entre les cellules.

Plasmogamie (n. fém.) Fusion des cytoplasmes de cellules provenant de deux mycéliums. Première étape de l'union des cellules de deux organismes, chez de nombreux Eumycètes dont le cycle de développement comporte une phase sexuée. Suivie du stade de la caryogamie.

Plasmolyse (n. fém.) Dans les cellules dotées d'une paroi, phénomène qui se produit lorsque la cellule perd de l'eau au profit d'un milieu hypertonique: la membrane plasmique s'écarte de la paroi et la cellule prend un aspect ratatiné.

Plastes (n. masc.) Famille d'organites végétaux comprenant les chloroplastes, les chromoplastes et les amyloplastes (leucoplastes). Présents dans les cellules eucaryotes photosynthétiques.

Plasticité neurale (n. fém.) Capacité que possède le système nerveux à se remodeler sous l'effet de sa propre activité.

Pléiotropie (n. fém.) Faculté de la plupart des gènes de produire des effets phénotypiques multiples.

Pluripotente (adj.) Se dit d'une cellule souche qui vient d'un embryon ou d'un organisme adulte et qui peut donner naissance à plusieurs types cellulaires mais pas à tous.

Poil absorbant (n. masc.) Chacun des prolongements minuscules des cellules épidermiques qui se forment près de l'extrémité des racines des plantes et qui augmentent considérablement la surface d'absorption de l'eau et des minéraux.

Point chaud de la biodiversité (n. masc.) Aire relativement petite abritant une concentration exceptionnelle d'espèces endémiques et un grand nombre d'espèces menacées ou en voie d'extinction.

Point d'ancrage (n. masc.) Substrat auquel une cellule animale doit adhérer avant de pouvoir entreprendre sa division. Ce substrat peut être la paroi d'un récipient de culture ou la matrice extracellulaire d'un tissu.

Point de bifurcation – nœud (n. masc.) Sur un arbre phylogénétique, représentation de la divergence de deux ou de plusieurs taxons issus d'un ancêtre commun. Un nœud est souvent représenté selon un schéma dichotomique dans lequel un embranchement représentant la lignée ancestrale se sépare (au point de bifurcation ou nœud), formant un embranchement pour chacune des deux lignées de descendants.

Point de contrôle (n. masc.) Moment du cycle cellulaire où un stimulus commande l'arrêt ou la poursuite du cycle.

Point de départ (n. masc.) Dans la transcription, nucléotide situé sur le promoteur à partir duquel l'ARN polymérase commence la synthèse de l'ARN.

Polarité (n. fém.) Chez les plantes, fait qu'il existe un axe bien développé dont les deux extrémités sont différentes: l'une est une racine, l'autre une pousse.

Pôle animal (n. masc.) Point à l'extrémité de l'ovocyte de deuxième ordre dans l'hémisphère où la concentration de vitellus est la plus faible. Pôle opposé au pôle végétatif.

Pôle végétatif (n. masc.) Chez de nombreux Animaux, exception faite des Mammifères, pôle de l'ovocyte de deuxième ordre où la concentration de vitellus est la plus forte. Pôle opposé au pôle animal.

Pollinisation (n. fém.) Transfert du pollen à la partie des plantes abritant les ovules, un processus requis pour la fécondation.

Pollinisation croisée (n. fém.) Transfert du pollen de l'anthère de la fleur d'une plante au stigmate de la fleur d'une autre plante de la même espèce. Mode de reproduction le plus courant chez les Angiospermes.

Polygame (adj.) Se dit d'une relation entre animaux dans laquelle un individu s'accouple avec plusieurs autres.

Polymère (n. masc.) Molécule constituée d'un grand nombre d'unités structurales identiques ou semblables rattachées les unes aux autres par des liaisons covalentes (p. ex.: un polypeptide est un polymère constitué de plusieurs acides aminés).

Polymorphisme de taille des fragments de restriction – PTFR (n. masc.) Propriété de l'ADN de générer des séquences nucléotidiques distinctes, polymorphisme mononucléotidique (SNP), qui empêchent les enzymes de restriction de reconnaître leurs sites spécifiques d'action, entraînant ainsi la modification de la longueur des fragments obtenus sous l'action de ces enzymes. Un PTFR peut être présent dans un ADN codant ou non codant.

Polymorphisme mononucléotidique (n. masc.) Site d'une seule paire de bases présentant une variation chez au moins 1% de la population.

Polynucléotide (n. masc.) Polymère composé de plusieurs nucléotides (monomères) qui entre dans la composition de l'ADN et de l'ARN, les acides nucléiques. Sert de plan pour la synthèse des protéines et, par l'intermédiaire des protéines, régule toutes les activités cellulaires.

Polypeptide (n. masc.) Polymère d'acides aminés unis par des liaisons peptidiques.

Polyphylétique (adj.) Se dit d'un groupe réunissant plusieurs taxons issus d'ancêtres différents.

Polyploïdie (n. fém.) Anomalie chromosomique d'organismes possédant plus de deux jeux complets de chromosomes. Résulte d'un accident lors de la division cellulaire.

Polyribosome – polysome (n. masc.) Groupe de ribosomes disposés en file le long d'une même molécule d'ARNm qu'ils traduisent simultanément.

Polysaccharide (n. masc.) Macromolécule résultant de la condensation de quelques milliers de monosaccharides unis par des liaisons glycosidiques formée par des réactions de déshydratation (p. ex.: amidon, glycogène, cellulose).

Polytomie (n. fém.) Dans un arbre phylogénétique, nœud duquel émergent plus de deux groupes de descendants. Indique que les liens évolutifs entre ces taxons ne sont pas encore clairement établis.

Pompe à protons (n. fém.) Protéine de transport actif située dans une membrane cellulaire et qui utilise l'ATP pour transporter des protons hors d'une cellule contre leur gradient de concentration, engendrant ainsi un potentiel de membrane.

Pompe à sodium et à potassium (n. fém.) Protéine de transport actif enchâssée dans la membrane plasmique des cellules animales et qui expulse les ions sodium de la cellule tout en faisant entrer les ions potassium.

Pompe électrogène (n. fém.) Protéine de transport actif qui engendre un potentiel électrique de part et d'autre d'une membrane en pompant les ions.

Pont (n. masc.) Chez les Vertébrés, renflement du tronc cérébral situé dans la partie inférieure de l'encéphale, devant le cervelet, et comportant des noyaux qui régulent les centres de respiration dans le bulbe rachidien.

Pont disulfure (n. masc.) Liaison covalente forte qui se forme quand le soufre d'un monomère de cystéine se lie au soufre d'un autre monomère de cystéine. C'est l'une des interactions qui assure le maintien de la structure tertiaire des protéines.

Population (n. fém.) Groupe localisé d'individus de la même espèce biologique qui vivent dans la même zone, se reproduisent et engendrent une descendance féconde.

Porte-greffe (n. masc.) Plante qui fournit le système racinaire dans une greffe.

Porteur sain (n. masc.) En génétique, individu hétérozygote pour un locus génétique donné à l'origine d'une maladie héréditaire récessive. Il a généralement un phénotype normal, mais peut transmettre l'allèle récessif à ses enfants.

Postérieure (adj.) Se dit de la région située à l'arrière (queue) d'un animal à symétrie bilatérale.

Potentialisation à long terme (n. fém.) Dans les phénomènes de mémoire et d'apprentissage, type de changement synaptique qui se traduit par une augmentation durable de la force de la transmission synaptique.

Potentiel d'action (n. masc.) Signal électrique généré par une dépolarisation brusque (du type tout ou rien) et qui se propage le long de la membrane d'un neurone ou d'une autre cellule excitable.

Potentiel d'équilibre – E_{ion} (n. masc.) Valeur du potentiel de membrane à l'équilibre, c'est-à-dire lorsque le gradient électrique compense exactement le gradient de concentration. Se calcule à l'aide de l'équation de Nernst.

Potentiel de membrane (n. masc.) Différence de potentiel électrique (tension), entre le milieu extracellulaire et le cytosol de toutes les cellules, attribuable à une répartition inégale des ions. Influe sur l'activité des cellules excitables et sur le passage de toutes les substances chargées à travers la membrane.

Potentiel de pression – Ψ_p (n. masc.) Composante du potentiel hydrique qui consiste en la pression physique sur une solution, et qui peut être positive, nulle ou négative.

Potentiel de repos (n. masc.) Potentiel de membrane caractéristique d'un neurone non stimulé. L'intérieur de la cellule a une charge négative par rapport à l'extérieur.

Potentiel gradué (n. masc.) Dans un neurone, variation de tension de part et d'autre de la membrane plasmique dont l'amplitude dépend de l'intensité du stimulus et qui diminue à mesure qu'elle s'éloigne de sa source.

Potentiel hydrique – Ψ (n. masc.) Propriété physique qui permet de prédire la direction de l'écoulement de l'eau, régie par la concentration des solutés qui engendre une pression osmotique et par la pression qu'exerce la paroi cellulaire.

Potentiel osmotique – Ψ_o (n. masc.) Composante du potentiel hydrique qui est proportionnelle au nombre de molécules de solutés dissoutes dans une solution et qui mesure l'effet des solutés sur la direction du mouvement de l'eau. Aussi appelé *potentiel de soluté*, il est égal à zéro ou à une valeur négative.

Potentiel postsynaptique excitateur – PPSE (n. masc.) Phénomène électrique de dépolarisation qui se produit dans la membrane plasmique d'un neurone postsynaptique à la suite de la liaison du neurotransmetteur excitateur d'un neurone présynaptique à un récepteur membranaire postsynaptique. Il est alors plus probable que l'axone de la cellule postsynaptique puisse déclencher un potentiel d'action.

Potentiel postsynaptique inhibiteur – PPSI (n. masc.) Phénomène électrique d'hyperpolarisation produit dans la membrane plasmique d'un neurone postsynaptique quand ses récepteurs membranaires se lient au neurotransmetteur inhibiteur d'un neurone présynaptique. Il est alors plus difficile pour un neurone postsynaptique de produire un potentiel d'action.

Potentiel récepteur (n. masc.) Modification graduée du potentiel de membrane d'un récepteur sensoriel qui réagit à un stimulus.

Pouce opposable (n. masc.) Pouce qui peut toucher l'extrémité intérieure des doigts (du côté des circonvolutions de la peau) d'une même main. Propriété caractéristique des humains et des autres Primates anthropoïdes.

Pouls (n. masc.) Dilatation rythmique des artères avec chaque battement de cœur.

Poumon (n. masc.) Chez les Vertébrés terrestres, les escargots terrestres ou les araignées, organe respiratoire localisé dont la surface repliée vers l'intérieur détermine une multitude d'alvéoles; communique avec l'extérieur par un système de conduits ramifiés; siège des échanges gazeux.

Poumon lamellaire (n. masc.) Chez les araignées, organe d'échanges gazeux constitué d'un ensemble de lamelles empilées dans une chambre interne.

PPSE (n. masc.) Voir *Potentiel postsynaptique excitateur.*

PPSI (n. masc.) Voir *Potentiel postsynaptique inhibiteur.*

Prairie tempérée (n. fém.) Biome terrestre, situé dans les régions de latitude moyenne, dominé par les Graminées et les plantes herbacées dicotylédones.

Précipitation acide (n. fém.) Pluie, grêle, neige ou brouillard dont le pH est inférieur à 5,2.

Prédation (n. fém.) Interaction entre des espèces dans laquelle une espèce, le prédateur, dévore l'autre, la proie.

Premier principe de la thermodynamique (n. masc.) Principe de conservation de l'énergie selon lequel la quantité d'énergie dans l'Univers est constante. L'énergie peut être transférée et transformée: elle ne peut être ni détruite ni créée.

Prépuce (n. masc.) Chez l'humain, repli de peau qui recouvre le clitoris et le gland du pénis.

Présentation de l'antigène (n. fém.) Processus de la réaction immunitaire au cours duquel une molécule du complexe majeur d'histocompatibilité se lie à un fragment d'antigène protéique intracellulaire et le transporte jusqu'à la surface de la cellule, où il est présenté pour être reconnu par un lymphocyte T.

Pression de turgescence (n. fém.) Force qui s'exerce sur la paroi d'une cellule après l'entrée d'eau et le gonflement de la cellule causé par l'osmose.

Pression diastolique (n. fém.) Pression artérielle résiduelle dans les artères lorsque les ventricules sont relâchés.

Pression partielle (n. fém.) Pression exercée par un des gaz d'un mélange de gaz (p. ex.: la pression exercée par l'oxygène dans l'air).

Pression systolique (n. fém.) Pression sanguine atteinte dans les artères au moment où le ventricule se contracte (à la systole ventriculaire).

Primase (n. fém.) Lors de la réplication de l'ADN, enzyme qui synthétise l'amorce d'ARN nécessaire à la synthèse d'un nouveau brin d'ADN en utilisant le brin d'ADN parental comme matrice.

Primordiums foliaires (n. masc.) Renflements le long des méristèmes apicaux des pousses, d'où émergent les feuilles.

Principe de probabilité maximale (n. masc.) Principe selon lequel, dans l'étude d'hypothèses phylogénétiques multiples, on doit considérer l'hypothèse qui représente la séquence évolutive la plus probable, à partir de certaines règles sur la façon dont l'ADN change au fil du temps.

Prion (n. masc.) Variante mal configurée de protéines cérébrales normales douée de pouvoir infectieux. Dépourvu d'acide nucléique, un prion peut se multiplier en convertissant en d'autres prions des versions correctement configurées de la protéine. Cause diverses maladies neurologiques dégénératives chez certaines espèces animales et chez l'humain (p. ex.: l'encéphalopathie spongiforme bovine ou «maladie de la vache folle»).

Processus spontané (n. masc.) Processus thermodynamiquement favorisé qui peut se produire sans apport énergétique extérieur.

Producteur (n. masc.) Organisme qui utilise l'énergie lumineuse (dans la photosynthèse) ou qui oxyde des composés chimiques inorganiques (dans les réactions de chimiosynthèse pour la conversion par les Procaryotes de CO_2 en composés organiques).

Producteur primaire (n. masc.) Organisme autotrophe, généralement photosynthétique, qui se situe au niveau trophique sur lequel reposent tous les niveaux.

Productivité nette de l'écosystème – PNE (n. fém.) Mesure de l'accumulation totale de biomasse au cours d'une période donnée qu'on calcule en soustrayant de la production primaire brute d'un écosystème l'énergie utilisée pour la respiration par tous les autotrophes et les hétérotrophes.

Productivité primaire (n. fém.) Quantité d'énergie chimique (composés organiques) issue de la transformation de l'énergie lumineuse par les organismes autotrophes d'un écosystème, dans une période donnée.

Productivité primaire brute – PPB (n. fém.) Énergie totale assimilée par un écosystème pendant une période déterminée, c'est-à-dire quantité totale de matière organique issue de la transformation de l'énergie lumineuse en énergie chimique au cours de la photosynthèse.

Productivité primaire nette – PPN (n. fém.) Quantité de nouvelle biomasse ajoutée pendant une période déterminée. Ce qui reste de la productivité primaire brute après qu'on y a soustrait l'énergie utilisée pour la respiration cellulaire.

Productivité secondaire (n. fém.) Augmentation, par transformation de l'énergie chimique de la nourriture, de la biomasse des consommateurs d'un écosystème (herbivores, carnivores et détritivores) pendant une période déterminée.

Produit (n. masc.) Substance résultant d'une réaction chimique.

Profil génétique (n. masc.) Ensemble des marqueurs génétiques propres à un individu, détectés le plus souvent par l'ACP (amplification en chaîne par polymérase), ou auparavant, par électrophorèse et au moyen de sondes d'acides nucléiques.

Progestérone (n. fém.) Hormone stéroïde qui prépare l'utérus à la grossesse; la plus importante du groupe des progestines chez les Mammifères.

Progestines (n. fém.) Famille d'hormones stéroïdes dont l'activité est semblable à celle de la progestérone.

Progymnospermes (n. fém.) Groupe aujourd'hui disparu de Vasculaires sans graines qui sont probablement les ancêtres des Gymnospermes et des Angiospermes.

Projet génome humain (n. masc.) Projet mis sur pied par un consortium international, lancé en 1990 et achevé en 2003, et visant à cartographier l'ensemble du génome humain et à déterminer les séquences nucléotidiques de chacun des chromosomes.

Prolactine – PRL (n. fém.) Hormone produite et sécrétée par l'adénohypophyse qui exerce divers effets selon les espèces de Vertébrés. Chez les Mammifères, stimule la croissance des glandes mammaires et la synthèse du lait.

Prométaphase (n. fém.) Deuxième phase de la mitose pendant laquelle l'enveloppe nucléaire se fragmente et des microtubules du fuseau s'attachent aux kinétochores des chromosomes.

Promiscuité (n. fém.) Type d'accouplement des Animaux chez lesquels les liens d'attachement entre mâles et femelles ne sont ni forts ni durables.

Promoteur (n. masc.) Séquence spécifique de nucléotides de l'ADN à laquelle l'ARN polymérase se lie pour commencer la transcription de l'ARN au bon endroit.

Prophage (n. masc.) ADN phagique qui, par recombinaison génétique, s'intègre à un site spécifique du chromosome bactérien.

Prophase (n. fém.) Première phase de la mitose marquée par la condensation de la chromatine en chromosomes visibles au microscope photonique, par le début de la formation du fuseau de division et par la disparition des nucléoles, mais sans modification apparente du noyau.

Propriétés émergentes (n. fém.) Nouvelles propriétés qui émergent à chaque niveau supérieur dans la hiérarchie de la vie, découlant de l'arrangement et des interactions des parties de l'organisme à mesure que celui-ci se complexifie.

Prosencéphale (n. masc.) L'une des trois régions embryonnaires de l'encéphale qui ont été produites au cours de l'évolution des Vertébrés. Donne naissance au thalamus, à l'hypothalamus et au cerveau.

Prostaglandines – PG (n. fém.) Groupe d'acides gras modifiés que produisent et libèrent dans le liquide interstitiel la plupart des types de cellules. Jouent le rôle de régulateurs locaux et agissent de diverses façons sur les cellules voisines.

Prostate (n. fém.) Chez les Mammifères mâles, glande annexe qui sécrète une composante du sperme neutralisant l'acidité.

Protéase (n. fém.) Enzyme qui rompt par hydrolyse les liens peptidiques dans les protéines.

Protéasome (n. masc.) Complexe protéique géant en forme de tonneau qui reconnaît et dégrade les protéines marquées par des molécules d'ubiquitine (petite protéine).

Protéine (n. fém.) Molécule ou macromolécule constituée d'un ou de plusieurs polypeptides, chacun étant replié et enroulé dans une structure tridimensionnelle spécifique. Chez les êtres vivants, classe de composés biologiques fonctionnels importants.

Protéine adaptatrice (n. fém.) Protéine intermédiaire de grande taille qui rassemble plusieurs autres intermédiaires protéiques pour augmenter l'efficacité des voies de transduction.

Protéine de choc thermique (n. fém.) Protéine qui préviendrait la dénaturation en enveloppant une enzyme ou d'autres protéines quand elles sont exposées à des températures élevées (un choc thermique). Présente chez les Végétaux, les Animaux et les microorganismes.

Protéine de transport (n. fém.) Protéine transmembranaire qui aide les substances hydrophiles (certains ions et molécules polaires) à traverser la membrane.

Protéine G (n. fém.) Protéine qui est liée à une molécule de guanosine triphosphate et qui sert d'intermédiaire entre les récepteurs membranaires, appelés *récepteurs couplés à une protéine G*, et d'autres protéines de transduction situées à l'intérieur de la cellule.

Protéine intramembranaire (n. fém.) Protéine transmembranaire dont les parties hydrophobes sont enchâssées dans la couche hydrophobe de la membrane et dont les parties hydrophiles sont en contact avec les solutions aqueuses de part et d'autre de la membrane (ou le revêtement du canal dans le cas d'une protéine-canal).

Protéine kinase (n. fém.) Enzyme qui catalyse le transfert d'un groupement phosphate de l'ATP à une protéine (phosphorylation).

Protéine motrice (n. fém.) Protéine qui interagit avec les éléments du cytosquelette et d'autres composantes cellulaires, produisant la motilité d'une cellule ou de certaines parties des cellules.

Protéine périphérique (n. fém.) Protéine qui ne pénètre pas dans la bicouche lipidique, mais qui est plutôt rattachée à la surface membranaire ou à une région d'une protéine intramembranaire.

Protéine phosphatase (n. fém.) Enzyme qui catalyse le retrait des groupements phosphate des protéines (déphosphorylation) ; effet inverse de la protéine kinase.

Protéines fixatrices d'ADN monocaténaire (n. fém.) Pendant la réplication de l'ADN, molécules protéiques qui s'attachent aux brins d'ADN non appariés et les empêchent de s'enrouler à nouveau jusqu'à ce qu'ils servent de matrices pour la synthèse de nouveaux brins complémentaires.

Protéoglycane (n. masc.) Macromolécule constituée d'une petite protéine centrale liée à de nombreuses chaînes de glucides, présente dans la matrice extracellulaire des cellules animales. Peut comporter jusqu'à 95 % de glucides.

Protéomique (n. fém.) Étude systématique de jeux complets de protéines (protéomes) codés par un génome.

Protistes (n. masc.) Terme non officiel désignant tout Eucaryote qui n'appartient pas aux Végétaux, aux Animaux ou aux Eumycètes. La plupart des Protistes sont unicellulaires, mais certains sont coloniaux ou pluricellulaires.

Protocellule (n. fém.) Agrégats de molécules produites par voie abiotique et entourées d'une membrane ou d'une structure apparentée à une membrane. Précurseurs abiotiques des cellules vivantes, les protocellules présentent certaines des propriétés associées à la vie, dont une capacité de reproduction et un métabolisme rudimentaires, ainsi que la conservation d'un milieu chimique interne distinct du milieu externe.

Proton (n. masc.) Particule élémentaire constitutive du noyau d'un atome et possédant une unité de charge électrique positive et une masse d'environ $1,7 \times 10^{-24}$ g. Chaque élément a un nombre caractéristique de protons.

Protonéma (n. masc.) Chez les Mousses, structure haploïde constituée d'un filament vert et ramifié qui n'a qu'une cellule d'épaisseur et qui est produit par la germination de la spore.

Protonéphridie (n. fém.) Type de système urinaire, comme le système à cellule-flamme des Vers plats, constitué d'un réseau de tubules se terminant en cul-de-sac.

Protooncogène (n. masc.) Gène cellulaire codant pour des protéines stimulant une croissance et une division normales de la cellule, mais qui, dans certaines conditions, peut devenir un oncogène, c'est-à-dire un gène provoquant le cancer.

Protooncogène *Ras* (n. masc.) Gène qui code pour la protéine Ras, une protéine G qui transmet un stimulus de croissance d'un récepteur de facteurs de croissance situé sur la membrane plasmique à une cascade de protéines kinases, laquelle déclenche la synthèse d'une protéine stimulant le cycle cellulaire.

Protoplaste (n. masc.) Partie vivante de la cellule végétale, qui comprend également la membrane plasmique.

Provirus (n. masc.) Génome viral qui s'est intégré au génome d'une cellule hôte et qui y reste de façon permanente.

Pseudocœlomates (n. masc.) Animaux, comme les Rotifères et les Vers ronds, dont le cœlome est partiellement recouvert de tissu provenant du mésoderme, mais aussi de tissus dérivés de l'endoderme.

Pseudogène (n. masc.) Segment d'ADN qui comporte des séquences ressemblant beaucoup à celles des véritables gènes (c'est-à-dire des gènes fonctionnels), mais ne s'exprimant pas. Gène qui s'est inactivé chez une espèce donnée en raison d'une mutation.

Pseudopode (n. masc.) Prolongement cytoplasmique qu'utilisent les cellules amiboïdes pour se déplacer et se nourrir.

Ptérophytes (n. fém.) Nom familier des membres d'un embranchement des Vasculaires sans graines sous lequel sont rassemblés les Fougères, les Prêles et les Psilotes.

Ptérosauriens (n. masc.) Reptiles ailés qui vivaient pendant le Mésozoïque.

Pupille (n. fém.) Dans l'œil des Vertébrés et de certains Invertébrés, ouverture visible au centre de l'iris qui laisse entrer la lumière. Semblable au diaphragme d'un appareil photo, l'iris se ferme ou s'ouvre à l'aide de muscles involontaires, modifiant ainsi le diamètre de la pupille afin de laisser entrer plus ou moins de lumière.

Purine (n. fém.) L'une des deux familles de bases azotées constituées d'un cycle à six atomes fusionné à un cycle à cinq atomes, présentes dans les nucléotides. L'adénine (A) et la guanine (G) sont des purines.

Pyramide des âges (n. fém.) En démographie, représentation graphique du pourcentage d'individus d'une population répartie selon le sexe et le groupe d'âge des individus qui la composent.

Pyrimidine (n. fém.) L'une des deux familles de bases azotées constituées d'un seul cycle à six atomes, présentes dans les nucléotides. La cytosine (C), la thymine (T) et l'uracile (U) sont des pyrimidines.

Q

Quête de nourriture (n. fém.) Ensemble de comportements d'un animal visant à reconnaître et à rechercher des aliments, et à s'en saisir.

Queue poly-A (n. fém.) Séquence comprenant de 50 à 250 nucléotides d'adénine qui s'ajoute à l'extrémité 3′ de la molécule d'ARN prémessager pendant la maturation.

R

Racine (n. fém.) Chez les Vasculaires, organe qui ancre la plante dans le sol et lui permet d'en absorber l'eau et les nutriments.

Racine latérale (n. fém.) Chez les Végétaux, racine qui prend naissance dans la couche périphérique de la stèle.

Racine pivotante (n. masc.) Chez les Dicotylédones, racine principale de grande taille, issue d'une racine embryonnaire, donnant naissance à de nombreuses petites racines latérales secondaires.

Radiance adaptative (n. fém.) Période de changement évolutif durant laquelle des groupes d'organismes engendrent de nombreuses espèces nouvelles dotées d'adaptations qui leur permettent d'occuper des niches écologiques différentes dans leurs communautés.

Radical libre (n. masc.) Substance qui se forme dans l'organisme, caractérisée par sa très grande réactivité et par son instabilité en raison de la présence d'électrons de valence non appariés (ou célibataires) dans ses atomes ou ses molécules.

Radicule (n. fém.) Racine embryonnaire d'une plante.

Radio-isotope (n. masc.) Isotope (l'une des formes atomiques d'un élément chimique) dont le noyau se désintègre spontanément en libérant des particules et de l'énergie (p. ex. : ^{14}C, ^{40}K).

Radiolaires (n. masc.) Protistes étroitement apparentés aux Cercozoaires, généralement marins, dont le centre du corps est pourvu de pseudopodes (axopodes) et dont le squelette est composé le plus souvent de silice.

Radula (n. fém.) Organe rugueux en forme de râpe qu'un grand nombre de Mollusques utilisent pour ramasser leur nourriture.

Rainures branchiales (n. fém.) Chez les embryons des Cordés, sillons qui séparent une série de poches situées sur les côtés du pharynx et qui peuvent devenir des fentes branchiales.

Raisonnement déductif (n. masc.) Raisonnement logique qui consiste à prédire des résultats particuliers à partir d'une prémisse générale.

Raisonnement inductif (n. masc.) Raisonnement logique qui consiste à faire des généralisations à partir d'un grand nombre d'observations spécifiques.

Ratites (n. masc.) Membres d'un groupe d'Oiseaux incapables de voler parce que leur sternum est dépourvu de bréchet.

Rayonnement (n. masc.) Émission d'ondes électromagnétiques par tous les objets dont la température est supérieure au zéro absolu.

Réabsorption (n. fém.) Dans le système urinaire des Animaux, réabsorption de solutés ainsi que de l'eau du filtrat qui sont retournés aux liquides corporels.

Réactif (n. masc.) Substance de départ dans une réaction chimique.

Réaction acrosomiale (n. fém.) Chez les Animaux, réaction au cours de laquelle l'acrosome libère les hydrolases qu'il contient lorsqu'il approche de la couche gélatineuse entourant un ovocyte de deuxième ordre, ou qu'il entre en contact avec elle.

Réaction chimique (n. fém.) Formation et rupture de liaisons chimiques, qui provoquent des modifications dans la composition de la matière.

Réaction d'hypersensibilité (n. fém.) (1) Chez les Végétaux, réaction de défense localisée causant la destruction des cellules et des tissus situés près du site d'infection et qui se produit lorsque l'agent pathogène est un agent avirulent reconnu par la relation *R-Avr.* (2) Chez les humains, réaction immunitaire exagérée (réaction allergique) à une substance étrangère (allergène).

Réaction d'oxydoréduction (n. fém.) Réaction chimique associée au transfert complet ou partiel d'un ou de plusieurs électrons d'un réactif à l'autre. Aussi appelée *réaction rédox*.

Réaction de déshydratation (n. fém.) Réaction dans laquelle deux molécules s'associent par une liaison covalente tout en perdant une molécule d'eau.

Réaction endergonique (n. fém.) Réaction chimique non spontanée qui absorbe de l'énergie libre de son environnement.

Réaction exergonique (n. fém.) Réaction chimique spontanée qui s'accompagne d'un dégagement d'énergie libre.

Réaction immunitaire à médiation cellulaire (n. fém.) Réaction immunitaire adaptative dans laquelle les lymphocytes T cytotoxiques sont activés pour défendre l'organisme contre les cellules infectées.

Réaction immunitaire humorale (n. fém.) Type d'immunité acquise caractérisée par l'activation des lymphocytes B et la production d'anticorps dirigés contre les bactéries et les virus présents dans les liquides corporels.

Réaction immunitaire primaire (n. fém.) Réponse immunitaire adaptative induite par une première exposition à un antigène. Se produit de 10 à 17 jours après l'exposition à l'antigène.

Réaction immunitaire secondaire (n. fém.) Réponse produite par le système immunitaire lorsque l'organisme rencontre une nouvelle fois l'antigène auquel il a été exposé, et qui se caractérise par sa plus grande rapidité, son intensité et sa durée, qui sont supérieures à celles de la réaction immunitaire primaire.

Réaction inflammatoire (n. fém.) Défense immunitaire innée déclenchée par une lésion physique ou une infection et au cours de laquelle la paroi des petits vaisseaux sanguins adjacents subit des modifications favorisant l'infiltration de leucocytes, de protéines antimicrobiennes et de facteurs de coagulation qui contribuent à la réparation des tissus et à la destruction des agents pathogènes; peut aussi induire des effets systémiques tels que la fièvre et l'accroissement de la production de leucocytes.

Réactions photochimiques (n. fém.) Première phase de la photosynthèse (précède le cycle de Calvin), qui se déroule dans les membranes thylakoïdiennes du chloroplaste ou sur les membranes de certains Procaryotes et qui transforme l'énergie solaire en énergie chimique pour synthétiser de l'ATP et du NADPH + H^+ et produire du dioxygène.

Réceptacle (n. masc.) Chez les Angiospermes, site d'attachement des pièces florales à la tige.

Récepteur (n. masc.) Dans l'homéostasie, composante qui détecte un stimulus.

Récepteur à activité tyrosine kinase (n. masc.) Récepteur protéique situé dans la membrane plasmique, dont la partie cytoplasmique (intracellulaire) catalyse le transfert de groupements phosphate de l'ATP à la tyrosine. La tyrosine phosphorylée active ensuite d'autres protéines de transduction à l'intérieur de la cellule.

Récepteur couplé à une protéine G (n. masc.) Récepteur protéique de signal transmembranaire. Lorsqu'une molécule de communication se lie à lui, ce récepteur change de conformation et permet ainsi la fixation d'une protéine G et son activation.

Récepteur d'antigène (n. masc.) Terme général désignant une protéine de surface située sur des lymphocytes B et T, qui se lie à un antigène, amorçant des réponses immunitaires spécifiques. Les récepteurs d'antigènes sur les lymphocytes B sont appelés *récepteurs de lymphocytes B* (ou immunoglobulines de membrane), et les récepteurs sur les lymphocytes T sont appelés *récepteurs des lymphocytes T*.

Récepteur d'ondes électromagnétiques (n. masc.) Type de récepteur sensoriel qui détecte différentes formes d'énergie électromagnétique, telles que la lumière visible, l'électricité et le magnétisme.

Récepteur de la douleur (n. masc.) Récepteur sensoriel qui réagit à des stimulations nocives ou douloureuses; aussi appelé *nocirécepteur.*

Récepteur de type toll – TLR (n. masc.) Récepteur de la membrane plasmique situé à la surface des phagocytes qui reconnaît des fragments de molécules caractéristiques d'un ensemble de pathogènes.

Récepteur sensoriel (n. masc.) Organe, cellule ou structure à l'intérieur d'une cellule qui répond à des stimulus spécifiques provenant du milieu extérieur ou intérieur de l'organisme.

Réception (n. fém.) Pour une cellule cible, détection d'une molécule signal provenant de l'extérieur de la cellule; cette molécule doit se lier à un récepteur protéinique.

Recherche (n. fém.) Ensemble des activités et des travaux entrepris dans le but d'acquérir des informations et des explications, souvent axées sur des questions précises.

Récif de corail (n. masc.) Dans la zone néritique des eaux tropicales chaudes, biome caractéristique constitué de divers groupes de Cnidaires sécrétant un squelette externe de calcaire. Certains récifs de corail existent également dans des eaux profondes et froides.

Recombinaison génétique (n. fém.) Brassage de gènes entraînant dans la descendance l'apparition de nouvelles combinaisons d'allèles, par rapport aux combinaisons des deux parents.

Recombiné (adj.) Se dit d'un individu présentant une combinaison de caractères différente de celle des parents.

Rectum (n. masc.) Section terminale du gros intestin où les matières fécales sont entreposées jusqu'à leur élimination.

Réduction (n. fém.) Gain complet ou partiel d'électrons par une substance participant à une réaction d'oxydoréduction.

Réflexe (n. masc.) Réaction automatique à un stimulus par l'intermédiaire de la moelle épinière ou du tronc cérébral.

Refroidissement par évaporation (n. masc.) Ce processus désigne le retrait de chaleur à la surface d'un liquide quand il perd certaines de ses molécules du fait de leur passage à l'état gazeux, ce changement d'état nécessitant un apport d'énergie. L'évaporation de l'eau sur la peau a un effet de refroidissement important.

Règle de Hamilton (n. fém.) Principe selon lequel le bénéfice de l'Animal qui tire avantage d'un acte altruiste multiplié par le coefficient de parenté doit être supérieur au coût de l'altruisme.

Règle de l'addition (n. fém.) Loi de probabilité selon laquelle on calcule la probabilité que survienne l'un de deux ou de plusieurs événements mutuellement exclusifs en additionnant leurs probabilités individuelles.

Règle de la multiplication (n. fém.) Règle indiquant comment calculer la probabilité que deux ou plusieurs événements indépendants se produisent ensemble en multipliant leurs probabilités individuelles.

Règne (n. masc.) Catégorie taxinomique la plus vaste après le domaine.

Régulateur (adj.) Concernant une variable environnementale particulière, se dit d'un animal qui utilise des mécanismes homéostatiques pour atténuer le changement de son milieu interne lorsque son environnement externe est soumis à des variations.

Régulateur local (n. masc.) Molécule messagère agissant sur les cellules situées à proximité.

Régulation allostérique (n. fém.) Mode de régulation enzymatique dans lequel le fonctionnement d'un des sites de liaison d'une enzyme est modifié par suite de la fixation d'une molécule régulatrice à un autre site distant, dans cette même enzyme.

Régulation rénine-angiotensine-aldostérone – RRAA (n. fém.) Voie de cascade d'hormones qui débute au niveau de l'appareil juxtaglomérulaire et qui contribue à la régulation de la pression et du volume sanguins.

Reins (n. masc.) Chez les Vertébrés, paire d'organes excréteurs dans lesquels le filtrat du sang se forme et est transformé en urine. Interviennent dans l'équilibre hydrique et électrolytique de l'organisme.

Relation de gène à gène (n. fém.) Forme de résistance à la maladie très répandue, qui repose sur la reconnaissance de molécules dérivées de l'agent pathogène par les produits protéiques des gènes de résistance aux maladies végétales.

Renforcement (n. masc.) En biologie de l'évolution, processus dans lequel la sélection naturelle renforce les barrières reproductives prézygotiques, ce qui réduit la possibilité que se forme un hybride. Un tel processus est susceptible de se produire seulement si les descendants hybrides sont moins aptes que les membres de l'espèce parentale.

Réparation des mésappariements des bases (n. fém.) Mécanisme par lequel les cellules font appel à des enzymes pour enlever et remplacer les paires de nucléotides mal appariées à la suite d'erreurs de réplication.

Réparation par excision de nucléotides (n. fém.) Système cellulaire de réparation constitué d'endonucléases, d'ADN polymérase et d'ADN ligase, qui enlèvent et remplacent correctement un segment endommagé de l'ADN à l'aide d'un brin non endommagé comme guide.

Répétition courte en tandem – STR (n. fém.) ADN de simple séquence comportant de multiples unités de deux à cinq nucléotides répétés en tandem. Les variations dans les STR agissent comme marqueurs génétiques dans l'analyse des STR utilisée pour établir des profils génétiques.

Réplication de l'ADN (n. fém.) Processus au cours duquel une molécule d'ADN est copiée; aussi appelée *synthèse de l'ADN*.

Réponse (n. fém.) (1) Dans la communication cellulaire, changement survenant dans une activité cellulaire après la transduction d'un signal provenant de l'extérieur de la cellule. (2) Dans une rétroaction, activité physiologique qui favorise le retour de la variable à la valeur de référence.

Répresseur (n. masc.) Protéine qui inhibe la transcription d'un gène. Chez les Procaryotes, les répresseurs se fixent à l'ADN à l'intérieur ou près du promoteur. Chez les Eucaryotes, les répresseurs peuvent se fixer aux éléments de contrôle des amplificateurs, aux activateurs ou à d'autres protéines de façon à empêcher les activateurs de se fixer à l'ADN.

Reproduction asexuée (n. fém.) Production de descendants à partir d'un seul individu et sans fusion de gamètes (par bourgeonnement, division d'une cellule unique ou division de l'organisme entier en deux ou en plusieurs parties). Dans la plupart des cas, les descendants sont génétiquement identiques aux parents.

Reproduction sexuée (n. fém.) Mécanisme de reproduction nécessitant la participation de deux parents de sexe opposé dont les gènes se combinent pour produire des descendants génétiquement différents.

Reptile (n. masc.) Membre du clade des Amniotes qui comprend les tuataras, les lézards, les serpents, les tortues, les crocodiles et les Oiseaux.

Réseau alimentaire (n. masc.) Relations entre les chaînes alimentaires dans un écosystème.

Réseau intracellulaire de membrane (n. masc.) Ensemble des membranes à l'intérieur d'une cellule eucaryote; elles sont liées soit par contact physique direct, soit par l'intermédiaire du transfert de vésicules (sacs membraneux); elles comprennent la membrane plasmique, l'enveloppe nucléaire, le réticulum endoplasmique lisse et rugueux, l'appareil de Golgi, les lysosomes, les vésicules et les vacuoles.

Réseau nerveux (n. masc.) Disposition filamenteuse des neurones, caractéristique des animaux à symétrie radiale, comme l'hydre.

Réserve zonée (n. fém.) Région généralement de grande surface et qui inclut des aires non perturbées par les humains entourées d'un territoire modifié par l'activité humaine et servant à des fins économiques.

Résistance systémique acquise (n. fém.) Chez les végétaux, réponse non spécifique résultant de l'expression de gènes de défense qui se traduit par la production de substances chimiques, dont l'acide méthylsalicylique, et qui fournit une protection de plusieurs jours à une plante contre divers agents pathogènes.

Résolution de problème (n. fém.) Capacité cognitive à trouver une méthode pour modifier une situation en présence d'obstacles apparents ou réels.

Respiration (n. fém.) Processus de ventilation des poumons qui consiste en une inspiration et en une expiration alternées de l'air.

Respiration à pression négative (n. fém.) Chez les Mammifères, mécanisme de respiration qui fonctionne selon le principe d'une pompe aspirante et qui attire l'air dans les poumons.

Respiration à pression positive (n. fém.) Chez les Amphibiens, mécanisme de respiration qui pousse l'air dans les poumons, forçant ceux-ci à se gonfler.

Respiration cellulaire aérobie (n. fém.) Voie catabolique des molécules organiques utilisant le dioxygène (O_2) comme accepteur d'électrons dans une chaîne de transport d'électrons dans laquelle l'énergie libérée sert à produire de l'ATP. C'est la voie catabolique la plus efficace et elle a lieu dans la plupart des cellules eucaryotes et chez de nombreux organismes procaryotes.

Respiration anaérobie (n. fém.) Voie catabolique dans laquelle des molécules inorganiques autres que le dioxygène (ions nitrate ou ions sulfate, notamment) acceptent des électrons dans la phase «descendante» de la chaîne de transport d'électrons.

Respiration cellulaire (n. fém.) Voies cataboliques de la respiration aérobie et anaérobie qui décomposent les molécules organiques et utilisent une chaîne de transport d'électrons pour la production d'ATP.

Réticulum endoplasmique (n. masc.) Vaste réseau membraneux étendu dans les cellules eucaryotes, qui prolonge la membrane externe de l'enveloppe nucléaire et composé de zones rugueuses (parsemées de ribosomes) et de zones lisses (sans ribosomes).

Réticulum endoplasmique lisse (n. masc.) Partie du réticulum endoplasmique dépourvu de ribosomes.

Réticulum endoplasmique rugueux (n. masc.) Région du réticulum endoplasmique parsemée de ribosomes.

Réticulum sarcoplasmique (n. masc.) Réticulum endoplasmique spécialisé qui régule la concentration de calcium dans le cytosol des cellules musculaires.

Rétinal (n. masc.) Dans l'œil des Vertébrés et de certains Invertébrés, pigment visuel des bâtonnets et des cônes qui absorbe la lumière. Synthétisé à partir de la vitamine A.

Rétine (n. fém.) Chez les Vertébrés, couche la plus profonde de l'œil portant les photorécepteurs (bâtonnets et cônes) et divers neurones. Au niveau du disque du nerf optique, transmet au cerveau les images formées par le cristallin.

Rétroactivation (n. fém.) Forme de régulation dans laquelle un produit final d'un processus entraîne une accélération de ce processus; en physiologie, mécanisme de contrôle dans lequel un changement dans une variable déclenche une réponse qui renforce ou amplifie le changement.

Rétro-inhibition (n. fém.) (1) Mécanisme de régulation métabolique par lequel le produit final d'une voie métabolique inhibe une enzyme et bloque cette voie. (2) Mécanisme de régulation homéostatique par lequel un changement se produisant dans une variable physiologique déclenche une réponse de sens contraire à celui du changement initial. (3) Mécanisme de régulation de la taille d'une population qui intervient lorsque le taux de mortalité s'élève, quand la densité de population augmente, et lorsque le taux de natalité diminue, à mesure que la densité augmente.

Rétrotransposon (n. masc.) Dans les génomes eucaryotes, segment d'ADN capable de se déplacer à l'intérieur du génome par l'intermédiaire d'un ARN qui en est une transcription.

Rétrovirus (n. masc.) Virus à ARN qui se reproduit en synthétisant de l'ADN à partir d'une matrice d'ARN et à l'aide d'une transcriptase inverse, puis en insérant l'ADN nouvellement fabriqué dans un chromosome cellulaire. Classe importante de virus causant le cancer et le sida.

Révolution cardiaque (n. fém.) Cycle complet du fonctionnement du cœur comportant une phase de contraction musculaire (systole) et d'expulsion du sang et une autre de relaxation (diastole) et de remplissage.

Rhizariens (n. masc.) Membres d'un des cinq supergroupes d'Eucaryotes nouvellement proposés dans une hypothèse récente de l'histoire évolutive des Eucaryotes. Clade de Protistes morphologiquement divers défini par les similitudes d'ADN. Voir aussi *Excavobiontes, Chromalvéolés, Archéplastides* et *Unichontes*.

Rhizobactérie (n. fém.) Bactérie du sol dont la population est particulièrement abondante dans la rhizosphère, la couche de sol entourant les racines des plantes.

Rhizoïde (n. masc.) Longue cellule tubulaire (chez les Hépatiques et les Anthocérotes) ou filament de cellules (chez les Mousses) qui ancre les Bryophytes dans le sol. Contrairement aux racines, n'est pas formé de tissus, ne possède pas de cellules conductrices spécialisées et ne joue pas un rôle important dans l'absorption de l'eau et des minéraux.

Rhizosphère (n. fém.) Couche de sol entourant les racines des plantes, caractérisée par un niveau d'activité microbienne élevée.

Rhodopsine (n. fém.) Dans l'œil des Vertébrés et de certains Invertébrés, pigment visuel des bâtonnets constitué de rétinal et d'opsine. En absorbant la lumière, le rétinal change de forme et se dissocie de l'opsine.

Rhombencéphale (n. masc.) L'une des trois régions embryonnaires de l'encéphale produites au cours de l'évolution des Vertébrés. Donne naissance au bulbe rachidien, au pont et au cervelet.

Ribose (n. masc.) Glucide entrant dans la structure de l'ARN.

Ribosome (n. masc.) Particule dont les sous-unités sont synthétisées dans le nucléole et qui est constituée d'ARN ribosomique et de protéines. Est composé de deux sous-unités (une grande et une petite) qui sont le siège de la synthèse des protéines dans le cytoplasme. Voir aussi *Nucléole*.

Ribozyme (n. masc.) Molécule d'ARN agissant comme une enzyme, comme l'intron qui catalyse sa propre excision au cours de l'épissage de l'ARN.

Richesse en espèces (n. fém.) Nombre d'espèces que comporte une communauté biologique.

Rotation des cultures (n. fém.) Pratique culturale consistant à faire alterner d'une année à l'autre la plantation d'une espèce n'appartenant pas aux Légumineuses et la plantation d'une Légumineuse pour rétablir la concentration d'azote combiné dans le sol.

RuDP carboxylase/oxydase – Rubisco (n. fém.) Ribulose diphosphate (RuDP) carboxylase, enzyme qui catalyse la première étape du cycle de Calvin, c'est-à-dire la liaison de dioxyde de carbone au RuDP.

Ruminant (n. masc.) Animal, comme les cerfs, les bovins et les ovins, dont l'estomac comporte des cavités complexes spécialisées qui sont adaptées à un régime herbivore en permettant la remastication des aliments ingérés.

Rythme circadien (n. masc.) Cycle physiologique d'une durée de 24 heures environ observé chez tous les organismes eucaryotes, même en l'absence de stimulus extérieurs.

S

Sac embryonnaire (n. masc.) Gamétophyte femelle des Angiospermes issu de la croissance et de la division par mitose de la mégaspore et doté de huit noyaux haploïdes dont l'un est celui de l'oosphère.

Saccule (n. masc.) Dans l'oreille interne des humains et de la plupart des autres Mammifères, chambre située derrière la fenêtre du vestibule et qui participe au sens de l'équilibre.

Sang (n. masc.) Tissu conjonctif dont la matrice est un liquide appelé *plasma*, où baignent les érythrocytes (globules rouges), les leucocytes (globules blancs) et des fragments de cellules appelés *plaquettes*. Aussi appelé *tissu sanguin*.

Sarcomère (n. masc.) Unité structurale fondamentale des muscles squelettiques et cardiaque des Vertébrés. Élément de répétition délimité par les lignes Z.

Sarcoptérygiens (n. masc.) Ostéichthyens dont les nageoires pectorales et pelviennes sont pourvues d'os en forme de tige et entourées d'une épaisse couche musculaire. Comprennent les Cœlacanthes, les Dipneustes et les Tétrapodes.

Savane (n. fém.) Zone semi-aride composée d'une prairie tropicale peuplée d'arbres dispersés, conservée par des feux et des sécheresses occasionnelles, et occupée par de grands mammifères herbivores.

Schizophrénie (n. fém.) Trouble mental grave qui se manifeste par des épisodes psychotiques au cours desquels les patients deviennent incapables de faire la distinction entre la réalité et les hallucinations.

Science (n. fém.) Approche pour comprendre le monde naturel.

Scissiparité – fissiparité (n. fém.) Mode de reproduction asexuée par « séparation en deux ». Chez les Eucaryotes unicellulaires, ce processus suppose une mitose, ce qui n'est pas le cas chez les Procaryotes.

Sclérite (n. fém.) Une des cellules sclérenchymateuses assez courtes et de forme irrégulière, éparpillées dans les parenchymes de certaines plantes et dans la coquille des noix et l'enveloppe des graines, auxquelles elles donnent leur dureté.

Scrotum (n. masc.) Enveloppe de peau située à l'extérieur de la cavité pelvienne et qui renferme les testicules. Permet de préserver la viabilité des spermatozoïdes en les maintenant à une température inférieure à celle du corps.

Second messager (n. masc.) Petite molécule non protéique et hydrosoluble, comme l'AMP cyclique, ou ion, comme l'ion calcium (Ca^{2+}), qui transmet au cytoplasme l'information d'un signal hormonal (premier messager) capté par un récepteur protéique situé à la surface d'une cellule.

Sécrétion (n. fém.) (1) Libération par une cellule des molécules qu'elle a synthétisées. (2) Excrétion des déchets du sang dans le filtrat.

Segmentation (n. fém.) (1) Dans les cellules animales, processus de la cytocinèse, qui se caractérise par une invagination de la membrane plasmique. (2) Au début du développement embryonnaire, succession rapide de divisions cellulaires sans croissance qui transforme le zygote en une sphère creuse.

Segmentation déterminée (n. fém.) Chez les Protostomiens, type de développement embryonnaire qui fixe précocement le sort de chaque cellule embryonnaire.

Segmentation holoblastique (n. fém.) Type de segmentation dans lequel l'œuf contenant peu de vitellus (comme chez les oursins) ou une quantité modérée de vitellus (comme chez les grenouilles) subit une division complète.

Segmentation indéterminée (n. fém.) Type de développement embryonnaire chez les Deutérostomiens, dans lequel chaque cellule produite lors des premières divisions conserve la capacité de se développer en un embryon complet.

Segmentation radiaire (n. fém.) Type de développement embryonnaire chez les Deutérostomiens, dans lequel la division cellulaire qui transforme le zygote en une sphère de cellules s'effectue parallèlement ou perpendiculairement à l'axe vertical.

Segmentation spirale (n. fém.) Mode de développement embryonnaire chez les Protostomiens, dans lequel la division cellulaire qui transforme le zygote en une sphère de cellules s'effectue en diagonale par rapport à l'axe vertical et produit des cellules de taille inégale.

Sel (n. masc.) Composé formé par des liaisons ioniques. Aussi appelé *composé ionique* (p. ex.: NaCl, $MgCl_2$, $NaHCO_3$, Na_2HPO_4).

Sélection artificielle (n. fém.) Pratique dont le but est de croiser les organismes possédant les caractères qu'on désire perpétuer. Procédé auquel ont eu recours les humains au cours de l'histoire, dans la culture et l'élevage.

Sélection clonale (n. fém.) Processus au cours duquel un antigène se lie de façon sélective aux lymphocytes portant des récepteurs spécifiques de cet antigène et active ces lymphocytes. Ceux-ci prolifèrent alors et se différencient en deux clones: un clone de cellules effectrices et un clone de cellules mémoires spécifiques de l'antigène déjà rencontré.

Sélection directionnelle (n. fém.) Mode de sélection naturelle qui favorise les phénotypes situés à une seule extrémité de la courbe normale de sélection.

Sélection divergente (n. fém.) Mode de sélection naturelle qui favorise les deux phénotypes situés à la limite de la courbe normale de sélection.

Sélection équilibrée (n. fém.) Sélection naturelle qui maintient une fréquence stable d'au moins deux formes de phénotypes dans une population (polymorphisme équilibré).

Sélection intersexuelle (n. fém.) Sélection naturelle qu'effectue un individu d'un sexe donné en faisant un choix circonspect parmi les éventuels partenaires de sexe opposé. (Ce sont généralement les femelles qui sélectionnent les mâles.)

Sélection intrasexuelle (n. fém.) Sélection naturelle qui a lieu entre individus de même sexe; passe par la concurrence directe pour gagner les faveurs d'un partenaire de sexe opposé. (Chez les Vertébrés, ce sont généralement les mâles qui entrent directement en compétition l'un avec l'autre.)

Sélection *K* (n. fém.) En démographie, sélection qui favorise les caractéristiques des cycles biologiques dépendant de la densité de population. Aussi appelée *sélection dépendante de la densité*.

Sélection naturelle (n. fém.) Processus dans lequel les individus dotés de certains caractères héréditaires tendent à avoir des taux de survie et de reproduction plus élevés que les autres *en raison de* ces caractères.

Sélection parentale (n. fém.) Phénomène de sélection naturelle qui favorise le comportement altruiste en accroissant le succès reproductif des parents.

Sélection *r* (n. fém.) En démographie, sélection qui favorise les caractéristiques qui maximisent le succès de reproduction dans les milieux où il y a peu d'individus (faible densité). Aussi appelée *sélection indépendante de la densité*.

Sélection selon la fréquence (n. fém.) Diminution des taux de survie et de reproduction des individus exprimant un phénotype particulier par suite de l'expression excessive de ce dernier dans la population. Est à l'origine du polymorphisme équilibré.

Sélection sexuelle (n. fém.) Forme d'évolution dans laquelle les individus dotés de certaines caractéristiques héréditaires sont plus susceptibles que d'autres de trouver des partenaires.

Sélection stabilisante (n. fém.) Mode de sélection naturelle qui élimine les phénotypes situés à la limite de la courbe normale de sélection et favorise ceux qui sont au centre de la courbe et plus courants.

Sémelparité (n. fém.) Cycle biologique dans lequel la vie d'un organisme comprend une seule période de reproduction.

Sénescence (n. fém.) Phase de croissance dans une plante ou une partie d'une plante (comme une feuille) qui s'étend de la maturité complète à la mort.

Sépale (n. masc.) Chez les Angiospermes, feuille modifiée de l'appareil de reproduction qui entoure et protège le bouton floral.

Séquence signal de peptides (n. fém.) Séquence d'environ 20 acides aminés située à l'extrémité N-terminale du polypeptide ou près de celle-ci; oriente la protéine vers le réticulum endoplasmique ou d'autres organites, dans une cellule eucaryote.

Séquence stéréotypée d'actes instinctifs (n. fém.) Dans le comportement animal, suite d'actions non apprises qui est toujours la même et qu'un animal termine une fois qu'il l'a entreprise.

Sérotonine (n. fém.) Neurotransmetteur, synthétisé à partir du tryptophane, un acide aminé, et qui agit dans le système nerveux central.

Seuil d'excitation (n. masc.) Valeur de tension de part et d'autre de la membrane plasmique qui déclenche un potentiel d'action.

Sève brute (n. fém.) Solution diluée d'eau et de minéraux transportée dans les vaisseaux et les trachéides.

Sève élaborée (n. fém.) Solution riche en glucides qui circule par les tubes criblés d'une plante.

Sida – syndrome d'immunodéficience acquise (n. masc.) Stade final de l'infection par le virus de l'immunodéficience humaine (VIH) caractérisé notamment par une réduction du nombre de lymphocytes T et par l'apparition d'infections opportunistes.

Signal (n. masc.) En éthologie, comportement d'un animal qui provoque un changement de comportement chez un autre animal. Le terme est également utilisé dans le contexte de la communication chez d'autres sortes d'organismes et dans la communication intercellulaire chez tous les organismes multicellulaires.

Sillon de division (n. masc.) Premier signe de la segmentation dans une cellule animale; invagination de la surface cellulaire à l'endroit occupé précédemment par la plaque équatoriale.

Site A – site aminoacyl-ARNt (n. masc.) L'un des trois sites de liaison du ribosome pendant la traduction. Retient l'ARNt et incorpore à la chaîne polypeptidique l'acide aminé qu'il transporte.

Site actif (n. masc.) Partie spécifique d'une enzyme qui se lie au substrat et qui forme un sillon dans lequel se déroule la réaction catalytique.

Site de restriction (n. masc.) Séquence d'ADN reconnue par une enzyme de restriction pour le découpage.

Site E – site de sortie, *exit* (n. masc.) L'un des trois sites de liaison du ribosome pendant la traduction. Site par lequel l'ARNt se détache du ribosome.

Site P – site peptidyl-ARNt (n. masc.) L'un des trois sites de liaison du ribosome pendant la traduction. Retient l'ARNt qui porte la chaîne polypeptidique en formation.

Sociobiologie (n. fém.) Science qui applique la théorie de l'évolution à l'étude et à l'interprétation du comportement social.

Sol de surface (n. masc.) Couche superficielle du sol composée d'un mélange de particules provenant de fragments de roche, d'organismes vivants et du résidu de matière organique (humus).

Soluté (n. masc.) Substance dissoute dans une solution.

Solution (n. fém.) Liquide formé d'un mélange homogène de deux ou de plusieurs substances.

Solution aqueuse (n. fém.) Solution dont l'eau est le solvant.

Solution tampon (n. fém.) Solution composée d'un acide faible et de sa base correspondante. Réduit au minimum les changements de pH lorsqu'on y ajoute un acide ou une base.

Solvant (n. masc.) Agent dissolvant d'une solution. L'eau est le solvant le plus polyvalent.

Somite (n. masc.) Chacun des blocs de mésoderme à l'origine des myomères et qui se trouvent de chaque côté de la corde dorsale de l'embryon, chez les Cordés.

Sommation spatiale (n. fém.) Phénomène d'intégration du neurone dans lequel le potentiel de membrane de la cellule postsynaptique est déterminé par les effets cumulatifs des PPSE et des PPSI produits presque simultanément par différentes synapses.

Sommation temporelle (n. fém.) Phénomène d'intégration neuronale dans lequel le potentiel de membrane de la cellule postsynaptique dans une synapse chimique est déterminé par l'effet combiné des PPSE ou des PPSI produits en succession rapide.

Sonde nucléique (n. fém.) Dans les techniques d'analyse de l'ADN, molécule d'acide nucléique monocaténaire de composition connue utilisée pour détecter une séquence nucléotidique spécifique dans un échantillon d'acides nucléiques. Un marqueur radioactif, fluorescent ou enzymatique permet de localiser cette séquence.

Sore (n. masc.) Amas de sporanges produits par les Fougères et situés sous les feuilles vertes ou sur des feuilles spécialisées et d'une autre couleur (sporophylles). La disposition des sores, en lignes parallèles ou en points, facilite l'identification des Fougères.

Sorédie (n. fém.) Petit amas d'hyphes incrustés d'Algues. Structure qui sert à la reproduction asexuée des Lichens.

Souffle cardiaque (n. masc.) Sifflement que produit le tourbillonnement du sang refluant par une valve cardiaque mal fermée par suite d'une lésion anatomique.

Source hydrothermale sous-marine (n. fém.) Structure d'origine volcanique située sur une dorsale océanique qui émet de l'eau chaude chargée de minéraux, et qui est à l'origine d'un type d'écosystème particulier, complètement obscur, dans lequel les producteurs sont des Procaryotes chimioautotrophes.

Spéciation (n. fém.) Au cours de l'évolution, processus par lequel une espèce se divise en deux ou en plusieurs espèces.

Spéciation allopatrique (n. fém.) Formation de nouvelles espèces dans des populations géographiquement isolées les unes des autres.

Spéciation sympatrique (n. fém.) Formation de nouvelles espèces dans des populations vivant dans la même aire géographique.

Spectre d'absorption (n. masc.) Capacité d'une substance à absorber diverses longueurs d'onde et grâce à laquelle il est possible de déterminer la nature de cette substance; désigne aussi le graphique qui représente cette capacité d'absorption en fonction de la longueur d'onde.

Spectre d'action (n. masc.) Graphique représentant l'efficacité relative des différentes longueurs d'onde des radiations intervenant dans un processus particulier (p. ex.: la photosynthèse).

Spectre d'hôtes (n. masc.) Nombre limité de cellules hôtes qu'un parasite (un virus, par exemple) peut infecter et dans lesquelles il peut se développer.

Spectre électromagnétique (n. masc.) Ensemble du spectre de rayonnement, dont les longueurs d'onde varient de moins de 1 nm (pour les rayons gamma) à plus de 1 km (pour certaines ondes radio).

Spectrophotomètre (n. masc.) Appareil qui sert à mesurer la capacité d'un pigment à absorber et à transmettre diverses longueurs d'onde.

Spermathèque (n. fém.) Chez plusieurs insectes, sac situé dans le système reproducteur de la femelle et qui permet l'entreposage des spermatozoïdes.

Spermatogenèse (n. fém.) Processus continu et très productif de formation de spermatozoïdes mûrs dans les testicules.

Spermatogonie (n. fém.) Cellule sexuelle diploïde et immature qui donne naissance à un spermatozoïde après avoir subi la méiose. Se trouve à la périphérie de chaque tubule séminifère contourné, dans les testicules.

Spermatozoïde (n. masc.) Gamète mâle, qui est généralement une petite cellule flagellée et qui participe à la reproduction chez les Végétaux et les Animaux.

Sperme (n. masc.) Liquide qu'éjacule le mâle pendant l'orgasme et qui contient des spermatozoïdes et diverses sécrétions provenant des trois types de glandes annexes du système reproducteur.

Sphincter (n. masc.) Chez les Animaux, muscle circulaire en forme d'anneau situé à certains points de jonction de segments spécialisés d'un conduit, comme le passage entre l'œsophage et l'estomac dans le tube digestif, et dont la contraction permet d'en régler l'ouverture.

Spirale d'extinction (n. fém.) Modèle théorique en forme d'hélice décroissante permettant de décrire les causes d'extinction des petites populations dont la taille se réduit progressivement, jusqu'à ce qu'il n'existe plus aucun individu, à moins d'une inversion de la spirale. Phénomène amplifié par la consanguinité et la dérive génétique.

Spongocœle (n. masc.) Cavité gastrique centrale des Éponges.

Sporange (n. masc.) Organe multicellulaire des Eumycètes et du sporophyte des Végétaux à l'intérieur duquel se produisent la méiose et le développement des spores haploïdes. Aussi appelé *capsule*.

Spore (n. fém.) (1) Chez les Végétaux ou les Algues dont le cycle de développement comporte une alternance de générations, cellule haploïde produite par méiose par le sporophyte et formant par mitose un individu multicellulaire haploïde, le gamétophyte, sans fusionner avec une autre cellule. (2) Chez les Eumycètes, cellule haploïde, produite au cours d'un cycle de développement sexué ou asexué, qui forme des réseaux mycéliaux après avoir germé.

Sporocyte (n. masc.) Cellule diploïde aussi appelée *cellule mère des spores*, qui subit une méiose et engendre des spores haploïdes.

Sporophylle (n. fém.) Feuille modifiée spécialisée dans la reproduction, qui porte des sporanges.

Sporophyte (n. masc.) Forme diploïde multicellulaire chez les organismes dont le cycle de développement comporte une alternance de générations (Végétaux et quelques Algues). Résulte de la fusion des gamètes et produit par méiose des spores haploïdes qui donnent des gamétophytes.

Sporopollénine (n. fém.) Polymère naturel très résistant présent dans la paroi des spores végétales et dans les zygotes exposés à l'air chez les Charophytes et qui permet de prévenir le dessèchement.

Statocyste (n. masc.) Chez la plupart des Invertébrés, type de mécanorécepteur sensible à la gravitation et permettant de maintenir l'équilibre; se compose d'une cavité tapissée de cellules ciliées et de statolithes.

Statolithe (n. masc.) (1) Chez les Végétaux, plaste spécialisé contenant des grains d'amidon lourds et pouvant jouer un rôle dans la détection de la gravitation. (2) Chez la plupart des Invertébrés, particule lourde qui se dépose sous l'effet de la gravitation et qui est présente dans les organes sensoriels jouant un rôle dans l'équilibre.

Stèle (n. fém.) Tissu vasculaire d'une tige ou d'une racine.

Stéroïde (n. masc.) Lipide dont le squelette carboné se compose de quatre cycles accolés auxquels sont attachés divers groupements fonctionnels (p. ex.: cholestérol, œstrogène, testostérone).

Stigmate (n. masc.) Partie supérieure gluante du carpelle de la fleur sur laquelle se dépose le pollen.

Stimulines (n. fém.) Groupe d'hormones qui régulent la fonction d'autres glandes ou cellules endocrines.

Stimulus (n. masc.) Dans la régulation par rétroaction, fluctuation d'une variable qui déclenche une réponse.

Stipe (n. masc.) Structure des Algues semblable à une tige et faisant partie de leur thalle.

Stomate (n. masc.) Complexe pluricellulaire épidermique constitué d'un pore, l'ostiole, et entouré des cellules stomatiques, dans l'épiderme des feuilles et des tiges. Permet les échanges gazeux entre l'air ambiant et l'intérieur de la feuille.

Straménopiles (n. masc.) Clade diversifié rassemblant plusieurs groupes de Protistes hétérotrophes ainsi qu'une variété de Protistes photosynthétiques (Algues). Possèdent des flagelles velus et des flagelles glabres.

Strate (n. fém.) Chacune des couches de roches sédimentaires superposées formées quand de nouvelles couches de sédiments recouvrent les anciennes et les compriment.

Strigolactones (n. fém.) Classe d'hormones végétales qui inhibent la ramification des pousses, déclenchent la germination de graines végétales parasites et stimulent l'association des racines avec les Eumycètes mycorhiziens.

Strobile (n. masc.) Chez la plupart des Gymnospermes et chez certaines Vasculaires sans graines, bouquet de sporophylles généralement appelés *cônes*.

Stroma (n. masc.) Liquide dense dans le chloroplaste entourant la membrane thylakoïde et contenant des ribosomes et de l'ADN; participe à la synthèse de molécules organiques au cours de la photosynthèse, à partir du dioxyde de carbone et de l'eau.

Stromatolite (n. masc.) Roche calcaire formée par certains Procaryotes en déposant des films de sédiments en minces couches successives.

Structure primaire de la protéine (n. fém.) Niveau de structure correspondant à la séquence linéaire d'acides aminés d'une protéine.

Structure quaternaire de la protéine (n. fém.) Structure générale d'une protéine complexe déterminée par l'agencement tridimensionnel caractéristique de ses sous-unités, les chaînes polypeptidiques, sous l'effet des liaisons et des interactions qui les réunissent.

Structure secondaire de la protéine (n. fém.) Ensemble des repliements et des enroulements de la chaîne polypeptidique d'une protéine résultant des liaisons hydrogène formées entre diverses parties d'un polypeptide (pas entre les chaînes latérales); l'hélice α et le feuillet plissé β sont deux types de structure secondaire.

Structure tertiaire (n. fém.) Dans une protéine, forme globale de la molécule déterminée par l'ensemble des repliements irréguliers de la molécule résultant des interactions entre les acides aminés des chaînes latérales, notamment les interactions hydrophobes, les liaisons ioniques, des liaisons hydrogène ou des ponts disulfure.

Structure trophique (n. fém.) Ensemble des relations alimentaires existant entre les organismes d'une communauté naturelle. Détermine la circulation de l'énergie et le mode de recyclage des nutriments.

Structures homologues (n. fém.) Structures similaires chez des espèces différentes, en raison d'une ascendance commune.

Style (n. masc.) Tige du carpelle de la fleur qui relie le stigmate à l'ovaire, lequel se trouve à la base du carpelle.

Substance blanche (n. fém.) Dans le système nerveux central, faisceaux d'axones entourés de gaines de myéline.

Substance grise (n. fém.) Matière du système nerveux central formée surtout de dendrites, d'axones non myélinisés et de regroupements de corps de neurones appelés *noyaux*.

Substitution d'une paire de bases (n. fém.) Type de mutation ponctuelle dans laquelle un nucléotide dans un brin d'ADN et son vis-à-vis dans le brin complémentaire sont remplacés par une autre paire de nucléotides.

Substrat (n. masc.) Réactif sur lequel agit une enzyme.

Suc gastrique (n. masc.) Sécrétions des glandes de l'estomac qui participent à la digestion.

Succession écologique (n. fém.) Après une perturbation, transition que connaît la composition spécifique d'une communauté; établissement d'une communauté dans une région pratiquement privée d'êtres vivants.

Succession écologique primaire (n. fém.) Type de succession écologique qui s'amorce dans un territoire stérile encore dépourvu de sol et d'organismes.

Succession écologique secondaire (n. fém.) Type de succession écologique qui se met en place après la destruction de la végétation, alors que le sol ou le substrat sont restés intacts.

Suçoir (n. masc.) **– haustoria** (n. masc.) Chez les Eumycètes parasites, prolongement d'un hyphe modifié qui s'insère dans les tissus d'un hôte pour absorber l'eau et les nutriments, mais sans franchir la membrane plasmique des cellules de l'hôte.

Surfactant (n. masc.) Substance sécrétée par les alvéoles pulmonaires qui diminue la tension superficielle dans le liquide qui tapisse la surface de ces minuscules cavités afin d'empêcher qu'elles ne s'affaissent.

Suspensivore (adj.) Se dit d'un organisme (éponge, palourde ou baleine à fanons) qui se nourrit de particules en suspension dans l'eau qui traversent leur corps.

Symbionte (n. masc.) Dans une relation symbiotique, le plus petit participant vivant à l'intérieur ou à l'extérieur de l'hôte.

Symbiose (n. fém.) Type de relation écologique qu'entretiennent des organismes d'espèces différentes vivant en contact direct les uns avec les autres; il en existe trois types: mutualisme, commensalisme et parasitisme.

Symétrie bilatérale (n. fém.) Symétrie d'un corps dans laquelle un plan central longitudinal (plan médian) divise le corps en deux moitiés semblables mais opposées; définit le clade des Bilatériens.

Symétrie radiaire (n. fém.) Symétrie qui caractérise un corps animal dont les éléments structuraux sont symétriques par rapport à un axe central. Ces animaux ressemblent à une tarte ou à un baril, avec un dessus et un dessous, mais ni devant ni derrière, ni côté droit ni côté gauche. Présente chez les Cnidaires et les Cténophores. Peut aussi faire référence à la structure d'une fleur.

Symplasme (n. masc.) Chez les plantes, réseau des cytosols des cellules mises en communication par des plasmodesmes. Aussi appelé *symplaste*.

Synapse (n. fém.) Partie terminale d'un axone par l'intermédiaire de laquelle un neurone communique avec une autre cellule à travers un espace étroit au moyen d'un neurotransmetteur ou d'un couplage électrique.

Synapsides (n. masc.) Membres d'un clade d'Amniotes dont les membres se différencient par leur anatomie crânienne (ouverture de chaque côté du crâne). Comprend les Mammifères.

Synapsis (n. fém.) Appariement et connexion physique des chromosomes homologues répliqués pendant la prophase I de la méiose.

Syndrome de Down (n. masc.) Maladie génétique causée par la présence d'un chromosome 21 surnuméraire chez l'humain. Se caractérise notamment par un retard de développement et par des malformations cardiorespiratoires; ces troubles sont généralement soignables et ne mettent pas la vie en danger. Aussi appelé *trisomie 21*.

Systématique (n. fém.) Discipline scientifique portant principalement sur la classification des organismes et la détermination de leurs relations au cours de l'évolution.

Systématique moléculaire (n. fém.) Approche scientifique qui détermine les liens évolutifs entre différentes espèces en comparant des acides nucléiques ou d'autres molécules.

Système à contre-courant multiplicateur (n. masc.) Système à contre-courant dans lequel de l'énergie est dépensée en transport actif pour faciliter l'échange de substances et créer des gradients de concentration.

Système ambulacraire (n. masc.) Chez les Échinodermes, système composé d'un réseau de canaux hydrauliques ramifiés en prolongements érectiles appelés *pieds* *ambulacraires*. Ces derniers servent à la locomotion et à la capture des proies.

Système cardiovasculaire (n. masc.) Système circulatoire clos (dans lequel le sang qui circule à l'intérieur des vaisseaux diffère du liquide de la cavité corporelle) caractéristique des Vertébrés, composé d'un cœur et d'un réseau ramifié d'artères, de capillaires et de veines.

Système cardiovasculaire clos (n. masc.) Système circulatoire dans lequel le sang circule uniquement dans des vaisseaux et constitue un liquide dont la composition chimique diffère de celle du liquide interstitiel.

Système cardiovasculaire ouvert (n. masc.) Chez les Arthropodes et de nombreux Mollusques, système circulatoire dont le liquide, appelé *hémolymphe*, sort des vaisseaux pour entourer directement les organes internes, sans l'aide de capillaires.

Système caulinaire (n. masc.) Partie généralement aérienne des plantes qui comprend une ou plusieurs tiges, les feuilles et (chez les Angiospermes) les fleurs.

Système digestif complet (n. masc.) Succession de compartiments reliant deux ouvertures, la bouche et l'anus. Aussi appelé *canal alimentaire* ou *tube digestif*.

Système du complément (n. masc.) Groupe d'une trentaine de protéines sériques intervenant dans la défense de l'organisme en amplifiant la réaction inflammatoire, en stimulant la phagocytose ou en lysant directement les agents pathogènes.

Système endocrinien (n. masc.) Système interne de communication et de régulation qui comprend les hormones, des glandes endocrines qui sécrètent les hormones et des récepteurs moléculaires sur ou dans les cellules cibles qui répondent aux hormones; assure la régulation interne et le maintien de l'homéostasie en association avec le système nerveux.

Système immunitaire (n. fém.) Système de défense d'un animal contre les agents pathogènes.

Système lymphatique (n. masc.) Chez les Vertébrés, réseau de vaisseaux et de nœuds qui est distinct du système cardiovasculaire et qui ramène au sang des liquides, des protéines et des cellules.

Système moteur (n. masc.) Branche efférente du système nerveux périphérique des Vertébrés composée de neurones moteurs qui apportent les influx aux muscles squelettiques en réponse aux signaux externes.

Système nerveux (n. masc.) Système rapide de communication interne qui fait intervenir des récepteurs sensoriels, des réseaux de cellules nerveuses et des connexions avec les muscles et les glandes qui répondent aux influx nerveux; fonctionne de concert avec le système endocrinien pour assurer la régulation interne et maintenir l'homéostasie.

Système nerveux autonome – SNA (n. masc.) Chez les vertébrés, composante efférente du système nerveux périphérique et dont la fonction consiste à réguler le milieu interne; comprend trois subdivisions: sympathique, parasympathique et entérique.

Système nerveux central – SNC (n. masc.) Chez les Vertébrés, complexe structural formé de l'encéphale et de la moelle épinière et dans lequel l'information qui lui parvient est traitée et intégrée.

Système nerveux entérique (n. masc.) Chez les Vertébrés, l'une des trois subdivisions du système nerveux autonome; constituée d'un réseau de neurones dans le tube digestif, le pancréas et la vésicule biliaire, et normalement placée sous le contrôle des systèmes nerveux sympathique et parasympathique.

Système nerveux parasympathique (n. masc.) Chez les Vertébrés, l'une des trois subdivisions du système nerveux autonome qui stimule les mécanismes permettant de gagner ou d'économiser de l'énergie, comme la digestion et le ralentissement de la fréquence cardiaque.

Système nerveux périphérique – SNP (n. masc.) Ensemble des nerfs qui transmettent les commandes motrices et l'information sensorielle entre le système nerveux central et le reste du corps.

Système nerveux sympathique (n. masc.) Chez les Vertébrés, l'une des trois subdivisions du système nerveux autonome qui augmente généralement les dépenses d'énergie et qui prépare l'individu à l'action, notamment en élevant la fréquence cardiaque et l'activité métabolique.

Système organique (n. fém.) Ensemble complexe constitué de plusieurs organes remplissant chacun une fonction spécifique mais qui doit être accomplie de manière coordonnée.

Système racinaire (n. masc.) Ensemble des racines qui fixent solidement les plantes au sol, absorbent et transportent les minéraux et l'eau et entreposent des réserves nutritives.

Système tégumentaire (n. masc.) Enveloppe du corps des mammifères, qui comprend la peau, les poils et les ongles, les griffes ou les sabots.

Système trachéen (n. masc.) Système respiratoire qui assure les échanges gazeux chez les Insectes. Composé d'un ensemble de tubes tapissés de chitine qui se ramifient dans le corps et acheminent le dioxygène directement aux cellules.

Systole (n. fém.) Phase de contraction de la révolution cardiaque pendant laquelle le sang est éjecté d'une oreillette ou d'un ventricule.

T

Table de fécondité (n. fém.) En démographie, recension par âge des taux de fécondité dans une population.

Table de survie (n. fém.) En démographie, recensement pour chaque âge du nombre d'individus vivants dans une population.

Taille efficace d'une population (n. fém.) Détermination, en nombre d'individus, du potentiel de reproduction d'une population. Se fonde sur une formule qui utilise la proportion des individus reproducteurs par sexe. Généralement plus petite que la population totale.

Taille minimale viable d'une population (n. fém.) Nombre minimal d'individus qui permet à une espèce de maintenir son nombre et de survivre.

Taxie (n. fém.) Réaction de locomotion orientée par laquelle un organisme se rapproche ou s'éloigne d'un stimulus quelconque.

Taxinomie (n. fém.) Discipline scientifique qui vise à nommer et à classifier les diverses formes d'êtres vivants.

Taxon (n. masc.) Rang taxinomique identifié, quel qu'en soit le niveau dont le groupe partage un certain nombre de caractères (p. ex.: *Drosophila* est un taxon de genre).

Taxon fondamental (n. masc.) Dans un groupe donné d'organismes, désigne une lignée qui diverge tôt dans l'histoire d'un groupe.

Technique de capture-recapture (n. fém.) Technique d'échantillonnage permettant d'estimer les populations d'Animaux sauvages. Lors d'un premier échantillonnage, des animaux sont capturés, marqués ou identifiés autrement, puis relâchés; quelque temps après, un second échantillonnage est effectué. En dénombrant le nombre d'animaux marqués capturés de nouveau, il est possible d'évaluer approximativement la taille de la population.

Technique de reproduction assistée (n. fém.) Ensemble des méthodes qui consistent généralement à prélever chirurgicalement des ovules (ovocytes de deuxième ordre) dans les ovaires d'une femme après stimulation hormonale, à féconder ces ovules et à les introduire dans la cavité utérine.

Technologie (n. fém.) Application d'un savoir scientifique à des fins précises, faisant souvent intervenir l'industrie et le commerce, mais comprenant également les utilisations en recherche fondamentale.

Tectonique des plaques (n. fém.) Théorie selon laquelle les continents font partie d'immenses plaques de croûte terrestre flottant sur la roche en fusion du manteau et dont le lent déplacement au fil du temps est causé par les mouvements dans le manteau.

Tégument (n. masc.) Chez les Vasculaires à graines, ensemble de couches de tissu du sporophyte qui contribuent à la structure d'un ovule. Entoure et protège le mégasporange. (2) Enveloppe extérieure résistante d'une graine, provenant des téguments d'un ovule. Chez les Angiospermes, le tégument enferme et protège l'embryon et l'albumen.

Télomérase (n. fém.) Enzyme spéciale qui catalyse l'allongement des télomères dans les cellules germinales et certaines cellules souches des Eucaryotes.

Télomère (n. masc.) Courte séquence nucléotidique particulière et répétée un grand nombre de fois, située à l'extrémité des molécules d'ADN chromosomique des Eucaryotes. Protège les gènes des organismes contre l'érosion au cours de multiples réplications successives. Voir aussi *ADN répétitif*.

Télophase (n. fém.) Cinquième et dernière phase de la mitose marquée par le début de la formation des noyaux fils et par la cytocinèse.

Température (n. fém.) Mesure de l'intensité de la chaleur exprimée en degrés; correspond à l'énergie cinétique moyenne des molécules d'un corps quelconque.

Temps de renouvellement (n. masc.) Temps requis pour renouveler la biomasse mesurable d'une population ou d'un groupe de populations (par exemple le phytoplancton), calculé comme le rapport entre la biomasse mesurable d'un producteur, dans une chaîne alimentaire, et sa productivité primaire nette.

Tendon (n. masc.) Bande de tissu conjonctif dense régulier qui attache un muscle à un os.

Tension superficielle (n. fém.) Force résultant de la cohésion, qui exprime la difficulté d'étirer ou de briser la surface d'un liquide par suite de l'attraction qui retient les molécules entre elles et s'oppose à leur séparation. La tension superficielle de l'eau est élevée parce que les molécules sont attirées par les molécules situées en dessous grâce aux liaisons hydrogène.

Terminateur (n. masc.) Chez les Bactéries, séquence spécifique de nucléotides de l'ADN qui marque la fin de la transcription d'un gène et donne le signal à l'ARN polymérase de libérer la molécule d'ARN nouvellement synthétisée et de la détacher de l'ADN.

Terre humide (n. fém.) Habitat inondé au moins une partie de l'année et où vivent des plantes adaptées aux sols saturés d'eau.

Territorialité (n. fém.) Comportement par lequel un animal s'approprie un espace physique délimité et l'interdit à d'autres individus, habituellement ses congénères, soit en les agressant, soit par des mécanismes indirects, comme le marquage odorant ou le chant.

Testicule (n. masc.) Chez les Animaux, organe reproducteur ou gonade mâle, dans lequel sont produits les spermatozoïdes et les hormones sexuelles.

Testostérone (n. fém.) Hormone stéroïde nécessaire au développement du système reproducteur mâle et des caractères sexuels secondaires; principale hormone du groupe des androgènes chez les Mammifères.

Tétanos (n. masc.) Chez les Vertébrés, état physiologique se manifestant par une contraction uniforme et continue d'un muscle squelettique produite par une fréquence élevée de potentiels d'action déclenchés par une stimulation persistante.

Tétrapodes (n. masc.) Membres d'un clade de Vertébrés possédant pour la plupart, au stade adulte, deux paires de membres munis de doigts, comme les Amphibiens, les Mammifères, les Oiseaux et d'autres Reptiles.

Thalamus (n. masc.) Région de l'encéphale des Vertébrés qui dérive du diencéphale embryonnaire (l'une des divisions du prosencéphale). L'un des deux centres d'intégration du prosencéphale des Vertébrés. Principal centre de relais pour l'information sensitive arrivant au cerveau et l'information motrice partant de celui-ci.

Thalle (n. masc.) (1) Chez les Végétaux, appareil végétatif des algues marines qui ressemblent à une plante. Se compose d'un crampon, d'un stipe et des frondes, mais ne possède ni racines, ni tiges, ni feuilles véritables.

Théorie (n. fém.) Explication de vaste portée qui engendre de nouvelles hypothèses et qui est appuyée par un solide ensemble de preuves.

Théorie chromosomique de l'hérédité (n. fém.) Principe fondamental en biologie voulant que les gènes occupent des loci (emplacements précis) sur les chromosomes et que le comportement des chromosomes au cours de la méiose explique les modes de transmission héréditaire.

Théorie de l'endosymbiose (n. fém.) Théorie selon laquelle les mitochondries et les plastes, incluant les chloroplastes, sont apparus lorsqu'un ancêtre lointain des cellules eucaryotes a absorbé une cellule procaryote. Avec le temps, la cellule absorbée et sa cellule hôte ont formé un seul organisme.

Théorie de la contraction par glissement des myofilaments (n. fém.) Modèle selon lequel la contraction musculaire résulte du mouvement de minces filaments (actine) le long d'épais filaments (myosine), ce qui raccourcit le sarcomère, l'unité de base de l'organisation musculaire, sans modifier la longueur des myofilaments.

Théorie de la neutralité (n. fém.) Théorie selon laquelle une grande partie des changements évolutifs touchant les gènes et les protéines n'influent pas sur la valeur adaptative et donc échappent à l'action de la sélection naturelle.

Théorie de la quête optimale de nourriture (n. fém.) Analyse d'un comportement de recherche de nourriture basée sur le principe selon lequel la quête de nourriture est un compromis entre les coûts et les bénéfices associés à cet ensemble de comportements.

Théorie des jeux (n. fém.) Méthode pour évaluer les stratégies possibles dans des situations dont l'issue dépend non seulement de la stratégie de chaque individu, mais aussi des stratégies de tous les individus qui participent à ces situations.

Thérapie génique (n. fém.) Traitement d'une maladie attribuable à un seul gène défectueux consistant à introduire un allèle normal dans les cellules somatiques à la place du gène endommagé.

Thermocline (n. fém.) Mince couche d'un plan d'eau constituant une zone de transition thermique présentant un gradient thermique abrupt. Sépare la couche superficielle uniformément chaude et la couche profonde uniformément froide.

Thermodynamique (n. fém.) Étude des transformations d'énergie qui se produisent dans une portion de matière. Voir *Premier principe de la thermodynamique* et *Deuxième principe de la thermodynamique*.

Thermophiles extrêmes (n. masc.) Organismes qui prospèrent dans des milieux où la température est très élevée (entre 60 et 80 °C, ou plus).

Thermorécepteur (n. masc.) Chez les Animaux, type de récepteur sensoriel qui réagit à la chaleur ou au froid et intervient dans la régulation thermique en donnant de l'information sur les températures superficielle et interne de l'organisme.

Thermorégulation (n. fém.) Chez les Animaux, processus servant à maintenir la température interne dans un intervalle compatible avec la vie.

Théropodes (n. masc.) Membres d'un groupe de Dinosaures carnivores bipèdes dont faisaient partie les ancêtres des Oiseaux.

Thigmomorphogenèse (n. fém.) Processus au cours duquel une plante présente des variations de forme par suite de son exposition à des perturbations mécaniques continues (p. ex.: l'épaississement des tiges en réaction à de forts vents); ces variations morphologiques sont dues à une production accrue d'éthylène.

Thigmotropisme (n. masc.) Réaction d'orientation consécutive au contact, chez les Végétaux.

Thrombus (n. masc.) Amas de plaquettes et de fibrine formé dans un vaisseau sanguin durant la coagulation et qui bloque la circulation du sang.

Thylakoïde (n. masc.) Sac membraneux aplati situé à l'intérieur du chloroplaste. Les thylakoïdes s'empilent souvent et forment des structures interreliées appelées *grana;* leurs membranes contiennent notamment les molécules de chlorophylle qui transforment l'énergie lumineuse en énergie chimique.

Thymus (n. masc.) Chez les Vertébrés, petit organe de la cavité thoracique dans lequel les lymphocytes T terminent leur maturation et acquièrent l'immunocompétence.

Thyroxine – T_4 (n. fém.) L'une des deux hormones contenant de l'iode que produit la glande thyroïde. Comme la tri-iodothyronine, elle contribue, chez les Vertébrés, à la régulation du métabolisme, du développement et de la maturation.

Tige (n. fém.) Organe vasculaire de la plante qui consiste en une alternance de nœuds et d'entrenœuds et qui supporte les feuilles et les structures reproductives.

Tissu (n. masc.) Ensemble de cellules dotées d'une structure et d'une fonction communes.

Tissu adipeux (n. masc.) Tissu conjonctif contenant des cellules adipeuses, qui emmagasinent les graisses; isole le corps et sert de réserve d'énergie.

Tissu cartilagineux (n. masc.) Tissu conjonctif souple contenant de nombreuses fibres collagènes enchâssées dans une substance fondamentale appelée *chondroïtine-sulfate*.

Tissu conjonctif (n. masc.) Tissu animal constitué de cellules peu abondantes et dispersées dans une matrice extracellulaire et dont le rôle consiste surtout à fixer et à soutenir les autres tissus.

Tissu de revêtement (n. masc.) Chez les végétaux, enveloppe protectrice généralement constituée d'une seule couche de cellules de l'épiderme étroitement juxtaposées qui recouvre et protège toutes les jeunes parties des plantes formées au cours de la croissance primaire.

Tissu épithélial (n. masc.) Tissu formé d'une ou de plusieurs couches de cellules accolées les unes aux autres et qui recouvre la surface externe du corps et des organes ainsi que les cavités internes.

Tissu musculaire (n. masc.) Tissu animal composé de cellules allongées, les fibres musculaires, qui peuvent se contracter spontanément ou sous l'effet d'un influx nerveux.

Tissu musculaire squelettique (n. masc.) Tissu musculaire d'apparence striée qui intervient généralement dans les mouvements volontaires du corps.

Tissu nerveux (n. masc.) Chez la plupart des Animaux, tissu composé de neurones et de cellules de soutien. Perçoit les stimulus et transmet des messages d'une partie à l'autre de l'organisme.

Tissu osseux (n. masc.) Tissu conjonctif minéralisé, composé de cellules vivantes contenues dans une matrice rigide de fibres collagènes enchâssées dans des sels de calcium.

Tissus conducteurs (n. masc.) Chez les végétaux, tissus dont les cellules forment des tubes qui transportent l'eau et les nutriments dans la plante.

Tissus fondamentaux (n. masc.) Tissus végétaux situés entre les tissus de revêtement et les tissus conducteurs et qui remplissent diverses fonctions, notamment le stockage, la photosynthèse et le soutien.

Tolérant (adj.) Se dit d'un animal qui supporte des variations de son milieu interne attribuables à certains changements de l'environnement externe.

Tonicité (n. fém.) Capacité d'une solution de faire gagner ou perdre de l'eau à une cellule.

Topoisomérase (n. fém.) Enzyme qui effectue des coupures dans les brins d'ADN, les fait pivoter puis répare les coupures. Au cours de la réplication de l'ADN, contribue à faire diminuer la tension dans la double hélice en amont de la fourche de réplication.

Torpeur (n. fém.) Chez les Animaux, état physiologique caractérisé par une activité réduite au minimum et par une diminution du métabolisme.

Torsion (n. fém.) Rotation de 180° de la masse viscérale que subissent les Gastéropodes (classe de Mollusques) durant leur développement embryonnaire, ce qui amène l'anus et la cavité palléale au-dessus de la tête.

Totipotente (adj.) Se dit de toute cellule qui a la capacité de former toutes les parties de l'embryon et de l'organisme adulte ainsi que les membranes extraembryonnaires chez les espèces qui en possèdent.

Toundra (n. fém.) Biome terrestre situé aux limites extrêmes de la croissance des Végétaux. Dans les régions les plus au nord, elle est appelée *toundra arctique*, et sur les très hauts sommets, *toundra alpine*, là où les formes des plantes se limitent à des arbustes nains ou à une végétation rase.

Tourbe (n. fém.) Matière organique spongieuse, brune ou noirâtre, provenant de la décomposition partielle de matières végétales, en milieu humide, surtout les Sphaignes, qui forment d'immenses dépôts dans les tourbières.

Trachée (n. fém.) Tube aérien renforcé d'anneaux de cartilage qui va du larynx jusqu'aux bronches, chez certains Vertébrés.

Trachéide (n. fém.) Chez les Végétaux, élément du xylème qui assure la circulation de la sève brute et une fonction de soutien. Longue cellule mince, morte à maturité, dont les extrémités sont en pointe et dont les parois sont durcies par la lignine.

Traduction (n. fém.) Synthèse d'un polypeptide à partir des informations contenues dans l'ARNm. À cette étape, il y a passage du « langage » des nucléotides à celui des acides aminés.

Transcriptase inverse (n. fém.) Enzyme typique de certains virus (rétrovirus) qui synthétise de l'ADN à partir de leur matrice d'ARN.

Transcription (n. fém.) Synthèse d'ARN dirigée par l'ADN.

Transcription inverse suivie d'une amplification en chaîne par polymérase – RT-PCR (n. fém.) Méthode de détermination de l'expression d'un gène particulier en synthétisant l'ADNc de tous les ARNm dans un échantillon sous l'action de la transcriptase inverse et de l'ADN polymérase, puis en soumettant l'ADNc à une amplification PCR à l'aide d'amorces spécifiques pour le gène recherché.

Transcrit primaire (n. masc.) Chez les Eucaryotes, première version d'ARN qui résulte de la transcription de n'importe quel gène. Aussi appelé *ARN prémessager* lorsqu'il provient d'un gène codant pour des protéines.

Transduction (n. fém.) (1) Processus dans lequel les virus bactériophages transportent de l'ADN d'une cellule bactérienne à une autre. Lorsque ces deux cellules appartiennent à des espèces différentes, la transduction entraîne un transfert horizontal d'un gène. (2) Dans la communication cellulaire, conversion d'un signal extérieur à la cellule en une forme capable de susciter une réponse cellulaire spécifique; aussi appelée *transduction du signal*.

Transduction du signal (n. fém.) Mécanisme par lequel un stimulus mécanique, chimique ou électromagnétique produit une réaction cellulaire spécifique.

Transfert horizontal (n. masc.) Transfert de gènes d'un génome à un autre au moyen de mécanismes comme l'échange d'éléments transposables et de plasmides, une infection virale, voire la fusion d'organismes différents.

Transformation (n. fém.) (1) Conversion d'une cellule animale normale en cellule cancéreuse. (2) Modification du génotype et du phénotype d'une cellule par suite de l'incorporation d'ADN étranger. Lorsque l'ADN étranger provient d'un membre d'une espèce différente, la transformation entraîne le transfert horizontal d'un gène.

Transgénique (adj.) Se dit d'un organisme qui a reçu un ou plusieurs gènes d'un autre organisme, que cet organisme soit ou non de la même espèce.

Transition démographique (n. fém.) Dans une population stable, passage de taux de natalité et de mortalité élevés à des taux de natalité et de mortalité faibles.

Translocation (n. fém.) (1) Aberration chromosomique attribuable à une erreur au cours de la méiose ou à des mutagènes. Résulte de la fixation, sur un chromosome non homologue, d'un fragment chromosomique, à la suite d'un bris. (2) Au cours de la synthèse des protéines, troisième étape du cycle d'élongation, lorsque l'ARN transportant le polypeptide en formation se déplace du site A au site P, sur le ribosome. (3) Chez les Vasculaires, transport de nutriments organiques dans le phloème.

Transmission (n. fém.) Passage des influx nerveux le long des axones.

Transpiration (n. fém.) (1) Chez les Végétaux, évaporation du surplus d'eau par les feuilles et les parties aériennes. (2) Chez les Animaux, évacuation de la sueur permettant de réguler la température corporelle.

Transport actif (n. masc.) Mouvement d'une substance à travers une membrane cellulaire qui se fait contre son gradient de concentration ou son gradient électrochimique. Nécessite l'intervention de protéines de transport et une dépense d'énergie.

Transport cyclique d'électrons (n. masc.) Transport d'électrons au cours des réactions photochimiques de la photosynthèse. Ne fait intervenir que le photosystème I et n'engendre que de l'ATP; ne produit ni NADPH + H^+ ni dioxygène.

Transport non cyclique d'électrons (n. masc.) Transport d'électrons au cours des réactions photochimiques de la photosynthèse. Fait intervenir les deux photosystèmes (I et II) et produit de l'ATP, du NADPH + H^+ et du dioxygène. Les électrons passent continuellement de l'eau au $NADP^+$.

Transport passif (n. masc.) Diffusion d'une substance à travers une membrane biologique, selon son gradient de concentration, et sans nécessiter de dépense d'énergie de la part de la cellule.

Transposon (n. masc.) Élément transposable qui se déplace d'un endroit à l'autre à l'intérieur du génome cellulaire par l'intermédiaire d'un ADN.

Travail (n. masc.) Série de contractions fortes et rythmiques de l'utérus qui expulsent le bébé de l'utérus et du vagin au cours de l'accouchement. Se divise en trois périodes: la dilatation du col utérin, l'expulsion ou naissance de l'enfant et la délivrance ou expulsion du placenta.

Triacylglycérol (n. masc.) Lipide constitué de trois acides gras liés à une molécule de glycérol. Aussi appelé *lipide* ou *triglycéride*.

Tri-iodothyronine –T_3 (n. fém.) L'une des hormones contenant de l'iode que produit la glande thyroïde. Chez les Vertébrés, aide à la régulation du métabolisme, du développement et de la maturation.

Trimestre (n. masc.) L'une des trois périodes de trois mois de la gestation humaine ou grossesse.

Triple réponse (n. fém.) Chez les Végétaux, manœuvre de croissance qu'effectue une plantule quand elle se heurte à un obstacle afin de le contourner. La réaction est déclenchée par l'éthylène produit par la plantule et comprend trois étapes: le ralentissement de l'allongement de la tige, son épaississement, qui la rend plus forte, et sa courbure, qui la fait croître horizontalement.

Triploblastique (adj.) Se dit d'un animal qui possède trois feuillets embryonnaires: l'endoderme, le mésoderme et l'ectoderme. La plupart des Eumétazoaires sont triploblastiques.

Trisomique (adj.) Se dit d'une cellule diploïde renfermant trois copies d'un même chromosome au lieu de deux (p. ex.: les cellules trisomiques d'un individu atteint du syndrome de Down).

Trompe auditive (n. fém.) Chez certains Vertébrés, conduit qui relie l'oreille moyenne au pharynx; équilibre la pression de l'air entre l'oreille moyenne et l'atmosphère.

Trompe utérine (n. fém.) Conduit du système reproducteur femelle qui s'étend de l'ovaire jusqu'au vagin chez les Invertébrés ou jusqu'à l'utérus chez les Vertébrés. Aussi appelée *trompe de Fallope* chez les Vertébrés.

Tronc cérébral (n. masc.) Dans l'encéphale des Vertébrés, ensemble de structures constitué du bulbe rachidien, du pont et du mésencéphale. Contribue à l'homéostasie, à la coordination des mouvements et à la transmission de l'information jusqu'aux centres d'intégration supérieurs.

Trophoblaste (n. masc.) Chez les Mammifères, épithélium externe qui entoure le blastocyste et qui constituera, avec le tissu du mésoderme, la portion fœtale du placenta.

Tropiques (n. fém.) Régions situées entre 23,5° de latitude Nord et 23,5° de latitude Sud.

Tropisme (n. masc.) Toute réaction de croissance qui oriente une plante vers un stimulus ou en direction opposée, en raison d'une différence dans la vitesse d'allongement des différentes cellules.

Tropomyosine (n. fém.) Dans les muscles des Vertébrés, protéine régulatrice se présentant sous la forme d'un microfilament. Quand la fibre musculaire est au repos, la tropomyosine recouvre les sites de liaison de la myosine sur l'actine, ce qui empêche l'actine et la myosine d'interagir.

Trouble bipolaire (n. masc.) Maladie mentale dépressive qui se manifeste par des sautes d'humeur très marquées alternant avec des périodes de profonde dépression. Aussi appelé *psychose maniacodépressive*.

Tube de Malpighi (n. masc.) Organe excréteur typique des Arthropodes dont le contenu se déverse dans le tube digestif. Permet l'élimination des déchets métaboliques de l'hémolymphe et participe à l'osmorégulation.

Tube neural (n. masc.) Chez les Vertébrés, tube de cellules de l'ectoderme organisé selon l'axe antéropostérieur et situé juste au-dessus de la corde dorsale en formation. Deviendra le système nerveux central.

Tube pollinique (n. masc.) Tube qui se forme après la germination du grain de pollen et qui déverse les spermatozoïdes dans le gamétophyte femelle.

Tubule contourné distal (n. masc.) Dans le rein des Vertébrés, partie du néphron qui joue un rôle clé dans la régulation de la concentration du K^+ et du NaCl dans les liquides corporels et qui communique avec un tubule rénal collecteur.

Tubule contourné proximal (n. masc.) Dans le rein des Vertébrés, région du néphron située immédiatement en aval de la capsule glomérulaire rénale et qui transfère le filtrat en contribuant à le raffiner.

Tubule rénal collecteur (n. masc.) Dans le rein de certains Vertébrés, conduit qui reçoit le filtrat de nombreux tubules rénaux. Le filtrat prend alors le nom d'*urine*.

Tubule séminifère contourné (n. masc.) Conduit des testicules enroulé de façon compacte et entouré de plusieurs épaisseurs de tissu conjonctif, et dans lequel se forment les spermatozoïdes.

Tubule transverse (n. masc.) Chez les Vertébrés, repli de la membrane plasmique de la cellule musculaire.

Tumeur bénigne (n. fém.) Masse de cellules transformées qui ont une croissance anormale mais plus lente que celle d'une tumeur maligne. Se présente sous forme compacte souvent encapsulée et reste localisée. Généralement sans gravité.

Tumeur maligne (n. fém.) **– néoplasme malin** (n. masc.) Tumeur cancéreuse comportant des cellules qui, à cause de modifications génétiques et cellulaires, se multiplient de façon anarchique et se propagent à de nouveaux tissus, nuisant ainsi au fonctionnement d'un ou de plusieurs organes.

Tuniciers (n. masc.) Nom communément donné aux Urocordés, des Cordés marins sessiles qui n'ont pas d'épine dorsale. Nommés en raison de la tunique constituée de tunicine, un polysaccharide semblable à la cellulose, qui les revêt entièrement.

Turgescente (adj.) Se dit d'une cellule végétale qui se gonfle et dont la paroi se distend au maximum. (Une cellule à paroi devient turgescente lorsque son potentiel hydrique est inférieur à celui de son environnement, ce qui entraîne l'entrée d'eau.)

Type parental (n. masc.) Qualifie un individu qui a un phénotype identique à celui de l'un des deux phénotypes parentaux (génération P); désigne aussi le phénotype lui-même.

Type recombinant (n. masc.) Descendant dont le phénotype diffère de celui des parents de la génération P de lignée pure; désigne également le phénotype lui-même. Voir *Recombiné*.

U

Unichontes (n. masc.) Membres d'un des cinq supergroupes d'Eucaryotes nouvellement proposés dans une hypothèse récente de l'histoire évolutive des Eucaryotes. Créé à partir des données fournies par la systématique moléculaire, ce clade rassemble les Amibozoaires et les Opisthochontes. Voir aussi *Excavobiontes, Chromalvéolés, Rhizariens* et *Archéplastides*.

Uniformitarisme (n. masc.) Principe selon lequel les mécanismes responsables du changement agissent de façon constante au cours du temps. Voir *Catastrophisme*.

Unité cartographique (n. fém.) Unité de mesure servant à exprimer la distance entre les gènes. Une unité cartographique équivaut à une fréquence de recombinaison de 1 %.

Unité de transcription (n. fém.) Segment d'ADN transcrit en molécule d'ARN.

Unité motrice (n. fém.) Chez les Vertébrés, unité composée d'un neurone moteur et de toutes les fibres musculaires qu'il régit.

Urée (n. fém.) Déchet azoté qui se présente sous forme soluble et qu'excrètent les Mammifères, la plupart des Amphibiens adultes, des requins, quelques poissons osseux marins et quelques tortues marines. Produite dans le foie par un cycle métabolique qui combine l'ammoniac et le dioxyde de carbone.

Uretère (n. masc.) Conduit dans lequel se déverse l'urine produite dans les reins de certains Vertébrés et qui débouche dans la vessie.

Urètre (n. masc.) Canal excréteur de la vessie et qui mène l'urine vers l'extérieur du corps de certains Vertébrés. Débouche près du vagin chez la femme et à l'extrémité du pénis chez l'homme, dont il draine aussi le système reproducteur.

Utérus (n. masc.) Chez les Animaux, organe épais et musculeux du système reproducteur femelle dans lequel ont lieu la fécondation et le développement embryonnaire.

Utricule (n. masc.) Dans l'oreille interne des Vertébrés, chambre située derrière la fenêtre du vestibule et qui s'ouvre sur les trois conduits semi-circulaires. Participe au sens de l'équilibre.

V

Vaccin (n. masc.) Variante ou dérivé inoffensif d'un agent pathogène qui a pour effet de stimuler le système immunitaire de l'hôte et de lui permettre de combattre l'organisme pathogène.

Vaccination (n. fém.) Voir *Immunisation*.

Vacuole (n. fém.) Vésicule entourée d'une membrane dont la fonction spécialisée varie selon les sortes de cellules.

Vacuole centrale (n. fém.) Dans une cellule végétale mature, grand sac membraneux qui joue divers rôles dans la croissance, le stockage et la séquestration des substances toxiques.

Vacuole digestive (n. fém.) Sac membraneux formé lors de la phagocytose de microorganismes ou de particules dont la cellule se nourrit.

Vacuole pulsatile (n. fém.) Sac membraneux qui expulse l'excès d'eau de certains Protistes d'eau douce afin de maintenir constante la pression osmotique intracellulaire.

Vagin (n. masc.) Cavité à la paroi mince du système reproducteur femelle qui est localisée entre l'utérus et le milieu externe. Reçoit le pénis et les spermatozoïdes au cours des rapports sexuels et permet le passage du bébé à l'accouchement.

Vaisseau chylifère (n. masc.) Minuscule vaisseau lymphatique situé au centre de chaque villosité de la muqueuse intestinale et dans lequel pénètrent les chylomicrons absorbés.

Vaisseaux (n. masc.) Chez la plupart des Angiospermes et quelques Vasculaires sans fleurs, tubes microscopiques continus qui acheminent l'eau dans la plante.

Valeur adaptative (n. fém.) Contribution d'un individu au patrimoine génétique de la génération suivante par rapport à la contribution d'autres individus dans la population.

Valeur de référence (n. fém.) Dans l'homéostasie chez les Animaux, valeur déterminée pour une variable donnée maintenue constante par des mécanismes régulateurs, comme la température du corps ou la concentration des solutés.

Valve auriculoventriculaire – valve AV (n. fém.) Chez les Mammifères, valve cardiaque située entre une oreillette et un ventricule et qui empêche le sang de retourner dans l'oreillette quand le ventricule se contracte.

Valve de l'aorte (n. fém.) Chez les Mammifères, valve qui ferme l'artère à la sortie du ventricule gauche du cœur.

Valve du tronc pulmonaire (n. fém.) Chez les Mammifères, valve qui sépare le tronc pulmonaire du ventricule droit du cœur. Le tronc pulmonaire est une courte artère du cœur qui se subdivise en artères pulmonaires gauche et droite.

Vaporisation (n. fém.) Passage d'un corps de l'état liquide à l'état gazeux.

Variation (n. fém.) Différences entre les membres de la même espèce.

Variation génétique (n. fém.) Différences entre les individus dans la composition de leurs gènes ou d'autres segments d'ADN.

Variation géographique (n. fém.) Différences dans le patrimoine génétique des populations géographiquement éloignées d'une même espèce ou des groupes composant une même population.

Variation neutre (n. fém.) Diversité génétique qui ne procure ni avantage ni désavantage sélectif à certains individus, par rapport à d'autres.

Vasa recta (n. fém.) Réseau de capillaires dans le rein entourant l'anse du néphron.

Vasculaires – Plantes vasculaires (n. fém.) Plantes pourvues d'un tissu conducteur. Rassemblent toutes les espèces de plantes vivantes à l'exception des Hépatiques, des Anthocérotes et des Mousses.

Vasculaires sans graines (n. fém.) Nom familier désignant les plantes qui possèdent un tissu conducteur, mais qui ne produisent pas de graines. Forment un groupe paraphylétique qui réunit les Lycophytes (Lycopodes et autres plantes apparentées) et les Ptérophytes (Fougères et plantes apparentées).

Vasectomie (n. fém.) Méthode de contraception chez l'homme consistant à ligaturer les conduits déférents afin d'empêcher les spermatozoïdes d'entrer dans l'urètre.

Vasocongestion (n. fém.) Chez les Animaux, réaction physiologique sexuelle d'engorgement d'un tissu causé par un afflux accru de sang circulant dans ses artérioles.

Vasoconstriction (n. fém.) Réduction du diamètre des vaisseaux sanguins sous l'effet d'influx nerveux provoquant la contraction des muscles de la paroi des vaisseaux.

Vasodilatation (n. fém.) Augmentation du diamètre des vaisseaux sanguins sous l'effet d'influx nerveux provoquant la relaxation des muscles de la paroi des vaisseaux.

Vecteur (n. masc.) Organisme qui transmet les agents pathogènes d'un hôte à un autre.

Vecteur d'expression (n. masc.) Vecteur de clonage qui contient le promoteur bactérien très actif, juste en amont d'un site de restriction où le gène eucaryote peut être inséré, ce qui en permet l'expression dans une cellule bactérienne. Il existe également des vecteurs d'expression qui ont été modifiés génétiquement pour être utilisés dans des types spécifiques de cellules eucaryotes.

Vecteur de clonage (n. masc.) En génie génétique, molécule d'ADN qui transporte un ADN étranger dans une cellule hôte dans laquelle il peut se répliquer. Les vecteurs sont généralement des plasmides et des chromosomes artificiels bactériens et servent à transférer dans les cellules l'ADN préalablement recombiné dans des éprouvettes. Quant aux virus, ils transfèrent l'ADN recombinant en infectant les cellules.

Veine (n. fém.) (1) Chez les Animaux, vaisseau qui ramène au cœur le sang provenant des capillaires. (2) Chez les Végétaux, chacun des faisceaux vasculaires de la feuille.

Veine porte hépatique (n. fém.) Vaisseau qui amène le sang riche en nutriments de l'intestin grêle jusqu'au foie, qui régule la composition nutritionnelle du sang.

Veinule (n. fém.) Petit vaisseau qui transporte le sang entre un lit capillaire et une veine.

Ventilation (n. fém.) Circulation d'air ou d'eau sur une surface respiratoire (poumons ou branchies).

Ventral (adj.) Se dit de la moitié inférieure (ou abdomen) d'un animal à symétrie bilatérale.

Ventricule (n. masc.) (1) Cavité qui pompe le sang hors du cœur. (2) Cavité de l'encéphale des Vertébrés qui est remplie de liquide cérébrospinal.

Verdissement (n. masc.) Changements morphologiques et biochimiques d'une pousse exposée à la lumière du Soleil.

Vernalisation (n. fém.) Exposition d'une plante au froid pour l'inciter à fleurir.

Vertébrés (n. masc.) Cordés dotés d'une colonne vertébrale. Comprennent les Requins, les Raies, les Poissons à nageoires rayonnées, les Cœlacanthes, les Dipneustes, les Amphibiens, les Reptiles (y compris les Oiseaux) et les Mammifères.

Vésicule (n. fém.) Sac membraneux dans le cytoplasme d'une cellule eucaryote.

Vésicule biliaire (n. fém.) Organe qui emmagasine la bile et la libère dans l'intestin grêle au besoin.

Vésicule de transport (n. fém.) Dans le cytosol des cellules eucaryotes, petit sac membraneux servant à transporter des molécules produites par la cellule.

Vésicule séminale (n. fém.) Chez les Animaux, glande exocrine du mâle dont les sécrétions constituent la majeure partie du sperme. Le liquide qu'elle produit lubrifie les conduits et nourrit les spermatozoïdes.

Vessie (n. fém.) Chez certains Vertébrés, organe extensible composé de muscle lisse dans lequel l'urine est emmagasinée avant d'être éliminée.

Vessie natatoire (n. fém.) Chez les Ostéichthyens aquatiques, sac membraneux qui permet au poisson d'ajuster sa masse volumique en fonction de celle de l'eau, et ainsi de contrôler la flottabilité, en accumulant dans ce sac des gaz provenant du sang.

Villosité (n. fém.) (1) Prolongement digitiforme de la surface interne de l'intestin grêle. Appelé **villosité intestinale**. (2) Prolongement digitiforme du chorion placentaire mammalien. En grand nombre, les villosités augmentent la surface de ces organes.

Viroïde (n. masc.) Agent pathogène de certains Végétaux qui est composé de minuscules molécules d'ARN circulaire nu d'une longueur de quelques centaines de nucléotides.

Virulent (adj.) Se dit d'un agent infectieux qui possède un pouvoir pathogène intense qui le rend capable de se développer dans les tissus de l'hôte et d'échapper à ses moyens de défense.

Virus (n. masc.) Particule infectieuse incapable de se répliquer à l'extérieur d'une cellule; constituée d'un génome d'ARN ou d'ADN recouvert d'une coque de protéines (capside) et, pour certains virus, d'une enveloppe membraneuse.

Virus de l'immunodéficience humaine – VIH (n. masc.) Virus responsable du syndrome d'immunodéficience acquise, ou sida. Fait partie des rétrovirus.

Virus tempéré (n. masc.) Virus bactériophage capable de suivre les deux modes de réplication dans une bactérie (cycle lytique et cycle lysogénique).

Vitamine (n. fém.) Molécule organique indispensable pour le métabolisme, nécessaire en très faible quantité et servant généralement de coenzyme ou de partie de coenzyme.

Vitellus (n. masc.) Chez les Animaux, réserve de nutriments que contient un ovocyte de deuxième ordre.

Vitesse du métabolisme (n. fém.) Quantité totale d'énergie utilisée par un animal pendant un intervalle de temps donné. Correspond à la somme de toutes les réactions biochimiques nécessaires à une dépense d'énergie qui surviennent pendant la période en question.

Vivipare (adj.) Se dit d'un type de développement dans lequel l'embryon se développe dans l'utérus et se nourrit, jusqu'à la naissance, des nutriments qui lui parviennent par le placenta le reliant au sang de sa mère.

Voie anabolique (n. fém.) Voie métabolique qui consomme de l'énergie pour la synthèse de molécules complexes à partir de composés simples.

Voie catabolique (n. fém.) Voie métabolique dans laquelle des molécules complexes sont décomposées en composés simples pour libérer l'énergie qu'elles contiennent.

Voie de transduction du signal (n. fém.) Séquence d'événements survenant entre un stimulus mécanique, électrique ou chimique et une réaction cellulaire.

Voie métabolique (n. fém.) Chaîne de réactions chimiques qui permet la synthèse d'une molécule complexe (voie anabolique) ou la décomposition d'une molécule complexe en composés simples (voie catabolique).

Volume courant – VC (n. masc.) Volume d'air qu'un animal inspire et expire à chaque respiration.

Volume systolique – V_s (n. masc.) Volume de sang que le ventricule gauche expulse chaque fois qu'il se contracte.

Vulve (n. fém.) Terme désignant l'ensemble des organes génitaux externes de la femme et des femelles des autres Mammifères.

X

Xérophyte (n. masc.) Plante adaptée à un climat aride.

Xylème (n. masc.) Chez les Végétaux, tissu conducteur composé de cellules mortes en forme de tubes dans lesquels circulent l'eau et les minéraux qui vont des racines aux feuilles.

Z

Zone abyssale (n. fém.) Partie de la zone benthique de l'océan s'étendant entre 2 000 et 6 000 m de profondeur.

Zone aphotique (n. fém.) Zone d'un océan située sous la zone photique où la lumière est insuffisante pour permettre la photosynthèse.

Zone benthique (n. fém.) Zone la plus basse de tous les biomes aquatiques, à proximité du fond d'un plan d'eau.

Zone benthique marine (n. fém.) Plancher océanique.

Zone d'activité polarisante (n. fém.) Masse de tissu mésodermique située sous l'ectoderme, à l'endroit où le bourgeon du membre rejoint le tronc, du côté postérieur, et qui permettra la réalisation des plans d'organisation le long de l'axe antéropostérieur du membre.

Zone euphotique (n. fém.) Mince couche d'eau d'un océan ou d'un lac où l'illumination est suffisante pour permettre la photosynthèse.

Zone hybride (n. fém.) Région géographique dans laquelle se rencontrent les membres de différentes espèces qui peuvent s'accoupler et produire au moins un descendant hybride.

Zone intertidale (n. fém.) Zone tour à tour submergée et découverte au cours du cycle quotidien des marées dans la plupart des rivages marins.

Zone limnétique (n. fém.) Dans un lac, zone d'eaux superficielles, libres et bien éclairées qui se situent loin du rivage. Les eaux y sont trop profondes pour permettre aux plantes aquatiques de s'enraciner; contient diverses espèces de phytoplancton, dont des cyanobactéries.

Zone littorale (n. fém.) Dans un plan d'eau, zone d'eaux tempérées, peu profondes et bien éclairées qui se situent à proximité du rivage.

Zone néritique (n. fém.) Zone relativement peu profonde de l'océan située au-dessus du plateau continental (partie relativement plate et surélevée des fonds marins qui délimite un continent).

Zone pélagique (n. fém.) Partie des biomes aquatiques comprenant la zone euphotique et la zone aphotique.

Zone pellucide (n. fém.) Chez les Mammifères, matrice extracellulaire de l'ovocyte de deuxième ordre.

Zoospore (n. fém.) Spore flagellée caractéristique des représentants de l'embranchement des Chytrides et de certains Protistes.

Zygomycètes (n. masc.) Membres d'un embranchement des Eumycètes dont un groupe important forme des mycorhizes. Caractérisé par la formation d'une structure résistante appelée *zygosporange* au cours de la reproduction sexuée.

Zygosporange (n. masc.) Chez les Zygomycètes, structure multinucléaire résistante issue de la plasmogamie et dans laquelle se produisent la caryogamie et la méiose pour libérer des spores haploïdes lorsque les conditions sont propices.

Zygote (n. masc.) Cellule diploïde qui résulte de l'union des gamètes haploïdes au cours de la fécondation; ovule fécondé.

Sources

Sources des photographies

Légende : **H : en haut. B : en bas. G : à gauche. C : au centre. D : à droite.**

Page couverture *Succulent I* © 2005 Amy Lamb, www.amylamb.com.

Chapitre 1 **1.1** Amy Lamb Studio. **1.2** Walter Teague. **1.3 (dans le sens des aiguilles d'une montre, en commençant par l'hippocampe)** R. Dirscherl/FLPA ; Kim Taylor et Jane Burton/Dorling Kindersley ; Malcolm Schuyl/FLPA ; Frans Lanting/Corbis ; Michael et Patricia Fogden/Corbis ; Joe McDonald/Corbis ; ImageState/International Stock Photography Ltd. **1.4 (1) et page 26** WorldSat International/Photo Researchers ; **(2)** Bill Brooks/Alamy ; **(3)** Linda Freshwaters Arndt/Alamy ; **(4)** Michael Orton/Photographer's Choice/Getty Images ; **(5)** Ross M. Horowitz/Getty Images ; **(6)** Photodisc/Getty Images ; **(7)** 1.4.9 Jeremy Burgess/SPL/Photo Researchers ; **(8)** John Durham/Photo Researchers ; **(9)** Micrographie de W.P. Wergin, gracieuseté de E.H. Newcomb, University of Wisconsin. **1.5 et page 26** James Balog/Aurora Creative/Getty Images. **1.6 et page 26** Anup Shah/Nature Picture Library. **1.7 (a) et page 26** Photodisc/Getty Images ; **(b)** Janice Sheldon. **1.8 (G) et page 26** C. Holt/Biological Photo Service ; **(D) et page 26** Steve Gschmeissner/Photo Researchers. **1.9** Conly L. Rieder. **1.10 (D)** Camille Tokerud/Stone/Getty Images. **1.11 (G)** Photodisc/Getty Images. **1.12** Roy Kaltschmidt, Lawrence Berkeley National Laboratory. **1.15 (a)** Oliver Meckes/Nicole Ottawa/Photo Researchers ; **(b)** Eye of Science/Photo Researchers ; **(c, de gauche à droite)** Kunst et Scheidulin/AGE Fotostock ; Peter Lilja/Taxi/Getty Images ; Anup Shah/Nature Picture Library ; D. P. Wilson/Photo Researchers. **1.16 (G)** VVG/SPL/Photo Researchers ; **(C)** W. L. Dentler/Biological Photo Service ; **(D)** Omikron/Photo Researchers. **1.17** Photo de Dede Randrianarisata, gracieuseté de Kristi Curry Rogers, Macalester College, St. Paul, MN. **1.18** Archiv/Photo Researchers. **1.19 (HG)** Michael P. Fogden/Bruce Coleman/Alamy ; **(HD)** Matt T. Lee ; **(B)** Hal Horwitz/Corbis. **1.21** Frank Greenaway/Dorling Kindersley. **1.23** Karl Ammann/Corbis ; **(H)** Tim Ridley/Dorling Kindersley, Gracieuseté du Jane Goodall Institute, Clarendon Park, Hampshire. **1.25 (G)** Breck P. Kent ; **(D)** E. R. Degginger/Photo Researchers. **1.26** David Pfennig. **1.28** Réunion de chercheurs au Gary L. Firestone's Lab, département de biologie moléculaire et cellulaire, University of California, Berkeley ; photo : Seelevel.com/Pearson Science. **1.29** Tim Sharp/AP Images.

Chapitre 2 **2.1** Martin Dohrn/BBC Natural History Unit. **2.2** Martin Dohrn/BBC Natural History Unit. **2.3 (G)** Chip Clark ; **(C et D)** Pearson Education/Pearson Science. **2.4** C. Michael Hogan ; **(HD)** Rick York et la California Native Plant Society (www.cnps.org) ; **(BD)** Andrew Alden. **2.6** Clayton T. Hamilton, Stanford University. **2.7** National Library of Medicine. **2.15** Pearson Education/Pearson Science. **Page 42 (D)** Jerry Young/Dorling Kindersley. **2.19** Nigel Cattlin/Photo Researchers. **Page 47** Rolf Nussbaumer/Nature Picture Library.

Chapitre 3 **3.1** Alexander/Fotolia. **3.3** N.C. Brown Center for Ultrastructure Studies, SUNY-Environmental Science & Forestry, Syracuse, NY. **3.4** Alasdair Thomson/iStockphoto. **3.6** Jan van Franeker, IMARES, Alfred Wegener Institute for Polar and Marine Research. **3.9** NASA/JPL-Caltech/University of Arizona/Texas A&M University. **3.10 (de haut en bas)** Jakub Semeniuk/iStockphoto ; Feng Yu/iStockphoto ; Monika Wisniewska/iStockphoto ; Beth Van Trees/Shutterstock. **3.12** Tiré de Coral Reefs Under Rapid Climate Change and Ocean Acidification, O. Hoegh-Guldberg *et al.*, *Science*, 14 décembre 2007 : 318(5857):1737-1742 ; photos de Ove Hoegh-Guldberg, Center for Marine Studies, The University of Queensland.

Chapitre 4 **4.1** Natalia Bratslavsky/Shutterstock. **4.6** David M. Phillips/Photo Researchers.

Chapitre 5 **5.1** Photo de T. Naeser/Laboratoire de Patrick Cramer, Gene Center Munich, Ludwig-Maximilians-Universität München, Munich, Allemagne. **5.6 (a)** John N. A. Lott/Biological Photo Service ; **(b)** H. Shio et P. B. Lazarow. **5.8 (de gauche à droite)** Alexey Repka/iStockphoto ; John Durham/Photo Researchers ; Biophoto Associates/Photo Researchers. **5.9 (H)** F. Collet/Photo Researchers ; **(B)** Corbis. **5.11 et page 99** Dorling Kindersley. **5.15 (HG)** Andrey Stratilatov/Shutterstock ; **(BG et BD)** Nina Zanetti. **5.19** Tiré de W.R. Tulip, J.N. Varghese, W.G. Laver, R.G. Webster et P.M. Colman. Refined crystal structure of the influenza virus N9 neuraminidase-NC41 Fab complex, *J Mol Biol*, 5 septembre : 227(1):122-48, © 1992 Elsevier Science Ltd., reproduction autorisée. **5.20 (page 90)** Dieter Hopf/AGE Fotostock ; **(page 91)** Monika Wisniewska/iStockphoto. **5.21** Eye of Science/Photo Researchers. **5.23** Z. Xu, A.L. Horwich et P.B. Sigler, *Nature*, 388:741-750, © 1997 Macmillan Magazines Limited, reproduction autorisée. **5.24** Dave Bushnell.

Chapitre 6 **6.1** Eye of Science/Photo Researchers. **6.3 (G, 1 à 4)** Elisabeth Pierson, FNWI-Radboud University Nijmegen/Pearson Science ; **(G, 5)** Michael W. Davidson/The Florida State University Research Foundation ; **(D, 1 et 2)** Karl Garsha, Beckman Institute for Advanced Science and Technology, University of Illinois ; **(D, 3)** Macrophage coloré à l'aide de substances fluorescentes (tubuline en jaune ; actine en rouge et noyau en bleu) ; partie supérieure de l'image : données enregistrées à l'aide d'un microscope à champ large et visionnées au moyen de l'algorithme de rendu de volume SFP ; partie inférieure de l'image : même groupe de données, déconvolué avec Huygens Professional (Scientific Volume Imaging, Hilversum, Pays-Bas) et aussi rendu au moyen de l'algorithme SFP. Les données sont une gracieuseté de Dr. James G. Evans, Whitehead Institute, MIT Boston, Maine, États-Unis ; **(D, 4 et 5)** Tiré de Alok S. Shah, Yehuda Ben-Shahar, Thomas O. Moninger, J. N. Kline, M. J. Welsh, Motile Cilia of Human Airway Epithelia Are Chemosensory, *Science*, 28 août 2009 : 325(5944):1131-1134 (page couverture) ; Micrographie électronique à balayage pseudocolorée de Thomas Moninger (épithéliums générés par Phil Karp) ; **(BG)** William Dentler/Biological Photo Service ; **(BD)** Tiré de Katrin I. Willig, Silvio O. Rizzoli, Volker Westphal, Reinhard Jahn et Stefan W. Hell, STED microscopy reveals that synaptotagmin remains clustered after synaptic vesicle exocytosis, *Nature*, Avril 2006 : 440(13), doi : 10.1038/nature04592, Lettre. **6.5** S.C. Holt/Biological Photo Service. **6.6** Daniel Friend. **6.8 (page 110, de gauche à droite)** S. Cinti/Photo Researchers ; SPL/Photo Researchers ; A. Barry Dowsett/Photo Researchers ; **(page 111, de gauche à droite)** Biophoto Associates/Photo Researchers ; SPL/Photo Researchers ; tiré de W.L. Dentler et C. Adams, Flagellar Microtubule Dynamics in Chlamydomonas : Cytochalasin D Induces Periods of Microtubule Shortening and Elongation and Colchicine Induces Disassembly of the Distal, but Not Proximal, Half of the Flagellum, *The Journal of Cell Biology*, 117(6):1289-1298, © 1992 The Rockefeller University Press. **6.9 (G, H et C)** Tiré de L. Orci et A. Perelet, *Freeze-Etch Histology*, Heidelberg, Springer-Verlag, 1975, ©1975 Springer-Verlag GmbH & Co KG, reproduction autorisée ; **(C)** Tiré de A.C. Fabergé, *Cell and Tissue Research*, 151, © 1974 Springer-Verlag GmbH & Co KG, reproduction autorisée ; **(BD)** U. Aebi *et al.*, *Nature*, 323:560-564, figure 1a, © 1996 Macmillan Magazines Limited, reproduction autorisée. **6.10** D.W. Fawcett/Photo Researchers. **6.11** R. Bolender et D. Fawcett/Photo Researchers. **6.12** Don W. Fawcett/Photo Researchers. **6.13** Daniel S. Friend. **6.14** E.H. Newcomb. **6.17 (a)** Daniel S. Friend ; **(b)** Tiré de Y. Hayashi et K. Ueda, The shape of mitochondria and the number of mitochondrial nucleoids during the cell cycle of Euglena gracilis, *Journal of Cell Science*, 93:565-570, © 1989 Company of Biologists. **6.18 (a)** Gracieuseté de W.P. Wergin et E.H. Newcomb, University of Wisconsin/Biological Photo Service ; **(b)** Franz Grolig, Philipps-Universität Marburg, Allemagne, image produite avec le microscope confocal Leica TCS SP2. **6.19** Tiré de S.E. Fredrick et E.H. Newcomb, *The Journal of Cell Biology*, 43:343, 1969, image fournie par E.H. Newcomb. **6.20** Albert Tousson, High Resolution Imaging Facility, University of Alabama at Birmingham. **6.21** D Bruce J. Schnapp. **6.22** Kent L. McDonald. **Tab. 6.1 (de gauche à droite)** Mary Osborn ; Frank Solomon ; Mark S. Ladinsky et J. Richard McIntosh, University of Colorado. **6.23 (a)** Biophoto Associates/Photo Researchers ; **(b)** Oliver Meckes et Nicole Ottawa/Eye of Science/Photo Researchers. **6.24 (a) et page 136** Omikron/Science Source/Photo Researchers ; **(b)** W.L. Dentler/Biological Photo Service ; **(c)** R.W. Linck et R.E. Stephens, Functional protofilament numbering of ciliary, flagellar, and centriolar microtubules, *Cell Motil Cytoskeleton*, Juillet 2007 :64(7):489-95 (page couverture), micrographie de D. Woodrum Hensley. **6.26** Tiré de Hirokawa Nobutaka, *The Journal of Cell Biology*, 1982 : 94:425, © The Rockefeller University Press, reproduction autorisée. **6.27 (a)** Clara Franzini-Armstrong, University of Pennsylvania ; **(b)** M.I. Walker/Photo Researchers ; **(c)** Michael Clayton, University of Wisconsin-Madison. **6.28** G. F. Leedale/Photo Researchers. **6.29 (à gauche)** David Ehrhardt ; **(à droite)** Tiré de A. R. Paredez, C. R. Somerville, D. W. Ehrhardt, Visualization of cellulose synthase demonstrates functional association with microtubules, *Science*, 9 juin 2006:312(5779): 1491-5, publication en ligne 20 avril 2006. **6.31** Micrographie de W.P. Wergin fournie par E.H. Newcomb. **6.32 (H)** Tiré de Douglas J. Kelly, *The Journal of Cell Biology*, 1966:28:51, fig.17, © The Rockefeller University Press, reproduction autorisée ; **(C)** Tiré de L. Orci et A. Perrelet, *Freeze-Etch Histology*, Heidelberg, Springer-Verlag, 1975, ©1975 Springer-Verlag GmbH & Co KG, reproduction autorisée ; **(B)** Tiré de C. Peracchia et A.F. Dulhunty, *The Journal of Cell Biology*, 1976:70:419, © The Rockefeller University Press, reproduction autorisée. **6.33** Lennart Nilsson/Scanpix. **Page 134 (4)** Gracieuseté de E.H. Newcomb ; **(7)** Tiré de S.E. Fredrick et E.H. Newcomb, *The Journal of Cell Biology*, 1969:43:343.

Chapitre 7 **7.1** Roderick Mackinnon. **7.4.3** D.W. Fawcett/Photo Researchers. **7.16** Michael Abbey/Photo Researchers. **7.22 (de gauche à droite)** H.S. Pankratz, T.C. Beaman et P. Gerhardt/Biological Photo Service ; D.W. Fawcett/Photo Researchers ; Tiré de M.M. Perry et A.B. Gilbert, *J. Cell Science*, 1979:39:257, © The Company of Biologists Ltd.

Chapitre 8 **8.1** Photoshot/NHPA. **8.2** Jupiter Images. **8.3** Robert N. Johnson/RnJ Photography. **8.4 (G)** Brandon Blinkenberg/iStockphoto ; **(D)** Bridget Lazenby/iStockphoto. **8.14** Thomas A. Steitz, Yale University. **8.20** Tiré de J.M.

Scheer, M.J. Romanowski et J.A. Wells, A common allosteric site and mechanism in caspases, *Proceedings of the National Academy of Sciences of the United States of America,* 16 mai 2006:103(20):7595-600, fig. 4a. **8.22** Nicolae Simionescu.

Chapitre 9 **9.1** Anup Shah/Nature Picture Library.

Chapitre 10 **10.1** Bob Rowan, Progressive Image/Corbis. **10.2 (a)** Jean-Paul Nacivet/AGE Fotostock; **(b)** Lawrence Naylor/Photo Researchers; **(c)** M.I. Walker/Photo Researchers; **(d)** Susan M. Barns; **(e)** National Library of Medicine. **10.3** Robert Clark Photography, robertclark.com. **10.4 (C)** Gracieuseté d'Andreas Holzenburg et Stanislav Vitha, Dept. of Biology and Microscopy & Imaging Center, Texas A&M University; **(B)** E.H. Newcomb et W.P. Wergin/ Biological Photo Service. **10.12** Christine L. Case, Skyline College. **10.13 (b)** Tiré de K.N. Ferreira, T.M. Iverson, K. Maghlaoui, J. Barber et S. Iwata, Architecture of the photosynthetic oxygen-evolving center, *Science*, 19 mars 2004:303(5665):1831-8, publication en ligne 5 février 2004. **10.21 (G)** David Muench/Corbis; **(D)** Dave Bartruff/Corbis. **Page 231** John N. A. Lott/Biological Photo Service.

Chapitre 11 **11.1** Winfried Wisniewski/Corbis. **11.3 (1, 2 et 3)** A. Dale Kaiser, Stanford University; **(BD)** Michiel Vos. **11.8** Tiré de V. Cherezov, D.M. Rosenbaum, M.A. Hanson, S.G.F. Rasmussen, F.S. Thian, T.S. Kobilka, H.-J. Choi, P. Kuhn, W.I. Weis, B.K. Kobilka et R.C. Stevens, High-resolution crystal structure of an engineered human beta2-adrenergic G protein-coupled receptor, *Science*, 23 novembre 2007:318(5854):1258-65, publication en ligne 25 octobre 2007. **11.17** Tiré de D. Matheos, M. Metodiev, E. Muller, D. Stone, M.D. Rose, Pheromone-induced polarization is dependent on the Fus3p MAPK acting through the formin Bni1p, *J Cell Biol*, Avril 2004:165(1):99-109, fig. 9, © The Rockefeller University Press, reproduction autorisée. **11.20** Gopal Murti/Photo Researchers. **11.22** William Wood, Mark Turmaine, Roberta Weber, Victoria Camp, Richard A. Maki, Scott R. McKercher et Paul Martin, Mesenchymal cells engulf and clear apoptotic footplate cells in macrophageless PU.1 null mouse embryos, *Development*, 2000: 127:5245-5252.

Chapitre 12 **12.1** Jan-Michael Peters/Silke Hauf. **12.2 (a)** Biophoto Associates/ Photo Researchers; **(b)** C.R. Wyttenbach/Biological Photo Service; **(c)** Biophoto/Science Source/Photo Researchers. **12.3** John Murray. **12.4 et page 279** Biophoto/Photo Researchers. **12.5** Biophoto/Photo Researchers. **12.7** Conly L. Rieder. **12.8 (D)** J. Richard McIntosh, University of Colorado at Boulder; **(G) et page 279** Tiré de Matthew Schibler, *Protoplasma,* 1987: 137: 29-44, © 1987 Springer-Verlag GmbH & Co KG, reproduction autorisée. **12.10 (a)** Don W. Fawcett/Photo Researchers; **(b)** Micrographie de B.A. Palevitz, gracieuseté de E.H. Newcomb, University of Wisconsin. **12.11** Elisabeth Pierson, FNWI-Radboud University Nijmegen, Pearson Science. **12.18** Guenter Albrecht-Buehler. **12.19** Lan Bo Chen. **12.21** Anne Weston, LRI, CRUK, Wellcome Images. **Pages 278 et 280** USDA/ARS/Agricultural Research Service.

Chapitre 13 **13.1** ERPI. **13.2 (a)** Roland Birke/Okapia/Photo Researchers; **(b)** SuperStock. **13.3 (H)** Veronique Burger/Phanie Agency/Photo Researchers; **(B)** CNRI/Photo Researchers. **13.11** Mark Petronczki et Maria Siomos. **13.12** John Walsh, Micrographia.com.

Chapitre 14 **14.1** Mendel Museum, Abbaye augustinienne Saint-Thomas, Brno. **14.14 (G)** Altrendo nature/Getty Images; **(D)** PictureNet Corporation/Corbis. **14.15 (a)** Photodisc/Getty Images; **(b)** Anthony Loveday. **14.16** Rick Guidotti et Diane McLean/Positive Exposure. **14.17** Michael Ciesielski Photography. **14.18** Douglas C. Pizac/AP Images. **14.19** CNRI/Photo Researchers. **Page 324** Norma Jubinville.

Chapitre 15 **15.1** David C. Ward. **15.3** Tiré de Jennifer Childress, Richard Behringer et Georg Halder, Learning to Fly: Phenotypic Markers in Drosophila - A poster of common phenotypic markers used in Drosophila genetics, *Genesis*, 2005: 43(1), page couverture. **15.5** Andrew Syred/Photo Researchers. **15.8** Dave King/Dorling Kindersley. **15.15 (G)** CNRI/SPL/Photo Researchers; **(D)** Lauren Shear/SPL/Photo Researchers. **15.18** Geoff Kidd/Photo Researchers. **Page 350** James K. Adams, Biologie, Dalton State College, Dalton, Georgie.

Chapitre 16 **16.1** National Institutes of Health. **16.3** Oliver Meckes/Photo Researchers. **16.6 (a)** Gracieuseté de la Library of Congress; **(b)** Tiré de James D. Watson, *The Double Helix,* Atheneum Press, N.Y., 1968, p. 215, © 1968, gracieuseté de CSHL Archive. **16.12 (a)** Jerome Vinograd; **(b)** Tiré de D.J. Burks et P.J. Stambrook, *The Journal of Cell Biology*, 1978:77:762, fig. 6, © The Rockefeller University Press, photo fournie par P.J. Stambrook, reproduction autorisée. **16.21** Peter Lansdorp. **16.22 (page 370, de gauche à droite)** S.C. Holt/Biological Photo Service; Victoria E. Foe; **(page 371, de gauche à droite)** Barbara Hamkalo; Tiré de J.R. Paulsen et U.K. Laemmli, *Cell,* 1977: 12:817-828; Biophoto/Photo Researchers. **16.23 (H)** Tiré de E. Schröck, S. du Manoir, T. Veldman, B. Schoell, J. Wienberg, M.A. Ferguson-Smith, Y. Ning, D.H. Ledbetter, I. Bar-Am, D. Soenksen, Y. Garini et T. Ried, Multicolor Spectral Karyotyping of Human Chromosomes, *Science*, 26 juillet 1996: 273(5274): 494-7; **(C)** Tiré de M.R. Speicher et N.P. Carter, The new cytogenetics: blurring the boundaries with molecular biology, *Nat Rev Genet*, 6 octobre 2005: (10):782-92. **Page 324:** Thomas A. Steitz, Yale University.

Chapitre 17 **17.1** Deutscher Fotodienst GmbH. **17.6 (a)** Keith V. Wood, University of California, San Diego; **(b)** AP Images. **17.16** Thomas Steitz. **17.17** Joachim Frank. **17.21** B. Hamkalo et O. Miller, Jr. **17.25** Tiré de O.L. Miller, Jr., B.A. Hamkalo et C.A Thomas, Jr., *Science*, 1970: 169:392, © 1970 American Association for the Advancement of Science, reproduction autorisée.

Chapitre 18 **18.1** Tiré de O. Cook, B. Biehs et E. Bier, Brinker and optomotor-blind act coordinately to initiate development of the L5 wing vein primordium in Drosophila, *Development*, Mai 2004: 131(9):2113-24. **18.12** Tiré de M.R. Speicher et N.P. Carter, The new cytogenetics: blurring the boundaries with molecular biology, *Nat Rev Genet,* 6 octobre 2005: (10):782-92. **18.16 (a)** Mike Wu; **(b)** Hans Pfletschinger/Peter Arnold/Photolibrary. **18.20** F.R. Turner, Indiana University. **18.21** Wolfgang Driever, Universität Freiburg, Fribourg, Allemagne. **18.22** Ruth Lehmann, The Whitehead Institution. **18.26** Roy Kaltschmidt, Lawrence Berkeley National Laboratory.

Chapitre 19 **19.1** Science Photolibrary/Photo Researchers. **19.2** Peter von Sengbusch/Botanik. **19.3 (a et d)** Robley C. Williams/Biological Photo Service; **(b)** R.C. Valentine et H.G. Pereira, Antigens and Structure of the Adenovirus, *Journal of Molecular Biology*, 1965: 13:13-20; **(c)** Hazel Appleton, Health Protection Agency Center for Infections/Photo Researchers. **19.8** C. Dauguet/ Institut Pasteur/Photo Researchers. **19.9 (a)** NIBSC/Photo Researchers; **(b)** Seo Myung-gon/AP Images; **(c)** National Museum of Health and Medicine/Armed Forces Institute of Pathology. **19.10 (de gauche à droite)** Thomas A. Zitter; Dennis E. Mayhew; A. Vogler/Shutterstock.

Chapitre 20 **20.1** Reproduction autorisée par R.F. Service, *Science*, 1998: 282:396-399, © 1998 American Association for the Advancement of Science, Incyte Pharmaceuticals, Inc., Palo Alto, CA. **20.5 (c)** L. Brent Selinger, Pearson Science. **20.9** Repligen Corporation. **20.14** Ethan Bier. **20.15** Reproduction autorisée par R.F. Service, *Science*, 1998: 282:396-399, © 1998 American Association for the Advancement of Science, Incyte Pharmaceuticals, Inc., Palo Alto, CA. **20.20** Pat Sullivan/AP Images. **20.24** Brad DeCecco Photography. **20.25** Steve Helber/AP Images.

Chapitre 21 **21.1** Karen Huntt/Corbis. **21.5** Tiré de M. Costanzo *et al.,* The genetic landscape of a cell, *Science*, 22 janvier 2010: 327(5964):425-31. **21.6** Photo d'une puce à microréseau de gènes humains U133 Plus 2.0, gracieuseté de Affymetrix. **21.8 (G)** AP Images; **(D)** Gracieuseté de Virginia Walbot, Stanford University. **21.11** Gracieuseté de O.L. Miller Jr., Département de Biologie, University of Virginia. **21.17 (HD)** Joe McDonald/ Corbis; **(C)** W. Shu, J.Y. Cho, Y. Jiang, M. Zhang, D. Weisz, G.A. Elder, J. Schmeidler, R. De Gasperi, M.A. Sosa, D. Rabidou, A.C. Santucci, D. Perl, E. Morrisey et J.D. Buxbaum, Altered ultrasonic vocalization in mice with a disruption in the Foxp2 gene, *Proc Natl Acad Sci USA,* 5 juillet 2005: 102(27):9643-8, fig. 3, images fournies par Joseph Buxbaum.

Chapitre 22 **22.1** Olivier Grunewald. **22.2 (HG)** Squelette d'un Rhinocéros unicorne de Java, Museum national d'histoire naturelle, Paris, tiré de G. Cuvier, *Recherches sur les ossements fossiles*, Atlas, pl. XVII, 1822; **(HD)** Eileen Tweedy/ Picture Desk/Kobal Collection; **(BG)** Wayne Lynch/AGE Fotostock; **(BD)** Nég. n° 330300, gracieuseté du Dept. of Library Services, American Museum of Natural History. **22.4** Michael S. Yamashita/Corbis. **22.5 (G)** George Richmond/ Archiv/Photo Researchers; **(D)** National Maritime Museum. **22.6 (a)** Michel Gunther/Photolibrary; **(b)** David Hosking/FLPA; **(c)** David Hosking/Alamy. **22.7** Croquis de l'arbre de la vie de Darwin, MS.DAR.121:p. 36, reproduit avec l'autorisation de la Cambridge University Library. **22.9 (dans le sens des aiguilles d'une montre, en commençant par le chou de Bruxelles)** Paul Rapson/Alamy; Izaokas Sapiro/Shutterstock; YinYang/iStockphoto; floricica buzlea/iStockphoto; Gerard Schulz/Naturphoto; Robert Sarno/iStockphoto. **22.10** Laura Jesse, entomologiste, Iowa State University. **22.11** Richard Packwood/ Oxford Scientific/Jupiter Images. **22.12 (a)** E.S. Ross, California Academy of Sciences; **(b)** Mark Taylor/Nature Picture Library. **22.13** Scott P. Carroll. **22.16 (G)** Dr Keith Wheeler/Photo Researchers; **(D)** Lennart Nilsson/Scanpix. **22.18** *Visible Earth* (http://visibleearth.nasa.gov/), NASA. **22.19** Chris Linz, laboratoire de Thewissen, Northeastern Ohio Universities College of Medicine.

Chapitre 23 **23.1** Rosemary B. Grant. **23.3** Erick Greene, University of Montana. **23.4** Janice Britton-Davidian, ISEM, UMR 5554 CNRS, Université Montpellier 2, reproduction autorisée par *Nature*, 13 janvier 2000: 403, p. 158, © 2000 Macmillan Magazines Ltd.; **(souris)** Steve Gorton/Dorling Kindersley. **23.5** New York State Department of Environmental Conservation. **23.6 (H)** Gary Schultz/Photoshot; **(B)** James L. Davis/ProWildlife. **23.11** William Ervin/SPL/ Photo Researchers. **23.12** Jan Visser. **23.14** John Visser/Photoshot. **23.15** Dave Blackey/PhotoLibrary. **23.16** Allison M. Welch. **23.19** Merlin D. Tuttle, Bat Conservation International, www.batcon.org.

Chapitre 24 **24.1** Mark Jones/AGE Fotostock. **24.2 (a, G)** Malcolm Schuyl/ Alamy; **(a, D)** Wave Rf/PhotoLibrary; **(b, rangée du haut, de gauche à droite)** Robert Kneschke/iStockphoto; Justin Horrocks/iStockphoto; Photodisc/ Getty Images; **(b, rangée du bas, de gauche à droite)** Photodisc/Getty Images; Photodisc/Getty Images; Masterfile. **24.3 (a)** Joe McDonald/Photoshot; **(b)** Joe McDonald/Corbis; **(c)** USDA/APHIS/Animal and Plant Health Inspection Service; **(d)** Stephen Krasemann/Photo Researchers; **(e)** Michael Dietrich/ imagebroker/Alamy; **(f)** Takahito Asami; **(g)** William E. Ferguson; **(h)** Charles W. Brown; **(i)** Photodisc/Getty Images; **(j)** Corbis; **(k)** DawnYL/Fotolia; **(l)** Kazutoshi Okuno. **24.4 (HG)** CLFProductions/Shutterstock; **(HD)** Boris Karpinski/Alamy; **(B)** Troy Maben/AP Images. **24.6** Corbis; **(HG)** John Shaw/ Bruce Coleman/Photoshot; **(HD)** Michael Fogden/Bruce Coleman/Photoshot. **24.7** Tiré de R.B. Langerhans, Morphology, performance, fitness: functional insight into a post-Pleistocene radiation of mosquitofish, *Biology Letters,* 2009: 5(4):488-491. **24.8 (H)** Visible Earth (http://visibleearth.nasa.gov/), NASA; **(B)** Arthur Anker. **24.12** Ole Seehausen. **24.13** Jeroen Speybroeck, Research Institute for Nature and Forest, Belgique. **24.16** Ole Seehausen. **24.18** Jason Rick. **24.20** Tiré de H.D. Bradshaw et D.W. Schemske, Allele substitution at a flower colour locus produces a pollinator shift in monkeyflowers, *Nature*, 12 novembre 2003 : 426(6963) :176-8, © 2003 Macmillan Magazines Limited, reproduction autorisée.

Chapitre 25 **25.1** Gerhard Boeggemann. **Page 587** Rebecca Hunt. **25.2** UPI Photo/Landov. **25.3 (b)** Gracieuseté de F.M. Menger et Kurt Gabrielson, Emory University ; **(c)** M. Hanczyc. **25.4 (G, de haut en bas)** Maureen Spuhler/ Seelevel.com ; Roger Jones ; S.M. Awramik/Biological Photo Service ; Sinclair Stammers/Photo Researchers ; **(à droite, de haut en bas)** Spécimen n° 12478, Markus Moser, Staatliches Museum für Naturkunde, Stuttgart ; Ted Daeschler/ Academy of Natural Sciences/Vireo ; Chip Clark ; Lisa-Ann Gershwin, University of California, Berkeley, Museum of Paleontology ; Andrew H. Knoll, Harvard University. **25.11** Shuhai Xiao, Tulane University. **25.20 (*Carlquistia muirii*)** Bruce G. Baldwin ; **(les autres)** Gerald D. Carr. **25.21** Jean Kern. **25.22** Juniors Bildarchiv/Alamy. **25.23** Tiré de Sean B. Carroll, The Origin of Form, *Natural History*, Novembre 2005 et A.C. Burke, *Hox* Genes and the Global Patterning of the Somitic Mesoderm, *Current Topics in Developmental Biology – Somitogenesis*, 1999 : 47 :155-181, C. Ordahl (ed.), Academic Press. **25.25 (H)** Oxford Scientific/ Photolibrary ; **(BG et BD)** Tiré de M.D. Shapiro, M.E. Marks, C.L. Peichel, B.K. Blackman, K.S. Nereng, B. Jonsson, D. Schluter et D.M. Kingsley, Corrigendum : Genetic and developmental basis of evolutionary pelvic reduction in threespine sticklebacks, *Nature*, 23 février 2006 : 439(7079) :1014, fig. 1.

Chapitre 26 **26.1** Ken Griffiths/NHPA/Photoshot. **26.2 (H)** Ryan McVay/ Photodisc/Getty Images ; **(C)** Neil Fletcher/Dorling Kindersley ; **(B)** Dorling Kindersley. **26.17 (H)** Ed Heck ; **(B)** Gracieuseté du Dept. of Library Services, American Museum of Natural History.

Chapitre 27 **27.1** Bonnie K. Baxter, Great Salt Lake Institute, Westminster College, Utah. **27.2 (a)** CDC ; **(b)** Dr Kari Lounatmaa/Photo Researchers ; **(c)** Stem Jems/Photo Researchers. **27.3** L. Brent Selinger, Pearson Science. **27.4** D[r] Immo Rantala/Photo Researchers. **27.5** Kwangshin Kim/Photo Researchers. **27.6** Julius Adler. **27.7 (a)** S.W. Watson ; **(b)** Norma J. Lang/Biological Photo Service. **27.8** Huntington Potter, Byrd Alzheimer's Institute et University of South Florida, et David Dressler, Oxford University et Balliol College. **27.9** H.S. Pankratz et T.C. Beaman/Biological Photo Service. **27.12** Charles C. Brinton, Jr., University of Pittsburgh. **27.14** Susan M. Barns. **27.16** Jack Dykinga/Stone/ Getty Images. **27.17 (page 656, de haut en bas)** L. Evans Roth/Biological Photo Service ; Yuichi Suwa ; National Library of Medicine ; Tiré de P.L. Grilione et J. Pangborn, Scanning electron microscopy of fruiting body formation by myxobacteria, *J. Bacteriol.*, Décembre 1975 : 124(3) :1558-1565 ; Photo Researchers ; **(page 657, de haut en bas)** Moredon Animal Health/SPL/Photo Researchers ; CNRI/SPL/Photo Researchers ; Culture Collection CCALA, Institut de botanique, Académie des sciences, Třeboň, République tchèque ; Paul Hoskisson, Strathclyde Institute of Pharmacy and Biomedical Sciences, Glasgow, Écosse ; David M. Phillips/Photo Researchers. **27.18** Pascale Frey-Klett. **27.19** Ken Lucas/ Biological Photo Service. **27.20 (G)** Scott Camazine/Photo Researchers ; **(C)** David M. Phillips/Photo Researchers ; **(D)** James Marshall/The Image Works. **27.21 (a)** Metabolix ; **(b)** Gracieuseté d'Exxon Mobil Corporation ; **(c)** Seelevel.com.

Chapitre 28 **28.1** Brian S. Leander. **28.3 (page 670)** Joel Mancuso, University of California, Berkeley ; **(page 671) (GH)** M.I. Walker/NHPA/Photoshot ; **(GC)** NOAA ; **(GB)** Howard Spero, University of California, Davis ; **(DH)** David J. Patterson/micro*scope ; **(DC)** Kim Taylor/Nature Picture Library ; **(DB)** Tom Stack/Photolibrary. **28.4** David M. Phillips/The Population Council/Photo Researchers. **28.5** David J. Patterson. **28.6** Meckes et Ottawa/Photo Researchers. **28.7** D.J. Patterson, L. Amaral-Zettler, M. Peglar et T. Nerad, http://micro*scope.mbl.edu. **28.8** Guy Brugerolle, Université Blaise-Pascal, Clermont-Ferrand, France. **28.9** Virginia Institute of Marine Science. **28.10** Masamichi Aikawa, École de médecine de l'Université Tōkai, Japon. **28.11** M.I. Walker/Photo Researchers. **28.12** CDC. **28.13** Steve Gschmeissner/Photo Researchers. **28.14** Stephen Durr. **28.15** Colin Bates. **28.16** J. Robert Waaland/Biological Photo Service. **28.17** Fred Rhoades. **28.18** Robert Brons/Biological Photo Service. **28.19** Eva Nowack. **28.20 (de haut en bas)** D.P. Wilson, Eric Hosking et David Hosking/Photo Researchers ; Michael D. Guiry ; Biophoto Associates/ Photo Researchers ; Michael Yamashita/IPN/Aurora Photos ; David Murray/ Dorling Kindersley. **28.21 (a)** Laurie Campbell/NHPA ; **(b)** Marine Sciences, University of Puerto Rico. **28.22** William L. Dentler. **28.24 (2)** George Barron ; **(3)** M.A. Tapia Arriada (www.argazkik.com). **28.25** Robert Kay. **28.26** Kevin Carpenter et Patrick Keeling.

Chapitre 29 **29.1** Martin Rugner/AGE Fotostock. **29.2** S.C. Mueller et R.M. Brown, Jr. **29.3 (G)** Natural Visions ; **(D)** Linda Graham, University of Wisconsin, Madison. **29.5 (page 698)** Karen S. Renzaglia ; **(page 699) (HG)** Alan S. Heilman ; **(HD et page 713 B)** Michael Clayton, University of Wisconsin, Madison ; **(C)** David John Jones (mybitoftheplanet.com) ; **(BG)** CDC ; **(BD et page 713 H)** Ed Reschke. **29.6** Charles H. Wellman. **29.8** Laurie Knight (www.laurieknight.net). **Page 703 (B)** Tiré de Bill et Nancy Malcolm, *Mosses and Other Bryophytes, an Illustrated Glossary*, 2006). **29.9 (HG)** Alvin E. Staffan/ National Audubon Society/Photo Researchers ; **(HC)** Linda Graham, University of Wisconsin, Madison ; **(HD et BG)** Hidden Forest ; **(BD)** Tony Wharton, Frank Lane Picture Agency/Corbis. **29.11** Brian Lightfoot/AGE Fotostock ; Chris Lisle/Corbis. **29.15 (HG)** Jody Banks, Purdue University ; **(HC)** Murray Fagg, Australian National Botanic Gardens ; **(HD)** Helga et Kurt Rasbach ; **(BD)** Jon Meier/iStockphoto ; **(BC)** Milton Rand/Tom Stack & Associates ; **(BD)** Francisco Javier Yeste Garcia (www.flickr.com/photos/fryega/). **29.16** The Open University.

Chapitre 30 **30.1** National Museum of Natural History, Smithsonian Institution. **30.5 (page 722) (GH)** Johannes Greyling/iStockphoto ; **(GC)** Jeroen Peys/ iStockphoto ; **(GB)** Thomas Schoepke ; **(DHG)** CC-BY-SA, photo : Kurt Stueber (www.biolib.de) ; **(DHD)** Travis Amos ; **(DC)** Michael Clayton ; **(DB)** Bob Gibbons/ FLPA ; **(page 723) (GH)** Raymond Gehman/Corbis ; **(GC)** Adam Jones/Getty Images ; **(GB)** Mario Verin/Photolibrary ; **(DH)** Gunter Marx Photography/ Corbis ; **(DC)** Jaime Plaza, Royal Botanic Gardens/AP Images ; **(DB)** David Muench/Corbis. **30.8 (HG et C)** Dave King/Dorling Kindersley ; **(HD)** Andy Crawford/Dorling Kindersley ; **(BG)** Maria Dryfhout/iStockphoto ; **(BD)** Peter Rees/Getty Images. **30.9 (HG)** Hans Dieter Brandl, Frank Lane Picture Agency/ Corbis ; **(HD)** Pixtal/AGE Fotostock ; **(BG)** Scott Camazine/Photo Researchers ; **(BD)** Derek Hall/Dorling Kindersley. **30.11** David L. Dilcher. **30.13 (page 730) (G)** Howard Rice/Dorling Kindersley ; **(C)** Jack Scheper, Floridata.com ; **(DH)** Stephen McCabe ; **(DB)** Andrew Butler/Dorling Kindersley ; **(page 731) (G, de haut en bas)** Eric Crichton/Dorling Kindersley ; John Dransfield ; Dorling Kindersley ; Terry W. Eggers/Corbis ; **(D, de haut en bas)** CC-BY-SA, photo : Artslave ; Matthew Ward/Dorling Kindersley ; Tony Wharton, Frank Lane Picture Agency/Corbis ; Howard Rice/Dorling Kindersley ; Gerald D. Carr. **30.14** kkaplin/Shutterstock. **30.15** D. Wilder. **30.16** NASA's Earth Observatory.

Chapitre 31 **31.1** Georg Müller. **31.2 (de haut en bas)** Hans Reinhard/Taxi/ Getty Images ; George Barron, University of Guelph, Canada ; Fred Rhoades/ Mycena Consulting. **31.4** © N. Allin et G.L. Barron, University of Guelph/ Biological Photo Service. **31.6 (G)** Popovaphoto/Dreamstime ; **(D)** Biophoto Associates/Photo Researchers. **31.7** Stephen J. Kron. **31.9** Dirk Redecker, Robin Kodner et Linda E. Graham, Glomalean Fungi from the Ordovician, *Science*, 15 septembre 2000 : 289 :1920-1921. **31.10** CDC. **31.11 (de haut en bas)** John Taylor ; Ray Watson ; E.T. Kiers et M.G. van der Heijden, Mutualistic stability in the arbuscular mycorrhizal symbiosis : exploring hypotheses of evolutionary cooperation, *Ecology*, Juillet 2006 : 87(7) :1627-36, fig. 1a, photo de Marcel van der Heijden, Swiss Federal Research Station for Agroecology and Agriculture, © 2006, Ecological Society of America, reproduction autorisée ; Frank Young/ Papilio/Corbis ; Phil Dotson/Photo Researchers. **31.12** William E. Barstow. **31.13 (1H)** Antonio D'Albore/iStockphoto ; **(1B)** Alena Kubátová (http:// botany.natur.cuni.cz/cs/sbirka-kultur- hub-ccf) ; **(3)** Ed Reschke/Peter Arnold/ Photolibrary ; **(9)** George Barron. **31.14** G.L. Barron/Biological Photo Service. **31.15** M.F. Brown/Biological Photo Service. **31.16 (G)** Douglas Adams/iStockphoto ; **(D)** Viard/Jacana/Photo Researchers. **31.17** Fred Spiegel. **31.18 (de haut en bas)** Frank Paul/Alamy ; Michael Fogden/Photolibrary ; Fletcher et Baylis/Photo Researchers. **31.19** Biophoto Associates/Photo Researchers. **31.20** University of Tennessee Entomology and Plant Pathology. **31.22** Mark Bowler/ Photo Researchers. **31.23 (de gauche à droite)** Ralph Lee Hopkins/Getty Images ; Geoff Simpson/naturepl.com ; Wild-Worlders of Europe/Benvie/naturepl.com. **31.24** Eye of Science/Photo Researchers. **31.25 (a)** Alamy ; **(b)** Peter Chadwick/ Dorling Kindersley ; **(c)** Hecker-Sauer/AGE Fotostock. **31.26** Vance T. Vredenburg, San Francisco State University. **31.27** Christine Case.

Chapitre 32 **32.1** Jeff Hunter/Image Bank/Getty Images. **Page 763** Biological Photo Service. **32.4** © The Museum Board of South Australia, 2004, photos du D[r] J. Gehling. **32.5** J. Sibbick/The Natural History Museum, Londres. **32.6** A.H. Wikramanayake, M. Hong, P.N. Lee, K. Pang, C.A. Byrum, J.M. Bince, R. Xu, M.Q. Martindale, An ancient role for nuclear beta-catenin in the evolution of axial polarity and germ layer segregation, *Nature*, 27 novembre 2003 : 426(6965) :446-50, fig. 2, 3 et 4. **32.12** Kent Wood/Photo Researchers. **32.13** Hecker/Sauer/AGE Fotostock.

Chapitre 33 **33.1** C. Wolcott Henry III/National Geographic/Getty Images. **33.3 (page 778) (G, de haut en bas)** Andrew J. Martinez/Photo Researchers ; Robert Brons/Biological Photo Service ; Teresa (Zubi) Zuberbühler ; Ed Robinson/ Pacific Stock/Photolibrary ; Hecker/Sauer/AGE Fotostock ; **(D, de haut en bas)** Stephen Dellaporta ; Gregory G. Dimijian/Photo Researchers ; W. I. Walker/ Photo Researchers ; Kåre Telnes/Image Quest Marine ; **(page 779) (G, de haut en bas)** PD image : Anilocra/Neil Campbell, University of Aberdeen, Écosse ; Erling Svensen/UWPhoto ANS ; Reinhart Mobjerg Kristensen ; **(D, de haut en bas)** Peter Funch ; Peter Batson/Image Quest Marine ; photonimo/iStockphoto ; Erling Svensen/UWPhoto ANS ; **(page 780) (G, de haut en bas)** Thomas Stromberg ; Tiré de A. Eizinger et R. Sommer, Max Planck Institut für entwicklungsbiologie, Tubingen, The Homeotic Gene lin-39 and the Evolution of Nematode Epidermal Cell Fates, *Science*, 17 octobre 1997 : 278(5337), page couverture, © 2000 American Association for the Advancement of Science, reproduction autorisée ; Heather Angel/Natural Visions ; **(D, de haut en bas)** Andrew Syred/Photo Researchers ; Tim Flach/Stone/Getty Images ; Robert Brons/Biological Photo Service ; Robert Harding World Imagery/Alamy. **33.4** Andrew J. Martinez/Photo Researchers. **33.7 (a)** Andrew J. Martinez/Photo Researchers ; **(b)** Robert Brons/Biological Photo Service ; **(c)** Commonwealth of Australia (GBRMPA) ; **(d)** Neil G. McDaniel/Photo Researchers. **33.8** Robert Brons/Biological Photo Service. **33.9** Ed Robinson/Pacific Stock/Photolibrary. **33.11** CDC. **33.12** Eye of Science/Photo Researchers. **33.13** W.I. Walker/Photo Researchers. **33.14 (a)** Hecker/Sauer/AGE Fotostock ; **(b)** Kåre Telnes/Image Quest Marine. **33.16** Jeff Foott/Tom Stack and Associates. **33.17 (a)** Amruta Bhelke/Dreamstime ; **(b)** Corbis. **33.19** H.W. Pratt/Biological Photo Service. **33.21 (de haut en bas)** Mark Conlin/Image Quest Marine ; photonimo/ iStockphoto ; Jonathan Blair/Corbis. **33.22 (en haut)** © Zoological Society of London (ZSL) ; **(en bas)** Gracieuseté du U.S. Bureau of Fisheries (1919) et de l'Illinois State Museum. **33.23** Peter Batson/Image Quest Marine. **33.24** A.N.T./ NHPA/Photoshot. **33.25** Astrid et Hanns-Frieder Michler/Photo Researchers. **33.26** Tiré de A. Eizinger et R. Sommer, Max Planck Institut für entwicklungsbiologie,

Tubingen, The Homeotic Gene lin-39 and the Evolution of Nematode Epidermal Cell Fates, *Science,* 17 octobre 1997 : 278(5337), page couverture, © 2000 American Association for the Advancement of Science, reproduction autorisée. **33.27** SPL/Photo Researchers. **33.28** Collection de Dan Cooper. **33.29** Tiré de J.K. Grenier, T.L. Garber, R. Warren, P.M. Whitington et S. Carroll, Evolution of the entire arthropod Hox gene set predated the origin and radiation of the onychophoran/arthropod clade, *Curr Biol.*, 1er août 1997 : 7(8):547-53, fig. 3c. **33.31** Mark Newman/FLPA. **(de haut en bas)** Tim Flach/Stone/Getty Images; Andrew Syred/Photo Researchers; Eric Lawton/iStockphoto. **33.34 (a)** Premaphotos/Nature Picture Library; **(b)** Tom McHugh/Photo Researchers. **33.36** Meul/ARCO/Nature Picture Library. **33.37** John Shaw/Tom Stack and Associates. **33.38 (H)** Dr John Brackenbury/Photo Researchers; Perry Babin; **(G, de haut en bas)** Premaphotos/Nature Picture Library; CC-BY-SA, photo: Bruce Marlin (www.cirrusimage.com/fly_whale-tail.htm); John Cancalosi/Nature Picture Library; Hans Christoph Kappel/Nature Picture Library; **(D, de haut en bas)** Dante Fenolio/Photo Researchers; Michael et Patricia Fogden/Corbis. **33.39 (a)** Maximilian Weinzierl/Alamy; **(b)** Peter Herring/Image Quest Marine; **(c)** Peter Parks/Image Quest Marine. **33.40** Andrey Nekrasov/Image Quest Marine. **33.41** Daniel Janies. **33.42** Jeff Rotman/Photo Researchers. **33.43** Robert Harding World Imagery/Alamy. **33.44** Jurgen Freund/Nature Picture Library. **33.45** Hal Beral/Co.

Chapitre 34 **34.1** Tiré de Hou Xian-guang, Richard J. Aldridge, David J. Siveter, Derek J. Siveter, Feng Xiang-hong, New evidence on the anatomy and phylogeny of the earliest vertebrates, *Proceedings of the Royal Society B: Biological Sciences*, 22 septembre 2002 : 269(1503) 1865-1869, fig. 1c. **34.4** Oxford Scientific/Photolibrary. **34.5** Robert Brons/Biological Photo Service. **34.8** Institut de géologie et de paléontologie de Nanjing. **34.9** Tom McHugh/Photo Researchers. **34.10 (H)** A. Hartl/AGE Fotostock; **(B)** Marevision/AGE Fotostock. **34.14** The Field Museum, no GEO82014. **34.15 (a)** Carlos Villoch/Image Quest Marine; **(b)** Masa Ushioda/Image Quest Marine; **(c)** Andy Murch/V&W/Image Quest Marine. **34.17 (de haut en bas)** James D. Watt/Image Quest Marine; Jez Tryner/Image Quest Marine; George Grall/Getty Images; Fred McConnaughey/Photo Researchers. **34.18** Tiré de M. Zhu *et al.*, The oldest articulated osteichthyan reveals mosaic gnathostome characters, *Nature*, 26 mars 2009 : 458(7237):469-74. **34.19** Arnaz Mehta. **34.20** © Ted Daeschler/Academy of Natural Sciences/Vireo; **(os des nageoires)** © Kalliopi Monoyios. **34.22 (a)** Alberto Fernandez/AGE Fotostock; **(b et c)** Michael Fogden/Bruce Coleman/Photoshot. **34.23 (a)** Stephen Dalton/Photo Researchers; **(b)** Hans Pfletschinger/Peter Arnold/Photolibrary; **(c)** John Cancalosi/Peter Arnold/Photolibrary. **34.24** Michael Fogden/OSF/Photolibrary. **34.27** Nobumichi Tamura. **34.28** Michael Fogden/OSF/Photolibrary. **34.29 (a)** Natural Visions/Alamy; **(b)** Matt T. Lee; **(c)** Nick Garbutt/Nature Picture Library; **(d)** Kelvin Aitken/Peter Arnold/Photolibrary; **(e)** Carl et Ann Purcell/Corbis. **34.30 (G)** AfriPics.com/Alamy; **(D)** Janice Sheldon. **34.32** Russell Mountford/Alamy. **34.33** DLILLC/Corbis. **34.34** Yufeng Zhou/iStockphoto. **34.35 (G)** McPhoto/AGE Fotostock; Paolo Barbanera/AGE Fotostock. **34.36** Gianpiero Ferrari/FLPA. **34.38 (H)** D. Parer et E. Parer Cook/Auscape International Proprietary Ltd.; Mervyn Griffiths/Commonwealth Scientific and Industrial Research Organization. **34.39 (a)** John Cancalosi/Alamy; **(b)** Wells Bert et Babs/OSF/Photolibrary. **34.42** Frans Lanting/Corbis. **34.44 (a)** Kevin Schafer/AGE Fotostock; **(b)** J. et C. Sohns/Photolibrary. **34.45 (a)** Morales/AGE Fotostock; **(b)** Anup Shah/ImageState/Alamy; **(c)** T.J. Rick/Nature Picture Library; **(d)** E.A. Janes/AGE Fotostock; **(e)** Frans Lanting/Corbis. **34.47** Os fossilisés de *Ardipithecus ramidus*; squelette partiel articulé, les os étant déposés dans des positions approximatives. Musée national d'Éthiopie, Addis-Abeba, tiré de T. White *et al.*, Ardipithecus ramidus and the Paleobiology of Early Hominids, *Science*, 2 octobre 2009 : 326(5949):75-86, photo © T. White 2009. **34.48 (a)** John Reader/SPL/Photo Researchers; **(b)** John Gurche Studios. **34.49** Alan Walker, National Museums of Kenya, reproduction autorisée. **34.51** David L Brill/Brill Atlanta. **34.52** C. Henshilwood et F. d'Errico.

Chapitre 35 **35.1** John Walker (www.fourmilab.ch). **35.3** Robert et Linda Mitchell. **35.4 (HG)** CC-BY-SA, photo: Forest et Kim Starr; **(HD)** Rob Walls/Alamy; **(CG)** Geoff Tompkinson/Science Photolibrary/Photo Researchers; **(CD)** YinYang/iStockphoto; **(BD)** Robert Holmes/Corbis. **35.5 (de haut en bas)** Donald Gregory Clever; Gusto Productions/SPL/Photo Researchers; Dorling Kindersley; Aflo Foto Agency/Alamy. **35.7 (de haut en bas)** Neil Cooper/Alamy; Martin Ruegner/Jupiterimages; Mike Zens/Corbis; Jerome Wexler/Photo Researchers; Kathy Piper/iStockphoto. **35.9** Purdue Extension Entomology. **35.10 (page 866) (de haut en bas)** Brian Capon; © Clouds Hill Imaging/www.lastrefuge.co.uk; Graham Kent, Pearson Science; Graham Kent, Pearson Science; **(page 887) (H)** N.C. Brown Center for Ultrastructure Studies, SUNY-Environmental Science & Forestry, Syracuse, NY; **(CG)** Graham Kent, Pearson Science; **(CD)** Professor Ray F. Evert; **(B)** Tiré de B.E.S. Gunning, *Plant Cell Biology on CD*. **35.13** Tiré de Arabidopsis TCP20 links regulation of growth and cell division control pathways, C. Li *et al.*, *Proc Natl Acad Sci U S A.*, 6 septembre 2005 : 102(36):12978-83, publication en ligne 25 août 2005, photo: Peter Doerner. **35.14 (a, en haut)** Ed Reschke; **(a, en bas)** Natalie B. Bronstein; **(b)** Ed Reschke. **35.15** Michael Clayton. **35.16** Michael Clayton. **35.17** Ed Reschke. **35.18** Ed Reschke. **35.19 (G)** Michael Clayton; **(D)** Alison W. Roberts. **35.21** Dr Edward R. Cook. **35.23** California Historical Society Collection (CHS-1177), University of Southern California pour les USC Specialized Libraries and Archival Collections. **Page 878** Tiré de Janet Braam, *Cell,* 9 février 1990 : 60, page couverture, © 1990 Cell Press, image : gracieuseté d'Elsevier Sciences Ltd., reproduction autorisée. **35.25** Tiré de P. Dhonukshe *et al.,* Microtubule plus-ends reveal essential links between intracellular polarization and localized modulation of endocytosis during division-plane establishment in plant cells, *BMC Biology*, 14 avril 2005 : 3:11. **35.26** Tiré de L.G. Smith *et al.*, The tangled-1 mutation alters cell division orientations throughout maize leaf development without altering leaf shape, *Development*, Février 1996 : 122(2):481-9. **35.28** Tiré de U. Mayer *et al.*, *Development*, 117(1):149-162, fig. 1a, © 1993 The Company of Biologists Ltd. **35.29 (G)** B. Wells et K. Roberts. **(D)** Tiré de P. Dhonukshe *et al.,* Microtubule plus-ends reveal essential links between intracellular polarization and localized modulation of endocytosis during division-plane establishment in plant cells, *BMC Biology*, 14 avril 2005 : 3:11. **35.30** Tiré de D. Hareven *et al., Cell*, 84(5):735-744, fig. 1, © 1996 Elsevier Science Ltd., reproduction autorisée. **35.31** Tiré de Hung *et al.*, *Plant Physiology*, 117:73-84, fig. 2g, © 1998 The American Society of Plant Biologists, image : gracieuseté de John Schiefelbein, Univesity of Michigan, reproduction autorisée. **35.32** Gerald D. Carr, PhD. **35.33** Dr E.M. Meyerowitz et John Bowman, Division of Biology, California Institute of Technology, *Development,* Mai 1991 : 112:1-20, fig. 1. **Pages 885 et 887** Peter Kitin.

Chapitre 36 **36.1** Peggy Heard/FLPA/Alamy. **36.3** Rolf Rutishauser. **36.5** Dr Jeremy Burgess/SPL/Photo Researchers. **Page 895** Nigel Cattlin/Holt Studios International/Photo Researchers. **36.11** Scott Camazine/Photo Researchers. **36.14** Graham Kent. **36.16 (GH)** Mlane/Dreamstime; **(GB)** Kate Shane, Southwest School of Botanical Medicine; **(GB, médaillon)** Frans Lanting/Corbis; **(DH)** Natalie Bronstein; **(DH, médaillon)** Andrew de Lory/ Dorling Kindersley; **(DB)** Danita Delimont/Alamy. **36.19** M.H. Zimmermann, gracieuseté du professeur P.B. Tomlinson, Harvard University. **36.20** Tiré de L. Stavolone *et al.*, A coiled-coil interaction mediates cauliflower mosaic virus cell-to-cell movement, *Proc Natl Acad Sci U S A*, 26 avril 2005 : 102(17):6219-24, publication en ligne 18 avril 2005.

Chapitre 37 **37.1** Chris Mattison/Alamy. **37.2** USDA/ARS/Agricultural Research Service. **37.4** National Oceanic and Atmospheric Administration (NOAA). **37.5** U.S. Geological Survey, Denver. **37.6** Kevin Horan/Stone/Getty Images. **37.9** Tiré de P.J. White *et al.*, *Plant Physiology*, Juin 2003. **37.11 (a)** Scimat/Photo Researchers; **(b)** E.H. Newcomb et S.R. Tandon/Biological Photo Service. **37.13 (a, G)** Hugues B. Massicotte, University of Northern British Columbia, Ecosystem Science and Management Program, Prince George, Colombie-Britannique, Canada; **(a, à droite et b)** Mark Brundrett (http:// mycorrhizas.info). **37.14** Elizabeth J. Czarapata/The Park People. **37.15 (H)** Wolfgang Kaehler/Corbis; **(C, de gauche à droite)** Ruud de Man/iStockphoto; Kevin Schafer/Corbis; Gary W. Carter/Corbis; **(B, de gauche à droite)** Philip Blenkinsop/Dorling Kindersley; Paul A. Zahl/Photo Researchers; Kim Taylor et Jane Burton/Dorling Kindersley; Biophoto Associates/Photo Researchers; Fritz Polking/Frank Lane Picture Agency/Corbis.

Chapitre 38 **38.1** Pierre-Michel Blais. **38.3 (a, G)** Ed Reschke; **(a, D)** David Scharf/Peter Arnold/Photolibrary; **(b)** Ed Reschke. **38.4 (page 937) (H)** Marianne Wiora; **(C)** Stephen Dalton/NHPA/Photoshot; **(B)** Bjorn Rorslett Photographe; **(page 938) (H, de gauche à droite)** Doug Backlund; Martin Pieter Heigan; Merlin D. Tuttle, Bat Conservation International, www.batcon.org; **(B)** Rolf Nussbaumer/Nature Picture Library. **38.5** © W. Barthlott/W. Rauh. **38.11 (G, de haut en bas)** Nature Production; Brian Gordon Green/National Geographic Image Collection; California Department of Food and Agriculture's Plant Health and Pest Prevention Services; Kim A. Cabrera Photographer; **(D, de haut en bas)** Kevin Schafer/Alamy; Steve Bloom Images/Alamy; Aaron McCoy/Botanica/Photolibrary; Alan Williams/Alamy; Steve Shattuck/CSIRO Entomology. **38.12** Dennis Frates/Alamy. **38.13 (a)** Marcel E. Dorken; **(b)** Nobumitsu Kawakubo, Université de Gifu, Japon. **38.14 (a et b)** Bruce Iverson, Photomicrography; **(c)** Meriel G. Jones, University of Liverpool, Royaume-Uni. **38.15** Sinclair Stammers/Photo Researchers. **38.16** Andrew McRobb/Dorling Kindersley. **38.17** John Van Hasselt/Corbis.

Chapitre 39 **39.1** Page couverture de la revue *Plant Physiology,* Juillet 1999 : 120(3), illustration de M.I. Niemeyer et M.C. Fernandez, reproduction autorisée par l'American Society of Plant Physiologists. **39.2** Natalie B. Bronstein. **39.7** Tiré de Leo Galweiler *et al.*, Regulation of Polar Auxin transport ATPIN1 in Arabidopsis Vascular Tissue, *Science*, 18 décembre 1998, vol. 282. **39.9** Malcolm B. Wilkins, University of Glasgow, Glasgow, Écosse, Royaume-Uni. **39.10 (a)** Dr Richard Amasino; **(b)** Fred Jensen. **39.12 (a)** Mia Molvray; **(b)** Karen E. Koch. **39.14 (a)** Kurt Stepnitz, DOEPlant Research Laboratory, Michigan State University; **(b)** Joe Kieber, University of North Carolina. **39.15** Ed Reschke. **39.16** Malcolm B. Wilkins, University of Glasgow, Glasgow, Écosse, Royaume-Uni. **39.17** Malcolm B. Wilkins, University of Glasgow, Glasgow, Écosse, Royaume-Uni. **39.20** Malcolm B. Wilkins, University of Glasgow, Glasgow, Écosse, Royaume-Uni. **39.24** Michael Evans, Ohio State University. **39.25** Tiré de Janet Braam, *Cell* 9 février 1990, vol. 60, page couverture, © 1990 Cell Press, image : gracieuseté de Elsevier Sciences Ltd., reproduction autorisée. **39.26 (a et b)** Martin Shields/Photo Researchers; **(c)** Tiré de K. Esau, *Anatomy of Seed Plants*, 2e édition, New York : John Wiley and Sons, 1977, fig. 19.4, p. 358. **39.27** J.L. Basq et M.C. Drew. **39.29** New York State Agricultural Experiment Station (NYSAES)/Cornell.

Chapitre 40 **40.1** Joël Sartore/National Geographic Stock. **40.2 (de haut en bas)** Frank Greenaway/Dorling Kindersley/Getty Images; Duncan Usher/Alamy; Ian Scott/Shutterstock. **40.4 (G)** Eye of Science/Photo Researchers; **(D)** Susumu Nishinaga/Photo Researchers. **40.5 (page 994)** CNRI/SPL/Photo Researchers; **(page 995) (GH et B)** Nina Zanetti; **(GC)** Alamy; **(C)** Nina Zanetti; **(DH)** Dr Gopal Murti/SPL/Photo Researchers; **(DB)** Chuck Brown/Photo Researchers; **(page 996) (H, de gauche à droite)** Nina Zanetti;

Ed Reschke/Peter Arnold/Photolibrary; Manfred Kage/Peter Arnold/Photolibrary; **(BG)** Ulrich Gartner; **(BD)** Thomas Deerinck/National Center for Microscopy and Imaging Research, University of California, San Diego. **40.10 (a)** Patricio Robles Gil/naturepl.com; **(b)** Matt T. Lee. **40.13** Robert Ganz. **40.18** Jeff Rotman/Alamy.

Chapitre 41 **41.1** Michael deYoung/Corbis. **41.2** Roland Seitre/Peter Arnold/Photolibrary. **41.3** Stefan Huwiler/Rolf Nussbaumer Photography/Alamy. **41.5** cameilia/Shutterstock. **41.6 (HG)** Hervey Bay Whale Watch (www.herveybaywhalewatch.com.au); **(HD)** Thomas Eisner; **(C)** Lennart Nilsson/Scanpix; **(B)** Gunter Ziesler/Peter Arnold/Photolibrary. **41.11** Visuals Unlimited/Corbis. **41.17 (G)** Fritz Polking/Peter Arnold/Alamy; **(D)** EyeWire Collection/Photodisc/Getty Images. **41.22** Gracieuseté de The Jackson Laboratory, Bar Harbor, Maine. **41.23** Wolfgang Kaehler/Corbis.

Chapitre 42 **42.1** Stephen Dalton/Photo Researchers. **42.2 (a)** Reinhard dirscheri/Photolibrary; **(b)** Eric Grave/Photo Researchers. **42.10 (H)** Tiré de *Human Histology Photo CD*, image gracieuseté de Indigo Instruments (www.indigo.com); **(B)** Lennart Nilsson/Scanpix. **42.16** Biophoto Associates/Photo Researchers. **42.18** Eye of Science/Photo Researchers. **42.22 (a)** Peter Batson/Image Quest Marine; **(b)** Olgysha/Shutterstock; **(c)** Jez Tryner/Image Quest Marine. **42.24 (c)** Préparé par le Dr Hong Y. Yan, University of Kentucky et le Dr Peng Chai, University of Texas. **42.25** Motta et Macchiarelli/Dépt. d'anatomie, Univ. La Sapienza, Rome/Photo Researchers. **42.27** Hans-Rainer Duncker, Université de Giessen, Allemagne.

Chapitre 43 **43.1** Biology Media/Science Source/Photo Researchers. **43.4** Dominique Ferrandon. **43.21** Steve Gschmeissner/Photo Researchers. **43.23** CNRI/Photo Researchers. **43.26** The Laboratory of Structural Cell Biology, dirigé par Stephen C. Harrison, Harvard Medical School/HHMI.

Chapitre 44 **44.1** David Wall/Alamy. **44.4** Mark Conlin/Image Quest Marine. **44.5** Dr John Crowe, University of California, Davis. **44.9** AFP/Getty Images. **44.14 (D)** Steve Gschmeissner/Photo Researchers. **44.17** John Cancalosi/Peter Arnold/Photolibrary. **44.18** Michael Fodgen/OSF/Photolibrary.

Chapitre 45 **45.1** Ralph A. Clevenger/Corbis. **Page 1131** Stuart Wilson/Photo Researchers. **45.3** Volker Witte. **45.18** Astier/BSIP/Photo Researchers. **45.19 (H)** Photoshot Holdings Ltd/Alamy; **(B)** Jurgen et Christine Sohns/FLPA.

Chapitre 46 **46.1** David Doubilet/Getty Images. **46.2** David Wrobel. **46.4** Chris Wallace Photography, photographersdirect.com. **46.5** P. de Vries, gracieuseté de David Crews. **46.6** Andy Sands/naturepl.com. **46.7** John Cancalosi/Peter Arnold/Photolibrary. **46.17** Lennart Nilsson/Scanpix.

Chapitre 47 **47.1** Lennart Nilsson/Scanpix. **47.4 (rangée du haut)** V.D. Vacquier et J.E. Payne, Methods for quantitating sea urchin sperm-egg binding, *Exp Cell Res.*, Novembre 1973 : 82(1) :227-35 ; **(rangée du centre)** M. Hafner, C. Petzelt, R. Nobiling, J. Pawley, D. Kramp et G. Schatten, Wave of Free Calcium at Fertilization in the Sea Urchin Egg Visualized with Fura-2, *Cell Motil. Cytoskel.*, 1988 : 9 :271-277. **47.6** George von Dassow. **47.7 (H)** Jürgen Berger/Max Planck Institute for Developmental Biology, Tübingen, Allemagne; **(B)** Andrew J. Ewald, Johns Hopkins Medical School. **47.9** Charles A. Ettensohn. **47.13 (a)** Huw Williams; **(b)** Thomas Poole, SUNY Health Science Center. **47.14** Dr. Keith Wheeler/Photo Researchers. **47.17** Hiroki Nishida, *Developmental Biology*, 1987 : 121 :526, reproduction autorisée par Academic Press. **47.18** J.E. Sulston et H.R. Horvitz, *Developmental Biology*, 1977 : 56 :110-156. **47.19 et 47.20** Adapté de Strome, *International Review of Cytology*, 1989 : 114 : 81-123. **47.24** Kathryn W. Tosney, University of Michigan. **47.25** Dennis Summerbell.

Chapitre 48 **48.1** Marinethemes.com. **48.2** David Fleetham/Alamy. **48.6** Thomas Deerinck. **48.13** Bear, Connors et Paradiso, *Neuroscience : Exploring the Brain*, © 1996, p. 43. **48.16** Edwin R. Lewis, University of California at Berkeley.

Chapitre 49 **49.1** Brainbow du cerveau d'une souris, image de Tamily Weissman, Harvard University. Brainbow produit par J. Livet, T.A. Weissman, H. Kang, R.W. Draft, J. Lu, R.A. Bennis, J.R. Sanes et J.W. Lichtman, *Nature*, 2007 : 450 :56-62. **49.6** N. Kedersha/Photo Researchers. **49.9** Larry Mulvehill/Corbis. **49.14** Tiré de M.T. Mitterschiffthaler *et al.*, A functional MRI study of happy and sad affective states induced by classical music, *Hum Brain Mapp*, Novembre 2007 : 28(11) :1150-62. **49.16** Dr Marcus E. Raichle, Washington University Medical Center. **Page 1243** Tiré de H. Bigelow, Dr Harlow's Case of Recovery from the passage of an Iron Bar through the Head, *Am. Journal of the Med. Sci.*, Juillet 1850, XXXIX, image de History of Medicine (NLM). **49.21** Image de Sebastian Jessberger, Fred H. Gage, Laboratory of Genetics LOG-G, The Salk Institute for Biological Studies. **49.24** Martin M. Rotker/Photo Researchers.

Chapitre 50 **50.1** Kenneth Catania. **50.6 (H)** CSIRO; **(B)** R.A. Steinbrecht. **50.7 (a)** James Gerholdt/Photolibrary; **(b)** Splashdown Direct/OSF/Photolibrary. **50.9** Tiré de Richard Elzinga, *Fundamentals of Entomology*, 3e édition, © 1987, p. 185, reporoduction autorisée par Prentice-Hall, Upper Saddle River, NJ. **50.10** SPL/Photo Researchers. **50.16** USDA/APHIS (Animal and Plant Health Inspection Service). **50.17** Steve Gschmeissner/SPL/Photo Researchers. **50.21** Tiré de K. Mancuso *et al.*, Gene therapy for red-green colour blindness in adult primates, *Nature*, 8 octobre 2009 : 461(7265) :784-7, photo : Neitz Laboratory. **50.26** Clara Franzini-Armstrong, University of Pennsylvania. **50.27** Gracieuseté de Dr H.E. Huxley. **50.33** George Cathcart Photography, photographersdirect.com. **50.38** Dave Watts/NHPA/Photo Researchers. **50.39** Vance A. Tucker.

Chapitre 51 **51.1** Michael Nichols/National Geographic/Getty Images. **51.3** Susan Lee Powell. **51.5** Kenneth Lorenzen, UC Davis. **51.7 (a)** Thomas McAvoy/Life Magazine/Getty Images; **(b)** Operation Migration Inc. **51.9** Lincoln Brower, Sweet Briar College. **51.11** Clive Bromhall/OSF/Photolibrary. **51.12 (G)** Richard Wrangham; **(D)** Alissa Crandall/Corbis. **51.15 (a)** Matt T. Lee; **(b)** David Osborn/Alamy; **(c)** Bill Schmoker. **51.16** James D. Watt/Image Quest Marine. **51.17** Gracieuseté de Gerald S. Wilkinson, tiré de G.S. Wilkinson et G.N. Dodson, dans J. Choe et B. Crespi, *The Evolution of Mating Systems in Insects and Arachnids*, Cambridge University Press, Cambridge (1997), p. 310-328. **51.18** Cyril Laubscher/Dorling Kindersley. **51.21** Martin Harvey/Peter Arnold/Photolibrary. **51.22** Erik Svensson, Université de Lund, Suède. **51.23** Robert Pickett/Corbis. **51.24** Lowell L. Getz et Lisa Davis. **51.25** Rory Doolin. **51.27** Jennifer Jarvis. **51.29** Stephen J. Krasemann/Peter Arnold/Photolibrary.

Chapitre 52 **52.1** Dr Paul A. Zahl/Photo Researchers. **52.2 (de haut en bas)** NASA/Goddard Space Flight Center; Yann Arthus-Bertrand/Corbis; B. Tharp/Photo Researchers; Tom Bean/Corbis; Gianni Tortoli/Photo Researchers; James D. Watt/Stephen Frink Collection/Alamy. **52.11 (G)** JTB Photo Communications, Inc./Alamy; **(D)** imagebroker/Alamy. **52.12 (page 1331, de haut en bas)** TJUKTJUK/Shutterstock; Jjustas/Shutterstock; **(page 1332, de haut en bas)** Wolfgang Kaehler/Corbis; Nick Green/Photolibrary/Getty Images; **(page 1333, de haut en bas)** 4loops/iStockphoto; Shutterstock; **(page 1334, de haut en bas)** blickwinkel/Alamy; Miha Krofel/Alamy. **52.16 (page 1337) (HG)** Jan Wlodarczyk/Alamy; **(HD)** AfriPics.com/Alamy; **(B)** David Tipling/Nature Picture Library; **(page 1338) (HG)** Ron Watts/Corbis; **(HD)** Photononstop/SuperStock; **(B)** Images & Stories/Alamy; **(page 1339)** Stuart Westmorland/Corbis; **(page 1340) (H)** Digital Vision/Getty Images; William Lange/Woods Hole Oceanographic Institution. **52.17** Geoff Dann/Dorling Kindersley. **52.19** Peter Llewellyn/Alamy. **52.21** Daniel Mosquin.

Chapitre 53 **53.1** Arpat Ozgul. **53.2** Todd Pusser/Naturepl.com. **53.4 (de haut en bas)** Bernard Castelein/Nature Picture Library/Alamy; Frans Lanting/Corbis; Niall Benvie/Corbis. **53.8** Hansjoerg Richter/iStockphoto; **53.11** Photodisc/White/Photolibrary. **53.12** Tom Bean/Corbis. **53.13** H. Willcox/Wildlife Picture/Peter Arnold/Photolibrary. **53.14 (a)** Jean Louis Batt/Taxi/Getty Images; **(b) (G)** Christine Osborne/Corbis; **(D)** Edward Parker/Alamy. **53.17 (page 1363) (GH)** fotoVoyager/iStockphoto; **(GB)** Andrew Syred/Photo Researchers; **(D, de haut en bas)** Jozsef Szentpeteri/NGS Image Collection; Patrick Clayton, www.fisheyeguyphotography.com; Nicholas Bergkessel, Jr./Photo Researchers; **(page 1364) (GH)** Wolfgang Kaehler/Corbis; **(GB)** Adrian Bailey/Aurora Photos; **(D)** Joe Raedle/Getty Images. **53.19** Joe McDonald/Corbis. **53.20** Robert Kay. **53.21** Niclas Fritzén.

Chapitre 54 **54.1** Hal Beral VWPics/SuperStock. **54.2 (G)** Joseph T. Collins/Photo Researchers; **(D)** National Museum of Natural History/Smithsonian Institution. **Page 1379** Frank W. Lane/FLPA. **54.5 (a)** Barry Mansell/Nature Picture Library; **(b)** Fogden/Corbis; **(c, G)** Stephen J. Krasemann/Photo Researchers; **(c, D)** Robert Pickett/Papilio/Alamy; **(d, G)** Edward S. Ross, California Academy of Sciences; **(d, D)** © James K. Lindsey. **54.6** Douglas Faulkner/Photo Researchers. **54.7 (a)** Fogden/Corbis; **(b)** Dan Janzen, Department of Biology, University of Pennsylvania. **54.8** Peter Johnson/Corbis. **54.9** Sally D. Hacker. **54.12** Cedar Creek Ecosystem Science Reserve, University of Minnesota. **54.17** Genny Anderson. **54.19** SuperStock. **54.21 (a)** Ron Landis Photography, www.ronlandisphotography.co; **(b)** Scott T. Smith/Corbis. **54.22 (1)** Charles Mauzy/Corbis; **(2)** Keith Boggs; **(3)** Terry Donnelly, Mary Liz Austin; **(4)** Glacier Bay National Park Photo/Glacier Bay National Park and Preserve. **54.24 (H)** R. Grant Gilmore, Dynamac Corporation; **(B)** Lance Horn, National Undersea Research Center, University of North Carolina-Wilmington. **54.29** Nelish Pradhan, Bates College, Lewiston, ME. **54.30 (H)** Jenny Matthews/Alamy; **(B)** Scott Camazine/Alamy. **54.31** Josh Spice.

Chapitre 55 **55.1** Hassan Basagic. **55.2** Stone Nature Photography/Alamy. **55.3** Justus de Cuveland/AGE Fotostock. **55.16 (a)** Hubbard Brook Research Foundation/USDA Forest Service; **(b)** USDA Forest Service. **55.17** Mark Gallagher. **55.18** U.S. Department of Energy. **55.19 (page 1422) (G)** Photo fournie par les employés de la division Kissimmee, South Florida Water Management District (WPB); **(DH)** Stewart Rood, University of Lethbridge; **(DB)** Daniel H. Janzen, University of Pennsylvania; **(page 1423) (GH)** Bert Boekhoven; **(GB)** Kenji Morita/Service de l'environnement, Tokyo Kyuei Co., Ltd; **(DH)** Jean Hall/Holt Studios/Photo Researchers; **(DB)** Tim Day, Xcluder Pest Proof Fencing Company.

Chapitre 56 **56.1** Stephen J. Richards. **56.2** Wayne Lawler/Ecoscene/Corbis. **56.4 (de haut en bas)** Neil Lucas/Nature Picture Library; Mark Carwardine/Still Pictures/Peter Arnold/Photolibrary; Nazir Foead. **56.5** Merlin D. Tuttle, Bat Conservation International, www.batcon.org. **56.6** Scott Camazine/Photo Researchers. **56.7** greenwales/Alamy. **56.8 (a)** Bruce Cowell, www.brucecowell photographer.com; **(b)** Robert Ginn/PhotoEdit Inc. **56.9** Benezeth Mutayoba, photo fournie par la University of Washington. **56.10** Richard Vogel/Liaison/Getty Images. **56.13** William Ervin/SPL/Photo Researchers. **56.14** Craighead Environmental Research Institute. **56.15 (a, G)** Tim Thompson/Corbis; **(a, D)** Chuck Bargeron, University of Georgia; **(b)** William D. Boyer, USDA Forest Service. **56.16 (a)** Gallo Images/Alamy; **(b)** James P. Blair/National Geographic Image Collection. **56.17** R.O. Bierregaard, Jr., Biology Dept., University of North Carolina, Charlotte. **56.18** SPL/Photo Researchers. **56.21** Edwin Giesbers/naturepl.com. **56.22** Mark Chiappone et Steven Miller, Center for Marine Science, University of North Carolina-Wilmington, Key Largo, FL. **56.23** Nigel Cattlin/Photo Researchers. **56.24** NASA. **56.26** Erich Hartmann/Magnum Photos. **56.28** Prof. William H. Schlesinger. **56.31** NASA. **56.33 (a)** Serge de Sazo/Photo Researchers; **(b)** Hilde Jensen, Université de Tubingen/Nature

Magazine/AP Photo; **(c)** Gabriel Rojo/Nature Picture Library; **(d)** Titus Lacoste/Getty Images.

Appendice B **Page A-2 (HG)** Oliver Meckes/Nicole Ottawa/Photo Researchers; **(BG)** Eye of Science/Photo Researchers; **(C)** M. I. Walker/NHPA/Photoshot; **(D)** Kathy Piper/iStockphoto. **Page A-3 (G)** Douglas Adams/iStockphoto; **(D)** McPHOTO/AGE Fotostock.

Sources des textes et des illustrations **4.6b**, **9.9**, **17.17b et c** C.K. Matthews et K.E. van Holde, *Biochemistry*, 2e éd. © 1996 Pearson Education Inc./Pearson Benjamin Cummings. **4.7**, **6.6b**, **11.7**, **11.12**, **17.11**, **18.25**, **20.8**, **21.9 et 21.10** W.M. Becker, J.B. Reece et M.F. Poenie, *The World of the Cell*, 3e éd. © 1996 Pearson Education Inc./Pearson Benjamin Cummings. **Tableau 6.1a** W.M. Becker, L.J. Kleinsmith et J. Hardin, *The World of the Cell*, 4e éd., p. 753. © 2000 Pearson Education Inc./Pearson Benjamin Cummings. **6.8** et **6.23a** et les dessins des organites cellulaires de **6.11** et **6.12** sont tirés des illustrations de Tomo Narashima dans E. N. Marieb, *Human Anatomy and Physiology*, 5e éd. © 2001 Pearson Education Inc./Pearson Benjamin Cummings. **6.9a**, **50.12 et 50.13** *Human Anatomy and Physiology*, 5e éd. © 2001 Pearson Education Inc./Pearson Benjamin Cummings. **30.4**, **30.13i et 39.13** M.W. Nabors, *Introduction to Botany*, © 2004 Pearson Education Inc./Pearson Benjamin Cummings. **42.30a**, **46.16**, **49.8**, **49.10**, **50.26 et 50.30** E.N. Marieb, *Human Anatomy and Physiology*, 4e éd. © 1998 Pearson Education Inc./Pearson Benjamin Cummings. **42.30a** Campbell et autres, *Biology: Concepts and Connections*, 6e éd., fig. 22.10, p. 462 © 2009 Pearson Education Inc./Pearson Benjamin Cummings. **43.8** Gerard J. Tortora, Berdell R. Funke et Christine L. Case, *Microbiology: An Introduction*, 6e éd. © 1998 Pearson Education Inc./Pearson Benjamin Cummings. **44.8 et 51.8** L.G. Mitchell, J.A. Mutchmor et W.D. Dolphin, *Zoology*, © 1988 Pearson Education Inc./Pearson Benjamin Cummings.

Chapitre 1 **1.25** La carte est une gracieuseté de David W. Pfennig, University of North Carolina, à Chapel Hill. **1.27** Les données du graphique en barres sont basées sur D.W. Pfennig et autres, Frequency-dependent Batesian mimicry, *Nature*, 410:323, 2001.

Chapitre 2 **2.2 (en bas)** Reproduction autorisée par Macmillan Publishers Ltd, *Nature*, tiré de M.E. Frederickson et autres, Devil's gardens' bedeviled by ants, 437:495, 22 sept. 2005 © 2005.

Chapitre 3 **3.8a** Tiré de *Scientific American*, nov. 1998, p. 102.

Chapitre 5 **5.12** Robert Wallace et autres, *Biology: The Science of Life*, 3e éd. © 1991. Reproduction autorisée par Pearson Education Inc. **5.15** et **5.20F** PDB ID 1CGD: J. Bella, B. Brodsky et H.M. Berman, Hydration structure of a collagen peptide, *Structure*, vol. 3, 1995, p. 893-906. **5.18** D.W. Heinz et autres, How amino-acid insertions are allowed in an alpha-helix of T4 lysozyme, *Nature*, vol. 361, 1993, p. 561. **5.20D** PDB ID 3GS0: S.K. Palaninathan, N.N. Mohamedmohaideen, E. Orlandini, G. Ortore, S. Nencetti, A. Lapucci, A. Rossello, J.S. Freundlich et J.C. Sacchettini, Novel transthyretin amyloid fibril formation inhibitors: synthesis, biological evaluation, and X-ray structural analysis, *Public Library of Science One*, vol. 4, no 7, 2009, p. e6290-e6290. **5.20G**, **21.10b** et **42.1** PDB ID 2HHB: G. Fermi, M.F. Perutz, B. Shaanan et R. Fourme, The crystal structure of human deoxyhaemoglobin at 1.74 A resolution, *Journal of Molecular Biology*, vol. 175, no 2, 1984, p. 159-174.

Chapitre 7 **7.9** PDB ID 3HAO: N.H. Joh, A. Oberai, D. Yang, J.P. Whitelegge et J.U. Bowie, Similar energetic contributions of packing in the core of membrane and water-soluble proteins, *Journal of the American Chemical Society*, vol. 131, 2009, p. 10846-10847.

Chapitre 8 **8.18** PDB ID 3e1f: D.H. Juers, B. Rob, M.L. Dugdale, N. Rahimzadeh, C. Giang, M. Lee, B.W. Matthews et R.E. Huber, Direct and indirect roles of His-418 in metal binding and in the activity of beta-galactosidase (E. coli), *Protein Science*, vol. 18, 2009, p. 1281-1292. **8.19** PDB ID 1MDY: P.C. Ma, M.A. Rould, H. Weintraub et C.O. Pabo, Crystal structure of MyoD bHLH domain-DNA complex: perspectives on DNA recognition and implications for transcriptional activation, *Cell*, Cambridge, Mass., vol. 77, 1994, p. 451-459. **8.20** J.M. Scheer et autres, A common allosteric site and mechanism in caspases, dans *Proceedings of the National Academy of Sciences*, vol. 103, no 20, 16 mai 2006, p. 7595-7600, fig. 4a et 4e. © 2006 National Academy of Sciences, U.S.A. Utilisation autorisée.

Chapitre 9 **9.5** Bruce Alberts et autres, *Molecular Biology of the Cell*, 4e éd., p. 92, fig. 2.69. © 2002 par Bruce Alberts, Alexander Johnson, Julian Lewis, Martin Raff, Keith Roberts et Peter Walter. Utilisation autorisée.

Chapitre 10 **10.13b** K.N. Ferreira et autres, Architecture of the photosynthetic Oxygen-evolving center, dans *Science*, vol. 303, no 5665, 19 mars 2004, p. 1831-1838, fig. 1a. © 2004, The American Association for the Advancement of Science. Reproduction autorisée par l'AAAS. **10.15** Richard et David Walker, Energy, Plants, and Man, Sheffield, University of Sheffield, fig. 4.1, p. 69, Oxygraphics, [http://www.oxygraphics.co.uk], © Richard Walker. Utilisation autorisée.

Chapitre 12 **12.13** Bruce Alberts et autres, *Molecular Biology of the Cell*, 4e éd., p. 1059, fig. 18.41. © 2002 par Bruce Alberts, Alexander Johnson, Julian Lewis, Martin Raff, Keith Roberts et Peter Walter. Utilisation autorisée.

Chapitre 17 **17.13** Valerie M. Kish et Lewis J. Kleinsmith, Principles of Cell and Molecular Biology, 2e éd., fig. 10-45. © 1995 Harper Collins College Publishers. Reproduction autorisée par Pearson Education.

Chapitre 18 **18.15a** N.C. Lau et autres, An Abundant Class of Tiny RNAs with Probable Regulatory Roles in *Caenorhabditis elegans*, *Science*, vol. 294, no 5543, 1er oct. 2001, p. 858-862, fig. 1d. © 2001, The American Association for the Advancement of Science. Reproduction autorisée par l'AAAS.

Chapitre 20 **20.10** Peter Russell, *Genetics*, 5e éd., p. 481, fig. 15.24. © 1998 Pearson Education Inc./Pearson Benjamin Cummings. Utilisation autorisée par l'éditeur.

Chapitre 21 **21.2** Adaptation d'une figure de Chris A. Kaiser et Erica Beade. **21.5b** M. Costanzo et autres, The genetic landscape of a cell, *Science*, vol. 327, no 5964, 22 janv. 2010, p. 425-431, fig. 2b. © 2010 The American Association for the Advancement of Science. Reproduction autorisée par l'AAAS. **21.17** Adaptation d'une illustration de William McGinnis dans Peter Radetsky, The homeobox: Something very precious that we share with flies, from egg to adult, Bethesda, M.D., Howard Hughes Medical Institute, 1992, p. 92. Reproduction autorisée par William McGinnis. **21.18** M. Akam, Hox genes and the evolution of diverse body plans, *Philosophical Transactions of the Royal Society of London Series B*, vol. 349, 1995, fig. 3, p. 313-319. © Royal Society of London. Reproduction autorisée.

Chapitre 22 **22.8** © Utako Kikutani 2007. Utilisation autorisée. **22.13** S.P. Carroll et C. Boyd, Host race radiation in the soapberry bug: Natural history with the history, *Evolution*, vol. 46, no 4, août 1992, p. 1060, fig. 4a. Reproduction autorisée par Blackwell Publishing Ltd. **22.14** Reproduction à partir de B.A. Diep et M. Otto, The role of virulence determinants in community-associated MRSA pathogenesis, *Trends in Microbiology*, vol. 16, no 8, p. 361-369. © 2008 avec l'autorisation de Elsevier.

Chapitre 23 **23.5** D.A. Powers et autres, Genetic mechanisms for adapting to a changing environment, *Annual Review of Genetics*, 25 déc. 1991, figure 3. © 1991 par Annual Reviews. Reproduction autorisée. **23.11** Michael L. Cain, Hans Damman, Robert A. Lue et Carol Kaesuk Loon (directeurs), *Discover Biology*, 2e éd., figure 20.6 (cartes seulement). © 2002 par Sinauer Associates Inc. Utilisation autorisée par W.W. Norton & Company Inc. **23.12** Reproduction autorisée par Macmillan Publishers Ltd., *Nature*. E. Postma et A.J. van Noordijk, Gene flow maintains a large genetic difference in clutch size at a small spatial scale, vol. 433, 1/6/05. Copyright © 2005. **23.14** Tiré de plusieurs sources dont D.J. Futuyma, *Evolution*, Sunderland, MA: Sinauer Associates, 2005, fig. 11.3, et R.L. Carroll, *Vertebrate Paleontology and Evolution*, W.H. Freeman & Co., 1988. **23.16** A.M. Welch et autres, Call duration as an indicator of genetic quality in male gray tree frogs, *Science*, vol. 280, 1998, p. 1928-1930. **23.17** Tiré de A.C. Allison, Abnormal hemoglobin and erythrocyte enzyme-deficiency traits dans *Genetic Variation in Human Populations*, G.A. Harrison (éd.), Oxford, Elsevier Science, et de S.I. Hay et autres, A world malaria map: Plasmodium falciparum endemicity in 2007, *PLoS Medicine*, vol. 6, 1961, p. 291, fig. 3. **23.18** Michio Hori, Frequency-dependent natural selection in the handedness of scale-eating cichlid fish, *Science*, vol. 260, no 5105, 9 avril 1993, p. 216-219, fig. 2a. Copyright © 1993, The American Association for the Advancement of Science. Reproduction autorisée par l'AAAS. **Page 562** Données tirées de R.K. Koehn et T.J. Hilbish, The adaptive importance of genetic variation, *American Scientist*, vol. 75, 1987, p. 134-141.

Chapitre 24 **24.7** R.B. Langerhans et autres, Ecological speciation in Gambusia fishes, *Evolution*, vol. 61, no 9, juill. 2007, fig. 3. Publication par la Society for the Study of Evolution. © 2007 R.B. Langerhans, M.E. Gifford et E.O. Joseph. Reproduction autorisée. **24.9** Correspondence between sexual isolation and allozyme differentiation, *Proceedings of the National Academy of Science*, vol. 87, 1990, p. 2718, fig. 2. © 1990 Stephen G. Tilley, Paul A. Verrell, Steven J. Arnold. Utilisation autorisée. **24.10a** D.M.B. Dodd, Reproductive isolation as a consequence of adaptive divergence in *Drosophila pseudoobscura*, *Evolution*, vol. 43, 1989, p. 1308-1311. **24.13** Tiré de R.G. Harrison (1993), Hybrid Zone and the Evolutionary Process: Map of Bombina hybrid zone (p. 263) et du chapitre Analysis of hybrid zones with bombina, p. 278, fig. 10.1, par J.M. Szymura. Autorisation de la Oxford University Press. **24.15** G.P. Saetre et autres, A sexually selected character displacement in flycatchers reinforces premating isolation, vol. 387, 5 juin 1997, p. 589-591, fig. 2. © 1997. Reproduction autorisée par Macmillan Publishers Ltd. **24.19b** L.H. Rieseberg et autres, Role of gene interactions in hybrid speciation: Evidence from ancient and experimental hybrids, *Science*, vol. 272, 1996, p. 741-745, fig. 2. © 1996. Reproduction autorisée par l'AAAS.

Chapitre 25 **25.3a** Tiré du graphique dans M.M. Hanczyc et autres, Experimental models of primitive cellular compartments encapsulation growth and division, *Science*, vol. 302, no 5645, 24 oct. 2003, p. 618-622. Copyright © 2003, The American Association for the Advancement of Science. Reproduction autorisée par l'AAAS. **25.5** Don L. Eicher, *Geologic Time*, 1re éd., © 1968. Impression et reproduction électronique autorisées par Pearson Education Inc., Upper Saddle River, New Jersey. **25.6a-d** Adaptation tirée de plusieurs sources dont D.J. Futuyma, *Evolution*, Sunderland, MA, Sinauer Associates, 2005, fig. 4.10, et R.L. Carroll, *Vertebrate Paleontology and Evolution*, W.H. Freeman & Co., 1988. **25.6e** Luo et autres, A new mammalia form from the Early Jurassic and evolution of mammalian characteristics, *Science*, vol. 292, 2001, p. 1535. **25.7** D.J. Des Marais, When did photosynthesis emerge on Earth?, *Science*, vol. 289, 8 sept. 2000, p. 1703-1705. **25.8** L.R. Kump, The rise of atmospheric oxygen, *Nature*, vol. 451, 17 janv. 2008, p. 277-278. © 2008 Reproduction autorisée par Macmillan Publishers Ltd. **25.13** Tiré de la carte de [http://gelology.er.usgs.gov/eastern/plates.html]. **25.15** Graphique créé à partir de D.M. Raup et J.J. Sepkoski, Jr., Mass extinctions in the marine fossil record, *Science*, vol. 215, 1982, p. 1501-1503, et J.J. Sepkoski, Jr., A kinetic model of phanerozoic taxonomic diversity – III: Post-Paleozoic families and mass extinctions, *Paleobiology*, vol. 10, nº 2, 1984, p. 246-267 dans D.J. Futuyma, p. 143, fig. 7.3a et p. 145, fig. 7.6, Sunderland, MA, Sinauer Associates. **25.17** P.J. Mayhew et autres, A long-term association between global temperature and biodiversity, origination and extinction in the fossil record, *Proceedings of the Royal Society of London Series B*, vol. 275, 2008, p. 47-53, fig. 3b. Reproduction autorisée. **25.18** R.K. Bambach et autres, Anatomical and ecological constraints on Phanerozoic animal diversity in the marine realm, *Proceedings of the National Academy of Sciences*, vol. 99, nº 10, 14 mai 2002, p. 6854-6859, fig. 3. © 2002 National Academy of Sciences, U.S.A. Utilisation autorisée. **25.19** Hickman, Roberts et Larson, *Zoology*, 10ᵉ éd., 1997, fig. 31.1. **25.24** M. Ronshaugen et autres, Hox protein mutation and macroevolution of the insect body plan, *Nature*, vol. 415, p. 914-917, fig. 1a. © 2002 Reproduction autorisée par Macmillan Publishers Ltd. **25.26** M. Strickberger, *Evolution*, Boston, Jones & Bartlett, 1990.

Chapitre 26 **26.6** C.S. Baker et S.R. Palumbi, Which whales are hunted? A molecular genetic approach to monitoring whaling, *Science*, vol. 265, nº 5178, 9 sept. 1994, p. 1538-1539, fig. 1. © 1994 The American Association for the Advancement of Science. Reproduction autorisée par l'AAAS. **26.12** Reproduction avec l'aimable autorisation de Springer Science and Business Media. S.M. Shimeld, The evolution of the hedgehog gene family in chordates: Insights from amphioxus hedgehog, *Development Genes and Evolution*, vol. 209, 1999, janv. 1999, p. 40-47, fig. 3. **26.19** John Avise, *Molecular Markers, Natural History, and Evolution*, 2ᵉ éd., p. 124, fig. 4.3c. © 2004 Sinauer Associates. Utilisation autorisée. **26.20** B. Korber et autres, Timing the Ancestor of the HIV-1 Pandemic Strains, *Science*, vol. 288, nº 5472, 9 juin 2000, p. 1789-1796. © 2000 The American Association for the Advancement of Science. Reproduction autorisée par l'AAAS. **26.21** S.L. Baldauf et autres, The three domains of life, *Assembling the Tree of Life*, edited by Joel Cracraft and Michael Donoghue, p. 45, fig. 4.1. Avec l'autorisation de la Oxford University Press Inc. **26.22** S. Blair Hedges, The origin and evolution of model organisms, *Nature Reviews Genetics*, vol. 3, p. 838-848, fig. 1.

Chapitre 27 **27.10** Reproduction autorisée par Macmillan Publishers Ltd. V.S. Cooper et R.E. Lenski, The population genetics of ecological specialization in evolving E. coli populations, *Nature*, vol. 407, p. 736-739, fig. 1. © 2000. **27.18** Graphique créé à partir des données de C. Calvaruso et autres, Root-associated bacteria contribute to mineral weathering and to mineral nutrition in trees: A budgeting analysis, *Applied and Environmental Microbiology*, vol. 72, 2006, p. 1258-1266.

Chapitre 28 **28.2** Reproduction de J.M. Archibald et P.J. Keeling, Recycled plastids: a green movement in eukaryotic evolution, *Trends in Genetics*, vol. 18, nº 11. © 2002 avec l'autorisation de Elsevier. **28.11** R.W. Bauman, *Microbiology*, p. 350, fig. 12.7. © 2004 Pearson Education Inc./Benjamin Cummings. **28.23** Données tirées de A. Stechman et T. Cavalier-Smith, Rooting the eukaryote tree by using a derived gene fusion, *Science*, vol. 297, 2002, p. 89-91. **28.28** Reproduction autorisée par Macmillan Publishers Ltd. M.J. Behrenfeld et autres, Climate-driven trends in contemporary ocean productivity, *Nature*, vol. 44, p. 752-755, fig. 3. © 2006.

Chapitre 29 **29.10** Source: R.D. Bowden, Inputs, outputs and accumulation of nitrogen in an early successional moss (Polytrichum) ecosystem, *Ecological Monographs*, vol. 61, 1991, p. 207-223. **29.14** Raven et autres, *Biology of Plants*, 6ᵉ éd., W. H. Freeman & Co., fig. 19.7.

Chapitre 30 **30.12a** P.R. Crane, Phylogenetic analysis of seed plants and the origin of angiosperms, *Annals of the Missouri Botanical Garden*, vol. 72, 1985, p. 716-793, fig. 11a. Utilisation autorisée par la Missouri Botanical Garden Press. **30.12b** Douglas E. Soltis et autres, *Phylogeny and evolution of angiosperms*, p. 28, fig. 2.3. © 2005 Sinauer Associates. Utilisation autorisée. **Tableau 30.1** Randy Moore et autres, *Botany*, 2ᵉ éd., Dubuque, IA, Brown, 1998, p. 37, tableau 2.2.

Chapitre 31 **31.21** A.E. Arnold et autres, Fungal endophytes limit pathogen damage in a tropical tree, *Proceedings of the National Academy of Sciences*, vol. 100, nº 26, 23 déc. 2005, p. 15652-15653, fig. 4 et 5. © 2003 National Academy of Sciences, U.S.A. Utilisation autorisée. **31.26** Vance T. Vredenburg, Reversing introduced species effects: Experimental removal of introduced fish leads to rapid recovery of a declining frog, *Proceedings of the National Academy of Sciences*, vol. 101, p. 7646-7650, fig. 1. © 2004 National Academy of Sciences, U.S.A. Utilisation autorisée.

Chapitre 33 **33.22** C. Lydeard et autres, The global decline of nonmarine mollusks, *BioScience*, vol. 54, nº 4, p. 321-330. © 2004 American Institute of Biological Sciences. Utilisation autorisée. Tous droits réservés. (Données mises à jour tirées de l'International Union for Conservation of Nature, 2008.) **33.29a** Reproduction de J.K. Grenier, S. Carroll et autres, Evolution of the entire arthropod Hox gene set predated the origin and radiation of the onychophoran/arthropod clade, *Current Biology*, vol. 7, nº 8, p. 551, fig. 2a, © 1987 avec l'autorisation de Elsevier.

Chapitre 34 **34.8b** J. Mallatt et J. Chen, Fossil sister group of craniates: Predicted and found, *Journal of Morphology*, vol. 258, nº 1, 15 mai 2003. © 2003 Wiley-Liss Inc. Reproduction autorisée. **34.12** Kenneth Kardong, *Vertebrates: Comparative Anatomy, Function, Evolution*, © 2002 McGraw-Hill Science/Engineering/Mathematics. Reproduction avec l'autorisation de McGraw-Hill Companies Inc. **34.18 (en bas)** Reproduction autorisée par Macmillan Publishers Ltd. M. Zhu et autres, The oldest articulated osteichthyan reveals mosaic gnathostome characters, *Nature*, vol. 458, p. 469-474. © 2009. **34.21 (gauche)** Reproduction autorisée par la Royal Society of Edinburgh. *Transactions of the Royal Society of Edinburgh: Earth Sciences*, vol. 87, 1996, p. 363-421. **34.21 (droite)** Reproduction autorisée par Macmillan Publishers Ltd. N.H. Shubin et autres, The pectoral fin of *Tiktaalik roseae* and the origin of the tetrapod limb, *Nature*, vol. 440, p. 768, fig. 4. © 2006. **34.37a** Adaptation de plusieurs sources dont D.J. Futuyma, *Evolution*, Sunderland, MA, Sinauer Associates, 2005, fig. 4.10, et de R.L. Carroll, *Vertebrate Paleontology and Evolution*, W.H. Freeman & Co., 1988. **34.47** Figure tirée de plusieurs images de fossiles, dont la photo de *O. tugenensis* dans Michael Balter, Early hominid sows division, *Science Now*, 22 févr. 2001, © 2001 American Association for the Advancement of Science; les photos de *A. garhi*, and *H. neanderthalensis* dans *The Human Evolution Coloring Book*; *K. platyops* dans Meave Leakey et autres, New hominid genus from eastern Africa shows diverse middle Pliocene lineages, *Nature*, vol. 410, 22 mars 2001, p. 433; *P. boisei* tiré d'une photo de David Bill; *H. ergaster* tiré d'une photo sur le site [www.inhandmuseum.com]; *S. tchadensis* tiré d'une photo dans Michel Brunet et autres, A new hominid from the Upper Miocene of Chad, Central Africa, *Nature*, vol. 418, 11 juill. 2002, p. 147, fig. 1b. **34.50 (a et b)** Reproduction autorisée par Macmillan Publishers Ltd. I.V. Ovchinnikov et autres, Molecular analysis of Neanderthal DNA from the northern Caucasus, *Nature*, vol. 404, p. 492, fig. 3a et b. © 2000.

Chapitre 35 **35.21** G.C. Jacoby et autres, Mongolian Tree Rings and 20th-Century Warming, *Science*, vol. 273, nº 5276, 9 août 1996, p. 771-773, fig. 2b. © 1996 The American Association for the Advancement of Science. Reproduction autorisée par l'AAAS.

Chapitre 39 **39.16 (en haut)** Adaptation de M. Wilkins, *Plant Watching*, Facts of File Publ., 1988. **39.28** Edward Farmer, Plant Biology: New fatty acid-based signals – A lesson from the plant world, *Science*, vol. 276, nº 5314, 9 mai 1997, p. 912-913, fig. No Free Lunch. © 1997, The American Association for the Advancement of Science. Reproduction autorisée par l'AAAS.

Chapitre 40 **40.14** V.H. Hutchison et autres, Thermoregulation in a brooding female Indian python, *Python molurus bivittatus*, *Science*, vol. 151, nº 3711, 11 févr. 1966, p. 694-695, fig. 2. © 1966 The American Association for the Advancement of Science. Reproduction autorisée par l'AAAS. **40.15** Bernd Heinrich, Thermoregulation in Endothermic Insects, *Science*, vol. 185, nº 4153, 30 août 1974, p. 747-756, fig. 7. © 1974 The American Association for the Advancement of Science. Reproduction autorisée par l'AAAS. **40.21** Adaptation des figures 2b et 2c tirées de F.G. Revel et autres, The circadian clock stops ticking during deep hibernation in the European hamster, *Proceedings of the National Academy of Sciences*, vol. 104, nº 34, 21 août 2007, p. 13816-13820, © 2007 National Academy of Sciences, U.S.A. Utilisation autorisée.

Chapitre 41 **41.9a** Elaine Marieb et Katja Hoehn, *Human Anatomy and Physiology*, 8ᵉ éd., fig. 23.1. © 2010 Pearson Education Inc./Pearson Benjamin Cummings. Utilisation autorisée par l'éditeur. **41.9b** Rhoades, Human Physiology, 3ᵉ éd., fig. 22-1. © 1996 Brooks/Cole, une filiale de Cengage Learning Inc. Reproduction autorisée. [www.cengage.com/permissions]. **41.21** Jean Marx, Cellular warriors at the battle of the bulge, *Science*, vol. 299, 7 févr. 2003, p. 86, fig. Appetite Controllers. Illustration par Kathleen Sutliff. © 2003 The American Association for the Advancement of Science. Reproduction autorisée par l'AAAS.

Chapitre 42 **42.20** Reproduction autorisée par Macmillan Publishers Ltd. D.J. Rader et A. Daugherty, Translating molecular discoveries into new therapies for atherosclerosis, *Nature*, vol. 451, 21 févr. 2008, p. 904-913, fig. 1. © 2008. **42.21** J.C. Cohen et autres, Sequence variations in PCSK9, low LDL, and protection against coronary heart disease, *New England Journal of Medicine*, vol. 354, 23 mars 2006, p. 1264-1272, fig. 1A. © 2006 Massachusetts Medical Society. Utilisation autorisée. Tous droits réservés. **42.26** M.E. Avery et J. Mead, Surface properties in relation to atelectasis and hyaline membrane disease, *A.M.A. American Journal of Diseases of Children*, vol. 97, juin 1959, p. 517-523. © 1959 American Medical Association. Utilisation autorisée. Tous droits réservés.

Chapitre 43 **43.5** Phoebe Tzou et autres, Constitutive expression of a single antimicrobial peptide can restore wild-type resistance to infection in immunodeficient *Drosophila* mutants, *PNAS*, vol. 99, p. 2152-2157, fig. 2a et 4a. © 2002 National Academy of Sciences, U.S.A. Utilisation autorisée. **43.7** Elaine Marieb et Katja Hoehn, *Human Anatomy and Physiology*, fig. 20.4 et 20.5. © 2010 Pearson Education Inc./Pearson Benjamin Cummings. Utilisation autorisée par l'éditeur.

Chapitre 44 **44.6** Kangaroo rat data dans K.B. Schmidt-Nielson, *Animal Physiology: Adaptation and Environment*, 4ᵉ éd., 1990, Cambridge, Cambridge University Press, p. 339. **44.7a** K.B. Schmidt-Nielsen et autres, Extrarenal salt excretion in birds, *American Journal of Physiology*, vol. 193, 1958, p. 101-107. **44.14b et 44.15** Elaine Marieb et Katja Hoehn, *Human Anatomy and Physiology*, 8ᵉ éd., fig. 25.3b. © 2010 Pearson Education Inc./Pearson Benjamin Cummings. Utilisation autorisée par l'éditeur. **44.21** P.M. Deen et autres, Requirement of human renal water channel aquaporin-2 for vasopressin-dependent concentration in urine, *Science*, vol. 264, nº 5155, 1ᵉʳ avril 2004, p. 92-95, tableau 1. © 1994 The American Association for the Advancement of Science. Reproduction autorisée par l'AAAS. **44EOC** W.S. Beck et autres, *Life: An Introduction to Biology*, 3ᵉ éd., © 1991. Réimpression et reproduction électronique autorisées par Pearson Education Inc., Upper Saddle River, New Jersey.

Chapitre 46 **46.9** Reproduction autorisée par Macmillan Publishers Ltd. R.R. Snook et D.J. Hosken, Sperm death and dumping in Drosophila, *Nature*, vol. 428, p. 939-941, fig. 2. © 2004.

Chapitre 47 **47.16** Lewis Wolpert, *Principles of Development*, 1998, fig. 1.10 et 8.25. Autorisation de l'Oxford University Press Inc. **47.17a** Bruce Alberts, *Molecular Biology of the Cell*, 4ᵉ éd., fig. 21-70. Utilisation autorisée par Garland Science Books, autorisation transmise par le Copyright Clearance Center Inc.

Adapté de T.J. Mohun, Cell commitment and gene expression in the axolotl embryo, *Cell*, vol. 22, 1980, p. 9-15, avec l'autorisation de l'auteur. **47.17b** Reproduction de Hiroki Nishida, Cell lineage analysis in ascidian embryos by intracellular injection of a tracer enzyme – III. Up to the tissue restricted stage, *Developmental Biology*, vol. 121, n° 2, p. 526. © 1987, avec l'autorisation de Elsevier. **47.18** Bruce Alberts et autres, *Molecular Biology of the Cell*, 4e éd., p. 1172, fig. 21.17. © 2002 Bruce Alberts, Alexander Johnson, Julian Lewis, Martin Raff, Keith Roberts et Peter Walter. Utilisation autorisée. **47.23 (expérience, résultats à gauche)** Lewis Wolpert, *Principles of Development*, 1998, fig. 1.10 et 8.25. Autorisation de l'Oxford University Press Inc. **47.23 (résultats, à droite)** Gilbert et autres, *Developmental Biology*, 5e éd., p. 604, fig. 15.12. © 1997 Sinauer Associates. Utilisation autorisée. **47.26** Elaine Marieb et Katja Hoehn, *Human Anatomy and Physiology*, 8e éd., fig. 23.1. © 2010 Pearson Education Inc./Pearson Benjamin Cummings. Utilisation autorisée par l'éditeur.

Chapitre 48 **48.11** G. Matthews, *Cellular Physiology of Nerve and Muscle*, 4e éd., Cambridge, MA, Blackwell Scientific Publications, 2003, p. 61, fig. 6-2d. Reproduction autorisée par Wiley Blackwell. **48.18** C.B. Pert et S.H. Snyder, Opiate Receptor: Demonstration in nervous tissue, *Science*, vol. 179, n° 4077, 9 mars 1973, p. 1011-1014, tableau 1. © 1973 The American Association for the Advancement of Science. Reproduction autorisée par l'AAAS.

Chapitre 49 **49.11** L.M. Mukhametov, Sleep in marine mammals, dans A.A. Borbély et J.L. Valatx (dir.), *Sleep Mechanisms*, Munich, Springer-Verlag, 1984, p. 227-238. **49.12** M.R. Ralph et autres, Transplanted suprachiasmatic nucleus determines circadian period, *Science*, vol. 247, n° 4945, 23 févr. 1990, p. 975-978, fig. 2a. © 1990 The American Association for the Advancement of Science. Reproduction autorisée par l'AAAS. **49.18** E.D. Jarvis et autres, Avian brains and a new understanding of vertebrate brain evolution, *Nature Reviews Neuroscience*, vol. 6, 2005, p. 151-159, fig. 1c. **49.22** I.I. Gottesman et D. Wolfgram, *Schizophrenia Genesis: The Origins of Madness*, New York, Freeman, 1991, p. 96, fig. 10.

Chapitre 50 **50.17A** Elaine Marieb et Katja Hoehn, *Human Anatomy and Physiology*, 8e éd., fig. 15.4a. © 2010 Pearson Education Inc./Pearson Benjamin Cummings. Utilisation autorisée par l'éditeur. **50.17B** Elaine Marieb et Katja Hoehn, *Human Anatomy and Physiology*, 8e éd., fig. 15.15. © 2010 Pearson Education Inc./Pearson Benjamin Cummings. Utilisation autorisée par l'éditeur. **50.23** Reproduction autorisée par Macmillan Publishers Ltd. K.L. Mueller et autres, The receptors and coding logic for bitter taste, *Nature*, vol. 434, p. 225-229, fig. 4b. © 2005. **50.24a** Elaine Marieb et Katja Hoehn, *Human Anatomy and Physiology*, 8e éd., fig.15.23a et b. © 2010 Pearson Education Inc./Pearson Benjamin Cummings. Utilisation autorisée par l'éditeur. **50.34** Grasshopper dans Hickman et autres, *Integrated Principles of Zoology*, 9e éd., New York, McGraw-Hill Higher Education, 1993, p. 518, fig. 22.6. © 1993 The McGraw-Hill Companies. **50.40** K. Schmidt-Nielsen, Locomotion: Energy cost of swimming, flying, and running, *Science*, vol. 177, n° 4045, 21 juill. 1972, p. 222-228, fig. 4. © 1972 The American Association for the Advancement of Science. Reproduction autorisée par l'AAAS.

Chapitre 51 **51.2b** N. Tinbergen, *Study of Instinct*, 1989, p. 28, fig. 20. Avec l'autorisation de l'Oxford University Press Inc. **51.4** Reproduction autorisée par Macmillan Publishing Ltd. M.B. Sokolowski, *Drosophila*: Genetics meets behavior, *Nature Reviews: Genetics*, vol. 2, p. 881, fig. 1. © 2001. **51.10** M. Biurfa et J. Benard, Prospective and retrospective learning in honeybees, *International Journal of Comparative Psychology*, vol. 19, n° 3, p. 358-367, fig. 3a, 2006. Reproduction autorisée. **51.13** M.B. Sokolowski et autres, Evolution of foraging behavior in Drosophila by density-dependent selection, *Proceedings of the National Academy of Sciences*, vol. 94, n° 14, 8 juill. 1997, p. 7373-7377, fig. 2a. © 2007 National Academy of Sciences, U.S.A. Utilisation autorisée. **51.19** K. Witte et N. Sawka, Sexual imprinting on a novel trait in the dimorphic zebra finch: sexes differ, *Animal Behaviour*, vol. 65, 2003, p. 195-203. Image tirée de [http://www.uni-bielefeld.de/biologie/vhf/KW/Forschungsprojekte2.html]. **51.23 (en bas, à gauche)** Reproduit avec l'aimable autorisation de Springer Science and Business Media. C.S. Henry, The inheritance of mating songs in two cryptic, sibling lacewing species, *Genetica*, vol. 116, 2002, p. 269-289, fig. 2. **51.26 (en haut)** Photographie de Jonathan Blair dans Alcock, *Animal Behavior*, 7e éd., Sinauer Associates Inc. Publishers, 2002. **51.26 (en bas)** Reproduction autorisée par Macmillan Publishers Ltd. P. Berthold et autres, Rapid microevolution of migratory behaviour in a wild bird species, *Nature*, vol. 360, 17 déc. 1992, p. 668, fig. 1. © 1992.

Chapitre 52 **52.7** L. Roberts, How fast can trees migrate?, *Science*, vol. 243, 1989, p. 736, fig. 2. © 1989 American Association for the Advancement of Science. **52.8** Reproduction autorisée par Macmillan Publishers Ltd. C. Parmesan et autres, Poleward shift of butterfly species' ranges associated with regional warming, *Nature*, vol. 399, p. 579-583, fig. 3. © 1999. **52.9** Heinrich Walter et Siegmar-Walter Breckle, *Walter's Vegetation of the Earth*, 2003, p. 36, fig. 16. Springer- Verlag © 2003. **52.17** Graeme Caughley, Neil Shepherd et Jeff Short, *Kangaroos, Their Ecology and Management in the Sheep Rangelands of Australia*, © Cambridge University Press, 1987, p. 9, fig. 1.7. Reproduction autorisée par la Cambridge University Press. **52.19** Carte tirée de R.L. Smith, *Ecology and Field Biology*, Harper and Row Publishers, 1974, p. 353, fig. 11.19. Carte mise à jour tirée de D.A. Sibley, National Audubon Society, *The Sibley Guide to Birds*, Alfred A. Knopf, New York, 2000. **52.20** Données tirées de W.J. Fletcher, Interactions among subtidal Australian sea urchins, gastropods and algae: effects of experimental removals, *Ecological Monographs*, vol. 57, 1987, p. 89-109. **Page 1347** Données tirées de J. Clausen, D.D. Keck et W.M. Hiese, Experimental studies on the nature of species – III. Environmental responses of climatic races of *Achillea*, Carnegie Institution of Washington Publications, 581, 1948.

Chapitre 53 **53.5** P.W. Sherman et M.L. Morton, Demography of Belding's ground squirrels, *Ecology*, vol. 65, n° 5, 1984, p. 1622, fig. 1a. © 1984 Ecological Society of America. Utilisation autorisée. **53.15** J.T. Enright, Climate and population regulation: The biogeographer's dilemma, *Oecologia*, vol. 24, 1976, p. 295-310. **53.16** T.H. Clutton-Brock et J.M. Pemberton (dir.), *Soay Sheep: Dynamics and Selection in an Island Population*, p. 59, fig. 3.5b. © 2004 Cambridge University Press. Reproduction autorisée par la Cambridge University Press. **53.18** Les données sont une gracieuseté de Rolf O. Peterson, Michigan Technological University. **53.23** Données tirées de la U.S. Census Bureau International Data Base. **53.24** Données tirées de la U.S. Census Bureau International Data Base. **53.25** Données tirées de la U.S. Census Bureau International Data Base 2008. **53.26** Source: Gracieuseté du UNEP/GRID-Arendel, [http://maps.grida.no/go/graphic/energy_consumption_per_capita_2004]. **Tableaux 53.1 et 53.2** Données tirées de P.W. Sherman et M.L. Morton, Demography of Belding's ground squirrels, *Ecology*, vol. 65, n° 5, 1984, p. 1622, fig. 1a. © 1984 Ecological Society of America.

Chapitre 54 **54.2** A.S. Rand et E.E. Williams, The anoles of La Palma: aspects of their ecological relationships, *Breviora*, vol. 327, 1969, p. 1-19. © 1969 President and Fellows of Harvard College. Utilisation autorisée par le Museum of Comparative Zoology, Harvard University. **54.9** Données du graphique tirées de S.D. Hacker et M.D. Bertness, Experimental evidence for factors maintaining plant species diversity in a New England salt marsh, *Ecology*, vol. 80, 1999, p. 2064-2073. **54.11** N. Fierer et R.B. Jackson, The diversity and biogeography of soil bacterial communities, *Proceedings of the National Academy of Sciences USA*, vol. 103, 2006, p. 626-631, fig. 1a. **54.14** E.A. Knox, Antarctic marine ecosystems, *Antarctic Ecology*, M.W. Holdgate (dir.), Londres, Academic Press, 1970, p. 69-96. **54.15** D.L. Breitburg et autres, Varying effects of low dissolved oxygen on trophic interactions in an estuarine food web, *Ecological Monographs*, vol. 67, 1997, p. 490. © 1997 Ecological Society of America. **54.16** B. Jenkins, Productivity, disturbance and food web structure at a local spatial scale in experimental container habitats, *Oikos*, vol. 65, 1992, p. 252. © 1992 Oikos, Sweden. **54.17** R.T. Paine, Food web complexity and species diversity, *American Naturalist*, vol. 100, 1966, p. 65-75. **54.18** J.A. Estes et autres, Killer whale predation on sea otters linking oceanic and nearshore ecosystems, *Science*, vol. 282, 1998, p. 474, fig. 1. © 1998 American Association for the Advancement of Science. **54.20** Graphique tiré de A.R. Townsend et autres, The intermediate disturbance hypothesis, refugia, and diversity in streams, *Limnology and Oceanography*, vol. 42, 1997, p. 938-949. **54.22** R.L. Crocker et J. Major, Soil Development in relation to vegetation and surface age at Glacier Bay, Alaska, *Journal of Ecology*, vol. 43, 1955, p. 427-448. **54.23** Données tirées de F.S. Chapin, III, et autres, Mechanisms of primary succession following deglaciation at Glacier Bay, Alaska, *Ecological Monographs*, vol. 64, 1994, p. 149-175. **54.25** D.J. Currie, Energy and large-scale patterns of animal- and plant- species richness, *American Naturalist*, vol. 137, 1991, p. 27-49. **54.26** F.W. Preston, Time and space and the variation of species, *Ecology*, vol. 41, 1960, p. 611-627. **54.28** F.W. Preston, The canonical distribution of commonness and rarity, *Ecology*, vol. 43, 1962, p. 185-215 et 410-432.

Chapitre 55 **55.4** et **page 1424 (G)** D.L. DeAngelis, *Dynamics of Nutrient Cycling and Food Webs*, New York, Chapman & Hall, 1992. **55.7** National Oceanic and Atmospheric Administration's National Data Buoy Center Voluntary Observing Ship Project, [www.vos.noaa.gov/MWL/dec_06/Images/OCP_fig4.jpg]. **55.8** J.H. Ryther, Nitrogen, phosphorus, and eutrophication in the coastal marine environment, *Science*, vol. 171, n° 3975, 12 mars 1971, p. 1008-1013, fig. 2. © 1971 American Association for the Advancement of Science. Reproduction autorisée par l'AAAS. **55.9** Robert H. Whittaker, *Communities and Ecosystems*, 1re éd., p. 82, fig. 4.1. © 1970 Robert H. Whittaker. Reproduction autorisée par Pearson Education. **55.14** W.H. Freeman et autres, *The Economy of Nature*, 4e éd. © 1997. Utilisation autorisée. **55.15a** J.A. Trofymow et autres, *The Canadian Intersite Decomposition Experiment: Project and Site Establishment Report*, Information Report BC-X-378, p. 2, Ressources naturelles Canada, Service canadien des forêts, 1998. Reproduction autorisée par le ministre des Travaux publics et Services gouvernementaux Canada, 2010. **55.15b** T.R. Moore et autres, Litter decomposition rates in Canadian forests, *Global Change Biology*, vol. 5, 1999, p. 75-82. © 2001, 1998 Blackwell Science Ltd. Reproduction autorisée par le ministre des Travaux publics et Services gouvernementaux Canada, 2010 et Wiley Blackwell. **55.18b** Données tirées de Wu, W-M et autres, Pilot-scale *in situ* bioremediation of uranium in a highly contaminated aquifer – 2. Reduction of U(VI) and geochemical control of a U(VI) bioavailability, *Environmental Science and Technology*, vol. 40, 2006, p. 3986-3995, fig. 1D. **Tableau 55.1** Données tirées de Menzel et Ryther, *Deep Sea Ranch 7*, 1961, p. 276-281.

Chapitre 56 **56.12** C.J. Krebs, *Ecology*, 5e éd., fig. 19.1. © 2001 Pearson Education Inc. Reproduction autorisée. **56.13** R.L. Westemeier et autres, Tracking the long-term decline and recovery of an isolated population, *Science*, vol. 282, n° 5394, 27 nov. 1998, p. 1695-1698, fig. 2. © 1998 American Association for the Advancement of Science. Reproduction autorisée par l'AAAS. **56.19** Reproduction autorisée par Macmillan Publishers Ltd. N. Myers et autres, Biodiversity hotspots for conservation priorities, *Nature*, vol. 403, 24 févr. 2000, p. 853-858, fig. 1. © 2000. **56.20** Reproduction de W.D. Newmark, Legal and biotic boundaries of western North American national parks: a problem of congruence, *Biological Conservation*, vol. 33, 1985, p. 197-208, fig. 1. © 1985, avec l'autorisation de Elsevier. **56.21a** Carte tirée de W. Purves et G. Orians, Life, *The Science* *of Biology*, 5e éd., p. 1239, fig. 55.23. © 1998 Sinauer Associates Inc. Reproduction autorisée. **56.27** Données sur le CO_2 tirées de [www.esrl.noaa.gov/gmd/ccgg/trends]. Données sur la température tirées de [www.giss.nasa.gov/gistemps/graphs/Fig.A.lrg.gif]. **56.29** Données tirées de [ozonewatch.gsfc.nasa.gov/facts/history/html]. **56.32** Données tirées de Instituto Nacional de Estadistica y Censos de Costa Rica et du Centro Centroamericano de Poblacion, Universidad de Costa Rica.

Index

Les nombres en caractères **gras** renvoient à la page où le terme est défini dans le texte.
Les nombres suivis d'un *f* ou d'un *t* renvoient respectivement à une figure ou à un tableau.

B

C

D

E

F

G

H

I

M

N

O

P

Q

R

S

T

U

V

W

X

Y

Z